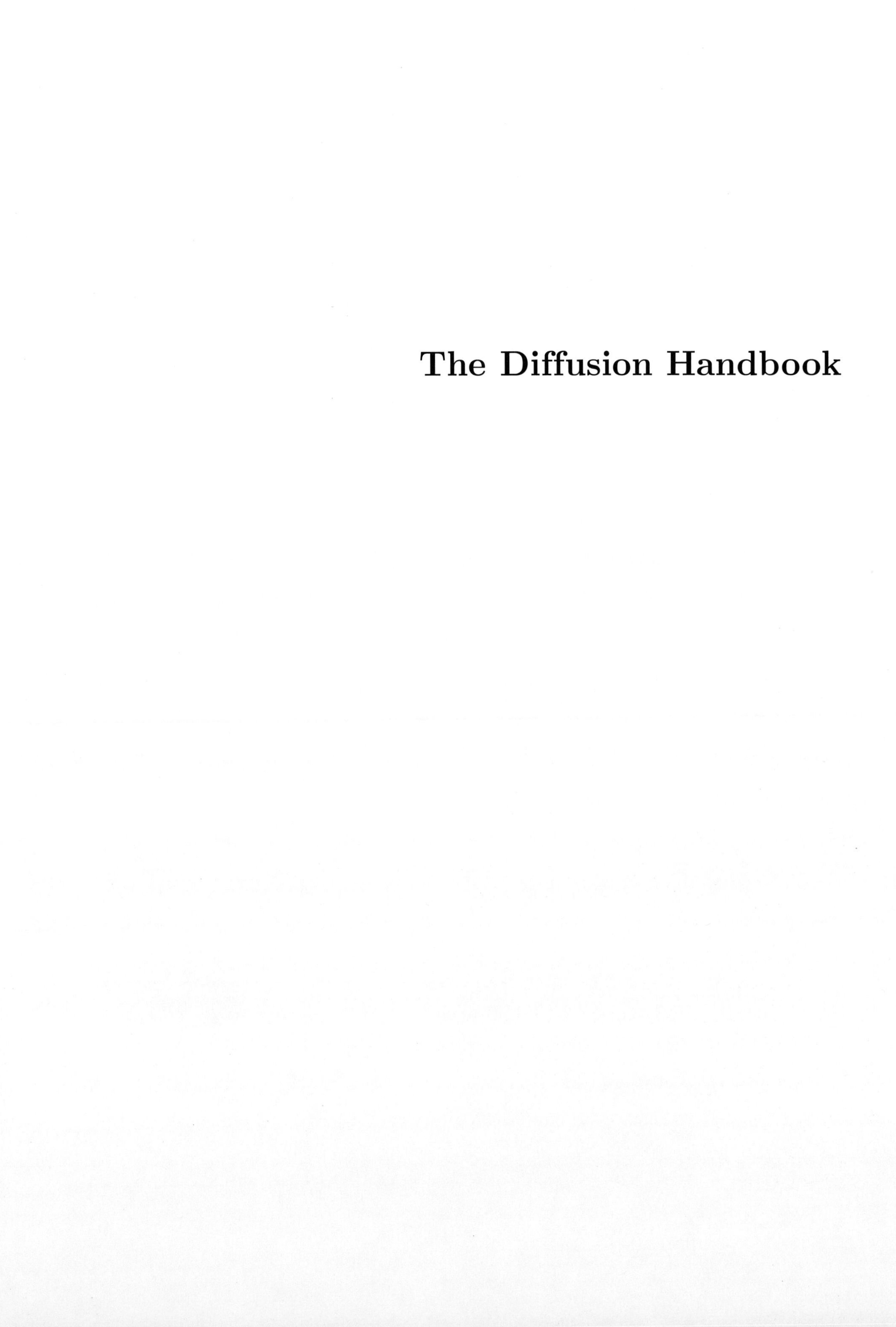

The Diffusion Handbook

The Diffusion Handbook

Applied Solutions for Engineers

R. K. Michael Thambynayagam

Schlumberger, Houston, Texas

New York Chicago San Francisco Lisbon London Madrid
Mexico City Milan New Delhi San Juan Seoul
Singapore Sydney Toronto

The McGraw-Hill Companies

Cataloging-in-Publication Data is on file with the Library of Congress

1 2 3 4 5 6 7 8 9 0 CTP/CTP 1 7 6 5 4 3 2 1

ISBN 978-0-07-175184-1
MHID 0-07-175184-X

Sponsoring Editor
Michael Penn
Editing Supervisor
Stephen M. Smith
Production Supervisor
Richard C. Ruzycka
Acquisitions Coordinator
Michael Mulcahy

Project Manager
Harleen Chopra, Glyph International
Copy Editor
Jeff Anderson
Art Director, Cover
Jeff Weeks
Composition
Glyph International

This book is printed on acid-free paper.

To my wife

Agnes Francis

About the Author

R. K. Michael Thambynayagam has a Ph.D. in chemical engineering from the University of Manchester in England. His career spans over 25 years in the oil and gas industry, where he has held several technical and managerial positions. Dr. Thambynayagam is also the former managing director of Schlumberger Cambridge Research, England. He has been granted a number of patents in technologies related to chemical and petroleum engineering and has published generously in the scientific literature. Dr. Thambynayagam is a Fellow of the Institution of Chemical Engineers, United Kingdom, and an active member of the Society of Petroleum Engineers.

Contents

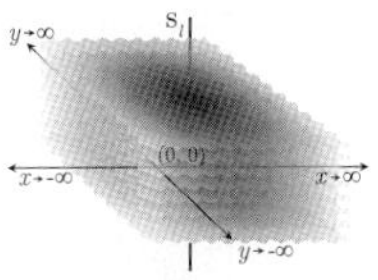

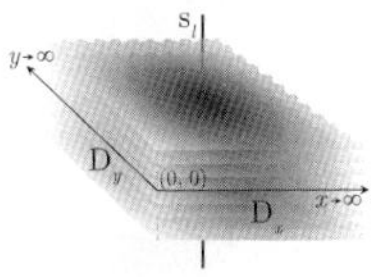

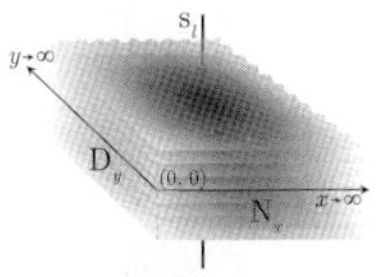

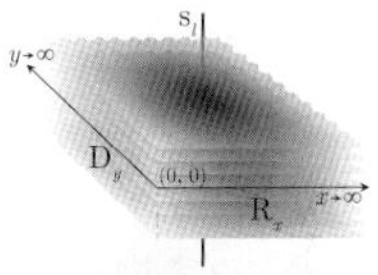

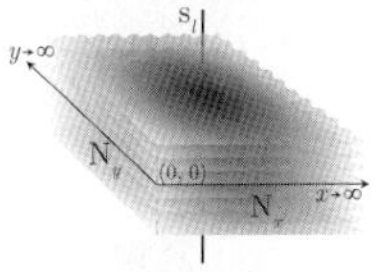

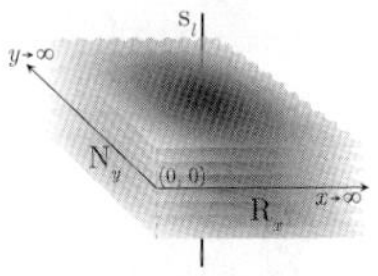

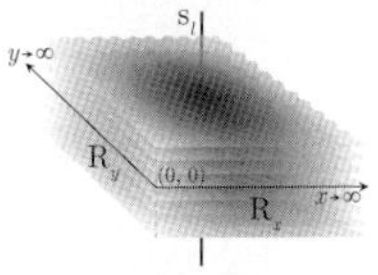

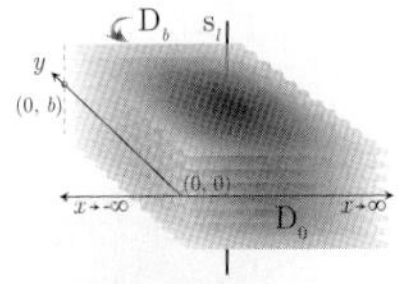

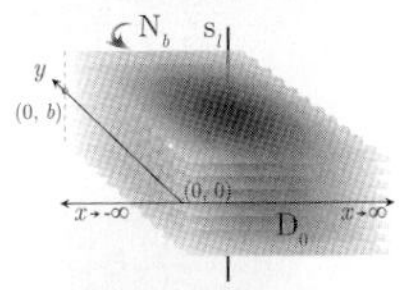

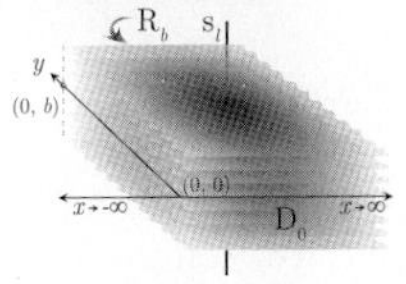

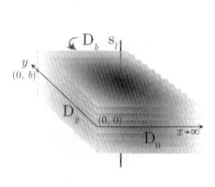

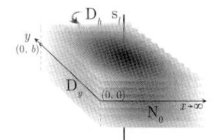

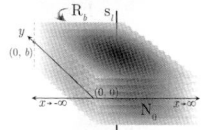

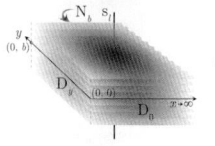

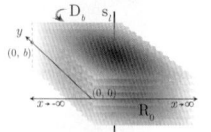

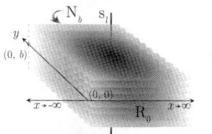

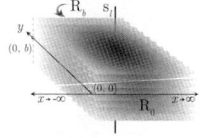

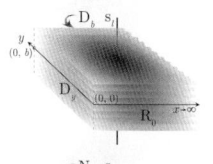

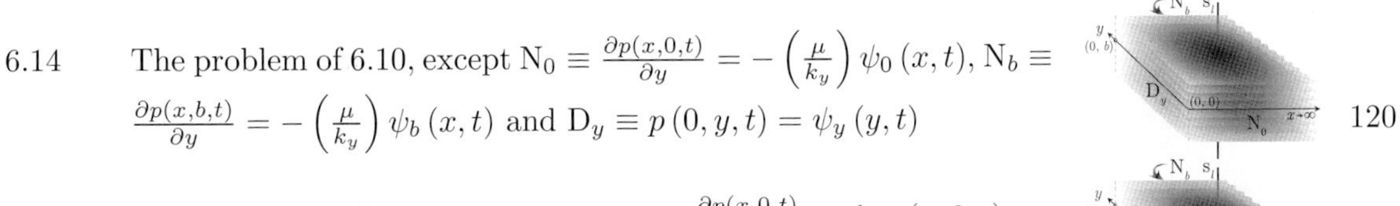

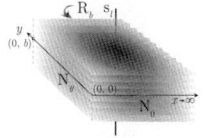

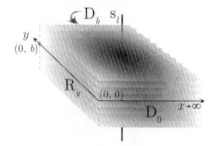

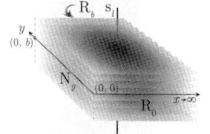

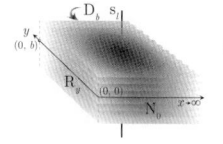

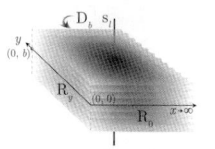

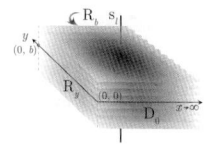

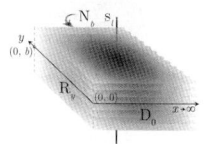

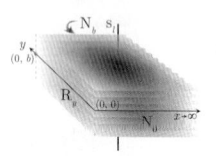

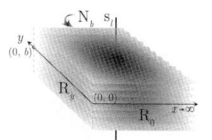

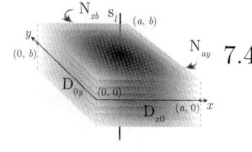

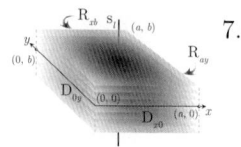

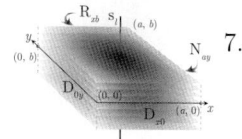

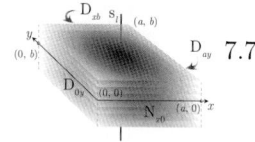

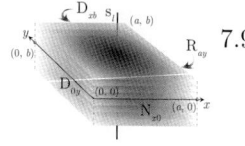

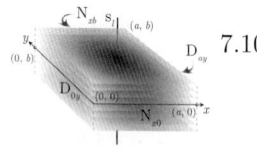

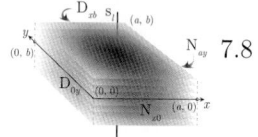

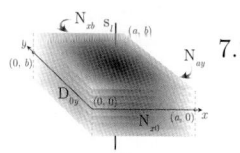

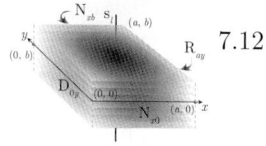

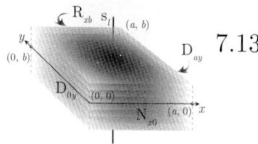

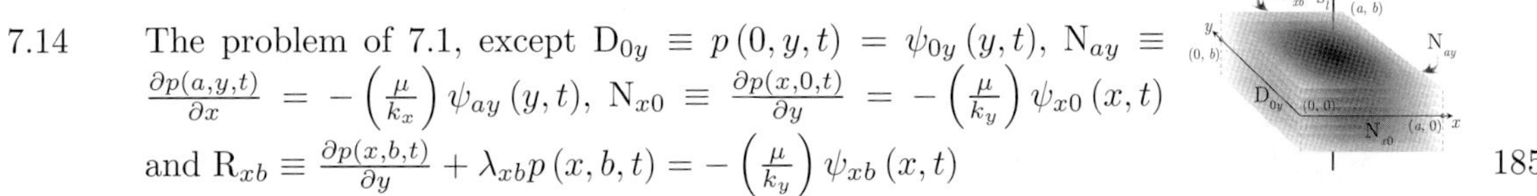

7.14 The problem of 7.1, except $\mathrm{D}_{0y} \equiv p(0,y,t) = \psi_{0y}(y,t)$, $\mathrm{N}_{ay} \equiv \frac{\partial p(a,y,t)}{\partial x} = -\left(\frac{\mu}{k_x}\right)\psi_{ay}(y,t)$, $\mathrm{N}_{x0} \equiv \frac{\partial p(x,0,t)}{\partial y} = -\left(\frac{\mu}{k_y}\right)\psi_{x0}(x,t)$ and $\mathrm{R}_{xb} \equiv \frac{\partial p(x,b,t)}{\partial y} + \lambda_{xb}p(x,b,t) = -\left(\frac{\mu}{k_y}\right)\psi_{xb}(x,t)$ 185

7.15 The problem of 7.1, except $\mathrm{D}_{0y} \equiv p(0,y,t) = \psi_{0y}(y,t)$, $\mathrm{R}_{ay} \equiv \frac{\partial p(a,y,t)}{\partial x} + \lambda_{ay}p(a,y,t) = -\left(\frac{\mu}{k_x}\right)\psi_{ay}(y,t)$, $\mathrm{N}_{x0} \equiv \frac{\partial p(x,0,t)}{\partial y} = -\left(\frac{\mu}{k_y}\right)\psi_{x0}(x,t)$ and $\mathrm{R}_{xb} \equiv \frac{\partial p(x,b,t)}{\partial y} + \lambda_{xb}p(x,b,t) = -\left(\frac{\mu}{k_y}\right)\psi_{xb}(x,t)$ 187

7.16 The problem of 7.1, except $\mathrm{D}_{0y} \equiv p(0,y,t) = \psi_{0y}(y,t)$, $\mathrm{D}_{ay} \equiv p(a,y,t) = \psi_{ay}(y,t)$, $\mathrm{R}_{x0} \equiv \frac{\partial p(x,0,t)}{\partial y} - \lambda_{x0}p(x,0,t) = -\left(\frac{\mu}{k_y}\right)\psi_{x0}(x,t)$ and $\mathrm{D}_{xb} \equiv p(x,b,t) = \psi_{xb}(y,t)$ 188

7.17 The problem of 7.1, except $\mathrm{D}_{0y} \equiv p(0,y,t) = \psi_{0y}(y,t)$, $\mathrm{N}_{ay} \equiv \frac{\partial p(a,y,t)}{\partial x} = -\left(\frac{\mu}{k_x}\right)\psi_{ay}(y,t)$, $\mathrm{R}_{x0} \equiv \frac{\partial p(x,0,t)}{\partial y} - \lambda_{x0}p(x,0,t) = -\left(\frac{\mu}{k_y}\right)\psi_{x0}(x,t)$ and $\mathrm{D}_{xb} \equiv p(x,b,t) = \psi_{xb}(y,t)$ 189

7.18 The problem of 7.1, except $\mathrm{D}_{0y} \equiv p(0,y,t) = \psi_{0y}(y,t)$, $\mathrm{R}_{ay} \equiv \frac{\partial p(a,y,t)}{\partial x} + \lambda_{ay}p(a,y,t) = -\left(\frac{\mu}{k_x}\right)\psi_{ay}(y,t)$, $\mathrm{R}_{x0} \equiv \frac{\partial p(x,0,t)}{\partial y} - \lambda_{x0}p(x,0,t) = -\left(\frac{\mu}{k_y}\right)\psi_{x0}(x,t)$ and $\mathrm{D}_{xb} \equiv p(x,b,t) = \psi_{xb}(y,t)$ 190

7.19 The problem of 7.1, except $\mathrm{D}_{0y} \equiv p(0,y,t) = \psi_{0y}(y,t)$, $\mathrm{D}_{ay} \equiv p(a,y,t) = \psi_{ay}(y,t)$, $\mathrm{R}_{x0} \equiv \frac{\partial p(x,0,t)}{\partial y} - \lambda_{x0}p(x,0,t) = -\left(\frac{\mu}{k_y}\right)\psi_{x0}(x,t)$ and $\mathrm{N}_{xb} \equiv \frac{\partial p(x,b,t)}{\partial y} = -\left(\frac{\mu}{k_y}\right)\psi_{xb}(x,t)$ 191

7.20 The problem of 7.1, except $\mathrm{D}_{0y} \equiv p(0,y,t) = \psi_{0y}(y,t)$, $\mathrm{N}_{ay} \equiv \frac{\partial p(a,y,t)}{\partial x} = -\left(\frac{\mu}{k_x}\right)\psi_{ay}(y,t)$, $\mathrm{R}_{x0} \equiv \frac{\partial p(x,0,t)}{\partial y} - \lambda_{x0}p(x,0,t) = -\left(\frac{\mu}{k_y}\right)\psi_{x0}(x,t)$ and $\mathrm{N}_{xb} \equiv \frac{\partial p(x,b,t)}{\partial y} = -\left(\frac{\mu}{k_y}\right)\psi_{xb}(x,t)$ 193

7.21 The problem of 7.1, except $\mathrm{D}_{0y} \equiv p(0,y,t) = \psi_{0y}(y,t)$, $\mathrm{R}_{ay} \equiv \frac{\partial p(a,y,t)}{\partial x} + \lambda_{ay}p(a,y,t) = -\left(\frac{\mu}{k_x}\right)\psi_{ay}(y,t)$, $\mathrm{R}_{x0} \equiv \frac{\partial p(x,0,t)}{\partial y} - \lambda_{x0}p(x,0,t) = -\left(\frac{\mu}{k_y}\right)\psi_{x0}(x,t)$ and $\mathrm{N}_{xb} \equiv \frac{\partial p(x,b,t)}{\partial y} = -\left(\frac{\mu}{k_y}\right)\psi_{xb}(x,t)$ 194

7.22 The problem of 7.1, except $\mathrm{D}_{0y} \equiv p(0,y,t) = \psi_{0y}(y,t)$, $\mathrm{D}_{ay} \equiv p(a,y,t) = \psi_{ay}(y,t)$, $\mathrm{R}_{x0} \equiv \frac{\partial p(x,0,t)}{\partial y} - \lambda_{x0}p(x,0,t) = -\left(\frac{\mu}{k_y}\right)\psi_{x0}(x,t)$ and $\mathrm{R}_{xb} \equiv \frac{\partial p(x,b,t)}{\partial y} + \lambda_{xb}p(x,b,t) = -\left(\frac{\mu}{k_y}\right)\psi_{xb}(x,t)$ 195

7.23 The problem of 7.1, except $\mathrm{D}_{0y} \equiv p(0,y,t) = \psi_{0y}(y,t)$, $\mathrm{N}_{ay} \equiv \frac{\partial p(a,y,t)}{\partial x} = -\left(\frac{\mu}{k_x}\right)\psi_{ay}(y,t)$, $\mathrm{R}_{x0} \equiv \frac{\partial p(x,0,t)}{\partial y} - \lambda_{x0}p(x,0,t) = -\left(\frac{\mu}{k_y}\right)\psi_{x0}(x,t)$, and $\mathrm{R}_{xb} \equiv \frac{\partial p(x,b,t)}{\partial y} + \lambda_{xb}p(x,b,t) = -\left(\frac{\mu}{k_y}\right)\psi_{xb}(x,t)$ 196

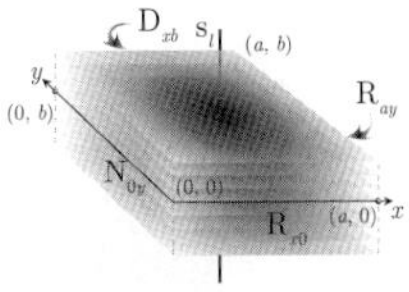
D_xb
R_ay
N_0y
R_x0
(0, 0)
(a, 0)
(0, b)
(a, b)

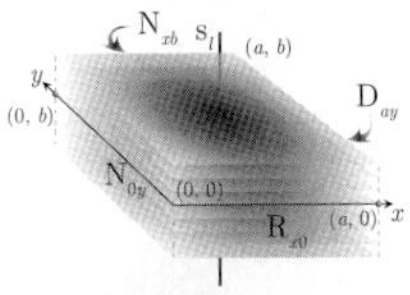
N_xb
D_ay
N_0y
R_x0

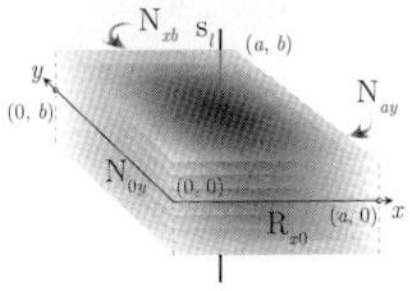
N_xb
N_ay
N_0y
R_x0

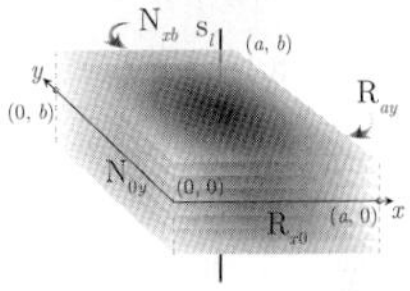
N_xb
R_ay
N_0y
R_x0

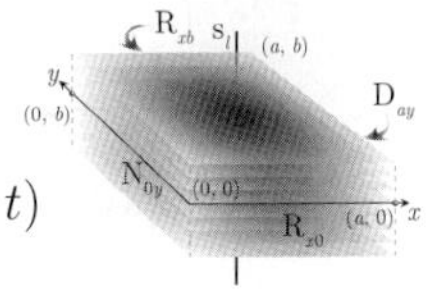
R_xb
D_ay
N_0y
R_x0

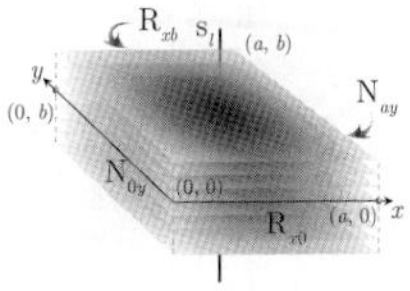
R_xb
N_ay
N_0y
R_x0

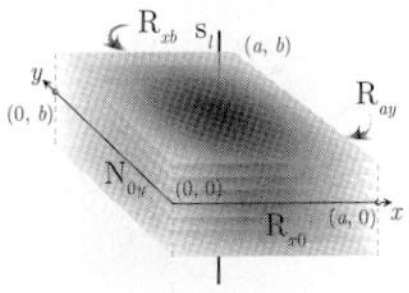
R_xb
R_ay
N_0y
R_x0

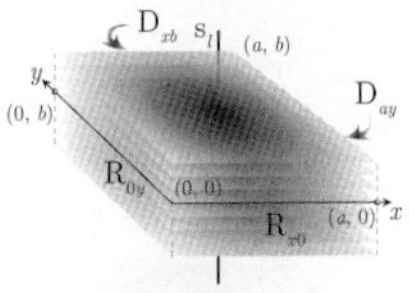
D_xb
D_ay
R_0y
R_x0

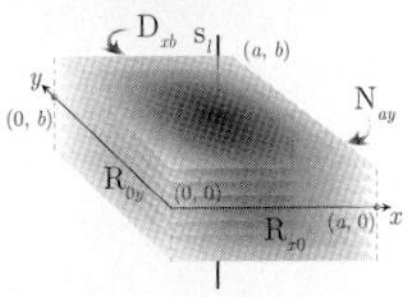
D_xb
N_ay
R_0y
R_x0

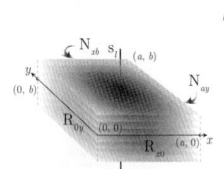

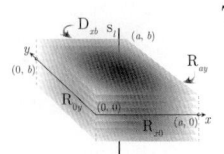

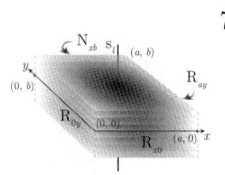

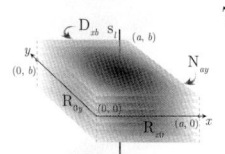

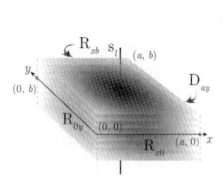

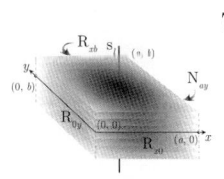

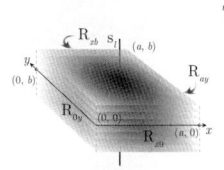

8.3 The problem of 8.2, except $D_{yz} \equiv p(0, y, z, t) = \psi_{yz}(y, z, t)$, $D_{xz} \equiv p(x, 0, z, t) = \psi_{xz}(x, z, t)$ and $N_{xy} \equiv \frac{\partial p(x,y,0,t)}{\partial z} = -\left(\frac{\mu}{k_z}\right)\psi_{xy}(x, y, t)$ 265

8.4 The problem of 8.2, except $D_{yz} \equiv p(0, y, z, t) = \psi_{yz}(y, z, t)$, $D_{xz} \equiv p(x, 0, z, t) = \psi_{xz}(x, z, t)$ and $R_{xy} \equiv \frac{\partial p(x,y,0,t)}{\partial z} - \lambda_z p(x, y, 0, t) = -\left(\frac{\mu}{k_z}\right)\psi_{xy}(x, y, t)$ 268

8.5 The problem of 8.2, except $D_{yz} \equiv p(0, y, z, t) = \psi_{yz}(y, z, t)$, $N_{xz} \equiv \frac{\partial p(x,0,z,t)}{\partial y} = -\left(\frac{\mu}{k_y}\right)\psi_{xz}(x, z, t)$ and $N_{xy} \equiv \frac{\partial p(x,y,0,t)}{\partial z} = -\left(\frac{\mu}{k_z}\right)\psi_{xy}(x, y, t)$ 269

8.6 The problem of 8.2, except $N_{yz} \equiv \frac{\partial p(0,y,z,t)}{\partial x} = -\left(\frac{\mu}{k_x}\right)\psi_{yz}(y, z, t)$, $N_{xz} \equiv \frac{\partial p(x,0,z,t)}{\partial y} = -\left(\frac{\mu}{k_y}\right)\psi_{xz}(x, z, t)$ and $N_{xy} \equiv \frac{\partial p(x,y,0,t)}{\partial z} = -\left(\frac{\mu}{k_z}\right)\psi_{xy}(x, y, t)$ 272

8.7 The problem of 8.2, except $D_{yz} \equiv p(0, y, z, t) = \psi_{yz}(y, z, t)$, $N_{xz} \equiv \frac{\partial p(x,0,z,t)}{\partial y} = -\left(\frac{\mu}{k_y}\right)\psi_{xz}(x, z, t)$ and $R_{xy} \equiv \frac{\partial p(x,y,0,t)}{\partial z} - \lambda_z p(x, y, 0, t) = -\left(\frac{\mu}{k_z}\right)\psi_{xy}(x, y, t)$ 274

8.8 The problem of 8.2, except $N_{yz} \equiv \frac{\partial p(0,y,z,t)}{\partial x} = -\left(\frac{\mu}{k_x}\right)\psi_{yz}(y, z, t)$, $N_{xz} \equiv \frac{\partial p(x,0,z,t)}{\partial y} = -\left(\frac{\mu}{k_y}\right)\psi_{xz}(x, z, t)$ and $R_{xy} \equiv \frac{\partial p(x,y,0,t)}{\partial z} - \lambda_z p(x, y, 0, t) = -\left(\frac{\mu}{k_z}\right)\psi_{xy}(x, y, t)$ 275

8.9 The problem of 8.2, except $D_{yz} \equiv p(0, y, z, t) = \psi_{yz}(y, z, t)$, $R_{xz} \equiv \frac{\partial p(x,0,z,t)}{\partial y} - \lambda_y p(x, 0, z, t) = -\left(\frac{\mu}{k_y}\right)\psi_{xz}(x, z, t)$ and $R_{xy} \equiv \frac{\partial p(x,y,0,t)}{\partial z} - \lambda_z p(x, y, 0, t) = -\left(\frac{\mu}{k_z}\right)\psi_{xy}(x, y, t)$ 276

8.10 The problem of 8.2, except $N_{yz} \equiv \frac{\partial p(0,y,z,t)}{\partial x} = -\left(\frac{\mu}{k_x}\right)\psi_{yz}(y, z, t)$, $R_{xz} \equiv \frac{\partial p(x,0,z,t)}{\partial y} - \lambda_y p(x, 0, z, t) = -\left(\frac{\mu}{k_y}\right)\psi_{xz}(x, z, t)$ and $R_{xy} \equiv \frac{\partial p(x,y,0,t)}{\partial z} - \lambda_z p(x, y, 0, t) = -\left(\frac{\mu}{k_z}\right)\psi_{xy}(x, y, t)$ 278

8.11 The problem of 8.2, except $R_{yz} \equiv \frac{\partial p(0,y,z,t)}{\partial x} - \lambda_x p(0, y, z, t) = -\left(\frac{\mu}{k_x}\right)\psi_{yz}(y, z, t)$, $R_{xz} \equiv \frac{\partial p(x,0,z,t)}{\partial y} - \lambda_y p(x, 0, z, t) = -\left(\frac{\mu}{k_y}\right)\psi_{xz}(x, z, t)$ and $R_{xy} \equiv \frac{\partial p(x,y,0,t)}{\partial z} - \lambda_z p(x, y, 0, t) = -\left(\frac{\mu}{k_z}\right)\psi_{xy}(x, y, t)$ 279

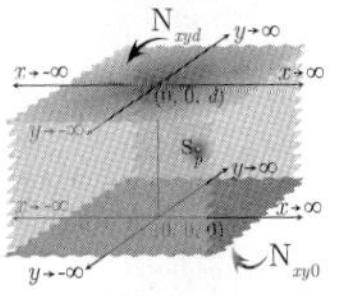

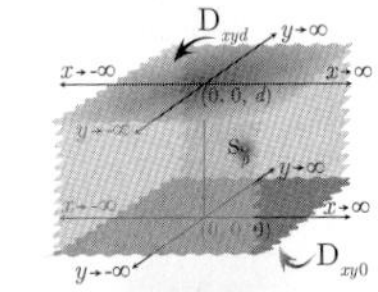

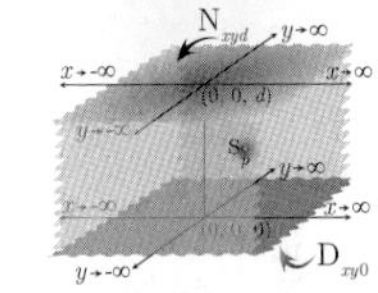

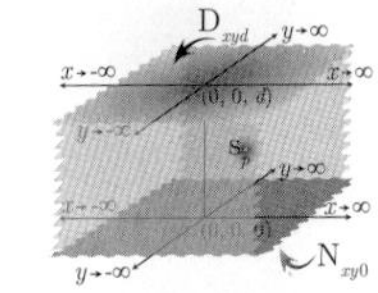

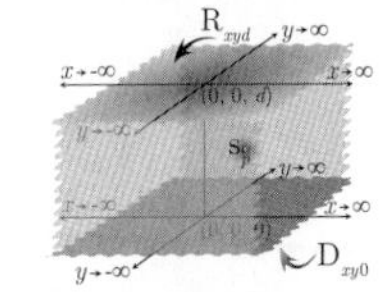

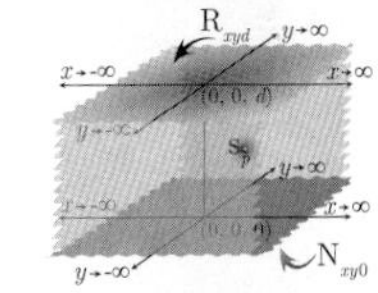

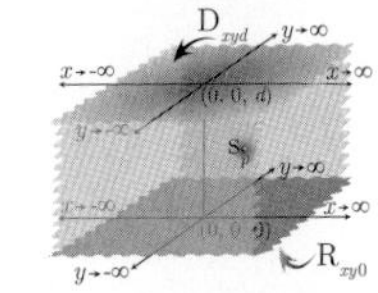

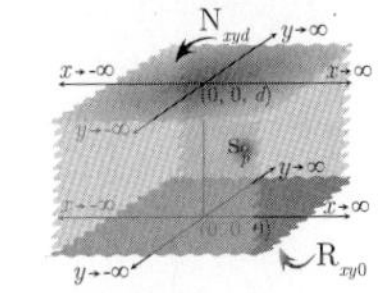

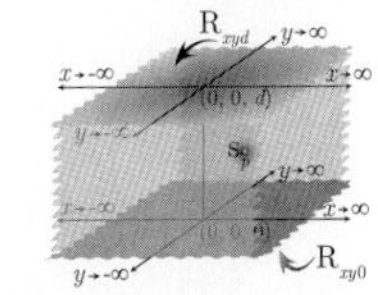

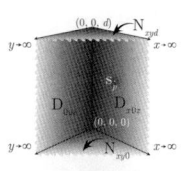

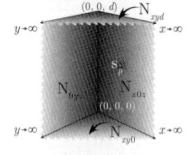

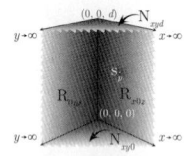

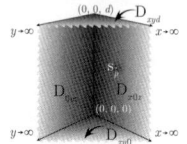

10 Octant layer. Infinite and semi-infinite continua. $p(x,\ y,\ z,\ t)$ is a function of x, y, z and t only **327**

10.1 An infinite continuum in the region $-\infty < x < \infty$ and finite in the regions $0 < z < d$ and $0 < y < b$. Point source at $s_p \equiv (x_0, y_0, z_0)$ at time $t = t_0$; $-\infty < x_0 < \infty$, $0 < y_0 < b$, $0 < z_0 < d$, $t_0 \geq 0$. $N_{xy0} \equiv \frac{\partial p(x,y,0,t)}{\partial z} = -\left(\frac{\mu}{k_z}\right)\psi_{xy0}(x,y,t)$, $N_{xyd} \equiv \frac{\partial p(x,y,d,t)}{\partial z} = -\left(\frac{\mu}{k_z}\right)\psi_{xyd}(x,y,t)$, $D_{x0z} \equiv p(x,0,z,t) = \psi_{x0z}(x,z,t)$ and $D_{xbz} \equiv p(x,b,z,t) = \psi_{xbz}(x,z,t)$. The initial pressure $p(x,y,z,0) = \varphi(x,y,z)$; $\varphi(x,y,z)$ and its derivative tend to zero as $x \to \pm\infty$ 327

10.2 The problem of 10.1, except $N_{xy0} \equiv \frac{\partial p(x,y,0,t)}{\partial z} = -\left(\frac{\mu}{k_z}\right)\psi_{xy0}(x,y,t)$, $N_{xyd} \equiv \frac{\partial p(x,y,d,t)}{\partial z} = -\left(\frac{\mu}{k_z}\right)\psi_{xyd}(x,y,t)$, $N_{x0z} \equiv \frac{\partial p(x,0,z,t)}{\partial y} = -\left(\frac{\mu}{k_y}\right)\psi_{x0z}(x,z,t)$ and $N_{xbz} \equiv \frac{\partial p(x,b,z,t)}{\partial y} = -\left(\frac{\mu}{k_y}\right)\psi_{xbz}(x,z,t)$ 337

10.3 The problem of 10.1, except $N_{xy0} \equiv \frac{\partial p(x,y,0,t)}{\partial z} = -\left(\frac{\mu}{k_z}\right)\psi_{xy0}(x,y,t)$, $N_{xyd} \equiv \frac{\partial p(x,y,d,t)}{\partial z} = -\left(\frac{\mu}{k_z}\right)\psi_{xyd}(x,y,t)$, $D_{x0z} \equiv p(x,0,z,t) = \psi_{x0z}(x,z,t)$ and $N_{xbz} \equiv \frac{\partial p(x,b,z,t)}{\partial y} = -\left(\frac{\mu}{k_y}\right)\psi_{xbz}(x,z,t)$ 337

10.4 The problem of 10.1, except $N_{xy0} \equiv \frac{\partial p(x,y,0,t)}{\partial z} = -\left(\frac{\mu}{k_z}\right)\psi_{xy0}(x,y,t)$, $N_{xyd} \equiv \frac{\partial p(x,y,d,t)}{\partial z} = -\left(\frac{\mu}{k_z}\right)\psi_{xyd}(x,y,t)$, $N_{x0z} \equiv \frac{\partial p(x,0,z,t)}{\partial y} = -\left(\frac{\mu}{k_y}\right)\psi_{x0z}(x,z,t)$ and $D_{xbz} \equiv p(x,b,z,t) = \psi_{xbz}(x,z,t)$ 338

10.5 The problem of 10.1, except $N_{xy0} \equiv \frac{\partial p(x,y,0,t)}{\partial z} = -\left(\frac{\mu}{k_z}\right)\psi_{xy0}(x,y,t)$, $N_{xyd} \equiv \frac{\partial p(x,y,d,t)}{\partial z} = -\left(\frac{\mu}{k_z}\right)\psi_{xyd}(x,y,t)$, $D_{x0z} \equiv p(x,0,z,t) = \psi_{x0z}(x,z,t)$ and $R_{xbz} \equiv \frac{\partial p(x,b,z,t)}{\partial y} + \lambda p(x,b,z,t) = -\left(\frac{\mu}{k_y}\right)\psi_{xbz}(x,z,t)$ 339

10.6 The problem of 10.1, except $N_{xy0} \equiv \frac{\partial p(x,y,0,t)}{\partial z} = -\left(\frac{\mu}{k_z}\right)\psi_{xy0}(x,y,t)$, $N_{xyd} \equiv \frac{\partial p(x,y,d,t)}{\partial z} = -\left(\frac{\mu}{k_z}\right)\psi_{xyd}(x,y,t)$, $N_{x0z} \equiv \frac{\partial p(x,0,z,t)}{\partial y} = -\left(\frac{\mu}{k_y}\right)\psi_{x0z}(x,z,t)$ and $R_{xbz} \equiv \frac{\partial p(x,b,z,t)}{\partial y} + \lambda p(x,b,z,t) = -\left(\frac{\mu}{k_y}\right)\psi_{xbz}(x,z,t)$ 340

10.7 The problem of 10.1, except $N_{xy0} \equiv \frac{\partial p(x,y,0,t)}{\partial z} = -\left(\frac{\mu}{k_z}\right)\psi_{xy0}(x,y,t)$, $N_{xyd} \equiv \frac{\partial p(x,y,d,t)}{\partial z} = -\left(\frac{\mu}{k_z}\right)\psi_{xyd}(x,y,t)$, $R_{x0z} \equiv \frac{\partial p(x,0,z,t)}{\partial y} - \lambda p(x,0,z,t) = -\left(\frac{\mu}{k_y}\right)\psi_{x0z}(x,z,t)$ and $D_{xbz} \equiv p(x,b,z,t) = \psi_{xbz}(x,z,t)$ 341

10.8 The problem of 10.1, except $N_{xy0} \equiv \frac{\partial p(x,y,0,t)}{\partial z} = -\left(\frac{\mu}{k_z}\right)\psi_{xy0}(x,y,t)$, $N_{xyd} \equiv \frac{\partial p(x,y,d,t)}{\partial z} = -\left(\frac{\mu}{k_z}\right)\psi_{xyd}(x,y,t)$, $R_{x0z} \equiv \frac{\partial p(x,0,z,t)}{\partial y} - \lambda p(x,0,z,t) = -\left(\frac{\mu}{k_y}\right)\psi_{x0z}(x,z,t)$ and $N_{xbz} \equiv \frac{\partial p(x,b,z,t)}{\partial y} = -\left(\frac{\mu}{k_y}\right)\psi_{xbz}(x,z,t)$ 342

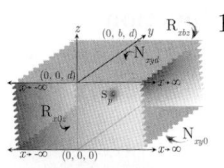

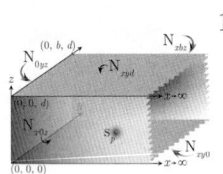

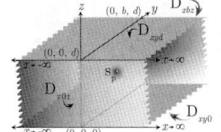

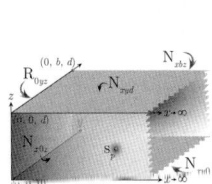

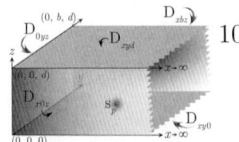

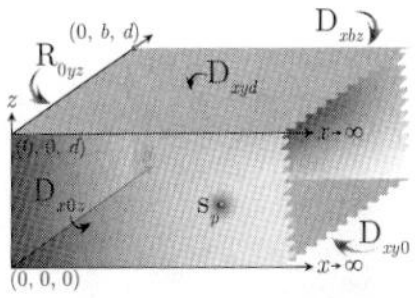

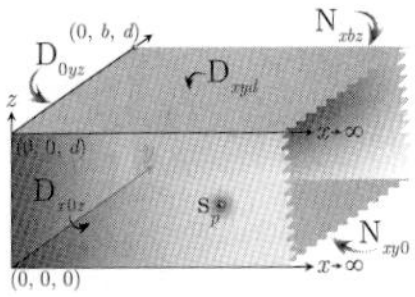

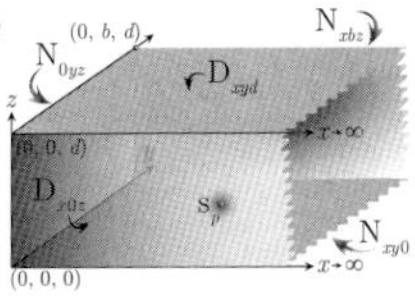

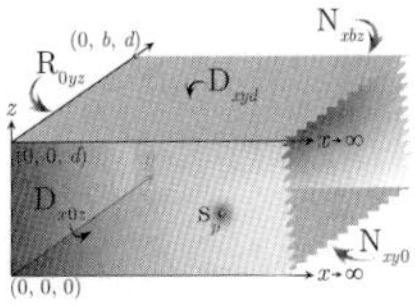

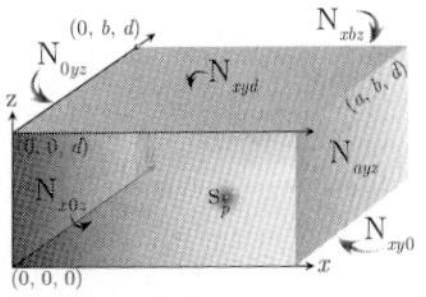

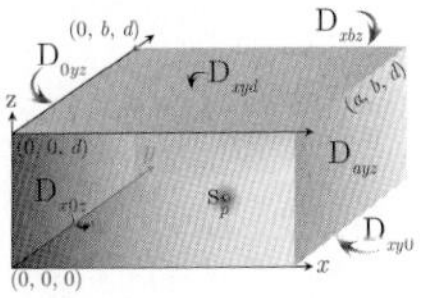

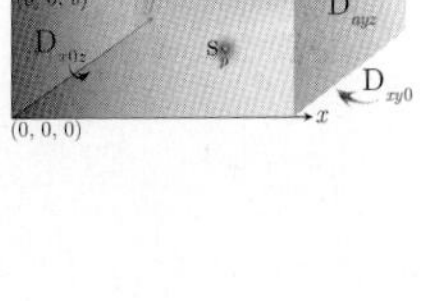

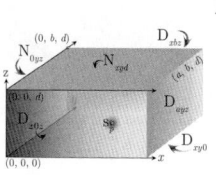

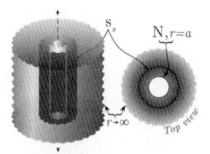

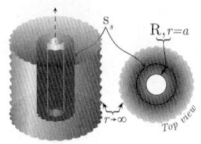

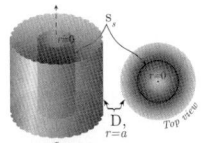

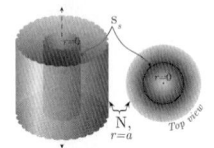

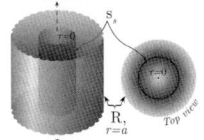

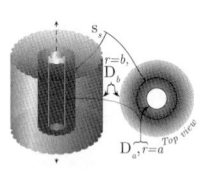

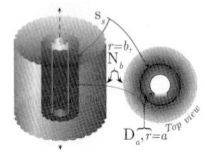

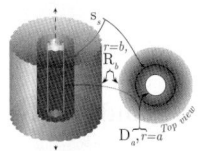

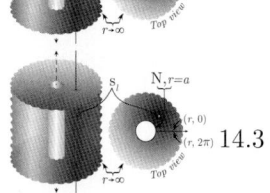

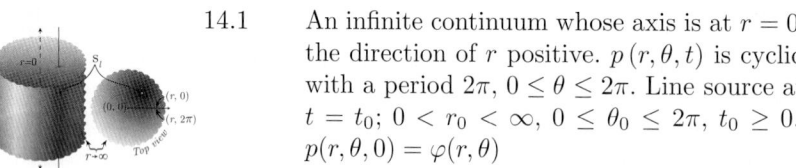

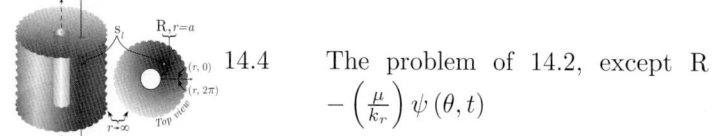

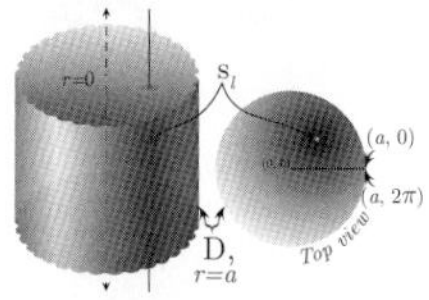

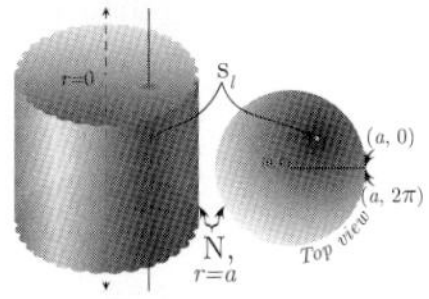

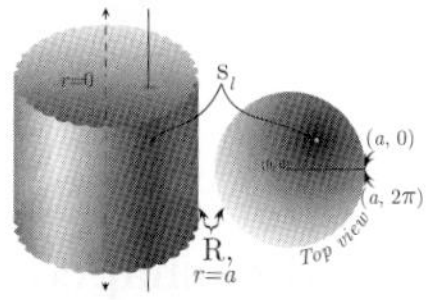

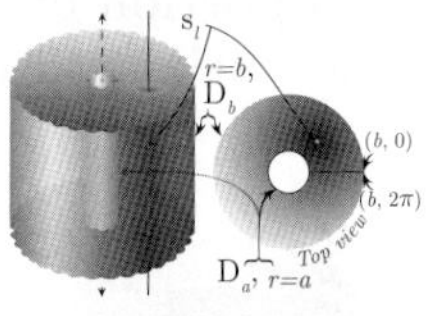

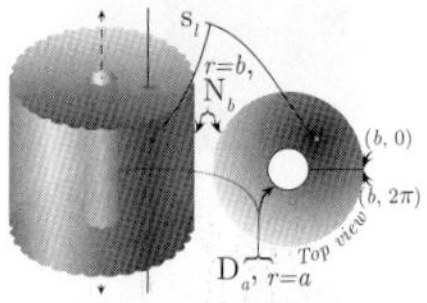

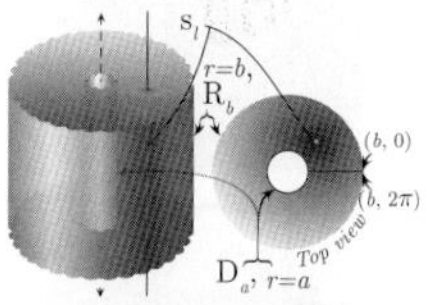

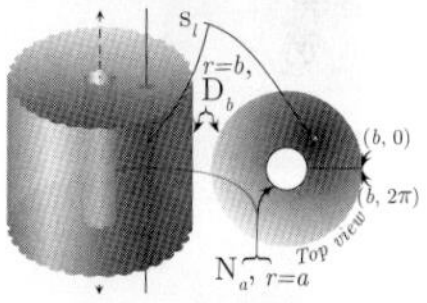

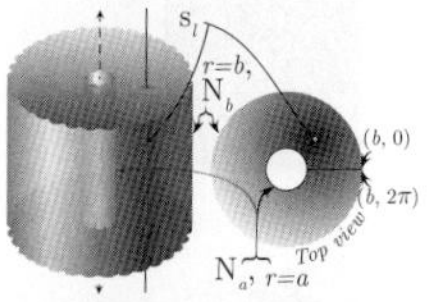

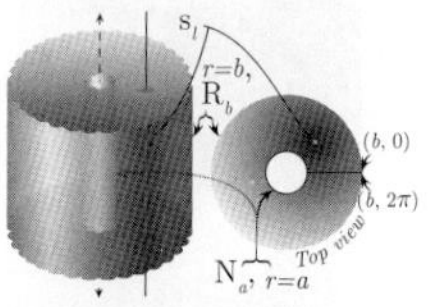

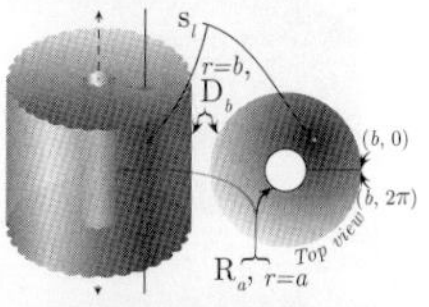

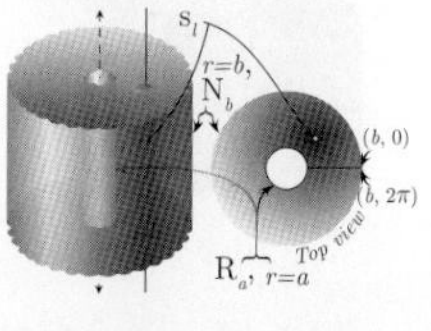

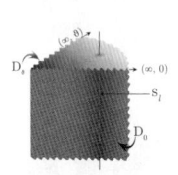

16.8 The problem of 16.1, except $\mathrm{R}_0 \equiv \frac{\partial p(r,0,t)}{\partial \theta} - \lambda p(r,0,t) = -\left(\frac{\mu}{k_\theta}\right)\psi_0(r,t)$ and $\mathrm{N}_\vartheta \equiv \frac{\partial p(r,\vartheta,t)}{\partial \theta} = -\left(\frac{\mu}{k_\theta}\right)\psi_\vartheta(r,t)$ 515

16.9 The problem of 16.1, except $\mathrm{R}_0 \equiv \frac{\partial p(r,0,t)}{\partial \theta} - \lambda_0 p(r,0,t) = -\left(\frac{\mu}{k_\theta}\right)\psi_0(r,t)$ and $\mathrm{R}_\vartheta \equiv \frac{\partial p(r,\vartheta,t)}{\partial \theta} + \lambda_\vartheta p(r,\vartheta,t) = -\left(\frac{\mu}{k_\theta}\right)\psi_\vartheta(r,t)$ 516

16.10 The problem of 16.1, except the continuum is bounded internally at $r = a$ and extends to ∞ in the direction of r positive, $0 \leq \theta \leq \vartheta$; $\vartheta < 2\pi$. Line source at $\mathrm{s}_l \equiv (r_0, \theta_0)$ at time $t = t_0$; $a < r_0 < \infty$, $0 \leq \theta_0 \leq \vartheta$, $t_0 \geq 0$. $\mathrm{D} \equiv p(a,\theta,t) = \psi(\theta,t)$, an arbitrary function of θ and t. $\mathrm{D}_0 \equiv p(r,0,t) = \psi_0(r,t)$ and $\mathrm{D}_\vartheta \equiv p(r,\vartheta,t) = \psi_\vartheta(r,t)$; $\psi_0(r,t)$ and $\psi_\vartheta(r,t)$ are arbitrary functions of r and t. The initial pressure $p(r,\theta,0) = \varphi(r,\theta)$ 518

16.11 The problem of 16.10, except $\mathrm{D}_0 \equiv p(r,0,t) = \psi_0(r,t)$, $\mathrm{N}_\vartheta \equiv \frac{\partial p(r,\vartheta,t)}{\partial \theta} = -\left(\frac{\mu}{k_\theta}\right)\psi_\vartheta(r,t)$ and $\mathrm{D} \equiv p(a,\theta,t) = \psi(\theta,t)$ 519

16.12 The problem of 16.10, except $\mathrm{D}_0 \equiv p(r,0,t) = \psi_0(r,t)$, $\mathrm{R}_\vartheta \equiv \frac{\partial p(r,\vartheta,t)}{\partial \theta} + \lambda p(r,\vartheta,t) = -\left(\frac{\mu}{k_\theta}\right)\psi_\vartheta(r,t)$ and $\mathrm{D} \equiv p(a,\theta,t) = \psi(\theta,t)$ 520

16.13 The problem of 16.10, except $\mathrm{N}_0 \equiv \frac{\partial p(r,0,t)}{\partial \theta} = -\left(\frac{\mu}{k_\theta}\right)\psi_0(r,t)$, $\mathrm{D}_\vartheta \equiv p(r,\vartheta,t) = \psi_\vartheta(r,t)$ and $\mathrm{D} \equiv p(a,\theta,t) = \psi(\theta,t)$ 522

16.14 The problem of 16.10, except $\mathrm{N}_0 \equiv \frac{\partial p(r,0,t)}{\partial \theta} = -\left(\frac{\mu}{k_\theta}\right)\psi_0(r,t)$, $\mathrm{N}_\vartheta \equiv \frac{\partial p(r,\vartheta,t)}{\partial \theta} = -\left(\frac{\mu}{k_\theta}\right)\psi_\vartheta(r,t)$ and $\mathrm{D} \equiv p(a,\theta,t) = \psi(\theta,t)$ 523

16.15 The problem of 16.10, except $\mathrm{N}_0 \equiv \frac{\partial p(r,0,t)}{\partial \theta} = -\left(\frac{\mu}{k_\theta}\right)\psi_0(r,t)$, $\mathrm{R}_\vartheta \equiv \frac{\partial p(r,\vartheta,t)}{\partial \theta} + \lambda p(r,\vartheta,t) = -\left(\frac{\mu}{k_\theta}\right)\psi_\vartheta(r,t)$ and $\mathrm{D} \equiv p(a,\theta,t) = \psi(\theta,t)$ 524

16.16 The problem of 16.10, except $\mathrm{R}_0 \equiv \frac{\partial p(r,0,t)}{\partial \theta} - \lambda p(r,0,t) = -\left(\frac{\mu}{k_\theta}\right)\psi_0(r,t)$, $\mathrm{D}_\vartheta \equiv p(r,\vartheta,t) = \psi_\vartheta(r,t)$ and $\mathrm{D} \equiv p(a,\theta,t) = \psi(\theta,t)$ 526

16.17 The problem of 16.10, except $\mathrm{R}_0 \equiv \frac{\partial p(r,0,t)}{\partial \theta} - \lambda p(r,0,t) = -\left(\frac{\mu}{k_\theta}\right)\psi_0(r,t)$, $\mathrm{N}_\vartheta \equiv \frac{\partial p(r,\vartheta,t)}{\partial \theta} = -\left(\frac{\mu}{k_\theta}\right)\psi_\vartheta(r,t)$ and $\mathrm{D} \equiv p(a,\theta,t) = \psi(\theta,t)$ 527

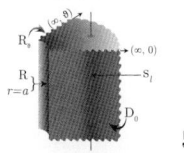

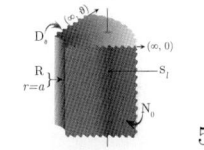

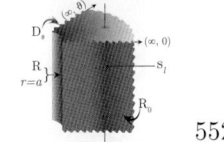

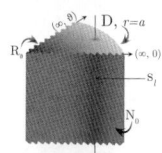

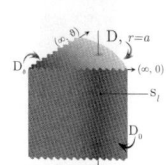

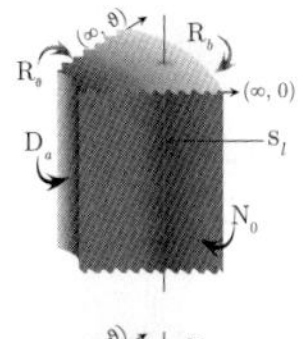

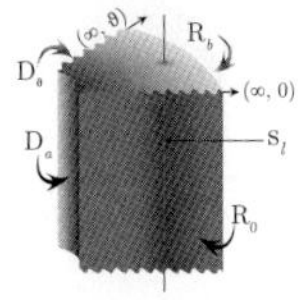

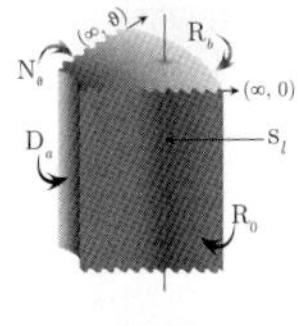

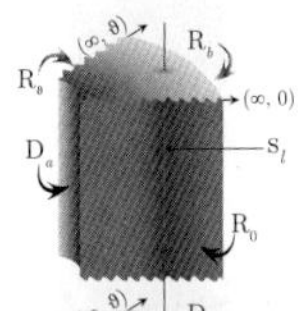

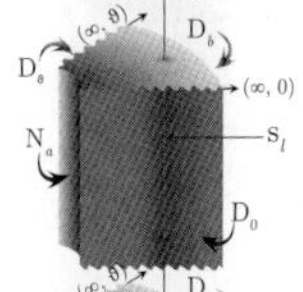

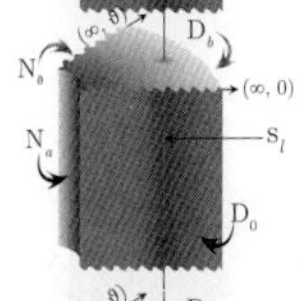

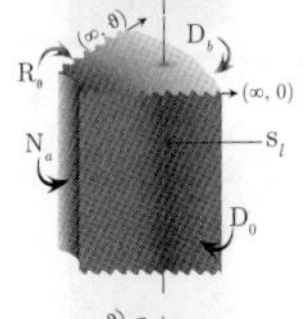

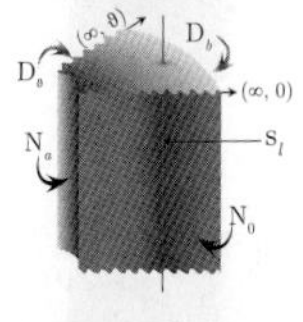

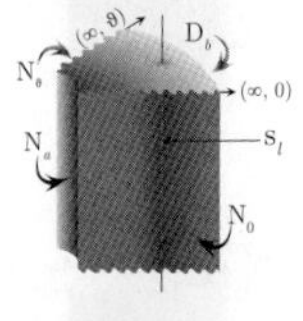

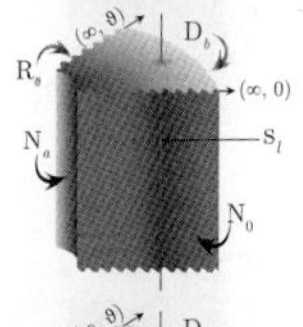

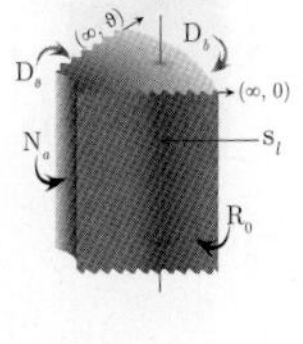

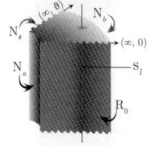

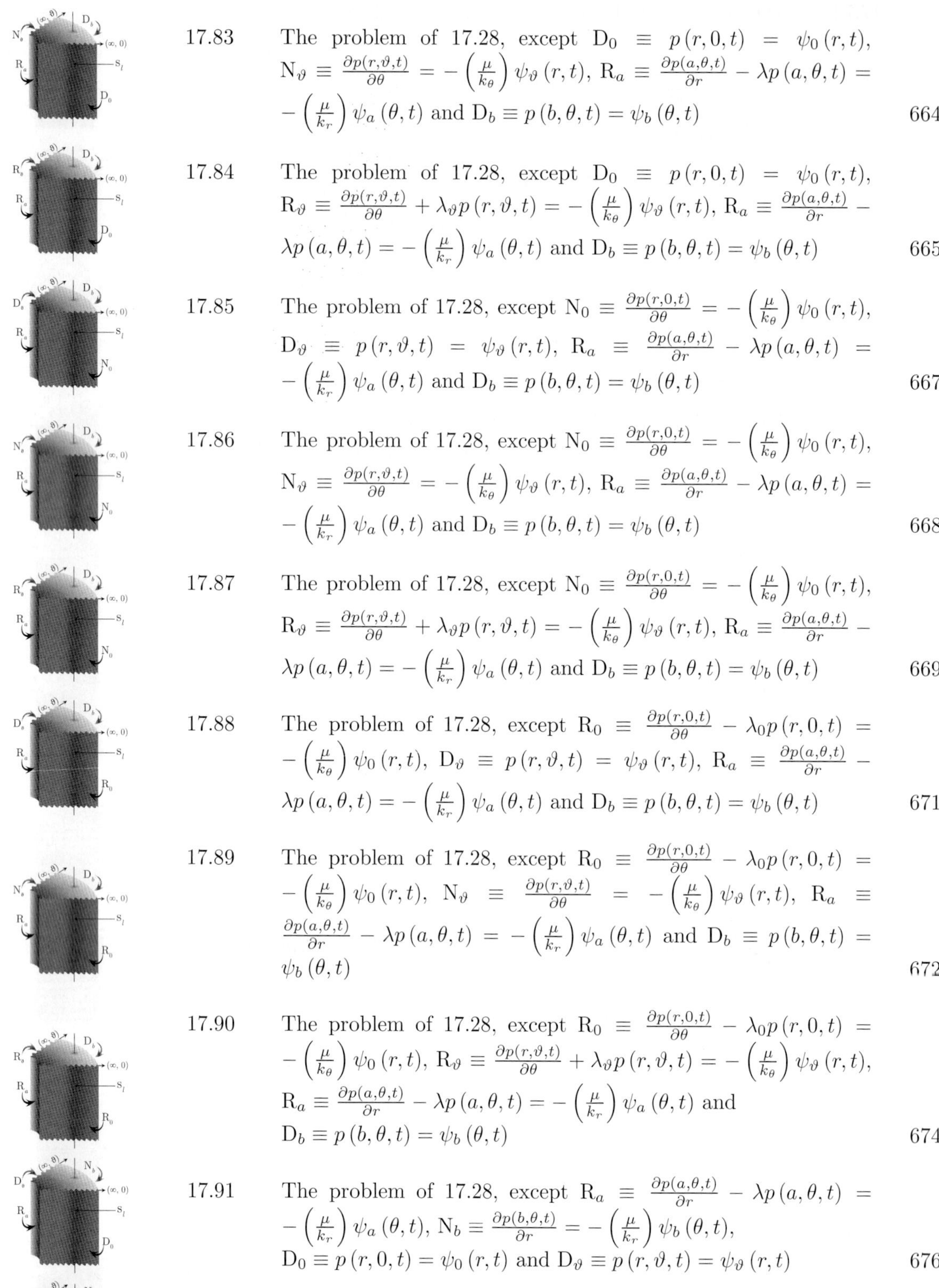

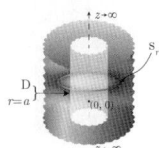

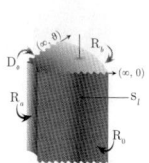

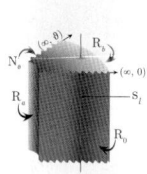

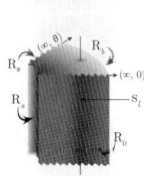

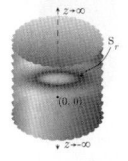

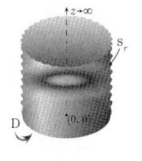

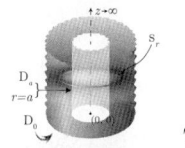

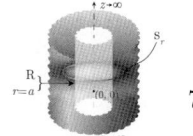

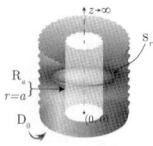

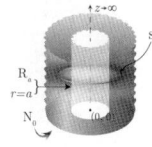

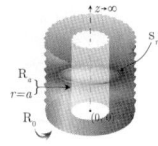

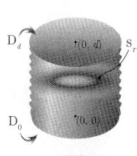

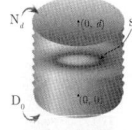

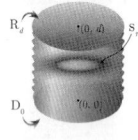

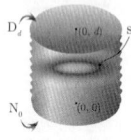

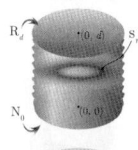

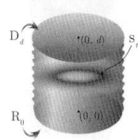

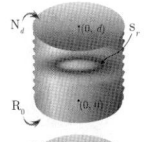

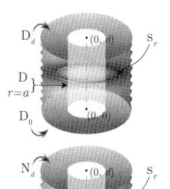

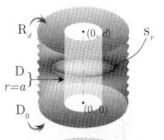

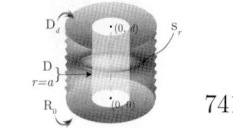

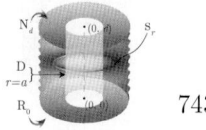

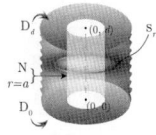

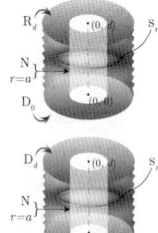

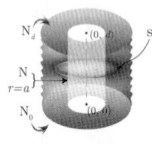

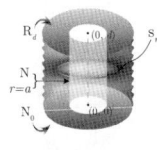

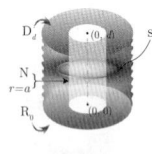

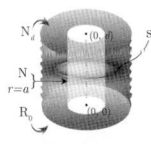

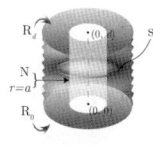

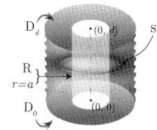

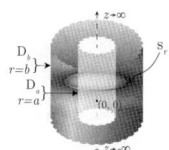

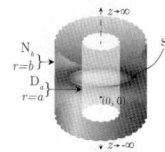

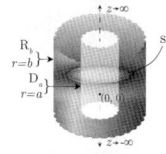

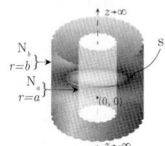

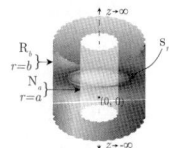

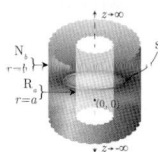

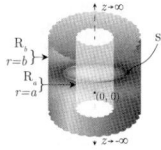

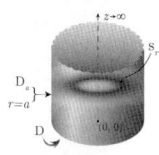

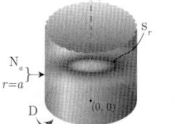

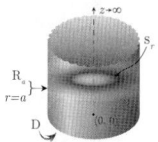

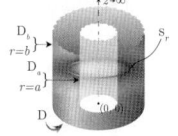

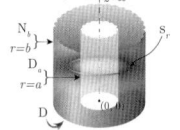

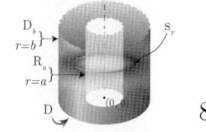

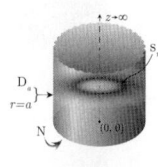

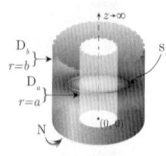

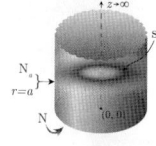

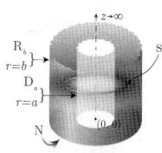

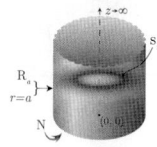

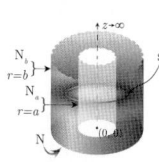

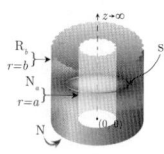

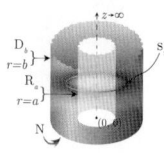

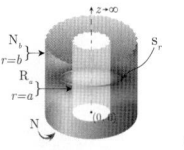

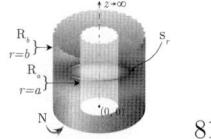

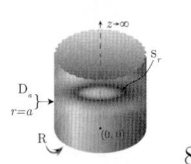

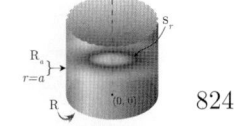

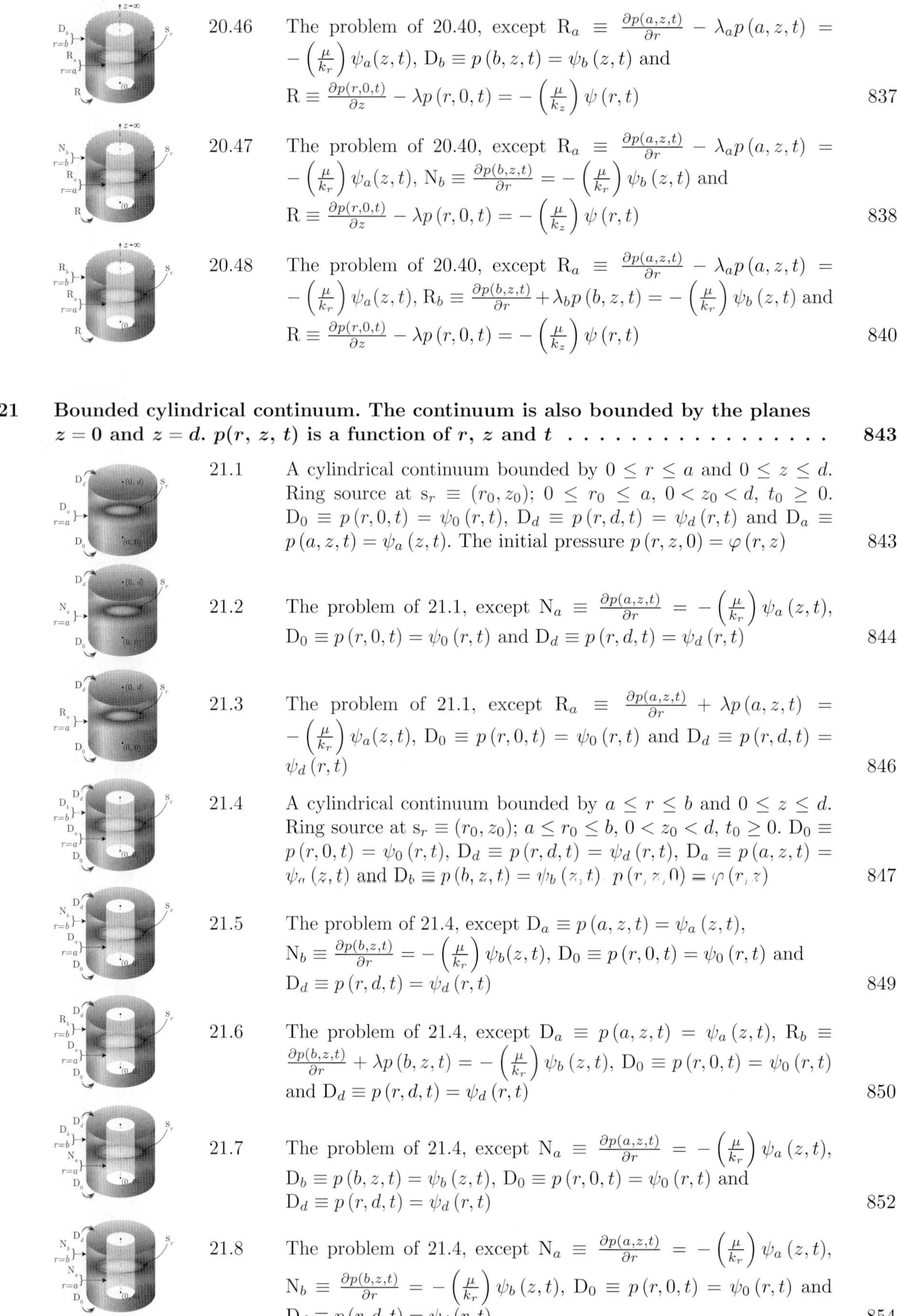

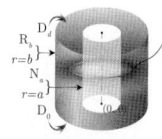

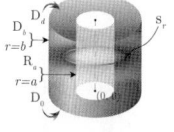

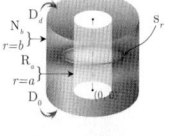

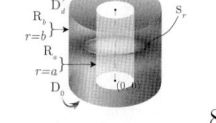

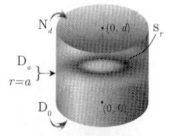

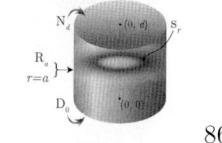

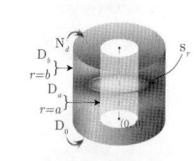

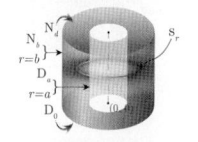

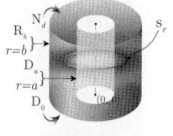

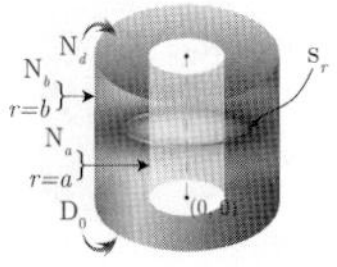

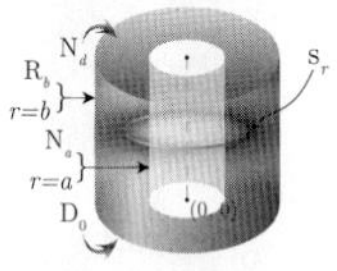

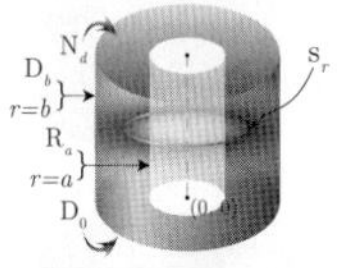

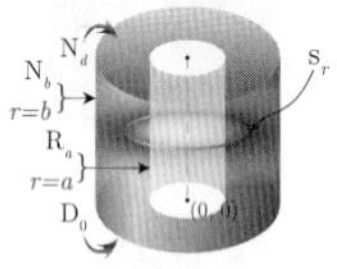

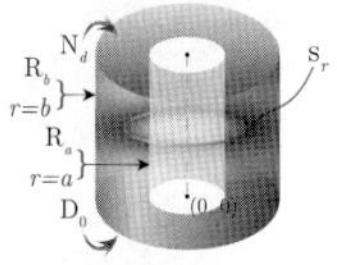

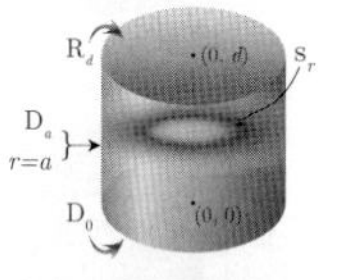

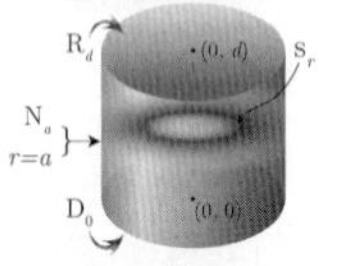

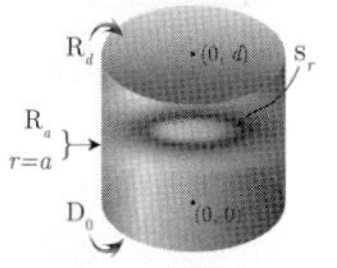

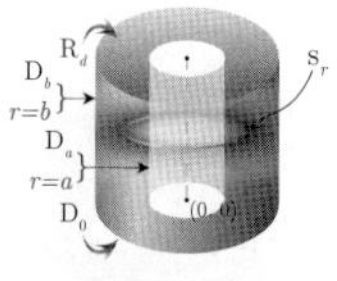

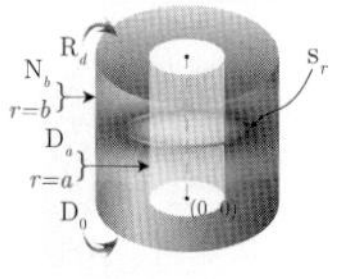

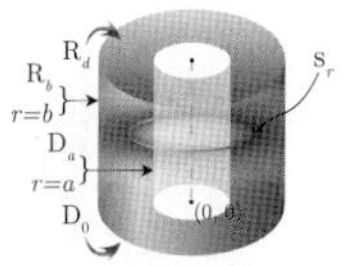

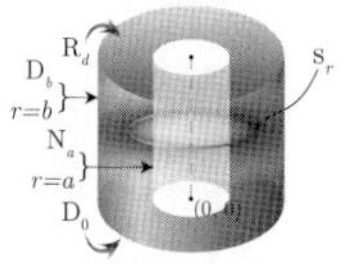

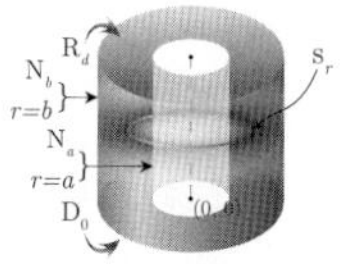

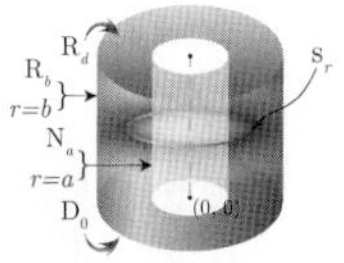

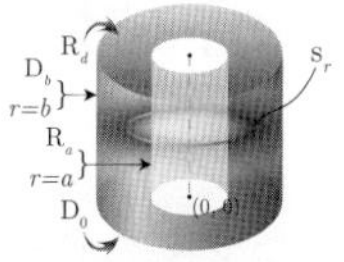

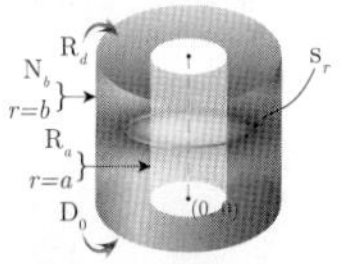

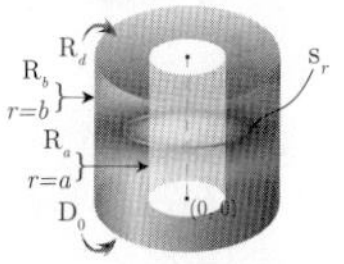

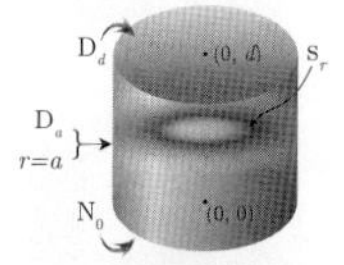

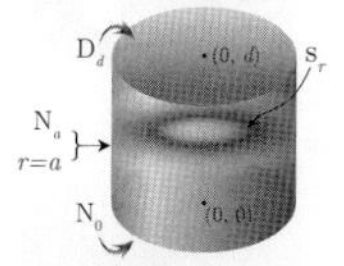

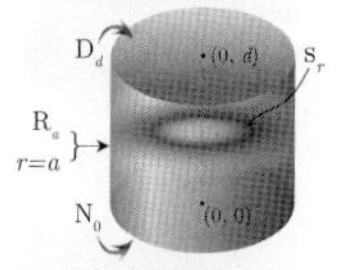

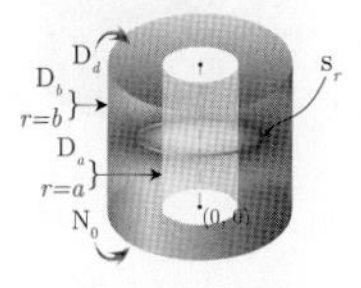

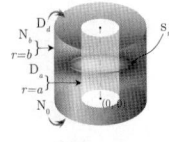

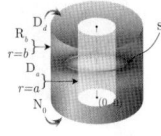

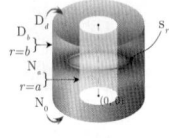

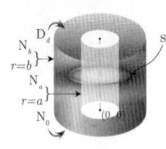

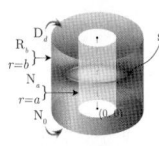

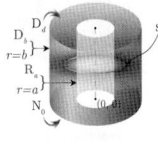

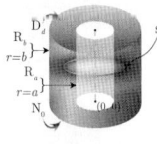

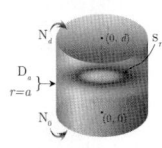

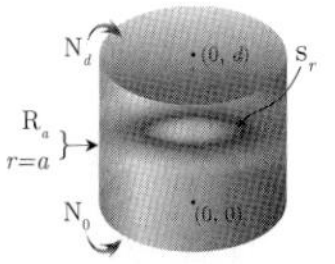

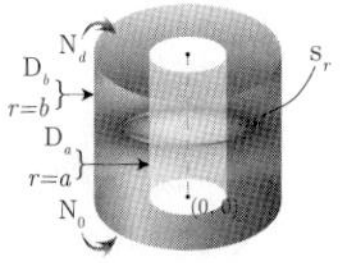

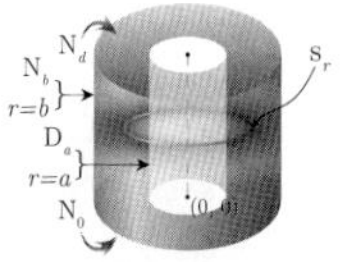

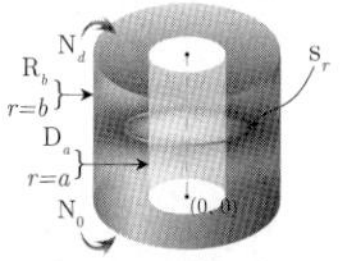

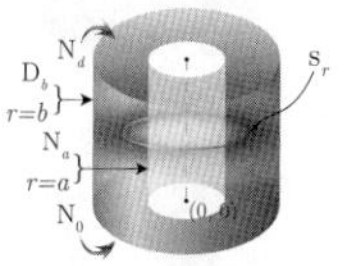

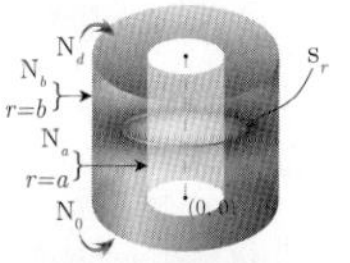

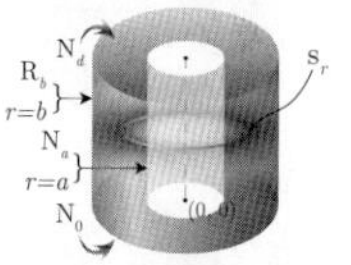

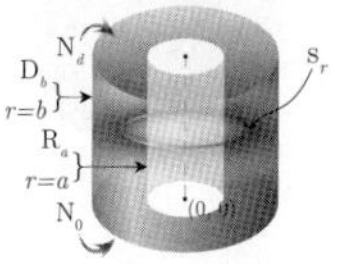

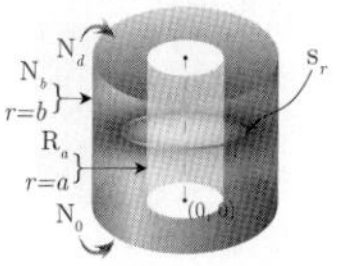

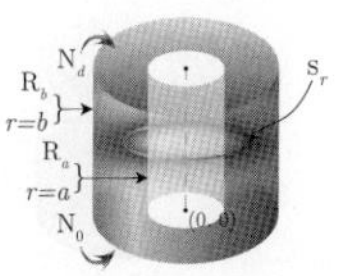

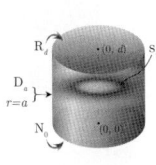

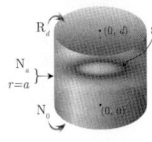

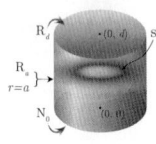

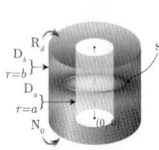

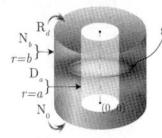

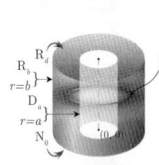

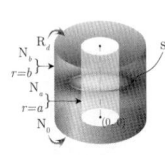

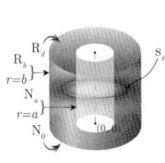

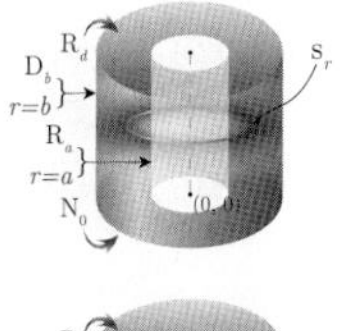

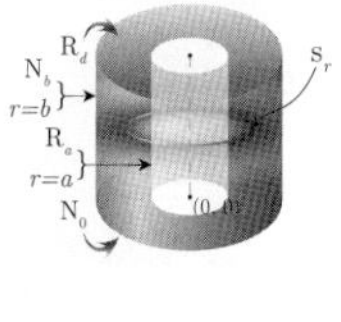

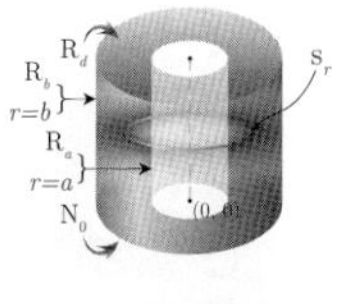

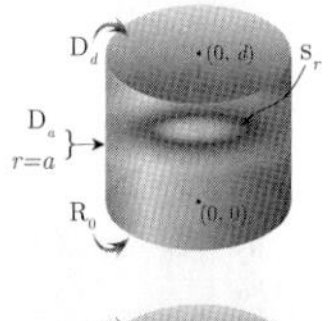

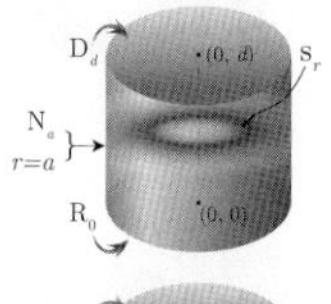

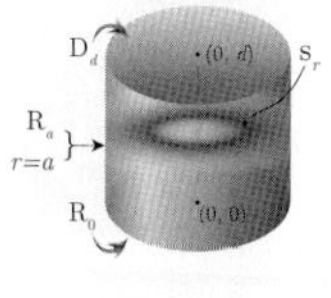

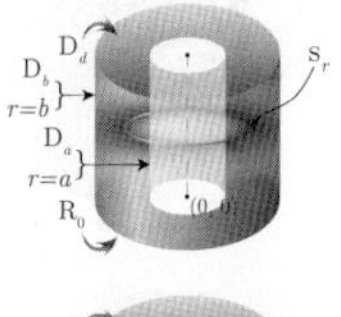

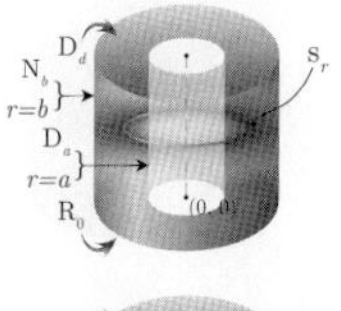

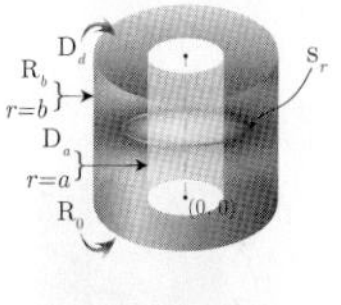

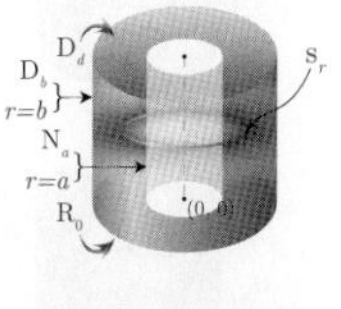

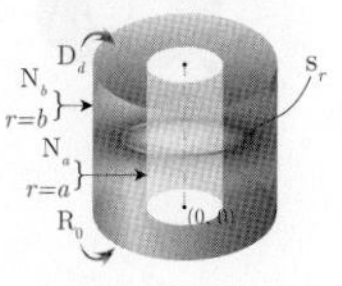

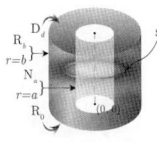

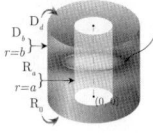

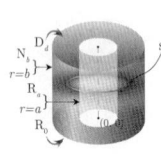

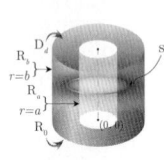

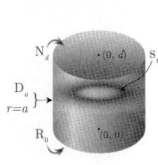

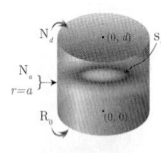

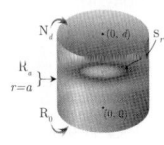

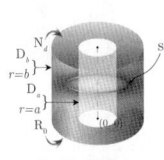

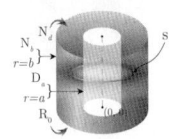

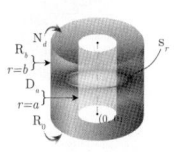

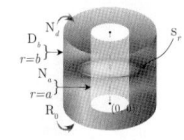

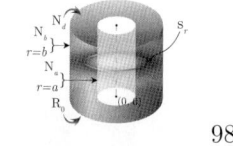

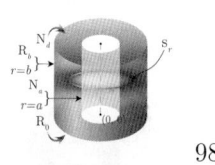

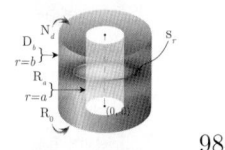

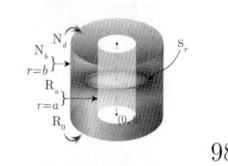

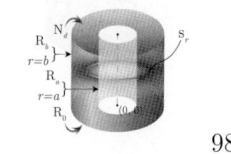

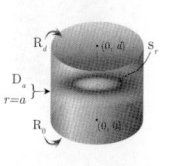

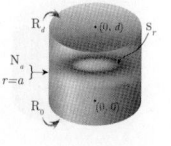

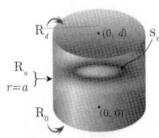

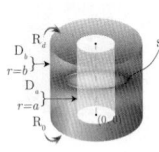

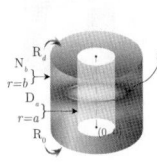

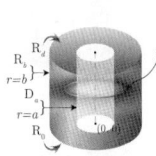

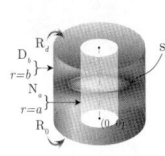

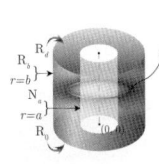

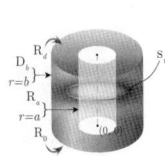

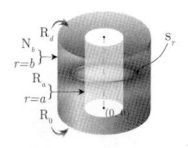

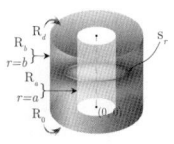

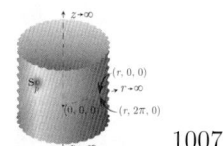

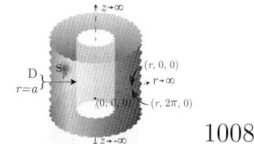

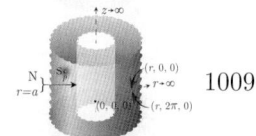

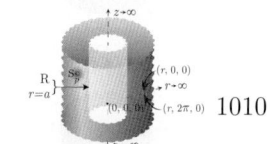

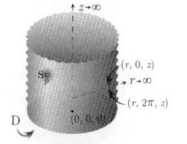

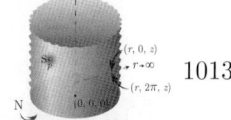

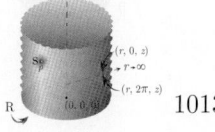

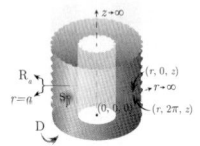

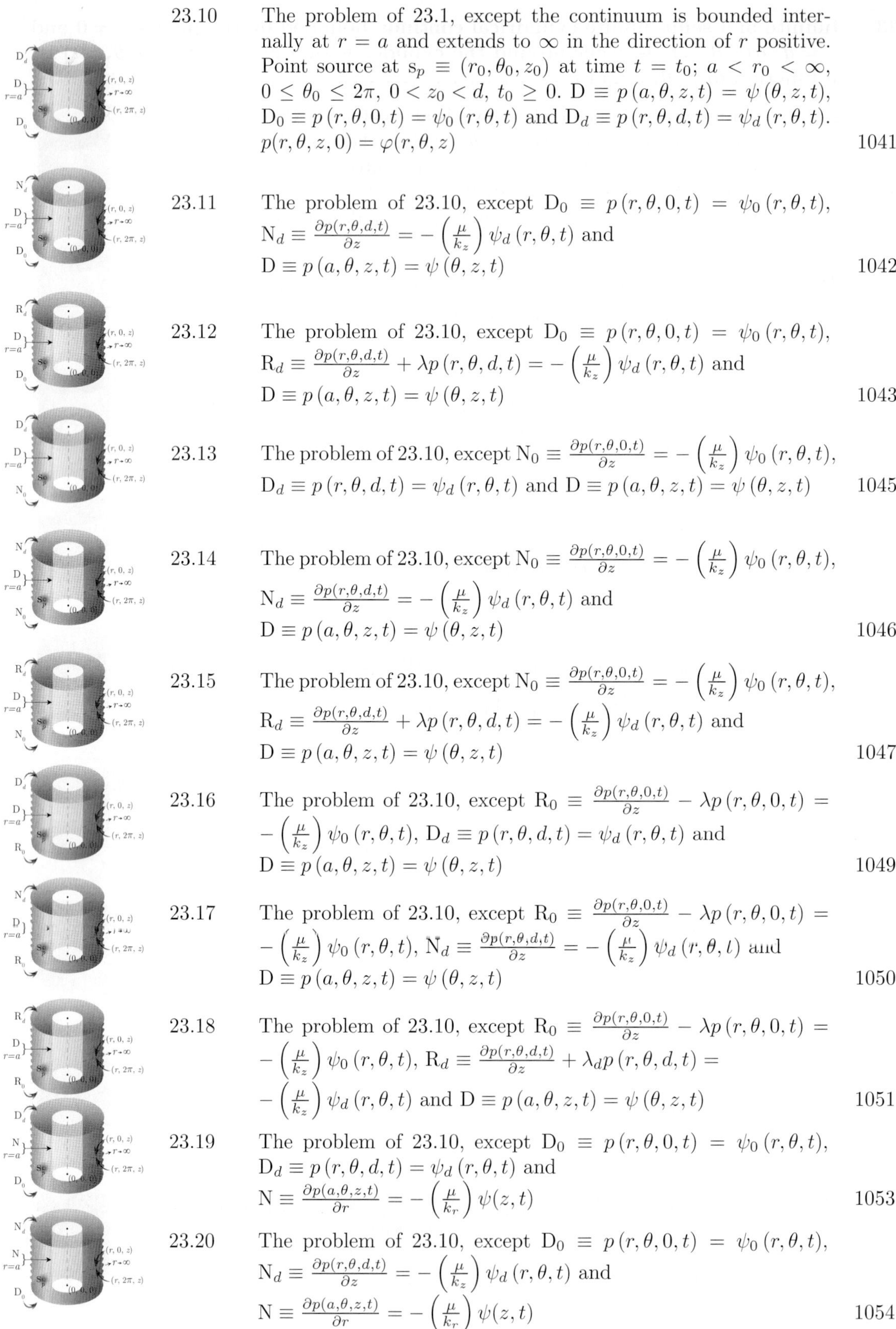

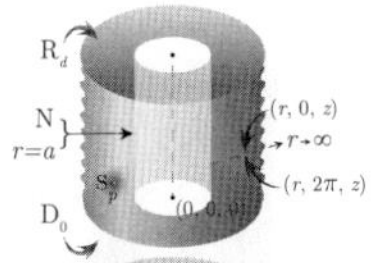

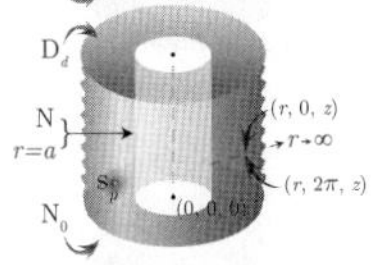

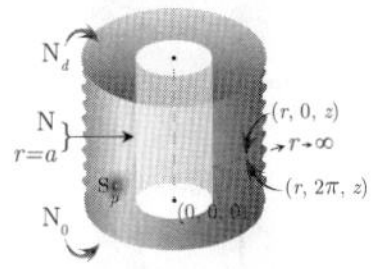

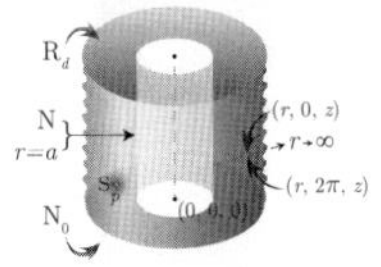

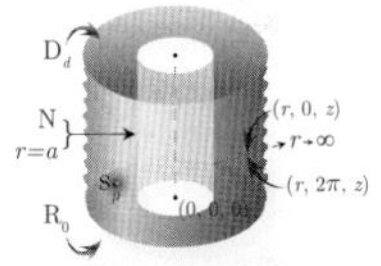

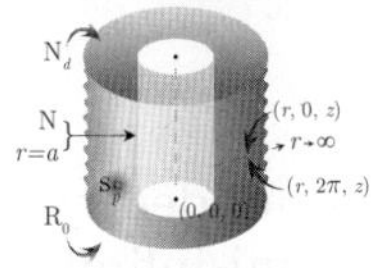

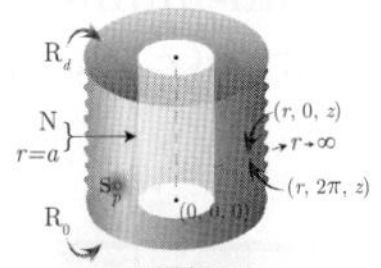

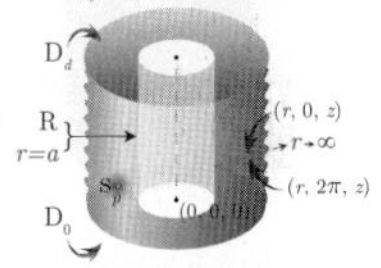

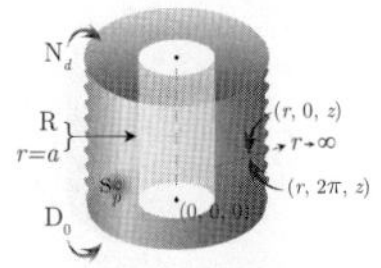

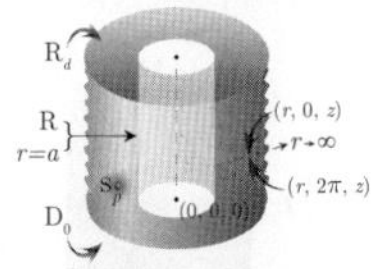

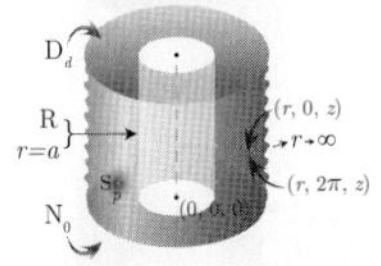

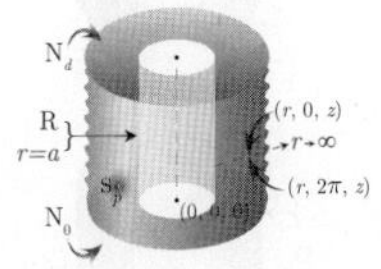

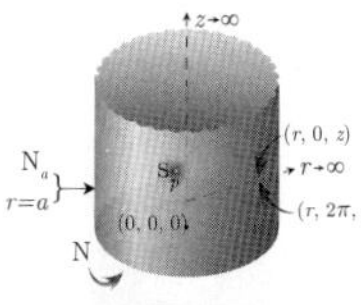

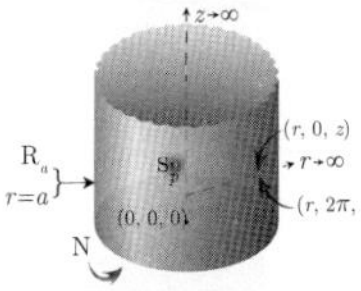

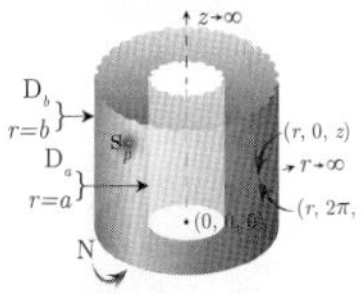

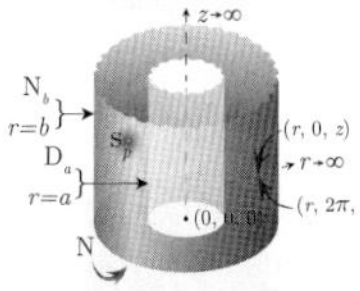

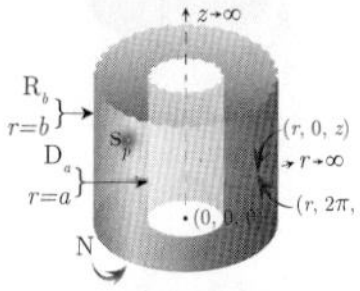

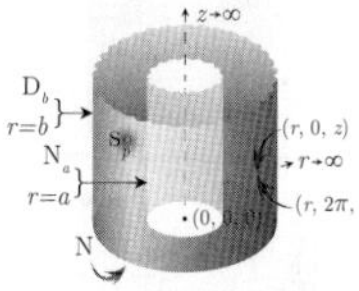

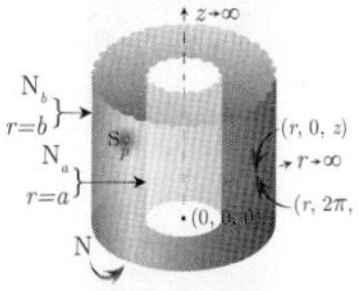

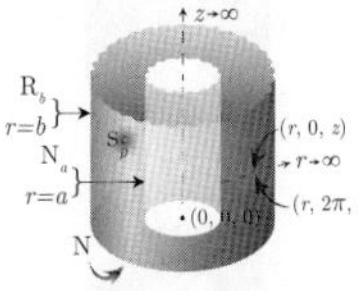

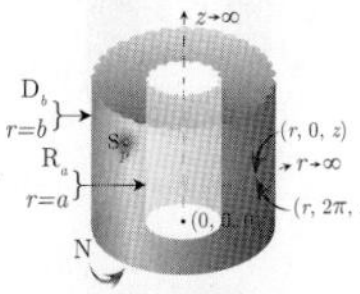

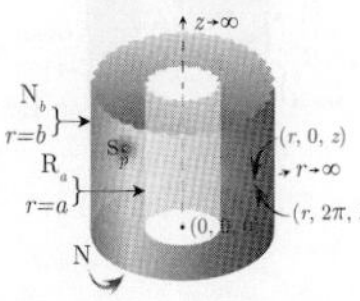

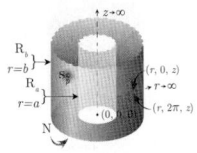

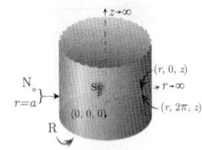

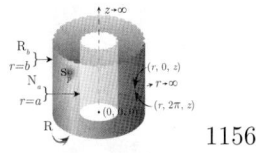

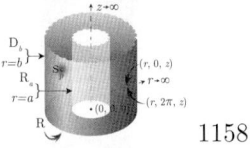

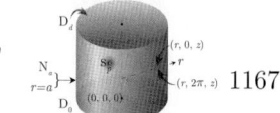

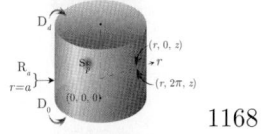

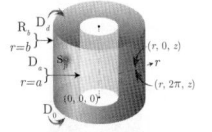

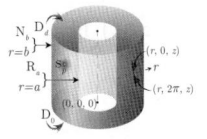

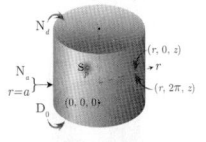

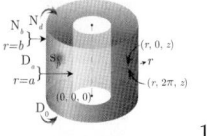

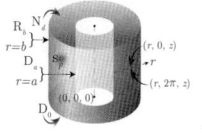

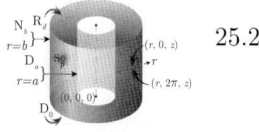

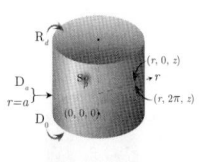

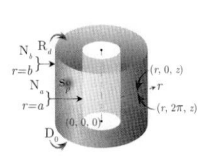

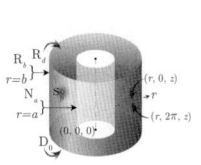

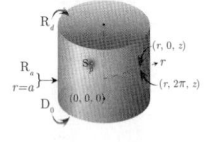

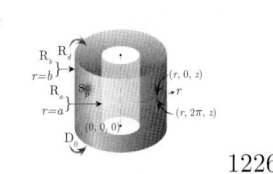

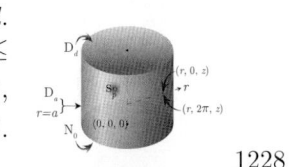

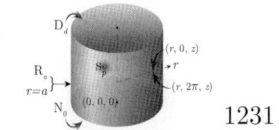

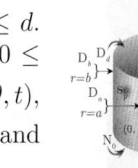

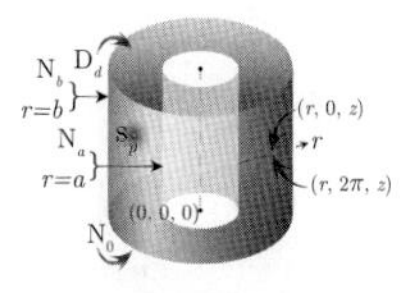

25.44 The problem of 25.40, except $N_a \equiv \frac{\partial p(a,\theta,z,t)}{\partial r} = -\left(\frac{\mu}{k_r}\right)\psi_a(\theta,z,t)$, $N_b \equiv \frac{\partial p(b,\theta,z,t)}{\partial r} = -\left(\frac{\mu}{k_r}\right)\psi_b(\theta,z,t)$, $N_0 \equiv \frac{\partial p(r,\theta,0,t)}{\partial z} = -\left(\frac{\mu}{k_z}\right)\psi_0(r,\theta,t)$ and $D_d \equiv p(r,\theta,d,t) = \psi_d(r,\theta,t)$ 1240

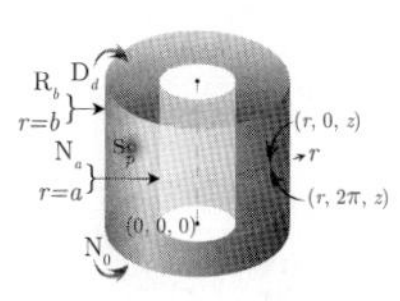

25.45 The problem of 25.40, except $N_a \equiv \frac{\partial p(a,\theta,z,t)}{\partial r} = -\left(\frac{\mu}{k_r}\right)\psi_a(\theta,z,t)$, $R_b \equiv \frac{\partial p(b,\theta,z,t)}{\partial r} + \lambda p(b,\theta,z,t) = -\left(\frac{\mu}{k_r}\right)\psi_b(\theta,z,t)$, $N_0 \equiv \frac{\partial p(r,\theta,0,t)}{\partial z} = -\left(\frac{\mu}{k_z}\right)\psi_0(r,\theta,t)$ and $D_d \equiv p(r,\theta,d,t) = \psi_d(r,\theta,t)$ 1242

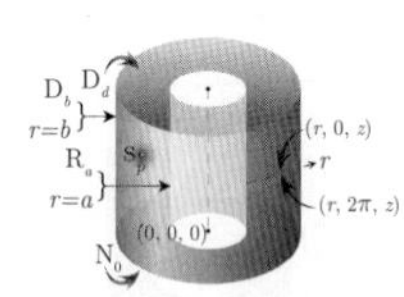

25.46 The problem of 25.40, except $R_a \equiv \frac{\partial p(a,\theta,z,t)}{\partial r} - \lambda p(a,\theta,z,t) = -\left(\frac{\mu}{k_r}\right)\psi_a(\theta,z,t)$, $D_b \equiv p(b,\theta,z,t) = \psi_b(\theta,z,t)$, $N_0 \equiv \frac{\partial p(r,\theta,0,t)}{\partial z} = -\left(\frac{\mu}{k_z}\right)\psi_0(r,\theta,t)$ and $D_d \equiv p(r,\theta,d,t) = \psi_d(r,\theta,t)$ 1244

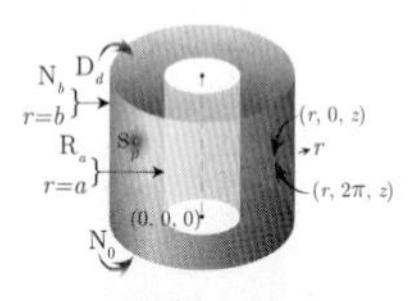

25.47 The problem of 25.40, except $R_a \equiv \frac{\partial p(a,\theta,z,t)}{\partial r} - \lambda p(a,\theta,z,t) = -\left(\frac{\mu}{k_r}\right)\psi_a(\theta,z,t)$, $N_b \equiv \frac{\partial p(b,\theta,z,t)}{\partial r} = -\left(\frac{\mu}{k_r}\right)\psi_b(\theta,z,t)$, $N_0 \equiv \frac{\partial p(r,\theta,0,t)}{\partial z} = -\left(\frac{\mu}{k_z}\right)\psi_0(r,\theta,t)$ and $D_d \equiv p(r,\theta,d,t) = \psi_d(r,\theta,t)$ 1246

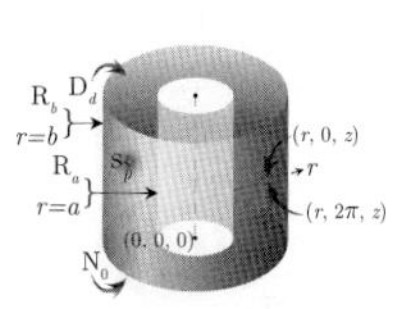

25.48 The problem of 25.40, except $R_a \equiv \frac{\partial p(a,\theta,z,t)}{\partial r} - \lambda p(a,\theta,z,t) = -\left(\frac{\mu}{k_r}\right)\psi_a(\theta,z,t)$, $R_b \equiv \frac{\partial p(b,\theta,z,t)}{\partial r} + \lambda_b p(b,\theta,z,t) = -\left(\frac{\mu}{k_r}\right)\psi_b(\theta,z,t)$, $N_0 \equiv \frac{\partial p(r,\theta,0,t)}{\partial z} = -\left(\frac{\mu}{k_z}\right)\psi_0(r,\theta,t)$ and $D_d \equiv p(r,\theta,d,t) = \psi_d(r,\theta,t)$ 1248

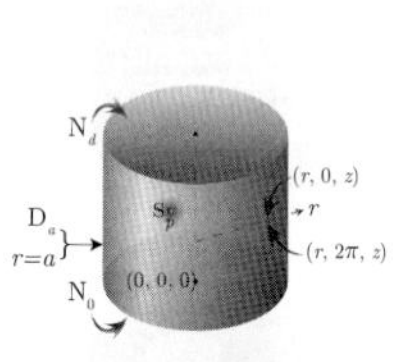

25.49 A cylindrical continuum bounded by $0 \le r \le a$ and $0 \le z \le d$. Point source at $s_p \equiv (r_0,\theta_0,z_0)$ at time $t = t_0$; $0 < r_0 < a$, $0 \le \theta_0 \le 2\pi$, $0 < z_0 < d$, $t_0 \ge 0$. $N_0 \equiv \frac{\partial p(r,\theta,0,t)}{\partial z} = -\left(\frac{\mu}{k_z}\right)\psi_0(r,\theta,t)$, $N_d \equiv \frac{\partial p(r,\theta,d,t)}{\partial z} = -\left(\frac{\mu}{k_z}\right)\psi_d(r,\theta,t)$ and $D_a \equiv p(a,\theta,z,t) = \psi_a(\theta,z,t)$. $p(r,\theta,z,0) = \varphi(r,\theta,z)$ 1250

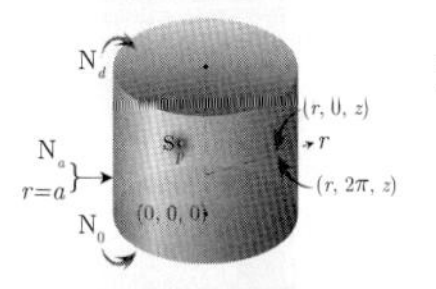

25.50 The problem of 25.49, except $N_a \equiv \frac{\partial p(a,\theta,z,t)}{\partial r} = -\left(\frac{\mu}{k_r}\right)\psi_a(\theta,z,t)$, $N_0 \equiv \frac{\partial p(r,\theta,0,t)}{\partial z} = -\left(\frac{\mu}{k_z}\right)\psi_0(r,\theta,t)$ and $N_d \equiv \frac{\partial p(r,\theta,d,t)}{\partial z} = -\left(\frac{\mu}{k_z}\right)\psi_d(r,\theta,t)$ 1252

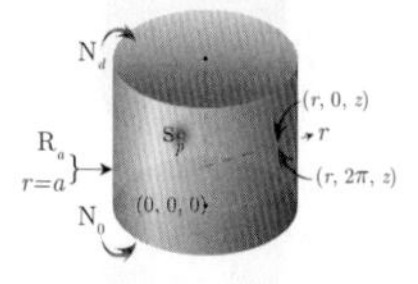

25.51 The problem of 25.49, except $R_a \equiv \frac{\partial p(a,\theta,z,t)}{\partial r} + \lambda p(a,\theta,z,t) = -\left(\frac{\mu}{k_r}\right)\psi_a(\theta,z,t)$, $N_0 \equiv \frac{\partial p(r,\theta,0,t)}{\partial z} = -\left(\frac{\mu}{k_z}\right)\psi_0(r,\theta,t)$ and $N_d \equiv \frac{\partial p(r,\theta,d,t)}{\partial z} = -\left(\frac{\mu}{k_z}\right)\psi_d(r,\theta,t)$ 1253

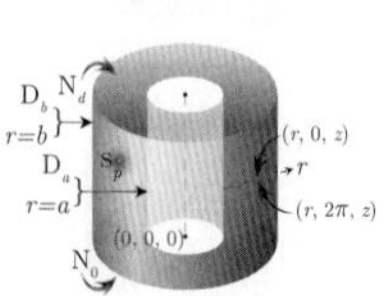

25.52 A cylindrical continuum bounded by $a \le r \le b$ and $0 \le z \le d$. Point source at $s_p \equiv (r_0,\theta_0,z_0)$ at time $t = t_0$; $a < r_0 < b$, $0 \le \theta_0 \le 2\pi$, $0 < z_0 < d$, $t_0 \ge 0$. $N_0 \equiv \frac{\partial p(r,\theta,0,t)}{\partial z} = -\left(\frac{\mu}{k_z}\right)\psi_0(r,\theta,t)$, $N_d \equiv \frac{\partial p(r,\theta,d,t)}{\partial z} = -\left(\frac{\mu}{k_z}\right)\psi_d(r,\theta,t)$, $D_a \equiv p(a,\theta,z,t) = \psi_a(\theta,z,t)$ and $D_b \equiv p(b,\theta,z,t) = \psi_b(\theta,z,t)$. $p(r,\theta,z,0) = \varphi(r,\theta,z)$ 1255

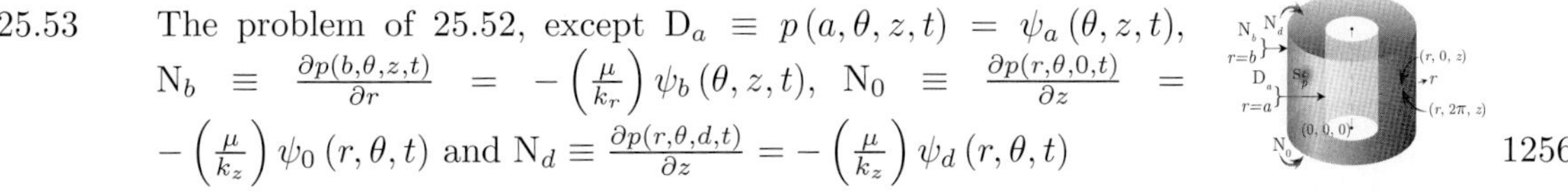

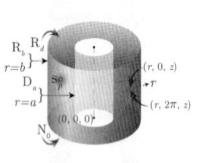

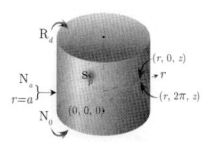

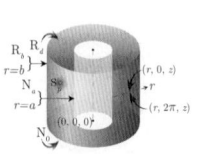

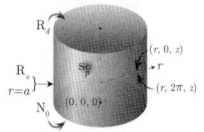

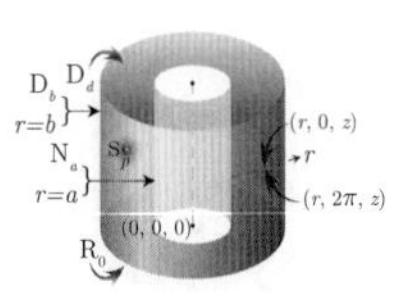

25.79 The problem of 25.76, except $N_a \equiv \frac{\partial p(a,\theta,z,t)}{\partial r} = -\left(\frac{\mu}{k_r}\right)\psi_a(\theta,z,t)$, $D_b \equiv p(b,\theta,z,t) = \psi_b(\theta,z,t)$, $R_0 \equiv \frac{\partial p(r,\theta,0,t)}{\partial z} - \lambda_0 p(r,\theta,0,t) = -\left(\frac{\mu}{k_z}\right)\psi_0(r,\theta,t)$ and $D_d \equiv p(r,\theta,d,t) = \psi_d(r,\theta,t)$ 1303

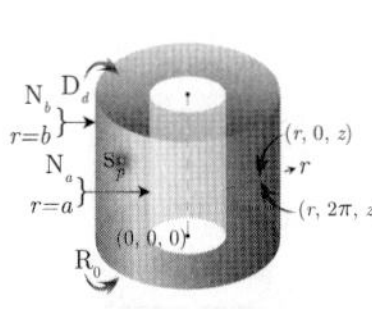

25.80 The problem of 25.76, except $N_a \equiv \frac{\partial p(a,\theta,z,t)}{\partial r} = -\left(\frac{\mu}{k_r}\right)\psi_a(\theta,z,t)$, $N_b \equiv \frac{\partial p(b,\theta,z,t)}{\partial r} = -\left(\frac{\mu}{k_r}\right)\psi_b(\theta,z,t)$, $R_0 \equiv \frac{\partial p(r,\theta,0,t)}{\partial z} - \lambda_0 p(r,\theta,0,t) = -\left(\frac{\mu}{k_z}\right)\psi_0(r,\theta,t)$ and $D_d \equiv p(r,\theta,d,t) = \psi_d(r,\theta,t)$ 1305

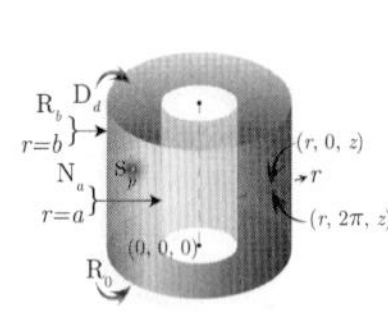

25.81 The problem of 25.76, except $N_a \equiv \frac{\partial p(a,\theta,z,t)}{\partial r} = -\left(\frac{\mu}{k_r}\right)\psi_a(\theta,z,t)$, $R_b \equiv \frac{\partial p(b,\theta,z,t)}{\partial r} + \lambda p(b,\theta,z,t) = -\left(\frac{\mu}{k_r}\right)\psi_b(\theta,z,t)$, $R_0 \equiv \frac{\partial p(r,\theta,0,t)}{\partial z} - \lambda_0 p(r,\theta,0,t) = -\left(\frac{\mu}{k_z}\right)\psi_0(r,\theta,t)$ and $D_d \equiv p(r,\theta,d,t) = \psi_d(r,\theta,t)$ 1307

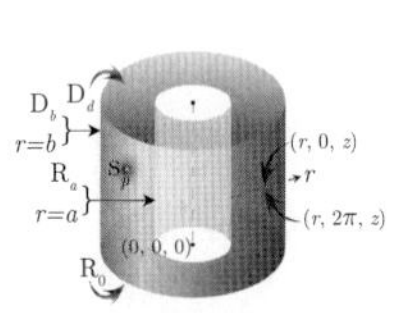

25.82 The problem of 25.76, except $R_a \equiv \frac{\partial p(a,\theta,z,t)}{\partial r} - \lambda p(a,\theta,z,t) = -\left(\frac{\mu}{k_r}\right)\psi_a(\theta,z,t)$, $D_b \equiv p(b,\theta,z,t) = \psi_b(\theta,z,t)$, $R_0 \equiv \frac{\partial p(r,\theta,0,t)}{\partial z} - \lambda_0 p(r,\theta,0,t) = -\left(\frac{\mu}{k_z}\right)\psi_0(r,\theta,t)$ and $D_d \equiv p(r,\theta,d,t) = \psi_d(r,\theta,t)$ 1309

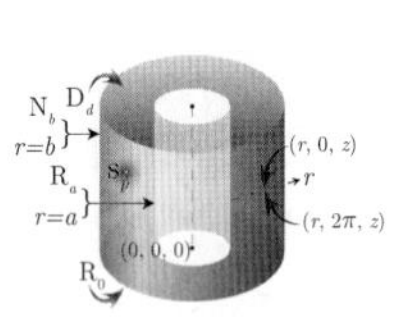

25.83 The problem of 25.76, except $R_a \equiv \frac{\partial p(a,\theta,z,t)}{\partial r} - \lambda p(a,\theta,z,t) = -\left(\frac{\mu}{k_r}\right)\psi_a(\theta,z,t)$, $N_b \equiv \frac{\partial p(b,\theta,z,t)}{\partial r} = -\left(\frac{\mu}{k_r}\right)\psi_b(\theta,z,t)$, $R_0 \equiv \frac{\partial p(r,\theta,0,t)}{\partial z} - \lambda_0 p(r,\theta,0,t) = -\left(\frac{\mu}{k_z}\right)\psi_0(r,\theta,t)$ and $D_d \equiv p(r,\theta,d,t) = \psi_d(r,\theta,t)$ 1311

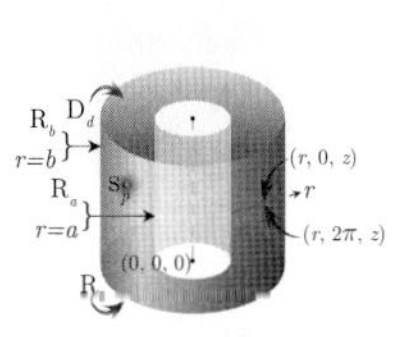

25.84 The problem of 25.76, except $R_a \equiv \frac{\partial p(a,\theta,z,t)}{\partial r} - \lambda p(a,\theta,z,t) = -\left(\frac{\mu}{k_r}\right)\psi_a(\theta,z,t)$, $R_b \equiv \frac{\partial p(b,\theta,z,t)}{\partial r} + \lambda_b p(b,\theta,z,t) = -\left(\frac{\mu}{k_r}\right)\psi_b(\theta,z,t)$, $R_0 \equiv \frac{\partial p(r,\theta,0,t)}{\partial z} - \lambda_0 p(r,\theta,0,t) = -\left(\frac{\mu}{k_z}\right)\psi_0(r,\theta,t)$ and $D_d \equiv p(r,\theta,d,t) = \psi_d(r,\theta,t)$ 1313

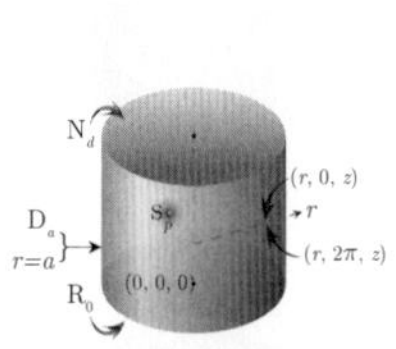

25.85 A cylindrical continuum bounded by $0 \le r \le a$ and $0 \le z \le d$. Point source at $s_p \equiv (r_0,\theta_0,z_0)$ at time $t = t_0$; $0 < r_0 < a$, $0 \le \theta_0 \le 2\pi$, $0 < z_0 < d$, $t_0 \ge 0$. $R_0 \equiv \frac{\partial p(r,\theta,0,t)}{\partial z} - \lambda_0 p(r,\theta,0,t) = -\left(\frac{\mu}{k_z}\right)\psi_0(r,\theta,t)$, $N_d \equiv \frac{\partial p(r,\theta,d,t)}{\partial z} = -\left(\frac{\mu}{k_z}\right)\psi_d(r,\theta,t)$ and $D_a \equiv p(a,\theta,z,t) = \psi_a(\theta,z,t)$. $p(r,\theta,z,0) = \varphi(r,\theta,z)$ 1315

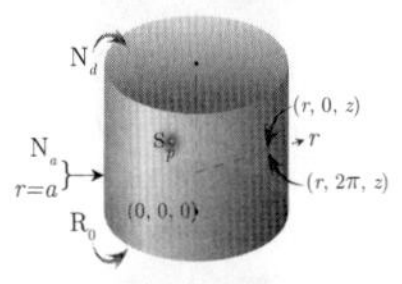

25.86 The problem of 25.85, except $N_a \equiv \frac{\partial p(a,\theta,z,t)}{\partial r} = -\left(\frac{\mu}{k_r}\right)\psi_a(\theta,z,t)$, $R_0 \equiv \frac{\partial p(r,\theta,0,t)}{\partial z} - \lambda_0 p(r,\theta,0,t) = -\left(\frac{\mu}{k_z}\right)\psi_0(r,\theta,t)$ and $N_d \equiv \frac{\partial p(r,\theta,d,t)}{\partial z} = -\left(\frac{\mu}{k_z}\right)\psi_d(r,\theta,t)$ 1316

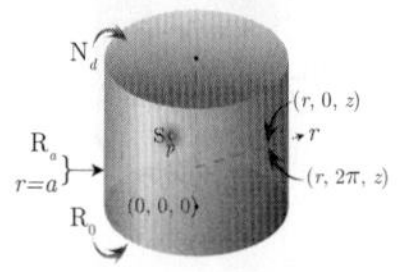

25.87 The problem of 25.85, except $R_a \equiv \frac{\partial p(a,\theta,z,t)}{\partial r} + \lambda p(a,\theta,z,t) = -\left(\frac{\mu}{k_r}\right)\psi_a(\theta,z,t)$, $R_0 \equiv \frac{\partial p(r,\theta,0,t)}{\partial z} - \lambda_0 p(r,\theta,0,t) = -\left(\frac{\mu}{k_z}\right)\psi_0(r,\theta,t)$ and $N_d \equiv \frac{\partial p(r,\theta,d,t)}{\partial z} = -\left(\frac{\mu}{k_z}\right)\psi_d(r,\theta,t)$ 1318

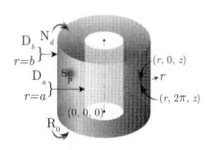

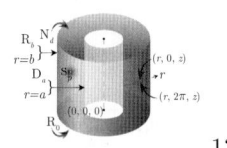

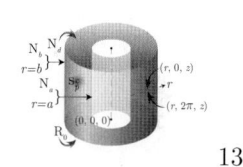

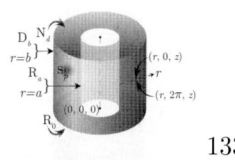

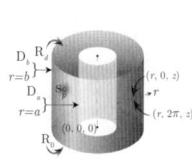

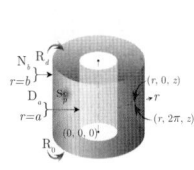

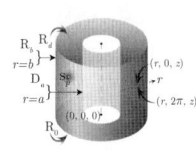

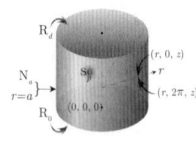

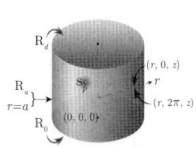

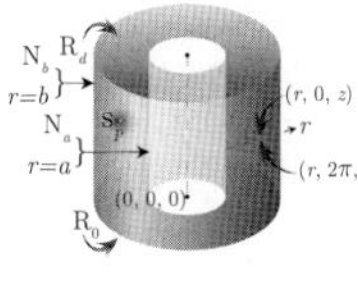

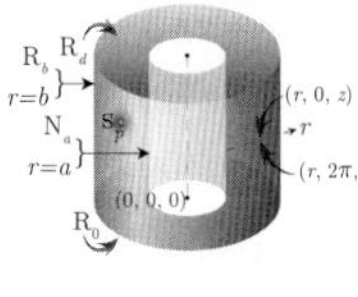

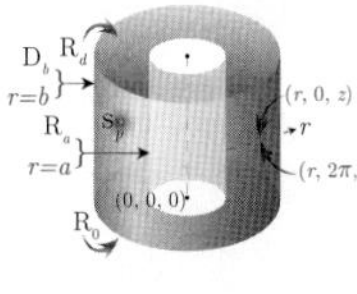

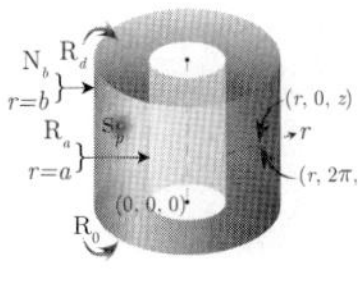

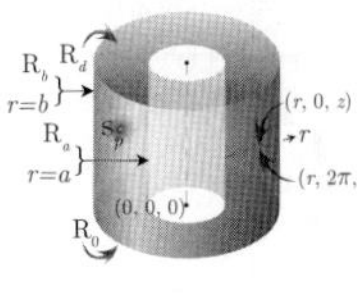

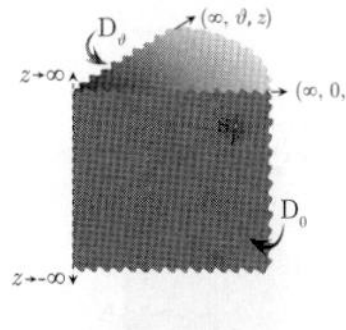

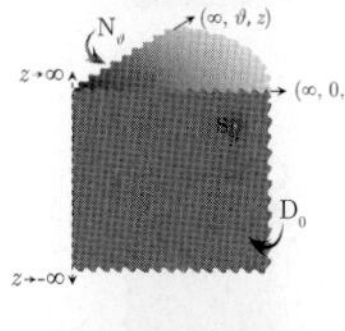

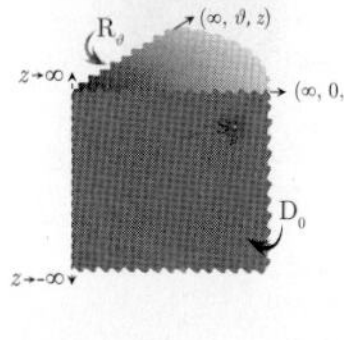

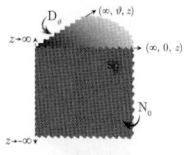

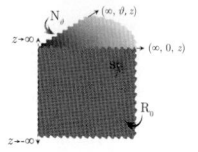

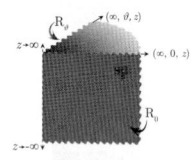

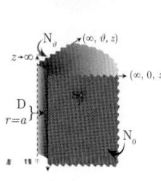

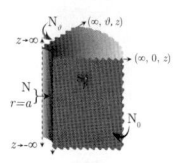

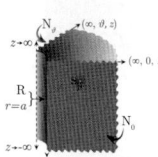

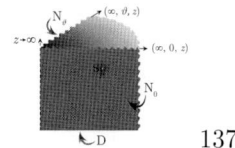

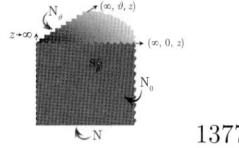

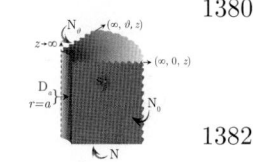

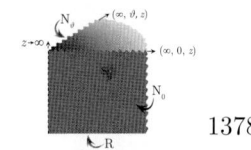

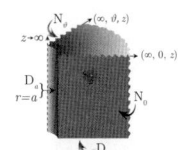

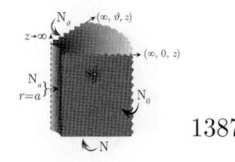

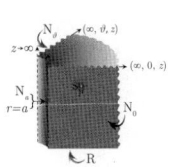

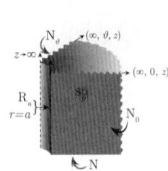

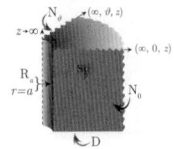

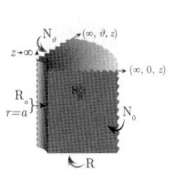

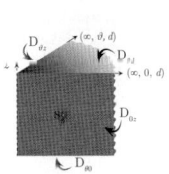

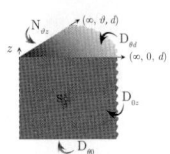

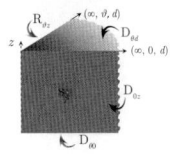

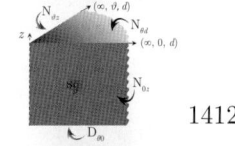

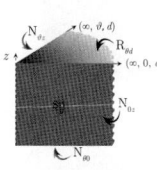

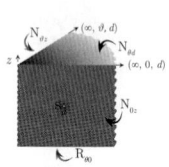

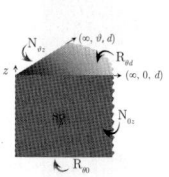

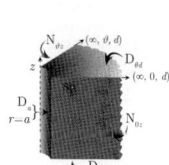

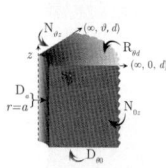

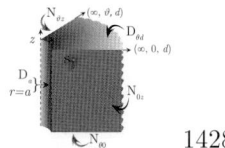

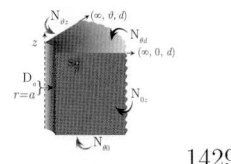

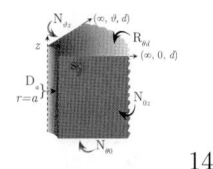

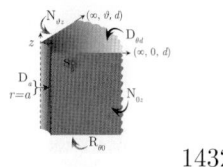

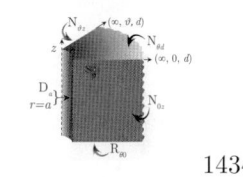

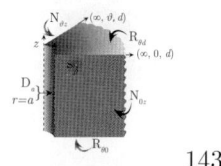

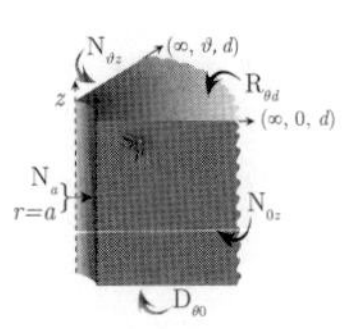

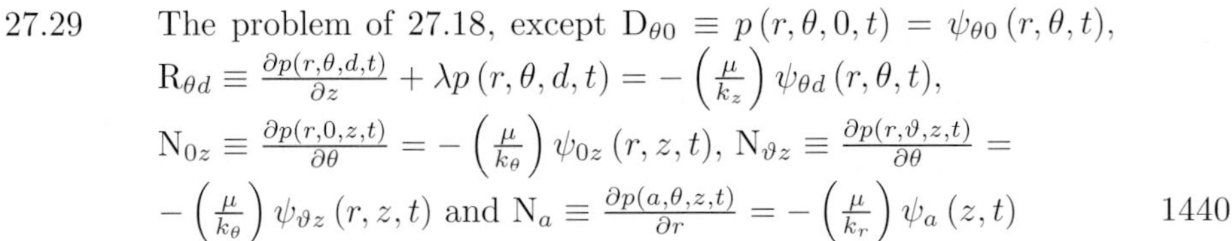

27.29 The problem of 27.18, except $D_{\theta 0} \equiv p(r,\theta,0,t) = \psi_{\theta 0}(r,\theta,t)$, $R_{\theta d} \equiv \frac{\partial p(r,\theta,d,t)}{\partial z} + \lambda p(r,\theta,d,t) = -\left(\frac{\mu}{k_z}\right)\psi_{\theta d}(r,\theta,t)$, $N_{0z} \equiv \frac{\partial p(r,0,z,t)}{\partial \theta} = -\left(\frac{\mu}{k_\theta}\right)\psi_{0z}(r,z,t)$, $N_{\vartheta z} \equiv \frac{\partial p(r,\vartheta,z,t)}{\partial \theta} = -\left(\frac{\mu}{k_\theta}\right)\psi_{\vartheta z}(r,z,t)$ and $N_a \equiv \frac{\partial p(a,\theta,z,t)}{\partial r} = -\left(\frac{\mu}{k_r}\right)\psi_a(z,t)$ 1440

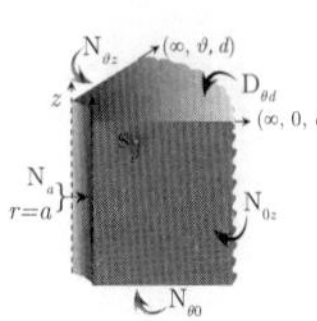

27.30 The problem of 27.18, except $N_{\theta 0} \equiv \frac{\partial p(r,\theta,0,t)}{\partial z} = -\left(\frac{\mu}{k_z}\right)\psi_{\theta 0}(r,\theta,t)$, $D_{\theta d} \equiv p(r,\theta,d,t) = \psi_{\theta d}(r,\theta,t)$, $N_{0z} \equiv \frac{\partial p(r,0,z,t)}{\partial \theta} = -\left(\frac{\mu}{k_\theta}\right)\psi_{0z}(r,z,t)$, $N_{\vartheta z} \equiv \frac{\partial p(r,\vartheta,z,t)}{\partial \theta} = -\left(\frac{\mu}{k_\theta}\right)\psi_{\vartheta z}(r,z,t)$ and $N_a \equiv \frac{\partial p(a,\theta,z,t)}{\partial r} = -\left(\frac{\mu}{k_r}\right)\psi_a(z,t)$ 1442

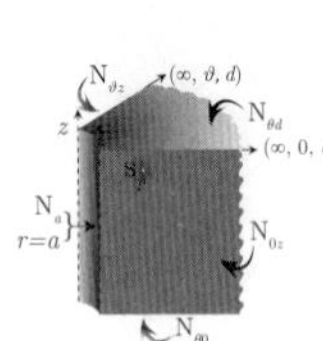

27.31 The problem of 27.18, except $N_{\theta 0} \equiv \frac{\partial p(r,\theta,0,t)}{\partial z} = -\left(\frac{\mu}{k_z}\right)\psi_{\theta 0}(r,\theta,t)$, $N_{\theta d} \equiv \frac{\partial p(r,\theta,d,t)}{\partial z} = -\left(\frac{\mu}{k_z}\right)\psi_{\theta d}(r,\theta,t)$, $N_{0z} \equiv \frac{\partial p(r,0,z,t)}{\partial \theta} = -\left(\frac{\mu}{k_\theta}\right)\psi_{0z}(r,z,t)$, $N_{\vartheta z} \equiv \frac{\partial p(r,\vartheta,z,t)}{\partial \theta} = -\left(\frac{\mu}{k_\theta}\right)\psi_{\vartheta z}(r,z,t)$ and $N_a \equiv \frac{\partial p(a,\theta,z,t)}{\partial r} = -\left(\frac{\mu}{k_r}\right)\psi_a(z,t)$ 1443

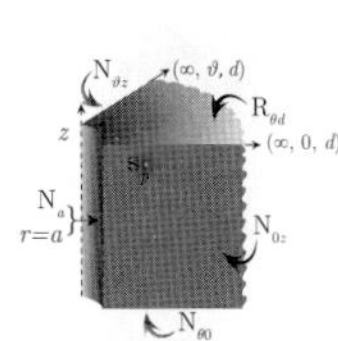

27.32 The problem of 27.18, except $N_{\theta 0} \equiv \frac{\partial p(r,\theta,0,t)}{\partial z} = -\left(\frac{\mu}{k_z}\right)\psi_{\theta 0}(r,\theta,t)$, $R_{\theta d} \equiv \frac{\partial p(r,\theta,d,t)}{\partial z} + \lambda p(r,\theta,d,t) = -\left(\frac{\mu}{k_z}\right)\psi_{\theta d}(r,\theta,t)$, $N_{0z} \equiv \frac{\partial p(r,0,z,t)}{\partial \theta} = -\left(\frac{\mu}{k_\theta}\right)\psi_{0z}(r,z,t)$, $N_{\vartheta z} \equiv \frac{\partial p(r,\vartheta,z,t)}{\partial \theta} = -\left(\frac{\mu}{k_\theta}\right)\psi_{\vartheta z}(r,z,t)$ and $N_a \equiv \frac{\partial p(a,\theta,z,t)}{\partial r} = -\left(\frac{\mu}{k_r}\right)\psi_a(z,t)$ 1445

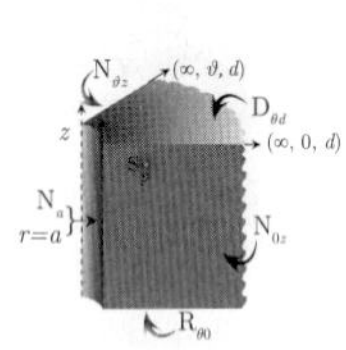

27.33 The problem of 27.18, except $R_{\theta 0} \equiv \frac{\partial p(r,\theta,0,t)}{\partial z} - \lambda p(r,\theta,0,t) = -\left(\frac{\mu}{k_z}\right)\psi_{\theta 0}(r,\theta,t)$, $D_{\theta d} \equiv p(r,\theta,d,t) = \psi_{\theta d}(r,\theta,t)$, $N_{0z} \equiv \frac{\partial p(r,0,z,t)}{\partial \theta} = -\left(\frac{\mu}{k_\theta}\right)\psi_{0z}(r,z,t)$, $N_{\vartheta z} \equiv \frac{\partial p(r,\vartheta,z,t)}{\partial \theta} = -\left(\frac{\mu}{k_\theta}\right)\psi_{\vartheta z}(r,z,t)$ and $N_a \equiv \frac{\partial p(a,\theta,z,t)}{\partial r} = -\left(\frac{\mu}{k_r}\right)\psi_a(z,t)$ 1446

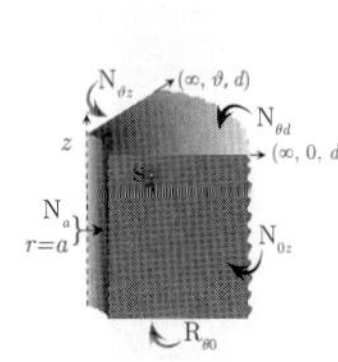

27.34 The problem of 27.18, except $R_{\theta 0} \equiv \frac{\partial p(r,\theta,0,t)}{\partial z} - \lambda p(r,\theta,0,t) = -\left(\frac{\mu}{k_z}\right)\psi_{\theta 0}(r,\theta,t)$, $N_{\theta d} \equiv \frac{\partial p(r,\theta,d,t)}{\partial z} = -\left(\frac{\mu}{k_z}\right)\psi_{\theta d}(r,\theta,t)$, $N_{0z} \equiv \frac{\partial p(r,0,z,t)}{\partial \theta} = -\left(\frac{\mu}{k_\theta}\right)\psi_{0z}(r,z,t)$, $N_{\vartheta z} \equiv \frac{\partial p(r,\vartheta,z,t)}{\partial \theta} = -\left(\frac{\mu}{k_\theta}\right)\psi_{\vartheta z}(r,z,t)$ and $N_a \equiv \frac{\partial p(a,\theta,z,t)}{\partial r} = -\left(\frac{\mu}{k_r}\right)\psi_a(z,t)$ 1448

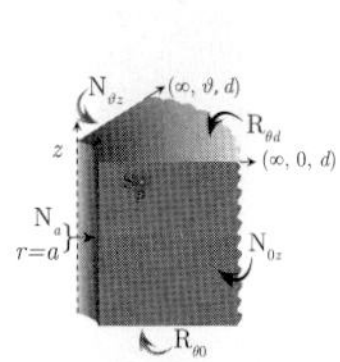

27.35 The problem of 27.18, except $R_{\theta 0} \equiv \frac{\partial p(r,\theta,0,t)}{\partial z} - \lambda p(r,\theta,0,t) = -\left(\frac{\mu}{k_z}\right)\psi_{\theta 0}(r,\theta,t)$, $R_{\theta d} \equiv \frac{\partial p(r,\theta,d,t)}{\partial z} + \lambda_d p(r,\theta,d,t) = -\left(\frac{\mu}{k_z}\right)\psi_{\theta d}(r,\theta,t)$, $N_{0z} \equiv \frac{\partial p(r,0,z,t)}{\partial \theta} = -\left(\frac{\mu}{k_\theta}\right)\psi_{0z}(r,z,t)$, $N_{\vartheta z} \equiv \frac{\partial p(r,\vartheta,z,t)}{\partial \theta} = -\left(\frac{\mu}{k_\theta}\right)\psi_{\vartheta z}(r,z,t)$ and $N_a \equiv \frac{\partial p(a,\theta,z,t)}{\partial r} = -\left(\frac{\mu}{k_r}\right)\psi_a(z,t)$ 1449

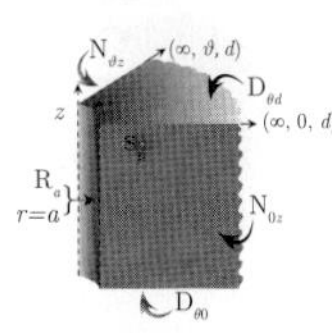

27.36 The problem of 27.18, except $D_{\theta 0} \equiv p(r,\theta,0,t) = \psi_{\theta 0}(r,\theta,t)$, $D_{\theta d} \equiv p(r,\theta,d,t) = \psi_{\theta d}(r,\theta,t)$, $N_{0z} \equiv \frac{\partial p(r,0,z,t)}{\partial \theta} = -\left(\frac{\mu}{k_\theta}\right)\psi_{0z}(r,z,t)$, $N_{\vartheta z} \equiv \frac{\partial p(r,\vartheta,z,t)}{\partial \theta} = -\left(\frac{\mu}{k_\theta}\right)\psi_{\vartheta z}(r,z,t)$ and $R_a \equiv \frac{\partial p(a,\theta,z,t)}{\partial r} - \lambda p(a,\theta,z,t) = -\left(\frac{\mu}{k_r}\right)\psi_a(\theta,z,t)$ 1451

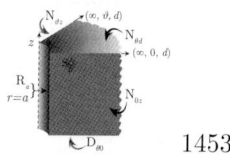

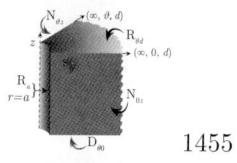

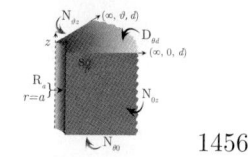

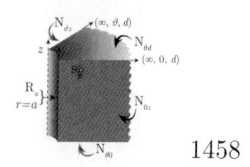

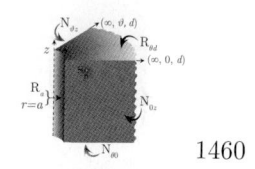

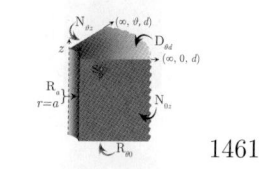

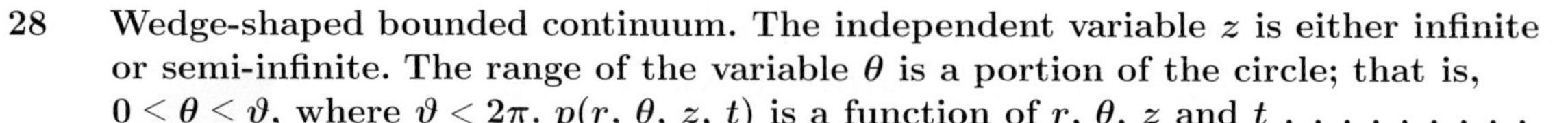

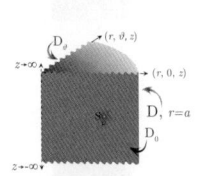

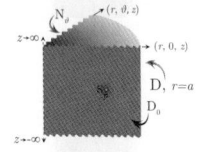

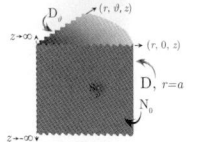

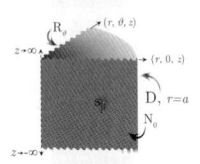

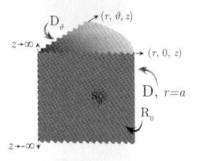

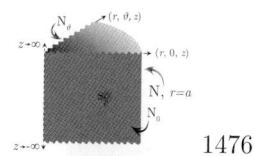

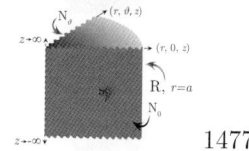

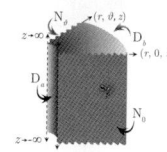

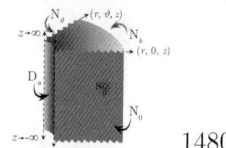

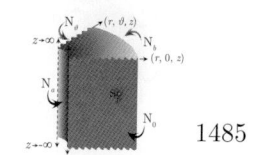

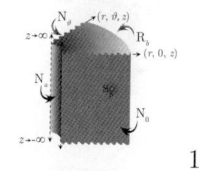

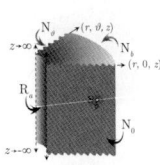

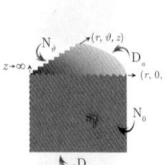

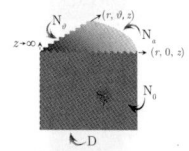

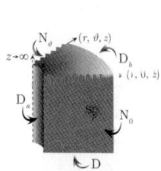

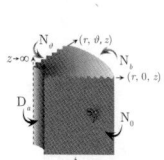

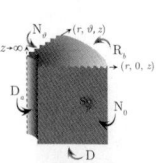

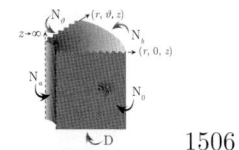

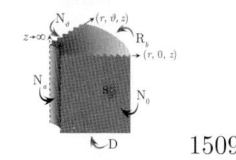

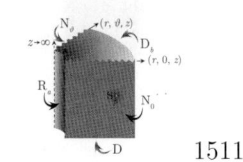

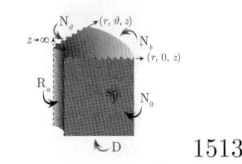

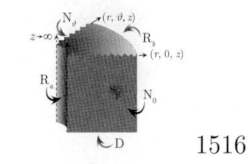

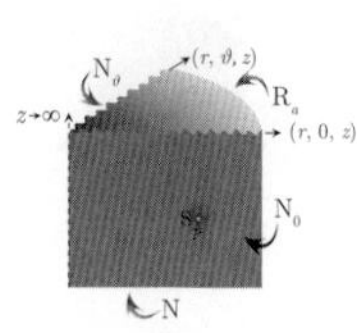

28.35 The problem of 28.33, except $\mathrm{N} \equiv \frac{\partial p(r,\theta,0,t)}{\partial z} = -\left(\frac{\mu}{k_z}\right)\psi\left(r,\theta,t\right)$, $\mathrm{R}_a \equiv \frac{\partial p(a,\theta,z,t)}{\partial r} + \lambda p\left(a,\theta,z,t\right) = -\left(\frac{\mu}{k_r}\right)\psi_a\left(\theta,z,t\right)$, $\mathrm{N}_0 \equiv \frac{\partial p(r,0,z,t)}{\partial \theta} = -\left(\frac{\mu}{k_\theta}\right)\psi_0\left(r,z,t\right)$ and $\mathrm{N}_\vartheta \equiv \frac{\partial p(r,\vartheta,z,t)}{\partial \theta} = -\left(\frac{\mu}{k_\theta}\right)\psi_\vartheta\left(r,z,t\right)$ 1521

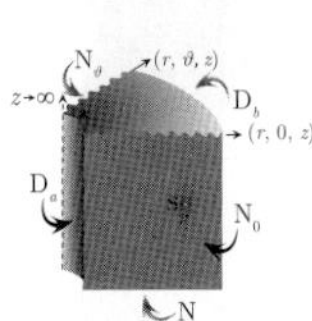

28.36 A cylindrical continuum bounded by $a \le r \le b$ and $0 \le \theta \le \vartheta$ and semi-infinite in z; $\vartheta < 2\pi$. Point source at $\mathrm{s}_p \equiv (r_0, \theta_0, z_0)$ at time $t = t_0$; $a < r_0 < b$, $0 \le \theta_0 \le \vartheta$, $0 < z_0 < \infty$, $t_0 \ge 0$. $\mathrm{N} \equiv \frac{\partial p(r,\theta,0,t)}{\partial z} = -\left(\frac{\mu}{k_z}\right)\psi\left(r,\theta,t\right)$, $\mathrm{D}_a \equiv p\left(a,\theta,z,t\right) = \psi_a\left(\theta,z,t\right)$, $\mathrm{D}_b \equiv p\left(b,\theta,z,t\right) = \psi_b\left(\theta,z,t\right)$, $\mathrm{N}_0 \equiv \frac{\partial p(r,0,z,t)}{\partial \theta} = -\left(\frac{\mu}{k_\theta}\right)\psi_0\left(r,z,t\right)$ and $\mathrm{N}_\vartheta \equiv \frac{\partial p(r,\vartheta,z,t)}{\partial \theta} = -\left(\frac{\mu}{k_\theta}\right)\psi_\vartheta\left(r,z,t\right)$. $p(r,\theta,z,0) = \varphi(r,\theta,z)$ 1522

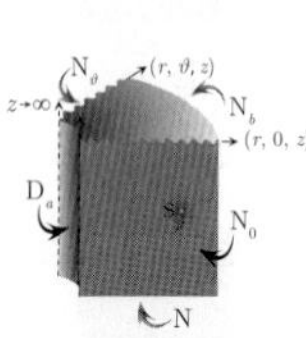

28.37 The problem of 28.36, except $\mathrm{N} \equiv \frac{\partial p(r,\theta,0,t)}{\partial z} = -\left(\frac{\mu}{k_z}\right)\psi\left(r,\theta,t\right)$, $\mathrm{D}_a \equiv p\left(a,\theta,z,t\right) = \psi_a\left(\theta,z,t\right)$, $\mathrm{N}_b \equiv \frac{\partial p(b,\theta,z,t)}{\partial r} = -\left(\frac{\mu}{k_r}\right)\psi_b\left(\theta,z,t\right)$, $\mathrm{N}_0 \equiv \frac{\partial p(r,0,z,t)}{\partial \theta} = -\left(\frac{\mu}{k_\theta}\right)\psi_0\left(r,z,t\right)$ and $\mathrm{N}_\vartheta \equiv \frac{\partial p(r,\vartheta,z,t)}{\partial \theta} = -\left(\frac{\mu}{k_\theta}\right)\psi_\vartheta\left(r,z,t\right)$ 1524

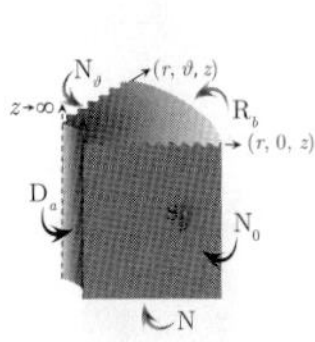

28.38 The problem of 28.36, except $\mathrm{N} \equiv \frac{\partial p(r,\theta,0,t)}{\partial z} = -\left(\frac{\mu}{k_z}\right)\psi\left(r,\theta,t\right)$, $\mathrm{D}_a \equiv p\left(a,\theta,z,t\right) = \psi_a\left(\theta,z,t\right)$, $\mathrm{R}_b \equiv \frac{\partial p(b,\theta,z,t)}{\partial r} + \lambda p\left(b,\theta,z,t\right) = -\left(\frac{\mu}{k_r}\right)\psi_b\left(\theta,z,t\right)$, $\mathrm{N}_0 \equiv \frac{\partial p(r,0,z,t)}{\partial \theta} = -\left(\frac{\mu}{k_\theta}\right)\psi_0\left(r,z,t\right)$ and $\mathrm{N}_\vartheta \equiv \frac{\partial p(r,\vartheta,z,t)}{\partial \theta} = -\left(\frac{\mu}{k_\theta}\right)\psi_\vartheta\left(r,z,t\right)$ 1525

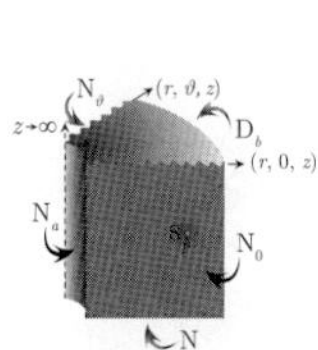

28.39 The problem of 28.36, except $\mathrm{N} \equiv \frac{\partial p(r,\theta,0,t)}{\partial z} = -\left(\frac{\mu}{k_z}\right)\psi\left(r,\theta,t\right)$, $\mathrm{N}_a \equiv \frac{\partial p(a,\theta,z,t)}{\partial r} = -\left(\frac{\mu}{k_r}\right)\psi_a\left(\theta,z,t\right)$, $\mathrm{D}_b \equiv p\left(b,\theta,z,t\right) = \psi_b\left(\theta,z,t\right)$, $\mathrm{N}_0 \equiv \frac{\partial p(r,0,z,t)}{\partial \theta} = -\left(\frac{\mu}{k_\theta}\right)\psi_0\left(r,z,t\right)$ and $\mathrm{N}_\vartheta \equiv \frac{\partial p(r,\vartheta,z,t)}{\partial \theta} = -\left(\frac{\mu}{k_\theta}\right)\psi_\vartheta\left(r,z,t\right)$ 1527

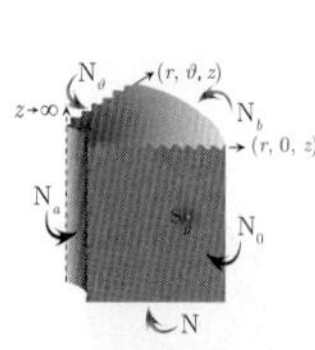

28.40 The problem of 28.36, except $\mathrm{N} \equiv \frac{\partial p(r,\theta,0,t)}{\partial z} = -\left(\frac{\mu}{k_z}\right)\psi\left(r,\theta,t\right)$, $\mathrm{N}_a \equiv \frac{\partial p(a,\theta,z,t)}{\partial r} = -\left(\frac{\mu}{k_r}\right)\psi_a\left(\theta,z,t\right)$, $\mathrm{N}_b \equiv \frac{\partial p(b,\theta,z,t)}{\partial r} = -\left(\frac{\mu}{k_r}\right)\psi_b\left(\theta,z,t\right)$, $\mathrm{N}_0 \equiv \frac{\partial p(r,0,z,t)}{\partial \theta} = -\left(\frac{\mu}{k_\theta}\right)\psi_0\left(r,z,t\right)$ and $\mathrm{N}_\vartheta \equiv \frac{\partial p(r,\vartheta,z,t)}{\partial \theta} = -\left(\frac{\mu}{k_\theta}\right)\psi_\vartheta\left(r,z,t\right)$ 1529

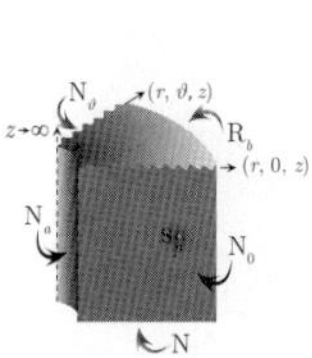

28.41 The problem of 28.36, except $\mathrm{N} \equiv \frac{\partial p(r,\theta,0,t)}{\partial z} = -\left(\frac{\mu}{k_z}\right)\psi\left(r,\theta,t\right)$, $\mathrm{N}_a \equiv \frac{\partial p(a,\theta,z,t)}{\partial r} = -\left(\frac{\mu}{k_r}\right)\psi_a\left(\theta,z,t\right)$, $\mathrm{R}_b \equiv \frac{\partial p(b,\theta,z,t)}{\partial r} + \lambda p\left(b,\theta,z,t\right) = -\left(\frac{\mu}{k_r}\right)\psi_b\left(\theta,z,t\right)$, $\mathrm{N}_0 \equiv \frac{\partial p(r,0,z,t)}{\partial \theta} = -\left(\frac{\mu}{k_\theta}\right)\psi_0\left(r,z,t\right)$ and $\mathrm{N}_\vartheta \equiv \frac{\partial p(r,\vartheta,z,t)}{\partial \theta} = -\left(\frac{\mu}{k_\theta}\right)\psi_\vartheta\left(r,z,t\right)$ 1532

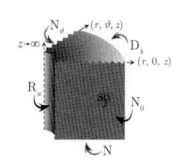

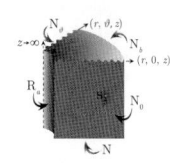

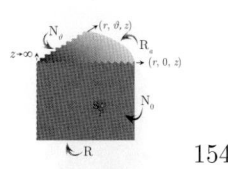

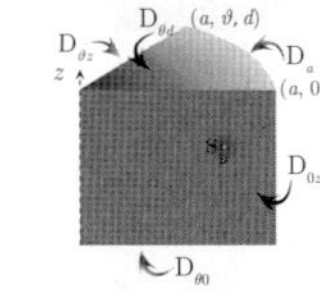

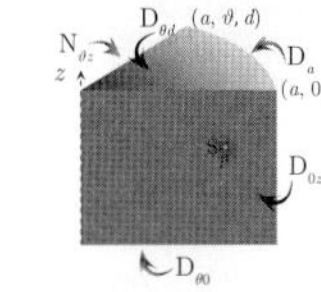

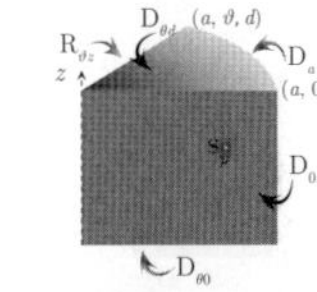

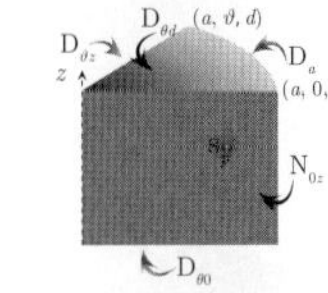

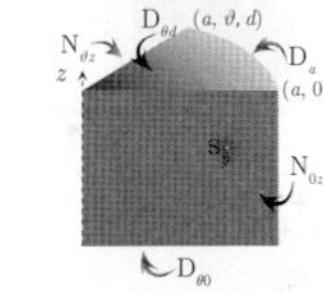

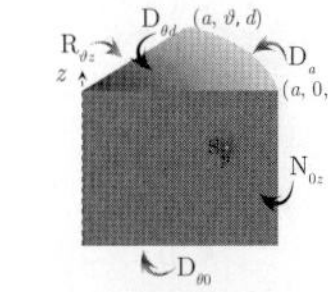

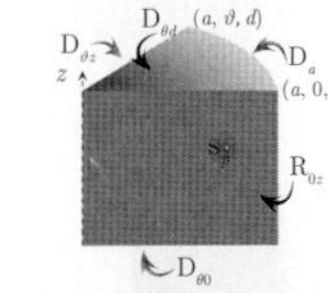

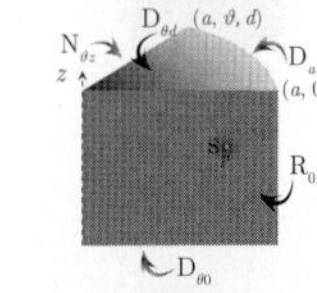

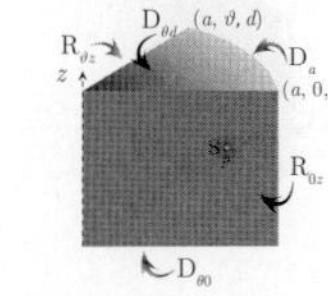

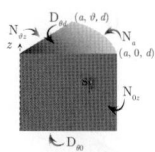

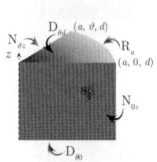

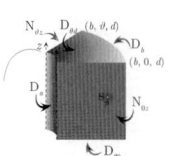

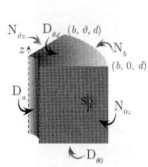

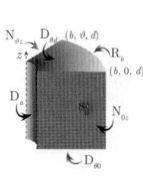

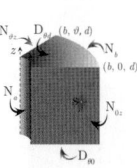

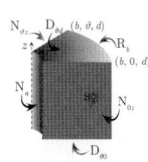

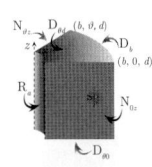

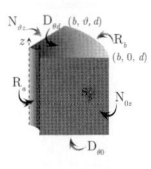

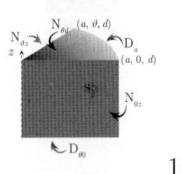

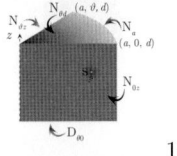

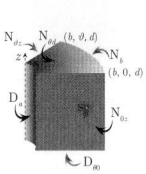

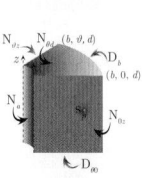

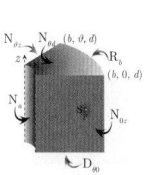

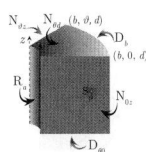

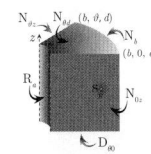

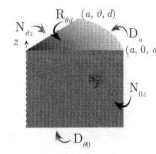

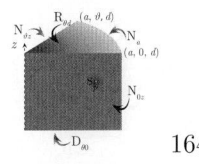

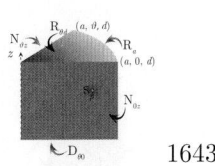

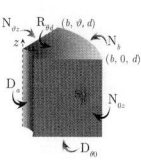

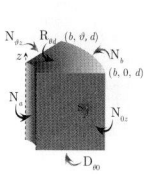

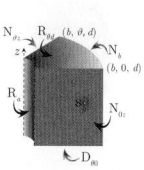

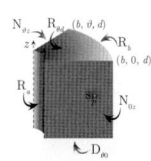

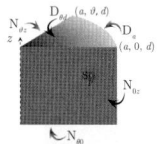

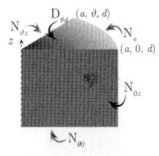

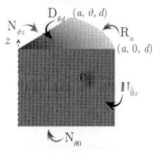

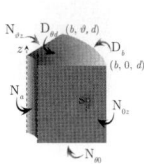

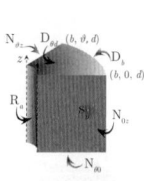

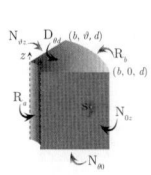

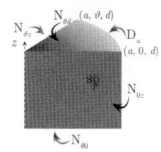

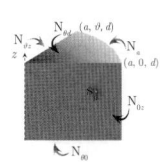

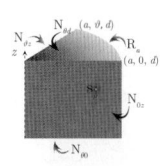

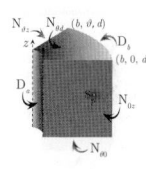

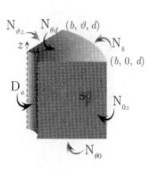

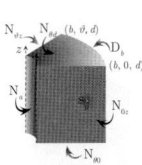

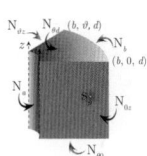

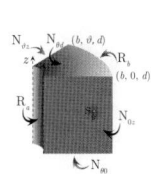

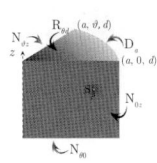

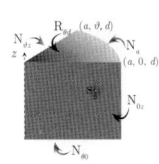

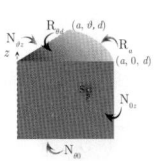

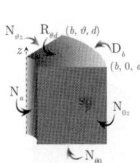

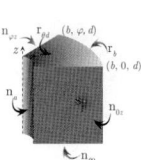

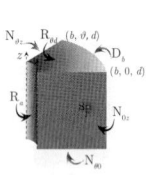

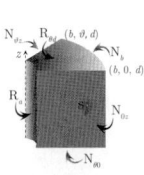

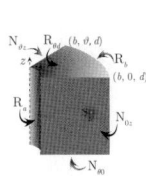

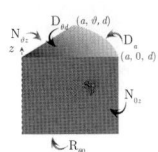

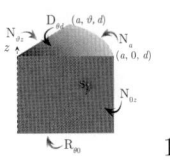

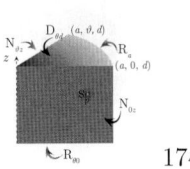

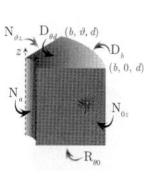

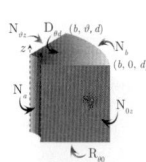

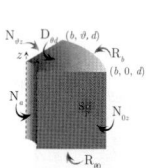

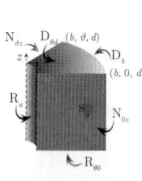

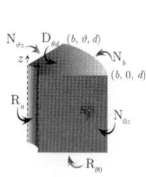

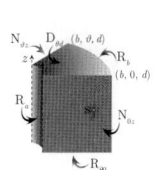

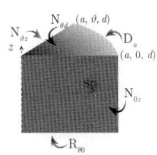

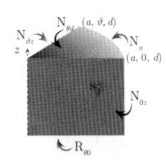

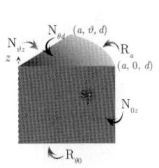

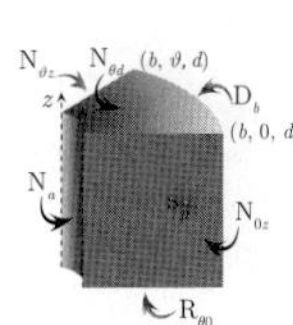

29.99 The problem of 29.96, except $R_{\theta 0} \equiv \frac{\partial p(r,\theta,0,t)}{\partial z} - \lambda_0 p(r,\theta,0,t) = -\left(\frac{\mu}{k_z}\right)\psi_{\theta 0}(r,\theta,t)$, $N_{\theta d} \equiv \frac{\partial p(r,\theta,d,t)}{\partial z} = -\left(\frac{\mu}{k_z}\right)\psi_{\theta d}(r,\theta,t)$, $N_a \equiv \frac{\partial p(a,\theta,z,t)}{\partial r} = -\left(\frac{\mu}{k_r}\right)\psi_a(\theta,z,t)$, $D_b \equiv p(b,\theta,z,t) = \psi_b(\theta,z,t)$, $N_{0z} \equiv \frac{\partial p(r,0,z,t)}{\partial \theta} = -\left(\frac{\mu}{k_\theta}\right)\psi_{0z}(r,z,t)$ and $N_{\vartheta z} \equiv \frac{\partial p(r,\vartheta,z,t)}{\partial \theta} = -\left(\frac{\mu}{k_\theta}\right)\psi_{\vartheta z}(r,z,t)$ 1783

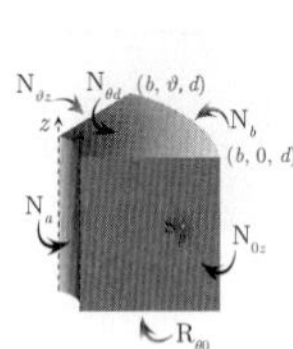

29.100 The problem of 29.96, except $R_{\theta 0} \equiv \frac{\partial p(r,\theta,0,t)}{\partial z} - \lambda_0 p(r,\theta,0,t) = -\left(\frac{\mu}{k_z}\right)\psi_{\theta 0}(r,\theta,t)$, $N_{\theta d} \equiv \frac{\partial p(r,\theta,d,t)}{\partial z} = -\left(\frac{\mu}{k_z}\right)\psi_{\theta d}(r,\theta,t)$, $N_a \equiv \frac{\partial p(a,\theta,z,t)}{\partial r} = -\left(\frac{\mu}{k_r}\right)\psi_a(\theta,z,t)$, $N_b \equiv \frac{\partial p(b,\theta,z,t)}{\partial r} = -\left(\frac{\mu}{k_r}\right)\psi_b(\theta,z,t)$, $N_{0z} \equiv \frac{\partial p(r,0,z,t)}{\partial \theta} = -\left(\frac{\mu}{k_\theta}\right)\psi_{0z}(r,z,t)$ and $N_{\vartheta z} \equiv \frac{\partial p(r,\vartheta,z,t)}{\partial \theta} = -\left(\frac{\mu}{k_\theta}\right)\psi_{\vartheta z}(r,z,t)$ 1785

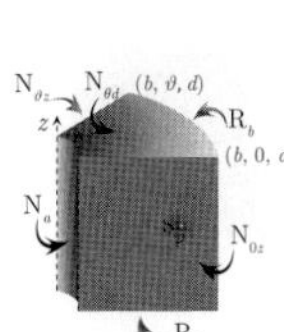

29.101 The problem of 29.96, except $R_{\theta 0} \equiv \frac{\partial p(r,\theta,0,t)}{\partial z} - \lambda_0 p(r,\theta,0,t) = -\left(\frac{\mu}{k_z}\right)\psi_{\theta 0}(r,\theta,t)$, $N_{\theta d} \equiv \frac{\partial p(r,\theta,d,t)}{\partial z} = -\left(\frac{\mu}{k_z}\right)\psi_{\theta d}(r,\theta,t)$, $N_a \equiv \frac{\partial p(a,\theta,z,t)}{\partial r} = -\left(\frac{\mu}{k_r}\right)\psi_a(\theta,z,t)$, $R_b \equiv \frac{\partial p(b,\theta,z,t)}{\partial r} + \lambda p(b,\theta,z,t) = -\left(\frac{\mu}{k_r}\right)\psi_b(\theta,z,t)$, $N_{0z} \equiv \frac{\partial p(r,0,z,t)}{\partial \theta} = -\left(\frac{\mu}{k_\theta}\right)\psi_{0z}(r,z,t)$ and $N_{\vartheta z} \equiv \frac{\partial p(r,\vartheta,z,t)}{\partial \theta} = -\left(\frac{\mu}{k_\theta}\right)\psi_{\vartheta z}(r,z,t)$ 1788

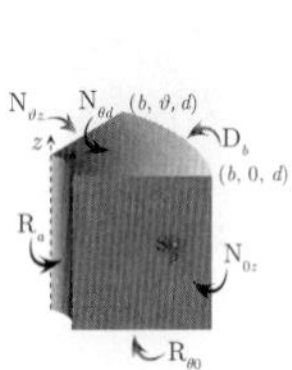

29.102 The problem of 29.96, except $R_{\theta 0} \equiv \frac{\partial p(r,\theta,0,t)}{\partial z} - \lambda_0 p(r,\theta,0,t) = -\left(\frac{\mu}{k_z}\right)\psi_{\theta 0}(r,\theta,t)$, $N_{\theta d} \equiv \frac{\partial p(r,\theta,d,t)}{\partial z} = -\left(\frac{\mu}{k_z}\right)\psi_{\theta d}(r,\theta,t)$, $R_a \equiv \frac{\partial p(a,\theta,z,t)}{\partial r} - \lambda p(a,\theta,z,t) = -\left(\frac{\mu}{k_r}\right)\psi_a(\theta,z,t)$, $D_b \equiv p(b,\theta,z,t) = \psi_b(\theta,z,t)$, $N_{0z} \equiv \frac{\partial p(r,0,z,t)}{\partial \theta} = -\left(\frac{\mu}{k_\theta}\right)\psi_{0z}(r,z,t)$ and $N_{\vartheta z} \equiv \frac{\partial p(r,\vartheta,z,t)}{\partial \theta} = -\left(\frac{\mu}{k_\theta}\right)\psi_{\vartheta z}(r,z,t)$ 1790

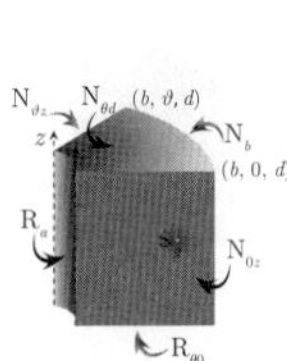

29.103 The problem of 29.96, except $R_{\theta 0} \equiv \frac{\partial p(r,\theta,0,t)}{\partial z} - \lambda_0 p(r,\theta,0,t) = -\left(\frac{\mu}{k_z}\right)\psi_{\theta 0}(r,\theta,t)$, $N_{\theta d} \equiv \frac{\partial p(r,\theta,d,t)}{\partial z} = -\left(\frac{\mu}{k_z}\right)\psi_{\theta d}(r,\theta,t)$, $R_a \equiv \frac{\partial p(a,\theta,z,t)}{\partial r} - \lambda p(a,\theta,z,t) = -\left(\frac{\mu}{k_r}\right)\psi_a(\theta,z,t)$, $N_b \equiv \frac{\partial p(b,\theta,z,t)}{\partial r} = -\left(\frac{\mu}{k_r}\right)\psi_b(\theta,z,t)$, $N_{0z} \equiv \frac{\partial p(r,0,z,t)}{\partial \theta} = -\left(\frac{\mu}{k_\theta}\right)\psi_{0z}(r,z,t)$ and $N_{\vartheta z} \equiv \frac{\partial p(r,\vartheta,z,t)}{\partial \theta} = -\left(\frac{\mu}{k_\theta}\right)\psi_{\vartheta z}(r,z,t)$ 1792

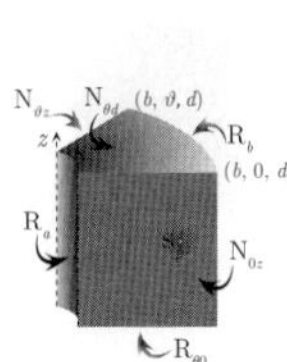

29.104 The problem of 29.96, except $R_{\theta 0} \equiv \frac{\partial p(r,\theta,0,t)}{\partial z} - \lambda_0 p(r,\theta,0,t) = -\left(\frac{\mu}{k_z}\right)\psi_{\theta 0}(r,\theta,t)$, $N_{\theta d} \equiv \frac{\partial p(r,\theta,d,t)}{\partial z} = -\left(\frac{\mu}{k_z}\right)\psi_{\theta d}(r,\theta,t)$, $R_a \equiv \frac{\partial p(a,\theta,z,t)}{\partial r} - \lambda p(a,\theta,z,t) = -\left(\frac{\mu}{k_r}\right)\psi_a(\theta,z,t)$, $R_b \equiv \frac{\partial p(b,\theta,z,t)}{\partial r} + \lambda_b p(b,\theta,z,t) = -\left(\frac{\mu}{k_r}\right)\psi_b(\theta,z,t)$, $N_{0z} \equiv \frac{\partial p(r,0,z,t)}{\partial \theta} = -\left(\frac{\mu}{k_\theta}\right)\psi_{0z}(r,z,t)$ and $N_{\vartheta z} \equiv \frac{\partial p(r,\vartheta,z,t)}{\partial \theta} = -\left(\frac{\mu}{k_\theta}\right)\psi_{\vartheta z}(r,z,t)$ 1795

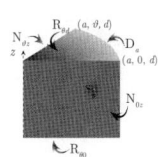

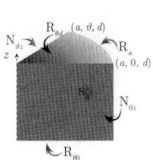

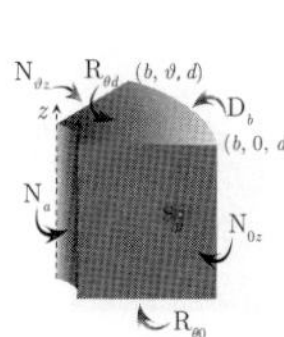

29.111 The problem of 29.108, except $\mathrm{R}_{\theta 0} \equiv \frac{\partial p(r,\theta,0,t)}{\partial z} - \lambda_0 p\left(r,\theta,0,t\right) = -\left(\frac{\mu}{k_z}\right)\psi_{\theta 0}\left(r,\theta,t\right)$, $\mathrm{R}_{\theta d} \equiv \frac{\partial p(r,\theta,d,t)}{\partial z} + \lambda_d p\left(r,\theta,d,t\right) = -\left(\frac{\mu}{k_z}\right)\psi_{\theta d}\left(r,\theta,t\right)$, $\mathrm{N}_a \equiv \frac{\partial p(a,\theta,z,t)}{\partial r} = -\left(\frac{\mu}{k_r}\right)\psi_a\left(\theta,z,t\right)$, $\mathrm{D}_b \equiv p\left(b,\theta,z,t\right) = \psi_b\left(\theta,z,t\right)$, $\mathrm{N}_{0z} \equiv \frac{\partial p(r,0,z,t)}{\partial \theta} = -\left(\frac{\mu}{k_\theta}\right)\psi_{0z}\left(r,z,t\right)$ and $\mathrm{N}_{\vartheta z} \equiv \frac{\partial p(r,\vartheta,z,t)}{\partial \theta} = -\left(\frac{\mu}{k_\theta}\right)\psi_{\vartheta z}\left(r,z,t\right)$ 1809

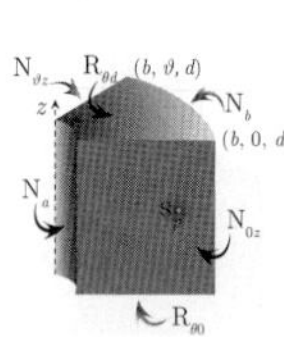

29.112 The problem of 29.108, except $\mathrm{R}_{\theta 0} \equiv \frac{\partial p(r,\theta,0,t)}{\partial z} - \lambda_0 p\left(r,\theta,0,t\right) = -\left(\frac{\mu}{k_z}\right)\psi_{\theta 0}\left(r,\theta,t\right)$, $\mathrm{R}_{\theta d} \equiv \frac{\partial p(r,\theta,d,t)}{\partial z} + \lambda_d p\left(r,\theta,d,t\right) = -\left(\frac{\mu}{k_z}\right)\psi_{\theta d}\left(r,\theta,t\right)$, $\mathrm{N}_a \equiv \frac{\partial p(a,\theta,z,t)}{\partial r} = -\left(\frac{\mu}{k_r}\right)\psi_a\left(\theta,z,t\right)$, $\mathrm{N}_b \equiv \frac{\partial p(b,\theta,z,t)}{\partial r} = -\left(\frac{\mu}{k_r}\right)\psi_b\left(\theta,z,t\right)$, $\mathrm{N}_{0z} \equiv \frac{\partial p(r,0,z,t)}{\partial \theta} = -\left(\frac{\mu}{k_\theta}\right)\psi_{0z}\left(r,z,t\right)$ and $\mathrm{N}_{\vartheta z} \equiv \frac{\partial p(r,\vartheta,z,t)}{\partial \theta} = -\left(\frac{\mu}{k_\theta}\right)\psi_{\vartheta z}\left(r,z,t\right)$ 1811

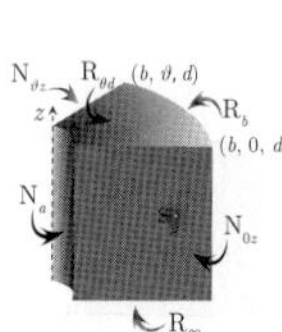

29.113 The problem of 29.108, except $\mathrm{R}_{\theta 0} \equiv \frac{\partial p(r,\theta,0,t)}{\partial z} - \lambda_0 p\left(r,\theta,0,t\right) = -\left(\frac{\mu}{k_z}\right)\psi_{\theta 0}\left(r,\theta,t\right)$, $\mathrm{R}_{\theta d} \equiv \frac{\partial p(r,\theta,d,t)}{\partial z} + \lambda_d p\left(r,\theta,d,t\right) = -\left(\frac{\mu}{k_z}\right)\psi_{\theta d}\left(r,\theta,t\right)$, $\mathrm{N}_a \equiv \frac{\partial p(a,\theta,z,t)}{\partial r} = -\left(\frac{\mu}{k_r}\right)\psi_a\left(\theta,z,t\right)$, $\mathrm{R}_b \equiv \frac{\partial p(b,\theta,z,t)}{\partial r} + \lambda p\left(b,\theta,z,t\right) = -\left(\frac{\mu}{k_r}\right)\psi_b\left(\theta,z,t\right)$, $\mathrm{N}_{0z} \equiv \frac{\partial p(r,0,z,t)}{\partial \theta} = -\left(\frac{\mu}{k_\theta}\right)\psi_{0z}\left(r,z,t\right)$ and $\mathrm{N}_{\vartheta z} \equiv \frac{\partial p(r,\vartheta,z,t)}{\partial \theta} = -\left(\frac{\mu}{k_\theta}\right)\psi_{\vartheta z}\left(r,z,t\right)$ 1815

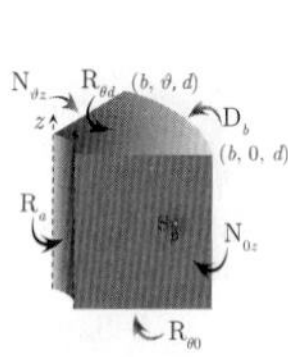

29.114 The problem of 29.108, except $\mathrm{R}_{\theta 0} \equiv \frac{\partial p(r,\theta,0,t)}{\partial z} - \lambda_0 p\left(r,\theta,0,t\right) = -\left(\frac{\mu}{k_z}\right)\psi_{\theta 0}\left(r,\theta,t\right)$, $\mathrm{R}_{\theta d} \equiv \frac{\partial p(r,\theta,d,t)}{\partial z} + \lambda_d p\left(r,\theta,d,t\right) = -\left(\frac{\mu}{k_z}\right)\psi_{\theta d}\left(r,\theta,t\right)$, $\mathrm{R}_a \equiv \frac{\partial p(a,\theta,z,t)}{\partial r} - \lambda p\left(a,\theta,z,t\right) = -\left(\frac{\mu}{k_r}\right)\psi_a\left(\theta,z,t\right)$, $\mathrm{D}_b \equiv p\left(b,\theta,z,t\right) = \psi_b\left(\theta,z,t\right)$, $\mathrm{N}_{0z} \equiv \frac{\partial p(r,0,z,t)}{\partial \theta} = -\left(\frac{\mu}{k_\theta}\right)\psi_{0z}\left(r,z,t\right)$ and $\mathrm{N}_{\vartheta z} \equiv \frac{\partial p(r,\vartheta,z,t)}{\partial \theta} = -\left(\frac{\mu}{k_\theta}\right)\psi_{\vartheta z}\left(r,z,t\right)$ 1817

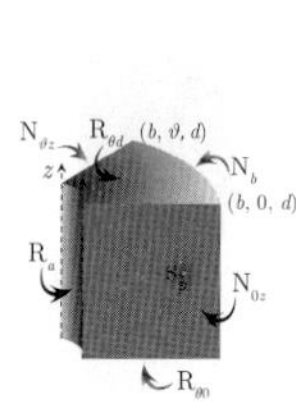

29.115 The problem of 29.108, except $\mathrm{R}_{\theta 0} \equiv \frac{\partial p(r,\theta,0,t)}{\partial z} - \lambda_0 p\left(r,\theta,0,t\right) = -\left(\frac{\mu}{k_z}\right)\psi_{\theta 0}\left(r,\theta,t\right)$, $\mathrm{R}_{\theta d} \equiv \frac{\partial p(r,\theta,d,t)}{\partial z} + \lambda_d p\left(r,\theta,d,t\right) = -\left(\frac{\mu}{k_z}\right)\psi_{\theta d}\left(r,\theta,t\right)$, $\mathrm{R}_a \equiv \frac{\partial p(a,\theta,z,t)}{\partial r} - \lambda p\left(a,\theta,z,t\right) = -\left(\frac{\mu}{k_r}\right)\psi_a\left(\theta,z,t\right)$, $\mathrm{N}_b \equiv \frac{\partial p(b,\theta,z,t)}{\partial r} = -\left(\frac{\mu}{k_r}\right)\psi_b\left(\theta,z,t\right)$, $\mathrm{N}_{0z} \equiv \frac{\partial p(r,0,z,t)}{\partial \theta} = -\left(\frac{\mu}{k_\theta}\right)\psi_{0z}\left(r,z,t\right)$ and $\mathrm{N}_{\vartheta z} \equiv \frac{\partial p(r,\vartheta,z,t)}{\partial \theta} = -\left(\frac{\mu}{k_\theta}\right)\psi_{\vartheta z}\left(r,z,t\right)$ 1820

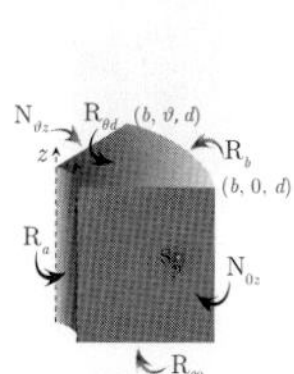

29.116 The problem of 29.108, except $\mathrm{R}_{\theta 0} \equiv \frac{\partial p(r,\theta,0,t)}{\partial z} - \lambda_0 p\left(r,\theta,0,t\right) = -\left(\frac{\mu}{k_z}\right)\psi_{\theta 0}\left(r,\theta,t\right)$, $\mathrm{R}_{\theta d} \equiv \frac{\partial p(r,\theta,d,t)}{\partial z} + \lambda_d p\left(r,\theta,d,t\right) = -\left(\frac{\mu}{k_z}\right)\psi_{\theta d}\left(r,\theta,t\right)$, $\mathrm{R}_a \equiv \frac{\partial p(a,\theta,z,t)}{\partial r} - \lambda p\left(a,\theta,z,t\right) = -\left(\frac{\mu}{k_r}\right)\psi_a\left(\theta,z,t\right)$, $\mathrm{R}_b \equiv \frac{\partial p(b,\theta,z,t)}{\partial r} + \lambda_b p\left(b,\theta,z,t\right) = -\left(\frac{\mu}{k_r}\right)\psi_b\left(\theta,z,t\right)$, $\mathrm{N}_{0z} \equiv \frac{\partial p(r,0,z,t)}{\partial \theta} = -\left(\frac{\mu}{k_\theta}\right)\psi_{0z}\left(r,z,t\right)$ and $\mathrm{N}_{\vartheta z} \equiv \frac{\partial p(r,\vartheta,z,t)}{\partial \theta} = -\left(\frac{\mu}{k_\theta}\right)\psi_{\vartheta z}\left(r,z,t\right)$ 1822

Preface

This compendium of analytical solutions is intended to serve as a handbook or research-level course for petroleum, chemical, mechanical, civil or electrical engineers and applied scientists. The use of the solutions of the diffusion equation in industrial applications is extensive. The four well-known textbooks by Carslaw and Jaeger, Crank, Ozisik and Raghavan, while of great value to the scientific community, are not suitable for those who do not wish to delve into some challenging mathematics. Consequently, this book, comprising over 1000 solutions, has been written specially for postgraduate students and practitioners in the industry who are searching for ready-made solutions to practical problems. The work presented here is by no means encyclopedic. The vastness of the range of problems, combined with the necessity for keeping this book to a manageable size, has forced me to omit many facets of the subject. I have restricted the analysis to Dirichlet, Neumann and Robin boundary conditions. Nonetheless, in virtue of the extensiveness of this compilation of solutions, it is hoped that it will serve as a reference book to a larger circle of readers than before.

Due to my long association with the oil and gas industry, the reader will notice a natural bias toward pressure diffusion. The diffusion coefficient and the initial and boundary conditions used in this book apply to fluid flow in a porous medium. Nonetheless, all solutions can be equally applied to problems in heat conduction and mass transfer. A natural phenomenon of the diffusion process is that it occurs precisely the same way, independently in all dimensions. Since the analysis presented here is restricted to three dimensions only, I have used specific coordinates. Where possible, I have tried to avoid vector or tensor notation in the belief that it would obscure the basic physical principles behind symbols which may be unfamiliar to the reader. Besides, employing such a notation would further exacerbate the complexity of the typographical maze of this book and its lack of human touch. The only exception to this is Chapter 1, where I found the use of vector and tensor notations useful.

In this book I have used integral transform techniques to solve the initial and boundary value problems. Integral transform techniques have many advantages over the classical methods derived from Fourier's pioneering work. This book differs from the previous textbooks in that it reduces the partial differential equation to an algebraic equation through successive integral transforms. The transformed function, which is the solution of an ordinary algebraic equation, is then successively inverted to obtain the solution. The extensive compilation of the analytic solutions in this book, including solutions to many hitherto intractable problems, is a testament to the power of this technique.

Many of the applications in the oil and gas industry involve working with the Laplace transforms of pressure and rate histories. For this reason the solutions are given in pairs of Laplace and time domains. I have also, in some chapters, included the transformed ordinary algebraic equation. It is hoped that the steps covered are enough to impart the essence of the integral transform method to the reader. While the primary focus is to catalog solutions to boundary value problems associated with Dirichlet, Neumann, and Robin boundary conditions, I have been eclectic to the extent of inserting some variations that are of practical use to the oil and gas industry. These variations include subdivided systems where the properties of each continuum are uniform but discontinuous at the interface; solutions involving boundary conditions of the mixed type, where the function is prescribed over part of the boundary and its normal derivative over the remaining part; and problems that involve space- and time-dependent boundary conditions. I have endeavored to include in the appendices all formulae that are likely to be required to derive the solutions given in this book.

I owe a great deal to many friends and colleagues who have given their time to read and comment on this manuscript in one or another of its many avatars. Valuable views were given by Professors Colin Atkinson of the Imperial College of Science and Technology and Schlumberger Cambridge Research; Anthony Pearson of Cambridge University and Schlumberger Cambridge Research (retired); Khalid Aziz of Stanford University; Robert Burridge of New York University (Courant Institute) and Schlumberger-Doll Research (retired); Tom Tombrello of the California Institute of Technology; Chris Chapman of Cambridge University and Schlumberger Cambridge Research (retired); Eugene Joseph of Virginia Tech; and Cumaraswamy Vipulanandan of the University of Houston.

I have taken every effort to check the correctness of the solutions presented in this book. However, in a book of this magnitude, it is probably unrealistic to hope that no errors have remained undetected; but the number of such mistakes has been considerably diminished by the criticisms and the vigilance of my colleagues at Schlumberger, in particular Drs. Tarek Habashy, Jeff Spath, Younes Jalali, Amina Boughrara, Philip Gilchrist, Bobby Poe, Geoff Busswell, Alberto Malinverno, T. S. (Rama) Ramakrishnan, Viveka Thilakaraj, Shalini Krishnamurthy, Yiming Yang, Michael Prange, Peter Kaufman, Andrew Kirkwood, Ian Bryant, Douglas Gray Stephens, Peter Tilke and Francois Auzerais and Messrs. Raj Banerjee, Boris Samson, Vivek Jain, Joseph Ayoub, Greg Grove and Valery Polyakov. To these ladies and gentlemen, who have given their time and patience to read and critique a work of such typographical complexity, I offer my sincere thanks.

I am indebted to Schlumberger for granting permission to publish this book. Special thanks are due to Michael Penn, Richard Ruzycka and Stephen Smith of McGraw-Hill Professional, and Harleen Chopra of Glyph International for their skills, humor, patience and commitment during the preparation of the typescript of this handbook. Thanks are also due to Beena Hemkar of creaMedia Inc. for producing the iconic graphical illustrations.

On a personal note, I would like to extend my gratitude to Dr. David Webb of the University of Manchester, England, who, in a distant past, not only introduced me to this subject but also secured a grant for me to pursue higher studies; and to my friends Tarek Habashy, Jeff Spath, Peter Briggs, Vivek Jain, Younes Jalali, Satish Pai, Richard Gardner, the late Michael Ekstrom, Ranjan Ferdinand, Deogupillai S. Gnanapragasam and the late Rev. Fr. John Mary Couchouron (of St. Patrick's College, Jaffna, Sri Lanka) for their support and encouragement during the bygone years. I would also like to record my indebtedness to my grandparents Annamary and Michael, my parents Theresa and Anthony, and my sisters Joyce and Regina for their infinite patience and support.

Finally, my greatest debt is to three people whom I love dearly: my daughter Marian, my son Anthony and my wife Agnes; without them, many of the chapters (in my life) would have remained blank. My wife Agnes has enabled me to conserve my fine endurance during the unconscionably long period of this compendium's gestation. It is to her I dedicate this work.

R. K. Michael Thambynayagam

The Diffusion Handbook

Chapter 1

Preliminaries

1.1 Introduction

The real-life industrial problems in diffusion are often nonlinear and depend on many parameters, so that numerical methods are almost essential to arrive at a solution. The most common approach to solving complex diffusion problems today is the use of proprietary software based on purely numerical methods. This is certainly true among the current generation of engineers. Nevertheless, there are great benefits to be gained from using analytical solutions. There are three main reasons why analytical solutions are worth pursuing. First, they may be simpler to use than numerical simulation methods in many cases. Numerical solutions of a complex realistic model are as difficult to interpret as the acquired data. It is often best to start with a simple model of a complex system that will yield a tractable analytical solution, which can be used to study the impact of input-parameter variation and to attempt inversion of the acquired data. The inversion process is often much faster with simpler analytic forward models. Secondly, analytical solutions are intrinsically more reliable and can serve as important test cases for validating software and providing error estimates for numerical solutions. Moreover, analytical solutions render themselves amenable to computationally inexpensive asymptotic methods which have proven useful in understanding the behavior of complex systems. A simpler analytical solution, together with the complete numerical solution, will often yield the best result. Finally, our intuitive understanding of the phenomenon of diffusion is mainly derived from analytical solutions of simple physical systems. Analytical solutions provide better physical insight into the problem. With a numerical solution only, one would be confronted with a basket of numbers which are often difficult to comprehend.

The common practice in analytically solving linear partial differential equations is to use the classical Fourier methods in the space variables after removing the time variable by the Laplace transform. The use of Green's functions, originally developed in the theory of potential [Green (1828)], to solve diffusion problems is also a well-established practice [Carslaw and Jaeger (1959)]. Such classical methods often require at the outset a correct form of the solution that satisfies the governing differential equation. Hence, with these methods, solutions are developed to provide answers to specific problems. The integral transform techniques, on the other hand, are direct and can be applied to a wide range of problems, including mixed boundary value problems.* The prescription used in this book for the application of integral transforms to initial and boundary value problems comprises the following steps:

1. Successively apply the integral transform operations to reduce the partial differential equation to an algebraic equation—the Laplace transform with respect to time and Fourier or Hankel transforms with respect to space variables. A partial differential equation with n independent variables will require n transformations.

*The boundary condition is of mixed type if the function is prescribed over part of the boundary and its normal derivative over the remaining part.

2. Solve the transformed algebraic equation for the transformed function. Determination of the transformed function in an algebraic equation is much simpler than determination of the original function in a differential equation.

3. Successively apply the inverse integral transforms to invert the transformed function to yield the desired solution.

The only exception to this general procedure is the problems that involve space- and time-dependent boundary conditions.* In this book we deal with moving boundary value problems commonly encountered in the oil industry, such as water conning and seawater injection (covered in Chapters 11 and 13). For this class of eigenvalue problems, the application of integral transforms to the partial differential equation results in an infinite set of coupled ordinary differential equations. The system of equations may then be truncated and posed in a matrix form by accounting for a finite number of eigenvalues. The lowest order of the coupled system—that is, the matrix containing the diagonal elements only—is solved explicitly. The contributions of off-diagonal terms may be accounted for iteratively.

The solutions to diffusion problems in layered continua presented in this book are semianalytical (covered in Chapters 6, 7, 9, 10, 11 and 13). The explicit analytical solution pertaining to each layer is coupled to the adjacent layers through either a Fredholm- or, in the case of a mixed boundary condition, a Volterra-type integral equation at the interlayer interface. Standard numerical algorithms (e.g., the Nyström method) are used to solve the integral equations. All semianalytical solutions presented in this book are accompanied by prescriptions for numerical computation.

In this chapter we introduce the nomenclature, symbols and conventions that are used in this book. One of the interesting aspects of this work is that it provides so many analytical formulae using some of the lesser-known special functions. The mathematical operations of the special functions are included in Chapter 1.3. We also introduce the basic theory behind heat conduction, mass diffusion and pressure diffusion in a porous medium. Chapter 2 is a consistent and thorough treatment of the theory behind integral transforms and their inversion formulae. We have attempted to present the theory and the applications of integral transforms in a clear and concise manner, uncluttered by excessive detail. The remaining chapters are devoted to catalogs of analytical solutions of initial and boundary value problems of pressure diffusion in Cartesian and cylindrical coordinate systems. The elementary analysis presented in the book is confined to one-, two- and three-dimensional problems only. Each chapter (Chapters 3 to 29) begins with a clear statement of the problem followed by an orderly set of solutions. The solutions given in these chapters are self-contained and may be studied (after Chapters 1 and 2) in any order to meet the need of the reader.

1.2 Nomenclature, symbols and iconic illustrations

We have used specific coordinates, usually in Cartesian and cylindrical systems. In the Cartesian coordinate system, we use the z coordinate for the vertical direction, x positive to the right and y measured perpendicular to the x-z plane. The horizontal plane is defined by the x and y coordinates. The point at which $x = 0$, $y = 0$ and $z = 0$ is the origin where the three axes intersect. A point in the Cartesian coordinate system is denoted (x, y, z). A cylindrical coordinate system is defined by a vertical axis, the z coordinate, a perpendicular plane and a ray r originating from the intersection of the axis and the plane. The ray has an azimuth of θ from a datum where θ is set to zero. A point in the cylindrical coordinate system is denoted (r, θ, z). The relationship between the Cartesian and cylindrical coordinate systems is given by $x = r\cos\theta$, $y = r\sin\theta$, $r = \sqrt{x^2 + y^2}$, $\theta = \tan^{-1}\left(\frac{y}{x}\right)$ and z is common to both systems.

In this book we also consider cuboidal and layered continua. A cuboid is defined as a closed medium of thickness a, b and d in the x, y and z directions, respectively. We have used the following convention to define a laterally subdivided continuum: We define the j-th interface as being at $z = d_j$, and number the layers from the bottom upward. The j-th layer is between the j-th and $(j+1)$-th interfaces, that is, $d_j \leq z \leq d_{j+1}$, with the $(j+1)$-th interface at the top of the j-th layer.

*A very full discussion of problems involving moving boundary conditions is given by Cotta (1993). Also see Ozisik and Murray (1974).

Throughout this book we have used the convention that the integral transform of a given variable is denoted by the same letter augmented by a dash. Successive integral transforms carry successive dashes. For example, the Laplace and Fourier transforms of pressure p in time t and the three orthogonal axes x, y and z, respectively, are denoted by $\overline{\overline{\overline{\overline{p}}}} \equiv \overline{\overline{\overline{\overline{p}}}}(\xi_n, \xi_m, \xi_l, s)$, where ξ_n, ξ_m and ξ_l are the eigenvalues corresponding to the Fourier integral transforms. Any variable augmented by a dash with the symbol s in its argument is the Laplace transform of the variable.

The dimensions of the fundamental quantities of mass, length, time and temperature are denoted by M, L, T and Θ respectively. The dimensions of secondary quantities in diffusion are given in Table 1.

Table 1. Dimensions of secondary quantities in diffusion

Symbol	Dimension	Description
K	$[\mathrm{MLT^{-3}\Theta^{-1}}]$	thermal conductivity
ρ	$[\mathrm{ML^{-3}}]$	density
s_h	$[\mathrm{L^2T^{-2}\Theta^{-1}}]$	specific heat
κ	$[\mathrm{L^2T^{-1}}]$	thermal diffusivity
p	$[\mathrm{ML^{-1}T^{-2}}]$	pressure
p_I	$[\mathrm{ML^{-1}T^{-2}}]$	constant initial pressure
k	$[\mathrm{L^2}]$	permeability
k_j	$[\mathrm{L^2}]$	permeability in the j direction, $j = x, y, z, r$ or θ
μ	$[\mathrm{ML^{-1}T^{-1}}]$	viscosity
ϕ	[0]	porosity
η	$[\mathrm{L^2T^{-1}}]$	hydraulic diffusivity
η_j	$[\mathrm{L^2T^{-1}}]$	hydraulic diffusivity in the j direction, $j = x, y, z, r$ or θ
c_t	$[\mathrm{M^{-1}LT^2}]$	total compressibility
t	[T]	time variable
Q	$[\mathrm{L^3}]$	quantity of fluid injected instantaneously
$q(t)$	$[\mathrm{L^3T^{-1}}]$	quantity of fluid injected continuously

Most of the symbols used in this book are locally defined. Only the symbols that have the same meaning throughout the book are listed in the table with their dimensions and description. Symbols of the same variant but with alternative subscripts and arguments are not included. The symbol ψ, with single or multiple subscripts as boundary markers, is used to denote the form of the Dirichlet, Neumann, or Robin boundary condition as an arbitrary function of spatial variables and time. The symbol φ is used to denote the initial condition as an arbitrary function of spatial variables. The symbols $m\dot{o}$ and $\mathcal{M} = \xi_m \dot{o}$ are used to denote the order of the Bessel and related functions in cyclical and bounded continua in θ respectively, where $\dot{o} = \sqrt{\frac{\eta_\theta}{\eta_r}}$ and m and the eigenvalue ξ_m are locally defined.

In order to make it easy to find the desired solution and to comprehend the continuum's configuration, self-explanatory iconic illustrations are included in both the table of contents and the main text. A deckle-edged surface means that the continuum extends to infinity in the pointed direction. The boundary conditions, denoted by the symbols D, N and R and augmented by appropriate subscripts, are clearly displayed at the boundaries to which they belong. The symbols D, N and R correspond to Dirichlet, Neumann, and Robin conditions, respectively, and the subscripts act as boundary markers. The locations of the plane surface, line, cylindrical surface, ring and point sources are denoted by s_{pl}, s_l, s_s, s_r and s_p, respectively.

1.3 Mathematical operations of special functions

$$\mathrm{B}(u,v) = \int_0^1 x^{u-1}(1-x)^{v-1}\,dx = 2\int_0^1 x^{2u-1}\left(1-x^2\right)^{v-1}dx \qquad [\Re u > 0,\ \Re v > 0]$$ Beta function

$$\operatorname{erf}(x) = \frac{2}{\sqrt{\pi}}\int_0^x e^{-u^2}\,du$$ Error function

$$\operatorname{erfc}(x) = 1 - \operatorname{erf}(x)$$ Complementary error function

$$i\operatorname{erfc}(x) = \frac{1}{\sqrt{\pi}}e^{-x^2} - x\operatorname{erfc}(x)$$

$$i^n\operatorname{erfc}(x) = \int_x^\infty i^{n-1}\operatorname{erfc}(u)\,du \qquad n = 1, 2, 3, ...$$

$$\delta(x) = \begin{cases} 0 & x \neq 0 \\ \infty & x = 0 \end{cases}$$ Dirac's delta function

$$\delta_m^n = \begin{cases} 0 & m \neq n \\ 1 & m = n \end{cases}$$ Kronecker delta function

$$\ni_m = \begin{cases} \frac{1}{2} & m = 0 \\ 1 & m = 1, 2, ... \end{cases}$$

$$U(t - t_0) = \begin{cases} 0 & t < t_0 \\ 1 & t > t_0 \end{cases}$$ Heaviside's unit step function

$$D_\nu(x) = \frac{2^{\left(\frac{1}{4}+\frac{\nu}{2}\right)}}{\sqrt{x}} W_{\left(\frac{1}{4}+\frac{\nu}{2},-\frac{1}{4}\right)}\left(\frac{x^2}{2}\right)$$ Parabolic cylinder function

$$e = \lim_{n\to\infty}\left(1 + \frac{1}{n}\right)^n = \sum_{n=0}^{\infty}\frac{1}{n!}$$ Transcendental number—the base of natural logarithms

$$\breve{e} = \lim_{N\to\infty}\left\{\sum_{j=1}^{N}\frac{1}{j} - \log(N)\right\}$$ Euler's constant

$$i = \sqrt{-1}$$ Square root of -1*

$$Ei(-x) = -\int_x^\infty \frac{e^{-u}}{u}\,du = \ln(x) + \aleph + \int_0^x \frac{e^{-u}-1}{u}\,du \qquad [x > 0]$$ Exponential integral

$$\overline{Ei}(x) = \frac{1}{2}\left\{Ei(x + i0) + Ei(x - i0)\right\} \qquad [x > 0]$$ Related exponential integral

*In some instances i is also locally defined as a subscript or a counter.

$\mathrm{H}_\nu(x) = \frac{2\left(\frac{x}{2}\right)^\nu}{\sqrt{\pi}\Gamma\left(\nu+\frac{1}{2}\right)} \int_0^1 \left(1-u^2\right)^{\nu-\frac{1}{2}} \sin(xu)\, du$	$\left[\Re\nu > -\frac{1}{2}\right]$	Struve function
$J_\nu(x) = \sum_{n=0}^{\infty} \frac{(-1)^n \left(\frac{x}{2}\right)^{\nu+2n}}{n!\Gamma(\nu+n+1)}$		Bessel function of the first kind of order ν
$Y_\nu(x) = \frac{J_\nu(x)\cos\nu\pi - J_{-\nu}(x)}{\sin\nu\pi}$		Bessel function of the second kind of order ν
$I_\nu(x) = \sum_{n=0}^{\infty} \frac{\left(\frac{x}{2}\right)^{\nu+2n}}{n!\Gamma(\nu+n+1)}$		Modified Bessel function of the first kind of order ν

$$\mathcal{C}_\nu(\xi, r) = \{Y_\nu(\xi a) J_\nu(\xi r) - J_\nu(\xi a) Y_\nu(\xi r)\}$$

$$\mathcal{G}_\nu(\xi, r) = \{Y'_\nu(\xi a) J_\nu(\xi r) - J'_\nu(\xi a) Y_\nu(\xi r)\}$$

$$\mathcal{D}_\nu(\xi, r) = r\left[Y_\nu(\xi r)\{\lambda J_\nu(\xi a) - \xi J'_\nu(\xi a)\} - J_\nu(\xi r)\{\lambda Y_\nu(\xi a) - \xi Y'_\nu(\xi a)\}\right]$$

$$\mathcal{V}_{\mathcal{D}0}(\xi_n r, a) = J_0(\xi_n r) Y_0(\xi_n a) - Y_0(\xi_n r) J_0(\xi_n a)$$

$$\mathcal{V}'_{\mathcal{D}0}(\xi_n r, a) = Y_1(\xi_n r) J_0(\xi_n a) - J_1(\xi_n r) Y_0(\xi_n a)$$

$$\mathcal{V}_{\mathcal{N}0}(\xi_n r, a) = J_1(\xi_n a) Y_0(\xi_n r) - Y_1(\xi_n a) J_0(\xi_n r)$$

$$\mathcal{V}'_{\mathcal{N}0}(\xi_n r, a) = J_1(\xi_n r) Y_1(\xi_n a) - Y_1(\xi_n r) J_1(\xi_n a)$$

$$\mathcal{V}_{\mathcal{D}\nu}(\xi_n r, a) = J_\nu(\xi_n r) Y_\nu(\xi_n a) - Y_\nu(\xi_n r) J_\nu(\xi_n a)$$

$$\mathcal{V}'_{\mathcal{D}\nu}(\xi_n r, a) = J'_\nu(\xi_n r) Y_\nu(\xi_n a) - J_\nu(\xi_n a) Y'_\nu(\xi_n r)$$

$$\mathcal{V}_{\mathcal{N}\nu}(\xi_n r, a) = J_\nu(\xi_n r) Y'_\nu(\xi_n a) - Y_\nu(\xi_n r) J'_\nu(\xi_n a)$$

$$\mathcal{V}'_{\mathcal{N}\nu}(\xi_n r, a) = J'_\nu(\xi_n r) Y'_\nu(\xi_n a) - J'_\nu(\xi_n a) Y'_\nu(\xi_n r)$$

$\mathrm{Si}(x) = \int_0^x \frac{\sin(u)}{u} du$		Sine integral
$\mathrm{Ci}(x) = -\int_x^\infty \frac{\cos(u)}{u} du$	$[\lvert\arg\ x\rvert < \pi]$	Cosine integral
$\mathrm{S}(x) = \frac{1}{\sqrt{2\pi}} \int_0^{x^2} \frac{\sin(u)}{\sqrt{u}}\, du$		Fresnel sine integral
$\mathrm{C}(x) = \frac{1}{\sqrt{2\pi}} \int_0^{x^2} \frac{\cos(u)}{\sqrt{u}}\, du$		Fresnel cosine integral
$W_{[u,v]}(x) = \frac{x^u e^{-\frac{x}{2}}}{\Gamma\left(v-u+\frac{1}{2}\right)} \int_0^\infty \tau^{v-u-\frac{1}{2}} e^{-\tau} \left(1+\frac{\tau}{x}\right)^{v+u-\frac{1}{2}}\, d\tau$		Whittaker function
$\mathcal{W}(a, x) = \int_a^\infty \frac{e^{-u-\frac{x^2}{4u}}}{u} du$		Well function*
$\Psi(x, y; z) = \frac{1}{\Gamma(x)} \int_0^\infty e^{-zu} u^{x-1} (1+u)^{y-x-1}\, du$	$[\Re x > 0]$	Degenerate hypergeometric function
$\Gamma(x) = \int_0^\infty e^{-u} u^{x-1}\, du$	$[\Re x > 0]$	Gamma function

*$\mathcal{W}(a, x)$ is known in the field of hydrology as the well function and is extensively tabulated [Hantush (1956)].

$\Gamma(a,x) = \int_x^\infty e^{-u} u^{a-1}\, du$ $[\Re a > 0]$ Incomplete gamma function

$\gamma(a,x) = \int_0^x e^{-u} u^{a-1}\, du$ $[\Re a > 0]$ Incomplete gamma function

$\Phi(u,v;x) = \frac{x^{1-v}}{B(u,v-u)} \int_0^x e^{\tau} \tau^{u-1} (x-\tau)^{v-u-1}\, d\tau$ $[0 < \Re u < \Re v]$ Confluent hypergeometric function

$$\Theta_1(\pi x, e^{-\pi^2 t}) = \begin{cases} 2\sum\limits_{n=1}^{\infty} (-1)^{n-1} e^{-\left(n-\frac{1}{2}\right)^2 \pi^2 t} \sin\{(2n-1)\pi x\}, & e^{-\pi^2 t} > \frac{1}{\pi} \\ \frac{1}{\sqrt{\pi t}} \sum\limits_{n=-\infty}^{\infty} (-1)^n e^{-\frac{\left(x-\frac{1}{2}+n\right)^2}{t}}, & e^{-\pi^2 t} \le \frac{1}{\pi} \end{cases}$$

Elliptic theta function of the first kind*

$$\Theta_2(\pi x, e^{-\pi^2 t}) = \begin{cases} 2\sum\limits_{n=1}^{\infty} e^{-\left(n-\frac{1}{2}\right)^2 \pi^2 t} \cos\{(2n-1)\pi x\}, & e^{-\pi^2 t} > \frac{1}{\pi} \\ \frac{1}{\sqrt{\pi t}} \sum\limits_{n=-\infty}^{\infty} (-1)^n e^{-\frac{(x+n)^2}{t}}, & e^{-\pi^2 t} \le \frac{1}{\pi} \end{cases}$$

Elliptic theta function of the second kind

$$\Theta_3(\pi x, e^{-\pi^2 t}) = \begin{cases} 1 + 2\sum\limits_{n=1}^{\infty} e^{-n^2 \pi^2 t} \cos(2n\pi x), & e^{-\pi^2 t} > \frac{1}{\pi} \\ \frac{1}{\sqrt{\pi t}} \sum\limits_{n=-\infty}^{\infty} e^{-\frac{(x+n)^2}{t}}, & e^{-\pi^2 t} \le \frac{1}{\pi} \end{cases}$$

Elliptic theta function of the third kind

$$\Theta_4(\pi x, e^{-\pi^2 t}) = \begin{cases} 1 + 2\sum\limits_{n=1}^{\infty} (-1)^n e^{-n^2 \pi^2 t} \cos(2n\pi x), & e^{-\pi^2 t} > \frac{1}{\pi} \\ \frac{1}{\sqrt{\pi t}} \sum\limits_{n=-\infty}^{\infty} e^{-\frac{\left(x+\frac{1}{2}+n\right)^2}{t}}, & e^{-\pi^2 t} \le \frac{1}{\pi} \end{cases}$$

Elliptic theta function of the fourth kind

$$\Theta_1'(\pi x, e^{-\pi^2 t}) = \frac{\partial\left\{\Theta_1(\pi x, e^{-\pi^2 t})\right\}}{\partial x} = $$
$$= \begin{cases} 2\pi \sum\limits_{n=1}^{\infty} (-1)^{n-1} (2n-1)\, e^{-\left(n-\frac{1}{2}\right)^2 \pi^2 t} \cos\{(2n-1)\pi x\}, & e^{-\pi^2 t} > \frac{1}{\pi} \\ \frac{2}{\sqrt{\pi t^3}} \sum\limits_{n=-\infty}^{\infty} (-1)^{n+1} \left(x - \frac{1}{2} + n\right) e^{-\frac{\left(x-\frac{1}{2}+n\right)^2}{t}}, & e^{-\pi^2 t} \le \frac{1}{\pi} \end{cases}$$

Derivative of elliptic theta function of the first kind

$$\Theta_2'(\pi x, e^{-\pi^2 t}) = \frac{\partial\left\{\Theta_2(\pi x, e^{-\pi^2 t})\right\}}{\partial x} = $$
$$= \begin{cases} -2\pi \sum\limits_{n=1}^{\infty} (2n-1)\, e^{-\left(n-\frac{1}{2}\right)^2 \pi^2 t} \sin\{(2n-1)\pi x\}, & e^{-\pi^2 t} > \frac{1}{\pi} \\ \frac{2}{\sqrt{\pi t^3}} \sum\limits_{n=-\infty}^{\infty} (-1)^{n+1} (x+n)\, e^{-\frac{(x+n)^2}{t}}, & e^{-\pi^2 t} \le \frac{1}{\pi} \end{cases}$$

Derivative of elliptic theta function of the second kind

$$\Theta_3'(\pi x, e^{-\pi^2 t}) = \frac{\partial\left\{\Theta_3(\pi x, e^{-\pi^2 t})\right\}}{\partial x} = $$
$$= \begin{cases} -4\pi \sum\limits_{n=1}^{\infty} n e^{-n^2 \pi^2 t} \sin(2n\pi x), & e^{-\pi^2 t} > \frac{1}{\pi} \\ -\frac{2}{\sqrt{\pi t^3}} \sum\limits_{n=-\infty}^{\infty} (x+n)\, e^{-\frac{(x+n)^2}{t}}, & e^{-\pi^2 t} \le \frac{1}{\pi} \end{cases}$$

Derivative of elliptic theta function of the third kind

$$\Theta_4'(\pi x, e^{-\pi^2 t}) = \frac{\partial\left\{\Theta_4(\pi x, e^{-\pi^2 t})\right\}}{\partial x} = $$
$$= \begin{cases} 4\pi \sum\limits_{n=1}^{\infty} (-1)^{n+1} n e^{-n^2 \pi^2 t} \sin(2n\pi x), & e^{-\pi^2 t} > \frac{1}{\pi} \\ -\frac{2}{\sqrt{\pi t^3}} \sum\limits_{n=-\infty}^{\infty} \left(x + \frac{1}{2} + n\right) e^{-\frac{\left(x+\frac{1}{2}+n\right)^2}{t}}, & e^{-\pi^2 t} \le \frac{1}{\pi} \end{cases}$$

Derivative of elliptic theta function of the fourth kind

*Two forms of theta functions and their derivatives and integrals are given. Both forms are valid over the whole range of time, but convergence is more rapid in the specified regions of the argument $e^{-\pi^2 t}$.

$$\Theta_1^{\int}(\pi x, e^{-\pi^2 t}) = \int_0^x \Theta_1(\pi u, e^{-\pi^2 t})du =$$

$$= \begin{cases} \frac{2}{\pi}\sum_{n=1}^{\infty} \frac{(-1)^{n-1} e^{-\left(n-\frac{1}{2}\right)^2 \pi^2 t}}{2n-1} [1-\cos\{(2n-1)\pi x\}], & e^{-\pi^2 t} > \frac{1}{\pi} \\ \frac{1}{2}\sum_{n=-\infty}^{\infty} (-1)^n \left\{\operatorname{erf}\left(\frac{2x+2n-1}{2\sqrt{t}}\right) - \operatorname{erf}\left(\frac{2n-1}{2\sqrt{t}}\right)\right\}, & e^{-\pi^2 t} \le \frac{1}{\pi} \end{cases}$$

Integral of elliptic theta function of the first kind

$$\Theta_2^{\int}(\pi x, e^{-\pi^2 t}) = \int_0^x \Theta_2(\pi u, e^{-\pi^2 t})du =$$

$$= \begin{cases} \frac{2}{\pi}\sum_{n=1}^{\infty} \frac{e^{-\left(n-\frac{1}{2}\right)^2 \pi^2 t}}{2n-1} \sin\{(2n-1)\pi x\}, & e^{-\pi^2 t} > \frac{1}{\pi} \\ \frac{1}{2}\sum_{n=-\infty}^{\infty} (-1)^n \left\{\operatorname{erf}\left(\frac{x+n}{\sqrt{t}}\right) - \operatorname{erf}\left(\frac{n}{\sqrt{t}}\right)\right\}, & e^{-\pi^2 t} \le \frac{1}{\pi} \end{cases}$$

Integral of elliptic theta function of the second kind

$$\Theta_3^{\int}(\pi x, e^{-\pi^2 t}) = \int_0^x \Theta_3(\pi u, e^{-\pi^2 t})du =$$

$$= \begin{cases} x + \frac{1}{\pi}\sum_{n=1}^{\infty} \frac{e^{-n^2 \pi^2 t}}{n} \sin(2n\pi x), & e^{-\pi^2 t} > \frac{1}{\pi} \\ \frac{1}{2}\sum_{n=-\infty}^{\infty} \left\{\operatorname{erf}\left(\frac{x+n}{\sqrt{t}}\right) - \operatorname{erf}\left(\frac{n}{\sqrt{t}}\right)\right\}, & e^{-\pi^2 t} \le \frac{1}{\pi} \end{cases}$$

Integral of elliptic theta function of the third kind

$$\Theta_4^{\int}(\pi x, e^{-\pi^2 t}) = \int_0^x \Theta_4(\pi u, e^{-\pi^2 t})du =$$

$$= \begin{cases} x + \frac{1}{\pi}\sum_{n=1}^{\infty} \frac{(-1)^n e^{-n^2 \pi^2 t}}{n} \sin(2n\pi x), & e^{-\pi^2 t} > \frac{1}{\pi} \\ \frac{1}{2}\sum_{n=-\infty}^{\infty} \left\{\operatorname{erf}\left(\frac{2x+2n+1}{2\sqrt{t}}\right) - \operatorname{erf}\left(\frac{2n+1}{2\sqrt{t}}\right)\right\}, & e^{-\pi^2 t} \le \frac{1}{\pi} \end{cases}$$

Integral of elliptic theta function of the fourth kind

$$\Theta_1^{\int\int}(\pi x, e^{-\pi^2 t}) = \int_0^x \Theta_1^{\int}(\pi u, e^{-\pi^2 t})du =$$

$$= \begin{cases} \frac{2}{\pi^2}\sum_{n=1}^{\infty} \frac{(-1)^{n-1} e^{-\left(n-\frac{1}{2}\right)^2 \pi^2 t}}{(2n-1)^2} [(2n-1)\pi x - \sin\{(2n-1)\pi x\}], & e^{-\pi^2 t} > \frac{1}{\pi} \\ \frac{1}{2}\sum_{n=-\infty}^{\infty} (-1)^n \left\{\left(x+n-\frac{1}{2}\right)\operatorname{erf}\left(\frac{2x+2n-1}{2\sqrt{t}}\right) + \sqrt{\frac{t}{\pi}}\left(e^{-\frac{(x+n-\frac{1}{2})^2}{t}} - e^{-\frac{(n-\frac{1}{2})^2}{t}}\right) - \left(n-\frac{1}{2}\right)\operatorname{erf}\left(\frac{2n-1}{2\sqrt{t}}\right)\right\}, & e^{-\pi^2 t} \le \frac{1}{\pi} \end{cases}$$

Second integral of elliptic theta function of the first kind

$$\Theta_2^{\int\int}(\pi x, e^{-\pi^2 t}) = \int_0^x \Theta_2^{\int}(\pi u, e^{-\pi^2 t})du =$$

$$= \begin{cases} \frac{2}{\pi^2}\sum_{n=1}^{\infty} \frac{e^{-\left(n-\frac{1}{2}\right)^2 \pi^2 t}}{(2n-1)^2} [1-\cos\{(2n-1)\pi x\}], & e^{-\pi^2 t} > \frac{1}{\pi} \\ \frac{1}{2}\sum_{n=-\infty}^{\infty} (-1)^n \left\{(x+n)\operatorname{erf}\left(\frac{x+n}{\sqrt{t}}\right) + \sqrt{\frac{t}{\pi}}\left(e^{-\frac{(x+n)^2}{t}} - e^{-\frac{n^2}{t}}\right) - n\operatorname{erf}\left(\frac{n}{\sqrt{t}}\right)\right\}, & e^{-\pi^2 t} \le \frac{1}{\pi} \end{cases}$$

Second integral of elliptic theta function of the second kind

$$\Theta_3^{\int\int}(\pi x, e^{-\pi^2 t}) = \int_0^x \Theta_3^{\int}(\pi u, e^{-\pi^2 t})du =$$

$$= \begin{cases} \frac{x^2}{2} + \frac{1}{2\pi^2}\sum_{n=1}^{\infty} \frac{e^{-n^2 \pi^2 t}}{n^2} \{1-\cos(2n\pi x)\}, & e^{-\pi^2 t} > \frac{1}{\pi} \\ \frac{1}{2}\sum_{n=-\infty}^{\infty} \left\{(x+n)\operatorname{erf}\left(\frac{x+n}{\sqrt{t}}\right) + \sqrt{\frac{t}{\pi}}\left(e^{-\frac{(x+n)^2}{t}} - e^{-\frac{n^2}{t}}\right) - n\operatorname{erf}\left(\frac{n}{\sqrt{t}}\right)\right\}, & e^{-\pi^2 t} \le \frac{1}{\pi} \end{cases}$$

Second integral of elliptic theta function of the third kind

$$\Theta_4^{\int\int}(\pi x, e^{-\pi^2 t}) = \int_0^x \Theta_4^{\int}(\pi u, e^{-\pi^2 t})du =$$

$$= \left\{ \begin{array}{ll} \frac{x^2}{2} + \frac{1}{2\pi^2} \sum_{n=1}^{\infty} \frac{(-1)^n e^{-n^2\pi^2 t}}{n^2} \{1 - \cos(2n\pi x)\}, & e^{-\pi^2 t} > \frac{1}{\pi} \\ \frac{1}{2} \sum_{n=-\infty}^{\infty} \left\{ (x+n+\frac{1}{2}) \operatorname{erf}\left(\frac{2x+2n+1}{2\sqrt{t}}\right) + \sqrt{\frac{t}{\pi}} \left(e^{-\frac{\left(x+n+\frac{1}{2}\right)^2}{t}} - e^{-\frac{\left(n+\frac{1}{2}\right)^2}{t}} \right) - (n+\frac{1}{2}) \operatorname{erf}\left(\frac{2n+1}{2\sqrt{t}}\right) \right\}, & e^{-\pi^2 t} \le \frac{1}{\pi} \end{array} \right\}$$

Second integral of elliptic theta function of the fourth kind

1.4 The diffusion mode of transference of heat, mass and pressure

The theory and validity of the laws governing the process of heat conduction, mass diffusion and pressure diffusion triggered by the motion of homogeneous fluids in a porous medium are extensively discussed in the literature [Carslaw and Jaeger (1959), Crank (1956), Raghavan (1993)]. Since the objective of this reference book is almost entirely solving and cataloging the solutions to the diffusion equation, it will suffice here to simply state the governing equations. The equations are presented from a continuum view of diffusion using potentials, forces and fluxes.

Heat conduction and mass diffusion in an isotropic medium

The phenomenological theory behind the process of diffusion is based on the hypothesis that the transfer of the diffusing substance per unit area per unit time is proportional to the concentration gradient of the diffusant normal to the area. The equation governing the conduction of heat in an isotropic medium of uniform chemical composition is given by Fourier (1822):

$$\overline{\mathcal{J}}(\overline{x}, t) = -K\nabla v(\overline{x}, t) \tag{1.4.1}$$

where $\overline{\mathcal{J}}(\overline{x}, t)$ is the heat flux vector at a spatial position $\overline{x}$ in the medium, v is temperature and K is the thermal conductivity of the medium. The minus sign is chosen so that the flux component will be positive when heat flows toward areas of lower temperature. The conservation of energy in a given region of the medium is mathematically represented by the equation of continuity, which is

$$\rho s_h \frac{\partial v(\overline{x}, t)}{\partial t} + \nabla . \overline{\mathcal{J}}(\overline{x}, t) = \mathcal{Q}(\overline{x}, t) \tag{1.4.2}$$

where $\mathcal{Q}(\overline{x}, t)$ is heat generated per unit volume per unit time. In equation (1.4.2), ρs_h is density ρ and specific heat s_h at constant pressure. For the case in which K is a constant, substituting for $\overline{\mathcal{J}}(\overline{x}, t)$ in equation (1.4.2) from equation (1.4.1) yields the linear differential equation of heat conduction

$$\frac{\partial v(\overline{x}, t)}{\partial t} = \kappa \nabla^2 v(\overline{x}, t) + \frac{\mathcal{Q}(\overline{x}, t)}{\rho s_h} \tag{1.4.3}$$

where $\kappa = \frac{K}{\rho s_h}$ is the thermal diffusivity.

The analogy between heat and mass diffusion was recognized by Fick (1855). The statistical aggregate motion of randomly moving particles may be described by the diffusion equation. In mass diffusion, v is interpreted as the concentration c of the diffusant, K as a diffusion coefficient D and $\mathcal{Q}(\overline{x}, t)$ as mass generated per unit volume per unit time. The heat conduction terms may be converted to mass diffusion terms by setting $K = \kappa = D$ and $s_h = 1$. The differential equation of mass diffusion is

$$\frac{\partial c(\overline{x}, t)}{\partial t} = D\nabla^2 c(\overline{x}, t) + \mathcal{Q}(\overline{x}, t) \tag{1.4.4}$$

Heat conduction and mass diffusion in an anisotropic medium

In the previous section it was tacitly assumed that the thermal conductivity of the medium is the same in all directions. This is not generally true for all media. Most media exhibit directional characteristics and are said to be anisotropic. For such anisotropic media the flux law given by equation (1.4.1) has to be generalized. The straightforward approach would be a heuristic extension of Fourier's law for an isotropic media by writing the general linear relationship between the flux components $\overline{\mathcal{J}}\left(\overline{x},t\right)$ and those of temperature gradient:

$$\overline{\mathcal{J}}\left(\overline{x},t\right) = -\overline{\overline{\mathrm{K}}}\cdot\nabla v\left(\overline{x},t\right) \tag{1.4.5}$$

Here nine components, $K_{ij}, i = x, y, z;\ j = x, y, z$ form the elements of a thermal conductivity tensor

$$\overline{\overline{\mathrm{K}}} = \begin{pmatrix} K_{xx} & K_{xy} & K_{xz} \\ K_{yx} & K_{yy} & K_{yz} \\ K_{zx} & K_{zy} & K_{zz} \end{pmatrix} \tag{1.4.6}$$

For a medium whose principal axes are orthogonal, the thermal conductivity tensor is conjugate; that is, $K_{ij} = K_{ji}$ [Onsager (1931), Nye (1957)]. The heat conduction equation comprising six thermal conductivity coefficients may be obtained by substituting for $\overline{\mathcal{J}}\left(\overline{x},t\right)$ from equation (1.4.6) in the continuity equation (1.4.2).

$$\frac{\partial v}{\partial t} = K_{xx}\frac{\partial^2 v}{\partial x^2} + K_{yy}\frac{\partial^2 v}{\partial y^2} + K_{zz}\frac{\partial^2 v}{\partial z^2} + 2K_{xy}\frac{\partial^2 v}{\partial x\partial y} + 2K_{yz}\frac{\partial^2 v}{\partial y\partial z} + 2K_{xz}\frac{\partial^2 v}{\partial x\partial z} + \frac{\mathcal{Q}\left(x,y,z,t\right)}{\rho s_h} \tag{1.4.7}$$

This system of rectangular coordinates may now be transformed to be congruent with the principal axes of the medium, and yield an orthorhombic system; $K_{ij} = 0$ for $i \neq j$. In order to simplify the notations, the symbols x, y and z are reused to denote the new coordinate system. In the new coordinate system, the thermal conductivity tensor takes the form

$$\overline{\overline{\mathrm{K}}}_o = \begin{pmatrix} K_x & & \\ & K_y & \\ & & K_z \end{pmatrix} \tag{1.4.8}$$

The three new orthogonal coordinates x, y and z are called principal axes of thermal conductivity, and the elements of the diagonal tensor, principal thermal conductivities. The Fourier law of heat conduction becomes

$$\overline{\mathcal{J}}\left(\overline{x},t\right) = -\overline{\overline{\mathrm{K}}}_o\cdot\nabla v\left(\overline{x},t\right) \tag{1.4.9}$$

which has the same form as equation (1.4.1) for an isotropic medium. The heat conduction equation in a solid which has different thermal conductivities K_x, K_y and K_z in three orthogonal axes x, y and z, respectively, is given by

$$\frac{\partial v}{\partial t} = \kappa_x\frac{\partial^2 v}{\partial x^2} + \kappa_y\frac{\partial^2 v}{\partial y^2} + \kappa_z\frac{\partial^2 v}{\partial z^2} + \frac{\mathcal{Q}\left(x,y,z,t\right)}{\rho s_h} \tag{1.4.10}$$

where $\kappa_j = \frac{K_j}{\rho s_h}$, $j = x, y$ or z. The strength of the heat source Q per unit volume per unit time remains unaltered during the transformation. Such a solid is referred to as an orthotropic solid in material science. For complete derivation of these results, the reader is referred to Carslaw and Jaeger (1959) and Ozisik (1968). In the absence of heat generation, and when at each point the principal axes are parallel to the radial, azimuthal and axial directions at that point, the heat conduction equation in a medium with cylindrical symmetry takes the form

$$\frac{\partial v}{\partial t} = \kappa_r\left(\frac{\partial^2 v}{\partial r^2} + \frac{1}{r}\frac{\partial v}{\partial r}\right) + \frac{\kappa_\theta}{r^2}\frac{\partial^2 v}{\partial \theta^2} + \kappa_z\frac{\partial^2 v}{\partial z^2} \tag{1.4.11}$$

where $\kappa_j = \frac{K_j}{\rho s_h}$, $j = r, \theta$ or z.

Pressure diffusion in a porous medium*

The equations that are applicable to laminar flow of fluids in a porous medium are the result of Darcy's experimental study of the flow characteristics of sand filters. The fluid flow law assumed by Darcy (1855) was the simplest type and only holds true for low Reynolds numbers, such as normally occur for flow in a porous medium. It states that at any given point, the fluid flow rate per unit cross-sectional area in a uniform and isotropic porous medium is proportional to the negative potential gradient in the direction of flow. Under isothermal conditions, Darcy's law for fluid flow in an isotropic porous medium may be written as

$$\overline{q}\left(\overline{x},t\right)=-\frac{k\rho}{\mu}\nabla\varphi\left(\overline{x},t\right) \tag{1.4.12}$$

where $\overline{q}\left(\overline{x},t\right)$ is the fluid flux vector at a spatial position $\overline{x}$, φ is the potential, $\nabla\varphi$ is the gradient of the potential in the direction of fluid flow, μ is the shear coefficient of viscosity of the fluid, k is the permeability† of the porous medium and ρ is the density of the fluid. A good discussion of the range of validity of Darcy's law is found in Bear (1972). In a porous medium, movement of fluids is mainly due to viscous forces. Neglecting the kinetic energy of the fluids, the potential at a point z from a datum where the pressure is p_0 may be written as

$$\varphi=\int_{p_0}^{p}\frac{dp}{\rho}+gz \tag{1.4.13}$$

The equation of continuity is derived by a mass conservation balance in an elemental volume.

$$\frac{\partial\left(\rho\phi\right)}{\partial t}+\nabla.\left(\rho\overline{q}\right)=\mathcal{G} \tag{1.4.14}$$

Here $\overline{q}\equiv\overline{q}\left(\overline{x},t\right)$, ϕ is the porosity of the medium and $\mathcal{G}$ is the mass generated per unit volume per unit time.

In order to derive the pressure diffusion equation, the dependence of density on pressure must be established. The compressibility of the fluid c_f, a measure of fluid density change when subjected to a pressure change, under isothermal conditions is defined as

$$c_f=\frac{1}{\rho}\frac{\partial\rho}{\partial p}=-\frac{1}{V_f}\frac{\partial V_f}{\partial p} \tag{1.4.15}$$

where V_f fluid volume. Hence, the equation of state for a constant–compressibility fluid volume is obtained by integration:

$$\rho=\rho_0\,e^{c_f(p-p_0)} \tag{1.4.16}$$

where ρ_0 is the density of the liquid at pressure p_0. In view of the very low compressibility of normal fluids, such as water and liquid hydrocarbons, equation (1.4.16) is always sufficient to describe fluid flow in porous media. The pore compressibility of the media c_p, a measure of pore volume change when subjected to a pressure change, is defined as

$$c_p=-\frac{1}{V_p}\frac{\partial V_p}{\partial p}\approx\frac{1}{\phi}\frac{\partial\phi}{\partial p} \tag{1.4.17}$$

*The derivation of the diffusion equation from a microscopic perspective is given by Einstein (1905). For a greater understanding of the microscopic phenomena of diffusion occurring in a porous medium and their macroscopic description, the reader is referred to Bear (1972).

†Permeability is the volume of fluid of unit viscosity passing through a unit cross section of the porous medium in unit time under the action of a unit pressure gradient. The permeability is therefore determined only by the property of the porous medium and is independent of the fluid properties. Its dimensions are those of an area, or $k=[L^2]$. The ratio $\left(\frac{k}{\mu}\right)$ is known as the hydraulic mobility or simply the mobility of the porous medium for a particular fluid in the direction of x.

where V_p is the pore volume. In this analysis the total compressibility of the system is assumed to be $c_t = c_f + c_p$. If ϕ is considered constant, $c_p = 0$, hence $c_f = c_t$.

Substituting for fluid flux from equations (1.4.12) and (1.4.13) and for fluid density from the equation of state (1.4.16) into equation (1.4.14), neglecting gravity and assuming the mobility $\frac{k}{\mu}$ is independent of pressure, we get

$$\frac{\partial p(\overline{x},t)}{\partial t} = \eta \nabla^2 p(\overline{x},t) + \frac{k}{\mu\phi}\{\nabla p(\overline{x},t)\}^2 + \frac{\mathcal{Q}(\overline{x},t)}{\phi c_t} \tag{1.4.18}$$

where $\eta = \frac{k}{\phi c_t \mu}$ is the hydraulic diffusivity coefficient and $\mathcal{Q}(\overline{x},t) = \frac{\mathcal{G}}{\rho}$ is the volume of fluid generated in the medium per unit volume per unit time. For slightly compressible liquids, pressure gradients are small and the second term, $\frac{k}{\mu\phi}\{\nabla p(\overline{x},t)\}^2$, in the right-hand side of equation (1.4.18) is often negligibly small,* resulting in the linear pressure diffusion equation

$$\frac{\partial p(\overline{x},t)}{\partial t} = \eta \nabla^2 p(\overline{x},t) + \frac{\mathcal{Q}(\overline{x},t)}{\phi c_t} \tag{1.4.19}$$

which has the same form as the linear differential equation of heat conduction, equation (1.4.3). To convert from pressure diffusion to heat conduction, we take $\eta = \kappa$, $K = \frac{k}{\mu}$, and $\phi c_t = s_h$, and to convert to mass diffusion we take $\eta = D$ and set $\phi c_t = 1$.

The derivation of the diffusion equation for an anisotropic porous medium is completely analogous to the equation for heat conduction presented in the previous section. The pressure diffusion equation in a porous medium which has different hydraulic diffusivities η_x, η_y and η_z in three orthogonal axes x, y and z, respectively, is given by

$$\frac{\partial p}{\partial t} = \eta_x \frac{\partial^2 p}{\partial x^2} + \eta_y \frac{\partial^2 p}{\partial y^2} + \eta_z \frac{\partial^2 p}{\partial z^2} + \frac{\mathcal{Q}(x,y,z,t)}{\phi c_t} \tag{1.4.20}$$

where $\eta_j = \left(\frac{k}{\phi c_t \mu}\right)_j$, $j = x, y$ or z. In the absence of fluid generation the pressure diffusion equation in a medium with cylindrical symmetry takes the form

$$\frac{\partial v}{\partial t} = \eta_r \left(\frac{\partial^2 p}{\partial r^2} + \frac{1}{r}\frac{\partial p}{\partial r}\right) + \frac{\eta_\theta}{r^2}\frac{\partial^2 p}{\partial \theta^2} + \eta_z \frac{\partial^2 p}{\partial z^2} \tag{1.4.21}$$

where $\eta_j = \left(\frac{k}{\phi c_t \mu}\right)_j$, $j = r, \theta$ or z.

A case of practical importance is when fluid generation is of the form of an impulsive or continuous point source. When a quantity Q of fluid is suddenly injected at a point (x_0, y_0, z_0), at time $t = t_0$, and the resulting pressure disturbance left to diffuse through the medium, the pressure diffusion equation may be written as

$$\frac{\partial p}{\partial t} = \eta_x \frac{\partial^2 p}{\partial x^2} + \eta_y \frac{\partial^2 p}{\partial y^2} + \eta_z \frac{\partial^2 p}{\partial z^2} + \frac{Q}{\phi c_t}\delta(x-x_0)\delta(y-y_0)\delta(z-z_0)\delta(t-t_0) \tag{1.4.22}$$

If the source were to be continuous in time, the equation would be

$$\frac{\partial p}{\partial t} = \eta_x \frac{\partial^2 p}{\partial x^2} + \eta_y \frac{\partial^2 p}{\partial y^2} + +\eta_z \frac{\partial^2 p}{\partial z^2} + U(t-t_0)\frac{q(t-t_0)}{\phi c_t}\delta(x-x_0)\delta(y-y_0)\delta(z-z_0) \tag{1.4.23}$$

*When density and viscosity are functions of pressure, Al-Hussainy, Ramey, and Crawford (1966) have introduced a new variable, $m(p) = \int_0^p \frac{\rho(u)}{\mu(u)Z(u)}du$, where Z is the gas compressibility factor, by use of a version of the Kirchhoff (1894) transformation. This transformation results in an equation which has precisely the same form as the pressure diffusion equation (1.4.19) in terms of $m(p)$ without having the need to assume that $\frac{k}{\mu\phi}\{\nabla p(\bar{x},t)\}^2$ in equation (1.4.18) is negligible. In the oil and gas industry, $m(p)$ is referred to as **the real gas pseudo pressure**. The reader is also referred to Collins (1976) and Dake (1977).

while for a medium with cylindrical symmetry these equations are

$$\frac{\partial p}{\partial t} = k_r \left(\frac{\partial^2 p}{\partial r^2} + \frac{1}{r} \frac{\partial p}{\partial r} \right) + \frac{k_\theta}{r^2} \frac{\partial^2 p}{\partial \theta^2} + k_z \frac{\partial^2 p}{\partial z^2} + \frac{Q}{r \phi c_t} \delta(r - r_0)\, \delta(\theta - \theta_0)\, \delta(z - z_0)\, \delta(t - t_0) \tag{1.4.24}$$

and

$$\frac{\partial p}{\partial t} = \eta_r \left(\frac{\partial^2 p}{\partial r^2} + \frac{1}{r} \frac{\partial p}{\partial r} \right) + \frac{\eta_\theta}{r^2} \frac{\partial^2 p}{\partial \theta^2} + \eta_z \frac{\partial^2 p}{\partial z^2} + \frac{U(t - t_0)\, q(t - t_0)}{r \phi c_t} \delta(r - r_0)\, \delta(\theta - \theta_0)\, \delta(z - z_0) \tag{1.4.25}$$

Here the quantity of fluid is injected at (r_0, θ_0, z_0), at time t_0.

Chapter 2

Integral transforms and their inversion formulae

The theory and the accompanying operational calculus of integral transforms has its origins in the works of Laplace and Cauchy, and later Heaviside, Bromwich, Carson, van der Pol, and Doetsch. The references are found in the historical accounts of Cooper (1952). The application of integral transform techniques to solve physical problems involving linear partial differential equations is well known. The theory of integral transforms has been extensively developed and is given by Sneddon (1951,1972), Churchill (1958), Tranter (1962) and Ditkin and Prudnikov (1965). In recent years there has been a growing tendency to use successive integral transforms to solve physical problems associated with linear partial differential equations (Ozisik [1968], Mikhailov and Ozisik [1984]and Cotta [1993]).

In this chapter we present an introduction to the use of integral transforms for students and practitioners in the industry whose primary interest is in obtaining solutions to linear partial differential equations with assigned initial and boundary conditions.

Linear integral transformation* $\overline{f}(s)$ of a function $f(t)$ is defined by

$$\overline{f}(s) = \int_a^b f(t)\mathcal{K}(s,t)\,dt \tag{2.1}$$

where $\mathcal{K}(s,t)$ is a prescribed function of t and parameter s, known as the *kernel* of the transform. The function $f(t)$ is defined on a finite or infinite interval $[a,b]$. Successive application of such transformations ultimately reduces a differential equation to an algebraic equation. Operations of this type can in many instances enable solutions to otherwise intractable problems.

2.1 Laplace transform

The most widely used transformation in mathematical physics is the Laplace transform. When $a = 0$, $b = \infty$ and $\mathcal{K}(s,t) = e^{-st}$, the transformation in equation (2.1) becomes the Laplace transformation of $f(t)$ and $\overline{f}(s)$ its Laplace transform.

$$\overline{f}(s) = \int_0^\infty f(t)\,e^{-st}dt, \qquad \Re s > 0 \tag{2.1.1}$$

*The integral transformation of $f(t)$ is linear if the transformation of a linear combination of two functions is the same as the linear combination of the transforms of those functions. That is, if $\overline{f_1}(s)$ and $\overline{f_2}(s)$ are integral transforms of $f_1(t)$ and $f_2(t)$, respectively, then $\mathcal{I}\{\alpha_1 f_1(t) + \alpha_2 f_2(t)\} = \alpha_1\mathcal{I}\{f_1(t)\} + \alpha_2\mathcal{I}\{f_2(t)\} = \alpha_1\overline{f}_1(s) + \alpha_2\overline{f}_2(s)$, where $\mathcal{I}$ is the integral transform operator and α_1 and α_2 are constants.

The parameter s is a complex number. A set of sufficient but not necessary conditions for the existence of $\overline{f}(s)$ is:

1. $f(t)$ must be piecewise continuous on $0 \leq t < \infty$.
2. $f(t)$ is of exponential order and satisfies $|f(t)| \leq \mathrm{M}e^{\sigma t}$, where M is a positive constant and σ is a real positive number.

If the function $\overline{f}(s)$ is the Laplace transform of $f(t)$, then $f(t)$ is the inverse Laplace transform of $\overline{f}(s)$. The inverse Laplace transform is given by

$$f(t) = \frac{1}{2\pi i} \int_{\gamma - i\infty}^{\gamma + i\infty} \overline{f}(s) e^{st} ds, \qquad 0 < t < \infty \tag{2.1.2}$$

where an arbitrary real number γ is chosen to be large enough so that all singularities of the integrand in equation (2.1.2) lie to the left of the line $s = \gamma$. Equation (2.1.2), known as the complex inversion formula,* provides a direct means for obtaining the inverse Laplace transform of a given $\overline{f}(s)$. Inverse Laplace transforms are extensively tabulated in the literature (McLachlan and Humbert [1941], Doetsch [1947], Campbell and Foster [1948], Prudnikov, Brychkov, and Marichev [1992], Erdelyi{b}, Magnus, Oberhettinger, and Tricomi [1954]). A short list of Laplace transforms is given in Appendix F.

The use of the Laplace transform in solving initial value problems involving the diffusion equation requires that we express the Laplace transform of the first derivative of a prescribed function in terms of the transformation of the function itself.

The Laplace transform of the first derivative is given by

$$\int_0^\infty \frac{df(t)}{dt} e^{-st} dt = s\overline{f}(s) - f(+0) \tag{2.1.3}$$

2.2 Fourier transforms

From the general integral transformation defined by equation (2.1), it follows that if $f(x)$ is defined on $[a, b] = [-\infty, \infty]$ and $\mathcal{K}(n, x) = e^{inx}$, then

$$\overline{f}(n) = \int_{-\infty}^{\infty} f(x)\, e^{inx}\, dx \tag{2.2.1}$$

The function $\overline{f}(n)$ is called the complex Fourier transform of $f(x)$. Similarly, the Fourier sine and cosine transforms $\overline{f}_s(n)$ and $\overline{f}_c(n)$ of $f(x)$ in a half line $[a, b] = [0, \infty]$ are defined as

$$\overline{f}_s(n) = \int_0^\infty f(x) \sin(nx)\, dx \tag{2.2.2}$$

and

$$\overline{f}_c(n) = \int_0^\infty f(x) \cos(nx)\, dx \tag{2.2.3}$$

respectively—the *kernel* in equation (2.1) is replaced by either $\sin(nx)$ or $\cos(nx)$. A more general Fourier trigonometrical transform of practical use is

$$\overline{f}_{sc}(n) = \int_0^\infty f(x)\, \{n \cos(nx) + \lambda \sin(nx)\}\, dx = n\overline{f}_c(n) + \lambda \overline{f}_s(n) \tag{2.2.4}$$

*Also known as the Bromwich contour integral.

In this case the Fourier *kernel* $\mathcal{K}(n,x) = n\cos(nx) + \lambda\sin(nx)$, where λ is a constant. We call this the Fourier sine-cosine transform. A sufficient condition for all of the aforementioned Fourier transformations to exist is that $f(x) \to 0$ as $x \to \infty$.

A function $f(x)$ is periodic if there exists a constant $\mathcal{T} > 0$ for which $f(x+\mathcal{T}) = f(x)$ for any x in the domain of $f(x)$. The constant $\mathcal{T}$ is a period of $f(x)$. A condition that often occurs in physical problems is when there is no prescribed boundary condition for the variable x except the requirement that $f(x)$ is cyclic with a period $\mathcal{T} = 2\pi$, as, for instance, when x is the polar angular cordinate θ. The integral transform for this case is given by

$$\overline{f}(n;x) = \int_0^{2\pi} f(u)\cos\{n(x-u)\}\,du \tag{2.2.5}$$

The inversion formulae are derived from Fourier's series and integral theorem (Fourier [1822]). If $f(x)$ is a periodic function of period $2a$—that is, $f(x+2a) = f(x)$—and satisfies the Dirichlet conditions,[*] then $f(x)$ may be represented by the Fourier series

$$f(x) = \frac{A_0}{2} + \sum_{n=1}^{\infty}\left(A_n\cos\frac{n\pi x}{a} + B_n\sin\frac{n\pi x}{a}\right) \tag{2.2.6}$$

At a point of discontinuity, $f(x)$ is replaced by $\frac{1}{2}[f(x+0)+f(x-0)]$— the mean value at the discontinuity. Noting that circular functions are orthogonal,[†] the Fourier coefficients A_n and B_n are obtained by multiplying equation (2.2.6) by unity, $\cos\left(\frac{n\pi x}{a}\right)$ or $\sin\left(\frac{n\pi x}{a}\right)$, and integrating term by term over $[-a,a]$ This gives

$$A_n = \frac{1}{a}\int_{\alpha}^{\alpha+2a} f(x)\cos\left(\frac{n\pi x}{a}\right)dx \tag{2.2.7}$$

and

$$B_n = \frac{1}{a}\int_{\alpha}^{\alpha+2a} f(x)\sin\left(\frac{n\pi x}{a}\right)dx \tag{2.2.8}$$

where α is any real number. For many practical problems, α is set to either 0 or $-a$. Substituting for the Fourier coefficients in equation (2.2.6) we get

$$f(x) = \frac{1}{2a}\int_{-a}^{a} f(u)\,du + \sum_{n=1}^{\infty}\frac{1}{a}\int_{-a}^{a} f(u)\cos\frac{n\pi(x-u)}{a}\,du \tag{2.2.9}$$

A corollary to equation (2.2.9) is the Fourier integral equation, where the sum passes formally into an integral:

$$f(x) = \frac{1}{\pi}\int_0^{\infty}\int_{-\infty}^{\infty} f(u)\cos\{n(x-u)\}\,du\,dn = \frac{1}{2\pi}\int_{-\infty}^{\infty}\int_{-\infty}^{\infty} f(u)\cos\{n(x-u)\}\,du\,dn \tag{2.2.10}$$

This identity is known as Fourier's integral theorem.[‡]

---

[*] The Dirichlet conditions, named after Johann Peter Gustav Lejeune Dirichlet, are that the function $f(x)$ must have a finite number of maxima, minima and isolated discontinuities in a given interval. See Carslaw (1930).

[†] The meaning of the term orthogonal in this context is defined in Section 2.3

[‡] Fourier's integral theorem states that if $f(x)$ is sectionally continuous in every finite interval $[a,b]$, is differentiable, and satisfies the Dirichlet conditions, and the integral $\int_{-\infty}^{\infty}|f(x)|\,dx$ exists and is absolutely convergent, then $f(x) = \frac{1}{\pi}\int_0^{\infty}\int_{-\infty}^{\infty} f(u)\cos\{n(x-u)\}\,du\,dn$.

Noting that $\frac{1}{2\pi}\int_{-\infty}^{\infty}\int_{-\infty}^{\infty} f(u)\sin\{n(x-u)\}\,du\,dn = 0$, equation (2.2.10) may be written as

$$f(x) = \frac{1}{2\pi}\int_{-\infty}^{\infty}\int_{-\infty}^{\infty} f(u)\,e^{-in(x-u)}dudn \tag{2.2.11}$$

This identity is known as the complex form of the Fourier integral theorem, and was first given by Cauchy (1884).

The solution to the integral equation (2.2.1) is readily obtained by restating equation (2.2.11) as

$$f(x) = \frac{1}{2\pi}\int_{-\infty}^{\infty} \overline{f}(n)\, e^{-ixn}\, dn \tag{2.2.12}$$

The integral equations (2.2.2), (2.2.3) and (2.2.4) can be solved for the unknown function $f(x)$, the inverse Fourier transform, in the half line $[0, \infty]$, provided Fourier's integral theorem holds true. A rigorous treatment of the conditions under which the Fourier integral equation holds is given by Titchmarsh (1962b). The solutions to the integral equations (2.2.2) and (2.2.3) are derived from equation (2.2.10). If $f(x)$ is an odd function of x, that is, $f(-x) = -f(x)$, then equation (2.2.10) reduces to

$$f(x) = \frac{2}{\pi}\int_{0}^{\infty} \overline{f}_s(n)\sin(nx)\, dn \tag{2.2.13}$$

which is the solution to the integral equation (2.2.2). Similarly, if $f(x)$ is an even function of x, that is, $f(-x) = f(x)$, then, equation (2.2.10) reduces to

$$f(x) = \frac{2}{\pi}\int_{0}^{\infty} \overline{f}_c(n)\cos(nx)\, dn \tag{2.2.14}$$

which is the solution to the integral equation (2.2.3). The solution to the integral equation (2.2.4) is also straightforward.* Noting that $\int_0^\infty \frac{\partial f(x)}{\partial x}\sin(nx)\,dx = -n\overline{f}_c(n)$ the integral equation (2.2.4) can be rewritten as

$$\overline{f}_{sc}(n) = -\int_{0}^{\infty}\left\{\frac{\partial f(x)}{\partial x} - \lambda f(x)\right\}\sin(nx)\, dx \tag{2.2.15}$$

Making use of the inverse Fourier sine transform, we find

$$\frac{\partial f(x)}{\partial x} - \lambda f(x) = -\frac{2}{\pi}\int_{0}^{\infty} \overline{f}_{sc}(n)\sin(nx)\, dn \tag{2.2.16}$$

which is an ordinary differential equation of the first order. The solution of (2.2.16) is

$$f(x) = \frac{2}{\pi}\int_{0}^{\infty} \overline{f}_{sc}(n)\int_{0}^{\infty}\sin\{n(x+u)\}\, e^{-\lambda u}\, du\, dn \tag{2.2.17}$$

Since $\int_0^\infty \sin\{n(x+u)\}\, e^{-\lambda u}\, du = \frac{n\cos(nx)+\lambda\sin(nx)}{(n^2+\lambda^2)}$, a known Laplace transform, we get

$$f(x) = \frac{2}{\pi}\int_{0}^{\infty} \overline{f}_{sc}(n)\left\{\frac{n\cos(nx)+\lambda\sin(nx)}{n^2+\lambda^2}\right\} dn \tag{2.2.18}$$

*Churchill (1958).

which is the inversion formula for the integral equation (2.2.4). The constants preceding the integral signs in equations (2.2.1) and (2.2.12) can be any constant whose product is $1/(2\pi)$. If they are each set to $1/\sqrt{2\pi}$, then we obtain the symmetric form. This is also true for the pair of equations (2.2.2) and (2.2.13), (2.2.3) and (2.2.14), and (2.2.4) and (2.2.18), where the constant preceding the integrals can be set to $\sqrt{2/\pi}$ to obtain the symmetric form. The reciprocal relationships that exist between Fourier's integral transforms and their inverse transformations were first noted by Cauchy (1884).*

The inverse transform corresponding to equation (2.2.5) is readily obtained by substituting in equation (2.2.9):†

$$f(x) = \frac{1}{2\pi}\overline{f}(0;x) + \frac{1}{\pi}\sum_{n=1}^{\infty}\overline{f}(n;x) \tag{2.2.19}$$

The use of the Fourier transforms in solving boundary value problems involving the diffusion equation requires that we express the Fourier transform of the second derivative of a prescribed function in terms of the transformation of the function itself.

Integrating by parts, we find the complex Fourier transform of the second derivative,

$$\int_{-\infty}^{\infty}\frac{\partial^2 f(x)}{\partial x^2}e^{inx}dx = -n^2\overline{f}(n) \tag{2.2.20}$$

where $f(x)$ and its derivative vanish as $x \to -\infty$ and $+\infty$.

The choice of the Fourier *kernel* depends on the boundary condition at the lower limit of the half line $[0,\infty]$. Noting that $f(x)$ and its derivative tend to zero as $x \to \infty$, the transforms of the second derivatives are obtained by integration by parts:

$$\int_0^{\infty}\frac{\partial^2 f(x)}{\partial x^2}\sin(nx)\,dx = nf(0) - n^2\overline{f}_s(n) \tag{2.2.21}$$

$$\int_0^{\infty}\frac{\partial^2 f(x)}{\partial x^2}\cos(nx)\,dx = -\frac{\partial f(0)}{\partial x} - n^2\overline{f}_c(n) \tag{2.2.22}$$

$$\int_0^{\infty}\frac{\partial^2 f(x)}{\partial x^2}\{n\cos(nx) + \lambda\sin(nx)\}\,dx = -n\left\{\frac{\partial f(0)}{\partial x} - \lambda f(0)\right\} - n^2\overline{f}_{sc}(n) \tag{2.2.23}$$

and

$$\int_0^{2\pi}\frac{\partial f(u)}{\partial u^2}\cos\{n(\theta-u)\}\,du = -n^2\overline{f}(n,\theta) \tag{2.2.24}$$

respectively.

---

*If we define $\overline{f}_c(n) = \sqrt{\frac{2}{\pi}}\int_0^{\infty} f(x)\cos(nx)\,dx$, then $f(x) = \sqrt{\frac{2}{\pi}}\int_0^{\infty}\overline{f}_c(n)\cos(nx)\,dn$; these are the Cauchy reciprocal functions of the first kind. $\overline{f}_s(n) = \sqrt{\frac{2}{\pi}}\int_0^{\infty} f(x)\sin(nx)\,dx$ and its inverse $f(x) = \sqrt{\frac{2}{\pi}}\int_0^{\infty}\overline{f}_s(n)\sin(nx)\,dn$ are called the Cauchy reciprocal functions of the second kind. These are in fact Fourier cosine and sine transforms of each other. Similarly, from Fourier's sine-cosine formula, we obtain the symmetric reciprocal relationships $\overline{f}_{sc}(n) = \sqrt{\frac{2}{\pi}}\int_0^{\infty} f(x)\left\{\frac{n\cos(nx)+\lambda\sin(nx)}{n^2+\lambda^2}\right\}dx$ and $f(x) = \sqrt{\frac{2}{\pi}}\int_0^{\infty}\overline{f}_{sc}(n)\left\{\frac{n\cos(nx)+\lambda\sin(nx)}{n^2+\lambda^2}\right\}dn$.

†Since $f(x)$ is a periodic function of period 2π, the limits of the integral $-\pi$ to π $(a=\pi)$ in equation (2.2.9) can be taken as 0 to 2π as given in equation (2.2.19).

The results clearly show which transformation to deploy in the solution of a given boundary value problem. If $f(0)$ is known and $\frac{\partial f(0)}{\partial x}$ is not known, the Fourier sine transform is appropriate. If $\frac{\partial f(0)}{\partial x}$ is known and $f(0)$ is not known, the Fourier cosine transform is appropriate. If the boundary condition is of the form $\frac{\partial f(0)}{\partial x} - \lambda f(0) = -\left(\frac{\mu}{k}\right)\psi(t)$, where λ is a constant and $\psi(t)$ is an arbitrary function of t—an independent variable—then the Fourier sine-cosine transform is applicable.* And when there is no prescribed boundary condition except that the function $f(x)$ is cyclic with a period 2π, the transform given by equation (2.2.5) is applicable.

2.3 Finite Fourier transforms

The extension of the procedure described above, in which the range of the independent variable has been infinite, to the case where the range is real and finite was first considered by Doetsch (1935). Doetsch pointed out that finite Fourier transforms and their inversion formulae for ordinary sine and cosine *kernels* can be readily obtained from the theory of Fourier series. Application of this method to more complex boundary value problems is not straightforward—the form of the required *kernels* is determined by the entire differential system whose solution is sought. A systematic approach to deriving Fourier *kernels* was developed by Eringen (1954) and Churchill (1955). They noted that the linear ordinary differential equations of the second order and the associated boundary and initial conditions that result from the process of solving boundary value problems in linear partial differential equations by the classical method of separation of variables is a special case of the Sturm-Liouville system (Sturm and Liouville[1838])—a particular type of eigenvalue problem for ordinary differential equations. We shall first illustrate the eigenfunction method of solving the problem and then derive finite Fourier integral transforms and their inversion formulae for a set of special cases of practical interest.

We begin by considering the eigenvalue problem corresponding to the solution $p(x,t)$, defined for $a \le x \le b$ and all $t \ge 0$, of the diffusion equation

$$\frac{\partial p}{\partial t} = \eta \frac{\partial^2 p}{\partial x^2} \tag{2.3.1}$$

satisfying the boundary conditions imposed at the extremities $x = a$ and $x = b$. We assume a particular solution in the form of $p(x,t) = f(x)T(t)$, which satisfies the differential equation (2.3.1) and the boundary conditions. Applying the well-known method of separation of variables,† we obtain the following eigenvalue problem for a finite interval $a \le x \le b$, a special case of the Sturm-Liouville system, known as the auxiliary eigenvalue problem for the space variable:

$$\frac{d^2 f(x)}{dx^2} + \xi^2 f(x) = 0 \tag{2.3.2}$$

where ξ is a real constant and $f(x)$ satisfies the homogeneous boundary conditions.

The boundary value problem has nontrivial solutions $f(x) = \mathcal{K}(x,\xi_n)$ for a certain set of values $[\xi_n]$ of ξ; that is, there exists an infinite set of solutions $[\mathcal{K}(x,\xi_0), \mathcal{K}(x,\xi_1), ..., \mathcal{K}(x,\xi_n), ...]$, known as the eigenfunctions, corresponding to an infinite set of $[\xi_0, \xi_1, ..., \xi_n, ...]$, known as the eigenvalues.

*This condition is generally known as the Robin mixed boundary condition. In heat transfer, it is referred to as the radiation boundary condition, to describe the process of linear heat transfer where the heat flux across the surface is proportional to the temperature difference between the surface and the surrounding medium. In mass transfer, it is often used to describe the surface resistance; that is, the rate of absorption at the surface is at all times proportional to the difference between the surface concentration and the saturated concentration. In fluid flow problems where Darcy's law applies, this condition corresponds to hydraulic communication through a semipermeable membrane that offers linear resistance to fluid flow. The inverse of the term λ here is the product of the resistance and the permeability of the medium, and can vary between 0 and ∞ to produce a spectrum of levels of communication at the interface. A value of $\lambda \to \infty$ means a perfect communication through the membrane and a value of $\lambda \to 0$ implies there is no flow across the boundary.

†Noting that $f(x)$ is a function of x only and $T(t)$ is a function of t only, differentiating $p(x,t) = f(x)T(t)$ with respect to the independent variables x and t and substituting the results in equation (2.3.1), we obtain two ordinary differential equations $\frac{dT(t)}{dt} + \eta\xi^2 T(t) = 0$ and $\frac{d^2 f(x)}{dx^2} + \xi^2 f(x) = 0$ in time and space variables, respectively. For $p(x,t) = f(x)T(t) \neq 0$, $f(x)$ must also satisfy the homogeneous boundary conditions imposed on the system.

The infinite set of eigenfunctions $[\mathcal{K}(x,\xi_0), \mathcal{K}(x,\xi_1), ..., \mathcal{K}(x,\xi_n), ...]$ constitutes an orthogonal set on the interval $[a,b]$. The eigenfunctions $\mathcal{K}(x,\xi_n)$ and $\mathcal{K}(x,\xi_m)$, corresponding to eigenvalues ξ_n and ξ_m, are said to be orthogonal if $\int_a^b \mathcal{K}(x,\xi_n)\mathcal{K}(x,\xi_m)dx = 0$, $\xi_n \neq \xi_m$, $n = 0,1,2,...$, and $m = 0,1,2,.....$ We assume that $\int_a^b \mathcal{K}^2(x,\xi_n)dx \neq 0, n = 0,1,2,....$

We define the finite Fourier transform of a function $f(x)$ by the integral

$$\overline{f}(\xi_n) = \int_a^b f(x)\,\mathcal{K}(x,\xi_n)\,dx \tag{2.3.3}$$

The eigenfunction $\mathcal{K}(x,\xi_n)$ is a known function of the eigenvalue ξ_n and x on the open interval $[a,b]$. If $f(x)$ satisfies the Dirichlet conditions, then it may be represented by the Fourier series involving the orthogonal set of eigenfunctions; that is,

$$f(x) = c_0\mathcal{K}(x,\xi_0) + c_1\mathcal{K}(x,\xi_1) + ... + c_n\mathcal{K}(x,\xi_n) + ... = \sum_{n=0}^{\infty} c_n\mathcal{K}(x,\xi_n) \tag{2.3.4}$$

The constants $[c_0, c_1, ..., c_n]$ are the Fourier coefficients. Multiplying equation (2.3.4) by $\mathcal{K}(x,\xi_n)$ and integrating term by term over the interval $[a,b]$, we get

$$c_n = \frac{1}{\mathcal{N}(\xi_n)} \int_a^b f(x)\ \mathcal{K}(x,\xi_n)\ dx = \frac{\overline{f}(\xi_n)}{\mathcal{N}(\xi_n)} \tag{2.3.5}$$

where $\mathcal{N}(\xi_n) = \int_a^b \mathcal{K}^2(x,\xi_n)\ dx$ and is called the norm.* Substituting for the Fourier coefficients c_n, from equation (2.3.5) in the Fourier series expansion (2.3.4), we write

$$f(x) = \sum_{n=0}^{\infty} \left\{ \frac{\overline{f}(\xi_n)}{\mathcal{N}(\xi_n)} \right\} \mathcal{K}(x,\xi_n) \tag{2.3.6}$$

which is the inversion formula for the finite Fourier transform (2.3.3).

The eigenvalues, the eigenfunctions, and the resulting norm appropriate to any given boundary value problem in diffusion is determined by the boundary conditions that are imposed on the system. The solutions of the various transcendental equations for the eigenvalues can be obtained efficiently and quickly even when they involve Bessel functions (Atkinson [1985]).

We shall now derive the finite Fourier integral transforms and their inversion formulae for three types of boundary conditions that usually arise in physical problems, namely Dirichlet ($f = 0$), Neumann ($f' = 0$), and Robin ($f' \pm \lambda f = 0$).†. All possible combinations of these types of boundary conditions at the extremities $x = a$ and $x = b$, both symmetric and asymmetric, imposed on the one-dimensional diffusion equation (2.3.1) are considered.‡

*In some textbooks the pair of transform and inversion formulae are written in the form $\overline{f}(\xi_n) = \int_a^b \frac{f(x)\mathcal{K}(x,\xi_n)}{\sqrt{\mathcal{N}(\xi_n)}}dx$ and $f(x) = \sum_{n=0}^{\infty} \left\{ \frac{\overline{f}(\xi_n)}{\sqrt{\mathcal{N}(\xi_n)}} \right\} \mathcal{K}(x,\xi_n)$, where the norm is shared between them. Such a form has no bearing on the resulting solution.

†These boundary conditions were named after Gustav Lejeune Dirichlet, Carl Gottfried Neumann and Victor Gustave Robin, respectively. See Dirichlet (1889), Teubner (1865), Cheng and Cheng (2005), Gustafson and Abe (1998) and Gustafson and Abe (2004).

‡If the boundary conditions are the same at both extremities, they are said to be symmetric. If not, they are called asymmetric.

(i) *$p(0,t)$ and $p(a,t)$ are known functions of time only*

The differential equation (2.3.1), together with its boundary conditions, is said to be nonhomogeneous. The auxiliary eigenvalue problem for the space variable in the same interval $[0 \le x \le a]$ is given by equation (2.3.2) with the homogeneous boundary conditions $f(0) = 0$ and $f(a) = 0$.

The general solution of equation (2.3.2) is

$$f(x) = \mathcal{A}\cos(\xi x) + \mathcal{B}\sin(\xi x) \tag{2.3.7}$$

where $\mathcal{A}$ and $\mathcal{B}$ are constants. Since $f(0) = f(a) = 0$, we must have $\mathcal{A} = 0$ and $\mathcal{B}\sin(\xi a) = 0$. We assume $\mathcal{B} \neq 0$; otherwise equation (2.3.2) will have the trivial solution $f(x) = 0$. We see that the problem has nontrivial solutions for a set of $[\xi_n]$ of ξ, which are the positive roots of $\sin(\xi a) = 0$. Hence the eigenvalues are given by $\xi_n = \frac{n\pi}{a}$, $n = 1, 2, \ldots$ and the corresponding eigenfunctions are $\mathcal{K}(x, \xi_n) = \sin\left(\frac{n\pi x}{a}\right)$.

We now present a generalized procedure to obtain the value of the norm. Since the eigenfunctions satisfy the differential equation (2.3.2), we write

$$\frac{d^2\mathcal{K}(x,\xi_n)}{dx^2} + \xi_n^2\mathcal{K}(x,\xi_n) = 0 \tag{2.3.8}$$

Noting that the norm $\mathcal{N}(\xi_n) = \int_0^a \mathcal{K}^2(x,\xi_n)\,dx$, multiplying equation (2.3.8) by $\mathcal{K}(x,\xi_n)$, and integrating over the interval $[0,a]$, we get

$$\xi_n^2\mathcal{N}(\xi_n) = -\mathcal{K}(a,\xi_n)\frac{d\mathcal{K}(a,\xi_n)}{dx} + \mathcal{K}(0,\xi_n)\frac{d\mathcal{K}(0,\xi_n)}{dx} + \int_0^a \left\{\frac{d\mathcal{K}(x,\xi_n)}{dx}\right\}^2 dx \tag{2.3.9}$$

Since the form of the eigenfunction $\mathcal{K}(x,\xi_n)$ is known, we can express

$$\left\{\frac{d\mathcal{K}(x,\xi_n)}{dx}\right\}^2 + \xi_n^2\mathcal{K}^2(x,\xi_n) = \Xi(x,\xi_n) \tag{2.3.10}$$

$\Xi(x,\xi_n)$ is a known function. Integrating both sides of equation (2.3.10) over the interval $[0,a]$, we get

$$\xi_n^2\mathcal{N}(\xi_n) = \int_0^a \Xi(x,\xi_n)\,dx - \int_0^a \left\{\frac{d\mathcal{K}(x,\xi_n)}{dx}\right\}^2 dx \tag{2.3.11}$$

Therefore from equations (2.3.9) and (2.3.11), we get

$$2\xi_n^2\mathcal{N}(\xi_n) = \int_0^a \Xi(x,\xi_n)\,dx - \mathcal{K}(a,\xi_n)\frac{d\mathcal{K}(a,\xi_n)}{dx} + \mathcal{K}(0,\xi_n)\frac{d\mathcal{K}(0,\xi_n)}{dx} \tag{2.3.12}$$

Since in this case $\mathcal{K}(x,\xi_n) = \sin\left(\frac{n\pi x}{a}\right)$, from equation (2.3.10) we get $\Xi(x,\xi_n) = \xi_n^2$. We also note that $\mathcal{K}(0,\xi_n) = \mathcal{K}(a,\xi_n) = 0$. Therefore, the first term on the right-hand side of equation (2.3.12) equals $a\xi_n^2$, and the second and the third terms vanish. We get $\mathcal{N}(\xi_n) = \frac{a}{2}$. Substituting for the eigenfunction $\mathcal{K}(x,\xi_n)$ and the norm $\mathcal{N}(\xi_n)$ in equations (2.3.3) and (2.3.6), we obtain the finite Fourier sine transform

$$\overline{f}(\xi_n) = \int_0^a f(x)\sin(\xi_n x)\,dx \tag{2.3.13}$$

and its inversion formula

$$f(x) = \frac{2}{a}\sum_{n=1}^{\infty}\overline{f}(\xi_n)\sin(\xi_n x) \tag{2.3.14}$$

The solution of the diffusion equation (2.3.1) also entails the removal of the second derivative. The finite Fourier sine transform is obtained by integration by parts:

$$\int_0^a \frac{\partial^2 p(x,t)}{\partial x^2} \sin(\xi_n x)\, dx = -\xi_n^2 \overline{p}(\xi_n, t) + \xi_n \left\{(-1)^{n+1} p(a,t) + p(0,t)\right\} \tag{2.3.15}$$

(ii) $p(0,t)$ *and* $\frac{\partial p(a,t)}{\partial x}$ *are known functions of time only*

The auxiliary eigenvalue problem for the space variable in the same interval $[0 \le x \le a]$ is given by equation (2.3.2) with homogeneous boundary conditions $f(0) = 0$ and $\frac{\partial f(a)}{\partial x} = 0$. The solution is given by equation (2.3.7). Since $f(0) = \frac{\partial f(a)}{\partial x} = 0$, we must have $\mathcal{A} = 0$ and $\mathcal{B}\cos(\xi a) = 0$. We assume $\mathcal{B} \neq 0$; otherwise equation (2.3.2) will have the trivial solution $f(x) = 0$. We see that the problem has nontrivial solutions for a set of $[\xi_n]$ of ξ, which are the positive roots of $\cos(\xi a) = 0$. Hence the eigenvalues are given by $\xi_n = \frac{(2n-1)\pi}{2a}$, $n = 1, 2, ...$ and the corresponding eigenfunctions are $\mathcal{K}(x, \xi_n) = \sin(\xi_n x)$.

$\Xi(x, \xi_n) = \xi_n^2$ is obtained from equation (2.3.10). We note that $\mathcal{K}(0, \xi_n) = \frac{d\mathcal{K}(a,\xi_n)}{dx} = 0$, and therefore, from equation (2.3.12), we get $\mathcal{N}(\xi_n) = \frac{a}{2}$. Substituting for the eigenfunction $\mathcal{K}(x, \xi_n)$ and the norm $\mathcal{N}(\xi_n)$ in equations (2.3.3) and (2.3.6), we obtain the finite Fourier sine transform

$$\overline{f}(\xi_n) = \int_0^a f(x) \sin(\xi_n x)\, dx \tag{2.3.16}$$

and its inversion formula

$$f(x) = \frac{2}{a} \sum_{n=1}^{\infty} \overline{f}(\xi_n) \sin(\xi_n x) \tag{2.3.17}$$

The finite Fourier sine transform of the second derivative is obtained by integration by parts:

$$\int_0^a \frac{\partial^2 p(x,t)}{\partial x^2} \sin(\xi_n x) dx = -\xi_n^2 \overline{p}(\xi_n, t) + \xi_n p(0,t) - (-1)^n \frac{\partial p(a,t)}{\partial x} \tag{2.3.18}$$

(iii) $p(0,t)$ *and* $\left[\frac{\partial p(a,t)}{\partial x} + \lambda p(a,t)\right]$ *are known functions of time only*

The auxiliary eigenvalue problem for the space variable in the same interval $[0 \le x \le a]$ is given by equation (2.3.2) with homogeneous boundary conditions $f(0) = 0$ and $\frac{\partial f(a)}{\partial x} + \lambda f(a) = 0$. The solution is given by equation (2.3.7). Since $f(0) = \frac{\partial f(a)}{\partial x} + \lambda f(a) = 0$, we must have $\mathcal{A} = 0$ and $\mathcal{B}\{\xi\cos(\xi a) + \lambda \sin(\xi a)\} = 0$. We assume $\mathcal{B} \neq 0$; otherwise equation (2.3.2) will have the trivial solution $f(x) = 0$. We see that the problem has nontrivial solutions for a set of eigenvalues $[\xi_n]$ of ξ, which are the positive roots of $\xi_n \cot(\xi_n a) = -\lambda$, $n = 1, 2, ...$, and the corresponding eigenfunctions are given by $\mathcal{K}(x, \xi_n) = \sin(\xi_n x)$.

$\Xi(x, \xi_n) = \xi_n^2$ is obtained from equation (2.3.10) and $\mathcal{K}(0, \xi_n) = 0$. Noting that $\xi_n \cot(\xi_n a) = -\lambda$, and substituting for $\mathcal{K}(a, \xi_n)$ and $\frac{d\mathcal{K}(a,\xi_n)}{dx}$ in equation (2.3.12), we get

$$2\xi_n^2 \mathcal{N}(\xi_n) = \xi_n^2 a - \mathcal{K}(a, \xi_n) \frac{d\mathcal{K}(a, \xi_n)}{dx} = \xi_n^2 a + \lambda \sin^2(\xi_n a).$$

Hence the norm $\mathcal{N}(\xi_n) = \frac{a(\xi_n^2+\lambda^2)+\lambda}{2(\xi_n^2+\lambda^2)}$. Substituting for the eigenfunction $\mathcal{K}(x, \xi_n)$ and the norm $\mathcal{N}(\xi_n)$ in equations (2.3.3) and (2.3.6), we obtain the finite Fourier sine transform

$$\overline{f}(\xi_n) = \int_0^a f(x) \sin(\xi_n x)\, dx \tag{2.3.19}$$

and its inversion formula

$$f(x) = 2\sum_{n=1}^{\infty} \overline{f}(\xi_n) \left\{ \frac{\xi_n^2 + \lambda^2}{a(\xi_n^2 + \lambda^2) + \lambda} \right\} \sin(\xi_n x) \tag{2.3.20}$$

ξ_n is a positive root of $\xi_n \cot(\xi_n a) = -\lambda, \ n = 1, 2, ...$

The finite Fourier sine transform of the second derivative is obtained by integration by parts:

$$\int_0^a \frac{\partial^2 p(x,t)}{\partial x^2} \sin(\xi_n x)\, dx = -\xi_n^2 \overline{p}(\xi_n, t) + \xi_n p(0,t) + \left\{ \frac{\partial p(a,t)}{\partial x} + \lambda p(a,t) \right\} \sin(\xi_n a) \tag{2.3.21}$$

(iv) $\frac{\partial p(0,t)}{\partial x}$ *and* $p(a,t)$ *are known functions of time only*

The auxiliary eigenvalue problem for the space variable in the same interval $[0 \le x \le a]$ is given by equation (2.3.2) with homogeneous boundary conditions $\frac{\partial f(0)}{\partial x} = 0$ and $f(a) = 0$. The solution is given by equation (2.3.7). Since $\frac{\partial f(0)}{\partial x} = f(a) = 0$, we must have $\mathcal{B} = 0$ and $\mathcal{A}\cos(\xi a) = 0$. We assume $\mathcal{A} \neq 0$; otherwise equation (2.3.2) will have the trivial solution $f(x) = 0$. We see that the problem has nontrivial solutions for a set of $[\xi_n]$ of ξ, which are the positive roots of $\cos(\xi a) = 0$. Hence the eigenvalues are given by $\xi_n = \frac{(2n-1)\pi}{2a}$, $n = 1, 2, ...$, and the corresponding eigenfunctions are $\mathcal{K}(x, \xi_n) = \cos(\xi_n x)$.

$\Xi(x, \xi_n) = \xi_n^2$ is obtained from equation (2.3.10). We note that $\frac{d\mathcal{K}(0,\xi_n)}{dx} = \mathcal{K}(a, \xi_n) = 0$, and therefore, from equation (2.3.12), we get $\mathcal{N}(\xi_n) = \frac{a}{2}$. Substituting for the eigenfunction $\mathcal{K}(x, \xi_n)$ and the norm $\mathcal{N}(\xi_n)$ in equations (2.3.3) and (2.3.6), we obtain the finite Fourier cosine transform

$$\overline{f}(\xi_n) = \int_0^a f(x) \cos(\xi_n x)\, dx \tag{2.3.22}$$

and its inversion formula

$$f(x) = \frac{2}{a} \sum_{n=1}^{\infty} \overline{f}(\xi_n) \cos(\xi_n x) \tag{2.3.23}$$

The finite Fourier cosine transform of the second derivative is obtained by integration by parts:

$$\int_0^a \frac{\partial^2 p(x,t)}{\partial x^2} \cos(\xi_n x)\, dx = -\xi_n^2 \overline{p}(\xi_n, t) - \frac{\partial p(0,t)}{\partial x} - (-1)^n \xi_n p(a,t) \tag{2.3.24}$$

(v) $\frac{\partial p(0,t)}{\partial x}$ *and* $\frac{\partial p(a,t)}{\partial x}$ *are known functions of time only*

The auxiliary eigenvalue problem for the space variable in the same interval $[0 \le x \le a]$ is given by equation (2.3.2) with homogeneous boundary conditions $\frac{\partial f(0)}{\partial x} = 0$ and $\frac{\partial f(a)}{\partial x} = 0$. The solution is given by equation (2.3.7). Since $\frac{\partial f(0)}{\partial x} = \frac{\partial f(a)}{\partial x} = 0$, we must have $\mathcal{B} = 0$ and $\mathcal{A}\xi \sin(\xi a) = 0$. We assume $\mathcal{A} \neq 0$; otherwise equation (2.3.2) will have the trivial solution $f(x) = 0$. We see that the problem has nontrivial solutions for a set of $[\xi_n]$ of ξ, which are $\xi = 0$ and the positive roots of $\sin(\xi a) = 0$. Hence the eigenvalues are given by $\xi_n = \frac{n\pi}{a}$, $n = 0, 1, 2, ...$ and the corresponding eigenfunctions are $\mathcal{K}(x, 0) = 1$ and $\mathcal{K}(x, \xi_n) = \cos(\xi_n x)$, $n = 1, 2, ...$

In this case, accounting for the unit eigenfunction in the Fourier series expansion (2.3.4), we get

$$f(x) = \frac{\overline{f}(0)}{\mathcal{N}(0)} + \sum_{n=1}^{\infty} \left\{ \frac{\overline{f}(\xi_n)}{\mathcal{N}(\xi_n)} \right\} K(x, \xi_n) \tag{2.3.25}$$

The norm corresponding to the unit eigenfunction $\mathcal{N}(0) = \int_0^a dx = a$. $\Xi(x, \xi_n) = \xi_n^2$ is obtained from equation (2.3.10). We note that $\frac{d\mathcal{K}(0,\xi_n)}{dx} = \frac{d\mathcal{K}(a,\xi_n)}{dx} = 0$, and therefore, from equation (2.3.12), we get

$\mathcal{N}(\xi_n) = \frac{a}{2}$, $n = 1, 2, ...$ Substituting for the eigenfunctions $\mathcal{K}(x, 0)$, $\mathcal{K}(x, \xi_n)$ and the norms in equations (2.3.3) and (2.3.6), we obtain the finite Fourier cosine transform

$$\overline{f}(\xi_n) = \int_0^a f(x) \cos(\xi_n x)\, dx \tag{2.3.26}$$

and its inversion formula

$$f(x) = \frac{1}{a}\overline{f}(0) + \frac{2}{a}\sum_{n=1}^{\infty} \overline{f}(\xi_n) \cos(\xi_n x) \tag{2.3.27}$$

The finite Fourier cosine transform of the second derivative is obtained by integration by parts:

$$\int_0^a \frac{\partial^2 p(x,t)}{\partial x^2} \cos(\xi_n x)\, dx = -\xi_n^2 \overline{p}(\xi_n, t) - \frac{\partial p(0,t)}{\partial x} + (-1)^n \frac{\partial p(a,t)}{\partial x} \tag{2.3.28}$$

(vi) $\frac{\partial p(0,t)}{\partial x}$ *and* $\left[\frac{\partial p(a,t)}{\partial x} + \lambda p(a,t)\right]$ *are known functions of time only*

The auxiliary eigenvalue problem for the space variable in the same interval $[0 \le x \le a]$ is given by equation (2.3.2) with homogeneous boundary conditions $\frac{\partial f(0)}{\partial x} = 0$ and $\frac{\partial f(a)}{\partial x} + \lambda f(a) = 0$. The solution is given by equation (2.3.7). Since $\frac{\partial f(0)}{\partial x} = \frac{\partial f(a)}{\partial x} + \lambda f(a) = 0$, we must have $\mathcal{B} = 0$ and $\mathcal{A}\{\lambda \cos(\xi a) - \xi \sin(\xi a)\} = 0$. We assume $\mathcal{A} \ne 0$; otherwise equation (2.3.2) will have the trivial solution $f(x) = 0$. We see that the problem has nontrivial solutions for a set of eigenvalues $[\xi_n]$ of ξ, which are the positive roots of $\xi_n \tan(\xi_n a) = \lambda, n = 1, 2, ...$, and the corresponding eigenfunctions are given by $\mathcal{K}(x, \xi_n) = \cos(\xi_n x)$.

$\Xi(x, \xi_n) = \xi_n^2$ is obtained from equation (2.3.10) and $\frac{d\mathcal{K}(0,\xi_n)}{dx} = 0$. Noting that $\xi_n \tan(\xi_n a) = \lambda$, and substituting for $\mathcal{K}(a, \xi_n)$ and $\frac{d\mathcal{K}(a,\xi_n)}{dx}$ in equation (2.3.12), we get

$$2\xi_n^2 \mathcal{N}(\xi_n) = \xi_n^2 a - \mathcal{K}(a, \xi_n) \frac{d\mathcal{K}(a,\xi_n)}{dx} = \xi_n^2 a + \lambda \cos^2(\xi_n a).$$

Hence the norm $\mathcal{N}(\xi_n) = \frac{a(\xi_n^2+\lambda^2)+\lambda}{2(\xi_n^2+\lambda^2)}$. Substituting for the eigenfunction $\mathcal{K}(x, \xi_n)$ and the norm $\mathcal{N}(\xi_n)$ in equations (2.3.3) and (2.3.6), we obtain the finite Fourier cosine transform

$$\overline{f}(\xi_n) = \int_0^a f(x) \cos(\xi_n x)\, dx \tag{2.3.29}$$

and its inversion formula

$$f(x) = 2\sum_{n=1}^{\infty} \overline{f}(\xi_n) \left\{\frac{\xi_n^2 + \lambda^2}{a(\xi_n^2 + \lambda^2) + \lambda}\right\} \cos(\xi_n x) \tag{2.3.30}$$

ξ_n is a positive root of $\xi_n \tan(\xi_n a) = \lambda$, $n = 1, 2, ...$

The finite Fourier cosine transform of the second derivative is obtained by integration by parts:

$$\int_0^a \frac{\partial^2 p(x,t)}{\partial x^2} \cos(\xi_n x)\, dx = -\xi_n^2 \overline{p}(\xi_n, t) - \frac{\partial p(0,t)}{\partial x} + \left\{\frac{\partial p(a,t)}{\partial x} + \lambda p(a,t)\right\} \cos(\xi_n a) \tag{2.3.31}$$

(vii) $\left[\frac{\partial p(0,t)}{\partial x} - \lambda p(0,t)\right]$ *and* $p(a,t)$ *are known functions of time only*

The auxiliary eigenvalue problem for the space variable in the same interval $[0 \le x \le a]$ is given by equation (2.3.2) with homogeneous boundary conditions $\frac{\partial f(0)}{\partial x} - \lambda f(0) = 0$ and $f(a) = 0$. The solution is given by equation (2.3.7). Since $\frac{\partial f(0)}{\partial x} - \lambda f(0) = f(a) = 0$, we must have $\mathcal{A}\left\{\cos(\xi a) + \left(\frac{\lambda}{\xi}\right)\sin(\xi a)\right\} = 0$. We assume $\mathcal{A} \neq 0$; otherwise equation (2.3.2) will have the trivial solution $f(x) = 0$. We see that the problem has nontrivial solutions for a set of eigenvalues $[\xi_n]$ of ξ, which are the positive roots of $\xi_n \cot(\xi_n a) = -\lambda$, $n = 1, 2, \ldots$, and the corresponding eigenfunctions* are given by $\mathcal{K}(x, \xi_n) = \sin\{\xi_n(a - x)\}$. $\Xi(x, \xi_n) = (\xi_n^2 + \lambda^2)\sin^2(\xi_n^2 a)$ is obtained from equation (2.3.10) and $\mathcal{K}(a, \xi_n) = 0$. Substituting for $\mathcal{K}(0, \xi_n)$ and $\frac{d\mathcal{K}(0,\xi_n)}{dx}$ in equation (2.3.12), and noting $\xi_n \cot(\xi_n a) = -\lambda$, we get

$$2\xi_n^2 \mathcal{N}(\xi_n) = a(\xi_n^2 + \lambda^2)\sin^2(\xi_n a) + \mathcal{K}(0, \xi_n)\frac{d\mathcal{K}(0,\xi_n)}{dx} = \{a(\xi_n^2 + \lambda^2) + \lambda\}\sin^2(\xi_n a).$$

Hence the norm $\mathcal{N}(\xi_n) = \frac{a(\xi_n^2+\lambda^2)+\lambda}{2(\xi_n^2+\lambda^2)}$. Substituting for the eigenfunction $\mathcal{K}(x, \xi_n)$ and the norm $\mathcal{N}(\xi_n)$ in equations (2.3.3) and (2.3.6), we obtain the finite Fourier sine transform

$$\overline{f}(\xi_n) = \int_0^a f(x)\sin\{\xi_n(a - x)\}\,dx \tag{2.3.32}$$

and its inversion formula

$$f(x) = 2\sum_{n=1}^{\infty} \overline{f}(\xi_n)\left\{\frac{\xi_n^2 + \lambda^2}{a(\xi_n^2 + \lambda^2) + \lambda}\right\}\sin\{\xi_n(a - x)\} \tag{2.3.33}$$

ξ_n is a positive root of $\xi_n \cot(\xi_n a) = -\lambda$, $n = 1, 2, \ldots$

The finite Fourier sine transform of the second derivative is obtained by integration by parts:

$$\int_0^a \frac{\partial^2 p(x,t)}{\partial x^2}\sin\{\xi_n(a - x)\}\,dx = -\xi_n^2\overline{p}(\xi_n, t) - \left\{\frac{\partial p(0,t)}{\partial x} - \lambda p(0,t)\right\}\sin(\xi_n a) + \xi_n p(a,t) \tag{2.3.34}$$

(viii) $\left[\frac{\partial p(0,t)}{\partial x} - \lambda p(0,t)\right]$ *and* $\frac{\partial p(a,t)}{\partial x}$ *are known functions of time only*

The auxiliary eigenvalue problem for the space variable in the same interval $[0 \le x \le a]$ is given by equation (2.3.2) with homogeneous boundary conditions $\frac{\partial f(0)}{\partial x} - \lambda f(0) = 0$ and $\frac{\partial f(a)}{\partial x} = 0$. The solution is given by equation (2.3.7). Since $\frac{\partial f(0)}{\partial x} - \lambda f(0) = \frac{\partial f(a)}{\partial x} = 0$, we must have $\mathcal{A}\left\{\left(\frac{\lambda}{\xi}\right)\cos(\xi a) - \sin(\xi a)\right\} = 0$. We assume $\mathcal{A} \neq 0$; otherwise equation (2.3.2) will have the trivial solution $f(x) = 0$. We see that the problem has nontrivial solutions for a set of eigenvalues $[\xi_n]$ of ξ, which are the positive roots of $\xi_n \tan(\xi_n a) = \lambda, n = 1, 2, \ldots$, and the corresponding eigenfunctions† are given by $\mathcal{K}(x, \xi_n) = \cos\{\xi_n(a - x)\}$. $\Xi(x, \xi_n) = (\xi_n^2 + \lambda^2)\cos^2(\xi_n^2 a)$, is obtained from equation (2.3.10) and $\frac{d\mathcal{K}(a,\xi_n)}{dx} = 0$. Substituting for $\mathcal{K}(0, \xi_n)$ and $\frac{d\mathcal{K}(0,\xi_n)}{dx}$ in equation (2.3.12), and noting $\xi_n \tan(\xi_n a) = \lambda$, we get

$$2\xi_n^2 \mathcal{N}(\xi_n) = a(\xi_n^2 + \lambda^2)\cos^2(\xi_n a) + \mathcal{K}(0, \xi_n)\frac{d\mathcal{K}(0,\xi_n)}{dx} = \{a(\xi_n^2 + \lambda^2) + \lambda\}\cos^2(\xi_n a).$$

Hence the norm $\mathcal{N}(\xi_n) = \frac{a(\xi_n^2+\lambda^2)+\lambda}{2(\xi_n^2+\lambda^2)}$. Substituting for the eigenfunction $\mathcal{K}(x, \xi_n)$ and the norm $\mathcal{N}(\xi_n)$ in equations (2.3.3) and (2.3.6), we obtain the finite Fourier cosine transform

$$\overline{f}(\xi_n) = \int_0^a f(x)\cos\{\xi_n(a - x)\}\,dx \tag{2.3.35}$$

and its inversion formula

$$f(x) = 2\sum_{n=1}^{\infty} \overline{f}(\xi_n)\left\{\frac{\xi_n^2 + \lambda^2}{a(\xi_n^2 + \lambda^2) + \lambda}\right\}\cos\{\xi_n(a - x)\} \tag{2.3.36}$$

---

*Equation (2.3.7) may be written as $f(x) = \mathcal{A}[\cos(\xi x) - \left\{\frac{\cos(\xi a)}{\sin(\xi a)}\right\}\sin(\xi x)] = \frac{\mathcal{A}\sin\{\xi(a-x)\}}{\sin(\xi a)}$; hence we choose $\sin\{\xi_n(a - x)\}$ as the eigenfunction of the boundary value problem.

†Equation (2.3.7) may be written as $f(x) = \mathcal{A}[\cos(\xi x) + \left\{\frac{\sin(\xi a)}{\cos(\xi a)}\right\}\sin(\xi x)] = \frac{\mathcal{A}\cos\{\xi(a-x)\}}{\cos(\xi a)}$; hence we choose $\cos\{\xi_n(a - x)\}$ as the eigenfunction of the boundary value problem.

ξ_n is a positive root of $\xi_n \tan(\xi_n a) = \lambda$, $n = 1, 2, ...$

The finite Fourier cosine transform of the second derivative is obtained by integration by parts:

$$\int_0^a \frac{\partial^2 p(x,t)}{\partial x^2} \cos\{\xi_n (a-x)\}\, dx = -\xi_n^2 \overline{p}(\xi_n, t) - \left\{\frac{\partial p(0,t)}{\partial x} - \lambda p(0,t)\right\} \cos(\xi_n a) + \frac{\partial p(a,t)}{\partial x} \tag{2.3.37}$$

(xi) $\left[\frac{\partial p(0,t)}{\partial x} - \lambda_0 p(0,t)\right]$ *and* $\left[\frac{\partial p(a,t)}{\partial x} + \lambda_a p(a,t)\right]$ *are known functions of time only*

The auxiliary eigenvalue problem for the space variable in the same interval $[0 \le x \le a]$ is given by equation (2.3.2) with homogeneous boundary conditions $\frac{\partial f(0)}{\partial x} - \lambda_0 f(0) = 0$ and $\frac{\partial f(a)}{\partial x} + \lambda_a f(a) = 0$. The solution is given by equation (2.3.7). Since $\frac{\partial f(0)}{\partial x} - \lambda_0 f(0) = \frac{\partial f(a)}{\partial x} + \lambda_a f(a) = 0$, we must have $\frac{\mathcal{A}}{\xi}\{\xi(\lambda_0 + \lambda_a)\cos(\xi a) - (\xi^2 - \lambda_0\lambda_a)\sin(\xi a)\} = 0$. We assume $\mathcal{A} \neq 0$; otherwise equation (2.3.2) will have the trivial solution $f(x) = 0$. We see that the problem has nontrivial solutions for a set of eigenvalues $[\xi_n]$ of ξ, which are the positive roots of $\tan(\xi_n a) = \frac{\xi_n(\lambda_0+\lambda_a)}{\xi_n^2 - \lambda_0\lambda_a}$, $n = 1, 2, ...,$ and the corresponding eigenfunctions* are given by $\mathcal{K}(x, \xi_n) = \{\xi_n \cos(\xi_n x) + \lambda_0 \sin(\xi_n x)\}$.

$\Xi(x, \xi_n) = (\xi_n^2 + \lambda^2)\,\xi_n^2$ is obtained from equation (2.3.10). Substituting for $\mathcal{K}(0,\xi_n)$, $\frac{d\mathcal{K}(0,\xi_n)}{dx}$, $\mathcal{K}(a,\xi_n)$, and $\frac{d\mathcal{K}(a,\xi_n)}{dx}$ in equation (2.3.12),† we get

$$2\xi_n^2 \mathcal{N}(\xi_n) = a\left(\xi_n^2 + \lambda_0^2\right)\xi_n^2 - \mathcal{K}(a,\xi_n)\frac{d\mathcal{K}(a,\xi_n)}{dx} + \mathcal{K}(0,\xi_n)\frac{d\mathcal{K}(0,\xi_n)}{dx} = \left(\xi_n^2 + \lambda_0^2\right)\left\{a + \frac{\lambda_a}{\xi_n^2+\lambda_a^2}\right\}\xi_n^2 + \lambda_0 \xi_n^2.$$

Hence the norm $\mathcal{N}(\xi_n) = \frac{1}{2}\left[\left(\xi_n^2 + \lambda_0^2\right)\left\{a + \frac{\lambda_a}{\xi_n^2+\lambda_a^2}\right\} + \lambda_0\right]$. Substituting for the eigenfunction $\mathcal{K}(x,\xi_n)$ and the norm $\mathcal{N}(\xi_n)$ in equations (2.3.3) and (2.3.6), we obtain the finite Fourier transform

$$\overline{f}(\xi_n) = \int_0^a f(x)\{\xi_n \cos(\xi_n x) + \lambda_0 \sin(\xi_n x)\}\, dx \tag{2.3.38}$$

and its inversion formula

$$f(x) = 2\sum_{n=1}^{\infty} \frac{\overline{f}(\xi_n)\{\xi_n \cos(\xi_n x) + \lambda_0 \sin(\xi_n x)\}}{\left[\left(\xi_n^2 + \lambda_0^2\right)\left\{a + \frac{\lambda_a}{\xi_n^2+\lambda_a^2}\right\} + \lambda_0\right]} \tag{2.3.39}$$

ξ_n is a positive root of $\tan(\xi_n a) = \frac{\xi_n(\lambda_0+\lambda_a)}{\xi_n^2 - \lambda_0\lambda_a}$, $n = 1, 2, ...$

The finite Fourier transform of the second derivative is obtained by integration by parts:

$$\int_0^a \frac{\partial^2 p(x,t)}{\partial x^2}\{\xi_n \cos(\xi_n x) + \lambda_0 \sin(\xi_n x)\}\, dx = -\xi_n^2 \overline{p}(\xi_n,t) - \xi_n\left\{\frac{\partial p(0,t)}{\partial x} - \lambda_0 p(0,t)\right\} +$$

$$+\left\{\frac{\partial p(a,t)}{\partial x} + \lambda_a p(a,t)\right\}\{\xi_n \cos(\xi_n a) + \lambda_0 \sin(\xi_n a)\} \tag{2.3.40}$$

2.4 Hankel and Weber transforms

From the general integral transformation defined by equation (2.1), it follows that if $f(r)$ is defined on $[a,b] = [0,\infty]$ and $\mathcal{K}(\xi, r) = rJ_\nu(\xi r)$, then

$$\overline{f}(\xi) = \int_0^\infty f(r)\, rJ_\nu(\xi r)\, dr \tag{2.4.1}$$

*Equation (2.3.7) may be written as $f(x) = \frac{\mathcal{A}}{\xi}\{\xi\cos(\xi x) + \lambda_0 \sin(\xi x)\}$; hence we choose $\{\xi_n \cos(\xi_n x) + \lambda_0 \sin(\xi_n x)\}$ as the eigenfunction of the boundary value problem.

†Since the eigenfunctions satisfy the boundary conditions, we write $\mathcal{K}(0,\xi_n)\frac{d\mathcal{K}(0,\xi_n)}{dx} = \lambda_0 \mathcal{K}^2(0,\xi_n)$ and $\mathcal{K}(a,\xi_n)\frac{d\mathcal{K}(a,\xi_n)}{dx} = -\lambda_a \mathcal{K}^2(a,\xi_n)$. Combining this result with equation (2.3.10) and noting that $\Xi(x,\xi_n) = \left(\xi_n^2 + \lambda_0^2\right)\xi_n^2$, we obtain $\mathcal{K}(a,\xi_n)\frac{d\mathcal{K}(a,\xi_n)}{dx} = \frac{\lambda_a\left(\xi_n^2+\lambda_0^2\right)\xi_n^2}{\left(\xi_n^2+\lambda_a^2\right)}$ and $\mathcal{K}(0,\xi_n)\frac{d\mathcal{K}(0,\xi_n)}{dx} = \lambda_0 \xi_n^2$.

where $J_\nu(r)$ is the Bessel function of order ν of the first kind (Bessel [1826]). The function $\overline{f}(\xi)$ is called the Hankel transform of $f(r)$ (Hankel [1875]). In this result it is necessary that $\nu \geq -\frac{1}{2}$. The Hankel transforms of order $\frac{1}{2}$ and $-\frac{1}{2}$ are equal to the Fourier sine and cosine transforms.*

The inversion formula is derived from the Fourier–Bessel integral equation, a relationship similar to that of the Fourier integral equation (2.2.9). If $f(r)$ is an arbitrary function of the real variable r and $\int_0^\infty \sqrt{r}\,|f(r)|dr$ exists and is absolutely convergent, then

$$f(r) = \int_0^\infty \left\{ \int_0^\infty f(u)\, u J_\nu(\xi u)\, du \right\} \xi J_\nu(\xi r)\, d\xi \tag{2.4.2}$$

for Bessel functions of order $\nu \geq -\frac{1}{2}$. At a point of discontinuity, $f(r)$ is replaced by $\frac{1}{2}[f(r+0)+f(r-0)]$, the mean value at the discontinuity. The proof of the Fourier-Bessel integral is given by Watson (1980).

An inversion formula follows from the Fourier–Bessel integral equation (2.4.2):

$$f(r) = \int_0^\infty \overline{f}(\xi)\, \xi J_\nu(\xi r)\, d\xi \tag{2.4.3}$$

A Hankel transform is used to exclude the radial variable r—that is, to remove the term $\left[\frac{\partial^2 f}{\partial r^2} + \frac{1}{r}\frac{\partial f}{\partial r} - \left(\frac{\nu}{r}\right)^2 f\right]$ from the partial differential equations. Its principal operational property is

$$\int_0^\infty \left\{ \frac{\partial^2 f}{\partial r^2} + \frac{1}{r}\frac{\partial f}{\partial r} - \left(\frac{\nu}{r}\right)^2 f \right\} r J_\nu(\xi r)\, dr = -\xi^2 \overline{f}(\xi) \tag{2.4.4}$$

It is assumed here that $r^{\nu+1}\frac{\partial f}{\partial r}$ and $r^\nu f(r)$ vanish as $r \to 0$ and $\sqrt{r}\frac{\partial f}{\partial r}$ and $\sqrt{r} f(r)$ vanish as $r \to \infty$. These assumptions are usually, but not always, true in physical problems. The problem ought to be treated differently when the behaviour of $f(r)$ or $\frac{\partial f(r)}{\partial r}$ is known when $r \to a$.

If the radial variable is defined on $[a, b] = [a, \infty]$, the integral transform that lends itself to removing the term $\left[\frac{\partial^2 f}{\partial r^2} + \frac{1}{r}\frac{\partial f}{\partial r} - \left(\frac{\nu}{r}\right)^2 f\right]$ from differential equations is the Weber transform (Weber [1873]). If $f(r)$ is an arbitrary function of the real variable r defined on $[a, b] = [a, \infty]$, and $\int_a^\infty \sqrt{r}\,|f(r)|dr$ exists and is absolutely convergent, its Weber transform is given by

$$\overline{f}(\xi) = \int_a^\infty f(r)\, r\, C_\nu(\xi r)\, dr \tag{2.4.5}$$

where $\nu \geq -\frac{1}{2}$ and the kernel of the transform $\mathcal{K}(\xi, r) = rC_\nu(\xi r)$. $C_\nu(\xi r) = \{Y_\nu(\xi a) J_\nu(\xi r) - J_\nu(\xi a) Y_\nu(\xi r)\}$ is a linear combination of Bessel functions of the first and second kinds of order ν; $Y_\nu(r)$ is the Bessel function of the second kind of order ν. The function $\overline{f}(\xi)$ is called the Dirichlet-Weber transform of $f(r)$.

The inversion formula is derived from a generalization of the Fourier-Bessel integral equation (2.4.2), which is

$$f(r) = \int_0^\infty \left\{ \int_a^\infty f(u)\, u\, C_\nu(\xi u)\, du \right\} \frac{\xi\, C_\nu(\xi r)}{J_\nu^2(\xi a) + Y_\nu^2(\xi a)}\, d\xi \tag{2.4.6}$$

Hence the inversion formula is

$$f(r) = \int_0^\infty \frac{\overline{f}(\xi)\, \xi\, C_\nu(\xi r)}{J_\nu^2(\xi a) + Y_\nu^2(\xi a)}\, d\xi \tag{2.4.7}$$

*$J_{\frac{1}{2}}(x) = \sqrt{\frac{2}{\pi x}} \sin x$ and $J_{-\frac{1}{2}}(x) = \sqrt{\frac{2}{\pi x}} \cos x$.

The proof of equation (2.4.6)* is given by Titchmarsh (1962a). The principal operational property of the Dirichlet-Weber transform is

$$\int_a^\infty r\left\{\frac{\partial^2 f}{\partial r^2}+\frac{1}{r}\frac{\partial f}{\partial r}-\left(\frac{\nu}{r}\right)^2 f\right\}\mathcal{C}_\nu(\xi r)\,dr=-\frac{2}{\pi}f(a)-\xi^2\overline{f}(\xi) \tag{2.4.8}$$

Here we have used $\mathcal{C}_\nu(\xi,a)=0$. The successful use of the Dirichlet-Weber transform in removing the term $\left[\frac{\partial^2 f}{\partial r^2}+\frac{1}{r}\frac{\partial f}{\partial r}-\left(\frac{\nu}{r}\right)^2 f\right]$ from the differential equation requires the knowledge of f when $r=a$.

The form of the Weber transform formula corresponding to the case where $\left[\frac{\partial f(a)}{\partial r}\right]$ is prescribed at $r=a$ is

$$\overline{f}(\xi)=\int_a^\infty f(r)\,r\,\mathcal{G}_\nu(\xi r)\,dr \tag{2.4.9}$$

where $\mathcal{G}_\nu(\xi r)=\{Y_\nu'(\xi a)J_\nu(\xi r)-J_\nu'(\xi a)Y_\nu(\xi r)\}$ and $\nu\geq-\frac{1}{2}$. In this case, the function $\overline{f}(\xi)$ is called the Neumann-Weber transform of $f(r)$.

The inversion formula is derived from

$$f(r)=\int_0^\infty\left\{\int_a^\infty f(u)\,u\,\mathcal{G}_\nu(\xi u)\,du\right\}\frac{\xi\,\mathcal{G}_\nu(\xi r)}{J_\nu'^2(\xi a)+Y_\nu'^2(\xi a)}\,d\xi \tag{2.4.10}$$

which is established in the same manner given in Titchmarsh (1962a). The prime indicates differentiation with respect to the first argument. Hence the inversion formula is

$$f(r)=\int_0^\infty\frac{\overline{f}(\xi)\,\xi\,\mathcal{G}_\nu(\xi r)}{J_\nu'^2(\xi a)+Y_\nu'^2(\xi a)}\,d\xi \tag{2.4.11}$$

The principal operational property of this form of the Neumann-Weber transform formula is

$$\int_a^\infty r\left\{\frac{\partial^2 f}{\partial r^2}+\frac{1}{r}\frac{\partial f}{\partial r}-\left(\frac{\nu}{r}\right)^2 f\right\}\mathcal{G}_\nu(\xi r)\,dr=-\frac{2}{\pi\xi}\left[\frac{\partial f(a)}{\partial r}\right]-\xi^2\overline{f}(\xi) \tag{2.4.12}$$

Here we have used $\mathcal{G}_\nu'(\xi,a)=0$.

We now consider the case where $\left[\frac{\partial f(a)}{\partial r}-\lambda f(a)\right]$ is prescribed at $r=a$ and λ is a constant. The form of the Weber transform formula corresponding to this case was first considered by Griffith (1955). It is

$$\overline{f}(\xi)=\int_a^\infty f(r)\,r\,\mathcal{D}_\nu(\xi r)\,dr \tag{2.4.13}$$

where $\mathcal{D}_\nu(\xi r)=[Y_\nu(\xi r)\{\lambda J_\nu(\xi a)-\xi J_\nu'(\xi a)\}-J_\nu(\xi r)\{\lambda Y_\nu(\xi a)-\xi Y_\nu'(\xi a)\}]$ and $\nu\geq-\frac{1}{2}$. The inversion formula is derived from

$$f(r)=\int_0^\infty\left\{\int_a^\infty f(u)\,u\,\mathcal{D}_\nu(\xi u)\,du\right\}\frac{\xi\,\mathcal{D}_\nu(\xi r)}{\{\lambda J_\nu(\xi a)-\xi J_\nu'(\xi a)\}^2+\{\lambda Y_\nu(\xi a)-\xi Y_\nu'(\xi a)\}^2}\,d\xi \tag{2.4.14}$$

which is established by Thambynayagam and Habashy (2001).† Hence the inversion formula is

$$f(r)=\int_0^\infty\frac{\overline{f}(\xi)\,\xi\,\mathcal{D}_\nu(\xi r)}{\{\lambda J_\nu(\xi a)-\xi J_\nu'(\xi a)\}^2+\{\lambda Y_\nu(\xi a)-\xi Y_\nu'(\xi a)\}^2}\,d\xi \tag{2.4.15}$$

---

*when $a\to0$, equation (2.4.6) becomes equation (2.4.2).

†Thambynayagam and Habashy (2001), in their analysis, considered the boundary condition $f(a)+\lambda\frac{\partial f(a)}{\partial r}=0$.

The proof of the principal operational property of this form of the Weber transform formula is given by Thambynayagam and Habashy (2001). It is

$$\int_a^\infty r\left\{\frac{\partial^2 f}{\partial r^2}+\frac{1}{r}\frac{\partial f}{\partial r}-\left(\frac{\nu}{r}\right)^2 f\right\}\mathcal{D}_\nu(\xi r)\,dr=-\frac{2}{\pi}\left[\frac{\partial f(a)}{\partial r}-\lambda f(a)\right]-\xi^2\overline{f}(\xi) \tag{2.4.16}$$

Here we have used $\mathcal{D}'_\nu(\xi,a)-\lambda\mathcal{D}_\nu(\xi,a)=0$. It should be noted that the Weber transform formulae (2.4.5), (2.4.9) and (2.4.13) are only valid if $f(r)$ is an arbitrary function of the real variable r defined on $[a,\infty]$ and $\int_a^\infty \sqrt{r}\,|f(r)|dr$ exists and is absolutely convergent.

2.5 Finite Hankel transforms

We consider the eigenvalue problem corresponding to the solution $p(r,\theta,z,t)$, defined for $a\le r\le b$, $z\ge 0$, $0\le\theta\le 2\pi$, and all $t\ge 0$, of the diffusion equation in a medium with cylindrical symmetry:

$$\frac{\partial p}{\partial t}=\eta_r\left(\frac{\partial^2 p}{\partial r^2}+\frac{1}{r}\frac{\partial p}{\partial r}\right)+\eta_\theta\left(\frac{1}{r^2}\frac{\partial^2 p}{\partial\theta^2}\right)+\eta_z\frac{\partial^2 p}{\partial z^2} \tag{2.5.1}$$

satisfying the boundary conditions imposed at the extremities $r=a$ and $r=b$. The auxiliary eigenvalue problem for the radial variable is obtained by applying the method of separation of variables in the finite interval $a\le r\le b$ for the space variable:*

$$\frac{\partial^2 f(r)}{\partial r^2}+\frac{1}{r}\frac{\partial f(r)}{\partial r}+\left\{\xi^2-\left(\frac{\nu}{r}\right)^2\right\}f(r)=0 \tag{2.5.2}$$

where ξ and ν are separation constants and $f(r)$ satisfies the homogeneous boundary conditions. The differential equation (2.5.2) is called Bessel's differential equation of order ν. The differential equation and homogeneous boundary conditions are a special case of the Sturm-Liouville system.

We define the finite Hankel transform $\overline{f}(\xi_n)$ of a function $f(r)$ by the integral

$$\overline{f}(\xi_n)=\int_a^b f(r)\,r\,\mathcal{K}_\nu(r,\xi_n)\,dr \tag{2.5.3}$$

The eigenfunction $\mathcal{K}_\nu(r,\xi_n)$ is a known function of the eigenvalue ξ_n and r on the open interval $[a,b]$. If $f(r)$ is sectionally continuous in every finite interval $[a,b]$ and differentiable, and the integral $\int_0^\infty \sqrt{r}\,|f(r)|dr$ exists, then $f(r)$ may be represented by the Fourier-Bessel series involving the orthogonal set of eigenfunctions; that is,

$$f(r)=c_1\mathcal{K}_\nu(r,\xi_1)+c_2\mathcal{K}_\nu(r,\xi_2)+\ldots+c_n\mathcal{K}_\nu(r,\xi_n)+\ldots.=\sum_{n=1}^\infty c_n\mathcal{K}_\nu(r,\xi_n) \tag{2.5.4}$$

The constants $[c_1,....,c_n]$ are the Fourier-Bessel coefficients. Multiplying equation (2.5.4) by $r\,\mathcal{K}_\nu(r,\xi_n)$ and integrating term by term over the interval $[a,b]$, making use of the orthogonality of the eigenfunctions $\mathcal{K}_\nu(r,\xi_n)$, we get

$$c_n=\frac{1}{\mathcal{N}(\xi_n)}\int_a^b f(r)\,r\,\mathcal{K}_\nu(r,\xi_n)\,dr=\frac{\overline{f}(\xi_n)}{\mathcal{N}(\xi_n)} \tag{2.5.5}$$

*We assume a particular solution in the form of $p(r,\theta,z,t)=f(r)\,\Phi(\theta)\,Z(z)\,T(t)$, which satisfies the differential equation (2.5.1) and the boundary conditions. Substituting for $p(r,\theta,z,t)$ in equation (2.5.1), we obtain four ordinary differential equations in space and time variables. The ordinary differential equation corresponding to the radial variable r is the auxiliary equation in the interval $a\le r\le b$. For $p(r,\theta,z,t)=f(r)\,\Phi(\theta)\,Z(z)\,T(t)\neq 0$, $f(r)$ must also satisfy the homogeneous boundary conditions imposed on the system.

where the norm $\mathcal{N}(\xi_n) = \int_a^b r\,\mathcal{K}_\nu^2(r,\xi_n)\,dr$. Substituting for the Fourier-Bessel coefficients c_n from equation (2.5.5) in the Fourier-Bessel expansion (2.5.4), we write

$$f(r) = \sum_{n=1}^{\infty} \left\{ \frac{\overline{f}(\xi_n)}{\mathcal{N}(\xi_n)} \right\} \mathcal{K}_\nu(r,\xi_n) \tag{2.5.6}$$

which is the inversion formula for the finite Hankel transform (2.5.3).

The eigenvalues, the eigenfunctions, and the resulting norm appropriate to any given boundary value problem in diffusion are determined by the boundary conditions that are imposed on the system. The solutions of the various transcendental equations for the eigenvalues can be obtained efficiently and quickly. (See Atkinson [1985]).

We shall now derive the finite Hankel transforms and their inversion formulae for the Dirichlet ($f = 0$), Neumann ($f' = 0$), and Robin ($f' \pm \lambda f = 0$) boundary conditions. All possible combinations at the extremities $r = a$ and $r = b$, both symmetric and asymmetric, imposed on the one-dimensional diffusion equation (2.5.1) are considered. The results we present are of the same general character as the finite Fourier transforms of the second derivative discussed in Section 2.3 of this chapter.

(i) *$p(a,\theta,z,t)$ is prescribed; $0 \le r \le a$, $z \ge 0$, $0 \le \theta \le 2\pi$, and $t \ge 0$*

The differential equation (2.5.1) and the boundary conditions are said to be nonhomogeneous. The auxiliary eigenvalue problem for the radial variable r in the interval $[0 \le r \le a]$ is given by equation (2.5.2) with the homogeneous boundary condition $f(a) = 0$.

The solution of equation (2.5.2) is

$$f(r) = \mathcal{A}J_\nu(\xi r) + \mathcal{B}Y_\nu(\xi r) \tag{2.5.7}$$

where $\mathcal{A}$ and $\mathcal{B}$ are constants. As $r \to 0$, the Bessel function $Y_\nu(\xi r)$ becomes infinite. Therefore, we must have $\mathcal{B} = 0$. Since $f(a) = 0$, $\mathcal{A}J_\nu(\xi a) = 0$. We assume $\mathcal{A} \ne 0$; otherwise equation (2.5.2) will have the trivial solution $f(r) = 0$. We see that the problem has nontrivial solutions for a set of $[\xi_n]$ of ξ, which are the positive roots of $J_\nu(\xi_n a) = 0$—the eigenvalues of the system. The corresponding eigenfunctions are $\mathcal{K}_\nu(r,\xi_n) = J_\nu(\xi_n r)$.

Since the eigenfunctions satisfy the differential equation (2.5.2), we write

$$\frac{\partial^2 \mathcal{K}_\nu(r,\xi_n)}{\partial r^2} + \frac{1}{r}\frac{\partial \mathcal{K}_\nu(r,\xi_n)}{\partial r} + \left\{\xi_n^2 - \left(\frac{\nu}{r}\right)^2\right\}\mathcal{K}_\nu(r,\xi_n) = 0 \tag{2.5.8}$$

Multiplying equation (2.5.8) by $\left[2r^2 \frac{\partial \mathcal{K}_\nu(r,\xi_n)}{\partial r}\right]$ and integrating over the interval $[0,a]$, noting that for all $\nu \ge 0$, $\nu J_\nu(\xi r) \to 0$ as $r \to 0$, we get

$$\mathcal{N}(\xi_n) = \int_0^a r\mathcal{K}_\nu^2(r,\xi_n)\,dr = \int_0^a rJ_\nu^2(\xi_n r)dr = \frac{a^2}{2}\left[J_\nu'^2(\xi a) + \left\{1 - \frac{\nu^2}{\xi_n^2 a^2}\right\}J_\nu^2(\xi_n a)\right] \tag{2.5.9}$$

where $J_\nu'(\xi a) = \left[\frac{\partial J_\nu(u)}{\partial u}\right]_{u=\xi a}$. Noting $J_\nu(\xi_n a) = 0$, equation (2.5.9) can be further reduced to

$$\mathcal{N}(\xi_n) = \int_0^a rJ_\nu^2(\xi_n r)dr = \frac{a^2}{2}J_\nu'^2(\xi_n a) \tag{2.5.10}$$

Substituting for the eigenfunction $\mathcal{K}(r,\xi_n)$ and the norm $\mathcal{N}(\xi_n)$ in equations (2.5.3) and (2.5.6), we obtain the finite Hankel transform

$$\overline{f}(\xi_n) = \int_0^a f(r)\,rJ_\nu(\xi_n r)\,dr \tag{2.5.11}$$

and its inversion formula

$$f(r) = \frac{2}{a^2} \sum_{n=1}^{\infty} \overline{f}(\xi_n) \frac{J_\nu(\xi_n r)}{J_\nu'^2(\xi_n a)} \tag{2.5.12}$$

where $[\xi_n]$ are the positive roots of $J_\nu(\xi_n a) = 0$.

The solution of the diffusion equation (2.5.1) also entails the removal of the term $\left[\frac{\partial^2 p}{\partial r^2} + \frac{1}{r}\frac{\partial p}{\partial r} - \left(\frac{\nu}{r}\right)^2 p\right]$, the finite Hankel transform of which is obtained by integration by parts:

$$\int_0^a r\left\{\frac{\partial^2 p}{\partial r^2} + \frac{1}{r}\frac{\partial p}{\partial r} - \left(\frac{\nu}{r}\right)^2 p\right\} J_\nu(\xi_n r)\, dr = \left[r\frac{\partial p}{\partial r} J_\nu(\xi_n r)\right]_0^a - \left[\xi_n p r J_\nu'(\xi_n r)\right]_0^a +$$

$$+ \int_0^a pr\left\{\frac{\partial^2 J_\nu(\xi_n r)}{\partial r^2} + \frac{1}{r}\frac{\partial J_\nu(\xi_n r)}{\partial r} - \left(\frac{\nu}{r}\right)^2 J_\nu(\xi_n r)\right\} dr \tag{2.5.13}$$

where $J_\nu'(\xi r) = \left[\frac{\partial J_\nu(u)}{\partial u}\right]_{u=\xi r}$. Since $J_\nu(\xi_n r)$ satisfies the Bessel equation (2.5.2),* we write

$$\int_0^a r\left\{\frac{\partial^2 p}{\partial r^2} + \frac{1}{r}\frac{\partial p}{\partial r} - \left(\frac{\nu}{r}\right)^2 p\right\} J_\nu(\xi_n r)\, dr = \left[r\frac{\partial p}{\partial r} J_\nu(\xi_n r)\right]_0^a - \left[\xi_n p r J_\nu'(\xi_n r)\right]_0^a - \xi_n^2 \overline{p}(\xi_n) \tag{2.5.14}$$

Assuming that p is finite as $r \to 0$; since $J_\nu(\xi_n a) = 0$ the entire first term and the second term at the lower limit on the right-hand side of equation (2.5.14) vanish. We get

$$\int_0^a r\left\{\frac{\partial^2 p}{\partial r^2} + \frac{1}{r}\frac{\partial p}{\partial r} - \left(\frac{\nu}{r}\right)^2 p\right\} J_\nu(\xi_n r)\, dr = -\xi_n^2 \overline{p}(\xi_n) - a\xi_n p(a)\, J_\nu'(\xi_n a) \tag{2.5.15}$$

(ii) $\frac{\partial p(a,\theta,z,t)}{\partial r}$ *is prescribed;* $0 \le r \le a,\ z \ge 0,\ 0 \le \theta \le 2\pi,$ *and* $t \ge 0$

The auxiliary eigenvalue problem for the radial variable r in the interval $[0 \le r \le a]$ is given by equation (2.5.2) with the homogeneous boundary condition $\frac{\partial f(a)}{\partial r} = 0$. The solution is given by equation (2.5.7). As $r \to 0$, the Bessel function $Y_\nu(\xi r)$ becomes infinite. Therefore, we must have $\mathcal{B} = 0$. Since $\frac{\partial f(a)}{\partial r} = 0$, $\mathcal{A}\xi J_\nu'(\xi a) = 0$ where $J_\nu'(\xi a) = \left[\frac{\partial J_\nu(u)}{\partial u}\right]_{u=\xi a}$. Assuming $\mathcal{A} \neq 0$, we see that the problem has nontrivial solutions for a set of $[\xi_n]$ of ξ, which are the positive roots of $\xi J_\nu'(\xi a) = 0$—the eigenvalues of the system. The corresponding eigenfunctions are $\mathcal{K}_\nu(r, \xi_n) = J_\nu(\xi_n r)$.

Noting that $J_\nu'(\xi_n a) = 0$, the norm is obtained fron equation (2.5.9):

$$\mathcal{N}(\xi_n) = \int_0^a r\mathcal{K}_\nu^2(r, \xi_n)\, dr = \int_0^a rJ_\nu^2(\xi_n r) dr = \frac{a^2}{2}\left\{1 - \frac{\nu^2}{\xi_n^2 a^2}\right\} J_\nu^2(\xi_n a) \tag{2.5.16}$$

Substituting for the eigenfunction $\mathcal{K}(r, \xi_n)$ and the norm $\mathcal{N}(\xi_n)$ in equations (2.5.3) and (2.5.6), we obtain the finite Hankel transform

$$\overline{f}(\xi_n) = \int_0^a f(r)\, rJ_\nu(\xi_n r)\, dr \tag{2.5.17}$$

* $\left\{\frac{\partial^2 J_\nu(\xi_n r)}{\partial r^2} + \frac{1}{r}\frac{\partial J_\nu(\xi_n r)}{\partial r} - \left(\frac{\nu}{r}\right)^2 J_\nu(\xi_n r)\right\} = -\xi_n^2 J_\nu(\xi_n r)$.

and its inversion formula

$$f(r) = \frac{2}{a^2} \sum_{n=0}^{\infty} \overline{f}(\xi_n) \frac{J_\nu(\xi_n r)}{\left\{1 - \frac{\nu^2}{\xi_n^2 a^2}\right\} J_\nu^2(\xi_n a)} \tag{2.5.18}$$

where $\xi_0 = 0$ and $[\xi_n]$ are the positive roots of $J'_\nu(\xi_n a) = 0$;* $n = 0, 1, 2, ...$

The finite Hankel transform of the term $\left[\frac{\partial^2 p}{\partial r^2} + \frac{1}{r}\frac{\partial p}{\partial r} - \left(\frac{\nu}{r}\right)^2 p\right]$ is obtained from equation (2.5.14). Here we assume that p is finite as $r \to 0$; since for this case $J'_\nu(\xi_n a) = 0$, the first term on the right-hand side vanishes at its lower limit and the second term vanishes at both limits. We get

$$\int_0^a r\left\{\frac{\partial^2 p}{\partial r^2} + \frac{1}{r}\frac{\partial p}{\partial r} - \left(\frac{\nu}{r}\right)^2 p\right\} J_\nu(\xi_n r)\, dr = -\xi_n^2 \overline{p}(\xi_n) + aJ_\nu(\xi_n a)\left[\frac{\partial p(a)}{\partial r}\right] \tag{2.5.19}$$

(iii) $\left[\frac{\partial p(a,\theta,z,t)}{\partial r} + \lambda p(a,\theta,z,t)\right]$ *is prescribed;* $0 \le r \le a,\ z \ge 0,\ 0 \le \theta \le 2\pi,$ *and* $t \ge 0$

The auxiliary eigenvalue problem for the radial variable r in the interval $[0 \le r \le a]$ is given by equation (2.5.2) with the homogeneous boundary condition $\frac{\partial f(a)}{\partial r} + \lambda f(a) = 0$. The solution is given by equation (2.5.7). As $r \to 0$, the Bessel function $Y_\nu(\xi r)$ becomes infinite. Therefore, we must have $\mathcal{B} = 0$. Since $\frac{\partial f(a)}{\partial r} + \lambda f(a) = 0$, $\mathcal{A}\{\xi J'_\nu(\xi a) + \lambda J_\nu(\xi a)\} = 0$, where $J'_\nu(\xi a) = \left[\frac{\partial J_\nu(u)}{\partial u}\right]_{u=\xi a}$. The problem has nontrivial solutions for a set of $[\xi_n]$ of ξ, which are the positive roots of $\{\xi_n J'_\nu(\xi_n a) + \lambda J_\nu(\xi_n a)\} = 0$—the eigenvalues of the system. The corresponding eigenfunctions are $\mathcal{K}_\nu(r, \xi_n) = J_\nu(\xi_n r)$.

Noting that $\xi_n J'_\nu(\xi_n a) + \lambda J_\nu(\xi_n a) = 0$, the norm is obtained from equation (2.5.9):

$$\mathcal{N}(\xi_n) = \int_0^a r\mathcal{K}_\nu^2(r, \xi_n)dr = \int_0^a rJ_\nu^2(\xi_n r)dr = \frac{a^2}{2}\left[1 + \frac{1}{\xi_n^2}\left\{\lambda^2 - \frac{\nu^2}{a^2}\right\}\right] J_\nu^2(\xi_n a) \tag{2.5.20}$$

Substituting for the eigenfunction $\mathcal{K}(r, \xi_n)$ and the norm $\mathcal{N}(\xi_n)$ in equations (2.5.3) and (2.5.6), we obtain the finite Hankel transform

$$\overline{f}(\xi_n) = \int_0^a f(r)\, rJ_\nu(\xi_n r)\, dr \tag{2.5.21}$$

and its inversion formula

$$f(r) = \frac{2}{a^2} \sum_{n=1}^{\infty} \overline{f}(\xi_n) \frac{\xi_n^2 J_\nu(\xi_n r)}{\left\{\xi_n^2 + \lambda^2 - \frac{\nu^2}{a^2}\right\} J_\nu^2(\xi_n a)} \tag{2.5.22}$$

where $[\xi_n]$ are the positive roots of the transcendental equation $\xi_n J'_\nu(\xi_n a) + \lambda J_\nu(\xi_n a) = 0$.

The finite Hankel transform of the term $\left[\frac{\partial^2 p}{\partial r^2} + \frac{1}{r}\frac{\partial p}{\partial r} - \left(\frac{\nu}{r}\right)^2 p\right]$ is obtained from equation (2.5.14). Here we assume that p is finite as $r \to 0$ and the first and the second terms on the right-hand side of equation (2.5.14) vanish at their lower limits ($r = 0$). Noting that $\xi_n J'_\nu(\xi_n a) = -\lambda J_\nu(\xi_n a)$, we get

$$\int_0^a r\left\{\frac{\partial^2 p}{\partial r^2} + \frac{1}{r}\frac{\partial p}{\partial r} - \left(\frac{\nu}{r}\right)^2 p\right\} J_\nu(\xi_n r)\, dr = -\xi_n^2 \overline{p}(\xi_n) + aJ_\nu(\xi_n a)\left[\frac{\partial p(a)}{\partial r} + \lambda p(a)\right] \tag{2.5.23}$$

*Note that $\xi_0 = 0$ is also a root. Therefore, for the case $\nu = 0$, we must choose $\nu = 0$ before evaluating the first term corresponding to $\xi_0 = 0$ in equation (2.5.18).

(iv) *$p(a,\theta,z,t)$ and $p(b,\theta,z,t)$ are prescribed; $a \le r \le b$, $z \ge 0$, $0 \le \theta \le 2\pi$, and $t \ge 0$*

The auxiliary eigenvalue problem for the radial variable r in the interval $[a \le r \le b]$ is given by equation (2.5.2) with the homogeneous boundary conditions $f(a) = 0$ and $f(b) = 0$. The solution is given by equation (2.5.7). Since $f(a) = f(b) = 0$, $\frac{A}{Y_\nu(\xi b)}\{J_\nu(\xi a)Y_\nu(\xi b) - J_\nu(\xi b)Y_\nu(\xi a)\} = 0$. The problem has non-trivial solutions for a set of $[\xi_n]$ of ξ, which are the positive roots of $\{J_\nu(\xi_n a)Y_\nu(\xi_n b) - J_\nu(\xi_n b)Y_\nu(\xi_n a)\} = 0$ —the eigenvalues of the system. The corresponding eigenfunctions are

$$\mathcal{K}_\nu(r,\xi_n) = J_\nu(\xi_n r)Y_\nu(\xi_n a) - Y_\nu(\xi_n r)J_\nu(\xi_n a).$$

Multiplying equation (2.5.8) by $\left[2r^2\frac{\partial\mathcal{K}_\nu(r,\xi_n)}{\partial r}\right]$ and integrating over the interval $[a,b]$, we get

$$\mathcal{N}(\xi_n) = \int_a^b r\mathcal{K}_\nu^2(r,\xi_n)dr = \frac{b^2}{2}\left[\mathcal{K}_\nu'^2(b,\xi_n) + \left(1 - \frac{\nu^2}{\xi_n^2 b^2}\right)\mathcal{K}_\nu^2(b,\xi_n)\right] - \frac{a^2}{2}\left[\mathcal{K}_\nu'^2(a,\xi_n) + \left(1 - \frac{\nu^2}{\xi_n^2 a^2}\right)\mathcal{K}_\nu^2(a,\xi_n)\right] \quad (2.5.24)$$

where $\mathcal{K}_\nu'(r,\xi_n) = \left[\frac{\partial\mathcal{K}_\nu(u,\xi_n)}{\partial u}\right]_{u=\xi_n r} = J_\nu'(\xi_n r)Y_\nu(\xi_n a) - Y_\nu'(\xi_n r)J_\nu(\xi_n a)$.

Since $J_\nu(\xi_n a)Y_\nu(\xi_n b) - J_\nu(\xi_n b)Y_\nu(\xi_n a) = 0$, using the Wronskian relationship (Forsyth [1914]) $J_\nu'(u)Y_\nu(u) - Y_\nu'(u)J_\nu(u) = -\frac{2}{\pi u}$ we get*

$$\mathcal{N}(\xi_n) = \int_a^b r\mathcal{K}_\nu^2(r,\xi_n)dr = \frac{2}{\pi^2\xi_n^2}\left\{\frac{J_\nu^2(\xi_n a) - J_\nu^2(\xi_n b)}{J_\nu^2(\xi_n b)}\right\} \quad (2.5.25)$$

Substituting for the eigenfunction $\mathcal{K}(r,\xi_n)$ and the norm $\mathcal{N}(\xi_n)$ in equations (2.5.3) and (2.5.6), we obtain the finite Hankel transform

$$\overline{f}(\xi_n) = \int_a^b f(r)\,r\{J_\nu(\xi_n r)Y_\nu(\xi_n a) - Y_\nu(\xi_n r)J_\nu(\xi_n a)\}\,dr \quad (2.5.26)$$

and its inversion formula

$$f(r) = \frac{\pi^2}{2}\sum_{n=1}^{\infty}\overline{f}(\xi_n)\frac{\xi_n^2 J_\nu^2(\xi_n b)\{J_\nu(\xi_n r)Y_\nu(\xi_n a) - Y_\nu(\xi_n r)J_\nu(\xi_n a)\}}{\{J_\nu^2(\xi_n a) - J_\nu^2(\xi_n b)\}} \quad (2.5.27)$$

where $[\xi_n]$ are the positive roots of the transcendental equation $J_\nu(\xi_n a)Y_\nu(\xi_n b) - J_\nu(\xi_n b)Y_\nu(\xi_n a) = 0$.

The finite Hankel transform of the term $\left[\frac{\partial^2 p}{\partial r^2} + \frac{1}{r}\frac{\partial p}{\partial r} - \left(\frac{\nu}{r}\right)^2 p\right]$ is obtained by integration by parts:

$$\int_a^b r\left\{\frac{\partial^2 p}{\partial r^2} + \frac{1}{r}\frac{\partial p}{\partial r} - \left(\frac{\nu}{r}\right)^2 p\right\}\{J_\nu(\xi_n r)Y_\nu(\xi_n a) - Y_\nu(\xi_n r)J_\nu(\xi_n a)\}\,dr = -\xi_n^2\overline{p}(\xi_n) - \frac{2}{\pi}p(a) + \frac{2J_\nu(\xi_n a)}{\pi J_\nu(\xi_n b)}p(b) \quad (2.5.28)$$

(v) *$p(a,\theta,z,t)$ and $\frac{\partial p(b,\theta,z,t)}{\partial r}$ are prescribed; $a \le r \le b$, $z \ge 0$, $0 \le \theta \le 2\pi$, and $t \ge 0$*

The auxiliary eigenvalue problem for the radial variable r in the interval $[a \le r \le b]$ is given by equation (2.5.2) with the homogeneous boundary conditions $f(a) = 0$ and $\frac{\partial p(b)}{\partial r} = 0$. The solution is given by equation

*In deriving equation (2.5.25) from equation (2.5.24), we have used $\mathcal{K}_\nu'(a,\xi_n) = J_\nu'(\xi_n a)Y_\nu(\xi_n a) - Y_\nu'(\xi_n a)J_\nu(\xi_n a) = -\frac{2}{\pi a\xi_n}$ and $\mathcal{K}_\nu'(b,\xi_n) = \varepsilon[J_\nu'(\xi_n b)Y_\nu(\xi_n b) - Y_\nu'(\xi_n b)J_\nu(\xi_n b)] = -\frac{2\varepsilon}{\pi b\xi_n}$, where $\varepsilon = \frac{J_\nu(\xi_n a)}{J_\nu(\xi_n b)} = \frac{Y_\nu(\xi_n a)}{Y_\nu(\xi_n b)}$.

(2.5.7). Since $f(a)=0$ and $\frac{\partial f(b)}{\partial r}=0$, $\frac{\mathcal{A}}{Y'_\nu(\xi b)}\{J_\nu(\xi a)\,Y'_\nu(\xi b)-J'_\nu(\xi b)\,Y_\nu(\xi a)\}=0$. The problem has nontrivial solutions for a set of $[\xi_n]$ of ξ, which are the positive roots of $\{J_\nu(\xi a)\,Y'_\nu(\xi b)-J'_\nu(\xi b)\,Y_\nu(\xi a)\}=0$—the eigenvalues of the system. The corresponding eigenfunctions are

$$\mathcal{K}_\nu(r,\xi_n)=J_\nu(\xi_n r)\,Y_\nu(\xi_n a)-Y_\nu(\xi_n r)\,J_\nu(\xi_n a).^{*}$$

Since $J_\nu(\xi_n a)\,Y'_\nu(\xi_n b)-J'_\nu(\xi_n b)\,Y_\nu(\xi_n a)=0$, using the Wronskian relationship we obtain the norm from equation (2.5.24):†

$$\mathcal{N}(\xi_n)=\int_a^b r\mathcal{K}_\nu^2(r,\xi_n)dr=\frac{2}{\pi^2\xi_n^2\{J'_\nu(\xi_n b)\}^2}\left[\left(1-\frac{\nu^2}{\xi_n^2 b^2}\right)J_\nu^2(\xi_n a)-J_\nu'^2(\xi_n b)\right] \tag{2.5.29}$$

Substituting for the eigenfunction $\mathcal{K}(r,\xi_n)$ and the norm $\mathcal{N}(\xi_n)$ in equations (2.5.3) and (2.5.6), we obtain the finite Hankel transform

$$\overline{f}(\xi_n)=\int_a^b f(r)\,r\,\{J_\nu(\xi_n r)\,Y_\nu(\xi_n a)-Y_\nu(\xi_n r)\,J_\nu(\xi_n a)\}\,dr \tag{2.5.30}$$

and its inversion formula

$$f(r)=\frac{\pi^2}{2}\sum_{n=1}^{\infty}\overline{f}(\xi_n)\frac{\xi_n^2 J_\nu'^2(\xi_n b)\{J_\nu(\xi_n r)\,Y_\nu(\xi_n a)-Y_\nu(\xi_n r)\,J_\nu(\xi_n a)\}}{\left(1-\frac{\nu^2}{\xi_n^2 b^2}\right)J_\nu^2(\xi_n a)-J_\nu'^2(\xi_n b)} \tag{2.5.31}$$

where $[\xi_n]$ are the positive roots of the transcendental equation $J_\nu(\xi_n a)\,Y'_\nu(\xi_n b)-J'_\nu(\xi_n b)\,Y_\nu(\xi_n a)=0$.

The finite Hankel transform of the term $\left[\frac{\partial^2 p}{\partial r^2}+\frac{1}{r}\frac{\partial p}{\partial r}-\left(\frac{\nu}{r}\right)^2 p\right]$ is obtained by integration by parts:

$$\int_a^b r\left\{\frac{\partial^2 p}{\partial r^2}+\frac{1}{r}\frac{\partial p}{\partial r}-\left(\frac{\nu}{r}\right)^2 p\right\}\{J_\nu(\xi_n r)\,Y_\nu(\xi_n a)-Y_\nu(\xi_n r)\,J_\nu(\xi_n a)\}\,dr=-\xi_n^2\overline{p}(\xi_n)-$$

$$-\frac{2}{\pi}p(a)+\frac{2J_\nu(\xi_n a)}{\pi\xi_n J'_\nu(\xi_n b)}\left[\frac{\partial p(b)}{\partial r}\right] \tag{2.5.32}$$

(vi) *$p(a,\theta,z,t)$ and $\left[\frac{\partial p(b,\theta,z,t)}{\partial r}+\lambda p(b,\theta,z,t)\right]$ are prescribed; $a\le r\le b$, $z\ge 0$, $0\le\theta\le 2\pi$, and $t\ge 0$*

The auxiliary eigenvalue problem for the radial variable r in the interval $[a\le r\le b]$ is given by equation (2.5.2) with the homogeneous boundary conditions $f(a)=0$ and $\frac{\partial p(b)}{\partial r}+\lambda p(b)=0$. The solution is given by equation (2.5.7). Since $f(a)=0$ and $\frac{\partial p(b)}{\partial r}+\lambda p(b)=0$,

$$\frac{\mathcal{A}}{\{\xi Y'_\nu(\xi b)+\lambda Y_\nu(\xi b)\}}\left[J_\nu(\xi a)\{\xi Y'_\nu(\xi b)+\lambda Y_\nu(\xi b)\}-Y_\nu(\xi a)\{\xi J'_\nu(\xi b)+\lambda J_\nu(\xi b)\}\right]=0.$$

The problem has nontrivial solutions for a set of $[\xi_n]$ of ξ, the eigenvalues of the system, which are the positive roots of $[J_\nu(\xi a)\{\xi Y'_\nu(\xi b)+\lambda Y_\nu(\xi b)\}-Y_\nu(\xi a)\{\xi J'_\nu(\xi b)+\lambda J_\nu(\xi b)\}]=0$. The corresponding eigenfunctions are $\mathcal{K}_\nu(r,\xi_n)=J_\nu(\xi_n r)\,Y_\nu(\xi_n a)-Y_\nu(\xi_n r)\,J_\nu(\xi_n a)$.‡

---

* $\{J_\nu(\xi_n r)\,Y'_\nu(\xi_n b)-Y_\nu(\xi_n r)\,J'_\nu(\xi_n b)\}=\frac{J'_\nu(\xi_n b)}{J_\nu(\xi_n a)}\{J_\nu(\xi_n r)\,Y_\nu(\xi_n a)-Y_\nu(\xi_n r)\,J_\nu(\xi_n a)\}$.

† In deriving equation (2.5.29) from equation (2.5.24), we have used $\mathcal{K}'_\nu(a,\xi_n)=J'_\nu(\xi_n a)\,Y_\nu(\xi_n a)-Y'_\nu(\xi_n a)\,J_\nu(\xi_n a)=$ $=-\frac{2}{\pi a\xi_n}$ and $\mathcal{K}_\nu(b,\xi_n)=\varepsilon[J'_\nu(\xi_n b)\,Y_\nu(\xi_n b)-Y'_\nu(\xi_n b)\,J_\nu(\xi_n b)]=-\frac{2\varepsilon}{\pi b\xi_n}$, where $\varepsilon=\frac{J_\nu(\xi_n a)}{J'_\nu(\xi_n b)}=\frac{Y_\nu(\xi_n a)}{Y'_\nu(\xi_n b)}$.

‡ $[J_\nu(\xi_n r)\{\xi_n Y'_\nu(\xi_n b)+\lambda Y_\nu(\xi_n b)\}-Y_\nu(\xi_n r)\{\xi_n J'_\nu(\xi_n b)+\lambda J_\nu(\xi_b b)\}]=\frac{\{\xi_n J'_\nu(\xi_n b)+\lambda J_\nu(\xi_b b)\}}{J_\nu(\xi_n a)}\times$ $\times\{J_\nu(\xi_n r)\,Y_\nu(\xi_n a)-Y_\nu(\xi_n r)\,J_\nu(\xi_n a)\}$.

Since $[J_\nu(\xi_n a)\{\xi_n Y_\nu'(\xi_n b)+\lambda Y_\nu(\xi_n b)\} - Y_\nu(\xi_n a)\{\xi_n J_\nu'(\xi_n b)+\lambda J_\nu(\xi_n b)\}] = 0$, using the Wronskian $J_\nu'(u)Y_\nu(u) - Y_\nu'(u)J_\nu(u) = -\frac{2}{\pi u}$ we obtain the norm from equation (2.5.24):*

$$\mathcal{N}(\xi_n) = \int_a^b r\mathcal{K}_\nu^2(r,\xi_n)dr = \frac{2\left[\left\{\lambda^2+\xi_n^2-\frac{\nu^2}{b^2}\right\}J_\nu^2(\xi_n a) - \{\xi_n J_\nu'(\xi_n b)+\lambda J_\nu(\xi_n b)\}^2\right]}{\pi^2\xi_n^2\{\xi_n J_\nu'(\xi_n b)+\lambda J_\nu(\xi_n b)\}^2} \tag{2.5.33}$$

Substituting for the eigenfunction $\mathcal{K}(r,\xi_n)$ and the norm $\mathcal{N}(\xi_n)$ in equations (2.5.3) and (2.5.6), we obtain the finite Hankel transform

$$\overline{f}(\xi_n) = \int_a^b f(r)\,r\{J_\nu(\xi_n r)Y_\nu(\xi_n a) - Y_\nu(\xi_n r)J_\nu(\xi_n a)\}\,dr \tag{2.5.34}$$

and its inversion formula†

$$f(r) = \frac{\pi^2}{2}\sum_{n=1}^{\infty}\overline{f}(\xi_n)\frac{\xi_n^2\{\xi_n J_\nu'(\xi_n b)+\lambda J_\nu(\xi_n b)\}^2\{J_\nu(\xi_n r)Y_\nu(\xi_n a) - Y_\nu(\xi_n r)J_\nu(\xi_n a)\}}{\left[\left\{\lambda^2+\xi_n^2-\frac{\nu^2}{b^2}\right\}J_\nu^2(\xi_n a) - \{\xi_n J_\nu'(\xi_n b)+\lambda J_\nu(\xi_n b)\}^2\right]} \tag{2.5.35}$$

where $[\xi_n]$ are the positive roots of the transcendental equation

$$[J_\nu(\xi_n a)\{\xi_n Y_\nu'(\xi_n b)+\lambda Y_\nu(\xi_n b)\} - Y_\nu(\xi_n a)\{\xi_n J_\nu'(\xi_n b)+\lambda J_\nu(\xi_n b)\}] = 0.$$

The finite Hankel transform of the term $\left[\frac{\partial^2 p}{\partial r^2}+\frac{1}{r}\frac{\partial p}{\partial r}-\left(\frac{\nu}{r}\right)^2 p\right]$ is obtained by integration by parts:‡

$$\int_a^b r\left\{\frac{\partial^2 p}{\partial r^2}+\frac{1}{r}\frac{\partial p}{\partial r}-\left(\frac{\nu}{r}\right)^2 p\right\}\{J_\nu(\xi_n r)Y_\nu(\xi_n a) - Y_\nu(\xi_n r)J_\nu(\xi_n a)\}\,dr = -\xi_n^2\overline{p}(\xi_n) - $$
$$-\frac{2}{\pi}p(a) + \frac{2J_\nu(\xi_n a)}{\pi\{\xi_n J_\nu'(\xi_n b)+\lambda J_\nu(\xi_n b)\}}\left[\frac{\partial p(b)}{\partial r}+\lambda p(b)\right] \tag{2.5.36}$$

(vii) $\frac{\partial p(a,\theta,z,t)}{\partial r}$ *and* $p(b,\theta,z,t)$ *are prescribed;* $a \le r \le b,\ z \ge 0,\ 0 \le \theta \le 2\pi,$ *and* $t \ge 0$.

The auxiliary eigenvalue problem for the radial variable r in the interval $[a \le r \le b]$ is given by equation (2.5.2) with the homogeneous boundary conditions $\frac{\partial f(a)}{\partial r} = 0$ and $f(b) = 0$. The solution is given by equation (2.5.7). Since $\frac{\partial f(a)}{\partial r} = 0$ and $f(b) = 0$, $\frac{A}{Y_\nu'(\xi a)}\{J_\nu'(\xi a)Y_\nu(\xi b) - Y_\nu'(\xi a)J_\nu(\xi b)\} = 0$. The problem has nontrivial solutions for a set of $[\xi_n]$ of ξ, which are the positive roots of $\{J_\nu'(\xi a)Y_\nu(\xi b) - Y_\nu'(\xi a)J_\nu(\xi b)\} = 0$—the eigenvalues of the system. The corresponding eigenfunctions are

$$\mathcal{K}_\nu(r,\xi_n) = J_\nu(\xi_n r)Y_\nu'(\xi_n a) - Y_\nu(\xi_n r)J_\nu'(\xi_n a).$$

Since $J_\nu'(\xi_n a)Y_\nu(\xi_n b) - Y_\nu'(\xi_n a)J_\nu(\xi_n b) = 0$, using the Wronskian $J_\nu'(u)Y_\nu(u) - Y_\nu'(u)J_\nu(u) = -\frac{2}{\pi u}$ we get§

$$\mathcal{N}(\xi_n) = \int_a^b r\mathcal{K}_\nu^2(r,\xi_n)dr = \frac{2}{\pi^2\xi_n^2}\left[\frac{J_\nu'^2(\xi_n a)}{J_\nu^2(\xi_n b)} - \left(1-\frac{\nu^2}{\xi_n^2 a^2}\right)\right] \tag{2.5.37}$$

---

*In deriving equation (2.5.33) from equation (2.5.24) we have used $\mathcal{K}_\nu'(a,\xi_n) = J_\nu'(\xi_n a)Y_\nu(\xi_n a) - Y_\nu'(\xi_n a)J_\nu(\xi_n a) = -\frac{2}{\pi a\xi_n}$, $\mathcal{K}_\nu(b,\xi_n) = \varepsilon\xi_n[J_\nu'(\xi_n b)Y_\nu(\xi_n b) - Y_\nu'(\xi_n b)J_\nu(\xi_n b)] = -\frac{2\varepsilon}{\pi b}$ and $\mathcal{K}_\nu'(b,\xi_n) = \varepsilon\lambda[J_\nu'(\xi_n b)Y_\nu(\xi_n b) - Y_\nu'(\xi_n b)J_\nu(\xi_n b)] = -\frac{2\varepsilon\lambda}{\pi b\xi_n}$, where $\varepsilon = \frac{J_\nu(\xi_n a)}{\xi_n J_\nu'(\xi_n b)+\lambda J_\nu(\xi_n b)} = \frac{Y_\nu(\xi_n a)}{\xi_n Y_\nu'(\xi_n b)+\lambda Y_\nu(\xi_n b)}$.

†As $\lambda \to \infty$, equation (2.5.35) becomes equation (2.5.27), and as $\lambda \to 0$, equation (2.5.35) becomes equation (2.5.31).

‡As $\lambda \to \infty$, equation (2.5.36) becomes equation (2.5.28), and as $\lambda \to 0$, equation (2.5.36) becomes equation (2.5.32).

§In deriving equation (2.5.37) from equation (2.5.24), we have used $\mathcal{K}_\nu'(b,\xi_n) = \varepsilon[J_\nu'(\xi_n a)Y_\nu(\xi_n b) - Y_\nu'(\xi_n b)J_\nu(\xi_n b)] = -\frac{2\varepsilon}{\pi b\xi_n}$ and $\mathcal{K}_\nu(a,\xi_n) = J_\nu(\xi_n a)Y_\nu'(\xi_n a) - Y_\nu(\xi_n a)J_\nu'(\xi_n a) = -\frac{2}{\pi a\xi_n}$, where $\varepsilon = \frac{J_\nu'(\xi_n a)}{J_\nu(\xi_n b)} = \frac{Y_\nu'(\xi_n a)}{Y_\nu(\xi_n b)}$.

Substituting for the eigenfunction $\mathcal{K}(r,\xi_n)$ and the norm $\mathcal{N}(\xi_n)$ in equations (2.5.3) and (2.5.6), we obtain the finite Hankel transform

$$\overline{f}(\xi_n) = \int_a^b f(r)\, r\, \{J_\nu(\xi_n r)\, Y'_\nu(\xi_n a) - Y_\nu(\xi_n r)\, J'_\nu(\xi_n a)\}\, dr \tag{2.5.38}$$

and its inversion formula

$$f(r) = \frac{\pi^2}{2} \sum_{n=1}^{\infty} \overline{f}(\xi_n) \frac{\xi_n^2 J_\nu^2(\xi_n b)\{J_\nu(\xi_n r)\, Y'_\nu(\xi_n a) - Y_\nu(\xi_n r)\, J'_\nu(\xi_n a)\}}{J'^2_\nu(\xi_n a) - \left(1 - \frac{\nu^2}{\xi_n^2 a^2}\right) J_\nu^2(\xi_n b)} \tag{2.5.39}$$

where $[\xi_n]$ are the positive roots of the transcendental equation $J'_\nu(\xi_n a)\, Y_\nu(\xi_n b) - Y'_\nu(\xi_n a)\, J_\nu(\xi_n b) = 0$.

The finite Hankel transform of the term $\left[\frac{\partial^2 p}{\partial r^2} + \frac{1}{r}\frac{\partial p}{\partial r} - \left(\frac{\nu}{r}\right)^2 p\right]$ is obtained by integration by parts:

$$\int_a^b r\left\{\frac{\partial^2 p}{\partial r^2} + \frac{1}{r}\frac{\partial p}{\partial r} - \left(\frac{\nu}{r}\right)^2 p\right\}\{J_\nu(\xi_n r)\, Y'_\nu(\xi_n a) - Y_\nu(\xi_n r)\, J'_\nu(\xi_n a)\}\, dr = -\xi_n^2 \overline{p}(\xi_n) -$$

$$-\frac{2}{\pi \xi_n}\left[\frac{\partial p(a)}{\partial r}\right] + \frac{2 J'_\nu(\xi_n a)}{\pi J_\nu(\xi_n b)} p(b) \tag{2.5.40}$$

(viii) $\frac{\partial p(a,\theta,z,t)}{\partial r}$ *and* $\frac{\partial p(b,\theta,z,t)}{\partial r}$ *are prescribed;* $a \le r \le b,\ z \ge 0,\ 0 \le \theta \le 2\pi,$ *and* $t \ge 0$

The auxiliary eigenvalue problem for the radial variable r in the interval $[a \le r \le b]$ is given by equation (2.5.2) with the homogeneous boundary conditions $\frac{\partial p(a)}{\partial r} = 0$ and $\frac{\partial p(b)}{\partial r} = 0$. The solution is given by equation (2.5.7). Since $\frac{\partial p(a)}{\partial r} = 0$ and $\frac{\partial f(b)}{\partial r} = 0$, $\frac{A\xi}{Y'_\nu(\xi b)}\{J'_\nu(\xi a)\, Y'_\nu(\xi b) - J'_\nu(\xi b)\, Y'_\nu(\xi a)\} = 0$. The problem has nontrivial solutions for a set of $[\xi_n]$, which are the positive roots of $\{J'_\nu(\xi a)\, Y'_\nu(\xi b) - J'_\nu(\xi b)\, Y'_\nu(\xi a)\} = 0$— the eigenvalues of the system. The corresponding eigenfunctions are

$$\mathcal{K}_\nu(r,\xi_n) = J_\nu(\xi_n r)\, Y'_\nu(\xi_n a) - Y_\nu(\xi_n r)\, J'_\nu(\xi_n a), {}^{*}n = 1, 2, ...$$

The norm is given by

$$\mathcal{N}(\xi_n) = \int_a^b r\mathcal{K}_\nu^2(r,\xi_n) dr = \frac{2}{\pi^2 \xi_n^2}\left[\left(1 - \frac{\nu^2}{\xi_n^2 b^2}\right)\frac{J'^2_\nu(\xi_n a)}{J'^2_\nu(\xi_n b)} - \left(1 - \frac{\nu^2}{\xi_n^2 a^2}\right)\right]^{\dagger} \tag{2.5.41}$$

Substituting for the eigenfunction $\mathcal{K}(r,\xi_n)$ and the norm $\mathcal{N}(\xi_n)$ in equations (2.5.3) and (2.5.6), we obtain the finite Hankel transform

$$\overline{f}(\xi_n) = \int_a^b f(r)\, r\, \{J_\nu(\xi_n r)\, Y'_\nu(\xi_n a) - Y_\nu(\xi_n r)\, J'_\nu(\xi_n a)\}\, dr \tag{2.5.42}$$

and its inversion formula

$$f(r) = \frac{\pi^2}{2} \sum_{n=1}^{\infty} \overline{f}(\xi_n) \frac{\xi_n^2 J'^2_\nu(\xi_n b)\{J_\nu(\xi_n r)\, Y'_\nu(\xi_n a) - Y_\nu(\xi_n r)\, J'_\nu(\xi_n a)\}}{\left[\left(1 - \frac{\nu^2}{\xi_n^2 b^2}\right) J'^2_\nu(\xi_n a) - \left(1 - \frac{\nu^2}{\xi_n^2 a^2}\right) J'^2_\nu(\xi_n b)\right]} \tag{2.5.43}$$

---

* $\{J_\nu(\xi_n r)\, Y'_\nu(\xi_n b) - Y_\nu(\xi_n r)\, J'_\nu(\xi_n b)\} = \frac{J'_\nu(\xi_n b)}{J'_\nu(\xi_n a)}\{J_\nu(\xi_n r)\, Y'_\nu(\xi_n a) - Y_\nu(\xi_n r)\, J'_\nu(\xi_n a)\}$.

† In deriving equation (2.5.41) from equation (2.5.24) we have used $\mathcal{K}_\nu(a,\xi_n) = J'_\nu(\xi_n a)\, Y_\nu(\xi_n a) - Y'_\nu(\xi_n a)\, J_\nu(\xi_n a) = -\frac{2}{\pi a \xi_n}$ and $\mathcal{K}_\nu(b,\xi_n) = \varepsilon[J'_\nu(\xi_n b)\, Y_\nu(\xi_n b) - Y'_\nu(\xi_n b)\, J_\nu(\xi_n b)] = -\frac{2\varepsilon}{\pi b \xi_n}$, where $\varepsilon = \frac{J'_\nu(\xi_n a)}{J'_\nu(\xi_n b)} = \frac{Y'_\nu(\xi_n a)}{Y'_\nu(\xi_n b)}$.

where $[\xi_n]$ are the positive roots of the transcendental equation $J_\nu'(\xi_n a)\,Y_\nu'(\xi_n b) - J_\nu'(\xi_n b)\,Y_\nu'(\xi_n a) = 0$. The finite Hankel transform of the term $\left[\frac{\partial^2 p}{\partial r^2} + \frac{1}{r}\frac{\partial p}{\partial r} - \left(\frac{\nu}{r}\right)^2 p\right]$ is obtained by integration by parts:

$$\int_a^b r\left\{\frac{\partial^2 p}{\partial r^2} + \frac{1}{r}\frac{\partial p}{\partial r} - \left(\frac{\nu}{r}\right)^2 p\right\}\{J_\nu(\xi_n r)\,Y_\nu'(\xi_n a) - Y_\nu(\xi_n r)\,J_\nu'(\xi_n a)\}\,dr = -\xi_n^2\overline{p}(\xi_n) - \\ -\frac{2}{\pi\xi_n}\left[\frac{\partial p(a)}{\partial r}\right] + \frac{2J_\nu'(\xi_n a)}{\pi\xi_n J_\nu'(\xi_n b)}\left[\frac{\partial p(b)}{\partial r}\right] \qquad (2.5.44)$$

We note that $\int_a^b r\left\{\left(\frac{\nu}{r}\right)^2 - \xi_n^2\right\}\mathcal{K}_\nu(r,\xi_n)\,dr = \left[r\frac{\partial\mathcal{K}_\nu(r,\xi_n)}{\partial r}\right]_a^b = 0, n = 1, 2, ...,$ which can be verified by making use of the fact that $\mathcal{K}_\nu(r,\xi_n)$ satisfy the Bessel equation (2.5.2). For $\nu = 0$, $\int_a^b r\mathcal{K}_0(r,\xi_n)\,dr = \frac{1}{\xi_n^2}\left[r\frac{\partial\mathcal{K}_0(r,\xi_n)}{\partial r}\right]_b^a = 0, n = 1, 2, ...,$ which means that the functions $\mathcal{K}_0(r,\xi_n)$ and 1 are orthogonal. When $\nu = 0$ and $\xi = 0$, the unit eigenfunction satisfies the Bessel equation (2.5.2). The eigenvalue corresponding to the unit eigenfunction is $\xi = 0$. Therefore, for the case $\nu = 0$, the series involving the orthogonal set of eigenfunctions in the interval $[a.b]$ is given by

$$f(r) = c_0 + c_1\mathcal{K}_0(r,\xi_1) + c_2\mathcal{K}_0(r,\xi_2) + ... + c_n\mathcal{K}_0(r,\xi_n) + ... = \sum_{n=0}^{\infty} c_n\mathcal{K}_0(r,\xi_n) \qquad (2.5.45)$$

Making use of the orthogonality of the eigenfunctions 1 and $\mathcal{K}_\nu(r,\xi_n)$, we get

$$c_0 = \frac{\overline{f}(0)}{\mathcal{N}(0)} \qquad (2.5.46)$$

and

$$c_n = \frac{1}{\mathcal{N}(\xi_n)}\int_a^b f(r)\,r\,\mathcal{K}_0(r,\xi_n)\,dr = \frac{\overline{f}(\xi_n)}{\mathcal{N}(\xi_n)} \qquad (2.5.47)$$

where $\overline{f}(0)$ denotes $\int_a^b rf(r)\,dr$. The norms corresponding to the eigenfunctions 1 and $K_0(r,\xi_n)$ are given by

$$\mathcal{N}(0) = \int_a^b r.1\,dr = \frac{b^2 - a^2}{2} \qquad (2.5.48)$$

and

$$\mathcal{N}(\xi_n) = \int_a^b r\mathcal{K}_0^2(r,\xi_n)dr = \frac{2}{\pi^2\xi_n^2}\left\{\frac{J_1^2(\xi_n a) - J_1^2(\xi_n b)}{J_1^2(\xi_n b)}\right\} \qquad (2.5.49)$$

Substituting for the coefficients c_0 and c_n from equations (2.5.46) and (2.5.47) in the expansion (2.5.45), we write

$$f(r) = \frac{\overline{f}(0)}{\mathcal{N}(0)} + \sum_{n=0}^{\infty}\left\{\frac{\overline{f}(\xi_n)}{\mathcal{N}(\xi_n)}\right\}\mathcal{K}_0(r,\xi_n) \qquad (2.5.50)$$

Substituting for the eigenfunctions 1 and $\mathcal{K}_0(r,\xi_n)$ and the norms $\mathcal{N}(0)$ and $\mathcal{N}(\xi_n)$ in equations (2.5.3) and (2.5.50), we obtain the finite Hankel transform

$$\overline{f}(\xi_n;\nu = 0) = \int_a^b f(r)\,r\,dr + \int_a^b f(r)\,r\{Y_0(\xi_n r)\,J_1(\xi_n a) - J_0(\xi_n r)\,Y_1(\xi_n a)\}\,dr = \overline{f}(0) + \overline{f}(\xi_n) \qquad (2.5.51)$$

and its inversion formula

$$f(r) = \frac{2\overline{f}(0)}{b^2 - a^2} + \frac{\pi^2}{2}\sum_{n=1}^{\infty} \overline{f}(\xi_n) \frac{\xi_n^2 J_1^2(\xi_n b)\{Y_0(\xi_n r) J_1(\xi_n a) - J_0(\xi_n r) Y_1(\xi_n a)\}}{J_1^2(\xi_n a) - J_1^2(\xi_n b)} \tag{2.5.52}$$

where $[\xi_n]$ are the positive roots of the transcendental equation $J_1(\xi_n a) Y_1(\xi_n b) - J_1(\xi_n b) Y_1(\xi_n a) = 0$. The finite Hankel transform of the term $\left[\frac{\partial^2 p}{\partial r^2} + \frac{1}{r}\frac{\partial p}{\partial r}\right]$ is given by

$$\int_a^b r\left\{\frac{\partial^2 p}{\partial r^2} + \frac{1}{r}\frac{\partial p}{\partial r}\right\}\{1 + Y_0(\xi_n r) J_1(\xi_n a) - J_0(\xi_n r) Y_1(\xi_n a)\}\, dr = b\frac{\partial p(b)}{\partial r} - a\frac{\partial p(a)}{\partial r} -$$

$$-\xi_n^2 \overline{p}(\xi_n) - \frac{2}{\pi\xi_n}\left[\frac{\partial p(a)}{\partial r}\right] + \frac{2J_1(\xi_n a)}{\pi\xi_n J_1(\xi_n b)}\left[\frac{\partial p(b)}{\partial r}\right] \tag{2.5.53}$$

(ix) $\frac{\partial p(a,\theta,z,t)}{\partial r}$ *and* $\left[\frac{\partial p(b,\theta,z,t)}{\partial r} + \lambda p(b,\theta,z,t)\right]$ *are prescribed;* $a \le r \le b,\ z \ge 0,\ 0 \le \theta \le 2\pi,$ *and* $t \ge 0$

The auxiliary eigenvalue problem for the radial variable r in the interval $[a \le r \le b]$ is given by equation (2.5.2) with the homogeneous boundary conditions $\frac{\partial p(a)}{\partial r} = 0$ and $\frac{\partial p(b)}{\partial r} + \lambda p(b) = 0$. The solution is given by equation (2.5.7). Since $\frac{\partial p(a)}{\partial r} = 0$ and $\frac{\partial p(b)}{\partial r} + \lambda p(b) = 0$,

$$\frac{A}{\{\xi Y_\nu'(\xi b) + \lambda Y_\nu(\xi b)\}}\left[J_\nu'(\xi a)\{\xi Y_\nu'(\xi b) + \lambda Y_\nu(\xi b)\} - Y_\nu'(\xi a)\{\xi J_\nu'(\xi b) + \lambda J_\nu(\xi b)\}\right] = 0.$$

The problem has nontrivial solutions for a set of $[\xi_n]$ of ξ, the eigenvalues of the system, which are the positive roots of $[J_\nu'(\xi a)\{\xi Y_\nu'(\xi b) + \lambda Y_\nu(\xi b)\} - Y_\nu'(\xi a)\{\xi J_\nu'(\xi b) + \lambda J_\nu(\xi b)\}] = 0$. The corresponding eigenfunctions are $\mathcal{K}_\nu(r,\xi_n) = J_\nu(\xi_n r) Y_\nu'(\xi_n a) - Y_\nu(\xi_n r) J_\nu'(\xi_n a)$.*

Since $[J_\nu'(\xi_n a)\{\xi_n Y_\nu'(\xi_n b) + \lambda Y_\nu(\xi_n b)\} - Y_\nu'(\xi_n a)\{\xi_n J_\nu'(\xi_n b) + \lambda J_\nu(\xi_n b)\}] = 0$, using the Wronskian relationship we obtain the norm from equation (2.5.24):

$$\mathcal{N}(\xi_n) = \int_a^b r\mathcal{K}_\nu^2(r,\xi_n)dr = \frac{2\left[\left\{\lambda^2 + \xi_n^2 - \frac{\nu^2}{b^2}\right\} J_\nu'^2(\xi_n a) - \left(1 - \frac{\nu^2}{\xi_n^2 a^2}\right)\{\xi_n J_\nu'(\xi_n b) + \lambda J_\nu(\xi_n b)\}^2\right]}{\pi^2\xi_n^2\{\xi_n J_\nu'(\xi_n b) + \lambda J_\nu(\xi_n b)\}^2}{}^{\dagger} \tag{2.5.54}$$

Substituting for the eigenfunction $\mathcal{K}(r,\xi_n)$ and the norm $\mathcal{N}(\xi_n)$ in equations (2.5.3) and (2.5.6), we obtain the finite Hankel transform

$$\overline{f}(\xi_n) = \int_a^b f(r)\, r\{J_\nu(\xi_n r) Y_\nu'(\xi_n a) - Y_\nu(\xi_n r) J_\nu'(\xi_n a)\}\, dr \tag{2.5.55}$$

and its inversion formula

$$f(r) = \frac{\pi^2}{2}\sum_{n=1}^{\infty}\overline{f}(\xi_n)\frac{\xi_n^2\{\xi_n J_\nu'(\xi_n b) + \lambda J_\nu(\xi_n b)\}^2\{J_\nu(\xi_n r) Y_\nu'(\xi_n a) - Y_\nu(\xi_n r) J_\nu'(\xi_n a)\}}{\left[\left\{\lambda^2 + \xi_n^2 - \frac{\nu^2}{b^2}\right\} J_\nu'^2(\xi_n a) - \left(1 - \frac{\nu^2}{\xi_n^2 a^2}\right)\{\xi_n J_\nu'(\xi_n b) + \lambda J_\nu(\xi_n b)\}^2\right]}{}^{\ddagger} \tag{2.5.56}$$

where $[\xi_n]$ are the positive roots of the transcendental equation

$$[J_\nu'(\xi_n a)\{\xi_n Y_\nu'(\xi_n b) + \lambda Y_\nu(\xi_n b)\} - Y_\nu'(\xi_n a)\{\xi_n J_\nu'(\xi_n b) + \lambda J_\nu(\xi_n b)\}] = 0.$$

---

*$[J_\nu(\xi_n r)\{\xi_n Y_\nu'(\xi_n b) + \lambda Y_\nu(\xi_n b)\} - Y_\nu(\xi_n r)\{\xi_n J_\nu'(\xi_n b) + \lambda J_\nu(\xi_n b)\}] = \frac{\{\xi_n J_\nu'(\xi_n b) + \lambda J_\nu(\xi_n b)\}}{J_\nu'(\xi_n a)} \times$ $\times \{J_\nu(\xi_n r) Y_\nu'(\xi_n a) - Y_\nu(\xi_n r) J_\nu'(\xi_n a)\}$.

†In deriving equation (2.5.54) from equation (2.5.24), we have used $\mathcal{K}_\nu(a,\xi_n) = J_\nu'(\xi_n a) Y_\nu(\xi_n a) - Y_\nu'(\xi_n a) J_\nu(\xi_n a) = -\frac{2}{\pi a \xi_n}$, $\mathcal{K}_\nu(b,\xi_n) = \varepsilon\xi_n[J_\nu'(\xi_n b) Y_\nu(\xi_n b) - Y_\nu'(\xi_n b) J_\nu(\xi_n b)] = -\frac{2\varepsilon}{\pi b}$ and $\mathcal{K}_\nu'(b,\xi_n) = \varepsilon\lambda[J_\nu'(\xi_n b) Y_\nu(\xi_n b) - Y_\nu'(\xi_n b) J_\nu(\xi_n b)] = -\frac{2\varepsilon\lambda}{\pi b \xi_n}$, where $\varepsilon = \frac{J_\nu'(\xi_n a)}{\xi_n J_\nu'(\xi_n b) + \lambda J_\nu(\xi_n b)} = \frac{Y_\nu'(\xi_n a)}{\xi_n Y_\nu'(\xi_n b) + \lambda Y_\nu(\xi_n b)}$.

‡As $\lambda \to 0$, equation (2.5.56) reduces to equation (2.5.43), and as $\lambda \to \infty$, equation (2.5.56) reduces to equation (2.5.39).

The finite Hankel transform of the term $\left[\frac{\partial^2 p}{\partial r^2} + \frac{1}{r}\frac{\partial p}{\partial r} - \left(\frac{\nu}{r}\right)^2 p\right]$ is obtained by integration by parts:

$$\int_a^b r\left\{\frac{\partial^2 p}{\partial r^2} + \frac{1}{r}\frac{\partial p}{\partial r} - \left(\frac{\nu}{r}\right)^2 p\right\}\{J_\nu(\xi_n r)Y'_\nu(\xi_n a) - Y_\nu(\xi_n r)J'_\nu(\xi_n a)\}\,dr = -\xi_n^2\overline{p}(\xi_n) - -\frac{2}{\pi\xi_n}\left[\frac{\partial p(a)}{\partial r}\right] + \frac{2J'_\nu(\xi_n a)}{\pi\{\xi_n J'_\nu(\xi_n b) + \lambda J_\nu(\xi_n b)\}}\left[\frac{\partial p(b)}{\partial r} + \lambda p(b)\right]^* \quad (2.5.57)$$

(x) $\left[\frac{\partial p(a,\theta,z,t)}{\partial r} - \lambda p(a,\theta,z,t)\right]$ *and* $p(b,\theta,z,t)$ *are prescribed;* $a \le r \le b,\ z \ge 0,\ 0 \le \theta \le 2\pi,$ *and* $t \ge 0$

The auxiliary eigenvalue problem for the radial variable r in the interval $[a \le r \le b]$ is given by equation (2.5.2) with the homogeneous boundary conditions $\frac{\partial f(a)}{\partial r} - \lambda f(a) = 0$ and $f(b) = 0$. The solution is given by equation (2.5.7). Since $\frac{\partial f(a)}{\partial r} - \lambda f(a) = 0$ and $f(b) = 0$,

$$\tfrac{A}{Y_\nu(\xi b)}[J_\nu(\xi b)\{\xi Y'_\nu(\xi a) - \lambda Y_\nu(\xi a)\} - Y_\nu(\xi b)\{\xi J'_\nu(\xi a) - \lambda J_\nu(\xi a)\}] = 0.$$

The problem has nontrivial solutions for a set of $[\xi_n]$ of ξ, the eigenvalues of the system, which are the positive roots of $[J_\nu(\xi b)\{\xi Y'_\nu(\xi a) - \lambda Y_\nu(\xi a)\} - Y_\nu(\xi b)\{\xi J'_\nu(\xi a) - \lambda J_\nu(\xi a)\}] = 0$. The corresponding eigenfunctions are $\mathcal{K}_\nu(r,\xi_n) = J_\nu(\xi_n r)Y_\nu(\xi_n b) - Y_\nu(\xi_n r)J_\nu(\xi_n b)$.

Since $[J_\nu(\xi_n b)\{\xi_n Y'_\nu(\xi_n a) - \lambda Y_\nu(\xi_n a)\} - Y_\nu(\xi_n b)\{\xi_n J'_\nu(\xi_n a) - \lambda J_\nu(\xi_n a)\}] = 0$, using the Wronskian relationship, we get

$$\mathcal{N}(\xi_n) = \int_a^b r\mathcal{K}_\nu^2(r,\xi_n)dr = \frac{2\left[\{\xi_n J'_\nu(\xi_n a) - \lambda J_\nu(\xi_n a)\}^2 - \left\{\lambda^2 + \xi_n^2 - \frac{\nu^2}{a^2}\right\}J_\nu^2(\xi_n b)\right]}{\pi^2\xi_n^2\{\xi_n J'_\nu(\xi_n a) - \lambda J_\nu(\xi_n a)\}^2}{}^\dagger \quad (2.5.58)$$

Substituting for the eigenfunction $\mathcal{K}(r,\xi_n)$ and the norm $\mathcal{N}(\xi_n)$ in equations (2.5.3) and (2.5.6), we obtain the finite Hankel transform

$$\overline{f}(\xi_n) = \int_a^b f(r)\,r\{J_\nu(\xi_n r)Y_\nu(\xi_n b) - Y_\nu(\xi_n r)J_\nu(\xi_n b)\}\,dr \quad (2.5.59)$$

and its inversion formula

$$f(r) = \frac{\pi^2}{2}\sum_{n=1}^{\infty}\overline{f}(\xi_n)\frac{\xi_n^2\{\xi_n J'_\nu(\xi_n a) - \lambda J_\nu(\xi_n a)\}^2\{J_\nu(\xi_n r)Y_\nu(\xi_n b) - Y_\nu(\xi_n r)J_\nu(\xi_n b)\}}{\left[\{\xi_n J'_\nu(\xi_n a) - \lambda J_\nu(\xi_n a)\}^2 - \{\lambda^2 + \xi_n^2 - \frac{\nu^2}{a^2}\}J_\nu^2(\xi_n b)\right]} \quad (2.5.60)$$

where $[\xi_n]$ are the positive roots of the transcendental equation

$$[J_\nu(\xi_n b)\{\xi_n Y'_\nu(\xi_n a) - \lambda Y_\nu(\xi_n a)\} - Y_\nu(\xi_n b)\{\xi_n J'_\nu(\xi_n a) - \lambda J_\nu(\xi_n a)\}] = 0.$$

The finite Hankel transform of the term $\left[\frac{\partial^2 p}{\partial r^2} + \frac{1}{r}\frac{\partial p}{\partial r} - \left(\frac{\nu}{r}\right)^2 p\right]$ is obtained by integration by parts:

$$\int_a^b r\left\{\frac{\partial^2 p}{\partial r^2} + \frac{1}{r}\frac{\partial p}{\partial r} - \left(\frac{\nu}{r}\right)^2 p\right\}\{J_\nu(\xi_n r)Y_\nu(\xi_n b) - Y_\nu(\xi_n r)J_\nu(\xi_n b)\}\,dr = -\xi_n^2\overline{p}(\xi_n) + +\frac{2}{\pi}p(b) - \frac{2J_\nu(\xi_n b)}{\pi\{\xi_n J'_\nu(\xi_n a) - \lambda J_\nu(\xi_n a)\}}\left[\frac{\partial p(a)}{\partial r} - \lambda p(a)\right] \quad (2.5.61)$$

*As $\lambda \to 0$, equation (2.5.57) reduces to equation (2.5.44) and as $\lambda \to \infty$, equation (2.5.57) reduces to equation (2.5.40).
†In deriving equation (2.5.58) from equation (2.5.24), we have used $\mathcal{K}_\nu(a,\xi_n) = \frac{2\varepsilon}{\pi a}$, $\mathcal{K}'_\nu(b,\xi_n) = -\frac{2}{\pi b\xi_n}$ and $\mathcal{K}'_\nu(a,\xi_n) = J'_\nu(\xi_n a)Y_\nu(\xi_n b) - Y'_\nu(\xi_n a)J_\nu(\xi_n b) = \frac{2\varepsilon\lambda}{\pi a\xi_n}$, where $\varepsilon = \frac{J_\nu(\xi_n b)}{\xi_n J'_\nu(\xi_n a) - \lambda J_\nu(\xi_n a)} = \frac{Y_\nu(\xi_n b)}{\xi_n Y'_\nu(\xi_n a) - \lambda Y_\nu(\xi_n a)}$.

(xi) $\left[\frac{\partial p(a,\theta,z,t)}{\partial r} - \lambda p\,(a,\theta,z,t)\right]$ *and* $\frac{\partial p(b,\theta,z,t)}{\partial r}$ *are prescribed;* $a \le r \le b$, $z \ge 0$, $0 \le \theta \le 2\pi$, *and* $t \ge 0$.

The auxiliary eigenvalue problem for the radial variable r in the interval $[a \le r \le b]$ is given by equation (2.5.2) with the homogeneous boundary conditions $\frac{\partial f(a)}{\partial r} - \lambda f\,(a) = 0$ and $\frac{\partial f(b)}{\partial r} = 0$. The solution is given by equation (2.5.7). Since $\frac{\partial f(a)}{\partial r} - \lambda f\,(a) = 0$ and $\frac{\partial f(b)}{\partial r} = 0$,

$$\frac{\mathcal{A}}{Y_\nu'(\xi b)}\left[J_\nu'\,(\xi b)\left\{\xi Y_\nu'\,(\xi a) - \lambda Y_\nu\,(\xi a)\right\} - Y_\nu'\,(\xi b)\left\{\xi J_\nu'\,(\xi a) - \lambda J_\nu\,(\xi a)\right\}\right] = 0.$$

The problem has nontrivial solutions for a set of $[\xi_n]$ of ξ, the eigenvalues of the system, which are the positive roots of $[J_\nu'\,(\xi b)\{\xi Y_\nu'\,(\xi a) - \lambda Y_\nu\,(\xi a)\} - Y_\nu'\,(\xi b)\{\xi J_\nu'\,(\xi a) - \lambda J_\nu\,(\xi a)\}] = 0$. The corresponding eigenfunctions are $\mathcal{K}_\nu\,(r,\xi_n) = J_\nu\,(\xi_n r)\,Y_\nu'\,(\xi_n b) - Y_\nu\,(\xi_n r)\,J_\nu'\,(\xi_n b)$.

Since $[J_\nu'\,(\xi_n b)\{\xi_n Y_\nu'\,(\xi_n a) - \lambda Y_\nu\,(\xi_n a)\} - Y_\nu'\,(\xi_n b)\{\xi_n J_\nu'\,(\xi_n a) - \lambda J_\nu\,(\xi_n a)\}] = 0$, using the Wronskian $J_\nu'\,(u)\,Y_\nu\,(u) - Y_\nu'\,(u)\,J_\nu\,(u) = -\frac{2}{\pi u}$ we get

$$\mathcal{N}\,(\xi_n) = \int_a^b r\mathcal{K}_\nu^2\,(r,\xi_n)dr = \frac{2\left[\left(1 - \frac{\nu^2}{\xi_n^2 b^2}\right)\left\{\xi_n J_\nu'\,(\xi_n a) - \lambda J_\nu\,(\xi_n a)\right\}^2 - \left(\lambda^2 + \xi_n^2 - \frac{\nu^2}{a^2}\right)\left\{J_\nu'\,(\xi_n b)\right\}^2\right]}{\pi^2\xi_n^2\left\{\xi_n J_\nu'\,(\xi_n a) - \lambda J_\nu\,(\xi_n a)\right\}^2}\,{}^{*} \tag{2.5.62}$$

Substituting for the eigenfunction $\mathcal{K}\,(r,\xi_n)$ and the norm $\mathcal{N}\,(\xi_n)$ in equations (2.5.3) and (2.5.6), we obtain the finite Hankel transform

$$\overline{f}\,(\xi_n) = \int_a^b f\,(r)\,r\left\{J_\nu\,(\xi_n r)\,Y_\nu'\,(\xi_n b) - Y_\nu\,(\xi_n r)\,J_\nu'\,(\xi_n b)\right\}dr \tag{2.5.63}$$

and its inversion formula

$$f\,(r) = \frac{\pi^2}{2}\sum_{n=1}^{\infty}\overline{f}\,(\xi_n)\frac{\xi_n^2\left\{\xi_n J_\nu'\,(\xi_n a) - \lambda J_\nu\,(\xi_n a)\right\}^2\left\{J_\nu\,(\xi_n r)\,Y_\nu'\,(\xi_n b) - Y_\nu\,(\xi_n r)\,J_\nu'\,(\xi_n b)\right\}}{\left[\left(1 - \frac{\nu^2}{\xi_n^2 b^2}\right)\left\{\xi_n J_\nu'\,(\xi_n a) - \lambda J_\nu\,(\xi_n a)\right\}^2 - \left(\lambda^2 + \xi_n^2 - \frac{\nu^2}{a^2}\right)\left\{J_\nu'\,(\xi_n b)\right\}^2\right]} \tag{2.5.64}$$

where $[\xi_n]$ are the positive roots of the transcendental equation

$$[J_\nu'\,(\xi_n b)\{\xi_n Y_\nu'\,(\xi_n a) - \lambda Y_\nu\,(\xi_n a)\} - Y_\nu'\,(\xi_n b)\{\xi_n J_\nu'\,(\xi_n a) - \lambda J_\nu\,(\xi_n a)\}] = 0.$$

The finite Hankel transform of the term $\left[\frac{\partial^2 p}{\partial r^2} + \frac{1}{r}\frac{\partial p}{\partial r} - \left(\frac{\nu}{r}\right)^2 p\right]$ is obtained by integration by parts:

$$\int_a^b r\left\{\frac{\partial^2 p}{\partial r^2} + \frac{1}{r}\frac{\partial p}{\partial r} - \left(\frac{\nu}{r}\right)^2 p\right\}\left\{J_\nu\,(\xi_n r)\,Y_\nu'\,(\xi_n b) - Y_\nu\,(\xi_n r)\,J_\nu'\,(\xi_n b)\right\}dr = -\xi_n^2\overline{p}\,(\xi_n) + $$

$$+\frac{2}{\pi\xi_n}\left[\frac{\partial p\,(b)}{\partial r}\right] - \frac{2J_\nu'\,(\xi_n b)}{\pi\left\{\xi_n J_\nu'\,(\xi_n a) - \lambda J_\nu\,(\xi_n a)\right\}}\left[\frac{\partial p\,(a)}{\partial r} - \lambda p\,(a)\right] \tag{2.5.65}$$

(xii) $\left[\frac{\partial p(a,\theta,z,t)}{\partial r} - \lambda_a p\,(a,\theta,z,t)\right]$ *and* $\left[\frac{\partial p(b,\theta,z,t)}{\partial r} + \lambda_b p\,(b,\theta,z,t)\right]$ *are prescribed;* $a \le r \le b$, $z \ge 0$, $0 \le \theta \le 2\pi$, *and* $t \ge 0$[†]

The auxiliary eigenvalue problem for the radial variable r in the interval $[a \le r \le b]$ is given by equation (2.5.2) with the homogeneous boundary conditions $\frac{\partial f(a)}{\partial r} - \lambda_a f\,(a) = 0$ and $\frac{\partial f(b)}{\partial r} + \lambda_b f\,(b) = 0$. The

*In deriving equation (2.5.62) from equation (2.5.24), we have used $\mathcal{K}_\nu\,(b,\xi_n) = \frac{2}{\pi b\xi_n}$, $\mathcal{K}_\nu\,(a,\xi_n) = \frac{2\varepsilon}{\pi a}$, and $\mathcal{K}_\nu'\,(a,\xi_n) = J_\nu'\,(\xi_n a)\,Y_{\nu'}(\xi_n b) - Y_\nu'\,(\xi_n a)\,J_{\nu'}(\xi_n b) = \frac{2\varepsilon\lambda}{\pi a\xi_n}$, where $\varepsilon = \frac{J_\nu'(\xi_n b)}{\xi_n J_\nu'(\xi_n a) - \lambda J_\nu(\xi_n a)} = \frac{Y_\nu'(\xi_n b)}{\xi_n Y_\nu'(\xi_n a) - \lambda Y_\nu(\xi_n a)}$.

†First considered by Cinelli (1965).

solution is given by equation (2.5.7). Since $\frac{\partial f(a)}{\partial r} - \lambda_a f(a) = 0$ and $\frac{\partial f(b)}{\partial r} + \lambda_b f(b) = 0$,

$$\frac{\mathcal{A}[\{\xi J_\nu'(\xi a) - \lambda_a J_\nu(\xi a)\}\{\xi Y_\nu'(\xi b) + \lambda_b Y_\nu(\xi b)\} - \{\xi Y_\nu'(\xi a) - \lambda_a Y_\nu(\xi a)\}\{\xi J_\nu'(\xi b) + \lambda_b J_\nu(\xi b)\}]}{\xi Y_\nu'(\xi b) + \lambda_b Y_\nu(\xi b)} = 0.$$

The problem has nontrivial solutions for a set of $[\xi_n]$ of ξ, the eigenvalues of the system, which are the positive roots of $[\{\xi J_\nu'(\xi a) - \lambda_a J_\nu(\xi a)\}\{\xi Y_\nu'(\xi b) + \lambda_b Y_\nu(\xi b)\} - \{\xi Y_\nu'(\xi a) - \lambda_a Y_\nu(\xi a)\}\{\xi J_\nu'(\xi b) + \lambda_b J_\nu(\xi b)\}] = 0$. The corresponding eigenfunctions are

$$\mathcal{K}_\nu(r, \xi_n) = [J_\nu(\xi_n r)\{\xi_n Y_\nu'(\xi_n a) - \lambda_a Y_\nu(\xi_n a)\} - Y_\nu(\xi_n r)\{\xi_n J_\nu'(\xi_n a) - \lambda_a J_\nu(\xi_n a)\}].$$

Since
$[\{\xi_n J_\nu'(\xi_n a) - \lambda_a J_\nu(\xi_n a)\}\{\xi_n Y_\nu'(\xi_n b) + \lambda_b Y_\nu(\xi_n b)\} - \{\xi_n Y_\nu'(\xi_n a) - \lambda_a Y_\nu(\xi_n a)\}\{\xi_n J_\nu'(\xi_n b) + \lambda_b J_\nu(\xi_n b)\}] = 0$,
using the Wronskian we get

$$\begin{aligned}\mathcal{N}(\xi_n) &= \int_a^b r\mathcal{K}_\nu^2(r, \xi_n) dr \\ &= \frac{2\left[\left(\lambda_b^2 + \xi_n^2 - \frac{\nu^2}{b^2}\right)\{\xi_n J_\nu'(\xi_n a) - \lambda_a J_\nu(\xi_n a)\}^2 - \left(\lambda_a^2 + \xi_n^2 - \frac{\nu^2}{a^2}\right)\{\xi_n J_\nu'(\xi_n b) + \lambda_b J_\nu(\xi_n b)\}^2\right]}{\pi^2 \xi_n^2 \{\xi_n J_\nu'(\xi_n b) + \lambda_b J_\nu(\xi_n b)\}^2} {}^*\end{aligned} \tag{2.5.66}$$

Substituting for the eigenfunction $\mathcal{K}(r, \xi_n)$ and the norm $\mathcal{N}(\xi_n)$ in equations (2.5.3) and (2.5.6), we obtain the finite Hankel transform

$$\overline{f}(\xi_n) = \int_a^b f(r)\, r\,[J_\nu(\xi_n r)\{\xi_n Y_\nu'(\xi_n a) - \lambda_a Y_\nu(\xi_n a)\} - Y_\nu(\xi_n r)\{\xi_n J_\nu'(\xi_n a) - \lambda_a J_\nu(\xi_n a)\}]\, dr \tag{2.5.67}$$

and its inversion formula

$$\begin{aligned} f(r) &= \frac{\pi^2}{2}\sum_{n=1}^{\infty} \frac{\overline{f}(\xi_n)\,\xi_n^2\{\xi_n J_\nu'(\xi_n b) + \lambda_b J_\nu(\xi_n b)\}^2}{\left[\left(\lambda_b^2 + \xi_n^2 - \frac{\nu^2}{b^2}\right)\{\xi_n J_\nu'(\xi_n a) - \lambda_a J_\nu(\xi_n a)\}^2 - \left(\lambda_a^2 + \xi_n^2 - \frac{\nu^2}{a^2}\right)\{\xi_n J_\nu'(\xi_n b) + \lambda_b J_\nu(\xi_n b)\}^2\right]} \times \\ &\quad \times \left[J_\nu(\xi_n r)\left\{\xi_n Y_\nu'(\xi_n a) - \lambda_a Y_\nu(\xi_n a)\right\} - Y_\nu(\xi_n r)\left\{\xi_n J_\nu'(\xi_n a) - \lambda_a J_\nu(\xi_n a)\right\}\right] \end{aligned} \tag{2.5.68}$$

where $[\xi_n]$ are the positive roots of the transcendental equation

$$[\{\xi_n J_\nu'(\xi_n a) - \lambda_a J_\nu(\xi_n a)\}\{\xi_n Y_\nu'(\xi_n b) + \lambda_b Y_\nu(\xi_n b)\} - \{\xi_n Y_\nu'(\xi_n a) - \lambda_a Y_\nu(\xi_n a)\}\{\xi_n J_\nu'(\xi_n b) + \lambda_b J_\nu(\xi_n b)\}] = 0.$$

The finite Hankel transform of the term $\left[\frac{\partial^2 p}{\partial r^2} + \frac{1}{r}\frac{\partial p}{\partial r} - \left(\frac{\nu}{r}\right)^2 p\right]$ is obtained by integration by parts:

$$\begin{aligned}\int_a^b r\left\{\frac{\partial^2 p}{\partial r^2} + \frac{1}{r}\frac{\partial p}{\partial r} - \left(\frac{\nu}{r}\right)^2 p\right\}\mathcal{K}_\nu(r, \xi_n)\, dr &= -\xi_n^2 \overline{p}(\xi_n) - \frac{2}{\pi}\left[\frac{\partial p(a)}{\partial r} - \lambda_a p(a)\right] + \\ &\quad + \frac{2\{\xi_n J_\nu'(\xi_n a) - \lambda_a J_\nu(\xi_n a)\}}{\pi\{\xi_n J_\nu'(\xi_n b) + \lambda_b J_\nu(\xi_n b)\}}\left[\frac{\partial p(b)}{\partial r} + \lambda_b p(b)\right]\end{aligned} \tag{2.5.69}$$

*In deriving equation (2.5.66) from equation (2.5.24), we have used $\mathcal{K}_\nu(a, \xi_n) = \frac{2}{\pi a}$, $\mathcal{K}_\nu'(a, \xi_n) = \frac{2\varepsilon\lambda_a}{\pi a \xi_n}$, $\mathcal{K}_\nu(b, \xi_n) = \frac{2\varepsilon}{\pi b}$ and $\mathcal{K}_\nu'(b, \xi_n) = -\frac{2\varepsilon\lambda_b}{\pi b \xi_n}$, where $\varepsilon = \frac{\xi_n J_\nu'(\xi_n a) - \lambda_a J_\nu(\xi_n a)}{\xi_n J_\nu'(\xi_n b) + \lambda_b J_\nu(\xi_n b)} = \frac{\xi_n Y_\nu'(\xi_n a) - \lambda_a Y_\nu(\xi_n a)}{\xi_n Y_\nu'(\xi_n b) + \lambda_b Y_\nu(\xi_n b)}$.

Chapter 3

Infinite and semi-infinite continua. $p(x,t)$ is a function of x and t only

3.1 An infinite continuum in the region $-\infty < x < \infty$. Plane surface source at $s_{pl} \equiv x = x_0$ at time $t = t_0$; $-\infty < x_0 < \infty$, $t_0 \geq 0$. The initial pressure $p(x,0) = \varphi(x)$; $\varphi(x)$ and its derivative tend to zero as $x \to \pm\infty$

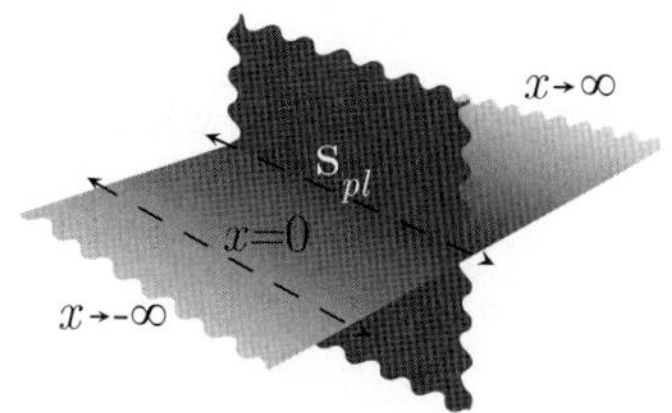

A quantity Q of fluid is suddenly injected at a plane surface passing through $x = x_0$, $-\infty < x_0 < \infty$, at time $t = t_0$ $(t_0 \geq 0)$, and the resulting pressure disturbance is left to diffuse through an infinite homogeneous porous continuum. The instantaneous plane source is introduced by means of the delta functions. The differential equation for pressure diffusion is given as

$$\frac{\partial p}{\partial t} = \eta \frac{\partial^2 p}{\partial x^2} + \frac{Q}{\phi c_t}\delta(x - x_0)\delta(t - t_0) \tag{3.1.1}$$

where $\eta = \frac{k}{\phi c_t \mu}$, with initial condition $p(x,0) = \varphi(x)$. We apply the Laplace transformation to equation (3.1.1). Multiplying equation (3.1.1) by e^{-st}, integrating with respect to t between $[0,\infty]$ and using $\int_0^\infty e^{-st}\left(\frac{\partial p}{\partial t}\right) dt = s\overline{p} - p(x,0)$, we obtain the auxiliary equation

$$\eta \frac{\partial^2 \overline{p}}{\partial x^2} - s\overline{p} = -\frac{Qe^{-st_0}}{\phi c_t}\delta(x - x_0) - \varphi(x) \tag{3.1.2}$$

where $\overline{p} = \int_0^\infty p\, e^{-st} dt$. Similarly, we apply the complex Fourier transform by multiplying equation (3.1.2) by e^{inx} and integrating with respect to x between $[-\infty,\infty]$. We get

$$\overline{\overline{p}} = \frac{Qe^{inx_0}e^{-st_0}}{\phi c_t(\eta n^2 + s)} + \frac{\overline{\varphi}(n)}{(\eta n^2 + s)} \tag{3.1.3}$$

where $\overline{\varphi}(n) = \int_{-\infty}^{\infty} \varphi(x)\, e^{inx} dx$. It is assumed that $\overline{p}$ and $\frac{\partial \overline{p}}{\partial x}$ tend to zero as $x \to \pm\infty$. The inverse Fourier transform of equation (3.1.3) yields

$$\overline{p} = \frac{Qe^{-st_0}e^{-|x-x_0|\sqrt{\frac{s}{\eta}}}}{2\phi c_t\sqrt{\eta s}} + \frac{\int_{-\infty}^{\infty} \varphi(u)\, e^{-|x-u|\sqrt{\frac{s}{\eta}}} du}{2\sqrt{\eta s}} \tag{3.1.4}$$

The inverse Laplace transform of equation (3.1.4) yields

$$p = \frac{U(t - t_0)\, Qe^{-\frac{(x-x_0)^2}{4\eta(t-t_0)}}}{2\phi c_t\sqrt{\pi\eta(t - t_0)}} + \frac{\int_{-\infty}^{\infty} \varphi(u)\, e^{-\frac{(x-u)^2}{4\eta t}} du}{2\sqrt{\pi\eta t}} \tag{3.1.5}$$

The continuous plane source solution may be obtained by integrating the instantaneous plane source solution with respect to time. However, for illustrative purposes, here we solve the problem in a formal way. Fluid is produced at the rate of $q(t)$ per unit time from $t = t_0$ to $t = t$ in the plane passing through the plane $x = x_0$. We find p from the partial differential equation

$$\frac{\partial p}{\partial t} = \eta \frac{\partial^2 p}{\partial x^2} + U(t - t_0)\frac{q(t - t_0)}{\phi c_t}\delta(x - x_0) \tag{3.1.6}$$

where $U(t-t_0) = \begin{cases} 0, & t < t_0, \\ 1, & t > t_0, \end{cases}$ is Heaviside's unit step function. For this case the source terms in equations (3.1.4) and (3.1.5) become

$$\overline{p} = \frac{q\,(s)\,e^{-st_0}e^{-|x-x_0|\sqrt{\frac{s}{\eta}}}}{2\phi c_t\sqrt{\eta s}} \tag{3.1.7}$$

and

$$p = \frac{U\,(t - t_0)}{2\phi c_t\sqrt{\pi\eta}} \int\limits_0^{t-t_0} \frac{q\,(t - t_0 - \tau)\,e^{-\frac{(x-x_0)^2}{4\eta\tau}}}{\sqrt{\tau}}\,d\tau \tag{3.1.8}$$

For the special case where $q\,(t) = q$, a constant, equations (3.1.7) and (3.1.8) reduce to

$$\overline{p} = \frac{qe^{-st_0}e^{-|x-x_0|\sqrt{\frac{s}{\eta}}}}{2\phi c_t\sqrt{\eta s^3}} \tag{3.1.9}$$

and

$$p = \frac{U\,(t - t_0)\,q}{\phi c_t}\sqrt{\frac{t - t_0}{\eta}}\,i\,\mathrm{erfc}\left(\frac{|x - x_0|}{2\sqrt{\eta\,(t - t_0)}}\right) \tag{3.1.10}$$

where $i\,\mathrm{erfc}\,(x) = \frac{e^{-x^2}}{\sqrt{\pi}} - x\,\mathrm{erfc}\,(x)$.

3.2

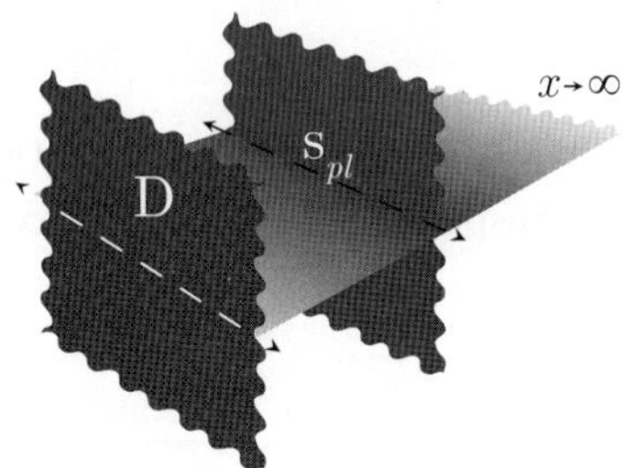

The problem of 3.1, except the continuum is bounded by the plane $x = 0$ and extends to ∞ in the direction of x positive. Plane surface source at $s_{pl} \equiv x = x_0$ at time $t = t_0$; $0 < x_0 < \infty$, $t_0 \geq 0$. D $\equiv p\,(0, t) = \psi\,(t)$. $p(x, 0) = \varphi\,(x)$; $\varphi(x)$ and its derivative tend to zero as $x \to \infty$

The successive application of the Laplace and Fourier sine transformations to equation (3.1.1) gives

$$\overline{\overline{p}} = \frac{Qe^{-st_0}\sin\,(nx_0)}{\phi c_t\,(n^2\eta + s)} + \frac{n\eta\psi\,(s)}{(n^2\eta + s)} + \frac{\int_0^\infty \varphi\,(u)\sin\,(nu)\,du}{(n^2\eta + s)}{}^* \tag{3.2.1}$$

Inverse Laplace and Fourier transforms yield

$$\begin{aligned} \overline{p} \;=\; & \frac{Qe^{-st_0}}{2\phi c_t\sqrt{\eta s}}\left\{e^{-|x-x_0|\sqrt{\frac{s}{\eta}}} - e^{-(x+x_0)\sqrt{\frac{s}{\eta}}}\right\} + \eta\overline{\psi}\,(s)\,e^{-x\sqrt{\frac{s}{\eta}}} + \\ & + \frac{1}{2\sqrt{\eta s}}\int\limits_0^\infty \varphi\,(u)\left\{e^{-|u-x|\sqrt{\frac{s}{\eta}}} - e^{-|u+x|\sqrt{\frac{s}{\eta}}}\right\}du \end{aligned} \tag{3.2.2}$$

*The results of equation (3.2.1) point to the fact that for linear differential equations the sum of two or more solutions is itself a solution; that is, the first term on the right-hand side corresponds to the source term contribution, the second term to the boundary condition at $x = 0$ and the third term to the initial condition.

and

$$p = \frac{U(t-t_0)Q}{2\phi c_t\sqrt{\pi\eta(t-t_0)}}\left\{e^{-\frac{(x-x_0)^2}{4\eta(t-t_0)}} - e^{-\frac{(x+x_0)^2}{4\eta(t-t_0)}}\right\} + \frac{2}{\sqrt{\pi}}\int_{\frac{x}{2\sqrt{\eta t}}}^{\infty}\psi\left(t-\frac{x^2}{4\eta\tau^2}\right)e^{-\tau^2}d\tau +$$

$$+\frac{1}{2\sqrt{\pi\eta t}}\int_0^{\infty}\varphi(u)\left\{e^{-\frac{(x-u)^2}{4\eta t}} - e^{-\frac{(x+u)^2}{4\eta t}}\right\}du^* \quad (3.2.3)$$

The continuous line source solution is obtained by replacing the source terms in equations (3.2.2) and (3.2.3) with

$$\overline{p} = \frac{q(s)e^{-st_0}}{2\phi c_t\sqrt{\eta s}}\left\{e^{-|x-x_0|\sqrt{\frac{s}{\eta}}} - e^{-(x+x_0)\sqrt{\frac{s}{\eta}}}\right\} \quad (3.2.4)$$

and

$$p = \frac{U(t-t_0)}{2\phi c_t\sqrt{\pi\eta}}\int_0^{t-t_0}\frac{q(t-t_0-\tau)}{\sqrt{\tau}}\left\{e^{-\frac{(x-x_0)^2}{4\eta\tau}} - e^{-\frac{(x+x_0)^2}{4\eta\tau}}\right\}d\tau \quad (3.2.5)$$

Special cases of $q(t)$[†]

(i) $q(t)$ is a constant and equal to q

$$\overline{p} = \frac{qe^{-st_0}}{2\phi c_t s^{\frac{3}{2}}\sqrt{\eta}}\left\{e^{-|x-x_0|\sqrt{\frac{s}{\eta}}} - e^{-(x+x_0)\sqrt{\frac{s}{\eta}}}\right\} \quad (3.2.6)$$

$$p = \frac{U(t-t_0)q}{\phi c_t}\sqrt{\frac{(t-t_0)}{\eta}}\left[i\,\mathrm{erfc}\left\{\frac{|x-x_0|}{2\sqrt{\eta(t-t_0)}}\right\} - i\,\mathrm{erfc}\left\{\frac{x+x_0}{2\sqrt{\eta(t-t_0)}}\right\}\right] \quad (3.2.7)$$

(ii) $q(t) = qt^{\nu}$, $\nu \geq 0$, $t > 0$

$$\overline{p} = \frac{qe^{-st_0}\Gamma(\nu+1)}{2\phi c_t s^{\left(\nu+\frac{3}{2}\right)}\sqrt{\eta}}\left\{e^{-|x-x_0|\sqrt{\frac{s}{\eta}}} - e^{-(x+x_0)\sqrt{\frac{s}{\eta}}}\right\} \quad (3.2.8)$$

$$p = \frac{U(t-t_0)q}{2\phi c_t\sqrt{\pi\eta}}\int_0^{t-t_0}\frac{(t-t_0-\tau)^{\nu}}{\sqrt{\tau}}\left\{e^{-\frac{(x-x_0)^2}{4\eta\tau}} - e^{-\frac{(x+x_0)^2}{4\eta\tau}}\right\}d\tau \quad (3.2.9)$$

Performing the integration, we get

$$p = \frac{U(t-t_0)q}{2\phi c_t}\sqrt{\frac{t-t_0}{\pi\eta}}\Gamma(\nu+1)(t-t_0)^{\nu}\left[\left\{\frac{(x-x_0)^2}{4\eta(t-t_0)}\right\}^{-\frac{1}{4}}e^{-\frac{(x-x_0)^2}{8\eta(t-t_0)}}W_{\left[\left\{-\frac{3}{4}-\nu\right\},\frac{1}{4}\right]}\left\{\frac{(x-x_0)^2}{4\eta(t-t_0)}\right\} -\right.$$

$$\left.-\left\{\frac{(x+x_0)^2}{4\eta(t-t_0)}\right\}^{-\frac{1}{4}}e^{-\frac{(x+x_0)^2}{8\eta(t-t_0)}}W_{\left[\left\{-\frac{3}{4}-\nu\right\},\frac{1}{4}\right]}\left\{\frac{(x+x_0)^2}{4\eta(t-t_0)}\right\}\right] \quad (3.2.10)$$

---

[*] $\mathcal{L}^{-1}\left\{\frac{n\eta\psi(s)}{(n^2\eta+s)}\right\} = \frac{x}{2\sqrt{\pi\eta}}\int_0^t\frac{\psi(u)}{(t-u)^{\frac{3}{2}}}e^{-\frac{x^2}{4\eta(t-u)}}du = \frac{2}{\sqrt{\pi}}\int_{\frac{x}{2\sqrt{\eta t}}}^{\infty}\psi\left(t-\frac{x^2}{4\eta\tau^2}\right)e^{-\tau^2}d\tau$ and $\frac{1}{2\sqrt{\pi\eta t}}\int_0^{\infty}\varphi(u)\left\{e^{-\frac{(x-u)^2}{4\eta t}} - e^{-\frac{(x+u)^2}{4\eta t}}\right\}du = \frac{e^{-\frac{x^2}{4\eta t}}}{\sqrt{\pi\eta t}}\int_0^{\infty}\varphi(u)e^{-\frac{u^2}{4\eta t}}\sinh\left(\frac{xu}{2\eta t}\right)du.$

[†]We deal with the source term only.

When $\nu = 0$, equation (3.2.10) reduces to

$$p = \frac{U(t-t_0)q}{2\phi c_t}\sqrt{\frac{t-t_0}{\pi\eta}}\left[\left\{\frac{(x-x_0)^2}{4\eta(t-t_0)}\right\}^{-\frac{1}{4}} e^{-\frac{(x-x_0)^2}{8\eta(t-t_0)}} W_{\left[-\frac{3}{4},\frac{1}{4}\right]}\left\{\frac{(x-x_0)^2}{4\eta(t-t_0)}\right\} - \right.$$
$$\left. - \left\{\frac{(x+x_0)^2}{4\eta(t-t_0)}\right\}^{-\frac{1}{4}} e^{-\frac{(x+x_0)^2}{8\eta(t-t_0)}} W_{\left[-\frac{3}{4},\frac{1}{4}\right]}\left\{\frac{(x-x_0)^2}{4\eta(t-t_0)}\right\}\right]^{*} \tag{3.2.11}$$

For $\nu = 1$, equations (3.2.8) and (3.2.10) reduce to

$$\overline{p} = \frac{qe^{-st_0}}{2\phi c_t s^{\frac{5}{2}}\sqrt{\eta}}\left\{e^{-|x-x_0|\sqrt{\frac{s}{\eta}}} - e^{-(x+x_0)\sqrt{\frac{s}{\eta}}}\right\} \tag{3.2.12}$$

and

$$p = \frac{U(t-t_0)q(t-t_0)^{\frac{3}{2}}}{2\phi c_t\sqrt{\pi\eta}}\left[\left\{\frac{(x-x_0)^2}{4\eta(t-t_0)}\right\}^{-\frac{1}{4}} e^{-\frac{(x-x_0)^2}{8\eta(t-t_0)}} W_{\left[-\frac{7}{4},\frac{1}{4}\right]}\left\{\frac{(x-x_0)^2}{4\eta(t-t_0)}\right\} - \right.$$
$$\left. - \left\{\frac{(x+x_0)^2}{4\eta(t-t_0)}\right\}^{-\frac{1}{4}} e^{-\frac{(x+x_0)^2}{8\eta(t-t_0)}} W_{\left[-\frac{7}{4},\frac{1}{4}\right]}\left\{\frac{(x+x_0)^2}{4\eta(t-t_0)}\right\}\right]$$
$$= \frac{U(t-t_0)q(t-t_0)^{\frac{3}{2}}}{3\phi c_t\sqrt{\eta}}\left[2\left\{1+\frac{(x-x_0)^2}{4\eta(t-t_0)}\right\} i\,\mathrm{erfc}\left(\frac{|x-x_0|}{2\sqrt{\eta(t-t_0)}}\right) - \right.$$
$$- \left(\frac{|x-x_0|}{2\sqrt{\eta(t-t_0)}}\right)\mathrm{erfc}\left(\frac{|x-x_0|}{2\sqrt{\eta(t-t_0)}}\right) -$$
$$\left. - 2\left\{1+\frac{(x+x_0)^2}{4\eta(t-t_0)}\right\} i\,\mathrm{erfc}\left(\frac{x+x_0}{2\sqrt{\eta(t-t_0)}}\right) + \left(\frac{x+x_0}{2\sqrt{\eta(t-t_0)}}\right)\mathrm{erfc}\left(\frac{x+x_0}{2\sqrt{\eta(t-t_0)}}\right)\right]^{\dagger} \tag{3.2.13}$$

(iii) $q(t) = \sum_{\iota=0}^{N} q_\iota t^\iota$, q_ι is a constant; that is, polynomial variation

$$\overline{p} = \frac{1}{2\phi c_t\sqrt{\eta}}\sum_{\iota=0}^{N}\frac{q_\iota\Gamma(\iota+1)e^{-st_0}}{s^{\left(\iota+\frac{3}{2}\right)}}\left\{e^{-|x-x_0|\sqrt{\frac{s}{\eta}}} - e^{-(x+x_0)\sqrt{\frac{s}{\eta}}}\right\} \tag{3.2.14}$$

$$p = \frac{1}{2\phi c_t\sqrt{\pi\eta}}\sum_{\iota=0}^{N} q_\iota U(t-t_0)\Gamma(\iota+1)(t-t_0)^{\left(\iota+\frac{1}{2}\right)} \times$$
$$\times\left[\left\{\frac{(x-x_0)^2}{4\eta(t-t_0)}\right\}^{-\frac{1}{4}} e^{-\frac{(x-x_0)^2}{8\eta(t-t_0)}} W_{\left[\left\{-\frac{3}{4}-\iota\right\},\frac{1}{4}\right]}\left\{\frac{(x-x_0)^2}{4\eta(t-t_0)}\right\} - \right.$$
$$\left. - \left\{\frac{(x+x_0)^2}{4\eta(t-t_0)}\right\}^{-\frac{1}{4}} e^{-\frac{(x+x_0)^2}{8\eta(t-t_0)}} W_{\left[\left\{-\frac{3}{4}-\iota\right\},\frac{1}{4}\right]}\left\{\frac{(x+x_0)^2}{4\eta(t-t_0)}\right\}\right] \tag{3.2.15}$$

(iv) $q(t) = qe^{-\alpha t}$, α is a constant, positive or negative for all $t \geq 0$; that is, an exponential increase or decrease

$$\overline{p} = \frac{qe^{-st_0}}{2\phi c_t(s+\alpha)\sqrt{\eta s}}\left\{e^{-|x-x_0|\sqrt{\frac{s}{\eta}}} - e^{-(x+x_0)\sqrt{\frac{s}{\eta}}}\right\} \tag{3.2.16}$$

---

*Since $\left\{\frac{z^2}{4\tau}\right\}^{-\frac{1}{4}} e^{-\frac{z^2}{8\tau}} W_{\left[-\frac{3}{4},\frac{1}{4}\right]}\left\{\frac{z^2}{4\tau}\right\} = 2\sqrt{\pi}\, i\,\mathrm{erfc}\left\{\frac{|z|}{2\sqrt{\tau}}\right\}$, equation (3.2.11) is identical to equation (3.2.7).

†In deriving equation (3.2.13), we have used $W_{\left[-\frac{3}{4},\frac{1}{4}\right]}\{x\} = 2\sqrt{\pi}\,x^{\frac{1}{4}}\,e^{\frac{x}{2}}\,i\,\mathrm{erfc}\left(\sqrt{x}\right)$, $W_{\left[-\frac{1}{4},\frac{1}{4}\right]}\{x\} = \sqrt{\pi}\,x^{\frac{1}{4}}\,e^{\frac{x}{2}}\,\mathrm{erfc}\left(\sqrt{x}\right)$, and the recurrence relationship $W_{[u,v]}\{x\} = \sqrt{x}\,W_{\left[u-\frac{1}{2},v-\frac{1}{2}\right]}\{x\} + \left(\frac{1}{2}+v-u\right)W_{[u-1,v]}\{x\}$.

$$p = \frac{U(t-t_0)qie^{-\alpha(t-t_0)}}{4\phi c_t\sqrt{\eta\alpha}}\left[e^{-i|x-x_0|\sqrt{\frac{\alpha}{\eta}}}\operatorname{erfc}\left(\frac{|x-x_0|}{2\sqrt{\eta(t-t_0)}} - i\sqrt{\alpha(t-t_0)}\right) - e^{i|x-x_0|\sqrt{\frac{\alpha}{\eta}}}\times\right.$$
$$\times\operatorname{erfc}\left(\frac{|x-x_0|}{2\sqrt{\eta(t-t_0)}} + i\sqrt{\alpha(t-t_0)}\right) - e^{-i(x+x_0)\sqrt{\frac{\alpha}{\eta}}}\operatorname{erfc}\left(\frac{(x+x_0)}{2\sqrt{\eta(t-t_0)}} - i\sqrt{\alpha(t-t_0)}\right) +$$
$$\left. + e^{i(x+x_0)\sqrt{\frac{\alpha}{\eta}}}\operatorname{erfc}\left(\frac{(x+x_0)}{2\sqrt{\eta(t-t_0)}} + i\sqrt{\alpha(t-t_0)}\right)\right]^* \tag{3.2.17}$$

(v) $q(t) = q\sin(\omega t)$, $t > 0$; that is, a sinusoidal source

$$\overline{p} = \frac{q\omega e^{-st_0}}{2\phi c_t(s^2+\omega^2)\sqrt{\eta s}}\left\{e^{-|x-x_0|\sqrt{\frac{s}{\eta}}} - e^{-(x+x_0)\sqrt{\frac{s}{\eta}}}\right\} \tag{3.2.18}$$

$$p = \frac{U(t-t_0)q}{2\phi c_t\eta\sqrt{\pi}}\left[|x-x_0|\int\limits_{\frac{|x-x_0|}{2\sqrt{\eta(t-t_0)}}}^{\infty}\frac{e^{-u^2}}{u^2}\sin\left\{\omega\left(t-t_0-\frac{(x-x_0)^2}{4\eta u^2}\right)\right\}du -\right.$$
$$\left. -(x+x_0)\int\limits_{\frac{(x+x_0)}{2\sqrt{\eta(t-t_0)}}}^{\infty}\frac{e^{-u^2}}{u^2}\sin\left\{\omega\left(t-t_0-\frac{(x+x_0)^2}{4\eta u^2}\right)\right\}du\right] \tag{3.2.19}$$

(vi) $q(t) = q\cos(\omega t)$, $t > 0$; that is, a cosinusoidal source

$$\overline{p} = \frac{qe^{-st_0}}{2\phi c_t(s^2+\omega^2)}\sqrt{\frac{s}{\eta}}\left\{e^{-|x-x_0|\sqrt{\frac{s}{\eta}}} - e^{-(x+x_0)\sqrt{\frac{s}{\eta}}}\right\} \tag{3.2.20}$$

$$p = \frac{U(t-t_0)q}{2\phi c_t\eta\sqrt{\pi}}\left[|x-x_0|\int\limits_{\frac{|x-x_0|}{2\sqrt{\eta(t-t_0)}}}^{\infty}\frac{e^{-u^2}}{u^2}\cos\left\{\omega\left(t-t_0-\frac{(x-x_0)^2}{4\eta u^2}\right)\right\}du -\right.$$
$$\left. -(x+x_0)\int\limits_{\frac{(x+x_0)}{2\sqrt{\eta(t-t_0)}}}^{\infty}\frac{e^{-u^2}}{u^2}\cos\left\{\omega\left(t-t_0-\frac{(x+x_0)^2}{4\eta u^2}\right)\right\}du\right] \tag{3.2.21}$$

The solution corresponding to the case where multiple plane sources passing through planes $x = x_{0\iota}$ at times $t = t_{0\iota}$, $\iota = 1, 2, \ldots\ldots, N$, may be obtained by solving the partial differential equation

$$\frac{\partial p}{\partial t} = \eta\frac{\partial^2 p}{\partial x^2} + \frac{1}{\phi c_t}\sum_{\iota=1}^{N} Q_\iota\delta(x-x_{0\iota})\delta(t-t_{0\iota}) \tag{3.2.22}$$

for instantaneous plane sources and

$$\frac{\partial p}{\partial t} = \eta\frac{\partial^2 p}{\partial x^2} + \frac{1}{\phi c_t}\sum_{\iota=1}^{N} U\left(t-t_{0\iota}\right)q_\iota\left(t-t_{0\iota}\right)\delta(x-x_{0\iota}) \tag{3.2.23}$$

for continuous plane sources, respectively. The solutions for instantaneous plane sources in a semi-infinite medium are

$$\overline{p} = \frac{1}{2\phi c_t\sqrt{\eta s}}\sum_{\iota=1}^{N} Q_\iota e^{-st_{0\iota}}\left\{e^{-|x-x_{0\iota}|\sqrt{\frac{s}{\eta}}} - e^{-(x+x_{0\iota})\sqrt{\frac{s}{\eta}}}\right\} \tag{3.2.24}$$

*The error functions for complex arguments which are needed for the computation of this solution have been tabulated by Faddeeva and Terentev (1954) and Karpov (1954).

and

$$p = \frac{1}{2\phi c_t\sqrt{\pi\eta}} \sum_{\iota=1}^{N} \frac{U(t-t_{0\iota})Q_\iota}{\sqrt{(t-t_{0\iota})}} \left\{ e^{-\frac{(x-x_{0\iota})^2}{4\eta(t-t_{\iota 0})}} - e^{-\frac{(x+x_{0\iota})^2}{4\eta(t-t_{\iota 0})}} \right\} \tag{3.2.25}$$

The solutions for continuous plane sources are

$$\overline{p} = \frac{1}{2\phi c_t\sqrt{\eta s}} \sum_{\iota=1}^{N} q_\iota(s) e^{-st_{0\iota}} \left\{ e^{-|x-x_{0\iota}|\sqrt{\frac{s}{\eta}}} - e^{-(x+x_{0\iota})\sqrt{\frac{s}{\eta}}} \right\} \tag{3.2.26}$$

and

$$p = \frac{1}{2\phi c_t\sqrt{\pi\eta}} \sum_{\iota=1}^{N} U(t-t_{0\iota}) \int_0^{t-t_{0\iota}} \frac{q_\iota(\tau)}{\sqrt{(t-t_{0\iota}-\tau)}} \left\{ e^{-\frac{(x-x_{0\iota})^2}{4\eta(t-t_{0\iota}-\tau)}} - e^{-\frac{(x+x_{0\iota})^2}{4\eta(t-t_{0\iota}-\tau)}} \right\} d\tau \tag{3.2.27}$$

*Special cases of $\varphi(x)$**

(i) $\varphi(x) = \frac{p_I}{x}$, $x > 0$

$$\overline{p} = \frac{p_I}{2\sqrt{\eta s}} \left\{ e^{-x\sqrt{\frac{s}{\eta}}} Ei\left(x\sqrt{\frac{s}{\eta}}\right) - e^{x\sqrt{\frac{s}{\eta}}} Ei\left(-x\sqrt{\frac{s}{\eta}}\right) \right\} \tag{3.2.28}$$

$$p = \frac{p_I x}{2\eta t} \Phi\left(1, \frac{3}{2}; -\frac{x^2}{4\eta t}\right) \tag{3.2.29}$$

(ii) $\varphi(x) = \frac{p_I}{\sqrt{x}}$, $x > 0$

$$\overline{p} = \frac{p_I}{2\sqrt{s\eta}} \left[e^{-x\sqrt{\frac{s}{\eta}}} \left\{ i\left(\frac{\eta}{s}\right)^{\frac{1}{4}} \gamma\left(\frac{1}{2}, -x\sqrt{\frac{s}{\eta}}\right) - \sqrt{\pi} \right\} + e^{x\sqrt{\frac{s}{\eta}}} \left\{ \frac{1}{\sqrt{x}} \Gamma\left(\frac{1}{2}, x\sqrt{\frac{s}{\eta}}\right) \right\} \right] \tag{3.2.30}$$

$$p = \frac{p_I}{2} \sqrt{\frac{\pi x}{\eta t}} e^{-\frac{x^2}{8\eta t}} I_{\frac{1}{4}}\left(\frac{x^2}{8\eta t}\right) \tag{3.2.31}$$

(iii) $\varphi(x) = p_I e^{-\alpha x}$, $\alpha > 0$, $x > 0$

$$\overline{p} = p_I \frac{\left(e^{-x\sqrt{\frac{s}{\eta}}} - e^{-\alpha x}\right)}{(\eta\alpha^2 - s)} \tag{3.2.32}$$

$$p = \frac{p_I}{2} \left[e^{\alpha x} \operatorname{erf}\left(\alpha\sqrt{\eta t} + \frac{x}{2\sqrt{\eta t}}\right) - 2\sinh(\alpha x) - e^{-\alpha x} \operatorname{erf}\left(\alpha\sqrt{\eta t} - \frac{x}{2\sqrt{\eta t}}\right) \right] e^{\alpha^2 \eta t} \tag{3.2.33}$$

(iv) $\varphi(x) = p_I e^{-\alpha x^2}$, $\alpha > 0$, $x > 0$

$$\overline{p} = \frac{p_I e^{\frac{s}{4\alpha\eta}}}{4} \sqrt{\frac{\pi}{\alpha\eta s}} \left[e^{-x\sqrt{\frac{s}{\eta}}} \left\{ 2\operatorname{erf}\left(\frac{1}{2}\sqrt{\frac{s}{\alpha\eta}}\right) - \operatorname{erfc}\left(x\sqrt{\alpha} - \frac{1}{2}\sqrt{\frac{s}{\alpha\eta}}\right) \right\} + e^{x\sqrt{\frac{s}{\eta}}} \operatorname{erfc}\left(x\sqrt{\alpha} + \frac{1}{2}\sqrt{\frac{s}{\alpha\eta}}\right) \right] \tag{3.2.34}$$

$$p = \frac{p_I e^{-\frac{x^2\alpha}{4\alpha\eta t+1}}}{\sqrt{4\alpha\eta t+1}} \operatorname{erf}\left\{ \frac{x}{2\sqrt{\eta t\,(4\alpha\eta t+1)}} \right\} \tag{3.2.35}$$

*We deal with the term corresponding to the initial condition only.

(v) $\varphi(x) = p_I x e^{-\alpha x^2}$, $\alpha > 0$, $x > 0$

$$\bar{p} = \frac{p_I}{8\alpha\eta}\sqrt{\frac{\pi}{\alpha}}\left\{e^{x\sqrt{\frac{s}{\eta}}}\operatorname{erfc}\left(\frac{1}{2}\sqrt{\frac{s}{\alpha\eta}} + x\sqrt{\alpha}\right) - e^{-x\sqrt{\frac{s}{\eta}}}\operatorname{erfc}\left(\frac{1}{2}\sqrt{\frac{s}{\alpha\eta}} - x\sqrt{\alpha}\right) - 2\sinh\left(x\sqrt{\frac{s}{\eta}}\right)\right\} e^{\frac{s}{4\alpha\eta}} \tag{3.2.36}$$

$$p = \frac{p_I x e^{-\frac{x^2\alpha}{4\alpha\eta t+1}}}{(4\alpha\eta t + 1)^{\frac{3}{2}}} \tag{3.2.37}$$

(vi) $\varphi(x) = p_I x^2 e^{-\alpha x^2}$, $\alpha > 0$, $x > 0$

$$\bar{p} = \frac{p_I}{2\sqrt{\eta s}}\int_0^{\infty} u^2 e^{-\alpha u^2}\left\{e^{-|x-u|\sqrt{\frac{s}{\eta}}} - e^{-(x+u)\sqrt{\frac{s}{\eta}}}\right\} du \tag{3.2.38}$$

$$p = 2p_I\left[\eta t e^{-\frac{x^2\alpha}{4\alpha\eta t+1}}\frac{\left\{(4\alpha\eta t + 1) + \frac{x^2}{2\eta t}\right\}}{(4\alpha\eta t + 1)^{\frac{5}{2}}}\operatorname{erf}\left\{\frac{x}{2\sqrt{\eta t\,(4\alpha\eta t + 1)}}\right\} + \frac{x\sqrt{\eta t}\, e^{-\frac{x^2}{4\eta t}}}{\sqrt{\pi}\,(4\alpha\eta t + 1)^2}\right] \tag{3.2.39}$$

(vii) $\varphi(x) = p_I x^{\nu} e^{-\alpha x^2}$, $\alpha > 0$, $x > 0$, $\nu > -2$

$$\bar{p} = \frac{p_I}{2\sqrt{\eta s}}\int_0^{\infty} u^{\nu} e^{-\alpha u^2}\left\{e^{-|x-u|\sqrt{\frac{s}{\eta}}} - e^{-(x+u)\sqrt{\frac{s}{\eta}}}\right\} du \tag{3.2.40}$$

$$\begin{aligned} p &= \frac{p_I \Gamma(\nu + 1) e^{-\frac{x^2}{4\eta t}\left\{\frac{8\alpha\eta t+1}{8\alpha\eta t+2}\right\}}}{\sqrt{2\pi\,(4\alpha\eta t + 1)}} \times \\ &\times \left\{\frac{2\eta t}{(4\alpha\eta t + 1)}\right\}^{\frac{\nu}{2}}\left[D_{-(\nu+1)}\left\{-\frac{x}{\sqrt{2\eta t\,(4\alpha\eta t + 1)}}\right\} - D_{-(\nu+1)}\left\{\frac{x}{\sqrt{2\eta t\,(4\alpha\eta t + 1)}}\right\}\right] \end{aligned} \tag{3.2.41}$$

(viii) $\varphi(x) = p_I\{U(x) - U(x - a)\}$, $a > 0$, $x > 0$; that is, the region $0 < x < a$ is initially at constant pressure p_I and the region $x > a$ is at zero pressure

$$\bar{p} = \begin{cases} \frac{p_I}{2s}\left[2 - 2e^{-x\sqrt{\frac{s}{\eta}}} - e^{-(a-x)\sqrt{\frac{s}{\eta}}} + e^{-(a+x)\sqrt{\frac{s}{\eta}}}\right], & 0 < x \le a \\ \frac{p_I}{2s}\left[e^{-(x-a)\sqrt{\frac{s}{\eta}}} + e^{-(x+a)\sqrt{\frac{s}{\eta}}} - 2e^{-x\sqrt{\frac{s}{\eta}}}\right], & x \ge a \end{cases} \tag{3.2.42}$$

$$p = p_I\left\{\operatorname{erf}\left(\frac{x}{2\sqrt{\eta t}}\right) + \frac{1}{2}\operatorname{erf}\left(\frac{a - x}{2\sqrt{\eta t}}\right) - \frac{1}{2}\operatorname{erf}\left(\frac{a + x}{2\sqrt{\eta t}}\right)\right\} \tag{3.2.43}$$

(ix) $\varphi(x) = p_I\{U(x - a) - U(x - b)\}$, $a > 0$, $b > 0$, $x > 0$; that is, the region $a \le x \le b$ is initially at constant pressure p_I and the regions $0 < x < a$ and $x > b$ are at zero pressure

$$\bar{p} = \begin{cases} \frac{p_I}{2s}\left[e^{-(a-x)\sqrt{\frac{s}{\eta}}} - e^{-(a+x)\sqrt{\frac{s}{\eta}}} - e^{-(b-x)\sqrt{\frac{s}{\eta}}} + e^{-(b+x)\sqrt{\frac{s}{\eta}}}\right], & 0 < x \le a \\ \frac{p_I}{2s}\left[2 - e^{-(x-a)\sqrt{\frac{s}{\eta}}} - e^{-(x+a)\sqrt{\frac{s}{\eta}}} - e^{-(b-x)\sqrt{\frac{s}{\eta}}} + e^{-(x+b)\sqrt{\frac{s}{\eta}}}\right], & a \le x \le b \\ \frac{p_I}{2s}\left[e^{-(x-b)\sqrt{\frac{s}{\eta}}} + e^{-(x+b)\sqrt{\frac{s}{\eta}}} - e^{-(x-a)\sqrt{\frac{s}{\eta}}} - e^{-(x+a)\sqrt{\frac{s}{\eta}}}\right], & x \ge b \end{cases} \tag{3.2.44}$$

$$p = \frac{p_I}{2}\left\{\operatorname{erf}\left(\frac{x - a}{2\sqrt{\eta t}}\right) + \operatorname{erf}\left(\frac{x + a}{2\sqrt{\eta t}}\right) - \operatorname{erf}\left(\frac{x - b}{2\sqrt{\eta t}}\right) - \operatorname{erf}\left(\frac{x + b}{2\sqrt{\eta t}}\right)\right\} \tag{3.2.45}$$

(x) $p(x,0) = p_I$, a constant for all $x > 0$

Since pressure does not vanish as $x \to \infty$, immediate Fourier transformation of the problem is not possible. We substitute $p(x,t) = p_I + \chi(x,t)$ in equation (3.1.6) and

$$\frac{\partial \chi}{\partial t} = \eta \frac{\partial^2 \chi}{\partial x^2} + U(t-t_0)\frac{q(t-t_0)}{\phi c_t}\delta(x-x_0) \tag{3.2.46}$$

with the initial condition $\chi(x,0) = 0$ for $x \geq 0$ and the boundary conditions $\chi(0,t) = -p_I$ and $\chi(x,t) \to 0$ as $x \to \infty$ for $t \geq 0$. The solution for a continuous plane source is

$$\overline{p} = \frac{q(s)e^{-st_0}}{2\phi c_t\sqrt{\eta s}}\left\{e^{-|x-x_0|\sqrt{\frac{s}{\eta}}} - e^{-(x+x_0)\sqrt{\frac{s}{\eta}}}\right\} + \frac{p_I}{s}\left\{1 - e^{-x\sqrt{\frac{s}{\eta}}}\right\} \tag{3.2.47}$$

and

$$p = \frac{U(t-t_0)}{2\phi c_t\sqrt{\pi\eta}}\int_0^{t-t_0}\frac{q(t-t_0-u)}{\sqrt{u}}\left\{e^{-\frac{(x-x_0)^2}{4\eta u}} - e^{-\frac{(x+x_0)^2}{4\eta u}}\right\}du + p_I \operatorname{erf}\left(\frac{x}{2\sqrt{\eta t}}\right) \tag{3.2.48}$$

For most if not all cases, the solutions are modular, so that different solutions may be combined to give previously unavailable solutions. For example, for the case where the initial condition $p(x,0) = \varphi(x) + p_I$, $\varphi(x) \to 0$ as $x \to \infty$. The solution for a continuous plane source may be written as

$$\begin{aligned}\overline{p} = {} & \frac{q(s)e^{-st_0}}{2\phi c_t\sqrt{\eta s}}\left\{e^{-|x-x_0|\sqrt{\frac{s}{\eta}}} - e^{-(x+x_0)\sqrt{\frac{s}{\eta}}}\right\} + \\ & + \frac{1}{2\sqrt{\eta s}}\int_0^\infty \varphi(u)\left\{e^{-|u-x|\sqrt{\frac{s}{\eta}}} - e^{-|u+x|\sqrt{\frac{s}{\eta}}}\right\}du + \frac{p_I}{s}\left\{1 - e^{-x\sqrt{\frac{s}{\eta}}}\right\}\end{aligned} \tag{3.2.49}$$

and

$$\begin{aligned}p = {} & \frac{U(t-t_0)}{2\phi c_t\sqrt{\pi\eta}}\int_0^{t-t_0}\frac{q(t-t_0-u)}{\sqrt{u}}\left\{e^{-\frac{(x-x_0)^2}{4\eta u}} - e^{-\frac{(x+x_0)^2}{4\eta u}}\right\}du + \\ & + \frac{1}{2\sqrt{\pi\eta t}}\int_0^\infty \varphi(u)\left\{e^{-\frac{(x-u)^2}{4\eta t}} - e^{-\frac{(x+u)^2}{4\eta t}}\right\}du + p_I \operatorname{erf}\left(\frac{x}{2\sqrt{\eta t}}\right)\end{aligned} \tag{3.2.50}$$

*Special cases of $\psi(t)$**

(i) $\psi(t)$ is a constant and equal to p_0†

$$\overline{p} = \frac{p_0}{s}e^{-x\sqrt{\frac{s}{\eta}}} \tag{3.2.51}$$

$$p = p_0 \operatorname{erfc}\left\{\frac{x}{2\sqrt{\eta t}}\right\} \tag{3.2.52}$$

---

*We deal with the term corresponding to the boundary condition only.

†This is the solution to the problem of diffusion in a semi-infinite medium, $x > 0$, when the boundary $x = 0$ is kept at a constant pressure p_0 and the initial pressure is zero throughout the medium.

(ii) $\psi(t) = p_0 t^{\frac{1}{2}\ell}$, where ℓ is any positive integer $\ell = 1, 2, 3, \ldots\ldots$

$$\overline{p} = p_0 \Gamma\left(1 + \frac{l}{2}\right) \frac{e^{-x\sqrt{\frac{s}{\eta}}}}{s^{\left(1+\frac{l}{2}\right)}} \tag{3.2.53}$$

$$p = p_0 \Gamma\left\{1 + \frac{\ell}{2}\right\} (4t)^{\frac{\ell}{2}}\, i^{\ell}\, \text{erfc}\left\{\frac{x}{2\sqrt{\eta t}}\right\} \tag{3.2.54}$$

(iii) $\psi(t) = p_0 t^{\nu},\ \nu \geq 0$

$$\overline{p} = p_0 \Gamma(\nu + 1) \frac{e^{-x\sqrt{\frac{s}{\eta}}}}{s^{(\nu+1)}} \tag{3.2.55}$$

$$p = \frac{p_0 \Gamma(\nu + 1)\, t^{\nu}}{\sqrt{\pi}} \left(\frac{x^2}{4\eta t}\right)^{-\frac{1}{4}} e^{-\left(\frac{x^2}{8\eta t}\right)} W_{\left[\left\{-\frac{1}{4}-\nu\right\},-\frac{1}{4}\right]}\left(\frac{x^2}{4\eta t}\right) \tag{3.2.56}$$

When $\nu = 0$, equation (3.2.56) reduces to*

$$p = \frac{p_0}{\sqrt{\pi}} \left(\frac{x^2}{4\eta t}\right)^{-\frac{1}{4}} e^{-\left(\frac{x^2}{8\eta t}\right)} W_{\left[-\frac{1}{4},-\frac{1}{4}\right]}\left(\frac{x^2}{4\eta t}\right) = \frac{p_0}{\sqrt{\pi}} \int_{\frac{x^2}{4\eta t}}^{\infty} \frac{e^{-u}}{\sqrt{u}} du = p_0\, \text{erfc}\left(\frac{x}{2\sqrt{\eta t}}\right) \tag{3.2.57}$$

and when $\nu = 1$, equation (3.2.56) reduces to†

$$p = \frac{p_0 t}{\sqrt{\pi}} \left(\frac{x^2}{4\eta t}\right)^{-\frac{1}{4}} e^{-\left(\frac{x^2}{8\eta t}\right)} W_{\left[-\frac{5}{4},-\frac{1}{4}\right]}\left(\frac{x^2}{4\eta t}\right) = p_0 t\left\{\left(1 + \frac{x^2}{2\eta t}\right) \text{erfc}\left(\frac{x}{2\sqrt{\eta t}}\right) - \frac{x}{\sqrt{\pi \eta t}} e^{-\frac{x^2}{4\eta t}}\right\} \tag{3.2.58}$$

(iv) $\psi(t) = \sum_{\iota=0}^{N} p_{\iota} t^{\iota}$; that is, polynomial variation of pressure

$$\overline{p} = \sum_{\iota=0}^{N} \frac{p_{\iota}\, \iota!}{s^{\iota+1}} e^{-x\sqrt{\frac{s}{\eta}}} \tag{3.2.59}$$

$$p = \frac{e^{-\left(\frac{x^2}{8\eta t}\right)}}{\sqrt{\pi}} \left(\frac{x^2}{4\eta t}\right)^{-\frac{1}{4}} \sum_{\iota=0}^{N} p_{\iota} \Gamma(\iota + 1)\, t^{\iota} W_{\left[\left\{-\frac{1}{4}-\iota\right\},-\frac{1}{4}\right]}\left(\frac{x^2}{4\eta t}\right) \tag{3.2.60}$$

When $\iota = 0$—that is, for constant pressure p_0—equations (3.2.59) and (3.2.60) reduce to equations (3.2.51) and (3.2.52).‡

(v) $\psi(t) = p_0 e^{\alpha t}$; that is, an exponential variation of pressure

$$\overline{p} = \frac{p_0}{s - \alpha} e^{-x\sqrt{\frac{s}{\eta}}} \tag{3.2.61}$$

$$p = \frac{p_0}{2}\left[e^{x\sqrt{\frac{\alpha}{\eta}}}\, \text{erfc}\left(\frac{x}{2\sqrt{\eta t}} + \sqrt{\alpha t}\right) + e^{-x\sqrt{\frac{\alpha}{\eta}}}\, \text{erfc}\left(\frac{x}{2\sqrt{\eta t}} - \sqrt{\alpha t}\right)\right] e^{\alpha t} \tag{3.2.62}$$

*We have used the relationships $W_{[u,v]}(x) = W_{[u,-v]}(x)$ and $W_{\left[u,u+\frac{1}{2}\right]}(x) = \frac{e^{\frac{x}{2}}}{x^u} \int_x^{\infty} \tau^{2u} e^{\tau} d\tau$.

†We have used the recursion relationship $W_{[u,v]}(x) = \sqrt{x}\, W_{\left[u-\frac{1}{2},v+\frac{1}{2}\right]}(x) + \left\{\frac{1}{2} - u - v\right\} W_{[u-1,v]}(x)$.

‡We have used the relationships $W_{[u,v]}(x) = W_{[u,-v]}(x)$ and $W_{\left[-\frac{1}{4},\frac{1}{4}\right]}(x) = \sqrt{\pi}\, x^{\frac{1}{4}} e^{\frac{x}{2}}\, \text{erfc}\left(\sqrt{x}\right)$.

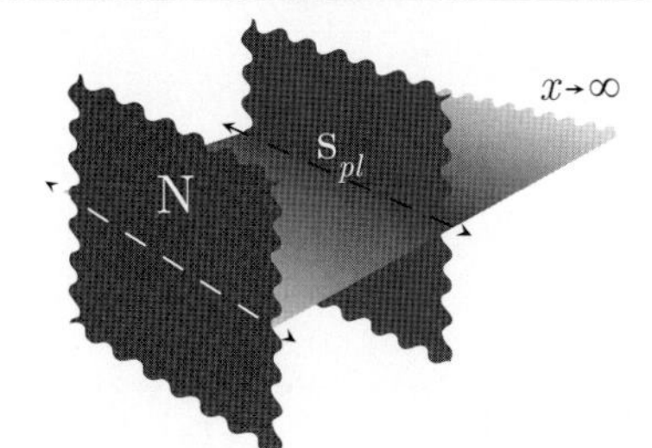

3.3 **The problem of 3.2, except $\mathbf{N} \equiv \frac{\partial p(0,t)}{\partial x} = -\left(\frac{\mu}{k}\right)\psi(t)$**

Since the pressure derivative is known at $x = 0$ and $\frac{\partial p(x,t)}{\partial x}$ tend to zero as $x \to \infty$, the Fourier cosine transform $\overline{\overline{p}} = \int_0^\infty \overline{p}\cos(nx)dx$ is appropriate. Successive application of Laplace and Fourier sine transformations to equation (3.1.1) gives

$$\overline{\overline{p}} = \frac{q(s)\,e^{-st_0}\cos(nx_0)}{\phi c_t\,(n^2\eta + s)} + \frac{\psi(s)}{\phi c_t\,(n^2\eta + s)} + \frac{\int_0^\infty \varphi(u)\cos(nu)du}{(n^2\eta + s)} \tag{3.3.1}$$

Inverse Laplace and Fourier transforms yield

$$\overline{p} = \frac{q(s)e^{-st_0}}{2\phi c_t\sqrt{\eta s}}\left\{e^{-|x-x_0|\sqrt{\frac{s}{\eta}}} + e^{-(x+x_0)\sqrt{\frac{s}{\eta}}}\right\} + \frac{\psi(s)e^{-x\sqrt{\frac{s}{\eta}}}}{\phi c_t\sqrt{\eta s}} + \frac{1}{2\sqrt{\eta s}}\int_0^\infty \varphi(u)\left\{e^{-|u-x|\sqrt{\frac{s}{\eta}}} + e^{-|u+x|\sqrt{\frac{s}{\eta}}}\right\}du \tag{3.3.2}$$

and

$$p = \frac{U(t-t_0)}{2\phi c_t\sqrt{\pi\eta}}\int_0^{t-t_0}\frac{q(t-t_0-\tau)}{\sqrt{\tau}}\left\{e^{-\frac{(x-x_0)^2}{4\eta\tau}} + e^{-\frac{(x+x_0)^2}{4\eta\tau}}\right\}d\tau + \left(\frac{1}{\phi c_t\sqrt{\pi\eta}}\right)\int_0^t \frac{\psi(\tau)}{\sqrt{(t-\tau)}}e^{-\frac{x^2}{4\eta(t-\tau)}}d\tau + \\ + \frac{1}{2\sqrt{\pi\eta t}}\int_0^\infty \varphi(u)\left\{e^{-\frac{(x-u)^2}{4\eta t}} + e^{-\frac{(x+u)^2}{4\eta t}}\right\}du^* \tag{3.3.3}$$

respectively.

Special cases of $q(t)$

(i) $q(t)$ is a constant and equal to q

$$\overline{p} = \frac{qe^{-st_0}}{2\phi c_t s^{\frac{3}{2}}\sqrt{\eta}}\left\{e^{-|x-x_0|\sqrt{\frac{s}{\eta}}} + e^{-(x+x_0)\sqrt{\frac{s}{\eta}}}\right\} \tag{3.3.4}$$

$$p = \frac{U(t-t_0)q}{\phi c_t}\sqrt{\frac{(t-t_0)}{\eta}}\left[i\,\mathrm{erfc}\,\frac{|x-x_0|}{2\sqrt{\eta(t-t_0)}} + i\,\mathrm{erfc}\,\frac{x+x_0}{2\sqrt{\eta(t-t_0)}}\right] \tag{3.3.5}$$

(ii) $q(t) = qt^\nu$, $\nu \geq 0$, $t > 0$

$$\overline{p} = \frac{qe^{-st_0}\Gamma(\nu+1)}{2\phi c_t s^{\left(\nu+\frac{3}{2}\right)}\sqrt{\eta}}\left\{e^{-|x-x_0|\sqrt{\frac{s}{\eta}}} + e^{-(x+x_0)\sqrt{\frac{s}{\eta}}}\right\} \tag{3.3.6}$$

---

*The derivative of the term corresponding to the boundary condition in the time variable $\left(\frac{1}{\phi c_t\sqrt{\pi\eta}}\right)\frac{\partial}{\partial x}\int_0^t \frac{\psi(\tau)}{\sqrt{(t-\tau)}}e^{-\frac{x^2}{4\eta(t-\tau)}}d\tau = -\frac{2}{\sqrt{\pi}}\left(\frac{\mu}{k}\right)\int_{\frac{x}{2\sqrt{\eta t}}}^\infty \psi\left(t - \frac{x^2}{4\eta\tau^2}\right)e^{-\tau^2}d\tau$;
$\lim_{x\to 0}\left\{-\frac{2}{\sqrt{\pi}}\left(\frac{\mu}{k}\right)\int_{\frac{x}{2\sqrt{\eta t}}}^\infty \psi\left(t - \frac{x^2}{4\eta\tau^2}\right)e^{-\tau^2}d\tau\right\} = -\left(\frac{\mu}{k}\right)\psi(t)$ and
$\frac{1}{2\sqrt{\pi\eta t}}\int_0^\infty \varphi(u)\left\{e^{-\frac{(x-u)^2}{4\eta t}} + e^{-\frac{(x+u)^2}{4\eta t}}\right\}du = \frac{e^{-\frac{x^2}{4\eta t}}}{\sqrt{\pi\eta t}}\int_0^\infty \varphi(u)e^{-\frac{u^2}{4\eta t}}\cosh\left(\frac{xu}{2\eta t}\right)du.$

$$p = \frac{U(t-t_0)q}{2\phi c_t}\sqrt{\frac{t-t_0}{\pi\eta}}\Gamma(\nu+1)(t-t_0)^{\nu}\left[\left\{\frac{(x-x_0)^2}{4\eta(t-t_0)}\right\}^{-\frac{1}{4}} e^{-\frac{(x-x_0)^2}{8\eta(t-t_0)}} W_{[\{-\frac{3}{4}-\nu\},\frac{1}{4}]}\left\{\frac{(x-x_0)^2}{4\eta(t-t_0)}\right\}+\right.$$
$$\left.+\left\{\frac{(x+x_0)^2}{4\eta(t-t_0)}\right\}^{-\frac{1}{4}} e^{-\frac{(x+x_0)^2}{8\eta(t-t_0)}} W_{[\{-\frac{3}{4}-\nu\},\frac{1}{4}]}\left\{\frac{(x+x_0)^2}{4\eta(t-t_0)}\right\}\right] \tag{3.3.7}$$

When $\nu = 0$, equation (3.3.7) reduces to equation (3.3.5).* For $\nu = 1$, equations (3.3.6) and (3.3.7) reduce to

$$\overline{p} = \frac{qe^{-st_0}}{2\phi c_t\sqrt{\eta}\, s^{\frac{5}{2}}}\left\{e^{-|x-x_0|\sqrt{\frac{s}{\eta}}} + e^{-(x+x_0)\sqrt{\frac{s}{\eta}}}\right\} \tag{3.3.8}$$

and

$$p = \frac{U(t-t_0)q}{3\phi c_t}\frac{(t-t_0)^{\frac{3}{2}}}{\sqrt{\eta}}\left[2\left\{1+\frac{(x-x_0)^2}{4\eta(t-t_0)}\right\} i\,\mathrm{erfc}\left(\frac{|x-x_0|}{2\sqrt{\eta(t-t_0)}}\right)-\right.$$
$$-\left(\frac{|x-x_0|}{2\sqrt{\eta(t-t_0)}}\right)\mathrm{erfc}\left(\frac{|x-x_0|}{2\sqrt{\eta(t-t_0)}}\right)+$$
$$\left.+2\left\{1+\frac{(x+x_0)^2}{4\eta(t-t_0)}\right\} i\,\mathrm{erfc}\left(\frac{(x+x_0)}{2\sqrt{\eta(t-t_0)}}\right)-\left(\frac{(x+x_0)}{2\sqrt{\eta(t-t_0)}}\right)\mathrm{erfc}\left(\frac{(x+x_0)}{2\sqrt{\eta(t-t_0)}}\right)\right]^{\dagger} \tag{3.3.9}$$

(iii) $q(t) = \sum_{\iota=0}^{N} q_\iota t^\iota$, $t > 0$; that is, polynomial variation

$$\overline{p} = \frac{1}{2\phi c_t\sqrt{\eta}}\sum_{\iota=0}^{N}\frac{\Gamma(\iota+1)\,e^{-st_{0\iota}}}{s^{(\iota+\frac{3}{2})}}\left\{e^{-|x-x_{0\iota}|\sqrt{\frac{s}{\eta}}} + e^{-(x+x_{0\iota})\sqrt{\frac{s}{\eta}}}\right\} \tag{3.3.10}$$

$$p = \frac{1}{2\phi c_t\sqrt{\pi\eta}}\sum_{\iota=0}^{N} q_\iota U(t-t_{0\iota})\Gamma(\iota+1)(t-t_{0\iota})^{(\iota+\frac{1}{2})}\times$$
$$\times\left[\left\{\frac{(x-x_{0\iota})^2}{4\eta(t-t_{0\iota})}\right\}^{-\frac{1}{4}} e^{-\frac{(x-x_{0\iota})^2}{8\eta(t-t_{0\iota})}} W_{[\{-\frac{3}{4}-\iota\},\frac{1}{4}]}\left\{\frac{(x-x_{0\iota})^2}{4\eta(t-t_{0\iota})}\right\}+\right.$$
$$\left.+\left\{\frac{(x+x_{0\iota})^2}{4\eta(t-t_{0\iota})}\right\}^{-\frac{1}{4}} e^{-\frac{(x+x_{0\iota})^2}{8\eta(t-t_{0\iota})}} W_{[\{-\frac{3}{4}-\iota\},\frac{1}{4}]}\left\{\frac{(x+x_{0\iota})^2}{4\eta(t-t_{0\iota})}\right\}\right] \tag{3.3.11}$$

(iv) $q(t) = qe^{-\alpha t}$, $\alpha \geq 0$, $t > 0$; that is, an exponential decrease

$$\overline{p} = \frac{qe^{-st_0}}{2\phi c_t(s+\alpha)\sqrt{\eta s}}\left\{e^{-|x-x_0|\sqrt{\frac{s}{\eta}}} + e^{-(x+x_0)\sqrt{\frac{s}{\eta}}}\right\} \tag{3.3.12}$$

$$p = \frac{U(t-t_0)qe^{-\alpha(t-t_0)}}{4\phi c_t i\sqrt{\eta\alpha}}\left[e^{-i|x-x_0|\sqrt{\frac{\alpha}{\eta}}}\,\mathrm{erfc}\left(\frac{|x-x_0|}{2\sqrt{\eta(t-t_0)}} - i\sqrt{\alpha(t-t_0)}\right) - e^{i|x-x_0|\sqrt{\frac{\alpha}{\eta}}}\times\right.$$
$$\times\,\mathrm{erfc}\left(\frac{|x-x_0|}{2\sqrt{\eta(t-t_0)}} + i\sqrt{\alpha(t-t_0)}\right) + e^{-i(x+x_0)\sqrt{\frac{\alpha}{\eta}}}\,\mathrm{erfc}\left(\frac{(x+x_0)}{2\sqrt{\eta(t-t_0)}} - i\sqrt{\alpha(t-t_0)}\right) -$$
$$\left.-\,e^{i(x+x_0)\sqrt{\frac{\alpha}{\eta}}}\,\mathrm{erfc}\left(\frac{(x+x_0)}{2\sqrt{\eta(t-t_0)}} + i\sqrt{\alpha(t-t_0)}\right)\right] \tag{3.3.13}$$

---

*$\left\{\frac{z^2}{4\tau}\right\}^{-\frac{1}{4}} e^{-\frac{z^2}{8\tau}} W_{[-\frac{3}{4},\frac{1}{4}]}\left\{\frac{z^2}{4\tau}\right\} = 2\sqrt{\pi}\, i\,\mathrm{erfc}\left\{\frac{|z|}{2\sqrt{\tau}}\right\}$.

†In deriving equation (3.3.9) we have used $W_{[-\frac{3}{4},\frac{1}{4}]}\{x\} = 2\sqrt{\pi}x^{\frac{1}{4}}e^{\frac{x}{2}}\, i\,\mathrm{erfc}\left(\sqrt{x}\right)$, $W_{[-\frac{1}{4},\frac{1}{4}]}\{x\} = \sqrt{\pi}x^{\frac{1}{4}}e^{\frac{x}{2}}\,\mathrm{erfc}\left(\sqrt{x}\right)$, and the recurrence relationship $W_{[u,v]}\{x\} = \sqrt{x}\,W_{[u-\frac{1}{2},v-\frac{1}{2}]}\{x\} + \left(\frac{1}{2}+v-u\right)W_{[u-1,v]}\{x\}$.

(v) $q(t) = q\sin(\omega t)$, $t > 0$; that is, a sinusoidal source

$$\overline{p} = \frac{q\omega e^{-st_0}}{2\phi c_t\sqrt{\eta s}(s^2+\omega^2)}\left\{e^{-|x-x_0|\sqrt{\frac{s}{\eta}}} + e^{-(x+x_0)\sqrt{\frac{s}{\eta}}}\right\} \tag{3.3.14}$$

$$p = \frac{U(t-t_0)q}{2\phi c_t\eta\sqrt{\pi}}\left[|x-x_0|\int_{\frac{|x-x_0|}{2\sqrt{\eta(t-t_0)}}}^{\infty}\frac{e^{-u^2}}{u^2}\sin\left\{\omega\left(t-t_0-\frac{(x-x_0)^2}{4\eta u^2}\right)\right\}du + (x+x_0)\int_{\frac{(x+x_0)}{2\sqrt{\eta(t-t_0)}}}^{\infty}\frac{e^{-u^2}}{u^2}\sin\left\{\omega\left(t-t_0-\frac{(x+x_0)^2}{4\eta u^2}\right)\right\}du\right] \tag{3.3.15}$$

(vi) $q(t) = q\cos(\omega t)$, $t > 0$; that is, a cosinusoidal source

$$\overline{p} = \frac{qe^{-st_0}}{2\phi c_t(s^2+\omega^2)}\sqrt{\frac{s}{\eta}}\left\{e^{-|x-x_0|\sqrt{\frac{s}{\eta}}} + e^{-(x+x_0)\sqrt{\frac{s}{\eta}}}\right\} \tag{3.3.16}$$

$$p = \frac{U(t-t_0)q}{2\phi c_t\eta\sqrt{\pi}}\left[|x-x_0|\int_{\frac{|x-x_0|}{2\sqrt{\eta(t-t_0)}}}^{\infty}\frac{e^{-u^2}}{u^2}\cos\left\{\omega\left(t-t_0-\frac{(x-x_0)^2}{4\eta u^2}\right)\right\}du + (x+x_0)\int_{\frac{(x+x_0)}{2\sqrt{\eta(t-t_0)}}}^{\infty}\frac{e^{-u^2}}{u^2}\cos\left\{\omega\left(t-t_0-\frac{(x+x_0)^2}{4\eta u^2}\right)\right\}du\right] \tag{3.3.17}$$

Special cases of $\varphi(x)$

(i) $\varphi(x) = p_I$ the terms corresponding to the initial condition (the last term) in equations (3.3.1) and (3.3.2) are replaced by $\frac{p_I}{s}$ and p_I, respectively.

(ii) $\varphi(x) = p_I\{U(x) - U(x-a)\}$, $a > 0$, $x > 0$; that is, the region $0 < x < a$ is initially at constant pressure p_I and the region $x > a$ is at zero pressure

$$\overline{p} = \begin{cases} \frac{p_I}{2s}\left[2 - e^{-(a-x)\sqrt{\frac{s}{\eta}}} - e^{-(a+x)\sqrt{\frac{s}{\eta}}}\right], & 0 < x \le a \\ \frac{p_I}{2s}\left[e^{-(x-a)\sqrt{\frac{s}{\eta}}} - e^{-(x+a)\sqrt{\frac{s}{\eta}}}\right], & x \ge a \end{cases} \tag{3.3.18}$$

$$p = p_I\left\{\operatorname{erf}\left(\frac{a-x}{2\sqrt{\eta t}}\right) + \operatorname{erf}\left(\frac{a+x}{2\sqrt{\eta t}}\right)\right\} \tag{3.3.19}$$

(iii) $\varphi(x) = p_I\{U(x-a) - U(x-b)\}$, $a > 0$, $b > 0$, $x > 0$; that is, the region $a \le x \le b$ is initially at constant pressure p_I and the regions $0 < x < a$ and $x > b$ are at zero pressure

$$\overline{p} = \begin{cases} \frac{p_I}{2s}\left[e^{-(a-x)\sqrt{\frac{s}{\eta}}} + e^{-(a+x)\sqrt{\frac{s}{\eta}}} - e^{-(b-x)\sqrt{\frac{s}{\eta}}} - e^{-(b+x)\sqrt{\frac{s}{\eta}}}\right], & 0 < x \le a \\ \frac{p_I}{2s}\left[2 + e^{-(x+a)\sqrt{\frac{s}{\eta}}} - e^{-(x-a)\sqrt{\frac{s}{\eta}}} - e^{-(b-x)\sqrt{\frac{s}{\eta}}} - e^{-(x+b)\sqrt{\frac{s}{\eta}}}\right], & a \le x \le b \\ \frac{p_I}{2s}\left[e^{-(x+a)\sqrt{\frac{s}{\eta}}} - e^{-(x-a)\sqrt{\frac{s}{\eta}}} + e^{-(x-b)\sqrt{\frac{s}{\eta}}} - e^{-(x+b)\sqrt{\frac{s}{\eta}}}\right], & x \ge b \end{cases} \tag{3.3.20}$$

$$p = \frac{p_I}{2}\left\{\operatorname{erf}\left(\frac{x-a}{2\sqrt{\eta t}}\right) - \operatorname{erf}\left(\frac{x+a}{2\sqrt{\eta t}}\right) - \operatorname{erf}\left(\frac{x-b}{2\sqrt{\eta t}}\right) + \operatorname{erf}\left(\frac{x+b}{2\sqrt{\eta t}}\right)\right\} \tag{3.3.21}$$

(iv) $\varphi(x) = \frac{p_I}{\sqrt{x}}$, $x > 0$

$$\overline{p} = \frac{p_I}{2\sqrt{s\eta}}\left[e^{-x\sqrt{\frac{s}{\eta}}}\left\{i\left(\frac{\eta}{s}\right)^{\frac{1}{4}}\gamma\left(\frac{1}{2}, -x\sqrt{\frac{s}{\eta}}\right) + \sqrt{\pi}\right\} + e^{x\sqrt{\frac{s}{\eta}}}\left\{\frac{1}{\sqrt{x}}\Gamma\left(\frac{1}{2}, x\sqrt{\frac{s}{\eta}}\right)\right\}\right] \tag{3.3.22}$$

$$p = \frac{p_I}{2}\sqrt{\frac{\pi x}{\eta t}}e^{-\frac{x^2}{8\eta t}}I_{-\frac{1}{4}}\left(\frac{x^2}{8\eta t}\right) \tag{3.3.23}$$

(v) $\varphi(x) = p_I e^{-\alpha x}$, $\alpha > 0$, $x > 0$

$$\overline{p} = p_I\frac{\left(\alpha\sqrt{\frac{\eta}{s}}e^{-x\sqrt{\frac{s}{\eta}}} - e^{-x\alpha}\right)}{\eta\alpha^2 - s} \tag{3.3.24}$$

$$p = \frac{p_I}{2}\left[e^{-\alpha x}\operatorname{erfc}\left(\alpha\sqrt{\eta t} - \frac{x}{2\sqrt{\eta t}}\right) + e^{\alpha x}\operatorname{erfc}\left(\alpha\sqrt{\eta t} + \frac{x}{2\sqrt{\eta t}}\right)\right]e^{\alpha^2\eta t} \tag{3.3.25}$$

(vi) $\varphi(x) = p_I e^{-\alpha x^2}$, $\alpha > 0$, $x > 0$

$$\overline{p} = \frac{p_I}{4}\sqrt{\frac{\pi}{\alpha\eta s}}\left[2\cosh\left(x\sqrt{\frac{s}{\eta}}\right) - e^{-x\sqrt{\frac{s}{\eta}}}\operatorname{erf}\left(\frac{1}{2}\sqrt{\frac{s}{\alpha\eta}} - x\sqrt{\alpha}\right) - e^{x\sqrt{\frac{s}{\eta}}}\operatorname{erf}\left(\frac{1}{2}\sqrt{\frac{s}{\alpha\eta}} + x\sqrt{\alpha}\right)\right]e^{\frac{s}{4\alpha\eta}} \tag{3.3.26}$$

$$p = \frac{p_I e^{-\frac{x^2\alpha}{4\alpha\eta t+1}}}{\sqrt{4\alpha\eta t + 1}} \tag{3.3.27}$$

(vii) $\varphi(x) = p_I x e^{-\alpha x^2}$, $\alpha > 0$, $x > 0$.

$$\overline{p} = \frac{p_I}{2\sqrt{\eta s}}\int_0^\infty u\left\{e^{-|u-x|\sqrt{\frac{s}{\eta}}} + e^{-(u+x)\sqrt{\frac{s}{\eta}}}\right\}e^{-\alpha u^2}du \tag{3.3.28}$$

$$p = \frac{p_I x e^{-\frac{x^2\alpha}{4\alpha\eta t+1}}}{(4\alpha\eta t + 1)^{\frac{3}{2}}}\operatorname{erf}\left(\frac{x}{2\sqrt{\eta t(4\alpha\eta t + 1)}}\right) + \frac{2p_I e^{-\frac{x^2}{4\eta t}}}{(4\alpha\eta t + 1)}\sqrt{\frac{\eta t}{\pi}} \tag{3.3.29}$$

(viii) $\varphi(x) = p_I x^2 e^{-\alpha x^2}$, $\alpha > 0$, $x > 0$

$$\overline{p} = \frac{p_I}{2\sqrt{\eta s}}\int_0^\infty u^2\left\{e^{-|u-x|\sqrt{\frac{s}{\eta}}} + e^{-(u+x)\sqrt{\frac{s}{\eta}}}\right\}e^{-\alpha u^2}du \tag{3.3.30}$$

$$p = 2p_I\eta t e^{-\frac{x^2\alpha}{4\alpha\eta t+1}}\frac{\left\{(4\alpha\eta t + 1) + \frac{x^2}{2\eta t}\right\}}{(4\alpha\eta t + 1)^{\frac{5}{2}}} \tag{3.3.31}$$

(ix) $\varphi(x) = p_I x^\nu e^{-\alpha x^2}$, $\alpha > 0$, $x > 0$

$$\overline{p} = \frac{p_I}{2\sqrt{\eta s}} \int_0^\infty u^\nu \left\{ e^{-|u-x|\sqrt{\frac{s}{\eta}}} + e^{-(u+x)\sqrt{\frac{s}{\eta}}} \right\} e^{-\alpha u^2} du \tag{3.3.32}$$

$$\begin{aligned} p &= \frac{p_I \Gamma(\nu+1) e^{-\frac{x^2}{4\eta t}\left\{\frac{8\alpha\eta t+1}{8\alpha\eta t+2}\right\}}}{\sqrt{2\pi}\,(4\alpha\eta t+1)} \times \\ &\times \left\{\frac{2\eta t}{(4\alpha\eta t+1)}\right\}^{\frac{\nu}{2}} \left[D_{-(\nu+1)}\left\{-\frac{x}{\sqrt{2\eta t\,(4\alpha\eta t+1)}}\right\} + D_{-(\nu+1)}\left\{\frac{x}{\sqrt{2\eta t\,(4\alpha\eta t+1)}}\right\}\right] \end{aligned} \tag{3.3.33}$$

Special cases of $\psi(t)$

(i) $\psi(t)$ is a constant and equal to q_0*

$$\overline{p} = \left(\frac{q_0}{\phi c_t \sqrt{\eta}}\right) \frac{e^{-x\sqrt{\frac{s}{\eta}}}}{s^{\frac{3}{2}}} \tag{3.3.34}$$

$$p = \frac{2q_0}{\phi c_t}\sqrt{\frac{t}{\eta}} \left[i\,\mathrm{erfc}\left\{\frac{x}{2\sqrt{\eta t}}\right\}\right] \tag{3.3.35}$$

(ii) $\psi(t) = \sum_{\iota=0}^{N} q_\iota t^\iota$; that is, a polynomial variation in the production rate

$$\overline{p} = \left(\frac{1}{\phi c_t \sqrt{\eta}}\right) \sum_{\iota=0}^{N} \frac{q_\iota \iota! e^{-x\sqrt{\frac{s}{\eta}}}}{s^{\iota+1}\sqrt{s}} \tag{3.3.36}$$

$$p = \left(\frac{1}{\phi c_t}\sqrt{\frac{t}{\pi\eta}}\right)\left(\frac{x^2}{4\eta t}\right)^{-\frac{1}{4}} e^{-\frac{x^2}{8\eta t}} \sum_{\iota=0}^{N} \Gamma(\iota+1)\, q_\iota t^\iota W_{\left[\left\{-\frac{3}{4}-\iota\right\},\frac{1}{4}\right]}\left(\frac{x^2}{4\eta t}\right) \tag{3.3.37}$$

When $\iota = 0$—that is, for constant production rate q_0—equations (3.3.36) and (3.3.37) reduce to equations (3.3.34) and (3.3.35).†

(iii) $\psi(t) = q_0 e^{-\alpha t}$, $\alpha \geq 0$; that is, an exponential decrease in the production rate

$$\overline{p} = \left(\frac{q_0}{\phi c_t \sqrt{\eta}}\right) \frac{e^{-x\sqrt{\frac{s}{\eta}}}}{(s+\alpha)\sqrt{s}} \tag{3.3.38}$$

$$p = \frac{q_0 i e^{-\alpha t}}{2\phi c_t \sqrt{\eta\alpha}} \left[e^{ix\sqrt{\frac{\alpha}{\eta}}}\,\mathrm{erfc}\left\{\frac{x}{2\sqrt{\eta t}} + i\sqrt{\alpha t}\right\} - e^{-ix\sqrt{\frac{\alpha}{\eta}}}\,\mathrm{erfc}\left\{\frac{x}{2\sqrt{\eta t}} - i\sqrt{\alpha t}\right\}\right] \tag{3.3.39}$$

(iv) $\psi(t) = q_0\left\{1 - e^{-\alpha t}\right\}$, $\alpha \geq 0$; that is, an exponential increases in the production rate to a constant value q_0

$$\overline{p} = \left(\frac{q_0 \alpha}{\phi c_t \sqrt{\eta}}\right) \frac{e^{-x\sqrt{\frac{s}{\eta}}}}{s(s+\alpha)\sqrt{s}} \tag{3.3.40}$$

$$\begin{aligned} p &= \left(\frac{2q_0}{\phi c_t}\sqrt{\frac{t}{\eta}}\right)\left[i\,\mathrm{erfc}\left\{\frac{x}{2\sqrt{\eta t}}\right\}\right] - \\ &- \frac{q_0 i e^{-\alpha t}}{2\phi c_t \sqrt{\eta\alpha}} \left[e^{ix\sqrt{\frac{\alpha}{\eta}}}\,\mathrm{erfc}\left\{\frac{x}{2\sqrt{\eta t}} + i\sqrt{\alpha t}\right\} - e^{-ix\sqrt{\frac{\alpha}{\eta}}}\,\mathrm{erfc}\left\{\frac{x}{2\sqrt{\eta t}} - i\sqrt{\alpha t}\right\}\right] \end{aligned} \tag{3.3.41}$$

*This is the solution to the problem of diffusion in a semi infinite medium, $x > 0$ where there exists a constant fluid flux q_0 across the boundary $x = 0$ and the initial pressure is zero throughout the medium.

†We have used the relationship $W_{\left[-\frac{3}{4},\frac{1}{4}\right]}\{x\} = 2\sqrt{\pi}\,x^{\frac{1}{4}}\,e^{\frac{x}{2}}\,i\,\mathrm{erfc}\left(\sqrt{x}\right)$.

3.4 The problem of 3.2, except $\mathbf{R} \equiv \frac{\partial p(0,t)}{\partial x} - \lambda p(0,t) = -\left(\frac{\mu}{k}\right)\psi(t)$

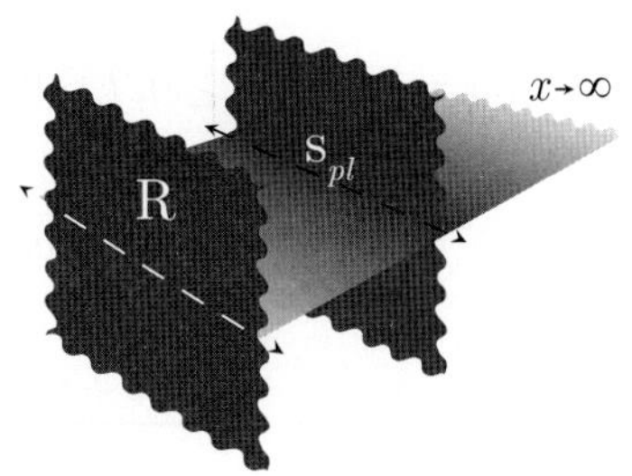

The successive application of the Laplace and Fourier sine-cosine transformations to equation (3.1.1) gives

$$\bar{\bar{p}} = \frac{q(s)\,e^{-st_0}\{n\cos(nx_0) + \lambda\sin(nx_0)\}}{\phi c_t(n^2\eta + s)} + \frac{n\bar{\psi}(s)}{\phi c_t(n^2\eta + s)} + \frac{\int_0^\infty \varphi(u)\{n\cos(nu) + \lambda\sin(nu)\}\,du}{(n^2\eta + s)} \tag{3.4.1}$$

and

$$\bar{p} = \frac{q(s)e^{-st_0}}{2\phi c_t\sqrt{\eta s}}\left\{e^{-|x-x_0|\sqrt{\frac{s}{\eta}}} + \left(\frac{\sqrt{s}-\lambda\sqrt{\eta}}{\sqrt{s}+\lambda\sqrt{\eta}}\right)e^{-(x+x_0)\sqrt{\frac{s}{\eta}}}\right\} + \frac{\bar{\psi}(s)\,e^{-x\sqrt{\frac{s}{\eta}}}}{\phi c_t\sqrt{\eta}\left(\sqrt{s}+\lambda\sqrt{\eta}\right)} +$$
$$+\frac{1}{2\sqrt{\eta s}}\int_0^\infty \varphi(u)\left\{e^{-|x-u|\sqrt{\frac{s}{\eta}}} + \left(\frac{\sqrt{s}-\lambda\sqrt{\eta}}{\sqrt{s}+\lambda\sqrt{\eta}}\right)e^{-(x+u)\sqrt{\frac{s}{\eta}}}\right\}du \tag{3.4.2}$$

and

$$p = \frac{U(t-t_0)}{2\phi c_t\sqrt{\pi\eta}}\int_0^{t-t_0}\frac{q(t-t_0-u)}{\sqrt{u}}\left\{e^{-\frac{(x-x_0)^2}{4\eta u}} + e^{-\frac{(x+x_0)^2}{4\eta u}} -\right.$$
$$\left.-2\left\{\lambda\sqrt{\pi\eta u}\right\}e^{\{(x+x_0)\lambda+\lambda^2\eta u\}}\,\mathrm{erfc}\left(\lambda\sqrt{\eta u} + \frac{x+x_0}{2\sqrt{\eta u}}\right)\right\}du +$$
$$+\frac{1}{\phi c_t\sqrt{\eta}}\int_0^t \psi(t-u)\left\{\frac{e^{-\frac{x^2}{4\eta u}}}{\sqrt{\pi u}} - \lambda\sqrt{\eta}e^{(\lambda x+\lambda^2\eta u)}\,\mathrm{erfc}\left(\frac{x}{2\sqrt{\eta u}} + \lambda\sqrt{\eta u}\right)\right\}du +$$
$$+\frac{1}{2\sqrt{\pi\eta t}}\int_0^\infty \varphi(u)\left\{e^{-\frac{(x-u)^2}{4\eta t}} + e^{-\frac{(x+u)^2}{4\eta t}} - 2\left\{\lambda\sqrt{\pi\eta t}\right\}e^{\{(x+u)\lambda+\lambda^2\eta t\}}\,\mathrm{erfc}\left(\lambda\sqrt{\eta t} + \frac{x+u}{2\sqrt{\eta t}}\right)\right\}du^* \tag{3.4.3}$$

Special cases of $q(t)$

(i) $q(t)$ is a constant and equal to q

$$\bar{p} = \frac{qe^{-st_0}}{2\phi c_t s\sqrt{\eta s}}\left\{e^{-|x-x_0|\sqrt{\frac{s}{\eta}}} + \left(\frac{\sqrt{s}-\lambda\sqrt{\eta}}{\sqrt{s}+\lambda\sqrt{\eta}}\right)e^{-(x+x_0)\sqrt{\frac{s}{\eta}}}\right\} \tag{3.4.4}$$

$$p = \frac{U(t-t_0)q}{\phi c_t}\sqrt{\frac{(t-t_0)}{\eta}}\left[i\,\mathrm{erfc}\,\frac{|x-x_0|}{2\sqrt{\eta(t-t_0)}} - i\,\mathrm{erfc}\,\frac{x+x_0}{2\sqrt{\eta(t-t_0)}} +\right.$$
$$\left.+\frac{1}{\lambda\sqrt{\eta(t-t_0)}}\left\{\mathrm{erfc}\left(\frac{x+x_0}{2\sqrt{\eta(t-t_0)}}\right) - e^{\{(x+x_0)\lambda+\lambda^2\eta(t-t_0)\}}\,\mathrm{erfc}\left(\lambda\sqrt{\eta(t-t_0)} + \frac{x+x_0}{2\sqrt{\eta(t-t_0)}}\right)\right\}\right] \tag{3.4.5}$$

*This is also the solution where the pressure derivative is zero at $x = 0$ ($\lambda = 0$) and where pressure is zero at $x = 0$ ($\lambda \to \infty$). As $\lambda \to \infty$, $\left\{\left\{\lambda\sqrt{\pi\eta(t-t_0)}\right\}e^{\{(x+x_0)\lambda+\lambda^2\eta(t-t_0)\}}\,\mathrm{erfc}\left(\lambda\sqrt{\eta(t-t_0)} + \frac{x+x_0}{2\sqrt{\eta(t-t_0)}}\right)\right\} \to e^{-\frac{(x+x_0)^2}{4\eta(t-t_0)}}$. For $\lambda = 0$ and $\lambda \to \infty$, equation (3.4.3) reduces to equation (3.3.3) and (3.2.3), respectively.

(ii) $q(t) = qe^{-\alpha t}$, $\alpha \geq 0$, $t > 0$; that is, an exponential decrease

$$\overline{p} = \frac{qe^{-st_0}}{2\phi c_t \sqrt{\eta s}(s+\alpha)} \left\{ e^{-|x-x_0|\sqrt{\frac{s}{\eta}}} + \left(\frac{\sqrt{s} - \lambda\sqrt{\eta}}{\sqrt{s} + \lambda\sqrt{\eta}} \right) e^{-(x+x_0)\sqrt{\frac{s}{\eta}}} \right\} \tag{3.4.6}$$

$$\begin{aligned} p \;=\; & \frac{U(t-t_0)qe^{-\alpha(t-t_0)}}{4\phi c_t \sqrt{\eta\alpha}} \left[ie^{i|x-x_0|\sqrt{\frac{\alpha}{\eta}}} \operatorname{erfc}\left(\frac{|x-x_0|}{2\sqrt{\eta(t-t_0)}} + i\sqrt{\alpha(t-t_0)} \right) - \right. \\ & -ie^{-i|x-x_0|\sqrt{\frac{\alpha}{\eta}}} \operatorname{erfc}\left(\frac{|x-x_0|}{2\sqrt{\eta(t-t_0)}} - i\sqrt{\alpha(t-t_0)} \right) + \\ & + \left(\frac{\sqrt{\alpha} - i\lambda\sqrt{\eta}}{\lambda\sqrt{\eta} - i\sqrt{\alpha}} \right) e^{i(x+x_0)\sqrt{\frac{\alpha}{\eta}}} \operatorname{erfc}\left(\frac{x+x_0}{2\sqrt{\eta(t-t_0)}} + i\sqrt{\alpha(t-t_0)} \right) + \\ & \left. + \left(\frac{\sqrt{\alpha} + i\lambda\sqrt{\eta}}{\lambda\sqrt{\eta} + i\sqrt{\alpha}} \right) e^{-i(x+x_0)\sqrt{\frac{\alpha}{\eta}}} \operatorname{erfc}\left(\frac{x+x_0}{2\sqrt{\eta(t-t_0)}} - i\sqrt{\alpha(t-t_0)} \right) \right] - \\ & - \frac{U(t-t_0)\,\lambda q e^{(x+x_0)\lambda + \lambda^2\eta(t-t_0)}}{\phi c_t (\lambda^2\eta + \alpha)} \operatorname{erfc}\left(\frac{x+x_0}{2\sqrt{\eta t}} + \lambda\sqrt{\eta(t-t_0)} \right) \end{aligned} \tag{3.4.7}$$

Special cases of $\varphi(x)$

(i) $p(x,0) = p_I$, is a constant, for all $x > 0$

$$\overline{p} = \frac{p_I}{s} \left\{ 1 - \frac{\lambda\sqrt{\eta} e^{-x\sqrt{\frac{s}{\eta}}}}{(\sqrt{s} + \lambda\sqrt{\eta})} \right\} \tag{3.4.8}$$

$$p = p_I \left[e^{\lambda x + \lambda^2 \eta t} \operatorname{erfc}\left\{ \frac{x}{2\sqrt{\eta t}} + \lambda\sqrt{\eta t} \right\} + \operatorname{erf}\left(\frac{x}{2\sqrt{\eta t}} \right) \right] \tag{3.4.9}$$

(ii) $\varphi(x) = p_I \{U(x) - U(x-a)\}$, $a > 0$, $x > 0$; that is, the region $0 < x < a$ is initially at constant pressure p_I and the region $x > a$ is at zero pressure

$$\overline{p} = \begin{cases} \frac{p_I}{2s} \left[2 - e^{-x\sqrt{\frac{s}{\eta}}} - e^{-(a-x)\sqrt{\frac{s}{\eta}}} - \left(\frac{\sqrt{s}-\lambda\sqrt{\eta}}{\sqrt{s}+\lambda\sqrt{\eta}} \right) \left\{ e^{-x\sqrt{\frac{s}{\eta}}} - e^{-(a+x)\sqrt{\frac{s}{\eta}}} \right\} \right], & 0 < x \leq a \\ \frac{p_I}{2s} \left[e^{-(x-a)\sqrt{\frac{s}{\eta}}} - e^{-x\sqrt{\frac{s}{\eta}}} - \left(\frac{\sqrt{s}-\lambda\sqrt{\eta}}{\sqrt{s}+\lambda\sqrt{\eta}} \right) \left\{ e^{-x\sqrt{\frac{s}{\eta}}} - e^{-(x+a)\sqrt{\frac{s}{\eta}}} \right\} \right], & x \geq a \end{cases} \tag{3.4.10}$$

$$\begin{aligned} p \;=\; & p_I \left[\frac{1}{2} \left\{ \operatorname{erf}\left(\frac{x+a}{2\sqrt{\eta t}} \right) - \operatorname{erf}\left(\frac{x-a}{2\sqrt{\eta t}} \right) \right\} + e^{\lambda(x+a) + \lambda^2\eta t} \operatorname{erfc}\left(\lambda\sqrt{\eta t} + \frac{x+a}{2\sqrt{\eta t}} \right) - \right. \\ & \left. - e^{\lambda x + \lambda^2 \eta t} \operatorname{erfc}\left(\lambda\sqrt{\eta t} + \frac{x}{2\sqrt{\eta t}} \right) \right] \end{aligned} \tag{3.4.11}$$

(iii) $\varphi(x) = p_I \{U(x-a) - U(x-b)\}$, $a > 0$, $b > 0$, $x > 0$; that is, the region $a \leq x \leq b$ is initially at constant pressure p_I and the regions $0 < x < a$ and $x > b$ are at zero pressure

$$\overline{p} = \begin{cases} \frac{p_I}{2s} \left[e^{-(a-x)\sqrt{\frac{s}{\eta}}} - e^{-(b-x)\sqrt{\frac{s}{\eta}}} + \left(\frac{\sqrt{s}-\lambda\sqrt{\eta}}{\sqrt{s}+\lambda\sqrt{\eta}} \right) \left\{ e^{-(x+a)\sqrt{\frac{s}{\eta}}} - e^{-(x+b)\sqrt{\frac{s}{\eta}}} \right\} \right], & 0 < x \leq a \\ \frac{p_I}{2s} \left[2 - e^{-(x-a)\sqrt{\frac{s}{\eta}}} - e^{-(b-x)\sqrt{\frac{s}{\eta}}} + \left(\frac{\sqrt{s}-\lambda\sqrt{\eta}}{\sqrt{s}+\lambda\sqrt{\eta}} \right) \left\{ e^{-(x+a)\sqrt{\frac{s}{\eta}}} - e^{-(x+b)\sqrt{\frac{s}{\eta}}} \right\} \right], & a \leq x \leq b \\ \frac{p_I}{2s} \left[e^{-(x-b)\sqrt{\frac{s}{\eta}}} - e^{-(x-a)\sqrt{\frac{s}{\eta}}} + \left(\frac{\sqrt{s}-\lambda\sqrt{\eta}}{\sqrt{s}+\lambda\sqrt{\eta}} \right) \left\{ e^{-(x+a)\sqrt{\frac{s}{\eta}}} - e^{-(x+b)\sqrt{\frac{s}{\eta}}} \right\} \right] & x \geq b \end{cases} \tag{3.4.12}$$

$$\begin{aligned} p \;=\; & p_I \left[\frac{1}{2} \left\{ \operatorname{erf}\left(\frac{x+a}{2\sqrt{\eta t}} \right) + \operatorname{erf}\left(\frac{x-a}{2\sqrt{\eta t}} \right) - \operatorname{erf}\left(\frac{x+b}{2\sqrt{\eta t}} \right) - \operatorname{erf}\left(\frac{x-b}{2\sqrt{\eta t}} \right) \right\} + \right. \\ & \left. + e^{\lambda(x+a)+\lambda^2\eta t} \operatorname{erfc}\left(\lambda\sqrt{\eta t} + \frac{x+a}{2\sqrt{\eta t}} \right) - e^{\lambda(x+b)+\lambda^2\eta t} \operatorname{erfc}\left(\lambda\sqrt{\eta t} + \frac{x+b}{2\sqrt{\eta t}} \right) \right] \end{aligned} \tag{3.4.13}$$

Special cases of $\psi(t)$

(i) $\psi(t)$ is a constant and equal to q_0

$$\overline{p} = \frac{q_0 e^{-x\sqrt{\frac{s}{\eta}}}}{\phi c_t \sqrt{\eta}\, s\left(\sqrt{s}+\lambda\sqrt{\eta}\right)} \tag{3.4.14}$$

$$p = \frac{q_0}{\phi c_t \eta \lambda}\left[\operatorname{erfc}\left(\frac{x}{2\sqrt{\eta t}}\right) - e^{\left(\lambda x + \lambda^2 \eta t\right)} \operatorname{erfc}\left\{\frac{x}{2\sqrt{\eta t}} + \lambda\sqrt{\eta t}\right\}\right] \tag{3.4.15}$$

(ii) $\psi(t) = q_0 e^{-\alpha t}$, $\alpha \geq 0$; that is, an exponential decrease in the production rate

$$\overline{p} = \left(\frac{q_0}{\phi c_t \sqrt{\eta}}\right) \frac{e^{-x\sqrt{\frac{s}{\eta}}}}{(s+\alpha)\left(\sqrt{s}+\lambda\sqrt{\eta}\right)} \tag{3.4.16}$$

$$\begin{aligned} p \;=\; & \frac{q_0 e^{-\alpha t}}{2\phi c_t \sqrt{\eta}}\left\{\frac{e^{-ix\sqrt{\frac{\alpha}{\eta}}}}{\lambda\sqrt{\eta}+i\sqrt{\alpha}} \operatorname{erfc}\left(\frac{x}{2\sqrt{\eta t}} - i\sqrt{\alpha t}\right) + \frac{e^{ix\sqrt{\frac{\alpha}{\eta}}}}{\lambda\sqrt{\eta}-i\sqrt{\alpha}} \operatorname{erfc}\left(\frac{x}{2\sqrt{\eta t}} + i\sqrt{\alpha t}\right)\right\} - \\ & -\frac{q_0 \lambda}{2\phi c_t}\left\{\frac{e^{\left(\lambda x+\lambda^2 \eta t\right)}}{\lambda^2 \eta + \alpha} \operatorname{erfc}\left(\frac{x}{2\sqrt{\eta t}} + \lambda\sqrt{\eta t}\right)\right\} \end{aligned} \tag{3.4.17}$$

(iii) $\psi(t) = q_0\left\{U(t) - U(t-\tau)\right\}$, $\tau > 0$, $t > 0$; that is, during the period $0 < t < \tau$, $\psi(t)$ is at constant flux q_0, and for $t > \tau$, it is at zero flux

$$\overline{p} = \frac{q_0\left(1-e^{-\tau s}\right) e^{-x\sqrt{\frac{s}{\eta}}}}{\phi c_t \sqrt{\eta}\, s\left(\sqrt{s}+\lambda\sqrt{\eta}\right)} \tag{3.4.18}$$

$$p = \frac{q_0}{\phi c_t \lambda \eta}\left[\left\{\operatorname{erfc}\left(\frac{x}{2\sqrt{\eta t}}\right)\right\} - U(t-\tau)\left\{\operatorname{erfc}\left(\frac{x}{2\sqrt{\eta(t-\tau)}}\right)\right\}\right] \tag{3.4.19}$$

(iv) $\psi(t) = q_0\left\{U(t-\tau_1) - U(t-\tau_2)\right\}$, $t > 0$; that is, during the period $\tau_1 < t < \tau_2$, $\psi(t)$ is at constant flux q_0, and during the periods $0 < t < \tau_1$ and $t > \tau_2$, it is zero flux

$$\overline{p} = \frac{q_0\left(e^{-\tau_1 s} - e^{-\tau_2 s}\right) e^{-x\sqrt{\frac{s}{\eta}}}}{\phi c_t \sqrt{\eta}\, s\left(\sqrt{s}+\lambda\sqrt{\eta}\right)} \tag{3.4.20}$$

$$p = \frac{q_0}{\phi c_t \lambda \eta}\left[U(t-\tau_2)\left\{\operatorname{erfc}\left(\frac{x}{2\sqrt{\eta(t-\tau_2)}}\right)\right\} - U(t-\tau_1)\left\{\operatorname{erfc}\left(\frac{x}{2\sqrt{\eta(t-\tau_1)}}\right)\right\}\right] \tag{3.4.21}$$

Chapter 4

Bounded continuum. $p(x,t)$ is a function of x and t only

4.1 **The medium is bounded by the planes $x = 0$ and $x = a$. Plane surface source at $s_{pl} \equiv x = x_0$ at time $t = t_0$; $0 < x_0 < a$, $t_0 \geq 0$. $D_0 \equiv p(0,t) = \psi_0(t)$ and $D_a \equiv p(a,t) = \psi_a(t)$. $\psi_0(t)$ and $\psi_a(t)$ are arbitrary functions of time. The initial pressure $p(x,0) = \varphi(x)$**

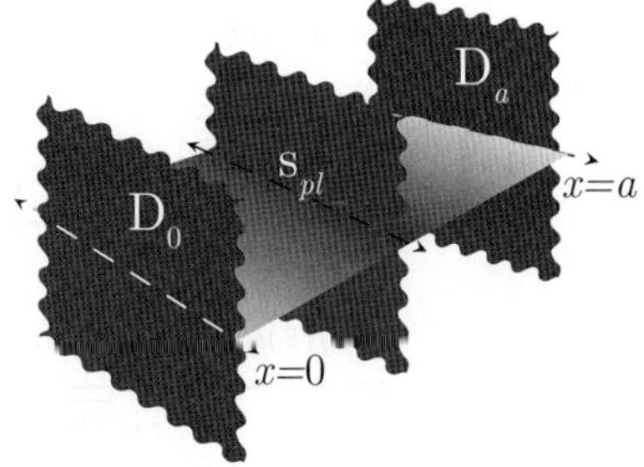

A quantity Q of fluid is suddenly injected at a plane passing through the point $x = x_0$ $(0 < x_0 < a)$, at time $t = t_0$, and the resulting pressure disturbance is left to diffuse through the homogeneous porous medium. The medium is bounded by the planes $x = 0$ and $x = a$.

The successive application of the Laplace and finite Fourier sine transforms of equation (3.1.1) yields

$$\overline{\overline{p}} = \frac{Qe^{-st_0}\sin(\xi_n x_0)}{\phi c_t(s+\eta\xi_n^2)} + \frac{\eta\xi_n\left\{\overline{\psi}_0(s) - (-1)^n\overline{\psi}_a(s)\right\}}{s+\eta\xi_n^2} + \frac{\int_0^a \varphi(x)\sin(\xi_{nx})\,dx}{s+\eta\xi_n^2} \tag{4.1.1}$$

where $\xi_n = \frac{n\pi}{a}$, $n = 1, 2, ...$ The inverse integral transforms of equation (4.1.1) yield

$$\begin{aligned}
\overline{p} &= \frac{Qe^{-st_0}\operatorname{csch}\left(a\sqrt{\frac{s}{\eta}}\right)}{2\phi c_t\sqrt{s\eta}}\left[\cosh\left\{(a-|x-x_0|)\sqrt{\frac{s}{\eta}}\right\} - \cosh\left\{(a-x-x_0)\sqrt{\frac{s}{\eta}}\right\}\right] + \\
&+ \operatorname{csch}\left(a\sqrt{\frac{s}{\eta}}\right)\left[\overline{\psi}_0(s)\sinh\left\{(a-x)\sqrt{\frac{s}{\eta}}\right\} + \overline{\psi}_a(s)\sinh\left(x\sqrt{\frac{s}{\eta}}\right)\right] + \\
&+ \frac{\operatorname{csch}\left(a\sqrt{\frac{s}{\eta}}\right)}{2\sqrt{s\eta}}\int_0^a \varphi(u)\left[\cosh\left\{(a-|x-u|)\sqrt{\frac{s}{\eta}}\right\} - \cosh\left\{(a-x-u)\sqrt{\frac{s}{\eta}}\right\}\right] du \\
&= \frac{Qe^{-st_0}\operatorname{csch}\left(a\sqrt{\frac{s}{\eta}}\right)}{\phi c_t\sqrt{s\eta}}\begin{bmatrix}\sinh\left(x\sqrt{\frac{s}{\eta}}\right)\sinh\left\{(a-x_0)\sqrt{\frac{s}{\eta}}\right\} & 0 \leq x \leq x_0 \\ \sinh\left\{(a-x)\sqrt{\frac{s}{\eta}}\right\}\sinh\left(x_0\sqrt{\frac{s}{\eta}}\right) & x_0 \leq x \leq a\end{bmatrix} + \\
&+ \operatorname{csch}\left(a\sqrt{\frac{s}{\eta}}\right)\left[\overline{\psi}_0(s)\sinh\left\{(a-x)\sqrt{\frac{s}{\eta}}\right\} + \overline{\psi}_a(s)\sinh\left(x\sqrt{\frac{s}{\eta}}\right)\right] +
\end{aligned}$$

$$+\frac{\operatorname{csch}\left(a\sqrt{\frac{s}{\eta}}\right)}{\sqrt{s\eta}}\left[\sinh\left\{(a-x)\sqrt{\frac{s}{\eta}}\right\}\int_0^x \varphi(u)\sinh\left(u\sqrt{\frac{s}{\eta}}\right)du+\right.$$
$$\left.+\sinh\left(x\sqrt{\frac{s}{\eta}}\right)\int_0^{a-x}\varphi(a-u)\sinh\left(u\sqrt{\frac{s}{\eta}}\right)du\right] \tag{4.1.2}$$

and

$$p=\frac{U(t-t_0)Q}{2a\phi c_t}\left\{\Theta_3\left(\frac{\pi(x-x_0)}{2a},e^{-\left(\frac{\pi}{a}\right)^2\eta(t-t_0)}\right)-\Theta_3\left(\frac{\pi(x+x_0)}{2a},e^{-\left(\frac{\pi}{a}\right)^2\eta(t-t_0)}\right)\right\}+$$
$$+\frac{\eta}{2a^2}\int_0^t\left\{\Theta_4'\left(\frac{\pi x}{2a},e^{-\left(\frac{\pi}{a}\right)^2\eta\tau}\right)\psi_a(t-\tau)-\Theta_3'\left(\frac{\pi x}{2a},e^{-\left(\frac{\pi}{a}\right)^2\eta\tau}\right)\psi_0(t-\tau)\right\}d\tau+$$
$$+\frac{1}{2a}\int_0^a\varphi(u)\left\{\Theta_3\left(\frac{\pi(x-u)}{2a},e^{-\left(\frac{\pi}{a}\right)^2\eta t}\right)-\Theta_3\left(\frac{\pi(x+u)}{2a},e^{-\left(\frac{\pi}{a}\right)^2\eta t}\right)\right\}du \tag{4.1.3}$$

The continuous source solution is obtained by replacing the source terms in equations (4.1.2) and (4.1.3) with

$$\overline{p}=\frac{q(s)e^{-st_0}\operatorname{csch}\left(a\sqrt{\frac{s}{\eta}}\right)}{2\phi c_t\sqrt{s\eta}}\left[\cosh\left\{(a-|x-x_0|)\sqrt{\frac{s}{\eta}}\right\}-\cosh\left\{(a-x-x_0)\sqrt{\frac{s}{\eta}}\right\}\right]$$
$$=\frac{q(s)e^{-st_0}\operatorname{csch}\left(a\sqrt{\frac{s}{\eta}}\right)}{\phi c_t\sqrt{s\eta}}\begin{bmatrix}\sinh\left(x\sqrt{\frac{s}{\eta}}\right)\sinh\left\{(a-x_0)\sqrt{\frac{s}{\eta}}\right\}, & 0\le x\le x_0\\ \sinh\left\{(a-x)\sqrt{\frac{s}{\eta}}\right\}\sinh\left(x_0\sqrt{\frac{s}{\eta}}\right), & x_0\le x\le a\end{bmatrix} \tag{4.1.4}$$

and

$$p=\frac{U(t-t_0)}{2a\phi c_t}\int_0^{t-t_0}q(t-t_0-\tau)\left\{\Theta_3\left(\frac{\pi(x-x_0)}{2a},e^{-\left(\frac{\pi}{a}\right)^2\eta\tau}\right)-\Theta_3\left(\frac{\pi(x+x_0)}{2a},e^{-\left(\frac{\pi}{a}\right)^2\eta\tau}\right)\right\}d\tau \tag{4.1.5}$$

*Special cases of $q(t)$**

(i) $q(t)$ is a constant and equal to q

$$\overline{p}=\frac{qe^{-st_0}\operatorname{csch}\left(a\sqrt{\frac{s}{\eta}}\right)}{\phi c_t s^{\frac{3}{2}}\sqrt{\eta}}\begin{bmatrix}\sinh\left(x\sqrt{\frac{s}{\eta}}\right)\sinh\left\{(a-x_0)\sqrt{\frac{s}{\eta}}\right\}, & 0\le x\le x_0\\ \sinh\left\{(a-x)\sqrt{\frac{s}{\eta}}\right\}\sinh\left(x_0\sqrt{\frac{s}{\eta}}\right), & x_0\le x\le a\end{bmatrix} \tag{4.1.6}$$

$$p=\frac{U(t-t_0)q}{\phi c_t\eta}\left[\left\{\begin{matrix}\left(1-\frac{x_0}{a}\right)x, & 0\le x\le x_0\\ \left(1-\frac{x}{a}\right)x_0, & x_0\le x\le a\end{matrix}\right\}-\frac{2}{a}\sum_{n=1}^{\infty}\frac{1}{\xi_n^2}\sin(\xi_n x_0)\sin(\xi_n x)e^{-\xi_n^2\eta(t-t_0)}\right]$$
$$=\frac{U(t-t_0)q}{\phi c_t\eta}\left[\left\{\begin{matrix}\left(1-\frac{x_0}{a}\right)x, & 0\le x\le x_0\\ \left(1-\frac{x}{a}\right)x_0, & x_0\le x\le a\end{matrix}\right\}-\frac{xx_0}{a}+\right.$$
$$\left.+2a\left\{\Theta_3^{\int\int}\left(\frac{\pi(x+x_0)}{2a},e^{-\left(\frac{\pi}{a}\right)^2\eta(t-t_0)}\right)-\Theta_3^{\int\int}\left(\frac{\pi(x-x_0)}{2a},e^{-\left(\frac{\pi}{a}\right)^2\eta(t-t_0)}\right)\right\}\right] \tag{4.1.7}$$

(ii) $q(t)=qt^{\nu}$, $\nu\ge 0$, $t>0$

$$\overline{p}=\frac{qe^{-st_0}\Gamma(\nu+1)\operatorname{csch}\left(a\sqrt{\frac{s}{\eta}}\right)}{\phi c_t s^{\left(\nu+\frac{3}{2}\right)}\sqrt{\eta}}\begin{bmatrix}\sinh\left(x\sqrt{\frac{s}{\eta}}\right)\sinh\left\{(a-x_0)\sqrt{\frac{s}{\eta}}\right\}, & 0\le x\le x_0\\ \sinh\left\{(a-x)\sqrt{\frac{s}{\eta}}\right\}\sinh\left(x_0\sqrt{\frac{s}{\eta}}\right), & x_0\le x\le a\end{bmatrix} \tag{4.1.8}$$

*We deal with the source term only.

$$p = \frac{U(t-t_0)q}{2a\phi c_t}\int_0^{t-t_0}(t-t_0-\tau)^{\nu}\left\{\Theta_3\left(\frac{\pi(x-x_0)}{2a}, e^{-\left(\frac{\pi}{a}\right)^2\eta\tau}\right)-\Theta_3\left(\frac{\pi(x+x_0)}{2a}, e^{-\left(\frac{\pi}{a}\right)^2\eta\tau}\right)\right\}d\tau \quad (4.1.9)$$

(iii) $q(t) = qe^{-\alpha t}$, $\alpha \geq 0$, $t > 0$; that is, an exponential decrease

$$\overline{p} = \frac{qe^{-st_0}\operatorname{csch}\left(a\sqrt{\frac{s}{\eta}}\right)}{\phi c_t(s+\alpha)\sqrt{s\eta}}\begin{bmatrix}\sinh\left(x\sqrt{\frac{s}{\eta}}\right)\sinh\left\{(a-x_0)\sqrt{\frac{s}{\eta}}\right\}, & 0\leq x\leq x_0\\ \sinh\left\{(a-x)\sqrt{\frac{s}{\eta}}\right\}\sinh\left(x_0\sqrt{\frac{s}{\eta}}\right), & x_0\leq x\leq a\end{bmatrix} \quad (4.1.10)$$

$$p = \frac{2U(t-t_0)q}{a\phi c_t}\sum_{n=1}^{\infty}\left\{\frac{e^{-\alpha(t-t_0)}-e^{-\xi_n^2\eta(t-t_0)}}{\xi_n^2\eta-\alpha}\right\}\sin(\xi_n x_0)\sin(\xi_n x) \quad (4.1.11)$$

(iv) $q(t) = q\sin(\omega t)$, $t > 0$; that is, a sinusoidal source

$$\overline{p} = \frac{qe^{-st_0}\omega\operatorname{csch}\left(a\sqrt{\frac{s}{\eta}}\right)}{\phi c_t(s^2+\omega^2)\sqrt{s\eta}}\begin{bmatrix}\sinh\left(x\sqrt{\frac{s}{\eta}}\right)\sinh\left\{(a-x_0)\sqrt{\frac{s}{\eta}}\right\}, & 0\leq x\leq x_0\\ \sinh\left\{(a-x)\sqrt{\frac{s}{\eta}}\right\}\sinh\left(x_0\sqrt{\frac{s}{\eta}}\right), & x_0\leq x\leq a\end{bmatrix} \quad (4.1.12)$$

$$p = \frac{U(t-t_0)q}{2a\phi c_t}\int_0^{t-t_0}\sin\{\omega(t-t_0-\tau)\}\left\{\Theta_3\left(\frac{\pi(x-x_0)}{2a}, e^{-\left(\frac{\pi}{a}\right)^2\eta\tau}\right)-\Theta_3\left(\frac{\pi(x+x_0)}{2a}, e^{-\left(\frac{\pi}{a}\right)^2\eta\tau}\right)\right\}d\tau \quad (4.1.13)$$

(v) $q(t) = q\cos(\omega t)$, $t > 0$; that is, a cosinusoidal source

$$\overline{p} = \frac{qe^{-st_0}\sqrt{s}\operatorname{csch}\left(a\sqrt{\frac{s}{\eta}}\right)}{\phi c_t(s^2+\omega^2)\sqrt{\eta}}\begin{bmatrix}\sinh\left(x\sqrt{\frac{s}{\eta}}\right)\sinh\left\{(a-x_0)\sqrt{\frac{s}{\eta}}\right\}, & 0\leq x\leq x_0\\ \sinh\left\{(a-x)\sqrt{\frac{s}{\eta}}\right\}\sinh\left(x_0\sqrt{\frac{s}{\eta}}\right), & x_0\leq x\leq a\end{bmatrix} \quad (4.1.14)$$

$$p = \frac{U(t-t_0)q}{2a\phi c_t}\int_0^{t-t_0}\cos\{\omega(t-t_0-\tau)\}\left\{\Theta_3\left(\frac{\pi(x-x_0)}{2a}, e^{-\left(\frac{\pi}{a}\right)^2\eta\tau}\right)-\Theta_3\left(\frac{\pi(x+x_0)}{2a}, e^{-\left(\frac{\pi}{a}\right)^2\eta\tau}\right)\right\}d\tau \quad (4.1.15)$$

(vi) Multiple plane sources passing through planes $x = x_{0\iota}$ at times $t = t_{0\iota}$, $\iota = 1, 2, ..., N$

$$\overline{p} = \frac{\operatorname{csch}\left(a\sqrt{\frac{s}{\eta}}\right)}{2\phi c_t\sqrt{s\eta}}\sum_{\iota=1}^{N}q_\iota(s)e^{-st_{0\iota}}\left[\cosh\left\{(a-|x-x_{0\iota}|)\sqrt{\frac{s}{\eta}}\right\}-\cosh\left\{(a-x-x_{0\iota})\sqrt{\frac{s}{\eta}}\right\}\right] \quad (4.1.16)$$

$$\begin{aligned} p = &\frac{1}{2a\phi c_t}\sum_{\iota=1}^{N}U(t-t_{0\iota})\times\\ &\times\int_0^{t-t_{0\iota}}q_\iota(t-t_{0\iota}-\tau)\left\{\Theta_3\left(\frac{\pi(x-x_{0\iota})}{2a}, e^{-\left(\frac{\pi}{a}\right)^2\eta\tau}\right)-\Theta_3\left(\frac{\pi(x+x_{0\iota})}{2a}, e^{-\left(\frac{\pi}{a}\right)^2\eta\tau}\right)\right\}d\tau \end{aligned} \quad (4.1.17)$$

*Special cases of $\varphi(x)$**

(i) $\varphi(x) = p_I$, $0 \leq x \leq a$

$$\overline{p} = \frac{p_I}{s}\operatorname{csch}\left(a\sqrt{\frac{s}{\eta}}\right)\left[\sinh\left(a\sqrt{\frac{s}{\eta}}\right)-\sinh\left(x\sqrt{\frac{s}{\eta}}\right)-\sinh\left\{(a-x)\sqrt{\frac{s}{\eta}}\right\}\right] \quad (4.1.18)$$

*We deal with the term corresponding to the initial condition only.

$$p = 2p_I \left\{ \Theta_3^{\int} \left(\frac{\pi x}{2a}, e^{-\left(\frac{\pi}{a}\right)^2 \eta t} \right) - \Theta_4^{\int} \left(\frac{\pi x}{2a}, e^{-\left(\frac{\pi}{a}\right)^2 \eta t} \right) \right\} \tag{4.1.19}$$

(ii) $\varphi(x) = p_I x,\ 0 \leq x \leq a$

$$\overline{p} = \frac{p_I}{s} \operatorname{csch}\left(a\sqrt{\frac{s}{\eta}}\right) \left[x \sinh\left(a\sqrt{\frac{s}{\eta}}\right) - a \sinh\left(x\sqrt{\frac{s}{\eta}}\right) \right] \tag{4.1.20}$$

$$p = p_I \left\{ 2a\Theta_4^{\int} \left(\frac{\pi x}{2a}, e^{-\left(\frac{\pi}{a}\right)^2 \eta t} \right) - x \right\} \tag{4.1.21}$$

(iii) $\varphi(x) = \frac{p_I}{x},\ 0 \leq x \leq a$

$$\overline{p} = \frac{2p_I}{a} \sum_{n=1}^{\infty} \frac{\operatorname{Si}(n\pi) \sin(\xi_n x)}{s + \xi_n^2 \eta} \tag{4.1.22}$$

$$p = \frac{2p_I}{a} \sum_{n=1}^{\infty} \operatorname{Si}(n\pi) \sin(\xi_n x) e^{-\xi_n^2 \eta t} \tag{4.1.23}$$

(iv) $\varphi(x) = \frac{p_I}{\sqrt{a^2 - x^2}},\ 0 \leq x \leq a$

$$\overline{p} = \frac{p_I \pi}{a} \sum_{n=1}^{\infty} \frac{\mathrm{H}_0(n\pi) \sin(\xi_n x)}{s + \xi_n^2 \eta} \tag{4.1.24}$$

$$p = \frac{p_I \pi}{a} \sum_{n=1}^{\infty} \mathrm{H}_0(n\pi) \sin(\xi_n x)\, e^{-\left(\frac{n\pi}{a}\right)^2 \eta t} \tag{4.1.25}$$

(v) $\varphi(x) = \frac{p_I x}{\sqrt{a^2 - x^2}},\ 0 \leq x \leq a$

$$\overline{p} = p_I \pi \sum_{n=1}^{\infty} \frac{J_1(n\pi) \sin(\xi_n x)}{s + \xi_n^2 \eta} \tag{4.1.26}$$

$$p = p_I \pi \sum_{n=1}^{\infty} J_1(n\pi) \sin(\xi_n x)\, e^{-\xi_n^2 \eta t} \tag{4.1.27}$$

(vi) $\varphi(x) = p_I e^{\alpha x}$, α is a constant, positive or negative for $0 \leq x \leq a$

$$\overline{p} = \frac{p_I \operatorname{csch}\left(a\sqrt{\frac{s}{\eta}}\right)}{\alpha^2 \eta - s} \left[e^{\alpha a} \sinh\left(x\sqrt{\frac{s}{\eta}}\right) + \sinh\left\{(a - x)\sqrt{\frac{s}{\eta}}\right\} - e^{\alpha x} \sinh\left(a\sqrt{\frac{s}{\eta}}\right) \right], \qquad \left[\alpha^2 \neq \frac{s}{\eta}\right] \tag{4.1.28}$$

$$p = \frac{2p_I}{a} \sum_{n=1}^{\infty} \frac{\xi_n \left\{1 - (-1)^n e^{a\alpha}\right\} \sin(\xi_n x)\, e^{-\xi_n^2 \eta t}}{\xi_n^2 + \alpha^2} \tag{4.1.29}$$

*Special cases of $\psi_0(t)$ and $\psi_a(t)$**

(i) $\psi_0(t) = p_0$ and $\psi_a(t) = p_a$, p_0 and p_a are constants

$$\overline{p} = \frac{1}{s} \operatorname{csch}\left(a\sqrt{\frac{s}{\eta}}\right) \left[p_0 \sinh\left\{(a - x)\sqrt{\frac{s}{\eta}}\right\} + p_a \sinh\left(x\sqrt{\frac{s}{\eta}}\right) \right] \tag{4.1.30}$$

*We deal with the terms corresponding to the boundary conditions only.

$$p = 2\left\{p_a \Theta_4^{\int}\left(\frac{\pi x}{2a}, e^{-\left(\frac{\pi}{a}\right)^2 \eta t}\right) - p_0 \Theta_3^{\int}\left(\frac{\pi x}{2a}, e^{-\left(\frac{\pi}{a}\right)^2 \eta t}\right)\right\} + p_0 \tag{4.1.31}$$

(ii) $\psi_0(t) = p_0 e^{-\alpha t}$ and $\psi_a(t) = 0$, p_0 is a constant

$$\overline{p} = \frac{p_0}{s(s+\alpha)} \operatorname{csch}\left(a\sqrt{\frac{s}{\eta}}\right) \sinh\left\{(a-x)\sqrt{\frac{s}{\eta}}\right\} \tag{4.1.32}$$

$$p = p_0 e^{-\alpha t} \sin\left\{(a-x)\sqrt{\frac{\alpha}{\eta}}\right\} \csc\left(a\sqrt{\frac{\alpha}{\eta}}\right) - \frac{2p_0\eta}{a}\sum_{n=1}^{\infty}\frac{\xi_n e^{-\xi_n^2 \eta t}\sin(\xi_n x)}{\xi_n^2\eta - \alpha} \tag{4.1.33}$$

(iii) $\psi_0(t) = p_0 e^{-\alpha t}$ and $\psi_a(t) = p_a$, p_0 and p_a are constants

$$\overline{p} = \frac{1}{s}\operatorname{csch}\left(a\sqrt{\frac{s}{\eta}}\right)\left[\frac{p_0}{s+\alpha}\sinh\left\{(a-x)\sqrt{\frac{s}{\eta}}\right\} + \frac{p_a}{s}\sinh\left(x\sqrt{\frac{s}{\eta}}\right)\right] \tag{4.1.34}$$

$$\begin{aligned} p = {} & \frac{p_a x}{a} + \frac{2p_a}{a}\sum_{n=1}^{\infty}\frac{(-1)^n}{\xi_n}\sin(\xi_n x)\, e^{-\xi_n^2\eta t} + \\ & + p_0 e^{-\alpha t}\sin\left\{(a-x)\sqrt{\frac{\alpha}{\eta}}\right\}\csc\left(a\sqrt{\frac{\alpha}{\eta}}\right) - \frac{2p_0\eta}{a}\sum_{n=1}^{\infty}\frac{\xi_n e^{-\xi_n^2\eta t}\sin(\xi_n x)}{\xi_n^2\eta - \alpha} \end{aligned} \tag{4.1.35}$$

(vi) $\psi_0(t) = p_0 e^{-\alpha_0 t}$ and $\psi_a(t) = p_a e^{-\alpha_a t}$, p_0 and p_a are constants

$$\overline{p} = \frac{1}{s}\operatorname{csch}\left(a\sqrt{\frac{s}{\eta}}\right)\left[\frac{p_0}{s+\alpha_0}\sinh\left\{(a-x)\sqrt{\frac{s}{\eta}}\right\} + \frac{p_a}{s+\alpha_a}\sinh\left(x\sqrt{\frac{s}{\eta}}\right)\right] \tag{4.1.36}$$

$$\begin{aligned} p = {} & p_0 e^{-\alpha_0 t}\sin\left\{(a-x)\sqrt{\frac{\alpha_0}{\eta}}\right\}\csc\left(a\sqrt{\frac{\alpha_0}{\eta}}\right) + p_a e^{-\alpha_a t}\sin\left(x\sqrt{\frac{\alpha_a}{\eta}}\right)\csc\left(a\sqrt{\frac{\alpha_a}{\eta}}\right) - \\ & -\frac{2\eta}{a}\sum_{n=1}^{\infty}\left\{\frac{p_0}{\xi_n^2\eta - \alpha_0} + \frac{p_a(-1)^{n+1}}{\xi_n^2\eta - \alpha_a}\right\}\xi_n e^{-\xi_n^2\eta t}\sin(\xi_n x) \end{aligned} \tag{4.1.37}$$

4.2 The problem of 4.1, except $D_0 \equiv p(0,t) = \psi_0(t)$ and $N_a \equiv \frac{\partial p(a,t)}{\partial x} = -\left(\frac{\mu}{k}\right)\psi_a(t)$

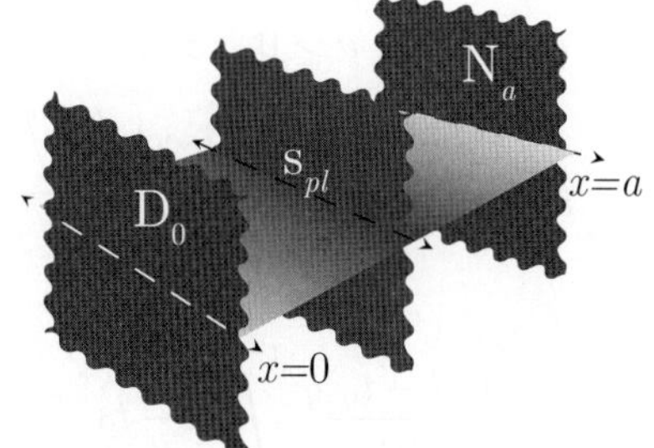

$$\begin{aligned} \overline{p} = {} & \frac{q(s)e^{-st_0}\operatorname{sech}\left(a\sqrt{\frac{s}{\eta}}\right)}{2\phi c_t\sqrt{s\eta}}\left[\sinh\left\{(a-|x-x_0|)\sqrt{\frac{s}{\eta}}\right\} - \sinh\left\{(a-x-x_0)\sqrt{\frac{s}{\eta}}\right\}\right] + \\ & + \operatorname{sech}\left(a\sqrt{\frac{s}{\eta}}\right)\left[\overline{\psi}_0(s)\cosh\left\{(a-x)\sqrt{\frac{s}{\eta}}\right\} + \frac{\overline{\psi}_a(s)}{\phi c_t\sqrt{s\eta}}\sinh\left(x\sqrt{\frac{s}{\eta}}\right)\right] + \\ & + \frac{\operatorname{sech}\left(a\sqrt{\frac{s}{\eta}}\right)}{2\sqrt{s\eta}}\int_0^a \varphi(u)\left[\sinh\left\{(a-|x-u|)\sqrt{\frac{s}{\eta}}\right\} - \sinh\left\{(a-x-u)\sqrt{\frac{s}{\eta}}\right\}\right]du \\ = {} & \frac{q(s)e^{-st_0}\operatorname{sech}\left(a\sqrt{\frac{s}{\eta}}\right)}{\phi c_t\sqrt{s\eta}}\begin{bmatrix} \sinh\left(x\sqrt{\frac{s}{\eta}}\right)\cosh\left\{(a-x_0)\sqrt{\frac{s}{\eta}}\right\}, & 0 \le x \le x_0 \\ \cosh\left\{(a-x)\sqrt{\frac{s}{\eta}}\right\}\sinh\left(x_0\sqrt{\frac{s}{\eta}}\right), & x_0 \le x \le a \end{bmatrix} + \end{aligned}$$

$$+\operatorname{sech}\left(a\sqrt{\frac{s}{\eta}}\right)\left[\overline{\psi}_0(s)\cosh\left\{(a-x)\sqrt{\frac{s}{\eta}}\right\}+\frac{\overline{\psi}_a(s)}{\phi c_t\sqrt{s\eta}}\sinh\left(x\sqrt{\frac{s}{\eta}}\right)\right]+$$

$$+\frac{\operatorname{sech}\left(a\sqrt{\frac{s}{\eta}}\right)}{\sqrt{s\eta}}\left[\cosh\left\{(a-x)\sqrt{\frac{s}{\eta}}\right\}\int\limits_0^x\varphi(u)\sinh\left(u\sqrt{\frac{s}{\eta}}\right)du+\right.$$

$$\left.+\sinh\left(x\sqrt{\frac{s}{\eta}}\right)\int\limits_0^{a-x}\varphi(a-u)\cosh\left(u\sqrt{\frac{s}{\eta}}\right)du\right] \tag{4.2.1}$$

$$p=\frac{U(t-t_0)}{2a\phi c_t}\int\limits_0^{t-t_0}q(t-t_0-\tau)\left\{\Theta_2\left(\frac{\pi(x-x_0)}{2a},e^{-\left(\frac{\pi}{a}\right)^2\eta\tau}\right)-\Theta_2\left(\frac{\pi(x+x_0)}{2a},e^{-\left(\frac{\pi}{a}\right)^2\eta\tau}\right)\right\}d\tau-$$

$$-\frac{1}{a}\int\limits_0^t\left\{\frac{\eta}{2a}\Theta_2'\left(\frac{\pi x}{2a},e^{-\left(\frac{\pi}{a}\right)^2\eta\tau}\right)\psi_0(t-\tau)+\frac{1}{\phi c_t}\Theta_1\left(\frac{\pi x}{2a},e^{-\left(\frac{\pi}{a}\right)^2\eta\tau}\right)\psi_a(t-\tau)\right\}d\tau+$$

$$+\frac{1}{2a}\int\limits_0^a\varphi(u)\left\{\Theta_2\left(\frac{\pi(x-u)}{2a},e^{-\left(\frac{\pi}{a}\right)^2\eta t}\right)-\Theta_2\left(\frac{\pi(x+u)}{2a},e^{-\left(\frac{\pi}{a}\right)^2\eta t}\right)\right\}du \tag{4.2.2}$$

Special cases of $q(t)$

(i) $q(t)$ is a constant and equal to q

$$\overline{p}=\frac{qe^{-st_0}\operatorname{sech}\left(a\sqrt{\frac{s}{\eta}}\right)}{\phi c_t s^{\frac{3}{2}}\sqrt{\eta}}\begin{bmatrix}\sinh\left(x\sqrt{\frac{s}{\eta}}\right)\cosh\left\{(a-x_0)\sqrt{\frac{s}{\eta}}\right\}, & 0\le x\le x_0\\ \cosh\left\{(a-x)\sqrt{\frac{s}{\eta}}\right\}\sinh\left(x_0\sqrt{\frac{s}{\eta}}\right), & x_0\le x\le a\end{bmatrix} \tag{4.2.3}$$

$$p=\frac{U(t-t_0)q}{2\phi c_t\eta}\left[\begin{Bmatrix}x, & 0\le x\le x_0\\ x_0, & x_0\le x\le a\end{Bmatrix}-\right.$$

$$\left.-2a\sum_{n=1}^{\infty}\left\{\Theta_2^{\int\int}\left(\frac{\pi(x-x_0)}{2a},e^{-\left(\frac{\pi}{a}\right)^2\eta(t-t_0)}\right)-\Theta_2^{\int\int}\left(\frac{\pi(x+x_0)}{2a},e^{-\left(\frac{\pi}{a}\right)^2\eta(t-t_0)}\right)\right\}\right] \tag{4.2.4}$$

(ii) $q(t)=qt^{\nu}$, $\nu\ge 0$, $t>0$

$$\overline{p}=\frac{qe^{-st_0}\Gamma(\nu+1)\operatorname{sech}\left(a\sqrt{\frac{s}{\eta}}\right)}{\phi c_t s^{\left(\nu+\frac{3}{2}\right)}\sqrt{\eta}}\begin{bmatrix}\sinh\left(x\sqrt{\frac{s}{\eta}}\right)\cosh\left\{(a-x_0)\sqrt{\frac{s}{\eta}}\right\}, & 0\le x\le x_0\\ \cosh\left\{(a-x)\sqrt{\frac{s}{\eta}}\right\}\sinh\left(x_0\sqrt{\frac{s}{\eta}}\right), & x_0\le x\le a\end{bmatrix} \tag{4.2.5}$$

$$p=\frac{U(t-t_0)q}{2a\phi c_t}\int\limits_0^{t-t_0}(t-t_0-\tau)^{\nu}\left\{\Theta_2\left(\frac{\pi(x-x_0)}{2a},e^{-\left(\frac{\pi}{a}\right)^2\eta\tau}\right)-\Theta_2\left(\frac{\pi(x+x_0)}{2a},e^{-\left(\frac{\pi}{a}\right)^2\eta\tau}\right)\right\}d\tau \tag{4.2.6}$$

(iii) $q(t)=qe^{-\alpha t}$, $\alpha\ge 0$, $t>0$; that is, an exponential decrease

$$\overline{p}=\frac{qe^{-st_0}\operatorname{sech}\left(a\sqrt{\frac{s}{\eta}}\right)}{\phi c_t(s+\alpha)\sqrt{s\eta}}\begin{bmatrix}\sinh\left(x\sqrt{\frac{s}{\eta}}\right)\cosh\left\{(a-x_0)\sqrt{\frac{s}{\eta}}\right\}, & 0\le x\le x_0\\ \cosh\left\{(a-x)\sqrt{\frac{s}{\eta}}\right\}\sinh\left(x_0\sqrt{\frac{s}{\eta}}\right), & x_0\le x\le a\end{bmatrix} \tag{4.2.7}$$

$$p=\frac{U(t-t_0)q\sec\left(s\sqrt{\frac{\alpha}{\eta}}\right)}{\phi c_t\sqrt{\alpha\eta}}\begin{bmatrix}\cos\left\{(a-x_0)\sqrt{\frac{s}{\eta}}\right\}\sin\left(x\sqrt{\frac{s}{\eta}}\right), & 0\le x\le x_0\\ \cos\left\{(a-x)\sqrt{\frac{s}{\eta}}\right\}\sin\left(x_0\sqrt{\frac{s}{\eta}}\right), & x_0\le x\le a\end{bmatrix}-$$

$$-\frac{2U(t-t_0)q}{a\phi c_t}\sum_{n=1}^{\infty}\frac{e^{-\xi_n^2\eta(t-t_0)}\sin(\xi_n x_0)\sin(\xi_n x)}{\xi_n^2\eta-\alpha} \tag{4.2.8}$$

where ξ_n is a positive root of $\cos(\xi_n a)=0$, which are $\xi_n=\frac{(2n-1)\pi}{2a}$, $n=1,2,\ldots$.

(iv) $q(t) = q\sin(\omega t)$, $t > 0$; that is, a sinusoidal source

$$\overline{p} = \frac{qe^{-st_0}\omega\,\mathrm{sech}\left(a\sqrt{\frac{s}{\eta}}\right)}{\phi c_t\left(s^2+\omega^2\right)\sqrt{s\eta}}\begin{bmatrix}\sinh\left(x\sqrt{\frac{s}{\eta}}\right)\cosh\left\{(a-x_0)\sqrt{\frac{s}{\eta}}\right\}, & 0 \le x \le x_0 \\ \cosh\left\{(a-x)\sqrt{\frac{s}{\eta}}\right\}\sinh\left(x_0\sqrt{\frac{s}{\eta}}\right), & x_0 \le x \le a\end{bmatrix} \tag{4.2.9}$$

$$p = \frac{U(t-t_0)}{2a\phi c_t}\int\limits_0^{t-t_0}\sin\{\omega(t-t_0-u)\}\left\{\Theta_2\left(\frac{\pi(x-x_0)}{2a}, e^{-\left(\frac{\pi}{a}\right)^2\eta\tau}\right) - \Theta_2\left(\frac{\pi(x+x_0)}{2a}, e^{-\left(\frac{\pi}{a}\right)^2\eta\tau}\right)\right\}d\tau \tag{4.2.10}$$

(v) $q(t) = q\cos(\omega t)$, $t > 0$; that is, a cosinusoidal source

$$\overline{p} = \frac{qe^{-st_0}\sqrt{s}\,\mathrm{sech}\left(a\sqrt{\frac{s}{\eta}}\right)}{\phi c_t\left(s^2+\omega^2\right)\sqrt{\eta}}\begin{bmatrix}\sinh\left(x\sqrt{\frac{s}{\eta}}\right)\cosh\left\{(a-x_0)\sqrt{\frac{s}{\eta}}\right\}, & 0 \le x \le x_0 \\ \cosh\left\{(a-x)\sqrt{\frac{s}{\eta}}\right\}\sinh\left(x_0\sqrt{\frac{s}{\eta}}\right), & x_0 \le x \le a\end{bmatrix} \tag{4.2.11}$$

$$p = \frac{U(t-t_0)}{2a\phi c_t}\int\limits_0^{t-t_0}\cos\{\omega(t-t_0-u)\}\left\{\Theta_2\left(\frac{\pi(x-x_0)}{2a}, e^{-\left(\frac{\pi}{a}\right)^2\eta\tau}\right) - \Theta_2\left(\frac{\pi(x+x_0)}{2a}, e^{-\left(\frac{\pi}{a}\right)^2\eta\tau}\right)\right\}d\tau \tag{4.2.12}$$

Special cases of $\varphi(x)$

(i) $\varphi(x) = p_I$, $0 \le x \le a$

$$\overline{p} = \frac{p_I}{s}\,\mathrm{sech}\left(a\sqrt{\frac{s}{\eta}}\right)\left[\cosh\left(a\sqrt{\frac{s}{\eta}}\right) - \cosh\left\{(a-x)\sqrt{\frac{s}{\eta}}\right\}\right] \tag{4.2.13}$$

$$p = 2p_I\Theta_2^{\int}\left(\frac{\pi x}{2a}, e^{-\left(\frac{\pi}{a}\right)^2\eta t}\right) \tag{4.2.14}$$

(ii) $\varphi(x) = p_I x$, $0 < x < a$

$$\overline{p} = \frac{p_I}{s}\,\mathrm{sech}\left(a\sqrt{\frac{s}{\eta}}\right)\left[x\cosh\left\{a\sqrt{\frac{s}{\eta}}\right\} - \sqrt{\frac{\eta}{s}}\sinh\left(x\sqrt{\frac{s}{\eta}}\right)\right] \tag{4.2.15}$$

$$p = \frac{2p_I}{a}\sum_{n=1}^{\infty}\frac{(-1)^{n+1}\sin(\xi_n x)\,e^{-\xi_n^2\eta t}}{\xi_n^2} \tag{4.2.16}$$

(iii) $\varphi(x) = \frac{p_I}{x}$, $0 < x < a$

$$\overline{p} = \frac{2p_I}{a}\sum_{n=1}^{\infty}\frac{\mathrm{Si}\left\{\left(n-\frac{1}{2}\right)\pi\right\}\sin(\xi_n x)}{s+\xi_n^2\eta} \tag{4.2.17}$$

$$p = \frac{2p_I}{a}\sum_{n=1}^{\infty}\mathrm{Si}\left\{\left(n-\frac{1}{2}\right)\pi\right\}\sin(\xi_n x)\,e^{-\xi_n\eta t} \tag{4.2.18}$$

(iv) $\varphi(x) = p_I e^{-\alpha x}$, $\alpha > 0$, $0 \le x \le a$

$$\begin{aligned}\overline{p} = {} & \frac{p_I\,\mathrm{sech}\left(a\sqrt{\frac{s}{\eta}}\right)}{(\alpha^2\eta - s)}\left[\cosh\left\{(a-x)\sqrt{\frac{s}{\eta}}\right\}\left\{1 - e^{-\alpha x}\left(\alpha\sqrt{\frac{\eta}{s}}\sinh\left(x\sqrt{\frac{s}{\eta}}\right) + \cosh\left\{x\sqrt{\frac{s}{\eta}}\right\}\right)\right\} + \right. \\ & \left. + \sinh\left(x\sqrt{\frac{s}{\eta}}\right)\left\{e^{-\alpha x}\left(\alpha\sqrt{\frac{\eta}{s}}\cosh\left\{(a-x)\sqrt{\frac{s}{\eta}}\right\} - \sinh\left\{(a-x)\sqrt{\frac{s}{\eta}}\right\}\right) - \alpha 4\sqrt{\frac{\eta}{s}}e^{-\alpha a}\right\}\right]\end{aligned} \tag{4.2.19}$$

where $\alpha^2 \neq \frac{s}{\eta}$.

$$p = \frac{p_I}{a}\sum_{n=1}^{\infty}\frac{\left\{\xi_n - 2\alpha\,(-1)^{n+1}\,e^{-a\alpha}\right\}e^{-\xi_n^2\eta t}\sin(\xi_n x)}{\alpha^2+\xi_n^2} \tag{4.2.20}$$

Special cases of $\psi_0(t)$ and $\psi_a(t)$

(i) $\psi_0(t) = p_0$ and $\psi_a(t) = q_a$, p_0 and q_a are constants

$$\overline{p} = \frac{1}{s}\,\mathrm{sech}\left(a\sqrt{\frac{s}{\eta}}\right)\left[p_0\cosh\left\{(a-x)\sqrt{\frac{s}{\eta}}\right\} + \frac{q_a}{\phi c_t\sqrt{s\eta}}\sinh\left(x\sqrt{\frac{s}{\eta}}\right)\right] \tag{4.2.21}$$

$$p = \frac{2}{a}\sum_{n=1}^{\infty}\left\{p_0 + q_a\left(\frac{\mu}{k}\right)\frac{(-1)^n}{\xi_n}\right\}\left\{\frac{1-e^{-\xi_n^2\eta t}}{\xi_n}\right\}\sin(\xi_n x) \tag{4.2.22}$$

(ii) $\psi_0(t) = p_0 t^{\frac{1}{2}l}$ and $\psi_a(t) = q_a t^{\frac{1}{2}m}$, l and m are positive integers

$$\overline{p} = \frac{1}{s}\,\mathrm{sech}\left(a\sqrt{\frac{s}{\eta}}\right)\left[\frac{p_0\Gamma\left(1+\frac{l}{2}\right)}{s^{\frac{l}{2}}}\cosh\left\{(a-x)\sqrt{\frac{s}{\eta}}\right\} - \frac{q_a\Gamma\left(1+\frac{m}{2}\right)}{\phi c_t s^{\frac{m}{2}}\sqrt{s\eta}}\sinh\left(x\sqrt{\frac{s}{\eta}}\right)\right] \tag{4.2.23}$$

If $m = l$, equation (4.2.23) reduces to

$$\overline{p} = \frac{\Gamma\left(1+\frac{m}{2}\right)}{s^{\left(1+\frac{m}{2}\right)}}\,\mathrm{sech}\left\{a\sqrt{\frac{s}{\eta}}\right\}\left[p_0\cosh\left\{(a-x)\sqrt{\frac{s}{\eta}}\right\} - \frac{q_a}{\phi c_t\sqrt{s\eta}}\sinh\left(x\sqrt{\frac{s}{\eta}}\right)\right] \tag{4.2.24}$$

(iii) $\psi_0(t) = p_0 e^{-\alpha_0 t}$ and $\psi_a(t) = q_a e^{-\alpha_a t}$, α_0 and α_a are constants

$$\overline{p} = \mathrm{sech}\left(a\sqrt{\frac{s}{\eta}}\right)\left[\frac{p_0}{s+\alpha_0}\cosh\left\{(a-x)\sqrt{\frac{s}{\eta}}\right\} - \frac{q_a}{\phi c_t\,(s+\alpha_a)\sqrt{s\eta}}\sinh\left(x\sqrt{\frac{s}{\eta}}\right)\right] \tag{4.2.25}$$

$$p = \frac{2}{a}\sum_{n=1}^{\infty}\left[\frac{p_0\eta\xi_n\left\{e^{-\alpha_0 t} - e^{-\xi_n^2\eta t}\right\}}{\xi_n^2\eta-\alpha_0} + \frac{q_a\,(-1)^{n+1}\left\{e^{-\alpha_a t} - e^{-\xi_n^2\eta t}\right\}}{\phi c\left\{\xi_n^2\eta-\alpha_a\right\}}\right]\sin(\xi_n x) \tag{4.2.26}$$

4.3

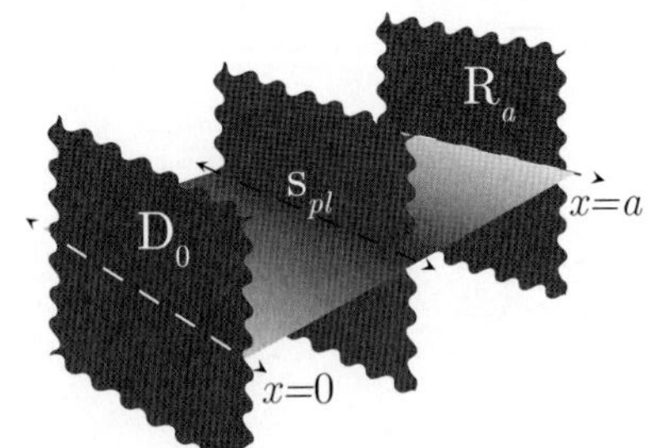

The problem of 4.1, except $\mathbf{D_0 \equiv p(0,t) = \psi_0(t)}$ and $\mathbf{R_a \equiv \frac{\partial p(a,t)}{\partial x} + \lambda p(a,t) = -\left(\frac{\mu}{k}\right)\psi_a(t)}$

$$\begin{aligned}\overline{p} \;=\; & \frac{2q(s)\,e^{-st_0}}{\phi c_t}\sum_{n=1}^{\infty}\frac{(\xi_n^2+\lambda^2)\sin(\xi_n x_0)\sin(\xi_n x)}{\{a(\xi_n^2+\lambda^2)+\lambda\}(\xi_n^2\eta+s)} + 2\sum_{n=1}^{\infty}\frac{(\xi_n^2+\lambda^2)\left\{\eta\xi_n\overline{\psi}_0(s) - \sin(\xi_n a)\frac{\overline{\psi}_a(s)}{\phi c_t}\right\}\sin(\xi_n x)}{\{a(\xi_n^2+\lambda^2)+\lambda\}(\xi_n^2\eta+s)} + \\ & +2\sum_{n=1}^{\infty}\frac{(\xi_n^2+\lambda^2)\sin(\xi_n x)\int_0^a\varphi(u)\sin(\xi_n u)du}{\{a(\xi_n^2+\lambda^2)+\lambda\}(\xi_n^2\eta+s)}\end{aligned} \tag{4.3.1}$$

where ξ_n is a positive root of $\xi_n \cot(\xi_n a) = -\lambda$, $n = 1, 2, ...$

$$p = \frac{2U(t-t_0)}{\phi c_t} \sum_{n=1}^{\infty} \frac{(\xi_n^2+\lambda^2)\sin(\xi_n x_0)\sin(\xi_n x)\int_0^{t-t_0} q(t-t_0-\tau)e^{-\xi_n^2\eta\tau}d\tau}{a(\xi_n^2+\lambda^2)+\lambda} +$$
$$+2\sum_{n=1}^{\infty} \frac{(\xi_n^2+\lambda^2)\int\limits_0^t \left\{\eta\xi_n\psi_0(t-\tau) - \sin(\xi_n a)\frac{\psi_a(t-\tau)}{\phi c_t}\right\}\sin(\xi_n x)e^{-\xi_n^2\eta\tau}d\tau}{a(\xi_n^2+\lambda^2)+\lambda} +$$
$$+2\sum_{n=1}^{\infty} \frac{(\xi_n^2+\lambda^2)\sin(\xi_n x)e^{-\xi_n^2\eta t}\int_0^a \varphi(u)\sin(\xi_n u)du}{a(\xi_n^2+\lambda^2)+\lambda} \tag{4.3.2}$$

Special cases of $\varphi(x)$

(i) $\varphi(x) = p_I$, $0 \le x \le a$

$$\overline{p} = 2p_I \sum_{n=1}^{\infty} \frac{(\xi_n^2+\lambda^2)\{1-\cos(\xi_n a)\}\sin(\xi_n x)}{\xi_n\{a(\xi_n^2+\lambda^2)+\lambda\}(\xi_n^2\eta+s)} \tag{4.3.3}$$

$$p = 2p_I \sum_{n=1}^{\infty} \frac{(\xi_n^2+\lambda^2)\{1-\cos(\xi_n a)\}\sin(\xi_n x)e^{-\xi_n^2\eta t}}{\xi_n\{a(\xi_n^2+\lambda^2)+\lambda\}} \tag{4.3.4}$$

(ii) $\varphi(x) = p_I x$, $0 \le x \le a$

$$\overline{p} = 2p_I \sum_{n=1}^{\infty} \frac{(\xi_n^2+\lambda^2)\{\sin(\xi_n a) - a\xi_n\cos(\xi_n a)\}\sin(\xi_n x)}{\xi_n^2\{a(\xi_n^2+\lambda^2)+\lambda\}(\xi_n^2\eta+s)} \tag{4.3.5}$$

$$p = 2p_I \sum_{n=1}^{\infty} \frac{(\xi_n^2+\lambda^2)\{\sin(\xi_n a) - a\xi_n\cos(\xi_n a)\}\sin(\xi_n x)e^{-\xi_n^2\eta t}}{\xi_n^2\{a(\xi_n^2+\lambda^2)+\lambda\}} \tag{4.3.6}$$

(iii) $\varphi(x) = \frac{p_I}{x}$, $0 \le x \le a$

$$\overline{p} = 2p_I \sum_{n=1}^{\infty} \frac{(\xi_n^2+\lambda^2)\,\mathrm{Si}(\xi_n a)\sin(\xi_n x)}{\{a(\xi_n^2+\lambda^2)+\lambda\}(\xi_n^2\eta+s)} \tag{4.3.7}$$

$$p = 2p_I \sum_{n=1}^{\infty} \frac{(\xi_n^2+\lambda^2)\,\mathrm{Si}(\xi_n a)\sin(\xi_n x)e^{-\xi_n^2\eta t}}{a(\xi_n^2+\lambda^2)+\lambda} \tag{4.3.8}$$

(iv) $\varphi(x) = p_I e^{-\alpha x}$, $\alpha > 0$, $0 \le x \le a$

$$\overline{p} = 2p_I \sum_{n=1}^{\infty} \frac{(\xi_n^2+\lambda^2)\left[\xi_n - e^{-\alpha a}\{\alpha\sin(\xi_n a)+\xi_n\cos(\xi_n a)\}\right]\sin(\xi_n x)}{\{a(\xi_n^2+\lambda^2)+\lambda\}(\xi_n^2\eta+s)\{\alpha^2+\xi_n^2\}} \tag{4.3.9}$$

$$p = 2p_I \sum_{n=1}^{\infty} \frac{(\xi_n^2+\lambda^2)\left[\xi_n - e^{-\alpha a}\{\alpha\sin(\xi_n a)+\xi_n\cos(\xi_n a)\}\right]\sin(\xi_n x)e^{-\xi_n^2\eta t}}{\{a(\xi_n^2+\lambda^2)+\lambda\}\{\alpha^2+\xi_n^2\}} \tag{4.3.10}$$

(v) $\varphi(x) = p_I x e^{-\alpha x}$, $\alpha > 0$, $0 \le x \le a$

$$\overline{p} = 2p_I \sum_{n=1}^{\infty} \frac{(\xi_n^2+\lambda^2)\sin(\varsigma_n x)}{\{a(\xi_n^2+\lambda^2)+\lambda\}\{\alpha^2+\xi_n^2\}^2(\xi_n^2\eta+s)} \times$$
$$\times \left[2\alpha\xi_n - e^{-\alpha a}\left\{\left(\alpha a(\alpha^2+\xi_n^2)+(\alpha^2-\xi_n^2)\right)\sin(\varsigma_n a) + \left(\xi_n a(\alpha^2+\xi_n^2)+2\alpha\xi_n\right)\cos(\xi_n a)\right\}\right] \tag{4.3.11}$$

$$p = 2p_I \sum_{n=1}^{\infty} \frac{\left(\xi_n^2+\lambda^2\right)\sin(\varsigma_n x)e^{-\xi_n^2\eta t}}{\left\{a\left(\xi_n^2+\lambda^2\right)+\lambda\right\}\left\{\alpha^2+\xi_n^2\right\}^2} \times$$
$$\times\left[2\alpha\xi_n - e^{-\alpha a}\left\{\left(\alpha a\left(\alpha^2+\xi_n^2\right)+\left(\alpha^2-\xi_n^2\right)\right)\sin(\varsigma_n a)+\left(\xi_n a\left(\alpha^2+\xi_n^2\right)+2\alpha\xi_n\right)\cos(\xi_n a)\right\}\right] \quad (4.3.12)$$

A special case of $\psi_0(t)$ and $\psi_a(t)$

(i) $\psi_0(t) = p_0$ and $\psi_a(t) = q_a$, where p_0 and q_a are constants

$$\overline{p} = \frac{2\eta}{s}\sum_{n=1}^{\infty}\frac{\left(\xi_n^2+\lambda^2\right)\left\{\xi_n p_0 - \sin(\xi_n a)\left(\frac{\mu}{k}\right)q_a\right\}\sin(\xi_n x)}{\left\{a\left(\xi_n^2+\lambda^2\right)+\lambda\right\}\left(\xi_n^2\eta+s\right)} \quad (4.3.13)$$

$$p = 2\sum_{n=1}^{\infty}\frac{\left(\xi_n^2+\lambda^2\right)\left\{\xi_n p_0 - \sin(\xi_n a)\left(\frac{\mu}{k}\right)q_a\right\}\left(1-e^{-\xi_n^2\eta t}\right)\sin(\xi_n x)}{\xi_n^2\left\{a\left(\xi_n^2+\lambda^2\right)+\lambda\right\}} \quad (4.3.14)$$

4.4

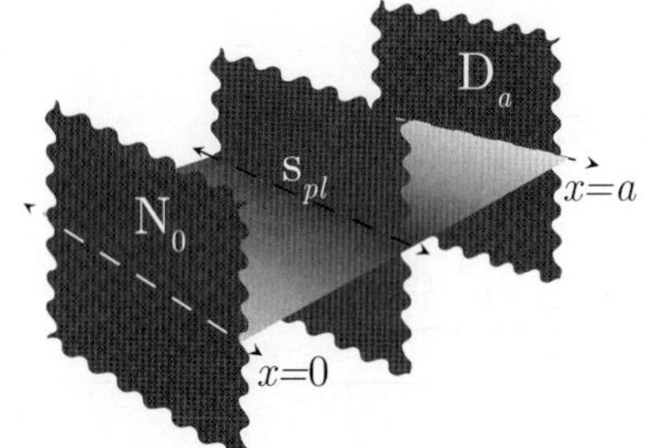

The problem of 4.1, except $N_0 \equiv \frac{\partial p(0,t)}{\partial x} = -\left(\frac{\mu}{k}\right)\psi_0(t)$ and $D_a \equiv p(a,t) = \psi_a(t)$

$$\overline{p} = \frac{q(s)\operatorname{sech}\left(a\sqrt{\frac{s}{\eta}}\right)e^{-st_0}}{2\phi c_t\sqrt{s\eta}}\left[\sinh\left\{(a-|x-x_0|)\sqrt{\frac{s}{\eta}}\right\}+\sinh\left\{(a-x-x_0)\sqrt{\frac{s}{\eta}}\right\}\right]+$$
$$+\operatorname{sech}\left(a\sqrt{\frac{s}{\eta}}\right)\left[\frac{\overline{\psi}_0(s)}{\phi c_t\sqrt{s\eta}}\sinh\left\{(a-x)\sqrt{\frac{s}{\eta}}\right\}+\overline{\psi}_a(s)\cosh\left(x\sqrt{\frac{s}{\eta}}\right)\right]+$$
$$+\frac{\operatorname{sech}\left(a\sqrt{\frac{s}{\eta}}\right)}{2\sqrt{s\eta}}\int_0^a\varphi(u)\left[\sinh\left\{(a-|x-u|)\sqrt{\frac{s}{\eta}}\right\}+\sinh\left\{(a-x-u)\sqrt{\frac{s}{\eta}}\right\}\right]du$$
$$= \frac{q(s)e^{-st_0}\operatorname{sech}\left(a\sqrt{\frac{s}{\eta}}\right)}{\phi c_t\sqrt{s\eta}}\begin{bmatrix}\cosh\left(x\sqrt{\frac{s}{\eta}}\right)\sinh\left\{(a-x_0)\sqrt{\frac{s}{\eta}}\right\}, & 0\le x\le x_0\\ \sinh\left\{(a-x)\sqrt{\frac{s}{\eta}}\right\}\cosh\left(x_0\sqrt{\frac{s}{\eta}}\right), & x_0\le x\le a\end{bmatrix}+$$
$$+\operatorname{sech}\left(a\sqrt{\frac{s}{\eta}}\right)\left[\frac{\overline{\psi}_0(s)}{\phi c_t\sqrt{s\eta}}\sinh\left\{(a-x)\sqrt{\frac{s}{\eta}}\right\}+\overline{\psi}_a(s)\cosh\left(x\sqrt{\frac{s}{\eta}}\right)\right]+$$
$$+\frac{\operatorname{sech}\left(a\sqrt{\frac{s}{\eta}}\right)}{\sqrt{s\eta}}\left[\sinh\left\{(a-x)\sqrt{\frac{s}{\eta}}\right\}\int_0^x\varphi(u)\cosh\left(u\sqrt{\frac{s}{\eta}}\right)du+\right.$$
$$\left.+\cosh\left(x\sqrt{\frac{s}{\eta}}\right)\int_0^{a-x}\varphi(a-u)\sinh\left(u\sqrt{\frac{s}{\eta}}\right)du\right] \quad (4.4.1)$$

$$p = \frac{U(t-t_0)}{2a\phi c_t}\int_0^{t-t_0}q(t-t_0-\tau)\left\{\Theta_2\left(\frac{\pi(x-x_0)}{2a},e^{-\left(\frac{\pi}{a}\right)^2\eta\tau}\right)+\Theta_2\left(\frac{\pi(x+x_0)}{2a},e^{-\left(\frac{\pi}{a}\right)^2\eta\tau}\right)\right\}d\tau+$$
$$+\frac{1}{a}\int_0^t\left\{\frac{1}{\phi c_t}\Theta_2\left(\frac{\pi x}{2a},e^{-\left(\frac{\pi}{a}\right)^2\eta\tau}\right)\psi_0(t-\tau)+\frac{\eta}{2a}\Theta_1'\left(\frac{\pi x}{2a},e^{-\left(\frac{\pi}{a}\right)^2\eta\tau}\right)\psi_a(t-\tau)\right\}d\tau+$$
$$+\frac{1}{2a}\int_0^a\varphi(u)\left\{\Theta_2\left(\frac{\pi(x-u)}{2a},e^{-\left(\frac{\pi}{a}\right)^2\eta t}\right)+\Theta_2\left(\frac{\pi(x+u)}{2a},e^{-\left(\frac{\pi}{a}\right)^2\eta t}\right)\right\}du \quad (4.4.2)$$

Special cases of $\varphi(x)$

(i) $\varphi(x) = p_I,\ 0 \le x \le a$

$$\overline{p} = \frac{p_I}{s}\,\text{sech}\left(a\sqrt{\frac{s}{\eta}}\right)\left[\cosh\left(a\sqrt{\frac{s}{\eta}}\right) - \cosh\left(x\sqrt{\frac{s}{\eta}}\right)\right] \tag{4.4.3}$$

$$p = 2p_I\left\{\Theta_1^{\int}\left(\frac{\pi}{2}, e^{-\eta\left(\frac{\pi}{a}\right)^2 t}\right) - \Theta_1^{\int}\left(\frac{\pi x}{2a}, e^{-\eta\left(\frac{\pi}{a}\right)^2 t}\right)\right\} \tag{4.4.4}$$

(ii) $\varphi(x) = p_I x,\ 0 < x < a$

$$\overline{p} = \frac{p_I}{s}\,\text{sech}\left(a\sqrt{\frac{s}{\eta}}\right)\left[x\cosh\left\{a\sqrt{\frac{s}{\eta}}\right\} - a\sqrt{\frac{\eta}{s}}\cosh\left(x\sqrt{\frac{s}{\eta}}\right) + \sqrt{\frac{\eta}{s}}\sinh\left\{(a-x)\sqrt{\frac{s}{\eta}}\right\}\right] \tag{4.4.5}$$

$$p = 2p_I\sum_{n=1}^{\infty}\left\{(-1)^{n+1} - \frac{1}{a\xi_n}\right\}\frac{e^{-\xi_n^2\eta t}\cos(\xi_n x)}{\xi_n} \tag{4.4.6}$$

where ξ_n is a positive root of $\cos(\xi_n a) = 0$, which are $\xi_n = \frac{(2n-1)\pi}{2a}$, $n = 1, 2, \ldots.$

(iii) $\varphi(x) = \frac{p_I}{\sqrt{x}},\ 0 < x < a$

$$\overline{p} = \frac{4p_I}{\sqrt{a}}\sum_{n=1}^{\infty}\frac{\mathrm{C}\left\{\sqrt{\left(n-\frac{1}{2}\right)\pi}\right\}\cos(\xi_n x)}{\sqrt{2n-1}\left[\xi_n^2\eta + s\right]} \tag{4.4.7}$$

$$p = \frac{4p_I}{\sqrt{a}}\sum_{n=1}^{\infty}\frac{\mathrm{C}\left\{\sqrt{\left(n-\frac{1}{2}\right)\pi}\right\}}{\sqrt{2n-1}}e^{-\xi_n^2\eta t}\cos(\xi_n x) \tag{4.4.8}$$

(iv) $\varphi(x) = \frac{p_I}{\sqrt{a^2 - x^2}},\ 0 < x < a$

$$\overline{p} = \frac{p_I\pi}{a}\sum_{n=1}^{\infty}\frac{J_0\left\{\left(n-\frac{1}{2}\right)\pi\right\}\cos(\xi_n x)}{\xi_n^2\eta + s} \tag{4.4.9}$$

$$p = \frac{p_I\pi}{a}\sum_{n=1}^{\infty}J_0\left\{\left(n-\frac{1}{2}\right)\pi\right\}e^{-\xi_n^2\eta t}\cos(\xi_n x) \tag{4.4.10}$$

(v) $\varphi(x) = p_I e^{-\alpha x},\ \alpha > 0,\ 0 \le x \le a$

$$\begin{aligned}\overline{p} = {} & \frac{p_I\,\text{sech}\left(a\sqrt{\frac{s}{\eta}}\right)}{\alpha^2\eta - s}\left[\sinh\left\{(a-x)\sqrt{\frac{s}{\eta}}\right\}\left\{\alpha\sqrt{\frac{\eta}{s}} - e^{-\alpha x}\left(\alpha\sqrt{\frac{\eta}{s}}\cosh\left(x\sqrt{\frac{s}{\eta}}\right) + \sinh\left\{x\sqrt{\frac{s}{\eta}}\right\}\right)\right\} + \right. \\ & \left. + \cosh\left(x\sqrt{\frac{s}{\eta}}\right)\left\{e^{-\alpha x}\left(\alpha\sqrt{\frac{\eta}{s}}\sinh\left\{(a-x)\sqrt{\frac{s}{\eta}}\right\} - \cosh\left\{(a-x)\sqrt{\frac{s}{\eta}}\right\}\right) - e^{-\alpha a}\right\}\right]\end{aligned} \tag{4.4.11}$$

where $\alpha^2 \neq \frac{s}{\eta}$.

$$p = \frac{2p_I}{a}\sum_{n=1}^{\infty}\frac{e^{-\alpha a}(-1)^{n+1}\xi_n + \alpha}{\alpha^2 + \xi_n^2}e^{-\xi_n^2\eta t}\cos(\xi_n x) \tag{4.4.12}$$

Special cases of $\psi_0(t)$ and $\psi_a(t)$

(i) $\psi_0(t) = p_0$ and $\psi_a(t) = q_a$, p_0 and q_a are constants

$$\overline{p} = \operatorname{sech}\left(a\sqrt{\frac{s}{\eta}}\right)\left[\frac{q_0}{s^{\frac{3}{2}}\phi c_t\sqrt{\eta}}\sinh\left\{(a-x)\sqrt{\frac{s}{\eta}}\right\} + \frac{p_a}{s}\cosh\left(x\sqrt{\frac{s}{\eta}}\right)\right] \tag{4.4.13}$$

$$p = \frac{2}{a}\sum_{n=1}^{\infty}\left[\frac{q_0}{\xi_n}\left(\frac{\mu}{k}\right) + p_a(-1)^{n+1}\right]\frac{\cos(\xi_n x)}{\xi_n}\left\{1 - e^{-\xi_n^2 \eta t}\right\} \tag{4.4.14}$$

(ii) $\psi_0(t) = q_0 t^{\frac{1}{2}l}$ and $\psi_a(t) = p_a t^{\frac{1}{2}m}$, l and m are positive integers

$$\overline{p} = \operatorname{sech}\left(a\sqrt{\frac{s}{\eta}}\right)\left[\frac{q_0\Gamma\left(1+\frac{l}{2}\right)}{\phi c_t s^{\frac{l}{2}}\sqrt{s\eta}}\sinh\left\{(a-x)\sqrt{\frac{s}{\eta}}\right\} + \frac{p_a\Gamma\left(1+\frac{m}{2}\right)}{s^{\frac{m}{2}}}\cosh\left(x\sqrt{\frac{s}{\eta}}\right)\right] \tag{4.4.15}$$

If $m = l$, equation (4.4.15) reduces to

$$\overline{p} = \frac{\Gamma\left(1+\frac{m}{2}\right)}{s^{\frac{m}{2}}}\operatorname{sech}\left\{a\sqrt{\frac{s}{\eta}}\right\}\left[\frac{q_0}{\phi c_t\sqrt{s\eta}}\sinh\left\{(a-x)\sqrt{\frac{s}{\eta}}\right\} + p_a\cosh\left(x\sqrt{\frac{s}{\eta}}\right)\right] \tag{4.4.16}$$

(iii) $\psi_0(t) = q_0 e^{-\alpha_0 t}$ and $\psi_a(t) = p_a e^{-\alpha_a t}$, α_0 and α_a are constants

$$\overline{p} = \operatorname{sech}\left(a\sqrt{\frac{s}{\eta}}\right)\left[\frac{q_0}{\phi c_t(s+\alpha_0)\sqrt{s\eta}}\sinh\left\{(a-x)\sqrt{\frac{s}{\eta}}\right\} + \frac{p_a}{(s+\alpha_a)}\cosh\left(x\sqrt{\frac{s}{\eta}}\right)\right] \tag{4.4.17}$$

4.5

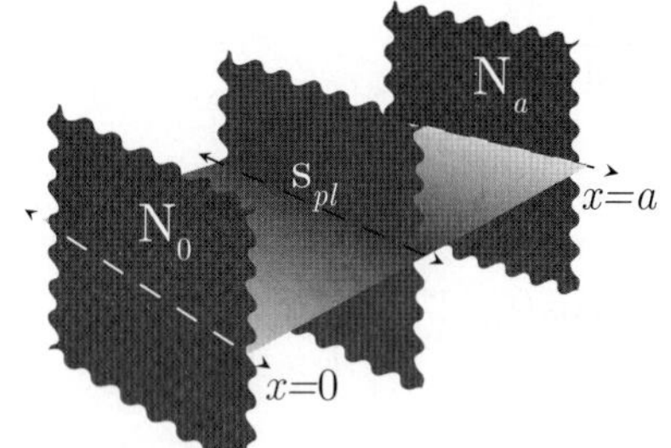

The problem of 4.1, except $\mathbf{N_0} \equiv \frac{\partial p(0,t)}{\partial x} = -\left(\frac{\mu}{k}\right)\psi_0(t)$ and $\mathbf{N_a} \equiv \frac{\partial p(a,t)}{\partial x} = -\left(\frac{\mu}{k}\right)\psi_a(t)$

$$\begin{aligned}
\overline{p} &= \frac{q(s)e^{-st_0}\operatorname{csch}\left(a\sqrt{\frac{s}{\eta}}\right)}{2\phi c_t\sqrt{s\eta}}\left[\cosh\left\{(a-|x-x_0|)\sqrt{\frac{s}{\eta}}\right\} + \cosh\left\{(a-x-x_0)\sqrt{\frac{s}{\eta}}\right\}\right] + \\
&+\frac{\operatorname{csch}\left(a\sqrt{\frac{s}{\eta}}\right)}{\phi c_t\sqrt{s\eta}}\left[\overline{\psi}_0(s)\cosh\left\{(a-x)\sqrt{\frac{s}{\eta}}\right\} - \overline{\psi}_a(s)\cosh\left(x\sqrt{\frac{s}{\eta}}\right)\right] + \\
&+\frac{\operatorname{csch}\left(a\sqrt{\frac{s}{\eta}}\right)}{2\sqrt{s\eta}}\int_0^a \varphi(u)\left[\cosh\left\{(a-|x-u|)\sqrt{\frac{s}{\eta}}\right\} + \cosh\left\{(a-x-u)\sqrt{\frac{s}{\eta}}\right\}\right]du \\
&= \frac{q(s)e^{-st_0}\operatorname{csch}\left(a\sqrt{\frac{s}{\eta}}\right)}{\phi c_t\sqrt{s\eta}}\begin{bmatrix}\cosh\left(x\sqrt{\frac{s}{\eta}}\right)\cosh\left\{(a-x_0)\sqrt{\frac{s}{\eta}}\right\}, & 0 \le x \le x_0 \\ \cosh\left\{(a-x)\sqrt{\frac{s}{\eta}}\right\}\cosh\left(x_0\sqrt{\frac{s}{\eta}}\right), & x_0 \le x \le a\end{bmatrix} + \\
&+\frac{\operatorname{csch}\left(a\sqrt{\frac{s}{\eta}}\right)}{\sqrt{s\eta}}\left[\cosh\left\{(a-x)\sqrt{\frac{s}{\eta}}\right\}\int_0^x \varphi(u)\cosh\left(u\sqrt{\frac{s}{\eta}}\right)du + \right. \\
&\left. +\cosh\left(x\sqrt{\frac{s}{\eta}}\right)\int_0^{a-x}\varphi(a-u)\cosh\left(u\sqrt{\frac{s}{\eta}}\right)du\right]
\end{aligned} \tag{4.5.1}$$

$$
\begin{aligned}
p = {} & \frac{U(t-t_0)}{2a\phi c_t}\int\limits_0^{t-t_0} q\left(t-t_0-\tau\right)\left\{\Theta_3\left(\frac{\pi\left(x-x_0\right)}{2a}, e^{-\left(\frac{\pi}{a}\right)^2\eta\tau}\right)+\Theta_3\left(\frac{\pi\left(x+x_0\right)}{2a}, e^{-\left(\frac{\pi}{a}\right)^2\eta\tau}\right)\right\}d\tau + \\
& + \frac{1}{\phi c_t a}\int\limits_0^{t}\left\{\psi_0(t-\tau)\Theta_3\left(\frac{\pi x}{2a}, e^{-\left(\frac{\pi}{a}\right)^2\eta\tau}\right)-\psi_a(t-\tau)\Theta_4\left(\frac{\pi x}{2a}, e^{-\left(\frac{\pi}{a}\right)^2\eta\tau}\right)\right\}d\tau + \\
& + \frac{1}{2a}\int\limits_0^{a}\varphi(u)\left\{\Theta_3\left(\frac{\pi\left(x-u\right)}{2a}, e^{-\left(\frac{\pi}{a}\right)^2\eta t}\right)+\Theta_3\left(\frac{\pi\left(x+u\right)}{2a}, e^{-\left(\frac{\pi}{a}\right)^2\eta t}\right)\right\}d\tau
\end{aligned}
\tag{4.5.2}
$$

Special cases of $q(t)$

(i) $q(t)$ is a constant and equal to q

$$
\overline{p} = \frac{qe^{-st_0}\operatorname{csch}\left(a\sqrt{\frac{s}{\eta}}\right)}{\phi c_t s^{\frac{3}{2}}\sqrt{\eta}}\left[\begin{array}{ll}\cosh\left(x\sqrt{\frac{s}{\eta}}\right)\cosh\left\{\left(a-x_0\right)\sqrt{\frac{s}{\eta}}\right\}, & 0\le x\le x_0 \\ \cosh\left\{\left(a-x\right)\sqrt{\frac{s}{\eta}}\right\}\cosh\left(x_0\sqrt{\frac{s}{\eta}}\right), & x_0\le x\le a\end{array}\right.
\tag{4.5.3}
$$

$$
\begin{aligned}
p = {} & \frac{U(t-t_0)q}{\phi c_t\eta}\left[\frac{\left(t-t_0\right)\eta}{a}+\left\{\begin{array}{ll}\frac{a}{2}\left\{\left(\frac{x}{a}\right)^2+\left(\frac{x_0}{a}-1\right)^2-\frac{1}{3}\right\}, & 0\le x\le x_0 \\ \frac{a}{2}\left\{\left(\frac{x_0}{a}\right)^2+\left(\frac{x}{a}-1\right)^2-\frac{1}{3}\right\}, & x_0\le x\le a\end{array}\right\}-\right. \\
& \left.-\frac{2a}{\pi^2}\sum_{n=1}^{\infty}\frac{1}{n^2}\cos\left(\frac{n\pi x_0}{a}\right)\cos\left(\frac{n\pi x}{a}\right)e^{-\left(\frac{n\pi}{a}\right)^2\eta\left(t-t_0\right)}\right] \\
= {} & \frac{U(t-t_0)q}{\phi c_t\eta}\left[\frac{\left(t-t_0\right)\eta}{a}+\left\{\begin{array}{ll}\frac{a}{2}\left\{\left(\frac{x}{a}\right)^2+\left(\frac{x_0}{a}-1\right)^2-\frac{1}{3}\right\}, & 0\le x\le x_0 \\ \frac{a}{2}\left\{\left(\frac{x_0}{a}\right)^2+\left(\frac{x}{a}-1\right)^2-\frac{1}{3}\right\}, & x_0\le x\le a\end{array}\right\}-\right. \\
& \left.-\frac{xx_0}{a}-2a\left\{\Theta_3^{\int\int}\left(\frac{\pi\left(x-x_0\right)}{2a}, e^{-\left(\frac{\pi}{a}\right)^2\eta\left(t-t_0\right)}\right)-\Theta_3^{\int\int}\left(\frac{\pi\left(x+x_0\right)}{2a}, e^{-\left(\frac{\pi}{a}\right)^2\eta\left(t-t_0\right)}\right)\right\}\right]
\end{aligned}
\tag{4.5.4}
$$

(ii) $q(t) = qt^{\nu}$, $\nu\ge 0$, $t>0$

$$
\overline{p} = \frac{qe^{-st_0}\Gamma\left(\nu+1\right)\operatorname{csch}\left(a\sqrt{\frac{s}{\eta}}\right)}{\phi c_t s^{\left(\nu+\frac{3}{2}\right)}\sqrt{\eta}}\left[\begin{array}{ll}\cosh\left(x\sqrt{\frac{s}{\eta}}\right)\cosh\left\{\left(a-x_0\right)\sqrt{\frac{s}{\eta}}\right\}, & 0\le x\le x_0 \\ \cosh\left\{\left(a-x\right)\sqrt{\frac{s}{\eta}}\right\}\cosh\left(x_0\sqrt{\frac{s}{\eta}}\right), & x_0\le x\le a\end{array}\right.
\tag{4.5.5}
$$

$$
\begin{aligned}
p = {} & \frac{U(t-t_0)q}{a\phi c_t}\left[\frac{\left(t-t_0\right)^{\nu+1}}{\nu+1}+\right. \\
& \left.+2\sum_{n=1}^{\infty}\cos\left(\frac{n\pi x_0}{a}\right)\cos\left(\frac{n\pi x}{a}\right)\frac{e^{-\left(\frac{n\pi}{a}\right)^2\eta\left(t-t_0\right)}}{\left\{-\left(\frac{n\pi}{a}\right)^2\eta\right\}^{\nu+1}}\gamma\left\{\left(\nu+1\right),-\left(\frac{n\pi}{a}\right)^2\eta\left(t-t_0\right)\right\}\right]
\end{aligned}
\tag{4.5.6}
$$

When $\nu=0$, equations (4.5.5) and (4.5.6) reduce to equations (4.5.3) and (4.5.4), and for $\nu=1$, they reduce to

$$
\overline{p} = \frac{qe^{-st_0}\operatorname{csch}\left(a\sqrt{\frac{s}{\eta}}\right)}{2\phi c_t s^{\frac{5}{2}}\sqrt{\eta}}\left[\cosh\left\{\left(a-\left|x-x_0\right|\right)\sqrt{\frac{s}{\eta}}\right\}+\cosh\left\{\left(a-x-x_0\right)\sqrt{\frac{s}{\eta}}\right\}\right]
\tag{4.5.7}
$$

and

$$
\begin{aligned}
p = {} & \frac{U(t-t_0)q}{2a\phi c_t}\left[\left(t-t_0\right)^2+\right. \\
& \left.+\frac{4}{\eta^2}\left(\frac{a}{n\pi}\right)^4\sum_{n=1}^{\infty}\cos\left(\frac{n\pi x_0}{a}\right)\cos\left(\frac{n\pi x}{a}\right)e^{-\left(\frac{n\pi}{a}\right)^2\eta\left(t-t_0\right)}\gamma\left\{2,-\left(\frac{n\pi}{a}\right)^2\eta\left(t-t_0\right)\right\}\right]
\end{aligned}
\tag{4.5.8}
$$

(iii) $q(t) = \sum_{\iota=0}^{N} q_\iota t^\iota$, $t > 0$; that is, polynomial variation

$$\overline{p} = \frac{\operatorname{csch}\left(a\sqrt{\frac{s}{\eta}}\right)e^{-st_0}}{\phi c_t s^{\frac{3}{2}}\sqrt{\eta}} \begin{bmatrix} \cosh\left(x\sqrt{\frac{s}{\eta}}\right)\cosh\left\{(a-x_0)\sqrt{\frac{s}{\eta}}\right\}, & 0 \le x \le x_0 \\ \cosh\left\{(a-x)\sqrt{\frac{s}{\eta}}\right\}\cosh\left(x_0\sqrt{\frac{s}{\eta}}\right), & x_0 \le x \le a \end{bmatrix} \sum_{\iota=0}^{N} \frac{q_\iota \Gamma(\iota+1)}{s^\iota} \tag{4.5.9}$$

$$\begin{aligned} p = {} & \frac{U(t-t_0)}{a\phi c_t}\left[\sum_{\iota=o}^{N}\frac{(t-t_0)^{\iota+1}q_\iota}{\iota+1} + \right. \\ & \left. +2\sum_{n=1}^{\infty}\cos\left(\frac{n\pi x_0}{a}\right)\cos\left(\frac{n\pi x}{a}\right)\sum_{\iota=0}^{N}\frac{q_\iota\gamma\left\{(\iota+1), -\left(\frac{n\pi}{a}\right)^2\eta(t-t_0)\right\}}{\left\{-\left(\frac{n\pi}{a}\right)^2\eta\right\}^{\iota+1}}\right] \end{aligned} \tag{4.5.10}$$

(iv) $q(t) = qe^{-\alpha t}$, $\alpha \ge 0$, $t > 0$; that is, an exponential decrease

$$\overline{p} = \frac{qe^{-st_0}\operatorname{csch}\left(a\sqrt{\frac{s}{\eta}}\right)}{\phi c_t(s+\alpha)\sqrt{s\eta}} \begin{bmatrix} \cosh\left(x\sqrt{\frac{s}{\eta}}\right)\cosh\left\{(a-x_0)\sqrt{\frac{s}{\eta}}\right\}, & 0 \le x \le x_0 \\ \cosh\left\{(a-x)\sqrt{\frac{s}{\eta}}\right\}\cosh\left(x_0\sqrt{\frac{s}{\eta}}\right), & x_0 \le x \le a \end{bmatrix} \tag{4.5.11}$$

$$\begin{aligned} p = {} & \frac{U(t-t_0)q}{a\phi c_t\alpha}\left[\left\{1-e^{-\alpha(t-t_0)}\right\} + \right. \\ & \left. +2\alpha\sum_{n=1}^{\infty}\left\{\frac{e^{-\alpha(t-t_0)} - e^{-\left(\frac{n\pi}{a}\right)^2\eta(t-t_0)}}{\left(\frac{n\pi}{a}\right)^2\eta-\alpha}\right\}\cos\left(\frac{n\pi x_0}{a}\right)\cos\left(\frac{n\pi x}{a}\right)\right] \end{aligned} \tag{4.5.12}$$

(v) $q(t) = q[1-e^{-\alpha t}]$, $\alpha \ge 0$, $t > 0$; that is, an exponential increase to a constant value of q

$$\overline{p} = \frac{qe^{-st_0}\alpha\operatorname{csch}\left(a\sqrt{\frac{s}{\eta}}\right)}{\phi c_t s^{\frac{3}{2}}(s+\alpha)\sqrt{\eta}} \begin{bmatrix} \cosh\left(x\sqrt{\frac{s}{\eta}}\right)\cosh\left\{(a-x_0)\sqrt{\frac{s}{\eta}}\right\}, & 0 \le x \le x_0 \\ \cosh\left\{(a-x)\sqrt{\frac{s}{\eta}}\right\}\cosh\left(x_0\sqrt{\frac{s}{\eta}}\right), & x_0 \le x \le a \end{bmatrix} \tag{4.5.13}$$

$$\begin{aligned} p = {} & \frac{U(t-t_0)q}{a\phi c_t\alpha}\left[\left\{e^{-\alpha(t-t_0)} + \alpha(t-t_0) - 1\right\} + \right. \\ & \left. +2\alpha\sum_{n=1}^{\infty}\left\{\frac{\frac{\alpha}{\eta}\left(\frac{a}{n\pi}\right)^2\left(1-e^{-\left(\frac{n\pi}{a}\right)^2\eta(t-t_0)}\right) - 1 + e^{-\alpha(t-t_0)}}{\alpha-\left(\frac{n\pi}{a}\right)^2\eta}\right\}\cos\left(\frac{n\pi x_0}{a}\right)\cos\left(\frac{n\pi x}{a}\right)\right] \end{aligned} \tag{4.5.14}$$

(vi) $q(t) = q\sin(\omega t)$, $t > 0$; that is, a sinusoidal source

$$\overline{p} = \frac{qe^{-st_0}\omega\operatorname{csch}\left(a\sqrt{\frac{s}{\eta}}\right)}{\phi c_t(s^2+\omega^2)\sqrt{s\eta}} \begin{bmatrix} \cosh\left(x\sqrt{\frac{s}{\eta}}\right)\cosh\left\{(a-x_0)\sqrt{\frac{s}{\eta}}\right\}, & 0 \le x \le x_0 \\ \cosh\left\{(a-x)\sqrt{\frac{s}{\eta}}\right\}\cosh\left(x_0\sqrt{\frac{s}{\eta}}\right), & x_0 \le x \le a \end{bmatrix} \tag{4.5.15}$$

$$\begin{aligned} p = {} & \frac{U(t-t_0)q}{a\phi c_t\omega}\left[\{1-\cos(\omega t)\} + \right. \\ & +2\omega\sum_{n=1}^{\infty}\frac{\omega\left\{e^{-\left(\frac{n\pi}{a}\right)^2\eta(t-t_0)} - \cos\{\omega(t-t_0)\}\right\} + \left(\frac{n\pi}{a}\right)^2\eta\sin\{\omega(t-t_0)\}}{\left(\frac{n\pi}{a}\right)^4\eta^2+\omega^2} \times \\ & \left. \times\cos\left(\frac{n\pi x_0}{a}\right)\cos\left(\frac{n\pi x}{a}\right)\right] \end{aligned} \tag{4.5.16}$$

(vii) $q(t) = q\cos(\omega t)$, $t > 0$; that is, a cosinusoidal source

$$\overline{p} = \frac{qe^{-st_0} s \operatorname{csch}\left(a\sqrt{\frac{s}{\eta}}\right)}{\phi c_t \left(s^2+\omega^2\right)\sqrt{s\eta}} \begin{bmatrix} \cosh\left(x\sqrt{\frac{s}{\eta}}\right)\cosh\left\{(a-x_0)\sqrt{\frac{s}{\eta}}\right\}, & 0 \le x \le x_0 \\ \cosh\left\{(a-x)\sqrt{\frac{s}{\eta}}\right\}\cosh\left(x_0\sqrt{\frac{s}{\eta}}\right), & x_0 \le x \le a \end{bmatrix} \tag{4.5.17}$$

$$\begin{aligned} p \;=\; & \frac{U(t-t_0)q}{a\phi c_t \omega}\left[\sin(\omega t) + \right. \\ & +2\omega\sum_{n=1}^{\infty}\frac{\left(\frac{n\pi}{a}\right)^2\eta\,(t-t_0)\left\{\cos\left\{\omega\,(t-t_0)\right\} - e^{-\left(\frac{n\pi}{a}\right)^2\eta(t-t_0)}\right\} + \omega\sin\left\{\omega\,(t-t_0)\right\}}{\left(\frac{n\pi}{a}\right)^4\eta^2+\omega^2}\times \\ & \left.\times\cos\left(\frac{n\pi x_0}{a}\right)\cos\left(\frac{n\pi x}{a}\right)\right] \end{aligned} \tag{4.5.18}$$

Special cases of $\varphi(x)$

(i) $\varphi(x) = p_I$, $0 \le x \le a$

$$\overline{p} = \frac{p_I}{s} \tag{4.5.19}$$

$$p = p_I \tag{4.5.20}$$

(ii) $\varphi(x) = p_I x$, $0 \le x \le a$

$$\overline{p} = \frac{p_I}{s}\operatorname{csch}\left(a\sqrt{\frac{s}{\eta}}\right)\left[x\sinh\left(a\sqrt{\frac{s}{\eta}}\right) + \sqrt{\frac{\eta}{s}}\left\{\cosh\left\{(a-x)\sqrt{\frac{s}{\eta}}\right\} - \cosh\left(x\sqrt{\frac{s}{\eta}}\right)\right\}\right] \tag{4.5.21}$$

$$p = p_I a\left[\frac{1}{2} + \frac{2}{\pi^2}\sum_{n=1}^{\infty}\frac{\left\{(-1)^n - 1\right\}}{n^2}e^{-\left(\frac{n\pi}{a}\right)^2\eta t}\cos\left(\frac{n\pi x}{a}\right)\right] \tag{4.5.22}$$

(iii) $\varphi(x) = \frac{p_I}{\sqrt{x}}$, $0 \le x \le a$

$$\overline{p} = \frac{2p_I}{\sqrt{a}}\left[\frac{1}{s} + \frac{\pi\sqrt{2}}{a}\sum_{n=1}^{\infty}\frac{\sqrt{n}C\left(\sqrt{n\pi}\right)\cos\left(\frac{n\pi x}{a}\right)}{s+\left(\frac{n\pi}{a}\right)^2\eta}\right] \tag{4.5.23}$$

$$p = \frac{2p_I}{\sqrt{a}}\left[1 + \frac{\pi\sqrt{2}}{a}\sum_{n=1}^{\infty}\sqrt{n}C\left(\sqrt{n\pi}\right)\cos\left(\frac{n\pi x}{a}\right)e^{-\left(\frac{n\pi}{a}\right)^2\eta t}\right] \tag{4.5.24}$$

(iv) $\varphi(x) = \frac{p_I}{\sqrt{a^2-x^2}}$, $0 \le x \le a$

$$\overline{p} = \frac{\pi p_I}{2a}\left[\frac{1}{s} + 2\sum_{n=1}^{\infty}\frac{J_0\left(n\pi\right)\cos\left(\frac{n\pi x}{a}\right)}{s+\left(\frac{n\pi}{a}\right)^2\eta}\right] \tag{4.5.25}$$

$$p = \frac{\pi p_I}{2a}\left[1 + 2\sum_{n=1}^{\infty}J_0\left(n\pi\right)e^{-\left(\frac{n\pi}{a}\right)^2\eta t}\cos\left(\frac{n\pi x}{a}\right)\right] \tag{4.5.26}$$

(v) $\varphi(x) = \frac{p_I x}{\sqrt{a^2-x^2}}$, $0 \le x \le a$

$$\overline{p} = p_I\left[\frac{1}{s} + 2\sum_{n=1}^{\infty}\frac{\left\{1 - \frac{\pi}{2}\mathrm{H}_1\left(n\pi\right)\right\}\cos\left(\frac{n\pi x}{a}\right)}{s+\left(\frac{n\pi}{a}\right)^2\eta}\right] \tag{4.5.27}$$

$$p = p_I \left[1 + 2 \sum_{n=1}^{\infty} \left\{ 1 - \frac{\pi}{2} \mathrm{H}_1(n\pi) \right\} \cos\left(\frac{n\pi x}{a}\right) e^{-\left(\frac{n\pi}{a}\right)^2 \eta t} \right] \tag{4.5.28}$$

(vi) $\varphi(x) = p_I e^{\alpha x}$, α is a constant, positive or negative for $0 \le x \le a$

$$\overline{p} = \frac{p_I \operatorname{csch}\left(a\sqrt{\frac{s}{\eta}}\right)}{\alpha^2 \eta - s} \left[\alpha \sqrt{\frac{\eta}{s}} \left\{ e^{\alpha a} \cosh\left(x\sqrt{\frac{s}{\eta}}\right) - \cosh\left\{(a-x)\sqrt{\frac{s}{\eta}}\right\} \right\} - e^{\alpha x} \sinh\left(a\sqrt{\frac{s}{\eta}}\right) \right] \tag{4.5.29}$$

where $\alpha^2 \neq \frac{s}{\eta}$.

$$p = \frac{p_I}{\alpha a} \left[\{e^{\alpha a} - 1\} + 2(\alpha a)^2 \sum_{n=1}^{\infty} \frac{\{1 - (-1)^n e^{\alpha a}\} \cos\left(\frac{n\pi x}{a}\right) e^{-\left(\frac{n\pi}{a}\right)^2 \eta t}}{(\alpha a)^2 + (n\pi)^2} \right] \tag{4.5.30}$$

Special cases of $\psi_0(t)$ and $\psi_a(t)$

(i) $\psi_0(t) = p_0$ and $\psi_a(t) = q_a$, p_0 and q_a are constants

$$\overline{p} = \frac{\operatorname{csch}\left(a\sqrt{\frac{s}{\eta}}\right)}{s^{\frac{3}{2}} \phi c_t \sqrt{\eta}} \left[q_0 \cosh\left\{(a-x)\sqrt{\frac{s}{\eta}}\right\} - q_a \cosh\left(x\sqrt{\frac{s}{\eta}}\right) \right] \tag{4.5.31}$$

$$p = \frac{(q_0 - q_a)t}{a\phi c_t} + \frac{2\mu a}{k\pi^2} \sum_{n=1}^{\infty} \frac{1}{n^2} \left\{ (-1)^{n+1} q_a + q_0 \right\} \left\{ 1 - e^{-\left(\frac{n\pi}{a}\right)^2 \eta t} \right\} \cos\left(\frac{n\pi x}{a}\right) \tag{4.5.32}$$

(ii) $\psi_0(t) = q_0 t^\nu$ and $\psi_a(t) = q_a t^\nu$, $\nu > -1$, q_0 and q_a are constants

$$\overline{p} = \frac{\Gamma(\nu+1) \operatorname{csch}\left(a\sqrt{\frac{s}{\eta}}\right)}{\phi c_t s^{\left(\nu+\frac{1}{2}\right)} \sqrt{\eta}} \left[q_0 \cosh\left\{(a-x)\sqrt{\frac{s}{\eta}}\right\} - q_a \cosh\left(x\sqrt{\frac{s}{\eta}}\right) \right] \tag{4.5.33}$$

$$\begin{aligned} p = {} & \frac{(q_0 - q_a)t^{\nu+1}}{\phi c_t a(\nu+1)} + \frac{2t^{\nu+1}}{\phi c_t a} \sum_{n=1}^{\infty} \left(\frac{\eta t}{a^2}\right)^{n^2} \mathrm{B}(\nu+1, n^2+1) \times \\ & \times \left[q_0 \cos\left\{\frac{n(2a-x)}{a}\right\} - q_a \cos\left\{\frac{n(a+x)}{a}\right\} \right] \end{aligned} \tag{4.5.34}$$

If $q_0 = q_a$, equations (4.5.33) and (4.5.34) reduce to

$$\overline{p} = \frac{q_0 \Gamma(\nu+1) \operatorname{csch}\left(a\sqrt{\frac{s}{\eta}}\right)}{\phi c_t s^{\left(\nu+\frac{1}{2}\right)} \sqrt{\eta}} \left[\cosh\left\{(a-x)\sqrt{\frac{s}{\eta}}\right\} - \cosh\left(x\sqrt{\frac{s}{\eta}}\right) \right] \tag{4.5.35}$$

and

$$p = \frac{2qt^{\nu+1}}{\phi c_t a} \sum_{n=1}^{\infty} \left(\frac{\eta t}{a^2}\right)^{n^2} \mathrm{B}(\nu+1, n^2+1) \left[\cos\left\{\frac{n(2a-x)}{a}\right\} - \cos\left\{\frac{n(a+x)}{a}\right\} \right] \tag{4.5.36}$$

(iii) $\psi_0(t) = q_0 e^{-\alpha_0 t}$ and $\psi_a(t) = q_a e^{-\alpha_a t}$, q_0 and q_a are constants, $\alpha_0 > 0$, $\alpha_a > 0$

$$\overline{p} = \frac{\operatorname{csch}\left(a\sqrt{\frac{s}{\eta}}\right)}{\phi c_t \sqrt{s\eta}} \left[\frac{q_0}{s + \alpha_0} \cosh\left\{(a-x)\sqrt{\frac{s}{\eta}}\right\} - \frac{q_a}{s + \alpha_a} \cosh\left(x\sqrt{\frac{s}{\eta}}\right) \right] \tag{4.5.37}$$

$$p = \frac{q_0\left\{1-e^{-\alpha_0 t)}\right\}}{\phi c_t a \alpha_0} - \frac{q_a\left\{1-e^{-\alpha_a t}\right\}}{\phi c_t a \alpha_a} + \frac{2t}{\phi c_t a}\sum_{n=1}^{\infty}\left(\frac{\eta t}{a^2}\right)^{n^2} \mathrm{B}\left(1, n^2+1\right) \times$$
$$\times\left[q_0 e^{-\alpha_0 t}\Phi\left(n^2+1, n^2+2; \alpha_0 t\right)\cos\left\{\frac{n\left(2a-x\right)}{a}\right\} - q_a e^{-\alpha_a t}\Phi\left(n^2+1, n^2+2; \alpha_a t\right)\cos\left\{\frac{n\left(a+x\right)}{a}\right\}\right] \tag{4.5.38}$$

If $q_0 = q_a = q$ and $\alpha_0 = \alpha_a = \alpha$, equations (4.5.37) and (4.5.38) reduce to

$$\overline{p} = \frac{q\,\mathrm{csch}\left(a\sqrt{\frac{s}{\eta}}\right)}{\phi c_t\left(s+\alpha\right)\sqrt{s\eta}}\left[\cosh\left\{\left(a-x\right)\sqrt{\frac{s}{\eta}}\right\} - \cosh\left(x\sqrt{\frac{s}{\eta}}\right)\right] \tag{4.5.39}$$

and

$$p = \frac{2qte^{-\alpha t}}{\phi c_t a}\sum_{n=1}^{\infty}\left(\frac{\eta t}{a^2}\right)^{n^2}\mathrm{B}\left(1, n^2+1\right)\Phi\left(n^2+1, n^2+2; \alpha t\right)\left[\cos\left\{\frac{n\left(2a-x\right)}{a}\right\} - \cos\left\{\frac{n\left(a+x\right)}{a}\right\}\right] \tag{4.5.40}$$

4.6 The problem of 4.1, except $\mathbf{N_0} \equiv \frac{\partial p(0,t)}{\partial x} = -\left(\frac{\mu}{k}\right)\psi_0(t)$ and $\mathbf{R_a} \equiv \frac{\partial p(a,t)}{\partial x} + \lambda p(a,t) = -\left(\frac{\mu}{k}\right)\psi_a(t)$

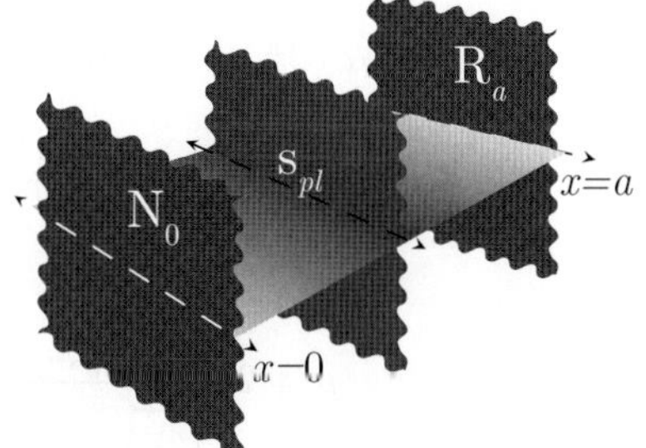

$$\begin{aligned}\overline{p} = {} & \frac{2q(s)\,e^{-st_0}}{\phi c_t}\sum_{n=1}^{\infty}\frac{\left(\xi_n^2+\lambda^2\right)\cos(\xi_n x_0)\cos(\xi_n x)}{\left\{a\left(\xi_n^2+\lambda^2\right)+\lambda\right\}\left(\xi_n^2\eta+s\right)} + \\ & + \frac{2}{\phi c_t}\sum_{n=1}^{\infty}\frac{\left\{\xi_n^2+\lambda^2\right\}\left\{\overline{\psi}_0(s) - \cos(\xi_n a)\psi_a(s)\right\}\cos(\xi_n x)}{\left\{a\left(\xi_n^2+\lambda^2\right)+\lambda\right\}\left(\xi_n^2\eta+s\right)} + \\ & + 2\sum_{n=1}^{\infty}\frac{\left(\xi_n^2+\lambda^2\right)\cos(\xi_n x)\int_0^a\varphi(u)\cos(\xi_n u)du}{\left\{a\left(\xi_n^2+\lambda^2\right)+\lambda\right\}\left(\xi_n^2\eta+s\right)}\end{aligned} \tag{4.6.1}$$

where ξ_n is a positive root of $\xi_n\tan(\xi_n a) = \lambda$, $n = 1, 2, \ldots$.

$$\begin{aligned}p = {} & \frac{2U(t-t_0)}{\phi c_t}\sum_{n=1}^{\infty}\frac{\left(\xi_n^2+\lambda^2\right)\cos(\xi_n x_0)\cos(\xi_n x)\int_0^{t-t_0}q(t-t_0-\tau)e^{-\xi_n^2\eta\tau}d\tau}{a\left(\xi_n^2+\lambda^2\right)+\lambda} + \\ & + \frac{2}{\phi c_t}\sum_{n=1}^{\infty}\frac{\left\{\xi_n^2+\lambda^2\right\}\int\limits_0^t\left\{\psi_0(t-\tau) - \cos(\xi_n a)\psi_a(t-\tau)\right\}\cos(\xi_n x)e^{-\xi_n^2\eta\tau}d\tau}{a\left(\xi_n^2+\lambda^2\right)+\lambda} + \\ & + 2\sum_{n=1}^{\infty}\frac{\left(\xi_n^2+\lambda^2\right)\cos(\xi_n x)e^{-\xi_n^2\eta t}\int_0^a\varphi(u)\cos(\xi_n u)du}{a\left(\xi_n^2+\lambda^2\right)+\lambda}\end{aligned} \tag{4.6.2}$$

Special cases of $\varphi(x)$

(i) $\varphi(x) = p_I$, $0 \le x \le a$

$$\overline{p} = 2p_I\sum_{n=1}^{\infty}\frac{\left\{\xi_n^2+\lambda^2\right\}\sin(\xi_n a)\cos(\xi_n x)}{\xi_n\left\{a\left(\xi_n^2+\lambda^2\right)+\lambda\right\}\left(\xi_n^2\eta+s\right)} \tag{4.6.3}$$

$$p = 2p_I\sum_{n=1}^{\infty}\frac{\left\{\xi_n^2+\lambda^2\right\}\sin(\xi_n a)\cos(\xi_n x)e^{-\xi_n^2\eta t}}{\xi_n\left\{a\left(\xi_n^2+\lambda^2\right)+\lambda\right\}} \tag{4.6.4}$$

(ii) $\varphi(x) = p_I x$, $0 \le x \le a$

$$\overline{p} = 2p_I \sum_{n=1}^{\infty} \frac{\{\xi_n^2 + \lambda^2\}\{\cos(\xi_n a) + a\xi_n \sin(\xi_n a) - 1\}\cos(\xi_n x)}{\xi_n^2\{a(\xi_n^2 + \lambda^2) + \lambda\}(\xi_n^2\eta + s)} \tag{4.6.5}$$

$$p = 2p_I \sum_{n=1}^{\infty} \frac{\{\xi_n^2 + \lambda^2\}\{\cos(\xi_n a) + a\xi_n \sin(\xi_n a) - 1\}\cos(\xi_n x)e^{-\xi_n^2\eta t}}{\xi_n^2\{a(\xi_n^2 + \lambda^2) + \lambda\}} \tag{4.6.6}$$

(iii) $\varphi(x) = \frac{p_I}{\sqrt{x}}$, $0 \le x \le a$

$$\overline{p} = 2\sqrt{2\pi}p_I \sum_{n=1}^{\infty} \frac{\{\xi_n^2 + \lambda^2\}\,\mathrm{C}\left(\sqrt{\xi_n a}\right)\cos(\xi_n x)}{\sqrt{\xi_n}\{a(\xi_n^2 + \lambda^2) + \lambda\}(\xi_n^2\eta + s)} \tag{4.6.7}$$

$$p = 2\sqrt{2\pi}p_I \sum_{n=1}^{\infty} \frac{\{\xi_n^2 + \lambda^2\}\,\mathrm{C}\left(\sqrt{\xi_n a}\right)\cos(\xi_n x)e^{-\xi_n^2\eta t}}{\sqrt{\xi_n}\{a(\xi_n^2 + \lambda^2) + \lambda\}} \tag{4.6.8}$$

(iv) $\varphi(x) = p_I e^{-\alpha x}$, $\alpha > 0$, $0 \le x \le a$

$$\overline{p} = 2p_I \sum_{n=1}^{\infty} \frac{\{\xi_n^2 + \lambda^2\}\left[\alpha - e^{-\alpha a}\{\alpha\cos(\xi_n a) - \xi_n \sin(\xi_n a)\}\right]\cos(\xi_n x)}{\{a(\xi_n^2 + \lambda^2) + \lambda\}(\xi_n^2\eta + s)\{\alpha^2 + \xi_n^2\}} \tag{4.6.9}$$

$$p = 2p_I \sum_{n=1}^{\infty} \frac{\{\xi_n^2 + \lambda^2\}\left[\alpha - e^{-\alpha a}\{\alpha\cos(\xi_n a) - \xi_n \sin(\xi_n a)\}\right]\cos(\xi_n x)e^{-\xi_n^2\eta t}}{\{a(\xi_n^2 + \lambda^2) + \lambda\}\{\alpha^2 + \xi_n^2\}} \tag{4.6.10}$$

A special case of $\psi_0(t)$ and $\psi_a(t)$

(i) $\psi_0(t) = p_0$ and $\psi_a(t) = q_a$, where p_0 and q_a are constants

$$\overline{p} = \frac{2}{\phi c_t s} \sum_{n=1}^{\infty} \frac{\{\xi_n^2 + \lambda^2\}\{q_0 - \cos(\xi_n a)q_a\}\cos(\xi_n x)}{\{a(\xi_n^2 + \lambda^2) + \lambda\}(\xi_n^2\eta + s)} \tag{4.6.11}$$

$$p = \frac{2}{\phi c_t} \sum_{n=1}^{\infty} \frac{\{\xi_n^2 + \lambda^2\}\{q_0 - \cos(\xi_n a)q_a\}\left\{1 - e^{-\xi_n^2\eta t}\right\}\cos(\xi_n x)}{\xi_n^2\{a(\xi_n^2 + \lambda^2) + \lambda\}} \tag{4.6.12}$$

4.7

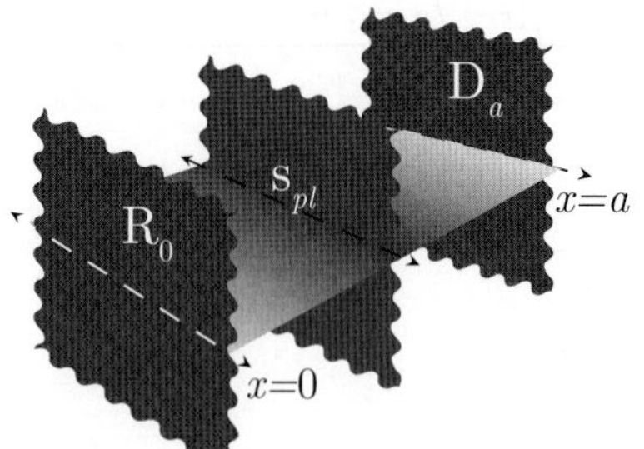

The problem of 4.1, except $\mathbf{R_0} \equiv \frac{\partial p(0,t)}{\partial x} - \lambda p(0,t) = -\left(\frac{\mu}{k}\right)\psi_0(t)$ and $\mathbf{D_a} \equiv p(a,t) = \psi_a(t)$

$$\begin{aligned}\overline{p} = {} & \frac{2q(s)e^{-st_0}}{\phi c_t} \sum_{n=1}^{\infty} \frac{(\xi_n^2 + \lambda^2)\sin\{\xi_n(a - x_0)\}\sin\{\xi_n(a - x)\}}{\{a(\xi_n^2 + \lambda^2) + \lambda\}(s + \xi_n^2\eta)} + \\ & + 2\sum_{n=1}^{\infty} \frac{(\xi_n^2 + \lambda^2)\left\{\sin(\xi_n a)\frac{\overline{\psi}_0(s)}{\phi c_t} + \eta\xi_n\overline{\psi}_a(s)\right\}\sin\{\xi_n(a - x)\}}{\{a(\xi_n^2 + \lambda^2) + \lambda\}(s + \xi_n^2\eta)} + \\ & + 2\sum_{n=1}^{\infty} \frac{(\xi_n^2 + \lambda^2)\sin\{\xi_n(a - x)\}\int_0^a \varphi(u)\sin\{\xi_n(a - u)\}\,du}{\{a(\xi_n^2 + \lambda^2) + \lambda\}(s + \xi_n^2\eta)}\end{aligned} \tag{4.7.1}$$

where ξ_n is a positive root of $\xi_n \cot(\xi_n a) = -\lambda$, $n = 1, 2, ...$

$$p = \frac{2U(t-t_0)}{\phi c_t}\sum_{n=1}^{\infty}\frac{(\xi_n^2+\lambda^2)\sin\{\xi_n(a-x_0)\}\sin\{\xi_n(a-x)\}\int_0^{t-t_0} q(t-t_0-\tau)e^{-\xi_n^2\eta\tau}d\tau}{a(\xi_n^2+\lambda^2)+\lambda} +$$
$$+2\sum_{n=1}^{\infty}\frac{(\xi_n^2+\lambda^2)\sin\{\xi_n(a-x)\}\int_0^t\left\{\sin(\xi_n a)\frac{\psi_0(t-\tau)}{\phi c_t}+\eta\xi_n\psi_a(t-\tau)\right\}e^{-\xi_n^2\eta\tau}d\tau}{a(\xi_n^2+\lambda^2)+\lambda} +$$
$$+2\sum_{n=1}^{\infty}\frac{e^{-\xi_n^2\eta t}(\xi_n^2+\lambda^2)\sin\{\xi_n(a-x)\}\int_0^a\varphi(u)\sin\{\xi_n(a-u)\}du}{a(\xi_n^2+\lambda^2)+\lambda} \qquad (4.7.2)$$

Special cases of $\varphi(x)$

(i) $\varphi(x) = p_I$, $0 \le x \le a$

$$\overline{p} = 2p_I\sum_{n=1}^{\infty}\frac{(\xi_n^2+\lambda^2)\{1-\cos(\xi_n a)\}\sin\{\xi_n(a-x)\}}{\xi_n\{a(\xi_n^2+\lambda^2)+\lambda\}(s+\xi_n^2\eta)} \qquad (4.7.3)$$

$$p = 2p_I\sum_{n=1}^{\infty}\frac{e^{-\xi_n^2\eta t}(\xi_n^2+\lambda^2)\{1-\cos(\xi_n a)\}\sin\{\xi_n(a-x)\}}{\xi_n\{a(\xi_n^2+\lambda^2)+\lambda\}} \qquad (4.7.4)$$

(ii) $\varphi(x) = p_I e^{-\alpha x}$, α is a constant, positive or negative for $0 \le x \le a$

$$\overline{p} = 2p_I\sum_{n=1}^{\infty}\frac{(\xi_n^2+\lambda^2)\sin\{\xi_n(a-x)\}[\xi_n\{e^{-\alpha a}-\cos(\xi_n a)\}+\alpha\sin(\xi_n a)]}{\{a(\xi_n^2+\lambda^2)+\lambda\}(s+\xi_n^2\eta)(\alpha^2+\xi_n^2)} \qquad (4.7.5)$$

$$p = 2p_I\sum_{n=1}^{\infty}\frac{e^{-\xi_n^2\eta t}(\xi_n^2+\lambda^2)\sin\{\xi_n(a-x)\}[\xi_n\{e^{-\alpha a}-\cos(\xi_n a)\}+\alpha\sin(\xi_n a)]}{a(\xi_n^2+\lambda^2)+\lambda} \qquad (4.7.6)$$

4.8 The problem of 4.1, except $\mathbf{R_0} \equiv \frac{\partial p(0,t)}{\partial x} - \lambda p(0,t) = -\left(\frac{\mu}{k}\right)\psi_0(t)$ and $\mathbf{N_a} \equiv \frac{\partial p(a,t)}{\partial x} = -\left(\frac{\mu}{k}\right)\psi_a(t)$

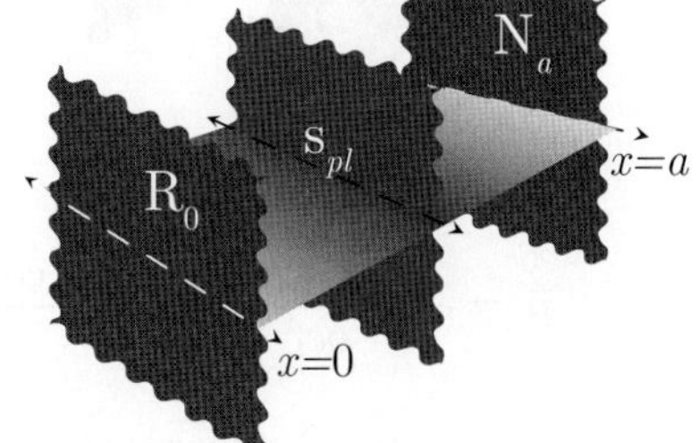

$$\overline{p} = \frac{2q(s)e^{-st_0}}{\phi c_t}\sum_{n=1}^{\infty}\frac{(\xi_n^2+\lambda^2)\cos\{\xi_n(a-x_0)\}\cos\{\xi_n(a-x)\}}{\{a(\xi_n^2+\lambda^2)+\lambda\}(s+\xi_n^2\eta)} +$$
$$+\frac{2}{\phi c_t}\sum_{n=1}^{\infty}\frac{(\xi_n^2+\lambda^2)\{\cos(\xi_n a)\overline{\psi}_0(s)-\overline{\psi}_a(s)\}\cos\{\xi_n(a-x)\}}{\{a(\xi_n^2+\lambda^2)+\lambda\}(s+\xi_n^2\eta)} +$$
$$+2\sum_{n=1}^{\infty}\frac{(\xi_n^2+\lambda^2)\cos\{\xi_n(a-x)\}\int_0^a\varphi(u)\cos\{\xi_n(a-u)\}du}{\{a(\xi_n^2+\lambda^2)+\lambda\}(s+\xi_n^2\eta)} \qquad (4.8.1)$$

where ξ_n is a positive root of $\xi_n \tan(\xi_n a) = \lambda$, $n = 1, 2, ...$

$$p = \frac{2U(t-t_0)}{\phi c_t}\sum_{n=1}^{\infty}\frac{(\xi_n^2+\lambda^2)\cos\{\xi_n(a-x_0)\}\cos\{\xi_n(a-x)\}\int_0^{t-t_0} q(t-t_0-\tau)e^{-\xi_n^2\eta\tau}d\tau}{a(\xi_n^2+\lambda^2)+\lambda} +$$

$$+\frac{2}{\phi c_t}\sum_{n=1}^{\infty}\frac{\left(\xi_n^2+\lambda^2\right)\cos\left\{\xi_n(a-x)\right\}\int_0^t\left\{\cos\left(\xi_n a\right)\psi_0\left(t-\tau\right)-\psi_a\left(t-\tau\right)\right\}e^{-\xi_n^2\eta\tau}d\tau}{a\left(\xi_n^2+\lambda^2\right)+\lambda}+$$

$$+2\sum_{n=1}^{\infty}\frac{e^{-\xi_n^2\eta t}\left(\xi_n^2+\lambda^2\right)\cos\left\{\xi_n(a-x)\right\}\int_0^a\varphi\left(u\right)\cos\left\{\xi_n(a-u)\right\}du}{a\left(\xi_n^2+\lambda^2\right)+\lambda} \quad (4.8.2)$$

Special cases of $\varphi(x)$

(i) $\varphi(x)=p_I$, $0\le x\le a$

$$\overline{p}=2p_I\sum_{n=1}^{\infty}\frac{\left(\xi_n^2+\lambda^2\right)\sin\left(\xi_n a\right)\cos\left\{\xi_n(a-x)\right\}}{\xi_n\left\{a\left(\xi_n^2+\lambda^2\right)+\lambda\right\}\left(s+\xi_n^2\eta\right)} \quad (4.8.3)$$

$$p=2p_I\sum_{n=1}^{\infty}\frac{e^{-\xi_n^2\eta t}\left(\xi_n^2+\lambda^2\right)\sin\left(\xi_n a\right)\cos\left\{\xi_n(a-x)\right\}}{\xi_n\left\{a\left(\xi_n^2+\lambda^2\right)+\lambda\right\}} \quad (4.8.4)$$

(ii) $\varphi(x)=p_Ie^{-\alpha x}$, α is a constant, positive or negative for $0\le x\le a$

$$\overline{p}=2p_I\sum_{n=1}^{\infty}\frac{\left(\xi_n^2+\lambda^2\right)\sin\left\{\xi_n(a-x)\right\}\left[\alpha\left\{\cos\left(\xi_n a\right)-e^{-\alpha a}\right\}+\xi_n\sin\left(\xi_n a\right)\right]}{\left\{a\left(\xi_n^2+\lambda^2\right)+\lambda\right\}\left(s+\xi_n^2\eta\right)\left(\alpha^2+\xi_n^2\right)} \quad (4.8.5)$$

$$p=2p_I\sum_{n=1}^{\infty}\frac{e^{-\xi_n^2\eta t}\left(\xi_n^2+\lambda^2\right)\sin\left\{\xi_n(a-x)\right\}\left[\alpha\left\{\cos\left(\xi_n a\right)-e^{-\alpha a}\right\}+\xi_n\sin\left(\xi_n a\right)\right]}{a\left(\xi_n^2+\lambda^2\right)+\lambda} \quad (4.8.6)$$

4.9

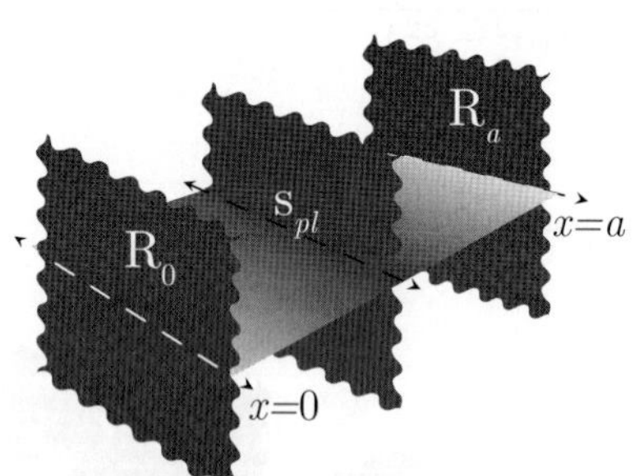

The problem of 4.1, except
$\mathbf{R_0\equiv\frac{\partial p(0,t)}{\partial x}-\lambda_0 p\left(0,t\right)=-\left(\frac{\mu}{k}\right)\psi_0\left(t\right)}$ **and**
$\mathbf{R_a\equiv\frac{\partial p(a,t)}{\partial x}+\lambda_a p\left(a,t\right)=-\left(\frac{\mu}{k}\right)\psi_a\left(t\right)}$

$$\begin{aligned}\overline{p} &= \frac{2q\left(s\right)e^{-st_0}}{\phi c_t}\sum_{n=1}^{\infty}\frac{\left\{\xi_n\cos\left(\xi_n x_0\right)+\lambda_0\sin\left(\xi_n x_0\right)\right\}\left\{\xi_n\cos\left(\xi_n x\right)+\lambda_0\sin\left(\xi_n x\right)\right\}}{\left\{\left(\xi_n^2+\lambda_0^2\right)\left(a+\frac{\lambda_a}{\xi_n^2+\lambda_a^2}\right)+\lambda_0\right\}\left(s+\xi_n^2\eta\right)}+\\ &+\frac{2}{\phi c_t}\sum_{n=1}^{\infty}\frac{\left[\xi_n\overline{\psi}_0\left(s\right)-\left\{\xi_n\cos\left(\xi_n a\right)+\lambda_0\sin\left(\xi_n a\right)\right\}\overline{\psi}_a\left(s\right)\right]\left\{\xi_n\cos\left(\xi_n x\right)+\lambda_0\sin\left(\xi_n x\right)\right\}}{\left\{\left(\xi_n^2+\lambda_0^2\right)\left(a+\frac{\lambda_a}{\xi_n^2+\lambda_a^2}\right)+\lambda_0\right\}\left(s+\xi_n^2\eta\right)}+\\ &+2\sum_{n=1}^{\infty}\frac{\left\{\xi_n\cos\left(\xi_n x\right)+\lambda_0\sin\left(\xi_n x\right)\right\}\int_0^a\varphi\left(u\right)\left\{\xi_n\cos\left(\xi_n u\right)+\lambda_0\sin\left(\xi_n u\right)\right\}du}{\left\{\left(\xi_n^2+\lambda_0^2\right)\left(a+\frac{\lambda_a}{\xi_n^2+\lambda_a^2}\right)+\lambda_0\right\}\left(s+\xi_n^2\eta\right)}\end{aligned} \quad (4.9.1)$$

where ξ_n is a positive root of $\tan\left(\xi_n a\right)=\frac{\xi_n(\lambda_a+\lambda_0)}{\xi_n^2-\lambda_a\lambda_0}$, $n=1,2,....$

$$\begin{aligned}p &= \frac{2U(t-t_0)}{\phi c_t}\sum_{n=1}^{\infty}\frac{\left\{\xi_n\cos\left(\xi_n x_0\right)+\lambda_0\sin\left(\xi_n x_0\right)\right\}\left\{\xi_n\cos\left(\xi_n x\right)+\lambda_0\sin\left(\xi_n x\right)\right\}\int_0^{t-t_0}q(t-t_0-\tau)e^{-\xi_n^2\eta\tau}d\tau}{\left\{\left(\xi_n^2+\lambda_0^2\right)\left(a+\frac{\lambda_a}{\xi_n^2+\lambda_a^2}\right)+\lambda_0\right\}}+\\ &+\frac{2}{\phi c_t}\sum_{n=1}^{\infty}\frac{\left\{\xi_n\cos\left(\xi_n x\right)+\lambda_0\sin\left(\xi_n x\right)\right\}}{\left\{\left(\xi_n^2+\lambda_0^2\right)\left(a+\frac{\lambda_a}{\xi_n^2+\lambda_a^2}\right)+\lambda_0\right\}}\times\end{aligned}$$

$$\times \int_0^t \left[\xi_n \psi_0 (t-\tau) - \{\xi_n \cos(\xi_n a) + \lambda_0 \sin(\xi_n a)\} \psi_a (t-\tau)\right] e^{-\xi_n^2 \eta \tau} d\tau +$$

$$+2\sum_{n=1}^{\infty} \frac{e^{-\xi_n^2 \eta t} \{\xi_n \cos(\xi_n x) + \lambda_0 \sin(\xi_n x)\} \int_0^a \varphi(u) \{\xi_n \cos(\xi_n u) + \lambda_0 \sin(\xi_n u)\} du}{\left\{(\xi_n^2 + \lambda_0^2)\left(a + \frac{\lambda_a}{\xi_n^2+\lambda_a^2}\right) + \lambda_0\right\}} \tag{4.9.2}$$

Special cases of $\varphi(x)$

(i) $\varphi(x) = p_I$, $0 \le x \le a$

$$\overline{p} = 2p_I \sum_{n=1}^{\infty} \frac{\{\xi_n \cos(\xi_n x) + \lambda_0 \sin(\xi_n x)\}\{\xi_n \sin(\xi_n a) - \lambda_0 \cos(\xi_n a) + \lambda_0\}}{\xi_n \left\{(\xi_n^2 + \lambda_0^2)\left(a + \frac{\lambda_a}{\xi_n^2+\lambda_a^2}\right) + \lambda_0\right\}(s + \xi_n^2 \eta)} \tag{4.9.3}$$

$$p = 2p_I \sum_{n=1}^{\infty} \frac{\{\xi_n \cos(\xi_n x) + \lambda_0 \sin(\xi_n x)\}\{\xi_n \sin(\xi_n a) - \lambda_0 \cos(\xi_n a) + \lambda_0\} e^{-\xi_n^2 \eta t}}{\xi_m \left\{(\xi_n^2 + \lambda_0^2)\left(a + \frac{\lambda_a}{\xi_n^2+\lambda_a^2}\right) + \lambda_0\right\}} \tag{4.9.4}$$

(ii) $\varphi(x) = \frac{p_I}{\sqrt{x}}$, $0 \le x \le a$

$$\overline{p} = 2\sqrt{2\pi}\, p_I \sum_{n=1}^{\infty} \frac{\{\xi_n \cos(\xi_n x) + \lambda_0 \sin(\xi_n x)\}\{\xi_n \mathrm{C}(\sqrt{a\xi_n}) + \lambda_0 \mathrm{S}(\sqrt{a\xi_n})\}}{\sqrt{\xi_n}\left\{(\xi_n^2 + \lambda_0^2)\left(a + \frac{\lambda_a}{\xi_n^2+\lambda_a^2}\right) + \lambda_0\right\}(s + \xi_n^2 \eta)} \tag{4.9.5}$$

$$p = 2\sqrt{2\pi}\, p_I \sum_{n=1}^{\infty} \frac{\{\xi_n \cos(\xi_n x) + \lambda_0 \sin(\xi_n x)\}\{\xi_n \mathrm{C}(\sqrt{a\xi_n}) + \lambda_0 \mathrm{S}(\sqrt{a\xi_n})\} e^{-\xi_n^2 \eta t}}{\sqrt{\xi_n}\left\{(\xi_n^2 + \lambda_0^2)\left(a + \frac{\lambda_a}{\xi_n^2+\lambda_a^2}\right) + \lambda_0\right\}} \tag{4.9.6}$$

(iii) $\varphi(x) = \frac{p_I}{\sqrt{a^2-x^2}}$, $0 \le x \le a$

$$\overline{p} = \pi p_I \sum_{n=1}^{\infty} \frac{\{\xi_n \cos(\xi_n x) + \lambda_0 \sin(\xi_n x)\}\{\xi_n J_0(\xi_n a) + \lambda_0 \mathrm{H}_0(\xi_n a)\}}{\left\{(\xi_n^2 + \lambda_0^2)\left(a + \frac{\lambda_a}{\xi_n^2+\lambda_a^2}\right) + \lambda_0\right\}(s + \xi_n^2 \eta)} \tag{4.9.7}$$

$$p = \pi p_I \sum_{n=1}^{\infty} \frac{\{\xi_n \cos(\xi_n x) + \lambda_0 \sin(\xi_n x)\}\{\xi_n J_0(\xi_n a) + \lambda_0 \mathrm{H}_0(\xi_n a)\} e^{-\xi_n^2 \eta t}}{\left\{(\xi_n^2 + \lambda_0^2)\left(a + \frac{\lambda_a}{\xi_n^2+\lambda_a^2}\right) + \lambda_0\right\}} \tag{4.9.8}$$

(iv) $\varphi(x) = \frac{p_I x}{\sqrt{a^2-x^2}}$, $0 \le x \le a$

$$\overline{p} = 2p_I a \sum_{n=1}^{\infty} \frac{\{\xi_n \cos(\xi_n x) + \lambda_0 \sin(\xi_n x)\}\left[\xi_n \left\{1 - \frac{\pi}{2}\mathrm{H}_1(\xi_n a)\right\} + \frac{\lambda_0 \pi}{2} J_1(\xi_n a)\right]}{\left\{(\xi_n^2 + \lambda_0^2)\left(a + \frac{\lambda_a}{\xi_n^2+\lambda_a^2}\right) + \lambda_0\right\}(s + \xi_n^2 \eta)} \tag{4.9.9}$$

$$p = 2p_I a \sum_{n=1}^{\infty} \frac{\{\xi_n \cos(\xi_n x) + \lambda_0 \sin(\xi_n x)\}\left[\xi_n \left\{1 - \frac{\pi}{2}\mathrm{H}_1(\xi_n a)\right\} + \frac{\lambda_0 \pi}{2} J_1(\xi_n a)\right] e^{-\xi_n^2 \eta t}}{\left\{(\xi_n^2 + \lambda_0^2)\left(a + \frac{\lambda_a}{\xi_n^2+\lambda_a^2}\right) + \lambda_0\right\}} \tag{4.9.10}$$

(v) $\varphi(x) = p_I e^{\alpha x}$, α is a constant, positive or negative for $0 \le x \le a$

$$\overline{p} \;=\; 2p_I \sum_{n=1}^{\infty} \frac{\{\xi_n \cos(\xi_n x) + \lambda_0 \sin(\xi_n x)\}\left[\xi_n (\alpha + \lambda_0)\{1 - e^{-\alpha a}\cos(\xi_n a)\} + e^{-\alpha a}(\xi_n^2 - \alpha\lambda_0)\sin(\xi_n a)\right]}{\left\{(\xi_n^2 + \lambda_0^2)\left(a + \frac{\lambda_a}{\xi_n^2+\lambda_a^2}\right) + \lambda_0\right\}(\alpha^2 + \xi_n^2)(s + \xi_n^2 \eta)} \tag{4.9.11}$$

$$p \;=\; 2p_I \sum_{n=1}^{\infty} \frac{e^{-\xi_n^2 \eta t}\{\xi_n \cos(\xi_n x) + \lambda_0 \sin(\xi_n x)\}\left[\xi_n (\alpha + \lambda_0)\{1 - e^{-\alpha a}\cos(\xi_n a)\} + e^{-\alpha a}(\xi_n^2 - \alpha\lambda_0)\sin(\xi_n a)\right]}{\left\{(\xi_n^2 + \lambda_0^2)\left(a + \frac{\lambda_a}{\xi_n^2+\lambda_a^2}\right) + \lambda_0\right\}(\alpha^2 + \xi_n^2)} \tag{4.9.12}$$

4.10 **$\aleph$ subdivided continua $a_j \le x \le a_{j+1}$, $\forall j = 0, 1, ..., \aleph - 1$. Plane surface source at $x = x_{0j}$ at time $t = t_{0j}$; $a_j \le x_{0j} \le a_{j+1}$, $t_{0j} \ge 0$. At $x = a_0$, $\frac{\partial p(a_0,t)}{\partial x} = -\left(\frac{\mu}{k}\right)\psi_0(t)$ and at $x = a_\aleph$, $\frac{\partial p(a_\aleph,t)}{\partial x} = -\left(\frac{\mu}{k}\right)\psi_\aleph(t)$. At $x = a_j$, $\forall j = 1, 2, ..., \aleph - 1$, $\breve{\lambda}_j\psi_j(t) = \{p_{j-1}(a_j,t) - p_j(a_j,t)\}$ and $\psi_j(t) = -\left(\frac{k}{\mu}\right)_j\left(\frac{\partial p_j(a_j,t)}{\partial x}\right) = -\left(\frac{k}{\mu}\right)_{j-1}\left(\frac{\partial p_{j-1}(a_j,t)}{\partial x}\right)$, $t > 0$. The initial pressure $p_j(x,0) = \varphi_j(x)$**

We consider $\aleph$ connected media $a_j \le x \le a_{j+1}$, $\forall j = 0, 1, ..., \aleph - 1$. The properties of each medium are uniform but discontinuous at the interface a_j. Quantities $q_j(t)$ of fluid are continuously injected at planes passing through x_{0j}, at times t_{0j}, where $a_j \le x_{0j} \le a_{j+1}$ and $t_{0j} \ge 0$, and the resulting pressure disturbance is left to diffuse through the connected multi-medium.

In the interval $a_j \le x \le a_{j+1}$, $j = 0, 1, ..., \aleph - 1$, we find p from the partial differential equation

$$\frac{\partial p_j}{\partial t} = \eta_j \frac{\partial^2 p_j}{\partial x^2} + U(t - t_{0j})\frac{q_j(t - t_{0j})}{(\phi c_t)_j}\delta(x - x_{0j}) \tag{4.10.1}$$

where $\eta_j = \left(\frac{k}{\phi c_t \mu}\right)_j$. The successive application of the Laplace and Fourier transforms to equation (4.10.1) yields

$$\overline{\overline{p}} = \frac{q_j(s)e^{-st_{0j}}\cos\left\{\frac{n\pi(x_{0j}-a_j)}{a_{j+1}-a_j}\right\}}{(\phi c_t)_j\left\{s+\eta_j\left(\frac{n\pi}{a_{j+1}-a_j}\right)^2\right\}} + \frac{\left\{\overline{\psi}_j(s)-(-1)^n\,\overline{\psi}_{j+1}(s)\right\}}{(\phi c_t)_j\left\{s+\eta_j\left(\frac{n\pi}{a_{j+1}-a_j}\right)^2\right\}} + \frac{\int_0^{a_{j+1}-a_j}\varphi_j(u+a_j)\cos\left(\frac{n\pi u}{a_{j+1}-a_j}\right)du}{s+\eta_j\left(\frac{n\pi}{a_{j+1}-a_j}\right)^2} \tag{4.10.2}$$

where $\overline{\overline{p}}_j = \int_0^{a_{j+1}-a_j}\overline{p}_j\cos\left\{\frac{n\pi(x-a_j)}{a_{j+1}-a_j}\right\}d(x-a_j)$, $\overline{p} = \int_0^\infty p\,e^{-st}\,dt$ and $\overline{\psi}_j(s) = \int_0^\infty \psi_j(t)\,e^{-st}\,dt$.

The inverse Fourier transform of equation (4.10.2) yields

$$\begin{aligned}
\overline{p}_j = {} & \frac{q_j(s)\,e^{-st_{0j}}\operatorname{csch}\left\{(a_{j+1}-a_j)\sqrt{\frac{s}{\eta_j}}\right\}}{2(\phi c_t)_j\sqrt{s\eta_j}} \times \\
& \times\left[\cosh\left\{(a_{j+1}-a_j-|x-x_{0j}|)\sqrt{\frac{s}{\eta_j}}\right\} + \cosh\left\{(a_{j+1}+a_j-x-x_{0j})\sqrt{\frac{s}{\eta_j}}\right\}\right] + \\
& + \frac{\operatorname{csch}\left\{(a_{j+1}-a_j)\sqrt{\frac{s}{\eta_j}}\right\}}{(\phi c_t)_j\sqrt{s\eta_j}}\left[\overline{\psi}_j(s)\cosh\left\{(a_{j+1}-x)\sqrt{\frac{s}{\eta_j}}\right\} - \overline{\psi}_{j+1}(s)\cosh\left\{(x-a_j)\sqrt{\frac{s}{\eta_j}}\right\}\right] + \\
& + \frac{\operatorname{csch}\left\{(a_{j+1}-a_j)\sqrt{\frac{s}{\eta_j}}\right\}}{2\sqrt{s\eta_j}} \times \\
& \times \int_0^{a_{j+1}-a_j}\varphi_j(u+a_j)\left[\cosh\left\{(a_{j+1}-a_j-|x-a_j-u|)\sqrt{\frac{s}{\eta_j}}\right\} + \cosh\left\{(a_{j+1}-x-u)\sqrt{\frac{s}{\eta_j}}\right\}\right]du
\end{aligned} \tag{4.10.3}$$

and

$$\begin{aligned}
p_j = {} & \frac{U(t-t_{0j})}{2(a_{j+1}-a_j)(\phi c_t)_j}\int_0^{t-t_{0j}} q_j(t-t_{0j}-\tau)\left[\Theta_3\left\{\frac{\pi(x-x_{0j})}{2(a_{j+1}-a_j)}, e^{-\left(\frac{\pi}{a_{j+1}-a_j}\right)^2\eta_j\tau}\right\} + \right. \\
& \left. + \Theta_3\left\{\frac{\pi(x+x_{0j}-2a_j)}{2(a_{j+1}-a_j)}, e^{-\left(\frac{\pi}{a_{j+1}-a_j}\right)^2\eta_j\tau}\right\}\right] d\tau +
\end{aligned}$$

$$+\frac{1}{(a_{j+1}-a_j)(\phi c_t)_j}\int_0^t\left[\psi_j(t-\tau)\Theta_3\left\{\frac{\pi(x-a_j)}{2(a_{j+1}-a_j)},e^{-\left(\frac{\pi}{a_{j+1}-a_j}\right)^2\eta_j\tau}\right\}-\right.$$

$$\left.-\psi_{j+1}(t-\tau)\Theta_4\left\{\frac{\pi(x-a_j)}{2(a_{j+1}-a_j)},e^{-\left(\frac{\pi}{a_{j+1}-a_j}\right)^2\eta_j\tau}\right\}\right]d\tau+$$

$$+\frac{1}{2(a_{j+1}-a_j)}\int_0^{a_{j+1}-a_j}\varphi_j(u+a_j)\left[\Theta_3\left\{\frac{\pi(x-a_j-u)}{2(a_{j+1}-a_j)},e^{-\left(\frac{\pi}{a_{j+1}-a_j}\right)^2\eta_j t}\right\}+\right.$$

$$\left.+\Theta_3\left\{\frac{\pi(x-a_j+u)}{2(a_{j+1}-a_j)},e^{-\left(\frac{\pi}{a_{j+1}-a_j}\right)^2\eta_j t}\right\}\right]du \tag{4.10.4}$$

We now employ, in the Laplace transform domain, the interfacial boundary condition, which is, $\forall j=1,2,...,\aleph-1$, $\breve{\lambda}_j\overline{\psi}_j(s)=\{\overline{p}_{j-1}(a_j,s)-\overline{p}_j(a_j,s)\}$, where $\breve{\lambda}_j$ is a constant.* Substituting for $\overline{p}_j(a_j,s)$ and $\overline{p}_{j-1}(a_j,s)$ from equation (4.10.3), we obtain a three-point inhomogeneous recurrence relationship which governs the Laplace transform of the interfacial flux functions:

$$\left\{\breve{\lambda}_j+\mathcal{A}_j(s)\right\}\overline{\psi}_j(s)=\mathcal{B}_j(s)\overline{\psi}_{j+1}(s)+\mathcal{C}_j(s)\overline{\psi}_{j-1}(s)+\Omega_j(s) \tag{4.10.5}$$

together with the boundary conditions $\overline{\psi}_0(s)=-\left(\frac{k}{\mu}\right)_0\frac{\partial\overline{p}(a_0,s)}{\partial x}$ and $\overline{\psi}_\aleph(s)=-\left(\frac{k}{\mu}\right)_{a_\aleph}\frac{\partial\overline{p}(a_\aleph,s)}{\partial x}$, which are the fluid fluxes at the extremities. It follows from the preceding equations that the coefficients in this recurrence relationship are given by the following formulae:

$$\mathcal{A}_j(s)=\frac{\coth\left\{(a_{j+1}-a_j)\sqrt{\frac{s}{\eta_j}}\right\}}{(\phi c_t)_j\sqrt{s\eta_j}}+\frac{\coth\left\{(a_j-a_{j-1})\sqrt{\frac{s}{\eta_{j-1}}}\right\}}{(\phi c_t)_{j-1}\sqrt{s\eta_{j-1}}} \tag{4.10.6}$$

$$\mathcal{B}_j(s)=\frac{\operatorname{csch}\left\{(a_{j+1}-a_j)\sqrt{\frac{s}{\eta_j}}\right\}}{(\phi c_t)_j\sqrt{s\eta_j}} \tag{4.10.7}$$

$$\mathcal{C}_j(s)=\mathcal{B}_{j-1}(s) \tag{4.10.8}$$

and finally

$$\Omega_j(s)=\frac{q_{j-1}(s)e^{-st_{0j-1}}\cosh\left\{(x_{0j-1}-a_{j-1})\sqrt{\frac{s}{\eta_{j-1}}}\right\}}{(\phi c_t)_{j-1}\sqrt{s\eta_{j-1}}\sinh\left\{(a_j-a_{j-1})\sqrt{\frac{s}{\eta_{j-1}}}\right\}}-\frac{q_j(s)e^{-st_{0j}}\cosh\left\{(a_{j+1}-x_{0j})\sqrt{\frac{s}{\eta_j}}\right\}}{(\phi c_t)_j\sqrt{s\eta_j}\sinh\left\{(a_{j+1}-a_j)\sqrt{\frac{s}{\eta_j}}\right\}}+$$

$$+\frac{\operatorname{csch}\left\{(a_j-a_{j-1})\sqrt{\frac{s}{\eta_{j-1}}}\right\}}{\sqrt{s\eta_{j-1}}}\int_0^{a_j-a_{j-1}}\varphi_{j-1}(u+a_{j-1})\cosh\left\{u\sqrt{\frac{s}{\eta_{j-1}}}\right\}du-$$

$$-\frac{\operatorname{csch}\left\{(a_{j+1}-a_j)\sqrt{\frac{s}{\eta_j}}\right\}}{\sqrt{s\eta_j}}\int_0^{a_{j+1}-a_j}\varphi_j(u+a_j)\cosh\left\{(a_{j+1}-a_j-u)\sqrt{\frac{s}{\eta_j}}\right\}du \tag{4.10.9}$$

*Two limiting cases are represented by the extreme values of the communication parameter $\breve{\lambda}_j$. When $\breve{\lambda}_j=0$, the fluid pressure is continuous across the interface, which means perfect communication through the interface. On the other hand, when $\breve{\lambda}_j\to\infty$, the problem has a trivial solution, since it means that each medium is completely isolated from all other media. In fact, this limit implies that the normal derivative of p_j vanishes at each interface so there is no flow between media. Hence the problem may be solved separately for each medium. The solution for this special case may be derived from problem 4.5.

For the $\aleph$ subdivided continua $a_j \le x \le a_{j+1}$, $\forall j = 0, 1, ..., \aleph - 1$, the recurrence relationship (4.10.5) may be solved directly for fluid flux, for each discretized value of s, by inverting the tridiagonal matrix. Pressure in the Laplace domain is then obtained from equation (4.10.3). Pressure in time may be obtained by a standard numerical inversion method such as Stehfest (1970).

The problem may also be solved in the time domain. In the time domain, the recurrence relationship for fluid fluxes takes the form of a Fredholm integral equation of the second kind: $\forall j = 1, ..., \aleph - 1$,

$$\breve{\lambda}_j \psi_j(t) = \int_0^t \mathcal{A}_j(t-\tau)\psi_j(\tau)\,d\tau + \int_0^t \mathcal{B}_j(t-\tau)\psi_{j+1}(\tau)\,d\tau + \int_0^t \mathcal{C}_j(t-\tau)\psi_{j-1}(\tau)\,d\tau + \Omega_j(t) \qquad (4.10.10)$$

where

$$\mathcal{A}_j(t-\tau) = g_j(t-\tau) + g_{j-1}(t-\tau) \qquad (4.10.11)$$

where

$$g_j(t-\tau) = -\frac{\Theta_3\left\{0, e^{-\left(\frac{\pi}{a_{j+1}-a_j}\right)^2 \eta_j(t-\tau)}\right\}}{(a_{j+1}-a_j)(\phi c_t)_j}$$

$$\mathcal{B}_j(t-\tau) = \frac{\Theta_3\left\{\frac{\pi}{2}, e^{-\left(\frac{\pi}{a_{j+1}-a_j}\right)^2 \eta_j(t-\tau)}\right\}}{(a_{j+1}-a_j)(\phi c_t)_j}{}^{*} \qquad (4.10.12)$$

$$\mathcal{C}_j(t-\tau) = \mathcal{B}_{j-1}(t-\tau) \qquad (4.10.13)$$

and

$$\begin{aligned}
\Omega_j(t) = {} & \frac{U(t-t_{0j-1})}{2(a_j-a_{j-1})(\phi c_t)_{j-1}} \int_0^{t-t_{0j-1}} q_{j-1}(t-t_{0j-1}-\tau)\left[\Theta_3\left\{\frac{\pi(a_j-x_{0j-1})}{2(a_j-a_{j-1})}, e^{-\left(\frac{\pi}{a_j-a_{j-1}}\right)^2 \eta_{j-1}\tau}\right\} + \right.\\
& \left. +\Theta_3\left\{\frac{\pi(a_j+x_{0j-1}-2a_{j-1})}{2(a_j-a_{j-1})}, e^{-\left(\frac{\pi}{a_j-a_{j-1}}\right)^2 \eta_{j-1}\tau}\right\}\right] d\tau - \\
& -\frac{U(t-t_{0j})}{(a_{j+1}-a_j)(\phi c_t)_j} \int_0^{t-t_{0j}} q_j(t-t_{0j}-\tau)\,\Theta_3\left\{\frac{\pi(a_j-x_{0j})}{2(a_{j+1}-a_j)}, e^{-\left(\frac{\pi}{a_{j+1}-a_j}\right)^2 \eta_j\tau}\right\} d\tau + \\
& +\frac{1}{2(a_j-a_{j-1})} \int_0^{a_j-a_{j-1}} \varphi_{j-1}(u+a_{j-1})\left[\Theta_3\left\{\frac{\pi(a_j-a_{j-1}-u)}{2(a_j-a_{j-1})}, e^{-\left(\frac{\pi}{a_j-a_{j-1}}\right)^2 \eta_{j-1}t}\right\} + \right.\\
& \left. +\Theta_3\left\{\frac{\pi(a_j-a_{j-1}+u)}{2(a_j-a_{j-1})}, e^{-\left(\frac{\pi}{a_j-a_{j-1}}\right)^2 \eta_{j-1}t}\right\}\right] du - \\
& -\frac{1}{(a_{j+1}-a_j)} \int_0^{a_{j+1}-a_j} \varphi_j(u+a_j)\,\Theta_3\left\{\frac{\pi u}{2(a_{j+1}-a_j)}, e^{-\left(\frac{\pi}{a_{j+1}-a_j}\right)^2 \eta_j t}\right\} du
\end{aligned} \qquad (4.10.14)$$

We propose two alternative methods to solve the recurrence integral equation (4.10.10): piecewise-linear interpolation and piecewise-constant interpolation (Baker [1977], Delves and Mohamed [1985], and Linz

$^*\Theta_3\left(\frac{\pi}{2}, e^{-\beta t}\right) = \Theta_4\left(0, e^{-\beta t}\right)$ and $\Theta_3\left(0, e^{-\beta t}\right) = \Theta_4\left(\frac{\pi}{2}, e^{-\beta t}\right)$.

[1985]). The extensibility of the one-dimensional numerical methods prescribed herein to two- and three-dimensional problems will become apparent in later chapters.*

Piecewise-linear interpolation

The integrals $\int_0^t \mathcal{B}_j(t-\tau)\psi_{j+1}(\tau)\,d\tau$ and $\int_0^t \mathcal{C}_j(t-\tau)\psi_{j-1}(\tau)\,d\tau$ in the recurrence relationship (4.10.10) may be approximated by use of the Nyström quadrature rule:

$$\int_0^t \mathcal{B}_j(t-\tau)\psi_{j+1}(\tau)\,d\tau + \int_0^t \mathcal{C}_j(t-\tau)\psi_{j-1}(\tau)\,d\tau \approx \sum_{i=0}^{\ell} \varpi_i \mathcal{B}_j(t-\tau_i)\psi_{j+1}(\tau_i) + + \sum_{i=0}^{\ell} \varpi_i \mathcal{C}_j(t-\tau_i)\psi_{j-1}(\tau_i) \quad (4.10.15)$$

where $\tau_0 = 0$, $\tau_\ell = t$, and $\tau_i = \frac{it}{\ell}$. The integral $\int_0^t \mathcal{A}_j(t-\tau)\psi_j(\tau)\,d\tau$ in the recurrence relationship, however, must be treated somewhat differently, as it encounters a singularity at $t=\tau$.† Product integration followed by piecewise-linear interpolation gives

$$\begin{aligned}\int_0^t \mathcal{A}_j(t-\tau)\psi_j(\tau)\,d\tau &= \int_0^t \frac{\breve{\mathcal{A}}_j(t-u)\psi_j(u)}{\sqrt{t-u}}du \\ &\approx \frac{\ell}{t}\sum_{i=0}^{\ell-1} \breve{\mathcal{A}}_j(t-\tau_{i+1})\psi_j(\tau_{i+1}) \int_{\tau_i}^{\tau_{i+1}} \frac{u-\tau_i}{\sqrt{t-u}}du - \\ &\quad -\frac{\ell}{t}\sum_{i=0}^{\ell-1} \breve{\mathcal{A}}_j(t-\tau_i)\psi_j(\tau_i) \int_{\tau_i}^{\tau_{i+1}} \frac{u-\tau_{i+1}}{\sqrt{t-u}}du \qquad (4.10.16)\end{aligned}$$

where $\tau_i \le u \le \tau_{i+1}$ and $\breve{\mathcal{A}}_j(t-\tau) = \sqrt{t-\tau}\mathcal{A}_j(t-\tau)$. Substituting for the integrals in the recurrence relationship (4.10.10) from equations (4.10.15) and (4.10.16), we get, $\forall j = 1, \ldots\ldots, \aleph - 1$,

$$\breve{\lambda}_j\psi_j(t) \approx \sum_{i=0}^{\ell} \omega_i \breve{\mathcal{A}}_j(t-\tau_i)\psi_j(\tau_i) + \sum_{i=0}^{\ell} \varpi_i \mathcal{B}_j(t-\tau_i)\psi_{j+1}(\tau_i) + + \sum_{i=0}^{\ell} \varpi_i \mathcal{C}_j(t-\tau_i)\psi_{j-1}(\tau_i) + \Omega_j(t) \qquad (4.10.17)$$

The weights, in the case of a composite trapezoidal rule, are $\varpi_0 = \varpi_\ell = \frac{t}{2\ell}$ and $\varpi_i = \frac{t}{\ell}$, $\forall i = 1, 2, ..., \ell-1$. Performing the integrals in the right-hand side of equation (4.10.16), we obtain the values for the weights: $\omega_0 = \frac{2}{3}\sqrt{\frac{t}{\ell}}\left\{(2\ell-3)\sqrt{\ell} - 2(\ell-1)^{\frac{3}{2}}\right\}$, $\omega_\ell = \frac{4}{3}\sqrt{\frac{t}{\ell}}$ and $\omega_i = \frac{4}{3}\sqrt{\frac{t}{\ell}}\left\{(\ell-i+1)^{\frac{3}{2}} - 2(\ell-i)^{\frac{3}{2}} - (\ell-i-1)^{\frac{3}{2}}\right\}$, $\forall i = 1, 2, ..., \ell-1$.

Since $\mathcal{B}_j(0) = \mathcal{C}_j(0) = 0$, equation (4.10.17) may be further reduced to

$$\left\{\breve{\lambda}_j - \omega_\ell \breve{\mathcal{A}}_j(0)\right\}\psi_j(t) \approx \sum_{i=0}^{\ell-1} \omega_i \breve{\mathcal{A}}_j(t-\tau_i)\psi_j(\tau_i) + + \sum_{i=0}^{\ell-1} \varpi_i \mathcal{B}_j(t-\tau_i)\psi_{j+1}(\tau_i) + \sum_{i=0}^{\ell-1} \varpi_i \mathcal{C}_j(t-\tau_i)\psi_{j-1}(\tau_i) + \Omega_j(t) \qquad (4.10.18)$$

*We are not advocating the use of such low-degree rules for solving all forms of integral equations associated with diffusion problems. However, for problems associated with fluid flow in a porous medium, the methods give very good results (Gilchrist et al. [2007]).

†The singularity occurs when $x=0$, $t=0$ and $n=0$ in the theta function of the third kind, $\Theta_3(\pi x, e^{-\pi^2 t}) = \frac{1}{\sqrt{\pi t}} \sum_{n=-\infty}^{\infty} e^{-\frac{(x+n)^2}{t}}$.

where $\breve{\mathcal{A}}_j(0) = -\frac{1}{(\phi c_t)_{j-1}\sqrt{\pi\eta_{j-1}}} - \frac{1}{(\phi c_t)_j\sqrt{\pi\eta_j}}$. $\forall j = 1, ..., \aleph - 1$, the coefficients $\omega_i \breve{\mathcal{A}}_j(t-\tau_i)$, $\varpi_i \mathcal{B}_j(t-\tau_i)$ and $\varpi_i \mathcal{C}_j(t-\tau_i)$ are $(\ell-1)\times(\ell-1)$ diagonal matrices, while the recurrence relationship in itself is an $(\aleph-1)\times(\aleph-1)$ tridiagonal matrix.

For the $\aleph$ subdivided continua $a_j \leq x \leq a_{j+1}$, $\forall j = 0, 1, ..., \aleph - 1$, the linear system of equations defined by equation (4.10.18) may be easily solved for fluid flux for each discretized value of t. Pressure, in the time domain, is then obtained from equation (4.10.4).

Piecewise-constant interpolation

We treat the fluxes as piecewise constant. Such an approximation might be expected to be of lower accuracy, but our primary interest is the pressure and not the flux functions. The flux values need not represent the values at any particular time within the interval, and could be taken as a mean value over any time interval. Interpreted in this way, the accuracy of the method could be higher than a piecewise-constant method would suggest. Applying the second mean value theorem* to equation (4.10.10), we get

$$\begin{aligned}\breve{\lambda}_j\psi_j(t) \approx & \sum_{i=1}^{\ell}\psi_j(\varsigma_i)\int_{\tau_{i-1}}^{\tau_i}\mathcal{A}_j(t-u)\,du + \sum_{i=1}^{\ell}\psi_{j+1}(\varsigma_i)\int_{\tau_{i-1}}^{\tau_i}\mathcal{B}_j(t-u)\,du + \\ & + \sum_{i=1}^{\ell}\psi_{j-1}(\varsigma_i)\int_{\tau_{i-1}}^{\tau_i}\mathcal{C}_j(t-u)\,du + \Omega_j(t) \end{aligned} \tag{4.10.19}$$

where $\tau_0 = 0$, $\tau_\ell = t$, and $\tau_i = \frac{it}{\ell}$. $\tau_{i-1} < \varsigma_i < \tau_i$ are the values of τ which make this equation exact but which are otherwise unknown. Performing the integrals analytically over the interval $[\tau_{i-1}, \tau_i]$, we get

$$\begin{aligned}\breve{\lambda}_j\psi_j(t) \approx & \sum_{i=0}^{\ell}\psi_j(\varsigma_i)\,u_j(t-\tau_i, t-\tau_{i-1}) + \sum_{i=0}^{\ell}\psi_{j+1}(\varsigma_i)\,v_j(t-\tau_i, t-\tau_{i-1}) + \\ & + \sum_{i=0}^{\ell}\psi_{j-1}(\varsigma_i)\,v_{j-1}(t-\tau_i, t-\tau_{i-1}) + \Omega_j(t) \end{aligned} \tag{4.10.20}$$

where

$$u_j(t-\tau_i, t-\tau_{i-1}) = f_j(t-\tau_i, t-\tau_{i-1}) + f_{j-1}(t-\tau_i, t-\tau_{i-1}) \tag{4.10.21}$$

$$\begin{aligned} f_j(t-\tau_i, t-\tau_{i-1}) = & \frac{2(a_{j+1}-a_j)}{\pi^2\eta_j(\phi c_t)_j}\sum_{n=1}^{\infty}\frac{1}{n^2}\left\{e^{-\left(\frac{n\pi}{a_{j+1}-a_j}\right)^2\eta_j(t-\tau_{i-1})} - e^{-\left(\frac{n\pi}{a_{j+1}-a_j}\right)^2\eta_j(t-\tau_i)}\right\} - \\ & - \frac{t}{\ell(\phi c_t)_j(a_{j+1}-a_j)} \end{aligned} \tag{4.10.22}$$

and

$$\begin{aligned} v_j(t-\tau_i, t-\tau_{i-1}) = & \frac{2(a_{j+1}-a_j)}{\pi^2\eta_j(\phi c_t)_j}\sum_{n=1}^{\infty}\frac{(-1)^n}{n^2}\left\{e^{-\left(\frac{n\pi}{a_{j+1}-a_j}\right)^2\eta_j(t-\tau_i)} - e^{-\left(\frac{n\pi}{a_{j+1}-a_j}\right)^2\eta_j(t-\tau_{i-1})}\right\} + \\ & + \frac{t}{\ell(\phi c_t)_j(a_{j+1}-a_j)} \end{aligned} \tag{4.10.23}$$

For the $\aleph$ subdivided continua $a_j \leq x \leq a_{j+1}$, $\forall j = 0, 1, ..., \aleph - 1$, the linear system of equations defined by equation (4.10.20) may be easily solved for fluid flux for each discretized value of t. Pressure, in the time domain, is then obtained from equation (4.10.4).

*The second mean value theorem states that if $f(x)$ and $g(x)$ are continuous on $[a, b]$ and $g(x) \geq 0$ for any $x \in [a, b]$, then there exists $\varsigma \in (a, b)$ such that $\int_a^b f(t)g(t)dt = f(\varsigma)\int_a^b g(t)dt$. The number $f(\varsigma)$ is called the $g(x)$-weighted average of $f(x)$ on the interval [a, b].

Chapter 5

Infinite and semi-infinite (quadrant) continua. $p(x, y, t)$ is a function of x, y and t only

5.1 An infinite continuum in the region $-\infty < x < \infty$ and $-\infty < y < \infty$. Line source at $s_l \equiv (x_0, y_0)$ at time $t = t_0$; $-\infty < x_0 < \infty$, $-\infty < y_0 < \infty$, $t_0 \geq 0$. The initial pressure $p(x, y, 0) = \varphi(x, y)$; $\varphi(x, y)$ and its derivative tend to zero as $x \to \pm\infty$ and $y \to \pm\infty$

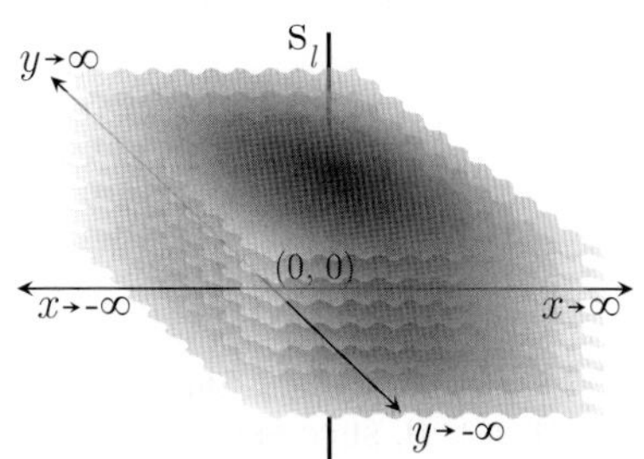

Fluid is produced at the rate of $q(t)$ per unit time from $t = t_0$ to $t = t$ in the line passing through $[x_0\,, y_0]$. We find p from the partial differential equation

$$\frac{\partial p}{\partial t} = \eta_x \frac{\partial^2 p}{\partial x^2} + \eta_y \frac{\partial^2 p}{\partial y^2} + U(t - t_0)\frac{q(t - t_0)}{\phi c_t}\delta(x - x_0)\delta(y - y_0) \tag{5.1.1}$$

Applying the complex Fourier and Laplace transformations to equation (5.1.1), we get

$$\overline{\overline{\overline{p}}} = \frac{q\,(s)\, e^{-st_0} e^{inx_0} e^{imy_0}}{\phi c_t\,(n^2\eta_x + m^2\eta_y + s)} + \frac{\overline{\overline{\varphi}}\,(n, m)}{n^2\eta_x + m^2\eta_y + s} \tag{5.1.2}$$

where $\overline{\overline{\varphi}}\,(n, m) = \int_{-\infty}^{\infty}\int_{-\infty}^{\infty} \varphi\,(x, y)\, e^{inx} e^{imy} dxdy$. Successive inverse Fourier transforms of equation (5.1.2) yield

$$\begin{aligned}\overline{p} \;=\; & \frac{q\,(s)\, e^{-st_0}}{2\pi\phi c_t\sqrt{\eta_x\eta_y}}\left[K_0\left\{(x_0 - x)\sqrt{\frac{s}{\eta_x}}\right\} + K_0\left\{(y_0 - y)\sqrt{\frac{s}{\eta_y}}\right\}\right] + \\ & + \frac{1}{2\pi\sqrt{\eta_x\eta_y}}\int_{-\infty}^{\infty}\int_{-\infty}^{\infty} \varphi\,(u, v)\left[K_0\left\{(u - x)\sqrt{\frac{s}{\eta_x}}\right\} + K_0\left\{(v - y)\sqrt{\frac{s}{\eta_y}}\right\}\right] dudv\end{aligned} \tag{5.1.3}$$

The inverse Laplace transform of equation (5.1.3) yields

$$\begin{aligned}p \;=\; & \frac{U\,(t - t_0)}{4\pi\phi c_t\sqrt{\eta_x\eta_y}}\int_0^{t-t_0} \frac{q\,(t - t_0 - \tau)\, e^{-\left\{\frac{(x-x_0)^2}{4\eta_x\tau} + \frac{(y-y_0)^2}{4\eta_y\tau}\right\}}}{\tau} d\tau + \\ & + \frac{\int_{-\infty}^{\infty}\int_{-\infty}^{\infty} \varphi\,(u, v)\, e^{-\left\{\frac{(x-u)^2}{4\eta_x t} + \frac{(y-v)^2}{4\eta_y t}\right\}} dudv}{4\pi t\sqrt{\eta_x\eta_y}}\end{aligned} \tag{5.1.4}$$

For the special case where $q(t) = q$, a constant, the source term in equation (5.1.4) reduces to

$$p = -\frac{U(t-t_0)\,q}{4\pi\phi c_t (t-t_0)\sqrt{\eta_x\eta_y}} E_i\left[-\left\{\frac{(x-x_0)^2}{4\eta_x(t-t_0)} + \frac{(y-y_0)^2}{4\eta_y(t-t_0)}\right\}\right] \tag{5.1.5}$$

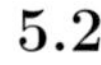

5.2

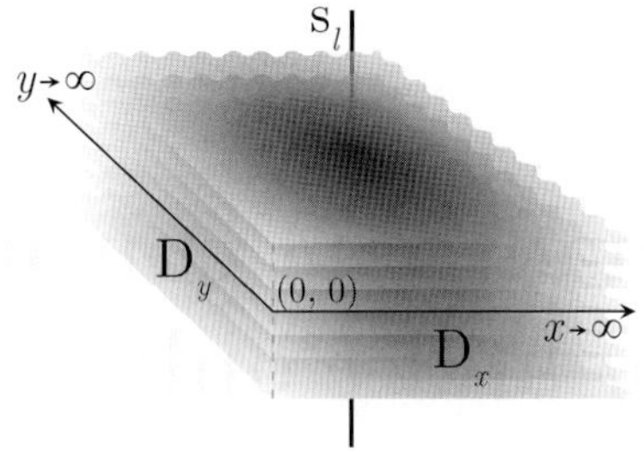

Quadrant. The medium is bounded by the planes $x = 0$ and $y = 0$; x and y extend to ∞ in the directions of x positive and y positive. Line source at $s_l \equiv (x_0, y_0)$ at time $t = t_0$; $0 \le x_0 < \infty$, $0 \le y_0 < \infty$, $t_0 \ge 0$. $D_y \equiv p(0, y, t) = \psi_y(y, t)$ and $D_x \equiv p(x, 0, t) = \psi_x(x, t)$. $p(x, y, 0) = \varphi(x, y)$; $\varphi(x, y)$ and its derivative tend to zero as $x \to \infty$ and $y \to \infty$

Fluid is produced at the rate of $q(t)$ per unit time from $t = t_0$ to $t = t$ at a line $[x_0, y_0]$. Applying the Fourier and Laplace transformations to equation (5.1.1), we get

$$\begin{aligned}\overline{\overline{\overline{p}}} = {} & \frac{q(s)e^{-st_0}\sin(mx_0)\sin(ny_0)}{\phi c_t(m^2\eta_x + n^2\eta_y + s)} + \frac{n\eta_x\overline{\overline{\psi}}_y(m,s) + m\eta_y\overline{\overline{\psi}}_x(n,s)}{n^2\eta_x + m^2\eta_y + s} + \\ & + \frac{\int_0^\infty\int_0^\infty \varphi(u,v)\sin(nu)\sin(mv)\,du\,dv}{n^2\eta_x + m^2\eta_y + s}\end{aligned} \tag{5.2.1}$$

where $\overline{\overline{\psi}}_x(n,s) = \int_0^\infty\int_0^\infty \psi_x(x,t)\,e^{-st}\sin(nx)\,dt\,dx$ and $\overline{\overline{\psi}}_y(m,s) = \int_0^\infty\int_0^\infty \psi_y(y,t)e^{-st}\sin(my)\,dt\,dy$. For $x > 0$, $y > 0$, successive inverse Fourier and Laplace transforms yield

$$\begin{aligned}\overline{p} = {} & \frac{q(s)e^{-st_0}}{2\pi\phi c_t\sqrt{\eta_x\eta_y}}\left[K_0\left(\sqrt{\left\{\frac{(x-x_0)^2}{\eta_x} + \frac{(y-y_0)^2}{\eta_y}\right\}s}\right) - K_0\left(\sqrt{\left\{\frac{(x+x_0)^2}{\eta_x} + \frac{(y-y_0)^2}{\eta_y}\right\}s}\right) - \right. \\ & \left. - K_0\left(\sqrt{\left\{\frac{(x-x_0)^2}{\eta_x} + \frac{(y+y_0)^2}{\eta_y}\right\}s}\right) + K_0\left(\sqrt{\left\{\frac{(x+x_0)^2}{\eta_x} + \frac{(y+y_0)^2}{\eta_y}\right\}s}\right)\right] + \\ & + \frac{x}{\pi}\sqrt{\frac{s}{\eta_x\eta_y}}\int_0^\infty \overline{\psi}_y(u,s)\left[\frac{K_1\left(\sqrt{\left\{\frac{(y-u)^2}{\eta_y} + \frac{x^2}{\eta_x}\right\}s}\right)}{\sqrt{\left\{\frac{(y-u)^2}{\eta_y} + \frac{x^2}{\eta_x}\right\}}} - \frac{K_1\left(\sqrt{\left\{\frac{(y+u)^2}{\eta_y} + \frac{x^2}{\eta_x}\right\}s}\right)}{\sqrt{\left\{\frac{(y+u)^2}{\eta_y} + \frac{x^2}{\eta_x}\right\}}}\right]du + \\ & + \frac{y}{\pi}\sqrt{\frac{s}{\eta_x\eta_y}}\int_0^\infty \overline{\psi}_x(u,s)\left[\frac{K_1\left(\sqrt{\left\{\frac{(x-u)^2}{\eta_x} + \frac{y^2}{\eta_y}\right\}s}\right)}{\sqrt{\left\{\frac{(x-u)^2}{\eta_x} + \frac{y^2}{\eta_y}\right\}}} - \frac{K_1\left(\sqrt{\left\{\frac{(x+u)^2}{\eta_x} + \frac{y^2}{\eta_y}\right\}s}\right)}{\sqrt{\left\{\frac{(x+u)^2}{\eta_x} + \frac{y^2}{\eta_y}\right\}}}\right]du + \\ & + \frac{1}{2\pi\sqrt{\eta_x\eta_y}}\int_0^\infty\int_0^\infty \varphi(u,v)\left[K_0\left(\sqrt{\left\{\frac{(x-u)^2}{\eta_x} + \frac{(y-v)^2}{\eta_y}\right\}s}\right) - K_0\left(\sqrt{\left\{\frac{(x+u)^2}{\eta_x} + \frac{(y-v)^2}{\eta_y}\right\}s}\right) - \right. \\ & \left. - K_0\left(\sqrt{\left\{\frac{(x-u)^2}{\eta_x} + \frac{(y+v)^2}{\eta_y}\right\}s}\right) + K_0\left(\sqrt{\left\{\frac{(x+u)^2}{\eta_x} + \frac{(y+v)^2}{\eta_y}\right\}s}\right)\right]du\,dv^{*}\end{aligned} \tag{5.2.2}$$

*The term corresponding to the pressure boundary condition in the Laplace domain

$$\frac{x}{\pi}\sqrt{\frac{s}{\eta_x\eta_y}}\int_0^\infty \overline{\psi}_y(u,s)\left\{\frac{K_1\left(\sqrt{\left\{\frac{(y-u)^2}{\eta_y} + \frac{x^2}{\eta_x}\right\}s}\right)}{\sqrt{\left\{\frac{(y-u)^2}{\eta_y} + \frac{x^2}{\eta_x}\right\}}} - \frac{K_1\left(\sqrt{\left\{\frac{(y+u)^2}{\eta_y} + \frac{x^2}{\eta_x}\right\}s}\right)}{\sqrt{\left\{\frac{(y+u)^2}{\eta_y} + \frac{x^2}{\eta_x}\right\}}}\right\}du = \frac{2}{\pi}\int_0^\infty \overline{\overline{\psi}}_y(n,s)\sin(ny)\,e^{-x\sqrt{\frac{1}{\eta_x}(n^2\eta_y + s)}}dn,$$

which tends to $\frac{2}{\pi}\int_0^\infty \overline{\overline{\psi}}_y(m,s)\sin(my)\,dm = \overline{\psi}_y(y,s)$ as $x \to 0$.

and

$$p = \frac{U(t-t_0)}{4\pi\phi c_t\sqrt{\eta_x\eta_y}}\int_0^{t-t_0}\frac{q(t-t_0-\tau)}{\tau}\left\{e^{-\frac{(x-x_0)^2}{4\eta_x\tau}}-e^{-\frac{(x+x_0)^2}{4\eta_x\tau}}\right\}\left\{e^{-\frac{(y-y_0)^2}{4\eta_y\tau}}-e^{-\frac{(y+y_0)^2}{4\eta_y\tau}}\right\}d\tau+$$
$$+\frac{x}{4\pi\sqrt{\eta_x\eta_y}}\int_0^t\frac{e^{-\frac{x^2}{4\eta_x\tau}}}{\tau^2}\int_0^\infty\psi_y(v,t-\tau)\left\{e^{-\frac{(y-v)^2}{4\eta_y\tau}}-e^{-\frac{(y+v)^2}{4\eta_y\tau}}\right\}dvd\tau+$$
$$+\frac{y}{4\pi\sqrt{\eta_x\eta_y}}\int_0^t\frac{e^{-\frac{y^2}{4\eta_y\tau}}}{\tau^2}\int_0^\infty\psi_x(u,t-\tau)\left\{e^{-\frac{(x-u)^2}{4\eta_x\tau}}-e^{-\frac{(x+u)^2}{4\eta_x\tau}}\right\}dud\tau+$$
$$+\frac{1}{4\pi t\sqrt{\eta_x\eta_y}}\int_0^\infty\int_0^\infty\varphi(u,v)\left\{e^{-\frac{(x-u)^2}{4\eta_x t}}-e^{-\frac{(x+u)^2}{4\eta_x t}}\right\}\left\{e^{-\frac{(y-v)^2}{4\eta_y t}}-e^{-\frac{(y+v)^2}{4\eta_y t}}\right\}dudv^* \quad (5.2.3)$$

Special cases of $q(t)$

(i) $q(t)$ is a constant and equal to q

$$p = -\frac{U(t-t_0)q}{4\pi\phi c_t\sqrt{\eta_x\eta_y}}\left[Ei\left(-\left\{\frac{(x-x_0)^2}{4\eta_x(t-t_0)}+\frac{(y-y_0)^2}{4\eta_y(t-t_0)}\right\}\right)-Ei\left(-\left\{\frac{(x+x_0)^2}{4\eta_x(t-t_0)}+\frac{(y-y_0)^2}{4\eta_y(t-t_0)}\right\}\right)-\right.$$
$$\left.-Ei\left(-\left\{\frac{(x-x_0)^2}{4\eta_x(t-t_0)}+\frac{(y+y_0)^2}{4\eta_y(t-t_0)}\right\}\right)+Ei\left(-\left\{\frac{(x+x_0)^2}{4\eta_x(t-t_0)}+\frac{(y+y_0)^2}{4\eta_y(t-t_0)}\right\}\right)\right] \quad (5.2.4)$$

(ii) $q(t)=qt^\nu$, $\nu\geq 0$, $t>0$

$$p = \frac{q\Gamma(\nu+1)e^{-st_0}}{2\pi\phi c_t s^{(\nu+1)}\sqrt{\eta_x\eta_y}}\left[K_0\left(\sqrt{\left\{\frac{(x-x_0)^2}{\eta_x}+\frac{(y-y_0)^2}{\eta_y}\right\}s}\right)-K_0\left(\sqrt{\left\{\frac{(x+x_0)^2}{\eta_x}+\frac{(y-y_0)^2}{\eta_y}\right\}s}\right)-\right.$$
$$\left.-K_0\left(\sqrt{\left\{\frac{(x-x_0)^2}{\eta_x}+\frac{(y+y_0)^2}{\eta_y}\right\}s}\right)+K_0\left(\sqrt{\left\{\frac{(x+x_0)^2}{\eta_x}+\frac{(y+y_0)^2}{\eta_y}\right\}s}\right)\right] \quad (5.2.5)$$

$$p = \frac{U(t-t_0)q\Gamma(\nu+1)(t-t_0)^{\nu+\frac{1}{2}}}{2\pi\phi c_t\sqrt{\eta_x\eta_y}}\times$$
$$\times\left[\frac{e^{-\frac{1}{8(t-t_0)}\left\{\frac{(x-x_0)^2}{\eta_x}+\frac{(y-y_0)^2}{\eta_y}\right\}}}{\sqrt{\left\{\frac{(x-x_0)^2}{\eta_x}+\frac{(y-y_0)^2}{\eta_y}\right\}}}W_{-\nu-\frac{1}{2},0}\left\{\frac{1}{4(t-t_0)}\left(\frac{(x-x_0)^2}{\eta_x}+\frac{(y-y_0)^2}{\eta_y}\right)\right\}-\right.$$
$$-\frac{e^{-\frac{1}{8(t-t_0)}\left\{\frac{(x+x_0)^2}{\eta_x}+\frac{(y-y_0)^2}{\eta_y}\right\}}}{\sqrt{\left\{\frac{(x+x_0)^2}{\eta_x}+\frac{(y-y_0)^2}{\eta_y}\right\}}}W_{-\nu-\frac{1}{2},0}\left\{\frac{1}{4(t-t_0)}\left(\frac{(x+x_0)^2}{\eta_x}+\frac{(y-y_0)^2}{\eta_y}\right)\right\}-$$

---

*The term corresponding to the pressure boundary condition in space and time variables $\frac{x}{4\pi\sqrt{\eta_x\eta_y}}\int_0^t\frac{e^{-\frac{x^2}{4\eta_x\tau}}}{\tau^2}\int_0^\infty\psi_y(v,t-\tau)\left\{e^{-\frac{(y-v)^2}{4\eta_y\tau}}-e^{-\frac{(y+v)^2}{4\eta_y\tau}}\right\}dvd\tau=$

$=\frac{4}{\pi\sqrt{\pi}}\int_{\frac{x}{2\sqrt{\eta_x t}}}^\infty e^{-\tau^2}\int_0^\infty\overline{\psi}_y\left(m,t-\frac{x^2}{4\eta_x\tau^2}\right)\sin(my)\,e^{-\frac{m^2\eta_y x^2}{4\eta_x\tau^2}}dmd\tau$, which tends to

$\frac{2}{\pi}\int_0^\infty\overline{\psi}_y(m,t)\sin(my)\,dm=\psi_y(y,t)$ as $x\to 0$; $\overline{\psi}_y\left(m,t-\frac{x}{2v\sqrt{\eta_x}}\right)=\int_0^\infty\psi_y\left(y,t-\frac{x}{2v\sqrt{\eta_x}}\right)\sin(my)dy$.

$$-\frac{e^{-\frac{1}{8(t-t_0)}\left\{\frac{(x-x_0)^2}{\eta_x}+\frac{(y+y_0)^2}{\eta_y}\right\}}}{\sqrt{\left\{\frac{(x-x_0)^2}{\eta_x}+\frac{(y+y_0)^2}{\eta_y}\right\}}}W_{-\nu-\frac{1}{2},0}\left\{\frac{1}{4(t-t_0)}\left(\frac{(x-x_0)^2}{\eta_x}+\frac{(y+y_0)^2}{\eta_y}\right)\right\}+$$

$$+\frac{e^{-\frac{1}{8(t-t_0)}\left\{\frac{(x+x_0)^2}{\eta_x}+\frac{(y+y_0)^2}{\eta_y}\right\}}}{\sqrt{\left\{\frac{(x+x_0)^2}{\eta_x}+\frac{(y+y_0)^2}{\eta_y}\right\}}}W_{-\nu-\frac{1}{2},0}\left\{\frac{1}{4(t-t_0)}\left(\frac{(x+x_0)^2}{\eta_x}+\frac{(y+y_0)^2}{\eta_y}\right)\right\}\Bigg]^{*} \quad (5.2.6)$$

(iii) $q(t) = qt,\ t > 0$

$$p = \frac{U(t-t_0)(t-t_0)q}{4\pi\phi c_t\sqrt{\eta_x\eta_y}} \times$$

$$\times\left[e^{-\frac{1}{4(t-t_0)}\left\{\frac{(x-x_0)^2}{\eta_x}+\frac{(y-y_0)^2}{\eta_y}\right\}}\Psi\left\{2,1;\frac{1}{4(t-t_0)}\left(\frac{(x-x_0)^2}{\eta_x}+\frac{(y-y_0)^2}{\eta_y}\right)\right\}-\right.$$

$$-e^{-\frac{1}{4(t-t_0)}\left\{\frac{(x+x_0)^2}{\eta_x}+\frac{(y-y_0)^2}{\eta_y}\right\}}\Psi\left\{2,1;\frac{1}{4(t-t_0)}\left(\frac{(x+x_0)^2}{\eta_x}+\frac{(y-y_0)^2}{\eta_y}\right)\right\}-$$

$$-e^{-\frac{1}{4(t-t_0)}\left\{\frac{(x-x_0)^2}{\eta_x}+\frac{(y+y_0)^2}{\eta_y}\right\}}\Psi\left\{2,1;\frac{1}{4(t-t_0)}\left(\frac{(x-x_0)^2}{\eta_x}+\frac{(y+y_0)^2}{\eta_y}\right)\right\}+$$

$$\left.+e^{-\frac{1}{4(t-t_0)}\left\{\frac{(x+x_0)^2}{\eta_x}+\frac{(y+y_0)^2}{\eta_y}\right\}}\Psi\left\{2,1;\frac{1}{4(t-t_0)}\left(\frac{(x+x_0)^2}{\eta_x}+\frac{(y+y_0)^2}{\eta_y}\right)\right\}\right] \quad (5.2.7)$$

Special cases of $\varphi(x,y)$

(i) $p(x,y,0) = p_I$, a constant, for all $x > 0,\ y > 0$

$$\overline{p} = \frac{4p_I}{\pi^2}\int_0^\infty\int_0^\infty \frac{\sin(nx)\sin(my)}{nm\left(s+n^2\eta_x+m^2\eta_y\right)}\,dm\,dn^{\dagger} \quad (5.2.8)$$

$$p = p_I\,\mathrm{erf}\left(\frac{x}{2\sqrt{\eta_x t}}\right)\mathrm{erf}\left(\frac{y}{2\sqrt{\eta_y t}}\right) \quad (5.2.9)$$

(ii) $\varphi(x,y) = \frac{p_I}{xy},\ x > 0,\ y > 0$

$$p = \frac{p_I xy}{4\eta_x\eta_y t^2}e^{-\frac{1}{4t}\left(\frac{x^2}{\eta_x}+\frac{y^2}{\eta_y}\right)}\Phi\left(\frac{1}{2},\frac{3}{2};\frac{x^2}{4\eta_x t}\right)\Phi\left(\frac{1}{2},\frac{3}{2};\frac{y^2}{4\eta_y t}\right) \quad (5.2.10)$$

(iii) $\varphi(x,y) = \frac{p_I}{\sqrt{xy}},\ x > 0,\ y > 0$

$$p = \frac{p_I\pi}{4t}\sqrt{\frac{xy}{\eta_x\eta_y}}e^{-\frac{1}{8t}\left(\frac{x^2}{\eta_x}+\frac{y^2}{\eta_y}\right)}I_{\frac{1}{4}}\left(\frac{x^2}{8\eta_x t}\right)I_{\frac{1}{4}}\left(\frac{y^2}{8\eta_y t}\right) \quad (5.2.11)$$

---

*Since $W_{[-\frac{1}{2},0]}(z) = -z^{\frac{1}{2}}e^{\frac{z}{2}}E_i(-z)$ when $\nu = 0$—that is, q is a constant—equation (5.2.6) reduces to equation (5.2.4).

†Since $\frac{2}{\pi}\int_0^\infty \frac{\sin(nx)}{n}\,dn = 1$ when $x > 0$, we may write formally $\int_0^\infty \sin(nx)\,dx = \frac{1}{n}$ (Sneddon [1951]).

(iv) $\varphi(x,y) = \frac{p_I xy}{(\alpha_x^2+x^2)(\alpha_y^2+y^2)}$, $x>0$, $y>0$

$$p = -\frac{p_I\pi}{16t\sqrt{\eta_x\eta_x}}\left\{e^{\frac{(\alpha_x+ix)^2}{4\eta_x t}}\operatorname{erfc}\left(\frac{\alpha_x+ix}{2\sqrt{\eta_x t}}\right) - e^{\frac{(\alpha_x-ix)^2}{4\eta_x t}}\operatorname{erfc}\left(\frac{\alpha_x-ix}{2\sqrt{\eta_x t}}\right)\right\}\times$$
$$\times\left\{e^{\frac{(\alpha_y+iy)^2}{4\eta_y t}}\operatorname{erfc}\left(\frac{\alpha_y+iy}{2\sqrt{\eta_y t}}\right) - e^{\frac{(\alpha_y-iy)^2}{4\eta_y t}}\operatorname{erfc}\left(\frac{\alpha_y-iy}{2\sqrt{\eta_y t}}\right)\right\} \quad (5.2.12)$$

(v) $\varphi(x,y) = \frac{p_I xy}{(\alpha_x^2-x^2)(\alpha_y^2-y^2)}$, $x>0$, $y>0$

$$p = \frac{p_I}{16\eta_x\eta_y t^2}\left\{(\alpha_x-x)\Phi\left(1,\frac{3}{2};-\frac{(x-\alpha_x)^2}{4\eta_x t}\right) - (\alpha_x+x)\Phi\left(1,\frac{3}{2};-\frac{(x+\alpha_x)^2}{4\eta_x t}\right)\right\}\times$$
$$\times\left\{(\alpha_y-y)\Phi\left(1,\frac{3}{2};-\frac{(y-\alpha_y)^2}{4\eta_y t}\right) - (\alpha_y+y)\Phi\left(1,\frac{3}{2};-\frac{(y+\alpha_y)^2}{4\eta_y t}\right)\right\} \quad (5.2.13)$$

(vi) $\varphi(x,y) = p_I e^{-(\alpha_x x+\alpha_y y)}$, $\alpha_x>0$, $x>0$, $\alpha_y>0$, $y>0$

$$p = \frac{p_I}{4}e^{(\alpha_x^2\eta_x t+\alpha_y^2\eta_y t)}\left[e^{\alpha_x x}\operatorname{erfc}\left(\alpha_x\sqrt{\eta_x t}+\frac{x}{2\sqrt{\eta_x t}}\right) - e^{-\alpha_x x}\operatorname{erfc}\left(\alpha_x\sqrt{\eta_x t}-\frac{x}{2\sqrt{\eta_x t}}\right)\right]\times$$
$$\times\left[e^{\alpha_y y}\operatorname{erfc}\left(\alpha_y\sqrt{\eta_y t}+\frac{y}{2\sqrt{\eta_y t}}\right) - e^{-\alpha_y y}\operatorname{erfc}\left(\alpha_y\sqrt{\eta_y t}-\frac{y}{2\sqrt{\eta_y t}}\right)\right] \quad (5.2.14)$$

Special cases of $\psi_x(x,t)$ and $\psi_y(y,t)$

(i) $\psi_x(x,t) = \psi_x(t)$ and $\psi_y(y,t) = \psi_y(t)$, $\psi_x(t)$ and $\psi_y(t)$ are functions of time only

$$p = \frac{2}{\sqrt{\pi}}\int_{\frac{x}{2\sqrt{\eta_x t}}}^{\infty}\psi_x\left(t-\frac{x^2}{4\eta_x\tau^2}\right)\operatorname{erf}\left(\frac{\tau y}{x}\sqrt{\frac{\eta_x}{\eta_y}}\right)e^{-\tau^2}d\tau + \frac{2}{\sqrt{\pi}}\int_{\frac{y}{2\sqrt{\eta_y t}}}^{\infty}\psi_y\left(t-\frac{y^2}{4\eta_y\tau^2}\right)\operatorname{erf}\left(\frac{\tau x}{y}\sqrt{\frac{\eta_y}{\eta_x}}\right)e^{-\tau^2}d\tau \quad (5.2.15)$$

(ii) $\psi_x(x,t) = \psi_y(y,t) = p_0$, a constant*

$$p = p_0\left\{1-\operatorname{erf}\left(\frac{x}{2\sqrt{\eta_x t}}\right)\operatorname{erf}\left(\frac{y}{2\sqrt{\eta_y t}}\right)\right\} \quad (5.2.16)$$

(iii) $\psi_x(x,t) = p_y\operatorname{erf}\left(\frac{x}{2\sqrt{\eta_x t}}\right)$ and $\psi_y(y,t) = p_x\operatorname{erf}\left(\frac{y}{2\sqrt{\eta_y t}}\right)$

$$p = p_x\operatorname{erf}\left(\frac{y}{2\sqrt{\eta_y t}}\right)\operatorname{erfc}\left(\frac{x}{2\sqrt{\eta_x t}}\right) + p_y\operatorname{erf}\left(\frac{x}{2\sqrt{\eta_x t}}\right)\operatorname{erfc}\left(\frac{y}{2\sqrt{\eta_y t}}\right) \quad (5.2.17)$$

(iv) $\psi_x(x,t) = p_y t^{\frac{1}{2}\ell}\operatorname{erf}\left(\frac{x}{2\sqrt{\eta_x t}}\right)$ and $\psi_y(y,t) = p_x t^{\frac{1}{2}\ell}\operatorname{erf}\left(\frac{y}{2\sqrt{\eta_y t}}\right)$, $\ell = 1,2,\ldots$ is any positive integer

$$p = \Gamma\left(1+\frac{\ell}{2}\right)(4t)^{\frac{\ell}{2}}\left\{p_y\operatorname{erf}\left(\frac{x}{2\sqrt{\eta_x t}}\right)i^\ell\operatorname{erfc}\left(\frac{y}{2\sqrt{\eta_y t}}\right)+p_x\operatorname{erf}\left(\frac{y}{2\sqrt{\eta_y t}}\right)i^\ell\operatorname{erfc}\left(\frac{x}{2\sqrt{\eta_x t}}\right)\right\} \quad (5.2.18)$$

(v) $\psi_x(x,t) = p_y t^\nu\operatorname{erf}\left(\frac{x}{2\sqrt{\eta_x t}}\right)$ and $\psi_y(y,t) = p_x t^\nu\operatorname{erf}\left(\frac{y}{2\sqrt{\eta_y t}}\right)$, $\nu\geq 0$

$$p = \frac{\Gamma(1+\nu)t^\nu}{\sqrt{\pi}}\left\{p_x\left(\frac{x^2}{4\eta_x t}\right)^{-\frac{1}{4}}e^{-\left(\frac{x^2}{8\eta_x t}\right)}W_{[-\frac{1}{4}-\nu,-\frac{1}{4}]}\left(\frac{x^2}{4\eta_x t}\right)\operatorname{erf}\left(\frac{y}{2\sqrt{\eta_y t}}\right)+\right.$$
$$\left.+p_y\left(\frac{y^2}{4\eta_y t}\right)^{-\frac{1}{4}}e^{-\left(\frac{y^2}{8\eta_y t}\right)}W_{[-\frac{1}{4}-\nu,-\frac{1}{4}]}\left(\frac{y^2}{4\eta_y t}\right)\operatorname{erf}\left(\frac{x}{2\sqrt{\eta_x t}}\right)\right\} \quad (5.2.19)$$

---

* $\frac{2}{\sqrt{\pi}}\int_a^\infty\operatorname{erf}\left(\frac{bv}{a}\right)e^{-v^2}dv + \frac{2}{\sqrt{\pi}}\int_b^\infty\operatorname{erf}\left(\frac{av}{b}\right)e^{-v^2}dv = 1-\operatorname{erf}(a)\operatorname{erf}(b)$.

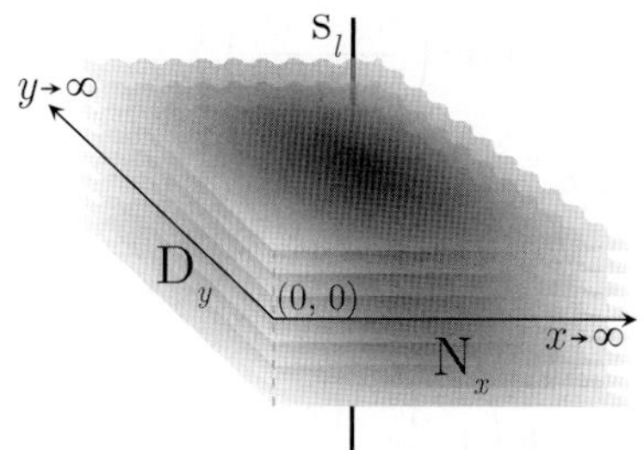

5.3 **The problem of 5.2, except** $\mathbf{N}_x \equiv \frac{\partial p(x,0,t)}{\partial y} = -\left(\frac{\mu}{k_y}\right)\psi_x(x,t)$ **and** $\mathbf{D}_y \equiv p(0,y,t) = \psi_y(y,t)$

$$\begin{aligned}\overline{p} \;=\; & \frac{q(s)\,e^{-st_0}}{2\pi\phi c_t\sqrt{\eta_x\eta_y}}\left[K_0\left(\sqrt{\left\{\frac{(x-x_0)^2}{\eta_x}+\frac{(y-y_0)^2}{\eta_y}\right\}s}\right)-K_0\left(\sqrt{\left\{\frac{(x+x_0)^2}{\eta_x}+\frac{(y-y_0)^2}{\eta_y}\right\}s}\right)+\right.\\ & \left.+K_0\left(\sqrt{\left\{\frac{(x-x_0)^2}{\eta_x}+\frac{(y+y_0)^2}{\eta_y}\right\}s}\right)-K_0\left(\sqrt{\left\{\frac{(x+x_0)^2}{\eta_x}+\frac{(y+y_0)^2}{\eta_y}\right\}s}\right)\right]+\\ & +\frac{x}{\pi}\sqrt{\frac{s}{\eta_x\eta_y}}\int_0^\infty\overline{\psi}_y(u,s)\left[\frac{K_1\left(\sqrt{\left\{\frac{(y-u)^2}{\eta_y}+\frac{x^2}{\eta_x}\right\}s}\right)}{\sqrt{\left\{\frac{(y-u)^2}{\eta_y}+\frac{x^2}{\eta_x}\right\}}}+\frac{K_1\left(\sqrt{\left\{\frac{(y+u)^2}{\eta_y}+\frac{x^2}{\eta_x}\right\}s}\right)}{\sqrt{\left\{\frac{(y+u)^2}{\eta_y}+\frac{x^2}{\eta_x}\right\}}}\right]du+\\ & +\frac{1}{\pi\phi c_t\sqrt{\eta_x\eta_y}}\int_0^\infty\overline{\psi}_x(u,s)\left[K_0\left(\sqrt{\left\{\frac{(x-u)^2}{\eta_x}+\frac{y^2}{\eta_y}\right\}s}\right)-K_0\left(\sqrt{\left\{\frac{(x+u)^2}{\eta_x}+\frac{y^2}{\eta_y}\right\}s}\right)\right]du+\\ & +\frac{1}{2\pi\sqrt{\eta_x\eta_y}}\int_0^\infty\int_0^\infty\varphi(u,v)\left[K_0\left(\sqrt{\left\{\frac{(x-u)^2}{\eta_x}+\frac{(y-v)^2}{\eta_y}\right\}s}\right)-K_0\left(\sqrt{\left\{\frac{(x+u)^2}{\eta_x}+\frac{(y-v)^2}{\eta_y}\right\}s}\right)+\right.\\ & \left.+K_0\left(\sqrt{\left\{\frac{(x-u)^2}{\eta_x}+\frac{(y+v)^2}{\eta_y}\right\}s}\right)-K_0\left(\sqrt{\left\{\frac{(x+u)^2}{\eta_x}+\frac{(y+v)^2}{\eta_y}\right\}s}\right)\right]du\,dv^{*}\end{aligned} \tag{5.3.1}$$

where $\psi_x(u,s)=\int_0^\infty\psi_x(u,t)\,e^{-st}dt$ and $\psi_y(u,s)=\int_0^\infty\psi_y(u,t)\,e^{-st}dt$

$$\begin{aligned}p \;=\; & \frac{U(t-t_0)}{4\pi\phi c_t\sqrt{\eta_x\eta_y}}\int_0^{t-t_0}\frac{q(t-t_0-u)}{u}\left\{e^{-\frac{(x-x_0)^2}{4\eta_x u}}-e^{-\frac{(x+x_0)^2}{4\eta_x u}}\right\}\left\{e^{-\frac{(y-y_0)^2}{4\eta_y u}}+e^{-\frac{(y+y_0)^2}{4\eta_y u}}\right\}du+\\ & +\frac{x}{4\pi\sqrt{\eta_x\eta_y}}\int_0^t\frac{e^{-\frac{x^2}{4\eta_x\tau}}}{\tau^2}\int_0^\infty\psi_y(v,t-\tau)\left\{e^{-\frac{(y-v)^2}{4\eta_y\tau}}+e^{-\frac{(y+v)^2}{4\eta_y\tau}}\right\}dv\,d\tau+\end{aligned}$$

---

*The term corresponding to the pressure boundary condition in space and time variables in the Laplace domain

$$\frac{x}{\pi}\sqrt{\frac{s}{\eta_x\eta_y}}\int_0^\infty\overline{\psi}_y(u,s)\left\{\frac{K_1\left(\sqrt{\left\{\frac{(y-u)^2}{\eta_y}+\frac{x^2}{\eta_x}\right\}s}\right)}{\sqrt{\left\{\frac{(y-u)^2}{\eta_y}+\frac{x^2}{\eta_x}\right\}}}+\frac{K_1\left(\sqrt{\left\{\frac{(y+u)^2}{\eta_y}+\frac{x^2}{\eta_x}\right\}s}\right)}{\sqrt{\left\{\frac{(y+u)^2}{\eta_y}+\frac{x^2}{\eta_x}\right\}}}\right\}du=\frac{2}{\pi}\int_0^\infty\overline{\overline{\psi}}_y(n,s)\cos(ny)\,e^{-x\sqrt{\frac{1}{\eta_x}(n^2\eta_y+s)}}dn,$$

which tends to $\frac{2}{\pi}\int_0^\infty\overline{\overline{\psi}}_y(m,s)\cos(my)\,dm=\overline{\psi}_y(y,s)$ as $x\to 0$.

$$+\frac{1}{2\pi\phi c_t\sqrt{\eta_x\eta_y}}\int_0^t \frac{e^{-\frac{y^2}{4\eta_y\tau}}}{\tau}\int_0^\infty \psi_x(u,t-\tau)\left\{e^{-\frac{(x-u)^2}{4\eta_x\tau}}-e^{-\frac{(x+u)^2}{4\eta_x\tau}}\right\}dud\tau +$$

$$+\frac{1}{4\pi t\sqrt{\eta_x\eta_y}}\int_0^\infty\int_0^\infty \varphi(u,v)\left\{e^{-\frac{(x-u)^2}{4\eta_x t}}-e^{-\frac{(x+u)^2}{4\eta_x t}}\right\}\left\{e^{-\frac{(y-v)^2}{4\eta_y t}}+e^{-\frac{(y+v)^2}{4\eta_y t}}\right\}dudv^* \qquad (5.3.2)$$

Special cases of $q(t)$

(i) $q(t)$ is a constant and equal to q

$$p = -\frac{U(t-t_0)\,q}{4\pi\phi c_t\sqrt{\eta_x\eta_y}}\times$$
$$\times\left[Ei\left(-\left\{\frac{(x-x_0)^2}{4\eta_x(t-t_0)}+\frac{(y-y_0)^2}{4\eta_y(t-t_0)}\right\}\right)-Ei\left(-\left\{\frac{(x+x_0)^2}{4\eta_x(t-t_0)}+\frac{(y-y_0)^2}{4\eta_y(t-t_0)}\right\}\right)+\right.$$
$$\left.+Ei\left(-\left\{\frac{(x-x_0)^2}{4\eta_x(t-t_0)}+\frac{(y+y_0)^2}{4\eta_y(t-t_0)}\right\}\right)-Ei\left(-\left\{\frac{(x+x_0)^2}{4\eta_x(t-t_0)}+\frac{(y+y_0)^2}{4\eta_y(t-t_0)}\right\}\right)\right] \qquad (5.3.3)$$

(ii) $q(t)=qt^\nu$, $\nu\geq 0$, $t>0$

$$\overline{p} = \frac{q\Gamma(\nu+1)\,e^{-st_0}}{2\pi\phi c_t s^{(\nu+1)}\sqrt{\eta_x\eta_y}}\times$$
$$\times\left[K_0\left(\sqrt{\left\{\frac{(x-x_0)^2}{\eta_x}+\frac{(y-y_0)^2}{\eta_y}\right\}s}\right)-K_0\left(\sqrt{\left\{\frac{(x+x_0)^2}{\eta_x}+\frac{(y-y_0)^2}{\eta_y}\right\}s}\right)+\right.$$
$$\left.+K_0\left(\sqrt{\left\{\frac{(x-x_0)^2}{\eta_x}+\frac{(y+y_0)^2}{\eta_y}\right\}s}\right)-K_0\left(\sqrt{\left\{\frac{(x+x_0)^2}{\eta_x}+\frac{(y+y_0)^2}{\eta_y}\right\}s}\right)\right] \qquad (5.3.4)$$

---

*The term corresponding to the pressure boundary condition in space and time variables
$\frac{x}{4\pi\sqrt{\eta_x\eta_y}}\int_0^t \frac{e^{-\frac{x^2}{4\eta_x\tau}}}{\tau^2}\int_0^\infty \psi_y(v,t-\tau)\left\{e^{-\frac{(y-v)^2}{4\eta_y\tau}}+e^{-\frac{(y+v)^2}{4\eta_y\tau}}\right\}dvd\tau =$
$=\frac{4}{\pi\sqrt{\pi}}\int_{\frac{x}{2\sqrt{\eta_x t}}}^\infty e^{-\tau^2}\int_0^\infty \overline{\psi}_y\left(m,t-\frac{x^2}{4\eta_x\tau^2}\right)\cos(my)\,e^{-\frac{m^2\eta_y x^2}{4\eta_x\tau^2}}dmd\tau$, which tends to
$\rightarrow \frac{2}{\pi}\int_0^\infty \overline{\psi}_y(m,t)\cos(my)\,dm=\psi_y(y,t)$ as $x\rightarrow 0$; $\overline{\psi}_y\left(m,t-\frac{x}{2v\sqrt{\eta_x}}\right)=\int_0^\infty \psi_y\left(y,t-\frac{x}{2v\sqrt{\eta_x}}\right)\cos(my)dy$.
The term corresponding to the pressure derivative boundary condition in space and time variables
$\frac{1}{2\pi\phi c_t\sqrt{\eta_x\eta_y}}\int_0^t e^{-\frac{y^2}{4\eta_y\tau}}\int_0^\infty \frac{\psi_x(u,t-\tau)}{\tau}\left\{e^{-\frac{(x-u)^2}{4\eta_x\tau}}-e^{-\frac{(x+u)^2}{4\eta_x\tau}}\right\}dud\tau =$
$=\frac{2}{\pi}\sqrt{\frac{\eta_y}{\pi}}\left(\frac{\mu}{k_y}\right)\int_0^t \frac{e^{-\frac{y^2}{4\eta_y\tau}}}{\sqrt{\tau}}\int_0^\infty \overline{\psi}_x(n,t-\tau)\sin(nx)\,e^{-n^2\eta_x\tau}dnd\tau$, and its derivative is given by
$\frac{2}{\pi}\sqrt{\frac{\eta_y}{\pi}}\left(\frac{\mu}{k_y}\right)\frac{\partial}{\partial y}\int_0^t \frac{e^{-\frac{y^2}{4\eta_y\tau}}}{\sqrt{\tau}}\int_0^\infty \overline{\psi}_x(n,t-\tau)\sin(nx)\,e^{-n^2\eta_x\tau}dnd\tau =$
$=-\frac{4}{\pi}\sqrt{\frac{1}{\pi}}\left(\frac{\mu}{k_y}\right)\int_{\frac{y}{2\sqrt{\eta_y t}}}^\infty e^{-v^2}\int_0^\infty \overline{\psi}_x\left(n,t-\frac{y}{2v\sqrt{\eta_y}}\right)\sin(nx)\,e^{-\frac{n^2\eta_x y^2}{4\eta_y v^2}}dndv$, which tends to
$-\frac{4}{\pi}\sqrt{\frac{1}{\pi}}\left(\frac{\mu}{k_y}\right)\int_0^\infty e^{-v^2}dv\int_0^\infty \overline{\psi}_x(n,t)\sin(nx)dn=-\left(\frac{\mu}{k_y}\right)\psi_x(x,t)$ as $y\rightarrow 0$; $\overline{\psi}_x\left(n,t-\frac{y^2}{4\eta_y v^2}\right)=$
$=\int_0^\infty \psi_x\left(x,t-\frac{y^2}{4\eta_y v^2}\right)\sin(nx)dx.$

$$p = \frac{U(t-t_0)\, q\Gamma(\nu+1)(t-t_0)^{\nu+\frac{1}{2}}}{2\pi\phi c_t\sqrt{\eta_x\eta_y}} \times$$
$$\times\left[\frac{e^{-\frac{1}{8(t-t_0)}\left\{\frac{(x-x_0)^2}{\eta_x}+\frac{(y-y_0)^2}{\eta_y}\right\}}}{\sqrt{\left\{\frac{(x-x_0)^2}{\eta_x}+\frac{(y-y_0)^2}{\eta_y}\right\}}} W_{-\nu-\frac{1}{2},0}\left\{\frac{1}{4(t-t_0)}\left(\frac{(x-x_0)^2}{\eta_x}+\frac{(y-y_0)^2}{\eta_y}\right)\right\} -\right.$$
$$-\frac{e^{-\frac{1}{8(t-t_0)}\left\{\frac{(x+x_0)^2}{\eta_x}+\frac{(y-y_0)^2}{\eta_y}\right\}}}{\sqrt{\left\{\frac{(x+x_0)^2}{\eta_x}+\frac{(y-y_0)^2}{\eta_y}\right\}}} W_{-\nu-\frac{1}{2},0}\left\{\frac{1}{4(t-t_0)}\left(\frac{(x+x_0)^2}{\eta_x}+\frac{(y-y_0)^2}{\eta_y}\right)\right\} +$$
$$+\frac{e^{-\frac{1}{8(t-t_0)}\left\{\frac{(x-x_0)^2}{\eta_x}+\frac{(y+y_0)^2}{\eta_y}\right\}}}{\sqrt{\left\{\frac{(x-x_0)^2}{\eta_x}+\frac{(y+y_0)^2}{\eta_y}\right\}}} W_{-\nu-\frac{1}{2},0}\left\{\frac{1}{4(t-t_0)}\left(\frac{(x-x_0)^2}{\eta_x}+\frac{(y+y_0)^2}{\eta_y}\right)\right\} -$$
$$\left.-\frac{e^{-\frac{1}{8(t-t_0)}\left\{\frac{(x+x_0)^2}{\eta_x}+\frac{(y+y_0)^2}{\eta_y}\right\}}}{\sqrt{\left\{\frac{(x+x_0)^2}{\eta_x}+\frac{(y+y_0)^2}{\eta_y}\right\}}} W_{-\nu-\frac{1}{2},0}\left\{\frac{1}{4(t-t_0)}\left(\frac{(x+x_0)^2}{\eta_x}+\frac{(y+y_0)^2}{\eta_y}\right)\right\}\right] \quad (5.3.5)$$

(iii) $q(t) = qt,\ t > 0$

$$p = \frac{U(t-t_0)(t-t_0)\, q}{4\pi\phi c_t\sqrt{\eta_x\eta_y}} \times$$
$$\times\left[e^{-\frac{1}{4(t-t_0)}\left\{\frac{(x-x_0)^2}{\eta_x}+\frac{(y-y_0)^2}{\eta_y}\right\}}\Psi\left\{2,1;\frac{1}{4(t-t_0)}\left(\frac{(x-x_0)^2}{\eta_x}+\frac{(y-y_0)^2}{\eta_y}\right)\right\} -\right.$$
$$-e^{-\frac{1}{4(t-t_0)}\left\{\frac{(x+x_0)^2}{\eta_x}+\frac{(y-y_0)^2}{\eta_y}\right\}}\Psi\left\{2,1;\frac{1}{4(t-t_0)}\left(\frac{(x+x_0)^2}{\eta_x}+\frac{(y-y_0)^2}{\eta_y}\right)\right\} +$$
$$+e^{-\frac{1}{4(t-t_0)}\left\{\frac{(x-x_0)^2}{\eta_x}+\frac{(y+y_0)^2}{\eta_y}\right\}}\Psi\left\{2,1;\frac{1}{4(t-t_0)}\left(\frac{(x-x_0)^2}{\eta_x}+\frac{(y+y_0)^2}{\eta_y}\right)\right\} -$$
$$\left.-e^{-\frac{1}{4(t-t_0)}\left\{\frac{(x+x_0)^2}{\eta_x}+\frac{(y+y_0)^2}{\eta_y}\right\}}\Psi\left\{2,1;\frac{1}{4(t-t_0)}\left(\frac{(x+x_0)^2}{\eta_x}+\frac{(y+y_0)^2}{\eta_y}\right)\right\}\right] \quad (5.3.6)$$

Special cases of $\varphi(x, y)$

(i) $p(x, y, 0) = p_I$, a constant, for all $x > 0,\ y > 0$

$$\overline{p} = \frac{p_I}{s}\left(1 - e^{-x\sqrt{\frac{s}{\eta_x}}}\right) \quad (5.3.7)$$

$$p = p_I \operatorname{erf}\left(\frac{x}{2\sqrt{\eta_x t}}\right) \quad (5.3.8)$$

(ii) $\varphi(x, y) = \frac{p_I}{\sqrt{xy}},\ x > 0,\ y > 0$

$$p = \frac{p_I\pi}{4t}\sqrt{\frac{xy}{\eta_x\eta_y}}\, e^{-\frac{1}{8t}\left(\frac{x^2}{\eta_x}+\frac{y^2}{\eta_y}\right)} I_{\frac{1}{4}}\left(\frac{x^2}{8\eta_x t}\right) I_{-\frac{1}{4}}\left(\frac{y^2}{8\eta_y t}\right) \quad (5.3.9)$$

(iii) $\varphi(x,y) = \frac{p_I x}{(\alpha_x^2+x^2)(\alpha_y^2+y^2)}$, $x > 0$, $y > 0$

$$\begin{aligned} p &= \frac{ip_I\pi}{16\alpha_y t\sqrt{\eta_x\eta_x}}\left\{e^{\frac{(\alpha_x+ix)^2}{4\eta_x t}}\operatorname{erfc}\left(\frac{\alpha_x+ix}{2\sqrt{\eta_x t}}\right)-e^{\frac{(\alpha_x-ix)^2}{4\eta_x t}}\operatorname{erfc}\left(\frac{\alpha_x-ix}{2\sqrt{\eta_x t}}\right)\right\}\times \\ &\times\left\{e^{\frac{(\alpha_y+iy)^2}{4\eta_y t}}\operatorname{erfc}\left(\frac{\alpha_y+iy}{2\sqrt{\eta_y t}}\right)+e^{\frac{(\alpha_y-iy)^2}{4\eta_y t}}\operatorname{erfc}\left(\frac{\alpha_y-iy}{2\sqrt{\eta_y t}}\right)\right\} \end{aligned} \tag{5.3.10}$$

(iv) $\varphi(x,y) = \frac{p_I x}{(\alpha_x^2-x^2)(\alpha_y^2-y^2)}$, $x > 0$, $y > 0$

$$\begin{aligned} p &= \frac{p_I}{16\eta_x\eta_y t^2}\left\{(\alpha_x-x)\Phi\left(1,\frac{3}{2};-\frac{(x-\alpha_x)^2}{4\eta_x t}\right)-(\alpha_x+x)\Phi\left(1,\frac{3}{2};-\frac{(x+\alpha_x)^2}{4\eta_x t}\right)\right\}\times \\ &\times\left\{(\alpha_y-y)\Phi\left(1,\frac{3}{2};-\frac{(y-\alpha_y)^2}{4\eta_y t}\right)+(\alpha_y+y)\Phi\left(1,\frac{3}{2};-\frac{(y+\alpha_y)^2}{4\eta_y t}\right)\right\} \end{aligned} \tag{5.3.11}$$

(v) $\varphi(x,y) = p_I e^{-(\alpha_x x+\alpha_y y)}$, $\alpha_x > 0$, $x > 0$, $\alpha_y > 0$, $y > 0$

$$\begin{aligned} p &= \frac{p_I}{4}e^{(\alpha_x^2\eta_x t+\alpha_y^2\eta_y t)}\left[e^{\alpha_x x}\operatorname{erfc}\left(\alpha_x\sqrt{\eta_x t}+\frac{x}{2\sqrt{\eta_x t}}\right)-e^{-\alpha_x x}\operatorname{erfc}\left(\alpha_x\sqrt{\eta_x t}-\frac{x}{2\sqrt{\eta_x t}}\right)\right]\times \\ &\times\left[e^{\alpha_y y}\operatorname{erfc}\left(\alpha_y\sqrt{\eta_y t}+\frac{y}{2\sqrt{\eta_y t}}\right)+e^{-\alpha_y y}\operatorname{erfc}\left(\alpha_y\sqrt{\eta_y t}-\frac{y}{2\sqrt{\eta_y t}}\right)\right] \end{aligned} \tag{5.3.12}$$

Special cases of $\psi_x(x,t)$ and $\psi_y(y,t)$

(i) $\psi_y(y,t) = p_x$ and $\psi_x(x,t) = q_y$, p_x and q_y are constants

$$p = p_x\operatorname{erfc}\left(\frac{x}{2\sqrt{\eta_x t}}\right)+\frac{q_y}{\phi c_t\sqrt{\pi\eta_y}}\int_0^t\frac{e^{-\frac{y^2}{4\eta_y\tau}}}{\sqrt{\tau}}\operatorname{erf}\left(\frac{x}{2\sqrt{\eta_x\tau}}\right)d\tau \tag{5.3.13}$$

(ii) $\psi_y(y,t) = p_x e^{-\alpha_x t}$ and $\psi_x(x,t) = q_y e^{\alpha_y t}$, p_x and q_y are constants

$$\begin{aligned} p &= \frac{p_x e^{-\alpha_x t}}{2}\left\{e^{-ix\sqrt{\frac{\alpha_x}{\eta_x}}}\operatorname{erfc}\left(\frac{x}{2\sqrt{\eta_x t}}-i\sqrt{\alpha_x t}\right)+e^{ix\sqrt{\frac{\alpha_x}{\eta_x}}}\operatorname{erfc}\left(\frac{x}{2\sqrt{\eta_x t}}+i\sqrt{\alpha_x t}\right)\right\}+ \\ &+\frac{q_y e^{\alpha_y t}}{\phi c_t\sqrt{\pi\eta_y}}\int_0^t\frac{e^{-\alpha_y\tau-\frac{y^2}{4\eta_y\tau}}}{\sqrt{\tau}}\operatorname{erf}\left(\frac{x}{2\sqrt{\eta_x\tau}}\right)d\tau \end{aligned} \tag{5.3.14}$$

(iii) $\psi_x(x,t) = q_y\{U(x)-U(x-a)\}$, where $U(x-a) = \begin{cases}0, & x < a\\ 1, & x > a\end{cases}$ is Heaviside's unit step function and $\psi_y(y,t) = 0$

$$p = \frac{q_y}{\phi c_t\sqrt{\pi\eta_y}}\int_0^t\frac{e^{-\frac{y^2}{4\eta_y\tau}}}{\sqrt{\tau}}\left\{\operatorname{erf}\left(\frac{x}{2\sqrt{\eta_x\tau}}\right)-\frac{1}{2}\operatorname{erf}\left(\frac{x-a}{2\sqrt{\eta_x\tau}}\right)-\frac{1}{2}\operatorname{erf}\left(\frac{x+a}{2\sqrt{\eta_x\tau}}\right)\right\}d\tau \tag{5.3.15}$$

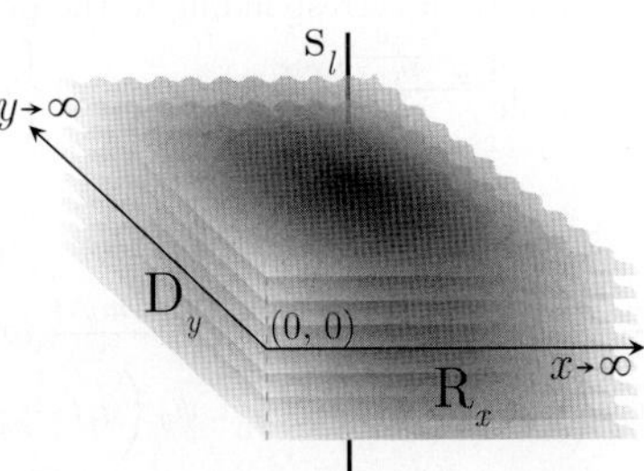

5.4 The problem of 5.2, except

$\mathbf{R_x} \equiv \frac{\partial p(x,0,t)}{\partial y} - \lambda p(x,0,t) = -\left(\frac{\mu}{k_y}\right)\psi_x(x,t)$ **and**
$\mathbf{D_y} \equiv p(0,y,t) = \psi_y(y,t)$

$$
\begin{aligned}
p = & \frac{U(t-t_0)}{4\pi\phi c_t\sqrt{\eta_x\eta_y}} \int\limits_0^{t-t_0} \frac{q(t-t_0-\tau)}{\tau}\left\{e^{-\frac{(x-x_0)^2}{4\eta_x\tau}} - e^{-\frac{(x+x_0)^2}{4\eta_x\tau}}\right\}\left[e^{-\frac{(y-y_0)^2}{4\eta_y\tau}} + e^{-\frac{(y+y_0)^2}{4\eta_y\tau}} - \right. \\
& \left. -2\left\{\lambda\sqrt{\pi\eta_y\tau}\right\} e^{\left\{(y+y_0)\lambda+\lambda^2\eta_y\tau\right\}} \operatorname{erfc}\left(\lambda\sqrt{\eta_y\tau} + \frac{y+y_0}{2\sqrt{\eta_y\tau}}\right)\right] d\tau + \\
& + \frac{1}{2\pi\phi c_t\sqrt{\eta_x\eta_y}} \int\limits_0^t \frac{1}{\tau}\left\{e^{-\frac{y^2}{4\eta_y\tau}} - \lambda\sqrt{\pi\eta_y\tau}e^{y\lambda+\lambda^2\eta_y\tau}\operatorname{erfc}\left(\lambda\sqrt{\eta_y\tau}+\frac{y}{2\sqrt{\eta_y\tau}}\right)\right\} \times \\
& \times \int\limits_0^\infty \psi_x(u,t-\tau)\left\{e^{-\frac{(x-u)^2}{4\eta_x\tau}} - e^{-\frac{(x-u)^2}{4\eta_x\tau}}\right\} du d\tau + \\
& + \frac{x}{4\pi\sqrt{\eta_y}} \int\limits_0^t \frac{e^{-\frac{x^2}{4\eta_x\tau}}}{\tau^2} \times \int\limits_0^\infty \psi_y(u,t-\tau) \times \\
& \times \left\{e^{-\frac{(y-u)^2}{4\eta_y\tau}} + e^{-\frac{(y-u)^2}{4\eta_y\tau}} - 2\lambda\sqrt{\pi\eta_y\tau}e^{(y+u)\lambda+\lambda^2\eta_y\tau}\operatorname{erfc}\left(\lambda\sqrt{\eta_y\tau}+\frac{y+u}{2\sqrt{\eta_y\tau}}\right)\right\} du d\tau + \\
& + \frac{1}{4\pi t\sqrt{\eta_x\eta_y}} \int\limits_0^\infty\int\limits_0^\infty \varphi(u,v)\left\{e^{-\frac{(x-u)^2}{4\eta_x t}} - e^{-\frac{(x+u)^2}{4\eta_x t}}\right\}\left[e^{-\frac{(y-v)^2}{4\eta_y t}} + e^{-\frac{(y+v)^2}{4\eta_y t}} - \right. \\
& \left. -2\left\{\lambda\sqrt{\pi\eta_y t}\right\} e^{\left\{(y+v)\lambda+\lambda^2\eta_y t\right\}} \operatorname{erfc}\left(\lambda\sqrt{\eta_y t}+\frac{y+v}{2\sqrt{\eta_y t}}\right)\right] du\, dv^* \qquad (5.4.1)
\end{aligned}
$$

Special cases of $\varphi(x, y)$

(i) $p(x, y, 0) = p_I$, a constant for all $x > 0$, $y > 0$

$$
p = p_I \operatorname{erf}\left(\frac{x}{2\sqrt{\eta_x t}}\right) - p_I \operatorname{erf}\left(\frac{x}{2\sqrt{\eta_x t}}\right)\left\{\operatorname{erfc}\left(\frac{y}{2\sqrt{\eta_y t}}\right) - e^{y\lambda+\lambda^2\eta_y\tau}\operatorname{erfc}\left(\lambda\sqrt{\eta_y t}+\frac{y}{2\sqrt{\eta_y t}}\right)\right\} \qquad (5.4.2)
$$

(ii) $\varphi(x, y) = p_I e^{-\alpha_x x - \alpha_y y}$, $\alpha_x > 0$, $\alpha_y > 0$, $x > 0$, $y > 0$

$$
\begin{aligned}
p = & \frac{p_I}{4} e^{\alpha_x^2\eta_x t}\left[e^{-\alpha_x x}\operatorname{erfc}\left(\alpha_x\sqrt{\eta_x t}-\frac{x}{2\sqrt{\eta_x t}}\right) - e^{\alpha_x x}\operatorname{erfc}\left(\alpha_x\sqrt{\eta_x t}+\frac{x}{2\sqrt{\eta_x t}}\right)\right] \times \\
& \times \left[e^{\alpha_y^2\eta_y t}\left\{e^{-\alpha_y y}\operatorname{erfc}\left(\alpha_y\sqrt{\eta_y t}-\frac{y}{2\sqrt{\eta_y t}}\right) + e^{\alpha_y y}\operatorname{erfc}\left(\alpha_y\sqrt{\eta_y t}+\frac{y}{2\sqrt{\eta_y t}}\right)\right\} + \right. \\
& \left. + \frac{2\lambda}{\alpha_y-\lambda}\left\{e^{\alpha_y y+\alpha_y^2\eta_y t}\operatorname{erfc}\left(\alpha_y\sqrt{\eta_y t}+\frac{y}{2\sqrt{\eta_y t}}\right) - e^{\lambda y+\lambda^2\eta_y t}\operatorname{erfc}\left(\lambda\sqrt{\eta_y t}+\frac{y}{2\sqrt{\eta_y t}}\right)\right\}\right] \qquad (5.4.3)
\end{aligned}
$$

---

*The term corresponding to the pressure boundary condition in space and time variables

$\frac{x}{4\pi\sqrt{\eta_y}}\int_0^t \frac{e^{-\frac{x^2}{4\eta_x\tau}}}{\tau^2}\int_0^\infty \psi_y(u,t-\tau)\left\{e^{-\frac{(y-u)^2}{4\eta_y\tau}} + e^{-\frac{(y-u)^2}{4\eta_y\tau}} - 2\lambda\sqrt{\pi\eta_y\tau}e^{(y+u)\lambda+\lambda^2\eta_y\tau}\operatorname{erfc}\left(\lambda\sqrt{\eta_y\tau}+\frac{y+u}{2\sqrt{\eta_y\tau}}\right)\right\} du d\tau =$

$= \frac{4}{\pi\sqrt{\pi}}\int_0^\infty e^{-\tau^2}\int_{\frac{x}{2\sqrt{\eta_x t}}}^\infty \overline{\psi}_y\left(m, t-\frac{x^2}{4\eta_x\tau^2}\right)\frac{\{m\cos(my)+\lambda\sin(my)\}e^{-\frac{m^2\eta_y x^2}{4\eta_x\tau^2}}}{m^2+\lambda^2} d\tau dm$, which tends to

$\frac{2}{\pi}\int_0^\infty \frac{\overline{\psi}_y(m,t)\{m\cos(my)+\lambda\sin(my)\}}{m^2+\lambda^2} dm = \psi_y(y,t)$ as $x \to 0$;

$\overline{\psi}_y\left(m, t-\frac{x^2}{4\eta_x\tau^2}\right) = \int_0^\infty \psi_y\left(y, t-\frac{x^2}{4\eta_x\tau^2}\right)\{m\cos(my)+\lambda\sin(my)\} dy.$

As $\lambda \to \infty$, $\left[\left\{\lambda\sqrt{\pi\eta_y(t-t_0)}\right\} e^{\{(y+y_0)\lambda+\lambda^2\eta_y(t-t_0)\}}\operatorname{erfc}\left(\lambda\sqrt{\eta_y(t-t_0)}+\frac{y+y_0}{2\sqrt{\eta_y(t-t_0)}}\right)\right] \to e^{-\frac{(y+y_0)^2}{4\eta_y(t-t_0)}}.$

A special case of $\psi_x(x,t)$ and $\psi_y(y,t)$

(i) $\psi_x(x,t) = \psi_x(t)$ and $\psi_y(y,t) = \psi_y(t)$, $\psi_x(t)$ and $\psi_y(t)$ are functions of time only

$$p = \frac{2}{\sqrt{\pi}} \int_{\frac{x}{2\sqrt{\eta_x t}}}^{\infty} \psi_y\left(t - \frac{x^2}{4\eta_x \tau^2}\right) e^{-\tau^2} \left\{ \operatorname{erf}\left(\frac{y\tau}{x}\sqrt{\frac{\eta_x}{\eta_y}}\right) + e^{\frac{\eta_y}{4\eta_x}\left(\frac{\lambda x}{\tau}\right)^2} e^{\lambda y} \operatorname{erfc}\left(\frac{\lambda x}{2\tau}\sqrt{\frac{\eta_y}{\eta_x}} + \frac{y\tau}{x}\sqrt{\frac{\eta_x}{\eta_y}}\right)\right\} d\tau +$$

$$+\sqrt{\frac{\eta_y}{\pi}}\left(\frac{\mu}{k_y}\right) \int_0^t \frac{\psi_x(t-\tau)}{\sqrt{\tau}} \operatorname{erf}\left(\frac{x}{2\sqrt{\eta_x \tau}}\right) \left\{ e^{-\frac{y^2}{4\eta_y \tau}} - \lambda\sqrt{\pi \eta_y \tau} e^{y\lambda + \lambda^2 \eta_y \tau} \operatorname{erfc}\left(\lambda\sqrt{\eta_y \tau} + \frac{y}{2\sqrt{\eta_y \tau}}\right)\right\} d\tau^* \quad (5.4.4)$$

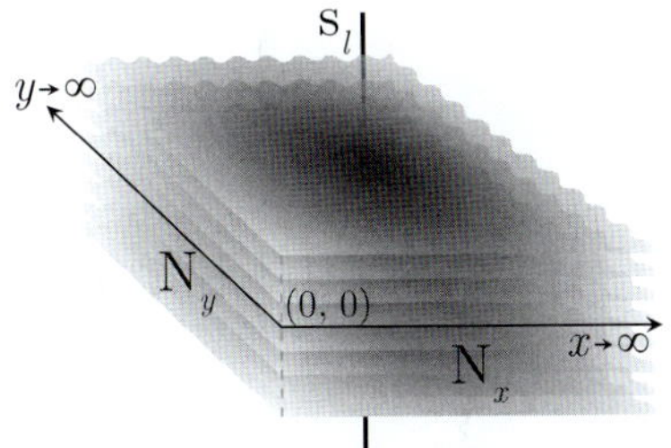

5.5 The problem of 5.2, except $N_y \equiv \frac{\partial p(0,y,t)}{\partial x} = -\left(\frac{\mu}{k_x}\right)\psi_y(y,t)$ and $N_x \equiv \frac{\partial p(x,0,t)}{\partial y} = -\left(\frac{\mu}{k_y}\right)\psi_x(x,t)$

$$\overline{p} = \frac{q(s)e^{-st_0}}{2\pi\phi c_t\sqrt{\eta_x\eta_y}} \left[K_0\left(\sqrt{\left\{\frac{(x-x_0)^2}{\eta_x} + \frac{(y-y_0)^2}{\eta_y}\right\}s}\right) + K_0\left(\sqrt{\left\{\frac{(x+x_0)^2}{\eta_x} + \frac{(y-y_0)^2}{\eta_y}\right\}s}\right) +\right.$$

$$\left. + K_0\left(\sqrt{\left\{\frac{(x-x_0)^2}{\eta_x} + \frac{(y+y_0)^2}{\eta_y}\right\}s}\right) + K_0\left(\sqrt{\left\{\frac{(x+x_0)^2}{\eta_x} + \frac{(y+y_0)^2}{\eta_y}\right\}s}\right)\right] +$$

$$\frac{1}{\pi\phi c_t\sqrt{\eta_x\eta_y}} \int_0^{\infty} \overline{\psi}_y(u,s) \left[K_0\left(\sqrt{\left\{\frac{(y-u)^2}{\eta_y} + \frac{x^2}{\eta_x}\right\}s}\right) + K_0\left(\sqrt{\left\{\frac{(y+u)^2}{\eta_y} + \frac{x^2}{\eta_x}\right\}s}\right)\right] du +$$

$$+\frac{1}{\pi\phi c_t\sqrt{\eta_x\eta_y}} \int_0^{\infty} \overline{\psi}_x(u,s) \left[K_0\left(\sqrt{\left\{\frac{(x-u)^2}{\eta_x} + \frac{y^2}{\eta_y}\right\}s}\right) + K_0\left(\sqrt{\left\{\frac{(x+u)^2}{\eta_x} + \frac{y^2}{\eta_y}\right\}s}\right)\right] du +$$

$$\frac{1}{2\pi\sqrt{\eta_x\eta_y}} \times$$

$$\times \int_0^{\infty}\int_0^{\infty} \varphi(u,v) \left[K_0\left(\sqrt{\left\{\frac{(x-u)^2}{\eta_x} + \frac{(y-v)^2}{\eta_y}\right\}s}\right) + K_0\left(\sqrt{\left\{\frac{(x+u)^2}{\eta_x} + \frac{(y-v)^2}{\eta_y}\right\}s}\right) +\right.$$

$$\left. + K_0\left(\sqrt{\left\{\frac{(x-u)^2}{\eta_x} + \frac{(y+v)^2}{\eta_y}\right\}s}\right) + K_0\left(\sqrt{\left\{\frac{(x+u)^2}{\eta_x} + \frac{(y+v)^2}{\eta_y}\right\}s}\right)\right] du dv \quad (5.5.1)$$

---

*As $\lambda \to \infty$, $\lambda\sqrt{\pi\eta_y\tau}e^{y\lambda+\lambda^2\eta_y\tau} \operatorname{erfc}\left(\lambda\sqrt{\eta_y\tau} + \frac{y}{2\sqrt{\eta_y\tau}}\right) \to e^{-\frac{y^2}{4\eta_y\tau}}$.

where $\psi_x(x,s) = \int_0^\infty \psi_x(x,t)\, e^{-st}dt$ and $\psi_y(y,s) = \int_0^\infty \psi_y(y,t)\, e^{-st}dt$.

$$p = \frac{U(t-t_0)}{4\pi\phi c_t\sqrt{\eta_x\eta_y}} \int\limits_0^{t-t_0} \frac{q(t-t_0-u)}{u} \left\{e^{-\frac{(x-x_0)^2}{4\eta_x u}} + e^{-\frac{(x+x_0)^2}{4\eta_x u}}\right\}\left\{e^{-\frac{(y-y_0)^2}{4\eta_y u}} + e^{-\frac{(y+y_0)^2}{4\eta_y u}}\right\} du +$$

$$+\frac{1}{2\pi\phi c_t\sqrt{\eta_x\eta_y}} \int\limits_0^{t} \frac{e^{-\frac{x^2}{4\eta_x\tau}}}{\tau} \int\limits_0^{\infty} \psi_y(u,t-\tau)\left\{e^{-\frac{(y-u)^2}{4\eta_y\tau}} + e^{-\frac{(y+u)^2}{4\eta_y\tau}}\right\} dud\tau+$$

$$+\frac{1}{2\pi\phi c_t\sqrt{\eta_x\eta_y}} \int\limits_0^{t} \frac{e^{-\frac{y^2}{4\eta_y\tau}}}{\tau} \int\limits_0^{\infty} \psi_x(u,t-\tau)\left\{e^{-\frac{(x-u)^2}{4\eta_x\tau}} + e^{-\frac{(x+u)^2}{4\eta_x\tau}}\right\} dud\tau +$$

$$+\frac{1}{4\pi t\sqrt{\eta_x\eta_y}} \int\limits_0^{\infty}\int\limits_0^{\infty} \varphi(u,v)\left\{e^{-\frac{(x-u)^2}{4\eta_x t}} + e^{-\frac{(x+u)^2}{4\eta_x t}}\right\}\left\{e^{-\frac{(y-v)^2}{4\eta_y t}} + e^{-\frac{(y+v)^2}{4\eta_y t}}\right\} dudv^* \quad (5.5.2)$$

Special cases of $q(t)$

(i) $q(t)$ is a constant and equal to q

$$p = -\frac{U(t-t_0)\,q}{4\pi\phi c_t\sqrt{\eta_x\eta_y}} \times$$
$$\times\left[Ei\left(-\left\{\frac{(x-x_0)^2}{4\eta_x(t-t_0)} + \frac{(y-y_0)^2}{4\eta_y(t-t_0)}\right\}\right) + Ei\left(-\left\{\frac{(x+x_0)^2}{4\eta_x(t-t_0)} + \frac{(y-y_0)^2}{4\eta_y(t-t_0)}\right\}\right) +\right.$$
$$\left. + Ei\left(-\left\{\frac{(x-x_0)^2}{4\eta_x(t-t_0)} + \frac{(y+y_0)^2}{4\eta_y(t-t_0)}\right\}\right) + Ei\left(-\left\{\frac{(x+x_0)^2}{4\eta_x(t-t_0)} + \frac{(y+y_0)^2}{4\eta_y(t-t_0)}\right\}\right)\right] \quad (5.5.3)$$

*The term corresponding to the pressure derivative boundary condition in space and time variables $\frac{1}{2\pi\phi c_t\sqrt{\eta_x\eta_y}}\int_0^t e^{-\frac{y^2}{4\eta_y\tau}}\int_0^\infty \frac{\psi_x(u,t-\tau)}{\tau}\left\{e^{-\frac{(x-u)^2}{4\eta_x\tau}} + e^{-\frac{(x+u)^2}{4\eta_x\tau}}\right\}dud\tau =$

$= \frac{2}{\pi}\sqrt{\frac{\eta_y}{\pi}}\left(\frac{\mu}{k_y}\right)\int_0^t \frac{e^{-\frac{y^2}{4\eta_y\tau}}}{\sqrt{\tau}}\int_0^\infty \overline{\psi}_x(n,t-\tau)\cos(nx)\,e^{-n^2\eta_x\tau}dnd\tau$, and its derivative is given by

$\frac{2}{\pi}\sqrt{\frac{\eta_y}{\pi}}\left(\frac{\mu}{k_y}\right)\frac{\partial}{\partial y}\int_0^t \frac{e^{-\frac{y^2}{4\eta_y\tau}}}{\sqrt{\tau}}\int_0^\infty \overline{\psi}_x(n,t-\tau)\cos(nx)\,e^{-n^2\eta_x\tau}dnd\tau =$

$= -\frac{4}{\pi}\sqrt{\frac{1}{\pi}}\left(\frac{\mu}{k_y}\right)\int_{\frac{y}{2\sqrt{\eta_y t}}}^\infty e^{-v^2}\int_0^\infty \overline{\psi}_x\left(n,t-\frac{y}{2v\sqrt{\eta_y}}\right)\cos(nx)\,e^{-\frac{n^2\eta_x y^2}{4\eta_y v^2}}dndv$, which tends to

$-\frac{4}{\pi}\sqrt{\frac{1}{\pi}}\left(\frac{\mu}{k_y}\right)\int_0^\infty e^{-v^2}dv\int_0^\infty \overline{\psi}_x(n,t)\cos(nx)dn = -\left(\frac{\mu}{k_y}\right)\psi_x(x,t)$ as $y \to 0$;

$\overline{\psi}_x\left(n,t-\frac{y^2}{4\eta_y v^2}\right) = \int_0^\infty \psi_x\left(x,t-\frac{y^2}{4\eta_y v^2}\right)\cos(nx)dx$.

(ii) $q(t) = qt^{\nu}$, $\nu \geq 0$, $t > 0$

$$\begin{aligned}
\overline{p} &= \frac{q\Gamma(\nu+1)\,e^{-st_0}}{2\pi\phi c_t s^{(\nu+1)}\sqrt{\eta_x\eta_y}} \times \\
&\times \left[K_0\left(\sqrt{\left\{\frac{(x-x_0)^2}{\eta_x}+\frac{(y-y_0)^2}{\eta_y}\right\}s}\right)+K_0\left(\sqrt{\left\{\frac{(x+x_0)^2}{\eta_x}+\frac{(y-y_0)^2}{\eta_y}\right\}s}\right)+\right.\\
&\left.+K_0\left(\sqrt{\left\{\frac{(x-x_0)^2}{\eta_x}+\frac{(y+y_0)^2}{\eta_y}\right\}s}\right)+K_0\left(\sqrt{\left\{\frac{(x+x_0)^2}{\eta_x}+\frac{(y+y_0)^2}{\eta_y}\right\}s}\right)\right]
\end{aligned} \tag{5.5.4}$$

$$\begin{aligned}
p &= \frac{U(t-t_0)\,q\Gamma(\nu+1)\,(t-t_0)^{\nu+\frac{1}{2}}}{2\pi\phi c_t\sqrt{\eta_x\eta_y}} \times \\
&\times \left[\frac{e^{-\frac{1}{8(t-t_0)}\left\{\frac{(x-x_0)^2}{\eta_x}+\frac{(y-y_0)^2}{\eta_y}\right\}}}{\sqrt{\left\{\frac{(x-x_0)^2}{\eta_x}+\frac{(y-y_0)^2}{\eta_y}\right\}}}W_{-\nu-\frac{1}{2},0}\left\{\frac{1}{4(t-t_0)}\left(\frac{(x-x_0)^2}{\eta_x}+\frac{(y-y_0)^2}{\eta_y}\right)\right\}+\right.\\
&+\frac{e^{-\frac{1}{8(t-t_0)}\left\{\frac{(x+x_0)^2}{\eta_x}+\frac{(y-y_0)^2}{\eta_y}\right\}}}{\sqrt{\left\{\frac{(x+x_0)^2}{\eta_x}+\frac{(y-y_0)^2}{\eta_y}\right\}}}W_{-\nu-\frac{1}{2},0}\left\{\frac{1}{4(t-t_0)}\left(\frac{(x+x_0)^2}{\eta_x}+\frac{(y-y_0)^2}{\eta_y}\right)\right\}+\\
&+\frac{e^{-\frac{1}{8(t-t_0)}\left\{\frac{(x-x_0)^2}{\eta_x}+\frac{(y+y_0)^2}{\eta_y}\right\}}}{\sqrt{\left\{\frac{(x-x_0)^2}{\eta_x}+\frac{(y+y_0)^2}{\eta_y}\right\}}}W_{-\nu-\frac{1}{2},0}\left\{\frac{1}{4(t-t_0)}\left(\frac{(x-x_0)^2}{\eta_x}+\frac{(y+y_0)^2}{\eta_y}\right)\right\}+\\
&\left.+\frac{e^{-\frac{1}{8(t-t_0)}\left\{\frac{(x+x_0)^2}{\eta_x}+\frac{(y+y_0)^2}{\eta_y}\right\}}}{\sqrt{\left\{\frac{(x+x_0)^2}{\eta_x}+\frac{(y+y_0)^2}{\eta_y}\right\}}}W_{-\nu-\frac{1}{2},0}\left\{\frac{1}{4(t-t_0)}\left(\frac{(x+x_0)^2}{\eta_x}+\frac{(y+y_0)^2}{\eta_y}\right)\right\}\right]
\end{aligned} \tag{5.5.5}$$

(iii) $q(t) = qt$, $t > 0$

$$\begin{aligned}
p &= \frac{U(t-t_0)\,(t-t_0)\,q}{4\pi\phi c_t\sqrt{\eta_x\eta_y}} \times \\
&\times \left[e^{-\frac{1}{4(t-t_0)}\left\{\frac{(x-x_0)^2}{\eta_x}+\frac{(y-y_0)^2}{\eta_y}\right\}}\Psi\left\{2,1;\frac{1}{4(t-t_0)}\left(\frac{(x-x_0)^2}{\eta_x}+\frac{(y-y_0)^2}{\eta_y}\right)\right\}+\right.\\
&+e^{-\frac{1}{4(t-t_0)}\left\{\frac{(x+x_0)^2}{\eta_x}+\frac{(y-y_0)^2}{\eta_y}\right\}}\Psi\left\{2,1;\frac{1}{4(t-t_0)}\left(\frac{(x+x_0)^2}{\eta_x}+\frac{(y-y_0)^2}{\eta_y}\right)\right\}+\\
&+e^{-\frac{1}{4(t-t_0)}\left\{\frac{(x-x_0)^2}{\eta_x}+\frac{(y+y_0)^2}{\eta_y}\right\}}\Psi\left\{2,1;\frac{1}{4(t-t_0)}\left(\frac{(x-x_0)^2}{\eta_x}+\frac{(y+y_0)^2}{\eta_y}\right)\right\}+\\
&\left.+e^{-\frac{1}{4(t-t_0)}\left\{\frac{(x+x_0)^2}{\eta_x}+\frac{(y+y_0)^2}{\eta_y}\right\}}\Psi\left\{2,1;\frac{1}{4(t-t_0)}\left(\frac{(x+x_0)^2}{\eta_x}+\frac{(y+y_0)^2}{\eta_y}\right)\right\}\right]
\end{aligned} \tag{5.5.6}$$

Special cases of $\varphi(x, y)$

(i) $\varphi(x, y) = \frac{p_I}{\sqrt{xy}}$, $x > 0$, $y > 0$

$$p = \frac{p_I\pi}{4t}\sqrt{\frac{xy}{\eta_x\eta_y}}e^{-\frac{1}{8t}\left(\frac{x^2}{\eta_x}+\frac{y^2}{\eta_y}\right)}I_{-\frac{1}{4}}\left(\frac{x^2}{8\eta_x t}\right)I_{-\frac{1}{4}}\left(\frac{y^2}{8\eta_y t}\right) \tag{5.5.7}$$

(ii) $\varphi(x,y) = \frac{p_I}{(\alpha_x^2+x^2)(\alpha_y^2+y^2)}$, $x>0$, $y>0$

$$p = -\frac{p_I \pi}{16t\alpha_x\alpha_y\sqrt{\eta_x\eta_x}}\left\{e^{\frac{(\alpha_x+ix)^2}{4\eta_x t}}\operatorname{erfc}\left(\frac{\alpha_x+ix}{2\sqrt{\eta_x t}}\right)+e^{\frac{(\alpha_x-ix)^2}{4\eta_x t}}\operatorname{erfc}\left(\frac{\alpha_x-ix}{2\sqrt{\eta_x t}}\right)\right\}\times$$
$$\times\left\{e^{\frac{(\alpha_y+iy)^2}{4\eta_y t}}\operatorname{erfc}\left(\frac{\alpha_y+iy}{2\sqrt{\eta_y t}}\right)+e^{\frac{(\alpha_y-iy)^2}{4\eta_y t}}\operatorname{erfc}\left(\frac{\alpha_y-iy}{2\sqrt{\eta_y t}}\right)\right\} \quad (5.5.8)$$

(iii) $\varphi(x,y) = \frac{p_I}{(\alpha_x^2-x^2)(\alpha_y^2-y^2)}$, $x>0$, $y>0$

$$p = \frac{p_I}{16t^2\alpha_x\alpha_y\eta_x\eta_y}\left\{(\alpha_x-x)\Phi\left(1,\frac{3}{2};-\frac{(x-\alpha_x)^2}{4\eta_x t}\right)+(\alpha_x+x)\Phi\left(1,\frac{3}{2};-\frac{(x+\alpha_x)^2}{4\eta_x t}\right)\right\}\times$$
$$\times\left\{(\alpha_y-y)\Phi\left(1,\frac{3}{2};-\frac{(y-\alpha_y)^2}{4\eta_y t}\right)+(\alpha_y+y)\Phi\left(1,\frac{3}{2};-\frac{(y+\alpha_y)^2}{4\eta_y t}\right)\right\} \quad (5.5.9)$$

(iv) $\varphi(x,y) = p_I e^{-(\alpha_x x+\alpha_y y)}$, $\alpha_x>0$, $x>0$, $\alpha_y>0$, $y>0$

$$p = \frac{p_I}{4}e^{(\alpha_x^2\eta_x t+\alpha_y^2\eta_y t)}\left[e^{\alpha_x x}\operatorname{erfc}\left(\alpha_x\sqrt{\eta_x t}-\frac{x}{2\sqrt{\eta_x t}}\right)+e^{-\alpha_x x}\operatorname{erfc}\left(\alpha_x\sqrt{\eta_x t}+\frac{x}{2\sqrt{\eta_x t}}\right)\right]\times$$
$$\times\left[e^{\alpha_y y}\operatorname{erfc}\left(\alpha_y\sqrt{\eta_y t}-\frac{y}{2\sqrt{\eta_y t}}\right)+e^{-\alpha_y y}\operatorname{erfc}\left(\alpha_y\sqrt{\eta_y t}+\frac{y}{2\sqrt{\eta_y t}}\right)\right] \quad (5.5.10)$$

Special cases of $\psi_x(x,t)$ and $\psi_y(y,t)$

(i) $\psi_x(x,t) = \psi_x(t)$ and $\psi_y(y,t) = \psi_y(t)$, $\psi_x(t)$ and $\psi_y(t)$ are functions of time only

$$\overline{p} = \frac{\overline{\psi}_y(s)\,e^{-x\sqrt{\frac{s}{\eta_x}}}}{\phi c_t\sqrt{\eta_x s}}+\frac{\overline{\psi}_x(s)\,e^{-y\sqrt{\frac{s}{\eta_y}}}}{\phi c_t\sqrt{\eta_y s}} \quad (5.5.11)$$

$$p = \frac{1}{\phi c_t\sqrt{\eta_x\pi}}\int_0^t\frac{\psi_y(t-\tau)\,e^{-\frac{x^2}{4\eta_x\tau}}}{\sqrt{\tau}}d\tau+\frac{1}{\phi c_t\sqrt{\eta_y\pi}}\int_0^t\frac{\psi_x(t-\tau)\,e^{-\frac{y^2}{4\eta_y\tau}}}{\sqrt{\tau}}d\tau \quad (5.5.12)$$

(ii) $\psi_x(x,t) = q_y$ and $\psi_y(y,t) = q_x$, q_x and q_y are constants

$$\overline{p} = \frac{q_x e^{-x\sqrt{\frac{s}{\eta_x}}}}{\phi c_t\sqrt{\eta_x}s^{\frac{3}{2}}}+\frac{q_y e^{-y\sqrt{\frac{s}{\eta_y}}}}{\phi c_t\sqrt{\eta_y}s^{\frac{3}{2}}} \quad (5.5.13)$$

$$p = \frac{2\sqrt{t}}{\phi c_t}\left\{\frac{q_x}{\sqrt{\eta_x}}i\operatorname{erfc}\left(\frac{x}{2\sqrt{\eta_x t}}\right)+\frac{q_y}{\sqrt{\eta_y}}i\operatorname{erfc}\left(\frac{y}{2\sqrt{\eta_y t}}\right)\right\} \quad (5.5.14)$$

(iii) $\psi_x(x,t) = \frac{q_y}{\sqrt{x}}$ and $\psi_y(y,t) = \frac{q_x}{\sqrt{y}}$, q_x and q_y are constants

$$\overline{p} = \frac{q_y}{\phi c_t s}\sqrt{\frac{x}{\eta_x\eta_y}}I_{-\frac{1}{4}}\left\{\frac{1}{2}\sqrt{\frac{s}{\eta_x}}\left(\sqrt{\frac{y^2\eta_x}{\eta_y}+x^2}-y\sqrt{\frac{\eta_x}{\eta_y}}\right)\right\}K_{\frac{1}{4}}\left\{\frac{1}{4}\sqrt{\frac{s}{\eta_x}}\left(\sqrt{\frac{y^2\eta_x}{\eta_y}+x^2}+y\sqrt{\frac{\eta_x}{\eta_y}}\right)\right\}+$$
$$+\frac{q_x}{\phi c_t s}\sqrt{\frac{y}{\eta_x\eta_y}}I_{-\frac{1}{4}}\left\{\frac{1}{2}\sqrt{\frac{s}{\eta_y}}\left(\sqrt{\frac{x^2\eta_y}{\eta_x}+y^2}-x\sqrt{\frac{\eta_y}{\eta_x}}\right)\right\}K_{\frac{1}{4}}\left\{\frac{1}{4}\sqrt{\frac{s}{\eta_y}}\left(\sqrt{\frac{x^2\eta_y}{\eta_x}+y^2}+x\sqrt{\frac{\eta_y}{\eta_x}}\right)\right\} \quad (5.5.15)$$

(iv) $\psi_x(x,t) = q_y e^{\alpha_y t}$ and $\psi_y(y,t) = q_x e^{\alpha_x t}$, $\alpha_x>0$, $\alpha_y>0$, q_x and q_y are constants

$$\overline{p} = \left(\frac{\mu}{k_x}\right)\frac{q_x\sqrt{\eta_x}e^{-x\sqrt{\frac{s}{\eta_x}}}}{(s-\alpha_x)\sqrt{s}}+\left(\frac{\mu}{k_y}\right)\frac{q_y\sqrt{\eta_y}e^{-y\sqrt{\frac{s}{\eta_y}}}}{(s-\alpha_y)\sqrt{s}} \quad (5.5.16)$$

$$p = \frac{q_x e^{\alpha_x t}}{2}\sqrt{\frac{\eta_x}{\alpha_x}}\left(\frac{\mu}{k_x}\right)\left\{e^{-\sqrt{\alpha_x t}}\,\mathrm{erfc}\left(\frac{x}{2\sqrt{\eta_x t}} - \sqrt{\alpha_x t}\right) - e^{\sqrt{\alpha_x t}}\,\mathrm{erfc}\left(\frac{x}{2\sqrt{\eta_x t}} + \sqrt{\alpha_x t}\right)\right\} + \\ + \frac{q_y e^{\alpha_y t}}{2}\sqrt{\frac{\eta_y}{\alpha_y}}\left(\frac{\mu}{k_y}\right)\left\{e^{-\sqrt{\alpha_y t}}\,\mathrm{erfc}\left(\frac{y}{2\sqrt{\eta_y t}} - \sqrt{\alpha_y t}\right) - e^{\sqrt{\alpha_y t}}\,\mathrm{erfc}\left(\frac{y}{2\sqrt{\eta_y t}} + \sqrt{\alpha_y t}\right)\right\} \quad (5.5.17)$$

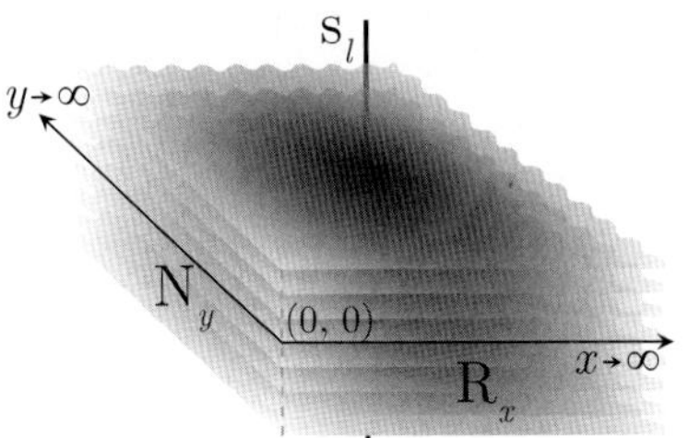

5.6 The problem of 5.2, except $\mathbf{N}_y \equiv \frac{\partial p(0,y,t)}{\partial x} = -\left(\frac{\mu}{k_x}\right)\psi_y(y,t)$ and $\mathbf{R}_x \equiv \frac{\partial p(x,0,t)}{\partial y} - \lambda p(x,0,t) = -\left(\frac{\mu}{k_y}\right)\psi_x(x,t)$

$$p = \frac{U(t-t_0)}{4\pi\phi c_t\sqrt{\eta_x\eta_y}}\int_0^{t-t_0}\frac{q(t-t_0-u)}{u}\left\{e^{-\frac{(x-x_0)^2}{4\eta_x u}} + e^{-\frac{(x+x_0)^2}{4\eta_x u}}\right\}\left[e^{-\frac{(y-y_0)^2}{4\eta_y u}} + e^{-\frac{(y+y_0)^2}{4\eta_y u}} - \right. \\ \left. -2\left\{\lambda\sqrt{\pi\eta_y u}\right\}e^{\{(y+y_0)\lambda+\lambda^2\eta_y u\}}\,\mathrm{erfc}\left(\lambda\sqrt{\eta_y u} + \frac{y+y_0}{2\sqrt{\eta_y u}}\right)\right]du + \\ + \frac{1}{2\pi\phi c_t\sqrt{\eta_x\eta_y}}\int_0^t \frac{1}{\tau}\left\{e^{-\frac{y^2}{4\eta_y\tau}} - \lambda\sqrt{\pi\eta_y\tau}e^{y\lambda+\lambda^2\eta_y\tau}\,\mathrm{erfc}\left(\lambda\sqrt{\eta_y\tau} + \frac{y}{2\sqrt{\eta_y\tau}}\right)\right\}\times \\ \times\int_0^\infty \psi_x(u,t-\tau)\left\{e^{-\frac{(x-u)^2}{4\eta_x\tau}} + e^{-\frac{(x-u)^2}{4\eta_x\tau}}\right\}du d\tau + \\ + \frac{1}{2\pi\phi c_t\sqrt{\eta_x\eta_y}}\int_0^t \frac{e^{-\frac{x^2}{4\eta_x\tau}}}{\tau}\times \\ \times\int_0^\infty \psi_y(u,t-\tau)\left\{e^{-\frac{(y-u)^2}{4\eta_y\tau}} + e^{-\frac{(y-u)^2}{4\eta_y\tau}} - 2\lambda\sqrt{\pi\eta_y\tau}e^{(y+u)\lambda+\lambda^2\eta_y\tau}\,\mathrm{erfc}\left(\lambda\sqrt{\eta_y\tau} + \frac{y+u}{2\sqrt{\eta_y\tau}}\right)\right\}du d\tau + \\ + \frac{1}{4\pi t\sqrt{\eta_x\eta_y}}\int_0^\infty\int_0^\infty \varphi(u,v)\left\{e^{-\frac{(x-u)^2}{4\eta_x t}} + e^{-\frac{(x+u)^2}{4\eta_x t}}\right\}\left[e^{-\frac{(y-v)^2}{4\eta_y t}} + e^{-\frac{(y+v)^2}{4\eta_y t}} - \right. \\ \left. -2\left\{\lambda\sqrt{\pi\eta_y t}\right\}e^{\{(y+v)\lambda+\lambda^2\eta_y t\}}\,\mathrm{erfc}\left(\lambda\sqrt{\eta_y t} + \frac{y+v}{2\sqrt{\eta_y t}}\right)\right]du dv \quad (5.6.1)$$

Special cases of $\varphi(x,y)$

(i) $p(x,y,0) = p_I$, a constant, for all $x > 0$, $y > 0$

$$\overline{p} = \frac{p_I}{s}\left\{1 - \frac{\lambda\sqrt{\eta_y}e^{-y\sqrt{\frac{s}{\eta_y}}}}{\sqrt{s}+\lambda\sqrt{\eta_y}}\right\} \quad (5.6.2)$$

$$p = p_I\left\{\mathrm{erf}\left(\frac{y}{2\sqrt{\eta_y t}}\right) + e^{\lambda y+\lambda^2\eta_y t}\,\mathrm{erfc}\left(\lambda\sqrt{\eta_y t} + \frac{y}{2\sqrt{\eta_y t}}\right)\right\} \quad (5.6.3)$$

(ii) $\varphi(x,y) = p_I e^{-\alpha_x x - \alpha_y y}$, $\alpha_x > 0$, $\alpha_y > 0$, $x > 0$, $y > 0$

$$p = \frac{p_I}{4}e^{\alpha_x^2\eta_x t}\left[e^{-\alpha_x x}\,\mathrm{erfc}\left(\alpha_x\sqrt{\eta_x t} - \frac{x}{2\sqrt{\eta_x t}}\right) + e^{\alpha_x x}\,\mathrm{erfc}\left(\alpha_x\sqrt{\eta_x t} + \frac{x}{2\sqrt{\eta_x t}}\right)\right]\times$$

$$\times\left[e^{\alpha_y^2\eta_y t}\left\{e^{-\alpha_y y}\operatorname{erfc}\left(\alpha_y\sqrt{\eta_y t}-\frac{y}{2\sqrt{\eta_y t}}\right)+e^{\alpha_y y}\operatorname{erfc}\left(\alpha_y\sqrt{\eta_y t}+\frac{y}{2\sqrt{\eta_y t}}\right)\right\}+\right.$$
$$\left.+\frac{2\lambda}{\alpha_y-\lambda}\left\{e^{\alpha_y y+\alpha_y^2\eta_y t}\operatorname{erfc}\left(\alpha_y\sqrt{\eta_y t}+\frac{y}{2\sqrt{\eta_y t}}\right)-e^{\lambda y+\lambda^2\eta_y t}\operatorname{erfc}\left(\lambda\sqrt{\eta_y t}+\frac{y}{2\sqrt{\eta_y t}}\right)\right\}\right] \tag{5.6.4}$$

Special cases of $\psi_x(x,t)$ and $\psi_y(y,t)$

(i) $\psi_x(x,t)=\psi_x(t)$ and $\psi_y(y,t)=\psi_y(t)$, $\psi_x(t)$ and $\psi_y(t)$ are functions of time only

$$p=\frac{1}{\phi c_t\sqrt{\pi\eta_x}}\int_0^t\frac{\psi_y(t-\tau)\,e^{-\frac{x^2}{4\eta_x\tau}}}{\sqrt{\tau}}\left\{\operatorname{erf}\left(\frac{y}{2\sqrt{\eta_y\tau}}\right)+e^{y\lambda+\lambda^2\eta_y\tau}\operatorname{erfc}\left(\lambda\sqrt{\eta_y\tau}+\frac{y}{2\sqrt{\eta_y\tau}}\right)\right\}d\tau+$$
$$+\frac{1}{\phi c_t\sqrt{\pi\eta_y}}\int_0^t\frac{\psi_x(t-\tau)}{\sqrt{\tau}}\left\{e^{-\frac{y^2}{4\eta_y\tau}}-\lambda\sqrt{\pi\eta_y\tau}\,e^{y\lambda+\lambda^2\eta_y\tau}\operatorname{erfc}\left(\lambda\sqrt{\eta_y\tau}+\frac{y}{2\sqrt{\eta_y\tau}}\right)\right\}d\tau \tag{5.6.5}$$

(ii) $\psi_x(x,t)=q_y$ and $\psi_y(y,t)=q_x$; q_x and q_y are constants

$$p=\frac{q_x}{\phi c_t\sqrt{\pi\eta_x}}\int_0^t\frac{e^{-\frac{x^2}{4\eta_x\tau}}}{\sqrt{\tau}}\left\{\operatorname{erf}\left(\frac{y}{2\sqrt{\eta_y\tau}}\right)+e^{y\lambda+\lambda^2\eta_y\tau}\operatorname{erfc}\left(\lambda\sqrt{\eta_y\tau}+\frac{y}{2\sqrt{\eta_y\tau}}\right)\right\}d\tau+$$
$$+\frac{q_y}{\phi c_t\sqrt{\pi\eta_y}}\int_0^t\frac{1}{\sqrt{\tau}}\left\{e^{-\frac{y^2}{4\eta_y\tau}}-\lambda\sqrt{\pi\eta_y\tau}\,e^{y\lambda+\lambda^2\eta_y\tau}\operatorname{erfc}\left(\lambda\sqrt{\eta_y\tau}+\frac{y}{2\sqrt{\eta_y\tau}}\right)\right\}d\tau \tag{5.6.6}$$

5.7

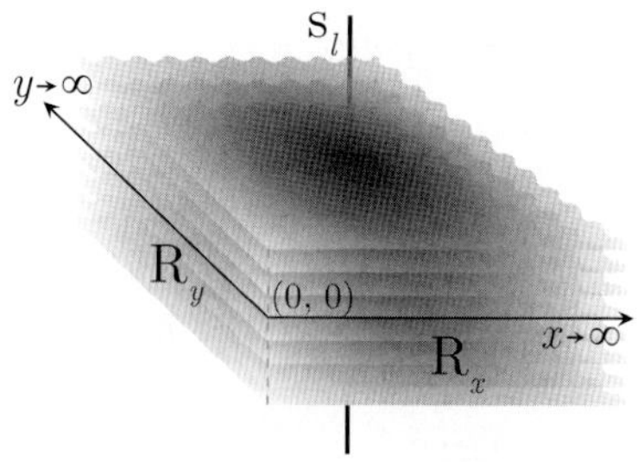

The problem of 5.2, except
$\mathbf{R}_y\equiv\frac{\partial p(0,y,t)}{\partial x}-\lambda_x p(0,y,t)=-\left(\frac{\mu}{k_x}\right)\psi_y(y,t)$ **and**
$\mathbf{R}_x\equiv\frac{\partial p(x,0,t)}{\partial y}-\lambda_y p(x,0,t)=-\left(\frac{\mu}{k_y}\right)\psi_x(x,t)$

$$p=\frac{U(t-t_0)}{4\pi\phi c_t\sqrt{\eta_x\eta_y}}\int_0^{t-t_0}\frac{q(t-t_0-\tau)}{\tau}\left\{e^{-\frac{(x-x_0)^2}{4\eta_x\tau}}+e^{-\frac{(x+x_0)^2}{4\eta_x\tau}}-\right.$$
$$\left.-2\left(\lambda_x\sqrt{\pi\eta_x\tau}\right)e^{\left\{(x+x_0)\lambda_x+\lambda_x^2\eta_x\tau\right\}}\operatorname{erfc}\left(\lambda_x\sqrt{\eta_x\tau}+\frac{x+x_0}{2\sqrt{\eta_x\tau}}\right)\right\}\times$$
$$\times\left\{e^{-\frac{(y-y_0)^2}{4\eta_y\tau}}+e^{-\frac{(y-y_0)^2}{4\eta_y\tau}}-2\left(\lambda_y\sqrt{\pi\eta_y\tau}\right)e^{\left\{(y+y_0)\lambda_y+\lambda_y^2\eta_y\tau\right\}}\operatorname{erfc}\left(\lambda_y\sqrt{\eta_y\tau}+\frac{y+y_0}{2\sqrt{\eta_y\tau}}\right)\right\}d\tau+$$
$$+\frac{1}{2\pi\phi c_t\sqrt{\eta_x\eta_y}}\int_0^t\frac{1}{\tau}\left\{e^{-\frac{y^2}{4\eta_y\tau}}-\lambda_y\sqrt{\pi\eta_y\tau}\,e^{y\lambda_y+\lambda_y^2\eta_y\tau}\operatorname{erfc}\left(\lambda_y\sqrt{\eta_y\tau}+\frac{y}{2\sqrt{\eta_y\tau}}\right)\right\}\times$$
$$\times\int_0^\infty\psi_x(u,t-\tau)\left\{e^{-\frac{(x-u)^2}{4\eta_x\tau}}+e^{-\frac{(x-u)^2}{4\eta_x\tau}}-2\lambda_x\sqrt{\pi\eta_x\tau}\,e^{(x+u)\lambda_x+\lambda_x^2\eta_x\tau}\operatorname{erfc}\left(\lambda_x\sqrt{\eta_x\tau}+\frac{x+u}{2\sqrt{\eta_x\tau}}\right)\right\}du\,d\tau+$$
$$+\frac{1}{2\pi\phi c_t\sqrt{\eta_x\eta_y}}\int_0^t\frac{1}{\tau}\left\{e^{-\frac{x^2}{4\eta_x\tau}}-\lambda_x\sqrt{\pi\eta_x\tau}\,e^{x\lambda_x+\lambda_x^2\eta_x\tau}\operatorname{erfc}\left(\lambda_x\sqrt{\eta_x\tau}+\frac{x}{2\sqrt{\eta_x\tau}}\right)\right\}\times$$

$$\times\int_0^\infty \psi_y(v,t-\tau)\left\{e^{-\frac{(y-v)^2}{4\eta_y\tau}}+e^{-\frac{(y-v)^2}{4\eta_y\tau}}-2\lambda_y\sqrt{\pi\eta_y\tau}e^{(y+v)\lambda_y+\lambda_y^2\eta_y\tau}\operatorname{erfc}\left(\lambda_y\sqrt{\eta_y\tau}+\frac{y+v}{2\sqrt{\eta_y\tau}}\right)\right\}dvd\tau+$$

$$+\frac{1}{4\pi t\sqrt{\eta_x\eta_y}}\int_0^\infty\int_0^\infty \varphi(u,v)\left\{e^{-\frac{(x-u)^2}{4\eta_x t}}+e^{-\frac{(x+u)^2}{4\eta_x t}}-\right.$$

$$\left.-2\left(\lambda_x\sqrt{\pi\eta_x t}\right)e^{\{(x+u)\lambda_x+\lambda_x^2\eta_x t\}}\operatorname{erfc}\left(\lambda_x\sqrt{\eta_x t}+\frac{x+u}{2\sqrt{\eta_x t}}\right)\right\}\times$$

$$\times\left\{e^{-\frac{(y-v)^2}{4\eta_y t}}+e^{-\frac{(y-v)^2}{4\eta_y t}}-2\left(\lambda_y\sqrt{\pi\eta_y t}\right)e^{\{(y+v)\lambda_y+\lambda_y^2\eta_y t\}}\operatorname{erfc}\left(\lambda_y\sqrt{\eta_y t}+\frac{y+v}{2\sqrt{\eta_y t}}\right)\right\}dudv \quad (5.7.1)$$

Special cases of $\varphi(x,y)$

(i) $p(x,y,0)=p_I$, a constant, for all $x>0,\ y>0$

$$\overline{p}=\frac{p_I}{s}-\frac{4\lambda_x\lambda_y p_I}{\pi^2}\int_0^\infty\int_0^\infty\frac{\{n\cos(nx)+\lambda_x\sin(nx)\}\{m\cos(my)+\lambda_y\sin(my)\}\left(\eta_x n^2+\eta_y m^2\right)}{snm\left(s+\eta_x n^2+\eta_y m^2\right)\left(m^2+\lambda_y^2\right)\left(n^2+\lambda_x^2\right)}dmdn \quad (5.7.2)$$

$$\begin{aligned} p &= p_I\left\{\operatorname{erf}\left(\frac{x}{2\sqrt{\eta_x t}}\right)+e^{x\lambda_x+\lambda_x^2\eta_x t}\operatorname{erfc}\left(\lambda_x\sqrt{\eta_x t}+\frac{x}{2\sqrt{\eta_x t}}\right)\right\}\times\\ &\times\left\{\operatorname{erf}\left(\frac{y}{2\sqrt{\eta_y t}}\right)+e^{y\lambda_y+\lambda_y^2\eta_y t}\operatorname{erfc}\left(\lambda_y\sqrt{\eta_y t}+\frac{y}{2\sqrt{\eta_y t}}\right)\right\} \end{aligned} \quad (5.7.3)$$

(ii) $\varphi(x,y)=p_I e^{-\alpha_x x-\alpha_y y},\ \alpha_x>0,\ \alpha_y>0,\ x>0,\ y>0$

$$\begin{aligned} p &= \frac{p_I}{4}\left[e^{\alpha_x^2\eta_x t}\left\{e^{-\alpha_x x}\operatorname{erfc}\left(\alpha_x\sqrt{\eta_x t}-\frac{x}{2\sqrt{\eta_x t}}\right)+e^{\alpha_x x}\operatorname{erfc}\left(\alpha_x\sqrt{\eta_x t}+\frac{x}{2\sqrt{\eta_x t}}\right)\right\}+\right.\\ &\left.+\frac{2\lambda_x}{\alpha_x-\lambda_x}\left\{e^{\alpha_x x+\alpha_x^2\eta_x t}\operatorname{erfc}\left(\alpha_x\sqrt{\eta_x t}+\frac{x}{2\sqrt{\eta_x t}}\right)-e^{\lambda_x x+\lambda_x^2\eta_x t}\operatorname{erfc}\left(\lambda_x\sqrt{\eta_x t}+\frac{x}{2\sqrt{\eta_x t}}\right)\right\}\right]\times\\ &\times\left[e^{\alpha_y^2\eta_y t}\left\{e^{-\alpha_y y}\operatorname{erfc}\left(\alpha_y\sqrt{\eta_y t}-\frac{y}{2\sqrt{\eta_y t}}\right)+e^{\alpha_y y}\operatorname{erfc}\left(\alpha_y\sqrt{\eta_y t}+\frac{y}{2\sqrt{\eta_y t}}\right)\right\}+\right.\\ &\left.+\frac{2\lambda_x}{\alpha_y-\lambda_x}\left\{e^{\alpha_y y+\alpha_y^2\eta_y t}\operatorname{erfc}\left(\alpha_y\sqrt{\eta_y t}+\frac{y}{2\sqrt{\eta_y t}}\right)-e^{\lambda_x y+\lambda_x^2\eta_y t}\operatorname{erfc}\left(\lambda_x\sqrt{\eta_y t}+\frac{y}{2\sqrt{\eta_y t}}\right)\right\}\right] \end{aligned} \quad (5.7.4)$$

A special case of $\psi_x(x,t)$ and $\psi_y(y,t)$

(i) $\psi_x(x,t)=\psi_x(t)$ and $\psi_y(y,t)=\psi_y(t)$, $\psi_x(t)$ and $\psi_y(t)$ are functions of time only

$$\begin{aligned} \overline{p} &= \frac{2\lambda_x\overline{\psi}_x(s)}{\pi\phi c_t\sqrt{\eta_y}}\int_0^\infty\frac{\{n\cos(nx)+\lambda_x\sin(nx)\}e^{-y\sqrt{\frac{s+n^2\eta_x}{\eta_y}}}}{n\left(n^2+\lambda_x^2\right)\left(\sqrt{s+n^2\eta_x}+\lambda_y\sqrt{\eta_y}\right)}dn+\\ &+\frac{2\lambda_y\overline{\psi}_y(s)}{\pi\phi c_t\sqrt{\eta_x}}\int_0^\infty\frac{\{m\cos(my)+\lambda_y\sin(my)\}e^{-x\sqrt{\frac{s+m^2\eta_y}{\eta_x}}}}{m\left(m^2+\lambda_y^2\right)\left(\sqrt{s+m^2\eta_y}+\lambda_x\sqrt{\eta_x}\right)}dm \end{aligned} \quad (5.7.5)$$

$$
\begin{aligned}
p = & \frac{1}{\phi c_t \sqrt{\pi \eta_y}} \int_0^t \frac{\psi_x (t-\tau)}{\sqrt{\tau}} \left\{ e^{-\frac{y^2}{4\eta_y \tau}} - \lambda_y \sqrt{\pi \eta_y \tau} e^{y\lambda_y + \lambda_y^2 \eta_y \tau} \operatorname{erfc}\left(\lambda_y \sqrt{\eta_y \tau} + \frac{y}{2\sqrt{\eta_y \tau}} \right) \right\} \times \\
& \times \left\{ \operatorname{erf}\left(\frac{x}{2\sqrt{\eta_x \tau}} \right) + e^{x\lambda_x + \lambda_x^2 \eta_x \tau} \operatorname{erfc}\left(\lambda_x \sqrt{\eta_x \tau} + \frac{x}{2\sqrt{\eta_x \tau}} \right) \right\} d\tau + \\
& + \frac{1}{\phi c_t \sqrt{\pi \eta_x}} \int_0^t \frac{\psi_y (t-\tau)}{\sqrt{\tau}} \left\{ e^{-\frac{x^2}{4\eta_x \tau}} - \lambda_x \sqrt{\pi \eta_x \tau} e^{x\lambda_x + \lambda_x^2 \eta_x \tau} \operatorname{erfc}\left(\lambda_x \sqrt{\eta_x \tau} + \frac{y}{2\sqrt{\eta_x \tau}} \right) \right\} \times \\
& \times \left\{ \operatorname{erf}\left(\frac{y}{2\sqrt{\eta_y \tau}} \right) + e^{y\lambda_y + \lambda_y^2 \eta_y \tau} \operatorname{erfc}\left(\lambda_y \sqrt{\eta_y \tau} + \frac{y}{2\sqrt{\eta_y \tau}} \right) \right\} d\tau
\end{aligned}
\qquad (5.7.6)
$$

Chapter 6

Infinite and semi-infinite lamellae. $p(x, y, t)$ is a function of x, y and t only

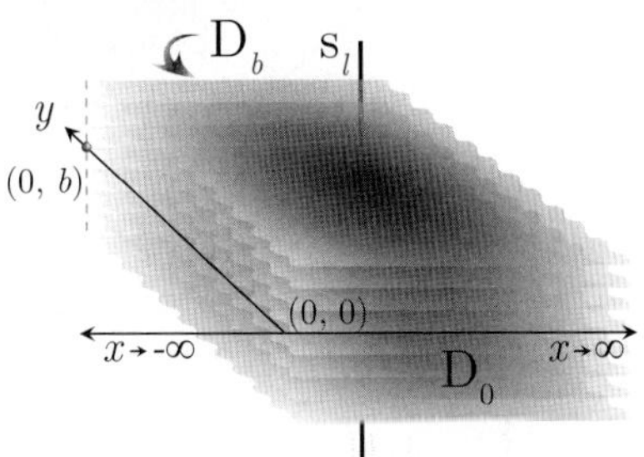

6.1 An infinite continuum in the region $-\infty < x < \infty$ and finite in the region $0 \leq y \leq b$. Line source at $s_l \equiv (x_0, y_0)$ at time $t = t_0$; $-\infty < x_0 < \infty$, $0 < y_0 < b$, $t_0 \geq 0$. $D_0 \equiv p(x, 0, t) = \psi_0(x, t)$ and $D_b \equiv p(x, b, t) = \psi_b(x, t)$. The initial pressure $p(x, y, 0) = \varphi(x, y)$; $\varphi(x, y)$ and its derivative tend to zero as $x \to \pm\infty$

Fluid is produced at the rate of $q(t)$ per unit time from $t = t_0$ to $t = t$ in the line passing through $[x_0, y_0]$. Applying the complex Fourier and Laplace transformations to equation (5.1.1), we get

$$\overline{\overline{\overline{p}}} = \frac{q(s)\, e^{-st_0} e^{inx_0} \sin(\xi_m y_0)}{\phi c_t (n^2\eta_x + \xi_m^2 \eta_y + s)} + \frac{\eta_y \xi_m \left\{(-1)^{m+1} \overline{\overline{\psi}}_b(n, s) + \overline{\overline{\psi}}_0(n, s)\right\}}{(n^2\eta_x + \xi_m^2 \eta_y + s)} + \frac{\overline{\overline{\varphi}}(n, \xi_m)}{(n^2\eta_x + \xi_m^2 \eta_y + s)} \tag{6.1.1}$$

where $\overline{\overline{\psi}}_0(n, s) = \int_0^\infty e^{-st} \int_{-\infty}^\infty \psi_0(x, s)\, e^{inx} dx dt$, $\overline{\overline{\psi}}_b(n, s) = \int_0^\infty e^{-st} \int_{-\infty}^\infty \psi_b(x, s)\, e^{inx} dx dt$, $\overline{\overline{\varphi}}(n, \xi_m) = \int_{-\infty}^\infty e^{inx} \int_0^b \varphi(x, y) \sin(\xi_m y) dy dx$ and $\xi_m = \frac{m\pi}{b}$, $m = 1, 2, \ldots$. Successive inverse Fourier transforms of equation (6.1.1) yield

$$\begin{aligned} \overline{p} \;=\; & \frac{q(s)\, e^{-st_0}}{b\phi c_t \sqrt{\eta_x}} \sum_{m=1}^{\infty} \frac{\sin(\xi_m y_0) \sin(\xi_m y)\, e^{-|x_0 - x|\sqrt{\frac{\xi_m^2 \eta_y + s}{\eta_x}}}}{\sqrt{(\xi_m^2 \eta_y + s)}} + \\ & + \frac{\eta_y}{b\sqrt{\eta_x}} \sum_{m=1}^{\infty} \frac{\xi_m \sin(\xi_m y)}{\sqrt{(\xi_m^2 \eta_y + s)}} \int_{-\infty}^{\infty} \left\{(-1)^{m+1} \overline{\psi}_b(u, s) + \overline{\psi}_0(u, s)\right\} e^{-|x-u|\sqrt{\frac{\xi_m^2 \eta_y + s}{\eta_x}}} du + \\ & + \frac{1}{b\sqrt{\eta_x}} \sum_{m=1}^{\infty} \frac{\sin(\xi_m y)}{\sqrt{(\xi_m^2 \eta_y + s)}} \int_{-\infty}^{\infty} \overline{\varphi}(u, \xi_m)\, e^{-|x-u|\sqrt{\frac{\xi_m^2 \eta_y + s}{\eta_x}}} du \end{aligned} \tag{6.1.2}$$

where $\overline{\psi}_0(u, s) = \int_0^\infty \psi_0(x, s)\, e^{-st} dt$, $\overline{\psi}_b(u, s) = \int_0^\infty \psi_b(x, s)\, e^{-st} dt$ and $\overline{\varphi}(u, \xi_m) = \int_0^b \varphi(u, y) \sin(\xi_m y)\, dy$. The inverse Laplace transform of equation (6.1.2) yields

$$\begin{aligned} p \;=\; & \frac{U(t - t_0)}{4b\phi c_t \sqrt{\pi \eta_x}} \times \\ & \times \int_0^{t-t_0} \frac{q(t - t_0 - \tau)\, e^{-\frac{(x - x_0)^2}{4\eta_x \tau}}}{\sqrt{\tau}} \left\{\Theta_3\!\left(\frac{\pi(y - y_0)}{2b}, e^{-\left(\frac{\pi}{b}\right)^2 \eta_y (t - t_0)}\right) - \Theta_3\!\left(\frac{\pi(y + y_0)}{2b}, e^{-\left(\frac{\pi}{b}\right)^2 \eta_y (t - t_0)}\right)\right\} + \end{aligned}$$

$$+\frac{\eta_y}{4b^2\sqrt{\pi\eta_x}}\int_0^t\frac{1}{\sqrt{\tau}}\int_{-\infty}^{\infty}\left\{\Theta_4'\left(\frac{\pi y}{2b},e^{-\left(\frac{\pi}{b}\right)^2\eta_y\tau}\right)\psi_b(u,t-\tau)-\Theta_3'\left(\frac{\pi y}{2b},e^{-\left(\frac{\pi}{b}\right)^2\eta_y\tau}\right)\psi_0(u,t-\tau)\right\}e^{-\frac{(x-u)^2}{4\eta_x\tau}}d\tau+$$

$$+\frac{1}{4b\sqrt{\pi\eta_x t}}\int_0^b\int_{-\infty}^{\infty}\varphi(u,v)e^{-\frac{(x-u)^2}{4\eta_x t}}\left\{\Theta_3\left(\frac{\pi(y-v)}{2b},e^{-\left(\frac{\pi}{b}\right)^2\eta_y t}\right)-\Theta_3\left(\frac{\pi(y+v)}{2b},e^{-\left(\frac{\pi}{b}\right)^2\eta_y t}\right)\right\}dudv \quad (6.1.3)$$

For the case where $p(x,y,0)=p_I$, a constant, the terms corresponding to the initial condition in equations (6.1.2) and (6.1.3) are given by equations (4.1.18) and (4.1.19), respectively.

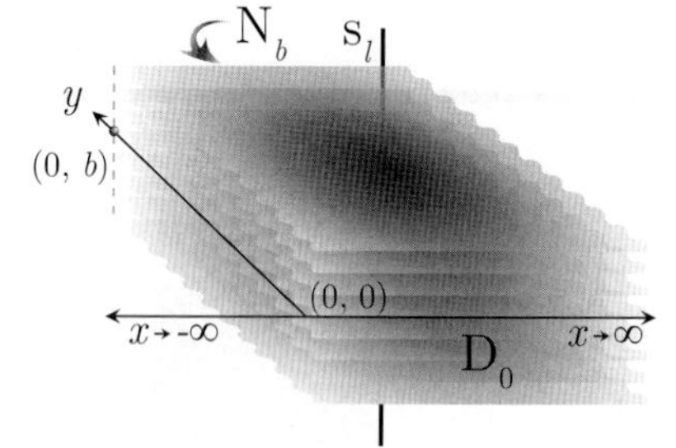

6.2 **The problem of 6.1, except $D_0\equiv p(x,0,t)=\psi_0(x,t)$ and $N_b\equiv\frac{\partial p(x,b,t)}{\partial y}=-\left(\frac{\mu}{k_y}\right)\psi_b(x,t)$**

$$\overline{p}=\frac{q(s)e^{-st_0}}{b\phi c_t\sqrt{\eta_x}}\sum_{m=1}^{\infty}\frac{\sin(\xi_m y_0)\sin(\xi_m y)e^{-|x_0-x|\sqrt{\frac{\xi_m^2\eta_y+s}{\eta_x}}}}{\sqrt{(\xi_m^2\eta_y+s)}}+$$

$$+\frac{1}{b\sqrt{\eta_x}}\sum_{m=1}^{\infty}\frac{\sin(\xi_m y)}{\sqrt{(\xi_m^2\eta_y+s)}}\int_{-\infty}^{\infty}\left\{\eta_y\xi_m\overline{\psi}_0(u,s)+\frac{(-1)^m\overline{\psi}_b(u,s)}{\phi c_t}\right\}e^{-|x-u|\sqrt{\frac{\xi_m^2\eta_y+s}{\eta_x}}}du+$$

$$+\frac{1}{b\sqrt{\eta_x}}\sum_{m=1}^{\infty}\frac{\sin(\xi_m y)}{\sqrt{(\xi_m^2\eta_y+s)}}\int_{-\infty}^{\infty}\overline{\varphi}(u,\xi_m)e^{-|x-u|\sqrt{\frac{\xi_m^2\eta_y+s}{\eta_x}}}du \quad (6.2.1)$$

where $\overline{\psi}_0(u,s)=\int_0^\infty\psi_0(x,s)e^{-st}dt$, $\overline{\psi}_b(u,s)=\int_0^\infty\psi_b(x,s)e^{-st}dt$, $\overline{\varphi}(u,\xi_m)=\int_0^b\varphi(u,y)\sin(\xi_m y)dy$ and $\xi_m=\frac{(2m-1)\pi}{2b}$, $m=1,2,...$

$$p=\frac{U(t-t_0)}{4b\phi c_t\sqrt{\pi\eta_x}}\int_0^{t-t_0}\frac{q(t-t_0-\tau)e^{-\frac{(x-x_0)^2}{4\eta_x\tau}}}{\sqrt{\tau}}\times$$

$$\times\left\{\Theta_2\left(\frac{\pi(y-y_0)}{2b},e^{-\left(\frac{\pi}{b}\right)^2\eta_y(t-t_0)}\right)-\Theta_2\left(\frac{\pi(y+y_0)}{2b},e^{-\left(\frac{\pi}{b}\right)^2\eta_y(t-t_0)}\right)\right\}-$$

$$-\frac{1}{2b\sqrt{\pi\eta_x}}\int_0^t\frac{1}{\sqrt{\tau}}\int_{-\infty}^{\infty}\left\{\left(\frac{\eta_y}{2b}\right)\Theta_2'\left(\frac{\pi y}{2b},e^{-\left(\frac{\pi}{b}\right)^2\eta_y\tau}\right)\psi_b(u,t-\tau)+\Theta_1\left(\frac{\pi y}{2b},e^{-\left(\frac{\pi}{b}\right)^2\eta_y\tau}\right)\psi_0(u,t-\tau)\right\}e^{-\frac{(x-u)^2}{4\eta_x\tau}}dud\tau+$$

$$+\frac{1}{4b\sqrt{\pi\eta_x t}}\int_0^b\int_{-\infty}^{\infty}\varphi(u,v)e^{-\frac{(x-u)^2}{4\eta_x t}}\left\{\Theta_2\left(\frac{\pi(y-v)}{2b},e^{-\left(\frac{\pi}{b}\right)^2\eta_y t}\right)-\Theta_2\left(\frac{\pi(y+v)}{2b},e^{-\left(\frac{\pi}{b}\right)^2\eta_y t}\right)\right\}dudv \quad (6.2.2)$$

For the case where $p(x,y,0)=p_I$, a constant, the terms corresponding to the initial condition in equations (6.2.1) and (6.2.2) are given by equations (4.2.13) and (4.2.14), respectively.

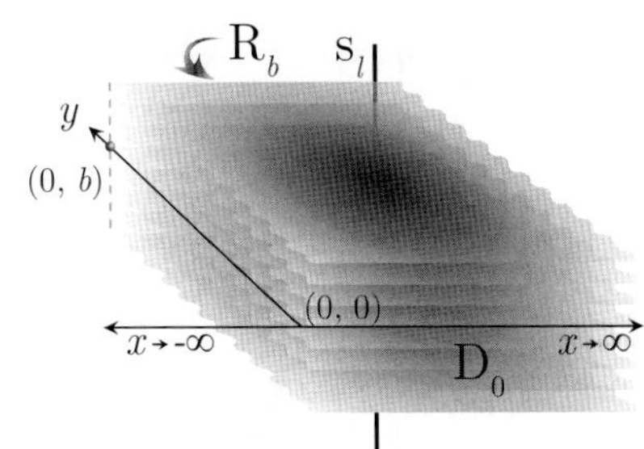

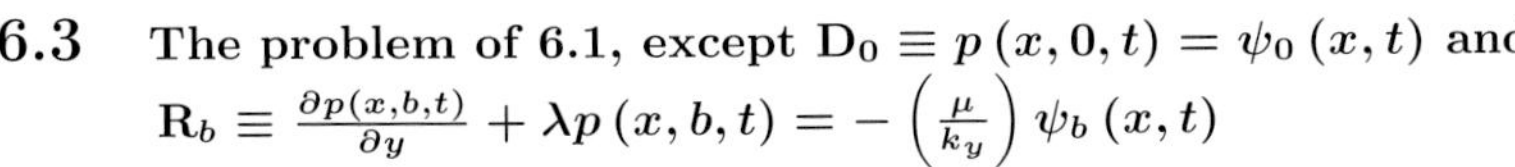

6.3 The problem of 6.1, except $\mathbf{D_0} \equiv p(x,0,t) = \psi_0(x,t)$ and $\mathbf{R_b} \equiv \frac{\partial p(x,b,t)}{\partial y} + \lambda p(x,b,t) = -\left(\frac{\mu}{k_y}\right)\psi_b(x,t)$

$$
\begin{aligned}
\overline{p} = {} & \frac{q(s)\,e^{-st_0}}{\phi c_t\sqrt{\eta_x}} \sum_{m=1}^{\infty} \frac{(\xi_m^2+\lambda^2)\sin(\xi_m y_0)\sin(\xi_m y)\,e^{-|x_0-x|\sqrt{\frac{\xi_m^2\eta_y+s}{\eta_x}}}}{\{b(\xi_m^2+\lambda^2)+\lambda\}\sqrt{(\xi_m^2\eta_y+s)}} + \\
& + \frac{1}{\sqrt{\eta_x}} \sum_{m=1}^{\infty} \frac{(\xi_m^2+\lambda^2)\sin(\xi_m y)}{\{b(\xi_m^2+\lambda^2)+\lambda\}\sqrt{(\xi_m^2\eta_y+s)}} \times \\
& \times \int_{-\infty}^{\infty} \left\{\eta_y\xi_m\overline{\psi}_0(u,s) - \frac{\overline{\psi}_b(u,s)\sin(\xi_m b)}{\phi c_t}\right\} e^{-|x-u|\sqrt{\frac{\xi_m^2\eta_y+s}{\eta_x}}}\,du + \\
& + \frac{1}{\sqrt{\eta_x}} \sum_{m=1}^{\infty} \frac{(\xi_m^2+\lambda^2)\sin(\xi_m y)}{\{b(\xi_m^2+\lambda^2)+\lambda\}\sqrt{(\xi_m^2\eta_y+s)}} \int_{-\infty}^{\infty} \overline{\varphi}(u,\xi_m)\,e^{-|x-u|\sqrt{\frac{\xi_m^2\eta_y+s}{\eta_x}}}\,du
\end{aligned}
\tag{6.3.1}
$$

where $\overline{\psi}_0(u,s) = \int_0^\infty \psi_0(x,s)\,e^{-st}dt$, $\overline{\psi}_b(u,s) = \int_0^\infty \psi_b(x,s)\,e^{-st}dt$, $\overline{\varphi}(u,\xi_m) = \int_0^b \varphi(u,y)\sin(\xi_m y)dy$ and ξ_m is a positive root of $\xi_m\cot(\xi_m b) = -\lambda$, $m = 1, 2, ...$

$$
\begin{aligned}
p = {} & \frac{U(t-t_0)}{\phi c_t\sqrt{\pi\eta_x}} \sum_{m=1}^{\infty} \frac{(\xi_m^2+\lambda^2)\sin(\xi_m y_0)\sin(\xi_m y)\,e^{-\xi_m^2\eta_y t}}{\{b(\xi_m^2+\lambda^2)+\lambda\}} \int_0^{t-t_0} \frac{q(t-t_0-\tau)\,e^{-\frac{(x-x_0)^2}{4\eta_x\tau}}}{\sqrt{\tau}}d\tau + \\
& + \frac{1}{\sqrt{\pi\eta_x}} \sum_{m=1}^{\infty} \frac{(\xi_m^2+\lambda^2)\sin(\xi_m y)}{\{b(\xi_m^2+\lambda^2)+\lambda\}\sqrt{(\xi_m^2\eta_y+s)}} \times \\
& \times \int_0^t \frac{e^{-\xi_m^2\eta_y\tau}}{\sqrt{\tau}} \int_{-\infty}^{\infty} e^{-\frac{(x-u)^2}{4\eta_x\tau}} \left\{\eta_y\xi_m\psi_0(u,t-\tau) - \frac{\psi_b(u,t-\tau)\sin(\xi_m b)}{\phi c_t}\right\} du\,d\tau + \\
& + \frac{1}{\sqrt{\eta_x t}} \sum_{m=1}^{\infty} \frac{(\xi_m^2+\lambda^2)\sin(\xi_m y)\,e^{-\xi_m^2\eta_y t}}{\{b(\xi_m^2+\lambda^2)+\lambda\}} \int_{-\infty}^{\infty} \overline{\varphi}(u,\xi_m)\,e^{-\frac{(x-u)^2}{4\eta_x t}}\,du
\end{aligned}
\tag{6.3.2}
$$

For the case where $p(x,y,0) = p_I$, a constant, the terms corresponding to the initial condition in equations (6.3.1) and (6.3.2) are given by equations (4.3.3) and (4.3.4), respectively.

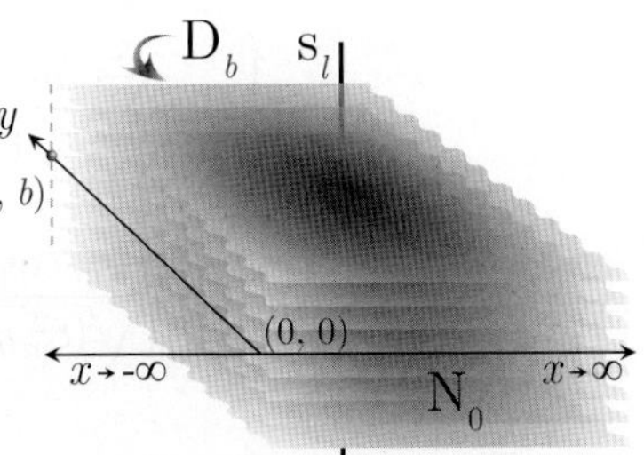

6.4 The problem of 6.1, except $\mathbf{N_0} \equiv \frac{\partial p(x,0,t)}{\partial y} = -\left(\frac{\mu}{k_y}\right)\psi_0(x,t)$ and $\mathbf{D_b} \equiv p(x,b,t) = \psi_b(x,t)$

$$\overline{p} = \frac{q(s)\,e^{-st_0}}{b\phi c_t\sqrt{\eta_x}}\sum_{m=1}^{\infty}\frac{\cos(\xi_m y_0)\cos(\xi_m y)\,e^{-|x_0-x|\sqrt{\frac{\xi_m^2\eta_y+s}{\eta_x}}}}{\sqrt{(\xi_m^2\eta_y+s)}}+$$
$$+\frac{1}{b\sqrt{\eta_x}}\sum_{m=1}^{\infty}\frac{\cos(\xi_m y)}{\sqrt{(\xi_m^2\eta_y+s)}}\int_{-\infty}^{\infty}\left\{\frac{\overline{\psi}_0(u,s)}{\phi c_t}+\eta_y\xi_m(-1)^{m+1}\,\overline{\psi}_b(n,s)\right\}e^{-|x-u|\sqrt{\frac{\xi_m^2\eta_y+s}{\eta_x}}}du+$$
$$+\frac{1}{b\sqrt{\eta_x}}\sum_{m=1}^{\infty}\frac{\cos(\xi_m y)}{\sqrt{(\xi_m^2\eta_y+s)}}\int_{-\infty}^{\infty}\overline{\varphi}(u,\xi_m)\,e^{-|x-u|\sqrt{\frac{\xi_m^2\eta_y+s}{\eta_x}}}du \tag{6.4.1}$$

where $\overline{\psi}_0(u,s)=\int_0^\infty \psi_0(x,s)\,e^{-st}dt$, $\overline{\psi}_b(u,s)=\int_0^\infty \psi_b(x,s)\,e^{-st}dt$, $\overline{\varphi}(u,\xi_m)=\int_0^b \varphi(u,y)\cos(\xi_m y)dy$ and $\xi_m=\frac{(2m-1)\pi}{2b}$, $m=1,2,\ldots$.

$$p = \frac{U(t-t_0)}{4b\phi c_t\sqrt{\pi\eta_x}}\int_0^{t-t_0}\frac{q(t-t_0-\tau)\,e^{-\frac{(x-x_0)^2}{4\eta_x\tau}}}{\sqrt{\tau}}\left\{\Theta_2\!\left(\frac{\pi(y-y_0)}{2b},e^{-\left(\frac{\pi}{b}\right)^2\eta_y(t-t_0)}\right)+\Theta_2\!\left(\frac{\pi(y+y_0)}{2b},e^{-\left(\frac{\pi}{b}\right)^2\eta_y(t-t_0)}\right)\right\}+$$
$$+\frac{1}{2b\sqrt{\pi\eta_x}}\int_0^t\frac{1}{\sqrt{\tau}}\times$$
$$\times\int_{-\infty}^{\infty}\left\{\left(\frac{1}{\phi c_t}\right)\Theta_2\!\left(\frac{\pi y}{2b},e^{-\left(\frac{\pi}{b}\right)^2\eta_y\tau}\right)\psi_0(u,t-\tau)+\left(\frac{\eta_y}{2b}\right)\Theta_1'\!\left(\frac{\pi y}{2b},e^{-\left(\frac{\pi}{b}\right)^2\eta_y\tau}\right)\psi_b(u,t-\tau)\right\}e^{-\frac{(x-u)^2}{4\eta_x\tau}}du\,d\tau+$$
$$+\frac{1}{4b\sqrt{\pi\eta_x t}}\int_0^b\int_{-\infty}^{\infty}\varphi(u,v)\,e^{-\frac{(x-u)^2}{4\eta_x t}}\left\{\Theta_2\left(\frac{\pi(y-v)}{2b},e^{-\left(\frac{\pi}{b}\right)^2\eta_y t}\right)+\Theta_2\left(\frac{\pi(y+v)}{2b},e^{-\left(\frac{\pi}{b}\right)^2\eta_y t}\right)\right\}du\,dv \tag{6.4.2}$$

For the case where $p(x,y,0)=p_I$, a constant, the terms corresponding to the initial condition in equations (6.4.1) and (6.4.2) are given by equations (4.4.3) and (4.4.4), respectively.

6.5

The problem of 6.1, except
$\mathbf{N_0} \equiv \frac{\partial p(x,0,t)}{\partial y} = -\left(\frac{\mu}{k_y}\right)\psi_0(x,t)$ **and**
$\mathbf{N_b} \equiv \frac{\partial p(x,b,t)}{\partial y} = -\left(\frac{\mu}{k_y}\right)\psi_b(x,t)$

$$\overline{p} = \frac{q(s)\,e^{-st_0}}{b\phi c_t\sqrt{\eta_x}}\sum_{m=0}^{\infty}\frac{\ni_m\cos(\xi_m y_0)\cos(\xi_m y)\,e^{-|x_0-x|\sqrt{\frac{\xi_m^2\eta_y+s}{\eta_x}}}}{\sqrt{(\xi_m^2\eta_y+s)}}+$$
$$+\frac{1}{b\phi c_t\sqrt{\eta_x}}\sum_{m=0}^{\infty}\frac{\ni_m\cos(\xi_m y)}{\sqrt{(\xi_m^2\eta_y+s)}}\int_{-\infty}^{\infty}\left\{\overline{\psi}_0(u,s)+(-1)^{m+1}\,\overline{\psi}_b(u,s)\right\}e^{-|x-u|\sqrt{\frac{\xi_m^2\eta_y+s}{\eta_x}}}du+$$
$$+\frac{1}{b\sqrt{\eta_x}}\sum_{m=0}^{\infty}\frac{\ni_m\cos(\xi_m y)}{\sqrt{(\xi_m^2\eta_y+s)}}\int_{-\infty}^{\infty}\overline{\varphi}(u,\xi_m)\,e^{-|x-u|\sqrt{\frac{\xi_m^2\eta_y+s}{\eta_x}}}du \tag{6.5.1}$$

where $\overline{\psi}_0(u,s)=\int_0^\infty \psi_0(x,s)\,e^{-st}dt$, $\overline{\psi}_b(u,s)=\int_0^\infty \psi_b(x,s)\,e^{-st}dt$, $\overline{\varphi}(u,\xi_m)=\int_0^b \varphi(u,y)\cos(\xi_m y)dy$ and $\xi_m=\frac{m\pi}{b}$, $m=1,2,\ldots$.

$$p = \frac{U(t-t_0)}{4b\phi c_t\sqrt{\pi\eta_x}}\int_0^{t-t_0}\frac{q(t-t_0-\tau)e^{-\frac{(x-x_0)^2}{4\eta_x\tau}}}{\sqrt{\tau}}\left\{\Theta_3\left(\frac{\pi(y-y_0)}{2b},e^{-\left(\frac{\pi}{b}\right)^2\eta_y(t-t_0)}\right)+\Theta_3\left(\frac{\pi(y+y_0)}{2b},e^{-\left(\frac{\pi}{b}\right)^2\eta_y(t-t_0)}\right)\right\}+$$
$$+\frac{1}{2b\phi c_t\sqrt{\pi\eta_x}}\int_0^t\frac{1}{\sqrt{\tau}}\times$$
$$\times\int_{-\infty}^{\infty}\left\{\Theta_3\left(\frac{\pi y}{2b},e^{-\left(\frac{\pi}{b}\right)^2\eta_y\tau}\right)\psi_0(u,t-\tau)-\Theta_4\left(\frac{\pi y}{2b},e^{-\left(\frac{\pi}{b}\right)^2\eta_y\tau}\right)\psi_b(u,t-\tau)\right\}e^{-\frac{(x-u)^2}{4\eta_x\tau}}du d\tau+$$
$$+\frac{1}{4b\sqrt{\pi\eta_x t}}\int_0^b\int_{-\infty}^{\infty}\varphi(u,v)e^{-\frac{(x-u)^2}{4\eta_x t}}\left\{\Theta_3\left(\frac{\pi(y-v)}{2b},e^{-\left(\frac{\pi}{b}\right)^2\eta_y t}\right)+\Theta_3\left(\frac{\pi(y+v)}{2b},e^{-\left(\frac{\pi}{b}\right)^2\eta_y t}\right)\right\}dudv \quad (6.5.2)$$

For the case where $p(x,y,0)=p_I$, a constant, the terms corresponding to the initial condition in equations (6.5.1) and (6.5.2) are given by equations (4.5.19) and (4.5.20), respectively.

6.6 The problem of 6.1, except $\mathbf{N_0} \equiv \frac{\partial p(x,0,t)}{\partial y} = -\left(\frac{\mu}{k_y}\right)\psi_0(x,t)$ and $\mathbf{R_b} \equiv \frac{\partial p(x,b,t)}{\partial y} + \lambda p(x,b,t) = -\left(\frac{\mu}{k_y}\right)\psi_b(x,t)$

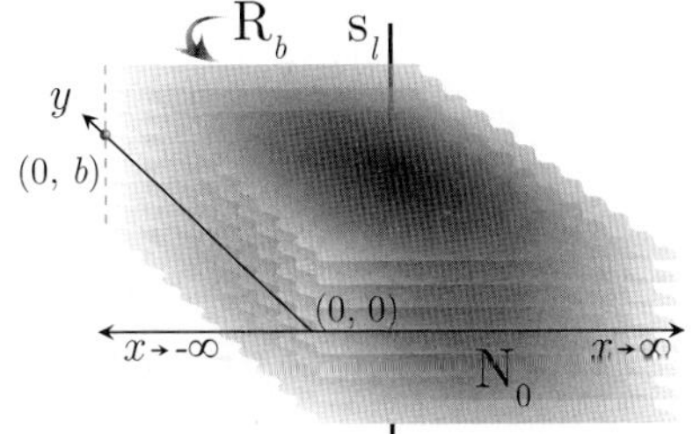

$$p = \frac{q(s)e^{-st_0}}{\phi c_t\sqrt{\eta_x}}\sum_{m=1}^{\infty}\frac{(\xi_m^2+\lambda^2)\cos(\xi_m y_0)\cos(\xi_m y)e^{-|x_0-x|\sqrt{\frac{\xi_m^2\eta_y+s}{\eta_x}}}}{\{b(\xi_m^2+\lambda^2)+\lambda\}\sqrt{(\xi_m^2\eta_y+s)}}+$$
$$+\frac{1}{\phi c_t\sqrt{\eta_x}}\sum_{m=1}^{\infty}\frac{(\xi_m^2+\lambda^2)\cos(\xi_m y)}{\{b(\xi_m^2+\lambda^2)+\lambda\}\sqrt{(\xi_m^2\eta_y+s)}}\times$$
$$\times\int_{-\infty}^{\infty}\left\{\overline{\psi}_0(u,s)-\overline{\psi}_b(u,s)\cos(\xi_m b)\right\}e^{-|x-u|\sqrt{\frac{\xi_m^2\eta_y+s}{\eta_x}}}du+$$
$$+\frac{1}{\sqrt{\eta_x}}\sum_{m=1}^{\infty}\frac{(\xi_m^2+\lambda^2)\cos(\xi_m y)}{\{b(\xi_m^2+\lambda^2)+\lambda\}\sqrt{(\xi_m^2\eta_y+s)}}\int_{-\infty}^{\infty}\overline{\varphi}(u,\xi_m)e^{-|x-u|\sqrt{\frac{\xi_m^2\eta_y+s}{\eta_x}}}du \quad (6.6.1)$$

where $\overline{\psi}_0(u,s)=\int_0^\infty\psi_0(x,s)e^{-st}dt$, $\overline{\psi}_b(u,s)=\int_0^\infty\psi_b(x,s)e^{-st}dt$, $\overline{\varphi}(u,\xi_m)=\int_0^b\varphi(u,y)\cos(\xi_m y)dy$ and ξ_m is a positive root of $\xi_m\tan(\xi_m b)=-\lambda$, $m=1,2,\ldots$.

$$p = \frac{U(t-t_0)}{\phi c_t\sqrt{\pi\eta_x}}\sum_{m=1}^{\infty}\frac{(\xi_m^2+\lambda^2)\cos(\xi_m y_0)\cos(\xi_m y)e^{-\xi_m^2\eta_y t}}{\{b(\xi_m^2+\lambda^2)+\lambda\}}\int_0^{t-t_0}\frac{q(t-t_0-\tau)e^{-\frac{(x-x_0)^2}{4\eta_x\tau}}}{\sqrt{\tau}}d\tau+$$
$$+\frac{1}{\sqrt{\pi\eta_x}}\sum_{m=1}^{\infty}\frac{(\xi_m^2+\lambda^2)\cos(\xi_m y)}{\{b(\xi_m^2+\lambda^2)+\lambda\}\sqrt{(\xi_m^2\eta_y+s)}}\times$$
$$\times\int_0^t\frac{e^{-\xi_m^2\eta_y\tau}}{\sqrt{\tau}}\int_{-\infty}^{\infty}e^{-\frac{(x-u)^2}{4\eta_x\tau}}\{\psi_0(u,t-\tau)-\psi_b(u,t-\tau)\cos(\xi_m b)\}du d\tau+$$
$$+\frac{1}{\sqrt{\eta_x t}}\sum_{m=1}^{\infty}\frac{(\xi_m^2+\lambda^2)\cos(\xi_m y)e^{-\xi_m^2\eta_y t}}{\{b(\xi_m^2+\lambda^2)+\lambda\}}\int_{-\infty}^{\infty}\overline{\varphi}(u,\xi_m)e^{-\frac{(x-u)^2}{4\eta_x t}}du \quad (6.6.2)$$

For the case where $p(x,y,0) = p_I$, a constant, the terms corresponding to the initial condition in equations (6.6.1) and (6.6.2) are given by equations (4.6.3) and (4.6.4), respectively.

6.7

The problem of 6.1, except
$\mathbf{R_0} \equiv \frac{\partial p(x,0,t)}{\partial y} - \lambda p(x,0,t) = -\left(\frac{\mu}{k_y}\right)\psi_0(x,t)$ **and**
$\mathbf{D_b} \equiv p(x,b,t) = \psi_b(x,t)$

$$
\begin{aligned}
\overline{p} = {} & \frac{q(s)\,e^{-st_0}}{\phi c_t\sqrt{\eta_x}}\sum_{m=1}^{\infty}\frac{\left(\xi_m^2+\lambda^2\right)\sin\{\xi_m(b-y_0)\}\sin\{\xi_m(b-y)\}e^{-|x_0-x|\sqrt{\frac{\xi_m^2\eta_y+s}{\eta_x}}}}{\{b\left(\xi_m^2+\lambda^2\right)+\lambda\}\sqrt{\left(\xi_m^2\eta_y+s\right)}}+ \\
& +\frac{1}{\sqrt{\eta_x}}\sum_{m=1}^{\infty}\frac{\left(\xi_m^2+\lambda^2\right)\sin\{\xi_m(b-y)\}}{\{b\left(\xi_m^2+\lambda^2\right)+\lambda\}\sqrt{\left(\xi_m^2\eta_y+s\right)}}\times \\
& \times\int_{-\infty}^{\infty}\left\{\frac{\overline{\psi}_0(u,s)\sin(\xi_m b)}{\phi c_t}+\xi_m\overline{\psi}_b(u,s)\right\}e^{-|x-u|\sqrt{\frac{\xi_m^2\eta_y+s}{\eta_x}}}du+ \\
& +\frac{1}{\sqrt{\eta_x}}\sum_{m=1}^{\infty}\frac{\left(\xi_m^2+\lambda^2\right)\sin\{\xi_m(b-y)\}}{\{b\left(\xi_m^2+\lambda^2\right)+\lambda\}\sqrt{\left(\xi_m^2\eta_y+s\right)}}\int_{-\infty}^{\infty}\overline{\varphi}(u,\xi_m)\,e^{-|x-u|\sqrt{\frac{\xi_m^2\eta_y+s}{\eta_x}}}du
\end{aligned}
\tag{6.7.1}
$$

where $\overline{\psi}_0(u,s) = \int_0^\infty \psi_0(x,s)\,e^{-st}dt$, $\overline{\psi}_b(u,s) = \int_0^\infty \psi_b(x,s)\,e^{-st}dt$, $\overline{\varphi}(u,\xi_m) = \int_0^b \varphi(u,y)\sin\{\xi_m(b-y)\}dy$ and ξ_m is a positive root of $\xi_m\cot(\xi_m b) = -\lambda$, $m = 1, 2, \ldots$.

$$
\begin{aligned}
p = {} & \frac{U(t-t_0)}{\phi c_t\sqrt{\pi\eta_x}}\sum_{m=1}^{\infty}\frac{\left(\xi_m^2+\lambda^2\right)\sin\{\xi_m(b-y_0)\}\sin\{\xi_m(b-y)\}e^{-\xi_m^2\eta_y t}}{\{b\left(\xi_m^2+\lambda^2\right)+\lambda\}}\int_0^{t-t_0}\frac{q(t-t_0-\tau)\,e^{-\frac{(x-x_0)^2}{4\eta_x\tau}}}{\sqrt{\tau}}d\tau+ \\
& +\frac{1}{\sqrt{\pi\eta_x}}\sum_{m=1}^{\infty}\frac{\left(\xi_m^2+\lambda^2\right)\sin\{\xi_m(b-y)\}}{\{b\left(\xi_m^2+\lambda^2\right)+\lambda\}\sqrt{\left(\xi_m^2\eta_y+s\right)}}\times \\
& \times\int_0^t\frac{e^{-\xi_m^2\eta_y\tau}}{\sqrt{\tau}}\int_{-\infty}^{\infty}e^{-\frac{(x-u)^2}{4\eta_x\tau}}\left\{\frac{\psi_0(u,t-\tau)\sin(\xi_m b)}{\phi c_t}+\xi_m\psi_b(u,t-\tau)\right\}du\,d\tau+ \\
& +\frac{1}{\sqrt{\eta_x t}}\sum_{m=1}^{\infty}\frac{\left(\xi_m^2+\lambda^2\right)\sin\{\xi_m(b-y)\}e^{-\xi_m^2\eta_y t}}{\{b\left(\xi_m^2+\lambda^2\right)+\lambda\}}\int_{-\infty}^{\infty}\overline{\varphi}(u,\xi_m)\,e^{-\frac{(x-u)^2}{4\eta_x t}}du
\end{aligned}
\tag{6.7.2}
$$

For the case where $p(x,y,0) = p_I$, a constant, the terms corresponding to the initial condition in equations (6.7.1) and (6.7.2) are given by equations (4.7.3) and (4.7.4), respectively.

6.8

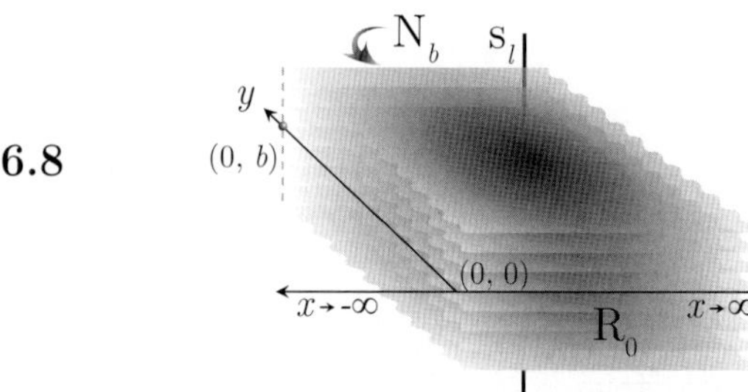

The problem of 6.1, except
$\mathbf{R_0} \equiv \frac{\partial p(x,0,t)}{\partial y} - \lambda p(x,0,t) = -\left(\frac{\mu}{k_y}\right)\psi_0(x,t)$ **and**
$\mathbf{N_b} \equiv \frac{\partial p(x,b,t)}{\partial y} = -\left(\frac{\mu}{k_y}\right)\psi_b(x,t)$

$$\overline{p} = \frac{q(s)\,e^{-st_0}}{\phi c_t\sqrt{\eta_x}}\sum_{m=1}^{\infty}\frac{(\xi_m^2+\lambda^2)\cos\{\xi_m(b-y_0)\}\cos\{\xi_m(b-y)\}e^{-|x_0-x|\sqrt{\frac{\xi_m^2\eta_y+s}{\eta_x}}}}{\{b(\xi_m^2+\lambda^2)+\lambda\}\sqrt{(\xi_m^2\eta_y+s)}}+$$
$$+\frac{1}{\phi c_t\sqrt{\eta_x}}\sum_{m=1}^{\infty}\frac{(\xi_m^2+\lambda^2)\cos\{\xi_m(b-y)\}}{\{b(\xi_m^2+\lambda^2)+\lambda\}\sqrt{(\xi_m^2\eta_y+s)}}\times$$
$$\times\int_{-\infty}^{\infty}\{\overline{\psi}_0(u,s)\cos(\xi_m b)-\overline{\psi}_b(u,s)\}\,e^{-|x-u|\sqrt{\frac{\xi_m^2\eta_y+s}{\eta_x}}}du+$$
$$+\frac{1}{\sqrt{\eta_x}}\sum_{m=1}^{\infty}\frac{(\xi_m^2+\lambda^2)\cos\{\xi_m(b-y)\}}{\{b(\xi_m^2+\lambda^2)+\lambda\}\sqrt{(\xi_m^2\eta_y+s)}}\int_{-\infty}^{\infty}\overline{\varphi}(u,\xi_m)\,e^{-|x-u|\sqrt{\frac{\xi_m^2\eta_y+s}{\eta_x}}}du \qquad (6.8.1)$$

where $\overline{\psi}_0(u,s)=\int_0^\infty\psi_0(x,s)\,e^{-st}dt$, $\overline{\psi}_b(u,s)=\int_0^\infty\psi_b(x,s)\,e^{-st}dt$, $\overline{\varphi}(u,\xi_m)=\int_0^b\varphi(u,y)\cos\{\xi_m(b-y)\}dy$ and ξ_m is a positive root of $\xi_m\cot(\xi_m b)=-\lambda$, $m=1,2,....$

$$p = \frac{U(t-t_0)}{\phi c_t\sqrt{\pi\eta_x}}\sum_{m=1}^{\infty}\frac{(\xi_m^2+\lambda^2)\cos\{\xi_m(b-y_0)\}\cos\{\xi_m(b-y)\}e^{-\xi_m^2\eta_y t}}{\{b(\xi_m^2+\lambda^2)+\lambda\}}\int_0^{t-t_0}\frac{q(t-t_0-\tau)e^{-\frac{(x-x_0)^2}{4\eta_x\tau}}}{\sqrt{\tau}}d\tau+$$
$$+\frac{1}{\phi c_t\sqrt{\pi\eta_x}}\sum_{m=1}^{\infty}\frac{(\xi_m^2+\lambda^2)\cos\{\xi_m(b-y)\}}{\{b(\xi_m^2+\lambda^2)+\lambda\}}\times$$
$$\times\int_0^t\frac{e^{-\xi_m^2\eta_y\tau}}{\sqrt{\tau}}\int_{-\infty}^{\infty}e^{-\frac{(x-u)^2}{4\eta_x\tau}}\{\psi_0(u,t-\tau)\cos(\xi_m b)-\psi_b(u,t-\tau)\}du\,d\tau+$$
$$+\frac{1}{\sqrt{\eta_x t}}\sum_{m=1}^{\infty}\frac{(\xi_m^2+\lambda^2)\cos\{\xi_m(b-y)\}e^{-\xi_m^2\eta_y t}}{\{b(\xi_m^2+\lambda^2)+\lambda\}}\int_{-\infty}^{\infty}\overline{\varphi}(u,\xi_m)\,e^{-\frac{(x-u)^2}{4\eta_x t}}du \qquad (6.8.2)$$

For the case where $p(x,y,0)=p_I$, a constant, the terms corresponding to the initial condition in equations (6.8.1) and (6.8.2) are given by equations (4.8.3) and (4.8.4), respectively.

6.9 The problem of 6.1, except

$\mathbf{R_0}\equiv\frac{\partial p(x,0,t)}{\partial y}-\lambda_0 p(x,0,t)=-\left(\frac{\mu}{k_y}\right)\psi_0(x,t)$ **and**

$\mathbf{R_b}\equiv\frac{\partial p(x,b,t)}{\partial y}+\lambda_b p(x,b,t)=-\left(\frac{\mu}{k_y}\right)\psi_b(x,t)$

$$\overline{p} = \frac{q(s)\,e^{-st_0}}{\phi c_t\sqrt{\eta_x}}\sum_{m=1}^{\infty}\frac{\{\xi_m\cos(\xi_m y_0)+\lambda_0\sin(\xi_m y_0)\}\{\xi_m\cos(\xi_m y)+\lambda_0\sin(\xi_m y)\}e^{-|x_0-x|\sqrt{\frac{\xi_m^2\eta_y+s}{\eta_x}}}}{\left\{(\xi_m^2+\lambda_0^2)\left(b+\frac{\lambda_a}{\xi_m^2+\lambda_a^2}\right)\right\}\sqrt{(\xi_m^2\eta_y+s)}}+$$
$$+\frac{1}{\phi c_t\sqrt{\eta_x}}\sum_{m=1}^{\infty}\frac{\{\xi_m\cos(\xi_m y)+\lambda_0\sin(\xi_m y)\}}{\left\{(\xi_m^2+\lambda_0^2)\left(b+\frac{\lambda_a}{\xi_m^2+\lambda_a^2}\right)\right\}\sqrt{(\xi_m^2\eta_y+s)}}\times$$
$$\times\int_{-\infty}^{\infty}\left[\xi_m\overline{\psi}_0(u,s)-\overline{\psi}_b(u,s)\{\xi_m\cos(\xi_m b)+\lambda_0\sin(\xi_m b)\}\right]e^{-|x-u|\sqrt{\frac{\xi_m^2\eta_y+s}{\eta_x}}}du+$$
$$+\frac{1}{\sqrt{\eta_x}}\sum_{m=1}^{\infty}\frac{\{\xi_m\cos(\xi_m y)+\lambda_0\sin(\xi_m y)\}}{\left\{(\xi_m^2+\lambda_0^2)\left(b+\frac{\lambda_a}{\xi_m^2+\lambda_a^2}\right)\right\}\sqrt{(\xi_m^2\eta_y+s)}}\int_{-\infty}^{\infty}\overline{\varphi}(u,\xi_m)\,e^{-|x-u|\sqrt{\frac{\xi_m^2\eta_y+s}{\eta_x}}}du \qquad (6.9.1)$$

where $\overline{\psi}_0(u,s)=\int_0^\infty \psi_0(x,s)\,e^{-st}dt$, $\overline{\psi}_b(u,s)=\int_0^\infty \psi_b(x,s)\,e^{-st}dt$, $\overline{\varphi}(u,\xi_m)=\int_0^b \varphi(u,y)\{\xi_m\cos(\xi_m y)+\lambda_0\sin(\xi_m y)\}dy$ and ξ_m is a positive root of $\tan(\xi_m b)=\frac{\xi_m(\lambda_0+\lambda_a)}{\xi_m^2-\lambda_0\lambda_a}$, $m=1,2,\ldots$.

$$p = \frac{U(t-t_0)}{\phi c_t\sqrt{\pi\eta_x}}\sum_{m=1}^{\infty}\frac{\{\xi_m\cos(\xi_m y_0)+\lambda_0\sin(\xi_m y_0)\}\{\xi_m\cos(\xi_m y)+\lambda_0\sin(\xi_m y)\}e^{-\xi_m^2\eta_y t}}{\left\{(\xi_m^2+\lambda_0^2)\left(b+\frac{\lambda_a}{\xi_m^2+\lambda_a^2}\right)\right\}}\times$$
$$\times\int_0^{t-t_0}\frac{q(t-t_0-\tau)\,e^{-\frac{(x-x_0)^2}{4\eta_x\tau}}}{\sqrt{\tau}}d\tau+$$
$$+\frac{1}{\phi c_t\sqrt{\pi\eta_x}}\sum_{m=1}^{\infty}\frac{\{\xi_m\cos(\xi_m y)+\lambda_0\sin(\xi_m y)\}}{\left\{(\xi_m^2+\lambda_0^2)\left(b+\frac{\lambda_a}{\xi_m^2+\lambda_a^2}\right)\right\}}\times$$
$$\times\int_0^t\frac{e^{-\xi_m^2\eta_y\tau}}{\sqrt{\tau}}\int_{-\infty}^{\infty}e^{-\frac{(x-u)^2}{4\eta_x\tau}}\left[\xi_m\psi_0(u,t-\tau)-\psi_b(u,t-\tau)\{\xi_m\cos(\xi_m b)+\lambda_0\sin(\xi_m b)\}\right]du\,d\tau+$$
$$+\frac{1}{\sqrt{\eta_x t}}\sum_{m=1}^{\infty}\frac{\{\xi_m\cos(\xi_m y)+\lambda_0\sin(\xi_m y)\}e^{-\xi_m^2\eta_y t}}{\left\{(\xi_m^2+\lambda_0^2)\left(b+\frac{\lambda_a}{\xi_m^2+\lambda_a^2}\right)\right\}}\int_{-\infty}^{\infty}\overline{\varphi}(u,\xi_m)\,e^{-\frac{(x-u)^2}{4\eta_x t}}du \tag{6.9.2}$$

For the case where $p(x,y,0)=p_I$, a constant, the terms corresponding to the initial condition in equations (6.9.1) and (6.9.2) are given by equations (4.9.3) and (4.9.4), respectively.

6.10

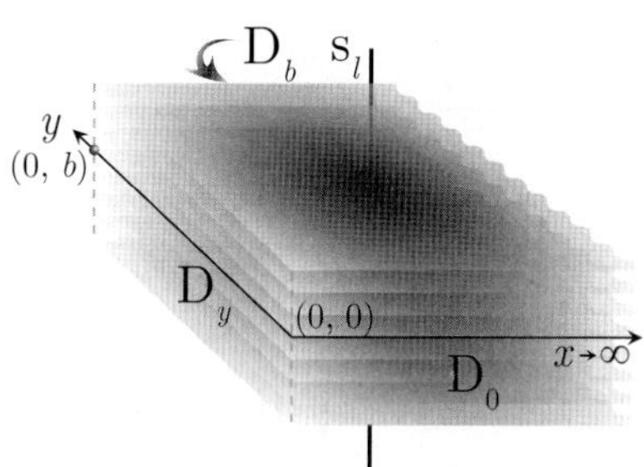

Semi-infinite lamella. The medium is bounded by the planes $x=0$, $y=0$ and $y=b$; $x\to\infty$ in the direction of x positive. Line source at $s_l\equiv(x_0,y_0)$ at time $t=t_0$; $0<x_0<\infty$, $0<y_0<b$, $t_0\geq 0$. $D_y\equiv p(0,y,t)=\psi_y(y,t)$, $D_0\equiv p(x,0,t)=\psi_0(x,t)$ and $D_b\equiv p(x,b,t)=\psi_b(x,t)$. $p(x,y,0)=\varphi(x,y)$; $\varphi(x,y)$ and its derivative tend to zero as $x\to\infty$

Fluid is produced at the rate of $q(t)$ per unit time from $t=t_0$ to $t=t$ in the line passing through $[x_0,y_0]$. Applying the complex Fourier and Laplace transformations to equation (5.1.1), we get

$$\overline{\overline{\overline{p}}} = \frac{q(s)\,e^{-st_0}\sin(nx_0)\sin(\xi_m y_0)}{\phi c_t(n^2\eta_x+\xi_m^2\eta_y+s)}+\frac{\eta_x n\overline{\overline{\psi}}_y(\xi_m,s)+\eta_y\xi_m\left\{\overline{\overline{\psi}}_0(n,s)+(-1)^{m+1}\overline{\overline{\psi}}_b(n,s)\right\}}{(s+n^2\eta_x+\xi_m^2\eta_y)}+$$
$$+\frac{\overline{\overline{\varphi}}(n,\xi_m)}{(n^2\eta_x+\xi_m^2\eta_y+s)} \tag{6.10.1}$$

where $\overline{\overline{\psi}}_0(n,s)=\int_0^\infty \overline{\psi}_0(x,s)\sin(nx)\,dx$, $\overline{\psi}_0(x,s)=\int_0^\infty \psi_0(x,t)\,e^{-st}dt$, $\overline{\overline{\psi}}_b(n,s)=\int_0^\infty \overline{\psi}_b(x,s)\sin(nx)\,dx$, $\overline{\psi}_b(x,s)=\int_0^\infty \psi_b(x,t)\,e^{-st}dt$, $\overline{\overline{\psi}}_y(\xi_m,s)=\int_0^b \overline{\psi}_y(y,s)\sin(\xi_m y)\,dy$, $\overline{\psi}_y(y,s)=\int_0^\infty \psi_y(y,t)\,e^{-st}dt$, $\overline{\overline{\varphi}}(n,\xi_m)=\int_0^\infty \sin(nx)\int_0^b\varphi(x,y)\sin(\xi_m y)dydx$ and ξ_m is a positive root of $\sin(\xi_m b)=0$, which are $\xi_m=\frac{m\pi}{b}$, $m=1,2,\ldots$. Successive inverse Fourier transformation of equation (6.10.1) yields

$$\overline{p} = \frac{q(s)\,e^{-st_0}}{b\phi c_t\sqrt{\eta_x}}\sum_{m=1}^{\infty}\left\{e^{-|x-x_0|\sqrt{\frac{\xi_m^2\eta_y+s}{\eta_x}}}-e^{-(x+x_0)\sqrt{\frac{\xi_m^2\eta_y+s}{\eta_x}}}\right\}\frac{\sin(\xi_m y_0)\sin(\xi_m y)}{\sqrt{\xi_m^2\eta_y+s}}+$$
$$+\frac{2}{b}\sum_{m=1}^{\infty}\overline{\overline{\psi}}_y(\xi_m,s)\sin(\xi_m y)\,e^{-x\sqrt{\frac{s+\xi_m^2\eta_y}{\eta_x}}}+$$

$$
\begin{aligned}
&+ \frac{\eta_y}{b\sqrt{\eta_x}} \sum_{m=1}^{\infty} \frac{\xi_m \sin(\xi_m y)}{\sqrt{(\xi_m^2 \eta_y + s)}} \times \\
&\times \int_0^{\infty} \left\{ \overline{\psi}_0(u,s) + (-1)^{m+1} \overline{\psi}_b(u,s) \right\} \left\{ e^{-|x-u|\sqrt{\frac{\xi_m^2 \eta_y + s}{\eta_x}}} - e^{-(x+u)\sqrt{\frac{\xi_m^2 \eta_y + s}{\eta_x}}} \right\} du + \\
&+ \frac{1}{b\sqrt{\eta_x}} \sum_{m=1}^{\infty} \frac{\sin(\xi_m y)}{\sqrt{(\eta_y \xi_m^2 + s)}} \int_0^{\infty} \left\{ e^{-|x-u|\sqrt{\frac{(\eta_y \xi_m^2 + s)}{\eta}}} - e^{-(x+u)\sqrt{\frac{(\eta_y \xi_m^2 + s)}{\eta_x}}} \right\} \int_0^{b} \varphi(u,v) \sin(\xi_m v) dv du \qquad (6.10.2)
\end{aligned}
$$

The inverse Laplace transform of equation (6.10.2) yields

$$
\begin{aligned}
p = &\frac{U(t-t_0)}{4b\phi c_t \sqrt{\pi \eta_x}} \int_0^{t-t_0} \frac{q(t-t_0-\tau)}{\sqrt{\tau}} \left[e^{-\frac{(x-x_0)^2}{4\eta_x \tau}} - e^{-\frac{(x+x_0)^2}{4\eta_x \tau}} \right] \times \\
&\times \left[\Theta_3 \left\{ \frac{\pi(y-y_0)}{2b}, e^{-\left(\frac{\pi}{b}\right)^2 \eta_y \tau} \right\} - \Theta_3 \left\{ \frac{\pi(y+y_0)}{2b}, e^{-\left(\frac{\pi}{b}\right)^2 \eta_y \tau} \right\} \right] d\tau + \\
&+ \frac{1}{b\sqrt{\pi}} \int_{\frac{x}{2\sqrt{\eta_x t}}}^{\infty} e^{-\tau^2} \int_0^{b} \psi_y \left(v, t - \frac{x^2}{4\eta_x \tau^2} \right) \left[\Theta_3 \left\{ \frac{\pi(y-v)}{2b}, e^{-\frac{\eta_y}{4\eta_x}\left(\frac{\pi x}{b\tau}\right)^2} \right\} - \Theta_3 \left\{ \frac{\pi(y+v)}{2b}, e^{-\frac{\eta_y}{4\eta_x}\left(\frac{\pi x}{b\tau}\right)^2} \right\} \right] dv d\tau + \\
&+ \frac{\eta_y}{4b^2} \sqrt{\frac{\pi}{\eta_x}} \int_0^{\infty} \int_0^{t} \left[\Theta_4' \left\{ \frac{\pi y}{2b}, e^{-\left(\frac{\pi}{b}\right)^2 \eta_y \tau} \right\} \psi_b(u, t-\tau) - \Theta_3' \left\{ \frac{\pi y}{2b}, e^{-\left(\frac{\pi}{b}\right)^2 \eta_y \tau} \right\} \psi_0(u, t-\tau) \right] \times \\
&\times \frac{1}{\sqrt{\tau}} \left\{ e^{-\frac{(x-u)^2}{4\eta_x \tau}} - e^{-\frac{(x+u)^2}{4\eta_x \tau}} \right\} d\tau du + \\
&+ \frac{1}{4b\sqrt{\pi \eta_x t}} \int_0^{\infty} \int_0^{b} \varphi(u,v) \left[e^{-\frac{(x-u)^2}{4\eta_x t}} - e^{-\frac{(x+u)^2}{4\eta_x t}} \right] \times \\
&\times \left[\Theta_3 \left\{ \frac{\pi(y-v)}{2b}, e^{-\left(\frac{\pi}{b}\right)^2 \eta_y t} \right\} - \Theta_3 \left\{ \frac{\pi(y+v)}{2b}, e^{-\left(\frac{\pi}{b}\right)^2 \eta_y t} \right\} \right] dv\, du \qquad (6.10.3)
\end{aligned}
$$

Special cases of $q(t)$

(i) $q(t) = qt^{\nu}$, $\nu \geq 0$

$$
\begin{aligned}
p = &\frac{U(t-t_0) q}{4b\phi c_t \sqrt{\pi \eta_x}} \int_0^{t-t_0} \frac{(t-t_0-\tau)^{\nu}}{\sqrt{\tau}} \left[e^{-\frac{(x-x_0)^2}{4\eta_x \tau}} - e^{-\frac{(x+x_0)^2}{4\eta_x \tau}} \right] \times \\
&\times \left[\Theta_3 \left\{ \frac{\pi(y-y_0)}{2b}, e^{-\left(\frac{\pi}{b}\right)^2 \eta_y \tau} \right\} - \Theta_3 \left\{ \frac{\pi(y+y_0)}{2b}, e^{-\left(\frac{\pi}{b}\right)^2 \eta_y \tau} \right\} \right] d\tau \qquad (6.10.4)
\end{aligned}
$$

(ii) $q(t) = qe^{-\alpha t}$, $\alpha \geq 0$

$$
\begin{aligned}
p = &\frac{U(t-t_0) q e^{-\alpha(t-t_0)}}{4b\phi c_t \sqrt{\pi \eta_x}} \int_0^{t-t_0} \frac{e^{\alpha \tau}}{\sqrt{\tau}} \left[e^{-\frac{(x-x_0)^2}{4\eta_x \tau}} - e^{-\frac{(x+x_0)^2}{4\eta_x \tau}} \right] \times \\
&\times \left[\Theta_3 \left\{ \frac{\pi(y-y_0)}{2b}, e^{-\left(\frac{\pi}{b}\right)^2 \eta_y \tau} \right\} - \Theta_3 \left\{ \frac{\pi(y+y_0)}{2b}, e^{-\left(\frac{\pi}{b}\right)^2 \eta_y \tau} \right\} \right] d\tau \qquad (6.10.5)
\end{aligned}
$$

Special cases of $\varphi(x,y)$

(i) $p(x,y,0)=p_I$, a constant, for all $x>0$ and $y>0$

$$\overline{p}=\frac{p_I}{s}-\frac{2p_I}{b}\sum_{m=1}^{\infty}\frac{\left\{1+(-1)^{m+1}\right\}\sin(\xi_m y)}{(s+\eta_y\xi_m^2)}\left\{\frac{\eta_y\xi_m}{s}+\frac{e^{-x\sqrt{\frac{s+\eta_y\xi_m^2}{\eta_x}}}}{\xi_m}\right\} \tag{6.10.6}$$

$$p=2p_I\left\{\Theta_3^{\int}\left(\frac{\pi y}{2b},e^{-\left(\frac{\pi}{b}\right)^2\eta_y t}\right)-\Theta_4^{\int}\left(\frac{\pi y}{2b},e^{-\left(\frac{\pi}{b}\right)^2\eta_y t}\right)\right\}\operatorname{erf}\left(\frac{x}{2\sqrt{\eta_x t}}\right) \tag{6.10.7}$$

(ii) $\varphi(x,y)=\frac{p_I}{\sqrt{x(b^2-y^2)}}$, $x>0,\ 0<y<b$

$$\begin{aligned}\overline{p}&=\frac{\sqrt{2\pi}p_I}{b\eta_x}\sum_{m=1}^{\infty}\mathrm{H}_0(\xi_m b)\sin(\xi_m y)\times\\&\times\left[\frac{\pi\sinh(x\beta_m)}{\sqrt{2}\beta_m^{\frac{3}{2}}}-\left(\frac{x}{2}\right)^{\frac{3}{2}}\Gamma\left(-\frac{3}{2}\right)\left\{\Phi\left(1,\frac{5}{2};x\beta_m\right)+\Phi\left(1,\frac{5}{2};-x\beta_m\right)\right\}\right]\end{aligned} \tag{6.10.8}$$

where $\beta_m(\xi_m,s)=\sqrt{\frac{\xi_m^2\eta_y+s}{\eta_x}}$.

$$p=\frac{p_I\pi}{2b}\sqrt{\frac{\pi x}{\eta_x t}}e^{-\frac{x^2}{8\eta_x t}}I_{\frac{1}{4}}\left(\frac{x^2}{8\eta_x t}\right)\sum_{m=1}^{\infty}\mathrm{H}_0(\xi_m b)\sin(\xi_m y)\,e^{-\eta_y\xi_m^2 t} \tag{6.10.9}$$

(iii) $\varphi(x,y)=p_I e^{-(\alpha_x x+\alpha_y y)}, \alpha_x>0, \alpha_y>0, x>0, 0<y<b$

$$\overline{p}=\frac{2p_I}{b}\sum_{m=1}^{\infty}\frac{\xi_m\left\{1-e^{-b\alpha_y}(-1)^m\right\}\left\{e^{-x\sqrt{\frac{\xi_m^2\eta_y+s}{\eta_x}}}-e^{-x\alpha_x}\right\}\sin(\xi_m y)}{(\alpha_y^2+\xi_m^2)(\alpha_x^2\eta_x-\xi_m^2\eta_y-s)} \tag{6.10.10}$$

$$\begin{aligned}p&=\frac{p_I e^{\alpha_x^2\eta_x t}}{b}\left\{e^{x\alpha_x}\operatorname{erfc}\left(\alpha_x\sqrt{\eta_x t}+\frac{x}{2\sqrt{\eta_x t}}\right)-e^{-x\alpha_x}\operatorname{erfc}\left(\alpha_x\sqrt{\eta_x t}-\frac{x}{2\sqrt{\eta_x t}}\right)\right\}\times\\&\times\sum_{m=1}^{\infty}\frac{\xi_m\left\{e^{-b\alpha_y}(-1)^m-1\right\}\sin(\xi_m y)e^{-\xi_m^2\eta_y t}}{(\alpha_y^2+\xi_m^2)}\end{aligned} \tag{6.10.11}$$

Special cases of $\psi_x(x,t)$ and $\psi_y(y,t)$

(i) $\psi_y(y,t)=\psi_b(y,t)=\psi_0(y,t)=p_0$, p_0 a constant*

$$\overline{p}=\frac{2p_0}{b}\sum_{m=1}^{\infty}\frac{\left\{1+(-1)^{m+1}\right\}\sin(\xi_m y)}{(s+\eta_y\xi_m^2)}\left\{\frac{\eta_y\xi_m}{s}+\frac{e^{-x\sqrt{\frac{s+\eta_y\xi_m^2}{\eta_x}}}}{\xi_m}\right\} \tag{6.10.12}$$

*This is the solution to the problem of diffusion in a semi-infinite lamella, $x>0$, $0<y<b$, when the boundaries at $x=0$, $y=0$ and $y=b$ are kept at a constant pressure p_0, $t>0$ and the initial pressure is zero throughout the medium. If the initial pressure $p(x,y,0)=p_I$, a constant, then the solutions to this case are given by

$$\overline{p}=\frac{p_I}{s}-\frac{2(p_I-p_0)}{b}\sum_{m=1}^{\infty}\frac{\left\{(-1)^{m+1}+1\right\}\sin(\xi_m y)}{(s+\eta_y\xi_m^2)}\left\{\frac{\eta_y\xi_m}{s}+\frac{e^{-x\sqrt{\frac{s+\eta_y\xi_m^2}{\eta_x}}}}{\xi_m}\right\}$$

and

$$p=p_0-\frac{2(p_0-p_I)}{b}\operatorname{erf}\left(\frac{x}{2\sqrt{\eta_x t}}\right)\sum_{m=1}^{\infty}\frac{1}{\xi_m}\left\{1+(-1)^{m+1}\right\}\sin(\xi_m y)e^{-\eta_y\xi_m^2 t}$$

$$p = p_0 - \frac{2p_0}{b}\,\mathrm{erf}\left(\frac{x}{2\sqrt{\eta_x t}}\right)\sum_{m=1}^{\infty}\frac{1}{\xi_m}\left\{1+(-1)^{m+1}\right\}\sin(\xi_m y)e^{-\eta_y \xi_m^2 t} \qquad (6.10.13)$$

(ii) $\psi_y(y,t) = p_y$, $\psi_0(y,t) = p_0$ and $\psi_b(y,t) = p_b$, p_y, p_0 and p_b are constants

$$\begin{aligned}\overline{p} &= \frac{2p_y}{bs}\sum_{m=1}^{\infty}\frac{\left\{1+(-1)^{m+1}\right\}}{\xi_m}e^{-x\sqrt{\frac{s+\xi_m^2\eta_y}{\eta_x}}}\sin(\xi_m y) + \\ &+ \frac{2\eta_y}{bs}\sum_{m=1}^{\infty}\frac{\xi_m\left\{p_0+(-1)^{m+1}p_b\right\}}{(s+\xi_m^2\eta_y)}\left(1-e^{-x\sqrt{\frac{s+\xi_m^2\eta_y}{\eta_x}}}\right)\sin(\xi_m y)\end{aligned} \qquad (6.10.14)$$

$$\begin{aligned}p &= \frac{2}{b}\sum_{m=1}^{\infty}\frac{\sin(\xi_m y)}{\xi_m}\left[\left\{p_y\left(1+(-1)^{m+1}\right)-\left(p_0+(-1)^{m+1}p_b\right)\right\}\times\right. \\ &\times\left\{e^{-x\xi_m\sqrt{\frac{\eta_y}{\eta_x}}}+\frac{1}{2}\left(e^{x\xi_m\sqrt{\frac{\eta_y}{\eta_x}}}\mathrm{erfc}\left(\xi_m\sqrt{\eta_y t}+\frac{x}{2\sqrt{\eta_x t}}\right)-e^{-x\xi_m\sqrt{\frac{\eta_y}{\eta_x}}}\mathrm{erfc}\left(\xi_m\sqrt{\eta_y t}-\frac{x}{2\sqrt{\eta_x t}}\right)\right)\right\}\Bigg]+ \\ &+ p_0\left(1-\frac{y}{b}\right)+\frac{p_b y}{b}-\frac{2}{b}\mathrm{erf}\left(\frac{x}{2\sqrt{\eta_x t}}\right)\sum_{m=1}^{\infty}\frac{\sin(\xi_m y)}{\xi_m}\left\{p_0+(-1)^{m+1}p_b\right\}e^{-\xi_m^2\eta_y t}\end{aligned} \qquad (6.10.15)$$

(iii) $\psi_y(y,t) = p_y$, $\psi_0(x,t) = p_0\,\mathrm{erf}\left(\frac{x}{2\sqrt{\eta_x t}}\right)$ and $\psi_b(x,t) = p_b\,\mathrm{erf}\left(\frac{x}{2\sqrt{\eta_x t}}\right)$

$$\begin{aligned}\overline{p} &= \frac{2p_y}{bs}\sum_{m=1}^{\infty}\left\{1+(-1)^{m+1}\right\}\frac{\sin(\xi_m y)}{\xi_m}e^{-x\sqrt{\frac{s+\xi_m^2\eta_y}{\eta_x}}} + \\ &+ \frac{1}{s}\left(1-e^{-x\sqrt{\frac{s}{\eta_x}}}\right)\left\{p_0\left(1-\frac{y}{b}\right)+\frac{p_b y}{b}\right\} - \\ &- \frac{2}{b}\sum_{m=1}^{\infty}\frac{\sin(\xi_m y)\left\{p_0+(-1)^{m+1}p_b\right\}}{\xi_m(s+\xi_m^2\eta_y)}\left\{1-e^{-x\sqrt{\frac{s+\xi_m^2\eta_y}{\eta_x}}}\right\}\end{aligned} \qquad (6.10.16)$$

$$\begin{aligned}p &= \frac{2p_y}{b}\sum_{m=1}^{\infty}\left\{1+(-1)^{m+1}\right\}\frac{\sin(\xi_m y)}{\xi_m}\times \\ &\times\left[e^{-x\xi_m\sqrt{\frac{\eta_y}{\eta_x}}}+\frac{1}{2}\left\{e^{x\xi_m\sqrt{\frac{\eta_y}{\eta_x}}}\mathrm{erfc}\left(\xi_m\sqrt{\eta_y t}+\frac{x}{2\sqrt{\eta_x t}}\right)-e^{-x\xi_m\sqrt{\frac{\eta_y}{\eta_x}}}\mathrm{erfc}\left(\xi_m\sqrt{\eta_y t}-\frac{x}{2\sqrt{\eta_x t}}\right)\right\}\right]+ \\ &+ \left\{p_0\left(1-\frac{y}{b}\right)+\frac{p_b y}{b}-\frac{2}{b}\sum_{m=1}^{\infty}\frac{\sin(\xi_m y)}{\xi_m}\left\{p_0+(-1)^{m+1}p_b\right\}e^{-\xi_m^2\eta_y t}\right\}\mathrm{erf}\left(\frac{x}{2\sqrt{\eta_x t}}\right)\end{aligned} \qquad (6.10.17)$$

(iv) $\psi_y(y,t) = p_y e^{-\alpha_y t}$, $\alpha > 0$—an exponential decrease—and $\psi_0(x,t) = p_0 t^\ell\,\mathrm{erf}\left(\frac{x}{2\sqrt{\eta_x t}}\right)$ and $\psi_b(x,t) = p_b t^\ell\,\mathrm{erf}\left(\frac{x}{2\sqrt{\eta_x t}}\right)$, where ℓ is any positive integer ($\ell = 1, 2, ...$)

$$\begin{aligned}\overline{p} &= \frac{2p_y}{b(s+\alpha_y)}\sum_{m=1}^{\infty}\left\{1+(-1)^{m+1}\right\}\frac{\sin(\xi_m y)}{\xi_m}e^{-x\sqrt{\frac{s+\xi_m^2\eta_y}{\eta_x}}} + \\ &+ \frac{4\Gamma(\ell+1)\eta_y}{\pi b}\sum_{m=1}^{\infty}\xi_m\sin(\xi_m y)\left\{p_0+(-1)^{m+1}p_b\right\}\int_0^{\infty}\frac{\sin(nx)}{n(s+n^2\eta_x)^{\ell+1}(s+n^2\eta_x+\xi_m^2\eta_y)}dn\end{aligned} \qquad (6.10.18)$$

$$p = \frac{p_y e^{-\alpha_y t}}{b}\sum_{m=1}^{\infty}\left\{1+(-1)^{m+1}\right\}\frac{\sin(\xi_m y)}{\xi_m}\times$$

$$\times\left\{e^{-x\sqrt{\frac{\xi_m^2\eta_y-\alpha_y}{\eta_x}}}\operatorname{erfc}\left(\frac{x}{2\sqrt{\eta_x t}}-\sqrt{(\xi_m^2\eta_y-\alpha_y)t}\right)+e^{x\sqrt{\frac{\xi_m^2\eta_y-\alpha_y}{\eta_x}}}\operatorname{erfc}\left(\frac{x}{2\sqrt{\eta_x t}}+\sqrt{(\xi_m^2\eta_y-\alpha_y)t}\right)\right\}+$$

$$+\ \frac{2(-1)^{\ell+1}}{b\eta_y^{\ell}}\operatorname{erf}\left(\frac{x}{2\sqrt{\eta_x t}}\right)\sum_{m=1}^{\infty}\frac{\sin(\xi_m y)\,e^{-\xi_m^2\eta_y t}}{\xi_m^{2\ell+1}}\left\{p_0+(-1)^{m+1}p_b\right\}\gamma\left(\ell+1,-\xi_m^2\eta_y t\right) \qquad (6.10.19)$$

6.11

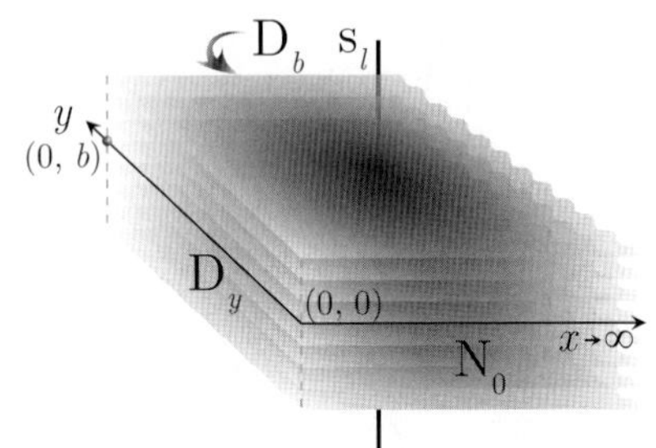

The problem of 6.10, except $\mathbf{N_0 \equiv \frac{\partial p(x,0,t)}{\partial y} = -\left(\frac{\mu}{k_y}\right)\psi_0(x,t)}$, $\mathbf{D_b \equiv p(x,b,t) = \psi_b(x,t)}$ **and** $\mathbf{D_y \equiv p(0,y,t) = \psi_y(y,t)}$

$$\overline{p} = \frac{q(s)\,e^{-st_0}}{b\phi c_t\sqrt{\eta_x}}\sum_{m=1}^{\infty}\left\{e^{-|x-x_0|\sqrt{\frac{\xi_m^2\eta_y+s}{\eta_x}}}-e^{-(x+x_0)\sqrt{\frac{\xi_m^2\eta_y+s}{\eta_x}}}\right\}\frac{\cos(\xi_m y_0)\cos(\xi_m y)}{\sqrt{\xi_m^2\eta_y+s}}+$$

$$+\ \frac{2}{b}\sum_{m=1}^{\infty}\overline{\overline{\psi}}_y(\xi_m,s)\cos(\xi_m y)\,e^{-x\sqrt{\frac{s+\xi_m^2\eta_y}{\eta_x}}}+$$

$$+\ \frac{\eta_y}{b\sqrt{\eta_x}}\sum_{m=1}^{\infty}\frac{\cos(\xi_m y)}{\sqrt{(\xi_m^2\eta_y+s)}}\times$$

$$\times\int_0^{\infty}\left\{\left(\frac{\mu}{k_y}\right)\overline{\psi}_0(u,s)+(-1)^{m+1}\xi_m\overline{\psi}_b(u,s)\right\}\left\{e^{-|x-u|\sqrt{\frac{\xi_m^2\eta_y+s}{\eta_x}}}-e^{-(x+u)\sqrt{\frac{\xi_m^2\eta_y+s}{\eta_x}}}\right\}du+$$

$$+\ \frac{1}{b\sqrt{\eta_x}}\sum_{m=1}^{\infty}\frac{\cos(\xi_m y)}{\sqrt{(\eta_y\xi_m^2+s)}}\int_0^{\infty}\left\{e^{-|x-u|\sqrt{\frac{(\eta_y\xi_m^2+s)}{\eta_x}}}-e^{-(x+u)\sqrt{\frac{(\eta_y\xi_m^2+s)}{\eta_x}}}\right\}\int_0^{b}\varphi(u,v)\cos(\xi_m v)\,dv\,du \qquad (6.11.1)$$

$$p = \frac{U(t-t_0)}{4b\phi c_t\sqrt{\pi\eta_x}}\int_0^{t-t_0}\frac{q(t-t_0-\tau)}{\sqrt{\tau}}\left[e^{-\frac{(x-x_0)^2}{4\eta_x\tau}}-e^{-\frac{(x+x_0)^2}{4\eta_x\tau}}\right]\times$$

$$\times\left[\Theta_2\left\{\frac{\pi(y-y_0)}{2b},e^{-\left(\frac{\pi}{b}\right)^2\eta_y\tau}\right\}+\Theta_2\left\{\frac{\pi(y+y_0)}{2b},e^{-\left(\frac{\pi}{b}\right)^2\eta_y\tau}\right\}\right]d\tau+$$

$$+\ \frac{1}{b\sqrt{\pi}}\int_{\frac{x}{2\sqrt{\eta_x t}}}^{\infty}e^{-\tau^2}\int_0^{b}\psi_y\left(v,t-\frac{x^2}{4\eta_x\tau^2}\right)\left[\Theta_2\left\{\frac{\pi(y-v)}{2b},e^{-\frac{\eta_y}{4\eta_x}\left(\frac{\pi x}{b\tau}\right)^2}\right\}+\Theta_2\left\{\frac{\pi(y+v)}{2b},e^{-\frac{\eta_y}{4\eta_x}\left(\frac{\pi x}{b\tau}\right)^2}\right\}\right]dv\,d\tau+$$

$$+\ \frac{1}{b\sqrt{\pi\eta_x}}\int_0^{t}\int_0^{\infty}\left[\left(\frac{1}{\phi c_t}\right)\Theta_2\left\{\frac{\pi y}{2b},e^{-\left(\frac{\pi}{b}\right)^2\eta_y\tau}\right\}\psi_0(u,t-\tau)+\left(\frac{\pi\eta_y}{2b}\right)\Theta_1'\left\{\frac{\pi y}{2b},e^{-\left(\frac{\pi}{b}\right)^2\eta_y\tau}\right\}\psi_b(u,t-\tau)\right]\times$$

$$\times\frac{1}{\sqrt{\tau}}\left\{e^{-\frac{(x-u)^2}{4\eta_x\tau}}-e^{-\frac{(x+u)^2}{4\eta_x\tau}}\right\}du\,d\tau+$$

$$+\ \frac{1}{4b\sqrt{\pi\eta_x t}}\int_0^{\infty}\int_0^{b}\varphi(u,v)\left[e^{-\frac{(x-u)^2}{4\eta_x t}}-e^{-\frac{(x+u)^2}{4\eta_x t}}\right]\times$$

$$\times\left[\Theta_2\left\{\frac{\pi(y-v)}{2b},e^{-\left(\frac{\pi}{b}\right)^2\eta_y t}\right\}+\Theta_2\left\{\frac{\pi(y+v)}{2b},e^{-\left(\frac{\pi}{b}\right)^2\eta_y t}\right\}\right]dv\,du \qquad (6.11.2)$$

where $\overline{\overline{\psi}}_0(n,s) = \int_0^\infty \overline{\psi}_0(x,s)\sin(nx)\,dx$, $\overline{\psi}_0(x,s) = \int_0^\infty \psi_0(x,t)\,e^{-st}dt$, $\overline{\overline{\psi}}_b(n,s) = \int_0^\infty \overline{\psi}_b(x,s)\sin(nx)\,dx$, $\overline{\psi}_b(x,s) = \int_0^\infty \psi_b(x,t)\,e^{-st}dt$, $\overline{\overline{\psi}}_y(\xi_m,s) = \int_0^b \overline{\psi}_y(y,s)\cos(\xi_m y)\,dy$, $\overline{\psi}_y(y,s) = \int_0^\infty \psi_y(y,t)\,e^{-st}dt$ and ξ_m is a positive root of $\cos(\xi_m b) = 0$, which are $\frac{(2m-1)\pi}{2b}$, $m = 1, 2, ...$

Special cases of $q(t)$

(i) $q(t) = qt^\nu$, $\nu \geq 0$

$$\overline{p} = \frac{q\Gamma(\nu+1)\,e^{-st_0}}{b\phi c_t s^{(\nu+1)}\sqrt{\eta_x}} \sum_{m=1}^{\infty} \left\{ e^{-|x-x_0|\sqrt{\frac{\xi_m^2\eta_y+s}{\eta_x}}} - e^{-(x+x_0)\sqrt{\frac{\xi_m^2\eta_y+s}{\eta_x}}} \right\} \frac{\cos(\xi_m y_0)\cos(\xi_m y)}{\sqrt{\xi_m^2\eta_y+s}} \tag{6.11.3}$$

$$\begin{aligned} p = {} & \frac{U(t-t_0)q}{4b\phi c_t\sqrt{\pi\eta_x}} \int_0^{t-t_0} \frac{(t-t_0-\tau)^\nu}{\sqrt{\tau}} \left[e^{-\frac{(x-x_0)^2}{4\eta_x\tau}} - e^{-\frac{(x+x_0)^2}{4\eta_x\tau}} \right] \times \\ & \times \left[\Theta_2\left\{ \frac{\pi(y-y_0)}{2b}, e^{-\left(\frac{\pi}{b}\right)^2\eta_y\tau} \right\} + \Theta_2\left\{ \frac{\pi(y+y_0)}{2b}, e^{-\left(\frac{\pi}{b}\right)^2\eta_y\tau} \right\} \right] d\tau \end{aligned} \tag{6.11.4}$$

(ii) $q(t) = qe^{-\alpha t}$, $\alpha \geq 0$

$$\overline{p} = \frac{qe^{-st_0}}{b\phi c_t(s+\alpha)\sqrt{\eta_x}} \sum_{m=1}^{\infty} \left\{ e^{-|x-x_0|\sqrt{\frac{\xi_m^2\eta_y+s}{\eta_x}}} - e^{-(x+x_0)\sqrt{\frac{\xi_m^2\eta_y+s}{\eta_x}}} \right\} \frac{\cos(\xi_m y_0)\cos(\xi_m y)}{\sqrt{\xi_m^2\eta_y+s}} \tag{6.11.5}$$

$$\begin{aligned} p = {} & \frac{U(t-t_0)qe^{-\alpha(t-t_0)}}{4b\phi c_t\sqrt{\pi\eta_x}} \int_0^{t-t_0} \frac{e^{\alpha\tau}}{\sqrt{\tau}} \left[e^{-\frac{(x-x_0)^2}{4\eta_x\tau}} - e^{-\frac{(x+x_0)^2}{4\eta_x\tau}} \right] \times \\ & \times \left[\Theta_2\left\{ \frac{\pi(y-y_0)}{2b}, e^{-\left(\frac{\pi}{b}\right)^2\eta_y\tau} \right\} + \Theta_2\left\{ \frac{\pi(y+y_0)}{2b}, e^{-\left(\frac{\pi}{b}\right)^2\eta_y\tau} \right\} \right] d\tau \end{aligned} \tag{6.11.6}$$

When $p(x,y,0) = p_I$, a constant, for all $x > 0$ and $y > 0$, the terms corresponding to the initial condition are given by

$$\overline{p} = \frac{2p_I}{b} \sum_{m=1}^{\infty} \frac{(-1)^m\cos(\xi_m y)}{(s+\eta_y\xi_m^2)} \left\{ \frac{\eta_y\xi_m}{s} + \frac{e^{-x\sqrt{\frac{s+\eta_y\xi_m^2}{\eta_x}}}}{\xi_m} \right\} + \frac{p_I}{s} \tag{6.11.7}$$

and

$$p = -\frac{2p_I}{b}\,\mathrm{erf}\left(\frac{x}{2\sqrt{\eta_x t}}\right) \sum_{m=1}^{\infty} \frac{(-1)^m\cos(\xi_m y)}{\xi_m} e^{-\eta_y\xi_m^2 t} \tag{6.11.8}$$

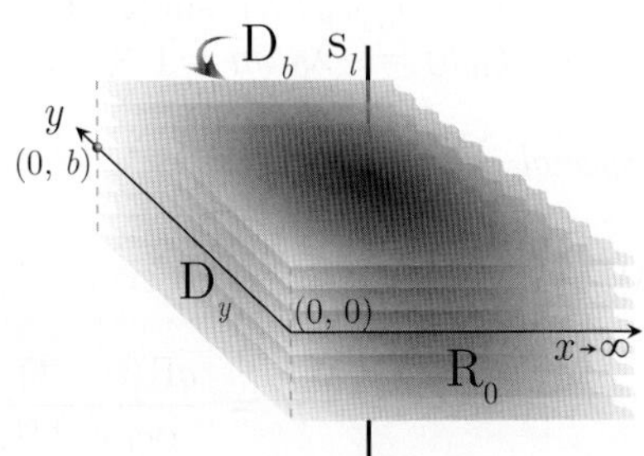

6.12 The problem of 6.10, except

$R_0 \equiv \frac{\partial p(x,0,t)}{\partial y} - \lambda_0 p(x,0,t) = -\left(\frac{\mu}{k_y}\right)\psi_0(x,t)$,
$D_b \equiv p(x,b,t) = \psi_b(x,t)$ and $D_y \equiv p(0,y,t) = \psi_y(y,t)$

$$\begin{aligned}
\overline{p} &= \frac{q(s)\,e^{-st_0}}{\phi c_t\sqrt{\eta_x}}\sum_{m=1}^{\infty}\left\{e^{-|x-x_0|\sqrt{\frac{\xi_m^2\eta_y+s}{\eta_x}}}-e^{-(x+x_0)\sqrt{\frac{\xi_m^2\eta_y+s}{\eta_x}}}\right\}\times\\
&\times\frac{\left(\xi_m^2+\lambda_0^2\right)\sin\{\xi_m(b-y_0)\}\sin\{\xi_m(b-y)\}}{\{b\left(\xi_m^2+\lambda_0^2\right)+\lambda_0\}\sqrt{\xi_m^2\eta_y+s}}+\\
&+2\sum_{m=1}^{\infty}\frac{\overline{\overline{\psi}}_y(\xi_m,s)\left(\xi_m^2+\lambda_0^2\right)e^{-x\sqrt{\frac{\xi_m^2\eta_y+s}{\eta_x}}}\sin\{\xi_m(b-y)\}}{\{b\left(\xi_m^2+\lambda_0^2\right)+\lambda_0\}}+\\
&+\frac{1}{\phi c_t\sqrt{\eta_x}}\sum_{m=1}^{\infty}\frac{\left(\xi_m^2+\lambda_0^2\right)\sin\{\xi_m(b-y)\}}{\{b\left(\xi_m^2+\lambda_0^2\right)+\lambda_0\}\sqrt{\xi_m^2\eta_y+s}}\times\\
&\times\int_0^{\infty}\left\{\overline{\psi}_0(u,s)\sin(\xi_m b)+\xi_m\left(\frac{k_y}{\mu}\right)\overline{\psi}_b(u,s)\right\}\left\{e^{-|x-u|\sqrt{\frac{\xi_m^2\eta_y+s}{\eta_x}}}-e^{-(x+u)\sqrt{\frac{\xi_m^2\eta_y+s}{\eta_x}}}\right\}du+\\
&+\frac{1}{\sqrt{\eta_x}}\sum_{m=1}^{\infty}\frac{\left(\xi_m^2+\lambda_0^2\right)\sin\{\xi_m(b-y)\}}{\{b\left(\xi_m^2+\lambda_0^2\right)+\lambda_0\}\sqrt{\xi_m^2\eta_y+s}}\int_0^{\infty}\left\{e^{-|x-u|\sqrt{\frac{\xi_m^2\eta_y+s}{\eta_x}}}-e^{-(x+u)\sqrt{\frac{\xi_m^2\eta_y+s}{\eta_x}}}\right\}\times\\
&\times\int_0^{b}\varphi(u,v)\sin\{\xi_m(b-v)\}\,dvdu
\end{aligned}\tag{6.12.1}$$

$$\begin{aligned}
p &= \frac{U(t-t_0)}{\phi c_t\sqrt{\pi\eta_x}}\sum_{m=1}^{\infty}\frac{\left(\xi_m^2+\lambda_0^2\right)\sin\{\xi_m(b-y_0)\}\sin\{\xi_m(b-y)\}}{\{b\left(\xi_m^2+\lambda_0^2\right)+\lambda_0\}}\times\\
&\times\int_0^{t-t_0}\frac{q(t-t_0-\tau)\,e^{-\xi_m^2\eta_y\tau}}{\sqrt{\tau}}\left\{e^{-\frac{(x-x_0)^2}{4\eta_x\tau}}-e^{-\frac{(x+x_0)^2}{4\eta_x\tau}}\right\}d\tau+\\
&+\frac{4}{\sqrt{\pi}}\sum_{m=1}^{\infty}\frac{\left(\xi_m^2+\lambda_0^2\right)\sin\{\xi_m(b-y)\}}{\{b\left(\xi_m^2+\lambda_0^2\right)+\lambda_0\}}\int_{\frac{x}{2\sqrt{\eta_x t}}}^{\infty}\overline{\psi}_y\left(\xi_m,t-\frac{x^2}{4\eta_x\tau^2}\right)e^{-\tau^2-\frac{\eta_y}{4\eta_x}\left(\frac{x}{\tau}\right)^2}d\tau+\\
&+\frac{1}{\phi c_t\sqrt{\pi\eta_x}}\sum_{m=1}^{\infty}\frac{\left(\xi_m^2+\lambda_0^2\right)\sin\{\xi_m(b-y)\}}{\{b\left(\xi_m^2+\lambda_0^2\right)+\lambda_0\}}\times\\
&\times\int_0^{\infty}\int_0^{t}\left\{\psi_0(u,t-\tau)\sin(\xi_m b)+\xi_m\left(\frac{k_y}{\mu}\right)\psi_b(u,t-\tau)\right\}\frac{e^{-\xi_m^2\eta_y\tau}}{\sqrt{\tau}}\left\{e^{-\frac{(x-u)^2}{4\eta_x\tau}}-e^{-\frac{(x+u)^2}{4\eta_x\tau}}\right\}d\tau\,du+\\
&+\frac{1}{b\sqrt{\pi\eta_x t}}\sum_{m=1}^{\infty}\sin\{\xi_m(b-y)\}\,e^{-\xi_m^2\eta_y t}\int_0^{\infty}\int_0^{b}\varphi(u,v)\left\{e^{-\frac{(x-u)^2}{4\eta_x t}}-e^{-\frac{(x+u)^2}{4\eta_x t}}\right\}\sin\{\xi_m(b-v)\}\,dvdu
\end{aligned}\tag{6.12.2}$$

where $\overline{\overline{\psi}}_0(n,s)=\int_0^{\infty}\overline{\psi}_0(x,s)\sin(nx)\,dx$, $\overline{\psi}_0(x,s)=\int_0^{\infty}\psi_0(x,t)\,e^{-st}dt$, $\overline{\overline{\psi}}_b(n,s)=\int_0^{\infty}\overline{\psi}_b(x,s)\sin(nx)\,dx$, $\overline{\psi}_b(x,s)=\int_0^{\infty}\psi_b(x,t)\,e^{-st}dt$, $\overline{\overline{\psi}}_y(\xi_m,s)=\int_0^{b}\overline{\psi}_y(y,s)\sin\{\xi_m(b-y)\}dy$, $\overline{\psi}_y(y,s)=\int_0^{\infty}\psi_y(y,t)\,e^{-st}dt$, $\overline{\psi}_y(\xi_m,t)=\int_0^{b}\psi_y(y,t)\sin\{\xi_m(b-y)\}dy$ and the summation is over the positive roots of $\xi_m\cot(\xi_m b)=-\lambda_0$, $m=1,2,\ldots$.

Special cases of $q(t)$

(i) $q(t)=qt^{\nu}$, $\nu\geq 0$

$$\begin{aligned}
\overline{p} &= \frac{q\Gamma(\nu+1)\,e^{-st_0}}{\phi c_t s^{(\nu+1)}\sqrt{\eta_x}}\sum_{m=1}^{\infty}\left\{e^{-|x-x_0|\sqrt{\frac{\xi_m^2\eta_y+s}{\eta_x}}}-e^{-(x+x_0)\sqrt{\frac{\xi_m^2\eta_y+s}{\eta_x}}}\right\}\times\\
&\times\frac{\left(\xi_m^2+\lambda_0^2\right)\sin\{\xi_m(b-y_0)\}\sin\{\xi_m(b-y)\}}{\{b\left(\xi_m^2+\lambda_0^2\right)+\lambda_0\}\sqrt{\xi_m^2\eta_y+s}}
\end{aligned}\tag{6.12.3}$$

$$p = \frac{U(t-t_0)\,q}{\phi c_t\sqrt{\pi\eta_x}}\sum_{m=1}^{\infty}\frac{\left(\xi_m^2+\lambda_0^2\right)\sin\{\xi_m(b-y_0)\}\sin\{\xi_m(b-y)\}}{\left\{b\left(\xi_m^2+\lambda_0^2\right)+\lambda_0\right\}}\times$$
$$\times\int_0^{t-t_0}\frac{(t-t_0-\tau)^{\nu}\,e^{-\xi_m^2\eta_y\tau}}{\sqrt{\tau}}\left\{e^{-\frac{(x-x_0)^2}{4\eta_x\tau}}-e^{-\frac{(x+x_0)^2}{4\eta_x\tau}}\right\}d\tau \tag{6.12.4}$$

(ii) $q(t)=qe^{-\alpha t}$, $\alpha\geq 0$

$$\overline{p} = \frac{qe^{-st_0}}{\phi c_t(s+\alpha)\sqrt{\eta_x}}\sum_{m=1}^{\infty}\left\{e^{-|x-x_0|\sqrt{\frac{\xi_m^2\eta_y+s}{\eta_x}}}-e^{-(x+x_0)\sqrt{\frac{\xi_m^2\eta_y+s}{\eta_x}}}\right\}\times$$
$$\times\frac{\left(\xi_m^2+\lambda_0^2\right)\sin\{\xi_m(b-y_0)\}\sin\{\xi_m(b-y)\}}{\left\{b\left(\xi_m^2+\lambda_0^2\right)+\lambda_0\right\}\sqrt{\xi_m^2\eta_y+s}} \tag{6.12.5}$$

$$p = \frac{U(t-t_0)\,qe^{-\alpha(t-t_0)}}{2\phi c_t\sqrt{\eta_x}}\sum_{m=1}^{\infty}\frac{\left(\xi_m^2+\lambda_0^2\right)\sin\{\xi_m(b-y_0)\}\sin\{\xi_m(b-y)\}}{\left\{b\left(\xi_m^2+\lambda_0^2\right)+\lambda_0\right\}\sqrt{\left(\xi_m^2\eta_y-\alpha\right)}}\times$$
$$\times\left[e^{-|x-x_0|\sqrt{\frac{\xi_m^2\eta_y-\alpha}{\eta_x}}}\,\mathrm{erfc}\left\{\frac{|x-x_0|}{2\sqrt{\eta_x(t-t_0)}}-\sqrt{\left(\xi_m^2\eta_y-\alpha\right)(t-t_0)}\right\}-\right.$$
$$-e^{|x-x_0|\sqrt{\frac{\xi_m^2\eta_y-\alpha}{\eta_x}}}\,\mathrm{erfc}\left\{\frac{|x-x_0|}{2\sqrt{\eta_x(t-t_0)}}+\sqrt{\left(\xi_m^2\eta_y-\alpha\right)(t-t_0)}\right\}-$$
$$-e^{-(x+x_0)\sqrt{\frac{\xi_m^2\eta_y-\alpha}{\eta_x}}}\,\mathrm{erfc}\left\{\frac{x+x_0}{2\sqrt{\eta_x(t-t_0)}}-\sqrt{\left(\xi_m^2\eta_y-\alpha\right)(t-t_0)}\right\}+$$
$$\left.+\,e^{(x+x_0)\sqrt{\frac{\xi_m^2\eta_y-\alpha}{\eta_x}}}\,\mathrm{erfc}\left\{\frac{x+x_0}{2\sqrt{\eta_x(t-t_0)}}+\sqrt{\left(\xi_m^2\eta_y-\alpha\right)(t-t_0)}\right\}\right] \tag{6.12.6}$$

Special cases of $\varphi(x,y)$

(i) $p(x,y,0)=p_I$, a constant, for all $x>0$ and $y>0$

$$\overline{p}=\frac{p_I}{s}-2p_I\sum_{m=1}^{\infty}\frac{\left(\xi_m^2+\lambda_b^2\right)\sin\{\xi_m(b-y)\}\{\lambda_0\sin(\xi_m b)+\xi_m\}}{\xi_m^2\left\{b\left(\xi_m^2+\lambda_0^2\right)+\lambda_0\right\}}\frac{\left\{se^{-x\sqrt{\frac{\xi_m^2\eta_y+s}{\eta_x}}}+\xi_m^2\eta_y\right\}}{s\left(\xi_m^2\eta_y+s\right)} \tag{6.12.7}$$

$$p=p_I-2p_I\sum_{m=1}^{\infty}\frac{\left(\xi_m^2+\lambda_b^2\right)\sin\{\xi_m(b-y)\}\{\lambda_0\sin(\xi_m b)+\xi_m\}}{\xi_m^2\left\{b\left(\xi_m^2+\lambda_0^2\right)+\lambda_0\right\}}\left\{1-e^{-\xi_m^2\eta_y t}\,\mathrm{erf}\left(\frac{x}{2\sqrt{\eta_x t}}\right)\right\} \tag{6.12.8}$$

(ii) $\varphi(x,y)=\frac{p_I}{\sqrt{x(b-y)}}$, $x>0,\ 0<y<b$

$$\overline{p} = \frac{p_I\Gamma\left(-\frac{3}{2}\right)x^{\frac{3}{2}}}{\eta_x\sqrt{2}}\sum_{m=1}^{\infty}\frac{\left(\xi_m^2+\lambda_0^2\right)\mathrm{S}\left(\sqrt{\xi_m b}\right)\sin\{\xi_m(b-y)\}}{\left\{b\left(\xi_m^2+\lambda_0^2\right)+\lambda_0\right\}\sqrt{\xi_m}}\times$$
$$\times\left[\frac{2\pi\sinh(x\beta_m)}{\Gamma\left(-\frac{3}{2}\right)(x\beta_m)^{\frac{3}{2}}}-\left\{\Phi\left(1,\frac{5}{2};x\beta_m\right)+\Phi\left(1,\frac{5}{2};-x\beta_m\right)\right\}\right] \tag{6.12.9}$$

where $\beta_m(\xi_m, s) = \sqrt{\frac{\xi_m^2\eta_y + s}{\eta_x}}$.

$$p = p_I\pi\sqrt{\frac{2x}{\eta_x t}}e^{-\frac{x^2}{8\eta_x t}}I_{\frac{1}{4}}\left(\frac{x^2}{8\eta_x t}\right)\sum_{m=1}^{\infty}\frac{\left(\xi_m^2+\lambda_0^2\right)\mathrm{S}\left(\sqrt{\xi_m b}\right)\sin\left\{\xi_m(b-y)\right\}e^{-\xi_m^2\eta_y t}}{\left\{b\left(\xi_m^2+\lambda_0^2\right)+\lambda_0\right\}\sqrt{\xi_m}} \tag{6.12.10}$$

(iii) $\varphi(x,y) = p_I e^{-(\alpha_x x + \alpha_y y)}, \alpha_x > 0, \alpha_y > 0, x > 0, 0 < y < b$

$$\overline{p} = 2p_I\sum_{m=1}^{\infty}\frac{\left\{\xi_m e^{-\alpha_y b} + (\lambda_0+\alpha_y)\sin(\xi_m b)\right\}\left(\xi_m^2+\lambda_0^2\right)\left\{e^{-x\alpha_x} - e^{-x\sqrt{\frac{\xi_m^2\eta_y+s}{\eta_x}}}\right\}}{\left\{b\left(\xi_m^2+\lambda_0^2\right)+\lambda_0\right\}\left(\alpha_y^2+\xi_m^2\right)\left(s+\xi_m^2\eta_y-\alpha_x^2\eta_x\right)}\sin\left\{\xi_m(b-y)\right\} \tag{6.12.11}$$

$$\begin{aligned} p &= p_I e^{\alpha_x^2\eta_x t}\left\{e^{-x\alpha_x}\operatorname{erfc}\left(\alpha_x\sqrt{\eta_x t}-\frac{x}{2\sqrt{\eta_x t}}\right) - e^{x\alpha_x}\operatorname{erfc}\left(\alpha_x\sqrt{\eta_x t}+\frac{x}{2\sqrt{\eta_x t}}\right)\right\}\times \\ &\times\sum_{m=1}^{\infty}\frac{\left(\xi_m^2+\lambda_0^2\right)\left\{\xi_m e^{-\alpha_y b}+(\lambda_0+\alpha_y)\sin(\xi_m b)\right\}\sin\left\{\xi_m(b-y)\right\}e^{-\xi_m^2\eta_y t}}{\left\{b\left(\xi_m^2+\lambda_0^2\right)+\lambda_0\right\}\left(\alpha_y^2+\xi_m^2\right)} \end{aligned} \tag{6.12.12}$$

A special case of $\psi_x(x,t)$ and $\psi_y(y,t)$

(i) $\psi_y(y,t) = p_y$, $\psi_0(x,t) = q_0$ and $\psi_b(x,t) = p_b$, q_0, p_y and p_b are constants

$$\begin{aligned} \overline{p} &= \frac{2p_y}{s}\sum_{m=1}^{\infty}\frac{\left\{1-\cos(\xi_m b)\right\}\left(\xi_m^2+\lambda_0^2\right)e^{-x\sqrt{\frac{\xi_m^2\eta_y+s}{\eta_x}}}\sin\left\{\xi_m(b-y)\right\}}{\xi_m\left\{b\left(\xi_m^2+\lambda_0^2\right)+\lambda_0\right\}}+ \\ &+\frac{2}{s\phi c_t}\sum_{m=1}^{\infty}\frac{\left(1-e^{-x\sqrt{\frac{\xi_m^2\eta_y+s}{\eta_x}}}\right)\left\{q_0\sin(\xi_m b)+\xi_m\left(\frac{k_y}{\mu}\right)p_b\right\}\left(\xi_m^2+\lambda_0^2\right)\sin\left\{\xi_m(b-y)\right\}}{\left(\xi_m^2\eta_y+s\right)\left\{b\left(\xi_m^2+\lambda_0^2\right)+\lambda_0\right\}} \end{aligned} \tag{6.12.13}$$

$$\begin{aligned} p &= 2p_y\sum_{m=1}^{\infty}\frac{\left\{1-\cos(\xi_m b)\right\}\left(\xi_m^2+\lambda_0^2\right)\sin\left\{\xi_m(b-y)\right\}}{\xi_m\left\{b\left(\xi_m^2+\lambda_0^2\right)+\lambda_0\right\}}\times \\ &\times\left[e^{-x\xi_m\sqrt{\frac{\eta_y}{\eta_x}}}+\frac{1}{2}\left\{e^{x\xi_m\sqrt{\frac{\eta_y}{\eta_x}}}\operatorname{erfc}\left(\xi_m\sqrt{\eta_y t}+\frac{x}{2\sqrt{\eta_x t}}\right)-e^{-x\xi_m\sqrt{\frac{\eta_y}{\eta_x}}}\operatorname{erfc}\left(\xi_m\sqrt{\eta_y t}-\frac{x}{2\sqrt{\eta_x t}}\right)\right\}\right]+ \\ &+2\sum_{m=1}^{\infty}\frac{\left\{q_0\left(\frac{\mu}{k_y}\right)\sin(\xi_m b)+\xi_m p_b\right\}\left(\xi_m^2+\lambda_0^2\right)\sin\left\{\xi_m(b-y)\right\}}{\xi_m^2\left\{b\left(\xi_m^2+\lambda_0^2\right)+\lambda_0\right\}}\times \\ &\times\left[1-e^{-\xi_m^2\eta_y t}-e^{-x\xi_m\sqrt{\frac{\eta_y}{\eta_x}}}+e^{-\xi_m\sqrt{\eta_y t}}\operatorname{erfc}\left(\frac{x}{2\sqrt{\eta_x t}}\right)-\right. \\ &\left.-\frac{1}{2}\left\{e^{x\xi_m\sqrt{\frac{\eta_y}{\eta_x}}}\operatorname{erfc}\left(\xi_m\sqrt{\eta_y t}+\frac{x}{2\sqrt{\eta_x t}}\right)-e^{-x\xi_m\sqrt{\frac{\eta_y}{\eta_x}}}\operatorname{erfc}\left(\xi_m\sqrt{\eta_y t}-\frac{x}{2\sqrt{\eta_x t}}\right)\right\}\right] \end{aligned} \tag{6.12.14}$$

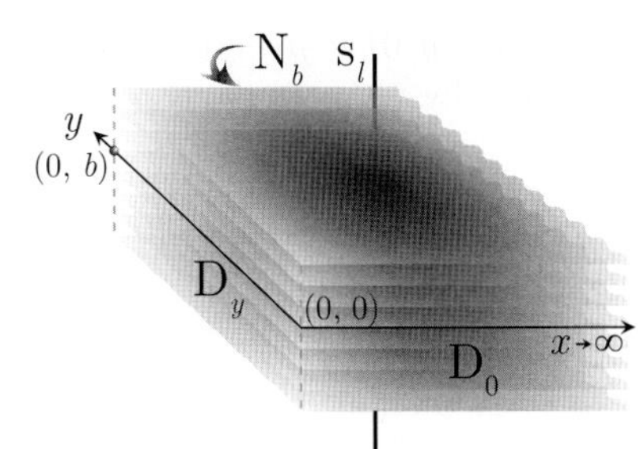

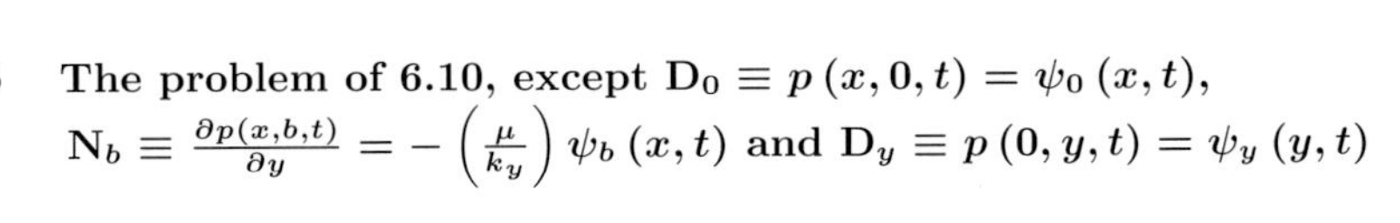

6.13 The problem of 6.10, except $\mathbf{D_0} \equiv p(x,0,t) = \psi_0(x,t)$, $\mathbf{N_b} \equiv \frac{\partial p(x,b,t)}{\partial y} = -\left(\frac{\mu}{k_y}\right)\psi_b(x,t)$ and $\mathbf{D_y} \equiv p(0,y,t) = \psi_y(y,t)$

$$
\begin{aligned}
\overline{p} \;=\; & \frac{q(s)\,e^{-st_0}}{b\phi c_t\sqrt{\eta_x}}\sum_{m=1}^{\infty}\left\{e^{-|x-x_0|\sqrt{\frac{\xi_m^2\eta_y+s}{\eta_x}}}-e^{-(x+x_0)\sqrt{\frac{\xi_m^2\eta_y+s}{\eta_x}}}\right\}\frac{\sin(\xi_m y_0)\sin(\xi_m y)}{\sqrt{\xi_m^2\eta_y+s}}+\\
&+\frac{2}{b}\sum_{m=1}^{\infty}\overline{\overline{\psi}}_y(\xi_m,s)\sin(\xi_m y)\,e^{-x\sqrt{\frac{s+\xi_m^2\eta_y}{\eta_x}}}+\\
&+\frac{1}{\phi c_t b\sqrt{\eta_x}}\sum_{m=1}^{\infty}\frac{\sin(\xi_m y)}{\sqrt{(\xi_m^2\eta_y+s)}}\times\\
&\times\int_0^{\infty}\left\{\xi_m\left(\frac{k_y}{\mu}\right)\overline{\psi}_0(u,s)+(-1)^m\,\overline{\psi}_b(u,s)\right\}\left\{e^{-|x-u|\sqrt{\frac{\xi_m^2\eta_y+s}{\eta_x}}}-e^{-(x+u)\sqrt{\frac{\xi_m^2\eta_y+s}{\eta_x}}}\right\}du+\\
&+\frac{1}{b\sqrt{\eta_x}}\sum_{m=1}^{\infty}\frac{\sin(\xi_m y)}{\sqrt{(\eta_y\xi_m^2+s)}}\int_0^{\infty}\left\{e^{-|x-u|\sqrt{\frac{(\eta_y\xi_m^2+s)}{\eta_x}}}-e^{-(x+u)\sqrt{\frac{(\eta_y\xi_m^2+s)}{\eta_x}}}\right\}\int_0^{b}\varphi(u,v)\sin(\xi_m v)\,dv\,du
\end{aligned}
\tag{6.13.1}
$$

$$
\begin{aligned}
p \;=\; & \frac{U(t-t_0)}{4b\phi c_t\sqrt{\pi\eta_x}}\int_0^{t-t_0}\frac{q(t-t_0-\tau)}{\sqrt{\tau}}\left[e^{-\frac{(x-x_0)^2}{4\eta_x\tau}}-e^{-\frac{(x+x_0)^2}{4\eta_x\tau}}\right]\times\\
&\times\left[\Theta_2\left\{\frac{\pi(y-y_0)}{2b},e^{-\left(\frac{\pi}{b}\right)^2\eta_y\tau}\right\}-\Theta_2\left\{\frac{\pi(y+y_0)}{2b},e^{-\left(\frac{\pi}{b}\right)^2\eta_y\tau}\right\}\right]d\tau+\\
&+\frac{1}{b\sqrt{\pi}}\int_{\frac{x}{2\sqrt{\eta_x t}}}^{\infty}e^{-\tau^2}\int_0^{b}\psi_y\left(v,t-\frac{x^2}{4\eta_x\tau^2}\right)\left[\Theta_2\left\{\frac{\pi(y-v)}{2b},e^{-\frac{\eta_y}{4\eta_x}\left(\frac{\pi x}{b\tau}\right)^2}\right\}-\Theta_2\left\{\frac{\pi(y+v)}{2b},e^{-\frac{\eta_y}{4\eta_x}\left(\frac{\pi x}{b\tau}\right)^2}\right\}\right]dv\,d\tau-\\
&-\frac{1}{b\sqrt{\eta_x\pi}}\int_0^{\infty}\int_0^{t}\left[\left(\frac{\pi\eta_y}{2b}\right)\Theta_2'\left\{\frac{\pi y}{2b},e^{-\left(\frac{\pi}{b}\right)^2\eta_y\tau}\right\}\psi_0(u,t-\tau)+\left(\frac{1}{\phi c_t}\right)\Theta_1\left\{\frac{\pi y}{2b},e^{-\left(\frac{\pi}{b}\right)^2\eta_y\tau}\right\}\psi_b(u,t-\tau)\right]\times\\
&\times\frac{1}{\sqrt{\tau}}\left\{e^{-\frac{(x-u)^2}{4\eta_x\tau}}-e^{-\frac{(x+u)^2}{4\eta_x\tau}}\right\}d\tau\,du+\\
&+\frac{1}{4b\sqrt{\pi\eta_x t}}\int_0^{\infty}\int_0^{b}\varphi(u,v)\left[e^{-\frac{(x-u)^2}{4\eta_x t}}-e^{-\frac{(x+u)^2}{4\eta_x t}}\right]\times\\
&\times\left[\Theta_2\left\{\frac{\pi(y-v)}{2b},e^{-\left(\frac{\pi}{b}\right)^2\eta_y t}\right\}-\Theta_2\left\{\frac{\pi(y+v)}{2b},e^{-\left(\frac{\pi}{b}\right)^2\eta_y t}\right\}\right]dv\,du
\end{aligned}
\tag{6.13.2}
$$

where $\overline{\overline{\psi}}_0(n,s)=\int_0^\infty\overline{\psi}_0(x,s)\sin(nx)\,dx$, $\overline{\psi}_0(x,s)=\int_0^\infty\psi_0(x,t)\,e^{-st}dt$, $\overline{\overline{\psi}}_b(n,s)=\int_0^\infty\overline{\psi}_b(x,s)\sin(nx)\,dx$, $\overline{\psi}_b(x,s)=\int_0^\infty\psi_b(x,t)\,e^{-st}dt$, $\overline{\overline{\psi}}_y(\xi_m,s)=\int_0^b\overline{\psi}_y(y,s)\sin(\xi_m y)\,dy$, $\overline{\psi}_y(y,s)=\int_0^\infty\psi_y(y,t)\,e^{-st}dt$ and ξ_m is a positive root of $\cos(\xi_m b)=0$, which are $\frac{(2m-1)\pi}{2b}$, $m=1,2,\ldots$.

When $p(x,y,0) = p_I$, a constant, for all $x > 0$ and $y > 0$, the terms corresponding to the initial condition are given by

$$\overline{p} = \frac{p_I}{s} - \frac{2p_I}{b}\sum_{m=1}^{\infty}\frac{1}{\xi_m}\left[\frac{\xi_m^2\eta_y}{s\left(\xi_m^2\eta_y+s\right)} + \frac{e^{-x\sqrt{\frac{\xi_m^2\eta_y+s}{\eta_x}}}}{\left(\xi_m^2\eta_y+s\right)}\right]\sin\left(\xi_m y\right) \tag{6.13.3}$$

$$p = \frac{2p_I}{b}\operatorname{erf}\left(\frac{x}{2\sqrt{\eta_x t}}\right)\sum_{m=1}^{\infty}\frac{e^{-\xi_m^2\eta_y t}\sin\left(\xi_m y\right)}{\xi_m} \tag{6.13.4}$$

6.14

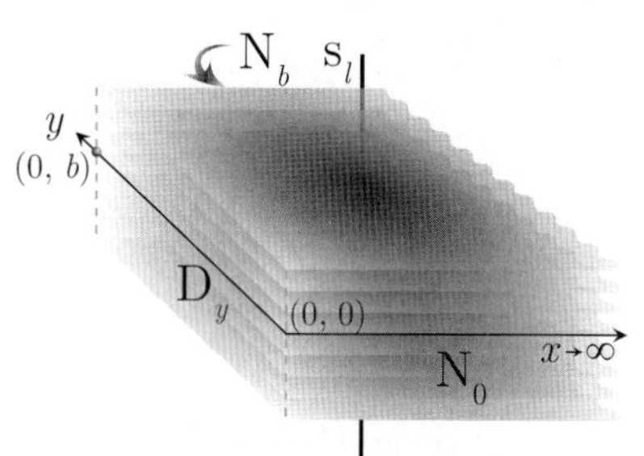

The problem of 6.10, except
$\mathbf{N_0} \equiv \frac{\partial p(x,0,t)}{\partial y} = -\left(\frac{\mu}{k_y}\right)\psi_0\left(x,t\right),$
$\mathbf{N_b} \equiv \frac{\partial p(x,b,t)}{\partial y} = -\left(\frac{\mu}{k_y}\right)\psi_b\left(x,t\right)$ **and**
$\mathbf{D_y} \equiv p\left(0,y,t\right) = \psi_y\left(y,t\right)$

$$\begin{aligned}\overline{p} = {} & \frac{q(s)\,e^{-st_0}}{b\phi c_t\sqrt{\eta_x}}\sum_{m=1}^{\infty}\ni_m\left\{e^{-|x-x_0|\sqrt{\frac{\xi_m^2\eta_y+s}{\eta_x}}} - e^{-(x+x_0)\sqrt{\frac{\xi_m^2\eta_y+s}{\eta_x}}}\right\}\frac{\cos\left(\xi_m y_0\right)\cos\left(\xi_m y\right)}{\sqrt{\xi_m^2\eta_y+s}} + \\ & + \frac{2}{b\phi c_t}\sum_{m=1}^{\infty}\ni_m\overline{\overline{\psi}}_y\left(\xi_m,s\right)\cos\left(\xi_m y\right)e^{-x\sqrt{\frac{s+\xi_m^2\eta_y}{\eta_x}}} + \\ & + \frac{1}{b\phi c_t\sqrt{\eta_x}}\sum_{m=1}^{\infty}\frac{\ni_m\cos\left(\xi_m y\right)}{\sqrt{\left(\xi_m^2\eta_y+s\right)}}\times \\ & \times\int_0^{\infty}\left\{\overline{\psi}_0\left(u,s\right)+(-1)^{m+1}\,\overline{\psi}_b\left(u,s\right)\right\}\left\{e^{-|x-u|\sqrt{\frac{\xi_m^2\eta_y+s}{\eta_x}}} - e^{-(x+u)\sqrt{\frac{\xi_m^2\eta_y+s}{\eta_x}}}\right\}du + \\ & + \frac{1}{b\sqrt{\eta_x}}\int_0^{\infty}\!\!\int_0^{b}\varphi\left(u,v\right)\sum_{m=1}^{\infty}\frac{\ni_m\cos\left(\xi_m v\right)\cos(\xi_m y)}{\sqrt{\xi_m^2\eta_y+s}}\left\{e^{-|x-u|\sqrt{\frac{\xi_m^2\eta_y+s}{\eta_x}}} - e^{-(x+u)\sqrt{\frac{\xi_m^2\eta_y+s}{\eta_x}}}\right\}dudv\end{aligned} \tag{6.14.1}$$

$$\begin{aligned}p = {} & \frac{U\left(t-t_0\right)}{4b\phi c_t\sqrt{\pi\eta_x}}\int_0^{t-t_0}\frac{q\left(t-t_0-\tau\right)}{\sqrt{\tau}}\left\{e^{-\frac{(x-x_0)^2}{4\eta_x\tau}} - e^{-\frac{(x+x_0)^2}{4\eta_x\tau}}\right\}\times \\ & \times\left[\Theta_3\left\{\frac{\pi\left(y-y_0\right)}{2b}, e^{-\left(\frac{\pi}{b}\right)^2\eta_y\tau}\right\} + \Theta_3\left\{\frac{\pi\left(y+y_0\right)}{2b}, e^{-\left(\frac{\pi}{b}\right)^2\eta_y\tau}\right\}\right]d\tau + \\ & + \frac{1}{b\sqrt{\pi}}\int_{\frac{x}{2\sqrt{\eta_x t}}}^{\infty}e^{-\tau^2}\int_0^{b}\psi_y\left(v,t-\frac{x^2}{4\eta_x\tau^2}\right)\left[\Theta_3\left\{\frac{\pi\left(y-v\right)}{2b}, e^{-\frac{\eta_y}{4\eta_x}\left(\frac{\pi x}{b\tau}\right)^2}\right\}+\Theta_3\left\{\frac{\pi\left(y+v\right)}{2b}, e^{-\frac{\eta_y}{4\eta_x}\left(\frac{\pi x}{b\tau}\right)^2}\right\}\right]dvd\tau + \\ & + \frac{1}{2\phi c_t b\sqrt{\eta_x\pi}}\int_0^{t}\!\!\int_0^{\infty}\left[\psi_0\left(u,t-\tau\right)\Theta_3\left\{\frac{\pi y}{2b}, e^{-\left(\frac{\pi}{b}\right)^2\eta_y\tau}\right\} - \psi_b\left(u,t-\tau\right)\Theta_4\left\{\frac{\pi y}{2b}, e^{-\left(\frac{\pi}{b}\right)^2\eta_y\tau}\right\}\right]\times \\ & \times\frac{1}{\sqrt{\tau}}\left\{e^{-\frac{(x-u)^2}{4\eta_x\tau}} - e^{-\frac{(x+u)^2}{4\eta_x\tau}}\right\}dud\tau +\end{aligned}$$

$$+\frac{1}{4b\sqrt{\pi\eta_x t}}\int_0^\infty\int_0^b \varphi(u,v)\left[e^{-\frac{(x-u)^2}{4\eta_x t}}-e^{-\frac{(x+u)^2}{4\eta_x t}}\right]\times$$

$$\times\left[\Theta_3\left\{\frac{\pi(y-v)}{2b},e^{-\left(\frac{\pi}{b}\right)^2\eta_y t}\right\}+\Theta_3\left\{\frac{\pi(y+v)}{2b},e^{-\left(\frac{\pi}{b}\right)^2\eta_y t}\right\}\right]dvdu \tag{6.14.2}$$

where $\overline{\overline{\psi}}_0(n,s)=\int_0^\infty\overline{\psi}_0(x,s)\sin(nx)\,dx$, $\overline{\psi}_0(x,s)=\int_0^\infty\psi_0(x,t)\,e^{-st}dt$, $\overline{\overline{\psi}}_b(n,s)=\int_0^\infty\overline{\psi}_b(x,s)\sin(nx)\,dx$, $\overline{\psi}_b(x,s)=\int_0^\infty\psi_b(x,t)\,e^{-st}dt$, $\overline{\overline{\psi}}_y(\xi_m,s)=\int_0^b\overline{\psi}_y(y,s)\cos(\xi_m y)\,dy$, $\overline{\psi}_y(y,s)=\int_0^\infty\psi_y(y,t)\,e^{-st}dt$ and ξ_m is a positive root of $\sin(\xi_m b)=0$, which are $\frac{m\pi}{b}$, $m=1,2,....$

For the case where $p(0,y,t)=\psi_y(y,t)=p_y$, $\psi_0(x,t)=q_0$ and $\psi_b(x,t)=q_b$, p_y, q_0 and q_b are constants, the terms corresponding to the boundary conditions reduce to

$$\overline{p}=\frac{p_y e^{-x\sqrt{\frac{s}{\eta_x}}}}{s\phi c_t}+\frac{\{q_0-q_b\}\left(1-e^{-x\sqrt{\frac{s}{\eta_x}}}\right)}{b\phi c_t s^2}+$$

$$+\frac{2}{b\phi c_t s}\sum_{m=1}^{\infty}\frac{\left\{q_0+(-1)^{m+1}q_b\right\}\left(1-e^{-x\sqrt{\frac{\xi_m^2\eta_y+s}{\eta_x}}}\right)\cos(\xi_m y)}{(\xi_m^2\eta_y+s)} \tag{6.14.3}$$

and

$$p=\frac{p_y}{\phi c_t}\operatorname{erfc}\left(\frac{x}{2\sqrt{\eta_x t}}\right)+\frac{\{q_0-q_b\}}{b\phi c_t}\left\{t\operatorname{erf}\left(\frac{x}{2\sqrt{\eta_x t}}\right)-\frac{x^2}{2\eta_x}\operatorname{erfc}\left(\frac{x}{2\sqrt{\eta_x t}}\right)+x\sqrt{\frac{t}{\pi\eta_x}}e^{-\frac{x^2}{4\eta_x t}}\right\}+$$

$$+\frac{2}{b\phi c_t\eta_y}\sum_{m=1}^{\infty}\left\{q_0+(-1)^{m+1}q_b\right\}\frac{\cos(\xi_m y)}{\xi_m^2}\left[1-e^{-\xi_m^2\eta_y t}\operatorname{erf}\left(\frac{x}{2\sqrt{\eta_x t}}\right)\right.$$

$$\left.-\frac{e^{-x\xi_m\sqrt{\frac{\eta_y}{\eta_x}}}}{2}\left\{2+e^{2x\xi_m\sqrt{\frac{\eta_y}{\eta_x}}}\operatorname{erfc}\left(\xi_m\sqrt{\eta_y t}+\frac{x}{2\sqrt{\eta_x t}}\right)+\operatorname{erfc}\left(\xi_m\sqrt{\eta_y t}-\frac{x}{2\sqrt{\eta_x t}}\right)\right\}\right] \tag{6.14.4}$$

When $q_0=q_b=0$—that is, when there are no flow boundaries at $x=0$ and $x=b$—equations (6.14.3) and (6.14.4) reduce to

$$\overline{p}=\frac{p_y e^{-x\sqrt{\frac{s}{\eta_x}}}}{s\phi c_t} \tag{6.14.5}$$

and

$$p=\frac{p_y}{\phi c_t}\operatorname{erfc}\left(\frac{x}{2\sqrt{\eta_x t}}\right) \tag{6.14.6}$$

When $p(x,y,0)=p_I$, a constant, for all $x>0$ and $y>0$, the terms corresponding to the initial condition are given by

$$\overline{p}=\frac{p_I}{s}\left\{1-e^{-x\sqrt{\frac{s}{\eta_x}}}\right\} \tag{6.14.7}$$

and

$$p=p_I\operatorname{erf}\left(\frac{x}{2\sqrt{\eta_x t}}\right) \tag{6.14.8}$$

6.15

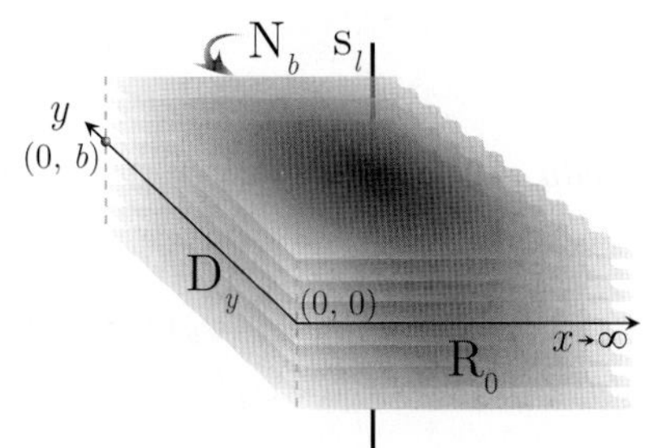

The problem of 6.10, except
$\mathbf{R_0} \equiv \frac{\partial p(x,0,t)}{\partial y} - \lambda_0 p\left(x,0,t\right) = -\left(\frac{\mu}{k_y}\right)\psi_0\left(x,t\right),$
$\mathbf{N_b} \equiv \frac{\partial p(x,b,t)}{\partial y} = -\left(\frac{\mu}{k_y}\right)\psi_b\left(x,t\right)$ **and**
$\mathbf{D_y} \equiv p\left(0,y,t\right) = \psi_y\left(y,t\right)$

$$
\begin{aligned}
\overline{p} &= \frac{q\left(s\right)e^{-st_0}}{\phi c_t\sqrt{\eta_x}}\sum_{m=1}^{\infty}\left\{e^{-|x-x_0|\sqrt{\frac{\xi_m^2\eta_y+s}{\eta_x}}} - e^{-(x+x_0)\sqrt{\frac{\xi_m^2\eta_y+s}{\eta_x}}}\right\}\times \\
&\times\frac{\left(\xi_m^2+\lambda_0^2\right)\cos\left\{\xi_m\left(b-y_0\right)\right\}\cos\left\{\xi_m\left(b-y\right)\right\}}{\left\{b\left(\xi_m^2+\lambda_0^2\right)+\lambda_0\right\}\sqrt{\xi_m^2\eta_y+s}}+ \\
&+ 2\sum_{m=1}^{\infty}\frac{\overline{\overline{\psi}}_y\left(\xi_m,s\right)\left(\xi_m^2+\lambda_0^2\right)e^{-x\sqrt{\frac{\xi_m^2\eta_y+s}{\eta_x}}}\cos\left\{\xi_m\left(b-y\right)\right\}}{\left\{b\left(\xi_m^2+\lambda_0^2\right)+\lambda_0\right\}}+ \\
&+ \frac{1}{\phi c_t\sqrt{\eta_x}}\sum_{m=1}^{\infty}\frac{\left(\xi_m^2+\lambda_0^2\right)\cos\left\{\xi_m\left(b-y\right)\right\}}{\left\{b\left(\xi_m^2+\lambda_0^2\right)+\lambda_0\right\}\sqrt{\xi_m^2\eta_y+s}}\times \\
&\times\int_0^\infty\left\{\overline{\psi}_0\left(u,s\right)\cos\left(\xi_m b\right)-\overline{\psi}_b\left(u,s\right)\right\}\left\{e^{-|x-u|\sqrt{\frac{\xi_m^2\eta_y+s}{\eta_x}}} - e^{-(x+u)\sqrt{\frac{\xi_m^2\eta_y+s}{\eta_x}}}\right\}du+ \\
&+ \frac{1}{\sqrt{\eta_x}}\sum_{m=1}^{\infty}\frac{\left(\xi_m^2+\lambda_0^2\right)\cos\left\{\xi_m\left(b-y\right)\right\}}{\left\{b\left(\xi_m^2+\lambda_0^2\right)+\lambda_0\right\}\sqrt{\xi_m^2\eta_y+s}}\int_0^\infty\left\{e^{-|x-u|\sqrt{\frac{\xi_m^2\eta_y+s}{\eta_x}}} - e^{-(x+u)\sqrt{\frac{\xi_m^2\eta_y+s}{\eta_x}}}\right\}\times \\
&\times\int_0^b\varphi\left(u,v\right)\cos\left\{\xi_m\left(b-v\right)\right\}dvdu
\end{aligned}
\tag{6.15.1}
$$

$$
\begin{aligned}
p &= \frac{U\left(t-t_0\right)}{\phi c_t\sqrt{\pi\eta_x}}\sum_{m=1}^{\infty}\frac{\left(\xi_m^2+\lambda_0^2\right)\cos\left\{\xi_m\left(b-y_0\right)\right\}\cos\left\{\xi_m\left(b-y\right)\right\}}{\left\{b\left(\xi_m^2+\lambda_0^2\right)+\lambda_0\right\}}\times \\
&\times\int_0^{t-t_0}\frac{q\left(t-t_0-\tau\right)e^{-\xi_m^2\eta_y\tau}}{\sqrt{\tau}}\left\{e^{-\frac{(x-x_0)^2}{4\eta_x\tau}} - e^{-\frac{(x+x_0)^2}{4\eta_x\tau}}\right\}d\tau+ \\
&+ \frac{4}{\sqrt{\pi}}\sum_{m=1}^{\infty}\frac{\left(\xi_m^2+\lambda_0^2\right)\cos\left\{\xi_m\left(b-y\right)\right\}}{\left\{b\left(\xi_m^2+\lambda_0^2\right)+\lambda_0\right\}}\int_{\frac{x}{2\sqrt{\eta_x t}}}^{\infty}\overline{\psi}_y\left(\xi_m,t-\frac{x^2}{4\eta_x\tau^2}\right)e^{-\tau^2-\frac{\eta_y}{4\eta_x}\left(\frac{x}{\tau}\right)^2}d\tau+ \\
&+ \frac{1}{\phi c_t\sqrt{\pi\eta_x}}\sum_{m=1}^{\infty}\frac{\left(\xi_m^2+\lambda_0^2\right)\cos\left\{\xi_m\left(b-y\right)\right\}}{\left\{b\left(\xi_m^2+\lambda_0^2\right)+\lambda_0\right\}}\times \\
&\times\int_0^\infty\int_0^t\left\{\psi_0\left(u,t-\tau\right)\cos\left(\xi_m b\right)-\psi_b\left(u,t-\tau\right)\right\}\frac{e^{-\xi_m^2\eta_y\tau}}{\sqrt{\tau}}\left\{e^{-\frac{(x-u)^2}{4\eta_x\tau}} - e^{-\frac{(x+u)^2}{4\eta_x\tau}}\right\}d\tau\,du+ \\
&+ \frac{1}{b\sqrt{\pi\eta_x t}}\sum_{m=1}^{\infty}\cos\left\{\xi_m\left(b-y\right)\right\}e^{-\xi_m^2\eta_y t}\int_0^\infty\int_0^b\varphi\left(u,v\right)\left\{e^{-\frac{(x-u)^2}{4\eta_x t}} - e^{-\frac{(x+u)^2}{4\eta_x t}}\right\}\cos\left\{\xi_m\left(b-v\right)\right\}dvdu
\end{aligned}
\tag{6.15.2}
$$

where $\overline{\overline{\psi}}_0(n,s) = \int_0^\infty \overline{\psi}_0(x,s)\sin(nx)\,dx$, $\overline{\psi}_0(x,s) = \int_0^\infty \psi_0(x,t)\,e^{-st}dt$, $\overline{\overline{\psi}}_b(n,s) = \int_0^\infty \overline{\psi}_b(x,s)\sin(nx)\,dx$, $\overline{\psi}_b(x,s) = \int_0^\infty \psi_b(x,t)\,e^{-st}dt$, $\overline{\overline{\psi}}_y(\xi_m,s) = \int_0^b \overline{\psi}_y(y,s)\cos\{\xi_m(b-y)\}dy$, $\overline{\psi}_y(y,s) = \int_0^\infty \psi_y(y,t)\,e^{-st}dt$, $\overline{\psi}_y(\xi_m,t) = \int_0^b \psi_y(y,t)\cos\{\xi_m(b-y)\}dy$ and the summation is over the positive roots of $\xi_m\tan(\xi_m b) = \lambda_0$, $m = 1, 2, \ldots$.

When $p(x,y,0) = p_I$, a constant, for all $x > 0$ and $y > 0$, the terms corresponding to the initial condition are given by

$$\overline{p} = \frac{p_I}{s} - \frac{2\lambda_0 p_I}{s}\sum_{m=1}^{\infty}\frac{\left(\xi_m^2+\lambda_b^2\right)\left\{se^{-x\sqrt{\frac{\xi_m^2\eta_y+s}{\eta_x}}}+\xi_m^2\eta_y\right\}\cos\{\xi_m(b-y)\}\cos(\xi_m b)}{\xi_m^2\left(\xi_m^2\eta_y+s\right)\left\{b\left(\xi_m^2+\lambda_0^2\right)+\lambda_0\right\}} \tag{6.15.3}$$

and

$$p = p_I - 2\lambda_0 p_I\sum_{m=1}^{\infty}\frac{\left(\xi_m^2+\lambda_b^2\right)\cos\{\xi_m(b-y)\}\cos(\xi_m b)}{\xi_m^2\left\{b\left(\xi_m^2+\lambda_0^2\right)+\lambda_0\right\}}\left\{1-e^{-\xi_m^2\eta_y t}\operatorname{erf}\left(\frac{x}{2\sqrt{\eta_x t}}\right)\right\} \tag{6.15.4}$$

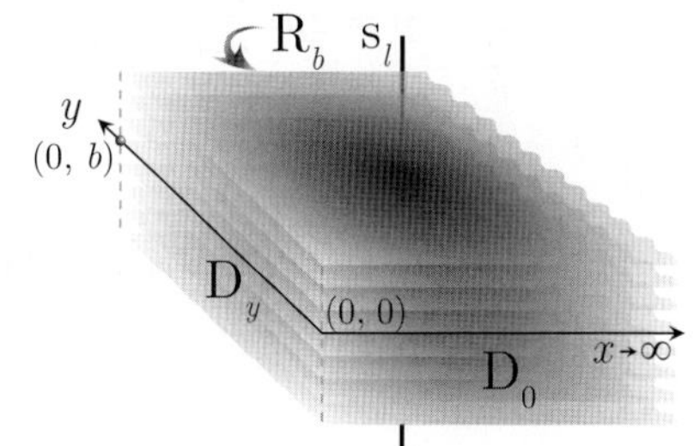

6.16 The problem of 6.10, except $\mathbf{D_0} \equiv p(x,0,t) = \psi_0(x,t)$, $\mathbf{R_b} \equiv \frac{\partial p(x,b,t)}{\partial y} + \lambda_b p(x,b,t) = -\left(\frac{\mu}{k_y}\right)\psi_b(x,t)$ and $\mathbf{D_y} \equiv p(0,y,t) = \psi_y(y,t)$

$$\begin{aligned}
\overline{p} \;=\; & \frac{q(s)\,e^{-st_0}}{\phi c_t\sqrt{\eta_x}}\sum_{m=1}^{\infty}\frac{\left(\xi_m^2+\lambda_b^2\right)\sin(\xi_m y_0)\sin(\xi_m y)}{\left\{b\left(\xi_m^2+\lambda_b^2\right)+\lambda_b\right\}\sqrt{\xi_m^2\eta_y+s}}\left\{e^{-|x-x_0|\sqrt{\frac{\xi_m^2\eta_y+s}{\eta_x}}}-e^{-(x+x_0)\sqrt{\frac{\xi_m^2\eta_y+s}{\eta_x}}}\right\}+\\
+\; & 2\sum_{m=1}^{\infty}\frac{\overline{\overline{\psi}}_y(\xi_m,s)\left(\xi_m^2+\lambda_b^2\right)\sin(\xi_m y)}{\left\{b\left(\xi_m^2+\lambda_b^2\right)+\lambda_b\right\}}e^{-x\sqrt{\frac{s+\xi_m^2\eta_y}{\eta_x}}}+\\
+\; & \frac{1}{\phi c_t\sqrt{\eta_x}}\sum_{m=1}^{\infty}\frac{\left(\xi_m^2+\lambda_b^2\right)\sin(\xi_m y)}{\left\{b\left(\xi_m^2+\lambda_b^2\right)+\lambda_b\right\}\sqrt{\left(\xi_m^2\eta_y+s\right)}}\times\\
& \times\int_0^{\infty}\left\{\xi_m\left(\frac{k_y}{\mu}\right)\overline{\psi}_0(u,s)-\overline{\psi}_b(u,s)\sin(\xi_m b)\right\}\left\{e^{-|x-u|\sqrt{\frac{\xi_m^2\eta_y+s}{\eta_x}}}-e^{-(x+u)\sqrt{\frac{\xi_m^2\eta_y+s}{\eta_x}}}\right\}du+\\
+\; & \frac{1}{\sqrt{\eta_x}}\sum_{m=1}^{\infty}\frac{\left(\xi_m^2+\lambda_b^2\right)\sin(\xi_m y)}{\left\{b\left(\xi_m^2+\lambda_b^2\right)+\lambda_b\right\}\sqrt{\xi_m^2\eta_y+s}}\times\\
& \times\int_0^{\infty}\left\{e^{-|x-u|\sqrt{\frac{\xi_m^2\eta_y+s}{\eta_x}}}-e^{-(x+u)\sqrt{\frac{\xi_m^2\eta_y+s}{\eta_x}}}\right\}\int_0^b\varphi(u,v)\sin(\xi_m v)\,dv\,du
\end{aligned} \tag{6.16.1}$$

$$\begin{aligned}
p \;=\; & \frac{U(t-t_0)}{\phi c_t\sqrt{\pi\eta_x}}\sum_{m=1}^{\infty}\frac{\left(\xi_m^2+\lambda_b^2\right)\sin(\xi_m y_0)\sin(\xi_m y)}{\left\{b\left(\xi_m^2+\lambda_b^2\right)+\lambda_b\right\}}\int_0^{t-t_0}\frac{q(t-t_0-\tau)\,e^{-\xi_m^2\eta_y\tau}}{\sqrt{\tau}}\left\{e^{-\frac{(x-x_0)^2}{4\eta_x\tau}}-e^{-\frac{(x+x_0)^2}{4\eta_x\tau}}\right\}d\tau+\\
+\; & \frac{4}{\sqrt{\pi}}\sum_{m=1}^{\infty}\frac{\left(\xi_m^2+\lambda_b^2\right)\sin\{\xi_m y\}}{\left\{b\left(\xi_m^2+\lambda_b^2\right)+\lambda_b\right\}}\int_{\frac{x}{2\sqrt{\eta_x t}}}^{\infty}\overline{\psi}_y\left(\xi_m,t-\frac{x^2}{4\eta_x\tau^2}\right)e^{-\tau^2-\frac{\eta_y}{4\eta_x}\left(\frac{x}{\tau}\right)^2}d\tau+
\end{aligned}$$

$$+\ \frac{1}{\phi c_t\sqrt{\pi\eta_x}}\sum_{m=1}^{\infty}\frac{\left(\xi_m^2+\lambda_b^2\right)\sin\left(\xi_m y\right)}{\left\{b\left(\xi_m^2+\lambda_b^2\right)+\lambda_b\right\}}\times$$

$$\times\int_0^{\infty}\int_0^{t}\left\{\xi_m\left(\frac{k_y}{\mu}\right)\psi_0\left(u,t-\tau\right)-\psi_b\left(u,t-\tau\right)\sin\left(\xi_m b\right)\right\}\frac{e^{-\xi_m^2\eta_y\tau}}{\sqrt{\tau}}\left\{e^{-\frac{(x-u)^2}{4\eta_x\tau}}-e^{-\frac{(x+u)^2}{4\eta_x\tau}}\right\}d\tau du+$$

$$+\ \frac{1}{\sqrt{\pi\eta_x t}}\sum_{m=1}^{\infty}\frac{\left(\xi_m^2+\lambda_b^2\right)\sin(\xi_m y)e^{-\xi_m^2\eta_y t}}{\left\{b\left(\xi_m^2+\lambda_b^2\right)+\lambda_b\right\}}\int_0^{\infty}\left\{e^{-\frac{(x-u)^2}{4\eta_x t}}-e^{-\frac{(x+u)^2}{4\eta_x t}}\right\}\int_0^{b}\varphi(u,v)\sin(\xi_m v)dvdu \quad (6.16.2)$$

where $\overline{\overline{\psi}}_0\left(n,s\right)=\int_0^{\infty}\overline{\psi}_0\left(x,s\right)\sin\left(nx\right)dx$, $\overline{\psi}_0\left(x,s\right)=\int_0^{\infty}\psi_0\left(x,t\right)e^{-st}dt$, $\overline{\overline{\psi}}_b\left(n,s\right)=\int_0^{\infty}\overline{\psi}_b\left(x,s\right)\sin\left(nx\right)dx$, $\overline{\psi}_b\left(x,s\right)=\int_0^{\infty}\psi_b\left(x,t\right)e^{-st}dt$, $\overline{\overline{\psi}}_y\left(\xi_m,s\right)=\int_0^{b}\overline{\psi}_y\left(y,s\right)\sin\left(\xi_m y\right)dy$, $\overline{\psi}_y\left(y,s\right)=\int_0^{\infty}\psi_y\left(y,t\right)e^{-st}dt$, $\overline{\psi}_y\left(\xi_m,t\right)=\int_0^{b}\psi_y\left(y,t\right)\sin\left(\xi_m y\right)dy$ and ξ_m is a positive root of $\xi_m\cot\left(\xi_m b\right)=-\lambda_b$, $m=1,2,....$

When $p(x,y,0)=p_I$, a constant, for all $x>0$ and $y>0$, the terms corresponding to the initial condition are given by

$$\overline{p}=2p_I\sum_{m=1}^{\infty}\frac{\left\{\cos\left(\xi_m b\right)-1\right\}\left(\xi_m^2+\lambda_b^2\right)\sin\left(\xi_m y\right)}{\left(\xi_m^2\eta_y+s\right)\left\{b\left(\xi_m^2+\lambda_b^2\right)+\lambda_b\right\}}\left[\frac{e^{-x\sqrt{\frac{\xi_m^2\eta_y+s}{\eta_x}}}}{\xi_m}+\frac{\eta_y\xi_m}{s}\right]+\frac{p_I}{s} \quad (6.16.3)$$

and

$$p=2p_I\sum_{m=1}^{\infty}\frac{\left\{\cos\left(\xi_m b\right)-1\right\}\left(\xi_m^2+\lambda_b^2\right)\sin\left(\xi_m y\right)}{\xi_m\left\{b\left(\xi_m^2+\lambda_b^2\right)+\lambda_b\right\}}\left[1-e^{-\xi_m^2\eta_y t}\operatorname{erf}\left(\frac{x}{2\sqrt{\eta_x t}}\right)\right]+p_I \quad (6.16.4)$$

6.17

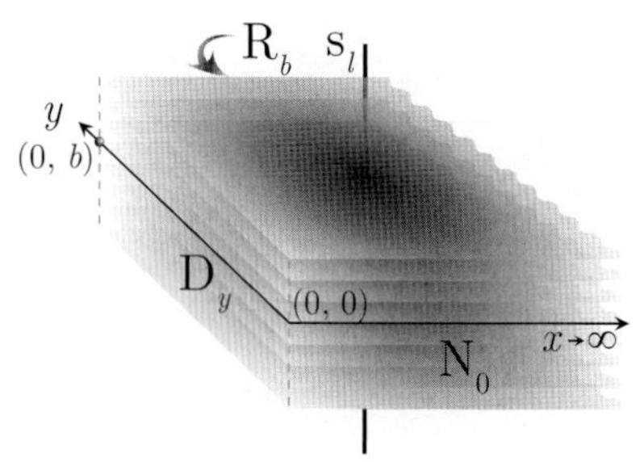

The problem of 6.10, except
$\mathbf{N_0}\equiv\frac{\partial p(x,0,t)}{\partial y}=-\left(\frac{\mu}{k_y}\right)\psi_0\left(x,t\right),$
$\mathbf{R_b}\equiv\frac{\partial p(x,b,t)}{\partial y}+\lambda_b p\left(x,b,t\right)=-\left(\frac{\mu}{k_y}\right)\psi_b\left(x,t\right)$ **and**
$\mathbf{D_y}\equiv p\left(0,y,t\right)=\psi_y\left(y,t\right)$

$$\overline{p}\ =\ \frac{q\left(s\right)e^{-st_0}}{\phi c_t\sqrt{\eta_x}}\sum_{m=1}^{\infty}\frac{\left(\xi_m^2+\lambda_b^2\right)\cos\left(\xi_m y_0\right)\cos\left(\xi_m y\right)}{\left\{b\left(\xi_m^2+\lambda_b^2\right)+\lambda_b\right\}\sqrt{\xi_m^2\eta_y+s}}\left\{e^{-|x-x_0|\sqrt{\frac{\xi_m^2\eta_y+s}{\eta_x}}}-e^{-(x+x_0)\sqrt{\frac{\xi_m^2\eta_y+s}{\eta_x}}}\right\}+$$

$$+\ 2\sum_{m=1}^{\infty}\frac{\overline{\overline{\psi}}_y\left(\xi_m,s\right)\left(\xi_m^2+\lambda_b^2\right)\cos\left(\xi_m y\right)e^{-x\sqrt{\frac{s+\xi_m^2\eta_y}{\eta_x}}}}{\left\{b\left(\xi_m^2+\lambda_b^2\right)+\lambda_b\right\}}+$$

$$+\ \frac{1}{\phi c_t\sqrt{\eta_x}}\sum_{m=1}^{\infty}\frac{\left(\xi_m^2+\lambda_b^2\right)\cos\left(\xi_m y\right)}{\left\{b\left(\xi_m^2+\lambda_b^2\right)+\lambda_b\right\}\sqrt{\left(\xi_m^2\eta_y+s\right)}}\times$$

$$\times\int_0^{\infty}\left\{\overline{\psi}_0\left(u,s\right)-\overline{\psi}_b\left(u,s\right)\cos\left(\xi_m b\right)\right\}\left\{e^{-|x-u|\sqrt{\frac{\xi_m^2\eta_y+s}{\eta_x}}}-e^{-(x+u)\sqrt{\frac{\xi_m^2\eta_y+s}{\eta_x}}}\right\}du+$$

$$+\ \frac{1}{\sqrt{\eta_x}}\sum_{m=1}^{\infty}\frac{\left(\xi_m^2+\lambda_b^2\right)\cos(\xi_m y)}{\left\{b\left(\xi_m^2+\lambda_b^2\right)+\lambda_b\right\}\sqrt{\xi_m^2\eta_y+s}}\int_0^{\infty}\left\{e^{-|x-u|\sqrt{\frac{\xi_m^2\eta_y+s}{\eta_x}}}-e^{-(x+u)\sqrt{\frac{\xi_m^2\eta_y+s}{\eta_x}}}\right\}\times$$

$$\times\int_0^{b}\varphi(u,v)\cos(\xi_m v)dvdu \quad (6.17.1)$$

$$p = \frac{U(t-t_0)}{\phi c_t\sqrt{\pi\eta_x}}\sum_{m=1}^{\infty}\frac{\left(\xi_m^2+\lambda_b^2\right)\cos\left(\xi_m y_0\right)\cos\left(\xi_m y\right)}{\left\{b\left(\xi_m^2+\lambda_b^2\right)+\lambda_b\right\}}\times$$

$$\times\int_0^{t-t_0}\frac{q\left(t-t_0-\tau\right)e^{-\xi_m^2\eta_y\tau}}{\sqrt{\tau}}\left\{e^{-\frac{(x-x_0)^2}{4\eta_x\tau}}-e^{-\frac{(x+x_0)^2}{4\eta_x\tau}}\right\}d\tau+$$

$$+\frac{4}{\sqrt{\pi}}\sum_{m=1}^{\infty}\frac{\left(\xi_m^2+\lambda_b^2\right)\cos\left\{\xi_m y\right\}}{\left\{b\left(\xi_m^2+\lambda_b^2\right)+\lambda_b\right\}}\int_{\frac{x}{2\sqrt{\eta_x t}}}^{\infty}\overline{\psi}_y\left(\xi_m,t-\frac{x^2}{4\eta_x\tau^2}\right)e^{-\tau^2-\frac{\eta_y}{4\eta_x}\left(\frac{x}{\tau}\right)^2}d\tau+$$

$$+\frac{1}{\phi c_t\sqrt{\pi\eta_x}}\sum_{m=1}^{\infty}\frac{\left(\xi_m^2+\lambda_b^2\right)\cos\left(\xi_m y\right)}{\left\{b\left(\xi_m^2+\lambda_b^2\right)+\lambda_b\right\}}\times$$

$$\times\int_0^{\infty}\int_0^{t}\left\{\psi_0\left(u,t-\tau\right)-\psi_b\left(u,t-\tau\right)\cos\left(\xi_m b\right)\right\}\frac{e^{-\xi_m^2\eta_y\tau}}{\sqrt{\tau}}\left\{e^{-\frac{(x-u)^2}{4\eta_x\tau}}-e^{-\frac{(x+u)^2}{4\eta_x\tau}}\right\}d\tau du+$$

$$+\frac{1}{\sqrt{\pi\eta_x t}}\sum_{m=1}^{\infty}\frac{\left(\xi_m^2+\lambda_b^2\right)\cos(\xi_m y)e^{-\xi_m^2\eta_y t}}{\left\{b\left(\xi_m^2+\lambda_b^2\right)+\lambda_b\right\}}\int_0^{\infty}\left\{e^{-\frac{(x-u)^2}{4\eta_x t}}-e^{-\frac{(x+u)^2}{4\eta_x t}}\right\}\int_0^{b}\varphi(u,v)\cos(\xi_m v)dvdu \quad (6.17.2)$$

where $\overline{\overline{\psi}}_0(n,s)=\int_0^\infty\overline{\psi}_0(x,s)\sin(nx)\,dx$, $\overline{\psi}_0(x,s)=\int_0^\infty\psi_0(x,t)\,e^{-st}dt$, $\overline{\overline{\psi}}_b(n,s)=\int_0^\infty\overline{\psi}_b(x,s)\sin(nx)\,dx$, $\overline{\psi}_b(x,s)=\int_0^\infty\psi_b(x,t)\,e^{-st}dt$, $\overline{\overline{\psi}}_y(\xi_m,s)=\int_0^b\overline{\psi}_y(y,s)\cos(\xi_m y)\,dy$, $\overline{\psi}_y(y,s)=\int_0^\infty\psi_y(y,t)\,e^{-st}dt$, $\overline{\psi}_y(\xi_m,t)=\int_0^b\psi_y(y,t)\cos(\xi_m y)\,dy$ and ξ_m is a positive root of $\xi_m\tan(\xi_m b)=\lambda_b$, $m=1,2,....$

When $p(x,y,0)=p_I$, a constant, for all $x>0$ and $y>0$, the terms corresponding to the initial condition are given by

$$\overline{p}=\frac{p_I}{s}-2p_I\sum_{m=1}^{\infty}\frac{\sin\left(\xi_m b\right)\left(\xi_m^2+\lambda_b^2\right)\cos\left(\xi_m y\right)}{\left\{b\left(\xi_m^2+\lambda_b^2\right)+\lambda_b\right\}}\left[\frac{e^{-x\sqrt{\frac{\xi_m^2\eta_y+s}{\eta_x}}}}{\xi_m\left(\xi_m^2\eta_y+s\right)}+\frac{\eta_y\xi_m}{s\left(\xi_m^2\eta_y+s\right)}\right] \quad (6.17.3)$$

and

$$p=2p_I\sum_{m=1}^{\infty}\frac{\sin\left(\xi_m b\right)\left(\xi_m^2+\lambda_b^2\right)\cos\left(\xi_m y\right)}{\xi_m\left\{b\left(\xi_m^2+\lambda_b^2\right)+\lambda_b\right\}}\left[e^{-\xi_m^2\eta_y t}\,\mathrm{erf}\left(\frac{x}{2\sqrt{\eta_x t}}\right)-1\right]+p_I \quad (6.17.4)$$

6.18 The problem of 6.10, except

$\mathbf{R}_0\equiv\frac{\partial p(x,0,t)}{\partial y}-\lambda_0 p\left(x,0,t\right)=-\left(\frac{\mu}{k_y}\right)\psi_0\left(x,t\right)$,

$\mathbf{R}_b\equiv\frac{\partial p(x,b,t)}{\partial y}+\lambda_b p\left(x,b,t\right)=-\left(\frac{\mu}{k_y}\right)\psi_b\left(x,t\right)$ and

$\mathbf{D}_y\equiv p\left(0,y,t\right)=\psi_y\left(y,t\right)$

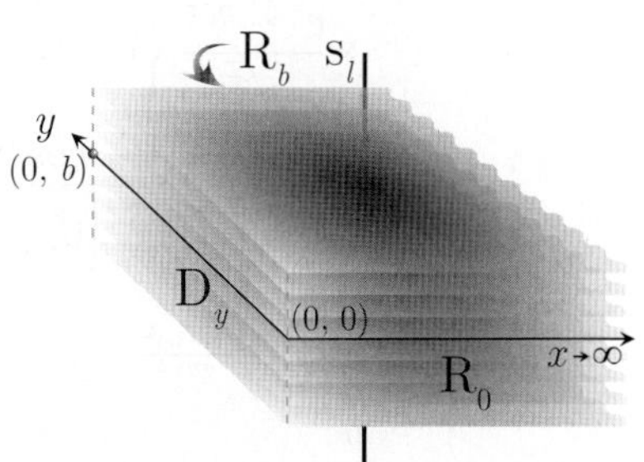

$$\overline{p} = \frac{q(s)\,e^{-st_0}}{\phi c_t\sqrt{\eta_x}}\sum_{m=1}^{\infty}\frac{\left\{\xi_m\cos\left(\xi_m y_0\right)+\lambda_0\sin\left(\xi_m y_0\right)\right\}\left\{\xi_m\cos\left(\xi_m y\right)+\lambda_0\sin\left(\xi_m y\right)\right\}}{\left[\left(\xi_m^2+\lambda_0^2\right)\left\{b+\frac{\lambda_b}{\xi_m^2+\lambda_b^2}\right\}+\lambda_0\right]\sqrt{\xi_m^2\eta_y+s}}\times$$

$$\times\left\{e^{-|x-x_0|\sqrt{\frac{\xi_m^2\eta_y+s}{\eta_x}}}-e^{-(x+x_0)\sqrt{\frac{\xi_m^2\eta_y+s}{\eta_x}}}\right\}+$$

$$+ \; 2\sum_{m=1}^{\infty}\frac{\overline{\overline{\psi}}_y(\xi_m,s)\{\xi_m\cos(\xi_m y)+\lambda_0\sin(\xi_m y)\}}{\left[(\xi_m^2+\lambda_0^2)\left\{b+\frac{\lambda_b}{\xi_m^2+\lambda_b^2}\right\}+\lambda_0\right]}e^{-x\sqrt{\frac{s+\xi_m^2\eta_y}{\eta_x}}}+$$

$$+ \; \frac{1}{\phi c_t\sqrt{\eta_x}}\sum_{m=1}^{\infty}\frac{\{\xi_m\cos(\xi_m y)+\lambda_0\sin(\xi_m y)\}}{\left[(\xi_m^2+\lambda_0^2)\left\{b+\frac{\lambda_b}{\xi_m^2+\lambda_b^2}\right\}+\lambda_0\right]\sqrt{(\xi_m^2\eta_y+s)}}\times$$

$$\times\int_0^{\infty}\left[\xi_m\overline{\psi}_0(u,s)-\overline{\psi}_b(u,s)\{\xi_m\cos(\xi_m b)+\lambda_0\sin(\xi_m b)\}\right]\times$$

$$\times\left\{e^{-|x-u|\sqrt{\frac{\xi_m^2\eta_y+s}{\eta_x}}}-e^{-(x+u)\sqrt{\frac{\xi_m^2\eta_y+s}{\eta_x}}}\right\}du+$$

$$+ \; \frac{1}{\sqrt{\eta_x}}\sum_{m=1}^{\infty}\frac{\{\xi_m\cos(\xi_m y)+\lambda_0\sin(\xi_m y)\}}{\left[(\xi_m^2+\lambda_0^2)\left\{b+\frac{\lambda_b}{\xi_m^2+\lambda_b^2}\right\}+\lambda_0\right]\sqrt{\xi_m^2\eta_y+s}}\times$$

$$\times\int_0^{\infty}\left\{e^{-|x-u|\sqrt{\frac{\xi_m^2\eta_y+s}{\eta_x}}}-e^{-(x+u)\sqrt{\frac{\xi_m^2\eta_y+s}{\eta_x}}}\right\}\int_0^{b}\varphi(u,v)\{\xi_m\cos(\xi_m v)+\lambda_0\sin(\xi_m v)\}dvdu \qquad (6.18.1)$$

$$p = \frac{U(t-t_0)}{\phi c_t\sqrt{\pi\eta_x}}\sum_{m=1}^{\infty}\frac{\{\xi_m\cos(\xi_m y_0)+\lambda_0\sin(\xi_m y_0)\}\{\xi_m\cos(\xi_m y)+\lambda_0\sin(\xi_m y)\}}{\left[(\xi_m^2+\lambda_0^2)\left\{b+\frac{\lambda_b}{\xi_m^2+\lambda_b^2}\right\}+\lambda_0\right]}\times$$

$$\times\int_0^{t-t_0}\frac{q(t-t_0-\tau)e^{-\xi_m^2\eta_y\tau}}{\sqrt{\tau}}\left\{e^{-\frac{(x-x_0)^2}{4\eta_x\tau}}-e^{-\frac{(x+x_0)^2}{4\eta_x\tau}}\right\}d\tau+$$

$$+ \; \frac{4}{\sqrt{\pi}}\sum_{m=1}^{\infty}\frac{\{\xi_m\cos(\xi_m y)+\lambda_0\sin(\xi_m y)\}}{\left[(\xi_m^2+\lambda_0^2)\left\{b+\frac{\lambda_b}{\xi_m^2+\lambda_b^2}\right\}+\lambda_0\right]}\int_{\frac{x}{2\sqrt{\eta_x t}}}^{\infty}\overline{\psi}_y\left(\xi_m,t-\frac{x^2}{4\eta_x\tau^2}\right)e^{-\tau^2-\frac{\eta_y}{4\eta_x}\left(\frac{x}{\tau}\right)^2}d\tau+$$

$$+ \; \frac{1}{\phi c_t\sqrt{\pi\eta_x}}\sum_{m=1}^{\infty}\frac{\{\xi_m\cos(\xi_m y)+\lambda_0\sin(\xi_m y)\}}{\left[(\xi_m^2+\lambda_0^2)\left\{b+\frac{\lambda_b}{\xi_m^2+\lambda_b^2}\right\}+\lambda_0\right]}\times$$

$$\times\int_0^{\infty}\int_0^{t}\left[\psi_0(u,t-\tau)\xi_m-\psi_b(u,t-\tau)\{\xi_m\cos(\xi_m b)+\lambda_0\sin(\xi_m b)\}\right]\times$$

$$\times\frac{e^{-\xi_m^2\eta_y\tau}}{\sqrt{\tau}}\left\{e^{-\frac{(x-u)^2}{4\eta_x\tau}}-e^{-\frac{(x+u)^2}{4\eta_x\tau}}\right\}d\tau du+$$

$$+ \; \frac{1}{\sqrt{\pi\eta_x t}}\sum_{m=1}^{\infty}\frac{\{\xi_m\cos(\xi_m y)+\lambda_0\sin(\xi_m y)\}e^{-\xi_m^2\eta_y t}}{\left[(\xi_m^2+\lambda_0^2)\left\{b+\frac{\lambda_b}{\xi_m^2+\lambda_b^2}\right\}+\lambda_0\right]}\times$$

$$\times\int_0^{\infty}\left\{e^{-\frac{(x-u)^2}{4\eta_x t}}-e^{-\frac{(x+u)^2}{4\eta_x t}}\right\}\int_0^{b}\varphi(u,v)\{\xi_m\cos(\xi_m v)+\lambda_0\sin(\xi_m v)\}dvdu \qquad (6.18.2)$$

where $\overline{\overline{\psi}}_0(n,s)=\int_0^{\infty}\overline{\psi}_0(x,s)\sin(nx)\,dx$, $\overline{\psi}_0(x,s)=\int_0^{\infty}\psi_0(x,t)e^{-st}dt$, $\overline{\overline{\psi}}_b(n,s)=\int_0^{\infty}\overline{\psi}_b(x,s)\sin(nx)\,dx$, $\overline{\psi}_b(x,s)=\int_0^{\infty}\psi_b(x,t)e^{-st}dt$, $\overline{\overline{\psi}}_y(\xi_m,s)=\int_0^{b}\overline{\psi}_y(y,s)\{\xi_m\cos(\xi_m y)+\lambda_0\sin(\xi_m y)\}\,dy$; $\overline{\psi}_y(y,s)=\int_0^{\infty}\psi_y(y,t)e^{-st}dt$, $\overline{\psi}_y(\xi_m,t)=\int_0^{b}\psi_y(y,t)\{\xi_m\cos(\xi_m y)+\lambda_0\sin(\xi_m y)\}\,dy$ and ξ_m is a positive root of $\tan(\xi_m b)=\frac{\xi_m(\lambda_0+\lambda_b)}{\xi_m^2-\lambda_0\lambda_b}$, $m=1,2,\ldots$.

When $p(x, y, 0) = p_I$, a constant, for all $x > 0$ and $y > 0$, the terms corresponding to the initial condition are given by

$$\overline{p} = \frac{p_I}{s} - 2p_I \sum_{m=1}^{\infty} \frac{\left[\lambda_0 + \xi_m \sin(\xi_m b) - \lambda_0 \cos(\xi_m b)\right]\left\{\xi_m \cos(\xi_m y) + \lambda_0 \sin(\xi_m y)\right\}}{\left[\left(\xi_m^2 + \lambda_0^2\right)\left\{b + \frac{\lambda_b}{\xi_m^2 + \lambda_b^2}\right\} + \lambda_0\right]\left(\xi_m^2 \eta_y + s\right)} \times \left[\frac{e^{-x\sqrt{\frac{\xi_m^2 \eta_y + s}{\eta_x}}}}{\xi_m} + \frac{\xi_m \eta_y}{s}\right] \tag{6.18.3}$$

and

$$p = 2p_I \sum_{m=1}^{\infty} \frac{\left[\lambda_0 + \xi_m \sin(\xi_m b) - \lambda_0 \cos(\xi_m b)\right]\left\{\xi_m \cos(\xi_m y) + \lambda_0 \sin(\xi_m y)\right\}}{\left[\left(\xi_m^2 + \lambda_0^2\right)\left\{b + \frac{\lambda_b}{\xi_m^2 + \lambda_b^2}\right\} + \lambda_0\right]} \times \left[e^{-\xi_m^2 \eta_y t} \operatorname{erf}\left(\frac{x}{2\sqrt{\eta_x t}}\right) - 1\right] + p_I \tag{6.18.4}$$

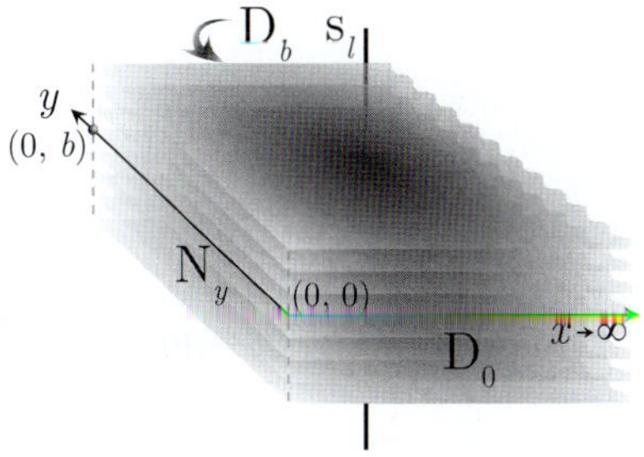

6.19 The problem of 6.10, except $\mathbf{N}_y \equiv \frac{\partial p(0,y,t)}{\partial x} = -\left(\frac{\mu}{k_x}\right)\psi_y(y,t)$, $\mathbf{D}_0 \equiv p(x, 0, t) = \psi_0(x, t)$ and $\mathbf{D}_b \equiv p(x, b, t) = \psi_b(x, t)$

$$\begin{aligned}
\overline{p} = {} & \frac{q(s)\, e^{-st_0}}{b\phi c_t \sqrt{\eta_x}} \sum_{m=1}^{\infty} \left\{ e^{-|x-x_0|\sqrt{\frac{\xi_m^2 \eta_y + s}{\eta_x}}} + e^{-(x+x_0)\sqrt{\frac{\xi_m^2 \eta_y + s}{\eta_x}}} \right\} \frac{\sin(\xi_m y_0)\sin(\xi_m y)}{\sqrt{\xi_m^2 \eta_y + s}} + \\
& + \frac{2}{\phi c_t b \sqrt{\eta_x}} \sum_{m=1}^{\infty} \frac{\overline{\overline{\psi}}_y(\xi_m, s)\, e^{-x\sqrt{\frac{\xi_m^2 \eta_y + s}{\eta_x}}} \sin(\xi_m y)}{\sqrt{(\xi_m^2 \eta_y + s)}} + \\
& + \frac{\eta_y}{b\sqrt{\eta_x}} \sum_{m=1}^{\infty} \frac{\xi_m \sin(\xi_m y)}{\sqrt{(\xi_m^2 \eta_y + s)}} \times \\
& \times \int_0^{\infty} \left\{ \overline{\psi}_0(u, s) + (-1)^{m+1} \overline{\psi}_b(u, s) \right\} \left\{ e^{-|x-u|\sqrt{\frac{\xi_m^2 \eta_y + s}{\eta_x}}} + e^{-(x+u)\sqrt{\frac{\xi_m^2 \eta_y + s}{\eta_x}}} \right\} du + \\
& + \frac{1}{b\sqrt{\eta_x}} \sum_{m=1}^{\infty} \frac{\sin(\xi_m y)}{\sqrt{(\eta_y \xi_m^2 + s)}} \int_0^{\infty} \left\{ e^{-|x-u|\sqrt{\frac{(\eta_y \xi_m^2 + s)}{\eta}}} + e^{-(x+u)\sqrt{\frac{(\eta_y \xi_m^2 + s)}{\eta_x}}} \right\} \int_0^b \varphi(u, v) \sin(\xi_m v)\, dv\, du
\end{aligned} \tag{6.19.1}$$

$$\begin{aligned}
p = {} & \frac{U(t-t_0)}{4b\phi c_t \sqrt{\pi \eta_x}} \int_0^{t-t_0} \frac{q(t - t_0 - \tau)}{\sqrt{\tau}} \left[e^{-\frac{(x-x_0)^2}{4\eta_x \tau}} + e^{-\frac{(x+x_0)^2}{4\eta_x \tau}} \right] \times \\
& \times \left[\Theta_3 \left\{ \frac{\pi (y - y_0)}{2b}, e^{-\left(\frac{\pi}{b}\right)^2 \eta_y \tau} \right\} - \Theta_3 \left\{ \frac{\pi (y + y_0)}{2b}, e^{-\left(\frac{\pi}{b}\right)^2 \eta_y \tau} \right\} \right] d\tau + \\
& + \frac{1}{2b\phi c_t \sqrt{\pi \eta_x}} \int_0^t \frac{e^{-\frac{x^2}{4\eta_x \tau}}}{\sqrt{\tau}} \int_0^b \psi_y(v, t-\tau) \left[\Theta_3 \left\{ \frac{\pi (y - v)}{2b}, e^{-\left(\frac{\pi}{b}\right)^2 \eta_y \tau} \right\} - \Theta_3 \left\{ \frac{\pi (y + v)}{2b}, e^{-\left(\frac{\pi}{b}\right)^2 \eta_y \tau} \right\} \right] dv\, d\tau +
\end{aligned}$$

$$+\frac{\eta_y}{4b^2}\sqrt{\frac{\pi}{\eta_x}}\int_0^\infty\int_0^t\left[\Theta_4'\left\{\frac{\pi y}{2b},e^{-\left(\frac{\pi}{b}\right)^2\eta_y\tau}\right\}\psi_b\left(u,t-\tau\right)-\Theta_3'\left\{\frac{\pi y}{2b},e^{-\left(\frac{\pi}{b}\right)^2\eta_y\tau}\right\}\psi_0\left(u,t-\tau\right)\right]\times$$

$$\times\frac{1}{\sqrt{\tau}}\left\{e^{-\frac{(x-u)^2}{4\eta_x\tau}}+e^{-\frac{(x+u)^2}{4\eta_x\tau}}\right\}d\tau du+$$

$$+\frac{1}{4b\sqrt{\pi\eta_x t}}\int_0^\infty\int_0^b\varphi(u,v)\left[e^{-\frac{(x-u)^2}{4\eta_x t}}+e^{-\frac{(x+u)^2}{4\eta_x t}}\right]\times$$

$$\times\left[\Theta_3\left\{\frac{\pi\left(y-v\right)}{2b},e^{-\left(\frac{\pi}{b}\right)^2\eta_y t}\right\}-\Theta_3\left\{\frac{\pi\left(y+v\right)}{2b},e^{-\left(\frac{\pi}{b}\right)^2\eta_y t}\right\}\right]dv\,du \tag{6.19.2}$$

where $\overline{\overline{\psi}}_0(n,s)=\int_0^\infty\overline{\psi}_0(x,s)\cos(nx)\,dx$, $\overline{\psi}_0(x,s)=\int_0^\infty\psi_0(x,t)\,e^{-st}dt$, $\overline{\overline{\psi}}_b(n,s)=\int_0^\infty\overline{\psi}_b(x,s)\cos(nx)\,dx$, $\overline{\psi}_b(x,s)=\int_0^\infty\psi_b(x,t)\,e^{-st}dt$, $\overline{\overline{\psi}}_y(\xi_m,s)=\int_0^b\overline{\psi}_y(y,s)\sin(\xi_m y)\,dy$, $\overline{\psi}_y(y,s)=\int_0^\infty\psi_y(y,t)\,e^{-st}dt$ and ξ_m is a positive root of $\sin(\xi_m b)=0$, which are $\xi_m=\frac{m\pi}{b}$, $m=1,2,....$

When $p(x,y,0)=p_I$, a constant, for all $x>0$ and $y>0$, the terms corresponding to the initial condition are given by

$$\overline{p}=\frac{p_I}{s}-\frac{2p_I\eta_y}{bs}\sum_{m=1}^{\infty}\frac{\xi_m\left\{1+(-1)^{m+1}\right\}\sin(\xi_m y)}{(s+\xi_m^2\eta_y)} \tag{6.19.3}$$

and

$$p=p_I-\frac{2p_I}{b}\sum_{m=1}^{\infty}\frac{\sin(\xi_m y)}{\xi_m}\left\{1+(-1)^{m+1}\right\}\left(1-e^{-\xi_m^2\eta_y t}\right) \tag{6.19.4}$$

6.20

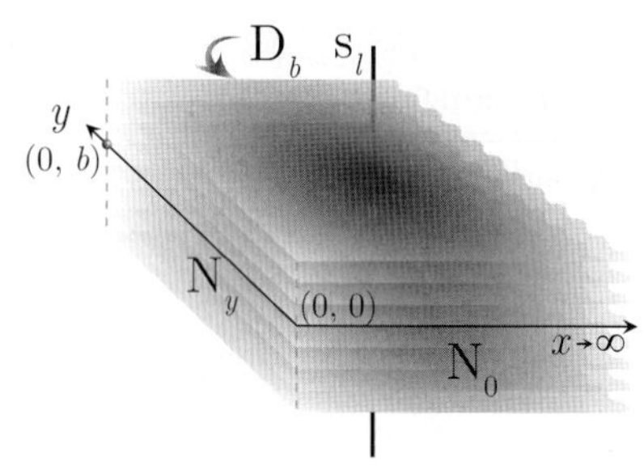

The problem of 6.10, except $\mathbf{N_0}\equiv\frac{\partial p(x,0,t)}{\partial y}=-\left(\frac{\mu}{k_y}\right)\psi_0(x,t)$, $\mathbf{D_b}\equiv p(x,b,t)=\psi_b(x,t)$ **and** $\mathbf{N_y}\equiv\frac{\partial p(0,y,t)}{\partial x}=-\left(\frac{\mu}{k_x}\right)\psi_y(y,t)$

$$\overline{p}=\frac{q(s)\,e^{-st_0}}{b\phi c_t\sqrt{\eta_x}}\sum_{m=1}^{\infty}\left\{e^{-|x-x_0|\sqrt{\frac{\xi_m^2\eta_y+s}{\eta_x}}}+e^{-(x+x_0)\sqrt{\frac{\xi_m^2\eta_y+s}{\eta_x}}}\right\}\frac{\cos(\xi_m y_0)\cos(\xi_m y)}{\sqrt{\xi_m^2\eta_y+s}}+$$

$$+\frac{2}{\phi c_t b\sqrt{\eta_x}}\sum_{m=1}^{\infty}\frac{\overline{\overline{\psi}}_y(\xi_m,s)\,e^{-x\sqrt{\frac{\xi_m^2\eta_y+s}{\eta_x}}}\cos(\xi_m y)}{\sqrt{(\xi_m^2\eta_y+s)}}+$$

$$+\frac{\eta_y}{b\sqrt{\eta_x}}\sum_{m=1}^{\infty}\frac{\cos(\xi_m y)}{\sqrt{(\xi_m^2\eta_y+s)}}\times$$

$$\times\int_0^\infty\left\{\left(\frac{\mu}{k_y}\right)\overline{\psi}_0(u,s)+(-1)^{m+1}\xi_m\overline{\psi}_b(u,s)\right\}\left\{e^{-|x-u|\sqrt{\frac{\xi_m^2\eta_y+s}{\eta_x}}}+e^{-(x+u)\sqrt{\frac{\xi_m^2\eta_y+s}{\eta_x}}}\right\}du+$$

$$+\frac{1}{b\sqrt{\eta_x}}\sum_{m=1}^{\infty}\frac{\cos(\xi_m y)}{\sqrt{(\eta_y\xi_m^2+s)}}\int_0^\infty\left\{e^{-|x-u|\sqrt{\frac{(\eta_y\xi_m^2+s)}{\eta_x}}}+e^{-(x+u)\sqrt{\frac{(\eta_y\xi_m^2+s)}{\eta_x}}}\right\}\int_0^b\varphi(u,v)\cos(\xi_m v)dvdu \tag{6.20.1}$$

$$p = \frac{U(t-t_0)}{4b\phi c_t\sqrt{\pi\eta_x}}\int_0^{t-t_0}\frac{q(t-t_0-\tau)}{\sqrt{\tau}}\left[e^{-\frac{(x-x_0)^2}{4\eta_x\tau}}+e^{-\frac{(x+x_0)^2}{4\eta_x\tau}}\right]\times$$
$$\times\left[\Theta_2\left\{\frac{\pi(y-y_0)}{2b},e^{-\left(\frac{\pi}{b}\right)^2\eta_y\tau}\right\}+\Theta_2\left\{\frac{\pi(y+y_0)}{2b},e^{-\left(\frac{\pi}{b}\right)^2\eta_y\tau}\right\}\right]d\tau+$$
$$+\frac{1}{2b\phi c_t\sqrt{\pi\eta_x}}\int_0^t\frac{e^{-\frac{x^2}{4\eta_x\tau}}}{\sqrt{\tau}}\int_0^b\psi_y(v,t-\tau)\left[\Theta_2\left\{\frac{\pi(y-v)}{2b},e^{-\left(\frac{\pi}{b}\right)^2\eta_y\tau}\right\}+\Theta_2\left\{\frac{\pi(y+v)}{2b},e^{-\left(\frac{\pi}{b}\right)^2\eta_y\tau}\right\}\right]dvd\tau+$$
$$+\frac{1}{b\sqrt{\pi\eta_x}}\int_0^t\int_0^\infty\left[\left(\frac{1}{\phi c_t}\right)\Theta_2\left\{\frac{\pi y}{2b},e^{-\left(\frac{\pi}{b}\right)^2\eta_y\tau}\right\}\psi_0(u,t-\tau)+\left(\frac{\pi\eta_y}{2b}\right)\Theta_1'\left\{\frac{\pi y}{2b},e^{-\left(\frac{\pi}{b}\right)^2\eta_y\tau}\right\}\psi_b(u,t-\tau)\right]\times$$
$$\times\frac{1}{\sqrt{\tau}}\left\{e^{-\frac{(x-u)^2}{4\eta_x\tau}}+e^{-\frac{(x+u)^2}{4\eta_x\tau}}\right\}dud\tau+$$
$$+\frac{1}{4b\sqrt{\pi\eta_x t}}\int_0^\infty\int_0^b\varphi(u,v)\left[e^{-\frac{(x-u)^2}{4\eta_x t}}+e^{-\frac{(x+u)^2}{4\eta_x t}}\right]\times$$
$$\times\left[\Theta_2\left\{\frac{\pi(y-v)}{2b},e^{-\left(\frac{\pi}{b}\right)^2\eta_y t}\right\}+\Theta_2\left\{\frac{\pi(y+v)}{2b},e^{-\left(\frac{\pi}{b}\right)^2\eta_y t}\right\}\right]dvdu \tag{6.20.2}$$

where $\overline{\overline{\psi}}_0(n,s)=\int_0^\infty\overline{\psi}_0(x,s)\cos(nx)\,dx$, $\overline{\psi}_0(x,s)=\int_0^\infty\psi_0(x,t)\,e^{-st}dt$, $\overline{\overline{\psi}}_b(n,s)=\int_0^\infty\overline{\psi}_b(x,s)\cos(nx)\,dx$, $\overline{\psi}_b(x,s)=\int_0^\infty\psi_b(x,t)\,e^{-st}dt$, $\overline{\overline{\psi}}_y(\xi_m,s)=\int_0^b\overline{\psi}_y(y,s)\cos(\xi_m y)\,dy$, $\overline{\psi}_y(y,s)=\int_0^\infty\psi_y(y,t)\,e^{-st}dt$ and ξ_m is a positive root of $\cos(\xi_m b)=0$, which are $\xi_m=\frac{(2m-1)\pi}{2b}$, $m=1,2,....$

When $p(x,y,0)=p_I$, a constant, for all $x>0$ and $y>0$, the terms corresponding to the initial condition are given by

$$\overline{p}=\frac{p_I}{s}+\frac{2p_I\eta_y}{sb}\sum_{m=1}^\infty\frac{\xi_m(-1)^m\cos(\xi_m y)}{(s+\xi_m^2\eta_y)} \tag{6.20.3}$$

and

$$p=p_I+\frac{2p_I}{b}\sum_{m=1}^\infty\frac{(-1)^m\cos(\xi_m y)}{\xi_m}\left(1-e^{-\xi_m^2\eta_y t}\right) \tag{6.20.4}$$

6.21 The problem of 6.10, except

$\mathbf{R_0}\equiv\frac{\partial p(x,0,t)}{\partial y}-\lambda_0 p(x,0,t)=-\left(\frac{\mu}{k_y}\right)\psi_0(x,t)$,
$\mathbf{D_b}\equiv p(x,b,t)=\psi_b(x,t)$ and $\mathbf{N_y}\equiv\frac{\partial p(0,y,t)}{\partial x}=-\left(\frac{\mu}{k_x}\right)\psi_y(y,t)$

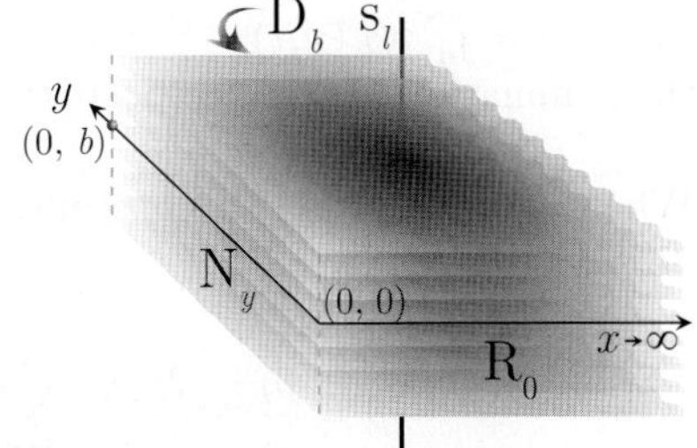

$$\overline{p}=\frac{q(s)\,e^{-st_0}}{\phi c_t\sqrt{\eta_x}}\sum_{m=1}^\infty\left\{e^{-|x-x_0|\sqrt{\frac{\xi_m^2\eta_y+s}{\eta_x}}}+e^{-(x+x_0)\sqrt{\frac{\xi_m^2\eta_y+s}{\eta_x}}}\right\}\times$$
$$\times\frac{(\xi_m^2+\lambda_0^2)\sin\{\xi_m(b-y_0)\}\sin\{\xi_m(b-y)\}}{\{b(\xi_m^2+\lambda_0^2)+\lambda_0\}\sqrt{\xi_m^2\eta_y+s}}+$$

$$+\frac{2}{\phi c_t\sqrt{\eta_x}}\sum_{m=1}^{\infty}\frac{\overline{\overline{\psi}}_y(\xi_m,s)\left(\xi_m^2+\lambda_0^2\right)e^{-x\sqrt{\frac{\xi_m^2\eta_y+s}{\eta_x}}}\sin\{\xi_m(b-y)\}}{\{b(\xi_m^2+\lambda_0^2)+\lambda_0\}\sqrt{(\xi_m^2\eta_y+s)}}+$$

$$+\frac{1}{\phi c_t\sqrt{\eta_x}}\sum_{m=1}^{\infty}\frac{\left(\xi_m^2+\lambda_0^2\right)\sin\{\xi_m(b-y)\}}{\{b(\xi_m^2+\lambda_0^2)+\lambda_0\}\sqrt{\xi_m^2\eta_y+s}}\times$$

$$\times\int_0^{\infty}\left\{\overline{\psi}_0(u,s)\sin(\xi_m b)+\xi_m\left(\frac{k_y}{\mu}\right)\overline{\psi}_b(u,s)\right\}\left\{e^{-|x-u|\sqrt{\frac{\xi_m^2\eta_y+s}{\eta_x}}}+e^{-(x+u)\sqrt{\frac{\xi_m^2\eta_y+s}{\eta_x}}}\right\}du+$$

$$+\frac{1}{\sqrt{\eta_x}}\sum_{m=1}^{\infty}\frac{\left(\xi_m^2+\lambda_0^2\right)\sin\{\xi_m(b-y)\}}{\{b(\xi_m^2+\lambda_0^2)+\lambda_0\}\sqrt{\xi_m^2\eta_y+s}}\int_0^{\infty}\left\{e^{-|x-u|\sqrt{\frac{\xi_m^2\eta_y+s}{\eta_x}}}+e^{-(x+u)\sqrt{\frac{\xi_m^2\eta_y+s}{\eta_x}}}\right\}\times$$

$$\times\int_0^b\varphi(u,v)\sin\{\xi_m(b-v)\}\,dv\,du \tag{6.21.1}$$

$$p=\frac{U(t-t_0)}{\phi c_t\sqrt{\pi\eta_x}}\sum_{m=1}^{\infty}\frac{\left(\xi_m^2+\lambda_0^2\right)\sin\{\xi_m(b-y_0)\}\sin\{\xi_m(b-y)\}}{\{b(\xi_m^2+\lambda_0^2)+\lambda_0\}}\times$$

$$\times\int_0^{t-t_0}\frac{q(t-t_0-\tau)e^{-\xi_m^2\eta_y\tau}}{\sqrt{\tau}}\left\{e^{-\frac{(x-x_0)^2}{4\eta_x\tau}}+e^{-\frac{(x+x_0)^2}{4\eta_x\tau}}\right\}d\tau+$$

$$+\frac{2}{\phi c_t\sqrt{\pi\eta_x}}\sum_{m=1}^{\infty}\frac{\left(\xi_m^2+\lambda_0^2\right)\sin\{\xi_m(b-y)\}}{\{b(\xi_m^2+\lambda_0^2)+\lambda_0\}}\int_0^t\frac{\overline{\psi}_y(\xi_m,t-\tau)e^{-\frac{x^2}{4\eta_x\tau}-\xi_m^2\eta_y\tau}}{\sqrt{\tau}}d\tau+$$

$$+\frac{1}{\phi c_t\sqrt{\pi\eta_x}}\sum_{m=1}^{\infty}\frac{\left(\xi_m^2+\lambda_0^2\right)\sin\{\xi_m(b-y)\}}{\{b(\xi_m^2+\lambda_0^2)+\lambda_0\}}\times$$

$$\times\int_0^{\infty}\int_0^t\left\{\psi_0(u,t-\tau)\sin(\xi_m b)+\xi_m\left(\frac{k_y}{\mu}\right)\psi_b(u,t-\tau)\right\}\frac{e^{-\xi_m^2\eta_y\tau}}{\sqrt{\tau}}\left\{e^{-\frac{(x-u)^2}{4\eta_x\tau}}+e^{-\frac{(x+u)^2}{4\eta_x\tau}}\right\}d\tau\,du+$$

$$+\frac{1}{b\sqrt{\pi\eta_x t}}\sum_{m=1}^{\infty}\sin\{\xi_m(b-y)\}e^{-\xi_m^2\eta_y t}\int_0^{\infty}\int_0^b\varphi(u,v)\left\{e^{-\frac{(x-u)^2}{4\eta_x t}}+e^{-\frac{(x+u)^2}{4\eta_x t}}\right\}\sin\{\xi_m(b-v)\}\,dv\,du \tag{6.21.2}$$

where $\overline{\overline{\psi}}_0(n,s)=\int_0^{\infty}\overline{\psi}_0(x,s)\cos(nx)\,dx$, $\overline{\psi}_0(x,s)=\int_0^{\infty}\psi_0(x,t)e^{-st}dt$, $\overline{\overline{\psi}}_b(n,s)=\int_0^{\infty}\overline{\psi}_b(x,s)\cos(nx)\,dx$, $\overline{\psi}_b(x,s)=\int_0^{\infty}\psi_b(x,t)e^{-st}dt$, $\overline{\overline{\psi}}_y(\xi_m,s)=\int_0^b\overline{\psi}_y(y,s)\sin\{\xi_m(b-y)\}dy$, $\overline{\psi}_y(y,s)=\int_0^{\infty}\psi_y(y,t)e^{-st}dt$ and the summation is over the positive roots of $\xi_m\cot(\xi_m b)=-\lambda_0$, $m=1,2,\ldots$.

When $p(x,y,0)=p_I$, a constant, for all $x>0$ and $y>0$, the terms corresponding to the initial condition are given by

$$\overline{p}=\frac{p_I}{s}-\frac{2p_I\eta_y}{s}\sum_{m=1}^{\infty}\frac{\{\xi_m+\lambda_0\sin(\xi_m b)\}\left(\xi_m^2+\lambda_0^2\right)\sin\{\xi_m(b-y)\}}{\left(s+\xi_m^2\eta_y\right)\{b(\xi_m^2+\lambda_0^2)+\lambda_0\}} \tag{6.21.3}$$

and

$$p=p_I-2p_I\sum_{m=1}^{\infty}\frac{\{\xi_m+\lambda_0\sin(\xi_m b)\}\left(\xi_m^2+\lambda_0^2\right)\sin\{\xi_m(b-y)\}\left(1-e^{-\xi_m^2\eta_y t}\right)}{\xi_m^2\{b(\xi_m^2+\lambda_0^2)+\lambda_0\}} \tag{6.21.4}$$

6.22

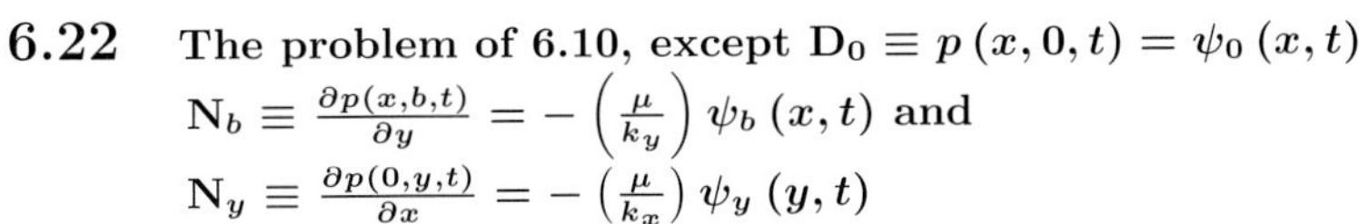

The problem of 6.10, except $\mathbf{D_0} \equiv p(x,0,t) = \psi_0(x,t)$,
$\mathbf{N}_b \equiv \frac{\partial p(x,b,t)}{\partial y} = -\left(\frac{\mu}{k_y}\right)\psi_b(x,t)$ and
$\mathbf{N}_y \equiv \frac{\partial p(0,y,t)}{\partial x} = -\left(\frac{\mu}{k_x}\right)\psi_y(y,t)$

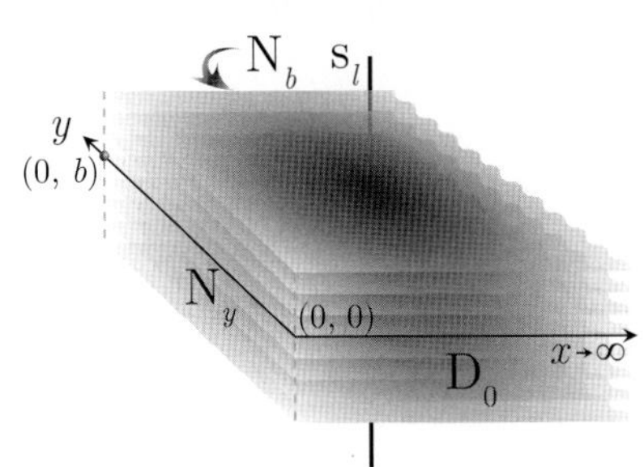

$$
\begin{aligned}
\bar{p} &= \frac{q(s)\,e^{-st_0}}{b\phi c_t\sqrt{\eta_x}}\sum_{m=1}^{\infty}\left\{e^{-|x-x_0|\sqrt{\frac{\xi_m^2\eta_y+s}{\eta_x}}}+e^{-(x+x_0)\sqrt{\frac{\xi_m^2\eta_y+s}{\eta_x}}}\right\}\frac{\sin(\xi_m y_0)\sin(\xi_m y)}{\sqrt{\xi_m^2\eta_y+s}}+\\
&+\frac{2}{b\phi c_t\sqrt{\eta_x}}\sum_{m=1}^{\infty}\frac{\overline{\overline{\psi}}_y(\xi_m,s)\sin(\xi_m y)}{\sqrt{(\xi_m^2\eta_y+s)}}e^{-x\sqrt{\frac{s+\xi_m^2\eta_y}{\eta_x}}}+\\
&+\frac{1}{\phi c_t b\sqrt{\eta_x}}\sum_{m=1}^{\infty}\frac{\sin(\xi_m y)}{\sqrt{(\xi_m^2\eta_y+s)}}\times\\
&\times\int_0^{\infty}\left\{\xi_m\left(\frac{k_y}{\mu}\right)\overline{\psi}_0(u,s)+(-1)^m\,\overline{\psi}_b(u,s)\right\}\left\{e^{-|x-u|\sqrt{\frac{\xi_m^2\eta_y+s}{\eta_x}}}+e^{-(x+u)\sqrt{\frac{\xi_m^2\eta_y+s}{\eta_x}}}\right\}du+\\
&+\frac{1}{b\sqrt{\eta_x}}\sum_{m=1}^{\infty}\frac{\sin(\xi_m y)}{\sqrt{(\eta_y\xi_m^2+s)}}\int_0^{\infty}\left\{e^{-|x-u|\sqrt{\frac{(\eta_y\xi_m^2+s)}{\eta_x}}}+e^{-(x+u)\sqrt{\frac{(\eta_y\xi_m^2+s)}{\eta_x}}}\right\}\int_0^{b}\varphi(u,v)\sin(\xi_m v)\,dv\,du \qquad (6.22.1)
\end{aligned}
$$

$$
\begin{aligned}
p &= \frac{U(t-t_0)}{4b\phi c_t\sqrt{\pi\eta_x}}\int_0^{t-t_0}\frac{q(t-t_0-\tau)}{\sqrt{\tau}}\left[e^{-\frac{(x-x_0)^2}{4\eta_x\tau}}+e^{-\frac{(x+x_0)^2}{4\eta_x\tau}}\right]\times\\
&\times\left[\Theta_2\left\{\frac{\pi(y-y_0)}{2b},e^{-\left(\frac{\pi}{b}\right)^2\eta_y\tau}\right\}-\Theta_2\left\{\frac{\pi(y+y_0)}{2b},e^{-\left(\frac{\pi}{b}\right)^2\eta_y\tau}\right\}\right]d\tau+\\
&+\frac{1}{2b\phi c_t\sqrt{\pi\eta_x}}\int_0^{t}\frac{e^{-\frac{x^2}{4\eta_x\tau}}}{\sqrt{\tau}}\int_0^{b}\psi_y(v,t-\tau)\left[\Theta_2\left\{\frac{\pi(y-v)}{2b},e^{-\left(\frac{\pi}{b}\right)^2\eta_y\tau}\right\}-\Theta_2\left\{\frac{\pi(y+v)}{2b},e^{-\left(\frac{\pi}{b}\right)^2\eta_y\tau}\right\}\right]dv\,d\tau-\\
&-\frac{1}{b\sqrt{\eta_x\pi}}\int_0^{\infty}\int_0^{t}\left[\left(\frac{\pi\eta_y}{2b}\right)\Theta_2'\left\{\frac{\pi y}{2b},e^{-\left(\frac{\pi}{b}\right)^2\eta_y\tau}\right\}\psi_0(u,t-\tau)+\left(\frac{1}{\phi c_t}\right)\Theta_1\left\{\frac{\pi y}{2b},e^{-\left(\frac{\pi}{b}\right)^2\eta_y\tau}\right\}\psi_b(u,t-\tau)\right]\times\\
&\times\frac{1}{\sqrt{\tau}}\left\{e^{-\frac{(x-u)^2}{4\eta_x\tau}}+e^{-\frac{(x+u)^2}{4\eta_x\tau}}\right\}d\tau\,du+\\
&+\frac{1}{4b\sqrt{\pi\eta_x t}}\int_0^{\infty}\int_0^{b}\varphi(u,v)\left[e^{-\frac{(x-u)^2}{4\eta_x t}}+e^{-\frac{(x+u)^2}{4\eta_x t}}\right]\times\\
&\times\left[\Theta_2\left\{\frac{\pi(y-v)}{2b},e^{-\left(\frac{\pi}{b}\right)^2\eta_y t}\right\}-\Theta_2\left\{\frac{\pi(y+v)}{2b},e^{-\left(\frac{\pi}{b}\right)^2\eta_y t}\right\}\right]dv\,du \qquad (6.22.2)
\end{aligned}
$$

where $\overline{\overline{\psi}}_0(n,s)=\int_0^{\infty}\overline{\psi}_0(x,s)\cos(nx)\,dx$, $\overline{\psi}_0(x,s)=\int_0^{\infty}\psi_0(x,t)\,e^{-st}dt$, $\overline{\overline{\psi}}_b(n,s)=\int_0^{\infty}\overline{\psi}_b(x,s)\cos(nx)\,dx$, $\overline{\psi}_b(x,s)=\int_0^{\infty}\psi_b(x,t)\,e^{-st}dt$, $\overline{\overline{\psi}}_y(\xi_m,s)=\int_0^{b}\overline{\psi}_y(y,s)\sin(\xi_m y)\,dy$, $\overline{\psi}_y(y,s)=\int_0^{\infty}\psi_y(y,t)\,e^{-st}dt$ and ξ_m is a positive root of $\cos(\xi_m b)=0$, which are $\frac{(2m-1)\pi}{2b}$, $m=1,2,\ldots$.

When $p(x, y, 0) = p_I$, a constant, for all $x > 0$ and $y > 0$, the terms corresponding to the initial condition are given by

$$\overline{p} = \frac{p_I}{s} - \frac{2p_I\eta_y}{sb}\sum_{m=1}^{\infty}\frac{\xi_m \sin(\xi_m y)}{(s+\xi_m^2\eta_y)} \tag{6.22.3}$$

and

$$p = p_I - \frac{2p_I}{b}\sum_{m=1}^{\infty}\frac{\sin(\xi_m y)}{\xi_m}\left(1-e^{-\xi_m^2\eta_y t}\right) \tag{6.22.4}$$

6.23

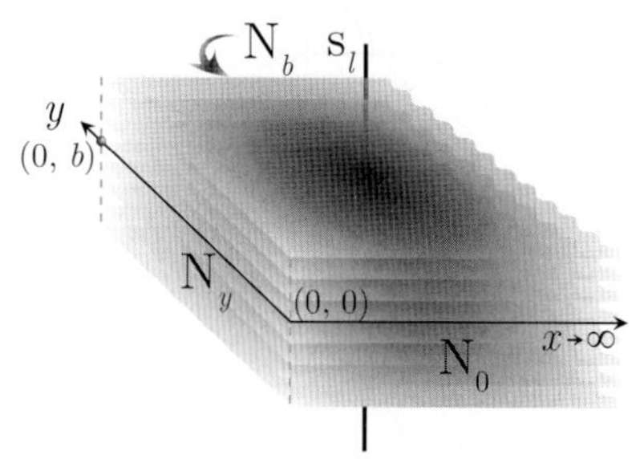

The problem of 6.10, except
$\mathbf{N_0} \equiv \frac{\partial p(x,0,t)}{\partial y} = -\left(\frac{\mu}{k_y}\right)\psi_0(x,t)$,
$\mathbf{N_b} \equiv \frac{\partial p(x,b,t)}{\partial y} = -\left(\frac{\mu}{k_y}\right)\psi_b(x,t)$ **and**
$\mathbf{N_y} \equiv \frac{\partial p(0,y,t)}{\partial x} = -\left(\frac{\mu}{k_x}\right)\psi_y(y,t)$

$$\begin{aligned}
\overline{p} &= \frac{q(s)\,e^{-st_0}}{b\phi c_t\sqrt{\eta_x}}\sum_{m=1}^{\infty}\ni_m\left\{e^{-|x-x_0|\sqrt{\frac{\xi_m^2\eta_y+s}{\eta_x}}}+e^{-(x+x_0)\sqrt{\frac{\xi_m^2\eta_y+s}{\eta_x}}}\right\}\frac{\cos(\xi_m y_0)\cos(\xi_m y_0)}{\sqrt{\xi_m^2\eta_y+s}}+\\
&+\frac{2}{b\phi c_t\sqrt{\eta_x}}\sum_{m=1}^{\infty}\frac{\ni_m\,\overline{\overline{\psi}}_y(\xi_m,s)\cos(\xi_m y)\,e^{-x\sqrt{\frac{s+\xi_m^2\eta_y}{\eta_x}}}}{\sqrt{(\xi_m^2\eta_y+s)}}+\\
&+\frac{1}{b\phi c_t\sqrt{\eta_x}}\sum_{m=1}^{\infty}\frac{\ni_m\cos(\xi_m y)}{\sqrt{(\xi_m^2\eta_y+s)}}\times\\
&\times\int_0^{\infty}\left\{\overline{\psi}_0(u,s)+(-1)^{m+1}\,\overline{\psi}_b(u,s)\right\}\left\{e^{-|x-u|\sqrt{\frac{\xi_m^2\eta_y+s}{\eta_x}}}+e^{-(x+u)\sqrt{\frac{\xi_m^2\eta_y+s}{\eta_x}}}\right\}du+\\
&+\frac{1}{b\sqrt{\eta_x}}\int_0^{\infty}\int_0^{b}\varphi(u,v)\sum_{m=1}^{\infty}\frac{\ni_m\cos(\xi_m v)\cos(\xi_m y)}{\sqrt{\xi_m^2\eta_y+s}}\left\{e^{-|x-u|\sqrt{\frac{\xi_m^2\eta_y+s}{\eta_x}}}+e^{-(x+u)\sqrt{\frac{\xi_m^2\eta_y+s}{\eta_x}}}\right\}du\,dv
\end{aligned} \tag{6.23.1}$$

$$\begin{aligned}
p &= \frac{U(t-t_0)}{4b\phi c_t\sqrt{\pi\eta_x}}\int_0^{t-t_0}\frac{q(t-t_0-\tau)}{\sqrt{\tau}}\left\{e^{-\frac{(x-x_0)^2}{4\eta_x\tau}}+e^{-\frac{(x+x_0)^2}{4\eta_x\tau}}\right\}\times\\
&\times\left[\Theta_3\left\{\frac{\pi(y-y_0)}{2b},e^{-\left(\frac{\pi}{b}\right)^2\eta_y\tau}\right\}+\Theta_3\left\{\frac{\pi(y+y_0)}{2b},e^{-\left(\frac{\pi}{b}\right)^2\eta_y\tau}\right\}\right]d\tau+\\
&+\frac{1}{2b\phi c_t\sqrt{\pi\eta_x}}\int_0^{t}\frac{e^{-\frac{x^2}{4\eta_x\tau}}}{\sqrt{\tau}}\int_0^{b}\psi_y(v,t-\tau)\left[\Theta_3\left\{\frac{\pi(y-v)}{2b},e^{-\left(\frac{\pi}{b}\right)^2\eta_y\tau}\right\}+\Theta_3\left\{\frac{\pi(y+v)}{2b},e^{-\left(\frac{\pi}{b}\right)^2\eta_y\tau}\right\}\right]dv\,d\tau+\\
&+\frac{1}{2\phi c_t b\sqrt{\eta_x\pi}}\int_0^{t}\int_0^{\infty}\left[\psi_0(u,t-\tau)\,\Theta_3\left\{\frac{\pi y}{2b},e^{-\left(\frac{\pi}{b}\right)^2\eta_y\tau}\right\}-\psi_b(u,t-\tau)\,\Theta_4\left\{\frac{\pi y}{2b},e^{-\left(\frac{\pi}{b}\right)^2\eta_y\tau}\right\}\right]\times\\
&\times\frac{1}{\sqrt{\tau}}\left\{e^{-\frac{(x-u)^2}{4\eta_x\tau}}+e^{-\frac{(x+u)^2}{4\eta_x\tau}}\right\}du\,d\tau+
\end{aligned}$$

$$+\frac{1}{4b\sqrt{\pi\eta_x t}}\int_0^\infty\int_0^b\varphi(u,v)\left[e^{-\frac{(x-u)^2}{4\eta_x t}}+e^{-\frac{(x+u)^2}{4\eta_x t}}\right]\times$$
$$\times\left[\Theta_3\left\{\frac{\pi(y-v)}{2b},e^{-\left(\frac{\pi}{b}\right)^2\eta_y t}\right\}+\Theta_3\left\{\frac{\pi(y+v)}{2b},e^{-\left(\frac{\pi}{b}\right)^2\eta_y t}\right\}\right]dvdu \qquad (6.23.2)$$

where $\overline{\overline{\psi}}_0(n,s)=\int_0^\infty\overline{\psi}_0(x,s)\cos(nx)\,dx$, $\overline{\psi}_0(x,s)=\int_0^\infty\psi_0(x,t)\,e^{-st}dt$, $\overline{\overline{\psi}}_b(n,s)=\int_0^\infty\overline{\psi}_b(x,s)\cos(nx)\,dx$, $\overline{\psi}_b(x,s)=\int_0^\infty\psi_b(x,t)\,e^{-st}dt$, $\overline{\overline{\psi}}_y(\xi_m,s)=\int_0^b\overline{\psi}_y(y,s)\cos(\xi_m y)\,dy$, $\overline{\psi}_y(y,s)=\int_0^\infty\psi_y(y,t)\,e^{-st}dt$ and ξ_m is a positive root of $\sin(\xi_m b)=0$, which are $\frac{m\pi}{b}$, $m=1,2,\ldots$.

6.24 The problem of 6.10, except

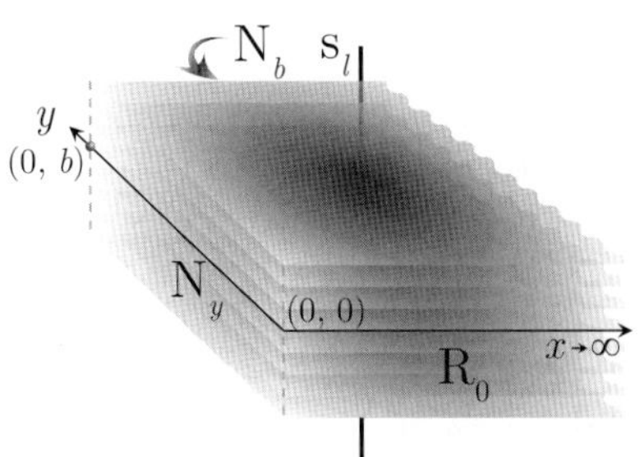

$\mathbf{R_0}\equiv\frac{\partial p(x,0,t)}{\partial y}-\lambda_0 p(x,0,t)=-\left(\frac{\mu}{k_y}\right)\psi_0(x,t)$,
$\mathbf{N_b}\equiv\frac{\partial p(x,b,t)}{\partial y}=-\left(\frac{\mu}{k_y}\right)\psi_b(x,t)$ **and**
$\mathbf{N_y}\equiv\frac{\partial p(0,y,t)}{\partial x}=-\left(\frac{\mu}{k_x}\right)\psi_y(y,t)$

$$\overline{p}=\frac{q(s)\,e^{-st_0}}{\phi c_t\sqrt{\eta_x}}\sum_{m=1}^\infty\left\{e^{-|x-x_0|\sqrt{\frac{\xi_m^2\eta_y+s}{\eta_x}}}+e^{-(x+x_0)\sqrt{\frac{\xi_m^2\eta_y+s}{\eta_x}}}\right\}\times$$
$$\times\frac{\left(\xi_m^2+\lambda_0^2\right)\cos\{\xi_m(b-y_0)\}\cos\{\xi_m(b-y)\}}{\{b(\xi_m^2+\lambda_0^2)+\lambda_0\}\sqrt{\xi_m^2\eta_y+s}}+$$
$$+\frac{2}{\phi c_t\sqrt{\eta_x}}\sum_{m=1}^\infty\frac{\overline{\overline{\psi}}_y(\xi_m,s)\left(\xi_m^2+\lambda_0^2\right)e^{-x\sqrt{\frac{\xi_m^2\eta_y+s}{\eta_x}}}\cos\{\xi_m(b-y)\}}{\sqrt{(\xi_m^2\eta_y+s)}\{b(\xi_m^2+\lambda_0^2)+\lambda_0\}}+$$
$$+\frac{1}{\phi c_t\sqrt{\eta_x}}\sum_{m=1}^\infty\frac{\left(\xi_m^2+\lambda_0^2\right)\cos\{\xi_m(b-y)\}}{\{b(\xi_m^2+\lambda_0^2)+\lambda_0\}\sqrt{\xi_m^2\eta_y+s}}\times$$
$$\times\int_0^\infty\left\{\overline{\psi}_0(u,s)\cos(\xi_m b)-\overline{\psi}_b(u,s)\right\}\left\{e^{-|x-u|\sqrt{\frac{\xi_m^2\eta_y+s}{\eta_x}}}+e^{-(x+u)\sqrt{\frac{\xi_m^2\eta_y+s}{\eta_x}}}\right\}du+$$
$$+\frac{1}{\sqrt{\eta_x}}\sum_{m=1}^\infty\frac{\left(\xi_m^2+\lambda_0^2\right)\cos\{\xi_m(b-y)\}}{\{b(\xi_m^2+\lambda_0^2)+\lambda_0\}\sqrt{\xi_m^2\eta_y+s}}\int_0^\infty\left\{e^{-|x-u|\sqrt{\frac{\xi_m^2\eta_y+s}{\eta_x}}}+e^{-(x+u)\sqrt{\frac{\xi_m^2\eta_y+s}{\eta_x}}}\right\}\times$$
$$\times\int_0^b\varphi(u,v)\cos\{\xi_m(b-v)\}\,dvdu \qquad (6.24.1)$$

$$p=\frac{U(t-t_0)}{\phi c_t\sqrt{\pi\eta_x}}\sum_{m=1}^\infty\frac{\left(\xi_m^2+\lambda_0^2\right)\cos\{\xi_m(b-y_0)\}\cos\{\xi_m(b-y)\}}{\{b(\xi_m^2+\lambda_0^2)+\lambda_0\}}\times$$
$$\times\int_0^{t-t_0}\frac{q(t-t_0-\tau)\,e^{-\xi_m^2\eta_y\tau}}{\sqrt{\tau}}\left\{e^{-\frac{(x-x_0)^2}{4\eta_x\tau}}+e^{-\frac{(x+x_0)^2}{4\eta_x\tau}}\right\}d\tau+$$
$$+\frac{2}{\phi c_t\sqrt{\pi\eta_x}}\sum_{m=1}^\infty\frac{\left(\xi_m^2+\lambda_0^2\right)\cos\{\xi_m(b-y)\}}{\{b(\xi_m^2+\lambda_0^2)+\lambda_0\}}\int_0^t\frac{\overline{\psi}_y(\xi_m,t-\tau)\,e^{-\frac{x^2}{4\eta_x\tau}-\xi_m^2\eta_y\tau}}{\sqrt{\tau}}d\tau+$$

$$+\frac{1}{\phi c_t\sqrt{\pi\eta_x}}\sum_{m=1}^{\infty}\frac{\left(\xi_m^2+\lambda_0^2\right)\cos\left\{\xi_m\left(b-y\right)\right\}}{\left\{b\left(\xi_m^2+\lambda_0^2\right)+\lambda_0\right\}}\times$$

$$\times\int_0^{\infty}\int_0^{t}\left\{\psi_0\left(u,t-\tau\right)\cos\left(\xi_m b\right)-\psi_b\left(u,t-\tau\right)\right\}\frac{e^{-\xi_m^2\eta_y\tau}}{\sqrt{\tau}}\left\{e^{-\frac{(x-u)^2}{4\eta_x\tau}}+e^{-\frac{(x+u)^2}{4\eta_x\tau}}\right\}d\tau\,du+$$

$$+\frac{1}{b\sqrt{\pi\eta_x t}}\sum_{m=1}^{\infty}\cos\left\{\xi_m\left(b-y\right)\right\}e^{-\xi_m^2\eta_y t}\int_0^{\infty}\int_0^{b}\varphi\left(u,v\right)\left\{e^{-\frac{(x-u)^2}{4\eta_x t}}+e^{-\frac{(x+u)^2}{4\eta_x t}}\right\}\cos\left\{\xi_m\left(b-v\right)\right\}dv\,du \quad (6.24.2)$$

where $\overline{\overline{\psi}}_0\left(n,s\right)=\int_0^{\infty}\overline{\psi}_0\left(x,s\right)\cos\left(nx\right)dx$, $\overline{\psi}_0\left(x,s\right)=\int_0^{\infty}\psi_0\left(x,t\right)e^{-st}dt$, $\overline{\overline{\psi}}_b\left(n,s\right)=\int_0^{\infty}\overline{\psi}_b\left(x,s\right)\cos\left(nx\right)dx$, $\overline{\psi}_b\left(x,s\right)=\int_0^{\infty}\psi_b\left(x,t\right)e^{-st}dt$, $\overline{\overline{\psi}}_y\left(\xi_m,s\right)=\int_0^{b}\overline{\psi}_y\left(y,s\right)\cos\left\{\xi_m\left(b-y\right)\right\}dy$, $\overline{\psi}_y\left(y,s\right)=\int_0^{\infty}\psi_y\left(y,t\right)e^{-st}dt$ and the summation is over the positive roots of $\xi_m\tan\left(\xi_m b\right)=\lambda_0$, $m=1,2,....$

When $p(x,y,0)=p_I$, a constant for all $x>0$ and $y>0$, the terms corresponding to the initial condition are given by

$$\overline{p}=\frac{p_I}{s}-\frac{2p_I\eta_y\lambda_0}{s}\sum_{m=1}^{\infty}\frac{\left(\xi_m^2+\lambda_0^2\right)\cos\left(\xi_m b\right)\cos\left\{\xi_m\left(b-y\right)\right\}}{\left\{b\left(\xi_m^2+\lambda_0^2\right)+\lambda_0\right\}\left(s+\xi_m^2\eta_y\right)} \quad (6.24.3)$$

and

$$p=p_I-2p_I\lambda_0\sum_{m=1}^{\infty}\frac{\left(\xi_m^2+\lambda_0^2\right)\cos\left(\xi_m b\right)\cos\left\{\xi_m\left(b-y\right)\right\}\left(1-e^{-\xi_m^2\eta_y t}\right)}{\xi_m^2\left\{b\left(\xi_m^2+\lambda_0^2\right)+\lambda_0\right\}} \quad (6.24.4)$$

6.25

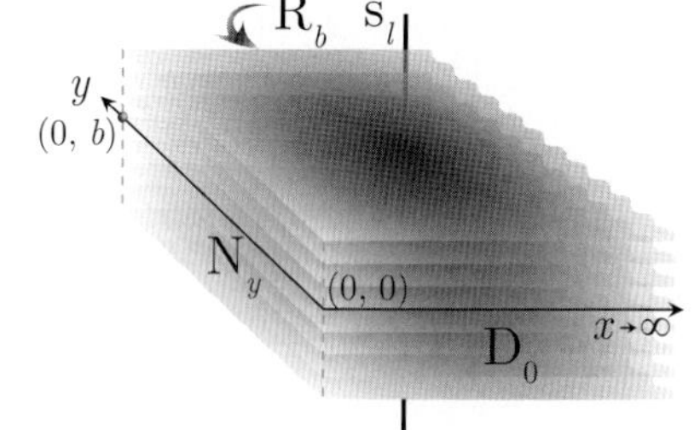

The problem of 6.10, except $D_0\equiv p\left(x,0,t\right)=\psi_0\left(x,t\right)$, $R_b\equiv\frac{\partial p(x,b,t)}{\partial y}+\lambda_b p\left(x,b,t\right)=-\left(\frac{\mu}{k_y}\right)\psi_b\left(x,t\right)$ and $N_y\equiv\frac{\partial p(0,y,t)}{\partial x}=-\left(\frac{\mu}{k_x}\right)\psi_y\left(y,t\right)$

$$\overline{p}=\frac{q\left(s\right)e^{-st_0}}{\phi c_t\sqrt{\eta_x}}\sum_{m=1}^{\infty}\frac{\left(\xi_m^2+\lambda_b^2\right)\sin\left(\xi_m y_0\right)\sin\left(\xi_m y\right)}{\left\{b\left(\xi_m^2+\lambda_b^2\right)+\lambda_b\right\}\sqrt{\xi_m^2\eta_y+s}}\left\{e^{-|x-x_0|\sqrt{\frac{\xi_m^2\eta_y+s}{\eta_x}}}+e^{-(x+x_0)\sqrt{\frac{\xi_m^2\eta_y+s}{\eta_x}}}\right\}+$$

$$+\frac{2}{\phi c_t\sqrt{\eta_x}}\sum_{m=1}^{\infty}\frac{\overline{\overline{\psi}}_y\left(\xi_m,s\right)\left(\xi_m^2+\lambda_0^2\right)e^{-x\sqrt{\frac{\xi_m^2\eta_y+s}{\eta_x}}}\sin\left(\xi_m y\right)}{\sqrt{\left(\xi_m^2\eta_y+s\right)}\left\{b\left(\xi_m^2+\lambda_0^2\right)+\lambda_0\right\}}+$$

$$+\frac{1}{\phi c_t\sqrt{\eta_x}}\sum_{m=1}^{\infty}\frac{\left(\xi_m^2+\lambda_b^2\right)\sin\left(\xi_m y\right)}{\left\{b\left(\xi_m^2+\lambda_b^2\right)+\lambda_b\right\}\sqrt{\left(\xi_m^2\eta_y+s\right)}}\times$$

$$\times\int_0^{\infty}\left\{\xi_m\left(\frac{k_y}{\mu}\right)\overline{\psi}_0\left(u,s\right)-\overline{\psi}_b\left(u,s\right)\sin\left(\xi_m b\right)\right\}\left\{e^{-|x-u|\sqrt{\frac{\xi_m^2\eta_y+s}{\eta_x}}}+e^{-(x+u)\sqrt{\frac{\xi_m^2\eta_y+s}{\eta_x}}}\right\}du+$$

$$+\frac{1}{\sqrt{\eta_x}}\sum_{m=1}^{\infty}\frac{\left(\xi_m^2+\lambda_b^2\right)\sin(\xi_m y)}{\left\{b\left(\xi_m^2+\lambda_b^2\right)+\lambda_b\right\}\sqrt{\xi_m^2\eta_y+s}}\times$$

$$\times\int_0^{\infty}\left\{e^{-|x-u|\sqrt{\frac{\xi_m^2\eta_y+s}{\eta_x}}}+e^{-(x+u)\sqrt{\frac{\xi_m^2\eta_y+s}{\eta_x}}}\right\}\int_0^{b}\varphi(u,v)\sin(\xi_m v)dvdu \quad (6.25.1)$$

$$p = \frac{U(t-t_0)}{\phi c_t\sqrt{\pi\eta_x}}\sum_{m=1}^{\infty}\frac{(\xi_m^2+\lambda_b^2)\sin(\xi_m y_0)\sin(\xi_m y)}{\{b(\xi_m^2+\lambda_b^2)+\lambda_b\}}\int_0^{t-t_0}\frac{q(t-t_0-\tau)\,e^{-\xi_m^2\eta_y\tau}}{\sqrt{\tau}}\left\{e^{-\frac{(x-x_0)^2}{4\eta_x\tau}}+e^{-\frac{(x+x_0)^2}{4\eta_x\tau}}\right\}d\tau +$$

$$+\frac{2}{\phi c_t\sqrt{\pi\eta_x}}\sum_{m=1}^{\infty}\frac{(\xi_m^2+\lambda_0^2)\sin(\xi_m y)}{\{b(\xi_m^2+\lambda_0^2)+\lambda_0\}}\int_0^{t}\frac{\overline{\psi}_y(\xi_m,t-\tau)\,e^{-\frac{x^2}{4\eta_x\tau}-\xi_m^2\eta_y\tau}}{\sqrt{\tau}}d\tau +$$

$$+\frac{1}{\phi c_t\sqrt{\pi\eta_x}}\sum_{m=1}^{\infty}\frac{(\xi_m^2+\lambda_b^2)\sin(\xi_m y)}{\{b(\xi_m^2+\lambda_b^2)+\lambda_b\}}\times$$

$$\times\int_0^{\infty}\int_0^{t}\left\{\xi_m\left(\frac{k_y}{\mu}\right)\psi_0(u,t-\tau)-\psi_b(u,t-\tau)\sin(\xi_m b)\right\}\frac{e^{-\xi_m^2\eta_y\tau}}{\sqrt{\tau}}\left\{e^{-\frac{(x-u)^2}{4\eta_x\tau}}+e^{-\frac{(x+u)^2}{4\eta_x\tau}}\right\}d\tau du +$$

$$+\frac{1}{\sqrt{\pi\eta_x t}}\sum_{m=1}^{\infty}\frac{(\xi_m^2+\lambda_b^2)\sin(\xi_m y)e^{-\xi_m^2\eta_y t}}{\{b(\xi_m^2+\lambda_b^2)+\lambda_b\}}\int_0^{\infty}\left\{e^{-\frac{(x-u)^2}{4\eta_x t}}+e^{-\frac{(x+u)^2}{4\eta_x t}}\right\}\int_0^{b}\varphi(u,v)\sin(\xi_m v)dvdu \quad (6.25.2)$$

where $\overline{\overline{\psi}}_0(n,s)=\int_0^\infty\overline{\psi}_0(x,s)\cos(nx)\,dx$, $\overline{\psi}_0(x,s)=\int_0^\infty\psi_0(x,t)\,e^{-st}dt$, $\overline{\overline{\psi}}_b(n,s)=\int_0^\infty\overline{\psi}_b(x,s)\cos(nx)\,dx$, $\overline{\psi}_b(x,s)=\int_0^\infty\psi_b(x,t)\,e^{-st}dt$, $\overline{\overline{\psi}}_y(\xi_m,s)=\int_0^b\overline{\psi}_y(y,s)\sin(\xi_m y)\,dy$, $\overline{\psi}_y(y,s)=\int_0^\infty\psi_y(y,t)\,e^{-st}dt$ and ξ_m is a positive root of $\xi_m\cot(\xi_m b)=-\lambda_b$, $m=1,2,....$

When $p(x,y,0)=p_I$, a constant, for all $x>0$ and $y>0$, the terms corresponding to the initial condition are given by

$$\overline{p}=\frac{p_I}{s}-\frac{2p_I\eta_y}{s}\sum_{m=1}^{\infty}\frac{\xi_m\{1-\cos(\xi_m b)\}(\xi_m^2+\lambda_b^2)\sin(\xi_m y)}{\{b(\xi_m^2+\lambda_b^2)+\lambda_b\}(s+\xi_m^2\eta_y)} \quad (6.25.3)$$

and

$$p=p_I-2p_I\sum_{m=1}^{\infty}\frac{\{1-\cos(\xi_m b)\}(\xi_m^2+\lambda_b^2)\left(1-e^{-\xi_m^2\eta_y t}\right)\sin(\xi_m y)}{\xi_m\{b(\xi_m^2+\lambda_b^2)+\lambda_b\}} \quad (6.25.4)$$

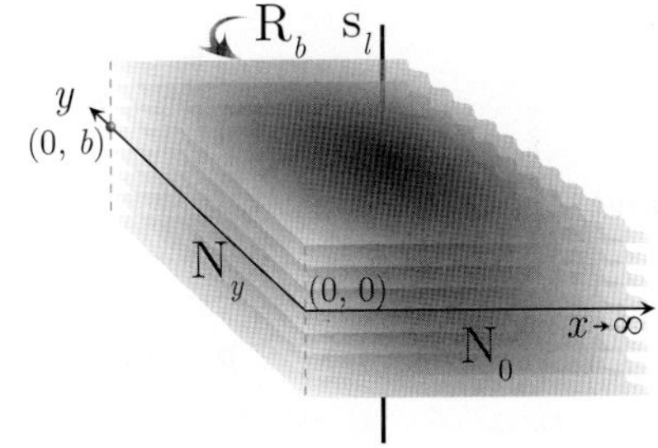

6.26 The problem of 6.10, except $\mathbf{N_0}\equiv\frac{\partial p(x,0,t)}{\partial y}=-\left(\frac{\mu}{k_y}\right)\psi_0(x,t)$, $\mathbf{R_b}\equiv\frac{\partial p(x,b,t)}{\partial y}+\lambda_b p(x,b,t)=-\left(\frac{\mu}{k_y}\right)\psi_b(x,t)$ and $\mathbf{N_y}\equiv\frac{\partial p(0,y,t)}{\partial x}=-\left(\frac{\mu}{k_x}\right)\psi_y(y,t)$

$$\overline{p}=\frac{q(s)\,e^{-st_0}}{\phi c_t\sqrt{\eta_x}}\sum_{m=1}^{\infty}\frac{(\xi_m^2+\lambda_b^2)\cos(\xi_m y_0)\cos(\xi_m y)}{\{b(\xi_m^2+\lambda_b^2)+\lambda_b\}\sqrt{\xi_m^2\eta_y+s}}\left\{e^{-|x-x_0|\sqrt{\frac{\xi_m^2\eta_y+s}{\eta_x}}}+e^{-(x+x_0)\sqrt{\frac{\xi_m^2\eta_y+s}{\eta_x}}}\right\}+$$

$$+\frac{2}{\phi c_t\sqrt{\eta_x}}\sum_{m=1}^{\infty}\frac{\overline{\overline{\psi}}_y(\xi_m,s)(\xi_m^2+\lambda_0^2)\,e^{-x\sqrt{\frac{\xi_m^2\eta_y+s}{\eta_x}}}\cos(\xi_m y)}{\sqrt{(\xi_m^2\eta_y+s)}\{b(\xi_m^2+\lambda_0^2)+\lambda_0\}}+$$

$$\times\int_0^{\infty}\{\overline{\psi}_0(u,s)-\overline{\psi}_b(u,s)\cos(\xi_m b)\}\left\{e^{-|x-u|\sqrt{\frac{\xi_m^2\eta_y+s}{\eta_x}}}+e^{-(x+u)\sqrt{\frac{\xi_m^2\eta_y+s}{\eta_x}}}\right\}du+$$

$$+\frac{1}{\sqrt{\eta_x}}\sum_{m=1}^{\infty}\frac{\left(\xi_m^2+\lambda_b^2\right)\cos(\xi_m y)}{\left\{b\left(\xi_m^2+\lambda_b^2\right)+\lambda_b\right\}\sqrt{\xi_m^2\eta_y+s}}\int\limits_0^\infty\left\{e^{-|x-u|\sqrt{\frac{\xi_m^2\eta_y+s}{\eta_x}}}+e^{-(x+u)\sqrt{\frac{\xi_m^2\eta_y+s}{\eta_x}}}\right\}\times$$
$$\times\int\limits_0^b\varphi(u,v)\cos(\xi_m v)dvdu \tag{6.26.1}$$

$$p=\frac{U\left(t-t_0\right)}{\phi c_t\sqrt{\pi\eta_x}}\sum_{m=1}^{\infty}\frac{\left(\xi_m^2+\lambda_b^2\right)\cos\left(\xi_m y_0\right)\cos\left(\xi_m y\right)}{\left\{b\left(\xi_m^2+\lambda_b^2\right)+\lambda_b\right\}}\times$$
$$\times\int\limits_0^{t-t_0}\frac{q\left(t-t_0-\tau\right)e^{-\xi_m^2\eta_y\tau}}{\sqrt{\tau}}\left\{e^{-\frac{\left(x-x_0\right)^2}{4\eta_x\tau}}+e^{-\frac{\left(x+x_0\right)^2}{4\eta_x\tau}}\right\}d\tau+$$
$$+\frac{2}{\phi c_t\sqrt{\pi\eta_x}}\sum_{m=1}^{\infty}\frac{\left(\xi_m^2+\lambda_0^2\right)\cos\left(\xi_m y\right)}{\left\{b\left(\xi_m^2+\lambda_0^2\right)+\lambda_0\right\}}\int\limits_0^t\frac{\overline{\psi}_y\left(\xi_m,t-\tau\right)e^{-\frac{x^2}{4\eta_x\tau}-\xi_m^2\eta_y\tau}}{\sqrt{\tau}}d\tau+$$
$$+\frac{1}{\phi c_t\sqrt{\pi\eta_x}}\sum_{m=1}^{\infty}\frac{\left(\xi_m^2+\lambda_b^2\right)\cos\left(\xi_m y\right)}{\left\{b\left(\xi_m^2+\lambda_b^2\right)+\lambda_b\right\}}\times$$
$$\times\int\limits_0^\infty\int\limits_0^t\left\{\psi_0\left(u,t-\tau\right)-\psi_b\left(u,t-\tau\right)\cos\left(\xi_m b\right)\right\}\frac{e^{-\xi_m^2\eta_y\tau}}{\sqrt{\tau}}\left\{e^{-\frac{(x-u)^2}{4\eta_x\tau}}+e^{-\frac{(x+u)^2}{4\eta_x\tau}}\right\}d\tau du+$$
$$+\frac{1}{\sqrt{\pi\eta_x t}}\sum_{m=1}^{\infty}\frac{\left(\xi_m^2+\lambda_b^2\right)\cos(\xi_m y)e^{-\xi_m^2\eta_y t}}{\left\{b\left(\xi_m^2+\lambda_b^2\right)+\lambda_b\right\}}\int\limits_0^\infty\left\{e^{-\frac{(x-u)^2}{4\eta_x t}}+e^{-\frac{(x+u)^2}{4\eta_x t}}\right\}\int\limits_0^b\varphi(u,v)\cos(\xi_m v)dvdu \tag{6.26.2}$$

where $\overline{\overline{\psi}}_0\left(n,s\right)=\int_0^\infty\overline{\psi}_0\left(x,s\right)\cos\left(nx\right)dx$, $\overline{\psi}_0\left(x,s\right)=\int_0^\infty\psi_0\left(x,t\right)e^{-st}dt$, $\overline{\overline{\psi}}_b\left(n,s\right)=\int_0^\infty\overline{\psi}_b\left(x,s\right)\sin\left(nx\right)dx$, $\overline{\psi}_b\left(x,s\right)=\int_0^\infty\psi_b\left(x,t\right)e^{-st}dt$, $\overline{\overline{\psi}}_y\left(\xi_m,s\right)=\int_0^b\overline{\psi}_y\left(y,s\right)\cos\left(\xi_m y\right)dy$, $\overline{\psi}_y\left(y,s\right)=\int_0^\infty\psi_y\left(y,t\right)e^{-st}dt$ and ξ_m is a positive root of $\xi_m\tan\left(\xi_m b\right)=\lambda_b$, $m=1,2,....$

When $p(x,y,0)=p_I$, a constant, for all $x>0$ and $y>0$, the terms corresponding to the initial condition are given by

$$\overline{p}=\frac{p_I}{s}-\frac{2p_I\eta_y\lambda_b}{s}\sum_{m=1}^{\infty}\frac{\left(\xi_m^2+\lambda_b^2\right)\cos\left(\xi_m b\right)\cos\left(\xi_m y\right)}{\left\{b\left(\xi_m^2+\lambda_b^2\right)+\lambda_b\right\}\left(s+\xi_m^2\eta_y\right)} \tag{6.26.3}$$

and

$$p=p_I-2p_I\sum_{m=1}^{\infty}\frac{\left(\xi_m^2+\lambda_b^2\right)\left(1-e^{-\xi_m^2\eta_y t}\right)\sin\left(\xi_m b\right)\cos\left(\xi_m y\right)}{\xi_m\left\{b\left(\xi_m^2+\lambda_b^2\right)+\lambda_b\right\}} \tag{6.26.4}$$

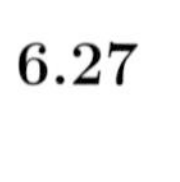

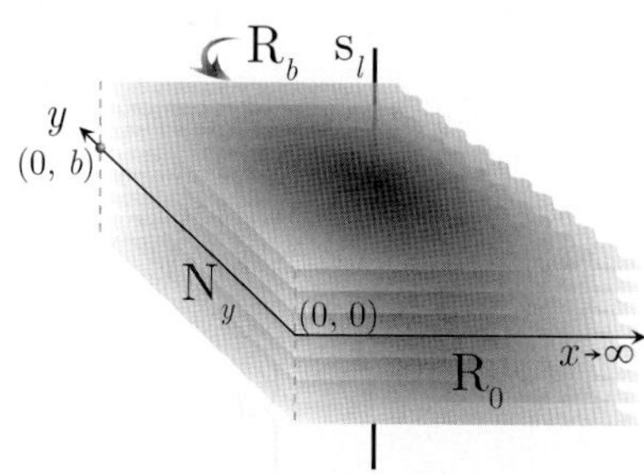

The problem of 6.10, except
$\mathbf{R_0}\equiv\frac{\partial p(x,0,t)}{\partial y}-\lambda_0 p\left(x,0,t\right)=-\left(\frac{\mu}{k_y}\right)\psi_0\left(x,t\right)$,
$\mathbf{R_b}\equiv\frac{\partial p(x,b,t)}{\partial y}+\lambda_b p\left(x,b,t\right)=-\left(\frac{\mu}{k_y}\right)\psi_b\left(x,t\right)$ **and**
$\mathbf{N_y}\equiv\frac{\partial p(0,y,t)}{\partial x}=-\left(\frac{\mu}{k_x}\right)\psi_y\left(y,t\right)$

$$\overline{p} = \frac{q(s)\,e^{-st_0}}{\phi c_t\sqrt{\eta_x}}\sum_{m=1}^{\infty}\frac{\{\xi_m\cos(\xi_m y_0)+\lambda_0\sin(\xi_m y_0)\}\{\xi_m\cos(\xi_m y)+\lambda_0\sin(\xi_m y)\}}{\left[(\xi_m^2+\lambda_0^2)\left\{b+\frac{\lambda_b}{\xi_m^2+\lambda_b^2}\right\}+\lambda_0\right]\sqrt{\xi_m^2\eta_y+s}}\times$$
$$\times\left\{e^{-|x-x_0|\sqrt{\frac{\xi_m^2\eta_y+s}{\eta_x}}}+e^{-(x+x_0)\sqrt{\frac{\xi_m^2\eta_y+s}{\eta_x}}}\right\}+$$
$$+\frac{2}{\phi c_t\sqrt{\eta_x}}\sum_{m=1}^{\infty}\frac{\overline{\overline{\psi}}_y(\xi_m,s)\,e^{-x\sqrt{\frac{s+\xi_m^2\eta_y}{\eta_x}}}\{\xi_m\cos(\xi_m y)+\lambda_0\sin(\xi_m y)\}}{\left[(\xi_m^2+\lambda_0^2)\left\{b+\frac{\lambda_b}{\xi_m^2+\lambda_b^2}\right\}+\lambda_0\right]\sqrt{(\xi_m^2\eta_y+s)}}+$$
$$+\frac{1}{\phi c_t\sqrt{\eta_x}}\sum_{m=1}^{\infty}\frac{\{\xi_m\cos(\xi_m y)+\lambda_0\sin(\xi_m y)\}}{\left[(\xi_m^2+\lambda_0^2)\left\{b+\frac{\lambda_b}{\xi_m^2+\lambda_b^2}\right\}+\lambda_0\right]\sqrt{(\xi_m^2\eta_y+s)}}\times$$
$$\times\int_0^{\infty}\left[\xi_m\overline{\psi}_0(u,s)-\overline{\psi}_b(u,s)\{\xi_m\cos(\xi_m b)+\lambda_0\sin(\xi_m b)\}\right]\times$$
$$\times\left\{e^{-|x-u|\sqrt{\frac{\xi_m^2\eta_y+s}{\eta_x}}}+e^{-(x+u)\sqrt{\frac{\xi_m^2\eta_y+s}{\eta_x}}}\right\}du+$$
$$+\frac{1}{\sqrt{\eta_x}}\sum_{m=1}^{\infty}\frac{\{\xi_m\cos(\xi_m y)+\lambda_0\sin(\xi_m y)\}}{\left[(\xi_m^2+\lambda_0^2)\left\{b+\frac{\lambda_b}{\xi_m^2+\lambda_b^2}\right\}+\lambda_0\right]\sqrt{\xi_m^2\eta_y+s}}\times$$
$$\times\int_0^{\infty}\left\{e^{-|x-u|\sqrt{\frac{\xi_m^2\eta_y+s}{\eta_x}}}+e^{-(x+u)\sqrt{\frac{\xi_m^2\eta_y+s}{\eta_x}}}\right\}\int_0^b\varphi(u,v)\{\xi_m\cos(\xi_m v)+\lambda_0\sin(\xi_m v)\}dvdu \tag{6.27.1}$$

$$p = \frac{U(t-t_0)}{\phi c_t\sqrt{\pi\eta_x}}\sum_{m=1}^{\infty}\frac{\{\xi_m\cos(\xi_m y_0)+\lambda_0\sin(\xi_m y_0)\}\{\xi_m\cos(\xi_m y)+\lambda_0\sin(\xi_m y)\}}{\left[(\xi_m^2+\lambda_0^2)\left\{b+\frac{\lambda_b}{\xi_m^2+\lambda_b^2}\right\}+\lambda_0\right]}\times$$
$$\times\int_0^{t-t_0}\frac{q(t-t_0-\tau)\,e^{-\xi_m^2\eta_y\tau}}{\sqrt{\tau}}\left\{e^{-\frac{(x-x_0)^2}{4\eta_x\tau}}+e^{-\frac{(x+x_0)^2}{4\eta_x\tau}}\right\}d\tau+$$
$$+\frac{2}{\phi c_t\sqrt{\pi\eta_x}}\sum_{m=1}^{\infty}\frac{\{\xi_m\cos(\xi_m y)+\lambda_0\sin(\xi_m y)\}}{\left[(\xi_m^2+\lambda_0^2)\left\{b+\frac{\lambda_b}{\xi_m^2+\lambda_b^2}\right\}+\lambda_0\right]}\int_0^t\frac{\overline{\psi}_y(\xi_m,t-\tau)\,e^{-\frac{x^2}{4\eta_x\tau}-\xi_m^2\eta_y\tau}}{\sqrt{\tau}}d\tau+$$
$$+\frac{1}{\phi c_t\sqrt{\pi\eta_x}}\sum_{m=1}^{\infty}\frac{\{\xi_m\cos(\xi_m y)+\lambda_0\sin(\xi_m y)\}}{\left[(\xi_m^2+\lambda_0^2)\left\{b+\frac{\lambda_b}{\xi_m^2+\lambda_b^2}\right\}+\lambda_0\right]}\times$$
$$\times\int_0^{\infty}\int_0^t\left[\psi_0(u,t-\tau)\,\xi_m-\psi_b(u,t-\tau)\{\xi_m\cos(\xi_m b)+\lambda_0\sin(\xi_m b)\}\right]\times$$
$$\times\frac{e^{-\xi_m^2\eta_y\tau}}{\sqrt{\tau}}\left\{e^{-\frac{(x-u)^2}{4\eta_x\tau}}+e^{-\frac{(x+u)^2}{4\eta_x\tau}}\right\}d\tau du+$$
$$+\frac{1}{\sqrt{\pi\eta_x t}}\sum_{m=1}^{\infty}\frac{\{\xi_m\cos(\xi_m y)+\lambda_0\sin(\xi_m y)\}\,e^{-\xi_m^2\eta_y t}}{\left[(\xi_m^2+\lambda_0^2)\left\{b+\frac{\lambda_b}{\xi_m^2+\lambda_b^2}\right\}+\lambda_0\right]}\times$$
$$\times\int_0^{\infty}\left\{e^{-\frac{(x-u)^2}{4\eta_x t}}+e^{-\frac{(x+u)^2}{4\eta_x t}}\right\}\int_0^b\varphi(u,v)\{\xi_m\cos(\xi_m v)+\lambda_0\sin(\xi_m v)\}dvdu \tag{6.27.2}$$

where $\overline{\overline{\psi}}_0(n,s)=\int_0^\infty \overline{\psi}_0(x,s)\cos(nx)\,dx$, $\overline{\psi}_0(x,s)=\int_0^\infty \psi_0(x,t)\,e^{-st}dt$, $\overline{\overline{\psi}}_b(n,s)=\int_0^\infty \overline{\psi}_b(x,s)\cos(nx)\,dx$, $\overline{\psi}_b(x,s)=\int_0^\infty \psi_b(x,t)\,e^{-st}dt$, $\overline{\overline{\psi}}_y(\xi_m,s)=\int_0^b \overline{\psi}_y(y,s)\{\xi_m\cos(\xi_m y)+\lambda_0\sin(\xi_m y)\}\,dy$, $\overline{\psi}_y(y,s)=\int_0^\infty \psi_y(y,t)\,e^{-st}dt$ and ξ_m is a positive root of $\tan(\xi_m b)=\frac{\xi_m(\lambda_0+\lambda_b)}{\xi_m^2-\lambda_0\lambda_b}$, $m=1,2,....$

When $p(x,y,0)=p_I$, a constant, for all $x>0$ and $y>0$, the terms corresponding to the initial condition are given by

$$\overline{p}=\frac{p_I}{s}-\frac{2p_I\eta_y}{s}\sum_{m=1}^{\infty}\frac{[\xi_m\lambda_0+\lambda_b\{\xi_m\cos(\xi_m b)+\lambda_0\sin(\xi_m b)\}]\{\xi_m\cos(\xi_m y)+\lambda_0\sin(\xi_m y)\}}{(s+\xi_m^2\eta_y)\left[(\xi_m^2+\lambda_0^2)\left\{b+\frac{\lambda_b}{\xi_m^2+\lambda_b^2}\right\}+\lambda_0\right]} \tag{6.27.3}$$

and

$$p=p_I-2p\sum_{m=1}^{\infty}\frac{[\xi_m\lambda_0+\lambda_b\{\xi_m\cos(\xi_m b)+\lambda_0\sin(\xi_m b)\}]\{\xi_m\cos(\xi_m y)+\lambda_0\sin(\xi_m y)\}\left(1-e^{-\xi_m^2\eta_y t}\right)}{\xi_m^2\left[(\xi_m^2+\lambda_0^2)\left\{b+\frac{\lambda_b}{\xi_m^2+\lambda_b^2}\right\}+\lambda_0\right]} \tag{6.27.4}$$

6.28

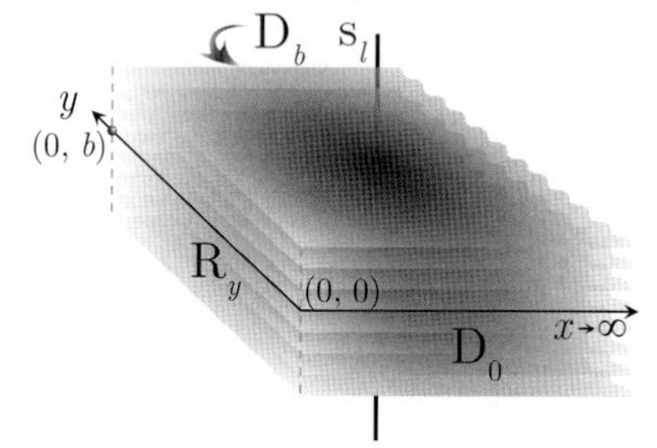

The problem of 6.10, except $D_0\equiv p(x,0,t)=\psi_0(x,t)$, $D_b\equiv p(x,b,t)=\psi_b(x,t)$ and $R_y\equiv\frac{\partial p(0,y,t)}{\partial x}-\lambda_y p(0,y,t)=-\left(\frac{\mu}{k_x}\right)\psi_y(y,t)$

$$\begin{aligned}\overline{p}=&\frac{q(s)\,e^{-st_0}}{b\phi c_t\sqrt{\eta_x}}\times\\&\times\sum_{m=1}^{\infty}\frac{\sin(\xi_m y_0)\sin(\xi_m y)}{\sqrt{(s+\xi_m^2\eta_y)}}\left\{e^{-|x-x_0|\sqrt{\frac{s+\xi_m^2\eta_y}{\eta_x}}}+\left(\frac{\sqrt{s+\xi_m^2\eta_y}-\lambda_y\sqrt{\eta_x}}{\sqrt{s+\xi_m^2\eta_y}+\lambda_y\sqrt{\eta_x}}\right)e^{-(x+x_0)\sqrt{\frac{s+\xi_m^2\eta_y}{\eta_x}}}\right\}+\\&+\frac{2}{b\phi c_t\sqrt{\eta_x}}\sum_{m=1}^{\infty}\frac{\overline{\overline{\psi}}_y(\xi_m,s)\,e^{-x\sqrt{\frac{s+\xi_m^2\eta_y}{\eta_x}}}\sin(\xi_m y)}{\left(\sqrt{s+\xi_m^2\eta_y}+\lambda_y\sqrt{\eta_x}\right)}+\\&+\frac{\eta_y}{b\sqrt{\eta_x}}\sum_{m=1}^{\infty}\frac{\xi_m\sin(\xi_m y)}{\sqrt{(s+\xi_m^2\eta_y)}}\int_0^\infty\left\{\overline{\psi}_0(u,s)+(-1)^{m+1}\overline{\psi}_b(u,s)\right\}\times\\&\times\left\{e^{-|x-u|\sqrt{\frac{s+\xi_m^2\eta_y}{\eta_x}}}+\left(\frac{\sqrt{s+\xi_m^2\eta_y}-\lambda_y\sqrt{\eta_x}}{\sqrt{s+\xi_m^2\eta_y}+\lambda_y\sqrt{\eta_x}}\right)e^{-(x+u)\sqrt{\frac{s+\xi_m^2\eta_y}{\eta_x}}}\right\}du+\\&+\frac{1}{b\sqrt{\eta_x}}\sum_{m=1}^{\infty}\frac{\sin(\xi_m y)}{\sqrt{(s+\xi_m^2\eta_y)}}\int_0^\infty\left\{e^{-|x-u|\sqrt{\frac{s+\xi_m^2\eta_y}{\eta_x}}}+\left(\frac{\sqrt{s+\xi_m^2\eta_y}-\lambda_y\sqrt{\eta_x}}{\sqrt{s+\xi_m^2\eta_y}+\lambda_y\sqrt{\eta_x}}\right)e^{-(x+u)\sqrt{\frac{s+\xi_m^2\eta_y}{\eta_x}}}\right\}\times\\&\times\int_0^b\varphi(u,v)\sin(\xi_m v)\,dv\,du\end{aligned} \tag{6.28.1}$$

$$
\begin{aligned}
p \; = \; & \frac{U(t-t_0)}{4b\phi c_t\sqrt{\pi\eta_x}} \int\limits_0^{t-t_0} \frac{q\left(t-t_0-\tau\right)}{\sqrt{\tau}} \left\{ e^{-\frac{(x-x_0)^2}{4\eta_x\tau}} + e^{-\frac{(x+x_0)^2}{4\eta_x\tau}} - \right.\\
& \left. -2\lambda_y\left(\sqrt{\pi\eta_x\tau}\right) e^{(x+x_0)\lambda_y\sqrt{\eta_x}+\lambda_y^2\eta_x\tau} \operatorname{erfc}\left(\lambda_y\sqrt{\eta_x\tau}+\frac{x+x_0}{2\sqrt{\eta_x\tau}}\right)\right\} \times \\
& \times \left[\Theta_3\left\{\frac{\pi\left(y-y_0\right)}{2b}, e^{-\left(\frac{\pi}{b}\right)^2\eta_y\tau}\right\} - \Theta_3\left\{\frac{\pi\left(y+y_0\right)}{2b}, e^{-\left(\frac{\pi}{b}\right)^2\eta_y\tau}\right\}\right] d\tau + \\
& + \frac{1}{2b\phi c_t\sqrt{\eta_x}} \int\limits_0^t \left\{ \frac{e^{-\frac{x^2}{4\eta_x\tau}}}{\sqrt{\pi\tau}} - \lambda_y\sqrt{\eta_x} e^{x\lambda_y+\lambda_y^2\eta_x\tau} \operatorname{erfc}\left(\lambda_y\sqrt{\eta_x\tau}+\frac{x}{2\sqrt{\eta_x\tau}}\right)\right\} \times \\
& \times \int\limits_0^b \psi_y\left(v,t-\tau\right)\left[\Theta_3\left\{\frac{\pi\left(y-v\right)}{2b}, e^{-\left(\frac{\pi}{b}\right)^2\eta_y\tau}\right\} - \Theta_3\left\{\frac{\pi\left(y+v\right)}{2b}, e^{-\left(\frac{\pi}{b}\right)^2\eta_y\tau}\right\}\right] dv d\tau + \\
& + \frac{\eta_y}{4b^2}\sqrt{\frac{\pi}{\eta_x}} \int\limits_0^\infty \int\limits_0^t \left[\Theta_4'\left\{\frac{\pi y}{2b}, e^{-\left(\frac{\pi}{b}\right)^2\eta_y\tau}\right\}\psi_b\left(u,t-\tau\right) - \Theta_3'\left\{\frac{\pi y}{2b}, e^{-\left(\frac{\pi}{b}\right)^2\eta_y\tau}\right\}\psi_0\left(u,t-\tau\right)\right] \times \\
& \times \frac{1}{\sqrt{\tau}}\left\{ e^{-\frac{(x-u)^2}{4\eta_x\tau}} + e^{-\frac{(x+u)^2}{4\eta_x\tau}} - 2\lambda_y\left(\sqrt{\pi\eta_x\tau}\right) e^{(x+u)\lambda_y\sqrt{\eta_x}+\lambda_y^2\eta_x\tau} \operatorname{erfc}\left(\lambda_y\sqrt{\eta_x\tau}+\frac{x+u}{2\sqrt{\eta_x\tau}}\right)\right\} du d\tau + \\
& + \frac{1}{4b\sqrt{\pi\eta_x t}} \times \\
& \times \int\limits_0^\infty \int\limits_0^b \varphi(u,v)\left\{ e^{-\frac{(x-u)^2}{4\eta_x t}} + e^{-\frac{(x+u)^2}{4\eta_x t}} - 2\lambda_y\left(\sqrt{\pi\eta_x t}\right) e^{(x+x_0)\lambda_y\sqrt{\eta_x}+\lambda_y^2\eta_x t} \operatorname{erfc}\left(\lambda_y\sqrt{\eta_x t}+\frac{x+u}{2\sqrt{\eta_x t}}\right)\right\} \times \\
& \times \left[\Theta_3\left\{\frac{\pi\left(y-v\right)}{2b}, e^{-\left(\frac{\pi}{b}\right)^2\eta_y t}\right\} - \Theta_3\left\{\frac{\pi\left(y+v\right)}{2b}, e^{-\left(\frac{\pi}{b}\right)^2\eta_y t}\right\}\right] dv du
\end{aligned}
\tag{6.28.2}
$$

where $\overline{\overline{\psi}}_0(n,s) = \int_0^\infty \overline{\psi}_0(x,s)\{n\cos(nx)+\lambda_y\sin(nx)\}dx$, $\overline{\psi}_0(x,s) = \int_0^\infty \psi_0(x,t)\,e^{-st}dt$, $\overline{\overline{\psi}}_b(n,s) = \int_0^\infty \overline{\psi}_b(x,s)\{n\cos(nx)+\lambda_y\sin(nx)\}dx$, $\overline{\psi}_b(x,s) = \int_0^\infty \psi_b(x,t)\,e^{-st}dt$, $\overline{\overline{\psi}}_y(\xi_m,s) = \int_0^b \overline{\psi}_y(y,s)\sin(\xi_m y)\,dy$, $\overline{\psi}_y(y,s) = \int_0^\infty \psi_y(y,t)\,e^{-st}dt$ and ξ_m is a positive root of $\sin(\xi_m b)=0$, which are $\xi_m = \frac{m\pi}{b}$, $m = 1,2,....$

When $p(x,y,0) = p_I$, a constant, for all $x > 0$ and $y > 0$, the terms corresponding to the initial condition are given by

$$
\overline{p} \; = \; \frac{p_I}{s} - \frac{2p_I\eta_y}{bs}\sum_{m=1}^{\infty}\frac{\left\{(-1)^{m+1}+1\right\}\xi_m\sin(\xi_m y)}{\left(s+\xi_m^2\eta_y\right)} - \frac{2p_I\lambda_y\sqrt{\eta_x}}{b}\sum_{m=1}^{\infty}\frac{\left\{(-1)^{m+1}+1\right\}\sin(\xi_m y)\,e^{-x\sqrt{\frac{s+\xi_m^2\eta_y}{\eta_x}}}}{\xi_m\left(s+\xi_m^2\eta_y\right)\left(\lambda_y\sqrt{\eta_x}+\sqrt{s+\xi_m^2\eta_y}\right)}
\tag{6.28.3}
$$

and

$$
\begin{aligned}
p \; = \; & p_I - \frac{2p_I}{b}\sum_{m=1}^{\infty}\frac{\sin(\xi_m y)}{\xi_m}\left\{(-1)^{m+1}+1\right\}\left(1-e^{-\xi_m^2\eta_y t}\right) - \\
& - \frac{2p_I}{b}\left\{\operatorname{erfc}\left(\frac{x}{2\sqrt{\eta_x t}}\right) - e^{x\lambda_y+\lambda_y^2\eta_x t}\operatorname{erfc}\left(\lambda_y\sqrt{\eta_x t}+\frac{x}{2\sqrt{\eta_x t}}\right)\right\}\sum_{m=1}^{\infty}\frac{\left\{(-1)^{m+1}+1\right\}e^{-\xi_m^2\eta_y t}\sin(\xi_m y)}{\xi_m}
\end{aligned}
\tag{6.28.4}
$$

6.29

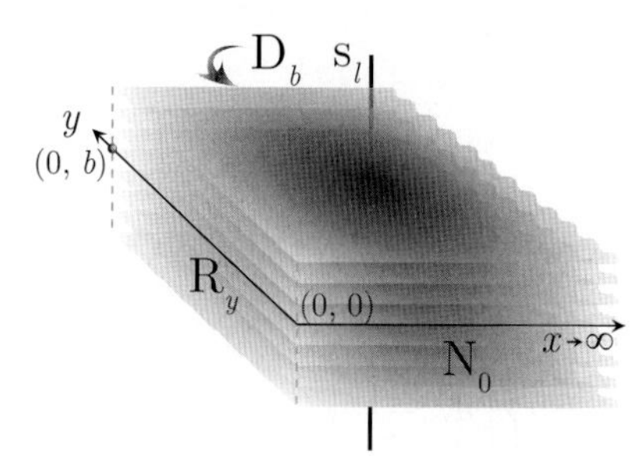

The problem of 6.10, except
$\mathbf{N_0} \equiv \frac{\partial p(x,0,t)}{\partial y} = -\left(\frac{\mu}{k_y}\right)\psi_0(x,t)$,
$\mathbf{D_b} \equiv p(x,b,t) = \psi_b(x,t)$ **and**
$\mathbf{R_y} \equiv \frac{\partial p(0,y,t)}{\partial x} - \lambda_y p(0,y,t) = -\left(\frac{\mu}{k_x}\right)\psi_y(y,t)$

$$\overline{p} = \frac{q(s)\,e^{-st_0}}{b\phi c_t\sqrt{\eta_x}} \times$$
$$\times \sum_{m=1}^{\infty} \frac{\cos(\xi_m y_0)\cos(\xi_m y)}{\sqrt{(s+\xi_m^2\eta_y)}} \left\{ e^{-|x-x_0|\sqrt{\frac{s+\xi_m^2\eta_y}{\eta_x}}} + \left(\frac{\sqrt{s+\xi_m^2\eta_y}-\lambda_y\sqrt{\eta_x}}{\sqrt{s+\xi_m^2\eta_y}+\lambda_y\sqrt{\eta_x}}\right) e^{-(x+x_0)\sqrt{\frac{s+\xi_m^2\eta_y}{\eta_x}}} \right\} +$$
$$+ \frac{2}{b\phi c_t\sqrt{\eta_x}} \sum_{m=1}^{\infty} \frac{\overline{\overline{\psi}}_y(\xi_m,s)\,e^{-x\sqrt{\frac{s+\xi_m^2\eta_y}{\eta_x}}}\cos(\xi_m y)}{\left(\sqrt{s+\xi_m^2\eta_y}+\lambda_y\sqrt{\eta_x}\right)} +$$
$$+ \frac{\eta_y}{b\sqrt{\eta_x}} \sum_{m=1}^{\infty} \frac{\cos(\xi_m y)}{\sqrt{(s+\xi_m^2\eta_y)}} \int_0^{\infty} \left\{ \left(\frac{\mu}{k_y}\right)\overline{\psi}_0(u,s) + (-1)^{m+1}\xi_m\overline{\psi}_b(u,s) \right\} \times$$
$$\times \left\{ e^{-|x-u|\sqrt{\frac{s+\xi_m^2\eta_y}{\eta_x}}} + \left(\frac{\sqrt{s+\xi_m^2\eta_y}-\lambda_y\sqrt{\eta_x}}{\sqrt{s+\xi_m^2\eta_y}+\lambda_y\sqrt{\eta_x}}\right) e^{-(x+u)\sqrt{\frac{s+\xi_m^2\eta_y}{\eta_x}}} \right\} du +$$
$$+ \frac{1}{b\sqrt{\eta_x}} \sum_{m=1}^{\infty} \frac{\cos(\xi_m y)}{\sqrt{(s+\xi_m^2\eta_y)}} \int_0^{\infty} \left\{ e^{-|x-u|\sqrt{\frac{s+\xi_m^2\eta_y}{\eta_x}}} + \left(\frac{\sqrt{s+\xi_m^2\eta_y}-\lambda_y\sqrt{\eta_x}}{\sqrt{s+\xi_m^2\eta_y}+\lambda_y\sqrt{\eta_x}}\right) e^{-(x+u)\sqrt{\frac{s+\xi_m^2\eta_y}{\eta_x}}} \right\} \times$$
$$\times \int_0^{b} \varphi(u,v)\cos(\xi_m v)\,dv\,du \tag{6.29.1}$$

$$p = \frac{U(t-t_0)}{4b\phi c_t\sqrt{\pi\eta_x}} \int_0^{t-t_0} \frac{q(t-t_0-\tau)}{\sqrt{\tau}} \left\{ e^{-\frac{(x-x_0)^2}{4\eta_x\tau}} + e^{-\frac{(x+x_0)^2}{4\eta_x\tau}} - \right.$$
$$\left. -2\lambda_y\left(\sqrt{\pi\eta_x\tau}\right) e^{(x+x_0)\lambda_y\sqrt{\eta_x}+\lambda_y^2\eta_x\tau}\,\mathrm{erfc}\left(\lambda_y\sqrt{\eta_x\tau}+\frac{x+x_0}{2\sqrt{\eta_x\tau}}\right)\right\} \times$$
$$\times \left[\Theta_2\left\{\frac{\pi(y-y_0)}{2b}, e^{-\left(\frac{\pi}{b}\right)^2\eta_y\tau}\right\} + \Theta_2\left\{\frac{\pi(y+y_0)}{2b}, e^{-\left(\frac{\pi}{b}\right)^2\eta_y\tau}\right\}\right] d\tau +$$
$$+ \frac{1}{2b\phi c_t\sqrt{\eta_x}} \int_0^{t} \left\{ \frac{e^{-\frac{x^2}{4\eta_x\tau}}}{\sqrt{\pi\tau}} - \lambda_y\sqrt{\eta_x}e^{x\lambda_y+\lambda_y^2\eta_x\tau}\,\mathrm{erfc}\left(\lambda_y\sqrt{\eta_x\tau}+\frac{x}{2\sqrt{\eta_x\tau}}\right)\right\} \times$$
$$\times \int_0^{b} \psi_y(v,t-\tau)\left[\Theta_2\left\{\frac{\pi(y-v)}{2b}, e^{-\left(\frac{\pi}{b}\right)^2\eta_y\tau}\right\} + \Theta_2\left\{\frac{\pi(y+v)}{2b}, e^{-\left(\frac{\pi}{b}\right)^2\eta_y\tau}\right\}\right] dv\,d\tau +$$
$$+ \frac{1}{b\sqrt{\pi\eta_x}} \int_0^{t}\int_0^{\infty} \left[\left(\frac{1}{\phi c_t}\right)\Theta_2\left\{\frac{\pi y}{2b}, e^{-\left(\frac{\pi}{b}\right)^2\eta_y\tau}\right\}\psi_0(u,t-\tau) + \left(\frac{\pi\eta_y}{2b}\right)\Theta_1'\left\{\frac{\pi y}{2b}, e^{-\left(\frac{\pi}{b}\right)^2\eta_y\tau}\right\}\psi_b(u,t-\tau)\right] \times$$
$$\times \frac{1}{\sqrt{\tau}}\left\{ e^{-\frac{(x-u)^2}{4\eta_x\tau}} + e^{-\frac{(x+u)^2}{4\eta_x\tau}} - 2\lambda_y\left(\sqrt{\pi\eta_x\tau}\right)e^{(x+u)\lambda_y\sqrt{\eta_x}+\lambda_y^2\eta_x\tau}\,\mathrm{erfc}\left(\lambda_y\sqrt{\eta_x\tau}+\frac{x+u}{2\sqrt{\eta_x\tau}}\right)\right\} du\,d\tau +$$

$$
\begin{aligned}
&+\frac{1}{4b\sqrt{\pi\eta_x t}}\times\\
&\times\int_0^\infty\int_0^b \varphi(u,v)\left\{e^{-\frac{(x-u)^2}{4\eta_x t}}+e^{-\frac{(x+u)^2}{4\eta_x t}}-2\lambda_y\left(\sqrt{\pi\eta_x t}\right)e^{(x+u)\lambda_y\sqrt{\eta_x}+\lambda_y^2\eta_x t}\operatorname{erfc}\left(\lambda_y\sqrt{\eta_x t}+\frac{x+u}{2\sqrt{\eta_x t}}\right)\right\}\times\\
&\times\left[\Theta_2\left\{\frac{\pi(y-v)}{2b},e^{-\left(\frac{\pi}{b}\right)^2\eta_y t}\right\}+\Theta_2\left\{\frac{\pi(y+v)}{2b},e^{-\left(\frac{\pi}{b}\right)^2\eta_y t}\right\}\right]dvdu
\end{aligned}
\tag{6.29.2}
$$

where $\overline{\overline{\psi}}_0(n,s)=\int_0^\infty\overline{\psi}_0(x,s)\{n\cos(nx)+\lambda_y\sin(nx)\}dx$, $\overline{\psi}_0(x,s)=\int_0^\infty\psi_0(x,t)\,e^{-st}dt$, $\overline{\overline{\psi}}_b(n,s)=\int_0^\infty\overline{\psi}_b(x,s)\{n\cos(nx)+\lambda_y\sin(nx)\}dx$, $\overline{\psi}_b(x,s)=\int_0^\infty\psi_b(x,t)\,e^{-st}dt$, $\overline{\overline{\psi}}_y(\xi_m,s)=\int_0^b\overline{\psi}_y(y,s)\cos(\xi_m y)\,dy$, $\overline{\psi}_y(y,s)=\int_0^\infty\psi_y(y,t)\,e^{-st}dt$ and ξ_m is a positive root of $\cos(\xi_m b)=0$, which are $\frac{(2m-1)\pi}{2b}$, $m=1,2,\ldots$.

When $p(x,y,0)=p_I$, a constant, for all $x>0$ and $y>0$, the terms corresponding to the initial condition are given by

$$
\overline{p}=\frac{p_I}{s}-\frac{2p_I\eta_y}{bs}\sum_{m=1}^\infty\frac{(-1)^{m+1}\xi_m\cos(\xi_m y)}{(s+\xi_m^2\eta_y)}-\frac{2\lambda_y p_I\sqrt{\eta_x}}{b}\sum_{m=1}^\infty\frac{(-1)^{m+1}\cos(\xi_m y)\,e^{-x\sqrt{\frac{s+\xi_m^2\eta_y}{\eta_x}}}}{\xi_m(s+\xi_m^2\eta_y)\left(\lambda_y\sqrt{\eta_x}+\sqrt{s+\xi_m^2\eta_y}\right)}
\tag{6.29.3}
$$

and

$$
\begin{aligned}
p&=p_I-\frac{2p_I}{b}\sum_{m=1}^\infty\frac{\cos(\xi_m y)}{\xi_m}\left\{(-1)^{m+1}+1\right\}\left(1-e^{-\xi_m^2\eta_y t}\right)-\\
&-\frac{2p_I}{b}\left\{\operatorname{erfc}\left(\frac{x}{2\sqrt{\eta_x t}}\right)-e^{x\lambda_y+\lambda_y^2\eta_x t}\operatorname{erfc}\left(\lambda_y\sqrt{\eta_x t}+\frac{x}{2\sqrt{\eta_x t}}\right)\right\}\sum_{m=1}^\infty\frac{(-1)^{m+1}e^{-\xi_m^2\eta_y t}\cos(\xi_m y)}{\xi_m}
\end{aligned}
\tag{6.29.4}
$$

6.30 The problem of 6.10, except

$\mathbf{R}_0\equiv\frac{\partial p(x,0,t)}{\partial y}-\lambda_0 p(x,0,t)=-\left(\frac{\mu}{k_y}\right)\psi_0(x,t)$,
$\mathbf{D}_b\equiv p(x,b,t)=\psi_b(x,t)$ and
$\mathbf{R}_y\equiv\frac{\partial p(0,y,t)}{\partial x}-\lambda_y p(0,y,t)=-\left(\frac{\mu}{k_x}\right)\psi_y(y,t)$

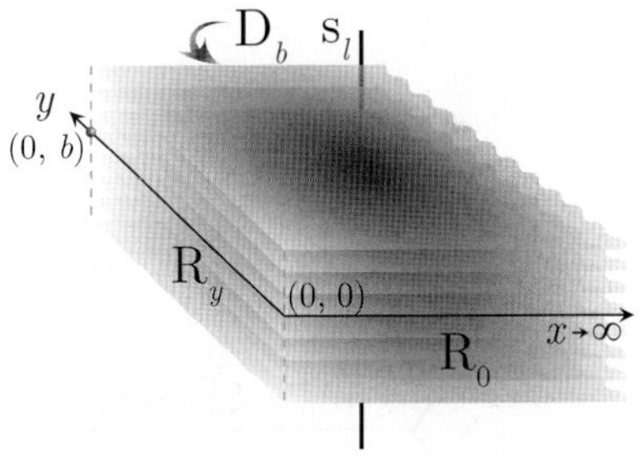

$$
\begin{aligned}
\overline{p}&=\frac{q(s)\,e^{-st_0}}{\phi c_t\sqrt{\eta_x}}\sum_{m=1}^\infty\frac{(\lambda_0^2+\xi_m^2)\sin\{\xi_m(b-y_0)\}\sin\{\xi_m(b-y)\}}{\{b(\lambda_0^2+\xi_m^2)+\lambda_0\}\sqrt{(s+\xi_m^2\eta_y)}}\times\\
&\times\left\{e^{-|x-x_0|\sqrt{\frac{s+\xi_m^2\eta_y}{\eta_x}}}+\left(\frac{\sqrt{s+\xi_m^2\eta_y}-\lambda_y\sqrt{\eta_x}}{\sqrt{s+\xi_m^2\eta_y}-\lambda_y\sqrt{\eta_x}}\right)e^{-(x+x_0)\sqrt{\frac{s+\xi_m^2\eta_y}{\eta_x}}}\right\}+\\
&+\frac{2}{\phi c_t\sqrt{\eta_x}}\sum_{m=1}^\infty\frac{\overline{\overline{\psi}}_y(\xi_m,s)\,e^{-x\sqrt{\frac{s+\xi_m^2\eta_y}{\eta_x}}}(\lambda_0^2+\xi_m^2)\sin\{\xi_m(b-y)\}}{\{b(\lambda_0^2+\xi_m^2)+\lambda_0\}\left(\sqrt{s+\xi_m^2\eta_y}+\lambda_y\sqrt{\eta_x}\right)}+\\
&+\frac{\eta_y}{\sqrt{\eta_x}}\sum_{m=1}^\infty\frac{(\lambda_0^2+\xi_m^2)\sin\{\xi_m(b-y)\}}{\{b(\lambda_0^2+\xi_m^2)+\lambda_0\}\sqrt{(s+\xi_m^2\eta_y)}}\int_0^\infty\left\{\left(\frac{\mu}{k_y}\right)\overline{\psi}_0(u,s)\sin(\xi_m b)+\xi_m\overline{\psi}_b(u,s)\right\}\times\\
&\times\left\{e^{-|x-u|\sqrt{\frac{s+\xi_m^2\eta_y}{\eta_x}}}+\left(\frac{\sqrt{s+\xi_m^2\eta_y}-\lambda_y\sqrt{\eta_x}}{\sqrt{s+\xi_m^2\eta_y}+\lambda_y\sqrt{\eta_x}}\right)e^{-(x+u)\sqrt{\frac{s+\xi_m^2\eta_y}{\eta_x}}}\right\}du+
\end{aligned}
$$

$$+\frac{1}{\sqrt{\eta_x}}\sum_{m=1}^{\infty}\frac{\left(\lambda_0^2+\xi_m^2\right)\sin\{\xi_m(b-y)\}}{\{b\left(\lambda_0^2+\xi_m^2\right)+\lambda_0\}\sqrt{(s+\xi_m^2\eta_y)}}\times$$

$$\times\int_0^{\infty}\left\{e^{-|x-u|\sqrt{\frac{s+\xi_m^2\eta_y}{\eta_x}}}+\left(\frac{\sqrt{s+\xi_m^2\eta_y}-\lambda_y\sqrt{\eta_x}}{\sqrt{s+\xi_m^2\eta_y}+\lambda_y\sqrt{\eta_x}}\right)e^{-(x+u)\sqrt{\frac{s+\xi_m^2\eta_y}{\eta_x}}}\right\}\int_0^b\varphi(u,v)\sin\{\xi_m(b-v)\}dvdu \quad (6.30.1)$$

$$p=\frac{U(t-t_0)}{\phi c_t\sqrt{\pi\eta_x}}\int_0^{t-t_0}\frac{q(t-t_0-\tau)}{\sqrt{\tau}}\left\{e^{-\frac{(x-x_0)^2}{4\eta_x\tau}}+e^{-\frac{(x+x_0)^2}{4\eta_x\tau}}-\right.$$

$$\left.-2\lambda_y\left(\sqrt{\pi\eta_x\tau}\right)e^{(x+x_0)\lambda_y\sqrt{\eta_x}+\lambda_y^2\eta_x\tau}\operatorname{erfc}\left(\lambda_y\sqrt{\eta_x\tau}+\frac{x+x_0}{2\sqrt{\eta_x\tau}}\right)\right\}e^{-\xi_m^2\eta_y\tau}d\tau\times$$

$$\times\sum_{m=1}^{\infty}\frac{\left(\lambda_0^2+\xi_m^2\right)\sin\{\xi_m(b-y_0)\}\sin\{\xi_m(b-y)\}}{\{b\left(\lambda_0^2+\xi_m^2\right)+\lambda_0\}}+$$

$$+\frac{2}{\phi c_t\sqrt{\pi\eta_x}}\int_0^t\left\{\frac{e^{-\frac{x^2}{4\eta_x\tau}}}{\sqrt{\tau}}-\lambda_y\sqrt{\eta_x}e^{x\lambda_y+\lambda_y^2\eta_x\tau}\operatorname{erfc}\left(\lambda_y\sqrt{\eta_x\tau}+\frac{x}{2\sqrt{\eta_x\tau}}\right)\right\}\times$$

$$\times\sum_{m=1}^{\infty}\frac{\overline{\psi}_y(\xi_m,t-\tau)\left(\lambda_0^2+\xi_m^2\right)\sin\{\xi_m(b-y)\}e^{-\xi_m^2\eta_y\tau}}{\{b\left(\lambda_0^2+\xi_m^2\right)+\lambda_0\}}d\tau+$$

$$+\frac{\eta_y}{\sqrt{\pi\eta_x}}\sum_{m=1}^{\infty}\frac{\left(\lambda_0^2+\xi_m^2\right)\sin\{\xi_m(b-y)\}}{\{b\left(\lambda_0^2+\xi_m^2\right)+\lambda_0\}}$$

$$\times\int_0^t\frac{e^{-\xi_m^2\eta_y\tau}}{\sqrt{\tau}}\int_0^{\infty}\left\{\left(\frac{\mu}{k_y}\right)\psi_0(u,t-\tau)\sin(\xi_m b)+\xi_m\psi_b(u,t-\tau)\right\}\times$$

$$\times\left\{e^{-\frac{(x-u)^2}{4\eta_x\tau}}+e^{-\frac{(x+u)^2}{4\eta_x\tau}}-2\lambda_y\left(\sqrt{\pi\eta_x\tau}\right)e^{(x+u)\lambda_y\sqrt{\eta_x}+\lambda_y^2\eta_x\tau}\operatorname{erfc}\left(\lambda_y\sqrt{\eta_x\tau}+\frac{x+u}{2\sqrt{\eta_x\tau}}\right)\right\}dud\tau+$$

$$+\frac{1}{\sqrt{\pi\eta_x t}}\times$$

$$\times\int_0^{\infty}\int_0^b\varphi(u,v)\left\{e^{-\frac{(x-u)^2}{4\eta_x t}}+e^{-\frac{(x+u)^2}{4\eta_x t}}-2\lambda_y\left(\sqrt{\pi\eta_x t}\right)e^{(x+x_0)\lambda_y\sqrt{\eta_x}+\lambda_y^2\eta_x t}\operatorname{erfc}\left(\lambda_y\sqrt{\eta_x t}+\frac{x+u}{2\sqrt{\eta_x t}}\right)\right\}\times$$

$$\times\sum_{m=1}^{\infty}\frac{\left(\lambda_0^2+\xi_m^2\right)\sin\{\xi_m(b-y)\}\sin\{\xi_m(b-v)\}e^{-\xi_m^2\eta_y t}}{\{b\left(\lambda_0^2+\xi_m^2\right)+\lambda_0\}}dvdu \quad (6.30.2)$$

where $\overline{\overline{\psi}}_0(n,s)=\int_0^{\infty}\overline{\psi}_0(x,s)\{n\cos(nx)+\lambda_y\sin(nx)\}dx$, $\overline{\psi}_0(x,s)=\int_0^{\infty}\psi_0(x,t)e^{-st}dt$, $\overline{\overline{\psi}}_b(n,s)=\int_0^{\infty}\overline{\psi}_b(x,s)\{n\cos(nx)+\lambda_y\sin(nx)\}dx$, $\overline{\psi}_b(x,s)=\int_0^{\infty}\psi_b(x,t)e^{-st}dt$, $\overline{\overline{\psi}}_y(\xi_m,s)=\int_0^b\overline{\psi}_y(y,s)\sin\{\xi_m(b-y)\}dy$, $\overline{\psi}_y(y,s)=\int_0^{\infty}\psi_y(y,t)e^{-st}dt$ and ξ_m is a positive root of $\xi_m\cot(\xi_m b)=-\lambda_0$, $m=1,2,....$

When $p(x,y,0)=p_I$, a constant, for all $x>0$ and $y>0$, the terms corresponding to the initial condition are given by

$$\overline{p}=\frac{p_I}{s}-\frac{2p_I\eta_y}{s}\sum_{m=1}^{\infty}\frac{\left(\xi_m^2+\lambda_0^2\right)\{\xi_m+\lambda_0\sin(\xi_m b)\}\sin\{\xi_m(b-y)\}}{\left(s+\xi_m^2\eta_y\right)\{b\left(\xi_m^2+\lambda_0^2\right)+\lambda_0\}}-$$

$$-2p_I\lambda_y\sqrt{\eta_x}\sum_{m=1}^{\infty}\frac{\left(\xi_m^2+\lambda_0^2\right)\{1-\cos(\xi_m b)\}\sin\{\xi_m(b-y)\}e^{-x\sqrt{\frac{s+\xi_m^2\eta_y}{\eta_x}}}}{\xi_m\left(s+\xi_m^2\eta_y\right)\left(\lambda_y\sqrt{\eta_x}+\sqrt{s+\xi_m^2\eta_y}\right)\{b\left(\xi_m^2+\lambda_0^2\right)+\lambda_0\}} \quad (6.30.3)$$

and

$$\begin{aligned}
p &= p_I - 2p_I \sum_{m=1}^{\infty} \frac{\left(\xi_m^2+\lambda_0^2\right)\left\{\xi_m+\lambda_0 \sin\left(\xi_m b\right)\right\} \sin\left\{\xi_m\left(b-y\right)\right\}\left(1-e^{-\xi_m^2 \eta_y t}\right)}{\xi_m\left\{b\left(\xi_m^2+\lambda_0^2\right)+\lambda_0\right\}} - \\
&- 2p_I\left\{\operatorname{erfc}\left(\frac{x}{2\sqrt{\eta_x t}}\right) - e^{x\lambda_y+\lambda_y^2\eta_x t}\operatorname{erfc}\left(\lambda_y\sqrt{\eta_x t}+\frac{x}{2\sqrt{\eta_x t}}\right)\right\}\times \\
&\times \sum_{m=1}^{\infty} \frac{\left(\xi_m^2+\lambda_0^2\right)\left\{1-\cos\left(\xi_m b\right)\right\}\sin\left\{\xi_m\left(b-y\right)\right\}e^{-\xi_m^2\eta_y t}}{\xi_m\left\{b\left(\xi_m^2+\lambda_0^2\right)+\lambda_0\right\}}
\end{aligned} \tag{6.30.4}$$

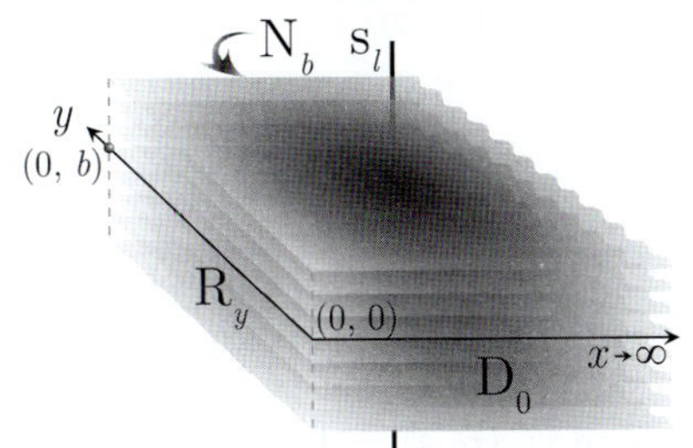

6.31 The problem of 6.10, except $\mathbf{D_0} \equiv p\left(x,0,t\right) = \psi_0\left(x,t\right)$, $\mathbf{R}_y \equiv \frac{\partial p(0,y,t)}{\partial x} - \lambda_y p\left(0,y,t\right) = -\left(\frac{\mu}{k_x}\right)\psi_y\left(y,t\right)$ and $\mathbf{N}_b \equiv \frac{\partial p(x,b,t)}{\partial y} = -\left(\frac{\mu}{k_y}\right)\psi_b\left(x,t\right)$

$$\begin{aligned}
\overline{p} &= \frac{q\left(s\right)e^{-st_0}}{b\phi c_t\sqrt{\eta_x}}\times \\
&\times \sum_{m=1}^{\infty}\frac{\sin(\xi_m y_0)\sin(\xi_m y)}{\sqrt{(s+\xi_m^2\eta_y)}}\left\{e^{-|x-x_0|\sqrt{\frac{s+\xi_m^2\eta_y}{\eta_x}}}+\left(\frac{\sqrt{s+\xi_m^2\eta_y}-\lambda_y\sqrt{\eta_x}}{\sqrt{s+\xi_m^2\eta_y}+\lambda_y\sqrt{\eta_x}}\right)e^{-(x+x_0)\sqrt{\frac{s+\xi_m^2\eta_y}{\eta_x}}}\right\}+ \\
&+ \frac{2}{b\phi c_t\sqrt{\eta_x}}\sum_{m=1}^{\infty}\frac{\overline{\overline{\psi}}_y\left(\xi_m,s\right)e^{-x\sqrt{\frac{s+\xi_m^2\eta_y}{\eta_x}}}\sin(\xi_m y)}{\left(\sqrt{s+\xi_m^2\eta_y}+\lambda_y\sqrt{\eta_x}\right)}+ \\
&+ \frac{\eta_y}{b\sqrt{\eta_x}}\sum_{m=1}^{\infty}\frac{\sin(\xi_m y)}{\sqrt{(s+\xi_m^2\eta_y)}}\int_0^{\infty}\left\{\xi_m\overline{\psi}_0\left(u,s\right)+(-1)^m\left(\frac{\mu}{k_y}\right)\overline{\psi}_b\left(u,s\right)\right\}\times \\
&\times\left\{e^{-|x-u|\sqrt{\frac{s+\xi_m^2\eta_y}{\eta_x}}}+\left(\frac{\sqrt{s+\xi_m^2\eta_y}-\lambda_y\sqrt{\eta_x}}{\sqrt{s+\xi_m^2\eta_y}+\lambda_y\sqrt{\eta_x}}\right)e^{-(x+u)\sqrt{\frac{s+\xi_m^2\eta_y}{\eta_x}}}\right\}du+ \\
&+ \frac{1}{b\sqrt{\eta_x}}\sum_{m=1}^{\infty}\frac{\sin(\xi_m y)}{\sqrt{(s+\xi_m^2\eta_y)}}\int_0^{\infty}\left\{e^{-|x-u|\sqrt{\frac{s+\xi_m^2\eta_y}{\eta_x}}}+\left(\frac{\sqrt{s+\xi_m^2\eta_y}-\lambda_y\sqrt{\eta_x}}{\sqrt{s+\xi_m^2\eta_y}+\lambda_y\sqrt{\eta_x}}\right)e^{-(x+u)\sqrt{\frac{s+\xi_m^2\eta_y}{\eta_x}}}\right\}\times \\
&\times\int_0^{b}\varphi\left(u,v\right)\sin(\xi_m v)dvdu
\end{aligned} \tag{6.31.1}$$

$$\begin{aligned}
p &= \frac{U(t-t_0)}{4b\phi c_t\sqrt{\pi\eta_x}}\int_0^{t-t_0}\frac{q\left(t-t_0-\tau\right)}{\sqrt{\tau}}\left\{e^{-\frac{(x-x_0)^2}{4\eta_x\tau}}+e^{-\frac{(x+x_0)^2}{4\eta_x\tau}}-\right. \\
&\left.-2\lambda_y\left(\sqrt{\pi\eta_x\tau}\right)e^{(x+x_0)\lambda_y\sqrt{\eta_x}+\lambda_y^2\eta_x\tau}\operatorname{erfc}\left(\lambda_y\sqrt{\eta_x\tau}+\frac{x+x_0}{2\sqrt{\eta_x\tau}}\right)\right\}\times \\
&\times\left[\Theta_2\left\{\frac{\pi\left(y-y_0\right)}{2b},e^{-\left(\frac{\pi}{b}\right)^2\eta_y\tau}\right\}-\Theta_2\left\{\frac{\pi\left(y+y_0\right)}{2b},e^{-\left(\frac{\pi}{b}\right)^2\eta_y\tau}\right\}\right]d\tau+ \\
&+\frac{1}{2b\phi c_t\sqrt{\eta_x}}\int_0^{t}\left\{\frac{e^{-\frac{x^2}{4\eta_x\tau}}}{\sqrt{\pi\tau}}-\lambda_y\sqrt{\eta_x}e^{x\lambda_y+\lambda_y^2\eta_x\tau}\operatorname{erfc}\left(\lambda_y\sqrt{\eta_x\tau}+\frac{x}{2\sqrt{\eta_x\tau}}\right)\right\}\times
\end{aligned}$$

$$\times\int_0^b \psi_y(v,t-\tau)\left[\Theta_2\left\{\frac{\pi(y-v)}{2b},e^{-\left(\frac{\pi}{b}\right)^2\eta_y\tau}\right\}-\Theta_2\left\{\frac{\pi(y+v)}{2b},e^{-\left(\frac{\pi}{b}\right)^2\eta_y\tau}\right\}\right]dvd\tau+$$

$$-\frac{1}{b\sqrt{\eta_x\pi}}\int_0^\infty\int_0^t\left[\left(\frac{\pi\eta_y}{2b}\right)\Theta_2'\left\{\frac{\pi y}{2b},e^{-\left(\frac{\pi}{b}\right)^2\eta_y\tau}\right\}\psi_0(u,t-\tau)+\left(\frac{1}{\phi c_t}\right)\Theta_1\left\{\frac{\pi y}{2b},e^{-\left(\frac{\pi}{b}\right)^2\eta_y\tau}\right\}\psi_b(u,t-\tau)\right]\times$$

$$\times\frac{1}{\sqrt{\tau}}\left\{e^{-\frac{(x-u)^2}{4\eta_x\tau}}+e^{-\frac{(x+u)^2}{4\eta_x\tau}}-2\lambda_y\left(\sqrt{\pi\eta_x\tau}\right)e^{(x+u)\lambda_y\sqrt{\eta_x}+\lambda_y^2\eta_x\tau}\operatorname{erfc}\left(\lambda_y\sqrt{\eta_x\tau}+\frac{x+u}{2\sqrt{\eta_x\tau}}\right)\right\}dud\tau+$$

$$+\frac{1}{4b\sqrt{\pi\eta_x t}}\times$$

$$\times\int_0^\infty\int_0^b\varphi(u,v)\left\{e^{-\frac{(x-u)^2}{4\eta_x t}}+e^{-\frac{(x+u)^2}{4\eta_x t}}-2\lambda_y\left(\sqrt{\pi\eta_x t}\right)e^{(x+x_0)\lambda_y\sqrt{\eta_x}+\lambda_y^2\eta_x t}\operatorname{erfc}\left(\lambda_y\sqrt{\eta_x t}+\frac{x+u}{2\sqrt{\eta_x t}}\right)\right\}\times$$

$$\times\left[\Theta_2\left\{\frac{\pi(y-v)}{2b},e^{-\left(\frac{\pi}{b}\right)^2\eta_y t}\right\}-\Theta_2\left\{\frac{\pi(y+v)}{2b},e^{-\left(\frac{\pi}{b}\right)^2\eta_y t}\right\}\right]dvdu \tag{6.31.2}$$

where $\overline{\overline{\psi}}_0(n,s)=\int_0^\infty\overline{\psi}_0(x,s)\{n\cos(nx)+\lambda_y\sin(nx)\}dx$, $\overline{\psi}_0(x,s)=\int_0^\infty\psi_0(x,t)e^{-st}dt$,
$\overline{\overline{\psi}}_b(n,s)=\int_0^\infty\overline{\psi}_b(x,s)\{n\cos(nx)+\lambda_y\sin(nx)\}dx$, $\overline{\psi}_b(x,s)=\int_0^\infty\psi_b(x,t)e^{-st}dt$,
$\overline{\overline{\psi}}_y(\xi_m,s)=\int_0^b\overline{\psi}_y(y,s)\sin(\xi_m y)dy$, $\overline{\psi}_y(y,s)=\int_0^\infty\psi_y(y,t)e^{-st}dt$ and ξ_m is a positive root of $\cos(\xi_m b)=0$, which are $\xi_m=\frac{(2m-1)\pi}{2b}$, $m=1,2,....$

When $p(x,y,0)=p_I$, a constant, for all $x>0$ and $y>0$, the terms corresponding to the initial condition are given by

$$\overline{p}=\frac{p_I}{s}-\frac{2p_I\eta_y}{bs}\sum_{m=1}^\infty\frac{\xi_m\sin(\xi_m y)}{(s+\xi_m^2\eta_y)}-\frac{2p_I\lambda_y\sqrt{\eta_x}}{b}\sum_{m=1}^\infty\frac{\sin(\xi_m y)e^{-x\sqrt{\frac{s+\xi_m^2\eta_y}{\eta_x}}}}{\xi_m(s+\xi_m^2\eta_y)\left(\lambda_y\sqrt{\eta_x}+\sqrt{s+\xi_m^2\eta_y}\right)} \tag{6.31.3}$$

and

$$p=p_I-\frac{2p_I}{b}\sum_{m=1}^\infty\frac{\sin(\xi_m y)}{\xi_m}\left(1-e^{-\xi_m^2\eta_y t}\right)-$$

$$-\frac{2p_I}{b}\left\{\operatorname{erfc}\left(\frac{x}{2\sqrt{\eta_x t}}\right)-e^{x\lambda_y+\lambda_y^2\eta_x t}\operatorname{erfc}\left(\lambda_y\sqrt{\eta_x t}+\frac{x}{2\sqrt{\eta_x t}}\right)\right\}\sum_{m=1}^\infty\frac{e^{-\xi_m^2\eta_y t}\sin(\xi_m y)}{\xi_m} \tag{6.31.4}$$

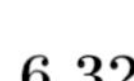
6.32

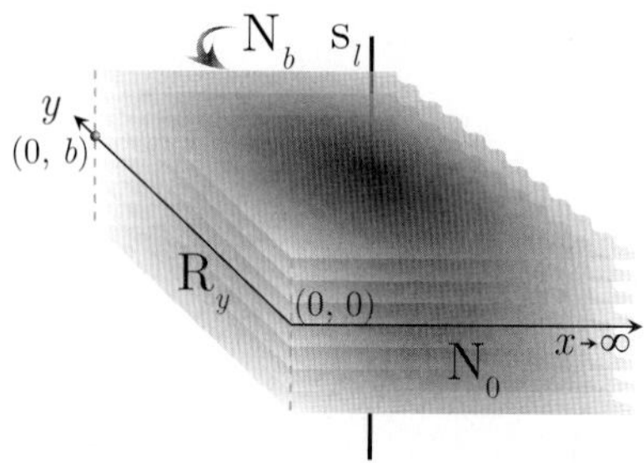

The problem of 6.10, except
$\mathbf{N_0}\equiv\frac{\partial p(x,0,t)}{\partial y}=-\left(\frac{\mu}{k_y}\right)\psi_0(x,t)$,
$\mathbf{N_b}\equiv\frac{\partial p(x,b,t)}{\partial y}=-\left(\frac{\mu}{k_y}\right)\psi_b(x,t)$ **and**
$\mathbf{R_y}\equiv\frac{\partial p(0,y,t)}{\partial x}-\lambda_y p(0,y,t)=-\left(\frac{\mu}{k_x}\right)\psi_y(y,t)$

$$\overline{p}=\frac{q(s)e^{-st_0}}{b\phi c_t\sqrt{\eta_x}}\times$$

$$\sum_{m=1}^\infty\frac{\ni_m\cos(\xi_m y_0)\cos(\xi_m y)}{\sqrt{(s+\xi_m^2\eta_y)}}\left\{e^{-|x-x_0|\sqrt{\frac{s+\xi_m^2\eta_y}{\eta_x}}}+\left(\frac{\sqrt{s+\xi_m^2\eta_y}-\lambda_y\sqrt{\eta_x}}{\sqrt{s+\xi_m^2\eta_y}+\lambda_y\sqrt{\eta_x}}\right)e^{-(x+x_0)\sqrt{\frac{s+\xi_m^2\eta_y}{\eta_x}}}\right\}+$$

$$+\frac{2}{b\phi c_t\sqrt{\eta_x}}\sum_{m=1}^{\infty}\frac{\ni_m \overline{\overline{\psi}}_y(\xi_m,s)\cos(\xi_m y)\,e^{-x\sqrt{\frac{s+\xi_m^2\eta_y}{\eta_x}}}}{\left(\sqrt{s+\xi_m^2\eta_y}+\lambda_y\sqrt{\eta_x}\right)}+$$

$$+\frac{1}{b\phi c_t\sqrt{\eta_x}}\sum_{m=1}^{\infty}\frac{\ni_m\cos(\xi_m y)}{\sqrt{(s+\xi_m^2\eta_y)}}\int_0^{\infty}\left\{\overline{\psi}_0(u,s)+(-1)^{m+1}\overline{\psi}_b(u,s)\right\}\times$$

$$\times\left\{e^{-|x-u|\sqrt{\frac{s+\xi_m^2\eta_y}{\eta_x}}}+\left(\frac{\sqrt{s+\xi_m^2\eta_y}-\lambda_y\sqrt{\eta_x}}{\sqrt{s+\xi_m^2\eta_y}+\lambda_y\sqrt{\eta_x}}\right)e^{-(x+u)\sqrt{\frac{s+\xi_m^2\eta_y}{\eta_x}}}\right\}du+$$

$$+\frac{1}{b\sqrt{\eta_x}}\sum_{m=1}^{\infty}\frac{\ni_m\cos(\xi_m y)}{\sqrt{(s+\xi_m^2\eta_y)}}\int_0^{\infty}\left\{e^{-|x-u|\sqrt{\frac{s+\xi_m^2\eta_y}{\eta_x}}}+\left(\frac{\sqrt{s+\xi_m^2\eta_y}-\lambda_y\sqrt{\eta_x}}{\sqrt{s+\xi_m^2\eta_y}+\lambda_y\sqrt{\eta_x}}\right)e^{-(x+u)\sqrt{\frac{s+\xi_m^2\eta_y}{\eta_x}}}\right\}\times$$

$$\times\int_0^b\varphi(u,v)\cos(\xi_m v)dvdu \tag{6.32.1}$$

$$p=\frac{U(t-t_0)}{4b\phi c_t\sqrt{\pi\eta_x}}\int_0^{t-t_0}\frac{q(t-t_0-\tau)}{\sqrt{\tau}}\left\{e^{-\frac{(x-x_0)^2}{4\eta_x\tau}}+e^{-\frac{(x+x_0)^2}{4\eta_x\tau}}-\right.$$

$$\left.-2\lambda_y\left(\sqrt{\pi\eta_x\tau}\right)e^{(x+x_0)\lambda_y\sqrt{\eta_x}+\lambda_y^2\eta_x\tau}\operatorname{erfc}\left(\lambda_y\sqrt{\eta_x\tau}+\frac{x+x_0}{2\sqrt{\eta_x\tau}}\right)\right\}\times$$

$$\times\left[\Theta_3\left\{\frac{\pi(y-y_0)}{2b},e^{-\left(\frac{\pi}{b}\right)^2\eta_y\tau}\right\}+\Theta_3\left\{\frac{\pi(y+y_0)}{2b},e^{-\left(\frac{\pi}{b}\right)^2\eta_y\tau}\right\}\right]d\tau+$$

$$+\frac{1}{2b\phi c_t\sqrt{\eta_x}}\int_0^t\left\{\frac{e^{-\frac{x^2}{4\eta_x\tau}}}{\sqrt{\pi\tau}}-\lambda_y\sqrt{\eta_x}e^{x\lambda_y+\lambda_y^2\eta_x\tau}\operatorname{erfc}\left(\lambda_y\sqrt{\eta_x\tau}+\frac{x}{2\sqrt{\eta_x\tau}}\right)\right\}\times$$

$$\times\int_0^b\psi_y(v,t-\tau)\left[\Theta_3\left\{\frac{\pi(y-v)}{2b},e^{-\left(\frac{\pi}{b}\right)^2\eta_y\tau}\right\}+\Theta_3\left\{\frac{\pi(y+v)}{2b},e^{-\left(\frac{\pi}{b}\right)^2\eta_y\tau}\right\}\right]dvd\tau+$$

$$+\frac{1}{2\phi c_t b\sqrt{\pi\eta_x}}\int_0^t\int_0^{\infty}\frac{1}{\sqrt{\tau}}\left[\psi_0(u,t-\tau)\Theta_3\left\{\frac{\pi y}{2b},e^{-\left(\frac{\pi}{b}\right)^2\eta_y\tau}\right\}-\psi_b(u,t-\tau)\Theta_4\left\{\frac{\pi y}{2b},e^{-\left(\frac{\pi}{b}\right)^2\eta_y\tau}\right\}\right]\times$$

$$\times\left\{e^{-\frac{(x-u)^2}{4\eta_x\tau}}+e^{-\frac{(x+u)^2}{4\eta_x\tau}}-2\lambda_y\left(\sqrt{\pi\eta_x\tau}\right)e^{(x+u)\lambda_y\sqrt{\eta_x}+\lambda_y^2\eta_x\tau}\operatorname{erfc}\left(\lambda_y\sqrt{\eta_x\tau}+\frac{x+u}{2\sqrt{\eta_x\tau}}\right)\right\}dud\tau+$$

$$+\frac{1}{4b\sqrt{\pi\eta_x t}}\times$$

$$\times\int_0^{\infty}\int_0^b\varphi(u,v)\left\{e^{-\frac{(x-u)^2}{4\eta_x t}}+e^{-\frac{(x+u)^2}{4\eta_x t}}-2\lambda_y\left(\sqrt{\pi\eta_x t}\right)e^{(x+x_0)\lambda_y\sqrt{\eta_x}+\lambda_y^2\eta_x t}\operatorname{erfc}\left(\lambda_y\sqrt{\eta_x t}+\frac{x+u}{2\sqrt{\eta_x t}}\right)\right\}\times$$

$$\times\left[\Theta_3\left\{\frac{\pi(y-v)}{2b},e^{-\left(\frac{\pi}{b}\right)^2\eta_y t}\right\}+\Theta_3\left\{\frac{\pi(y+v)}{2b},e^{-\left(\frac{\pi}{b}\right)^2\eta_y t}\right\}\right]dvdu \tag{6.32.2}$$

where $\overline{\overline{\psi}}_0(n,s)=\int_0^{\infty}\overline{\psi}_0(x,s)\{n\cos(nx)+\lambda_y\sin(nx)\}dx$, $\overline{\psi}_0(x,s)=\int_0^{\infty}\psi_0(x,t)\,e^{-st}dt$, $\overline{\overline{\psi}}_b(n,s)=\int_0^{\infty}\overline{\psi}_b(x,s)\{n\cos(nx)+\lambda_y\sin(nx)\}dx$, $\overline{\psi}_b(x,s)=\int_0^{\infty}\psi_b(x,t)\,e^{-st}dt$, $\overline{\overline{\psi}}_y(\xi_m,s)=\int_0^b\overline{\psi}_y(y,s)\cos(\xi_m y)\,dy$, $\overline{\psi}_y(y,s)=\int_0^{\infty}\psi_y(y,t)\,e^{-st}dt$ and ξ_m is a positive root of $\sin(\xi_m b)=0$, which are $\xi_m=\frac{m\pi}{b}$, $m=1,2,\ldots$.

6.33

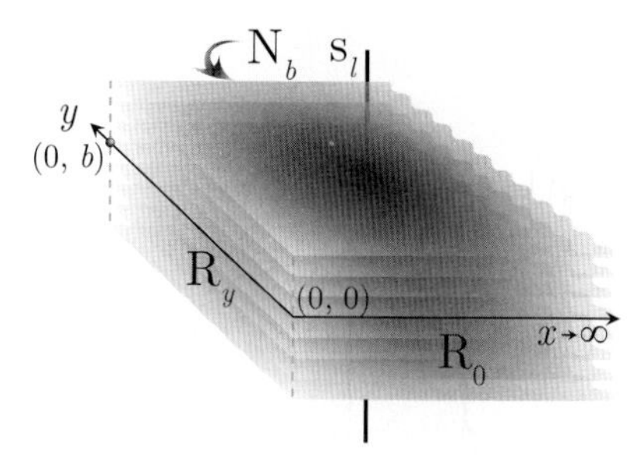

The problem of 6.10, except

$\mathbf{R_0} \equiv \frac{\partial p(x,0,t)}{\partial y} - \lambda_0 p\,(x,0,t) = -\left(\frac{\mu}{k_y}\right)\psi_0\,(x,t)$,

$\mathbf{N_b} \equiv \frac{\partial p(x,b,t)}{\partial y} = -\left(\frac{\mu}{k_y}\right)\psi_b\,(x,t)$ **and**

$\mathbf{R_y} \equiv \frac{\partial p(0,y,t)}{\partial x} - \lambda_y p\,(0,y,t) = -\left(\frac{\mu}{k_x}\right)\psi_y\,(y,t)$

$$\overline{p} = \frac{q(s)\,e^{-st_0}}{\phi c_t\sqrt{\eta_x}}\sum_{m=1}^{\infty}\frac{\left(\lambda_0^2+\xi_m^2\right)\cos\{\xi_m(b-y_0)\}\cos\{\xi_m(b-y)\}}{\{b(\lambda_0^2+\xi_m^2)+\lambda_0\}\sqrt{(s+\xi_m^2\eta_y)}}\times$$
$$\times\left\{e^{-|x-x_0|\sqrt{\frac{s+\xi_m^2\eta_y}{\eta_x}}}+\left(\frac{\sqrt{s+\xi_m^2\eta_y}-\lambda_y\sqrt{\eta_x}}{\sqrt{s+\xi_m^2\eta_y}-\lambda_y\sqrt{\eta_x}}\right)e^{-(x+x_0)\sqrt{\frac{s+\xi_m^2\eta_y}{\eta_x}}}\right\}+$$
$$+\frac{2}{\phi c_t\sqrt{\eta_x}}\sum_{m=1}^{\infty}\frac{\overline{\overline{\psi}}_y(\xi_m,s)\,e^{-x\sqrt{\frac{s+\xi_m^2\eta_y}{\eta_x}}}\left(\lambda_0^2+\xi_m^2\right)\cos\{\xi_m(b-y)\}}{\{b(\lambda_0^2+\xi_m^2)+\lambda_0\}\left(\sqrt{s+\xi_m^2\eta_y}+\lambda_y\sqrt{\eta_x}\right)}+$$
$$+\frac{1}{\phi c_t\sqrt{\eta_x}}\sum_{m=1}^{\infty}\frac{\left(\lambda_0^2+\xi_m^2\right)\cos\{\xi_m(b-y)\}}{\{b(\lambda_0^2+\xi_m^2)+\lambda_0\}\sqrt{(s+\xi_m^2\eta_y)}}\int_0^{\infty}\left\{\overline{\psi}_0(u,s)\cos(\xi_m b)-\overline{\psi}_b(u,s)\right\}\times$$
$$\times\left\{e^{-|x-u|\sqrt{\frac{s+\xi_m^2\eta_y}{\eta_x}}}+\left(\frac{\sqrt{s+\xi_m^2\eta_y}-\lambda_y\sqrt{\eta_x}}{\sqrt{s+\xi_m^2\eta_y}+\lambda_y\sqrt{\eta_x}}\right)e^{-(x+u)\sqrt{\frac{s+\xi_m^2\eta_y}{\eta_x}}}\right\}du+$$
$$+\frac{1}{\sqrt{\eta_x}}\sum_{m=1}^{\infty}\frac{\left(\lambda_0^2+\xi_m^2\right)\cos\{\xi_m(b-y)\}}{\{b(\lambda_0^2+\xi_m^2)+\lambda_0\}\sqrt{(s+\xi_m^2\eta_y)}}\times$$
$$\times\int_0^{\infty}\left\{e^{-|x-u|\sqrt{\frac{s+\xi_m^2\eta_y}{\eta_x}}}+\left(\frac{\sqrt{s+\xi_m^2\eta_y}-\lambda_y\sqrt{\eta_x}}{\sqrt{s+\xi_m^2\eta_y}+\lambda_y\sqrt{\eta_x}}\right)e^{-(x+u)\sqrt{\frac{s+\xi_m^2\eta_y}{\eta_x}}}\right\}\int_0^{b}\varphi(u,v)\cos\{\xi_m(b-v)\}\,dv\,du \qquad (6.33.1)$$

$$p = \frac{U(t-t_0)}{\phi c_t\sqrt{\pi\eta_x}}\int_0^{t-t_0}\frac{q(t-t_0-\tau)}{\sqrt{\tau}}\left\{e^{-\frac{(x-x_0)^2}{4\eta_x\tau}}+e^{-\frac{(x+x_0)^2}{4\eta_x\tau}}-\right.$$
$$\left.-2\lambda_y\left(\sqrt{\pi\eta_x\tau}\right)e^{(x+x_0)\lambda_y\sqrt{\eta_x}+\lambda_y^2\eta_x\tau}\operatorname{erfc}\left(\lambda_y\sqrt{\eta_x\tau}+\frac{x+x_0}{2\sqrt{\eta_x\tau}}\right)\right\}e^{-\xi_m^2\eta_y\tau}d\tau\times$$
$$\times\sum_{m=1}^{\infty}\frac{\left(\lambda_0^2+\xi_m^2\right)\cos\{\xi_m(b-y_0)\}\cos\{\xi_m(b-y)\}}{\{b(\lambda_0^2+\xi_m^2)+\lambda_0\}}+$$
$$+\frac{2}{\phi c_t\sqrt{\pi\eta_x}}\int_0^{t}\left\{\frac{e^{-\frac{x^2}{4\eta_x\tau}}}{\sqrt{\tau}}-\lambda_y\sqrt{\eta_x}e^{x\lambda_y+\lambda_y^2\eta_x\tau}\operatorname{erfc}\left(\lambda_y\sqrt{\eta_x\tau}+\frac{x}{2\sqrt{\eta_x\tau}}\right)\right\}\times$$
$$\times\sum_{m=1}^{\infty}\frac{\overline{\psi}_y(\xi_m,t-\tau)\left(\lambda_0^2+\xi_m^2\right)\cos\{\xi_m(b-y)\}\,e^{-\xi_m^2\eta_y\tau}}{\{b(\lambda_0^2+\xi_m^2)+\lambda_0\}}d\tau+$$
$$+\frac{1}{\phi c_t\sqrt{\pi\eta_x}}\sum_{m=1}^{\infty}\frac{\left(\lambda_0^2+\xi_m^2\right)\cos\{\xi_m(b-y)\}}{\{b(\lambda_0^2+\xi_m^2)+\lambda_0\}}\int_0^{t}\frac{e^{-\xi_m^2\eta_y\tau}}{\sqrt{\tau}}\int_0^{\infty}\{\psi_0(u,t-\tau)\cos(\xi_m b)-\psi_b(u,t-\tau)\}\times$$
$$\times\left\{e^{-\frac{(x-u)^2}{4\eta_x\tau}}+e^{-\frac{(x+u)^2}{4\eta_x\tau}}-2\lambda_y\left(\sqrt{\pi\eta_x\tau}\right)e^{(x+u)\lambda_y\sqrt{\eta_x}+\lambda_y^2\eta_x\tau}\operatorname{erfc}\left(\lambda_y\sqrt{\eta_x\tau}+\frac{x+u}{2\sqrt{\eta_x\tau}}\right)\right\}du\,d\tau+$$

$$+\frac{1}{\sqrt{\pi\eta_x t}}\times$$

$$\times\int_0^\infty\int_0^b \varphi(u,v)\left\{e^{-\frac{(x-u)^2}{4\eta_x t}}+e^{-\frac{(x+u)^2}{4\eta_x t}}-2\lambda_y\left(\sqrt{\pi\eta_x t}\right)e^{(x+x_0)\lambda_y\sqrt{\eta_x}+\lambda_y^2\eta_x t}\,\mathrm{erfc}\left(\lambda_y\sqrt{\eta_x t}+\frac{x+u}{2\sqrt{\eta_x t}}\right)\right\}\times$$

$$\times\sum_{m=1}^{\infty}\frac{\left(\lambda_0^2+\xi_m^2\right)\cos\{\xi_m(b-y)\}\cos\{\xi_m(b-v)\}\,e^{-\xi_m^2\eta_y t}}{\{b\left(\lambda_0^2+\xi_m^2\right)+\lambda_0\}}dvdu \tag{6.33.2}$$

where $\overline{\overline{\psi}}_0(n,s)=\int_0^\infty\overline{\psi}_0(x,s)\{n\cos(nx)+\lambda_y\sin(nx)\}dx$, $\overline{\psi}_0(x,s)=\int_0^\infty\psi_0(x,t)\,e^{-st}dt$, $\overline{\overline{\psi}}_b(n,s)=\int_0^\infty\overline{\psi}_b(x,s)\{n\cos(nx)+\lambda_y\sin(nx)\}dx$, $\overline{\psi}_b(x,s)=\int_0^\infty\psi_b(x,t)\,e^{-st}dt$, $\overline{\overline{\psi}}_y(\xi_m,s)=\int_0^b\overline{\psi}_y(y,s)\cos\{\xi_m(b-y)\}dy$, $\overline{\psi}_y(y,s)=\int_0^\infty\psi_y(y,t)\,e^{-st}dt$ and ξ_m is a positive root of $\xi_m\tan(\xi_m b)=\lambda_0$, $m=1,2,\ldots$.

When $p(x,y,0)=p_I$, a constant, for all $x>0$ and $y>0$, the terms corresponding to the initial condition are given by

$$\overline{p}=\frac{p_I}{s}-\frac{2p_I\eta_y\lambda_0}{s}\sum_{m=1}^{\infty}\frac{\left(\xi_m^2+\lambda_0^2\right)\cos(\xi_m b)\cos\{\xi_m(b-y)\}}{\left(s+\xi_m^2\eta_y\right)\{b\left(\xi_m^2+\lambda_0^2\right)+\lambda_0\}}-$$

$$-\;2p_I\lambda_y\sqrt{\eta_x}\sum_{m=1}^{\infty}\frac{\left(\xi_m^2+\lambda_0^2\right)\sin(\xi_m b)\cos\{\xi_m(b-y)\}\,e^{-x\sqrt{\frac{s+\xi_m^2\eta_y}{\eta_x}}}}{\xi_m\left(s+\xi_m^2\eta_y\right)\left(\lambda_y\sqrt{\eta_x}+\sqrt{s+\xi_m^2\eta_y}\right)\{b\left(\xi_m^2+\lambda_0^2\right)+\lambda_0\}} \tag{6.33.3}$$

and

$$p=p_I-2p_I\lambda_0\sum_{m=1}^{\infty}\frac{\left(\xi_m^2+\lambda_0^2\right)\cos(\xi_m b)\cos\{\xi_m(b-y)\}\left(1-e^{-\xi_m^2\eta_y t}\right)}{\xi_m^2\{b\left(\xi_m^2+\lambda_0^2\right)+\lambda_0\}}-$$

$$-\;2p_I\left\{\mathrm{erfc}\left(\frac{x}{2\sqrt{\eta_x t}}\right)-e^{x\lambda_y+\lambda_y^2\eta_x t}\,\mathrm{erfc}\left(\lambda_y\sqrt{\eta_x t}+\frac{x}{2\sqrt{\eta_x t}}\right)\right\}\times$$

$$\times\sum_{m=1}^{\infty}\frac{\left(\xi_m^2+\lambda_0^2\right)\sin(\xi_m b)\cos\{\xi_m(b-y)\}\,e^{-\xi_m^2\eta_y t}}{\xi_m\{b\left(\xi_m^2+\lambda_0^2\right)+\lambda_0\}} \tag{6.33.4}$$

6.34 The problem of 6.10, except $\mathbf{D_0}\equiv p(x,0,t)=\psi_0(x,t)$, $\mathbf{R_b}\equiv\frac{\partial p(x,b,t)}{\partial y}+\lambda_b p(x,b,t)=-\left(\frac{\mu}{k_y}\right)\psi_b(x,t)$ and $\mathbf{R_y}\equiv\frac{\partial p(0,y,t)}{\partial x}-\lambda_y p(0,y,t)=-\left(\frac{\mu}{k_x}\right)\psi_y(y,t)$

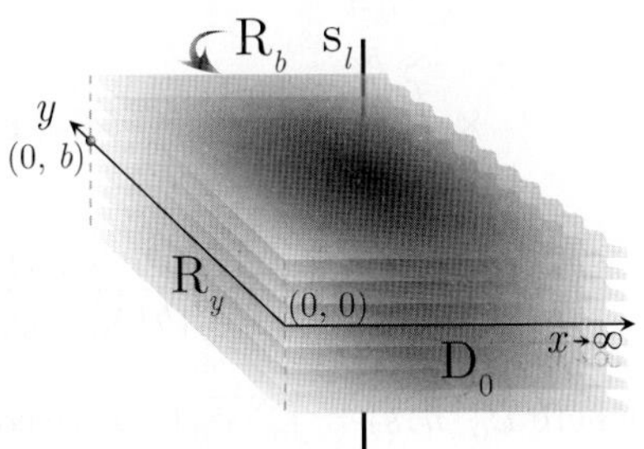

$$\overline{p}=\frac{q(s)\,e^{-st_0}}{\phi c_t\sqrt{\eta_x}}\sum_{m=1}^{\infty}\frac{\left(\lambda_0^2+\xi_m^2\right)\sin(\xi_m y_0)\sin(\xi_m y)}{\{b\left(\lambda_0^2+\xi_m^2\right)+\lambda_0\}\sqrt{\left(s+\xi_m^2\eta_y\right)}}\times$$

$$\times\left\{e^{-|x-x_0|\sqrt{\frac{s+\xi_m^2\eta_y}{\eta_x}}}+\left(\frac{\sqrt{s+\xi_m^2\eta_y}-\lambda_y\sqrt{\eta_x}}{\sqrt{s+\xi_m^2\eta_y}-\lambda_y\sqrt{\eta_x}}\right)e^{-(x+x_0)\sqrt{\frac{s+\xi_m^2\eta_y}{\eta_x}}}\right\}+$$

$$+\frac{2}{\phi c_t\sqrt{\eta_x}}\sum_{m=1}^{\infty}\frac{\overline{\overline{\psi}}_y(\xi_m,s)\,e^{-x\sqrt{\frac{s+\xi_m^2\eta_y}{\eta_x}}}\left(\lambda_0^2+\xi_m^2\right)\sin(\xi_m y)}{\{b\left(\lambda_0^2+\xi_m^2\right)+\lambda_0\}\left(\sqrt{s+\xi_m^2\eta_y}+\lambda_y\sqrt{\eta_x}\right)}+$$

$$+\frac{\eta_y}{\sqrt{\eta_x}}\sum_{m=1}^{\infty}\frac{(\lambda_0^2+\xi_m^2)\sin(\xi_m y)}{\{b(\lambda_0^2+\xi_m^2)+\lambda_0\}\sqrt{(s+\xi_m^2\eta_y)}}\int_0^{\infty}\left\{\xi_m\overline{\psi}_0(u,s)-\left(\frac{\mu}{k_y}\right)\overline{\psi}_b(u,s)\sin(\xi_m b)\right\}\times$$

$$\times\left\{e^{-|x-u|\sqrt{\frac{s+\xi_m^2\eta_y}{\eta_x}}}+\left(\frac{\sqrt{s+\xi_m^2\eta_y}-\lambda_y\sqrt{\eta_x}}{\sqrt{s+\xi_m^2\eta_y}+\lambda_y\sqrt{\eta_x}}\right)e^{-(x+u)\sqrt{\frac{s+\xi_m^2\eta_y}{\eta_x}}}\right\}du+$$

$$+\frac{1}{\sqrt{\eta_x}}\sum_{m=1}^{\infty}\frac{(\lambda_0^2+\xi_m^2)\sin(\xi_m y)}{\{b(\lambda_0^2+\xi_m^2)+\lambda_0\}\sqrt{(s+\xi_m^2\eta_y)}}\times$$

$$\times\int_0^{\infty}\left\{e^{-|x-u|\sqrt{\frac{s+\xi_m^2\eta_y}{\eta_x}}}+\left(\frac{\sqrt{s+\xi_m^2\eta_y}-\lambda_y\sqrt{\eta_x}}{\sqrt{s+\xi_m^2\eta_y}+\lambda_y\sqrt{\eta_x}}\right)e^{-(x+u)\sqrt{\frac{s+\xi_m^2\eta_y}{\eta_x}}}\right\}\int_0^{b}\varphi(u,v)\sin(\xi_m v)\,dvdu \quad (6.34.1)$$

$$p=\frac{U(t-t_0)}{\phi c_t\sqrt{\pi\eta_x}}\int_0^{t-t_0}\frac{q(t-t_0-\tau)}{\sqrt{\tau}}\left\{e^{-\frac{(x-x_0)^2}{4\eta_x\tau}}+e^{-\frac{(x+x_0)^2}{4\eta_x\tau}}-\right.$$

$$\left.-2\lambda_y\left(\sqrt{\pi\eta_x\tau}\right)e^{(x+x_0)\lambda_y\sqrt{\eta_x}+\lambda_y^2\eta_x\tau}\operatorname{erfc}\left(\lambda_y\sqrt{\eta_x\tau}+\frac{x+x_0}{2\sqrt{\eta_x\tau}}\right)\right\}e^{-\xi_m^2\eta_y\tau}d\tau\times$$

$$\times\sum_{m=1}^{\infty}\frac{(\lambda_0^2+\xi_m^2)\sin(\xi_m y_0)\sin(\xi_m y)}{\{b(\lambda_0^2+\xi_m^2)+\lambda_0\}}+$$

$$+\frac{2}{\phi c_t\sqrt{\pi\eta_x}}\int_0^{t}\left\{\frac{e^{-\frac{x^2}{4\eta_x\tau}}}{\sqrt{\tau}}-\lambda_y\sqrt{\eta_x}e^{x\lambda_y+\lambda_y^2\eta_x\tau}\operatorname{erfc}\left(\lambda_y\sqrt{\eta_x\tau}+\frac{x}{2\sqrt{\eta_x\tau}}\right)\right\}\times$$

$$\times\sum_{m=1}^{\infty}\frac{\overline{\psi}_y(\xi_m,t-\tau)(\lambda_0^2+\xi_m^2)\sin(\xi_m y)e^{-\xi_m^2\eta_y\tau}}{\{b(\lambda_0^2+\xi_m^2)+\lambda_0\}}d\tau+$$

$$+\frac{\eta_y}{\sqrt{\pi\eta_x}}\sum_{m=1}^{\infty}\frac{(\lambda_0^2+\xi_m^2)\sin(\xi_m y)}{\{b(\lambda_0^2+\xi_m^2)+\lambda_0\}}\int_0^{t}\frac{e^{-\xi_m^2\eta_y\tau}}{\sqrt{\tau}}\int_0^{\infty}\left\{\xi_m\psi_0(u,t-\tau)-\left(\frac{\mu}{k_y}\right)\psi_b(u,t-\tau)\sin(\xi_m b)\right\}\times$$

$$\times\left\{e^{-\frac{(x-u)^2}{4\eta_x\tau}}+e^{-\frac{(x+u)^2}{4\eta_x\tau}}-2\lambda_y\left(\sqrt{\pi\eta_x\tau}\right)e^{(x+u)\lambda_y\sqrt{\eta_x}+\lambda_y^2\eta_x\tau}\operatorname{erfc}\left(\lambda_y\sqrt{\eta_x\tau}+\frac{x+u}{2\sqrt{\eta_x\tau}}\right)\right\}dud\tau+$$

$$+\frac{1}{\sqrt{\pi\eta_x t}}\times$$

$$\times\int_0^{\infty}\int_0^{b}\varphi(u,v)\left\{e^{-\frac{(x-u)^2}{4\eta_x t}}+e^{-\frac{(x+u)^2}{4\eta_x t}}-2\lambda_y\left(\sqrt{\pi\eta_x t}\right)e^{(x+x_0)\lambda_y\sqrt{\eta_x}+\lambda_y^2\eta_x t}\operatorname{erfc}\left(\lambda_y\sqrt{\eta_x t}+\frac{x+u}{2\sqrt{\eta_x t}}\right)\right\}\times$$

$$\times\sum_{m=1}^{\infty}\frac{(\lambda_0^2+\xi_m^2)\sin(\xi_m y)\sin(\xi_m v)e^{-\xi_m^2\eta_y t}}{\{b(\lambda_0^2+\xi_m^2)+\lambda_0\}}dvdu \quad (6.34.2)$$

where $\overline{\overline{\psi}}_0(n,s)=\int_0^\infty\overline{\psi}_0(x,s)\{n\cos(nx)+\lambda_y\sin(nx)\}dx$, $\overline{\psi}_0(x,s)=\int_0^\infty\psi_0(x,t)e^{-st}dt$, $\overline{\overline{\psi}}_b(n,s)=\int_0^\infty\overline{\psi}_b(x,s)\{n\cos(nx)+\lambda_y\sin(nx)\}dx$, $\overline{\psi}_b(x,s)=\int_0^\infty\psi_b(x,t)e^{-st}dt$, $\overline{\overline{\psi}}_y(\xi_m,s)=\int_0^b\overline{\psi}_y(y,s)\sin(\xi_m y)dy$, $\overline{\psi}_y(y,s)=\int_0^\infty\psi_y(y,t)e^{-st}dt$ and ξ_m is a positive root of $\xi_m\cot(\xi_m b)=-\lambda_0$, $m=1,2,\ldots$.

When $p(x,y,0)=p_I$, a constant, for all $x>0$ and $y>0$, the terms corresponding to the initial condition are given by

$$\overline{p}=\frac{p_I}{s}-\frac{2p_I\eta_y}{s}\sum_{m=1}^{\infty}\frac{(\xi_m^2+\lambda_0^2)\{\xi_m+\lambda_b\sin(\xi_m b)\}\sin(\xi_m y)}{(s+\xi_m^2\eta_y)\{b(\xi_m^2+\lambda_0^2)+\lambda_0\}}-$$

$$-2p_I\lambda_y\sqrt{\eta_x}\sum_{m=1}^{\infty}\frac{(\xi_m^2+\lambda_0^2)\cos(\xi_m b)\sin(\xi_m y)e^{-x\sqrt{\frac{s+\xi_m^2\eta_y}{\eta_x}}}}{\xi_m(s+\xi_m^2\eta_y)\left(\lambda_y\sqrt{\eta_x}+\sqrt{s+\xi_m^2\eta_y}\right)\{b(\xi_m^2+\lambda_0^2)+\lambda_0\}} \quad (6.34.3)$$

and

$$\begin{aligned} p \;=\;& p_I - 2p_I \sum_{m=1}^{\infty} \frac{\left(\xi_m^2+\lambda_0^2\right)\left\{\xi_m+\lambda_b \sin\left(\xi_m b\right)\right\}\sin\left(\xi_m y\right)\left(1-e^{-\xi_m^2\eta_y t}\right)}{\xi_m^2\left\{b\left(\xi_m^2+\lambda_0^2\right)+\lambda_0\right\}} - \\ &-\; 2p_I\left\{\operatorname{erfc}\left(\frac{x}{2\sqrt{\eta_x t}}\right) - e^{x\lambda_y+\lambda_y^2\eta_x t}\operatorname{erfc}\left(\lambda_y\sqrt{\eta_x t}+\frac{x}{2\sqrt{\eta_x t}}\right)\right\}\times \\ &\times \sum_{m=1}^{\infty}\frac{\left(\xi_m^2+\lambda_0^2\right)\cos\left(\xi_m b\right)\sin\left(\xi_m y\right)e^{-\xi_m^2\eta_y t}}{\xi_m\left\{b\left(\xi_m^2+\lambda_0^2\right)+\lambda_0\right\}} \end{aligned} \qquad (6.34.4)$$

6.35 The problem of 6.10, except

$\mathbf{R}_b \equiv \frac{\partial p(x,b,t)}{\partial y} + \lambda_b p\,(x,b,t) = -\left(\frac{\mu}{k_y}\right)\psi_b\,(x,t)$,

$\mathbf{N}_0 \equiv \frac{\partial p(x,0,t)}{\partial y} = -\left(\frac{\mu}{k_y}\right)\psi_0\,(x,t)$ and

$\mathbf{R}_y \equiv \frac{\partial p(0,y,t)}{\partial x} - \lambda_y p\,(0,y,t) = -\left(\frac{\mu}{k_x}\right)\psi_y\,(y,t)$

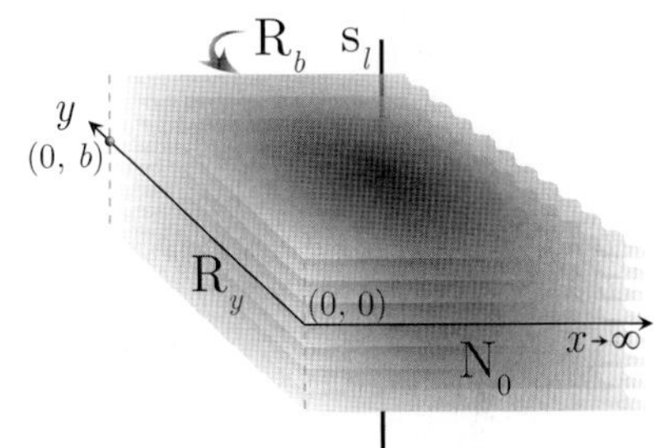

$$\begin{aligned} \overline{p} \;=\;& \frac{q(s)\,e^{-st_0}}{\phi c_t\sqrt{\eta_x}}\sum_{m=1}^{\infty}\frac{\left(\lambda_0^2+\xi_m^2\right)\cos\left(\xi_m y_0\right)\cos\left(\xi_m y\right)}{\left\{b\left(\lambda_0^2+\xi_m^2\right)+\lambda_0\right\}\sqrt{\left(s+\xi_m^2\eta_y\right)}}\times \\ &\times\left\{e^{-|x-x_0|\sqrt{\frac{s+\xi_m^2\eta_y}{\eta_x}}}+\left(\frac{\sqrt{s+\xi_m^2\eta_y}-\lambda_y\sqrt{\eta_x}}{\sqrt{s+\xi_m^2\eta_y}-\lambda_y\sqrt{\eta_x}}\right)e^{-(x+x_0)\sqrt{\frac{s+\xi_m^2\eta_y}{\eta_x}}}\right\}+ \\ &+\frac{2}{\phi c_t\sqrt{\eta_x}}\sum_{m=1}^{\infty}\frac{\overline{\overline{\psi}}_y\left(\xi_m,s\right)e^{-x\sqrt{\frac{s+\xi_m^2\eta_y}{\eta_x}}}\left(\lambda_0^2+\xi_m^2\right)\cos\left(\xi_m y\right)}{\left\{b\left(\lambda_0^2+\xi_m^2\right)+\lambda_0\right\}\left(\sqrt{s+\xi_m^2\eta_y}+\lambda_y\sqrt{\eta_x}\right)}+ \\ &+\frac{1}{\phi c_t\sqrt{\eta_x}}\sum_{m=1}^{\infty}\frac{\left(\lambda_0^2+\xi_m^2\right)\cos\left(\xi_m y\right)}{\left\{b\left(\lambda_0^2+\xi_m^2\right)+\lambda_0\right\}\sqrt{\left(s+\xi_m^2\eta_y\right)}}\int_0^{\infty}\left\{\overline{\psi}_0\left(u,s\right)-\overline{\psi}_b\left(u,s\right)\cos\left(\xi_m b\right)\right\}\times \\ &\times\left\{e^{-|x-u|\sqrt{\frac{s+\xi_m^2\eta_y}{\eta_x}}}+\left(\frac{\sqrt{s+\xi_m^2\eta_y}-\lambda_y\sqrt{\eta_x}}{\sqrt{s+\xi_m^2\eta_y}+\lambda_y\sqrt{\eta_x}}\right)e^{-(x+u)\sqrt{\frac{s+\xi_m^2\eta_y}{\eta_x}}}\right\}du+ \\ &+\frac{1}{\sqrt{\eta_x}}\sum_{m=1}^{\infty}\frac{\left(\lambda_0^2+\xi_m^2\right)\cos\left(\xi_m y\right)}{\left\{b\left(\lambda_0^2+\xi_m^2\right)+\lambda_0\right\}\sqrt{\left(s+\xi_m^2\eta_y\right)}}\times \\ &\times\int_0^{\infty}\left\{e^{-|x-u|\sqrt{\frac{s+\xi_m^2\eta_y}{\eta_x}}}+\left(\frac{\sqrt{s+\xi_m^2\eta_y}-\lambda_y\sqrt{\eta_x}}{\sqrt{s+\xi_m^2\eta_y}+\lambda_y\sqrt{\eta_x}}\right)e^{-(x+u)\sqrt{\frac{s+\xi_m^2\eta_y}{\eta_x}}}\right\}\int_0^{b}\varphi\left(u,v\right)\cos\left(\xi_m v\right)dvdu \end{aligned} \qquad (6.35.1)$$

$$\begin{aligned} p \;=\;& \frac{U(t-t_0)}{\phi c_t\sqrt{\pi\eta_x}}\int_0^{t-t_0}\frac{q\left(t-t_0-\tau\right)}{\sqrt{\tau}}\left\{e^{-\frac{(x-x_0)^2}{4\eta_x\tau}}+e^{-\frac{(x+x_0)^2}{4\eta_x\tau}}-\right. \\ &\left.-2\lambda_y\left(\sqrt{\pi\eta_x\tau}\right)e^{(x+x_0)\lambda_y\sqrt{\eta_x}+\lambda_y^2\eta_x\tau}\operatorname{erfc}\left(\lambda_y\sqrt{\eta_x\tau}+\frac{x+x_0}{2\sqrt{\eta_x\tau}}\right)\right\}e^{-\xi_m^2\eta_y\tau}d\tau\times \\ &\times\sum_{m=1}^{\infty}\frac{\left(\lambda_0^2+\xi_m^2\right)\cos\left(\xi_m y_0\right)\cos\left(\xi_m y\right)}{\left\{b\left(\lambda_0^2+\xi_m^2\right)+\lambda_0\right\}}+ \end{aligned}$$

$$+\frac{2}{\phi c_t\sqrt{\pi\eta_x}}\int_0^t\left\{\frac{e^{-\frac{x^2}{4\eta_x\tau}}}{\sqrt{\tau}}-\lambda_y\sqrt{\eta_x}e^{x\lambda_y+\lambda_y^2\eta_x\tau}\operatorname{erfc}\left(\lambda_y\sqrt{\eta_x\tau}+\frac{x}{2\sqrt{\eta_x\tau}}\right)\right\}\times$$
$$\times\sum_{m=1}^{\infty}\frac{\overline{\psi}_y(\xi_m,t-\tau)\left(\lambda_0^2+\xi_m^2\right)\cos(\xi_m y)\,e^{-\xi_m^2\eta_y\tau}}{\left\{b\left(\lambda_0^2+\xi_m^2\right)+\lambda_0\right\}}d\tau+$$
$$+\frac{1}{\phi c_t\sqrt{\pi\eta_x}}\sum_{m=1}^{\infty}\frac{\left(\lambda_0^2+\xi_m^2\right)\cos(\xi_m y)}{\left\{b\left(\lambda_0^2+\xi_m^2\right)+\lambda_0\right\}}\int_0^t\frac{e^{-\xi_m^2\eta_y\tau}}{\sqrt{\tau}}\int_0^{\infty}\left\{\psi_0(u,t-\tau)-\psi_b(u,t-\tau)\cos(\xi_m b)\right\}\times$$
$$\times\left\{e^{-\frac{(x-u)^2}{4\eta_x\tau}}+e^{-\frac{(x+u)^2}{4\eta_x\tau}}-2\lambda_y\left(\sqrt{\pi\eta_x\tau}\right)e^{(x+u)\lambda_y\sqrt{\eta_x}+\lambda_y^2\eta_x\tau}\operatorname{erfc}\left(\lambda_y\sqrt{\eta_x\tau}+\frac{x+u}{2\sqrt{\eta_x\tau}}\right)\right\}du\,d\tau+$$
$$+\frac{1}{\sqrt{\pi\eta_x t}}\times$$
$$\times\int_0^{\infty}\int_0^{b}\varphi(u,v)\left\{e^{-\frac{(x-u)^2}{4\eta_x t}}+e^{-\frac{(x+u)^2}{4\eta_x t}}-2\lambda_y\left(\sqrt{\pi\eta_x t}\right)e^{(x+x_0)\lambda_y\sqrt{\eta_x}+\lambda_y^2\eta_x t}\operatorname{erfc}\left(\lambda_y\sqrt{\eta_x t}+\frac{x+u}{2\sqrt{\eta_x t}}\right)\right\}\times$$
$$\times\sum_{m=1}^{\infty}\frac{\left(\lambda_0^2+\xi_m^2\right)\cos(\xi_m y)\cos(\xi_m v)\,e^{-\xi_m^2\eta_y t}}{\left\{b\left(\lambda_0^2+\xi_m^2\right)+\lambda_0\right\}}dv\,du \qquad (6.35.2)$$

where $\overline{\overline{\psi}}_0(n,s)=\int_0^{\infty}\overline{\psi}_0(x,s)\{n\cos(nx)+\lambda_y\sin(nx)\}dx$, $\overline{\psi}_0(x,s)=\int_0^{\infty}\psi_0(x,t)\,e^{-st}dt$, $\overline{\overline{\psi}}_b(n,s)=\int_0^{\infty}\overline{\psi}_b(x,s)\{n\cos(nx)+\lambda_y\sin(nx)\}dx$, $\overline{\psi}_b(x,s)=\int_0^{\infty}\psi_b(x,t)\,e^{-st}dt$, $\overline{\overline{\psi}}_y(\xi_m,s)=\int_0^{b}\overline{\psi}_y(y,s)\cos(\xi_m y)dy$, $\overline{\psi}_y(y,s)=\int_0^{\infty}\psi_y(y,t)\,e^{-st}dt$ and ξ_m is a positive root of $\xi_m\tan(\xi_m b)=\lambda_0$, $m=1,2,\ldots$.

When $p(x,y,0)=p_I$, a constant, for all $x>0$ and $y>0$, the terms corresponding to the initial condition are given by

$$\overline{p}=\frac{p_I}{s}-\frac{2p_I\eta_y}{s}\sum_{m=1}^{\infty}\frac{\left(\xi_m^2+\lambda_0^2\right)\cos(\xi_m b)\cos(\xi_m y)}{\left(s+\xi_m^2\eta_y\right)\left\{b\left(\xi_m^2+\lambda_0^2\right)+\lambda_0\right\}}-$$
$$-2p_I\lambda_y\sqrt{\eta_x}\sum_{m=1}^{\infty}\frac{\left(\xi_m^2+\lambda_0^2\right)\sin(\xi_m b)\cos(\xi_m y)\,e^{-x\sqrt{\frac{s+\xi_m^2\eta_y}{\eta_x}}}}{\xi_m\left(s+\xi_m^2\eta_y\right)\left(\lambda_y\sqrt{\eta_x}+\sqrt{s+\xi_m^2\eta_y}\right)\left\{b\left(\xi_m^2+\lambda_0^2\right)+\lambda_0\right\}} \qquad (6.35.3)$$

and

$$p=p_I-2p_I\sum_{m=1}^{\infty}\frac{\left(\xi_m^2+\lambda_0^2\right)\cos(\xi_m b)\cos(\xi_m y)\left(1-e^{-\xi_m^2\eta_y t}\right)}{\xi_m^2\left\{b\left(\xi_m^2+\lambda_0^2\right)+\lambda_0\right\}}-$$
$$-2p_I\left\{\operatorname{erfc}\left(\frac{x}{2\sqrt{\eta_x t}}\right)-e^{x\lambda_y+\lambda_y^2\eta_x t}\operatorname{erfc}\left(\lambda_y\sqrt{\eta_x t}+\frac{x}{2\sqrt{\eta_x t}}\right)\right\}\times$$
$$\times\sum_{m=1}^{\infty}\frac{\left(\xi_m^2+\lambda_0^2\right)\sin(\xi_m b)\cos(\xi_m y)\,e^{-\xi_m^2\eta_y t}}{\xi_m\left\{b\left(\xi_m^2+\lambda_0^2\right)+\lambda_0\right\}} \qquad (6.35.4)$$

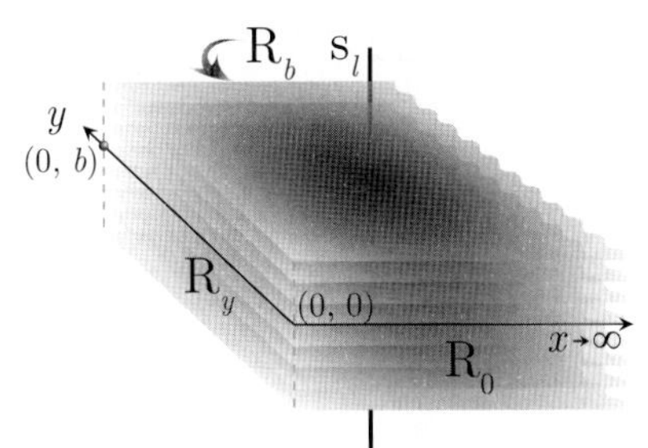

6.36 **The problem of 6.10, except** $\mathbf{R_0 \equiv \frac{\partial p(x,0,t)}{\partial y} - \lambda_0 p\left(x,0,t\right) = -\left(\frac{\mu}{k_y}\right)\psi_0\left(x,t\right)}$**,** $\mathbf{R_b \equiv \frac{\partial p(x,b,t)}{\partial y} + \lambda_b p\left(x,b,t\right) = -\left(\frac{\mu}{k_y}\right)\psi_b\left(x,t\right)}$ **and** $\mathbf{R_y \equiv \frac{\partial p(0,y,t)}{\partial x} - \lambda_y p\left(0,y,t\right) = -\left(\frac{\mu}{k_x}\right)\psi_y\left(y,t\right)}$

$$\begin{aligned}
\overline{p} \; &= \; \frac{q\left(s\right)e^{-st_0}}{\phi c_t\sqrt{\eta_x}}\sum_{m=1}^{\infty}\frac{\left\{\xi_m\cos\left(\xi_m y_0\right)+\lambda_0\sin\left(\xi_m y_0\right)\right\}\left\{\xi_m\cos\left(\xi_m y\right)+\lambda_0\sin\left(\xi_m y\right)\right\}}{\left[\left(\lambda_0^2+\xi_m^2\right)\left\{b+\frac{\lambda_b}{\lambda_b^2+\xi_m^2}\right\}+\lambda_0\right]\sqrt{\left(s+\xi_m^2\eta_y\right)}}\times\\
&\quad\times\left\{e^{-\left|x-x_0\right|\sqrt{\frac{s+\xi_m^2\eta_y}{\eta_x}}}+\left(\frac{\sqrt{s+\xi_m^2\eta_y}-\lambda_y\sqrt{\eta_x}}{\sqrt{s+\xi_m^2\eta_y}-\lambda_y\sqrt{\eta_x}}\right)e^{-\left(x+x_0\right)\sqrt{\frac{s+\xi_m^2\eta_y}{\eta_x}}}\right\}+\\
&+\;\frac{2}{\phi c_t\sqrt{\eta_x}}\sum_{m=1}^{\infty}\frac{\overline{\overline{\psi}}_y\left(\xi_m,s\right)e^{-x\sqrt{\frac{s+\xi_m^2\eta_y}{\eta_x}}}\left\{\xi_m\cos\left(\xi_m y\right)+\lambda_0\sin\left(\xi_m y\right)\right\}}{\left[\left(\lambda_0^2+\xi_m^2\right)\left\{b+\frac{\lambda_b}{\lambda_b^2+\xi_m^2}\right\}+\lambda_0\right]\left(\sqrt{s+\xi_m^2\eta_y}+\lambda_y\sqrt{\eta_x}\right)}+\\
&+\;\frac{1}{\phi c_t\sqrt{\eta_x}}\sum_{m=1}^{\infty}\frac{\left\{\xi_m\cos\left(\xi_m y\right)+\lambda_0\sin\left(\xi_m y\right)\right\}}{\left[\left(\lambda_0^2+\xi_m^2\right)\left\{b+\frac{\lambda_b}{\lambda_b^2+\xi_m^2}\right\}+\lambda_0\right]\sqrt{\left(s+\xi_m^2\eta_y\right)}}\times\\
&\quad\times\int_0^{\infty}\left[\xi_m\overline{\psi}_0\left(u,s\right)-\overline{\psi}_b\left(u,s\right)\left\{\xi_m\cos\left(\xi_m b\right)+\lambda_0\sin\left(\xi_m b\right)\right\}\right]\times\\
&\quad\times\left\{e^{-\left|x-u\right|\sqrt{\frac{s+\xi_m^2\eta_y}{\eta_x}}}+\left(\frac{\sqrt{s+\xi_m^2\eta_y}-\lambda_y\sqrt{\eta_x}}{\sqrt{s+\xi_m^2\eta_y}+\lambda_y\sqrt{\eta_x}}\right)e^{-\left(x+u\right)\sqrt{\frac{s+\xi_m^2\eta_y}{\eta_x}}}\right\}du+\\
&+\;\frac{1}{\sqrt{\eta_x}}\sum_{m=1}^{\infty}\frac{\left\{\xi_m\cos\left(\xi_m y\right)+\lambda_0\sin\left(\xi_m y\right)\right\}}{\left[\left(\lambda_0^2+\xi_m^2\right)\left\{b+\frac{\lambda_b}{\lambda_b^2+\xi_m^2}\right\}+\lambda_0\right]\sqrt{\left(s+\xi_m^2\eta_y\right)}}\times\\
&\quad\times\int_0^{\infty}\left\{e^{-\left|x-u\right|\sqrt{\frac{s+\xi_m^2\eta_y}{\eta_x}}}+\left(\frac{\sqrt{s+\xi_m^2\eta_y}-\lambda_y\sqrt{\eta_x}}{\sqrt{s+\xi_m^2\eta_y}+\lambda_y\sqrt{\eta_x}}\right)e^{-\left(x+u\right)\sqrt{\frac{s+\xi_m^2\eta_y}{\eta_x}}}\right\}\times\\
&\quad\times\int_0^{b}\varphi\left(u,v\right)\left\{\xi_m\cos\left(\xi_m v\right)+\lambda_0\sin\left(\xi_m v\right)\right\}dvdu
\end{aligned}\tag{6.36.1}$$

$$\begin{aligned}
p \; &= \; \frac{U\left(t-t_0\right)}{\phi c_t\sqrt{\pi\eta_x}}\int_0^{t-t_0}\frac{q\left(t-t_0-\tau\right)}{\sqrt{\tau}}\left\{e^{-\frac{\left(x-x_0\right)^2}{4\eta_x\tau}}+e^{-\frac{\left(x+x_0\right)^2}{4\eta_x\tau}}-\right.\\
&\left.-2\lambda_y\left(\sqrt{\pi\eta_x\tau}\right)e^{\left(x+x_0\right)\lambda_y\sqrt{\eta_x}+\lambda_y^2\eta_x\tau}\operatorname{erfc}\left(\lambda_y\sqrt{\eta_x\tau}+\frac{x+x_0}{2\sqrt{\eta_x\tau}}\right)\right\}e^{-\xi_m^2\eta_y\tau}d\tau\times\\
&\times\sum_{m=1}^{\infty}\frac{\left\{\xi_m\cos\left(\xi_m y_0\right)+\lambda_0\sin\left(\xi_m y_0\right)\right\}\left\{\xi_m\cos\left(\xi_m y\right)+\lambda_0\sin\left(\xi_m y\right)\right\}}{\left[\left(\lambda_0^2+\xi_m^2\right)\left\{b+\frac{\lambda_b}{\lambda_b^2+\xi_m^2}\right\}+\lambda_0\right]}+\\
&+\;\frac{2}{\phi c_t\sqrt{\pi\eta_x}}\int_0^{t}\left\{\frac{e^{-\frac{x^2}{4\eta_x\tau}}}{\sqrt{\tau}}-\lambda_y\sqrt{\eta_x}e^{x\lambda_y+\lambda_y^2\eta_x\tau}\operatorname{erfc}\left(\lambda_y\sqrt{\eta_x\tau}+\frac{x}{2\sqrt{\eta_x\tau}}\right)\right\}\times
\end{aligned}$$

$$\times \sum_{m=1}^{\infty} \frac{\overline{\overline{\psi}}_y(\xi_m, t-\tau)\{\xi_m \cos(\xi_m y) + \lambda_0 \sin(\xi_m y)\} e^{-\xi_m^2 \eta_y \tau}}{\left[(\lambda_0^2 + \xi_m^2)\left\{b + \frac{\lambda_b}{\lambda_b^2+\xi_m^2}\right\} + \lambda_0\right]} d\tau +$$

$$+ \frac{1}{\phi c_t \sqrt{\pi \eta_x}} \sum_{m=1}^{\infty} \frac{\{\xi_m \cos(\xi_m y) + \lambda_0 \sin(\xi_m y)\}}{\left[(\lambda_0^2 + \xi_m^2)\left\{b + \frac{\lambda_b}{\lambda_b^2+\xi_m^2}\right\} + \lambda_0\right]} \times$$

$$\times \int_0^t \frac{e^{-\xi_m^2 \eta_y \tau}}{\sqrt{\tau}} \int_0^{\infty} [\xi_m \psi_0(u, t-\tau) - \psi_b(u, t-\tau)\{\xi_m \cos(\xi_m b) + \lambda_0 \sin(\xi_m b)\}] \times$$

$$\times \left\{ e^{-\frac{(x-u)^2}{4\eta_x \tau}} + e^{-\frac{(x+u)^2}{4\eta_x \tau}} - 2\lambda_y \left(\sqrt{\pi \eta_x \tau}\right) e^{(x+u)\lambda_y \sqrt{\eta_x} + \lambda_y^2 \eta_x \tau} \operatorname{erfc}\left(\lambda_y \sqrt{\eta_x \tau} + \frac{x+u}{2\sqrt{\eta_x \tau}}\right)\right\} du d\tau +$$

$$+ \frac{1}{\sqrt{\pi \eta_x t}} \int_0^{\infty} \int_0^b \varphi(u, v) \left\{ e^{-\frac{(x-u)^2}{4\eta_x t}} + e^{-\frac{(x+u)^2}{4\eta_x t}} - \right.$$

$$\left. -2\lambda_y \left(\sqrt{\pi \eta_x t}\right) e^{(x+x_0)\lambda_y \sqrt{\eta_x} + \lambda_y^2 \eta_x t} \operatorname{erfc}\left(\lambda_y \sqrt{\eta_x t} + \frac{x+u}{2\sqrt{\eta_x t}}\right)\right\} \times$$

$$\times \sum_{m=1}^{\infty} \frac{\{\xi_m \cos(\xi_m y) + \lambda_0 \sin(\xi_m y)\}\{\xi_m \cos(\xi_m v) + \lambda_0 \sin(\xi_m v)\} e^{-\xi_m^2 \eta_y t}}{\left[(\lambda_0^2 + \xi_m^2)\left\{b + \frac{\lambda_b}{\lambda_b^2+\xi_m^2}\right\} + \lambda_0\right]} dv du \qquad (6.36.2)$$

where $\overline{\overline{\psi}}_0(n, s) = \int_0^{\infty} \overline{\psi}_0(x, s)\{n \cos(nx) + \lambda_y \sin(nx)\}dx$, $\overline{\psi}_0(x, s) = \int_0^{\infty} \psi_0(x, t) e^{-st} dt$, $\overline{\overline{\psi}}_b(n, s) = \int_0^{\infty} \overline{\psi}_b(x, s)\{n \cos(nx) + \lambda_y \sin(nx)\}dx$, $\overline{\psi}_b(x, s) = \int_0^{\infty} \psi_b(x, t) e^{-st} dt$, $\overline{\overline{\psi}}_y(\xi_m, s) = \int_0^b \overline{\psi}_y(y, s)\{\xi_m \cos(\xi_m y) + \lambda_0 \sin(\xi_m y)\}dy$, $\overline{\psi}_y(y, s) = \int_0^{\infty} \psi_y(y, t) e^{-st} dt$ and ξ_m is a positive root of $\tan(\xi_m b) = \frac{\xi_m(\lambda_0 + \lambda_b)}{\xi_m^2 - \lambda_0 \lambda_b}$, $m = 1, 2, ...$

When $p(x, y, 0) = p_I$, a constant, for all $x > 0$ and $y > 0$, the terms corresponding to the initial condition are given by

$$\overline{p} = \frac{p_I}{s} - \frac{2p_I \eta_y}{s} \sum_{m=1}^{\infty} \frac{[\lambda_0 \xi_m + \lambda_b\{\xi_m \cos(\xi_m b) + \lambda_0 \sin(\xi_m b)\}]\{\xi_m \cos(\xi_m y) + \lambda_0 \sin(\xi_m y)\}}{(s + \xi_m^2 \eta_y)\left[(\lambda_0^2 + \xi_m^2)\left\{b + \frac{\lambda_b}{\lambda_b^2+\xi_m^2}\right\} + \lambda_0\right]} -$$

$$- 2p_I \lambda_y \sqrt{\eta_x} \sum_{m=1}^{\infty} \frac{[\xi_m \sin(\xi_m b) + \lambda_0\{1 - \cos(\xi_m b)\}]\{\xi_m \cos(\xi_m y) + \lambda_0 \sin(\xi_m y)\} e^{-x\sqrt{\frac{s+\xi_m^2 \eta_y}{\eta_x}}}}{\xi_m (s + \xi_m^2 \eta_y)\left(\lambda_y \sqrt{\eta_x} + \sqrt{s + \xi_m^2 \eta_y}\right)\left[(\lambda_0^2 + \xi_m^2)\left\{b + \frac{\lambda_b}{\lambda_b^2+\xi_m^2}\right\} + \lambda_0\right]} \qquad (6.36.3)$$

and

$$p = p_I - 2p_I \sum_{m=1}^{\infty} \frac{[\lambda_0 \xi_m + \lambda_b\{\xi_m \cos(\xi_m b) + \lambda_0 \sin(\xi_m b)\}]\{\xi_m \cos(\xi_m y) + \lambda_0 \sin(\xi_m y)\}\left(1 - e^{-\xi_m^2 \eta_y t}\right)}{\xi_m^2\left[(\lambda_0^2 + \xi_m^2)\left\{b + \frac{\lambda_b}{\lambda_b^2+\xi_m^2}\right\} + \lambda_0\right]} -$$

$$- 2p_I \left\{\operatorname{erfc}\left(\frac{x}{2\sqrt{\eta_x t}}\right) - e^{x\lambda_y + \lambda_y^2 \eta_x t} \operatorname{erfc}\left(\lambda_y \sqrt{\eta_x t} + \frac{x}{2\sqrt{\eta_x t}}\right)\right\} \times$$

$$\times \sum_{m=1}^{\infty} \frac{[\xi_m \sin(\xi_m b) + \lambda_0\{1 - \cos(\xi_m b)\}]\{\xi_m \cos(\xi_m y) + \lambda_0 \sin(\xi_m y)\} e^{-\xi_m^2 \eta_y t}}{\xi_m\left[(\lambda_0^2 + \xi_m^2)\left\{b + \frac{\lambda_b}{\lambda_b^2+\xi_m^2}\right\} + \lambda_0\right]} \qquad (6.36.4)$$

6.37 Subdivided semi-infinite lamella. The medium is bounded by the planes $x = 0$, $y = b_j$ and $y = b_{j+1}$; $x \to \infty$ in the direction of x positive. Line source at (x_{0j}, y_{0j}) at time $t = t_{0j}$; $0 < x_{0j} < \infty$, $b_j < y_{0j} < b_{j+1}$, $t_{0j} \geq 0$. At $x = 0$, $p_j(0, y, t) = \psi_{yj}(y, t)$, $b_j < y < b_{j+1}$, $\forall j = 0, 1, ..., \aleph - 1$, $t > 0$. At $y = b_0$, $\frac{\partial p(x,b_0,t)}{\partial y} = -\left(\frac{\mu}{k_y}\right)_0 \psi_0(x, t)$ and at $y = b_\aleph$, $\frac{\partial p(x,b_\aleph,t)}{\partial y} = -\left(\frac{\mu}{k_y}\right)_\aleph \psi_\aleph(x, t)$. At $y = b_j$, $\forall j = 1, 2, ..., \aleph - 1$, $\psi_j(x, t) = -\left(\frac{k_y}{\mu}\right)_j \left(\frac{\partial p_j(x,b_j,t)}{\partial y}\right) = -\left(\frac{k_y}{\mu}\right)_{j-1} \left(\frac{\partial p_{j-1}(x,b_j,t)}{\partial y}\right)$ and $\check{\lambda}_j \psi_j(x, t) = \{p_{j-1}(x, b_j, t) - p_j(x, b_j, t)\}$. The initial pressure $p_j(x, y, 0) = \varphi_j(x, y)$

In the interval $b_j \leq y \leq b_{j+1}$, $j = 0, 1, ..., \aleph - 1$, we find p from the partial differential equation

$$\frac{\partial p_j}{\partial t} = \eta_{xj} \frac{\partial^2 p_j}{\partial x^2} + \eta_{yj} \frac{\partial^2 p_j}{\partial y^2} + U(t - t_{0j}) \frac{q_j(t - t_{0j})}{(\phi c_t)_j} \delta(x - x_{0j}) \delta(y - y_{0j}) \tag{6.37.1}$$

where $\eta_{xj} = \left(\frac{k_x}{\phi c_t \mu}\right)_j$ and $\eta_{yj} = \left(\frac{k_y}{\phi c_t \mu}\right)_j$. The successive application of the Laplace and Fourier transforms to equation (6.37.1) yields

$$\begin{aligned} \overline{\overline{\overline{p}}}_j = & \frac{q_j(s) e^{-st_{0j}} \sin(nx_{0j}) \cos\left\{\frac{m\pi(y_{0j}-b_j)}{b_{j+1}-b_j}\right\} + \left\{\overline{\overline{\psi}}_j(n, s) - (-1)^m \overline{\overline{\psi}}_{j+1}(n, s)\right\}}{(\phi c_t)_j \left\{s + n^2\eta_{xj} + \eta_{yj}\left(\frac{m\pi}{b_{j+1}-b_j}\right)^2\right\}} + \\ & + \frac{\eta_{xj} n \overline{\overline{\psi}}_{yj}\left(\frac{m\pi}{b_{j+1}-b_j}, s\right)}{\left\{s + n^2\eta_{xj} + \eta_{yj}\left(\frac{m\pi}{b_{j+1}-b_j}\right)^2\right\}} + \frac{\int_0^\infty \int_0^{b_{j+1}-b_j} \varphi_j(u, v + b_j) \sin(nu) \cos\left\{\frac{m\pi v}{b_{j+1}-b_j}\right\} dv du}{\left\{s + n^2\eta_{xj} + \eta_{yj}\left(\frac{m\pi}{b_{j+1}-b_j}\right)^2\right\}} \end{aligned} \tag{6.37.2}$$

where $\overline{\overline{\overline{p}}}_j = \int_0^{b_{j+1}-b_j} \overline{\overline{p}}_j \cos\left\{\frac{m\pi(y-b_j)}{b_{j+1}-b_j}\right\} d(y - b_j)$, $\overline{\overline{p}}_j = \int_0^\infty \overline{p}_j \sin(nx) dx$ and $\overline{p} = \int_0^\infty p_j e^{-st} dt$, $\psi_j(x, s) = \int_0^\infty \psi_j(x, t) e^{-st} dt$, $\overline{\overline{\psi}}_j(n, s) = \int_0^\infty \overline{\psi}_j(x, s) \sin(nx) dx$, $\overline{\overline{\psi}}_{yj}\left(\frac{m\pi}{b_{j+1}-b_j}, s\right) = \int_0^{b_{j+1}-b_j} \overline{\psi}_{yj}(y, s) \cos\left\{\frac{m\pi(y-b_j)}{b_{j+1}-b_j}\right\} d(y - b_j)$ and $\overline{\psi}_{yj}(y, s) = \int_0^\infty \psi_{yj}(y, t) e^{-st} dt$.

The inverse Fourier cosine transform of equation (6.37.2) gives

$$\begin{aligned} \overline{\overline{p}}_j = & \frac{q_j(s) e^{-st_{0j}} \sin(nx_{0j}) \operatorname{csch}\left\{(b_{j+1} - b_j)\sqrt{\frac{(s+n^2\eta_{xj})}{\eta_{yj}}}\right\}}{2(\phi c_t)_j \sqrt{\eta_{yj}(s + n^2\eta_{xj})}} \times \\ & \times \left[\cosh\left\{(b_{j+1} - b_j - |y - y_{0j}|)\sqrt{\frac{(s + n^2\eta_{xj})}{\eta_{yj}}}\right\} + \cosh\left\{(b_{j+1} + b_j - y - y_{0j})\sqrt{\frac{(s + n^2\eta_{xj})}{\eta_{yj}}}\right\}\right] + \\ & + \frac{\operatorname{csc}h\left\{(b_{j+1} - b_j)\sqrt{\frac{(s+n^2\eta_{xj})}{\eta_{yj}}}\right\}}{(\phi c_t)_j \sqrt{\eta_{yj}(s + n^2\eta_{xj})}} \times \\ & \times \left[\overline{\overline{\psi}}_j(n, s) \cosh\left\{(b_{j+1} - y)\sqrt{\frac{(s + n^2\eta_{xj})}{\eta_{yj}}}\right\} - \overline{\overline{\psi}}_{j+1}(n, s) \cosh\left\{(y - b_j)\sqrt{\frac{(s + n^2\eta_{xj})}{\eta_{yj}}}\right\}\right] + \\ & + \frac{\eta_{xj} n \overline{\overline{\psi}}_{yj}(0, s)}{(s + n^2\eta_{xj})(b_{j+1} - b_j)} + \frac{2\eta_{xj} n}{(b_{j+1} - b_j)} \sum_{m=1}^{\infty} \frac{\overline{\overline{\psi}}_{yj}\left(\frac{m\pi}{b_{j+1}-b_j}, s\right) \cos\left\{\frac{m\pi(y-b_j)}{b_{j+1}-b_j}\right\}}{\left\{s + n^2\eta_{xj} + \eta_{yj}\left(\frac{m\pi}{b_{j+1}-b_j}\right)^2\right\}} + \\ & + \frac{\operatorname{csch}\left\{(b_{j+1} - b_j)\sqrt{\frac{(s+n^2\eta_{xj})}{s}}\right\} \int_0^\infty \int_0^{b_{j+1}-b_j} \varphi_j(u, v) \sin(nu)}{2(b_{j+1} - b_j)\sqrt{\eta_{yj}(s + n^2\eta_{xj})}} \times \\ & \times \left[\cosh\left\{(b_{j+1} - b_j - |y - b_j - v|)\sqrt{\frac{(s + n^2\eta_{xj})}{\eta_{yj}}}\right\} + \cosh\left\{(b_{j+1} - y - v)\sqrt{\frac{(s + n^2\eta_{xj})}{\eta_{yj}}}\right\}\right] du dv \end{aligned} \tag{6.37.3}$$

The inverse Fourier sine transforms of equation (6.37.3) give the solution in the Laplace domain, which is

$$\begin{aligned}
\overline{p}_j &= \frac{q_j(s)\,e^{-st_{0j}}}{(\phi c_t)_j\,(b_{j+1}-b_j)\sqrt{\eta_{xj}}}\times \\
&\times\sum_{m=0}^{\infty}\frac{\ni_m}{\sqrt{\beta_m(s)}}\left\{e^{-|x-x_{0j}|\sqrt{\frac{\beta_m(s)}{\eta_{xj}}}}-e^{-(x+x_{0j})\sqrt{\frac{\beta_m(s)}{\eta_{xj}}}}\right\}\cos\left\{\frac{m\pi(y_{0j}-b_j)}{b_{j+1}-b_j}\right\}\cos\left\{\frac{m\pi(y-b_j)}{b_{j+1}-b_j}\right\}+ \\
&+\frac{1}{(\phi c_t)_j\,(b_{j+1}-b_j)\sqrt{\eta_{xj}}}\times \\
&\times\sum_{m=0}^{\infty}\frac{\ni_m\cos\left\{\frac{m\pi(y-b_j)}{b_{j+1}-b_j}\right\}}{\sqrt{\beta_m(s)}}\int_0^{\infty}\left\{\overline{\psi}_j(u,s)-(-1)^m\,\overline{\psi}_{j+1}(u,s)\right\}\left\{e^{-|x-u|\sqrt{\frac{\beta_m(s)}{\eta_{xj}}}}-e^{-(x+u)\sqrt{\frac{\beta_m(s)}{\eta_{xj}}}}\right\}du+ \\
&+\frac{2}{(b_{j+1}-b_j)}\sum_{m=0}^{\infty}\ni_m\overline{\overline{\psi}}_{yj}\left(\frac{m\pi}{b_{j+1}-b_j},s\right)\cos\left\{\frac{m\pi(y-b_j)}{b_{j+1}-b_j}\right\}e^{-x\sqrt{\frac{\beta_m(s)}{\eta_{xj}}}}+ \\
&+\frac{1}{(b_{j+1}-b_j)\sqrt{\eta_{xj}}}\int_0^{\infty}\int_0^{b_{j+1}-b_j}\varphi_j(u,v+b_j)\sum_{m=0}^{\infty}\frac{\ni_m}{\sqrt{\beta_m(s)}}\left\{e^{-|x-u|\sqrt{\frac{\beta_m(s)}{\eta_{xj}}}}-e^{-(x+u)\sqrt{\frac{\beta_m(s)}{\eta_{xj}}}}\right\}\times \\
&\times\cos\left\{\frac{m\pi v}{b_{j+1}-b_j}\right\}\cos\left\{\frac{m\pi(y-b_j)}{b_{j+1}-b_j}\right\}dvdu \qquad (6.37.4)
\end{aligned}$$

where $\beta_m(s)=s+\eta_{yj}\left(\frac{m\pi}{b_{j+1}-b_j}\right)^2$ and $\ni_m=\begin{cases}\frac{1}{2}, & m=0\\ 1, & m=1,2,3,....\end{cases}$ The inverse Laplace transform of equation (6.37.4) yields

$$\begin{aligned}
p_j &= \frac{U(t-t_{0j})}{4\sqrt{\pi\eta_{xj}}\,(\phi c_t)_j\,(b_{j+1}-b_j)}\int_0^{t-t_{0j}}\frac{q_j(t-t_{0j}-\tau)}{\sqrt{\tau}}\left\{e^{-\frac{(x-x_{0j})^2}{4\eta_{xj}\tau}}-e^{-\frac{(x+x_{0j})^2}{4\eta_{xj}\tau}}\right\}\times \\
&\times\left[\Theta_3\left\{\frac{\pi(y-y_{0j})}{2(b_{j+1}-b_j)},e^{-\left(\frac{\pi}{b_{j+1}-b_j}\right)^2\eta_{yj}\tau}\right\}+\Theta_3\left\{\frac{\pi(y+y_{0j}-2b_j)}{2(b_{j+1}-b_j)},e^{-\left(\frac{\pi}{b_{j+1}-b_j}\right)^2\eta_{yj}\tau}\right\}\right]d\tau+ \\
&+\frac{1}{2(\phi c_t)_j\,(b_{j+1}-b_j)\sqrt{\eta_{xj}\pi}}\times \\
&\times\int_0^t\int_0^{\infty}\frac{1}{\sqrt{\tau}}\left\{e^{-\frac{(x-u)^2}{4\eta_{xj}\tau}}-e^{-\frac{(x+u)^2}{4\eta_{xj}\tau}}\right\}\left[\psi_j(u,t-\tau)\,\Theta_3\left\{\frac{\pi(y-b_j)}{2(b_{j+1}-b_j)},e^{-\left(\frac{\pi}{b_{j+1}-b_j}\right)^2\eta_{yj}\tau}\right\}-\right. \\
&\left.-\psi_{j+1}(u,t-\tau)\,\Theta_4\left\{\frac{\pi(y-b_j)}{2(b_{j+1}-b_j)},e^{-\left(\frac{\pi}{b_{j+1}-b_j}\right)^2\eta_{yj}\tau}\right\}\right]dud\tau+ \\
&+\frac{1}{(b_{j+1}-b_j)\sqrt{\pi}}\int_0^{b_{j+1}-b_j}\int_{\frac{x}{2\sqrt{\eta_{xj}t}}}^{\infty}\psi_{yj}\left(v,t-\frac{x^2}{4\eta_{xj}\tau^2}\right)e^{-\tau^2}\times \\
&\times\left[\Theta_3\left\{\frac{\pi(y-b_j-v)}{2(b_{j+1}-b_j)},e^{-\frac{\eta_{yj}}{4\eta_{xj}}\left(\frac{\pi x}{(b_{j+1}-b_j)\tau}\right)^2}\right\}+\Theta_3\left\{\frac{\pi(y-b_j+v)}{2(b_{j+1}-b_j)},e^{-\frac{\eta_{yj}}{4\eta_{xj}}\left(\frac{\pi x}{(b_{j+1}-b_j)\tau}\right)^2}\right\}\right]d\tau dv+ \\
&+\frac{1}{4\sqrt{\pi\eta_{xj}t}\,(b_{j+1}-b_j)}\int_0^{\infty}\int_0^{b_{j+1}-b_j}\varphi_j(u,v+b_j)\left\{e^{-\frac{(x-xu)^2}{4\eta_{xj}t}}-e^{-\frac{(x+u)^2}{4\eta_{xj}t}}\right\}\times \\
&\times\left[\Theta_3\left\{\frac{\pi(y-b_j-v)}{2(b_{j+1}-b_j)},e^{-\left(\frac{\pi}{b_{j+1}-b_j}\right)^2\eta_{yj}t}\right\}+\Theta_3\left\{\frac{\pi(y-b_j+v)}{2(b_{j+1}-b_j)},e^{-\left(\frac{\pi}{b_{j+1}-b_j}\right)^2\eta_{yj}t}\right\}\right]dvdu \qquad (6.37.5)
\end{aligned}$$

We now employ, in the Laplace and infinite Fourier sine transform domains, the interfacial boundary condition which is, $\forall j = 1, 2, ..., \aleph - 1, \breve{\lambda}_j \overline{\overline{\psi}}_j (n, s) = \{\overline{\overline{p}}_{j-1} (n, b_j, s) - \overline{\overline{p}}_j (n, b_j, s)\}$. Substituting for $\overline{\overline{p}}_j (n, b_j, s)$ and $\overline{\overline{p}}_{j-1} (n, b_j, s)$ from equation (6.37.3), we obtain a three-term inhomogeneous recurrence relationship which governs the Laplace and Fourier sine transforms of the interfacial flux functions:

$$\left\{\breve{\lambda}_j + \mathcal{A}_j (n, s)\right\} \overline{\overline{\psi}}_j (n, s) = \mathcal{B}_j (n, s) \overline{\overline{\psi}}_{j+1} (n, s) + \mathcal{C}_j (n, s) \overline{\overline{\psi}}_{j-1} (n, s) + \Omega_j (n, s) \tag{6.37.6}$$

together with the boundary conditions $\frac{\partial \overline{\overline{p}}(n,0,s)}{\partial y} = -\left(\frac{\mu}{k_y}\right)_0 \overline{\overline{\psi}}_0 (n, s)$ and $\frac{\partial \overline{\overline{p}}(n,b_\aleph,s)}{\partial y} = -\left(\frac{\mu}{k_y}\right)_\aleph \overline{\overline{\psi}}_{b_\aleph} (n, s)$, which are the fluid fluxes at the extremities. It follows from the preceding equations that the coefficients of equation (6.37.6) are given by the following formulae:

$$\mathcal{A}_j (n, s) = \frac{\coth\left\{(b_j - b_{j-1}) \sqrt{\frac{s+n^2\eta_{xj-1}}{\eta_{yj-1}}}\right\}}{(\phi c_t)_{j-1} \sqrt{\eta_{yj-1} (s + n^2\eta_{xj-1})}} + \frac{\coth\left\{(b_{j+1} - b_j) \sqrt{\frac{s+n^2\eta_{xj}}{\eta_{yj}}}\right\}}{(\phi c_t)_j \sqrt{\eta_{yj} (s + n^2\eta_{xj})}} \tag{6.37.7}$$

$$\mathcal{B}_j (n, s) = \frac{\operatorname{csch}\left\{(b_{j+1} - b_j) \sqrt{\frac{s+n^2\eta_{xj}}{\eta_{yj}}}\right\}}{(\phi c_t)_j \sqrt{\eta_{yj} (s + n^2\eta_{xj})}} \tag{6.37.8}$$

$$\mathcal{C}_j (n, s) = \mathcal{B}_{j-1} (n, s) \tag{6.37.9}$$

and finally

$$\begin{aligned} \Omega_j (n, s) \; = \; & \frac{q_{j-1} (s) e^{-st_{0j-1}} \sin (n x_{0j-1}) \cosh\left\{(y_{0j-1} - b_{j-1}) \sqrt{\frac{s+n^2\eta_{xj-1}}{\eta_{yj-1}}}\right\}}{(\phi c_t)_{j-1} \sqrt{\eta_{yj-1} (s + n^2\eta_{xj-1})} \sinh\left\{(b_j - b_{j-1}) \sqrt{\frac{s+n^2\eta_{xj-1}}{\eta_{yj-1}}}\right\}} - \\ & - \frac{q_j (s) e^{-st_{0j}} \sin (n x_{0j}) \cosh\left\{(b_{j+1} - y_{0j}) \sqrt{\frac{s+n^2\eta_{xj}}{\eta_{yj}}}\right\}}{(\phi c_t)_j \sqrt{\eta_{yj} (s + n^2\eta_{xj})} \sinh\left\{(b_{j+1} - b_j) \sqrt{\frac{s+n^2\eta_{xj}}{\eta_{yj}}}\right\}} + \\ & + \frac{2\eta_{xj-1} n}{(b_j - b_{j-1})} \sum_{m=0}^{\infty} \frac{\ni_m (-1)^m \overline{\overline{\psi}}_{yj-1} \left(\frac{m\pi}{b_j - b_{j-1}}, s\right)}{\left\{s + n^2\eta_{xj-1} + \eta_{yj-1} \left(\frac{m\pi}{b_j - b_{j-1}}\right)^2\right\}} - \\ & - \frac{2\eta_{xj} n}{(b_{j+1} - b_j)} \sum_{m=0}^{\infty} \frac{\ni_m \overline{\overline{\psi}}_{yj} \left(\frac{m\pi}{b_{j+1} - b_j}, s\right)}{\left\{s + n^2\eta_{xj} + \eta_{yj} \left(\frac{m\pi}{b_{j+1} - b_j}\right)^2\right\}} + \\ & + \frac{\operatorname{csch}\left\{(b_j - b_{j-1}) \sqrt{\frac{s+n^2\eta_{xj-1}}{\eta_{yj-1}}}\right\}}{(b_j - b_{j-1}) \sqrt{\eta_{yj-1} (s + n^2\eta_{xj-1})}} \times \\ & \times \int_0^\infty \int_0^{b_j - b_{j-1}} \varphi_{j-1} (u, v + b_{j-1}) \sin (nu) \cosh\left\{v \sqrt{\frac{s + n^2\eta_{xj-1}}{\eta_{yj-1}}}\right\} du dv - \\ & - \frac{\operatorname{csch}\left\{(b_{j+1} - b_j) \sqrt{\frac{s+n^2\eta_{xj}}{\eta_{yj}}}\right\}}{(b_{j+1} - b_j) \sqrt{\eta_{yj} (s + n^2\eta_{xj})}} \times \\ & \times \int_0^\infty \int_0^{b_{j+1} - b_j} \varphi_j (u, v + b_j) \sin (nu) \cosh\left\{(b_{j+1} - b_j - v) \sqrt{\frac{s + n^2\eta_{xj}}{\eta_{yj}}}\right\} du dv \end{aligned} \tag{6.37.10}$$

The recurrence relation (6.37.6) may be solved directly for the fluid flux transformations, for each value of the discretized pair (n, s), by inverting a tridiagonal matrix. The solution method is given by Lenoach,

Ramakrishnan, and Thambynayagam (2004).* The Inverse Laplace transform of the recurrence relationship equation (6.37.6) yields

$$\breve{\lambda}_j \overline{\psi}_j(n,t) = \int_0^t \overline{\psi}_j(n,\tau)\mathcal{A}_j(n,t-\tau)\,d\tau + \int_0^t \overline{\psi}_{j+1}(n,\tau)\mathcal{B}_j(n,t-\tau)d\tau + \\ + \int_0^t \overline{\psi}_{j-1}(n,\tau)\mathcal{C}_j(n,t-\tau)d\tau + \Omega_j(n,t) \qquad (6.37.11)$$

$\forall j = 1,2,...,\aleph-1$ and n in $[0,\infty]$. The coefficients of the recurrence integral equation (6.37.11) are given by the following formulae:

$$\mathcal{A}_j(n,t) = g_j(n,t) + g_{j-1}(n,t) \qquad (6.37.12)$$

where

$$g_j(n,t) = -\frac{\Theta_3\left\{0, e^{-\left(\frac{\pi}{b_{j+1}-b_j}\right)^2 \eta_{yj} t}\right\} e^{-n^2\eta_{xj}t}}{(\phi c_t)_j\,(b_{j+1}-b_j)}$$

$$\mathcal{B}_j(n,t) = \frac{\Theta_4\left\{0, e^{-\left(\frac{\pi}{b_{j+1}-b_j}\right)^2 \eta_{yj} t}\right\} e^{-n^2\eta_{xj}t}}{(\phi c_t)_j\,(b_{j+1}-b_j)} \qquad (6.37.13)$$

$$\mathcal{C}_j(n,t) = \mathcal{B}_{j-1}(n,t) \qquad (6.37.14)$$

and

$$\begin{aligned}\Omega_j(n,t) = {} & \frac{U(t-t_{0j-1})\sin(nx_{0j-1})}{2(\phi c_t)_{j-1}(b_j-b_{j-1})} \times \\ & \times \int_0^{t-t_{0j-1}} q_{j-1}(t-t_{0j-1}-\tau)\left[\Theta_3\left\{\frac{\pi(b_j-y_{0j-1})}{2(b_j-b_{j-1})}, e^{-\left(\frac{\pi}{b_j-b_{j-1}}\right)^2\eta_{yj-1}\tau}\right\} + \right. \\ & \left. + \Theta_3\left\{\frac{\pi(b_j-2b_{j-1}+y_{0j-1})}{2(b_j-b_{j-1})}, e^{-\left(\frac{\pi}{b_j-b_{j-1}}\right)^2\eta_{yj-1}\tau}\right\}\right] e^{-n^2\eta_{xj-1}\tau} - \\ & - \frac{U(t-t_{0j})\sin(nx_{0j})}{(\phi c_t)_j(b_{j+1}-b_j)} \times \\ & \times \int_0^{t-t_{0j}} q_j(t-t_{0j}-\tau)\Theta_3\left\{\frac{\pi(y_{0j}-b_j)}{2(b_{j+1}-b_j)}, e^{-\left(\frac{\pi}{b_{j+1}-b_j}\right)^2\eta_{yj}\tau}\right\} e^{-n^2\eta_{xj}\tau} d\tau + \\ & + \frac{\eta_{xj-1}n}{2(b_j-b_{j-1})}\int_0^t e^{-n^2\eta_{xj-1}\tau}\int_0^{b_j-b_{j-1}} \psi_{yj-1}(v,t-\tau) \times \times \\ & \times \left[\Theta_3\left\{\frac{\pi(b_j-b_{j-1}-v)}{2(b_j-b_{j-1})}, e^{-\left(\frac{\pi}{b_j-b_{j-1}}\right)^2\eta_{yj-1}\tau}\right\} + \Theta_3\left\{\frac{\pi(b_j-b_{j-1}+v)}{2(b_j-b_{j-1})}, e^{-\left(\frac{\pi}{b_j-b_{j-1}}\right)^2\eta_{yj-1}\tau}\right\}\right] dv d\tau -\end{aligned}$$

*Prior art in this area may also be found in Kuchuk and Habashy (1995), Clark and Showalter (1994), Bosse and Showalter (1989), Wilkinson and Hammond (1990), Ramakrishnan and Kuchuk (1993), as well as the references provided in those papers.

$$-\frac{\eta_{xj}n}{(b_{j+1}-b_j)}\int_0^t e^{-n^2\eta_{xj}\tau}\int_0^{b_{j+1}-b_j}\psi_{yj}(v,t-\tau)\Theta_3\left\{\frac{\pi v}{2(b_{j+1}-b_j)},e^{-\left(\frac{\pi}{b_{j+1}-b_j}\right)^2\eta_{yj}\tau}\right\}dvd\tau+$$

$$+\frac{1}{2(b_j-b_{j-1})}\int_0^\infty\int_0^{b_j-b_{j-1}}\varphi_{j-1}(u,v+b_{j-1})\sin(nu)e^{-n^2\eta_{xj-1}t}\times$$

$$\times\left[\Theta_3\left\{\frac{\pi(b_j-b_{j-1}-v)}{2(b_j-b_{j-1})},e^{-\left(\frac{\pi}{b_j-b_{j-1}}\right)^2(t-t_{0j-1})\eta_{yj-1}}\right\}+\right.$$

$$\left.+\Theta_3\left\{\frac{\pi(b_j-b_{j-1}+v)}{2(b_j-b_{j-1})},e^{-\left(\frac{\pi}{b_j-b_{j-1}}\right)^2(t-t_{0j-1})\eta_{yj-1}}\right\}\right]dudv-$$

$$-\frac{1}{(b_{j+1}-b_j)}\times$$

$$\times\int_0^\infty\int_0^{b_{j+1}-b_j}\varphi_j(u,v+b_j)\Theta_3\left\{\frac{\pi v}{2(b_{j+1}-b_j)},e^{-\left(\frac{\pi}{b_{j+1}-b_j}\right)^2(t-t_{0j})\eta_{yj}}\right\}\sin(nu)e^{-n^2\eta_{xj}t}dudv \tag{6.37.15}$$

The Fourier components of each of the interfacial fluxes as a function of time are first obtained. The inverse Fourier transform is then applied to obtain the spatial dependences of these fluxes, which are then substituted into equation (6.37.5) to obtain the pressure at any point in space and time. Note that because the medium is semi-infinite, the Fourier spectrum is continuous for values of n used in the inverse transform. The integrals $\int_0^t\mathcal{B}_j(n,t-\tau)\overline{\psi}_{j+1}(n,\tau)d\tau$ and $\int_0^t\mathcal{C}_j(n,t-\tau)\overline{\psi}_{j-1}(n,\tau)d\tau$ in the recurrence relationship (6.37.11) may be approximated by use of the Nyström quadrature rule. We get

$$\int_0^t\mathcal{B}_j(n,t-\tau)\overline{\psi}_{j+1}(n,\tau)d\tau+\int_0^t\mathcal{C}_j(n,t-\tau)\overline{\psi}_{j-1}(n,\tau)d\tau\approx\sum_{i=0}^{\ell}\varpi_i\mathcal{B}_j(n,t-\tau_i)\overline{\psi}_{j+1}(n,\tau_i)+$$
$$+\sum_{i=0}^{\ell}\varpi_i\mathcal{C}_j(n,t-\tau_i)\overline{\psi}_{j-1}(n,\tau_i) \tag{6.37.16}$$

where $\tau_0=0$, $\tau_\ell=t$, and $\tau_i=\frac{it}{\ell}$. The integral $\int_0^t\mathcal{A}_j(n,t-\tau)\overline{\psi}_j(n,\tau)d\tau$ in the recurrence relationship, however, must be treated somewhat differently, as it encounters a singularity at $t=\tau$.* The method proceeds as in the one-dimensional problem 4.10 in terms of the form of the weighting functions. Product integration followed by piecewise-linear interpolation gives

$$\int_0^t\mathcal{A}_j(n,t-\tau)\overline{\psi}_j(n,\tau)d\tau\approx\frac{\ell}{t}\sum_{i=0}^{\ell-1}\breve{\mathcal{A}}_j(n,t-\tau_{i+1})\overline{\psi}_j(n,\tau_{i+1})\int_{\tau_i}^{\tau_{i+1}}\frac{u-\tau_i}{\sqrt{t-u}}du-$$
$$-\frac{\ell}{t}\sum_{i=0}^{\ell-1}\breve{\mathcal{A}}_j(n,t-\tau_i)\overline{\psi}_j(n,\tau_i)\int_{\tau_i}^{\tau_{i+1}}\frac{u-\tau_{i+1}}{\sqrt{t-u}}du \tag{6.37.17}$$

where $\tau_i\le u\le\tau_{i+1}$ and $\breve{\mathcal{A}}_j(n,t-\tau)=\sqrt{t-\tau}\mathcal{A}_j(n,t-\tau)$. Substituting for the integrals in the recurrence relationship (6.37.11) from equations (6.37.16) and (6.37.17), we get

$$\breve{\lambda}_j\overline{\psi}_j(n,t)\approx\sum_{i=0}^{\ell}\omega_i\breve{\mathcal{A}}_j(n,t-\tau_i)\overline{\psi}_j(n,\tau_i)+\sum_{i=0}^{\ell}\varpi_i\mathcal{B}_j(n,t-\tau_i)\overline{\psi}_{j+1}(n,\tau_i)+$$
$$+\sum_{i=0}^{\ell}\varpi_i\mathcal{C}_j(n,t-\tau_i)\overline{\psi}_{j-1}(n,\tau_i)+\Omega_j(n,t) \tag{6.37.18}$$

*The singularity occurs when $x=0$, $t=0$ and $n=0$ in the theta function of the third kind, $\Theta_3(\pi x,e^{-\pi^2 t})=\frac{1}{\sqrt{\pi t}}\sum_{n=-\infty}^{\infty}e^{-\frac{(x+n)^2}{t}}$.

$\forall j = 0, 1, ..., \aleph - 1$. In the case of a composite trapezoidal rule, the weights are $\varpi_0 = \varpi_\ell = \frac{t}{2\ell}$ and $\varpi_i = \frac{t}{\ell}$, $\forall i = 1, 2, ..., \ell - 1$. Performing the integrals in the right-hand side of equation (6.37.18), we obtain the values for the weights: $\omega_0 = \frac{2}{3}\sqrt{\frac{t}{\ell}}\left\{(2\ell-3)\sqrt{\ell} - 2(\ell-1)^{\frac{3}{2}}\right\}$, $\omega_\ell = \frac{4}{3}\sqrt{\frac{t}{\ell}}$ and $\omega_i = \frac{4}{3}\sqrt{\frac{t}{\ell}}\left\{(\ell-i+1)^{\frac{3}{2}} - 2(\ell-i)^{\frac{3}{2}} - (\ell-i-1)^{\frac{3}{2}}\right\}$, $\forall i = 1, 2, ..., \ell - 1$.

Since $\mathcal{B}_j(n,0) = \mathcal{C}_j(n,0) = 0$, equation (6.37.17) may be further reduced to

$$\left\{\breve{\lambda}_j - \omega_\ell \breve{\mathcal{A}}_j(n,0)\right\}\overline{\psi}_j(n,t) \approx \sum_{i=0}^{\ell-1}\omega_i\breve{\mathcal{A}}_j(n,t-\tau_i)\overline{\psi}_j(n,\tau_i) + \sum_{i=0}^{\ell-1}\varpi_i\mathcal{B}_j(n,t-\tau_i)\overline{\psi}_{j+1}(n,\tau_i) + \\ + \sum_{i=0}^{\ell-1}\varpi_i\mathcal{C}_j(n,t-\tau_i)\overline{\psi}_{j-1}(n,\tau_i) + \Omega_j(n,t) \quad (6.37.19)$$

where $\breve{\mathcal{A}}_j(n,0) = -\frac{1}{(\phi c_t)_{j-1}\sqrt{\pi\eta_{j-1}}} - \frac{1}{(\phi c_t)_j\sqrt{\pi\eta_j}}$. $\forall j = 1, 2, ..., \aleph - 1$ and n in $[0, \infty]$, the coefficients $\omega_i\breve{\mathcal{A}}_j(n, t-\tau_i)$, $\varpi_i\mathcal{B}_j(n,t-\tau_i)$ and $\varpi_i\mathcal{C}_j(n,t-\tau_i)$ are $(\ell-1)\times(\ell-1)$ diagonal matrices, while the recurrence relationship itself is an $(\aleph-1)\times(\aleph-1)$ tridiagonal matrix.

For the $\aleph$ subdivided continua $b_j \leq y \leq b_{j+1}$, $\forall j = 0, 1, ..., \aleph - 1$, the linear system of equations defined by equation (6.37.19) may be easily solved for fluid flux transforms for each discretized value of t. The interfacial fluid fluxes in x and t are obtained from

$$\psi_j(x,t) = \frac{2}{\pi}\int_0^\infty \overline{\psi}_j(n,t)\sin(nx)dn \quad (6.37.20)$$

Pressure at any point in space and time may be obtained by substituting for the interfacial fluxes in equation (6.37.5).

6.38 The problem of 6.37, except at $x = 0$ we have a mixed boundary condition, which is $\frac{\partial p_j(0,y,t)}{\partial x} = -\left(\frac{\mu}{k_x}\right)_j \psi_{yj}(y,t)$ for $b_j < y < b_{j+1}$, $j = 0, 1, ..., \breve{k} - 1$; $p_j(0,y,t) = \psi_{yj}(y,t)$, $b_j < y < b_{j+1}$, $j = \breve{k}, ..., \breve{l} - 1$; $\frac{\partial p_j(0,y,t)}{\partial x} = -\left(\frac{\mu}{k_x}\right)_j \psi_{yj}(y,t)$ for $b_j < y < b_{j+1}$, $j = \breve{l}, ..., \aleph - 1$, $\{\breve{l} \geq \breve{k} + 1\}$, $t > 0$. At $y = b_0$, $\frac{\partial p(x,b_0,t)}{\partial y} = -\left(\frac{\mu}{k_y}\right)_0 \psi_0(x,t)$ and at $y = b_\aleph$, $\frac{\partial p(x,b_\aleph,t)}{\partial y} = -\left(\frac{\mu}{k_y}\right)_\aleph \psi_\aleph(x,t)$. At $y = b_j$, $\forall j = 1, 2, ..., \aleph - 1$, $\psi_j(x,t) = -\left(\frac{k_y}{\mu}\right)_j\left(\frac{\partial p_j(x,b_j,t)}{\partial y}\right) = -\left(\frac{k_y}{\mu}\right)_{j-1}\left(\frac{\partial p_{j-1}(x,b_j,t)}{\partial y}\right)$ and $\breve{\lambda}_j\psi_j(x,t) = \{p_{j-1}(x,b_j,t) - p_j(x,b_j,t)\}$. The initial pressure $p_j(x,y,0) = \varphi_j(x,y)$

In the regions $\left[j = 0, 1, ..., \breve{k} - 1\right]$ and $\left[j = \breve{l}, ..., \aleph - 1\right]$, $b_j < y < b_{j+1}$, where $\frac{\partial p_j(0,y,t)}{\partial x} = -\left(\frac{\mu}{k_x}\right)_j \psi_{yj}(y,t)$, the successive application of the Laplace and Fourier transforms of equation (6.37.1) yields

$$\overline{\overline{\overline{p}}}_j = \frac{q_j(s)\,e^{-st_{0j}}\cos(nx_{0j})\cos\left\{\frac{m\pi(y_{0j}-b_j)}{b_{j+1}-b_j}\right\} + \left\{\overline{\overline{\psi}}_j(n,s) - (-1)^m\,\overline{\overline{\psi}}_{j+1}(n,s)\right\}}{(\phi c_t)_j\left\{s + n^2\eta_{xj} + \eta_{yj}\left(\frac{m\pi}{b_{j+1}-b_j}\right)^2\right\}} + \\ + \frac{\overline{\overline{\psi}}_{yj}\left(\frac{m\pi}{b_{j+1}-b_j}, s\right)}{(\phi c_t)_j\left\{s + n^2\eta_{xj} + \eta_{yj}\left(\frac{m\pi}{b_{j+1}-b_j}\right)^2\right\}} + \frac{\int_0^\infty\int_0^{b_{j+1}-b_j}\varphi_j(u, v+b_j)\cos(nu)\cos\left\{\frac{m\pi v}{b_{j+1}-b_j}\right\}dvdu}{\left\{s + n^2\eta_{xj} + \eta_{yj}\left(\frac{m\pi}{b_{j+1}-b_j}\right)^2\right\}} \quad (6.38.1)$$

where $\overline{\overline{\overline{p}}}_j = \int_0^{b_{j+1}-b_j}\overline{\overline{p}}_j\cos\left\{\frac{m\pi(y-b_j)}{b_{j+1}-b_j}\right\}d(y-b_j)$, $\overline{\overline{p}}_j = \int_0^\infty \overline{p}_j\cos(nx)dx$ and $\overline{p}_j = \int_0^\infty p_j\,e^{-st}dt$, $\overline{\psi}_j(x,s) = \int_0^\infty \psi_j(x,t)\,e^{-st}dt$, $\overline{\overline{\psi}}_j(n,s) = \int_0^\infty \overline{\psi}_j(x,s)\cos(nx)\,dx$,

$\overline{\overline{\psi}}_{yj}\left(\frac{m\pi}{b_{j+1}-b_j},s\right)=\int_0^{b_{j+1}-b_j}\overline{\psi}_{yj}(y,s)\cos\left\{\frac{m\pi(y-b_j)}{b_{j+1}-b_j}\right\}d(y-b_j)$ and $\overline{\psi}_{yj}(y,s)=\int_0^{\infty}\psi_{yj}(y,t)\,e^{-st}dt.$

The successive inverse finite and infinite Fourier cosine transforms of equation (6.38.1) yield

$$\begin{aligned}\overline{\overline{p}}_j =& \frac{q_j(s)\,e^{-st_{0j}}\cos(nx_{0j})\,\mathrm{csch}\left\{(b_{j+1}-b_j)\sqrt{\frac{s+n^2\eta_{xj}}{\eta_{yj}}}\right\}}{2(\phi c_t)_j\sqrt{\eta_{yj}(s+n^2\eta_{xj})}}\times\\ &\times\left[\cosh\left\{(b_{j+1}-b_j-|y-y_{0j}|)\sqrt{\frac{s+n^2\eta_{xj}}{\eta_{yj}}}\right\}+\cosh\left\{(b_{j+1}+b_j-y-y_{0j})\sqrt{\frac{s+n^2\eta_{xj}}{\eta_{yj}}}\right\}\right]+\\ &+\frac{\mathrm{csch}\left\{(b_{j+1}-b_j)\sqrt{\frac{s+n^2\eta_{xj}}{\eta_{yj}}}\right\}}{(\phi c_t)_j\sqrt{\eta_{yj}(s+n^2\eta_{xj})}}\times\\ &\times\left[\overline{\overline{\psi}}_j(n,s)\cosh\left\{(b_{j+1}-y)\sqrt{\frac{s+n^2\eta_{xj}}{\eta_{yj}}}\right\}-\overline{\overline{\psi}}_{j+1}(n,s)\cosh\left\{(y-b_j)\sqrt{\frac{s+n^2\eta_{xj}}{\eta_{yj}}}\right\}\right]+\\ &+\frac{2}{(\phi c_t)_j(b_{j+1}-b_j)}\sum_{m=0}^{\infty}\frac{\ni_m\overline{\overline{\psi}}_{yj}\left(\frac{m\pi}{b_{j+1}-b_j},s\right)\cos\left\{\frac{m\pi(y-b_j)}{b_{j+1}-b_j}\right\}}{\left\{s+n^2\eta_{xj}+\eta_{yj}\left(\frac{m\pi}{b_{j+1}-b_j}\right)^2\right\}}+\\ &+\frac{\mathrm{csch}\left\{(b_{j+1}-b_j)\sqrt{\frac{s+n^2\eta_{xj}}{\eta_{yj}}}\right\}}{2(b_{j+1}-b_j)\sqrt{\eta_{yj}(s+n^2\eta_{xj})}}\int_0^{\infty}\int_0^{b_{j+1}-b_j}\varphi_j(u,v+b_j)\cos(nu)\times\\ &\times\left[\cosh\left\{(b_{j+1}-b_j-|y-b_j-v|)\sqrt{\frac{(s+n^2\eta_{xj})}{\eta_{yj}}}\right\}+\cosh\left\{(b_{j+1}-y-v)\sqrt{\frac{(s+n^2\eta_{xj})}{\eta_{yj}}}\right\}\right]dvdu\end{aligned}\tag{6.38.2}$$

and

$$\begin{aligned}\overline{p}_j =& \frac{q_j(s)\,e^{-st_{0j}}}{(\phi c_t)_j(b_{j+1}-b_j)\sqrt{\eta_{xj}}}\times\\ &\times\sum_{m=0}^{\infty}\frac{\ni_m}{\sqrt{\beta_m(s)}}\left\{e^{-|x-x_{0j}|\sqrt{\frac{\beta_m(s)}{\eta_{xj}}}}+e^{-(x+x_{0j})\sqrt{\frac{\beta_m(s)}{\eta_{xj}}}}\right\}\cos\left\{\frac{m\pi(y_{0j}-b_j)}{b_{j+1}-b_j}\right\}\cos\left\{\frac{m\pi(y-b_j)}{b_{j+1}-b_j}\right\}+\\ &+\frac{1}{(\phi c_t)_j(b_{j+1}-b_j)\sqrt{\eta_{xj}}}\times\\ &\times\sum_{m=0}^{\infty}\frac{\ni_m\cos\left\{\frac{m\pi(y-b_j)}{b_{j+1}-b_j}\right\}}{\sqrt{\beta_m(s)}}\int_0^{\infty}\left\{\overline{\psi}_j(u,s)-(-1)^m\overline{\psi}_{j+1}(u,s)\right\}\left\{e^{-|x-u|\sqrt{\frac{\beta_m(s)}{\eta_{xj}}}}+e^{-(x+u)\sqrt{\frac{\beta_m(s)}{\eta_{xj}}}}\right\}du+\\ &+\frac{2}{(\phi c_t)_j(b_{j+1}-b_j)\sqrt{\eta_{xj}}}\sum_{m=0}^{\infty}\frac{\ni_m\cos\left\{\frac{m\pi(y-b_j)}{b_{j+1}-b_j}\right\}}{\sqrt{\beta_m(s)}}\overline{\overline{\psi}}_{yj}\left(\frac{m\pi}{b_{j+1}-b_j},s\right)e^{-x\sqrt{\frac{\beta_m(s)}{\eta_{xj}}}}+\\ &+\frac{1}{(b_{j+1}-b_j)\sqrt{\eta_{xj}}}\int_0^{\infty}\int_0^{b_{j+1}-b_j}\varphi_j(u,v+b_j)\sum_{m=0}^{\infty}\frac{\ni_m}{\sqrt{\beta_m(s)}}\left\{e^{-|x-u|\sqrt{\frac{\beta_m(s)}{\eta_{xj}}}}+e^{-(x+u)\sqrt{\frac{\beta_m(s)}{\eta_{xj}}}}\right\}\times\\ &\times\cos\left\{\frac{m\pi v}{b_{j+1}-b_j}\right\}\cos\left\{\frac{m\pi(y-b_j)}{b_{j+1}-b_j}\right\}dvdu\end{aligned}\tag{6.38.3}$$

respectively, where $\beta_m(s)=s+\eta_{yj}\left(\frac{m\pi}{b_{j+1}-b_j}\right)^2$ and $\ni_m=\begin{cases}\frac{1}{2}, & m=0\\ 1, & m=1,2,3,....\end{cases}$ The inverse Laplace transform of equation (6.38.3) yields

$$p_j = \frac{U(t-t_{0j})}{4\sqrt{\pi\eta_{xj}}(\phi c_t)_j(b_{j+1}-b_j)}\int_0^{t-t_{0j}}\frac{q_j(t-t_{0j}-\tau)}{\sqrt{\tau}}\left\{e^{-\frac{(x-x_{0j})^2}{4\eta_{xj}\tau}}+e^{-\frac{(x+x_{0j})^2}{4\eta_{xj}\tau}}\right\}\times$$

$$\times\left[\Theta_3\left\{\frac{\pi\left(y-y_{0j}\right)}{2\left(b_{j+1}-b_j\right)},e^{-\left(\frac{\pi}{b_{j+1}-b_j}\right)^2\eta_{yj}\tau}\right\}+\Theta_3\left\{\frac{\pi\left(y+y_{0j}-2b_j\right)}{2\left(b_{j+1}-b_j\right)},e^{-\left(\frac{\pi}{b_{j+1}-b_j}\right)^2\eta_{yj}\tau}\right\}\right]d\tau+$$

$$+\frac{1}{2\left(\phi c_t\right)_j\left(b_{j+1}-b_j\right)\sqrt{\eta_{xj}\pi}}\times$$

$$\times\int_0^t\int_0^\infty\frac{1}{\sqrt{\tau}}\left\{e^{-\frac{(x-u)^2}{4\eta_{xj}\tau}}+e^{-\frac{(x+u)^2}{4\eta_{xj}\tau}}\right\}\left[\psi_j\left(u,t-\tau\right)\Theta_3\left\{\frac{\pi\left(y-b_j\right)}{2\left(b_{j+1}-b_j\right)},e^{-\left(\frac{\pi}{b_{j+1}-b_j}\right)^2\eta_{yj}\tau}\right\}-\right.$$

$$\left.-\psi_{j+1}\left(u,t-\tau\right)\Theta_4\left\{\frac{\pi\left(y-b_j\right)}{2\left(b_{j+1}-b_j\right)},e^{-\left(\frac{\pi}{b_{j+1}-b_j}\right)^2\eta_{yj}\tau}\right\}\right]dud\tau+$$

$$+\frac{1}{2\left(\phi c_t\right)_j\left(b_{j+1}-b_j\right)\sqrt{\pi\eta_{xj}}}\int_0^t\frac{e^{-\frac{x^2}{4\eta_{xj}\tau}}}{\sqrt{\tau}}\int_0^{b_{j+1}-b_j}\psi_{yj}\left(v,t-\tau\right)\times$$

$$\times\left[\Theta_3\left\{\frac{\pi\left(y-b_j-v\right)}{2\left(b_{j+1}-b_j\right)},e^{-\left(\frac{\pi}{b_{j+1}-b_j}\right)^2\eta_{yj}\tau}\right\}+\Theta_3\left\{\frac{\pi\left(y-b_j+v\right)}{2\left(b_{j+1}-b_j\right)},e^{-\left(\frac{\pi}{b_{j+1}-b_j}\right)^2\eta_{yj}\tau}\right\}\right]dvd\tau+$$

$$+\frac{1}{4\sqrt{\pi\eta_{xj}t}\left(b_{j+1}-b_j\right)}\int_0^\infty\int_0^{b_{j+1}-b_j}\varphi_j\left(u,v+b_j\right)\left\{e^{-\frac{(x-xu)^2}{4\eta_{xj}t}}+e^{-\frac{(x+u)^2}{4\eta_{xj}t}}\right\}\times$$

$$\times\left[\Theta_3\left\{\frac{\pi\left(y-b_j-v\right)}{2\left(b_{j+1}-b_j\right)},e^{-\left(\frac{\pi}{b_{j+1}-b_j}\right)^2\eta_{yj}t}\right\}+\Theta_3\left\{\frac{\pi\left(y-b_j+v\right)}{2\left(b_{j+1}-b_j\right)},e^{-\left(\frac{\pi}{b_{j+1}-b_j}\right)^2\eta_{yj}t}\right\}\right]dvdu \qquad (6.38.4)$$

The presence of the mixed boundary condition necessitates the inversion of the solution to both x and y coordinates before the interfacial boundary condition can be applied. The three-term recurrence integral equation as a function of position and time is given by

$$\check{\lambda}_j\psi_j\left(x,t\right)=\int_0^t\int_0^\infty\mathcal{A}_j\left(x,u,t-\tau\right)\psi_j\left(u,\tau\right)dud\tau+\int_0^t\int_0^\infty\mathcal{B}_j\left(x,u,t-\tau\right)\psi_{j+1}\left(u,\tau\right)dud\tau+$$

$$+\int_0^t\int_0^\infty\mathcal{C}_j\left(x,u,t-\tau\right)\psi_{j-1}\left(u,\tau\right)dud\tau+\Omega_j\left(x,t\right) \qquad (6.38.5)$$

and its coefficients, for $\left[j=1,...,\check{k}-1\right]$ and $\left[j=\check{l}+1,...,\aleph-1\right]$, are given by

$$\mathcal{A}_j\left(x,u,t\right)=g_j\left(x,u,t\right)+g_{j-1}\left(x,u,t\right) \qquad (6.38.6)$$

where

$$g_j\left(x,u,t\right)=-\frac{\left\{e^{-\frac{(x-u)^2}{4\eta_{xj}t}}+e^{-\frac{(x+u)^2}{4\eta_{xj}t}}\right\}\Theta_3\left\{0,e^{-\left(\frac{\pi}{b_{j+1}-b_j}\right)^2\eta_{yj}t}\right\}}{2\left(\phi c_t\right)_j\left(b_{j+1}-b_j\right)\sqrt{\pi\eta_{xj}t}}$$

$$\mathcal{B}_j\left(x,u,t\right)=\frac{\left\{e^{-\frac{(x-u)^2}{4\eta_{xj}t}}+e^{-\frac{(x+u)^2}{4\eta_{xj}t}}\right\}\Theta_4\left\{0,e^{-\left(\frac{\pi}{b_{j+1}-b_j}\right)^2\eta_{yj}t}\right\}}{2\left(\phi c_t\right)_j\left(b_{j+1}-b_j\right)\sqrt{\pi\eta_{xj}t}} \qquad (6.38.7)$$

$$\mathcal{C}_j\left(x,u,t\right)=\mathcal{B}_{j-1}\left(x,u,t\right) \qquad (6.38.8)$$

and

$$
\begin{aligned}
\Omega_j(x,t) \;=\; & \frac{U(t-t_{0j-1})}{4(\phi c_t)_{j-1}(b_j-b_{j-1})\sqrt{\pi\eta_{xj-1}}}\int_0^{t-t_{0j-1}}\frac{q_{j-1}(t-t_{0j-1}-\tau)}{\sqrt{\tau}}\left\{e^{-\frac{(x-x_{0j-1})^2}{4\eta_{xj-1}\tau}}+e^{-\frac{(x+x_{0j-1})^2}{4\eta_{xj-1}\tau}}\right\}\times \\
& \times\left[\Theta_3\left\{\frac{\pi(b_j-y_{0j-1})}{2(b_j-b_{j-1})},e^{-\left(\frac{\pi}{b_j-b_{j-1}}\right)^2\eta_{yj-1}\tau}\right\}+\Theta_3\left\{\frac{\pi(b_j+y_{0j-1}-2b_{j-1})}{2(b_j-b_{j-1})},e^{-\left(\frac{\pi}{b_j-b_{j-1}}\right)^2\eta_{yj-1}\tau}\right\}\right]d\tau- \\
& -\frac{U(t-t_{0j})}{2(\phi c_t)_j(b_{j+1}-b_j)\sqrt{\pi\eta_{xj}}}\int_0^{t-t_{0j}}\frac{q_j(t-t_{0j}-\tau)}{\sqrt{\tau}}\left\{e^{-\frac{(x-x_{0j})^2}{4\eta_{xj}\tau}}+e^{-\frac{(x+x_{0j})^2}{4\eta_{xj}\tau}}\right\}\times \\
& \times\Theta_3\left\{\frac{\pi(y_{0j}-b_j)}{2(b_{j+1}-b_j)},e^{-\left(\frac{\pi}{b_{j+1}-b_j}\right)^2\eta_{yj}\tau}\right\}d\tau+ \\
& +\frac{1}{2(\phi c_t)_{j-1}(b_j-b_{j-1})\sqrt{\pi\eta_{xj-1}}}\int_0^{t}\frac{e^{-\frac{x^2}{4\eta_{xj-1}\tau}}}{\sqrt{\tau}}\int_0^{b_j-b_{j-1}}\psi_{yj-1}(v,t-\tau)\times \\
& \times\left[\Theta_3\left\{\frac{\pi(b_j-b_{j-1}-v)}{2(b_j-b_{j-1})},e^{-\left(\frac{\pi}{b_j-b_{j-1}}\right)^2\eta_{yj-1}\tau}\right\}+\Theta_3\left\{\frac{\pi(b_j-b_{j-1}+v)}{2(b_j-b_{j-1})},e^{-\left(\frac{\pi}{b_j-b_{j-1}}\right)^2\eta_{yj-1}\tau}\right\}\right]dvd\tau- \\
& -\frac{1}{(\phi c_t)_j(b_{j+1}-b_j)\sqrt{\pi\eta_{xj}}}\int_0^{t}\frac{e^{-\frac{x^2}{4\eta_{xj}\tau}}}{\sqrt{\tau}}\int_0^{b_{j+1}-b_j}\psi_{yj}(v,t-\tau)\,\Theta_3\left\{\frac{\pi v}{2(b_{j+1}-b_j)},e^{-\left(\frac{\pi}{b_{j+1}-b_j}\right)^2\eta_{yj}\tau}\right\}+ \\
& +\frac{1}{4\sqrt{\pi\eta_{xj-1}t}(b_j-b_{j-1})}\int_0^{\infty}\int_0^{b_j-b_{j-1}}\varphi_{j-1}(u,v+b_{j-1})\left\{e^{-\frac{(x-u)^2}{4\eta_{xj-1}t}}+e^{-\frac{(x+u)^2}{4\eta_{xj-1}t}}\right\}\times \\
& \times\left[\Theta_3\left\{\frac{\pi(b_j-b_{j-1}-v)}{2(b_j-b_{j-1})},e^{-\left(\frac{\pi}{b_j-b_{j-1}}\right)^2\eta_{yj}(t-t_{0j})}\right\}+\right. \\
& \left.+\Theta_3\left\{\frac{\pi(b_j-b_{j-1}+v)}{2(b_j-b_{j-1})},e^{-\left(\frac{\pi}{b_j-b_{j-1}}\right)^2\eta_{yj}(t-t_{0j})}\right\}\right]dudv- \\
& -\frac{1}{2\sqrt{\pi\eta_{xj}t}(b_{j+1}-b_j)}\int_0^{\infty}\int_0^{b_{j+1}-b_j}\varphi_j(u,v+b_j)\left\{e^{-\frac{(x-u)^2}{4\eta_{xj}t}}+e^{-\frac{(x+u)^2}{4\eta_{xj}t}}\right\}\times \\
& \times\Theta_3\left\{\frac{\pi v}{2(b_{j+1}-b_j)},e^{-\left(\frac{\pi}{b_{j+1}-b_j}\right)^2(t-t_{0j})\eta_{yj}}\right\}dudv
\end{aligned}
\tag{6.38.9}
$$

The Laplace and time domain solutions for the middle set of regions $\left[j=\breve{k}+1,...,\breve{l}-1\right]$, where $p_j(0,y,t)=\psi_{yj}(y,t)$, are given by equations (6.37.4) and (6.37.5), respectively. The coefficients of the integral equation (6.38.5), in this case, are given by

$$
\mathcal{A}_j(x,u,t) \;=\; g_j(x,u,t)+g_{j-1}(x,u,t) \tag{6.38.10}
$$

where

$$
g_j(x,u,t)=\frac{\left\{e^{-\frac{(x-u)^2}{4\eta_{xj}t}}-e^{-\frac{(x+u)^2}{4\eta_{xj}t}}\right\}\Theta_3\left\{0,e^{-\left(\frac{\pi}{b_{j+1}-b_j}\right)^2\eta_{yj}t}\right\}}{2(\phi c_t)_j(b_{j+1}-b_j)\sqrt{\pi\eta_{xj}t}}
$$

$$\mathcal{B}_j(x,u,t)=\frac{\left\{e^{-\frac{(x-u)^2}{4\eta_{xj}t}}-e^{-\frac{(x+u)^2}{4\eta_{xj}t}}\right\}\Theta_4\left\{0,\,e^{-\left(\frac{\pi}{b_{j+1}-b_j}\right)^2\eta_{yj}t}\right\}}{2(\phi c_t)_j(b_{j+1}-b_j)\sqrt{\pi\eta_{xj}t}} \tag{6.38.11}$$

$$\mathcal{C}_j(x,u,t)=\mathcal{B}_{j-1}(x,u,t) \tag{6.38.12}$$

and

$$\begin{aligned}
\Omega_j(x,t) &= \frac{U(t-t_{0j-1})}{4(\phi c_t)_{j-1}(b_j-b_{j-1})\sqrt{\pi\eta_{xj-1}}}\int\limits_0^{t-t_{0j-1}}\frac{q_{j-1}(t-t_{0j-1}-\tau)}{\sqrt{\tau}}\left\{e^{-\frac{(x-x_{0j-1})^2}{4\eta_{xj}\tau}}-e^{-\frac{(x+x_{0j-1})^2}{4\eta_{xj}\tau}}\right\}\times\\
&\times\left[\Theta_3\left\{\frac{\pi(b_j-y_{0j-1})}{2(b_j-b_{j-1})},e^{-\left(\frac{\pi}{b_j-b_{j-1}}\right)^2\eta_{yj-1}\tau}\right\}+\Theta_3\left\{\frac{\pi(b_j+y_{0j-1}-2b_{j-1})}{2(b_j-b_{j-1})},e^{-\left(\frac{\pi}{b_j-b_{j-1}}\right)^2\eta_{yj-1}\tau}\right\}\right]d\tau-\\
&-\frac{U(t-t_{0j})}{2(\phi c_t)_j(b_{j+1}-b_j)\sqrt{\pi\eta_{xj}}}\times\\
&\times\int\limits_0^{t-t_{0j}}\frac{q_j(t-t_{0j}-\tau)}{\sqrt{\tau}}\left\{e^{-\frac{(x-x_{0j})^2}{4\eta_{xj}\tau}}-e^{-\frac{(x+x_{0j})^2}{4\eta_{xj}\tau}}\right\}\Theta_3\left\{\frac{\pi(y_{0j}-b_j)}{2(b_{j+1}-b_j)},\,e^{-\left(\frac{\pi}{a_{j+1}-a_j}\right)^2\eta_{yj}\tau}\right\}d\tau+\\
&+\frac{1}{(b_j-b_{j-1})\sqrt{\pi}}\int\limits_0^{b_j-b_{j-1}}\int\limits_{\frac{x}{2\sqrt{\eta_{xj-1}t}}}^{\infty}\psi_{yj-1}\left(v,t-\frac{x^2}{4\eta_{xj-1}\tau^2}\right)e^{-\tau^2}\times\\
&\times\left[\Theta_3\left\{\frac{\pi(b_j-b_{j-1}-v)}{2(b_j-b_{j-1})},e^{-\frac{\eta_{yj-1}}{4\eta_{xj-1}}\left(\frac{\pi x}{(b_j-b_{j-1})\tau}\right)^2}\right\}+\right.\\
&\left.+\Theta_3\left\{\frac{\pi(b_j-b_{j-1}+v)}{2(b_j-b_{j-1})},e^{-\frac{\eta_{yj-1}}{4\eta_{xj-1}}\left(\frac{\pi x}{(b_j-b_{j-1})\tau}\right)^2}\right\}\right]d\tau dv-\\
&-\frac{2}{(b_{j+1}-b_j)\sqrt{\pi}}\int\limits_0^{b_{j+1}-b_j}\int\limits_{\frac{x}{2\sqrt{\eta_{xj}t}}}^{\infty}\psi_{yj}\left(v,t-\frac{x^2}{4\eta_{xj}\tau^2}\right)e^{-\tau^2}\Theta_3\left\{\frac{\pi v}{2(b_{j+1}-b_j)},e^{-\frac{\eta_{yj}}{4\eta_{xj}}\left(\frac{\pi x}{(b_{j+1}-b_j)\tau}\right)^2}\right\}+\\
&+\frac{\int\limits_0^{\infty}\int\limits_0^{b_j-b_{j-1}}\varphi(u,v+b_{j-1})\left\{e^{-\frac{(x-u)^2}{4\eta_{xj-1}t}}-e^{-\frac{(x+u)^2}{4\eta_{xj-1}t}}\right\}}{4\sqrt{\pi\eta_{xj-1}t}(b_j-b_{j-1})}\times\\
&\times\left[\Theta_3\left\{\frac{\pi(b_j-b_{j-1}-v)}{2(b_j-b_{j-1})},\,e^{-\left(\frac{\pi}{b_j-b_{j-1}}\right)^2(t-t_{0j-1})\eta_{yj-1}}\right\}+\right.\\
&\left.+\Theta_3\left\{\frac{\pi(b_j-b_{j-1}+v)}{2(b_j-b_{j-1})},\,e^{-\left(\frac{\pi}{b_j-b_{j-1}}\right)^2(t-t_{0j-1})\eta_{yj-1}}\right\}\right]dvdu-\\
&-\frac{1}{2\sqrt{\pi\eta_{xj}t}(b_{j+1}-b_j)}\times\\
&\times\int\limits_0^{\infty}\int\limits_0^{b_{j+1}-b_j}\varphi(u,v+b_j)\Theta_3\left\{\frac{\pi v}{2(b_{j+1}-b_j)}e^{-\left(\frac{\pi}{b_{j+1}-b_j}\right)^2(t-t_{0j})\eta_{yj}}\right\}\left\{e^{-\frac{(x-u)^2}{4\eta_{xj}t}}-e^{-\frac{(x+u)^2}{4\eta_{xj}t}}\right\}dvdu
\end{aligned} \tag{6.38.13}$$

At $j = \breve{k}$, the coefficients in the integral equation (6.38.5) are obtained by substituting for $p_{\breve{k}}(x, b_{\breve{k}}, t)$ and $p_{\breve{k}-1}(x, b_{\breve{k}}, t)$ from equations (6.37.5) and (6.38.4) in the interfacial boundary condition $\breve{\lambda}_{\breve{k}} \psi_{\breve{k}}(x,t) = \{p_{\breve{k}-1}(x, b_{\breve{k}}, t) - p_{\breve{k}}(x, b_{\breve{k}}, t)\}$:

$$\mathcal{A}_{\breve{k}}(u,t) = -\frac{\left\{e^{-\frac{(x-u)^2}{4\eta_{x\breve{k}-1}t}} + e^{-\frac{(x+u)^2}{4\eta_{x\breve{k}-1}t}}\right\} \Theta_3\left\{0,\, e^{-\left(\frac{\pi}{b_{\breve{k}}-b_{\breve{k}-1}}\right)^2 \eta_{y\breve{k}-1}t}\right\}}{2(\phi c_t)_{\breve{k}-1}\left(b_{\breve{k}} - b_{\breve{k}-1}\right)\sqrt{\pi\eta_{x\breve{k}-1}t}} - \\ -\frac{\left\{e^{-\frac{(x-u)^2}{4\eta_{x\breve{k}}t}} - e^{-\frac{(x+u)^2}{4\eta_{x\breve{k}}t}}\right\} \Theta_3\left\{0\,,\, e^{-\left(\frac{\pi}{b_{\breve{k}+1}-b_{\breve{k}}}\right)^2 \eta_{y\breve{k}}t}\right\}}{2(\phi c_t)_{\breve{k}}\left(b_{\breve{k}+1} - b_{\breve{k}}\right)\sqrt{\pi\eta_{x\breve{k}}t}} \tag{6.38.14}$$

$$\mathcal{B}_{\breve{k}}(u,t) = \frac{\left\{e^{-\frac{(x-u)^2}{4\eta_{x\breve{k}}t}} - e^{-\frac{(x+u)^2}{4\eta_{x\breve{k}}t}}\right\} \Theta_4\left\{0\,,\, e^{-\left(\frac{\pi}{b_{\breve{k}+1}-b_{\breve{k}}}\right)^2 \eta_{y\breve{k}}t}\right\}}{2(\phi c_t)_{\breve{k}}\left(b_{\breve{k}+1} - b_{\breve{k}}\right)\sqrt{\pi\eta_{x\breve{k}}t}} \tag{6.38.15}$$

$$\mathcal{C}_{\breve{k}}(u,t) = \frac{\left\{e^{-\frac{(x-u)^2}{4\eta_{x\breve{k}-1}t}} + e^{-\frac{(x+u)^2}{4\eta_{x\breve{k}-1}t}}\right\} \Theta_4\left\{0\,,\, e^{-\left(\frac{\pi}{b_{\breve{k}}-b_{\breve{k}-1}}\right)^2 \eta_{y\breve{k}-1}t}\right\}}{2(\phi c_t)_{\breve{k}-1}\left(b_{\breve{k}} - b_{\breve{k}-1}\right)\sqrt{\pi\eta_{x\breve{k}-1}t}} \tag{6.38.16}$$

and

$$\Omega_{\breve{k}}(x,t) = \frac{U\left(t - t_{0\breve{k}-1}\right)}{4(\phi c_t)_{\breve{k}-1}\left(b_{\breve{k}} - b_{\breve{k}-1}\right)\sqrt{\pi\eta_{x\breve{k}-1}}} \int_0^{t-t_{0\breve{k}-1}} \frac{q_{\breve{k}-1}\left(t - t_{0\breve{k}-1} - \tau\right)}{\sqrt{\tau}} \left\{e^{-\frac{\left(x-x_{0\breve{k}-1}\right)^2}{4\eta_{x\breve{k}-1}\tau}} + e^{-\frac{\left(x+x_{0\breve{k}-1}\right)^2}{4\eta_{x\breve{k}-1}\tau}}\right\} \times \\ \times \left[\Theta_3\left\{\frac{\pi\left(b_{\breve{k}} - y_{0\breve{k}-1}\right)}{2\left(b_{\breve{k}} - b_{\breve{k}-1}\right)},\, e^{-\left(\frac{\pi}{b_{\breve{k}}-b_{\breve{k}-1}}\right)^2 \eta_{y\breve{k}-1}\tau}\right\} + \right. \\ \left. + \Theta_3\left\{\frac{\pi\left(b_{\breve{k}} + y_{0\breve{k}-1} - 2b_{\breve{k}-1}\right)}{2\left(b_{\breve{k}} - b_{\breve{k}-1}\right)},\, e^{-\left(\frac{\pi}{b_{\breve{k}}-b_{\breve{k}-1}}\right)^2 \eta_{y\breve{k}-1}\tau}\right\}\right] d\tau - \\ - \frac{U\left(t - t_{0\breve{k}}\right)}{2(\phi c_t)_{\breve{k}}\left(b_{\breve{k}+1} - b_{\breve{k}}\right)\sqrt{\pi\eta_{x\breve{k}}}} \int_0^{t-t_{0\breve{k}}} \frac{q_{\breve{k}}\left(t - t_{0\breve{k}} - \tau\right)}{\sqrt{\tau}} \left\{e^{-\frac{\left(x-x_{0\breve{k}}\right)^2}{4\eta_{x\breve{k}}\tau}} - e^{-\frac{\left(x+x_{0\breve{k}}\right)^2}{4\eta_{x\breve{k}}\tau}}\right\} \times \\ \times \Theta_3\left\{\frac{\pi\left(y_{0\breve{k}} - b_{\breve{k}}\right)}{2\left(b_{\breve{k}+1} - b_{\breve{k}}\right)}\,,\, e^{-\left(\frac{\pi}{b_{\breve{k}+1}-b_{\breve{k}}}\right)^2 \eta_{y\breve{k}}\tau}\right\} d\tau + \\ + \frac{1}{2(\phi c_t)_{\breve{k}-1}\left(b_{\breve{k}} - b_{\breve{k}-1}\right)\sqrt{\pi\eta_{x\breve{k}-1}}} \int_0^t \frac{e^{-\frac{x^2}{4\eta_{x\breve{k}-1}\tau}}}{\sqrt{\tau}} \int_0^{b_{\breve{k}}-b_{\breve{k}-1}} \psi_{y\breve{k}-1}(v, t-\tau) \times \\ \times \left[\Theta_3\left\{\frac{\pi\left(b_{\breve{k}} - b_{\breve{k}-1} - v\right)}{2\left(b_{\breve{k}} - b_{\breve{k}-1}\right)},\, e^{-\left(\frac{\pi}{b_{\breve{k}}-b_{\breve{k}-1}}\right)^2 \eta_{y\breve{k}-1}\tau}\right\} + \Theta_3\left\{\frac{\pi\left(b_{\breve{k}} - b_{\breve{k}-1} + v\right)}{2\left(b_{\breve{k}} - b_{\breve{k}-1}\right)},\, e^{-\left(\frac{\pi}{b_{\breve{k}}-b_{\breve{k}-1}}\right)^2 \eta_{y\breve{k}-1}\tau}\right\}\right] dv d\tau -$$

$$
-\frac{2}{\left(b_{\breve{k}+1}-b_{\breve{k}}\right)\sqrt{\pi}}\int_{0}^{b_{\breve{k}+1}-b_{\breve{k}}}\int_{\frac{x}{2\sqrt{\eta_{x\breve{k}}t}}}^{\infty}\psi_{y\breve{k}}\left(v,t-\frac{x^2}{4\eta_{x\breve{k}}\tau^2}\right)e^{-\tau^2}\Theta_3\left\{\frac{\pi v}{2\left(b_{\breve{k}+1}-b_{\breve{k}}\right)},e^{-\frac{\eta_{y\breve{k}}}{4\eta_{x\breve{k}}}\left(\frac{\pi x}{\left(b_{\breve{k}+1}-b_{\breve{k}}\right)\tau}\right)^2}\right\}+
$$

$$
+\frac{1}{4\sqrt{\pi\eta_{x\breve{k}-1}t}\left(b_{\breve{k}}-b_{\breve{k}-1}\right)}\int_{0}^{\infty}\int_{0}^{b_{\breve{k}}-b_{\breve{k}-1}}\varphi_{\breve{k}-1}\left(u,v+b_{\breve{k}-1}\right)\left\{e^{-\frac{(x-u)^2}{4\eta_{x\breve{k}-1}t}}+e^{-\frac{(x+u)^2}{4\eta_{x\breve{k}-1}t}}\right\}\times
$$

$$
\times\left[\Theta_3\left\{\frac{\pi\left(b_{\breve{k}}-b_{\breve{k}-1}-v\right)}{2\left(b_{\breve{k}}-b_{\breve{k}-1}\right)},e^{-\left(\frac{\pi}{b_{\breve{k}}-b_{\breve{k}-1}}\right)^2\eta_{y\breve{k}}\left(t-t_{0\breve{k}}\right)}\right\}+\right.
$$

$$
\left.+\Theta_3\left\{\frac{\pi\left(b_{\breve{k}}-b_{\breve{k}-1}+v\right)}{2\left(b_{\breve{k}}-b_{\breve{k}-1}\right)},e^{-\left(\frac{\pi}{b_{\breve{k}}-b_{\breve{k}-1}}\right)^2\eta_{y\breve{k}}\left(t-t_{0\breve{k}}\right)}\right\}\right]dudv-
$$

$$
-\frac{1}{2\sqrt{\pi\eta_{x\breve{k}}t}\left(b_{\breve{k}+1}-b_{\breve{k}}\right)}\int_{0}^{\infty}\int_{0}^{b_{\breve{k}+1}-b_{\breve{k}}}\varphi_{\breve{k}}\left(u,v+b_{\breve{k}}\right)\left\{e^{-\frac{(x-xu)^2}{4\eta_{x\breve{k}}t}}-e^{-\frac{(x+u)^2}{4\eta_{x\breve{k}}t}}\right\}\times
$$

$$
\times\Theta_3\left\{\frac{\pi v}{2\left(b_{\breve{k}+1}-b_{\breve{k}}\right)},e^{-\left(\frac{\pi}{b_{\breve{k}+1}-b_{\breve{k}}}\right)^2\left(t-t_{0\breve{k}}\right)\eta_{y\breve{k}}}\right\}dudv \qquad (6.38.17)
$$

At $j=\breve{l}$, the coefficients in the integral equation (6.38.5) are obtained by substituting for $p_{\breve{l}}\left(x,b_{\breve{l}},t\right)$ and $p_{\breve{l}-1}\left(x,b_{\breve{l}},t\right)$ from equations (6.38.4) and (6.37.5) in the interfacial boundary condition $\breve{\lambda}_{\breve{l}}\psi_{\breve{l}}\left(x,t\right)=\left\{p_{\breve{l}-1}\left(x,b_{\breve{l}},t\right)-p_{\breve{l}}\left(x,b_{\breve{l}},t\right)\right\}$:

$$
\mathcal{A}_{\breve{l}}\left(u,t\right)=-\frac{\left\{e^{-\frac{(x-u)^2}{4\eta_{x\breve{l}-1}t}}-e^{-\frac{(x+u)^2}{4\eta_{x\breve{l}-1}t}}\right\}\Theta_3\left\{0,e^{-\left(\frac{\pi}{b_{\breve{l}}-b_{\breve{l}-1}}\right)^2\eta_{y\breve{l}-1}t}\right\}}{2\left(\phi c_t\right)_{\breve{l}-1}\left(b_{\breve{l}}-b_{\breve{l}-1}\right)\sqrt{\pi\eta_{x\breve{l}-1}t}}-
$$

$$
-\frac{\left\{e^{-\frac{(x-u)^2}{4\eta_{x\breve{l}}t}}+e^{-\frac{(x+u)^2}{4\eta_{x\breve{l}}t}}\right\}\Theta_3\left\{0,e^{-\left(\frac{\pi}{b_{\breve{l}+1}-b_{\breve{l}}}\right)^2\eta_{y\breve{l}}t}\right\}}{2\left(\phi c_t\right)_{\breve{l}}\left(b_{\breve{l}+1}-b_{\breve{l}}\right)\sqrt{\pi\eta_{x\breve{l}}t}} \qquad (6.38.18)
$$

$$
\mathcal{B}_{\breve{l}}\left(u,t\right)=\frac{\left\{e^{-\frac{(x-u)^2}{4\eta_{x\breve{l}}t}}+e^{-\frac{(x+u)^2}{4\eta_{x\breve{l}}t}}\right\}\Theta_4\left\{0,e^{-\left(\frac{\pi}{b_{\breve{l}+1}-b_{\breve{l}}}\right)^2\eta_{y\breve{l}}t}\right\}}{2\left(\phi c_t\right)_{\breve{l}}\left(b_{\breve{l}+1}-b_{\breve{l}}\right)\sqrt{\pi\eta_{x\breve{l}}t}} \qquad (6.38.19)
$$

$$
\mathcal{C}_{\breve{l}}\left(u,t\right)=\frac{\left\{e^{-\frac{(x-u)^2}{4\eta_{x\breve{l}-1}t}}-e^{-\frac{(x+u)^2}{4\eta_{x\breve{l}-1}t}}\right\}\Theta_4\left\{0,e^{-\left(\frac{\pi}{b_{\breve{l}}-b_{\breve{l}-1}}\right)^2\eta_{y\breve{l}-1}t}\right\}}{2\left(\phi c_t\right)_{\breve{l}-1}\left(b_{\breve{l}}-b_{\breve{l}-1}\right)\sqrt{\pi\eta_{x\breve{l}-1}t}} \qquad (6.38.20)
$$

and

$$
\Omega_{\breve{l}}\left(x,t\right)=\frac{U\left(t-t_{0\breve{l}-1}\right)}{4\left(\phi c_t\right)_{\breve{l}-1}\left(b_{\breve{l}}-b_{\breve{l}-1}\right)\sqrt{\pi\eta_{x\breve{l}-1}}}\int_{0}^{t-t_{0\breve{l}-1}}\frac{q_{\breve{l}-1}\left(t-t_{0\breve{l}-1}-\tau\right)}{\sqrt{\tau}}\left\{e^{-\frac{\left(x-x_{0\breve{l}-1}\right)^2}{4\eta_{x\breve{l}-1}\tau}}-e^{-\frac{\left(x+x_{0\breve{l}-1}\right)^2}{4\eta_{x\breve{l}-1}\tau}}\right\}\times
$$

$$
\times\left[\Theta_3\left\{\frac{\pi\left(b_{\breve{l}}-y_{0\breve{l}-1}\right)}{2\left(b_{\breve{l}}-b_{\breve{l}-1}\right)},e^{-\left(\frac{\pi}{b_{\breve{l}}-b_{\breve{l}-1}}\right)^2\eta_{y\breve{l}-1}\tau}\right\}+\right.
$$

$$+\Theta_3\left\{\frac{\pi\left(b_{\breve{l}}+y_{0\breve{l}-1}-2b_{\breve{l}-1}\right)}{2\left(b_{\breve{l}}-b_{\breve{l}-1}\right)},e^{-\left(\frac{\pi}{b_{\breve{l}}-b_{\breve{l}-1}}\right)^2\eta_{y\breve{l}-1}\tau}\right\}\Bigg]d\tau-$$

$$-\frac{U\left(t-t_{0\breve{l}}\right)}{2\left(\phi c_t\right)_{\breve{l}}\left(b_{\breve{l}+1}-b_{\breve{l}}\right)\sqrt{\pi\eta_{x\breve{l}}}}\int\limits_0^{t-t_{0\breve{l}}}\frac{q_{\breve{l}}\left(t-t_{0\breve{l}}-\tau\right)}{\sqrt{\tau}}\left\{e^{-\frac{\left(x-x_{0\breve{l}}\right)^2}{4\eta_{x\breve{l}}\tau}}+e^{-\frac{\left(x+x_{0\breve{l}}\right)^2}{4\eta_{x\breve{l}}\tau}}\right\}\times$$

$$\times\Theta_3\left\{\frac{\pi\left(y_{0\breve{l}}-b_{\breve{l}}\right)}{2\left(b_{\breve{l}+1}-b_{\breve{l}}\right)},e^{-\left(\frac{\pi}{b_{\breve{l}+1}-b_{\breve{l}}}\right)^2\eta_{y\breve{l}}\tau}\right\}d\tau+$$

$$+\frac{2}{\left(b_{\breve{l}+1}-b_{\breve{l}}\right)\sqrt{\pi}}\int\limits_0^{b_{\breve{l}+1}-b_{\breve{l}}}\int\limits_{\frac{x}{2\sqrt{\eta_{x\breve{l}}t}}}^{\infty}\psi_{y\breve{l}}\left(v,t-\frac{x^2}{4\eta_{x\breve{l}}\tau^2}\right)e^{-\tau^2}\Theta_3\left\{\frac{\pi v}{2\left(b_{\breve{l}+1}-b_{\breve{l}}\right)},e^{-\frac{\eta_{y\breve{l}}}{4\eta_{x\breve{l}}}\left(\frac{\pi x}{\left(b_{\breve{l}+1}-b_{\breve{l}}\right)\tau}\right)^2}\right\}-$$

$$-\frac{1}{2\left(\phi c_t\right)_{\breve{l}-1}\left(b_{\breve{l}}-b_{\breve{l}-1}\right)\sqrt{\pi\eta_{x\breve{l}-1}}}\int\limits_0^{t}\frac{e^{-\frac{x^2}{4\eta_{x\breve{l}-1}\tau}}}{\sqrt{\tau}}\int\limits_0^{b_{\breve{l}}-b_{\breve{l}-1}}\psi_{y\breve{l}-1}\left(v,t-\tau\right)\times$$

$$\times\left[\Theta_3\left\{\frac{\pi\left(b_{\breve{l}}-b_{\breve{l}-1}-v\right)}{2\left(b_{\breve{l}}-b_{\breve{l}-1}\right)},e^{-\left(\frac{\pi}{b_{\breve{l}}-b_{\breve{l}-1}}\right)^2\eta_{y\breve{l}-1}\tau}\right\}+\Theta_3\left\{\frac{\pi\left(b_{\breve{l}}-b_{\breve{l}-1}+v\right)}{2\left(b_{\breve{l}}-b_{\breve{l}-1}\right)},e^{-\left(\frac{\pi}{b_{\breve{l}}-b_{\breve{l}-1}}\right)^2\eta_{y\breve{l}-1}\tau}\right\}\right]dvd\tau+$$

$$+\frac{1}{4\sqrt{\pi\eta_{x\breve{l}-1}t}\left(b_{\breve{l}}-b_{\breve{l}-1}\right)}\int\limits_0^{\infty}\int\limits_0^{b_{\breve{l}}-b_{\breve{l}-1}}\varphi_{l-1}\left(u,v\mid b_{\breve{l}-1}\right)\left\{e^{-\frac{(x-u)^2}{4\eta_{x\breve{l}-1}t}}-e^{-\frac{(x+u)^2}{4\eta_{x\breve{l}-1}t}}\right\}\times$$

$$\times\left[\Theta_3\left\{\frac{\pi\left(b_{\breve{l}}-b_{\breve{l}-1}-v\right)}{2\left(b_{\breve{l}}-b_{\breve{l}-1}\right)},e^{-\left(\frac{\pi}{b_{\breve{l}}-b_{\breve{l}-1}}\right)^2\eta_{y\breve{l}}\left(t-t_{0\breve{l}}\right)}\right\}+\right.$$

$$\left.+\Theta_3\left\{\frac{\pi\left(b_{\breve{l}}-b_{\breve{l}-1}+v\right)}{2\left(b_{\breve{l}}-b_{\breve{l}-1}\right)},e^{-\left(\frac{\pi}{b_{\breve{l}}-b_{\breve{l}-1}}\right)^2\eta_{y\breve{l}}\left(t-t_{0\breve{l}}\right)}\right\}\right]dudv-$$

$$-\frac{1}{2\sqrt{\pi\eta_{x\breve{l}}t}\left(b_{\breve{l}+1}-b_{\breve{l}}\right)}\int\limits_0^{\infty}\int\limits_0^{b_{\breve{l}+1}-b_{\breve{l}}}\varphi_{\breve{l}}\left(u,v+b_{\breve{l}}\right)\left\{e^{-\frac{(x-xu)^2}{4\eta_{x\breve{l}}t}}+e^{-\frac{(x+u)^2}{4\eta_{x\breve{l}}t}}\right\}\times$$

$$\times\Theta_3\left\{\frac{\pi v}{2\left(b_{\breve{l}+1}-b_{\breve{l}}\right)},e^{-\left(\frac{\pi}{b_{\breve{l}+1}-b_{\breve{l}}}\right)^2\left(t-t_{0\breve{l}}\right)\eta_{y\breve{l}}}\right\}dudv \qquad (6.38.21)$$

The recurrence relation integral equation (6.38.5) is a Volterra integral equation of the second kind in time and a Fredholm equation of the second kind in space (Baker [1977]). The form of the coefficients $\mathcal{A}_j\left(x,u,t-\tau\right)$, $\mathcal{B}_j\left(x,u,t-\tau\right)$, $\mathcal{C}_j\left(x,u,t-\tau\right)$ and $\Omega_j\left(x,t\right)$ depends on the value of j. For $j=1,...,\breve{k}-1$ and $j=\breve{l}+1,...,\aleph-1$, they are given by equations (6.38.6), (6.38.7), (6.38.8) and (6.38.9). For $j=\breve{k}+1,...,\breve{l}-1$, they are given by equations (6.38.10), (6.38.11), (6.38.12) and (6.38.13). If $j=\breve{k}$, equations (6.38.14), (6.38.15), (6.38.16) and (6.38.17) describe the coefficients, and if $j=\breve{l}$, then the coefficients are given by (6.38.18), (6.38.19), (6.38.20) and (6.38.21).

We begin by approximating the time integral in the recurrence relationship (6.38.5) by the Nyström quadrature rule. We get

$$\breve{\lambda}_j\psi_j\left(x,t\right)\approx\sum_{i=0}^{\ell}\varpi_i\int\limits_0^{\infty}\mathcal{A}_j\left(x,u,t-\tau_i\right)\psi_j\left(u,\tau_i\right)du+\sum_{i=0}^{\ell}\varpi_i\int\limits_0^{\infty}\mathcal{B}_j\left(x,u,t-\tau_i\right)\psi_{j+1}\left(u,\tau_i\right)du+$$

$$+\sum_{i=0}^{\ell}\varpi_i\int\limits_0^{\infty}\mathcal{C}_j\left(x,u,t-\tau_i\right)\psi_{j-1}\left(u,\tau_i\right)du+\Omega_j\left(x,t\right) \qquad (6.38.22)$$

where $\tau_0 = 0$, $\tau_\ell = t$, $\tau_i = \frac{it}{\ell}$ and the associated weights are given by $\varpi_0 = \varpi_\ell = \frac{t}{2\ell}$ and $\varpi_i = \frac{t}{\ell}$, $\forall i = 1, 2, ..., \ell - 1$. At this stage we acknowledge that $\forall j$, the kernel $\mathcal{A}_j\left(x, u, t - \tau_i\right)$ in the integral equation (6.38.22) is singular at $t = \tau_\ell$, but otherwise, it is a well-behaved function of its arguments.

We now approximate the nonsingular part of the space integrand, $\psi_j\left(u, \tau_i\right)$, piecewise-linearly as

$$\psi_j\left(u, \tau_i\right) \approx \frac{\left(u - \varsigma_k\right)}{\varsigma_{k+1} - \varsigma_k} \psi_j\left(\varsigma_{k+1}, \tau_i\right) + \frac{\left(\varsigma_{k+1} - u\right)}{\varsigma_{k+1} - \varsigma_k} \psi_j\left(\varsigma_k, \tau_i\right) \tag{6.38.23}$$

Discretizing the Fredholm spatial integrals in equation (6.38.22) on the continuum interfaces and substituting for $\psi_j\left(u, \tau_i\right)$ in equation (6.38.22) from (6.38.23), we get

$$\begin{aligned}
\breve{\lambda}_j \psi_j\left(x, t\right) \approx\ & \frac{\upsilon}{\mathrm{M}} \sum_{i=0}^{\ell} \varpi_i \sum_{k=1}^{\upsilon-1} \psi_j\left(\varsigma_k, \tau_i\right) \int_{\varsigma_k}^{\varsigma_{k+1}} \mathcal{A}_j\left(x, u, t - \tau_i\right)\left(\varsigma_{k+1} - u\right) du + \\
& + \frac{\upsilon}{\mathrm{M}} \sum_{i=0}^{\ell} \varpi_i \sum_{k=1}^{\upsilon-1} \psi_j\left(\varsigma_{k+1}, \tau_i\right) \int_{\varsigma_{k+1}}^{\varsigma_k} \mathcal{A}_j\left(x, u, t - \tau_i\right)\left(\varsigma_k - u\right) du + \\
& + \frac{\upsilon}{\mathrm{M}} \sum_{i=0}^{\ell} \varpi_i \sum_{k=1}^{\upsilon-1} \psi_{j+1}\left(\varsigma_k, \tau_i\right) \int_{\varsigma_k}^{\varsigma_{k+1}} \mathcal{B}_j\left(x, u, t - \tau_i\right)\left(\varsigma_{k+1} - u\right) du + \\
& + \frac{\upsilon}{\mathrm{M}} \sum_{i=0}^{\ell} \varpi_i \sum_{k=1}^{\upsilon-1} \psi_{j+1}\left(\varsigma_{k+1}, \tau_i\right) \int_{\varsigma_{k+1}}^{\varsigma_k} \mathcal{B}_j\left(x, u, t - \tau_i\right)\left(\varsigma_k - u\right) du + \\
& + \frac{\upsilon}{\mathrm{M}} \sum_{i=0}^{\ell} \varpi_i \sum_{k=1}^{\upsilon-1} \psi_{j-1}\left(\varsigma_k, \tau_i\right) \int_{\varsigma_k}^{\varsigma_{k+1}} \mathcal{C}_j\left(x, u, t - \tau_i\right)\left(\varsigma_{k+1} - u\right) du + \\
& + \frac{\upsilon}{\mathrm{M}} \sum_{i=0}^{\ell} \varpi_i \sum_{k=1}^{\upsilon-1} \psi_{j-1}\left(\varsigma_{k+1}, \tau_i\right) \int_{\varsigma_{k+1}}^{\varsigma_k} \mathcal{C}_j\left(x, u, t - \tau_i\right)\left(\varsigma_k - u\right) du + \Omega_j\left(x, t\right)
\end{aligned} \tag{6.38.24}$$

Each continuum interface will contain a set of points in the x coordinate. We insist that equation (6.38.24) be satisfied at each of these points. Performing the integrations in equation (6.38.24), we get

$$\begin{aligned}
\breve{\lambda}_j \psi_j\left(x, t\right) \approx\ & \frac{\upsilon}{\mathrm{M}} \sum_{i=0}^{\ell-1} \varpi_i \sum_{k=1}^{\upsilon-1} \omega_{akj}\left(x, \tau_i; \varsigma_{k+1}, \varsigma_k\right) \psi_j\left(\varsigma_k, \tau_i\right) + \frac{\upsilon}{\mathrm{M}} \sum_{i=0}^{\ell-1} \varpi_i \sum_{k=1}^{\upsilon-1} \omega_{akj}\left(x, \tau_i; \varsigma_k, \varsigma_{k+1}\right) \psi_j\left(\varsigma_{k+1}, \tau_i\right) + \\
& + \frac{\upsilon}{\mathrm{M}} \sum_{i=0}^{\ell-1} \varpi_i \sum_{k=1}^{\upsilon-1} \omega_{bkj}\left(x, \tau_i; \varsigma_{k+1}, \varsigma_k\right) \psi_{j+1}\left(\varsigma_k, \tau_i\right) + \frac{\upsilon}{\mathrm{M}} \sum_{i=0}^{\ell-1} \varpi_i \sum_{k=1}^{\upsilon-1} \omega_{bkj}\left(x, \tau_i; \varsigma_k, \varsigma_{k+1}\right) \psi_{j+1}\left(\varsigma_{k+1}, \tau_i\right) + \\
& + \frac{\upsilon}{\mathrm{M}} \sum_{i=0}^{\ell-1} \varpi_i \sum_{k=1}^{\upsilon-1} \omega_{ckj}\left(x, \tau_i; \varsigma_{k+1}, \varsigma_k\right) \psi_{j-1}\left(\varsigma_k, \tau_i\right) + \frac{\upsilon}{\mathrm{M}} \sum_{i=0}^{\ell-1} \varpi_i \sum_{k=1}^{\upsilon-1} \omega_{ckj}\left(x, \tau_i; \varsigma_k, \varsigma_{k+1}\right) \psi_{j-1}\left(\varsigma_{k+1}, \tau_i\right) + \\
& + \Omega_j\left(x, t\right)^{*}
\end{aligned} \tag{6.38.25}$$

$\forall j = 0, 1, ..., \aleph - 1$. $\varsigma_0 = 0$, $\varsigma_\upsilon = \mathrm{M}$, $\varsigma_k = \frac{k\mathrm{M}}{\upsilon}$. The spatial sum in k will be performed to some large integer M, where M is determined such that the flux through the interface at point $\varsigma_\upsilon = \mathrm{M}$ is negligible. The weights associated with the spatial sums in k are dependent on j.

In the regions $\left[j = 1, ..., \breve{k} - 1\right]$ and $\left[j = \breve{l} + 1, ..., \aleph - 1\right]$,

$$\begin{aligned}
\omega_{akj}\left(x, \tau; \varsigma_{k+1}, \varsigma_k\right) =\ & f_{aj}\left(x, \tau; \varsigma_{k+1}, \varsigma_k\right) + f_{aj}\left(x, \tau; -\varsigma_{k+1}, -\varsigma_k\right) + \\
& + f_{aj-1}\left(x, \tau; \varsigma_{k+1}, \varsigma_k\right) + f_{aj-1}\left(x, \tau; -\varsigma_{k+1}, -\varsigma_k\right)
\end{aligned} \tag{6.38.26}$$

*At $t = \tau_\ell$, the spatial integrals of the kernels of the integral equation (6.38.22) vanish (see equation (6.38.40)).

$$\omega_{bkj}(x,\tau;\varsigma_{k+1},\varsigma_k) = f_{bj}(x,\tau;\varsigma_{k+1},\varsigma_k) + f_{bj}(x,\tau;-\varsigma_{k+1},-\varsigma_k) \tag{6.38.27}$$

and

$$\omega_{ckj}(x,\tau;\varsigma_{k+1},\varsigma_k) = \omega_{bkj-1}(x,\tau;\varsigma_{k+1},\varsigma_k) \tag{6.38.28}$$

In the region $\left[j = \breve{k}+1,...,\breve{l}-1\right]$,

$$\begin{aligned}\omega_{akj}(x,\tau;\varsigma_{k+1},\varsigma_k) &= f_{aj}(x,\tau;\varsigma_{k+1},\varsigma_k) - f_{aj}(x,\tau;-\varsigma_{k+1},-\varsigma_k) + \\ &\quad + f_{aj-1}(x,\tau;\varsigma_{k+1},\varsigma_k) - f_{aj-1}(x,\tau;-\varsigma_{k+1},-\varsigma_k)\end{aligned} \tag{6.38.29}$$

$$\omega_{bkj}(x,\tau;\varsigma_{k+1},\varsigma_k) = f_{bj}(x,\tau;\varsigma_{k+1},\varsigma_k) - f_{bj}(x,\tau;-\varsigma_{k+1},-\varsigma_k) \tag{6.38.30}$$

and

$$\omega_{ckj}(x,\tau;\varsigma_{k+1},\varsigma_k) = \omega_{bkj-1}(x,\tau;\varsigma_{k+1},\varsigma_k) \tag{6.38.31}$$

At $j = \breve{k}$,

$$\begin{aligned}\omega_{ak\breve{k}}(x,\tau;\varsigma_{k+1},\varsigma_k) &= f_{a\breve{k}}(x,\tau;\varsigma_{k+1},\varsigma_k) + f_{a\breve{k}}(x,\tau;-\varsigma_{k+1},-\varsigma_k) + \\ &\quad + f_{a\breve{k}-1}(x,\tau;\varsigma_{k+1},\varsigma_k) - f_{a\breve{k}-1}(x,\tau;-\varsigma_{k+1},-\varsigma_k)\end{aligned} \tag{6.38.32}$$

$$\omega_{bk\breve{k}}(x,\tau;\varsigma_{k+1},\varsigma_k) = f_{b\breve{k}}(x,\tau;\varsigma_{k+1},\varsigma_k) - f_{b\breve{k}}(x,\tau;-\varsigma_{k+1},-\varsigma_k) \tag{6.38.33}$$

and

$$\omega_{ck\breve{k}}(x,\tau;\varsigma_{k+1},\varsigma_k) = f_{b\breve{k}-1}(x,\tau;\varsigma_{k+1},\varsigma_k) + f_{b\breve{k}-1}(x,\tau;-\varsigma_{k+1},-\varsigma_k) \tag{6.38.34}$$

At $j = \breve{l}$,

$$\begin{aligned}\omega_{ak\breve{l}}(x,\tau;\varsigma_{k+1},\varsigma_k) &= f_{a\breve{l}}(x,\tau;\varsigma_{k+1},\varsigma_k) - f_{a\breve{l}}(x,\tau;-\varsigma_{k+1},-\varsigma_k) + \\ &\quad + f_{a\breve{l}-1}(x,\tau;\varsigma_{k+1},\varsigma_k) + f_{a\breve{l}-1}(x,\tau;-\varsigma_{k+1},-\varsigma_k)\end{aligned} \tag{6.38.35}$$

$$\omega_{bk\breve{l}}(x,\tau;\varsigma_{k+1},\varsigma_k) = f_{b\breve{l}}(x,\tau;\varsigma_{k+1},\varsigma_k) + f_{b\breve{l}}(x,\tau;-\varsigma_{k+1},-\varsigma_k) \tag{6.38.36}$$

and

$$\omega_{ck\breve{l}}(x,\tau;\varsigma_{k+1},\varsigma_k) = f_{b\breve{l}-1}(x,\tau;\varsigma_{k+1},\varsigma_k) - f_{b\breve{l}-1}(x,\tau;-\varsigma_{k+1},-\varsigma_k) \tag{6.38.37}$$

where

$$f_{aj}(x,\tau;\alpha,\beta) = -\frac{\Theta_3\left\{0, e^{-\left(\frac{\pi}{b_{j+1}-b_j}\right)^2\eta_{yj}\tau}\right\}\mathrm{E}_j(x,\tau;\alpha,\beta)}{2(\phi c_t)_j(b_{j+1}-b_j)} \tag{6.38.38}$$

$$f_{bj}(x,\tau;\alpha,\beta) = \frac{\Theta_4\left\{0, e^{-\left(\frac{\pi}{b_{j+1}-b_j}\right)^2\eta_{yj}\tau}\right\}\mathrm{E}_j(x,\tau;\alpha,\beta)}{2(\phi c_t)_j(b_{j+1}-b_j)} \tag{6.38.39}$$

and

$$\mathrm{E}_j(x,\tau;\alpha,\beta) = (x-\alpha)\left\{\mathrm{erf}\left(\frac{x-\alpha}{2\sqrt{\eta_{xj}\tau}}\right) - \mathrm{erf}\left(\frac{x-\beta}{2\sqrt{\eta_{xj}\tau}}\right)\right\} + 2\sqrt{\frac{\eta_{xj}\tau}{\pi}}\left\{e^{-\frac{(x-\alpha)^2}{4\eta_{xj}\tau}} - e^{-\frac{(x-\beta)^2}{4\eta_{xj}\tau}}\right\} \tag{6.38.40}$$

Fluxes are obtained from equation (6.38.25) at M+1 points on each of the $\ell-1$ layer interfaces. We therefore solve a linear system with $(\mathrm{M}+1)\times(\aleph-1)$ equations and $(\mathrm{M}+1)\times(\aleph-1)$ unknowns. The system of equations consists of an $(\mathrm{M}+1)(\aleph-1)\times(\mathrm{M}+1)(\aleph-1)$ tridiagonal matrix at each point in time, and may be solved by a straightforward *LU* decomposition method.

Chapter 7

Rectangle. $p(x, y, t)$ is a function of x, y and t only

7.1 **The medium is bounded by the planes $x = 0$, $x = a$, $y = 0$ and $y = b$. Line source at $s_l \equiv (x_0, y_0)$ at time $t = t_0$; $0 < x_0 < a$, $0 < y_0 < b$, $t_0 \geq 0$. $D_{0y} \equiv p(0, y, t) = \psi_{0y}(y, t)$, $D_{ay} \equiv p(a, y, t) = \psi_{ay}(y, t)$, $D_{x0} \equiv p(x, 0, t) = \psi_{x0}(x, t)$ and $D_{xb} \equiv p(x, b, t) = \psi_{xb}(x, t)$. The initial pressure $p(x, y, 0) = \varphi(x, y)$**

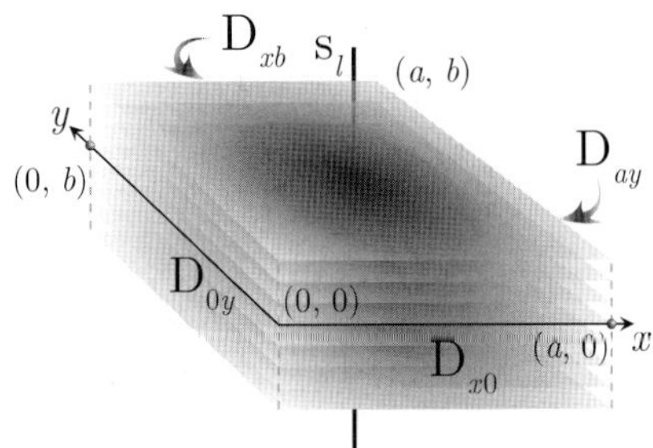

Fluid is produced at the rate of $q(t)$ per unit time from $t = t_0$ to $t = t$ in the line passing through $[x_0, y_0]$. Applying the Fourier and Laplace transformations to equation (5.1.1), we get

$$\overline{\overline{\overline{p}}} = \frac{q(s)}{\phi c_t} \frac{\sin(\xi_n x_0)\sin(\xi_m y_0)}{(\xi_n^2 \eta_x + \xi_m^2 \eta_y + s)} e^{-st_0} + \frac{\eta_x \xi_n \left\{(-1)^{n+1} \overline{\overline{\psi}}_{ay}(m, s) + \overline{\overline{\psi}}_{0y}(m, s)\right\}}{(\xi_n^2 \eta_x + \xi_m^2 \eta_y + s)} +$$
$$+ \frac{\eta_y \xi_m \left\{(-1)^{m+1} \overline{\overline{\psi}}_{xb}(n, s) + \overline{\overline{\psi}}_{x0}(n, s)\right\}}{(\xi_n^2 \eta_x + \xi_m^2 \eta_y + s)} + \frac{\int_0^b \int_0^a \varphi(u, v)\sin(\xi_n u)\sin(\xi_m v)\, du dv}{(\xi_n^2 \eta_x + \xi_m^2 \eta_y + s)} \tag{7.1.1}$$

where $\overline{\overline{\psi}}_{0y}(m, s) = \int_0^b \overline{\psi}_{0y}(y, s)\sin(\xi_m y)\, dy$, $\overline{\psi}_{0y}(y, s) = \int_0^\infty \psi_{0y}(y, t)\, e^{-st} dt$, $\overline{\overline{\psi}}_{ay}(m, s) = \int_0^b \overline{\psi}_{ay}(m, s)\sin(\xi_m y)\, dy$, $\overline{\psi}_{ay}(y, s) = \int_0^\infty \psi_{ay}(y, t)\, e^{-st} dt$, $\overline{\overline{\psi}}_{x0}(n, s) = \int_0^a \overline{\psi}_{x0}(x, s)\sin(\xi_n x)\, dx$, $\overline{\psi}_{x0}(x, s) = \int_0^\infty \psi_{x0}(x, t)\, e^{-st} dt$, $\overline{\overline{\psi}}_{xb}(n, s) = \int_0^a \overline{\psi}_{xb}(x, s)\sin(\xi_n x)\, dx$, $\overline{\psi}_{xb}(x, s) = \int_0^\infty \psi_{xb}(x, t)\, e^{-st} dt$, ξ_n is a positive root of $\sin(\xi_n a) = 0$, which are $\xi_n = \frac{n\pi}{a}$, $n = 1, 2, \ldots$, and ξ_m is a positive root of $\sin(\xi_m b) = 0$, which are $\xi_m = \frac{m\pi}{b}$, $m = 1, 2, \ldots$.

The successive inverse transforms of equation (7.1.1) yield

$$\overline{p} = \frac{q(s)\, e^{-st_0}}{\phi c_t b} \sum_{m=1}^{\infty} \frac{\operatorname{csch}\left(a\sqrt{\frac{\xi_m^2 \eta_y + s}{\eta_x}}\right)\sin(\xi_m y_0)\sin(\xi_m y)}{\sqrt{(\xi_m^2 \eta_y + s)\, \eta_x}} \times$$
$$\times \left[\cosh\left\{(a - |x - x_0|)\sqrt{\frac{\xi_m^2 \eta_y + s}{\eta_x}}\right\} - \cosh\left\{(a - x - x_0)\sqrt{\frac{\xi_m^2 \eta_y + s}{\eta_x}}\right\}\right] +$$
$$+ \frac{2}{b} \sum_{m=1}^{\infty} \sin(\xi_m y) \operatorname{csch}\left(a\sqrt{\frac{\xi_m^2 \eta_y + s}{\eta_x}}\right) \times$$

$$\times\left[\overline{\overline{\psi}}_{ay}(\xi_m,s)\sinh\left\{x\sqrt{\frac{\xi_m^2\eta_y+s}{\eta_x}}\right\}+\overline{\overline{\psi}}_{0y}(\xi_m,s)\sinh\left\{(a-x)\sqrt{\frac{\xi_m^2\eta_y+s}{\eta_x}}\right\}\right]+$$
$$+\ \frac{2}{a}\sum_{n=1}^{\infty}\sin(\xi_n x)\operatorname{csch}\left(b\sqrt{\frac{\xi_n^2\eta_x+s}{\eta_y}}\right)\times$$
$$\times\left[\overline{\overline{\psi}}_{xb}(\xi_n,s)\sinh\left\{y\sqrt{\frac{\xi_n^2\eta_x+s}{\eta_y}}\right\}+\overline{\overline{\psi}}_{x0}(\xi_n,s)\sinh\left\{(b-y)\sqrt{\frac{\xi_n^2\eta_x+s}{\eta_y}}\right\}\right]+$$
$$+\ \frac{1}{b}\sum_{m=1}^{\infty}\frac{\operatorname{csch}\left(a\sqrt{\frac{\xi_m^2\eta_y+s}{\eta_x}}\right)\sin(\xi_m y)}{\sqrt{(\xi_m^2\eta_y+s)\,\eta_x}}\int_0^b\int_0^a\varphi(u,v)\sin(\xi_m v)\times$$
$$\times\left[\cosh\left\{(a-|x-u|)\sqrt{\frac{\xi_m^2\eta_y+s}{\eta_x}}\right\}-\cosh\left\{(a-x-u)\sqrt{\frac{\xi_m^2\eta_y+s}{\eta_x}}\right\}\right]du\,dv \qquad (7.1.2)$$

and

$$p\ =\ \frac{U(t-t_0)}{4\phi c_t ab}\int_0^{t-t_0}q(t-t_0-\tau)\left[\Theta_3\left\{\frac{\pi(x-x_0)}{2a},e^{-\left(\frac{\pi}{a}\right)^2\eta_x\tau}\right\}-\Theta_3\left\{\frac{\pi(x+x_0)}{2a},e^{-\left(\frac{\pi}{a}\right)^2\eta_x\tau}\right\}\right]\times$$
$$\times\left[\Theta_3\left\{\frac{\pi(y-y_0)}{2b},e^{-\left(\frac{\pi}{b}\right)^2\eta_y\tau}\right\}-\Theta_3\left\{\frac{\pi(y+y_0)}{2b},e^{-\left(\frac{\pi}{b}\right)^2\eta_y\tau}\right\}\right]d\tau+$$
$$+\ \frac{\eta_x}{4a^2b}\int_0^t\int_0^b\left[\Theta_3\left\{\frac{\pi(y-v)}{2b},e^{-\left(\frac{\pi}{b}\right)^2\eta_y\tau}\right\}-\Theta_3\left\{\frac{\pi(y+v)}{2b},e^{-\left(\frac{\pi}{b}\right)^2\eta_y\tau}\right\}\right]\times$$
$$\times\left[\psi_{ay}(v,t-\tau)\,\Theta_4'\left\{\frac{\pi x}{2a},e^{-\left(\frac{\pi}{a}\right)^2\eta_x\tau}\right\}-\psi_{0y}(v,t-\tau)\,\Theta_3'\left\{\frac{\pi x}{2a},e^{-\left(\frac{\pi}{a}\right)^2\eta_x\tau}\right\}\right]dvd\tau+$$
$$+\ \frac{\eta_y}{4b^2a}\int_0^t\int_0^a\left[\Theta_3\left\{\frac{\pi(x-u)}{2a},e^{-\left(\frac{\pi}{a}\right)^2\eta_x\tau}\right\}-\Theta_3\left\{\frac{\pi(x+u)}{2a},e^{-\left(\frac{\pi}{a}\right)^2\eta_x\tau}\right\}\right]\times$$
$$\times\left[\psi_{xb}(u,t-\tau)\,\Theta_4'\left\{\frac{\pi y}{2b},e^{-\left(\frac{\pi}{b}\right)^2\eta_y\tau}\right\}-\psi_{x0}(u,t-\tau)\,\Theta_3'\left\{\frac{\pi y}{2b},e^{-\left(\frac{\pi}{b}\right)^2\eta_y\tau}\right\}\right]dud\tau+$$
$$+\ \frac{1}{4ab}\int_0^b\int_0^a\varphi(u,v)\left[\Theta_3\left\{\frac{\pi(x-u)}{2a},e^{-\left(\frac{\pi}{a}\right)^2\eta_x t}\right\}-\Theta_3\left\{\frac{\pi(x+u)}{2a},e^{-\left(\frac{\pi}{a}\right)^2\eta_x t}\right\}\right]\times$$
$$\times\left[\Theta_3\left\{\frac{\pi(y-v)}{2b},e^{-\left(\frac{\pi}{b}\right)^2\eta_y t}\right\}-\Theta_3\left\{\frac{\pi(y+v)}{2b},e^{-\left(\frac{\pi}{b}\right)^2\eta_y t}\right\}\right]du\,dv \qquad (7.1.3)$$

7.2

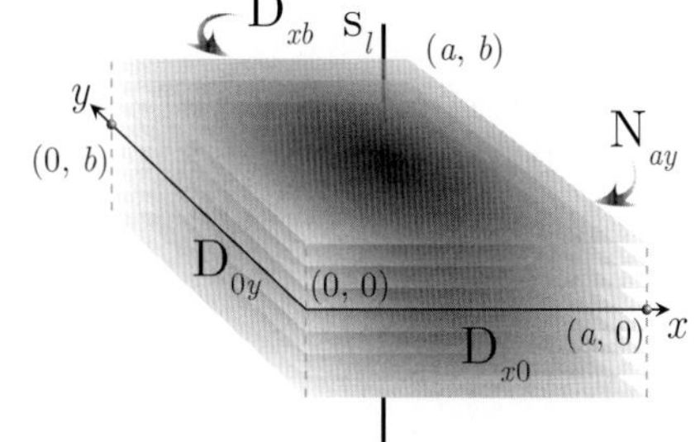

The problem of 7.1, except $\mathbf{D}_{0y}\equiv p(0,y,t)=\psi_{0y}(y,t)$, $\mathbf{N}_{ay}\equiv\frac{\partial p(a,y,t)}{\partial x}=-\left(\frac{\mu}{k_x}\right)\psi_{ay}(y,t)$, $\mathbf{D}_{x0}\equiv p(x,0,t)=\psi_{x0}(x,t)$ and $\mathbf{D}_{xb}\equiv p(x,b,t)=\psi_{xb}(x,t)$

$$\overline{p}\ =\ \frac{q(s)\,e^{-st_0}}{\phi c_t a}\sum_{n=1}^{\infty}\frac{\operatorname{csch}\left(b\sqrt{\frac{\xi_n^2\eta_x+s}{\eta_y}}\right)}{\sqrt{(\xi_n^2\eta_x+s)\,\eta_y}}\sin(\xi_n x_0)\sin(\xi_n x)\times$$
$$\times\left[\cosh\left\{(b-|y-y_0|)\sqrt{\frac{\xi_n^2\eta_x+s}{\eta_y}}\right\}-\cosh\left\{(b-y-y_0)\sqrt{\frac{\xi_n^2\eta_x+s}{\eta_y}}\right\}\right]+$$

$$+\frac{2}{b}\sum_{m=1}^{\infty}\sin(\xi_m y)\,\mathrm{sech}\left(a\sqrt{\frac{\xi_m^2\eta_y+s}{\eta_x}}\right)\times$$

$$\times\left[\frac{\overline{\overline{\psi}}_{ay}(\xi_m,s)}{\phi c_t\sqrt{\eta_x\left(\xi_m^2\eta_y+s\right)}}\sinh\left\{x\sqrt{\frac{\xi_m^2\eta_y+s}{\eta_x}}\right\}+\overline{\overline{\psi}}_{0y}(\xi_m,s)\cosh\left\{(a-x)\sqrt{\frac{\xi_m^2\eta_y+s}{\eta_x}}\right\}\right]+$$

$$+\frac{2}{a}\sum_{n=1}^{\infty}\sin(\xi_n x)\times$$

$$\times\mathrm{csch}\left(b\sqrt{\frac{\xi_n^2\eta_x+s}{\eta_y}}\right)\left[\overline{\overline{\psi}}_{xb}(\xi_n,s)\sinh\left\{y\sqrt{\frac{\xi_n^2\eta_x+s}{\eta_y}}\right\}+\overline{\overline{\psi}}_{x0}(\xi_n,s)\sinh\left\{(b-y)\sqrt{\frac{\xi_n^2\eta_x+s}{\eta_y}}\right\}\right]+$$

$$+\frac{1}{a}\sum_{n=1}^{\infty}\frac{\mathrm{csch}\left(b\sqrt{\frac{\xi_n^2\eta_x+s}{\eta_y}}\right)\sin(\xi_n x)}{\sqrt{\left(\xi_n^2\eta_x+s\right)\eta_y}}\int_0^b\int_0^a\varphi(u,v)\sin(\xi_n u)\times$$

$$\times\left[\cosh\left\{(b-|y-v|)\sqrt{\frac{\xi_n^2\eta_x+s}{\eta_y}}\right\}-\cosh\left\{(b-y-v)\sqrt{\frac{\xi_n^2\eta_x+s}{\eta_y}}\right\}\right]du\,dv \qquad (7.2.1)$$

where $\overline{\overline{\psi}}_{0y}(m,s)=\int_0^b\overline{\psi}_{0y}(y,s)\sin(\xi_m y)\,dy$, $\overline{\psi}_{0y}(y,s)=\int_0^\infty\psi_{0y}(y,t)\,e^{-st}dt$, $\overline{\overline{\psi}}_{ay}(m,s)=\int_0^b\overline{\psi}_{ay}(m,s)\sin(\xi_m y)\,dy$, $\overline{\psi}_{ay}(y,s)=\int_0^\infty\psi_{ay}(y,t)\,e^{-st}dt$, $\overline{\overline{\psi}}_{x0}(n,s)=\int_0^a\overline{\psi}_{x0}(x,s)\sin(\xi_n x)\,dx$, $\overline{\psi}_{x0}(x,s)=\int_0^\infty\psi_{x0}(x,t)\,e^{-st}dt$, $\overline{\overline{\psi}}_{xb}(n,s)=\int_0^a\overline{\psi}_{xb}(x,s)\sin(\xi_n x)\,dx$, $\overline{\psi}_{xb}(x,s)=\int_0^\infty\psi_{xb}(x,t)\,e^{-st}dt$, ξ_n is a positive root of $\cos(\xi_n a)=0$, which are $\xi_n=\frac{(2n-1)\pi}{2a}$, $n=1,2,...$, and ξ_m is a positive root of $\sin(\xi_m b)=0$, which are $\xi_m=\frac{m\pi}{b}$, $m=1,2,...$.

$$p=\frac{U(t-t_0)}{4\phi c_t ab}\int_0^{t-t_0}q(t-t_0-\tau)\left[\Theta_2\left\{\frac{\pi(x-x_0)}{2a},e^{-\left(\frac{\pi}{a}\right)^2\eta_x\tau}\right\}-\Theta_2\left\{\frac{\pi(x+x_0)}{2a},e^{-\left(\frac{\pi}{a}\right)^2\eta_x\tau}\right\}\right]\times$$

$$\times\left[\Theta_3\left\{\frac{\pi(y-y_0)}{2b},e^{-\left(\frac{\pi}{b}\right)^2\eta_y\tau}\right\}-\Theta_3\left\{\frac{\pi(y+y_0)}{2b},e^{-\left(\frac{\pi}{b}\right)^2\eta_y\tau}\right\}\right]d\tau-$$

$$-\frac{1}{2ab}\int_0^t\int_0^b\left[\Theta_3\left\{\frac{\pi(y-v)}{2b},e^{-\left(\frac{\pi}{b}\right)^2\eta_y\tau}\right\}-\Theta_3\left\{\frac{\pi(y+v)}{2b},e^{-\left(\frac{\pi}{b}\right)^2\eta_y\tau}\right\}\right]\times$$

$$\times\left[\frac{\psi_{ay}(v,t-\tau)}{\phi c_t}\Theta_1\left\{\frac{\pi x}{2a},e^{-\left(\frac{\pi}{a}\right)^2\eta_x\tau}\right\}+\left(\frac{\eta_x}{2a}\right)\psi_{0y}(v,t-\tau)\,\Theta_2'\left\{\frac{\pi x}{2a},e^{-\left(\frac{\pi}{a}\right)^2\eta_x\tau}\right\}\right]dvd\tau+$$

$$+\frac{\eta_y}{4b^2a}\int_0^t\int_0^a\left[\Theta_2\left\{\frac{\pi(x-u)}{2a},e^{-\left(\frac{\pi}{a}\right)^2\eta_x\tau}\right\}-\Theta_2\left\{\frac{\pi(x+u)}{2a},e^{-\left(\frac{\pi}{a}\right)^2\eta_x\tau}\right\}\right]\times$$

$$\times\left[\psi_{xb}(u,t-\tau)\,\Theta_4'\left\{\frac{\pi y}{2b},e^{-\left(\frac{\pi}{b}\right)^2\eta_y\tau}\right\}-\psi_{x0}(u,t-\tau)\,\Theta_3'\left\{\frac{\pi y}{2b},e^{-\left(\frac{\pi}{b}\right)^2\eta_y\tau}\right\}\right]dud\tau+$$

$$+\frac{1}{4ab}\int_0^b\int_0^a\varphi(u,v)\left[\Theta_2\left\{\frac{\pi(x-u)}{2a},e^{-\left(\frac{\pi}{a}\right)^2\eta_x t}\right\}-\Theta_2\left\{\frac{\pi(x+u)}{2a},e^{-\left(\frac{\pi}{a}\right)^2\eta_x t}\right\}\right]\times$$

$$\times\left[\Theta_3\left\{\frac{\pi(y-v)}{2b},e^{-\left(\frac{\pi}{b}\right)^2\eta_y t}\right\}-\Theta_3\left\{\frac{\pi(y+v)}{2b},e^{-\left(\frac{\pi}{b}\right)^2\eta_y t}\right\}\right]du\,dv \qquad (7.2.2)$$

7.3 **The problem of 7.1, except $\mathbf{D}_{0y} \equiv p(0,y,t) = \psi_{0y}(y,t)$, $\mathbf{R}_{ay} \equiv \frac{\partial p(a,y,t)}{\partial x} + \lambda_{ay} p(a,y,t) = -\left(\frac{\mu}{k_x}\right)\psi_{ay}(y,t)$, $\mathbf{D}_{x0} \equiv p(x,0,t) = \psi_{x0}(x,t)$ and $\mathbf{D}_{xb} \equiv p(x,b,t) = \psi_{xb}(x,t)$**

$$
\begin{aligned}
\overline{p} = {} & \frac{q(s)\,e^{-st_0}}{\phi c_t} \sum_{n=1}^{\infty} \frac{\left(\xi_n^2+\lambda_{ay}^2\right)\operatorname{csch}\left(b\sqrt{\frac{\xi_n^2\eta_x+s}{\eta_y}}\right)\sin(\xi_n x_0)\sin(\xi_n x)}{\left\{a\left(\xi_n^2+\lambda_{ay}^2\right)+\lambda_{ay}\right\}\sqrt{\left(\xi_n^2\eta_x+s\right)\eta_y}} \times \\
& \times \left[\cosh\left\{(b-|y-y_0|)\sqrt{\frac{\xi_n^2\eta_x+s}{\eta_y}}\right\} - \cosh\left\{(b-y-y_0)\sqrt{\frac{\xi_n^2\eta_x+s}{\eta_y}}\right\}\right] + \\
& + \frac{4}{b\phi c_t}\sum_{n=1}^{\infty}\sum_{m=1}^{\infty} \frac{\left(\xi_n^2+\lambda_{ay}^2\right)\left\{\xi_n\left(\frac{k_x}{\mu}\right)\overline{\overline{\psi}}_{0y}(\xi_m,s) - \overline{\overline{\psi}}_{ay}(\xi_m,s)\sin(\xi_n a)\right\}\sin(\xi_n x)\sin(\xi_m y)}{\left\{a\left(\xi_n^2+\lambda_{ay}^2\right)+\lambda_{ay}\right\}\left\{\xi_n^2\eta_x+\xi_m^2\eta_y+s\right\}} + \\
& + 2\sum_{n=1}^{\infty} \frac{\sin(\xi_n x)\left(\xi_n^2+\lambda_{ay}^2\right)}{\left\{a\left(\xi_n^2+\lambda_{ay}^2\right)+\lambda_{ay}\right\}} \operatorname{csch}\left(b\sqrt{\frac{\xi_n^2\eta_x+s}{\eta_y}}\right) \times \\
& \times \left[\overline{\overline{\psi}}_{xb}(\xi_n,s)\sinh\left\{y\sqrt{\frac{\xi_n^2\eta_x+s}{\eta_y}}\right\} + \overline{\overline{\psi}}_{x0}(\xi_n,s)\sinh\left\{(b-y)\sqrt{\frac{\xi_n^2\eta_x+s}{\eta_y}}\right\}\right] + \\
& + \sum_{n=1}^{\infty} \frac{\left(\xi_n^2+\lambda_{ay}^2\right)\operatorname{csch}\left(b\sqrt{\frac{\xi_n^2\eta_x+s}{\eta_y}}\right)\sin(\xi_n x)}{\left\{a\left(\xi_n^2+\lambda_{ay}^2\right)+\lambda_{ay}\right\}\sqrt{\left(\xi_n^2\eta_x+s\right)\eta_y}} \int_0^b\!\!\int_0^a \varphi(u,v)\sin(\xi_n u) \times \\
& \times \left[\cosh\left\{(b-|y-v|)\sqrt{\frac{\xi_n^2\eta_x+s}{\eta_y}}\right\} - \cosh\left\{(b-y-v)\sqrt{\frac{\xi_n^2\eta_x+s}{\eta_y}}\right\}\right] du\,dv
\end{aligned} \tag{7.3.1}
$$

where $\overline{\overline{\psi}}_{0y}(m,s) = \int_0^b \overline{\psi}_{0y}(y,s)\sin(\xi_m y)\,dy$, $\overline{\psi}_{0y}(y,s) = \int_0^\infty \psi_{0y}(y,t)\,e^{-st}dt$, $\overline{\overline{\psi}}_{ay}(m,s) = \int_0^b \overline{\psi}_{ay}(m,s)\sin(\xi_m y)\,dy$, $\overline{\psi}_{ay}(y,s) = \int_0^\infty \psi_{ay}(y,t)\,e^{-st}dt$, $\overline{\overline{\psi}}_{x0}(n,s) = \int_0^a \overline{\psi}_{x0}(x,s)\sin(\xi_n x)\,dx$, $\overline{\psi}_{x0}(x,s) = \int_0^\infty \psi_{x0}(x,t)\,e^{-st}dt$, $\overline{\overline{\psi}}_{xb}(n,s) = \int_0^a \overline{\psi}_{xb}(x,s)\sin(\xi_n x)\,dx$, $\overline{\psi}_{xb}(x,s) = \int_0^\infty \psi_{xb}(x,t)\,e^{-st}dt$, ξ_n is a positive root of $\xi_n\cot(\xi_n a) = -\lambda_{ay}$ and ξ_m is a positive root of $\sin(\xi_m b) = 0$, which are $\xi_m = \frac{m\pi}{b}$, $m = 1, 2, \ldots$.

$$
\begin{aligned}
p = {} & \frac{U(t-t_0)}{b\phi c_t}\sum_{n=1}^{\infty} \frac{\left(\xi_n^2+\lambda_{ay}^2\right)\sin(\xi_n x_0)\sin(\xi_n x)}{\left\{a\left(\xi_n^2+\lambda_{ay}^2\right)+\lambda_{ay}\right\}} \int_0^{t-t_0} q(t-t_0-\tau)\,e^{-\xi_n^2\eta_x\tau} \times \\
& \times \left[\Theta_3\left\{\frac{(y-y_0)\pi}{2b}, e^{-\left(\frac{\pi}{b}\right)^2\eta_y\tau}\right\} - \Theta_3\left\{\frac{\pi(y+y_0)}{2b}, e^{-\left(\frac{\pi}{b}\right)^2\eta_y\tau}\right\}\right] d\tau + \\
& + \frac{1}{b}\sum_{n=1}^{\infty} \frac{\left(\xi_n^2+\lambda_{ay}^2\right)\sin(\xi_n x)}{\left\{a\left(\xi_n^2+\lambda_{ay}^2\right)+\lambda_{ay}\right\}} \int_0^t\!\!\int_0^b \left[\Theta_3\left\{\frac{\pi(y-v)}{2b}, e^{-\left(\frac{\pi}{b}\right)^2\eta_y\tau}\right\} - \Theta_3\left\{\frac{\pi(y+v)}{2b}, e^{-\left(\frac{\pi}{b}\right)^2\eta_y\tau}\right\}\right] \times \\
& \times \left\{\eta_x\xi_n\psi_{0y}(v,t-\tau) - \frac{\psi_{ay}(v,t-\tau)\sin(\xi_n a)}{\phi c_t}\right\} e^{-\xi_n^2\eta_x\tau}\,dv\,d\tau + \\
& + \frac{\eta_y}{b^2}\sum_{n=1}^{\infty} \frac{\left(\xi_n^2+\lambda_{ay}^2\right)\sin(\xi_n x)}{\left\{a\left(\xi_n^2+\lambda_{ay}^2\right)+\lambda_{ay}\right\}} \times
\end{aligned}
$$

$$\times \int_0^t \left[\Theta_4'\left\{\frac{\pi y}{2b}, e^{-\left(\frac{\pi}{b}\right)^2 \eta_y \tau}\right\} \overline{\psi}_{xb}\left(\xi_n, t-\tau\right) - \Theta_3'\left\{\frac{\pi y}{2b}, e^{-\left(\frac{\pi}{b}\right)^2 \eta_y \tau}\right\} \overline{\psi}_{x0}\left(\xi_n, t-\tau\right)\right] e^{-\xi_n^2 \eta_x \tau} d\tau +$$

$$+ \frac{1}{b}\sum_{n=1}^{\infty} \frac{\left(\xi_n^2 + \lambda_{ay}^2\right)\sin\left(\xi_n x\right) e^{-\xi_n^2 \eta_x t}}{\left\{a\left(\xi_n^2 + \lambda_{ay}^2\right) + \lambda_{ay}\right\}} \int_0^b \int_0^a \varphi(u, v) \sin\left(\xi_n u\right) \times$$

$$\times \left[\Theta_3\left\{\frac{\pi (y-v)}{2b}, e^{-\left(\frac{\pi}{b}\right)^2 \eta_y t}\right\} - \Theta_3\left\{\frac{\pi (y+v)}{2b}, e^{-\left(\frac{\pi}{b}\right)^2 \eta_y t}\right\}\right] du\, dv \qquad (7.3.2)$$

where $\overline{\psi}_{x0}(n,t) = \int_0^a \psi_{x0}(x,t) \sin(\xi_n x)\, dx$ and $\overline{\psi}_{xb}(n,t) = \int_0^a \psi_{xb}(x,t) \sin(\xi_n x)\, dx$.

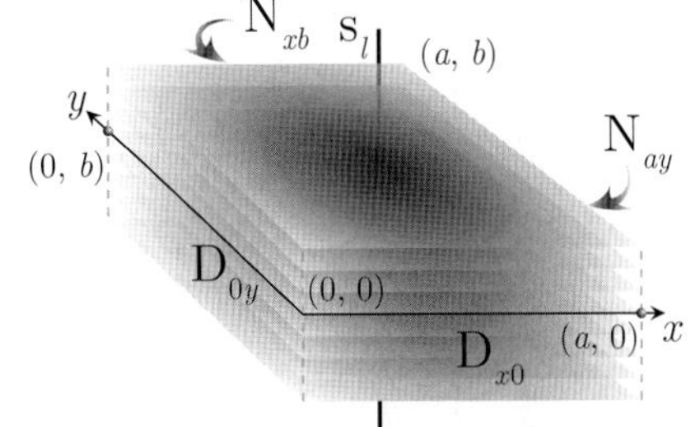

7.4 The problem of 7.1, except $\mathbf{D_{0y}} \equiv p(0,y,t) = \psi_{0y}(y,t)$, $\mathbf{N_{ay}} \equiv \frac{\partial p(a,y,t)}{\partial x} = -\left(\frac{\mu}{k_x}\right)\psi_{ay}(y,t)$, $\mathbf{D_{x0}} \equiv p(x,0,t) = \psi_{x0}(x,t)$ and $\mathbf{N_{xb}} \equiv \frac{\partial p(x,b,t)}{\partial y} = -\left(\frac{\mu}{k_y}\right)\psi_{xb}(x,t)$

$$\overline{p} = \frac{q(s)\, e^{-st_0}}{\phi c_t a} \sum_{n=1}^{\infty} \frac{\operatorname{sech}\left(b\sqrt{\frac{\xi_n^2 \eta_x + s}{\eta_y}}\right)}{\sqrt{\left(\xi_n^2 \eta_x + s\right)\eta_y}} \sin\left(\xi_n x_0\right) \sin\left(\xi_n x\right) \times$$

$$\times \left[\sinh\left\{\left(b - |y - y_0|\right)\sqrt{\frac{\xi_n^2 \eta_x + s}{\eta_y}}\right\} - \sinh\left\{\left(b - y - y_0\right)\sqrt{\frac{\xi_n^2 \eta_x + s}{\eta_y}}\right\}\right] +$$

$$+ \frac{2}{a}\sum_{n=1}^{\infty} \sin\left(\xi_n x\right) \operatorname{sech}\left(b\sqrt{\frac{\xi_n^2 \eta_x + s}{\eta_y}}\right) \times$$

$$\times \left[\frac{\overline{\overline{\psi}}_{xb}\left(\xi_n, s\right)}{\phi c_t \sqrt{\eta_y\left(\xi_n^2 \eta_x + s\right)}} \sinh\left\{y\sqrt{\frac{\xi_n^2 \eta_x + s}{\eta_y}}\right\} + \overline{\overline{\psi}}_{x0}\left(\xi_n, s\right) \cosh\left\{(b-y)\sqrt{\frac{\xi_n^2 \eta_x + s}{\eta_y}}\right\}\right] +$$

$$+ \frac{2}{b}\sum_{m=1}^{\infty} \sin\left(\xi_m y\right) \operatorname{sech}\left(a\sqrt{\frac{\xi_m^2 \eta_y + s}{\eta_x}}\right) \times$$

$$\times \left[\frac{\overline{\overline{\psi}}_{ay}\left(\xi_m, s\right)}{\phi c_t \sqrt{\eta_x\left(\xi_m^2 \eta_y + s\right)}} \sinh\left\{x\sqrt{\frac{\xi_m^2 \eta_y + s}{\eta_x}}\right\} + \overline{\overline{\psi}}_{0y}\left(\xi_m, s\right) \cosh\left\{(a-x)\sqrt{\frac{\xi_m^2 \eta_y + s}{\eta_x}}\right\}\right] +$$

$$+ \frac{1}{a}\sum_{n=1}^{\infty} \frac{\operatorname{sech}\left(b\sqrt{\frac{\xi_n^2 \eta_x + s}{\eta_y}}\right) \sin\left(\xi_n x\right)}{\sqrt{\left(\xi_n^2 \eta_x + s\right)\eta_y}} \int_0^b \int_0^a \varphi(u, v) \sin\left(\xi_n u\right) \times$$

$$\times \left[\sinh\left\{\left(b - |y - v|\right)\sqrt{\frac{\xi_n^2 \eta_x + s}{\eta_y}}\right\} - \sinh\left\{\left(b - y - v\right)\sqrt{\frac{\xi_n^2 \eta_x + s}{\eta_y}}\right\}\right] du\, dv \qquad (7.4.1)$$

where $\overline{\overline{\psi}}_{0y}(m,s) = \int_0^b \overline{\psi}_{0y}(y,s) \sin(\xi_m y)\, dy$, $\overline{\psi}_{0y}(y,s) = \int_0^\infty \psi_{0y}(y,t)\, e^{-st} dt$, $\overline{\overline{\psi}}_{ay}(m,s) = \int_0^b \overline{\psi}_{ay}(m,s) \sin(\xi_m y)\, dy$, $\overline{\psi}_{ay}(y,s) = \int_0^\infty \psi_{ay}(y,t)\, e^{-st} dt$, $\overline{\overline{\psi}}_{x0}(n,s) = \int_0^a \overline{\psi}_{x0}(x,s) \sin(\xi_n x)\, dx$, $\overline{\psi}_{x0}(x,s) = \int_0^\infty \psi_{x0}(x,t)\, e^{-st} dt$, $\overline{\overline{\psi}}_{xb}(n,s) = \int_0^a \overline{\psi}_{xb}(x,s) \sin(\xi_n x)\, dx$, $\overline{\psi}_{xb}(x,s) = \int_0^\infty \psi_{xb}(x,t)\, e^{-st} dt$, ξ_n is a positive root of $\cos(\xi_n a) = 0$, which are $\xi_n = \frac{(2n-1)\pi}{2a}$, $n = 1, 2, \ldots$, and ξ_m is a positive root of $\cos(\xi_m b) = 0$, which are $\xi_m = \frac{(2m-1)\pi}{2b}$, $m = 1, 2, \ldots$.

$$\begin{aligned}
p = {} & \frac{U(t-t_0)}{4\phi c_t ab}\int\limits_0^{t-t_0} q(t-t_0-\tau)\left[\Theta_2\left\{\frac{\pi(x-x_0)}{2a}, e^{-\left(\frac{\pi}{a}\right)^2\eta_x\tau}\right\}-\Theta_2\left\{\frac{\pi(x+x_0)}{2a}, e^{-\left(\frac{\pi}{a}\right)^2\eta_x\tau}\right\}\right]\times \\
& \times\left[\Theta_2\left\{\frac{\pi(y-y_0)}{2b}, e^{-\left(\frac{\pi}{b}\right)^2\eta_y\tau}\right\}-\Theta_2\left\{\frac{\pi(y+y_0)}{2b}, e^{-\left(\frac{\pi}{b}\right)^2\eta_y\tau}\right\}\right]d\tau - \\
& -\frac{1}{2ab}\int\limits_0^t\int\limits_0^b\left[\Theta_2\left\{\frac{\pi(y-v)}{2b}, e^{-\left(\frac{\pi}{b}\right)^2\eta_y\tau}\right\}-\Theta_2\left\{\frac{\pi(y+v)}{2b}, e^{-\left(\frac{\pi}{b}\right)^2\eta_y\tau}\right\}\right]\times \\
& \times\left[\frac{\psi_{ay}(v,t-\tau)}{\phi c_t}\Theta_1\left\{\frac{\pi x}{2a}, e^{-\left(\frac{\pi}{a}\right)^2\eta_x\tau}\right\}+\left(\frac{\eta_x}{2a}\right)\psi_{0y}(v,t-\tau)\,\Theta_2'\left\{\frac{\pi x}{2a}, e^{-\left(\frac{\pi}{a}\right)^2\eta_x\tau}\right\}\right]dv d\tau - \\
& -\frac{1}{2ab}\int\limits_0^t\int\limits_0^a\left[\Theta_2\left\{\frac{\pi(x-u)}{2a}, e^{-\left(\frac{\pi}{a}\right)^2\eta_x\tau}\right\}-\Theta_2\left\{\frac{\pi(x+u)}{2a}, e^{-\left(\frac{\pi}{a}\right)^2\eta_x\tau}\right\}\right]\times \\
& \times\left[\frac{\psi_{xb}(u,t-\tau)}{\phi c_t}\Theta_1\left\{\frac{\pi y}{2b}, e^{-\left(\frac{\pi}{b}\right)^2\eta_y\tau}\right\}+\left(\frac{\eta_y}{2b}\right)\psi_{x0}(u,t-\tau)\,\Theta_2'\left\{\frac{\pi y}{2b}, e^{-\left(\frac{\pi}{b}\right)^2\eta_y\tau}\right\}\right]du d\tau + \\
& +\frac{1}{4ab}\int\limits_0^b\int\limits_0^a\varphi(u,v)\left[\Theta_2\left\{\frac{\pi(x-u)}{2a}, e^{-\left(\frac{\pi}{a}\right)^2\eta_x t}\right\}-\Theta_2\left\{\frac{\pi(x+u)}{2a}, e^{-\left(\frac{\pi}{a}\right)^2\eta_x t}\right\}\right]\times \\
& \times\left[\Theta_2\left\{\frac{\pi(y-v)}{2b}, e^{-\left(\frac{\pi}{b}\right)^2\eta_y t}\right\}-\Theta_2\left\{\frac{\pi(y+v)}{2b}, e^{-\left(\frac{\pi}{b}\right)^2\eta_y t}\right\}\right]du\,dv
\end{aligned} \tag{7.4.2}$$

7.5 **The problem of 7.1, except $\mathbf{D_{0y}} \equiv p(0,y,t) = \psi_{0y}(y,t)$, $\mathbf{N_{ay}} \equiv \frac{\partial p(a,y,t)}{\partial x} = -\left(\frac{\mu}{k_x}\right)\psi_{ay}(y,t)$, $\mathbf{D_{x0}} \equiv p(x,0,t) = \psi_{x0}(x,t)$ and $\mathbf{R_{xb}} \equiv \frac{\partial p(x,b,t)}{\partial y} + \lambda_{xb}\,p(x,b,t) = -\left(\frac{\mu}{k_y}\right)\psi_{xb}(x,t)$**

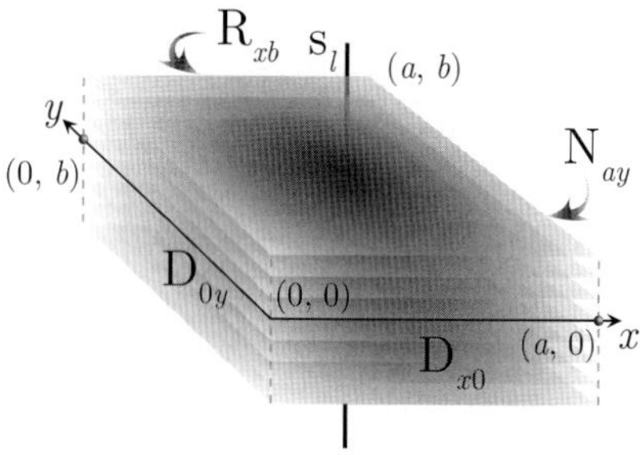

$$\begin{aligned}
\overline{p} = {} & \frac{q(s)\,e^{-st_0}}{\phi c_t}\sum_{m=1}^{\infty}\frac{\left(\xi_m^2+\lambda_{xb}^2\right)\operatorname{sech}\left(a\sqrt{\frac{\xi_m^2\eta_y+s}{\eta_x}}\right)\sin(\xi_m y_0)\sin(\xi_m y)}{\left\{b\left(\xi_m^2+\lambda_{xb}^2\right)+\lambda_{xb}\right\}\sqrt{\left(\xi_m^2\eta_y+s\right)\eta_x}}\times \\
& \times\left[\sinh\left\{(a-|x-x_0|)\sqrt{\frac{\xi_m^2\eta_y+s}{\eta_x}}\right\}-\sinh\left\{(a-x-x_0)\sqrt{\frac{\xi_m^2\eta_y+s}{\eta_x}}\right\}\right]+ \\
& +\frac{4}{a\phi c_t}\sum_{m=1}^{\infty}\sum_{n=1}^{\infty}\frac{\left(\xi_m^2+\lambda_{xb}^2\right)\left\{\xi_m\left(\frac{k_y}{\mu}\right)\overline{\overline{\psi}}_{x0}(\xi_n,s)-\overline{\overline{\psi}}_{xb}(\xi_n,s)\sin(\xi_m b)\right\}\sin(\xi_n x)\sin(\xi_m y)}{\left\{b\left(\xi_m^2+\lambda_{xb}^2\right)+\lambda_{xb}\right\}\left\{\xi_n^2\eta_x+\xi_m^2\eta_y+s\right\}}+ \\
& +2\sum_{m=1}^{\infty}\frac{\left(\xi_m^2+\lambda_{xb}^2\right)\sin(\xi_m y)\operatorname{sech}\left(a\sqrt{\frac{\xi_m^2\eta_y+s}{\eta_x}}\right)}{\left\{b\left(\xi_m^2+\lambda_{xb}^2\right)+\lambda_{xb}\right\}}\times \\
& \times\left[\frac{\overline{\overline{\psi}}_{ay}(\xi_m,s)}{\phi c_t\sqrt{\eta_x\left(\xi_m^2\eta_y+s\right)}}\sinh\left\{x\sqrt{\frac{\xi_m^2\eta_y+s}{\eta_x}}\right\}+\overline{\overline{\psi}}_{0y}(\xi_m,s)\cosh\left\{(a-x)\sqrt{\frac{\xi_m^2\eta_y+s}{\eta_x}}\right\}\right]+
\end{aligned}$$

$$+\sum_{m=1}^{\infty}\frac{\left(\xi_m^2+\lambda_{xb}^2\right)\operatorname{sech}\left(a\sqrt{\frac{\xi_m^2\eta_y+s}{\eta_x}}\right)\sin\left(\xi_m y\right)}{\left\{b\left(\xi_m^2+\lambda_{xb}^2\right)+\lambda_{xb}\right\}\sqrt{\left(\xi_m^2\eta_y+s\right)\eta_x}}\int_0^a\int_0^b\varphi\left(u,v\right)\sin\left(\xi_m v\right)\times$$

$$\times\left[\sinh\left\{\left(a-|x-u|\right)\sqrt{\frac{\xi_m^2\eta_y+s}{\eta_x}}\right\}-\sinh\left\{\left(a-x-u\right)\sqrt{\frac{\xi_m^2\eta_y+s}{\eta_x}}\right\}\right]dv\,du \qquad (7.5.1)$$

where $\overline{\overline{\psi}}_{0y}\left(m,s\right)=\int_0^b\overline{\psi}_{0y}\left(y,s\right)\sin\left(\xi_m y\right)dy$, $\overline{\psi}_{0y}\left(y,s\right)=\int_0^\infty\psi_{0y}\left(y,t\right)e^{-st}dt$,
$\overline{\overline{\psi}}_{ay}\left(m,s\right)=\int_0^b\overline{\psi}_{ay}\left(m,s\right)\sin\left(\xi_m y\right)dy$, $\overline{\psi}_{ay}\left(y,s\right)=\int_0^\infty\psi_{ay}\left(y,t\right)e^{-st}dt$,
$\overline{\overline{\psi}}_{x0}\left(n,s\right)=\int_0^a\overline{\psi}_{x0}\left(x,s\right)\sin\left(\xi_n x\right)dx$, $\overline{\psi}_{x0}\left(x,s\right)=\int_0^\infty\psi_{x0}\left(x,t\right)e^{-st}dt$,
$\overline{\overline{\psi}}_{xb}\left(n,s\right)=\int_0^a\overline{\psi}_{xb}\left(x,s\right)\sin\left(\xi_n x\right)dx$, $\overline{\psi}_{xb}\left(x,s\right)=\int_0^\infty\psi_{xb}\left(x,t\right)e^{-st}dt$, ξ_n is a positive root of $\cos\left(\xi_n a\right)=0$, which are $\xi_n=\frac{(2n-1)\pi}{2a}$, $n=1,2,\ldots$, and ξ_m is a positive root of $\xi_m\cot\left(\xi_m b\right)=-\lambda_{xb}$.

$$p=\frac{U\left(t-t_0\right)}{a\phi c_t}\sum_{m=1}^{\infty}\frac{\left(\xi_m^2+\lambda_{xb}^2\right)\sin\left(\xi_m y_0\right)\sin\left(\xi_m y\right)}{\left\{b\left(\xi_m^2+\lambda_{xb}^2\right)+\lambda_{xb}\right\}}\int_0^{t-t_0}q\left(t-t_0-\tau\right)e^{-\xi_m^2\eta_y\tau}\times$$

$$\times\left[\Theta_2\left\{\frac{\pi\left(x-x_0\right)}{2a},e^{-\left(\frac{\pi}{a}\right)^2\eta_x\tau}\right\}-\Theta_2\left\{\frac{\pi\left(x+x_0\right)}{2a},e^{-\left(\frac{\pi}{a}\right)^2\eta_x\tau}\right\}\right]d\tau+$$

$$+\frac{1}{a}\sum_{m=1}^{\infty}\frac{\left(\xi_m^2+\lambda_{xb}^2\right)\sin\left(\xi_m y\right)}{\left\{b\left(\xi_m^2+\lambda_{xb}^2\right)+\lambda_{xb}\right\}}\int_0^t\int_0^a\left[\Theta_2\left\{\frac{\pi\left(x-u\right)}{2a},e^{-\left(\frac{\pi}{a}\right)^2\eta_x\tau}\right\}-\Theta_2\left\{\frac{\pi\left(x+u\right)}{2a},e^{-\left(\frac{\pi}{a}\right)^2\eta_x\tau}\right\}\right]\times$$

$$\times\left\{\eta_y\xi_m\psi_{x0}\left(u,t-\tau\right)-\frac{\psi_{xb}\left(u,t-\tau\right)\sin\left(\xi_m b\right)}{\phi c_t}\right\}e^{-\xi_m^2\eta_y\tau}du\,d\tau-$$

$$-\frac{2}{a}\sum_{m=1}^{\infty}\frac{\left(\xi_m^2+\lambda_{xb}^2\right)\sin\left(\xi_m y\right)}{\left\{b\left(\xi_m^2+\lambda_{xb}^2\right)+\lambda_{xb}\right\}}\times$$

$$\times\int_0^t\left[\left(\frac{\eta_x}{2a}\right)\Theta_2'\left\{\frac{\pi x}{2a},e^{-\left(\frac{\pi}{a}\right)^2\eta_x\tau}\right\}\overline{\psi}_{0y}\left(\xi_m,t-\tau\right)+\frac{\overline{\psi}_{ay}\left(\xi_m,t-\tau\right)}{\phi c_t}\Theta_1\left\{\frac{\pi x}{2a},e^{-\left(\frac{\pi}{a}\right)^2\eta_x\tau}\right\}\right]e^{-\xi_m^2\eta_y\tau}d\tau+$$

$$+\frac{1}{a}\sum_{m=1}^{\infty}\frac{\left(\xi_m^2+\lambda_{xb}^2\right)\sin\left(\xi_m y\right)e^{-\xi_m^2\eta_y t}}{\left\{b\left(\xi_m^2+\lambda_{xb}^2\right)+\lambda_{xb}\right\}}\int_0^a\int_0^b\varphi\left(u,v\right)\sin\left(\xi_m v\right)\times$$

$$\times\left[\Theta_2\left\{\frac{\pi\left(x-u\right)}{2a},e^{-\left(\frac{\pi}{a}\right)^2\eta_x t}\right\}-\Theta_2\left\{\frac{\pi\left(x+u\right)}{2a},e^{-\left(\frac{\pi}{a}\right)^2\eta_x t}\right\}\right]dvdu \qquad (7.5.2)$$

where $\overline{\psi}_{0y}\left(m,t\right)=\int_0^b\psi_{0y}\left(y,t\right)\sin\left(\xi_m y\right)dy$ and $\overline{\psi}_{ay}\left(m,t\right)=\int_0^b\psi_{ay}\left(y,t\right)\sin\left(\xi_m y\right)dy$.

7.6 The problem of 7.1, except $\mathbf{D}_{0y}\equiv p\left(0,y,t\right)=\psi_{0y}\left(y,t\right)$, $\mathbf{R}_{ay}\equiv\frac{\partial p(a,y,t)}{\partial x}+\lambda_{ay}p\left(a,y,t\right)=-\left(\frac{\mu}{k_x}\right)\psi_{ay}\left(y,t\right)$, $\mathbf{D}_{x0}\equiv p\left(x,0,t\right)=\psi_{x0}\left(x,t\right)$ and $\mathbf{R}_{xb}\equiv\frac{\partial p(x,b,t)}{\partial y}+\lambda_{xb}p\left(x,b,t\right)=-\left(\frac{\mu}{k_y}\right)\psi_{xb}\left(x,t\right)$

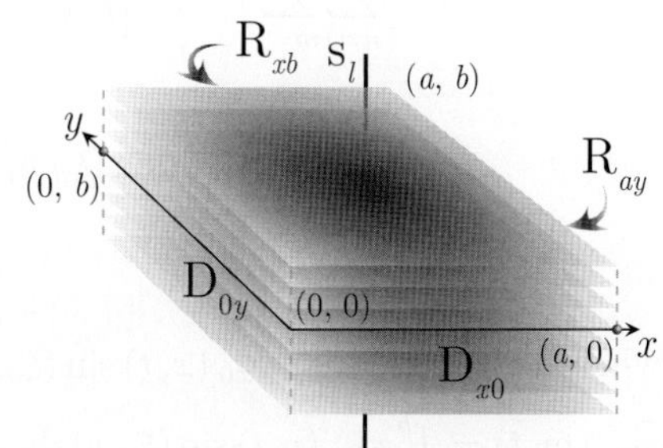

$$\overline{p} = \frac{4q(s)e^{-st_0}}{\phi c_t}\sum_{n=1}^{\infty}\sum_{m=1}^{\infty}\frac{\left(\xi_m^2+\lambda_{xb}^2\right)\left(\xi_n^2+\lambda_{ay}^2\right)\sin(\xi_n x_0)\sin(\xi_n x)\sin(\xi_m y_0)\sin(\xi_m y)}{\left\{b\left(\xi_m^2+\lambda_{xb}^2\right)+\lambda_{xb}\right\}\left\{a\left(\xi_n^2+\lambda_{ay}^2\right)+\lambda_{ay}\right\}\left\{\xi_n^2\eta_x+\xi_m^2\eta_y+s\right\}}+$$

$$+\frac{4}{\phi c_t}\sum_{m=1}^{\infty}\sum_{n=1}^{\infty}\frac{\left(\xi_m^2+\lambda_{xb}^2\right)\left(\xi_n^2+\lambda_{ay}^2\right)\left\{\xi_m\left(\frac{k_y}{\mu}\right)\overline{\overline{\psi}}_{x0}(\xi_n,s)-\overline{\overline{\psi}}_{xb}(\xi_n,s)\sin(\xi_m b)\right\}\sin(\xi_n x)\sin(\xi_m y)}{\left\{a\left(\xi_n^2+\lambda_{ay}^2\right)+\lambda_{ay}\right\}\left\{b\left(\xi_m^2+\lambda_{xb}^2\right)+\lambda_{xb}\right\}\left\{\xi_n^2\eta_x+\xi_m^2\eta_y+s\right\}}+$$

$$+\frac{4}{\phi c_t}\sum_{m=1}^{\infty}\sum_{n=1}^{\infty}\frac{\left(\xi_m^2+\lambda_{xb}^2\right)\left(\xi_n^2+\lambda_{ay}^2\right)\left\{\xi_n\left(\frac{k_x}{\mu}\right)\overline{\overline{\psi}}_{0y}(\xi_m,s)-\overline{\overline{\psi}}_{ay}(\xi_m,s)\sin(\xi_n a)\right\}\sin(\xi_n x)\sin(\xi_m y)}{\left\{a\left(\xi_n^2+\lambda_{ay}^2\right)+\lambda_{ay}\right\}\left\{b\left(\xi_m^2+\lambda_{xb}^2\right)+\lambda_{xb}\right\}\left\{\xi_n^2\eta_x+\xi_m^2\eta_y+s\right\}}+$$

$$+4\sum_{n=1}^{\infty}\sum_{m=1}^{\infty}\frac{\left(\xi_m^2+\lambda_{xb}^2\right)\left(\xi_n^2+\lambda_{ay}^2\right)\sin(\xi_n x)\sin(\xi_m y)\int_0^a\int_0^b\varphi(u,v)\sin(\xi_m v)\sin(\xi_n u)dvdu}{\left\{b\left(\xi_m^2+\lambda_{xb}^2\right)+\lambda_{xb}\right\}\left\{a\left(\xi_n^2+\lambda_{ay}^2\right)+\lambda_{ay}\right\}\left\{\xi_n^2\eta_x+\xi_m^2\eta_y+s\right\}} \quad (7.6.1)$$

where $\overline{\overline{\psi}}_{0y}(m,s)=\int_0^b\overline{\psi}_{0y}(y,s)\sin(\xi_m y)\,dy$, $\overline{\psi}_{0y}(y,s)=\int_0^\infty\psi_{0y}(y,t)\,e^{-st}dt$, $\overline{\overline{\psi}}_{ay}(m,s)=\int_0^b\overline{\psi}_{ay}(m,s)\sin(\xi_m y)\,dy$, $\overline{\psi}_{ay}(y,s)=\int_0^\infty\psi_{ay}(y,t)\,e^{-st}dt$, $\overline{\overline{\psi}}_{x0}(n,s)=\int_0^a\overline{\psi}_{x0}(x,s)\sin(\xi_n x)\,dx$, $\overline{\psi}_{x0}(x,s)=\int_0^\infty\psi_{x0}(x,t)\,e^{-st}dt$, $\overline{\overline{\psi}}_{xb}(n,s)=\int_0^a\overline{\psi}_{xb}(x,s)\sin(\xi_n x)\,dx$, $\overline{\psi}_{xb}(x,s)=\int_0^\infty\psi_{xb}(x,t)\,e^{-st}dt$, ξ_n is a positive root of $\xi_n\cot(\xi_n a)=-\lambda_{ay}$ and ξ_m is a positive root of $\xi_m\cot(\xi_m b)=-\lambda_{xb}$.

$$p = \frac{4U(t-t_0)}{\phi c_t}\sum_{n=1}^{\infty}\sum_{m=1}^{\infty}\frac{\left(\xi_m^2+\lambda_{xb}^2\right)\left(\xi_n^2+\lambda_{ay}^2\right)\sin(\xi_n x_0)\sin(\xi_n x)\sin(\xi_m y_0)\sin(\xi_m y)}{\left\{b\left(\xi_m^2+\lambda_{xb}^2\right)+\lambda_{xb}\right\}\left\{a\left(\xi_n^2+\lambda_{ay}^2\right)+\lambda_{ay}\right\}}\times$$

$$\times\int_0^{t-t_0}q(t-t_0-\tau)\,e^{-\left(\xi_n^2\eta_x+\xi_m^2\eta_y\right)\tau}d\tau+$$

$$+\frac{4}{\phi c_t}\sum_{m=1}^{\infty}\sum_{n=1}^{\infty}\frac{\left(\xi_m^2+\lambda_{xb}^2\right)\left(\xi_n^2+\lambda_{ay}^2\right)\sin(\xi_n x)\sin(\xi_m y)}{\left\{a\left(\xi_n^2+\lambda_{ay}^2\right)+\lambda_{ay}\right\}\left\{b\left(\xi_m^2+\lambda_{xb}^2\right)+\lambda_{xb}\right\}}\times$$

$$\times\int_0^t\left\{\xi_m\left(\frac{k_y}{\mu}\right)\overline{\psi}_{x0}(\xi_n,\tau)-\overline{\psi}_{xb}(\xi_n,\tau)\sin(\xi_m b)\right\}e^{-\left\{\xi_n^2\eta_x+\xi_m^2\eta_y\right\}(t-\tau)}d\tau+$$

$$+\frac{4}{\phi c_t}\sum_{m=1}^{\infty}\sum_{n=1}^{\infty}\frac{\left(\xi_m^2+\lambda_{xb}^2\right)\left(\xi_n^2+\lambda_{ay}^2\right)\sin(\xi_n x)\sin(\xi_m y)}{\left\{a\left(\xi_n^2+\lambda_{ay}^2\right)+\lambda_{ay}\right\}\left\{b\left(\xi_m^2+\lambda_{xb}^2\right)+\lambda_{xb}\right\}}\times$$

$$\times\int_0^t\left\{\xi_n\left(\frac{k_x}{\mu}\right)\overline{\psi}_{0y}(\xi_m,\tau)-\overline{\psi}_{ay}(\xi_m,\tau)\sin(\xi_n a)\right\}e^{-\left\{\xi_n^2\eta_x+\xi_m^2\eta_y\right\}(t-\tau)}d\tau+$$

$$+4\sum_{n=1}^{\infty}\sum_{m=1}^{\infty}\frac{\left(\xi_m^2+\lambda_{xb}^2\right)\left(\xi_n^2+\lambda_{ay}^2\right)\sin(\xi_n x)\sin(\xi_m y)e^{-\left\{\xi_n^2\eta_x+\xi_m^2\eta_y\right\}t}}{\left\{b\left(\xi_m^2+\lambda_{xb}^2\right)+\lambda_{xb}\right\}\left\{a\left(\xi_n^2+\lambda_{ay}^2\right)+\lambda_{ay}\right\}}\times$$

$$\times\int_0^a\int_0^b\varphi(u,v)\sin(\xi_m v)\sin(\xi_n u)dvdu \quad (7.6.2)$$

where $\overline{\psi}_{x0}(n,t)=\int_0^a\psi_{x0}(x,t)\sin(\xi_n x)\,dx$, $\overline{\psi}_{xb}(n,t)=\int_0^a\psi_{xb}(x,t)\sin(\xi_n x)\,dx$, $\overline{\psi}_{0y}(m,t)=\int_0^b\psi_{0y}(y,t)\sin(\xi_m y)\,dy$ and $\overline{\psi}_{ay}(m,t)=\int_0^b\psi_{ay}(y,t)\sin(\xi_m y)\,dy$.

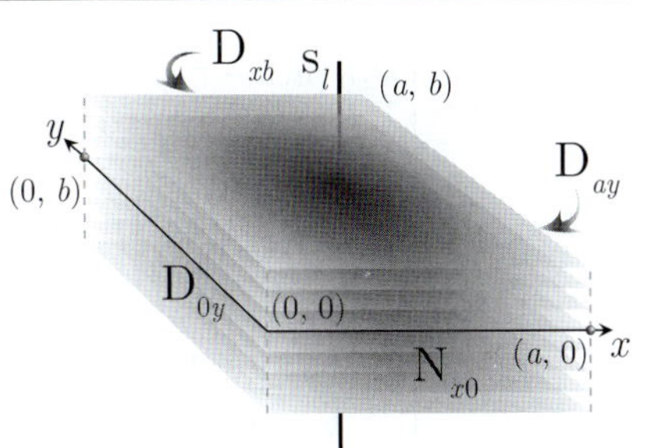

7.7 **The problem of 7.1, except $\mathbf{D_{0y}} \equiv p\,(0, y, t) = \psi_{0y}\,(y, t)$, $\mathbf{D_{ay}} \equiv p\,(a, y, t) = \psi_{ay}\,(y, t)$, $\mathbf{N_{x0}} \equiv \frac{\partial p(x,0,t)}{\partial y} = -\left(\frac{\mu}{k_y}\right)\psi_{x0}\,(x, t)$ and $\mathbf{D_{xb}} \equiv p\,(x, b, t) = \psi_{xb}\,(x, t)$**

$$
\begin{aligned}
\overline{p} &= \frac{q\,(s)\,e^{-st_0}}{\phi c_t a}\sum_{n=1}^{\infty}\frac{\operatorname{sech}\left(b\sqrt{\frac{(\xi_n^2\eta_x+s)}{\eta_y}}\right)}{\sqrt{\{\xi_n^2\eta_x+s\}\,\eta_y}}\sin\left(\xi_n x_0\right)\sin\left(\xi_n x\right)\times \\
&\times\left[\sinh\left\{\left(b-|y-y_0|\right)\sqrt{\frac{(\xi_n^2\eta_x+s)}{\eta_y}}\right\}+\sinh\left\{\left(b-y-y_0\right)\sqrt{\frac{(\xi_n^2\eta_x+s)}{\eta_y}}\right\}\right]+ \\
&+\frac{2}{b}\sum_{m=1}^{\infty}\cos\left(\xi_m y\right)\operatorname{csch}\left(a\sqrt{\frac{\xi_m^2\eta_y+s}{\eta_x}}\right)\times \\
&\times\left[\overline{\overline{\psi}}_{ay}\left(\xi_m, s\right)\sinh\left\{x\sqrt{\frac{\xi_m^2\eta_y+s}{\eta_x}}\right\}+\overline{\overline{\psi}}_{0y}\left(\xi_m, s\right)\sinh\left\{(a-x)\sqrt{\frac{\xi_m^2\eta_y+s}{\eta_x}}\right\}\right]+ \\
&+\frac{2}{a}\sum_{n=1}^{\infty}\sin\left(\xi_n x\right)\operatorname{sech}\left(b\sqrt{\frac{\xi_n^2\eta_x+s}{\eta_y}}\right)\times \\
&\times\left[\overline{\overline{\psi}}_{xb}\left(\xi_n, s\right)\cosh\left\{y\sqrt{\frac{\xi_n^2\eta_x+s}{\eta_y}}\right\}+\frac{\overline{\overline{\psi}}_{x0}\left(\xi_n, s\right)}{\phi c_t\sqrt{\eta_y\left(\xi_n^2\eta_x+s\right)}}\sinh\left\{(b-y)\sqrt{\frac{\xi_n^2\eta_x+s}{\eta_y}}\right\}\right]+ \\
&+\frac{1}{a}\sum_{n=1}^{\infty}\frac{\operatorname{sech}\left(b\sqrt{\frac{(\xi_n^2\eta_x+s)}{\eta_y}}\right)\sin\left(\xi_n x\right)}{\sqrt{\{\xi_n^2\eta_x+s\}\,\eta_y}}\int_0^b\int_0^a\varphi\left(u, v\right)\sin\left(\xi_n u\right)\times \\
&\times\left[\sinh\left\{\left(b-|y-v|\right)\sqrt{\frac{(\xi_n^2\eta_x+s)}{\eta_y}}\right\}+\sinh\left\{\left(b-y-v\right)\sqrt{\frac{(\xi_n^2\eta_x+s)}{\eta_y}}\right\}\right]du\,dv
\end{aligned}
\tag{7.7.1}
$$

where $\overline{\overline{\psi}}_{0y}\,(m, s) = \int_0^b \overline{\psi}_{0y}\,(y, s)\cos\left(\xi_m y\right)dy$, $\overline{\psi}_{0y}\,(y, s) = \int_0^\infty \psi_{0y}\,(y, t)\,e^{-st}dt$, $\overline{\overline{\psi}}_{ay}\,(m, s) = \int_0^b \overline{\psi}_{ay}\,(m, s)\cos\left(\xi_m y\right)dy$, $\overline{\psi}_{ay}\,(y, s) = \int_0^\infty \psi_{ay}\,(y, t)\,e^{-st}dt$, $\overline{\overline{\psi}}_{x0}\,(n, s) = \int_0^a \overline{\psi}_{x0}\,(x, s)\sin\left(\xi_n x\right)dx$, $\overline{\psi}_{x0}\,(x, s) = \int_0^\infty \psi_{x0}\,(x, t)\,e^{-st}dt$, $\overline{\overline{\psi}}_{xb}\,(n, s) = \int_0^a \overline{\psi}_{xb}\,(x, s)\sin\left(\xi_n x\right)dx$, $\overline{\psi}_{xb}\,(x, s) = \int_0^\infty \psi_{xb}\,(x, t)\,e^{-st}dt$, ξ_n is a positive root of $\sin\left(\xi_n a\right) = 0$, which are $\xi_n = \frac{n\pi}{a}$, $n = 1, 2, ...$, and ξ_m is a positive root of $\cos\left(\xi_m b\right) = 0$, which are $\xi_m = \frac{(2m-1)\pi}{2b}$, $m = 1, 2, ...$.

$$
\begin{aligned}
p &= \frac{U\left(t-t_0\right)}{4\phi c_t ab}\int_0^{t-t_0}q(t-t_0-\tau)\left[\Theta_3\left\{\frac{\pi\left(x-x_0\right)}{2a}, e^{-\left(\frac{\pi}{a}\right)^2\eta_x\tau}\right\}-\Theta_3\left\{\frac{\pi\left(x+x_0\right)}{2a}, e^{-\left(\frac{\pi}{a}\right)^2\eta_x\tau}\right\}\right]\times \\
&\times\left[\Theta_2\left\{\frac{\pi\left(y-y_0\right)}{2b}, e^{-\left(\frac{\pi}{b}\right)^2\eta_y\tau}\right\}+\Theta_2\left\{\frac{\pi\left(y+y_0\right)}{2b}, e^{-\left(\frac{\pi}{b}\right)^2\eta_y\tau}\right\}\right]d\tau+ \\
&+\frac{\eta_x}{4a^2b}\int_0^t\int_0^b\left[\Theta_2\left\{\frac{\pi\left(y-v\right)}{2b}, e^{-\left(\frac{\pi}{b}\right)^2\eta_y\tau}\right\}+\Theta_2\left\{\frac{\pi\left(y+v\right)}{2b}, e^{-\left(\frac{\pi}{b}\right)^2\eta_y\tau}\right\}\right]\times \\
&\times\left[\psi_{ay}\left(v, t-\tau\right)\Theta_4'\left\{\frac{\pi x}{2a}, e^{-\left(\frac{\pi}{a}\right)^2\eta_x\tau}\right\}-\psi_{0y}\left(v, t-\tau\right)\Theta_3'\left\{\frac{\pi x}{2a}, e^{-\left(\frac{\pi}{a}\right)^2\eta_x\tau}\right\}\right]dv\,d\tau+ \\
&+\frac{1}{2ab}\int_0^t\int_0^a\left[\Theta_3\left\{\frac{\pi\left(x-u\right)}{2a}, e^{-\left(\frac{\pi}{a}\right)^2\eta_x\tau}\right\}-\Theta_3\left\{\frac{\pi\left(x+u\right)}{2a}, e^{-\left(\frac{\pi}{a}\right)^2\eta_x\tau}\right\}\right]\times
\end{aligned}
$$

$$\times\left[\frac{\psi_{x0}(u,t-\tau)}{\phi c_t}\Theta_2\left\{\frac{\pi y}{2b},e^{-\left(\frac{\pi}{b}\right)^2\eta_y\tau}\right\}+\left(\frac{\eta_y}{2b}\right)\psi_{xb}(u,t-\tau)\,\Theta_1'\left\{\frac{\pi y}{2b},e^{-\left(\frac{\pi}{b}\right)^2\eta_y\tau}\right\}\right]dud\tau+$$

$$+\;\frac{1}{4ab}\int_0^b\int_0^a\varphi(u,v)\left[\Theta_3\left\{\frac{\pi(x-u)}{2a},e^{-\left(\frac{\pi}{a}\right)^2\eta_x t}\right\}-\Theta_3\left\{\frac{\pi(x+u)}{2a},e^{-\left(\frac{\pi}{a}\right)^2\eta_x t}\right\}\right]\times$$

$$\times\left[\Theta_2\left\{\frac{\pi(y-v)}{2b},e^{-\left(\frac{\pi}{b}\right)^2\eta_y t}\right\}+\Theta_2\left\{\frac{\pi(y+v)}{2b},e^{-\left(\frac{\pi}{b}\right)^2\eta_y t}\right\}\right]du\,dv \qquad (7.7.2)$$

7.8

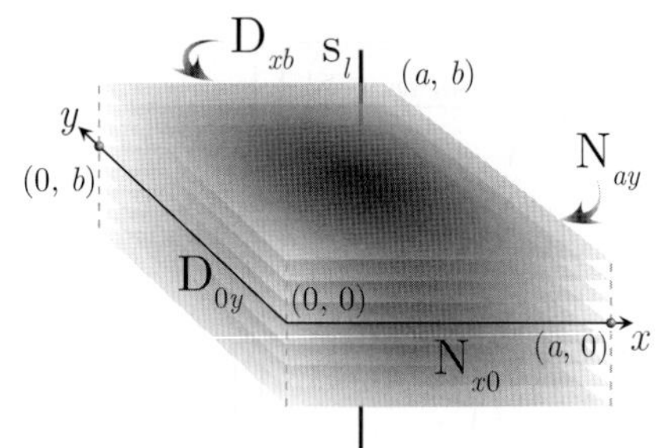

The problem of 7.1, except $\mathbf{D}_{0y}\equiv p(0,y,t)=\psi_{0y}(y,t)$, $\mathbf{N}_{ay}\equiv\frac{\partial p(a,y,t)}{\partial x}=-\left(\frac{\mu}{k_x}\right)\psi_{ay}(y,t)$, $\mathbf{N}_{x0}\equiv\frac{\partial p(x,0,t)}{\partial y}=-\left(\frac{\mu}{k_y}\right)\psi_{x0}(x,t)$ and $\mathbf{D}_{xb}\equiv p(x,b,t)=\psi_{xb}(x,t)$

$$\overline{p}=\frac{q(s)\,e^{-st_0}}{\phi c_t a}\sum_{n=1}^{\infty}\frac{\operatorname{sech}\left(b\sqrt{\frac{(\xi_n^2\eta_x+s)}{\eta_y}}\right)}{\sqrt{\{\xi_n^2\eta_x+s\}\,\eta_y}}\sin(\xi_n x_0)\sin(\xi_n x)\times$$

$$\times\left[\sinh\left\{(b-|y-y_0|)\sqrt{\frac{(\xi_n^2\eta_x+s)}{\eta_y}}\right\}+\sinh\left\{(b-y-y_0)\sqrt{\frac{(\xi_n^2\eta_x+s)}{\eta_y}}\right\}\right]+$$

$$+\;\frac{2}{b}\sum_{m=1}^{\infty}\cos(\xi_m y)\operatorname{sech}\left(a\sqrt{\frac{\xi_m^2\eta_y+s}{\eta_x}}\right)\times$$

$$\times\left[\frac{\overline{\overline{\psi}}_{ay}(\xi_m,s)}{\phi c_t\sqrt{\eta_x(\xi_m^2\eta_y+s)}}\sinh\left\{x\sqrt{\frac{\xi_m^2\eta_y+s}{\eta_x}}\right\}+\overline{\overline{\psi}}_{0y}(\xi_m,s)\cosh\left\{(a-x)\sqrt{\frac{\xi_m^2\eta_y+s}{\eta_x}}\right\}\right]+$$

$$+\;\frac{2}{a}\sum_{n=1}^{\infty}\sin(\xi_n x)\operatorname{sech}\left(b\sqrt{\frac{\xi_n^2\eta_x+s}{\eta_y}}\right)\times$$

$$\times\left[\overline{\overline{\psi}}_{xb}(\xi_n,s)\cosh\left\{y\sqrt{\frac{\xi_n^2\eta_x+s}{\eta_y}}\right\}+\frac{\overline{\overline{\psi}}_{x0}(\xi_n,s)}{\phi c_t\sqrt{\eta_y(\xi_n^2\eta_x+s)}}\sinh\left\{(b-y)\sqrt{\frac{\xi_n^2\eta_x+s}{\eta_y}}\right\}\right]+$$

$$+\;\frac{1}{a}\sum_{n=1}^{\infty}\frac{\operatorname{sech}\left(b\sqrt{\frac{(\xi_n^2\eta_x+s)}{\eta_y}}\right)\sin(\xi_n x)}{\sqrt{\{\xi_n^2\eta_x+s\}\,\eta_y}}\int_0^b\int_0^a\varphi(u,v)\sin(\xi_n u)\times$$

$$\times\left[\sinh\left\{(b-|y-v|)\sqrt{\frac{(\xi_n^2\eta_x+s)}{\eta_y}}\right\}+\sinh\left\{(b-y-v)\sqrt{\frac{(\xi_n^2\eta_x+s)}{\eta_y}}\right\}\right]du\,dv \qquad (7.8.1)$$

where $\overline{\overline{\psi}}_{0y}(m,s)=\int_0^b\overline{\psi}_{0y}(y,s)\cos(\xi_m y)\,dy$, $\overline{\psi}_{0y}(y,s)=\int_0^\infty\psi_{0y}(y,t)\,e^{-st}dt$, $\overline{\overline{\psi}}_{ay}(m,s)=\int_0^b\overline{\psi}_{ay}(m,s)\cos(\xi_m y)\,dy$, $\overline{\psi}_{ay}(y,s)=\int_0^\infty\psi_{ay}(y,t)\,e^{-st}dt$, $\overline{\overline{\psi}}_{x0}(n,s)=\int_0^a\overline{\psi}_{x0}(x,s)\sin(\xi_n x)\,dx$, $\overline{\psi}_{x0}(x,s)=\int_0^\infty\psi_{x0}(x,t)\,e^{-st}dt$, $\overline{\overline{\psi}}_{xb}(n,s)=\int_0^a\overline{\psi}_{xb}(x,s)\sin(\xi_n x)\,dx$, $\overline{\psi}_{xb}(x,s)=\int_0^\infty\psi_{xb}(x,t)\,e^{-st}dt$, ξ_n is a positive root of $\cos(\xi_n a)=0$, which are $\xi_n=\frac{(2n-1)\pi}{2a}$, $n=1,2,...$, and ξ_m is a positive root of $\cos(\xi_m b)=0$, which are $\xi_m=\frac{(2m-1)\pi}{2b}$, $m=1,2,....$

$$
\begin{aligned}
p \;=\; & \frac{U\left(t-t_0\right)}{4\phi c_t ab}\int\limits_0^{t-t_0} q\left(t-t_0-\tau\right)\left[\Theta_2\left\{\frac{\pi\left(x-x_0\right)}{2a}, e^{-\left(\frac{\pi}{a}\right)^2\eta_x\tau}\right\}-\Theta_2\left\{\frac{\pi\left(x+x_0\right)}{2a}, e^{-\left(\frac{\pi}{a}\right)^2\eta_x\tau}\right\}\right]\times\\
&\times\left[\Theta_2\left\{\frac{\pi\left(y-y_0\right)}{2b}, e^{-\left(\frac{\pi}{b}\right)^2\eta_y\tau}\right\}+\Theta_2\left\{\frac{\pi\left(y+y_0\right)}{2b}, e^{-\left(\frac{\pi}{b}\right)^2\eta_y\tau}\right\}\right]d\tau\,-\\
&-\frac{1}{2ab}\int\limits_0^{t}\int\limits_0^{b}\left[\Theta_2\left\{\frac{\pi\left(y-v\right)}{2b}, e^{-\left(\frac{\pi}{b}\right)^2\eta_y\tau}\right\}+\Theta_2\left\{\frac{\pi\left(y+v\right)}{2b}, e^{-\left(\frac{\pi}{b}\right)^2\eta_y\tau}\right\}\right]\times\\
&\times\left[\left(\frac{\eta_x}{2a}\right)\psi_{0y}\left(v,t-\tau\right)\Theta_2'\left\{\frac{\pi x}{2a}, e^{-\left(\frac{\pi}{a}\right)^2\eta_x\tau}\right\}+\frac{\psi_{ay}\left(v,t-\tau\right)}{\phi c_t}\Theta_1'\left\{\frac{\pi x}{2a}, e^{-\left(\frac{\pi}{a}\right)^2\eta_x\tau}\right\}\right]dv\,d\tau\,+\\
&+\frac{1}{2ab}\int\limits_0^{t}\int\limits_0^{a}\left[\Theta_2\left\{\frac{\pi\left(x-u\right)}{2a}, e^{-\left(\frac{\pi}{a}\right)^2\eta_x\tau}\right\}-\Theta_2\left\{\frac{\pi\left(x+u\right)}{2a}, e^{-\left(\frac{\pi}{a}\right)^2\eta_x\tau}\right\}\right]\times\\
&\times\left[\frac{\psi_{x0}\left(u,t-\tau\right)}{\phi c_t}\Theta_2\left\{\frac{\pi y}{2b}, e^{-\left(\frac{\pi}{b}\right)^2\eta_y\tau}\right\}+\left(\frac{\eta_y}{2b}\right)\psi_{xb}\left(u,t-\tau\right)\Theta_1'\left\{\frac{\pi y}{2b}, e^{-\left(\frac{\pi}{b}\right)^2\eta_y\tau}\right\}\right]du\,d\tau\,+\\
&+\frac{1}{4ab}\int\limits_0^{b}\int\limits_0^{a}\varphi\left(u,v\right)\left[\Theta_2\left\{\frac{\pi\left(x-u\right)}{2a}, e^{-\left(\frac{\pi}{a}\right)^2\eta_x t}\right\}-\Theta_2\left\{\frac{\pi\left(x+u\right)}{2a}, e^{-\left(\frac{\pi}{a}\right)^2\eta_x t}\right\}\right]\times\\
&\times\left[\Theta_2\left\{\frac{\pi\left(y-v\right)}{2b}, e^{-\left(\frac{\pi}{b}\right)^2\eta_y t}\right\}+\Theta_2\left\{\frac{\pi\left(y+v\right)}{2b}, e^{-\left(\frac{\pi}{b}\right)^2\eta_y t}\right\}\right]du\,dv
\end{aligned}
\qquad (7.8.2)
$$

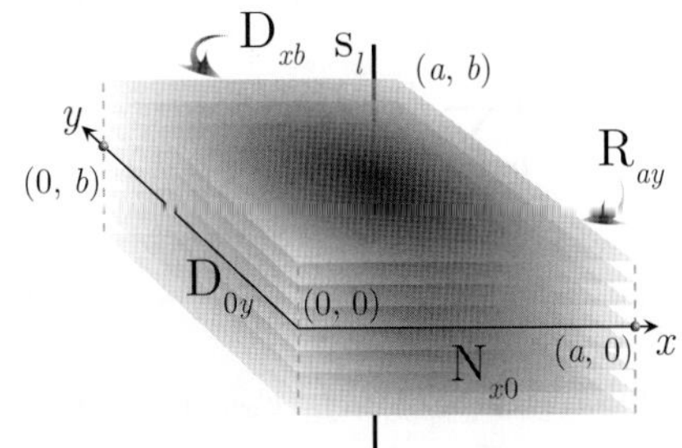

7.9 The problem of 7.1, except $\mathbf{D_{0y}} \equiv p\left(0,y,t\right)=\psi_{0y}\left(y,t\right)$, $\mathbf{R_{ay}} \equiv \frac{\partial p(a,y,t)}{\partial x}+\lambda_{ay}p\left(a,y,t\right)=-\left(\frac{\mu}{k_x}\right)\psi_{ay}\left(y,t\right)$, $\mathbf{N_{x0}} \equiv \frac{\partial p(x,0,t)}{\partial y}=-\left(\frac{\mu}{k_y}\right)\psi_{x0}\left(x,t\right)$ and $\mathbf{D_{xb}} \equiv p\left(x,b,t\right)=\psi_{xb}\left(x,t\right)$

$$
\begin{aligned}
\overline{p} \;=\; & \frac{q\left(s\right)e^{-st_0}}{\phi c_t}\sum_{n=1}^{\infty}\frac{\left(\xi_n^2+\lambda_{ay}^2\right)\operatorname{sech}\left(b\sqrt{\frac{\left(\xi_n^2\eta_x+s\right)}{\eta_y}}\right)\sin\left(\xi_n x_0\right)\sin\left(\xi_n x\right)}{\left\{a\left(\xi_n^2+\lambda_{ay}^2\right)+\lambda_{ay}\right\}\sqrt{\left\{\xi_n^2\eta_x+s\right\}\eta_y}}\times\\
&\times\left[\sinh\left\{\left(b-\left|y-y_0\right|\right)\sqrt{\frac{\left(\xi_n^2\eta_x+s\right)}{\eta_y}}\right\}+\sinh\left\{\left(b-y-y_0\right)\sqrt{\frac{\left(\xi_n^2\eta_x+s\right)}{\eta_y}}\right\}\right]+\\
&+\frac{4}{b\phi c_t}\sum_{n=1}^{\infty}\sum_{m=1}^{\infty}\frac{\left(\xi_n^2+\lambda_{ay}^2\right)\left\{\xi_n\left(\frac{k_x}{\mu}\right)\overline{\overline{\psi}}_{0y}\left(\xi_m,s\right)-\overline{\overline{\psi}}_{ay}\left(\xi_m,s\right)\sin\left(\xi_n a\right)\right\}\sin\left(\xi_n x\right)\cos\left(\xi_m y\right)}{\left\{a\left(\xi_n^2+\lambda_{ay}^2\right)+\lambda_{ay}\right\}\left\{\xi_n^2\eta_x+\xi_m^2\eta_y+s\right\}}+\\
&+2\sum_{n=1}^{\infty}\frac{\left(\xi_n^2+\lambda_{ay}^2\right)\sin\left(\xi_n x\right)}{\left\{a\left(\xi_n^2+\lambda_{ay}^2\right)+\lambda_{ay}\right\}}\operatorname{sech}\left(b\sqrt{\frac{\xi_n^2\eta_x+s}{\eta_y}}\right)\times\\
&\times\left[\overline{\overline{\psi}}_{xb}\left(\xi_n,s\right)\cosh\left\{y\sqrt{\frac{\xi_n^2\eta_x+s}{\eta_y}}\right\}+\frac{\overline{\overline{\psi}}_{x0}\left(\xi_n,s\right)}{\phi c_t\sqrt{\eta_y\left(\xi_n^2\eta_x+s\right)}}\sinh\left\{\left(b-y\right)\sqrt{\frac{\xi_n^2\eta_x+s}{\eta_y}}\right\}\right]+\\
&+\sum_{n=1}^{\infty}\frac{\left(\xi_n^2+\lambda_{ay}^2\right)\operatorname{sech}\left(b\sqrt{\frac{\left(\xi_n^2\eta_x+s\right)}{\eta_y}}\right)\sin\left(\xi_n x\right)}{\left\{a\left(\xi_n^2+\lambda_{ay}^2\right)+\lambda_{ay}\right\}\sqrt{\left\{\xi_n^2\eta_x+s\right\}\eta_y}}\int\limits_0^{b}\int\limits_0^{a}\varphi\left(u,v\right)\sin\left(\xi_n u\right)\times\\
&\times\left[\sinh\left\{\left(b-\left|y-v\right|\right)\sqrt{\frac{\left(\xi_n^2\eta_x+s\right)}{\eta_y}}\right\}+\sinh\left\{\left(b-y-v\right)\sqrt{\frac{\left(\xi_n^2\eta_x+s\right)}{\eta_y}}\right\}\right]du\,dv
\end{aligned}
\qquad (7.9.1)
$$

where $\overline{\overline{\psi}}_{0y}(m,s)=\int_0^b \overline{\psi}_{0y}(y,s)\cos(\xi_m y)\,dy$, $\overline{\psi}_{0y}(y,s)=\int_0^\infty \psi_{0y}(y,t)\,e^{-st}dt$, $\overline{\overline{\psi}}_{ay}(m,s)=\int_0^b \overline{\psi}_{ay}(m,s)\cos(\xi_m y)\,dy$, $\overline{\psi}_{ay}(y,s)=\int_0^\infty \psi_{ay}(y,t)\,e^{-st}dt$, $\overline{\overline{\psi}}_{x0}(n,s)=\int_0^a \overline{\psi}_{x0}(x,s)\sin(\xi_n x)\,dx$, $\overline{\psi}_{x0}(x,s)=\int_0^\infty \psi_{x0}(x,t)\,e^{-st}dt$, $\overline{\overline{\psi}}_{xb}(n,s)=\int_0^a \overline{\psi}_{xb}(x,s)\sin(\xi_n x)\,dx$, $\overline{\psi}_{xb}(x,s)=\int_0^\infty \psi_{xb}(x,t)\,e^{-st}dt$, ξ_n is a positive root of $\xi_n\cot(\xi_n a)=-\lambda_{ay}$ and ξ_m is a positive root of $\cos(\xi_m b)=0$, which are $\xi_m=\frac{(2m-1)\pi}{2b}$, $m=1,2,\ldots$.

$$
\begin{aligned}
p \;=\; & \frac{U(t-t_0)}{b\phi c_t}\sum_{n=1}^{\infty}\frac{(\xi_n^2+\lambda_{ay}^2)\sin(\xi_n x_0)\sin(\xi_n x)}{\{a(\xi_n^2+\lambda_{ay}^2)+\lambda_{ay}\}}\int_0^{t-t_0} q(t-t_0-\tau)\,e^{-\xi_n^2\eta_x\tau}\times\\
&\times\left[\Theta_2\left\{\frac{\pi(y-y_0)}{2b},e^{-\left(\frac{\pi}{b}\right)^2\eta_y\tau}\right\}+\Theta_2\left\{\frac{\pi(y+y_0)}{2b},e^{-\left(\frac{\pi}{b}\right)^2\eta_y\tau}\right\}\right]d\tau+\\
&+\frac{1}{b}\sum_{n=1}^{\infty}\frac{(\xi_n^2+\lambda_{ay}^2)\sin(\xi_n x)}{\{a(\xi_n^2+\lambda_{ay}^2)+\lambda_{ay}\}}\int_0^t\int_0^b\left[\Theta_2\left\{\frac{\pi(y-v)}{2b},e^{-\left(\frac{\pi}{b}\right)^2\eta_y\tau}\right\}+\Theta_2\left\{\frac{\pi(y+v)}{2b},e^{-\left(\frac{\pi}{b}\right)^2\eta_y\tau}\right\}\right]\times\\
&\times\left\{\eta_x\xi_n\psi_{0y}(v,t-\tau)-\frac{\psi_{ay}(v,t-\tau)\sin(\xi_n a)}{\phi c_t}\right\}e^{-\xi_n^2\eta_x\tau}dv\,d\tau+\\
&+\frac{2}{b}\sum_{n=1}^{\infty}\frac{(\xi_n^2+\lambda_{ay}^2)\sin(\xi_n x)}{\{a(\xi_n^2+\lambda_{ay}^2)+\lambda_{ay}\}}\times\\
&\times\int_0^t\left[\frac{\overline{\psi}_{x0}(\xi_n,t-\tau)}{\phi c_t}\Theta_2\left\{\frac{\pi y}{2b},e^{-\left(\frac{\pi}{b}\right)^2\eta_y\tau}\right\}+\left(\frac{\eta_y}{2b}\right)\overline{\psi}_{xb}(\xi_n,t-\tau)\,\Theta_1'\left\{\frac{\pi y}{2b},e^{-\left(\frac{\pi}{b}\right)^2\eta_y\tau}\right\}\right]e^{-\xi_n^2\eta_x\tau}d\tau+\\
&+\frac{1}{b}\sum_{n=1}^{\infty}\frac{(\xi_n^2+\lambda_{ay}^2)\sin(\xi_n x)\,e^{-\xi_n^2\eta_x t}}{\{a(\xi_n^2+\lambda_{ay}^2)+\lambda_{ay}\}}\int_0^b\int_0^a\varphi(u,v)\sin(\xi_n u)\times\\
&\times\left[\Theta_2\left\{\frac{\pi(y-v)}{2b},e^{-\left(\frac{\pi}{b}\right)^2\eta_y t}\right\}+\Theta_2\left\{\frac{\pi(y+v)}{2b},e^{-\left(\frac{\pi}{b}\right)^2\eta_y t}\right\}\right]du\,dv
\end{aligned}
\tag{7.9.2}
$$

where $\overline{\psi}_{x0}(n,t)=\int_0^a \psi_{x0}(x,t)\sin(\xi_n x)\,dx$, and $\overline{\psi}_{xb}(n,t)=\int_0^a \psi_{xb}(x,t)\sin(\xi_n x)\,dx$.

7.10 **The problem of 7.1, except $D_{0y}\equiv p(0,y,t)=\psi_{0y}(y,t)$, $D_{ay}\equiv p(a,y,t)=\psi_{ay}(y,t)$, $N_{x0}\equiv\frac{\partial p(x,0,t)}{\partial y}=-\left(\frac{\mu}{k_y}\right)\psi_{x0}(x,t)$ and $N_{xb}\equiv\frac{\partial p(x,b,t)}{\partial y}=-\left(\frac{\mu}{k_y}\right)\psi_{xb}(x,t)$**

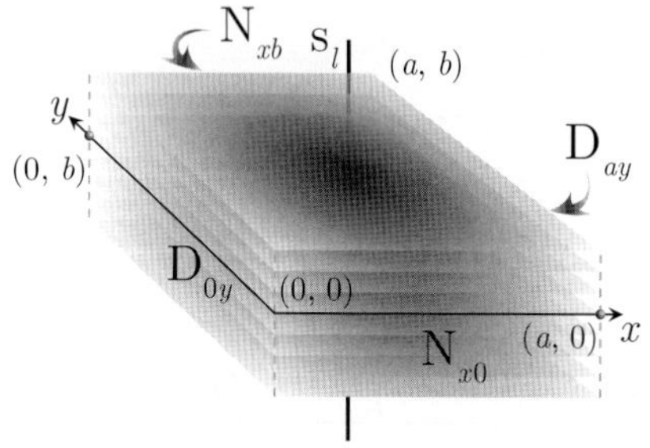

$$
\begin{aligned}
\overline{p} \;=\; & \frac{q(s)\,e^{-st_0}}{\phi c_t a}\sum_{n=1}^{\infty}\frac{\operatorname{csch}\left(b\sqrt{\frac{(\xi_n^2\eta_x+s)}{\eta_y}}\right)}{\sqrt{\{\xi_n^2\eta_x+s\}\eta_y}}\sin(\xi_n x_0)\sin(\xi_n x)\times\\
&\times\left[\cosh\left\{(b-|y-y_0|)\sqrt{\frac{(\xi_n^2\eta_x+s)}{\eta_y}}\right\}+\cosh\left\{(b-y-y_0)\sqrt{\frac{(\xi_n^2\eta_x+s)}{\eta_y}}\right\}\right]+\\
&+\frac{2}{b}\sum_{m=0}^{\infty}\ni_m\cos(\xi_m y)\times\\
&\times\operatorname{csch}\left(a\sqrt{\frac{\xi_m^2\eta_y+s}{\eta_x}}\right)\left[\overline{\overline{\psi}}_{ay}(\xi_m,s)\sinh\left\{x\sqrt{\frac{\xi_m^2\eta_y+s}{\eta_x}}\right\}+\overline{\overline{\psi}}_{0y}(\xi_m,s)\sinh\left\{(a-x)\sqrt{\frac{\xi_m^2\eta_y+s}{\eta_x}}\right\}\right]+
\end{aligned}
$$

$$+\frac{2}{\phi c_t a\sqrt{\eta_y}}\sum_{n=1}^{\infty}\sin(\xi_n x)\times$$

$$\times\frac{\operatorname{csch}\left(b\sqrt{\frac{\xi_n^2\eta_x+s}{\eta_y}}\right)}{\sqrt{\xi_n^2\eta_x+s}}\left[\overline{\overline{\psi}}_{x0}(\xi_n,s)\cosh\left\{(b-y)\sqrt{\frac{\xi_n^2\eta_x+s}{\eta_y}}\right\}-\overline{\overline{\psi}}_{xb}(\xi_n,s)\cosh\left\{y\sqrt{\frac{\xi_n^2\eta_x+s}{\eta_y}}\right\}\right]+$$

$$+\frac{1}{a}\sum_{n=1}^{\infty}\frac{\operatorname{csch}\left(b\sqrt{\frac{(\xi_n^2\eta_x+s)}{\eta_y}}\right)\sin(\xi_n x)}{\sqrt{\{\xi_n^2\eta_x+s\}\eta_y}}\int_0^b\int_0^a\varphi(u,v)\sin(\xi_n u)\times$$

$$\times\left[\cosh\left\{(b-|y-v|)\sqrt{\frac{(\xi_n^2\eta_x+s)}{\eta_y}}\right\}+\cosh\left\{(b-y-v)\sqrt{\frac{(\xi_n^2\eta_x+s)}{\eta_y}}\right\}\right]du\,dv \qquad (7.10.1)$$

where $\overline{\overline{\psi}}_{0y}(m,s)=\int_0^b\overline{\psi}_{0y}(y,s)\cos(\xi_m y)\,dy$, $\overline{\psi}_{0y}(y,s)=\int_0^\infty\psi_{0y}(y,t)\,e^{-st}dt$, $\overline{\overline{\psi}}_{ay}(m,s)=\int_0^b\overline{\psi}_{ay}(m,s)\cos(\xi_m y)\,dy$, $\overline{\psi}_{ay}(y,s)=\int_0^\infty\psi_{ay}(y,t)\,e^{-st}dt$, $\overline{\overline{\psi}}_{x0}(n,s)=\int_0^a\overline{\psi}_{x0}(x,s)\sin(\xi_n x)\,dx$, $\overline{\psi}_{x0}(x,s)=\int_0^\infty\psi_{x0}(x,t)\,e^{-st}dt$, $\overline{\overline{\psi}}_{xb}(n,s)=\int_0^a\overline{\psi}_{xb}(x,s)\sin(\xi_n x)\,dx$, $\overline{\psi}_{xb}(x,s)=\int_0^\infty\psi_{xb}(x,t)\,e^{-st}dt$, ξ_n is a positive root of $\sin(\xi_n a)=0$, which are $\xi_n=\frac{n\pi}{a}$, $n=1,2,...$, and ξ_m is a positive root of $\sin(\xi_m b)=0$, which are $\xi_m=\frac{m\pi}{b}$, $m=0,1,2,....$
$\ni_m=\begin{cases}\frac{1}{2}, & m=0\\ 1, & m=1,2,....\end{cases}$.

$$p=\frac{U(t-t_0)}{4\phi c_t ab}\int_0^{t-t_0}q(t-t_0-\tau)\left[\Theta_3\left\{\frac{\pi(x-x_0)}{2a},e^{-\left(\frac{\pi}{a}\right)^2\eta_x\tau}\right\}-\Theta_3\left\{\frac{\pi(x+x_0)}{2a},e^{-\left(\frac{\pi}{a}\right)^2\eta_x\tau}\right\}\right]\times$$

$$\times\left[\Theta_3\left\{\frac{\pi(y-y_0)}{2b},e^{-\left(\frac{\pi}{b}\right)^2\eta_y\tau}\right\}+\Theta_3\left\{\frac{\pi(y+y_0)}{2b},e^{-\left(\frac{\pi}{b}\right)^2\eta_y\tau}\right\}\right]d\tau+$$

$$+\frac{\eta_x}{4a^2b}\int_0^t\int_0^b\left[\Theta_3\left\{\frac{\pi(y-v)}{2b},e^{-\left(\frac{\pi}{b}\right)^2\eta_y\tau}\right\}+\Theta_3\left\{\frac{\pi(y+v)}{2b},e^{-\left(\frac{\pi}{b}\right)^2\eta_y\tau}\right\}\right]\times$$

$$\times\left[\Theta_4'\left\{\frac{\pi x}{2a},e^{-\left(\frac{\pi}{a}\right)^2\eta_x\tau}\right\}\psi_{ay}(v,t-\tau)-\Theta_3'\left\{\frac{\pi x}{2a},e^{-\left(\frac{\pi}{a}\right)^2\eta_x\tau}\right\}\psi_{0y}(v,t-\tau)\right]dvd\tau+$$

$$+\frac{1}{2ab\phi c_t}\int_0^t\int_0^a\left[\Theta_3\left\{\frac{\pi(x-u)}{2a},e^{-\left(\frac{\pi}{a}\right)^2\eta_x\tau}\right\}-\Theta_3\left\{\frac{\pi(x+u)}{2a},e^{-\left(\frac{\pi}{a}\right)^2\eta_x\tau}\right\}\right]\times$$

$$\times\int_0^t\left[\Theta_3\left\{\frac{\pi y}{2b},e^{-\left(\frac{\pi}{b}\right)^2\eta_y\tau}\right\}\psi_{x0}(u,t-\tau)-\Theta_4\left\{\frac{\pi y}{2b},e^{-\left(\frac{\pi}{b}\right)^2\eta_y\tau}\right\}\psi_{xb}(u,t-\tau)\right]dud\tau+$$

$$+\frac{1}{4ab}\int_0^b\int_0^a\varphi(u,v)\left[\Theta_3\left\{\frac{\pi(x-u)}{2a},e^{-\left(\frac{\pi}{a}\right)^2\eta_x t}\right\}-\Theta_3\left\{\frac{\pi(x+u)}{2a},e^{-\left(\frac{\pi}{a}\right)^2\eta_x t}\right\}\right]\times$$

$$\times\left[\Theta_3\left\{\frac{\pi(y-v)}{2b},e^{-\left(\frac{\pi}{b}\right)^2\eta_y t}\right\}+\Theta_3\left\{\frac{\pi(y+v)}{2b},e^{-\left(\frac{\pi}{b}\right)^2\eta_y t}\right\}\right]dudv \qquad (7.10.2)$$

7.11

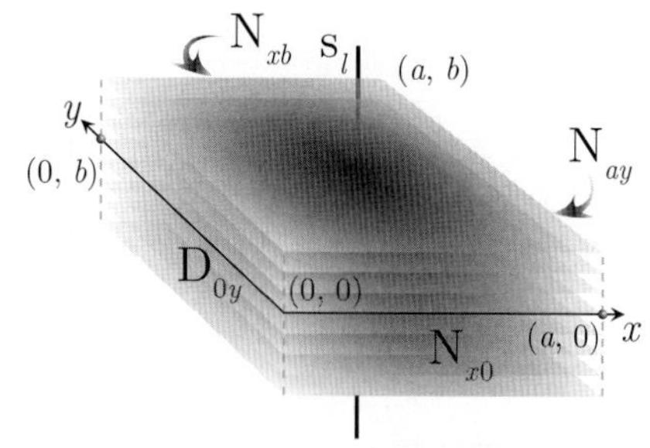

The problem of 7.1, except $\mathbf{D_{0y} \equiv p(0,y,t) = \psi_{0y}(y,t)}$, $\mathbf{N_{ay} \equiv \frac{\partial p(a,y,t)}{\partial x} = -\left(\frac{\mu}{k_x}\right)\psi_{ay}(y,t)}$, $\mathbf{N_{x0} \equiv \frac{\partial p(x,0,t)}{\partial y} = -\left(\frac{\mu}{k_y}\right)\psi_{x0}(x,t)}$ **and** $\mathbf{N_{xb} \equiv \frac{\partial p(x,b,t)}{\partial y} = -\left(\frac{\mu}{k_y}\right)\psi_{xb}(x,t)}$

$$\begin{aligned}
\overline{p} &= \frac{q(s)\,e^{-st_0}}{\phi c_t a}\sum_{n=1}^{\infty}\frac{\operatorname{csch}\left(b\sqrt{\frac{(\xi_n^2\eta_x+s)}{\eta_y}}\right)}{\sqrt{\{\xi_n^2\eta_x+s\}\,\eta_y}}\sin(\xi_n x_0)\sin(\xi_n x)\times \\
&\times\left[\cosh\left\{(b-|y-y_0|)\sqrt{\frac{(\xi_n^2\eta_x+s)}{\eta_y}}\right\}+\cosh\left\{(b-y-y_0)\sqrt{\frac{(\xi_n^2\eta_x+s)}{\eta_y}}\right\}\right]+ \\
&+\frac{2}{b}\sum_{m=0}^{\infty}\ni_m\cos(\xi_m y)\operatorname{sech}\left(a\sqrt{\frac{\xi_m^2\eta_y+s}{\eta_x}}\right)\times \\
&\times\left[\frac{\overline{\overline{\psi}}_{ay}(\xi_m,s)}{\phi c_t\sqrt{\eta_x(\xi_m^2\eta_y+s)}}\sinh\left\{x\sqrt{\frac{\xi_m^2\eta_y+s}{\eta_x}}\right\}+\overline{\overline{\psi}}_{0y}(\xi_m,s)\cosh\left\{(a-x)\sqrt{\frac{\xi_m^2\eta_y+s}{\eta_x}}\right\}\right]+ \\
&+\frac{2}{\phi c_t a\sqrt{\eta_y}}\sum_{n=1}^{\infty}\frac{\operatorname{csch}\left(b\sqrt{\frac{\xi_n^2\eta_x+s}{\eta_y}}\right)\sin(\xi_n x)}{\sqrt{\xi_n^2\eta_x+s}}\times \\
&\times\left[\overline{\overline{\psi}}_{x0}(\xi_n,s)\cosh\left\{(b-y)\sqrt{\frac{\xi_n^2\eta_x+s}{\eta_y}}\right\}-\overline{\overline{\psi}}_{xb}(\xi_n,s)\cosh\left\{y\sqrt{\frac{\xi_n^2\eta_x+s}{\eta_y}}\right\}\right]+ \\
&+\frac{1}{a}\sum_{n=1}^{\infty}\frac{\operatorname{csch}\left(b\sqrt{\frac{(\xi_n^2\eta_x+s)}{\eta_y}}\right)\sin(\xi_n x)}{\sqrt{\{\xi_n^2\eta_x+s\}\,\eta_y}}\int_0^b\int_0^a\varphi(u,v)\sin(\xi_n u)\times \\
&\times\left[\cosh\left\{(b-|y-v|)\sqrt{\frac{(\xi_n^2\eta_x+s)}{\eta_y}}\right\}+\cosh\left\{(b-y-v)\sqrt{\frac{(\xi_n^2\eta_x+s)}{\eta_y}}\right\}\right]du\,dv \qquad (7.11.1)
\end{aligned}$$

where $\overline{\overline{\psi}}_{0y}(m,s)=\int_0^b\overline{\psi}_{0y}(y,s)\cos(\xi_m y)\,dy$, $\overline{\psi}_{0y}(y,s)=\int_0^\infty\psi_{0y}(y,t)\,e^{-st}dt$, $\overline{\overline{\psi}}_{ay}(m,s)=\int_0^b\overline{\psi}_{ay}(m,s)\cos(\xi_m y)\,dy$, $\overline{\psi}_{ay}(y,s)=\int_0^\infty\psi_{ay}(y,t)\,e^{-st}dt$, $\overline{\overline{\psi}}_{x0}(n,s)=\int_0^a\overline{\psi}_{x0}(x,s)\sin(\xi_n x)\,dx$, $\overline{\psi}_{x0}(x,s)=\int_0^\infty\psi_{x0}(x,t)\,e^{-st}dt$, $\overline{\overline{\psi}}_{xb}(n,s)=\int_0^a\overline{\psi}_{xb}(x,s)\sin(\xi_n x)\,dx$, $\overline{\psi}_{xb}(x,s)=\int_0^\infty\psi_{xb}(x,t)\,e^{-st}dt$, ξ_n is a positive root of $\cos(\xi_n a)=0$, which are $\xi_n=\frac{(2n-1)\pi}{2a}$, $n=1,2,...,$ and ξ_m is a positive root of $\sin(\xi_m b)=0$, which are $\xi_m=\frac{m\pi}{b}$, $m=0,1,2,....$

$$\begin{aligned}
p &= \frac{U(t-t_0)}{4\phi c_t ab}\int_0^{t-t_0}q(t-t_0-\tau)\left[\Theta_2\left\{\frac{\pi(x-x_0)}{2a},e^{-\left(\frac{\pi}{a}\right)^2\eta_x\tau}\right\}-\Theta_2\left\{\frac{\pi(x+x_0)}{2a},e^{-\left(\frac{\pi}{a}\right)^2\eta_x\tau}\right\}\right]\times \\
&\times\left[\Theta_3\left\{\frac{\pi(y-y_0)}{2b},e^{-\left(\frac{\pi}{b}\right)^2\eta_y\tau}\right\}+\Theta_3\left\{\frac{\pi(y+y_0)}{2b},e^{-\left(\frac{\pi}{b}\right)^2\eta_y\tau}\right\}\right]d\tau- \\
&-\frac{1}{2ab}\int_0^t\int_0^b\left[\Theta_3\left\{\frac{\pi(y-v)}{2b},e^{-\left(\frac{\pi}{b}\right)^2\eta_y\tau}\right\}+\Theta_3\left\{\frac{\pi(y+v)}{2b},e^{-\left(\frac{\pi}{b}\right)^2\eta_y\tau}\right\}\right]\times \\
&\times\left[\left(\frac{\eta_x}{2a}\right)\psi_{0y}(v,t-\tau)\,\Theta_2'\left\{\frac{\pi x}{2a},e^{-\left(\frac{\pi}{a}\right)^2\eta_x\tau}\right\}+\frac{\psi_{ay}(v,t-\tau)}{\phi c_t}\Theta_1\left\{\frac{\pi x}{2a},e^{-\left(\frac{\pi}{a}\right)^2\eta_x\tau}\right\}\right]dv\,d\tau+
\end{aligned}$$

$$+\frac{1}{2ab\phi c_t}\int_0^t\int_0^a\left[\Theta_2\left\{\frac{\pi(x-u)}{2a},e^{-\left(\frac{\pi}{a}\right)^2\eta_x\tau}\right\}-\Theta_2\left\{\frac{\pi(x+u)}{2a},e^{-\left(\frac{\pi}{a}\right)^2\eta_x\tau}\right\}\right]\times$$
$$\times\left[\Theta_3\left\{\frac{\pi y}{2b},e^{-\left(\frac{\pi}{b}\right)^2\eta_y\tau}\right\}\psi_{x0}(u,t-\tau)-\Theta_4\left\{\frac{\pi y}{2b},e^{-\left(\frac{\pi}{b}\right)^2\eta_y\tau}\right\}\psi_{xb}(u,t-\tau)\right]dud\tau+$$
$$+\frac{1}{4ab}\int_0^b\int_0^a\varphi(u,v)\left[\Theta_2\left\{\frac{\pi(x-u)}{2a},e^{-\left(\frac{\pi}{a}\right)^2\eta_x t}\right\}-\Theta_2\left\{\frac{\pi(x+u)}{2a},e^{-\left(\frac{\pi}{a}\right)^2\eta_x t}\right\}\right]\times$$
$$\times\left[\Theta_3\left\{\frac{\pi(y-v)}{2b},e^{-\left(\frac{\pi}{b}\right)^2\eta_y t}\right\}+\Theta_3\left\{\frac{\pi(y+v)}{2b},e^{-\left(\frac{\pi}{b}\right)^2\eta_y t}\right\}\right]du\,dv \tag{7.11.2}$$

7.12 The problem of 7.1, except $\mathbf{D_{0y}} \equiv p(0,y,t)=\psi_{0y}(y,t)$, $\mathbf{R_{ay}} \equiv \frac{\partial p(a,y,t)}{\partial x}+\lambda_{ay}p(a,y,t)=-\left(\frac{\mu}{k_x}\right)\psi_{ay}(y,t)$, $\mathbf{N_{x0}} \equiv \frac{\partial p(x,0,t)}{\partial y}=-\left(\frac{\mu}{k_y}\right)\psi_{x0}(x,t)$ and $\mathbf{N_{xb}} \equiv \frac{\partial p(x,b,t)}{\partial y}=-\left(\frac{\mu}{k_y}\right)\psi_{xb}(x,t)$

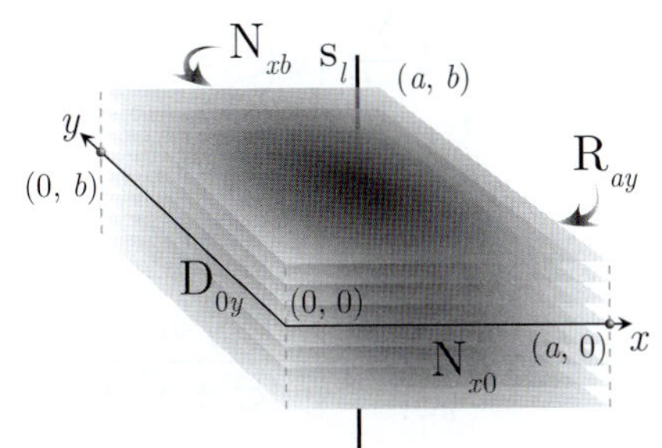

$$\overline{p}=\frac{q(s)e^{-st_0}}{\phi c_t}\sum_{n=1}^{\infty}\frac{\left(\xi_n^2+\lambda_{ay}^2\right)\operatorname{csch}\left(b\sqrt{\frac{(\xi_n^2\eta_x+s)}{\eta_y}}\right)\sin(\xi_n x_0)\sin(\xi_n x)}{\left\{a\left(\xi_n^2+\lambda_{ay}^2\right)+\lambda_{ay}\right\}\sqrt{\{\xi_n^2\eta_x+s\}\eta_y}}\times$$
$$\times\left[\cosh\left\{(b-|y-y_0|)\sqrt{\frac{(\xi_n^2\eta_x+s)}{\eta_y}}\right\}+\cosh\left\{(b-y-y_0)\sqrt{\frac{(\xi_n^2\eta_x+s)}{\eta_y}}\right\}\right]+$$
$$+\frac{4}{\phi c_t b}\sum_{n=1}^{\infty}\frac{\left(\xi_n^2+\lambda_{ay}^2\right)\sin(\xi_n x)}{\left\{a\left(\xi_n^2+\lambda_{ay}^2\right)+\lambda_{ay}\right\}}\sum_{m=0}^{\infty}\frac{\ni_m\left\{\xi_n\left(\frac{k_x}{\mu}\right)\overline{\overline{\psi}}_{0y}(\xi_m,s)-\overline{\overline{\psi}}_{ay}(\xi_m,s)\sin(\xi_n a)\right\}\cos(\xi_m y)}{\left\{\xi_n^2\eta_x+\xi_m^2\eta_y+s\right\}}+$$
$$+\frac{2}{\phi c_t\sqrt{\eta_y}}\sum_{n=1}^{\infty}\frac{\left(\xi_n^2+\lambda_{ay}^2\right)\operatorname{csch}\left(b\sqrt{\frac{\xi_n^2\eta_x+s}{\eta_y}}\right)\sin(\xi_n x)}{\left\{a\left(\xi_n^2+\lambda_{ay}^2\right)+\lambda_{ay}\right\}\sqrt{\xi_n^2\eta_x+s}}\times$$
$$\times\left[\overline{\overline{\psi}}_{x0}(\xi_n,s)\cosh\left\{(b-y)\sqrt{\frac{\xi_n^2\eta_x+s}{\eta_y}}\right\}-\overline{\overline{\psi}}_{xb}(\xi_n,s)\cosh\left\{y\sqrt{\frac{\xi_n^2\eta_x+s}{\eta_y}}\right\}\right]+$$
$$+\sum_{n=1}^{\infty}\frac{\left(\xi_n^2+\lambda_{ay}^2\right)\operatorname{csch}\left(b\sqrt{\frac{(\xi_n^2\eta_x+s)}{\eta_y}}\right)\sin(\xi_n x)}{\left\{a\left(\xi_n^2+\lambda_{ay}^2\right)+\lambda_{ay}\right\}\sqrt{\{\xi_n^2\eta_x+s\}\eta_y}}\int_0^b\int_0^a\varphi(u,v)\sin(\xi_n u)\times$$
$$\times\left[\cosh\left\{(b-|y-v|)\sqrt{\frac{(\xi_n^2\eta_x+s)}{\eta_y}}\right\}+\cosh\left\{(b-y-v)\sqrt{\frac{(\xi_n^2\eta_x+s)}{\eta_y}}\right\}\right]du\,dv \tag{7.12.1}$$

where $\overline{\overline{\psi}}_{0y}(m,s)=\int_0^b\overline{\psi}_{0y}(y,s)\cos(\xi_m y)\,dy$, $\overline{\psi}_{0y}(y,s)=\int_0^\infty\psi_{0y}(y,t)e^{-st}dt$,
$\overline{\overline{\psi}}_{ay}(m,s)=\int_0^b\overline{\psi}_{ay}(m,s)\cos(\xi_m y)\,dy$, $\overline{\psi}_{ay}(y,s)=\int_0^\infty\psi_{ay}(y,t)e^{-st}dt$,
$\overline{\overline{\psi}}_{x0}(n,s)=\int_0^a\overline{\psi}_{x0}(x,s)\sin(\xi_n x)\,dx$, $\overline{\psi}_{x0}(x,s)=\int_0^\infty\psi_{x0}(x,t)e^{-st}dt$,
$\overline{\overline{\psi}}_{xb}(n,s)=\int_0^a\overline{\psi}_{xb}(x,s)\sin(\xi_n x)\,dx$, $\overline{\psi}_{xb}(x,s)=\int_0^\infty\psi_{xb}(x,t)e^{-st}dt$, ξ_n is a positive root of
$\xi_n\cot(\xi_n a)=-\lambda_{ay}$, $n=1,2,\ldots$, and ξ_m is a positive root of $\sin(\xi_m b)=0$, which are $\xi_m=\frac{m\pi}{b}$, $m=0,1,2,\ldots$.

$$p = \frac{U(t-t_0)}{b\phi c_t}\sum_{n=1}^{\infty}\frac{(\xi_n^2+\lambda_{ay}^2)\sin(\xi_n x_0)\sin(\xi_n x)}{\{a(\xi_n^2+\lambda_{ay}^2)+\lambda_{ay}\}}\int_0^{t-t_0} q(t-t_0-\tau)e^{-\xi_n^2\eta_x\tau}\times$$
$$\times\left[\Theta_3\left\{\frac{\pi(y-y_0)}{2b},e^{-\left(\frac{\pi}{b}\right)^2\eta_y\tau}\right\}+\Theta_3\left\{\frac{\pi(y+y_0)}{2b},e^{-\left(\frac{\pi}{b}\right)^2\eta_y\tau}\right\}\right]d\tau+$$
$$+\frac{1}{b}\sum_{n=1}^{\infty}\frac{(\xi_n^2+\lambda_{ay}^2)\sin(\xi_n x)}{\{a(\xi_n^2+\lambda_{ay}^2)+\lambda_{ay}\}}\int_0^t\int_0^b\left[\Theta_3\left\{\frac{\pi(y-v)}{2b},e^{-\left(\frac{\pi}{b}\right)^2\eta_y\tau}\right\}+\Theta_3\left\{\frac{\pi(y+v)}{2b},e^{-\left(\frac{\pi}{b}\right)^2\eta_y\tau}\right\}\right]\times$$
$$\times\left\{\eta_x\xi_n\psi_{0y}(v,t-\tau)-\frac{\psi_{ay}(v,t-\tau)\sin(\xi_n a)}{\phi c_t}\right\}e^{-\xi_n^2\eta_x\tau}dv d\tau+$$
$$+\frac{2}{\phi c_t b}\sum_{n=1}^{\infty}\frac{(\xi_n^2+\lambda_{ay}^2)\sin(\xi_n x)}{\{a(\xi_n^2+\lambda_{ay}^2)+\lambda_{ay}\}}\times$$
$$\times\int_0^t\left[\Theta_3\left\{\frac{\pi y}{2b},e^{-\left(\frac{\pi}{b}\right)^2\eta_y\tau}\right\}\overline{\psi}_{x0}(\xi_n,t-\tau)-\Theta_4\left\{\frac{\pi y}{2b},e^{-\left(\frac{\pi}{b}\right)^2\eta_y\tau}\right\}\overline{\psi}_{xb}(\xi_n,t-\tau)\right]e^{-\xi_n^2\eta_x\tau}d\tau+$$
$$+\frac{1}{b}\sum_{n=1}^{\infty}\frac{(\xi_n^2+\lambda_{ay}^2)\sin(\xi_n x)e^{-\xi_n^2\eta_x t}}{\{a(\xi_n^2+\lambda_{ay}^2)+\lambda_{ay}\}}\int_0^b\int_0^a\varphi(u,v)\sin(\xi_n u)\times$$
$$\times\left[\Theta_3\left\{\frac{\pi(y-v)}{2b},e^{-\left(\frac{\pi}{b}\right)^2\eta_y t}\right\}+\Theta_3\left\{\frac{\pi(y+v)}{2b},e^{-\left(\frac{\pi}{b}\right)^2\eta_y t}\right\}\right]du\,dv \quad (7.12.2)$$

where $\overline{\psi}_{x0}(n,t)=\int_0^a\psi_{x0}(x,t)\sin(\xi_n x)dx$ and $\overline{\psi}_{xb}(n,t)=\int_0^a\psi_{xb}(x,t)\sin(\xi_n x)dx$.

7.13

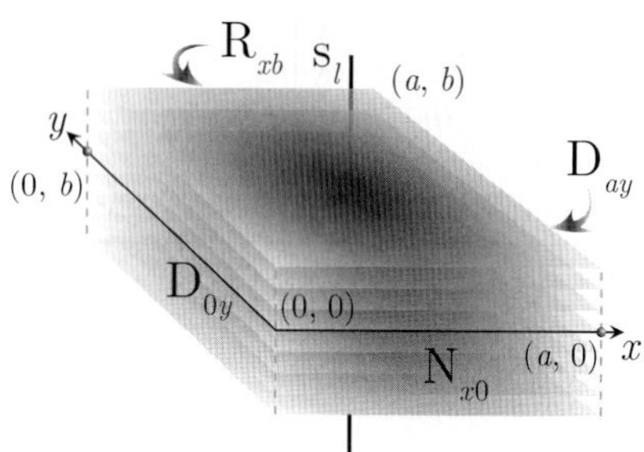

The problem of 7.1, except $D_{0y}\equiv p(0,y,t)=\psi_{0y}(y,t)$, $D_{ay}\equiv p(a,y,t)=\psi_{ay}(y,t)$, $N_{x0}\equiv\frac{\partial p(x,0,t)}{\partial y}=-\left(\frac{\mu}{k_y}\right)\psi_{x0}(x,t)$ and $R_{xb}\equiv\frac{\partial p(x,b,t)}{\partial y}+\lambda_{xb}p(x,b,t)=-\left(\frac{\mu}{k_y}\right)\psi_{xb}(x,t)$

$$\overline{p} = \frac{q(s)e^{-st_0}}{\phi c_t}\sum_{m=1}^{\infty}\frac{(\xi_m^2+\lambda_{xb}^2)\operatorname{csch}\left(a\sqrt{\frac{1}{\eta_x}\{\xi_m^2\eta_y+s\}}\right)\cos(\xi_m y_0)\cos(\xi_m y)}{\{b(\xi_m^2+\lambda_{xb}^2)+\lambda_{xb}\}\sqrt{\eta_x\{\xi_m^2\eta_y+s\}}}\times$$
$$\times\left[\cosh\left\{(a-|x-x_0|)\sqrt{\frac{1}{\eta_x}\{\xi_m^2\eta_y+s\}}\right\}-\cosh\left\{(a-x-x_0)\sqrt{\frac{1}{\eta_x}\{\xi_m^2\eta_y+s\}}\right\}\right]+$$
$$+2\sum_{m=1}^{\infty}\frac{(\xi_m^2+\lambda_{xb}^2)\operatorname{csch}\left(a\sqrt{\frac{\xi_m^2\eta_y+s}{\eta_x}}\right)\cos(\xi_m y)}{\{b(\xi_m^2+\lambda_{xb}^2)+\lambda_{xb}\}}\times$$
$$\times\left[\overline{\overline{\psi}}_{ay}(\xi_m,s)\sinh\left\{x\sqrt{\frac{\xi_m^2\eta_y+s}{\eta_x}}\right\}+\overline{\overline{\psi}}_{0y}(\xi_m,s)\sinh\left\{(a-x)\sqrt{\frac{\xi_m^2\eta_y+s}{\eta_x}}\right\}\right]+$$
$$+\frac{4}{\phi c_t a}\sum_{n=1}^{\infty}\sum_{m=1}^{\infty}\frac{(\xi_m^2+\lambda_{xb}^2)\left\{\overline{\overline{\psi}}_{x0}(\xi_n,s)-\overline{\overline{\psi}}_{xb}(\xi_n,s)\cos(\xi_m b)\right\}\sin(\xi_n x)\cos(\xi_m y)}{\{b(\xi_m^2+\lambda_{xb}^2)+\lambda_{xb}\}\{\xi_n^2\eta_x+\xi_m^2\eta_y+s\}}+$$

$$+\sum_{n=1}^{\infty}\frac{\left(\xi_m^2+\lambda_{xb}^2\right)\operatorname{csch}\left(a\sqrt{\frac{1}{\eta_x}\left\{\xi_m^2\eta_y+s\right\}}\right)\cos\left(\xi_m y\right)}{\left\{b\left(\xi_m^2+\lambda_{xb}^2\right)+\lambda_{xb}\right\}\sqrt{\eta_x\left\{\xi_m^2\eta_y+s\right\}}}\int_0^a\int_0^b\varphi\left(u,v\right)\cos\left(\xi_m v\right)\times$$

$$\times\left[\cosh\left\{\left(a-|x-u|\right)\sqrt{\frac{1}{\eta_x}\left\{\xi_m^2\eta_y+s\right\}}\right\}-\cosh\left\{\left(a-x-u\right)\sqrt{\frac{1}{\eta_x}\left\{\xi_m^2\eta_y+s\right\}}\right\}\right]dvdu \qquad (7.13.1)$$

where $\overline{\overline{\psi}}_{0y}(m,s)=\int_0^b\overline{\psi}_{0y}(y,s)\cos(\xi_m y)\,dy$, $\overline{\psi}_{0y}(y,s)=\int_0^\infty\psi_{0y}(y,t)\,e^{-st}dt$, $\overline{\overline{\psi}}_{ay}(m,s)=\int_0^b\overline{\psi}_{ay}(m,s)\cos(\xi_m y)\,dy$, $\overline{\psi}_{ay}(y,s)=\int_0^\infty\psi_{ay}(y,t)\,e^{-st}dt$, $\overline{\overline{\psi}}_{x0}(n,s)=\int_0^a\overline{\psi}_{x0}(x,s)\sin(\xi_n x)\,dx$, $\overline{\psi}_{x0}(x,s)=\int_0^\infty\psi_{x0}(x,t)\,e^{-st}dt$, $\overline{\overline{\psi}}_{xb}(n,s)=\int_0^a\overline{\psi}_{xb}(x,s)\sin(\xi_n x)\,dx$, $\overline{\psi}_{xb}(x,s)=\int_0^\infty\psi_{xb}(x,t)\,e^{-st}dt$, ξ_n is a positive root of $\sin(\xi_n a)=0$, which are $\xi_n=\frac{n\pi}{a}$, $n=1,2,...$, and ξ_m is a positive root of $\xi_m\tan(\xi_m b)=\lambda_{xb}$, $m=1,2,....$

$$p = \frac{U(t-t_0)}{a\phi c_t}\sum_{m=1}^{\infty}\frac{\left(\xi_m^2+\lambda_{xb}^2\right)\cos(\xi_m y_0)\cos(\xi_m y)}{\left\{b\left(\xi_m^2+\lambda_{xb}^2\right)+\lambda_{xb}\right\}}\int_0^{t-t_0}q\left(t-t_0-\tau\right)e^{-\xi_m^2\eta_y\tau}\times$$

$$\times\left[\Theta_3\left\{\frac{\pi(x-x_0)}{2a},e^{-\left(\frac{\pi}{a}\right)^2\eta_x\tau}\right\}-\Theta_3\left\{\frac{\pi(x+x_0)}{2a},e^{-\left(\frac{\pi}{a}\right)^2\eta_x\tau}\right\}\right]d\tau+$$

$$+\frac{\eta_x}{a^2}\sum_{m=1}^{\infty}\frac{\left(\xi_m^2+\lambda_{xb}^2\right)\cos(\xi_m y)}{\left\{b\left(\xi_m^2+\lambda_{xb}^2\right)+\lambda_{xb}\right\}}\times$$

$$\times\int_0^t\left[\Theta_4'\left\{\frac{\pi x}{2a},e^{-\left(\frac{\pi}{a}\right)^2\eta_x\tau}\right\}\overline{\psi}_{ay}(\xi_m,t-\tau)-\Theta_3'\left\{\frac{\pi x}{2a},e^{-\left(\frac{\pi}{a}\right)^2\eta_x\tau}\right\}\overline{\psi}_{0y}(\xi_m,t-\tau)\right]e^{-\xi_m^2\eta_y\tau}d\tau+$$

$$+\frac{1}{a\phi c_t}\sum_{m=1}^{\infty}\frac{\left(\xi_m^2+\lambda_{xb}^2\right)\cos(\xi_m y)}{\left\{b\left(\xi_m^2+\lambda_{xb}^2\right)+\lambda_{xb}\right\}}\int_0^t\int_0^a\left[\Theta_3\left\{\frac{\pi(x-u)}{2a},e^{-\left(\frac{\pi}{a}\right)^2\eta_x\tau}\right\}-\Theta_3\left\{\frac{\pi(x+u)}{2a},e^{-\left(\frac{\pi}{a}\right)^2\eta_x\tau}\right\}\right]\times$$

$$\times\left\{\psi_{x0}(u,t-\tau)-\psi_{xb}(u,t-\tau)\cos(\xi_m b)\right\}e^{-\xi_m^2\eta_y\tau}dud\tau+$$

$$+\frac{1}{a}\sum_{n=1}^{\infty}\frac{\left(\xi_m^2+\lambda_{xb}^2\right)\cos(\xi_m y)\,e^{-\xi_m^2\eta_y t}}{\left\{b\left(\xi_m^2+\lambda_{xb}^2\right)+\lambda_{xb}\right\}}\int_0^a\int_0^b\varphi(u,v)\cos(\xi_m v)\times$$

$$\times\left[\Theta_3\left\{\frac{\pi(x-u)}{2a},e^{-\left(\frac{\pi}{a}\right)^2\eta_x t}\right\}-\Theta_3\left\{\frac{\pi(x+u)}{2a},e^{-\left(\frac{\pi}{a}\right)^2\eta_x t}\right\}\right]dv\,du \qquad (7.13.2)$$

where $\overline{\psi}_{0y}(m,t)=\int_0^b\psi_{0y}(y,t)\cos(\xi_m y)\,dy$ and $\overline{\psi}_{ay}(m,t)=\int_0^b\psi_{ay}(y,t)\cos(\xi_m y)\,dy$.

7.14 The problem of 7.1, except $\mathbf{D_{0y}\equiv p(0,y,t)=\psi_{0y}(y,t)}$, $\mathbf{N_{ay}\equiv\frac{\partial p(a,y,t)}{\partial x}=-\left(\frac{\mu}{k_x}\right)\psi_{ay}(y,t)}$, $\mathbf{N_{x0}\equiv\frac{\partial p(x,0,t)}{\partial y}=-\left(\frac{\mu}{k_y}\right)\psi_{x0}(x,t)}$ and $\mathbf{R_{xb}\equiv\frac{\partial p(x,b,t)}{\partial y}+\lambda_{xb}p(x,b,t)=-\left(\frac{\mu}{k_y}\right)\psi_{xb}(x,t)}$

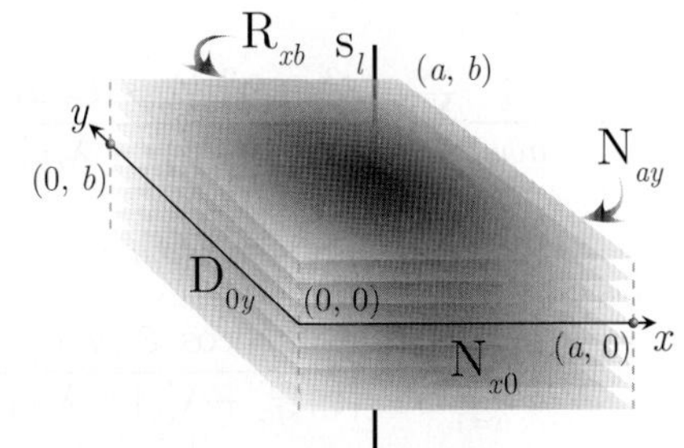

$$\overline{p} = \frac{q(s)\,e^{-st_0}}{\phi c_t}\sum_{m=1}^{\infty}\frac{\left(\xi_m^2+\lambda_{xb}^2\right)\operatorname{sech}\left(a\sqrt{\frac{1}{\eta_x}\left\{\xi_m^2\eta_y+s\right\}}\right)\cos(\xi_m y_0)\cos(\xi_m y)}{\left\{b\left(\xi_m^2+\lambda_{xb}^2\right)+\lambda_{xb}\right\}\sqrt{\eta_x\left\{\xi_m^2\eta_y+s\right\}}}\times$$

$$\times\left[\sinh\left\{\left(a-|x-x_0|\right)\sqrt{\frac{1}{\eta_x}\left\{\xi_m^2\eta_y+s\right\}}\right\}-\sinh\left\{\left(a-x-x_0\right)\sqrt{\frac{1}{\eta_x}\left\{\xi_m^2\eta_y+s\right\}}\right\}\right]+$$

$$+ 2\sum_{m=1}^{\infty} \frac{\left(\xi_m^2+\lambda_{xb}^2\right) \operatorname{sech}\left(a\sqrt{\frac{\xi_m^2\eta_y+s}{\eta_x}}\right) \cos\left(\xi_m y\right)}{\left\{b\left(\xi_m^2+\lambda_{xb}^2\right)+\lambda_{xb}\right\}} \times$$

$$\times \left[\frac{\overline{\overline{\psi}}_{ay}\left(\xi_m,s\right)}{\phi c_t\sqrt{\eta_x\left(\xi_m^2\eta_y+s\right)}} \sinh\left\{x\sqrt{\frac{\xi_m^2\eta_y+s}{\eta_x}}\right\} + \overline{\overline{\psi}}_{0y}\left(\xi_m,s\right)\cosh\left\{(a-x)\sqrt{\frac{\xi_m^2\eta_y+s}{\eta_x}}\right\}\right]+$$

$$+ \frac{4}{\phi c_t a}\sum_{n=1}^{\infty}\sum_{m=1}^{\infty} \frac{\left(\xi_m^2+\lambda_{xb}^2\right)\left\{\overline{\overline{\psi}}_{x0}\left(\xi_n,s\right)-\overline{\overline{\psi}}_{xb}\left(\xi_n,s\right)\cos\left(\xi_m b\right)\right\}\sin\left(\xi_n x\right)\cos\left(\xi_m y\right)}{\left\{b\left(\xi_m^2+\lambda_{xb}^2\right)+\lambda_{xb}\right\}\left\{\xi_n^2\eta_x+\xi_m^2\eta_y+s\right\}} +$$

$$+ \sum_{n=1}^{\infty} \frac{\left(\xi_m^2+\lambda_{xb}^2\right)\operatorname{sech}\left(a\sqrt{\frac{1}{\eta_x}\left\{\xi_m^2\eta_y+s\right\}}\right)\cos\left(\xi_m y\right)}{\left\{b\left(\xi_m^2+\lambda_{xb}^2\right)+\lambda_{xb}\right\}\sqrt{\eta_x\left\{\xi_m^2\eta_y+s\right\}}} \int_0^a\int_0^b \varphi(u,v)\cos\left(\xi_m v\right)\times$$

$$\times\left[\sinh\left\{(a-|x-u|)\sqrt{\frac{1}{\eta_x}\left\{\xi_m^2\eta_y+s\right\}}\right\}-\sinh\left\{(a-x-u)\sqrt{\frac{1}{\eta_x}\left\{\xi_m^2\eta_y+s\right\}}\right\}\right]du\,dv \qquad (7.14.1)$$

where $\overline{\overline{\psi}}_{0y}(m,s)=\int_0^b\overline{\psi}_{0y}(y,s)\cos(\xi_m y)\,dy$, $\overline{\psi}_{0y}(y,s)=\int_0^\infty\psi_{0y}(y,t)\,e^{-st}dt$, $\overline{\overline{\psi}}_{ay}(m,s)=\int_0^b\overline{\psi}_{ay}(m,s)\cos(\xi_m y)\,dy$, $\overline{\psi}_{ay}(y,s)=\int_0^\infty\psi_{ay}(y,t)\,e^{-st}dt$, $\overline{\overline{\psi}}_{x0}(n,s)=\int_0^a\overline{\psi}_{x0}(x,s)\sin(\xi_n x)\,dx$, $\overline{\psi}_{x0}(x,s)=\int_0^\infty\psi_{x0}(x,t)\,e^{-st}dt$, $\overline{\overline{\psi}}_{xb}(n,s)=\int_0^a\overline{\psi}_{xb}(x,s)\sin(\xi_n x)\,dx$, $\overline{\psi}_{xb}(x,s)=\int_0^\infty\psi_{xb}(x,t)\,e^{-st}dt$, ξ_n is a positive root of $cos(\xi_n a)=0$, which are $\xi_n=\frac{(2n-1)\pi}{2a}$, $n=1,2,...$, and ξ_m is a positive root of $\xi_m\tan(\xi_m b)=\lambda_{xb}$, $m=1,2,....$

$$p = \frac{U(t-t_0)}{a\phi c_t}\sum_{m=1}^{\infty}\frac{\left(\xi_m^2+\lambda_{xb}^2\right)\cos\left(\xi_m y_0\right)\cos\left(\xi_m y\right)}{\left\{b\left(\xi_m^2+\lambda_{xb}^2\right)+\lambda_{xb}\right\}}\int_0^{t-t_0} q\left(t-t_0-\tau\right)e^{-\xi_m^2\eta_y\tau}\times$$

$$\times\left[\Theta_2\left\{\frac{\pi(x-x_0)}{2a},e^{-\left(\frac{\pi}{a}\right)^2\eta_x\tau}\right\}-\Theta_2\left\{\frac{\pi(x+x_0)}{2a},e^{-\left(\frac{\pi}{a}\right)^2\eta_x\tau}\right\}\right]d\tau-$$

$$-\frac{2}{a}\sum_{m=1}^{\infty}\frac{\left(\xi_m^2+\lambda_{xb}^2\right)\cos\left(\xi_m y\right)}{\left\{b\left(\xi_m^2+\lambda_{xb}^2\right)+\lambda_{xb}\right\}}\times$$

$$\times\int_0^t\left[\left(\frac{\eta_x}{2a}\right)\overline{\psi}_{0y}\left(\xi_m,t-\tau\right)\Theta_2'\left\{\frac{\pi x}{2a},e^{-\left(\frac{\pi}{a}\right)^2\eta_x\tau}\right\}+\frac{\overline{\psi}_{ay}\left(\xi_m,t-\tau\right)}{\phi c_t}\Theta_1\left\{\frac{\pi x}{2a},e^{-\left(\frac{\pi}{a}\right)^2\eta_x\tau}\right\}\right]e^{-\xi_m^2\eta_y\tau}d\tau+$$

$$+\frac{1}{a\phi c_t}\sum_{m=1}^{\infty}\frac{\left(\xi_m^2+\lambda_{xb}^2\right)\cos\left(\xi_m y\right)}{\left\{b\left(\xi_m^2+\lambda_{xb}^2\right)+\lambda_{xb}\right\}}\int_0^t\int_0^a\left[\Theta_2\left\{\frac{\pi(x-u)}{2a},e^{-\left(\frac{\pi}{a}\right)^2\eta_x\tau}\right\}-\Theta_2\left\{\frac{\pi(x+u)}{2a},e^{-\left(\frac{\pi}{a}\right)^2\eta_x\tau}\right\}\right]\times$$

$$\times\left\{\psi_{x0}(u,t-\tau)-\psi_{xb}(u,t-\tau)\cos\left(\xi_m b\right)\right\}e^{-\xi_m^2\eta_y\tau}du\,d\tau+$$

$$+\frac{1}{a}\sum_{n=1}^{\infty}\frac{\left(\xi_m^2+\lambda_{xb}^2\right)\cos\left(\xi_m y\right)e^{-\xi_m^2\eta_y t}}{\left\{b\left(\xi_m^2+\lambda_{xb}^2\right)+\lambda_{xb}\right\}}\int_0^a\int_0^b\varphi(u,v)\cos\left(\xi_m v\right)\times$$

$$\times\left[\Theta_2\left\{\frac{\pi(x-u)}{2a},e^{-\left(\frac{\pi}{a}\right)^2\eta_x t}\right\}-\Theta_2\left\{\frac{\pi(x+u)}{2a},e^{-\left(\frac{\pi}{a}\right)^2\eta_x t}\right\}\right]du\,dv \qquad (7.14.2)$$

where $\overline{\psi}_{0y}(m,t)=\int_0^b\psi_{0y}(y,t)\cos(\xi_m y)\,dy$ and $\overline{\psi}_{ay}(m,t)=\int_0^b\psi_{ay}(y,t)\cos(\xi_m y)\,dy$.

7.15 **The problem of 7.1, except $\mathbf{D_{0y}} \equiv p(0,y,t) = \psi_{0y}(y,t)$,**
$\mathbf{R_{ay}} \equiv \frac{\partial p(a,y,t)}{\partial x} + \lambda_{ay} p(a,y,t) = -\left(\frac{\mu}{k_x}\right)\psi_{ay}(y,t)$,
$\mathbf{N_{x0}} \equiv \frac{\partial p(x,0,t)}{\partial y} = -\left(\frac{\mu}{k_y}\right)\psi_{x0}(x,t)$ **and**
$\mathbf{R_{xb}} \equiv \frac{\partial p(x,b,t)}{\partial y} + \lambda_{xb} p(x,b,t) = -\left(\frac{\mu}{k_y}\right)\psi_{xb}(x,t)$

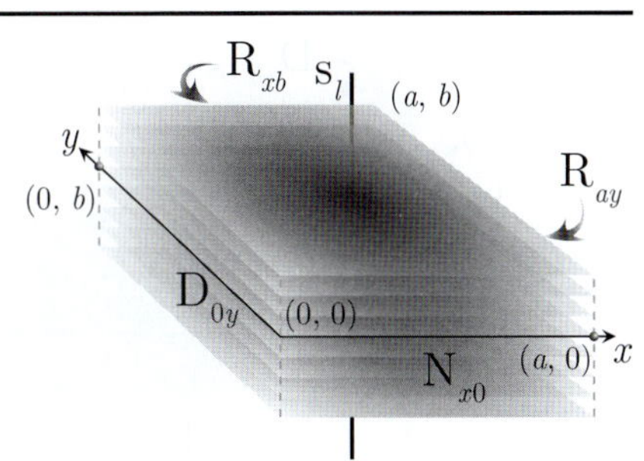

$$\begin{aligned}\overline{p} = {} & \frac{4q(s)e^{-st_0}}{\phi c_t}\sum_{n=1}^{\infty}\sum_{m=1}^{\infty}\frac{\left(\xi_m^2+\lambda_{xb}^2\right)\left(\xi_n^2+\lambda_{ay}^2\right)\cos(\xi_m y_0)\cos(\xi_m y)\sin(\xi_n x_0)\sin(\xi_n x)}{\left\{b\left(\xi_m^2+\lambda_{xb}^2\right)+\lambda_{xb}\right\}\left\{a\left(\xi_n^2+\lambda_{ay}^2\right)+\lambda_{ay}\right\}\left\{\xi_n^2\eta_x+\xi_m^2\eta_y+s\right\}} + \\ & + \frac{4}{\phi c_t}\sum_{m=1}^{\infty}\sum_{n=1}^{\infty}\frac{\left(\xi_m^2+\lambda_{xb}^2\right)\left(\xi_n^2+\lambda_{ay}^2\right)\left\{\xi_n\left(\frac{k_x}{\mu}\right)\overline{\overline{\psi}}_{0y}(\xi_m,s)-\overline{\overline{\psi}}_{ay}(\xi_m,s)\sin(\xi_n a)\right\}\sin(\xi_n x)\cos(\xi_m y)}{\left\{a\left(\xi_n^2+\lambda_{ay}^2\right)+\lambda_{ay}\right\}\left\{b\left(\xi_m^2+\lambda_{xb}^2\right)+\lambda_{xb}\right\}\left\{\xi_n^2\eta_x+\xi_m^2\eta_y+s\right\}} + \\ & + \frac{4}{\phi c_t}\sum_{m=1}^{\infty}\sum_{n=1}^{\infty}\frac{\left(\xi_m^2+\lambda_{xb}^2\right)\left(\xi_n^2+\lambda_{ay}^2\right)\left\{\overline{\overline{\psi}}_{x0}(\xi_n,s)-\overline{\overline{\psi}}_{xb}(\xi_n,s)\cos(\xi_m b)\right\}\sin(\xi_n x)\cos(\xi_m y)}{\left\{a\left(\xi_n^2+\lambda_{ay}^2\right)+\lambda_{ay}\right\}\left\{b\left(\xi_m^2+\lambda_{xb}^2\right)+\lambda_{xb}\right\}\left\{\xi_n^2\eta_x+\xi_m^2\eta_y+s\right\}} + \\ & + 4\sum_{n=1}^{\infty}\sum_{m=1}^{\infty}\frac{\left(\xi_m^2+\lambda_{xb}^2\right)\left(\xi_n^2+\lambda_{ay}^2\right)\sin(\xi_n x)\cos(\xi_m y)\int_0^a\int_0^b\varphi(u,v)\cos(\xi_m v)\sin(\xi_n u)dvdu}{\left\{b\left(\xi_m^2+\lambda_{xb}^2\right)+\lambda_{xb}\right\}\left\{a\left(\xi_n^2+\lambda_{ay}^2\right)+\lambda_{ay}\right\}\left\{\xi_n^2\eta_x+\xi_m^2\eta_y+s\right\}}\end{aligned} \quad (7.15.1)$$

where $\overline{\overline{\psi}}_{0y}(m,s)=\int_0^b\overline{\psi}_{0y}(y,s)\cos(\xi_m y)\,dy$, $\overline{\psi}_{0y}(y,s)=\int_0^\infty\psi_{0y}(y,t)e^{-st}dt$,
$\overline{\overline{\psi}}_{ay}(m,s)=\int_0^b\overline{\psi}_{ay}(m,s)\cos(\xi_m y)\,dy$, $\overline{\psi}_{ay}(y,s)=\int_0^\infty\psi_{ay}(y,t)e^{-st}dt$,
$\overline{\overline{\psi}}_{x0}(n,s)=\int_0^a\overline{\psi}_{x0}(x,s)\sin(\xi_n x)\,dx$, $\overline{\psi}_{x0}(x,s)=\int_0^\infty\psi_{x0}(x,t)e^{-st}dt$,
$\overline{\overline{\psi}}_{xb}(n,s)=\int_0^a\overline{\psi}_{xb}(x,s)\sin(\xi_n x)\,dx$, $\overline{\psi}_{xb}(x,s)=\int_0^\infty\psi_{xb}(x,t)e^{-st}dt$, ξ_n is a positive root of $\xi_n\cot(\xi_n a)=-\lambda_{ay}$, $n=1,2,\ldots$, and ξ_m is a positive root of $\xi_m\tan(\xi_m b)=\lambda_{xb}$, $m=1,2,\ldots$.

$$\begin{aligned}p = {} & \frac{4U(t-t_0)}{\phi c_t}\sum_{n=1}^{\infty}\sum_{m=1}^{\infty}\frac{\left(\xi_m^2+\lambda_{xb}^2\right)\left(\xi_n^2+\lambda_{ay}^2\right)\cos(\xi_m y_0)\cos(\xi_m y)\sin(\xi_n x_0)\sin(\xi_n x)}{\left\{b\left(\xi_m^2+\lambda_{xb}^2\right)+\lambda_{xb}\right\}\left\{a\left(\xi_n^2+\lambda_{ay}^2\right)+\lambda_{ay}\right\}}\times \\ & \times\int_0^{t-t_0}q(t-t_0-\tau)e^{-\left(\xi_n^2\eta_x+\xi_m^2\eta_y\right)\tau}d\tau + \\ & + \frac{4}{\phi c_t}\sum_{m=1}^{\infty}\sum_{n=1}^{\infty}\frac{\left(\xi_m^2+\lambda_{xb}^2\right)\left(\xi_n^2+\lambda_{ay}^2\right)\sin(\xi_n x)\cos(\xi_m y)}{\left\{a\left(\xi_n^2+\lambda_{ay}^2\right)+\lambda_{ay}\right\}\left\{b\left(\xi_m^2+\lambda_{xb}^2\right)+\lambda_{xb}\right\}}\times \\ & \times\int_0^t\left\{\xi_n\left(\frac{k_x}{\mu}\right)\overline{\psi}_{0y}(\xi_m,\tau)-\overline{\psi}_{ay}(\xi_m,\tau)\sin(\xi_n a)\right\}e^{-\left\{\xi_n^2\eta_x+\xi_m^2\eta_y\right\}(t-\tau)}d\tau + \\ & + \frac{4}{\phi c_t}\sum_{m=1}^{\infty}\sum_{n=1}^{\infty}\frac{\left(\xi_m^2+\lambda_{xb}^2\right)\left(\xi_n^2+\lambda_{ay}^2\right)\sin(\xi_n x)\cos(\xi_m y)}{\left\{a\left(\xi_n^2+\lambda_{ay}^2\right)+\lambda_{ay}\right\}\left\{b\left(\xi_m^2+\lambda_{xb}^2\right)+\lambda_{xb}\right\}}\times \\ & \times\int_0^t\left\{\overline{\psi}_{x0}(\xi_n,\tau)-\overline{\psi}_{xb}(\xi_n,\tau)\cos(\xi_m b)\right\}e^{-\left\{\xi_n^2\eta_x+\xi_m^2\eta_y\right\}(t-\tau)}d\tau + \\ & + 4\sum_{n=1}^{\infty}\sum_{m=1}^{\infty}\frac{\left(\xi_m^2+\lambda_{xb}^2\right)\left(\xi_n^2+\lambda_{ay}^2\right)\sin(\xi_n x)\cos(\xi_m y)e^{-\left\{\xi_n^2\eta_x+\xi_m^2\eta_y\right\}t}}{\left\{b\left(\xi_m^2+\lambda_{xb}^2\right)+\lambda_{xb}\right\}\left\{a\left(\xi_n^2+\lambda_{ay}^2\right)+\lambda_{ay}\right\}}\times \\ & \times\int_0^a\int_0^b\varphi(u,v)\cos(\xi_m v)\sin(\xi_n u)dvdu\end{aligned} \quad (7.15.2)$$

where $\overline{\psi}_{x0}(n,t)=\int_0^a\psi_{x0}(x,t)\sin(\xi_n x)\,dx$, $\overline{\psi}_{xb}(n,t)=\int_0^a\psi_{xb}(x,t)\sin(\xi_n x)\,dx$,
$\overline{\psi}_{0y}(m,t)=\int_0^b\psi_{0y}(y,t)\cos(\xi_m y)\,dy$ and $\overline{\psi}_{ay}(m,t)=\int_0^b\psi_{ay}(y,t)\cos(\xi_m y)\,dy$.

7.16

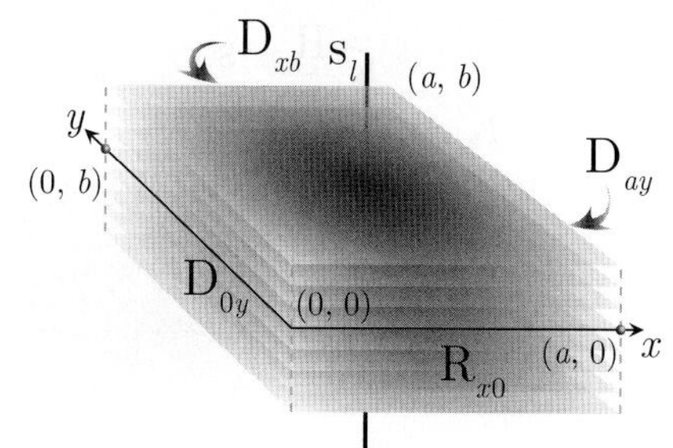

The problem of 7.1, except $\mathbf{D_{0y}} \equiv p(0,y,t) = \psi_{0y}(y,t)$, $\mathbf{D_{ay}} \equiv p(a,y,t) = \psi_{ay}(y,t)$, $\mathbf{R_{x0}} \equiv \frac{\partial p(x,0,t)}{\partial y} - \lambda_{x0} p(x,0,t) = -\left(\frac{\mu}{k_y}\right)\psi_{x0}(x,t)$ and $\mathbf{D_{xb}} \equiv p(x,b,t) = \psi_{xb}(y,t)$

$$\begin{aligned}
\overline{p} &= \frac{q(s)\,e^{-st_0}}{\phi c_t}\sum_{m=1}^{\infty}\frac{\left(\xi_m^2+\lambda_{x0}^2\right)\operatorname{csch}\left(a\sqrt{\frac{1}{\eta_x}\left\{\xi_m^2\eta_y+s\right\}}\right)\sin\left\{\xi_m(b-y_0)\right\}\sin\left\{\xi_m(b-y)\right\}}{\left\{b\left(\xi_m^2+\lambda_{x0}^2\right)+\lambda_{x0}\right\}\sqrt{\eta_x\left\{\xi_m^2\eta_y+s\right\}}}\times\\
&\times\left[\cosh\left\{(a-|x-x_0|)\sqrt{\frac{1}{\eta_x}\left\{\xi_m^2\eta_y+s\right\}}\right\}-\cosh\left\{(a-x-x_0)\sqrt{\frac{1}{\eta_x}\left\{\xi_m^2\eta_y+s\right\}}\right\}\right]+\\
&+\frac{4}{\phi c_t a}\sum_{n=1}^{\infty}\sum_{m=1}^{\infty}\frac{\left(\xi_m^2+\lambda_{x0}^2\right)\left\{\overline{\overline{\psi}}_{x0}(\xi_n,s)\sin(\xi_m b)+\xi_m\left(\frac{k_y}{\mu}\right)\overline{\overline{\psi}}_{xb}(\xi_n,s)\right\}\sin(\xi_n x)\sin\left\{\xi_m(b-y)\right\}}{\left\{b\left(\xi_m^2+\lambda_{x0}^2\right)+\lambda_{x0}\right\}\left\{\xi_n^2\eta_x+\xi_m^2\eta_y+s\right\}}+\\
&+2\sum_{m=1}^{\infty}\frac{\left(\xi_m^2+\lambda_{x0}^2\right)\operatorname{csch}\left(a\sqrt{\frac{\xi_m^2\eta_y+s}{\eta_x}}\right)\sin\left\{\xi_m(b-y)\right\}}{\left\{b\left(\xi_m^2+\lambda_{x0}^2\right)+\lambda_{x0}\right\}}\times\\
&\times\left[\overline{\overline{\psi}}_{ay}(\xi_m,s)\sinh\left\{x\sqrt{\frac{\xi_m^2\eta_y+s}{\eta_x}}\right\}+\overline{\overline{\psi}}_{0y}(\xi_m,s)\sinh\left\{(a-x)\sqrt{\frac{\xi_m^2\eta_y+s}{\eta_x}}\right\}\right]+\\
&+\sum_{n=1}^{\infty}\frac{\left(\xi_m^2+\lambda_{x0}^2\right)\operatorname{csch}\left(a\sqrt{\frac{1}{\eta_x}\left\{\xi_m^2\eta_y+s\right\}}\right)\sin\left\{\xi_m(b-y)\right\}}{\left\{b\left(\xi_m^2+\lambda_{x0}^2\right)+\lambda_{x0}\right\}\sqrt{\eta_x\left\{\xi_m^2\eta_y+s\right\}}}\int_0^a\int_0^b\varphi(u,v)\sin\left\{\xi_m(b-v)\right\}\times\\
&\times\left[\cosh\left\{(a-|x-u|)\sqrt{\frac{1}{\eta_x}\left\{\xi_m^2\eta_y+s\right\}}\right\}-\cosh\left\{(a-x-u)\sqrt{\frac{1}{\eta_x}\left\{\xi_m^2\eta_y+s\right\}}\right\}\right]dv\,du \qquad (7.16.1)
\end{aligned}$$

where $\overline{\overline{\psi}}_{0y}(m,s) = \int_0^b \overline{\psi}_{0y}(y,s)\sin\{\xi_m(b-y)\}\,dy$, $\overline{\psi}_{0y}(y,s) = \int_0^\infty \psi_{0y}(y,t)\,e^{-st}dt$,
$\overline{\overline{\psi}}_{ay}(m,s) = \int_0^b \overline{\psi}_{ay}(m,s)\sin\{\xi_m(b-y)\}\,dy$, $\overline{\psi}_{ay}(y,s) = \int_0^\infty \psi_{ay}(y,t)\,e^{-st}dt$,
$\overline{\overline{\psi}}_{x0}(n,s) = \int_0^a \overline{\psi}_{x0}(x,s)\sin(\xi_n x)\,dx$, $\overline{\psi}_{x0}(x,s) = \int_0^\infty \psi_{x0}(x,t)\,e^{-st}dt$,
$\overline{\overline{\psi}}_{xb}(n,s) = \int_0^a \overline{\psi}_{xb}(x,s)\sin(\xi_n x)\,dx$, $\overline{\psi}_{xb}(x,s) = \int_0^\infty \psi_{xb}(x,t)\,e^{-st}dt$, ξ_n is a positive root of $\sin(\xi_n a) = 0$, which are $\xi_n = \frac{n\pi}{a}$, $n = 1,2,\ldots$, and ξ_m is a positive root of $\xi_m\cot(\xi_m b) = -\lambda_{x0}$, $m = 1,2,\ldots$.

$$\begin{aligned}
p &= \frac{U(t-t_0)}{a\phi c_t}\sum_{m=1}^{\infty}\frac{\left(\xi_m^2+\lambda_{xb}^2\right)\sin\left\{\xi_m(b-y_0)\right\}\sin\left\{\xi_m(b-y)\right\}}{\left\{b\left(\xi_m^2+\lambda_{xb}^2\right)+\lambda_{xb}\right\}}\int_0^{t-t_0} q(t-t_0-\tau)\,e^{-\xi_m^2\eta_y\tau}\times\\
&\times\left[\Theta_3\left\{\frac{\pi(x-x_0)}{2a},e^{-\left(\frac{\pi}{a}\right)^2\eta_x\tau}\right\}-\Theta_3\left\{\frac{\pi(x+x_0)}{2a},e^{-\left(\frac{\pi}{a}\right)^2\eta_x\tau}\right\}\right]d\tau+\\
&+\frac{1}{a}\sum_{m=1}^{\infty}\frac{\left(\xi_m^2+\lambda_{xb}^2\right)\sin\left\{\xi_m(b-y)\right\}}{\left\{b\left(\xi_m^2+\lambda_{x0}^2\right)+\lambda_{x0}\right\}}\int_0^t\int_0^a\left[\Theta_3\left\{\frac{\pi(x-u)}{2a},e^{-\left(\frac{\pi}{a}\right)^2\eta_x\tau}\right\}-\Theta_3\left\{\frac{\pi(x+u)}{2a},e^{-\left(\frac{\pi}{a}\right)^2\eta_x\tau}\right\}\right]\times\\
&\times\left\{\frac{\psi_{x0}(u,t-\tau)\sin(\xi_m b)}{\phi c_t}+\eta_y\xi_m\psi_{xb}(u,t-\tau)\right\}e^{-\xi_m^2\eta_y\tau}du\,d\tau+\\
&+\frac{\eta_x}{a^2}\sum_{m=1}^{\infty}\frac{\left(\xi_m^2+\lambda_{x0}^2\right)\sin\left\{\xi_m(b-y)\right\}}{\left\{b\left(\xi_m^2+\lambda_{x0}^2\right)+\lambda_{x0}\right\}}\times\\
&\times\int_0^t\left[\Theta_4'\left\{\frac{\pi x}{2a},e^{-\left(\frac{\pi}{a}\right)^2\eta_x\tau}\right\}\overline{\psi}_{ay}(\xi_m,t-\tau)-\Theta_3'\left\{\frac{\pi x}{2a},e^{-\left(\frac{\pi}{a}\right)^2\eta_x\tau}\right\}\overline{\psi}_{0y}(\xi_m,t-\tau)\right]e^{-\xi_m^2\eta_y\tau}d\tau+
\end{aligned}$$

$$+\frac{1}{a}\sum_{n=1}^{\infty}\frac{\left(\xi_m^2+\lambda_{x0}^2\right)\sin\{\xi_m(b-y)\}e^{-\xi_m^2\eta_y t}}{\left\{b\left(\xi_m^2+\lambda_{x0}^2\right)+\lambda_{xb}\right\}}\int_0^a\int_0^b\varphi(u,v)\sin\{\xi_m(b-v)\}\times$$
$$\times\left[\Theta_3\left\{\frac{\pi(x-u)}{2a},e^{-\left(\frac{\pi}{a}\right)^2\eta_x t}\right\}-\Theta_3\left\{\frac{\pi(x+u)}{2a},e^{-\left(\frac{\pi}{a}\right)^2\eta_x t}\right\}\right]dv\,du \tag{7.16.2}$$

where $\overline{\psi}_{0y}(m,t)=\int_0^b\psi_{0y}(y,t)\sin\{\xi_m(b-y)\}dy$ and $\overline{\psi}_{ay}(m,t)=\int_0^b\psi_{ay}(y,t)\sin\{\xi_m(b-y)\}dy$.

7.17 The problem of 7.1, except $\mathbf{D_{0y}\equiv p(0,y,t)=\psi_{0y}(y,t)}$, $\mathbf{N_{ay}\equiv\frac{\partial p(a,y,t)}{\partial x}=-\left(\frac{\mu}{k_x}\right)\psi_{ay}(y,t)}$, $\mathbf{R_{x0}\equiv\frac{\partial p(x,0,t)}{\partial y}-\lambda_{x0}p(x,0,t)=-\left(\frac{\mu}{k_y}\right)\psi_{x0}(x,t)}$ and $\mathbf{D_{xb}\equiv p(x,b,t)=\psi_{xb}(y,t)}$

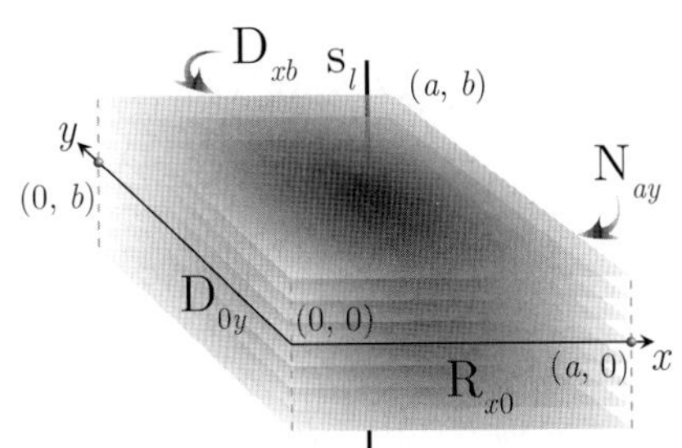

$$\overline{p}=\frac{q(s)e^{-st_0}}{\phi c_t}\sum_{m=1}^{\infty}\frac{\left(\xi_m^2+\lambda_{x0}^2\right)\operatorname{sech}\left(a\sqrt{\frac{1}{\eta_x}\{\xi_m^2\eta_y+s\}}\right)\sin\{\xi_m(b-y_0)\}\sin\{\xi_m(b-y)\}}{\left\{b\left(\xi_m^2+\lambda_{x0}^2\right)+\lambda_{x0}\right\}\sqrt{\eta_x\{\xi_m^2\eta_y+s\}}}\times$$
$$\times\left[\sinh\left\{(a-|x-x_0|)\sqrt{\frac{1}{\eta_x}\{\xi_m^2\eta_y+s\}}\right\}-\sinh\left\{(a-x-x_0)\sqrt{\frac{1}{\eta_x}\{\xi_m^2\eta_y+s\}}\right\}\right]+$$
$$+\frac{4}{\phi c_t a}\sum_{n=1}^{\infty}\sum_{m=1}^{\infty}\frac{\left(\xi_m^2+\lambda_{x0}^2\right)\left\{\overline{\overline{\psi}}_{x0}(\xi_n,s)\sin(\xi_m b)+\xi_m\left(\frac{k_y}{\mu}\right)\overline{\overline{\psi}}_{xb}(\xi_n,s)\right\}\sin(\xi_n x)\sin\{\xi_m(b-y)\}}{\left\{b\left(\xi_m^2+\lambda_{x0}^2\right)+\lambda_{xb}\right\}\left\{\xi_n^2\eta_x+\xi_m^2\eta_y+s\right\}}+$$
$$+2\sum_{m=1}^{\infty}\frac{\left(\xi_m^2+\lambda_{x0}^2\right)\operatorname{sech}\left(a\sqrt{\frac{\xi_m^2\eta_y+s}{\eta_x}}\right)\sin\{\xi_m(b-y)\}}{\left\{b\left(\xi_m^2+\lambda_{x0}^2\right)+\lambda_{x0}\right\}}\times$$
$$\times\left[\frac{\overline{\overline{\psi}}_{ay}(\xi_m,s)}{\phi c_t\sqrt{\eta_x\left(\xi_m^2\eta_y+s\right)}}\sinh\left\{x\sqrt{\frac{\xi_m^2\eta_y+s}{\eta_x}}\right\}+\overline{\overline{\psi}}_{0y}(\xi_m,s)\cosh\left\{(a-x)\sqrt{\frac{\xi_m^2\eta_y+s}{\eta_x}}\right\}\right]+$$
$$+\sum_{n=1}^{\infty}\frac{\left(\xi_m^2+\lambda_{x0}^2\right)\operatorname{sech}\left(a\sqrt{\frac{1}{\eta_x}\{\xi_m^2\eta_y+s\}}\right)\sin\{\xi_m(b-y)\}}{\left\{b\left(\xi_m^2+\lambda_{x0}^2\right)+\lambda_{x0}\right\}\sqrt{\eta_x\{\xi_m^2\eta_y+s\}}}\int_0^a\int_0^b\varphi(u,v)\sin\{\xi_m(b-v)\}\times$$
$$\times\left[\sinh\left\{(a-|x-u|)\sqrt{\frac{1}{\eta_x}\{\xi_m^2\eta_y+s\}}\right\}-\sinh\left\{(a-x-u)\sqrt{\frac{1}{\eta_x}\{\xi_m^2\eta_y+s\}}\right\}\right]dvdu \tag{7.17.1}$$

where $\overline{\overline{\psi}}_{0y}(m,s)=\int_0^b\overline{\psi}_{0y}(y,s)\sin\{\xi_m(b-y)\}dy$, $\overline{\psi}_{0y}(y,s)=\int_0^\infty\psi_{0y}(y,t)e^{-st}dt$,
$\overline{\overline{\psi}}_{ay}(m,s)=\int_0^b\overline{\psi}_{ay}(m,s)\sin\{\xi_m(b-y)\}dy$, $\overline{\psi}_{ay}(y,s)=\int_0^\infty\psi_{ay}(y,t)e^{-st}dt$,
$\overline{\overline{\psi}}_{x0}(n,s)=\int_0^a\overline{\psi}_{x0}(x,s)\sin(\xi_n x)dx$, $\overline{\psi}_{x0}(x,s)=\int_0^\infty\psi_{x0}(x,t)e^{-st}dt$,
$\overline{\overline{\psi}}_{xb}(n,s)=\int_0^a\overline{\psi}_{xb}(x,s)\sin(\xi_n x)dx$, $\overline{\psi}_{xb}(x,s)=\int_0^\infty\psi_{xb}(x,t)e^{-st}dt$, ξ_n is a positive root of $\cos(\xi_n a)=0$, which are $\xi_n=\frac{(2n-1)\pi}{2a}$, $n=1,2,...$, and ξ_m is a positive root of $\xi_m\cot(\xi_m b)=-\lambda_{x0}$, $m=1,2,....$

$$p=\frac{U(t-t_0)}{a\phi c_t}\sum_{m=1}^{\infty}\frac{\left(\xi_m^2+\lambda_{x0}^2\right)\sin\{\xi_m(b-y_0)\}\sin\{\xi_m(b-y)\}}{\left\{b\left(\xi_m^2+\lambda_{x0}^2\right)+\lambda_{x0}\right\}}\int_0^{t-t_0}q(t-t_0-\tau)e^{-\xi_m^2\eta_y\tau}\times$$
$$\times\left[\Theta_2\left\{\frac{\pi(x-x_0)}{2a},e^{-\left(\frac{\pi}{a}\right)^2\eta_x\tau}\right\}-\Theta_2\left\{\frac{\pi(x+x_0)}{2a},e^{-\left(\frac{\pi}{a}\right)^2\eta_x\tau}\right\}\right]d\tau+$$
$$+\frac{1}{a}\sum_{m=1}^{\infty}\frac{\left(\xi_m^2+\lambda_{xb}^2\right)\sin\{\xi_m(b-y)\}}{\left\{b\left(\xi_m^2+\lambda_{x0}^2\right)+\lambda_{x0}\right\}}\int_0^t\int_0^a\left[\Theta_2\left\{\frac{\pi(x-u)}{2a},e^{-\left(\frac{\pi}{a}\right)^2\eta_x\tau}\right\}-\Theta_2\left\{\frac{\pi(x+u)}{2a},e^{-\left(\frac{\pi}{a}\right)^2\eta_x\tau}\right\}\right]\times$$

$$\times\left\{\frac{\psi_{x0}(u,t-\tau)\sin(\xi_m b)}{\phi c_t}+\eta_y\xi_m\psi_{xb}(u,t-\tau)\right\}e^{-\xi_m^2\eta_y\tau}du\,d\tau+$$

$$-\frac{2}{a}\sum_{m=1}^{\infty}\frac{(\xi_m^2+\lambda_{x0}^2)\sin\{\xi_m(b-y)\}}{\{b(\xi_m^2+\lambda_{x0}^2)+\lambda_{x0}\}}\times$$

$$\times\int_0^t\left[\left(\frac{\eta_x}{2a}\right)\overline{\psi}_{0y}(\xi_m,t-\tau)\,\Theta_2'\left\{\frac{\pi x}{2a},e^{-\left(\frac{\pi}{a}\right)^2\eta_x\tau}\right\}+\frac{\overline{\psi}_{ay}(\xi_m,t-\tau)}{\phi c_t}\Theta_1\left\{\frac{\pi x}{2a},e^{-\left(\frac{\pi}{a}\right)^2\eta_x\tau}\right\}\right]e^{-\xi_m^2\eta_y\tau}d\tau+$$

$$+\frac{1}{a}\sum_{n=1}^{\infty}\frac{(\xi_m^2+\lambda_{x0}^2)\sin\{\xi_m(b-y)\}e^{-\xi_m^2\eta_y t}}{\{b(\xi_m^2+\lambda_{x0}^2)+\lambda_{x0}\}}\int_0^a\int_0^b\varphi(u,v)\sin\{\xi_m(b-v)\}\times$$

$$\times\left[\Theta_2\left\{\frac{\pi(x-u)}{2a},e^{-\left(\frac{\pi}{a}\right)^2\eta_x t}\right\}-\Theta_2\left\{\frac{\pi(x+u)}{2a},e^{-\left(\frac{\pi}{a}\right)^2\eta_x t}\right\}\right]dv\,du \qquad (7.17.2)$$

where $\overline{\psi}_{0y}(m,t)=\int_0^b\psi_{0y}(y,t)\sin\{\xi_m(b-y)\}dy$ and $\overline{\psi}_{ay}(m,t)=\int_0^b\psi_{ay}(y,t)\sin\{\xi_m(b-y)\}dy$.

7.18

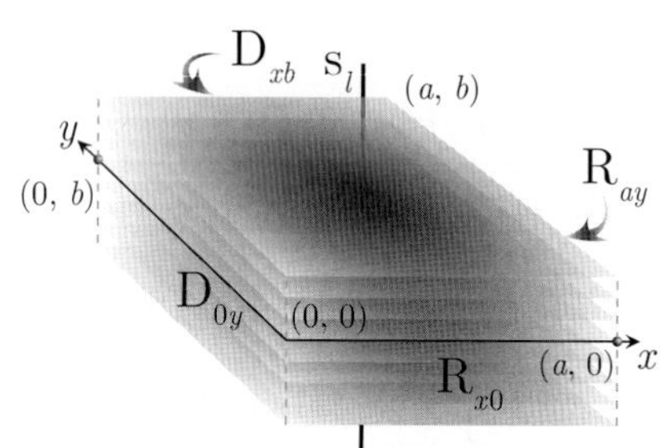

The problem of 7.1, except $\mathbf{D}_{0y}\equiv p(0,y,t)=\psi_{0y}(y,t)$, $\mathbf{R}_{ay}\equiv\frac{\partial p(a,y,t)}{\partial x}+\lambda_{ay}p(a,y,t)=-\left(\frac{\mu}{k_x}\right)\psi_{ay}(y,t)$, $\mathbf{R}_{x0}\equiv\frac{\partial p(x,0,t)}{\partial y}-\lambda_{x0}p(x,0,t)=-\left(\frac{\mu}{k_y}\right)\psi_{x0}(x,t)$ and $\mathbf{D}_{xb}\equiv p(x,b,t)=\psi_{xb}(y,t)$

$$\overline{p}=\frac{4q(s)e^{-st_0}}{\phi c_t}\sum_{n=1}^{\infty}\sum_{m=1}^{\infty}\frac{(\xi_m^2+\lambda_{x0}^2)(\xi_n^2+\lambda_{ay}^2)\sin\{\xi_m(b-y_0)\}\sin\{\xi_m(b-y)\}\sin(\xi_n x_0)\sin(\xi_n x)}{\{b(\xi_m^2+\lambda_{x0}^2)+\lambda_{x0}\}\{a(\xi_n^2+\lambda_{ay}^2)+\lambda_{ay}\}\{\xi_n^2\eta_x+\xi_m^2\eta_y+s\}}+$$

$$+\frac{4}{\phi c_t}\sum_{m=1}^{\infty}\sum_{n=1}^{\infty}\frac{(\xi_m^2+\lambda_{x0}^2)(\xi_n^2+\lambda_{ay}^2)\left\{\xi_n\left(\frac{k_x}{\mu}\right)\overline{\overline{\psi}}_{0y}(\xi_m,s)-\overline{\overline{\psi}}_{ay}(\xi_m,s)\sin(\xi_n a)\right\}}{\{a(\xi_n^2+\lambda_{ay}^2)+\lambda_{ay}\}\{b(\xi_m^2+\lambda_{x0}^2)+\lambda_{x0}\}\{\xi_n^2\eta_x+\xi_m^2\eta_y+s\}}\times$$

$$\times\sin(\xi_n x)\sin\{\xi_m(b-y)\}+$$

$$+\frac{4}{\phi c_t}\sum_{m=1}^{\infty}\sum_{n=1}^{\infty}\frac{(\xi_m^2+\lambda_{x0}^2)(\xi_n^2+\lambda_{ay}^2)\left\{\overline{\overline{\psi}}_{x0}(\xi_n,s)\sin(\xi_m b)+\xi_m\left(\frac{k_y}{\mu}\right)\overline{\overline{\psi}}_{xb}(\xi_n,s)\right\}}{\{a(\xi_n^2+\lambda_{ay}^2)+\lambda_{ay}\}\{b(\xi_m^2+\lambda_{x0}^2)+\lambda_{x0}\}\{\xi_n^2\eta_x+\xi_m^2\eta_y+s\}}\times$$

$$\times\sin(\xi_n x)\sin\{\xi_m(b-y)\}+$$

$$+4\sum_{n=1}^{\infty}\sum_{m=1}^{\infty}\frac{(\xi_m^2+\lambda_{x0}^2)(\xi_n^2+\lambda_{ay}^2)\sin(\xi_n x)\sin\{\xi_m(b-y)\}}{\{b(\xi_m^2+\lambda_{x0}^2)+\lambda_{x0}\}\{a(\xi_n^2+\lambda_{ay}^2)+\lambda_{ay}\}\{\xi_n^2\eta_x+\xi_m^2\eta_y+s\}}\times$$

$$\times\int_0^a\int_0^b\varphi(u,v)\sin\{\xi_m(b-v)\}\sin(\xi_n u)\,dv\,du \qquad (7.18.1)$$

where $\overline{\overline{\psi}}_{0y}(m,s)=\int_0^b\overline{\psi}_{0y}(y,s)\sin\{\xi_m(b-y)\}dy$, $\overline{\psi}_{0y}(y,s)=\int_0^\infty\psi_{0y}(y,t)e^{-st}dt$, $\overline{\overline{\psi}}_{ay}(m,s)=\int_0^b\overline{\psi}_{ay}(m,s)\sin\{\xi_m(b-y)\}dy$, $\overline{\psi}_{ay}(y,s)=\int_0^\infty\psi_{ay}(y,t)e^{-st}dt$, $\overline{\overline{\psi}}_{x0}(n,s)=\int_0^a\overline{\psi}_{x0}(x,s)\sin(\xi_n x)dx$, $\overline{\psi}_{x0}(x,s)=\int_0^\infty\psi_{x0}(x,t)e^{-st}dt$, $\overline{\overline{\psi}}_{xb}(n,s)=\int_0^a\overline{\psi}_{xb}(x,s)\sin(\xi_n x)dx$, $\overline{\psi}_{xb}(x,s)=\int_0^\infty\psi_{xb}(x,t)e^{-st}dt$, ξ_n is a positive root of $\xi_n\cot(\xi_n a)=-\lambda_{ay}$, $n=1,2,...$, and ξ_m is a positive root of $\xi_m\cot(\xi_m b)=-\lambda_{x0}$, $m=1,2,....$

$$p=\frac{4U(t-t_0)}{\phi c_t}\sum_{n=1}^{\infty}\sum_{m=1}^{\infty}\frac{(\xi_m^2+\lambda_{x0}^2)(\xi_n^2+\lambda_{ay}^2)\sin\{\xi_m(b-y_0)\}\sin\{\xi_m(b-y)\}\sin(\xi_n x_0)\sin(\xi_n x)}{\{b(\xi_m^2+\lambda_{x0}^2)+\lambda_{x0}\}\{a(\xi_n^2+\lambda_{ay}^2)+\lambda_{ay}\}}\times$$

$$\times \int_0^{t-t_0} q(t-t_0-\tau)\, e^{-\left(\xi_n^2\eta_x+\xi_m^2\eta_y\right)\tau}\, d\tau +$$

$$+\ \frac{4}{\phi c_t}\sum_{m=1}^{\infty}\sum_{n=1}^{\infty}\frac{\left(\xi_m^2+\lambda_{x0}^2\right)\left(\xi_n^2+\lambda_{ay}^2\right)\sin(\xi_n x)\sin\{\xi_m(b-y)\}}{\left\{a\left(\xi_n^2+\lambda_{ay}^2\right)+\lambda_{ay}\right\}\left\{b\left(\xi_m^2+\lambda_{x0}^2\right)+\lambda_{x0}\right\}}\times$$

$$\times \int_0^t \left\{\xi_n\left(\frac{k_x}{\mu}\right)\overline{\psi}_{0y}(\xi_m,\tau)-\overline{\psi}_{ay}(\xi_m,\tau)\sin(\xi_n a)\right\} e^{-\left\{\xi_n^2\eta_x+\xi_m^2\eta_y\right\}(t-\tau)}\, d\tau +$$

$$+\ \frac{4}{\phi c_t}\sum_{m=1}^{\infty}\sum_{n=1}^{\infty}\frac{\left(\xi_m^2+\lambda_{x0}^2\right)\left(\xi_n^2+\lambda_{ay}^2\right)\sin(\xi_n x)\sin\{\xi_m(b-y)\}}{\left\{a\left(\xi_n^2+\lambda_{ay}^2\right)+\lambda_{ay}\right\}\left\{b\left(\xi_m^2+\lambda_{x0}^2\right)+\lambda_{x0}\right\}}\times$$

$$\times \int_0^t \left\{\overline{\psi}_{x0}(\xi_n,\tau)\sin(\xi_m b)+\xi_m\left(\frac{k_y}{\mu}\right)\overline{\psi}_{xb}(\xi_n,\tau)\right\} e^{-\left\{\xi_n^2\eta_x+\xi_m^2\eta_y\right\}(t-\tau)}\, d\tau +$$

$$+\ 4\sum_{n=1}^{\infty}\sum_{m=1}^{\infty}\frac{\left(\xi_m^2+\lambda_{x0}^2\right)\left(\xi_n^2+\lambda_{ay}^2\right)\sin(\xi_n x)\sin\{\xi_m(b-y)\}\, e^{-\left\{\xi_n^2\eta_x+\xi_m^2\eta_y\right\}t}}{\left\{b\left(\xi_m^2+\lambda_{x0}^2\right)+\lambda_{x0}\right\}\left\{a\left(\xi_n^2+\lambda_{ay}^2\right)+\lambda_{ay}\right\}}\times$$

$$\times \int_0^a\int_0^b \varphi(u,v)\sin\{\xi_m(b-v)\}\sin(\xi_n u)\, dv\, du \qquad (7.18.2)$$

where $\overline{\psi}_{x0}(n,t)=\int_0^a \psi_{x0}(x,t)\sin(\xi_n x)\,dx$, $\overline{\psi}_{xb}(n,t)=\int_0^a \psi_{xb}(x,t)\sin(\xi_n x)\,dx$, $\overline{\psi}_{0y}(m,t)=\int_0^b \psi_{0y}(y,t)\sin\{\xi_m(b-y)\}\,dy$ and $\overline{\psi}_{ay}(m,t)=\int_0^b \psi_{ay}(y,t)\sin\{\xi_m(b-y)\}\,dy$.

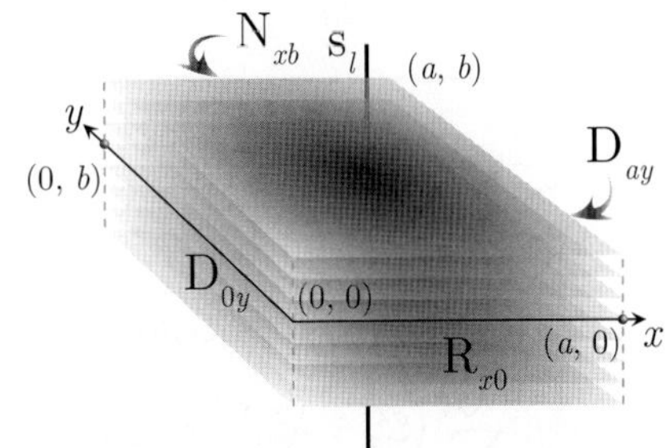

7.19 The problem of 7.1, except $\mathbf{D}_{0y} \equiv p(0,y,t)=\psi_{0y}(y,t)$, $\mathbf{D}_{ay}\equiv p(a,y,t)=\psi_{ay}(y,t)$, $\mathbf{R}_{x0}\equiv \frac{\partial p(x,0,t)}{\partial y}-\lambda_{x0}p(x,0,t)=-\left(\frac{\mu}{k_y}\right)\psi_{x0}(x,t)$ and $\mathbf{N}_{xb}\equiv \frac{\partial p(x,b,t)}{\partial y}=-\left(\frac{\mu}{k_y}\right)\psi_{xb}(x,t)$

$$\overline{p} = \frac{q(s)\,e^{-st_0}}{\phi c_t}\sum_{m=1}^{\infty}\frac{\left(\xi_m^2+\lambda_{x0}^2\right)\operatorname{csch}\left(a\sqrt{\frac{1}{\eta_x}\left\{\xi_m^2\eta_y+s\right\}}\right)\cos\{\xi_m(b-y_0)\}\cos\{\xi_m(b-y)\}}{\left\{b\left(\xi_m^2+\lambda_{x0}^2\right)+\lambda_{x0}\right\}\sqrt{\eta_x\left\{\xi_m^2\eta_y+s\right\}}}\times$$

$$\times\left[\cosh\left\{(a-|x-x_0|)\sqrt{\frac{1}{\eta_x}\left\{\xi_m^2\eta_y+s\right\}}\right\}-\cosh\left\{(a-x-x_0)\sqrt{\frac{1}{\eta_x}\left\{\xi_m^2\eta_y+s\right\}}\right\}\right]+$$

$$+\ \frac{4}{\phi c_t a}\sum_{n=1}^{\infty}\sum_{m=1}^{\infty}\frac{\left(\xi_m^2+\lambda_{x0}^2\right)\left\{\overline{\overline{\psi}}_{x0}(\xi_n,s)\cos(\xi_m b)-\overline{\overline{\psi}}_{xb}(\xi_n,s)\right\}\sin(\xi_n x)\cos\{\xi_m(b-y)\}}{\left\{b\left(\xi_m^2+\lambda_{x0}^2\right)+\lambda_{x0}\right\}\left\{\xi_n^2\eta_x+\xi_m^2\eta_y+s\right\}}+$$

$$+\ 2\sum_{m=1}^{\infty}\frac{\left(\xi_m^2+\lambda_{x0}^2\right)\operatorname{csch}\left(a\sqrt{\frac{\xi_m^2\eta_y+s}{\eta_x}}\right)\cos\{\xi_m(b-y)\}}{\left\{b\left(\xi_m^2+\lambda_{x0}^2\right)+\lambda_{x0}\right\}}\times$$

$$\times\left[\overline{\overline{\psi}}_{ay}(\xi_m,s)\sinh\left\{x\sqrt{\frac{\xi_m^2\eta_y+s}{\eta_x}}\right\}+\overline{\overline{\psi}}_{0y}(\xi_m,s)\sinh\left\{(a-x)\sqrt{\frac{\xi_m^2\eta_y+s}{\eta_x}}\right\}\right]+$$

$$+\sum_{n=1}^{\infty}\frac{\left(\xi_m^2+\lambda_{x0}^2\right)\operatorname{csch}\left(a\sqrt{\frac{1}{\eta_x}\left\{\xi_m^2\eta_y+s\right\}}\right)\cos\left\{\xi_m\left(b-y\right)\right\}}{\left\{b\left(\xi_m^2+\lambda_{x0}^2\right)+\lambda_{x0}\right\}\sqrt{\eta_x\left\{\xi_m^2\eta_y+s\right\}}}\int_0^a\int_0^b\varphi\left(u,v\right)\cos\left\{\xi_m\left(b-v\right)\right\}\times$$

$$\times\left[\cosh\left\{\left(a-|x-u|\right)\sqrt{\frac{1}{\eta_x}\left\{\xi_m^2\eta_y+s\right\}}\right\}-\cosh\left\{\left(a-x-u\right)\sqrt{\frac{1}{\eta_x}\left\{\xi_m^2\eta_y+s\right\}}\right\}\right]dv\,du \qquad (7.19.1)$$

where $\overline{\overline{\psi}}_{0y}\left(m,s\right)=\int_0^b\overline{\psi}_{0y}\left(y,s\right)\cos\left\{\xi_m\left(b-y\right)\right\}dy$, $\overline{\psi}_{0y}\left(y,s\right)=\int_0^\infty\psi_{0y}\left(y,t\right)e^{-st}dt$, $\overline{\overline{\psi}}_{ay}\left(m,s\right)=\int_0^b\overline{\psi}_{ay}\left(m,s\right)\cos\left\{\xi_m\left(b-y\right)\right\}dy$, $\overline{\psi}_{ay}\left(y,s\right)=\int_0^\infty\psi_{ay}\left(y,t\right)e^{-st}dt$, $\overline{\overline{\psi}}_{x0}\left(n,s\right)=\int_0^a\overline{\psi}_{x0}\left(x,s\right)\sin\left(\xi_nx\right)dx$, $\overline{\psi}_{x0}\left(x,s\right)=\int_0^\infty\psi_{x0}\left(x,t\right)e^{-st}dt$, $\overline{\overline{\psi}}_{xb}\left(n,s\right)=\int_0^a\overline{\psi}_{xb}\left(x,s\right)\sin\left(\xi_nx\right)dx$, $\overline{\psi}_{xb}\left(x,s\right)=\int_0^\infty\psi_{xb}\left(x,t\right)e^{-st}dt$, ξ_n is a positive root of $\sin\left(\xi_na\right)=0$, which are $\xi_n=\frac{n\pi}{a}$, $n=1,2,...$, and ξ_m is a positive root of $\xi_m\tan\left(\xi_mb\right)=\lambda_{x0}$, $m=1,2,....$

$$p=\frac{U\left(t-t_0\right)}{a\phi c_t}\sum_{m=1}^{\infty}\frac{\left(\xi_m^2+\lambda_{x0}^2\right)\cos\left\{\xi_m\left(b-y_0\right)\right\}\cos\left\{\xi_m\left(b-y\right)\right\}}{\left\{b\left(\xi_m^2+\lambda_{x0}^2\right)+\lambda_{x0}\right\}}\int_0^{t-t_0}q\left(t-t_0-\tau\right)e^{-\xi_m^2\eta_y\tau}\times$$

$$\times\left[\Theta_3\left\{\frac{\pi\left(x-x_0\right)}{2a},e^{-\left(\frac{\pi}{a}\right)^2\eta_x\tau}\right\}-\Theta_3\left\{\frac{\pi\left(x+x_0\right)}{2a},e^{-\left(\frac{\pi}{a}\right)^2\eta_x\tau}\right\}\right]d\tau+$$

$$+\frac{1}{a\phi c_t}\sum_{m=1}^{\infty}\frac{\left(\xi_m^2+\lambda_{x0}^2\right)\cos\left\{\xi_m\left(b-y\right)\right\}}{\left\{b\left(\xi_m^2+\lambda_{x0}^2\right)+\lambda_{x0}\right\}}\int_0^t\int_0^a\left[\Theta_3\left\{\frac{\pi\left(x-u\right)}{2a},e^{-\left(\frac{\pi}{a}\right)^2\eta_x\tau}\right\}-\Theta_3\left\{\frac{\pi\left(x+u\right)}{2a},e^{-\left(\frac{\pi}{a}\right)^2\eta_x\tau}\right\}\right]\times$$

$$\times\left\{\psi_{x0}\left(u,t-\tau\right)\cos\left(\xi_mb\right)-\psi_{xb}\left(u,t-\tau\right)\right\}e^{-\xi_m^2\eta_y\tau}du\,d\tau+$$

$$+\frac{\eta_x}{a^2}\sum_{m=1}^{\infty}\frac{\left(\xi_m^2+\lambda_{x0}^2\right)\cos\left\{\xi_m\left(b-y\right)\right\}}{\left\{b\left(\xi_m^2+\lambda_{x0}^2\right)+\lambda_{x0}\right\}}\times$$

$$\times\int_0^t\left[\Theta_4'\left\{\frac{\pi x}{2a},e^{-\left(\frac{\pi}{a}\right)^2\eta_x\tau}\right\}\overline{\psi}_{ay}\left(\xi_m,t-\tau\right)-\Theta_3'\left\{\frac{\pi x}{2a},e^{-\left(\frac{\pi}{a}\right)^2\eta_x\tau}\right\}\overline{\psi}_{0y}\left(\xi_m,t-\tau\right)\right]e^{-\xi_m^2\eta_y\tau}d\tau+$$

$$+\frac{1}{a}\sum_{n=1}^{\infty}\frac{\left(\xi_m^2+\lambda_{x0}^2\right)\cos\left\{\xi_m\left(b-y\right)\right\}e^{-\xi_m^2\eta_yt}}{\left\{b\left(\xi_m^2+\lambda_{x0}^2\right)+\lambda_{x0}\right\}}\int_0^a\int_0^b\varphi\left(u,v\right)\cos\left\{\xi_m\left(b-v\right)\right\}\times$$

$$\times\left[\Theta_3\left\{\frac{\pi\left(x-u\right)}{2a},e^{-\left(\frac{\pi}{a}\right)^2\eta_xt}\right\}-\Theta_3\left\{\frac{\pi\left(x+u\right)}{2a},e^{-\left(\frac{\pi}{a}\right)^2\eta_xt}\right\}\right]dv\,du \qquad (7.19.2)$$

where $\overline{\psi}_{0y}\left(m,t\right)=\int_0^b\psi_{0y}\left(y,t\right)\cos\left\{\xi_m\left(b-y\right)\right\}dy$ and $\overline{\psi}_{ay}\left(m,t\right)=\int_0^b\psi_{ay}\left(y,t\right)\cos\left\{\xi_m\left(b-y\right)\right\}dy$.

7.20 **The problem of 7.1, except $\mathbf{D}_{0y} \equiv p(0,y,t) = \psi_{0y}(y,t)$, $\mathbf{N}_{ay} \equiv \frac{\partial p(a,y,t)}{\partial x} = -\left(\frac{\mu}{k_x}\right)\psi_{ay}(y,t)$, $\mathbf{R}_{x0} \equiv \frac{\partial p(x,0,t)}{\partial y} - \lambda_{x0} p(x,0,t) = -\left(\frac{\mu}{k_y}\right)\psi_{x0}(x,t)$ and $\mathbf{N}_{xb} \equiv \frac{\partial p(x,b,t)}{\partial y} = -\left(\frac{\mu}{k_y}\right)\psi_{xb}(x,t)$**

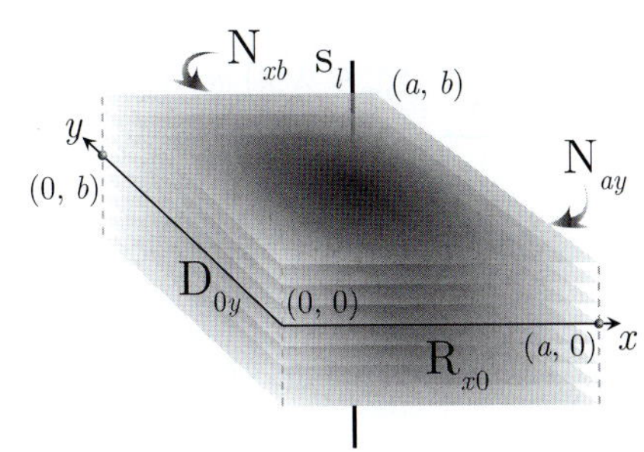

$$\overline{p} = \frac{q(s)e^{-st_0}}{\phi c_t}\sum_{m=1}^{\infty}\frac{\left(\xi_m^2+\lambda_{x0}^2\right)\operatorname{sech}\left(a\sqrt{\frac{1}{\eta_x}\{\xi_m^2\eta_y+s\}}\right)\cos\{\xi_m(b-y_0)\}\cos\{\xi_m(b-y)\}}{\{b(\xi_m^2+\lambda_{x0}^2)+\lambda_{x0}\}\sqrt{\eta_x\{\xi_m^2\eta_y+s\}}}\times$$

$$\times\left[\sinh\left\{(a-|x-x_0|)\sqrt{\frac{1}{\eta_x}\{\xi_m^2\eta_y+s\}}\right\}-\sinh\left\{(a-x-x_0)\sqrt{\frac{1}{\eta_x}\{\xi_m^2\eta_y+s\}}\right\}\right]+$$

$$+\frac{4}{\phi c_t a}\sum_{n=1}^{\infty}\sum_{m=1}^{\infty}\frac{\left(\xi_m^2+\lambda_{x0}^2\right)\left\{\overline{\overline{\psi}}_{x0}(\xi_n,s)\cos(\xi_m b)+\overline{\overline{\psi}}_{xb}(\xi_n,s)\right\}\sin(\xi_n x)\cos\{\xi_m(b-y)\}}{\{b(\xi_m^2+\lambda_{x0}^2)+\lambda_{x0}\}\{\xi_n^2\eta_x+\xi_m^2\eta_y+s\}}+$$

$$+2\sum_{m=1}^{\infty}\frac{\left(\xi_m^2+\lambda_{x0}^2\right)\operatorname{sech}\left(a\sqrt{\frac{\xi_m^2\eta_y+s}{\eta_x}}\right)\cos\{\xi_m(b-y)\}}{\{b(\xi_m^2+\lambda_{x0}^2)+\lambda_{x0}\}}\times$$

$$\times\left[\frac{\overline{\overline{\psi}}_{ay}(\xi_m,s)}{\phi c_t\sqrt{\eta_x(\xi_m^2\eta_y+s)}}\sinh\left\{x\sqrt{\frac{\xi_m^2\eta_y+s}{\eta_x}}\right\}+\overline{\overline{\psi}}_{0y}(\xi_m,s)\cosh\left\{(a-x)\sqrt{\frac{\xi_m^2\eta_y+s}{\eta_x}}\right\}\right]+$$

$$+\sum_{n=1}^{\infty}\frac{\left(\xi_m^2+\lambda_{x0}^2\right)\operatorname{sech}\left(a\sqrt{\frac{1}{\eta_x}\{\xi_m^2\eta_y+s\}}\right)\cos\{\xi_m(b-y)\}}{\{b(\xi_m^2+\lambda_{x0}^2)+\lambda_{x0}\}\sqrt{\eta_x\{\xi_m^2\eta_y+s\}}}\int_0^a\int_0^b\varphi(u,v)\cos\{\xi_m(b-v)\}\times$$

$$\times\left[\sinh\left\{(a-|x-u|)\sqrt{\frac{1}{\eta_x}\{\xi_m^2\eta_y+s\}}\right\}-\sinh\left\{(a-x-u)\sqrt{\frac{1}{\eta_x}\{\xi_m^2\eta_y+s\}}\right\}\right]dvdu \qquad (7.20.1)$$

where $\overline{\overline{\psi}}_{0y}(m,s)=\int_0^b\overline{\psi}_{0y}(y,s)\cos\{\xi_m(b-y)\}dy$, $\overline{\psi}_{0y}(y,s)=\int_0^\infty\psi_{0y}(y,t)e^{-st}dt$, $\overline{\overline{\psi}}_{ay}(m,s)=\int_0^b\overline{\psi}_{ay}(m,s)\cos\{\xi_m(b-y)\}dy$, $\overline{\psi}_{ay}(y,s)=\int_0^\infty\psi_{ay}(y,t)e^{-st}dt$, $\overline{\overline{\psi}}_{x0}(n,s)=\int_0^a\overline{\psi}_{x0}(x,s)\sin(\xi_n x)dx$, $\overline{\psi}_{x0}(x,s)=\int_0^\infty\psi_{x0}(x,t)e^{-st}dt$, $\overline{\overline{\psi}}_{xb}(n,s)=\int_0^a\overline{\psi}_{xb}(x,s)\sin(\xi_n x)dx$, $\overline{\psi}_{xb}(x,s)=\int_0^\infty\psi_{xb}(x,t)e^{-st}dt$, ξ_n is a positive root of $\cos(\xi_n a)=0$, which are $\xi_n=\frac{(2n-1)\pi}{2a}$, $n=1,2,...$, and ξ_m is a positive root of $\xi_m\tan(\xi_m b)=\lambda_{x0}$, $m=1,2,....$

$$p=\frac{U(t-t_0)}{a\phi c_t}\sum_{m=1}^{\infty}\frac{\left(\xi_m^2+\lambda_{x0}^2\right)\cos\{\xi_m(b-y_0)\}\cos\{\xi_m(b-y)\}}{\{b(\xi_m^2+\lambda_{x0}^2)+\lambda_{x0}\}}\int_0^{t-t_0}q(t-t_0-\tau)e^{-\xi_m^2\eta_y\tau}\times$$

$$\times\left[\Theta_2\left\{\frac{\pi(x-x_0)}{2a},e^{-\left(\frac{\pi}{a}\right)^2\eta_x\tau}\right\}-\Theta_2\left\{\frac{\pi(x+x_0)}{2a},e^{-\left(\frac{\pi}{a}\right)^2\eta_x\tau}\right\}\right]d\tau+$$

$$+\frac{1}{a\phi c_t}\sum_{m=1}^{\infty}\frac{\left(\xi_m^2+\lambda_{x0}^2\right)\cos\{\xi_m(b-y)\}}{\{b(\xi_m^2+\lambda_{x0}^2)+\lambda_{x0}\}}\int_0^t\int_0^a\left[\Theta_2\left\{\frac{\pi(x-u)}{2a},e^{-\left(\frac{\pi}{a}\right)^2\eta_x\tau}\right\}-\Theta_2\left\{\frac{\pi(x+u)}{2a},e^{-\left(\frac{\pi}{a}\right)^2\eta_x\tau}\right\}\right]\times$$

$$\times\{\psi_{x0}(u,t-\tau)\cos(\xi_m b)+\psi_{xb}(u,t-\tau)\}e^{-\xi_m^2\eta_y\tau}dud\tau-$$

$$-\frac{2}{a}\sum_{m=1}^{\infty}\frac{\left(\xi_m^2+\lambda_{x0}^2\right)\cos\{\xi_m(b-y)\}}{\{b(\xi_m^2+\lambda_{x0}^2)+\lambda_{x0}\}}\times$$

$$\times\int_0^t\left[\left(\frac{\eta_x}{2a}\right)\overline{\psi}_{0y}(\xi_m,t-\tau)\Theta_2'\left\{\frac{\pi x}{2a},e^{-\left(\frac{\pi}{a}\right)^2\eta_x\tau}\right\}+\frac{\overline{\psi}_{ay}(\xi_m,t-\tau)}{\phi c_t}\Theta_1\left\{\frac{\pi x}{2a},e^{-\left(\frac{\pi}{a}\right)^2\eta_x\tau}\right\}\right]e^{-\xi_m^2\eta_y\tau}d\tau+$$

$$+\frac{1}{a}\sum_{n=1}^{\infty}\frac{\left(\xi_m^2+\lambda_{x0}^2\right)\cos\left\{\xi_m\left(b-y\right)\right\}e^{-\xi_m^2\eta_y t}}{\left\{b\left(\xi_m^2+\lambda_{x0}^2\right)+\lambda_{x0}\right\}}\int\limits_0^a\int\limits_0^b\varphi\left(u,v\right)\cos\left\{\xi_m\left(b-v\right)\right\}\times$$

$$\times\left[\Theta_2\left\{\frac{\pi\left(x-u\right)}{2a},e^{-\left(\frac{\pi}{a}\right)^2\eta_x t}\right\}-\Theta_2\left\{\frac{\pi\left(x+u\right)}{2a},e^{-\left(\frac{\pi}{a}\right)^2\eta_x t}\right\}\right]dv\,du \qquad (7.20.2)$$

where $\overline{\psi}_{0y}\left(m,t\right)=\int_0^b\psi_{0y}\left(y,t\right)\cos\left\{\xi_m\left(b-y\right)\right\}dy$ and $\overline{\psi}_{ay}\left(m,t\right)=\int_0^b\psi_{ay}\left(y,t\right)\cos\left\{\xi_m\left(b-y\right)\right\}dy$.

7.21 **The problem of 7.1, except $\mathbf{D_{0y}}\equiv p\left(0,y,t\right)=\psi_{0y}\left(y,t\right)$, $\mathbf{R_{ay}}\equiv\frac{\partial p(a,y,t)}{\partial x}+\lambda_{ay}p\left(a,y,t\right)=-\left(\frac{\mu}{k_x}\right)\psi_{ay}\left(y,t\right)$, $\mathbf{R_{x0}}\equiv\frac{\partial p(x,0,t)}{\partial y}-\lambda_{x0}p\left(x,0,t\right)=-\left(\frac{\mu}{k_y}\right)\psi_{x0}\left(x,t\right)$ and $\mathbf{N_{xb}}\equiv\frac{\partial p(x,b,t)}{\partial y}=-\left(\frac{\mu}{k_y}\right)\psi_{xb}\left(x,t\right)$.**

$$\overline{p}=\frac{4q\left(s\right)e^{-st_0}}{\phi c_t}\sum_{n=1}^{\infty}\sum_{m=1}^{\infty}\frac{\left(\xi_m^2+\lambda_{x0}^2\right)\left(\xi_n^2+\lambda_{ay}^2\right)\cos\left\{\xi_m\left(b-y_0\right)\right\}\cos\left\{\xi_m\left(b-y\right)\right\}\sin\left(\xi_n x_0\right)\sin\left(\xi_n x\right)}{\left\{b\left(\xi_m^2+\lambda_{x0}^2\right)+\lambda_{x0}\right\}\left\{a\left(\xi_n^2+\lambda_{ay}^2\right)+\lambda_{ay}\right\}\left\{\xi_n^2\eta_x+\xi_m^2\eta_y+s\right\}}+$$

$$+\frac{4}{\phi c_t}\sum_{m=1}^{\infty}\sum_{n=1}^{\infty}\frac{\left(\xi_m^2+\lambda_{x0}^2\right)\left(\xi_n^2+\lambda_{ay}^2\right)\left\{\xi_n\left(\frac{k_x}{\mu}\right)\overline{\overline{\psi}}_{0y}\left(\xi_m,s\right)-\overline{\overline{\psi}}_{ay}\left(\xi_m,s\right)\sin\left(\xi_n a\right)\right\}}{\left\{b\left(\xi_m^2+\lambda_{x0}^2\right)+\lambda_{x0}\right\}\left\{a\left(\xi_n^2+\lambda_{ay}^2\right)+\lambda_{ay}\right\}\left\{\xi_n^2\eta_x+\xi_m^2\eta_y+s\right\}}\times$$

$$\times\sin\left(\xi_n x\right)\cos\left\{\xi_m\left(b-y\right)\right\}$$

$$+\frac{4}{\phi c_t}\sum_{m=1}^{\infty}\sum_{n=1}^{\infty}\frac{\left(\xi_m^2+\lambda_{x0}^2\right)\left(\xi_n^2+\lambda_{ay}^2\right)\left\{\overline{\overline{\psi}}_{x0}\left(\xi_n,s\right)\cos\left(\xi_m b\right)+\overline{\overline{\psi}}_{xb}\left(\xi_n,s\right)\right\}\sin\left(\xi_n x\right)\cos\left\{\xi_m\left(b-y\right)\right\}}{\left\{b\left(\xi_m^2+\lambda_{x0}^2\right)+\lambda_{x0}\right\}\left\{a\left(\xi_n^2+\lambda_{ay}^2\right)+\lambda_{ay}\right\}\left\{\xi_n^2\eta_x+\xi_m^2\eta_y+s\right\}}+$$

$$+4\sum_{n=1}^{\infty}\sum_{m=1}^{\infty}\frac{\left(\xi_m^2+\lambda_{x0}^2\right)\left(\xi_n^2+\lambda_{ay}^2\right)\sin\left(\xi_n x\right)\cos\left\{\xi_m\left(b-y\right)\right\}}{\left\{b\left(\xi_m^2+\lambda_{x0}^2\right)+\lambda_{x0}\right\}\left\{a\left(\xi_n^2+\lambda_{ay}^2\right)+\lambda_{ay}\right\}\left\{\xi_n^2\eta_x+\xi_m^2\eta_y+s\right\}}\times$$

$$\times\int\limits_0^a\int\limits_0^b\varphi\left(u,v\right)\cos\left\{\xi_m\left(b-v\right)\right\}\sin\left(\xi_n u\right)dv\,du \qquad (7.21.1)$$

where $\overline{\overline{\psi}}_{0y}\left(m,s\right)=\int_0^b\overline{\psi}_{0y}\left(y,s\right)\cos\left\{\xi_m\left(b-y\right)\right\}dy$, $\overline{\psi}_{0y}\left(y,s\right)=\int_0^\infty\psi_{0y}\left(y,t\right)e^{-st}dt$,
$\overline{\overline{\psi}}_{ay}\left(m,s\right)=\int_0^b\overline{\psi}_{ay}\left(m,s\right)\cos\left\{\xi_m\left(b-y\right)\right\}dy$, $\overline{\psi}_{ay}\left(y,s\right)=\int_0^\infty\psi_{ay}\left(y,t\right)e^{-st}dt$,
$\overline{\overline{\psi}}_{x0}\left(n,s\right)=\int_0^a\overline{\psi}_{x0}\left(x,s\right)\sin\left(\xi_n x\right)dx$, $\overline{\psi}_{x0}\left(x,s\right)=\int_0^\infty\psi_{x0}\left(x,t\right)e^{-st}dt$,
$\overline{\overline{\psi}}_{xb}\left(n,s\right)=\int_0^a\overline{\psi}_{xb}\left(x,s\right)\sin\left(\xi_n x\right)dx$, $\overline{\psi}_{xb}\left(x,s\right)=\int_0^\infty\psi_{xb}\left(x,t\right)e^{-st}dt$, ξ_n is a positive root of $\xi_n\cot\left(\xi_n a\right)=-\lambda_{ay}$, $n=1,2,...$, and ξ_m is a positive root of $\xi_m\tan\left(\xi_m b\right)=\lambda_{x0}$, $m=1,2,....$

$$p=\frac{4U\left(t-t_0\right)}{\phi c_t}\sum_{n=1}^{\infty}\sum_{m=1}^{\infty}\frac{\left(\xi_m^2+\lambda_{x0}^2\right)\left(\xi_n^2+\lambda_{ay}^2\right)\cos\left\{\xi_m\left(b-y_0\right)\right\}\cos\left\{\xi_m\left(b-y\right)\right\}\sin\left(\xi_n x_0\right)\sin\left(\xi_n x\right)}{\left\{b\left(\xi_m^2+\lambda_{xb}^2\right)+\lambda_{xb}\right\}\left\{a\left(\xi_n^2+\lambda_{ay}^2\right)-\lambda_{ay}\right\}}\times$$

$$\times\int\limits_0^{t-t_0}q\left(t-t_0-\tau\right)e^{-\left(\xi_n^2\eta_x+\xi_m^2\eta_y\right)\tau}d\tau+$$

$$+\frac{4}{\phi c_t}\sum_{m=1}^{\infty}\sum_{n=1}^{\infty}\frac{\left(\xi_m^2+\lambda_{x0}^2\right)\left(\xi_n^2+\lambda_{ay}^2\right)\sin\left(\xi_n x\right)\cos\left\{\xi_m\left(b-y\right)\right\}}{\left\{b\left(\xi_m^2+\lambda_{x0}^2\right)+\lambda_{x0}\right\}\left\{a\left(\xi_n^2+\lambda_{ay}^2\right)+\lambda_{ay}\right\}}\times$$

$$\times\int\limits_0^t\left\{\xi_n\left(\frac{k_x}{\mu}\right)\overline{\psi}_{0y}\left(\xi_m,\tau\right)-\overline{\psi}_{ay}\left(\xi_m,\tau\right)\sin\left(\xi_n a\right)\right\}e^{-\left\{\xi_n^2\eta_x+\xi_m^2\eta_y\right\}\left(t-\tau\right)}d\tau+$$

$$+\frac{4}{\phi c_t}\sum_{m=1}^{\infty}\sum_{n=1}^{\infty}\frac{\left(\xi_m^2+\lambda_{x0}^2\right)\left(\xi_n^2+\lambda_{ay}^2\right)\sin\left(\xi_n x\right)\cos\left\{\xi_m\left(b-y\right)\right\}}{\left\{b\left(\xi_m^2+\lambda_{x0}^2\right)+\lambda_{x0}\right\}\left\{a\left(\xi_n^2+\lambda_{ay}^2\right)+\lambda_{ay}\right\}}\times$$

$$\times\int_0^t\left\{\overline{\psi}_{x0}\left(\xi_n,\tau\right)\cos\left(\xi_m b\right)+\overline{\psi}_{xb}\left(\xi_n,\tau\right)\right\}e^{-\left\{\xi_n^2\eta_x+\xi_m^2\eta_y\right\}(t-\tau)}d\tau+$$

$$+4\sum_{n=1}^{\infty}\sum_{m=1}^{\infty}\frac{\left(\xi_m^2+\lambda_{x0}^2\right)\left(\xi_n^2+\lambda_{ay}^2\right)\sin\left(\xi_n x\right)\cos\left\{\xi_m\left(b-y\right)\right\}e^{-\left\{\xi_n^2\eta_x+\xi_m^2\eta_y\right\}t}}{\left\{b\left(\xi_m^2+\lambda_{x0}^2\right)+\lambda_{x0}\right\}\left\{a\left(\xi_n^2+\lambda_{ay}^2\right)+\lambda_{ay}\right\}}\times$$

$$\times\int_0^a\int_0^b\varphi\left(u,v\right)\cos\left\{\xi_m\left(b-v\right)\right\}\sin\left(\xi_n u\right)dv\,du \tag{7.21.2}$$

where $\overline{\psi}_{x0}\left(n,t\right)=\int_0^a\psi_{x0}\left(x,t\right)\sin\left(\xi_n x\right)dx$, $\overline{\psi}_{xb}\left(n,t\right)=\int_0^a\psi_{xb}\left(x,t\right)\sin\left(\xi_n x\right)dx$, $\overline{\psi}_{0y}\left(m,t\right)=\int_0^b\psi_{0y}\left(y,t\right)\cos\left\{\xi_m\left(b-y\right)\right\}dy$ and $\overline{\psi}_{ay}\left(m,t\right)=\int_0^b\psi_{ay}\left(y,t\right)\cos\left\{\xi_m\left(b-y\right)\right\}dy$.

7.22 The problem of 7.1, except $\mathbf{D}_{0y}\equiv p\left(0,y,t\right)=\psi_{0y}\left(y,t\right)$, $\mathbf{D}_{ay}\equiv p\left(a,y,t\right)=\psi_{ay}\left(y,t\right)$, $\mathbf{R}_{x0}\equiv\frac{\partial p(x,0,t)}{\partial y}-\lambda_{x0}p\left(x,0,t\right)=-\left(\frac{\mu}{k_y}\right)\psi_{x0}\left(x,t\right)$ and $\mathbf{R}_{xb}\equiv\frac{\partial p(x,b,t)}{\partial y}+\lambda_{xb}p\left(x,b,t\right)=-\left(\frac{\mu}{k_y}\right)\psi_{xb}\left(x,t\right)$

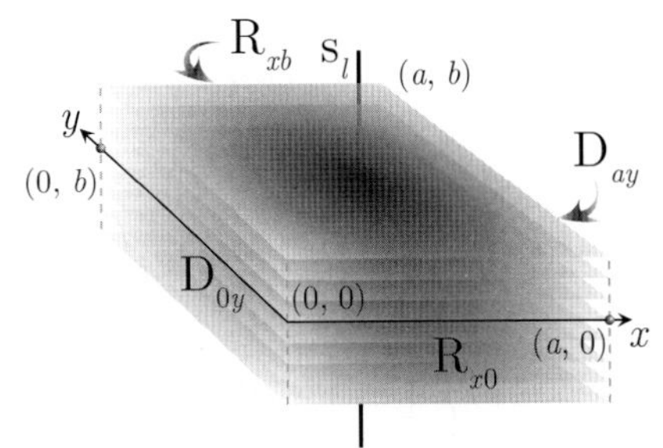

$$\overline{p}=\frac{q\left(s\right)e^{-st_0}}{\phi c_t}\sum_{m=1}^{\infty}\frac{\operatorname{csch}\left(a\sqrt{\frac{\xi_m^2\eta_y+s}{\eta_x}}\right)\left\{\xi_m\cos\left(\xi_m y_0\right)+\lambda_{x0}\sin\left(\xi_m y_0\right)\right\}\left\{\xi_m\cos\left(\xi_m y\right)+\lambda_{x0}\sin\left(\xi_m y\right)\right\}}{\left\{\left(\xi_m^2+\lambda_{x0}^2\right)\left(b+\frac{\lambda_{xb}}{\xi_m^2+\lambda_{xb}^2}\right)+\lambda_{x0}\right\}\sqrt{\eta_x\left\{\xi_m^2\eta_y+s\right\}}}\times$$

$$\times\left[\cosh\left\{\left(a-\left|x-x_0\right|\right)\sqrt{\frac{1}{\eta_x}\left\{\xi_m^2\eta_y+s\right\}}\right\}-\cosh\left\{\left(a-x-x_0\right)\sqrt{\frac{1}{\eta_x}\left\{\xi_m^2\eta_y+s\right\}}\right\}\right]+$$

$$+\frac{4}{\phi c_t a}\sum_{n=1}^{\infty}\sum_{m=1}^{\infty}\frac{\left[\xi_m\left(\frac{k_y}{\mu}\right)\overline{\overline{\psi}}_{x0}\left(\xi_n,s\right)-\overline{\overline{\psi}}_{xb}\left(\xi_n,s\right)\left\{\xi_m\cos\left(\xi_m b\right)+\lambda_{x0}\sin\left(\xi_m b\right)\right\}\right]}{\left\{\left(\xi_m^2+\lambda_{x0}^2\right)\left(b+\frac{\lambda_{xb}}{\xi_m^2+\lambda_{xb}^2}\right)+\lambda_{x0}\right\}\left\{\xi_n^2\eta_x+\xi_m^2\eta_y+s\right\}}\times$$

$$\times\sin\left(\xi_n x\right)\left\{\xi_m\cos\left(\xi_m y\right)+\lambda_{x0}\sin\left(\xi_m y\right)\right\}+$$

$$+2\sum_{m=1}^{\infty}\frac{\operatorname{csch}\left(a\sqrt{\frac{\xi_m^2\eta_y+s}{\eta_x}}\right)\left\{\xi_m\cos\left(\xi_m y\right)+\lambda_{x0}\sin\left(\xi_m y\right)\right\}}{\left\{\left(\xi_m^2+\lambda_{x0}^2\right)\left(b+\frac{\lambda_{xb}}{\xi_m^2+\lambda_{xb}^2}\right)+\lambda_{x0}\right\}}\times$$

$$\times\left[\overline{\overline{\psi}}_{ay}\left(\xi_m,s\right)\sinh\left\{x\sqrt{\frac{\xi_m^2\eta_y+s}{\eta_x}}\right\}+\overline{\overline{\psi}}_{0y}\left(\xi_m,s\right)\sinh\left\{\left(a-x\right)\sqrt{\frac{\xi_m^2\eta_y+s}{\eta_x}}\right\}\right]+$$

$$+\sum_{n=1}^{\infty}\frac{\operatorname{csch}\left(a\sqrt{\frac{\xi_m^2\eta_y+s}{\eta_x}}\right)\left\{\xi_m\cos\left(\xi_m y\right)+\lambda_{x0}\sin\left(\xi_m y\right)\right\}}{\left\{\left(\xi_m^2+\lambda_{x0}^2\right)\left(b+\frac{\lambda_{xb}}{\xi_m^2+\lambda_{xb}^2}\right)+\lambda_{x0}\right\}\sqrt{\eta_x\left\{\xi_m^2\eta_y+s\right\}}}\int_0^a\int_0^b\varphi\left(u,v\right)\left\{\xi_m\cos\left(\xi_m v\right)+\lambda_{x0}\sin\left(\xi_m v\right)\right\}\times$$

$$\times\left[\cosh\left\{\left(a-\left|x-u\right|\right)\sqrt{\frac{1}{\eta_x}\left\{\xi_m^2\eta_y+s\right\}}\right\}-\cosh\left\{\left(a-x-u\right)\sqrt{\frac{1}{\eta_x}\left\{\xi_m^2\eta_y+s\right\}}\right\}\right]dv\,du \tag{7.22.1}$$

where $\overline{\overline{\psi}}_{0y}\left(m,s\right)=\int_0^b\overline{\psi}_{0y}\left(y,s\right)\left\{\xi_m\cos\left(\xi_m y\right)+\lambda_{x0}\sin\left(\xi_m y\right)\right\}dy$, $\overline{\psi}_{0y}\left(y,s\right)=\int_0^\infty\psi_{0y}\left(y,t\right)e^{-st}dt$, $\overline{\overline{\psi}}_{ay}\left(m,s\right)=\int_0^b\overline{\psi}_{ay}\left(m,s\right)\left\{\xi_m\cos\left(\xi_m y\right)+\lambda_{x0}\sin\left(\xi_m y\right)\right\}dy$, $\overline{\psi}_{ay}\left(y,s\right)=\int_0^\infty\psi_{ay}\left(y,t\right)e^{-st}dt$, $\overline{\overline{\psi}}_{x0}\left(n,s\right)=\int_0^a\overline{\psi}_{x0}\left(x,s\right)\sin\left(\xi_n x\right)dx$, $\overline{\psi}_{x0}\left(x,s\right)=\int_0^\infty\psi_{x0}\left(x,t\right)e^{-st}dt$,

$\overline{\overline{\psi}}_{xb}(n,s)=\int_0^a\overline{\psi}_{xb}(x,s)\sin(\xi_n x)\,dx$, $\overline{\psi}_{xb}(x,s)=\int_0^\infty\psi_{xb}(x,t)\,e^{-st}dt$, ξ_n is a positive root of $\sin(\xi_n a)=0$, which are $\xi_n=\frac{n\pi}{a}$, $n=1,2,...$, and ξ_m is a positive root of $\tan(\xi_m b)=\frac{(\lambda_{x0}+\lambda_{xb})}{\xi_m^2-\lambda_{x0}\lambda_{xb}}$, $m=1,2,....$

$$\begin{aligned} p &= \frac{U(t-t_0)}{a\phi c_t}\sum_{m=1}^{\infty}\frac{\{\xi_m\cos(\xi_m y_0)+\lambda_{x0}\sin(\xi_m y_0)\}\{\xi_m\cos(\xi_m y)+\lambda_{x0}\sin(\xi_m y)\}}{\left\{(\xi_m^2+\lambda_{x0}^2)\left(b+\frac{\lambda_{xb}}{\xi_m^2+\lambda_{xb}^2}\right)+\lambda_{x0}\right\}}\times \\ &\times\int_0^{t-t_0} q(t-t_0-\tau)\,e^{-\xi_m^2\eta_y\tau}\left[\Theta_3\left\{\frac{\pi(x-x_0)}{2a},e^{-\left(\frac{\pi}{a}\right)^2\eta_x\tau}\right\}-\Theta_3\left\{\frac{\pi(x+x_0)}{2a},e^{-\left(\frac{\pi}{a}\right)^2\eta_x\tau}\right\}\right]d\tau+ \\ &+\frac{1}{a}\sum_{m=1}^{\infty}\frac{\{\xi_m\cos(\xi_m y)+\lambda_{x0}\sin(\xi_m y)\}}{\left\{(\xi_m^2+\lambda_{x0}^2)\left(b+\frac{\lambda_{xb}}{\xi_m^2+\lambda_{xb}^2}\right)+\lambda_{x0}\right\}}\times \\ &\times\int_0^t\int_0^a\left[\Theta_3\left\{\frac{\pi(x-u)}{2a},e^{-\left(\frac{\pi}{a}\right)^2\eta_x\tau}\right\}-\Theta_3\left\{\frac{\pi(x+u)}{2a},e^{-\left(\frac{\pi}{a}\right)^2\eta_x\tau}\right\}\right]\times \\ &\times\left[\eta_y\xi_m\psi_{x0}(u,t-\tau)-\frac{\psi_{xb}(u,t-\tau)}{\phi c_t}\{\xi_m\cos(\xi_m b)+\lambda_{x0}\sin(\xi_m b)\}\right]e^{-\xi_m^2\eta_y\tau}du\,d\tau+ \\ &+\frac{\eta_x}{a^2}\sum_{m=1}^{\infty}\frac{\{\xi_m\cos(\xi_m y)+\lambda_{x0}\sin(\xi_m y)\}}{\left\{(\xi_m^2+\lambda_{x0}^2)\left(b+\frac{\lambda_{xb}}{\xi_m^2+\lambda_{xb}^2}\right)+\lambda_{x0}\right\}}\times \\ &\times\int_0^t\left[\Theta_4'\left\{\frac{\pi x}{2a},e^{-\left(\frac{\pi}{a}\right)^2\eta_x\tau}\right\}\overline{\psi}_{ay}(\xi_m,t-\tau)-\Theta_3'\left\{\frac{\pi x}{2a},e^{-\left(\frac{\pi}{a}\right)^2\eta_x\tau}\right\}\overline{\psi}_{0y}(\xi_m,t-\tau)\right]e^{-\xi_m^2\eta_y\tau}d\tau+ \\ &+\frac{1}{a}\sum_{n=1}^{\infty}\frac{\{\xi_m\cos(\xi_m y)+\lambda_{x0}\sin(\xi_m y)\}\,e^{-\xi_m^2\eta_y t}}{\left\{(\xi_m^2+\lambda_{x0}^2)\left(b+\frac{\lambda_{xb}}{\xi_m^2+\lambda_{xb}^2}\right)+\lambda_{x0}\right\}}\int_0^a\int_0^b\varphi(u,v)\{\xi_m\cos(\xi_m v)+\lambda_{x0}\sin(\xi_m v)\}\times \\ &\times\left[\Theta_3\left\{\frac{\pi(x-u)}{2a},e^{-\left(\frac{\pi}{a}\right)^2\eta_x t}\right\}-\Theta_3\left\{\frac{\pi(x+u)}{2a},e^{-\left(\frac{\pi}{a}\right)^2\eta_x t}\right\}\right]dv\,du \end{aligned} \tag{7.22.2}$$

where $\overline{\psi}_{0y}(m,t)=\int_0^b\psi_{0y}(y,t)\{\xi_m\cos(\xi_m y)+\lambda_{x0}\sin(\xi_m y)\}\,dy$ and $\overline{\psi}_{ay}(m,t)=\int_0^b\psi_{ay}(y,t)\{\xi_m\cos(\xi_m y)+\lambda_{x0}\sin(\xi_m y)\}\,dy$.

7.23

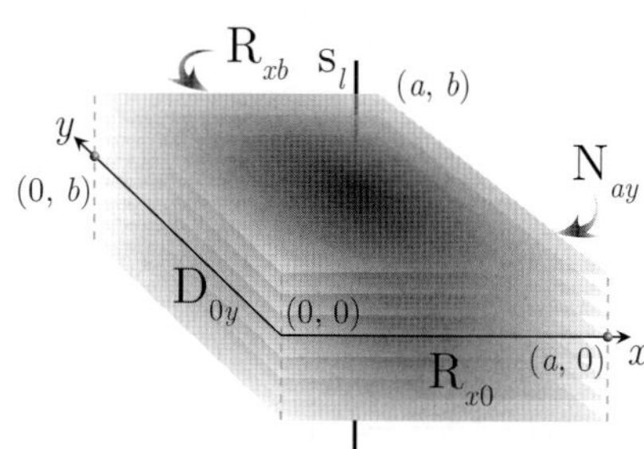

The problem of 7.1, except $\mathbf{D_{0y}\equiv p(0,y,t)=\psi_{0y}(y,t)}$, $\mathbf{N_{ay}\equiv\frac{\partial p(a,y,t)}{\partial x}=-\left(\frac{\mu}{k_x}\right)\psi_{ay}(y,t)}$, $\mathbf{R_{x0}\equiv\frac{\partial p(x,0,t)}{\partial y}-\lambda_{x0}p(x,0,t)=-\left(\frac{\mu}{k_y}\right)\psi_{x0}(x,t)}$ and $\mathbf{R_{xb}\equiv\frac{\partial p(x,b,t)}{\partial y}+\lambda_{xb}p(x,b,t)=-\left(\frac{\mu}{k_y}\right)\psi_{xb}(x,t)}$

$$\begin{aligned} \overline{p} &= \frac{q(s)\,e^{-st_0}}{\phi c_t\sqrt{\eta_x}}\sum_{m=1}^{\infty}\frac{\operatorname{sech}\left(a\sqrt{\frac{\xi_m^2\eta_y+s}{\eta_x}}\right)\{\xi_m\cos(\xi_m y_0)+\lambda_{x0}\sin(\xi_m y_0)\}\{\xi_m\cos(\xi_m y)+\lambda_{x0}\sin(\xi_m y)\}}{\left\{(\xi_m^2+\lambda_{x0}^2)\left(b+\frac{\lambda_{xb}}{\xi_m^2+\lambda_{xb}^2}\right)+\lambda_{x0}\right\}\sqrt{\{\xi_m^2\eta_y+s\}}}\times \\ &\times\left[\sinh\left\{(a-|x-x_0|)\sqrt{\frac{1}{\eta_x}\{\xi_m^2\eta_y+s\}}\right\}-\sinh\left\{(a-x-x_0)\sqrt{\frac{1}{\eta_x}\{\xi_m^2\eta_y+s\}}\right\}\right]+ \\ &+\frac{4}{\phi c_t a}\sum_{n=1}^{\infty}\sum_{m=1}^{\infty}\frac{\left[\xi_m\left(\frac{k_y}{\mu}\right)\overline{\overline{\psi}}_{x0}(\xi_n,s)-\overline{\overline{\psi}}_{xb}(\xi_n,s)\{\xi_m\cos(\xi_m b)+\lambda_{x0}\sin(\xi_m b)\}\right]}{\left\{(\xi_m^2+\lambda_{x0}^2)\left(b+\frac{\lambda_{xb}}{\xi_m^2+\lambda_{xb}^2}\right)+\lambda_{x0}\right\}\{\xi_n^2\eta_x+\xi_m^2\eta_y+s\}}\times \end{aligned}$$

$$\times \sin(\xi_n x)\{\xi_m \cos(\xi_m y) + \lambda_{x0}\sin(\xi_m y)\} +$$

$$+\ 2\sum_{m=1}^{\infty} \frac{\operatorname{sech}\left(a\sqrt{\frac{\xi_m^2\eta_y+s}{\eta_x}}\right)\{\xi_m\cos(\xi_m y)+\lambda_{x0}\sin(\xi_m y)\}}{\left\{(\xi_m^2+\lambda_{x0}^2)\left(b+\frac{\lambda_{xb}}{\xi_m^2+\lambda_{xb}^2}\right)+\lambda_{x0}\right\}}\times$$

$$\times\left[\frac{\overline{\overline{\psi}}_{ay}(\xi_m,s)}{\phi c_t\sqrt{\eta_x(\xi_m^2\eta_y+s)}}\sinh\left\{x\sqrt{\frac{\xi_m^2\eta_y+s}{\eta_x}}\right\}+\overline{\overline{\psi}}_{0y}(\xi_m,s)\cosh\left\{(a-x)\sqrt{\frac{\xi_m^2\eta_y+s}{\eta_x}}\right\}\right]+$$

$$+\ \frac{1}{\sqrt{\eta_x}}\sum_{n=1}^{\infty}\frac{\operatorname{sech}\left(a\sqrt{\frac{\xi_m^2\eta_y+s}{\eta_x}}\right)\{\xi_m\cos(\xi_m y)+\lambda_{x0}\sin(\xi_m y)\}}{\left\{(\xi_m^2+\lambda_{x0}^2)\left(b+\frac{\lambda_{xb}}{\xi_m^2+\lambda_{xb}^2}\right)+\lambda_{x0}\right\}\sqrt{\{\xi_m^2\eta_y+s\}}}\int_0^a\int_0^b\varphi(u,v)\{\xi_m\cos(\xi_m v)+\lambda_{x0}\sin(\xi_m v)\}\times$$

$$\times\left[\sinh\left\{(a-|x-x_0|)\sqrt{\frac{1}{\eta_x}\{\xi_m^2\eta_y+s\}}\right\}-\sinh\left\{(a-x-x_0)\sqrt{\frac{1}{\eta_x}\{\xi_m^2\eta_y+s\}}\right\}\right]dvdu \qquad (7.23.1)$$

where $\overline{\overline{\psi}}_{0y}(m,s)=\int_0^b\overline{\psi}_{0y}(y,s)\{\xi_m\cos(\xi_m y)+\lambda_{x0}\sin(\xi_m y)\}dy$, $\overline{\psi}_{0y}(y,s)=\int_0^\infty\psi_{0y}(y,t)e^{-st}dt$,
$\overline{\overline{\psi}}_{ay}(m,s)=\int_0^b\overline{\psi}_{ay}(m,s)\{\xi_m\cos(\xi_m y)+\lambda_{x0}\sin(\xi_m y)\}dy$, $\overline{\psi}_{ay}(y,s)=\int_0^\infty\psi_{ay}(y,t)e^{-st}dt$,
$\overline{\overline{\psi}}_{x0}(n,s)=\int_0^a\overline{\psi}_{x0}(x,s)\sin(\xi_n x)\,dx$, $\overline{\psi}_{x0}(x,s)=\int_0^\infty\psi_{x0}(x,t)e^{-st}dt$,
$\overline{\overline{\psi}}_{xb}(n,s)=\int_0^a\overline{\psi}_{xb}(x,s)\sin(\xi_n x)\,dx$, $\overline{\psi}_{xb}(x,s)=\int_0^\infty\psi_{xb}(x,t)e^{-st}dt$, ξ_n is a positive root of $\cos(\xi_n a)=0$, which are $\xi_n=\frac{(2n-1)\pi}{2a}$, $n=1,2,...$, and ξ_m is a positive root of $\tan(\xi_m b)=\frac{(\lambda_{x0}+\lambda_{xb})}{\xi_m^2-\lambda_{x0}\lambda_{xb}}$, $m=1,2,....$

$$p\ =\ \frac{U(t-t_0)}{a\phi c_t}\sum_{m=1}^{\infty}\frac{\{\xi_m\cos(\xi_m y_0)+\lambda_{x0}\sin(\xi_m y_0)\}\{\xi_m\cos(\xi_m y)+\lambda_{x0}\sin(\xi_m y)\}}{\left\{(\xi_m^2+\lambda_{x0}^2)\left(b+\frac{\lambda_{xb}}{\xi_m^2+\lambda_{xb}^2}\right)+\lambda_{x0}\right\}}\times$$

$$\times\int_0^{t-t_0}q(t-t_0-\tau)e^{-\xi_m^2\eta_y\tau}\left[\Theta_2\left\{\frac{\pi(x-x_0)}{2a},e^{-\left(\frac{\pi}{a}\right)^2\eta_x\tau}\right\}-\Theta_2\left\{\frac{\pi(x+x_0)}{2a},e^{-\left(\frac{\pi}{a}\right)^2\eta_x\tau}\right\}\right]d\tau+$$

$$+\ \frac{1}{a}\sum_{m=1}^{\infty}\frac{\{\xi_m\cos(\xi_m y)+\lambda_{x0}\sin(\xi_m y)\}}{\left\{(\xi_m^2+\lambda_{x0}^2)\left(b+\frac{\lambda_{xb}}{\xi_m^2+\lambda_{xb}^2}\right)+\lambda_{x0}\right\}}\times$$

$$\times\int_0^t\int_0^a\left[\Theta_2\left\{\frac{\pi(x-u)}{2a},e^{-\left(\frac{\pi}{a}\right)^2\eta_x\tau}\right\}-\Theta_2\left\{\frac{\pi(x+u)}{2a},e^{-\left(\frac{\pi}{a}\right)^2\eta_x\tau}\right\}\right]\times$$

$$\times\left[\eta_y\xi_m\psi_{x0}(u,t-\tau)-\frac{\psi_{xb}(u,t-\tau)}{\phi c_t}\{\xi_m\cos(\xi_m b)+\lambda_{x0}\sin(\xi_m b)\}\right]e^{-\xi_m^2\eta_y\tau}dud\tau-$$

$$-\ \frac{2}{a}\sum_{m=1}^{\infty}\frac{\{\xi_m\cos(\xi_m y)+\lambda_{x0}\sin(\xi_m y)\}}{\left\{(\xi_m^2+\lambda_{x0}^2)\left(b+\frac{\lambda_{xb}}{\xi_m^2+\lambda_{xb}^2}\right)+\lambda_{x0}\right\}}\times$$

$$\times\int_0^t\left[\left(\frac{\eta_x}{2a}\right)\overline{\psi}_{0y}(\xi_m,t-\tau)\,\Theta_2'\left\{\frac{\pi x}{2a},e^{-\left(\frac{\pi}{a}\right)^2\eta_x\tau}\right\}+\frac{\overline{\psi}_{ay}(\xi_m,t-\tau)}{\phi c_t}\Theta_1\left\{\frac{\pi x}{2a},e^{-\left(\frac{\pi}{a}\right)^2\eta_x\tau}\right\}\right]e^{-\xi_m^2\eta_y\tau}d\tau+$$

$$+\ \frac{1}{a}\sum_{n=1}^{\infty}\frac{\{\xi_m\cos(\xi_m y)+\lambda_{x0}\sin(\xi_m y)\}e^{-\xi_m^2\eta_y t}}{\left\{(\xi_m^2+\lambda_{x0}^2)\left(b+\frac{\lambda_{xb}}{\xi_m^2+\lambda_{xb}^2}\right)+\lambda_{x0}\right\}}\int_0^a\int_0^b\varphi(u,v)\{\xi_m\cos(\xi_m v)+\lambda_{x0}\sin(\xi_m v)\}\times$$

$$\times\left[\Theta_2\left\{\frac{\pi(x-u)}{2a},e^{-\left(\frac{\pi}{a}\right)^2\eta_x t}\right\}-\Theta_2\left\{\frac{\pi(x+u)}{2a},e^{-\left(\frac{\pi}{a}\right)^2\eta_x t}\right\}\right]dv\,du \qquad (7.23.2)$$

where $\overline{\psi}_{0y}(m,t)=\int_0^b\psi_{0y}(y,t)\{\xi_m\cos(\xi_m y)+\lambda_{x0}\sin(\xi_m y)\}dy$ and
$\overline{\psi}_{ay}(m,t)=\int_0^b\psi_{ay}(y,t)\{\xi_m\cos(\xi_m y)+\lambda_{x0}\sin(\xi_m y)\}dy$.

7.24

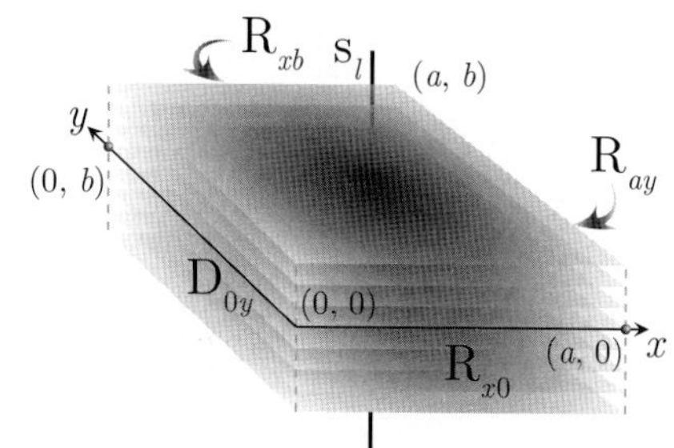

The problem of 7.1, except $\mathbf{D}_{0y} \equiv p(0,y,t) = \psi_{0y}(y,t)$,
$\mathbf{R}_{ay} \equiv \frac{\partial p(a,y,t)}{\partial x} + \lambda_{ay} p(a,y,t) = -\left(\frac{\mu}{k_x}\right)\psi_{ay}(y,t)$,
$\mathbf{R}_{x0} \equiv \frac{\partial p(x,0,t)}{\partial y} - \lambda_{x0} p(x,0,t) = -\left(\frac{\mu}{k_y}\right)\psi_{x0}(x,t)$ **and**
$\mathbf{R}_{xb} \equiv \frac{\partial p(x,b,t)}{\partial y} + \lambda_{xb} p(x,b,t) = -\left(\frac{\mu}{k_y}\right)\psi_{xb}(x,t)$

$$\overline{p} = \frac{4q(s)e^{-st_0}}{a\phi c_t}\sum_{n=1}^{\infty}\sum_{m=1}^{\infty}\frac{\left(\xi_n^2+\lambda_{ay}^2\right)\left\{\xi_m\cos(\xi_m y_0)+\lambda_{x0}\sin(\xi_m y_0)\right\}\sin(\xi_n x_0)}{\left\{\left(\xi_m^2+\lambda_{x0}^2\right)\left(b+\frac{\lambda_{xb}}{\xi_m^2+\lambda_{xb}^2}\right)+\lambda_{x0}\right\}\left\{a\left(\xi_n^2+\lambda_{ay}^2\right)+\lambda_{ay}\right\}\left\{\xi_n^2\eta_x+\xi_m^2\eta_y+s\right\}}\times$$
$$\times\left\{\xi_m\cos(\xi_m y)+\lambda_{x0}\sin(\xi_m y)\right\}\sin(\xi_n x)+$$
$$+\frac{4}{\phi c_t a}\sum_{n=1}^{\infty}\sum_{m=1}^{\infty}\frac{\left(\xi_n^2+\lambda_{ay}^2\right)\left[\xi_m\left(\frac{k_y}{\mu}\right)\overline{\overline{\psi}}_{x0}(\xi_n,s)-\overline{\overline{\psi}}_{xb}(\xi_n,s)\left\{\xi_m\cos(\xi_m b)+\lambda_{x0}\sin(\xi_m b)\right\}\right]}{\left\{a\left(\xi_n^2+\lambda_{ay}^2\right)+\lambda_{ay}\right\}\left\{\left(\xi_m^2+\lambda_{x0}^2\right)\left(b+\frac{\lambda_{xb}}{\xi_m^2+\lambda_{xb}^2}\right)+\lambda_{x0}\right\}\left\{\xi_n^2\eta_x+\xi_m^2\eta_y+s\right\}}\times$$
$$\times\sin(\xi_n x)\left\{\xi_m\cos(\xi_m y)+\lambda_{x0}\sin(\xi_m y)\right\}+$$
$$+\frac{4}{\phi c_t a}\sum_{n=1}^{\infty}\sum_{m=1}^{\infty}\frac{\left(\xi_n^2+\lambda_{ay}^2\right)\left\{\xi_n\left(\frac{k_x}{\mu}\right)\overline{\overline{\psi}}_{0y}(\xi_m,s)-\overline{\overline{\psi}}_{ay}(\xi_m,s)\sin(\xi_n a)\right\}}{\left\{a\left(\xi_n^2+\lambda_{ay}^2\right)+\lambda_{ay}\right\}\left\{\left(\xi_m^2+\lambda_{x0}^2\right)\left(b+\frac{\lambda_{xb}}{\xi_m^2+\lambda_{xb}^2}\right)+\lambda_{x0}\right\}\left\{\xi_n^2\eta_x+\xi_m^2\eta_y+s\right\}}\times$$
$$\times\sin(\xi_n x)\left\{\xi_m\cos(\xi_m y)+\lambda_{x0}\sin(\xi_m y)\right\}+$$
$$+4\sum_{n=1}^{\infty}\sum_{m=1}^{\infty}\frac{\left(\xi_n^2+\lambda_{ay}^2\right)\left\{\xi_m\cos(\xi_m y)+\lambda_{x0}\sin(\xi_m y)\right\}\sin(\xi_n x)}{\left\{\left(\xi_m^2+\lambda_{x0}^2\right)\left(b+\frac{\lambda_{xb}}{\xi_m^2+\lambda_{xb}^2}\right)+\lambda_{x0}\right\}\left\{a\left(\xi_n^2+\lambda_{ay}^2\right)+\lambda_{ay}\right\}\left\{\xi_n^2\eta_x+\xi_m^2\eta_y+s\right\}}\times$$
$$\times\int_0^a\int_0^b\varphi(u,v)\left\{\xi_m\cos(\xi_m v)+\lambda_{x0}\sin(\xi_m v)\right\}\sin(\xi_n u)\,dv\,du \tag{7.24.1}$$

where $\overline{\overline{\psi}}_{0y}(m,s)=\int_0^b\overline{\psi}_{0y}(y,s)\left\{\xi_m\cos(\xi_m y)+\lambda_{x0}\sin(\xi_m y)\right\}dy$, $\overline{\psi}_{0y}(y,s)=\int_0^\infty\psi_{0y}(y,t)e^{-st}dt$, $\overline{\overline{\psi}}_{ay}(m,s)=\int_0^b\overline{\psi}_{ay}(m,s)\left\{\xi_m\cos(\xi_m y)+\lambda_{x0}\sin(\xi_m y)\right\}dy$, $\overline{\psi}_{ay}(y,s)=\int_0^\infty\psi_{ay}(y,t)e^{-st}dt$, $\overline{\overline{\psi}}_{x0}(n,s)=\int_0^a\overline{\psi}_{x0}(x,s)\sin(\xi_n x)\,dx$, $\overline{\psi}_{x0}(x,s)=\int_0^\infty\psi_{x0}(x,t)e^{-st}dt$, $\overline{\overline{\psi}}_{xb}(n,s)=\int_0^a\overline{\psi}_{xb}(x,s)\sin(\xi_n x)\,dx$, $\overline{\psi}_{xb}(x,s)=\int_0^\infty\psi_{xb}(x,t)e^{-st}dt$, ξ_n is a positive root of $\xi_n\cot(\xi_n a)=-\lambda_{ay}$, $n=1,2,...$, and ξ_m is a positive root of $\tan(\xi_m b)=\frac{(\lambda_{x0}+\lambda_{xb})}{\xi_m^2-\lambda_{x0}\lambda_{xb}}$, $m=1,2,....$

$$p=\frac{4U(t-t_0)}{\phi c_t}\sum_{n=1}^{\infty}\sum_{m=1}^{\infty}\frac{\left(\xi_n^2+\lambda_{ay}^2\right)\left\{\xi_m\cos(\xi_m y_0)+\lambda_{x0}\sin(\xi_m y_0)\right\}\sin(\xi_n x_0)}{\left\{\left(\xi_m^2+\lambda_{x0}^2\right)\left(b+\frac{\lambda_{xb}}{\xi_m^2+\lambda_{xb}^2}\right)+\lambda_{x0}\right\}\left\{a\left(\xi_n^2+\lambda_{ay}^2\right)+\lambda_{ay}\right\}}\times$$
$$\times\left\{\xi_m\cos(\xi_m y)+\lambda_{x0}\sin(\xi_m y)\right\}\sin(\xi_n x)\int_0^{t-t_0}q(t-t_0-\tau)e^{-\left(\xi_n^2\eta_x+\xi_m^2\eta_y\right)\tau}d\tau+$$
$$+\frac{4}{\phi c_t a}\sum_{n=1}^{\infty}\sum_{m=1}^{\infty}\frac{\left(\xi_n^2+\lambda_{ay}^2\right)\sin(\xi_n x)\left\{\xi_m\cos(\xi_m y)+\lambda_{x0}\sin(\xi_m y)\right\}}{\left\{a\left(\xi_n^2+\lambda_{ay}^2\right)+\lambda_{ay}\right\}\left\{\left(\xi_m^2+\lambda_{x0}^2\right)\left(b+\frac{\lambda_{xb}}{\xi_m^2+\lambda_{xb}^2}\right)+\lambda_{x0}\right\}}\times$$
$$\times\int_0^t\left[\xi_m\left(\frac{k_y}{\mu}\right)\overline{\psi}_{x0}(\xi_n,\tau)-\overline{\psi}_{xb}(\xi_n,\tau)\left\{\xi_m\cos(\xi_m b)+\lambda_{x0}\sin(\xi_m b)\right\}\right]e^{-\left\{\xi_n^2\eta_x+\xi_m^2\eta_y\right\}(t-\tau)}d\tau+$$
$$+\frac{4}{\phi c_t a}\sum_{n=1}^{\infty}\sum_{m=1}^{\infty}\frac{\left(\xi_n^2+\lambda_{ay}^2\right)\sin(\xi_n x)\left\{\xi_m\cos(\xi_m y)+\lambda_{x0}\sin(\xi_m y)\right\}}{\left\{a\left(\xi_n^2+\lambda_{ay}^2\right)+\lambda_{ay}\right\}\left\{\left(\xi_m^2+\lambda_{x0}^2\right)\left(b+\frac{\lambda_{xb}}{\xi_m^2+\lambda_{xb}^2}\right)+\lambda_{x0}\right\}}\times$$

$$\times \int_0^t \left\{ \xi_n \left(\frac{k_x}{\mu} \right) \overline{\psi}_{0y} (\xi_m, \tau) - \overline{\psi}_{ay} (\xi_m, \tau) \sin(\xi_n a) \right\} e^{-\{\xi_n^2 \eta_x + \xi_m^2 \eta_y\}(t-\tau)} d\tau +$$

$$+ 4 \sum_{n=1}^{\infty} \sum_{m=1}^{\infty} \frac{(\xi_n^2 + \lambda_{ay}^2) \{\xi_m \cos(\xi_m y) + \lambda_{x0} \sin(\xi_m y)\} \sin(\xi_n x) e^{-\{\xi_n^2 \eta_x + \xi_m^2 \eta_y\} t}}{\left\{ (\xi_m^2 + \lambda_{x0}^2) \left(b + \frac{\lambda_{xb}}{\xi_m^2 + \lambda_{xb}^2} \right) + \lambda_{x0} \right\} \{ a (\xi_n^2 + \lambda_{ay}^2) + \lambda_{ay} \}} \times$$

$$\times \int_0^a \int_0^b \varphi(u, v) \{\xi_m \cos(\xi_m v) + \lambda_{x0} \sin(\xi_m v)\} \sin(\xi_n u) \, dv \, du \qquad (7.24.2)$$

where $\overline{\psi}_{x0}(n,t) = \int_0^a \psi_{x0}(x,t) \sin(\xi_n x)\, dx$, $\overline{\psi}_{xb}(n,t) = \int_0^a \psi_{xb}(x,t) \sin(\xi_n x)\, dx$, $\overline{\psi}_{0y}(m,t) = \int_0^b \psi_{0y}(y,t) \{\xi_m \cos(\xi_m y) + \lambda_{x0} \sin(\xi_m y)\}\, dy$ and $\overline{\psi}_{ay}(m,t) = \int_0^b \psi_{ay}(y,t) \{\xi_m \cos(\xi_m y) + \lambda_{x0} \sin(\xi_m y)\}\, dy$.

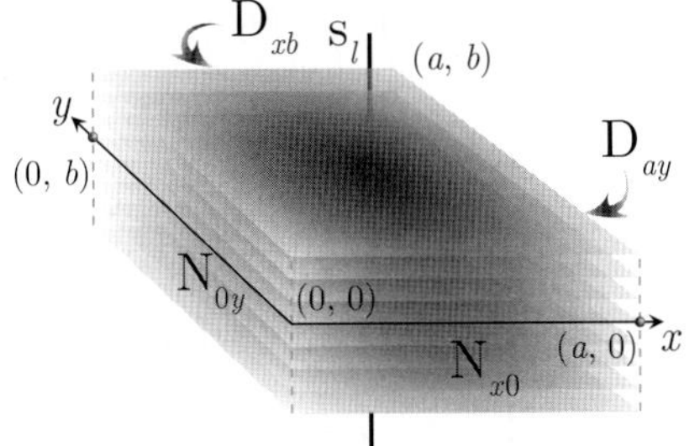

7.25 The problem of 7.1, except $\mathbf{N_{0y}} \equiv \frac{\partial p(0,y,t)}{\partial x} = -\left(\frac{\mu}{k_x}\right) \psi_{0y}(y,t)$, $\mathbf{D_{ay}} \equiv p(a,y,t) = \psi_{ay}(y,t)$, $\mathbf{N_{x0}} \equiv \frac{\partial p(x,0,t)}{\partial y} = -\left(\frac{\mu}{k_y}\right) \psi_{x0}(x,t)$ and $\mathbf{D_{xb}} \equiv p(x,b,t) = \psi_{xb}(x,t)$

$$\overline{p} = \frac{q(s) e^{-st_0}}{\phi c_t a} \sum_{n=1}^{\infty} \frac{\operatorname{sech}\left(b\sqrt{\frac{(\xi_n^2 \eta_x + s)}{\eta_y}} \right)}{\sqrt{\{\xi_n^2 \eta_x + s\} \eta_y}} \cos(\xi_n x_0) \cos(\xi_n x) \times$$

$$\times \left[\sinh\left\{ (b - |y - y_0|) \sqrt{\frac{(\xi_n^2 \eta_x + s)}{\eta_y}} \right\} + \sinh\left\{ (b - y - y_0) \sqrt{\frac{(\xi_n^2 \eta_x + s)}{\eta_y}} \right\} \right] +$$

$$+ \frac{2}{b} \sum_{m=1}^{\infty} \cos(\xi_m y) \operatorname{sech}\left(a\sqrt{\frac{\xi_m^2 \eta_y + s}{\eta_x}} \right) \times$$

$$\times \left[\overline{\overline{\psi}}_{ay}(\xi_m, s) \cosh\left\{ x\sqrt{\frac{\xi_m^2 \eta_y + s}{\eta_x}} \right\} + \frac{\overline{\overline{\psi}}_{0y}(\xi_m, s)}{\phi c_t \sqrt{\eta_x (\xi_m^2 \eta_y + s)}} \sinh\left\{ (a - x) \sqrt{\frac{\xi_m^2 \eta_y + s}{\eta_x}} \right\} \right] +$$

$$+ \frac{2}{a} \sum_{n=1}^{\infty} \cos(\xi_n x) \operatorname{sech}\left(b\sqrt{\frac{\xi_n^2 \eta_x + s}{\eta_y}} \right) \times$$

$$\times \left[\overline{\overline{\psi}}_{xb}(\xi_n, s) \cosh\left\{ y\sqrt{\frac{\xi_n^2 \eta_x + s}{\eta_y}} \right\} + \frac{\overline{\overline{\psi}}_{x0}(\xi_n, s)}{\phi c_t \sqrt{\eta_y (\xi_n^2 \eta_x + s)}} \sinh\left\{ (b - y) \sqrt{\frac{\xi_n^2 \eta_x + s}{\eta_y}} \right\} \right] +$$

$$+ \frac{1}{a} \sum_{n=1}^{\infty} \frac{\operatorname{sech}\left(b\sqrt{\frac{(\xi_n^2 \eta_x + s)}{\eta_y}} \right) \cos(\xi_n x)}{\sqrt{\{\xi_n^2 \eta_x + s\} \eta_y}} \int_0^b \int_0^a \varphi(u, v) \cos(\xi_n u) \times$$

$$\times \left[\sinh\left\{ (b - |y - v|) \sqrt{\frac{(\xi_n^2 \eta_x + s)}{\eta_y}} \right\} + \sinh\left\{ (b - y - v) \sqrt{\frac{(\xi_n^2 \eta_x + s)}{\eta_y}} \right\} \right] du\, dv \qquad (7.25.1)$$

where $\overline{\overline{\psi}}_{0y}(m,s) = \int_0^b \overline{\psi}_{0y}(y,s) \cos(\xi_m y)\, dy$, $\overline{\psi}_{0y}(y,s) = \int_0^\infty \psi_{0y}(y,t) e^{-st} dt$, $\overline{\overline{\psi}}_{ay}(m,s) = \int_0^b \overline{\psi}_{ay}(m,s) \cos(\xi_m y)\, dy$, $\overline{\psi}_{ay}(y,s) = \int_0^\infty \psi_{ay}(y,t) e^{-st} dt$, $\overline{\overline{\psi}}_{x0}(n,s) = \int_0^a \overline{\psi}_{x0}(x,s) \cos(\xi_n x)\, dx$, $\overline{\psi}_{x0}(x,s) = \int_0^\infty \psi_{x0}(x,t) e^{-st} dt$, $\overline{\overline{\psi}}_{xb}(n,s) = \int_0^a \overline{\psi}_{xb}(x,s) \cos(\xi_n x)\, dx$, $\overline{\psi}_{xb}(x,s) = \int_0^\infty \psi_{xb}(x,t) e^{-st} dt$, ξ_n is a positive root of $\cos(\xi_n a) = 0$, which are $\xi_n = \frac{(2n-1)\pi}{2a}$, $n = 1, 2, ...$, and ξ_m is a positive root of $\cos(\xi_m b) = 0$, which are $\xi_m = \frac{(2m-1)\pi}{2b}$, $m = 1, 2, ...$.

$$
\begin{aligned}
p &= \frac{U(t-t_0)}{4\phi c_t ab} \int_0^{t-t_0} q(t-t_0-\tau) \left[\Theta_2\left\{\frac{\pi(x-x_0)}{2a}, e^{-\left(\frac{\pi}{a}\right)^2 \eta_x \tau}\right\} + \Theta_2\left\{\frac{\pi(x+x_0)}{2a}, e^{-\left(\frac{\pi}{a}\right)^2 \eta_x \tau}\right\}\right] \times \\
&\times \left[\Theta_2\left\{\frac{\pi(y-y_0)}{2b}, e^{-\left(\frac{\pi}{b}\right)^2 \eta_y \tau}\right\} + \Theta_2\left\{\frac{\pi(y+y_0)}{2b}, e^{-\left(\frac{\pi}{b}\right)^2 \eta_y \tau}\right\}\right] d\tau + \\
&+ \frac{1}{2ab} \int_0^t \int_0^b \left[\Theta_2\left\{\frac{\pi(y-v)}{2b}, e^{-\left(\frac{\pi}{b}\right)^2 \eta_y \tau}\right\} + \Theta_2\left\{\frac{\pi(y+v)}{2b}, e^{-\left(\frac{\pi}{b}\right)^2 \eta_y \tau}\right\}\right] \times \\
&\times \left[\frac{\psi_{0y}(v, t-\tau)}{\phi c_t} \Theta_2\left\{\frac{\pi x}{2a}, e^{-\left(\frac{\pi}{a}\right)^2 \eta_x \tau}\right\} + \left(\frac{\eta_x}{2a}\right) \psi_{ay}(v, t-\tau)\, \Theta_1'\left\{\frac{\pi x}{2a}, e^{-\left(\frac{\pi}{a}\right)^2 \eta_x \tau}\right\}\right] dv d\tau + \\
&+ \frac{1}{2ab} \int_0^t \int_0^a \left[\Theta_2\left\{\frac{\pi(x-u)}{2a}, e^{-\left(\frac{\pi}{a}\right)^2 \eta_x \tau}\right\} + \Theta_2\left\{\frac{\pi(x+u)}{2a}, e^{-\left(\frac{\pi}{a}\right)^2 \eta_x \tau}\right\}\right] \times \\
&\times \left[\frac{\psi_{x0}(u, t-\tau)}{\phi c_t} \Theta_2\left\{\frac{\pi y}{2b}, e^{-\left(\frac{\pi}{b}\right)^2 \eta_y \tau}\right\} + \left(\frac{\eta_y}{2b}\right) \psi_{xb}(u, t-\tau)\, \Theta_1'\left\{\frac{\pi y}{2b}, e^{-\left(\frac{\pi}{b}\right)^2 \eta_y \tau}\right\}\right] du d\tau + \\
&+ \frac{1}{4ab} \int_0^b \int_0^a \varphi(u, v) \left[\Theta_2\left\{\frac{\pi(x-u)}{2a}, e^{-\left(\frac{\pi}{a}\right)^2 \eta_x t}\right\} + \Theta_2\left\{\frac{\pi(x+u)}{2a}, e^{-\left(\frac{\pi}{a}\right)^2 \eta_x t}\right\}\right] \times \\
&\times \left[\Theta_2\left\{\frac{\pi(y-v)}{2b}, e^{-\left(\frac{\pi}{b}\right)^2 \eta_y t}\right\} + \Theta_2\left\{\frac{\pi(y+v)}{2b}, e^{-\left(\frac{\pi}{b}\right)^2 \eta_y t}\right\}\right] du\, dv
\end{aligned}
\tag{7.25.2}
$$

7.26

The problem of 7.1, except
$\mathbf{N_{0y}} \equiv \frac{\partial p(0,y,t)}{\partial x} = -\left(\frac{\mu}{k_x}\right) \psi_{0y}(y, t)$,
$\mathbf{N_{ay}} \equiv \frac{\partial p(a,y,t)}{\partial x} = -\left(\frac{\mu}{k_x}\right) \psi_{ay}(y, t)$,
$\mathbf{N_{x0}} \equiv \frac{\partial p(x,0,t)}{\partial y} = -\left(\frac{\mu}{k_y}\right) \psi_{x0}(x, t)$ **and**
$\mathbf{D_{xb}} \equiv p(x, b, t) = \psi_{xb}(x, t)$

$$
\begin{aligned}
\overline{p} &= \frac{q(s)\, e^{-st_0}}{\phi c_t b} \sum_{m=1}^{\infty} \frac{\operatorname{csch}\left(a\sqrt{\frac{\xi_m^2 \eta_y + s}{\eta_x}}\right)}{\sqrt{\eta_x \{\xi_m^2 \eta_y + s\}}} \{\cos(\xi_m y_0) \cos(\xi_m y)\} \times \\
&\times \left[\cosh\left\{(a - |x - x_0|) \sqrt{\frac{\xi_m^2 \eta_y + s}{\eta_x}}\right\} + \cosh\left\{(a - x - x_0) \sqrt{\frac{\xi_m^2 \eta_y + s}{\eta_x}}\right\}\right] + \\
&+ \frac{2}{\phi c_t b \sqrt{\eta_x}} \sum_{m=1}^{\infty} \cos(\xi_m y) \times \\
&\times \frac{\operatorname{csch}\left(a\sqrt{\frac{\xi_m^2 \eta_y + s}{\eta_x}}\right)}{\sqrt{\xi_m^2 \eta_y + s}} \left[\overline{\overline{\psi}}_{0y}(\xi_m, s) \cosh\left\{(a - x) \sqrt{\frac{\xi_m^2 \eta_y + s}{\eta_x}}\right\} - \overline{\overline{\psi}}_{ay}(\xi_m, s) \cosh\left\{x \sqrt{\frac{\xi_m^2 \eta_y + s}{\eta_x}}\right\}\right] + \\
&+ \frac{2}{a} \sum_{n=0}^{\infty} \ni_n \cos(\xi_n x) \operatorname{sech}\left(b\sqrt{\frac{\xi_n^2 \eta_x + s}{\eta_y}}\right) \times \\
&\times \left[\overline{\overline{\psi}}_{xb}(\xi_n, s) \cosh\left\{y \sqrt{\frac{\xi_n^2 \eta_x + s}{\eta_y}}\right\} + \frac{\overline{\overline{\psi}}_{x0}(\xi_n, s)}{\phi c_t \sqrt{\eta_y (\xi_n^2 \eta_x + s)}} \sinh\left\{(b - y) \sqrt{\frac{\xi_n^2 \eta_x + s}{\eta_y}}\right\}\right] +
\end{aligned}
$$

$$+\frac{1}{b}\sum_{m=1}^{\infty}\frac{\operatorname{csch}\left(a\sqrt{\frac{\xi_m^2\eta_y+s}{\eta_x}}\right)\cos(\xi_m y)}{\sqrt{\eta_x\{\xi_m^2\eta_y+s\}}}\int_0^b\int_0^a\varphi(u,v)\cos(\xi_m v)\times$$

$$\times\left[\cosh\left\{(a-|x-u|)\sqrt{\frac{\xi_m^2\eta_y+s}{\eta_x}}\right\}+\cosh\left\{(a-x-u)\sqrt{\frac{\xi_m^2\eta_y+s}{\eta_x}}\right\}\right]du\,dv \quad (7.26.1)$$

where $\overline{\overline{\psi}}_{0y}(m,s)=\int_0^b\overline{\psi}_{0y}(y,s)\cos(\xi_m y)\,dy$, $\overline{\psi}_{0y}(y,s)=\int_0^\infty\psi_{0y}(y,t)\,e^{-st}dt$, $\overline{\overline{\psi}}_{ay}(m,s)=\int_0^b\overline{\psi}_{ay}(m,s)\cos(\xi_m y)\,dy$, $\overline{\psi}_{ay}(y,s)=\int_0^\infty\psi_{ay}(y,t)\,e^{-st}dt$, $\overline{\overline{\psi}}_{x0}(n,s)=\int_0^a\overline{\psi}_{x0}(x,s)\cos(\xi_n x)\,dx$, $\overline{\psi}_{x0}(x,s)=\int_0^\infty\psi_{x0}(x,t)\,e^{-st}dt$, $\overline{\overline{\psi}}_{xb}(n,s)=\int_0^a\overline{\psi}_{xb}(x,s)\cos(\xi_n x)\,dx$, $\overline{\psi}_{xb}(x,s)=\int_0^\infty\psi_{xb}(x,t)\,e^{-st}dt$, ξ_n is a positive root of $\sin(\xi_n a)=0$, which are $\xi_n=\frac{n\pi}{a}$, $n=0,1,2,\ldots$, and ξ_m is a positive root of $\cos(\xi_m b)=0$, which are $\xi_m=\frac{(2m-1)\pi}{2b}$, $m=1,2,\ldots$.

$$p=\frac{U(t-t_0)}{4\phi c_t ab}\int_0^{t-t_0}q(t-t_0-\tau)\left[\Theta_3\left\{\frac{\pi(x-x_0)}{2a},e^{-\left(\frac{\pi}{a}\right)^2\eta_x\tau}\right\}+\Theta_3\left\{\frac{\pi(x+x_0)}{2a},e^{-\left(\frac{\pi}{a}\right)^2\eta_x\tau}\right\}\right]\times$$

$$\times\left[\Theta_2\left\{\frac{\pi(y-y_0)}{2b},e^{-\left(\frac{\pi}{b}\right)^2\eta_y\tau}\right\}+\Theta_2\left\{\frac{\pi(y+y_0)}{2b},e^{-\left(\frac{\pi}{b}\right)^2\eta_y\tau}\right\}\right]d\tau+$$

$$+\frac{1}{2ab\phi c_t}\int_0^t\int_0^b\left[\Theta_2\left\{\frac{\pi(y-v)}{2b},e^{-\left(\frac{\pi}{b}\right)^2\eta_y\tau}\right\}+\Theta_2\left\{\frac{\pi(y+v)}{2b},e^{-\left(\frac{\pi}{b}\right)^2\eta_y\tau}\right\}\right]\times$$

$$\times\left[\Theta_3\left\{\frac{\pi x}{2a},e^{-\left(\frac{\pi}{a}\right)^2\eta_x\tau}\right\}\psi_{0y}(v,t-\tau)-\Theta_4\left\{\frac{\pi x}{2a},e^{-\left(\frac{\pi}{a}\right)^2\eta_x\tau}\right\}\psi_{ay}(v,t-\tau)\right]dvd\tau+$$

$$+\frac{1}{2ab}\int_0^t\int_0^a\left[\Theta_3\left\{\frac{\pi(x-u)}{2a},e^{-\left(\frac{\pi}{a}\right)^2\eta_x\tau}\right\}+\Theta_3\left\{\frac{\pi(x+u)}{2a},e^{-\left(\frac{\pi}{a}\right)^2\eta_x\tau}\right\}\right]\times$$

$$\times\left[\frac{\psi_{x0}(u,t-\tau)}{\phi c_t}\Theta_2\left\{\frac{\pi y}{2b},e^{-\left(\frac{\pi}{b}\right)^2\eta_y\tau}\right\}+\left(\frac{\eta_y}{2b}\right)\psi_{xb}(u,t-\tau)\,\Theta_1'\left\{\frac{\pi y}{2b},e^{-\left(\frac{\pi}{b}\right)^2\eta_y\tau}\right\}\right]dud\tau+$$

$$+\frac{1}{4ab}\int_0^b\int_0^a\varphi(u,v)\left[\Theta_3\left\{\frac{\pi(x-u)}{2a},e^{-\left(\frac{\pi}{a}\right)^2\eta_x t}\right\}+\Theta_3\left\{\frac{\pi(x+u)}{2a},e^{-\left(\frac{\pi}{a}\right)^2\eta_x t}\right\}\right]\times$$

$$\times\left[\Theta_2\left\{\frac{\pi(y-v)}{2b},e^{-\left(\frac{\pi}{b}\right)^2\eta_y t}\right\}+\Theta_2\left\{\frac{\pi(y+v)}{2b},e^{-\left(\frac{\pi}{b}\right)^2\eta_y t}\right\}\right]du\,dv \quad (7.26.2)$$

7.27 The problem of 7.1, except $\mathbf{N_{0y}}\equiv\frac{\partial p(0,y,t)}{\partial x}=-\left(\frac{\mu}{k_x}\right)\psi_{0y}(y,t)$, $\mathbf{R_{ay}}\equiv\frac{\partial p(a,y,t)}{\partial x}+\lambda_{ay}p(a,y,t)=-\left(\frac{\mu}{k_x}\right)\psi_{ay}(y,t)$ and $\mathbf{N_{x0}}\equiv\frac{\partial p(x,0,t)}{\partial y}=-\left(\frac{\mu}{k_y}\right)\psi_{x0}(x,t)$, $\mathbf{D_{xb}}\equiv p(x,b,t)=\psi_{xb}(x,t)$

$$\overline{p}=\frac{q(s)\,e^{-st_0}}{\phi c_t\sqrt{\eta_y}}\sum_{n=1}^{\infty}\frac{\left(\xi_n^2+\lambda_{ay}^2\right)\operatorname{sech}\left(b\sqrt{\frac{(\xi_n^2\eta_x+s)}{\eta_y}}\right)}{\left\{a\left(\xi_n^2+\lambda_{ay}^2\right)+\lambda_{ay}\right\}\sqrt{\{\xi_n^2\eta_x+s\}}}\cos(\xi_n x_0)\cos(\xi_n x)\times$$

$$\times\left[\sinh\left\{(b-|y-y_0|)\sqrt{\frac{(\xi_n^2\eta_x+s)}{\eta_y}}\right\}+\sinh\left\{(b-y-y_0)\sqrt{\frac{(\xi_n^2\eta_x+s)}{\eta_y}}\right\}\right]+$$

$$+\frac{4}{b\phi c_t}\sum_{n=1}^{\infty}\sum_{m=1}^{\infty}\frac{\left(\xi_n^2+\lambda_{ay}^2\right)\left\{\overline{\overline{\psi}}_{0y}(\xi_m,s)-\overline{\overline{\psi}}_{ay}(\xi_m,s)\cos(\xi_n a)\right\}\cos(\xi_n x)\cos(\xi_m y)}{\left\{a\left(\xi_n^2+\lambda_{ay}^2\right)+\lambda_{ay}\right\}\left\{\xi_n^2\eta_x+\xi_m^2\eta_y+s\right\}}+$$

$$+\ 2\sum_{n=1}^{\infty}\frac{\left(\xi_n^2+\lambda_{ay}^2\right)\cos(\xi_n x)\operatorname{sech}\left(b\sqrt{\frac{\xi_n^2\eta_x+s}{\eta_y}}\right)}{\left\{a\left(\xi_n^2+\lambda_{ay}^2\right)+\lambda_{ay}\right\}}\times$$

$$\times\left[\overline{\overline{\psi}}_{xb}(\xi_n,s)\cosh\left\{y\sqrt{\frac{\xi_n^2\eta_x+s}{\eta_y}}\right\}+\frac{\overline{\overline{\psi}}_{x0}(\xi_n,s)}{\phi c_t\sqrt{\eta_y\left(\xi_n^2\eta_x+s\right)}}\sinh\left\{(b-y)\sqrt{\frac{\xi_n^2\eta_x+s}{\eta_y}}\right\}\right]+$$

$$+\ \frac{1}{\sqrt{\eta_y}}\sum_{n=1}^{\infty}\frac{\left(\xi_n^2+\lambda_{ay}^2\right)\operatorname{sech}\left(b\sqrt{\frac{(\xi_n^2\eta_x+s)}{\eta_y}}\right)\cos(\xi_n x)}{\left\{a\left(\xi_n^2+\lambda_{ay}^2\right)+\lambda_{ay}\right\}\sqrt{\xi_n^2\eta_x+s}}\int_0^b\int_0^a\varphi(u,v)\cos(\xi_n u)\times$$

$$\times\left[\sinh\left\{(b-|y-v|)\sqrt{\frac{(\xi_n^2\eta_x+s)}{\eta_y}}\right\}+\sinh\left\{(b-y-v)\sqrt{\frac{(\xi_n^2\eta_x+s)}{\eta_y}}\right\}\right]du\,dv \qquad (7.27.1)$$

where $\overline{\overline{\psi}}_{0y}(m,s)=\int_0^b\overline{\psi}_{0y}(y,s)\cos(\xi_m y)\,dy$, $\overline{\psi}_{0y}(y,s)=\int_0^\infty\psi_{0y}(y,t)\,e^{-st}dt$,
$\overline{\overline{\psi}}_{ay}(m,s)=\int_0^b\overline{\psi}_{ay}(m,s)\cos(\xi_m y)\,dy$, $\overline{\psi}_{ay}(y,s)=\int_0^\infty\psi_{ay}(y,t)\,e^{-st}dt$,
$\overline{\overline{\psi}}_{x0}(n,s)=\int_0^a\overline{\psi}_{x0}(x,s)\cos(\xi_n x)\,dx$, $\overline{\psi}_{x0}(x,s)=\int_0^\infty\psi_{x0}(x,t)\,e^{-st}dt$,
$\overline{\overline{\psi}}_{xb}(n,s)=\int_0^a\overline{\psi}_{xb}(x,s)\cos(\xi_n x)\,dx$, $\overline{\psi}_{xb}(x,s)=\int_0^\infty\psi_{xb}(x,t)\,e^{-st}dt$, ξ_n is a positive root of $\xi_n\tan(\xi_n a)=\lambda_{ay}$, $n=1,2,...$, and ξ_m is a positive root of $\cos(\xi_m b)=0$, which are $\xi_m=\frac{(2m-1)\pi}{2b}$, $m=1,2,....$

$$p=\frac{U(t-t_0)}{b\phi c_t}\sum_{n=1}^{\infty}\frac{\left(\xi_n^2+\lambda_{ay}^2\right)\cos(\xi_n x_0)\cos(\xi_n x)}{\left\{a\left(\xi_n^2+\lambda_{ay}^2\right)+\lambda_{ay}\right\}}\times$$

$$\times\int_0^{t-t_0}q(t-t_0-\tau)\left[\Theta_2\left\{\frac{\pi(y-y_0)}{2b},e^{-\left(\frac{\pi}{b}\right)^2\eta_y\tau}\right\}+\Theta_2\left\{\frac{\pi(y+y_0)}{2b},e^{-\left(\frac{\pi}{b}\right)^2\eta_y\tau}\right\}\right]e^{-\xi_n^2\eta_x\tau}d\tau+$$

$$+\ \frac{1}{b\phi c_t}\sum_{n=1}^{\infty}\frac{\left(\xi_n^2+\lambda_{ay}^2\right)\cos(\xi_n x)}{\left\{a\left(\xi_n^2+\lambda_{ay}^2\right)+\lambda_{ay}\right\}}\int_0^t\int_0^b\left[\Theta_2\left\{\frac{\pi(y-v)}{2b},e^{-\left(\frac{\pi}{b}\right)^2\eta_y\tau}\right\}+\Theta_2\left\{\frac{\pi(y+v)}{2b},e^{-\left(\frac{\pi}{b}\right)^2\eta_y\tau}\right\}\right]\times$$

$$\times\left\{\psi_{0y}(v,t-\tau)-\psi_{ay}(v,t-\tau)\cos(\xi_n a)\right\}e^{-\xi_n^2\eta_x\tau}dv\,d\tau+$$

$$+\ \frac{2}{b}\sum_{n=1}^{\infty}\frac{\left(\xi_n^2+\lambda_{ay}^2\right)\cos(\xi_n x)}{\left\{a\left(\xi_n^2+\lambda_{ay}^2\right)+\lambda_{ay}\right\}}\times$$

$$\times\int_0^t\left[\frac{\overline{\psi}_{x0}(\xi_n,t-\tau)}{\phi c_t}\Theta_2\left\{\frac{\pi y}{2b},e^{-\left(\frac{\pi}{b}\right)^2\eta_y\tau}\right\}+\left(\frac{\eta_y}{2b}\right)\overline{\psi}_{xb}(\xi_n,t-\tau)\,\Theta_1'\left\{\frac{\pi y}{2b},e^{-\left(\frac{\pi}{b}\right)^2\eta_y\tau}\right\}\right]e^{-\xi_n^2\eta_x\tau}d\tau+$$

$$+\ \frac{1}{b}\sum_{n=1}^{\infty}\frac{\left(\xi_n^2+\lambda_{ay}^2\right)\cos(\xi_n x)\,e^{-\xi_n^2\eta_x t}}{\left\{a\left(\xi_n^2+\lambda_{ay}^2\right)+\lambda_{ay}\right\}}\times$$

$$\times\int_0^b\int_0^a\varphi(u,v)\cos(\xi_n u)\left[\Theta_2\left\{\frac{\pi(y-v)}{2b},e^{-\left(\frac{\pi}{b}\right)^2\eta_y t}\right\}+\Theta_2\left\{\frac{\pi(y+v)}{2b},e^{-\left(\frac{\pi}{b}\right)^2\eta_y t}\right\}\right]du\,dv \qquad (7.27.2)$$

where $\overline{\psi}_{x0}(n,t)=\int_0^a\psi_{x0}(x,t)\cos(\xi_n x)\,dx$ and $\overline{\psi}_{xb}(n,t)=\int_0^a\psi_{xb}(x,t)\cos(\xi_n x)\,dx$.

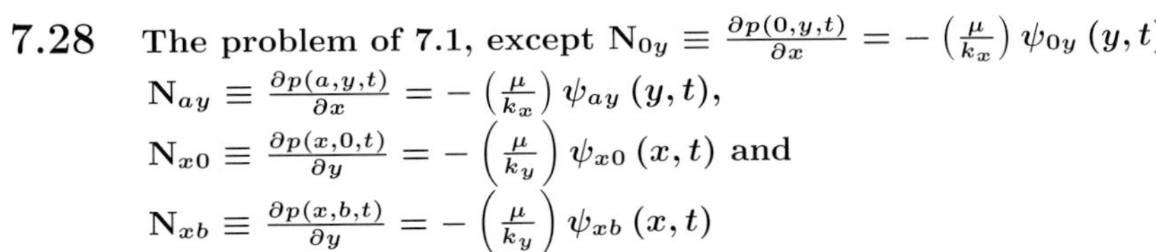

7.28 **The problem of 7.1, except** $\mathbf{N}_{0y} \equiv \frac{\partial p(0,y,t)}{\partial x} = -\left(\frac{\mu}{k_x}\right)\psi_{0y}(y,t)$, $\mathbf{N}_{ay} \equiv \frac{\partial p(a,y,t)}{\partial x} = -\left(\frac{\mu}{k_x}\right)\psi_{ay}(y,t)$, $\mathbf{N}_{x0} \equiv \frac{\partial p(x,0,t)}{\partial y} = -\left(\frac{\mu}{k_y}\right)\psi_{x0}(x,t)$ **and** $\mathbf{N}_{xb} \equiv \frac{\partial p(x,b,t)}{\partial y} = -\left(\frac{\mu}{k_y}\right)\psi_{xb}(x,t)$

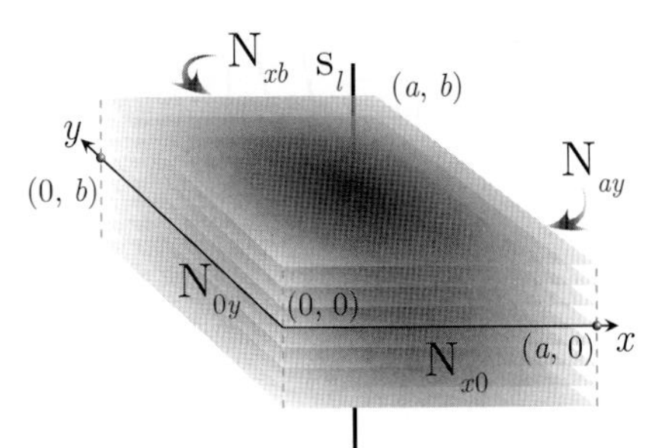

$$\begin{aligned}
\overline{p} &= \frac{q(s)\,e^{-st_0}}{\phi c_t b\sqrt{\eta_x}} \sum_{m=0}^{\infty} \frac{\ni_m \operatorname{csch}\left(a\sqrt{\frac{\xi_m^2\eta_y+s}{\eta_x}}\right)}{\sqrt{\{\xi_m^2\eta_y+s\}}} \cos(\xi_m y_0)\cos(\xi_m y) \times \\
&\times \left\{\cosh\left((a-|x-x_0|)\sqrt{\frac{\xi_m^2\eta_y+s}{\eta_x}}\right) + \cosh\left((a-x-x_0)\sqrt{\frac{\xi_m^2\eta_y+s}{\eta_x}}\right)\right\} + \\
&+ \frac{2}{\phi c_t b\sqrt{\eta_x}} \sum_{m=0}^{\infty} \ni_m \cos(\xi_m y) \times \\
&\times \frac{\operatorname{csch}\left(a\sqrt{\frac{\xi_m^2\eta_y+s}{\eta_x}}\right)}{\sqrt{\xi_m^2\eta_y+s}} \left[\overline{\overline{\psi}}_{0y}(\xi_m,s)\cosh\left\{(a-x)\sqrt{\frac{\xi_m^2\eta_y+s}{\eta_x}}\right\} - \overline{\overline{\psi}}_{ay}(\xi_m,s)\cosh\left\{x\sqrt{\frac{\xi_m^2\eta_y+s}{\eta_x}}\right\}\right] + \\
&+ \frac{2}{\phi c_t a\sqrt{\eta_y}} \sum_{n=0}^{\infty} \ni_n \cos(\xi_n x) \times \\
&\times \frac{\operatorname{csch}\left(b\sqrt{\frac{\xi_n^2\eta_x+s}{\eta_y}}\right)}{\sqrt{\xi_n^2\eta_x+s}} \left[\overline{\overline{\psi}}_{x0}(\xi_n,s)\cosh\left\{(b-y)\sqrt{\frac{\xi_n^2\eta_x+s}{\eta_y}}\right\} - \overline{\overline{\psi}}_{xb}(\xi_n,s)\cosh\left\{y\sqrt{\frac{\xi_n^2\eta_x+s}{\eta_y}}\right\}\right] + \\
&+ \frac{1}{b\sqrt{\eta_x}} \sum_{m=0}^{\infty} \frac{\ni_m \operatorname{csch}\left(a\sqrt{\frac{\xi_m^2\eta_y+s}{\eta_x}}\right)\cos(\xi_m y)}{\sqrt{\{\xi_m^2\eta_y+s\}}} \int_0^b\int_0^a \varphi(u,v)\cos(\xi_m v) \times \\
&\times \left\{\cosh\left((a-|x-u|)\sqrt{\frac{\xi_m^2\eta_y+s}{\eta_x}}\right) + \cosh\left((a-x-u)\sqrt{\frac{\xi_m^2\eta_y+s}{\eta_x}}\right)\right\} du\,dv \qquad (7.28.1)
\end{aligned}$$

where $\overline{\overline{\psi}}_{0y}(m,s) = \int_0^b \overline{\psi}_{0y}(y,s)\cos(\xi_m y)\,dy$, $\overline{\psi}_{0y}(y,s) = \int_0^\infty \psi_{0y}(y,t)\,e^{-st}dt$, $\overline{\overline{\psi}}_{ay}(m,s) = \int_0^b \overline{\psi}_{ay}(m,s)\cos(\xi_m y)\,dy$, $\overline{\psi}_{ay}(y,s) = \int_0^\infty \psi_{ay}(y,t)\,e^{-st}dt$, $\overline{\overline{\psi}}_{x0}(n,s) = \int_0^a \overline{\psi}_{x0}(x,s)\cos(\xi_n x)\,dx$, $\overline{\psi}_{x0}(x,s) = \int_0^\infty \psi_{x0}(x,t)\,e^{-st}dt$, $\overline{\overline{\psi}}_{xb}(n,s) = \int_0^a \overline{\psi}_{xb}(x,s)\cos(\xi_n x)\,dx$, $\overline{\psi}_{xb}(x,s) = \int_0^\infty \psi_{xb}(x,t)\,e^{-st}dt$, ξ_n is a positive root of $\sin(\xi_n a) = 0$, which are $\xi_n = \frac{n\pi}{a}$, $n = 0,1,2,...$, and ξ_m is a positive root of $\sin(\xi_m b) = 0$, which are $\xi_m = \frac{m\pi}{b}$, $m = 0,1,2,....$

$$\begin{aligned}
p &= \frac{U(t-t_0)}{4\phi c_t ab} \int_0^{t-t_0} q(t-t_0-\tau)\left[\Theta_3\left\{\frac{\pi(x-x_0)}{2a}, e^{-\left(\frac{\pi}{a}\right)^2\eta_x\tau}\right\} + \Theta_3\left\{\frac{\pi(x+x_0)}{2a}, e^{-\left(\frac{\pi}{a}\right)^2\eta_x\tau}\right\}\right] \times \\
&\times \left[\Theta_3\left\{\frac{\pi(y-y_0)}{2b}, e^{-\left(\frac{\pi}{b}\right)^2\eta_y\tau}\right\} + \Theta_3\left\{\frac{\pi(y+y_0)}{2b}, e^{-\left(\frac{\pi}{b}\right)^2\eta_y\tau}\right\}\right] d\tau + \\
&+ \frac{1}{2ab\phi c_t} \int_0^t\int_0^b \left[\Theta_3\left\{\frac{\pi(y-v)}{2b}, e^{-\left(\frac{\pi}{b}\right)^2\eta_y\tau}\right\} + \Theta_3\left\{\frac{\pi(y+v)}{2b}, e^{-\left(\frac{\pi}{b}\right)^2\eta_y\tau}\right\}\right] \times \\
&\times \left[\Theta_3\left\{\frac{\pi x}{2a}, e^{-\left(\frac{\pi}{a}\right)^2\eta_x\tau}\right\}\psi_{0y}(v,t-\tau) - \Theta_4\left\{\frac{\pi x}{2a}, e^{-\left(\frac{\pi}{a}\right)^2\eta_x\tau}\right\}\psi_{ay}(v,t-\tau)\right] dv\,d\tau +
\end{aligned}$$

$$+\frac{1}{2ab\phi c_t}\int_0^t\int_0^a\left[\Theta_3\left\{\frac{\pi(x-u)}{2a},e^{-\left(\frac{\pi}{a}\right)^2\eta_x\tau}\right\}+\Theta_3\left\{\frac{\pi(x+u)}{2a},e^{-\left(\frac{\pi}{a}\right)^2\eta_x\tau}\right\}\right]\times$$
$$\times\left[\Theta_3\left\{\frac{\pi y}{2b},e^{-\left(\frac{\pi}{b}\right)^2\eta_y\tau}\right\}\psi_{x0}(u,t-\tau)-\Theta_4\left\{\frac{\pi y}{2b},e^{-\left(\frac{\pi}{b}\right)^2\eta_y\tau}\right\}\psi_{xb}(u,t-\tau)\right]dud\tau+$$
$$+\frac{1}{4ab}\int_0^b\int_0^a\varphi(u,v)\left[\Theta_3\left\{\frac{\pi(x-u)}{2a},e^{-\left(\frac{\pi}{a}\right)^2\eta_x t}\right\}+\Theta_3\left\{\frac{\pi(x+u)}{2a},e^{-\left(\frac{\pi}{a}\right)^2\eta_x t}\right\}\right]\times$$
$$\times\left[\Theta_3\left\{\frac{\pi(y-v)}{2b},e^{-\left(\frac{\pi}{b}\right)^2\eta_y t}\right\}+\Theta_3\left\{\frac{\pi(y+v)}{2b},e^{-\left(\frac{\pi}{b}\right)^2\eta_y t}\right\}\right]du\,dv \tag{7.28.2}$$

7.29

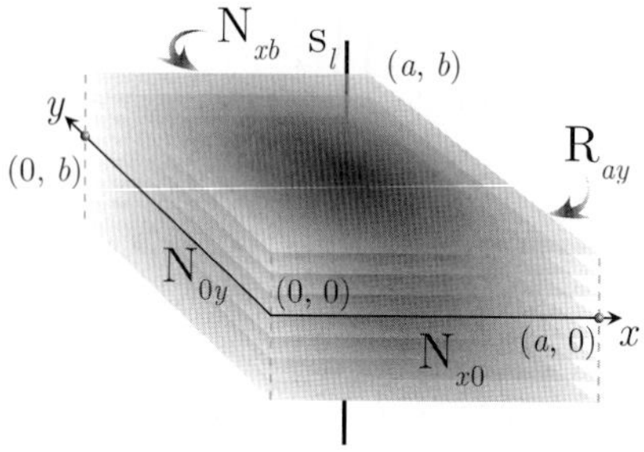

The problem of 7.1, except
$\mathbf{N_{0y}}\equiv\frac{\partial p(0,y,t)}{\partial x}=-\left(\frac{\mu}{k_x}\right)\psi_{0y}(y,t)$,
$\mathbf{R_{ay}}\equiv\frac{\partial p(a,y,t)}{\partial x}+\lambda_{ay}p(a,y,t)=-\left(\frac{\mu}{k_x}\right)\psi_{ay}(y,t)$,
$\mathbf{N_{x0}}\equiv\frac{\partial p(x,0,t)}{\partial y}=-\left(\frac{\mu}{k_y}\right)\psi_{x0}(x,t)$ **and**
$\mathbf{N_{xb}}\equiv\frac{\partial p(x,b,t)}{\partial y}=-\left(\frac{\mu}{k_y}\right)\psi_{xb}(x,t)$

$$\overline{p}=\frac{q(s)e^{-st_0}}{\phi c_t\sqrt{\eta_y}}\sum_{n=1}^{\infty}\frac{\left(\xi_n^2+\lambda_{ay}^2\right)\operatorname{csch}\left(b\sqrt{\frac{\xi_n^2\eta_x+s}{\eta_y}}\right)}{\left\{a\left(\xi_n^2+\lambda_{ay}^2\right)+\lambda_{ay}\right\}\sqrt{\xi_n^2\eta_x+s}}\cos(\xi_n x_0)\cos(\xi_n x)\times$$
$$\times\left[\cosh\left\{(b-|y-y_0|)\sqrt{\frac{\xi_n^2\eta_x+s}{\eta_y}}\right\}+\cosh\left\{(b-y-y_0)\sqrt{\frac{\xi_n^2\eta_x+s}{\eta_y}}\right\}\right]+$$
$$+\frac{4}{b\phi c_t}\sum_{n=1}^{\infty}\sum_{m=0}^{\infty}\frac{\ni_m\left(\xi_n^2+\lambda_{ay}^2\right)\left\{\overline{\overline{\psi}}_{0y}(\xi_m,s)-\overline{\overline{\psi}}_{ay}(\xi_m,s)\cos(\xi_n a)\right\}\cos(\xi_n x)\cos(\xi_m y)}{\left\{a\left(\xi_n^2+\lambda_{ay}^2\right)+\lambda_{ay}\right\}\left\{\xi_n^2\eta_x+\xi_m^2\eta_y+s\right\}}+$$
$$+\frac{2}{\phi c_t\sqrt{\eta_y}}\sum_{n=1}^{\infty}\frac{\left(\xi_n^2+\lambda_{ay}^2\right)\cos(\xi_n x)}{\left\{a\left(\xi_n^2+\lambda_{ay}^2\right)+\lambda_{ay}\right\}}\times$$
$$\times\frac{\operatorname{csch}\left(b\sqrt{\frac{\xi_n^2\eta_x+s}{\eta_y}}\right)}{\sqrt{\xi_n^2\eta_x+s}}\left[\overline{\overline{\psi}}_{x0}(\xi_n,s)\cosh\left\{(b-y)\sqrt{\frac{\xi_n^2\eta_x+s}{\eta_y}}\right\}-\overline{\overline{\psi}}_{xb}(\xi_n,s)\cosh\left\{y\sqrt{\frac{\xi_n^2\eta_x+s}{\eta_y}}\right\}\right]+$$
$$+\frac{1}{\sqrt{\eta_y}}\sum_{n=1}^{\infty}\frac{\left(\xi_n^2+\lambda_{ay}^2\right)\operatorname{csch}\left(b\sqrt{\frac{(\xi_n^2\eta_x+s)}{\eta_y}}\right)\cos(\xi_n x)}{\left\{a\left(\xi_n^2+\lambda_{ay}^2\right)+\lambda_{ay}\right\}\sqrt{\xi_n^2\eta_x+s}}\int_0^b\int_0^a\varphi(u,v)\cos(\xi_n u)\times$$
$$\times\left[\cosh\left\{(b-|y-v|)\sqrt{\frac{(\xi_n^2\eta_x+s)}{\eta_y}}\right\}+\cosh\left\{(b-y-v)\sqrt{\frac{(\xi_n^2\eta_x+s)}{\eta_y}}\right\}\right]dudv \tag{7.29.1}$$

where $\overline{\overline{\psi}}_{0y}(m,s)=\int_0^b\overline{\psi}_{0y}(y,s)\cos(\xi_m y)\,dy$, $\overline{\psi}_{0y}(y,s)=\int_0^\infty\psi_{0y}(y,t)\,e^{-st}dt$,
$\overline{\overline{\psi}}_{ay}(m,s)=\int_0^b\overline{\psi}_{ay}(m,s)\cos(\xi_m y)\,dy$, $\overline{\psi}_{ay}(y,s)=\int_0^\infty\psi_{ay}(y,t)\,e^{-st}dt$,
$\overline{\overline{\psi}}_{x0}(n,s)=\int_0^a\overline{\psi}_{x0}(x,s)\cos(\xi_n x)\,dx$, $\overline{\psi}_{x0}(x,s)=\int_0^\infty\psi_{x0}(x,t)\,e^{-st}dt$,
$\overline{\overline{\psi}}_{xb}(n,s)=\int_0^a\overline{\psi}_{xb}(x,s)\cos(\xi_n x)\,dx$, $\overline{\psi}_{xb}(x,s)=\int_0^\infty\psi_{xb}(x,t)\,e^{-st}dt$, ξ_n is a positive root of $\xi_n\tan(\xi_n a)=\lambda_{ay}$, $n=1,2,...$, and ξ_m is a positive root of $\sin(\xi_m b)=0$, which are $\xi_m=\frac{m\pi}{b}$, $m=0,1,2,....$

$$p = \frac{U(t-t_0)}{b\phi c_t}\sum_{n=1}^{\infty}\frac{(\xi_n^2+\lambda_{ay}^2)\cos(\xi_n x_0)\cos(\xi_n x)}{\{a(\xi_n^2+\lambda_{ay}^2)+\lambda_{ay}\}}\times$$
$$\times\int_0^{t-t_0} q(t-t_0-\tau)\left[\Theta_3\left\{\frac{\pi(y-y_0)}{2b},e^{-\left(\frac{\pi}{b}\right)^2\eta_y\tau}\right\}+\Theta_3\left\{\frac{\pi(y+y_0)}{2b},e^{-\left(\frac{\pi}{b}\right)^2\eta_y\tau}\right\}\right]e^{-\xi_n^2\eta_x\tau}d\tau+$$
$$+\frac{1}{b\phi c_t}\sum_{n=1}^{\infty}\frac{(\xi_n^2+\lambda_{ay}^2)\cos(\xi_n x)}{\{a(\xi_n^2+\lambda_{ay}^2)+\lambda_{ay}\}}\int_0^t\int_0^b\left[\Theta_3\left\{\frac{\pi(y-v)}{2b},e^{-\left(\frac{\pi}{b}\right)^2\eta_y\tau}\right\}+\Theta_3\left\{\frac{\pi(y+v)}{2b},e^{-\left(\frac{\pi}{b}\right)^2\eta_y\tau}\right\}\right]\times$$
$$\times\{\psi_{0y}(v,t-\tau)-\psi_{ay}(v,t-\tau)\cos(\xi_n a)\}e^{-\xi_n^2\eta_x\tau}dv d\tau+$$
$$+\frac{2}{\phi c_t b}\sum_{n=1}^{\infty}\frac{(\xi_n^2+\lambda_{ay}^2)\cos(\xi_n x)}{\{a(\xi_n^2+\lambda_{ay}^2)+\lambda_{ay}\}}\times$$
$$\times\int_0^t\left[\Theta_3\left\{\frac{\pi y}{2b},e^{-\left(\frac{\pi}{b}\right)^2\eta_y\tau}\right\}\overline{\psi}_{x0}(\xi_n,t-\tau)-\Theta_4\left\{\frac{\pi y}{2b},e^{-\left(\frac{\pi}{b}\right)^2\eta_y\tau}\right\}\overline{\psi}_{xb}(\xi_n,t-\tau)\right]e^{-\xi_n^2\eta_x\tau}d\tau+$$
$$+\frac{1}{b}\sum_{n=1}^{\infty}\frac{(\xi_n^2+\lambda_{ay}^2)\cos(\xi_n x)e^{-\xi_n^2\eta_x t}}{\{a(\xi_n^2+\lambda_{ay}^2)+\lambda_{ay}\}}\times$$
$$\times\int_0^b\int_0^a\varphi(u,v)\cos(\xi_n u)\left[\Theta_3\left\{\frac{\pi(y-v)}{2b},e^{-\left(\frac{\pi}{b}\right)^2\eta_y t}\right\}+\Theta_3\left\{\frac{\pi(y+v)}{2b},e^{-\left(\frac{\pi}{b}\right)^2\eta_y t}\right\}\right]du dv \qquad (7.29.2)$$

where $\overline{\psi}_{x0}(n,t)=\int_0^a\psi_{x0}(x,t)\cos(\xi_n x)\,dx$ and $\overline{\psi}_{xb}(n,t)=\int_0^a\psi_{xb}(x,t)\cos(\xi_n x)\,dx$.

7.30 The problem of 7.1, except $\mathbf{N}_{0y}\equiv\frac{\partial p(0,y,t)}{\partial x}=-\left(\frac{\mu}{k_x}\right)\psi_{0y}(y,t)$, $\mathbf{R}_{ay}\equiv\frac{\partial p(a,y,t)}{\partial x}+\lambda_{ay}p(a,y,t)=-\left(\frac{\mu}{k_x}\right)\psi_{ay}(y,t)$, $\mathbf{N}_{x0}\equiv\frac{\partial p(x,0,t)}{\partial y}=-\left(\frac{\mu}{k_y}\right)\psi_{x0}(x,t)$ and $\mathbf{R}_{xb}\equiv\frac{\partial p(x,b,t)}{\partial y}+\lambda_{xb}p(x,b,t)=-\left(\frac{\mu}{k_y}\right)\psi_{xb}(x,t)$

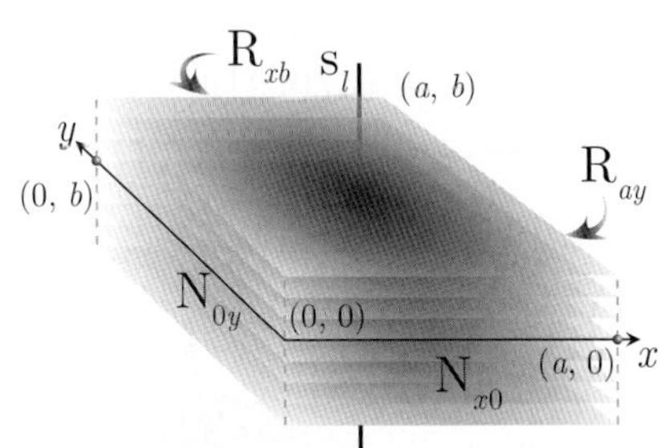

$$\overline{p}=\frac{4q(s)e^{-st_0}}{\phi c_t}\sum_{n=1}^{\infty}\sum_{m=1}^{\infty}\frac{(\xi_m^2+\lambda_{xb}^2)(\xi_n^2+\lambda_{ay}^2)\cos(\xi_m y_0)\cos(\xi_m y)\cos(\xi_n x_0)\cos(\xi_n x)}{\{b(\xi_m^2+\lambda_{xb}^2)+\lambda_{xb}\}\{a(\xi_n^2+\lambda_{ay}^2)+\lambda_{ay}\}\{\xi_n^2\eta_x+\xi_m^2\eta_y+s\}}+$$
$$+\frac{4}{\phi c_t}\sum_{m=1}^{\infty}\sum_{n=1}^{\infty}\frac{(\xi_m^2+\lambda_{xb}^2)(\xi_n^2+\lambda_{ay}^2)\left\{\overline{\overline{\psi}}_{0y}(\xi_m,s)-\overline{\overline{\psi}}_{ay}(\xi_m,s)\cos(\xi_n a)\right\}\cos(\xi_n x)\cos(\xi_m y)}{\{a(\xi_n^2+\lambda_{ay}^2)+\lambda_{ay}\}\{b(\xi_m^2+\lambda_{xb}^2)+\lambda_{xb}\}\{\xi_n^2\eta_x+\xi_m^2\eta_y+s\}}+$$
$$+\frac{4}{\phi c_t}\sum_{m=1}^{\infty}\sum_{n=1}^{\infty}\frac{(\xi_m^2+\lambda_{xb}^2)(\xi_n^2+\lambda_{ay}^2)\left\{\overline{\overline{\psi}}_{x0}(\xi_n,s)-\overline{\overline{\psi}}_{xb}(\xi_n,s)\cos(\xi_m b)\right\}\cos(\xi_n x)\cos(\xi_m y)}{\{a(\xi_n^2+\lambda_{ay}^2)+\lambda_{ay}\}\{b(\xi_m^2+\lambda_{xb}^2)+\lambda_{xb}\}\{\xi_n^2\eta_x+\xi_m^2\eta_y+s\}}+$$
$$+4\sum_{n=1}^{\infty}\sum_{m=1}^{\infty}\frac{(\xi_m^2+\lambda_{xb}^2)(\xi_n^2+\lambda_{ay}^2)\cos(\xi_n x)\cos(\xi_m y)\int_0^a\int_0^b\varphi(u,v)\cos(\xi_m v)\cos(\xi_n u)\,dv\,du}{\{b(\xi_m^2+\lambda_{xb}^2)+\lambda_{xb}\}\{a(\xi_n^2+\lambda_{ay}^2)+\lambda_{ay}\}\{\xi_n^2\eta_x+\xi_m^2\eta_y+s\}} \qquad (7.30.1)$$

where $\overline{\overline{\psi}}_{0y}(m,s)=\int_0^b\overline{\psi}_{0y}(y,s)\cos(\xi_m y)\,dy$, $\overline{\psi}_{0y}(y,s)=\int_0^\infty\psi_{0y}(y,t)e^{-st}dt$,
$\overline{\overline{\psi}}_{ay}(m,s)=\int_0^b\overline{\psi}_{ay}(m,s)\cos(\xi_m y)\,dy$, $\overline{\psi}_{ay}(y,s)=\int_0^\infty\psi_{ay}(y,t)e^{-st}dt$,
$\overline{\overline{\psi}}_{x0}(n,s)=\int_0^a\overline{\psi}_{x0}(x,s)\cos(\xi_n x)\,dx$, $\overline{\psi}_{x0}(x,s)=\int_0^\infty\psi_{x0}(x,t)e^{-st}dt$,
$\overline{\overline{\psi}}_{xb}(n,s)=\int_0^a\overline{\psi}_{xb}(x,s)\cos(\xi_n x)\,dx$, $\overline{\psi}_{xb}(x,s)=\int_0^\infty\psi_{xb}(x,t)e^{-st}dt$, ξ_n is a positive root of

$\xi_n \tan(\xi_n a) = \lambda_{ay}$, $n = 1, 2, ...$, and ξ_m is a positive root of $\xi_m \tan(\xi_m b) = \lambda_{xb}$, $m = 1, 2, ...$

$$p = \frac{4U(t-t_0)}{\phi c_t} \sum_{n=1}^{\infty}\sum_{m=1}^{\infty} \frac{\left(\xi_m^2 + \lambda_{xb}^2\right)\left(\xi_n^2 + \lambda_{ay}^2\right)\cos(\xi_m y_0)\cos(\xi_m y)\cos(\xi_n x_0)\cos(\xi_n x)}{\left\{b\left(\xi_m^2 + \lambda_{xb}^2\right) + \lambda_{xb}\right\}\left\{a\left(\xi_n^2 + \lambda_{ay}^2\right) + \lambda_{ay}\right\}} \times$$
$$\times \int_0^{t-t_0} q(t - t_0 - \tau)\, e^{-\left(\xi_n^2\eta_x + \xi_m^2\eta_y\right)\tau} d\tau +$$
$$+ \frac{4}{\phi c_t} \sum_{m=1}^{\infty}\sum_{n=1}^{\infty} \frac{\left(\xi_m^2 + \lambda_{xb}^2\right)\left(\xi_n^2 + \lambda_{ay}^2\right)\cos(\xi_n x)\cos(\xi_m y)}{\left\{a\left(\xi_n^2 + \lambda_{ay}^2\right) + \lambda_{ay}\right\}\left\{b\left(\xi_m^2 + \lambda_{xb}^2\right) + \lambda_{xb}\right\}} \times$$
$$\times \int_0^t \left\{\overline{\psi}_{0y}(\xi_m, \tau) - \overline{\psi}_{ay}(\xi_m, \tau)\cos(\xi_n a)\right\} e^{-\left\{\xi_n^2\eta_x + \xi_m^2\eta_y\right\}(t-\tau)} d\tau +$$
$$+ \frac{4}{\phi c_t} \sum_{m=1}^{\infty}\sum_{n=1}^{\infty} \frac{\left(\xi_m^2 + \lambda_{xb}^2\right)\left(\xi_n^2 + \lambda_{ay}^2\right)\cos(\xi_n x)\cos(\xi_m y)}{\left\{a\left(\xi_n^2 + \lambda_{ay}^2\right) + \lambda_{ay}\right\}\left\{b\left(\xi_m^2 + \lambda_{xb}^2\right) + \lambda_{xb}\right\}} \times$$
$$\times \int_0^t \left\{\overline{\psi}_{x0}(\xi_n, \tau) - \overline{\psi}_{xb}(\xi_n, \tau)\cos(\xi_m b)\right\} e^{-\left\{\xi_n^2\eta_x + \xi_m^2\eta_y\right\}(t-\tau)} d\tau +$$
$$+ 4\sum_{n=1}^{\infty}\sum_{m=1}^{\infty} \frac{\left(\xi_m^2 + \lambda_{xb}^2\right)\left(\xi_n^2 + \lambda_{ay}^2\right)\cos(\xi_n x)\cos(\xi_m y) e^{-\left\{\xi_n^2\eta_x + \xi_m^2\eta_y\right\}t} \int_0^a\int_0^b \varphi(u,v)\cos(\xi_m v)\cos(\xi_n u)\,dv\,du}{\left\{b\left(\xi_m^2 + \lambda_{xb}^2\right) + \lambda_{xb}\right\}\left\{a\left(\xi_n^2 + \lambda_{ay}^2\right) + \lambda_{ay}\right\}}$$
(7.30.2)

where $\overline{\psi}_{x0}(n,t) = \int_0^a \psi_{x0}(x,t)\cos(\xi_n x)\,dx$, $\overline{\psi}_{xb}(n,t) = \int_0^a \psi_{xb}(x,t)\cos(\xi_n x)\,dx$, $\overline{\psi}_{0y}(m,t) = \int_0^b \psi_{0y}(y,t)\cos(\xi_m y)\,dy$ and $\overline{\psi}_{ay}(m,t) = \int_0^b \psi_{ay}(y,t)\cos(\xi_m y)\,dy$.

7.31

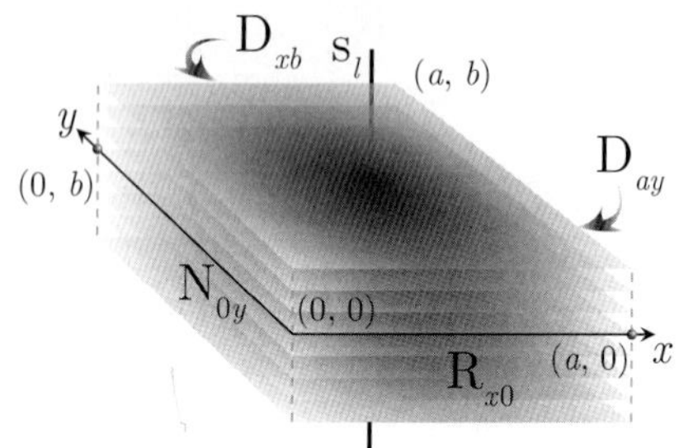

The problem of 7.1, except
$\mathbf{N}_{0y} \equiv \frac{\partial p(0,y,t)}{\partial x} = -\left(\frac{\mu}{k_x}\right)\psi_{0y}(y,t)$,
$\mathbf{D}_{ay} \equiv p(a,y,t) = \psi_{ay}(y,t)$,
$\mathbf{R}_{x0} \equiv \frac{\partial p(x,0,t)}{\partial y} - \lambda_{x0} p(x,0,t) = -\left(\frac{\mu}{k_y}\right)\psi_{x0}(x,t)$ **and**
$\mathbf{D}_{xb} \equiv p(x,b,t) = \psi_{xb}(y,t)$

$$\overline{p} = \frac{q(s)e^{-st_0}}{\phi c_t\sqrt{\eta_x}} \sum_{m=1}^{\infty} \frac{\left(\xi_m^2 + \lambda_{x0}^2\right)\operatorname{sech}\left(a\sqrt{\frac{\left(\xi_m^2\eta_y + s\right)}{\eta_x}}\right)\sin\{\xi_m(b - y_0)\}\sin\{\xi_m(b-y)\}}{\left\{b\left(\xi_m^2 + \lambda_{x0}^2\right) + \lambda_{x0}\right\}\sqrt{\left\{\xi_m^2\eta_y + s\right\}}} \times$$
$$\times \left[\sinh\left\{(a - |x - x_0|)\sqrt{\frac{\left(\xi_m^2\eta_y + s\right)}{\eta_x}}\right\} + \sinh\left\{(a - x - x_0)\sqrt{\frac{\left(\xi_m^2\eta_y + s\right)}{\eta_x}}\right\}\right] +$$
$$+ 2\sum_{m=1}^{\infty} \frac{\left(\xi_m^2 + \lambda_{x0}^2\right)\sin\{\xi_m(b-y)\}\operatorname{sech}\left(a\sqrt{\frac{\xi_m^2\eta_y + s}{\eta_x}}\right)}{\left\{b\left(\xi_m^2 + \lambda_{x0}^2\right) + \lambda_{x0}\right\}} \times$$
$$\times \left[\overline{\overline{\psi}}_{ay}(\xi_m, s)\cosh\left\{x\sqrt{\frac{\xi_m^2\eta_y + s}{\eta_x}}\right\} + \frac{\overline{\overline{\psi}}_{0y}(\xi_m, s)}{\phi c_t\sqrt{\eta_x\left(\xi_m^2\eta_y + s\right)}}\sinh\left\{(a - x)\sqrt{\frac{\xi_m^2\eta_y + s}{\eta_x}}\right\}\right] +$$

$$+\frac{4}{\phi c_t a}\sum_{n=1}^{\infty}\sum_{m=1}^{\infty}\frac{\left(\xi_m^2+\lambda_{x0}^2\right)\left\{\overline{\overline{\psi}}_{x0}\left(\xi_n,s\right)\sin\left(\xi_m b\right)+\xi_m\left(\frac{k_y}{\mu}\right)\overline{\overline{\psi}}_{xb}\left(\xi_n,s\right)\right\}\sin\left\{\xi_m\left(b-y\right)\right\}\cos\left(\xi_n x\right)}{\left\{b\left(\xi_m^2+\lambda_{x0}^2\right)+\lambda_{x0}\right\}\left\{\xi_n^2\eta_x+\xi_m^2\eta_y+s\right\}}+$$

$$+\frac{1}{\sqrt{\eta_x}}\sum_{m=1}^{\infty}\frac{\left(\xi_m^2+\lambda_{x0}^2\right)\operatorname{sech}\left(a\sqrt{\frac{(\xi_m^2\eta_y+s)}{\eta_x}}\right)\sin\left\{\xi_m\left(b-y\right)\right\}}{\left\{b\left(\xi_m^2+\lambda_{x0}^2\right)+\lambda_{x0}\right\}\sqrt{\left\{\xi_m^2\eta_y+s\right\}}}\int_0^b\int_0^a\varphi\left(u,v\right)\sin\left\{\xi_m\left(b-v\right)\right\}\times$$

$$\times\left[\sinh\left\{\left(a-|x-u|\right)\sqrt{\frac{(\xi_m^2\eta_y+s)}{\eta_x}}\right\}+\sinh\left\{\left(a-x-u\right)\sqrt{\frac{(\xi_m^2\eta_y+s)}{\eta_x}}\right\}\right]du\,dv \qquad (7.31.1)$$

where $\overline{\overline{\psi}}_{0y}\left(m,s\right)=\int_0^b\overline{\psi}_{0y}\left(y,s\right)\sin\left\{\xi_m\left(b-y\right)\right\}dy$, $\overline{\psi}_{0y}\left(y,s\right)=\int_0^\infty\psi_{0y}\left(y,t\right)e^{-st}dt$, $\overline{\overline{\psi}}_{ay}\left(m,s\right)=\int_0^b\overline{\psi}_{ay}\left(m,s\right)\sin\left\{\xi_m\left(b-y\right)\right\}dy$, $\overline{\psi}_{ay}\left(y,s\right)=\int_0^\infty\psi_{ay}\left(y,t\right)e^{-st}dt$, $\overline{\overline{\psi}}_{x0}\left(n,s\right)=\int_0^a\overline{\psi}_{x0}\left(x,s\right)\cos\left(\xi_n x\right)dx$, $\overline{\psi}_{x0}\left(x,s\right)=\int_0^\infty\psi_{x0}\left(x,t\right)e^{-st}dt$, $\overline{\overline{\psi}}_{xb}\left(n,s\right)=\int_0^a\overline{\psi}_{xb}\left(x,s\right)\cos\left(\xi_n x\right)dx$, $\overline{\psi}_{xb}\left(x,s\right)=\int_0^\infty\psi_{xb}\left(x,t\right)e^{-st}dt$, ξ_n is a positive root of $\cos\left(\xi_n a\right)=0$, which are $\xi_n=\frac{(2n-1)\pi}{2a}$, $n=1,2,...$, and ξ_m is a positive root of $\xi_m\cot\left(\xi_m b\right)=-\lambda_{x0}$, $m=1,2,....$

$$p=\frac{U\left(t-t_0\right)}{a\phi c_t}\sum_{m=1}^{\infty}\frac{\left(\xi_m^2+\lambda_{x0}^2\right)\sin\left\{\xi_m\left(b-y_0\right)\right\}\sin\left\{\xi_m\left(b-y\right)\right\}}{\left\{b\left(\xi_m^2+\lambda_{x0}^2\right)+\lambda_{x0}\right\}}\times$$

$$\times\int_0^{t-t_0}q\left(t-t_0-\tau\right)\left[\Theta_2\left\{\frac{\pi\left(x-x_0\right)}{2a},e^{-\left(\frac{\pi}{a}\right)^2\eta_x\tau}\right\}+\Theta_2\left\{\frac{\pi\left(x+x_0\right)}{2a},e^{-\left(\frac{\pi}{a}\right)^2\eta_x\tau}\right\}\right]e^{-\xi_m^2\eta_y\tau}d\tau+$$

$$+\frac{2}{a}\sum_{m=1}^{\infty}\frac{\left(\xi_m^2+\lambda_{x0}^2\right)\sin\left\{\xi_m\left(b-y\right)\right\}}{\left\{b\left(\xi_m^2+\lambda_{x0}^2\right)+\lambda_{x0}\right\}}\times$$

$$\times\int_0^t\left[\frac{\overline{\psi}_{0y}\left(\xi_m,t-\tau\right)}{\phi c_t}\Theta_2\left\{\frac{\pi x}{2a},e^{-\left(\frac{\pi}{a}\right)^2\eta_x\tau}\right\}+\left(\frac{\eta_x}{2a}\right)\overline{\psi}_{ay}\left(\xi_m,t-\tau\right)\Theta_1'\left\{\frac{\pi x}{2a},e^{-\left(\frac{\pi}{a}\right)^2\eta_x\tau}\right\}\right]e^{-\xi_m^2\eta_y\tau}d\tau+$$

$$+\frac{1}{a}\sum_{m=1}^{\infty}\frac{\left(\xi_m^2+\lambda_{x0}^2\right)\sin\left\{\xi_m\left(b-y\right)\right\}}{\left\{b\left(\xi_m^2+\lambda_{x0}^2\right)+\lambda_{x0}\right\}}\int_0^t\int_0^a\left[\Theta_2\left\{\frac{\pi\left(x-u\right)}{2a},e^{-\left(\frac{\pi}{a}\right)^2\eta_x\tau}\right\}+\Theta_2\left\{\frac{\pi\left(x+u\right)}{2a},e^{-\left(\frac{\pi}{a}\right)^2\eta_x\tau}\right\}\right]\times$$

$$\times\left\{\frac{\psi_{x0}\left(u,t-\tau\right)\sin\left(\xi_m b\right)}{\phi c_t}+\eta_y\xi_m\psi_{xb}\left(u,t-\tau\right)\right\}e^{-\xi_m^2\eta_y\tau}du d\tau+$$

$$+\frac{1}{a}\sum_{m=1}^{\infty}\frac{\left(\xi_m^2+\lambda_{x0}^2\right)\sin\left\{\xi_m\left(b-y\right)\right\}e^{-\xi_m^2\eta_y t}}{\left\{b\left(\xi_m^2+\lambda_{x0}^2\right)+\lambda_{x0}\right\}}\int_0^b\int_0^a\varphi\left(u,v\right)\sin\left\{\xi_m\left(b-v\right)\right\}\times$$

$$\times\left[\Theta_2\left\{\frac{\pi\left(x-u\right)}{2a},e^{-\left(\frac{\pi}{a}\right)^2\eta_x t}\right\}+\Theta_2\left\{\frac{\pi\left(x+u\right)}{2a},e^{-\left(\frac{\pi}{a}\right)^2\eta_x t}\right\}\right]du\,dv \qquad (7.31.2)$$

where $\overline{\psi}_{0y}\left(m,t\right)=\int_0^b\psi_{0y}\left(y,t\right)\sin\left\{\xi_m\left(b-y\right)\right\}dy$ and $\overline{\psi}_{ay}\left(m,t\right)=\int_0^b\psi_{ay}\left(y,t\right)\sin\left\{\xi_m\left(b-y\right)\right\}dy$.

7.32

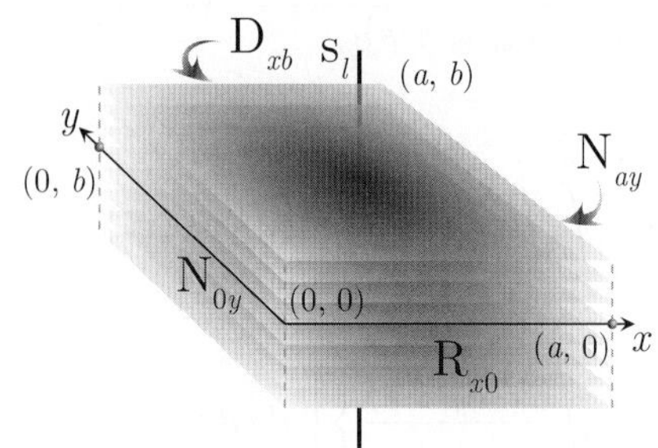

The problem of 7.1, except
$\mathbf{N_{0y} \equiv \frac{\partial p(0,y,t)}{\partial x} = -\left(\frac{\mu}{k_x}\right)\psi_{0y}(y,t)}$,
$\mathbf{N_{ay} \equiv \frac{\partial p(a,y,t)}{\partial x} = -\left(\frac{\mu}{k_x}\right)\psi_{ay}(y,t)}$,
$\mathbf{R_{x0} \equiv \frac{\partial p(x,0,t)}{\partial y} - \lambda_{x0} p(x,0,t) = -\left(\frac{\mu}{k_y}\right)\psi_{x0}(x,t)}$ **and**
$\mathbf{D_{xb} \equiv p(x,b,t) = \psi_{xb}(y,t)}$

$$\begin{aligned}
\overline{p} &= \frac{q(s)e^{-st_0}}{\phi c_t\sqrt{\eta_x}}\sum_{m=1}^{\infty}\frac{\left(\xi_m^2+\lambda_{x0}^2\right)\operatorname{csch}\left(a\sqrt{\frac{\xi_m^2\eta_y+s}{\eta_x}}\right)\sin\{\xi_m(b-y_0)\}\sin\{\xi_m(b-y)\}}{\{b(\xi_m^2+\lambda_{x0}^2)+\lambda_{x0}\}\sqrt{\{\xi_m^2\eta_y+s\}}}\times\\
&\times\left[\cosh\left\{(a-|x-x_0|)\sqrt{\frac{\xi_m^2\eta_y+s}{\eta_x}}\right\}+\cosh\left\{(a-x-x_0)\sqrt{\frac{\xi_m^2\eta_y+s}{\eta_x}}\right\}\right]+\\
&+\frac{2}{\phi c_t\sqrt{\eta_x}}\sum_{m=1}^{\infty}\frac{\left(\xi_m^2+\lambda_{x0}^2\right)\sin\{\xi_m(b-y)\}}{\{b(\xi_m^2+\lambda_{x0}^2)+\lambda_{x0}\}}\times\\
&\times\frac{\operatorname{csch}\left(a\sqrt{\frac{\xi_m^2\eta_y+s}{\eta_x}}\right)}{\sqrt{\xi_m^2\eta_y+s}}\left[\overline{\overline{\psi}}_{0y}(\xi_m,s)\cosh\left\{(a-x)\sqrt{\frac{\xi_m^2\eta_y+s}{\eta_x}}\right\}-\overline{\overline{\psi}}_{ay}(\xi_m,s)\cosh\left\{x\sqrt{\frac{\xi_m^2\eta_y+s}{\eta_x}}\right\}\right]+\\
&+\frac{4}{a\phi c_t}\sum_{m=1}^{\infty}\frac{\left(\xi_m^2+\lambda_{x0}^2\right)\sin\{\xi_m(b-y)\}}{\{b(\xi_m^2+\lambda_{x0}^2)+\lambda_{x0}\}}\sum_{n=0}^{\infty}\frac{\ni_n\left\{\overline{\overline{\psi}}_{x0}(\xi_n,s)\sin(\xi_m b)+\xi_m\left(\frac{k_y}{\mu}\right)\overline{\overline{\psi}}_{xb}(\xi_n,s)\right\}\cos(\xi_n x)}{\{\xi_n^2\eta_x+\xi_m^2\eta_y+s\}}+\\
&+\frac{1}{\sqrt{\eta_x}}\sum_{m=1}^{\infty}\frac{\left(\xi_m^2+\lambda_{x0}^2\right)\operatorname{csch}\left(a\sqrt{\frac{\xi_m^2\eta_y+s}{\eta_x}}\right)\sin\{\xi_m(b-y)\}}{\{b(\xi_m^2+\lambda_{x0}^2)+\lambda_{x0}\}\sqrt{\{\xi_m^2\eta_y+s\}}}\int_0^b\int_0^a\varphi(u,v)\sin\{\xi_m(b-v)\}\times\\
&\times\left[\cosh\left\{(a-|x-u|)\sqrt{\frac{\xi_m^2\eta_y+s}{\eta_x}}\right\}+\cosh\left\{(a-x-u)\sqrt{\frac{\xi_m^2\eta_y+s}{\eta_x}}\right\}\right]dudv \qquad (7.32.1)
\end{aligned}$$

where $\overline{\overline{\psi}}_{0y}(m,s)=\int_0^b\overline{\psi}_{0y}(y,s)\sin\{\xi_m(b-y)\}dy$, $\overline{\psi}_{0y}(y,s)=\int_0^\infty\psi_{0y}(y,t)e^{-st}dt$,
$\overline{\overline{\psi}}_{ay}(m,s)=\int_0^b\overline{\psi}_{ay}(m,s)\sin\{\xi_m(b-y)\}dy$, $\overline{\psi}_{ay}(y,s)=\int_0^\infty\psi_{ay}(y,t)e^{-st}dt$,
$\overline{\overline{\psi}}_{x0}(n,s)=\int_0^a\overline{\psi}_{x0}(x,s)\cos(\xi_n x)dx$, $\overline{\psi}_{x0}(x,s)=\int_0^\infty\psi_{x0}(x,t)e^{-st}dt$,
$\overline{\overline{\psi}}_{xb}(n,s)=\int_0^a\overline{\psi}_{xb}(x,s)\cos(\xi_n x)dx$, $\overline{\psi}_{xb}(x,s)=\int_0^\infty\psi_{xb}(x,t)e^{-st}dt$, ξ_n is a positive root of $\sin(\xi_n a)=0$, which are $\xi_n=\frac{n\pi}{a}$, $n=0,1,2,...$, and ξ_m is a positive root of $\xi_m\cot(\xi_m b)=-\lambda_{x0}$, $m=1,2,....$

$$\begin{aligned}
p &= \frac{U(t-t_0)}{a\phi c_t}\sum_{m=1}^{\infty}\frac{\left(\xi_m^2+\lambda_{x0}^2\right)\sin\{\xi_m(b-y)\}\sin\{\xi_m(b-y_0)\}}{\{b(\xi_m^2+\lambda_{x0}^2)+\lambda_{x0}\}}\times\\
&\times\int_0^{t-t_0}q(t-t_0-\tau)\left[\Theta_3\left\{\frac{\pi(x+x_0)}{2a},e^{-\left(\frac{\pi}{a}\right)^2\eta_x\tau}\right\}+\Theta_3\left\{\frac{\pi(x-x_0)}{2a},e^{-\left(\frac{\pi}{a}\right)^2\eta_x\tau}\right\}\right]e^{-\xi_m^2\eta_y\tau}d\tau+\\
&+\frac{2}{a\phi c_t}\sum_{m=1}^{\infty}\frac{\left(\xi_m^2+\lambda_{x0}^2\right)\sin\{\xi_m(b-y)\}}{\{b(\xi_m^2+\lambda_{x0}^2)+\lambda_{x0}\}}\times\\
&\times\int_0^t\left[\Theta_3\left\{\frac{\pi x}{2a},e^{-\left(\frac{\pi}{a}\right)^2\eta_x\tau}\right\}\overline{\psi}_{0y}(\xi_m,t-\tau)-\Theta_4\left\{\frac{\pi x}{2a},e^{-\left(\frac{\pi}{a}\right)^2\eta_x\tau}\right\}\overline{\psi}_{ay}(\xi_m,t-\tau)\right]e^{-\xi_m^2\eta_y\tau}d\tau+
\end{aligned}$$

$$+\frac{1}{a}\sum_{m=1}^{\infty}\frac{\left(\xi_m^2+\lambda_{x0}^2\right)\sin\left\{\xi_m\left(b-y\right)\right\}}{\left\{b\left(\xi_m^2+\lambda_{x0}^2\right)+\lambda_{x0}\right\}}\int\limits_0^t\int\limits_0^a\left[\Theta_3\left\{\frac{\pi\left(x-u\right)}{2a},e^{-\left(\frac{\pi}{a}\right)^2\eta_x\tau}\right\}+\Theta_3\left\{\frac{\pi\left(x+u\right)}{2a},e^{-\left(\frac{\pi}{a}\right)^2\eta_x\tau}\right\}\right]\times$$

$$\times\left\{\frac{\psi_{x0}\left(u,t-\tau\right)\sin\left(\xi_m b\right)}{\phi c_t}+\eta_y\xi_m\overline{\psi}_{xb}\left(u,t-\tau\right)\right\}e^{-\xi_m^2\eta_y\tau}du d\tau+$$

$$+\frac{1}{a}\sum_{m=1}^{\infty}\frac{\left(\xi_m^2+\lambda_{x0}^2\right)\sin\left\{\xi_m\left(b-y\right)\right\}e^{-\xi_m^2\eta_y t}}{\left\{b\left(\xi_m^2+\lambda_{x0}^2\right)+\lambda_{x0}\right\}}\int\limits_0^b\int\limits_0^a\varphi\left(u,v\right)\sin\left\{\xi_m\left(b-v\right)\right\}\times$$

$$\times\left[\Theta_3\left\{\frac{\pi\left(x+u\right)}{2a},e^{-\left(\frac{\pi}{a}\right)^2\eta_x t}\right\}+\Theta_3\left\{\frac{\pi\left(x-u\right)}{2a},e^{-\left(\frac{\pi}{a}\right)^2\eta_x t}\right\}\right]du\,dv \tag{7.32.2}$$

where $\overline{\psi}_{0y}\left(m,t\right)=\int_0^b\psi_{0y}\left(y,t\right)\sin\left\{\xi_m\left(b-y\right)\right\}dy$ and $\overline{\psi}_{ay}\left(m,t\right)=\int_0^b\psi_{ay}\left(y,t\right)\sin\left\{\xi_m\left(b-y\right)\right\}dy$.

7.33 The problem of 7.1, except $N_{0y}\equiv\frac{\partial p(0,y,t)}{\partial x}=-\left(\frac{\mu}{k_x}\right)\psi_{0y}\left(y,t\right)$, $R_{ay}\equiv\frac{\partial p(a,y,t)}{\partial x}+\lambda_{ay}p\left(a,y,t\right)=-\left(\frac{\mu}{k_x}\right)\psi_{ay}\left(y,t\right)$, $R_{x0}\equiv\frac{\partial p(x,0,t)}{\partial y}-\lambda_{x0}p\left(x,0,t\right)=-\left(\frac{\mu}{k_y}\right)\psi_{x0}\left(x,t\right)$ and $D_{xb}\equiv p\left(x,b,t\right)=\psi_{xb}\left(y,t\right)$

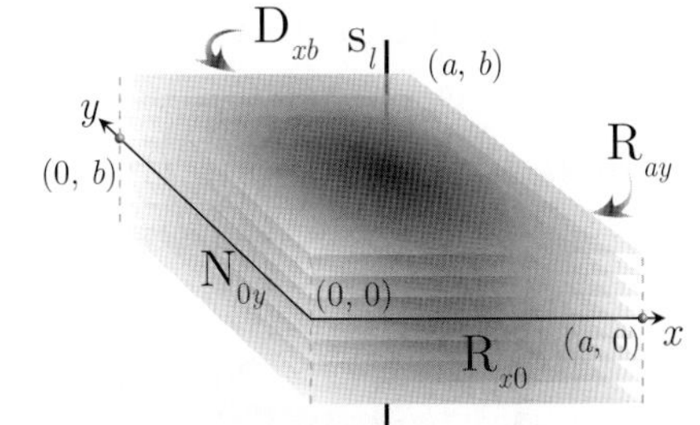

$$\overline{p}=\frac{4q\left(s\right)e^{-st_0}}{\phi c_t}\sum_{n=1}^{\infty}\sum_{m=1}^{\infty}\frac{\left(\xi_n^2+\lambda_{ay}^2\right)\left(\xi_m^2+\lambda_{x0}^2\right)\cos\left(\xi_n x_0\right)\cos\left(\xi_n x\right)\sin\left\{\xi_m\left(b-y_0\right)\right\}\sin\left\{\xi_m\left(b-y\right)\right\}}{\left\{a\left(\xi_n^2+\lambda_{ay}^2\right)+\lambda_{ay}\right\}\left\{b\left(\xi_m^2+\lambda_{x0}^2\right)+\lambda_{x0}\right\}\left\{\xi_n^2\eta_x+\xi_m^2\eta_y+s\right\}}+$$

$$+\frac{4}{\phi c_t}\sum_{n=1}^{\infty}\sum_{m=1}^{\infty}\frac{\left(\xi_n^2+\lambda_{ay}^2\right)\left(\xi_m^2+\lambda_{x0}^2\right)\left\{\overline{\overline{\psi}}_{0y}\left(\xi_m,s\right)-\overline{\overline{\psi}}_{ay}\left(\xi_m,s\right)\cos\left(\xi_n a\right)\right\}\cos\left(\xi_n x\right)\sin\left\{\xi_m\left(b-y\right)\right\}}{\left\{a\left(\xi_n^2+\lambda_{ay}^2\right)+\lambda_{ay}\right\}\left\{b\left(\xi_m^2+\lambda_{x0}^2\right)+\lambda_{x0}\right\}\left\{\xi_n^2\eta_x+\xi_m^2\eta_y+s\right\}}+$$

$$+\frac{4}{\phi c_t}\sum_{n=1}^{\infty}\sum_{m=1}^{\infty}\frac{\left(\xi_n^2+\lambda_{ay}^2\right)\left(\xi_m^2+\lambda_{x0}^2\right)\left\{\overline{\overline{\psi}}_{x0}\left(\xi_n,s\right)\sin\left(\xi_m b\right)+\xi_m\left(\frac{k_y}{\mu}\right)\overline{\overline{\psi}}_{xb}\left(\xi_n,s\right)\right\}}{\left\{a\left(\xi_n^2+\lambda_{ay}^2\right)+\lambda_{ay}\right\}\left\{b\left(\xi_m^2+\lambda_{x0}^2\right)+\lambda_{x0}\right\}\left\{\xi_n^2\eta_x+\xi_m^2\eta_y+s\right\}}\times$$

$$\times\cos\left(\xi_n x\right)\sin\left\{\xi_m\left(b-y\right)\right\}$$

$$+4\sum_{n=1}^{\infty}\sum_{m=1}^{\infty}\frac{\left(\xi_n^2+\lambda_{ay}^2\right)\left(\xi_m^2+\lambda_{x0}^2\right)\cos\left(\xi_n x\right)\sin\left\{\xi_m\left(b-y\right)\right\}}{\left\{a\left(\xi_n^2+\lambda_{ay}^2\right)+\lambda_{ay}\right\}\left\{b\left(\xi_m^2+\lambda_{x0}^2\right)+\lambda_{x0}\right\}\left\{\xi_n^2\eta_x+\xi_m^2\eta_y+s\right\}}\times$$

$$\times\int\limits_0^b\int\limits_0^a\varphi\left(u,v\right)\sin\left\{\xi_m\left(b-v\right)\right\}\cos\left(\xi_n u\right)du\,dv \tag{7.33.1}$$

where $\overline{\overline{\psi}}_{0y}\left(m,s\right)=\int_0^b\overline{\psi}_{0y}\left(y,s\right)\sin\left\{\xi_m\left(b-y\right)\right\}dy$, $\overline{\psi}_{0y}\left(y,s\right)=\int_0^\infty\psi_{0y}\left(y,t\right)e^{-st}dt$, $\overline{\overline{\psi}}_{ay}\left(m,s\right)=\int_0^b\overline{\psi}_{ay}\left(m,s\right)\sin\left\{\xi_m\left(b-y\right)\right\}dy$, $\overline{\psi}_{ay}\left(y,s\right)=\int_0^\infty\psi_{ay}\left(y,t\right)e^{-st}dt$, $\overline{\overline{\psi}}_{x0}\left(n,s\right)=\int_0^a\overline{\psi}_{x0}\left(x,s\right)\cos\left(\xi_n x\right)dx$, $\overline{\psi}_{x0}\left(x,s\right)=\int_0^\infty\psi_{x0}\left(x,t\right)e^{-st}dt$, $\overline{\overline{\psi}}_{xb}\left(n,s\right)=\int_0^a\overline{\psi}_{xb}\left(x,s\right)\cos\left(\xi_n x\right)dx$, $\overline{\psi}_{xb}\left(x,s\right)=\int_0^\infty\psi_{xb}\left(x,t\right)e^{-st}dt$, ξ_n is a positive root of $\xi_n\tan\left(\xi_n a\right)=\lambda_{ay}$, $n=1,2,...$, and ξ_m is a positive root of $\xi_m\cot\left(\xi_m b\right)=-\lambda_{x0}$, $m=1,2,....$

$$p=\frac{4U\left(t-t_0\right)}{\phi c_t}\sum_{n=1}^{\infty}\sum_{m=1}^{\infty}\frac{\left(\xi_n^2+\lambda_{ay}^2\right)\left(\xi_m^2+\lambda_{x0}^2\right)\cos\left(\xi_n x_0\right)\cos\left(\xi_n x\right)\sin\left\{\xi_m\left(b-y_0\right)\right\}\sin\left\{\xi_m\left(b-y\right)\right\}}{\left\{a\left(\xi_n^2+\lambda_{ay}^2\right)+\lambda_{ay}\right\}\left\{b\left(\xi_m^2+\lambda_{x0}^2\right)+\lambda_{x0}\right\}}\times$$

$$\times\int\limits_0^{t-t_0}q\left(t-t_0-\tau\right)e^{-\left(\xi_n^2\eta_x+\xi_m^2\eta_y\right)\tau}d\tau+$$

$$+\frac{4}{\phi c_t}\sum_{n=1}^{\infty}\sum_{m=1}^{\infty}\frac{\left(\xi_n^2+\lambda_{ay}^2\right)\left(\xi_m^2+\lambda_{x0}^2\right)e^{-\left(\xi_n^2\eta_x+\xi_m^2\eta_y\right)t}\cos\left(\xi_n x\right)\sin\left\{\xi_m\left(b-y\right)\right\}}{\left\{a\left(\xi_n^2+\lambda_{ay}^2\right)+\lambda_{ay}\right\}\left\{b\left(\xi_m^2+\lambda_{x0}^2\right)+\lambda_{x0}\right\}}\times$$

$$\times \int_0^t \left\{\overline{\psi}_{0y}(\xi_m,\tau) - \overline{\psi}_{ay}(\xi_m,\tau)\cos(\xi_n a)\right\} e^{\left(\xi_n^2\eta_x+\xi_m^2\eta_y\right)\tau} d\tau +$$

$$+ \frac{4}{\phi c_t}\sum_{n=1}^{\infty}\sum_{m=1}^{\infty} \frac{\left(\xi_n^2+\lambda_{ay}^2\right)\left(\xi_m^2+\lambda_{x0}^2\right)e^{-\left(\xi_n^2\eta_x+\xi_m^2\eta_y\right)t}\cos(\xi_n x)\sin\{\xi_m(b-y)\}}{\left\{a\left(\xi_n^2+\lambda_{ay}^2\right)+\lambda_{ay}\right\}\left\{b\left(\xi_m^2+\lambda_{x0}^2\right)+\lambda_{x0}\right\}}\times$$

$$\times \int_0^t \left\{\overline{\psi}_{x0}(\xi_n,\tau)\sin(\xi_m b) + \xi_m\left(\frac{k_y}{\mu}\right)\overline{\psi}_{xb}(\xi_n,\tau)\right\} e^{\left(\xi_n^2\eta_x+\xi_m^2\eta_y\right)\tau} d\tau +$$

$$+ 4\sum_{n=1}^{\infty}\sum_{m=1}^{\infty} \frac{\left(\xi_n^2+\lambda_{ay}^2\right)\left(\xi_m^2+\lambda_{x0}^2\right)\cos(\xi_n x)\sin\{\xi_m(b-y)\}e^{-\left(\xi_n^2\eta_x+\xi_m^2\eta_y\right)t}}{\left\{a\left(\xi_n^2+\lambda_{ay}^2\right)+\lambda_{ay}\right\}\left\{b\left(\xi_m^2+\lambda_{x0}^2\right)+\lambda_{x0}\right\}}\times$$

$$\times \int_0^b\int_0^a \varphi(u,v)\sin\{\xi_m(b-v)\}\cos(\xi_n u)\,du dv \tag{7.33.2}$$

where $\overline{\psi}_{x0}(n,t) = \int_0^a \psi_{x0}(x,t)\cos(\xi_n x)\,dx$, $\overline{\psi}_{xb}(n,t) = \int_0^a \psi_{xb}(x,t)\cos(\xi_n x)\,dx$, $\overline{\psi}_{0y}(m,t) = \int_0^b \psi_{0y}(y,t)\sin\{\xi_m(b-y)\}\,dy$ and $\overline{\psi}_{ay}(m,t) = \int_0^b \psi_{ay}(y,t)\sin\{\xi_m(b-y)\}\,dy$.

7.34

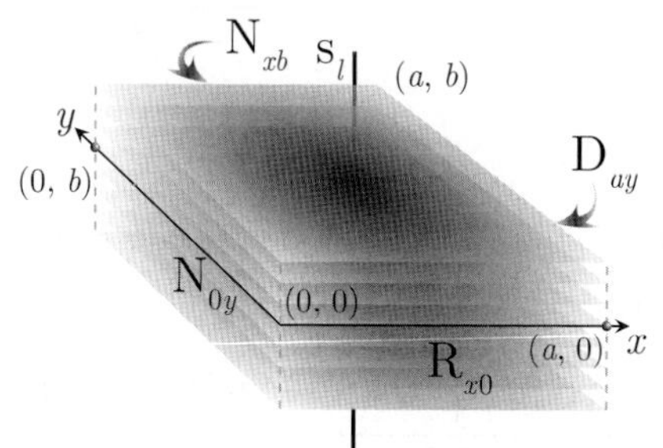

The problem of 7.1, except
$\mathbf{N_{0y}} \equiv \frac{\partial p(0,y,t)}{\partial x} = -\left(\frac{\mu}{k_x}\right)\psi_{0y}(y,t)$,
$\mathbf{D_{ay}} \equiv p(a,y,t) = \psi_{ay}(y,t)$,
$\mathbf{R_{x0}} \equiv \frac{\partial p(x,0,t)}{\partial y} - \lambda_{x0}p(x,0,t) = -\left(\frac{\mu}{k_y}\right)\psi_{x0}(x,t)$ **and**
$\mathbf{N_{xb}} \equiv \frac{\partial p(x,b,t)}{\partial y} = -\left(\frac{\mu}{k_y}\right)\psi_{xb}(x,t)$

$$\overline{p} = \frac{q(s)e^{-st_0}}{\phi c_t\sqrt{\eta_x}}\sum_{m=1}^{\infty}\frac{\left(\xi_m^2+\lambda_{x0}^2\right)\operatorname{sech}\left(a\sqrt{\frac{1}{\eta_x}\{\xi_m^2\eta_y+s\}}\right)\cos\{\xi_m(b-y_0)\}\cos\{\xi_m(b-y)\}}{\left\{b\left(\xi_m^2+\lambda_{x0}^2\right)+\lambda_{x0}\right\}\sqrt{\{\xi_m^2\eta_y+s\}}}\times$$

$$\times\left[\sinh\left\{(a-|x-x_0|)\sqrt{\frac{1}{\eta_x}\{\xi_m^2\eta_y+s\}}\right\}+\sinh\left\{(a-x-x_0)\sqrt{\frac{1}{\eta_x}\{\xi_m^2\eta_y+s\}}\right\}\right]+$$

$$+ 2\sum_{m=1}^{\infty}\frac{\left(\xi_m^2+\lambda_{x0}^2\right)\cos\{\xi_m(b-y)\}\operatorname{sech}\left(a\sqrt{\frac{\xi_m^2\eta_y+s}{\eta_x}}\right)}{\left\{b\left(\xi_m^2+\lambda_{x0}^2\right)+\lambda_{x0}\right\}}\times$$

$$\times\left[\overline{\overline{\psi}}_{ay}(\xi_m,s)\cosh\left\{x\sqrt{\frac{\xi_m^2\eta_y+s}{\eta_x}}\right\}+\frac{\overline{\overline{\psi}}_{0y}(\xi_m,s)}{\phi c_t\sqrt{\eta_x\left(\xi_m^2\eta_y+s\right)}}\sinh\left\{(a-x)\sqrt{\frac{\xi_m^2\eta_y+s}{\eta_x}}\right\}\right]+$$

$$+ \frac{4}{\phi c_t a}\sum_{n=1}^{\infty}\sum_{m=1}^{\infty}\frac{\left(\xi_m^2+\lambda_{x0}^2\right)\left\{\overline{\overline{\psi}}_{x0}(\xi_n,s)\cos(\xi_m b)-\overline{\overline{\psi}}_{xb}(\xi_n,s)\right\}\cos\{\xi_m(b-y)\}\cos(\xi_n x)}{\left\{b\left(\xi_m^2+\lambda_{x0}^2\right)+\lambda_{x0}\right\}\left\{\xi_n^2\eta_x+\xi_m^2\eta_y+s\right\}}+$$

$$+ \frac{1}{\sqrt{\eta_x}}\sum_{m=1}^{\infty}\frac{\left(\xi_m^2+\lambda_{x0}^2\right)\operatorname{sech}\left(a\sqrt{\frac{(\xi_m^2\eta_y+s)}{\eta_x}}\right)\cos\{\xi_m(b-y)\}}{\left\{b\left(\xi_m^2+\lambda_{x0}^2\right)+\lambda_{x0}\right\}\sqrt{\{\xi_m^2\eta_y+s\}}}\int_0^b\int_0^a\varphi(u,v)\cos\{\xi_m(b-v)\}\times$$

$$\times\left[\sinh\left\{(a-|x-u|)\sqrt{\frac{(\xi_m^2\eta_y+s)}{\eta_x}}\right\}+\sinh\left\{(a-x-u)\sqrt{\frac{(\xi_m^2\eta_y+s)}{\eta_x}}\right\}\right]du\,dv \tag{7.34.1}$$

where $\overline{\overline{\psi}}_{0y}(m,s) = \int_0^b \overline{\psi}_{0y}(y,s)\cos\{\xi_m(b-y)\}\,dy$, $\overline{\psi}_{0y}(y,s) = \int_0^\infty \psi_{0y}(y,t)e^{-st}dt$,
$\overline{\overline{\psi}}_{ay}(m,s) = \int_0^b \overline{\psi}_{ay}(m,s)\cos\{\xi_m(b-y)\}\,dy$, $\overline{\psi}_{ay}(y,s) = \int_0^\infty \psi_{ay}(y,t)e^{-st}dt$,

$\overline{\overline{\psi}}_{x0}(n,s)=\int_0^a\overline{\psi}_{x0}(x,s)\cos(\xi_n x)\,dx$, $\overline{\psi}_{x0}(x,s)=\int_0^\infty \psi_{x0}(x,t)\,e^{-st}dt$,
$\overline{\overline{\psi}}_{xb}(n,s)=\int_0^a\overline{\psi}_{xb}(x,s)\cos(\xi_n x)\,dx$, $\overline{\psi}_{xb}(x,s)=\int_0^\infty \psi_{xb}(x,t)\,e^{-st}dt$, ξ_n is a positive root of $\cos(\xi_n a)=0$, which are $\xi_n=\frac{(2n-1)\pi}{2a}$, $n=1,2,\ldots$, and ξ_m is a positive root of $\xi_m\tan(\xi_m b)=\lambda_{x0}$, $m=1,2,\ldots$.

$$p=\frac{U(t-t_0)}{a\phi c_t}\sum_{m=1}^{\infty}\frac{(\xi_m^2+\lambda_{x0}^2)\cos\{\xi_m(b-y_0)\}\cos\{\xi_m(b-y)\}}{\{b(\xi_m^2+\lambda_{x0}^2)+\lambda_{x0}\}}\times$$
$$\times\int_0^{t-t_0}q(t-t_0-\tau)\left[\Theta_2\left\{\frac{\pi(x-x_0)}{2a},e^{-\left(\frac{\pi}{a}\right)^2\eta_x\tau}\right\}+\Theta_2\left\{\frac{\pi(x+x_0)}{2a},e^{-\left(\frac{\pi}{a}\right)^2\eta_x\tau}\right\}\right]e^{-\xi_m^2\eta_y\tau}d\tau+$$
$$+\frac{2}{a}\sum_{m=1}^{\infty}\frac{(\xi_m^2+\lambda_{x0}^2)\cos\{\xi_m(b-y)\}}{\{b(\xi_m^2+\lambda_{x0}^2)+\lambda_{x0}\}}\times$$
$$\times\int_0^{t}\left[\frac{\overline{\psi}_{0y}(\xi_m,t-\tau)}{\phi c_t}\Theta_2\left\{\frac{\pi x}{2a},e^{-\left(\frac{\pi}{a}\right)^2\eta_x\tau}\right\}+\left(\frac{\eta_x}{2a}\right)\overline{\psi}_{ay}(\xi_m,t-\tau)\,\Theta_1'\left\{\frac{\pi x}{2a},e^{-\left(\frac{\pi}{a}\right)^2\eta_x\tau}\right\}\right]e^{-\xi_m^2\eta_y\tau}d\tau+$$
$$+\frac{1}{a\phi c_t}\sum_{m=1}^{\infty}\frac{(\xi_m^2+\lambda_{x0}^2)\cos\{\xi_m(b-y)\}}{\{b(\xi_m^2+\lambda_{x0}^2)+\lambda_{x0}\}}\int_0^t\int_0^a\left[\Theta_2\left\{\frac{\pi(x-u)}{2a},e^{-\left(\frac{\pi}{a}\right)^2\eta_x\tau}\right\}+\Theta_2\left\{\frac{\pi(x+u)}{2a},e^{-\left(\frac{\pi}{a}\right)^2\eta_x\tau}\right\}\right]\times$$
$$\times\{\psi_{x0}(u,t-\tau)\cos(\xi_m b)-\psi_{xb}(u,t-\tau)\}\,e^{-\xi_m^2\eta_y\tau}du\,d\tau+$$
$$+\frac{1}{a}\sum_{m=1}^{\infty}\frac{(\xi_m^2+\lambda_{x0}^2)\cos\{\xi_m(b-y)\}\,e^{-\xi_m^2\eta_y t}}{\{b(\xi_m^2+\lambda_{x0}^2)+\lambda_{x0}\}}\int_0^b\int_0^a\varphi(u,v)\cos\{\xi_m(b-v)\}\times$$
$$\times\left[\Theta_2\left\{\frac{\pi(x-u)}{2a},e^{-\left(\frac{\pi}{a}\right)^2\eta_x t}\right\}+\Theta_2\left\{\frac{\pi(x+u)}{2a},e^{-\left(\frac{\pi}{a}\right)^2\eta_x t}\right\}\right]du\,dv \qquad (7.34.2)$$

where $\overline{\psi}_{0y}(m,t)=\int_0^b\psi_{0y}(y,t)\cos\{\xi_m(b-y)\}\,dy$ and $\overline{\psi}_{ay}(m,t)=\int_0^b\psi_{ay}(y,t)\cos\{\xi_m(b-y)\}\,dy$.

7.35 **The problem of 7.1, except $\mathbf{N_{0y}}\equiv\frac{\partial p(0,y,t)}{\partial x}=-\left(\frac{\mu}{k_x}\right)\psi_{0y}(y,t)$,**
$\mathbf{N_{ay}}\equiv\frac{\partial p(a,y,t)}{\partial x}=-\left(\frac{\mu}{k_x}\right)\psi_{ay}(y,t)$,
$\mathbf{R_{x0}}\equiv\frac{\partial p(x,0,t)}{\partial y}-\lambda_{x0}p(x,0,t)=-\left(\frac{\mu}{k_y}\right)\psi_{x0}(x,t)$ and
$\mathbf{N_{xb}}\equiv\frac{\partial p(x,b,t)}{\partial y}=-\left(\frac{\mu}{k_y}\right)\psi_{xb}(x,t)$

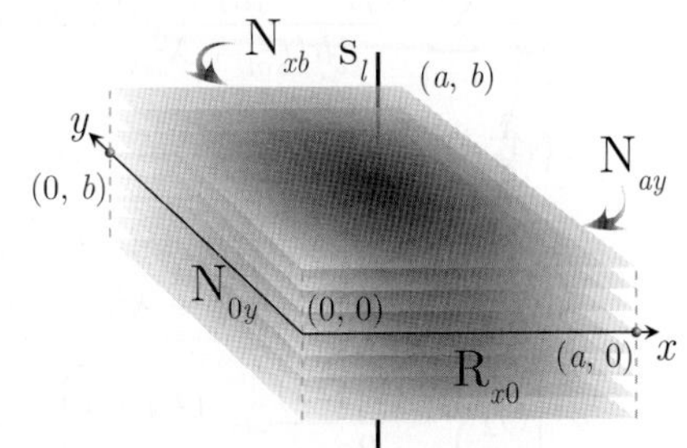

$$\overline{p}=\frac{q(s)\,e^{-st_0}}{\phi c_t\sqrt{\eta_x}}\sum_{m=1}^{\infty}\frac{(\xi_m^2+\lambda_{x0}^2)\operatorname{csch}\left(a\sqrt{\frac{\xi_m^2\eta_y+s}{\eta_x}}\right)\cos\{\xi_m(b-y_0)\}\cos\{\xi_m(b-y)\}}{\{b(\xi_m^2+\lambda_{x0}^2)+\lambda_{x0}\}\sqrt{\{\xi_m^2\eta_y+s\}}}\times$$
$$\times\left[\cosh\left\{(a-|x-x_0|)\sqrt{\frac{\xi_m^2\eta_y+s}{\eta_x}}\right\}+\cosh\left\{(a-x-x_0)\sqrt{\frac{\xi_m^2\eta_y+s}{\eta_x}}\right\}\right]+$$
$$+\frac{2}{\phi c_t\sqrt{\eta_x}}\sum_{m=1}^{\infty}\frac{(\xi_m^2+\lambda_{x0}^2)\cos\{\xi_m(b-y)\}}{\{b(\xi_m^2+\lambda_{x0}^2)+\lambda_{x0}\}}\times$$
$$\times\frac{\operatorname{csch}\left(a\sqrt{\frac{\xi_m^2\eta_y+s}{\eta_x}}\right)}{\sqrt{\xi_m^2\eta_y+s}}\left[\overline{\overline{\psi}}_{0y}(\xi_m,s)\cosh\left\{(a-x)\sqrt{\frac{\xi_m^2\eta_y+s}{\eta_x}}\right\}-\overline{\overline{\psi}}_{ay}(\xi_m,s)\cosh\left\{x\sqrt{\frac{\xi_m^2\eta_y+s}{\eta_x}}\right\}\right]+$$
$$+\frac{4}{a\phi c_t}\sum_{m=1}^{\infty}\frac{(\xi_m^2+\lambda_{x0}^2)\cos\{\xi_m(b-y)\}}{\{b(\xi_m^2+\lambda_{x0}^2)+\lambda_{x0}\}}\sum_{n=0}^{\infty}\frac{\ni_n\left\{\overline{\overline{\psi}}_{x0}(\xi_n,s)\cos(\xi_m b)-\overline{\overline{\psi}}_{xb}(\xi_n,s)\right\}\cos(\xi_n x)}{\{\xi_n^2\eta_x+\xi_m^2\eta_y+s\}}+$$

$$+\frac{1}{\sqrt{\eta_x}}\sum_{m=1}^{\infty}\frac{\left(\xi_m^2+\lambda_{x0}^2\right)\operatorname{csch}\left(a\sqrt{\frac{\xi_m^2\eta_y+s}{\eta_x}}\right)\cos\{\xi_m(b-y)\}}{\{b(\xi_m^2+\lambda_{x0}^2)+\lambda_{x0}\}\sqrt{\{\xi_m^2\eta_y+s\}}}\int_0^b\int_0^a\varphi(u,v)\cos\{\xi_m(b-v)\}\times$$
$$\times\left[\cosh\left\{(a-|x-u|)\sqrt{\frac{\xi_m^2\eta_y+s}{\eta_x}}\right\}+\cosh\left\{(a-x-u)\sqrt{\frac{\xi_m^2\eta_y+s}{\eta_x}}\right\}\right]du\,dv \qquad (7.35.1)$$

where $\overline{\overline{\psi}}_{0y}(m,s)=\int_0^b\overline{\psi}_{0y}(y,s)\cos\{\xi_m(b-y)\}\,dy$, $\overline{\psi}_{0y}(y,s)=\int_0^\infty\psi_{0y}(y,t)\,e^{-st}dt$,
$\overline{\overline{\psi}}_{ay}(m,s)=\int_0^b\overline{\psi}_{ay}(m,s)\cos\{\xi_m(b-y)\}\,dy$, $\overline{\psi}_{ay}(y,s)=\int_0^\infty\psi_{ay}(y,t)\,e^{-st}dt$,
$\overline{\overline{\psi}}_{x0}(n,s)=\int_0^a\overline{\psi}_{x0}(x,s)\cos(\xi_n x)\,dx$, $\overline{\psi}_{x0}(x,s)=\int_0^\infty\psi_{x0}(x,t)\,e^{-st}dt$,
$\overline{\overline{\psi}}_{xb}(n,s)=\int_0^a\overline{\psi}_{xb}(x,s)\cos(\xi_n x)\,dx$, $\overline{\psi}_{xb}(x,s)=\int_0^\infty\psi_{xb}(x,t)\,e^{-st}dt$, ξ_n is a positive root of $\sin(\xi_n a)=0$, which are $\xi_n=\frac{n\pi}{a}$, $n=0,1,2,...$, and ξ_m is a positive root of $\xi_m\tan(\xi_m b)=\lambda_{x0}$, $m=1,2,....$

$$p=\frac{U(t-t_0)}{a\phi c_t}\sum_{m=1}^{\infty}\frac{\left(\xi_m^2+\lambda_{x0}^2\right)\cos\{\xi_m(b-y)\}\cos\{\xi_m(b-y_0)\}}{\{b(\xi_m^2+\lambda_{x0}^2)+\lambda_{x0}\}}\times$$
$$\times\int_0^{t-t_0}q(t-t_0-\tau)\left[\Theta_3\left\{\frac{\pi(x+x_0)}{2a},e^{-\left(\frac{\pi}{a}\right)^2\eta_x\tau}\right\}+\Theta_3\left\{\frac{\pi(x-x_0)}{2a},e^{-\left(\frac{\pi}{a}\right)^2\eta_x\tau}\right\}\right]e^{-\xi_m^2\eta_y\tau}d\tau+$$
$$+\frac{2}{a\phi c_t}\sum_{m=1}^{\infty}\frac{\left(\xi_m^2+\lambda_{x0}^2\right)\cos\{\xi_m(b-y)\}}{\{b(\xi_m^2+\lambda_{x0}^2)+\lambda_{x0}\}}\times$$
$$\times\int_0^t\left[\Theta_3\left\{\frac{\pi x}{2a},e^{-\left(\frac{\pi}{a}\right)^2\eta_x\tau}\right\}\overline{\psi}_{0y}(\xi_m,t-\tau)-\Theta_4\left\{\frac{\pi x}{2a},e^{-\left(\frac{\pi}{a}\right)^2\eta_x\tau}\right\}\overline{\psi}_{ay}(\xi_m,t-\tau)\right]e^{-\xi_m^2\eta_y\tau}d\tau+$$
$$+\frac{1}{a\phi c_t}\sum_{m=1}^{\infty}\frac{\left(\xi_m^2+\lambda_{x0}^2\right)\cos\{\xi_m(b-y)\}}{\{b(\xi_m^2+\lambda_{x0}^2)+\lambda_{x0}\}}\int_0^t\int_0^a\left[\Theta_3\left\{\frac{\pi(x-u)}{2a},e^{-\left(\frac{\pi}{a}\right)^2\eta_x\tau}\right\}+\Theta_3\left\{\frac{\pi(x+u)}{2a},e^{-\left(\frac{\pi}{a}\right)^2\eta_x\tau}\right\}\right]\times$$
$$\times\{\psi_{x0}(u,t-\tau)\cos(\xi_m b)-\psi_{xb}(u,t-\tau)\}\,e^{-\xi_m^2\eta_y\tau}du\,d\tau+$$
$$+\frac{1}{a}\sum_{m=1}^{\infty}\frac{\left(\xi_m^2+\lambda_{x0}^2\right)\cos\{\xi_m(b-y)\}\,e^{-\xi_m^2\eta_y t}}{\{b(\xi_m^2+\lambda_{x0}^2)+\lambda_{x0}\}}\int_0^b\int_0^a\varphi(u,v)\cos\{\xi_m(b-v)\}\times$$
$$\times\left[\Theta_3\left\{\frac{\pi(x+u)}{2a},e^{-\left(\frac{\pi}{a}\right)^2\eta_x t}\right\}+\Theta_3\left\{\frac{\pi(x-u)}{2a},e^{-\left(\frac{\pi}{a}\right)^2\eta_x t}\right\}\right]du\,dv \qquad (7.35.2)$$

where $\overline{\psi}_{0y}(m,t)=\int_0^b\psi_{0y}(y,t)\cos\{\xi_m(b-y)\}\,dy$ and $\overline{\psi}_{ay}(m,t)=\int_0^b\psi_{ay}(y,t)\cos\{\xi_m(b-y)\}\,dy$.

7.36

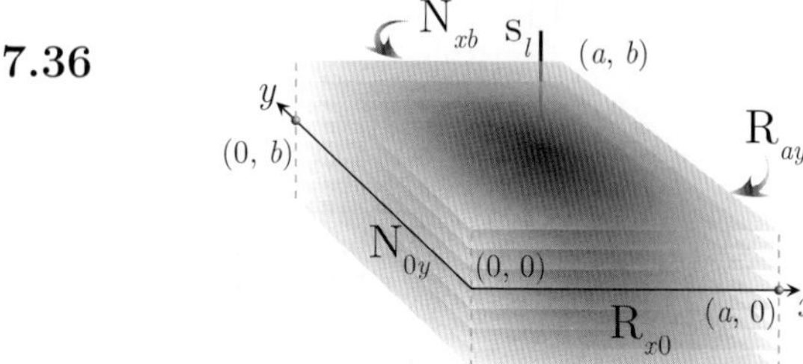

The problem of 7.1, except The problem of 7.1, except
$\mathbf{N_{0y}}\equiv\frac{\partial p(0,y,t)}{\partial x}=-\left(\frac{\mu}{k_x}\right)\psi_{0y}(y,t)$,
$\mathbf{R_{ay}}\equiv\frac{\partial p(a,y,t)}{\partial x}+\lambda_{ay}p(a,y,t)=-\left(\frac{\mu}{k_x}\right)\psi_{ay}(y,t)$,
$\mathbf{R_{x0}}\equiv\frac{\partial p(x,0,t)}{\partial y}-\lambda_{x0}p(x,0,t)=-\left(\frac{\mu}{k_y}\right)\psi_{x0}(x,t)$ **and**
$\mathbf{N_{xb}}\equiv\frac{\partial p(x,b,t)}{\partial y}=-\left(\frac{\mu}{k_y}\right)\psi_{xb}(x,t)$

$$\overline{p} = \frac{4q(s)\,e^{-st_0}}{\phi c_t}\sum_{n=1}^{\infty}\sum_{m=1}^{\infty}\frac{\left(\xi_n^2+\lambda_{ay}^2\right)\left(\xi_m^2+\lambda_{x0}^2\right)\cos(\xi_n x_0)\cos(\xi_n x)\cos\{\xi_m(b-y_0)\}\cos\{\xi_m(b-y)\}}{\left\{a\left(\xi_n^2+\lambda_{ay}^2\right)+\lambda_{ay}\right\}\left\{b\left(\xi_m^2+\lambda_{x0}^2\right)+\lambda_{x0}\right\}\left\{\xi_n^2\eta_x+\xi_m^2\eta_y+s\right\}}+$$
$$+\frac{4}{\phi c_t}\sum_{n=1}^{\infty}\sum_{m=1}^{\infty}\frac{\left(\xi_n^2+\lambda_{ay}^2\right)\left(\xi_m^2+\lambda_{x0}^2\right)\left\{\overline{\overline{\psi}}_{0y}(\xi_m,s)-\overline{\overline{\psi}}_{ay}(\xi_m,s)\cos(\xi_n a)\right\}\cos(\xi_n x)\cos\{\xi_m(b-y)\}}{\left\{a\left(\xi_n^2+\lambda_{ay}^2\right)+\lambda_{ay}\right\}\left\{b\left(\xi_m^2+\lambda_{x0}^2\right)+\lambda_{x0}\right\}\left\{\xi_n^2\eta_x+\xi_m^2\eta_y+s\right\}}+$$
$$+\frac{4}{\phi c_t}\sum_{n=1}^{\infty}\sum_{m=1}^{\infty}\frac{\left(\xi_n^2+\lambda_{ay}^2\right)\left(\xi_m^2+\lambda_{x0}^2\right)\left\{\overline{\overline{\psi}}_{x0}(\xi_n,s)\cos(\xi_m b)-\overline{\overline{\psi}}_{xb}(\xi_n,s)\right\}\cos(\xi_n x)\cos\{\xi_m(b-y)\}}{\left\{a\left(\xi_n^2+\lambda_{ay}^2\right)+\lambda_{ay}\right\}\left\{b\left(\xi_m^2+\lambda_{x0}^2\right)+\lambda_{x0}\right\}\left\{\xi_n^2\eta_x+\xi_m^2\eta_y+s\right\}}+$$
$$+4\sum_{n=1}^{\infty}\sum_{m=1}^{\infty}\frac{\left(\xi_n^2+\lambda_{ay}^2\right)\left(\xi_m^2+\lambda_{x0}^2\right)\cos(\xi_n x)\cos\{\xi_m(b-y)\}}{\left\{a\left(\xi_n^2+\lambda_{ay}^2\right)+\lambda_{ay}\right\}\left\{b\left(\xi_m^2+\lambda_{x0}^2\right)+\lambda_{x0}\right\}\left\{\xi_n^2\eta_x+\xi_m^2\eta_y+s\right\}}\times$$
$$\times\int_0^b\int_0^a \varphi(u,v)\cos\{\xi_m(b-v)\}\cos(\xi_n u)\,du\,dv \tag{7.36.1}$$

where $\overline{\overline{\psi}}_{0y}(m,s)=\int_0^b\overline{\psi}_{0y}(y,s)\cos\{\xi_m(b-y)\}\,dy$, $\overline{\psi}_{0y}(y,s)=\int_0^\infty\psi_{0y}(y,t)\,e^{-st}dt$, $\overline{\overline{\psi}}_{ay}(m,s)=\int_0^b\overline{\psi}_{ay}(m,s)\cos\{\xi_m(b-y)\}\,dy$, $\overline{\psi}_{ay}(y,s)=\int_0^\infty\psi_{ay}(y,t)\,e^{-st}dt$, $\overline{\overline{\psi}}_{x0}(n,s)=\int_0^a\overline{\psi}_{x0}(x,s)\cos(\xi_n x)\,dx$, $\overline{\psi}_{x0}(x,s)=\int_0^\infty\psi_{x0}(x,t)\,e^{-st}dt$, $\overline{\overline{\psi}}_{xb}(n,s)=\int_0^a\overline{\psi}_{xb}(x,s)\cos(\xi_n x)\,dx$, $\overline{\psi}_{xb}(x,s)=\int_0^\infty\psi_{xb}(x,t)\,e^{-st}dt$, ξ_n is a positive root of $\xi_n\tan(\xi_n a)=\lambda_{ay}$ and ξ_m is a positive root of $\xi_m\tan(\xi_m b)=\lambda_{x0}$, $m=1,2,\ldots$.

$$p = \frac{4qU(t-t_0)}{\phi c_t}\sum_{n=1}^{\infty}\sum_{m=1}^{\infty}\frac{\left(\xi_n^2+\lambda_{ay}^2\right)\left(\xi_m^2+\lambda_{x0}^2\right)\cos(\xi_n x_0)\cos(\xi_n x)\cos\{\xi_m(b-y_0)\}\cos\{\xi_m(b-y)\}}{\left\{a\left(\xi_n^2+\lambda_{ay}^2\right)+\lambda_{ay}\right\}\left\{b\left(\xi_m^2+\lambda_{x0}^2\right)+\lambda_{x0}\right\}}\times$$
$$\times\int_0^{t-t_0} q(t-t_0-\tau)\,e^{-\left(\xi_n^2\eta_x+\xi_m^2\eta_y\right)\tau}d\tau+$$
$$+\frac{4}{\phi c_t}\sum_{n=1}^{\infty}\sum_{m=1}^{\infty}\frac{\left(\xi_n^2+\lambda_{ay}^2\right)\left(\xi_m^2+\lambda_{x0}^2\right)\cos(\xi_n x)\cos\{\xi_m(b-y)\}}{\left\{a\left(\xi_n^2+\lambda_{ay}^2\right)+\lambda_{ay}\right\}\left\{b\left(\xi_m^2+\lambda_{x0}^2\right)+\lambda_{x0}\right\}}\times$$
$$\times\int_0^t\left\{\overline{\psi}_{0y}(\xi_m,t-\tau)-\overline{\psi}_{ay}(\xi_m,t-\tau)\cos(\xi_n a)\right\}e^{-\left(\xi_n^2\eta_x+\xi_m^2\eta_y\right)\tau}d\tau+$$
$$+\frac{4}{\phi c_t}\sum_{n=1}^{\infty}\sum_{m=1}^{\infty}\frac{\left(\xi_n^2+\lambda_{ay}^2\right)\left(\xi_m^2+\lambda_{x0}^2\right)\cos(\xi_n x)\cos\{\xi_m(b-y)\}}{\left\{a\left(\xi_n^2+\lambda_{ay}^2\right)+\lambda_{ay}\right\}\left\{b\left(\xi_m^2+\lambda_{x0}^2\right)+\lambda_{x0}\right\}}\times$$
$$\times\int_0^t\left\{\overline{\psi}_{x0}(\xi_n,t-\tau)\cos(\xi_m b)-\overline{\psi}_{xb}(\xi_n,t-\tau)\right\}e^{-\left(\xi_n^2\eta_x+\xi_m^2\eta_y\right)\tau}d\tau+$$
$$+4\sum_{n=1}^{\infty}\sum_{m=1}^{\infty}\frac{\left(\xi_n^2+\lambda_{ay}^2\right)\left(\xi_m^2+\lambda_{x0}^2\right)\cos(\xi_n x)\cos\{\xi_m(b-y)\}\,e^{-\left(\xi_n^2\eta_x+\xi_m^2\eta_y\right)t}}{\left\{a\left(\xi_n^2+\lambda_{ay}^2\right)+\lambda_{ay}\right\}\left\{b\left(\xi_m^2+\lambda_{x0}^2\right)+\lambda_{x0}\right\}}\times$$
$$\times\int_0^b\int_0^a \varphi(u,v)\cos\{\xi_m(b-v)\}\cos(\xi_n u)\,du\,dv \tag{7.36.2}$$

where $\overline{\psi}_{x0}(n,t)=\int_0^a\psi_{x0}(x,t)\cos(\xi_n x)\,dx$, $\overline{\psi}_{xb}(n,t)=\int_0^a\psi_{xb}(x,t)\cos(\xi_n x)\,dx$, $\overline{\psi}_{0y}(m,t)=\int_0^b\psi_{0y}(y,t)\cos\{\xi_m(b-y)\}\,dy$ and $\overline{\psi}_{ay}(m,t)=\int_0^b\psi_{ay}(y,t)\cos\{\xi_m(b-y)\}\,dy$.

7.37

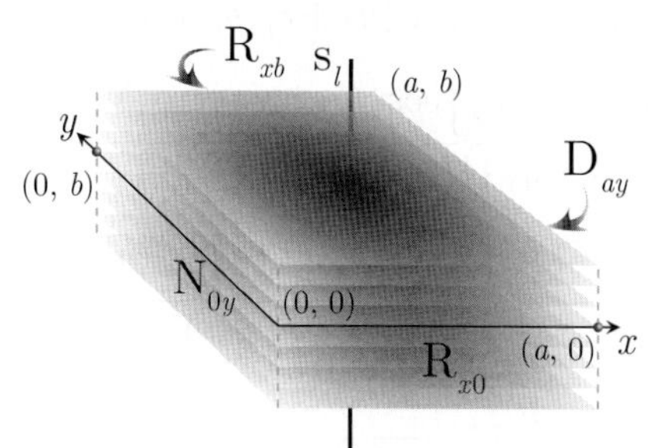

The problem of 7.1, except
$\mathbf{N_{0y}} \equiv \frac{\partial p(0,y,t)}{\partial x} = -\left(\frac{\mu}{k_x}\right)\psi_{0y}(y,t)$,
$\mathbf{D_{ay}} \equiv p(a,y,t) = \psi_{ay}(y,t)$,
$\mathbf{R_{x0}} \equiv \frac{\partial p(x,0,t)}{\partial y} - \lambda_{x0} p(x,0,t) = -\left(\frac{\mu}{k_y}\right)\psi_{x0}(x,t)$ **and**
$\mathbf{R_{xb}} \equiv \frac{\partial p(x,b,t)}{\partial y} + \lambda_{xb} p(x,b,t) = -\left(\frac{\mu}{k_y}\right)\psi_{xb}(x,t)$

$$\overline{p} = \frac{q(s)e^{-st_0}}{\phi c_t\sqrt{\eta_x}}\sum_{m=1}^{\infty}\frac{\operatorname{sech}\left(a\sqrt{\frac{\xi_m^2\eta_y+s}{\eta_x}}\right)\{\xi_m\cos(\xi_m y_0)+\lambda_{x0}\sin(\xi_m y_0)\}\{\xi_m\cos(\xi_m y)+\lambda_{x0}\sin(\xi_m y)\}}{\left\{(\xi_m^2+\lambda_{x0}^2)\left(b+\frac{\lambda_{xb}}{\xi_m^2+\lambda_{xb}^2}\right)+\lambda_{x0}\right\}\sqrt{\{\xi_m^2\eta_y+s\}}}\times$$
$$\times\left[\sinh\left\{(a-|x-x_0|)\sqrt{\frac{1}{\eta_x}\{\xi_m^2\eta_y+s\}}\right\}+\sinh\left\{(a-x-x_0)\sqrt{\frac{1}{\eta_x}\{\xi_m^2\eta_y+s\}}\right\}\right]+$$
$$+\ 2\sum_{m=1}^{\infty}\frac{\{\xi_m\cos(\xi_m y)+\lambda_{x0}\sin(\xi_m y)\}\operatorname{sech}\left(a\sqrt{\frac{\xi_m^2\eta_y+s}{\eta_x}}\right)}{\left\{(\xi_m^2+\lambda_{x0}^2)\left(b+\frac{\lambda_{xb}}{\xi_m^2+\lambda_{xb}^2}\right)+\lambda_{x0}\right\}}\times$$
$$\times\left[\overline{\overline{\psi}}_{ay}(\xi_m,s)\cosh\left\{x\sqrt{\frac{\xi_m^2\eta_y+s}{\eta_x}}\right\}+\frac{\overline{\overline{\psi}}_{0y}(\xi_m,s)}{\phi c_t\sqrt{\eta_x(\xi_m^2\eta_y+s)}}\sinh\left\{(a-x)\sqrt{\frac{\xi_m^2\eta_y+s}{\eta_x}}\right\}\right]+$$
$$+\ \frac{4}{\phi c_t a}\sum_{n=1}^{\infty}\sum_{m=1}^{\infty}\frac{\left[\xi_m\overline{\overline{\psi}}_{x0}(\xi_n,s)-\{\xi_m\cos(\xi_m b)+\lambda_{x0}\sin(\xi_m b)\}\overline{\overline{\psi}}_{xb}(\xi_n,s)\right]}{\left\{(\xi_m^2+\lambda_{x0}^2)\left(b+\frac{\lambda_{xb}}{\xi_m^2+\lambda_{xb}^2}\right)+\lambda_{x0}\right\}\{\xi_n^2\eta_x+\xi_m^2\eta_y+s\}}\times$$
$$\times\{\xi_m\cos(\xi_m y)+\lambda_{x0}\sin(\xi_m y)\}\cos(\xi_n x)+$$
$$+\ \frac{1}{\sqrt{\eta_x}}\sum_{m=1}^{\infty}\frac{\operatorname{sech}\left(a\sqrt{\frac{(\xi_m^2\eta_y+s)}{\eta_x}}\right)\{\xi_m\cos(\xi_m y)+\lambda_{x0}\sin(\xi_m y)\}}{\left\{(\xi_m^2+\lambda_{x0}^2)\left(b+\frac{\lambda_{xb}}{\xi_m^2+\lambda_{xb}^2}\right)+\lambda_{x0}\right\}\sqrt{\{\xi_m^2\eta_y+s\}}}\times$$
$$\times\int_0^b\int_0^a\varphi(u,v)\{\xi_m\cos(\xi_m v)+\lambda_{x0}\sin(\xi_m v)\}\times$$
$$\times\left[\sinh\left\{(a-|x-u|)\sqrt{\frac{(\xi_m^2\eta_y+s)}{\eta_x}}\right\}+\sinh\left\{(a-x-u)\sqrt{\frac{(\xi_m^2\eta_y+s)}{\eta_x}}\right\}\right]du\,dv \tag{7.37.1}$$

where $\overline{\overline{\psi}}_{0y}(m,s)=\int_0^b\overline{\psi}_{0y}(y,s)\{\xi_m\cos(\xi_m y)+\lambda_{x0}\sin(\xi_m y)\}dy$, $\overline{\psi}_{0y}(y,s)=\int_0^\infty\psi_{0y}(y,t)e^{-st}dt$, $\overline{\overline{\psi}}_{ay}(m,s)=\int_0^b\overline{\psi}_{ay}(m,s)\{\xi_m\cos(\xi_m y)+\lambda_{x0}\sin(\xi_m y)\}dy$, $\overline{\psi}_{ay}(y,s)=\int_0^\infty\psi_{ay}(y,t)e^{-st}dt$, $\overline{\overline{\psi}}_{x0}(n,s)=\int_0^a\overline{\psi}_{x0}(x,s)\cos(\xi_n x)dx$, $\overline{\psi}_{x0}(x,s)=\int_0^\infty\psi_{x0}(x,t)e^{-st}dt$, $\overline{\overline{\psi}}_{xb}(n,s)=\int_0^a\overline{\psi}_{xb}(x,s)\cos(\xi_n x)dx$, $\overline{\psi}_{xb}(x,s)=\int_0^\infty\psi_{xb}(x,t)e^{-st}dt$, ξ_n is a positive root of $\cos(\xi_n a)=0$, which are $\xi_n=\frac{(2n-1)\pi}{2a}$, $n=1,2,...$, and ξ_m is a positive root of $\tan(\xi_m b)=\frac{\xi_m(\lambda_{xb}+\lambda_{x0})}{\xi_m^2-\lambda_{x0}\lambda_{xb}}$, $m=1,2,....$

$$p=\frac{U(t-t_0)}{a\phi c_t}\sum_{m=1}^{\infty}\frac{\{\xi_m\cos(\xi_m y_0)+\lambda_{x0}\sin(\xi_m y_0)\}\{\xi_m\cos(\xi_m y)+\lambda_{x0}\sin(\xi_m y)\}}{\left\{(\xi_m^2+\lambda_{x0}^2)\left(b+\frac{\lambda_{xb}}{\xi_m^2+\lambda_{xb}^2}\right)+\lambda_{x0}\right\}}\times$$
$$\times\int_0^{t-t_0}q(t-t_0-\tau)\left[\Theta_2\left\{\frac{\pi(x-x_0)}{2a},e^{-\left(\frac{\pi}{a}\right)^2\eta_x\tau}\right\}+\Theta_2\left\{\frac{\pi(x+x_0)}{2a},e^{-\left(\frac{\pi}{a}\right)^2\eta_x\tau}\right\}\right]e^{-\xi_m^2\eta_y\tau}d\tau+$$

$$
+\frac{2}{a}\sum_{m=1}^{\infty}\frac{\{\xi_m\cos(\xi_m y)+\lambda_{x0}\sin(\xi_m y)\}}{\left\{(\xi_m^2+\lambda_{x0}^2)\left(b+\frac{\lambda_{xb}}{\xi_m^2+\lambda_{xb}^2}\right)+\lambda_{x0}\right\}}\times
$$

$$
\times\int_0^t\left[\frac{\overline{\psi}_{0y}(\xi_m,t-\tau)}{\phi c_t}\Theta_2\left\{\frac{\pi x}{2a},e^{-\left(\frac{\pi}{a}\right)^2\eta_x\tau}\right\}+\left(\frac{\eta_x}{2a}\right)\overline{\psi}_{ay}(\xi_m,t-\tau)\,\Theta_1'\left\{\frac{\pi x}{2a},e^{-\left(\frac{\pi}{a}\right)^2\eta_x\tau}\right\}\right]e^{-\xi_m^2\eta_y\tau}d\tau+
$$

$$
+\frac{1}{a\phi c_t}\sum_{m=1}^{\infty}\frac{\{\xi_m\cos(\xi_m y)+\lambda_{x0}\sin(\xi_m y)\}}{\left\{(\xi_m^2+\lambda_{x0}^2)\left(b+\frac{\lambda_{xb}}{\xi_m^2+\lambda_{xb}^2}\right)+\lambda_{x0}\right\}}\times
$$

$$
\times\int_0^t\int_0^a\left[\Theta_2\left\{\frac{\pi(x-u)}{2a},e^{-\left(\frac{\pi}{a}\right)^2\eta_x\tau}\right\}+\Theta_2\left\{\frac{\pi(x+u)}{2a},e^{-\left(\frac{\pi}{a}\right)^2\eta_x\tau}\right\}\right]\times
$$

$$
\times[\xi_m\psi_{x0}(u,t-\tau)-\{\xi_m\cos(\xi_m b)+\lambda_{x0}\sin(\xi_m b)\}\psi_{xb}(u,t-\tau)]\,e^{-\xi_m^2\eta_y\tau}du\,d\tau+
$$

$$
+\frac{1}{a}\sum_{m=1}^{\infty}\frac{\{\xi_m\cos(\xi_m y)+\lambda_{x0}\sin(\xi_m y)\}e^{-\xi_m^2\eta_y t}}{\left\{(\xi_m^2+\lambda_{x0}^2)\left(b+\frac{\lambda_{xb}}{\xi_m^2+\lambda_{xb}^2}\right)+\lambda_{x0}\right\}}\int_0^b\int_0^a\varphi(u,v)\{\xi_m\cos(\xi_m v)+\lambda_{x0}\sin(\xi_m v)\}\times
$$

$$
\times\left[\Theta_2\left\{\frac{\pi(x-u)}{2a},e^{-\left(\frac{\pi}{a}\right)^2\eta_x t}\right\}+\Theta_2\left\{\frac{\pi(x+u)}{2a},e^{-\left(\frac{\pi}{a}\right)^2\eta_x t}\right\}\right]du\,dv \qquad (7.37.2)
$$

where $\overline{\psi}_{0y}(m,t)=\int_0^b\psi_{0y}(y,t)\{\xi_m\cos(\xi_m y)+\lambda_{x0}\sin(\xi_m y)\}dy$ and
$\overline{\psi}_{ay}(m,t)=\int_0^b\psi_{ay}(y,t)\{\xi_m\cos(\xi_m y)+\lambda_{x0}\sin(\xi_m y)\}dy$.

7.38 The problem of 7.1, except $\mathbf{N}_{0y}\equiv\frac{\partial p(0,y,t)}{\partial x}=-\left(\frac{\mu}{k_x}\right)\psi_{0y}(y,t)$,
$\mathbf{N}_{ay}=\frac{\partial p(a,y,t)}{\partial x}=\left(\frac{\mu}{k_x}\right)\psi_{ay}(y,t)$,
$\mathbf{R}_{x0}\equiv\frac{\partial p(x,0,t)}{\partial y}-\lambda_{x0}p(x,0,t)=-\left(\frac{\mu}{k_y}\right)\psi_{x0}(x,t)$ and
$\mathbf{R}_{xb}\equiv\frac{\partial p(x,b,t)}{\partial y}+\lambda_{xb}p(x,b,t)=-\left(\frac{\mu}{k_y}\right)\psi_{xb}(x,t)$

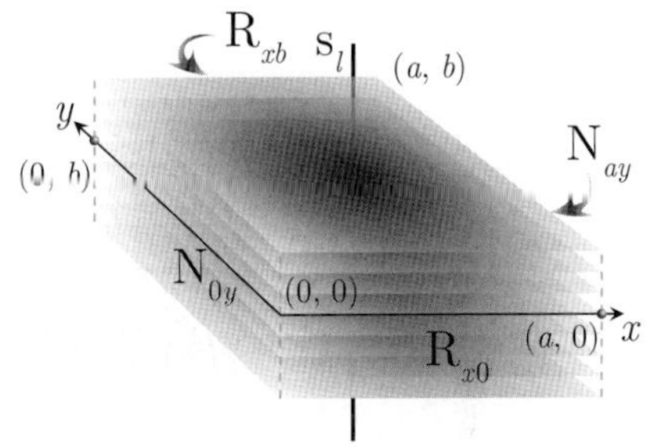

$$
\overline{p}=\frac{q(s)e^{-st_0}}{\phi c_t\sqrt{\eta_x}}\sum_{m=1}^{\infty}\frac{\operatorname{csch}\left(a\sqrt{\frac{\xi_m^2\eta_y+s}{\eta_x}}\right)\{\xi_m\cos(\xi_m y_0)+\lambda_{x0}\sin(\xi_m y_0)\}\{\xi_m\cos(\xi_m y)+\lambda_{x0}\sin(\xi_m y)\}}{\left\{(\xi_m^2+\lambda_{x0}^2)\left(b+\frac{\lambda_{xb}}{\xi_m^2+\lambda_{xb}^2}\right)+\lambda_{x0}\right\}\sqrt{\{\xi_m^2\eta_y+s\}}}\times
$$

$$
\times\left[\cosh\left\{(a-|x-x_0|)\sqrt{\frac{\xi_m^2\eta_y+s}{\eta_x}}\right\}+\cosh\left\{(a-x-x_0)\sqrt{\frac{\xi_m^2\eta_y+s}{\eta_x}}\right\}\right]+
$$

$$
+\frac{2}{\phi c_t\sqrt{\eta_x}}\sum_{m=1}^{\infty}\frac{\{\xi_m\cos(\xi_m y)+\lambda_{x0}\sin(\xi_m y)\}}{\left\{(\xi_m^2+\lambda_{x0}^2)\left(b+\frac{\lambda_{xb}}{\xi_m^2+\lambda_{xb}^2}\right)+\lambda_{x0}\right\}}\times
$$

$$
\times\frac{\operatorname{csch}\left(a\sqrt{\frac{\xi_m^2\eta_y+s}{\eta_x}}\right)}{\sqrt{\xi_m^2\eta_y+s}}\left[\overline{\overline{\psi}}_{0y}(\xi_m,s)\cosh\left\{(a-x)\sqrt{\frac{\xi_m^2\eta_y+s}{\eta_x}}\right\}-\overline{\overline{\psi}}_{ay}(\xi_m,s)\cosh\left\{x\sqrt{\frac{\xi_m^2\eta_y+s}{\eta_x}}\right\}\right]+
$$

$$
+\frac{4}{\phi c_t a}\sum_{m=1}^{\infty}\frac{\{\xi_m\cos(\xi_m y)+\lambda_{x0}\sin(\xi_m y)\}}{\left\{(\xi_m^2+\lambda_{x0}^2)\left(b+\frac{\lambda_{xb}}{\xi_m^2+\lambda_{xb}^2}\right)+\lambda_{x0}\right\}}\times
$$

$$
\times\sum_{n=0}^{\infty}\frac{\ni_n\left\{\xi_m\overline{\overline{\psi}}_{x0}(\xi_n,s)-\{\xi_m\cos(\xi_m b)+\lambda_{x0}\sin(\xi_m b)\}\overline{\overline{\psi}}_{xb}(\xi_n,s)\right\}\cos(\xi_n x)}{\{\xi_n^2\eta_x+\xi_m^2\eta_y+s\}}+
$$

$$+\frac{1}{\sqrt{\eta_x}}\sum_{m=1}^{\infty}\frac{\operatorname{csch}\left(a\sqrt{\frac{\xi_m^2\eta_y+s}{\eta_x}}\right)\{\xi_m\cos(\xi_m y)+\lambda_{x0}\sin(\xi_m y)\}}{\left\{(\xi_m^2+\lambda_{x0}^2)\left(b+\frac{\lambda_{xb}}{\xi_m^2+\lambda_{xb}^2}\right)+\lambda_{x0}\right\}\sqrt{\{\xi_m^2\eta_y+s\}}}\int_0^b\int_0^a\varphi(u,v)\{\xi_m\cos(\xi_m v)+\lambda_{x0}\sin(\xi_m v)\}\times$$

$$\times\left[\cosh\left\{(a-|x-u|)\sqrt{\frac{\xi_m^2\eta_y+s}{\eta_x}}\right\}+\cosh\left\{(a-x-u)\sqrt{\frac{\xi_m^2\eta_y+s}{\eta_x}}\right\}\right]dudv \tag{7.38.1}$$

where $\overline{\overline{\psi}}_{0y}(m,s)=\int_0^b\overline{\psi}_{0y}(y,s)\{\xi_m\cos(\xi_m y)+\lambda_{x0}\sin(\xi_m y)\}\,dy$, $\overline{\psi}_{0y}(y,s)=\int_0^\infty\psi_{0y}(y,t)\,e^{-st}dt$,
$\overline{\overline{\psi}}_{ay}(m,s)=\int_0^b\overline{\psi}_{ay}(m,s)\{\xi_m\cos(\xi_m y)+\lambda_{x0}\sin(\xi_m y)\}\,dy$, $\overline{\psi}_{ay}(y,s)=\int_0^\infty\psi_{ay}(y,t)\,e^{-st}dt$,
$\overline{\overline{\psi}}_{x0}(n,s)=\int_0^a\overline{\psi}_{x0}(x,s)\cos(\xi_n x)\,dx$, $\overline{\psi}_{x0}(x,s)=\int_0^\infty\psi_{x0}(x,t)\,e^{-st}dt$,
$\overline{\overline{\psi}}_{xb}(n,s)=\int_0^a\overline{\psi}_{xb}(x,s)\cos(\xi_n x)\,dx$, $\overline{\psi}_{xb}(x,s)=\int_0^\infty\psi_{xb}(x,t)\,e^{-st}dt$, ξ_n is a positive root of $\sin(\xi_n a)=0$, which are $\xi_n=\frac{n\pi}{a}$, $n=0,1,2,...$, and ξ_m is a positive root of $\tan(\xi_m b)=\frac{\xi_m(\lambda_{xb}+\lambda_{x0})}{\xi_m^2-\lambda_{x0}\lambda_{xb}}$, $m=1,2,....$

$$p=\frac{U(t-t_0)}{a\phi c_t}\sum_{m=1}^{\infty}\frac{\{\xi_m\cos(\xi_m y_0)+\lambda_{x0}\sin(\xi_m y_0)\}\{\xi_m\cos(\xi_m y)+\lambda_{x0}\sin(\xi_m y)\}}{\left\{(\xi_m^2+\lambda_{x0}^2)\left(b+\frac{\lambda_{xb}}{\xi_m^2+\lambda_{xb}^2}\right)+\lambda_{x0}\right\}}\times$$

$$\times\int_0^{t-t_0}q(t-t_0-\tau)\left[\Theta_3\left\{\frac{\pi(x+x_0)}{2a},e^{-\left(\frac{\pi}{a}\right)^2\eta_x\tau}\right\}+\Theta_3\left\{\frac{\pi(x-x_0)}{2a},e^{-\left(\frac{\pi}{a}\right)^2\eta_x\tau}\right\}\right]e^{-\xi_m^2\eta_y\tau}d\tau+$$

$$+\frac{2}{a\phi c_t}\sum_{m=1}^{\infty}\frac{\{\xi_m\cos(\xi_m y)+\lambda_{x0}\sin(\xi_m y)\}}{\left\{(\xi_m^2+\lambda_{x0}^2)\left(b+\frac{\lambda_{xb}}{\xi_m^2+\lambda_{xb}^2}\right)+\lambda_{x0}\right\}}\times$$

$$\times\int_0^t\left[\Theta_3\left\{\frac{\pi x}{2a},e^{-\left(\frac{\pi}{a}\right)^2\eta_x\tau}\right\}\overline{\psi}_{0y}(\xi_m,t-\tau)-\Theta_4\left\{\frac{\pi x}{2a},e^{-\left(\frac{\pi}{a}\right)^2\eta_x\tau}\right\}\overline{\psi}_{ay}(\xi_m,t-\tau)\right]e^{-\xi_m^2\eta_y\tau}d\tau+$$

$$+\frac{1}{\phi c_t a}\sum_{m=1}^{\infty}\frac{\{\xi_m\cos(\xi_m y)+\lambda_{x0}\sin(\xi_m y)\}}{\left\{(\xi_m^2+\lambda_{x0}^2)\left(b+\frac{\lambda_{xb}}{\xi_m^2+\lambda_{xb}^2}\right)+\lambda_{x0}\right\}}\times$$

$$\times\int_0^t\int_0^a\left[\Theta_3\left\{\frac{\pi(x-u)}{2a},e^{-\left(\frac{\pi}{a}\right)^2\eta_x\tau}\right\}+\Theta_3\left\{\frac{\pi(x+u)}{2a},e^{-\left(\frac{\pi}{a}\right)^2\eta_x\tau}\right\}\right]\times$$

$$\times\{\xi_m\psi_{x0}(u,t-\tau)-\{\xi_m\cos(\xi_m b)+\lambda_{x0}\sin(\xi_m b)\}\psi_{xb}(u,t-\tau)\}\,e^{-\xi_m^2\eta_y\tau}dud\tau+$$

$$+\frac{1}{a}\sum_{m=1}^{\infty}\frac{\{\xi_m\cos(\xi_m y)+\lambda_{x0}\sin(\xi_m y)\}\,e^{-\xi_m^2\eta_y t}}{\left\{(\xi_m^2+\lambda_{x0}^2)\left(b+\frac{\lambda_{xb}}{\xi_m^2+\lambda_{xb}^2}\right)+\lambda_{x0}\right\}}\int_0^b\int_0^a\varphi(u,v)\{\xi_m\cos(\xi_m v)+\lambda_{x0}\sin(\xi_m v)\}\times$$

$$\times\left[\Theta_3\left\{\frac{\pi(x+u)}{2a},e^{-\left(\frac{\pi}{a}\right)^2\eta_x t}\right\}+\Theta_3\left\{\frac{\pi(x-u)}{2a},e^{-\left(\frac{\pi}{a}\right)^2\eta_x t}\right\}\right]dudv \tag{7.38.2}$$

where $\overline{\psi}_{0y}(m,t)=\int_0^b\psi_{0y}(y,t)\{\xi_m\cos(\xi_m y)+\lambda_{x0}\sin(\xi_m y)\}\,dy$ and
$\overline{\psi}_{ay}(m,t)=\int_0^b\psi_{ay}(y,t)\{\xi_m\cos(\xi_m y)+\lambda_{x0}\sin(\xi_m y)\}\,dy$.

7.39 **The problem of 7.1, except** $\mathbf{N_{0y} \equiv \frac{\partial p(0,y,t)}{\partial x} = -\left(\frac{\mu}{k_x}\right)\psi_{0y}(y,t)}$, $\mathbf{R_{ay} \equiv \frac{\partial p(a,y,t)}{\partial x} + \lambda_{ay} p(a,y,t) = -\left(\frac{\mu}{k_x}\right)\psi_{ay}(y,t)}$, $\mathbf{R_{x0} \equiv \frac{\partial p(x,0,t)}{\partial y} - \lambda_{x0} p(x,0,t) = -\left(\frac{\mu}{k_y}\right)\psi_{x0}(x,t)}$ **and** $\mathbf{R_{xb} \equiv \frac{\partial p(x,b,t)}{\partial y} + \lambda_{xb} p(x,b,t) = -\left(\frac{\mu}{k_y}\right)\psi_{xb}(x,t)}$

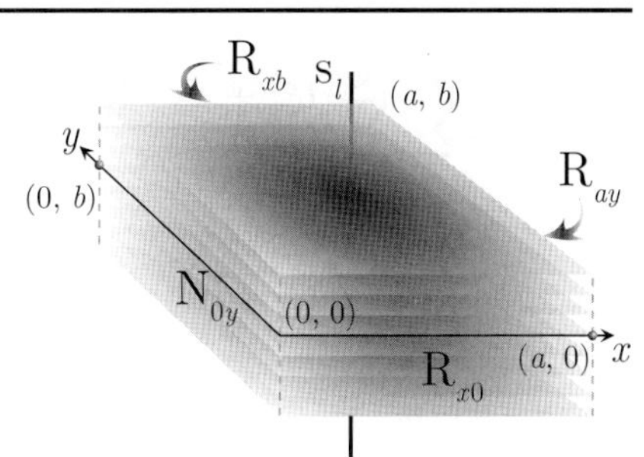

$$\overline{p} = \frac{4q(s)e^{-st_0}}{\phi c_t}\sum_{n=1}^{\infty}\sum_{m=1}^{\infty}\frac{\left(\xi_n^2+\lambda_{ay}^2\right)\cos(\xi_n x_0)\cos(\xi_n x)}{\left\{a\left(\xi_n^2+\lambda_{ay}^2\right)+\lambda_{ay}\right\}\left\{\left(\xi_m^2+\lambda_{x0}^2\right)\left(b+\frac{\lambda_{xb}}{\xi_m^2+\lambda_{xb}^2}\right)+\lambda_{x0}\right\}\left\{\xi_n^2\eta_x+\xi_m^2\eta_y+s\right\}}\times$$
$$\times\left\{\xi_m\cos(\xi_m y_0)+\lambda_{x0}\sin(\xi_m y_0)\right\}\left\{\xi_m\cos(\xi_m y)+\lambda_{x0}\sin(\xi_m y)\right\}+$$
$$+\frac{4}{\phi c_t}\sum_{n=1}^{\infty}\sum_{m=1}^{\infty}\frac{\left(\xi_n^2+\lambda_{ay}^2\right)\left\{\overline{\overline{\psi}}_{0y}(\xi_m,s)-\overline{\overline{\psi}}_{ay}(\xi_m,s)\cos(\xi_n a)\right\}\left\{\xi_m\cos(\xi_m y)+\lambda_{x0}\sin(\xi_m y)\right\}\cos(\xi_n x)}{\left\{a\left(\xi_n^2+\lambda_{ay}^2\right)+\lambda_{ay}\right\}\left\{\left(\xi_m^2+\lambda_{x0}^2\right)\left(b+\frac{\lambda_{xb}}{\xi_m^2+\lambda_{xb}^2}\right)+\lambda_{x0}\right\}\left\{\xi_n^2\eta_x+\xi_m^2\eta_y+s\right\}}+$$
$$+\frac{4}{\phi c_t}\sum_{n=1}^{\infty}\sum_{m=1}^{\infty}\frac{\left(\xi_n^2+\lambda_{ay}^2\right)\left\{\xi_m\overline{\overline{\psi}}_{x0}(\xi_n,s)-\left\{\xi_m\cos(\xi_m b)+\lambda_{x0}\sin(\xi_m b)\right\}\overline{\overline{\psi}}_{xb}(\xi_n,s)\right\}}{\left\{a\left(\xi_n^2+\lambda_{ay}^2\right)+\lambda_{ay}\right\}\left\{\left(\xi_m^2+\lambda_{x0}^2\right)\left(b+\frac{\lambda_{xb}}{\xi_m^2+\lambda_{xb}^2}\right)+\lambda_{x0}\right\}\left\{\xi_n^2\eta_x+\xi_m^2\eta_y+s\right\}}\times$$
$$\times\left\{\xi_m\cos(\xi_m y)+\lambda_{x0}\sin(\xi_m y)\right\}\cos(\xi_n x)+$$
$$+4\sum_{n=1}^{\infty}\sum_{m=1}^{\infty}\frac{\left(\xi_n^2+\lambda_{ay}^2\right)\left\{\xi_m\cos(\xi_m y)+\lambda_{x0}\sin(\xi_m y)\right\}\cos(\xi_n x)}{\left\{a\left(\xi_n^2+\lambda_{ay}^2\right)+\lambda_{ay}\right\}\left\{\left(\xi_m^2+\lambda_{x0}^2\right)\left(b+\frac{\lambda_{xb}}{\xi_m^2+\lambda_{xb}^2}\right)+\lambda_{x0}\right\}\left\{\xi_n^2\eta_x+\xi_m^2\eta_y+s\right\}}\times$$
$$\times\int_0^b\int_0^a\varphi(u,v)\cos(\xi_n u)\left\{\xi_m\cos(\xi_m v)+\lambda_{x0}\sin(\xi_m v)\right\}du\,dv \qquad (7.39.1)$$

where $\overline{\overline{\psi}}_{0y}(m,s)=\int_0^b\overline{\psi}_{0y}(y,s)\left\{\xi_m\cos(\xi_m y)+\lambda_{x0}\sin(\xi_m y)\right\}dy$, $\overline{\psi}_{0y}(y,s)=\int_0^\infty\psi_{0y}(y,t)e^{-st}dt$, $\overline{\overline{\psi}}_{ay}(m,s)=\int_0^b\overline{\psi}_{ay}(m,s)\left\{\xi_m\cos(\xi_m y)+\lambda_{x0}\sin(\xi_m y)\right\}dy$, $\overline{\psi}_{ay}(y,s)=\int_0^\infty\psi_{ay}(y,t)e^{-st}dt$, $\overline{\overline{\psi}}_{x0}(n,s)=\int_0^a\overline{\psi}_{x0}(x,s)\cos(\xi_n x)dx$, $\overline{\psi}_{x0}(x,s)=\int_0^\infty\psi_{x0}(x,t)e^{-st}dt$, $\overline{\overline{\psi}}_{xb}(n,s)=\int_0^a\overline{\psi}_{xb}(x,s)\cos(\xi_n x)dx$, $\overline{\psi}_{xb}(x,s)=\int_0^\infty\psi_{xb}(x,t)e^{-st}dt$, ξ_n is a positive root of $\xi_n\tan(\xi_n a)=\lambda_{ay}$, $n=1,2,...$, and ξ_m is a positive root of $\tan(\xi_m b)=\frac{\xi_m(\lambda_{xb}+\lambda_{x0})}{\xi_m^2-\lambda_{x0}\lambda_{xb}}$, $m=1,2,....$

$$p = \frac{4U(t-t_0)}{\phi c_t}\sum_{n=1}^{\infty}\sum_{m=1}^{\infty}\frac{\left(\xi_n^2+\lambda_{ay}^2\right)\cos(\xi_n x_0)\cos(\xi_n x)}{\left\{a\left(\xi_n^2+\lambda_{ay}^2\right)+\lambda_{ay}\right\}\left\{\left(\xi_m^2+\lambda_{x0}^2\right)\left(b+\frac{\lambda_{xb}}{\xi_m^2+\lambda_{xb}^2}\right)+\lambda_{x0}\right\}}\times$$
$$\times\left\{\xi_m\cos(\xi_m y_0)+\lambda_{x0}\sin(\xi_m y_0)\right\}\left\{\xi_m\cos(\xi_m y)+\lambda_{x0}\sin(\xi_m y)\right\}\int_0^{t-t_0}q(t-t_0-\tau)e^{-\left(\xi_n^2\eta_x+\xi_m^2\eta_y\right)\tau}d\tau+$$
$$+\frac{4}{\phi c_t}\sum_{n=1}^{\infty}\sum_{m=1}^{\infty}\frac{\left(\xi_n^2+\lambda_{ay}^2\right)e^{-\left(\xi_n^2\eta_x+\xi_m^2\eta_y\right)t}\left\{\xi_m\cos(\xi_m y)+\lambda_{x0}\sin(\xi_m y)\right\}\cos(\xi_n x)}{\left\{a\left(\xi_n^2+\lambda_{ay}^2\right)+\lambda_{ay}\right\}\left\{\left(\xi_m^2+\lambda_{x0}^2\right)\left(b+\frac{\lambda_{xb}}{\xi_m^2+\lambda_{xb}^2}\right)+\lambda_{x0}\right\}}\times$$
$$\times\int_0^t\left\{\overline{\psi}_{0y}(\xi_m,\tau)-\overline{\psi}_{ay}(\xi_m,\tau)\cos(\xi_n a)\right\}e^{\left(\xi_n^2\eta_x+\xi_m^2\eta_y\right)\tau}d\tau+$$
$$+\frac{4}{\phi c_t}\sum_{n=1}^{\infty}\sum_{m=1}^{\infty}\frac{\left(\xi_n^2+\lambda_{ay}^2\right)e^{-\left(\xi_n^2\eta_x+\xi_m^2\eta_y\right)t}\left\{\xi_m\cos(\xi_m y)+\lambda_{x0}\sin(\xi_m y)\right\}\cos(\xi_n x)}{\left\{a\left(\xi_n^2+\lambda_{ay}^2\right)+\lambda_{ay}\right\}\left\{\left(\xi_m^2+\lambda_{x0}^2\right)\left(b+\frac{\lambda_{xb}}{\xi_m^2+\lambda_{xb}^2}\right)+\lambda_{x0}\right\}}\times$$
$$\times\int_0^t\left\{\xi_m\overline{\psi}_{x0}(\xi_n,\tau)-\left\{\xi_m\cos(\xi_m b)+\lambda_{x0}\sin(\xi_m b)\right\}\overline{\psi}_{xb}(\xi_n,\tau)\right\}e^{\left(\xi_n^2\eta_x+\xi_m^2\eta_y\right)\tau}d\tau+$$

$$+\ 4\sum_{n=1}^{\infty}\sum_{m=1}^{\infty}\frac{\left(\xi_n^2+\lambda_{ay}^2\right)\left\{\xi_m\cos\left(\xi_m y\right)+\lambda_{x0}\sin\left(\xi_m y\right)\right\}\cos\left(\xi_n x\right)e^{-\left(\xi_n^2\eta_x+\xi_m^2\eta_y\right)t}}{\left\{a\left(\xi_n^2+\lambda_{ay}^2\right)+\lambda_{ay}\right\}\left\{\left(\xi_m^2+\lambda_{x0}^2\right)\left(b+\frac{\lambda_{xb}}{\xi_m^2+\lambda_{xb}^2}\right)+\lambda_{x0}\right\}}\times$$

$$\times\int_0^b\int_0^a\varphi\left(u,v\right)\cos\left(\xi_n u\right)\left\{\xi_m\cos\left(\xi_m v\right)+\lambda_{x0}\sin\left(\xi_m v\right)\right\}du\,dv \qquad (7.39.2)$$

where $\overline{\psi}_{x0}\left(n,t\right)=\int_0^a\psi_{x0}\left(x,t\right)\cos\left(\xi_n x\right)dx$, $\overline{\psi}_{xb}\left(n,t\right)=\int_0^a\psi_{xb}\left(x,t\right)\cos\left(\xi_n x\right)dx$, $\overline{\psi}_{0y}\left(m,t\right)=\int_0^b\psi_{0y}\left(y,t\right)\left\{\xi_m\cos\left(\xi_m y\right)+\lambda_{x0}\sin\left(\xi_m y\right)\right\}dy$ and $\overline{\psi}_{ay}\left(m,t\right)=\int_0^b\psi_{ay}\left(y,t\right)\left\{\xi_m\cos\left(\xi_m y\right)+\lambda_{x0}\sin\left(\xi_m y\right)\right\}dy$.

7.40

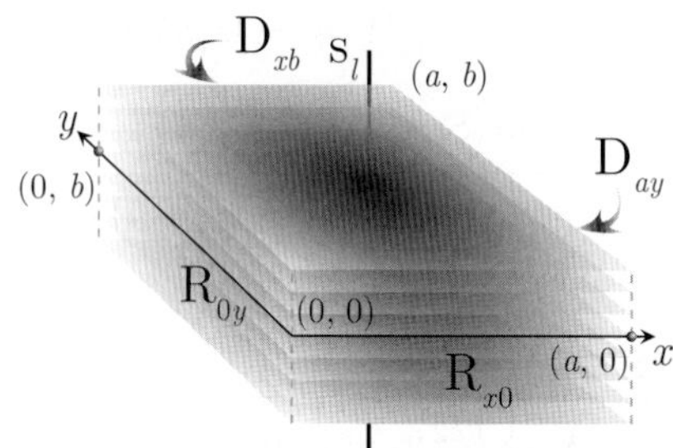

The problem of 7.1, except
$\mathbf{R_{0y}} \equiv \frac{\partial p(0,y,t)}{\partial x}-\lambda_{0y}p\left(0,y,t\right)=-\left(\frac{\mu}{k_x}\right)\psi_{0y}\left(y,t\right)$,
$\mathbf{D_{ay}} \equiv p\left(a,y,t\right)=\psi_{ay}\left(y,t\right)$,
$\mathbf{R_{x0}} \equiv \frac{\partial p(x,0,t)}{\partial y}-\lambda_{x0}p\left(x,0,t\right)=-\left(\frac{\mu}{k_y}\right)\psi_{x0}\left(x,t\right)$ **and**
$\mathbf{D_{xb}} \equiv p\left(x,b,t\right)=\psi_{xb}\left(y,t\right)$

$$\overline{p}\ =\ \frac{4q\left(s\right)e^{-st_0}}{\phi c_t}\sum_{n=1}^{\infty}\sum_{m=1}^{\infty}\frac{\left(\xi_m^2+\lambda_{x0}^2\right)\left(\xi_n^2+\lambda_{0y}^2\right)\sin\left\{\xi_m\left(b-y_0\right)\right\}\sin\left\{\xi_n\left(a-x_0\right)\right\}}{\left\{b\left(\xi_m^2+\lambda_{x0}^2\right)+\lambda_{x0}\right\}\left\{a\left(\xi_n^2+\lambda_{0y}^2\right)+\lambda_{0y}\right\}\left\{\xi_n^2\eta_x+\xi_m^2\eta_y+s\right\}}\times$$

$$\times\sin\left\{\xi_m\left(b-y\right)\right\}\sin\left\{\xi_n\left(a-x\right)\right\}+$$

$$+\ \frac{4}{a\phi c_t}\sum_{n=1}^{\infty}\sum_{m=1}^{\infty}\frac{\left(\xi_m^2+\lambda_{x0}^2\right)\left(\xi_n^2+\lambda_{0y}^2\right)\left\{\overline{\overline{\psi}}_{0y}\left(\xi_m,s\right)\sin\left(\xi_n a\right)+\xi_n\left(\frac{k_x}{\mu}\right)\overline{\overline{\psi}}_{ay}\left(\xi_m,s\right)\right\}}{\left\{b\left(\xi_m^2+\lambda_{x0}^2\right)+\lambda_{x0}\right\}\left\{a\left(\xi_n^2+\lambda_{0y}^2\right)+\lambda_{0y}\right\}\left\{\xi_n^2\eta_x+\xi_m^2\eta_y+s\right\}}\times$$

$$\times\sin\left\{\xi_m\left(b-y\right)\right\}\sin\left\{\xi_n\left(a-x\right)\right\}+$$

$$+\ \frac{4}{a\phi c_t}\sum_{n=1}^{\infty}\sum_{m=1}^{\infty}\frac{\left(\xi_m^2+\lambda_{x0}^2\right)\left(\xi_n^2+\lambda_{0y}^2\right)\left\{\overline{\overline{\psi}}_{x0}\left(\xi_n,s\right)\sin\left(\xi_m b\right)+\xi_m\left(\frac{k_y}{\mu}\right)\overline{\overline{\psi}}_{xb}\left(\xi_n,s\right)\right\}}{\left\{b\left(\xi_m^2+\lambda_{x0}^2\right)+\lambda_{x0}\right\}\left\{a\left(\xi_n^2+\lambda_{0y}^2\right)+\lambda_{0y}\right\}\left\{\xi_n^2\eta_x+\xi_m^2\eta_y+s\right\}}\times$$

$$\times\sin\left\{\xi_m\left(b-y\right)\right\}\sin\left\{\xi_n\left(a-x\right)\right\}+$$

$$+\ 4\sum_{n=1}^{\infty}\sum_{m=1}^{\infty}\frac{\left(\xi_m^2+\lambda_{x0}^2\right)\left(\xi_n^2+\lambda_{0y}^2\right)\sin\left\{\xi_m\left(b-y\right)\right\}\sin\left\{\xi_n\left(a-x\right)\right\}}{\left\{b\left(\xi_m^2+\lambda_{x0}^2\right)+\lambda_{x0}\right\}\left\{a\left(\xi_n^2+\lambda_{0y}^2\right)+\lambda_{0y}\right\}\left\{\xi_n^2\eta_x+\xi_m^2\eta_y+s\right\}}\times$$

$$\times\int_0^b\int_0^a\varphi\left(u,v\right)\sin\left\{\xi_n\left(a-u\right)\right\}\sin\left\{\xi_m\left(b-v\right)\right\}du\,dv \qquad (7.40.1)$$

where $\overline{\overline{\psi}}_{0y}\left(m,s\right)=\int_0^b\overline{\psi}_{0y}\left(y,s\right)\sin\left\{\xi_n\left(b-y\right)\right\}dy$, $\overline{\psi}_{0y}\left(y,s\right)=\int_0^\infty\psi_{0y}\left(y,t\right)e^{-st}dt$, $\overline{\overline{\psi}}_{ay}\left(m,s\right)=\int_0^b\overline{\psi}_{ay}\left(m,s\right)\sin\left\{\xi_n\left(b-y\right)\right\}dy$, $\overline{\psi}_{ay}\left(y,s\right)=\int_0^\infty\psi_{ay}\left(y,t\right)e^{-st}dt$, $\overline{\overline{\psi}}_{x0}\left(n,s\right)=\int_0^a\overline{\psi}_{x0}\left(x,s\right)\sin\left\{\xi_n\left(a-x\right)\right\}dx$, $\overline{\psi}_{x0}\left(x,s\right)=\int_0^\infty\psi_{x0}\left(x,t\right)e^{-st}dt$, $\overline{\overline{\psi}}_{xb}\left(n,s\right)=\int_0^a\overline{\psi}_{xb}\left(x,s\right)\sin\left\{\xi_n\left(a-x\right)\right\}dx$, $\overline{\psi}_{xb}\left(x,s\right)=\int_0^\infty\psi_{xb}\left(x,t\right)e^{-st}dt$, ξ_n is a positive root of $\xi_n\cot\left(\xi_n a\right)=-\lambda_{0y}$, $n=1,2,...$, and ξ_m is a positive root of $\xi_m\cot\left(\xi_m b\right)=-\lambda_{x0}$, $m=1,2,....$

$$p = \frac{4U(t-t_0)}{\phi c_t}\sum_{n=1}^{\infty}\sum_{m=1}^{\infty}\frac{\left(\xi_m^2+\lambda_{x0}^2\right)\left(\xi_n^2+\lambda_{0y}^2\right)\sin\{\xi_m(b-y_0)\}\sin\{\xi_n(a-x_0)\}}{\{b(\xi_m^2+\lambda_{x0}^2)+\lambda_{x0}\}\{a(\xi_n^2+\lambda_{0y}^2)+\lambda_{0y}\}}\times$$
$$\times\sin\{\xi_m(b-y)\}\sin\{\xi_n(a-x)\}\int_0^{t-t_0} q(t-t_0-\tau)\,e^{-\left(\xi_n^2\eta_x+\xi_m^2\eta_y\right)\tau}d\tau+$$
$$+\frac{4}{a\phi c_t}\sum_{n=1}^{\infty}\sum_{m=1}^{\infty}\frac{\left(\xi_m^2+\lambda_{x0}^2\right)\left(\xi_n^2+\lambda_{0y}^2\right)\sin\{\xi_n(a-x)\}\sin\{\xi_m(b-y)\}}{\{b(\xi_m^2+\lambda_{x0}^2)+\lambda_{x0}\}\{a(\xi_n^2+\lambda_{0y}^2)+\lambda_{0y}\}}e^{-\{\xi_n^2\eta_x+\xi_m^2\eta_y\}t}\times$$
$$\times\int_0^t\left\{\overline{\psi}_{0y}(\xi_m,\tau)\sin(\xi_n a)+\xi_n\left(\frac{k_x}{\mu}\right)\overline{\psi}_{ay}(\xi_m,\tau)\right\}e^{\{\xi_n^2\eta_x+\xi_m^2\eta_y\}\tau}d\tau+$$
$$+\frac{4}{a\phi c_t}\sum_{n=1}^{\infty}\sum_{m=1}^{\infty}\frac{\left(\xi_m^2+\lambda_{x0}^2\right)\left(\xi_n^2+\lambda_{0y}^2\right)\sin\{\xi_n(a-x)\}\sin\{\xi_m(b-y)\}}{\{b(\xi_m^2+\lambda_{x0}^2)+\lambda_{x0}\}\{a(\xi_n^2+\lambda_{0y}^2)+\lambda_{0y}\}}e^{-\{\xi_n^2\eta_x+\xi_m^2\eta_y\}t}\times$$
$$\times\int_0^t\left\{\overline{\psi}_{x0}(\xi_n,\tau)\sin(\xi_m b)+\xi_m\left(\frac{k_y}{\mu}\right)\overline{\psi}_{xb}(\xi_n,\tau)\right\}e^{\{\xi_n^2\eta_x+\xi_m^2\eta_y\}\tau}d\tau+$$
$$+4\sum_{n=1}^{\infty}\sum_{m=1}^{\infty}\frac{\left(\xi_m^2+\lambda_{x0}^2\right)\left(\xi_n^2+\lambda_{0y}^2\right)\sin\{\xi_m(b-y)\}\sin\{\xi_n(a-x)\}\,e^{-\left(\xi_n^2\eta_x+\xi_m^2\eta_y\right)t}}{\{b(\xi_m^2+\lambda_{x0}^2)+\lambda_{x0}\}\{a(\xi_n^2+\lambda_{0y}^2)+\lambda_{0y}\}}\times$$
$$\times\int_0^b\int_0^a\varphi(u,v)\sin\{\xi_n(a-u)\}\sin\{\xi_m(b-v)\}\,du\,dv \qquad (7.40.2)$$

where $\overline{\psi}_{x0}(n,t)=\int_0^a\psi_{x0}(x,t)\sin\{\xi_n(a-x)\}dx$, $\overline{\psi}_{xb}(n,t)=\int_0^a\psi_{xb}(x,t)\sin\{\xi_n(a-x)\}dx$, $\overline{\psi}_{0y}(m,t)=\int_0^b\psi_{0y}(y,t)\sin\{\xi_n(b-y)\}dy$ and $\overline{\psi}_{ay}(m,t)=\int_0^b\psi_{ay}(y,t)\sin\{\xi_n(b-y)\}dy$.

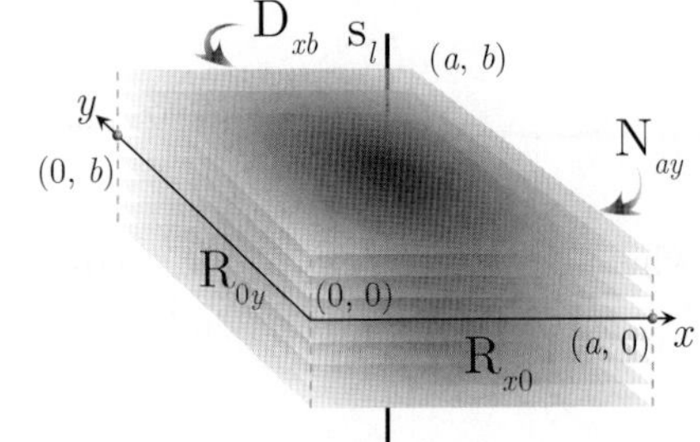

7.41 The problem of 7.1, except

$\mathbf{R_{0y}} \equiv \frac{\partial p(0,y,t)}{\partial x}-\lambda_{0y}p(0,y,t)=-\left(\frac{\mu}{k_x}\right)\psi_{0y}(y,t)$,
$\mathbf{N_{ay}} \equiv \frac{\partial p(a,y,t)}{\partial x}=-\left(\frac{\mu}{k_x}\right)\psi_{ay}(y,t)$,
$\mathbf{R_{x0}} \equiv \frac{\partial p(x,0,t)}{\partial y}-\lambda_{x0}p(x,0,t)=-\left(\frac{\mu}{k_y}\right)\psi_{x0}(x,t)$ **and**
$\mathbf{D_{xb}} \equiv p(x,b,t)=\psi_{xb}(y,t)$

$$\overline{p} = \frac{4q(s)e^{-st_0}}{\phi c_t}\sum_{n=1}^{\infty}\sum_{m=1}^{\infty}\frac{\left(\xi_m^2+\lambda_{x0}^2\right)\left(\xi_n^2+\lambda_{0y}^2\right)\sin\{\xi_m(b-y_0)\}\cos\{\xi_n(a-x_0)\}}{\{b(\xi_m^2+\lambda_{x0}^2)+\lambda_{x0}\}\{a(\xi_n^2+\lambda_{0y}^2)+\lambda_{0y}\}\{\xi_n^2\eta_x+\xi_m^2\eta_y+s\}}\times$$
$$\times\sin\{\xi_m(b-y)\}\cos\{\xi_n(a-x)\}+$$
$$+\frac{4}{a\phi c_t}\sum_{n=1}^{\infty}\sum_{m=1}^{\infty}\frac{\left(\xi_m^2+\lambda_{x0}^2\right)\left(\xi_n^2+\lambda_{0y}^2\right)\left\{\overline{\overline{\psi}}_{0y}(\xi_m,s)\cos(\xi_n a)-\overline{\overline{\psi}}_{ay}(\xi_m,s)\right\}}{\{b(\xi_m^2+\lambda_{x0}^2)+\lambda_{x0}\}\{a(\xi_n^2+\lambda_{0y}^2)+\lambda_{0y}\}\{\xi_n^2\eta_x+\xi_m^2\eta_y+s\}}\times$$
$$\times\sin\{\xi_m(b-y)\}\cos\{\xi_n(a-x)\}+$$
$$+\frac{4}{a\phi c_t}\sum_{n=1}^{\infty}\sum_{m=1}^{\infty}\frac{\left(\xi_m^2+\lambda_{x0}^2\right)\left(\xi_n^2+\lambda_{0y}^2\right)\left\{\overline{\overline{\psi}}_{x0}(\xi_n,s)\sin(\xi_m b)+\xi_m\left(\frac{k_y}{\mu}\right)\overline{\overline{\psi}}_{xb}(\xi_n,s)\right\}}{\{b(\xi_m^2+\lambda_{x0}^2)+\lambda_{x0}\}\{a(\xi_n^2+\lambda_{0y}^2)+\lambda_{0y}\}\{\xi_n^2\eta_x+\xi_m^2\eta_y+s\}}\times$$
$$\times\sin\{\xi_m(b-y)\}\cos\{\xi_n(a-x)\}+$$
$$+4\sum_{n=1}^{\infty}\sum_{m=1}^{\infty}\frac{\left(\xi_m^2+\lambda_{x0}^2\right)\left(\xi_n^2+\lambda_{0y}^2\right)\sin\{\xi_m(b-y)\}\cos\{\xi_n(a-x)\}}{\{b(\xi_m^2+\lambda_{x0}^2)+\lambda_{x0}\}\{a(\xi_n^2+\lambda_{0y}^2)+\lambda_{0y}\}\{\xi_n^2\eta_x+\xi_m^2\eta_y+s\}}\times$$
$$\times\int_0^b\int_0^a\varphi(u,v)\cos\{\xi_n(a-u)\}\sin\{\xi_m(b-v)\}\,du\,dv \qquad (7.41.1)$$

where $\overline{\overline{\psi}}_{0y}(m,s) = \int_0^b \overline{\psi}_{0y}(y,s)\sin\{\xi_n(b-y)\}\,dy$, $\overline{\psi}_{0y}(y,s) = \int_0^\infty \psi_{0y}(y,t)\,e^{-st}dt$, $\overline{\overline{\psi}}_{ay}(m,s) = \int_0^b \overline{\psi}_{ay}(m,s)\sin\{\xi_n(b-y)\}\,dy$, $\overline{\psi}_{ay}(y,s) = \int_0^\infty \psi_{ay}(y,t)\,e^{-st}dt$, $\overline{\overline{\psi}}_{x0}(n,s) = \int_0^a \overline{\psi}_{x0}(x,s)\cos\{\xi_n(a-x)\}\,dx$, $\overline{\psi}_{x0}(x,s) = \int_0^\infty \psi_{x0}(x,t)\,e^{-st}dt$, $\overline{\overline{\psi}}_{xb}(n,s) = \int_0^a \overline{\psi}_{xb}(x,s)\cos\{\xi_n(a-x)\}\,dx$, $\overline{\psi}_{xb}(x,s) = \int_0^\infty \psi_{xb}(x,t)\,e^{-st}dt$, ξ_n is a positive root of $\xi_n\tan(\xi_n a) = \lambda_{0y}$, $n = 1,2,...$, and ξ_m is a positive root of $\xi_m\cot(\xi_m b) = -\lambda_{x0}$, $m = 1,2,....$

$$p = \frac{4U(t-t_0)}{\phi c_t}\sum_{n=1}^{\infty}\sum_{m=1}^{\infty}\frac{\left(\xi_m^2+\lambda_{x0}^2\right)\left(\xi_n^2+\lambda_{0y}^2\right)\sin\{\xi_m(b-y_0)\}\cos\{\xi_n(a-x_0)\}}{\{b\left(\xi_m^2+\lambda_{x0}^2\right)+\lambda_{x0}\}\left\{a\left(\xi_n^2+\lambda_{0y}^2\right)+\lambda_{0y}\right\}}\times$$
$$\times\sin\{\xi_m(b-y)\}\cos\{\xi_n(a-x)\}\int_0^{t-t_0} q(t-t_0-\tau)\,e^{-\left(\xi_n^2\eta_x+\xi_m^2\eta_y\right)\tau}d\tau +$$
$$+\frac{4}{a\phi c_t}\sum_{n=1}^{\infty}\sum_{m=1}^{\infty}\frac{\left(\xi_m^2+\lambda_{x0}^2\right)\left(\xi_n^2+\lambda_{0y}^2\right)\cos\{\xi_n(a-x)\}\sin\{\xi_m(b-y)\}}{\{b\left(\xi_m^2+\lambda_{x0}^2\right)+\lambda_{x0}\}\left\{a\left(\xi_n^2+\lambda_{0y}^2\right)+\lambda_{0y}\right\}}e^{-\{\xi_n^2\eta_x+\xi_m^2\eta_y\}t}\times$$
$$\times\int_0^t\left\{\overline{\psi}_{0y}(\xi_m,\tau)\cos(\xi_n a)-\overline{\psi}_{ay}(\xi_m,\tau)\right\}e^{\{\xi_n^2\eta_x+\xi_m^2\eta_y\}\tau}d\tau +$$
$$+\frac{4}{a\phi c_t}\sum_{n=1}^{\infty}\sum_{m=1}^{\infty}\frac{\left(\xi_m^2+\lambda_{x0}^2\right)\left(\xi_n^2+\lambda_{0y}^2\right)\cos\{\xi_n(a-x)\}\sin\{\xi_m(b-y)\}}{\{b\left(\xi_m^2+\lambda_{x0}^2\right)+\lambda_{x0}\}\left\{a\left(\xi_n^2+\lambda_{0y}^2\right)+\lambda_{0y}\right\}}e^{-\{\xi_n^2\eta_x+\xi_m^2\eta_y\}t}\times$$
$$\times\int_0^t\left\{\overline{\psi}_{x0}(\xi_n,\tau)\sin(\xi_m b)+\xi_m\left(\frac{k_y}{\mu}\right)\overline{\psi}_{xb}(\xi_n,\tau)\right\}e^{\{\xi_n^2\eta_x+\xi_m^2\eta_y\}\tau}d\tau +$$
$$+4\sum_{n=1}^{\infty}\sum_{m=1}^{\infty}\frac{\left(\xi_m^2+\lambda_{x0}^2\right)\left(\xi_n^2+\lambda_{0y}^2\right)\sin\{\xi_m(b-y)\}\cos\{\xi_n(a-x)\}\,e^{-\left(\xi_n^2\eta_x+\xi_m^2\eta_y\right)t}}{\{b\left(\xi_m^2+\lambda_{x0}^2\right)+\lambda_{x0}\}\left\{a\left(\xi_n^2+\lambda_{0y}^2\right)+\lambda_{0y}\right\}}\times$$
$$\times\int_0^b\int_0^a\varphi(u,v)\cos\{\xi_n(a-u)\}\sin\{\xi_m(b-v)\}\,du\,dv \tag{7.41.2}$$

where $\overline{\psi}_{x0}(n,t) = \int_0^a \psi_{x0}(x,t)\cos\{\xi_n(a-x)\}\,dx$, $\overline{\psi}_{xb}(n,t) = \int_0^a \psi_{xb}(x,t)\cos\{\xi_n(a-x)\}\,dx$, $\overline{\psi}_{0y}(m,t) = \int_0^b \psi_{0y}(y,t)\sin\{\xi_n(b-y)\}\,dy$ and $\overline{\psi}_{ay}(m,t) = \int_0^b \psi_{ay}(y,t)\sin\{\xi_n(b-y)\}\,dy$.

7.42

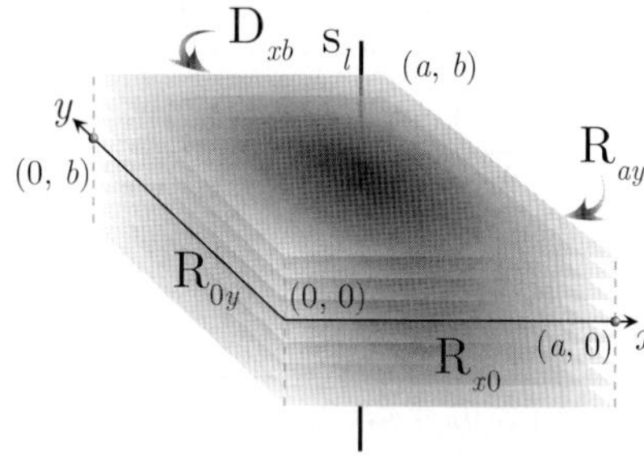

The problem of 7.1, except
$\mathbf{R_{0y}} \equiv \frac{\partial p(0,y,t)}{\partial x} - \lambda_{0y}p(0,y,t) = -\left(\frac{\mu}{k_x}\right)\psi_{0y}(y,t)$,
$\mathbf{R_{ay}} \equiv \frac{\partial p(a,y,t)}{\partial x} + \lambda_{ay}p(a,y,t) = -\left(\frac{\mu}{k_x}\right)\psi_{ay}(y,t)$,
$\mathbf{R_{x0}} \equiv \frac{\partial p(x,0,t)}{\partial y} - \lambda_{x0}p(x,0,t) = -\left(\frac{\mu}{k_y}\right)\psi_{x0}(x,t)$ **and**
$\mathbf{D_{xb}} \equiv p(x,b,t) = \psi_{xb}(y,t)$

$$\overline{p} = \frac{4q(s)\,e^{-st_0}}{\phi c_t}\sum_{n=1}^{\infty}\sum_{m=1}^{\infty}\frac{\left(\xi_m^2+\lambda_{x0}^2\right)\sin\{\xi_m(b-y_0)\}\{\xi_n\cos(\xi_n x_0)+\lambda_{0y}\sin(\xi_n x_0)\}}{\{b\left(\xi_m^2+\lambda_{x0}^2\right)+\lambda_{x0}\}\left\{\left(\xi_n^2+\lambda_{0y}^2\right)\left(a+\frac{\lambda_{ay}}{\xi_n^2+\lambda_{ay}^2}\right)+\lambda_{0y}\right\}\{\xi_n^2\eta_x+\xi_m^2\eta_y+s\}}\times$$
$$\times\sin\{\xi_m(b-y)\}\{\xi_n\cos(\xi_n x)+\lambda_{0y}\sin(\xi_n x)\}+$$
$$+\frac{4}{a\phi c_t}\sum_{n=1}^{\infty}\sum_{m=1}^{\infty}\frac{\left(\xi_m^2+\lambda_{x0}^2\right)\left\{\xi_n\overline{\overline{\psi}}_{0y}(\xi_m,s)-\{\xi_n\cos(\xi_n a)+\lambda_{0y}\sin(\xi_n a)\}\overline{\overline{\psi}}_{ay}(\xi_m,s)\right\}}{\{b\left(\xi_m^2+\lambda_{x0}^2\right)+\lambda_{x0}\}\left\{\left(\xi_n^2+\lambda_{0y}^2\right)\left(a+\frac{\lambda_{ay}}{\xi_n^2+\lambda_{ay}^2}\right)+\lambda_{0y}\right\}\{\xi_n^2\eta_x+\xi_m^2\eta_y+s\}}\times$$
$$\times\sin\{\xi_m(b-y)\}\{\xi_n\cos(\xi_n x)+\lambda_{0y}\sin(\xi_n x)\}+$$

$$+\frac{4}{a\phi c_t}\sum_{n=1}^{\infty}\sum_{m=1}^{\infty}\frac{\left(\xi_m^2+\lambda_{x0}^2\right)\left\{\overline{\overline{\psi}}_{x0}\left(\xi_n,s\right)\sin\left(\xi_m b\right)+\xi_m\left(\frac{k_y}{\mu}\right)\overline{\overline{\psi}}_{xb}\left(\xi_n,s\right)\right\}}{\left\{b\left(\xi_m^2+\lambda_{x0}^2\right)+\lambda_{x0}\right\}\left\{\left(\xi_n^2+\lambda_{0y}^2\right)\left(a+\frac{\lambda_{ay}}{\xi_n^2+\lambda_{ay}^2}\right)+\lambda_{0y}\right\}\left\{\xi_n^2\eta_x+\xi_m^2\eta_y+s\right\}}\times$$

$$\times\sin\left\{\xi_m\left(b-y\right)\right\}\left\{\xi_n\cos\left(\xi_n x\right)+\lambda_{0y}\sin\left(\xi_n x\right)\right\}+$$

$$+4\sum_{n=1}^{\infty}\sum_{m=1}^{\infty}\frac{\left(\xi_m^2+\lambda_{x0}^2\right)\sin\left\{\xi_m\left(b-y\right)\right\}\left\{\xi_n\cos\left(\xi_n x\right)+\lambda_{0y}\sin\left(\xi_n x\right)\right\}}{\left\{b\left(\xi_m^2+\lambda_{x0}^2\right)+\lambda_{x0}\right\}\left\{\left(\xi_n^2+\lambda_{0y}^2\right)\left(a+\frac{\lambda_{ay}}{\xi_n^2+\lambda_{ay}^2}\right)+\lambda_{0y}\right\}\left\{\xi_n^2\eta_x+\xi_m^2\eta_y+s\right\}}\times$$

$$\times\int_0^b\int_0^a\varphi\left(u,v\right)\left\{\xi_n\cos\left(\xi_n u\right)+\lambda_{0y}\sin\left(\xi_n u\right)\right\}\sin\left\{\xi_m\left(b-v\right)\right\}du\,dv \tag{7.42.1}$$

where $\overline{\overline{\psi}}_{0y}\left(m,s\right)=\int_0^b\overline{\psi}_{0y}\left(y,s\right)\sin\left\{\xi_n\left(b-y\right)\right\}dy$, $\overline{\psi}_{0y}\left(y,s\right)=\int_0^\infty\psi_{0y}\left(y,t\right)e^{-st}dt$, $\overline{\overline{\psi}}_{ay}\left(m,s\right)=\int_0^b\overline{\psi}_{ay}\left(m,s\right)\sin\left\{\xi_n\left(b-y\right)\right\}dy$, $\overline{\psi}_{ay}\left(y,s\right)=\int_0^\infty\psi_{ay}\left(y,t\right)e^{-st}dt$, $\overline{\overline{\psi}}_{x0}\left(n,s\right)=\int_0^a\overline{\psi}_{x0}\left(x,s\right)\left\{\xi_n\cos\left(\xi_n x\right)+\lambda_{0y}\sin\left(\xi_n x\right)\right\}dx$, $\overline{\psi}_{x0}\left(x,s\right)=\int_0^\infty\psi_{x0}\left(x,t\right)e^{-st}dt$, $\overline{\overline{\psi}}_{xb}\left(n,s\right)=\int_0^a\overline{\psi}_{xb}\left(x,s\right)\left\{\xi_n\cos\left(\xi_n x\right)+\lambda_{0y}\sin\left(\xi_n x\right)\right\}dx$, $\overline{\psi}_{xb}\left(x,s\right)=\int_0^\infty\psi_{xb}\left(x,t\right)e^{-st}dt$, ξ_n is a positive root of $\tan\left(\xi_n a\right)=\frac{\xi_n\left(\lambda_{ay}+\lambda_{0y}\right)}{\xi_n^2-\lambda_{0y}\lambda_{ay}}$, $n=1,2,3,...$, and ξ_m is a positive root of $\xi_m\cot\left(\xi_m b\right)=-\lambda_{x0}$, $m=1,2,....$

$$p=\frac{4U\left(t-t_0\right)}{\phi c_t}\sum_{n=1}^{\infty}\sum_{m=1}^{\infty}\frac{\left(\xi_m^2+\lambda_{x0}^2\right)\sin\left\{\xi_m\left(b-y_0\right)\right\}\left\{\xi_n\cos\left(\xi_n x_0\right)+\lambda_{0y}\sin\left(\xi_n x_0\right)\right\}}{\left\{b\left(\xi_m^2+\lambda_{x0}^2\right)+\lambda_{x0}\right\}\left\{\left(\xi_n^2+\lambda_{0y}^2\right)\left(a+\frac{\lambda_{ay}}{\xi_n^2+\lambda_{ay}^2}\right)+\lambda_{0y}\right\}}\times$$

$$\times\sin\left\{\xi_m\left(b-y\right)\right\}\left\{\xi_n\cos\left(\xi_n x\right)+\lambda_{0y}\sin\left(\xi_n x\right)\right\}\int_0^{t-t_0}q\left(t-t_0-\tau\right)e^{-\left(\xi_n^2\eta_x+\xi_m^2\eta_y\right)\tau}d\tau+$$

$$+\frac{4}{a\phi c_t}\sum_{n=1}^{\infty}\sum_{m=1}^{\infty}\frac{\left(\xi_m^2+\lambda_{x0}^2\right)\left\{\xi_n\cos\left(\xi_n x\right)+\lambda_{0y}\sin\left(\xi_n x\right)\right\}\sin\left\{\xi_m\left(b-y\right)\right\}}{\left\{b\left(\xi_m^2+\lambda_{x0}^2\right)+\lambda_{x0}\right\}\left\{\left(\xi_n^2+\lambda_{0y}^2\right)\left(a+\frac{\lambda_{ay}}{\xi_n^2+\lambda_{ay}^2}\right)+\lambda_{0y}\right\}}e^{-\left\{\xi_n^2\eta_x+\xi_m^2\eta_y\right\}t}\times$$

$$\times\int_0^t\left\{\xi_n\overline{\psi}_{0y}\left(\xi_m,\tau\right)-\left\{\xi_n\cos\left(\xi_n a\right)+\lambda_{0y}\sin\left(\xi_n a\right)\right\}\overline{\psi}_{ay}\left(\xi_m,\tau\right)\right\}e^{\left\{\xi_n^2\eta_x+\xi_m^2\eta_y\right\}\tau}d\tau+$$

$$+\frac{4}{a\phi c_t}\sum_{n=1}^{\infty}\sum_{m=1}^{\infty}\frac{\left(\xi_m^2+\lambda_{x0}^2\right)\left\{\xi_n\cos\left(\xi_n x\right)+\lambda_{0y}\sin\left(\xi_n x\right)\right\}\sin\left\{\xi_m\left(b-y\right)\right\}}{\left\{b\left(\xi_m^2+\lambda_{x0}^2\right)+\lambda_{x0}\right\}\left\{\left(\xi_n^2+\lambda_{0y}^2\right)\left(a+\frac{\lambda_{ay}}{\xi_n^2+\lambda_{ay}^2}\right)+\lambda_{0y}\right\}}e^{-\left\{\xi_n^2\eta_x+\xi_m^2\eta_y\right\}t}\times$$

$$\times\int_0^t\left\{\overline{\psi}_{x0}\left(\xi_n,\tau\right)\sin\left(\xi_m b\right)+\xi_m\left(\frac{k_y}{\mu}\right)\overline{\psi}_{xb}\left(\xi_n,\tau\right)\right\}e^{\left\{\xi_n^2\eta_x+\xi_m^2\eta_y\right\}\tau}d\tau+$$

$$+4\sum_{n=1}^{\infty}\sum_{m=1}^{\infty}\frac{\left(\xi_m^2+\lambda_{x0}^2\right)\sin\left\{\xi_m\left(b-y\right)\right\}\left\{\xi_n\cos\left(\xi_n x\right)+\lambda_{0y}\sin\left(\xi_n x\right)\right\}e^{-\left(\xi_n^2\eta_x+\xi_m^2\eta_y\right)t}}{\left\{b\left(\xi_m^2+\lambda_{x0}^2\right)+\lambda_{x0}\right\}\left\{\left(\xi_n^2+\lambda_{0y}^2\right)\left(a+\frac{\lambda_{ay}}{\xi_n^2+\lambda_{ay}^2}\right)+\lambda_{0y}\right\}}\times$$

$$\times\int_0^b\int_0^a\varphi\left(u,v\right)\left\{\xi_n\cos\left(\xi_n u\right)+\lambda_{0y}\sin\left(\xi_n u\right)\right\}\sin\left\{\xi_m\left(b-v\right)\right\}du\,dv \tag{7.42.2}$$

where $\overline{\psi}_{x0}\left(n,t\right)=\int_0^a\psi_{x0}\left(x,t\right)\left\{\xi_n\cos\left(\xi_n x\right)+\lambda_{0y}\sin\left(\xi_n x\right)\right\}dx$, $\overline{\psi}_{xb}\left(n,t\right)=\int_0^a\psi_{xb}\left(x,t\right)\left\{\xi_n\cos\left(\xi_n x\right)+\lambda_{0y}\sin\left(\xi_n x\right)\right\}dx$, $\overline{\psi}_{0y}\left(m,t\right)=\int_0^b\psi_{0y}\left(y,t\right)\sin\left\{\xi_n\left(b-y\right)\right\}dy$ and $\overline{\psi}_{ay}\left(m,t\right)=\int_0^b\psi_{ay}\left(y,t\right)\sin\left\{\xi_n\left(b-y\right)\right\}dy$.

7.43

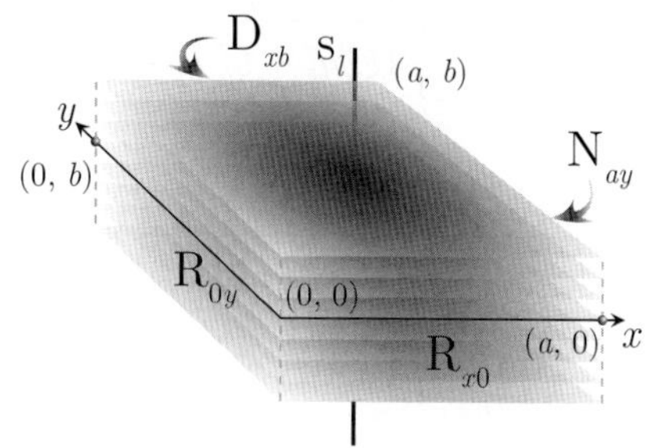

The problem of 7.1, except
$\mathbf{R}_{0y} \equiv \frac{\partial p(0,y,t)}{\partial x} - \lambda_{0y} p(0,y,t) = -\left(\frac{\mu}{k_x}\right)\psi_{0y}(y,t)$,
$\mathbf{N}_{ay} \equiv \frac{\partial p(a,y,t)}{\partial x} = -\left(\frac{\mu}{k_x}\right)\psi_{ay}(y,t)$,
$\mathbf{R}_{x0} \equiv \frac{\partial p(x,0,t)}{\partial y} - \lambda_{x0} p(x,0,t) = -\left(\frac{\mu}{k_y}\right)\psi_{x0}(x,t)$ **and**
$\mathbf{D}_{xb} \equiv p(x,b,t) = \psi_{xb}(y,t)$

$$
\begin{aligned}
\overline{p} &= \frac{4q(s)\,e^{-st_0}}{\phi c_t}\sum_{n=1}^{\infty}\sum_{m=1}^{\infty}\frac{\left(\xi_m^2+\lambda_{x0}^2\right)\left(\xi_n^2+\lambda_{0y}^2\right)\cos\{\xi_m(b-y_0)\}\sin\{\xi_n(a-x_0)\}}{\{b(\xi_m^2+\lambda_{x0}^2)+\lambda_{x0}\}\{a(\xi_n^2+\lambda_{0y}^2)+\lambda_{0y}\}\{\xi_n^2\eta_x+\xi_m^2\eta_y+s\}}\times \\
&\times\cos\{\xi_m(b-y)\}\sin\{\xi_n(a-x)\}+ \\
&+\frac{4}{a\phi c_t}\sum_{n=1}^{\infty}\sum_{m=1}^{\infty}\frac{\left(\xi_m^2+\lambda_{x0}^2\right)\left(\xi_n^2+\lambda_{0y}^2\right)\left\{\overline{\overline{\psi}}_{0y}(\xi_m,s)\sin(\xi_n a)+\xi_n\left(\frac{k_x}{\mu}\right)\overline{\overline{\psi}}_{ay}(\xi_m,s)\right\}}{\{b(\xi_m^2+\lambda_{x0}^2)+\lambda_{x0}\}\{a(\xi_n^2+\lambda_{0y}^2)+\lambda_{0y}\}\{\xi_n^2\eta_x+\xi_m^2\eta_y+s\}}\times \\
&\times\cos\{\xi_m(b-y)\}\sin\{\xi_n(a-x)\}+ \\
&+\frac{4}{a\phi c_t}\sum_{n=1}^{\infty}\sum_{m=1}^{\infty}\frac{\left(\xi_m^2+\lambda_{x0}^2\right)\left(\xi_n^2+\lambda_{0y}^2\right)\left\{\overline{\overline{\psi}}_{x0}(\xi_n,s)\cos(\xi_m b)-\overline{\overline{\psi}}_{xb}(\xi_n,s)\right\}}{\{b(\xi_m^2+\lambda_{x0}^2)+\lambda_{x0}\}\{a(\xi_n^2+\lambda_{0y}^2)+\lambda_{0y}\}\{\xi_n^2\eta_x+\xi_m^2\eta_y+s\}}\times \\
&\times\cos\{\xi_m(b-y)\}\sin\{\xi_n(a-x)\}+ \\
&+4\sum_{n=1}^{\infty}\sum_{m=1}^{\infty}\frac{\left(\xi_m^2+\lambda_{x0}^2\right)\left(\xi_n^2+\lambda_{0y}^2\right)\cos\{\xi_m(b-y)\}\sin\{\xi_n(a-x)\}}{\{b(\xi_m^2+\lambda_{x0}^2)+\lambda_{x0}\}\{a(\xi_n^2+\lambda_{0y}^2)+\lambda_{0y}\}\{\xi_n^2\eta_x+\xi_m^2\eta_y+s\}}\times \\
&\times\int_0^b\int_0^a\varphi(u,v)\sin\{\xi_n(a-u)\}\cos\{\xi_m(b-v)\}\,du\,dv
\end{aligned}
\tag{7.43.1}
$$

where $\overline{\overline{\psi}}_{0y}(m,s)=\int_0^b\overline{\psi}_{0y}(y,s)\cos\{\xi_m(b-y)\}\,dy$, $\overline{\psi}_{0y}(y,s)=\int_0^\infty\psi_{0y}(y,t)\,e^{-st}dt$,
$\overline{\overline{\psi}}_{ay}(m,s)=\int_0^b\overline{\psi}_{ay}(m,s)\cos\{\xi_m(b-y)\}\,dy$, $\overline{\psi}_{ay}(y,s)=\int_0^\infty\psi_{ay}(y,t)\,e^{-st}dt$,
$\overline{\overline{\psi}}_{x0}(n,s)=\int_0^a\overline{\psi}_{x0}(x,s)\sin\{\xi_n(a-x)\}\,dx$, $\overline{\psi}_{x0}(x,s)=\int_0^\infty\psi_{x0}(x,t)\,e^{-st}dt$,
$\overline{\overline{\psi}}_{xb}(n,s)=\int_0^a\overline{\psi}_{xb}(x,s)\sin\{\xi_n(a-x)\}\,dx$, $\overline{\psi}_{xb}(x,s)=\int_0^\infty\psi_{xb}(x,t)\,e^{-st}dt$, ξ_n is a positive root of $\xi_n\cot(\xi_n a)=-\lambda_{0y}$, $n=1,2,...$, and ξ_m is a positive root of $\xi_m\tan(\xi_m b)=\lambda_{x0}$, $m=1,2,....$

$$
\begin{aligned}
p &= \frac{4U(t-t_0)}{\phi c_t}\sum_{n=1}^{\infty}\sum_{m=1}^{\infty}\frac{\left(\xi_m^2+\lambda_{x0}^2\right)\left(\xi_n^2+\lambda_{0y}^2\right)\cos\{\xi_m(b-y_0)\}\sin\{\xi_n(a-x_0)\}}{\{b(\xi_m^2+\lambda_{x0}^2)+\lambda_{x0}\}\{a(\xi_n^2+\lambda_{0y}^2)+\lambda_{0y}\}}\times \\
&\times\cos\{\xi_m(b-y)\}\sin\{\xi_n(a-x)\}\int_0^{t-t_0}q(t-t_0-\tau)\,e^{-(\xi_n^2\eta_x+\xi_m^2\eta_y)\tau}d\tau+ \\
&+\frac{4}{a\phi c_t}\sum_{n=1}^{\infty}\sum_{m=1}^{\infty}\frac{\left(\xi_m^2+\lambda_{x0}^2\right)\left(\xi_n^2+\lambda_{0y}^2\right)\sin\{\xi_n(a-x)\}\cos\{\xi_m(b-y)\}}{\{b(\xi_m^2+\lambda_{x0}^2)+\lambda_{x0}\}\{a(\xi_n^2+\lambda_{0y}^2)+\lambda_{0y}\}}e^{-\{\xi_n^2\eta_x+\xi_m^2\eta_y\}t}\times \\
&\times\int_0^t\left\{\overline{\psi}_{0y}(\xi_m,\tau)\sin(\xi_n a)+\xi_n\left(\frac{k_x}{\mu}\right)\overline{\psi}_{ay}(\xi_m,\tau)\right\}e^{\{\xi_n^2\eta_x+\xi_m^2\eta_y\}\tau}d\tau+ \\
&+\frac{4}{a\phi c_t}\sum_{n=1}^{\infty}\sum_{m=1}^{\infty}\frac{\left(\xi_m^2+\lambda_{x0}^2\right)\left(\xi_n^2+\lambda_{0y}^2\right)\sin\{\xi_n(a-x)\}\cos\{\xi_m(b-y)\}}{\{b(\xi_m^2+\lambda_{x0}^2)+\lambda_{x0}\}\{a(\xi_n^2+\lambda_{0y}^2)+\lambda_{0y}\}}e^{-\{\xi_n^2\eta_x+\xi_m^2\eta_y\}t}\times \\
&\times\int_0^t\left\{\overline{\psi}_{x0}(\xi_n,\tau)\cos(\xi_m b)-\overline{\psi}_{xb}(\xi_n,\tau)\right\}e^{\{\xi_n^2\eta_x+\xi_m^2\eta_y\}\tau}d\tau+
\end{aligned}
$$

$$+\ 4\sum_{n=1}^{\infty}\sum_{m=1}^{\infty}\frac{\left(\xi_m^2+\lambda_{x0}^2\right)\left(\xi_n^2+\lambda_{0y}^2\right)\cos\{\xi_m(b-y)\}\sin\{\xi_n(a-x)\}\,e^{-\left(\xi_n^2\eta_x+\xi_m^2\eta_y\right)t}}{\left\{b\left(\xi_m^2+\lambda_{x0}^2\right)+\lambda_{x0}\right\}\left\{a\left(\xi_n^2+\lambda_{0y}^2\right)+\lambda_{0y}\right\}}\times$$

$$\times\int_0^b\int_0^a\varphi(u,v)\sin\{\xi_n(a-u)\}\cos\{\xi_m(b-v)\}\,du\,dv \qquad (7.43.2)$$

where $\overline{\psi}_{x0}(n,t)=\int_0^a\psi_{x0}(x,t)\sin\{\xi_n(a-x)\}\,dx$, $\overline{\psi}_{xb}(n,t)=\int_0^a\psi_{xb}(x,t)\sin\{\xi_n(a-x)\}\,dx$, $\overline{\psi}_{0y}(m,t)=\int_0^b\psi_{0y}(y,t)\cos\{\xi_m(b-y)\}\,dy$ and $\overline{\psi}_{ay}(m,t)=\int_0^b\psi_{ay}(y,t)\cos\{\xi_m(b-y)\}\,dy$.

7.44 The problem of 7.1, except
$\mathbf{R_{0y}}\equiv\frac{\partial p(0,y,t)}{\partial x}-\lambda_{0y}p(0,y,t)=-\left(\frac{\mu}{k_x}\right)\psi_{0y}(y,t)$,
$\mathbf{N_{ay}}\equiv\frac{\partial p(a,y,t)}{\partial x}=-\left(\frac{\mu}{k_x}\right)\psi_{ay}(y,t)$,
$\mathbf{R_{x0}}\equiv\frac{\partial p(x,0,t)}{\partial y}-\lambda_{x0}p(x,0,t)=-\left(\frac{\mu}{k_y}\right)\psi_{x0}(x,t)$ **and**
$\mathbf{N_{xb}}\equiv\frac{\partial p(x,b,t)}{\partial y}=-\left(\frac{\mu}{k_y}\right)\psi_{xb}(x,t)$

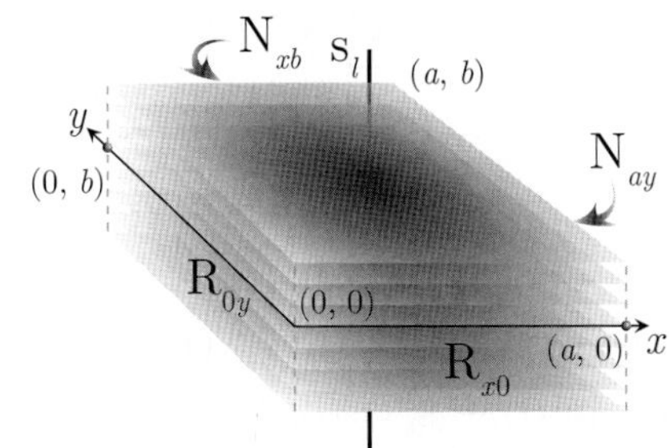

$$\overline{p}=\frac{4q(s)\,e^{-st_0}}{\phi c_t}\sum_{n=1}^{\infty}\sum_{m=1}^{\infty}\frac{\left(\xi_m^2+\lambda_{x0}^2\right)\left(\xi_n^2+\lambda_{0y}^2\right)\cos\{\xi_m(b-y_0)\}\cos\{\xi_n(a-x_0)\}}{\left\{b\left(\xi_m^2+\lambda_{x0}^2\right)+\lambda_{x0}\right\}\left\{a\left(\xi_n^2+\lambda_{0y}^2\right)+\lambda_{0y}\right\}\left\{\xi_n^2\eta_x+\xi_m^2\eta_y+s\right\}}\times$$

$$\times\cos\{\xi_m(b-y)\}\cos\{\xi_n(a-x)\}+$$

$$+\ \frac{4}{a\phi c_t}\sum_{n=1}^{\infty}\sum_{m=1}^{\infty}\frac{\left(\xi_m^2+\lambda_{x0}^2\right)\left(\xi_n^2+\lambda_{0y}^2\right)\left\{\overline{\overline{\psi}}_{0y}(\xi_m,s)\cos(\xi_n a)-\overline{\overline{\psi}}_{ay}(\xi_m,s)\right\}}{\left\{b\left(\xi_m^2+\lambda_{x0}^2\right)+\lambda_{x0}\right\}\left\{a\left(\xi_n^2+\lambda_{0y}^2\right)+\lambda_{0y}\right\}\left\{\xi_n^2\eta_x+\xi_m^2\eta_y+s\right\}}\times$$

$$\times\cos\{\xi_m(b-y)\}\cos\{\xi_n(a-x)\}+$$

$$+\ \frac{4}{a\phi c_t}\sum_{n=1}^{\infty}\sum_{m=1}^{\infty}\frac{\left(\xi_m^2+\lambda_{x0}^2\right)\left(\xi_n^2+\lambda_{0y}^2\right)\left\{\overline{\overline{\psi}}_{x0}(\xi_n,s)\cos(\xi_m b)-\overline{\overline{\psi}}_{xb}(\xi_n,s)\right\}}{\left\{b\left(\xi_m^2+\lambda_{x0}^2\right)+\lambda_{x0}\right\}\left\{a\left(\xi_n^2+\lambda_{0y}^2\right)+\lambda_{0y}\right\}\left\{\xi_n^2\eta_x+\xi_m^2\eta_y+s\right\}}\times$$

$$\times\cos\{\xi_m(b-y)\}\cos\{\xi_n(a-x)\}+$$

$$+\ 4\sum_{n=1}^{\infty}\sum_{m=1}^{\infty}\frac{\left(\xi_m^2+\lambda_{x0}^2\right)\left(\xi_n^2+\lambda_{0y}^2\right)\cos\{\xi_m(b-y)\}\cos\{\xi_n(a-x)\}}{\left\{b\left(\xi_m^2+\lambda_{x0}^2\right)+\lambda_{x0}\right\}\left\{a\left(\xi_n^2+\lambda_{0y}^2\right)+\lambda_{0y}\right\}\left\{\xi_n^2\eta_x+\xi_m^2\eta_y+s\right\}}\times$$

$$\times\int_0^b\int_0^a\varphi(u,v)\cos\{\xi_n(a-u)\}\cos\{\xi_m(b-v)\}\,du\,dv+ \qquad (7.44.1)$$

where $\overline{\overline{\psi}}_{0y}(m,s)=\int_0^b\overline{\psi}_{0y}(y,s)\cos\{\xi_m(b-y)\}\,dy$, $\overline{\psi}_{0y}(y,s)=\int_0^\infty\psi_{0y}(y,t)\,e^{-st}dt$, $\overline{\overline{\psi}}_{ay}(m,s)=\int_0^b\overline{\psi}_{ay}(m,s)\cos\{\xi_m(b-y)\}\,dy$, $\overline{\psi}_{ay}(y,s)=\int_0^\infty\psi_{ay}(y,t)\,e^{-st}dt$, $\overline{\overline{\psi}}_{x0}(n,s)=\int_0^a\overline{\psi}_{x0}(x,s)\cos\{\xi_n(a-x)\}\,dx$, $\overline{\psi}_{x0}(x,s)=\int_0^\infty\psi_{x0}(x,t)\,e^{-st}dt$, $\overline{\overline{\psi}}_{xb}(n,s)=\int_0^a\overline{\psi}_{xb}(x,s)\cos\{\xi_n(a-x)\}\,dx$, $\overline{\psi}_{xb}(x,s)=\int_0^\infty\psi_{xb}(x,t)\,e^{-st}dt$, ξ_n is a positive root of $\xi_n\tan(\xi_n a)=\lambda_{0y}$, $n=1,2,...$, and ξ_m is a positive root of $\xi_m\tan(\xi_m b)=\lambda_{x0}$, $m=1,2,....$

$$p=\frac{4U(t-t_0)}{\phi c_t}\sum_{n=1}^{\infty}\sum_{m=1}^{\infty}\frac{\left(\xi_m^2+\lambda_{x0}^2\right)\left(\xi_n^2+\lambda_{0y}^2\right)\cos\{\xi_m(b-y_0)\}\cos\{\xi_n(a-x_0)\}}{\left\{b\left(\xi_m^2+\lambda_{x0}^2\right)+\lambda_{x0}\right\}\left\{a\left(\xi_n^2+\lambda_{0y}^2\right)+\lambda_{0y}\right\}}\times$$

$$\times\cos\{\xi_m(b-y)\}\cos\{\xi_n(a-x)\}\int_0^{t-t_0}q(t-t_0-\tau)\,e^{-\left(\xi_n^2\eta_x+\xi_m^2\eta_y\right)\tau}d\tau+$$

$$+\ \frac{4}{a\phi c_t}\sum_{n=1}^{\infty}\sum_{m=1}^{\infty}\frac{\left(\xi_m^2+\lambda_{x0}^2\right)\left(\xi_n^2+\lambda_{0y}^2\right)\cos\{\xi_n(a-x)\}\cos\{\xi_m(b-y)\}}{\left\{b\left(\xi_m^2+\lambda_{x0}^2\right)+\lambda_{x0}\right\}\left\{a\left(\xi_n^2+\lambda_{0y}^2\right)+\lambda_{0y}\right\}}e^{-\left\{\xi_n^2\eta_x+\xi_m^2\eta_y\right\}t}\times$$

$$\times \int_0^t \left\{ \overline{\psi}_{0y}(\xi_m,\tau)\cos(\xi_n a) - \overline{\psi}_{ay}(\xi_m,\tau) \right\} e^{\{\xi_n^2\eta_x+\xi_m^2\eta_y\}\tau} d\tau +$$

$$+ \frac{4}{a\phi c_t}\sum_{n=1}^{\infty}\sum_{m=1}^{\infty} \frac{(\xi_m^2+\lambda_{x0}^2)(\xi_n^2+\lambda_{0y}^2)\cos\{\xi_n(a-x)\}\cos\{\xi_m(b-y)\}}{\{b(\xi_m^2+\lambda_{x0}^2)+\lambda_{x0}\}\{a(\xi_n^2+\lambda_{0y}^2)+\lambda_{0y}\}} e^{-\{\xi_n^2\eta_x+\xi_m^2\eta_y\}t} \times$$

$$\times \int_0^t \left\{ \overline{\psi}_{x0}(\xi_n,\tau)\cos(\xi_m b) - \overline{\psi}_{xb}(\xi_n,\tau) \right\} e^{\{\xi_n^2\eta_x+\xi_m^2\eta_y\}\tau} d\tau +$$

$$+ 4\sum_{n=1}^{\infty}\sum_{m=1}^{\infty} \frac{(\xi_m^2+\lambda_{x0}^2)(\xi_n^2+\lambda_{0y}^2)\cos\{\xi_m(b-y)\}\cos\{\xi_n(a-x)\} e^{-(\xi_n^2\eta_x+\xi_m^2\eta_y)t}}{\{b(\xi_m^2+\lambda_{x0}^2)+\lambda_{x0}\}\{a(\xi_n^2+\lambda_{0y}^2)+\lambda_{0y}\}} \times$$

$$\times \int_0^b\int_0^a \varphi(u,v)\cos\{\xi_n(a-u)\}\cos\{\xi_m(b-v)\}\, du\, dv \tag{7.44.2}$$

where $\overline{\psi}_{x0}(n,t) = \int_0^a \psi_{x0}(x,t)\cos\{\xi_n(a-x)\}\,dx$, $\overline{\psi}_{xb}(n,t) = \int_0^a \psi_{xb}(x,t)\cos\{\xi_n(a-x)\}\,dx$, $\overline{\psi}_{0y}(m,t) = \int_0^b \psi_{0y}(y,t)\cos\{\xi_m(b-y)\}\,dy$ and $\overline{\psi}_{ay}(m,t) = \int_0^b \psi_{ay}(y,t)\cos\{\xi_m(b-y)\}\,dy$.

7.45

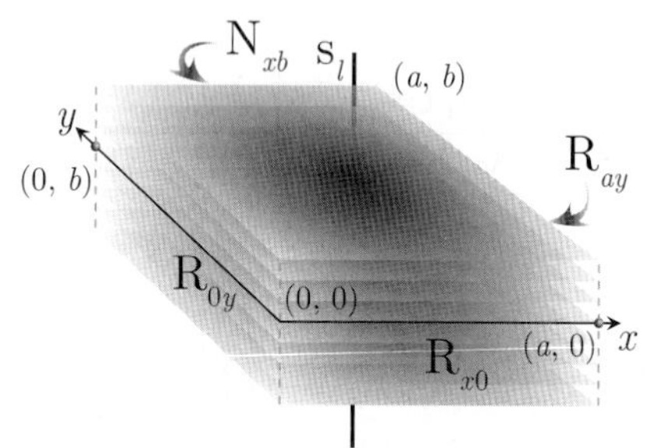

The problem of 7.1, except
$\mathbf{R}_{0y} \equiv \frac{\partial p(0,y,t)}{\partial x} - \lambda_{0y} p(0,y,t) = -\left(\frac{\mu}{k_x}\right)\psi_{0y}(y,t)$,
$\mathbf{R}_{ay} \equiv \frac{\partial p(a,y,t)}{\partial x} + \lambda_{ay} p(a,y,t) = -\left(\frac{\mu}{k_x}\right)\psi_{ay}(y,t)$,
$\mathbf{R}_{x0} \equiv \frac{\partial p(x,0,t)}{\partial y} - \lambda_{x0} p(x,0,t) = -\left(\frac{\mu}{k_y}\right)\psi_{x0}(x,t)$ **and**
$\mathbf{N}_{xb} \equiv \frac{\partial p(x,b,t)}{\partial y} = -\left(\frac{\mu}{k_y}\right)\psi_{xb}(x,t)$

$$\overline{p} = \frac{4q(s)e^{-st_0}}{\phi c_t}\sum_{n=1}^{\infty}\sum_{m=1}^{\infty} \frac{(\xi_m^2+\lambda_{x0}^2)\cos\{\xi_m(b-y_0)\}\{\xi_n\cos(\xi_n x_0)+\lambda_{0y}\sin(\xi_n x_0)\}}{\{b(\xi_m^2+\lambda_{x0}^2)+\lambda_{x0}\}\left\{(\xi_n^2+\lambda_{0y}^2)\left(a+\frac{\lambda_{ay}}{\xi_n^2+\lambda_{ay}^2}\right)+\lambda_{0y}\right\}\{\xi_n^2\eta_x+\xi_m^2\eta_y+s\}} \times$$

$$\times \cos\{\xi_m(b-y)\}\{\xi_n\cos(\xi_n x)+\lambda_{0y}\sin(\xi_n x)\} +$$

$$+ \frac{4}{a\phi c_t}\sum_{n=1}^{\infty}\sum_{m=1}^{\infty} \frac{(\xi_m^2+\lambda_{x0}^2)\left\{\xi_n\overline{\overline{\psi}}_{0y}(\xi_m,s) - \{\xi_n\cos(\xi_n a)+\lambda_{0y}\sin(\xi_n a)\}\overline{\overline{\psi}}_{ay}(\xi_m,s)\right\}}{\{b(\xi_m^2+\lambda_{x0}^2)+\lambda_{x0}\}\left\{(\xi_n^2+\lambda_{0y}^2)\left(a+\frac{\lambda_{ay}}{\xi_n^2+\lambda_{ay}^2}\right)+\lambda_{0y}\right\}\{\xi_n^2\eta_x+\xi_m^2\eta_y+s\}} \times$$

$$\times \cos\{\xi_m(b-y)\}\{\xi_n\cos(\xi_n x)+\lambda_{0y}\sin(\xi_n x)\} +$$

$$+ \frac{4}{a\phi c_t}\sum_{n=1}^{\infty}\sum_{m=1}^{\infty} \frac{(\xi_m^2+\lambda_{x0}^2)\left\{\overline{\overline{\psi}}_{x0}(\xi_n,s)\cos(\xi_m b) - \overline{\overline{\psi}}_{xb}(\xi_n,s)\right\}}{\{b(\xi_m^2+\lambda_{x0}^2)+\lambda_{x0}\}\left\{(\xi_n^2+\lambda_{0y}^2)\left(a+\frac{\lambda_{ay}}{\xi_n^2+\lambda_{ay}^2}\right)+\lambda_{0y}\right\}\{\xi_n^2\eta_x+\xi_m^2\eta_y+s\}} \times$$

$$\times \cos\{\xi_m(b-y)\}\{\xi_n\cos(\xi_n x)+\lambda_{0y}\sin(\xi_n x)\} +$$

$$+ 4\sum_{n=1}^{\infty}\sum_{m=1}^{\infty} \frac{(\xi_m^2+\lambda_{x0}^2)\cos\{\xi_m(b-y)\}\{\xi_n\cos(\xi_n x)+\lambda_{0y}\sin(\xi_n x)\}}{\{b(\xi_m^2+\lambda_{x0}^2)+\lambda_{x0}\}\left\{(\xi_n^2+\lambda_{0y}^2)\left(a+\frac{\lambda_{ay}}{\xi_n^2+\lambda_{ay}^2}\right)+\lambda_{0y}\right\}\{\xi_n^2\eta_x+\xi_m^2\eta_y+s\}} \times$$

$$\times \int_0^b\int_0^a \varphi(u,v)\{\xi_n\cos(\xi_n u)+\lambda_{0y}\sin(\xi_n u)\}\cos\{\xi_m(b-v)\}\, du\, dv \tag{7.45.1}$$

where $\overline{\overline{\psi}}_{0y}(m,s) = \int_0^b \overline{\psi}_{0y}(y,s)\cos\{\xi_m(b-y)\}\,dy$, $\overline{\psi}_{0y}(y,s) = \int_0^\infty \psi_{0y}(y,t)e^{-st}dt$,
$\overline{\overline{\psi}}_{ay}(m,s) = \int_0^b \overline{\psi}_{ay}(m,s)\cos\{\xi_m(b-y)\}\,dy$, $\overline{\psi}_{ay}(y,s) = \int_0^\infty \psi_{ay}(y,t)e^{-st}dt$,
$\overline{\overline{\psi}}_{x0}(n,s) = \int_0^a \overline{\psi}_{x0}(x,s)\{\xi_n\cos(\xi_n x)+\lambda_{0y}\sin(\xi_n x)\}\,dx$, $\overline{\psi}_{x0}(x,s) = \int_0^\infty \psi_{x0}(x,t)e^{-st}dt$,

$\overline{\overline{\psi}}_{xb}(n,s) = \int_0^a \overline{\psi}_{xb}(x,s)\{\xi_n \cos(\xi_n x) + \lambda_{0y}\sin(\xi_n x)\}\,dx$, $\overline{\psi}_{xb}(x,s) = \int_0^\infty \psi_{xb}(x,t)\,e^{-st}dt$, ξ_n is a positive root of $\tan(\xi_n a) = \frac{\xi_n(\lambda_{ay}+\lambda_{0y})}{\xi_n^2-\lambda_{0y}\lambda_{ay}}$, $n = 1, 2, ...$, and ξ_m is a positive root of $\xi_m \tan(\xi_m b) = \lambda_{x0}$, $m = 1, 2, ...$

$$p = \frac{4U(t-t_0)}{\phi c_t}\sum_{n=1}^{\infty}\sum_{m=1}^{\infty}\frac{(\xi_m^2+\lambda_{x0}^2)\cos\{\xi_m(b-y_0)\}\{\xi_n\cos(\xi_n x_0)+\lambda_{0y}\sin(\xi_n x_0)\}}{\{b(\xi_m^2+\lambda_{x0}^2)+\lambda_{x0}\}\left\{(\xi_n^2+\lambda_{0y}^2)\left(a+\frac{\lambda_{ay}}{\xi_n^2+\lambda_{ay}^2}\right)+\lambda_{0y}\right\}}\times$$

$$\times\cos\{\xi_m(b-y)\}\{\xi_n\cos(\xi_n x)+\lambda_{0y}\sin(\xi_n x)\}\int_0^{t-t_0} q(t-t_0-\tau)\,e^{-(\xi_n^2\eta_x+\xi_m^2\eta_y)\tau}d\tau +$$

$$+\frac{4}{a\phi c_t}\sum_{n=1}^{\infty}\sum_{m=1}^{\infty}\frac{(\xi_m^2+\lambda_{x0}^2)\{\xi_n\cos(\xi_n x)+\lambda_{0y}\sin(\xi_n x)\}\cos\{\xi_m(b-y)\}}{\{b(\xi_m^2+\lambda_{x0}^2)+\lambda_{x0}\}\left\{(\xi_n^2+\lambda_{0y}^2)\left(a+\frac{\lambda_{ay}}{\xi_n^2+\lambda_{ay}^2}\right)+\lambda_{0y}\right\}}e^{-\{\xi_n^2\eta_x+\xi_m^2\eta_y\}t}\times$$

$$\times\int_0^t\left\{\xi_n\overline{\psi}_{0y}(\xi_m,\tau)-\{\xi_n\cos(\xi_n a)+\lambda_{0y}\sin(\xi_n a)\}\overline{\psi}_{ay}(\xi_m,\tau)\right\}e^{\{\xi_n^2\eta_x+\xi_m^2\eta_y\}\tau}d\tau +$$

$$+\frac{4}{a\phi c_t}\sum_{n=1}^{\infty}\sum_{m=1}^{\infty}\frac{(\xi_m^2+\lambda_{x0}^2)\{\xi_n\cos(\xi_n x)+\lambda_{0y}\sin(\xi_n x)\}\cos\{\xi_m(b-y)\}}{\{b(\xi_m^2+\lambda_{x0}^2)+\lambda_{x0}\}\left\{(\xi_n^2+\lambda_{0y}^2)\left(a+\frac{\lambda_{ay}}{\xi_n^2+\lambda_{ay}^2}\right)+\lambda_{0y}\right\}}e^{-\{\xi_n^2\eta_x+\xi_m^2\eta_y\}t}\times$$

$$\times\int_0^t\left\{\overline{\psi}_{x0}(\xi_n,\tau)\cos(\xi_m b)-\overline{\psi}_{xb}(\xi_n,\tau)\right\}e^{\{\xi_n^2\eta_x+\xi_m^2\eta_y\}\tau}d\tau +$$

$$+\,4\sum_{n=1}^{\infty}\sum_{m=1}^{\infty}\frac{(\xi_m^2+\lambda_{x0}^2)\cos\{\xi_m(b-y)\}\{\xi_n\cos(\xi_n x)+\lambda_{0y}\sin(\xi_n x)\}e^{-(\xi_n^2\eta_x+\xi_m^2\eta_y)t}}{\{b(\xi_m^2+\lambda_{x0}^2)+\lambda_{x0}\}\left\{(\xi_n^2+\lambda_{0y}^2)\left(a+\frac{\lambda_{ay}}{\xi_n^2+\lambda_{ay}^2}\right)+\lambda_{0y}\right\}}\times$$

$$\times\int_0^b\int_0^a\varphi(u,v)\{\xi_n\cos(\xi_n u)+\lambda_{0y}\sin(\xi_n u)\}\cos\{\xi_m(b-v)\}\,du\,dv \tag{7.45.2}$$

where $\overline{\psi}_{x0}(n,t) = \int_0^a \psi_{x0}(x,t)\{\xi_n\cos(\xi_n x)+\lambda_{0y}\sin(\xi_n x)\}\,dx$,
$\overline{\psi}_{xb}(n,t) = \int_0^a \psi_{xb}(x,t)\{\xi_n\cos(\xi_n x)+\lambda_{0y}\sin(\xi_n x)\}\,dx$, $\overline{\psi}_{0y}(m,t) = \int_0^b \psi_{0y}(y,t)\cos\{\xi_m(b-y)\}\,dy$ and $\overline{\psi}_{ay}(m,t) = \int_0^b \psi_{ay}(y,t)\cos\{\xi_m(b-y)\}\,dy$.

7.46 The problem of 7.1, except

$\mathbf{R}_{0y} \equiv \frac{\partial p(0,y,t)}{\partial x} - \lambda_{0y}p(0,y,t) = -\left(\frac{\mu}{k_x}\right)\psi_{0y}(y,t)$,
$\mathbf{D}_{ay} \equiv p(a,y,t) = \psi_{ay}(y,t)$,
$\mathbf{R}_{x0} \equiv \frac{\partial p(x,0,t)}{\partial y} - \lambda_{x0}p(x,0,t) = -\left(\frac{\mu}{k_y}\right)\psi_{x0}(x,t)$ and
$\mathbf{R}_{xb} \equiv \frac{\partial p(x,b,t)}{\partial y} + \lambda_{xb}p(x,b,t) = -\left(\frac{\mu}{k_y}\right)\psi_{xb}(x,t)$

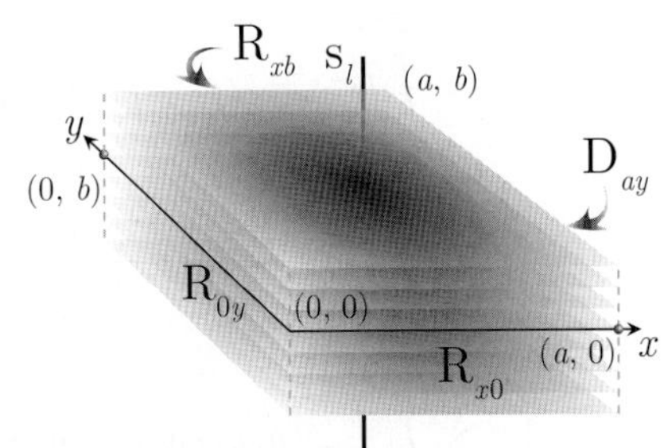

$$\overline{p} = \frac{4q(s)\,e^{-st_0}}{\phi c_t}\sum_{n=1}^{\infty}\sum_{m=1}^{\infty}\frac{(\xi_n^2+\lambda_{0y}^2)\{\xi_m\cos(\xi_m y_0)+\lambda_{x0}\sin(\xi_m y_0)\}\sin\{\xi_n(a-x_0)\}}{\left\{(\xi_m^2+\lambda_{x0}^2)\left(b+\frac{\lambda_{xb}}{\xi_m^2+\lambda_{xb}^2}\right)+\lambda_{x0}\right\}\{a(\xi_n^2+\lambda_{0y}^2)+\lambda_{0y}\}\{\xi_n^2\eta_x+\xi_m^2\eta_y+s\}}\times$$
$$\times\{\xi_m\cos(\xi_m y)+\lambda_{x0}\sin(\xi_m y)\}\sin\{\xi_n(a-x)\}+$$

$$+\frac{4}{a\phi c_t}\sum_{n=1}^{\infty}\sum_{m=1}^{\infty}\frac{\left(\xi_n^2+\lambda_{0y}^2\right)\left\{\overline{\overline{\psi}}_{0y}\left(\xi_m,s\right)\sin\left(\xi_n a\right)+\xi_n\left(\frac{k_x}{\mu}\right)\overline{\overline{\psi}}_{ay}\left(\xi_m,s\right)\right\}}{\left\{\left(\xi_m^2+\lambda_{x0}^2\right)\left(b+\frac{\lambda_{xb}}{\xi_m^2+\lambda_{xb}^2}\right)+\lambda_{x0}\right\}\left\{a\left(\xi_n^2+\lambda_{0y}^2\right)+\lambda_{0y}\right\}\left\{\xi_n^2\eta_x+\xi_m^2\eta_y+s\right\}}\times$$
$$\times\left\{\xi_m\cos\left(\xi_m y\right)+\lambda_{x0}\sin\left(\xi_m y\right)\right\}\sin\left\{\xi_n\left(a-x\right)\right\}+$$
$$+\frac{4}{a\phi c_t}\sum_{n=1}^{\infty}\sum_{m=1}^{\infty}\frac{\left(\xi_n^2+\lambda_{0y}^2\right)\left\{\xi_m\overline{\overline{\psi}}_{x0}\left(\xi_n,s\right)-\left\{\xi_m\cos\left(\xi_m b\right)+\lambda_{x0}\sin\left(\xi_m b\right)\right\}\overline{\overline{\psi}}_{xb}\left(\xi_n,s\right)\right\}}{\left\{\left(\xi_m^2+\lambda_{x0}^2\right)\left(b+\frac{\lambda_{xb}}{\xi_m^2+\lambda_{xb}^2}\right)+\lambda_{x0}\right\}\left\{a\left(\xi_n^2+\lambda_{0y}^2\right)+\lambda_{0y}\right\}\left\{\xi_n^2\eta_x+\xi_m^2\eta_y+s\right\}}\times$$
$$\times\left\{\xi_m\cos\left(\xi_m y\right)+\lambda_{x0}\sin\left(\xi_m y\right)\right\}\sin\left\{\xi_n\left(a-x\right)\right\}+$$
$$+4\sum_{n=1}^{\infty}\sum_{m=1}^{\infty}\frac{\left(\xi_n^2+\lambda_{0y}^2\right)\left\{\xi_m\cos\left(\xi_m y\right)+\lambda_{x0}\sin\left(\xi_m y\right)\right\}\sin\left\{\xi_n\left(a-x\right)\right\}}{\left\{\left(\xi_m^2+\lambda_{x0}^2\right)\left(b+\frac{\lambda_{xb}}{\xi_m^2+\lambda_{xb}^2}\right)+\lambda_{x0}\right\}\left\{a\left(\xi_n^2+\lambda_{0y}^2\right)+\lambda_{0y}\right\}\left\{\xi_n^2\eta_x+\xi_m^2\eta_y+s\right\}}\times$$
$$\times\int_0^b\int_0^a\varphi\left(u,v\right)\sin\left\{\xi_n\left(a-u\right)\right\}\left\{\xi_m\cos\left(\xi_m v\right)+\lambda_{x0}\sin\left(\xi_m v\right)\right\}du\,dv \tag{7.46.1}$$

where $\overline{\overline{\psi}}_{0y}\left(m,s\right)=\int_0^b\overline{\psi}_{0y}\left(y,s\right)\left\{\xi_m\cos\left(\xi_m y\right)+\lambda_{x0}\sin\left(\xi_m y\right)\right\}dy$, $\overline{\psi}_{0y}\left(y,s\right)=\int_0^\infty\psi_{0y}\left(y,t\right)e^{-st}dt$, $\overline{\overline{\psi}}_{ay}\left(m,s\right)=\int_0^b\overline{\psi}_{ay}\left(m,s\right)\left\{\xi_m\cos\left(\xi_m y\right)+\lambda_{x0}\sin\left(\xi_m y\right)\right\}dy$, $\overline{\psi}_{ay}\left(y,s\right)=\int_0^\infty\psi_{ay}\left(y,t\right)e^{-st}dt$, $\overline{\overline{\psi}}_{x0}\left(n,s\right)=\int_0^a\overline{\psi}_{x0}\left(x,s\right)\sin\left\{\xi_n\left(a-x\right)\right\}dx$, $\overline{\psi}_{x0}\left(x,s\right)=\int_0^\infty\psi_{x0}\left(x,t\right)e^{-st}dt$, $\overline{\overline{\psi}}_{xb}\left(n,s\right)=\int_0^a\overline{\psi}_{xb}\left(x,s\right)\sin\left\{\xi_n\left(a-x\right)\right\}dx$, $\overline{\psi}_{xb}\left(x,s\right)=\int_0^\infty\psi_{xb}\left(x,t\right)e^{-st}dt$, ξ_n is a positive root of $\xi_n\cot\left(\xi_n a\right)=-\lambda_{0y}$, $n=1,2,...$, and ξ_m is a positive root of $\tan\left(\xi_m b\right)=\frac{\xi_m\left(\lambda_{xb}+\lambda_{x0}\right)}{\xi_m^2-\lambda_{x0}\lambda_{xb}}$, $m=1,2,....$

$$p=\frac{4U\left(t-t_0\right)}{\phi c_t}\sum_{n=1}^{\infty}\sum_{m=1}^{\infty}\frac{\left(\xi_n^2+\lambda_{0y}^2\right)\left\{\xi_m\cos\left(\xi_m y_0\right)+\lambda_{x0}\sin\left(\xi_m y_0\right)\right\}\sin\left\{\xi_n\left(a-x_0\right)\right\}}{\left\{\left(\xi_m^2+\lambda_{x0}^2\right)\left(b+\frac{\lambda_{xb}}{\xi_m^2+\lambda_{xb}^2}\right)+\lambda_{x0}\right\}\left\{a\left(\xi_n^2+\lambda_{0y}^2\right)+\lambda_{0y}\right\}}\times$$
$$\times\left\{\xi_m\cos\left(\xi_m y\right)+\lambda_{x0}\sin\left(\xi_m y\right)\right\}\sin\left\{\xi_n\left(a-x\right)\right\}\int_0^{t-t_0}q\left(t-t_0-\tau\right)e^{-\left(\xi_n^2\eta_x+\xi_m^2\eta_y\right)\tau}d\tau+$$
$$+\frac{4}{a\phi c_t}\sum_{n=1}^{\infty}\sum_{m=1}^{\infty}\frac{\left(\xi_n^2+\lambda_{0y}^2\right)\sin\left\{\xi_n\left(a-x\right)\right\}\left\{\xi_m\cos\left(\xi_m y\right)+\lambda_{x0}\sin\left(\xi_m y\right)\right\}}{\left\{\left(\xi_m^2+\lambda_{x0}^2\right)\left(b+\frac{\lambda_{xb}}{\xi_m^2+\lambda_{xb}^2}\right)+\lambda_{x0}\right\}\left\{a\left(\xi_n^2+\lambda_{0y}^2\right)+\lambda_{0y}\right\}}e^{-\left\{\xi_n^2\eta_x+\xi_m^2\eta_y\right\}t}\times$$
$$\times\int_0^t\left\{\overline{\psi}_{0y}\left(\xi_m,\tau\right)\sin\left(\xi_n a\right)+\xi_n\left(\frac{k_x}{\mu}\right)\overline{\psi}_{ay}\left(\xi_m,\tau\right)\right\}e^{\left\{\xi_n^2\eta_x+\xi_m^2\eta_y\right\}\tau}d\tau+$$
$$+\frac{4}{a\phi c_t}\sum_{n=1}^{\infty}\sum_{m=1}^{\infty}\frac{\left(\xi_n^2+\lambda_{0y}^2\right)\sin\left\{\xi_n\left(a-x\right)\right\}\left\{\xi_m\cos\left(\xi_m y\right)+\lambda_{x0}\sin\left(\xi_m y\right)\right\}}{\left\{\left(\xi_m^2+\lambda_{x0}^2\right)\left(b+\frac{\lambda_{xb}}{\xi_m^2+\lambda_{xb}^2}\right)+\lambda_{x0}\right\}\left\{a\left(\xi_n^2+\lambda_{0y}^2\right)+\lambda_{0y}\right\}}e^{-\left\{\xi_n^2\eta_x+\xi_m^2\eta_y\right\}t}\times$$
$$\times\int_0^t\left\{\xi_m\overline{\psi}_{x0}\left(\xi_n,\tau\right)-\left\{\xi_m\cos\left(\xi_m b\right)+\lambda_{x0}\sin\left(\xi_m b\right)\right\}\overline{\psi}_{xb}\left(\xi_n,\tau\right)\right\}e^{\left\{\xi_n^2\eta_x+\xi_m^2\eta_y\right\}\tau}d\tau+$$
$$+4\sum_{n=1}^{\infty}\sum_{m=1}^{\infty}\frac{\left(\xi_n^2+\lambda_{0y}^2\right)\left\{\xi_m\cos\left(\xi_m y\right)+\lambda_{x0}\sin\left(\xi_m y\right)\right\}\sin\left\{\xi_n\left(a-x\right)\right\}e^{-\left(\xi_n^2\eta_x+\xi_m^2\eta_y\right)t}}{\left\{\left(\xi_m^2+\lambda_{x0}^2\right)\left(b+\frac{\lambda_{xb}}{\xi_m^2+\lambda_{xb}^2}\right)+\lambda_{x0}\right\}\left\{a\left(\xi_n^2+\lambda_{0y}^2\right)+\lambda_{0y}\right\}}\times$$
$$\times\int_0^b\int_0^a\varphi\left(u,v\right)\sin\left\{\xi_n\left(a-u\right)\right\}\left\{\xi_m\cos\left(\xi_m v\right)+\lambda_{x0}\sin\left(\xi_m v\right)\right\}du\,dv \tag{7.46.2}$$

where $\overline{\psi}_{x0}\left(n,t\right)=\int_0^a\psi_{x0}\left(x,t\right)\sin\left\{\xi_n\left(a-x\right)\right\}dx$, $\overline{\psi}_{xb}\left(n,t\right)=\int_0^a\psi_{xb}\left(x,t\right)\sin\left\{\xi_n\left(a-x\right)\right\}dx$, $\overline{\psi}_{0y}\left(m,t\right)=\int_0^b\psi_{0y}\left(y,t\right)\left\{\xi_m\cos\left(\xi_m y\right)+\lambda_{x0}\sin\left(\xi_m y\right)\right\}dy$ and $\overline{\psi}_{ay}\left(m,t\right)=\int_0^b\psi_{ay}\left(y,t\right)\left\{\xi_m\cos\left(\xi_m y\right)+\lambda_{x0}\sin\left(\xi_m y\right)\right\}dy$.

7.47 **The problem of 7.1, except**
$\mathbf{R_{0y}} \equiv \frac{\partial p(0,y,t)}{\partial x} - \lambda_{0y} p\left(0,y,t\right) = -\left(\frac{\mu}{k_x}\right)\psi_{0y}\left(y,t\right)$,
$\mathbf{N_{ay}} \equiv \frac{\partial p(a,y,t)}{\partial x} = -\left(\frac{\mu}{k_x}\right)\psi_{ay}\left(y,t\right)$,
$\mathbf{R_{x0}} \equiv \frac{\partial p(x,0,t)}{\partial y} - \lambda_{x0} p\left(x,0,t\right) = -\left(\frac{\mu}{k_y}\right)\psi_{x0}\left(x,t\right)$ **and**
$\mathbf{R_{xb}} \equiv \frac{\partial p(x,b,t)}{\partial y} + \lambda_{xb} p\left(x,b,t\right) = -\left(\frac{\mu}{k_y}\right)\psi_{xb}\left(x,t\right)$

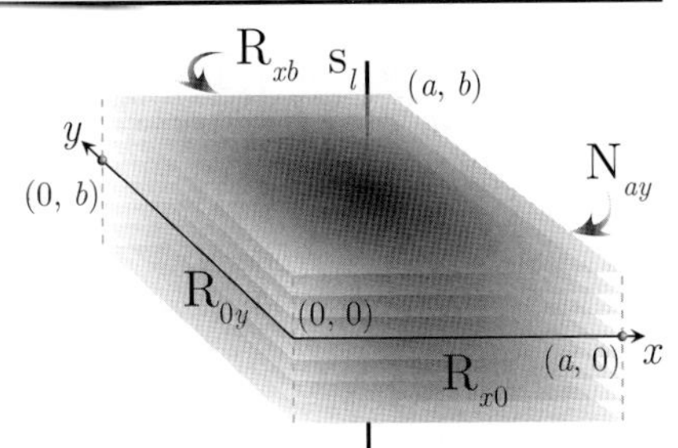

$$\overline{p} = \frac{4q\left(s\right)e^{-st_0}}{\phi c_t}\sum_{n=1}^{\infty}\sum_{m=1}^{\infty}\frac{\left(\xi_n^2+\lambda_{0y}^2\right)\left\{\xi_m\cos\left(\xi_m y_0\right)+\lambda_{x0}\sin\left(\xi_m y_0\right)\right\}\cos\left\{\xi_n\left(a-x_0\right)\right\}}{\left\{\left(\xi_m^2+\lambda_{x0}^2\right)\left(b+\frac{\lambda_{xb}}{\xi_m^2+\lambda_{xb}^2}\right)+\lambda_{x0}\right\}\left\{a\left(\xi_n^2+\lambda_{0y}^2\right)+\lambda_{0y}\right\}\left\{\xi_n^2\eta_x+\xi_m^2\eta_y+s\right\}}\times$$
$$\times\left\{\xi_m\cos\left(\xi_m y\right)+\lambda_{x0}\sin\left(\xi_m y\right)\right\}\cos\left\{\xi_n\left(a-x\right)\right\}+$$
$$+\frac{4}{a\phi c_t}\sum_{n=1}^{\infty}\sum_{m=1}^{\infty}\frac{\left(\xi_n^2+\lambda_{0y}^2\right)\left\{\overline{\overline{\psi}}_{0y}\left(\xi_m,s\right)\cos\left(\xi_n a\right)-\overline{\overline{\psi}}_{ay}\left(\xi_m,s\right)\right\}}{\left\{\left(\xi_m^2+\lambda_{x0}^2\right)\left(b+\frac{\lambda_{xb}}{\xi_m^2+\lambda_{xb}^2}\right)+\lambda_{x0}\right\}\left\{a\left(\xi_n^2+\lambda_{0y}^2\right)+\lambda_{0y}\right\}\left\{\xi_n^2\eta_x+\xi_m^2\eta_y+s\right\}}\times$$
$$\times\left\{\xi_m\cos\left(\xi_m y\right)+\lambda_{x0}\sin\left(\xi_m y\right)\right\}\cos\left\{\xi_n\left(a-x\right)\right\}+$$
$$+\frac{4}{a\phi c_t}\sum_{n=1}^{\infty}\sum_{m=1}^{\infty}\frac{\left(\xi_n^2+\lambda_{0y}^2\right)\left\{\xi_m\overline{\overline{\psi}}_{x0}\left(\xi_n,s\right)-\left\{\xi_m\cos\left(\xi_m b\right)+\lambda_{x0}\sin\left(\xi_m b\right)\right\}\overline{\overline{\psi}}_{xb}\left(\xi_n,s\right)\right\}}{\left\{\left(\xi_m^2+\lambda_{x0}^2\right)\left(b+\frac{\lambda_{xb}}{\xi_m^2+\lambda_{xb}^2}\right)+\lambda_{x0}\right\}\left\{a\left(\xi_n^2+\lambda_{0y}^2\right)+\lambda_{0y}\right\}\left\{\xi_n^2\eta_x+\xi_m^2\eta_y+s\right\}}\times$$
$$\times\left\{\xi_m\cos\left(\xi_m y\right)+\lambda_{x0}\sin\left(\xi_m y\right)\right\}\cos\left\{\xi_n\left(a-x\right)\right\}+$$
$$+4\sum_{n=1}^{\infty}\sum_{m=1}^{\infty}\frac{\left(\xi_n^2+\lambda_{0y}^2\right)\left\{\xi_m\cos\left(\xi_m y\right)+\lambda_{x0}\sin\left(\xi_m y\right)\right\}\cos\left\{\xi_n\left(a-x\right)\right\}}{\left\{\left(\xi_m^2+\lambda_{x0}^2\right)\left(b+\frac{\lambda_{xb}}{\xi_m^2+\lambda_{xb}^2}\right)+\lambda_{x0}\right\}\left\{a\left(\xi_n^2+\lambda_{0y}^2\right)+\lambda_{0y}\right\}\left\{\xi_n^2\eta_x+\xi_m^2\eta_y+s\right\}}\times$$
$$\times\int_0^b\int_0^a\varphi\left(u,v\right)\cos\left\{\xi_n\left(a-u\right)\right\}\left\{\xi_m\cos\left(\xi_m v\right)+\lambda_{x0}\sin\left(\xi_m v\right)\right\}du\,dv \qquad (7.47.1)$$

where $\overline{\overline{\psi}}_{0y}\left(m,s\right)=\int_0^b\overline{\psi}_{0y}\left(y,s\right)\left\{\xi_m\cos\left(\xi_m y\right)+\lambda_{x0}\sin\left(\xi_m y\right)\right\}dy$, $\overline{\psi}_{0y}\left(y,s\right)=\int_0^\infty\psi_{0y}\left(y,t\right)e^{-st}dt$, $\overline{\overline{\psi}}_{ay}\left(m,s\right)=\int_0^b\overline{\psi}_{ay}\left(m,s\right)\left\{\xi_m\cos\left(\xi_m y\right)+\lambda_{x0}\sin\left(\xi_m y\right)\right\}dy$, $\overline{\psi}_{ay}\left(y,s\right)=\int_0^\infty\psi_{ay}\left(y,t\right)e^{-st}dt$, $\overline{\overline{\psi}}_{x0}\left(n,s\right)=\int_0^a\overline{\psi}_{x0}\left(x,s\right)\cos\left\{\xi_n\left(a-x\right)\right\}dx$, $\overline{\psi}_{x0}\left(x,s\right)=\int_0^\infty\psi_{x0}\left(x,t\right)e^{-st}dt$, $\overline{\overline{\psi}}_{xb}\left(n,s\right)=\int_0^a\overline{\psi}_{xb}\left(x,s\right)\cos\left\{\xi_n\left(a-x\right)\right\}dx$, $\overline{\psi}_{xb}\left(x,s\right)=\int_0^\infty\psi_{xb}\left(x,t\right)e^{-st}dt$, ξ_n is a positive root of $\xi_n\tan\left(\xi_n a\right)=\lambda_{0y}$, $n=1,2,...$, and ξ_m is a positive root of $\tan\left(\xi_m b\right)=\frac{\xi_m\left(\lambda_{xb}+\lambda_{x0}\right)}{\xi_m^2-\lambda_{x0}\lambda_{xb}}$, $m=1,2,....$

$$p = \frac{4U\left(t-t_0\right)}{\phi c_t}\sum_{n=1}^{\infty}\sum_{m=1}^{\infty}\frac{\left(\xi_n^2+\lambda_{0y}^2\right)\left\{\xi_m\cos\left(\xi_m y_0\right)+\lambda_{x0}\sin\left(\xi_m y_0\right)\right\}\cos\left\{\xi_n\left(a-x_0\right)\right\}}{\left\{\left(\xi_m^2+\lambda_{x0}^2\right)\left(b+\frac{\lambda_{xb}}{\xi_m^2+\lambda_{xb}^2}\right)+\lambda_{x0}\right\}\left\{a\left(\xi_n^2+\lambda_{0y}^2\right)+\lambda_{0y}\right\}}\times$$
$$\times\left\{\xi_m\cos\left(\xi_m y\right)+\lambda_{x0}\sin\left(\xi_m y\right)\right\}\cos\left\{\xi_n\left(a-x\right)\right\}\int_0^{t-t_0}q\left(t-t_0-\tau\right)e^{-\left(\xi_n^2\eta_x+\xi_m^2\eta_y\right)\tau}d\tau+$$
$$+\frac{4}{a\phi c_t}\sum_{n=1}^{\infty}\sum_{m=1}^{\infty}\frac{\left(\xi_n^2+\lambda_{0y}^2\right)\cos\left\{\xi_n\left(a-x\right)\right\}\left\{\xi_m\cos\left(\xi_m y\right)+\lambda_{x0}\sin\left(\xi_m y\right)\right\}}{\left\{\left(\xi_m^2+\lambda_{x0}^2\right)\left(b+\frac{\lambda_{xb}}{\xi_m^2+\lambda_{xb}^2}\right)+\lambda_{x0}\right\}\left\{a\left(\xi_n^2+\lambda_{0y}^2\right)+\lambda_{0y}\right\}}e^{-\left\{\xi_n^2\eta_x+\xi_m^2\eta_y\right\}t}\times$$
$$\times\int_0^t\left\{\overline{\psi}_{0y}\left(\xi_m,\tau\right)\cos\left(\xi_n a\right)-\overline{\psi}_{ay}\left(\xi_m,\tau\right)\right\}e^{\left\{\xi_n^2\eta_x+\xi_m^2\eta_y\right\}\tau}d\tau+$$
$$+\frac{4}{a\phi c_t}\sum_{n=1}^{\infty}\sum_{m=1}^{\infty}\frac{\left(\xi_n^2+\lambda_{0y}^2\right)\cos\left\{\xi_n\left(a-x\right)\right\}\left\{\xi_m\cos\left(\xi_m y\right)+\lambda_{x0}\sin\left(\xi_m y\right)\right\}}{\left\{\left(\xi_m^2+\lambda_{x0}^2\right)\left(b+\frac{\lambda_{xb}}{\xi_m^2+\lambda_{xb}^2}\right)+\lambda_{x0}\right\}\left\{a\left(\xi_n^2+\lambda_{0y}^2\right)+\lambda_{0y}\right\}}e^{-\left\{\xi_n^2\eta_x+\xi_m^2\eta_y\right\}t}\times$$
$$\times\int_0^t\left\{\xi_m\overline{\psi}_{x0}\left(\xi_n,\tau\right)-\left\{\xi_m\cos\left(\xi_m b\right)+\lambda_{x0}\sin\left(\xi_m b\right)\right\}\overline{\psi}_{xb}\left(\xi_n,\tau\right)\right\}e^{\left\{\xi_n^2\eta_x+\xi_m^2\eta_y\right\}\tau}d\tau+$$

$$+\ 4\sum_{n=1}^{\infty}\sum_{m=1}^{\infty}\frac{\left(\xi_n^2+\lambda_{0y}^2\right)\{\xi_m\cos(\xi_m y)+\lambda_{x0}\sin(\xi_m y)\}\cos\{\xi_n(a-x)\}\,e^{-\left(\xi_n^2\eta_x+\xi_m^2\eta_y\right)t}}{\left\{\left(\xi_m^2+\lambda_{x0}^2\right)\left(b+\frac{\lambda_{xb}}{\xi_m^2+\lambda_{xb}^2}\right)+\lambda_{x0}\right\}\left\{a\left(\xi_n^2+\lambda_{0y}^2\right)+\lambda_{0y}\right\}}\times$$

$$\times\int_0^b\int_0^a\varphi(u,v)\cos\{\xi_n(a-u)\}\{\xi_m\cos(\xi_m v)+\lambda_{x0}\sin(\xi_m v)\}\,du\,dv \qquad (7.47.2)$$

where $\overline{\psi}_{x0}(n,t)=\int_0^a\psi_{x0}(x,t)\cos\{\xi_n(a-x)\}\,dx$, $\overline{\psi}_{xb}(n,t)=\int_0^a\psi_{xb}(x,t)\cos\{\xi_n(a-x)\}\,dx$, $\overline{\psi}_{0y}(m,t)=\int_0^b\psi_{0y}(y,t)\{\xi_m\cos(\xi_m y)+\lambda_{x0}\sin(\xi_m y)\}\,dy$ and $\overline{\psi}_{ay}(m,t)=\int_0^b\psi_{ay}(y,t)\{\xi_m\cos(\xi_m y)+\lambda_{x0}\sin(\xi_m y)\}\,dy$.

7.48

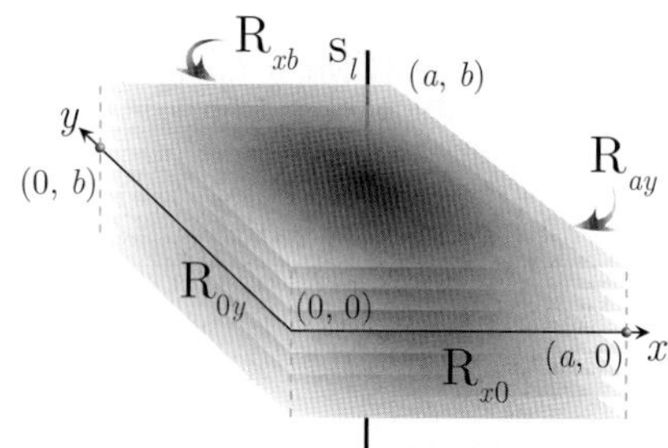

The problem of 7.1, except
$\mathbf{R_{0y}\equiv\frac{\partial p(0,y,t)}{\partial x}-\lambda_{0y}p(0,y,t)=-\left(\frac{\mu}{k_x}\right)\psi_{0y}(y,t)}$,
$\mathbf{R_{ay}\equiv\frac{\partial p(a,y,t)}{\partial x}+\lambda_{ay}p(a,y,t)=-\left(\frac{\mu}{k_x}\right)\psi_{ay}(y,t)}$,
$\mathbf{R_{x0}\equiv\frac{\partial p(x,0,t)}{\partial y}-\lambda_{x0}p(x,0,t)=-\left(\frac{\mu}{k_y}\right)\psi_{x0}(x,t)}$ **and**
$\mathbf{R_{xb}\equiv\frac{\partial p(x,b,t)}{\partial y}+\lambda_{xb}p(x,b,t)=-\left(\frac{\mu}{k_y}\right)\psi_{xb}(x,t)}$

$$\overline{p}=\frac{4q(s)e^{-st_0}}{\phi c_t}\sum_{n=1}^{\infty}\sum_{m=1}^{\infty}\frac{\{\xi_n\cos(\xi_n x_0)+\lambda_{0y}\sin(\xi_n x_0)\}\{\xi_m\cos(\xi_m y_0)+\lambda_{x0}\sin(\xi_m y_0)\}}{\left\{\left(\xi_n^2+\lambda_{0y}^2\right)\left(a+\frac{\lambda_{ay}}{\xi_n^2+\lambda_{ay}^2}\right)+\lambda_{0y}\right\}\left\{\left(\xi_m^2+\lambda_{x0}^2\right)\left(b+\frac{\lambda_{xb}}{\xi_m^2+\lambda_{xb}^2}\right)+\lambda_{x0}\right\}}\times$$

$$\times\frac{\{\xi_n\cos(\xi_n x)+\lambda_{0y}\sin(\xi_n x)\}\{\xi_m\cos(\xi_m y)+\lambda_{x0}\sin(\xi_m y)\}}{\{\xi_n^2\eta_x+\xi_m^2\eta_y+s\}}+$$

$$+\frac{4}{a\phi c_t}\sum_{n=1}^{\infty}\sum_{m=1}^{\infty}\frac{\left\{\xi_n\overline{\overline{\psi}}_{0y}(\xi_m,s)-\{\xi_n\cos(\xi_n a)+\lambda_{0y}\sin(\xi_n a)\}\overline{\overline{\psi}}_{ay}(\xi_m,s)\right\}}{\left\{\left(\xi_n^2+\lambda_{0y}^2\right)\left(a+\frac{\lambda_{ay}}{\xi_n^2+\lambda_{ay}^2}\right)+\lambda_{0y}\right\}\left\{\left(\xi_m^2+\lambda_{x0}^2\right)\left(b+\frac{\lambda_{xb}}{\xi_m^2+\lambda_{xb}^2}\right)+\lambda_{x0}\right\}}\times$$

$$\times\frac{\{\xi_n\cos(\xi_n x)+\lambda_{0y}\sin(\xi_n x)\}\{\xi_m\cos(\xi_m y)+\lambda_{x0}\sin(\xi_m y)\}}{\{\xi_n^2\eta_x+\xi_m^2\eta_y+s\}}+$$

$$+\frac{4}{a\phi c_t}\sum_{n=1}^{\infty}\sum_{m=1}^{\infty}\frac{\left\{\xi_m\overline{\overline{\psi}}_{x0}(\xi_n,s)-\{\xi_m\cos(\xi_m b)+\lambda_{x0}\sin(\xi_m b)\}\overline{\overline{\psi}}_{xb}(\xi_n,s)\right\}}{\left\{\left(\xi_n^2+\lambda_{0y}^2\right)\left(a+\frac{\lambda_{ay}}{\xi_n^2+\lambda_{ay}^2}\right)+\lambda_{0y}\right\}\left\{\left(\xi_m^2+\lambda_{x0}^2\right)\left(b+\frac{\lambda_{xb}}{\xi_m^2+\lambda_{xb}^2}\right)+\lambda_{x0}\right\}}\times$$

$$\times\frac{\{\xi_n\cos(\xi_n x)+\lambda_{0y}\sin(\xi_n x)\}\{\xi_m\cos(\xi_m y)+\lambda_{x0}\sin(\xi_m y)\}}{\{\xi_n^2\eta_x+\xi_m^2\eta_y+s\}}+$$

$$+\ 4\sum_{n=1}^{\infty}\sum_{m=1}^{\infty}\frac{\{\xi_n\cos(\xi_n x)+\lambda_{0y}\sin(\xi_n x)\}\{\xi_m\cos(\xi_m y)+\lambda_{x0}\sin(\xi_m y)\}}{\left\{\left(\xi_n^2+\lambda_{0y}^2\right)\left(a+\frac{\lambda_{ay}}{\xi_n^2+\lambda_{ay}^2}\right)+\lambda_{0y}\right\}\left\{\left(\xi_m^2+\lambda_{x0}^2\right)\left(b+\frac{\lambda_{xb}}{\xi_m^2+\lambda_{xb}^2}\right)+\lambda_{x0}\right\}\{\xi_n^2\eta_x+\xi_m^2\eta_y+s\}}\times$$

$$\times\int_0^b\int_0^a\varphi(u,v)\{\xi_n\cos(\xi_n u)+\lambda_{0y}\sin(\xi_n u)\}\{\xi_m\cos(\xi_m v)+\lambda_{x0}\sin(\xi_m v)\}\,du\,dv \qquad (7.48.1)$$

where $\overline{\overline{\psi}}_{0y}(m,s)=\int_0^b\overline{\psi}_{0y}(y,s)\{\xi_m\cos(\xi_m y)+\lambda_{x0}\sin(\xi_m y)\}\,dy$, $\overline{\psi}_{0y}(y,s)=\int_0^\infty\psi_{0y}(y,t)\,e^{-st}dt$, $\overline{\overline{\psi}}_{ay}(m,s)=\int_0^b\overline{\psi}_{ay}(m,s)\{\xi_m\cos(\xi_m y)+\lambda_{x0}\sin(\xi_m y)\}\,dy$, $\overline{\psi}_{ay}(y,s)=\int_0^\infty\psi_{ay}(y,t)\,e^{-st}dt$, $\overline{\overline{\psi}}_{x0}(n,s)=\int_0^a\overline{\psi}_{x0}(x,s)\{\xi_n\cos(\xi_n x)+\lambda_{0y}\sin(\xi_n x)\}\,dx$, $\overline{\psi}_{x0}(x,s)=\int_0^\infty\psi_{x0}(x,t)\,e^{-st}dt$, $\overline{\overline{\psi}}_{xb}(n,s)=\int_0^a\overline{\psi}_{xb}(x,s)\{\xi_n\cos(\xi_n x)+\lambda_{0y}\sin(\xi_n x)\}\,dx$, $\overline{\psi}_{xb}(x,s)=\int_0^\infty\psi_{xb}(x,t)\,e^{-st}dt$, ξ_n is a positive root of $\tan(\xi_n a)=\frac{\xi_n(\lambda_{ay}+\lambda_{0y})}{\xi_n^2-\lambda_{0y}\lambda_{ay}}$, $n=1,2,...$, and ξ_m is a positive root of $\tan(\xi_m b)=\frac{\xi_m(\lambda_{xb}+\lambda_{x0})}{\xi_m^2-\lambda_{x0}\lambda_{xb}}$, $m=1,2,....$

$$p = \frac{4U(t-t_0)}{\phi c_t}\sum_{n=1}^{\infty}\sum_{m=1}^{\infty}\frac{\{\xi_n\cos(\xi_n x_0)+\lambda_{0y}\sin(\xi_n x_0)\}\{\xi_m\cos(\xi_m y_0)+\lambda_{x0}\sin(\xi_m y_0)\}}{\left\{(\xi_n^2+\lambda_{0y}^2)\left(a+\frac{\lambda_{ay}}{\xi_n^2+\lambda_{ay}^2}\right)+\lambda_{0y}\right\}\left\{(\xi_m^2+\lambda_{x0}^2)\left(b+\frac{\lambda_{xb}}{\xi_m^2+\lambda_{xb}^2}\right)+\lambda_{x0}\right\}}\times$$

$$\times\{\xi_n\cos(\xi_n x)+\lambda_{0y}\sin(\xi_n x)\}\{\xi_m\cos(\xi_m y)+\lambda_{x0}\sin(\xi_m y)\}\int_0^{t-t_0}q(t-t_0-\tau)\,e^{-(\xi_n^2\eta_x+\xi_m^2\eta_y)\tau}d\tau+$$

$$+\frac{4}{a\phi c_t}\sum_{n=1}^{\infty}\sum_{m=1}^{\infty}\frac{\{\xi_n\cos(\xi_n x)+\lambda_{0y}\sin(\xi_n x)\}\{\xi_m\cos(\xi_m y)+\lambda_{x0}\sin(\xi_m y)\}\,e^{-\{\xi_n^2\eta_x+\xi_m^2\eta_y\}t}}{\left\{(\xi_n^2+\lambda_{0y}^2)\left(a+\frac{\lambda_{ay}}{\xi_n^2+\lambda_{ay}^2}\right)+\lambda_{0y}\right\}\left\{(\xi_m^2+\lambda_{x0}^2)\left(b+\frac{\lambda_{xb}}{\xi_m^2+\lambda_{xb}^2}\right)+\lambda_{x0}\right\}}\times$$

$$\times\int_0^t\left\{\xi_n\overline{\psi}_{0y}(\xi_m,\tau)-\{\xi_n\cos(\xi_n a)+\lambda_{0y}\sin(\xi_n a)\}\overline{\psi}_{ay}(\xi_m,\tau)\right\}e^{\{\xi_n^2\eta_x+\xi_m^2\eta_y\}\tau}d\tau+$$

$$+\frac{4}{a\phi c_t}\sum_{n=1}^{\infty}\sum_{m=1}^{\infty}\frac{\{\xi_n\cos(\xi_n x)+\lambda_{0y}\sin(\xi_n x)\}\{\xi_m\cos(\xi_m y)+\lambda_{x0}\sin(\xi_m y)\}\,e^{-\{\xi_n^2\eta_x+\xi_m^2\eta_y\}t}}{\left\{(\xi_n^2+\lambda_{0y}^2)\left(a+\frac{\lambda_{ay}}{\xi_n^2+\lambda_{ay}^2}\right)+\lambda_{0y}\right\}\left\{(\xi_m^2+\lambda_{x0}^2)\left(b+\frac{\lambda_{xb}}{\xi_m^2+\lambda_{xb}^2}\right)+\lambda_{x0}\right\}}\times$$

$$\times\int_0^t\left\{\xi_m\overline{\psi}_{x0}(\xi_n,\tau)-\{\xi_m\cos(\xi_m b)+\lambda_{x0}\sin(\xi_m b)\}\overline{\psi}_{xb}(\xi_n,\tau)\right\}e^{\{\xi_n^2\eta_x+\xi_m^2\eta_y\}\tau}d\tau+$$

$$+4\sum_{n=1}^{\infty}\sum_{m=1}^{\infty}\frac{\{\xi_n\cos(\xi_n x)+\lambda_{0y}\sin(\xi_n x)\}\{\xi_m\cos(\xi_m y)+\lambda_{x0}\sin(\xi_m y)\}\,e^{-(\xi_n^2\eta_x+\xi_m^2\eta_y)t}}{\left\{(\xi_n^2+\lambda_{0y}^2)\left(a+\frac{\lambda_{ay}}{\xi_n^2+\lambda_{ay}^2}\right)+\lambda_{0y}\right\}\left\{(\xi_m^2+\lambda_{x0}^2)\left(b+\frac{\lambda_{xb}}{\xi_m^2+\lambda_{xb}^2}\right)+\lambda_{x0}\right\}}\times$$

$$\times\int_0^b\int_0^a\varphi(u,v)\{\xi_n\cos(\xi_n u)+\lambda_{0y}\sin(\xi_n u)\}\{\xi_m\cos(\xi_m v)+\lambda_{x0}\sin(\xi_m v)\}\,du\,dv \qquad (7.48.2)$$

where $\overline{\psi}_{x0}(n,t)=\int_0^a\psi_{x0}(x,t)\{\xi_n\cos(\xi_n x)+\lambda_{0y}\sin(\xi_n x)\}\,dx$,
$\overline{\psi}_{xb}(n,t)=\int_0^a\psi_{xb}(x,t)\{\xi_n\cos(\xi_n x)+\lambda_{0y}\sin(\xi_n x)\}\,dx$,
$\overline{\psi}_{0y}(m,t)=\int_0^b\psi_{0y}(y,t)\{\xi_m\cos(\xi_m y)+\lambda_{x0}\sin(\xi_m y)\}\,dy$ and
$\overline{\psi}_{ay}(m,t)=\int_0^b\psi_{ay}(y,t)\{\xi_m\cos(\xi_m y)+\lambda_{x0}\sin(\xi_m y)\}\,dy$.

7.49 Subdivided rectangle. Line source at (x_{0j},y_{0j}) at time $t=t_{0j}$; $0<x_{0j}<a$, $b_j<y_{0j}<b_{j+1}$, $t_{0j}\geq 0$. At $x=0$, $p_j(0,y,t)=\psi_{0yj}(y,t)$ and at $x=a$, $p_j(a,y,t)=\psi_{ayj}(y,t)$, $b_j<y<b_{j+1}$, $\forall j=0,1,...,\aleph-1$, $t>0$. At $y=b_0$, $\frac{\partial p(x,b_0,t)}{\partial y}=-\left(\frac{\mu}{k_y}\right)_0\psi_0(x,t)$ and at $y=b_\aleph$, $\frac{\partial p(x,b_\aleph,t)}{\partial y}=-\left(\frac{\mu}{k_y}\right)_\aleph\psi_\aleph(x,t)$. At $y=b_j$, $\forall j=1,2,...,\aleph-1$, $\psi_j(x,t)=-\left(\frac{k_y}{\mu}\right)_j\left(\frac{\partial p_j(x,b_j,t)}{\partial y}\right)=-\left(\frac{k_y}{\mu}\right)_{j-1}\left(\frac{\partial p_{j-1}(x,b_j,t)}{\partial y}\right)$ and $\check{\lambda}_j\psi_j(x,t)=\{p_{j-1}(x,b_j,t)-p_j(x,b_j,t)\}$. The initial pressure $p_j(x,y,0)=\varphi_j(x,y)$

The solution for the region $[b_j<y<b_{j+1}]$, $\forall j=0,1,...,\aleph-1$, $t>0$, is given by

$$\overline{p}_j=\frac{q_j(s)\,e^{-st_{0j}}}{(\phi c_t)_j\,a}\sum_{n=1}^{\infty}\frac{\operatorname{csch}\left\{(b_{j+1}-b_j)\sqrt{\frac{\xi_n^2\eta_{xj}+s}{\eta_{yj}}}\right\}}{\sqrt{\{\xi_n^2\eta_{xj}+s\}\,\eta_{yj}}}\sin(\xi_n x_{0j})\sin(\xi_n x)\times$$

$$\times\left[\cosh\left\{(b_{j+1}-b_j-|y-y_{0j}|)\sqrt{\frac{\xi_n^2\eta_{xj}+s}{\eta_{yj}}}\right\}+\cosh\left\{(b_{j+1}+b_j-y-y_{0j})\sqrt{\frac{\xi_n^2\eta_{xj}+s}{\eta_{yj}}}\right\}\right]+$$

$$+\frac{2\eta_{xj}}{(b_{j+1}-b_j)}\sum_{m=0}^{\infty}\ni_m\operatorname{csch}\left\{a\sqrt{\frac{\xi_m^2\eta_{yj}+s}{\eta_{xj}}}\right\}\cos\{\xi_m(y-b_j)\}\times$$

$$\times\left[\overline{\overline{\psi}}_{ayj}(\xi_m,s)\sinh\left\{x\sqrt{\frac{\xi_m^2\eta_{yj}+s}{\eta_{xj}}}\right\}+\overline{\overline{\psi}}_{0yj}(\xi_m,s)\sinh\left\{(a-x)\sqrt{\frac{\xi_m^2\eta_{yj}+s}{\eta_{xj}}}\right\}\right]+$$

$$+\frac{2}{(\phi c_t)_j a\sqrt{\eta_{yj}}}\sum_{n=1}^{\infty}\frac{\left[\overline{\overline{\psi}}_j(\xi_n,s)\cosh\left\{(b_{j+1}-y)\sqrt{\frac{\xi_n^2\eta_{xj}+s}{\eta_{yj}}}\right\}-\overline{\overline{\psi}}_{j+1}(\xi_n,s)\cosh\left\{(y-b_j)\sqrt{\frac{\xi_n^2\eta_{xj}+s}{\eta_{yj}}}\right\}\right]}{\sqrt{\{\xi_n^2\eta_{xj}+s\}}}\times$$

$$\times\operatorname{csch}\left\{(b_{j+1}-b_j)\sqrt{\frac{\xi_n^2\eta_{xj}+s}{\eta_{yj}}}\right\}\sin(\xi_n x)+$$

$$+\frac{1}{a\sqrt{\eta_{yj}}}\sum_{n=1}^{\infty}\frac{\operatorname{csch}\left\{(b_{j+1}-b_j)\sqrt{\frac{(\xi_n^2\eta_{xj}+s)}{\eta_{yj}}}\right\}\sin(\xi_n x)}{\sqrt{\{\xi_n^2\eta_{xj}+s\}}}\int\limits_0^{b_{j+1}-b_j}\int\limits_0^a\varphi(u,v+b_j)\sin(\xi_n u)\times$$

$$\times\left[\cosh\left\{(b_{j+1}-b_j-|y-v-b_j|)\sqrt{\frac{\xi_n^2\eta_{xj}+s}{\eta_{yj}}}\right\}+\cosh\left\{(b_{j+1}-y-v)\sqrt{\frac{\xi_n^2\eta_{xj}+s}{\eta_{yj}}}\right\}\right]dudv \quad (7.49.1)$$

and

$$p_j=\frac{U(t-t_{0j})}{4(\phi c_t)_j a(b_{j+1}-b_j)}\int\limits_0^{t-t_{0j}}q_j(t-t_{0j}-\tau)\left[\Theta_3\left\{\frac{\pi(x-x_{0j})}{2a},e^{-\left(\frac{\pi}{a}\right)^2\eta_{xj}\tau}\right\}-\right.$$

$$\left.-\ \Theta_3\left\{\frac{\pi(x+x_{0j})}{2a},e^{-\left(\frac{\pi}{a}\right)^2\eta_{xj}\tau}\right\}\right]\times$$

$$\times\left[\Theta_3\left\{\frac{\pi(y-y_{0j})}{2(b_{j+1}-b_j)},e^{-\left(\frac{\pi}{(b_{j+1}-b_j)}\right)^2\eta_{yj}\tau}\right\}+\Theta_3\left\{\frac{\pi(y+y_{0j}-2b_j)}{2(b_{j+1}-b_j)},e^{-\left(\frac{\pi}{(b_{j+1}-b_j)}\right)^2\eta_{yj}\tau}\right\}\right]d\tau+$$

$$+\frac{2}{(\phi c_t)_j a(b_{j+1}-b_j)}\sum_{n=1}^{\infty}\sin(\xi_n x)\int\limits_0^t\left[\Theta_3\left\{\frac{\pi(y-b_j)}{2(b_{j+1}-b_j)},e^{-\left(\frac{\pi}{b_{j+1}-b_j}\right)^2\eta_{yj}(t-\tau)}\right\}\overline{\psi}_j(\xi_n,\tau)-\right.$$

$$\left.-\Theta_4\left\{\frac{\pi(y-b_j)}{2(b_{j+1}-b_j)},e^{-\left(\frac{\pi}{b_{j+1}-b_j}\right)^2\eta_{yj}(t-\tau)}\right\}\overline{\psi}_{j+1}(\xi_n,\tau)\right]e^{-\xi_n^2\eta_{xj}(t-\tau)}d\tau+$$

$$+\frac{\eta_{xj}}{a(b_{j+1}-b_j)}\sum_{m=0}^{\infty}\ni_m\cos\{\xi_m(y-b_j)\}\times$$

$$\times\int\limits_0^t\left[\Theta_4'\left\{\frac{\pi x}{2a},e^{-\left(\frac{\pi}{a}\right)^2\eta_{xj}(t-\tau)}\right\}\overline{\psi}_{ayj}(\xi_m,\tau)-\Theta_3'\left\{\frac{\pi x}{2a},e^{-\left(\frac{\pi}{a}\right)^2\eta_{xj}(t-\tau)}\right\}\overline{\psi}_{0yj}(\xi_m,\tau)\right]\times$$

$$\times e^{-\xi_m^2\eta_{yj}(t-\tau)}d\tau+$$

$$+\frac{1}{4a(b_{j+1}-b_j)}\int\limits_0^{b_{j+1}-b_j}\int\limits_0^a\varphi_j(u,v+b_j)\left[\Theta_3\left\{\frac{\pi(x-u)}{2a},e^{-\left(\frac{\pi}{a}\right)^2\eta_{xj}t}\right\}-\Theta_3\left\{\frac{\pi(x+u)}{2a},e^{-\left(\frac{\pi}{a}\right)^2\eta_{xj}t}\right\}\right]\times$$

$$\times\left[\Theta_3\left\{\frac{\pi(y-v-b_j)}{2(b_{j+1}-b_j)},e^{-\left(\frac{\pi}{(b_{j+1}-b_j)}\right)^2\eta_{yj}t}\right\}+\Theta_3\left\{\frac{\pi(y+v-b_j)}{2(b_{j+1}-b_j)},e^{-\left(\frac{\pi}{(b_{j+1}-b_j)}\right)^2\eta_{yj}t}\right\}\right]du\,dv \quad (7.49.2)$$

or

$$p_j=\frac{U(t-t_{0j})}{4(\phi c_t)_j a(b_{j+1}-b_j)}\int\limits_0^{t-t_{0j}}q_j(t-t_{0j}-\tau)\left[\Theta_3\left\{\frac{\pi(x-x_{0j})}{2a},e^{-\left(\frac{\pi}{a}\right)^2\eta_{xj}\tau}\right\}-\right.$$

$$\left.-\ \Theta_3\left\{\frac{\pi(x+x_{0j})}{2a},e^{-\left(\frac{\pi}{a}\right)^2\eta_{xj}\tau}\right\}\right]\times$$

$$\times\left[\Theta_3\left\{\frac{\pi(y-y_{0j})}{2(b_{j+1}-b_j)},e^{-\left(\frac{\pi}{(b_{j+1}-b_j)}\right)^2\eta_{yj}\tau}\right\}+\Theta_3\left\{\frac{\pi(y+y_{0j}-2b_j)}{2(b_{j+1}-b_j)},e^{-\left(\frac{\pi}{(b_{j+1}-b_j)}\right)^2\eta_{yj}\tau}\right\}\right]d\tau+$$

$$+\frac{1}{2(\phi c_t)_j a(b_{j+1}-b_j)}\int_0^t\int_0^a\left[\Theta_3\left\{\frac{\pi(y-b_j)}{2(b_{j+1}-b_j)},e^{-\left(\frac{\pi}{b_{j+1}-b_j}\right)^2\eta_{yj}(t-\tau)}\right\}\psi_j(u,\tau)-\right.$$

$$\left.-\Theta_4\left\{\frac{\pi(y-b_j)}{2(b_{j+1}-b_j)},e^{-\left(\frac{\pi}{b_{j+1}-b_j}\right)^2\eta_{yj}(t-\tau)}\right\}\psi_{j+1}(u,\tau)\right]\times$$

$$\times\left[\Theta_3\left\{\frac{\pi(x-u)}{2a},e^{-\left(\frac{\pi}{a}\right)^2\eta_{xj}(t-\tau)}\right\}-\Theta_3\left\{\frac{\pi(x+u)}{2a},e^{-\left(\frac{\pi}{a}\right)^2\eta_{xj}(t-\tau)}\right\}\right]dud\tau+$$

$$+\frac{\eta_{xj}}{4a(b_{j+1}-b_j)}\int_0^t\int_0^{b_{j+1}-b_j}\left[\Theta_4'\left\{\frac{\pi x}{2a},e^{-\left(\frac{\pi}{a}\right)^2\eta_{xj}(t-\tau)}\right\}\psi_{ayj}(v,\tau)-\right.$$

$$\left.-\Theta_3'\left\{\frac{\pi x}{2a},e^{-\left(\frac{\pi}{a}\right)^2\eta_{xj}(t-\tau)}\right\}\psi_{0yj}(v,\tau)\right]\times$$

$$\times\left[\Theta_3\left\{\frac{\pi(y-v-b_j)}{2(b_{j+1}-b_j)},e^{-\left(\frac{\pi}{b_{j+1}-b_j}\right)^2\eta_{yj}(t-\tau)}\right\}+\Theta_3\left\{\frac{\pi(y+v-b_j)}{2(b_{j+1}-b_j)},e^{-\left(\frac{\pi}{b_{j+1}-b_j}\right)^2\eta_{yj}(t-\tau)}\right\}\right]dvd\tau+$$

$$+\frac{1}{4a(b_{j+1}-b_j)}\int_0^{b_{j+1}-b_j}\int_0^a\varphi_j(u,v+b_j)\left[\Theta_3\left\{\frac{\pi(x-u)}{2a},e^{-\left(\frac{\pi}{a}\right)^2\eta_{xj}t}\right\}-\Theta_3\left\{\frac{\pi(x+u)}{2a},e^{-\left(\frac{\pi}{a}\right)^2\eta_{xj}t}\right\}\right]\times$$

$$\times\left[\Theta_3\left\{\frac{\pi(y-v-b_j)}{2(b_{j+1}-b_j)},e^{-\left(\frac{\pi}{(b_{j+1}-b_j)}\right)^2\eta_{yj}t}\right\}+\Theta_3\left\{\frac{\pi(y+v-b_j)}{2(b_{j+1}-b_j)},e^{-\left(\frac{\pi}{(b_{j+1}-b_j)}\right)^2\eta_{yj}t}\right\}\right]du\,dv \quad (7.49.3)$$

where $\overline{\overline{\psi}}_j(\xi_n,s)=\int_0^a\overline{\psi}_j(x,s)\sin(\xi_n x)\,dx$, $\overline{\psi}_j(x,s)=\int_0^\infty\psi_j(x,t)\,e^{-st}dt$, $\overline{\overline{\psi}}_{0yj}(\xi_m,s)=\int_0^{b_{j+1}-b_j}\overline{\psi}_{0yj}(y,s)\cos\{\xi_m(y-b_j)\}\,d(y-b_j)$, $\overline{\psi}_{0yj}(y,s)=\int_0^\infty\psi_{0yj}(y,t)\,e^{-st}dt$, ξ_n is a positive root of $\sin(\xi_n a)=0$, which are $\xi_n=\frac{n\pi}{a}$, $n=1,2,3,\ldots\ldots$, and ξ_m is a positive root of $\sin\{\xi_m(b_{j+1}-b_j)\}=0$, which are $\xi_m=\frac{m\pi}{(b_{j+1}-b_j)}$, $m=1,2,3,\ldots\ldots$ We employ, in the time domain, the interfacial boundary condition

$$\frac{2\breve{\lambda}_j}{a}\sum_{n=1}^{\infty}\overline{\psi}_j(\xi_n,t)\sin(\xi_n x)=\{p_{j-1}(x,b_j,t)-p_j(x,b_j,t)\}$$

Substituting for $p_j(x,b_j,t)$ and $p_{j-1}(x,b_j,t)$ from equation (7.49.2), we obtain a three-term inhomogeneous recurrence relationship of the interfacial flux functions:

$$\breve{\lambda}_j\sum_{n=1}^{\infty}\overline{\psi}_j(\xi_n,t)\sin(\xi_n x)=\sum_{n=1}^{\infty}\sin(\xi_n x)\int_0^t\overline{\psi}_j(\xi_n,\tau)\mathcal{A}_j(\xi_n,t-\tau)d\tau+$$

$$+\sum_{n=1}^{\infty}\sin(\xi_n x)\int_0^t\overline{\psi}_{j+1}(\xi_n,\tau)\mathcal{B}_j(\xi_n,t-\tau)d\tau+$$

$$+\sum_{n=1}^{\infty}\sin(\xi_n x)\int_0^t\overline{\psi}_{j-1}(\xi_n,\tau)\mathcal{C}_j(\xi_n,t-\tau)\,d\tau+\left(\frac{a}{2}\right)\Omega_j(x,t) \quad (7.49.4)$$

By use of the orthogonality of the sine integral, equation (7.49.4) may be reduced to

$$\breve{\lambda}_j\overline{\psi}_j(\xi_n,t)=\int_0^t\overline{\psi}_j(\xi_n,\tau)\mathcal{A}_j(\xi_n,t-\tau)d\tau+\int_0^t\overline{\psi}_{j+1}(\xi_n,\tau)\mathcal{B}_j(\xi_n,t-\tau)d\tau+$$

$$+\int_0^t\overline{\psi}_{j-1}(\xi_n,\tau)\mathcal{C}_j(\xi_n,t-\tau)\,d\tau+\Omega_j^s(\xi_n,t) \quad (7.49.5)$$

The coefficients of the integral equation (7.49.5) for $b_j < y < b_{j+1}$, $\forall j = 1, 2, ..., \aleph - 1$, are given by

$$\mathcal{A}_j(\xi_n, t) = g_j(\xi_n, t) + g_{j-1}(\xi_n, t) \tag{7.49.6}$$

where

$$g_j(\xi_n, t) = -\frac{e^{-\xi_n^2 \eta_{xj} t}}{(\phi c_t)_j (b_{j+1} - b_j)} \Theta_3 \left\{ 0, e^{-\left(\frac{\pi}{b_{j+1}-b_j}\right)^2 \eta_{yj} t} \right\}$$

$$\mathcal{B}_j(\xi_n, t) = \frac{e^{-\xi_n^2 \eta_{xj} t}}{(\phi c_t)_j (b_{j+1} - b_j)} \Theta_3 \left\{ \frac{\pi}{2}, e^{-\left(\frac{\pi}{b_{j+1}-b_j}\right)^2 \eta_{yj} t} \right\} \tag{7.49.7}$$

$$\mathcal{C}_j(\xi_n, t) = \mathcal{B}_{j-1}(\xi_n, t) \tag{7.49.8}$$

and

$$\Omega_j^s(\xi_n, t) = \int_0^a \Omega_j(x, t) \sin(\xi_n x)\, dx \tag{7.49.9}$$

where

$$\begin{aligned}
\Omega_j(x, t) = & \frac{U(t - t_{0j-1})}{8(\phi c_t)_{j-1}(b_j - b_{j-1})} \int_0^{t-t_{0j-1}} q_{j-1}(t - t_{0j-1} - \tau) \left[\Theta_3 \left\{ \frac{\pi(x - x_{0j-1})}{2a}, e^{-\left(\frac{\pi}{a}\right)^2 \eta_{xj-1} \tau} \right\} - \right. \\
& - \left. \Theta_3 \left\{ \frac{\pi(x + x_{0j-1})}{2a}, e^{-\left(\frac{\pi}{a}\right)^2 \eta_{xj-1} \tau} \right\} \right] \times \\
& \times \left[\Theta_3 \left\{ \frac{\pi(b_j - y_{0j-1})}{2(b_j - b_{j-1})}, e^{-\left(\frac{\pi}{(b_j - b_{j-1})}\right)^2 \eta_{yj-1} \tau} \right\} + \right. \\
& \left. + \Theta_3 \left\{ \frac{\pi(b_j + y_{0j-1} - 2b_{j-1})}{2(b_j - b_{j-1})}, e^{-\left(\frac{\pi}{(b_j - b_{j-1})}\right)^2 \eta_{yj-1} \tau} \right\} \right] d\tau + \\
& + \frac{\eta_{xj-1}}{a(b_j - b_{j-1})} \sum_{m=0}^{\infty} \ni_m (-1)^m \times \\
& \times \int_0^t \left[\Theta_4' \left\{ \frac{\pi x}{2a}, e^{-\left(\frac{\pi}{a}\right)^2 \eta_{xj-1}(t-\tau)} \right\} \overline{\psi}_{ayj}(\xi_m, \tau) - \Theta_3' \left\{ \frac{\pi x}{2a}, e^{-\left(\frac{\pi}{a}\right)^2 \eta_{xj-1}(t-\tau)} \right\} \overline{\psi}_{0yj}(\xi_m, \tau) \right] \times \\
& \times e^{-\xi_m^2 \eta_{yj-1}(t-\tau)} d\tau + \\
& + \frac{1}{8(b_j - b_{j-1})} \int_0^{b_j - b_{j-1}} \int_0^a \varphi_{j-1}(u, v + b_{j-1}) \left[\Theta_3 \left\{ \frac{\pi(x - u)}{2a}, e^{-\left(\frac{\pi}{a}\right)^2 \eta_{xj-1} t} \right\} - \right. \\
& - \left. \Theta_3 \left\{ \frac{\pi(x + u)}{2a}, e^{-\left(\frac{\pi}{a}\right)^2 \eta_{xj-1} t} \right\} \right] \times \\
& \times \left[\Theta_3 \left\{ \frac{\pi(b_j - v - b_{j-1})}{2(b_j - b_{j-1})}, e^{-\left(\frac{\pi}{(b_j - b_{j-1})}\right)^2 \eta_{yj-1} t} \right\} + \right. \\
& \left. + \Theta_3 \left\{ \frac{\pi(b_j + v - b_{j-1})}{2(b_j - b_{j-1})}, e^{-\left(\frac{\pi}{(b_j - b_{j-1})}\right)^2 \eta_{yj-1} t} \right\} \right] du\, dv -
\end{aligned}$$

$$- \frac{U(t-t_{0j})}{4(\phi c_t)_j (b_{j+1}-b_j)} \int_0^{t-t_{0j}} q_j(t-t_{0j}-\tau) \left[\Theta_3 \left\{ \frac{\pi(x-x_{0j})}{2a}, e^{-\left(\frac{\pi}{a}\right)^2 \eta_{xj}\tau} \right\} - \right.$$

$$\left. - \Theta_3 \left\{ \frac{\pi(x+x_{0j})}{2a}, e^{-\left(\frac{\pi}{a}\right)^2 \eta_{xj}\tau} \right\} \right] \Theta_3 \left\{ \frac{\pi(b_j-y_{0j})}{2(b_{j+1}-b_j)}, e^{-\left(\frac{\pi}{(b_{j+1}-b_j)}\right)^2 \eta_{yj}\tau} \right\} d\tau -$$

$$- \frac{\eta_{xj}}{a(b_{j+1}-b_j)} \sum_{m=0}^{\infty} \ni_m \times$$

$$\times \int_0^t \left[\Theta_4' \left\{ \frac{\pi x}{2a}, e^{-\left(\frac{\pi}{a}\right)^2 \eta_{xj}(t-\tau)} \right\} \overline{\psi}_{ayj}(\xi_m,\tau) - \Theta_3' \left\{ \frac{\pi x}{2a}, e^{-\left(\frac{\pi}{a}\right)^2 \eta_{xj}(t-\tau)} \right\} \overline{\psi}_{0yj}(\xi_m,\tau) \right] \times$$

$$\times e^{-\xi_m^2 \eta_{yj}(t-\tau)} d\tau -$$

$$- \frac{1}{4(b_{j+1}-b_j)} \int_0^{b_{j+1}-b_j} \int_0^a \varphi_j(u,v+b_j) \left[\Theta_3 \left\{ \frac{\pi(x-u)}{2a}, e^{-\left(\frac{\pi}{a}\right)^2 \eta_{xj}t} \right\} - \Theta_3 \left\{ \frac{\pi(x+u)}{2a}, e^{-\left(\frac{\pi}{a}\right)^2 \eta_{xj}t} \right\} \right] \times$$

$$\times \Theta_3 \left\{ \frac{\pi v}{2(b_{j+1}-b_j)}, e^{-\left(\frac{\pi}{b_{j+1}-b_j}\right)^2 \eta_{yj}t} \right\} du\, dv \tag{7.49.10}$$

Alternatively, substituting for $p_j(x, b_j, t)$ and $p_{j-1}(x, b_j, t)$ from equation (7.49.3) in

$$\breve{\lambda}_j \psi_j(x,t) = \{p_{j-1}(x,b_j,t) - p_j(x,b_j,t)\}, \qquad \forall j = 1, 2, ..., \aleph - 1$$

we obtain a three-term recurrence integral equation relationship in time and space:*

$$\breve{\lambda}_j \psi_j(x,t) = \int_0^t \int_0^a \mathcal{A}_j(x,u,t-\tau) \psi_j(u,\tau) d\tau du + \int_0^t \int_0^a \mathcal{B}_j(x,u,t-\tau) \psi_{j+1}(u,\tau) d\tau du +$$

$$+ \int_0^t \int_0^a \mathcal{C}_j(x,u,t-\tau) \psi_{j-1}(u,\tau) d\tau du + \Omega_j(x,t) \tag{7.49.11}$$

The coefficients of the integral equation (7.49.11) for $b_j < y < b_{j+1}$, $\forall j = 1, 2, ..., \aleph - 1$, are given by

$$\mathcal{A}_j(x,u,t) = g_j(x,u,t) + g_{j-1}(x,u,t) \tag{7.49.12}$$

where

$$g_j(x,u,t) = - \frac{\Theta_3 \left\{ 0, e^{-\left(\frac{\pi}{b_{j+1}-b_j}\right)^2 \eta_{yj}t} \right\}}{2(\phi c_t)_j a (b_{j+1}-b_j)} \left[\Theta_3 \left\{ \frac{\pi(x-u)}{2a}, e^{-\left(\frac{\pi}{a}\right)^2 \eta_{xj}t} \right\} - \Theta_3 \left\{ \frac{\pi(x+u)}{2a}, e^{-\left(\frac{\pi}{a}\right)^2 \eta_{xj}t} \right\} \right]$$

$$\mathcal{B}_j(x,u,t) = \frac{1}{2(\phi c_t)_j a (b_{j+1}-b_j)} \Theta_4 \left\{ 0, e^{-\left(\frac{\pi}{b_{j+1}-b_j}\right)^2 \eta_{yj}t} \right\} \times$$

$$\times \left[\Theta_3 \left\{ \frac{\pi(x-u)}{2a}, e^{-\left(\frac{\pi}{a}\right)^2 \eta_{xj}t} \right\} - \Theta_3 \left\{ \frac{\pi(x+u)}{2a}, e^{-\left(\frac{\pi}{a}\right)^2 \eta_{xj}t} \right\} \right] \tag{7.49.13}$$

$$\mathcal{C}_j(x,u,t) = \mathcal{B}_{j-1}(x,u,t) \tag{7.49.14}$$

*The solution in time and space is required to solve the mixed boundary value problem. See problem 7.51

and

$$
\begin{aligned}
\Omega_j(x,t) &= \frac{U(t-t_{0j-1})}{8(\phi c_t)_{j-1}(b_j-b_{j-1})}\int_0^{t-t_{0j-1}} q_{j-1}(t-t_{0j-1}-\tau)\left[\Theta_3\left\{\frac{\pi(x-x_{0j-1})}{2a}, e^{-\left(\frac{\pi}{a}\right)^2\eta_{xj-1}\tau}\right\}-\right.\\
&- \left.\Theta_3\left\{\frac{\pi(x+x_{0j-1})}{2a}, e^{-\left(\frac{\pi}{a}\right)^2\eta_{xj-1}\tau}\right\}\right]\times\\
&\times\left[\Theta_3\left\{\frac{\pi(b_j-y_{0j-1})}{2(b_j-b_{j-1})}, e^{-\left(\frac{\pi}{(b_j-b_{j-1})}\right)^2\eta_{yj-1}\tau}\right\}+\right.\\
&+\left.\Theta_3\left\{\frac{\pi(b_j+y_{0j-1}-2b_{j-1})}{2(b_j-b_{j-1})}, e^{-\left(\frac{\pi}{(b_j-b_{j-1})}\right)^2\eta_{yj-1}\tau}\right\}\right]d\tau+\\
&+\frac{\eta_{xj-1}}{4a(b_j-b_{j-1})}\int_0^t\int_0^{b_j-b_{j-1}}\left[\Theta_4'\left\{\frac{\pi x}{2a}, e^{-\left(\frac{\pi}{a}\right)^2\eta_{xj-1}(t-\tau)}\right\}\psi_{yaj-1}(v,\tau)-\right.\\
&-\left.\Theta_3'\left\{\frac{\pi x}{2a}, e^{-\left(\frac{\pi}{a}\right)^2\eta_{xj-1}(t-\tau)}\right\}\psi_{y0j-1}(v,\tau)\right]\times\\
&\times\left[\Theta_3\left\{\frac{\pi(b_j-b_{j-1}-v)}{2(b_j-b_{j-1})}, e^{-\left(\frac{\pi}{b_j-b_{j-1}}\right)^2\eta_{yj-1}(t-\tau)}\right\}+\right.\\
&+\left.\Theta_3\left\{\frac{\pi(b_j-b_{j-1}+v)}{2(b_j-b_{j-1})}, e^{-\left(\frac{\pi}{b_j-b_{j-1}}\right)^2\eta_{yj-1}(t-\tau)}\right\}\right]dv d\tau+\\
&+\frac{1}{8(b_j-b_{j-1})}\int_0^{b_j-b_{j-1}}\int_0^a \varphi_{j-1}(u,v+b_{j-1})\left[\Theta_3\left\{\frac{\pi(x-u)}{2a}, e^{-\left(\frac{\pi}{a}\right)^2\eta_{xj-1}t}\right\}-\right.\\
&-\left.\Theta_3\left\{\frac{\pi(x+u)}{2a}, e^{-\left(\frac{\pi}{a}\right)^2\eta_{xj-1}t}\right\}\right]\times\\
&\times\left[\Theta_3\left\{\frac{\pi(b_j-v-b_{j-1})}{2(b_j-b_{j-1})}, e^{-\left(\frac{\pi}{(b_j-b_{j-1})}\right)^2\eta_{yj-1}t}\right\}+\right.\\
&+\left.\Theta_3\left\{\frac{\pi(b_j+v-b_{j-1})}{2(b_j-b_{j-1})}, e^{-\left(\frac{\pi}{(b_j-b_{j-1})}\right)^2\eta_{yj-1}t}\right\}\right]du\,dv-\\
&-\frac{U(t-t_{0j})}{4(\phi c_t)_j(b_{j+1}-b_j)}\int_0^{t-t_{0j}} q_j(t-t_{0j}-\tau)\left[\Theta_3\left\{\frac{\pi(x-x_{0j})}{2a}, e^{-\left(\frac{\pi}{a}\right)^2\eta_{xj}\tau}\right\}-\right.\\
&-\left.\Theta_3\left\{\frac{\pi(x+x_{0j})}{2a}, e^{-\left(\frac{\pi}{a}\right)^2\eta_{xj}\tau}\right\}\right]\Theta_3\left\{\frac{\pi(b_j-y_{0j})}{2(b_{j+1}-b_j)}, e^{-\left(\frac{\pi}{(b_{j+1}-b_j)}\right)^2\eta_{yj}\tau}\right\}d\tau-\\
&-\frac{\eta_{xj}}{2a(b_{j+1}-b_j)}\times\\
&\times\int_0^t\int_0^{b_{j+1}-b_j}\left[\Theta_4'\left\{\frac{\pi x}{2a}, e^{-\left(\frac{\pi}{a}\right)^2\eta_{xj}(t-\tau)}\right\}\psi_{ayj}(v,\tau)-\Theta_3'\left\{\frac{\pi x}{2a}, e^{-\left(\frac{\pi}{a}\right)^2\eta_{xj}(t-\tau)}\right\}\psi_{0yj}(v,\tau)\right]\times\\
&\times\Theta_3\left\{\frac{\pi v}{2(b_{j+1}-b_j)}, e^{-\left(\frac{\pi}{b_{j+1}-b_j}\right)^2\eta_{yj}(t-\tau)}\right\}dv d\tau-
\end{aligned}
$$

$$
-\frac{1}{4(b_{j+1}-b_j)}\int\limits_0^{b_{j+1}-b_j}\int\limits_0^a \varphi_j(u,v+b_j)\left[\Theta_3\left\{\frac{\pi(x-u)}{2a}, e^{-\left(\frac{\pi}{a}\right)^2\eta_{xj}t}\right\}-\Theta_3\left\{\frac{\pi(x+u)}{2a}, e^{-\left(\frac{\pi}{a}\right)^2\eta_{xj}t}\right\}\right]\times
$$

$$
\times\Theta_3\left\{\frac{\pi v}{2\left(b_{j+1}-b_j\right)}, e^{-\left(\frac{\pi}{b_{j+1}-b_j}\right)^2\eta_{yj}t}\right\}du\,dv \qquad (7.49.15)
$$

We extend the one-dimensional numerical prescriptions discussed in problem 4.10 to two dimensions.

Piecewise-linear interpolation

The integral equation (7.49.5) may be solved efficiently in the Fourier domain, where we obtain the Fourier components of each of the interfacial flux functions as a function of time. Following the procedure described in problem 6.37, we obtain

$$
\left\{\breve{\lambda}_j-\omega_\ell\breve{\mathcal{A}}_j\left(\xi_n,0\right)\right\}\overline{\psi}_j\left(\xi_n,t\right) \approx \sum_{i=0}^{\ell-1}\omega_i\breve{\mathcal{A}}_j\left(\xi_n,t-\tau_i\right)\overline{\psi}_j\left(\xi_n,\tau_i\right)+\sum_{i=0}^{\ell-1}\varpi_i\mathcal{B}_j\left(\xi_n,t-\tau_i\right)\overline{\psi}_{j+1}\left(\xi_n,\tau_i\right)+
$$

$$
+\sum_{i=0}^{\ell-1}\varpi_i\mathcal{C}_j\left(\xi_n,t-\tau_i\right)\overline{\psi}_{j-1}\left(\xi_n,\tau_i\right)+\Omega_j^s\left(\xi_n,t\right) \qquad (7.49.16)
$$

$\forall\, j=0,1,...,\aleph-1$, where the weights are $\varpi_0=\varpi_\ell=\frac{t}{2\ell}$, $\varpi_i=\frac{t}{\ell}$, $\omega_0=\frac{2}{3}\sqrt{\frac{t}{\ell}}\left\{(2\ell-3)\sqrt{\ell}-2\left(\ell-1\right)^{\frac{3}{2}}\right\}$, $\omega_\ell=\frac{4}{3}\sqrt{\frac{t}{\ell}}$ and $\omega_i=\frac{4}{3}\sqrt{\frac{t}{\ell}}\left\{\left(\ell-i+1\right)^{\frac{3}{2}}-2\left(\ell-i\right)^{\frac{3}{2}}-\left(\ell-i-1\right)^{\frac{3}{2}}\right\}$, $\forall\, i=1,2,...,\ell-1$.

$\breve{\mathcal{A}}_j\left(\xi_n,t-\tau_i\right)=\sqrt{t-\tau}\mathcal{A}_j\left(\xi_n,t-\tau_i\right)$, $\breve{\mathcal{A}}_j\left(\xi_n,0\right)=-\frac{1}{\left(\phi c_t\right)_j\left(b_{j+1}-b_j\right)}-\frac{1}{\left(\phi c_t\right)_{j-1}\left(b_j-b_{j-1}\right)}$. $\mathcal{A}_j\left(\xi_n,t-\tau_i\right)$ is given by equation (7.49.6). $\mathcal{B}_j\left(\xi_n,t-\tau_i\right)$, $\mathcal{C}_j\left(\xi_n,t-\tau_i\right)$ and $\Omega_j\left(\xi_n,t\right)$ are given by equations (7.49.7), (7.49.8) and (7.49.9), respectively. The coefficients $\omega_i\breve{\mathcal{A}}_j\left(\xi_n,t-\tau_i\right)$, $\varpi_i\mathcal{B}_j\left(\xi_n,t-\tau_i\right)$ and $\varpi_i\mathcal{C}_j\left(\xi_n,t-\tau_i\right)$ are $(\ell-1)\times(\ell-1)$ diagonal matrices, while the recurrence relationship itself is an $(\aleph-1)\times(\aleph-1)$ tridiagonal matrix.

For the $\aleph$ subdivided continua $b_j\le y\le b_{j+1}$, $\forall\, j=0,1,...,\aleph-1$, the linear system of equations defined by equation (7.49.16) may be easily solved for the Fourier components of each of the interfacial flux functions as a function of time. Equation (7.49.2) is then used to obtain the pressure at any point in space and time directly.

Piecewise-constant interpolation

We treat the Fourier components of the fluxes as piecewise constant. Applying the second mean value theorem* to equation (7.49.5), we get

$$
\breve{\lambda}_j\overline{\psi}_j\left(\xi_n,t\right) \approx \sum_{i=1}^{\ell}\overline{\psi}_j\left(\xi_n,\varsigma_i\right)\int\limits_{\tau_{i-1}}^{\tau_i}\mathcal{A}_j\left(\xi_n,t-u\right)du+\sum_{i=1}^{\ell}\overline{\psi}_{j+1}\left(\xi_n,\varsigma_i\right)\int\limits_{\tau_{i-1}}^{\tau_i}\mathcal{B}_j\left(\xi_n,t-u\right)du+
$$

$$
+\sum_{i=1}^{\ell}\overline{\psi}_{j-1}\left(\xi_n,\varsigma_i\right)\int\limits_{\tau_{i-1}}^{\tau_i}\mathcal{C}_j\left(\xi_n,t-u\right)du+\Omega_j^s\left(\xi_n,t\right) \qquad (7.49.17)
$$

where $\tau_0=0$ and $\tau_\ell=t$, and $\tau_i=\frac{it}{\ell}$. $t_{i-1}<\varsigma_i<t_i$ are the values of τ which make this equation exact but

*The second mean value theorem states that if $f(x)$ and $g(x)$ are continuous on $[a,b]$ and $g(x)\ge 0$ for any $x\in[a,b]$, then there exists $\varsigma\in(a,b)$ such that $\int_a^b f(t)g(t)dt=f(\varsigma)\int_a^b g(t)dt$. The number $f(\varsigma)$ is called the $g(x)$-weighted average of $f(x)$ on the interval $[a, b]$.

which are otherwise unknown. Performing the integrals analytically over the interval $[\tau_{i-1}, \tau_i]$, we get

$$\breve{\lambda}_j \overline{\psi}_j(\xi_n, t) \approx \sum_{i=0}^{\ell} \overline{\psi}_j(\xi_n, \varsigma_i)\, u_j(\xi_n, t-\tau_i, t-\tau_{i-1}) + \sum_{i=0}^{\ell} \overline{\psi}_{j+1}(\xi_n, \varsigma_i)\, v_j(\xi_n, t-\tau_i, t-\tau_{i-1}) + \\ + \sum_{i=0}^{\ell} \overline{\psi}_{j-1}(\xi_n, \varsigma_i)\, v_{j-1}(\xi_n, t-\tau_i, t-\tau_{i-1}) + \Omega_j^s(\xi_n, t) \tag{7.49.18}$$

where

$$u_j(\xi_n, t-\tau_i, t-\tau_{i-1}) = f_j(\xi_n, t-\tau_i, t-\tau_{i-1}) + f_{j-1}(\xi_n, t-\tau_i, t-\tau_{i-1}) \tag{7.49.19}$$

$$f_j(\xi_n, t-\tau_i, t-\tau_{i-1}) = \frac{e^{-\xi_n^2 \eta_{xj}(t-\tau_{i-1})} - e^{-\xi_n^2 \eta_{xj}(t-\tau_i)}}{(\phi c_t)_j \eta_{xj} \xi_n^2 (b_{j+1} - b_j)} + \\ + \frac{2(b_{j+1} - b_j)}{(\phi c_t)_j} \sum_{m=1}^{\infty} \frac{e^{-\left\{\left(\frac{m\pi}{b_{j+1}-b_j}\right)^2 \eta_{yj} + \xi_n^2 \eta_{xj}\right\}(t-\tau_{i-1})} - e^{-\left\{\left(\frac{m\pi}{b_{j+1}-b_j}\right)^2 \eta_{yj} + \xi_n^2 \eta_{xj}\right\}(t-\tau_i)}}{(m\pi)^2 \eta_{yj} + \eta_{xj} \xi_n^2 (b_{j+1} - b_j)^2} \tag{7.49.20}$$

and

$$v_j(\xi_n, t-\tau_i, t-\tau_{i-1}) = \frac{e^{-\xi_n^2 \eta_{xj}(t-\tau_i)} - e^{-\xi_n^2 \eta_{xj}(t-\tau_{i-1})}}{(\phi c_t)_j \eta_{xj} \xi_n^2 (b_{j+1} - b_j)} + \\ + \frac{2(b_{j+1} - b_j)}{(\phi c_t)_j} \sum_{m=1}^{\infty} \frac{(-1)^m \left[e^{-\left\{\left(\frac{m\pi}{b_{j+1}-b_j}\right)^2 \eta_{yj} + \xi_n^2 \eta_{xj}\right\}(t-\tau_i)} - e^{-\left\{\left(\frac{m\pi}{b_{j+1}-b_j}\right)^2 \eta_{yj} + \xi_n^2 \eta_{xj}\right\}(t-\tau_{i-1})} \right]}{(m\pi)^2 \eta_{yj} + \eta_{xj} \xi_n^2 (b_{j+1} - b_j)^2} \tag{7.49.21}$$

For the $\aleph$ subdivided continua $b_j \le y \le b_{j+1}$, $\forall j = 0, 1, ..., \aleph - 1$, the linear system of equations defined by equation (7.49.18) may be easily solved for the Fourier components of each of the interfacial flux functions as a function of time. Equation (7.49.2) is then used to obtain the pressure at any point in space and time directly.

7.50 The problem of 7.49, except at $x = 0$, $\frac{\partial p_j(0,y,t)}{\partial x} = -\left(\frac{\mu}{k_x}\right)_j \psi_{oyj}(y,t)$ and at $x = a$, $\frac{\partial p_j(a,y,t)}{\partial x} = -\left(\frac{\mu}{k_x}\right)_j \psi_{ayj}(y,t)$, $b_j < y < b_{j+1}$, $\forall j = 0, 1, ..., \aleph - 1$, $t > 0$. At $y = b_0$, $\frac{\partial p(x,b_0,t)}{\partial y} = -\left(\frac{\mu}{k_y}\right)_0 \psi_0(x,t)$ and at $y = b_\aleph$, $\frac{\partial p(x,b_\aleph,t)}{\partial y} = -\left(\frac{\mu}{k_y}\right)_\aleph \psi_\aleph(x,t)$. At $y = b_j$, $\forall j = 1, 2, ..., \aleph - 1$, $\psi_j(x,t) = -\left(\frac{k_y}{\mu}\right)_j \left(\frac{\partial p_j(x,b_j,t)}{\partial y}\right) = -\left(\frac{k_y}{\mu}\right)_{j-1} \left(\frac{\partial p_{j-1}(x,b_j,t)}{\partial y}\right)$ and $\breve{\lambda}_j \psi_j(x,t) = \{p_{j-1}(x,b_j,t) - p_j(x,b_j,t)\}$. The initial pressure $p_j(x,y,0) = \varphi_j(x,y)$

The solution for the region $[b_j < y < b_{j+1}]$, $\forall j = 0, 1, ..., \aleph - 1$, $t > 0$, is given by

$$\overline{p}_j = \frac{q_j(s) e^{-st_{oj}}}{(\phi c_t)_j a \sqrt{\eta_{yj}}} \sum_{n=0}^{\infty} \frac{\ni_n \operatorname{csch}\left\{(b_{j+1} - b_j)\sqrt{\frac{\xi_n^2 \eta_{xj} + s}{\eta_{yj}}}\right\}}{\sqrt{\{\xi_n^2 \eta_{xj} + s\}}} \cos(\xi_n x_{0j}) \cos(\xi_n x) \times \\ \times \left[\cosh\left\{(b_{j+1} - b_j - |y - y_{0j}|)\sqrt{\frac{\xi_n^2 \eta_{xj} + s}{\eta_{yj}}}\right\} + \cosh\left\{(b_{j+1} + b_j - y - y_{0j})\sqrt{\frac{\xi_n^2 \eta_{xj} + s}{\eta_{yj}}}\right\}\right] + \\ + \frac{2}{(\phi c_t)_j (b_{j+1} - b_j)\sqrt{\eta_{xj}}} \times \\ \times \sum_{m=0}^{\infty} \frac{\ni_m \left[\overline{\overline{\psi}}_{0yj}(\xi_m, s) \cosh\left\{(a - x)\sqrt{\frac{\xi_m^2 \eta_{yj} + s}{\eta_{xj}}}\right\} - \overline{\overline{\psi}}_{ayj}(\xi_m, s) \cosh\left\{x\sqrt{\frac{\xi_m^2 \eta_{yj} + s}{\eta_{xj}}}\right\}\right]}{\sqrt{\{\xi_m^2 \eta_{yj} + s\}}} \times$$

$$\times \operatorname{csch}\left\{a\sqrt{\frac{\xi_m^2\eta_{yj}+s}{\eta_{xj}}}\right\}\cos\left\{\xi_m\left(y-b_j\right)\right\}+$$

$$+\ \frac{2}{\left(\phi c_t\right)_j a\sqrt{\eta_{yj}}}\times$$

$$\times\sum_{n=0}^{\infty}\frac{\ni_n\left[\overline{\overline{\psi}}_j\left(\xi_n,s\right)\cosh\left\{\left(b_{j+1}-y\right)\sqrt{\frac{\xi_n^2\eta_{xj}+s}{\eta_{yj}}}\right\}-\overline{\overline{\psi}}_{j+1}\left(\xi_n,s\right)\cosh\left\{\left(y-b_j\right)\sqrt{\frac{\xi_n^2\eta_{xj}+s}{\eta_{yj}}}\right\}\right]}{\sqrt{\left\{\xi_n^2\eta_{xj}+s\right\}}}\times$$

$$\times \operatorname{csch}\left\{\left(b_{j+1}-b_j\right)\sqrt{\frac{\xi_n^2\eta_{xj}+s}{\eta_{yj}}}\right\}\cos\left(\xi_n x\right)+$$

$$+\ \frac{1}{a\sqrt{\eta_{yj}}}\sum_{n=0}^{\infty}\frac{\ni_n\operatorname{csch}\left\{\left(b_{j+1}-b_j\right)\sqrt{\frac{\left(\xi_n^2\eta_{xj}+s\right)}{\eta_{yj}}}\right\}\cos\left(\xi_n x\right)}{\sqrt{\left\{\xi_n^2\eta_{xj}+s\right\}}}\int\limits_0^{b_{j+1}-b_j}\int\limits_0^a\varphi\left(u,v+b_j\right)\cos\left(\xi_n u\right)\times$$

$$\times\left[\cosh\left\{\left(b_{j+1}-b_j-\left|y-v-b_j\right|\right)\sqrt{\frac{\xi_n^2\eta_{xj}+s}{\eta_{yj}}}\right\}+\cosh\left\{\left(b_{j+1}-y-v\right)\sqrt{\frac{\xi_n^2\eta_{xj}+s}{\eta_{yj}}}\right\}\right]dudv \qquad (7.50.1)$$

and

$$p_j\ =\ \frac{U\left(t-t_{0j}\right)}{4\left(\phi c_t\right)_j a\left(b_{j+1}-b_j\right)}\int\limits_0^{t-t_{0j}}q_j\left(t-t_{0j}-\tau\right)\left[\Theta_3\left\{\frac{\pi\left(x-x_{0j}\right)}{2a},e^{-\left(\frac{\pi}{a}\right)^2\eta_{xj}\tau}\right\}+\right.$$

$$\left.+\ \Theta_3\left\{\frac{\pi\left(x+x_{0j}\right)}{2a},e^{-\left(\frac{\pi}{a}\right)^2\eta_{xj}\tau}\right\}\right]\times$$

$$\times\left[\Theta_3\left\{\frac{\pi\left(y-y_{0j}\right)}{2\left(b_{j+1}-b_j\right)},e^{-\left(\frac{\pi}{b_{j+1}-b_j}\right)^2\eta_{yj}\tau}\right\}+\Theta_3\left\{\frac{\pi\left(y+y_{0j}-2b_j\right)}{2\left(b_{j+1}-b_j\right)},e^{-\left(\frac{\pi}{b_{j+1}-b_j}\right)^2\eta_{yj}\tau}\right\}\right]d\tau+$$

$$+\ \frac{2}{\left(\phi c_t\right)_j a\left(b_{j+1}-b_j\right)}\sum_{n=0}^{\infty}\ni_n\cos\left(\xi_n x\right)e^{-\xi_n^2\eta_{xj}(t-\tau)}\int\limits_0^t\left[\Theta_3\left\{\frac{\pi\left(y-b_j\right)}{2\left(b_{j+1}-b_j\right)},e^{-\left(\frac{\pi}{b_{j+1}-b_j}\right)^2\eta_{yj}(t-\tau)}\right\}\overline{\psi}_j\left(\xi_n,\tau\right)-\right.$$

$$\left.-\Theta_4\left\{\frac{\pi\left(y-b_j\right)}{2\left(b_{j+1}-b_j\right)},e^{-\left(\frac{\pi}{b_{j+1}-b_j}\right)^2\eta_{yj}(t-\tau)}\right\}\overline{\psi}_{j+1}\left(\xi_n,\tau\right)\right]d\tau+$$

$$+\ \frac{2}{\left(\phi c_t\right)_j a\left(b_{j+1}-b_j\right)}\sum_{m=0}^{\infty}\ni_m\cos\left\{\xi_m\left(y-b_j\right)\right\}e^{-\xi_m^2\eta_{yj}(t-\tau)}\times$$

$$\times\int\limits_0^t\left[\Theta_3\left\{\frac{\pi x}{2a},e^{-\left(\frac{\pi}{a}\right)^2\eta_{xj}(t-\tau)}\right\}\overline{\psi}_{0yj}\left(\xi_m,\tau\right)-\Theta_4\left\{\frac{\pi x}{2a},e^{-\left(\frac{\pi}{a}\right)^2\eta_{xj}(t-\tau)}\right\}\overline{\psi}_{ayj}\left(\xi_m,\tau\right)\right]d\tau+$$

$$+\ \frac{1}{4a\left(b_{j+1}-b_j\right)}\int\limits_0^{b_{j+1}-b_j}\int\limits_0^a\varphi_j\left(u,v+b_j\right)\left[\Theta_3\left\{\frac{\pi\left(x-u\right)}{2a},e^{-\left(\frac{\pi}{a}\right)^2\eta_{xj}t}\right\}+\Theta_3\left\{\frac{\pi\left(x+u\right)}{2a},e^{-\left(\frac{\pi}{a}\right)^2\eta_{xj}t}\right\}\right]\times$$

$$\times\left[\Theta_3\left\{\frac{\pi\left(y-v-b_j\right)}{2\left(b_{j+1}-b_j\right)},e^{-\left(\frac{\pi}{b_{j+1}-b_j}\right)^2\eta_{yj}t}\right\}+\Theta_3\left\{\frac{\pi\left(y+v-b_j\right)}{2\left(b_{j+1}-b_j\right)},e^{-\left(\frac{\pi}{b_{j+1}-b_j}\right)^2\eta_{yj}t}\right\}\right]dudv \qquad (7.50.2)$$

or

$$p_j\ =\ \frac{U\left(t-t_{0j}\right)}{4\left(\phi c_t\right)_j a\left(b_{j+1}-b_j\right)}\int\limits_0^{t-t_{0j}}q_j\left(t-t_{0j}-\tau\right)\left[\Theta_3\left\{\frac{\pi\left(x-x_{0j}\right)}{2a},e^{-\left(\frac{\pi}{a}\right)^2\eta_{xj}\tau}\right\}+\right.$$

$$+\ \Theta_3\left\{\frac{\pi(x+x_{0j})}{2a},e^{-\left(\frac{\pi}{a}\right)^2\eta_{xj}\tau}\right\}\Bigg]\times$$

$$\times\left[\Theta_3\left\{\frac{\pi(y-y_{0j})}{2(b_{j+1}-b_j)},e^{-\left(\frac{\pi}{b_{j+1}-b_j}\right)^2\eta_{yj}\tau}\right\}+\Theta_3\left\{\frac{\pi(y+y_{0j}-2b_j)}{2(b_{j+1}-b_j)},e^{-\left(\frac{\pi}{b_{j+1}-b_j}\right)^2\eta_{yj}\tau}\right\}\right]d\tau+$$

$$+\ \frac{1}{2(\phi c_t)_j\,a(b_{j+1}-b_j)}\int_0^t\int_0^a\left[\Theta_3\left\{\frac{\pi(y-b_j)}{2(b_{j+1}-b_j)},e^{-\left(\frac{\pi}{b_{j+1}-b_j}\right)^2\eta_{yj}(t-\tau)}\right\}\psi_j(u,\tau)-\right.$$

$$\left.-\ \Theta_4\left\{\frac{\pi(y-b_j)}{2(b_{j+1}-b_j)},e^{-\left(\frac{\pi}{b_{j+1}-b_j}\right)^2\eta_{yj}(t-\tau)}\right\}\psi_{j+1}(u,\tau)\right]\times$$

$$\times\left[\Theta_3\left\{\frac{\pi(x-u)}{2a},e^{-\left(\frac{\pi}{a}\right)^2\eta_{xj}(t-\tau)}\right\}+\Theta_3\left\{\frac{\pi(x+u)}{2a},e^{-\left(\frac{\pi}{a}\right)^2\eta_{xj}(t-\tau)}\right\}\right]dud\tau+$$

$$+\ \frac{1}{2(\phi c_t)_j\,a(b_{j+1}-b_j)}\int_0^t\int_0^{b_{j+1}-b_j}\left[\Theta_3\left\{\frac{\pi x}{2a},e^{-\left(\frac{\pi}{a}\right)^2\eta_{xj}(t-\tau)}\right\}\psi_{0yj}(v,\tau)-\right.$$

$$\left.-\Theta_4\left\{\frac{\pi x}{2a},e^{-\left(\frac{\pi}{a}\right)^2\eta_{xj}(t-\tau)}\right\}\psi_{ayj}(v,\tau)\right]\times$$

$$\times\left[\Theta_3\left\{\frac{\pi(y-v-b_j)}{2(b_{j+1}-b_j)},e^{-\left(\frac{\pi}{b_{j+1}-b_j}\right)^2\eta_{yj}(t-\tau)}\right\}+\Theta_3\left\{\frac{\pi(y+v-b_j)}{2(b_{j+1}-b_j)},e^{-\left(\frac{\pi}{b_{j+1}-b_j}\right)^2\eta_{yj}(t-\tau)}\right\}\right]dvd\tau+$$

$$+\ \frac{1}{4a(b_{j+1}-b_j)}\int_0^{b_{j+1}-b_j}\int_0^a\varphi_j(u,v+b_j)\left[\Theta_3\left\{\frac{\pi(x-u)}{2a},e^{-\left(\frac{\pi}{a}\right)^2\eta_{xj}t}\right\}+\Theta_3\left\{\frac{\pi(x+u)}{2a},e^{-\left(\frac{\pi}{a}\right)^2\eta_{xj}t}\right\}\right]\times$$

$$\times\left[\Theta_3\left\{\frac{\pi(y-v-b_j)}{2(b_{j+1}-b_j)},e^{-\left(\frac{\pi}{b_{j+1}-b_j}\right)^2\eta_{yj}t}\right\}+\Theta_3\left\{\frac{\pi(y+v-b_j)}{2(b_{j+1}-b_j)},e^{-\left(\frac{\pi}{b_{j+1}-b_j}\right)^2\eta_{yj}t}\right\}\right]dudv \qquad (7.50.3)$$

where $\overline{\overline{\psi}}_j(\xi_n,s)=\int_0^a\overline{\psi}_j(x,s)\cos(\xi_n x)\,dx$, $\overline{\psi}_j(x,s)=\int_0^\infty\psi_j(x,t)\,e^{-st}dt$, $\overline{\overline{\psi}}_{0yj}(\xi_m,s)=\int_0^{b_{j+1}-b_j}\overline{\psi}_{0yj}(y,s)$ $\cos\{\xi_m(y-b_j)\}\,d(y-b_j)$, $\overline{\psi}_{0yj}(y,s)=\int_0^\infty\psi_{0yj}(y,t)\,e^{-st}dt$, ξ_n is a positive root of $\sin(\xi_n a)=0$, which are $\xi_n=\frac{n\pi}{a}$, $n=1,2,...$, and ξ_m is a positive root of $\sin\{\xi_m(b_{j+1}-b_j)\}=0$, which are $\xi_m=\frac{m\pi}{(b_{j+1}-b_j)}$, $m=1,2,....$ $\ni_m=\begin{cases}\frac{1}{2}, & m=0\\ 1, & m=1,2,...\end{cases}$.

We employ, in the time domain, the interfacial boundary condition

$$\frac{2\breve{\lambda}_j}{a}\sum_{n=0}^{\infty}\ni_n\overline{\psi}_j(\xi_n,t)\cos(\xi_n x)=\{p_{j-1}(x,b_j,t)-p_j(x,b_j,t)\}$$

Substituting for $p_j(x,b_j,t)$ and $p_{j-1}(x,b_j,t)$ from equation (7.50.2), we obtain a three-term inhomogeneous recurrence relationship of the interfacial flux functions:

$$\begin{aligned}\breve{\lambda}_j\sum_{n=0}^{\infty}\overline{\psi}_j(\xi_n,t)\ni_n\cos(\xi_n x) &= \sum_{n=0}^{\infty}\ni_n\cos(\xi_n x)\int_0^t\overline{\psi}_j(\xi_n,\tau)\mathcal{A}_j(\xi_n,t-\tau)d\tau+\\ &+\sum_{n=0}^{\infty}\ni_n\cos(\xi_n x)\int_0^t\overline{\psi}_{j+1}(\xi_n,\tau)\mathcal{B}_j(\xi_n,t-\tau)d\tau+\\ &+\sum_{n=0}^{\infty}\ni_n\cos(\xi_n x)\int_0^t\overline{\psi}_{j-1}(\xi_n,\tau)\mathcal{C}_j(\xi_n,t-\tau)\,d\tau+\left(\frac{a}{2}\right)\Omega_j(x,t)\end{aligned} \qquad (7.50.4)$$

By use of the orthogonality of the cosine integral, equation (7.50.4) may be reduced to

$$\breve{\lambda}_j\overline{\psi}_j(\xi_n,t)=\int_0^t\overline{\psi}_j(\xi_n,\tau)\mathcal{A}_j(\xi_n,t-\tau)d\tau+\int_0^t\overline{\psi}_{j+1}(\xi_n,\tau)\mathcal{B}_j(\xi_n,t-\tau)d\tau+$$
$$+\int_0^t\overline{\psi}_{j-1}(\xi_n,\tau)\mathcal{C}_j(\xi_n,t-\tau)\,d\tau+\Omega_j^c(\xi_n,t) \qquad (7.50.5)$$

The coefficients $\mathcal{A}_j(\xi_n,t-\tau)$, $\mathcal{B}_j(\xi_n,t-\tau)$ and $\mathcal{C}_j(\xi_n,t-\tau)$ of the integral equation (7.50.5) for the region $[b_j<y<b_{j+1}]$, $\forall j=0,1,.....,\aleph-1, t>0$, are given by equations (7.49.6), (7.49.7) and (7.49.8), respectively, and

$$\Omega_j^c(\xi_n,t)=\int_0^a\Omega_j(x,t)\cos(\xi_n x)\,dx \qquad (7.50.6)$$

where

$$\begin{aligned}
\Omega_j(x,t) &= \frac{U(t-t_{0j-1})}{8(\phi c_t)_{j-1}(b_j-b_{j-1})}\int_0^{t-t_{0j-1}}q_{j-1}(t-t_{0j-1}-\tau)\left[\Theta_3\left\{\frac{\pi(x-x_{0j-1})}{2a},e^{-\left(\frac{\pi}{a}\right)^2\eta_{xj-1}\tau}\right\}+\right.\\
&+\left.\Theta_3\left\{\frac{\pi(x+x_{0j-1})}{2a},e^{-\left(\frac{\pi}{a}\right)^2\eta_{xj-1}\tau}\right\}\right]\times\\
&\times\left[\Theta_3\left\{\frac{\pi(b_j-y_{0j-1})}{2(b_j-b_{j-1})},e^{-\left(\frac{\pi}{(b_j-b_{j-1})}\right)^2\eta_{yj-1}\tau}\right\}+\right.\\
&+\left.\Theta_3\left\{\frac{\pi(b_j+y_{0j-1}-2b_{j-1})}{2(b_j-b_{j-1})},e^{-\left(\frac{\pi}{(b_j-b_{j-1})}\right)^2\eta_{yj-1}\tau}\right\}\right]d\tau+\\
&+\frac{1}{(\phi c_t)_{j-1}(b_j-b_{j-1})}\sum_{m=0}^{\infty}\ni_m\cos\{\xi_m(b_j-b_{j-1})\}e^{-\xi_m^2\eta_{yj-1}(t-\tau)}\times\\
&\times\int_0^t\left\{\Theta_3\left\{\frac{\pi x}{2a},e^{-\left(\frac{\pi}{a}\right)^2\eta_{xj-1}(t-\tau)}\right\}\overline{\psi}_{y0j-1}(\xi_m,\tau)-\right.\\
&-\left.\Theta_4\left\{\frac{\pi x}{2a},e^{-\left(\frac{\pi}{a}\right)^2\eta_{xj-1}(t-\tau)}\right\}\overline{\psi}_{yaj-1}(\xi_m,\tau)\right\}d\tau+\\
&+\frac{1}{8(b_j-b_{j-1})}\int_0^{b_j-b_{j-1}}\int_0^a\varphi_{j-1}(u,v+b_{j-1})\left[\Theta_3\left\{\frac{\pi(x-u)}{2a},e^{-\left(\frac{\pi}{a}\right)^2\eta_{xj-1}t}\right\}+\right.\\
&+\left.\Theta_3\left\{\frac{\pi(x+u)}{2a},e^{-\left(\frac{\pi}{a}\right)^2\eta_{xj-1}t}\right\}\right]\times\\
&\times\left[\Theta_3\left\{\frac{\pi(b_j-v-b_{j-1})}{2(b_j-b_{j-1})},e^{-\left(\frac{\pi}{(b_j-b_{j-1})}\right)^2\eta_{yj-1}t}\right\}+\right.\\
&+\left.\Theta_3\left\{\frac{\pi(b_j+v-b_{j-1})}{2(b_j-b_{j-1})},e^{-\left(\frac{\pi}{(b_j-b_{j-1})}\right)^2\eta_{yj-1}t}\right\}\right]du\,dv-\\
&-\frac{U(t-t_{0j})}{4(\phi c_t)_j(b_{j+1}-b_j)}\int_0^{t-t_{0j}}q_j(t-t_{0j}-\tau)\left[\Theta_3\left\{\frac{\pi(x-x_{0j})}{2a},e^{-\left(\frac{\pi}{a}\right)^2\eta_{xj}\tau}\right\}+\right.
\end{aligned}$$

$$+ \;\Theta_3\left\{\frac{\pi\left(x+x_{0j}\right)}{2a}, e^{-\left(\frac{\pi}{a}\right)^2\eta_{xj}\tau}\right\}\Bigg]\;\Theta_3\left\{\frac{\pi\left(b_j-y_{0j}\right)}{2\left(b_{j+1}-b_j\right)}, e^{-\left(\frac{\pi}{\left(b_{j+1}-b_j\right)}\right)^2\eta_{yj}\tau}\right\}d\tau -$$

$$-\;\frac{1}{\left(\phi c_t\right)_j\left(b_{j+1}-b_j\right)}\sum_{m=0}^{\infty}\ni_m\, e^{-\xi_m^2\eta_{yj}(t-\tau)}\times$$

$$\times\int_0^t\left[\Theta_3\left\{\frac{\pi x}{2a}, e^{-\left(\frac{\pi}{a}\right)^2\eta_{xj}(t-\tau)}\right\}\overline{\psi}_{0yj}\left(\xi_m,\tau\right)-\Theta_4\left\{\frac{\pi x}{2a}, e^{-\left(\frac{\pi}{a}\right)^2\eta_{xj}(t-\tau)}\right\}\overline{\psi}_{ayj}\left(\xi_m,\tau\right)\right]d\tau -$$

$$-\;\frac{1}{4\left(b_{j+1}-b_j\right)}\times$$

$$\times\int_0^{b_{j+1}-b_j}\int_0^a\varphi_j\left(u,v+b_j\right)\left[\Theta_3\left\{\frac{\pi\left(x-u\right)}{2a}, e^{-\left(\frac{\pi}{a}\right)^2\eta_{xj}t}\right\}+\Theta_3\left\{\frac{\pi\left(x+u\right)}{2a}, e^{-\left(\frac{\pi}{a}\right)^2\eta_{xj}t}\right\}\right]\times$$

$$\times\Theta_3\left\{\frac{\pi v}{2\left(b_{j+1}-b_j\right)}, e^{-\left(\frac{\pi}{b_{j+1}-b_j}\right)^2\eta_{yj}t}\right\}du\,dv \tag{7.50.7}$$

Alternatively, substituting for $p_j\left(x,b_j,t\right)$ and $p_{j-1}\left(x,b_j,t\right)$ from equation (7.50.3) in

$$\breve{\lambda}_j\psi_j\left(x,t\right)=\left\{p_{j-1}\left(x,b_j,t\right)-p_j\left(x,b_j,t\right)\right\},\qquad\forall j=1,2,...,\aleph-1$$

we obtain a three-term recurrence integral equation relationship in time and space, which is given by equation (7.49.11).* The coefficients, $\forall j=1,2,.....,\aleph-1$, $b_j<y<b_{j+1}$, are given by

$$\mathcal{A}_j\left(x,u,t\right)=g_j\left(x,u,t\right)+g_{j-1}\left(x,u,t\right) \tag{7.50.8}$$

where

$$g_j\left(x,u,t\right)=-\frac{\Theta_3\left\{0, e^{-\left(\frac{\pi}{b_{j+1}-b_j}\right)^2\eta_{yj}t}\right\}}{2\left(\phi c_t\right)_j a\left(b_{j+1}-b_j\right)}\left[\Theta_3\left\{\frac{\pi\left(x-u\right)}{2a}, e^{-\left(\frac{\pi}{a}\right)^2\eta_{xj}t}\right\}+\Theta_3\left\{\frac{\pi\left(x+u\right)}{2a}, e^{-\left(\frac{\pi}{a}\right)^2\eta_{xj}t}\right\}\right]$$

$$\begin{aligned}\mathcal{B}_j\left(x,u,t\right)\;&=\;\frac{1}{2\left(\phi c_t\right)_j a\left(b_{j+1}-b_j\right)}\Theta_4\left\{0, e^{-\left(\frac{\pi}{b_{j+1}-b_j}\right)^2\eta_{yj}t}\right\}\times\\&\times\left[\Theta_3\left\{\frac{\pi\left(x-u\right)}{2a}, e^{-\left(\frac{\pi}{a}\right)^2\eta_{xj}t}\right\}+\Theta_3\left\{\frac{\pi\left(x+u\right)}{2a}, e^{-\left(\frac{\pi}{a}\right)^2\eta_{xj}(t-\tau)}\right\}\right]\end{aligned} \tag{7.50.9}$$

$$\mathcal{C}_j\left(x,u,t\right)=\mathcal{B}_{j-1}\left(x,u,t\right) \tag{7.50.10}$$

and

$$\begin{aligned}\Omega_j\left(x,t\right)\;&=\;\frac{U\left(t-t_{0j-1}\right)}{8\left(\phi c_t\right)_{j-1}\left(b_j-b_{j-1}\right)}\int_0^{t-t_{0j-1}}q_{j-1}\left(t-t_{0j-1}-\tau\right)\left[\Theta_3\left\{\frac{\pi\left(x-x_{0j-1}\right)}{2a}, e^{-\left(\frac{\pi}{a}\right)^2\eta_{xj-1}\tau}\right\}+\right.\\&+\;\left.\Theta_3\left\{\frac{\pi\left(x+x_{0j-1}\right)}{2a}, e^{-\left(\frac{\pi}{a}\right)^2\eta_{xj-1}\tau}\right\}\right]\times\\&\times\left[\Theta_3\left\{\frac{\pi\left(b_j-y_{0j-1}\right)}{2\left(b_j-b_{j-1}\right)}, e^{-\left(\frac{\pi}{\left(b_j-b_{j-1}\right)}\right)^2\eta_{yj-1}\tau}\right\}+\right.\end{aligned}$$

*The solution in time and space is required to solve the mixed boundary value problem. See problem 7.51.

$$+\Theta_3\left\{\frac{\pi\left(b_j+y_{0j-1}-2b_{j-1}\right)}{2\left(b_j-b_{j-1}\right)},e^{-\left(\frac{\pi}{(b_j-b_{j-1})}\right)^2\eta_{yj-1}\tau}\right\}\Bigg]\Bigg]d\tau+$$

$$+\frac{1}{2\left(\phi c_t\right)_{j-1}a\left(b_j-b_{j-1}\right)}\int\limits_0^t\int\limits_0^{b_j-b_{j-1}}\left[\Theta_3\left\{\frac{\pi x}{2a},e^{-\left(\frac{\pi}{a}\right)^2\eta_{xj-1}(t-\tau)}\right\}\psi_{y0j-1}\left(v,\tau\right)-\right.$$

$$\left.-\Theta_4\left\{\frac{\pi x}{2a},e^{-\left(\frac{\pi}{a}\right)^2\eta_{xj-1}(t-\tau)}\right\}\psi_{yaj-1}\left(v,\tau\right)\right]\times$$

$$\times\left[\Theta_3\left\{\frac{\pi\left(b_j-b_{j-1}-v\right)}{2\left(b_j-b_{j-1}\right)},e^{-\left(\frac{\pi}{b_j-b_{j-1}}\right)^2\eta_{yj-1}(t-\tau)}\right\}+\right.$$

$$\left.+\Theta_3\left\{\frac{\pi\left(b_j-b_{j-1}+v\right)}{2\left(b_j-b_{j-1}\right)},e^{-\left(\frac{\pi}{b_j-b_{j-1}}\right)^2\eta_{yj-1}(t-\tau)}\right\}\right]dvd\tau+$$

$$+\frac{1}{8\left(b_j-b_{j-1}\right)}\int\limits_0^{b_j-b_{j-1}}\int\limits_0^a\varphi_{j-1}(u,v+b_{j-1})\left[\Theta_3\left\{\frac{\pi\left(x-u\right)}{2a},e^{-\left(\frac{\pi}{a}\right)^2\eta_{xj-1}t}\right\}+\right.$$

$$\left.+\Theta_3\left\{\frac{\pi\left(x+u\right)}{2a},e^{-\left(\frac{\pi}{a}\right)^2\eta_{xj-1}t}\right\}\right]\times$$

$$\times\left[\Theta_3\left\{\frac{\pi\left(b_j-v-b_{j-1}\right)}{2\left(b_j-b_{j-1}\right)},e^{-\left(\frac{\pi}{(b_j-b_{j-1})}\right)^2\eta_{yj-1}t}\right\}+\right.$$

$$\left.+\Theta_3\left\{\frac{\pi\left(b_j+v-b_{j-1}\right)}{2\left(b_j-b_{j-1}\right)},e^{-\left(\frac{\pi}{(b_j-b_{j-1})}\right)^2\eta_{yj-1}t}\right\}\right]du\,dv-$$

$$-\frac{U\left(t-t_{0j}\right)}{4\left(\phi c_t\right)_j\left(b_{j+1}-b_j\right)}\int\limits_0^{t-t_{0j}}q_j\left(t-t_{0j}-\tau\right)\left[\Theta_3\left\{\frac{\pi\left(x-x_{0j}\right)}{2a},e^{-\left(\frac{\pi}{a}\right)^2\eta_{xj}\tau}\right\}+\right.$$

$$\left.+\Theta_3\left\{\frac{\pi\left(x+x_{0j}\right)}{2a},e^{-\left(\frac{\pi}{a}\right)^2\eta_{xj}\tau}\right\}\right]\Theta_3\left\{\frac{\pi\left(b_j-y_{0j}\right)}{2\left(b_{j+1}-b_j\right)},e^{-\left(\frac{\pi}{(b_{j+1}-b_j)}\right)^2\eta_{yj}\tau}\right\}d\tau-$$

$$-\frac{1}{\left(\phi c_t\right)_j a\left(b_{j+1}-b_j\right)}\int\limits_0^t\int\limits_0^{b_{j+1}-b_j}\left[\Theta_3\left\{\frac{\pi x}{2a},e^{-\left(\frac{\pi}{a}\right)^2\eta_{xj}(t-\tau)}\right\}\psi_{0yj}\left(v,\tau\right)-\right.$$

$$\left.-\Theta_4\left\{\frac{\pi x}{2a},e^{-\left(\frac{\pi}{a}\right)^2\eta_{xj}(t-\tau)}\right\}\psi_{ayj}\left(v,\tau\right)\right]\Theta_3\left\{\frac{\pi u}{2\left(b_{j+1}-b_j\right)},e^{-\left(\frac{\pi}{b_{j+1}-b_j}\right)^2\eta_{yj}(t-\tau)}\right\}dvd\tau-$$

$$-\frac{1}{4\left(b_{j+1}-b_j\right)}\int\limits_0^{b_{j+1}-b_j}\int\limits_0^a\varphi_j(u,v+b_j)\left[\Theta_3\left\{\frac{\pi\left(x-u\right)}{2a},e^{-\left(\frac{\pi}{a}\right)^2\eta_{xj}t}\right\}+\Theta_3\left\{\frac{\pi\left(x+u\right)}{2a},e^{-\left(\frac{\pi}{a}\right)^2\eta_{xj}t}\right\}\right]\times$$

$$\times\Theta_3\left\{\frac{\pi v}{2\left(b_{j+1}-b_j\right)},e^{-\left(\frac{\pi}{b_{j+1}-b_j}\right)^2\eta_{yj}t}\right\}du\,dv \qquad (7.50.11)$$

The numerical methods of piecewise-linear interpolation and piecewise-constant interpolation prescribed in problem 7.49 are equally applicable to problem 7.50.

7.51 The problem of 7.49, except we have a mixed boundary condition: (i) At $x=0$, $p_j(0,y,t)=\psi_{0yj}(y,t)$ and at $x=a$, $p_j(a,y,t)=\psi_{ayj}(y,t)$, $b_j<y<b_{j+1}$, $j=0,1,...,\breve{k}-1$, $t>0$. (ii) At $x=0$, $\frac{\partial p_j(0,y,t)}{\partial x}=-\left(\frac{\mu}{k_x}\right)_j\psi_{0yj}(y,t)$ and at $x=a$, $\frac{\partial p_j(a,y,t)}{\partial x}=-\left(\frac{\mu}{k_x}\right)_j\psi_{ayj}(y,t)$, $b_j<y<b_{j+1}$, $j=\breve{k},...,\aleph-1$, $t>0$. At $y=b_0$, $\frac{\partial p(x,b_0,t)}{\partial y}=-\left(\frac{\mu}{k_y}\right)_0\psi_0(x,t)$ and at $y=b_\aleph$, $\frac{\partial p(x,b_\aleph,t)}{\partial y}=-\left(\frac{\mu}{k_y}\right)_\aleph\psi_\aleph(x,t)$. At $y=b_j$, $\forall j=1,2,...,\aleph-1$, $\psi_j(x,t)=-\left(\frac{k_y}{\mu}\right)_j\left(\frac{\partial p_j(x,b_j,t)}{\partial y}\right)=-\left(\frac{k_y}{\mu}\right)_{j-1}\left(\frac{\partial p_{j-1}(x,b_j,t)}{\partial y}\right)$ and $\breve{\lambda}_j\psi_j(x,t)=\{p_{j-1}(x,b_j,t)-p_j(x,b_j,t)\}$. The initial pressure $p_j(x,y,0)=\varphi_j(x,y)$

The Laplace and time domain solutions for the set of regions $\left[j=0,1,....,\breve{k}-1\right]$, $b_j<y<b_{j+1}$, are given by equations (7.49.1) and (7.49.3), respectively. The coefficients of the integral equation (7.49.11) for $\left[j=1,....,\breve{k}-1\right]$ are given by equations (7.49.12), (7.49.13), (7.49.14) and (7.49.15).

The Laplace and time domain solutions for the set of regions $\left[j=\breve{k},........,\aleph-1\right]$, $b_j<y<b_{j+1}$, are given by equations (7.50.1) and (7.50.3), respectively. The coefficients of the integral equation (7.49.11) for $\left[j=\breve{k}+1,........,\aleph-1\right]$, $t>0$, are given by equations (7.50.8), (7.50.9), (7.50.10) and (7.50.11).

At $j=\breve{k}$, by substituting for $p_{\breve{k}-1}(x,b_{\breve{k}},t)$ and $p_{\breve{k}}(x,b_{\breve{k}},t)$ from equations (7.49.3) and (7.50.3) in the interfacial boundary condition

$$\breve{\lambda}_{\breve{k}}\psi_{\breve{k}}(x,t)=\left\{p_{\breve{k}-1}(x,b_{\breve{k}},t)-p_{\breve{k}}(x,b_{\breve{k}},t)\right\}$$

we obtain a three-term recurrence integral equation relationship in time and space:

$$\breve{\lambda}_{\breve{k}}\psi_{\breve{k}}(x,t)=\int_0^t\int_0^a\mathcal{A}_{\breve{k}}(x,u,t-\tau)\psi_{\breve{k}}(u,\tau)\,d\tau du+\int_0^t\int_0^a\mathcal{B}_{\breve{k}}(x,u,t-\tau)\psi_{\breve{k}+1}(u,\tau)\,d\tau du+$$
$$+\int_0^t\int_0^a\mathcal{C}_{\breve{k}}(x,u,t-\tau)\psi_{\breve{k}-1}(u,\tau)\,d\tau du+\Omega_{\breve{k}}(x,t) \qquad (7.51.1)$$

The coefficients of the integral equation (7.51.1) are given by

$$\begin{aligned}\mathcal{A}_{\breve{k}}(x,u,t)&=-\frac{\Theta_3\left\{0,e^{-\left(\frac{\pi}{b_{\breve{k}}-b_{\breve{k}-1}}\right)^2\eta_{y\breve{k}-1}t}\right\}}{2(\phi c_t)_{\breve{k}-1}a\left(b_{\breve{k}}-b_{\breve{k}-1}\right)}\times\\&\times\left[\Theta_3\left\{\frac{\pi(x-u)}{2a},e^{-\left(\frac{\pi}{a}\right)^2\eta_{x\breve{k}-1}t}\right\}-\Theta_3\left\{\frac{\pi(x+u)}{2a},e^{-\left(\frac{\pi}{a}\right)^2\eta_{x\breve{k}-1}t}\right\}\right]-\\&-\frac{\Theta_3\left\{0,e^{-\left(\frac{\pi}{b_{\breve{k}+1}-b_{\breve{k}}}\right)^2\eta_{y\breve{k}}t}\right\}}{2(\phi c_t)_{\breve{k}}a\left(b_{\breve{k}+1}-b_{\breve{k}}\right)}\times\\&\times\left[\Theta_3\left\{\frac{\pi(x-u)}{2a},e^{-\left(\frac{\pi}{a}\right)^2\eta_{x\breve{k}}t}\right\}+\Theta_3\left\{\frac{\pi(x+u)}{2a},e^{-\left(\frac{\pi}{a}\right)^2\eta_{x\breve{k}}t}\right\}\right]\end{aligned} \qquad (7.51.2)$$

$$\begin{aligned}\mathcal{B}_{\breve{k}}(x,u,t)&=\frac{\Theta_4\left\{0,e^{-\left(\frac{\pi}{b_{\breve{k}+1}-b_{\breve{k}}}\right)^2\eta_{y\breve{k}}t}\right\}}{2(\phi c_t)_{\breve{k}}a\left(b_{\breve{k}+1}-b_{\breve{k}}\right)}\times\\&\times\left[\Theta_3\left\{\frac{\pi(x-u)}{2a},e^{-\left(\frac{\pi}{a}\right)^2\eta_{x\breve{k}}t}\right\}+\Theta_3\left\{\frac{\pi(x+u)}{2a},e^{-\left(\frac{\pi}{a}\right)^2\eta_{x\breve{k}}t}\right\}\right]\end{aligned} \qquad (7.51.3)$$

$$
\begin{aligned}
\mathcal{C}_{\breve{k}}(x,u,t) &= \frac{\Theta_4\left\{0, e^{-\left(\frac{\pi}{b_{\breve{k}}-b_{\breve{k}-1}}\right)^2 \eta_{y\breve{k}-1} t}\right\}}{2\left(\phi c_t\right)_{\breve{k}-1} a\left(b_{\breve{k}}-b_{\breve{k}-1}\right)} \times \\
&\times\left[\Theta_3\left\{\frac{\pi(x-u)}{2a}, e^{-\left(\frac{\pi}{a}\right)^2 \eta_{x\breve{k}-1} t}\right\}-\Theta_3\left\{\frac{\pi(x+u)}{2a}, e^{-\left(\frac{\pi}{a}\right)^2 \eta_{x\breve{k}-1} t}\right\}\right] \qquad (7.51.4)
\end{aligned}
$$

and

$$
\begin{aligned}
\Omega_{\breve{k}}(x,t) &= \frac{U\left(t-t_{0\breve{k}-1}\right)}{8\left(\phi c_t\right)_{\breve{k}-1}\left(b_{\breve{k}}-b_{\breve{k}-1}\right)} \int_0^{t-t_{0\breve{k}-1}} q_{\breve{k}-1}\left(t-t_{0\breve{k}-1}-\tau\right)\left[\Theta_3\left\{\frac{\pi\left(x-x_{0\breve{k}-1}\right)}{2a}, e^{-\left(\frac{\pi}{a}\right)^2 \eta_{x\breve{k}-1} \tau}\right\}-\right. \\
&- \left.\Theta_3\left\{\frac{\pi\left(x+x_{0\breve{k}-1}\right)}{2a}, e^{-\left(\frac{\pi}{a}\right)^2 \eta_{x\breve{k}-1} \tau}\right\}\right] \times \\
&\times\left[\Theta_3\left\{\frac{\pi\left(b_{\breve{k}}-y_{0\breve{k}-1}\right)}{2\left(b_{\breve{k}}-b_{\breve{k}-1}\right)}, e^{-\left(\frac{\pi}{\left(b_{\breve{k}}-b_{\breve{k}-1}\right)}\right)^2 \eta_{y\breve{k}-1} \tau}\right\}+\right. \\
&\left.+\Theta_3\left\{\frac{\pi\left(b_{\breve{k}}+y_{0\breve{k}-1}-2b_{\breve{k}-1}\right)}{2\left(b_{\breve{k}}-b_{\breve{k}-1}\right)}, e^{-\left(\frac{\pi}{\left(b_{\breve{k}}-b_{\breve{k}-1}\right)}\right)^2 \eta_{y\breve{k}-1} \tau}\right\}\right] d\tau + \\
&+ \frac{\eta_{x\breve{k}-1}}{4a\left(b_{\breve{k}}-b_{\breve{k}-1}\right)} \int_0^t \int_0^{b_{\breve{k}}-b_{\breve{k}-1}} \left[\Theta_4'\left\{\frac{\pi x}{2a}, e^{-\left(\frac{\pi}{a}\right)^2 \eta_{x\breve{k}-1}(t-\tau)}\right\} \psi_{ya\breve{k}-1}(v,\tau)-\right. \\
&\left.-\Theta_3'\left\{\frac{\pi x}{2a}, e^{-\left(\frac{\pi}{a}\right)^2 \eta_{x\breve{k}-1}(t-\tau)}\right\} \psi_{y0\breve{k}-1}(v,\tau)\right] \times \\
&\times\left[\Theta_3\left\{\frac{\pi\left(b_{\breve{k}}-b_{\breve{k}-1}-v\right)}{2\left(b_{\breve{k}}-b_{\breve{k}-1}\right)}, e^{-\left(\frac{\pi}{b_{\breve{k}}-b_{\breve{k}-1}}\right)^2 \eta_{y\breve{k}-1}(t-\tau)}\right\}+\right. \\
&\left.+\Theta_3\left\{\frac{\pi\left(b_{\breve{k}}-b_{\breve{k}-1}+v\right)}{2\left(b_{\breve{k}}-b_{\breve{k}-1}\right)}, e^{-\left(\frac{\pi}{b_{\breve{k}}-b_{\breve{k}-1}}\right)^2 \eta_{y\breve{k}-1}(t-\tau)}\right\}\right] dv d\tau + \\
&+ \frac{1}{8\left(b_{\breve{k}}-b_{\breve{k}-1}\right)} \int_0^{b_{\breve{k}}-b_{\breve{k}-1}} \int_0^a \varphi_{\breve{k}-1}\left(u, v+b_{\breve{k}-1}\right)\left[\Theta_3\left\{\frac{\pi(x-u)}{2a}, e^{-\left(\frac{\pi}{a}\right)^2 \eta_{x\breve{k}-1} t}\right\}-\right. \\
&- \left.\Theta_3\left\{\frac{\pi(x+u)}{2a}, e^{-\left(\frac{\pi}{a}\right)^2 \eta_{x\breve{k}-1} t}\right\}\right] \times \\
&\times\left[\Theta_3\left\{\frac{\pi\left(b_{\breve{k}}-v-b_{\breve{k}-1}\right)}{2\left(b_{\breve{k}}-b_{\breve{k}-1}\right)}, e^{-\left(\frac{\pi}{\left(b_{\breve{k}}-b_{\breve{k}-1}\right)}\right)^2 \eta_{y\breve{k}-1} t}\right\}+\right. \\
&\left.+\Theta_3\left\{\frac{\pi\left(b_{\breve{k}}+v-b_{\breve{k}-1}\right)}{2\left(b_{\breve{k}}-b_{\breve{k}-1}\right)}, e^{-\left(\frac{\pi}{\left(b_{\breve{k}}-b_{\breve{k}-1}\right)}\right)^2 \eta_{y\breve{k}-1} t}\right\}\right] du\, dv - \\
&- \frac{U\left(t-t_{0\breve{k}}\right)}{4\left(\phi c_t\right)_{\breve{k}}\left(b_{\breve{k}+1}-b_{\breve{k}}\right)} \int_0^{t-t_{0\breve{k}}} q_{\breve{k}}\left(t-t_{0\breve{k}}-\tau\right)\left[\Theta_3\left\{\frac{\pi\left(x-x_{0\breve{k}}\right)}{2a}, e^{-\left(\frac{\pi}{a}\right)^2 \eta_{x\breve{k}} \tau}\right\}+\right.
\end{aligned}
$$

$$+\ \Theta_3\left\{\frac{\pi\left(x+x_{0\breve{k}}\right)}{2a},e^{-\left(\frac{\pi}{a}\right)^2\eta_{x\breve{k}}\tau}\right\}\Bigg]\,\Theta_3\left\{\frac{\pi\left(b_{\breve{k}}-y_{0\breve{k}}\right)}{2\left(b_{\breve{k}+1}-b_{\breve{k}}\right)},e^{-\left(\frac{\pi}{\left(b_{\breve{k}+1}-b_{\breve{k}}\right)}\right)^2\eta_{y\breve{k}}\tau}\right\}d\tau\ -$$

$$-\ \frac{1}{(\phi c_t)_{\breve{k}}\,a\left(b_{\breve{k}+1}-b_{\breve{k}}\right)}\int\limits_0^t\int\limits_0^{b_{\breve{k}+1}-b_{\breve{k}}}\left[\Theta_3\left\{\frac{\pi x}{2a},e^{-\left(\frac{\pi}{a}\right)^2\eta_{x\breve{k}}(t-\tau)}\right\}\psi_{y0\breve{k}}\left(v,\tau\right)-\right.$$

$$\left.-\Theta_4\left\{\frac{\pi x}{2a},e^{-\left(\frac{\pi}{a}\right)^2\eta_{x\breve{k}}(t-\tau)}\right\}\psi_{ya\breve{k}}\left(v,\tau\right)\right]\Theta_3\left\{\frac{\pi v}{2\left(b_{\breve{k}+1}-b_{\breve{k}}\right)},e^{-\left(\frac{\pi}{b_{\breve{k}+1}-b_{\breve{k}}}\right)^2\eta_{y\breve{k}}(t-\tau)}\right\}dv d\tau\ -$$

$$-\ \frac{1}{4\left(b_{\breve{k}+1}-b_{\breve{k}}\right)}\int\limits_0^{b_{\breve{k}+1}-b_{\breve{k}}}\int\limits_0^{a}\varphi_{\breve{k}}\left(u,v+b_{\breve{k}}\right)\left[\Theta_3\left\{\frac{\pi\left(x-u\right)}{2a},e^{-\left(\frac{\pi}{a}\right)^2\eta_{x\breve{k}}t}\right\}+\Theta_3\left\{\frac{\pi\left(x+u\right)}{2a},e^{-\left(\frac{\pi}{a}\right)^2\eta_{x\breve{k}}t}\right\}\right]\times$$

$$\times\Theta_3\left\{\frac{\pi v}{2\left(b_{\breve{k}+1}-b_{\breve{k}}\right)},e^{-\left(\frac{\pi}{b_{\breve{k}+1}-b_{\breve{k}}}\right)^2\eta_{y\breve{k}}t}\right\}du\,dv \tag{7.51.5}$$

The numerical procedure adopted here, in essence, is that of Problem 6.38.

As in Problem 6.38, we begin by approximating the time integral in the recurrence relationship (7.49.11) by the Nyström quadrature rule. We get

$$\breve{\lambda}_j\psi_j\left(x,t\right)\ \approx\ \sum_{i=0}^{\ell}\omega_i\int\limits_0^a\mathcal{A}_j\left(x,u,t-\tau_i\right)\psi_j\left(u,\tau_i\right)du+\sum_{i=0}^{\ell}\varpi_i\int\limits_0^a\mathcal{B}_j\left(x,u,t-\tau_i\right)\psi_{j+1}\left(u,\tau_i\right)du\ +$$

$$+\sum_{i=0}^{\ell}\varpi_i\int\limits_0^a\mathcal{C}_j\left(x,u,t-\tau_i\right)\psi_{j-1}\left(u,\tau_i\right)du+\Omega_j\left(x,t\right) \tag{7.51.6}$$

where $\tau_0=0$, $\tau_\ell=t$, $\tau_i=\frac{it}{\ell}$ and the associated weights are given by $\varpi_0=\varpi_\ell=\frac{t}{2\ell}$ and $\varpi_i=\frac{t}{\ell}$, $\forall i=1,2,...,\ell{-}1$. The coefficients $\mathcal{A}_j\left(x,u,t-\tau_i\right)\psi_j\left(u,\tau_i\right)$, $\mathcal{B}_j\left(x,u,t-\tau_i\right)\psi_j\left(u,\tau_i\right)$, $\mathcal{C}_j\left(x,u,t-\tau_i\right)\psi_j\left(u,\tau_i\right)$ and $\Omega_j\left(x,t\right)$ depend on the value of j. At this stage we acknowledge that, $\forall j$, the kernel $\mathcal{A}_j\left(x,u,t-\tau_i\right)$, in the integral equation (7.51.6) is singular at $t=\tau_\ell$, but otherwise it is a well-behaved function of its arguments. We now approximate the nonsingular part of the space integrand, $\psi_j\left(u,\tau_i\right)$, piecewise-linearly as

$$\psi_j\left(u,\tau_i\right)\approx\frac{\left(u-\varsigma_k\right)}{\varsigma_{k+1}-\varsigma_k}\psi_j\left(\varsigma_k,\tau_i\right)+\frac{\left(\varsigma_{k+1}-u\right)}{\varsigma_{k+1}-\varsigma_k}\psi_j\left(\varsigma_{k+1},\tau_i\right) \tag{7.51.7}$$

Discretizing the spatial integrals in equation (7.51.6) on the continuum interfaces and substituting for $\psi_j\left(u,\tau_i\right)$ in equation (7.51.6) from (7.51.7), we get

$$\breve{\lambda}_j\psi_j\left(x,t\right)\ \approx\ \frac{\upsilon}{a}\sum_{i=0}^{\ell}\varpi_i\sum_{k=1}^{\upsilon-1}\psi_j\left(\varsigma_k,\tau_i\right)\int\limits_{\varsigma_k}^{\varsigma_{k+1}}\mathcal{A}_j\left(x,u,t-\tau_i\right)\left(\varsigma_{k+1}-u\right)du\ +$$

$$+\frac{\upsilon}{a}\sum_{i=0}^{\ell}\varpi_i\sum_{k=1}^{\upsilon-1}\psi_j\left(\varsigma_{k+1},\tau_i\right)\int\limits_{\varsigma_{k+1}}^{\varsigma_k}\mathcal{A}_j\left(x,u,t-\tau_i\right)\left(\varsigma_k-u\right)du\ +$$

$$+\frac{\upsilon}{a}\sum_{i=0}^{\ell}\varpi_i\sum_{k=1}^{\upsilon-1}\psi_{j+1}\left(\varsigma_k,\tau_i\right)\int\limits_{\varsigma_k}^{\varsigma_{k+1}}\mathcal{B}_j\left(x,u,t-\tau_i\right)\left(\varsigma_{k+1}-u\right)du\ +$$

$$+\frac{\upsilon}{a}\sum_{i=0}^{\ell}\varpi_i\sum_{k=1}^{\upsilon-1}\psi_{j+1}\left(\varsigma_{k+1},\tau_i\right)\int\limits_{\varsigma_{k+1}}^{\varsigma_k}\mathcal{B}_j\left(x,u,t-\tau_i\right)\left(\varsigma_k-u\right)du\ +$$

$$+\frac{\upsilon}{a}\sum_{i=0}^{\ell}\varpi_i\sum_{k=1}^{\upsilon-1}\psi_{j-1}\left(\varsigma_k,\tau_i\right)\int\limits_{\varsigma_k}^{\varsigma_{k+1}}\mathcal{C}_j\left(x,u,t-\tau_i\right)\left(\varsigma_{k+1}-u\right)du+$$
$$+\frac{\upsilon}{a}\sum_{i=0}^{\ell}\varpi_i\sum_{k=1}^{\upsilon-1}\psi_{j-1}\left(\varsigma_{k+1},\tau_i\right)\int\limits_{\varsigma_{k+1}}^{\varsigma_k}\mathcal{C}_j\left(x,u,t-\tau_i\right)\left(\varsigma_k-u\right)du+\Omega_j\left(x,t\right) \tag{7.51.8}$$

Each continuum interface will contain a set of points in the x coordinate. We insist that equation (7.51.8) be satisfied at each of these points. Performing the integrations in equation (7.51.8), we get

$$\begin{aligned}\breve{\lambda}_j\psi_j\left(x,t\right) \approx\ & \frac{\upsilon}{a}\sum_{i=0}^{\ell-1}\varpi_i\sum_{k=1}^{\upsilon}\omega_{akj}(x,\tau_i;\varsigma_{k+1},\varsigma_k)\psi_j\left(\varsigma_k,\tau_i\right)+\frac{\upsilon}{a}\sum_{i=0}^{\ell-1}\varpi_i\sum_{k=1}^{\upsilon}\omega_{akj}\left(x,\tau_i;\varsigma_k,\varsigma_{k+1}\right)\psi_j(\varsigma_{k+1},\tau_i)+\\ & +\frac{\upsilon}{a}\sum_{i=0}^{\ell-1}\varpi_i\sum_{k=1}^{\upsilon}\omega_{bkj}\left(x,\tau_i;\varsigma_{k+1},\varsigma_k\right)\psi_{j+1}\left(\varsigma_k,\tau_i\right)+\frac{\upsilon}{a}\sum_{i=0}^{\ell-1}\varpi_i\sum_{k=1}^{\upsilon}\omega_{bkj}(x,\tau_i;\varsigma_k,\varsigma_{k+1})\psi_{j+1}(\varsigma_{k+1},\tau_i)+\\ & +\frac{\upsilon}{a}\sum_{i=0}^{\ell-1}\varpi_i\sum_{k=1}^{\upsilon}\omega_{ckj}\left(x,\tau_i;\varsigma_{k+1},\varsigma_k\right)\psi_{j-1}\left(\varsigma_k,\tau_i\right)+\frac{\upsilon}{a}\sum_{i=0}^{\ell-1}\varpi_i\sum_{k=1}^{\upsilon}\omega_{ckj}(x,\tau_i;\varsigma_k,\varsigma_{k+1})\psi_{j-1}(\varsigma_{k+1},\tau_i)+\\ & +\Omega_j\left(x,t\right)^{*}\end{aligned} \tag{7.51.9}$$

$\forall\, j=0,1,...,\aleph-1$. $\varsigma_0=0$, $\varsigma_\upsilon=a$, $\varsigma_k=\frac{ka}{\upsilon}$. The weights associated with the spatial sums in k are dependent on j.

In the region $\left[j=1,...,\breve{k}-1\right]$,

$$\begin{aligned}\omega_{akj}\left(x,\tau;\varsigma_{k+1},\varsigma_k\right) &= f_{aj}\left(x,\tau;\varsigma_{k+1},\varsigma_k\right)-f_{aj}\left(x,\tau;-\varsigma_{k+1},-\varsigma_k\right)+\\ &\quad +f_{aj-1}\left(x,\tau;\varsigma_{k+1},\varsigma_k\right)-f_{aj-1}\left(x,\tau;-\varsigma_{k+1},-\varsigma_k\right)\end{aligned} \tag{7.51.10}$$

$$\omega_{bkj}\left(x,\tau;\varsigma_{k+1},\varsigma_k\right)=f_{bj}\left(x,\tau;\varsigma_{k+1},\varsigma_k\right)-f_{bj}\left(x,\tau;-\varsigma_{k+1},-\varsigma_k\right) \tag{7.51.11}$$

and

$$\omega_{ckj}\left(x,\tau;\varsigma_{k+1},\varsigma_k\right)=\omega_{bkj-1}\left(x,\tau;\varsigma_{k+1},\varsigma_k\right) \tag{7.51.12}$$

In the region $\left[j=\breve{k}+1,...,\aleph-1\right]$,

$$\begin{aligned}\omega_{akj}\left(x,\tau;\varsigma_{k+1},\varsigma_k\right) &= f_{aj}\left(x,\tau;\varsigma_{k+1},\varsigma_k\right)+f_{aj}\left(x,\tau;-\varsigma_{k+1},-\varsigma_k\right)+\\ &\quad +f_{aj-1}\left(x,\tau;\varsigma_{k+1},\varsigma_k\right)+f_{aj-1}\left(x,\tau;-\varsigma_{k+1},-\varsigma_k\right)\end{aligned} \tag{7.51.13}$$

$$\omega_{bkj}\left(x,\tau;\varsigma_{k+1},\varsigma_k\right)=f_{bj}\left(x,\tau;\varsigma_{k+1},\varsigma_k\right)+f_{bj}\left(x,\tau;-\varsigma_{k+1},-\varsigma_k\right) \tag{7.51.14}$$

and

$$\omega_{ckj}\left(x,\tau;\varsigma_{k+1},\varsigma_k\right)=\omega_{bkj-1}\left(x,\tau;\varsigma_{k+1},\varsigma_k\right) \tag{7.51.15}$$

At $j=\breve{k}$,

$$\begin{aligned}\omega_{ak\breve{k}}\left(x,\tau;\varsigma_{k+1},\varsigma_k\right) &= f_{a\breve{k}}\left(x,\tau;\varsigma_{k+1},\varsigma_k\right)-f_{a\breve{k}}\left(x,\tau;-\varsigma_{k+1},-\varsigma_k\right)+\\ &\quad +f_{a\breve{k}-1}\left(x,\tau;\varsigma_{k+1},\varsigma_k\right)+f_{a\breve{k}-1}\left(x,\tau;-\varsigma_{k+1},-\varsigma_k\right)\end{aligned} \tag{7.51.16}$$

$$\omega_{bk\breve{k}}\left(x,\tau;\varsigma_{k+1},\varsigma_k\right)=f_{b\breve{k}}\left(x,\tau;\varsigma_{k+1},\varsigma_k\right)+f_{b\breve{k}}\left(x,\tau;-\varsigma_{k+1},-\varsigma_k\right) \tag{7.51.17}$$

*At $t=\tau_\ell$, the spatial integrals of the kernels of the integral equation (7.51.6) vanish (see equation (7.51.21)).

and

$$\omega_{ck\breve{k}}\left(x,\tau;\varsigma_{k+1},\varsigma_k\right)=f_{b\breve{k}-1}\left(x,\tau;\varsigma_{k+1},\varsigma_k\right)-f_{b\breve{k}-1}\left(x,\tau;-\varsigma_{k+1},-\varsigma_k\right) \tag{7.51.18}$$

where

$$f_{aj}\left(x,\tau;\alpha,\beta\right)=-\frac{\Theta_3\left\{0,e^{-\left(\frac{\pi}{b_{j+1}-b_j}\right)^2\eta_{yj-1}\tau}\right\}\mathrm{E}_j\left(x,\tau;\alpha,\beta\right)}{2\left(\phi c_t\right)_j\left(b_{j+1}-b_j\right)} \tag{7.51.19}$$

$$f_{bj}\left(x,\tau;\alpha,\beta\right)=\frac{\Theta_4\left\{0,e^{-\left(\frac{\pi}{b_{j+1}-b_j}\right)^2\eta_{yj-1}\tau}\right\}\mathrm{E}_j\left(x,\tau;\alpha,\beta\right)}{2\left(\phi c_t\right)_j\left(b_{j+1}-b_j\right)} \tag{7.51.20}$$

and

$$\begin{aligned}E_j\left(x,\tau;\alpha,\beta\right) &= a\left(\beta-x\right)\sum_{n=-\infty}^{\infty}\left[e^{-\frac{3(an)^2}{4\eta_{xj}\tau}}\left\{\mathrm{erf}\left(\frac{x-\alpha}{2\sqrt{\eta_{xj}\tau}}+\frac{an}{2\sqrt{\eta_{xj}\tau}}\right)-\mathrm{erf}\left(\frac{x-\beta}{2\sqrt{\eta_{xj}\tau}}+\frac{an}{2\sqrt{\eta_{xj}\tau}}\right)\right\}\right]+\\ &+a^2\sum_{n=-\infty}^{\infty}e^{-\frac{3(an)^2}{4\eta_{xj}\tau}}\left[n\left\{\mathrm{erf}\left(\frac{x-\alpha}{2\sqrt{\eta_{xj}\tau}}-\frac{an}{2\sqrt{\eta_{xj}\tau}}\right)-\mathrm{erf}\left(\frac{x-\beta}{2\sqrt{\eta_{xj}\tau}}-\frac{an}{2\sqrt{\eta_{xj}\tau}}\right)\right\}-\right.\\ &\left.-\frac{2}{a}\sqrt{\frac{\eta_{xj}\tau}{\pi}}\left\{e^{-\left(\frac{x-\alpha}{2\sqrt{\eta_{xj}\tau}}-\frac{an}{2\sqrt{\eta_{xj}\tau}}\right)^2}-e^{-\left(\frac{x-\beta}{2\sqrt{\eta_{xj}\tau}}-\frac{an}{2\sqrt{\eta_{xj}\tau}}\right)^2}\right\}\right]\end{aligned} \tag{7.51.21}$$

Fluxes are obtained from equation (7.51.9) at $a+1$ points on each of the $\ell-1$ layer interfaces. We therefore solve a linear system with $(a+1)\times(\aleph-1)$ equations and $(a+1)\times(\aleph-1)$ unknowns. The system of equations consists of an $[(a+1)(\aleph-1)]\times[(a+1)(\aleph-1)]$ tridiagonal matrix at each point in time and may be solved by a straightforward LU decomposition method.

Chapter 8

Infinite and semi-infinite (octant) continua. $p(x, y, z, t)$ is a function of x, y, z and t only

8.1 An infinite continuum in the region $-\infty < x < \infty$, $-\infty < y < \infty$ and $-\infty < z < \infty$. Point source at $s_p \equiv (x_0, y_0, z_0)$ at time $t = t_0$; $-\infty < x_0 < \infty$, $-\infty < y_0 < \infty$, $-\infty < z_0 < \infty$, $t_0 \geq 0$. The initial pressure $p(x, y, z, 0) = \varphi(x, y, z)$; $\varphi(x, y, z)$ and its derivative tend to zero as $x \to \pm\infty$, $y \to \pm\infty$ and $z \to \pm\infty$

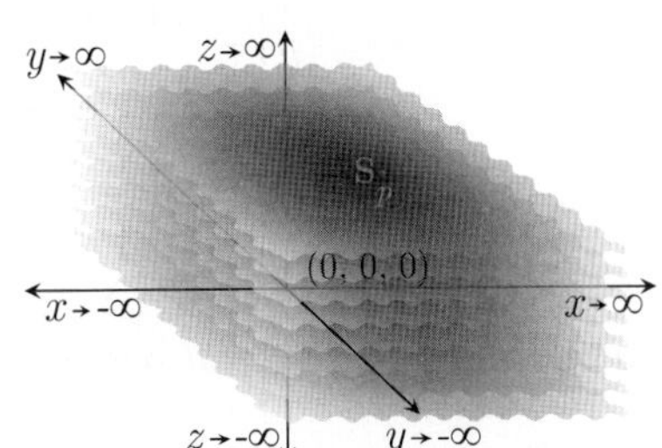

Fluid is produced at the rate of $q(t)$ per unit time from $t = t_0$ to $t = t$ at a point $[x_0, y_0, z_0]$. We find p from the partial differential equation

$$\frac{\partial p}{\partial t} = \eta_x \frac{\partial^2 p}{\partial x^2} + \eta_y \frac{\partial^2 p}{\partial y^2} + \eta_z \frac{\partial^2 p}{\partial z^2} + U(t - t_0) \frac{q(t - t_0)}{\phi c_t} \delta(x - x_0)\delta(y - y_0)\delta(z - z_0) \tag{8.1.1}$$

Applying the complex Fourier and Laplace transformations to equation (8.1.1), we get

$$\overline{\overline{\overline{p}}} = \frac{q(s)\, e^{inx_0} e^{imy_0} e^{ilz_0} e^{-st_0}}{\phi c_t \left(n^2\eta_x + m^2\eta_y + l^2\eta_z + s\right)} + \frac{\overline{\overline{\varphi}}(n, m, l)}{\left(n^2\eta_x + m^2\eta_y + l^2\eta_z + s\right)} \tag{8.1.2}$$

where $\overline{\overline{\varphi}}(n, m, l) = \int_{-\infty}^{\infty}\int_{-\infty}^{\infty}\int_{-\infty}^{\infty} \varphi(x, y, z)\, e^{inx} e^{imy} e^{imz} dxdydz$. Successive inverse Fourier transforms of equation (8.1.2) yield

$$\begin{aligned}\overline{p} &= \frac{q(s)\, e^{-st_0} s^{\frac{1}{4}} K_{\frac{1}{2}}\left(\sqrt{\left\{\frac{(x-x_0)^2}{\eta_x} + \frac{(y-y_0)^2}{\eta_y} + \frac{(z-z_0)^2}{\eta_z}\right\} s}\right)}{\phi c_t (2\pi)^{\frac{3}{2}} \sqrt{\eta_x\eta_y\eta_z} \left\{\frac{(x-x_0)^2}{\eta_x} + \frac{(y-y_0)^2}{\eta_y} + \frac{(z-z_0)^2}{\eta_z}\right\}^{\frac{1}{4}}} + \\ &+ \frac{s^{\frac{1}{4}}}{(2\pi)^{\frac{3}{2}} \sqrt{\eta_x\eta_y\eta_z}} \int_{-\infty}^{\infty}\int_{-\infty}^{\infty}\int_{-\infty}^{\infty} \frac{\varphi(u, v, w)\, K_{\frac{1}{2}}\left(\sqrt{\left\{\frac{(x-u)^2}{\eta_x} + \frac{(y-v)^2}{\eta_y} + \frac{(z-w)^2}{\eta_z}\right\} s}\right)}{\left\{\frac{(x-u)^2}{\eta_x} + \frac{(y-v)^2}{\eta_y} + \frac{(z-w)^2}{\eta_z}\right\}^{\frac{1}{4}}} dudvdw\end{aligned} \tag{8.1.3}$$

The inverse Laplace transform of equation (5.1.3) yields

$$\begin{aligned}p &= \frac{U(t - t_0)}{8\pi^{\frac{3}{2}} \phi c_t \sqrt{\eta_x\eta_y\eta_z}} \int_0^{t-t_0} \frac{q(t - t_0 - \tau)}{\tau^{\frac{3}{2}}} e^{-\left\{\frac{(x-x_0)^2}{4\eta_x\tau} + \frac{(y-y_0)^2}{4\eta_y\tau} + \frac{(z-z_0)^2}{4\eta_z\tau}\right\}} d\tau + \\ &+ \frac{\int_{-\infty}^{\infty}\int_{-\infty}^{\infty}\int_{-\infty}^{\infty} \varphi(u, v, w)\, e^{-\left\{\frac{(x-u)^2}{4\eta_x t} + \frac{(y-v)^2}{4\eta_y t} + \frac{(z-w)^2}{4\eta_z t}\right\}} dudvdw}{8(\pi t)^{\frac{3}{2}} \sqrt{\eta_x\eta_y\eta_z}}\end{aligned} \tag{8.1.4}$$

Special cases of $q(t)$

(i) $q(t)$ is a constant and equal to q

$$p = \frac{qU(t-t_0)\,\mathrm{erfc}\left[\frac{1}{4(t-t_0)}\left\{\frac{(x-x_0)^2}{\eta_x}+\frac{(y-y_0)^2}{\eta_y}+\frac{(z-z_0)^2}{\eta_z}\right\}\right]}{4\pi^{\frac{3}{2}}\phi c_t\sqrt{\eta_x\eta_y\eta_z}\sqrt{\left\{\frac{(x-x_0)^2}{\eta_x}+\frac{(y-y_0)^2}{\eta_y}+\frac{(z-z_0)^2}{\eta_z}\right\}}} \tag{8.1.5}$$

(ii) $q(t) = qt^{\nu},\ \nu \geq 0,\ t > 0$

$$\overline{p} = \frac{q\Gamma(\nu+1)\,e^{-st_0}K_{\frac{1}{2}}\left(\sqrt{\left\{\frac{(x-x_0)^2}{\eta_x}+\frac{(y-y_0)^2}{\eta_y}+\frac{(z-z_0)^2}{\eta_z}\right\}s}\right)}{\phi c_t(2\pi)^{\frac{3}{2}}s^{\nu+\frac{3}{4}}\sqrt{\eta_x\eta_y\eta_z}\left\{\frac{(x-x_0)^2}{\eta_x}+\frac{(y-y_0)^2}{\eta_y}+\frac{(z-z_0)^2}{\eta_z}\right\}^{\frac{1}{4}}} \tag{8.1.6}$$

$$p = \frac{q\Gamma(\nu+1)\,U(t-t_0)t^{\left(\nu-\frac{1}{2}\right)}e^{-\frac{1}{4(t-t_0)}\left\{\frac{(x-x_0)^2}{\eta_x}+\frac{(y-y_0)^2}{\eta_y}+\frac{(z-z_0)^2}{\eta_z}\right\}}}{4\pi^{\frac{3}{2}}\phi c_t\sqrt{\eta_x\eta_y\eta_z}\sqrt{\left\{\frac{(x-x_0)^2}{\eta_x}+\frac{(y-y_0)^2}{\eta_y}+\frac{(z-z_0)^2}{\eta_z}\right\}}}\times$$
$$\times\Psi\left(\nu+1,\ \frac{3}{2};\ \frac{1}{4(t-t_0)}\left\{\frac{(x-x_0)^2}{\eta_x}+\frac{(y-y_0)^2}{\eta_y}+\frac{(z-z_0)^2}{\eta_z}\right\}\right) \tag{8.1.7}$$

*Special cases of practical relevance**

(i) A line of finite length $[z_{02} - z_{01}]$ passing through (x_0, y_0) in an infinite medium

$$\overline{p} = \frac{q(s)\,e^{-st_0}}{2\phi c_t\pi^2\sqrt{\eta_x\eta_y}}\times$$
$$\times\int_0^\infty \frac{1}{l}K_0\left\{\sqrt{\left\{\frac{(x-x_0)^2}{\eta_x}+\frac{(y-y_0)^2}{\eta_y}\right\}(s+l^2\eta_z)}\right\}\left[\sin\{l(z-z_{01})\}-\sin\{l(z-z_{02})\}\right]dl \tag{8.1.8}$$

$$p = \frac{U(t-t_0)}{8\phi c_t\pi\sqrt{\eta_x\eta_y}}\times$$
$$\times\int_0^{t-t_0}\frac{q(t-t_0-\tau)}{\tau}\left\{\mathrm{erf}\left(\frac{z-z_{01}}{2\sqrt{\eta_z\tau}}\right)-\mathrm{erf}\left(\frac{z-z_{02}}{2\sqrt{\eta_z\tau}}\right)\right\}e^{-\frac{1}{4\tau}\left\{\frac{(x-x_0)^2}{\eta_x}+\frac{(y-y_0)^2}{\eta_y}\right\}}d\tau \tag{8.1.9}$$

The spatial average pressure response of the line $[z_{02} - z_{01}]$ is given by

$$\overline{p} = \frac{q(s)\,e^{-st_0}}{\phi c_t\pi^2(z_{02}-z_{01})\sqrt{\eta_x\eta_y}}\int_0^\infty\frac{1}{l^2}[1-\cos\{l(z_{02}-z_{01})\}]K_0\left\{\sqrt{\left\{\frac{(x-x_0)^2}{\eta_x}+\frac{(y-y_0)^2}{\eta_y}\right\}(s+l^2\eta_z)}\right\}dl \tag{8.1.10}$$

$$p = \frac{U(t-t_0)}{4\phi c_t\pi(z_{02}-z_{01})\sqrt{\eta_x\eta_y}}\times$$
$$\times\int_0^{t-t_0}q(t-t_0-u)\left\{\frac{1}{u}\,\mathrm{erf}\left(\frac{z_{02}-z_{01}}{2\sqrt{\eta_z u}}\right)+2\sqrt{\frac{\eta_z}{\pi u}}\left(\frac{e^{-\frac{(z_{02}-z_{01})^2}{4\eta_z u}}-1}{z_{02}-z_{01}}\right)\right\}e^{-\frac{1}{4u}\left\{\frac{(x-x_0)^2}{\eta_x}+\frac{(y-y_0)^2}{\eta_y}\right\}}du \tag{8.1.11}$$

*In examples (i), (iv) and (v), we have considered only the source terms of equations (8.1.3) and (8.1.4) in deriving the spatial average pressure expressions. The complete solution must include the respective integrands of the initial condition terms.

When $q(t) = \sum_{j=0}^{\ell} q_{j\iota} U(t - t_j)$ $[t_0 < t_1 < t_2 .... < t_{\ell-1} < t_\ell]$, we get

$$\overline{p} = \frac{\left\{\sum_{j=0}^{\ell} q_j e^{-t_j s}\right\}}{\phi c_t \{\pi (z_{02} - z_{01})\} s \sqrt{\eta_x \eta_y}} \times$$
$$\times \int_0^\infty \frac{1}{l^2} [1 - \cos\{l(z_{02} - z_{01})\}] K_0 \left\{ \sqrt{\left\{\frac{(x-x_0)^2}{\eta_x} + \frac{(y-y_0)^2}{\eta_y}\right\} (s + l^2 \eta_z)} \right\} dl \quad (8.1.12)$$

$$p = \frac{1}{4\phi c_t \pi (z_{02} - z_{01}) \sqrt{\eta_x \eta_y}} \sum_{j=0}^{\ell} q_j U(t - t_j) \times$$
$$\times \int_0^{t-t_j} \left\{ \frac{1}{u} \operatorname{erf}\left(\frac{z_{02} - z_{01}}{2\sqrt{\eta_z u}}\right) + 2\sqrt{\frac{\eta_z}{\pi u}} \left(\frac{e^{-\frac{(z_{02}-z_{01})^2}{4\eta_z u}} - 1}{z_{02} - z_{01}} \right) \right\} e^{-\frac{1}{4u}\left\{\frac{(x-x_0)^2}{\eta_x} + \frac{(y-y_0)^2}{\eta_y}\right\}} du \quad (8.1.13)$$

(ii) An inclined line of finite length $[(z_{02} - z_{01}) \sin\vartheta_0]$, $0 < \vartheta_0 < \frac{\pi}{2}$, passing through (x_0, y_0, z_0).* ϑ_0 is the inclination of the deviated well to the $x - y$ plane, γ_0 is the intercept to the z axis and θ_0 is the horizontal angle in polar coordinates†

The continuous source solution is obtained by replacing the source term in equation (8.1.4) with

$$p = \frac{U(t-t_0)\sin\vartheta_0}{8\pi\phi c_t \sqrt{\eta_x \eta_y \eta_z} \mathcal{H}_0(0,0,1;1,2,0)} \int_0^{t-t_0} \frac{q(t - t_0 - \tau)\, e^{-\frac{1}{4\tau}\left\{\mathcal{H}_0(x,y,z;\gamma_0,2,0) - \frac{\mathcal{H}_0^2(x,y,z;\gamma_0,1,1)}{\mathcal{H}_0(0,0,1;1,2,0)}\right\}}}{\tau} \times$$
$$\times \left[\operatorname{erf}\left\{ \frac{1}{2\sqrt{\tau}} \left(z_{02}\sqrt{\mathcal{H}_0(0,0,1;1,2,0)} - \frac{\mathcal{H}_0(x,y,z;\gamma_0,1,1)}{\sqrt{\mathcal{H}_0(0,0,1;1,2,0)}} \right) \right\} - \right.$$
$$\left. - \operatorname{erf}\left\{ \frac{1}{2\sqrt{\tau}} \left(z_{01}\sqrt{\mathcal{H}_0(0,0,1;1,2,0)} - \frac{\mathcal{H}_0(x,y,z;\gamma_0,1,1)}{\sqrt{\mathcal{H}_0(0,0,1;1,2,0)}} \right) \right\} \right] d\tau \quad (8.1.14)$$

where

$$\mathcal{H}_0(u,v,w;\gamma,n,m) = \frac{(\gamma\cot\vartheta_0\cos\theta_0 + u)^n (\cot\vartheta_0\cos\theta_0)^m}{\eta_x} + \frac{(\gamma\cot\vartheta_0\sin\theta_0 + v)^n (\cot\vartheta_0\sin\theta_0)^m}{\eta_y} + \frac{w^n}{\eta_z} \quad (8.1.15)$$

n and m are real integers. When $\vartheta_0 = \frac{\pi}{2}$, equation (8.1.14) reduces to equation (8.1.9).‡

The spatial average pressure response of the inclined line $[(z_{02} - z_{01})\sin\vartheta_0]$ is obtained by a further integration:

$$p = \frac{U(t-t_0)\sin\vartheta_0}{8\pi\phi c_t (z_{02} - z_{01}) \sqrt{\eta_x \eta_y \eta_z} \mathcal{H}_0(0,0,1;1,2,0)} \times$$
$$\times \int_0^{t-t_0} \frac{q(t - t_0 - \tau)}{\tau} \int_{z_{01}}^{z_{02}} e^{-\frac{1}{4\tau}\left\{\mathcal{H}_0(z\cot\vartheta\cos\theta, z\cot\vartheta\sin\theta, z;\gamma_0,2,0) - \frac{\mathcal{H}_0^2(z\cot\vartheta\cos\theta, z\cot\vartheta\sin\theta, z;\gamma_0,1,1)}{\mathcal{H}_0(0,0,1;1,2,0)}\right\}} \times$$

*Prior art in this area may also be found in Cinco-Ley, Miller, and Ramey (1975) and Abbasazadeh and Hegeman (1990), as well as the references provided in those papers.

†$x_0 = r_0\cos\theta_0 = (z_0 - \gamma_0)\cot\vartheta_0\cos\theta_0$, $y_0 = r_0\sin\theta_0 = (z_0 - \gamma_0)\cot\vartheta_0\sin\theta_0$ and $r_0 = (z_0 - \gamma_0)\cot\vartheta_0$.

‡As $\vartheta_0 \to \frac{\pi}{2}$, $\gamma_0\cot\vartheta_0\cos\theta_0 \to -x_0$ and $\gamma_0\cot\vartheta_0\sin\theta_0 \to -y_0$.

$$\times\left[\operatorname{erf}\left\{\frac{1}{2\sqrt{\tau}}\left(z_{02}\sqrt{\mathcal{H}_0(0,0,1;1,2,0)}-\frac{\mathcal{H}_0(z\cot\vartheta\cos\theta,z\cot\vartheta\sin\theta,z;\gamma_0,1,1)}{\sqrt{\mathcal{H}_0(0,0,1;1,2,0)}}\right)\right\}-\right.$$
$$\left.-\operatorname{erf}\left\{\frac{1}{2\sqrt{\tau}}\left(z_{01}\sqrt{\mathcal{H}_0(0,0,1;1,2,0)}-\frac{\mathcal{H}_0(z\cot\vartheta\cos\theta,z\cot\vartheta\sin\theta,z;\gamma_0,1,1)}{\sqrt{\mathcal{H}_0(0,0,1;1,2,0)}}\right)\right\}\right]dzd\tau+$$
$$+\frac{1}{8\pi t(z_{02}-z_{01})\sqrt{G(1,1,1;0,2)\eta_x\eta_y\eta_z}}\int_{-\infty}^{\infty}\int_{-\infty}^{\infty}\int_{-\infty}^{\infty}\varphi(u,v,w)\,e^{-\frac{1}{4t}\left\{G(u,v,w;2,0)-\frac{G^2(u,v,w;1,1)}{G(1,1,1;0,2)}\right\}}\times$$
$$\times\left[\operatorname{erf}\left\{\frac{1}{2\sqrt{t}}\left(z_{02}\sqrt{G(1,1,1;0,2)}-\frac{G(u,v,w;1,1)}{\sqrt{G(1,1,1;0,2)}}\right)\right\}-\right.$$
$$\left.-\operatorname{erf}\left\{\frac{1}{2\sqrt{t}}\left(z_{01}\sqrt{G(1,1,1;0,2)}-\frac{G(u,v,w;1,1)}{\sqrt{G(1,1,1;0,2)}}\right)\right\}\right]dudvdw \tag{8.1.16}$$

where

$$G(u,v,w;n,m)=\frac{u^n(\cot\vartheta\cos\theta)^m}{\eta_x}+\frac{v^n(\cot\vartheta\sin\theta)^m}{\eta_y}+\frac{w^n}{\eta_z} \tag{8.1.17}$$

n and m are real integers. In equation (8.1.16), a point in space is defined by ϑ and θ.*

(iii) Segmented inclined lines of finite length $[(z_{0\iota+1}-z_{0\iota})\sin\vartheta_{0\iota}]$, $0<\vartheta_{0\iota}<\frac{\pi}{2}$, passing through $(x_{0\iota},y_{0\iota},z_{0\iota})$. $\vartheta_{0\iota}$ is the inclination of the segment ι of the well to the $x-y$ plane, $\gamma_{0\iota}$ is the intercept to the z axis and $\theta_{0\iota}$ is the horizontal angle in polar coordinates. The segment ι of the well is producing at the rate $q_\iota(t)$ beginning at time $t_{0\iota}$, $\iota=1,2,...,N$. The well is divided into N segments

The continuous source solution is obtained by replacing the source term in equation (8.1.4) with

$$p=\frac{1}{8\pi\phi c_t\sqrt{\eta_x\eta_y\eta_z}}\sum_{\iota=0}^{N}\frac{U(t-t_{0\iota})\sin\vartheta_{0\iota}}{\sqrt{\mathcal{H}_{0\iota}(0,0,1;1,2,0)}}\int_0^{t-t_{0\iota}}\frac{q_\iota(t-t_{0\iota}-\tau)\,e^{-\frac{1}{4\tau}\left\{\mathcal{H}_{0\iota}(x,y,z;\gamma_{0\iota},2,0)-\frac{\mathcal{H}^2_{0\iota}(x,y,z;\gamma_{0\iota},1,1)}{\mathcal{H}_{0\iota}(0,0,1;1,2,0)}\right\}}}{\tau}\times$$
$$\times\left[\operatorname{erf}\left\{\frac{1}{2\sqrt{\tau}}\left(z_{0\iota+1}\sqrt{\mathcal{H}_{0\iota}(0,0,1;1,2,0)}-\frac{\mathcal{H}_{0\iota}(x,y,z;\gamma_{0\iota},1,1)}{\sqrt{\mathcal{H}_{0\iota}(0,0,1;1,2,0)}}\right)\right\}-\right.$$
$$\left.-\operatorname{erf}\left\{\frac{1}{2\sqrt{\tau}}\left(z_{0\iota}\sqrt{\mathcal{H}_{0\iota}(0,0,1;1,2,0)}-\frac{\mathcal{H}_{0\iota}(x,y,z;\gamma_{0\iota},1,1)}{\sqrt{\mathcal{H}_{0\iota}(0,0,1;1,2,0)}}\right)\right\}\right]d\tau \tag{8.1.18}$$

where

$$\mathcal{H}_{0\iota}(x,y,z;\gamma_{0\iota},n,m)=\frac{(\gamma_{0\iota}\cot\vartheta_{0\iota}\cos\theta_{0\iota}+x)^n(\cot\vartheta_{0\iota}\cos\theta_{0\iota})^m}{\eta_x}+$$
$$+\frac{(\gamma_{0\iota}\cot\vartheta_{0\iota}\sin\theta_{0\iota}+y)^n(\cot\vartheta_{0\iota}\sin\theta_{0\iota})^m}{\eta_y}+\frac{z^n}{\eta_z} \tag{8.1.19}$$

The spatial average pressure response of the segment $[z_{0\diamondsuit+1}-z_{0\diamondsuit}]\sin\vartheta_{0\diamondsuit}$, $\iota=\diamondsuit$, $0\le\diamondsuit\le N$, is obtained by a further integration:

$$p=\frac{1}{8\pi\phi c_t(z_{0\diamondsuit+1}-z_{0\diamondsuit})\sqrt{\eta_x\eta_y\eta_z}}\sum_{\iota=0}^{N}\frac{U(t-t_{0\iota})\sin\vartheta_{0\iota}}{\sqrt{\mathcal{H}_{0\iota}(0,0,1;1,2,0)}}\times$$
$$\times\int_0^{t-t_{0\iota}}\frac{q_\iota(t-t_{0\iota}-\tau)}{\tau}\int_{z_{0\diamondsuit}}^{z_{0\diamondsuit+1}}e^{-\frac{1}{4\tau}\left\{\mathcal{H}_{0\iota}(z\cot\vartheta\cos\theta,z\cot\vartheta\sin\theta,z;\gamma_{0\iota},2,0)-\frac{\mathcal{H}^2_{0\iota}(z\cot\vartheta\cos\theta,z\cot\vartheta\sin\theta,z;\gamma_{0\iota},1,1)}{\mathcal{H}_{0\iota}(0,0,1;1,2,0)}\right\}}\times$$

*$\tan\vartheta=\frac{z}{\sqrt{x^2+y^2}}$, $\tan\theta=\frac{y}{x}$.

$$\times\left[\operatorname{erf}\left\{\frac{1}{2\sqrt{\tau}}\left(z_{0\iota+1}\sqrt{\mathcal{H}_{0\iota}(0,0,1;1,2,0)}-\frac{\mathcal{H}_{0\iota}(z\cot\vartheta\cos\theta,z\cot\vartheta\sin\theta,z;\gamma_{0\iota},1,1)}{\sqrt{\mathcal{H}_{0\iota}(0,0,1;1,2,0)}}\right)\right\}-\right.$$

$$\left.-\operatorname{erf}\left\{\frac{1}{2\sqrt{\tau}}\left(z_{0\iota}\sqrt{\mathcal{H}_{0\iota}(0,0,1;1,2,0)}-\frac{\mathcal{H}_{0\iota}(z\cot\vartheta\cos\theta,z\cot\vartheta\sin\theta,z;\gamma_{0\iota},1,1)}{\sqrt{\mathcal{H}_{0\iota}(0,0,1;1,2,0)}}\right)\right\}\right]dzd\tau+$$

$$+\frac{1}{8\pi t\left(z_{0\diamond+1}-z_{0\diamond}\right)\sqrt{G(1,1,1;0,2)\,\eta_x\eta_y\eta_z}}\int_{-\infty}^{\infty}\int_{-\infty}^{\infty}\int_{-\infty}^{\infty}\varphi(u,v,w)\,e^{-\frac{1}{4t}\left\{G(u,v,w;2,0)-\frac{G^2(u,v,w;1,1)}{G(1,1,1;0,2)}\right\}}\times$$

$$\times\left[\operatorname{erf}\left\{\frac{1}{2\sqrt{t}}\left(z_{0\diamond+1}\sqrt{G(1,1,1;0,2)}-\frac{G(u,v,w;1,1)}{\sqrt{G(1,1,1;0,2)}}\right)\right\}-\right.$$

$$\left.-\operatorname{erf}\left\{\frac{1}{2\sqrt{t}}\left(z_{0\diamond}\sqrt{G(1,1,1;0,2)}-\frac{G(u,v,w;1,1)}{\sqrt{G(1,1,1;0,2)}}\right)\right\}\right]dudvdw \tag{8.1.20}$$

In equation (8.1.20), a point in space is defined by ϑ and θ.*

(iv) A rectangular source at x_0†

$$\overline{p}=\frac{q(s)\,e^{-st_0}}{2\phi c_t\pi^2\sqrt{\eta_x}}\int_0^{\infty}\int_0^{\infty}\frac{e^{-(x-x_0)\sqrt{\frac{(s+m^2\eta_y+l^2\eta_z)}{\eta_x}}}}{ml\sqrt{(s+m^2\eta_y+l^2\eta_z)}}\times$$

$$\times\left[\sin\{m(y-y_{01})\}-\sin\{m(y-y_{02})\}\right]\left[\sin\{l(z-z_{01})\}-\sin\{l(z-z_{02})\}\right]dmdl \tag{8.1.21}$$

$$p=\frac{U(t-t_0)}{8\phi c_t\sqrt{\pi\eta_x}}\int_0^{t-t_0}\frac{q(t-t_0-\tau)}{\sqrt{\tau}}\left\{\operatorname{erf}\left(\frac{z-z_{01}}{2\sqrt{\eta_z\tau}}\right)-\operatorname{erf}\left(\frac{z-z_{02}}{2\sqrt{\eta_z\tau}}\right)\right\}\times$$

$$\times\left\{\operatorname{erf}\left(\frac{y-y_{01}}{2\sqrt{\eta_y\tau}}\right)-\operatorname{erf}\left(\frac{y-y_{02}}{2\sqrt{\eta_y\tau}}\right)\right\}e^{-\frac{(x-x_0)^2}{4\eta_x\tau}}d\tau \tag{8.1.22}$$

The spatial average pressure response of the rectangle $[y_{02}-y_{01}][z_{02}-z_{01}]$ is given by

$$\overline{p}=\frac{2q(s)\,e^{-st_0}}{\phi c_t\pi^2(y_{02}-y_{01})(z_{02}-z_{01})\sqrt{\eta_x}}\int_0^{\infty}\int_0^{\infty}\frac{e^{-(x-x_0)\sqrt{\frac{(s+m^2\eta_y+l^2\eta_z)}{\eta_x}}}}{(ml)^2\sqrt{(s+m^2\eta_y+l^2\eta_z)}}\times$$

$$\times\left[1-\cos\{m(y_{02}-y_{01})\}\right]\left[1-\cos\{l(z_{02}-z_{01})\}\right]dmdl \tag{8.1.23}$$

$$p=\frac{U(t-t_0)}{2\phi c_t\sqrt{\pi\eta_x}}\int_0^{t-t_0}\frac{q(t-t_0-\tau)}{\sqrt{\tau}}\left\{\operatorname{erf}\left(\frac{z_{02}-z_{01}}{2\sqrt{\eta_z\tau}}\right)+2\sqrt{\frac{\eta_z\tau}{\pi}}\left(\frac{e^{-\frac{(z_{02}-z_{01})^2}{4\eta_z\tau}}-1}{z_{02}-z_{01}}\right)\right\}\times$$

$$\times\left\{\operatorname{erf}\left(\frac{y_{02}-y_{01}}{2\sqrt{\eta_y\tau}}\right)+2\sqrt{\frac{\eta_y\tau}{\pi}}\left(\frac{e^{-\frac{(y_{02}-y_{01})^2}{4\eta_y\tau}}-1}{y_{02}-y_{01}}\right)\right\}e^{-\frac{(x-x_0)^2}{4\eta_x\tau}}d\tau \tag{8.1.24}$$

When $q(t)=\sum_{j=0}^{\ell}q_{j\iota}U(t-t_j)$, $[t_0<t_1<t_2\ldots\ldots<t_{\ell-1}<t_\ell]$, we get

$$\overline{p}=\frac{2\left\{\sum_{j=0}^{\ell}q_je^{-t_js}\right\}}{\phi c_t\pi^2(y_{02}-y_{01})(z_{02}-z_{01})\sqrt{\eta_x}}\int_0^{\infty}\int_0^{\infty}\frac{e^{-(x-x_0)\sqrt{\frac{(s+m^2\eta_y+l^2\eta_z)}{\eta_x}}}}{(ml)^2\sqrt{(s+m^2\eta_y+l^2\eta_z)}}\times$$

$$\times\left[1-\cos\{m(y_{02}-y_{01})\}\right]\left[1-\cos\{l(z_{02}-z_{01})\}\right]dmdl \tag{8.1.25}$$

---

*$\tan\vartheta=\frac{z}{\sqrt{x^2+y^2}}$, $\tan\theta=\frac{y}{x}$.

†The coordinates of the source are (x_0,y_{01},z_{01}), (x_0,y_{02},z_{01}), (x_0,y_{01},z_{02}), (x_0,y_{02},z_{02}).

$$p = \frac{U(t-t_0)}{2\phi c_t\sqrt{\pi\eta_x}}\sum_{j=0}^{\ell} q_j U(t-t_j)\int_0^{t-t_j}\frac{1}{\sqrt{\tau}}\left\{\mathrm{erf}\left(\frac{z_{02}-z_{01}}{2\sqrt{\eta_z\tau}}\right)+2\sqrt{\frac{\eta_z\tau}{\pi}}\left(\frac{e^{-\frac{(z_{02}-z_{01})^2}{4\eta_z\tau}}-1}{z_{02}-z_{01}}\right)\right\}\times$$
$$\times\left\{\mathrm{erf}\left(\frac{y_{02}-y_{01}}{2\sqrt{\eta_y\tau}}\right)+2\sqrt{\frac{\eta_y\tau}{\pi}}\left(\frac{e^{-\frac{(y_{02}-y_{01})^2}{4\eta_y\tau}}-1}{y_{02}-y_{01}}\right)\right\}e^{-\frac{(x-x_0)^2}{4\eta_x\tau}}d\tau \quad (8.1.26)$$

(v) A cuboidal source in an infinite medium*

$$\overline{p} = \frac{q(s)\,e^{-st_0}}{\pi^3\phi c_t}\int_0^\infty\int_0^\infty\int_0^\infty\frac{[\sin\{n(x-x_{01})\}-\sin\{n(x-x_{02})\}]}{nml\,(n^2\eta_x+m^2\eta_y+l^2\eta_z+s)}\times$$
$$\times[\sin\{m(y-y_{01})\}-\sin\{m(y-y_{02})\}][\sin\{l(z-z_{01})\}-\sin\{l(z-z_{02})\}]\,dndmdl \quad (8.1.27)$$

$$p = \frac{U(t-t_0)}{8\phi c_t}\int_0^{t-t_0}q(t-t_0-\tau)\left\{\mathrm{erf}\left(\frac{z-z_{01}}{2\sqrt{\eta_z\tau}}\right)-\mathrm{erf}\left(\frac{z-z_{02}}{2\sqrt{\eta_z\tau}}\right)\right\}\times$$
$$\times\left\{\mathrm{erf}\left(\frac{y-y_{01}}{2\sqrt{\eta_y\tau}}\right)-\mathrm{erf}\left(\frac{y-y_{02}}{2\sqrt{\eta_y\tau}}\right)\right\}\left\{\mathrm{erf}\left(\frac{x-x_{01}}{2\sqrt{\eta_x\tau}}\right)-\mathrm{erf}\left(\frac{x-x_{02}}{2\sqrt{\eta_x\tau}}\right)\right\}d\tau \quad (8.1.28)$$

The spatial average pressure response of the cuboid $[x_{02}-x_{01}]\,[y_{02}-y_{01}]\,[z_{02}-z_{01}]$ is given by

$$\overline{p} = \frac{8q(s)\,e^{-st_0}}{\pi^3\phi c_t(x_{02}-x_{01})(y_{02}-y_{01})(z_{02}-z_{01})}\times$$
$$\times\int_0^\infty\int_0^\infty\int_0^\infty\frac{[1-\cos\{n(x_{02}-x_{01})\}][1-\cos\{m(y_{02}-y_{01})\}][1-\cos\{l(z_{02}-z_{01})\}]}{(nml)^2(n^2\eta_x+m^2\eta_y+l^2\eta_z+s)}dndmdl \quad (8.1.29)$$

$$p = \frac{U(t-t_0)}{\phi c_t}\int_0^{t-t_0}q(t-t_0-\tau)\left\{\mathrm{erf}\left(\frac{z_{02}-z_{01}}{2\sqrt{\eta_z\tau}}\right)+2\sqrt{\frac{\eta_z\tau}{\pi}}\left(\frac{e^{-\frac{(z_{02}-z_{01})^2}{4\eta_z\tau}}-1}{z_{02}-z_{01}}\right)\right\}\times$$
$$\times\left\{\mathrm{erf}\left(\frac{y_{02}-y_{01}}{2\sqrt{\eta_y\tau}}\right)+2\sqrt{\frac{\eta_y\tau}{\pi}}\left(\frac{e^{-\frac{(y_{02}-y_{01})^2}{4\eta_y\tau}}-1}{y_{02}-y_{01}}\right)\right\}\times$$
$$\times\left\{\mathrm{erf}\left(\frac{x_{02}-x_{01}}{2\sqrt{\eta_x\tau}}\right)+2\sqrt{\frac{\eta_x\tau}{\pi}}\left(\frac{e^{-\frac{(x_{02}-x_{01})^2}{4\eta_x\tau}}-1}{x_{02}-x_{01}}\right)\right\}d\tau \quad (8.1.30)$$

When $q(t)=\sum_{j=0}^{\ell} q_{j_t}U(t-t_j)$, $[t_0<t_1<t_2 \ldots\ldots <t_{\ell-1}<t_\ell]$, we get

$$\overline{p} = \frac{8\left\{\sum_{j=0}^{\ell} q_j e^{-t_j s}\right\}}{\pi^3\phi c_t(x_{02}-x_{01})(y_{02}-y_{01})(z_{02}-z_{01})}\times$$
$$\times\int_0^\infty\int_0^\infty\int_0^\infty\frac{[1-\cos\{n(x_{02}-x_{01})\}][1-\cos\{m(y_{02}-y_{01})\}][1-\cos\{l(z_{02}-z_{01})\}]}{(nml)^2(n^2\eta_x+m^2\eta_y+l^2\eta_z+s)}dndmdl \quad (8.1.31)$$

*The coordinates of the source are (x_{01},y_{01},z_{01}), (x_{01},y_{02},z_{01}), (x_{02},y_{01},z_{01}), (x_{02},y_{02},z_{01}), (x_{01},y_{01},z_{02}), (x_{01},y_{02},z_{02}), (x_{02},y_{01},z_{02}), (x_{02},y_{02},z_{02}).

$$p = \frac{U(t-t_0)}{\phi c_t}\sum_{j=0}^{\ell} q_j U(t-t_j)\int_0^{t-t_j}\left\{\mathrm{erf}\left(\frac{z_{02}-z_{01}}{2\sqrt{\eta_z\tau}}\right)+2\sqrt{\frac{\eta_z\tau}{\pi}}\left(\frac{e^{-\frac{(z_{02}-z_{01})^2}{4\eta_z\tau}}-1}{z_{02}-z_{01}}\right)\right\}\times$$
$$\times\left\{\mathrm{erf}\left(\frac{y_{02}-y_{01}}{2\sqrt{\eta_y\tau}}\right)+2\sqrt{\frac{\eta_y\tau}{\pi}}\left(\frac{e^{-\frac{(y_{02}-y_{01})^2}{4\eta_y\tau}}-1}{y_{02}-y_{01}}\right)\right\}\times$$
$$\times\left\{\mathrm{erf}\left(\frac{x_{02}-x_{01}}{2\sqrt{\eta_x\tau}}\right)+2\sqrt{\frac{\eta_x\tau}{\pi}}\left(\frac{e^{-\frac{(x_{02}-x_{01})^2}{4\eta_x\tau}}-1}{x_{02}-x_{01}}\right)\right\}d\tau \tag{8.1.32}$$

8.2 Octant. The medium is bounded by the planes $x = 0$, $y = 0$ and $z = 0$; x, y and z extend to ∞ in the directions of x positive, y positive and z positive. Point source at $s_p \equiv (x_0, y_0, z_0)$ at time $t = t_0$; $0 < x_0 < \infty$, $0 < y_0 < \infty$, $0 < z_0 < \infty$, $t_0 \geq 0$.

$D_{yz} \equiv p(0,y,z,t) = \psi_{yz}(y,z,t)$,
$D_{xz} \equiv p(x,0,z,t) = \psi_{xz}(x,z,t)$ and
$D_{xy} \equiv p(x,y,0,t) = \psi_{xy}(x,y,t)$. $p(x,y,z0) = \varphi(x,y,z)$;
$\varphi(x,y,z)$ and its derivative tend to zero as $x \to \infty$, $y \to \infty$ and $z \to \infty$.

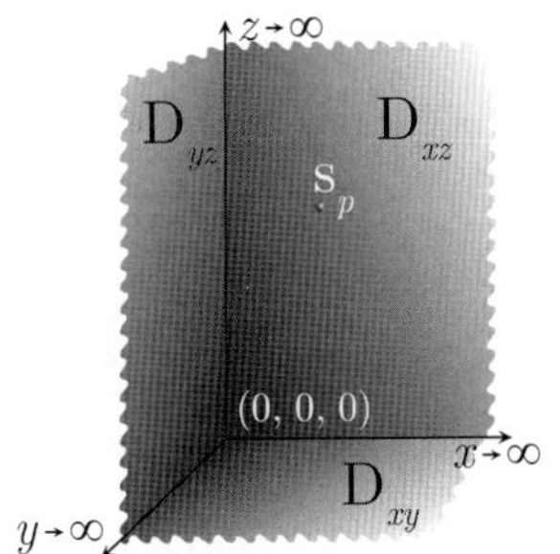

A quantity $q(t)$ of fluid is continously injected at a point (x_0, y_0, z_0), $[x_0 > 0,\ y_0 > 0,\ z_0 > 0]$, at time $t = t_0$, $[t_0 \geq 0]$, and the resulting pressure disturbance is left to diffuse through the homogeneous octant. The medium is bounded by the planes $x = 0$, $y = 0$, $z = 0$ and extends to infinity in the directions of x positive, y positive and z positive. The successive application of the Laplace and Fourier sine transformations to equation (8.1.1) gives

$$\overline{\overline{\overline{p}}} = \frac{q(s)e^{-st_0}\sin(nx_0)\sin(my_0)\sin(lz_0)}{\phi c_t(n^2\eta_x+m^2\eta_y+l^2\eta_z+s)}+\frac{n\eta_x\overline{\overline{\overline{\psi}}}_{yz}(m,l,s)+m\eta_y\overline{\overline{\overline{\psi}}}_{xz}(n,l,s)+l\eta_z\overline{\overline{\overline{\psi}}}_{xy}(n,m,s)}{(s+\eta_x n^2+\eta_y m^2+\eta_z l^2)}+$$
$$+\frac{\int_0^\infty\int_0^\infty\int_0^\infty\varphi(u,v,w)\sin(nu)\sin(mv)\sin(lw)dudvdw}{(n^2\eta_x+m^2\eta_y+l^2\eta_z+s)} \tag{8.2.1}$$

where $\overline{\overline{\overline{\psi}}}_{xz}(n,l,s) = \int_0^\infty\int_0^\infty\overline{\psi}_{xz}(x,z,s)\sin(nx)\sin(lz)\,dxdz$, $\overline{\psi}_{xz}(x,z,s) = \int_0^\infty\psi_{xz}(x,z,t)e^{-st}dt$, $\overline{\overline{\overline{\psi}}}_{yz}(m,l,s) = \int_0^\infty\int_0^\infty\overline{\psi}_{yz}(y,z,s)\sin(my)\sin(lz)\,dydz$, $\overline{\psi}_{yz}(y,z,s) = \int_0^\infty\psi_{yz}(y,z,t)e^{-st}dt$, $\overline{\overline{\overline{\psi}}}_{xy}(n,m,s) = \int_0^\infty\int_0^\infty\overline{\psi}_{xy}(x,y,s)\sin(nx)\sin(my)\,dxdy$, and $\overline{\psi}_{xy}(x,y,s) = \int_0^\infty\psi_{xy}(x,y,t)e^{-st}dt$.

Successive inverse Fourier transforms yield

$$\overline{p} = \frac{q(s)e^{-st_0}s^{\frac{1}{4}}}{\phi c_t(2\pi)^{\frac{3}{2}}\sqrt{\eta_x\eta_y\eta_z}}\left[\frac{K_{\frac{1}{2}}\left(\sqrt{\left\{\frac{(x-x_0)^2}{\eta_x}+\frac{(y-y_0)^2}{\eta_y}+\frac{(z-z_0)^2}{\eta_z}\right\}s}\right)}{\left\{\frac{(x-x_0)^2}{\eta_x}+\frac{(y-y_0)^2}{\eta_y}+\frac{(z-z_0)^2}{\eta_z}\right\}^{\frac{1}{4}}}-\right.$$
$$-\frac{K_{\frac{1}{2}}\left(\sqrt{\left\{\frac{(x+x_0)^2}{\eta_x}+\frac{(y-y_0)^2}{\eta_y}+\frac{(z-z_0)^2}{\eta_z}\right\}s}\right)}{\left\{\frac{(x+x_0)^2}{\eta_x}+\frac{(y-y_0)^2}{\eta_y}+\frac{(z-z_0)^2}{\eta_z}\right\}^{\frac{1}{4}}}-\frac{K_{\frac{1}{2}}\left(\sqrt{\left\{\frac{(x-x_0)^2}{\eta_x}+\frac{(y+y_0)^2}{\eta_y}+\frac{(z-z_0)^2}{\eta_z}\right\}s}\right)}{\left\{\frac{(x-x_0)^2}{\eta_x}+\frac{(y+y_0)^2}{\eta_y}+\frac{(z-z_0)^2}{\eta_z}\right\}^{\frac{1}{4}}}+$$
$$+\frac{K_{\frac{1}{2}}\left(\sqrt{\left\{\frac{(x+x_0)^2}{\eta_x}+\frac{(y+y_0)^2}{\eta_y}+\frac{(z-z_0)^2}{\eta_z}\right\}s}\right)}{\left\{\frac{(x+x_0)^2}{\eta_x}+\frac{(y+y_0)^2}{\eta_y}+\frac{(z-z_0)^2}{\eta_z}\right\}^{\frac{1}{4}}}-\frac{K_{\frac{1}{2}}\left(\sqrt{\left\{\frac{(x-x_0)^2}{\eta_x}+\frac{(y-y_0)^2}{\eta_y}+\frac{(z+z_0)^2}{\eta_z}\right\}s}\right)}{\left\{\frac{(x-x_0)^2}{\eta_x}+\frac{(y-y_0)^2}{\eta_y}+\frac{(z+z_0)^2}{\eta_z}\right\}^{\frac{1}{4}}}+$$
$$+\frac{K_{\frac{1}{2}}\left(\sqrt{\left\{\frac{(x+x_0)^2}{\eta_x}+\frac{(y-y_0)^2}{\eta_y}+\frac{(z+z_0)^2}{\eta_z}\right\}s}\right)}{\left\{\frac{(x+x_0)^2}{\eta_x}+\frac{(y-y_0)^2}{\eta_y}+\frac{(z+z_0)^2}{\eta_z}\right\}^{\frac{1}{4}}}+\frac{K_{\frac{1}{2}}\left(\sqrt{\left\{\frac{(x-x_0)^2}{\eta_x}+\frac{(y+y_0)^2}{\eta_y}+\frac{(z+z_0)^2}{\eta_z}\right\}s}\right)}{\left\{\frac{(x-x_0)^2}{\eta_x}+\frac{(y+y_0)^2}{\eta_y}+\frac{(z+z_0)^2}{\eta_z}\right\}^{\frac{1}{4}}}-$$

$$
\left.-\frac{K_{\frac{1}{2}}\left(\sqrt{\left\{\frac{(x+x_0)^2}{\eta_x}+\frac{(y+y_0)^2}{\eta_y}+\frac{(z+z_0)^2}{\eta_z}\right\}s}\right)}{\left\{\frac{(x+x_0)^2}{\eta_x}+\frac{(y+y_0)^2}{\eta_y}+\frac{(z+z_0)^2}{\eta_z}\right\}^{\frac{1}{4}}}\right]+
$$

$$
+\frac{x}{\pi\sqrt{2\pi\eta_x\eta_y\eta_z}}\int_0^\infty\int_0^\infty \overline{\psi}_{yz}(v,w,s)\,G(y,z,s;v,w)dvdwd+
$$

$$
+\frac{y}{\pi\sqrt{2\pi\eta_x\eta_y\eta_z}}\int_0^\infty\int_0^\infty \overline{\psi}_{xz}(u,w,s)\,G(x,z,s;u,w)dudwd+
$$

$$
+\frac{z}{\pi\sqrt{2\pi\eta_x\eta_y\eta_z}}\int_0^\infty\int_0^\infty \overline{\psi}_{xy}(u,v,s)\,G(x,y,s;u,v)dudvd+
$$

$$
+\frac{s^{\frac{1}{4}}}{(2\pi)^{\frac{3}{2}}\sqrt{\eta_x\eta_y\eta_z}}\int_0^\infty\int_0^\infty\int_0^\infty\varphi(u,v,w)\left[\frac{K_{\frac{1}{2}}\left(\sqrt{\left\{\frac{(x-u)^2}{\eta_x}+\frac{(y-v)^2}{\eta_y}+\frac{(z-w)^2}{\eta_z}\right\}s}\right)}{\left\{\frac{(x-u)^2}{\eta_x}+\frac{(y-v)^2}{\eta_y}+\frac{(z-w)^2}{\eta_z}\right\}^{\frac{1}{4}}}-\right.
$$

$$
-\frac{K_{\frac{1}{2}}\left(\sqrt{\left\{\frac{(x+u)^2}{\eta_x}+\frac{(y-v)^2}{\eta_y}+\frac{(z-w)^2}{\eta_z}\right\}s}\right)}{\left\{\frac{(x+u)^2}{\eta_x}+\frac{(y-v)^2}{\eta_y}+\frac{(z-w)^2}{\eta_z}\right\}^{\frac{1}{4}}}-\frac{K_{\frac{1}{2}}\left(\sqrt{\left\{\frac{(x-u)^2}{\eta_x}+\frac{(y+v)^2}{\eta_y}+\frac{(z-w)^2}{\eta_z}\right\}s}\right)}{\left\{\frac{(x-u)^2}{\eta_x}+\frac{(y+v)^2}{\eta_y}+\frac{(z-w)^2}{\eta_z}\right\}^{\frac{1}{4}}}+
$$

$$
+\frac{K_{\frac{1}{2}}\left(\sqrt{\left\{\frac{(x+u)^2}{\eta_x}+\frac{(y+v)^2}{\eta_y}+\frac{(z-w)^2}{\eta_z}\right\}s}\right)}{\left\{\frac{(x+u)^2}{\eta_x}+\frac{(y+v)^2}{\eta_y}+\frac{(z-w)^2}{\eta_z}\right\}^{\frac{1}{4}}}-\frac{K_{\frac{1}{2}}\left(\sqrt{\left\{\frac{(x-u)^2}{\eta_x}+\frac{(y-v)^2}{\eta_y}+\frac{(z+w)^2}{\eta_z}\right\}s}\right)}{\left\{\frac{(x-u)^2}{\eta_x}+\frac{(y-v)^2}{\eta_y}+\frac{(z+w)^2}{\eta_z}\right\}^{\frac{1}{4}}}+
$$

$$
+\frac{K_{\frac{1}{2}}\left(\sqrt{\left\{\frac{(x+u)^2}{\eta_x}+\frac{(y-v)^2}{\eta_y}+\frac{(z+w)^2}{\eta_z}\right\}s}\right)}{\left\{\frac{(x+u)^2}{\eta_x}+\frac{(y-v)^2}{\eta_y}+\frac{(z+w)^2}{\eta_z}\right\}^{\frac{1}{4}}}+\frac{K_{\frac{1}{2}}\left(\sqrt{\left\{\frac{(x-u)^2}{\eta_x}+\frac{(y+v)^2}{\eta_y}+\frac{(z+w)^2}{\eta_z}\right\}s}\right)}{\left\{\frac{(x-u)^2}{\eta_x}+\frac{(y+v)^2}{\eta_y}+\frac{(z+w)^2}{\eta_z}\right\}^{\frac{1}{4}}}-
$$

$$
\left.-\frac{K_{\frac{1}{2}}\left(\sqrt{\left\{\frac{(x+u)^2}{\eta_x}+\frac{(y+v)^2}{\eta_y}+\frac{(z+w)^2}{\eta_z}\right\}s}\right)}{\left\{\frac{(x+u)^2}{\eta_x}+\frac{(y+v)^2}{\eta_y}+\frac{(z+w)^2}{\eta_z}\right\}^{\frac{1}{4}}}\right]dudvdw^{*} \tag{8.2.2}
$$

where

$$
G(y,z,s;v,w) = s^{\frac{3}{4}}\left[\frac{K_{\frac{3}{2}}\left(\sqrt{\left\{\frac{(y-v)^2}{\eta_y}+\frac{(z-w)^2}{\eta_z}+\frac{x^2}{\eta_x}\right\}s}\right)}{\left\{\frac{(y-v)^2}{\eta_y}+\frac{(z-w)^2}{\eta_z}+\frac{x^2}{\eta_x}\right\}^{\frac{3}{2}}}-\frac{K_{\frac{3}{2}}\left(\sqrt{\left\{\frac{(y-v)^2}{\eta_y}+\frac{(z-w)^2}{\eta_z}+\frac{x^2}{\eta_x}\right\}s}\right)}{\left\{\frac{(y-v)^2}{\eta_y}+\frac{(z-w)^2}{\eta_z}+\frac{x^2}{\eta_x}\right\}^{\frac{3}{2}}}-\right.
$$

$$
\left.-\frac{K_{\frac{3}{2}}\left(\sqrt{\left\{\frac{(y-v)^2}{\eta_y}+\frac{(z+w)^2}{\eta_z}+\frac{x^2}{\eta_x}\right\}s}\right)}{\left\{\frac{(y-v)^2}{\eta_y}+\frac{(z+w)^2}{\eta_z}+\frac{x^2}{\eta_x}\right\}^{\frac{3}{2}}}+\frac{K_{\frac{3}{2}}\left(\sqrt{\left\{\frac{(y+v)^2}{\eta_y}+\frac{(z+w)^2}{\eta_z}+\frac{x^2}{\eta_x}\right\}s}\right)}{\left\{\frac{(y+v)^2}{\eta_y}+\frac{(z+w)^2}{\eta_z}+\frac{x^2}{\eta_x}\right\}^{\frac{3}{2}}}\right] \tag{8.2.3}
$$

*The term corresponding to the pressure boundary condition in the Laplace domain

$\frac{x}{\pi\sqrt{2\pi\eta_x\eta_y\eta_z}}\int_0^t\int_0^\infty\int_0^\infty\overline{\psi}_{yz}(v,w,s)\,G(y,z,s;v,w)dvdwd\tau=\frac{4}{\pi^2}\int_0^\infty\int_0^\infty\overline{\overline{\overline{\psi}}}_{yz}(m,l,s)\sin(my)\sin(lz)e^{-x\sqrt{\frac{s+\eta_y m^2+\eta_z l^2}{\eta_x}}}dmdl$,

which tends to $\frac{4}{\pi^2}\int_0^\infty\int_0^\infty\overline{\overline{\overline{\psi}}}_{yz}(m,l,s)\sin(my)\sin(lz)dmdl=\overline{\psi}_{yz}(y,z,s)$ as $x\to 0$.

The inverse Laplace transform of equation (8.2.2) yields

$$p = \frac{U(t-t_0)}{8\pi^{\frac{3}{2}}\phi c_t\sqrt{\eta_x\eta_y\eta_z}}\int\limits_0^{t-t_0}\frac{q(t-t_0-\tau)}{\tau^{\frac{3}{2}}}\left\{e^{-\frac{(x-x_0)^2}{4\eta_x\tau}}-e^{-\frac{(x+x_0)^2}{4\eta_x\tau}}\right\}\left\{e^{-\frac{(y-y_0)^2}{4\eta_y\tau}}-e^{-\frac{(y+y_0)^2}{4\eta_y\tau}}\right\}\times$$
$$\times\left\{e^{-\frac{(z-z_0)^2}{4\eta_z\tau}}-e^{-\frac{(z+z_0)^2}{4\eta_z\tau}}\right\}d\tau+$$
$$+\frac{x}{8\pi^{\frac{3}{2}}\sqrt{\eta_x\eta_y\eta_z}}\int\limits_0^t\frac{e^{-\frac{x^2}{4\eta_x\tau}}}{\tau^{\frac{5}{2}}}\int\limits_0^\infty\int\limits_0^\infty\psi_{yz}(v,w,t-\tau)\left\{e^{-\frac{(y-v)^2}{4\eta_y\tau}}-e^{-\frac{(y+v)^2}{4\eta_y\tau}}\right\}\left\{e^{-\frac{(z-w)^2}{4\eta_z\tau}}-e^{-\frac{(z+w)^2}{4\eta_z\tau}}\right\}dvdwd\tau+$$
$$+\frac{y}{8\pi^{\frac{3}{2}}\sqrt{\eta_x\eta_y\eta_z}}\int\limits_0^t\frac{e^{-\frac{y^2}{4\eta_y\tau}}}{\tau^{\frac{5}{2}}}\int\limits_0^\infty\int\limits_0^\infty\psi_{xz}(u,w,t-\tau)\left\{e^{-\frac{(x-u)^2}{4\eta_x\tau}}-e^{-\frac{(x+u)^2}{4\eta_x\tau}}\right\}\left\{e^{-\frac{(z-w)^2}{4\eta_z\tau}}-e^{-\frac{(z+w)^2}{4\eta_z\tau}}\right\}dudwd\tau+$$
$$+\frac{z}{8\pi^{\frac{3}{2}}\sqrt{\eta_x\eta_y\eta_z}}\int\limits_0^t\frac{e^{-\frac{z^2}{4\eta_z\tau}}}{\tau^{\frac{5}{2}}}\int\limits_0^\infty\int\limits_0^\infty\psi_{xy}(u,v,t-\tau)\left\{e^{-\frac{(x-u)^2}{4\eta_x\tau}}-e^{-\frac{(x+u)^2}{4\eta_x\tau}}\right\}\left\{e^{-\frac{(y-v)^2}{4\eta_y\tau}}-e^{-\frac{(y+v)^2}{4\eta_y\tau}}\right\}dudvd\tau+$$
$$+\frac{1}{8(\pi t)^{\frac{3}{2}}\sqrt{\eta_x\eta_y\eta_z}}\int\limits_0^\infty\int\limits_0^\infty\int\limits_0^\infty\varphi(u,v,w)\left\{e^{-\frac{(x-u)^2}{4\eta_x t}}-e^{-\frac{(x+u)^2}{4\eta_x t}}\right\}\left\{e^{-\frac{(y-v)^2}{4\eta_y t}}-e^{-\frac{(y+v)^2}{4\eta_y t}}\right\}\times$$
$$\times\left\{e^{-\frac{(z-w)^2}{4\eta_z t}}-e^{-\frac{(z+w)^2}{4\eta_z t}}\right\}dudvdw^{*} \qquad (8.2.4)$$

Special cases of $q(t)$

(i) $q(t)$ is a constant and equal to q

$$p = \frac{U(t-t_0)q}{4\pi^{\frac{3}{2}}\phi c_t\sqrt{\eta_x\eta_y\eta_z}}\left[\frac{\Gamma\left\{\frac{1}{2},\frac{1}{4(t-t_0)}\left(\frac{(x-x_0)^2}{\eta_x}+\frac{(y-y_0)^2}{\eta_y}+\frac{(z-z_0)^2}{\eta_z}\right)\right\}}{\sqrt{\left\{\frac{(x-x_0)^2}{\eta_x}+\frac{(y-y_0)^2}{\eta_y}+\frac{(z-z_0)^2}{\eta_z}\right\}}}-\right.$$
$$-\frac{\Gamma\left\{\frac{1}{2},\frac{1}{4(t-t_0)}\left(\frac{(x+x_0)^2}{\eta_x}+\frac{(y-y_0)^2}{\eta_y}+\frac{(z-z_0)^2}{\eta_z}\right)\right\}}{\sqrt{\left\{\frac{(x+x_0)^2}{\eta_x}+\frac{(y-y_0)^2}{\eta_y}+\frac{(z-z_0)^2}{\eta_z}\right\}}}-\frac{\Gamma\left\{\frac{1}{2},\frac{1}{4(t-t_0)}\left(\frac{(x-x_0)^2}{\eta_x}+\frac{(y+y_0)^2}{\eta_y}+\frac{(z-z_0)^2}{\eta_z}\right)\right\}}{\sqrt{\left\{\frac{(x-x_0)^2}{\eta_x}+\frac{(y+y_0)^2}{\eta_y}+\frac{(z-z_0)^2}{\eta_z}\right\}}}+$$
$$+\frac{\Gamma\left\{\frac{1}{2},\frac{1}{4(t-t_0)}\left(\frac{(x+x_0)^2}{\eta_x}+\frac{(y+y_0)^2}{\eta_y}+\frac{(z-z_0)^2}{\eta_z}\right)\right\}}{\sqrt{\left\{\frac{(x+x_0)^2}{\eta_x}+\frac{(y+y_0)^2}{\eta_y}+\frac{(z-z_0)^2}{\eta_z}\right\}}}-\frac{\Gamma\left\{\frac{1}{2},\frac{1}{4(t-t_0)}\left(\frac{(x-x_0)^2}{\eta_x}+\frac{(y-y_0)^2}{\eta_y}+\frac{(z+z_0)^2}{\eta_z}\right)\right\}}{\sqrt{\left\{\frac{(x-x_0)^2}{\eta_x}+\frac{(y-y_0)^2}{\eta_y}+\frac{(z+z_0)^2}{\eta_z}\right\}}}+$$
$$+\frac{\Gamma\left\{\frac{1}{2},\frac{1}{4(t-t_0)}\left(\frac{(x+x_0)^2}{\eta_x}+\frac{(y-y_0)^2}{\eta_y}+\frac{(z+z_0)^2}{\eta_z}\right)\right\}}{\sqrt{\left\{\frac{(x+x_0)^2}{\eta_x}+\frac{(y-y_0)^2}{\eta_y}+\frac{(z+z_0)^2}{\eta_z}\right\}}}+\frac{\Gamma\left\{\frac{1}{2},\frac{1}{4(t-t_0)}\left(\frac{(x-x_0)^2}{\eta_x}+\frac{(y+y_0)^2}{\eta_y}+\frac{(z+z_0)^2}{\eta_z}\right)\right\}}{\sqrt{\left\{\frac{(x-x_0)^2}{\eta_x}+\frac{(y+y_0)^2}{\eta_y}+\frac{(z+z_0)^2}{\eta_z}\right\}}}-$$

---

*The term corresponding to the pressure boundary condition in space and time variables
$\frac{x}{8\pi^{\frac{3}{2}}\sqrt{\eta_x\eta_y\eta_z}}\int_0^t\int_0^\infty\int_0^\infty\frac{\overline{\psi}_{yz}(v,w,t-\tau)}{\tau^{\frac{5}{2}}}\left\{e^{-\frac{(y-v)^2}{4\eta_y\tau}}-e^{-\frac{(y+v)^2}{4\eta_y\tau}}\right\}\left\{e^{-\frac{(z-w)^2}{4\eta_z\tau}}-e^{-\frac{(z+w)^2}{4\eta_z\tau}}\right\}e^{-\frac{x^2}{4\eta_x\tau}}dvdwd\tau=$
$=\frac{8}{\pi^2\sqrt{\pi}}\int_0^\infty\int_0^\infty e^{-\tau^2}\int_{\frac{x}{2\sqrt{\eta_x t}}}^\infty\overline{\overline{\psi}}_{yz}\left(m,l,t-\frac{x^2}{4\eta_x\tau^2}\right)\sin(my)\sin(lz)\,e^{-\frac{(m^2\eta_y+l^2\eta_z)x^2}{4\eta_x\tau^2}}d\tau dmdl$, which tends to $\frac{4}{\pi^2}\int_0^\infty\int_0^\infty\overline{\overline{\psi}}_{yz}(m,l,t)\sin(my)\sin(lz)dmdl=\psi_{yz}(y,z,t)$ as $x\to 0$;
$\overline{\overline{\psi}}_{yz}\left(m,l,t-\frac{x^2}{4\eta_x\tau^2}\right)=\int_0^\infty\int_0^\infty\psi_{yz}\left(y,z,t-\frac{x^2}{4\eta_x\tau^2}\right)\sin(my)\sin(lz)\,dydz.$

$$- \frac{\Gamma\left\{\frac{1}{2}, \frac{1}{4(t-t_0)}\left(\frac{(x+x_0)^2}{\eta_x}+\frac{(y+y_0)^2}{\eta_y}+\frac{(z+z_0)^2}{\eta_z}\right)\right\}}{\sqrt{\left\{\frac{(x+x_0)^2}{\eta_x}+\frac{(y+y_0)^2}{\eta_y}+\frac{(z+z_0)^2}{\eta_z}\right\}}}\Bigg] \tag{8.2.5}$$

(ii) $q(t) = qt^{\nu}$, $\nu \geq 0$, $t > 0$

$$\begin{aligned}
p = {} & \frac{q\Gamma(\nu+1)U(t-t_0)t^{\left(\nu-\frac{1}{2}\right)}}{4\pi^{\frac{3}{2}}\phi c_t\sqrt{\eta_x\eta_y\eta_z}} \times \\
& \times \Bigg[\frac{e^{-\frac{1}{4(t-t_0)}\left\{\frac{(x-x_0)^2}{\eta_x}+\frac{(y-y_0)^2}{\eta_y}+\frac{(z-z_0)^2}{\eta_z}\right\}}\Psi\left(\nu+1,\ \frac{3}{2};\ \frac{1}{4(t-t_0)}\left\{\frac{(x-x_0)^2}{\eta_x}+\frac{(y-y_0)^2}{\eta_y}+\frac{(z-z_0)^2}{\eta_z}\right\}\right)}{\sqrt{\left\{\frac{(x-x_0)^2}{\eta_x}+\frac{(y-y_0)^2}{\eta_y}+\frac{(z-z_0)^2}{\eta_z}\right\}}} - \\
& - \frac{e^{-\frac{1}{4(t-t_0)}\left\{\frac{(x+x_0)^2}{\eta_x}+\frac{(y-y_0)^2}{\eta_y}+\frac{(z-z_0)^2}{\eta_z}\right\}}\Psi\left(\nu+1,\ \frac{3}{2};\ \frac{1}{4(t-t_0)}\left\{\frac{(x+x_0)^2}{\eta_x}+\frac{(y-y_0)^2}{\eta_y}+\frac{(z-z_0)^2}{\eta_z}\right\}\right)}{\sqrt{\left\{\frac{(x+x_0)^2}{\eta_x}+\frac{(y-y_0)^2}{\eta_y}+\frac{(z-z_0)^2}{\eta_z}\right\}}} - \\
& - \frac{e^{-\frac{1}{4(t-t_0)}\left\{\frac{(x-x_0)^2}{\eta_x}+\frac{(y+y_0)^2}{\eta_y}+\frac{(z-z_0)^2}{\eta_z}\right\}}\Psi\left(\nu+1,\ \frac{3}{2};\ \frac{1}{4(t-t_0)}\left\{\frac{(x-x_0)^2}{\eta_x}+\frac{(y+y_0)^2}{\eta_y}+\frac{(z-z_0)^2}{\eta_z}\right\}\right)}{\sqrt{\left\{\frac{(x-x_0)^2}{\eta_x}+\frac{(y+y_0)^2}{\eta_y}+\frac{(z-z_0)^2}{\eta_z}\right\}}} + \\
& + \frac{e^{-\frac{1}{4(t-t_0)}\left\{\frac{(x+x_0)^2}{\eta_x}+\frac{(y+y_0)^2}{\eta_y}+\frac{(z-z_0)^2}{\eta_z}\right\}}\Psi\left(\nu+1,\ \frac{3}{2};\ \frac{1}{4(t-t_0)}\left\{\frac{(x+x_0)^2}{\eta_x}+\frac{(y+y_0)^2}{\eta_y}+\frac{(z-z_0)^2}{\eta_z}\right\}\right)}{\sqrt{\left\{\frac{(x+x_0)^2}{\eta_x}+\frac{(y+y_0)^2}{\eta_y}+\frac{(z-z_0)^2}{\eta_z}\right\}}} - \\
& - \frac{e^{-\frac{1}{4(t-t_0)}\left\{\frac{(x-x_0)^2}{\eta_x}+\frac{(y-y_0)^2}{\eta_y}+\frac{(z+z_0)^2}{\eta_z}\right\}}\Psi\left(\nu+1,\ \frac{3}{2};\ \frac{1}{4(t-t_0)}\left\{\frac{(x-x_0)^2}{\eta_x}+\frac{(y-y_0)^2}{\eta_y}+\frac{(z+z_0)^2}{\eta_z}\right\}\right)}{\sqrt{\left\{\frac{(x-x_0)^2}{\eta_x}+\frac{(y-y_0)^2}{\eta_y}+\frac{(z+z_0)^2}{\eta_z}\right\}}} + \\
& + \frac{e^{-\frac{1}{4(t-t_0)}\left\{\frac{(x+x_0)^2}{\eta_x}+\frac{(y-y_0)^2}{\eta_y}+\frac{(z+z_0)^2}{\eta_z}\right\}}\Psi\left(\nu+1,\ \frac{3}{2};\ \frac{1}{4(t-t_0)}\left\{\frac{(x+x_0)^2}{\eta_x}+\frac{(y-y_0)^2}{\eta_y}+\frac{(z+z_0)^2}{\eta_z}\right\}\right)}{\sqrt{\left\{\frac{(x+x_0)^2}{\eta_x}+\frac{(y-y_0)^2}{\eta_y}+\frac{(z+z_0)^2}{\eta_z}\right\}}} + \\
& + \frac{e^{-\frac{1}{4(t-t_0)}\left\{\frac{(x-x_0)^2}{\eta_x}+\frac{(y+y_0)^2}{\eta_y}+\frac{(z+z_0)^2}{\eta_z}\right\}}\Psi\left(\nu+1,\ \frac{3}{2};\ \frac{1}{4(t-t_0)}\left\{\frac{(x-x_0)^2}{\eta_x}+\frac{(y+y_0)^2}{\eta_y}+\frac{(z+z_0)^2}{\eta_z}\right\}\right)}{\sqrt{\left\{\frac{(x-x_0)^2}{\eta_x}+\frac{(y+y_0)^2}{\eta_y}+\frac{(z+z_0)^2}{\eta_z}\right\}}} - \\
& - \frac{e^{-\frac{1}{4(t-t_0)}\left\{\frac{(x+x_0)^2}{\eta_x}+\frac{(y+y_0)^2}{\eta_y}+\frac{(z+z_0)^2}{\eta_z}\right\}}\Psi\left(\nu+1,\ \frac{3}{2};\ \frac{1}{4(t-t_0)}\left\{\frac{(x+x_0)^2}{\eta_x}+\frac{(y+y_0)^2}{\eta_y}+\frac{(z+z_0)^2}{\eta_z}\right\}\right)}{\sqrt{\left\{\frac{(x+x_0)^2}{\eta_x}+\frac{(y+y_0)^2}{\eta_y}+\frac{(z+z_0)^2}{\eta_z}\right\}}}\Bigg]
\end{aligned} \tag{8.2.6}$$

(iii) $q(t) = \sum\limits_{j=0}^{\ell} q_j U(t-t_j)$, $[t_0 < t_1 < t_2, \ldots\ldots < t_{\ell-1} < t_\ell]$

$$\overline{p} = \frac{\left\{\sum\limits_{j=0}^{\ell} q_j e^{-t_j s}\right\}}{\phi c_t (2\pi)^{\frac{3}{2}} s^{\frac{3}{4}} \sqrt{\eta_x\eta_y\eta_z}} \left[\frac{K_{\frac{1}{2}}\left(\sqrt{\left\{\frac{(x-x_0)^2}{\eta_x}+\frac{(y-y_0)^2}{\eta_y}+\frac{(z-z_0)^2}{\eta_z}\right\}s}\right)}{\left\{\frac{(x-x_0)^2}{\eta_x}+\frac{(y-y_0)^2}{\eta_y}+\frac{(z-z_0)^2}{\eta_z}\right\}^{\frac{1}{4}}} - \right.$$

$$
\begin{aligned}
&-\frac{K_{\frac{1}{2}}\left(\sqrt{\left\{\frac{(x+x_0)^2}{\eta_x}+\frac{(y-y_0)^2}{\eta_y}+\frac{(z-z_0)^2}{\eta_z}\right\}s}\right)}{\left\{\frac{(x+x_0)^2}{\eta_x}+\frac{(y-y_0)^2}{\eta_y}+\frac{(z-z_0)^2}{\eta_z}\right\}^{\frac{1}{4}}}-\frac{K_{\frac{1}{2}}\left(\sqrt{\left\{\frac{(x-x_0)^2}{\eta_x}+\frac{(y+y_0)^2}{\eta_y}+\frac{(z-z_0)^2}{\eta_z}\right\}s}\right)}{\left\{\frac{(x-x_0)^2}{\eta_x}+\frac{(y+y_0)^2}{\eta_y}+\frac{(z-z_0)^2}{\eta_z}\right\}^{\frac{1}{4}}}+\\
&+\frac{K_{\frac{1}{2}}\left(\sqrt{\left\{\frac{(x+x_0)^2}{\eta_x}+\frac{(y+y_0)^2}{\eta_y}+\frac{(z-z_0)^2}{\eta_z}\right\}s}\right)}{\left\{\frac{(x+x_0)^2}{\eta_x}+\frac{(y+y_0)^2}{\eta_y}+\frac{(z-z_0)^2}{\eta_z}\right\}^{\frac{1}{4}}}-\frac{K_{\frac{1}{2}}\left(\sqrt{\left\{\frac{(x-x_0)^2}{\eta_x}+\frac{(y-y_0)^2}{\eta_y}+\frac{(z+z_0)^2}{\eta_z}\right\}s}\right)}{\left\{\frac{(x-x_0)^2}{\eta_x}+\frac{(y-y_0)^2}{\eta_y}+\frac{(z+z_0)^2}{\eta_z}\right\}^{\frac{1}{4}}}+\\
&+\frac{K_{\frac{1}{2}}\left(\sqrt{\left\{\frac{(x+x_0)^2}{\eta_x}+\frac{(y-y_0)^2}{\eta_y}+\frac{(z+z_0)^2}{\eta_z}\right\}s}\right)}{\left\{\frac{(x+x_0)^2}{\eta_x}+\frac{(y-y_0)^2}{\eta_y}+\frac{(z+z_0)^2}{\eta_z}\right\}^{\frac{1}{4}}}+\frac{K_{\frac{1}{2}}\left(\sqrt{\left\{\frac{(x-x_0)^2}{\eta_x}+\frac{(y+y_0)^2}{\eta_y}+\frac{(z+z_0)^2}{\eta_z}\right\}s}\right)}{\left\{\frac{(x-x_0)^2}{\eta_x}+\frac{(y+y_0)^2}{\eta_y}+\frac{(z+z_0)^2}{\eta_z}\right\}^{\frac{1}{4}}}-\\
&\left.-\frac{K_{\frac{1}{2}}\left(\sqrt{\left\{\frac{(x+x_0)^2}{\eta_x}+\frac{(y+y_0)^2}{\eta_y}+\frac{(z+z_0)^2}{\eta_z}\right\}s}\right)}{\left\{\frac{(x+x_0)^2}{\eta_x}+\frac{(y+y_0)^2}{\eta_y}+\frac{(z+z_0)^2}{\eta_z}\right\}^{\frac{1}{4}}}\right]
\end{aligned}
\tag{8.2.7}
$$

$$
\begin{aligned}
p &= \frac{1}{8\pi^{\frac{3}{2}}\phi c_t\sqrt{\eta_x\eta_y\eta_z}}\sum_{j=0}^{\ell}U(t-t_j)q_j \times\\
&\times\int_0^{t-t_j}\frac{1}{u^{\frac{3}{2}}}\left\{e^{-\frac{(x-x_0)^2}{4\eta_x u}}-e^{-\frac{(x+x_0)^2}{4\eta_x u}}\right\}\left\{e^{-\frac{(y-y_0)^2}{4\eta_y u}}-e^{-\frac{(y+y_0)^2}{4\eta_y u}}\right\}\left\{e^{-\frac{(z-z_0)^2}{4\eta_z u}}-e^{-\frac{(z+z_0)^2}{4\eta_z u}}\right\}du\\
&= \frac{1}{4\pi^{\frac{3}{2}}\phi c_t\sqrt{\eta_x\eta_y\eta_z}}\sum_{j=0}^{\ell}U(t-t_j)q_j\left[\frac{\Gamma\left\{\frac{1}{2},\frac{1}{4(t-t_j)}\left(\frac{(x-x_0)^2}{\eta_x}+\frac{(y-y_0)^2}{\eta_y}+\frac{(z-z_0)^2}{\eta_z}\right)\right\}}{\sqrt{\left\{\frac{(x-x_0)^2}{\eta_x}+\frac{(y-y_0)^2}{\eta_y}+\frac{(z-z_0)^2}{\eta_z}\right\}}}-\right.\\
&-\frac{\Gamma\left\{\frac{1}{2},\frac{1}{4(t-t_j)}\left(\frac{(x+x_0)^2}{\eta_x}+\frac{(y-y_0)^2}{\eta_y}+\frac{(z-z_0)^2}{\eta_z}\right)\right\}}{\sqrt{\left\{\frac{(x+x_0)^2}{\eta_x}+\frac{(y-y_0)^2}{\eta_y}+\frac{(z-z_0)^2}{\eta_z}\right\}}}-\frac{\Gamma\left\{\frac{1}{2},\frac{1}{4(t-t_j)}\left(\frac{(x-x_0)^2}{\eta_x}+\frac{(y+y_0)^2}{\eta_y}+\frac{(z-z_0)^2}{\eta_z}\right)\right\}}{\sqrt{\left\{\frac{(x-x_0)^2}{\eta_x}+\frac{(y+y_0)^2}{\eta_y}+\frac{(z-z_0)^2}{\eta_z}\right\}}}+\\
&+\frac{\Gamma\left\{\frac{1}{2},\frac{1}{4(t-t_j)}\left(\frac{(x+x_0)^2}{\eta_x}+\frac{(y+y_0)^2}{\eta_y}+\frac{(z-z_0)^2}{\eta_z}\right)\right\}}{\sqrt{\left\{\frac{(x+x_0)^2}{\eta_x}+\frac{(y+y_0)^2}{\eta_y}+\frac{(z-z_0)^2}{\eta_z}\right\}}}-\frac{\Gamma\left\{\frac{1}{2},\frac{1}{4(t-t_j)}\left(\frac{(x-x_0)^2}{\eta_x}+\frac{(y-y_0)^2}{\eta_y}+\frac{(z+z_0)^2}{\eta_z}\right)\right\}}{\sqrt{\left\{\frac{(x-x_0)^2}{\eta_x}+\frac{(y-y_0)^2}{\eta_y}+\frac{(z+z_0)^2}{\eta_z}\right\}}}+\\
&+\frac{\Gamma\left\{\frac{1}{2},\frac{1}{4(t-t_j)}\left(\frac{(x+x_0)^2}{\eta_x}+\frac{(y-y_0)^2}{\eta_y}+\frac{(z+z_0)^2}{\eta_z}\right)\right\}}{\sqrt{\left\{\frac{(x+x_0)^2}{\eta_x}+\frac{(y-y_0)^2}{\eta_y}+\frac{(z+z_0)^2}{\eta_z}\right\}}}+\frac{\Gamma\left\{\frac{1}{2},\frac{1}{4(t-t_j)}\left(\frac{(x-x_0)^2}{\eta_x}+\frac{(y+y_0)^2}{\eta_y}+\frac{(z+z_0)^2}{\eta_z}\right)\right\}}{\sqrt{\left\{\frac{(x-x_0)^2}{\eta_x}+\frac{(y+y_0)^2}{\eta_y}+\frac{(z+z_0)^2}{\eta_z}\right\}}}-\\
&\left.-\frac{\Gamma\left\{\frac{1}{2},\frac{1}{4(t-t_j)}\left(\frac{(x+x_0)^2}{\eta_x}+\frac{(y+y_0)^2}{\eta_y}+\frac{(z+z_0)^2}{\eta_z}\right)\right\}}{\sqrt{\left\{\frac{(x+x_0)^2}{\eta_x}+\frac{(y+y_0)^2}{\eta_y}+\frac{(z+z_0)^2}{\eta_z}\right\}}}\right]
\end{aligned}
\tag{8.2.8}
$$

Special cases of $\varphi(x,y,z)$

(i) $\varphi(x,y,z)=p_I$, a constant

$$
\overline{p}=\frac{8p_I}{\pi^3}\int_0^{\infty}\int_0^{\infty}\int_0^{\infty}\frac{\sin(nx)\sin(my)\sin(lz)}{(s+\eta_x n^2+\eta_y m^2+\eta_z l^2)\,nml}dndmdl \tag{8.2.9}
$$

$$
p=p_I\,\text{erf}\left(\frac{x}{2\sqrt{\eta_x t}}\right)\text{erf}\left(\frac{y}{2\sqrt{\eta_y t}}\right)\text{erf}\left(\frac{z}{2\sqrt{\eta_z t}}\right) \tag{8.2.10}
$$

(ii) $\varphi(x,y,z) = \frac{p_I}{xyz}$, $x > 0$, $y > 0$, $z > 0$

$$\overline{p} = p_I \int_0^\infty \int_0^\infty \int_0^\infty \frac{\sin(nx)\sin(my)\sin(lz)}{(n^2\eta_x + m^2\eta_y + l^2\eta_z + s)} dndmdl \tag{8.2.11}$$

$$p = \frac{p_I xyz}{8\eta_x\eta_y\eta_z t^3} e^{-\frac{1}{4t}\left(\frac{x^2}{\eta_x}+\frac{y^2}{\eta_y}+\frac{z^2}{\eta_z}\right)} \Phi\left(\frac{1}{2},\frac{3}{2};\frac{x^2}{4\eta_x t}\right)\Phi\left(\frac{1}{2},\frac{3}{2};\frac{y^2}{4\eta_y t}\right)\Phi\left(\frac{1}{2},\frac{3}{2};\frac{z^2}{4\eta_z t}\right) \tag{8.2.12}$$

(iii) $\varphi(x,y,z) = \frac{p_I}{\sqrt{xyz}}$, $x > 0$, $y > 0$, $z > 0$

$$\overline{p} = p_I \sqrt{\left(\frac{2}{\pi}\right)^3} \int_0^\infty \int_0^\infty \int_0^\infty \frac{\sin(nx)\sin(my)\sin(lz)}{\sqrt{nml}(n^2\eta_x + m^2\eta_y + l^2\eta_z + s)} dndmdl \tag{8.2.13}$$

$$p = \frac{p_I}{8}\left(\frac{\pi}{t}\right)^{\frac{3}{2}} \sqrt{\frac{xyz}{\eta_x\eta_y\eta_z}} e^{-\frac{1}{8t}\left(\frac{x^2}{\eta_x}+\frac{y^2}{\eta_y}+\frac{z^2}{\eta_z}\right)} I_{\frac{1}{4}}\left(\frac{x^2}{8\eta_x t}\right) I_{\frac{1}{4}}\left(\frac{y^2}{8\eta_y t}\right) I_{\frac{1}{4}}\left(\frac{z^2}{8\eta_z t}\right) \tag{8.2.14}$$

Special cases of $\psi_{xz}(x,z,t)$, $\psi_{xy}(x,y,t)$ and $\psi_{yz}(y,z,t)$

(i) $\psi_{yz}(y,z,t) = \psi_{yz}(t)$, $\psi_{xz}(x,z,t) = \psi_{xz}(t)$, $\psi_{xy}(x,y,t) = \psi_{xy}(t)$, $\psi_{yz}(t)$, $\psi_{xz}(t)$ and $\psi_{xy}(t)$ are functions of time only

$$\begin{aligned} p = {} & \frac{2}{\sqrt{\pi}} \int_{\frac{x}{2\sqrt{\eta_x t}}}^\infty \psi_{yz}\left(t - \frac{x^2}{4\eta_x\tau^2}\right) e^{-\tau^2} \operatorname{erf}\left(\frac{\tau y}{x}\sqrt{\frac{\eta_x}{\eta_y}}\right) \operatorname{erf}\left(\frac{\tau z}{x}\sqrt{\frac{\eta_x}{\eta_z}}\right) d\tau + \\ & + \frac{2}{\sqrt{\pi}} \int_{\frac{y}{2\sqrt{\eta_y t}}}^\infty \psi_{xz}\left(t - \frac{y^2}{4\eta_y\tau^2}\right) e^{-\tau^2} \operatorname{erf}\left(\frac{\tau x}{y}\sqrt{\frac{\eta_y}{\eta_x}}\right) \operatorname{erf}\left(\frac{\tau z}{y}\sqrt{\frac{\eta_y}{\eta_z}}\right) d\tau + \\ & + \frac{2}{\sqrt{\pi}} \int_{\frac{z}{2\sqrt{\eta_z t}}}^\infty \psi_{xy}\left(t - \frac{z^2}{4\eta_z\tau^2}\right) e^{-\tau^2} \operatorname{erf}\left(\frac{\tau x}{z}\sqrt{\frac{\eta_z}{\eta_x}}\right) \operatorname{erf}\left(\frac{\tau y}{z}\sqrt{\frac{\eta_z}{\eta_y}}\right) d\tau \end{aligned} \tag{8.2.15}$$

(ii) $\psi_{yz}(y,z,t) = \psi_{xz}(x,z,t) = \psi_{xy}(x,y,t) = p_0$, a constant*

$$p = p_0\left\{1 - \operatorname{erf}\left(\frac{x}{2\sqrt{\eta_x t}}\right)\operatorname{erf}\left(\frac{y}{2\sqrt{\eta_y t}}\right)\operatorname{erf}\left(\frac{z}{2\sqrt{\eta_z t}}\right)\right\} \tag{8.2.16}$$

Special cases of practical relevance

(i) A line of finite length $[z_{02} - z_{01}]$ passing through (x_0, y_0)

For a continuous source, the solution is obtained by replacing the source term in equation (8.2.4) with†

* $\frac{2}{\sqrt{\pi}}\left\{\int_a^\infty e^{-\tau^2}\operatorname{erf}\left(\frac{\tau b}{a}\right)\operatorname{erf}\left(\frac{\tau c}{a}\right)d\tau + \int_b^\infty e^{-\tau^2}\operatorname{erf}\left(\frac{\tau a}{b}\right)\operatorname{erf}\left(\frac{\tau c}{b}\right)d\tau + \int_c^\infty e^{-\tau^2}\operatorname{erf}\left(\frac{\tau a}{c}\right)\operatorname{erf}\left(\frac{\tau b}{c}\right)d\tau\right\} = 1 - \operatorname{erf}(a)\operatorname{erf}(b)\operatorname{erf}(c)$.

† The solution is relevant to pressure transient methods associated with partially penetrating or horizontal wells in the fields of groundwater movement and the production of oil and gas from hydrocarbon reservoirs.

$$p = \frac{U(t-t_0)}{8\phi c_t \pi \sqrt{\eta_x \eta_y}} \int_0^{t-t_0} \frac{q\,(t-t_0-\tau)}{\tau} \left\{ e^{-\frac{(x-x_0)^2}{4\eta_x \tau}} - e^{-\frac{(x+x_0)^2}{4\eta_x \tau}} \right\} \left\{ e^{-\frac{(y-y_0)^2}{4\eta_y \tau}} - e^{-\frac{(y+y_0)^2}{4\eta_y \tau}} \right\} \times$$
$$\times \left\{ \operatorname{erf}\left(\frac{z-z_{01}}{2\sqrt{\eta_z \tau}}\right) + \operatorname{erf}\left(\frac{z+z_{01}}{2\sqrt{\eta_z \tau}}\right) - \operatorname{erf}\left(\frac{z-z_{02}}{2\sqrt{\eta_z \tau}}\right) - \operatorname{erf}\left(\frac{z+z_{02}}{2\sqrt{\eta_z \tau}}\right) \right\} d\tau^* \quad (8.2.17)$$

The spatial average pressure response of the line $[z_{02} - z_{01}]$ is obtained by a further integration:†

$$p = \frac{U(t-t_0)}{4\phi c_t \pi \,(z_{02}-z_{01})\, \sqrt{\eta_x \eta_y}} \int_0^{t-t_0} \frac{q\,(t-t_0-\tau)}{\tau} \left[(z_{02}-z_{01}) \operatorname{erf}\left(\frac{z_{02}-z_{01}}{2\sqrt{\eta_z \tau}}\right) + (z_{02}+z_{01}) \operatorname{erf}\left(\frac{z_{02}+z_{01}}{2\sqrt{\eta_z \tau}}\right) - \right.$$
$$-z_{01} \operatorname{erf}\left(\frac{z_{01}}{\sqrt{\eta_z \tau}}\right) - z_{02} \operatorname{erf}\left(\frac{z_{02}}{\sqrt{\eta_z \tau}}\right) + 2\sqrt{\frac{\eta_z \tau}{\pi}} \left(e^{-\frac{(z_{02}-z_{01})^2}{4\eta_z \tau}} - 1 \right) + 2\sqrt{\frac{\eta_z \tau}{\pi}} e^{-\frac{(z_{02}+z_{01})^2}{4\eta_z \tau}} -$$
$$\left. -\sqrt{\frac{\eta_z \tau}{\pi}} \left(e^{-\frac{z_{01}^2}{\eta_z \tau}} + e^{-\frac{z_{02}^2}{\eta_z \tau}} \right) \right] \left\{ e^{-\frac{(x-x_0)^2}{4\eta_x \tau}} - e^{-\frac{(x+x_0)^2}{4\eta_x \tau}} \right\} \left\{ e^{-\frac{(y-y_0)^2}{4\eta_y \tau}} - e^{-\frac{(y+y_0)^2}{4\eta_y \tau}} \right\} d\tau +$$
$$+ \frac{x}{8\pi \,(z_{02}-z_{01})\, \sqrt{\eta_x \eta_y}} \int_0^t \int_0^\infty \int_0^\infty \frac{\overline{\psi}_{yz}(v, w, t-\tau)}{\tau^2} \left\{ e^{-\frac{(y-v)^2}{4\eta_y \tau}} - e^{-\frac{(y+v)^2}{4\eta_y \tau}} \right\} \times$$
$$\times \left\{ \operatorname{erf}\left(\frac{w-z_{01}}{2\sqrt{\eta_z \tau}}\right) + \operatorname{erf}\left(\frac{w+z_{01}}{2\sqrt{\eta_z \tau}}\right) - \operatorname{erf}\left(\frac{w-z_{02}}{2\sqrt{\eta_z \tau}}\right) - \operatorname{erf}\left(\frac{w+z_{02}}{2\sqrt{\eta_z \tau}}\right) \right\} e^{-\frac{x^2}{4\eta_x \tau}} dv\,dw\,d\tau +$$
$$+ \frac{y}{8\pi \,(z_{02}-z_{01})\, \sqrt{\eta_x \eta_y}} \int_0^t \int_0^\infty \int_0^\infty \frac{\overline{\psi}_{xz}(u, w, t-\tau)}{\tau^2} \left\{ e^{\frac{(x-u)^2}{4\eta_x \tau}} - e^{\frac{(x+u)^2}{4\eta_x \tau}} \right\} \times$$
$$\times \left\{ \operatorname{erf}\left(\frac{w-z_{01}}{2\sqrt{\eta_z \tau}}\right) + \operatorname{erf}\left(\frac{w+z_{01}}{2\sqrt{\eta_z \tau}}\right) - \operatorname{erf}\left(\frac{w-z_{02}}{2\sqrt{\eta_z \tau}}\right) - \operatorname{erf}\left(\frac{w+z_{02}}{2\sqrt{\eta_z \tau}}\right) \right\} e^{-\frac{y^2}{4\eta_y \tau}} du\,dw\,d\tau +$$
$$+ \frac{1}{4\pi^{\frac{3}{2}} (z_{02}-z_{01})} \sqrt{\frac{\eta_x}{\eta_y \eta_z}} \int_0^t \int_0^\infty \int_0^\infty \frac{\overline{\psi}_{xy}(u, v, t-\tau)}{\tau^{\frac{3}{2}}} \left\{ e^{-\frac{(x-u)^2}{4\eta_x \tau}} - e^{-\frac{(x+u)^2}{4\eta_x \tau}} \right\} \left\{ e^{-\frac{(y-v)^2}{4\eta_y \tau}} - e^{-\frac{(y+v)^2}{4\eta_y \tau}} \right\} \times$$
$$\times \left\{ e^{-\frac{z_{01}^2}{4\eta_z \tau}} - e^{-\frac{z_{02}^2}{4\eta_z \tau}} \right\} du\,dv\,d\tau +$$

---

*When $q(t) = q$, a constant, equation (8.2.17) reduces to

$$p = \frac{U(t-t_0)q}{2\phi c_t \pi^2 \sqrt{\eta_x \eta_y}} \int_0^\infty \frac{\sin(uz)}{u} \left[\mathcal{W}\left\{ \frac{\frac{(x-x_0)^2}{\eta_x} + \frac{(y-y_0)^2}{\eta_y}}{4(t-t_0)}, u\sqrt{\left(\frac{(x-x_0)^2}{\eta_x} + \frac{(y-y_0)^2}{\eta_y}\right)\eta_z} \right\} - \right.$$
$$-\mathcal{W}\left\{ \frac{\frac{(x+x_0)^2}{\eta_x} + \frac{(y-y_0)^2}{\eta_y}}{4(t-t_0)}, u\sqrt{\left(\frac{(x+x_0)^2}{\eta_x} + \frac{(y-y_0)^2}{\eta_y}\right)\eta_z} \right\} - \mathcal{W}\left\{ \frac{\frac{(x-x_0)^2}{\eta_x} + \frac{(y+y_0)^2}{\eta_y}}{4(t-t_0)}, u\sqrt{\left(\frac{(x-x_0)^2}{\eta_x} + \frac{(y+y_0)^2}{\eta_y}\right)\eta_z} \right\} +$$
$$\left. +\mathcal{W}\left\{ \frac{\frac{(x+x_0)^2}{\eta_x} + \frac{(y+y_0)^2}{\eta_y}}{4(t-t_0)}, u\sqrt{\left(\frac{(x+x_0)^2}{\eta_x} + \frac{(y+y_0)^2}{\eta_y}\right)\eta_z} \right\} \right] \{\cos(uz_{01}) - \cos(uz_{02})\}\, du.$$

†The general results given by equation (8.2.17) assume that the fluid flux is uniform along the well. A good approximation of the well-bore pressure is obtained by computing the spatial average pressure along the line.

$$+\frac{1}{8\pi\left(z_{02}-z_{01}\right)t\sqrt{\eta_x\eta_y}}\int_0^\infty\int_0^\infty\int_0^\infty\varphi(u,v,w)\left\{e^{-\frac{(x-u)^2}{4\eta_x t}}-e^{-\frac{(x+u)^2}{4\eta_x t}}\right\}\left\{e^{-\frac{(y-v)^2}{4\eta_y t}}-e^{-\frac{(y+v)^2}{4\eta_y t}}\right\}\times$$
$$\times\left\{\operatorname{erf}\left(\frac{w-z_{01}}{2\sqrt{\eta_z t}}\right)+\operatorname{erf}\left(\frac{w+z_{01}}{2\sqrt{\eta_z t}}\right)-\operatorname{erf}\left(\frac{w-z_{02}}{2\sqrt{\eta_z t}}\right)-\operatorname{erf}\left(\frac{w+z_{02}}{2\sqrt{\eta_z t}}\right)\right\}dudvdw^* \quad (8.2.18)$$

When $\varphi(x,y,z)=p_I$, a constant, the solution is obtained by replacing the term corresponding to the initial condition (the last term) in equation (8.2.18) with

$$p=\frac{p_I\operatorname{erf}\left(\frac{x}{2\sqrt{\eta_x t}}\right)\operatorname{erf}\left(\frac{y}{2\sqrt{\eta_y t}}\right)}{(z_{02}-z_{01})}\left[z_{02}\operatorname{erf}\left(\frac{z_{02}}{2\sqrt{\eta_z t}}\right)-z_{01}\operatorname{erf}\left(\frac{z_{01}}{2\sqrt{\eta_z t}}\right)+2\sqrt{\frac{\eta_z t}{\pi}}\left\{e^{-\frac{z_{02}^2}{4\eta_z t}}-e^{-\frac{z_{01}^2}{4\eta_z t}}\right\}\right] \quad (8.2.19)$$

When $q(t)=\sum_{j=0}^{\ell}q_jU(t-t_j)$, $[t_0<t_1<t_2\ldots\ldots<t_{\ell-1}<t_\ell]$, the solution is obtained by replacing the source term in equation (8.2.18) with

$$\begin{aligned}
p &= \frac{1}{4\phi c_t\pi(z_{02}-z_{01})\sqrt{\eta_x\eta_y}}\times\\
&\times\sum_{j=0}^{\ell}U(t-t_j)q_j\int_0^{t-t_j}\frac{1}{\tau}\left[(z_{02}-z_{01})\operatorname{erf}\left(\frac{z_{02}-z_{01}}{2\sqrt{\eta_z\tau}}\right)+(z_{02}+z_{01})\operatorname{erf}\left(\frac{z_{02}+z_{01}}{2\sqrt{\eta_z\tau}}\right)-\right.\\
&-z_{01}\operatorname{erf}\left(\frac{z_{01}}{\sqrt{\eta_z\tau}}\right)-z_{02}\operatorname{erf}\left(\frac{z_{02}}{\sqrt{\eta_z\tau}}\right)+2\sqrt{\frac{\eta_z\tau}{\pi}}\left(e^{-\frac{(z_{02}-z_{01})^2}{4\eta_z\tau}}-1\right)+2\sqrt{\frac{\eta_z\tau}{\pi}}e^{-\frac{(z_{02}+z_{01})^2}{4\eta_z\tau}}-\\
&\left.-\sqrt{\frac{\eta_z\tau}{\pi}}\left(e^{-\frac{z_{01}^2}{\eta_z\tau}}+e^{-\frac{z_{02}^2}{\eta_z\tau}}\right)\right]\left\{e^{-\frac{(x-x_0)^2}{4\eta_x\tau}}-e^{-\frac{(x+x_0)^2}{4\eta_x\tau}}\right\}\left\{e^{-\frac{(y-y_0)^2}{4\eta_y\tau}}-e^{-\frac{(y+y_0)^2}{4\eta_y\tau}}\right\}d\tau\\
&= \frac{1}{4\phi c_t\pi(z_{02}-z_{01})\sqrt{\eta_x\eta_y}}\times\\
&\times\sum_{j=0}^{\ell}U(t-t_j)q_j\int_0^{t-t_j}\frac{1}{u}\left[(z_{02}-z_{01})\operatorname{erf}\left(\frac{z_{02}-z_{01}}{2\sqrt{\eta_z u}}\right)+(z_{02}+z_{01})\operatorname{erf}\left(\frac{z_{02}+z_{01}}{2\sqrt{\eta_z u}}\right)+\right.\\
&+2\sqrt{\frac{\eta_z u}{\pi}}\left\{2e^{-\frac{(z_{01}^2+z_{02}^2)}{4\eta_z u}}\cosh\left(\frac{z_{01}z_{02}}{2\eta_z u}\right)-1\right\}-z_{02}\operatorname{erf}\left(\frac{z_{02}}{\sqrt{\eta_z u}}\right)-z_{01}\operatorname{erf}\left(\frac{z_{01}}{\sqrt{\eta_z u}}\right)-\\
&\left.-\sqrt{\frac{\eta_z u}{\pi}}\left(e^{-\frac{z_{01}^2}{\eta_z u}}+e^{-\frac{z_{02}^2}{\eta_z u}}\right)\right]\left\{e^{-\frac{(x-x_0)^2}{4\eta_x u}}-e^{-\frac{(x+x_0)^2}{4\eta_x u}}\right\}\left\{e^{-\frac{(y-y_0)^2}{4\eta_y u}}-e^{-\frac{(y+y_0)^2}{4\eta_y u}}\right\}du\\
&= \frac{1}{2\phi c_t\pi\left(z_{02}-z_{01}\right)\sqrt{\eta_x\eta_y}}\times\\
&\times\sum_{j=0}^{\ell}U(t-t_j)q_j\int_0^\infty\frac{1}{u^2}\left[\mathcal{W}\left\{\frac{\frac{(x-x_0)^2}{\eta_x}+\frac{(y-y_0)^2}{\eta_y}}{4(t-t_j)},u\sqrt{\left(\frac{(x-x_0)^2}{\eta_x}+\frac{(y-y_0)^2}{\eta_y}\right)\eta_z}\right\}+\right.
\end{aligned}$$

---

*If $q(t)=q$, a constant, equation (8.2.18) reduces to

$$p=\frac{qU(t-t_0)}{2\phi c_t\{\pi(z_{02}-z_{01})\}\sqrt{\eta_x\eta_y}}\int_0^\infty\frac{1}{u^2}\left[\mathcal{W}\left\{\frac{\frac{(x-x_0)^2}{\eta_x}+\frac{(y-y_0)^2}{\eta_y}}{4(t-t_0)},u\sqrt{\left(\frac{(x-x_0)^2}{\eta_x}+\frac{(y-y_0)^2}{\eta_y}\right)\eta_z}\right\}-\right.$$
$$-\mathcal{W}\left\{\frac{\frac{(x+x_0)^2}{\eta_x}+\frac{(y-y_0)^2}{\eta_y}}{4(t-t_0)},u\sqrt{\left(\frac{(x+x_0)^2}{\eta_x}+\frac{(y-y_0)^2}{\eta_y}\right)\eta_z}\right\}-\mathcal{W}\left\{\frac{\frac{(x-x_0)^2}{\eta_x}+\frac{(y+y_0)^2}{\eta_y}}{4(t-t_0)},u\sqrt{\left(\frac{(x-x_0)^2}{\eta_x}+\frac{(y+y_0)^2}{\eta_y}\right)\eta_z}\right\}+$$
$$\left.+\mathcal{W}\left\{\frac{\frac{(x+x_0)^2}{\eta_x}+\frac{(y+y_0)^2}{\eta_y}}{4(t-t_0)},u\sqrt{\left(\frac{(x+x_0)^2}{\eta_x}+\frac{(y+y_0)^2}{\eta_y}\right)\eta_z}\right\}\right]\{\cos(uz_{01})-\cos(uz_{02})\}^2\,du.$$

$$-\mathcal{W}\left\{\frac{\frac{(x+x_0)^2}{\eta_x}+\frac{(y-y_0)^2}{\eta_y}}{4(t-t_j)}, u\sqrt{\left(\frac{(x+x_0)^2}{\eta_x}+\frac{(y-y_0)^2}{\eta_y}\right)\eta_z}\right\}-$$

$$-\mathcal{W}\left\{\frac{\frac{(x-x_0)^2}{\eta_x}+\frac{(y+y_0)^2}{\eta_y}}{4(t-t_j)}, u\sqrt{\left(\frac{(x-x_0)^2}{\eta_x}+\frac{(y+y_0)^2}{\eta_y}\right)\eta_z}\right\}+$$

$$+\mathcal{W}\left\{\frac{\frac{(x+x_0)^2}{\eta_x}+\frac{(y+y_0)^2}{\eta_y}}{4(t-t_j)}, u\sqrt{\left(\frac{(x+x_0)^2}{\eta_x}+\frac{(y+y_0)^2}{\eta_y}\right)\eta_z}\right\}\Bigg]\left\{\cos(uz_{01})-\cos(uz_{02})\right\}^2 du \quad (8.2.20)$$

(ii) An inclined line of finite length $[(z_{02}-z_{01})\sin\vartheta_0]$, $0<\vartheta_0<\frac{\pi}{2}$, passing through (x_0, y_0, z_0). ϑ_0 is the inclination of the deviated well to the $x-y$ plane, γ_0 is the intercept to the z axis and θ_0 is the horizontal angle in polar coordinates*

The continuous source solution is obtained by replacing the source term in equation (8.2.4) with

$$p = \frac{U(t-t_0)\sin\vartheta_0}{8\pi\phi c_t\sqrt{\eta_x\eta_y\eta_z}}\int_0^{t-t_0}\frac{q(t-t_0-\tau)}{\tau}\left[\mathcal{F}(x,y,z,\tau;z_{02},z_{01})-\mathcal{F}(-x,y,z,\tau;z_{02},z_{01})-\right.$$
$$-\mathcal{F}(x,-y,z,\tau;z_{02},z_{01})+\mathcal{F}(-x,-y,z,\tau;z_{02},z_{01})-\mathcal{F}(x,y,-z,\tau;z_{02},z_{01})+$$
$$\left.+\mathcal{F}(-x,y,-z,\tau;z_{02},z_{01})+\mathcal{F}(x,-y,-z,\tau;z_{02},z_{01})-\mathcal{F}(-x,-y,-z,\tau;z_{02},z_{01})\right]d\tau \quad (8.2.21)$$

where

$$\mathcal{F}(x,y,z,\tau;b,a) = \frac{e^{-\frac{1}{4\tau}\left\{\mathcal{H}_0(x,y,z;\gamma_0,2,0)-\frac{\mathcal{H}_0^2(x,y,z;\gamma_0,1,1)}{\mathcal{H}_0(0,0,1;1,2,0)}\right\}}}{\sqrt{\mathcal{H}_0(0,0,1;1,2,0)}}\times$$
$$\times\left[\operatorname{erf}\left\{\frac{1}{2\sqrt{\tau}}\left(b\sqrt{\mathcal{H}_0(0,0,1;1,2,0)}-\frac{\mathcal{H}_0(x,y,z;\gamma_0,1,1)}{\sqrt{\mathcal{H}_0(0,0,1;1,2,0)}}\right)\right\}-\right.$$
$$\left.-\operatorname{erf}\left\{\frac{1}{2\sqrt{\tau}}\left(a\sqrt{\mathcal{H}_0(0,0,1;1,2,0)}-\frac{\mathcal{H}_0(x,y,z;\gamma_0,1,1)}{\sqrt{\mathcal{H}_0(0,0,1;1,2,0)}}\right)\right\}\right] \quad (8.2.22)$$

The function $\mathcal{H}_0(u,v,w;\gamma,n,m)$ is given by equation (8.1.15).

The spatial average pressure response of the inclined line $[(z_{02}-z_{01})\sin\vartheta_0]$ is obtained by a further integration:

$$p = \frac{U(t-t_0)\sin\vartheta_0}{8\pi\phi c_t(z_{02}-z_{01})\sqrt{\eta_x\eta_y\eta_z}}\int_0^{t-t_0}\frac{q(t-t_0-\tau)}{\tau}\times$$
$$\times\int_{z_{01}}^{z_{02}}\left[\mathcal{F}(z\cot\vartheta\cos\theta, z\cot\vartheta\sin\theta, z,\tau;z_{02},z_{01})-\mathcal{F}(-z\cot\vartheta\cos\theta, z\cot\vartheta\sin\theta, z,\tau;z_{02},z_{01})-\right.$$
$$-\mathcal{F}(z\cot\vartheta\cos\theta,-z\cot\vartheta\sin\theta,z,\tau;z_{02},z_{01})+\mathcal{F}(-z\cot\vartheta\cos\theta,-z\cot\vartheta\sin\theta,z,\tau;z_{02},z_{01})-$$
$$-\mathcal{F}(z\cot\vartheta\cos\theta,z\cot\vartheta\sin\theta,-z,\tau;z_{02},z_{01})+\mathcal{F}(-z\cot\vartheta\cos\theta,z\cot\vartheta\sin\theta,-z,\tau;z_{02},z_{01})+$$
$$\left.+\mathcal{F}(z\cot\vartheta\cos\theta,-z\cot\vartheta\sin\theta,-z,\tau;z_{02},z_{01})-\mathcal{F}(-x,-z\cot\vartheta\sin\theta,-z,\tau;z_{02},z_{01})\right]dz d\tau+$$

$$+\frac{\cot\vartheta\cos\theta}{8\pi(z_{02}-z_{01})\sqrt{\eta_x\eta_y\eta_z}}\int_0^t\frac{1}{\tau^2}\int_0^\infty\int_0^\infty\psi_{yz}(v,w,t-\tau)\left[\Psi(0,v,w,\tau;z_{02},z_{01})-\right.$$
$$\left.-\Psi(0,-v,w,\tau;z_{02},z_{01})-\Psi(0,v,-w,\tau;z_{02},z_{01})+\Psi(0,-v,-w,\tau;z_{02},z_{01})\right]dv dw d\tau+$$

*$x_0 = r_0\cos\theta_0 = (z_0-\gamma_0)\cot\vartheta_0\cos\theta_0$, $y_0 = r_0\sin\theta_0 = (z_0-\gamma_0)\cot\vartheta_0\sin\theta_0$ and $r_0 = (z_0-\gamma_0)\cot\vartheta_0$.

$$+\frac{\cot\vartheta\sin\theta}{8\pi\left(z_{02}-z_{01}\right)\sqrt{\eta_x\eta_y\eta_z}}\int_0^t\frac{1}{\tau^2}\int_0^\infty\int_0^\infty\psi_{xz}\left(u,w,t-\tau\right)\left[\Psi\left(u,0,w,\tau;z_{02},z_{01}\right)-\right.$$
$$\left.-\Psi\left(-u,0,w,\tau;z_{02},z_{01}\right)-\Psi\left(u,0,-w,\tau;z_{02},z_{01}\right)+\Psi\left(-u,0,-w,\tau;z_{02},z_{01}\right)\right]dudwd\tau+$$
$$+\frac{1}{8\pi\left(z_{02}-z_{01}\right)\sqrt{\eta_x\eta_y\eta_z}}\int_0^t\frac{1}{\tau^2}\int_0^\infty\int_0^\infty\psi_{xy}\left(u,v,t-\tau\right)\left[\Psi\left(u,v,0,\tau;z_{02},z_{01}\right)-\right.$$
$$\left.-\Psi\left(-u,v,0,\tau;z_{02},z_{01}\right)-\Psi\left(u,-v,0,\tau;z_{02},z_{01}\right)+\Psi\left(-u,-v,0,\tau;z_{02},z_{01}\right)\right]dudvd\tau+$$
$$+\frac{1}{8\pi t\left(z_{02}-z_{01}\right)\sqrt{\eta_x\eta_y\eta_z}}\int_0^\infty\int_0^\infty\int_0^\infty\varphi\left(u,v,w\right)\left[\Phi\left(u,v,w,t;z_{02},z_{01}\right)-\Phi\left(-u,v,w,t;z_{02},z_{01}\right)-\right.$$
$$-\Phi\left(u,-v,w,t;z_{02},z_{01}\right)+\Phi(-u,-v,w,t;z_{02},z_{01})-\Phi\left(u,v,-w,t;z_{02},z_{01}\right)+$$
$$\left.+\Phi\left(-u,v,-w,t;z_{02},z_{01}\right)+\Phi\left(u,-v,-w,t;z_{02},z_{01}\right)-\Phi\left(-u,-v,-w,t;z_{02},z_{01}\right)\right]dudvdw \qquad (8.2.23)$$

where

$$\Psi\left(u,v,w,\tau;b,a\right)=\frac{e^{-\frac{1}{4\tau}\left\{G(u,v,w;2,0)-\frac{G^2(u,v,w;1,1)}{G(1,1,1;0,2)}\right\}}}{G\left(1,1,1;0,2\right)}\times$$
$$\times\left[\frac{G\left(u,v,w;1,1\right)}{\sqrt{G\left(1,1,1;0,2\right)}}\operatorname{erf}\left(\frac{b}{2}\sqrt{\frac{G\left(1,1,1;0,2\right)}{\tau}}-\frac{G\left(u,v,w;1,1\right)}{2\sqrt{\tau G\left(1,1,1;0,2\right)}}\right)-\right.$$
$$-2\sqrt{\frac{\tau}{\pi}}e^{-\left(\frac{b}{2}\sqrt{\frac{G(1,1,1;0,2)}{\tau}}-\frac{G(u,v,w;1,1)}{2\sqrt{\tau G(1,1,1;0,2)}}\right)^2}-$$
$$-\frac{G\left(u,v,w;1,1\right)}{\sqrt{G\left(1,1,1;0,2\right)}}\operatorname{erf}\left(\frac{a}{2}\sqrt{\frac{G\left(1,1,1;0,2\right)}{\tau}}-\frac{G\left(u,v,w;1,1\right)}{2\sqrt{\tau G\left(1,1,1;0,2\right)}}\right)+$$
$$\left.+2\sqrt{\frac{\tau}{\pi}}e^{-\left(\frac{a}{2}\sqrt{\frac{G(1,1,1;0,2)}{\tau}}-\frac{G(u,v,w;1,1)}{2\sqrt{\tau G(1,1,1;0,2)}}\right)^2}\right] \qquad (8.2.24)$$

$$\Phi\left(u,v,w,t;b,a\right)=\frac{e^{-\frac{1}{4t}\left\{G(u,v,w;2,0)-\frac{G^2(u,v,w;1,1)}{G(1,1,1;0,2)}\right\}}}{\sqrt{G\left(1,1,1;0,2\right)}}\left[\operatorname{erf}\left\{\frac{1}{2\sqrt{t}}\left(b\sqrt{G\left(1,1,1;0,2\right)}-\frac{G\left(u,v,w;1,1\right)}{\sqrt{G\left(1,1,1;0,2\right)}}\right)\right\}-\right.$$
$$\left.-\operatorname{erf}\left\{\frac{1}{2\sqrt{t}}\left(a\sqrt{G\left(1,1,1;0,2\right)}-\frac{G\left(u,v,w;1,1\right)}{\sqrt{G\left(1,1,1;0,2\right)}}\right)\right\}\right] \qquad (8.2.25)$$

The functions $\mathcal{F}\left(x,y,z,\tau\right)$, $\mathcal{H}_0\left(u,v,w;\gamma,n,m\right)$ and $G\left(u,v,w;n,m\right)$ are given by equations (8.2.22), (8.1.15) and (8.1.17), respectively. In equation (8.2.23), a point in space is defined by ϑ and θ.*

When $\varphi(x,y,z)=p_I$, a constant, the solution is obtained by replacing the term corresponding to the initial condition (the last term) in equation (8.2.24) with

$$p=\frac{p_I}{\left(z_{02}-z_{01}\right)}\int_{z_{01}}^{z_{02}}\operatorname{erf}\left(\frac{z\cot\vartheta\cos\theta}{2\sqrt{\eta_x t}}\right)\operatorname{erf}\left(\frac{z\cot\vartheta\sin\theta}{2\sqrt{\eta_y t}}\right)\operatorname{erf}\left(\frac{z}{2\sqrt{\eta_z t}}\right)dz \qquad (8.2.26)$$

(iii) Segmented inclined lines of finite length $[(z_{0\iota+1}-z_{0\iota})\sin\vartheta_{0\iota}]$, $0<\vartheta_{0\iota}<\frac{\pi}{2}$, passing through $(x_{0\iota},y_{0\iota},z_{0\iota})$. $\vartheta_{0\iota}$ is the inclination of the segment ι of the well to the $x-y$ plane, $\gamma_{0\iota}$ is the intercept to the z axis and $\theta_{0\iota}$ is the horizontal angle in polar coordinates. The segment ι of the well is producing at rate $q_\iota\left(t\right)$ beginning at time $t_{0\iota}$, $\iota=1,2,...,N$. The well is divided into N segments

*$\tan\vartheta=\frac{z}{\sqrt{x^2+y^2}}$, $\tan\theta=\frac{y}{x}$.

The continuous source solution is obtained by replacing the source term in equation (8.1.4) with

$$
\begin{aligned}
p =\ & \frac{1}{8\pi\phi c_t\sqrt{\eta_x\eta_y\eta_z}}\sum_{\iota=0}^{N}U(t-t_{0\iota})\sin\vartheta_{0\iota}\times \\
& \times\int_0^{t-t_{0\iota}}\frac{q_\iota\left(t-t_{0\iota}-\tau\right)}{\tau}\left[\mathcal{F}_\iota\left(x,y,z,\tau;z_{0\iota+1},z_{0\iota}\right)-\mathcal{F}_\iota\left(-x,y,z,\tau;z_{0\iota+1},z_{0\iota}\right)-\right. \\
& -\mathcal{F}_\iota\left(x,-y,z,\tau;z_{0\iota+1},z_{0\iota}\right)+\mathcal{F}_\iota\left(-x,-y,z,\tau;z_{0\iota+1},z_{0\iota}\right)-\mathcal{F}_\iota\left(x,y,-z,\tau;z_{0\iota+1},z_{0\iota}\right)+ \\
& \left.+\mathcal{F}_\iota\left(-x,y,-z,\tau;z_{0\iota+1},z_{0\iota}\right)+\mathcal{F}_\iota\left(x,-y,-z,\tau;z_{0\iota+1},z_{0\iota}\right)-\mathcal{F}_\iota\left(-x,-y,-z,\tau;z_{02},z_{0\iota}\right)\right]d\tau \qquad (8.2.27)
\end{aligned}
$$

where

$$
\begin{aligned}
\mathcal{F}_\iota\left(x,y,z,\tau;b,a\right) =\ & \frac{e^{-\frac{1}{4\tau}\left\{\mathcal{H}_{0\iota}(x,y,z;\gamma_{0\iota},2,0)-\frac{\mathcal{H}^2_{0\iota}(x,y,z;\gamma_{0\iota},1,1)}{\mathcal{H}_{0\iota}(0,0,1;1,2,0)}\right\}}}{\sqrt{\mathcal{H}_{0\iota}\left(0,0,1;1,2,0\right)}}\times \\
& \times\left[\operatorname{erf}\left\{\frac{1}{2\sqrt{\tau}}\left(b\sqrt{\mathcal{H}_{0\iota}\left(0,0,1;1,2,0\right)}-\frac{\mathcal{H}_{0\iota}\left(x,y,z;\gamma_{0\iota},1,1\right)}{\sqrt{\mathcal{H}_{0\iota}\left(0,0,1;1,2,0\right)}}\right)\right\}-\right. \\
& \left.-\operatorname{erf}\left\{\frac{1}{2\sqrt{\tau}}\left(a\sqrt{\mathcal{H}_{0\iota}\left(0,0,1;1,2,0\right)}-\frac{\mathcal{H}_{0\iota}\left(x,y,z;\gamma_{0\iota},1,1\right)}{\sqrt{\mathcal{H}_{0\iota}\left(0,0,1;1,2,0\right)}}\right)\right\}\right] \qquad (8.2.28)
\end{aligned}
$$

and the function $\mathcal{H}_{0\iota}\left(x,y,z;\gamma_{0\iota},n,m\right)$ is given by equation (8.1.19).

The spatial average pressure response of the segment $\left[z_{0\diamondsuit+1}-z_{0\diamondsuit}\right]\sin\vartheta_{0\diamondsuit}$, $\iota=\diamondsuit$, $0\le\diamondsuit\le N$, is obtained by a further integration:

$$
\begin{aligned}
p =\ & \frac{1}{8\pi\phi c_t\left(z_{0\diamondsuit+1}-z_{0\diamondsuit}\right)\sqrt{\eta_x\eta_y\eta_z}}\sum_{\iota=0}^{N}U(t-t_{0\iota})\sin\vartheta_{0\iota}\int_0^{t-t_{0\iota}}\frac{q_\iota\left(t-t_{0\iota}-\tau\right)}{\tau}\times \\
& \times\int_{z_{0\diamondsuit}}^{z_{0\diamondsuit+1}}\left[\mathcal{F}_\iota\left(z\cot\vartheta\cos\theta,z\cot\vartheta\sin\theta,z,\tau;z_{0\iota+1},z_{0\iota}\right)-\mathcal{F}_\iota\left(-z\cot\vartheta\cos\theta,z\cot\vartheta\sin\theta,z,\tau;z_{0\iota+1},z_{0\iota}\right)-\right. \\
& -\mathcal{F}_\iota\left(z\cot\vartheta\cos\theta,-z\cot\vartheta\sin\theta,z,\tau;z_{0\iota+1},z_{0\iota}\right)+\mathcal{F}_\iota\left(-z\cot\vartheta\cos\theta,-z\cot\vartheta\sin\theta,z,\tau;z_{0\iota+1},z_{0\iota}\right)- \\
& -\mathcal{F}_\iota\left(z\cot\vartheta\cos\theta,z\cot\vartheta\sin\theta,-z,\tau;z_{0\iota+1},z_{0\iota}\right)+\mathcal{F}_\iota\left(-z\cot\vartheta\cos\theta,z\cot\vartheta\sin\theta,-z,\tau;z_{0\iota+1},z_{0\iota}\right)+ \\
& \left.+\mathcal{F}_\iota\left(z\cot\vartheta\cos\theta,-z\cot\vartheta\sin\theta,-z,\tau;z_{0\iota+1},z_{0\iota}\right)-\mathcal{F}_\iota\left(-x,-z\cot\vartheta\sin\theta,-z,\tau;z_{0\iota+1},z_{0\iota}\right)\right]dzd\tau+ \\
& +\frac{\cot\vartheta\cos\theta}{8\pi\left(z_{0\diamondsuit+1}-z_{0\diamondsuit}\right)\sqrt{\eta_x\eta_y\eta_z}}\int_0^t\frac{1}{\tau^2}\int_0^\infty\int_0^\infty\psi_{yz}\left(v,w,t-\tau\right)\left[\Psi\left(0,v,w,\tau;z_{0\diamondsuit+1},z_{0\diamondsuit}\right)-\right. \\
& \left.-\Psi\left(0,-v,w,\tau;z_{0\diamondsuit+1},z_{0\diamondsuit}\right)-\Psi\left(0,v,-w,\tau;z_{0\diamondsuit+1},z_{0\diamondsuit}\right)+\Psi\left(0,-v,-w,\tau;z_{0\diamondsuit+1},z_{0\diamondsuit}\right)\right]dvdwd\tau+ \\
& +\frac{\cot\vartheta\sin\theta}{8\pi\left(z_{0\diamondsuit+1}-z_{0\diamondsuit}\right)\sqrt{\eta_x\eta_y\eta_z}}\int_0^t\frac{1}{\tau^2}\int_0^\infty\int_0^\infty\psi_{xz}\left(u,w,t-\tau\right)\left[\Psi\left(u,0,w,\tau;z_{0\diamondsuit+1},z_{0\diamondsuit}\right)-\right. \\
& \left.-\Psi\left(-u,0,w,\tau;z_{0\diamondsuit+1},z_{0\diamondsuit}\right)-\Psi\left(u,0,-w,\tau;z_{0\diamondsuit+1},z_{0\diamondsuit}\right)+\Psi\left(-u,0,-w,\tau;z_{0\diamondsuit+1},z_{0\diamondsuit}\right)\right]dudwd\tau+ \\
& +\frac{1}{8\pi\left(z_{0\diamondsuit+1}-z_{0\diamondsuit}\right)\sqrt{\eta_x\eta_y\eta_z}}\int_0^t\frac{1}{\tau^2}\int_0^\infty\int_0^\infty\psi_{xy}\left(u,v,t-\tau\right)\left[\Psi\left(u,v,0,\tau;z_{0\diamondsuit+1},z_{0\diamondsuit}\right)-\right. \\
& \left.-\Psi\left(-u,v,0,\tau;z_{0\diamondsuit+1},z_{0\diamondsuit}\right)-\Psi\left(u,-v,0,\tau;z_{0\diamondsuit+1},z_{0\diamondsuit}\right)+\Psi\left(-u,-v,0,\tau;z_{0\diamondsuit+1},z_{0\diamondsuit}\right)\right]dudvd\tau+ \\
& +\frac{1}{8\pi t(z_{0\diamondsuit+1}-z_{0\diamondsuit})\sqrt{\eta_x\eta_y\eta_z}}\int_0^\infty\int_0^\infty\int_0^\infty\varphi\left(u,v,w\right)\left[\Phi\left(u,v,w;z_{0\diamondsuit+1},z_{0\diamondsuit}\right)-\Phi\left(-u,v,w;z_{0\diamondsuit+1},z_{0\diamondsuit}\right)-\right.
\end{aligned}
$$

$$-\Phi\left(u,-v,w;z_{0\diamond+1},z_{0\diamond}\right)+\Phi(-u,-v,w;z_{0\diamond+1},z_{0\diamond})-\Phi\left(u,v,-w;z_{0\diamond+1},z_{0\diamond}\right)+$$
$$+\Phi(-u,v,-w;z_{0\diamond+1},z_{0\diamond})+\Phi(u,-v,-w;z_{0\diamond+1},z_{0\diamond})-\Phi(-u,-v,-w;z_{0\diamond+1},z_{0\diamond})]\,dudvdw \qquad (8.2.29)$$

In equation (8.2.29), a point in space is defined by ϑ and θ.*

(iv) A rectangular source at x_0†

For a continuous rectangular source, the solution is obtained by replacing the source term in equation (8.2.4) with‡

$$p = \frac{U(t-t_0)}{8\phi c_t\sqrt{\pi\eta_x}}\int_0^{t-t_0}\frac{q\left(t-t_0-\tau\right)}{\sqrt{\tau}}\left\{e^{-\frac{(x-x_0)^2}{4\eta_x\tau}}-e^{-\frac{(x+x_0)^2}{4\eta_x\tau}}\right\}\times$$
$$\times\left\{\operatorname{erf}\left(\frac{y-y_{01}}{2\sqrt{\eta_y\tau}}\right)+\operatorname{erf}\left(\frac{y+y_{01}}{2\sqrt{\eta_y\tau}}\right)-\operatorname{erf}\left(\frac{y-y_{02}}{2\sqrt{\eta_y\tau}}\right)-\operatorname{erf}\left(\frac{y+y_{02}}{2\sqrt{\eta_y\tau}}\right)\right\}\times$$
$$\times\left\{\operatorname{erf}\left(\frac{z-z_{01}}{2\sqrt{\eta_z\tau}}\right)+\operatorname{erf}\left(\frac{z+z_{01}}{2\sqrt{\eta_z\tau}}\right)-\operatorname{erf}\left(\frac{z-z_{02}}{2\sqrt{\eta_z\tau}}\right)-\operatorname{erf}\left(\frac{z+z_{02}}{2\sqrt{\eta_z\tau}}\right)\right\}d\tau \qquad (8.2.30)$$

The spatial average pressure response of the rectangle $[(y_{02}-y_{01})\,(z_{02}-z_{01})]$ is given by

$$p = \frac{U(t-t_0)}{2\phi c_t\sqrt{\pi\eta_x}\left(y_{02}-y_{01}\right)\left(z_{02}-z_{01}\right)}\int_0^{t-t_0}\frac{q\left(t-t_0-\tau\right)}{\sqrt{\tau}}\left\{e^{-\frac{(x-x_0)^2}{4\eta_x\tau}}-e^{-\frac{(x+x_0)^2}{4\eta_x\tau}}\right\}\times$$
$$\times\left[\left(y_{02}-y_{01}\right)\operatorname{erf}\left(\frac{y_{02}-y_{01}}{2\sqrt{\eta_y\tau}}\right)+\left(y_{02}+y_{01}\right)\operatorname{erf}\left(\frac{y_{02}+y_{01}}{2\sqrt{\eta_y\tau}}\right)-y_{01}\operatorname{erf}\left(\frac{y_{01}}{\sqrt{\eta_y\tau}}\right)-\right.$$
$$\left.-y_{02}\operatorname{erf}\left(\frac{y_{02}}{\sqrt{\eta_y\tau}}\right)+2\sqrt{\frac{\eta_y\tau}{\pi}}\left(e^{-\frac{(y_{02}-y_{01})^2}{4\eta_y\tau}}-1\right)+2\sqrt{\frac{\eta_y\tau}{\pi}}e^{-\frac{(y_{02}+y_{01})^2}{4\eta_y\tau}}-\sqrt{\frac{\eta_y\tau}{\pi}}\left(e^{-\frac{y_{01}^2}{\eta_y\tau}}+e^{-\frac{y_{02}^2}{\eta_y\tau}}\right)\right]\times$$
$$\times\left[\left(z_{02}-z_{01}\right)\operatorname{erf}\left(\frac{z_{02}-z_{01}}{2\sqrt{\eta_z\tau}}\right)+\left(z_{02}+z_{01}\right)\operatorname{erf}\left(\frac{z_{02}+z_{01}}{2\sqrt{\eta_z\tau}}\right)-z_{01}\operatorname{erf}\left(\frac{z_{01}}{\sqrt{\eta_z\tau}}\right)-\right.$$
$$\left.-z_{02}\operatorname{erf}\left(\frac{z_{02}}{\sqrt{\eta_z\tau}}\right)+2\sqrt{\frac{\eta_z\tau}{\pi}}\left(e^{-\frac{(z_{02}-z_{01})^2}{4\eta_z\tau}}-1\right)+2\sqrt{\frac{\eta_z\tau}{\pi}}e^{-\frac{(z_{02}+z_{01})^2}{4\eta_z\tau}}-\sqrt{\frac{\eta_z\tau}{\pi}}\left(e^{-\frac{z_{01}^2}{\eta_z\tau}}+e^{-\frac{z_{02}^2}{\eta_z\tau}}\right)\right]d\tau+$$
$$+\frac{x}{8\sqrt{\pi\eta_x}\left(y_{02}-z_{01}\right)\left(y_{02}-z_{01}\right)}\int_0^t\int_0^\infty\int_0^\infty\frac{\psi_{yz}\left(v,w,t-\tau\right)}{\tau^{\frac{3}{2}}}\times$$
$$\times\left\{\operatorname{erf}\left(\frac{v-y_{01}}{2\sqrt{\eta_y\tau}}\right)+\operatorname{erf}\left(\frac{v+y_{01}}{2\sqrt{\eta_y\tau}}\right)-\operatorname{erf}\left(\frac{v-y_{02}}{2\sqrt{\eta_y\tau}}\right)-\operatorname{erf}\left(\frac{v+y_{02}}{2\sqrt{\eta_y\tau}}\right)\right\}\times$$
$$\times\left\{\operatorname{erf}\left(\frac{w-z_{01}}{2\sqrt{\eta_z\tau}}\right)+\operatorname{erf}\left(\frac{w+z_{01}}{2\sqrt{\eta_z\tau}}\right)-\operatorname{erf}\left(\frac{w-z_{02}}{2\sqrt{\eta_z\tau}}\right)-\operatorname{erf}\left(\frac{w+z_{02}}{2\sqrt{\eta_z\tau}}\right)\right\}e^{-\frac{x^2}{4\eta_x\tau}}dvdwd\tau+$$
$$+\frac{1}{4\pi\left(y_{02}-z_{01}\right)\left(z_{02}-z_{01}\right)}\sqrt{\frac{\eta_y}{\eta_x}}\int_0^t\int_0^\infty\int_0^\infty\frac{\psi_{xz}\left(u,w,t-\tau\right)}{\tau}\left\{e^{-\frac{(x-u)^2}{4\eta_x\tau}}-e^{-\frac{(x+u)^2}{4\eta_x\tau}}\right\}\times$$
$$\times\left\{\operatorname{erf}\left(\frac{w-z_{01}}{2\sqrt{\eta_z\tau}}\right)+\operatorname{erf}\left(\frac{w+z_{01}}{2\sqrt{\eta_z\tau}}\right)-\operatorname{erf}\left(\frac{w-z_{02}}{2\sqrt{\eta_z\tau}}\right)-\operatorname{erf}\left(\frac{w+z_{02}}{2\sqrt{\eta_z\tau}}\right)\right\}\left\{e^{-\frac{y_{01}^2}{4\eta_y\tau}}-e^{-\frac{y_{02}^2}{4\eta_y\tau}}\right\}dudwd\tau+$$
$$+\frac{1}{4\pi\left(y_{02}-z_{01}\right)\left(z_{02}-z_{01}\right)}\sqrt{\frac{\eta_x}{\eta_z}}\int_0^t\int_0^\infty\int_0^\infty\frac{\psi_{xy}\left(u,v,t-\tau\right)}{\tau}\left\{e^{-\frac{(x-u)^2}{4\eta_x\tau}}-e^{-\frac{(x+u)^2}{4\eta_x\tau}}\right\}\times$$

*$\tan\vartheta=\frac{z}{\sqrt{x^2+y^2}}$, $\tan\theta=\frac{y}{x}$.

†The coordinates of the source are (x_0,y_{01},z_{01}), (x_0,y_{02},z_{01}), (x_0,y_{01},z_{02}), (x_0,y_{02},z_{02}).

‡The solution is relevant to pressure transient methods associated with vertical and horizontal fractures in an artesian aquifer or hydrocarbon reservoir.

$$\times\left\{\operatorname{erf}\left(\frac{v-y_{01}}{2\sqrt{\eta_y\tau}}\right)+\operatorname{erf}\left(\frac{v+y_{01}}{2\sqrt{\eta_y\tau}}\right)-\operatorname{erf}\left(\frac{v-y_{02}}{2\sqrt{\eta_y\tau}}\right)-\operatorname{erf}\left(\frac{v+y_{02}}{2\sqrt{\eta_y\tau}}\right)\right\}\times$$
$$\times\left\{e^{-\frac{z_{01}^2}{4\eta_z\tau}}-e^{-\frac{z_{02}^2}{4\eta_z\tau}}\right\}dudvd\tau+$$
$$+\frac{1}{8\left(y_{02}-y_{01}\right)\left(z_{02}-z_{01}\right)\sqrt{\pi\eta_x t}}\int_0^\infty\int_0^\infty\int_0^\infty\varphi(u,v,w)\left\{e^{-\frac{(x-u)^2}{4\eta_x t}}-e^{-\frac{(x+u)^2}{4\eta_x t}}\right\}\times$$
$$\times\left\{\operatorname{erf}\left(\frac{v-y_{01}}{2\sqrt{\eta_y t}}\right)+\operatorname{erf}\left(\frac{v+y_{01}}{2\sqrt{\eta_y t}}\right)-\operatorname{erf}\left(\frac{v-y_{02}}{2\sqrt{\eta_y t}}\right)-\operatorname{erf}\left(\frac{v+y_{02}}{2\sqrt{\eta_y t}}\right)\right\}\times$$
$$\times\left\{\operatorname{erf}\left(\frac{w-z_{01}}{2\sqrt{\eta_z t}}\right)+\operatorname{erf}\left(\frac{w+z_{01}}{2\sqrt{\eta_z t}}\right)-\operatorname{erf}\left(\frac{w-z_{02}}{2\sqrt{\eta_z t}}\right)-\operatorname{erf}\left(\frac{w+z_{02}}{2\sqrt{\eta_z t}}\right)\right\}dudvdw \tag{8.2.31}$$

When $\varphi(x,y,z)=p_I$, a constant, the solution is obtained by replacing the term corresponding to the initial condition (the last term) in equation (8.2.31) with

$$p=\frac{p_I\operatorname{erf}\left(\frac{x}{2\sqrt{\eta_x t}}\right)}{\left(y_{02}-y_{01}\right)\left(z_{02}-z_{01}\right)}\left[z_{02}\operatorname{erf}\left(\frac{z_{02}}{2\sqrt{\eta_z t}}\right)-z_{01}\operatorname{erf}\left(\frac{z_{01}}{2\sqrt{\eta_z t}}\right)+2\sqrt{\frac{\eta_z t}{\pi}}\left\{e^{-\frac{z_{02}^2}{4\eta_z t}}-e^{-\frac{z_{01}^2}{4\eta_z t}}\right\}\right]\times$$
$$\times\left[y_{02}\operatorname{erf}\left(\frac{y_{02}}{2\sqrt{\eta_y t}}\right)-y_{01}\operatorname{erf}\left(\frac{y_{01}}{2\sqrt{\eta_y t}}\right)+2\sqrt{\frac{\eta_y t}{\pi}}\left\{e^{-\frac{y_{02}^2}{4\eta_y t}}-e^{-\frac{y_{01}^2}{4\eta_y t}}\right\}\right] \tag{8.2.32}$$

The solutions corresponding to the case where there are sets of partially penetrating vertical, horizontal and deviated wells along with a set of fractured wells are given in the supplementary appendix to this chapter (Appendix A).

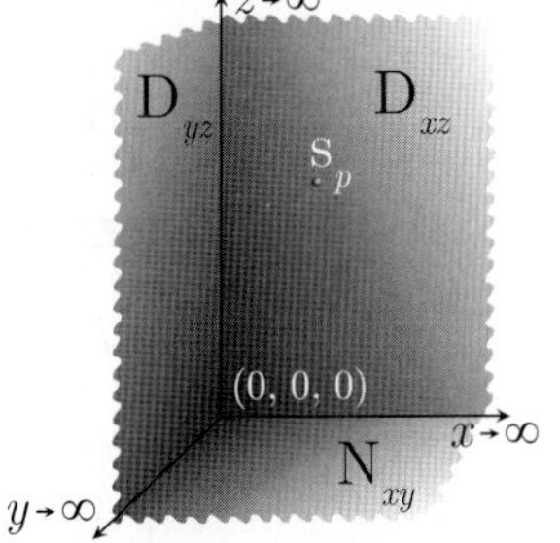

8.3 The problem of 8.2, except $\mathbf{D}_{yz}\equiv p(0,y,z,t)=\psi_{yz}(y,z,t)$, $\mathbf{D}_{xz}\equiv p(x,0,z,t)=\psi_{xz}(x,z,t)$ and $\mathbf{N}_{xy}\equiv\frac{\partial p(x,y,0,t)}{\partial z}=-\left(\frac{\mu}{k_z}\right)\psi_{xy}(x,y,t)$

$$\overline{p}=\frac{q(s)\,e^{-st_0}s^{\frac{1}{4}}}{\phi c_t(2\pi)^{\frac{3}{2}}\sqrt{\eta_x\eta_y\eta_z}}\left[\frac{K_{\frac{1}{2}}\left(\sqrt{\left\{\frac{(x-x_0)^2}{\eta_x}+\frac{(y-y_0)^2}{\eta_y}+\frac{(z-z_0)^2}{\eta_z}\right\}s}\right)}{\left\{\frac{(x-x_0)^2}{\eta_x}+\frac{(y-y_0)^2}{\eta_y}+\frac{(z-z_0)^2}{\eta_z}\right\}^{\frac{1}{4}}}-\right.$$
$$-\frac{K_{\frac{1}{2}}\left(\sqrt{\left\{\frac{(x+x_0)^2}{\eta_x}+\frac{(y-y_0)^2}{\eta_y}+\frac{(z-z_0)^2}{\eta_z}\right\}s}\right)}{\left\{\frac{(x+x_0)^2}{\eta_x}+\frac{(y-y_0)^2}{\eta_y}+\frac{(z-z_0)^2}{\eta_z}\right\}^{\frac{1}{4}}}-\frac{K_{\frac{1}{2}}\left(\sqrt{\left\{\frac{(x-x_0)^2}{\eta_x}+\frac{(y+y_0)^2}{\eta_y}+\frac{(z-z_0)^2}{\eta_z}\right\}s}\right)}{\left\{\frac{(x-x_0)^2}{\eta_x}+\frac{(y+y_0)^2}{\eta_y}+\frac{(z-z_0)^2}{\eta_z}\right\}^{\frac{1}{4}}}+$$
$$+\frac{K_{\frac{1}{2}}\left(\sqrt{\left\{\frac{(x+x_0)^2}{\eta_x}+\frac{(y+y_0)^2}{\eta_y}+\frac{(z-z_0)^2}{\eta_z}\right\}s}\right)}{\left\{\frac{(x+x_0)^2}{\eta_x}+\frac{(y+y_0)^2}{\eta_y}+\frac{(z-z_0)^2}{\eta_z}\right\}^{\frac{1}{4}}}+\frac{K_{\frac{1}{2}}\left(\sqrt{\left\{\frac{(x-x_0)^2}{\eta_x}+\frac{(y-y_0)^2}{\eta_y}+\frac{(z+z_0)^2}{\eta_z}\right\}s}\right)}{\left\{\frac{(x-x_0)^2}{\eta_x}+\frac{(y-y_0)^2}{\eta_y}+\frac{(z+z_0)^2}{\eta_z}\right\}^{\frac{1}{4}}}-$$
$$-\frac{K_{\frac{1}{2}}\left(\sqrt{\left\{\frac{(x+x_0)^2}{\eta_x}+\frac{(y-y_0)^2}{\eta_y}+\frac{(z+z_0)^2}{\eta_z}\right\}s}\right)}{\left\{\frac{(x+x_0)^2}{\eta_x}+\frac{(y-y_0)^2}{\eta_y}+\frac{(z+z_0)^2}{\eta_z}\right\}^{\frac{1}{4}}}-\frac{K_{\frac{1}{2}}\left(\sqrt{\left\{\frac{(x-x_0)^2}{\eta_x}+\frac{(y+y_0)^2}{\eta_y}+\frac{(z+z_0)^2}{\eta_z}\right\}s}\right)}{\left\{\frac{(x-x_0)^2}{\eta_x}+\frac{(y+y_0)^2}{\eta_y}+\frac{(z+z_0)^2}{\eta_z}\right\}^{\frac{1}{4}}}+$$

$$+\frac{K_{\frac{1}{2}}\left(\sqrt{\left\{\frac{(x+x_0)^2}{\eta_x}+\frac{(y+y_0)^2}{\eta_y}+\frac{(z+z_0)^2}{\eta_z}\right\}s}\right)}{\left\{\frac{(x+x_0)^2}{\eta_x}+\frac{(y+y_0)^2}{\eta_y}+\frac{(z+z_0)^2}{\eta_z}\right\}^{\frac{1}{4}}}\Bigg]+$$

$$+\frac{x}{\pi\sqrt{2\pi\eta_x\eta_y\eta_z}}\int_0^\infty\int_0^\infty\overline{\psi}_{yz}(v,w,s)\,G_d(y,z,s;v,w)dvdwd\tau+$$

$$+\frac{y}{\pi\sqrt{2\pi\eta_x\eta_y\eta_z}}\int_0^\infty\int_0^\infty\overline{\psi}_{xz}(u,w,s)\,G_d(x,z,s;u,w)dudwd\tau+$$

$$+\frac{1}{\pi^{\frac{3}{2}}(\phi c_t)\sqrt{2\eta_x\eta_y}}\int_0^\infty\int_0^\infty\overline{\psi}_{xy}(u,v,s)\,G_n(x,y,s;u,v)dudvd\tau+$$

$$+\frac{s^{\frac{1}{4}}}{(2\pi)^{\frac{3}{2}}\sqrt{\eta_x\eta_y\eta_z}}\int_0^\infty\int_0^\infty\int_0^\infty\varphi(u,v,w)\left[\frac{K_{\frac{1}{2}}\left(\sqrt{\left\{\frac{(x-u)^2}{\eta_x}+\frac{(y-v)^2}{\eta_y}+\frac{(z-w)^2}{\eta_z}\right\}s}\right)}{\left\{\frac{(x-u)^2}{\eta_x}+\frac{(y-v)^2}{\eta_y}+\frac{(z-w)^2}{\eta_z}\right\}^{\frac{1}{4}}}-\right.$$

$$-\frac{K_{\frac{1}{2}}\left(\sqrt{\left\{\frac{(x+u)^2}{\eta_x}+\frac{(y-v)^2}{\eta_y}+\frac{(z-w)^2}{\eta_z}\right\}s}\right)}{\left\{\frac{(x+u)^2}{\eta_x}+\frac{(y-v)^2}{\eta_y}+\frac{(z-w)^2}{\eta_z}\right\}^{\frac{1}{4}}}-\frac{K_{\frac{1}{2}}\left(\sqrt{\left\{\frac{(x-u)^2}{\eta_x}+\frac{(y+v)^2}{\eta_y}+\frac{(z-w)^2}{\eta_z}\right\}s}\right)}{\left\{\frac{(x-u)^2}{\eta_x}+\frac{(y+v)^2}{\eta_y}+\frac{(z-w)^2}{\eta_z}\right\}^{\frac{1}{4}}}+$$

$$+\frac{K_{\frac{1}{2}}\left(\sqrt{\left\{\frac{(x+u)^2}{\eta_x}+\frac{(y+v)^2}{\eta_y}+\frac{(z-w)^2}{\eta_z}\right\}s}\right)}{\left\{\frac{(x+u)^2}{\eta_x}+\frac{(y+v)^2}{\eta_y}+\frac{(z-w)^2}{\eta_z}\right\}^{\frac{1}{4}}}+\frac{K_{\frac{1}{2}}\left(\sqrt{\left\{\frac{(x-u)^2}{\eta_x}+\frac{(y-v)^2}{\eta_y}+\frac{(z+w)^2}{\eta_z}\right\}s}\right)}{\left\{\frac{(x-u)^2}{\eta_x}+\frac{(y-v)^2}{\eta_y}+\frac{(z+w)^2}{\eta_z}\right\}^{\frac{1}{4}}}-$$

$$-\frac{K_{\frac{1}{2}}\left(\sqrt{\left\{\frac{(x+u)^2}{\eta_x}+\frac{(y-v)^2}{\eta_y}+\frac{(z+w)^2}{\eta_z}\right\}s}\right)}{\left\{\frac{(x+u)^2}{\eta_x}+\frac{(y-v)^2}{\eta_y}+\frac{(z+w)^2}{\eta_z}\right\}^{\frac{1}{4}}}-\frac{K_{\frac{1}{2}}\left(\sqrt{\left\{\frac{(x-u)^2}{\eta_x}+\frac{(y+v)^2}{\eta_y}+\frac{(z+w)^2}{\eta_z}\right\}s}\right)}{\left\{\frac{(x-u)^2}{\eta_x}+\frac{(y+v)^2}{\eta_y}+\frac{(z+w)^2}{\eta_z}\right\}^{\frac{1}{4}}}+$$

$$\left.+\frac{K_{\frac{1}{2}}\left(\sqrt{\left\{\frac{(x+u)^2}{\eta_x}+\frac{(y+v)^2}{\eta_y}+\frac{(z+w)^2}{\eta_z}\right\}s}\right)}{\left\{\frac{(x+u)^2}{\eta_x}+\frac{(y+v)^2}{\eta_y}+\frac{(z+w)^2}{\eta_z}\right\}^{\frac{1}{4}}}\right]dudvdw \tag{8.3.1}$$

where $\overline{\psi}_{xy}(x,y,s)=\int_0^\infty\psi_{xy}(x,y,t)\,e^{-st}dt$,

$$G_d(y,z,s;v,w) = s^{\frac{3}{4}}\left[\frac{K_{\frac{3}{2}}\left(\sqrt{\left\{\frac{(y-v)^2}{\eta_y}+\frac{(z-w)^2}{\eta_z}+\frac{x^2}{\eta_x}\right\}s}\right)}{\left\{\frac{(y-v)^2}{\eta_y}+\frac{(z-w)^2}{\eta_z}+\frac{x^2}{\eta_x}\right\}^{\frac{3}{2}}}-\frac{K_{\frac{3}{2}}\left(\sqrt{\left\{\frac{(y-v)^2}{\eta_y}+\frac{(z-w)^2}{\eta_z}+\frac{x^2}{\eta_x}\right\}s}\right)}{\left\{\frac{(y-v)^2}{\eta_y}+\frac{(z-w)^2}{\eta_z}+\frac{x^2}{\eta_x}\right\}^{\frac{3}{2}}}+\right.$$

$$\left.+\frac{K_{\frac{3}{2}}\left(\sqrt{\left\{\frac{(y-v)^2}{\eta_y}+\frac{(z+w)^2}{\eta_z}+\frac{x^2}{\eta_x}\right\}s}\right)}{\left\{\frac{(y-v)^2}{\eta_y}+\frac{(z+w)^2}{\eta_z}+\frac{x^2}{\eta_x}\right\}^{\frac{3}{2}}}-\frac{K_{\frac{3}{2}}\left(\sqrt{\left\{\frac{(y+v)^2}{\eta_y}+\frac{(z+w)^2}{\eta_z}+\frac{x^2}{\eta_x}\right\}s}\right)}{\left\{\frac{(y+v)^2}{\eta_y}+\frac{(z+w)^2}{\eta_z}+\frac{x^2}{\eta_x}\right\}^{\frac{3}{2}}}\right] \tag{8.3.2}$$

and

$$G_n(y,z,s;v,w) = s^{\frac{1}{4}}\left[\frac{K_{\frac{1}{2}}\left(\sqrt{\left\{\frac{(x-u)^2}{\eta_x}+\frac{(y-v)^2}{\eta_y}+\frac{z^2}{\eta_z}\right\}s}\right)}{\left\{\frac{(x-u)^2}{\eta_x}+\frac{(y-v)^2}{\eta_y}+\frac{z^2}{\eta_z}\right\}^{\frac{1}{2}}}-\frac{K_{\frac{1}{2}}\left(\sqrt{\left\{\frac{(x+u)^2}{\eta_x}+\frac{(y-v)^2}{\eta_y}+\frac{z^2}{\eta_z}\right\}s}\right)}{\left\{\frac{(x+u)^2}{\eta_x}+\frac{(y-v)^2}{\eta_y}+\frac{z^2}{\eta_z}\right\}^{\frac{3}{2}}}-\right.$$

$$-\frac{K_{\frac{1}{2}}\left(\sqrt{\left\{\frac{(x-u)^2}{\eta_x}+\frac{(y+v)^2}{\eta_y}+\frac{z^2}{\eta_z}\right\}s}\right)}{\left\{\frac{(x-u)^2}{\eta_x}+\frac{(y+v)^2}{\eta_y}+\frac{z^2}{\eta_z}\right\}^{\frac{1}{2}}}+\frac{K_{\frac{1}{2}}\left(\sqrt{\left\{\frac{(x+u)^2}{\eta_x}+\frac{(y+v)^2}{\eta_y}+\frac{z^2}{\eta_z}\right\}s}\right)}{\left\{\frac{(x+u)^2}{\eta_x}+\frac{(y+v)^2}{\eta_y}+\frac{z^2}{\eta_z}\right\}^{\frac{1}{2}}}\Bigg] \quad (8.3.3)$$

$$p=\frac{U(t-t_0)}{8\pi^{\frac{3}{2}}\phi c_t\sqrt{\eta_x\eta_y\eta_z}}\int_0^{t-t_0}\frac{q(t-t_0-\tau)}{\tau^{\frac{3}{2}}}\left\{e^{-\frac{(x-x_0)^2}{4\eta_x\tau}}-e^{-\frac{(x+x_0)^2}{4\eta_x\tau}}\right\}\left\{e^{-\frac{(y-y_0)^2}{4\eta_y\tau}}-e^{-\frac{(y+y_0)^2}{4\eta_y\tau}}\right\}\times$$
$$\times\left\{e^{-\frac{(z-z_0)^2}{4\eta_z\tau}}+e^{-\frac{(z+z_0)^2}{4\eta_z\tau}}\right\}d\tau+$$
$$+\frac{x}{8\pi\sqrt{\pi\eta_x\eta_y\eta_z}}\int_0^t\frac{e^{-\frac{x^2}{4\eta_x\tau}}}{\tau^{\frac{5}{2}}}\int_0^\infty\int_0^\infty\psi_{yz}(v,w,t-\tau)\left\{e^{-\frac{(y-v)^2}{4\eta_y\tau}}-e^{-\frac{(y+v)^2}{4\eta_y\tau}}\right\}\left\{e^{-\frac{(z-w)^2}{4\eta_z\tau}}+e^{-\frac{(z+w)^2}{4\eta_z\tau}}\right\}dvdwd\tau+$$
$$+\frac{y}{8\pi\sqrt{\pi\eta_x\eta_y\eta_z}}\int_0^t\frac{e^{-\frac{y^2}{4\eta_y\tau}}}{\tau^{\frac{5}{2}}}\int_0^\infty\int_0^\infty\psi_{xz}(u,w,t-\tau)\left\{e^{-\frac{(x-u)^2}{4\eta_x\tau}}-e^{-\frac{(x+u)^2}{4\eta_x\tau}}\right\}\left\{e^{-\frac{(z-w)^2}{4\eta_z\tau}}+e^{-\frac{(z+w)^2}{4\eta_z\tau}}\right\}dudwd\tau+$$
$$+\frac{1}{4\pi^{\frac{3}{2}}(\phi c_t)\sqrt{\eta_x\eta_y}}\int_0^t\frac{e^{-\frac{z^2}{4\eta_z\tau}}}{\tau^{\frac{3}{2}}}\int_0^\infty\int_0^\infty\psi_{xy}(u,v,t-\tau)\left\{e^{-\frac{(x-u)^2}{4\eta_x\tau}}-e^{-\frac{(x+u)^2}{4\eta_x\tau}}\right\}\left\{e^{-\frac{(y-v)^2}{4\eta_y\tau}}-e^{-\frac{(y+v)^2}{4\eta_y\tau}}\right\}dudvd\tau+$$
$$+\frac{1}{8(\pi t)^{\frac{3}{2}}\sqrt{\eta_x\eta_y\eta_z}}\int_0^\infty\int_0^\infty\int_0^\infty\varphi(u,v,w)\left\{e^{-\frac{(x-u)^2}{4\eta_x t}}-e^{-\frac{(x+u)^2}{4\eta_x t}}\right\}\left\{e^{-\frac{(y-v)^2}{4\eta_y t}}-e^{-\frac{(y+v)^2}{4\eta_y t}}\right\}\times$$
$$\times\left\{e^{-\frac{(z-w)^2}{4\eta_z t}}+e^{-\frac{(z+w)^2}{4\eta_z t}}\right\}dudvdw \quad (8.3.4)$$

A special case of $\varphi(x,y,z)$

(i) $\varphi(x,y,z)=p_I$, a constant

$$\overline{p}=\frac{2p_I}{\pi}\int_0^\infty\frac{\left\{1-e^{-x\sqrt{\frac{s+\eta_y m^2}{\eta_x}}}\right\}\sin(my)}{m(s+\eta_y m^2)}dm \quad (8.3.5)$$

$$p=p_I\,\text{erf}\left(\frac{x}{2\sqrt{\eta_x t}}\right)\text{erf}\left(\frac{y}{2\sqrt{\eta_y t}}\right) \quad (8.3.6)$$

Special cases of $\psi_{xz}(x,z,t)$, $\psi_{xy}(x,y,t)$ and $\psi_{yz}(y,z,t)$

(i) $\psi_{yz}(y,z,t)=\psi_{yz}(t)$, $\psi_{xz}(x,z,t)=\psi_{xz}(t)$, $\psi_{xy}(x,y,t)=\psi_{xy}(t)$, $\psi_{yz}(t)$, $\psi_{xz}(t)$ and $\psi_{xy}(t)$ are functions of time only

$$p=\frac{2}{\sqrt{\pi}}\left\{\int_{\frac{x}{2\sqrt{\eta_x t}}}^\infty\psi_{yz}\left(t-\frac{x^2}{4\eta_x\tau^2}\right)\text{erf}\left(\frac{\tau y}{x}\sqrt{\frac{\eta_x}{\eta_y}}\right)e^{-\tau^2}d\tau+\int_{\frac{y}{2\sqrt{\eta_y t}}}^\infty\psi_{yx}\left(t-\frac{y^2}{4\eta_y\tau^2}\right)\text{erf}\left(\frac{\tau x}{y}\sqrt{\frac{\eta_y}{\eta_x}}\right)e^{-\tau^2}d\tau\right\}+$$
$$+\frac{1}{\phi c_t\sqrt{\pi\eta_z}}\int_0^t\frac{\psi_{xy}(t-\tau)e^{-\frac{z^2}{4\eta_z\tau}}}{\sqrt{\tau}}\text{erf}\left(\frac{x}{2\sqrt{\eta_x\tau}}\right)\text{erf}\left(\frac{y}{2\sqrt{\eta_y\tau}}\right)d\tau^* \quad (8.3.7)$$

---

*The derivative of the term corresponding to the pressure derivative boundary condition in space and time variables

$\frac{1}{\phi c_t\sqrt{\pi\eta_z}}\frac{\partial}{\partial z}\int_0^t\frac{\psi_{xy}(t-\tau)e^{-\frac{z^2}{4\eta_z\tau}}}{\sqrt{\tau}}\text{erf}\left(\frac{x}{2\sqrt{\eta_x\tau}}\right)\text{erf}\left(\frac{y}{2\sqrt{\eta_y\tau}}\right)d\tau=$

$=-\frac{2}{\sqrt{\pi}}\left(\frac{\mu}{k_z}\right)\int_{\frac{z}{2\sqrt{\eta_z t}}}^\infty\psi_{xy}\left(t-\frac{z^2}{4\eta_z\tau^2}\right)\text{erf}\left(\frac{\tau x}{z}\sqrt{\frac{\eta_z}{\eta_x}}\right)\text{erf}\left(\frac{\tau y}{z}\sqrt{\frac{\eta_z}{\eta_y}}\right)e^{-\tau^2}d\tau$, which tends to $\rightarrow-\left(\frac{\mu}{k_z}\right)\psi_{xy}(t)$ as $z\rightarrow 0$.

(ii) $\psi_{yz}(y,z,t) = \psi_{xz}(x,z,t) = p_0$, and $\psi_{xy}(x,y,t) = q_z$, p_0 and q_z are constants

$$p = p_0\left\{1 - \operatorname{erf}\left(\frac{x}{2\sqrt{\eta_x\tau}}\right)\operatorname{erf}\left(\frac{y}{2\sqrt{\eta_y\tau}}\right)\right\} + \frac{q_z}{\phi c_t\sqrt{\pi\eta_z}}\int_0^t \frac{e^{-\frac{z^2}{4\eta_z\tau}}}{\sqrt{\tau}}\operatorname{erf}\left(\frac{x}{2\sqrt{\eta_x\tau}}\right)\operatorname{erf}\left(\frac{y}{2\sqrt{\eta_y\tau}}\right)d\tau \qquad (8.3.8)$$

8.4

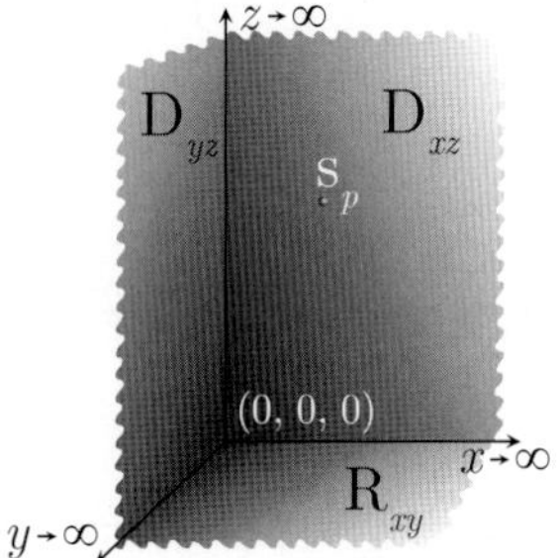

The problem of 8.2, except
$\mathbf{D}_{yz} \equiv p(0,y,z,t) = \psi_{yz}(y,z,t)$,
$\mathbf{D}_{xz} \equiv p(x,0,z,t) = \psi_{xz}(x,z,t)$ and
$\mathbf{R}_{xy} \equiv \frac{\partial p(x,y,0,t)}{\partial z} - \lambda_z p(x,y,0,t) = -\left(\frac{\mu}{k_z}\right)\psi_{xy}(x,y,t)$

$$p = \frac{U(t-t_0)}{8\pi^{\frac{3}{2}}\phi c_t\sqrt{\eta_x\eta_y\eta_z}}\int_0^{t-t_0}\frac{q(t-t_0-\tau)}{\tau^{\frac{3}{2}}}\left[e^{-\frac{(x-x_0)^2}{4\eta_x\tau}} - e^{-\frac{(x+x_0)^2}{4\eta_x\tau}}\right]\left[e^{-\frac{(y-y_0)^2}{4\eta_y\tau}} - e^{-\frac{(y+y_0)^2}{4\eta_y\tau}}\right]\times$$
$$\times\left[e^{-\frac{(z-z_0)^2}{4\eta_z\tau}} + e^{-\frac{(z+z_0)^2}{4\eta_z\tau}} - 2\left\{\lambda_z\sqrt{\pi\eta_z\tau}\right\}e^{\left\{(z+z_0)\lambda_z+\lambda_z^2\eta_z\tau\right\}}\operatorname{erfc}\left\{\lambda_z\sqrt{\eta_z\tau} + \frac{(z+z_0)}{2\sqrt{\eta_z\tau}}\right\}\right]d\tau +$$
$$+\frac{x}{8\pi^{\frac{3}{2}}\sqrt{\eta_x\eta_y\eta_z}}\int_0^t\frac{e^{-\frac{x^2}{4\eta_x\tau}}}{\tau^{\frac{5}{2}}}\int_0^\infty\int_0^\infty\psi_{yz}(v,w,t-\tau)\left\{e^{-\frac{(y-v)^2}{4\eta_y\tau}} - e^{-\frac{(y+v)^2}{4\eta_y\tau}}\right\}\left\{e^{-\frac{(z-w)^2}{4\eta_z\tau}} + e^{-\frac{(z+w)^2}{4\eta_z\tau}} -\right.$$
$$\left.-2\left(\lambda_z\sqrt{\pi\eta_z\tau}\right)e^{\left\{(z+w)\lambda_z+\lambda_z^2\eta_z\tau\right\}}\operatorname{erfc}\left(\lambda_z\sqrt{\eta_z\tau} + \frac{z+w}{2\sqrt{\eta_z\tau}}\right)\right\}dv\,dw\,d\tau +$$
$$+\frac{y}{8\pi^{\frac{3}{2}}\sqrt{\eta_x\eta_y\eta_z}}\int_0^t\frac{e^{-\frac{y^2}{4\eta_y\tau}}}{\tau^{\frac{5}{2}}}\int_0^\infty\int_0^\infty\psi_{xz}(u,w,t-\tau)\left\{e^{-\frac{(x-u)^2}{4\eta_x\tau}} - e^{-\frac{(x+u)^2}{4\eta_x\tau}}\right\}\left\{e^{-\frac{(z-w)^2}{4\eta_z\tau}} + e^{-\frac{(z+w)^2}{4\eta_z\tau}} -\right.$$
$$\left.-2\left(\lambda_z\sqrt{\pi\eta_z\tau}\right)e^{\left\{(z+w)\lambda_z+\lambda_z^2\eta_z\tau\right\}}\operatorname{erfc}\left(\lambda_z\sqrt{\eta_z\tau} + \frac{z+w}{2\sqrt{\eta_z\tau}}\right)\right\}du\,dw\,d\tau +$$
$$+\frac{1}{4\pi^{\frac{3}{2}}(\phi c_t)\sqrt{\eta_x\eta_y\eta_z}}\int_0^t\frac{1}{\tau^{\frac{3}{2}}}\int_0^\infty\int_0^\infty\psi_{xy}(u,v,t-\tau)\left\{e^{-\frac{(x-u)^2}{4\eta_x\tau}} - e^{-\frac{(x-u)^2}{4\eta_x\tau}}\right\}\left\{e^{-\frac{(y-v)^2}{4\eta_y\tau}} - e^{-\frac{(y-v)^2}{4\eta_y\tau}}\right\}\times$$
$$\times\left\{e^{-\frac{z^2}{4\eta_z\tau}} - \lambda_z\sqrt{\pi\eta_z\tau}e^{z\lambda_z+\lambda_z^2\eta_z\tau}\operatorname{erfc}\left(\lambda_z\sqrt{\eta_z\tau} + \frac{z}{2\sqrt{\eta_z\tau}}\right)\right\}du\,dv\,d\tau +$$
$$+\frac{1}{8(\pi t)^{\frac{3}{2}}\sqrt{\eta_x\eta_y\eta_z}}\int_0^\infty\int_0^\infty\int_0^\infty\varphi(u,v,w)\left[e^{-\frac{(x-u)^2}{4\eta_x t}} - e^{-\frac{(x+u)^2}{4\eta_x t}}\right]\left[e^{-\frac{(y-v)^2}{4\eta_y t}} - e^{-\frac{(y+v)^2}{4\eta_y t}}\right]\times$$
$$\times\left[e^{-\frac{(z-w)^2}{4\eta_z t}} + e^{-\frac{(z+w)^2}{4\eta_z t}} - 2\left\{\lambda_z\sqrt{\pi\eta_z t}\right\}e^{\left\{(z+w)\lambda_z+\lambda_z^2\eta_z t\right\}}\operatorname{erfc}\left\{\lambda_z\sqrt{\eta_z t} + \frac{(z+w)}{2\sqrt{\eta_z t}}\right\}\right]du\,dv\,dw \qquad (8.4.1)$$

When $\varphi(x,y,z) = p_I$, a constant, the solution is obtained by replacing the term corresponding to the initial condition (the last term) in equation (8.4.1) with

$$p = p_I\operatorname{erf}\left(\frac{x}{2\sqrt{\eta_x t}}\right)\operatorname{erf}\left(\frac{y}{2\sqrt{\eta_y t}}\right)\left\{\operatorname{erf}\left(\frac{z}{2\sqrt{\eta_z t}}\right) + e^{\eta_z\lambda_z^2 t}e^{z\lambda_z}\operatorname{erfc}\left(\lambda_z\sqrt{\eta_z t} + \frac{z}{2\sqrt{\eta_z t}}\right)\right\} \qquad (8.4.2)$$

A special case of $\psi_{xz}(x,z,t)$, $\psi_{xy}(x,y,t)$ and $\psi_{yz}(y,z,t)$

(i) $\psi_{yz}(y,z,t) = \psi_{yz}(t)$, $\psi_{xz}(x,z,t) = \psi_{xz}(t)$, $\psi_{xy}(x,y,t) = \psi_{xy}(t)$, $\psi_{yz}(t)$, $\psi_{xz}(t)$ and $\psi_{xy}(t)$ are functions of time only

$$p = \frac{2}{\sqrt{\pi}} \int_{\frac{x}{2\sqrt{\eta_x t}}}^{\infty} \psi_{yz}\left(t - \frac{x^2}{4\eta_x \tau^2}\right) e^{-\tau^2} \times$$
$$\times \left\{ \operatorname{erf}\left(\frac{\tau z}{x}\sqrt{\frac{\eta_x}{\eta_z}}\right) + e^{z\lambda_z + \frac{\eta_z \lambda_z^2 x^2}{4\eta_x \tau^2}} \operatorname{erfc}\left(\frac{\lambda_z x}{2\tau}\sqrt{\frac{\eta_z}{\eta_x}} + \frac{\tau z}{x}\sqrt{\frac{\eta_x}{\eta_z}}\right)\right\} \operatorname{erf}\left(\frac{\tau y}{x}\sqrt{\frac{\eta_x}{\eta_y}}\right) d\tau +$$
$$+ \frac{2}{\sqrt{\pi}} \int_{\frac{y}{2\sqrt{\eta_y t}}}^{\infty} \psi_{xz}\left(t - \frac{y^2}{4\eta_y \tau^2}\right) e^{-\tau^2} \times$$
$$\times \left\{ \operatorname{erf}\left(\frac{\tau z}{y}\sqrt{\frac{\eta_y}{\eta_z}}\right) + e^{z\lambda_z + \frac{\eta_z \lambda_z^2 y^2}{4\eta_y \tau^2}} \operatorname{erfc}\left(\frac{\lambda_z y}{2\tau}\sqrt{\frac{\eta_z}{\eta_y}} + \frac{\tau z}{y}\sqrt{\frac{\eta_y}{\eta_z}}\right)\right\} \operatorname{erf}\left(\frac{\tau x}{y}\sqrt{\frac{\eta_y}{\eta_x}}\right) d\tau +$$
$$+ \frac{1}{(\phi c_t)\sqrt{\eta_z}} \int_0^t \psi_{xy}(t-\tau) \operatorname{erf}\left(\frac{x}{2\sqrt{\eta_x \tau}}\right) \operatorname{erf}\left(\frac{y}{2\sqrt{\eta_y \tau}}\right) \times$$
$$\times \left\{ e^{-\frac{z^2}{4\eta_z \tau}} - \lambda_z \sqrt{\pi \eta_z \tau} e^{z\lambda_z + \lambda_z^2 \eta_z \tau} \operatorname{erfc}\left(\lambda_z \sqrt{\eta_z \tau} + \frac{z}{2\sqrt{\eta_z \tau}}\right)\right\} d\tau \tag{8.4.3}$$

8.5 The problem of 8.2, except $\mathbf{D}_{yz} \equiv p(0,y,z,t) = \psi_{yz}(y,z,t)$, $\mathbf{N}_{xz} \equiv \frac{\partial p(x,0,z,t)}{\partial y} = -\left(\frac{\mu}{k_y}\right)\psi_{xz}(x,z,t)$ and $\mathbf{N}_{xy} \equiv \frac{\partial p(x,y,0,t)}{\partial z} = -\left(\frac{\mu}{k_z}\right)\psi_{xy}(x,y,t)$

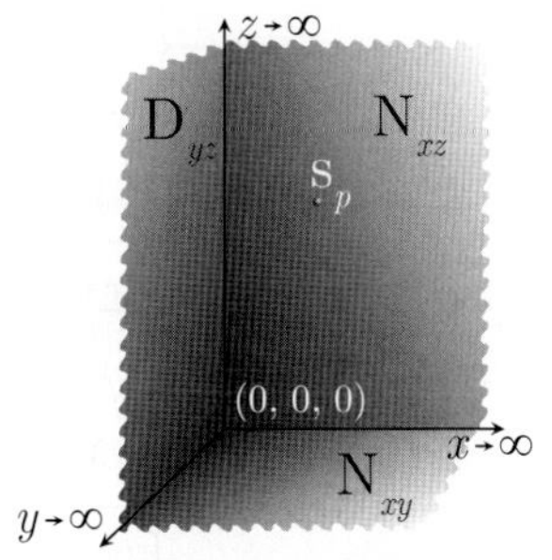

$$\overline{p} = \frac{q(s)e^{-st_0}s^{\frac{1}{4}}}{\phi c_t (2\pi)^{\frac{3}{2}}\sqrt{\eta_x\eta_y\eta_z}} \left[\frac{K_{\frac{1}{2}}\left(\sqrt{\left\{\frac{(x-x_0)^2}{\eta_x} + \frac{(y-y_0)^2}{\eta_y} + \frac{(z-z_0)^2}{\eta_z}\right\}s}\right)}{\left\{\frac{(x-x_0)^2}{\eta_x} + \frac{(y-y_0)^2}{\eta_y} + \frac{(z-z_0)^2}{\eta_z}\right\}^{\frac{1}{4}}} - \right.$$
$$- \frac{K_{\frac{1}{2}}\left(\sqrt{\left\{\frac{(x+x_0)^2}{\eta_x} + \frac{(y-y_0)^2}{\eta_y} + \frac{(z-z_0)^2}{\eta_z}\right\}s}\right)}{\left\{\frac{(x+x_0)^2}{\eta_x} + \frac{(y-y_0)^2}{\eta_y} + \frac{(z-z_0)^2}{\eta_z}\right\}^{\frac{1}{4}}} + \frac{K_{\frac{1}{2}}\left(\sqrt{\left\{\frac{(x-x_0)^2}{\eta_x} + \frac{(y+y_0)^2}{\eta_y} + \frac{(z-z_0)^2}{\eta_z}\right\}s}\right)}{\left\{\frac{(x-x_0)^2}{\eta_x} + \frac{(y+y_0)^2}{\eta_y} + \frac{(z-z_0)^2}{\eta_z}\right\}^{\frac{1}{4}}} -$$
$$- \frac{K_{\frac{1}{2}}\left(\sqrt{\left\{\frac{(x+x_0)^2}{\eta_x} + \frac{(y+y_0)^2}{\eta_y} + \frac{(z-z_0)^2}{\eta_z}\right\}s}\right)}{\left\{\frac{(x+x_0)^2}{\eta_x} + \frac{(y+y_0)^2}{\eta_y} + \frac{(z-z_0)^2}{\eta_z}\right\}^{\frac{1}{4}}} + \frac{K_{\frac{1}{2}}\left(\sqrt{\left\{\frac{(x-x_0)^2}{\eta_x} + \frac{(y-y_0)^2}{\eta_y} + \frac{(z+z_0)^2}{\eta_z}\right\}s}\right)}{\left\{\frac{(x-x_0)^2}{\eta_x} + \frac{(y-y_0)^2}{\eta_y} + \frac{(z+z_0)^2}{\eta_z}\right\}^{\frac{1}{4}}} -$$
$$- \frac{K_{\frac{1}{2}}\left(\sqrt{\left\{\frac{(x+x_0)^2}{\eta_x} + \frac{(y-y_0)^2}{\eta_y} + \frac{(z+z_0)^2}{\eta_z}\right\}s}\right)}{\left\{\frac{(x+x_0)^2}{\eta_x} + \frac{(y-y_0)^2}{\eta_y} + \frac{(z+z_0)^2}{\eta_z}\right\}^{\frac{1}{4}}} + \frac{K_{\frac{1}{2}}\left(\sqrt{\left\{\frac{(x-x_0)^2}{\eta_x} + \frac{(y+y_0)^2}{\eta_y} + \frac{(z+z_0)^2}{\eta_z}\right\}s}\right)}{\left\{\frac{(x-x_0)^2}{\eta_x} + \frac{(y+y_0)^2}{\eta_y} + \frac{(z+z_0)^2}{\eta_z}\right\}^{\frac{1}{4}}} -$$

$$
-\frac{K_{\frac{1}{2}}\left(\sqrt{\left\{\frac{(x+x_0)^2}{\eta_x}+\frac{(y+y_0)^2}{\eta_y}+\frac{(z+z_0)^2}{\eta_z}\right\}s}\right)}{\left\{\frac{(x+x_0)^2}{\eta_x}+\frac{(y+y_0)^2}{\eta_y}+\frac{(z+z_0)^2}{\eta_z}\right\}^{\frac{1}{4}}}\Bigg]+
$$

$$
+\frac{x}{\pi\sqrt{2\pi\eta_x\eta_y\eta_z}}\int_0^\infty\int_0^\infty\overline{\psi}_{yz}\left(v,w,s\right)G_d\left(y,z,s;v,w\right)dvdw+
$$

$$
+\frac{1}{\pi^{\frac{3}{2}}\left(\phi c_t\right)\sqrt{2\eta_x\eta_z}}\int_0^\infty\int_0^\infty\overline{\psi}_{xz}\left(u,w,s\right)G_n\left(x,z,s;u,w\right)dudw+
$$

$$
+\frac{1}{\pi^{\frac{3}{2}}\left(\phi c_t\right)\sqrt{2\eta_x\eta_y}}\int_0^\infty\int_0^\infty\overline{\psi}_{xy}\left(u,v,s\right)G_n\left(x,y,s;u,v\right)dudv+
$$

$$
+\frac{s^{\frac{1}{4}}}{(2\pi)^{\frac{3}{2}}\sqrt{\eta_x\eta_y\eta_z}}\int_0^\infty\int_0^\infty\int_0^\infty\varphi(u,v,w)\left[\frac{K_{\frac{1}{2}}\left(\sqrt{\left\{\frac{(x-u)^2}{\eta_x}+\frac{(y-v)^2}{\eta_y}+\frac{(z-w)^2}{\eta_z}\right\}s}\right)}{\left\{\frac{(x-u)^2}{\eta_x}+\frac{(y-v)^2}{\eta_y}+\frac{(z-w)^2}{\eta_z}\right\}^{\frac{1}{4}}}-\right.
$$

$$
-\frac{K_{\frac{1}{2}}\left(\sqrt{\left\{\frac{(x+u)^2}{\eta_x}+\frac{(y-v)^2}{\eta_y}+\frac{(z-w)^2}{\eta_z}\right\}s}\right)}{\left\{\frac{(x+u)^2}{\eta_x}+\frac{(y-v)^2}{\eta_y}+\frac{(z-w)^2}{\eta_z}\right\}^{\frac{1}{4}}}+\frac{K_{\frac{1}{2}}\left(\sqrt{\left\{\frac{(x-u)^2}{\eta_x}+\frac{(y+v)^2}{\eta_y}+\frac{(z-w)^2}{\eta_z}\right\}s}\right)}{\left\{\frac{(x-u)^2}{\eta_x}+\frac{(y+v)^2}{\eta_y}+\frac{(z-w)^2}{\eta_z}\right\}^{\frac{1}{4}}}-
$$

$$
-\frac{K_{\frac{1}{2}}\left(\sqrt{\left\{\frac{(x+u)^2}{\eta_x}+\frac{(y+v)^2}{\eta_y}+\frac{(z-w)^2}{\eta_z}\right\}s}\right)}{\left\{\frac{(x+u)^2}{\eta_x}+\frac{(y+v)^2}{\eta_y}+\frac{(z-w)^2}{\eta_z}\right\}^{\frac{1}{4}}}+\frac{K_{\frac{1}{2}}\left(\sqrt{\left\{\frac{(x-u)^2}{\eta_x}+\frac{(y-v)^2}{\eta_y}+\frac{(z+w)^2}{\eta_z}\right\}s}\right)}{\left\{\frac{(x-u)^2}{\eta_x}+\frac{(y-v)^2}{\eta_y}+\frac{(z+w)^2}{\eta_z}\right\}^{\frac{1}{4}}}-
$$

$$
-\frac{K_{\frac{1}{2}}\left(\sqrt{\left\{\frac{(x+u)^2}{\eta_x}+\frac{(y-v)^2}{\eta_y}+\frac{(z+w)^2}{\eta_z}\right\}s}\right)}{\left\{\frac{(x+u)^2}{\eta_x}+\frac{(y-v)^2}{\eta_y}+\frac{(z+w)^2}{\eta_z}\right\}^{\frac{1}{4}}}+\frac{K_{\frac{1}{2}}\left(\sqrt{\left\{\frac{(x-u)^2}{\eta_x}+\frac{(y+v)^2}{\eta_y}+\frac{(z+w)^2}{\eta_z}\right\}s}\right)}{\left\{\frac{(x-u)^2}{\eta_x}+\frac{(y+v)^2}{\eta_y}+\frac{(z+w)^2}{\eta_z}\right\}^{\frac{1}{4}}}-
$$

$$
\left.-\frac{K_{\frac{1}{2}}\left(\sqrt{\left\{\frac{(x+u)^2}{\eta_x}+\frac{(y+v)^2}{\eta_y}+\frac{(z+w)^2}{\eta_z}\right\}s}\right)}{\left\{\frac{(x+u)^2}{\eta_x}+\frac{(y+v)^2}{\eta_y}+\frac{(z+w)^2}{\eta_z}\right\}^{\frac{1}{4}}}\right]dudvdw \tag{8.5.1}
$$

where $\overline{\psi}_{xy}\left(x,y,s\right)=\int_0^\infty\psi_{xy}\left(x,y,t\right)e^{-st}dt$,

$$
\begin{aligned}
G_d\left(y,z,s;v,w\right) &= s^{\frac{3}{4}}\left[\frac{K_{\frac{3}{2}}\left(\sqrt{\left\{\frac{(y-v)^2}{\eta_y}+\frac{(z-w)^2}{\eta_z}+\frac{x^2}{\eta_x}\right\}s}\right)}{\left\{\frac{(y-v)^2}{\eta_y}+\frac{(z-w)^2}{\eta_z}+\frac{x^2}{\eta_x}\right\}^{\frac{3}{2}}}+\frac{K_{\frac{3}{2}}\left(\sqrt{\left\{\frac{(y-v)^2}{\eta_y}+\frac{(z-w)^2}{\eta_z}+\frac{x^2}{\eta_x}\right\}s}\right)}{\left\{\frac{(y-v)^2}{\eta_y}+\frac{(z-w)^2}{\eta_z}+\frac{x^2}{\eta_x}\right\}^{\frac{3}{2}}}+\right.\\
&\left.+\frac{K_{\frac{3}{2}}\left(\sqrt{\left\{\frac{(y-v)^2}{\eta_y}+\frac{(z+w)^2}{\eta_z}+\frac{x^2}{\eta_x}\right\}s}\right)}{\left\{\frac{(y-v)^2}{\eta_y}+\frac{(z+w)^2}{\eta_z}+\frac{x^2}{\eta_x}\right\}^{\frac{3}{2}}}+\frac{K_{\frac{3}{2}}\left(\sqrt{\left\{\frac{(y+v)^2}{\eta_y}+\frac{(z+w)^2}{\eta_z}+\frac{x^2}{\eta_x}\right\}s}\right)}{\left\{\frac{(y+v)^2}{\eta_y}+\frac{(z+w)^2}{\eta_z}+\frac{x^2}{\eta_x}\right\}^{\frac{3}{2}}}\right]
\end{aligned} \tag{8.5.2}
$$

and

$$
G_n\left(y,z,s;v,w\right) = s^{\frac{1}{4}}\left[\frac{K_{\frac{1}{2}}\left(\sqrt{\left\{\frac{(x-u)^2}{\eta_x}+\frac{(y-v)^2}{\eta_y}+\frac{z^2}{\eta_z}\right\}s}\right)}{\left\{\frac{(x-u)^2}{\eta_x}+\frac{(y-v)^2}{\eta_y}+\frac{z^2}{\eta_z}\right\}^{\frac{1}{2}}}-\frac{K_{\frac{1}{2}}\left(\sqrt{\left\{\frac{(x+u)^2}{\eta_x}+\frac{(y-v)^2}{\eta_y}+\frac{z^2}{\eta_z}\right\}s}\right)}{\left\{\frac{(x+u)^2}{\eta_x}+\frac{(y-v)^2}{\eta_y}+\frac{z^2}{\eta_z}\right\}^{\frac{3}{2}}}+\right.
$$

$$+\frac{K_{\frac{1}{2}}\left(\sqrt{\left\{\frac{(x-u)^2}{\eta_x}+\frac{(y+v)^2}{\eta_y}+\frac{z^2}{\eta_z}\right\}s}\right)}{\left\{\frac{(x-u)^2}{\eta_x}+\frac{(y+v)^2}{\eta_y}+\frac{z^2}{\eta_z}\right\}^{\frac{1}{2}}}-\frac{K_{\frac{1}{2}}\left(\sqrt{\left\{\frac{(x+u)^2}{\eta_x}+\frac{(y+v)^2}{\eta_y}+\frac{z^2}{\eta_z}\right\}s}\right)}{\left\{\frac{(x+u)^2}{\eta_x}+\frac{(y+v)^2}{\eta_y}+\frac{z^2}{\eta_z}\right\}^{\frac{1}{2}}}\Bigg] \tag{8.5.3}$$

$$\begin{aligned}
p = {} & \frac{U(t-t_0)}{8\pi^{\frac{3}{2}}\phi c_t\sqrt{\eta_x\eta_y\eta_z}}\int_0^{t-t_0}\frac{q(t-t_0-\tau)}{\tau^{\frac{3}{2}}}\left\{e^{-\frac{(x-x_0)^2}{4\eta_x\tau}}-e^{-\frac{(x+x_0)^2}{4\eta_x\tau}}\right\}\left\{e^{-\frac{(y-y_0)^2}{4\eta_y\tau}}+e^{-\frac{(y+y_0)^2}{4\eta_y\tau}}\right\}\times \\
& \times\left\{e^{-\frac{(z-z_0)^2}{4\eta_z\tau}}+e^{-\frac{(z+z_0)^2}{4\eta_z\tau}}\right\}d\tau+ \\
& +\frac{x}{8\pi\sqrt{\pi\eta_x\eta_y\eta_z}}\int_0^t\frac{e^{-\frac{x^2}{4\eta_x\tau}}}{\tau^{\frac{5}{2}}}\int_0^\infty\int_0^\infty\psi_{yz}(v,w,t-\tau)\left\{e^{-\frac{(y-v)^2}{4\eta_y\tau}}+e^{-\frac{(y+v)^2}{4\eta_y\tau}}\right\}\left\{e^{-\frac{(z-w)^2}{4\eta_z\tau}}+e^{-\frac{(z+w)^2}{4\eta_z\tau}}\right\}dvdwd\tau+ \\
& +\frac{1}{4\pi^{\frac{3}{2}}(\phi c_t)\sqrt{\eta_x\eta_z}}\int_0^t\frac{e^{-\frac{y^2}{4\eta_y\tau}}}{\tau^{\frac{3}{2}}}\int_0^\infty\int_0^\infty\psi_{xz}(u,v,t-\tau)\left\{e^{-\frac{(x-u)^2}{4\eta_x\tau}}-e^{-\frac{(x+u)^2}{4\eta_x\tau}}\right\}\left\{e^{-\frac{(z-w)^2}{4\eta_z\tau}}+e^{-\frac{(z+w)^2}{4\eta_z\tau}}\right\}dudwd\tau+ \\
& +\frac{1}{4\pi^{\frac{3}{2}}(\phi c_t)\sqrt{\eta_x\eta_y}}\int_0^t\frac{e^{-\frac{z^2}{4\eta_z\tau}}}{\tau^{\frac{3}{2}}}\int_0^\infty\int_0^\infty\psi_{xy}(u,v,t-\tau)\left\{e^{-\frac{(x-u)^2}{4\eta_x\tau}}-e^{-\frac{(x+u)^2}{4\eta_x\tau}}\right\}\left\{e^{-\frac{(y-v)^2}{4\eta_y\tau}}+e^{-\frac{(y+v)^2}{4\eta_y\tau}}\right\}dudvd\tau+ \\
& +\frac{1}{8(\pi t)^{\frac{3}{2}}\sqrt{\eta_x\eta_y\eta_z}}\int_0^\infty\int_0^\infty\int_0^\infty\varphi(u,v,w)\left\{e^{-\frac{(x-u)^2}{4\eta_x t}}-e^{-\frac{(x+u)^2}{4\eta_x t}}\right\}\left\{e^{-\frac{(y-v)^2}{4\eta_y t}}+e^{-\frac{(y+v)^2}{4\eta_y t}}\right\}\times \\
& \times\left\{e^{-\frac{(z-w)^2}{4\eta_z t}}+e^{-\frac{(z+w)^2}{4\eta_z t}}\right\}dudvdw
\end{aligned} \tag{8.5.4}$$

A special case of $\varphi(x,y,z)$

(i) $\varphi(x,y,z)=p_I$, a constant

$$\overline{p} = \frac{p_I}{s}\left(1-e^{-x\sqrt{\frac{s}{\eta_x}}}\right) \tag{8.5.5}$$

$$p = p_I\,\mathrm{erf}\left(\frac{x}{2\sqrt{\eta_x t}}\right) \tag{8.5.6}$$

A special case of $\psi_{xz}(x,z,t)$, $\psi_{xy}(x,y,t)$ and $\psi_{yz}(y,z,t)$

(i) $\psi_{yz}(y,z,t)=\psi_{yz}(t)$, $\psi_{xz}(x,z,t)=\psi_{xz}(t)$, $\psi_{xy}(x,y,t)=\psi_{xy}(t)$, $\psi_{yz}(t)$, $\psi_{xz}(t)$ and $\psi_{xy}(t)$ are functions of time only

$$\begin{aligned}
p = {} & \frac{2}{\sqrt{\pi}}\int_{\frac{x}{2\sqrt{\eta_x t}}}^{\infty}\psi_{yz}\left(t-\frac{x^2}{4\eta_x\tau^2}\right)\mathrm{erf}\left(\frac{\tau y}{x}\sqrt{\frac{\eta_x}{\eta_y}}\right)e^{-\tau^2}d\tau+\frac{1}{(\phi c_t)\sqrt{\pi\eta_y}}\int_0^t\frac{\psi_{xz}(t-\tau)\,e^{-\frac{y^2}{4\eta_y\tau}}}{\sqrt{\tau}}\mathrm{erf}\left(\frac{x}{2\sqrt{\eta_x\tau}}\right)d\tau+ \\
& +\frac{1}{(\phi c_t)\sqrt{\pi\eta_z}}\int_0^t\frac{\psi_{xy}(t-\tau)\,e^{-\frac{z^2}{4\eta_z\tau}}}{\sqrt{\tau}}\mathrm{erf}\left(\frac{x}{2\sqrt{\eta_x\tau}}\right)d\tau^{*}
\end{aligned} \tag{8.5.7}$$

*The derivative of the term corresponding to the pressure derivative boundary condition in space and time variables $\frac{1}{(\phi c_t)\sqrt{\pi\eta_y}}\frac{\partial}{\partial y}\int_0^t\frac{\psi_{xz}(t-\tau)}{\sqrt{\tau}}\mathrm{erf}\left(\frac{x}{2\sqrt{\eta_x\tau}}\right)e^{-\frac{y^2}{4\eta_y\tau}}d\tau=-\frac{2}{\sqrt{\pi}}\left(\frac{\mu}{k_y}\right)\int_{\frac{y}{2\sqrt{\eta_y t}}}^{\infty}\psi_{yz}\left(t-\frac{y^2}{4\eta_y\tau^2}\right)\mathrm{erf}\left(\frac{\tau x}{y}\sqrt{\frac{\eta_y}{\eta_x}}\right)e^{-\tau^2}d\tau$, which tends to $-\left(\frac{\mu}{k_y}\right)\psi_{xz}(t)$ as $y\to 0$.

8.6

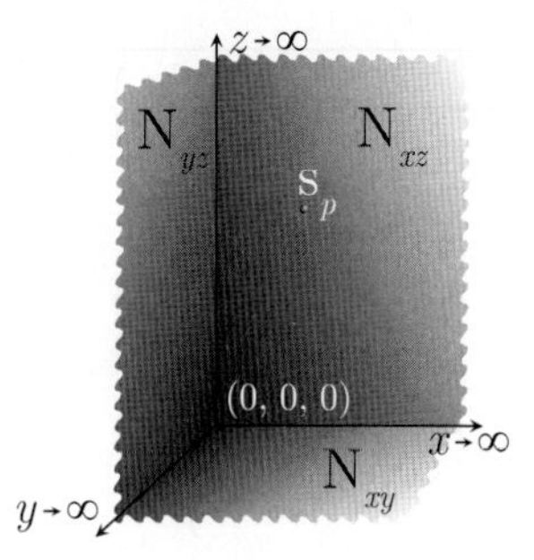

The problem of 8.2, except
$\mathbf{N}_{yz} \equiv \frac{\partial p(0,y,z,t)}{\partial x} = -\left(\frac{\mu}{k_x}\right)\psi_{yz}(y,z,t)$,
$\mathbf{N}_{xz} \equiv \frac{\partial p(x,0,z,t)}{\partial y} = -\left(\frac{\mu}{k_y}\right)\psi_{xz}(x,z,t)$ **and**
$\mathbf{N}_{xy} \equiv \frac{\partial p(x,y,0,t)}{\partial z} = -\left(\frac{\mu}{k_z}\right)\psi_{xy}(x,y,t)$

$$\overline{p} = \frac{q(s)\,e^{-st_0}s^{\frac{1}{4}}}{\phi c_t\,(2\pi)^{\frac{3}{2}}\sqrt{\eta_x\eta_y\eta_z}}\left[\frac{K_{\frac{1}{2}}\left(\sqrt{\left\{\frac{(x-x_0)^2}{\eta_x}+\frac{(y-y_0)^2}{\eta_y}+\frac{(z-z_0)^2}{\eta_z}\right\}s}\right)}{\left\{\frac{(x-x_0)^2}{\eta_x}+\frac{(y-y_0)^2}{\eta_y}+\frac{(z-z_0)^2}{\eta_z}\right\}^{\frac{1}{4}}}+\right.$$

$$+\frac{K_{\frac{1}{2}}\left(\sqrt{\left\{\frac{(x+x_0)^2}{\eta_x}+\frac{(y-y_0)^2}{\eta_y}+\frac{(z-z_0)^2}{\eta_z}\right\}s}\right)}{\left\{\frac{(x+x_0)^2}{\eta_x}+\frac{(y-y_0)^2}{\eta_y}+\frac{(z-z_0)^2}{\eta_z}\right\}^{\frac{1}{4}}}+\frac{K_{\frac{1}{2}}\left(\sqrt{\left\{\frac{(x-x_0)^2}{\eta_x}+\frac{(y+y_0)^2}{\eta_y}+\frac{(z-z_0)^2}{\eta_z}\right\}s}\right)}{\left\{\frac{(x-x_0)^2}{\eta_x}+\frac{(y+y_0)^2}{\eta_y}+\frac{(z-z_0)^2}{\eta_z}\right\}^{\frac{1}{4}}}+$$

$$+\frac{K_{\frac{1}{2}}\left(\sqrt{\left\{\frac{(x+x_0)^2}{\eta_x}+\frac{(y+y_0)^2}{\eta_y}+\frac{(z-z_0)^2}{\eta_z}\right\}s}\right)}{\left\{\frac{(x+x_0)^2}{\eta_x}+\frac{(y+y_0)^2}{\eta_y}+\frac{(z-z_0)^2}{\eta_z}\right\}^{\frac{1}{4}}}+\frac{K_{\frac{1}{2}}\left(\sqrt{\left\{\frac{(x-x_0)^2}{\eta_x}+\frac{(y-y_0)^2}{\eta_y}+\frac{(z+z_0)^2}{\eta_z}\right\}s}\right)}{\left\{\frac{(x-x_0)^2}{\eta_x}+\frac{(y-y_0)^2}{\eta_y}+\frac{(z+z_0)^2}{\eta_z}\right\}^{\frac{1}{4}}}+$$

$$+\frac{K_{\frac{1}{2}}\left(\sqrt{\left\{\frac{(x+x_0)^2}{\eta_x}+\frac{(y-y_0)^2}{\eta_y}+\frac{(z+z_0)^2}{\eta_z}\right\}s}\right)}{\left\{\frac{(x+x_0)^2}{\eta_x}+\frac{(y-y_0)^2}{\eta_y}+\frac{(z+z_0)^2}{\eta_z}\right\}^{\frac{1}{4}}}+\frac{K_{\frac{1}{2}}\left(\sqrt{\left\{\frac{(x-x_0)^2}{\eta_x}+\frac{(y+y_0)^2}{\eta_y}+\frac{(z+z_0)^2}{\eta_z}\right\}s}\right)}{\left\{\frac{(x-x_0)^2}{\eta_x}+\frac{(y+y_0)^2}{\eta_y}+\frac{(z+z_0)^2}{\eta_z}\right\}^{\frac{1}{4}}}+$$

$$\left.+\frac{K_{\frac{1}{2}}\left(\sqrt{\left\{\frac{(x+x_0)^2}{\eta_x}+\frac{(y+y_0)^2}{\eta_y}+\frac{(z+z_0)^2}{\eta_z}\right\}s}\right)}{\left\{\frac{(x+x_0)^2}{\eta_x}+\frac{(y+y_0)^2}{\eta_y}+\frac{(z+z_0)^2}{\eta_z}\right\}^{\frac{1}{4}}}\right]+$$

$$+\frac{1}{\pi^{\frac{3}{2}}(\phi c_t)\sqrt{2\eta_y\eta_z}}\int_0^\infty\int_0^\infty\overline{\psi}_{yz}(v,w,s)\,G_n(y,z,s;v,w)dvdwd\tau+$$

$$+\frac{1}{\pi^{\frac{3}{2}}(\phi c_t)\sqrt{2\eta_x\eta_z}}\int_0^\infty\int_0^\infty\overline{\psi}_{xz}(u,w,s)\,G_n(x,z,s;u,w)dudwd\tau+$$

$$+\frac{1}{\pi^{\frac{3}{2}}(\phi c_t)\sqrt{2\eta_x\eta_y}}\int_0^\infty\int_0^\infty\overline{\psi}_{xy}(u,v,s)\,G_n(x,y,s;u,v)dudvd\tau+$$

$$+\frac{s^{\frac{1}{4}}}{(2\pi)^{\frac{3}{2}}\sqrt{\eta_x\eta_y\eta_z}}\int_0^\infty\int_0^\infty\int_0^\infty\varphi(u,v,w)\left[\frac{K_{\frac{1}{2}}\left(\sqrt{\left\{\frac{(x-u)^2}{\eta_x}+\frac{(y-v)^2}{\eta_y}+\frac{(z-w)^2}{\eta_z}\right\}s}\right)}{\left\{\frac{(x-u)^2}{\eta_x}+\frac{(y-v)^2}{\eta_y}+\frac{(z-w)^2}{\eta_z}\right\}^{\frac{1}{4}}}+\right.$$

$$+\frac{K_{\frac{1}{2}}\left(\sqrt{\left\{\frac{(x+u)^2}{\eta_x}+\frac{(y-v)^2}{\eta_y}+\frac{(z-w)^2}{\eta_z}\right\}s}\right)}{\left\{\frac{(x+u)^2}{\eta_x}+\frac{(y-v)^2}{\eta_y}+\frac{(z-w)^2}{\eta_z}\right\}^{\frac{1}{4}}}+\frac{K_{\frac{1}{2}}\left(\sqrt{\left\{\frac{(x-u)^2}{\eta_x}+\frac{(y+v)^2}{\eta_y}+\frac{(z-w)^2}{\eta_z}\right\}s}\right)}{\left\{\frac{(x-u)^2}{\eta_x}+\frac{(y+v)^2}{\eta_y}+\frac{(z-w)^2}{\eta_z}\right\}^{\frac{1}{4}}}+$$

$$+\frac{K_{\frac{1}{2}}\left(\sqrt{\left\{\frac{(x+u)^2}{\eta_x}+\frac{(y+v)^2}{\eta_y}+\frac{(z-w)^2}{\eta_z}\right\}s}\right)}{\left\{\frac{(x+u)^2}{\eta_x}+\frac{(y+v)^2}{\eta_y}+\frac{(z-w)^2}{\eta_z}\right\}^{\frac{1}{4}}}+\frac{K_{\frac{1}{2}}\left(\sqrt{\left\{\frac{(x-u)^2}{\eta_x}+\frac{(y-v)^2}{\eta_y}+\frac{(z+w)^2}{\eta_z}\right\}s}\right)}{\left\{\frac{(x-u)^2}{\eta_x}+\frac{(y-v)^2}{\eta_y}+\frac{(z+w)^2}{\eta_z}\right\}^{\frac{1}{4}}}+$$

$$+\frac{K_{\frac{1}{2}}\left(\sqrt{\left\{\frac{(x+u)^2}{\eta_x}+\frac{(y-v)^2}{\eta_y}+\frac{(z+w)^2}{\eta_z}\right\}s}\right)}{\left\{\frac{(x+u)^2}{\eta_x}+\frac{(y-v)^2}{\eta_y}+\frac{(z+w)^2}{\eta_z}\right\}^{\frac{1}{4}}}+\frac{K_{\frac{1}{2}}\left(\sqrt{\left\{\frac{(x-u)^2}{\eta_x}+\frac{(y+v)^2}{\eta_y}+\frac{(z+w)^2}{\eta_z}\right\}s}\right)}{\left\{\frac{(x-u)^2}{\eta_x}+\frac{(y+v)^2}{\eta_y}+\frac{(z+w)^2}{\eta_z}\right\}^{\frac{1}{4}}}+$$

$$\left.+\frac{K_{\frac{1}{2}}\left(\sqrt{\left\{\frac{(x+u)^2}{\eta_x}+\frac{(y+v)^2}{\eta_y}+\frac{(z+w)^2}{\eta_z}\right\}s}\right)}{\left\{\frac{(x+u)^2}{\eta_x}+\frac{(y+v)^2}{\eta_y}+\frac{(z+w)^2}{\eta_z}\right\}^{\frac{1}{4}}}\right]dudvdw \tag{8.6.1}$$

where $\overline{\psi}_{xy}(x,y,s)=\int_0^\infty \psi_{xy}(x,y,t)\,e^{-st}dt$,

$$G_n(y,z,s;v,w) = s^{\frac{1}{4}}\left[\frac{K_{\frac{1}{2}}\left(\sqrt{\left\{\frac{(x-u)^2}{\eta_x}+\frac{(y-v)^2}{\eta_y}+\frac{z^2}{\eta_z}\right\}s}\right)}{\left\{\frac{(x-u)^2}{\eta_x}+\frac{(y-v)^2}{\eta_y}+\frac{z^2}{\eta_z}\right\}^{\frac{1}{2}}}+\frac{K_{\frac{1}{2}}\left(\sqrt{\left\{\frac{(x+u)^2}{\eta_x}+\frac{(y-v)^2}{\eta_y}+\frac{z^2}{\eta_z}\right\}s}\right)}{\left\{\frac{(x+u)^2}{\eta_x}+\frac{(y-v)^2}{\eta_y}+\frac{z^2}{\eta_z}\right\}^{\frac{3}{2}}}+\right.$$

$$\left.+\frac{K_{\frac{1}{2}}\left(\sqrt{\left\{\frac{(x-u)^2}{\eta_x}+\frac{(y+v)^2}{\eta_y}+\frac{z^2}{\eta_z}\right\}s}\right)}{\left\{\frac{(x-u)^2}{\eta_x}+\frac{(y+v)^2}{\eta_y}+\frac{z^2}{\eta_z}\right\}^{\frac{1}{2}}}+\frac{K_{\frac{1}{2}}\left(\sqrt{\left\{\frac{(x+u)^2}{\eta_x}+\frac{(y+v)^2}{\eta_y}+\frac{z^2}{\eta_z}\right\}s}\right)}{\left\{\frac{(x+u)^2}{\eta_x}+\frac{(y+v)^2}{\eta_y}+\frac{z^2}{\eta_z}\right\}^{\frac{1}{2}}}\right] \tag{8.6.2}$$

$$p = \frac{U(t-t_0)}{8\pi^{\frac{3}{2}}\phi c_t\sqrt{\eta_x\eta_y\eta_z}}\int_0^{t-t_0}\frac{q(t-t_0-\tau)}{\tau^{\frac{3}{2}}}\left\{e^{-\frac{(x-x_0)^2}{4\eta_x\tau}}+e^{-\frac{(x+x_0)^2}{4\eta_x\tau}}\right\}\left\{e^{-\frac{(y-y_0)^2}{4\eta_y\tau}}+e^{-\frac{(y+y_0)^2}{4\eta_y\tau}}\right\}\times$$
$$\times\left\{e^{-\frac{(z-z_0)^2}{4\eta_z\tau}}+e^{-\frac{(z+z_0)^2}{4\eta_z\tau}}\right\}d\tau+$$
$$+\frac{1}{4\pi^{\frac{3}{2}}(\phi c_t)\sqrt{\eta_y\eta_z}}\int_0^t\frac{e^{-\frac{x^2}{4\eta_x\tau}}}{\tau^{\frac{3}{2}}}\int_0^\infty\int_0^\infty\psi_{yz}(u,v,t-\tau)\left\{e^{-\frac{(y-v)^2}{4\eta_y\tau}}+e^{-\frac{(y+v)^2}{4\eta_y\tau}}\right\}\left\{e^{-\frac{(z-w)^2}{4\eta_z\tau}}+e^{-\frac{(z+w)^2}{4\eta_z\tau}}\right\}dvdwd\tau+$$
$$+\frac{1}{4\pi^{\frac{3}{2}}(\phi c_t)\sqrt{\eta_x\eta_z}}\int_0^t\frac{e^{-\frac{y^2}{4\eta_y\tau}}}{\tau^{\frac{3}{2}}}\int_0^\infty\int_0^\infty\psi_{xz}(u,v,t-\tau)\left\{e^{-\frac{(x-u)^2}{4\eta_x\tau}}+e^{-\frac{(x+u)^2}{4\eta_x\tau}}\right\}\left\{e^{-\frac{(z-w)^2}{4\eta_z\tau}}+e^{-\frac{(z+w)^2}{4\eta_z\tau}}\right\}dudwd\tau+$$
$$+\frac{1}{4\pi^{\frac{3}{2}}(\phi c_t)\sqrt{\eta_x\eta_y}}\int_0^t\frac{e^{-\frac{z^2}{4\eta_z\tau}}}{\tau^{\frac{3}{2}}}\int_0^\infty\int_0^\infty\psi_{xy}(u,v,t-\tau)\left\{e^{-\frac{(x-u)^2}{4\eta_x\tau}}+e^{-\frac{(x+u)^2}{4\eta_x\tau}}\right\}\left\{e^{-\frac{(y-v)^2}{4\eta_y\tau}}+e^{-\frac{(y+v)^2}{4\eta_y\tau}}\right\}dudvd\tau+$$
$$+\frac{1}{8(\pi t)^{\frac{3}{2}}\sqrt{\eta_x\eta_y\eta_z}}\int_0^\infty\int_0^\infty\int_0^\infty\varphi(u,v,w)\left\{e^{-\frac{(x-u)^2}{4\eta_x t}}+e^{-\frac{(x+u)^2}{4\eta_x t}}\right\}\left\{e^{-\frac{(y-v)^2}{4\eta_y t}}+e^{-\frac{(y+v)^2}{4\eta_y t}}\right\}\times$$
$$\times\left\{e^{-\frac{(z-w)^2}{4\eta_z t}}+e^{-\frac{(z+w)^2}{4\eta_z t}}\right\}dudvdw \tag{8.6.3}$$

Special cases $\psi_{xz}(x,z,t)$, $\psi_{xy}(x,y,t)$ *and* $\psi_{yz}(y,z,t)$

(i) $\psi_{yz}(y,z,t)=\psi_{yz}(t)$, $\psi_{xz}(x,z,t)=\psi_{xz}(t)$, $\psi_{xy}(x,y,t)=\psi_{xy}(t)$, $\psi_{yz}(t)$, $\psi_{xz}(t)$ and $\psi_{xy}(t)$ are functions of time only

$$p = \frac{1}{\phi c_t\sqrt{\pi}}\left\{\frac{1}{\sqrt{\eta_x}}\int_0^t\frac{\psi_{yz}(t-\tau)\,e^{-\frac{x^2}{4\eta_x\tau}}}{\sqrt{\tau}}d\tau+\frac{1}{\sqrt{\eta_y}}\int_0^t\frac{\psi_{xz}(t-\tau)\,e^{-\frac{y^2}{4\eta_y\tau}}}{\sqrt{\tau}}d\tau+\frac{1}{\sqrt{\eta_z}}\int_0^t\frac{\psi_{xy}(t-\tau)\,e^{-\frac{z^2}{4\eta_z\tau}}}{\sqrt{\tau}}d\tau\right\} \tag{8.6.4}$$

(ii) $\psi_{yz}(y,z,t)=q_{yz}$, $\psi_{xz}(x,z,t)=q_{xz}$, $\psi_{xy}(x,y,t)=q_{xy}$, q_{yz}, q_{xz} and q_{xy} are constants

$$p=\frac{2q_{yz}}{\phi c_t}\sqrt{\frac{t}{\eta_x}}\left[i\,\mathrm{erfc}\left\{\frac{x}{2\sqrt{\eta_x t}}\right\}\right]+\frac{2q_{xz}}{\phi c_t}\sqrt{\frac{t}{\eta_y}}\left[i\,\mathrm{erfc}\left\{\frac{y}{2\sqrt{\eta_y t}}\right\}\right]+\frac{2q_{xy}}{\phi c_t}\sqrt{\frac{t}{\eta_z}}\left[i\,\mathrm{erfc}\left\{\frac{z}{2\sqrt{\eta_z t}}\right\}\right] \tag{8.6.5}$$

8.7

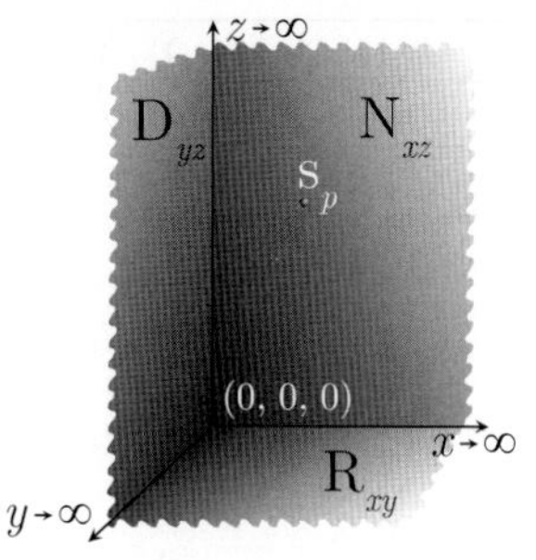

The problem of 8.2, except
$\mathbf{D}_{yz} \equiv p\,(0, y, z, t) = \psi_{yz}\,(y, z, t),$
$\mathbf{N}_{xz} \equiv \frac{\partial p(x,0,z,t)}{\partial y} = -\left(\frac{\mu}{k_y}\right)\psi_{xz}\,(x, z, t)$ **and**
$\mathbf{R}_{xy} \equiv \frac{\partial p(x,y,0,t)}{\partial z} - \lambda_z p(x, y, 0, t) = -\left(\frac{\mu}{k_z}\right)\psi_{xy}\,(x, y, t)$

$$
\begin{aligned}
p = {} & \frac{U(t-t_0)}{8\pi^{\frac{3}{2}}\phi c_t\sqrt{\eta_x\eta_y\eta_z}} \int_0^{t-t_0} \frac{q\,(t-t_0-\tau)}{\tau^{\frac{3}{2}}} \left[e^{-\frac{(x-x_0)^2}{4\eta_x\tau}} - e^{-\frac{(x+x_0)^2}{4\eta_x\tau}}\right]\left[e^{-\frac{(y-y_0)^2}{4\eta_y\tau}} + e^{-\frac{(y+y_0)^2}{4\eta_y\tau}}\right]\times \\
& \times\left[e^{-\frac{(z-z_0)^2}{4\eta_z\tau}} + e^{-\frac{(z+z_0)^2}{4\eta_z\tau}} - 2\left\{\lambda_z\sqrt{\pi\eta_z\tau}\right\} e^{\left\{(z+z_0)\lambda_z+\lambda_z^2\eta_z\tau\right\}}\operatorname{erfc}\left\{\lambda_z\sqrt{\eta_z\tau} + \frac{(z+z_0)}{2\sqrt{\eta_z\tau}}\right\}\right] d\tau + \\
& + \frac{x}{8\pi^{\frac{3}{2}}\sqrt{\eta_x\eta_y\eta_z}} \int_0^t \frac{e^{-\frac{x^2}{4\eta_x\tau}}}{\tau^{\frac{5}{2}}} \int_0^\infty\!\!\int_0^\infty \psi_{yz}\,(v, w, t-\tau)\left\{e^{-\frac{(y-v)^2}{4\eta_y\tau}} + e^{-\frac{(y+v)^2}{4\eta_y\tau}}\right\}\left\{e^{-\frac{(z-w)^2}{4\eta_z\tau}} + e^{-\frac{(z+w)^2}{4\eta_z\tau}} - \right. \\
& \left. -2\left(\lambda_z\sqrt{\pi\eta_z\tau}\right) e^{\left\{(z+w)\lambda_z+\lambda_z^2\eta_z\tau\right\}}\operatorname{erfc}\left(\lambda_z\sqrt{\eta_z\tau} + \frac{z+w}{2\sqrt{\eta_z\tau}}\right)\right\} dv\,dw\,d\tau + \\
& + \frac{1}{4\pi^{\frac{3}{2}}\left(\phi c_t\right)\sqrt{\eta_x\eta_z}} \int_0^t \frac{e^{-\frac{y^2}{4\eta_y\tau}}}{\tau^{\frac{3}{2}}} \int_0^\infty\!\!\int_0^\infty \psi_{xz}\,(u, v, t-\tau)\left\{e^{-\frac{(x-u)^2}{4\eta_x\tau}} - e^{-\frac{(x+u)^2}{4\eta_x\tau}}\right\}\left\{e^{-\frac{(z-w)^2}{4\eta_z\tau}} + e^{-\frac{(z+w)^2}{4\eta_z\tau}} - \right. \\
& \left. -2\left(\lambda_z\sqrt{\pi\eta_z\tau}\right) e^{\left\{(z+w)\lambda_z+\lambda_z^2\eta_z\tau\right\}}\operatorname{erfc}\left(\lambda_z\sqrt{\eta_z\tau} + \frac{z+w}{2\sqrt{\eta_z\tau}}\right)\right\} du\,dw\,d\tau + \\
& + \frac{1}{4\pi^{\frac{3}{2}}\left(\phi c_t\right)\sqrt{\eta_x\eta_y\eta_z}} \int_0^t \frac{1}{\tau^{\frac{3}{2}}} \int_0^\infty\!\!\int_0^\infty \psi_{xy}\,(u, v, t-\tau)\left\{e^{-\frac{(x-u)^2}{4\eta_x\tau}} - e^{-\frac{(x-u)^2}{4\eta_x\tau}}\right\}\left\{e^{-\frac{(y-v)^2}{4\eta_y\tau}} + e^{-\frac{(y-v)^2}{4\eta_y\tau}}\right\}\times \\
& \times\left\{e^{-\frac{z^2}{4\eta_z\tau}} - \lambda_z\sqrt{\pi\eta_z\tau}\,e^{z\lambda_z+\lambda_z^2\eta_z\tau}\operatorname{erfc}\left(\lambda_z\sqrt{\eta_z\tau} + \frac{z}{2\sqrt{\eta_z\tau}}\right)\right\} du\,dv\,d\tau + \\
& + \frac{1}{8\left(\pi t\right)^{\frac{3}{2}}\sqrt{\eta_x\eta_y\eta_z}} \int_0^\infty\!\!\int_0^\infty\!\!\int_0^\infty \varphi(u, v, w)\left[e^{-\frac{(x-u)^2}{4\eta_x t}} - e^{-\frac{(x+u)^2}{4\eta_x t}}\right]\left[e^{-\frac{(y-v)^2}{4\eta_y t}} + e^{-\frac{(y+v)^2}{4\eta_y t}}\right]\times \\
& \times\left[e^{-\frac{(z-w)^2}{4\eta_z t}} + e^{-\frac{(z+w)^2}{4\eta_z t}} - 2\left\{\lambda_z\sqrt{\pi\eta_z t}\right\} e^{\left\{(z+w)\lambda_z+\lambda_z^2\eta_z t\right\}}\operatorname{erfc}\left\{\lambda_z\sqrt{\eta_z t} + \frac{(z+w)}{2\sqrt{\eta_z t}}\right\}\right] du\,dv\,dw
\end{aligned}
\tag{8.7.1}
$$

When $\varphi(x, y, z) = p_I$, a constant, the solution is obtained by replacing the term corresponding to the initial condition (the last term) in equation (8.7.1) with

$$
p = p_I \operatorname{erf}\left(\frac{x}{2\sqrt{\eta_x t}}\right)\left\{\operatorname{erf}\left(\frac{z}{2\sqrt{\eta_z t}}\right) + e^{\eta_z\lambda_z^2 t}e^{z\lambda_z}\operatorname{erfc}\left(\lambda_z\sqrt{\eta_z t} + \frac{z}{2\sqrt{\eta_z t}}\right)\right\}
\tag{8.7.2}
$$

A special case of $\psi_{xz}\,(x, z, t)$, $\psi_{xy}\,(x, y, t)$ and $\psi_{yz}\,(y, z, t)$

(i) $\psi_{yz}\,(y, z, t) = \psi_{yz}\,(t)$, $\psi_{xz}\,(x, z, t) = \psi_{xz}\,(t)$, $\psi_{xy}\,(x, y, t) = \psi_{xy}\,(t)$, $\psi_{yz}\,(t)$, $\psi_{xz}\,(t)$ and $\psi_{xy}\,(t)$ are functions of time only

$$
\begin{aligned}
p = {} & \frac{2}{\sqrt{\pi}} \int_{\frac{x}{2\sqrt{\eta_x t}}}^{\infty} \psi_{yz}\left(t - \frac{x^2}{4\eta_x\tau^2}\right) e^{-\tau^2}\left\{\operatorname{erf}\left(\frac{\tau z}{x}\sqrt{\frac{\eta_x}{\eta_z}}\right) + e^{z\lambda_z+\frac{\eta_z\lambda_z^2 x^2}{4\eta_x\tau^2}}\operatorname{erfc}\left(\frac{\lambda_z x}{2\tau}\sqrt{\frac{\eta_z}{\eta_x}} + \frac{\tau z}{x}\sqrt{\frac{\eta_x}{\eta_z}}\right)\right\} d\tau + \\
& + \frac{1}{\phi c_t\sqrt{\pi\eta_y}} \int_0^t \frac{\psi_{xz}\,(t-\tau)\,e^{-\frac{y^2}{4\eta_y\tau}}}{\sqrt{\tau}} \times
\end{aligned}
$$

$$\times\left\{\operatorname{erf}\left(\frac{z}{2\sqrt{\eta_z\tau}}\right)+e^{z\lambda_z+\lambda_z^2\eta_z\tau}\operatorname{erfc}\left(\lambda_z\sqrt{\eta_z\tau}+\frac{z}{2\sqrt{\eta_z\tau}}\right)\right\}\operatorname{erf}\left(\frac{x}{2\sqrt{\eta_x\tau}}\right)d\tau+$$

$$+\frac{1}{\phi c_t\sqrt{\pi\eta_z}}\int_0^t\frac{\psi_{xy}(t-\tau)}{\sqrt{\tau}}\left\{e^{-\frac{z^2}{4\eta_z\tau}}-\lambda_z\sqrt{\pi\eta_z\tau}e^{z\lambda_z+\lambda_z^2\eta_z\tau}\operatorname{erfc}\left(\lambda_z\sqrt{\eta_z\tau}+\frac{z}{2\sqrt{\eta_z\tau}}\right)\right\}d\tau \tag{8.7.3}$$

8.8 The problem of 8.2, except

$\mathbf{N}_{yz}\equiv\frac{\partial p(0,y,z,t)}{\partial x}=-\left(\frac{\mu}{k_x}\right)\psi_{yz}(y,z,t)$,

$\mathbf{N}_{xz}\equiv\frac{\partial p(x,0,z,t)}{\partial y}=-\left(\frac{\mu}{k_y}\right)\psi_{xz}(x,z,t)$ and

$\mathbf{R}_{xy}\equiv\frac{\partial p(x,y,0,t)}{\partial z}-\lambda_z p(x,y,0,t)=-\left(\frac{\mu}{k_z}\right)\psi_{xy}(x,y,t)$

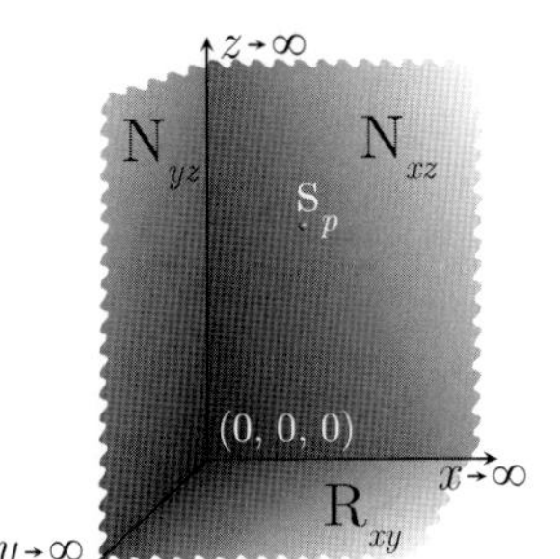

$$p=\frac{U(t-t_0)}{8\pi^{\frac{3}{2}}\phi c_t\sqrt{\eta_x\eta_y\eta_z}}\int_0^{t-t_0}\frac{q(t-t_0-\tau)}{\tau^{\frac{3}{2}}}\left[e^{-\frac{(x-x_0)^2}{4\eta_x\tau}}+e^{-\frac{(x+x_0)^2}{4\eta_x\tau}}\right]\left[e^{-\frac{(y-y_0)^2}{4\eta_y\tau}}+e^{-\frac{(y+y_0)^2}{4\eta_y\tau}}\right]\times$$

$$\times\left[e^{-\frac{(z-z_0)^2}{4\eta_z\tau}}+e^{-\frac{(z+z_0)^2}{4\eta_z\tau}}-2\left\{\lambda_z\sqrt{\pi\eta_z\tau}\right\}e^{\left\{(z+z_0)\lambda_z+\lambda_z^2\eta_z\tau\right\}}\operatorname{erfc}\left\{\lambda_z\sqrt{\eta_z\tau}+\frac{(z+z_0)}{2\sqrt{\eta_z\tau}}\right\}\right]d\tau+$$

$$+\frac{1}{4\pi^{\frac{3}{2}}(\phi c_t)\sqrt{\eta_y\eta_z}}\int_0^t\frac{e^{-\frac{x^2}{4\eta_x\tau}}}{\tau^{\frac{3}{2}}}\int_0^\infty\int_0^\infty\psi_{yz}(u,v,t-\tau)\left\{e^{-\frac{(y-v)^2}{4\eta_y\tau}}+e^{-\frac{(y+v)^2}{4\eta_y\tau}}\right\}\left\{e^{-\frac{(z-w)^2}{4\eta_z\tau}}+e^{-\frac{(z+w)^2}{4\eta_z\tau}}-\right.$$

$$\left.-2\left(\lambda_z\sqrt{\pi\eta_z\tau}\right)e^{\left\{(z+w)\lambda_z+\lambda_z^2\eta_z\tau\right\}}\operatorname{erfc}\left(\lambda_z\sqrt{\eta_z\tau}+\frac{z+w}{2\sqrt{\eta_z\tau}}\right)\right\}dvdwd\tau+$$

$$+\frac{1}{4\pi^{\frac{3}{2}}(\phi c_t)\sqrt{\eta_x\eta_z}}\int_0^t\frac{e^{-\frac{y^2}{4\eta_y\tau}}}{\tau^{\frac{3}{2}}}\int_0^\infty\int_0^\infty\psi_{xz}(u,v,t-\tau)\left\{e^{-\frac{(x-u)^2}{4\eta_x\tau}}+e^{-\frac{(x+u)^2}{4\eta_x\tau}}\right\}\left\{e^{-\frac{(z-w)^2}{4\eta_z\tau}}+e^{-\frac{(z+w)^2}{4\eta_z\tau}}-\right.$$

$$\left.-2\left(\lambda_z\sqrt{\pi\eta_z\tau}\right)e^{\left\{(z+w)\lambda_z+\lambda_z^2\eta_z\tau\right\}}\operatorname{erfc}\left(\lambda_z\sqrt{\eta_z\tau}+\frac{z+w}{2\sqrt{\eta_z\tau}}\right)\right\}dudwd\tau+$$

$$+\frac{1}{4\pi^{\frac{3}{2}}(\phi c_t)\sqrt{\eta_x\eta_y\eta_z}}\int_0^t\frac{1}{\tau^{\frac{3}{2}}}\int_0^\infty\int_0^\infty\psi_{xy}(u,v,t-\tau)\left\{e^{-\frac{(x-u)^2}{4\eta_x\tau}}+e^{-\frac{(x-u)^2}{4\eta_x\tau}}\right\}\left\{e^{-\frac{(y-v)^2}{4\eta_y\tau}}+e^{-\frac{(y-v)^2}{4\eta_y\tau}}\right\}\times$$

$$\times\left\{e^{-\frac{z^2}{4\eta_z\tau}}-\lambda_z\sqrt{\pi\eta_z\tau}e^{z\lambda_z+\lambda_z^2\eta_z\tau}\operatorname{erfc}\left(\lambda_z\sqrt{\eta_z\tau}+\frac{z}{2\sqrt{\eta_z\tau}}\right)\right\}dudvd\tau+$$

$$+\frac{1}{8(\pi t)^{\frac{3}{2}}\sqrt{\eta_x\eta_y\eta_z}}\int_0^\infty\int_0^\infty\int_0^\infty\varphi(u,v,w)\left[e^{-\frac{(x-u)^2}{4\eta_x t}}+e^{-\frac{(x+u)^2}{4\eta_x t}}\right]\left[e^{-\frac{(y-v)^2}{4\eta_y t}}+e^{-\frac{(y+v)^2}{4\eta_y t}}\right]\times$$

$$\times\left[e^{-\frac{(z-w)^2}{4\eta_z t}}+e^{-\frac{(z+w)^2}{4\eta_z t}}-2\left\{\lambda_z\sqrt{\pi\eta_z t}\right\}e^{\left\{(z+w)\lambda_z+\lambda_z^2\eta_z t\right\}}\operatorname{erfc}\left\{\lambda_z\sqrt{\eta_z t}+\frac{(z+w)}{2\sqrt{\eta_z t}}\right\}\right]dudvdw \tag{8.8.1}$$

When $\varphi(x,y,z)=p_I$, a constant, the solution is obtained by replacing the term corresponding to the initial condition (the last term) in equation (8.8.1) with

$$p=p_I\left\{\operatorname{erf}\left(\frac{z}{2\sqrt{\eta_z t}}\right)+e^{\eta_z\lambda_z^2 t}e^{z\lambda_z}\operatorname{erfc}\left(\lambda_z\sqrt{\eta_z t}+\frac{z}{2\sqrt{\eta_z t}}\right)\right\} \tag{8.8.2}$$

A special case of $\psi_{xz}(x,z,t)$, $\psi_{xy}(x,y,t)$ and $\psi_{yz}(y,z,t)$

(i) $\psi_{yz}(y,z,t) = \psi_{yz}(t)$, $\psi_{xz}(x,z,t) = \psi_{xz}(t)$, $\psi_{xy}(x,y,t) = \psi_{xy}(t)$, $\psi_{yz}(t)$, $\psi_{xz}(t)$ and $\psi_{xy}(t)$ are functions of time only

$$p = \frac{1}{\phi c_t\sqrt{\pi\eta_x}}\int_0^t \frac{\psi_{yz}(t-\tau)\,e^{-\frac{x^2}{4\eta_x\tau}}}{\sqrt{\tau}}\left\{\operatorname{erf}\left(\frac{z}{2\sqrt{\eta_z\tau}}\right)+e^{z\lambda_z+\lambda_z^2\eta_z\tau}\operatorname{erfc}\left(\lambda_z\sqrt{\eta_z\tau}+\frac{z}{2\sqrt{\eta_z\tau}}\right)\right\}d\tau +$$
$$+\frac{1}{\phi c_t\sqrt{\pi\eta_y}}\int_0^t \frac{\psi_{xz}(t-\tau)\,e^{-\frac{y^2}{4\eta_y\tau}}}{\sqrt{\tau}}\left\{\operatorname{erf}\left(\frac{z}{2\sqrt{\eta_z\tau}}\right)+e^{z\lambda_z+\lambda_z^2\eta_z\tau}\operatorname{erfc}\left(\lambda_z\sqrt{\eta_z\tau}+\frac{z}{2\sqrt{\eta_z\tau}}\right)\right\}d\tau +$$
$$+\frac{1}{\phi c_t\sqrt{\pi\eta_z}}\int_0^t \frac{\psi_{xy}(t-\tau)}{\sqrt{\tau}}\left\{e^{-\frac{z^2}{4\eta_z\tau}}-\lambda_z\sqrt{\pi\eta_z\tau}e^{z\lambda_z+\lambda_z^2\eta_z\tau}\operatorname{erfc}\left(\lambda_z\sqrt{\eta_z\tau}+\frac{z}{2\sqrt{\eta_z\tau}}\right)\right\}d\tau \qquad (8.8.3)$$

8.9

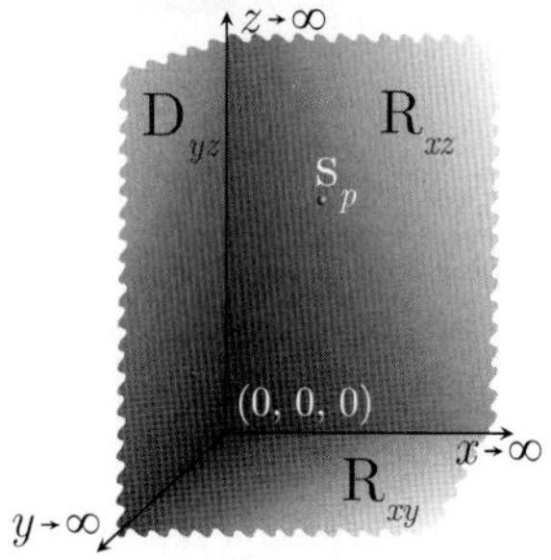

The problem of 8.2, except
$D_{yz} \equiv p(0,y,z,t) = \psi_{yz}(y,z,t)$,
$R_{xz} \equiv \frac{\partial p(x,0,z,t)}{\partial y} - \lambda_y p(x,0,z,t) = -\left(\frac{\mu}{k_y}\right)\psi_{xz}(x,z,t)$
and
$R_{xy} \equiv \frac{\partial p(x,y,0,t)}{\partial z} - \lambda_z p(x,y,0,t) = -\left(\frac{\mu}{k_z}\right)\psi_{xy}(x,y,t)$

$$p = \frac{U(t-t_0)}{8\pi^{\frac{3}{2}}\phi c_t\sqrt{\eta_x\eta_y\eta_z}}\int_0^{t-t_0}\frac{q(t-t_0-\tau)}{\tau^{\frac{3}{2}}}\left[e^{-\frac{(x-x_0)^2}{4\eta_x\tau}}-e^{-\frac{(x+x_0)^2}{4\eta_x\tau}}\right]\times$$
$$\times\left[e^{-\frac{(y-y_0)^2}{4\eta_y\tau}}+e^{-\frac{(y+y_0)^2}{4\eta_y\tau}}-2\left\{\lambda_y\sqrt{\pi\eta_y\tau}\right\}e^{\left\{(y+y_0)\lambda_y+\lambda_y^2\eta_y\tau\right\}}\operatorname{erfc}\left\{\lambda_y\sqrt{\eta_y\tau}+\frac{(y+y_0)}{2\sqrt{\eta_y\tau}}\right\}\right]\times$$
$$\times\left[e^{-\frac{(z-z_0)^2}{4\eta_z\tau}}+e^{-\frac{(z+z_0)^2}{4\eta_z\tau}}-2\left\{\lambda_z\sqrt{\pi\eta_z\tau}\right\}e^{\left\{(z+z_0)\lambda_z+\lambda_z^2\eta_z\tau\right\}}\operatorname{erfc}\left\{\lambda_z\sqrt{\eta_z\tau}+\frac{(z+z_0)}{2\sqrt{\eta_z\tau}}\right\}\right]d\tau$$
$$+\frac{x}{8\pi^{\frac{3}{2}}\sqrt{\eta_x\eta_y\eta_z}}\int_0^t\frac{e^{-\frac{x^2}{4\eta_x\tau}}}{\tau^{\frac{5}{2}}}\int_0^\infty\int_0^\infty\psi_{yz}(v,w,t-\tau)\times$$
$$\times\left\{e^{-\frac{(y-v)^2}{4\eta_y\tau}}+e^{-\frac{(y+v)^2}{4\eta_y\tau}}-2\left(\lambda_y\sqrt{\pi\eta_y\tau}\right)e^{\left\{(y+v)\lambda_y+\lambda_y^2\eta_y\tau\right\}}\operatorname{erfc}\left(\lambda_y\sqrt{\eta_y\tau}+\frac{y+v}{2\sqrt{\eta_y\tau}}\right)\right\}\times$$
$$\times\left\{e^{-\frac{(z-w)^2}{4\eta_z\tau}}+e^{-\frac{(z+w)^2}{4\eta_z\tau}}-2\left(\lambda_z\sqrt{\pi\eta_z\tau}\right)e^{\left\{(z+w)\lambda_z+\lambda_z^2\eta_z\tau\right\}}\operatorname{erfc}\left(\lambda_z\sqrt{\eta_z\tau}+\frac{z+w}{2\sqrt{\eta_z\tau}}\right)\right\}dv\,dw\,d\tau +$$
$$+\frac{1}{4\pi^{\frac{3}{2}}(\phi c_t)\sqrt{\eta_x\eta_y\eta_z}}\int_0^t\frac{1}{\tau^{\frac{3}{2}}}\left\{e^{-\frac{y^2}{4\eta_y\tau}}-\lambda_y\sqrt{\pi\eta_y\tau}e^{y\lambda_y+\lambda_y^2\eta_y\tau}\operatorname{erfc}\left(\lambda_y\sqrt{\eta_y\tau}+\frac{y}{2\sqrt{\eta_y\tau}}\right)\right\}\times$$
$$\times\int_0^\infty\int_0^\infty\psi_{xy}(u,w,t-\tau)\left\{e^{-\frac{(x-u)^2}{4\eta_x\tau}}-e^{-\frac{(x-u)^2}{4\eta_x\tau}}\right\}\times$$
$$\times\left\{e^{-\frac{(z-w)^2}{4\eta_z\tau}}+e^{-\frac{(z+w)^2}{4\eta_z\tau}}-2\left(\lambda_z\sqrt{\pi\eta_z\tau}\right)e^{\left\{(z+w)\lambda_z+\lambda_z^2\eta_z\tau\right\}}\operatorname{erfc}\left(\lambda_z\sqrt{\eta_z\tau}+\frac{z+w}{2\sqrt{\eta_z\tau}}\right)\right\}du\,dw\,d\tau +$$
$$+\frac{1}{4\pi^{\frac{3}{2}}(\phi c_t)\sqrt{\eta_x\eta_y\eta_z}}\int_0^t\frac{1}{\tau^{\frac{3}{2}}}\left\{e^{-\frac{z^2}{4\eta_z\tau}}-\lambda_z\sqrt{\pi\eta_z\tau}e^{z\lambda_z+\lambda_z^2\eta_z\tau}\operatorname{erfc}\left(\lambda_z\sqrt{\eta_z\tau}+\frac{z}{2\sqrt{\eta_z\tau}}\right)\right\}\times$$

$$\times \int_0^\infty \int_0^\infty \psi_{xy}(u,v,t-\tau)\left\{e^{-\frac{(x-u)^2}{4\eta_x\tau}} - e^{-\frac{(x-u)^2}{4\eta_x\tau}}\right\}\times$$
$$\times\left\{e^{-\frac{(y-v)^2}{4\eta_y\tau}} + e^{-\frac{(y+v)^2}{4\eta_y\tau}} - 2\left(\lambda_y\sqrt{\pi\eta_y\tau}\right)e^{\left\{(y+v)\lambda_y+\lambda_y^2\eta_y\tau\right\}}\operatorname{erfc}\left(\lambda_y\sqrt{\eta_y\tau}+\frac{y+v}{2\sqrt{\eta_y\tau}}\right)\right\}dudvd\tau +$$
$$+\frac{1}{8(\pi t)^{\frac{3}{2}}\sqrt{\eta_x\eta_y\eta_z}}\int_0^\infty\int_0^\infty\int_0^\infty \varphi(u,v,w)\left[e^{-\frac{(x-u)^2}{4\eta_x t}} - e^{-\frac{(x+u)^2}{4\eta_x t}}\right]\times$$
$$\times\left[e^{-\frac{(y-v)^2}{4\eta_y\tau}} + e^{-\frac{(y+v)^2}{4\eta_y\tau}} - 2\left\{\lambda_y\sqrt{\pi\eta_y\tau}\right\}e^{\left\{(y+v)\lambda_y+\lambda_y^2\eta_y\tau\right\}}\operatorname{erfc}\left\{\lambda_y\sqrt{\eta_y\tau}+\frac{(y+v)}{2\sqrt{\eta_y\tau}}\right\}\right]\times$$
$$\times\left[e^{-\frac{(z-w)^2}{4\eta_z t}} + e^{-\frac{(z+w)^2}{4\eta_z t}} - 2\left\{\lambda_z\sqrt{\pi\eta_z t}\right\}e^{\left\{(z+w)\lambda_z+\lambda_z^2\eta_z t\right\}}\operatorname{erfc}\left\{\lambda_z\sqrt{\eta_z t}+\frac{(z+w)}{2\sqrt{\eta_z t}}\right\}\right]dudvdw \quad (8.9.1)$$

When $\varphi(x,y,z) = p_I$, a constant, the solution is obtained by replacing the term corresponding to the initial condition (the last term) in equation (8.9.1) with

$$p = p_I \operatorname{erf}\left(\frac{x}{2\sqrt{\eta_x t}}\right)\left\{\operatorname{erf}\left(\frac{y}{2\sqrt{\eta_y t}}\right) + e^{\eta_y\lambda_y^2 t}e^{y\lambda_y}\operatorname{erfc}\left(\lambda_y\sqrt{\eta_y t}+\frac{y}{2\sqrt{\eta_y t}}\right)\right\}\times$$
$$\times\left\{\operatorname{erf}\left(\frac{z}{2\sqrt{\eta_z t}}\right) + e^{\eta_z\lambda_z^2 t}e^{z\lambda_z}\operatorname{erfc}\left(\lambda_z\sqrt{\eta_z t}+\frac{z}{2\sqrt{\eta_z t}}\right)\right\} \quad (8.9.2)$$

A special case of $\psi_{xz}(x,z,t)$, $\psi_{xy}(x,y,t)$ and $\psi_{yz}(y,z,t)$

(i) $\psi_{yz}(y,z,t) = \psi_{yz}(t)$, $\psi_{xz}(x,z,t) = \psi_{xz}(t)$, $\psi_{xy}(x,y,t) = \psi_{xy}(t)$, $\psi_{yz}(t)$, $\psi_{xz}(t)$ and $\psi_{xy}(t)$ are functions of time only

$$p = \frac{2}{\sqrt{\pi}}\int_{\frac{x}{2\sqrt{\eta_x t}}}^{\infty}\psi_{yz}\left(t-\frac{x^2}{4\eta_x\tau^2}\right)e^{-\tau^2}\left\{\operatorname{erf}\left(\frac{\tau y}{x}\sqrt{\frac{\eta_x}{\eta_y}}\right) + e^{y\lambda_y+\frac{\eta_y\lambda_y^2x^2}{4\eta_x\tau^2}}\operatorname{erfc}\left(\frac{\lambda_y x}{2\tau}\sqrt{\frac{\eta_y}{\eta_x}}+\frac{\tau y}{x}\sqrt{\frac{\eta_x}{\eta_y}}\right)\right\}\times$$
$$\times\left\{\operatorname{erf}\left(\frac{\tau z}{x}\sqrt{\frac{\eta_x}{\eta_z}}\right) + e^{z\lambda_z+\frac{\eta_z\lambda_z^2x^2}{4\eta_x\tau^2}}\operatorname{erfc}\left(\frac{\lambda_z x}{2\tau}\sqrt{\frac{\eta_z}{\eta_x}}+\frac{\tau z}{x}\sqrt{\frac{\eta_x}{\eta_z}}\right)\right\}d\tau +$$
$$+\frac{1}{\phi c_t\sqrt{\pi\eta_z}}\int_0^t\frac{\psi_{xz}(t-\tau)}{\sqrt{\tau}}\operatorname{erf}\left(\frac{x}{2\sqrt{\eta_x\tau}}\right)\left\{\operatorname{erf}\left(\frac{y}{2\sqrt{\eta_y\tau}}\right) + e^{y\lambda_y+\lambda_y^2\eta_y\tau}\operatorname{erfc}\left(\lambda_y\sqrt{\eta_y\tau}+\frac{y}{2\sqrt{\eta_y\tau}}\right)\right\}\times$$
$$\times\left\{e^{-\frac{z^2}{4\eta_z\tau}} - \lambda_z\sqrt{\pi\eta_z\tau}e^{z\lambda_z+\lambda_z^2\eta_z\tau}\operatorname{erfc}\left(\lambda_z\sqrt{\eta_z\tau}+\frac{z}{2\sqrt{\eta_z\tau}}\right)\right\}d\tau +$$
$$+\frac{1}{\phi c_t\sqrt{\pi\eta_y}}\int_0^t\frac{\psi_{xy}(t-\tau)}{\sqrt{\tau}}\operatorname{erf}\left(\frac{x}{2\sqrt{\eta_x\tau}}\right)\left\{\operatorname{erf}\left(\frac{z}{2\sqrt{\eta_z\tau}}\right) + e^{z\lambda_z+\lambda_z^2\eta_z\tau}\operatorname{erfc}\left(\lambda_z\sqrt{\eta_z\tau}+\frac{z}{2\sqrt{\eta_z\tau}}\right)\right\}\times$$
$$\times\left\{e^{-\frac{y^2}{4\eta_y\tau}} - \lambda_y\sqrt{\pi\eta_y\tau}e^{y\lambda_y+\lambda_y^2\eta_y\tau}\operatorname{erfc}\left(\lambda_y\sqrt{\eta_y\tau}+\frac{y}{2\sqrt{\eta_y\tau}}\right)\right\}d\tau \quad (8.9.3)$$

8.10

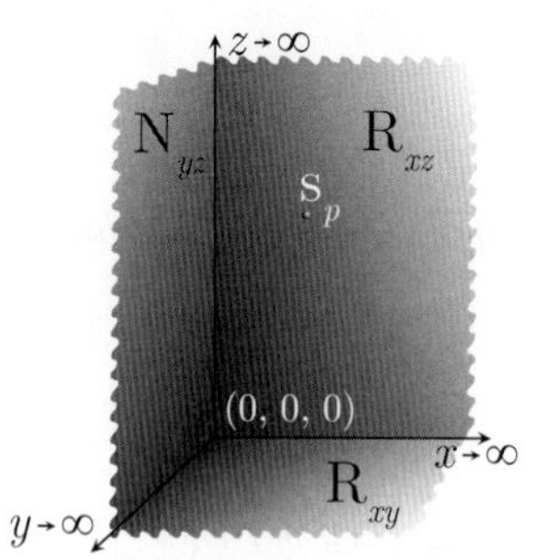

The problem of 8.2, except
$\mathbf{N}_{yz} \equiv \frac{\partial p(0,y,z,t)}{\partial x} = -\left(\frac{\mu}{k_x}\right)\psi_{yz}(y,z,t)$,
$\mathbf{R}_{xz} \equiv \frac{\partial p(x,0,z,t)}{\partial y} - \lambda_y p(x,0,z,t) = -\left(\frac{\mu}{k_y}\right)\psi_{xz}(x,z,t)$
and
$\mathbf{R}_{xy} \equiv \frac{\partial p(x,y,0,t)}{\partial z} - \lambda_z p(x,y,0,t) = -\left(\frac{\mu}{k_z}\right)\psi_{xy}(x,y,t)$

$$
\begin{aligned}
p =\ & \frac{U(t-t_0)}{8\pi^{\frac{3}{2}}\phi c_t\sqrt{\eta_x\eta_y\eta_z}} \int_0^{t-t_0} \frac{q(t-t_0-\tau)}{\tau^{\frac{3}{2}}}\left[e^{-\frac{(x-x_0)^2}{4\eta_x\tau}} + e^{-\frac{(x+x_0)^2}{4\eta_x\tau}}\right]\times \\
&\times\left[e^{-\frac{(y-y_0)^2}{4\eta_y\tau}} + e^{-\frac{(y+y_0)^2}{4\eta_y\tau}} - 2\left\{\lambda_y\sqrt{\pi\eta_y\tau}\right\}e^{\left\{(y+y_0)\lambda_y+\lambda_y^2\eta_y\tau\right\}}\operatorname{erfc}\left\{\lambda_y\sqrt{\eta_y\tau}+\frac{(y+y_0)}{2\sqrt{\eta_y\tau}}\right\}\right]\times \\
&\times\left[e^{-\frac{(z-z_0)^2}{4\eta_z\tau}} + e^{-\frac{(z+z_0)^2}{4\eta_z\tau}} - 2\left\{\lambda_z\sqrt{\pi\eta_z\tau}\right\}e^{\left\{(z+z_0)\lambda_z+\lambda_z^2\eta_z\tau\right\}}\operatorname{erfc}\left\{\lambda_z\sqrt{\eta_z\tau}+\frac{(z+z_0)}{2\sqrt{\eta_z\tau}}\right\}\right]d\tau \\
&+\frac{1}{4\pi^{\frac{3}{2}}(\phi c_t)\sqrt{\eta_x\eta_y\eta_z}}\int_0^t \frac{e^{-\frac{x^2}{4\eta_x\tau}}}{\tau^{\frac{3}{2}}}\int_0^\infty\int_0^\infty \psi_{yz}(v,w,t-\tau)\times \\
&\times\left\{e^{-\frac{(y-v)^2}{4\eta_y\tau}} + e^{-\frac{(y+v)^2}{4\eta_y\tau}} - 2\left(\lambda_y\sqrt{\pi\eta_y\tau}\right)e^{\left\{(y+v)\lambda_y+\lambda_y^2\eta_y\tau\right\}}\operatorname{erfc}\left(\lambda_y\sqrt{\eta_y\tau}+\frac{y+v}{2\sqrt{\eta_y\tau}}\right)\right\}\times \\
&\times\left\{e^{-\frac{(z-w)^2}{4\eta_z\tau}} + e^{-\frac{(z+w)^2}{4\eta_z\tau}} - 2\left(\lambda_z\sqrt{\pi\eta_z\tau}\right)e^{\left\{(z+w)\lambda_z+\lambda_z^2\eta_z\tau\right\}}\operatorname{erfc}\left(\lambda_z\sqrt{\eta_z\tau}+\frac{z+w}{2\sqrt{\eta_z\tau}}\right)\right\}dv\,dw\,d\tau + \\
&+\frac{1}{4\pi^{\frac{3}{2}}(\phi c_t)\sqrt{\eta_x\eta_y\eta_z}}\int_0^t \frac{1}{\tau^{\frac{3}{2}}}\left\{e^{-\frac{y^2}{4\eta_y\tau}} - \lambda_y\sqrt{\pi\eta_y\tau}e^{y\lambda_y+\lambda_y^2\eta_y\tau}\operatorname{erfc}\left(\lambda_y\sqrt{\eta_y\tau}+\frac{y}{2\sqrt{\eta_y\tau}}\right)\right\}\times \\
&\times\int_0^\infty\int_0^\infty \psi_{xy}(u,w,t-\tau)\left\{e^{-\frac{(x-u)^2}{4\eta_x\tau}} + e^{-\frac{(x-u)^2}{4\eta_x\tau}}\right\}\times \\
&\times\left\{e^{-\frac{(z-w)^2}{4\eta_z\tau}} + e^{-\frac{(z+w)^2}{4\eta_z\tau}} - 2\left(\lambda_z\sqrt{\pi\eta_z\tau}\right)e^{\left\{(z+w)\lambda_z+\lambda_z^2\eta_z\tau\right\}}\operatorname{erfc}\left(\lambda_z\sqrt{\eta_z\tau}+\frac{z+w}{2\sqrt{\eta_z\tau}}\right)\right\}du\,dw\,d\tau + \\
&+\frac{1}{4\pi^{\frac{3}{2}}(\phi c_t)\sqrt{\eta_x\eta_y\eta_z}}\int_0^t \frac{1}{\tau^{\frac{3}{2}}}\left\{e^{-\frac{z^2}{4\eta_z\tau}} - \lambda_z\sqrt{\pi\eta_z\tau}e^{z\lambda_z+\lambda_z^2\eta_z\tau}\operatorname{erfc}\left(\lambda_z\sqrt{\eta_z\tau}+\frac{z}{2\sqrt{\eta_z\tau}}\right)\right\}\times \\
&\times\int_0^\infty\int_0^\infty \psi_{xy}(u,v,t-\tau)\left\{e^{-\frac{(x-u)^2}{4\eta_x\tau}} + e^{-\frac{(x-u)^2}{4\eta_x\tau}}\right\}\times \\
&\times\left\{e^{-\frac{(y-v)^2}{4\eta_y\tau}} + e^{-\frac{(y+v)^2}{4\eta_y\tau}} - 2\left(\lambda_y\sqrt{\pi\eta_y\tau}\right)e^{\left\{(y+v)\lambda_y+\lambda_y^2\eta_y\tau\right\}}\operatorname{erfc}\left(\lambda_y\sqrt{\eta_y\tau}+\frac{y+v}{2\sqrt{\eta_y\tau}}\right)\right\}du\,dv\,d\tau + \\
&+\frac{1}{8(\pi t)^{\frac{3}{2}}\sqrt{\eta_x\eta_y\eta_z}}\int_0^\infty\int_0^\infty\int_0^\infty \varphi(u,v,w)\left[e^{-\frac{(x-u)^2}{4\eta_x t}} + e^{-\frac{(x+u)^2}{4\eta_x t}}\right]\times \\
&\times\left[e^{-\frac{(y-v)^2}{4\eta_y\tau}} + e^{-\frac{(y+v)^2}{4\eta_y\tau}} - 2\left\{\lambda_y\sqrt{\pi\eta_y\tau}\right\}e^{\left\{(y+v)\lambda_y+\lambda_y^2\eta_y\tau\right\}}\operatorname{erfc}\left\{\lambda_y\sqrt{\eta_y\tau}+\frac{(y+v)}{2\sqrt{\eta_y\tau}}\right\}\right]\times \\
&\times\left[e^{-\frac{(z-w)^2}{4\eta_z t}} + e^{-\frac{(z+w)^2}{4\eta_z t}} - 2\left\{\lambda_z\sqrt{\pi\eta_z t}\right\}e^{\left\{(z+w)\lambda_z+\lambda_z^2\eta_z t\right\}}\operatorname{erfc}\left\{\lambda_z\sqrt{\eta_z t}+\frac{(z+w)}{2\sqrt{\eta_z t}}\right\}\right]du\,dv\,dw \qquad (8.10.1)
\end{aligned}
$$

When $\varphi(x,y,z) = p_I$, a constant, the solution is obtained by replacing the term corresponding to the initial condition (the last term) in equation (8.10.1) with

$$p = p_I \left\{ \operatorname{erf}\left(\frac{y}{2\sqrt{\eta_y t}}\right) + e^{\eta_y \lambda_y^2 t} e^{y\lambda_y} \operatorname{erfc}\left(\lambda_y \sqrt{\eta_y t} + \frac{y}{2\sqrt{\eta_y t}}\right)\right\} \times$$
$$\times \left\{ \operatorname{erf}\left(\frac{z}{2\sqrt{\eta_z t}}\right) + e^{\eta_z \lambda_z^2 t} e^{z\lambda_z} \operatorname{erfc}\left(\lambda_z \sqrt{\eta_z t} + \frac{z}{2\sqrt{\eta_z t}}\right)\right\} \tag{8.10.2}$$

A special case of $\psi_{xz}(x,z,t)$, $\psi_{xy}(x,y,t)$ and $\psi_{yz}(y,z,t)$

(i) $\psi_{yz}(y,z,t) = \psi_{yz}(t)$, $\psi_{xz}(x,z,t) = \psi_{xz}(t)$, $\psi_{xy}(x,y,t) = \psi_{xy}(t)$, $\psi_{yz}(t)$, $\psi_{xz}(t)$ and $\psi_{xy}(t)$ are functions of time only

$$p = \frac{1}{\phi c_t \sqrt{\pi \eta_x}} \int_0^t \frac{\psi_{yz}(t-\tau)\, e^{-\frac{x^2}{4\eta_x \tau}}}{\sqrt{\tau}} \left\{ \operatorname{erf}\left(\frac{z}{2\sqrt{\eta_z \tau}}\right) + e^{z\lambda_z + \lambda_z^2 \eta_z \tau} \operatorname{erfc}\left(\lambda_z \sqrt{\eta_z \tau} + \frac{z}{2\sqrt{\eta_z \tau}}\right)\right\} \times$$
$$\times \left\{ \operatorname{erf}\left(\frac{y}{2\sqrt{\eta_y \tau}}\right) + e^{y\lambda_y + \lambda_y^2 \eta_z \tau} \operatorname{erfc}\left(\lambda_y \sqrt{\eta_y \tau} + \frac{y}{2\sqrt{\eta_y \tau}}\right)\right\} d\tau +$$
$$+ \frac{1}{\phi c_t \sqrt{\pi \eta_z}} \int_0^t \frac{\psi_{xz}(t-\tau)}{\sqrt{\tau}} \left\{ \operatorname{erf}\left(\frac{y}{2\sqrt{\eta_y \tau}}\right) + e^{y\lambda_y + \lambda_y^2 \eta_y \tau} \operatorname{erfc}\left(\lambda_y \sqrt{\eta_y \tau} + \frac{y}{2\sqrt{\eta_y \tau}}\right)\right\} \times$$
$$\times \left\{ e^{-\frac{z^2}{4\eta_z \tau}} - \lambda_z \sqrt{\pi \eta_z \tau}\, e^{z\lambda_z + \lambda_z^2 \eta_z \tau} \operatorname{erfc}\left(\lambda_z \sqrt{\eta_z \tau} + \frac{z}{2\sqrt{\eta_z \tau}}\right)\right\} d\tau +$$
$$+ \frac{1}{\phi c_t \sqrt{\pi \eta_y}} \int_0^t \frac{\psi_{xy}(t-\tau)}{\sqrt{\tau}} \left\{ \operatorname{erf}\left(\frac{z}{2\sqrt{\eta_z \tau}}\right) + e^{z\lambda_z + \lambda_z^2 \eta_z \tau} \operatorname{erfc}\left(\lambda_z \sqrt{\eta_z \tau} + \frac{z}{2\sqrt{\eta_z \tau}}\right)\right\} \times$$
$$\times \left\{ e^{-\frac{y^2}{4\eta_y \tau}} - \lambda_y \sqrt{\pi \eta_y \tau}\, e^{y\lambda_y + \lambda_y^2 \eta_y \tau} \operatorname{erfc}\left(\lambda_y \sqrt{\eta_y \tau} + \frac{y}{2\sqrt{\eta_y \tau}}\right)\right\} d\tau \tag{8.10.3}$$

8.11 The problem of 8.2, except

$\mathbf{R}_{yz} \equiv \frac{\partial p(0,y,z,t)}{\partial x} - \lambda_x p(0,y,z,t) = -\left(\frac{\mu}{k_x}\right) \psi_{yz}(y,z,t)$,
$\mathbf{R}_{xz} \equiv \frac{\partial p(x,0,z,t)}{\partial y} - \lambda_y p(x,0,z,t) = -\left(\frac{\mu}{k_y}\right) \psi_{xz}(x,z,t)$ **and**
$\mathbf{R}_{xy} \equiv \frac{\partial p(x,y,0,t)}{\partial z} - \lambda_z p(x,y,0,t) = -\left(\frac{\mu}{k_z}\right) \psi_{xy}(x,y,t)$

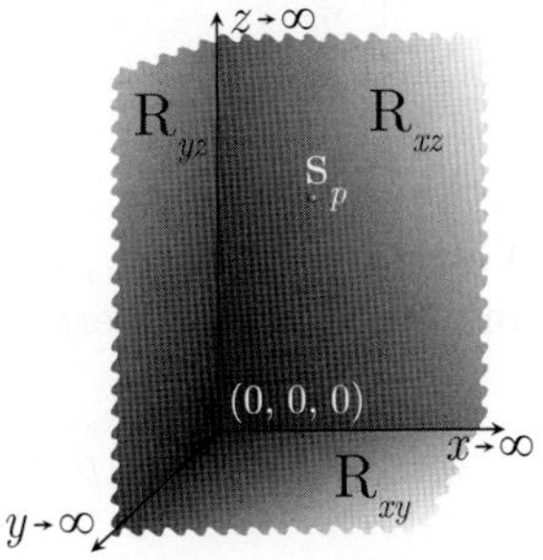

$$p = \frac{U(t-t_0)}{8\pi^{\frac{3}{2}} \phi c_t \sqrt{\eta_x \eta_y \eta_z}} \int_0^{t-t_0} \frac{q(t-t_0-\tau)}{\tau^{\frac{3}{2}}} \times$$
$$\times \left[e^{-\frac{(x-x_0)^2}{4\eta_x \tau}} + e^{-\frac{(x+x_0)^2}{4\eta_x \tau}} - 2\left\{\lambda_x \sqrt{\pi \eta_x \tau}\right\} e^{\left\{(x+x_0)\lambda_x + \lambda_x^2 \eta_x \tau\right\}} \operatorname{erfc}\left\{\lambda_x \sqrt{\eta_x \tau} + \frac{(x+x_0)}{2\sqrt{\eta_x \tau}}\right\}\right] \times$$
$$\times \left[e^{-\frac{(y-y_0)^2}{4\eta_y \tau}} + e^{-\frac{(y+y_0)^2}{4\eta_y \tau}} - 2\left\{\lambda_y \sqrt{\pi \eta_y \tau}\right\} e^{\left\{(y+y_0)\lambda_y + \lambda_y^2 \eta_y \tau\right\}} \operatorname{erfc}\left\{\lambda_y \sqrt{\eta_y \tau} + \frac{(y+y_0)}{2\sqrt{\eta_y \tau}}\right\}\right] \times$$
$$\times \left[e^{-\frac{(z-z_0)^2}{4\eta_z \tau}} + e^{-\frac{(z+z_0)^2}{4\eta_z \tau}} - 2\left\{\lambda_z \sqrt{\pi \eta_z \tau}\right\} e^{\left\{(z+z_0)\lambda_z + \lambda_z^2 \eta_z \tau\right\}} \operatorname{erfc}\left\{\lambda_z \sqrt{\eta_z \tau} + \frac{(z+z_0)}{2\sqrt{\eta_z \tau}}\right\}\right] d\tau +$$
$$+ \frac{1}{4\pi^{\frac{3}{2}} (\phi c_t) \sqrt{\eta_x \eta_y \eta_z}} \int_0^t \frac{1}{\tau^{\frac{3}{2}}} \left\{ e^{-\frac{x^2}{4\eta_x \tau}} - \lambda_x \sqrt{\pi \eta_x \tau}\, e^{x\lambda_x + \lambda_x^2 \eta_x \tau} \operatorname{erfc}\left(\lambda_x \sqrt{\eta_x \tau} + \frac{x}{2\sqrt{\eta_x \tau}}\right)\right\} \times$$

$$\times \int_0^\infty \int_0^\infty \psi_{yz}(v,w,t-\tau)\left\{e^{-\frac{(y-v)^2}{4\eta_y\tau}}+e^{-\frac{(y+v)^2}{4\eta_y\tau}}-2\left(\lambda_y\sqrt{\pi\eta_y\tau}\right)e^{\left\{(y+v)\lambda_y+\lambda_y^2\eta_y\tau\right\}}\operatorname{erfc}\left(\lambda_y\sqrt{\eta_y\tau}+\frac{y+v}{2\sqrt{\eta_y\tau}}\right)\right\}\times$$

$$\times\left\{e^{-\frac{(z-w)^2}{4\eta_z\tau}}+e^{-\frac{(z+w)^2}{4\eta_z\tau}}-2\left(\lambda_z\sqrt{\pi\eta_z\tau}\right)e^{\left\{(z+w)\lambda_z+\lambda_z^2\eta_z\tau\right\}}\operatorname{erfc}\left(\lambda_z\sqrt{\eta_z\tau}+\frac{z+w}{2\sqrt{\eta_z\tau}}\right)\right\}dvdwd\tau+$$

$$+\frac{1}{4\pi^{\frac{3}{2}}(\phi c_t)\sqrt{\eta_x\eta_y\eta_z}}\int_0^t\frac{1}{\tau^{\frac{3}{2}}}\left\{e^{-\frac{y^2}{4\eta_y\tau}}-\lambda_y\sqrt{\pi\eta_y\tau}e^{y\lambda_y+\lambda_y^2\eta_y\tau}\operatorname{erfc}\left(\lambda_y\sqrt{\eta_y\tau}+\frac{y}{2\sqrt{\eta_y\tau}}\right)\right\}\times$$

$$\times \int_0^\infty \int_0^\infty \psi_{xy}(u,w,t-\tau)\left\{e^{-\frac{(x-u)^2}{4\eta_x\tau}}+e^{-\frac{(x+u)^2}{4\eta_x\tau}}-2\left(\lambda_x\sqrt{\pi\eta_x\tau}\right)e^{\left\{(x+u)\lambda_x+\lambda_x^2\eta_x\tau\right\}}\operatorname{erfc}\left(\lambda_x\sqrt{\eta_x\tau}+\frac{x+u}{2\sqrt{\eta_x\tau}}\right)\right\}\times$$

$$\times\left\{e^{-\frac{(z-w)^2}{4\eta_z\tau}}+e^{-\frac{(z+w)^2}{4\eta_z\tau}}-2\left(\lambda_z\sqrt{\pi\eta_z\tau}\right)e^{\left\{(z+w)\lambda_z+\lambda_z^2\eta_z\tau\right\}}\operatorname{erfc}\left(\lambda_z\sqrt{\eta_z\tau}+\frac{z+w}{2\sqrt{\eta_z\tau}}\right)\right\}dudwd\tau+$$

$$+\frac{1}{4\pi^{\frac{3}{2}}(\phi c_t)\sqrt{\eta_x\eta_y\eta_z}}\int_0^t\frac{1}{\tau^{\frac{3}{2}}}\left\{e^{-\frac{z^2}{4\eta_z\tau}}-\lambda_z\sqrt{\pi\eta_z\tau}e^{z\lambda_z+\lambda_z^2\eta_z\tau}\operatorname{erfc}\left(\lambda_z\sqrt{\eta_z\tau}+\frac{z}{2\sqrt{\eta_z\tau}}\right)\right\}\times$$

$$\times \int_0^\infty \int_0^\infty \psi_{xy}(u,v,t-\tau)\left\{e^{-\frac{(x-u)^2}{4\eta_x\tau}}+e^{-\frac{(x+u)^2}{4\eta_x\tau}}-2\left(\lambda_x\sqrt{\pi\eta_x\tau}\right)e^{\left\{(x+u)\lambda_x+\lambda_x^2\eta_x\tau\right\}}\operatorname{erfc}\left(\lambda_x\sqrt{\eta_x\tau}+\frac{x+u}{2\sqrt{\eta_x\tau}}\right)\right\}\times$$

$$\times\left\{e^{-\frac{(y-v)^2}{4\eta_y\tau}}+e^{-\frac{(y+v)^2}{4\eta_y\tau}}-2\left(\lambda_y\sqrt{\pi\eta_y\tau}\right)e^{\left\{(y+v)\lambda_y+\lambda_y^2\eta_y\tau\right\}}\operatorname{erfc}\left(\lambda_y\sqrt{\eta_y\tau}+\frac{y+v}{2\sqrt{\eta_y\tau}}\right)\right\}dudvd\tau+$$

$$+\frac{1}{8(\pi t)^{\frac{3}{2}}\sqrt{\eta_x\eta_y\eta_z}}\int_0^\infty\int_0^\infty\int_0^\infty\varphi(u,v,w)\times$$

$$\times\left[e^{-\frac{(x-u)^2}{4\eta_x\tau}}+e^{-\frac{(x+u)^2}{4\eta_x\tau}}-2\left\{\lambda_x\sqrt{\pi\eta_x\tau}\right\}e^{\left\{(x+u)\lambda_x+\lambda_x^2\eta_x\tau\right\}}\operatorname{erfc}\left\{\lambda_x\sqrt{\eta_x\tau}+\frac{(x+u)}{2\sqrt{\eta_x\tau}}\right\}\right]\times$$

$$\times\left[e^{-\frac{(y-v)^2}{4\eta_y\tau}}+e^{-\frac{(y+v)^2}{4\eta_y\tau}}-2\left\{\lambda_y\sqrt{\pi\eta_y\tau}\right\}e^{\left\{(y+v)\lambda_y+\lambda_y^2\eta_y\tau\right\}}\operatorname{erfc}\left\{\lambda_y\sqrt{\eta_y\tau}+\frac{(y+v)}{2\sqrt{\eta_y\tau}}\right\}\right]\times$$

$$\times\left[e^{-\frac{(z-w)^2}{4\eta_z t}}+e^{-\frac{(z+w)^2}{4\eta_z t}}-2\left\{\lambda_z\sqrt{\pi\eta_z t}\right\}e^{\left\{(z+w)\lambda_z+\lambda_z^2\eta_z t\right\}}\operatorname{erfc}\left\{\lambda_z\sqrt{\eta_z t}+\frac{(z+w)}{2\sqrt{\eta_z t}}\right\}\right]dudvdw \qquad (8.11.1)$$

When $\varphi(x,y,z)=p_I$, a constant, the solution is obtained by replacing the term corresponding to the initial condition (the last term) in equation (8.11.1) with

$$p = p_I\left\{\operatorname{erf}\left(\frac{x}{2\sqrt{\eta_x t}}\right)+e^{\eta_x\lambda_x^2 t}e^{x\lambda_x}\operatorname{erfc}\left(\lambda_x\sqrt{\eta_x t}+\frac{x}{2\sqrt{\eta_x t}}\right)\right\}\times$$
$$\times\left\{\operatorname{erf}\left(\frac{y}{2\sqrt{\eta_y t}}\right)+e^{\eta_y\lambda_y^2 t}e^{y\lambda_y}\operatorname{erfc}\left(\lambda_y\sqrt{\eta_y t}+\frac{y}{2\sqrt{\eta_y t}}\right)\right\}\times$$
$$\times\left\{\operatorname{erf}\left(\frac{z}{2\sqrt{\eta_z t}}\right)+e^{\eta_z\lambda_z^2 t}e^{z\lambda_z}\operatorname{erfc}\left(\lambda_z\sqrt{\eta_z t}+\frac{z}{2\sqrt{\eta_z t}}\right)\right\} \qquad (8.11.2)$$

A special case of $\psi_{xz}(x,z,t)$, $\psi_{xy}(x,y,t)$ and $\psi_{yz}(y,z,t)$

(i) $\psi_{yz}(y,z,t)=\psi_{yz}(t)$, $\psi_{xz}(x,z,t)=\psi_{xz}(t)$, $\psi_{xy}(x,y,t)=\psi_{xy}(t)$, $\psi_{yz}(t)$, $\psi_{xz}(t)$ and $\psi_{xy}(t)$ are functions of time only

$$p=\frac{1}{\phi c_t\sqrt{\pi\eta_x}}\int_0^t\frac{\psi_{yz}(t-\tau)}{\sqrt{\tau}}\left\{e^{-\frac{x^2}{4\eta_x\tau}}-\lambda_x\sqrt{\pi\eta_x\tau}e^{x\lambda_x+\lambda_x^2\eta_x\tau}\operatorname{erfc}\left(\lambda_x\sqrt{\eta_x\tau}+\frac{x}{2\sqrt{\eta_x\tau}}\right)\right\}\times$$
$$\times\left\{\operatorname{erf}\left(\frac{y}{2\sqrt{\eta_y\tau}}\right)+e^{y\lambda_y+\lambda_y^2\eta_y\tau}\operatorname{erfc}\left(\lambda_y\sqrt{\eta_y\tau}+\frac{y}{2\sqrt{\eta_y\tau}}\right)\right\}\times$$

$$\times \left\{ \operatorname{erf}\left(\frac{z}{2\sqrt{\eta_z \tau}}\right) + e^{z\lambda_z + \lambda_z^2 \eta_z \tau} \operatorname{erfc}\left(\lambda_z \sqrt{\eta_z \tau} + \frac{z}{2\sqrt{\eta_z \tau}}\right)\right\} d\tau +$$

$$+ \frac{1}{\phi c_t \sqrt{\pi \eta_y}} \int_0^t \frac{\psi_{xz}(t-\tau)}{\sqrt{\tau}} \left\{ e^{-\frac{y^2}{4\eta_y \tau}} - \lambda_y \sqrt{\pi \eta_y \tau} e^{y\lambda_y + \lambda_y^2 \eta_y \tau} \operatorname{erfc}\left(\lambda_y \sqrt{\eta_y \tau} + \frac{y}{2\sqrt{\eta_x \tau}}\right)\right\} \times$$

$$\times \left\{ \operatorname{erf}\left(\frac{x}{2\sqrt{\eta_x \tau}}\right) + e^{x\lambda_x + \lambda_x^2 \eta_y \tau} \operatorname{erfc}\left(\lambda_x \sqrt{\eta_x \tau} + \frac{x}{2\sqrt{\eta_x \tau}}\right)\right\} \times$$

$$\times \left\{ \operatorname{erf}\left(\frac{z}{2\sqrt{\eta_z \tau}}\right) + e^{z\lambda_z + \lambda_z^2 \eta_z \tau} \operatorname{erfc}\left(\lambda_z \sqrt{\eta_z \tau} + \frac{z}{2\sqrt{\eta_z \tau}}\right)\right\} d\tau +$$

$$+ \frac{1}{\phi c_t \sqrt{\pi \eta_y}} \int_0^t \frac{\psi_{xy}(t-\tau)}{\sqrt{\tau}} \left\{ e^{-\frac{z^2}{4\eta_z \tau}} - \lambda_z \sqrt{\pi \eta_z \tau} e^{z\lambda_z + \lambda_z^2 \eta_y \tau} \operatorname{erfc}\left(\lambda_y \sqrt{\eta_y \tau} + \frac{y}{2\sqrt{\eta_x \tau}}\right)\right\} \times$$

$$\times \left\{ \operatorname{erf}\left(\frac{x}{2\sqrt{\eta_x \tau}}\right) + e^{x\lambda_x + \lambda_x^2 \eta_y \tau} \operatorname{erfc}\left(\lambda_x \sqrt{\eta_x \tau} + \frac{x}{2\sqrt{\eta_x \tau}}\right)\right\} \times$$

$$\times \left\{ \operatorname{erf}\left(\frac{y}{2\sqrt{\eta_y \tau}}\right) + e^{y\lambda_y + \lambda_y^2 \eta_y \tau} \operatorname{erfc}\left(\lambda_y \sqrt{\eta_y \tau} + \frac{y}{2\sqrt{\eta_y \tau}}\right)\right\} d\tau \qquad (8.11.3)$$

Chapter 9

Quadrant layer: infinite and semi-infinite continua. $p(x, y, z, t)$ is a function of x, y, z and t only

9.1 An infinite continuum in the regions $-\infty < x < \infty$, $-\infty < y < \infty$ and finite in the region $0 < z < d$. Point source at $s_p \equiv (x_0, y_0, z_0)$ at time $t = t_0$; $-\infty < x_0 < \infty$, $-\infty < y_0 < \infty$, $0 < z_0 < d$, $t_0 \geq 0$. $N_{xy0} \equiv \frac{\partial p(x,y,0,t)}{\partial z} = -\left(\frac{\mu}{k_z}\right)\psi_{xy0}(x,y,t)$ and $N_{xyd} \equiv \frac{\partial p(x,y,d,t)}{\partial z} = -\left(\frac{\mu}{k_z}\right)\psi_{xyd}(x,y,t)$. The initial pressure $p(x,y,z,0) = \varphi(x,y,z)$; $\varphi(x,y,z)$ and its derivative tend to zero as $x \to \pm\infty$ and $y \to \pm\infty$

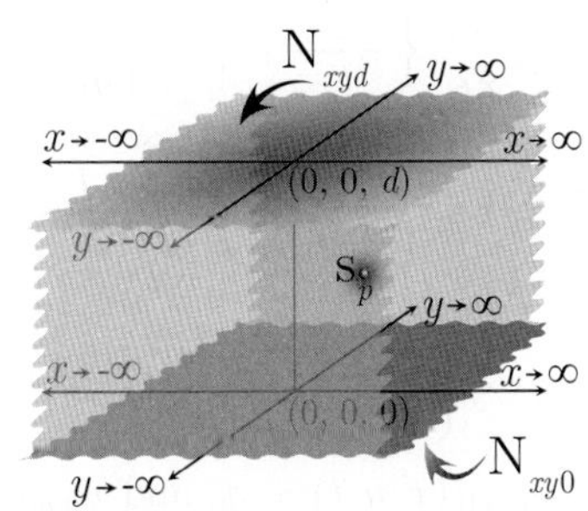

Applying the complex Fourier and Laplace transformations to equation (8.1.1), we get

$$\overline{\overline{\overline{p}}} = \frac{q(s)\,e^{inx_0}e^{imy_0}\cos(\xi_l z_0)\,e^{-st_0}}{\phi c_t\left(\eta_x n^2 + \eta_y m^2 + \eta_z \xi_l^2 + s\right)} + \frac{\left\{(-1)^{l+1}\overline{\overline{\overline{\psi}}}_{xyd}(n,m,s) + \overline{\overline{\overline{\psi}}}_{xy0}(n,m,s)\right\}}{\phi c_t\left(\eta_x n^2 + \eta_y m^2 + \eta_z \xi_l^2 + s\right)} + \\ + \frac{\int_0^d \int_{-\infty}^{\infty}\int_{-\infty}^{\infty} \varphi(u,v,w)\,e^{inu}e^{imv}\cos(\xi_l w)\,du\,dv\,dw}{\left(\eta_x n^2 + \eta_y m^2 + \eta_z \xi_l^2 + s\right)} \tag{9.1.1}$$

where ξ_l is a positive root of $\sin(\xi_l d) = 0$. The eigenvalues are given by $\xi_l = \frac{l\pi}{d}$, $l = 1, 2, ...,$
$\overline{\overline{\overline{\psi}}}_{xyd}(n,m,s) = \int_{-\infty}^{\infty} \overline{\overline{\psi}}_{xyd}(x,m,s)\,e^{inx}dx$, $\overline{\overline{\psi}}_{xyd}(x,m,s) = \int_{-\infty}^{\infty} \overline{\psi}_{xyd}(x,y,s)\,e^{imy}dy$,
$\overline{\psi}_{xyd}(x,y,s) = \int_0^{\infty} \psi_{xyd}(x,y,t)\,e^{-st}dt$; $\overline{\overline{\overline{\psi}}}_{xy0}(n,m,s) = \int_{-\infty}^{\infty} \overline{\overline{\psi}}_{xy0}(x,m,s)\,e^{inx}dx$,
$\overline{\overline{\psi}}_{xy0}(x,m,s) = \int_{-\infty}^{\infty} \overline{\psi}_{xy0}(x,y,s)\,e^{imy}dy$, and $\overline{\psi}_{xy0}(x,y,s) = \int_0^{\infty} \psi_{xy0}(x,y,t)\,e^{-st}dt$.

Successive inverse Fourier transforms of equation (9.1.1) yield

$$\overline{p} = \frac{q(s)\,e^{-st_0}}{\pi d\phi c_t\sqrt{\eta_x\eta_y}}\sum_{l=0}^{\infty} \ni_l \cos(\xi_l z_0)\cos(\xi_l z) K_0\left\{\sqrt{\left(\frac{(x-x_0)^2}{\eta_x} + \frac{(y-y_0)^2}{\eta_y}\right)(s + \eta_z\xi_l^2)}\right\} + \\ + \frac{1}{\pi d\phi c_t\sqrt{\eta_x\eta_y}}\sum_{l=0}^{\infty} \ni_l \cos\left(\frac{l\pi z}{d}\right) \times \\ \times \int_{-\infty}^{\infty}\int_{-\infty}^{\infty} \left\{(-1)^{l+1}\overline{\psi}_{xyd}(u,v,s) + \overline{\psi}_{xy0}(u,v,s)\right\} K_0\left\{\sqrt{\left\{\frac{(x-u)^2}{\eta_x} + \frac{(y-v)^2}{\eta_y}\right\}(s + \eta_z\xi_l^2)}\right\} du\,dv +$$

$$+\frac{1}{\pi d\sqrt{\eta_x\eta_y}}\sum_{l=0}^{\infty}\ni_l\cos(\xi_l z)\times$$
$$\times\int_0^d\int_{-\infty}^{\infty}\int_{-\infty}^{\infty}\varphi(u,v,w)\cos(\xi_l w)K_0\left\{\sqrt{\left(\frac{(x-u)^2}{\eta_x}+\frac{(y-v)^2}{\eta_y}\right)(s+\eta_z\xi_l^2)}\right\}dudvdw \quad (9.1.2)$$

where $\overline{\psi}_{xy0}(x,y,s)=\int_0^{\infty}\psi_{xy0}(x,y,t)e^{-st}dt$ and $\overline{\psi}_{xyd}(x,y,s)=\int_0^{\infty}\psi_{xyd}(x,y,t)e^{-st}dt$.

$$p=\frac{U(t-t_0)}{8\pi d\phi c_t\sqrt{\eta_x\eta_y}}\int_0^{t-t_0}\frac{q(t-t_0-\tau)}{\tau}e^{-\left\{\frac{(x-x_0)^2}{4\eta_x\tau}+\frac{(y-y_0)^2}{4\eta_y\tau}\right\}}\times$$
$$\times\left\{\Theta_3\left(\frac{\pi(z-z_0)}{2d},e^{-\left(\frac{\pi}{d}\right)^2\eta_z\tau}\right)+\Theta_3\left(\frac{\pi(z+z_0)}{2d},e^{-\left(\frac{\pi}{d}\right)^2\eta_z\tau}\right)\right\}d\tau+$$
$$+\frac{1}{4\pi d\phi c_t\sqrt{\eta_x\eta_y}}\times$$
$$\times\int_0^t\frac{1}{\tau}\int_{-\infty}^{\infty}\int_{-\infty}^{\infty}\left\{\psi_{xy0}(u,v,t-\tau)\Theta_3\left(\frac{\pi z}{2d},e^{-\left(\frac{\pi}{d}\right)^2\eta_z\tau}\right)-\psi_{xyd}(u,v,t-\tau)\Theta_4\left(\frac{\pi z}{2d},e^{-\left(\frac{\pi}{d}\right)^2\eta_z\tau}\right)\right\}\times$$
$$\times e^{-\left\{\frac{(x-u)^2}{4\eta_x\tau}+\frac{(y-v)^2}{4\eta_y\tau}\right\}}dudvd\tau+$$
$$+\frac{1}{8\pi dt\sqrt{\eta_x\eta_y}}\int_0^d\int_{-\infty}^{\infty}\int_{-\infty}^{\infty}\varphi(u,v,w)\times$$
$$\times\left\{\Theta_3\left(\frac{\pi(z-w)}{2d},e^{-\left(\frac{\pi}{d}\right)^2\eta_z t}\right)+\Theta_3\left(\frac{\pi(z+w)}{2d},e^{-\left(\frac{\pi}{d}\right)^2\eta_z t}\right)\right\}e^{-\left\{\frac{(x-u)^2}{4\eta_x t}+\frac{(y-v)^2}{4\eta_y t}\right\}}dudvdw \quad (9.1.3)$$

When $\psi_{xy0}(x,y,t)=q_0$ and $\psi_{xyd}(x,y,t)=q_d$, where q_0 and q_d are constants, the solution is obtained by replacing the terms corresponding to the boundary conditions (the middle terms) in equations (9.1.2) and (9.1.3) with

$$\overline{p}=\frac{\operatorname{csch}\left\{d\sqrt{\beta_z+\frac{s}{\eta_z}}\right\}}{\phi c_t\eta_z s\sqrt{\beta_z+\frac{s}{\eta_z}}}\left[q_0\cosh\left\{(d-z)\sqrt{\beta_z+\frac{s}{\eta_z}}\right\}-q_d\cosh\left\{z\sqrt{\beta_z+\frac{s}{\eta_z}}\right\}\right] \quad (9.1.4)$$

and

$$p=\frac{1}{d\phi c_t}\int_0^t\left\{q_0\Theta_3\left(\frac{\pi z}{2d},e^{-\left(\frac{\pi}{d}\right)^2\eta_z\tau}\right)-q_d\Theta_4\left(\frac{\pi z}{2d},e^{-\left(\frac{\pi}{d}\right)^2\eta_z\tau}\right)\right\}d\tau \quad (9.1.5)$$

Special cases of practical relevance

(i) A line of finite length $[z_{02}-z_{01}]$ passing through (x_0,y_0)

The continuous source solution is obtained by replacing the source terms in equations (9.1.2) and (9.1.3) with

$$\overline{p}=\frac{q(s)e^{-st_0}}{\pi^2\phi c_t\sqrt{\eta_x\eta_y}}\sum_{l=0}^{\infty}\frac{\ni_l}{l}\{\sin(\xi_l z_{02})-\sin(\xi_l z_{01})\}\cos(\xi_l z)K_0\left\{\sqrt{\left(\frac{(x-x_0)^2}{\eta_x}+\frac{(y-y_0)^2}{\eta_y}\right)(s+\eta_z\xi_l^2)}\right\} \quad (9.1.6)$$

and

$$p=\frac{U(t-t_0)}{4\pi\phi c_t\sqrt{\eta_x\eta_y}}\int_0^{t-t_0}\frac{q(t-t_0-\tau)}{\tau}e^{-\left\{\frac{(x-x_0)^2}{4\eta_x\tau}+\frac{(y-y_0)^2}{4\eta_y\tau}\right\}}\times$$

$$\times\left\{\Theta_3^{\int}\left(\frac{\pi\left(z-z_{01}\right)}{2d},e^{-\left(\frac{\pi}{d}\right)^2\eta_z\tau}\right)-\Theta_3^{\int}\left(\frac{\pi\left(z-z_{02}\right)}{2d},e^{-\left(\frac{\pi}{d}\right)^2\eta_z\tau}\right)+\right.$$
$$\left.+\,\Theta_3^{\int}\left(\frac{\pi\left(z+z_{02}\right)}{2d},e^{-\left(\frac{\pi}{d}\right)^2\eta_z\tau}\right)-\Theta_3^{\int}\left(\frac{\pi\left(z+z_{01}\right)}{2d},e^{-\left(\frac{\pi}{d}\right)^2\eta_z\tau}\right)\right\}d\tau \tag{9.1.7}$$

The spatial average pressure response of the line $[z_{02}-z_{01}]$ is given by

$$\overline{p}=\frac{q\left(s\right)de^{-st_0}}{\pi^3\phi c_t\left(z_{02}-z_{01}\right)\sqrt{\eta_x\eta_y}}\sum_{l=0}^{\infty}\frac{\ni_l}{l^2}\left\{\sin\left(\xi_l z_{02}\right)-\sin\left(\xi_l z_{01}\right)\right\}^2K_0\left\{\sqrt{\left(\frac{\left(x-x_0\right)^2}{\eta_x}+\frac{\left(y-y_0\right)^2}{\eta_y}\right)\left(s+\eta_z\xi_l^2\right)}\right\}+$$
$$+\frac{1}{\pi^2\left(z_{02}-z_{01}\right)\phi c_t\sqrt{\eta_x\eta_y}}\sum_{l=0}^{\infty}\frac{\ni_l}{l}\left\{\sin\left(\xi_l z_{02}\right)-\sin\left(\xi_l z_{01}\right)\right\}\times$$
$$\times\int_{-\infty}^{\infty}\int_{-\infty}^{\infty}\left\{\left(-1\right)^{l+1}\overline{\psi}_{xyd}\left(u,v,s\right)+\overline{\psi}_{xy0}\left(u,v,s\right)\right\}K_0\left\{\sqrt{\left\{\frac{\left(x-u\right)^2}{\eta_x}+\frac{\left(y-v\right)^2}{\eta_y}\right\}\left(s+\eta_z\xi_l^2\right)}\right\}dudv+$$
$$+\frac{1}{\pi^2\left(z_{02}-z_{01}\right)\sqrt{\eta_x\eta_y}}\sum_{l=0}^{\infty}\frac{\ni_l}{l}\left\{\sin\left(\xi_l z_{02}\right)-\sin\left(\xi_l z_{02}\right)\right\}\times$$
$$\times\int_0^d\int_{-\infty}^{\infty}\int_{-\infty}^{\infty}\varphi\left(u,v,w\right)\cos\left(\xi_l w\right)K_0\left\{\sqrt{\left(\frac{\left(x-u\right)^2}{\eta_x}+\frac{\left(y-v\right)^2}{\eta_y}\right)\left(s+\eta_z\xi_l^2\right)}\right\}dudvdw \tag{9.1.8}$$

and

$$p=\frac{U(t-t_0)d}{\pi\phi c_t\left(z_{02}-z_{01}\right)\sqrt{\eta_x\eta_y}}\int_0^{t-t_0}\frac{q\left(t-t_0-\tau\right)}{\tau}e^{-\left\{\frac{\left(x-x_0\right)^2}{4\eta_x\tau}+\frac{\left(y-y_0\right)^2}{4\eta_y\tau}\right\}}\times$$
$$\times\left[\Theta_3^{\int\int}\left(\frac{\pi\left(z_{02}-z_{01}\right)}{2d},e^{-\left(\frac{\pi}{d}\right)^2\eta_z\tau}\right)-\Theta_3^{\int\int}\left(\frac{\pi\left(z_{02}+z_{01}\right)}{2d},e^{-\left(\frac{\pi}{d}\right)^2\eta_z\tau}\right)+\right.$$
$$\left.+\frac{1}{2}\left\{\Theta_3^{\int\int}\left(\frac{\pi z_{02}}{d},e^{-\left(\frac{\pi}{d}\right)^2\eta_z\tau}\right)+\Theta_3^{\int\int}\left(\frac{\pi z_{01}}{d},e^{-\left(\frac{\pi}{d}\right)^2\eta_z\tau}\right)\right\}\right]d\tau+$$
$$+\frac{1}{2\pi\phi c_t\left(z_{02}-z_{01}\right)\sqrt{\eta_x\eta_y}}\int_0^t\int_{-\infty}^{\infty}\int_{-\infty}^{\infty}\frac{e^{-\left\{\frac{\left(x-u\right)^2}{4\eta_x\tau}+\frac{\left(y-v\right)^2}{4\eta_y\tau}\right\}}}{\tau}\times$$
$$\times\left[\psi_{xy0}\left(u,v,t-\tau\right)\left\{\Theta_3^{\int}\left(\frac{\pi z_{02}}{2d},e^{-\left(\frac{\pi}{d}\right)^2\eta_z\tau}\right)-\Theta_3^{\int}\left(\frac{\pi z_{01}}{2d},e^{-\left(\frac{\pi}{d}\right)^2\eta_z\tau}\right)\right\}-\right.$$
$$\left.-\psi_{xyd}\left(u,v,t-\tau\right)\left\{\Theta_4^{\int}\left(\frac{\pi z_{02}}{2d},e^{-\left(\frac{\pi}{d}\right)^2\eta_z\tau}\right)-\Theta_4^{\int}\left(\frac{\pi z_{01}}{2d},e^{-\left(\frac{\pi}{d}\right)^2\eta_z\tau}\right)\right\}\right]dudvd\tau+$$
$$+\frac{1}{4\pi\left(z_{02}-z_{01}\right)t\sqrt{\eta_x\eta_y}}\times$$
$$\times\int_0^d\int_{-\infty}^{\infty}\int_{-\infty}^{\infty}\varphi\left(u,v,w\right)\left\{\Theta_3^{\int}\left(\frac{\pi\left(z_{02}-w\right)}{2d},e^{-\eta_z\left(\frac{\pi}{d}\right)^2t}\right)-\Theta_3^{\int}\left(\frac{\pi\left(z_{01}-w\right)}{2d},e^{-\eta_z\left(\frac{\pi}{d}\right)^2t}\right)+\right.$$
$$\left.+\Theta_3^{\int}\left(\frac{\pi\left(z_{02}+w\right)}{2d},e^{-\eta_z\left(\frac{\pi}{d}\right)^2t}\right)-\Theta_3^{\int}\left(\frac{\pi\left(z_{01}+w\right)}{2d},e^{-\eta_z\left(\frac{\pi}{d}\right)^2t}\right)\right\}e^{-\left\{\frac{\left(x-u\right)^2}{4\eta_x t}+\frac{\left(y-v\right)^2}{4\eta_y t}\right\}}dudvdw \tag{9.1.9}$$

(ii) A line of finite length $[y_{02}-y_{01}]$ passing through (x_0,z_0)*

*A useful solution in well testing. See Hantush (1956) and Goode and Thambynayagam (1987), as well as the references provided in those papers.

The continuous source solution is obtained by replacing the source term in equation (9.1.3) with

$$p = \frac{U(t-t_0)}{8d\phi c_t\sqrt{\pi\eta_x}} \int_0^{t-t_0} \frac{q(t-t_0-\tau)}{\sqrt{\tau}} \left\{ \operatorname{erf}\left(\frac{y-y_{01}}{2\sqrt{\eta_y\tau}}\right) - \operatorname{erf}\left(\frac{y-y_{02}}{2\sqrt{\eta_y\tau}}\right) \right\} \times$$
$$\times \left\{ \Theta_3\left(\frac{\pi(z-z_0)}{2d}, e^{-\left(\frac{\pi}{d}\right)^2\eta_z\tau}\right) + \Theta_3\left(\frac{\pi(z+z_0)}{2d}, e^{-\left(\frac{\pi}{d}\right)^2\eta_z\tau}\right) \right\} e^{-\frac{(x-x_0)^2}{4\eta_x\tau}} d\tau \qquad (9.1.10)$$

The spatial average pressure response of the line $[y_{02} - y_{01}]$ is given by

$$p = \frac{U(t-t_0)}{4d\phi c_t(y_{02}-y_{01})\sqrt{\pi\eta_x}} \times$$
$$\times \int_0^{t-t_0} \frac{q(t-t_0-\tau)}{\sqrt{\tau}} \left\{ (y_{02}-y_{01})\operatorname{erf}\left(\frac{y_{02}-y_{01}}{2\sqrt{\eta_z\tau}}\right) + 2\sqrt{\frac{\eta_y\tau}{\pi}}\left(e^{-\frac{(y_{02}-y_{01})^2}{4\eta_y\tau}} - 1\right) \right\} \times$$
$$\times \left\{ \Theta_3\left(\frac{\pi(z-z_0)}{2d}, e^{-\left(\frac{\pi}{d}\right)^2\eta_z\tau}\right) + \Theta_3\left(\frac{\pi(z+z_0)}{2d}, e^{-\left(\frac{\pi}{d}\right)^2\eta_z\tau}\right) \right\} e^{-\frac{(x-x_0)^2}{4\eta_x\tau}} d\tau +$$
$$+ \frac{1}{4d\phi c_t(y_{02}-y_{01})\sqrt{\pi\eta_x}} \int_0^t \int_{-\infty}^{\infty} \int_{-\infty}^{\infty} \frac{e^{-\frac{(x-u)^2}{4\eta_x\tau}}}{\sqrt{\tau}} \left\{ \operatorname{erf}\left(\frac{y_{02}-v}{2\sqrt{\eta_y\tau}}\right) - \operatorname{erf}\left(\frac{y_{01}-v}{2\sqrt{\eta_y(t-\tau)}}\right) \right\} \times$$
$$\times \left\{ \psi_{xy0}(u,v,t-\tau)\,\Theta_3\left(\frac{\pi z}{2d}, e^{-\left(\frac{\pi}{d}\right)^2\eta_z\tau}\right) - \psi_{xyd}(u,v,t-\tau)\,\Theta_4\left(\frac{\pi z}{2d}, e^{-\left(\frac{\pi}{d}\right)^2\eta_z\tau}\right) \right\} du\,dv\,d\tau +$$
$$+ \frac{1}{8d(y_{02}-y_{01})\sqrt{\pi\eta_x t}} \int_0^d \int_{-\infty}^{\infty} \int_{-\infty}^{\infty} \varphi(u,v,w) \left\{ \operatorname{erf}\left(\frac{y_{02}-v}{2\sqrt{\eta_y t}}\right) - \operatorname{erf}\left(\frac{y_{01}-v}{2\sqrt{\eta_y t}}\right) \right\} e^{-\frac{(x-u)^2}{4\eta_x t}} \times$$
$$\times \left\{ \Theta_3\left(\frac{\pi(z-w)}{2d}, e^{-\left(\frac{\pi}{d}\right)^2\eta_z t}\right) + \Theta_3\left(\frac{\pi(z+w)}{2d}, e^{-\left(\frac{\pi}{d}\right)^2\eta_z t}\right) \right\} du\,dv\,dw \qquad (9.1.11)$$

(iii) An inclined line of finite length $[(z_{02} - z_{01})\sin\vartheta_0]$, $0 < \vartheta_0 < \frac{\pi}{2}$, passing through (x_0, y_0, z_0). ϑ_0 is the inclination of the deviated well to the $x - y$ plane, γ_0 is the intercept to the z axis and θ_0 is the horizontal angle in polar coordinates*

The continuous source solution is obtained by replacing the source term in equation (9.1.3) with

$$p = \frac{U(t-t_0)\sin\vartheta_0}{8\pi\phi c_t\sqrt{\eta_x\eta_y\eta_z\mathcal{H}_0(0,0,1;1,2,0)}} \int_0^{t-t_0} \frac{q(t-t_0-\tau)}{\tau} \sum_{l=-\infty}^{\infty} \left[e^{-\frac{1}{4\tau}\left\{\mathcal{H}_0(x,y,z+2ld;\gamma_0,2,0) - \frac{\mathcal{H}_0^2(x,y,z+2ld;\gamma_0,1,1)}{\mathcal{H}_0(0,0,1;1,2,0)}\right\}} \times \right.$$
$$\times \left\{ \operatorname{erf}\left(\frac{1}{2\sqrt{\tau}}\left(z_{02}\sqrt{\mathcal{H}_0(0,0,1;1,2,0)} - \frac{\mathcal{H}_0(x,y,z+2ld;\gamma_0,1,1)}{\sqrt{\mathcal{H}_0(0,0,1;1,2,0)}}\right)\right) - \right.$$
$$\left. - \operatorname{erf}\left(\frac{1}{2\sqrt{\tau}}\left(z_{01}\sqrt{\mathcal{H}_0(0,0,1;1,2,0)} - \frac{\mathcal{H}_0(x,y,z+2ld;\gamma_0,1,1)}{\sqrt{\mathcal{H}_0(0,0,1;1,2,0)}}\right)\right) \right\} +$$
$$+ e^{-\frac{1}{4\tau}\left\{\mathcal{H}_0(x,y,-z-2ld;\gamma_0,2,0) - \frac{\mathcal{H}_0^2(x,y,-z-2ld;\gamma_0,1,1)}{\mathcal{H}_0(0,0,1;1,2,0)}\right\}} \times$$
$$\times \left\{ \operatorname{erf}\left(\frac{1}{2\sqrt{\tau}}\left(z_{02}\sqrt{\mathcal{H}_0(0,0,1;1,2,0)} - \frac{\mathcal{H}_0(x,y,-z-2ld;\gamma_0,1,1)}{\sqrt{\mathcal{H}_0(0,0,1;1,2,0)}}\right)\right) - \right.$$
$$\left.\left. - \operatorname{erf}\left(\frac{1}{2\sqrt{\tau}}\left(z_{01}\sqrt{\mathcal{H}_0(0,0,1;1,2,0)} - \frac{\mathcal{H}_0(x,y,-z-2ld;\gamma_0,1,1)}{\sqrt{\mathcal{H}_0(0,0,1;1,2,0)}}\right)\right) \right\} \right] d\tau \qquad (9.1.12)$$

The function $\mathcal{H}_0(u, v, w; \gamma, n, m)$ is given by equation (8.1.15).

---

*$x_0 = r_0\cos\theta_0 = (z_0 - \gamma_0)\cot\vartheta_0\cos\theta_0$, $y_0 = r_0\sin\theta_0 = (z_0 - \gamma_0)\cot\vartheta_0\sin\theta_0$ and $r_0 = (z_0 - \gamma_0)\cot\vartheta_0$.

The spatial average pressure response of the inclined line $[(z_{02} - z_{01}) \sin \vartheta_0]$ is obtained by a further integration:

$$
\begin{aligned}
p = & \frac{U(t-t_0)\sin\vartheta_0}{8\pi\phi c_t\left(z_{02}-z_{01}\right)\sqrt{\eta_x\eta_y\eta_z\mathcal{H}_0\left(0,0,1;1,2,0\right)}}\int\limits_0^{t-t_0}\frac{q\left(t-t_0-\tau\right)}{\tau}\times \\
& \times\sum_{l=-\infty}^{\infty}\int\limits_{z_{01}}^{z_{02}}\left[e^{-\frac{1}{4\tau}\left\{\mathcal{H}_0(z\cot\vartheta\cos\theta,z\cot\vartheta\sin\theta,z+2ld;\gamma_0,2,0)-\frac{\mathcal{H}_0^2(z\cot\vartheta\cos\theta,z\cot\vartheta\sin\theta,z+2ld;\gamma_0,1,1)}{\mathcal{H}_0(0,0,1;1,2,0)}\right\}}\times\right. \\
& \times\left\{\operatorname{erf}\left(\frac{1}{2\sqrt{\tau}}\left(z_{02}\sqrt{\mathcal{H}_0\left(0,0,1;1,2,0\right)}-\frac{\mathcal{H}_0\left(z\cot\vartheta\cos\theta,z\cot\vartheta\sin\theta,z+2ld;\gamma_0,1,1\right)}{\sqrt{\mathcal{H}_0\left(0,0,1;1,2,0\right)}}\right)\right)-\right. \\
& \left.-\operatorname{erf}\left(\frac{1}{2\sqrt{\tau}}\left(z_{01}\sqrt{\mathcal{H}_0\left(0,0,1;1,2,0\right)}-\frac{\mathcal{H}_0\left(z\cot\vartheta\cos\theta,z\cot\vartheta\sin\theta,z+2ld;\gamma_0,1,1\right)}{\sqrt{\mathcal{H}_0\left(0,0,1;1,2,0\right)}}\right)\right)\right\}+ \\
& +e^{-\frac{1}{4\tau}\left\{\mathcal{H}_0(z\cot\vartheta\cos\theta,z\cot\vartheta\sin\theta,-z-2ld;\gamma_0,2,0)-\frac{\mathcal{H}_0^2(z\cot\vartheta\cos\theta,z\cot\vartheta\sin\theta,-z-2ld;\gamma_0,1,1)}{\mathcal{H}_0(0,0,1;1,2,0)}\right\}}\times \\
& \times\left\{\operatorname{erf}\left(\frac{1}{2\sqrt{\tau}}\left(z_{02}\sqrt{\mathcal{H}_0\left(0,0,1;1,2,0\right)}-\frac{\mathcal{H}_0\left(z\cot\vartheta\cos\theta,z\cot\vartheta\sin\theta,-z-2ld;\gamma_0,1,1\right)}{\sqrt{\mathcal{H}_0\left(0,0,1;1,2,0\right)}}\right)\right)-\right. \\
& \left.\left.-\operatorname{erf}\left(\frac{1}{2\sqrt{\tau}}\left(z_{01}\sqrt{\mathcal{H}_0\left(0,0,1;1,2,0\right)}-\frac{\mathcal{H}_0\left(z\cot\vartheta\cos\theta,z\cot\vartheta\sin\theta,-z-2ld;\gamma_0,1,1\right)}{\sqrt{\mathcal{H}_0\left(0,0,1;1,2,0\right)}}\right)\right)\right\}\right]dzd\tau+ \\
& +\frac{1}{4\pi\phi c_t\left(z_{02}-z_{01}\right)\sqrt{G\left(1,1,1;0,2\right)\eta_x\eta_y\eta_z}}\times \\
& \times\sum_{l=-\infty}^{\infty}\int\limits_0^t\int\limits_{-\infty}^{\infty}\int\limits_{-\infty}^{\infty}\frac{\psi_{xy0}\left(u,v,t-\tau\right)e^{-\frac{1}{4\tau}\left\{G(u,v,2ld;2,0)-\frac{G^2(u,v,-2ld;1,1)}{G(1,1,1;0,2)}\right\}}}{\tau}\times \\
& \times\left[\operatorname{erf}\left\{\frac{1}{2\sqrt{\tau}}\left(z_{02}\sqrt{G\left(1,1,1;0,2\right)}-\frac{G\left(u,v,-2ld;1,1\right)}{\sqrt{G\left(1,1,1;0,2\right)}}\right)\right\}-\right. \\
& \left.-\operatorname{erf}\left\{\frac{1}{2\sqrt{\tau}}\left(z_{01}\sqrt{G\left(1,1,1;0,2\right)}-\frac{G\left(u,v,-2ld;1,1\right)}{\sqrt{G\left(1,1,1;0,2\right)}}\right)\right\}\right]dudvd\tau- \\
& -\frac{1}{4\pi\phi c_t\left(z_{02}-z_{01}\right)\sqrt{G\left(1,1,1;0,2\right)\eta_x\eta_y\eta_z}}\times \\
& \times\sum_{l=-\infty}^{\infty}\int\limits_0^t\int\limits_{-\infty}^{\infty}\int\limits_{-\infty}^{\infty}\frac{\psi_{xyd}\left(u,v,t-\tau\right)e^{-\frac{1}{4\tau}\left\{G(u,v,(2l+1)d;2,0)-\frac{G^2(u,v,-(2l+1)d;1,1)}{G(1,1,1;0,2)}\right\}}}{\tau}\times \\
& \times\left[\operatorname{erf}\left\{\frac{1}{2\sqrt{\tau}}\left(z_{02}\sqrt{G\left(1,1,1;0,2\right)}-\frac{G\left(u,v,-\left(2l+1\right)d;1,1\right)}{\sqrt{G\left(1,1,1;0,2\right)}}\right)\right\}-\right. \\
& \left.-\operatorname{erf}\left\{\frac{1}{2\sqrt{\tau}}\left(z_{01}\sqrt{G\left(1,1,1;0,2\right)}-\frac{G\left(u,v,-\left(2l+1\right)d;1,1\right)}{\sqrt{G\left(1,1,1;0,2\right)}}\right)\right\}\right]dudvd\tau+ \\
& +\frac{1}{8\pi t\left(z_{02}-z_{01}\right)\sqrt{G\left(1,1,1;0,2\right)\eta_x\eta_y\eta_z}}\int\limits_0^d\int\limits_{-\infty}^{\infty}\int\limits_{-\infty}^{\infty}\varphi\left(u,v,w\right)\times \\
& \times\sum_{l=-\infty}^{\infty}\left[e^{-\frac{1}{4t}\left\{G(u,v,w+2ld;2,0)-\frac{G^2(u,v,w+2ld;1,1)}{G(1,1,1;0,2)}\right\}}\left\{\operatorname{erf}\left(\frac{1}{2\sqrt{t}}\left(z_{02}\sqrt{G\left(1,1,1;0,2\right)}-\frac{G\left(u,v,w+2ld;1,1\right)}{\sqrt{G\left(1,1,1;0,2\right)}}\right)\right)-\right.\right. \\
& \left.-\operatorname{erf}\left(\frac{1}{2\sqrt{t}}\left(z_{01}\sqrt{G\left(1,1,1;0,2\right)}-\frac{G\left(u,v,w+2ld;1,1\right)}{\sqrt{G\left(1,1,1;0,2\right)}}\right)\right)\right\}+
\end{aligned}
$$

$$+e^{-\frac{1}{4t}\left\{G(u,v,-w-2ld;2,0)-\frac{G^2(u,v,-w-2ld;1,1)}{G(1,1,1;0,2)}\right\}}\left\{\operatorname{erf}\left(\frac{1}{2\sqrt{t}}\left(z_{02}\sqrt{G(1,1,1;0,2)}-\frac{G(u,v,-w-2ld;1,1)}{\sqrt{G(1,1,1;0,2)}}\right)\right)-\right.$$

$$\left.-\operatorname{erf}\left(\frac{1}{2\sqrt{t}}\left(z_{01}\sqrt{G(1,1,1;0,2)}-\frac{G(u,v,-w-2ld;1,1)}{\sqrt{G(1,1,1;0,2)}}\right)\right)\right\}\Bigg]\,dudvdw \qquad (9.1.13)$$

The function $G(u,v,w;n,m)$ is given by equation (8.1.17). In equation (9.1.13), a point in space is defined by ϑ and θ.*

(iv) Segmented inclined lines of finite length $[(z_{0\iota+1}-z_{0\iota})\sin\vartheta_{0\iota}]$, $0<\vartheta_{0\iota}<\frac{\pi}{2}$, passing through $(x_{0\iota},y_{0\iota},z_{0\iota})$. $\vartheta_{0\iota}$ is the inclination of the segment ι of the well to the $x-y$ plane, $\gamma_{0\iota}$ is the intercept to the z axis and $\theta_{0\iota}$ is the horizontal angle in polar coordinates. The segment ι of the well is producing at the rate $q_\iota(t)$ beginning at time $t_{0\iota}$, $\iota=1,2,...,N$. The well is divided into N segments

The continuous source solution is obtained by replacing the source term in equation (9.1.3) with

$$p=\frac{1}{8\pi\phi c_t\sqrt{\eta_x\eta_y\eta_z}}\sum_{\iota=0}^{N}\frac{U(t-t_{0\iota})\sin\vartheta_{0\iota}}{\sqrt{\mathcal{H}_{0\iota}(0,0,1;1,2,0)}}\times$$

$$\times\int_0^{t-t_{0\iota}}\frac{q_\iota(t-t_{0\iota}-\tau)}{\tau}\sum_{l=-\infty}^{\infty}\left[e^{-\frac{1}{4\tau}\left\{\mathcal{H}_{0\iota}(x,y,z+2ld;\gamma_{0\iota},2,0)-\frac{\mathcal{H}^2_{0\iota}(x,y,z+2ld;\gamma_{0\iota},1,1)}{\mathcal{H}_{0\iota}(0,0,1;1,2,0)}\right\}}\times\right.$$

$$\times\left\{\operatorname{erf}\left(\frac{1}{2\sqrt{\tau}}\left(z_{0\iota+1}\sqrt{\mathcal{H}_{0\iota}(0,0,1;1,2,0)}-\frac{\mathcal{H}_{0\iota}(x,y,z+2ld;\gamma_{0\iota},1,1)}{\sqrt{\mathcal{H}_{0\iota}(0,0,1;1,2,0)}}\right)\right)-\right.$$

$$\left.-\operatorname{erf}\left(\frac{1}{2\sqrt{\tau}}\left(z_{0\iota}\sqrt{\mathcal{H}_{0\iota}(0,0,1;1,2,0)}-\frac{\mathcal{H}_{0\iota}(x,y,z+2ld;\gamma_{0\iota},1,1)}{\sqrt{\mathcal{H}_{0\iota}(0,0,1;1,2,0)}}\right)\right)\right\}+$$

$$+e^{-\frac{1}{4\tau}\left\{\mathcal{H}_{0\iota}(x,y,-z-2ld;\gamma_{0\iota},2,0)-\frac{\mathcal{H}^2_{0\iota}(x,y,-z-2ld;\gamma_{0\iota},1,1)}{\mathcal{H}_{0\iota}(0,0,1;1,2,0)}\right\}}\times$$

$$\times\left\{\operatorname{erf}\left(\frac{1}{2\sqrt{\tau}}\left(z_{0\iota+1}\sqrt{\mathcal{H}_{0\iota}(0,0,1;1,2,0)}-\frac{\mathcal{H}_{0\iota}(x,y,-z-2ld;\gamma_{0\iota},1,1)}{\sqrt{\mathcal{H}_{0\iota}(0,0,1;1,2,0)}}\right)\right)-\right.$$

$$\left.\left.-\operatorname{erf}\left(\frac{1}{2\sqrt{\tau}}\left(z_{0\iota}\sqrt{\mathcal{H}_{0\iota}(0,0,1;1,2,0)}-\frac{\mathcal{H}_{0\iota}(x,y,-z-2ld;\gamma_{0\iota},1,1)}{\sqrt{\mathcal{H}_{0\iota}(0,0,1;1,2,0)}}\right)\right)\right\}\right]d\tau \qquad (9.1.14)$$

where the function $\mathcal{H}_{0\iota}(x,y,z;\gamma_{0\iota},n,m)$ is given by equation (8.1.19).

The spatial average pressure response of the segment $[z_{0\diamondsuit+1}-z_{0\diamondsuit}]\sin\vartheta_{0\diamondsuit}$, $\iota=\diamondsuit$, $0\le\diamondsuit\le N$, is obtained by a further integration:

$$p=\frac{1}{8\pi\phi c_t\left(z_{0\diamondsuit+1}-z_{0\diamondsuit}\right)\sqrt{\eta_x\eta_y\eta_z}}\sum_{\iota=0}^{N}\frac{U(t-t_{0\iota})\sin\vartheta_{0\iota}}{\sqrt{\mathcal{H}_{0\iota}(0,0,1;1,2,0)}}\int_0^{t-t_{0\iota}}\frac{q_\iota(t-t_{0\iota}-\tau)}{\tau}\times$$

$$\times\sum_{l=-\infty}^{\infty}\int_{z_{0\diamondsuit}}^{z_{0\diamondsuit+1}}\left[e^{-\frac{1}{4\tau}\left\{\mathcal{H}_{0\iota}(z\cot\vartheta\cos\theta,z\cot\vartheta\sin\theta,z+2ld;\gamma_{0\iota},2,0)-\frac{\mathcal{H}^2_{0\iota}(z\cot\vartheta\cos\theta,z\cot\vartheta\sin\theta,z+2ld;\gamma_{0\iota},1,1)}{\mathcal{H}_{0\iota}(0,0,1;1,2,0)}\right\}}\times\right.$$

$$\times\left\{\operatorname{erf}\left(\frac{1}{2\sqrt{\tau}}\left(z_{0\iota+1}\sqrt{\mathcal{H}_{0\iota}(0,0,1;1,2,0)}-\frac{\mathcal{H}_{0\iota}(z\cot\vartheta\cos\theta,z\cot\vartheta\sin\theta,z+2ld;\gamma_{0\iota},1,1)}{\sqrt{\mathcal{H}_{0\iota}(0,0,1;1,2,0)}}\right)\right)-\right.$$

$$\left.-\operatorname{erf}\left(\frac{1}{2\sqrt{\tau}}\left(z_{0\iota}\sqrt{\mathcal{H}_{0\iota}(0,0,1;1,2,0)}-\frac{\mathcal{H}_{0\iota}(z\cot\vartheta\cos\theta,z\cot\vartheta\sin\theta,z+2ld;\gamma_{0\iota},1,1)}{\sqrt{\mathcal{H}_{0\iota}(0,0,1;1,2,0)}}\right)\right)\right\}+$$

*$\tan\vartheta=\frac{z}{\sqrt{x^2+y^2}}$, $\tan\theta=\frac{y}{x}$.

$$+e^{-\frac{1}{4\tau}\left\{\mathcal{H}_{0\iota}(z\cot\vartheta\cos\theta,z\cot\vartheta\sin\theta,-z-2ld;\gamma_{0\iota},2,0)-\frac{\mathcal{H}^2_{0\iota}(z\cot\vartheta\cos\theta,z\cot\vartheta\sin\theta,-z-2ld;\gamma_{0\iota},1,1)}{\mathcal{H}_{0\iota}(0,0,1;1,2,0)}\right\}}\times$$

$$\times\left\{\operatorname{erf}\left(\frac{1}{2\sqrt{\tau}}\left(z_{0\iota+1}\sqrt{\mathcal{H}_{0\iota}(0,0,1;1,2,0)}-\frac{\mathcal{H}_{0\iota}(z\cot\vartheta\cos\theta,z\cot\vartheta\sin\theta,-z-2ld;\gamma_{0\iota},1,1)}{\sqrt{\mathcal{H}_{0\iota}(0,0,1;1,2,0)}}\right)\right)-\right.$$

$$\left.\left.-\operatorname{erf}\left(\frac{1}{2\sqrt{\tau}}\left(z_{0\iota}\sqrt{\mathcal{H}_{0\iota}(0,0,1;1,2,0)}-\frac{\mathcal{H}_{0\iota}(z\cot\vartheta\cos\theta,z\cot\vartheta\sin\theta,-z-2ld;\gamma_{0\iota},1,1)}{\sqrt{\mathcal{H}_{0\iota}(0,0,1;1,2,0)}}\right)\right)\right\}\right]dzd\tau+$$

$$+\frac{1}{4\pi\phi c_t\left(z_{0\diamond+1}-z_{0\diamond}\right)\sqrt{G(1,1,1;0,2)\,\eta_x\eta_y\eta_z}}\times$$

$$\times\sum_{l=-\infty}^{\infty}\int_0^t\int_{-\infty}^{\infty}\int_{-\infty}^{\infty}\frac{\psi_{xy0}(u,v,t-\tau)\,e^{-\frac{1}{4\tau}\left\{G(u,v,2ld;2,0)-\frac{G^2(u,v,-2ld;1,1)}{G(1,1,1;0,2)}\right\}}}{\tau}\times$$

$$\times\left[\operatorname{erf}\left\{\frac{1}{2\sqrt{\tau}}\left(z_{0\diamond+1}\sqrt{G(1,1,1;0,2)}-\frac{G(u,v,-2ld;1,1)}{\sqrt{G(1,1,1;0,2)}}\right)\right\}-\right.$$

$$\left.-\operatorname{erf}\left\{\frac{1}{2\sqrt{\tau}}\left(z_{0\diamond}\sqrt{G(1,1,1;0,2)}-\frac{G(u,v,-2ld;1,1)}{\sqrt{G(1,1,1;0,2)}}\right)\right\}\right]dudvd\tau-$$

$$-\frac{1}{4\pi\phi c_t\left(z_{0\diamond+1}-z_{0\diamond}\right)\sqrt{G(1,1,1;0,2)\,\eta_x\eta_y\eta_z}}\times$$

$$\times\sum_{l=-\infty}^{\infty}\int_0^t\int_{-\infty}^{\infty}\int_{-\infty}^{\infty}\frac{\psi_{xyd}(u,v,t-\tau)\,e^{-\frac{1}{4\tau}\left\{G(u,v,(2l+1)d;2,0)-\frac{G^2(u,v,-(2l+1)d;1,1)}{G(1,1,1;0,2)}\right\}}}{\tau}\times$$

$$\times\left[\operatorname{erf}\left\{\frac{1}{2\sqrt{\tau}}\left(z_{0\diamond+1}\sqrt{G(1,1,1;0,2)}-\frac{G(u,v,-(2l+1)d;1,1)}{\sqrt{G(1,1,1;0,2)}}\right)\right\}-\right.$$

$$\left.-\operatorname{erf}\left\{\frac{1}{2\sqrt{\tau}}\left(z_{0\diamond}\sqrt{G(1,1,1;0,2)}-\frac{G(u,v,-(2l+1)d;1,1)}{\sqrt{G(1,1,1;0,2)}}\right)\right\}\right]dudvd\tau+$$

$$+\frac{1}{8\pi t\left(z_{0\diamond+1}-z_{0\diamond}\right)\sqrt{G(1,1,1;0,2)\,\eta_x\eta_y\eta_z}}\int_0^d\int_{-\infty}^{\infty}\int_{-\infty}^{\infty}\varphi(u,v,w)\,e^{-\frac{1}{4t}\left\{G(u,v,w;2,0)-\frac{G^2(u,v,w;1,1)}{G(1,1,1;0,2)}\right\}}\times$$

$$\times\left[\operatorname{erf}\left\{\frac{1}{2\sqrt{t}}\left(z_{0\diamond+1}\sqrt{G(1,1,1;0,2)}-\frac{G(u,v,w;1,1)}{\sqrt{G(1,1,1;0,2)}}\right)\right\}-\right.$$

$$\left.-\operatorname{erf}\left\{\frac{1}{2\sqrt{t}}\left(z_{0\diamond}\sqrt{G(1,1,1;0,2)}-\frac{G(u,v,w;1,1)}{\sqrt{G(1,1,1;0,2)}}\right)\right\}\right]dudvdw \qquad (9.1.15)$$

In equation (9.1.15), a point in space is defined by ϑ and θ.*

(v) A rectangular source at x_0†

The continuous source solution is obtained by replacing the source term in equation (9.1.3) with

$$p=\frac{U(t-t_0)}{4\phi c_t\sqrt{\pi\eta_x}}\int_0^{t-t_0}\frac{q(t-t_0-\tau)}{\sqrt{\tau}}\left\{\operatorname{erf}\left(\frac{y-y_{01}}{2\sqrt{\eta_y\tau}}\right)-\operatorname{erf}\left(\frac{y-y_{02}}{2\sqrt{\eta_y\tau}}\right)\right\}\times$$

$$\times\left\{\Theta_3^{\int}\left(\frac{\pi(z-z_{01})}{2d},e^{-\left(\frac{\pi}{d}\right)^2\eta_z\tau}\right)-\Theta_3^{\int}\left(\frac{\pi(z-z_{02})}{2d},e^{-\left(\frac{\pi}{d}\right)^2\eta_z\tau}\right)+\right.$$

---

*$\tan\vartheta=\frac{z}{\sqrt{x^2+y^2}}$, $\tan\theta=\frac{y}{x}$.

†The coordinates of the source are (x_0,y_{01},z_{01}), (x_0,y_{02},z_{01}), (x_0,y_{01},z_{02}), (x_0,y_{02},z_{02}).

$$+\Theta_3^{\int}\left(\frac{\pi(z+z_{02})}{2d},e^{-\left(\frac{\pi}{d}\right)^2\eta_z\tau}\right)-\Theta_3^{\int}\left(\frac{\pi(z+z_{01})}{2d},e^{-\left(\frac{\pi}{d}\right)^2\eta_z\tau}\right)\Bigg\}e^{-\frac{(x-x_0)^2}{4\eta_x\tau}}d\tau \qquad (9.1.16)$$

The spatial average pressure response of the rectangle $[y_{02}-y_{01}][z_{02}-z_{01}]$ is given by

$$p=\frac{U(t-t_0)}{2\phi c_t(y_{02}-y_{01})(z_{02}-z_{01})\sqrt{\pi\eta_x}}\times$$
$$\times\int_0^{t-t_0}\frac{q(t-t_0-\tau)}{\sqrt{\tau}}\left\{(y_{02}-y_{01})\operatorname{erf}\left(\frac{y_{02}-y_{01}}{2\sqrt{\eta_z\tau}}\right)+2\sqrt{\frac{\eta_y\tau}{\pi}}\left(e^{-\frac{(y_{02}-y_{01})^2}{4\eta_y\tau}}-1\right)\right\}\times$$
$$\times\left\{\Theta_3^{\int}\left(\frac{\pi(z-z_{01})}{2d},e^{-\left(\frac{\pi}{d}\right)^2\eta_z\tau}\right)-\Theta_3^{\int}\left(\frac{\pi(z-z_{02})}{2d},e^{-\left(\frac{\pi}{d}\right)^2\eta_z\tau}\right)+\right.$$
$$\left.+\Theta_3^{\int}\left(\frac{\pi(z+z_{02})}{2d},e^{-\left(\frac{\pi}{d}\right)^2\eta_z\tau}\right)-\Theta_3^{\int}\left(\frac{\pi(z+z_{01})}{2d},e^{-\left(\frac{\pi}{d}\right)^2\eta_z\tau}\right)\right\}e^{-\frac{(x-x_0)^2}{4\eta_x\tau}}d\tau+$$
$$+\frac{1}{2\phi c_t(y_{02}-y_{01})(z_{02}-z_{01})\sqrt{\pi\eta_x}}\int_0^t\int_{-\infty}^{\infty}\int_{-\infty}^{\infty}\frac{e^{-\frac{(x-u)^2}{4\eta_x\tau}}}{\sqrt{\tau}}\left\{\operatorname{erf}\left(\frac{y_{02}-v}{2\sqrt{\eta_y\tau}}\right)-\operatorname{erf}\left(\frac{y_{01}-v}{2\sqrt{\eta_y\tau}}\right)\right\}\times$$
$$\times\left[\psi_{xy0}(u,v,t-\tau)\left\{\Theta_3^{\int}\left(\frac{\pi z_{02}}{2d},e^{-\left(\frac{\pi}{d}\right)^2\eta_z\tau}\right)-\Theta_3^{\int}\left(\frac{\pi z_{01}}{2d},e^{-\left(\frac{\pi}{d}\right)^2\eta_z\tau}\right)\right\}-\right.$$
$$\left.-\psi_{xyd}(u,v,t-\tau)\left\{\Theta_4^{\int}\left(\frac{\pi z_{02}}{2d},e^{-\left(\frac{\pi}{d}\right)^2\eta_z\tau}\right)-\Theta_4^{\int}\left(\frac{\pi z_{01}}{2d},e^{-\left(\frac{\pi}{d}\right)^2\eta_z\tau}\right)\right\}\right]dudvd\tau+$$
$$+\frac{1}{4(y_{02}-y_{01})(z_{02}-z_{01})\sqrt{\pi\eta_x t}}\times$$
$$\times\int_0^d\int_{-\infty}^{\infty}\int_{-\infty}^{\infty}\varphi(u,v,w)\left\{\operatorname{erf}\left(\frac{y_{02}-v}{2\sqrt{\eta_y t}}\right)-\operatorname{erf}\left(\frac{y_{01}-v}{2\sqrt{\eta_y t}}\right)\right\}e^{-\frac{(x-u)^2}{4\eta_x t}}\times$$
$$\times\left\{\Theta_3^{\int}\left(\frac{\pi(z_{02}-w)}{2d},e^{-\eta_z\left(\frac{\pi}{d}\right)^2t}\right)-\Theta_3^{\int}\left(\frac{\pi(z_{01}-w)}{2d},e^{-\eta_z\left(\frac{\pi}{d}\right)^2t}\right)+\right.$$
$$\left.+\Theta_3^{\int}\left(\frac{\pi(z_{02}+w)}{2d},e^{-\eta_z\left(\frac{\pi}{d}\right)^2t}\right)-\Theta_3^{\int}\left(\frac{\pi(z_{01}+w)}{2d},e^{-\eta_z\left(\frac{\pi}{d}\right)^2t}\right)\right\}e^{-\left\{\frac{(x-u)^2}{4\eta_x t}+\frac{(y-v)^2}{4\eta_y t}\right\}}dudvdw \qquad (9.1.17)$$

(vi) A rectangular source at z_0*

For a continuous rectangular source, the solution is obtained by replacing the source term in equation (9.1.3) with

$$p=\frac{U(t-t_0)}{8d\phi c_t}\int_0^{t-t_0}q(t-t_0-\tau)\left\{\Theta_3\left(\frac{\pi(z-z_0)}{2d},e^{-\left(\frac{\pi}{d}\right)^2\eta_z\tau}\right)+\Theta_3\left(\frac{\pi(z+z_0)}{2d},e^{-\left(\frac{\pi}{d}\right)^2\eta_z\tau}\right)\right\}\times$$
$$\times\left\{\operatorname{erf}\left(\frac{x-x_{01}}{2\sqrt{\eta_x\tau}}\right)-\operatorname{erf}\left(\frac{x-x_{02}}{2\sqrt{\eta_x\tau}}\right)\right\}\left\{\operatorname{erf}\left(\frac{y-y_{01}}{2\sqrt{\eta_y\tau}}\right)-\operatorname{erf}\left(\frac{y-y_{02}}{2\sqrt{\eta_y\tau}}\right)\right\}d\tau \qquad (9.1.18)$$

The spatial average pressure response of the rectangle $[x_{02}-x_{01}][y_{02}-y_{01}]$ is given by

$$p=\frac{U(t-t_0)}{2d\phi c_t(x_{02}-x_{01})(y_{02}-y_{01})}\times$$
$$\times\int_0^{t-t_0}q(t-t_0-\tau)\left\{\Theta_3\left(\frac{\pi(z-z_0)}{2d},e^{-\left(\frac{\pi}{d}\right)^2\eta_z\tau}\right)+\Theta_3\left(\frac{\pi(z+z_0)}{2d},e^{-\left(\frac{\pi}{d}\right)^2\eta_z\tau}\right)\right\}\times$$
$$\times\left\{(y_{02}-y_{01})\operatorname{erf}\left(\frac{y_{02}-y_{01}}{2\sqrt{\eta_y\tau}}\right)+2\sqrt{\frac{\eta_y\tau}{\pi}}\left(e^{-\frac{(y_{02}-y_{01})^2}{4\eta_y\tau}}-1\right)\right\}\times$$

*The coordinates of the source are (x_{01},y_{01},z_0), (x_{01},y_{02},z_0), (x_{02},y_{01},z_0), (x_{02},y_{02},z_0).

$$\times\left\{(x_{02}-x_{01})\,\text{erf}\left(\frac{x_{02}-x_{01}}{2\sqrt{\eta_x\tau}}\right)+2\sqrt{\frac{\eta_x\tau}{\pi}}\left(e^{-\frac{(x_{02}-x_{01})^2}{4\eta_x\tau}}-1\right)\right\}d\tau+$$

$$+\frac{1}{4\pi d\phi c_t\,(x_{02}-x_{01})\,(y_{02}-y_{01})}\int\limits_0^t\int\limits_{-\infty}^{\infty}\int\limits_{-\infty}^{\infty}\left\{\text{erf}\left(\frac{x_{02}-u}{2\sqrt{\eta_x\tau}}\right)-\text{erf}\left(\frac{x_{01}-u}{2\sqrt{\eta_x\tau}}\right)\right\}\times$$

$$\times\left\{\text{erf}\left(\frac{y_{02}-v}{2\sqrt{\eta_y\tau}}\right)-\text{erf}\left(\frac{y_{01}-v}{2\sqrt{\eta_y\tau}}\right)\right\}\times$$

$$\times\left\{\psi_{xy0}\,(u,v,t-\tau)\,\Theta_3\left(\frac{\pi z}{2d},e^{-\left(\frac{\pi}{d}\right)^2\eta_z\tau}\right)-\psi_{xyd}\,(u,v,t-\tau)\,\Theta_4\left(\frac{\pi z}{2d},e^{-\left(\frac{\pi}{d}\right)^2\eta_z\tau}\right)\right\}dudvd\tau+$$

$$+\frac{1}{8d\,(x_{02}-x_{01})\,(y_{02}-y_{01})}\times$$

$$\times\int\limits_0^d\int\limits_{-\infty}^{\infty}\int\limits_{-\infty}^{\infty}\varphi\,(u,v,w)\left\{\Theta_3\left(\frac{\pi\,(z-w)}{2d},e^{-\left(\frac{\pi}{d}\right)^2\eta_z t}\right)+\Theta_3\left(\frac{\pi\,(z+w)}{2d},e^{-\left(\frac{\pi}{d}\right)^2\eta_z t}\right)\right\}\times$$

$$\times\left\{\text{erf}\left(\frac{x_{02}-u}{2\sqrt{\eta_x t}}\right)-\text{erf}\left(\frac{x_{01}-u}{2\sqrt{\eta_x t}}\right)\right\}\left\{\text{erf}\left(\frac{y_{02}-v}{2\sqrt{\eta_y t}}\right)-\text{erf}\left(\frac{y_{01}-v}{2\sqrt{\eta_y t}}\right)\right\}dudvdw \qquad (9.1.19)$$

The solutions corresponding to the case where there are sets of partially penetrating vertical, horizontal and deviated wells along with a set of fractured wells are given in the supplementary appendix to this chapter (Appendix B).

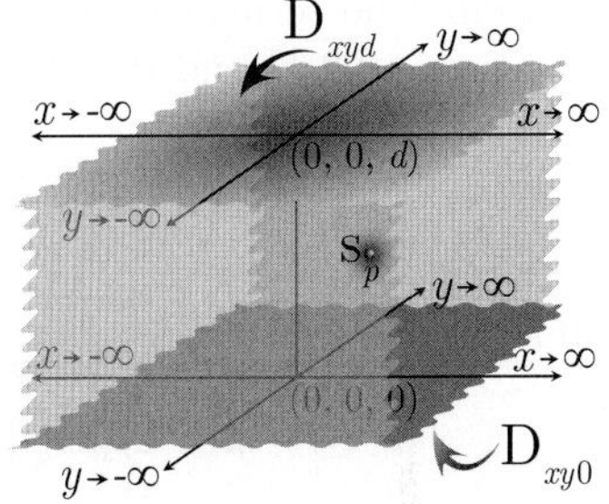

9.2 The problem of 9.1, except $\mathbf{D}_{xy0} \equiv p\,(x,y,0,t) = \psi_{xy0}\,(x,y,t)$ and $\mathbf{D}_{xyd} \equiv p\,(x,y,d,t) = \psi_{xyd}\,(x,y,t)$

$$\overline{p} = \frac{q\,(s)\,e^{-st_0}}{\pi d\phi c_t\sqrt{\eta_x\eta_y}}\sum_{l=1}^{\infty}\sin\,(\xi_l z_0)\sin\,(\xi_l z)K_0\left\{\sqrt{\left(\frac{(x-x_0)^2}{\eta_x}+\frac{(y-y_0)^2}{\eta_y}\right)(s+\eta_z\xi_l^2)}\right\}+$$

$$+\frac{\eta_z}{d^2\sqrt{\eta_x\eta_y}}\sum_{l=1}^{\infty}l\sin\,(\xi_l z)\times$$

$$\times\int\limits_{-\infty}^{\infty}\int\limits_{-\infty}^{\infty}\left\{(-1)^{l+1}\,\overline{\psi}_{xyd}\,(u,v,s)+\overline{\psi}_{xy0}\,(u,v,s)\right\}K_0\left\{\sqrt{\left\{\frac{(x-u)^2}{\eta_x}+\frac{(y-v)^2}{\eta_y}\right\}(s+\eta_z\xi_l^2)}\right\}dudv+$$

$$+\frac{1}{\pi d\sqrt{\eta_x\eta_y}}\sum_{l=1}^{\infty}\sin\,(\xi_l z)\int\limits_0^d\int\limits_{-\infty}^{\infty}\int\limits_{-\infty}^{\infty}\varphi\,(u,v,w)\sin\,(\xi_l w)K_0\left\{\sqrt{\left(\frac{(x-u)^2}{\eta_x}+\frac{(y-v)^2}{\eta_y}\right)(s+\eta_z\xi_l^2)}\right\}dudvdw \qquad (9.2.1)$$

where ξ_l is a positive root of $\sin\,(\xi_l d) = 0$. The eigenvalues are given by $\xi_l = \frac{l\pi}{d}$, $l = 1, 2, \ldots$. $\overline{\psi}_{xyd}\,(x,y,s) = \int_0^\infty \psi_{xyd}\,(x,y,t)\,e^{-st}dt$ and $\overline{\psi}_{xy0}\,(x,y,s) = \int_0^\infty \psi_{xy0}\,(x,y,t)\,e^{-st}dt$.

$$p = \frac{U(t-t_0)}{8\pi d\phi c_t\sqrt{\eta_x\eta_y}}\int\limits_0^{t-t_0}\frac{q\,(t-t_0-\tau)}{\tau}e^{-\left\{\frac{(x-x_0)^2}{4\eta_x\tau}+\frac{(y-y_0)^2}{4\eta_y\tau}\right\}}\times$$

$$\times\left\{\Theta_3\left(\frac{\pi\,(z-z_0)}{2d},e^{-\left(\frac{\pi}{d}\right)^2\eta_z\tau}\right)-\Theta_3\left(\frac{\pi\,(z+z_0)}{2d},e^{-\left(\frac{\pi}{d}\right)^2\eta_z\tau}\right)\right\}d\tau+$$

$$+\frac{\eta_z}{8\pi d^2\sqrt{\eta_x\eta_y}}\int_0^t\int_{-\infty}^{\infty}\int_{-\infty}^{\infty}\frac{1}{\tau}\left\{\psi_{xyd}(u,v,t-\tau)\,\Theta_4'\left(\frac{\pi z}{2d},e^{-\eta_z\left(\frac{\pi}{d}\right)^2\tau}\right)-\psi_{xy0}(u,v,t-\tau)\,\Theta_3'\left(\frac{\pi z}{2d},e^{-\eta_z\left(\frac{\pi}{d}\right)^2\tau}\right)\right\}\times$$

$$\times e^{-\left\{\frac{(x-u)^2}{4\eta_x\tau}+\frac{(y-v)^2}{4\eta_y\tau}\right\}}dudvd\tau+$$

$$+\frac{1}{8\pi dt\sqrt{\eta_x\eta_y}}\int_0^d\int_{-\infty}^{\infty}\int_{-\infty}^{\infty}\varphi(u,v,w)\,e^{-\left\{\frac{(x-u)^2}{4\eta_x t}+\frac{(y-v)^2}{4\eta_y t}\right\}}\times$$

$$\times\left\{\Theta_3\left(\frac{\pi(z-w)}{2d},e^{-\left(\frac{\pi}{d}\right)^2\eta_z t}\right)-\Theta_3\left(\frac{\pi(z+w)}{2d},e^{-\left(\frac{\pi}{d}\right)^2\eta_z t}\right)\right\}dudvdw \tag{9.2.2}$$

When $\varphi(x,y,z)=p_I$, a constant, the solution is obtained by replacing the terms corresponding to the initial condition (the last term) in equations (9.2.1) and (9.2.2) with

$$\overline{p}=\frac{p_I}{s}-\frac{p_I}{s}\operatorname{csch}\left(d\sqrt{\frac{s}{\eta_z}}\right)\left[\sinh\left\{z\sqrt{\frac{s}{\eta_z}}\right\}+\sinh\left\{(d-z)\sqrt{\frac{s}{\eta_z}}\right\}\right] \tag{9.2.3}$$

and

$$p=2p_I\left\{\Theta_3^{\int}\left(\frac{\pi z}{2d},e^{-\eta_z\left(\frac{\pi}{d}\right)^2t}\right)-\Theta_4^{\int}\left(\frac{\pi z}{2d},e^{-\eta_z\left(\frac{\pi}{d}\right)^2t}\right)\right\} \tag{9.2.4}$$

When $\psi_{xy0}(x,y,t)=p_0$ and $\psi_{xyd}(x,y,t)=p_d$, where p_0 and p_d are constants, the solution is obtained by replacing the terms corresponding to the boundary conditions in the extremities of z (the middle term) in equations (9.2.1) and (9.2.3) with

$$\overline{p}=\frac{1}{s}\operatorname{csch}\left\{d\sqrt{\frac{s}{\eta_z}}\right\}\left\{p_d\sinh\left(z\sqrt{\frac{s}{\eta_z}}\right)+p_0\sinh\left((d-z)\sqrt{\frac{s}{\eta_z}}\right)\right\} \tag{9.2.5}$$

and

$$p=2p_d\Theta_4^{\int}\left(\frac{\pi z}{2d},e^{-\eta_z\left(\frac{\pi}{d}\right)^2t}\right)-2p_0\Theta_3^{\int}\left(\frac{\pi z}{2d},e^{-\eta_z\left(\frac{\pi}{d}\right)^2t}\right)+p_0 \tag{9.2.6}$$

Special cases of practical relevance

(i) A line of finite length $[z_{02}-z_{01}]$ passing through (x_0,y_0)

The continuous source solution is obtained by replacing the source term in equation (9.2.3) with

$$p=\frac{U(t-t_0)}{4\pi\phi c_t\sqrt{\eta_x\eta_y}}\int_0^{t-t_0}\frac{q(t-t_0-\tau)}{\tau}e^{-\left\{\frac{(x-x_0)^2}{4\eta_x\tau}+\frac{(y-y_0)^2}{4\eta_y\tau}\right\}}\times$$

$$\times\left\{\Theta_3^{\int}\left(\frac{\pi(z-z_{01})}{2d},e^{-\left(\frac{\pi}{d}\right)^2\eta_z\tau}\right)+\Theta_3^{\int}\left(\frac{\pi(z+z_{01})}{2d},e^{-\left(\frac{\pi}{d}\right)^2\eta_z\tau}\right)-\right.$$

$$\left.-\Theta_3^{\int}\left(\frac{\pi(z-z_{02})}{2d},e^{-\left(\frac{\pi}{d}\right)^2\eta_z\tau}\right)-\Theta_3^{\int}\left(\frac{\pi(z+z_{02})}{2d},e^{-\left(\frac{\pi}{d}\right)^2\eta_z\tau}\right)\right\}d\tau \tag{9.2.7}$$

The spatial average pressure response of the line $[z_{02}-z_{01}]$ is given by

$$p=\frac{U(t-t_0)d}{\pi\phi c_t(z_{02}-z_{01})\sqrt{\eta_x\eta_y}}\int_0^{t-t_0}\frac{q(t-t_0-\tau)}{\tau}e^{-\left\{\frac{(x-x_0)^2}{4\eta_x\tau}+\frac{(y-y_0)^2}{4\eta_y\tau}\right\}}\times$$

$$\times\left[\Theta_3^{\int\int}\left(\frac{\pi(z_{02}-z_{01})}{2d},e^{-\left(\frac{\pi}{d}\right)^2\eta_z\tau}\right)+\Theta_3^{\int\int}\left(\frac{\pi(z_{02}+z_{01})}{2d},e^{-\left(\frac{\pi}{d}\right)^2\eta_z\tau}\tau\right)-\right.$$

$$\left.-\frac{1}{2}\left\{\Theta_3^{\int\int}\left(\frac{\pi z_{01}}{d},e^{-\left(\frac{\pi}{d}\right)^2\eta_z\tau}\right)+\Theta_3^{\int\int}\left(\frac{\pi z_{02}}{d},e^{-\left(\frac{\pi}{d}\right)^2\eta_z\tau}\right)\right\}\right]d\tau+$$

$$+\frac{\eta_z}{4\pi d\left(z_{02}-z_{01}\right)\sqrt{\eta_x\eta_y}}\int\limits_0^t\int\limits_{-\infty}^{\infty}\int\limits_{-\infty}^{\infty}\frac{e^{-\left\{\frac{(x-u)^2}{4\eta_x\tau}+\frac{(y-v)^2}{4\eta_y\tau}\right\}}}{\tau}\times$$

$$\times\left[\psi_{xyd}\left(u,v,t-\tau\right)\left\{\Theta_4\left(\frac{\pi z_{01}}{2d},e^{-\eta_z\left(\frac{\pi}{d}\right)^2\tau}\right)-\Theta_4\left(\frac{\pi z_{02}}{2d},e^{-\eta_z\left(\frac{\pi}{d}\right)^2\tau}\right)\right\}-\right.$$

$$\left.-\psi_{xy0}\left(u,v,t-\tau\right)\left\{\Theta_3\left(\frac{\pi z_{02}}{2d},e^{-\eta_z\left(\frac{\pi}{d}\right)^2\tau}\right)-\Theta_3\left(\frac{\pi z_{01}}{2d},e^{-\eta_z\left(\frac{\pi}{d}\right)^2\tau}\right)\right\}\right]dudvd\tau+$$

$$+\frac{1}{4\pi\left(z_{02}-z_{01}\right)t\sqrt{\eta_x\eta_y}}\times$$

$$\times\int\limits_0^d\int\limits_{-\infty}^{\infty}\int\limits_{-\infty}^{\infty}\varphi\left(u,v,w\right)\left\{\Theta_3^{\int}\left(\frac{\pi\left(z_{02}-w\right)}{2d},e^{-\left(\frac{\pi}{d}\right)^2\eta_z\tau}\right)-\Theta_3^{\int}\left(\frac{\pi\left(z_{01}-w\right)}{2d},e^{-\left(\frac{\pi}{d}\right)^2\eta_z\tau}\right)-\right.$$

$$\left.-\Theta_3^{\int}\left(\frac{\pi\left(z_{02}+w\right)}{2d},e^{-\left(\frac{\pi}{d}\right)^2\eta_z\tau}\right)+\Theta_3^{\int}\left(\frac{\pi\left(z_{01}+w\right)}{2d},e^{-\left(\frac{\pi}{d}\right)^2\eta_z\tau}\right)\right\}e^{-\left\{\frac{(x-u)^2}{4\eta_x t}+\frac{(y-v)^2}{4\eta_y t}\right\}}dudvdw \qquad (9.2.8)$$

When $\varphi(x,y,z)=p_I$, a constant, the solution is obtained by replacing the term corresponding to the initial condition (the last term) in equation (9.2.8) with

$$p=\frac{4dp_I}{\left(z_{02}-z_{01}\right)}\left\{\Theta_3^{\int\int}\left(\frac{\pi z_{02}}{2d},e^{-\left(\frac{\pi}{d}\right)^2\eta_z t}\right)-\Theta_3^{\int\int}\left(\frac{\pi z_{01}}{2d},e^{-\left(\frac{\pi}{d}\right)^2\eta_z t}\right)-\right.$$

$$\left.-\Theta_4^{\int\int}\left(\frac{\pi z_{02}}{2d},e^{-\left(\frac{\pi}{d}\right)^2\eta_z t}\right)+\Theta_4^{\int\int}\left(\frac{\pi z_{01}}{2d},e^{-\left(\frac{\pi}{d}\right)^2\eta_z t}\right)\right\}^{*} \qquad (9.2.9)$$

(ii) A line of finite length $[y_{02}-y_{01}]$ passing through (x_0,z_0)

The continuous source solution is obtained by replacing the source term in equation (9.2.2) with

$$p=\frac{U(t-t_0)}{8d\phi c_t\sqrt{\pi\eta_x}}\int\limits_0^{t-t_0}\frac{q\left(t-t_0-\tau\right)}{\sqrt{\tau}}\left\{\mathrm{erf}\left(\frac{y-y_{01}}{2\sqrt{\eta_y\tau}}\right)-\mathrm{erf}\left(\frac{y-y_{02}}{2\sqrt{\eta_y\tau}}\right)\right\}\times$$

$$\times\left\{\Theta_3\left(\frac{\pi\left(z-z_0\right)}{2d},e^{-\left(\frac{\pi}{d}\right)^2\eta_z\tau}\right)-\Theta_3\left(\frac{\pi\left(z+z_0\right)}{2d},e^{-\left(\frac{\pi}{d}\right)^2\eta_z\tau}\right)\right\}e^{-\frac{(x-x_0)^2}{4\eta_x\tau}}d\tau \qquad (9.2.10)$$

The spatial average pressure response of the line $[y_{02}-y_{01}]$ is given by

$$p=\frac{U(t-t_0)}{4d\phi c_t\left(y_{02}-y_{01}\right)\sqrt{\pi\eta_x}}\times$$

$$\times\int\limits_0^{t-t_0}\frac{q\left(t-t_0-\tau\right)}{\sqrt{\tau}}\left\{\left(y_{02}-y_{01}\right)\mathrm{erf}\left(\frac{y_{02}-y_{01}}{2\sqrt{\eta_y\tau}}\right)+2\sqrt{\frac{\eta_y\tau}{\pi}}\left(e^{-\frac{(y_{02}-y_{01})^2}{4\eta_y\tau}}-1\right)\right\}\times$$

$$\times\left\{\Theta_3\left(\frac{\pi\left(z-z_0\right)}{2d},e^{-\left(\frac{\pi}{d}\right)^2\eta_z\tau}\right)-\Theta_3\left(\frac{\pi\left(z+z_0\right)}{2d},e^{-\left(\frac{\pi}{d}\right)^2\eta_z\tau}\right)\right\}e^{-\frac{(x-x_0)^2}{4\eta_x\tau}}d\tau+$$

$$+\frac{\eta_z}{8d^2\left(y_{02}-y_{01}\right)\sqrt{\pi\eta_x}}\int\limits_0^t\int\limits_{-\infty}^{\infty}\int\limits_{-\infty}^{\infty}\frac{e^{-\frac{(x-u)^2}{4\eta_x\tau}}}{\sqrt{\tau}}\left\{\mathrm{erf}\left(\frac{y_{02}-v}{2\sqrt{\eta_y\tau}}\right)-\mathrm{erf}\left(\frac{y_{01}-v}{2\sqrt{\eta_y\tau}}\right)\right\}\times$$

$$\times\left\{\psi_{xyd}\left(u,v,t-\tau\right)\Theta_4'\left(\frac{\pi z}{2d},e^{-\eta_z\left(\frac{\pi}{d}\right)^2\tau}\right)-\psi_{xy0}\left(u,v,t-\tau\right)\Theta_3'\left(\frac{\pi z}{2d},e^{-\eta_z\left(\frac{\pi}{d}\right)^2\tau}\right)\right\}dudvd\tau+$$

$$+\frac{1}{8d\left(y_{02}-y_{01}\right)\sqrt{\pi\eta_x t}}\int\limits_0^d\int\limits_{-\infty}^{\infty}\int\limits_{-\infty}^{\infty}\varphi\left(u,v,w\right)\left\{\mathrm{erf}\left(\frac{y_{02}-v}{2\sqrt{\eta_y t}}\right)-\mathrm{erf}\left(\frac{y_{01}-v}{2\sqrt{\eta_y t}}\right)\right\}e^{-\frac{(x-u)^2}{4\eta_x t}}\times$$

---

*The term corresponding to the initial condition in the Laplace domain is given by
$\overline{p}=\frac{p_I}{s}-\frac{p_I}{s(z_{02}-z_{01})}\sqrt{\frac{\eta_z}{s}}\operatorname{csch}\left(d\sqrt{\frac{s}{\eta_z}}\right)\left[\left\{\cosh\left(z_{02}\sqrt{\frac{s}{\eta_z}}\right)-\cosh\left(z_{01}\sqrt{\frac{s}{\eta_z}}\right)\right\}+\right.$
$\left.+\left\{\cosh\left(\left(d-z_{01}\right)\sqrt{\frac{s}{\eta_z}}\right)-\cosh\left(\left(d-z_{02}\right)\sqrt{\frac{s}{\eta_z}}\right)\right\}\right].$

$$\times\left\{\Theta_3\left(\frac{\pi(z-w)}{2d},e^{-\left(\frac{\pi}{d}\right)^2\eta_z t}\right)-\Theta_3\left(\frac{\pi(z+w)}{2d},e^{-\left(\frac{\pi}{d}\right)^2\eta_z t}\right)\right\}dudvdw \tag{9.2.11}$$

(iii) A rectangular source at x_0*

The continuous source solution is obtained by replacing the source term in equation (9.2.2) with

$$\begin{aligned}p\ =\ &\frac{U(t-t_0)}{4\phi c_t\sqrt{\pi\eta_x}}\int\limits_0^{t-t_0}\frac{q(t-t_0-\tau)}{\sqrt{\tau}}\left\{\operatorname{erf}\left(\frac{y-y_{01}}{2\sqrt{\eta_y\tau}}\right)-\operatorname{erf}\left(\frac{y-y_{02}}{2\sqrt{\eta_y\tau}}\right)\right\}\times\\&\times\left\{\Theta_3^{\int}\left(\frac{\pi}{2d}(z-z_{01}),e^{-\left(\frac{\pi}{d}\right)^2\eta_z\tau}\right)+\Theta_3^{\int}\left(\frac{\pi}{2d}(z+z_{01}),e^{-\left(\frac{\pi}{d}\right)^2\eta_z\tau}\right)-\right.\\&\left.-\Theta_3^{\int}\left(\frac{\pi}{2d}(z-z_{02}),e^{-\left(\frac{\pi}{d}\right)^2\eta_z\tau}\right)-\Theta_3^{\int}\left(\frac{\pi}{2d}(z+z_{02}),e^{-\left(\frac{\pi}{d}\right)^2\eta_z\tau}\right)\right\}e^{-\frac{(x-x_0)^2}{4\eta_x\tau}}d\tau\end{aligned} \tag{9.2.12}$$

The spatial average pressure response of the rectangle $[y_{02}-y_{01}][z_{02}-z_{01}]$ is given by

$$\begin{aligned}p\ =\ &\frac{U(t-t_0)}{2\phi c_t(y_{02}-y_{01})(z_{02}-z_{01})\sqrt{\pi\eta_x}}\times\\&\times\int\limits_0^{t-t_0}\frac{q(t-t_0-\tau)}{\sqrt{\tau}}\left\{(y_{02}-y_{01})\operatorname{erf}\left(\frac{y_{02}-y_{01}}{2\sqrt{\eta_z\tau}}\right)+2\sqrt{\frac{\eta_y\tau}{\pi}}\left(e^{-\frac{(y_{02}-y_{01})^2}{4\eta_y\tau}}-1\right)\right\}\times\\&\times\left\{\Theta_3^{\int}\left(\frac{\pi}{2d}(z-z_{01}),e^{-\left(\frac{\pi}{d}\right)^2\eta_z\tau}\right)+\Theta_3^{\int}\left(\frac{\pi}{2d}(z+z_{01}),e^{-\left(\frac{\pi}{d}\right)^2\eta_z\tau}\right)-\right.\\&\left.-\Theta_3^{\int}\left(\frac{\pi}{2d}(z-z_{02}),e^{-\left(\frac{\pi}{d}\right)^2\eta_z\tau}\right)-\Theta_3^{\int}\left(\frac{\pi}{2d}(z+z_{02}),e^{-\left(\frac{\pi}{d}\right)^2\eta_z\tau}\right)\right\}e^{-\frac{(x-x_0)^2}{4\eta_x\tau}}d\tau+\\&+\frac{\eta_z}{4d(y_{02}-y_{01})(z_{02}-z_{01})\sqrt{\pi\eta_x}}\int\limits_0^t\int\limits_{-\infty}^{\infty}\int\limits_{-\infty}^{\infty}\frac{e^{-\frac{(x-u)^2}{4\eta_x\tau}}}{\sqrt{\tau}}\left\{\operatorname{erf}\left(\frac{y_{02}-v}{2\sqrt{\eta_y\tau}}\right)-\operatorname{erf}\left(\frac{y_{01}-v}{2\sqrt{\eta_y\tau}}\right)\right\}\times\\&\times\left[\psi_{xyd}(u,v,t-\tau)\left\{\Theta_4\left(\frac{\pi z_{01}}{2d},e^{-\eta_z\left(\frac{\pi}{d}\right)^2\tau}\right)-\Theta_4\left(\frac{\pi z_{02}}{2d},e^{-\eta_z\left(\frac{\pi}{d}\right)^2\tau}\right)\right\}-\right.\\&\left.-\psi_{xy0}(u,v,t-\tau)\left\{\Theta_3\left(\frac{\pi z_{02}}{2d},e^{-\eta_z\left(\frac{\pi}{d}\right)^2\tau}\right)-\Theta_3\left(\frac{\pi z_{01}}{2d},e^{-\eta_z\left(\frac{\pi}{d}\right)^2\tau}\right)\right\}\right]dudvd\tau+\\&+\frac{1}{4(y_{02}-y_{01})(z_{02}-z_{01})\sqrt{\pi\eta_x t}}\times\\&\times\int\limits_0^d\int\limits_{-\infty}^{\infty}\int\limits_{-\infty}^{\infty}\varphi(u,v,w)\left\{\operatorname{erf}\left(\frac{y_{02}-v}{2\sqrt{\eta_y t}}\right)-\operatorname{erf}\left(\frac{y_{01}-v}{2\sqrt{\eta_y t}}\right)\right\}e^{-\frac{(x-u)^2}{4\eta_x t}}\times\\&\times\left\{\Theta_3^{\int}\left(\frac{\pi(z_{02}-w)}{2d},e^{-\left(\frac{\pi}{d}\right)^2\eta_z\tau}\right)-\Theta_3^{\int}\left(\frac{\pi(z_{01}-w)}{2d},e^{-\left(\frac{\pi}{d}\right)^2\eta_z\tau}\right)-\right.\\&\left.-\Theta_3^{\int}\left(\frac{\pi(z_{02}+w)}{2d},e^{-\left(\frac{\pi}{d}\right)^2\eta_z\tau}\right)+\Theta_3^{\int}\left(\frac{\pi(z_{01}+w)}{2d},e^{-\left(\frac{\pi}{d}\right)^2\eta_z\tau}\right)\right\}e^{-\left\{\frac{(x-u)^2}{4\eta_x t}+\frac{(y-v)^2}{4\eta_y t}\right\}}dudvdw\end{aligned} \tag{9.2.13}$$

(iv) A rectangular source at z_0†

For a continuous rectangular source, the solution is obtained by replacing the source term in equation (9.2.2) with

$$\begin{aligned}p\ =\ &\frac{U(t-t_0)}{8d\phi c_t}\int\limits_0^{t-t_0}q(t-t_0-\tau)\left\{\Theta_3\left(\frac{\pi(z-z_0)}{2d},e^{-\left(\frac{\pi}{d}\right)^2\eta_z\tau}\right)-\Theta_3\left(\frac{\pi(z+z_0)}{2d},e^{-\left(\frac{\pi}{d}\right)^2\eta_z\tau}\right)\right\}\times\\&\times\left\{\operatorname{erf}\left(\frac{x-x_{01}}{2\sqrt{\eta_x\tau}}\right)-\operatorname{erf}\left(\frac{x-x_{02}}{2\sqrt{\eta_x\tau}}\right)\right\}\left\{\operatorname{erf}\left(\frac{y-y_{01}}{2\sqrt{\eta_y\tau}}\right)-\operatorname{erf}\left(\frac{y-y_{02}}{2\sqrt{\eta_y\tau}}\right)\right\}d\tau\end{aligned} \tag{9.2.14}$$

*The coordinates of the source are (x_0,y_{01},z_{01}), (x_0,y_{02},z_{01}), (x_0,y_{01},z_{02}), (x_0,y_{02},z_{02}).
†The coordinates of the source are (x_{01},y_{01},z_0), (x_{01},y_{02},z_0), (x_{02},y_{01},z_0), (x_{02},y_{02},z_0).

The spatial average pressure response of the rectangle $[x_{02} - x_{01}]\,[y_{02} - y_{01}]$ is given by

$$
\begin{aligned}
p =\; & \frac{U(t-t_0)}{2d\phi c_t\,(x_{02}-x_{01})\,(y_{02}-y_{01})} \times \\
& \times \int_0^{t-t_0} q(t-t_0-\tau)\left\{\Theta_3\left(\frac{\pi(z-z_0)}{2d}, e^{-\left(\frac{\pi}{d}\right)^2\eta_z\tau}\right) - \Theta_3\left(\frac{\pi(z+z_0)}{2d}, e^{-\left(\frac{\pi}{d}\right)^2\eta_z\tau}\right)\right\} \times \\
& \times \left\{(y_{02}-y_{01})\,\mathrm{erf}\left(\frac{y_{02}-y_{01}}{2\sqrt{\eta_y\tau}}\right) + 2\sqrt{\frac{\eta_y\tau}{\pi}}\left(e^{-\frac{(y_{02}-y_{01})^2}{4\eta_y\tau}} - 1\right)\right\} \times \\
& \times \left\{(x_{02}-x_{01})\,\mathrm{erf}\left(\frac{x_{02}-x_{01}}{2\sqrt{\eta_x\tau}}\right) + 2\sqrt{\frac{\eta_x\tau}{\pi}}\left(e^{-\frac{(x_{02}-x_{01})^2}{4\eta_x\tau}} - 1\right)\right\} d\tau + \\
& + \frac{\eta_z}{8d^2\,(x_{02}-x_{01})\,(y_{02}-y_{01})}\int_0^t\int_{-\infty}^{\infty}\int_{-\infty}^{\infty}\left\{\mathrm{erf}\left(\frac{x_{02}-u}{2\sqrt{\eta_x\tau}}\right) - \mathrm{erf}\left(\frac{x_{01}-u}{2\sqrt{\eta_x\tau}}\right)\right\} \times \\
& \times \left\{\mathrm{erf}\left(\frac{y_{02}-v}{2\sqrt{\eta_y\tau}}\right) - \mathrm{erf}\left(\frac{y_{01}-v}{2\sqrt{\eta_y\tau}}\right)\right\} \times \\
& \times \left\{\psi_{xyd}(u,v,t-\tau)\,\Theta_4'\left(\frac{\pi z}{2d}, e^{-\eta_z\left(\frac{\pi}{d}\right)^2\tau}\right) - \psi_{xy0}(u,v,t-\tau)\,\Theta_3'\left(\frac{\pi z}{2d}, e^{-\eta_z\left(\frac{\pi}{d}\right)^2\tau}\right)\right\} du\,dv\,d\tau + \\
& + \frac{1}{8d\,(x_{02}-x_{01})\,(y_{02}-y_{01})} \times \\
& \times \int_0^d\int_{-\infty}^{\infty}\int_{-\infty}^{\infty}\varphi(u,v,w)\left\{\Theta_3\left(\frac{\pi(z-w)}{2d}, e^{-\left(\frac{\pi}{d}\right)^2\eta_z t}\right) - \Theta_3\left(\frac{\pi(z+w)}{2d}, e^{-\left(\frac{\pi}{d}\right)^2\eta_z t}\right)\right\} \times \\
& \times \left\{\mathrm{erf}\left(\frac{x_{02}-u}{2\sqrt{\eta_x t}}\right) - \mathrm{erf}\left(\frac{x_{01}-u}{2\sqrt{\eta_x t}}\right)\right\}\left\{\mathrm{erf}\left(\frac{y_{02}-v}{2\sqrt{\eta_y t}}\right) - \mathrm{erf}\left(\frac{y_{01}-v}{2\sqrt{\eta_y t}}\right)\right\} du\,dv\,dw \qquad (9.2.15)
\end{aligned}
$$

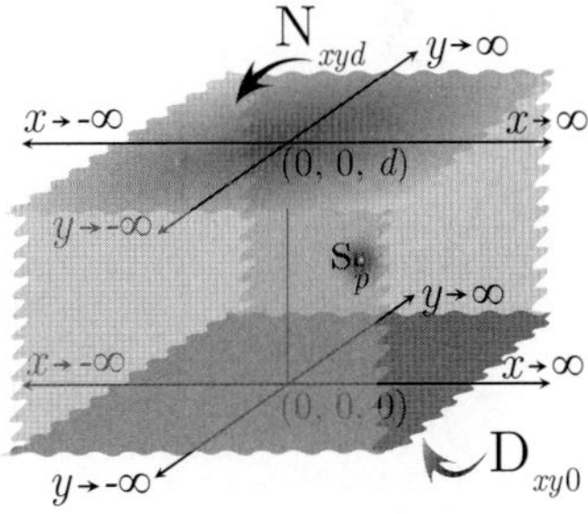

9.3 The problem of 9.1, except $\mathbf{D}_{xy0} \equiv p(x,y,0,t) = \psi_{xy0}(x,y,t)$ and $\mathbf{N}_{xyd} \equiv \frac{\partial p(x,y,d,t)}{\partial z} = -\left(\frac{\mu}{k_z}\right)\psi_{xyd}(x,y,t)$

$$
\begin{aligned}
p =\; & \frac{U(t-t_0)}{8\pi d\phi c_t\sqrt{\eta_x\eta_y}}\int_0^{t-t_0}\frac{q(t-t_0-\tau)}{\tau}e^{-\left\{\frac{(x-x_0)^2}{4\eta_x\tau} + \frac{(y-y_0)^2}{4\eta_y\tau}\right\}} \times \\
& \times \left\{\Theta_2\left(\frac{\pi(z-z_0)}{2d}, e^{-\left(\frac{\pi}{d}\right)^2\eta_z\tau}\right) - \Theta_2\left(\frac{\pi(z+z_0)}{2d}, e^{-\left(\frac{\pi}{d}\right)^2\eta_z\tau}\right)\right\} d\tau - \\
& - \frac{1}{4\pi d\sqrt{\eta_x\eta_y}} \times \\
& \times \int_0^t\int_{-\infty}^{\infty}\int_{-\infty}^{\infty}\frac{1}{\tau}\left\{\left(\frac{1}{\phi c_t}\right)\Theta_1\left(\frac{\pi z}{2d}, e^{-\left(\frac{\pi}{d}\right)^2\eta_z\tau}\right)\psi_{xyd}(u,w,t-\tau) + \left(\frac{\eta_z}{2d}\right)\Theta_2'\left(\frac{\pi z}{2d}, e^{-\left(\frac{\pi}{d}\right)^2\eta_z\tau}\right)\psi_{xy0}(u,w,t-\tau)\right\} \times \\
& \times e^{-\left\{\frac{(x-u)^2}{4\eta_x\tau} + \frac{(y-v)^2}{4\eta_y\tau}\right\}} du\,dv\,d\tau +
\end{aligned}
$$

$$+\frac{1}{8\pi dt\sqrt{\eta_x\eta_y}}\int_0^d\int_{-\infty}^{\infty}\int_{-\infty}^{\infty}\varphi(u,v,w)\,e^{-\left\{\frac{(x-u)^2}{4\eta_x t}+\frac{(y-v)^2}{4\eta_y t}\right\}}\times$$
$$\times\left\{\Theta_2\left(\frac{\pi(z-w)}{2d},e^{-\left(\frac{\pi}{d}\right)^2\eta_z t}\right)-\Theta_2\left(\frac{\pi(z+w)}{2d},e^{-\left(\frac{\pi}{d}\right)^2\eta_z t}\right)\right\}dudvdw \quad (9.3.1)$$

When $\varphi(x,y,z)=p_I$, a constant, the solution is obtained by replacing the term corresponding to the initial condition (the last term) in equation (9.3.1) with

$$p=2p_I\Theta_2^{\int}\left(\frac{\pi z}{2d},e^{-\eta_z\left(\frac{\pi}{d}\right)^2 t}\right) \quad (9.3.2)$$

9.4

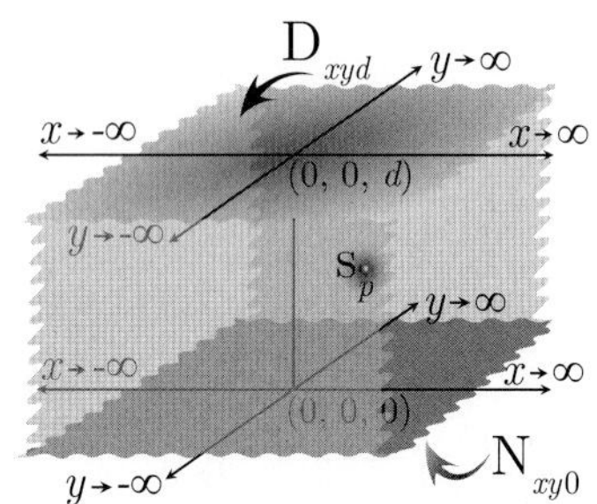

The problem of 9.1, except
$\mathbf{N_{xy0}\equiv\frac{\partial p(x,y,0,t)}{\partial z}=-\left(\frac{\mu}{k_z}\right)\psi_{xy0}(x,y,t)}$ **and**
$\mathbf{D_{xyd}\equiv p(x,y,d,t)=\psi_{xyd}(x,y,t)}$

$$p=\frac{U(t-t_0)}{8\pi d\phi c_t\sqrt{\eta_x\eta_y}}\int_0^{t-t_0}\frac{q(t-t_0-\tau)}{\tau}e^{-\left\{\frac{(x-x_0)^2}{4\eta_x\tau}+\frac{(y-y_0)^2}{4\eta_y\tau}\right\}}\times$$
$$\times\left\{\Theta_2\left(\frac{\pi(z-z_0)}{2d},e^{-\left(\frac{\pi}{d}\right)^2\eta_z\tau}\right)+\Theta_2\left(\frac{\pi(z+z_0)}{2d},e^{-\left(\frac{\pi}{d}\right)^2\eta_z\tau}\right)\right\}d\tau+$$
$$+\frac{1}{4\pi d\sqrt{\eta_x\eta_y}}\times$$
$$\times\int_0^t\int_{-\infty}^{\infty}\int_{-\infty}^{\infty}\frac{1}{\tau}\left\{\left(\frac{1}{\phi c_t}\right)\Theta_2\left(\frac{\pi z}{2d},e^{-\left(\frac{\pi}{d}\right)^2\eta_z\tau}\right)\psi_{xyd}(u,w,t-\tau)+\left(\frac{\eta_z}{2d}\right)\Theta_1'\left(\frac{\pi z}{2d},e^{-\left(\frac{\pi}{d}\right)^2\eta_z\tau}\right)\psi_{xy0}(u,w,t-\tau)\right\}\times$$
$$\times e^{-\left\{\frac{(x-u)^2}{4\eta_x\tau}+\frac{(y-v)^2}{4\eta_y\tau}\right\}}dudvd\tau+$$
$$+\frac{1}{8\pi dt\sqrt{\eta_x\eta_y}}\int_0^d\int_{-\infty}^{\infty}\int_{-\infty}^{\infty}\varphi(u,v,w)\,e^{-\left\{\frac{(x-u)^2}{4\eta_x t}+\frac{(y-v)^2}{4\eta_y t}\right\}}\times$$
$$\times\left\{\Theta_2\left(\frac{\pi(z-w)}{2d},e^{-\left(\frac{\pi}{d}\right)^2\eta_z t}\right)+\Theta_2\left(\frac{\pi(z+w)}{2d},e^{-\left(\frac{\pi}{d}\right)^2\eta_z t}\right)\right\}dudvdw \quad (9.4.1)$$

When $\varphi(x,y,z)=p_I$, a constant, the solution is obtained by replacing the terms corresponding to the initial condition (the last term) in equation (9.4.1) with

$$p=2p_I\left\{\Theta_1^{\int}\left(\frac{\pi}{2},e^{-\eta_z\left(\frac{\pi}{d}\right)^2 t}\right)-\Theta_1^{\int}\left(\frac{\pi z}{2d},e^{-\eta_y\left(\frac{\pi}{d}\right)^2 t}\right)\right\} \quad (9.4.2)$$

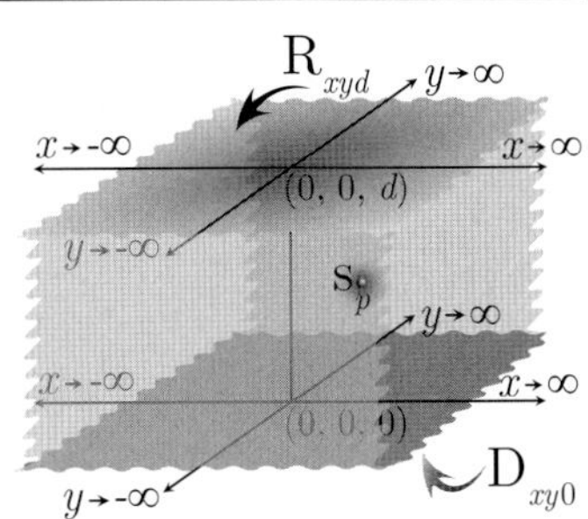

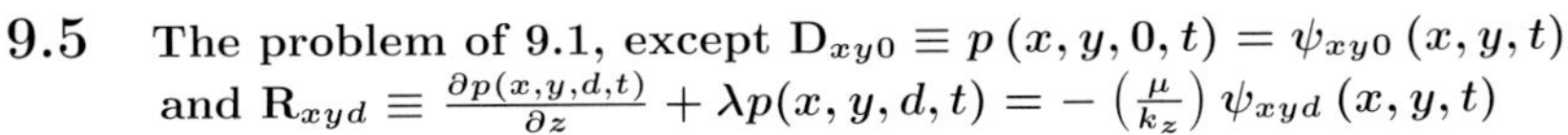

9.5 The problem of 9.1, except $\mathbf{D}_{xy0} \equiv p(x,y,0,t) = \psi_{xy0}(x,y,t)$ and $\mathbf{R}_{xyd} \equiv \frac{\partial p(x,y,d,t)}{\partial z} + \lambda p(x,y,d,t) = -\left(\frac{\mu}{k_z}\right)\psi_{xyd}(x,y,t)$

$$
\begin{aligned}
p = {} & \frac{U(t-t_0)}{2\pi\phi c_t\sqrt{\eta_x\eta_y}} \sum_{l=1}^{\infty} \frac{(\xi_l^2+\lambda^2)\sin(\xi_l z_0)\sin(\xi_l z)}{d(\xi_l^2+\lambda^2)+\lambda} \int_0^{t-t_0} \frac{q(t-t_0-\tau)\, e^{-\left\{\frac{(x-x_0)^2}{4\eta_x\tau}+\frac{(y-y_0)^2}{4\eta_y\tau}\right\}-\eta_z\xi_l^2\tau}}{\tau} d\tau + \\
& \frac{1}{2\pi\sqrt{\eta_x\eta_y}} \sum_{l=1}^{\infty} \frac{(\xi_l^2+\lambda^2)\sin(\xi_l z)}{d(\xi_l^2+\lambda^2)+\lambda} \times \\
& \times \int_0^t \int_{-\infty}^{\infty} \int_{-\infty}^{\infty} \frac{e^{-\left\{\frac{(x-u)^2}{4\eta_x\tau}+\frac{(y-v)^2}{4\eta_y\tau}\right\}-\eta_z\xi_l^2\tau}}{\tau} \left\{\eta_z\xi_l\psi_{xy0}(u,v,t-\tau) - \frac{\sin(\xi_l d)}{\phi c_t}\psi_{xyd}(u,v,t-\tau)\right\} du\,dv\,d\tau + \\
& + \frac{1}{2\pi t\sqrt{\eta_x\eta_y}} \sum_{l=1}^{\infty} \frac{(\xi_l^2+\lambda^2)\sin(\xi_l z)\, e^{-\eta_z\xi_l^2 t}}{d(\xi_l^2+\lambda^2)+\lambda} \int_0^d \int_{-\infty}^{\infty} \int_{-\infty}^{\infty} \varphi(u,v,w)\sin(\xi_l w)\, e^{-\left\{\frac{(x-u)^2}{4\eta_x t}+\frac{(y-v)^2}{4\eta_y t}\right\}} du\,dv\,dw
\end{aligned}
\tag{9.5.1}
$$

where ξ_m is a positive root of $\xi_l \cot(\xi_l d) = -\lambda$, $l = 1, 2, ...$

When $\varphi(x,y,z) = p_I$, a constant, the solution is obtained by replacing the term corresponding to the initial condition (the last term) in equation (9.5.1) with

$$
p = 2p_I \sum_{l=1}^{\infty} \frac{(\xi_l^2+\lambda^2)\{1-\cos(\xi_l d)\}\sin(\xi_l z)\, e^{-\eta_z\xi_l^2 t}}{\xi_l\{d(\xi_l^2+\lambda^2)+\lambda\}} \tag{9.5.2}
$$

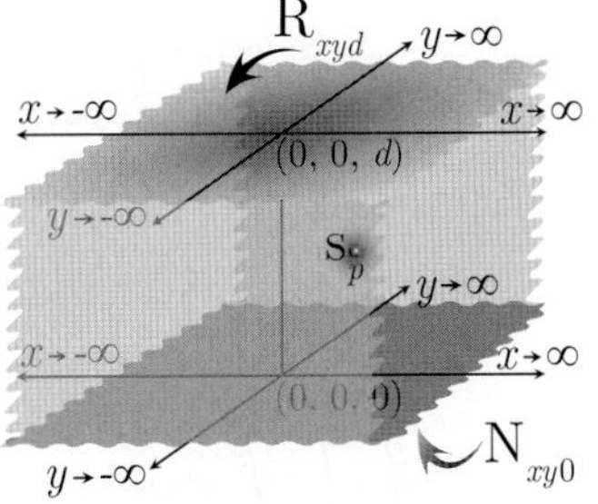

9.6 The problem of 9.1, except $\mathbf{N}_{xy0} \equiv \frac{\partial p(x,y,0,t)}{\partial z} = -\left(\frac{\mu}{k_z}\right)\psi_{xy0}(x,y,t)$ and $\mathbf{R}_{xyd} \equiv \frac{\partial p(x,y,d,t)}{\partial z} + \lambda p(x,y,d,t) = -\left(\frac{\mu}{k_z}\right)\psi_{xyd}(x,y,t)$

$$
\begin{aligned}
p = {} & \frac{U(t-t_0)}{2\pi\phi c_t\sqrt{\eta_x\eta_y}} \sum_{l=1}^{\infty} \frac{(\xi_l^2+\lambda^2)\cos(\xi_l z_0)\cos(\xi_l z)}{d(\xi_l^2+\lambda^2)+\lambda} \int_0^{t-t_0} \frac{q(t-t_0-\tau)\, e^{-\left\{\frac{(x-x_0)^2}{4\eta_x\tau}+\frac{(y-y_0)^2}{4\eta_y\tau}\right\}-\eta_z\xi_l^2\tau}}{\tau} d\tau + \\
& + \frac{1}{2\pi\phi c_t\sqrt{\eta_x\eta_y}} \sum_{l=1}^{\infty} \frac{(\xi_l^2+\lambda^2)\cos(\xi_l z)}{d(\xi_l^2+\lambda^2)+\lambda} \times \\
& \times \int_0^t \int_{-\infty}^{\infty} \int_{-\infty}^{\infty} \frac{e^{-\left\{\frac{(x-u)^2}{4\eta_x\tau}+\frac{(y-v)^2}{4\eta_y\tau}\right\}-\eta_z\xi_l^2\tau}}{\tau} \{\psi_{xy0}(u,v,t-\tau) - \cos(\xi_l d)\,\psi_{xyd}(u,v,t-\tau)\} du\,dv\,d\tau +
\end{aligned}
$$

$$+\frac{1}{2\pi t\sqrt{\eta_x\eta_y}}\sum_{l=1}^{\infty}\frac{\left(\xi_l^2+\lambda^2\right)\cos\left(\xi_l z\right)e^{-\eta_z\xi_l^2 t}}{d\left(\xi_l^2+\lambda^2\right)+\lambda}\int_0^d\int_{-\infty}^{\infty}\int_{-\infty}^{\infty}\varphi\left(u,v,w\right)\cos\left(\xi_l w\right)e^{-\left\{\frac{(x-u)^2}{4\eta_x t}+\frac{(y-v)^2}{4\eta_y t}\right\}}dudvdw \tag{9.6.1}$$

where ξ_l is a positive root of $\xi_l\tan\left(\xi_l d\right)=\lambda$, $l=1,2,....$

When $\varphi(x,y,z)=p_I$, a constant, the solution is obtained by replacing the term corresponding to the initial condition (the last term) in equation (9.6.1) with

$$p=2p_I\sum_{l=1}^{\infty}\frac{\left(\xi_l^2+\lambda^2\right)\sin\left(\xi_l d\right)\cos\left(\xi_l z\right)e^{-\eta_z\xi_l^2 t}}{\xi_l\left\{d\left(\xi_l^2+\lambda^2\right)+\lambda\right\}} \tag{9.6.2}$$

9.7 **The problem of 9.1, except $\mathbf{R}_{xy0}\equiv\frac{\partial p(x,y,0,t)}{\partial z}-\lambda p(x,y,0,t)=-\left(\frac{\mu}{k_z}\right)\psi_{xy0}\left(x,y,t\right)$ and $\mathbf{D}_{xyd}\equiv p(x,y,d,t)=\psi_{xyd}\left(x,y,t\right)$**

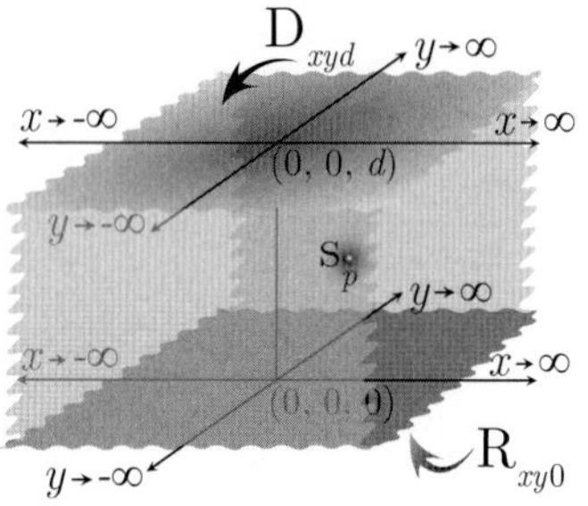

$$\begin{aligned}
p\ =\ & \frac{U(t-t_0)}{2\pi\phi c_t\sqrt{\eta_x\eta_y}}\times\\
&\times\sum_{l=1}^{\infty}\frac{\left(\xi_l^2+\lambda^2\right)\sin\left\{\xi_l\left(d-z_0\right)\right\}\sin\left\{\xi_l\left(d-z\right)\right\}}{d\left(\xi_l^2+\lambda^2\right)+\lambda}\int_0^{t-t_0}\frac{q\left(t-t_0-\tau\right)e^{-\left\{\frac{(x-x_0)^2}{4\eta_x\tau}+\frac{(y-y_0)^2}{4\eta_y\tau}\right\}-\eta_z\xi_l^2\tau}}{\tau}d\tau+\\
&+\frac{1}{2\pi\sqrt{\eta_x\eta_y}}\sum_{l=1}^{\infty}\frac{\left(\xi_l^2+\lambda^2\right)\sin\left\{\xi_l\left(d-z\right)\right\}}{d\left(\xi_l^2+\lambda^2\right)+\lambda}\times\\
&\times\int_0^t\int_{-\infty}^{\infty}\int_{-\infty}^{\infty}\frac{e^{-\left\{\frac{(x-u)^2}{4\eta_x\tau}+\frac{(y-v)^2}{4\eta_y\tau}\right\}-\eta_z\xi_l^2\tau}}{\tau}\left\{\frac{\sin\left(\xi_l d\right)\psi_{xy0}\left(u,v,t-\tau\right)}{\phi c_t}+\eta_z\xi_l\psi_{xyd}\left(u,v,t-\tau\right)\right\}dudvd\tau+\\
&+\frac{1}{2\pi t\sqrt{\eta_x\eta_y}}\sum_{l=1}^{\infty}\frac{\left(\xi_l^2+\lambda^2\right)\sin\left\{\xi_l\left(d-z\right)\right\}e^{-\eta_z\xi_l^2 t}}{d\left(\xi_l^2+\lambda^2\right)+\lambda}\times\\
&\times\int_0^d\int_{-\infty}^{\infty}\int_{-\infty}^{\infty}\varphi\left(u,v,w\right)\sin\left\{\xi_l\left(d-w\right)\right\}e^{-\left\{\frac{(x-u)^2}{4\eta_x t}+\frac{(y-v)^2}{4\eta_y t}\right\}}dudvdw
\end{aligned} \tag{9.7.1}$$

where ξ_m is a positive root of $\xi_l\cot\left(\xi_l d\right)=-\lambda$, $l=1,2,....$

When $\varphi(x,y,z)=p_I$, a constant, the solution is obtained by replacing the term corresponding to the initial condition (the last term) in equation (9.7.1) with

$$p=2p_I\sum_{l=1}^{\infty}\frac{\left(\xi_l^2+\lambda^2\right)\left\{1-\cos\left(\xi_l d\right)\right\}\sin\left\{\xi_l\left(d-z\right)\right\}e^{-\eta_z\xi_l^2 t}}{\xi_l\left\{d\left(\xi_d^2+\lambda^2\right)+\lambda\right\}} \tag{9.7.2}$$

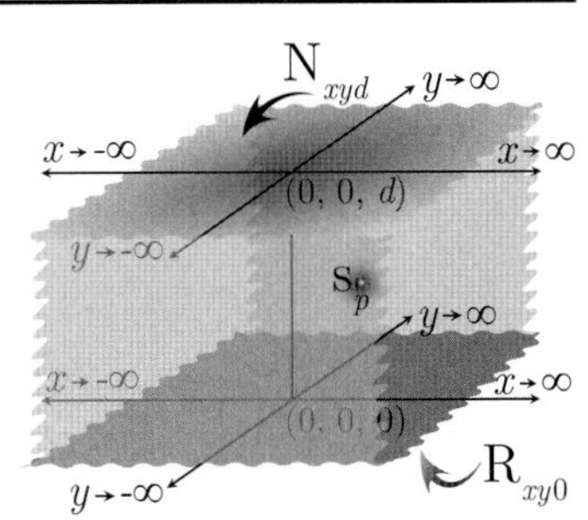

9.8 The problem of 9.1, except

$\mathbf{R}_{xy0} \equiv \frac{\partial p(x,y,0,t)}{\partial z} - \lambda p(x,y,0,t) = -\left(\frac{\mu}{k_z}\right)\psi_{xy0}(x,y,t)$ **and**
$\mathbf{N}_{xyd} \equiv \frac{\partial p(x,y,d,t)}{\partial z} = -\left(\frac{\mu}{k_z}\right)\psi_{xyd}(x,y,t)$

$$p = \frac{U(t-t_0)}{2\pi\phi c_t\sqrt{\eta_x\eta_y}}\times$$
$$\times\sum_{l=1}^{\infty}\frac{(\xi_l^2+\lambda^2)\cos\{\xi_l(d-z_0)\}\cos\{\xi_l(d-z)\}}{d(\xi_l^2+\lambda^2)+\lambda}\int_0^{t-t_0}\frac{q(t-t_0-\tau)\,e^{-\left\{\frac{(x-x_0)^2}{4\eta_x\tau}+\frac{(y-y_0)^2}{4\eta_y\tau}\right\}-\eta_z\xi_l^2\tau}}{\tau}d\tau+$$
$$+\frac{1}{2\pi\phi c_t\sqrt{\eta_x\eta_y}}\sum_{l=1}^{\infty}\frac{(\xi_l^2+\lambda^2)\cos\{\xi_l(d-z)\}}{d(\xi_l^2+\lambda^2)+\lambda}\times$$
$$\times\int_0^t\int_{-\infty}^{\infty}\int_{-\infty}^{\infty}\frac{e^{-\left\{\frac{(x-u)^2}{4\eta_x\tau}+\frac{(y-v)^2}{4\eta_y\tau}\right\}-\eta_z\xi_l^2\tau}}{\tau}\{\cos(\xi_l d)\,\psi_{xy0}(u,v,t-\tau)-\psi_{xyd}(u,v,t-\tau)\}dudvd\tau+$$
$$+\frac{1}{2\pi t\sqrt{\eta_x\eta_y}}\sum_{l=1}^{\infty}\frac{(\xi_l^2+\lambda^2)\cos\{\xi_l(d-z)\}e^{-\eta_z\xi_l^2 t}}{d(\xi_l^2+\lambda^2)+\lambda}\times$$
$$\times\int_0^d\int_{-\infty}^{\infty}\int_{-\infty}^{\infty}\varphi(u,v,w)\cos\{\xi_l(d-w)\}\,e^{-\left\{\frac{(x-u)^2}{4\eta_x t}+\frac{(y-v)^2}{4\eta_y t}\right\}}dudvdw \tag{9.8.1}$$

where ξ_m is a positive root of $\xi_l\tan(\xi_l d)=\lambda$, $l=1,2,\ldots$.

When $\varphi(x,y,z) = p_I$, a constant, the solution is obtained by replacing the term corresponding to the initial condition (the last term) in equation (9.8.1) with

$$p = 2p_I\sum_{l=1}^{\infty}\frac{(\xi_l^2+\lambda^2)\sin(\xi_l d)\cos\{\xi_l(d-z)\}e^{-\eta_z\xi_l^2 t}}{\xi_l\{d(\xi_d^2+\lambda^2)+\lambda\}} \tag{9.8.2}$$

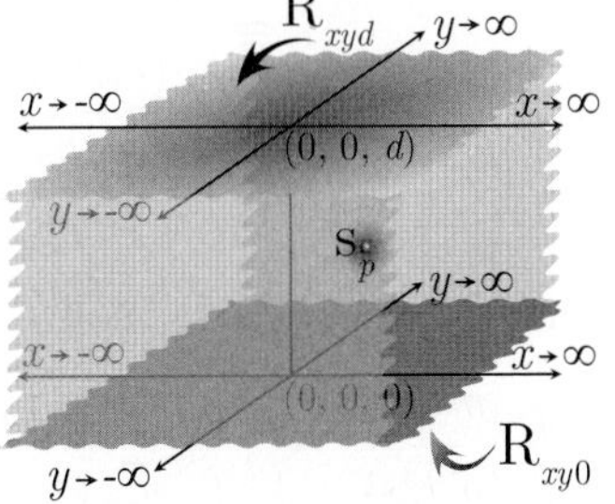

9.9 The problem of 9.1, except

$\mathbf{R}_{xy0} \equiv \frac{\partial p(x,y,0,t)}{\partial z} - \lambda p(x,y,0,t) = -\left(\frac{\mu}{k_z}\right)\psi_{xy0}(x,y,t)$ **and**
$\mathbf{R}_{xyd} \equiv \frac{\partial p(x,y,d,t)}{\partial z} + \lambda p(x,y,d,t) = -\left(\frac{\mu}{k_z}\right)\psi_{xyd}(x,y,t)$

$$p = \frac{U(t-t_0)}{2\pi\phi c_t\sqrt{\eta_x\eta_y}}\sum_{l=1}^{\infty}\frac{\{\xi_l\cos(\xi_l z_0)+\lambda_0\sin(\xi_l z_0)\}\{\xi_l\cos(\xi_l z)+\lambda_0\sin(\xi_l z)\}}{\left[(\xi_l^2+\lambda_0^2)\left\{d+\frac{\lambda_d}{\xi_l^2+\lambda_d^2}\right\}+\lambda_0\right]}\times\times$$
$$\times\int_0^{t-t_0}\frac{q(t-t_0-\tau)\,e^{-\left\{\frac{(x-x_0)^2}{4\eta_x\tau}+\frac{(y-y_0)^2}{4\eta_y\tau}\right\}-\eta_z\xi_l^2\tau}}{\tau}d\tau+$$

$$+\frac{1}{2\pi\sqrt{\eta_x\eta_y}}\sum_{l=1}^{\infty}\frac{\{\xi_l\cos(\xi_l z)+\lambda_0\sin(\xi_l z)\}}{\left[\left(\xi_l^2+\lambda_0^2\right)\left\{d+\frac{\lambda_d}{\xi_l^2+\lambda_d^2}\right\}+\lambda_0\right]}\int_0^t\int_{-\infty}^{\infty}\int_{-\infty}^{\infty}\frac{e^{-\left\{\frac{(x-u)^2}{4\eta_x\tau}+\frac{(y-v)^2}{4\eta_y\tau}\right\}-\eta_z\xi_l^2\tau}}{\tau}\times$$

$$\times\left[\xi_l\psi_{xy0}(u,v,t-\tau)-\psi_{xyd}(u,v,t-\tau)\{\xi_l\cos(\xi_l d)+\lambda_0\sin(\xi_l d)\}\right]dudvd\tau+$$

$$+\frac{1}{2\pi t\sqrt{\eta_x\eta_y}}\sum_{l=1}^{\infty}\frac{\{\xi_l\cos(\xi_l z)+\lambda_0\sin(\xi_l z)\}e^{-\eta_z\xi_l^2 t}}{\left[\left(\xi_l^2+\lambda_0^2\right)\left\{d+\frac{\lambda_d}{\xi_l^2+\lambda_d^2}\right\}+\lambda_0\right]}\times$$

$$\times\int_0^d\int_{-\infty}^{\infty}\int_{-\infty}^{\infty}\varphi(u,v,w)\{\xi_l\cos(\xi_l w)+\lambda_0\sin(\xi_l w)\}e^{-\left\{\frac{(x-u)^2}{4\eta_x t}+\frac{(y-v)^2}{4\eta_y t}\right\}}dudvdw \qquad (9.9.1)$$

where ξ_m is a positive root of $\tan(\xi_l d)=\frac{\xi_l(\lambda_0+\lambda_d)}{\xi_l^2-\lambda_0\lambda_d}$, $l=1,2,\ldots$.

When $\varphi(x,y,z)=p_I$, a constant, the solution is obtained by replacing the term corresponding to the initial condition (the last term) in equation (9.9.1) with

$$p=2p_I\sum_{l=1}^{\infty}\frac{\{\lambda_0+\xi_l\sin(\xi_l d)-\lambda_0\cos(\xi_l d)\}\{\xi_l\cos(\xi_l z)+\lambda_0\sin(\xi_l z)\}e^{-\eta_z\xi_l^2 t}}{\left[\left(\xi_l^2+\lambda_0^2\right)\left\{d+\frac{\lambda_d}{\xi_l^2+\lambda_d^2}\right\}+\lambda_0\right]} \qquad (9.9.2)$$

9.10

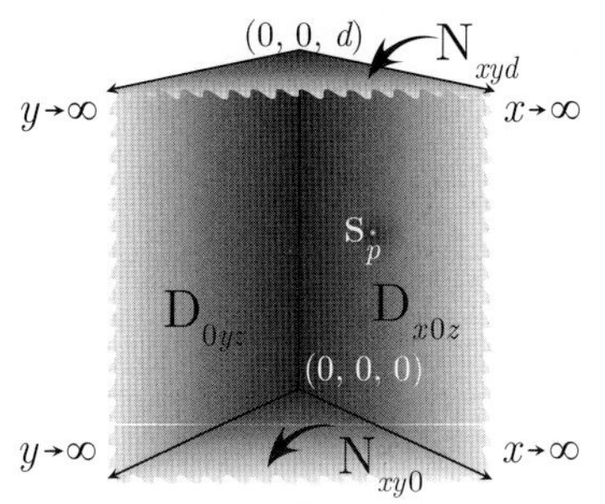

Quadrant layer. The continuum is bounded by the planes $x=0$, $y=0$, $z=0$ and $z=d$; x and y extend to ∞ in the directions of x positive and y positive. Point source at $s_p\equiv(x_0,y_0,z_0)$ at time $t=t_0$; $0<x_0<\infty$, $0<y_0<\infty$, $0<z_0<d$, $t_0\geq 0$.
$D_{0yz}\equiv p(0,y,z,t)=\psi_{0yz}(y,z,t)$,
$D_{x0z}\equiv p(x,0,z,t)=\psi_{x0z}(x,z,t)$,
$N_{xy0}\equiv\frac{\partial p(x,y,0,t)}{\partial z}=-\left(\frac{\mu}{k_z}\right)\psi_{xy0}(x,y,t)$ and
$N_{xyd}\equiv\frac{\partial p(x,y,d,t)}{\partial z}=-\left(\frac{\mu}{k_z}\right)\psi_{xyd}(x,y,t)$.
$p(x,y,z,0)=\varphi(x,y,z)$; $\varphi(x,y,z)$ and its derivative tend to zero as $x\to\infty$ and $y\to\infty$

Applying the Fourier and Laplace transformations to equation (8.1.1), we get

$$\overline{\overline{\overline{p}}}=\frac{q(s)e^{-st_0}\sin(nx_0)\sin(my_0)\cos(\xi_l z_0)}{\phi c_t\{\eta_x n^2+\eta_y m^2+\eta_z\xi_l^2+s\}}+\frac{\left\{(-1)^{l+1}\overline{\overline{\psi}}_{xyd}(n,m,s)+\overline{\overline{\psi}}_{xy0}(n,m,s)\right\}}{\phi c_t\left(\eta_x n^2+\eta_y m^2+\eta_z\xi_l^2+s\right)}+$$

$$+\frac{\eta_x n\overline{\overline{\psi}}_{0yz}(m,l,s)+\eta_y m\overline{\overline{\psi}}_{x0z}(n,l,s)}{\{\eta_x n^2+\eta_y m^2+\eta_z\xi_l^2+s\}}+\frac{\int_0^d\int_0^{\infty}\int_0^{\infty}\varphi(u,v,z)\sin(nu)\sin(mv)\cos(\xi_l w)\,dudvdw}{\{\eta_x n^2+\eta_y m^2+\eta_z\xi_l^2+s\}} \qquad (9.10.1)$$

where ξ_l is a positive root of $\sin(\xi_l d)=0$. The eigenvalues are given by $\xi_l=\frac{l\pi}{d}$, $l=1,2,\ldots$.
$\overline{\overline{\psi}}_{0yz}(m,l,s)=\int_0^d\int_0^{\infty}\overline{\psi}_{0yz}(y,z,s)\sin(my)\cos(\xi_l z)\,dydz$, $\overline{\psi}_{0yz}(y,z,s)=\int_0^{\infty}\psi_{0yz}(y,z,t)e^{-st}dt$,
$\overline{\overline{\psi}}_{x0z}(n,l,s)=\int_0^d\int_0^{\infty}\overline{\psi}_{x0z}(x,z,s)\sin(nx)\cos(\xi_l z)\,dxdz$, $\overline{\psi}_{x0z}(x,z,s)=\int_0^{\infty}\psi_{x0z}(x,z,t)e^{-st}dt$,
$\overline{\overline{\psi}}_{xy0}(n,m,s)=\int_0^{\infty}\int_0^{\infty}\overline{\psi}_{xy0}(x,y,s)\sin(nx)\sin(my)\,dxdy$, $\overline{\psi}_{xy0}(x,y,s)=\int_0^{\infty}\psi_{xy0}(x,y,t)e^{-st}dt$,
$\overline{\overline{\psi}}_{xyd}(n,m,s)=\int_0^{\infty}\int_0^{\infty}\overline{\psi}_{xyd}(x,y,s)\sin(nx)\sin(my)\,dxdy$, and $\overline{\psi}_{xyd}(x,y,s)=\int_0^{\infty}\psi_{xyd}(x,y,t)e^{-st}dt$.

Successive inverse Fourier and Laplace transforms of equation (9.10.1) yield

$$\overline{p}=\frac{q(s)e^{-st_0}}{\pi\phi c_t d\sqrt{\eta_x\eta_y}}\sum_{l=0}^{\infty}\ni_l\cos(\xi_l z_0)\cos(\xi_l z)\left[K_0\left\{\sqrt{\left(\frac{(x-x_0)^2}{\eta_x}+\frac{(y-y_0)^2}{\eta_y}\right)\left(s+\xi_l^2\eta_z\right)}\right\}-\right.$$

$$-K_0\left\{\sqrt{\left(\frac{(x+x_0)^2}{\eta_x}+\frac{(y-y_0)^2}{\eta_y}\right)(s+\xi_l^2\eta_z)}\right\}-K_0\left\{\sqrt{\left(\frac{(x-x_0)^2}{\eta_x}+\frac{(y+y_0)^2}{\eta_y}\right)(s+\xi_l^2\eta_z)}\right\}+$$

$$+K_0\left\{\sqrt{\left(\frac{(x+x_0)^2}{\eta_x}+\frac{(y+y_0)^2}{\eta_y}\right)(s+\xi_l^2\eta_z)}\right\}\Bigg]+$$

$$+\frac{2x}{\pi\sqrt{\eta_x\eta_y}d}\sum_{l=0}^{\infty}\ni_l\cos(\xi_l z)\sqrt{s+\xi_l^2\eta_z}\times$$

$$\times\int_0^{\infty}\overline{\overline{\psi}}_{0yz}(v,l,s)\left\{\frac{K_1\left\{\sqrt{\left\{\frac{(y-v)^2}{\eta_y}+\frac{x^2}{\eta_x}\right\}(s+\xi_l^2\eta_z)}\right\}}{\sqrt{\left\{\frac{(y-v)^2}{\eta_y}+\frac{x^2}{\eta_x}\right\}}}-\frac{K_1\left\{\sqrt{\left\{\frac{(y+v)^2}{\eta_y}+\frac{x^2}{\eta_x}\right\}(s+\xi_l^2\eta_z)}\right\}}{\sqrt{\left\{\frac{(y+v)^2}{\eta_y}+\frac{x^2}{\eta_x}\right\}}}\right\}du+$$

$$\frac{2y}{\pi\sqrt{\eta_x\eta_y}d}\sum_{l=0}^{\infty}\ni_l\cos(\xi_l z)\sqrt{s+\xi_l^2\eta_z}\times$$

$$\times\int_0^{\infty}\overline{\overline{\psi}}_{x0z}(u,l,s)\left\{\frac{K_1\left\{\sqrt{\left\{\frac{(x-u)^2}{\eta_x}+\frac{y^2}{\eta_y}\right\}(s+\xi_l^2\eta_z)}\right\}}{\sqrt{\left\{\frac{(x-u)^2}{\eta_x}+\frac{y^2}{\eta_y}\right\}}}-\frac{K_1\left\{\sqrt{\left\{\frac{(x+u)^2}{\eta_x}+\frac{y^2}{\eta_y}\right\}(s+\xi_l^2\eta_z)}\right\}}{\sqrt{\left\{\frac{(x+u)^2}{\eta_x}+\frac{y^2}{\eta_y}\right\}}}\right\}du+$$

$$+\frac{1}{\pi\phi c_t d\sqrt{\eta_x\eta_y}}\sum_{l=0}^{\infty}\ni_l\cos(\xi_l z)\int_0^{\infty}\int_0^{\infty}\left\{(-1)^{l+1}\overline{\psi}_{xyd}(u,v,s)+\overline{\psi}_{xy0}(u,v,s)\right\}\times$$

$$\times\left[K_0\left(\sqrt{\left\{\frac{(x-u)^2}{\eta_x}+\frac{(y-v)^2}{\eta_y}\right\}(s+\eta_z\xi_l^2)}\right)-K_0\left(\sqrt{\left\{\frac{(x+u)^2}{\eta_x}+\frac{(y-v)^2}{\eta_y}\right\}(s+\eta_z\xi_l^2)}\right)-\right.$$

$$\left.-K_0\left(\sqrt{\left\{\frac{(x-u)^2}{\eta_x}+\frac{(y+v)^2}{\eta_y}\right\}(s+\eta_z\xi_l^2)}\right)+K_0\left(\sqrt{\left\{\frac{(x+u)^2}{\eta_x}+\frac{(y+v)^2}{\eta_y}\right\}(s+\eta_z\xi_l^2)}\right)\right]dudv+$$

$$+\frac{1}{\pi d\sqrt{\eta_x\eta_y}}\sum_{l=0}^{\infty}\ni_l\cos(\xi_l z)\times$$

$$\times\int_0^d\int_0^{\infty}\int_0^{\infty}\varphi(u,v,w)\cos(\xi_l w)\left[K_0\left\{\sqrt{\left(\frac{(x-u)^2}{\eta_x}+\frac{(y-v)^2}{\eta_y}\right)(s+\xi_l^2\eta_z)}\right\}-\right.$$

$$-K_0\left\{\sqrt{\left(\frac{(x+u)^2}{\eta_x}+\frac{(y-v)^2}{\eta_y}\right)(s+\xi_l^2\eta_z)}\right\}-K_0\left\{\sqrt{\left(\frac{(x-u)^2}{\eta_x}+\frac{(y+v)^2}{\eta_y}\right)(s+\xi_l^2\eta_z)}\right\}+$$

$$\left.+K_0\left\{\sqrt{\left(\frac{(x+u)^2}{\eta_x}+\frac{(y+v)^2}{\eta_y}\right)(s+\xi_l^2\eta_z)}\right\}\right]dudvdw \qquad (9.10.2)$$

where $\overline{\overline{\psi}}_{0yz}(v,l,s)=\int_0^d\overline{\psi}_{0yz}(v,z,s)\cos(\xi_l z)\,dz$, $\overline{\psi}_{0yz}(v,z,s)=\int_0^{\infty}\psi_{0yz}(v,z,t)\,e^{-st}dt$, $\overline{\overline{\psi}}_{x0z}(u,l,s)=\int_0^d\overline{\psi}_{x0z}(u,z,s)\cos(\xi_l z)\,dz$, and $\overline{\psi}_{x0z}(x,z,s)=\int_0^{\infty}\psi_{x0z}(x,z,t)\,e^{-st}dt$, $\overline{\psi}_{xy0}(x,y,s)=\int_0^{\infty}\psi_{xy0}(x,y,t)\,e^{-st}dt$, and $\overline{\psi}_{xyd}(x,y,s)=\int_0^{\infty}\psi_{xyd}(x,y,t)\,e^{-st}dt$.

$$p=\frac{U(t-t_0)}{8\pi d\phi c_t\sqrt{\eta_x\eta_y}}\int_0^{t-t_0}\frac{q(t-t_0-\tau)}{\tau}\left\{e^{-\frac{(x-x_0)^2}{4\eta_x\tau}}-e^{-\frac{(x+x_0)^2}{4\eta_x\tau}}\right\}\left\{e^{-\frac{(y-y_0)^2}{4\eta_y\tau}}-e^{-\frac{(y+y_0)^2}{4\eta_y\tau}}\right\}\times$$

$$\times\left\{\Theta_3\left(\frac{\pi(z-z_0)}{2d},e^{-\left(\frac{\pi}{d}\right)^2\eta_z\tau}\right)+\Theta_3\left(\frac{\pi(z+z_0)}{2d},e^{-\left(\frac{\pi}{d}\right)^2\eta_z\tau}\right)\right\}d\tau+$$

$$+\frac{x}{8\pi\sqrt{\eta_x\eta_y}d}\int_0^t\frac{e^{-\frac{x^2}{4\eta_x\tau}}}{\tau^2}\int_0^\infty\left\{\Theta_3\left(\frac{\pi(z-w)}{2d},e^{-\left(\frac{\pi}{d}\right)^2\eta_z\tau}\right)+\Theta_3\left(\frac{\pi(z+w)}{2d},e^{-\left(\frac{\pi}{d}\right)^2\eta_z\tau}\right)\right\}\times$$
$$\times\int_0^\infty\psi_{0yz}(v,w,t-\tau)\left\{e^{-\frac{(y-v)^2}{4\eta_y\tau}}-e^{-\frac{(y+v)^2}{4\eta_y\tau}}\right\}dvdwd\tau+$$
$$+\frac{y}{8\pi\sqrt{\eta_x\eta_y}d}\int_0^t\frac{e^{-\frac{y^2}{4\eta_y\tau}}}{\tau^2}\int_0^\infty\left\{\Theta_3\left(\frac{\pi(z-w)}{2d},e^{-\left(\frac{\pi}{d}\right)^2\eta_z\tau}\right)+\Theta_3\left(\frac{\pi(z+w)}{2d},e^{-\left(\frac{\pi}{d}\right)^2\eta_z\tau}\right)\right\}\times$$
$$\times\int_0^\infty\psi_{x0z}(u,w,t-\tau)\left\{e^{-\frac{(x-u)^2}{4\eta_x\tau}}-e^{-\frac{(x+u)^2}{4\eta_x\tau}}\right\}dudwd\tau+$$
$$+\frac{1}{4\pi d\phi c_t\sqrt{\eta_x\eta_y}}\int_0^\infty\int_0^\infty\int_0^t\frac{1}{\tau}\left\{e^{-\frac{(x-u)^2}{4\eta_x\tau}}-e^{-\frac{(x+u)^2}{4\eta_x\tau}}\right\}\left\{e^{-\frac{(y-v)^2}{4\eta_y\tau}}-e^{-\frac{(y+v)^2}{4\eta_y\tau}}\right\}\times$$
$$\times\left\{\psi_{xy0}(u,v,t-\tau)\Theta_3\left(\frac{\pi z}{2d},e^{-\left(\frac{\pi}{d}\right)^2\eta_z\tau}\right)-\psi_{xyd}(u,v,t-\tau)\Theta_4\left(\frac{\pi z}{2d},e^{-\left(\frac{\pi}{d}\right)^2\eta_z\tau}\right)\right\}d\tau dudv+$$
$$+\frac{1}{8\pi td\sqrt{\eta_x\eta_y}}\int_0^d\int_0^\infty\int_0^\infty\varphi(u,v,w)\left\{\Theta_3\left(\frac{\pi(z-w)}{2d},e^{-\left(\frac{\pi}{d}\right)^2\eta_z t}\right)+\Theta_3\left(\frac{\pi(z+w)}{2d},e^{-\left(\frac{\pi}{d}\right)^2\eta_z t}\right)\right\}\times$$
$$\times\left\{e^{-\frac{(x-u)^2}{4\eta_x t}}-e^{-\frac{(x+u)^2}{4\eta_x t}}\right\}\left\{e^{-\frac{(y-v)^2}{4\eta_y t}}-e^{-\frac{(y+v)^2}{4\eta_y t}}\right\}dudvdw \tag{9.10.3}$$

When $\varphi(x,y,z)=p_I$, a constant, the solution is obtained by replacing the term corresponding to the initial condition (the last term) in equations (9.10.3) with

$$p=p_I\operatorname{erf}\left(\frac{x}{2\sqrt{\eta_x t}}\right)\operatorname{erf}\left(\frac{y}{2\sqrt{\eta_y t}}\right) \tag{9.10.4}$$

Special cases of practical relevance

(i) A line of finite length $[z_{02}-z_{01}]$ passing through (x_0,y_0)

The solution is obtained by simple integration. For a continuous source, the solution is obtained by replacing the source term in equation (9.10.3) with

$$p=\frac{U(t-t_0)}{4\pi\phi c_t\sqrt{\eta_x\eta_y}}\int_0^{t-t_0}\frac{q(t-t_0-\tau)}{\tau}\left\{e^{-\frac{(x-x_0)^2}{4\eta_x\tau}}-e^{-\frac{(x+x_0)^2}{4\eta_x\tau}}\right\}\left\{e^{-\frac{(y-y_0)^2}{4\eta_y\tau}}-e^{-\frac{(y+y_0)^2}{4\eta_y\tau}}\right\}\times$$
$$\times\left\{\Theta_3^{\int}\left(\frac{\pi(z-z_{01})}{2d},e^{-\left(\frac{\pi}{d}\right)^2\eta_z\tau}\right)-\Theta_3^{\int}\left(\frac{\pi(z-z_{02})}{2d},e^{-\left(\frac{\pi}{d}\right)^2\eta_z\tau}\right)+\right.$$
$$\left.+\Theta_3^{\int}\left(\frac{\pi(z+z_{02})}{2d},e^{-\left(\frac{\pi}{d}\right)^2\eta_z\tau}\right)-\Theta_3^{\int}\left(\frac{\pi(z+z_{01})}{2d},e^{-\left(\frac{\pi}{d}\right)^2\eta_z\tau}\right)\right\}d\tau \tag{9.10.5}$$

The spatial average pressure response of the line $[z_{02}-z_{01}]$ is obtained by a further integration:

$$p=\frac{U(t-t_0)d}{\pi(z_{02}-z_{01})\phi c_t\sqrt{\eta_x\eta_y}}\int_0^{t-\tau}\frac{q(t-t_0-\tau)}{\tau}\left\{e^{-\frac{(x-x_0)^2}{4\eta_x\tau}}-e^{-\frac{(x+x_0)^2}{4\eta_x\tau}}\right\}\left\{e^{-\frac{(y-y_0)^2}{4\eta_y\tau}}-e^{-\frac{(y+y_0)^2}{4\eta_y\tau}}\right\}\times$$
$$\times\left[\Theta_3^{\int\int}\left(\frac{\pi(z_{02}-z_{01})}{2d},e^{-\left(\frac{\pi}{d}\right)^2\eta_z\tau}\right)-\Theta_3^{\int\int}\left(\frac{\pi(z_{02}+z_{01})}{2d},e^{-\left(\frac{\pi}{d}\right)^2\eta_z\tau}\right)+\right.$$
$$\left.+\frac{1}{2}\left\{\Theta_3^{\int\int}\left(\frac{\pi z_{02}}{d},e^{-\left(\frac{\pi}{d}\right)^2\eta_z\tau}\right)+\Theta_3^{\int\int}\left(\frac{\pi z_{01}}{d},e^{-\left(\frac{\pi}{d}\right)^2\eta_z\tau}\right)\right\}\right]d\tau+$$

$$+\frac{x}{4\left(z_{02}-z_{01}\right)\sqrt{\eta_x\eta_y}}\times$$
$$\times\int_0^t\frac{e^{-\frac{x^2}{4\eta_x\tau}}}{\tau^2}\int_0^\infty\left[\Theta_3^{\int}\left\{\frac{\pi\left(z_{01}+w\right)}{2d},e^{-\eta_z\left(\frac{\pi}{d}\right)^2\tau}\right\}+\Theta_3^{\int}\left\{\frac{\pi\left(z_{01}-w\right)}{2d},e^{-\eta_z\left(\frac{\pi}{d}\right)^2\tau}\right\}-\right.$$
$$\left.-\Theta_3^{\int}\left\{\frac{\pi\left(z_{02}+w\right)}{2d},e^{-\eta_z\left(\frac{\pi}{d}\right)^2\tau}\right\}-\Theta_3^{\int}\left\{\frac{\pi\left(z_{02}-w\right)}{2d},e^{-\eta_z\left(\frac{\pi}{d}\right)^2\tau}\right\}\right]\times$$
$$\times\int_0^\infty\psi_{0yz}\left(v,w,t-\tau\right)\left\{e^{-\frac{(y-v)^2}{4\eta_y\tau}}-e^{-\frac{(y+v)^2}{4\eta_y\tau}}\right\}dvdwd\tau+$$
$$+\frac{y}{4\left(z_{02}-z_{01}\right)\sqrt{\eta_x\eta_y}}\times$$
$$\times\int_0^t\frac{e^{-\frac{y^2}{4\eta_y\tau}}}{\tau^2}\int_0^\infty\left[\Theta_3^{\int}\left\{\frac{\pi\left(z_{01}+w\right)}{2d},e^{-\eta_z\left(\frac{\pi}{d}\right)^2\tau}\right\}+\Theta_3^{\int}\left\{\frac{\pi\left(z_{01}-w\right)}{2d},e^{-\eta_z\left(\frac{\pi}{d}\right)^2\tau}\right\}-\right.$$
$$\left.-\Theta_3^{\int}\left\{\frac{\pi\left(z_{02}+w\right)}{2d},e^{-\eta_z\left(\frac{\pi}{d}\right)^2\tau}\right\}-\Theta_3^{\int}\left\{\frac{\pi\left(z_{02}-w\right)}{2d},e^{-\eta_z\left(\frac{\pi}{d}\right)^2\tau}\right\}\right]\times$$
$$\times\int_0^\infty\psi_{x0z}\left(u,w,t-\tau\right)\left\{e^{-\frac{(x-u)^2}{4\eta_x\tau}}-e^{-\frac{(x+u)^2}{4\eta_x\tau}}\right\}dudwd\tau+$$
$$+\frac{1}{2\pi\phi c_t\left(z_{02}-z_{01}\right)\sqrt{\eta_x\eta_y}}\int_0^\infty\int_0^\infty\int_0^t\frac{1}{\tau}\left\{e^{-\frac{(x-u)^2}{4\eta_x\tau}}-e^{-\frac{(x+u)^2}{4\eta_x\tau}}\right\}\left\{e^{-\frac{(y-v)^2}{4\eta_y\tau}}-e^{-\frac{(y+v)^2}{4\eta_y\tau}}\right\}\times$$
$$\times\left[\psi_{xy0}\left(u,v,t-\tau\right)\left\{\Theta_3^{\int}\left(\frac{\pi z_{02}}{2d},e^{-\left(\frac{\pi}{d}\right)^2\eta_z\tau}\right)-\Theta_3^{\int}\left(\frac{\pi z_{01}}{2d},e^{-\left(\frac{\pi}{d}\right)^2\eta_z\tau}\right)\right\}-\right.$$
$$\left.-\psi_{xyd}\left(u,v,t-\tau\right)\left\{\Theta_4^{\int}\left(\frac{\pi z_{02}}{2d},e^{-\left(\frac{\pi}{d}\right)^2\eta_z\tau}\right)-\Theta_4^{\int}\left(\frac{\pi z_{01}}{2d},e^{-\left(\frac{\pi}{d}\right)^2\eta_z\tau}\right)\right\}\right]d\tau dudv+$$
$$+\frac{1}{4\pi\left(z_{02}-z_{01}\right)t\sqrt{\eta_x\eta_y}}\times$$
$$\times\int_0^d\int_0^\infty\int_0^\infty\varphi\left(u,v,w\right)\left\{\Theta_3^{\int}\left(\frac{\pi\left(z_{02}-w\right)}{2d},e^{-\eta_z\left(\frac{\pi}{d}\right)^2t}\right)-\Theta_3^{\int}\left(\frac{\pi\left(z_{01}-w\right)}{2d},e^{-\eta_z\left(\frac{\pi}{d}\right)^2t}\right)+\right.$$
$$\left.+\Theta_3^{\int}\left(\frac{\pi\left(z_{02}+w\right)}{2d},e^{-\eta_z\left(\frac{\pi}{d}\right)^2t}\right)-\Theta_3^{\int}\left(\frac{\pi\left(z_{01}+w\right)}{2d},e^{-\eta_z\left(\frac{\pi}{d}\right)^2t}\right)\right\}\times$$
$$\times\left\{e^{-\frac{(x-u)^2}{4\eta_xt}}-e^{-\frac{(x+u)^2}{4\eta_xt}}\right\}\left\{e^{-\frac{(y-v)^2}{4\eta_yt}}-e^{-\frac{(y+v)^2}{4\eta_yt}}\right\}dudvdw \tag{9.10.6}$$

When $\varphi(x,y,z)=p_I$, a constant, the average pressure contribution from the initial condition is given by equation (9.10.4).

(ii) A line of finite length $[y_{02}-y_{01}]$ passing through (x_0,z_0)

The continuous source solution is obtained by replacing the source term in equation (9.10.3) with

$$\begin{aligned}p\ =\ &\frac{U(t-t_0)}{8d\phi c_t\sqrt{\pi\eta_x}}\int_0^{t-t_0}\frac{q\left(t-t_0-\tau\right)}{\sqrt{\tau}}\left\{e^{-\frac{(x-x_0)^2}{4\eta_x\tau}}-e^{-\frac{(x+x_0)^2}{4\eta_x\tau}}\right\}\times\\&\times\left\{\mathrm{erf}\left(\frac{y-y_{01}}{2\sqrt{\eta_y\tau}}\right)-\mathrm{erf}\left(\frac{y-y_{02}}{2\sqrt{\eta_y\tau}}\right)-\mathrm{erf}\left(\frac{y+y_{02}}{2\sqrt{\eta_y\tau}}\right)+\mathrm{erf}\left(\frac{y+y_{01}}{2\sqrt{\eta_y\tau}}\right)\right\}\times\\&\times\left\{\Theta_3\left(\frac{\pi\left(z-z_0\right)}{2d},e^{-\left(\frac{\pi}{d}\right)^2\eta_z\tau}\right)+\Theta_3\left(\frac{\pi\left(z+z_0\right)}{2d},e^{-\left(\frac{\pi}{d}\right)^2\eta_z\tau}\right)\right\}d\tau\end{aligned} \tag{9.10.7}$$

The spatial average pressure response of the line $[y_{02} - y_{01}]$ is given by

$$p = \frac{U(t-t_0)}{4d\phi c_t\left(y_{02}-y_{01}\right)\sqrt{\pi\eta_x}} \int_0^{t-t_0} \frac{q\left(t-t_0-\tau\right)}{\sqrt{\tau}} \left\{ e^{-\frac{(x-x_0)^2}{4\eta_x\tau}} - e^{-\frac{(x+x_0)^2}{4\eta_x\tau}} \right\} \times$$
$$\times \left[\left(y_{02}-y_{01}\right) \operatorname{erf}\left(\frac{y_{02}-y_{01}}{2\sqrt{\eta_y\tau}}\right) + \left(y_{02}+y_{01}\right) \operatorname{erf}\left(\frac{y_{02}+y_{01}}{2\sqrt{\eta_y\tau}}\right) - y_{01} \operatorname{erf}\left(\frac{y_{01}}{\sqrt{\eta_y\tau}}\right) - \right.$$
$$\left. - y_{02} \operatorname{erf}\left(\frac{y_{02}}{\sqrt{\eta_y\tau}}\right) + 2\sqrt{\frac{\eta_y\tau}{\pi}} \left(e^{-\frac{(y_{02}-y_{01})^2}{4\eta_y\tau}} - 1 \right) + 2\sqrt{\frac{\eta_y\tau}{\pi}} e^{-\frac{(y_{02}+y_{01})^2}{4\eta_y\tau}} - \sqrt{\frac{\eta_y\tau}{\pi}} \left(e^{-\frac{y_{01}^2}{\eta_y\tau}} + e^{-\frac{y_{02}^2}{\eta_y\tau}} \right) \right] \times$$
$$\times \left\{ \Theta_3\left(\frac{\pi\left(z-z_0\right)}{2d}, e^{-\left(\frac{\pi}{d}\right)^2\eta_z\tau}\right) + \Theta_3\left(\frac{\pi\left(z+z_0\right)}{2d}, e^{-\left(\frac{\pi}{d}\right)^2\eta_z\tau}\right) \right\} d\tau +$$
$$+ \frac{x}{8\left(y_{02}-y_{01}\right)d\sqrt{\pi\eta_x}} \int_0^t \frac{e^{-\frac{x^2}{4\eta_x\tau}}}{\tau^{\frac{3}{2}}} \int_0^\infty \left\{ \Theta_3\left(\frac{\pi\left(z-w\right)}{2d}, e^{-\left(\frac{\pi}{d}\right)^2\eta_z\tau}\right) + \Theta_3\left(\frac{\pi\left(z+w\right)}{2d}, e^{-\left(\frac{\pi}{d}\right)^2\eta_z\tau}\right) \right\} \times$$
$$\times \int_0^\infty \psi_{0yz}\left(v,w,t-\tau\right) \left\{ \operatorname{erf}\left(\frac{y_{02}-v}{2\sqrt{\eta_y\tau}}\right) - \operatorname{erf}\left(\frac{y_{01}-v}{2\sqrt{\eta_y\tau}}\right) - \operatorname{erf}\left(\frac{y_{02}+v}{2\sqrt{\eta_y\tau}}\right) + \operatorname{erf}\left(\frac{y_{01}+v}{2\sqrt{\eta_y\tau}}\right) \right\} dv dw d\tau +$$
$$+ \frac{1}{8\pi d\left(y_{02}-y_{01}\right)} \sqrt{\frac{\eta_y}{\eta_x}} \int_0^t \frac{1}{\tau} \left\{ e^{-\frac{y_{01}^2}{4\eta_y\tau}} - e^{-\frac{y_{02}^2}{4\eta_y\tau}} \right\} \times$$
$$\times \int_0^\infty \left\{ \Theta_3\left(\frac{\pi\left(z-w\right)}{2d}, e^{-\left(\frac{\pi}{d}\right)^2\eta_z\tau}\right) + \Theta_3\left(\frac{\pi\left(z+w\right)}{2d}, e^{-\left(\frac{\pi}{d}\right)^2\eta_z\tau}\right) \right\} \times$$
$$\times \int_0^\infty \psi_{x0z}\left(u,w,t-\tau\right) \left\{ e^{-\frac{(x-u)^2}{4\eta_x\tau}} - e^{-\frac{(x+u)^2}{4\eta_x\tau}} \right\} du dw d\tau +$$
$$+ \frac{1}{4d\phi c_t\left(y_{02}-y_{01}\right)\sqrt{\pi\eta_x}} \int_0^\infty \int_0^\infty \int_0^t \frac{1}{\sqrt{\tau}} \left\{ e^{-\frac{(x-u)^2}{4\eta_x\tau}} - e^{-\frac{(x+u)^2}{4\eta_x\tau}} \right\} \times$$
$$\times \left\{ \operatorname{erf}\left(\frac{y_{02}-v}{2\sqrt{\eta_y\tau}}\right) - \operatorname{erf}\left(\frac{y_{01}-v}{2\sqrt{\eta_y\tau}}\right) - \operatorname{erf}\left(\frac{y_{02}+v}{2\sqrt{\eta_y\tau}}\right) + \operatorname{erf}\left(\frac{y_{01}+v}{2\sqrt{\eta_y\tau}}\right) \right\} \times$$
$$\times \left\{ \psi_{xy0}\left(u,v,t-\tau\right) \Theta_3\left(\frac{\pi z}{2d}, e^{-\left(\frac{\pi}{d}\right)^2\eta_z\tau}\right) - \psi_{xyd}\left(u,v,t-\tau\right) \Theta_4\left(\frac{\pi z}{2d}, e^{-\left(\frac{\pi}{d}\right)^2\eta_z\tau}\right) \right\} d\tau du dv +$$
$$+ \frac{1}{8d\left(y_{02}-y_{01}\right)\sqrt{\pi\eta_x t}} \times$$
$$\times \int_0^d \int_0^\infty \int_0^\infty \varphi\left(u,v,w\right) \left\{ \Theta_3\left(\frac{\pi\left(z-w\right)}{2d}, e^{-\left(\frac{\pi}{d}\right)^2\eta_z t}\right) + \Theta_3\left(\frac{\pi\left(z+w\right)}{2d}, e^{-\left(\frac{\pi}{d}\right)^2\eta_z t}\right) \right\} \times$$
$$\times \left\{ \operatorname{erf}\left(\frac{y_{02}-v}{2\sqrt{\eta_y t}}\right) - \operatorname{erf}\left(\frac{y_{01}-v}{2\sqrt{\eta_y t}}\right) - \operatorname{erf}\left(\frac{y_{02}+v}{2\sqrt{\eta_y t}}\right) + \operatorname{erf}\left(\frac{y_{01}+v}{2\sqrt{\eta_y t}}\right) \right\} \times$$
$$\times \left\{ e^{-\frac{(x-u)^2}{4\eta_x t}} - e^{-\frac{(x+u)^2}{4\eta_x t}} \right\} du dv dw \tag{9.10.8}$$

When $\varphi(x, y, z) = p_I$, a constant, the solution is obtained by replacing the term corresponding to the initial condition (the last term) in equation (9.10.8) with

$$p = \frac{p_I \operatorname{erf}\left(\frac{x}{2\sqrt{\eta_x t}}\right)}{\left(y_{02}-y_{01}\right)} \left[\left\{ y_{02} \operatorname{erf}\left(\frac{y_{02}}{2\sqrt{\eta_y t}}\right) - y_{01} \operatorname{erf}\left(\frac{y_{01}}{2\sqrt{\eta_y t}}\right) \right\} + 2\sqrt{\frac{\eta_y t}{\pi}} \left\{ e^{-\frac{y_{02}^2}{4\eta_y t}} - e^{-\frac{y_{01}^2}{4\eta_y t}} \right\} \right] \tag{9.10.9}$$

(iii) An inclined line of finite length $[(z_{02}-z_{01})\sin\vartheta_0]$, $0<\vartheta_0<\frac{\pi}{2}$, passing through (x_0,y_0,z_0). ϑ_0 is the inclination of the deviated well to the $x-y$ plane, γ_0 is the intercept to the z axis and θ_0 is the horizontal angle in polar coordinates*

The continuous source solution is obtained by replacing the source term in equation (9.10.3) with

$$p = \frac{U(t-t_0)\sin\vartheta_0}{8\pi\phi c_t\sqrt{\eta_x\eta_y\eta_z}}\int\limits_0^{t-t_0}\frac{q(t-t_0-\tau)}{\tau}\sum_{l=-\infty}^{\infty}[\mathcal{F}(x,y,z+2dl,\tau;z_{02},z_{01})-\mathcal{F}(-x,y,z+2dl,\tau;z_{02},z_{01})-$$
$$-\mathcal{F}(x,-y,z+2dl,\tau;z_{02},z_{01})+\mathcal{F}(-x,-y,z+2dl,\tau;z_{02},z_{01})-\mathcal{F}(x,y,-z-2dl,\tau;z_{02},z_{01})+$$
$$+\mathcal{F}(-x,y,-z-2dl,\tau;z_{02},z_{01})+\mathcal{F}(x,-y,-z-2dl,\tau;z_{02},z_{01})-\mathcal{F}(-x,-y,-z-2dl,\tau;z_{02},z_{01})]\,d\tau \tag{9.10.10}$$

where the function $\mathcal{F}(x,y,z,\tau;b,a)$ is given by equation (8.2.22).

The spatial average pressure response of the inclined line $[(z_{02}-z_{01})\sin\vartheta_0]$ is obtained by a further integration:

$$p = \frac{U(t-t_0)\sin\vartheta_0}{8\pi\phi c_t(z_{02}-z_{01})\sqrt{\eta_x\eta_y\eta_z}}\int\limits_0^{t-t_0}\frac{q(t-t_0-\tau)}{\tau}\sum_{l=-\infty}^{\infty}\int\limits_{z_{01}}^{z_{02}}[\mathcal{F}(z\cot\vartheta\cos\theta,z\cot\vartheta\sin\theta,z+2dl,\tau;z_{02},z_{01})-$$
$$-\mathcal{F}(-z\cot\vartheta\cos\theta,z\cot\vartheta\sin\theta,z+2dl,\tau;z_{02},z_{01})-\mathcal{F}(z\cot\vartheta\cos\theta,-z\cot\vartheta\sin\theta,z+2dl,\tau;z_{02},z_{01})+$$
$$+\mathcal{F}(-z\cot\vartheta\cos\theta,-z\cot\vartheta\sin\theta,z+2dl,\tau;z_{02},z_{01})+\mathcal{F}(z\cot\vartheta\cos\theta,z\cot\vartheta\sin\theta,-z-2dl,\tau;z_{02},z_{01})-$$
$$-\mathcal{F}(-z\cot\vartheta\cos\theta,z\cot\vartheta\sin\theta,-z-2dl,\tau;z_{02},z_{01})-\mathcal{F}(z\cot\vartheta\cos\theta,-z\cot\vartheta\sin\theta,-z-2dl,\tau;z_{02},z_{01})+$$
$$+\mathcal{F}(-z\cot\vartheta\cos\theta,-z\cot\vartheta\sin\theta,-z-2dl,\tau;z_{02},z_{01})]\,dzd\tau+$$
$$+\frac{\cot\vartheta\cos\theta}{8\pi(z_{02}-z_{01})\sqrt{\eta_x\eta_y\eta_z}}\int\limits_0^t\frac{1}{\tau^2}\int\limits_0^d\int\limits_0^\infty\psi_{0yz}(v,w,t-\tau)\times$$
$$\times\sum_{l=-\infty}^{\infty}[\Psi(0,v,w-2dl,\tau;z_{02},z_{01})-\Psi(0,-v,w-2dl,\tau;z_{02},z_{01})+$$
$$+\Psi(0,v,-w-2dl,\tau;z_{02},z_{01})-\Psi(0,-v,-w-2dl,\tau;z_{02},z_{01})]\,dvdwd\tau+$$
$$+\frac{\cot\vartheta\sin\theta}{8\pi(z_{02}-z_{01})\sqrt{\eta_x\eta_y\eta_z}}\int\limits_0^t\frac{1}{\tau^2}\int\limits_0^d\int\limits_0^\infty\psi_{x0z}(u,w,t-\tau)\times$$
$$\times\sum_{l=-\infty}^{\infty}[\Psi(u,0,w-2dl,\tau;z_{02},z_{01})-\Psi(-u,0,w-2dl,\tau;z_{02},z_{01})+$$
$$+\Psi(u,0,-w-2dl,\tau;z_{02},z_{01})-\Psi(-u,0,-w-2dl,\tau;z_{02},z_{01})]\,dudwd\tau+$$
$$+\frac{1}{4\pi\phi c_t(z_{02}-z_{01})\sqrt{\eta_x\eta_y\eta_z}}\int\limits_0^t\frac{1}{\tau}\int\limits_0^\infty\int\limits_0^\infty\psi_{xy0}(u,v,t-\tau)\times$$
$$\times\sum_{l=-\infty}^{\infty}[\Phi(u,v,-2dl,\tau;z_{02},z_{01})-\Phi(-u,v,-2dl,\tau;z_{02},z_{01})-$$
$$-\Phi(u,-v,-2dl,\tau;z_{02},z_{01})+\Phi(-u,-v,-2dl,\tau;z_{02},z_{01})]\,dudvd\tau-$$
$$-\frac{1}{4\pi\phi c_t(z_{02}-z_{01})\sqrt{\eta_x\eta_y\eta_z}}\int\limits_0^t\frac{1}{\tau}\int\limits_0^\infty\int\limits_0^\infty\psi_{xyd}(u,v,t-\tau)\times$$
$$\times\sum_{l=-\infty}^{\infty}[\Phi(u,v,-(2l+1)d,\tau;z_{02},z_{01})-\Phi(-u,v,-(2l+1)d,\tau;z_{02},z_{01})-$$

*$x_0=r_0\cos\theta_0=(z_0-\gamma_0)\cot\vartheta_0\cos\theta_0$, $y_0=r_0\sin\theta_0=(z_0-\gamma_0)\cot\vartheta_0\sin\theta_0$ and $r_0=(z_0-\gamma_0)\cot\vartheta_0$.

$$-\Phi\left(u,-v,-\left(2l+1\right)d,\tau;z_{02},z_{01}\right)+\Phi\left(-u,-v,-\left(2l+1\right)d,\tau;z_{02},z_{01}\right)\right]dudvd\tau+$$

$$+\frac{1}{8\pi t(z_{02}-z_{01})\sqrt{\eta_x\eta_y\eta_z}}\int_0^d\int_0^\infty\int_0^\infty\varphi\left(u,v,w\right)\sum_{l=-\infty}^{\infty}\left[\Phi\left(u,v,w-2dl,t;z_{02},z_{01}\right)-\right.$$

$$-\Phi\left(-u,v,w-2dl,t;z_{02},z_{01}\right)-\Phi\left(u,-v,w-2dl,t;z_{02},z_{01}\right)+\Phi\left(-u,-v,w-2dl,t;z_{02},z_{01}\right)+$$

$$+\Phi\left(u,v,-w-2dl,t;z_{02},z_{01}\right)-\Phi\left(-u,v,-w-2dl,t;z_{02},z_{01}\right)-$$

$$-\Phi\left(u,-v,-w-2dl,t;z_{02},z_{01}\right)+\Phi\left(-u,-v,-w-2dl,t;z_{02},z_{01}\right)]dudvdw \tag{9.10.11}$$

where the functions $\Psi\left(v,w,\tau;b,a\right)$ and $\Phi(u,v,w,\tau;b,a)$ are given by equations (8.2.24) and (8.2.25), respectively. In equation (9.10.11), a point in space is defined by ϑ and θ.*

When $\varphi(x,y,z)=p_I$, a constant, the solution is obtained by replacing the term corresponding to the initial condition (the last term) in equation (9.10.11) with

$$p=\frac{p_I}{(z_{02}-z_{01})}\int_{z_{01}}^{z_{02}}\operatorname{erf}\left(\frac{z\cot\vartheta\cos\theta}{2\sqrt{\eta_x t}}\right)\operatorname{erf}\left(\frac{z\cot\vartheta\sin\theta}{2\sqrt{\eta_y t}}\right)dz \tag{9.10.12}$$

(iv) Segmented inclined lines of finite length $[(z_{0\iota+1}-z_{0\iota})\sin\vartheta_{0\iota}]$, $0<\vartheta_{0\iota}<\frac{\pi}{2}$, passing through $(x_{0\iota},y_{0\iota},z_{0\iota})$. $\vartheta_{0\iota}$ is the inclination of the segment ι of the well to the $x-y$ plane, $\gamma_{0\iota}$ is the intercept to the z axis and $\theta_{0\iota}$ is the horizontal angle in polar coordinates. The segment ι of the well is producing at the rate $q_\iota\left(t\right)$ beginning at time $t_{0\iota}$, $\iota=1,2,...,N$. The well is divided into N segments

The continuous source solution is obtained by replacing the source term in equation (9.10.3) with

$$p\;=\;\frac{1}{8\pi\phi c_t\sqrt{\eta_x\eta_y\eta_z}}\sum_{\iota=0}^{N}U(t-t_{0\iota})\sin\vartheta_{0\iota}\int_0^{t-t_{0\iota}}\frac{q_\iota\left(t-t_{0\iota}-\tau\right)}{\tau}\sum_{l=-\infty}^{\infty}\left[\mathcal{F}_\iota\left(x,y,z+2dl,\tau;z_{0\iota+1},z_{0\iota}\right)-\right.$$

$$-\mathcal{F}_\iota\left(-x,y,z+2dl,\tau;z_{0\iota+1},z_{0\iota}\right)-\mathcal{F}_\iota\left(x,-y,z+2dl,\tau;z_{0\iota+1},z_{0\iota}\right)+\mathcal{F}_\iota\left(-x,-y,z+2dl,\tau;z_{0\iota+1},z_{0\iota}\right)+$$

$$+\mathcal{F}_\iota\left(x,y,-z-2dl,\tau;z_{0\iota+1},z_{0\iota}\right)-\mathcal{F}_\iota\left(-x,y,-z-2dl,\tau;z_{0\iota+1},z_{0\iota}\right)-$$

$$-\mathcal{F}_\iota\left(x,-y,-z-2dl,\tau;z_{0\iota+1},z_{0\iota}\right)+\mathcal{F}_\iota\left(-x,-y,-z-2dl,\tau;z_{0\iota+1},z_{0\iota}\right)]\,d\tau \tag{9.10.13}$$

The function $\mathcal{F}_\iota\left(x,y,z,\tau;b,a\right)$ is given by equation (8.2.28)

The spatial average pressure response of the segment $[z_{0\diamondsuit+1}-z_{0\diamondsuit}]\sin\vartheta_{0\diamondsuit}$, $\iota=\diamondsuit$, $0\le\diamondsuit\le N$, is obtained by a further integration:

$$p\;=\;\frac{1}{8\pi\phi c_t\left(z_{0\diamondsuit+1}-z_{0\diamondsuit}\right)\sqrt{\eta_x\eta_y\eta_z}}\times$$

$$\times\sum_{\iota=0}^{N}U(t-t_{0\iota})\sin\vartheta_{0\iota}\int_0^{t-t_{0\iota}}\frac{q_\iota\left(t-t_{0\iota}-\tau\right)}{\tau}\sum_{l=-\infty}^{\infty}\int_{z_{0\diamondsuit}}^{z_{0\diamondsuit+1}}\left[\mathcal{F}_\iota\left(z\cot\vartheta\cos\theta,z\cot\vartheta\sin\theta,z+2dl,\tau;z_{0\iota+1},z_{0\iota}\right)-\right.$$

$$-\mathcal{F}_\iota\left(-z\cot\vartheta\cos\theta,z\cot\vartheta\sin\theta,z+2dl,\tau;z_{0\iota+1},z_{0\iota}\right)-$$

$$-\mathcal{F}_\iota\left(z\cot\vartheta\cos\theta,-z\cot\vartheta\sin\theta,z+2dl,\tau;z_{0\iota+1},z_{0\iota}\right)+$$

$$+\mathcal{F}_\iota\left(-z\cot\vartheta\cos\theta,-z\cot\vartheta\sin\theta,z+2dl,\tau;z_{0\iota+1},z_{0\iota}\right)+$$

$$+\mathcal{F}_\iota\left(z\cot\vartheta\cos\theta,z\cot\vartheta\sin\theta,-z-2dl,\tau;z_{0\iota+1},z_{0\iota}\right)-$$

$$-\mathcal{F}_\iota\left(-z\cot\vartheta\cos\theta,z\cot\vartheta\sin\theta,-z-2dl,\tau;z_{0\iota+1},z_{0\iota}\right)-$$

$$-\mathcal{F}_\iota\left(z\cot\vartheta\cos\theta,-z\cot\vartheta\sin\theta,-z-2dl,\tau;z_{0\iota+1},z_{0\iota}\right)+$$

$$+\mathcal{F}_\iota\left(-z\cot\vartheta\cos\theta,-z\cot\vartheta\sin\theta,-z-2dl,\tau;z_{0\iota+1},z_{0\iota}\right)]\,dzd\tau+$$

*$\tan\vartheta=\frac{z}{\sqrt{x^2+y^2}}$, $\tan\theta=\frac{y}{x}$.

$$+\frac{\cot\vartheta\cos\theta}{8\pi\left(z_{0\diamond+1}-z_{0\diamond}\right)\sqrt{\eta_x\eta_y\eta_z}}\int\limits_0^t\frac{1}{\tau^2}\int\limits_0^d\int\limits_0^\infty\psi_{0yz}\left(v,w,t-\tau\right)\times$$
$$\times\sum_{l=-\infty}^{\infty}\left[\Psi\left(0,v,w-2dl,\tau;z_{0\diamond+1},z_{0\diamond}\right)-\Psi\left(0,-v,w-2dl,\tau;z_{0\diamond+1},z_{0\diamond}\right)+\right.$$
$$\left.+\Psi\left(0,v,-w-2dl,\tau;z_{0\diamond+1},z_{0\diamond}\right)-\Psi\left(0,-v,-w-2dl,\tau;z_{0\diamond+1},z_{0\diamond}\right)\right]dvdwd\tau+$$
$$+\frac{\cot\vartheta\sin\theta}{8\pi\left(z_{0\diamond+1}-z_{0\diamond}\right)\sqrt{\eta_x\eta_y\eta_z}}\int\limits_0^t\frac{1}{\tau^2}\int\limits_0^d\int\limits_0^\infty\psi_{x0z}\left(u,w,t-\tau\right)\times$$
$$\times\sum_{l=-\infty}^{\infty}\left[\Psi\left(u,0,w-2dl,\tau;z_{0\diamond+1},z_{0\diamond}\right)-\Psi\left(-u,0,w-2dl,\tau;z_{0\diamond+1},z_{0\diamond}\right)+\right.$$
$$\left.+\Psi\left(u,0,-w-2dl,\tau;z_{0\diamond+1},z_{0\diamond}\right)-\Psi\left(-u,0,-w-2dl,\tau;z_{0\diamond+1},z_{0\diamond}\right)\right]dudwd\tau+$$
$$+\frac{1}{4\pi\phi c_t\left(z_{0\diamond+1}-z_{0\diamond}\right)\sqrt{\eta_x\eta_y\eta_z}}\times$$
$$\times\int\limits_0^t\frac{1}{\tau}\int\limits_0^\infty\int\limits_0^\infty\psi_{xy0}\left(u,v,t-\tau\right)\sum_{l=-\infty}^{\infty}\left[\Phi\left(u,v,-2dl,\tau;z_{0\diamond+1},z_{0\diamond}\right)-\Phi\left(-u,v,-2dl,\tau;z_{0\diamond+1},z_{0\diamond}\right)-\right.$$
$$\left.-\Phi\left(u,-v,-2dl,\tau;z_{0\diamond+1},z_{0\diamond}\right)+\Phi\left(-u,-v,-2dl,\tau;z_{0\diamond+1},z_{0\diamond}\right)\right]dudvd\tau-$$
$$-\frac{1}{4\pi\phi c_t\left(z_{0\diamond+1}-z_{0\diamond}\right)\sqrt{\eta_x\eta_y\eta_z}}\int\limits_0^t\frac{1}{\tau}\int\limits_0^\infty\int\limits_0^\infty\psi_{xyd}\left(u,v,t-\tau\right)\times$$
$$\times\sum_{l=-\infty}^{\infty}\left[\Phi\left(u,v,-\left(2l+1\right)d,\tau;z_{0\diamond+1},z_{0\diamond}\right)-\Phi\left(-u,v,-\left(2l+1\right)d,\tau;z_{0\diamond+1},z_{0\diamond}\right)-\right.$$
$$\left.-\Phi\left(u,-v,-\left(2l+1\right)d,\tau;z_{0\diamond+1},z_{0\diamond}\right)+\Phi\left(-u,-v,-\left(2l+1\right)d,\tau;z_{0\diamond+1},z_{0\diamond}\right)\right]dudvd\tau+$$
$$+\frac{1}{8\pi t\left(z_{0\diamond+1}-z_{0\diamond}\right)\sqrt{\eta_x\eta_y\eta_z}}\times$$
$$\times\int\limits_0^d\int\limits_0^\infty\int\limits_0^\infty\varphi\left(u,v,w\right)\sum_{l=-\infty}^{\infty}\left[\Phi\left(u,v,w-2dl,t;z_{0\diamond+1},z_{0\diamond}\right)-\Phi\left(-u,v,w-2dl,t;z_{0\diamond+1},z_{0\diamond}\right)-\right.$$
$$-\Phi\left(u,-v,w-2dl,t;z_{0\diamond+1},z_{0\diamond}\right)+\Phi\left(-u,-v,w-2dl,t;z_{0\diamond+1},z_{0\diamond}\right)+$$
$$+\Phi\left(u,v,-w-2dl,t;z_{0\diamond+1},z_{0\diamond}\right)-\Phi\left(-u,v,-w-2dl,t;z_{0\diamond+1},z_{0\diamond}\right)-$$
$$\left.-\Phi\left(u,-v,-w-2dl,t;z_{0\diamond+1},z_{0\diamond}\right)+\Phi\left(-u,-v,-w-2dl,t;z_{0\diamond+1},z_{0\diamond}\right)\right]dudvdw \quad (9.10.14)$$

In equation (9.10.14), a point in space is defined by ϑ and θ.*

(v) A rectangular source at x_0†

For a continuous rectangular source, the solution is obtained by replacing the source term in equation (9.10.3) with

$$p=\frac{U(t-t_0)}{4\phi c_t\sqrt{\pi\eta_x}}\int\limits_0^{t-t_0}\frac{q\left(t-t_0-\tau\right)}{\sqrt{\tau}}\left\{e^{-\frac{(x-x_0)^2}{4\eta_x\tau}}-e^{-\frac{(x+x_0)^2}{4\eta_x\tau}}\right\}\times$$
$$\times\left\{\operatorname{erf}\left(\frac{y-y_{01}}{2\sqrt{\eta_y\tau}}\right)-\operatorname{erf}\left(\frac{y-y_{02}}{2\sqrt{\eta_y\tau}}\right)-\operatorname{erf}\left(\frac{y+y_{02}}{2\sqrt{\eta_y\tau}}\right)+\operatorname{erf}\left(\frac{y+y_{01}}{2\sqrt{\eta_y\tau}}\right)\right\}\times$$
$$\times\left\{\Theta_3^{\int}\left(\frac{\pi}{2d}\left(z-z_{01}\right),e^{-\left(\frac{\pi}{d}\right)^2\eta_z\tau}\right)-\Theta_3^{\int}\left(\frac{\pi}{2d}\left(z-z_{02}\right),e^{-\left(\frac{\pi}{d}\right)^2\eta_z\tau}\right)+\right.$$

---

*$\tan\vartheta=\frac{z}{\sqrt{x^2+y^2}}$, $\tan\theta=\frac{y}{x}$.

†The coordinates of the source are (x_0,y_{01},z_{01}), (x_0,y_{02},z_{01}), (x_0,y_{01},z_{02}), (x_0,y_{02},z_{02}).

$$+\Theta_3^{\int}\left(\frac{\pi}{2d}(z+z_{02}),e^{-\left(\frac{\pi}{d}\right)^2\eta_z\tau}\right)-\Theta_3^{\int}\left(\frac{\pi}{2d}(z+z_{01}),e^{-\left(\frac{\pi}{d}\right)^2\eta_z\tau}\right)\Bigg\}d\tau \tag{9.10.15}$$

The spatial average pressure response of the rectangle $[(y_{02}-y_{01})(z_{02}-z_{01})]$ is given by

$$p = \frac{2dU(t-t_0)}{\phi c_t(y_{02}-y_{01})(z_{02}-z_{01})\sqrt{\pi\eta_x}}\int_0^{t-t_0}\frac{q(t-t_0-\tau)}{\sqrt{\tau}}\left\{e^{-\frac{(x-x_0)^2}{4\eta_x\tau}}-e^{-\frac{(x+x_0)^2}{4\eta_x\tau}}\right\}\times$$
$$\times\Bigg[(y_{02}-y_{01})\,\mathrm{erf}\left(\frac{y_{02}-y_{01}}{2\sqrt{\eta_y\tau}}\right)+(y_{02}+y_{01})\,\mathrm{erf}\left(\frac{y_{02}+y_{01}}{2\sqrt{\eta_y\tau}}\right)-y_{01}\,\mathrm{erf}\left(\frac{y_{01}}{\sqrt{\eta_y\tau}}\right)-$$
$$-y_{02}\,\mathrm{erf}\left(\frac{y_{02}}{\sqrt{\eta_y\tau}}\right)+2\sqrt{\frac{\eta_y\tau}{\pi}}\left(e^{-\frac{(y_{02}-y_{01})^2}{4\eta_y\tau}}-1\right)+2\sqrt{\frac{\eta_y\tau}{\pi}}e^{-\frac{(y_{02}+y_{01})^2}{4\eta_y\tau}}-\sqrt{\frac{\eta_y\tau}{\pi}}\left(e^{-\frac{y_{01}^2}{\eta_y\tau}}+e^{-\frac{y_{02}^2}{\eta_y\tau}}\right)\Bigg]\times$$
$$\times\Bigg[\Theta_3^{\int\int}\left(\frac{\pi(z_{02}-z_{01})}{2d},e^{-\left(\frac{\pi}{d}\right)^2\eta_z\tau}\right)-\Theta_3^{\int\int}\left(\frac{\pi(z_{02}+z_{01})}{2d},e^{-\left(\frac{\pi}{d}\right)^2\eta_z\tau}\right)+$$
$$+\frac{1}{2}\left\{\Theta_3^{\int\int}\left(\frac{\pi z_{02}}{d},e^{-\left(\frac{\pi}{d}\right)^2\eta_z\tau}\right)+\Theta_3^{\int\int}\left(\frac{\pi z_{01}}{d},e^{-\left(\frac{\pi}{d}\right)^2\eta_z\tau}\right)\right\}\Bigg]d\tau+$$
$$+\frac{x}{4(y_{02}-y_{01})(z_{02}-z_{01})\sqrt{\pi\eta_x}}\times$$
$$\times\int_0^t\frac{e^{-\frac{x^2}{4\eta_x\tau}}}{\tau^{\frac{3}{2}}}\int_0^\infty\Bigg[\Theta_3^{\int}\left\{\frac{\pi(z_{01}+w)}{2d},e^{-\eta_z\left(\frac{\pi}{d}\right)^2\tau}\right\}+\Theta_3^{\int}\left\{\frac{\pi(z_{01}-w)}{2d},e^{-\eta_z\left(\frac{\pi}{d}\right)^2\tau}\right\}-$$
$$-\Theta_3^{\int}\left\{\frac{\pi(z_{02}+w)}{2d},e^{-\eta_z\left(\frac{\pi}{d}\right)^2\tau}\right\}-\Theta_3^{\int}\left\{\frac{\pi(z_{02}-w)}{2d},e^{-\eta_z\left(\frac{\pi}{d}\right)^2\tau}\right\}\Bigg]\times$$
$$\times\int_0^\infty\psi_{0yz}(v,w,t-\tau)\left\{\mathrm{erf}\left(\frac{y_{02}-v}{2\sqrt{\eta_y\tau}}\right)-\mathrm{erf}\left(\frac{y_{01}-v}{2\sqrt{\eta_y\tau}}\right)-\mathrm{erf}\left(\frac{y_{02}+v}{2\sqrt{\eta_y\tau}}\right)+\mathrm{erf}\left(\frac{y_{01}+v}{2\sqrt{\eta_y\tau}}\right)\right\}dv\,dw\,d\tau+$$
$$+\frac{1}{2\pi(y_{02}-y_{01})(z_{02}-z_{01})}\sqrt{\frac{\eta_y}{\eta_x}}\times$$
$$\times\int_0^t\frac{1}{\tau}\left\{e^{-\frac{y_{01}^2}{4\eta_y\tau}}-e^{-\frac{y_{02}^2}{4\eta_y\tau}}\right\}\int_0^\infty\Bigg[\Theta_3^{\int}\left\{\frac{\pi(z_{01}+w)}{2d},e^{-\eta_z\left(\frac{\pi}{d}\right)^2\tau}\right\}+\Theta_3^{\int}\left\{\frac{\pi(z_{01}-w)}{2d},e^{-\eta_z\left(\frac{\pi}{d}\right)^2\tau}\right\}-$$
$$-\Theta_3^{\int}\left\{\frac{\pi(z_{02}+w)}{2d},e^{-\eta_z\left(\frac{\pi}{d}\right)^2\tau}\right\}-\Theta_3^{\int}\left\{\frac{\pi(z_{02}-w)}{2d},e^{-\eta_z\left(\frac{\pi}{d}\right)^2\tau}\right\}\Bigg]\times$$
$$\times\int_0^\infty\psi_{x0z}(u,w,t-\tau)\left\{e^{-\frac{(x-u)^2}{4\eta_x\tau}}-e^{-\frac{(x+u)^2}{4\eta_x\tau}}\right\}du\,dw\,d\tau+$$
$$+\frac{1}{2\phi c_t(z_{02}-z_{01})(y_{02}-y_{01})\sqrt{\pi\eta_x}}\int_0^\infty\int_0^\infty\int_0^t\frac{1}{\sqrt{\tau}}\left\{e^{-\frac{(x-u)^2}{4\eta_x\tau}}-e^{-\frac{(x+u)^2}{4\eta_x\tau}}\right\}\times$$
$$\times\left\{\mathrm{erf}\left(\frac{y_{02}-v}{2\sqrt{\eta_y\tau}}\right)-\mathrm{erf}\left(\frac{y_{01}-v}{2\sqrt{\eta_y\tau}}\right)-\mathrm{erf}\left(\frac{y_{02}+v}{2\sqrt{\eta_y\tau}}\right)+\mathrm{erf}\left(\frac{y_{01}+v}{2\sqrt{\eta_y\tau}}\right)\right\}\times$$
$$\times\Bigg[\psi_{xy0}(u,v,t-\tau)\left\{\Theta_3^{\int}\left(\frac{\pi z_{02}}{2d},e^{-\left(\frac{\pi}{d}\right)^2\eta_z\tau}\right)-\Theta_3^{\int}\left(\frac{\pi z_{01}}{2d},e^{-\left(\frac{\pi}{d}\right)^2\eta_z\tau}\right)\right\}-$$
$$-\psi_{xyd}(u,v,t-\tau)\left\{\Theta_4^{\int}\left(\frac{\pi z_{02}}{2d},e^{-\left(\frac{\pi}{d}\right)^2\eta_z\tau}\right)-\Theta_4^{\int}\left(\frac{\pi z_{01}}{2d},e^{-\left(\frac{\pi}{d}\right)^2\eta_z\tau}\right)\right\}\Bigg]d\tau\,du\,dv+$$
$$+\frac{1}{4(y_{02}-y_{01})(z_{02}-z_{01})\sqrt{\pi\eta_x t}}\times$$
$$\times\int_0^d\int_0^\infty\int_0^\infty\varphi(u,v,w)\Bigg\{\Theta_3^{\int}\left(\frac{\pi(z_{02}-w)}{2d},e^{-\eta_z\left(\frac{\pi}{d}\right)^2t}\right)-\Theta_3^{\int}\left(\frac{\pi(z_{01}-w)}{2d},e^{-\eta_z\left(\frac{\pi}{d}\right)^2t}\right)+$$

$$+\Theta_3^f\left(\frac{\pi\,(z_{02}+w)}{2d},e^{-\eta_z\left(\frac{\pi}{d}\right)^2 t}\right)-\Theta_3^f\left(\frac{\pi\,(z_{01}+w)}{2d},e^{-\eta_z\left(\frac{\pi}{d}\right)^2 t}\right)\Bigg\}\left\{e^{-\frac{(x-u)^2}{4\eta_x t}}-e^{-\frac{(x+u)^2}{4\eta_x t}}\right\}\times$$
$$\times\left\{\operatorname{erf}\left(\frac{y_{02}-v}{2\sqrt{\eta_y\tau}}\right)-\operatorname{erf}\left(\frac{y_{01}-v}{2\sqrt{\eta_y\tau}}\right)-\operatorname{erf}\left(\frac{y_{02}+v}{2\sqrt{\eta_y\tau}}\right)+\operatorname{erf}\left(\frac{y_{01}+v}{2\sqrt{\eta_y\tau}}\right)\right\}dudvdw \quad (9.10.16)$$

When $\varphi(x,y,z)=p_I$, a constant, the average pressure contribution from the initial condition is given by equation (9.10.9).

(vi) A rectangular source at z_0*

For a continuous rectangular source, the solution is obtained by replacing the source term in equation (9.10.3) with

$$p=\frac{U(t-t_0)}{8d\phi c_t}\int_0^{t-t_0}q\,(t-t_0-\tau)\left\{\Theta_3\left(\frac{\pi\,(z-z_0)}{2d},e^{-\left(\frac{\pi}{d}\right)^2\eta_z\tau}\right)+\Theta_3\left(\frac{\pi\,(z+z_0)}{2d},e^{-\left(\frac{\pi}{d}\right)^2\eta_z\tau}\right)\right\}\times$$
$$\times\left\{\operatorname{erf}\left(\frac{x-x_{01}}{2\sqrt{\eta_x\tau}}\right)-\operatorname{erf}\left(\frac{x-x_{02}}{2\sqrt{\eta_x\tau}}\right)-\operatorname{erf}\left(\frac{x+x_{02}}{2\sqrt{\eta_x\tau}}\right)+\operatorname{erf}\left(\frac{x+x_{01}}{2\sqrt{\eta_x\tau}}\right)\right\}\times$$
$$\times\left\{\operatorname{erf}\left(\frac{y-y_{01}}{2\sqrt{\eta_y\tau}}\right)-\operatorname{erf}\left(\frac{y-y_{02}}{2\sqrt{\eta_y\tau}}\right)-\operatorname{erf}\left(\frac{y+y_{02}}{2\sqrt{\eta_y\tau}}\right)+\operatorname{erf}\left(\frac{y+y_{01}}{2\sqrt{\eta_y\tau}}\right)\right\}d\tau \quad (9.10.17)$$

The spatial average pressure response of the rectangle $[(y_{02}-y_{01})(x_{02}-x_{01})]$ is given by

$$p=\frac{U(t-t_0)}{2d\phi c_t\,(x_{02}-x_{01})\,(y_{02}-y_{01})}\times$$
$$\times\int_0^{t-t_0}q\,(t-t_0-\tau)\left\{\Theta_3\left(\frac{\pi\,(z-z_0)}{2d},e^{-\left(\frac{\pi}{d}\right)^2\eta_z\tau}\right)+\Theta_3\left(\frac{\pi\,(z+z_0)}{2d},e^{-\left(\frac{\pi}{d}\right)^2\eta_z\tau}\right)\right\}\times$$
$$\times\Bigg[(x_{02}-x_{01})\operatorname{erf}\left(\frac{x_{02}-x_{01}}{2\sqrt{\eta_x\tau}}\right)+(x_{02}+x_{01})\operatorname{erf}\left(\frac{x_{02}+x_{01}}{2\sqrt{\eta_x\tau}}\right)-x_{01}\operatorname{erf}\left(\frac{x_{01}}{\sqrt{\eta_x\tau}}\right)-$$
$$-x_{02}\operatorname{erf}\left(\frac{y_{02}}{\sqrt{\eta_y\tau}}\right)+2\sqrt{\frac{\eta_x\tau}{\pi}}\left(e^{-\frac{(x_{02}-x_{01})^2}{4\eta_x\tau}}-1\right)+2\sqrt{\frac{\eta_x\tau}{\pi}}e^{-\frac{(x_{02}+x_{01})^2}{4\eta_x\tau}}-\sqrt{\frac{\eta_x\tau}{\pi}}\left(e^{-\frac{x_{01}^2}{\eta_y\tau}}+e^{-\frac{x_{02}^2}{\eta_x\tau}}\right)\Bigg]\times$$
$$\times\Bigg[(y_{02}-y_{01})\operatorname{erf}\left(\frac{y_{02}-y_{01}}{2\sqrt{\eta_y\tau}}\right)+(y_{02}+y_{01})\operatorname{erf}\left(\frac{y_{02}+y_{01}}{2\sqrt{\eta_y\tau}}\right)-y_{01}\operatorname{erf}\left(\frac{y_{01}}{\sqrt{\eta_y\tau}}\right)-$$
$$-y_{02}\operatorname{erf}\left(\frac{y_{02}}{\sqrt{\eta_y\tau}}\right)+2\sqrt{\frac{\eta_y\tau}{\pi}}\left(e^{-\frac{(y_{02}-y_{01})^2}{4\eta_y\tau}}-1\right)+2\sqrt{\frac{\eta_y\tau}{\pi}}e^{-\frac{(y_{02}+y_{01})^2}{4\eta_y\tau}}-\sqrt{\frac{\eta_y\tau}{\pi}}\left(e^{-\frac{y_{01}^2}{\eta_y\tau}}+e^{-\frac{y_{02}^2}{\eta_y\tau}}\right)\Bigg]d\tau+$$
$$+\frac{\sqrt{\eta_x}}{4\sqrt{\pi}d\,(x_{02}-x_{01})\,(y_{02}-y_{01})}\times$$
$$\times\int_0^t\frac{1}{\sqrt{\tau}}\left\{e^{-\frac{x_{01}^2}{4\eta_x\tau}}-e^{-\frac{x_{02}^2}{4\eta_x\tau}}\right\}\int_0^\infty\left\{\Theta_3\left(\frac{\pi\,(z-w)}{2d},e^{-\left(\frac{\pi}{d}\right)^2\eta_z\tau}\right)+\Theta_3\left(\frac{\pi\,(z+w)}{2d},e^{-\left(\frac{\pi}{d}\right)^2\eta_z\tau}\right)\right\}\times$$
$$\times\int_0^\infty\psi_{0yz}\,(v,w,t-\tau)\left\{\operatorname{erf}\left(\frac{y_{02}-v}{2\sqrt{\eta_y\tau}}\right)-\operatorname{erf}\left(\frac{y_{01}-v}{2\sqrt{\eta_y\tau}}\right)-\operatorname{erf}\left(\frac{y_{02}+v}{2\sqrt{\eta_y\tau}}\right)+\operatorname{erf}\left(\frac{y_{01}+v}{2\sqrt{\eta_y\tau}}\right)\right\}dvdwd\tau+$$
$$+\frac{\sqrt{\eta_y}}{4\sqrt{\pi}d\,(x_{02}-x_{01})\,(y_{02}-y_{01})}\times$$
$$\times\int_0^t\frac{1}{\sqrt{\tau}}\left\{e^{-\frac{y_{01}^2}{4\eta_y\tau}}-e^{-\frac{y_{02}^2}{4\eta_y\tau}}\right\}\int_0^\infty\left\{\Theta_3\left(\frac{\pi\,(z-w)}{2d},e^{-\left(\frac{\pi}{d}\right)^2\eta_z\tau}\right)+\Theta_3\left(\frac{\pi\,(z+w)}{2d},e^{-\left(\frac{\pi}{d}\right)^2\eta_z\tau}\right)\right\}\times$$

*The coordinates of the source are (x_{01},y_{01},z_0), (x_{01},y_{02},z_0), (x_{02},y_{01},z_0), (x_{02},y_{02},z_0).

$$\times \int_0^\infty \psi_{x0z}(u,w,t-\tau)\left\{\operatorname{erf}\left(\frac{x_{02}-u}{2\sqrt{\eta_x\tau}}\right)-\operatorname{erf}\left(\frac{x_{01}-u}{2\sqrt{\eta_x\tau}}\right)-\operatorname{erf}\left(\frac{x_{02}+u}{2\sqrt{\eta_x\tau}}\right)+\operatorname{erf}\left(\frac{x_{01}+u}{2\sqrt{\eta_x\tau}}\right)\right\}dudwd\tau+$$

$$+\frac{1}{4d\phi c_t(x_{02}-x_{01})(y_{02}-y_{01})}\times$$

$$\times\int_0^\infty\int_0^\infty\int_0^t\left\{\operatorname{erf}\left(\frac{x_{02}-u}{2\sqrt{\eta_x\tau}}\right)-\operatorname{erf}\left(\frac{x_{01}-u}{2\sqrt{\eta_x\tau}}\right)-\operatorname{erf}\left(\frac{x_{02}+u}{2\sqrt{\eta_x\tau}}\right)+\operatorname{erf}\left(\frac{x_{01}+u}{2\sqrt{\eta_x\tau}}\right)\right\}\times$$

$$\times\left\{\operatorname{erf}\left(\frac{y_{02}-v}{2\sqrt{\eta_y\tau}}\right)-\operatorname{erf}\left(\frac{y_{01}-v}{2\sqrt{\eta_y\tau}}\right)-\operatorname{erf}\left(\frac{y_{02}+v}{2\sqrt{\eta_y\tau}}\right)+\operatorname{erf}\left(\frac{y_{01}+v}{2\sqrt{\eta_y\tau}}\right)\right\}\times$$

$$\times\left\{\psi_{xy0}(u,v,t-\tau)\,\Theta_3\left(\frac{\pi z}{2d},e^{-\left(\frac{\pi}{d}\right)^2\eta_z\tau}\right)-\psi_{xyd}(u,v,t-\tau)\,\Theta_4\left(\frac{\pi z}{2d},e^{-\left(\frac{\pi}{d}\right)^2\eta_z\tau}\right)\right\}d\tau dudv+$$

$$+\frac{1}{8d(x_{02}-x_{01})(y_{02}-y_{01})}\times$$

$$\times\int_0^d\int_0^\infty\int_0^\infty\varphi(u,v,w)\left\{\Theta_3\left(\frac{\pi(z-w)}{2d},e^{-\left(\frac{\pi}{d}\right)^2\eta_z t}\right)+\Theta_3\left(\frac{\pi(z+w)}{2d},e^{-\left(\frac{\pi}{d}\right)^2\eta_z t}\right)\right\}\times$$

$$\times\left\{\operatorname{erf}\left(\frac{x_{02}-u}{2\sqrt{\eta_x t}}\right)-\operatorname{erf}\left(\frac{x_{01}-u}{2\sqrt{\eta_x t}}\right)-\operatorname{erf}\left(\frac{x_{02}+u}{2\sqrt{\eta_x t}}\right)+\operatorname{erf}\left(\frac{x_{01}+u}{2\sqrt{\eta_x t}}\right)\right\}\times$$

$$\times\left\{\operatorname{erf}\left(\frac{y_{02}-v}{2\sqrt{\eta_y\tau}}\right)-\operatorname{erf}\left(\frac{y_{01}-v}{2\sqrt{\eta_y\tau}}\right)-\operatorname{erf}\left(\frac{y_{02}+v}{2\sqrt{\eta_y\tau}}\right)+\operatorname{erf}\left(\frac{y_{01}+v}{2\sqrt{\eta_y\tau}}\right)\right\}dudvdw \qquad (9.10.18)$$

When $\varphi(x,y,z)=p_I$, a constant, the solution is obtained by replacing the terms corresponding to the initial condition (the last term) in equation (9.10.18) with

$$p=\frac{p_I}{(x_{02}-x_{01})(y_{02}-y_{01})}\left[\left\{y_{02}\operatorname{erf}\left(\frac{y_{02}}{2\sqrt{\eta_y t}}\right)-y_{01}\operatorname{erf}\left(\frac{y_{01}}{2\sqrt{\eta_y t}}\right)\right\}+2\sqrt{\frac{\eta_y t}{\pi}}\left\{e^{-\frac{y_{02}^2}{4\eta_y t}}-e^{-\frac{y_{01}^2}{4\eta_y t}}\right\}\right]\times$$

$$\times\left[\left\{x_{02}\operatorname{erf}\left(\frac{x_{02}}{2\sqrt{\eta_x t}}\right)-x_{01}\operatorname{erf}\left(\frac{x_{01}}{2\sqrt{\eta_x t}}\right)\right\}+2\sqrt{\frac{\eta_x t}{\pi}}\left\{e^{-\frac{x_{02}^2}{4\eta_x t}}-e^{-\frac{x_{01}^2}{4\eta_x t}}\right\}\right] \qquad (9.10.19)$$

The solutions corresponding to the case where there are sets of partially penetrating vertical, horizontal and deviated wells along with a set of fractured wells are given in the supplementary appendix to this chapter (Appendix B).

9.11

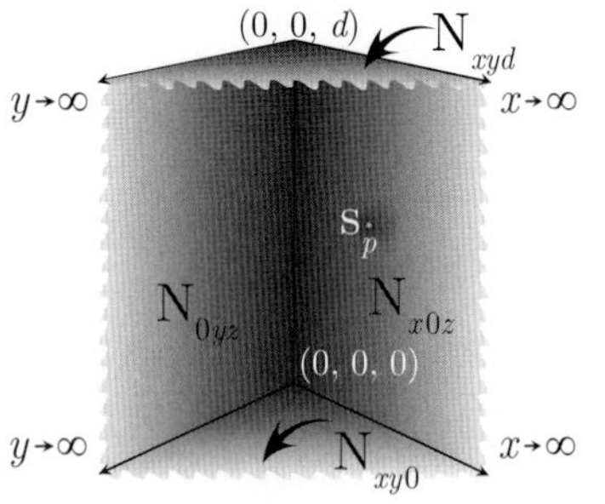

The problem of 9.10, except
$N_{0yz}\equiv\frac{\partial p(0,y,z,t)}{\partial x}=-\left(\frac{\mu}{k_x}\right)\psi_{0yz}(y,z,t),$
$N_{x0z}\equiv\frac{\partial p(x,0,z,t)}{\partial y}=-\left(\frac{\mu}{k_y}\right)\psi_{x0z}(x,z,t),$
$N_{xy0}\equiv\frac{\partial p(x,y,0,t)}{\partial z}=-\left(\frac{\mu}{k_z}\right)\psi_{xy0}(x,y,t)$ **and**
$N_{xyd}\equiv\frac{\partial p(x,y,d,t)}{\partial z}=-\left(\frac{\mu}{k_z}\right)\psi_{xyd}(x,y,t)$

$$p=\frac{U(t-t_0)}{8\pi d\phi c_t\sqrt{\eta_x\eta_y}}\int_0^{t-t_0}\frac{q(t-t_0-\tau)}{\tau}\left\{e^{-\frac{(x-x_0)^2}{4\eta_x\tau}}+e^{-\frac{(x+x_0)^2}{4\eta_x\tau}}\right\}\left\{e^{-\frac{(y-y_0)^2}{4\eta_y\tau}}+e^{-\frac{(y+y_0)^2}{4\eta_y\tau}}\right\}\times$$

$$\times\left\{\Theta_3\left(\frac{\pi(z-z_0)}{2d},e^{-\left(\frac{\pi}{d}\right)^2\eta_z\tau}\right)+\Theta_3\left(\frac{\pi(z+z_0)}{2d},e^{-\left(\frac{\pi}{d}\right)^2\eta_z\tau}\right)\right\}d\tau+$$

$$
\begin{aligned}
&+\frac{1}{4\pi\phi c_t d\sqrt{\eta_x\eta_y}}\int_0^t \frac{e^{-\frac{x^2}{4\eta_x\tau}}}{\tau^2}\int_0^\infty\left\{\Theta_3\left(\frac{\pi(z-w)}{2d}, e^{-\left(\frac{\pi}{d}\right)^2\eta_z\tau}\right)+\Theta_3\left(\frac{\pi(z+w)}{2d}, e^{-\left(\frac{\pi}{d}\right)^2\eta_z\tau}\right)\right\}\times\\
&\times\int_0^\infty \psi_{0yz}(v,w,t-\tau)\left\{e^{-\frac{(y-v)^2}{4\eta_y\tau}}+e^{-\frac{(y+v)^2}{4\eta_y\tau}}\right\}dvdwd\tau+\\
&+\frac{1}{4\pi\phi c_t d\sqrt{\eta_x\eta_y}}\int_0^t \frac{e^{-\frac{y^2}{4\eta_y\tau}}}{\tau^2}\int_0^\infty\left\{\Theta_3\left(\frac{\pi(z-w)}{2d}, e^{-\left(\frac{\pi}{d}\right)^2\eta_z\tau}\right)+\Theta_3\left(\frac{\pi(z+w)}{2d}, e^{-\left(\frac{\pi}{d}\right)^2\eta_z\tau}\right)\right\}\times\\
&\times\int_0^\infty \psi_{x0z}(u,w,t-\tau)\left\{e^{-\frac{(x-u)^2}{4\eta_x\tau}}+e^{-\frac{(x+u)^2}{4\eta_x\tau}}\right\}dudwd\tau+\\
&+\frac{1}{4\pi d\phi c_t\sqrt{\eta_x\eta_y}}\int_0^\infty\int_0^\infty\int_0^t\frac{1}{\tau}\left\{e^{-\frac{(x-u)^2}{4\eta_x\tau}}+e^{-\frac{(x+u)^2}{4\eta_x\tau}}\right\}\left\{e^{-\frac{(y-v)^2}{4\eta_y\tau}}+e^{-\frac{(y+v)^2}{4\eta_y\tau}}\right\}\times\\
&\times\left\{\psi_{xy0}(u,v,t-\tau)\,\Theta_3\left(\frac{\pi z}{2d}, e^{-\left(\frac{\pi}{d}\right)^2\eta_z\tau}\right)-\psi_{xyd}(u,v,t-\tau)\,\Theta_4\left(\frac{\pi z}{2d}, e^{-\left(\frac{\pi}{d}\right)^2\eta_z\tau}\right)\right\}d\tau dudv+\\
&+\frac{1}{8\pi t d\sqrt{\eta_x\eta_y}}\int_0^d\int_0^\infty\int_0^\infty\varphi(u,v,w)\left\{\Theta_3\left(\frac{\pi(z-w)}{2d}, e^{-\left(\frac{\pi}{d}\right)^2\eta_z t}\right)+\Theta_3\left(\frac{\pi(z+w)}{2d}, e^{-\left(\frac{\pi}{d}\right)^2\eta_z t}\right)\right\}\times\\
&\times\left\{e^{-\frac{(x-u)^2}{4\eta_x t}}+e^{-\frac{(x+u)^2}{4\eta_x t}}\right\}\left\{e^{-\frac{(y-v)^2}{4\eta_y t}}+e^{-\frac{(y+v)^2}{4\eta_y t}}\right\}dudvdw
\end{aligned}
\tag{9.11.1}
$$

9.12 The problem of 9.10, except

$\mathbf{R}_{0yz} \equiv \frac{\partial p(0,y,z,t)}{\partial y} - \lambda_x p(0,y,z,t) = -\left(\frac{\mu}{k_x}\right)\psi_{0yz}(y,z,t),$
$\mathbf{R}_{x0z} \equiv \frac{\partial p(x,0,z,t)}{\partial y} - \lambda_y p(x,0,z,t) = -\left(\frac{\mu}{k_y}\right)\psi_{x0z}(x,z,t),$
$\mathbf{N}_{xy0} \equiv \frac{\partial p(x,y,0,t)}{\partial z} = -\left(\frac{\mu}{k_z}\right)\psi_{xy0}(x,y,t)$ **and**
$\mathbf{N}_{xyd} \equiv \frac{\partial p(x,y,d,t)}{\partial z} = -\left(\frac{\mu}{k_z}\right)\psi_{xyd}(x,y,t)$

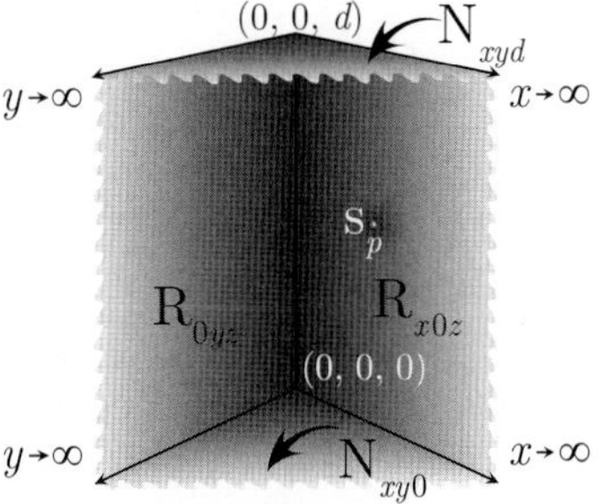

$$
\begin{aligned}
p &= \frac{U(t-t_0)}{8\pi\phi c_t d\sqrt{\eta_x\eta_y}}\times\\
&\times\int_0^{t-t_0}\frac{q(t-t_0-\tau)}{\tau}\left\{\Theta_3\left(\frac{\pi(z-z_0)}{2d}, e^{-\left(\frac{\pi}{d}\right)^2\eta_z\tau}\right)+\Theta_3\left(\frac{\pi(z+z_0)}{2d}, e^{-\left(\frac{\pi}{d}\right)^2\eta_z\tau}\right)\right\}\times\\
&\times\left[e^{-\frac{(x-x_0)^2}{4\eta_x\tau}}+e^{-\frac{(x+x_0)^2}{4\eta_x\tau}}-2\left\{\lambda_x\sqrt{\pi\eta_x\tau}\right\}e^{\left\{(x+x_0)\lambda_x+\lambda_x^2\eta_x\tau\right\}}\operatorname{erfc}\left(\lambda_x\sqrt{\eta_x\tau}+\frac{x+x_0}{2\sqrt{\eta_x\tau}}\right)\right]\times\\
&\times\left[e^{-\frac{(y-y_0)^2}{4\eta_y\tau}}+e^{-\frac{(y-y_0)^2}{4\eta_y\tau}}-2\left\{\lambda_y\sqrt{\pi\eta_y\tau}\right\}e^{\left\{(y+y_0)\lambda_y+\lambda_y^2\eta_y\tau\right\}}\operatorname{erfc}\left(\lambda_y\sqrt{\eta_y\tau}+\frac{y+y_0}{2\sqrt{\eta_y\tau}}\right)\right]d\tau+\\
&+\frac{1}{4\pi^2 d\phi c_t}\int_0^t\frac{1}{\sqrt{\tau}}\int_0^\infty\left\{\Theta_3\left(\frac{\pi(z-w)}{2d}, e^{-\left(\frac{\pi}{d}\right)^2\eta_z\tau}\right)+\Theta_3\left(\frac{\pi(z+w)}{2d}, e^{-\left(\frac{\pi}{d}\right)^2\eta_z\tau}\right)\right\}\times\\
&\times\left\{\frac{e^{-\frac{y^2}{4\eta_y\tau}}}{\sqrt{\eta_x\eta_y\tau}}-\sqrt{\pi}\lambda_y e^{y\lambda_y+\lambda_y^2\eta_y\tau}\operatorname{erfc}\left(\lambda_y\sqrt{\eta_y\tau}+\frac{y}{2\sqrt{\eta_y\tau}}\right)\right\}\times
\end{aligned}
$$

$$\times\int_0^\infty \psi_{x0z}(u,w,t-\tau)\left\{e^{-\frac{(x-u)^2}{4\eta_x\tau}}+e^{-\frac{(x+u)^2}{4\eta_x\tau}}-2\lambda_x\sqrt{\pi\eta_x\tau}e^{\left\{(x+u)\lambda_x+\lambda_x^2\eta_x\tau\right\}}\operatorname{erfc}\left(\lambda_x\sqrt{\eta_x\tau}+\frac{x+u}{2\sqrt{\eta_x\tau}}\right)\right\}dudwd\tau+$$

$$+\frac{1}{4\pi^2 d\phi c_t}\int_0^t\frac{1}{\sqrt{\tau}}\int_0^\infty\left\{\Theta_3\left(\frac{\pi(z-w)}{2d},e^{-\left(\frac{\pi}{d}\right)^2\eta_z\tau}\right)+\Theta_3\left(\frac{\pi(z+w)}{2d},e^{-\left(\frac{\pi}{d}\right)^2\eta_z\tau}\right)\right\}\times$$

$$\times\left\{\frac{e^{-\frac{x^2}{4\eta_x\tau}}}{\sqrt{\pi\eta_x\eta_y\tau}}-\sqrt{\pi}\lambda_x e^{x\lambda_x+\lambda_x^2\eta_x\tau}\operatorname{erfc}\left(\lambda_x\sqrt{\eta_x\tau}+\frac{x}{2\sqrt{\eta_x\tau}}\right)\right\}\times$$

$$\times\int_0^\infty \psi_{0yz}(v,w,t-\tau)\left\{e^{-\frac{(y-v)^2}{4\eta_y\tau}}+e^{-\frac{(y+v)^2}{4\eta_y\tau}}-2\lambda_y\sqrt{\pi\eta_y\tau}e^{\left\{(y+v)\lambda_y+\lambda_y^2\eta_y\tau\right\}}\operatorname{erfc}\left(\lambda_y\sqrt{\eta_y\tau}+\frac{y+v}{2\sqrt{\eta_y\tau}}\right)\right\}dvdwd\tau+$$

$$+\frac{1}{4\pi d\phi c_t\sqrt{\eta_x\eta_y}}\times$$

$$\times\int_0^t\int_0^\infty\int_0^\infty\frac{1}{\tau}\left\{\psi_{xy0}(u,v,t-\tau)\Theta_3\left(\frac{\pi z}{2d},e^{-\left(\frac{\pi}{d}\right)^2\eta_z\tau}\right)-\psi_{xyd}(u,v,t-\tau)\Theta_4\left(\frac{\pi z}{2d},e^{-\left(\frac{\pi}{d}\right)^2\eta_z\tau}\right)\right\}\times$$

$$\times\left\{e^{-\frac{(x-u)^2}{4\eta_x\tau}}+e^{-\frac{(x+u)^2}{4\eta_x\tau}}-2\lambda_x\sqrt{\pi\eta_x\tau}e^{\left\{(x+u)\lambda_x+\lambda_x^2\eta_x\tau\right\}}\operatorname{erfc}\left(\lambda_x\sqrt{\eta_x\tau}+\frac{x+u}{2\sqrt{\eta_x\tau}}\right)\right\}\times$$

$$\times\left\{e^{-\frac{(y-v)^2}{4\eta_y\tau}}+e^{-\frac{(y+v)^2}{4\eta_y\tau}}-2\lambda_y\sqrt{\pi\eta_y\tau}e^{\left\{(y+v)\lambda_y+\lambda_y^2\eta_y\tau\right\}}\operatorname{erfc}\left(\lambda_y\sqrt{\eta_y\tau}+\frac{y+v}{2\sqrt{\eta_y\tau}}\right)\right\}dudvd\tau+$$

$$+\frac{1}{8\pi dt\sqrt{\eta_x\eta_y}}\int_0^d\int_0^\infty\int_0^\infty\varphi(u,v,w)\left\{\Theta_3\left(\frac{\pi(z-w)}{2d},e^{-\left(\frac{\pi}{d}\right)^2\eta_z t}\right)+\Theta_3\left(\frac{\pi(z+w)}{2d},e^{-\left(\frac{\pi}{d}\right)^2\eta_z t}\right)\right\}\times$$

$$\times\left\{e^{-\frac{(y-v)^2}{4\eta_y t}}+e^{-\frac{(y-v)^2}{4\eta_y t}}-\left(\lambda_y\sqrt{\pi\eta_y t}\right)e^{\left\{(y+v)\lambda_y+\lambda_y^2\eta_y t\right\}}\operatorname{erfc}\left(\lambda_y\sqrt{\eta_y t}+\frac{y+v}{2\sqrt{\eta_y t}}\right)\right\}\times$$

$$\times\left\{e^{-\frac{(x-u)^2}{4\eta_x t}}+e^{-\frac{(x+u)^2}{4\eta_x t}}-2\left(\lambda_x\sqrt{\pi\eta_x t}\right)e^{\left\{(x+u)\lambda_x+\lambda_x^2\eta_x t\right\}}\operatorname{erfc}\left(\lambda_x\sqrt{\eta_x t}+\frac{x+u}{2\sqrt{\eta_x t}}\right)\right\}dudvdw \quad (9.12.1)$$

When $\varphi(x,y,z)=p_I$, a constant, the solution is obtained by replacing the terms corresponding to the initial condition (the last term) in equation (9.12.1) with

$$p = p_I\left\{\operatorname{erf}\left(\frac{x}{2\sqrt{\eta_x t}}\right)+e^{x\lambda_x+\lambda_x^2\eta_x t}\operatorname{erfc}\left(\lambda_x\sqrt{\eta_x t}+\frac{x}{2\sqrt{\eta_x t}}\right)\right\}\times$$
$$\times\left\{\operatorname{erf}\left(\frac{y}{2\sqrt{\eta_y t}}\right)+e^{y\lambda_y+\lambda_y^2\eta_y t}\operatorname{erfc}\left(\lambda_y\sqrt{\eta_y t}+\frac{y}{2\sqrt{\eta_y t}}\right)\right\} \quad (9.12.2)$$

9.13

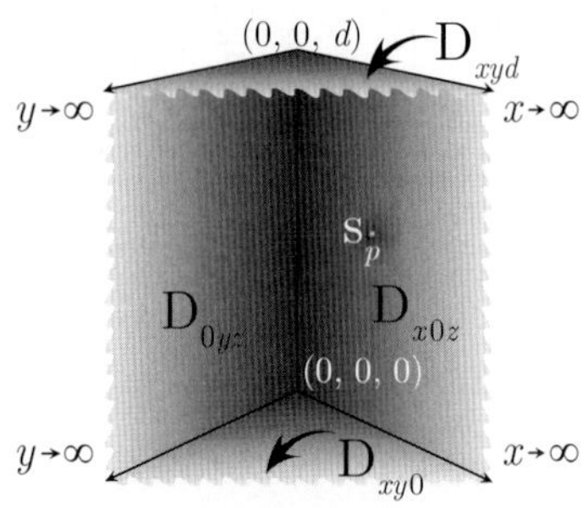

The problem of 9.10, except
$\mathbf{D_{0yz}} \equiv p(0,y,z,t)=\psi_{0yz}(y,z,t)$,
$\mathbf{D_{x0z}} \equiv p(x,0,z,t)=\psi_{x0z}(x,z,t)$,
$D_{xy0} \equiv p(x,y,0,t)=\psi_{xy0}(x,y,t)$ **and**
$\mathbf{D_{xyd}} \equiv p(x,y,d,t)=\psi_{xyd}(x,y,t)$

$$\overline{p} = \frac{q(s)\,e^{-st_0}}{\pi\phi c_t d\sqrt{\eta_x\eta_y}}\sum_{l=1}^{\infty}\sin(\xi_l z_0)\sin(\xi_l z)\left[K_0\left\{\sqrt{\left(\frac{(x-x_0)^2}{\eta_x}+\frac{(y-y_0)^2}{\eta_y}\right)(s+\xi_l^2\eta_z)}\right\}-\right.$$

$$-K_0\left\{\sqrt{\left(\frac{(x+x_0)^2}{\eta_x}+\frac{(y-y_0)^2}{\eta_y}\right)(s+\xi_l^2\eta_z)}\right\}-K_0\left\{\sqrt{\left(\frac{(x-x_0)^2}{\eta_x}+\frac{(y+y_0)^2}{\eta_y}\right)(s+\xi_l^2\eta_z)}\right\}+$$

$$\left.+K_0\left\{\sqrt{\left(\frac{(x+x_0)^2}{\eta_x}+\frac{(y+y_0)^2}{\eta_y}\right)(s+\xi_l^2\eta_z)}\right\}\right]+$$

$$+\frac{2x}{\pi\sqrt{\eta_x\eta_y}d}\sum_{l=1}^{\infty}\sin(\xi_l z)\sqrt{s+\xi_l^2\eta_z}\times$$

$$\times\int_0^{\infty}\overline{\overline{\psi}}_{0yz}(v,l,s)\left\{\frac{K_1\left\{\sqrt{\left\{\frac{(y-v)^2}{\eta_y}+\frac{x^2}{\eta_x}\right\}(s+\xi_l^2\eta_z)}\right\}}{\sqrt{\left\{\frac{(y-v)^2}{\eta_y}+\frac{x^2}{\eta_x}\right\}}}-\frac{K_1\left\{\sqrt{\left\{\frac{(y+v)^2}{\eta_y}+\frac{x^2}{\eta_x}\right\}(s+\xi_l^2\eta_z)}\right\}}{\sqrt{\left\{\frac{(y+v)^2}{\eta_y}+\frac{x^2}{\eta_x}\right\}}}\right\}du+$$

$$\frac{2y}{\pi\sqrt{\eta_x\eta_y}d}\sum_{l=1}^{\infty}\sin(\xi_l z)\sqrt{s+\xi_l^2\eta_z}\times$$

$$\times\int_0^{\infty}\overline{\overline{\psi}}_{x0z}(u,l,s)\left\{\frac{K_1\left\{\sqrt{\left\{\frac{(x-u)^2}{\eta_x}+\frac{y^2}{\eta_y}\right\}(s+\xi_l^2\eta_z)}\right\}}{\sqrt{\left\{\frac{(x-u)^2}{\eta_x}+\frac{y^2}{\eta_y}\right\}}}-\frac{K_1\left\{\sqrt{\left\{\frac{(x+u)^2}{\eta_x}+\frac{y^2}{\eta_y}\right\}(s+\xi_l^2\eta_z)}\right\}}{\sqrt{\left\{\frac{(x+u)^2}{\eta_x}+\frac{y^2}{\eta_y}\right\}}}\right\}du+$$

$$+\frac{\eta_z}{d^2\sqrt{\eta_x\eta_y}}\sum_{l=1}^{\infty}l\sin(\xi_l z)\int_0^{\infty}\int_0^{\infty}\left\{(-1)^{l+1}\overline{\psi}_{xyd}(u,v,s)+\overline{\psi}_{xy0}(u,v,s)\right\}\times$$

$$\times\left[K_0\left(\sqrt{\left\{\frac{(x-u)^2}{\eta_x}+\frac{(y-v)^2}{\eta_y}\right\}(s+\eta_z\xi_l^2)}\right)-K_0\left(\sqrt{\left\{\frac{(x+u)^2}{\eta_x}+\frac{(y-v)^2}{\eta_y}\right\}(s+\eta_z\xi_l^2)}\right)-\right.$$

$$\left.-K_0\left(\sqrt{\left\{\frac{(x-u)^2}{\eta_x}+\frac{(y+v)^2}{\eta_y}\right\}(s+\eta_z\xi_l^2)}\right)+K_0\left(\sqrt{\left\{\frac{(x+u)^2}{\eta_x}+\frac{(y+v)^2}{\eta_y}\right\}(s+\eta_z\xi_l^2)}\right)\right]dudv+$$

$$+\frac{1}{\pi d\sqrt{\eta_x\eta_y}}\sum_{l=1}^{\infty}\sin(\xi_l z)\int_0^d\int_0^{\infty}\int_0^{\infty}\varphi(u,v,w)\sin(\xi_l w)\left[K_0\left\{\sqrt{\left(\frac{(x-u)^2}{\eta_x}+\frac{(y-v)^2}{\eta_y}\right)(s+\xi_l^2\eta_z)}\right\}-\right.$$

$$-K_0\left\{\sqrt{\left(\frac{(x+u)^2}{\eta_x}+\frac{(y-v)^2}{\eta_y}\right)(s+\xi_l^2\eta_z)}\right\}-K_0\left\{\sqrt{\left(\frac{(x-u)^2}{\eta_x}+\frac{(y+v)^2}{\eta_y}\right)(s+\xi_l^2\eta_z)}\right\}+$$

$$\left.+K_0\left\{\sqrt{\left(\frac{(x+u)^2}{\eta_x}+\frac{(y+v)^2}{\eta_y}\right)(s+\xi_l^2\eta_z)}\right\}\right]dudvdw \qquad (9.13.1)$$

where ξ_l is a positive root of $\sin(\xi_l d)=0$. The eigenvalues are given by $\xi_l=\frac{l\pi}{d}$, $l=1,2,....$
$\overline{\overline{\psi}}_{0yz}(v,l,s)=\int_0^d\overline{\psi}_{0yz}(v,z,s)\cos(\xi_l z)\,dz$, $\overline{\psi}_{0yz}(v,z,s)=\int_0^{\infty}\psi_{0yz}(v,z,t)\,e^{-st}dt$,
$\overline{\overline{\psi}}_{x0z}(u,l,s)=\int_0^d\overline{\psi}_{x0z}(u,z,s)\cos(\xi_l z)\,dz$, $\overline{\psi}_{x0z}(x,z,s)=\int_0^{\infty}\psi_{x0z}(x,z,t)\,e^{-st}dt$,
$\overline{\psi}_{xy0}(x,y,s)=\int_0^{\infty}\psi_{xy0}(x,y,t)\,e^{-st}dt$, and $\overline{\psi}_{xyd}(x,y,s)=\int_0^{\infty}\psi_{xyd}(x,y,t)\,e^{-st}dt$.

$$p = \frac{U(t-t_0)}{8\pi d\phi c_t\sqrt{\eta_x\eta_y}}\int_0^{t-t_0}\frac{q(t-t_0-\tau)}{\tau}\left\{e^{-\frac{(x-x_0)^2}{4\eta_x\tau}}-e^{-\frac{(x+x_0)^2}{4\eta_x\tau}}\right\}\left\{e^{-\frac{(y-y_0)^2}{4\eta_y\tau}}-e^{-\frac{(y+y_0)^2}{4\eta_y\tau}}\right\}\times$$

$$\times\left\{\Theta_3\left(\frac{\pi(z-z_0)}{2d},e^{-\left(\frac{\pi}{d}\right)^2\eta_z\tau}\right)-\Theta_3\left(\frac{\pi(z+z_0)}{2d},e^{-\left(\frac{\pi}{d}\right)^2\eta_z\tau}\right)\right\}d\tau+$$

$$+\frac{x}{8\pi\sqrt{\eta_x\eta_y}d}\int_0^t \frac{e^{-\frac{x^2}{4\eta_x\tau}}}{\tau^2}\int_0^\infty\left\{\Theta_3\left(\frac{\pi(z-w)}{2d},e^{-\left(\frac{\pi}{d}\right)^2\eta_z\tau}\right)-\Theta_3\left(\frac{\pi(z+w)}{2d},e^{-\left(\frac{\pi}{d}\right)^2\eta_z\tau}\right)\right\}\times$$

$$\times\int_0^\infty \psi_{0yz}(v,w,t-\tau)\left\{e^{-\frac{(y-v)^2}{4\eta_y\tau}}-e^{-\frac{(y+v)^2}{4\eta_y\tau}}\right\}dvdwd\tau+$$

$$+\frac{y}{8\pi\sqrt{\eta_x\eta_y}d}\int_0^t \frac{e^{-\frac{y^2}{4\eta_y\tau}}}{\tau^2}\int_0^\infty\left\{\Theta_3\left(\frac{\pi(z-w)}{2d},e^{-\left(\frac{\pi}{d}\right)^2\eta_z\tau}\right)-\Theta_3\left(\frac{\pi(z+w)}{2d},e^{-\left(\frac{\pi}{d}\right)^2\eta_z\tau}\right)\right\}\times$$

$$\times\int_0^\infty \psi_{x0z}(u,w,t-\tau)\left\{e^{-\frac{(x-u)^2}{4\eta_x\tau}}-e^{-\frac{(x+u)^2}{4\eta_x\tau}}\right\}dudwd\tau+$$

$$+\frac{\eta_z}{8\pi d^2\sqrt{\eta_x\eta_y}}\int_0^\infty\int_0^\infty\int_0^t\frac{1}{\tau}\left\{e^{-\frac{(x-u)^2}{4\eta_x\tau}}-e^{-\frac{(x+u)^2}{4\eta_x\tau}}\right\}\left\{e^{-\frac{(y-v)^2}{4\eta_y\tau}}-e^{-\frac{(y+v)^2}{4\eta_y\tau}}\right\}\times$$

$$\times\left\{\psi_{xyd}(u,v,t-\tau)\Theta_4'\left(\frac{\pi z}{2d},e^{-\eta_z\left(\frac{\pi}{d}\right)^2\tau}\right)-\psi_{xy0}(u,v,t-\tau)\Theta_3'\left(\frac{\pi z}{2d},e^{-\eta_z\left(\frac{\pi}{d}\right)^2\tau}\right)\right\}d\tau dudv+$$

$$+\frac{1}{8\pi td\sqrt{\eta_x\eta_y}}\int_0^d\int_0^\infty\int_0^\infty\varphi(u,v,w)\left\{\Theta_3\left(\frac{\pi(z-w)}{2d},e^{-\left(\frac{\pi}{d}\right)^2\eta_z t}\right)-\Theta_3\left(\frac{\pi(z+w)}{2d},e^{-\left(\frac{\pi}{d}\right)^2\eta_z t}\right)\right\}\times$$

$$\times\left\{e^{-\frac{(x-u)^2}{4\eta_x t}}-e^{-\frac{(x+u)^2}{4\eta_x t}}\right\}\left\{e^{-\frac{(y-v)^2}{4\eta_y t}}-e^{-\frac{(y+v)^2}{4\eta_y t}}\right\}dudvdw \qquad (9.13.2)$$

When $\varphi(x,y,z)=p_I$, a constant, the solution is obtained by replacing the term corresponding to the initial condition (the last term) in equation (9.13.2) with

$$p=2p_I\left\{\Theta_3^{\int}\left(\frac{\pi z}{2d},e^{-\left(\frac{\pi}{d}\right)^2\eta_z t}\right)-\Theta_4^{\int}\left(\frac{\pi z}{2d},e^{-\left(\frac{\pi}{d}\right)^2\eta_z t}\right)\right\}\operatorname{erf}\left(\frac{y}{2\sqrt{\eta_y t}}\right)\operatorname{erf}\left(\frac{x}{2\sqrt{\eta_x t}}\right) \qquad (9.13.3)$$

9.14 Subdivided infinite lamella: the medium is bounded by the planes $z=d_j$ and $z=d_{j+1}$; $-\infty<x<\infty$ and $-\infty<y<\infty$. Point source at (x_{0j},y_{0j},z_{0j}) at time $t=t_{0j}$; $-\infty<x_{0j}<\infty$, $-\infty<y_{0j}<\infty$, $d_j<z_{0j}<d_{j+1}$, $t_{0j}\geq 0$. At $z=d_0$, $\frac{\partial p(x,y,d_0,t)}{\partial z}=-\left(\frac{\mu}{k_z}\right)_0\psi_0(x,y,t)$ and at $z=d_\aleph$, $\frac{\partial p(x,y,d_\aleph,t)}{\partial z}=-\left(\frac{\mu}{k_z}\right)_\aleph\psi_\aleph(x,y,t)$. At $z=d_j$, $\forall\, j=1,2,...,\aleph-1$, $\psi_j(x,y,t)=-\left(\frac{k_z}{\mu}\right)_j\left(\frac{\partial p_j(x,y,d_j,t)}{\partial z}\right)=-\left(\frac{k_z}{\mu}\right)_{j-1}\left(\frac{\partial p_{j-1}(x,y,z_j,t)}{\partial z}\right)$ and $\check{\lambda}_j\psi_j(x,y,t)=\{p_{j-1}(x,y,d_j,t)-p_j(x,y,d_j,t)\}$. The initial pressure $p_j(x,y,z,0)=\varphi_j(x,y,z)$

In the interval $d_j\leq z\leq d_{j+1}$, $j=0,1,...,\aleph-1$, we find p_j, the pressure response to a continuous point source, from the partial differential equation

$$\frac{\partial p_j}{\partial t}=\eta_{xj}\frac{\partial^2 p_j}{\partial x^2}+\eta_{yj}\frac{\partial^2 p_j}{\partial y^2}+\eta_{zj}\frac{\partial^2 p_j}{\partial z^2}+U(t-t_{0j})\frac{q_j(t-t_{0j})}{(\phi c_t)_j}\delta(x-x_{0j})\delta(y-y_{0j})\delta(z-z_{0j}) \qquad (9.14.1)$$

where $\eta_{xj}=\left(\frac{k_x}{\phi c_t\mu}\right)_j$, $\eta_{yj}=\left(\frac{k_y}{\phi c_t\mu}\right)_j$ and $\eta_{zj}=\left(\frac{k_z}{\phi c_t\mu}\right)_j$. Successive application of the Laplace and Fourier transforms to equation (9.14.1) yields

$$\overline{\overline{\overline{p}}}_j=\frac{q_j(s)e^{inx_{0j}}e^{imy_{j0}}\cos\{\xi_{lj}(z_{0j}-d_j)\}e^{-st_{0j}}}{(\phi c_t)_j\left(\eta_{xj}n^2+\eta_{yj}m^2+\eta_{zj}\xi_{lj}^2+s\right)}+\frac{\left\{(-1)^{l+1}\overline{\overline{\overline{\psi}}}_{j+1}(n,m,s)+\overline{\overline{\overline{\psi}}}_j(n,m,s)\right\}}{(\phi c_t)_j\left(\eta_{xj}n^2+\eta_{yj}m^2+\eta_{zj}\xi_{lj}^2+s\right)}+$$

$$+\frac{\int_0^d\int_{-\infty}^\infty\int_{-\infty}^\infty\varphi_j(u,v,w+d_j)e^{-inu}e^{-imv}\cos(\xi_{lj}w)dudvdw}{\left(\eta_{xj}n^2+\eta_{yj}m^2+\eta_{zj}\xi_{lj}^2+s\right)} \qquad (9.14.2)$$

where ξ_{lj} is a positive root of $\sin\{\xi_{lj}(d_{j+1}-d_j)\}=0$, which are $\xi_{lj}=\frac{l\pi}{(d_{j+1}-d_j)}$, $l=0,1,....$
$\overline{\overline{\overline{\overline{p}}}}_j=\int_0^{d_{j+1}-d_j}\overline{\overline{\overline{p}}}_j\cos\{\xi_{lj}(z-d_j)\}d(z-d_j)$, $\overline{\overline{\overline{p}}}_j=\int_{-\infty}^{\infty}\overline{\overline{p}}_je^{imy}dy$, $\overline{\overline{p}}_j=\int_{-\infty}^{\infty}\overline{p}_je^{inx}dx$, $\overline{p}_j=\int_0^{\infty}p_je^{-st}dt$,
$\overline{\overline{\overline{\psi}}}_j(n,m,s)=\int_{-\infty}^{\infty}\overline{\overline{\psi}}_j(x,m,s)e^{inx}dx$, $\overline{\overline{\psi}}_j(x,m,s)=\int_{-\infty}^{\infty}\overline{\psi}_j(x,y,s)e^{imy}dy$ and
$\overline{\psi}_j(x,y,s)=\int_0^{\infty}\psi_j(x,y,t)e^{-st}dt$.

$$\begin{aligned}\overline{p}_j &= \frac{q_j(s)e^{-st_{0j}}}{\pi(d_{j+1}-d_j)(\phi c_t)_j\sqrt{\eta_{xj}\eta_{yj}}}\times\\
&\times\sum_{l=0}^{\infty}\ni_l\cos\{\xi_{lj}(z-d_j)\}\cos\{\xi_{lj}(z_{0j}-d_j)\}K_0\left\{\sqrt{\left(\frac{(x-x_{0j})^2}{\eta_{xj}}+\frac{(y-y_{0j})^2}{\eta_{yj}}\right)\left(s+\eta_{zj}\xi_{lj}^2\right)}\right\}+\\
&+\frac{1}{\pi(d_{j+1}-d_j)(\phi c_t)_j\sqrt{\eta_{xj}\eta_{yj}}}\sum_{l=0}^{\infty}\ni_l\cos\{\xi_{lj}(z-d_j)\}\times\\
&\times\int_{-\infty}^{\infty}\int_{-\infty}^{\infty}\left\{(-1)^{l+1}\overline{\psi}_{j+1}(u,v,s)+\overline{\psi}_j(u,v,s)\right\}K_0\left\{\sqrt{\left\{\frac{(x-u)^2}{\eta_{xj}}+\frac{(y-v)^2}{\eta_{yj}}\right\}\left(s+\eta_{zj}\xi_{lj}^2\right)}\right\}dudv+\\
&+\frac{1}{\pi(d_{j+1}-d_j)\sqrt{\eta_{xj}\eta_{yj}}}\sum_{l=0}^{\infty}\ni_l\cos\{\xi_{lj}(z-d_j)\}\times\\
&\times\int_0^{d}\int_{-\infty}^{\infty}\int_{-\infty}^{\infty}\varphi_j(u,v,w+d_j)\cos(\xi_{lj}w)K_0\left\{\sqrt{\left(\frac{(x-u)^2}{\eta_{xj}}+\frac{(y-v)^2}{\eta_{yj}}\right)\left(s+\eta_{zj}\xi_{lj}^2\right)}\right\}dudvdw\end{aligned} \tag{9.14.3}$$

The inverse Laplace transform of equation (9.14.3) yields

$$\begin{aligned}p_j &= \frac{U(t-t_{0j})}{8\pi(d_{j+1}-d_j)(\phi c_t)_j\sqrt{\eta_{xj}\eta_{yj}}}\int_0^{t-t_{0j}}\frac{q(t-t_{0j}-\tau)}{\tau}e^{-\left\{\frac{(x-x_{0j})^2}{4\eta_{xj}\tau}+\frac{(y-y_{0j})^2}{4\eta_{yj}\tau}\right\}}\times\\
&\times\left[\Theta_3\left\{\frac{\pi(z-z_{0j})}{2(d_{j+1}-d_j)},e^{-\left(\frac{\pi}{d_{j+1}-d_j}\right)^2\eta_{zj}\tau}\right\}+\Theta_3\left\{\frac{\pi(z+z_{0j}-2d_j)}{2(d_{j+1}-d_j)},e^{-\left(\frac{\pi}{d_{j+1}-d_j}\right)^2\eta_{zj}\tau}\right\}\right]d\tau+\\
&+\frac{1}{4\pi(d_{j+1}-d_j)(\phi c_t)_j\sqrt{\eta_{xj}\eta_{yj}}}\int_0^{t}\int_{-\infty}^{\infty}\int_{-\infty}^{\infty}\left[\psi_j(u,v,\tau)\Theta_3\left\{\frac{\pi(z-d_j)}{2(d_{j+1}-d_j)},e^{-\left(\frac{\pi}{d_{j+1}-d_j}\right)^2\eta_{zj}(t-\tau)}\right\}-\right.\\
&\left.-\psi_{j+1}(u,v,\tau)\Theta_4\left\{\frac{\pi(z-d_j)}{2(d_{j+1}-d_j)},e^{-\left(\frac{\pi}{d_{j+1}-d_j}\right)^2\eta_{zj}(t-\tau)}\right\}\right]\frac{e^{-\left\{\frac{(x-u)^2}{4\eta_{xj}(t-\tau)}+\frac{(y-v)^2}{4\eta_{yj}(t-\tau)}\right\}}}{t-\tau}dudvd\tau+\\
&+\frac{1}{8\pi(d_{j+1}-d_j)t\sqrt{\eta_{xj}\eta_{yj}}}\int_0^{d_{j+1}-d_j}\int_{-\infty}^{\infty}\int_{-\infty}^{\infty}\varphi_j(u,v,w+d_j)e^{-\left\{\frac{(x-u)^2}{4\eta_{xj}t}+\frac{(y-v)^2}{4\eta_{yj}t}\right\}}\times\\
&\times\left[\Theta_3\left\{\frac{\pi(z-d_j-w)}{2(d_{j+1}-d_j)},e^{-\left(\frac{\pi}{d_{j+1}-d_j}\right)^2\eta_{zj}t}\right\}+\Theta_3\left\{\frac{\pi(z-d_j+w)}{2(d_{j+1}-d_j)},e^{-\left(\frac{\pi}{d_{j+1}-d_j}\right)^2\eta_{zj}t}\right\}\right]dudvdw\end{aligned} \tag{9.14.4}$$

where $p_j\equiv p_j(x,y,z,t)$. Substituting for $p_j(x,y,d_j,t)$ and $p_{j-1}(x,y,d_j,t)$ from equation (9.14.4) in the interfacial boundary condition, which is, $\forall j=1,2,...,\aleph-1$,

$$\breve{\lambda}_j\psi_j(x,y,t)=\{p_{j-1}(x,y,d_j,t)-p_j(x,y,d_j,t)\},$$

we obtain a three-term inhomogeneous recurrence relationship which governs the Laplace and Fourier sine transforms of the interfacial flux functions:

$$\breve{\lambda}_j \psi_j(x,y,t) = \int_0^t \int_{-\infty}^{\infty} \int_{-\infty}^{\infty} \psi_j(u,v,\tau) A_j(x,u,y,v,t-\tau)\, dudvd\tau + \\ + \int_0^t \int_{-\infty}^{\infty} \int_{-\infty}^{\infty} \psi_j(u,v,\tau) B_j(x,u,y,v,t-\tau)\, dudvd\tau + \\ + \int_0^t \int_{-\infty}^{\infty} \int_{-\infty}^{\infty} \psi_j(u,v,\tau) C_j(x,u,y,v,t-\tau)\, dudvd\tau + \Omega_j(x,y,t) \quad (9.14.5)$$

together with the boundary conditions $\frac{\partial p(x,y,d_0,t)}{\partial z} = -\left(\frac{\mu}{k_z}\right)_0 \psi_0(x,y,t)$, and $\frac{\partial p(x,y,d_\aleph,t)}{\partial z} = -\left(\frac{\mu}{k_z}\right)_\aleph \psi_\aleph(x,y,t)$, which are the fluid fluxes at the extremities. It follows from the preceding equations that the coefficients of equation (9.14.5) are given by the following formulae:

$$\mathcal{A}_j(x,u,y,v,t) = g_j(x,u,y,v,t) + g_{j-1}(x,u,y,v,t) \quad (9.14.6)$$

where

$$g_j(x,u,y,v,t) = -\frac{\Theta_3\left\{0, e^{-\left(\frac{\pi}{d_{j+1}-d_j}\right)^2 \eta_{zj} t}\right\} e^{-\left\{\frac{(x-u)^2}{4\eta_{xj}t} + \frac{(y-v)^2}{4\eta_{yj}t}\right\}}}{4\pi(\phi c_t)_j (d_{j+1}-d_j)\, t\sqrt{\eta_{xj}\eta_{yj}}}$$

$$\mathcal{B}_j(x,u,y,v,t) = \frac{\Theta_4\left\{0, e^{-\left(\frac{\pi}{d_{j+1}-d_j}\right)^2 \eta_{zj} t}\right\} e^{-\left\{\frac{(x-u)^2}{4\eta_{xj}t} + \frac{(y-v)^2}{4\eta_{yj}t}\right\}}}{4\pi(\phi c_t)_j (d_{j+1}-d_j)\, t\sqrt{\eta_{xj}\eta_{yj}}} \quad (9.14.7)$$

$$\mathcal{C}_j(x,u,y,v,t) = \mathcal{B}_{j-1}(x,u,y,v,t) \quad (9.14.8)$$

and finally

$$\Omega_j(x,y,t) = \frac{U(t-t_{0j-1})}{8\pi(\phi c_t)_{j-1}(d_j-d_{j-1})\sqrt{\eta_{xj-1}\eta_{yj-1}}} \int_0^{t-t_{0j-1}} \frac{q_{j-1}(t-t_{0j-1}-\tau)\, e^{-\left\{\frac{(x-x_{0j-1})^2}{4\eta_{xj-1}(t-\tau)} + \frac{(y-y_{0j-1})^2}{4\eta_{yj-1}(t-\tau)}\right\}}}{t-\tau} \times \\ \times \left[\Theta_3\left(\frac{\pi(d_j - z_{0j-1})}{2(d_j-d_{j-1})}, e^{-\left(\frac{\pi}{d_j-d_{j-1}}\right)^2 \eta_{zj-1}\tau}\right) + \\ \Theta_3\left(\frac{\pi(d_j + z_{0j-1} - 2d_{j-1})}{2(d_j-d_{j-1})}, e^{-\left(\frac{\pi}{d_j-d_{j-1}}\right)^2 \eta_{zj-1}\tau}\right)\right] d\tau + \\ + \frac{1}{8\pi t(d_j-d_{j-1})\sqrt{\eta_{xj-1}\eta_{yj-1}}} \int_0^{d_j-d_{j-1}} \int_{-\infty}^{\infty} \int_{-\infty}^{\infty} \varphi_{j-1}(u,v,w+d_{j-1})\, e^{-\left\{\frac{(x-u)^2}{4\eta_{xj-1}t} + \frac{(y-v)^2}{4\eta_{yj-1}t}\right\}} \times \\ \times \left[\Theta_3\left\{\frac{\pi(d_j-d_{j-1}-w)}{2(d_j-d_{j-1})}, e^{-\left(\frac{\pi}{d_j-d_{j-1}}\right)^2 \eta_{zj-1}t}\right\} + \\ \Theta_3\left\{\frac{\pi(d_j-d_{j-1}+w)}{2(d_j-d_{j-1})}, e^{-\left(\frac{\pi}{d_j-d_{j-1}}\right)^2 \eta_{zj-1}t}\right\}\right] dudvdw -$$

$$-\frac{U(t-t_{0j})}{4\pi(\phi c_t)_j(d_{j+1}-d_j)\sqrt{\eta_{xj}\eta_{yj}}}\int_0^{t-t_{0j}}\frac{q_j(t-t_{0j}-\tau)e^{-\left\{\frac{(x-x_{0j})^2}{4\eta_{xj}(t-\tau)}+\frac{(y-y_{0j})^2}{4\eta_{yj}(t-\tau)}\right\}}}{t-\tau}\times$$

$$\times\Theta_3\left(\frac{\pi(z_{0j}-d_j)}{2(d_{j+1}-d_j)},e^{-\left(\frac{\pi}{d_{j+1}-d_j}\right)^2\eta_{zj}\tau}\right)d\tau-$$

$$-\frac{1}{4\pi t(d_{j+1}-d_j)\sqrt{\eta_{xj}\eta_{yj}}}\int_0^{d_{j+1}-d_j}\int_{-\infty}^{\infty}\int_{-\infty}^{\infty}\varphi_j(u,v,w+d_j)e^{-\left\{\frac{(x-u)^2}{4\eta_{xj}t}+\frac{(y-v)^2}{4\eta_{yj}t}\right\}}\times$$

$$\times\Theta_3\left\{\frac{\pi w}{2(d_{j+1}-d_j)},e^{-\left(\frac{\pi}{d_{j+1}-d_j}\right)^2\eta_{zj}t}\right\}dudvdw \qquad (9.14.9)$$

The numerical procedure is similar to that prescribed in problems 6.38 and 7.51. The recurrence relation integral equation (9.14.5) is a Volterra integral equation of the second kind in time and a Fredholm equation of the second kind in space (Baker [1977]). The time and space integrals in this recurrence relationship may be approximated by the Nyström quadrature rule and the piecewise-linear interpolation method, respectively.

We begin by approximating the time integral in the recurrence relationship (9.14.5) by the Nyström quadrature rule. We get

$$\begin{aligned}\breve{\lambda}_j\psi_j(x,y,t) \approx& \sum_{i=0}^{\ell}\varpi_i\int_0^{\infty}\int_0^{\infty}\mathcal{A}_j(x,u,y,v,t-\tau_i)\psi_j(u,v,\tau_i)\,dudv+\\ &+\sum_{i=0}^{\ell}\varpi_i\int_0^{\infty}\int_0^{\infty}\mathcal{B}_j(x,u,y,v,t-\tau_i)\psi_{j+1}(u,v,\tau_i)\,dudv+\\ &+\sum_{i=0}^{\ell}\varpi_i\int_0^{\infty}\int_0^{\infty}\mathcal{C}_{j-1}(x,u,y,v,t-\tau_i)\psi_j(u,v,\tau_i)\,dudv+\Omega_j(x,y,t)\end{aligned} \qquad (9.14.10)$$

where $\tau_0=0$, $\tau_\ell=t$, $\tau_i=\frac{it}{\ell}$ and the associated weights are given by $\varpi_0=\varpi_\ell=\frac{t}{2\ell}$ and $\varpi_i=\frac{t}{\ell}$, $\forall i=1,2,...,\ell-1$. At this stage we acknowledge that $\forall j$, the kernel $\mathcal{A}_j(x,u,y,v,t-\tau_i)$ in the integral equation (9.14.10) is singular at $t=\tau_\ell$, but otherwise it is well-behaved function of its arguments.

We now approximate the nonsingular part of the space integrand, $\psi_j(u,v,\tau_i)$, piecewise-linearly as

$$\begin{aligned}\psi_j(u,v,\tau_i) \approx& \frac{(u-\varsigma_k)(v-\zeta_l)}{(\varsigma_{k+1}-\varsigma_k)(\zeta_{l+1}-\zeta_l)}\psi_j(\varsigma_{k+1},\zeta_{l+1},\tau_i)+\frac{(u-\varsigma_k)(\zeta_{l+1}-v)}{(\varsigma_{k+1}-\varsigma_k)(\zeta_{l+1}-\zeta_l)}\psi_j(\varsigma_{k+1},\zeta_l,\tau_i)+\\ &+\frac{(\varsigma_{k+1}-u)(v-\zeta_l)}{(\varsigma_{k+1}-\varsigma_k)(\zeta_{l+1}-\zeta_l)}\psi_j(\varsigma_k,\zeta_{l+1},\tau_i)+\frac{(\varsigma_{k+1}-u)(\zeta_{l+1}-v)}{(\varsigma_{k+1}-\varsigma_k)(\zeta_{l+1}-\zeta_l)}\psi_j(\varsigma_k,\zeta_l,\tau_i)\end{aligned} \qquad (9.14.11)$$

Discretizing the Fredholm spatial integrals in equation (9.14.10) on the continuum interfaces and substituting for $\psi_j(u,v,\tau_i)$ in equation (9.14.10) from (9.14.11), we get

$$\begin{aligned}\breve{\lambda}_j\psi_j(x,y,t) \approx& \left(\frac{\vartheta}{\mathrm{M}}\right)^2\sum_{i=0}^{\ell}\varpi_i\sum_{k=-\vartheta}^{\vartheta-1}\sum_{l=-\vartheta}^{\vartheta-1}\psi_j(\varsigma_k,\zeta_l,\tau_i)\int_{\varsigma_k}^{\varsigma_{k+1}}\int_{\zeta_l}^{\zeta_{l+1}}\mathcal{A}_j(x,u,y,v,t-\tau_i)(\varsigma_{k+1}-u)(\zeta_{l+1}-v)dudv+\\ &+\left(\frac{\vartheta}{\mathrm{M}}\right)^2\sum_{i=0}^{\ell}\varpi_i\sum_{k=-\vartheta}^{\vartheta-1}\sum_{l=-\vartheta}^{\vartheta-1}\psi_j(\varsigma_k,\zeta_{l+1},\tau_i)\int_{\varsigma_k}^{\varsigma_{k+1}}\int_{\zeta_{l+1}}^{\zeta_l}\mathcal{A}_j(x,u,y,v,t-\tau_i)(\varsigma_{k+1}-u)(\zeta_l-v)dudv+\\ &+\left(\frac{\vartheta}{\mathrm{M}}\right)^2\sum_{i=0}^{\ell}\varpi_i\sum_{k=-\vartheta}^{\vartheta-1}\sum_{l=-\vartheta}^{\vartheta-1}\psi_j(\varsigma_{k+1},\zeta_l,\tau_i)\int_{\varsigma_{k+1}}^{\varsigma_k}\int_{\zeta_l}^{\zeta_{l+1}}\mathcal{A}_j(x,u,y,v,t-\tau_i)(\varsigma_k-u)(\zeta_{l+1}-v)dudv+\end{aligned}$$

$$+\left(\frac{\vartheta}{\mathrm{M}}\right)^{2}\sum_{i=0}^{\ell}\varpi_i\sum_{k=-\vartheta}^{\vartheta-1}\sum_{l=-\vartheta}^{\vartheta-1}\psi_j\left(\varsigma_{k+1},\zeta_{l+1},\tau_i\right)\int_{\varsigma_k}^{\varsigma_{k+1}}\int_{\zeta_l}^{\zeta_{l+1}}\mathcal{A}_j\left(x,u,y,v,t-\tau_i\right)(u-\varsigma_k)(v-\zeta_l)dudv+$$

$$+\left(\frac{\vartheta}{\mathrm{M}}\right)^{2}\sum_{i=0}^{\ell}\varpi_i\sum_{k=-\vartheta}^{\vartheta-1}\sum_{l=-\vartheta}^{\vartheta-1}\psi_{j+1}\left(\varsigma_k,\zeta_l,\tau_i\right)\int_{\varsigma_k}^{\varsigma_{k+1}}\int_{\zeta_l}^{\zeta_{l+1}}\mathcal{B}_j\left(x,u,y,v,t-\tau_i\right)(\varsigma_{k+1}-u)(\zeta_{l+1}-v)dudv+$$

$$+\left(\frac{\vartheta}{\mathrm{M}}\right)^{2}\sum_{i=0}^{\ell}\varpi_i\sum_{k=-\vartheta}^{\vartheta-1}\sum_{l=-\vartheta}^{\vartheta-1}\psi_{j+1}\left(\varsigma_k,\zeta_{l+1},\tau_i\right)\int_{\varsigma_k}^{\varsigma_{k+1}}\int_{\zeta_l}^{\zeta_{l+1}}\mathcal{B}_j\left(x,u,y,v,t-\tau_i\right)(\varsigma_{k+1}-u)(v-\zeta_l)dudv+$$

$$+\left(\frac{\vartheta}{\mathrm{M}}\right)^{2}\sum_{i=0}^{\ell}\varpi_i\sum_{k=-\vartheta}^{\vartheta-1}\sum_{l=-\vartheta}^{\vartheta-1}\psi_{j+1}\left(\varsigma_{k+1},\zeta_l,\tau_i\right)\int_{\varsigma_k}^{\varsigma_{k+1}}\int_{\zeta_l}^{\zeta_{l+1}}\mathcal{B}_j\left(x,u,y,v,t-\tau_i\right)(u-\varsigma_k)(\zeta_{l+1}-v)dudv+$$

$$+\left(\frac{\vartheta}{\mathrm{M}}\right)^{2}\sum_{i=0}^{\ell}\varpi_i\sum_{k=-\vartheta}^{\vartheta-1}\sum_{l=-\vartheta}^{\vartheta-1}\psi_{j+1}\left(\varsigma_{k+1},\zeta_{l+1},\tau_i\right)\int_{\varsigma_k}^{\varsigma_{k+1}}\int_{\zeta_l}^{\zeta_{l+1}}\mathcal{B}_j\left(x,u,y,v,t-\tau_i\right)(u-\varsigma_k)(v-\zeta_l)dudv+$$

$$+\left(\frac{\vartheta}{\mathrm{M}}\right)^{2}\sum_{i=0}^{\ell}\varpi_i\sum_{k=-\vartheta}^{\vartheta-1}\sum_{l=-\vartheta}^{\vartheta-1}\psi_{j-1}\left(\varsigma_k,\zeta_l,\tau_i\right)\int_{\varsigma_k}^{\varsigma_{k+1}}\int_{\zeta_l}^{\zeta_{l+1}}\mathcal{C}_j\left(x,u,y,v,t-\tau_i\right)(\varsigma_{k+1}-u)(\zeta_{l+1}-v)dudv+$$

$$+\left(\frac{\vartheta}{\mathrm{M}}\right)^{2}\sum_{i=0}^{\ell}\varpi_i\sum_{k=-\vartheta}^{\vartheta-1}\sum_{l=-\vartheta}^{\vartheta-1}\psi_{j-1}\left(\varsigma_k,\zeta_{l+1},\tau_i\right)\int_{\varsigma_k}^{\varsigma_{k+1}}\int_{\zeta_l}^{\zeta_{l+1}}\mathcal{C}_j\left(x,u,y,v,t-\tau_i\right)(\varsigma_{k+1}-u)(v-\zeta_l)dudv+$$

$$+\left(\frac{\vartheta}{\mathrm{M}}\right)^{2}\sum_{i=0}^{\ell}\varpi_i\sum_{k=-\vartheta}^{\vartheta-1}\sum_{l=-\vartheta}^{\vartheta-1}\psi_{j-1}\left(\varsigma_{k+1},\zeta_l,\tau_i\right)\int_{\varsigma_k}^{\varsigma_{k+1}}\int_{\zeta_l}^{\zeta_{l+1}}\mathcal{C}_j\left(x,u,y,v,t-\tau_i\right)(u-\varsigma_k)(\zeta_{l+1}-v)dudv+$$

$$+\left(\frac{\vartheta}{\mathrm{M}}\right)^{2}\sum_{i=0}^{\ell}\varpi_i\sum_{k=-\vartheta}^{\vartheta-1}\sum_{l=-\vartheta}^{\vartheta-1}\psi_{j-1}\left(\varsigma_{k+1},\zeta_{l+1},\tau_i\right)\int_{\varsigma_k}^{\varsigma_{k+1}}\int_{\zeta_l}^{\zeta_{l+1}}\mathcal{C}_j\left(x,u,y,v,t-\tau_i\right)(u-\varsigma_k)(v-\zeta_l)dudv+$$

$$+\Omega_j\left(x,y,t\right) \tag{9.14.12}$$

Each continuum interface will contain a set of points in the x and y coordinates. We insist that equation (9.14.12) be satisfied at each of these points. Performing the integrations in equation (9.14.12), we get

$$\breve{\lambda}_j\psi_j\left(x,y,t\right) \approx \left(\frac{\vartheta}{\mathrm{M}}\right)^{2}\sum_{i=0}^{\ell}\varpi_i\sum_{k=-\vartheta}^{\vartheta-1}\sum_{l=-\vartheta}^{\vartheta-1}\omega_{aklj}(x,y,\tau_i;\varsigma_{k+1},\varsigma_k;\zeta_{l+1},\zeta_l)\,\psi_j\left(\varsigma_k,\zeta_l,\tau_i\right)+$$

$$+\left(\frac{\vartheta}{\mathrm{M}}\right)^{2}\sum_{i=0}^{\ell}\varpi_i\sum_{k=-\vartheta}^{\vartheta-1}\sum_{l=-\vartheta}^{\vartheta-1}\omega_{aklj}(x,y,\tau_i;\varsigma_{k+1},\varsigma_k;\zeta_l,\zeta_{l+1})\,\psi_j\left(\varsigma_k,\zeta_{l+1},\tau_i\right)+$$

$$+\left(\frac{\vartheta}{\mathrm{M}}\right)^{2}\sum_{i=0}^{\ell}\varpi_i\sum_{k=-\vartheta}^{\vartheta-1}\sum_{l=-\vartheta}^{\vartheta-1}\omega_{aklj}(x,y,\tau_i;\varsigma_k,\varsigma_{k+1};\zeta_{l+1},\zeta_l)\,\psi_j\left(\varsigma_{k+1},\zeta_l,\tau_i\right)+$$

$$+\left(\frac{\vartheta}{\mathrm{M}}\right)^{2}\sum_{i=0}^{\ell}\varpi_i\sum_{k=-\vartheta}^{\vartheta-1}\sum_{l=-\vartheta}^{\vartheta-1}\omega_{aklj}(x,y,\tau_i;\varsigma_{k+1},\varsigma_k;\zeta_{l+1},\zeta_l)\,\psi_j\left(\varsigma_{k+1},\zeta_{l+1},\tau_i\right)+$$

$$+\left(\frac{\vartheta}{\mathrm{M}}\right)^{2}\sum_{i=0}^{\ell}\varpi_i\sum_{k=-\vartheta}^{\vartheta-1}\sum_{l=-\vartheta}^{\vartheta-1}\omega_{bklj}(x,y,\tau_i;\varsigma_{k+1},\varsigma_k;\zeta_{l+1},\zeta_l)\,\psi_{j+1}\left(\varsigma_k,\zeta_l,\tau_i\right)+$$

$$+\left(\frac{\vartheta}{\mathrm{M}}\right)^{2}\sum_{i=0}^{\ell}\varpi_i\sum_{k=-\vartheta}^{\vartheta-1}\sum_{l=-\vartheta}^{\vartheta-1}\omega_{bklj}(x,y,\tau_i;\varsigma_{k+1},\varsigma_k;\zeta_l,\zeta_{l+1})\,\psi_{j+1}\left(\varsigma_k,\zeta_{l+1},\tau_i\right)+$$

$$+\left(\frac{\vartheta}{\mathrm{M}}\right)^2 \sum_{i=0}^{\ell} \varpi_i \sum_{k=-\vartheta}^{\vartheta-1} \sum_{l=-\vartheta}^{\vartheta-1} \omega_{bklj}(x,y,\tau_i;\varsigma_k,\varsigma_{k+1};\zeta_{l+1},\zeta_l)\,\psi_{j+1}(\varsigma_{k+1},\zeta_l,\tau_i)+$$

$$+\left(\frac{\vartheta}{\mathrm{M}}\right)^2 \sum_{i=0}^{\ell} \varpi_i \sum_{k=-\vartheta}^{\vartheta-1} \sum_{l=-\vartheta}^{\vartheta-1} \omega_{bklj}(x,y,\tau_i;\varsigma_{k+1},\varsigma_k;\zeta_{l+1},\zeta_l)\,\psi_{j+1}(\varsigma_{k+1},\zeta_{l+1},\tau_i)+$$

$$+\left(\frac{\vartheta}{\mathrm{M}}\right)^2 \sum_{i=0}^{\ell} \varpi_i \sum_{k=-\vartheta}^{\vartheta-1} \sum_{l=-\vartheta}^{\vartheta-1} \omega_{cklj}(x,y,\tau_i;\varsigma_{k+1},\varsigma_k;\zeta_{l+1},\zeta_l)\,\psi_{j-1}(\varsigma_k,\zeta_l,\tau_i)+$$

$$+\left(\frac{\vartheta}{\mathrm{M}}\right)^2 \sum_{i=0}^{\ell} \varpi_i \sum_{k=-\vartheta}^{\vartheta-1} \sum_{l=-\vartheta}^{\vartheta-1} \omega_{cklj}(x,y,\tau_i;\varsigma_{k+1},\varsigma_k;\zeta_l,\zeta_{l+1})\,\psi_{j-1}(\varsigma_k,\zeta_{l+1},\tau_i)+$$

$$+\left(\frac{\vartheta}{\mathrm{M}}\right)^2 \sum_{i=0}^{\ell} \varpi_i \sum_{k=-\vartheta}^{\vartheta-1} \sum_{l=-\vartheta}^{\vartheta-1} \omega_{cklj}(x,y,\tau_i;\varsigma_k,\varsigma_{k+1};\zeta_{l+1},\zeta_l)\,\psi_{j-1}(\varsigma_{k+1},\zeta_l,\tau_i)+$$

$$+\left(\frac{\vartheta}{\mathrm{M}}\right)^2 \sum_{i=0}^{\ell} \varpi_i \sum_{k=-\vartheta}^{\vartheta-1} \sum_{l=-\vartheta}^{\vartheta-1} \omega_{cklj}(x,y,\tau_i;\varsigma_{k+1},\varsigma_k;\zeta_{l+1},\zeta_l)\,\psi_{j-1}(\varsigma_{k+1},\zeta_{l+1},\tau_i)+\Omega_j(x,y,t)^{*} \tag{9.14.13}$$

where

$$\omega_{aklj}(x,y,\tau;\varsigma_{k+1},\varsigma_k;\zeta_{l+1},\zeta_l)=f_{aj}(x,y,\tau;\varsigma_{k+1},\varsigma_k;\zeta_{l+1},\zeta_l)+f_{aj-1}(x,y,\tau;\varsigma_{k+1},\varsigma_k;\zeta_{l+1},\zeta_l) \tag{9.14.14}$$

$$\omega_{bklj}(x,y,\tau;\varsigma_{k+1},\varsigma_k;\zeta_{l+1},\zeta_l)=f_{bj}(x,y,\tau;\varsigma_{k+1},\varsigma_k;\zeta_{l+1},\zeta_l) \tag{9.14.15}$$

and

$$\omega_{cklj}(x,y,\tau;\varsigma_{k+1},\varsigma_k;\zeta_{l+1},\zeta_l)=\omega_{bklj-1}(x,y,\tau;\varsigma_{k+1},\varsigma_k;\zeta_{l+1},\zeta_l) \tag{9.14.16}$$

where

$$f_{aj}(x,y,\tau;\varsigma_{k+1},\varsigma_k;\zeta_{l+1},\zeta_l)=-\frac{\Theta_3\left\{0,e^{-\left(\frac{\pi}{d_{j+1}-d_j}\right)^2\eta_{zj}\tau}\right\}\mathrm{E}_j(x,\tau;\varsigma_{k+1},\varsigma_k)\,\mathrm{E}_j(y,\tau;\zeta_{l+1},\zeta_l)}{4(\phi c_t)_j(d_{j+1}-d_j)} \tag{9.14.17}$$

$$f_{bj}(x,y,\tau;\varsigma_{k+1},\varsigma_k;\zeta_{l+1},\zeta_l)=-\frac{\Theta_4\left\{0,e^{-\left(\frac{\pi}{d_{j+1}-d_j}\right)^2\eta_{zj}\tau}\right\}\mathrm{E}_j(x,\tau;\varsigma_{k+1},\varsigma_k)\,\mathrm{E}_j(y,\tau;\zeta_{l+1},\zeta_l)}{4(\phi c_t)_j(d_{j+1}-d_j)} \tag{9.14.18}$$

and

$$\mathrm{E}_j(x,\tau;\alpha,\beta)=(x-\alpha)\left\{\mathrm{erf}\left(\frac{x-\alpha}{2\sqrt{\eta_{xj}\tau}}\right)-\mathrm{erf}\left(\frac{x-\beta}{2\sqrt{\eta_{xj}\tau}}\right)\right\}+2\sqrt{\frac{\eta_{xj}\tau}{\pi}}\left\{e^{-\frac{(x-\alpha)^2}{4\eta_{xj}\tau}}-e^{-\frac{(x-\beta)^2}{4\eta_{xj}\tau}}\right\} \tag{9.14.19}$$

$\forall\, j=0,1,...,\aleph-1$. $\varsigma_k=\frac{k\mathrm{M}}{\vartheta}$, $\zeta_l=\frac{l\mathrm{M}}{\vartheta}$. The spatial sums in k and l will be performed from some large integer $-\mathrm{M}$ to M, where $\pm\mathrm{M}$ is determined such that the flux through the interface at point $\varsigma_{\pm\vartheta}=\zeta_{\pm\vartheta}=\pm\mathrm{M}$ is negligible.

The system of equations consists of a tridiagonal matrix at each point in time and may be solved by a straightforward *LU* decomposition method.

*At $t=\tau_\ell$, the spatial integrals of the kernels of the integral equation (9.14.5) vanish (see equation (9.14.19)).

9.15 Subdivided quadrant layer. The medium is bounded by the planes $x=0$, $y=0$, $z=d_j$ and $z=d_{j+1}$; $x\to\infty$ in the direction of x positive and $y\to\infty$ in the direction of y positive. Point source at (x_{0j},y_{0j},z_{0j}) at time $t=t_{0j}$; $0<x_{0j}<\infty$, $0<y_{0j}<\infty$, $d_j<z_{0j}<d_{j+1}$, $t_{0j}\geq 0$. $\frac{\partial p(0,y,z,t)}{\partial x}=-\left(\frac{\mu}{k_x}\right)\psi_{0yz}(y,z,t)$ and $\frac{\partial p(x,0,z,t)}{\partial y}=-\left(\frac{\mu}{k_y}\right)\psi_{x0z}(x,z,t)$, $d_j<z<d_{j+1}$, $\forall j=0,1,...,\aleph-1$, $t>0$. At $z=d_0$, $\frac{\partial p(x,y,d_0,t)}{\partial z}=-\left(\frac{\mu}{k_z}\right)_0\psi_0(x,y,t)$ and at $z=d_\aleph$, $\frac{\partial p(x,y,d_\aleph,t)}{\partial z}=-\left(\frac{\mu}{k_z}\right)_\aleph\psi_\aleph(x,y,t)$. At $z=d_j$, $\forall j=1,2,...,\aleph-1$, $\psi_j(x,y,t)=-\left(\frac{k_z}{\mu}\right)_j\left(\frac{\partial p_j(x,y,d_j,t)}{\partial z}\right)=-\left(\frac{k_z}{\mu}\right)_{j-1}\left(\frac{\partial p_{j-1}(x,y,z_j,t)}{\partial z}\right)$ and $\breve{\lambda}_j\psi_j(x,y,t)=\{p_{j-1}(x,y,d_j,t)-p_j(x,y,d_j,t)\}$. The initial pressure $p_j(x,y,z,0)=\varphi_j(x,y,z)$.

The solutions in the Fourier, Laplace and time domains in the interval $d_j\leq z\leq d_{j+1}$, $j=0,1,...,\aleph-1$, are given by

$$\begin{aligned}
\overline{\overline{p}}_j &= \frac{U(t-t_{0j})\cos(nx_{0j})\cos(my_{0j})}{2(\phi c_t)_j(d_{j+1}-d_j)}\int\limits_0^{t-t_{0j}} q_j(t-t_{0j}-\tau)\left[\Theta_3\left\{\frac{\pi(z-z_{0j})}{2(d_{j+1}-d_j)},e^{-\left(\frac{\pi}{d_{j+1}-d_j}\right)^2\eta_{zj}\tau}\right\}+\right.\\
&\left.+\Theta_3\left\{\frac{\pi(z+z_{0j}-2d_j)}{2(d_{j+1}-d_j)},e^{-\left(\frac{\pi}{d_{j+1}-d_j}\right)^2\eta_{zj}\tau}\right\}\right]e^{-(\eta_{xj}n^2+\eta_{yj}m^2)\tau}d\tau+\\
&+\frac{2}{(\phi c_t)_j(d_{j+1}-d_j)}\times\\
&\times\sum_{l=0}^{\infty}\ni_l\cos\{\xi_{lj}(z-d_j)\}\int\limits_0^t\left\{\overline{\overline{\psi}}_{0yzj}(m,l,\tau)+\overline{\overline{\psi}}_{x0zj}(n,l,\tau)\right\}e^{-(\eta_{xj}n^2+\eta_{yj}m^2+\eta_{zj}\xi_{lj}^2)(t-\tau)}d\tau+\\
&+\frac{2}{(\phi c_t)_j(d_{j+1}-d_j)}\int\limits_0^t\left[\Theta_3\left\{\frac{\pi(z-d_j)}{2(d_{j+1}-d_j)},e^{-\left(\frac{\pi}{d_{j+1}-d_j}\right)^2\eta_{zj}(t-\tau)}\right\}\overline{\overline{\psi}}_j(n,m,\tau)-\right.\\
&\left.-\overline{\overline{\psi}}_{j+1}(n,m,\tau)\Theta_4\left\{\frac{\pi(z-d_j)}{2(d_{j+1}-d_j)},e^{-\left(\frac{\pi}{d_{j+1}-d_j}\right)^2\eta_{zj}(t-\tau)}\right\}\right]e^{-(\eta_{xj}n^2+\eta_{yj}m^2)(t-\tau)}d\tau+\\
&+\frac{2e^{-(\eta_{xj}n^2+\eta_{yj}m^2)t}}{(d_{j+1}-d_j)}\int\limits_0^{d_{j+1}-d_j}\int\limits_0^\infty\int\limits_0^\infty\varphi_j(u,v,w+d_j)\left[\Theta_3\left\{\frac{\pi(z-d_j-w)}{2(d_{j+1}-d_j)},e^{-\left(\frac{\pi}{d_{j+1}-d_j}\right)^2\eta_{zj}t}\right\}+\right.\\
&\left.+\Theta_3\left\{\frac{\pi(z-d_j+w)}{2(d_{j+1}-d_j)},e^{-\left(\frac{\pi}{d_{j+1}-d_j}\right)^2\eta_{zj}t}\right\}\right]\cos(nu)\cos(mv)\,du\,dv\,dw
\end{aligned}\tag{9.15.1}$$

$$\begin{aligned}
\overline{p}_j &= \frac{q_j(s)e^{-st_{0j}}}{\pi(\phi c_t)_j(d_{j+1}-d_j)\sqrt{\eta_{xj}\eta_{yj}}}\times\\
&\times\sum_{l=0}^{\infty}\ni_l\cos\{\xi_{lj}(z_{0j}-d_j)\}\cos\{\xi_{lj}(z-d_j)\}\left[K_0\left\{\sqrt{\left(\frac{(x-x_{0j})^2}{\eta_{xj}}+\frac{(y-y_{0j})^2}{\eta_{yj}}\right)\left(s+\eta_{zj}\xi_{lj}^2\right)}\right\}+\right.\\
&+K_0\left\{\sqrt{\left(\frac{(x+x_{0j})^2}{\eta_{xj}}+\frac{(y-y_{0j})^2}{\eta_{yj}}\right)\left(s+\eta_{zj}\xi_{lj}^2\right)}\right\}+K_0\left\{\sqrt{\left(\frac{(x-x_{0j})^2}{\eta_{xj}}+\frac{(y+y_{0j})^2}{\eta_{yj}}\right)\left(s+\eta_{zj}\xi_{lj}^2\right)}\right\}+\\
&\left.+K_0\left\{\sqrt{\left(\frac{(x+x_{0j})^2}{\eta_{xj}}+\frac{(y+y_{0j})^2}{\eta_{yj}}\right)\left(s+\eta_{zj}\xi_{lj}^2\right)}\right\}\right]+\\
&+\frac{2}{\pi(\phi c_t)_j(d_{j+1}-d_j)\sqrt{\eta_{xj}\eta_{yj}}}\times
\end{aligned}$$

$$\times\sum_{l=0}^{\infty}\ni_l\cos\{\xi_{lj}(z-d_j)\}\int_0^{\infty}\overline{\overline{\psi}}_{0yzj}(v,l,s)\left[K_0\left\{\sqrt{\left(\frac{(y-v)^2}{\eta_{yj}}+\frac{x^2}{\eta_{xj}}\right)\left(s+\eta_{zj}\xi_{lj}^2\right)}\right\}+\right.$$

$$\left.+K_0\left\{\sqrt{\left(\frac{(y+v)^2}{\eta_{yj}}+\frac{x^2}{\eta_{xj}}\right)\left(s+\eta_{zj}\xi_{lj}^2\right)}\right\}\right]dv+$$

$$+\frac{2}{\pi(\phi c_t)_j(d_{j+1}-d_j)\sqrt{\eta_{xj}\eta_{yj}}}\times$$

$$\times\sum_{l=0}^{\infty}\ni_l\cos\{\xi_{lj}(z-d_j)\}\int_0^{\infty}\overline{\overline{\psi}}_{x0zj}(u,l,s)\left[K_0\left\{\sqrt{\left(\frac{(x-u)^2}{\eta_{xj}}+\frac{y^2}{\eta_{yj}}\right)\left(s+\eta_{zj}\xi_{lj}^2\right)}\right\}+\right.$$

$$\left.+K_0\left\{\sqrt{\left(\frac{(x+u)^2}{\eta_{xj}}+\frac{y^2}{\eta_{yj}}\right)\left(s+\eta_{zj}\xi_{lj}^2\right)}\right\}\right]du+$$

$$+\frac{1}{\pi(\phi c_t)_j(d_{j+1}-d_j)\sqrt{\eta_{xj}\eta_{yj}}}\sum_{l=0}^{\infty}\ni_l\cos\{\xi_{lj}(z-d_j)\}\int_0^{\infty}\int_0^{\infty}\left\{(-1)^{l+1}\overline{\psi}_{j+1}(u,v,s)+\overline{\psi}_j(u,v,s)\right\}\times$$

$$\times\left[K_0\left\{\sqrt{\left(\frac{(x-u)^2}{\eta_{xj}}+\frac{(y-v)^2}{\eta_{yj}}\right)\left(s+\eta_{zj}\xi_{lj}^2\right)}\right\}+K_0\left\{\sqrt{\left(\frac{(x+u)^2}{\eta_{xj}}+\frac{(y-v)^2}{\eta_{yj}}\right)\left(s+\eta_{zj}\xi_{lj}^2\right)}\right\}+\right.$$

$$\left.+K_0\left\{\sqrt{\left(\frac{(x-u)^2}{\eta_{xj}}+\frac{(y+v)^2}{\eta_{yj}}\right)\left(s+\eta_{zj}\xi_{lj}^2\right)}\right\}+K_0\left\{\sqrt{\left(\frac{(x+u)^2}{\eta_{xj}}+\frac{(y+v)^2}{\eta_{yj}}\right)\left(s+\eta_{zj}\xi_{lj}^2\right)}\right\}\right]dudv+$$

$$+\frac{1}{\pi(d_{j+1}-d_j)\sqrt{\eta_{xj}\eta_{yj}}}\sum_{l=0}^{\infty}\ni_l\cos\{\xi_{lj}(z-d_j)\}\times$$

$$\times\int_0^{d_{j+1}-d_j}\int_0^{\infty}\int_0^{\infty}\varphi_j(u,v,w+d_j)\cos(\xi_{lj}w)\left[K_0\left\{\sqrt{\left(\frac{(x-u)^2}{\eta_{xj}}+\frac{(y-v)^2}{\eta_{yj}}\right)\left(s+\eta_{zj}\xi_{lj}^2\right)}\right\}+\right.$$

$$+K_0\left\{\sqrt{\left(\frac{(x+u)^2}{\eta_{xj}}+\frac{(y-v)^2}{\eta_{yj}}\right)\left(s+\eta_{zj}\xi_{lj}^2\right)}\right\}+K_0\left\{\sqrt{\left(\frac{(x-u)^2}{\eta_{xj}}+\frac{(y+v)^2}{\eta_{yj}}\right)\left(s+\eta_{zj}\xi_{lj}^2\right)}\right\}+$$

$$\left.+K_0\left\{\sqrt{\left(\frac{(x+u)^2}{\eta_{xj}}+\frac{(y+v)^2}{\eta_{yj}}\right)\left(s+\eta_{zj}\xi_{lj}^2\right)}\right\}\right]dudvdw \qquad (9.15.2)$$

and

$$p_j=\frac{U(t-t_{0j})}{8\pi(d_{j+1}-d_j)(\phi c_t)_j\sqrt{\eta_{xj}\eta_{yj}}}\int_0^{t-t_{0j}}\frac{q(t-t_{0j}-\tau)}{\tau}\left\{e^{-\frac{(x-x_{0j})^2}{4\eta_{xj}\tau}}+e^{-\frac{(x+x_{0j})^2}{4\eta_{xj}\tau}}\right\}\left\{e^{-\frac{(y-y_{0j})^2}{4\eta_{yj}\tau}}+e^{-\frac{(y+y_{0j})^2}{4\eta_{yj}\tau}}\right\}\times$$

$$\times\left[\Theta_3\left\{\frac{\pi(z-z_{0j})}{2(d_{j+1}-d_j)},e^{-\left(\frac{\pi}{d_{j+1}-d_j}\right)^2\eta_{zj}\tau}\right\}+\Theta_3\left\{\frac{\pi(z+z_{0j}-2d_j)}{2(d_{j+1}-d_j)},e^{-\left(\frac{\pi}{d_{j+1}-d_j}\right)^2\eta_{zj}\tau}\right\}\right]d\tau+$$

$$+\frac{1}{4\pi(\phi c_t)_j(d_{j+1}-d_j)\sqrt{\eta_{xj}\eta_{yj}}}\times$$

$$\times\int_0^t\frac{e^{-\frac{x^2}{4\eta_{xj}\tau}}}{\tau^2}\int_0^{\infty}\left[\Theta_3\left\{\frac{\pi(z-d_j-w)}{2(d_{j+1}-d_j)},e^{-\left(\frac{\pi}{d_{j+1}-d_j}\right)^2\eta_{zj}\tau}\right\}+\Theta_3\left\{\frac{\pi(z-d_j+w)}{2(d_{j+1}-d_j)},e^{-\left(\frac{\pi}{d_{j+1}-d_j}\right)^2\eta_{zj}\tau}\right\}\right]\times$$

$$\times\int_0^{\infty}\psi_{0yzj}(v,w,t-\tau)\left\{e^{-\frac{(y-v)^2}{4\eta_{yj}\tau}}+e^{-\frac{(y+v)^2}{4\eta_{yj}\tau}}\right\}dvdwd\tau+$$

$$+\frac{1}{4\pi\left(\phi c_t\right)_j\left(d_{j+1}-d_j\right)\sqrt{\eta_{xj}\eta_{yj}}}\times$$

$$\times\int_0^t\frac{e^{-\frac{y^2}{4\eta_{yj}\tau}}}{\tau^2}\int_0^\infty\left[\Theta_3\left\{\frac{\pi\left(z-d_j-w\right)}{2\left(d_{j+1}-d_j\right)},e^{-\left(\frac{\pi}{d_{j+1}-d_j}\right)^2\eta_{zj}\tau}\right\}+\Theta_3\left\{\frac{\pi\left(z-d_j+w\right)}{2\left(d_{j+1}-d_j\right)},e^{-\left(\frac{\pi}{d_{j+1}-d_j}\right)^2\eta_{zj}\tau}\right\}\right]\times$$

$$\times\int_0^\infty\psi_{x0zj}\left(u,w,t-\tau\right)\left\{e^{-\frac{(x-u)^2}{4\eta_{xj}\tau}}+e^{-\frac{(x+u)^2}{4\eta_{xj}\tau}}\right\}dudwd\tau+$$

$$+\frac{1}{4\pi\left(d_{j+1}-d_j\right)\left(\phi c_t\right)_j\sqrt{\eta_{xj}\eta_{yj}}}\int_0^\infty\int_0^\infty\int_0^t\frac{1}{t-\tau}\left\{e^{-\frac{(x-u)^2}{4\eta_{xj}(t-\tau)}}+e^{-\frac{(x+u)^2}{4\eta_{xj}(t-\tau)}}\right\}\left\{e^{-\frac{(y-v)^2}{4\eta_{yj}(t-\tau)}}+e^{-\frac{(y+v)^2}{4\eta_{yj}(t-\tau)}}\right\}\times$$

$$\times\left[\psi_j\left(u,v,\tau\right)\Theta_3\left\{\frac{\pi\left(z-d_j\right)}{2\left(d_{j+1}-d_j\right)},e^{-\left(\frac{\pi}{d_{j+1}-d_j}\right)^2\eta_{zj}(t-\tau)}\right\}-\right.$$

$$\left.-\psi_{j+1}\left(u,v,\tau\right)\Theta_4\left\{\frac{\pi\left(z-d_j\right)}{2\left(d_{j+1}-d_j\right)},e^{-\left(\frac{\pi}{d_{j+1}-d_j}\right)^2\eta_{zj}(t-\tau)}\right\}\right]d\tau dudv+$$

$$+\frac{1}{8\pi t\left(d_{j+1}-d_j\right)\sqrt{\eta_{xj}\eta_{yj}}}\int_0^{d_{j+1}-d_j}\int_0^\infty\int_0^\infty\varphi_j\left(u,v,w+d_j\right)\left[\Theta_3\left\{\frac{\pi\left(z-d_j-w\right)}{2\left(d_{j+1}-d_j\right)},e^{-\left(\frac{\pi}{d_{j+1}-d_j}\right)^2\eta_{zj}t}\right\}+\right.$$

$$\left.+\Theta_3\left\{\frac{\pi\left(z-d_j+w\right)}{2\left(d_{j+1}-d_j\right)},e^{-\left(\frac{\pi}{d_{j+1}-d_j}\right)^2\eta_{zj}t}\right\}\right]\left\{e^{-\frac{(x-u)^2}{4\eta_{xj}t}}+e^{-\frac{(x+u)^2}{4\eta_{xj}t}}\right\}\left\{e^{-\frac{(y-v)^2}{4\eta_{yj}t}}+e^{-\frac{(y+v)^2}{4\eta_{yj}t}}\right\}dudvdw \quad (9.15.3)$$

respectively, where ξ_{lj} is a positive root of $\sin\left\{\xi_{lj}\left(d_{j+1}-d_j\right)\right\}=0$, which are $\xi_{lj}=\frac{l\pi}{(d_{j+1}-d_j)}$, $l=0,1,....$
$\overline{\overline{\psi}}_{0yzj}\left(m,l,t\right)=\int_0^\infty\int_0^{d_{j+1}-d_j}\overline{\psi}_{0yzj}\left(y,z,t\right)\cos\left\{\xi_{lj}\left(z-d_j\right)\right\}\cos\left(my\right)d\left(z-d_j\right)dy$,
$\overline{\overline{\psi}}_{0yzj}\left(y,l,s\right)=\int_0^{d_{j+1}-d_j}\overline{\psi}_{0yzj}\left(y,z,s\right)\cos\left\{\xi_{lj}\left(z-d_j\right)\right\}d\left(z-d_j\right)$, $\overline{\psi}_{0yzj}\left(y,z,s\right)=\int_0^\infty\psi_{0yzj}\left(y,z,t\right)e^{-st}dt$,
$\overline{\overline{\psi}}_{x0zj}\left(n,l,t\right)=\int_0^\infty\int_0^{d_{j+1}-d_j}\overline{\psi}_{x0zj}\left(x,z,t\right)\cos\left\{\xi_{lj}\left(z-d_j\right)\right\}\cos\left(nx\right)d\left(z-d_j\right)dx$,
$\overline{\overline{\psi}}_{x0zj}\left(x,l,s\right)=\int_0^{d_{j+1}-d_j}\overline{\psi}_{x0zj}\left(x,z,s\right)\cos\left\{\xi_{lj}\left(z-d_j\right)\right\}d\left(z-d_j\right)$, $\overline{\psi}_{x0zj}\left(x,z,s\right)=\int_0^\infty\psi_{x0zj}\left(x,z,t\right)e^{-st}dt$,
$\overline{\overline{\psi}}_j\left(n,m,\tau\right)=\int_0^\infty\int_0^\infty\psi_j\left(x,y,\tau\right)\cos\left(nx\right)\cos\left(my\right)dxdy$, and $\overline{\psi}_j\left(x,y,s\right)=\int_0^\infty\psi_j\left(x,y,t\right)e^{-st}dt$.

We now employ, in the Fourier transform domain, the interfacial boundary condition which is, $\forall j=1,2,...,\aleph-1$,

$$\breve{\lambda}_j\overline{\overline{\psi}}_j\left(n,m,t\right)=\left\{\overline{\overline{p}}_{j-1}\left(n,m,d_j,t\right)-\overline{\overline{p}}_j\left(n,m,d_j,t\right)\right\}.$$

Substituting for $\overline{\overline{p}}_j\left(n,m,d_j,t\right)$ and $\overline{\overline{p}}_{j-1}\left(n,m,d_j,t\right)$ from equation (9.15.1), we obtain a three-term inhomogeneous recurrence relationship which governs the Fourier sine transforms of the interfacial flux functions:

$$\breve{\lambda}_j\overline{\overline{\psi}}_j\left(n,m,t\right)=\int_0^t\overline{\overline{\psi}}_j\left(n,m,\tau\right)\mathcal{A}_j\left(n,m,t-\tau\right)d\tau+\int_0^t\overline{\overline{\psi}}_{j+1}\left(n,m,\tau\right)\mathcal{B}_j\left(n,m,t-\tau\right)d\tau+$$
$$+\int_0^t\overline{\overline{\psi}}_{j-1}\left(n,m,\tau\right)\mathcal{C}_j\left(n,m,t-\tau\right)d\tau+\Omega_j\left(n,m,t\right) \quad (9.15.4)$$

$\forall j=1,2,...,\aleph-1$ and n,m in $[0,\infty]$, together with the boundary conditions $\frac{\partial\overline{\overline{p}}(n,m,0,t)}{\partial z}=-\left(\frac{\mu}{k_z}\right)_0\overline{\overline{\psi}}_0\left(n,m,t\right)$ and $\frac{\partial\overline{\overline{p}}(n,m,d_\aleph,t)}{\partial z}=-\left(\frac{\mu}{k_z}\right)_\aleph\overline{\overline{\psi}}_{d_\aleph}\left(n,m,t\right)$, which are the fluid fluxes at the extremities. It follows from the preceding equations that the coefficients of equation (9.15.4) are given by the following formulae:

$$\mathcal{A}_j\left(n,m,t\right)=g_j\left(n,m,t\right)+g_{j-1}\left(n,m,t\right) \quad (9.15.5)$$

where

$$g_j(n,m,t) = -\frac{2\Theta_3\left\{0, e^{-\left(\frac{\pi}{d_{j+1}-d_j}\right)^2 \eta_{zj} t}\right\} e^{-\left(\eta_{xj} n^2 + \eta_{yj} m^2\right)t}}{(\phi c_t)_j (d_{j+1} - d_j)}$$

$$\mathcal{B}_j(n,m,t) = \frac{2\Theta_4\left\{0, e^{-\left(\frac{\pi}{d_{j+1}-d_j}\right)^2 \eta_{zj} t}\right\} e^{-\left(\eta_{xj} n^2 + \eta_{yj} m^2\right)t}}{(\phi c_t)_j (d_{j+1} - d_j)} \tag{9.15.6}$$

$$\mathcal{C}_j(n,m,t) = \mathcal{B}_{j-1}(n,m,t) \tag{9.15.7}$$

and finally

$$\begin{aligned}
\Omega_j(n,m,t) = {} & \frac{U(t - t_{0j-1}) \cos(n x_{0j-1}) \cos(m y_{0j-1})}{2(\phi c_t)_{j-1} (d_j - d_{j-1})} \times \\
& \times \int_0^{t-t_{0j-1}} q_{j-1}(t - t_{0j-1} - \tau) \left[\Theta_3\left\{\frac{\pi(d_j - z_{0j-1})}{2(d_j - d_{j-1})}, e^{-\left(\frac{\pi}{d_j - d_{j-1}}\right)^2 \eta_{zj-1}\tau}\right\} + \right. \\
& \left. + \Theta_3\left\{\frac{\pi(d_j + z_{0j-1} - 2d_{j-1})}{2(d_j - d_{j-1})}, e^{-\left(\frac{\pi}{d_j - d_{j-1}}\right)^2 \eta_{zj-1}\tau}\right\}\right] e^{-\left(\eta_{xj-1} n^2 + \eta_{yj-1} m^2\right)\tau} d\tau + \\
& + \frac{2}{(\phi c_t)_{j-1} (d_j - d_{j-1})} \times \\
& \times \sum_{l=0}^{\infty} \ni_l (-1)^l \int_0^t \left\{\overline{\overline{\psi}}_{0yzj-1}(m,l,\tau) + \overline{\overline{\psi}}_{x0zj-1}(n,l,\tau)\right\} e^{-\left(\eta_{xj-1} n^2 + \eta_{yj-1} m^2 + \eta_{zj-1}\xi_{lj-1}^2\right)(t-\tau)} d\tau + \\
& + \frac{2e^{-\left(\eta_{xj-1} n^2 + \eta_{yj-1} m^2\right)t}}{(d_{j+1} - d_j)} \times \\
& \times \int_0^{d_j - d_{j-1}} \int_0^{\infty} \int_0^{\infty} \varphi_{j-1}(u,v,w + d_{j-1}) \left[\Theta_3\left\{\frac{\pi(d_j - d_{j-1} - w)}{2(d_j - d_{j-1})}, e^{-\left(\frac{\pi}{d_j - d_{j-1}}\right)^2 \eta_{zj-1} t}\right\} + \right. \\
& \left. + \Theta_3\left\{\frac{\pi(d_j - d_{j-1} + w)}{2(d_j - d_{j-1})}, e^{-\left(\frac{\pi}{d_j - d_{j-1}}\right)^2 \eta_{zj-1} t}\right\}\right] \cos(nu) \cos(mv) \, du dv dw - \\
& - \frac{U(t - t_{0j}) \cos(n x_{0j}) \cos(m y_{0j})}{(\phi c_t)_j (d_{j+1} - d_j)} \times \\
& \times \int_0^{t - t_{0j}} q_j(t - t_{0j} - \tau) \Theta_3\left\{\frac{\pi(z_{0j} - d_j)}{2(d_{j+1} - d_j)}, e^{-\left(\frac{\pi}{d_{j+1} - d_j}\right)^2 \eta_{zj}\tau}\right\} e^{-\left(\eta_{xj} n^2 + \eta_{yj} m^2\right)\tau} d\tau - \\
& - \frac{2}{(\phi c_t)_j (d_{j+1} - d_j)} \times \\
& \times \sum_{l=0}^{\infty} \ni_l \int_0^t \left\{\overline{\overline{\psi}}_{0yzj}(m,l,\tau) + \overline{\overline{\psi}}_{x0zj}(n,l,\tau)\right\} e^{-\left(\eta_{xj} n^2 + \eta_{yj} m^2 + \eta_{zj}\xi_{lj}^2\right)(t-\tau)} d\tau - \\
& - \frac{4e^{-\left(\eta_{xj} n^2 + \eta_{yj} m^2\right)t}}{(d_{j+1} - d_j)} \int_0^{d_{j+1} - d_j} \int_0^{\infty} \int_0^{\infty} \varphi_j(u,v,w + d_j) \Theta_3\left\{\frac{\pi w}{2(d_{j+1} - d_j)}, e^{-\left(\frac{\pi}{d_{j+1} - d_j}\right)^2 \eta_{zj} t}\right\} \times \\
& \times \cos(nu) \cos(mv) \, du dv dw
\end{aligned} \tag{9.15.8}$$

The Fourier components of each of the interfacial fluxes as a function of time are first obtained. The inverse Fourier transform is then applied to obtain the spatial dependence of these fluxes, which are then substituted into equation (9.15.3) to obtain the pressure at any point in space and time. Note that because the medium is semi-infinite in x and y, the Fourier spectrum is continuous for values of n and m used in the inverse transform. The integrals $\int_0^t \mathcal{B}_j(n,m,t-\tau)\overline{\overline{\psi}}_{j+1}(n,m,\tau)\,d\tau$ and $\int_0^t \mathcal{C}_j(n,m,t-\tau)\overline{\overline{\psi}}_{j-1}(n,m,\tau)\,d\tau$ in the recurrence relationship (9.15.4) may be approximated by use of the Nyström quadrature rule. We get

$$\int_0^t \mathcal{B}_j(n,m,t-\tau)\overline{\overline{\psi}}_{j+1}(n,m,\tau)\,d\tau + \int_0^t \mathcal{C}_j(n,m,t-\tau)\overline{\overline{\psi}}_{j-1}(n,m,\tau)\,d\tau \approx$$

$$\approx \sum_{i=0}^{\ell} \varpi_i \mathcal{B}_j(n,m,t-\tau_i)\overline{\overline{\psi}}_{j+1}(n,m,\tau_i) + \sum_{i=0}^{\ell} \varpi_i \mathcal{C}_j(n,m,t-\tau_i)\overline{\overline{\psi}}_{j-1}(n,m,\tau_i) \qquad (9.15.9)$$

where $\tau_0 = 0$, $\tau_\ell = t$, and $\tau_i = \frac{it}{\ell}$. The integral $\int_0^t \mathcal{A}_j(n,m,t-\tau)\overline{\overline{\psi}}_j(n,m,\tau)\,d\tau$ in the recurrence relationship, however, must be treated somewhat differently, as it encounters a singularity at $t = \tau$.* The method proceeds as in the one-dimensional problem 4.10 in terms of the form of the weighting functions. Product integration followed by piecewise-linear interpolation gives

$$\int_0^t \mathcal{A}_j(n,m,t-\tau)\overline{\overline{\psi}}_j(n,m,\tau)\,d\tau \approx \frac{\ell}{t}\sum_{i=0}^{\ell-1} \breve{\mathcal{A}}_j(n,m,t-\tau_{i+1})\overline{\overline{\psi}}_j(n,m,\tau_{i+1}) \int_{\tau_i}^{\tau_{i+1}} \frac{u-\tau_i}{\sqrt{t-u}}du -$$

$$-\frac{\ell}{t}\sum_{i=0}^{\ell-1} \breve{\mathcal{A}}_j(n,m,t-\tau_i)\overline{\overline{\psi}}_j(n,m,\tau_i) \int_{\tau_i}^{\tau_{i+1}} \frac{u-\tau_{i+1}}{\sqrt{t-u}}du \qquad (9.15.10)$$

where $\tau_i \le u \le \tau_{i+1}$ and $\breve{\mathcal{A}}_j(n,m,t-\tau) = \sqrt{t-\tau}\mathcal{A}_j(n,m,t-\tau)$. Substituting for the integrals in the recurrence relationship (9.15.4) from equations (9.15.9) and (9.15.10), we get

$$\breve{\lambda}_j\overline{\overline{\psi}}_j(n,m,t) \approx \sum_{i=0}^{\ell} \omega_i \breve{\mathcal{A}}_j(n,m,t-\tau_i)\overline{\overline{\psi}}_j(n,m,\tau_i) + \sum_{i=0}^{\ell} \varpi_i \mathcal{B}_j(n,m,t-\tau_i)\overline{\overline{\psi}}_{j+1}(n,m,\tau_i) +$$

$$+\sum_{i=0}^{\ell} \varpi_i \mathcal{C}_j(n,m,t-\tau_i)\overline{\overline{\psi}}_{j-1}(n,m,\tau_i) + \Omega_j(n,m,t) \qquad (9.15.11)$$

$\forall j = 0, 1, ..., \aleph - 1$. In the case of a composite trapezoidal rule, the weights are $\varpi_0 = \varpi_\ell = \frac{t}{2\ell}$ and $\varpi_i = \frac{t}{\ell}$, $\forall i = 1, 2, ..., \ell-1$. Performing the integrals in the right-hand side of equation (9.15.10), we obtain the values for the weights: $\omega_0 = \frac{2}{3}\sqrt{\frac{t}{\ell}}\left\{(2\ell-3)\sqrt{\ell} - 2(\ell-1)^{\frac{3}{2}}\right\}$, $\omega_\ell = \frac{4}{3}\sqrt{\frac{t}{\ell}}$ and
$\omega_i = \frac{4}{3}\sqrt{\frac{t}{\ell}}\left\{(\ell-i+1)^{\frac{3}{2}} - 2(\ell-i)^{\frac{3}{2}} - (\ell-i-1)^{\frac{3}{2}}\right\}$, $\forall i = 1, 2, ..., \ell-1$.

Since $\mathcal{B}_j(n,m,0) = \mathcal{C}_j(n,m,0) = 0$, equation (9.15.11) may be further reduced to

$$\left\{\breve{\lambda}_j - \omega_\ell \breve{\mathcal{A}}_j(n,m,0)\right\}\overline{\overline{\psi}}_j(n,m,t) \approx \sum_{i=0}^{\ell-1} \omega_i \breve{\mathcal{A}}_j(n,m,t-\tau_i)\overline{\overline{\psi}}_j(n,m,\tau_i) +$$

$$+\sum_{i=0}^{\ell-1} \varpi_i \mathcal{B}_j(n,m,t-\tau_i)\overline{\overline{\psi}}_{j+1}(n,m,\tau_i) +$$

$$+\sum_{i=0}^{\ell-1} \varpi_i \mathcal{C}_j(n,m,t-\tau_i)\overline{\overline{\psi}}_{j-1}(n,m,\tau_i) + \Omega_j(n,m,t) \qquad (9.15.12)$$

*The singularity occurs when $x = 0$, $t = 0$ and $n, m = 0$ in the theta function of the third kind, $\Theta_3(\pi x, e^{-\pi^2 t}) = \frac{1}{\sqrt{\pi t}} \sum_{n=-\infty}^{\infty} e^{-\frac{(x+n)^2}{t}}$.

where $\breve{\mathcal{A}}_j(n,m,0) = -\frac{2}{(\phi c_t)_{j-1}\sqrt{\pi\eta_{j-1}}} - \frac{2}{(\phi c_t)_j\sqrt{\pi\eta_j}}$. $\forall j = 1,2,...,\aleph-1$ and n, m in $[0,\infty]$, the coefficients $\omega_i\breve{\mathcal{A}}_j(n,m,t-\tau_i)$, $\varpi_i\mathcal{B}_j(n,m,t-\tau_i)$ and $\varpi_i\mathcal{C}_j(n,m,t-\tau_i)$ are $(\ell-1)\times(\ell-1)$ diagonal matrices, while the recurrence relationship itself is an $(\aleph-1)\times(\aleph-1)$ tridiagonal matrix.

For the $\aleph$ subdivided continua $b_j \le y \le b_{j+1}$, $\forall j = 0,1,...,\aleph-1$, the linear system of equations defined by equation (9.15.12) may be easily solved for fluid flux transforms for each discretized value of t. The interfacial fluid fluxes in x, y and t are obtained from

$$\psi_j(x,y,t) = \frac{4}{\pi^2}\int_0^\infty\int_0^\infty \overline{\psi}_j(n,t)\cos(nx)\cos(my)dndm \tag{9.15.13}$$

The pressure at any point in space and time may be obtained by substituting for the interfacial fluxes in equation (9.15.3).

Chapter 10

Octant layer. Infinite and semi-infinite continua. $p(x, y, z, t)$ is a function of x, y, z and t only

10.1 An infinite continuum in the region $-\infty < x < \infty$ and finite in the regions $0 < z < d$ and $0 < y < b$. Point source at $s_p \equiv (x_0, y_0, z_0)$ at time $t = t_0$; $-\infty < x_0 < \infty$, $0 < y_0 < b$, $0 < z_0 < d$, $t_0 \geq 0$. $N_{xy0} \equiv \frac{\partial p(x,y,0,t)}{\partial z} = -\left(\frac{\mu}{k_z}\right)\psi_{xy0}(x,y,t)$, $N_{xyd} \equiv \frac{\partial p(x,y,d,t)}{\partial z} = -\left(\frac{\mu}{k_z}\right)\psi_{xyd}(x,y,t)$, $D_{x0z} \equiv p(x,0,z,t) = \psi_{x0z}(x,z,t)$ and $D_{xbz} \equiv p(x,b,z,t) = \psi_{xbz}(x,z,t)$. The initial pressure $p(x,y,z,0) = \varphi(x,y,z)$; $\varphi(x,y,z)$ and its derivative tend to zero as $x \to \pm\infty$

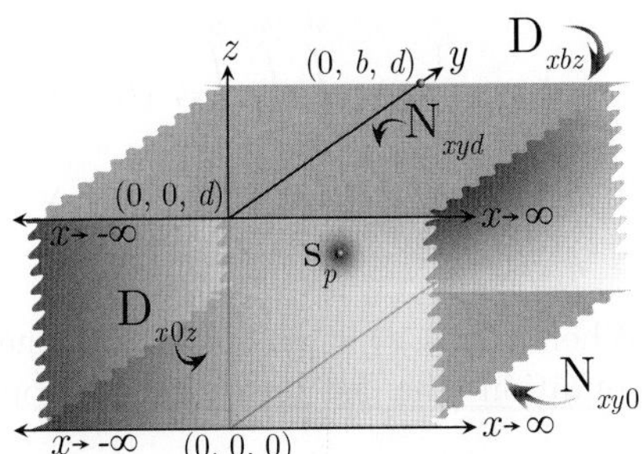

Fluid is produced at the rate of $q(t)$ per unit time from $t = t_0$ to $t = t$ at a point $[x_0, y_0, z_0]$. Applying the Fourier and Laplace transformations to equation (8.1.1), we get

$$\overline{\overline{\overline{p}}} = \frac{q(s)\,e^{inx_0}\sin(\xi_m y_0)\cos(\xi_l z_0)\,e^{-st_0}}{\phi c_t\left(\eta_x n^2 + \eta_y \xi_m^2 + \eta_z \xi_l^2 + s\right)} + \frac{\eta_y \xi_m\left\{(-1)^{m+1}\overline{\overline{\overline{\psi}}}_{xbz}(n,l,s) + \overline{\overline{\overline{\psi}}}_{x0z}(n,l,s)\right\}}{\left(\eta_x n^2 + \eta_y \xi_m^2 + \eta_z \xi_l^2 + s\right)} + $$
$$+\frac{\left\{(-1)^{l+1}\overline{\overline{\overline{\psi}}}_{xyd}(n,m,s) + \overline{\overline{\overline{\psi}}}_{xy0}(n,m,s)\right\}}{\phi c_t\left(\eta_x n^2 + \eta_y \xi_m^2 + \eta_z \xi_l^2 + s\right)} + \frac{\int_0^d\int_0^b\int_{-\infty}^{\infty}\varphi(u,v,w)\,e^{-inu}\sin(\xi_m v)\cos(\xi_l w)\,du\,dv\,dw}{\left(\eta_x n^2 + \eta_y \xi_m^2 + \eta_z \xi_l^2 + s\right)} \quad (10.1.1)$$

where ξ_m is a positive root of $\sin(\xi_m b) = 0$, with eigenvalues given by $\xi_m = \frac{m\pi}{b}$, $m = 1, 2, ...$, and ξ_l is a positive root of $\sin(\xi_l d) = 0$, with eigenvalues given by $\xi_l = \frac{l\pi}{d}$, $l = 0, 1, ...$
$\overline{\overline{\overline{\psi}}}_{xyd}(n,m,s) = \int_{-\infty}^{\infty}\overline{\overline{\psi}}_{xyd}(x,m,s)\,e^{inx}dx$, $\overline{\overline{\psi}}_{xyd}(x,m,s) = \int_0^b\overline{\psi}_{xyd}(x,y,s)\sin(\xi_m y)dy$,
$\overline{\psi}_{xyd}(x,y,s) = \int_0^{\infty}\psi_{xyd}(x,y,t)\,e^{-st}dt$, $\overline{\overline{\overline{\psi}}}_{xy0}(n,m,s) = \int_{-\infty}^{\infty}\overline{\overline{\psi}}_{xy0}(x,m,s)\,e^{inx}dx$,
$\overline{\overline{\psi}}_{xy0}(x,m,s) = \int_0^b\overline{\psi}_{xy0}(x,y,s)\sin(\xi_m y)dy$, $\overline{\psi}_{xy0}(x,y,s) = \int_0^{\infty}\psi_{xy0}(x,y,t)\,e^{-st}dt$,
$\overline{\overline{\overline{\psi}}}_{xbz}(n,l,s) = \int_{-\infty}^{\infty}\overline{\overline{\psi}}_{xbz}(x,l,s)\,e^{inx}dx$, $\overline{\overline{\psi}}_{xbz}(x,l,s) = \int_0^d\overline{\psi}_{xbz}(x,z,s)\cos(\xi_l z)dz$,
$\overline{\psi}_{xbz}(x,z,s) = \int_0^{\infty}\psi_{xbz}(x,z,t)\,e^{-st}dt$, $\overline{\overline{\overline{\psi}}}_{x0z}(n,l,s) = \int_{-\infty}^{\infty}\overline{\overline{\psi}}_{x0z}(x,l,s)\,e^{inx}dx$,
$\overline{\overline{\psi}}_{x0z}(x,l,s) = \int_0^d\overline{\psi}_{x0z}(x,z,s)\cos(\xi_l z)dz$ and $\overline{\psi}_{x0z}(x,z,s) = \int_0^{\infty}\psi_{x0z}(x,z,t)\,e^{-st}dt$.

The successive inverse Fourier and Laplace transformations of equation (10.1.1) yield

$$p = \frac{U(t-t_0)}{8bd\phi c_t\sqrt{\pi\eta_x}}\int_0^{t-t_0}\frac{q(t-t_0-\tau)}{\sqrt{\tau}}\left\{\Theta_3\left(\frac{\pi(z-z_0)}{2d},e^{-\left(\frac{\pi}{d}\right)^2\eta_z\tau}\right)+\Theta_3\left(\frac{\pi(z+z_0)}{2d},e^{-\left(\frac{\pi}{d}\right)^2\eta_z\tau}\right)\right\}\times$$
$$\times\left\{\Theta_3\left(\frac{\pi(y-y_0)}{2b},e^{-\left(\frac{\pi}{b}\right)^2\eta_y\tau}\right)-\Theta_3\left(\frac{\pi(y+y_0)}{2b},e^{-\left(\frac{\pi}{b}\right)^2\eta_y\tau}\right)\right\}e^{-\frac{(x-x_0)^2}{4\eta_x\tau}}d\tau+$$
$$+\frac{\eta_y}{8b^2d\sqrt{\pi\eta_x}}\int_0^t\frac{1}{\sqrt{\tau}}\int_0^d\left\{\Theta_3\left(\frac{\pi(z-w)}{2d},e^{-\left(\frac{\pi}{d}\right)^2\eta_z\tau}\right)+\Theta_3\left(\frac{\pi(z+w)}{2d},e^{-\left(\frac{\pi}{d}\right)^2\eta_z\tau}\right)\right\}\times$$
$$\times\int_{-\infty}^{\infty}\left\{\psi_{xbz}(u,w,t-\tau)\,\Theta_4'\left(\frac{\pi y}{2b},e^{-\eta_y\left(\frac{\pi}{b}\right)^2\tau}\right)-\psi_{x0z}(u,w,t-\tau)\,\Theta_3'\left(\frac{\pi y}{2b},e^{-\eta_y\left(\frac{\pi}{b}\right)^2\tau}\right)\right\}e^{-\frac{(x-u)^2}{4\eta_x\tau}}du\,dw\,d\tau+$$
$$+\frac{1}{4bd\phi c_t\sqrt{\pi\eta_x}}\int_0^t\frac{1}{\sqrt{\tau}}\int_0^b\left\{\Theta_3\left(\frac{\pi(y-v)}{2b},e^{-\left(\frac{\pi}{b}\right)^2\eta_y\tau}\right)-\Theta_3\left(\frac{\pi(y+v)}{2b},e^{-\left(\frac{\pi}{b}\right)^2\eta_y\tau}\right)\right\}\times$$
$$\times\int_{-\infty}^{\infty}\left\{\Theta_3\left(\frac{\pi z}{2d},e^{-\eta_z\left(\frac{\pi}{d}\right)^2\tau}\right)\psi_{xy0}(u,v,t-\tau)-\Theta_4\left(\frac{\pi z}{2d},e^{-\eta_z\left(\frac{\pi}{d}\right)^2\tau}\right)\psi_{xyd}(u,v,t-\tau)\right\}e^{-\frac{(x-u)^2}{4\eta_x\tau}}du\,dv\,d\tau+$$
$$+\frac{1}{8bd\sqrt{\pi\eta_x t}}\int_0^d\int_0^b\int_{-\infty}^{\infty}\varphi(u,v,w)\left\{\Theta_3\left(\frac{\pi(z-w)}{2d},e^{-\left(\frac{\pi}{d}\right)^2\eta_z t}\right)+\Theta_3\left(\frac{\pi(z+w)}{2d},e^{-\left(\frac{\pi}{d}\right)^2\eta_z t}\right)\right\}\times$$
$$\times\left\{\Theta_3\left(\frac{\pi(y-v)}{2b},e^{-\left(\frac{\pi}{b}\right)^2\eta_y t}\right)-\Theta_3\left(\frac{\pi(y+v)}{2b},e^{-\left(\frac{\pi}{b}\right)^2\eta_y t}\right)\right\}e^{-\frac{(x-u)^2}{4\eta_x t}}du\,dv\,dw \tag{10.1.2}$$

When $\varphi(x,y,z)=p_I$, a constant, the solution is obtained by replacing the term corresponding to the initial condition (the last term) in equation (10.1.2) with

$$p = 2p_I\left\{\Theta_3^{\int}\left(\frac{\pi y}{2b},e^{-\eta_y\left(\frac{\pi}{b}\right)^2 t}\right)-\Theta_4^{\int}\left(\frac{\pi y}{2b},e^{-\eta_y\left(\frac{\pi}{b}\right)^2 t}\right)\right\} \tag{10.1.3}$$

Special cases of practical relevance

(i) A line of finite length $[z_{02}-z_{01}]$ passing through (x_0,y_0)

The continuous source solution is obtained by replacing the source term in equation (10.1.2) with

$$p = \frac{U(t-t_0)}{4b\phi c_t\sqrt{\pi\eta_x}}\int_0^{t-t_0}\frac{q(t-t_0-\tau)}{\sqrt{\tau}}\left\{\Theta_3^{\int}\left(\frac{\pi(z-z_{01})}{2d},e^{-\left(\frac{\pi}{d}\right)^2\eta_z\tau}\right)-\Theta_3^{\int}\left(\frac{\pi(z-z_{02})}{2d},e^{-\left(\frac{\pi}{d}\right)^2\eta_z\tau}\right)+\right.$$
$$\left.+\Theta_3^{\int}\left(\frac{\pi(z+z_{02})}{2d},e^{-\left(\frac{\pi}{d}\right)^2\eta_z\tau}\right)-\Theta_3^{\int}\left(\frac{\pi(z+z_{01})}{2d},e^{-\left(\frac{\pi}{d}\right)^2\eta_z\tau}\right)\right\}\times$$
$$\times\left\{\Theta_3\left(\frac{\pi(y-y_0)}{2b},e^{-\left(\frac{\pi}{b}\right)^2\eta_y\tau}\right)-\Theta_3\left(\frac{\pi(y+y_0)}{2b},e^{-\left(\frac{\pi}{b}\right)^2\eta_y\tau}\right)\right\}e^{-\frac{(x-x_0)^2}{4\eta_x\tau}}d\tau \tag{10.1.4}$$

The spatial average pressure response of the line $[z_{02}-z_{01}]$ is given by

$$p = \frac{U(t-t_0)d}{b\phi c_t(z_{02}-z_{01})\sqrt{\pi\eta_x}}\times$$
$$\times\int_0^{t-t_0}\frac{q(t-t_0-\tau)}{\sqrt{\tau}}\left[\Theta_3^{\int\int}\left(\frac{\pi(z_{02}-z_{01})}{2d},e^{-\left(\frac{\pi}{d}\right)^2\eta_z\tau}\right)-\Theta_3^{\int\int}\left(\frac{\pi(z_{02}+z_{01})}{2d},e^{-\left(\frac{\pi}{d}\right)^2\eta_z\tau}\right)+\right.$$
$$\left.+\frac{1}{2}\left\{\Theta_3^{\int\int}\left(\frac{\pi z_{02}}{d},e^{-\left(\frac{\pi}{d}\right)^2\eta_z\tau}\right)+\Theta_3^{\int\int}\left(\frac{\pi z_{01}}{d},e^{-\left(\frac{\pi}{d}\right)^2\eta_z\tau}\right)\right\}\right]\times$$

$$\times\left\{\Theta_3\left(\frac{\pi(y-y_0)}{2b},e^{-\left(\frac{\pi}{b}\right)^2\eta_y\tau}\right)-\Theta_3\left(\frac{\pi(y+y_0)}{2b},e^{-\left(\frac{\pi}{b}\right)^2\eta_y\tau}\right)\right\}e^{-\frac{(x-x_0)^2}{4\eta_x\tau}}d\tau+$$

$$+\frac{\eta_y}{4b^2(z_{02}-z_{01})\sqrt{\pi\eta_x}}\int_0^t\frac{1}{\sqrt{\tau}}\int_0^d\left\{\Theta_3^{\int}\left(\frac{\pi(z_{02}-w)}{2d},e^{-\eta_z\left(\frac{\pi}{d}\right)^2t}\right)-\Theta_3^{\int}\left(\frac{\pi(z_{01}-w)}{2d},e^{-\eta_z\left(\frac{\pi}{d}\right)^2t}\right)+\right.$$

$$\left.+\Theta_3^{\int}\left(\frac{\pi(z_{02}+w)}{2d},e^{-\eta_z\left(\frac{\pi}{d}\right)^2t}\right)-\Theta_3^{\int}\left(\frac{\pi(z_{01}+w)}{2d},e^{-\eta_z\left(\frac{\pi}{d}\right)^2t}\right)\right\}\times$$

$$\times\int_{-\infty}^{\infty}\left\{\psi_{xbz}(u,w,t-\tau)\,\Theta_4'\left(\frac{\pi y}{2b},e^{-\eta_y\left(\frac{\pi}{b}\right)^2\tau}\right)-\psi_{x0z}(u,w,t-\tau)\,\Theta_3'\left(\frac{\pi y}{2b},e^{-\eta_y\left(\frac{\pi}{b}\right)^2\tau}\right)\right\}e^{-\frac{(x-u)^2}{4\eta_x\tau}}dudwd\tau+$$

$$+\frac{1}{2b\phi c_t(z_{02}-z_{01})\sqrt{\pi\eta_x}}\int_0^t\frac{1}{\sqrt{\tau}}\int_0^b\left\{\Theta_3\left(\frac{\pi(y-v)}{2b},e^{-\left(\frac{\pi}{b}\right)^2\eta_y\tau}\right)-\Theta_3\left(\frac{\pi(y+v)}{2b},e^{-\left(\frac{\pi}{b}\right)^2\eta_y\tau}\right)\right\}\times$$

$$\times\int_{-\infty}^{\infty}\left[\psi_{xy0}(u,v,t-\tau)\left\{\Theta_3^{\int}\left(\frac{\pi z_{02}}{2d},e^{-\left(\frac{\pi}{d}\right)^2\eta_z\tau}\right)-\Theta_3^{\int}\left(\frac{\pi z_{01}}{2d},e^{-\left(\frac{\pi}{d}\right)^2\eta_z\tau}\right)\right\}-\right.$$

$$\left.-\psi_{xyd}(u,v,t-\tau)\left\{\Theta_4^{\int}\left(\frac{\pi z_{02}}{2d},e^{-\left(\frac{\pi}{d}\right)^2\eta_z\tau}\right)-\Theta_4^{\int}\left(\frac{\pi z_{01}}{2d},e^{-\left(\frac{\pi}{d}\right)^2\eta_z\tau}\right)\right\}\right]e^{-\frac{(x-u)^2}{4\eta_x\tau}}dudvd\tau+$$

$$+\frac{1}{4b(z_{02}-z_{01})\sqrt{\pi\eta_x t}}\int_0^d\int_0^b\int_{-\infty}^{\infty}\varphi(u,v,w)\left\{\Theta_3^{\int}\left(\frac{\pi(z_{02}-w)}{2d},e^{-\eta_z\left(\frac{\pi}{d}\right)^2t}\right)-\Theta_3^{\int}\left(\frac{\pi(z_{01}-w)}{2d},e^{-\eta_z\left(\frac{\pi}{d}\right)^2t}\right)+\right.$$

$$\left.+\Theta_3^{\int}\left(\frac{\pi(z_{02}+w)}{2d},e^{-\eta_z\left(\frac{\pi}{d}\right)^2t}\right)-\Theta_3^{\int}\left(\frac{\pi(z_{01}+w)}{2d},e^{-\eta_z\left(\frac{\pi}{d}\right)^2t}\right)\right\}\times$$

$$\times\left\{\Theta_3\left(\frac{\pi(y-v)}{2b},e^{-\left(\frac{\pi}{b}\right)^2\eta_y t}\right)-\Theta_3\left(\frac{\pi(y+v)}{2b},e^{-\left(\frac{\pi}{b}\right)^2\eta_y t}\right)\right\}e^{-\frac{(x-u)^2}{4\eta_x t}}dudvdw \qquad (10.1.5)$$

When $\varphi(x,y,z)=p_I$, a constant, the average pressure contribution from the initial condition is given by equation (10.1.3).

(ii) A line of finite length $[y_{02}-y_{01}]$ passing through (x_0,z_0)

The continuous source solution is obtained by replacing the source term in equation (10.1.2) with

$$p=\frac{U(t-t_0)}{4d\phi c_t\sqrt{\pi\eta_x}}\int_0^{t-t_0}\frac{q(t-t_0-\tau)}{\sqrt{\tau}}\left\{\Theta_3\left(\frac{\pi(z-z_0)}{2d},e^{-\left(\frac{\pi}{d}\right)^2\eta_z\tau}\right)+\Theta_3\left(\frac{\pi(z+z_0)}{2d},e^{-\left(\frac{\pi}{d}\right)^2\eta_z\tau}\right)\right\}\times$$

$$\times\left\{\Theta_3^{\int}\left(\frac{\pi(y-y_{01})}{2b},e^{-\left(\frac{\pi}{b}\right)^2\eta_y\tau}\right)+\Theta_3^{\int}\left(\frac{\pi(y+y_{01})}{2b},e^{-\left(\frac{\pi}{b}\right)^2\eta_y\tau}\right)-\right.$$

$$\left.-\Theta_3^{\int}\left(\frac{\pi(y-y_{02})}{2b},e^{-\left(\frac{\pi}{b}\right)^2\eta_y\tau}\right)-\Theta_3^{\int}\left(\frac{\pi(y+y_{02})}{2b},e^{-\left(\frac{\pi}{b}\right)^2\eta_y\tau}\right)\right\}e^{-\frac{(x-x_0)^2}{4\eta_x\tau}}d\tau \qquad (10.1.6)$$

The spatial average pressure response of the line $[y_{02}-y_{01}]$ is given by

$$p=\frac{U(t-t_0)b}{d\phi c_t(y_{02}-y_{01})\sqrt{\pi\eta_x}}\int_0^{t-t_0}\frac{q(t-t_0-\tau)}{\sqrt{\tau}}\left\{\Theta_3\left(\frac{\pi(z-z_0)}{2d},e^{-\left(\frac{\pi}{d}\right)^2\eta_z\tau}\right)+\Theta_3\left(\frac{\pi(z+z_0)}{2d},e^{-\left(\frac{\pi}{d}\right)^2\eta_z\tau}\right)\right\}\times$$

$$\times\left[\Theta_3^{\int\int}\left(\frac{\pi(y_{02}-y_{01})}{2b},e^{-\left(\frac{\pi}{b}\right)^2\eta_y\tau}\right)+\Theta_3^{\int\int}\left(\frac{\pi(y_{02}+y_{01})}{2b},e^{-\left(\frac{\pi}{b}\right)^2\eta_y\tau}\tau\right)-\right.$$

$$\left.-\frac{1}{2}\left\{\Theta_3^{\int\int}\left(\frac{\pi y_{01}}{b},e^{-\left(\frac{\pi}{b}\right)^2\eta_y\tau}\right)+\Theta_3^{\int\int}\left(\frac{\pi y_{02}}{b},e^{-\left(\frac{\pi}{b}\right)^2\eta_y\tau}\right)\right\}\right]e^{-\frac{(x-x_0)^2}{4\eta_x\tau}}d\tau+$$

$$+\frac{\eta_y}{4bd(y_{02}-y_{01})\sqrt{\pi\eta_x}}\int_0^t\frac{1}{\sqrt{\tau}}\int_0^d\left\{\Theta_3\left(\frac{\pi(z-w)}{2d},e^{-\left(\frac{\pi}{d}\right)^2\eta_z\tau}\right)+\Theta_3\left(\frac{\pi(z+w)}{2d},e^{-\left(\frac{\pi}{d}\right)^2\eta_z\tau}\right)\right\}\times$$

$$\times \int_{-\infty}^{\infty} \left[\psi_{xbz}(u,w,t-\tau) \left\{ \Theta_4\left(\frac{\pi y_{01}}{2b}, e^{-\eta_y\left(\frac{\pi}{b}\right)^2\tau}\right) - \Theta_4\left(\frac{\pi y_{02}}{2b}, e^{-\eta_y\left(\frac{\pi}{b}\right)^2\tau}\right)\right\} - \right.$$

$$\left. -\psi_{x0z}(u,w,t-\tau)\left\{\Theta_3\left(\frac{\pi y_{02}}{2b}, e^{-\eta_y\left(\frac{\pi}{b}\right)^2\tau}\right) - \Theta_3\left(\frac{\pi y_{01}}{2b}, e^{-\eta_z\left(\frac{\pi}{bv}\right)^2\tau}\right)\right\}\right] e^{-\frac{(x-u)^2}{4\eta_x\tau}} du dw d\tau +$$

$$+\frac{1}{2d\phi c_t(y_{02}-y_{01})\sqrt{\pi\eta_x}} \int_0^t \frac{1}{\sqrt{\tau}} \int_0^b \left\{ \Theta_3^{\int}\left(\frac{\pi(y_{02}-v)}{2b}, e^{-\left(\frac{\pi}{b}\right)^2\eta_y\tau}\right) - \Theta_3^{\int}\left(\frac{\pi(y_{01}-v)}{2b}, e^{-\left(\frac{\pi}{b}\right)^2\eta_y\tau}\right) - \right.$$

$$\left. -\Theta_3^{\int}\left(\frac{\pi(y_{02}+v)}{2b}, e^{-\left(\frac{\pi}{b}\right)^2\eta_y\tau}\right) + \Theta_3^{\int}\left(\frac{\pi(y_{01}+v)}{2b}, e^{-\left(\frac{\pi}{b}\right)^2\eta_y\tau}\right)\right\} \times$$

$$\times \int_{-\infty}^{\infty} \left\{ \Theta_3\left(\frac{\pi z}{2d}, e^{-\eta_z\left(\frac{\pi}{d}\right)^2\tau}\right)\psi_{xy0}(u,v,t-\tau) - \Theta_4\left(\frac{\pi z}{2d}, e^{-\eta_z\left(\frac{\pi}{d}\right)^2\tau}\right)\psi_{xyd}(u,v,t-\tau)\right\} e^{-\frac{(x-u)^2}{4\eta_x\tau}} du dv d\tau +$$

$$+\frac{1}{4d(y_{02}-y_{01})\sqrt{\pi\eta_x t}} \int_0^d \int_0^b \int_{-\infty}^{\infty} \varphi(u,v,w) \left\{\Theta_3\left(\frac{\pi(z-w)}{2d}, e^{-\left(\frac{\pi}{d}\right)^2\eta_z t}\right) + \Theta_3\left(\frac{\pi(z+w)}{2d}, e^{-\left(\frac{\pi}{d}\right)^2\eta_z t}\right)\right\} \times$$

$$\times \left\{ \Theta_3^{\int}\left(\frac{\pi(y_{02}-v)}{2b}, e^{-\left(\frac{\pi}{b}\right)^2\eta_y\tau}\right) - \Theta_3^{\int}\left(\frac{\pi(y_{01}-v)}{2b}, e^{-\left(\frac{\pi}{b}\right)^2\eta_y\tau}\right) - \right.$$

$$\left. -\Theta_3^{\int}\left(\frac{\pi(y_{02}+v)}{2b}, e^{-\left(\frac{\pi}{b}\right)^2\eta_y\tau}\right) + \Theta_3^{\int}\left(\frac{\pi(y_{01}+v)}{2b}, e^{-\left(\frac{\pi}{b}\right)^2\eta_y\tau}\right)\right\} e^{-\frac{(x-u)^2}{4\eta_x t}} du dv dw \tag{10.1.7}$$

When $\varphi(x,y,z) = p_I$, a constant, the solution is obtained by replacing the term corresponding to the initial condition (the last term) in equation (10.1.7) by

$$p = \frac{4p_I b}{y_{02}-y_{01}} \left\{ \Theta_3^{\int\int}\left(\frac{\pi y_{02}}{2b}, e^{-\left(\frac{\pi}{b}\right)^2\eta_y t}\right) - \Theta_3^{\int\int}\left(\frac{\pi y_{01}}{2b}, e^{-\left(\frac{\pi}{b}\right)^2\eta_y t}\right) - \right.$$

$$\left. -\Theta_4^{\int\int}\left(\frac{\pi y_{02}}{2b}, e^{-\left(\frac{\pi}{b}\right)^2\eta_y t}\right) + \Theta_4^{\int\int}\left(\frac{\pi y_{01}}{2b}, e^{-\left(\frac{\pi}{b}\right)^2\eta_y t}\right)\right\} \tag{10.1.8}$$

(iii) A line of finite length $[x_{02} - x_{01}]$ passing through (y_0, z_0)

The continuous source solution is obtained by replacing the source term in equation (10.1.2) with

$$p = \frac{U(t-t_0)}{8bd\phi c_t} \int_0^{t-t_0} q(t-t_0-\tau) \left\{\Theta_3\left(\frac{\pi(z-z_0)}{2d}, e^{-\left(\frac{\pi}{d}\right)^2\eta_z\tau}\right) + \Theta_3\left(\frac{\pi(z+z_0)}{2d}, e^{-\left(\frac{\pi}{d}\right)^2\eta_z\tau}\right)\right\} \times$$

$$\times \left\{\Theta_3\left(\frac{\pi(y-y_0)}{2b}, e^{-\left(\frac{\pi}{b}\right)^2\eta_y\tau}\right) - \Theta_3\left(\frac{\pi(y+y_0)}{2b}, e^{-\left(\frac{\pi}{b}\right)^2\eta_y\tau}\right)\right\}\left\{\operatorname{erf}\left(\frac{x-x_{01}}{2\sqrt{\eta_x\tau}}\right) - \operatorname{erf}\left(\frac{x-x_{02}}{2\sqrt{\eta_x\tau}}\right)\right\} d\tau \tag{10.1.9}$$

The spatial average pressure response of the line $[x_{02} - x_{01}]$ is given by

$$p = \frac{U(t-t_0)}{4bd\phi c_t(x_{02}-x_{01})} \int_0^{t-t_0} q(t-t_0-\tau) \left\{\Theta_3\left(\frac{\pi(z-z_0)}{2d}, e^{-\left(\frac{\pi}{d}\right)^2\eta_z\tau}\right) + \Theta_3\left(\frac{\pi(z+z_0)}{2d}, e^{-\left(\frac{\pi}{d}\right)^2\eta_z\tau}\right)\right\} \times$$

$$\times \left\{\Theta_3\left(\frac{\pi(y-y_0)}{2b}, e^{-\left(\frac{\pi}{b}\right)^2\eta_y\tau}\right) - \Theta_3\left(\frac{\pi(y+y_0)}{2b}, e^{-\left(\frac{\pi}{b}\right)^2\eta_y\tau}\right)\right\} \times$$

$$\times \left\{(x_{02}-x_{01})\operatorname{erf}\left(\frac{x_{02}-x_{01}}{2\sqrt{\eta_x\tau}}\right) + 2\sqrt{\frac{\eta_x\tau}{\pi}}\left(e^{-\frac{(x_{02}-x_{01})^2}{4\eta_x\tau}} - 1\right)\right\} d\tau +$$

$$+\frac{\eta_y}{8b^2d(x_{02}-x_{01})} \int_0^t \int_0^d \left\{\Theta_3\left(\frac{\pi(z-w)}{2d}, e^{-\left(\frac{\pi}{d}\right)^2\eta_z\tau}\right) + \Theta_3\left(\frac{\pi(z+w)}{2d}, e^{-\left(\frac{\pi}{d}\right)^2\eta_z\tau}\right)\right\} \times$$

$$\times \int_{-\infty}^{\infty} \left\{\psi_{xbz}(u,w,t-\tau)\Theta_4'\left(\frac{\pi y}{2b}, e^{-\eta_y\left(\frac{\pi}{b}\right)^2\tau}\right) - \psi_{x0z}(u,w,t-\tau)\Theta_3'\left(\frac{\pi y}{2b}, e^{-\eta_y\left(\frac{\pi}{b}\right)^2\tau}\right)\right\} \times$$

$$\times\left\{\operatorname{erf}\left(\frac{x_{02}-u}{2\sqrt{\eta_x\tau}}\right)-\operatorname{erf}\left(\frac{x_{01}-u}{2\sqrt{\eta_x\tau}}\right)\right\}dudwd\tau+$$

$$+\frac{1}{4bd\phi c_t\left(x_{02}-x_{01}\right)}\int_0^t\int_0^b\left\{\Theta_3\left(\frac{\pi\left(y-v\right)}{2b},e^{-\left(\frac{\pi}{b}\right)^2\eta_y\tau}\right)-\Theta_3\left(\frac{\pi\left(y+v\right)}{2b},e^{-\left(\frac{\pi}{b}\right)^2\eta_y\tau}\right)\right\}\times$$

$$\times\int_{-\infty}^{\infty}\left\{\Theta_3\left(\frac{\pi z}{2d},e^{-\eta_z\left(\frac{\pi}{d}\right)^2\tau}\right)\psi_{xy0}\left(u,v,t-\tau\right)-\Theta_4\left(\frac{\pi z}{2d},e^{-\eta_z\left(\frac{\pi}{d}\right)^2\tau}\right)\psi_{xyd}\left(u,v,t-\tau\right)\right\}\times$$

$$\times\left\{\operatorname{erf}\left(\frac{x_{02}-u}{2\sqrt{\eta_x\tau}}\right)-\operatorname{erf}\left(\frac{x_{01}-u}{2\sqrt{\eta_x\tau}}\right)\right\}dudvd\tau+$$

$$+\frac{1}{8bd\left(x_{02}-x_{01}\right)}\int_0^d\int_0^b\int_{-\infty}^{\infty}\varphi\left(u,v,w\right)\left\{\Theta_3\left(\frac{\pi\left(z-w\right)}{2d},e^{-\left(\frac{\pi}{d}\right)^2\eta_z t}\right)+\Theta_3\left(\frac{\pi\left(z+w\right)}{2d},e^{-\left(\frac{\pi}{d}\right)^2\eta_z t}\right)\right\}\times$$

$$\times\left\{\Theta_3\left(\frac{\pi\left(y-v\right)}{2b},e^{-\left(\frac{\pi}{b}\right)^2\eta_y t}\right)-\Theta_3\left(\frac{\pi\left(y+v\right)}{2b},e^{-\left(\frac{\pi}{b}\right)^2\eta_y t}\right)\right\}\times$$

$$\times\left\{\operatorname{erf}\left(\frac{x_{02}-u}{2\sqrt{\eta_x t}}\right)-\operatorname{erf}\left(\frac{x_{01}-u}{2\sqrt{\eta_x t}}\right)\right\}dudvdw \qquad (10.1.10)$$

When $\varphi(x,y,z)=p_I$, a constant, the average pressure contribution from the initial condition is given by equation (10.1.3).

(iv) An inclined line of finite length $[(z_{02}-z_{01})\sin\vartheta_0]$, $0<\vartheta_0<\frac{\pi}{2}$, passing through (x_0,y_0,z_0). ϑ_0 is the inclination of the deviated well to the $x-y$ plane, γ_0 is the intercept to the z axis and θ_0 is the horizontal angle in polar coordinates*

The continuous source solution is obtained by replacing the source term in equation (10.1.2) with

$$p=\frac{U(t-t_0)\sin\vartheta_0}{8\pi\phi c_t\sqrt{\eta_x\eta_y\eta_z}}\times$$

$$\times\int_0^{t-t_0}\frac{q\left(t-t_0-\tau\right)}{\tau}\sum_{m=-\infty}^{\infty}\sum_{l=-\infty}^{\infty}[\mathcal{F}(x,y+2bm,z+2dl,\tau;z_{02},z_{01})+\mathcal{F}\left(x,y+2bm,-z-2dl,\tau;z_{02},z_{01}\right)-$$

$$-\mathcal{F}\left(x,-y-2bm,z+2dl,\tau;z_{02},z_{01}\right)-\mathcal{F}\left(x,-y-2bm,-z-2dl,\tau;z_{02},z_{01}\right)]\,d\tau^{\dagger} \qquad (10.1.11)$$

where the function $\mathcal{F}\left(x,y,z,\tau;b,a\right)$ is given by equation (8.2.22).

The spatial average pressure response of the inclined line $[(z_{02}-z_{01})\sin\vartheta_0]$ is obtained by a further integration:

$$p=\frac{U(t-t_0)\sin\vartheta_0}{8\pi\phi c_t\left(z_{02}-z_{01}\right)\sqrt{\eta_x\eta_y\eta_z}}\times$$

$$\times\int_0^{t-t_0}\frac{q\left(t-t_0-\tau\right)}{\tau}\sum_{m=-\infty}^{\infty}\sum_{l=-\infty}^{\infty}\int_{z_{01}}^{z_{02}}[\mathcal{F}\left(z\cot\vartheta\cos\theta,z\cot\vartheta\sin\theta+2bm,z+2dl,\tau;z_{02},z_{01}\right)+$$

$$+\mathcal{F}\left(z\cot\vartheta\cos\theta,z\cot\vartheta\sin\theta+2bm,-z-2dl,\tau;z_{02},z_{01}\right)-$$

$$-\mathcal{F}\left(z\cot\vartheta\cos\theta,-z\cot\vartheta\sin\theta-2bm,z+2dl,\tau;z_{02},z_{01}\right)-$$

$$-\mathcal{F}\left(z\cot\vartheta\cos\theta,-z\cot\vartheta\sin\theta-2bm,-z-2dl,\tau;z_{02},z_{01}\right)]\,dzd\tau+$$

*$x_0=r_0\cos\theta_0=(z_0-\gamma_0)\cot\vartheta_0\cos\theta_0$, $y_0=r_0\sin\theta_0=(z_0-\gamma_0)\cot\vartheta_0\sin\theta_0$ and $r_0=(z_0-\gamma_0)\cot\vartheta_0$.

†The summations in equation (10.1.11), though nested, converge rapidly, as the function $\mathcal{F}\left(x,y,z,\tau;b,a\right)$ is a product of a decaying exponential and an error function.

$$+\frac{\cot\vartheta_0\sin\theta_0}{8\pi^2(z_{02}-z_{01})\sqrt{\eta_x\eta_y\eta_z}}\int_0^t\frac{1}{\tau^2}\int_0^d\int_{-\infty}^{\infty}\psi_{x0z}(u,w,t-\tau)\times$$

$$\times\sum_{m=-\infty}^{\infty}\sum_{l=-\infty}^{\infty}\{\Psi_d(u,-2mb,w-2dl,\tau;z_{02},z_{01})+\Psi_d(u,-2mb,-w-2dl,\tau;z_{02},z_{01})\}dudwd\tau+$$

$$+\frac{b}{4\pi^2(z_{02}-z_{01})\sqrt{\eta_x\eta_y\eta_z}}\int_0^t\frac{1}{\tau^2}\int_0^d\int_{-\infty}^{\infty}\psi_{x0z}(u,w,t-\tau)\times$$

$$\times\sum_{m=-\infty}^{\infty}\sum_{l=-\infty}^{\infty}m\{\Phi(u,-2mb,w-2dl,\tau;z_{02},z_{01})+\Phi(u,-2mb,-w-2dl,\tau;z_{02},z_{01})\}\,dudwd\tau-$$

$$-\frac{\cot\vartheta_0\sin\theta_0}{8\pi^2(z_{02}-z_{01})\sqrt{\eta_x\eta_y\eta_z}}\int_0^t\frac{1}{\tau^2}\int_0^d\int_{-\infty}^{\infty}\psi_{xbz}(u,w,t-\tau)\times$$

$$\times\sum_{m=-\infty}^{\infty}\sum_{l=-\infty}^{\infty}\{\Psi_d(u,-(2m+1)b,w-2dl,\tau;z_{02},z_{01})+\Psi_d(u,-(2m+1)b,-w-2dl,\tau;z_{02},z_{01})\}dudwd\tau-$$

$$-\frac{b}{4\pi^2(z_{02}-z_{01})\sqrt{\eta_x\eta_y\eta_z}}\int_0^t\frac{1}{\tau^2}\int_0^d\int_{-\infty}^{\infty}\psi_{xbz}(u,w,t-\tau)\sum_{m=-\infty}^{\infty}\sum_{l=-\infty}^{\infty}\left\{\frac{1}{2}+m\right\}\times$$
$$\times\{\Phi(u,-(2m+1)b,w-2dl,\tau;z_{02},z_{01})+\Phi(u,-(2m+1)b,-w-2dl,\tau;z_{02},z_{01})\}\,dudwd\tau+$$

$$+\frac{1}{4\pi\phi c_t(z_{02}-z_{01})\sqrt{\eta_x\eta_y\eta_z}}\int_0^t\frac{1}{\tau}\int_0^b\int_{-\infty}^{\infty}\psi_{xy0}(u,v,t-\tau)\times$$

$$\times\sum_{m=-\infty}^{\infty}\sum_{l=-\infty}^{\infty}\{\Phi(u,v-2bm,-2dl,t;z_{02},z_{01})-\Phi(u,-v-2bm,-2dl,t;z_{02},z_{01})\}-$$

$$-\frac{1}{4\pi\phi c_t(z_{02}-z_{01})\sqrt{\eta_x\eta_y\eta_z}}\int_0^t\frac{1}{\tau}\int_0^b\int_{-\infty}^{\infty}\psi_{xyd}(u,v,t-\tau)\times$$

$$\times\sum_{m=-\infty}^{\infty}\sum_{l=-\infty}^{\infty}\{\Phi(u,v-2bm,-d-2dl,t;z_{02},z_{01})-\Phi(u,-v-2bm,-d-2dl,t;z_{02},z_{01})\}+$$

$$+\frac{1}{8\pi t(z_{02}-z_{01})\sqrt{\eta_x\eta_y\eta_z}}\int_0^d\int_0^b\int_{-\infty}^{\infty}\varphi(u,v,w)\sum_{m=-\infty}^{\infty}\sum_{l=-\infty}^{\infty}[\Phi(u,v-2bm,w-2dl,t;z_{02},z_{01})+$$
$$+\Phi(u,v-2bm,-w-2dl,t;z_{02},z_{01})-\Phi(u,-v-2bm,w-2dl,t;z_{02},z_{01})-$$
$$-\Phi(u,-v-2bm,-w-2dl,t;z_{02},z_{01})]dudvdw \tag{10.1.12}$$

where the functions $\Psi(v,w,\tau;b,a)$ and $\Phi(u,v,w,\tau;b,a)$ are given by equations (8.2.24) and (8.2.25), respectively. In equation (10.1.12), a point in space is defined by ϑ and θ.*

When $\varphi(x,y,z)=p_I$, a constant, the solution is obtained by replacing the term corresponding to the initial condition (the last term) in equation (10.1.12) with

$$p=\frac{4bp_I}{(z_{02}-z_{01})\cot\vartheta\sin\theta}\left[\Theta_3^{\int\int}\left\{\frac{\pi z_{01}\cot\vartheta\sin\theta}{2b},e^{-\left(\frac{\pi}{b}\right)^2\eta_y t}\right\}-\Theta_3^{\int\int}\left\{\frac{\pi z_{02}\cot\vartheta\sin\theta}{2b},e^{-\left(\frac{\pi}{b}\right)^2\eta_y t}\right\}-\right.$$
$$\left.-\Theta_4^{\int\int}\left\{\frac{\pi z_{01}\cot\vartheta\sin\theta}{2b},e^{-\left(\frac{\pi}{b}\right)^2\eta_y t}\right\}+\Theta_4^{\int\int}\left\{\frac{\pi z_{02}\cot\vartheta\sin\theta}{2b},e^{-\left(\frac{\pi}{b}\right)^2\eta_y t}\right\}\right] \tag{10.1.13}$$

*$\tan\vartheta=\frac{z}{\sqrt{x^2+y^2}}$, $\tan\theta=\frac{y}{x}$.

(v) Segmented inclined lines of finite length $[(z_{0\iota+1} - z_{0\iota})\sin\vartheta_{0\iota}]$, $0 < \vartheta_{0\iota} < \frac{\pi}{2}$, passing through $(x_{0\iota}, y_{0\iota}, z_{0\iota})$. $\vartheta_{0\iota}$ is the inclination of the segment ι of the well to the $x-y$ plane, $\gamma_{0\iota}$ is the intercept to the z axis and $\theta_{0\iota}$ is the horizontal angle in polar coordinates. The segment ι of the well is producing at the rate $q_\iota(t)$ beginning at time $t_{0\iota}$, $\iota = 1, 2, ..., N$. The well is divided into N segments

The continuous source solution is obtained by replacing the source term in equation (10.1.2) with

$$p = \frac{1}{8\pi\phi c_t\sqrt{\eta_x\eta_y\eta_z}}\sum_{\iota=0}^{N} U(t-t_{0\iota})\sin\vartheta_{0\iota}\int_0^{t-t_{0\iota}}\frac{q_\iota(t-t_{0\iota}-\tau)}{\tau}\times$$

$$\times\sum_{m=-\infty}^{\infty}\sum_{l=-\infty}^{\infty}[\mathcal{F}_\iota(x, y+2bm, z+2dl, \tau; z_{0\iota+1}, z_{0\iota}) + \mathcal{F}_\iota(x, y+2bm, -z-2dl, \tau; z_{0\iota+1}, z_{0\iota}) -$$

$$-\mathcal{F}_\iota(x, -y-2bm, z+2dl, \tau; z_{0\iota+1}, z_{0\iota}) - \mathcal{F}_\iota(x, -y-2bm, -z-2dl, \tau; z_{0\iota+1}, z_{0\iota})]\, d\tau \qquad (10.1.14)$$

where the function $\mathcal{F}_\iota(x, y, z, \tau; b, a)$ is given by equation (8.2.28).

The spatial average pressure response of the segment $[z_{0\diamondsuit+1} - z_{0\diamondsuit}]\sin\vartheta_{0\diamondsuit}$, $\iota = \diamondsuit$, $0 \le \diamondsuit \le N$, is obtained by a further integration:

$$p = \frac{1}{8\pi\phi c_t(z_{0\diamondsuit+1} - z_{0\diamondsuit})\sqrt{\eta_x\eta_y\eta_z}}\sum_{\iota=0}^{N} U(t-t_{0\iota})\sin\vartheta_{0\iota}\times$$

$$\times\int_0^{t-t_{0\iota}}\frac{q_\iota(t-t_{0\iota}-\tau)}{\tau}\sum_{m=-\infty}^{\infty}\sum_{l=-\infty}^{\infty}\int_{z_{0\diamondsuit}}^{z_{0\diamondsuit+1}}[\mathcal{F}_\iota(z\cot\vartheta\cos\theta, z\cot\vartheta\sin\theta+2bm, z+2dl, \tau; z_{0\iota+1}, z_{0\iota}) +$$

$$+\mathcal{F}_\iota(z\cot\vartheta\cos\theta, z\cot\vartheta\sin\theta+2bm, -z-2dl, \tau; z_{0\iota+1}, z_{0\iota}) -$$

$$-\mathcal{F}_\iota(z\cot\vartheta\cos\theta, -z\cot\vartheta\sin\theta-2bm, z+2dl, \tau; z_{0\iota+1}, z_{0\iota}) -$$

$$-\mathcal{F}_\iota(z\cot\vartheta\cos\theta, -z\cot\vartheta\sin\theta-2bm, -z-2dl, \tau; z_{0\iota+1}, z_{0\iota})]\, dzd\tau +$$

$$+\frac{\cot\vartheta_0\sin\theta_0}{8\pi^2(z_{0\diamondsuit+1} - z_{0\diamondsuit})\sqrt{\eta_x\eta_y\eta_z}}\int_0^t\frac{1}{\tau^2}\int_0^d\int_{-\infty}^{\infty}\psi_{x0z}(u, w, t-\tau)\times$$

$$\times\sum_{m=-\infty}^{\infty}\sum_{l=-\infty}^{\infty}\{\Psi_d(u, -2mb, w-2dl, \tau; z_{0\diamondsuit+1}, z_{0\diamondsuit}) + \Psi_d(u, -2mb, -w-2dl, \tau; z_{0\diamondsuit+1}, z_{0\diamondsuit})\}dudwd\tau +$$

$$+\frac{b}{4\pi^2(z_{0\diamondsuit+1} - z_{0\diamondsuit})\sqrt{\eta_x\eta_y\eta_z}}\int_0^t\frac{1}{\tau^2}\int_0^d\int_{-\infty}^{\infty}\psi_{x0z}(u, w, t-\tau)\times$$

$$\times\sum_{m=-\infty}^{\infty}\sum_{l=-\infty}^{\infty} m\{\Phi(u, -2mb, w-2dl, \tau; z_{0\diamondsuit+1}, z_{0\diamondsuit}) + \Phi(u, -2mb, -w-2dl, \tau; z_{0\diamondsuit+1}, z_{0\diamondsuit})\}\, dudwd\tau -$$

$$-\frac{\cot\vartheta_0\sin\theta_0}{8\pi^2(z_{0\diamondsuit+1} - z_{0\diamondsuit})\sqrt{\eta_x\eta_y\eta_z}}\int_0^t\frac{1}{\tau^2}\int_0^d\int_{-\infty}^{\infty}\psi_{xbz}(u, w, t-\tau)\times$$

$$\times\sum_{m=-\infty}^{\infty}\sum_{l=-\infty}^{\infty}\{\Psi_d(u, -(2m+1)b, w-2dl, \tau; z_{0\diamondsuit+1}, z_{0\diamondsuit}) +$$

$$+\Psi_d(u, -(2m+1)b, -w-2dl, \tau; z_{0\diamondsuit+1}, z_{0\diamondsuit})\}\, dudwd\tau -$$

$$-\frac{b}{4\pi^2(z_{0\diamondsuit+1} - z_{0\diamondsuit})\sqrt{\eta_x\eta_y\eta_z}}\int_0^t\frac{1}{\tau^2}\int_0^d\int_{-\infty}^{\infty}\psi_{xbz}(u, w, t-\tau)\sum_{m=-\infty}^{\infty}\sum_{l=-\infty}^{\infty}\left\{\frac{1}{2}+m\right\}\times$$

$$\times\{\Phi(u, -(2m+1)b, w-2dl, \tau; z_{0\diamondsuit+1}, z_{0\diamondsuit}) + \Phi(u, -(2m+1)b, -w-2dl, \tau; z_{0\diamondsuit+1}, z_{0\diamondsuit})\}\, dudwd\tau +$$

$$+\frac{1}{4\pi\phi c_t\left(z_{0\Diamond+1}-z_{0\Diamond}\right)\sqrt{\eta_x\eta_y\eta_z}}\int\limits_0^t\frac{1}{\tau}\int\limits_0^b\int\limits_{-\infty}^{\infty}\psi_{xy0}\left(u,v,t-\tau\right)\times$$

$$\times\sum_{m=-\infty}^{\infty}\sum_{l=-\infty}^{\infty}\left\{\Phi(u,v-2bm,-2dl,t;z_{0\Diamond+1},z_{0\Diamond})-\Phi\left(u,-v-2bm,-2dl,t;z_{0\Diamond+1},z_{0\Diamond}\right)\right\}dudwd\tau-$$

$$-\frac{1}{4\pi\phi c_t\left(z_{0\Diamond+1}-z_{0\Diamond}\right)\sqrt{\eta_x\eta_y\eta_z}}\int\limits_0^t\frac{1}{\tau}\int\limits_0^b\int\limits_{-\infty}^{\infty}\psi_{xyd}\left(u,v,t-\tau\right)\times$$

$$\times\sum_{m=-\infty}^{\infty}\sum_{l=-\infty}^{\infty}\{\Phi(u,v-2bm,-d-2dl,t;z_{0\Diamond+1},z_{0\Diamond})-\Phi(u,-v-2bm,-d-2dl,t;z_{0\Diamond+1},z_{0\Diamond})\}dudwd\tau+$$

$$+\frac{1}{8\pi t(z_{0\Diamond+1}-z_{0\Diamond})\sqrt{\eta_x\eta_y\eta_z}}\int\limits_0^d\int\limits_0^b\int\limits_{-\infty}^{\infty}\varphi\left(u,v,w\right)\sum_{m=-\infty}^{\infty}\sum_{l=-\infty}^{\infty}\left[\Phi\left(u,v-2bm,w-2dl,t;z_{0\Diamond+1},z_{0\Diamond}\right)+\right.$$

$$+\Phi\left(u,v-2bm,-w-2dl,t;z_{0\Diamond+1},z_{0\Diamond}\right)-\Phi\left(u,-v-2bm,w-2dl,t;z_{0\Diamond+1},z_{0\Diamond}\right)-$$

$$\left.-\Phi\left(u,-v-2bm,-w-2dl,t;z_{0\Diamond+1},z_{0\Diamond}\right)\right]dudvdw \qquad (10.1.15)$$

In equation (10.1.15), a point in space is defined by ϑ and θ.*

(vi) A rectangular source at x_0†

The continuous source solution is obtained by replacing the source term in equation (10.1.2) with

$$p=\frac{U(t-t_0)}{2\phi c_t\sqrt{\pi\eta_x}}\int\limits_0^{t-t_0}\frac{q\left(t-t_0-\tau\right)}{\sqrt{\tau}}\left\{\Theta_3^{\int}\left(\frac{\pi\left(z-z_{01}\right)}{2d},e^{-\left(\frac{\pi}{d}\right)^2\eta_z\tau}\right)-\Theta_3^{\int}\left(\frac{\pi\left(z-z_{02}\right)}{2d},e^{-\left(\frac{\pi}{d}\right)^2\eta_z\tau}\right)+\right.$$

$$\left.+\Theta_3^{\int}\left(\frac{\pi\left(z+z_{02}\right)}{2d},e^{-\left(\frac{\pi}{d}\right)^2\eta_z\tau}\right)-\Theta_3^{\int}\left(\frac{\pi\left(z+z_{01}\right)}{2d},e^{-\left(\frac{\pi}{d}\right)^2\eta_z\tau}\right)\right\}\times$$

$$\times\left\{\Theta_3^{\int}\left(\frac{\pi\left(y-y_{01}\right)}{2b},e^{-\left(\frac{\pi}{b}\right)^2\eta_y\tau}\right)+\Theta_3^{\int}\left(\frac{\pi\left(y+y_{01}\right)}{2b},e^{-\left(\frac{\pi}{b}\right)^2\eta_y\tau}\right)-\right.$$

$$\left.-\Theta_3^{\int}\left(\frac{\pi\left(y-y_{02}\right)}{2b},e^{-\left(\frac{\pi}{b}\right)^2\eta_y\tau}\right)-\Theta_3^{\int}\left(\frac{\pi\left(y+y_{02}\right)}{2b},e^{-\left(\frac{\pi}{b}\right)^2\eta_y\tau}\right)\right\}e^{-\frac{(x-x_0)^2}{4\eta_x\tau}}d\tau \qquad (10.1.16)$$

The spatial average pressure response of the rectangular source $[y_{02}-y_{01}]\,[z_{02}-z_{01}]$ is given by

$$p=\frac{8U(t-t_0)bd}{\phi c_t\left(y_{02}-y_{01}\right)\left(z_{02}-z_{01}\right)\sqrt{\pi\eta_x}}\times$$

$$\times\int\limits_0^{t-t_0}\frac{q\left(t-t_0-\tau\right)}{\sqrt{\tau}}\left[\Theta_3^{\int\int}\left(\frac{\pi\left(z_{02}-z_{01}\right)}{2d},e^{-\left(\frac{\pi}{d}\right)^2\eta_z\tau}\right)-\Theta_3^{\int\int}\left(\frac{\pi\left(z_{02}+z_{01}\right)}{2d},e^{-\left(\frac{\pi}{d}\right)^2\eta_z\tau}\right)+\right.$$

$$\left.+\frac{1}{2}\left\{\Theta_3^{\int\int}\left(\frac{\pi z_{02}}{d},e^{-\left(\frac{\pi}{d}\right)^2\eta_z\tau}\right)+\Theta_3^{\int\int}\left(\frac{\pi z_{01}}{d},e^{-\left(\frac{\pi}{d}\right)^2\eta_z\tau}\right)\right\}\right]\times$$

$$\times\left[\Theta_3^{\int\int}\left(\frac{\pi\left(y_{02}-y_{01}\right)}{2b},e^{-\left(\frac{\pi}{b}\right)^2\eta_y\tau}\right)+\Theta_3^{\int\int}\left(\frac{\pi\left(y_{02}+y_{01}\right)}{2b},e^{-\left(\frac{\pi}{b}\right)^2\eta_y\tau}\tau\right)-\right.$$

$$\left.-\frac{1}{2}\left\{\Theta_3^{\int\int}\left(\frac{\pi y_{01}}{b},e^{-\left(\frac{\pi}{b}\right)^2\eta_y\tau}\right)+\Theta_3^{\int\int}\left(\frac{\pi y_{02}}{b},e^{-\left(\frac{\pi}{b}\right)^2\eta_y\tau}\right)\right\}\right]e^{-\frac{(x-x_0)^2}{4\eta_x\tau}}d\tau+$$

$$+\frac{\eta_y}{2b\left(y_{02}-y_{01}\right)\left(z_{02}-z_{01}\right)\sqrt{\pi\eta_x}}\int\limits_0^t\frac{1}{\sqrt{\tau}}\int\limits_0^d\left\{\Theta_3^{\int}\left(\frac{\pi\left(z_{02}-w\right)}{2d},e^{-\eta_z\left(\frac{\pi}{d}\right)^2t}\right)-\Theta_3^{\int}\left(\frac{\pi\left(z_{01}-w\right)}{2d},e^{-\eta_z\left(\frac{\pi}{d}\right)^2t}\right)+\right.$$

---

*$\tan\vartheta=\frac{z}{\sqrt{x^2+y^2}}$, $\tan\theta=\frac{y}{x}$.

†The coordinates of the source are (x_0,y_{01},z_{01}), (x_0,y_{02},z_{01}), (x_0,y_{01},z_{02}), (x_0,y_{02},z_{02}).

$$+\Theta_3^f\left(\frac{\pi\left(z_{02}+w\right)}{2d}, e^{-\eta_z\left(\frac{\pi}{d}\right)^2 t}\right)-\Theta_3^f\left(\frac{\pi\left(z_{01}+w\right)}{2d}, e^{-\eta_z\left(\frac{\pi}{d}\right)^2 t}\right)\Bigg\}\times$$

$$\times\int\limits_{-\infty}^{\infty}\left[\psi_{xbz}\left(u,w,t-\tau\right)\left\{\Theta_4\left(\frac{\pi y_{01}}{2b}, e^{-\eta_y\left(\frac{\pi}{b}\right)^2\tau}\right)-\Theta_4\left(\frac{\pi y_{02}}{2b}, e^{-\eta_y\left(\frac{\pi}{b}\right)^2\tau}\right)\right\}-\right.$$

$$\left.-\psi_{x0z}\left(u,w,t-\tau\right)\left\{\Theta_3\left(\frac{\pi y_{02}}{2b}, e^{-\eta_y\left(\frac{\pi}{b}\right)^2\tau}\right)-\Theta_3\left(\frac{\pi y_{01}}{2b}, e^{-\eta_z\left(\frac{\pi}{bv}\right)^2\tau}\right)\right\}\right]e^{-\frac{(x-u)^2}{4\eta_x\tau}}dudwd\tau+$$

$$+\frac{1}{\phi c_t\left(y_{02}-y_{01}\right)\left(z_{02}-z_{01}\right)\sqrt{\pi\eta_x}}\times$$

$$\times\int\limits_0^t\frac{1}{\sqrt{\tau}}\int\limits_0^b\left\{\Theta_3^f\left(\frac{\pi\left(y_{02}-v\right)}{2b}, e^{-\left(\frac{\pi}{b}\right)^2\eta_y\tau}\right)-\Theta_3^f\left(\frac{\pi\left(y_{01}-v\right)}{2b}, e^{-\left(\frac{\pi}{b}\right)^2\eta_y\tau}\right)-\right.$$

$$\left.-\Theta_3^f\left(\frac{\pi\left(y_{02}+v\right)}{2b}, e^{-\left(\frac{\pi}{b}\right)^2\eta_y\tau}\right)+\Theta_3^f\left(\frac{\pi\left(y_{01}+v\right)}{2b}, e^{-\left(\frac{\pi}{b}\right)^2\eta_y\tau}\right)\right\}\times$$

$$\times\int\limits_{-\infty}^{\infty}\left[\psi_{xy0}\left(u,v,t-\tau\right)\left\{\Theta_3^f\left(\frac{\pi z_{02}}{2d}, e^{-\left(\frac{\pi}{d}\right)^2\eta_z\tau}\right)-\Theta_3^f\left(\frac{\pi z_{01}}{2d}, e^{-\left(\frac{\pi}{d}\right)^2\eta_z\tau}\right)\right\}-\right.$$

$$\left.-\psi_{xyd}\left(u,v,t-\tau\right)\left\{\Theta_4^f\left(\frac{\pi z_{02}}{2d}, e^{-\left(\frac{\pi}{d}\right)^2\eta_z\tau}\right)-\Theta_4^f\left(\frac{\pi z_{01}}{2d}, e^{-\left(\frac{\pi}{d}\right)^2\eta_z\tau}\right)\right\}\right]e^{-\frac{(x-u)^2}{4\eta_x\tau}}dudvd\tau+$$

$$+\frac{1}{2\left(y_{02}-y_{01}\right)\left(z_{02}-z_{01}\right)\sqrt{\pi\eta_x t}}\times$$

$$\times\int\limits_0^d\int\limits_0^b\int\limits_{-\infty}^{\infty}\varphi\left(u,v,w\right)\left\{\Theta_3^f\left(\frac{\pi\left(z_{02}-w\right)}{2d}, e^{-\eta_z\left(\frac{\pi}{d}\right)^2 t}\right)-\Theta_3^f\left(\frac{\pi\left(z_{01}-w\right)}{2d}, e^{-\eta_z\left(\frac{\pi}{d}\right)^2 t}\right)+\right.$$

$$\left.+\Theta_3^f\left(\frac{\pi\left(z_{02}+w\right)}{2d}, e^{-\eta_z\left(\frac{\pi}{d}\right)^2 t}\right)-\Theta_3^f\left(\frac{\pi\left(z_{01}+w\right)}{2d}, e^{-\eta_z\left(\frac{\pi}{d}\right)^2 t}\right)\right\}\times$$

$$\times\left\{\Theta_3^f\left(\frac{\pi\left(y_{02}-v\right)}{2b}, e^{-\left(\frac{\pi}{b}\right)^2\eta_y\tau}\right)-\Theta_3^f\left(\frac{\pi\left(y_{01}-v\right)}{2b}, e^{-\left(\frac{\pi}{b}\right)^2\eta_y\tau}\right)-\right.$$

$$\left.-\Theta_3^f\left(\frac{\pi\left(y_{02}+v\right)}{2b}, e^{-\left(\frac{\pi}{b}\right)^2\eta_y\tau}\right)+\Theta_3^f\left(\frac{\pi\left(y_{01}+v\right)}{2b}, e^{-\left(\frac{\pi}{b}\right)^2\eta_y\tau}\right)\right\}e^{-\frac{(x-u)^2}{4\eta_x t}}dudvdw \qquad (10.1.17)$$

When $\varphi(x,y,z)=p_I$, a constant, the average pressure contribution from the initial condition is given by equation (10.1.8).

(vii) A rectangular source at z_0*

For a continuous rectangular source, the solution is obtained by replacing the source term in equation (10.1.2) with

$$p=\frac{U(t-t_0)}{4d\phi c_t}\int\limits_0^{t-t_0}q\left(t-t_0-\tau\right)\left\{\Theta_3\left(\frac{\pi\left(z-z_0\right)}{2d}, e^{-\left(\frac{\pi}{d}\right)^2\eta_z\tau}\right)+\Theta_3\left(\frac{\pi\left(z+z_0\right)}{2d}, e^{-\left(\frac{\pi}{d}\right)^2\eta_z\tau}\right)\right\}\times$$

$$\times\left\{\Theta_3^f\left(\frac{\pi\left(y-y_{01}\right)}{2b}, e^{-\left(\frac{\pi}{b}\right)^2\eta_y\tau}\right)+\Theta_3^f\left(\frac{\pi\left(y+y_{01}\right)}{2b}, e^{-\left(\frac{\pi}{b}\right)^2\eta_y\tau}\right)-\right.$$

$$\left.-\Theta_3^f\left(\frac{\pi\left(y-y_{02}\right)}{2b}, e^{-\left(\frac{\pi}{b}\right)^2\eta_y\tau}\right)-\Theta_3^f\left(\frac{\pi\left(y+y_{02}\right)}{2b}, e^{-\left(\frac{\pi}{b}\right)^2\eta_y\tau}\right)\right\}\times$$

$$\times\left\{\mathrm{erf}\left(\frac{x-x_{01}}{2\sqrt{\eta_x\tau}}\right)-\mathrm{erf}\left(\frac{x-x_{02}}{2\sqrt{\eta_x\tau}}\right)\right\}d\tau \qquad (10.1.18)$$

*The coordinates of the source are (x_{01},y_{01},z_0), (x_{01},y_{02},z_0), (x_{02},y_{01},z_0), (x_{02},y_{02},z_0).

The spatial average pressure response of the rectangle $[x_{02}-x_{01}]\,[y_{02}-y_{01}]$ is given by

$$
\begin{aligned}
p = {} & \frac{U(t-t_0)b}{d\phi c_t\left(x_{02}-x_{01}\right)\left(y_{02}-y_{01}\right)} \times \\
& \times \int_0^{t-t_0} q\left(t-t_0-\tau\right)\left\{\Theta_3\left(\frac{\pi\left(z-z_0\right)}{2d}, e^{-\left(\frac{\pi}{d}\right)^2\eta_z\tau}\right)+\Theta_3\left(\frac{\pi\left(z+z_0\right)}{2d}, e^{-\left(\frac{\pi}{d}\right)^2\eta_z\tau}\right)\right\}\times \\
& \times\left[\Theta_3^{\int\int}\left(\frac{\pi\left(y_{02}-y_{01}\right)}{2b}, e^{-\left(\frac{\pi}{b}\right)^2\eta_y\tau}\right)+\Theta_3^{\int\int}\left(\frac{\pi\left(y_{02}+y_{01}\right)}{2b}, e^{-\left(\frac{\pi}{b}\right)^2\eta_y\tau}\tau\right)-\right. \\
& \left.-\frac{1}{2}\left\{\Theta_3^{\int\int}\left(\frac{\pi y_{01}}{b}, e^{-\left(\frac{\pi}{b}\right)^2\eta_y\tau}\right)+\Theta_3^{\int\int}\left(\frac{\pi y_{02}}{b}, e^{-\left(\frac{\pi}{b}\right)^2\eta_y\tau}\right)\right\}\right]\left\{\operatorname{erf}\left(\frac{x-x_{01}}{2\sqrt{\eta_x\tau}}\right)-\operatorname{erf}\left(\frac{x-x_{02}}{2\sqrt{\eta_x\tau}}\right)\right\}d\tau+ \\
& +\frac{\eta_y}{4bd\left(x_{02}-x_{01}\right)\left(y_{02}-y_{01}\right)}\int_0^t\int_0^d\left\{\Theta_3\left(\frac{\pi\left(z-w\right)}{2d}, e^{-\left(\frac{\pi}{d}\right)^2\eta_z\tau}\right)+\Theta_3\left(\frac{\pi\left(z+w\right)}{2d}, e^{-\left(\frac{\pi}{d}\right)^2\eta_z\tau}\right)\right\}\times \\
& \times\int_{-\infty}^{\infty}\left[\psi_{xbz}\left(u,w,t-\tau\right)\left\{\Theta_4\left(\frac{\pi y_{01}}{2b}, e^{-\eta_y\left(\frac{\pi}{b}\right)^2\tau}\right)-\Theta_4\left(\frac{\pi y_{02}}{2b}, e^{-\eta_y\left(\frac{\pi}{b}\right)^2\tau}\right)\right\}-\right. \\
& \left.-\psi_{x0z}\left(u,w,t-\tau\right)\left\{\Theta_3\left(\frac{\pi y_{02}}{2b}, e^{-\eta_y\left(\frac{\pi}{b}\right)^2\tau}\right)-\Theta_3\left(\frac{\pi y_{01}}{2b}, e^{-\eta_z\left(\frac{\pi}{bv}\right)^2\tau}\right)\right\}\right]\times \\
& \times\left\{\operatorname{erf}\left(\frac{x_{02}-u}{2\sqrt{\eta_x\tau}}\right)-\operatorname{erf}\left(\frac{x_{01}-u}{2\sqrt{\eta_x\tau}}\right)\right\}dudwd\tau+ \\
& +\frac{1}{2d\phi c_t\left(x_{02}-x_{01}\right)\left(y_{02}-y_{01}\right)}\int_0^t\int_0^b\left\{\Theta_3^{\int}\left(\frac{\pi\left(y_{02}-v\right)}{2b}, e^{-\left(\frac{\pi}{b}\right)^2\eta_y\tau}\right)-\Theta_3^{\int}\left(\frac{\pi\left(y_{01}-v\right)}{2b}, e^{-\left(\frac{\pi}{b}\right)^2\eta_y\tau}\right)-\right. \\
& \left.-\Theta_3^{\int}\left(\frac{\pi\left(y_{02}+v\right)}{2b}, e^{-\left(\frac{\pi}{b}\right)^2\eta_y\tau}\right)+\Theta_3^{\int}\left(\frac{\pi\left(y_{01}+v\right)}{2b}, e^{-\left(\frac{\pi}{b}\right)^2\eta_y\tau}\right)\right\}\times \\
& \times\int_{-\infty}^{\infty}\left\{\Theta_3\left(\frac{\pi z}{2d}, e^{-\eta_z\left(\frac{\pi}{d}\right)^2\tau}\right)\psi_{xy0}\left(u,v,t-\tau\right)-\Theta_4\left(\frac{\pi z}{2d}, e^{-\eta_z\left(\frac{\pi}{d}\right)^2\tau}\right)\psi_{xyd}\left(u,v,t-\tau\right)\right\}\times \\
& \times\left\{\operatorname{erf}\left(\frac{x_{02}-u}{2\sqrt{\eta_x\tau}}\right)-\operatorname{erf}\left(\frac{x_{01}-u}{2\sqrt{\eta_x\tau}}\right)\right\}dudvd\tau+ \\
& +\frac{1}{4d\left(x_{02}-x_{01}\right)\left(y_{02}-y_{01}\right)}\times \\
& \times\int_0^d\int_0^b\int_{-\infty}^{\infty}\varphi\left(u,v,w\right)\left\{\Theta_3\left(\frac{\pi\left(z-w\right)}{2d}, e^{-\left(\frac{\pi}{d}\right)^2\eta_z t}\right)+\Theta_3\left(\frac{\pi\left(z+w\right)}{2d}, e^{-\left(\frac{\pi}{d}\right)^2\eta_z t}\right)\right\}\times \\
& \times\left\{\Theta_3^{\int}\left(\frac{\pi\left(y_{02}-v\right)}{2b}, e^{-\left(\frac{\pi}{b}\right)^2\eta_y\tau}\right)-\Theta_3^{\int}\left(\frac{\pi\left(y_{01}-v\right)}{2b}, e^{-\left(\frac{\pi}{b}\right)^2\eta_y\tau}\right)-\right. \\
& \left.-\Theta_3^{\int}\left(\frac{\pi\left(y_{02}+v\right)}{2b}, e^{-\left(\frac{\pi}{b}\right)^2\eta_y\tau}\right)+\Theta_3^{\int}\left(\frac{\pi\left(y_{01}+v\right)}{2b}, e^{-\left(\frac{\pi}{b}\right)^2\eta_y\tau}\right)\right\}\times \\
& \times\left\{\operatorname{erf}\left(\frac{x_{02}-u}{2\sqrt{\eta_x\tau}}\right)-\operatorname{erf}\left(\frac{x_{01}-u}{2\sqrt{\eta_x\tau}}\right)\right\}dudvdw
\end{aligned}
\tag{10.1.19}
$$

When $\varphi(x,y,z)=p_I$, a constant, the average pressure contribution from the initial condition is given by equation (10.1.8).

The solutions corresponding to the case where there are sets of partially penetrating vertical, horizontal and deviated wells along with a set of fractured wells are given in the supplementary appendix to this chapter (Appendix C).

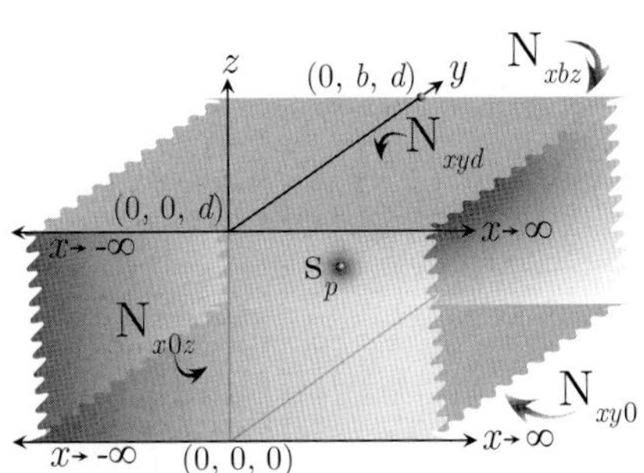

10.2 **The problem of 10.1, except**
$\mathbf{N_{xy0}} \equiv \frac{\partial p(x,y,0,t)}{\partial z} = -\left(\frac{\mu}{k_z}\right)\psi_{xy0}(x,y,t)$,
$\mathbf{N_{xyd}} \equiv \frac{\partial p(x,y,d,t)}{\partial z} = -\left(\frac{\mu}{k_z}\right)\psi_{xyd}(x,y,t)$,
$\mathbf{N_{x0z}} \equiv \frac{\partial p(x,0,z,t)}{\partial y} = -\left(\frac{\mu}{k_y}\right)\psi_{x0z}(x,z,t)$ **and**
$\mathbf{N_{xbz}} \equiv \frac{\partial p(x,b,z,t)}{\partial y} = -\left(\frac{\mu}{k_y}\right)\psi_{xbz}(x,z,t)$

$$\begin{aligned}
p = {} & \frac{U(t-t_0)}{8bd\phi c_t\sqrt{\pi\eta_x}}\int_0^{t-t_0}\frac{q(t-t_0-\tau)}{\sqrt{\tau}}\left\{\Theta_3\left(\frac{\pi(z-z_0)}{2d},e^{-\left(\frac{\pi}{d}\right)^2\eta_z\tau}\right)+\Theta_3\left(\frac{\pi(z+z_0)}{2d},e^{-\left(\frac{\pi}{d}\right)^2\eta_z\tau}\right)\right\}\times\\
& \times\left\{\Theta_3\left(\frac{\pi(y-y_0)}{2b},e^{-\left(\frac{\pi}{b}\right)^2\eta_y\tau}\right)+\Theta_3\left(\frac{\pi(y+y_0)}{2b},e^{-\left(\frac{\pi}{b}\right)^2\eta_y\tau}\right)\right\}e^{-\frac{(x-x_0)^2}{4\eta_x\tau}}\,d\tau+\\
& +\frac{1}{4bd\phi c_t\sqrt{\pi\eta_x}}\int_0^t\frac{1}{\sqrt{\tau}}\int_0^d\left\{\Theta_3\left(\frac{\pi(z-w)}{2d},e^{-\left(\frac{\pi}{d}\right)^2\eta_z\tau}\right)+\Theta_3\left(\frac{\pi(z+w)}{2d},e^{-\left(\frac{\pi}{d}\right)^2\eta_z\tau}\right)\right\}\times\\
& \times\int_{-\infty}^{\infty}\left\{\Theta_3\left(\frac{\pi y}{2b},e^{-\eta_y\left(\frac{\pi}{b}\right)^2\tau}\right)\psi_{x0z}(u,w,t-\tau)-\Theta_4\left(\frac{\pi y}{2b},e^{-\eta_y\left(\frac{\pi}{b}\right)^2\tau}\right)\psi_{xbz}(u,w,t-\tau)\right\}e^{-\frac{(x-u)^2}{4\eta_x\tau}}\,du\,dw\,d\tau+\\
& +\frac{1}{4bd\phi c_t\sqrt{\pi\eta_x}}\int_0^t\frac{1}{\sqrt{\tau}}\int_0^b\left\{\Theta_3\left(\frac{\pi(y-v)}{2b},e^{-\left(\frac{\pi}{b}\right)^2\eta_y\tau}\right)+\Theta_3\left(\frac{\pi(y+v)}{2b},e^{-\left(\frac{\pi}{b}\right)^2\eta_y\tau}\right)\right\}\times\\
& \times\int_{-\infty}^{\infty}\left\{\Theta_3\left(\frac{\pi z}{2d},e^{-\eta_z\left(\frac{\pi}{d}\right)^2\tau}\right)\psi_{xy0}(u,v,t-\tau)-\Theta_4\left(\frac{\pi z}{2d},e^{-\eta_z\left(\frac{\pi}{d}\right)^2\tau}\right)\psi_{xyd}(u,v,t-\tau)\right\}e^{-\frac{(x-u)^2}{4\eta_x\tau}}\,du\,dv\,d\tau+\\
& +\frac{1}{8bd\sqrt{\pi\eta_x t}}\int_0^d\int_0^b\int_{-\infty}^{\infty}\varphi(u,v,w)\left\{\Theta_3\left(\frac{\pi(z-w)}{2d},e^{-\left(\frac{\pi}{d}\right)^2\eta_z t}\right)+\Theta_3\left(\frac{\pi(z+w)}{2d},e^{-\left(\frac{\pi}{d}\right)^2\eta_z t}\right)\right\}\times\\
& \times\left\{\Theta_3\left(\frac{\pi(y-v)}{2b},e^{-\left(\frac{\pi}{b}\right)^2\eta_y t}\right)+\Theta_3\left(\frac{\pi(y+v)}{2b},e^{-\left(\frac{\pi}{b}\right)^2\eta_y t}\right)\right\}e^{-\frac{(x-u)^2}{4\eta_x t}}\,du\,dv\,dw
\end{aligned}\tag{10.2.1}$$

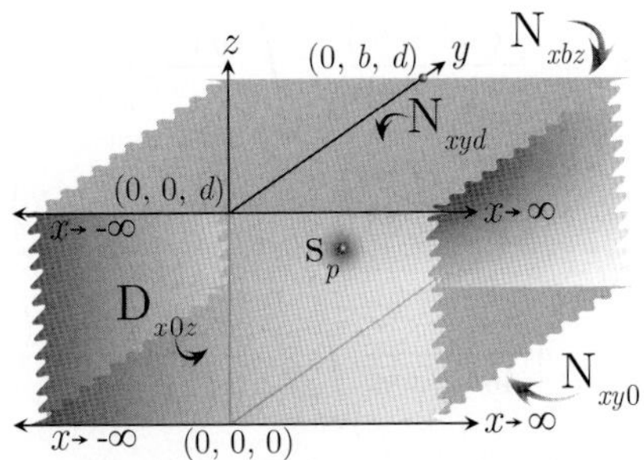

10.3 **The problem of 10.1, except**
$\mathbf{N_{xy0}} \equiv \frac{\partial p(x,y,0,t)}{\partial z} = -\left(\frac{\mu}{k_z}\right)\psi_{xy0}(x,y,t)$,
$\mathbf{N_{xyd}} \equiv \frac{\partial p(x,y,d,t)}{\partial z} = -\left(\frac{\mu}{k_z}\right)\psi_{xyd}(x,y,t)$,
$\mathbf{D_{x0z}} \equiv p(x,0,z,t) = \psi_{x0z}(x,z,t)$ **and**
$\mathbf{N_{xbz}} \equiv \frac{\partial p(x,b,z,t)}{\partial y} = -\left(\frac{\mu}{k_y}\right)\psi_{xbz}(x,z,t)$

$$\begin{aligned}
p = {} & \frac{U(t-t_0)}{8bd\phi c_t\sqrt{\pi\eta_x}}\int_0^{t-t_0}\frac{q(t-t_0-\tau)}{\sqrt{\tau}}\left\{\Theta_3\left(\frac{\pi(z-z_0)}{2d},e^{-\left(\frac{\pi}{d}\right)^2\eta_z\tau}\right)+\Theta_3\left(\frac{\pi(z+z_0)}{2d},e^{-\left(\frac{\pi}{d}\right)^2\eta_z\tau}\right)\right\}\times\\
& \times\left\{\Theta_2\left(\frac{\pi(y-y_0)}{2b},e^{-\left(\frac{\pi}{b}\right)^2\eta_y\tau}\right)-\Theta_2\left(\frac{\pi(y+y_0)}{2b},e^{-\left(\frac{\pi}{b}\right)^2\eta_y\tau}\right)\right\}e^{-\frac{(x-x_0)^2}{4\eta_x\tau}}\,d\tau-
\end{aligned}$$

$$-\frac{1}{4bd\sqrt{\pi\eta_x}}\int_0^t\int_0^d\frac{1}{\sqrt{\tau}}\left\{\Theta_3\left(\frac{\pi(z-w)}{2d},e^{-\left(\frac{\pi}{d}\right)^2\eta_z\tau}\right)+\Theta_3\left(\frac{\pi(z+w)}{2d},e^{-\left(\frac{\pi}{d}\right)^2\eta_z\tau}\right)\right\}\times$$

$$\times\int_{-\infty}^{\infty}\left\{\left(\frac{1}{\phi c_t}\right)\Theta_1\left(\frac{\pi y}{2b},e^{-\left(\frac{\pi}{b}\right)^2\eta_y\tau}\right)\psi_{xbz}(u,w,t-\tau)+\left(\frac{\eta_y}{2b}\right)\Theta_2'\left(\frac{\pi y}{2b},e^{-\left(\frac{\pi}{b}\right)^2\eta_y\tau}\right)\psi_{x0z}(u,w,t-\tau)\right\}\times$$

$$\times e^{-\frac{(x-u)^2}{4\eta_x\tau}}dudwd\tau+$$

$$+\frac{1}{4bd\phi c_t\sqrt{\pi\eta_x}}\int_0^t\frac{1}{\sqrt{\tau}}\int_0^b\left\{\Theta_2\left(\frac{\pi(y-v)}{2b},e^{-\left(\frac{\pi}{b}\right)^2\eta_y\tau}\right)-\Theta_2\left(\frac{\pi(y+v)}{2b},e^{-\left(\frac{\pi}{b}\right)^2\eta_y\tau}\right)\right\}\times$$

$$\times\int_{-\infty}^{\infty}\left\{\Theta_3\left(\frac{\pi z}{2d},e^{-\eta_z\left(\frac{\pi}{d}\right)^2\tau}\right)\psi_{xy0}(u,v,t-\tau)-\Theta_4\left(\frac{\pi z}{2d},e^{-\eta_z\left(\frac{\pi}{d}\right)^2\tau}\right)\psi_{xyd}(u,v,t-\tau)\right\}e^{-\frac{(x-u)^2}{4\eta_x\tau}}dudvd\tau+$$

$$+\frac{1}{8bd\sqrt{\pi\eta_x t}}\int_0^d\int_0^b\int_{-\infty}^{\infty}\varphi(u,v,w)\left\{\Theta_3\left(\frac{\pi(z-w)}{2d},e^{-\left(\frac{\pi}{d}\right)^2\eta_z t}\right)+\Theta_3\left(\frac{\pi(z+w)}{2d},e^{-\left(\frac{\pi}{d}\right)^2\eta_z t}\right)\right\}\times$$

$$\times\left\{\Theta_2\left(\frac{\pi(y-v)}{2b},e^{-\left(\frac{\pi}{b}\right)^2\eta_y t}\right)-\Theta_2\left(\frac{\pi(y+v)}{2b},e^{-\left(\frac{\pi}{b}\right)^2\eta_y t}\right)\right\}e^{-\frac{(x-u)^2}{4\eta_x t}}dudvdw \tag{10.3.1}$$

When $\varphi(x,y,z)=p_I$, a constant, the solution is obtained by replacing the term corresponding to the initial condition (the last term) in equation (10.3.1) with

$$p=2p_I\Theta_2^{\int}\left(\frac{\pi y}{2b},e^{-\eta_y\left(\frac{\pi}{b}\right)^2t}\right) \tag{10.3.2}$$

10.4

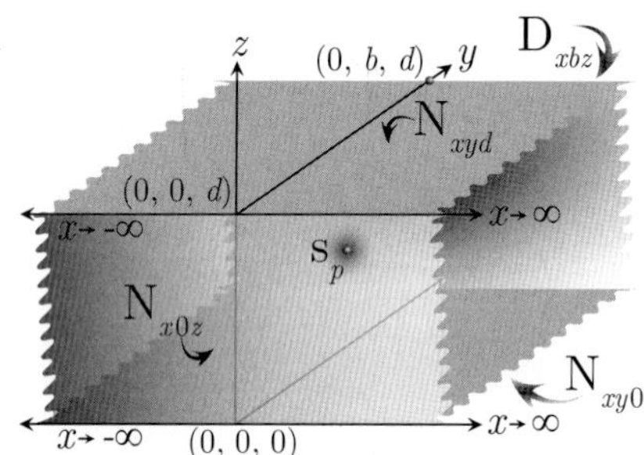

The problem of 10.1, except
$\mathbf{N_{xy0}} \equiv \frac{\partial p(x,y,0,t)}{\partial z} = -\left(\frac{\mu}{k_z}\right)\psi_{xy0}(x,y,t)$,
$\mathbf{N_{xyd}} \equiv \frac{\partial p(x,y,d,t)}{\partial z} = -\left(\frac{\mu}{k_z}\right)\psi_{xyd}(x,y,t)$,
$\mathbf{N_{x0z}} \equiv \frac{\partial p(x,0,z,t)}{\partial y} = -\left(\frac{\mu}{k_y}\right)\psi_{x0z}(x,z,t)$ **and**
$\mathbf{D_{xbz}} \equiv p(x,b,z,t) = \psi_{xbz}(x,z,t)$

$$p=\frac{U(t-t_0)}{8bd\phi c_t\sqrt{\pi\eta_x}}\int_0^{t-t_0}\frac{q(t-t_0-\tau)}{\sqrt{\tau}}\left\{\Theta_3\left(\frac{\pi(z-z_0)}{2d},e^{-\left(\frac{\pi}{d}\right)^2\eta_z\tau}\right)+\Theta_3\left(\frac{\pi(z+z_0)}{2d},e^{-\left(\frac{\pi}{d}\right)^2\eta_z\tau}\right)\right\}\times$$

$$\times\left\{\Theta_2\left(\frac{\pi(y-y_0)}{2b},e^{-\left(\frac{\pi}{b}\right)^2\eta_y\tau}\right)+\Theta_2\left(\frac{\pi(y+y_0)}{2b},e^{-\left(\frac{\pi}{b}\right)^2\eta_y\tau}\right)\right\}e^{-\frac{(x-x_0)^2}{4\eta_x\tau}}d\tau+$$

$$+\frac{1}{4bd\sqrt{\pi\eta_x}}\int_0^t\int_0^d\frac{1}{\sqrt{\tau}}\left\{\Theta_3\left(\frac{\pi(z-w)}{2d},e^{-\left(\frac{\pi}{d}\right)^2\eta_z\tau}\right)+\Theta_3\left(\frac{\pi(z+w)}{2d},e^{-\left(\frac{\pi}{d}\right)^2\eta_z\tau}\right)\right\}\times$$

$$\times\int_{-\infty}^{\infty}\left\{\left(\frac{1}{\phi c_t}\right)\Theta_2\left(\frac{\pi y}{2b},e^{-\left(\frac{\pi}{d}\right)^2\eta_z\tau}\right)\psi_{xbz}(u,w,t-\tau)+\left(\frac{\eta_y}{2b}\right)\Theta_1'\left(\frac{\pi y}{2b},e^{-\left(\frac{\pi}{d}\right)^2\eta_z\tau}\right)\psi_{x0z}(u,w,t-\tau)\right\}\times$$

$$\times e^{-\frac{(x-u)^2}{4\eta_x\tau}}dudwd\tau+$$

$$+\frac{1}{4bd\phi c_t\sqrt{\pi\eta_x}}\int_0^t\frac{1}{\sqrt{\tau}}\int_0^b\left\{\Theta_2\left(\frac{\pi(y-v)}{2b},e^{-\left(\frac{\pi}{b}\right)^2\eta_y\tau}\right)+\Theta_2\left(\frac{\pi(y+v)}{2b},e^{-\left(\frac{\pi}{b}\right)^2\eta_y\tau}\right)\right\}\times$$

$$\times \int_{-\infty}^{\infty} \left\{ \Theta_3\left(\frac{\pi z}{2d}, e^{-\eta_z\left(\frac{\pi}{d}\right)^2\tau}\right)\psi_{xy0}(u,v,t-\tau) - \Theta_4\left(\frac{\pi z}{2d}, e^{-\eta_z\left(\frac{\pi}{d}\right)^2\tau}\right)\psi_{xyd}(u,v,t-\tau)\right\} e^{-\frac{(x-u)^2}{4\eta_x\tau}}\, dudvd\tau +$$

$$+\frac{1}{8bd\sqrt{\pi\eta_x t}} \int_0^d \int_0^b \int_{-\infty}^{\infty} \varphi(u,v,w) \left\{ \Theta_3\left(\frac{\pi(z-w)}{2d}, e^{-\left(\frac{\pi}{d}\right)^2\eta_z t}\right) + \Theta_3\left(\frac{\pi(z+w)}{2d}, e^{-\left(\frac{\pi}{d}\right)^2\eta_z t}\right)\right\} \times$$

$$\times \left\{ \Theta_2\left(\frac{\pi(y-v)}{2b}, e^{-\left(\frac{\pi}{b}\right)^2\eta_y t}\right) + \Theta_2\left(\frac{\pi(y+v)}{2b}, e^{-\left(\frac{\pi}{b}\right)^2\eta_y t}\right)\right\} e^{-\frac{(x-u)^2}{4\eta_x t}}\, dudvdw \qquad (10.4.1)$$

When $\varphi(x,y,z) = p_I$, a constant, the solution is obtained by replacing the term corresponding to the initial condition (the last term) in equation (10.4.1) with

$$p = 2p_I \left\{ \Theta_1^{\int}\left(\frac{\pi}{2}, e^{-\eta_y\left(\frac{\pi}{b}\right)^2 t}\right) - \Theta_1^{\int}\left(\frac{\pi y}{2b}, e^{-\eta_y\left(\frac{\pi}{b}\right)^2 t}\right)\right\} \qquad (10.4.2)$$

10.5 The problem of 10.1, except

$\mathbf{N}_{xy0} \equiv \frac{\partial p(x,y,0,t)}{\partial z} = -\left(\frac{\mu}{k_z}\right)\psi_{xy0}(x,y,t),$
$\mathbf{N}_{xyd} \equiv \frac{\partial p(x,y,d,t)}{\partial z} = -\left(\frac{\mu}{k_z}\right)\psi_{xyd}(x,y,t),$
$\mathbf{D}_{x0z} \equiv p(x,0,z,t) = \psi_{x0z}(x,z,t)$ **and**
$\mathbf{R}_{xbz} \equiv \frac{\partial p(x,b,z,t)}{\partial y} + \lambda p(x,b,z,t) = -\left(\frac{\mu}{k_y}\right)\psi_{xbz}(x,z,t)$

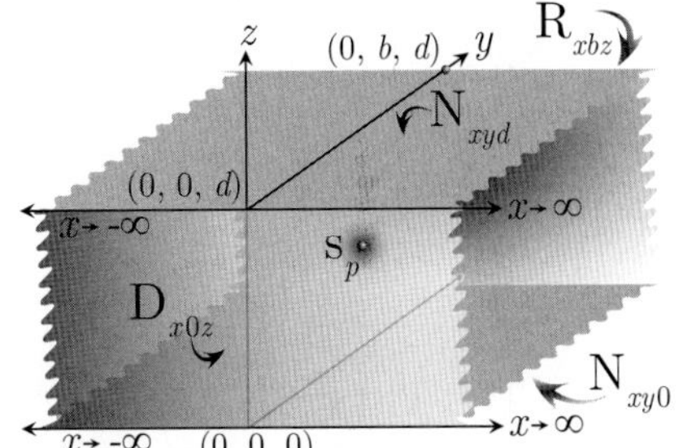

$$p = \frac{U(t-t_0)}{2d\phi c_t\sqrt{\pi\eta_x}} \sum_{m=1}^{\infty} \frac{(\xi_m^2+\lambda^2)\sin(\xi_m y_0)\sin(\xi_m y)}{b(\xi_m^2+\lambda^2)+\lambda} \times$$

$$\times \int_0^{t-t_0} \frac{q(t-t_0-\tau)}{\sqrt{\tau}} \left\{ \Theta_3\left(\frac{\pi(z-z_0)}{2d}, e^{-\left(\frac{\pi}{d}\right)^2\eta_z\tau}\right) + \Theta_3\left(\frac{\pi(z+z_0)}{2d}, e^{-\left(\frac{\pi}{d}\right)^2\eta_z\tau}\right)\right\} e^{-\frac{(x-x_0)^2}{4\eta_x\tau} - \eta_y\xi_m^2\tau}\, d\tau +$$

$$+\frac{1}{2d\sqrt{\pi\eta_x}} \sum_{m=1}^{\infty} \frac{(\xi_m^2+\lambda^2)\sin(\xi_m y)}{b(\xi_m^2+\lambda^2)+\lambda} \times$$

$$\times \int_0^t \frac{e^{-\eta_y\xi_m^2\tau}}{\sqrt{\tau}} \int_0^d \left\{ \Theta_3\left(\frac{\pi(z-w)}{2d}, e^{-\left(\frac{\pi}{d}\right)^2\eta_z\tau}\right) + \Theta_3\left(\frac{\pi(z+w)}{2d}, e^{-\left(\frac{\pi}{d}\right)^2\eta_z\tau}\right)\right\} \times$$

$$\times \int_{-\infty}^{\infty} e^{-\frac{(x-u)^2}{4\eta_x\tau}} \left\{ \eta_y\xi_m\psi_{x0z}(u,w,t-\tau) - \frac{\psi_{xbz}(u,w,t-\tau)\sin(\xi_m b)}{\phi c_t}\right\} dudwd\tau +$$

$$+\frac{1}{d\phi c_t\sqrt{\pi\eta_x}} \sum_{m=1}^{\infty} \frac{(\xi_m^2+\lambda^2)\sin(\xi_m y)}{b(\xi_m^2+\lambda^2)+\lambda} \int_0^t \frac{e^{-\eta_y\xi_m^2\tau}}{\sqrt{\tau}} \times$$

$$\times \int_{-\infty}^{\infty} e^{-\frac{(x-u)^2}{4\eta_x\tau}} \left\{ \Theta_3\left(\frac{\pi z}{2d}, e^{-\eta_z\left(\frac{\pi}{d}\right)^2\tau}\right)\overline{\psi}_{xy0}(u,m,t-\tau) - \Theta_4\left(\frac{\pi z}{2d}, e^{-\eta_z\left(\frac{\pi}{d}\right)^2\tau}\right)\overline{\psi}_{xyd}(u,m,t-\tau)\right\} dud\tau +$$

$$+\frac{1}{2d\sqrt{\pi\eta_x t}} \sum_{m=1}^{\infty} \frac{(\xi_m^2+\lambda^2)\sin(\xi_m y)\, e^{-\eta_y\xi_m^2 t}}{b(\xi_m^2+\lambda^2)+\lambda} \times$$

$$\times \int_0^d \int_0^b \int_{-\infty}^{\infty} \varphi(u,v,w)\sin(\xi_m v) \left\{ \Theta_3\left(\frac{\pi(z-w)}{2d}, e^{-\left(\frac{\pi}{d}\right)^2\eta_z\tau}\right) + \Theta_3\left(\frac{\pi(z+w)}{2d}, e^{-\left(\frac{\pi}{d}\right)^2\eta_z\tau}\right)\right\} e^{-\frac{(x-u)^2}{4\eta_x t}}\, dudvdw$$

$$(10.5.1)$$

where ξ_m is a positive root of $\xi_m \cot(\xi_m b) = -\lambda$, $m = 1, 2, \ldots$.

When $\varphi(x,y,z) = p_I$, a constant, the solution is obtained by replacing the term corresponding to the initial condition (the last term) in equation (10.5.1) with

$$p = 2p_I \sum_{m=1}^{\infty} \frac{\left(\xi_m^2+\lambda^2\right)\left\{1-\cos\left(\xi_m b\right)\right\}\sin\left(\xi_m y\right)e^{-\eta_y \xi_m^2 t}}{\xi_m\left\{b\left(\xi_m^2+\lambda^2\right)+\lambda\right\}} \tag{10.5.2}$$

10.6

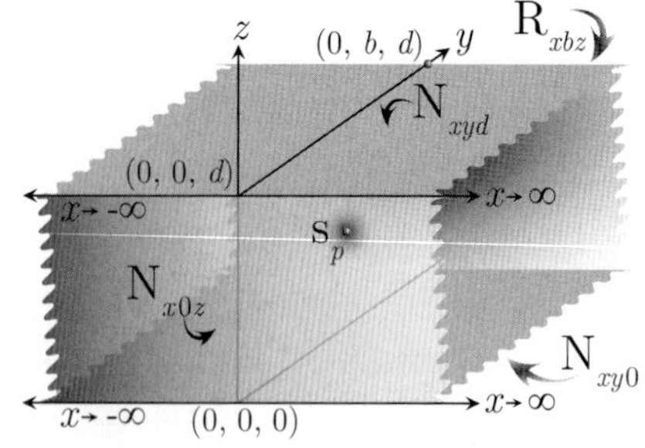

The problem of 10.1, except
$\mathbf{N}_{xy0} \equiv \frac{\partial p(x,y,0,t)}{\partial z} = -\left(\frac{\mu}{k_z}\right)\psi_{xy0}(x,y,t)$,
$\mathbf{N}_{xyd} \equiv \frac{\partial p(x,y,d,t)}{\partial z} = -\left(\frac{\mu}{k_z}\right)\psi_{xyd}(x,y,t)$,
$\mathbf{N}_{x0z} \equiv \frac{\partial p(x,0,z,t)}{\partial y} = -\left(\frac{\mu}{k_y}\right)\psi_{x0z}(x,z,t)$ **and**
$\mathbf{R}_{xbz} \equiv \frac{\partial p(x,b,z,t)}{\partial y} + \lambda p(x,b,z,t) = -\left(\frac{\mu}{k_y}\right)\psi_{xbz}(x,z,t)$

$$\begin{aligned}
p =& \frac{U(t-t_0)}{2d\phi c_t\sqrt{\pi\eta_x}} \sum_{m=1}^{\infty} \frac{\left(\xi_m^2+\lambda^2\right)\cos\left(\xi_m y_0\right)\cos\left(\xi_m y\right)}{b\left(\xi_m^2+\lambda^2\right)+\lambda} \times \\
&\times \int_0^{t-t_0} \frac{q\left(t-t_0-\tau\right)}{\sqrt{\tau}}\left\{\Theta_3\left(\frac{\pi\left(z-z_0\right)}{2d}, e^{-\left(\frac{\pi}{d}\right)^2\eta_z\tau}\right)+\Theta_3\left(\frac{\pi\left(z+z_0\right)}{2d}, e^{-\left(\frac{\pi}{d}\right)^2\eta_z\tau}\right)\right\} e^{-\frac{(x-x_0)^2}{4\eta_x\tau}-\eta_y\xi_m^2\tau} d\tau + \\
&+\frac{1}{2d\phi c_t\sqrt{\pi\eta_x}} \sum_{m=1}^{\infty} \frac{\left(\xi_m^2+\lambda^2\right)\cos\left(\xi_m y\right)}{b\left(\xi_m^2+\lambda^2\right)+\lambda} \times \\
&\times \int_0^t \frac{e^{-\eta_y\xi_m^2\tau}}{\sqrt{\tau}} \int_0^d \left\{\Theta_3\left(\frac{\pi(z-w)}{2d}, e^{-\left(\frac{\pi}{d}\right)^2\eta_z\tau}\right)+\Theta_3\left(\frac{\pi(z+w)}{2d}, e^{-\left(\frac{\pi}{d}\right)^2\eta_z\tau}\right)\right\} \times \\
&\times \int_{-\infty}^{\infty} e^{-\frac{(x-u)^2}{4\eta_x\tau}}\left\{\psi_{x0z}(u,w,t-\tau)-\psi_{xbz}(u,w,t-\tau)\cos\left(\xi_m b\right)\right\} du\,dw\,d\tau + \\
&+\frac{1}{d\phi c_t\sqrt{\pi\eta_x}} \sum_{m=1}^{\infty} \frac{\left(\xi_m^2+\lambda^2\right)\cos\left(\xi_m y\right)}{b\left(\xi_m^2+\lambda^2\right)+\lambda} \int_0^t \frac{e^{-\eta_y\xi_m^2\tau}}{\sqrt{\tau}} \times \\
&\times \int_{-\infty}^{\infty} e^{-\frac{(x-u)^2}{4\eta_x\tau}}\left\{\Theta_3\left(\frac{\pi z}{2d}, e^{-\eta_z\left(\frac{\pi}{d}\right)^2\tau}\right)\overline{\psi}_{xy0}(u,m,t-\tau)-\Theta_4\left(\frac{\pi z}{2d}, e^{-\eta_z\left(\frac{\pi}{d}\right)^2\tau}\right)\overline{\psi}_{xyd}(u,m,t-\tau)\right\} du\,d\tau + \\
&+\frac{1}{2d\sqrt{\pi\eta_x t}} \sum_{m=1}^{\infty} \frac{\left(\xi_m^2+\lambda^2\right)\cos\left(\xi_m y\right)e^{-\eta_y\xi_m^2 t}}{b\left(\xi_m^2+\lambda^2\right)+\lambda} \times \\
&\times \int_0^d\int_0^b\int_{-\infty}^{\infty} \varphi(u,v,w)\cos(\xi_m v)\left\{\Theta_3\left(\frac{\pi(z-w)}{2d}, e^{-\left(\frac{\pi}{d}\right)^2\eta_z\tau}\right)+\Theta_3\left(\frac{\pi(z+w)}{2d}, e^{-\left(\frac{\pi}{d}\right)^2\eta_z\tau}\right)\right\} e^{-\frac{(x-u)^2}{4\eta_x t}} du\,dv\,dw
\end{aligned} \tag{10.6.1}$$

where ξ_m is a positive root of $\xi_m \tan\left(\xi_m b\right) = \lambda$, $m = 1, 2, \ldots$.

When $\varphi(x,y,z) = p_I$, a constant, the solution is obtained by replacing the term corresponding to the initial condition (the last term) in equation (10.6.1) with

$$p = 2p_I \sum_{m=1}^{\infty} \frac{\left(\xi_m^2+\lambda^2\right)\sin\left(\xi_m b\right)\cos\left(\xi_m y\right)e^{-\eta_y \xi_m^2 t}}{\xi_m\left\{b\left(\xi_m^2+\lambda^2\right)+\lambda\right\}} \tag{10.6.2}$$

10.7 The problem of 10.1, except

$\mathbf{N}_{xy0} \equiv \frac{\partial p(x,y,0,t)}{\partial z} = -\left(\frac{\mu}{k_z}\right)\psi_{xy0}\left(x,y,t\right)$,
$\mathbf{N}_{xyd} \equiv \frac{\partial p(x,y,d,t)}{\partial z} = -\left(\frac{\mu}{k_z}\right)\psi_{xyd}\left(x,y,t\right)$,
$\mathbf{R}_{x0z} \equiv \frac{\partial p(x,0,z,t)}{\partial y} - \lambda p(x,0,z,t) = -\left(\frac{\mu}{k_y}\right)\psi_{x0z}\left(x,z,t\right)$ **and**
$\mathbf{D}_{xbz} \equiv p(x,b,z,t) = \psi_{xbz}\left(x,z,t\right)$

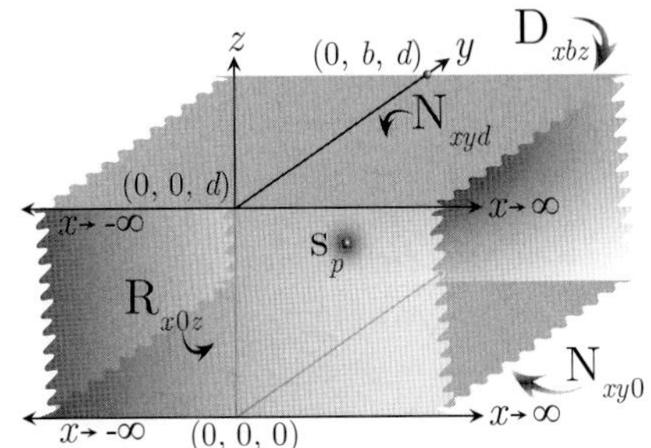

$$\begin{aligned}
p &= \frac{U(t-t_0)}{2d\phi c_t\sqrt{\pi\eta_x}} \sum_{m=1}^{\infty} \frac{\left(\xi_m^2+\lambda^2\right)\sin\left\{\xi_m\left(b-y_0\right)\right\}\sin\left\{\xi_m\left(b-y\right)\right\}}{b\left(\xi_m^2+\lambda^2\right)+\lambda} \times \\
&\times \int_0^{t-t_0} \frac{q\left(t-t_0-\tau\right)}{\sqrt{\tau}}\left\{\Theta_3\left(\frac{\pi\left(z-z_0\right)}{2d}, e^{-\left(\frac{\pi}{d}\right)^2\eta_z\tau}\right)+\Theta_3\left(\frac{\pi\left(z+z_0\right)}{2d}, e^{-\left(\frac{\pi}{d}\right)^2\eta_z\tau}\right)\right\}e^{-\frac{\left(x-x_0\right)^2}{4\eta_x\tau}-\eta_y\xi_m^2\tau}d\tau + \\
&+\frac{1}{2d\sqrt{\pi\eta_x}} \sum_{m=1}^{\infty} \frac{\left(\xi_m^2+\lambda^2\right)\sin\left\{\xi_m\left(b-y\right)\right\}}{b\left(\xi_m^2+\lambda^2\right)+\lambda} \times \\
&\times \int_0^t \frac{e^{-\eta_y\xi_m^2\tau}}{\sqrt{\tau}} \int_0^d \left\{\Theta_3\left(\frac{\pi\left(z-w\right)}{2d}, e^{-\left(\frac{\pi}{d}\right)^2\eta_z\tau}\right)+\Theta_3\left(\frac{\pi\left(z+w\right)}{2d}, e^{-\left(\frac{\pi}{d}\right)^2\eta_z\tau}\right)\right\} \times \\
&\times \int_{-\infty}^{\infty} e^{-\frac{(x-u)^2}{4\eta_x\tau}}\left\{\eta_y\xi_m\psi_{xdz}\left(u,w,t-\tau\right)+\frac{\psi_{x0z}\left(u,w,t-\tau\right)\sin\left(\xi_m b\right)}{\phi c_t}\right\}dudwd\tau + \\
&+\frac{1}{d\phi c_t\sqrt{\pi\eta_x}} \sum_{m=1}^{\infty} \frac{\left(\xi_m^2+\lambda^2\right)\sin\left\{\xi_m\left(b-y\right)\right\}}{b\left(\xi_m^2+\lambda^2\right)+\lambda} \int_0^t \frac{e^{-\eta_y\xi_m^2\tau}}{\sqrt{\tau}} \times \\
&\times \int_{-\infty}^{\infty} e^{-\frac{(x-u)^2}{4\eta_x\tau}}\left\{\Theta_3\left(\frac{\pi z}{2d}, e^{-\eta_z\left(\frac{\pi}{d}\right)^2\tau}\right)\overline{\psi}_{xy0}\left(u,m,t-\tau\right)-\Theta_4\left(\frac{\pi z}{2d}, e^{-\eta_z\left(\frac{\pi}{d}\right)^2\tau}\right)\overline{\psi}_{xyd}\left(u,m,t-\tau\right)\right\}dud\tau + \\
&+\frac{1}{2d\sqrt{\pi\eta_x t}} \sum_{m=1}^{\infty} \frac{\left(\xi_m^2+\lambda^2\right)\sin\left\{\xi_m\left(b-y\right)\right\}e^{-\eta_y\xi_m^2 t}}{b\left(\xi_m^2+\lambda^2\right)+\lambda} \int_0^d\int_0^b\int_{-\infty}^{\infty} \varphi\left(u,v,w\right)\sin\left\{\xi_m\left(b-v\right)\right\} \times \\
&\times \left\{\Theta_3\left(\frac{\pi\left(z-w\right)}{2d}, e^{-\left(\frac{\pi}{d}\right)^2\eta_z\tau}\right)+\Theta_3\left(\frac{\pi\left(z+w\right)}{2d}, e^{-\left(\frac{\pi}{d}\right)^2\eta_z\tau}\right)\right\}e^{-\frac{(x-u)^2}{4\eta_x t}}dudvdw
\end{aligned} \tag{10.7.1}$$

where ξ_m is a positive root of $\xi_m \cot\left(\xi_m b\right) = -\lambda$, $m = 1, 2, \ldots$.

When $\varphi(x,y,z) = p_I$, a constant, the solution is obtained by replacing the term corresponding to the initial condition (the last term) in equation (10.7.1) with

$$p = 2p_I \sum_{m=1}^{\infty} \frac{\left(\xi_m^2+\lambda^2\right)\left\{1-\cos\left(\xi_m b\right)\right\}\sin\left\{\xi_m\left(b-y\right)\right\}e^{-\eta_y\xi_m^2 t}}{\xi_m\left\{b\left(\xi_m^2+\lambda^2\right)+\lambda\right\}} \tag{10.7.2}$$

10.8

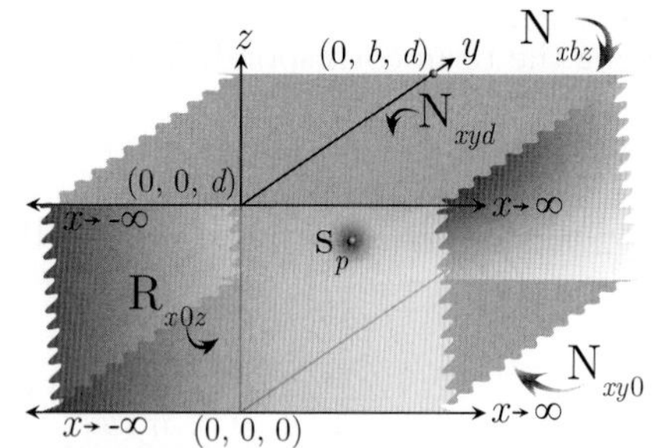

The problem of 10.1, except
$\mathbf{N}_{xy0} \equiv \frac{\partial p(x,y,0,t)}{\partial z} = -\left(\frac{\mu}{k_z}\right) \psi_{xy0}(x,y,t)$,
$\mathbf{N}_{xyd} \equiv \frac{\partial p(x,y,d,t)}{\partial z} = -\left(\frac{\mu}{k_z}\right) \psi_{xyd}(x,y,t)$,
$\mathbf{R}_{x0z} \equiv \frac{\partial p(x,0,z,t)}{\partial y} - \lambda p(x,0,z,t) = -\left(\frac{\mu}{k_y}\right) \psi_{x0z}(x,z,t)$
and $\mathbf{N}_{xbz} \equiv \frac{\partial p(x,b,z,t)}{\partial y} = -\left(\frac{\mu}{k_y}\right) \psi_{xbz}(x,z,t)$

$$
\begin{aligned}
p = \; & \frac{U(t-t_0)}{2d\phi c_t\sqrt{\pi\eta_x}} \sum_{m=1}^{\infty} \frac{(\xi_m^2+\lambda^2)\cos\{\xi_m(b-y_0)\}\cos\{\xi_m(b-y)\}}{b(\xi_m^2+\lambda^2)+\lambda} \times \\
& \times \int_0^{t-t_0} \frac{q(t-t_0-\tau)}{\sqrt{\tau}} \left\{\Theta_3\left(\frac{\pi(z-z_0)}{2d}, e^{-\left(\frac{\pi}{d}\right)^2\eta_z\tau}\right) + \Theta_3\left(\frac{\pi(z+z_0)}{2d}, e^{-\left(\frac{\pi}{d}\right)^2\eta_z\tau}\right)\right\} e^{-\frac{(x-x_0)^2}{4\eta_x\tau}-\eta_y\xi_m^2\tau} d\tau + \\
& + \frac{1}{2d\phi c_t\sqrt{\pi\eta_x}} \sum_{m=1}^{\infty} \frac{(\xi_m^2+\lambda^2)\cos\{\xi_m(b-y)\}}{b(\xi_m^2+\lambda^2)+\lambda} \times \\
& \times \int_0^t \frac{e^{-\eta_y\xi_m^2\tau}}{\sqrt{\tau}} \int_0^d \left\{\Theta_3\left(\frac{\pi(z-w)}{2d}, e^{-\left(\frac{\pi}{d}\right)^2\eta_z\tau}\right) + \Theta_3\left(\frac{\pi(z+w)}{2d}, e^{-\left(\frac{\pi}{d}\right)^2\eta_z\tau}\right)\right\} \times \\
& \times \int_{-\infty}^{\infty} e^{-\frac{(x-u)^2}{4\eta_x\tau}} \{\psi_{x0z}(u,w,t-\tau)\cos(\xi_m b) - \psi_{xbz}(u,w,t-\tau)\} du\,dw\,d\tau + \\
& + \frac{1}{d\phi c_t\sqrt{\pi\eta_x}} \sum_{m=1}^{\infty} \frac{(\xi_m^2+\lambda^2)\cos\{\xi_m(b-y)\}}{b(\xi_m^2+\lambda^2)+\lambda} \int_0^t \frac{e^{-\eta_y\xi_m^2\tau}}{\sqrt{\tau}} \times \\
& \times \int_{-\infty}^{\infty} e^{-\frac{(x-u)^2}{4\eta_x\tau}} \left\{\Theta_3\left(\frac{\pi z}{2d}, e^{-\eta_z\left(\frac{\pi}{d}\right)^2\tau}\right)\overline{\psi}_{xy0}(u,m,t-\tau) - \Theta_4\left(\frac{\pi z}{2d}, e^{-\eta_z\left(\frac{\pi}{d}\right)^2\tau}\right)\overline{\psi}_{xyd}(u,m,t-\tau)\right\} du\,d\tau + \\
& + \frac{1}{2d\sqrt{\pi\eta_x t}} \sum_{m=1}^{\infty} \frac{(\xi_m^2+\lambda^2)\cos\{\xi_m(b-y)\}\,e^{-\eta_y\xi_m^2 t}}{b(\xi_m^2+\lambda^2)+\lambda} \int_0^d \int_0^b \int_{-\infty}^{\infty} \varphi(u,v,w)\cos\{\xi_m(b-v)\} \times \\
& \times \left\{\Theta_3\left(\frac{\pi(z-w)}{2d}, e^{-\left(\frac{\pi}{d}\right)^2\eta_z\tau}\right) + \Theta_3\left(\frac{\pi(z+w)}{2d}, e^{-\left(\frac{\pi}{d}\right)^2\eta_z\tau}\right)\right\} e^{-\frac{(x-u)^2}{4\eta_x t}} du\,dv\,dw
\end{aligned}
\tag{10.8.1}
$$

where ξ_m is a positive root of $\xi_m\tan(\xi_m b) = \lambda$, $m = 1, 2, ...$

When $\varphi(x,y,z) = p_I$, a constant, the solution is obtained by replacing the term corresponding to the initial condition (the last term) in equation (10.8.1) with

$$
p = 2p_I \sum_{m=1}^{\infty} \frac{(\xi_m^2+\lambda^2)\sin(\xi_m b)\cos\{\xi_m(b-y)\}\,e^{-\eta_y\xi_m^2 t}}{\xi_m\{b(\xi_m^2+\lambda^2)+\lambda\}} \tag{10.8.2}
$$

10.9 The problem of 10.1, except
$\mathbf{N}_{xy0} \equiv \frac{\partial p(x,y,0,t)}{\partial z} = -\left(\frac{\mu}{k_z}\right)\psi_{xy0}(x,y,t)$,
$\mathbf{N}_{xyd} \equiv \frac{\partial p(x,y,d,t)}{\partial z} = -\left(\frac{\mu}{k_z}\right)\psi_{xyd}(x,y,t)$,
$\mathbf{R}_{x0z} \equiv \frac{\partial p(x,0,z,t)}{\partial y} - \lambda p(x,0,z,t) = -\left(\frac{\mu}{k_y}\right)\psi_{x0z}(x,z,t)$ **and**
$\mathbf{R}_{xbz} \equiv \frac{\partial p(x,b,z,t)}{\partial y} + \lambda p(x,b,z,t) = -\left(\frac{\mu}{k_y}\right)\psi_{xbz}(x,z,t)$

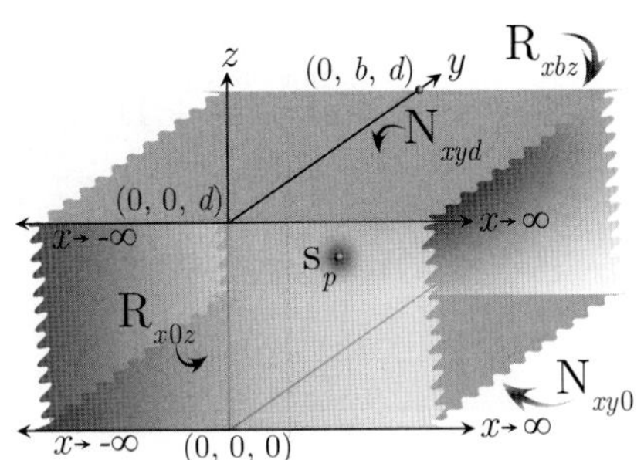

$$p = \frac{U(t-t_0)}{2d\phi c_t\sqrt{\pi\eta_x}}\sum_{m=1}^{\infty}\frac{\{\xi_m\cos(\xi_m y_0)+\lambda_0\sin(\xi_m y_0)\}\{\xi_m\cos(\xi_m y)+\lambda_0\sin(\xi_m y)\}}{\left[(\xi_m^2+\lambda_0^2)\left\{b+\frac{\lambda_b}{\xi_m^2+\lambda_b^2}\right\}+\lambda_0\right]}\times$$
$$\times\int_0^{t-t_0}\frac{q(t-t_0-\tau)}{\sqrt{\tau}}\left\{\Theta_3\left(\frac{\pi(z-z_0)}{2d},e^{-\left(\frac{\pi}{d}\right)^2\eta_z\tau}\right)+\Theta_3\left(\frac{\pi(z+z_0)}{2d},e^{-\left(\frac{\pi}{d}\right)^2\eta_z\tau}\right)\right\}e^{-\frac{(x-x_0)^2}{4\eta_x\tau}-\eta_y\xi_m^2\tau}d\tau+$$
$$+\frac{1}{2d\phi c_t\sqrt{\pi\eta_x}}\sum_{m=1}^{\infty}\frac{\{\xi_m\cos(\xi_m y)+\lambda_0\sin(\xi_m y)\}}{\left[(\xi_m^2+\lambda_0^2)\left\{b+\frac{\lambda_b}{\xi_m^2+\lambda_b^2}\right\}+\lambda_0\right]}\times$$
$$\times\int_0^t\frac{e^{-\eta_y\xi_m^2\tau}}{\sqrt{\tau}}\int_0^d\left\{\Theta_3\left(\frac{\pi(z-w)}{2d},e^{-\left(\frac{\pi}{d}\right)^2\eta_z\tau}\right)+\Theta_3\left(\frac{\pi(z+w)}{2d},e^{-\left(\frac{\pi}{d}\right)^2\eta_z\tau}\right)\right\}\times$$
$$\times\int_{-\infty}^{\infty}e^{-\frac{(x-u)^2}{4\eta_x\tau}}\left[\xi_m\psi_{x0z}(u,w,t-\tau)-\psi_{xbz}(u,w,t-\tau)\{\xi_m\cos(\xi_m b)+\lambda_0\sin(\xi_m b)\}\right]du\,dw\,d\tau+$$
$$+\frac{1}{d\phi c_t\sqrt{\pi\eta_x}}\sum_{m=1}^{\infty}\frac{\{\xi_m\cos(\xi_m y)+\lambda_0\sin(\xi_m y)\}}{\left[(\xi_m^2+\lambda_0^2)\left\{b+\frac{\lambda_b}{\xi_m^2+\lambda_b^2}\right\}+\lambda_0\right]}\times$$
$$\times\int_0^t\frac{e^{-\eta_y\xi_m^2\tau}}{\sqrt{\tau}}\int_{-\infty}^{\infty}e^{-\frac{(x-u)^2}{4\eta_x\tau}}\left\{\Theta_3\left(\frac{\pi z}{2d},e^{-\eta_z\left(\frac{\pi}{d}\right)^2\tau}\right)\overline{\psi}_{xy0}(u,m,t-\tau)-\right.$$
$$\left.-\Theta_4\left(\frac{\pi z}{2d},e^{-\eta_z\left(\frac{\pi}{d}\right)^2\tau}\right)\overline{\psi}_{xyd}(u,m,t-\tau)\right\}du\,d\tau+$$
$$+\frac{1}{2d\sqrt{\pi\eta_x t}}\sum_{m=1}^{\infty}\frac{\{\xi_m\cos(\xi_m y)+\lambda_0\sin(\xi_m y)\}}{\left[(\xi_m^2+\lambda_0^2)\left\{b+\frac{\lambda_b}{\xi_m^2+\lambda_b^2}\right\}+\lambda_0\right]}\int_0^d\int_0^b\int_{-\infty}^{\infty}\varphi(u,v,w)\{\xi_m\cos(\xi_m v)+\lambda_0\sin(\xi_m v)\}\times$$
$$\times\left\{\Theta_3\left(\frac{\pi(z-w)}{2d},e^{-\left(\frac{\pi}{d}\right)^2\eta_z\tau}\right)+\Theta_3\left(\frac{\pi(z+w)}{2d},e^{-\left(\frac{\pi}{d}\right)^2\eta_z\tau}\right)\right\}e^{-\frac{(x-u)^2}{4\eta_x t}}du\,dv\,dw \qquad (10.9.1)$$

where ξ_m is a positive root of $\tan(\xi_m b) = \frac{\xi_m(\lambda_0+\lambda_b)}{\xi_m^2-\lambda_0\lambda_b}$, $m = 1, 2, ...$

When $\varphi(x, y, z) = p_I$, a constant, the solution is obtained by replacing the term corresponding to the initial condition (the last term) in equation (10.9.1) with

$$p = 2p_I\sum_{m=1}^{\infty}\frac{\{\lambda_0+\xi_m\sin(\xi_m b)-\lambda_0\cos(\xi_m b)\}\{\xi_m\cos(\xi_m y)+\lambda_0\sin(\xi_m y)\}e^{-\eta_y\xi_m^2 t}}{\left[(\xi_m^2+\lambda_0^2)\left\{b+\frac{\lambda_b}{\xi_m^2+\lambda_b^2}\right\}+\lambda_0\right]} \qquad (10.9.2)$$

10.10

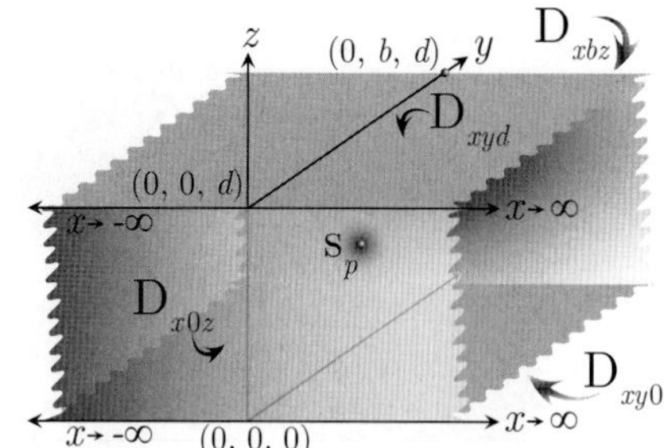

The problem of 10.1, except
$\mathbf{D}_{x0z} \equiv p(x,0,z,t) = \psi_{x0z}(x,z,t)$,
$\mathbf{D}_{xbz} \equiv p(x,b,z,t) = \psi_{xbz}(x,z,t)$,
$\mathbf{D}_{xy0} \equiv p(x,y,0,t) = \psi_{xy0}(x,y,t)$ **and**
$\mathbf{D}_{xyd} \equiv p(x,y,d,t) = \psi_{xyd}(x,y,t)$

$$p = \frac{U(t-t_0)}{8bd\phi c_t\sqrt{\pi\eta_x}} \int_0^{t-t_0} \frac{q(t-t_0-\tau)}{\sqrt{\tau}} \left\{\Theta_3\left(\frac{\pi(y-y_0)}{2b}, e^{-\left(\frac{\pi}{b}\right)^2\eta_y\tau}\right) - \Theta_3\left(\frac{\pi(y+y_0)}{2b}, e^{-\left(\frac{\pi}{b}\right)^2\eta_y\tau}\right)\right\} \times$$

$$\times \left\{\Theta_3\left(\frac{\pi(z-z_0)}{2d}, e^{-\left(\frac{\pi}{d}\right)^2\eta_y\tau}\right) - \Theta_3\left(\frac{\pi(z+z_0)}{2d}, e^{-\left(\frac{\pi}{d}\right)^2\eta_y\tau}\right)\right\} e^{-\frac{(x-x_0)^2}{4\eta_x\tau}} d\tau +$$

$$+\frac{\eta_y}{8b^2d\sqrt{\pi\eta_x}} \int_0^t \frac{1}{\sqrt{\tau}} \int_0^d \left\{\Theta_3\left(\frac{\pi(z-w)}{2d}, e^{-\left(\frac{\pi}{d}\right)^2\eta_z\tau}\right) + \Theta_3\left(\frac{\pi(z+w)}{2d}, e^{-\left(\frac{\pi}{d}\right)^2\eta_z\tau}\right)\right\} \times$$

$$\times \int_{-\infty}^{\infty} \left\{\psi_{xbz}(u,w,t-\tau)\,\Theta_4'\left(\frac{\pi y}{2b}, e^{-\eta_y\left(\frac{\pi}{b}\right)^2\tau}\right) - \psi_{x0z}(u,w,t-\tau)\,\Theta_3'\left(\frac{\pi y}{2b}, e^{-\eta_y\left(\frac{\pi}{b}\right)^2\tau}\right)\right\} \times$$

$$\times e^{-\frac{(x-u)^2}{4\eta_x t}} du dd w d\tau +$$

$$+\frac{\eta_z}{8d^2b\sqrt{\pi\eta_x}} \int_0^t \frac{1}{\sqrt{\tau}} \int_0^b \left\{\Theta_3\left(\frac{\pi(y-v)}{2b}, e^{-\left(\frac{\pi}{b}\right)^2\eta_y\tau}\right) + \Theta_3\left(\frac{\pi(y+v)}{2b}, e^{-\left(\frac{\pi}{b}\right)^2\eta_y\tau}\right)\right\} \times$$

$$\times \int_{-\infty}^{\infty} \left\{\psi_{xyd}(u,v,t-\tau)\,\Theta_4'\left(\frac{\pi z}{2d}, e^{-\eta_z\left(\frac{\pi}{d}\right)^2\tau}\right) - \psi_{xy0}(u,v,t-\tau)\,\Theta_3'\left(\frac{\pi z}{2d}, e^{-\eta_z\left(\frac{\pi}{d}\right)^2\tau}\right)\right\} \times$$

$$\times e^{-\frac{(x-u)^2}{4\eta_x t}} du dd w d\tau +$$

$$+\frac{1}{8bd\sqrt{\pi\eta_x t}} \int_0^d \int_{-\infty}^{\infty} \int_{-\infty}^{\infty} \varphi(u,v,w) \left\{\Theta_3\left(\frac{\pi(z-w)}{2d}, e^{-\left(\frac{\pi}{d}\right)^2\eta_y t}\right) - \Theta_3\left(\frac{\pi(z+w)}{2d}, e^{-\left(\frac{\pi}{d}\right)^2\eta_y t}\right)\right\} \times$$

$$\times \left\{\Theta_3\left(\frac{\pi(y-v)}{2b}, e^{-\left(\frac{\pi}{b}\right)^2\eta_y t}\right) - \Theta_3\left(\frac{\pi(y+v)}{2b}, e^{-\left(\frac{\pi}{b}\right)^2\eta_y t}\right)\right\} e^{-\frac{(x-u)^2}{4\eta_x t}} du dv dw \qquad (10.10.1)$$

When $\varphi(x,y,z) = p_I$, a constant, the solution is obtained by replacing the term corresponding to the initial condition (the last term) in equation (10.10.1) with

$$p = 4p_I \left\{\Theta_3^{\int}\left(\frac{\pi y}{2b}, e^{-\eta_y\left(\frac{\pi}{b}\right)^2 t}\right) - \Theta_4^{\int}\left(\frac{\pi y}{2b}, e^{-\eta_y\left(\frac{\pi}{b}\right)^2 t}\right)\right\}\left\{\Theta_3^{\int}\left(\frac{\pi z}{2d}, e^{-\eta_z\left(\frac{\pi}{d}\right)^2 t}\right) - \Theta_4^{\int}\left(\frac{\pi z}{2d}, e^{-\eta_z\left(\frac{\pi}{d}\right)^2 t}\right)\right\} \qquad (10.10.2)$$

10.11 **The continuum is bounded by the planes $x = 0$, $y = 0$, $y = b$, $z = 0$ and $z = d$, x extends to ∞ in the directions of x positive. Point source at $s_p \equiv (x_0, y_0, z_0)$ at time $t = t_0$; $0 < x_0 < \infty$, $0 < y_0 < b$, $0 < z_0 < d$, $t_0 \geq 0$.**
$D_{0yz} \equiv p(0, y, z, t) = \psi_{0yz}(y, z, t)$,
$D_{x0z} \equiv p(x, 0, z, t) = \psi_{x0z}(x, z, t)$,
$D_{xbz} \equiv p(x, b, z, t) = \psi_{xbz}(x, z, t)$,
$N_{xy0} \equiv \frac{\partial p(x,y,0,t)}{\partial z} = -\left(\frac{\mu}{k_z}\right)\psi_{xy0}(x, y, t)$ and
$N_{xyd} \equiv \frac{\partial p(x,y,d,t)}{\partial z} = -\left(\frac{\mu}{k_z}\right)\psi_{xyd}(x, y, t)$.
$p(x, y, z, 0) = \varphi(x, y, z)$; $\varphi(x, y, z)$ and its derivative tend to zero as $x \to \infty$

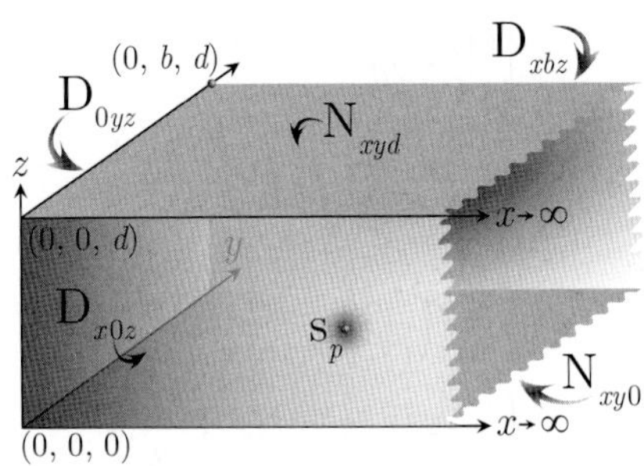

Applying the Fourier and Laplace transformations to equation (8.1.1), we get

$$\begin{aligned}\overline{\overline{\overline{p}}} =& \frac{q(s)\,e^{-st_0}\sin(nx_0)\sin(\xi_m y_0)\cos(\xi_l z_0)}{\phi c_t(\eta_x n^2 + \eta_y\xi_m^2 + \eta_z\xi_l^2 + s)} + \frac{\eta_x n\overline{\overline{\overline{\psi}}}_{0yz}(m, l, s)}{(\eta_x n^2 + \eta_y\xi_m^2 + \eta_z\xi_l^2 + s)} + \\ &+ \frac{\eta_y\xi_m\left\{(-1)^{m+1}\overline{\overline{\overline{\psi}}}_{xbz}(n, l, s) + \overline{\overline{\overline{\psi}}}_{x0z}(n, l, s)\right\}}{(\eta_x n^2 + \eta_y\xi_m^2 + \eta_z\xi_l^2 + s)} + \frac{\left\{(-1)^{l+1}\overline{\overline{\overline{\psi}}}_{xyd}(n, m, s) + \overline{\overline{\overline{\psi}}}_{xy0}(n, m, s)\right\}}{\phi c_t(\eta_x n^2 + \eta_y\xi_m^2 + \eta_z\xi_l^2 + s)} + \\ &+ \frac{\int_0^d\int_0^b\int_0^\infty \varphi(u, v, w)\sin(nu)\sin(\xi_m v)\cos(\xi_l w)\,du dv dw}{(\eta_x n^2 + \eta_y\xi_m^2 + \eta_z\xi_l^2 + s)} \end{aligned} \tag{10.11.1}$$

where $\overline{\overline{\overline{\psi}}}_{0yz}(m, l, s) = \int_0^d\int_0^b \overline{\psi}_{0yz}(y, z, s)\sin(\xi_m y)\cos(\xi_l z)\,dydz$, $\overline{\psi}_{0yz}(y, z, s) = \int_0^\infty \psi_{0yz}(y, z, t)\,e^{-st}dt$, $\overline{\overline{\overline{\psi}}}_{x0z}(n, l, s) = \int_0^d\int_0^\infty \overline{\psi}_{x0z}(x, z, s)\sin(nx)\cos(\xi_l z)\,dxdz$, $\overline{\psi}_{x0z}(x, z, s) = \int_0^\infty \psi_{x0z}(x, z, t)\,e^{-st}dt$, $\overline{\overline{\overline{\psi}}}_{xy0}(n, m, s) = \int_0^b\int_0^\infty \overline{\psi}_{xy0}(x, y, s)\sin(nx)\sin(\xi_m y)\,dxdy$, $\overline{\psi}_{xy0}(x, y, s) = \int_0^\infty \psi_{xy0}(x, y, t)\,e^{-st}dt$, $\overline{\overline{\overline{\psi}}}_{xyd}(n, m, s) = \int_0^b\int_0^\infty \overline{\psi}_{xyd}(x, y, s)\sin(nx)\sin(\xi_m y)\,dxdy$, $\overline{\psi}_{xyd}(x, y, s) = \int_0^\infty \psi_{xyd}(x, y, t)\,e^{-st}dt$, ξ_l is a positive root of $\sin(\xi_l d) = 0$, which are $\xi_l = \frac{l\pi}{d}$, $l = 1, 2, 3, \ldots\ldots$, and ξ_m is a positive root of $\sin(\xi_m b) = 0$, which are $\xi_m = \frac{m\pi}{b}$, $l = 1, 2, 3, \ldots.$

Successive inverse transforms of equation (10.11.1) yield

$$\begin{aligned} p =& \frac{U(t-t_0)}{8bd\phi c_t\sqrt{\pi\eta_x}}\int_0^{t-t_0}\frac{q(t-t_0-\tau)}{\sqrt{\tau}}\left\{e^{-\frac{(x-x_0)^2}{4\eta_x\tau}} - e^{-\frac{(x+x_0)^2}{4\eta_x\tau}}\right\}\times \\ &\times\left\{\Theta_3\left(\frac{\pi(z-z_0)}{2d}, e^{-\left(\frac{\pi}{d}\right)^2\eta_z\tau}\right) + \Theta_3\left(\frac{\pi(z+z_0)}{2d}, e^{-\left(\frac{\pi}{d}\right)^2\eta_z\tau}\right)\right\}\times \\ &\times\left\{\Theta_3\left(\frac{\pi(y-y_0)}{2b}, e^{-\left(\frac{\pi}{b}\right)^2\eta_y\tau}\right) - \Theta_3\left(\frac{\pi(y+y_0)}{2b}, e^{-\left(\frac{\pi}{b}\right)^2\eta_y\tau}\right)\right\}d\tau + \\ &+\frac{1}{2bd\sqrt{\pi}}\int_{\frac{x}{2\sqrt{\eta_x t}}}^{\infty} e^{-\tau^2}\int_0^d\int_0^b \psi_{0yz}\left(v, w, t - \frac{x^2}{4\eta_x\tau^2}\right)\times \\ &\times\left\{\Theta_3\left(\frac{\pi(y-v)}{2b}, e^{-\frac{\eta_y}{\eta_x}\left(\frac{\pi x}{2b\tau}\right)^2}\right) - \Theta_3\left(\frac{\pi(y+v)}{2b}, e^{-\frac{\eta_y}{\eta_x}\left(\frac{\pi x}{2b\tau}\right)^2}\right)\right\}\times \\ &\times\left\{\Theta_3\left(\frac{\pi(z-w)}{2d}, e^{-\frac{\eta_z}{\eta_x}\left(\frac{\pi x}{2d\tau}\right)^2}\right) + \Theta_3\left(\frac{\pi(z+w)}{2d}, e^{-\frac{\eta_z}{\eta_x}\left(\frac{\pi x}{2d\tau}\right)^2}\right)\right\}dv dw d\tau + \\ &+\frac{1}{4bd\phi c_t\sqrt{\pi\eta_x}}\int_0^t\int_0^b\int_0^\infty \frac{1}{\sqrt{\tau}}\left\{e^{-\frac{(x-u)^2}{4\eta_x\tau}} - e^{-\frac{(x+u)^2}{4\eta_x\tau}}\right\}\times \\ &\times\left\{\Theta_3\left(\frac{\pi(y-v)}{2b}, e^{-\left(\frac{\pi}{b}\right)^2\eta_y\tau}\right) - \Theta_3\left(\frac{\pi(y+v)}{2b}, e^{-\left(\frac{\pi}{b}\right)^2\eta_y\tau}\right)\right\}\times \end{aligned}$$

$$\times\left\{\Theta_3\left(\frac{\pi z}{2d}, e^{-\eta_z\left(\frac{\pi}{d}\right)^2\tau}\right)\psi_{xy0}(u,v,t-\tau)-\Theta_4\left(\frac{\pi z}{2d}, e^{-\eta_z\left(\frac{\pi}{d}\right)^2\tau}\right)\psi_{xyd}(u,v,t-\tau)\right\}dudvd\tau+$$

$$+\frac{\eta_y}{8db^2\sqrt{\pi\eta_x}}\int_0^t\int_0^b\int_0^\infty\frac{1}{\sqrt{\tau}}\left\{e^{-\frac{(x-u)^2}{4\eta_x\tau}}-e^{-\frac{(x+u)^2}{4\eta_x\tau}}\right\}\times$$

$$\times\left\{\Theta_3\left(\frac{\pi(z-w)}{2d}, e^{-\left(\frac{\pi}{d}\right)^2\eta_z\tau}\right)+\Theta_3\left(\frac{\pi(z+w)}{2d}, e^{-\left(\frac{\pi}{d}\right)^2\eta_z\tau}\right)\right\}\times$$

$$\times\left\{\psi_{xbz}(u,w,\tau)\,\Theta_4'\left(\frac{\pi y}{2b}, e^{-\eta_y\left(\frac{\pi}{b}\right)^2(t-\tau)}\right)-\psi_{x0z}(u,w,\tau)\,\Theta_3'\left(\frac{\pi y}{2b}, e^{-\eta_y\left(\frac{\pi}{b}\right)^2(t-\tau)}\right)\right\}dudwd\tau+$$

$$+\frac{1}{8bd\sqrt{\pi\eta_x t}}\int_0^d\int_0^b\int_0^\infty\varphi(u,v,w)\left\{\Theta_3\left(\frac{\pi(z-w)}{2d}, e^{-\left(\frac{\pi}{d}\right)^2\eta_z t}\right)+\Theta_3\left(\frac{\pi(z+w)}{2d}, e^{-\left(\frac{\pi}{d}\right)^2\eta_z t}\right)\right\}\times$$

$$\times\left\{\Theta_3\left(\frac{\pi(y-v)}{2b}, e^{-\left(\frac{\pi}{b}\right)^2\eta_y t}\right)-\Theta_3\left(\frac{\pi(y+v)}{2b}, e^{-\left(\frac{\pi}{b}\right)^2\eta_y t}\right)\right\}\left\{e^{-\frac{(x-u)^2}{4\eta_x t}}-e^{-\frac{(x+u)^2}{4\eta_x t}}\right\}dudvdw \tag{10.11.2}$$

When $\varphi(x,y,z)=p_I$, a constant, the solution is obtained by replacing the term corresponding to the initial condition (the last term) in equation (10.11.2) with

$$p=2p_I\,\mathrm{erf}\left(\frac{x}{2\sqrt{\eta_x t}}\right)\left\{\Theta_3^{\int}\left(\frac{\pi y}{2b}, e^{-\left(\frac{\pi}{b}\right)^2\eta_y t}\right)-\Theta_4^{\int}\left(\frac{\pi y}{2b}, e^{-\left(\frac{\pi}{b}\right)^2\eta_y t}\right)\right\} \tag{10.11.3}$$

Special cases of practical relevance

(i) A line of finite length $[z_{02}-z_{01}]$ passing through (x_0, y_0)

The continuous source solution is obtained by replacing the source term in equation (10.11.2) with

$$\begin{aligned}p\ =\ &\frac{U(t-t_0)}{4b\phi c_t\sqrt{\pi\eta_x}}\int_0^{t-t_0}\frac{q(t-t_0-\tau)}{\sqrt{\tau}}\left\{e^{-\frac{(x-x_0)^2}{4\eta_x\tau}}-e^{-\frac{(x+x_0)^2}{4\eta_x\tau}}\right\}\times\\
&\times\left\{\Theta_3^{\int}\left(\frac{\pi(z-z_{01})}{2d}, e^{-\left(\frac{\pi}{d}\right)^2\eta_z\tau}\right)-\Theta_3^{\int}\left(\frac{\pi(z-z_{02})}{2d}, e^{-\left(\frac{\pi}{d}\right)^2\eta_z\tau}\right)+\right.\\
&\left.+\Theta_3^{\int}\left(\frac{\pi(z+z_{02})}{2d}, e^{-\left(\frac{\pi}{d}\right)^2\eta_z\tau}\right)-\Theta_3^{\int}\left(\frac{\pi(z+z_{01})}{2d}, e^{-\left(\frac{\pi}{d}\right)^2\eta_z\tau}\right)\right\}\times\\
&\times\left\{\Theta_3\left(\frac{\pi(y-y_0)}{2b}, e^{-\left(\frac{\pi}{b}\right)^2\eta_y\tau}\right)-\Theta_3\left(\frac{\pi(y+y_0)}{2b}, e^{-\left(\frac{\pi}{b}\right)^2\eta_y\tau}\right)\right\}d\tau\end{aligned} \tag{10.11.4}$$

The spatial average pressure response of the line $[z_{02}-z_{01}]$ is obtained by a further integration:

$$\begin{aligned}p\ =\ &\frac{U(t-t_0)d}{b\phi c_t(z_{02}-z_{01})\sqrt{\pi\eta_x}}\int_0^{t-t_0}\frac{q(t-t_0-\tau)}{\sqrt{\tau}}\left\{e^{-\frac{(x-x_0)^2}{4\eta_x\tau}}-e^{-\frac{(x+x_0)^2}{4\eta_x\tau}}\right\}\times\\
&\times\left[\Theta_3^{\int\int}\left(\frac{\pi(z_{02}-z_{01})}{2d}, e^{-\left(\frac{\pi}{d}\right)^2\eta_z\tau}\right)-\Theta_3^{\int\int}\left(\frac{\pi(z_{02}+z_{01})}{2d}, e^{-e^{-\left(\frac{\pi}{d}\right)^2\eta_z\tau}\tau}\right)+\right.\\
&\left.+\frac{1}{2}\left\{\Theta_3^{\int\int}\left(\frac{\pi z_{01}}{d}, e^{-\left(\frac{\pi}{d}\right)^2\eta_z\tau}\right)+\Theta_3^{\int\int}\left(\frac{\pi z_{02}}{d}, e^{-\left(\frac{\pi}{d}\right)^2\eta_z\tau}\right)\right\}\right]\times\\
&\times\left\{\Theta_3\left(\frac{\pi(y-y_0)}{2b}, e^{-\left(\frac{\pi}{b}\right)^2\eta_y\tau}\right)-\Theta_3\left(\frac{\pi(y+y_0)}{2b}, e^{-\left(\frac{\pi}{b}\right)^2\eta_y\tau}\right)\right\}d\tau+\\
&+\frac{1}{b(z_{02}-z_{01})\sqrt{\pi}}\int_{\frac{x}{2\sqrt{\eta_x t}}}^{\infty}e^{-\tau^2}\int_0^d\int_0^b\psi_{0yz}\left(v,w,t-\frac{x^2}{4\eta_x\tau^2}\right)\times\\
&\times\left\{\Theta_3\left(\frac{\pi(y-v)}{2b}, e^{-\frac{\eta_y}{\eta_x}\left(\frac{\pi x}{2b\tau}\right)^2}\right)-\Theta_3\left(\frac{\pi(y+v)}{2b}, e^{-\frac{\eta_y}{\eta_x}\left(\frac{\pi x}{2b\tau}\right)^2}\right)\right\}\times\end{aligned}$$

$$\times\left\{\Theta_3^{\int}\left(\frac{\pi\left(z_{02}-w\right)}{2d},e^{-\frac{\eta_z}{\eta_x}\left(\frac{\pi x}{2d\tau}\right)^2}\right)-\Theta_3^{\int}\left(\frac{\pi\left(z_{01}-w\right)}{2d},e^{-\frac{\eta_z}{\eta_x}\left(\frac{\pi x}{2d\tau}\right)^2}\right)+\right.$$

$$\left.+\Theta_3^{\int}\left(\frac{\pi\left(z_{02}+w\right)}{2d},e^{-\frac{\eta_z}{\eta_x}\left(\frac{\pi x}{2d\tau}\right)^2}\right)-\Theta_3^{\int}\left(\frac{\pi\left(z_{01}+w\right)}{2d},e^{-\frac{\eta_z}{\eta_x}\left(\frac{\pi x}{2d\tau}\right)^2}\right)\right\}dvdwd\tau+$$

$$+\frac{1}{2b\phi c_t\left(z_{02}-z_{01}\right)\sqrt{\pi\eta_x}}\int_0^t\int_0^b\int_0^\infty\frac{1}{\sqrt{\tau}}\left\{e^{-\frac{(x-u)^2}{4\eta_x\tau}}-e^{-\frac{(x+u)^2}{4\eta_x\tau}}\right\}\times$$

$$\times\left\{\Theta_3\left(\frac{\pi\left(y-v\right)}{2b},e^{-\left(\frac{\pi}{b}\right)^2\eta_y\tau}\right)-\Theta_3\left(\frac{\pi\left(y+v\right)}{2b},e^{-\left(\frac{\pi}{b}\right)^2\eta_y\tau}\right)\right\}\times$$

$$\times\left[\psi_{xy0}\left(u,v,t-\tau\right)\left\{\Theta_3^{\int}\left(\frac{\pi z_{02}}{2d},e^{-\left(\frac{\pi}{d}\right)^2\eta_z\tau}\right)-\Theta_3^{\int}\left(\frac{\pi z_{01}}{2d},e^{-\left(\frac{\pi}{d}\right)^2\eta_z\tau}\right)\right\}-\right.$$

$$\left.-\psi_{xyd}\left(u,v,t-\tau\right)\left\{\Theta_4^{\int}\left(\frac{\pi z_{02}}{2d},e^{-\left(\frac{\pi}{d}\right)^2\eta_z\tau}\right)-\Theta_4^{\int}\left(\frac{\pi z_{01}}{2d},e^{-\left(\frac{\pi}{d}\right)^2\eta_z\tau}\right)\right\}\right]dudvd\tau+$$

$$+\frac{\eta_y}{4b^2\left(z_{02}-z_{01}\right)\sqrt{\pi\eta_x}}\int_0^t\int_0^b\int_0^\infty\frac{1}{\sqrt{\tau}}\left\{e^{-\frac{(x-u)^2}{4\eta_x\tau}}-e^{-\frac{(x+u)^2}{4\eta_x\tau}}\right\}\times$$

$$\times\left\{\Theta_3^{\int}\left(\frac{\pi\left(z_{02}-w\right)}{2d},e^{-\eta_z\left(\frac{\pi}{d}\right)^2t}\right)-\Theta_3^{\int}\left(\frac{\pi\left(z_{01}-w\right)}{2d},e^{-\eta_z\left(\frac{\pi}{d}\right)^2t}\right)+\right.$$

$$\left.+\Theta_3^{\int}\left(\frac{\pi\left(z_{02}+w\right)}{2d},e^{-\eta_z\left(\frac{\pi}{d}\right)^2t}\right)-\Theta_3^{\int}\left(\frac{\pi\left(z_{01}+w\right)}{2d},e^{-\eta_z\left(\frac{\pi}{d}\right)^2t}\right)\right\}\times$$

$$\times\left\{\psi_{xbz}\left(u,w,\tau\right)\Theta_4'\left(\frac{\pi y}{2b},e^{-\eta_y\left(\frac{\pi}{b}\right)^2(t-\tau)}\right)-\psi_{x0z}\left(u,w,\tau\right)\Theta_3'\left(\frac{\pi y}{2b},e^{-\eta_y\left(\frac{\pi}{b}\right)^2(t-\tau)}\right)\right\}dudwd\tau+$$

$$+\frac{1}{4b\left(z_{02}-z_{01}\right)\sqrt{\pi\eta_x t}}\times$$

$$\times\int_0^d\int_0^b\int_0^\infty\varphi\left(u,v,w\right)\left\{\Theta_3^{\int}\left(\frac{\pi\left(z_{02}-w\right)}{2d},e^{-\left(\frac{\pi}{d}\right)^2\eta_z\tau}\right)-\Theta_3^{\int}\left(\frac{\pi\left(z_{01}-w\right)}{2d},e^{-\left(\frac{\pi}{d}\right)^2\eta_z\tau}\right)+\right.$$

$$\left.+\Theta_3^{\int}\left(\frac{\pi\left(z_{02}+w\right)}{2d},e^{-\left(\frac{\pi}{d}\right)^2\eta_z\tau}\right)-\Theta_3^{\int}\left(\frac{\pi\left(z_{01}+w\right)}{2d},e^{-\left(\frac{\pi}{d}\right)^2\eta_z\tau}\right)\right\}\times$$

$$\times\left\{\Theta_3\left(\frac{\pi\left(y-v\right)}{2b},e^{-\left(\frac{\pi}{b}\right)^2\eta_y t}\right)-\Theta_3\left(\frac{\pi\left(y+v\right)}{2b},e^{-\left(\frac{\pi}{b}\right)^2\eta_y t}\right)\right\}\left\{e^{-\frac{(x-u)^2}{4\eta_x t}}-e^{-\frac{(x+u)^2}{4\eta_x t}}\right\}dudvdw \tag{10.11.5}$$

When $\varphi(x,y,z)=p_I$, a constant, the average pressure contribution from the initial condition is given by equation (10.11.3).

(ii) A line of finite length $[x_{02}-x_{01}]$ passing through (y_0,z_0)

The continuous source solution is obtained by replacing the source term in equation (10.11.2) with

$$p=\frac{U(t-t_0)}{8bd\phi c_t}\int_0^{t-t_0}q\left(t-t_0-\tau\right)\left\{\text{erf}\left(\frac{x-x_{01}}{2\sqrt{\eta_x\tau}}\right)-\text{erf}\left(\frac{x-x_{02}}{2\sqrt{\eta_x\tau}}\right)-\text{erf}\left(\frac{x+x_{02}}{2\sqrt{\eta_x\tau}}\right)+\text{erf}\left(\frac{x+x_{01}}{2\sqrt{\eta_x\tau}}\right)\right\}\times$$

$$\times\left\{\Theta_3\left(\frac{\pi\left(z-z_0\right)}{2d},e^{-\left(\frac{\pi}{d}\right)^2\eta_z\tau}\right)+\Theta_3\left(\frac{\pi\left(z+z_0\right)}{2d},e^{-\left(\frac{\pi}{d}\right)^2\eta_z\tau}\right)\right\}\times$$

$$\times\left\{\Theta_3\left(\frac{\pi\left(y-y_0\right)}{2b},e^{-\left(\frac{\pi}{b}\right)^2\eta_y\tau}\right)-\Theta_3\left(\frac{\pi\left(y+y_0\right)}{2b},e^{-\left(\frac{\pi}{b}\right)^2\eta_y\tau}\right)\right\}d\tau \tag{10.11.6}$$

The spatial average pressure response of the line $[x_{02} - x_{01}]$ is given by

$$
\begin{aligned}
p &= \frac{U(t-t_0)}{4bd\phi c_t\,(x_{02}-x_{01})} \times \\
&\times \int_0^{t-t_0} q\,(t-t_0-\tau) \left[(x_{02}-x_{01})\,\text{erf}\left(\frac{x_{02}-x_{01}}{2\sqrt{\eta_x\tau}}\right) + (x_{02}+x_{01})\,\text{erf}\left(\frac{x_{02}+x_{01}}{2\sqrt{\eta_x\tau}}\right) - x_{01}\,\text{erf}\left(\frac{x_{01}}{\sqrt{\eta_x\tau}}\right) - \right. \\
&\left. -x_{02}\,\text{erf}\left(\frac{x_{02}}{\sqrt{\eta_x\tau}}\right) + 2\sqrt{\frac{\eta_x\tau}{\pi}}\left(e^{-\frac{(x_{02}-x_{01})^2}{4\eta_x\tau}} - 1\right) + 2\sqrt{\frac{\eta_x\tau}{\pi}}e^{-\frac{(x_{02}+x_{01})^2}{4\eta_x\tau}} - \sqrt{\frac{\eta_x\tau}{\pi}}\left(e^{-\frac{x_{01}^2}{\eta_x\tau}} + e^{-\frac{y_{02}^2}{\eta_y\tau}}\right)\right] \times \\
&\times \left\{\Theta_3\left(\frac{\pi\,(z-z_0)}{2d}, e^{-\left(\frac{\pi}{d}\right)^2\eta_z\tau}\right) + \Theta_3\left(\frac{\pi\,(z+z_0)}{2d}, e^{-\left(\frac{\pi}{d}\right)^2\eta_z\tau}\right)\right\} \times \\
&\times \left\{\Theta_3\left(\frac{\pi\,(y-y_0)}{2b}, e^{-\left(\frac{\pi}{b}\right)^2\eta_y\tau}\right) - \Theta_3\left(\frac{\pi\,(y+y_0)}{2b}, e^{-\left(\frac{\pi}{b}\right)^2\eta_y\tau}\right)\right\} d\tau + \\
&+ \frac{1}{4bd\,(x_{02}-x_{01})}\sqrt{\frac{\eta_x}{\pi}} \int_0^t\int_0^d\int_0^b \frac{\psi_{0yz}\,(v,w,t-\tau)}{\sqrt{\tau}} \left\{e^{-\frac{x_{01}^2}{4\eta_x\tau}} - e^{-\frac{x_{02}^2}{4\eta_x\tau}}\right\} \times \\
&\times \left\{\Theta_3\left(\frac{\pi\,(y-v)}{2b}, e^{-\left(\frac{\pi}{b}\right)^2\eta_y\tau}\right) - \Theta_3\left(\frac{\pi\,(y+v)}{2b}, e^{-\left(\frac{\pi}{b}\right)^2\eta_y\tau}\right)\right\} \times \\
&\times \left\{\Theta_3\left(\frac{\pi\,(z-w)}{2d}, e^{-\left(\frac{\pi}{d}\right)^2\eta_z\tau}\right) + \Theta_3\left(\frac{\pi\,(z+w)}{2d}, e^{-\left(\frac{\pi}{d}\right)^2\eta_z\tau}\right)\right\} dv\,dw\,d\tau + \\
&+ \frac{1}{4bd\phi c_t\,(x_{02}-x_{01})} \int_0^t\int_0^b\int_0^\infty \left\{\text{erf}\left(\frac{x_{02}-u}{2\sqrt{\eta_x\tau}}\right) - \text{erf}\left(\frac{x_{01}-u}{2\sqrt{\eta_x\tau}}\right) - \text{erf}\left(\frac{x_{02}+u}{2\sqrt{\eta_x\tau}}\right) + \text{erf}\left(\frac{x_{01}+u}{2\sqrt{\eta_x\tau}}\right)\right\} \times \\
&\times \left\{\Theta_3\left(\frac{\pi\,(y-v)}{2b}, e^{-\left(\frac{\pi}{b}\right)^2\eta_y\tau}\right) - \Theta_3\left(\frac{\pi\,(y+v)}{2b}, e^{-\left(\frac{\pi}{b}\right)^2\eta_y\tau}\right)\right\} \times \\
&\times \left\{\Theta_3\left(\frac{\pi z}{2d}, e^{-\eta_z\left(\frac{\pi}{d}\right)^2\tau}\right)\psi_{xy0}\,(u,v,t-\tau) - \Theta_4\left(\frac{\pi z}{2d}, e^{-\eta_z\left(\frac{\pi}{d}\right)^2\tau}\right)\psi_{xyd}\,(u,v,t-\tau)\right\} du\,dv\,d\tau + \\
&+ \frac{\eta_y}{8db^2\,(x_{02}-x_{01})} \int_0^t\int_0^b\int_0^\infty \left\{\text{erf}\left(\frac{x_{02}-u}{2\sqrt{\eta_x\tau}}\right) - \text{erf}\left(\frac{x_{01}-u}{2\sqrt{\eta_x\tau}}\right) - \text{erf}\left(\frac{x_{02}+u}{2\sqrt{\eta_x\tau}}\right) + \text{erf}\left(\frac{x_{01}+u}{2\sqrt{\eta_x\tau}}\right)\right\} \times \\
&\times \left\{\Theta_3\left(\frac{\pi\,(z-w)}{2d}, e^{-\left(\frac{\pi}{d}\right)^2\eta_z\tau}\right) + \Theta_3\left(\frac{\pi\,(z+w)}{2d}, e^{-\left(\frac{\pi}{d}\right)^2\eta_z\tau}\right)\right\} \times \\
&\times \left\{\psi_{xbz}\,(u,w,\tau)\,\Theta_4'\left(\frac{\pi y}{2b}, e^{-\eta_y\left(\frac{\pi}{b}\right)^2(t-\tau)}\right) - \psi_{x0z}\,(u,w,\tau)\,\Theta_3'\left(\frac{\pi y}{2b}, e^{-\eta_y\left(\frac{\pi}{b}\right)^2(t-\tau)}\right)\right\} du\,dw\,d\tau + \\
&+ \frac{1}{8bd\,(x_{02}-x_{01})} \int_0^d\int_0^b\int_0^\infty \varphi\,(u,v,w) \left\{\Theta_3\left(\frac{\pi\,(z-w)}{2d}, e^{-\left(\frac{\pi}{d}\right)^2\eta_z t}\right) + \Theta_3\left(\frac{\pi\,(z+w)}{2d}, e^{-\left(\frac{\pi}{d}\right)^2\eta_z t}\right)\right\} \times \\
&\times \left\{\Theta_3\left(\frac{\pi\,(y-v)}{2b}, e^{-\left(\frac{\pi}{b}\right)^2\eta_y t}\right) - \Theta_3\left(\frac{\pi\,(y+v)}{2b}, e^{-\left(\frac{\pi}{b}\right)^2\eta_y t}\right)\right\} \times \\
&\times \left\{\text{erf}\left(\frac{x_{02}-u}{2\sqrt{\eta_x t}}\right) - \text{erf}\left(\frac{x_{01}-u}{2\sqrt{\eta_x t}}\right) - \text{erf}\left(\frac{x_{02}+u}{2\sqrt{\eta_x t}}\right) + \text{erf}\left(\frac{x_{01}+u}{2\sqrt{\eta_x t}}\right)\right\} du\,dv\,dw
\end{aligned} \tag{10.11.7}
$$

When $\varphi(x,y,z) = p_I$, a constant, the solution is obtained by replacing the term corresponding to the initial condition (the last term) in equation (10.11.7) with

$$
\begin{aligned}
p &= \frac{2p_I}{(x_{02}-x_{01})}\left\{\Theta_3^{\int}\left(\frac{\pi y}{2b}, e^{-\left(\frac{\pi}{b}\right)^2\eta_y t}\right) - \Theta_4^{\int}\left(\frac{\pi y}{2b}, e^{-\left(\frac{\pi}{b}\right)^2\eta_y t}\right)\right\} \times \\
&\times \left\{x_{02}\,\text{erf}\left(\frac{x_{02}}{2\sqrt{\eta_x t}}\right) - x_{01}\,\text{erf}\left(\frac{x_{01}}{2\sqrt{\eta_x t}}\right) + 2\sqrt{\frac{\eta_x t}{\pi}}\left(e^{-\frac{x_{02}^2}{4\eta_x t}} - e^{-\frac{x_{01}^2}{4\eta_x t}}\right)\right\}
\end{aligned} \tag{10.11.8}
$$

(iii) A line of finite length $[y_{02} - y_{01}]$ passing through (x_0, z_0)

$$p = \frac{U(t-t_0)}{4d\phi c_t\sqrt{\pi\eta_x}}\int\limits_0^{t-t_0}\frac{q(t-t_0-\tau)}{\sqrt{\tau}}\left\{e^{-\frac{(x-x_0)^2}{4\eta_x\tau}} - e^{-\frac{(x+x_0)^2}{4\eta_x\tau}}\right\}\times$$
$$\times\left\{\Theta_3\left(\frac{\pi(z-z_0)}{2d}, e^{-\left(\frac{\pi}{d}\right)^2\eta_z\tau}\right) + \Theta_3\left(\frac{\pi(z+z_0)}{2d}, e^{-\left(\frac{\pi}{d}\right)^2\eta_z\tau}\right)\right\}\times$$
$$\times\left\{\Theta_3^{\int}\left(\frac{\pi(y-y_{01})}{2b}, e^{-\left(\frac{\pi}{b}\right)^2\eta_y\tau}\right) + \Theta_3^{\int}\left(\frac{\pi(y+y_{01})}{2b}, e^{-\left(\frac{\pi}{b}\right)^2\eta_y\tau}\right) -\right.$$
$$\left.- \Theta_3^{\int}\left(\frac{\pi(y-y_{02})}{2b}, e^{-\left(\frac{\pi}{b}\right)^2\eta_y\tau}\right) - \Theta_3^{\int}\left(\frac{\pi(y+y_{02})}{2b}, e^{-\left(\frac{\pi}{b}\right)^2\eta_y\tau}\right)\right\}d\tau \qquad (10.11.9)$$

The spatial average pressure response of the line $[y_{02} - y_{01}]$ is given by

$$p = \frac{U(t-t_0)b}{d\phi c_t(y_{02}-y_{01})\sqrt{\pi\eta_x}}\int\limits_0^{t-t_0}\frac{q(t-t_0-\tau)}{\sqrt{\tau}}\left\{e^{-\frac{(x-x_0)^2}{4\eta_x\tau}} - e^{-\frac{(x+x_0)^2}{4\eta_x\tau}}\right\}\times$$
$$\times\left\{\Theta_3\left(\frac{\pi(z-z_0)}{2d}, e^{-\left(\frac{\pi}{d}\right)^2\eta_z\tau}\right) + \Theta_3\left(\frac{\pi(z+z_0)}{2d}, e^{-\left(\frac{\pi}{d}\right)^2\eta_z\tau}\right)\right\}\times$$
$$\times\left[\Theta_3^{\int\int}\left(\frac{\pi(y_{02}-y_{01})}{2b}, e^{-\left(\frac{\pi}{b}\right)^2\eta_y\tau}\right) + \Theta_3^{\int\int}\left(\frac{\pi(y_{02}+y_{01})}{2b}, e^{-\left(\frac{\pi}{b}\right)^2\eta_y\tau}\tau\right) -\right.$$
$$\left.-\frac{1}{2}\left\{\Theta_3^{\int\int}\left(\frac{\pi y_{01}}{b}, e^{-\left(\frac{\pi}{b}\right)^2\eta_y\tau}\right) + \Theta_3^{\int\int}\left(\frac{\pi y_{02}}{b}, e^{-\left(\frac{\pi}{b}\right)^2\eta_y\tau}\right)\right\}\right]d\tau +$$
$$+\frac{1}{d(y_{02}-y_{01})\sqrt{\pi}}\int\limits_{\frac{x}{2\sqrt{\eta_x t}}}^{\infty}e^{-\tau^2}\int\limits_0^d\int\limits_0^b\psi_{0yz}\left(v, w, t-\frac{x^2}{4\eta_x\tau^2}\right)\times$$
$$\times\left\{\Theta_3^{\int}\left(\frac{\pi(y_{02}-v)}{2b}, e^{-\frac{\eta_y}{\eta_x}\left(\frac{\pi x}{2b\tau}\right)^2}\right) - \Theta_3^{\int}\left(\frac{\pi(y_{01}-v)}{2b}, e^{-\frac{\eta_y}{\eta_x}\left(\frac{\pi x}{2b\tau}\right)^2}\right) -\right.$$
$$\left.- \Theta_3^{\int}\left(\frac{\pi(y_{02}+v)}{2b}, e^{-\frac{\eta_y}{\eta_x}\left(\frac{\pi x}{2b\tau}\right)^2}\right) + \Theta_3^{\int}\left(\frac{\pi(y_{01}+v)}{2b}, e^{-\frac{\eta_y}{\eta_x}\left(\frac{\pi x}{2b\tau}\right)^2}\right)\right\}\times$$
$$\times\left\{\Theta_3\left(\frac{\pi(z-w)}{2d}, e^{-\frac{\eta_z}{\eta_x}\left(\frac{\pi x}{2d\tau}\right)^2}\right) + \Theta_3\left(\frac{\pi(z+w)}{2d}, e^{-\frac{\eta_z}{\eta_x}\left(\frac{\pi x}{2d\tau}\right)^2}\right)\right\}dvdwd\tau +$$
$$+\frac{1}{2d\phi c_t(y_{02}-y_{01})\sqrt{\pi\eta_x}}\int\limits_0^t\int\limits_0^b\int\limits_0^\infty\frac{1}{\sqrt{\tau}}\left\{e^{-\frac{(x-u)^2}{4\eta_x\tau}} - e^{-\frac{(x+u)^2}{4\eta_x\tau}}\right\}\times$$
$$\times\left\{\Theta_3^{\int}\left(\frac{\pi(y_{02}-v)}{2b}, e^{-\left(\frac{\pi}{b}\right)^2\eta_y\tau}\right) - \Theta_3^{\int}\left(\frac{\pi(y_{01}-v)}{2b}, e^{-\left(\frac{\pi}{b}\right)^2\eta_y\tau}\right) -\right.$$
$$\left.- \Theta_3^{\int}\left(\frac{\pi(y_{02}+v)}{2b}, e^{-\left(\frac{\pi}{b}\right)^2\eta_y\tau}\right) + \Theta_3^{\int}\left(\frac{\pi(y_{01}+v)}{2b}, e^{-\left(\frac{\pi}{b}\right)^2\eta_y\tau}\right)\right\}\times$$
$$\times\left\{\Theta_3\left(\frac{\pi z}{2d}, e^{-\eta_z\left(\frac{\pi}{d}\right)^2\tau}\right)\psi_{xy0}(u,v,t-\tau) - \Theta_4\left(\frac{\pi z}{2d}, e^{-\eta_z\left(\frac{\pi}{d}\right)^2\tau}\right)\psi_{xyd}(u,v,t-\tau)\right\}dudvd\tau +$$
$$+\frac{\eta_y}{4db(y_{02}-y_{01})\sqrt{\pi\eta_x}}\int\limits_0^t\int\limits_0^b\int\limits_0^\infty\frac{1}{\sqrt{\tau}}\left\{e^{-\frac{(x-u)^2}{4\eta_x\tau}} - e^{-\frac{(x+u)^2}{4\eta_x\tau}}\right\}\times$$
$$\times\left\{\Theta_3\left(\frac{\pi(z-w)}{2d}, e^{-\left(\frac{\pi}{d}\right)^2\eta_z\tau}\right) + \Theta_3\left(\frac{\pi(z+w)}{2d}, e^{-\left(\frac{\pi}{d}\right)^2\eta_z\tau}\right)\right\}\times$$
$$\times\left[\psi_{xbz}(u,w,t-\tau)\left\{\Theta_4\left(\frac{\pi y_{01}}{2b}, e^{-\eta_y\left(\frac{\pi}{b}\right)^2\tau}\right) - \Theta_4\left(\frac{\pi y_{02}}{2b}, e^{-\eta_y\left(\frac{\pi}{b}\right)^2\tau}\right)\right\} -\right.$$
$$\left.-\psi_{x0z}(u,w,t-\tau)\left\{\Theta_3\left(\frac{\pi y_{02}}{2b}, e^{-\eta_y\left(\frac{\pi}{b}\right)^2\tau}\right) - \Theta_3\left(\frac{\pi y_{01}}{2b}, e^{-\eta_z\left(\frac{\pi}{bv}\right)^2\tau}\right)\right\}\right]dudwd\tau +$$

$$+\frac{1}{4d\left(y_{02}-y_{01}\right)\sqrt{\pi\eta_x t}}\int_0^d\int_0^b\int_0^\infty\varphi\left(u,v,w\right)\left\{\Theta_3\left(\frac{\pi\left(z-w\right)}{2d},e^{-\left(\frac{\pi}{d}\right)^2\eta_z t}\right)+\Theta_3\left(\frac{\pi\left(z+w\right)}{2d},e^{-\left(\frac{\pi}{d}\right)^2\eta_z t}\right)\right\}\times$$
$$\times\left\{\Theta_3^{\int}\left(\frac{\pi\left(y_{02}-v\right)}{2b},e^{-\left(\frac{\pi}{b}\right)^2\eta_y\tau}\right)-\Theta_3^{\int}\left(\frac{\pi\left(y_{01}-v\right)}{2b},e^{-\left(\frac{\pi}{b}\right)^2\eta_y\tau}\right)-\right.$$
$$\left.-\Theta_3^{\int}\left(\frac{\pi\left(y_{02}+v\right)}{2b},e^{-\left(\frac{\pi}{b}\right)^2\eta_y\tau}\right)+\Theta_3^{\int}\left(\frac{\pi\left(y_{01}+v\right)}{2b},e^{-\left(\frac{\pi}{b}\right)^2\eta_y\tau}\right)\right\}\left\{e^{-\frac{(x-u)^2}{4\eta_x t}}-e^{-\frac{(x+u)^2}{4\eta_x t}}\right\}dudvdw \tag{10.11.10}$$

When $\varphi(x,y,z)=p_I$, a constant, the solution is obtained by replacing the term corresponding to the initial condition (the last term) in equation (10.11.7) with

$$p=\frac{4p_I b\,\mathrm{erf}\left(\frac{x}{2\sqrt{\eta_x t}}\right)}{y_{02}-y_{01}}\left\{\Theta_3^{\int\int}\left(\frac{\pi y_{02}}{2b},e^{-\left(\frac{\pi}{b}\right)^2\eta_y t}\right)-\Theta_3^{\int\int}\left(\frac{\pi y_{01}}{2b},e^{-\left(\frac{\pi}{b}\right)^2\eta_y t}\right)-\right.$$
$$\left.-\Theta_4^{\int\int}\left(\frac{\pi y_{02}}{2b},e^{-\left(\frac{\pi}{b}\right)^2\eta_y t}\right)+\Theta_4^{\int\int}\left(\frac{\pi y_{01}}{2b},e^{-\left(\frac{\pi}{b}\right)^2\eta_y t}\right)\right\} \tag{10.11.11}$$

(iv) An inclined line of finite length $[(z_{02}-z_{01})\sin\vartheta_0]$, $0<\vartheta_0<\frac{\pi}{2}$, passing through (x_0,y_0,z_0). ϑ_0 is the inclination of the deviated well to the $x-y$ plane, γ_0 is the intercept to the z axis and θ_0 is the horizontal angle in polar coordinates*

The continuous source solution is obtained by replacing the source term in equation (10.11.2) with

$$p=\frac{U(t-t_0)\sin\vartheta_0}{8\pi\phi c_t\sqrt{\eta_x\eta_y\eta_z}}\times$$
$$\times\int_0^{t-t_0}\frac{q\left(t-t_0-\tau\right)}{\tau}\sum_{m=-\infty}^{\infty}\sum_{l=-\infty}^{\infty}\left[\mathcal{F}\left(x,y+2bm,z+2dl,\tau;z_{02},z_{01}\right)+\mathcal{F}\left(x,y+2bm,-z-2dl,\tau;z_{02},z_{01}\right)-\right.$$
$$-\mathcal{F}\left(x,-y-2bm,z+2dl,\tau;z_{02},z_{01}\right)-\mathcal{F}\left(x,-y-2bm,-z-2dl,\tau;z_{02},z_{01}\right)-$$
$$-\mathcal{F}\left(-x,y+2bm,z+2dl,\tau;z_{02},z_{01}\right)-\mathcal{F}\left(-x,y+2bm,-z-2dl,\tau;z_{02},z_{01}\right)+$$
$$\left.+\mathcal{F}\left(-x,-y-2bm,z+2dl,\tau;z_{02},z_{01}\right)+\mathcal{F}\left(-x,-y-2bm,-z-2dl,\tau;z_{02},z_{01}\right)\right]d\tau \tag{10.11.12}$$

where the function $\mathcal{F}\left(x,y,z,\tau;b,a\right)$ is given by equation (8.2.22).

The spatial average pressure response of the inclined line $[(z_{02}-z_{01})\sin\vartheta_0]$ is obtained by a further integration:

$$p=\frac{U(t-t_0)\sin\vartheta_0}{8\pi\phi c_t\left(z_{02}-z_{01}\right)\sqrt{\eta_x\eta_y\eta_z}}\times$$
$$\times\int_0^{t-t_0}\frac{q\left(t-t_0-\tau\right)}{\tau}\sum_{m=-\infty}^{\infty}\sum_{l=-\infty}^{\infty}\int_{z_{01}}^{z_{02}}\left[\mathcal{F}\left(z\cot\vartheta\cos\theta,z\cot\vartheta\sin\theta+2bm,z+2dl,\tau;z_{02},z_{01}\right)+\right.$$
$$+\mathcal{F}\left(z\cot\vartheta\cos\theta,z\cot\vartheta\sin\theta+2bm,-z-2dl,\tau;z_{02},z_{01}\right)-$$
$$-\mathcal{F}\left(z\cot\vartheta\cos\theta,-z\cot\vartheta\sin\theta-2bm,z+2dl,\tau;z_{02},z_{01}\right)-$$
$$-\mathcal{F}\left(z\cot\vartheta\cos\theta,-z\cot\vartheta\sin\theta-2bm,-z-2dl,\tau;z_{02},z_{01}\right)-$$
$$-\mathcal{F}\left(-z\cot\vartheta\cos\theta,z\cot\vartheta\sin\theta+2bm,z+2dl,\tau;z_{02},z_{01}\right)-$$
$$-\mathcal{F}\left(-z\cot\vartheta\cos\theta,z\cot\vartheta\sin\theta+2bm,-z-2dl,\tau;z_{02},z_{01}\right)+$$
$$+\mathcal{F}\left(-z\cot\vartheta\cos\theta,-z\cot\vartheta\sin\theta-2bm,z+2dl,\tau;z_{02},z_{01}\right)+$$
$$\left.+\mathcal{F}\left(-z\cot\vartheta\cos\theta,-z\cot\vartheta\sin\theta-2bm,-z-2dl,\tau;z_{02},z_{01}\right)\right]dzd\tau+$$
$$+\frac{\cot\vartheta\cos\theta}{8\pi\left(z_{02}-z_{01}\right)\sqrt{\eta_x\eta_y\eta_z}}\int_0^t\frac{1}{\tau^2}\int_0^d\int_0^b\psi_{0yz}\left(v,w,t-\tau\right)\times$$

*$x_0=r_0\cos\theta_0=(z_0-\gamma_0)\cot\vartheta_0\cos\theta_0$, $y_0=r_0\sin\theta_0=(z_0-\gamma_0)\cot\vartheta_0\sin\theta_0$ and $r_0=(z_0-\gamma_0)\cot\vartheta_0$.

$$\times \sum_{m=-\infty}^{\infty} \sum_{l=-\infty}^{\infty} \left[\Psi\left(0, v-2bm, w-2dl, \tau; z_{02}, z_{01}\right) - \Psi\left(0, -v-2bm, w-2dl, \tau; z_{02}, z_{01}\right) + \right.$$

$$\left. +\Psi\left(0, v-2bm, -w-2dl, \tau; z_{02}, z_{01}\right) - \Psi\left(0, -v-2bm, -w-2dl, \tau; z_{02}, z_{01}\right)\right] dvdwd\tau +$$

$$+\frac{1}{4\pi\phi c_t\left(z_{02}-z_{01}\right)\sqrt{\eta_x\eta_y\eta_z}} \int_0^t \frac{1}{\tau} \int_0^b \int_0^\infty \psi_{xy0}\left(u, v, t-\tau\right) \times$$

$$\times \sum_{m=-\infty}^{\infty} \sum_{l=-\infty}^{\infty} \left[\Phi\left(u, v-2bm, -2dl, \tau; z_{02}, z_{01}\right) - \Phi\left(-u, v-2bm, -2dl, \tau; z_{02}, z_{01}\right) - \right.$$

$$\left. -\Phi\left(u, -v-2bm, -2dl, \tau; z_{02}, z_{01}\right) + \Phi\left(-u, -v-2bm, -2dl, \tau; z_{02}, z_{01}\right)\right] dudvd\tau -$$

$$-\frac{1}{4\pi\phi c_t\left(z_{02}-z_{01}\right)\sqrt{\eta_x\eta_y\eta_z}} \int_0^t \frac{1}{\tau} \int_0^b \int_0^\infty \psi_{xyd}\left(u, v, t-\tau\right) \times$$

$$\times \sum_{m=-\infty}^{\infty} \sum_{l=-\infty}^{\infty} \left[\Phi\left(u, v-2bm, -\left(2l+1\right)d, \tau; z_{02}, z_{01}\right) - \Phi\left(-u, v-2bm, -\left(2l+1\right)d, \tau; z_{02}, z_{01}\right) - \right.$$

$$\left. -\Phi\left(u, -v-2bm, -\left(2l+1\right)d, \tau; z_{02}, z_{01}\right) + \Phi\left(-u, -v-2bm, -\left(2l+1\right)d, \tau; z_{02}, z_{01}\right)\right] dudvd\tau -$$

$$+\frac{\cot\vartheta_0 \sin\theta_0}{8\pi\left(z_{02}-z_{01}\right)\sqrt{\eta_x\eta_y\eta_z}} \int_0^t \frac{1}{\tau^2} \int_0^d \int_0^\infty \psi_{x0z}\left(u, w, t-\tau\right) \times$$

$$\times \sum_{m=-\infty}^{\infty} \sum_{l=-\infty}^{\infty} \left[\Psi_d\left(u, -2mb, w-2dl, \tau; z_{02}, z_{01}\right) + \Psi_d\left(u, -2mb, -w-2dl, \tau; z_{02}, z_{01}\right) - \right.$$

$$\left. -\Psi_d\left(-u, -2mb, w-2dl, \tau; z_{02}, z_{01}\right) - \Psi_d\left(-u, -2mb, -w-2dl, \tau; z_{02}, z_{01}\right)\right] dudwd\tau +$$

$$+\frac{b}{4\pi\left(z_{02}-z_{01}\right)\sqrt{\eta_x\eta_y\eta_z}} \int_0^t \frac{1}{\tau^2} \int_0^d \int_0^\infty \psi_{x0z}\left(u, w, t-\tau\right) \times$$

$$\times \sum_{m=-\infty}^{\infty} \sum_{l=-\infty}^{\infty} m\left[\Phi\left(u, -2mb, w-2dl, \tau; z_{02}, z_{01}\right) + \Phi\left(u, -2mb, -w-2dl, \tau; z_{02}, z_{01}\right) - \right.$$

$$\left. -\Phi\left(-u, -2mb, w-2dl, \tau; z_{02}, z_{01}\right) - \Phi\left(-u, -2mb, -w-2dl, \tau; z_{02}, z_{01}\right)\right] dudwd\tau -$$

$$-\frac{\cot\vartheta_0 \sin\theta_0}{8\pi\left(z_{02}-z_{01}\right)\sqrt{\eta_x\eta_y\eta_z}} \int_0^t \frac{1}{\tau^2} \int_0^d \int_0^\infty \psi_{xbz}\left(u, w, t-\tau\right) \times$$

$$\times \sum_{m=-\infty}^{\infty} \sum_{l=-\infty}^{\infty} \left[\Psi_d\left(u, -\left(2m+1\right)b, w-2dl, \tau; z_{02}, z_{01}\right) + \Psi_d\left(u, -\left(2m+1\right)b, -w-2dl, \tau; z_{02}, z_{01}\right) - \right.$$

$$\left. -\Psi_d\left(-u, -\left(2m+1\right)b, w-2dl, \tau; z_{02}, z_{01}\right) - \Psi_d\left(-u, -\left(2m+1\right)b, -w-2dl, \tau; z_{02}, z_{01}\right)\right] dudwd\tau -$$

$$-\frac{b}{4\pi\left(z_{02}-z_{01}\right)\sqrt{\eta_x\eta_y\eta_z}} \int_0^t \frac{1}{\tau^2} \int_0^d \int_0^\infty \psi_{xbz}\left(u, w, t-\tau\right) \sum_{m=-\infty}^{\infty} \sum_{l=-\infty}^{\infty} \left\{\frac{1}{2}+m\right\} \times$$

$$\times \left[\Phi\left(u, -\left(2m+1\right)b, w-2dl, \tau; z_{02}, z_{01}\right) + \Phi\left(u, -\left(2m+1\right)b, -w-2dl, \tau; z_{02}, z_{01}\right) - \right.$$

$$\left. -\left\{\Phi\left(-u, -\left(2m+1\right)b, w-2dl, \tau; z_{02}, z_{01}\right) - \Phi\left(-u, -\left(2m+1\right)b, -w-2dl, \tau; z_{02}, z_{01}\right)\right\} dudwd\tau +$$

$$+\frac{1}{8\pi t(z_{02}-z_{01})\sqrt{\eta_x\eta_y\eta_z}} \int_0^d \int_0^b \int_0^\infty \varphi\left(u, v, w\right) \sum_{m=-\infty}^{\infty} \sum_{l=-\infty}^{\infty} \left[\Phi\left(u, v-2bm, w-2dl, t; z_{02}, z_{01}\right) + \right.$$

$$+\Phi\left(u, v-2bm, -w-2dl, t; z_{02}, z_{01}\right) - \Phi\left(u, -v-2bm, w-2dl, t; z_{02}, z_{01}\right) -$$

$$-\Phi\left(u, -v-2bm, -w-2dl, t; z_{02}, z_{01}\right) - \Phi\left(-u, v-2bm, w-2dl, t; z_{02}, z_{01}\right) -$$

$$-\Phi\left(-u, v-2bm, -w-2dl, t; z_{02}, z_{01}\right) + \Phi\left(-u, -v-2bm, w-2dl, t; z_{02}, z_{01}\right) +$$

$$\left. +\Phi\left(-u, -v-2bm, -w-2dl, t; z_{02}, z_{01}\right)\right] dudvdw \qquad (10.11.13)$$

where the functions $\Psi(v, w, \tau; b, a)$ and $\Phi(u, v, w, \tau; b, a)$ are given by equations (8.2.24) and (8.2.25), respectively. In equation (10.11.13), a point in space is defined by ϑ and θ.*

When $\varphi(x, y, z) = p_I$, a constant, the solution is obtained by replacing the term corresponding to the initial condition (the last term) in equation (10.11.13) with

$$p = \frac{4bp_I}{(z_{02} - z_{01})\cot\vartheta\sin\theta} \times$$
$$\times \int_{z_{01}}^{z_{02}} \mathrm{erf}\left(\frac{z\cot\vartheta\cos\theta}{2\sqrt{\eta_x t}}\right)\left\{\Theta_3^{\int}\left(\frac{\pi z\cot\vartheta\sin\theta}{2b}, e^{-\left(\frac{\pi}{b}\right)^2\eta_y t}\right) - \Theta_4^{\int}\left(\frac{\pi z\cot\vartheta\sin\theta}{2b}, e^{-\left(\frac{\pi}{b}\right)^2\eta_y t}\right)\right\} dz \quad (10.11.14)$$

(v) Segmented inclined lines of finite length $[(z_{0\iota+1} - z_{0\iota})\sin\vartheta_{0\iota}]$, $0 < \vartheta_{0\iota} < \frac{\pi}{2}$, passing through $(x_{0\iota}, y_{0\iota}, z_{0\iota})$. $\vartheta_{0\iota}$ is the inclination of the segment ι of the well to the $x - y$ plane, $\gamma_{0\iota}$ is the intercept to the z axis and $\theta_{0\iota}$ is the horizontal angle in polar coordinates. The segment ι of the well is producing at the rate $q_\iota(t)$ beginning at time $t_{0\iota}$, $\iota = 1, 2, ..., N$. The well is divided into N segments

The continuous source solution is obtained by replacing the source term in equation (10.11.2) with

$$p = \frac{1}{8\pi\phi c_t\sqrt{\eta_x\eta_y\eta_z}}\sum_{\iota=0}^{N} U(t - t_{0\iota})\sin\vartheta_{0\iota}\int_0^{t-t_{0\iota}} \frac{q_\iota(t - t_{0\iota} - \tau)}{\tau} \times$$
$$\times \sum_{m=-\infty}^{\infty}\sum_{l=-\infty}^{\infty} [\mathcal{F}_\iota(x, y + 2bm, z + 2dl, \tau; z_{0\iota+1}, z_{0\iota}) + \mathcal{F}_\iota(x, y + 2bm, -z - 2dl, \tau; z_{0\iota+1}, z_{0\iota}) -$$
$$-\mathcal{F}_\iota(x, -y - 2bm, z + 2dl, \tau; z_{0\iota+1}, z_{0\iota}) - \mathcal{F}_\iota(x, -y - 2bm, -z - 2dl, \tau; z_{0\iota+1}, z_{0\iota}) -$$
$$-\mathcal{F}_\iota(-x, y + 2bm, z + 2dl, \tau; z_{0\iota+1}, z_{0\iota}) - \mathcal{F}_\iota(-x, y + 2bm, -z - 2dl, \tau; z_{0\iota+1}, z_{0\iota}) +$$
$$+ \mathcal{F}_\iota(-x, -y - 2bm, z + 2dl, \tau; z_{0\iota+1}, z_{0\iota}) + \mathcal{F}_\iota(-x, -y - 2bm, -z - 2dl, \tau; z_{0\iota+1}, z_{0\iota})]\, d\tau \quad (10.11.15)$$

where the function $\mathcal{F}_\iota(x, y, z, \tau; b, a)$ is given by equation (8.2.28).

The spatial average pressure response of the segment $[z_{0\diamondsuit+1} - z_{0\diamondsuit}]\sin\vartheta_{0\diamondsuit}$, $\iota = \diamondsuit$, $0 \le \diamondsuit \le N$, is obtained by a further integration:

$$p = \frac{1}{8\pi\phi c_t(z_{0\diamondsuit+1} - z_{0\diamondsuit})\sqrt{\eta_x\eta_y\eta_z}}\sum_{\iota=0}^{N} U(t - t_{0\iota})\sin\vartheta_{0\iota} \times$$
$$\times \int_0^{t-t_{0\iota}} \frac{q_\iota(t - t_{0\iota} - \tau)}{\tau}\sum_{m=-\infty}^{\infty}\sum_{l=-\infty}^{\infty}\int_{z_{0\diamondsuit}}^{z_{0\diamondsuit+1}} [\mathcal{F}_\iota(z\cot\vartheta\cos\theta, z\cot\vartheta\sin\theta + 2bm, z + 2dl, \tau; z_{0\iota+1}, z_{0\iota}) +$$
$$+\mathcal{F}_\iota(z\cot\vartheta\cos\theta, z\cot\vartheta\sin\theta + 2bm, -z - 2dl, \tau; z_{0\iota+1}, z_{0\iota}) -$$
$$-\mathcal{F}_\iota(z\cot\vartheta\cos\theta, -z\cot\vartheta\sin\theta - 2bm, z + 2dl, \tau; z_{0\iota+1}, z_{0\iota}) -$$
$$-\mathcal{F}_\iota(z\cot\vartheta\cos\theta, -z\cot\vartheta\sin\theta - 2bm, -z - 2dl, \tau; z_{0\iota+1}, z_{0\iota}) -$$
$$-\mathcal{F}_\iota(-z\cot\vartheta\cos\theta, z\cot\vartheta\sin\theta + 2bm, z + 2dl, \tau; z_{0\iota+1}, z_{0\iota}) -$$
$$-\mathcal{F}_\iota(-z\cot\vartheta\cos\theta, z\cot\vartheta\sin\theta + 2bm, -z - 2dl, \tau; z_{0\iota+1}, z_{0\iota}) +$$
$$+\mathcal{F}_\iota(-z\cot\vartheta\cos\theta, -z\cot\vartheta\sin\theta - 2bm, z + 2dl, \tau; z_{0\iota+1}, z_{0\iota}) +$$
$$+\mathcal{F}_\iota(-z\cot\vartheta\cos\theta, -z\cot\vartheta\sin\theta - 2bm, -z - 2dl, \tau; z_{0\iota+1}, z_{0\iota})]\, dz d\tau +$$
$$+\frac{\cot\vartheta\cos\theta}{8\pi(z_{0\diamondsuit+1} - z_{0\diamondsuit})\sqrt{\eta_x\eta_y\eta_z}}\int_0^t \frac{1}{\tau^2}\int_0^d\int_0^b \psi_{0yz}(v, w, t - \tau) \times$$
$$\times \sum_{m=-\infty}^{\infty}\sum_{l=-\infty}^{\infty} [\Psi(0, v - 2bm, w - 2dl, \tau; z_{0\diamondsuit+1}, z_{0\diamondsuit}) - \Psi(0, -v - 2bm, w - 2dl, \tau; z_{0\diamondsuit+1}, z_{0\diamondsuit}) +$$

*$\tan\vartheta = \frac{z}{\sqrt{x^2+y^2}}$, $\tan\theta = \frac{y}{x}$.

$$+\Psi\left(0,v-2bm,-w-2dl,\tau;z_{0\diamondsuit+1},z_{0\diamondsuit}\right)-\Psi\left(0,-v-2bm,-w-2dl,\tau;z_{0\diamondsuit+1},z_{0\diamondsuit}\right)\Big]\,dvdwd\tau+$$

$$+\frac{1}{4\pi\phi c_t\left(z_{0\diamondsuit+1}-z_{0\diamondsuit}\right)\sqrt{\eta_x\eta_y\eta_z}}\int\limits_0^t\frac{1}{\tau}\int\limits_0^b\int\limits_0^\infty\psi_{xy0}\left(u,v,t-\tau\right)\times$$

$$\times\sum_{m=-\infty}^{\infty}\sum_{l=-\infty}^{\infty}\left[\Phi\left(u,v-2bm,-2dl,\tau;z_{0\diamondsuit+1},z_{0\diamondsuit}\right)-\Phi\left(-u,v-2bm,-2dl,\tau;z_{0\diamondsuit+1},z_{0\diamondsuit}\right)-\right.$$

$$\left.-\Phi\left(u,-v-2bm,-2dl,\tau;z_{0\diamondsuit+1},z_{0\diamondsuit}\right)+\Phi\left(-u,-v-2bm,-2dl,\tau;z_{0\diamondsuit+1},z_{0\diamondsuit}\right)\right]dudvd\tau-$$

$$-\frac{1}{4\pi\phi c_t\left(z_{0\diamondsuit+1}-z_{0\diamondsuit}\right)\sqrt{\eta_x\eta_y\eta_z}}\int\limits_0^t\frac{1}{\tau}\int\limits_0^b\int\limits_0^\infty\psi_{xyd}\left(u,v,t-\tau\right)\times$$

$$\times\sum_{m=-\infty}^{\infty}\sum_{l=-\infty}^{\infty}\left[\Phi\left(u,v-2bm,-\left(2l+1\right)d,\tau;z_{0\diamondsuit+1},z_{0\diamondsuit}\right)-\Phi(-u,v-2bm,-\left(2l+1\right)d,\tau;z_{0\diamondsuit+1},z_{0\diamondsuit})-\right.$$

$$\left.-\Phi\left(u,-v-2bm,-\left(2l+1\right)d,\tau;z_{0\diamondsuit+1},z_{0\diamondsuit}\right)+\Phi\left(-u,-v-2bm,-\left(2l+1\right)d,\tau;z_{0\diamondsuit+1},z_{0\diamondsuit}\right)\right]dudvd\tau-$$

$$+\frac{\cot\vartheta_0\sin\theta_0}{8\pi\left(z_{0\diamondsuit+1}-z_{0\diamondsuit}\right)\sqrt{\eta_x\eta_y\eta_z}}\int\limits_0^t\frac{1}{\tau^2}\int\limits_0^d\int\limits_0^\infty\psi_{x0z}\left(u,w,t-\tau\right)\times$$

$$\times\sum_{m=-\infty}^{\infty}\sum_{l=-\infty}^{\infty}\left[\Psi_d\left(u,-2mb,w-2dl,\tau;z_{0\diamondsuit+1},z_{0\diamondsuit}\right)+\Psi_d\left(u,-2mb,-w-2dl,\tau;z_{0\diamondsuit+1},z_{0\diamondsuit}\right)-\right.$$

$$\left.-\Psi_d\left(-u,-2mb,w-2dl,\tau;z_{0\diamondsuit+1},z_{0\diamondsuit}\right)-\Psi_d\left(-u,-2mb,-w-2dl,\tau;z_{0\diamondsuit+1},z_{0\diamondsuit}\right)\right]dudwd\tau+$$

$$+\frac{b}{4\pi\left(z_{0\diamondsuit+1}-z_{0\diamondsuit}\right)\sqrt{\eta_x\eta_y\eta_z}}\int\limits_0^t\frac{1}{\tau^2}\int\limits_0^d\int\limits_0^\infty\psi_{x0z}\left(u,w,t-\tau\right)\times$$

$$\times\sum_{m=-\infty}^{\infty}\sum_{l=-\infty}^{\infty}m\left[\Phi\left(u,-2mb,w-2dl,\tau;z_{0\diamondsuit+1},z_{0\diamondsuit}\right)+\Phi\left(u,-2mb,-w-2dl,\tau;z_{0\diamondsuit+1},z_{0\diamondsuit}\right)-\right.$$

$$\left.-\Phi\left(-u,-2mb,w-2dl,\tau;z_{0\diamondsuit+1},z_{0\diamondsuit}\right)-\Phi\left(-u,-2mb,-w-2dl,\tau;z_{0\diamondsuit+1},z_{0\diamondsuit}\right)\right]dudwd\tau-$$

$$-\frac{\cot\vartheta_0\sin\theta_0}{8\pi\left(z_{0\diamondsuit+1}-z_{0\diamondsuit}\right)\sqrt{\eta_x\eta_y\eta_z}}\int\limits_0^t\frac{1}{\tau^2}\int\limits_0^d\int\limits_0^\infty\psi_{xbz}\left(u,w,t-\tau\right)\times$$

$$\times\sum_{m=-\infty}^{\infty}\sum_{l=-\infty}^{\infty}\left[\Psi_d\left(u,-\left(2m+1\right)b,w-2dl,\tau;z_{0\diamondsuit+1},z_{0\diamondsuit}\right)+\Psi_d\left(u,-\left(2m+1\right)b,-w-2dl,\tau;z_{0\diamondsuit+1},z_{0\diamondsuit}\right)-\right.$$

$$\left.-\Psi_d\left(-u,-\left(2m+1\right)b,w-2dl,\tau;z_{0\diamondsuit+1},z_{0\diamondsuit}\right)-\Psi_d\left(-u,-\left(2m+1\right)b,-w-2dl,\tau;z_{0\diamondsuit+1},z_{0\diamondsuit}\right)\right]dudwd\tau-$$

$$-\frac{b}{4\pi\left(z_{0\diamondsuit+1}-z_{0\diamondsuit}\right)\sqrt{\eta_x\eta_y\eta_z}}\int\limits_0^t\frac{1}{\tau^2}\int\limits_0^d\int\limits_0^\infty\psi_{xbz}\left(u,w,t-\tau\right)\sum_{m=-\infty}^{\infty}\sum_{l=-\infty}^{\infty}\left\{\frac{1}{2}+m\right\}\times$$

$$\times\left[\Phi\left(u,-\left(2m+1\right)b,w-2dl,\tau;z_{0\diamondsuit+1},z_{0\diamondsuit}\right)+\Phi\left(u,-\left(2m+1\right)b,-w-2dl,\tau;z_{0\diamondsuit+1},z_{0\diamondsuit}\right)-\right.$$

$$\left.-\left\{\Phi(-u,-\left(2m+1\right)b,w-2dl,\tau;z_{0\diamondsuit+1},z_{0\diamondsuit})-\Phi(-u,-\left(2m+1\right)b,-w-2dl,\tau;z_{0\diamondsuit+1},z_{0\diamondsuit})\right\}dudwd\tau+\right.$$

$$+\frac{1}{8\pi t(z_{0\diamondsuit+1}-z_{0\diamondsuit})\sqrt{\eta_x\eta_y\eta_z}}\int\limits_0^d\int\limits_0^b\int\limits_0^\infty\varphi\left(u,v,w\right)\sum_{m=-\infty}^{\infty}\sum_{l=-\infty}^{\infty}\left[\Phi\left(u,v-2bm,w-2dl,t;z_{0\diamondsuit+1},z_{0\diamondsuit}\right)+\right.$$

$$+\Phi\left(u,v-2bm,-w-2dl,t;z_{0\diamondsuit+1},z_{0\diamondsuit}\right)-\Phi\left(u,-v-2bm,w-2dl,t;z_{0\diamondsuit+1},z_{0\diamondsuit}\right)-$$

$$-\Phi\left(u,-v-2bm,-w-2dl,t;z_{0\diamondsuit+1},z_{0\diamondsuit}\right)-\Phi\left(-u,v-2bm,w-2dl,t;z_{0\diamondsuit+1},z_{0\diamondsuit}\right)-$$

$$-\Phi\left(-u,v-2bm,-w-2dl,t;z_{0\diamondsuit+1},z_{0\diamondsuit}\right)+\Phi\left(-u,-v-2bm,w-2dl,t;z_{0\diamondsuit+1},z_{0\diamondsuit}\right)+$$

$$\left.+\Phi\left(-u,-v-2bm,-w-2dl,t;z_{0\diamondsuit+1},z_{0\diamondsuit}\right)\right]dudvdw \tag{10.11.16}$$

In equation (10.11.16), a point in space is defined by ϑ and θ.*

(vi) A rectangular source at x_0†

The continuous source solution is obtained by replacing the source term in equation (10.1.2) with

$$\begin{aligned} p =\ & \frac{U(t-t_0)}{2\phi c_t\sqrt{\pi\eta_x}}\int\limits_0^{t-t_0}\frac{q(t-t_0-\tau)}{\sqrt{\tau}}\left\{e^{-\frac{(x-x_0)^2}{4\eta_x\tau}}-e^{-\frac{(x+x_0)^2}{4\eta_x\tau}}\right\}\times \\ & \times\left\{\Theta_3^{\int}\left(\frac{\pi(z-z_{01})}{2d},e^{-\left(\frac{\pi}{d}\right)^2\eta_z\tau}\right)-\Theta_3^{\int}\left(\frac{\pi(z-z_{02})}{2d},e^{-\left(\frac{\pi}{d}\right)^2\eta_z\tau}\right)+\right. \\ & \left.+\Theta_3^{\int}\left(\frac{\pi(z+z_{02})}{2d},e^{-\left(\frac{\pi}{d}\right)^2\eta_z\tau}\right)-\Theta_3^{\int}\left(\frac{\pi(z+z_{01})}{2d},e^{-\left(\frac{\pi}{d}\right)^2\eta_z\tau}\right)\right\}\times \\ & \times\left\{\Theta_3^{\int}\left(\frac{\pi(y-y_{01})}{2b},e^{-\left(\frac{\pi}{b}\right)^2\eta_y\tau}\right)-\Theta_3^{\int}\left(\frac{\pi(y-y_{02})}{2b},e^{-\left(\frac{\pi}{b}\right)^2\eta_y\tau}\right)-\right. \\ & \left.-\Theta_3^{\int}\left(\frac{\pi(y+y_{02})}{2b},e^{-\left(\frac{\pi}{b}\right)^2\eta_y\tau}\right)+\Theta_3^{\int}\left(\frac{\pi(y+y_{01})}{2b},e^{-\left(\frac{\pi}{b}\right)^2\eta_y\tau}\right)\right\}d\tau \end{aligned} \tag{10.11.17}$$

The spatial average pressure response of the rectangle $[(y_{02}-y_{01})(z_{02}-z_{01})]$ is given by

$$\begin{aligned} p =\ & \frac{8U(t-t_0)bd}{\phi c_t\sqrt{\pi\eta_x}(y_{02}-y_{01})(z_{02}-z_{01})}\int\limits_0^{t-t_0}\frac{q(t-t_0-\tau)}{\sqrt{\tau}}\left\{e^{-\frac{(x-x_0)^2}{4\eta_x\tau}}-e^{-\frac{(x+x_0)^2}{4\eta_x\tau}}\right\}\times \\ & \times\left[\Theta_3^{\int\int}\left(\frac{\pi(z_{02}-z_{01})}{2d},e^{-\left(\frac{\pi}{d}\right)^2\eta_z\tau}\right)-\Theta_3^{\int\int}\left(\frac{\pi(z_{02}+z_{01})}{2d},e^{-e^{-\left(\frac{\pi}{d}\right)^2\eta_z\tau}\tau}\right)+\right. \\ & \left.+\frac{1}{2}\left\{\Theta_3^{\int\int}\left(\frac{\pi z_{01}}{d},e^{-\left(\frac{\pi}{d}\right)^2\eta_z\tau}\right)+\Theta_3^{\int\int}\left(\frac{\pi z_{02}}{d},e^{-\left(\frac{\pi}{d}\right)^2\eta_z\tau}\right)\right\}\right]\times \\ & \times\left[\Theta_3^{\int\int}\left(\frac{\pi(y_{02}-y_{01})}{2b},e^{-\left(\frac{\pi}{b}\right)^2\eta_y\tau}\right)+\Theta_3^{\int\int}\left(\frac{\pi(y_{02}+y_{01})}{2b},e^{-e^{-\left(\frac{\pi}{b}\right)^2\eta_y\tau}\tau}\right)-\right. \\ & \left.-\frac{1}{2}\left\{\Theta_3^{\int\int}\left(\frac{\pi y_{01}}{b},e^{-\left(\frac{\pi}{b}\right)^2\eta_y\tau}\right)+\Theta_3^{\int\int}\left(\frac{\pi y_{02}}{b},e^{-\left(\frac{\pi}{b}\right)^2\eta_y\tau}\right)\right\}\right]d\tau+ \\ & +\frac{2}{(y_{02}-y_{01})(z_{02}-z_{01})\sqrt{\pi}}\int\limits_{\frac{x}{2\sqrt{\eta_x t}}}^{\infty}e^{-\tau^2}\int\limits_0^d\int\limits_0^b\psi_{0yz}\left(v,w,t-\frac{x^2}{4\eta_x\tau^2}\right)\times \\ & \times\left\{\Theta_3^{\int}\left(\frac{\pi(y_{02}-v)}{2b},e^{-\frac{\eta_y}{\eta_x}\left(\frac{\pi x}{2b\tau}\right)^2}\right)-\Theta_3^{\int}\left(\frac{\pi(y_{01}-v)}{2b},e^{-\frac{\eta_y}{\eta_x}\left(\frac{\pi x}{2b\tau}\right)^2}\right)-\right. \\ & \left.-\Theta_3^{\int}\left(\frac{\pi(y_{02}+v)}{2b},e^{-\frac{\eta_y}{\eta_x}\left(\frac{\pi x}{2b\tau}\right)^2}\right)+\Theta_3^{\int}\left(\frac{\pi(y_{01}+v)}{2b},e^{-\frac{\eta_y}{\eta_x}\left(\frac{\pi x}{2b\tau}\right)^2}\right)\right\}\times \\ & \times\left\{\Theta_3^{\int}\left(\frac{\pi(z_{02}-w)}{2d},e^{-\frac{\eta_z}{\eta_x}\left(\frac{\pi x}{2d\tau}\right)^2}\right)-\Theta_3^{\int}\left(\frac{\pi(z_{01}-w)}{2d},e^{-\frac{\eta_z}{\eta_x}\left(\frac{\pi x}{2d\tau}\right)^2}\right)+\right. \\ & \left.+\Theta_3^{\int}\left(\frac{\pi(z_{02}+w)}{2d},e^{-\frac{\eta_z}{\eta_x}\left(\frac{\pi x}{2d\tau}\right)^2}\right)-\Theta_3^{\int}\left(\frac{\pi(z_{01}+w)}{2d},e^{-\frac{\eta_z}{\eta_x}\left(\frac{\pi x}{2d\tau}\right)^2}\right)\right\}dv\,dw\,d\tau+ \\ & +\frac{1}{\phi c_t(y_{02}-y_{01})(z_{02}-z_{01})\sqrt{\pi\eta_x}}\int\limits_0^t\int\limits_0^b\int\limits_0^\infty\frac{1}{\sqrt{\tau}}\left\{e^{-\frac{(x-u)^2}{4\eta_x\tau}}-e^{-\frac{(x+u)^2}{4\eta_x\tau}}\right\}\times \\ & \times\left\{\Theta_3^{\int}\left(\frac{\pi(y_{02}-v)}{2b},e^{-\left(\frac{\pi}{b}\right)^2\eta_y\tau}\right)-\Theta_3^{\int}\left(\frac{\pi(y_{01}-v)}{2b},e^{-\left(\frac{\pi}{b}\right)^2\eta_y\tau}\right)-\right. \end{aligned}$$

*$\tan\vartheta=\frac{z}{\sqrt{x^2+y^2}}$, $\tan\theta=\frac{y}{x}$.

†The coordinates of the source are (x_0,y_{01},z_{01}), (x_0,y_{02},z_{01}), (x_0,y_{01},z_{02}), (x_0,y_{02},z_{02}).

$$
-\Theta_3^{\int}\left(\frac{\pi\left(y_{02}+v\right)}{2b}, e^{-\left(\frac{\pi}{b}\right)^2\eta_y\tau}\right)+\Theta_3^{\int}\left(\frac{\pi\left(y_{01}+v\right)}{2b}, e^{-\left(\frac{\pi}{b}\right)^2\eta_y\tau}\right)\Bigg\}\times
$$

$$
\times\left[\psi_{xy0}\left(u,v,t-\tau\right)\left\{\Theta_3^{\int}\left(\frac{\pi z_{02}}{2d}, e^{-\left(\frac{\pi}{d}\right)^2\eta_z\tau}\right)-\Theta_3^{\int}\left(\frac{\pi z_{01}}{2d}, e^{-\left(\frac{\pi}{d}\right)^2\eta_z\tau}\right)\right\}-\right.
$$

$$
\left.-\psi_{xyd}\left(u,v,t-\tau\right)\left\{\Theta_4^{\int}\left(\frac{\pi z_{02}}{2d}, e^{-\left(\frac{\pi}{d}\right)^2\eta_z\tau}\right)-\Theta_4^{\int}\left(\frac{\pi z_{01}}{2d}, e^{-\left(\frac{\pi}{d}\right)^2\eta_z\tau}\right)\right\}\right] du dv d\tau+
$$

$$
+\frac{\eta_y}{2b\left(y_{02}-y_{01}\right)\left(z_{02}-z_{01}\right)\sqrt{\pi\eta_x}}\int_0^t\int_0^b\int_0^\infty \frac{1}{\sqrt{\tau}}\left\{e^{-\frac{(x-u)^2}{4\eta_x\tau}}-e^{-\frac{(x+u)^2}{4\eta_x\tau}}\right\}\times
$$

$$
\times\left\{\Theta_3^{\int}\left(\frac{\pi\left(z_{02}-w\right)}{2d}, e^{-\frac{\eta_z}{\eta_x}\left(\frac{\pi x}{2d\tau}\right)^2}\right)-\Theta_3^{\int}\left(\frac{\pi\left(z_{01}-w\right)}{2d}, e^{-\frac{\eta_z}{\eta_x}\left(\frac{\pi x}{2d\tau}\right)^2}\right)+\right.
$$

$$
\left.+\Theta_3^{\int}\left(\frac{\pi\left(z_{02}+w\right)}{2d}, e^{-\frac{\eta_z}{\eta_x}\left(\frac{\pi x}{2d\tau}\right)^2}\right)-\Theta_3^{\int}\left(\frac{\pi\left(z_{01}+w\right)}{2d}, e^{-\frac{\eta_z}{\eta_x}\left(\frac{\pi x}{2d\tau}\right)^2}\right)\right\}\times
$$

$$
\times\left[\psi_{xbz}\left(u,w,t-\tau\right)\left\{\Theta_4\left(\frac{\pi y_{01}}{2b}, e^{-\eta_y\left(\frac{\pi}{b}\right)^2\tau}\right)-\Theta_4\left(\frac{\pi y_{02}}{2b}, e^{-\eta_y\left(\frac{\pi}{b}\right)^2\tau}\right)\right\}-\right.
$$

$$
\left.-\psi_{x0z}\left(u,w,t-\tau\right)\left\{\Theta_3\left(\frac{\pi y_{02}}{2b}, e^{-\eta_y\left(\frac{\pi}{b}\right)^2\tau}\right)-\Theta_3\left(\frac{\pi y_{01}}{2b}, e^{-\eta_z\left(\frac{\pi}{bv}\right)^2\tau}\right)\right\}\right] du dw d\tau+
$$

$$
+\frac{1}{2\left(y_{02}-y_{01}\right)\left(z_{02}-z_{01}\right)\sqrt{\pi\eta_x t}}\times
$$

$$
\times\int_0^d\int_0^b\int_0^\infty \varphi\left(u,v,w\right)\left\{\Theta_3^{\int}\left(\frac{\pi\left(z_{02}-w\right)}{2d}, e^{-\left(\frac{\pi}{d}\right)^2\eta_z\tau}\right)-\Theta_3^{\int}\left(\frac{\pi\left(z_{01}-w\right)}{2d}, e^{-\left(\frac{\pi}{d}\right)^2\eta_z\tau}\right)+\right.
$$

$$
\left.+\Theta_3^{\int}\left(\frac{\pi\left(z_{02}+w\right)}{2d}, e^{-\left(\frac{\pi}{d}\right)^2\eta_z\tau}\right)-\Theta_3^{\int}\left(\frac{\pi\left(z_{01}+w\right)}{2d}, e^{-\left(\frac{\pi}{d}\right)^2\eta_z\tau}\right)\right\}\times
$$

$$
\times\left\{\Theta_3^{\int}\left(\frac{\pi\left(y_{02}-v\right)}{2b}, e^{-\left(\frac{\pi}{b}\right)^2\eta_y\tau}\right)-\Theta_3^{\int}\left(\frac{\pi\left(y_{01}-v\right)}{2b}, e^{-\left(\frac{\pi}{b}\right)^2\eta_y\tau}\right)-\right.
$$

$$
\left.-\Theta_3^{\int}\left(\frac{\pi\left(y_{02}+v\right)}{2b}, e^{-\left(\frac{\pi}{b}\right)^2\eta_y\tau}\right)+\Theta_3^{\int}\left(\frac{\pi\left(y_{01}+v\right)}{2b}, e^{-\left(\frac{\pi}{b}\right)^2\eta_y\tau}\right)\right\}\left\{e^{-\frac{(x-u)^2}{4\eta_x t}}-e^{-\frac{(x+u)^2}{4\eta_x t}}\right\} du dv dw
$$

$$(10.11.18)$$

When $\varphi(x,y,z) = p_I$, a constant, the average pressure contribution from the initial condition is given by equation (10.11.11).

(vii) A rectangular source at y_0*

$$
p = \frac{U(t-t_0)}{4b\phi c_t}\int_0^{t-t_0} q\left(t-t_0-\tau\right)\left\{\operatorname{erf}\left(\frac{x-x_{01}}{2\sqrt{\eta_x\tau}}\right)-\operatorname{erf}\left(\frac{x-x_{02}}{2\sqrt{\eta_x\tau}}\right)-\operatorname{erf}\left(\frac{x+x_{02}}{2\sqrt{\eta_x\tau}}\right)+\operatorname{erf}\left(\frac{x+x_{01}}{2\sqrt{\eta_x\tau}}\right)\right\}\times
$$

$$
\times\left\{\Theta_3^{\int}\left(\frac{\pi\left(z-z_{01}\right)}{2d}, e^{-\left(\frac{\pi}{d}\right)^2\eta_z\tau}\right)-\Theta_3^{\int}\left(\frac{\pi\left(z-z_{02}\right)}{2d}, e^{-\left(\frac{\pi}{d}\right)^2\eta_z\tau}\right)+\right.
$$

$$
\left.+\Theta_3^{\int}\left(\frac{\pi\left(z+z_{02}\right)}{2d}, e^{-\left(\frac{\pi}{d}\right)^2\eta_z\tau}\right)-\Theta_3^{\int}\left(\frac{\pi\left(z+z_{01}\right)}{2d}, e^{-\left(\frac{\pi}{d}\right)^2\eta_z\tau}\right)\right\}\times
$$

$$
\times\left\{\Theta_3\left(\frac{\pi\left(y-y_0\right)}{2b}, e^{-\left(\frac{\pi}{b}\right)^2\eta_y\tau}\right)-\Theta_3\left(\frac{\pi\left(y+y_0\right)}{2b}, e^{-\left(\frac{\pi}{b}\right)^2\eta_y\tau}\right)\right\}d\tau \qquad (10.11.19)
$$

*The coordinates of the source are (x_{01}, y_0, z_{01}), (x_{02}, y_0, z_{01}), (x_{01}, y_0, z_{02}), (x_{02}, y_0, z_{02}).

The spatial average pressure response of the rectangle $[(x_{02}-x_{01})(z_{02}-z_{01})]$ is given by

$$
\begin{aligned}
p = {} & \frac{U(t-t_0)}{2b\phi c_t (x_{02}-x_{01})(z_{02}-z_{01})} \times \\
& \times \int\limits_0^{t-t_0} q(t-t_0-\tau)\left[(x_{02}-x_{01})\,\mathrm{erf}\left(\frac{x_{02}-x_{01}}{2\sqrt{\eta_x\tau}}\right)+(x_{02}+x_{01})\,\mathrm{erf}\left(\frac{x_{02}+x_{01}}{2\sqrt{\eta_x\tau}}\right)-x_{01}\,\mathrm{erf}\left(\frac{x_{01}}{\sqrt{\eta_x\tau}}\right)-\right. \\
& \left. -x_{02}\,\mathrm{erf}\left(\frac{x_{02}}{\sqrt{\eta_x\tau}}\right)+2\sqrt{\frac{\eta_x\tau}{\pi}}\left(e^{-\frac{(x_{02}-x_{01})^2}{4\eta_x\tau}}-1\right)+2\sqrt{\frac{\eta_x\tau}{\pi}}e^{-\frac{(x_{02}+x_{01})^2}{4\eta_x\tau}}-\sqrt{\frac{\eta_x\tau}{\pi}}\left(e^{-\frac{x_{01}^2}{\eta_x\tau}}+e^{-\frac{y_{02}^2}{\eta_y\tau}}\right)\right]\times \\
& \times\left\{\Theta_3^{\int}\left(\frac{\pi(z-z_{01})}{2d},e^{-\left(\frac{\pi}{d}\right)^2\eta_z\tau}\right)-\Theta_3^{\int}\left(\frac{\pi(z-z_{02})}{2d},e^{-\left(\frac{\pi}{d}\right)^2\eta_z\tau}\right)+\right. \\
& \left.+\Theta_3^{\int}\left(\frac{\pi(z+z_{02})}{2d},e^{-\left(\frac{\pi}{d}\right)^2\eta_z\tau}\right)-\Theta_3^{\int}\left(\frac{\pi(z+z_{01})}{2d},e^{-\left(\frac{\pi}{d}\right)^2\eta_z\tau}\right)\right\}\times \\
& \times\left\{\Theta_3\left(\frac{\pi(y-y_0)}{2b},e^{-\left(\frac{\pi}{b}\right)^2\eta_y\tau}\right)-\Theta_3\left(\frac{\pi(y+y_0)}{2b},e^{-\left(\frac{\pi}{b}\right)^2\eta_y\tau}\right)\right\}d\tau+ \\
& +\frac{1}{2b(x_{02}-x_{01})(z_{02}-z_{01})}\sqrt{\frac{\eta_x}{\pi}}\int\limits_0^t\int\limits_0^d\int\limits_0^b\frac{\psi_{0yz}(v,w,t-\tau)}{\sqrt{\tau}}\left\{e^{-\frac{x_{01}^2}{4\eta_x\tau}}-e^{-\frac{x_{02}^2}{4\eta_x\tau}}\right\}\times \\
& \times\left\{\Theta_3\left(\frac{\pi(y-v)}{2b},e^{-\left(\frac{\pi}{b}\right)^2\eta_y\tau}\right)-\Theta_3\left(\frac{\pi(y+v)}{2b},e^{-\left(\frac{\pi}{b}\right)^2\eta_y\tau}\right)\right\}\times \\
& \times\left\{\Theta_3^{\int}\left(\frac{\pi(z_{02}-w)}{2d},e^{-\frac{\eta_z}{\eta_x}\left(\frac{\pi x}{2d\tau}\right)^2}\right)-\Theta_3^{\int}\left(\frac{\pi(z_{01}-w)}{2d},e^{-\frac{\eta_z}{\eta_x}\left(\frac{\pi x}{2d\tau}\right)^2}\right)+\right. \\
& \left.+\Theta_3^{\int}\left(\frac{\pi(z_{02}+w)}{2d},e^{-\frac{\eta_z}{\eta_x}\left(\frac{\pi x}{2d\tau}\right)^2}\right)-\Theta_3^{\int}\left(\frac{\pi(z_{01}+w)}{2d},e^{-\frac{\eta_z}{\eta_x}\left(\frac{\pi x}{2d\tau}\right)^2}\right)\right\}dv\,dw\,d\tau+ \\
& +\frac{1}{2b\phi c_t(x_{02}-x_{01})(z_{02}-z_{01})}\times \\
& \times\int\limits_0^t\int\limits_0^b\int\limits_0^\infty\left\{\mathrm{erf}\left(\frac{x_{02}-u}{2\sqrt{\eta_x\tau}}\right)-\mathrm{erf}\left(\frac{x_{01}-u}{2\sqrt{\eta_x\tau}}\right)-\mathrm{erf}\left(\frac{x_{02}+u}{2\sqrt{\eta_x\tau}}\right)+\mathrm{erf}\left(\frac{x_{01}+u}{2\sqrt{\eta_x\tau}}\right)\right\}\times \\
& \times\left\{\Theta_3\left(\frac{\pi(y-v)}{2b},e^{-\left(\frac{\pi}{b}\right)^2\eta_y\tau}\right)-\Theta_3\left(\frac{\pi(y+v)}{2b},e^{-\left(\frac{\pi}{b}\right)^2\eta_y\tau}\right)\right\}\times \\
& \times\left[\psi_{xy0}(u,v,t-\tau)\left\{\Theta_3^{\int}\left(\frac{\pi z_{02}}{2d},e^{-\left(\frac{\pi}{d}\right)^2\eta_z\tau}\right)-\Theta_3^{\int}\left(\frac{\pi z_{01}}{2d},e^{-\left(\frac{\pi}{d}\right)^2\eta_z\tau}\right)\right\}-\right. \\
& \left.-\psi_{xyd}(u,v,t-\tau)\left\{\Theta_4^{\int}\left(\frac{\pi z_{02}}{2d},e^{-\left(\frac{\pi}{d}\right)^2\eta_z\tau}\right)-\Theta_4^{\int}\left(\frac{\pi z_{01}}{2d},e^{-\left(\frac{\pi}{d}\right)^2\eta_z\tau}\right)\right\}\right]du\,dv\,d\tau+ \\
& +\frac{\eta_y}{4b^2(x_{02}-x_{01})(z_{02}-z_{01})}\times \\
& \times\int\limits_0^t\int\limits_0^b\int\limits_0^\infty\left\{\mathrm{erf}\left(\frac{x_{02}-u}{2\sqrt{\eta_x\tau}}\right)-\mathrm{erf}\left(\frac{x_{01}-u}{2\sqrt{\eta_x\tau}}\right)-\mathrm{erf}\left(\frac{x_{02}+u}{2\sqrt{\eta_x\tau}}\right)+\mathrm{erf}\left(\frac{x_{01}+u}{2\sqrt{\eta_x\tau}}\right)\right\}\times \\
& \times\left\{\Theta_3^{\int}\left(\frac{\pi(z_{02}-w)}{2d},e^{-\frac{\eta_z}{\eta_x}\left(\frac{\pi x}{2d\tau}\right)^2}\right)-\Theta_3^{\int}\left(\frac{\pi(z_{01}-w)}{2d},e^{-\frac{\eta_z}{\eta_x}\left(\frac{\pi x}{2d\tau}\right)^2}\right)+\right. \\
& \left.+\Theta_3^{\int}\left(\frac{\pi(z_{02}+w)}{2d},e^{-\frac{\eta_z}{\eta_x}\left(\frac{\pi x}{2d\tau}\right)^2}\right)-\Theta_3^{\int}\left(\frac{\pi(z_{01}+w)}{2d},e^{-\frac{\eta_z}{\eta_x}\left(\frac{\pi x}{2d\tau}\right)^2}\right)\right\}\times \\
& \times\left\{\psi_{xbz}(u,w,\tau)\,\Theta_4'\left(\frac{\pi y}{2b},e^{-\eta_y\left(\frac{\pi}{b}\right)^2(t-\tau)}\right)-\psi_{x0z}(u,w,\tau)\,\Theta_3'\left(\frac{\pi y}{2b},e^{-\eta_y\left(\frac{\pi}{b}\right)^2(t-\tau)}\right)\right\}du\,dw\,d\tau+ \\
& +\frac{1}{4b(x_{02}-x_{01})(z_{02}-z_{01})}\times
\end{aligned}
$$

$$\times \int_0^d \int_0^b \int_0^\infty \varphi(u,v,w) \left\{ \Theta_3^\int \left(\frac{\pi (z_{02}-w)}{2d}, e^{-\frac{\eta_z}{\eta_x}\left(\frac{\pi x}{2d\tau}\right)^2} \right) - \Theta_3^\int \left(\frac{\pi (z_{01}-w)}{2d}, e^{-\frac{\eta_z}{\eta_x}\left(\frac{\pi x}{2d\tau}\right)^2} \right) + \right.$$

$$\left. + \Theta_3^\int \left(\frac{\pi (z_{02}+w)}{2d}, e^{-\frac{\eta_z}{\eta_x}\left(\frac{\pi x}{2d\tau}\right)^2} \right) - \Theta_3^\int \left(\frac{\pi (z_{01}+w)}{2d}, e^{-\frac{\eta_z}{\eta_x}\left(\frac{\pi x}{2d\tau}\right)^2} \right) \right\} \times$$

$$\times \left\{ \Theta_3 \left(\frac{\pi (y-v)}{2b}, e^{-\left(\frac{\pi}{b}\right)^2 \eta_y t} \right) - \Theta_3 \left(\frac{\pi (y+v)}{2b}, e^{-\left(\frac{\pi}{b}\right)^2 \eta_y t} \right) \right\} \times$$

$$\times \left\{ \operatorname{erf}\left(\frac{x_{02}-u}{2\sqrt{\eta_x t}} \right) - \operatorname{erf}\left(\frac{x_{01}-u}{2\sqrt{\eta_x t}} \right) - \operatorname{erf}\left(\frac{x_{02}+u}{2\sqrt{\eta_x t}} \right) + \operatorname{erf}\left(\frac{x_{01}+u}{2\sqrt{\eta_x t}} \right) \right\} du dv dw \qquad (10.11.20)$$

When $\varphi(x,y,z) = p_I$, a constant, the average pressure contribution from the initial condition is given by equation (10.11.8).

(viii) A rectangular source at z_0*

The continuous source solution is obtained by replacing the source term in equation (10.11.2) with

$$p = \frac{U(t-t_0)}{4\pi d\phi c_t} \int_0^{t-t_0} q(t-t_0-\tau) \left\{ \operatorname{erf}\left(\frac{x-x_{01}}{2\sqrt{\eta_x \tau}} \right) - \operatorname{erf}\left(\frac{x-x_{02}}{2\sqrt{\eta_x \tau}} \right) - \operatorname{erf}\left(\frac{x+x_{02}}{2\sqrt{\eta_x \tau}} \right) + \operatorname{erf}\left(\frac{x+x_{01}}{2\sqrt{\eta_x \tau}} \right) \right\} \times$$

$$\times \left\{ \Theta_3 \left(\frac{\pi (z-z_0)}{2d}, e^{-\left(\frac{\pi}{d}\right)^2 \eta_z \tau} \right) + \Theta_3 \left(\frac{\pi (z+z_0)}{2d}, e^{-\left(\frac{\pi}{d}\right)^2 \eta_z \tau} \right) \right\} \times$$

$$\times \left\{ \Theta_3^\int \left(\frac{\pi (y-y_{01})}{2b}, e^{-\left(\frac{\pi}{b}\right)^2 \eta_y \tau} \right) - \Theta_3^\int \left(\frac{\pi (y-y_{02})}{2b}, c^{-\left(\frac{\pi}{b}\right)^2 \eta_y \tau} \right) - \right.$$

$$\left. - \Theta_3^\int \left(\frac{\pi (y+y_{02})}{2b}, e^{-\left(\frac{\pi}{b}\right)^2 \eta_y \tau} \right) + \Theta_3^\int \left(\frac{\pi (y+y_{01})}{2b}, e^{-\left(\frac{\pi}{b}\right)^2 \eta_y \tau} \right) \right\} d\tau \qquad (10.11.21)$$

The spatial average pressure response of the rectangle $[(x_{02}-x_{01})(y_{02}-y_{01})]$ is given by

$$p = \frac{U(t-t_0)}{2d\phi c_t (x_{02}-x_{01})(y_{02}-y_{01})} \times$$

$$\times \int_0^{t-t_0} q(t-t_0-\tau) \left[(x_{02}-x_{01}) \operatorname{erf}\left(\frac{x_{02}-x_{01}}{2\sqrt{\eta_x \tau}} \right) + (x_{02}+x_{01}) \operatorname{erf}\left(\frac{x_{02}+x_{01}}{2\sqrt{\eta_x \tau}} \right) - x_{01} \operatorname{erf}\left(\frac{x_{01}}{\sqrt{\eta_x \tau}} \right) - \right.$$

$$\left. - x_{02} \operatorname{erf}\left(\frac{x_{02}}{\sqrt{\eta_x \tau}} \right) + 2\sqrt{\frac{\eta_x \tau}{\pi}} \left(e^{-\frac{(x_{02}-x_{01})^2}{4\eta_x \tau}} - 1 \right) + 2\sqrt{\frac{\eta_x \tau}{\pi}} e^{-\frac{(x_{02}+x_{01})^2}{4\eta_x \tau}} - \sqrt{\frac{\eta_x \tau}{\pi}} \left(e^{-\frac{x_{01}^2}{\eta_x \tau}} + e^{-\frac{y_{02}^2}{\eta_y \tau}} \right) \right] \times$$

$$\times \left\{ \Theta_3 \left(\frac{\pi (z-z_0)}{2d}, e^{-\left(\frac{\pi}{d}\right)^2 \eta_z \tau} \right) + \Theta_3 \left(\frac{\pi (z+z_0)}{2d}, e^{-\left(\frac{\pi}{d}\right)^2 \eta_z \tau} \right) \right\} \times$$

$$\times \left\{ \Theta_3^\int \left(\frac{\pi (y-y_{01})}{2b}, e^{-\left(\frac{\pi}{b}\right)^2 \eta_y \tau} \right) - \Theta_3^\int \left(\frac{\pi (y-y_{02})}{2b}, e^{-\left(\frac{\pi}{b}\right)^2 \eta_y \tau} \right) - \right.$$

$$\left. - \Theta_3^\int \left(\frac{\pi (y+y_{02})}{2b}, e^{-\left(\frac{\pi}{b}\right)^2 \eta_y \tau} \right) + \Theta_3^\int \left(\frac{\pi (y+y_{01})}{2b}, e^{-\left(\frac{\pi}{b}\right)^2 \eta_y \tau} \right) \right\} d\tau +$$

$$+ \frac{1}{2d(x_{02}-x_{01})(y_{02}-y_{01})} \sqrt{\frac{\eta_x}{\pi}} \int_0^t \int_0^d \int_0^b \frac{\psi_{0yz}(v,w,t-\tau)}{\sqrt{\tau}} \left\{ e^{-\frac{x_{01}^2}{4\eta_x \tau}} - e^{-\frac{x_{02}^2}{4\eta_x \tau}} \right\} \times$$

$$\times \left\{ \Theta_3^\int \left(\frac{\pi (y_{02}-v)}{2b}, e^{-\left(\frac{\pi}{b}\right)^2 \eta_y \tau} \right) - \Theta_3^\int \left(\frac{\pi (y_{01}-v)}{2b}, e^{-\left(\frac{\pi}{b}\right)^2 \eta_y \tau} \right) - \right.$$

$$\left. - \Theta_3^\int \left(\frac{\pi (y_{02}+v)}{2b}, e^{-\left(\frac{\pi}{b}\right)^2 \eta_y \tau} \right) + \Theta_3^\int \left(\frac{\pi (y_{01}+v)}{2b}, e^{-\left(\frac{\pi}{b}\right)^2 \eta_y \tau} \right) \right\} \times$$

*The coordinates of the source are (x_{01}, y_{01}, z_0), (x_{01}, y_{02}, z_0), (x_{02}, y_{01}, z_0), (x_{02}, y_{02}, z_0).

$$
\begin{aligned}
&\times\left\{\Theta_3\left(\frac{\pi(z-w)}{2d}, e^{-\left(\frac{\pi}{d}\right)^2\eta_z\tau}\right)+\Theta_3\left(\frac{\pi(z+w)}{2d}, e^{-\left(\frac{\pi}{d}\right)^2\eta_z\tau}\right)\right\} dv\,dw\,d\tau +\\
&+\frac{1}{2d\phi c_t\left(x_{02}-x_{01}\right)\left(y_{02}-y_{01}\right)}\times\\
&\times\int_0^t\int_0^b\int_0^\infty\left\{\operatorname{erf}\left(\frac{x_{02}-u}{2\sqrt{\eta_x\tau}}\right)-\operatorname{erf}\left(\frac{x_{01}-u}{2\sqrt{\eta_x\tau}}\right)-\operatorname{erf}\left(\frac{x_{02}+u}{2\sqrt{\eta_x\tau}}\right)+\operatorname{erf}\left(\frac{x_{01}+u}{2\sqrt{\eta_x\tau}}\right)\right\}\times\\
&\times\left\{\Theta_3^{\int}\left(\frac{\pi(y_{02}-v)}{2b}, e^{-\left(\frac{\pi}{b}\right)^2\eta_y\tau}\right)-\Theta_3^{\int}\left(\frac{\pi(y_{01}-v)}{2b}, e^{-\left(\frac{\pi}{b}\right)^2\eta_y\tau}\right)-\right.\\
&\left.-\Theta_3^{\int}\left(\frac{\pi(y_{02}+v)}{2b}, e^{-\left(\frac{\pi}{b}\right)^2\eta_y\tau}\right)+\Theta_3^{\int}\left(\frac{\pi(y_{01}+v)}{2b}, e^{-\left(\frac{\pi}{b}\right)^2\eta_y\tau}\right)\right\}\times\\
&\times\left\{\Theta_3\left(\frac{\pi z}{2d}, e^{-\eta_z\left(\frac{\pi}{d}\right)^2\tau}\right)\psi_{xy0}(u,v,t-\tau)-\Theta_4\left(\frac{\pi z}{2d}, e^{-\eta_z\left(\frac{\pi}{d}\right)^2\tau}\right)\psi_{xyd}(u,v,t-\tau)\right\} du\,dv\,d\tau +\\
&+\frac{\eta_y}{4bd\left(x_{02}-x_{01}\right)\left(y_{02}-y_{01}\right)}\times\\
&\times\int_0^t\int_0^b\int_0^\infty\left\{\operatorname{erf}\left(\frac{x_{02}-u}{2\sqrt{\eta_x\tau}}\right)-\operatorname{erf}\left(\frac{x_{01}-u}{2\sqrt{\eta_x\tau}}\right)-\operatorname{erf}\left(\frac{x_{02}+u}{2\sqrt{\eta_x\tau}}\right)+\operatorname{erf}\left(\frac{x_{01}+u}{2\sqrt{\eta_x\tau}}\right)\right\}\times\\
&\times\left\{\Theta_3\left(\frac{\pi(z-w)}{2d}, e^{-\left(\frac{\pi}{d}\right)^2\eta_z\tau}\right)+\Theta_3\left(\frac{\pi(z+w)}{2d}, e^{-\left(\frac{\pi}{d}\right)^2\eta_z\tau}\right)\right\}\times\\
&\times\left[\psi_{xbz}(u,w,t-\tau)\left\{\Theta_4\left(\frac{\pi y_{01}}{2b}, e^{-\eta_y\left(\frac{\pi}{b}\right)^2\tau}\right)-\Theta_4\left(\frac{\pi y_{02}}{2b}, e^{-\eta_y\left(\frac{\pi}{b}\right)^2\tau}\right)\right\}-\right.\\
&\left.-\psi_{x0z}(u,w,t-\tau)\left\{\Theta_3\left(\frac{\pi y_{02}}{2b}, e^{-\eta_y\left(\frac{\pi}{b}\right)^2\tau}\right)-\Theta_3\left(\frac{\pi y_{01}}{2b}, e^{-\eta_z\left(\frac{\pi}{bv}\right)^2\tau}\right)\right\}\right] du\,dw\,d\tau +\\
&+\frac{1}{4d\left(x_{02}-x_{01}\right)\left(y_{02}-y_{01}\right)}\times\\
&\times\int_0^d\int_0^b\int_0^\infty\varphi(u,v,w)\left\{\Theta_3\left(\frac{\pi(z-w)}{2d}, e^{-\left(\frac{\pi}{d}\right)^2\eta_z t}\right)+\Theta_3\left(\frac{\pi(z+w)}{2d}, e^{-\left(\frac{\pi}{d}\right)^2\eta_z t}\right)\right\}\times\\
&\times\left\{\Theta_3^{\int}\left(\frac{\pi(y_{02}-v)}{2b}, e^{-\left(\frac{\pi}{b}\right)^2\eta_y\tau}\right)-\Theta_3^{\int}\left(\frac{\pi(y_{01}-v)}{2b}, e^{-\left(\frac{\pi}{b}\right)^2\eta_y\tau}\right)-\right.\\
&\left.-\Theta_3^{\int}\left(\frac{\pi(y_{02}+v)}{2b}, e^{-\left(\frac{\pi}{b}\right)^2\eta_y\tau}\right)+\Theta_3^{\int}\left(\frac{\pi(y_{01}+v)}{2b}, e^{-\left(\frac{\pi}{b}\right)^2\eta_y\tau}\right)\right\}\times\\
&\times\left\{\operatorname{erf}\left(\frac{x_{02}-u}{2\sqrt{\eta_x t}}\right)-\operatorname{erf}\left(\frac{x_{01}-u}{2\sqrt{\eta_x t}}\right)-\operatorname{erf}\left(\frac{x_{02}+u}{2\sqrt{\eta_x t}}\right)+\operatorname{erf}\left(\frac{x_{01}+u}{2\sqrt{\eta_x t}}\right)\right\} du\,dv\,dw
\end{aligned}
\tag{10.11.22}
$$

When $\varphi(x,y,z)=p_I$, a constant, the solution is obtained by replacing the term corresponding to the initial condition (the last term) in equation (10.11.20) with

$$
\begin{aligned}
p = &\frac{4p_I}{\left(x_{02}-x_{01}\right)\left(y_{02}-y_{01}\right)}\left\{\Theta_3^{\int\int}\left(\frac{\pi y_{02}}{2b}, e^{-\left(\frac{\pi}{b}\right)^2\eta_y t}\right)-\Theta_3^{\int\int}\left(\frac{\pi y_{01}}{2b}, e^{-\left(\frac{\pi}{b}\right)^2\eta_y t}\right)-\right.\\
&\left.-\Theta_4^{\int\int}\left(\frac{\pi y_{02}}{2b}, e^{-\left(\frac{\pi}{b}\right)^2\eta_y t}\right)+\Theta_4^{\int\int}\left(\frac{\pi y_{01}}{2b}, e^{-\left(\frac{\pi}{b}\right)^2\eta_y t}\right)\right\}\times\\
&\times\left\{x_{02}\operatorname{erf}\left(\frac{x_{02}}{2\sqrt{\eta_x t}}\right)-x_{01}\operatorname{erf}\left(\frac{x_{01}}{2\sqrt{\eta_x t}}\right)+2\sqrt{\frac{\eta_x t}{\pi}}\left(e^{-\frac{x_{02}^2}{4\eta_x t}}-e^{-\frac{x_{01}^2}{4\eta_x t}}\right)\right\}
\end{aligned}
\tag{10.11.23}
$$

10.12 **The problem of 10.11, except**
$\mathbf{N_{0yz}} \equiv \frac{\partial p(0,y,z,t)}{\partial x} = -\left(\frac{\mu}{k_x}\right)\psi_{0yz}(y,z,t)$,
$\mathbf{N_{x0z}} \equiv \frac{\partial p(x,0,z,t)}{\partial y} = -\left(\frac{\mu}{k_y}\right)\psi_{x0z}(x,z,t)$,
$\mathbf{N_{xbz}} \equiv \frac{\partial p(x,b,z,t)}{\partial y} = -\left(\frac{\mu}{k_y}\right)\psi_{xbz}(x,z,t)$,
$\mathbf{N_{xy0}} \equiv \frac{\partial p(x,y,0,t)}{\partial z} = -\left(\frac{\mu}{k_z}\right)\psi_{xy0}(x,y,t)$ **and**
$\mathbf{N_{xyd}} \equiv \frac{\partial p(x,y,d,t)}{\partial z} = -\left(\frac{\mu}{k_z}\right)\psi_{xyd}(x,y,t)$

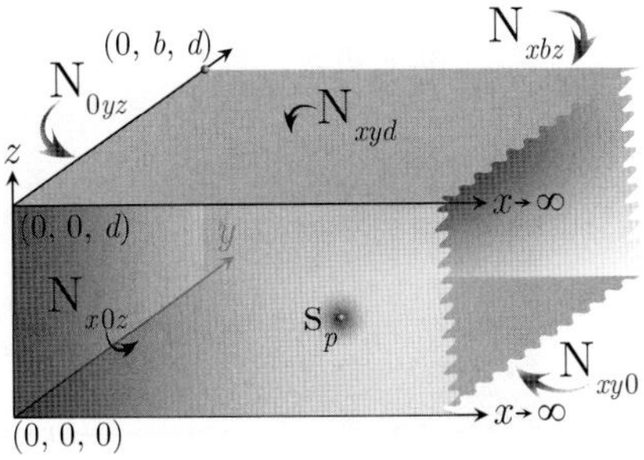

$$
\begin{aligned}
p = {} & \frac{U(t-t_0)}{8bd\phi c_t\sqrt{\pi\eta_x}}\int_0^{t-t_0}\frac{q(t-t_0-\tau)}{\sqrt{\tau}}\left\{e^{-\frac{(x-x_0)^2}{4\eta_x\tau}}+e^{-\frac{(x+x_0)^2}{4\eta_x\tau}}\right\}\times\\
& \times\left\{\Theta_3\left(\frac{\pi(z-z_0)}{2d},e^{-\left(\frac{\pi}{d}\right)^2\eta_z\tau}\right)+\Theta_3\left(\frac{\pi(z+z_0)}{2d},e^{-\left(\frac{\pi}{d}\right)^2\eta_z\tau}\right)\right\}\times\\
& \times\left\{\Theta_3\left(\frac{\pi(y-y_0)}{2b},e^{-\left(\frac{\pi}{b}\right)^2\eta_y\tau}\right)+\Theta_3\left(\frac{\pi(y+y_0)}{2b},e^{-\left(\frac{\pi}{b}\right)^2\eta_y\tau}\right)\right\}d\tau+\\
& +\frac{1}{4bd\phi c_t\sqrt{\pi\eta_x}}\times\\
& \times\int_0^t\frac{e^{-\frac{x^2}{4\eta_x\tau}}}{\sqrt{\tau}}\int_0^d\int_0^b\psi_{0yz}(v,w,t-\tau)\left\{\Theta_3\left(\frac{\pi(z-w)}{2d},e^{-\left(\frac{\pi}{d}\right)^2\eta_z\tau}\right)+\Theta_3\left(\frac{\pi(z+w)}{2d},e^{-\left(\frac{\pi}{d}\right)^2\eta_z\tau}\right)\right\}\times\\
& \times\left\{\Theta_3\left(\frac{\pi(y-v)}{2b},e^{-\frac{\eta_y}{\eta_x}\left(\frac{\pi x}{2b\tau}\right)^2}\right)+\Theta_3\left(\frac{\pi(y+v)}{2b},e^{-\frac{\eta_y}{\eta_x}\left(\frac{\pi x}{2b\tau}\right)^2}\right)\right\}dv\,dw\,d\tau+\\
& +\frac{1}{4bd\phi c_t\sqrt{\pi\eta_x}}\int_0^t\int_0^b\int_0^\infty\frac{1}{\sqrt{\tau}}\left\{e^{-\frac{(x-u)^2}{4\eta_x\tau}}+e^{-\frac{(x+u)^2}{4\eta_x\tau}}\right\}\times\\
& \times\left\{\Theta_3\left(\frac{\pi(y-v)}{2b},e^{-\left(\frac{\pi}{b}\right)^2\eta_y\tau}\right)+\Theta_3\left(\frac{\pi(y+v)}{2b},e^{-\left(\frac{\pi}{b}\right)^2\eta_y\tau}\right)\right\}\times\\
& \times\left\{\Theta_3\left(\frac{\pi z}{2d},e^{-\eta_z\left(\frac{\pi}{d}\right)^2\tau}\right)\psi_{xy0}(u,v,t-\tau)-\Theta_4\left(\frac{\pi z}{2d},e^{-\eta_z\left(\frac{\pi}{d}\right)^2\tau}\right)\psi_{xyd}(u,v,t-\tau)\right\}du\,dv\,d\tau+\\
& +\frac{1}{4bd\phi c_t\sqrt{\pi\eta_x}}\int_0^t\int_0^d\int_0^\infty\frac{1}{\sqrt{\tau}}\left\{e^{-\frac{(x-u)^2}{4\eta_x\tau}}+e^{-\frac{(x+u)^2}{4\eta_x\tau}}\right\}\times\\
& \times\left\{\Theta_3\left(\frac{\pi(z-w)}{2d},e^{-\left(\frac{\pi}{d}\right)^2\eta_z\tau}\right)+\Theta_3\left(\frac{\pi(z+w)}{2d},e^{-\left(\frac{\pi}{d}\right)^2\eta_z\tau}\right)\right\}\times\\
& \times\left\{\Theta_3\left(\frac{\pi y}{2b},e^{-\eta_y\left(\frac{\pi}{b}\right)^2\tau}\right)\psi_{x0z}(u,w,t-\tau)-\Theta_4\left(\frac{\pi y}{2b},e^{-\eta_y\left(\frac{\pi}{b}\right)^2\tau}\right)\psi_{xbz}(u,w,t-\tau)\right\}du\,dw\,d\tau+\\
& +\frac{1}{8bd\sqrt{\pi\eta_x t}}\int_0^d\int_0^b\int_0^\infty\varphi(u,v,w)\left\{\Theta_3\left(\frac{\pi(z-w)}{2d},e^{-\left(\frac{\pi}{d}\right)^2\eta_z t}\right)+\Theta_3\left(\frac{\pi(z+w)}{2d},e^{-\left(\frac{\pi}{d}\right)^2\eta_z t}\right)\right\}\times\\
& \times\left\{\Theta_3\left(\frac{\pi(y-v)}{2b},e^{-\left(\frac{\pi}{b}\right)^2\eta_y t}\right)+\Theta_3\left(\frac{\pi(y+v)}{2b},e^{-\left(\frac{\pi}{b}\right)^2\eta_y t}\right)\right\}\left\{e^{-\frac{(x-u)^2}{4\eta_x t}}+e^{-\frac{(x+u)^2}{4\eta_x t}}\right\}du\,dv\,dw
\end{aligned}
\tag{10.12.1}
$$

10.13

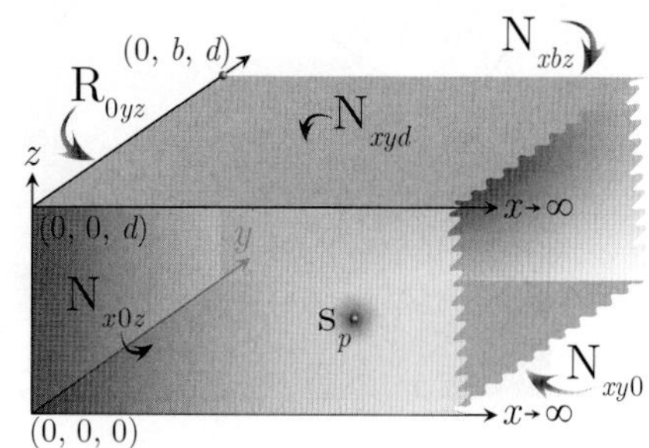

The problem of 10.11, except
$\mathbf{R_{0yz}} \equiv \frac{\partial p(0,y,z,t)}{\partial x} - \lambda p(0,y,z,t) = -\left(\frac{\mu}{k_x}\right)\psi_{0yz}(y,z,t),$
$\mathbf{N_{x0z}} \equiv \frac{\partial p(x,0,z,t)}{\partial y} = -\left(\frac{\mu}{k_y}\right)\psi_{x0z}(x,z,t),$
$\mathbf{N_{xbz}} \equiv \frac{\partial p(x,b,z,t)}{\partial y} = -\left(\frac{\mu}{k_y}\right)\psi_{xbz}(x,z,t),$
$\mathbf{N_{xy0}} \equiv \frac{\partial p(x,y,0,t)}{\partial z} = -\left(\frac{\mu}{k_z}\right)\psi_{xy0}(x,y,t)$ **and**
$\mathbf{N_{xyd}} \equiv \frac{\partial p(x,y,d,t)}{\partial z} = -\left(\frac{\mu}{k_z}\right)\psi_{xyd}(x,y,t)$

$$p = \frac{U(t-t_0)}{8bd\phi c_t\sqrt{\pi\eta_x}}\int_0^{t-t_0}\frac{q(t-t_0-\tau)}{\sqrt{\tau}}\left\{\Theta_3\left(\frac{\pi(z-z_0)}{2d},e^{-\left(\frac{\pi}{d}\right)^2\eta_z\tau}\right)+\Theta_3\left(\frac{\pi(z+z_0)}{2d},e^{-\left(\frac{\pi}{d}\right)^2\eta_z\tau}\right)\right\}\times$$
$$\times\left\{\Theta_3\left(\frac{\pi(y-y_0)}{2b},e^{-\left(\frac{\pi}{b}\right)^2\eta_y\tau}\right)+\Theta_3\left(\frac{\pi(y+y_0)}{2b},e^{-\left(\frac{\pi}{b}\right)^2\eta_y\tau}\right)\right\}\times$$
$$\times\left\{e^{-\frac{(x-x_0)^2}{4\eta_x\tau}}+e^{-\frac{(x+x_0)^2}{4\eta_x\tau}}-2\lambda\sqrt{\pi\eta_x\tau}e^{\left\{\lambda(x+x_0)+\lambda^2\eta_x\tau\right\}}\operatorname{erfc}\left(\lambda\sqrt{\eta_x\tau}+\frac{x+x_0}{2\sqrt{\eta_x\tau}}\right)\right\}d\tau+$$
$$+\frac{1}{4bd\phi c_t\sqrt{\pi\eta_x}}\int_0^t\frac{1}{\sqrt{\tau}}\left\{e^{-\frac{x^2}{4\eta_x\tau}}-\lambda\sqrt{\pi\eta_x\tau}e^{\left\{\lambda x+\lambda^2\eta_x\tau\right\}}\operatorname{erfc}\left(\lambda\sqrt{\eta_x\tau}+\frac{x}{2\sqrt{\eta_x\tau}}\right)\right\}\times$$
$$\times\int_0^d\int_0^b\psi_{0yz}(v,w,t-\tau)\left\{\Theta_3\left(\frac{\pi(z-w)}{2d},e^{-\left(\frac{\pi}{d}\right)^2\eta_z\tau}\right)+\Theta_3\left(\frac{\pi(z+w)}{2d},e^{-\left(\frac{\pi}{d}\right)^2\eta_z\tau}\right)\right\}\times$$
$$\times\left\{\Theta_3\left(\frac{\pi(y-v)}{2b},e^{-\left(\frac{\pi}{b}\right)^2\eta_y\tau}\right)+\Theta_3\left(\frac{\pi(y+v)}{2b},e^{-\left(\frac{\pi}{b}\right)^2\eta_y\tau}\right)\right\}dvdwd\tau+$$
$$+\frac{1}{4bd\phi c_t\sqrt{\pi\eta_x}}\times$$
$$\times\int_0^t\int_0^b\int_0^\infty\frac{1}{\sqrt{\tau}}\left\{e^{-\frac{(x-u)^2}{4\eta_x t}}+e^{-\frac{(x+u)^2}{4\eta_x t}}-2\lambda\sqrt{\pi\eta_x t}\,e^{\left\{\lambda(x+u)+\lambda^2\eta_x t\right\}}\operatorname{erfc}\left(\lambda\sqrt{\eta_x t}+\frac{x+u}{2\sqrt{\eta_x t}}\right)\right\}\times$$
$$\times\left\{\Theta_3\left(\frac{\pi(y-v)}{2b},e^{-\left(\frac{\pi}{b}\right)^2\eta_y\tau}\right)+\Theta_3\left(\frac{\pi(y+v)}{2b},e^{-\left(\frac{\pi}{b}\right)^2\eta_y\tau}\right)\right\}\times$$
$$\times\left\{\Theta_3\left(\frac{\pi z}{2d},e^{-\eta_z\left(\frac{\pi}{d}\right)^2\tau}\right)\psi_{xy0}(u,v,t-\tau)-\Theta_4\left(\frac{\pi z}{2d},e^{-\eta_z\left(\frac{\pi}{d}\right)^2\tau}\right)\psi_{xyd}(u,v,t-\tau)\right\}dudvd\tau+$$
$$+\frac{1}{4bd\phi c_t\sqrt{\pi\eta_x}}\times$$
$$\times\int_0^t\int_0^b\int_0^\infty\frac{1}{\sqrt{\tau}}\left\{e^{-\frac{(x-u)^2}{4\eta_x t}}+e^{-\frac{(x+u)^2}{4\eta_x t}}-2\lambda\sqrt{\pi\eta_x t}\,e^{\left\{\lambda(x+u)+\lambda^2\eta_x t\right\}}\operatorname{erfc}\left(\lambda\sqrt{\eta_x t}+\frac{x+u}{2\sqrt{\eta_x t}}\right)\right\}\times$$
$$\times\left\{\Theta_3\left(\frac{\pi(z-w)}{2d},e^{-\left(\frac{\pi}{d}\right)^2\eta_z\tau}\right)+\Theta_3\left(\frac{\pi(z+w)}{2d},e^{-\left(\frac{\pi}{d}\right)^2\eta_z\tau}\right)\right\}\times$$
$$\times\left\{\Theta_3\left(\frac{\pi y}{2b},e^{-\eta_y\left(\frac{\pi}{b}\right)^2\tau}\right)\psi_{x0z}(u,w,t-\tau)-\Theta_4\left(\frac{\pi y}{2b},e^{-\eta_y\left(\frac{\pi}{b}\right)^2\tau}\right)\psi_{xbz}(u,w,t-\tau)\right\}dudwd\tau+$$
$$+\frac{1}{8bd\sqrt{\pi\eta_x t}}\int_0^d\int_0^b\int_0^\infty\varphi(u,v,w)\left\{\Theta_3\left(\frac{\pi(z-w)}{2d},e^{-\left(\frac{\pi}{d}\right)^2\eta_z t}\right)+\Theta_3\left(\frac{\pi(z+w)}{2d},e^{-\left(\frac{\pi}{d}\right)^2\eta_z t}\right)\right\}\times$$
$$\times\left\{\Theta_3\left(\frac{\pi(y-v)}{2b},e^{-\left(\frac{\pi}{b}\right)^2\eta_y t}\right)+\Theta_3\left(\frac{\pi(y+v)}{2b},e^{-\left(\frac{\pi}{b}\right)^2\eta_y t}\right)\right\}\times$$
$$\times\left\{e^{-\frac{(x-u)^2}{4\eta_x t}}+e^{-\frac{(x+u)^2}{4\eta_x t}}-2\lambda\sqrt{\pi\eta_x t}\,e^{\left\{\lambda(x+u)+\lambda^2\eta_x t\right\}}\operatorname{erfc}\left(\lambda\sqrt{\eta_x t}+\frac{x+u}{2\sqrt{\eta_x t}}\right)\right\}dudvdw \qquad (10.13.1)$$

When $\varphi(x,y,z) = p_I$, a constant, the solution is obtained by replacing the term corresponding to the initial condition (the last term) in equation (10.13.1) with

$$p = p_I \left\{ \operatorname{erfc}\left(\frac{x}{2\sqrt{\eta_x t}}\right) + e^{x\lambda+\lambda^2\eta_x\tau} \operatorname{erfc}\left(\lambda\sqrt{\eta_x t} + \frac{x}{2\sqrt{\eta_x t}}\right)\right\} \tag{10.13.2}$$

10.14 The problem of 10.11, except
$D_{0yz} \equiv p(0,y,z,t) = \psi_{0yz}(y,z,t)$,
$D_{x0z} \equiv p(x,0,z,t) = \psi_{x0z}(x,z,t)$,
$D_{xbz} \equiv p(x,b,z,t) = \psi_{xbz}(x,z,t)$,
$D_{xy0} \equiv p(x,y,0,t) = \psi_{xy0}(x,y,t)$ and
$D_{xyd} \equiv p(x,y,d,t) = \psi_{xyd}(x,y,t)$

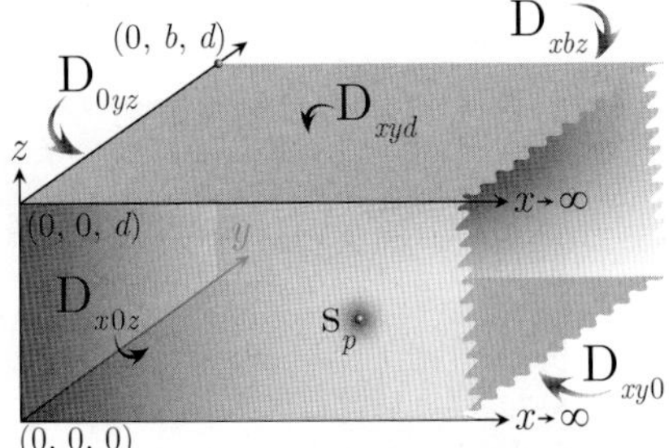

$$\begin{aligned}
p = {} & \frac{U(t-t_0)}{8bd\phi c_t\sqrt{\pi\eta_x}} \int_0^{t-t_0} \frac{q(t-t_0-\tau)}{\sqrt{\tau}} \left\{ e^{-\frac{(x-x_0)^2}{4\eta_x\tau}} - e^{-\frac{(x+x_0)^2}{4\eta_x\tau}} \right\} \times \\
& \times \left\{ \Theta_3\left(\frac{\pi(z-z_0)}{2d}, e^{-\left(\frac{\pi}{d}\right)^2\eta_z\tau}\right) - \Theta_3\left(\frac{\pi(z+z_0)}{2d}, e^{-\left(\frac{\pi}{d}\right)^2\eta_z\tau}\right)\right\} \times \\
& \times \left\{ \Theta_3\left(\frac{\pi(y-y_0)}{2b}, e^{-\left(\frac{\pi}{b}\right)^2\eta_y\tau}\right) - \Theta_3\left(\frac{\pi(y+y_0)}{2b}, e^{-\left(\frac{\pi}{b}\right)^2\eta_y\tau}\right)\right\} d\tau + \\
& + \frac{1}{2bd\sqrt{\pi}} \int_{\frac{x}{2\sqrt{\eta_x t}}}^{\infty} e^{-\tau^2} \int_0^d \int_0^b \psi_{0yz}\left(v, w, t - \frac{x^2}{4\eta_x\tau^2}\right) \times \\
& \times \left\{ \Theta_3\left(\frac{\pi(y-v)}{2b}, e^{-\frac{\eta_y}{\eta_x}\left(\frac{\pi x}{2b\tau}\right)^2}\right) - \Theta_3\left(\frac{\pi(y+v)}{2b}, e^{-\frac{\eta_y}{\eta_x}\left(\frac{\pi x}{2b\tau}\right)^2}\right)\right\} \times \\
& \times \left\{ \Theta_3\left(\frac{\pi(z-w)}{2d}, e^{-\frac{\eta_z}{\eta_x}\left(\frac{\pi x}{2d\tau}\right)^2}\right) - \Theta_3\left(\frac{\pi(z+w)}{2d}, e^{-\frac{\eta_z}{\eta_x}\left(\frac{\pi x}{2d\tau}\right)^2}\right)\right\} dv\,dw\,d\tau + \\
& + \frac{\eta_y}{8db^2\sqrt{\pi\eta_x}} \int_0^t \int_0^b \int_0^\infty \frac{1}{\sqrt{\tau}} \left\{ e^{-\frac{(x-u)^2}{4\eta_x\tau}} - e^{-\frac{(x+u)^2}{4\eta_x\tau}} \right\} \times \\
& \times \left\{ \Theta_3\left(\frac{\pi(z-w)}{2d}, e^{-\left(\frac{\pi}{d}\right)^2\eta_z\tau}\right) - \Theta_3\left(\frac{\pi(z+w)}{2d}, e^{-\left(\frac{\pi}{d}\right)^2\eta_z\tau}\right)\right\} \times \\
& \times \left\{ \psi_{xbz}(u,w,\tau)\,\Theta_4'\left(\frac{\pi y}{2b}, e^{-\eta_y\left(\frac{\pi}{b}\right)^2(t-\tau)}\right) - \psi_{x0z}(u,w,\tau)\,\Theta_3'\left(\frac{\pi y}{2b}, e^{-\eta_y\left(\frac{\pi}{b}\right)^2(t-\tau)}\right)\right\} du\,dw\,d\tau + \\
& + \frac{\eta_z}{8bd^2\sqrt{\pi\eta_x}} \int_0^t \int_0^d \int_0^\infty \frac{1}{\sqrt{\tau}} \left\{ e^{-\frac{(x-u)^2}{4\eta_x\tau}} - e^{-\frac{(x+u)^2}{4\eta_x\tau}} \right\} \times \\
& \times \left\{ \Theta_3\left(\frac{\pi(y-v)}{2b}, e^{-\left(\frac{\pi}{b}\right)^2\eta_y\tau}\right) - \Theta_3\left(\frac{\pi(y+v)}{2b}, e^{-\left(\frac{\pi}{b}\right)^2\eta_y\tau}\right)\right\} \times \\
& \times \left\{ \psi_{xyd}(u,v,\tau)\,\Theta_4'\left(\frac{\pi z}{2d}, e^{-\eta_z\left(\frac{\pi}{d}\right)^2(t-\tau)}\right) - \psi_{xy0}(u,v,\tau)\,\Theta_3'\left(\frac{\pi z}{2d}, e^{-\eta_z\left(\frac{\pi}{d}\right)^2(t-\tau)}\right)\right\} du\,dv\,d\tau + \\
& + \frac{1}{8bd\sqrt{\pi\eta_x t}} \int_0^d \int_0^b \int_0^\infty \varphi(u,v,w) \left\{ \Theta_3\left(\frac{\pi(z-w)}{2d}, e^{-\left(\frac{\pi}{d}\right)^2\eta_z t}\right) - \Theta_3\left(\frac{\pi(z+w)}{2d}, e^{-\left(\frac{\pi}{d}\right)^2\eta_z t}\right)\right\} \times \\
& \times \left\{ \Theta_3\left(\frac{\pi(y-v)}{2b}, e^{-\left(\frac{\pi}{b}\right)^2\eta_y t}\right) - \Theta_3\left(\frac{\pi(y+v)}{2b}, e^{-\left(\frac{\pi}{b}\right)^2\eta_y t}\right)\right\} \left\{ e^{-\frac{(x-u)^2}{4\eta_x t}} - e^{-\frac{(x+u)^2}{4\eta_x t}} \right\} du\,dv\,dw
\end{aligned} \tag{10.14.1}$$

When $\varphi(x,y,z)=p_I$, a constant, the solution is obtained by replacing the term corresponding to the initial condition (the last term) in equation (10.14.1) with

$$p = 4p_I \operatorname{erf}\left(\frac{x}{2\sqrt{\eta_x t}}\right)\left\{\Theta_3^{\int}\left(\frac{\pi y}{2b}, e^{-\left(\frac{\pi}{b}\right)^2\eta_y t}\right) - \Theta_4^{\int}\left(\frac{\pi y}{2b}, e^{-\left(\frac{\pi}{b}\right)^2\eta_y t}\right)\right\}\times$$
$$\times\left\{\Theta_3^{\int}\left(\frac{\pi z}{2d}, e^{-\left(\frac{\pi}{d}\right)^2\eta_z t}\right) - \Theta_4^{\int}\left(\frac{\pi z}{2d}, e^{-\left(\frac{\pi}{d}\right)^2\eta_z t}\right)\right\} \quad (10.14.2)$$

10.15

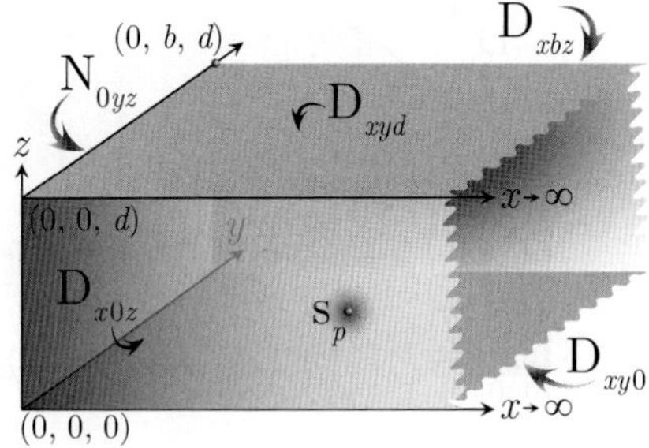

The problem of 10.11, except
$\mathbf{N_{0yz}} \equiv \frac{\partial p(0,y,z,t)}{\partial x} = -\left(\frac{\mu}{k_x}\right)\psi_{0yz}(y,z,t),$
$\mathbf{D_{x0z}} \equiv p(x,0,z,t) = \psi_{x0z}(x,z,t),$
$\mathbf{D_{xbz}} \equiv p(x,b,z,t) = \psi_{xbz}(x,z,t),$
$\mathbf{D_{xy0}} \equiv p(x,y,0,t) = \psi_{xy0}(x,y,t)$ **and**
$\mathbf{D_{xyd}} \equiv p(x,y,d,t) = \psi_{xyd}(x,y,t)$

$$p = \frac{U(t-t_0)}{8bd\phi c_t\sqrt{\pi\eta_x}}\int_0^{t-t_0}\frac{q(t-t_0-\tau)}{\sqrt{\tau}}\left\{e^{-\frac{(x-x_0)^2}{4\eta_x\tau}} + e^{-\frac{(x+x_0)^2}{4\eta_x\tau}}\right\}\times$$
$$\times\left\{\Theta_3\left(\frac{\pi(z-z_0)}{2d}, e^{-\left(\frac{\pi}{d}\right)^2\eta_z\tau}\right) - \Theta_3\left(\frac{\pi(z+z_0)}{2d}, e^{-\left(\frac{\pi}{d}\right)^2\eta_z\tau}\right)\right\}\times$$
$$\times\left\{\Theta_3\left(\frac{\pi(y-y_0)}{2b}, e^{-\left(\frac{\pi}{b}\right)^2\eta_y\tau}\right) - \Theta_3\left(\frac{\pi(y+y_0)}{2b}, e^{-\left(\frac{\pi}{b}\right)^2\eta_y\tau}\right)\right\}d\tau +$$
$$+\frac{1}{4bd\phi c_t\sqrt{\pi\eta_x}}\times$$
$$\times\int_0^t\frac{e^{-\frac{x^2}{4\eta_x\tau}}}{\sqrt{\tau}}\int_0^d\int_0^b\psi_{0yz}(v,w,t-\tau)\left\{\Theta_3\left(\frac{\pi(z-w)}{2d}, e^{-\left(\frac{\pi}{d}\right)^2\eta_z t}\right) - \Theta_3\left(\frac{\pi(z+w)}{2d}, e^{-\left(\frac{\pi}{d}\right)^2\eta_z t}\right)\right\}\times$$
$$\times\left\{\Theta_3\left(\frac{\pi(y-v)}{2b}, e^{-\left(\frac{\pi}{b}\right)^2\eta_y t}\right) - \Theta_3\left(\frac{\pi(y+v)}{2b}, e^{-\left(\frac{\pi}{b}\right)^2\eta_y t}\right)\right\}dv\,dw\,d\tau +$$
$$+\frac{\eta_y}{8db^2\sqrt{\pi\eta_x}}\int_0^t\int_0^b\int_0^\infty\frac{1}{\sqrt{\tau}}\left\{e^{-\frac{(x-u)^2}{4\eta_x\tau}} + e^{-\frac{(x+u)^2}{4\eta_x\tau}}\right\}\times$$
$$\times\left\{\Theta_3\left(\frac{\pi(z-w)}{2d}, e^{-\left(\frac{\pi}{d}\right)^2\eta_z\tau}\right) - \Theta_3\left(\frac{\pi(z+w)}{2d}, e^{-\left(\frac{\pi}{d}\right)^2\eta_z\tau}\right)\right\}\times$$
$$\times\left\{\psi_{xbz}(u,w,\tau)\,\Theta_4'\left(\frac{\pi y}{2b}, e^{-\eta_y\left(\frac{\pi}{b}\right)^2(t-\tau)}\right) - \psi_{x0z}(u,w,\tau)\,\Theta_3'\left(\frac{\pi y}{2b}, e^{-\eta_y\left(\frac{\pi}{b}\right)^2(t-\tau)}\right)\right\}du\,dw\,d\tau +$$
$$+\frac{\eta_z}{8bd^2\sqrt{\pi\eta_x}}\int_0^t\int_0^d\int_0^\infty\frac{1}{\sqrt{\tau}}\left\{e^{-\frac{(x-u)^2}{4\eta_x\tau}} + e^{-\frac{(x+u)^2}{4\eta_x\tau}}\right\}\times$$
$$\times\left\{\Theta_3\left(\frac{\pi(y-v)}{2b}, e^{-\left(\frac{\pi}{b}\right)^2\eta_y\tau}\right) - \Theta_3\left(\frac{\pi(y+v)}{2b}, e^{-\left(\frac{\pi}{b}\right)^2\eta_y\tau}\right)\right\}\times$$
$$\times\left\{\psi_{xyd}(u,v,\tau)\,\Theta_4'\left(\frac{\pi z}{2d}, e^{-\eta_z\left(\frac{\pi}{d}\right)^2(t-\tau)}\right) - \psi_{xy0}(u,v,\tau)\,\Theta_3'\left(\frac{\pi z}{2d}, e^{-\eta_z\left(\frac{\pi}{d}\right)^2(t-\tau)}\right)\right\}du\,dv\,d\tau +$$
$$+\frac{1}{8bd\sqrt{\pi\eta_x t}}\int_0^d\int_0^b\int_0^\infty\varphi(u,v,w)\left\{\Theta_3\left(\frac{\pi(z-w)}{2d}, e^{-\left(\frac{\pi}{d}\right)^2\eta_z t}\right) - \Theta_3\left(\frac{\pi(z+w)}{2d}, e^{-\left(\frac{\pi}{d}\right)^2\eta_z t}\right)\right\}\times$$
$$\times\left\{\Theta_3\left(\frac{\pi(y-v)}{2b}, e^{-\left(\frac{\pi}{b}\right)^2\eta_y t}\right) - \Theta_3\left(\frac{\pi(y+v)}{2b}, e^{-\left(\frac{\pi}{b}\right)^2\eta_y t}\right)\right\}\left\{e^{-\frac{(x-u)^2}{4\eta_x t}} + e^{-\frac{(x+u)^2}{4\eta_x t}}\right\}du\,dv\,dw$$

(10.15.1)

When $\varphi(x, y, z) = p_I$, a constant, the solution is obtained by replacing the term corresponding to the initial condition (the last term) in equation (10.15.1) with

$$p = 4p_I \left\{ \Theta_3^{\int}\left(\frac{\pi y}{2b}, e^{-\left(\frac{\pi}{b}\right)^2 \eta_y t}\right) - \Theta_4^{\int}\left(\frac{\pi y}{2b}, e^{-\left(\frac{\pi}{b}\right)^2 \eta_y t}\right) \right\} \times \times \left\{ \Theta_3^{\int}\left(\frac{\pi z}{2d}, e^{-\left(\frac{\pi}{d}\right)^2 \eta_z t}\right) - \Theta_4^{\int}\left(\frac{\pi z}{2d}, e^{-\left(\frac{\pi}{d}\right)^2 \eta_z t}\right) \right\} \quad (10.15.2)$$

10.16 The problem of 10.11, except

$R_{0yz} \equiv \frac{\partial p(0,y,z,t)}{\partial x} - \lambda p(0, y, z, t) = -\left(\frac{\mu}{k_x}\right) \psi_{0yz}(y, z, t)$,
$D_{x0z} \equiv p(x, 0, z, t) = \psi_{x0z}(x, z, t)$,
$D_{xbz} \equiv p(x, b, z, t) = \psi_{xbz}(x, z, t)$,
$D_{xy0} \equiv p(x, y, 0, t) = \psi_{xy0}(x, y, t)$ and
$D_{xyd} \equiv p(x, y, d, t) = \psi_{xyd}(x, y, t)$

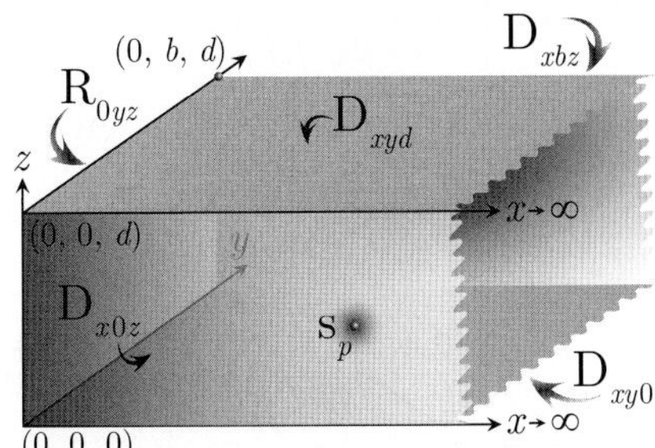

$$p = \frac{U(t-t_0)}{8bd\phi c_t\sqrt{\pi\eta_x}} \int_0^{t-t_0} \frac{q(t-t_0-\tau)}{\sqrt{\tau}} \left\{ \Theta_3\left(\frac{\pi(z-z_0)}{2d}, e^{-\left(\frac{\pi}{d}\right)^2 \eta_z \tau}\right) - \Theta_3\left(\frac{\pi(z+z_0)}{2d}, e^{-\left(\frac{\pi}{d}\right)^2 \eta_z \tau}\right) \right\} \times$$
$$\times \left\{ \Theta_3\left(\frac{\pi(y-y_0)}{2b}, e^{-\left(\frac{\pi}{b}\right)^2 \eta_y \tau}\right) - \Theta_3\left(\frac{\pi(y+y_0)}{2b}, e^{-\left(\frac{\pi}{b}\right)^2 \eta_y \tau}\right) \right\} \times$$
$$\times \left\{ e^{-\frac{(x-x_0)^2}{4\eta_x \tau}} + e^{-\frac{(x+x_0)^2}{4\eta_x \tau}} - 2\lambda\sqrt{\pi\eta_x\tau} e^{\{\lambda(x+x_0)+\lambda^2\eta_x\tau\}} \operatorname{erfc}\left(\lambda\sqrt{\eta_x\tau} + \frac{x+x_0}{2\sqrt{\eta_x\tau}}\right) \right\} d\tau +$$
$$+ \frac{1}{4bd\phi c_t\sqrt{\pi\eta_x}} \int_0^t \frac{1}{\sqrt{\tau}} \left\{ e^{-\frac{x^2}{4\eta_x\tau}} - \lambda\sqrt{\pi\eta_x\tau} e^{\{\lambda x+\lambda^2\eta_x\tau\}} \operatorname{erfc}\left(\lambda\sqrt{\eta_x\tau} + \frac{x}{2\sqrt{\eta_x\tau}}\right) \right\} \times$$
$$\times \int_0^d \int_0^b \psi_{0yz}(v, w, t-\tau) \left\{ \Theta_3\left(\frac{\pi(z-w)}{2d}, e^{-\left(\frac{\pi}{d}\right)^2 \eta_z \tau}\right) - \Theta_3\left(\frac{\pi(z+w)}{2d}, e^{-\left(\frac{\pi}{d}\right)^2 \eta_z \tau}\right) \right\} \times$$
$$\times \left\{ \Theta_3\left(\frac{\pi(y-v)}{2b}, e^{-\left(\frac{\pi}{b}\right)^2 \eta_y \tau}\right) - \Theta_3\left(\frac{\pi(y+v)}{2b}, e^{-\left(\frac{\pi}{b}\right)^2 \eta_y \tau}\right) \right\} dv\,dw\,d\tau +$$
$$+ \frac{\eta_y}{8db^2\sqrt{\pi\eta_x}} \int_0^t \int_0^b \int_0^\infty \frac{1}{\sqrt{\tau}} \left\{ e^{-\frac{(x-u)^2}{4\eta_x t}} + e^{-\frac{(x+u)^2}{4\eta_x t}} - 2\lambda\sqrt{\pi\eta_x t}\, e^{\{\lambda(x+u)+\lambda^2\eta_x t\}} \operatorname{erfc}\left(\lambda\sqrt{\eta_x t} + \frac{x+u}{2\sqrt{\eta_x t}}\right) \right\} \times$$
$$\times \left\{ \Theta_3\left(\frac{\pi(z-w)}{2d}, e^{-\left(\frac{\pi}{d}\right)^2 \eta_z \tau}\right) - \Theta_3\left(\frac{\pi(z+w)}{2d}, e^{-\left(\frac{\pi}{d}\right)^2 \eta_z \tau}\right) \right\} \times$$
$$\times \left\{ \psi_{xbz}(u, w, \tau)\, \Theta_4'\left(\frac{\pi y}{2b}, e^{-\eta_y\left(\frac{\pi}{b}\right)^2 (t-\tau)}\right) - \psi_{x0z}(u, w, \tau)\, \Theta_3'\left(\frac{\pi y}{2b}, e^{-\eta_y\left(\frac{\pi}{b}\right)^2 (t-\tau)}\right) \right\} du\,dw\,d\tau +$$
$$+ \frac{\eta_z}{8bd^2\sqrt{\pi\eta_x}} \int_0^t \int_0^d \int_0^\infty \frac{1}{\sqrt{\tau}} \left\{ e^{-\frac{(x-u)^2}{4\eta_x t}} + e^{-\frac{(x+u)^2}{4\eta_x t}} - 2\lambda\sqrt{\pi\eta_x t}\, e^{\{\lambda(x+u)+\lambda^2\eta_x t\}} \operatorname{erfc}\left(\lambda\sqrt{\eta_x t} + \frac{x+u}{2\sqrt{\eta_x t}}\right) \right\} \times$$
$$\times \left\{ \Theta_3\left(\frac{\pi(y-v)}{2b}, e^{-\left(\frac{\pi}{b}\right)^2 \eta_y \tau}\right) - \Theta_3\left(\frac{\pi(y+v)}{2b}, e^{-\left(\frac{\pi}{b}\right)^2 \eta_y \tau}\right) \right\} \times$$
$$\times \left\{ \psi_{xyd}(u, v, \tau)\, \Theta_4'\left(\frac{\pi z}{2d}, e^{-\eta_z\left(\frac{\pi}{d}\right)^2 (t-\tau)}\right) - \psi_{xy0}(u, v, \tau)\, \Theta_3'\left(\frac{\pi z}{2d}, e^{-\eta_z\left(\frac{\pi}{d}\right)^2 (t-\tau)}\right) \right\} du\,dv\,d\tau +$$
$$+ \frac{1}{8bd\sqrt{\pi\eta_x t}} \int_0^d \int_0^b \int_0^\infty \varphi(u, v, w) \left\{ \Theta_3\left(\frac{\pi(z-w)}{2d}, e^{-\left(\frac{\pi}{d}\right)^2 \eta_z t}\right) - \Theta_3\left(\frac{\pi(z+w)}{2d}, e^{-\left(\frac{\pi}{d}\right)^2 \eta_z t}\right) \right\} \times$$

$$\times\left\{\Theta_3\left(\frac{\pi(y-v)}{2b},e^{-\left(\frac{\pi}{b}\right)^2\eta_y t}\right)-\Theta_3\left(\frac{\pi(y+v)}{2b},e^{-\left(\frac{\pi}{b}\right)^2\eta_y t}\right)\right\}\times$$

$$\times\left\{e^{-\frac{(x-u)^2}{4\eta_x t}}+e^{-\frac{(x+u)^2}{4\eta_x t}}-2\lambda\sqrt{\pi\eta_x t}\,e^{\left\{\lambda(x+u)+\lambda^2\eta_x t\right\}}\operatorname{erfc}\left(\lambda\sqrt{\eta_x t}+\frac{x+u}{2\sqrt{\eta_x t}}\right)\right\}dudvdw \qquad (10.16.1)$$

When $\varphi(x,y,z)=p_I$, a constant, the solution is obtained by replacing the term corresponding to the initial condition (the last term) in equation (10.16.1) with

$$p=4p_I\left\{\operatorname{erfc}\left(\frac{x}{2\sqrt{\eta_x t}}\right)+e^{x\lambda+\lambda^2\eta_x\tau}\operatorname{erfc}\left(\lambda\sqrt{\eta_x t}+\frac{x}{2\sqrt{\eta_x t}}\right)\right\}\left\{\Theta_3^{\int}\left(\frac{\pi y}{2b},e^{-\left(\frac{\pi}{b}\right)^2\eta_y t}\right)-\Theta_4^{\int}\left(\frac{\pi y}{2b},e^{-\left(\frac{\pi}{b}\right)^2\eta_y t}\right)\right\}\times$$

$$\times\left\{\Theta_3^{\int}\left(\frac{\pi z}{2d},e^{-\left(\frac{\pi}{d}\right)^2\eta_z t}\right)-\Theta_4^{\int}\left(\frac{\pi z}{2d},e^{-\left(\frac{\pi}{d}\right)^2\eta_z t}\right)\right\} \qquad (10.16.2)$$

10.17

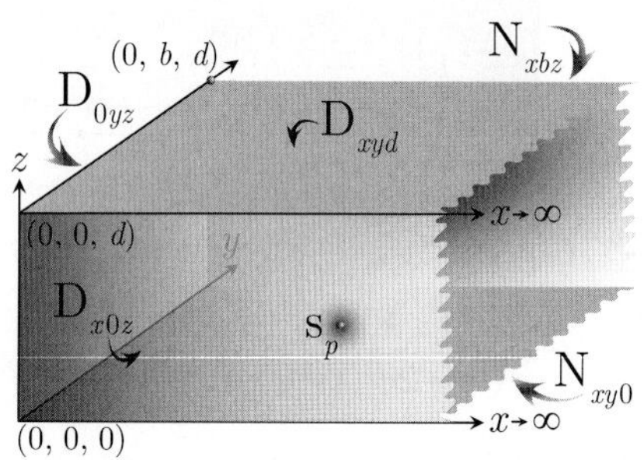

The problem of 10.11, except
$\mathbf{D_{0yz}}\equiv p(0,y,z,t)=\psi_{0yz}(y,z,t)$,
$\mathbf{D_{x0z}}\equiv p(x,0,z,t)=\psi_{x0z}(x,z,t)$,
$\mathbf{N_{xbz}}\equiv\frac{\partial p(x,b,z,t)}{\partial y}=-\left(\frac{\mu}{k_y}\right)\psi_{xbz}(x,z,t)$,
$\mathbf{N_{xy0}}\equiv\frac{\partial p(x,y,0,t)}{\partial z}=-\left(\frac{\mu}{k_z}\right)\psi_{xy0}(x,y,t)$ **and**
$\mathbf{D_{xyd}}\equiv p(x,y,d,t)=\psi_{xyd}(x,y,t)$

$$p=\frac{U(t-t_0)}{8bd\phi c_t\sqrt{\pi\eta_x}}\int_0^{t-t_0}\frac{q(t-t_0-\tau)}{\sqrt{\tau}}\left\{e^{-\frac{(x-x_0)^2}{4\eta_x\tau}}-e^{-\frac{(x+x_0)^2}{4\eta_x\tau}}\right\}\times$$

$$\times\left\{\Theta_2\left(\frac{\pi(z-z_0)}{2d},e^{-\left(\frac{\pi}{d}\right)^2\eta_z\tau}\right)+\Theta_2\left(\frac{\pi(z+z_0)}{2d},e^{-\left(\frac{\pi}{d}\right)^2\eta_z\tau}\right)\right\}\times$$

$$\times\left\{\Theta_2\left(\frac{\pi(y-y_0)}{2b},e^{-\left(\frac{\pi}{b}\right)^2\eta_y\tau}\right)-\Theta_2\left(\frac{\pi(y+y_0)}{2b},e^{-\left(\frac{\pi}{b}\right)^2\eta_y\tau}\right)\right\}d\tau+$$

$$+\frac{1}{2bd\sqrt{\pi}}\int_{\frac{x}{2\sqrt{\eta_x t}}}^{\infty}e^{-\tau^2}\int_0^d\int_0^b\psi_{0yz}\left(v,w,t-\frac{x^2}{4\eta_x\tau^2}\right)\times$$

$$\times\left\{\Theta_2\left(\frac{\pi(y-v)}{2b},e^{-\frac{\eta_y}{\eta_x}\left(\frac{\pi x}{2b\tau}\right)^2}\right)-\Theta_2\left(\frac{\pi(y+v)}{2b},e^{-\frac{\eta_y}{\eta_x}\left(\frac{\pi x}{2b\tau}\right)^2}\right)\right\}\times$$

$$\times\left\{\Theta_2\left(\frac{\pi(z-w)}{2d},e^{-\frac{\eta_z}{\eta_x}\left(\frac{\pi x}{2d\tau}\right)^2}\right)+\Theta_2\left(\frac{\pi(z+w)}{2d},e^{-\frac{\eta_z}{\eta_x}\left(\frac{\pi x}{2d\tau}\right)^2}\right)\right\}dvdwd\tau+$$

$$+\frac{1}{4bd\sqrt{\pi\eta_x}}\int_0^t\int_0^b\int_0^\infty\frac{1}{\sqrt{\tau}}\left\{e^{-\frac{(x-u)^2}{4\eta_x\tau}}-e^{-\frac{(x+u)^2}{4\eta_x\tau}}\right\}\times$$

$$\times\left\{\Theta_2\left(\frac{\pi(y-v)}{2b},e^{-\left(\frac{\pi}{b}\right)^2\eta_y\tau}\right)-\Theta_2\left(\frac{\pi(y+v)}{2b},e^{-\left(\frac{\pi}{b}\right)^2\eta_y\tau}\right)\right\}\times$$

$$\times\left\{\left(\frac{1}{\phi c_t}\right)\Theta_3\left(\frac{\pi z}{2d},e^{-\eta_z\left(\frac{\pi}{d}\right)^2\tau}\right)\psi_{xy0}(u,v,t-\tau)+\left(\frac{\eta_z}{2d}\right)\Theta_1'\left(\frac{\pi z}{2d},e^{-\eta_z\left(\frac{\pi}{d}\right)^2\tau}\right)\psi_{xyd}(u,v,t-\tau)\right\}dudvd\tau-$$

$$-\frac{1}{4bd\sqrt{\pi\eta_x}}\int_0^t\int_0^b\int_0^\infty\frac{1}{\sqrt{\tau}}\left\{e^{-\frac{(x-u)^2}{4\eta_x\tau}}-e^{-\frac{(x+u)^2}{4\eta_x\tau}}\right\}\times$$

$$\times\left\{\Theta_2\left(\frac{\pi(z-w)}{2d},e^{-\left(\frac{\pi}{d}\right)^2\eta_z\tau}\right)+\Theta_2\left(\frac{\pi(z+w)}{2d},e^{-\left(\frac{\pi}{d}\right)^2\eta_z\tau}\right)\right\}\times$$

$$\times\left\{\left(\frac{1}{\phi c_t}\right)\psi_{xbz}\left(u,w,t-\tau\right)\Theta_1\left(\frac{\pi y}{2b},e^{-\eta_y\left(\frac{\pi}{b}\right)^2(t-\tau)}\right)+\right.$$
$$\left.+\left(\frac{\eta_y}{2b}\right)\psi_{x0z}\left(u,w,t-\tau\right)\Theta_2'\left(\frac{\pi y}{2b},e^{-\eta_y\left(\frac{\pi}{b}\right)^2(t-\tau)}\right)\right\}dudwd\tau+$$
$$+\frac{1}{8bd\sqrt{\pi\eta_x t}}\int_0^d\int_0^b\int_0^\infty\varphi\left(u,v,w\right)\left\{\Theta_2\left(\frac{\pi\left(z-w\right)}{2d},e^{-\left(\frac{\pi}{d}\right)^2\eta_z t}\right)+\Theta_2\left(\frac{\pi\left(z+w\right)}{2d},e^{-\left(\frac{\pi}{d}\right)^2\eta_z t}\right)\right\}\times$$
$$\times\left\{\Theta_2\left(\frac{\pi\left(y-v\right)}{2b},e^{-\left(\frac{\pi}{b}\right)^2\eta_y t}\right)-\Theta_2\left(\frac{\pi\left(y+v\right)}{2b},e^{-\left(\frac{\pi}{b}\right)^2\eta_y t}\right)\right\}\left\{e^{-\frac{(x-u)^2}{4\eta_x t}}-e^{-\frac{(x+u)^2}{4\eta_x t}}\right\}dudvdw\quad(10.17.1)$$

When $\varphi(x,y,z)=p_I$, a constant, the solution is obtained by replacing the term corresponding to the initial condition (the last term) in equation (10.17.1) with

$$p=4p_I\operatorname{erf}\left(\frac{x}{2\sqrt{\eta_x t}}\right)\Theta_2^{\int}\left(\frac{\pi y}{2b},e^{-\eta_y\left(\frac{\pi}{b}\right)^2t}\right)\left\{\Theta_1^{\int}\left(\frac{\pi}{2},e^{-\eta_z\left(\frac{\pi}{d}\right)^2t}\right)-\Theta_1^{\int}\left(\frac{\pi z}{2d},e^{-\eta_z\left(\frac{\pi}{d}\right)^2t}\right)\right\}\quad(10.17.2)$$

10.18 The problem of 10.11, except

$N_{0yz}\equiv\frac{\partial p(0,y,z,t)}{\partial x}=-\left(\frac{\mu}{k_x}\right)\psi_{0yz}\left(y,z,t\right)$,
$D_{x0z}\equiv p\left(x,0,z,t\right)=\psi_{x0z}\left(x,z,t\right)$,
$N_{xbz}\equiv\frac{\partial p(x,b,z,t)}{\partial y}=-\left(\frac{\mu}{k_y}\right)\psi_{xbz}\left(x,z,t\right)$,
$N_{xy0}\equiv\frac{\partial p(x,y,0,t)}{\partial z}=-\left(\frac{\mu}{k_z}\right)\psi_{xy0}\left(x,y,t\right)$ and
$D_{xyd}\equiv p\left(x,y,d,t\right)=\psi_{xyd}\left(x,y,t\right)$

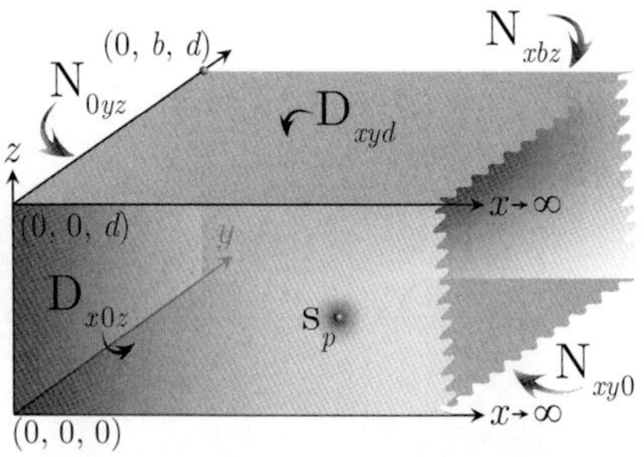

$$p=\frac{U(t-t_0)}{8bd\phi c_t\sqrt{\pi\eta_x}}\int_0^{t-t_0}\frac{q\left(t-t_0-\tau\right)}{\sqrt{\tau}}\left\{e^{-\frac{(x-x_0)^2}{4\eta_x\tau}}+e^{-\frac{(x+x_0)^2}{4\eta_x\tau}}\right\}\times$$
$$\times\left\{\Theta_2\left(\frac{\pi\left(z-z_0\right)}{2d},e^{-\left(\frac{\pi}{d}\right)^2\eta_z\tau}\right)+\Theta_2\left(\frac{\pi\left(z+z_0\right)}{2d},e^{-\left(\frac{\pi}{d}\right)^2\eta_z\tau}\right)\right\}\times$$
$$\times\left\{\Theta_2\left(\frac{\pi\left(y-y_0\right)}{2b},e^{-\left(\frac{\pi}{b}\right)^2\eta_y\tau}\right)-\Theta_2\left(\frac{\pi\left(y+y_0\right)}{2b},e^{-\left(\frac{\pi}{b}\right)^2\eta_y\tau}\right)\right\}d\tau+$$
$$+\frac{1}{4bd\phi c_t\sqrt{\pi\eta_x}}\times$$
$$\times\int_0^t\frac{e^{-\frac{x^2}{4\eta_x\tau}}}{\sqrt{\tau}}\int_0^d\int_0^b\psi_{0yz}\left(v,w,t-\tau\right)\left\{\Theta_2\left(\frac{\pi\left(z-w\right)}{2d},e^{-\left(\frac{\pi}{d}\right)^2\eta_z t}\right)+\Theta_2\left(\frac{\pi\left(z+w\right)}{2d},e^{-\left(\frac{\pi}{d}\right)^2\eta_z t}\right)\right\}\times$$
$$\times\left\{\Theta_2\left(\frac{\pi\left(y-v\right)}{2b},e^{-\left(\frac{\pi}{b}\right)^2\eta_y t}\right)-\Theta_2\left(\frac{\pi\left(y+v\right)}{2b},e^{-\left(\frac{\pi}{b}\right)^2\eta_y t}\right)\right\}dvdwd\tau+$$
$$+\frac{1}{4bd\sqrt{\pi\eta_x}}\int_0^t\int_0^b\int_0^\infty\frac{1}{\sqrt{\tau}}\left\{e^{-\frac{(x-u)^2}{4\eta_x\tau}}+e^{-\frac{(x+u)^2}{4\eta_x\tau}}\right\}\times$$
$$\times\left\{\Theta_2\left(\frac{\pi\left(y-v\right)}{2b},e^{-\left(\frac{\pi}{b}\right)^2\eta_y\tau}\right)-\Theta_2\left(\frac{\pi\left(y+v\right)}{2b},e^{-\left(\frac{\pi}{b}\right)^2\eta_y\tau}\right)\right\}\times$$
$$\times\left\{\left(\frac{1}{\phi c_t}\right)\Theta_3\left(\frac{\pi z}{2d},e^{-\eta_z\left(\frac{\pi}{d}\right)^2\tau}\right)\psi_{xy0}\left(u,v,t-\tau\right)+\left(\frac{\eta_z}{2d}\right)\Theta_1'\left(\frac{\pi z}{2d},e^{-\eta_z\left(\frac{\pi}{d}\right)^2\tau}\right)\psi_{xyd}\left(u,v,t-\tau\right)\right\}dudvd\tau-$$
$$-\frac{1}{4bd\sqrt{\pi\eta_x}}\int_0^t\int_0^b\int_0^\infty\frac{1}{\sqrt{\tau}}\left\{e^{-\frac{(x-u)^2}{4\eta_x\tau}}-e^{-\frac{(x+u)^2}{4\eta_x\tau}}\right\}\times$$

$$\times\left\{\Theta_2\left(\frac{\pi(z-w)}{2d},e^{-\left(\frac{\pi}{d}\right)^2\eta_z\tau}\right)+\Theta_2\left(\frac{\pi(z+w)}{2d},e^{-\left(\frac{\pi}{d}\right)^2\eta_z\tau}\right)\right\}\times$$

$$\times\left\{\left(\frac{1}{\phi c_t}\right)\psi_{xbz}(u,w,t-\tau)\,\Theta_1\left(\frac{\pi y}{2b},e^{-\eta_y\left(\frac{\pi}{b}\right)^2(t-\tau)}\right)+\right.$$

$$\left.+\left(\frac{\eta_y}{2b}\right)\psi_{x0z}(u,w,t-\tau)\,\Theta_2'\left(\frac{\pi y}{2b},e^{-\eta_y\left(\frac{\pi}{b}\right)^2(t-\tau)}\right)\right\}dudwd\tau+$$

$$+\frac{1}{8bd\sqrt{\pi\eta_x t}}\int_0^d\int_0^b\int_0^\infty\varphi(u,v,w)\left\{\Theta_2\left(\frac{\pi(z-w)}{2d},e^{-\left(\frac{\pi}{d}\right)^2\eta_z t}\right)+\Theta_2\left(\frac{\pi(z+w)}{2d},e^{-\left(\frac{\pi}{d}\right)^2\eta_z t}\right)\right\}\times$$

$$\times\left\{\Theta_2\left(\frac{\pi(y-v)}{2b},e^{-\left(\frac{\pi}{b}\right)^2\eta_y t}\right)-\Theta_2\left(\frac{\pi(y+v)}{2b},e^{-\left(\frac{\pi}{b}\right)^2\eta_y t}\right)\right\}\left\{e^{-\frac{(x-u)^2}{4\eta_x t}}+e^{-\frac{(x+u)^2}{4\eta_x t}}\right\}dudvdw \quad (10.18.1)$$

When $\varphi(x,y,z)=p_I$, a constant, the solution is obtained by replacing the term corresponding to the initial condition (the last term) in equation (10.18.1) with

$$p=4p_I\Theta_2^{\int}\left(\frac{\pi y}{2b},e^{-\eta_y\left(\frac{\pi}{b}\right)^2t}\right)\left\{\Theta_1^{\int}\left(\frac{\pi}{2},e^{-\eta_z\left(\frac{\pi}{d}\right)^2t}\right)-\Theta_1^{\int}\left(\frac{\pi z}{2d},e^{-\eta_z\left(\frac{\pi}{d}\right)^2t}\right)\right\} \quad (10.18.2)$$

10.19

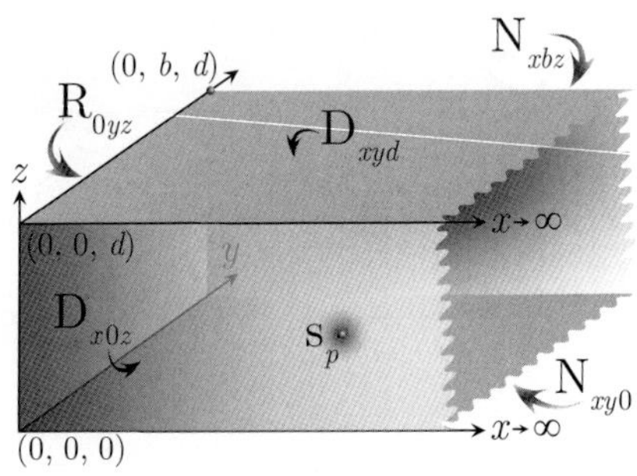

The problem of 10.11, except
$\mathbf{R_{0yz}} \equiv \frac{\partial p(0,y,z,t)}{\partial x}-\lambda p(0,y,z,t)=-\left(\frac{\mu}{k_x}\right)\psi_{0yz}(y,z,t)$,
$\mathbf{D_{x0z}} \equiv p(x,0,z,t)=\psi_{x0z}(x,z,t)$,
$\mathbf{N_{xbz}} \equiv \frac{\partial p(x,b,z,t)}{\partial y}=-\left(\frac{\mu}{k_y}\right)\psi_{xbz}(x,z,t)$,
$\mathbf{N_{xy0}} \equiv \frac{\partial p(x,y,0,t)}{\partial z}=-\left(\frac{\mu}{k_z}\right)\psi_{xy0}(x,y,t)$ **and**
$\mathbf{D_{xyd}} \equiv p(x,y,d,t)=\psi_{xyd}(x,y,t)$

$$p=\frac{U(t-t_0)}{8bd\phi c_t\sqrt{\pi\eta_x}}\int_0^{t-t_0}\frac{q(t-t_0-\tau)}{\sqrt{\tau}}\left\{\Theta_2\left(\frac{\pi(y-y_0)}{2b},e^{-\left(\frac{\pi}{b}\right)^2\eta_y\tau}\right)-\Theta_2\left(\frac{\pi(y+y_0)}{2b},e^{-\left(\frac{\pi}{b}\right)^2\eta_y\tau}\right)\right\}\times$$

$$\times\left\{\Theta_2\left(\frac{\pi(z-z_0)}{2d},e^{-\left(\frac{\pi}{d}\right)^2\eta_z\tau}\right)+\Theta_2\left(\frac{\pi(z+z_0)}{2d},e^{-\left(\frac{\pi}{d}\right)^2\eta_z\tau}\right)\right\}\times$$

$$\times\left\{e^{-\frac{(x-x_0)^2}{4\eta_x\tau}}+e^{-\frac{(x+x_0)^2}{4\eta_x\tau}}-2\lambda\sqrt{\pi\eta_x\tau}\,e^{\{\lambda(x+x_0)+\lambda^2\eta_x\tau\}}\operatorname{erfc}\left(\lambda\sqrt{\eta_x\tau}+\frac{x+x_0}{2\sqrt{\eta_x\tau}}\right)\right\}d\tau+$$

$$+\frac{1}{4bd\phi c_t\sqrt{\pi\eta_x}}\int_0^t\frac{1}{\sqrt{\tau}}\left\{e^{-\frac{x^2}{4\eta_x\tau}}-\lambda\sqrt{\pi\eta_x\tau}\,e^{\{\lambda x+\lambda^2\eta_x\tau\}}\operatorname{erfc}\left(\lambda\sqrt{\eta_x\tau}+\frac{x}{2\sqrt{\eta_x\tau}}\right)\right\}\times$$

$$\times\int_0^d\int_0^b\psi_{0yz}(v,w,t-\tau)\left\{\Theta_2\left(\frac{\pi(z-w)}{2d},e^{-\left(\frac{\pi}{d}\right)^2\eta_z\tau}\right)+\Theta_2\left(\frac{\pi(z+w)}{2d},e^{-\left(\frac{\pi}{d}\right)^2\eta_z\tau}\right)\right\}\times$$

$$\times\left\{\Theta_2\left(\frac{\pi(y-v)}{2b},e^{-\left(\frac{\pi}{b}\right)^2\eta_y\tau}\right)-\Theta_2\left(\frac{\pi(y+v)}{2b},e^{-\left(\frac{\pi}{b}\right)^2\eta_y\tau}\right)\right\}dvdwd\tau+$$

$$+\frac{1}{4bd\sqrt{\pi\eta_x}}\int_0^t\int_0^b\int_0^\infty\frac{1}{\sqrt{\tau}}\left\{e^{-\frac{(x-u)^2}{4\eta_x t}}+e^{-\frac{(x+u)^2}{4\eta_x t}}-2\lambda\sqrt{\pi\eta_x t}\,e^{\{\lambda(x+u)+\lambda^2\eta_x t\}}\operatorname{erfc}\left(\lambda\sqrt{\eta_x t}+\frac{x+u}{2\sqrt{\eta_x t}}\right)\right\}\times$$

$$\times\left\{\Theta_2\left(\frac{\pi(y-v)}{2b},e^{-\left(\frac{\pi}{b}\right)^2\eta_y\tau}\right)-\Theta_2\left(\frac{\pi(y+v)}{2b},e^{-\left(\frac{\pi}{b}\right)^2\eta_y\tau}\right)\right\}\times$$

$$\times\left\{\left(\frac{1}{\phi c_t}\right)\Theta_3\left(\frac{\pi z}{2d},e^{-\eta_z\left(\frac{\pi}{d}\right)^2\tau}\right)\psi_{xy0}(u,v,t-\tau)+\left(\frac{\eta_z}{2d}\right)\Theta_1'\left(\frac{\pi z}{2d},e^{-\eta_z\left(\frac{\pi}{d}\right)^2\tau}\right)\psi_{xyd}(u,v,t-\tau)\right\}dudvd\tau-$$

$$-\frac{1}{4bd\sqrt{\pi\eta_x}}\int_0^t\int_0^b\int_0^\infty \frac{1}{\sqrt{\tau}}\left\{e^{-\frac{(x-u)^2}{4\eta_x t}}+e^{-\frac{(x+u)^2}{4\eta_x t}}-2\lambda\sqrt{\pi\eta_x t}\,e^{\left\{\lambda(x+u)+\lambda^2\eta_x t\right\}}\operatorname{erfc}\left(\lambda\sqrt{\eta_x t}+\frac{x+u}{2\sqrt{\eta_x t}}\right)\right\}\times$$
$$\times\left\{\Theta_2\left(\frac{\pi\,(z-w)}{2d},e^{-\left(\frac{\pi}{d}\right)^2\eta_z\tau}\right)+\Theta_2\left(\frac{\pi\,(z+w)}{2d},e^{-\left(\frac{\pi}{d}\right)^2\eta_z\tau}\right)\right\}\times$$
$$\times\left\{\left(\frac{1}{\phi c_t}\right)\psi_{xbz}\,(u,w,t-\tau)\,\Theta_1\left(\frac{\pi y}{2b},e^{-\eta_y\left(\frac{\pi}{b}\right)^2(t-\tau)}\right)+\right.$$
$$\left.+\left(\frac{\eta_y}{2b}\right)\psi_{x0z}\,(u,w,t-\tau)\,\Theta_2'\left(\frac{\pi y}{2b},e^{-\eta_y\left(\frac{\pi}{b}\right)^2(t-\tau)}\right)\right\}du\,dw\,d\tau+$$
$$+\frac{1}{8bd\sqrt{\pi\eta_x t}}\int_0^d\int_0^b\int_0^\infty\varphi\,(u,v,w)\left\{\Theta_2\left(\frac{\pi\,(z-w)}{2d},e^{-\left(\frac{\pi}{d}\right)^2\eta_z t}\right)+\Theta_2\left(\frac{\pi\,(z+w)}{2d},e^{-\left(\frac{\pi}{d}\right)^2\eta_z t}\right)\right\}\times$$
$$\times\left\{\Theta_2\left(\frac{\pi\,(y-v)}{2b},e^{-\left(\frac{\pi}{b}\right)^2\eta_y t}\right)-\Theta_2\left(\frac{\pi\,(y+v)}{2b},e^{-\left(\frac{\pi}{b}\right)^2\eta_y t}\right)\right\}\times$$
$$\times\left\{e^{-\frac{(x-u)^2}{4\eta_x t}}+e^{-\frac{(x+u)^2}{4\eta_x t}}-2\lambda\sqrt{\pi\eta_x t}\,e^{\left\{\lambda(x+u)+\lambda^2\eta_x t\right\}}\operatorname{erfc}\left(\lambda\sqrt{\eta_x t}+\frac{x+u}{2\sqrt{\eta_x t}}\right)\right\}du\,dv\,dw \tag{10.19.1}$$

When $\varphi(x,y,z)=p_I$, a constant, the solution is obtained by replacing the term corresponding to the initial condition (the last term) in equation (10.19.1) with

$$p \;=\; 4p_I\left\{\operatorname{erfc}\left(\frac{x}{2\sqrt{\eta_x t}}\right)+e^{x\lambda+\lambda^2\eta_x\tau}\operatorname{erfc}\left(\lambda\sqrt{\eta_x t}+\frac{x}{2\sqrt{\eta_x t}}\right)\right\}\Theta_2^{\int}\left(\frac{\pi y}{2b},e^{-\eta_y\left(\frac{\pi}{b}\right)^2 t}\right)\times$$
$$\times\left\{\Theta_1^{\int}\left(\frac{\pi}{2},e^{-\eta_z\left(\frac{\pi}{d}\right)^2 t}\right)-\Theta_1^{\int}\left(\frac{\pi z}{2d},e^{-\eta_z\left(\frac{\pi}{d}\right)^2 t}\right)\right\} \tag{10.19.2}$$

Chapter 11

Cuboid. $p(x,\, y,\, z,\, t)$ is a function of x, y, z and t only

11.1 **The continuum is bounded by the planes passing through $x = 0$, $x = a$, $y = 0$, $y = b$, $z = 0$ and $z = d$. Point source at $s_p \equiv (x_0, y_0, z_0)$ at time $t = t_0$; $0 < x_0 < a$, $0 < y_0 < b$, $0 < z_0 < d$, $t_0 \geq 0$. $N_{0yz} \equiv \frac{\partial p(0,y,z,t)}{\partial x} = -\left(\frac{\mu}{k_x}\right)\psi_{0yz}(y,z,t)$, $N_{ayz} \equiv \frac{\partial p(a,y,z,t)}{\partial x} = -\left(\frac{\mu}{k_x}\right)\psi_{ayz}(y,z,t)$, $N_{x0z} \equiv \frac{\partial p(x,0,z,t)}{\partial y} = -\left(\frac{\mu}{k_y}\right)\psi_{x0z}(x,z,t)$, $N_{xbz} \equiv \frac{\partial p(x,b,z,t)}{\partial y} = -\left(\frac{\mu}{k_y}\right)\psi_{xbz}(x,z,t)$, $N_{xy0} \equiv \frac{\partial p(x,y,0,t)}{\partial z} = -\left(\frac{\mu}{k_z}\right)\psi_{xy0}(x,y,t)$ and $N_{xyd} \equiv \frac{\partial p(x,y,d,t)}{\partial z} = -\left(\frac{\mu}{k_z}\right)\psi_{xyd}(x,y,t)$. The initial pressure $p(x,y,z,0) = \varphi(x,y,z)$**

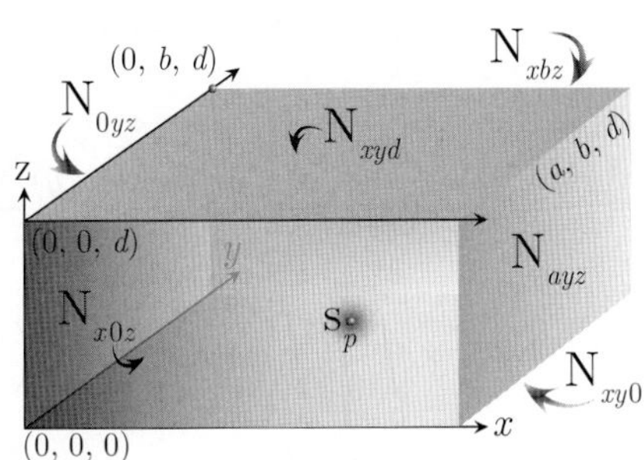

Applying the Fourier and Laplace transformations to equation (8.1.1), we get

$$\overline{\overline{\overline{p}}} = \frac{q(s)\cos(\xi_n x_0)\cos(\xi_m y_0)\cos(\xi_l z_0)\, e^{-st_0}}{\phi c_t\left(\eta_x \xi_n^2 + \eta_y \xi_m^2 + \eta_z \xi_l^2 + s\right)} + \frac{\left\{(-1)^{n+1}\overline{\overline{\overline{\psi}}}_{ayz}(\xi_m,\xi_l,s) + \overline{\overline{\overline{\psi}}}_{0yz}(\xi_m,\xi_l,s)\right\}}{(\phi c_t)\left(\eta_x \xi_n^2 + \eta_y \xi_m^2 + \eta_z \xi_l^2 + s\right)} +$$
$$+\frac{\left\{(-1)^{m+1}\overline{\overline{\overline{\psi}}}_{xbz}(\xi_n,\xi_l,s) + \overline{\overline{\overline{\psi}}}_{x0z}(\xi_n,\xi_l,s)\right\}}{(\phi c_t)\left(\eta_x \xi_n^2 + \eta_y \xi_m^2 + \eta_z \xi_l^2 + s\right)} + \frac{\left\{(-1)^{l+1}\overline{\overline{\overline{\psi}}}_{xyd}(\xi_n,\xi_m,s) + \overline{\overline{\overline{\psi}}}_{xy0}(\xi_n,\xi_m,s)\right\}}{(\phi c_t)\left(\eta_x \xi_n^2 + \eta_y \xi_m^2 + \eta_z \xi_l^2 + s\right)} +$$
$$+\frac{\int_0^d \int_0^b \int_0^a \varphi(u,v,w)\cos(\xi_n u)\cos(\xi_m v)\cos(\xi_l w)\, du\, dv\, dw}{\left(\eta_x \xi_n^2 + \eta_y \xi_m^2 + \eta_z \xi_l^2 + s\right)} \tag{11.1.1}$$

where the eigenvalues ξ_n, ξ_m and ξ_l are given by $\xi_n = \frac{n\pi}{a}$, $n = 0,1,2,...$, $\xi_m = \frac{m\pi}{b}$, $m = 0,1,2,...$, and $\xi_l = \frac{l\pi}{d}$, $l = 0,1,2,...$, respectively. $\overline{\overline{\overline{\psi}}}_{xyi}(\xi_n,\xi_m,s) = \int_0^\infty \int_0^a \int_0^b \psi_{xyi}(x,y,t)\, e^{-st}\cos(\xi_n x)\cos(\xi_m y)\, dy\, dx\, dt,\ \ i = 0, d$, $\overline{\overline{\overline{\psi}}}_{xiz}(\xi_n,\xi_l,s) = \int_0^\infty \int_0^a \int_0^d \psi_{xiz}(x,z,t)\, e^{-st}\cos(\xi_n x)\cos(\xi_l z)\, dz\, dx\, dt,\ \ i = 0, b$ and $\overline{\overline{\overline{\psi}}}_{iyz}(\xi_n,\xi_l,s) = \int_0^\infty \int_0^b \int_0^d \psi_{iyz}(y,z,t)\, e^{-st}\cos(\xi_m y)\cos(\xi_l z)\, dz\, dx\, dt,\ \ i = 0, a$.

Successive inverse Fourier transforms of equation (11.1.1) yield

$$\overline{p} = \frac{2q(s)\, e^{-st_0}}{bd\phi c_t \eta_x}\sum_{m=0}^{\infty} \ni_m \cos(\xi_m y)\cos(\xi_m y_0)\sum_{l=0}^{\infty}\frac{\ni_l \operatorname{csch}\left\{a\sqrt{\beta_x + \frac{s}{\eta_x}}\right\}}{\sqrt{\beta_x + \frac{s}{\eta_x}}}\cos(\xi_l z)\cos(\xi_l z_0) \times$$

$$\times\left[\cosh\left\{(a-|x-x_0|)\sqrt{\beta_x+\frac{s}{\eta_x}}\right\}+\cosh\left\{(a-x-x_0)\sqrt{\beta_x+\frac{s}{\eta_x}}\right\}\right]+$$

$$+\frac{4}{bd\phi c_t\eta_x}\sum_{m=0}^{\infty}\ni_m\cos(\xi_m y)\sum_{l=0}^{\infty}\frac{\ni_l\operatorname{csch}\left\{a\sqrt{\beta_x+\frac{s}{\eta_x}}\right\}}{\sqrt{\beta_x+\frac{s}{\eta_x}}}\cos(\xi_l z)\times$$

$$\times\left[\overline{\overline{\overline{\psi}}}_{0yz}(\xi_m,\xi_l,s)\cosh\left\{(a-x)\sqrt{\beta_x+\frac{s}{\eta_x}}\right\}-\overline{\overline{\overline{\psi}}}_{ayz}(\xi_m,\xi_l,s)\cosh\left\{x\sqrt{\beta_x+\frac{s}{\eta_x}}\right\}\right]+$$

$$+\frac{4}{ad\phi c_t\eta_y}\sum_{n=0}^{\infty}\ni_n\cos(\xi_n x)\sum_{l=0}^{\infty}\frac{\ni_l\operatorname{csch}\left\{b\sqrt{\beta_y+\frac{s}{\eta_y}}\right\}}{\sqrt{\beta_y+\frac{s}{\eta_y}}}\cos(\xi_l z)\times$$

$$\times\left[\overline{\overline{\overline{\psi}}}_{x0z}(\xi_n,\xi_l,s)\cosh\left\{(b-y)\sqrt{\beta_y+\frac{s}{\eta_y}}\right\}-\overline{\overline{\overline{\psi}}}_{xbz}(\xi_n,\xi_l,s)\cosh\left\{y\sqrt{\beta_y+\frac{s}{\eta_y}}\right\}\right]+$$

$$+\frac{4}{ab\phi c_t\eta_z}\sum_{n=0}^{\infty}\ni_n\cos(\xi_n x)\sum_{m=0}^{\infty}\frac{\ni_m\operatorname{csch}\left\{d\sqrt{\beta_z+\frac{s}{\eta_z}}\right\}}{\sqrt{\beta_z+\frac{s}{\eta_z}}}\cos(\xi_m y)\times$$

$$\times\left[\overline{\overline{\overline{\psi}}}_{xy0}(\xi_n,\xi_m,s)\cosh\left\{(d-z)\sqrt{\beta_z+\frac{s}{\eta_z}}\right\}-\overline{\overline{\overline{\psi}}}_{xyd}(\xi_n,\xi_m,s)\cosh\left\{z\sqrt{\beta_z+\frac{s}{\eta_z}}\right\}\right]+$$

$$+\frac{2}{bd\eta_x}\sum_{m=0}^{\infty}\ni_m\cos(\xi_m y)\sum_{l=0}^{\infty}\frac{\ni_l\operatorname{csch}\left\{a\sqrt{\beta_x+\frac{s}{\eta_x}}\right\}}{\sqrt{\beta_x+\frac{s}{\eta_x}}}\cos(\xi_l z)\times$$

$$\times\int_0^d\int_0^b\int_0^a\varphi(u,v,w)\cos\left(\frac{m\pi v}{b}\right)\cos\left(\frac{l\pi w}{d}\right)\times$$

$$\times\left[\cosh\left\{(a-|x-u|)\sqrt{\beta_x+\frac{s}{\eta_x}}\right\}+\cosh\left\{(a-x-u)\sqrt{\beta_x+\frac{s}{\eta_x}}\right\}\right]dudvdw \qquad (11.1.2)$$

where $\beta_x=\frac{\eta_y\xi_m^2}{\eta_x}+\frac{\eta_z\xi_l^2}{\eta_x}$, $\beta_y=\frac{\eta_x\xi_n^2}{\eta_y}+\frac{\eta_z\xi_l^2}{\eta_y}$ and $\beta_z=\frac{\eta_x\xi_n^2}{\eta_z}+\frac{\eta_y\xi_m^2}{\eta_z}$.

$$p=\frac{U(t-t_0)}{8\phi c_t abd}\int_0^{t-t_0}q(t-t_0-\tau)\left\{\Theta_3\left(\frac{\pi(x-x_0)}{2a},e^{-\left(\frac{\pi}{a}\right)^2\eta_x\tau}\right)+\Theta_3\left(\frac{\pi(x+x_0)}{2a},e^{-\left(\frac{\pi}{a}\right)^2\eta_x\tau}\right)\right\}\times$$

$$\times\left\{\Theta_3\left(\frac{\pi(y-y_0)}{2b},e^{-\left(\frac{\pi}{b}\right)^2\eta_y\tau}\right)+\Theta_3\left(\frac{\pi(y+y_0)}{2b},e^{-\left(\frac{\pi}{b}\right)^2\eta_y\tau}\right)\right\}\times$$

$$\times\left\{\Theta_3\left(\frac{\pi(z-z_0)}{2d},e^{-\left(\frac{\pi}{d}\right)^2\eta_z\tau}\right)+\Theta_3\left(\frac{\pi(z+z_0)}{2d},e^{-\left(\frac{\pi}{d}\right)^2\eta_z\tau}\right)\right\}d\tau+$$

$$+\frac{1}{4\phi c_t abd}\int_0^t\int_0^d\int_0^b\left\{\Theta_3\left(\frac{\pi(z-w)}{2d},e^{-\left(\frac{\pi}{d}\right)^2\eta_z\tau}\right)+\Theta_3\left(\frac{\pi(z+w)}{2d},e^{-\left(\frac{\pi}{d}\right)^2\eta_z\tau}\right)\right\}\times$$

$$\times\left\{\Theta_3\left(\frac{\pi(y-v)}{2b},e^{-\left(\frac{\pi}{b}\right)^2\eta_y\tau}\right)+\Theta_3\left(\frac{\pi(y+v)}{2b},e^{-\left(\frac{\pi}{b}\right)^2\eta_y\tau}\right)\right\}\times$$

$$\times\left\{\psi_{0yz}(v,w,t-\tau)\Theta_3\left(\frac{\pi x}{2a},e^{-\left(\frac{\pi}{a}\right)^2\eta_x\tau}\right)-\psi_{ayz}(v,w,t-\tau)\Theta_4\left(\frac{\pi x}{2a},e^{-\left(\frac{\pi}{a}\right)^2\eta_x\tau}\right)\right\}dvdwd\tau+$$

$$+\frac{1}{4\phi c_t abd}\int_0^t\int_0^d\int_0^a\left\{\Theta_3\left(\frac{\pi(z-w)}{2d},e^{-\left(\frac{\pi}{d}\right)^2\eta_z\tau}\right)+\Theta_3\left(\frac{\pi(z+w)}{2d},e^{-\left(\frac{\pi}{d}\right)^2\eta_z\tau}\right)\right\}\times$$

$$\times\left\{\Theta_3\left(\frac{\pi(x-u)}{2a},e^{-\left(\frac{\pi}{a}\right)^2\eta_x\tau}\right)+\Theta_3\left(\frac{\pi(x+u)}{2a},e^{-\left(\frac{\pi}{a}\right)^2\eta_x\tau}\right)\right\}\times$$

$$\times\left\{\psi_{x0z}(u,w,t-\tau)\Theta_3\left(\frac{\pi y}{2b},e^{-\left(\frac{\pi}{b}\right)^2\eta_y\tau}\right)-\psi_{xbz}(u,w,t-\tau)\Theta_4\left(\frac{\pi y}{2b},e^{-\left(\frac{\pi}{b}\right)^2\eta_y\tau}\right)\right\}dudwd\tau+$$

$$
\begin{aligned}
&+\frac{1}{4\phi c_t abd}\int_0^t\int_0^b\int_0^a\left\{\Theta_3\left(\frac{\pi(x-u)}{2a},e^{-\left(\frac{\pi}{a}\right)^2\eta_a\tau}\right)+\Theta_3\left(\frac{\pi(x+u)}{2a},e^{-\left(\frac{\pi}{a}\right)^2\eta_x\tau}\right)\right\}\times\\
&\times\left\{\Theta_3\left(\frac{\pi(y-v)}{2b},e^{-\left(\frac{\pi}{b}\right)^2\eta_y\tau}\right)+\Theta_3\left(\frac{\pi(y+v)}{2b},e^{-\left(\frac{\pi}{b}\right)^2\eta_y\tau}\right)\right\}\times\\
&\times\left\{\psi_{xy0}(u,v,t-\tau)\,\Theta_3\left(\frac{\pi z}{2d},e^{-\left(\frac{\pi}{d}\right)^2\eta_z\tau}\right)-\psi_{xyd}(u,v,t-\tau)\,\Theta_4\left(\frac{\pi z}{2d},e^{-\left(\frac{\pi}{d}\right)^2\eta_z\tau}\right)\right\}dudvd\tau+\\
&+\frac{1}{8abd}\int_0^d\int_0^b\int_0^a\varphi(u,v,w)\left\{\Theta_3\left(\frac{\pi(x-u)}{2a},e^{-\left(\frac{\pi}{a}\right)^2\eta_x t}\right)+\Theta_3\left(\frac{\pi(x+u)}{2a},e^{-\left(\frac{\pi}{a}\right)^2\eta_x t}\right)\right\}\times\\
&\times\left\{\Theta_3\left(\frac{\pi(y-v)}{2b},e^{-\left(\frac{\pi}{b}\right)^2\eta_y t}\right)+\Theta_3\left(\frac{\pi(y+v)}{2b},e^{-\left(\frac{\pi}{b}\right)^2\eta_y t}\right)\right\}\times\\
&\times\left\{\Theta_3\left(\frac{\pi(z-w)}{2d},e^{-\left(\frac{\pi}{d}\right)^2\eta_z t}\right)+\Theta_3\left(\frac{\pi(z+w)}{2d},e^{-\left(\frac{\pi}{d}\right)^2\eta_z t}\right)\right\}dudvdw
\end{aligned}
\tag{11.1.3}
$$

Special case of practical relevance

(i) A line of finite length $[z_{02}-z_{01}]$ passing through (x_0, y_0)

The solutions for a continuous source are obtained by replacing the source terms in equations (11.1.2) and (11.1.3) with

$$
\begin{aligned}
\overline{p} &= \frac{2q(s)\,e^{-st_0}}{\pi b\phi c_t\eta_x}\sum_{m=0}^{\infty}\ni_m\cos\left(\frac{m\pi y}{b}\right)\cos\left(\frac{m\pi y_0}{b}\right)\times\\
&\times\sum_{l=0}^{\infty}\frac{\ni_l\,\mathrm{csch}\left\{a\sqrt{\beta_x+\frac{s}{\eta_x}}\right\}}{l\sqrt{\beta_x+\frac{s}{\eta_x}}}\cos\left(\frac{l\pi z}{d}\right)\left\{\sin\left(\frac{l\pi z_{02}}{d}\right)-\sin\left(\frac{l\pi z_{01}}{d}\right)\right\}\times\\
&\times\left[\cosh\left\{(a-|x-x_0|)\sqrt{\beta_x+\frac{s}{\eta_x}}\right\}+\cosh\left\{(a-x-x_0)\sqrt{\beta_x+\frac{s}{\eta_x}}\right\}\right]^{*}
\end{aligned}
\tag{11.1.4}
$$

and

$$
\begin{aligned}
p &= \frac{U(t-t_0)}{4\phi c_t ab}\int_0^{t-t_0}q(t-t_0-\tau)\left\{\Theta_3\left(\frac{\pi(x-x_0)}{2a},e^{-\left(\frac{\pi}{a}\right)^2\eta_x\tau}\right)+\Theta_3\left(\frac{\pi(x+x_0)}{2a},e^{-\left(\frac{\pi}{a}\right)^2\eta_x\tau}\right)\right\}\times\\
&\times\left\{\Theta_3\left(\frac{\pi(y-y_0)}{2b},e^{-\left(\frac{\pi}{b}\right)^2\eta_y\tau}\right)+\Theta_3\left(\frac{\pi(y+y_0)}{2b},e^{-\left(\frac{\pi}{b}\right)^2\eta_y\tau}\right)\right\}\times\\
&\times\left\{\Theta_3^{\int}\left(\frac{\pi(z-z_{01})}{2d},e^{-\left(\frac{\pi}{d}\right)^2\eta_z\tau}\right)+\Theta_3^{\int}\left(\frac{\pi(z+z_{01})}{2d},e^{-\left(\frac{\pi}{d}\right)^2\eta_z\tau}\right)+\right.\\
&\left.+\Theta_3^{\int}\left(\frac{\pi(z-z_{02})}{2d},e^{-\left(\frac{\pi}{d}\right)^2\eta_z\tau}\right)+\Theta_3^{\int}\left(\frac{\pi(z+z_{02})}{2d},e^{-\left(\frac{\pi}{d}\right)^2\eta_z\tau}\right)\right\}d\tau
\end{aligned}
\tag{11.1.5}
$$

The spatial average pressure response of the line $[z_{02}-z_{01}]$ is obtained by a further integration:

$$
\begin{aligned}
p &= \frac{U(t-t_0)\,d}{\phi c_t ab\,(z_{02}-z_{01})}\int_0^{t-t_0}q(t-t_0-\tau)\left\{\Theta_3\left(\frac{\pi(x-x_0)}{2a},e^{-\left(\frac{\pi}{a}\right)^2\eta_x\tau}\right)+\Theta_3\left(\frac{\pi(x+x_0)}{2a},e^{-\left(\frac{\pi}{a}\right)^2\eta_x\tau}\right)\right\}\times\\
&\times\left\{\Theta_3\left(\frac{\pi(y-y_0)}{2b},e^{-\left(\frac{\pi}{b}\right)^2\eta_y\tau}\right)+\Theta_3\left(\frac{\pi(y+y_0)}{2b},e^{-\left(\frac{\pi}{b}\right)^2\eta_y\tau}\right)\right\}\times
\end{aligned}
$$

---

*Equations that involve sine function series have a limiting value when the counter is zero. For example, in equation (11.1.4), when $l=0$, $\frac{1}{l}\left\{\sin\left(\frac{l\pi z_{02}}{d}\right)-\sin\left(\frac{l\pi z_{01}}{d}\right)\right\}=\frac{\pi}{d}(z_{02}-z_{01})$.

$$
\begin{aligned}
&\times\left[\Theta_3^{\int\int}\left(\frac{\pi\left(z_{02}-z_{01}\right)}{2d},e^{-\left(\frac{\pi}{d}\right)^2\eta_z\tau}\right)-\Theta_3^{\int\int}\left(\frac{\pi\left(z_{02}+z_{01}\right)}{2d},e^{-e^{-\left(\frac{\pi}{d}\right)^2\eta_z\tau}\tau}\right)+\right.\\
&\left.+\frac{1}{2}\left\{\Theta_3^{\int\int}\left(\frac{\pi z_{01}}{d},e^{-\left(\frac{\pi}{d}\right)^2\eta_z\tau}\right)+\Theta_3^{\int\int}\left(\frac{\pi z_{02}}{d},e^{-\left(\frac{\pi}{d}\right)^2\eta_z\tau}\right)\right\}\right]d\tau+\\
&+\frac{1}{2\phi c_t ab\left(z_{02}-z_{01}\right)}\int_0^t\int_0^d\int_0^b\left\{\Theta_3^{\int}\left(\frac{\pi\left(z_{02}-w\right)}{2d},e^{-\left(\frac{\pi}{d}\right)^2\eta_z\tau}\right)-\Theta_3^{\int}\left(\frac{\pi\left(z_{01}-w\right)}{2d},e^{-\left(\frac{\pi}{d}\right)^2\eta_z\tau}\right)+\right.\\
&\left.+\Theta_3^{\int}\left(\frac{\pi\left(z_{02}+w\right)}{2d},e^{-\left(\frac{\pi}{d}\right)^2\eta_z\tau}\right)-\Theta_3^{\int}\left(\frac{\pi\left(z_{01}+w\right)}{2d},e^{-\left(\frac{\pi}{d}\right)^2\eta_z\tau}\right)\right\}\times\\
&\times\left\{\Theta_3\left(\frac{\pi\left(y-v\right)}{2b},e^{-\left(\frac{\pi}{b}\right)^2\eta_y\tau}\right)+\Theta_3\left(\frac{\pi\left(y+v\right)}{2b},e^{-\left(\frac{\pi}{b}\right)^2\eta_y\tau}\right)\right\}\times\\
&\times\left\{\psi_{0yz}\left(v,w,t-\tau\right)\Theta_3\left(\frac{\pi x}{2a},e^{-\left(\frac{\pi}{a}\right)^2\eta_x\tau}\right)-\psi_{ayz}\left(v,w,t-\tau\right)\Theta_4\left(\frac{\pi x}{2a},e^{-\left(\frac{\pi}{a}\right)^2\eta_x\tau}\right)\right\}dv\,dw\,d\tau+\\
&+\frac{1}{2\phi c_t ab\left(z_{02}-z_{01}\right)}\int_0^t\int_0^d\int_0^a\left\{\Theta_3^{\int}\left(\frac{\pi\left(z_{02}-w\right)}{2d},e^{-\left(\frac{\pi}{d}\right)^2\eta_z\tau}\right)-\Theta_3^{\int}\left(\frac{\pi\left(z_{01}-w\right)}{2d},e^{-\left(\frac{\pi}{d}\right)^2\eta_z\tau}\right)+\right.\\
&\left.+\Theta_3^{\int}\left(\frac{\pi\left(z_{02}+w\right)}{2d},e^{-\left(\frac{\pi}{d}\right)^2\eta_z\tau}\right)-\Theta_3^{\int}\left(\frac{\pi\left(z_{01}+w\right)}{2d},e^{-\left(\frac{\pi}{d}\right)^2\eta_z\tau}\right)\right\}\times\\
&\times\left\{\Theta_3\left(\frac{\pi\left(x-u\right)}{2a},e^{-\left(\frac{\pi}{a}\right)^2\eta_x\tau}\right)+\Theta_3\left(\frac{\pi\left(x+u\right)}{2a},e^{-\left(\frac{\pi}{a}\right)^2\eta_x\tau}\right)\right\}\times\\
&\times\left\{\psi_{x0z}\left(u,w,t-\tau\right)\Theta_3\left(\frac{\pi y}{2b},e^{-\left(\frac{\pi}{b}\right)^2\eta_y\tau}\right)-\psi_{xbz}\left(u,w,t-\tau\right)\Theta_4\left(\frac{\pi y}{2b},e^{-\left(\frac{\pi}{b}\right)^2\eta_y\tau}\right)\right\}du\,dw\,d\tau+\\
&+\frac{1}{2\phi c_t ab\left(z_{02}-z_{01}\right)}\int_0^t\int_0^b\int_0^a\left\{\Theta_3\left(\frac{\pi\left(x-u\right)}{2a},e^{-\left(\frac{\pi}{a}\right)^2\eta_a\tau}\right)+\Theta_3\left(\frac{\pi\left(x+u\right)}{2a},e^{-\left(\frac{\pi}{a}\right)^2\eta_x\tau}\right)\right\}\times\\
&\times\left\{\Theta_3\left(\frac{\pi\left(y-v\right)}{2b},e^{-\left(\frac{\pi}{b}\right)^2\eta_y\tau}\right)+\Theta_3\left(\frac{\pi\left(y+v\right)}{2b},e^{-\left(\frac{\pi}{b}\right)^2\eta_y\tau}\right)\right\}\times\\
&\times\left[\psi_{xy0}\left(u,v,t-\tau\right)\left\{\Theta_3^{\int}\left(\frac{\pi z_{02}}{2d},e^{-\left(\frac{\pi}{d}\right)^2\eta_z\tau}\right)-\Theta_3^{\int}\left(\frac{\pi z_{01}}{2d},e^{-\left(\frac{\pi}{d}\right)^2\eta_z\tau}\right)\right\}-\right.\\
&\left.-\psi_{xyd}\left(u,v,t-\tau\right)\left\{\Theta_4^{\int}\left(\frac{\pi z_{02}}{2d},e^{-\left(\frac{\pi}{d}\right)^2\eta_z\tau}\right)-\Theta_4^{\int}\left(\frac{\pi z_{01}}{2d},e^{-\left(\frac{\pi}{d}\right)^2\eta_z\tau}\right)\right\}\right]du\,dv\,d\tau+\\
&+\frac{1}{4ab\left(z_{02}-z_{01}\right)}\int_0^d\int_0^b\int_0^a\varphi\left(u,v,w\right)\left\{\Theta_3\left(\frac{\pi\left(x-u\right)}{2a},e^{-\left(\frac{\pi}{a}\right)^2\eta_x t}\right)+\Theta_3\left(\frac{\pi\left(x+u\right)}{2a},e^{-\left(\frac{\pi}{a}\right)^2\eta_x t}\right)\right\}\times\\
&\times\left\{\Theta_3\left(\frac{\pi\left(y-v\right)}{2b},e^{-\left(\frac{\pi}{b}\right)^2\eta_y t}\right)+\Theta_3\left(\frac{\pi\left(y+v\right)}{2b},e^{-\left(\frac{\pi}{b}\right)^2\eta_y t}\right)\right\}\times\\
&\times\left\{\Theta_3^{\int}\left(\frac{\pi\left(z_{02}-w\right)}{2d},e^{-\left(\frac{\pi}{d}\right)^2\eta_z\tau}\right)-\Theta_3^{\int}\left(\frac{\pi\left(z_{01}-w\right)}{2d},e^{-\left(\frac{\pi}{d}\right)^2\eta_z\tau}\right)+\right.\\
&\left.+\Theta_3^{\int}\left(\frac{\pi\left(z_{02}+w\right)}{2d},e^{-\left(\frac{\pi}{d}\right)^2\eta_z\tau}\right)-\Theta_3^{\int}\left(\frac{\pi\left(z_{01}+w\right)}{2d},e^{-\left(\frac{\pi}{d}\right)^2\eta_z\tau}\right)\right\}du\,dv\,dw
\end{aligned}
\tag{11.1.6}
$$

(ii) An inclined line of finite length $[(z_{02}-z_{01})\sin\vartheta_0]$, $0<\vartheta_0<\frac{\pi}{2}$, passing through (x_0,y_0,z_0). ϑ_0 is the inclination of the deviated well to the $x-y$ plane, γ_0 is the intercept to the z axis and θ_0 is the horizontal angle in polar coordinates*

The solutions for a continuous source are obtained by replacing the source term in equation (11.1.3) with

$$
p=\frac{U(t-t_0)\sin\vartheta_0}{8\pi\phi c_t\sqrt{\eta_x\eta_y\eta_z}}\int_0^{t-t_0}\frac{q\left(t-t_0-\tau\right)}{\tau}\sum_{n=-\infty}^{\infty}\sum_{m=-\infty}^{\infty}\sum_{l=-\infty}^{\infty}\left[\mathcal{F}\left(x+2an,y+2bm,z+2dl,\tau;z_{02},z_{01}\right)+\right.
$$

*$x_0=r_0\cos\theta_0=(z_0-\gamma_0)\cot\vartheta_0\cos\theta_0$, $y_0=r_0\sin\theta_0=(z_0-\gamma_0)\cot\vartheta_0\sin\theta_0$ and $r_0=(z_0-\gamma_0)\cot\vartheta_0$.

$$+\mathcal{F}(x+2an, y+2bm, -z-2dl, \tau; z_{02}, z_{01}) + \mathcal{F}(x+2an, -y-2bm, z+2dl, \tau; z_{02}, z_{01}) +$$
$$+\mathcal{F}(x+2an, -y-2bm, -z-2dl, \tau; z_{02}, z_{01}) + \mathcal{F}(-x-2an, y+2bm, z+2dl, \tau; z_{02}, z_{01}) +$$
$$+\mathcal{F}(-x-2an, y+2bm, -z-2dl, \tau; z_{02}, z_{01}) + \mathcal{F}(-x-2an, -y-2bm, z+2dl, \tau; z_{02}, z_{01}) +$$
$$+\mathcal{F}(-x-2an, -y-2bm, -z-2dl, \tau; z_{02}, z_{01})\big] d\tau^{*} \tag{11.1.7}$$

where the function $\mathcal{F}(x, y, z, \tau; b, a)$ is given by equation (8.2.25).

The spatial average pressure response of the inclined line $[(z_{02} - z_{01}) \sin\vartheta_0]$ is obtained by a further integration:

$$p = \frac{U(t-t_0)\sin\vartheta_0}{8\pi\phi c_t (z_{02} - z_{01})\sqrt{\eta_x\eta_y\eta_z}} \int_0^{t-t_0} \frac{q(t-t_0-\tau)}{\tau} \times$$
$$\times \sum_{n=-\infty}^{\infty}\sum_{m=-\infty}^{\infty}\sum_{l=-\infty}^{\infty} \int_{z_{01}}^{z_{02}} \big[\mathcal{F}(z\cot\vartheta\cos\theta + 2an, z\cot\vartheta\sin\theta + 2bm, z+2dl, \tau; z_{02}, z_{01}) +$$
$$+\mathcal{F}(z\cot\vartheta\cos\theta + 2an, z\cot\vartheta\sin\theta + 2bm, -z-2dl, \tau; z_{02}, z_{01}) +$$
$$+\mathcal{F}(z\cot\vartheta\cos\theta + 2an, -z\cot\vartheta\sin\theta - 2bm, z+2dl, \tau; z_{02}, z_{01}) +$$
$$+\mathcal{F}(z\cot\vartheta\cos\theta + 2an, -z\cot\vartheta\sin\theta - 2bm, -z-2dl, \tau; z_{02}, z_{01}) +$$
$$+\mathcal{F}(-z\cot\vartheta\cos\theta - 2an, z\cot\vartheta\sin\theta + 2bm, z+2dl, \tau; z_{02}, z_{01}) +$$
$$+\mathcal{F}(-z\cot\vartheta\cos\theta - 2an, z\cot\vartheta\sin\theta + 2bm, -z-2dl, \tau; z_{02}, z_{01}) +$$
$$+\mathcal{F}(-z\cot\vartheta\cos\theta - 2an, -z\cot\vartheta\sin\theta - 2bm, z+2dl, \tau; z_{02}, z_{01}) +$$
$$+\mathcal{F}(-z\cot\vartheta\cos\theta - 2an, -z\cot\vartheta\sin\theta - 2bm, -z-2dl, \tau; z_{02}, z_{01})\big] dz d\tau +$$
$$+\frac{1}{4\pi\phi c_t (z_{02} - z_{01})\sqrt{\eta_x\eta_y\eta_z}} \int_0^t \frac{1}{\tau} \int_0^d \int_0^b \psi_{0yz}(v, w, t-\tau) \times$$
$$\times \sum_{n=-\infty}^{\infty}\sum_{m=-\infty}^{\infty}\sum_{l=-\infty}^{\infty} \big[\Phi(-2an, v-2bm, w-2dl, \tau; z_{02}, z_{01}) + \Phi(-2an, v-2bm, -w-2dl, \tau; z_{02}, z_{01}) +$$
$$+\Phi(-2an, -v-2bm, w-2dl, \tau; z_{02}, z_{01}) + \Phi(-2an, -v-2bm, -w-2dl, \tau; z_{02}, z_{01})\big] dv dw d\tau -$$
$$-\frac{1}{4\pi\phi c_t (z_{02} - z_{01})\sqrt{\eta_x\eta_y\eta_z}} \int_0^t \frac{1}{\tau} \int_0^d \int_0^b \psi_{ayz}(v, w, t-\tau) \times$$
$$\times \sum_{n=-\infty}^{\infty}\sum_{m=-\infty}^{\infty}\sum_{l=-\infty}^{\infty} \big[\Phi(-(2n+1)a, v-2bm, w-2dl, \tau; z_{02}, z_{01}) +$$
$$+\Phi(-(2n+1)a, v-2bm, -w-2dl, \tau; z_{02}, z_{01}) + \Phi(-(2n+1)a, -v-2bm, w-2dl, \tau; z_{02}, z_{01}) +$$
$$+\Phi(-(2n+1)a, -v-2bm, -w-2dl, \tau; z_{02}, z_{01})\big] dv dw d\tau +$$
$$+\frac{1}{4\pi\phi c_t (z_{02} - z_{01})\sqrt{\eta_x\eta_y\eta_z}} \int_0^t \frac{1}{\tau} \int_0^d \int_0^a \psi_{x0z}(u, w, t-\tau) \times$$
$$\times \sum_{n=-\infty}^{\infty}\sum_{m=-\infty}^{\infty}\sum_{l=-\infty}^{\infty} \big[\Phi(u-2an, -2bm, w-2dl, \tau; z_{02}, z_{01}) + \Phi(u-2an, -2bm, -w-2dl, \tau; z_{02}, z_{01}) +$$
$$+\Phi(-u-2an, -2bm, w-2dl, \tau; z_{02}, z_{01}) + \Phi(-u-2an, -2bm, -w-2dl, \tau; z_{02}, z_{01})\big] du dw d\tau -$$
$$-\frac{1}{4\pi\phi c_t (z_{02} - z_{01})\sqrt{\eta_x\eta_y\eta_z}} \int_0^t \frac{1}{\tau} \int_0^d \int_0^a \psi_{xbz}(u, w, t-\tau) \times$$

*The summations in equation (11.1.7), though nested, converge rapidly, as the function $\mathcal{F}(x, y, z, \tau; b, a)$ is a product of a decaying exponential and an error function.

$$\times \sum_{n=-\infty}^{\infty} \sum_{m=-\infty}^{\infty} \sum_{l=-\infty}^{\infty} [\Phi(u-2an,-(2m+1)b,w-2dl,\tau;z_{02},z_{01})+$$
$$+\Phi(u-2an,-(2m+1)b,-w-2dl,\tau;z_{02},z_{01})+\Phi(-u-2an,-(2m+1)b,w-2dl,\tau;z_{02},z_{01})+$$
$$+\Phi(-u-2an,-(2m+1)b,-w-2dl,\tau;z_{02},z_{01})]\,dudwd\tau+$$
$$+\frac{1}{4\pi\phi c_t(z_{02}-z_{01})\sqrt{\eta_x\eta_y\eta_z}}\int_0^t \frac{1}{\tau}\int_0^b\int_0^a \psi_{xy0}(u,v,t-\tau)\times$$
$$\times \sum_{n=-\infty}^{\infty} \sum_{m=-\infty}^{\infty} \sum_{l=-\infty}^{\infty} [\Phi(u-2an,v-2bm,-2dl,\tau;z_{02},z_{01})+\Phi(-u-2an,v-2bm,-2dl,\tau;z_{02},z_{01})+$$
$$+\Phi(u-2an,-v-2bm,-2dl,\tau;z_{02},z_{01})+\Phi(-u-2an,-v-2bm,-2dl,\tau;z_{02},z_{01})]\,dudvd\tau-$$
$$-\frac{1}{4\pi\phi c_t(z_{02}-z_{01})\sqrt{\eta_x\eta_y\eta_z}}\int_0^t \frac{1}{\tau}\int_0^b\int_0^a \psi_{xyd}(u,v,t-\tau)\times$$
$$\times \sum_{n=-\infty}^{\infty} \sum_{m=-\infty}^{\infty} \sum_{l=-\infty}^{\infty} [\Phi(u-2an,v-2bm,-(2l+1)d,\tau;z_{02},z_{01})+$$
$$+\Phi(-u-2an,v-2bm,-(2l+1)d,\tau;z_{02},z_{01})+\Phi(u-2an,-v-2bm,-(2l+1)d,\tau;z_{02},z_{01})+$$
$$+\Phi(-u-2an,-v-2bm,-(2l+1)d,\tau;z_{02},z_{01})]\,dudvd\tau+$$
$$+\frac{1}{8\pi t(z_{02}-z_{01})\sqrt{\eta_x\eta_y\eta_z}}\int_0^d\int_0^b\int_0^a \varphi(u,v,w) \sum_{n=-\infty}^{\infty} \sum_{m=-\infty}^{\infty} \sum_{l=-\infty}^{\infty} [\Phi(u-2an,v-2bm,w-2dl,t;z_{02},z_{01})+$$
$$+\Phi(u-2an,v-2bm,-w-2dl,t;z_{02},z_{01})+\Phi(u-2an,-v-2bm,w-2dl,t;z_{02},z_{01})+$$
$$+\Phi(u-2an,-v-2bm,-w-2dl,t;z_{02},z_{01})+\Phi(-u-2an,v-2bm,w-2dl,t;z_{02},z_{01})+$$
$$+\Phi(-u-2an,v-2bm,-w-2dl,t;z_{02},z_{01})+\Phi(-u-2an,-v-2bm,w-2dl,t;z_{02},z_{01})+$$
$$+\Phi(-u-2an,-v-2bm,-w-2dl,t;z_{02},z_{01})]dudvdw \qquad (11.1.8)$$

where the function $\Phi(u,v,w,\tau;b,a)$ is given by equation (8.2.25).

In equation (11.1.8), a point in space is defined by ϑ and θ.*

(iii) Segmented inclined lines of finite length $[(z_{0\iota+1}-z_{0\iota})\sin\vartheta_{0\iota}]$, $0<\vartheta_{0\iota}<\frac{\pi}{2}$, passing through $(x_{0\iota},y_{0\iota},z_{0\iota})$. $\vartheta_{0\iota}$ is the inclination of the segment ι of the well to the $x-y$ plane, $\gamma_{0\iota}$ is the intercept to the z axis and $\theta_{0\iota}$ is the horizontal angle in polar coordinates. The segment ι of the well is producing at the rate $q_\iota(t)$ beginning at time $t_{0\iota}$, $\iota=1,2,...,N$. The well is divided into N segments

The continuous source solution is obtained by replacing the source term in equation (11.1.3) with

$$p=\frac{1}{8\pi\phi c_t\sqrt{\eta_x\eta_y\eta_z}}\sum_{\iota=0}^{N}U(t-t_{0\iota})\sin\vartheta_{0\iota}\int_0^{t-t_{0\iota}}\frac{q_\iota(t-t_{0\iota}-\tau)}{\tau}\times$$
$$\times \sum_{n=-\infty}^{\infty} \sum_{m=-\infty}^{\infty} \sum_{l=-\infty}^{\infty} [\mathcal{F}_\iota(x+2an,y+2bm,z+2dl,\tau;z_{0\iota+1},z_{0\iota})+$$
$$+\mathcal{F}_\iota(x+2an,y+2bm,-z-2dl,\tau;z_{0\iota+1},z_{0\iota})+\mathcal{F}_\iota(x+2an,-y-2bm,z+2dl,\tau;z_{0\iota+1},z_{0\iota})+$$
$$+\mathcal{F}_\iota(x+2an,-y-2bm,-z-2dl,\tau;z_{0\iota+1},z_{0\iota})+\mathcal{F}_\iota(-x-2an,y+2bm,z+2dl,\tau;z_{0\iota+1},z_{0\iota})+$$
$$+\mathcal{F}_\iota(-x-2an,y+2bm,-z-2dl,\tau;z_{0\iota+1},z_{0\iota})+\mathcal{F}_\iota(-x-2an,-y-2bm,z+2dl,\tau;z_{0\iota+1},z_{0\iota})+$$
$$+\mathcal{F}_\iota(-x-2an,-y-2bm,-z-2dl,\tau;z_{0\iota+1},z_{0\iota})]\,d\tau \qquad (11.1.9)$$

*$\tan\vartheta=\frac{z}{\sqrt{x^2+y^2}}$, $\tan\theta=\frac{y}{x}$.

where the function $\mathcal{F}_\iota(x,y,z,\tau;b,a)$ is given by equation (8.2.28).

The spatial average pressure response of the segment $[z_{0\diamondsuit+1}-z_{0\diamondsuit}]\sin\vartheta_{0\diamondsuit}$, $\iota=\diamondsuit$, $0\le\diamondsuit\le N$, is obtained by a further integration:

$$p=\frac{1}{8\pi\phi c_t\left(z_{0\diamondsuit+1}-z_{0\diamondsuit}\right)\sqrt{\eta_x\eta_y\eta_z}}\sum_{\iota=0}^{N}U(t-t_{0\iota})\sin\vartheta_{0\iota}\int\limits_0^{t-t_{0\iota}}\frac{q_\iota\left(t-t_{0\iota}-\tau\right)}{\tau}\times$$

$$\times\sum_{n=-\infty}^{\infty}\sum_{m=-\infty}^{\infty}\sum_{l=-\infty}^{\infty}\int\limits_{z_{0\diamondsuit}}^{z_{0\diamondsuit+1}}\left[\mathcal{F}_\iota\left(z\cot\vartheta\cos\theta+2an,z\cot\vartheta\sin\theta+2bm,z+2dl,\tau;z_{0\iota+1},z_{0\iota}\right)+\right.$$
$$+\mathcal{F}_\iota\left(z\cot\vartheta\cos\theta+2an,z\cot\vartheta\sin\theta+2bm,-z-2dl,\tau;z_{0\iota+1},z_{0\iota}\right)+$$
$$+\mathcal{F}_\iota\left(z\cot\vartheta\cos\theta+2an,-z\cot\vartheta\sin\theta-2bm,z+2dl,\tau;z_{0\iota+1},z_{0\iota}\right)+$$
$$+\mathcal{F}_\iota\left(z\cot\vartheta\cos\theta+2an,-z\cot\vartheta\sin\theta-2bm,-z-2dl,\tau;z_{0\iota+1},z_{0\iota}\right)+$$
$$+\mathcal{F}_\iota\left(-z\cot\vartheta\cos\theta-2an,z\cot\vartheta\sin\theta+2bm,z+2dl,\tau;z_{0\iota+1},z_{0\iota}\right)+$$
$$+\mathcal{F}_\iota\left(-z\cot\vartheta\cos\theta-2an,z\cot\vartheta\sin\theta+2bm,-z-2dl,\tau;z_{0\iota+1},z_{0\iota}\right)+$$
$$+\mathcal{F}_\iota\left(-z\cot\vartheta\cos\theta-2an,-z\cot\vartheta\sin\theta-2bm,z+2dl,\tau;z_{0\iota+1},z_{0\iota}\right)+$$
$$\left.+\mathcal{F}_\iota\left(-z\cot\vartheta\cos\theta-2an,-z\cot\vartheta\sin\theta-2bm,-z-2dl,\tau;z_{0\iota+1},z_{0\iota}\right)\right]dzd\tau+$$

$$+\frac{1}{4\pi\phi c_t\left(z_{0\diamondsuit+1}-z_{0\diamondsuit}\right)\sqrt{\eta_x\eta_y\eta_z}}\int\limits_0^t\frac{1}{\tau}\int\limits_0^d\int\limits_0^b\psi_{0yz}\left(v,w,t-\tau\right)\times$$
$$\times\sum_{n=-\infty}^{\infty}\sum_{m=-\infty}^{\infty}\sum_{l=-\infty}^{\infty}\left[\Phi\left(-2an,v-2bm,w-2dl,\tau;z_{0\diamondsuit+1},z_{0\diamondsuit}\right)+\right.$$
$$+\Phi\left(-2an,v-2bm,-w-2dl,\tau;z_{0\diamondsuit+1},z_{0\diamondsuit}\right)+\Phi\left(-2an,-v-2bm,w-2dl,\tau;z_{0\diamondsuit+1},z_{0\diamondsuit}\right)+$$
$$\left.+\Phi\left(-2an,-v-2bm,-w-2dl,\tau;z_{0\diamondsuit+1},z_{0\diamondsuit}\right)\right]dvdwd\tau-$$

$$-\frac{1}{4\pi\phi c_t\left(z_{0\diamondsuit+1}-z_{0\diamondsuit}\right)\sqrt{\eta_x\eta_y\eta_z}}\int\limits_0^t\frac{1}{\tau}\int\limits_0^d\int\limits_0^b\psi_{ayz}\left(v,w,t-\tau\right)\times$$
$$\times\sum_{n=-\infty}^{\infty}\sum_{m=-\infty}^{\infty}\sum_{l=-\infty}^{\infty}\left[\Phi\left(-\left(2n+1\right)a,v-2bm,w-2dl,\tau;z_{0\diamondsuit+1},z_{0\diamondsuit}\right)+\right.$$
$$+\Phi\left(-\left(2n+1\right)a,v-2bm,-w-2dl,\tau;z_{0\diamondsuit+1},z_{0\diamondsuit}\right)+$$
$$+\Phi\left(-\left(2n+1\right)a,-v-2bm,w-2dl,\tau;z_{0\diamondsuit+1},z_{0\diamondsuit}\right)+$$
$$\left.+\Phi\left(-\left(2n+1\right)a,-v-2bm,-w-2dl,\tau;z_{0\diamondsuit+1},z_{0\diamondsuit}\right)\right]dvdwd\tau+$$

$$+\frac{1}{4\pi\phi c_t\left(z_{0\diamondsuit+1}-z_{0\diamondsuit}\right)\sqrt{\eta_x\eta_y\eta_z}}\int\limits_0^t\frac{1}{\tau}\int\limits_0^d\int\limits_0^a\psi_{x0z}\left(u,w,t-\tau\right)\times$$
$$\times\sum_{n=-\infty}^{\infty}\sum_{m=-\infty}^{\infty}\sum_{l=-\infty}^{\infty}\left[\Phi\left(u-2an,-2bm,w-2dl,\tau;z_{0\diamondsuit+1},z_{0\diamondsuit}\right)+\right.$$
$$+\Phi\left(u-2an,-2bm,-w-2dl,\tau;z_{0\diamondsuit+1},z_{0\diamondsuit}\right)+\Phi\left(-u-2an,-2bm,w-2dl,\tau;z_{0\diamondsuit+1},z_{0\diamondsuit}\right)+$$
$$\left.+\Phi\left(-u-2an,-2bm,-w-2dl,\tau;z_{0\diamondsuit+1},z_{0\diamondsuit}\right)\right]dudwd\tau-$$

$$-\frac{1}{4\pi\phi c_t\left(z_{0\diamondsuit+1}-z_{0\diamondsuit}\right)\sqrt{\eta_x\eta_y\eta_z}}\int\limits_0^t\frac{1}{\tau}\int\limits_0^d\int\limits_0^a\psi_{xbz}\left(u,w,t-\tau\right)\times$$
$$\times\sum_{n=-\infty}^{\infty}\sum_{m=-\infty}^{\infty}\sum_{l=-\infty}^{\infty}\left[\Phi\left(u-2an,-\left(2m+1\right)b,w-2dl,\tau;z_{0\diamondsuit+1},z_{0\diamondsuit}\right)+\right.$$
$$+\Phi\left(u-2an,-\left(2m+1\right)b,-w-2dl,\tau;z_{0\diamondsuit+1},z_{0\diamondsuit}\right)+$$

$$+\Phi\left(-u-2an,-\left(2m+1\right)b,w-2dl,\tau;z_{0\diamondsuit+1},z_{0\diamondsuit}\right)+$$
$$+\Phi\left(-u-2an,-\left(2m+1\right)b,-w-2dl,\tau;z_{0\diamondsuit+1},z_{0\diamondsuit}\right)\right]dudwd\tau+$$
$$+\frac{1}{4\pi\phi c_t\left(z_{0\diamondsuit+1}-z_{0\diamondsuit}\right)\sqrt{\eta_x\eta_y\eta_z}}\int_0^t\frac{1}{\tau}\int_0^b\int_0^a\psi_{xy0}\left(u,v,t-\tau\right)\times$$
$$\times\sum_{n=-\infty}^{\infty}\sum_{m=-\infty}^{\infty}\sum_{l=-\infty}^{\infty}[\Phi(u-2an,v-2bm,-2dl,\tau;z_{0\diamondsuit+1},z_{0\diamondsuit})+\Phi(-u-2an,v-2bm,-2dl,\tau;z_{0\diamondsuit+1},z_{0\diamondsuit})+$$
$$+\Phi\left(u-2an,-v-2bm,-2dl,\tau;z_{0\diamondsuit+1},z_{0\diamondsuit}\right)+\Phi\left(-u-2an,-v-2bm,-2dl,\tau;z_{0\diamondsuit+1},z_{0\diamondsuit}\right)]\,dudvd\tau-$$
$$-\frac{1}{4\pi\phi c_t\left(z_{0\diamondsuit+1}-z_{0\diamondsuit}\right)\sqrt{\eta_x\eta_y\eta_z}}\int_0^t\frac{1}{\tau}\int_0^b\int_0^a\psi_{xyd}\left(u,v,t-\tau\right)\times$$
$$\times\sum_{n=-\infty}^{\infty}\sum_{m=-\infty}^{\infty}\sum_{l=-\infty}^{\infty}[\Phi(u-2an,v-2bm,-\left(2l+1\right)d,\tau;z_{0\diamondsuit+1},z_{0\diamondsuit})+$$
$$+\Phi(-u-2an,v-2bm,-\left(2l+1\right)d,\tau;z_{0\diamondsuit+1},z_{0\diamondsuit})+\Phi\left(u-2an,-v-2bm,-\left(2l+1\right)d,\tau;z_{0\diamondsuit+1},z_{0\diamondsuit}\right)+$$
$$+\Phi\left(-u-2an,-v-2bm,-\left(2l+1\right)d,\tau;z_{0\diamondsuit+1},z_{0\diamondsuit}\right)]\,dudvd\tau+$$
$$+\frac{1}{8\pi t(z_{0\diamondsuit+1}-z_{0\diamondsuit})\sqrt{\eta_x\eta_y\eta_z}}\int_0^d\int_0^b\int_0^a\varphi(u,v,w)\sum_{n=-\infty}^{\infty}\sum_{m=-\infty}^{\infty}\sum_{l=-\infty}^{\infty}[\Phi(u-2an,v-2bm,w-2dl,t;z_{0\diamondsuit+1},z_{0\diamondsuit})+$$
$$+\Phi\left(u-2an,v-2bm,-w-2dl,t;z_{0\diamondsuit+1},z_{0\diamondsuit}\right)+\Phi\left(u-2an,-v-2bm,w-2dl,t;z_{0\diamondsuit+1},z_{0\diamondsuit}\right)+$$
$$+\Phi\left(u-2an,-v-2bm,-w-2dl,t;z_{0\diamondsuit+1},z_{0\diamondsuit}\right)+\Phi\left(-u-2an,v-2bm,w-2dl,t;z_{0\diamondsuit+1},z_{0\diamondsuit}\right)+$$
$$+\Phi\left(-u-2an,v-2bm,-w-2dl,t;z_{0\diamondsuit+1},z_{0\diamondsuit}\right)+\Phi\left(-u-2an,-v-2bm,w-2dl,t;z_{0\diamondsuit+1},z_{0\diamondsuit}\right)+$$
$$+\Phi\left(-u-2an,-v-2bm,-w-2dl,t;z_{0\diamondsuit+1},z_{0\diamondsuit}\right)]dudvdw \tag{11.1.10}$$

In equation (11.1.10), a point in space is defined by ϑ and θ.*

(iv) A rectangular source at x_0†

The solutions for a continuous source are obtained by replacing the source term in equation (11.1.3) with

$$p=\frac{U\left(t-t_0\right)}{2\phi c_t a}\int_0^{t-t_0}q(t-t_0-\tau)\left\{\Theta_3\left(\frac{\pi\left(x-x_0\right)}{2a},e^{-\left(\frac{\pi}{a}\right)^2\eta_x\tau}\right)+\Theta_3\left(\frac{\pi\left(x+x_0\right)}{2a},e^{-\left(\frac{\pi}{a}\right)^2\eta_x\tau}\right)\right\}\times$$
$$\times\left\{\Theta_3^{\int}\left(\frac{\pi\left(y-y_{01}\right)}{2b},e^{-\left(\frac{\pi}{b}\right)^2\eta_y\tau}\right)+\Theta_3^{\int}\left(\frac{\pi\left(y+y_{01}\right)}{2b},e^{-\left(\frac{\pi}{b}\right)^2\eta_y\tau}\right)+\right.$$
$$\left.+\Theta_3^{\int}\left(\frac{\pi\left(y-y_{02}\right)}{2b},e^{-\left(\frac{\pi}{b}\right)^2\eta_y\tau}\right)+\Theta_3^{\int}\left(\frac{\pi\left(y+y_{02}\right)}{2b},e^{-\left(\frac{\pi}{b}\right)^2\eta_y\tau}\right)\right\}\times$$
$$\times\left\{\Theta_3^{\int}\left(\frac{\pi\left(z-z_{01}\right)}{2d},e^{-\left(\frac{\pi}{d}\right)^2\eta_z\tau}\right)+\Theta_3^{\int}\left(\frac{\pi\left(z+z_{01}\right)}{2d},e^{-\left(\frac{\pi}{d}\right)^2\eta_z\tau}\right)+\right.$$
$$\left.+\Theta_3^{\int}\left(\frac{\pi\left(z-z_{02}\right)}{2d},e^{-\left(\frac{\pi}{d}\right)^2\eta_z\tau}\right)+\Theta_3^{\int}\left(\frac{\pi\left(z+z_{02}\right)}{2d},e^{-\left(\frac{\pi}{d}\right)^2\eta_z\tau}\right)\right\}d\tau \tag{11.1.11}$$

The spatial average pressure response of the rectangle $\left[\left(y_{02}-y_{01}\right)\left(z_{02}-z_{01}\right)\right]$ is given by

$$p=\frac{8U\left(t-t_0\right)bd}{\phi c_t a\left(z_{02}-z_{01}\right)\left(y_{02}-y_{01}\right)}\times$$
$$\times\int_0^{t-t_0}q(t-t_0-\tau)\left\{\Theta_3\left(\frac{\pi\left(x-x_0\right)}{2a},e^{-\left(\frac{\pi}{a}\right)^2\eta_x\tau}\right)+\Theta_3\left(\frac{\pi\left(x+x_0\right)}{2a},e^{-\left(\frac{\pi}{a}\right)^2\eta_x\tau}\right)\right\}\times$$

*$\tan\vartheta=\frac{z}{\sqrt{x^2+y^2}}$, $\tan\theta=\frac{y}{x}$.

†The coordinates of the source are $\left(x_0,y_{01},z_{01}\right)$, $\left(x_0,y_{02},z_{01}\right)$, $\left(x_0,y_{01},z_{02}\right)$, $\left(x_0,y_{02},z_{02}\right)$.

$$\times\left[\Theta_3^{\int\int}\left(\frac{\pi\left(z_{02}-z_{01}\right)}{2d},e^{-\left(\frac{\pi}{d}\right)^2\eta_z\tau}\right)-\Theta_3^{\int\int}\left(\frac{\pi\left(z_{02}+z_{01}\right)}{2d},e^{-\left(\frac{\pi}{d}\right)^2\eta_z\tau}\right)+\right.$$

$$\left.+\frac{1}{2}\left\{\Theta_3^{\int\int}\left(\frac{\pi z_{02}}{d},e^{-\left(\frac{\pi}{d}\right)^2\eta_z\tau}\right)+\Theta_3^{\int\int}\left(\frac{\pi z_{01}}{d},e^{-\left(\frac{\pi}{d}\right)^2\eta_z\tau}\right)\right\}\right]\times$$

$$\times\left[\Theta_3^{\int\int}\left(\frac{\pi\left(y_{02}-y_{01}\right)}{2b},e^{-\left(\frac{\pi}{b}\right)^2\eta_y\tau}\right)-\Theta_3^{\int\int}\left(\frac{\pi\left(y_{02}+y_{01}\right)}{2b},e^{-\left(\frac{\pi}{b}\right)^2\eta_y\tau}\tau\right)+\right.$$

$$\left.+\frac{1}{2}\left\{\Theta_3^{\int\int}\left(\frac{\pi y_{01}}{b},e^{-\left(\frac{\pi}{b}\right)^2\eta_y\tau}\right)+\Theta_3^{\int\int}\left(\frac{\pi y_{02}}{b},e^{-\left(\frac{\pi}{b}\right)^2\eta_y\tau}\right)\right\}\right]d\tau+$$

$$+\frac{1}{\phi c_t a\left(z_{02}-z_{01}\right)\left(y_{02}-y_{01}\right)}\int\limits_0^t\int\limits_0^d\int\limits_0^b\left\{\Theta_3^{\int}\left(\frac{\pi\left(z_{02}-w\right)}{2d},e^{-\left(\frac{\pi}{d}\right)^2\eta_z\tau}\right)-\Theta_3^{\int}\left(\frac{\pi\left(z_{01}-w\right)}{2d},e^{-\left(\frac{\pi}{d}\right)^2\eta_z\tau}\right)+\right.$$

$$\left.+\Theta_3^{\int}\left(\frac{\pi\left(z_{02}+w\right)}{2d},e^{-\left(\frac{\pi}{d}\right)^2\eta_z\tau}\right)-\Theta_3^{\int}\left(\frac{\pi\left(z_{01}+w\right)}{2d},e^{-\left(\frac{\pi}{d}\right)^2\eta_z\tau}\right)\right\}\times$$

$$\times\left\{\Theta_3^{\int}\left(\frac{\pi\left(y_{02}-v\right)}{2b},e^{-\left(\frac{\pi}{b}\right)^2\eta_y\tau}\right)-\Theta_3^{\int}\left(\frac{\pi\left(y_{01}-v\right)}{2b},e^{-\left(\frac{\pi}{b}\right)^2\eta_y\tau}\right)+\right.$$

$$\left.+\Theta_3^{\int}\left(\frac{\pi\left(y_{02}+v\right)}{2b},e^{-\left(\frac{\pi}{b}\right)^2\eta_y\tau}\right)-\Theta_3^{\int}\left(\frac{\pi\left(y_{01}+v\right)}{2b},e^{-\left(\frac{\pi}{b}\right)^2\eta_y\tau}\right)\right\}\times$$

$$\times\left\{\psi_{0yz}\left(v,w,t-\tau\right)\Theta_3\left(\frac{\pi x}{2a},e^{-\left(\frac{\pi}{a}\right)^2\eta_x\tau}\right)-\psi_{ayz}\left(v,w,t-\tau\right)\Theta_4\left(\frac{\pi x}{2a},e^{-\left(\frac{\pi}{a}\right)^2\eta_x\tau}\right)\right\}dvdwd\tau+$$

$$+\frac{1}{\phi c_t a\left(z_{02}-z_{01}\right)\left(y_{02}-y_{01}\right)}\int\limits_0^t\int\limits_0^d\int\limits_0^a\left\{\Theta_3^{\int}\left(\frac{\pi\left(z_{02}-w\right)}{2d},e^{-\left(\frac{\pi}{d}\right)^2\eta_z\tau}\right)-\Theta_3^{\int}\left(\frac{\pi\left(z_{01}-w\right)}{2d},e^{-\left(\frac{\pi}{d}\right)^2\eta_z\tau}\right)+\right.$$

$$\left.+\Theta_3^{\int}\left(\frac{\pi\left(z_{02}+w\right)}{2d},e^{-\left(\frac{\pi}{d}\right)^2\eta_z\tau}\right)-\Theta_3^{\int}\left(\frac{\pi\left(z_{01}+w\right)}{2d},e^{-\left(\frac{\pi}{d}\right)^2\eta_z\tau}\right)\right\}\times$$

$$\times\left\{\Theta_3\left(\frac{\pi\left(x-u\right)}{2a},e^{-\left(\frac{\pi}{a}\right)^2\eta_x\tau}\right)+\Theta_3\left(\frac{\pi\left(x+u\right)}{2a},e^{-\left(\frac{\pi}{a}\right)^2\eta_x\tau}\right)\right\}\times$$

$$\times\left[\psi_{x0z}\left(u,w,t-\tau\right)\left\{\Theta_3^{\int}\left(\frac{\pi y_{02}}{2b},e^{-\left(\frac{\pi}{b}\right)^2\eta_y\tau}\right)-\Theta_3^{\int}\left(\frac{\pi y_{01}}{2b},e^{-\left(\frac{\pi}{b}\right)^2\eta_y\tau}\right)\right\}-\right.$$

$$\left.-\psi_{xbz}\left(u,w,t-\tau\right)\left\{\Theta_4^{\int}\left(\frac{\pi y_{02}}{2b},e^{-\left(\frac{\pi}{b}\right)^2\eta_y\tau}\right)-\Theta_4^{\int}\left(\frac{\pi y_{01}}{2b},e^{-\left(\frac{\pi}{b}\right)^2\eta_b\tau}\right)\right\}\right]dudwd\tau+$$

$$+\frac{1}{\phi c_t a\left(z_{02}-z_{01}\right)\left(y_{02}-y_{01}\right)}\int\limits_0^t\int\limits_0^b\int\limits_0^a\left\{\Theta_3\left(\frac{\pi\left(x-u\right)}{2a},e^{-\left(\frac{\pi}{a}\right)^2\eta_a\tau}\right)+\Theta_3\left(\frac{\pi\left(x+u\right)}{2a},e^{-\left(\frac{\pi}{a}\right)^2\eta_x\tau}\right)\right\}\times$$

$$\times\left\{\Theta_3^{\int}\left(\frac{\pi\left(y_{02}-v\right)}{2b},e^{-\left(\frac{\pi}{b}\right)^2\eta_y\tau}\right)-\Theta_3^{\int}\left(\frac{\pi\left(y_{01}-v\right)}{2b},e^{-\left(\frac{\pi}{b}\right)^2\eta_y\tau}\right)+\right.$$

$$\left.+\Theta_3^{\int}\left(\frac{\pi\left(y_{02}+v\right)}{2b},e^{-\left(\frac{\pi}{b}\right)^2\eta_y\tau}\right)-\Theta_3^{\int}\left(\frac{\pi\left(y_{01}+v\right)}{2b},e^{-\left(\frac{\pi}{b}\right)^2\eta_y\tau}\right)\right\}\times$$

$$\times\left[\psi_{xy0}\left(u,v,t-\tau\right)\left\{\Theta_3^{\int}\left(\frac{\pi z_{02}}{2d},e^{-\left(\frac{\pi}{d}\right)^2\eta_z\tau}\right)-\Theta_3^{\int}\left(\frac{\pi z_{01}}{2d},e^{-\left(\frac{\pi}{d}\right)^2\eta_z\tau}\right)\right\}-\right.$$

$$\left.-\psi_{xyd}\left(u,v,t-\tau\right)\left\{\Theta_4^{\int}\left(\frac{\pi z_{02}}{2d},e^{-\left(\frac{\pi}{d}\right)^2\eta_z\tau}\right)-\Theta_4^{\int}\left(\frac{\pi z_{01}}{2d},e^{-\left(\frac{\pi}{d}\right)^2\eta_z\tau}\right)\right\}\right]dudvd\tau+$$

$$+\frac{1}{2a\left(z_{02}-z_{01}\right)\left(y_{02}-y_{01}\right)}\times$$

$$\times\int\limits_0^d\int\limits_0^b\int\limits_0^a\varphi\left(u,v,w\right)\left\{\Theta_3\left(\frac{\pi\left(x-u\right)}{2a},e^{-\left(\frac{\pi}{a}\right)^2\eta_x t}\right)+\Theta_3\left(\frac{\pi\left(x+u\right)}{2a},e^{-\left(\frac{\pi}{a}\right)^2\eta_x t}\right)\right\}\times$$

$$\times\left\{\Theta_3^{\int}\left(\frac{\pi\left(y_{02}-v\right)}{2b},e^{-\left(\frac{\pi}{b}\right)^2\eta_y\tau}\right)-\Theta_3^{\int}\left(\frac{\pi\left(y_{01}-v\right)}{2b},e^{-\left(\frac{\pi}{b}\right)^2\eta_y\tau}\right)+\right.$$

$$\left.+\Theta_3^{\int}\left(\frac{\pi\left(y_{02}+v\right)}{2b},e^{-\left(\frac{\pi}{b}\right)^2\eta_y\tau}\right)-\Theta_3^{\int}\left(\frac{\pi\left(y_{01}+v\right)}{2b},e^{-\left(\frac{\pi}{b}\right)^2\eta_y\tau}\right)\right\}\times$$

$$\times\left\{\Theta_3^{\int}\left(\frac{\pi\left(z_{02}-w\right)}{2d},e^{-\left(\frac{\pi}{d}\right)^2\eta_z\tau}\right)-\Theta_3^{\int}\left(\frac{\pi\left(z_{01}-w\right)}{2d},e^{-\left(\frac{\pi}{d}\right)^2\eta_z\tau}\right)+\right.$$
$$\left.+\,\Theta_3^{\int}\left(\frac{\pi\left(z_{02}+w\right)}{2d},e^{-\left(\frac{\pi}{d}\right)^2\eta_z\tau}\right)-\Theta_3^{\int}\left(\frac{\pi\left(z_{01}+w\right)}{2d},e^{-\left(\frac{\pi}{d}\right)^2\eta_z\tau}\right)\right\}dudvdw \qquad (11.1.12)$$

The solutions corresponding to the case where there are sets of partially penetrating vertical, horizontal and deviated wells along with a set of fractured wells are given in the supplementary appendix to this chapter (Appendix D).*

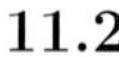
11.2

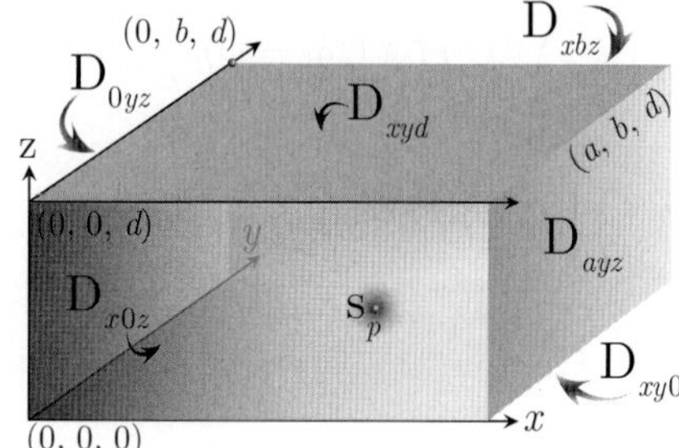

The problem of 11.1, except
$\mathbf{D_{0yz} \equiv p\,(0,y,z,t) = \psi_{0yz}\,(y,z,t)}$,
$\mathbf{D_{ayz} \equiv p\,(a,y,z,t) = \psi_{ayz}\,(y,z,t)}$,
$\mathbf{D_{x0z} \equiv p\,(x,0,z,t) = \psi_{x0z}\,(x,z,t)}$,
$\mathbf{D_{xbz} \equiv p\,(x,b,z,t) = \psi_{xbz}\,(x,z,t)}$,
$\mathbf{D_{xy0} \equiv p\,(x,y,0,t) = \psi_{xy0}\,(x,y,t)}$ **and**
$\mathbf{D_{xyd} \equiv p\,(x,y,d,t) = \psi_{xyd}\,(x,y,t)}$

$$p = \frac{U\left(t-t_0\right)}{8\phi c_t abd}\int_0^{t-t_0} q(t-t_0-\tau)\left\{\Theta_3\left(\frac{\pi\left(x-x_0\right)}{2a},e^{-\left(\frac{\pi}{a}\right)^2\eta_x\tau}\right)-\Theta_3\left(\frac{\pi\left(x+x_0\right)}{2a},e^{-\left(\frac{\pi}{a}\right)^2\eta_x\tau}\right)\right\}\times$$
$$\times\left\{\Theta_3\left(\frac{\pi\left(y-y_0\right)}{2b},e^{-\left(\frac{\pi}{b}\right)^2\eta_y\tau}\right)-\Theta_3\left(\frac{\pi\left(y+y_0\right)}{2b},e^{-\left(\frac{\pi}{b}\right)^2\eta_y\tau}\right)\right\}\times$$
$$\times\left\{\Theta_3\left(\frac{\pi\left(z-z_0\right)}{2d},e^{-\left(\frac{\pi}{d}\right)^2\eta_z\tau}\right)-\Theta_3\left(\frac{\pi\left(z+z_0\right)}{2d},e^{-\left(\frac{\pi}{d}\right)^2\eta_z\tau}\right)\right\}d\tau+$$
$$+\frac{\eta_x}{8a^2bd}\int_0^t\int_0^d\int_0^b\left\{\psi_{ayz}\left(v,w,\tau\right)\Theta_4'\left(\frac{\pi x}{2a},e^{-\eta_x\left(\frac{\pi}{a}\right)^2(t-\tau)}\right)-\right.$$
$$\left.-\psi_{0yz}\left(v,w,\tau\right)\Theta_3'\left(\frac{\pi x}{2a},e^{-\eta_x\left(\frac{\pi}{a}\right)^2(t-\tau)}\right)\right\}\times$$
$$\times\left\{\Theta_3\left(\frac{\pi\left(y-v\right)}{2b},e^{-\left(\frac{\pi}{b}\right)^2\eta_y(t-\tau)}\right)-\Theta_3\left(\frac{\pi\left(y+v\right)}{2b},e^{-\left(\frac{\pi}{b}\right)^2\eta_y(t-\tau)}\right)\right\}\times$$
$$\times\left\{\Theta_3\left(\frac{\pi\left(z-w\right)}{2d},e^{-\left(\frac{\pi}{d}\right)^2\eta_z(t-\tau)}\right)-\Theta_3\left(\frac{\pi\left(z+w\right)}{2d},e^{-\left(\frac{\pi}{d}\right)^2\eta_z(t-\tau)}\right)\right\}dvdwd\tau+$$
$$+\frac{\eta_y}{8ab^2d}\int_0^t\int_0^d\int_0^a\left\{\psi_{xbz}\left(u,w,\tau\right)\Theta_4'\left(\frac{\pi y}{2b},e^{-\eta_y\left(\frac{\pi}{b}\right)^2(t-\tau)}\right)-\right.$$
$$\left.-\psi_{x0z}\left(u,w,\tau\right)\Theta_3'\left(\frac{\pi y}{2b},e^{-\eta_y\left(\frac{\pi}{b}\right)^2(t-\tau)}\right)\right\}\times$$
$$\times\left\{\Theta_3\left(\frac{\pi\left(x-u\right)}{2a},e^{-\left(\frac{\pi}{a}\right)^2\eta_x(t-\tau)}\right)-\Theta_3\left(\frac{\pi\left(x+u\right)}{2a},e^{-\left(\frac{\pi}{a}\right)^2\eta_x(t-\tau)}\right)\right\}\times$$
$$\times\left\{\Theta_3\left(\frac{\pi\left(z-w\right)}{2d},e^{-\left(\frac{\pi}{d}\right)^2\eta_z(t-\tau)}\right)-\Theta_3\left(\frac{\pi\left(z+w\right)}{2d},e^{-\left(\frac{\pi}{d}\right)^2\eta_z(t-\tau)}\right)\right\}dudwd\tau+$$
$$+\frac{\eta_z}{8abd^2}\int_0^t\int_0^b\int_0^a\left\{\psi_{xyd}\left(u,v,\tau\right)\Theta_4'\left(\frac{\pi z}{2d},e^{-\eta_z\left(\frac{\pi}{d}\right)^2(t-\tau)}\right)-\right.$$
$$\left.-\psi_{xy0}\left(u,w,\tau\right)\Theta_3'\left(\frac{\pi z}{2d},e^{-\eta_z\left(\frac{\pi}{d}\right)^2(t-\tau)}\right)\right\}\times$$

*See Busswell, Banerjee, Thambynayagam, and Spath (2006) for the numerical implementation of this solution.

$$\times\left\{\Theta_3\left(\frac{\pi(x-u)}{2a},e^{-\left(\frac{\pi}{a}\right)^2\eta_x(t-\tau)}\right)-\Theta_3\left(\frac{\pi(x+u)}{2a},e^{-\left(\frac{\pi}{a}\right)^2\eta_x(t-\tau)}\right)\right\}\times$$
$$\times\left\{\Theta_3\left(\frac{\pi(y-v)}{2b},e^{-\left(\frac{\pi}{b}\right)^2\eta_y(t-\tau)}\right)-\Theta_3\left(\frac{\pi(y-v)}{2b},e^{-\left(\frac{\pi}{b}\right)^2\eta_y(t-\tau)}\right)\right\}dudvd\tau+$$
$$+\frac{1}{8abd}\int_0^d\int_0^b\int_0^a\varphi(u,v,w)\left[\left\{\Theta_3\left(\frac{\pi(x-u)}{2a},e^{-\left(\frac{\pi}{a}\right)^2\eta_x t}\right)-\Theta_3\left(\frac{\pi(x+u)}{2a},e^{-\left(\frac{\pi}{a}\right)^2\eta_x t}\right)\right\}\times\right.$$
$$\times\left\{\Theta_3\left(\frac{\pi(y-v)}{2b},e^{-\left(\frac{\pi}{b}\right)^2\eta_y t}\right)-\Theta_3\left(\frac{\pi(y+v)}{2b},e^{-\left(\frac{\pi}{b}\right)^2\eta_y t}\right)\right\}\times$$
$$\left.\times\left\{\Theta_3\left(\frac{\pi(z-w)}{2d},e^{-\left(\frac{\pi}{d}\right)^2\eta_z t}\right)-\Theta_3\left(\frac{\pi(z+w)}{2d},e^{-\left(\frac{\pi}{d}\right)^2\eta_z t}\right)\right\}\right]dudvdw \quad (11.2.1)$$

11.3 The problem of 11.1, except

$D_{0yz}\equiv p(0,y,z,t)=\psi_{0yz}(y,z,t)$,
$D_{ayz}\equiv p(a,y,z,t)=\psi_{ayz}(y,z,t)$,
$D_{x0z}\equiv p(x,0,z,t)=\psi_{x0z}(x,z,t)$,
$D_{xbz}\equiv p(x,b,z,t)=\psi_{xbz}(x,z,t)$,
$D_{xy0}\equiv p(x,y,0,t)=\psi_{xy0}(x,y,t)$ and
$N_{xyd}\equiv\frac{\partial p(x,y,d,t)}{\partial z}=-\left(\frac{\mu}{k_z}\right)\psi_{xyd}(x,y,t)$

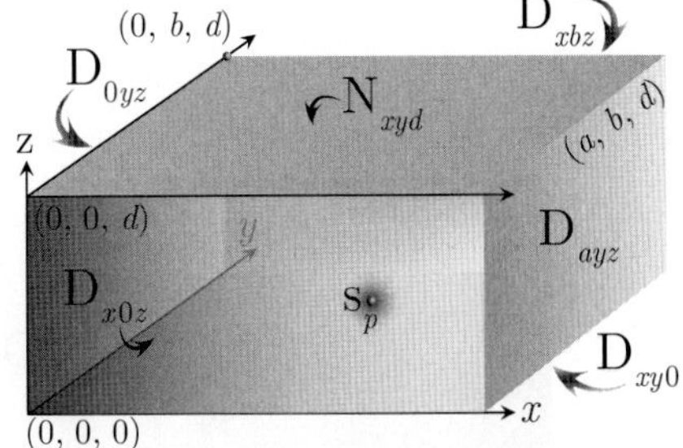

$$p=\frac{U(t-t_0)}{8\phi c_t abd}\int_0^{t-t_0}q(t-t_0-\tau)\left\{\Theta_3\left(\frac{\pi(x-x_0)}{2a},e^{-\left(\frac{\pi}{a}\right)^2\eta_x\tau}\right)-\Theta_3\left(\frac{\pi(x+x_0)}{2a},e^{-\left(\frac{\pi}{a}\right)^2\eta_x\tau}\right)\right\}\times$$
$$\times\left\{\Theta_3\left(\frac{\pi(y-y_0)}{2b},e^{-\left(\frac{\pi}{b}\right)^2\eta_y\tau}\right)-\Theta_3\left(\frac{\pi(y+y_0)}{2b},e^{-\left(\frac{\pi}{b}\right)^2\eta_y\tau}\right)\right\}\times$$
$$\times\left\{\Theta_2\left(\frac{\pi(z-z_0)}{2d},e^{-\left(\frac{\pi}{d}\right)^2\eta_z\tau}\right)-\Theta_2\left(\frac{\pi(z+z_0)}{2d},e^{-\left(\frac{\pi}{d}\right)^2\eta_z\tau}\right)\right\}d\tau+$$
$$+\frac{\eta_x}{8a^2bd}\int_0^t\int_0^d\int_0^b\left\{\psi_{ayz}(v,w,\tau)\,\Theta_4'\left(\frac{\pi x}{2a},e^{-\eta_x\left(\frac{\pi}{a}\right)^2(t-\tau)}\right)-\right.$$
$$\left.-\psi_{0yz}(v,w,\tau)\,\Theta_3'\left(\frac{\pi x}{2a},e^{-\eta_x\left(\frac{\pi}{a}\right)^2(t-\tau)}\right)\right\}\times$$
$$\times\left\{\Theta_3\left(\frac{\pi(y-v)}{2b},e^{-\left(\frac{\pi}{b}\right)^2\eta_y(t-\tau)}\right)-\Theta_3\left(\frac{\pi(y+v)}{2b},e^{-\left(\frac{\pi}{b}\right)^2\eta_y(t-\tau)}\right)\right\}\times$$
$$\times\left\{\Theta_2\left(\frac{\pi(z-w)}{2d},e^{-\left(\frac{\pi}{d}\right)^2\eta_z(t-\tau)}\right)-\Theta_2\left(\frac{\pi(z+w)}{2d},e^{-\left(\frac{\pi}{d}\right)^2\eta_z(t-\tau)}\right)\right\}dvdwd\tau+$$
$$+\frac{\eta_y}{8ab^2d}\int_0^t\int_0^d\int_0^a\left\{\psi_{xbz}(u,w,\tau)\,\Theta_4'\left(\frac{\pi y}{2b},e^{-\eta_y\left(\frac{\pi}{b}\right)^2(t-\tau)}\right)-\right.$$
$$\left.-\psi_{x0z}(u,w,\tau)\,\Theta_3'\left(\frac{\pi y}{2b},e^{-\eta_y\left(\frac{\pi}{b}\right)^2(t-\tau)}\right)\right\}\times$$
$$\times\left\{\Theta_3\left(\frac{\pi(x-u)}{2a},e^{-\left(\frac{\pi}{a}\right)^2\eta_x(t-\tau)}\right)-\Theta_3\left(\frac{\pi(x+u)}{2a},e^{-\left(\frac{\pi}{a}\right)^2\eta_x(t-\tau)}\right)\right\}\times$$
$$\times\left\{\Theta_2\left(\frac{\pi(z-w)}{2d},e^{-\left(\frac{\pi}{d}\right)^2\eta_z(t-\tau)}\right)-\Theta_2\left(\frac{\pi(z+w)}{2d},e^{-\left(\frac{\pi}{d}\right)^2\eta_z(t-\tau)}\right)\right\}dudwd\tau+$$
$$-\frac{1}{4abd}\int_0^t\int_0^b\int_0^a\left\{\left(\frac{\eta_z}{2d}\right)\psi_{xyd}(u,v,\tau)\,\Theta_2'\left(\frac{\pi z}{2d},e^{-\eta_z\left(\frac{\pi}{d}\right)^2(t-\tau)}\right)+\right.$$

$$
\begin{aligned}
&+\frac{\psi_{xy0}\left(u,w,\tau\right)}{\phi c_t}\Theta_1\left(\frac{\pi z}{2d},e^{-\eta_z\left(\frac{\pi}{d}\right)^2(t-\tau)}\right)\Bigg\}\times\\
&\times\left\{\Theta_3\left(\frac{\pi\left(x-u\right)}{2a},e^{-\left(\frac{\pi}{a}\right)^2\eta_x(t-\tau)}\right)-\Theta_3\left(\frac{\pi\left(x+u\right)}{2a},e^{-\left(\frac{\pi}{a}\right)^2\eta_x(t-\tau)}\right)\right\}\times\\
&\times\left\{\Theta_3\left(\frac{\pi\left(y-v\right)}{2b},e^{-\left(\frac{\pi}{b}\right)^2\eta_y(t-\tau)}\right)-\Theta_3\left(\frac{\pi\left(y-v\right)}{2b},e^{-\left(\frac{\pi}{b}\right)^2\eta_y(t-\tau)}\right)\right\}dudvd\tau+\\
&+\frac{1}{8abd}\int_0^d\int_0^b\int_0^a\varphi\left(u,v,w\right)\left[\left\{\Theta_3\left(\frac{\pi\left(x-u\right)}{2a},e^{-\left(\frac{\pi}{a}\right)^2\eta_x t}\right)-\Theta_3\left(\frac{\pi\left(x+u\right)}{2a},e^{-\left(\frac{\pi}{a}\right)^2\eta_x t}\right)\right\}\times\right.\\
&\times\left\{\Theta_3\left(\frac{\pi\left(y-v\right)}{2b},e^{-\left(\frac{\pi}{b}\right)^2\eta_y t}\right)-\Theta_3\left(\frac{\pi\left(y+v\right)}{2b},e^{-\left(\frac{\pi}{b}\right)^2\eta_y t}\right)\right\}\times\\
&\left.\times\left\{\Theta_2\left(\frac{\pi\left(z-w\right)}{2d},e^{-\left(\frac{\pi}{d}\right)^2\eta_z t}\right)-\Theta_2\left(\frac{\pi\left(z+w\right)}{2d},e^{-\left(\frac{\pi}{d}\right)^2\eta_z t}\right)\right\}\right]dudvdw
\end{aligned}
\tag{11.3.1}
$$

11.4

The problem of 11.1, except
$\mathbf{N_{0yz}} \equiv \frac{\partial p(0,y,z,t)}{\partial x} = -\left(\frac{\mu}{k_x}\right)\psi_{0yz}\left(y,z,t\right)$,
$\mathbf{D_{ayz}} \equiv p\left(a,y,z,t\right) = \psi_{ayz}\left(y,z,t\right)$,
$\mathbf{D_{x0z}} \equiv p\left(x,0,z,t\right) = \psi_{x0z}\left(x,z,t\right)$,
$\mathbf{D_{xbz}} \equiv p\left(x,b,z,t\right) = \psi_{xbz}\left(x,z,t\right)$,
$\mathbf{D_{xy0}} \equiv p\left(x,y,0,t\right) = \psi_{xy0}\left(x,y,t\right)$ **and**
$\mathbf{N_{xyd}} \equiv \frac{\partial p(x,y,d,t)}{\partial z} = -\left(\frac{\mu}{k_z}\right)\psi_{xyd}\left(x,y,t\right)$

$$
\begin{aligned}
p\;=\;&\frac{U\left(t-t_0\right)}{8\phi c_t abd}\int_0^{t-t_0}q(t-t_0-\tau)\left\{\Theta_2\left(\frac{\pi\left(x-x_0\right)}{2a},e^{-\left(\frac{\pi}{a}\right)^2\eta_x\tau}\right)+\Theta_2\left(\frac{\pi\left(x+x_0\right)}{2a},e^{-\left(\frac{\pi}{a}\right)^2\eta_x\tau}\right)\right\}\times\\
&\times\left\{\Theta_3\left(\frac{\pi\left(y-y_0\right)}{2b},e^{-\left(\frac{\pi}{b}\right)^2\eta_y\tau}\right)-\Theta_3\left(\frac{\pi\left(y+y_0\right)}{2b},e^{-\left(\frac{\pi}{b}\right)^2\eta_y\tau}\right)\right\}\times\\
&\times\left\{\Theta_2\left(\frac{\pi\left(z-z_0\right)}{2d},e^{-\left(\frac{\pi}{d}\right)^2\eta_z\tau}\right)-\Theta_2\left(\frac{\pi\left(z+z_0\right)}{2d},e^{-\left(\frac{\pi}{d}\right)^2\eta_z\tau}\right)\right\}d\tau+\\
&+\frac{1}{4abd}\int_0^t\int_0^d\int_0^b\left\{\left(\frac{\eta_x}{2a}\right)\psi_{ayz}\left(v,w,\tau\right)\Theta_1'\left(\frac{\pi x}{2a},e^{-\eta_x\left(\frac{\pi}{a}\right)^2(t-\tau)}\right)+\right.\\
&\left.+\frac{\psi_{0yz}\left(v,w,\tau\right)}{\phi c_t}\Theta_2\left(\frac{\pi x}{2a},e^{-\eta_x\left(\frac{\pi}{a}\right)^2(t-\tau)}\right)\right\}\times\\
&\times\left\{\Theta_3\left(\frac{\pi\left(y-v\right)}{2b},e^{-\left(\frac{\pi}{b}\right)^2\eta_y(t-\tau)}\right)-\Theta_3\left(\frac{\pi\left(y+v\right)}{2b},e^{-\left(\frac{\pi}{b}\right)^2\eta_y(t-\tau)}\right)\right\}\times\\
&\times\left\{\Theta_2\left(\frac{\pi\left(z-w\right)}{2d},e^{-\left(\frac{\pi}{d}\right)^2\eta_z(t-\tau)}\right)-\Theta_2\left(\frac{\pi\left(z+w\right)}{2d},e^{-\left(\frac{\pi}{d}\right)^2\eta_z(t-\tau)}\right)\right\}dvdwd\tau+\\
&+\frac{\eta_y}{8ab^2d}\int_0^t\int_0^d\int_0^a\left\{\psi_{xbz}\left(u,w,\tau\right)\Theta_4'\left(\frac{\pi y}{2b},e^{-\eta_y\left(\frac{\pi}{b}\right)^2(t-\tau)}\right)-\right.\\
&\left.-\psi_{x0z}\left(u,w,\tau\right)\Theta_3'\left(\frac{\pi y}{2b},e^{-\eta_y\left(\frac{\pi}{b}\right)^2(t-\tau)}\right)\right\}\times\\
&\times\left\{\Theta_2\left(\frac{\pi\left(x-u\right)}{2a},e^{-\left(\frac{\pi}{a}\right)^2\eta_x(t-\tau)}\right)+\Theta_2\left(\frac{\pi\left(x+u\right)}{2a},e^{-\left(\frac{\pi}{a}\right)^2\eta_x(t-\tau)}\right)\right\}\times\\
&\times\left\{\Theta_2\left(\frac{\pi\left(z-w\right)}{2d},e^{-\left(\frac{\pi}{d}\right)^2\eta_z(t-\tau)}\right)-\Theta_2\left(\frac{\pi\left(z+w\right)}{2d},e^{-\left(\frac{\pi}{d}\right)^2\eta_z(t-\tau)}\right)\right\}dudwd\tau+
\end{aligned}
$$

$$-\frac{1}{4abd}\int_0^t\int_0^b\int_0^a\left\{\left(\frac{\eta_z}{2d}\right)\psi_{xyd}(u,v,\tau)\,\Theta_2'\left(\frac{\pi z}{2d},e^{-\eta_z\left(\frac{\pi}{d}\right)^2(t-\tau)}\right)+\right.$$
$$\left.+\frac{\psi_{xy0}(u,w,\tau)}{\phi c_t}\Theta_1\left(\frac{\pi z}{2d},e^{-\eta_z\left(\frac{\pi}{d}\right)^2(t-\tau)}\right)\right\}\times$$
$$\times\left\{\Theta_2\left(\frac{\pi(x-u)}{2a},e^{-\left(\frac{\pi}{a}\right)^2\eta_x(t-\tau)}\right)+\Theta_2\left(\frac{\pi(x+u)}{2a},e^{-\left(\frac{\pi}{a}\right)^2\eta_x(t-\tau)}\right)\right\}\times$$
$$\times\left\{\Theta_3\left(\frac{\pi(y-v)}{2b},e^{-\left(\frac{\pi}{b}\right)^2\eta_y(t-\tau)}\right)-\Theta_3\left(\frac{\pi(y-v)}{2b},e^{-\left(\frac{\pi}{b}\right)^2\eta_y(t-\tau)}\right)\right\}dudvd\tau+$$
$$+\frac{1}{8abd}\int_0^d\int_0^b\int_0^a\varphi(u,v,w)\left[\left\{\Theta_2\left(\frac{\pi(x-u)}{2a},e^{-\left(\frac{\pi}{a}\right)^2\eta_x t}\right)+\Theta_2\left(\frac{\pi(x+u)}{2a},e^{-\left(\frac{\pi}{a}\right)^2\eta_x t}\right)\right\}\times\right.$$
$$\times\left\{\Theta_3\left(\frac{\pi(y-v)}{2b},e^{-\left(\frac{\pi}{b}\right)^2\eta_y t}\right)-\Theta_3\left(\frac{\pi(y+v)}{2b},e^{-\left(\frac{\pi}{b}\right)^2\eta_y t}\right)\right\}\times$$
$$\left.\times\left\{\Theta_2\left(\frac{\pi(z-w)}{2d},e^{-\left(\frac{\pi}{d}\right)^2\eta_z t}\right)-\Theta_2\left(\frac{\pi(z+w)}{2d},e^{-\left(\frac{\pi}{d}\right)^2\eta_z t}\right)\right\}\right]dudvdw \tag{11.4.1}$$

11.5 Subdivided cuboid. Point source at (x_{0j}, y_{0j}, z_{0j}) at time $t = t_{0j}$; $0 < x_{0j} < a$, $0 < y_{0j} < b$, $d_j < z_{0j} < d_{j+1}$, $t_{0j} \geq 0$. $\frac{\partial p_j(0,y,z,t)}{\partial x} = -\left(\frac{\mu}{k_x}\right)_j \psi_{0yzj}(y,z,t)$, $\frac{\partial p_j(a,y,z,t)}{\partial x} = -\left(\frac{\mu}{k_x}\right)_j \psi_{ayzj}(y,z,t)$, $\frac{\partial p_j(x,0,z,t)}{\partial y} = -\left(\frac{\mu}{k_y}\right)_j \psi_{x0zj}(x,z,t)$, and $\frac{\partial p_j(x,b,z,t)}{\partial y} = -\left(\frac{\mu}{k_y}\right)_j \psi_{xbzj}(x,z,t)$, $d_j < z < d_{j+1}$, $\forall j = 0, 1, \ldots\ldots, \aleph - 1$. At $z = d_0$, $\frac{\partial p(x,y,d_0,t)}{\partial z} = -\left(\frac{\mu}{k_z}\right)_0 \psi_{xy0_0}(x,y,t)$ and at $z = d_\aleph$, $\frac{\partial p(x,y,d_\aleph,t)}{\partial z} = -\left(\frac{\mu}{k_z}\right)_\aleph \psi_{xyd\aleph}(x,y,t)$, $0 < x < a$, $0 < y < b$. At the interface $z = d_j$, $\psi_j(x,y,t) = -\left(\frac{k_z}{\mu}\right)_j\left(\frac{\partial p_j(x,y,d_j,t)}{\partial z}\right) = -\left(\frac{k_z}{\mu}\right)_{j-1}\left(\frac{\partial p_{j-1}(x,y,d_j,t)}{\partial z}\right)$ and $\breve{\lambda}_j\psi_j(x,y,t) = \{p_{j-1}(x,y,d_j,t) - p_j(x,y,d_j,t)\}$, $\forall j = 1, \ldots, \aleph - 1$. The initial pressure $p_j(x,y,z,0) = \varphi_j(x,y,z)$

In the interval $d_j \leq z \leq d_{j+1}$, $j = 0, 1, ..., \aleph - 1$, we find p_j, the pressure response to a continuous point source, from the partial differential equation

$$\frac{\partial p_j}{\partial t} = \eta_{xj}\frac{\partial^2 p_j}{\partial x^2} + \eta_{yj}\frac{\partial^2 p_j}{\partial y^2} + \eta_{zj}\frac{\partial^2 p_j}{\partial z^2} + U(t-t_{0j})\frac{q_j(t-t_{0j})}{(\phi c_t)_j}\delta(x-x_{0j})\delta(y-y_{0j})\delta(z-z_{0j}) \tag{11.5.1}$$

where $\eta_{xj} = \left(\frac{k_x}{\phi c_t \mu}\right)_j$, $\eta_{yj} = \left(\frac{k_y}{\phi c_t \mu}\right)_j$ and $\eta_{zj} = \left(\frac{k_z}{\phi c_t \mu}\right)_j$. The successive application of Laplace and Fourier transforms to equation (11.5.1) yield

$$\overline{\overline{\overline{p}}}_j = \frac{q_j(s)e^{-st_0}\cos(\xi_n x_{0j})\cos(\xi_m y_{0j})\cos\{\xi_{lj}(z_{0j}-d_j)\}}{(\phi c_t)_j\left\{\eta_{xj}\xi_n^2+\eta_{yj}\xi_m^2+\eta_{zj}\xi_{lj}^2+s\right\}} + \frac{\left\{(-1)^{n+1}\overline{\overline{\psi}}_{ayzj}(\xi_m,\xi_{lj},s)+\overline{\overline{\psi}}_{0yzj}(\xi_m,\xi_{lj},s)\right\}}{(\phi c_t)_j\left\{\eta_{xj}\xi_n^2+\eta_{yj}\xi_m^2+\eta_{zj}\xi_{lj}^2+s\right\}}+$$
$$+\frac{\left\{(-1)^{m+1}\overline{\overline{\psi}}_{xbzj}(\xi_n,\xi_{lj},s)+\overline{\overline{\psi}}_{x0zj}(\xi_n,\xi_{lj},s)\right\}}{(\phi c_t)_j\left\{\eta_{xj}\xi_n^2+\eta_{yj}\xi_m^2+\eta_{zj}\xi_{lj}^2+s\right\}}+\frac{\left\{(-1)^{l+1}\overline{\overline{\psi}}_{j+1}(\xi_n,\xi_m,s)+\overline{\overline{\psi}}_j(\xi_n,\xi_m,s)\right\}}{(\phi c_t)_j\left\{\eta_{xj}\xi_n^2+\eta_{yj}\xi_m^2+\eta_{zj}\xi_{lj}^2+s\right\}}+$$
$$+\frac{\int_0^{d_{j+1}-d_j}\int_0^b\int_0^a\varphi_j(u,v,w+d_j)\cos(\xi_n u)\cos(\xi_m v)\cos(\xi_{lj}w)\,dudvdw}{\left\{\eta_{xj}\xi_n^2+\eta_{yj}\xi_m^2+\eta_{zj}\xi_{lj}^2+s\right\}} \tag{11.5.2}$$

where $\overline{p}_j = \int_0^\infty p_j e^{-st}dt$, $\overline{\overline{p}} = \int_0^a \overline{p}_j\cos(\xi_n x)\,dx$, $\overline{\overline{\overline{p}}}_j = \int_0^b \overline{\overline{p}}_j\cos(\xi_m y)\,dy$, $\overline{\overline{\overline{\overline{p}}}}_j = \int_0^{d_{j+1}-d_j}\overline{\overline{\overline{p}}}_j\cos\{\xi_{lj}(z-d_j)\}d(z-d_j)$;
$\overline{\psi}_{0yzj}(y,z,s) = \int_0^\infty \psi_{0yzj}(y,z,t)\,e^{-st}dt$, $\overline{\overline{\psi}}_{0yzj}(\xi_m,z,s) = \int_0^b \overline{\psi}_{0yzj}(y,z,s)\cos(\xi_m y)\,dy$,
$\overline{\overline{\overline{\psi}}}_{0yzj}(\xi_m,\xi_{lj},s) = \int_0^{d_{j+1}-d_j}\overline{\overline{\psi}}_{0yzj}(\xi_m,z,s)\cos\{\xi_{lj}(z-d_j)\}\,d(z-d_j)$;

$\overline{\psi}_{ayzj}(y,z,s)=\int_0^{\infty}\psi_{ayzj}(y,z,t)\,e^{-st}dt$, $\overline{\overline{\psi}}_{ayzj}(\xi_m,z,s)=\int_0^{b}\overline{\psi}_{ayzj}(y,z,s)\cos(\xi_m y)\,dy$, $\overline{\overline{\overline{\psi}}}_{ayzj}(\xi_m,\xi_{lj},s)=\int_0^{d_{j+1}-d_j}\overline{\overline{\psi}}_{ayzj}(\xi_m,z,s)\cos\{\xi_{lj}(z-d_j)\}\,d(z-d_j)$; $\overline{\psi}_{x0zj}(x,z,s)=\int_0^{\infty}\psi_{x0zj}(x,z,t)\,e^{-st}dt$, $\overline{\overline{\psi}}_{x0zj}(\xi_n,z,s)=\int_0^{a}\overline{\psi}_{x0zj}(x,z,s)\cos(\xi_n x)\,dx$, $\overline{\overline{\overline{\psi}}}_{x0zj}(\xi_n,\xi_{lj},s)=\int_0^{d_{j+1}-d_j}\overline{\overline{\psi}}_{x0zj}(\xi_n,z,t)\cos\{\xi_{lj}(z-d_j)\}\,d(z-d_j)$; $\overline{\psi}_{xbzj}(x,z,s)=\int_0^{\infty}\psi_{xbzj}(x,z,t)\,e^{-st}dt$, $\overline{\overline{\psi}}_{xbzj}(\xi_n,z,s)=\int_0^{a}\overline{\psi}_{xbzj}(x,z,s)\cos(\xi_n x)\,dx$ and $\overline{\overline{\overline{\psi}}}_{xbzj}(\xi_n,\xi_{lj},s)=\int_0^{d_{j+1}-d_j}\overline{\overline{\psi}}_{xbzj}(\xi_n,z,t)\cos\{\xi_{lj}(z-d_j)\}\,d(z-d_j)$, for the interfacial fluxes, which are functions of x, y, and time, we use the simpler notation $\psi_j(x,y,t)$. $\overline{\psi}_j(x,y,s)=\int_0^{\infty}\psi_j(x,y,t)\,e^{-st}dt$, $\overline{\overline{\psi}}_j(x,\xi_m,s)=\int_0^{b}\overline{\psi}_j(x,y,s)\cos(\xi_m y)\,dy$, $\overline{\overline{\overline{\psi}}}_j(\xi_n,\xi_m,s)=\int_0^{a}\overline{\overline{\psi}}_j(x,\xi_m,s)\cos(\xi_n x)\,dx$,
and ξ_n is a positive root of $\sin(\xi_n a)=0$, which are $\xi_n=\frac{n\pi}{a}$, $n=1,2,3,\ldots..$, ξ_m is a positive root of $\sin(\xi_m b)=0$, which are $\xi_m=\frac{m\pi}{b}$, $m=1,2,3,\ldots..$, and ξ_{lj} is a positive root of $\sin\{\xi_{lj}(d_{j+1}-d_j)\}=0$, which are $\xi_{lj}=\frac{l\pi}{(d_{j+1}-d_j)}$, $l=1,2,3,\ldots...$

$$
\begin{aligned}
\overline{p}_j \;=\;& \frac{2q_j(s)\,e^{-st_{0j}}}{b\,(d_{j+1}-d_j)\,(\phi c_t)_j\,\eta_{xj}}\sum_{m=0}^{\infty}\sum_{l=0}^{\infty}\frac{\ni_m\ni_l\operatorname{csch}\left\{a\sqrt{\beta_{xj}+\frac{s}{\eta_{xj}}}\right\}}{\sqrt{\beta_{xj}+\frac{s}{\eta_{xj}}}}\times\\
&\times\cos(\xi_m y)\cos(\xi_m y_{0j})\cos\{\xi_{lj}(z-d_j)\}\cos\{\xi_{lj}(z_{0j}-d_j)\}\times\\
&\times\left[\cosh\left\{(a-|x-x_{0j}|)\sqrt{\beta_{xj}+\frac{s}{\eta_{xj}}}\right\}+\cosh\left\{(a-x-x_{0j})\sqrt{\beta_{xj}+\frac{s}{\eta_{xj}}}\right\}\right]+\\
&+\frac{4}{ab\,(\phi c_t)_j\,\eta_{zj}}\sum_{n=0}^{\infty}\sum_{m=0}^{\infty}\frac{\ni_n\ni_m\operatorname{csch}\left\{(d_{j+1}-d_j)\sqrt{\beta_{zj}+\frac{s}{\eta_{zj}}}\right\}}{\sqrt{\beta_{zj}+\frac{s}{\eta_{zj}}}}\cos(\xi_n x)\cos(\xi_m y)\times\\
&\times\left[\overline{\overline{\overline{\psi}}}_j(\xi_n,\xi_m,s)\cosh\left\{(d_{j+1}-z)\sqrt{\beta_{zj}+\frac{s}{\eta_{zj}}}\right\}-\overline{\overline{\overline{\psi}}}_{j+1}(\xi_n,\xi_m,s)\cosh\left\{(z-d_j)\sqrt{\beta_{zj}+\frac{s}{\eta_{zj}}}\right\}\right]+\\
&+\frac{4}{b\,(d_{j+1}-d_j)\,(\phi c_t)_j\,\eta_{xj}}\sum_{m=0}^{\infty}\sum_{l=0}^{\infty}\frac{\ni_m\ni_l\operatorname{csch}\left\{a\sqrt{\beta_{xj}+\frac{s}{\eta_{xj}}}\right\}}{\sqrt{\beta_{xj}+\frac{s}{\eta_{xj}}}}\cos(\xi_m y)\cos\{\xi_{lj}(z-d_j)\}\times\\
&\times\left[\overline{\overline{\overline{\psi}}}_{0yzj}(\xi_m,\xi_{lj},s)\cosh\left\{(a-x)\sqrt{\beta_{xj}+\frac{s}{\eta_{xj}}}\right\}-\overline{\overline{\overline{\psi}}}_{ayzj}(\xi_m,\xi_{lj},s)\cosh\left\{x\sqrt{\beta_{xj}+\frac{s}{\eta_{xj}}}\right\}\right]+\\
&+\frac{4}{a\,(d_{j+1}-d_j)\,(\phi c_t)_j\,\eta_{yj}}\sum_{n=0}^{\infty}\sum_{l=0}^{\infty}\frac{\ni_n\ni_l\operatorname{csch}\left\{b\sqrt{\beta_{yj}+\frac{s}{\eta_{yj}}}\right\}}{\sqrt{\beta_{yj}+\frac{s}{\eta_{yj}}}}\cos(\xi_n x)\cos\{\xi_{lj}(z-d_j)\}\times\\
&\times\left[\overline{\overline{\overline{\psi}}}_{x0zj}(\xi_n,\xi_{lj},s)\cosh\left\{(b-y)\sqrt{\beta_{yj}+\frac{s}{\eta_{yj}}}\right\}-\overline{\overline{\overline{\psi}}}_{xbzj}(\xi_n,\xi_{lj},s)\cosh\left\{y\sqrt{\beta_{yj}+\frac{s}{\eta_{yj}}}\right\}\right]+\\
&+\frac{2}{b\,(d_{j+1}-d_j)\,\eta_{xj}}\sum_{m=0}^{\infty}\sum_{l=0}^{\infty}\frac{\ni_m\ni_l\operatorname{csch}\left\{a\sqrt{\beta_{xj}+\frac{s}{\eta_{xj}}}\right\}}{\sqrt{\beta_{xj}+\frac{s}{\eta_{xj}}}}\cos(\xi_m y)\cos\{\xi_{lj}(z-d_j)\}\times\\
&\times\int_0^{d_{j+1}-d_j}\int_0^{b}\int_0^{a}\varphi_j(u,v,w+d_j)\cos(\xi_m v)\cos(\xi_{lj}w)\times\\
&\times\left[\cosh\left\{(a-|x-u|)\sqrt{\beta_{xj}+\frac{s}{\eta_{xj}}}\right\}+\cosh\left\{(a-x-u)\sqrt{\beta_{xj}+\frac{s}{\eta_{x}}}\right\}\right]dudvdw
\end{aligned}
\tag{11.5.3}
$$

where $\beta_{xj} = \left\{\frac{\eta_{yj}}{\eta_{xj}}\right\}\xi_m^2 + \left\{\frac{\eta_{zj}}{\eta_{xj}}\right\}\xi_{lj}^2$, $\beta_{yj} = \left\{\frac{\eta_{xj}}{\eta_{yj}}\right\}\xi_n^2 + \left\{\frac{\eta_{zj}}{\eta_{yj}}\right\}\xi_{lj}^2$, $\beta_{zj} = \left\{\frac{\eta_{xj}}{\eta_{zj}}\right\}\xi_n^2 + \left\{\frac{\eta_{yj}}{\eta_{zj}}\right\}\xi_m^2$, and $\ni_j = \begin{cases} \frac{1}{2}, & j=0 \\ 1, & j=1,2,3,.... \end{cases}$. Here j is either n, m or l.

The inverse Laplace transform of equation (11.5.3) yields

$$\begin{aligned}
p_j = & \frac{U(t-t_{0j})}{8(\phi c_t)_j ab(d_{j+1}-d_j)} \times \\
& \times \int_0^{t-t_{0j}} q_j(t-t_{0j}-\tau)\left\{\Theta_3\left(\frac{\pi}{2a}(x-x_{0j}), e^{-\left(\frac{\pi}{a}\right)^2\eta_{xj}\tau}\right) + \Theta_3\left(\frac{\pi(x+x_{0j})}{2a}, e^{-\left(\frac{\pi}{a}\right)^2\eta_{xj}\tau}\right)\right\} \times \\
& \times \left\{\Theta_3\left(\frac{\pi(y-y_{0j})}{2b}, e^{-\left(\frac{\pi}{b}\right)^2\eta_{yj}\tau}\right) + \Theta_3\left(\frac{\pi(y+y_{0j})}{2b}, e^{-\left(\frac{\pi}{b}\right)^2\eta_{yj}\tau}\right)\right\} \times \\
& \times \left\{\Theta_3\left(\frac{\pi(z-z_{0j})}{2(d_{j+1}-d_j)}, e^{-\left(\frac{\pi}{d_{j+1}-d_j}\right)^2\eta_{zj}\tau}\right) + \Theta_3\left(\frac{\pi(z+z_{0j}-2d_j)}{2(d_{j+1}-d_j)}, e^{-\left(\frac{\pi}{d_{j+1}-d_j}\right)^2\eta_{zj}\tau}\right)\right\} d\tau + \\
& + \frac{4}{(\phi c_t)_j ab(d_{j+1}-d_j)} \sum_{n=0}^{\infty}\sum_{m=0}^{\infty} \ni_n \ni_m \cos(\xi_n x)\cos(\xi_m y) \times \\
& \times \int_0^t \left\{\overline{\overline{\psi}}_j(\xi_n,\xi_m,\tau)\,\Theta_3\left(\frac{\pi(z-d_j)}{2(d_{j+1}-d_j)}, e^{-\left(\frac{\pi}{d_{j+1}-d_j}\right)^2\eta_{zj}(t-\tau)}\right) - \right. \\
& \left. -\overline{\overline{\psi}}_{j+1}(\xi_n,\xi_m,\tau)\,\Theta_4\left(\frac{\pi(z-d_j)}{2(d_{j+1}-d_j)}, e^{-\left(\frac{\pi}{d_{j+1}-d_j}\right)^2\eta_{zj}(t-\tau)}\right)\right\} e^{-\left\{\xi_n^2\eta_{xj}+\xi_m^2\eta_{yj}\right\}(t-\tau)} d\tau + \\
& + \frac{4}{(\phi c_t)_j ab(d_{j+1}-d_j)} \sum_{m=0}^{\infty}\sum_{l=0}^{\infty} \ni_m \ni_l \cos(\xi_m y)\cos\{\xi_{lj}(z-d_j)\} \times \\
& \times \int_0^t \left\{\overline{\overline{\psi}}_{0yzj}(\xi_m,\xi_{lj},\tau)\Theta_3\left(\frac{\pi x}{2a}, e^{-\left(\frac{\pi}{a}\right)^2\eta_{xj}(t-\tau)}\right) - \overline{\overline{\psi}}_{ayzj}(\xi_m,\xi_{lj},\tau)\Theta_4\left(\frac{\pi x}{2a}, e^{-\left(\frac{\pi}{a}\right)^2\eta_{xj}(t-\tau)}\right)\right\} \times \\
& \times e^{-\left\{\xi_m^2\eta_{yj}+\xi_{lj}^2\eta_{zj}\right\}(t-\tau)} d\tau + \\
& + \frac{4}{(\phi c_t)_j ab(d_{j+1}-d_j)} \sum_{n=0}^{\infty}\sum_{l=0}^{\infty} \ni_n \ni_l \cos(\xi_n x)\cos\{\xi_{lj}(z-d_j)\} \times \\
& \times \int_0^t \left\{\overline{\overline{\psi}}_{x0zj}(\xi_n,\xi_{lj},\tau)\,\Theta_3\left(\frac{\pi y}{2b}, e^{-\left(\frac{\pi}{b}\right)^2\eta_{yj}(t-\tau)}\right) - \overline{\overline{\psi}}_{xbzj}(\xi_n,\xi_{lj},\tau)\,\Theta_4\left(\frac{\pi y}{2b}, e^{-\left(\frac{\pi}{b}\right)^2\eta_{yj}(t-\tau)}\right)\right\} \times \\
& \times e^{-\left\{\xi_n^2\eta_{xj}+\xi_{lj}^2\eta_{zj}\right\}(t-\tau)} d\tau + \\
& + \frac{1}{8ab(d_{j+1}-d_j)} \times \\
& \times \int_0^{d_{j+1}-d_j}\int_0^b\int_0^a \varphi_j(u,v,w+d_j)\left\{\Theta_3\left(\frac{\pi(x-u)}{2a}, e^{-\left(\frac{\pi}{a}\right)^2\eta_{xj}t}\right) + \Theta_3\left(\frac{\pi(x+u)}{2a}, e^{-\left(\frac{\pi}{a}\right)^2\eta_{xj}t}\right)\right\} \times \\
& \times \left\{\Theta_3\left(\frac{\pi(y-v)}{2b}, e^{-\left(\frac{\pi}{b}\right)^2\eta_{yj}t}\right) + \Theta_3\left(\frac{\pi(y+v)}{2b}, e^{-\left(\frac{\pi}{b}\right)^2\eta_{yj}t}\right)\right\} \times \\
& \times \left\{\Theta_3\left(\frac{\pi(z-d_j-w)}{2(d_{j+1}-d_j)}, e^{-\left(\frac{\pi}{d_{j+1}-d_j}\right)^2\eta_{zj}t}\right) + \Theta_3\left(\frac{\pi(z-d_j+w)}{2(d_{j+1}-d_j)}, e^{-\left(\frac{\pi}{d_{j+1}-d_j}\right)^2\eta_{zj}t}\right)\right\} du\,dv\,dw \quad (11.5.4)
\end{aligned}$$

or

$$
\begin{aligned}
p_j &= \frac{U(t-t_{0j})}{8(\phi c_t)_j\, ab\,(d_{j+1}-d_j)} \times \\
&\times \int_0^{t-t_{0j}} q_j(t-t_{0j}-\tau)\left\{\Theta_3\left(\frac{\pi}{2a}(x-x_{0j}), e^{-\left(\frac{\pi}{a}\right)^2\eta_{xj}\tau}\right)+\Theta_3\left(\frac{\pi(x+x_{0j})}{2a}, e^{-\left(\frac{\pi}{a}\right)^2\eta_{xj}\tau}\right)\right\}\times \\
&\times\left\{\Theta_3\left(\frac{\pi(y-y_{0j})}{2b}, e^{-\left(\frac{\pi}{b}\right)^2\eta_{yj}\tau}\right)+\Theta_3\left(\frac{\pi(y+y_{0j})}{2b}, e^{-\left(\frac{\pi}{b}\right)^2\eta_{yj}\tau}\right)\right\}\times \\
&\times\left\{\Theta_3\left(\frac{\pi(z-z_{0j})}{2(d_{j+1}-d_j)}, e^{-\left(\frac{\pi}{d_{j+1}-d_j}\right)^2\eta_{zj}\tau}\right)+\Theta_3\left(\frac{\pi(z+z_{0j}-2d_j)}{2(d_{j+1}-d_j)}, e^{-\left(\frac{\pi}{d_{j+1}-d_j}\right)^2\eta_{zj}\tau}\right)\right\}d\tau + \\
&+ \frac{1}{4(\phi c_t)_j\, ab\,(d_{j+1}-d_j)}\int_0^t\int_0^a\int_0^b\left\{\psi_j(u,v,\tau)\,\Theta_3\left(\frac{\pi(z-d_j)}{2(d_{j+1}-d_j)}, e^{-\left(\frac{\pi}{d_{j+1}-d_j}\right)^2\eta_{zj}(t-\tau)}\right)-\right. \\
&\left.-\psi_{j+1}(u,v,\tau)\,\Theta_4\left(\frac{\pi(z-d_j)}{2(d_{j+1}-d_j)}, e^{-\left(\frac{\pi}{d_{j+1}-d_j}\right)^2\eta_{zj}(t-\tau)}\right)\right\}\times \\
&\times\left\{\Theta_3\left(\frac{\pi(x-u)}{2a}, e^{-\left(\frac{\pi}{a}\right)^2\eta_{xj}(t-\tau)}\right)+\Theta_3\left(\frac{\pi(x+u)}{2a}, e^{-\left(\frac{\pi}{a}\right)^2\eta_{xj}(t-\tau)}\right)\right\}\times \\
&\times\left\{\Theta_3\left(\frac{\pi(y-v)}{2b}, e^{-\left(\frac{\pi}{b}\right)^2\eta_{yj}(t-\tau)}\right)+\Theta_3\left(\frac{\pi(y+v)}{2b}, e^{-\left(\frac{\pi}{b}\right)^2\eta_{yj}(t-\tau)}\right)\right\}du\,dv\,d\tau + \\
&+ \frac{1}{4(\phi c_t)_j\, ab\,(d_{j+1}-d_j)}\times \\
&\times\int_0^t\int_0^b\int_0^{d_{j+1}-d_j}\left\{\psi_{0yzj}(v,w,\tau)\,\Theta_3\left(\frac{\pi x}{2a}, e^{-\left(\frac{\pi}{a}\right)^2\eta_{xj}(t-\tau)}\right)-\psi_{ayzj}(v,w,\tau)\,\Theta_4\left(\frac{\pi x}{2a}, e^{-\left(\frac{\pi}{a}\right)^2\eta_{xj}(t-\tau)}\right)\right\}\times \\
&\times\left\{\Theta_3\left(\frac{\pi(y-v)}{2b}, e^{-\left(\frac{\pi}{b}\right)^2\eta_{yj}(t-\tau)}\right)+\Theta_3\left(\frac{\pi(y+v)}{2b}, e^{-\left(\frac{\pi}{b}\right)^2\eta_{yj}(t-\tau)}\right)\right\}\times \\
&\times\left\{\Theta_3\left(\frac{\pi(z-d_j-w)}{2(d_{j+1}-d_j)}, e^{-\left(\frac{\pi}{d_{j+1}-d_j}\right)^2\eta_{zj}(t-\tau)}\right)+\Theta_3\left(\frac{\pi(z-d_j+w)}{2(d_{j+1}-d_j)}, e^{-\left(\frac{\pi}{d_{j+1}-d_j}\right)^2\eta_{zj}(t-\tau)}\right)\right\}dv\,dw\,d\tau + \\
&+ \frac{1}{4(\phi c_t)_j\, ab\,(d_{j+1}-d_j)}\times \\
&\times\int_0^t\int_0^a\int_0^{d_{j+1}-d_j}\left\{\psi_{x0zj}(u,w,\tau)\,\Theta_3\left(\frac{\pi y}{2b}, e^{-\left(\frac{\pi}{b}\right)^2\eta_{yj}(t-\tau)}\right)-\psi_{xbzj}(u,w,\tau)\,\Theta_4\left(\frac{\pi y}{2b}, e^{-\left(\frac{\pi}{b}\right)^2\eta_{yj}(t-\tau)}\right)\right\}\times \\
&\times\left\{\Theta_3\left(\frac{\pi(x-u)}{2a}, e^{-\left(\frac{\pi}{a}\right)^2\eta_{xj}(t-\tau)}\right)+\Theta_3\left(\frac{\pi(x+u)}{2a}, e^{-\left(\frac{\pi}{a}\right)^2\eta_{xj}(t-\tau)}\right)\right\}\times \\
&\times\left\{\Theta_3\left(\frac{\pi(z-d_j-w)}{2(d_{j+1}-d_j)}, e^{-\left(\frac{\pi}{d_{j+1}-d_j}\right)^2\eta_{zj}(t-\tau)}\right)+\Theta_3\left(\frac{\pi(z-d_j+w)}{2(d_{j+1}-d_j)}, e^{-\left(\frac{\pi}{d_{j+1}-d_j}\right)^2\eta_{zj}(t-\tau)}\right)\right\}du\,dw\,d\tau + \\
&+ \frac{1}{8ab\,(d_{j+1}-d_j)}\times \\
&\times\int_0^{d_{j+1}-d_j}\int_0^b\int_0^a\varphi_j(u,v,w+d_j)\left\{\Theta_3\left(\frac{\pi(x-u)}{2a}, e^{-\left(\frac{\pi}{a}\right)^2\eta_{xj}t}\right)+\Theta_3\left(\frac{\pi(x+u)}{2a}, e^{-\left(\frac{\pi}{a}\right)^2\eta_{xj}t}\right)\right\}\times \\
&\times\left\{\Theta_3\left(\frac{\pi(y-v)}{2b}, e^{-\left(\frac{\pi}{b}\right)^2\eta_{yj}t}\right)+\Theta_3\left(\frac{\pi(y+v)}{2b}, e^{-\left(\frac{\pi}{b}\right)^2\eta_{yj}t}\right)\right\}\times
\end{aligned}
$$

$$\times\left\{\Theta_3\left(\frac{\pi\left(z-d_j-w\right)}{2\left(d_{j+1}-d_j\right)},e^{-\left(\frac{\pi}{d_{j+1}-d_j}\right)^2\eta_{zj}t}\right)+\Theta_3\left(\frac{\pi\left(z-d_j+w\right)}{2\left(d_{j+1}-d_j\right)},e^{-\left(\frac{\pi}{d_{j+1}-d_j}\right)^2\eta_{zj}t}\right)\right\}dudvdw \qquad (11.5.5)$$

We employ, in the time domain, the interfacial boundary condition

$$\breve{\lambda}_j\psi_j\left(x,y,t\right)=\frac{4\breve{\lambda}_j}{ab}\sum_{n=0}^{\infty}\sum_{m=0}^{\infty}\ni_n\ni_m\overline{\overline{\psi}}_j\left(\xi_n,\xi_m,t\right)\cos\left(\xi_n x\right)\cos\left(\xi_m y\right)=p_{j-1}\left(x,y,d_j,t\right)-p_j\left(x,y,d_j,t\right)$$

Substituting for $p_j\left(x,y,d_j,t\right)$ and $p_{j-1}\left(x,y,d_j,t\right)$ from equation (11.5.4), we obtain a three-point inhomogeneous recurrence relationship of the interfacial flux functions:

$$\breve{\lambda}_j\sum_{n=0}^{\infty}\sum_{m=0}^{\infty}\overline{\overline{\psi}}_j\left(\xi_n,\xi_m,t\right)\ni_n\ni_m\cos\left(\xi_n x\right)\cos\left(\xi_m y\right)=$$

$$=\sum_{n=0}^{\infty}\sum_{m=0}^{\infty}\ni_n\ni_m\cos\left(\xi_n x\right)\cos\left(\xi_m y\right)\int_0^t\overline{\overline{\psi}}_j\left(\xi_n,\xi_m,\tau\right)\mathcal{A}_j\left(\xi_n,\xi_m,t-\tau\right)d\tau+$$

$$+\sum_{n=0}^{\infty}\sum_{m=0}^{\infty}\ni_n\ni_m\cos\left(\xi_n x\right)\cos\left(\xi_m y\right)\int_0^t\overline{\overline{\psi}}_{j+1}\left(\xi_n,\xi_m,\tau\right)\mathcal{B}_j\left(\xi_n,\xi_m,t-\tau\right)d\tau+$$

$$+\sum_{n=0}^{\infty}\sum_{m=0}^{\infty}\ni_n\ni_m\cos\left(\xi_n x\right)\cos\left(\xi_m y\right)\int_0^t\overline{\overline{\psi}}_{j-1}\left(\xi_n,\xi_m,\tau\right)\mathcal{C}_j\left(\xi_n,\xi_m,t-\tau\right)d\tau+\left(\frac{ab}{4}\right)\Omega_j\left(x,y,t\right) \qquad (11.5.6)$$

By use of the orthogonality of the cosine integral, equation (11.5.6) may be reduced to

$$\breve{\lambda}_j\overline{\overline{\psi}}_j\left(\xi_n,\xi_m,t\right)=\int_0^t\overline{\overline{\psi}}_j\left(\xi_n,\xi_m,\tau\right)\mathcal{A}_j\left(\xi_n,\xi_m,t-\tau\right)d\tau+\int_0^t\overline{\overline{\psi}}_{j+1}\left(\xi_n,\xi_m,\tau\right)\mathcal{B}_j\left(\xi_n,\xi_m,t-\tau\right)d\tau+$$

$$+\int_0^t\overline{\overline{\psi}}_{j-1}\left(\xi_n,\xi_m,\tau\right)\mathcal{C}_j\left(\xi_n,\xi_m,t-\tau\right)d\tau+\Omega_j^{cc}\left(\xi_n,\xi_m,t\right) \qquad (11.5.7)$$

The coefficients of the recurrence integral equation (11.5.7) for $d_j<z<d_{j+1}$, $\forall j=1,2,.....,\aleph-1$, are given by

$$\mathcal{A}_j\left(\xi_n,\xi_m,t\right)=g_j\left(\xi_n,\xi_m,t\right)+g_{j-1}\left(\xi_n,\xi_m,t\right)^* \qquad (11.5.8)$$

where

$$g_j\left(\xi_n,\xi_m,t\right)=-\frac{e^{-\left\{\xi_n^2\eta_{xj}+\xi_m^2\eta_{yj}\right\}t}}{\left(\phi c_t\right)_j\left(d_{j+1}-d_j\right)}\Theta_3\left(0,e^{-\left(\frac{\pi}{d_{j+1}-d_j}\right)^2\eta_{zj}t}\right)$$

$$\mathcal{B}_j\left(\xi_n,\xi_m,t\right)=\frac{e^{-\left\{\xi_n^2\eta_{xj}+\xi_m^2\eta_{yj}\right\}t}}{\left(\phi c_t\right)_j\left(d_{j+1}-d_j\right)}\Theta_4\left(0,e^{-\left(\frac{\pi}{d_{j+1}-d_j}\right)^2\eta_{zj}t}\right) \qquad (11.5.9)$$

$$\mathcal{C}_j\left(\xi_n,\xi_m,t\right)=\mathcal{B}_{j-1}\left(\xi_n,\xi_m,t\right) \qquad (11.5.10)$$

and

$$\Omega_j^{cc}\left(\xi_n,\xi_m,t\right)=\int_0^a\int_0^b\Omega_j\left(x,y,t\right)\cos\left(\xi_n x\right)\cos\left(\xi_m y\right)dydx \qquad (11.5.11)$$

$^*\Theta_3\left(\frac{\pi}{2},e^{-\beta t}\right)=\Theta_4\left(0,e^{-\beta t}\right)$ and $\Theta_3\left(0,e^{-\beta t}\right)=\Theta_4\left(\frac{\pi}{2},e^{-\beta t}\right)$.

where

$$\Omega_j(x,y,t) = \frac{U(t-t_{0j-1})}{8(\phi c_t)_{j-1}ab(d_j-d_{j-1})}\times$$

$$\times\int_0^{t-t_{0j-1}} q_{j-1}(t-t_{0j-1}-\tau)\left\{\Theta_3\left(\frac{\pi(x-x_{0j-1})}{2a}, e^{-\left(\frac{\pi}{a}\right)^2\eta_{xj-1}\tau}\right)+\right.$$

$$\left.+\Theta_3\left(\frac{\pi(x+x_{0j-1})}{2a}, e^{-\left(\frac{\pi}{a}\right)^2\eta_{xj-1}\tau}\right)\right\}\times$$

$$\times\left\{\Theta_3\left(\frac{\pi(y-y_{0j-1})}{2b}, e^{-\left(\frac{\pi}{b}\right)^2\eta_{yj-1}\tau}\right)+\Theta_3\left(\frac{\pi(y+y_{0j-1})}{2b}, e^{-\left(\frac{\pi}{b}\right)^2\eta_{yj-1}\tau}\right)\right\}\times$$

$$\times\left\{\Theta_3\left(\frac{\pi(d_j-z_{0j-1})}{2(d_j-d_{j-1})}, e^{-\left(\frac{\pi}{d_j-d_{j-1}}\right)^2\eta_{zj-1}\tau}\right)+\right.$$

$$\left.+\Theta_3\left(\frac{\pi(d_j+z_{0j-1}-2d_{j-1})}{2(d_j-d_{j-1})}, e^{-\left(\frac{\pi}{d_j-d_{j-1}}\right)^2\eta_{zj-1}\tau}\right)\right\}d\tau+$$

$$+\frac{4}{(\phi c_t)_{j-1}ab(d_j-d_{j-1})}\sum_{m=0}^{\infty}\sum_{l=0}^{\infty}\ni_m\ni_l(-1)^l\cos(\xi_m y)\times$$

$$\times\int_0^t\left\{\overline{\overline{\psi}}_{0yzj-1}(\xi_m,\xi_{lj-1},\tau)\,\Theta_3\left(\frac{\pi x}{2a}, e^{-\left(\frac{\pi}{a}\right)^2\eta_{xj-1}(t-\tau)}\right)-\right.$$

$$\left.-\overline{\overline{\psi}}_{ayzj-1}(\xi_m,\xi_{lj-1},\tau)\,\Theta_4\left(\frac{\pi x}{2a}, e^{-\left(\frac{\pi}{a}\right)^2\eta_{xj-1}(t-\tau)}\right)\right\}e^{-\left\{\xi_m^2\eta_{yj-1}+\xi_{lj-1}^2\eta_{zj-1}\right\}(t-\tau)}d\tau+$$

$$+\frac{4}{(\phi c_t)_{j-1}ab(d_j-d_{j-1})}\sum_{m=0}^{\infty}\sum_{l=0}^{\infty}\ni_n\ni_l(-1)^l\cos(\xi_n x)\times$$

$$\times\int_0^t\left\{\overline{\overline{\psi}}_{x0zj-1}(\xi_n,\xi_{lj-1},\tau)\,\Theta_3\left(\frac{\pi y}{2b}, e^{-\left(\frac{\pi}{b}\right)^2\eta_{yj-1}(t-\tau)}\right)-\right.$$

$$\left.-\overline{\overline{\psi}}_{xbzj-1}(\xi_n,\xi_{lj-1},\tau)\,\Theta_4\left(\frac{\pi y}{2b}, e^{-\left(\frac{\pi}{b}\right)^2\eta_{yj-1}(t-\tau)}\right)\right\}e^{-\left\{\xi_n^2\eta_{xj-1}+\xi_{lj-1}^2\eta_{zj-1}\right\}(t-\tau)}d\tau+$$

$$+\frac{1}{8ab(d_j-d_{j-1})}\int_0^{d_j-d_{j-1}}\int_0^b\int_0^a\varphi_j(u,v,w+d_{j-1})\left\{\Theta_3\left(\frac{\pi(x-u)}{2a}, e^{-\left(\frac{\pi}{a}\right)^2\eta_{xj-1}t}\right)+\right.$$

$$\left.+\Theta_3\left(\frac{\pi(x+u)}{2a}, e^{-\left(\frac{\pi}{a}\right)^2\eta_{xj-1}t}\right)\right\}\times$$

$$\times\left\{\Theta_3\left(\frac{\pi(y-v)}{2b}, e^{-\left(\frac{\pi}{b}\right)^2\eta_{yj-1}t}\right)+\Theta_3\left(\frac{\pi(y+v)}{2b}, e^{-\left(\frac{\pi}{b}\right)^2\eta_{yj-1}t}\right)\right\}\times$$

$$\times\left\{\Theta_3\left(\frac{\pi(d_j-d_{j-1}-w)}{2(d_j-d_{j-1})}, e^{-\left(\frac{\pi}{d_j-d_{j-1}}\right)^2\eta_{zj-1}t}\right)+\right.$$

$$\left.+\Theta_3\left(\frac{\pi(d_j-d_{j-1}+w)}{2(d_j-d_{j-1})}, e^{-\left(\frac{\pi}{d_j-d_{j-1}}\right)^2\eta_{zj-1}t}\right)\right\}dudvdw-$$

$$-\frac{U(t-t_{0j})}{4(\phi c_t)_j ab(d_{j+1}-d_j)}\int_0^{t-t_{0j}} q_j(t-t_{0j}-\tau)\left\{\Theta_3\left(\frac{\pi(x-x_{0j})}{2a}, e^{-\left(\frac{\pi}{a}\right)^2\eta_{xj}\tau}\right)+\right.$$

$$+\Theta_3\left(\frac{\pi(x+x_{0j})}{2a},e^{-\left(\frac{\pi}{a}\right)^2\eta_{xj}\tau}\right)\Big\}\Theta_3\left(\frac{\pi(d_j-z_{0j})}{2(d_{j+1}-d_j)},e^{-\left(\frac{\pi}{d_{j+1}-d_j}\right)^2\eta_{zj}\tau}\right)\times$$
$$\times\left\{\Theta_3\left(\frac{\pi(y-y_{0j})}{2b},e^{-\left(\frac{\pi}{b}\right)^2\eta_{yj}\tau}\right)+\Theta_3\left(\frac{\pi(y+y_{0j})}{2b},e^{-\left(\frac{\pi}{b}\right)^2\eta_{yj}\tau}\right)\right\}d\tau-$$
$$-\frac{4}{(\phi c_t)_j\,ab\,(d_{j+1}-d_j)}\sum_{m=0}^{\infty}\sum_{l=0}^{\infty}\ni_m\ni_l\cos(\xi_m y)\times$$
$$\times\int_0^t\left\{\overline{\overline{\psi}}_{0yzj}(\xi_m,\xi_{lj},\tau)\,\Theta_3\left(\frac{\pi x}{2a},e^{-\left(\frac{\pi}{a}\right)^2\eta_{xj}(t-\tau)}\right)-\overline{\overline{\psi}}_{ayzj}(\xi_m,\xi_{lj},\tau)\,\Theta_4\left(\frac{\pi x}{2a},e^{-\left(\frac{\pi}{a}\right)^2\eta_{xj}(t-\tau)}\right)\right\}\times$$
$$\times e^{-\left\{\xi_m^2\eta_{yj}+\xi_{lj}^2\eta_{zj}\right\}(t-\tau)}d\tau-$$
$$-\frac{4}{(\phi c_t)_j\,ab\,(d_{j+1}-d_j)}\sum_{m=0}^{\infty}\sum_{l=0}^{\infty}\ni_n\ni_l\cos(\xi_n x)\times$$
$$\times\int_0^t\left\{\overline{\overline{\psi}}_{x0zj}(\xi_n,\xi_{lj},\tau)\,\Theta_3\left(\frac{\pi y}{2b},e^{-\left(\frac{\pi}{b}\right)^2\eta_{yj}(t-\tau)}\right)-\overline{\overline{\psi}}_{xbzj}(\xi_n,\xi_{lj},\tau)\,\Theta_4\left(\frac{\pi y}{2b},e^{-\left(\frac{\pi}{b}\right)^2\eta_{yj}(t-\tau)}\right)\right\}\times$$
$$\times e^{-\left\{\xi_n^2\eta_{xj}+\xi_{lj}^2\eta_{zj}\right\}(t-\tau)}d\tau-$$
$$-\frac{1}{4ab\,(d_{j+1}-d_j)}\int_0^{d_{j+1}-d_j}\int_0^b\int_0^a\varphi_j(u,v,w+d_j)\Theta_3\left(\frac{\pi w}{2(d_{j+1}-d_j)},e^{-\left(\frac{\pi}{d_{j+1}-d_j}\right)^2\eta_{zj}t}\right)\times$$
$$\times\left\{\Theta_3\left(\frac{\pi(x-u)}{2a},e^{-\left(\frac{\pi}{a}\right)^2\eta_{xj}t}\right)+\Theta_3\left(\frac{\pi(x+u)}{2a},e^{-\left(\frac{\pi}{a}\right)^2\eta_{xj}t}\right)\right\}\times$$
$$\times\left\{\Theta_3\left(\frac{\pi(y-v)}{2b},e^{-\left(\frac{\pi}{b}\right)^2\eta_{yj}t}\right)+\Theta_3\left(\frac{\pi(y+v)}{2b},e^{-\left(\frac{\pi}{b}\right)^2\eta_{yj}t}\right)\right\}dudvdw^{*}\qquad(11.5.12)$$

Alternatively, substituting for $p_j(x,y,d_j,t)$ and $p_{j-1}(x,y,d_j,t)$ from equation (11.5.5) in

$$\breve{\lambda}_j\psi_j(x,y,t)=\{p_{j-1}(x,y,d_j,t)-p_j(x,y,d_j,t)\},\qquad\forall j=1,2,...,\aleph-1$$

we obtain a three-point integral equation recurrence relationship in time and space:

$$\breve{\lambda}_j\psi_j(x,y,t)=\int_0^t\int_0^a\int_0^b\mathcal{A}_j(x,u,y.v,t-\tau)\,\psi_j(u,v,\tau)dvdud\tau+\int_0^t\int_0^a\int_0^b\mathcal{B}_j(x,u,y,v,t-\tau)\,\psi_{j+1}(u,v,\tau)dvdud\tau+$$
$$+\int_0^t\int_0^a\int_0^b\mathcal{C}_j(x,u,y,v,t-\tau)\,\psi_{j-1}(u,v,\tau)dvdud\tau+\Omega_j(x,y,t)\qquad(11.5.13)$$

The coefficients of the recurrence integral equation (11.5.13) for $d_j<z<d_{j+1}$, $\forall j=1,2,.....,\aleph-1$, are given by

$$\mathcal{A}_j(x,u,y,v,t)=g_j(x,u,y,v,t)+g_{j-1}(x,u,y,v,t)\qquad(11.5.14)$$

where

$$g_j(x,u,y,v,t)\;=\;-\frac{\Theta_3\left(0,e^{-\left(\frac{\pi}{d_{j+1}-d_j}\right)^2\eta_{zj}(t-\tau)}\right)}{4(\phi c_t)_j\,ab\,(d_{j+1}-d_j)}\times$$

*ξ_{lj} is a positive root of $\sin\left\{\xi_{lj}(d_{j+1}-d_j)\right\}=0$, which are $\xi_{lj}=\frac{l\pi}{(d_{j+1}-d_j)}$ $l=1,2,3,.....$, and ξ_{lj-1} is a positive root of $\sin\left\{\xi_{lj-1}(d_j-d_{j-1})\right\}=0$, which are $\xi_{lj-1}=\frac{l\pi}{(d_j-d_{j-1})}$.

$$\times\left\{\Theta_3\left(\frac{\pi(x-u)}{2a},e^{-\left(\frac{\pi}{a}\right)^2\eta_{xj}(t-\tau)}\right)+\Theta_3\left(\frac{\pi(x+u)}{2a},e^{-\left(\frac{\pi}{a}\right)^2\eta_{xj}(t-\tau)}\right)\right\}\times$$
$$\times\left\{\Theta_3\left(\frac{\pi(y-v)}{2b},e^{-\left(\frac{\pi}{b}\right)^2\eta_{yj}(t-\tau)}\right)+\Theta_3\left(\frac{\pi(y+v)}{2b},e^{-\left(\frac{\pi}{b}\right)^2\eta_{yj}(t-\tau)}\right)\right\} \quad (11.5.15)$$

$$\mathcal{B}_j(x,u,y,v,t) = \frac{\Theta_4\left(0,e^{-\left(\frac{\pi}{d_{j+1}-d_j}\right)^2\eta_{zj}(t-\tau)}\right)}{4(\phi c_t)_j\,ab\,(d_{j+1}-d_j)}\times$$
$$\times\left\{\Theta_3\left(\frac{\pi(x-u)}{2a},e^{-\left(\frac{\pi}{a}\right)^2\eta_{xj}(t-\tau)}\right)+\Theta_3\left(\frac{\pi(x+u)}{2a},e^{-\left(\frac{\pi}{a}\right)^2\eta_{xj}(t-\tau)}\right)\right\}\times$$
$$\times\left\{\Theta_3\left(\frac{\pi(y-v)}{2b},e^{-\left(\frac{\pi}{b}\right)^2\eta_{yj}(t-\tau)}\right)+\Theta_3\left(\frac{\pi(y+v)}{2b},e^{-\left(\frac{\pi}{b}\right)^2\eta_{yj}(t-\tau)}\right)\right\} \quad (11.5.16)$$

and

$$\mathcal{C}_j(x,u,y,v,t) = \mathcal{B}_{j-1}(x,u,y,v,t) \quad (11.5.17)$$

$\Omega_j(x,y,t)$ in the recurrence integral equation (11.5.13) is given by

$$\Omega_j(x,y,t) = \frac{U(t-t_{0j-1})}{8(\phi c_t)_{j-1}\,ab\,(d_j-d_{j-1})}\times$$
$$\times\int_0^{t-t_{0j-1}} q_{j-1}(t-t_{0j-1}-\tau)\left\{\Theta_3\left(\frac{\pi(x-x_{0j-1})}{2a},e^{-\left(\frac{\pi}{a}\right)^2\eta_{xj-1}\tau}\right)+\Theta_3\left(\frac{\pi(x+x_{0j-1})}{2a},e^{-\left(\frac{\pi}{a}\right)^2\eta_{xj-1}\tau}\right)\right\}\times$$
$$\times\left\{\Theta_3\left(\frac{\pi(y-y_{0j-1})}{2b},e^{-\left(\frac{\pi}{b}\right)^2\eta_{yj-1}\tau}\right)+\Theta_3\left(\frac{\pi(y+y_{0j-1})}{2b},e^{-\left(\frac{\pi}{b}\right)^2\eta_{yj-1}\tau}\right)\right\}\times$$
$$\times\left\{\Theta_3\left(\frac{\pi(d_j-z_{0j-1})}{2(d_j-d_{j-1})},e^{-\left(\frac{\pi}{d_j-d_{j-1}}\right)^2\eta_{zj-1}\tau}\right)+\Theta_3\left(\frac{\pi(d_j+z_{0j-1}-2d_{j-1})}{2(d_j-d_{j-1})},e^{-\left(\frac{\pi}{d_j-d_{j-1}}\right)^2\eta_{zj-1}\tau}\right)\right\}d\tau+$$
$$+\frac{1}{4(\phi c_t)_{j-1}\,ab\,(d_j-d_{j-1})}\int_0^t\int_0^b\int_0^{(d_j-d_{j-1})}\left\{\psi_{0yzj-1}(v,w,\tau)\,\Theta_3\left(\frac{\pi x}{2a},e^{-\left(\frac{\pi}{a}\right)^2\eta_{xj-1}(t-\tau)}\right)-\right.$$
$$\left.-\psi_{ayzj-1}(v,w,\tau)\,\Theta_4\left(\frac{\pi x}{2a},e^{-\left(\frac{\pi}{a}\right)^2\eta_{xj-1}(t-\tau)}\right)\right\}\times$$
$$\times\left\{\Theta_3\left(\frac{\pi(y-v)}{2b},e^{-\left(\frac{\pi}{b}\right)^2\eta_{yj-1}(t-\tau)}\right)+\Theta_3\left(\frac{\pi(y+v)}{2b},e^{-\left(\frac{\pi}{b}\right)^2\eta_{yj-1}(t-\tau)}\right)\right\}\times$$
$$\times\left\{\Theta_3\left(\frac{\pi(d_j-d_{j-1}-w)}{2(d_j-d_{j-1})},e^{-\left(\frac{\pi}{d_j-d_{j-1}}\right)^2\eta_{zj-1}(t-\tau)}\right)+\right.$$
$$\left.+\Theta_3\left(\frac{\pi(d_j-d_{j-1}+w)}{2(d_j-d_{j-1})},e^{-\left(\frac{\pi}{d_j-d_{j-1}}\right)^2\eta_{zj-1}(t-\tau)}\right)\right\}dv\,dw\,d\tau+$$
$$+\frac{1}{4(\phi c_t)_{j-1}\,ab\,(d_j-d_{j-1})}\int_0^t\int_0^a\int_0^{d_j-d_{j-1}}\left\{\psi_{x0zj-1}(u,w,\tau)\,\Theta_3\left(\frac{\pi y}{2b},e^{-\left(\frac{\pi}{b}\right)^2\eta_{yj-1}(t-\tau)}\right)-\right.$$
$$\left.-\psi_{xbzj-1}(u,w,\tau)\,\Theta_4\left(\frac{\pi y}{2b},e^{-\left(\frac{\pi}{b}\right)^2\eta_{yj-1}(t-\tau)}\right)\right\}\times$$
$$\times\left\{\Theta_3\left(\frac{\pi(x-u)}{2a},e^{-\left(\frac{\pi}{a}\right)^2\eta_{xj-1}(t-\tau)}\right)+\Theta_3\left(\frac{\pi(x+u)}{2a},e^{-\left(\frac{\pi}{a}\right)^2\eta_{xj-1}(t-\tau)}\right)\right\}\times$$

$$\times\left\{\Theta_3\left(\frac{\pi\left(d_j-d_{j-1}-w\right)}{2\left(d_j-d_{j-1}\right)},e^{-\left(\frac{\pi}{d_j-d_{j-1}}\right)^2\eta_{zj-1}(t-\tau)}\right)+\right.$$

$$\left.+\Theta_3\left(\frac{\pi\left(d_j-d_{j-1}+w\right)}{2\left(d_j-d_{j-1}\right)},e^{-\left(\frac{\pi}{d_j-d_{j-1}}\right)^2\eta_{zj-1}(t-\tau)}\right)\right\}dudwd\tau+$$

$$+\frac{1}{8ab\left(d_j-d_{j-1}\right)}\times$$

$$\times\int_0^{d_j-d_{j-1}}\int_0^b\int_0^a\varphi_j\left(u,v,w+d_{j-1}\right)\left\{\Theta_3\left(\frac{\pi\left(x-u\right)}{2a},e^{-\left(\frac{\pi}{a}\right)^2\eta_{xj-1}t}\right)+\Theta_3\left(\frac{\pi\left(x+u\right)}{2a},e^{-\left(\frac{\pi}{a}\right)^2\eta_{xj-1}t}\right)\right\}\times$$

$$\times\left\{\Theta_3\left(\frac{\pi\left(y-v\right)}{2b},e^{-\left(\frac{\pi}{b}\right)^2\eta_{yj-1}t}\right)+\Theta_3\left(\frac{\pi\left(y+v\right)}{2b},e^{-\left(\frac{\pi}{b}\right)^2\eta_{yj-1}t}\right)\right\}\times$$

$$\times\left\{\Theta_3\left(\frac{\pi\left(d_j-d_{j-1}-w\right)}{2\left(d_j-d_{j-1}\right)},e^{-\left(\frac{\pi}{d_j-d_{j-1}}\right)^2\eta_{zj-1}t}\right)+\right.$$

$$\left.+\Theta_3\left(\frac{\pi\left(d_j-d_{j-1}+w\right)}{2\left(d_j-d_{j-1}\right)},e^{-\left(\frac{\pi}{d_{j+1}-d_j}\right)^2\eta_{zj-1}t}\right)\right\}dudvdw-$$

$$-\frac{U\left(t-t_{0j}\right)}{4\left(\phi c_t\right)_j ab\left(d_{j+1}-d_j\right)}\int_0^{t-t_{0j}}q_j(t-t_{0j}-\tau)\left\{\Theta_3\left(\frac{\pi\left(x-x_{0j}\right)}{2a},e^{-\left(\frac{\pi}{a}\right)^2\eta_{xj}\tau}\right)+\right.$$

$$\left.+\Theta_3\left(\frac{\pi\left(x+x_{0j}\right)}{2a},e^{-\left(\frac{\pi}{a}\right)^2\eta_{xj}\tau}\right)\right\}\Theta_3\left(\frac{\pi\left(d_j-z_{0j}\right)}{2\left(d_{j+1}-d_j\right)},e^{-\left(\frac{\pi}{d_{j+1}-d_j}\right)^2\eta_{zj}\tau}\right)\times$$

$$\times\left\{\Theta_3\left(\frac{\pi\left(y-y_{0j}\right)}{2b},e^{-\left(\frac{\pi}{b}\right)^2\eta_{yj}\tau}\right)+\Theta_3\left(\frac{\pi\left(y+y_{0j}\right)}{2b},e^{-\left(\frac{\pi}{b}\right)^2\eta_{yj}\tau}\right)\right\}d\tau-$$

$$-\frac{1}{2\left(\phi c_t\right)_j ab\left(d_{j+1}-d_j\right)}\int_0^t\int_0^b\int_0^{d_{j+1}-d_j}\left\{\psi_{0yzj}\left(v,w,\tau\right)\Theta_3\left(\frac{\pi x}{2a},e^{-\left(\frac{\pi}{a}\right)^2\eta_{xj}(t-\tau)}\right)-\right.$$

$$\left.-\psi_{ayzj}\left(v,w,\tau\right)\Theta_4\left(\frac{\pi x}{2a},e^{-\left(\frac{\pi}{a}\right)^2\eta_{xj}(t-\tau)}\right)\right\}\Theta_3\left(\frac{\pi w}{2\left(d_{j+1}-d_j\right)},e^{-\left(\frac{\pi}{d_{j+1}-d_j}\right)^2\eta_{zj}(t-\tau)}\right)\times$$

$$\times\left\{\Theta_3\left(\frac{\pi\left(y-v\right)}{2b},e^{-\left(\frac{\pi}{b}\right)^2\eta_{yj}(t-\tau)}\right)+\Theta_3\left(\frac{\pi\left(y+v\right)}{2b},e^{-\left(\frac{\pi}{b}\right)^2\eta_{yj}(t-\tau)}\right)\right\}dvdwd\tau-$$

$$-\frac{1}{2\left(\phi c_t\right)_j ab\left(d_{j+1}-d_j\right)}\int_0^t\int_0^a\int_0^{d_{j+1}-d_j}\left\{\psi_{x0zj}\left(u,w,\tau\right)\Theta_3\left(\frac{\pi y}{2b},e^{-\left(\frac{\pi}{b}\right)^2\eta_{yj}(t-\tau)}\right)-\right.$$

$$\left.-\psi_{xbzj}\left(u,w,\tau\right)\Theta_4\left(\frac{\pi y}{2b},e^{-\left(\frac{\pi}{b}\right)^2\eta_{yj}(t-\tau)}\right)\right\}\Theta_3\left(\frac{\pi w}{2\left(d_{j+1}-d_j\right)},e^{-\left(\frac{\pi}{d_{j+1}-d_j}\right)^2\eta_{zj}(t-\tau)}\right)\times$$

$$\times\left\{\Theta_3\left(\frac{\pi\left(x-u\right)}{2a},e^{-\left(\frac{\pi}{a}\right)^2\eta_{xj}(t-\tau)}\right)+\Theta_3\left(\frac{\pi\left(x+u\right)}{2a},e^{-\left(\frac{\pi}{a}\right)^2\eta_{xj}(t-\tau)}\right)\right\}dudwd\tau-$$

$$-\frac{1}{4ab\left(d_{j+1}-d_j\right)}\int_0^{d_{j+1}-d_j}\int_0^b\int_0^a\varphi_j\left(u,v,w+d_j\right)\Theta_3\left(\frac{\pi w}{2\left(d_{j+1}-d_j\right)},e^{-\left(\frac{\pi}{d_{j+1}-d_j}\right)^2\eta_{zj}t}\right)\times$$

$$\times\left\{\Theta_3\left(\frac{\pi\left(x-u\right)}{2a},e^{-\left(\frac{\pi}{a}\right)^2\eta_{xj}t}\right)+\Theta_3\left(\frac{\pi\left(x+u\right)}{2a},e^{-\left(\frac{\pi}{a}\right)^2\eta_{xj}t}\right)\right\}\times$$

$$\times\left\{\Theta_3\left(\frac{\pi(y-v)}{2b},e^{-\left(\frac{\pi}{b}\right)^2\eta_{yj}t}\right)+\Theta_3\left(\frac{\pi(y+v)}{2b},e^{-\left(\frac{\pi}{b}\right)^2\eta_{yj}t}\right)\right\}dudvdw \quad (11.5.18)$$

Special case of practical relevance

(i) A vertical line of finite length $[z_{02j}-z_{01j}]$ passing through (x_{0j},y_{0j})

$$\begin{aligned}p_j = {} & \frac{U(t-t_{0j})}{4(\phi c_t)_j ab}\int_0^{t-t_{0j}} q_j(t-t_{0j}-\tau)\left\{\Theta_3\left(\frac{\pi(x-x_{0j})}{2a},e^{-\left(\frac{\pi}{a}\right)^2\eta_{xj}\tau}\right)+\Theta_3\left(\frac{\pi(x+x_{0j})}{2a},e^{-\left(\frac{\pi}{a}\right)^2\eta_{xj}\tau}\right)\right\}\times \\ & \times\left\{\Theta_3\left(\frac{\pi(y-y_{0j})}{2b},e^{-\left(\frac{\pi}{b}\right)^2\eta_{yj}\tau}\right)+\Theta_3\left(\frac{\pi(y+y_{0j})}{2b},e^{-\left(\frac{\pi}{b}\right)^2\eta_{yj}\tau}\right)\right\}\times \\ & \times\left\{\Theta_3^{\int}\left(\frac{\pi(z-z_{01j})}{2(d_{j+1}-d_j)},e^{-\left(\frac{\pi}{d_{j+1}-d_j}\right)^2\eta_{zj}\tau}\right)-\Theta_3^{\int}\left(\frac{\pi(z+z_{01j}-2d_j)}{2(d_{j+1}-d_j)},e^{-\left(\frac{\pi}{d_{j+1}-d_j}\right)^2\eta_{zj}\tau}\right)-\right. \\ & \left.-\Theta_3^{\int}\left(\frac{\pi(z-z_{02j})}{2(d_{j+1}-d_j)},e^{-\left(\frac{\pi}{d_{j+1}-d_j}\right)^2\eta_{zj}\tau}\right)+\Theta_3^{\int}\left(\frac{\pi(z+z_{02j}-2d_j)}{2(d_{j+1}-d_j)},e^{-\left(\frac{\pi}{d_{j+1}-d_j}\right)^2\eta_{zj}\tau}\right)\right\}d\tau \quad (11.5.19)\end{aligned}$$

The coefficients of the recurrence integral equation (11.5.7), $\mathcal{A}_j(\xi_n,\xi_m,t-\tau)$, $\mathcal{B}_j(\xi_n,\xi_m,t-\tau)$, and $\mathcal{C}_j(\xi_n,\xi_m,t-\tau)$, are given by equations (11.5.8), (11.5.9) and (11.5.10), respectively. The coefficient $\Omega_j^{cc}(\xi_n,\xi_m,t)$ is given by equation (11.5.11), where $\Omega_j(x,y,t)$ now includes the terms corresponding to the continuous vertical line source. The source terms containing q_{j-1} and q_j in equation (11.5.12) should be replaced with that of the vertical line source, evaluated at $z=d_j$, from equation (11.5.19).*

The spatial average pressure response of the line $[z_{02j}-z_{01j}]$ is obtained by a further integration:

$$\begin{aligned}p_j = {} & \frac{U(t-t_{0j})(d_{j+1}-d_j)}{(\phi c_t)_j ab(z_{02j}-z_{01j})}\int_0^{t-t_{0j}} q_j(t-t_{0j}-\tau)\times \\ & \times\left\{\Theta_3\left(\frac{\pi(x-x_{0j})}{2a},e^{-\left(\frac{\pi}{a}\right)^2\eta_{xj}\tau}\right)+\Theta_3\left(\frac{\pi(x+x_{0j})}{2a},e^{-\left(\frac{\pi}{a}\right)^2\eta_{xj}\tau}\right)\right\}\times \\ & \times\left\{\Theta_3\left(\frac{\pi(y-y_{0j})}{2b},e^{-\left(\frac{\pi}{b}\right)^2\eta_{yj}\tau}\right)+\Theta_3\left(\frac{\pi(y+y_{0j})}{2b},e^{-\left(\frac{\pi}{b}\right)^2\eta_{yj}\tau}\right)\right\}\times \\ & \times\left\{\Theta_3^{\int\int}\left(\frac{\pi(z_{02j}-z_{01j})}{2(d_{j+1}-d_j)},e^{-\left(\frac{\pi}{d_{j+1}-d_j}\right)^2\eta_{zj}\tau}\right)-\Theta_3^{\int\int}\left(\frac{\pi(z_{02j}+z_{01j}-2d_j)}{2(d_{j+1}-d_j)},e^{-\left(\frac{\pi}{d_{j+1}-d_j}\right)^2\eta_{zj}\tau}\right)+\right. \\ & \left.+\frac{1}{2}\Theta_3^{\int\int}\left(\frac{\pi(z_{01j}-d_j)}{(d_{j+1}-d_j)},e^{-\left(\frac{\pi}{d_{j+1}-d_j}\right)^2\eta_{zj}\tau}\right)+\frac{1}{2}\Theta_3^{\int\int}\left(\frac{\pi(z_{02j}-d_j)}{(d_{j+1}-d_j)},e^{-\left(\frac{\pi}{d_{j+1}-d_j}\right)^2\eta_{zj}\tau}\right)\right\}d\tau+ \\ & +\frac{8}{(\phi c_t)_j ab(z_{02j}-z_{01j})}\sum_{n=0}^{\infty}\sum_{m=0}^{\infty}\ni_m\ni_n\cos(\xi_n x)\cos(\xi_m y)\times \\ & \times\int_0^t\left[\overline{\overline{\psi}}_j(\xi_n,\xi_m,\tau)\left\{\Theta_3^{\int}\left(\frac{\pi(z_{02j}-d_j)}{2(d_{j+1}-d_j)},e^{-\left(\frac{\pi}{d_{j+1}-d_j}\right)^2\eta_{zj}(t-\tau)}\right)-\right.\right. \\ & \left.-\Theta_3^{\int}\left(\frac{\pi(z_{01j}-d_j)}{2(d_{j+1}-d_j)},e^{-\left(\frac{\pi}{d_{j+1}-d_j}\right)^2\eta_{zj}(t-\tau)}\right)\right\}-\end{aligned}$$

*An equivalent procedure would be to use the recurrence integral equation (11.5.13). In this case, the coefficients $\mathcal{A}_j(x,u,y.v,t-\tau)$, $\mathcal{B}_j(x,u,y.v,t-\tau)$ and $\mathcal{C}_j(x,u,y.v,t-\tau)$ are given by equations (11.5.14), (11.5.16) and (11.5.17). The source terms containing q_{j-1} and q_j in equation (11.5.18) should be replaced with that of the vertical line source, evaluated at $z=d_j$, from equation (11.5.19).

$$-\overline{\overline{\psi}}_{j+1}(\xi_n,\xi_m,\tau)\left\{\Theta_4^{\int}\left(\frac{\pi(z_{02j}-d_j)}{2(d_{j+1}-d_j)},e^{-\left(\frac{\pi}{d_{j+1}-d_j}\right)^2\eta_{zj}(t-\tau)}\right)-\right.$$

$$\left.\left.-\Theta_4^{\int}\left(\frac{\pi(z_{01j}-d_j)}{2(d_{j+1}-d_j)},e^{-\left(\frac{\pi}{d_{j+1}-d_j}\right)^2\eta_{zj}(t-\tau)}\right)\right\}\right]e^{-\left\{\xi_n^2\eta_{xj}+\xi_m^2\eta_{yj}\right\}(t-\tau)}d\tau+$$

$$+\frac{4}{\pi(\phi c_t)_j\,ab\,(z_{02j}-z_{01j})}\times$$

$$\times\sum_{m=0}^{\infty}\sum_{l=0}^{\infty}\frac{\ni_m\ni_l}{l}\cos(\xi_m y)\left[\sin\{\xi_{lj}(z_{02j}-d_j)\}-\sin\{\xi_{lj}(z_{01j}-d_j)\}\right]\times$$

$$\times\int_0^t\left\{\overline{\overline{\psi}}_{0yzj}(\xi_m,\xi_{lj},\tau)\,\Theta_3\left(\frac{\pi x}{2a},e^{-\left(\frac{\pi}{a}\right)^2\eta_{xj}(t-\tau)}\right)-\overline{\overline{\psi}}_{ayzj}(\xi_m,\xi_{lj},\tau)\,\Theta_4\left(\frac{\pi x}{2a},e^{-\left(\frac{\pi}{a}\right)^2\eta_{xj}(t-\tau)}\right)\right\}\times$$

$$\times e^{-\left\{\xi_m^2\eta_{yj}+\xi_{lj}^2\eta_{zj}\right\}(t-\tau)}d\tau+$$

$$+\frac{4}{\pi(\phi c_t)_j\,ab\,(z_{02j}-z_{01j})}\times$$

$$\times\sum_{m=0}^{\infty}\sum_{l=0}^{\infty}\frac{\ni_n\ni_l}{l}\cos(\xi_n x)\left[\sin\{\xi_{lj}(z_{02j}-d_j)\}-\sin\{\xi_{lj}(z_{01j}-d_j)\}\right]\times$$

$$\times\int_0^t\left\{\overline{\overline{\psi}}_{x0zj}(\xi_n,\xi_{lj},\tau)\,\Theta_3\left(\frac{\pi y}{2b},e^{-\left(\frac{\pi}{b}\right)^2\eta_{yj}(t-\tau)}\right)-\overline{\overline{\psi}}_{xbzj}(\xi_n,\xi_{lj},\tau)\,\Theta_4\left(\frac{\pi y}{2b},e^{-\left(\frac{\pi}{b}\right)^2\eta_{yj}(t-\tau)}\right)\right\}\times$$

$$e^{-\left\{\xi_n^2\eta_{xj}+\xi_{lj}^2\eta_{zj}\right\}(t-\tau)}d\tau+$$

$$+\frac{1}{4ab(z_{02j}-z_{01j})}\times$$

$$\times\int_0^{d_{j+1}-d_j}\int_0^b\int_0^a\varphi_j(u,v,w+d_j)\left\{\Theta_3\left(\frac{\pi(x-u)}{2a},e^{-\left(\frac{\pi}{a}\right)^2\eta_{xj}t}\right)+\Theta_3\left(\frac{\pi(x+u)}{2a},e^{-\left(\frac{\pi}{a}\right)^2\eta_{xj}t}\right)\right\}\times$$

$$\times\left\{\Theta_3\left(\frac{\pi(y-v)}{2b},e^{-\left(\frac{\pi}{b}\right)^2\eta_{yj}t}\right)+\Theta_3\left(\frac{\pi(y+v)}{2b},e^{-\left(\frac{\pi}{b}\right)^2\eta_{yj}t}\right)\right\}\times$$

$$\times\left\{\Theta_3^{\int}\left(\frac{\pi(z_{02j}-d_j-w)}{2(d_{j+1}-d_j)},e^{-\left(\frac{\pi}{d_{j+1}-d_j}\right)^2\eta_{zj}(t-\tau)}\right)-\Theta_3^{\int}\left(\frac{\pi(z_{01j}-d_j-w)}{2(d_{j+1}-d_j)},e^{-\left(\frac{\pi}{d_{j+1}-d_j}\right)^2\eta_{zj}(t-\tau)}\right)+\right.$$

$$\left.+\Theta_3^{\int}\left(\frac{\pi(z_{02j}-d_j+w)}{2(d_{j+1}-d_j)},e^{-\left(\frac{\pi}{d_{j+1}-d_j}\right)^2\eta_{zj}(t-\tau)}\right)-\Theta_3^{\int}\left(\frac{\pi(z_{01j}-d_j+w)}{2(d_{j+1}-d_j)},e^{-\left(\frac{\pi}{d_{j+1}-d_j}\right)^2\eta_{zj}(t-\tau)}\right)\right\}dv\,dw\,d\tau \tag{11.5.20}$$

or

$$p_j=\frac{U(t-t_{0j})(d_{j+1}-d_j)}{(\phi c_t)_j\,ab\,(z_{02j}-z_{01j})}\int_0^{t-t_{0j}}q_j(t-t_{0j}-\tau)\times$$

$$\times\left\{\Theta_3\left(\frac{\pi(x-x_{0j})}{2a},e^{-\left(\frac{\pi}{a}\right)^2\eta_{xj}\tau}\right)+\Theta_3\left(\frac{\pi(x+x_{0j})}{2a},e^{-\left(\frac{\pi}{a}\right)^2\eta_{xj}\tau}\right)\right\}\times$$

$$\times\left\{\Theta_3\left(\frac{\pi(y-y_{0j})}{2b},e^{-\left(\frac{\pi}{b}\right)^2\eta_{yj}\tau}\right)+\Theta_3\left(\frac{\pi(y+y_{0j})}{2b},e^{-\left(\frac{\pi}{b}\right)^2\eta_{yj}\tau}\right)\right\}\times$$

$$\times\left\{\Theta_3^{\int\int}\left(\frac{\pi(z_{02j}-z_{01j})}{2(d_{j+1}-d_j)},e^{-\left(\frac{\pi}{d_{j+1}-d_j}\right)^2\eta_{zj}\tau}\right)-\Theta_3^{\int\int}\left(\frac{\pi(z_{02j}+z_{01j}-2d_j)}{2(d_{j+1}-d_j)},e^{-\left(\frac{\pi}{d_{j+1}-d_j}\right)^2\eta_{zj}\tau}\right)+\right.$$

$$+\frac{1}{2}\Theta_3^{\int\int}\left(\frac{\pi(z_{01j}-d_j)}{(d_{j+1}-d_j)},e^{-\left(\frac{\pi}{d_{j+1}-d_j}\right)^2\eta_{zj}\tau}\right)+\frac{1}{2}\Theta_3^{\int\int}\left(\frac{\pi(z_{02j}-d_j)}{(d_{j+1}-d_j)},e^{-\left(\frac{\pi}{d_{j+1}-d_j}\right)^2\eta_{zj}\tau}\right)\Bigg\}d\tau+$$

$$+\frac{1}{2(\phi c_t)_j\,ab\,(z_{02j}-z_{01j})}\int_0^t\int_0^a\int_0^b\Bigg[\psi_j(u,v,\tau)\Bigg\{\Theta_3^{\int}\left(\frac{\pi(z_{02j}-d_j)}{2(d_{j+1}-d_j)},e^{-\left(\frac{\pi}{d_{j+1}-d_j}\right)^2\eta_{zj}(t-\tau)}\right)-$$

$$-\Theta_3^{\int}\left(\frac{\pi(z_{01j}-d_j)}{2(d_{j+1}-d_j)},e^{-\left(\frac{\pi}{d_{j+1}-d_j}\right)^2\eta_{zj}(t-\tau)}\right)\Bigg\}-$$

$$-\psi_{j+1}(u,v,\tau)\Bigg\{\Theta_4^{\int}\left(\frac{\pi(z_{02j}-d_j)}{2(d_{j+1}-d_j)},e^{-\left(\frac{\pi}{d_{j+1}-d_j}\right)^2\eta_{zj}(t-\tau)}\right)-$$

$$-\Theta_4^{\int}\left(\frac{\pi(z_{01j}-d_j)}{2(d_{j+1}-d_j)},e^{-\left(\frac{\pi}{d_{j+1}-d_j}\right)^2\eta_{zj}(t-\tau)}\right)\Bigg\}\Bigg]\times$$

$$\times\left\{\Theta_3\left(\frac{\pi(x-u)}{2a},e^{-\left(\frac{\pi}{a}\right)^2\eta_{xj}(t-\tau)}\right)+\Theta_3\left(\frac{\pi(x+u)}{2a},e^{-\left(\frac{\pi}{a}\right)^2\eta_{xj}(t-\tau)}\right)\right\}\times$$

$$\times\left\{\Theta_3\left(\frac{\pi(y-v)}{2b},e^{-\left(\frac{\pi}{b}\right)^2\eta_{yj}(t-\tau)}\right)+\Theta_3\left(\frac{\pi(y+v)}{2b},e^{-\left(\frac{\pi}{b}\right)^2\eta_{yj}(t-\tau)}\right)\right\}dudvd\tau+$$

$$+\frac{1}{2(\phi c_t)_j\,ab\,(z_{02j}-z_{01j})}\times$$

$$\times\int_0^t\int_0^b\int_0^{d_{j+1}-d_j}\left\{\psi_{0yzj}(v,w,\tau)\Theta_3\left(\frac{\pi x}{2a},e^{-\left(\frac{\pi}{a}\right)^2\eta_{xj}(t-\tau)}\right)-\psi_{ayzj}(v,w,\tau)\Theta_4\left(\frac{\pi x}{2a},e^{-\left(\frac{\pi}{a}\right)^2\eta_{xj}(t-\tau)}\right)\right\}\times$$

$$\times\left\{\Theta_3\left(\frac{\pi(y-v)}{2b},e^{-\left(\frac{\pi}{b}\right)^2\eta_{yj}(t-\tau)}\right)+\Theta_3\left(\frac{\pi(y+v)}{2b},e^{-\left(\frac{\pi}{b}\right)^2\eta_{yj}(t-\tau)}\right)\right\}\times$$

$$\times\Bigg\{\Theta_3^{\int}\left(\frac{\pi(z_{02j}-d_j-w)}{2(d_{j+1}-d_j)},e^{-\left(\frac{\pi}{d_{j+1}-d_j}\right)^2\eta_{zj}(t-\tau)}\right)-\Theta_3^{\int}\left(\frac{\pi(z_{01j}-d_j-w)}{2(d_{j+1}-d_j)},e^{-\left(\frac{\pi}{d_{j+1}-d_j}\right)^2\eta_{zj}(t-\tau)}\right)+$$

$$+\Theta_3^{\int}\left(\frac{\pi(z_{02j}-d_j+w)}{2(d_{j+1}-d_j)},e^{-\left(\frac{\pi}{d_{j+1}-d_j}\right)^2\eta_{zj}(t-\tau)}\right)-\Theta_3^{\int}\left(\frac{\pi(z_{01j}-d_j+w)}{2(d_{j+1}-d_j)},e^{-\left(\frac{\pi}{d_{j+1}-d_j}\right)^2\eta_{zj}(t-\tau)}\right)\Bigg\}dvdwd\tau+$$

$$+\frac{1}{2(\phi c_t)_j\,ab\,(z_{02j}-z_{01j})}\times$$

$$\times\int_0^t\int_0^a\int_0^{d_{j+1}-d_j}\left\{\psi_{x0zj}(u,w,\tau)\Theta_3\left(\frac{\pi y}{2b},e^{-\left(\frac{\pi}{b}\right)^2\eta_{yj}(t-\tau)}\right)-\psi_{xbzj}(u,w,\tau)\Theta_4\left(\frac{\pi y}{2b},e^{-\left(\frac{\pi}{b}\right)^2\eta_{yj}(t-\tau)}\right)\right\}\times$$

$$\times\left\{\Theta_3\left(\frac{\pi(x-u)}{2a},e^{-\left(\frac{\pi}{a}\right)^2\eta_{xj}(t-\tau)}\right)+\Theta_3\left(\frac{\pi(x+u)}{2a},e^{-\left(\frac{\pi}{a}\right)^2\eta_{xj}(t-\tau)}\right)\right\}\times$$

$$\times\Bigg\{\Theta_3^{\int}\left(\frac{\pi(z_{02j}-d_j-w)}{2(d_{j+1}-d_j)},e^{-\left(\frac{\pi}{d_{j+1}-d_j}\right)^2\eta_{zj}(t-\tau)}\right)-\Theta_3^{\int}\left(\frac{\pi(z_{01j}-d_j-w)}{2(d_{j+1}-d_j)},e^{-\left(\frac{\pi}{d_{j+1}-d_j}\right)^2\eta_{zj}(t-\tau)}\right)+$$

$$+\Theta_3^{\int}\left(\frac{\pi(z_{02j}-d_j+w)}{2(d_{j+1}-d_j)},e^{-\left(\frac{\pi}{d_{j+1}-d_j}\right)^2\eta_{zj}(t-\tau)}\right)-\Theta_3^{\int}\left(\frac{\pi(z_{01j}-d_j+w)}{2(d_{j+1}-d_j)},e^{-\left(\frac{\pi}{d_{j+1}-d_j}\right)^2\eta_{zj}(t-\tau)}\right)\Bigg\}dudwd\tau+$$

$$+\frac{1}{4ab(z_{02j}-z_{01j})}\times$$

$$\times \int_0^{d_{j+1}-d_j}\int_0^b\int_0^a \varphi_j(u,v,w+d_j)\left\{\Theta_3\left(\frac{\pi(x-u)}{2a},e^{-\left(\frac{\pi}{a}\right)^2\eta_{xj}t}\right)+\Theta_3\left(\frac{\pi(x+u)}{2a},e^{-\left(\frac{\pi}{a}\right)^2\eta_{xj}t}\right)\right\}\times$$
$$\times\left\{\Theta_3\left(\frac{\pi(y-v)}{2b},e^{-\left(\frac{\pi}{b}\right)^2\eta_{yj}t}\right)+\Theta_3\left(\frac{\pi(y+v)}{2b},e^{-\left(\frac{\pi}{b}\right)^2\eta_{yj}t}\right)\right\}\times$$
$$\times\left\{\Theta_3^{\int}\left(\frac{\pi(z_{02j}-d_j-w)}{2(d_{j+1}-d_j)},e^{-\left(\frac{\pi}{d_{j+1}-d_j}\right)^2\eta_{zj}t}\right)-\Theta_3^{\int}\left(\frac{\pi(z_{01j}-d_j-w)}{2(d_{j+1}-d_j)},e^{-\left(\frac{\pi}{d_{j+1}-d_j}\right)^2\eta_{zj}t}\right)+\right.$$
$$\left.+\Theta_3^{\int}\left(\frac{\pi(z_{02j}-d_j+w)}{2(d_{j+1}-d_j)},e^{-\left(\frac{\pi}{d_{j+1}-d_j}\right)^2\eta_{zj}t}\right)-\Theta_3^{\int}\left(\frac{\pi(z_{01j}-d_j+w)}{2(d_{j+1}-d_j)},e^{-\left(\frac{\pi}{d_{j+1}-d_j}\right)^2\eta_{zj}t}\right)\right\}dudvdw \quad (11.5.21)$$

(ii) A horizontal line of finite length $[x_{02j}-x_{01j}]$ passing through (y_{0j},z_{0j})

The continuous source solutions are obtained by replacing the source term in equation (11.5.4) (or (11.5.5)) with

$$p_j = \frac{U(t-t_{0j})}{4(\phi c_t)_j\, b(d_{j+1}-d_j)}\int_0^{t-t_{0j}} q_j(t-t_{0j}-\tau)\left\{\Theta_3\left(\frac{\pi(y-y_{0j})}{2b},e^{-\left(\frac{\pi}{b}\right)^2\eta_{yj}\tau}\right)+\Theta_3\left(\frac{\pi(y+y_{0j})}{2b},e^{-\left(\frac{\pi}{b}\right)^2\eta_{yj}\tau}\right)\right\}\times$$
$$\times\left\{\Theta_3\left(\frac{\pi(z-z_{0j})}{2(d_{j+1}-d_j)},e^{-\left(\frac{\pi}{d_{j+1}-d_j}\right)^2\eta_{zj}\tau}\right)+\Theta_3\left(\frac{\pi(z+z_{0j}-2d_j)}{2(d_{j+1}-d_j)},e^{-\left(\frac{\pi}{d_{j+1}-d_j}\right)^2\eta_{zj}\tau}\right)\right\}\times$$
$$\times\left\{\Theta_3^{\int}\left(\frac{\pi(x-x_{01j})}{2a},e^{-\left(\frac{\pi}{a}\right)^2\eta_{xj}\tau}\right)-\Theta_3^{\int}\left(\frac{\pi(x+x_{01j})}{2a},e^{-\left(\frac{\pi}{a}\right)^2\eta_{xj}\tau}\right)-\right.$$
$$\left.-\Theta_3^{\int}\left(\frac{\pi(x-x_{02j})}{2a},e^{-\left(\frac{\pi}{a}\right)^2\eta_{xj}\tau}\right)+\Theta_3^{\int}\left(\frac{\pi(x+x_{02j})}{2a},e^{-\left(\frac{\pi}{a}\right)^2\eta_{xj}\tau}\right)\right\}d\tau \quad (11.5.22)$$

The coefficients of the recurrence integral equation (11.5.7), $\mathcal{A}_j(\xi_n,\xi_m,t-\tau)$, $\mathcal{B}_j(\xi_n,\xi_m,t-\tau)$, and $\mathcal{C}_j(\xi_n,\xi_m,t-\tau)$, are given by equations (11.5.8), (11.5.9) and (11.5.10), respectively. The coefficient $\Omega_j^{cc}(x,y,t)$ is given by equation (11.5.11), where $\Omega_j(x,y,t)$ now includes the terms corresponding to the continuous horizontal line source. The source terms containing q_{j-1} and q_j in equation (11.5.12) should be replaced with that of the horizontal line source, evaluated at $z=d_j$, from equation (11.5.22).

The spatial average pressure response of the line $[x_{02j}-x_{01j}]$ is obtained by a further integration:

$$p_j = \frac{U(t-t_{0j})\,a}{(\phi c_t)_j\, b(d_{j+1}-d_j)(x_{02j}-x_{01j})}\int_0^{t-t_{0j}} q_j(t-t_{0j}-\tau)\times$$
$$\times\left\{\Theta_3^{\int\int}\left(\frac{\pi(x_{02j}-x_{01j})}{2a},e^{-\left(\frac{\pi}{a}\right)^2\eta_{xj}\tau}\right)-\Theta_3^{\int\int}\left(\frac{\pi(x_{02j}+x_{01j})}{2a},e^{-\left(\frac{\pi}{a}\right)^2\eta_{xj}\tau}\right)+\right.$$
$$\left.+\frac{1}{2}\Theta_3^{\int\int}\left(\frac{\pi x_{01j}}{a},e^{-\left(\frac{\pi}{a}\right)^2\eta_{xj}\tau}\right)+\frac{1}{2}\Theta_3^{\int\int}\left(\frac{\pi x_{02j}}{a},e^{-\left(\frac{\pi}{a}\right)^2\eta_{xj}\tau}\right)\right\}\times$$
$$\times\left\{\Theta_3\left(\frac{\pi(y-y_{0j})}{2b},e^{-\left(\frac{\pi}{b}\right)^2\eta_{yj}\tau}\right)+\Theta_3\left(\frac{\pi(y+y_{0j})}{2b},e^{-\left(\frac{\pi}{b}\right)^2\eta_{yj}\tau}\right)\right\}\times$$
$$\times\left\{\Theta_3\left(\frac{\pi(z-z_{0j})}{2(d_{j+1}-d_j)},e^{-\left(\frac{\pi}{d_{j+1}-d_j}\right)^2\eta_{zj}\tau}\right)+\Theta_3\left(\frac{\pi(z+z_{0j}-2d_j)}{2(d_{j+1}-d_j)},e^{-\left(\frac{\pi}{d_{j+1}-d_j}\right)^2\eta_{zj}\tau}\right)\right\}d\tau+$$
$$+\frac{4}{\pi b(d_{j+1}-d_j)(\phi c_t)_j(x_{02j}-x_{01j})}\sum_{n=0}^{\infty}\sum_{m=0}^{\infty}\frac{\ni_n\ni_m}{n}\cos(\xi_m y)\{\sin(\xi_n x_{02j})-\sin(\xi_n x_{01j})\}\times$$
$$\times\int_0^t\left\{\overline{\overline{\psi}}_j(\xi_n,\xi_m,\tau)\Theta_3\left(\frac{\pi(z-d_j)}{2(d_{j+1}-d_j)},e^{-\left(\frac{\pi}{d_{j+1}-d_j}\right)^2\eta_{zj}(t-\tau)}\right)-\right.$$

$$-\overline{\overline{\psi}}_{j+1}(\xi_n,\xi_m,\tau)\Theta_4\left(\frac{\pi(z-d_j)}{2(d_{j+1}-d_j)},e^{-\left(\frac{\pi}{d_{j+1}-d_j}\right)^2\eta_{zj}(t-\tau)}\right)\Bigg\}\times$$
$$\times e^{-\left\{\xi_m^2\eta_{yj}+\xi_n^2\eta_{xj}\right\}(t-\tau)}d\tau+$$
$$+\frac{4}{\pi b(d_{j+1}-d_j)(\phi c_t)_j(x_{02j}-x_{01j})}\sum_{n=0}^{\infty}\sum_{l=0}^{\infty}\frac{\ni_n\ni_l}{n}\cos\{\xi_{lj}(z-d_j)\}\{\sin(\xi_n x_{02})-\sin(\xi_n x_{01})\}\times$$
$$\times\int_0^t\left\{\overline{\overline{\psi}}_{x0zj}(\xi_n,\xi_{lj},\tau)\Theta_3\left(\frac{\pi y}{2b},e^{-\left(\frac{\pi}{b}\right)^2\eta_{yj}(t-\tau)}\right)-\overline{\overline{\psi}}_{xbzj}(\xi_n,\xi_{lj},\tau)\Theta_4\left(\frac{\pi y}{2b},e^{-\left(\frac{\pi}{b}\right)^2\eta_{yj}(t-\tau)}\right)\right\}\times$$
$$\times e^{\left\{\xi_n^2\eta_{xj}+\xi_{lj}^2\eta_{zj}\right\}(t-\tau)}d\tau+$$
$$+\frac{8}{b(d_{j+1}-d_j)(\phi c_t)_j(x_{02j}-x_{01j})}\sum_{m=0}^{\infty}\sum_{l=0}^{\infty}\ni_m\ni_l\cos\{\xi_{lj}(z-d_j)\}\cos(\xi_m y)\times$$
$$\times\int_0^t\left[\overline{\overline{\psi}}_{0yzj}(\xi_m,\xi_{lj},\tau)\left\{\Theta_3^{\int}\left(\frac{\pi x_{02j}}{2a},e^{-\left(\frac{\pi}{a}\right)^2\eta_{xj}(t-\tau)}\right)-\Theta_3^{\int}\left(\frac{\pi x_{01j}}{2a},e^{-\left(\frac{\pi}{a}\right)^2\eta_{xj}(t-\tau)}\right)\right\}-\right.$$
$$\left.-\overline{\overline{\psi}}_{ayzj}(\xi_m,\xi_{lj},\tau)\left\{\Theta_4^{\int}\left(\frac{\pi x_{02j}}{2a},e^{-\left(\frac{\pi}{a}\right)^2\eta_{xj}(t-\tau)}\right)\right\}-\Theta_4^{\int}\left(\frac{\pi x_{01j}}{2a},e^{-\left(\frac{\pi}{a}\right)^2\eta_{xj}(t-\tau)}\right)\right]\times$$
$$\times e^{-\left\{\xi_{lj}^2\eta_{zj}+\xi_m^2\eta_{yj}\right\}(t-\tau)}d\tau+$$
$$+\frac{1}{4b(d_{j+1}-d_j)(x_{02j}-x_{01j})}\int_0^{d_{j+1}-d_j}\int_0^b\int_0^a\varphi_j(u,v,w+d_j)\left\{\Theta_3\left(\frac{\pi(z-d_j-w)}{2(d_{j+1}-d_j)},e^{-\left(\frac{\pi}{d_{j+1}-d_j}\right)^2\eta_{zj}t}\right)+\right.$$
$$\left.+\Theta_3\left(\frac{\pi(z-d_j+w)}{2(d_{j+1}-d_j)},e^{-\left(\frac{\pi}{d_{j+1}-d_j}\right)^2\eta_{zj}t}\right)\right\}\times$$
$$\times\left\{\Theta_3\left(\frac{\pi}{2b}(y-v),e^{-\left(\frac{\pi}{b}\right)^2\eta_{yj}t}\right)+\Theta_3\left(\frac{\pi}{2b}(y+v),e^{-\left(\frac{\pi}{b}\right)^2\eta_{yj}t}\right)\right\}\times$$
$$\times\left\{\Theta_3^{\int}\left(\frac{\pi}{2a}(x_{02j}-u),e^{-\left(\frac{\pi}{a}\right)^2\eta_{xj}t}\right)-\Theta_3^{\int}\left(\frac{\pi}{2a}(x_{01j}-u),e^{-\left(\frac{\pi}{a}\right)^2\eta_{xj}t}\right)+\right.$$
$$\left.+\Theta_3^{\int}\left(\frac{\pi}{2a}(x_{02j}+u),e^{-\left(\frac{\pi}{a}\right)^2\eta_{xj}t}\right)-\Theta_3^{\int}\left(\frac{\pi}{2a}(x_{01j}+u),e^{-\left(\frac{\pi}{a}\right)^2\eta_{xj}t}\right)\right\}dudvdw \qquad (11.5.23)$$

or

$$p_j=\frac{U(t-t_{0j})a}{(\phi c_t)_j b(d_{j+1}-d_j)(x_{02j}-x_{01j})}\int_0^{t-t_{0j}}q_j(t-t_{0j}-\tau)\times$$
$$\times\left\{\Theta_3^{\int\int}\left(\frac{\pi(x_{02j}-x_{01j})}{2a},e^{-\left(\frac{\pi}{a}\right)^2\eta_{xj}\tau}\right)-\Theta_3^{\int\int}\left(\frac{\pi(x_{02j}+x_{01j})}{2a},e^{-\left(\frac{\pi}{a}\right)^2\eta_{xj}\tau}\right)+\right.$$
$$\left.+\frac{1}{2}\Theta_3^{\int\int}\left(\frac{\pi x_{01j}}{a},e^{-\left(\frac{\pi}{a}\right)^2\eta_{xj}\tau}\right)+\frac{1}{2}\Theta_3^{\int\int}\left(\frac{\pi x_{02j}}{a},e^{-\left(\frac{\pi}{a}\right)^2\eta_{xj}\tau}\right)\right\}\times$$
$$\times\left\{\Theta_3\left(\frac{\pi(y-y_{0j})}{2b},e^{-\left(\frac{\pi}{b}\right)^2\eta_{yj}\tau}\right)+\Theta_3\left(\frac{\pi(y+y_{0j})}{2b},e^{-\left(\frac{\pi}{b}\right)^2\eta_{yj}\tau}\right)\right\}\times$$
$$\times\left\{\Theta_3\left(\frac{\pi(z-z_{0j})}{2(d_{j+1}-d_j)},e^{-\left(\frac{\pi}{d_{j+1}-d_j}\right)^2\eta_{zj}\tau}\right)+\Theta_3\left(\frac{\pi(z+z_{0j}-2d_j)}{2(d_{j+1}-d_j)},e^{-\left(\frac{\pi}{d_{j+1}-d_j}\right)^2\eta_{zj}\tau}\right)\right\}d\tau+$$
$$+\frac{1}{2(\phi c_t)_j b(d_{j+1}-d_j)(x_{02j}-x_{01j})}\times$$
$$\times\int_0^t\int_0^a\int_0^b\left\{\psi_j(u,v,\tau)\Theta_3\left(\frac{\pi(z-d_j)}{2(d_{j+1}-d_j)},e^{-\left(\frac{\pi}{d_{j+1}-d_j}\right)^2\eta_{zj}(t-\tau)}\right)-\right.$$

$$
\begin{aligned}
&-\psi_{j+1}(u,v,\tau)\,\Theta_4\left(\frac{\pi(z-d_j)}{2(d_{j+1}-d_j)},e^{-\left(\frac{\pi}{d_{j+1}-d_j}\right)^2\eta_{zj}(t-\tau)}\right)\Bigg\}\times\\
&\times\left\{\Theta_3^{\int}\left(\frac{\pi(x_{02j}-u)}{2a},e^{-\left(\frac{\pi}{a}\right)^2\eta_{xj}\tau}\right)-\Theta_3^{\int}\left(\frac{\pi(x_{01j}-u)}{2a},e^{-\left(\frac{\pi}{a}\right)^2\eta_{xj}\tau}\right)+\right.\\
&\left.+\Theta_3^{\int}\left(\frac{\pi(x_{02j}+u)}{2a},e^{-\left(\frac{\pi}{a}\right)^2\eta_{xj}\tau}\right)-\Theta_3^{\int}\left(\frac{\pi(x_{01j}+u)}{2a},e^{-\left(\frac{\pi}{a}\right)^2\eta_{xj}\tau}\right)\right\}\times\\
&\times\left\{\Theta_3\left(\frac{\pi(y-v)}{2b},e^{-\left(\frac{\pi}{b}\right)^2\eta_{yj}(t-\tau)}\right)+\Theta_3\left(\frac{\pi(y+v)}{2b},e^{-\left(\frac{\pi}{b}\right)^2\eta_{yj}(t-\tau)}\right)\right\}dudvd\tau+\\
&+\frac{1}{2(\phi c_t)_j\,b\,(d_{j+1}-d_j)(x_{02j}-x_{01j})}\times\\
&\times\int_0^t\int_0^b\int_0^{d_{j+1}-d_j}\left[\psi_{0yzj}(v,w,\tau)\left\{\Theta_3^{\int}\left(\frac{\pi x_{02j}}{2a},e^{-\left(\frac{\pi}{a}\right)^2\eta_{xj}\tau}\right)-\Theta_3^{\int}\left(\frac{\pi x_{01j}}{2a},e^{-\left(\frac{\pi}{a}\right)^2\eta_{xj}\tau}\right)\right\}-\right.\\
&\left.-\psi_{ayzj}(v,w,\tau)\left\{\Theta_4^{\int}\left(\frac{\pi x_{02j}}{2a},e^{-\left(\frac{\pi}{a}\right)^2\eta_{xj}\tau}\right)-\Theta_4^{\int}\left(\frac{\pi x_{01j}}{2a},e^{-\left(\frac{\pi}{a}\right)^2\eta_{xj}\tau}\right)\right\}\right]\times\\
&\times\left\{\Theta_3\left(\frac{\pi(y-v)}{2b},e^{-\left(\frac{\pi}{b}\right)^2\eta_{yj}(t-\tau)}\right)+\Theta_3\left(\frac{\pi(y+v)}{2b},e^{-\left(\frac{\pi}{b}\right)^2\eta_{yj}(t-\tau)}\right)\right\}\times\\
&\times\left\{\Theta_3\left(\frac{\pi(z-d_j-w)}{2(d_{j+1}-d_j)},e^{-\left(\frac{\pi}{d_{j+1}-d_j}\right)^2\eta_{zj}(t-\tau)}\right)+\Theta_3\left(\frac{\pi(z-d_j+w)}{2(d_{j+1}-d_j)},e^{-\left(\frac{\pi}{d_{j+1}-d_j}\right)^2\eta_{zj}(t-\tau)}\right)\right\}dvdwd\tau+\\
&+\frac{1}{2(\phi c_t)_j\,b\,(d_{j+1}-d_j)(x_{02j}-x_{01j})}\times\\
&\times\int_0^t\int_0^a\int_0^{d_{j+1}-d_j}\left\{\psi_{x0zj}(u,w,\tau)\,\Theta_3\left(\frac{\pi y}{2b},e^{-\left(\frac{\pi}{b}\right)^2\eta_{yj}(t-\tau)}\right)-\psi_{xbzj}(u,w,\tau)\,\Theta_4\left(\frac{\pi y}{2b},e^{-\left(\frac{\pi}{b}\right)^2\eta_{yj}(t-\tau)}\right)\right\}\times\\
&\times\left\{\Theta_3^{\int}\left(\frac{\pi(x_{02j}-u)}{2a},e^{-\left(\frac{\pi}{a}\right)^2\eta_{xj}\tau}\right)-\Theta_3^{\int}\left(\frac{\pi(x_{01j}-u)}{2a},e^{-\left(\frac{\pi}{a}\right)^2\eta_{xj}\tau}\right)+\right.\\
&\left.+\Theta_3^{\int}\left(\frac{\pi(x_{02j}+u)}{2a},e^{-\left(\frac{\pi}{a}\right)^2\eta_{xj}\tau}\right)-\Theta_3^{\int}\left(\frac{\pi(x_{01j}+u)}{2a},e^{-\left(\frac{\pi}{a}\right)^2\eta_{xj}\tau}\right)\right\}\times\\
&\times\left\{\Theta_3\left(\frac{\pi(z-d_j-w)}{2(d_{j+1}-d_j)},e^{-\left(\frac{\pi}{d_{j+1}-d_j}\right)^2\eta_{zj}(t-\tau)}\right)+\Theta_3\left(\frac{\pi(z-d_j+w)}{2(d_{j+1}-d_j)},e^{-\left(\frac{\pi}{d_{j+1}-d_j}\right)^2\eta_{zj}(t-\tau)}\right)\right\}dudwd\tau+\\
&+\frac{1}{4b(d_{j+1}-d_j)(x_{02j}-x_{01j})}\times\\
&\times\int_0^{d_{j+1}-d_j}\int_0^b\int_0^a\varphi_j(u,v,w+d_j)\left\{\Theta_3^{\int}\left(\frac{\pi(x_{02j}-u)}{2a},e^{-\left(\frac{\pi}{a}\right)^2\eta_{xj}\tau}\right)-\Theta_3^{\int}\left(\frac{\pi(x_{01j}-u)}{2a},e^{-\left(\frac{\pi}{a}\right)^2\eta_{xj}\tau}\right)+\right.\\
&\left.+\Theta_3^{\int}\left(\frac{\pi(x_{02j}+u)}{2a},e^{-\left(\frac{\pi}{a}\right)^2\eta_{xj}\tau}\right)-\Theta_3^{\int}\left(\frac{\pi(x_{01j}+u)}{2a},e^{-\left(\frac{\pi}{a}\right)^2\eta_{xj}\tau}\right)\right\}\times\\
&\times\left\{\Theta_3\left(\frac{\pi(y-v)}{2b},e^{-\left(\frac{\pi}{b}\right)^2\eta_{yj}t}\right)+\Theta_3\left(\frac{\pi(y+v)}{2b},e^{-\left(\frac{\pi}{b}\right)^2\eta_{yj}t}\right)\right\}\times\\
&\times\left\{\Theta_3\left(\frac{\pi(z-d_j-w)}{2(d_{j+1}-d_j)},e^{-\left(\frac{\pi}{d_{j+1}-d_j}\right)^2\eta_{zj}t}\right)+\Theta_3\left(\frac{\pi(z-d_j+w)}{2(d_{j+1}-d_j)},e^{-\left(\frac{\pi}{d_{j+1}-d_j}\right)^2\eta_{zj}t}\right)\right\}dudvdw
\end{aligned}
\tag{11.5.24}
$$

(iii) An inclined line of finite length $[(z_{02j} - z_{01j}) \sin\vartheta_{0j}]$ passing through (x_{0j}, y_{0j}, z_{0j}). j denotes the j-th layer. ϑ_{0j} is the inclination of the deviated well to the $x-y$ plane, γ_{0j} is the intercept to the z axis and θ_{0j} is the horizontal angle in polar coordinates*

The solutions for a continuous source are obtained by replacing the source term in equation (11.5.4) (or (11.5.5)) with

$$\begin{aligned}
p = & \frac{U(t-t_{0j})\sin\vartheta_{0j}}{8\pi(\phi c_t)_j\sqrt{\eta_{xj}\eta_{yj}\eta_{zj}}} \times \\
& \times \int_0^{t-t_{0j}} \frac{q_j(t-t_{0j}-\tau)}{\tau} \sum_{n=-\infty}^{\infty}\sum_{m=-\infty}^{\infty}\sum_{l=-\infty}^{\infty} [\mathcal{F}_j(x+2an, y+2bm, z+2(d_{j+1}-d_j)l, \tau; z_{02j}, z_{01j}) + \\
& +\mathcal{F}_j(x+2an, y+2bm, -z+2d_j-2(d_{j+1}-d_j)l, \tau; z_{02j}, z_{01j}) + \\
& +\mathcal{F}_j(x+2an, -y-2bm, z+2(d_{j+1}-d_j)l, \tau; z_{02j}, z_{01j}) + \\
& +\mathcal{F}_j(x+2an, -y-2bm, -z+2d_j-2(d_{j+1}-d_j)l, \tau; z_{02j}, z_{01j}) + \\
& +\mathcal{F}_j(-x-2an, y+2bm, z+2(d_{j+1}-d_j)l, \tau; z_{02j}, z_{01j}) + \\
& +\mathcal{F}_j(-x-2an, y+2bm, -z+2d_j-2(d_{j+1}-d_j)l, \tau; z_{02j}, z_{01j}) + \\
& +\mathcal{F}_j(-x-2an, -y-2bm, z+2(d_{j+1}-d_j)l, \tau; z_{02j}, z_{01j}) + \\
& +\mathcal{F}_j(-x-2an, -y-2bm, -z+2d_j-2(d_{j+1}-d_j)l, \tau; z_{02j}, z_{01j})]\, d\tau
\end{aligned} \tag{11.5.25}$$

The functions $\mathcal{F}_j(x, y, z, \tau; b, a)_j$ and $\mathcal{H}_{0j}(u, v, w; \gamma_{0j}, n, m)$ are given by equations (8.2.22) and (8.1.15).

The coefficients of the recurrence integral equation (11.5.7), $\mathcal{A}_j(\xi_n, \xi_m, t-\tau)$, $\mathcal{B}_j(\xi_n, \xi_m, t-\tau)$, and $\mathcal{C}_j(\xi_n, \xi_m, t-\tau)$ are given by equations (11.5.8), (11.5.9) and (11.5.10) respectively. The coefficient $\Omega_j^{cc}(x, y, t)$ is given by equation (11.5.11), where $\Omega_j(x, y, t)$ now includes the terms corresponding to the continuous inclined line source. The source terms containing q_{j-1} and q_j in equation (11.5.12) should be replaced with that of the inclined line source, evaluated at $z = d_j$, from equation (11.5.25)

The spatial average pressure response of the inclined line $[(z_{02j} - z_{01j}) \sin\vartheta_{0j}]$ is obtained by a further integration:

$$\begin{aligned}
p = & \frac{U(t-t_{0j})\sin\vartheta_{0j}}{8\pi(\phi c_t)_j (z_{02j}-z_{01j})\sqrt{\eta_{xj}\eta_{yj}\eta_{zj}}} \int_0^{t-t_{0j}} \frac{q_j(t-t_{0j}-\tau)}{\tau} \times \\
& \times \sum_{n=-\infty}^{\infty}\sum_{m=-\infty}^{\infty}\sum_{l=-\infty}^{\infty} \int_{z_{01j}}^{z_{02j}} [\mathcal{F}_j(z\cot\vartheta\cos\theta+2an, z\cot\vartheta\sin\theta+2bm, z+2(d_{j+1}-d_j)l, \tau; z_{02j}, z_{01j}) + \\
& +\mathcal{F}_j(z\cot\vartheta\cos\theta+2an, z\cot\vartheta\sin\theta+2bm, -z+2d_j-2(d_{j+1}-d_j)l, \tau; z_{02j}, z_{01j}) + \\
& +\mathcal{F}_j(z\cot\vartheta\cos\theta+2an, -z\cot\vartheta\sin\theta-2bm, z+2(d_{j+1}-d_j)l, \tau; z_{02j}, z_{01j}) + \\
& +\mathcal{F}_j(z\cot\vartheta\cos\theta+2an, -z\cot\vartheta\sin\theta-2bm, -z+2d_j-2(d_{j+1}-d_j)l, \tau; z_{02j}, z_{01j}) + \\
& +\mathcal{F}_j(-z\cot\vartheta\cos\theta-2an, z\cot\vartheta\sin\theta+2bm, z+2(d_{j+1}-d_j)l, \tau; z_{02j}, z_{01j}) + \\
& +\mathcal{F}_j(-z\cot\vartheta\cos\theta-2an, z\cot\vartheta\sin\theta+2bm, -z+2d_j-2(d_{j+1}-d_j)l, \tau; z_{02j}, z_{01j}) + \\
& +\mathcal{F}_j(-z\cot\vartheta\cos\theta-2an, -z\cot\vartheta\sin\theta-2bm, z+2(d_{j+1}-d_j)l, \tau; z_{02j}, z_{01j}) + \\
& +\mathcal{F}_j(-z\cot\vartheta\cos\theta-2an, -z\cot\vartheta\sin\theta-2bm, -z+2d_j-2(d_{j+1}-d_j)l, \tau; z_{02j}, z_{01j})]\, dz d\tau + \\
& + \frac{1}{4\pi(\phi c_t)_j (z_{02j}-z_{01j})\sqrt{\eta_{xj}\eta_{yj}\eta_{zj}}} \int_0^t \frac{1}{\tau} \int_0^{d_{j+1}-d_j} \int_0^b \psi_{0yz}(v, w, t-\tau) \times
\end{aligned}$$

*$x_{0j} = r_{0j}\cos\theta_{0j} = (z_{0j} - \gamma_{0j})\cot\vartheta_{0j}\cos\theta_{0j}$, $y_{0j} = r_{0j}\sin\theta_{0j} = (z_{0j} - \gamma_{0j})\cot\vartheta_{0j}\sin\theta_{0j}$ and $r_{0j} = (z_{0j} - \gamma_{0j})\cot\vartheta_{0j}$.

$$\times \sum_{n=-\infty}^{\infty} \sum_{m=-\infty}^{\infty} \sum_{l=-\infty}^{\infty} [\Phi_j (-2an, v - 2bm, w - 2(d_{j+1} - d_j) l, \tau; z_{02j}, z_{01j}) +$$
$$+\Phi_j (-2an, v - 2bm, -w - 2(d_{j+1} - d_j) l, \tau; z_{02j}, z_{01j}) +$$
$$+\Phi_j (-2an, -v - 2bm, w - 2(d_{j+1} - d_j) l, \tau; z_{02j}, z_{01j}) +$$
$$+\Phi_j (-2an, -v - 2bm, -w - 2(d_{j+1} - d_j) l, \tau; z_{02j}, z_{01j})] \, dv dw d\tau -$$

$$-\frac{1}{4\pi (\phi c_t)_j (z_{02j} - z_{01j}) \sqrt{\eta_{xj}\eta_{yj}\eta_{zj}}} \int_0^t \frac{1}{\tau} \int_0^{d_{j+1}-d_j} \int_0^b \psi_{ayz} (v, w, t - \tau) \times$$

$$\times \sum_{n=-\infty}^{\infty} \sum_{m=-\infty}^{\infty} \sum_{l=-\infty}^{\infty} [\Phi_j (-(2n+1) a, v - 2bm, w + d_j - 2(d_{j+1} - d_j) l, \tau; z_{02j}, z_{01j}) +$$
$$+\Phi_j (-(2n+1) a, v - 2bm, d_j - w - 2(d_{j+1} - d_j) l, \tau; z_{02j}, z_{01j}) +$$
$$+\Phi_j (-(2n+1) a, -v - 2bm, w + d_j - 2(d_{j+1} - d_j) l, \tau; z_{02j}, z_{01j}) +$$
$$+\Phi_j (-(2n+1) a, -v - 2bm, d_j - w - 2(d_{j+1} - d_j) l, \tau; z_{02j}, z_{01j})] \, dv dw d\tau +$$

$$+\frac{1}{4\pi (\phi c_t)_j (z_{02j} - z_{01j}) \sqrt{\eta_{xj}\eta_{yj}\eta_{zj}}} \int_0^t \frac{1}{\tau} \int_0^{d_{j+1}-d_j} \int_0^a \psi_{x0z} (u, w, t - \tau) \times$$

$$\times \sum_{n=-\infty}^{\infty} \sum_{m=-\infty}^{\infty} \sum_{l=-\infty}^{\infty} [\Phi_j (u - 2an, -2bm, w + d_j - 2(d_{j+1} - d_j) l, \tau; z_{02j}, z_{01j}) +$$
$$+\Phi_j (u - 2an, -2bm, d_j - w - 2(d_{j+1} - d_j) l, \tau; z_{02j}, z_{01j}) +$$
$$+\Phi_j (-u - 2an, -2bm, w + d_j - 2(d_{j+1} - d_j) l, \tau; z_{02j}, z_{01j}) +$$
$$\Phi_j (-u - 2an, -2bm, d_j - w - 2(d_{j+1} - d_j) l, \tau; z_{02j}, z_{01j})] \, du dw d\tau -$$

$$-\frac{1}{4\pi (\phi c_t)_j (z_{02j} - z_{01j}) \sqrt{\eta_{xj}\eta_{yj}\eta_{zj}}} \int_0^t \frac{1}{\tau} \int_0^{d_{j+1}-d_j} \int_0^a \psi_{xbz} (u, w, t - \tau) \times$$

$$\times \sum_{n=-\infty}^{\infty} \sum_{m=-\infty}^{\infty} \sum_{l=-\infty}^{\infty} [\Phi_j (u - 2an, -(2m+1) b, w + d_j - 2(d_{j+1} - d_j) l, \tau; z_{02j}, z_{01j}) +$$
$$+\Phi_j (u - 2an, -(2m+1) b, d_j - w - 2(d_{j+1} - d_j) l, \tau; z_{02j}, z_{01j}) +$$
$$+\Phi_j (-u - 2an, -(2m+1) b, w + d_j - 2(d_{j+1} - d_j) l, \tau; z_{02j}, z_{01j}) +$$
$$+\Phi_j (-u - 2an, -(2m+1) b, d_j - w - 2(d_{j+1} - d_j) l, \tau; z_{02j}, z_{01j})] \, du dw d\tau +$$

$$+\frac{1}{4\pi (\phi c_t)_j (z_{02j} - z_{01j}) \sqrt{\eta_{xj}\eta_{yj}\eta_{zj}}} \int_0^t \frac{1}{\tau} \int_0^b \int_0^a \psi_j (u, v, t - \tau) \times$$

$$\times \sum_{n=-\infty}^{\infty} \sum_{m=-\infty}^{\infty} \sum_{l=-\infty}^{\infty} [\Phi_j (u - 2an, v - 2bm, -2(d_{j+1} - d_j) l, \tau; z_{02j}, z_{01j}) +$$
$$+\Phi_j (-u - 2an, v - 2bm, -2(d_{j+1} - d_j) l, \tau; z_{02j}, z_{01j}) +$$
$$+\Phi_j (u - 2an, -v - 2bm, -2(d_{j+1} - d_j) l, \tau; z_{02j}, z_{01j}) +$$
$$+\Phi_j (-u - 2an, -v - 2bm, -2(d_{j+1} - d_j) l, \tau; z_{02j}, z_{01j})] \, du dv d\tau -$$

$$-\frac{1}{4\pi (\phi c_t)_j (z_{02j} - z_{01j}) \sqrt{\eta_{xj}\eta_{yj}\eta_{zj}}} \int_0^t \frac{1}{\tau} \int_0^b \int_0^a \psi_{j+1} (u, v, t - \tau) \times$$

$$\times \sum_{n=-\infty}^{\infty} \sum_{m=-\infty}^{\infty} \sum_{l=-\infty}^{\infty} [\Phi_j (u - 2an, v - 2bm, -(2l+1)(d_{j+1} - d_j), \tau; z_{02j}, z_{01j}) +$$
$$+\Phi_j (-u - 2an, v - 2bm, -(2l+1)(d_{j+1} - d_j), \tau; z_{02j}, z_{01j}) +$$
$$+\Phi_j (u - 2an, -v - 2bm, -(2l+1)(d_{j+1} - d_j), \tau; z_{02j}, z_{01j}) +$$

$$+\Phi_j\left(-u-2an,-v-2bm,-\left(2l+1\right)\left(d_{j+1}-d_j\right),\tau;z_{02j},z_{01j}\right)]\,dudvd\tau +$$

$$+\frac{1}{8\pi t(z_{02j}-z_{01j})\sqrt{\eta_{xj}\eta_{yj}\eta_{zj}}}\times$$

$$\times\int_0^{d_{j+1}-d_j}\int_0^b\int_0^a\varphi\left(u,v,w\right)\sum_{n=-\infty}^{\infty}\sum_{m=-\infty}^{\infty}\sum_{l=-\infty}^{\infty}[\Phi_j\left(u-2an,v-2bm,w+d_j-2\left(d_{j+1}-d_j\right)l,t;z_{02j},z_{01j}\right)+$$
$$+\Phi_j\left(u-2an,v-2bm,d_j-w-2\left(d_{j+1}-d_j\right)l,t;z_{02j},z_{01j}\right)+$$
$$+\Phi_j\left(u-2an,-v-2bm,w+d_j-2\left(d_{j+1}-d_j\right)l,t;z_{02j},z_{01j}\right)+$$
$$+\Phi_j\left(u-2an,-v-2bm,d_j-w-2\left(d_{j+1}-d_j\right)l,t;z_{02j},z_{01j}\right)+$$
$$+\Phi_j\left(-u-2an,v-2bm,w+d_j-2\left(d_{j+1}-d_j\right)l,t;z_{02j},z_{01j}\right)+$$
$$+\Phi_j\left(-u-2an,v-2bm,d_j-w-2\left(d_{j+1}-d_j\right)l,t;z_{02j},z_{01j}\right)+$$
$$+\Phi_j\left(-u-2an,-v-2bm,w+d_j-2\left(d_{j+1}-d_j\right)l,t;z_{02j},z_{01j}\right)+$$
$$+\Phi_j\left(-u-2an,-v-2bm,d_j-w-2\left(d_{j+1}-d_j\right)l,t;z_{02j},z_{01j}\right)]\,dudvdw \tag{11.5.26}$$

In equation (11.5.26), a point in space is defined by ϑ and θ.*

(iv) A rectangular source of area $[(y_{02j}-y_{01j})(z_{02j}-z_{01j})]$ at x_{0j}†

The solutions for a continuous source are obtained by replacing the source term in equation (11.5.4) (or (11.5.5)) with

$$p_j = \frac{U\left(t-t_{0j}\right)}{2\left(\phi c_t\right)_j a}\int_0^{t-t_{0j}} q_j(t-t_{0j}-\tau)\left\{\Theta_3\left(\frac{\pi\left(x-x_{0j}\right)}{2a},e^{-\left(\frac{\pi}{a}\right)^2\eta_{xj}\tau}\right)+\Theta_3\left(\frac{\pi\left(x+x_{0j}\right)}{2a},e^{-\left(\frac{\pi}{a}\right)^2\eta_{xj}\tau}\right)\right\}\times$$
$$\times\left\{\Theta_3^{\int}\left(\frac{\pi\left(y-y_{01j}\right)}{2b},e^{-\left(\frac{\pi}{b}\right)^2\eta_{yj}\tau}\right)-\Theta_3^{\int}\left(\frac{\pi\left(y+y_{01j}\right)}{2b},e^{-\left(\frac{\pi}{b}\right)^2\eta_{yj}\tau}\right)-\right.$$
$$\left.-\Theta_3^{\int}\left(\frac{\pi\left(y-y_{02j}\right)}{2b},e^{-\left(\frac{\pi}{b}\right)^2\eta_{yj}\tau}\right)+\Theta_3^{\int}\left(\frac{\pi\left(y+y_{02j}\right)}{2b},e^{-\left(\frac{\pi}{b}\right)^2\eta_{yj}\tau}\right)\right\}\times$$
$$\times\left\{\Theta_3^{\int}\left(\frac{\pi\left(z-z_{01j}\right)}{2\left(d_{j+1}-d_j\right)},e^{-\left(\frac{\pi}{d_{j+1}-d_j}\right)^2\eta_{zj}\tau}\right)-\Theta_3^{\int}\left(\frac{\pi\left(z+z_{01j}-2d_j\right)}{2\left(d_{j+1}-d_j\right)},e^{-\left(\frac{\pi}{d_{j+1}-d_j}\right)^2\eta_{zj}\tau}\right)-\right.$$
$$\left.-\Theta_3^{\int}\left(\frac{\pi\left(z-z_{02j}\right)}{2\left(d_{j+1}-d_j\right)},e^{-\left(\frac{\pi}{d_{j+1}-d_j}\right)^2\eta_{zj}\tau}\right)+\Theta_3^{\int}\left(\frac{\pi\left(z+z_{02j}-2d_j\right)}{2\left(d_{j+1}-d_j\right)},e^{-\left(\frac{\pi}{d_{j+1}-d_j}\right)^2\eta_{zj}\tau}\right)\right\}d\tau \tag{11.5.27}$$

The coefficients of the recurrence integral equation (11.5.7), $\mathcal{A}_j\left(\xi_n,\xi_m,t-\tau\right)$, $\mathcal{B}_j\left(\xi_n,\xi_m,t-\tau\right)$, and $\mathcal{C}_j\left(\xi_n,\xi_m,t-\tau\right)$, are given by equations (11.5.8), (11.5.9) and (11.5.10), respectively. The coefficient $\Omega_j^{cc}\left(x,y,t\right)$ is given by equation (11.5.11), where $\Omega_j\left(x,y,t\right)$ now includes the terms corresponding to the continuous rectangular source. The source terms containing q_{j-1} and q_j in equation (11.5.12) should be replaced with that of the rectangular source, evaluated at $z=d_j$, from equation (11.5.27)

The spatial average pressure response of the rectangle $[(y_{02j}-y_{01j})(z_{02j}-z_{01j})]$ is given by

$$p_j = \frac{8U\left(t-t_{0j}\right)}{\left(\phi c_t\right)_j a\left(y_{02j}-y_{01j}\right)\left(z_{02j}-z_{01j}\right)}\times$$
$$\times\int_0^{t-t_{0j}} q_j(t-t_{0j}-\tau)\left\{\Theta_3\left(\frac{\pi\left(x-x_{0j}\right)}{2a},e^{-\left(\frac{\pi}{a}\right)^2\eta_{xj}\tau}\right)+\Theta_3\left(\frac{\pi\left(x+x_{0j}\right)}{2a},e^{-\left(\frac{\pi}{a}\right)^2\eta_{xj}\tau}\right)\right\}\times$$

---

*$\tan\vartheta=\frac{z}{\sqrt{x^2+y^2}}$, $\tan\theta=\frac{y}{x}$.

†The coordinates of the source are $\left(x_{0j},y_{01j},z_{01j}\right)$, $\left(x_{0j},y_{02j},z_{01j}\right)$, $\left(x_{0j},y_{01j},z_{02j}\right)$, $\left(x_{0j},y_{02j},z_{02j}\right)$.

$$\times\left\{\Theta_3^{\int\int}\left(\frac{\pi\left(y_{02j}-y_{01j}\right)}{2b},e^{-\left(\frac{\pi}{b}\right)^2\eta_{yj}\tau}\right)-\Theta_3^{\int\int}\left(\frac{\pi\left(y_{02j}+y_{01j}\right)}{2b},e^{-\left(\frac{\pi}{b}\right)^2\eta_{yj}\tau}\right)+\right.$$

$$\left.+\frac{1}{2}\Theta_3^{\int\int}\left(\frac{\pi y_{01j}}{b},e^{-\left(\frac{\pi}{b}\right)^2\eta_{yj}\tau}\right)+\frac{1}{2}\Theta_3^{\int\int}\left(\frac{\pi y_{02j}}{b},e^{-\left(\frac{\pi}{b}\right)^2\eta_{yj}\tau}\right)\right\}\times$$

$$\times\left\{\Theta_3^{\int\int}\left(\frac{\pi\left(z_{02j}-z_{01j}\right)}{2\left(d_{j+1}-d_j\right)},e^{-\left(\frac{\pi}{d_{j+1}-d_j}\right)^2\eta_{zj}\tau}\right)-\Theta_3^{\int\int}\left(\frac{\pi\left(z_{02j}+z_{01j}-2d_j\right)}{2\left(d_{j+1}-d_j\right)},e^{-\left(\frac{\pi}{d_{j+1}-d_j}\right)^2\eta_{zj}\tau}\right)+\right.$$

$$\left.+\frac{1}{2}\Theta_3^{\int\int}\left(\frac{\pi\left(z_{01j}-d_j\right)}{\left(d_{j+1}-d_j\right)},e^{-\left(\frac{\pi}{d_{j+1}-d_j}\right)^2\eta_{zj}\tau}\right)+\frac{1}{2}\Theta_3^{\int\int}\left(\frac{\pi\left(z_{02j}-d_j\right)}{\left(d_{j+1}-d_j\right)},e^{-\left(\frac{\pi}{d_{j+1}-d_j}\right)^2\eta_{zj}\tau}\right)\right\}d\tau+$$

$$+\frac{8}{\pi a\left(\phi c_t\right)_j\left(y_{02j}-y_{01j}\right)\left(z_{02j}-z_{01j}\right)}\sum_{n=0}^{\infty}\sum_{m=0}^{\infty}\frac{\ni_n\ni_m}{m}\cos\left(\xi_n x\right)\left\{\sin\left(\xi_m y_{02j}\right)-\sin\left(\xi_m y_{01j}\right)\right\}\times$$

$$\times\int_0^t\left[\overline{\overline{\psi}}_j\left(n,m,\tau\right)\left\{\Theta_3^{\int}\left(\frac{\pi z_{02j}}{2\left(d_{j+1}-d_j\right)},e^{-\left(\frac{\pi}{d_{j+1}-d_j}\right)^2\eta_{zj}(t-\tau)}\right)-\right.\right.$$

$$\left.-\Theta_3^{\int}\left(\frac{\pi z_{01j}}{2\left(d_{j+1}-d_j\right)},e^{-\left(\frac{\pi}{d_{j+1}-d_j}\right)^2\eta_{zj}(t-\tau)}\right)\right\}-$$

$$-\overline{\overline{\psi}}_{j+1}\left(n,m,\tau\right)\left\{\Theta_4^{\int}\left(\frac{\pi z_{02j}}{2\left(d_{j+1}-d_j\right)},e^{-\left(\frac{\pi}{d_{j+1}-d_j}\right)^2\eta_{zj}(t-\tau)}\right)-\right.$$

$$\left.\left.-\Theta_4^{\int}\left(\frac{\pi z_{01j}}{2\left(d_{j+1}-d_j\right)},e^{-\left(\frac{\pi}{d_{j+1}-d_j}\right)^2\eta_{zj}(t-\tau)}\right)\right\}\right]e^{-\left(\xi_n^2\eta_{xj}+\xi_m^2\eta_{yj}\right)(t-\tau)}d\tau+$$

$$+\frac{4}{\pi^2 a\left(\phi c_t\right)_j\left(y_{02j}-y_{01j}\right)\left(z_{02j}-z_{01j}\right)}\times$$

$$\times\sum_{m=0}^{\infty}\sum_{l=0}^{\infty}\frac{\ni_m\ni_l}{ml}\left\{\sin\left(\xi_m y_{02j}\right)-\sin\left(\xi_m y_{01j}\right)\right\}\left\{\sin\left(\xi_{lj}z_{02j}\right)-\sin\left(\xi_{lj}z_{01j}\right)\right\}\times$$

$$\times\int_0^t\left\{\overline{\overline{\psi}}_{0yzj}\left(m,l,\tau\right)\Theta_3\left(\frac{\pi x}{2a},e^{-\left(\frac{\pi}{a}\right)^2\eta_{xj}(t-\tau)}\right)-\overline{\overline{\psi}}_{ayzj}\left(m,l,\tau\right)\Theta_4\left(\frac{\pi x}{2a},e^{-\left(\frac{\pi}{a}\right)^2\eta_{xj}(t-\tau)}\right)\right\}\times$$

$$\times e^{-\left(\xi_m^2\eta_{yj}+\xi_{lj}^2\eta_{zj}\right)(t-\tau)}d\tau+$$

$$+\frac{8}{\pi a\left(\phi c_t\right)_j\left(y_{02j}-y_{01j}\right)\left(z_{02j}-z_{01j}\right)}\sum_{n=0}^{\infty}\sum_{l=0}^{\infty}\frac{\ni_n\ni_l}{l}\cos\left(\xi_n x\right)\left\{\sin\left(\xi_{lj}z_{02j}\right)-\sin\left(\xi_{lj}z_{01j}\right)\right\}\times$$

$$\times\int_0^t\left[\overline{\overline{\psi}}_{x0zj}\left(n,l,\tau\right)\left\{\Theta_3^{\int}\left(\frac{\pi y_{02j}}{2b},e^{-\left(\frac{\pi}{b}\right)^2\eta_{yj}(t-\tau)}\right)-\Theta_3^{\int}\left(\frac{\pi y_{01j}}{2b},e^{-\left(\frac{\pi}{b}\right)^2\eta_{yj}(t-\tau)}\right)\right\}-\right.$$

$$\left.-\overline{\overline{\psi}}_{xbzj}\left(n,l,\tau\right)\left\{\Theta_4^{\int}\left(\frac{\pi y_{02j}}{2b},e^{-\left(\frac{\pi}{b}\right)^2\eta_{yj}(t-\tau)}\right)\right\}-\Theta_4^{\int}\left(\frac{\pi y_{01j}}{2b},e^{-\left(\frac{\pi}{b}\right)^2\eta_{yj}(t-\tau)}\right)\right]\times$$

$$\times e^{-\left(\xi_n^2\eta_{xj}+\xi_{lj}^2\eta_{zj}\right)(t-\tau)}d\tau+$$

$$+\frac{1}{2\pi a\left(y_{02j}-y_{01j}\right)\left(z_{02j}-z_{01j}\right)}\times$$

$$\times\int_0^d\int_0^b\int_0^a\varphi_j\left(u,v,w+d_j\right)\left\{\Theta_3\left(\frac{\pi\left(x-u\right)}{2a},e^{-\left(\frac{\pi}{a}\right)^2\eta_{xj}t}\right)+\Theta_3\left(\frac{\pi\left(x+u\right)}{2a},e^{-\left(\frac{\pi}{a}\right)^2\eta_{xj}t}\right)\right\}\times$$

$$\times\left\{\Theta_3^{\int}\left(\frac{\pi\left(v-y_{01j}\right)}{2b},e^{-\left(\frac{\pi}{b}\right)^2\eta_{yj}t}\right)-\Theta_3^{\int}\left(\frac{\pi\left(v+y_{01j}\right)}{2b},e^{-\left(\frac{\pi}{b}\right)^2\eta_{yj}t}\right)-\right.$$

$$-\Theta_3^{\int}\left(\frac{\pi\left(v-y_{02j}\right)}{2b},e^{-\left(\frac{\pi}{b}\right)^2\eta_{yj}t}\right)+\Theta_3^{\int}\left(\frac{\pi\left(v+y_{02j}\right)}{2b},e^{-\left(\frac{\pi}{b}\right)^2\eta_{yj}t}\right)\Bigg\}\times$$
$$\times\left\{\Theta_3^{\int}\left(\frac{\pi\left(w-z_{01j}\right)}{2\left(d_{j+1}-d_j\right)},e^{-\left(\frac{\pi}{d_{j+1}-d_j}\right)^2\eta_{zj}t}\right)-\Theta_3^{\int}\left(\frac{\pi\left(w+z_{01j}\right)}{2\left(d_{j+1}-d_j\right)},e^{-\left(\frac{\pi}{d_{j+1}-d_j}\right)^2\eta_{zj}t}\right)-\right.$$
$$\left.-\Theta_3^{\int}\left(\frac{\pi\left(w-z_{02j}\right)}{2\left(d_{j+1}-d_j\right)},e^{-\left(\frac{\pi}{d_{j+1}-d_j}\right)^2\eta_{zj}t}\right)+\Theta_3^{\int}\left(\frac{\pi\left(w+z_{02j}\right)}{2\left(d_{j+1}-d_j\right)},e^{-\left(\frac{\pi}{d_{j+1}-d_j}\right)^2\eta_{zj}t}\right)\right\}dudvdw \quad (11.5.28)$$

or

$$p_j=\frac{8U\left(t-t_{0j}\right)}{\left(\phi c_t\right)_j a\left(y_{02j}-y_{01j}\right)\left(z_{02j}-z_{01j}\right)}\times$$
$$\times\int_0^{t-t_{0j}}q_j(t-t_{0j}-\tau)\left\{\Theta_3\left(\frac{\pi\left(x-x_{0j}\right)}{2a},e^{-\left(\frac{\pi}{a}\right)^2\eta_{xj}\tau}\right)+\Theta_3\left(\frac{\pi\left(x+x_{0j}\right)}{2a},e^{-\left(\frac{\pi}{a}\right)^2\eta_{xj}\tau}\right)\right\}\times$$
$$\times\left\{\Theta_3^{\int\int}\left(\frac{\pi\left(y_{02j}-y_{01j}\right)}{2b},e^{-\left(\frac{\pi}{b}\right)^2\eta_{yj}\tau}\right)-\Theta_3^{\int\int}\left(\frac{\pi\left(y_{02j}+y_{01j}\right)}{2b},e^{-\left(\frac{\pi}{b}\right)^2\eta_{yj}\tau}\right)+\right.$$
$$\left.+\frac{1}{2}\Theta_3^{\int\int}\left(\frac{\pi y_{01j}}{b},e^{-\left(\frac{\pi}{b}\right)^2\eta_{yj}\tau}\right)+\frac{1}{2}\Theta_3^{\int\int}\left(\frac{\pi y_{02j}}{b},e^{-\left(\frac{\pi}{b}\right)^2\eta_{yj}\tau}\right)\right\}\times$$
$$\times\left\{\Theta_3^{\int\int}\left(\frac{\pi\left(z_{02j}-z_{01j}\right)}{2\left(d_{j+1}-d_j\right)},e^{-\left(\frac{\pi}{d_{j+1}-d_j}\right)^2\eta_{zj}\tau}\right)-\Theta_3^{\int\int}\left(\frac{\pi\left(z_{02j}+z_{01j}-2d_j\right)}{2\left(d_{j+1}-d_j\right)},e^{-\left(\frac{\pi}{d_{j+1}-d_j}\right)^2\eta_{zj}\tau}\right)+\right.$$
$$\left.+\frac{1}{2}\Theta_3^{\int\int}\left(\frac{\pi\left(z_{01j}-d_j\right)}{\left(d_{j+1}-d_j\right)},e^{-\left(\frac{\pi}{d_{j+1}-d_j}\right)^2\eta_{zj}\tau}\right)+\frac{1}{2}\Theta_3^{\int\int}\left(\frac{\pi\left(z_{02j}-d_j\right)}{\left(d_{j+1}-d_j\right)},e^{-\left(\frac{\pi}{d_{j+1}-d_j}\right)^2\eta_{zj}\tau}\right)\right\}d\tau+$$
$$+\frac{1}{\left(\phi c_t\right)_j a\left(y_{02j}-y_{01j}\right)\left(z_{02j}-z_{01j}\right)}\int_0^t\int_0^a\int_0^b\left[\psi_j\left(u,v,\tau\right)\left\{\Theta_3^{\int}\left(\frac{\pi\left(z_{02j}-d_j\right)}{2\left(d_{j+1}-d_j\right)},e^{-\left(\frac{\pi}{d_{j+1}-d_j}\right)^2\eta_{zj}(t-\tau)}\right)-\right.\right.$$
$$\left.-\Theta_3^{\int}\left(\frac{\pi\left(z_{01j}-d_j\right)}{2\left(d_{j+1}-d_j\right)},e^{-\left(\frac{\pi}{d_{j+1}-d_j}\right)^2\eta_{zj}(t-\tau)}\right)\right\}-$$
$$-\psi_{j+1}\left(u,v,\tau\right)\left\{\Theta_4^{\int}\left(\frac{\pi\left(z_{02j}-d_j\right)}{2\left(d_{j+1}-d_j\right)},e^{-\left(\frac{\pi}{d_{j+1}-d_j}\right)^2\eta_{zj}(t-\tau)}\right)-\right.$$
$$\left.\left.-\Theta_4^{\int}\left(\frac{\pi\left(z_{01j}-d_j\right)}{2\left(d_{j+1}-d_j\right)},e^{-\left(\frac{\pi}{d_{j+1}-d_j}\right)^2\eta_{zj}(t-\tau)}\right)\right\}\right]\times$$
$$\times\left\{\Theta_3\left(\frac{\pi\left(x-u\right)}{2a},e^{-\left(\frac{\pi}{a}\right)^2\eta_{xj}(t-\tau)}\right)+\Theta_3\left(\frac{\pi\left(x+u\right)}{2a},e^{-\left(\frac{\pi}{a}\right)^2\eta_{xj}(t-\tau)}\right)\right\}\times$$
$$\times\left\{\Theta_3^{\int}\left(\frac{\pi\left(y_{02j}-v\right)}{2b},e^{-\left(\frac{\pi}{b}\right)^2\eta_{yj}\tau}\right)-\Theta_3^{\int}\left(\frac{\pi\left(y_{01j}-v\right)}{2b},e^{-\left(\frac{\pi}{b}\right)^2\eta_{yj}\tau}\right)+\right.$$
$$\left.+\Theta_3^{\int}\left(\frac{\pi\left(y_{02j}+v\right)}{2b},e^{-\left(\frac{\pi}{b}\right)^2\eta_{yj}\tau}\right)-\Theta_3^{\int}\left(\frac{\pi\left(y_{01j}+v\right)}{2b},e^{-\left(\frac{\pi}{b}\right)^2\eta_{yj}\tau}\right)\right\}dudvd\tau+$$
$$+\frac{1}{\left(\phi c_t\right)_j a\left(y_{02j}-y_{01j}\right)\left(z_{02j}-z_{01j}\right)}\times$$
$$\times\int_0^t\int_0^b\int_0^{d_{j+1}-d_j}\left\{\psi_{0yzj}\left(v,w,\tau\right)\Theta_3\left(\frac{\pi x}{2a},e^{-\left(\frac{\pi}{a}\right)^2\eta_{xj}(t-\tau)}\right)-\psi_{ayzj}\left(v,w,\tau\right)\Theta_4\left(\frac{\pi x}{2a},e^{-\left(\frac{\pi}{a}\right)^2\eta_{xj}(t-\tau)}\right)\right\}\times$$

$$\times\left\{\Theta_3^{\int}\left(\frac{\pi\left(y_{02j}-v\right)}{2b},e^{-\left(\frac{\pi}{b}\right)^2\eta_{yj}\tau}\right)-\Theta_3^{\int}\left(\frac{\pi\left(y_{01j}-v\right)}{2b},e^{-\left(\frac{\pi}{b}\right)^2\eta_{yj}\tau}\right)+\right.$$

$$\left.+\Theta_3^{\int}\left(\frac{\pi\left(y_{02j}+v\right)}{2b},e^{-\left(\frac{\pi}{b}\right)^2\eta_{yj}\tau}\right)-\Theta_3^{\int}\left(\frac{\pi\left(y_{01j}+v\right)}{2b},e^{-\left(\frac{\pi}{b}\right)^2\eta_{yj}\tau}\right)\right\}\times$$

$$\times\left\{\Theta_3^{\int}\left(\frac{\pi\left(z_{02j}-d_j-w\right)}{2\left(d_{j+1}-d_j\right)},e^{-\left(\frac{\pi}{d_{j+1}-d_j}\right)^2\eta_{zj}(t-\tau)}\right)-\Theta_3^{\int}\left(\frac{\pi\left(z_{01j}-d_j-w\right)}{2\left(d_{j+1}-d_j\right)},e^{-\left(\frac{\pi}{d_{j+1}-d_j}\right)^2\eta_{zj}(t-\tau)}\right)+\right.$$

$$\left.+\Theta_3^{\int}\left(\frac{\pi\left(z_{02j}-d_j+w\right)}{2\left(d_{j+1}-d_j\right)},e^{-\left(\frac{\pi}{d_{j+1}-d_j}\right)^2\eta_{zj}(t-\tau)}\right)-\Theta_3^{\int}\left(\frac{\pi\left(z_{01j}-d_j+w\right)}{2\left(d_{j+1}-d_j\right)},e^{-\left(\frac{\pi}{d_{j+1}-d_j}\right)^2\eta_{zj}(t-\tau)}\right)\right\}dvdwd\tau+$$

$$+\frac{1}{\left(\phi c_t\right)_j a\left(y_{02j}-y_{01j}\right)\left(z_{02j}-z_{01j}\right)}\times$$

$$\times\int_0^t\int_0^a\int_0^{d_{j+1}-d_j}\left[\psi_{x0zj}\left(v,w,\tau\right)\left\{\Theta_3^{\int}\left(\frac{\pi y_{02j}}{2b},e^{-\left(\frac{\pi}{b}\right)^2\eta_{yj}\tau}\right)-\Theta_3^{\int}\left(\frac{\pi y_{01j}}{2b},e^{-\left(\frac{\pi}{b}\right)^2\eta_{yj}\tau}\right)\right\}-\right.$$

$$\left.-\psi_{xbzj}\left(v,w,\tau\right)\left\{\Theta_4^{\int}\left(\frac{\pi y_{02j}}{2b},e^{-\left(\frac{\pi}{b}\right)^2\eta_{yj}\tau}\right)-\Theta_4^{\int}\left(\frac{\pi y_{01j}}{2b},e^{-\left(\frac{\pi}{b}\right)^2\eta_{yj}\tau}\right)\right\}\right]\times$$

$$\times\left\{\Theta_3\left(\frac{\pi\left(x-u\right)}{2a},e^{-\left(\frac{\pi}{a}\right)^2\eta_{xj}(t-\tau)}\right\}+\Theta_3\left\{\frac{\pi\left(x+u\right)}{2a},e^{-\left(\frac{\pi}{a}\right)^2\eta_{xj}(t-\tau)}\right)\right\}\times$$

$$\times\left\{\Theta_3^{\int}\left(\frac{\pi\left(z_{02j}-d_j-w\right)}{2\left(d_{j+1}-d_j\right)},e^{-\left(\frac{\pi}{d_{j+1}-d_j}\right)^2\eta_{zj}(t-\tau)}\right)-\Theta_3^{\int}\left(\frac{\pi\left(z_{01j}-d_j-w\right)}{2\left(d_{j+1}-d_j\right)},e^{-\left(\frac{\pi}{d_{j+1}-d_j}\right)^2\eta_{zj}(t-\tau)}\right)+\right.$$

$$\left.+\Theta_3^{\int}\left(\frac{\pi\left(z_{02j}-d_j+w\right)}{2\left(d_{j+1}-d_j\right)},e^{-\left(\frac{\pi}{d_{j+1}-d_j}\right)^2\eta_{zj}(t-\tau)}\right)-\Theta_3^{\int}\left(\frac{\pi\left(z_{01j}-d_j+w\right)}{2\left(d_{j+1}-d_j\right)},e^{-\left(\frac{\pi}{d_{j+1}-d_j}\right)^2\eta_{zj}(t-\tau)}\right)\right\}dvdwd\tau+$$

$$+\frac{1}{2a\left(y_{02j}-y_{01j}\right)\left(z_{02j}-z_{01j}\right)}\times$$

$$\times\int_0^{d_{j+1}-d_j}\int_0^b\int_0^a\varphi_j\left(u,v,w+d_j\right)\left\{\Theta_3\left(\frac{\pi\left(x-u\right)}{2a},e^{-\left(\frac{\pi}{a}\right)^2\eta_{xj}t}\right)+\Theta_3\left(\frac{\pi\left(x+u\right)}{2a},e^{-\left(\frac{\pi}{a}\right)^2\eta_{xj}t}\right)\right\}\times$$

$$\times\left\{\Theta_3^{\int}\left(\frac{\pi\left(y_{02j}-v\right)}{2b},e^{-\left(\frac{\pi}{b}\right)^2\eta_{yj}\tau}\right)-\Theta_3^{\int}\left(\frac{\pi\left(y_{01j}-v\right)}{2b},e^{-\left(\frac{\pi}{b}\right)^2\eta_{yj}\tau}\right)+\right.$$

$$\left.+\Theta_3^{\int}\left(\frac{\pi\left(y_{02j}+v\right)}{2b},e^{-\left(\frac{\pi}{b}\right)^2\eta_{yj}\tau}\right)-\Theta_3^{\int}\left(\frac{\pi\left(y_{01j}+v\right)}{2b},e^{-\left(\frac{\pi}{b}\right)^2\eta_{yj}\tau}\right)\right\}\times$$

$$\times\left\{\Theta_3^{\int}\left(\frac{\pi\left(z_{02j}-d_j-w\right)}{2\left(d_{j+1}-d_j\right)},e^{-\left(\frac{\pi}{d_{j+1}-d_j}\right)^2\eta_{zj}t}\right)-\Theta_3^{\int}\left(\frac{\pi\left(z_{01j}-d_j-w\right)}{2\left(d_{j+1}-d_j\right)},e^{-\left(\frac{\pi}{d_{j+1}-d_j}\right)^2\eta_{zj}t}\right)+\right.$$

$$\left.+\Theta_3^{\int}\left(\frac{\pi\left(z_{02j}-d_j+w\right)}{2\left(d_{j+1}-d_j\right)},e^{-\left(\frac{\pi}{d_{j+1}-d_j}\right)^2\eta_{zj}t}\right)!-\Theta_3^{\int}\left(\frac{\pi\left(z_{01j}-d_j+w\right)}{2\left(d_{j+1}-d_j\right)},e^{-\left(\frac{\pi}{d_{j+1}-d_j}\right)^2\eta_{zj}t}\right)\right\}dudvdw \quad (11.5.29)$$

The solutions corresponding to the case where there are sets of partially penetrating vertical, horizontal and deviated wells along with a set of fractured wells are given in the supplementary appendix to this chapter (Appendix D).*

The numerical recipe to this problem is a three-dimensional analogue of the two-dimensional problem of 7.49, where we prescribed two methods: piecewise-linear interpolation and piecewise-constant interpolation. While both methods are applicable to the three-dimensional problem, piecewise-constant interpolation method gives significant computational gains over that of piecewise-linear interpolation. The advantage of

*See Gilchrist et al. (2007) for the numerical implementation of this solution.

piecewise-constant interpolation is that it eliminates the need for spatial discretization. With this method, equation (11.5.7) is solved for the Fourier components of the flux functions between layers, which are required in equation (11.5.4) to compute pressure as a function of time and space.

We treat the Fourier components of the fluxes as piecewise constant. Applying the second mean value theorem to equation (11.5.7), we get

$$\begin{aligned}\breve{\lambda}_j \overline{\overline{\psi}}_j (\xi_n, \xi_m, \xi_m, t) \approx & \sum_{i=1}^{\ell} \overline{\overline{\psi}}_j (\xi_n, \xi_m, \varsigma_i) \int_{\tau_{i-1}}^{\tau_i} \mathcal{A}_j (\xi_n, \xi_m, t-u)\, du + \\ & + \sum_{i=1}^{\ell} \overline{\overline{\psi}}_{j+1} (\xi_n, \xi_m, \varsigma_i) \int_{\tau_{i-1}}^{\tau_i} \mathcal{B}_j (\xi_n, \xi_m, t-u)\, du + \\ & + \sum_{i=1}^{\ell} \overline{\overline{\psi}}_{j-1} (\xi_n, \xi_m, \varsigma_i) \int_{\tau_{i-1}}^{\tau_i} \mathcal{C}_j (\xi_n, \xi_m, t-u)\, du + \Omega_j^{cc} (\xi_n, \xi_m, t)^{*} \end{aligned} \tag{11.5.30}$$

where $\tau_0 = 0$, $\tau_\ell = t$, and $\tau_i = \frac{it}{\ell}$. $t_{i-1} < \varsigma_i < t_i$ are the values of τ which make this equation exact but which are otherwise unknown. Performing the integrals analytically over the interval $[\tau_{i-1}, \tau_i]$, we get

$$\begin{aligned}\breve{\lambda}_j \overline{\overline{\psi}}_j (\xi_n, \xi_m, t) \approx & \sum_{i=0}^{\ell} \overline{\overline{\psi}}_j (\xi_n, \xi_m, \varsigma_i)\, u_j (\xi_n, \xi_m, t-\tau_i, t-\tau_{i-1}) + \\ & + \sum_{i=0}^{\ell} \overline{\overline{\psi}}_{j+1} (\xi_n, \xi_m, \varsigma_i)\, v_j (\xi_n, \xi_m, t-\tau_i, t-\tau_{i-1}) + \\ & + \sum_{i=0}^{\ell} \overline{\overline{\psi}}_{j-1} (\xi_n, \xi_m, \varsigma_i)\, v_{j-1} (\xi_n, \xi_m, t-\tau_i, t-\tau_{i-1}) + \Omega_j^{cc} (\xi_n, \xi_m, t) \end{aligned} \tag{11.5.31}$$

where

$$u_j (\xi_n, \xi_m, t-\tau_i, t-\tau_{i-1}) = f_j (\xi_n, \xi_m, t-\tau_i, t-\tau_{i-1}) + f_{j-1} (\xi_n, \xi_m, t-\tau_i, t-\tau_{i-1}) \tag{11.5.32}$$

$$\begin{aligned} f_j (\xi_n, \xi_m, t-\tau_i, t-\tau_{i-1}) = & \frac{e^{-(\xi_n^2 \eta_{xj} + \xi_m^2 \eta_{yj})(t-\tau_{i-1})} - e^{-(\xi_n^2 \eta_{xj} + \xi_m^2 \eta_{yj})(t-\tau_i)}}{(\phi c_t)_j (\xi_n^2 \eta_{xj} + \xi_m^2 \eta_{yj})(d_{j+1} - d_j)} + \\ & + \frac{2(d_{j+1} - d_j)}{(\phi c_t)_j} \sum_{l=1}^{\infty} \frac{e^{-\left\{\left(\frac{l\pi}{d_{j+1}-d_j}\right)^2 \eta_{zj} + (\xi_n^2 \eta_{xj} + \xi_m^2 \eta_{yj})\right\}(t-\tau_{i-1})} - e^{-\left\{\left(\frac{l\pi}{d_{j+1}-d_j}\right)^2 \eta_{zj} + (\xi_n^2 \eta_{xj} + \xi_m^2 \eta_{yj})\right\}(t-\tau_i)}}{(l\pi)^2 \eta_{zj} + (\xi_n^2 \eta_{xj} + \xi_m^2 \eta_{yj})(d_{j+1} - d_j)^2} \end{aligned} \tag{11.5.33}$$

and

$$\begin{aligned} v_j (\xi_n, \xi_m, \xi_m, t-\tau_i, t-\tau_{i-1}) = & \frac{e^{-(\xi_n^2 \eta_{xj} + \xi_m^2 \eta_{yj})(t-\tau_i)} - e^{-(\xi_n^2 \eta_{xj} + \xi_m^2 \eta_{yj})(t-\tau_{i-1})}}{(\phi c_t)_j (\xi_n^2 \eta_{xj} + \xi_m^2 \eta_{yj})(d_{j+1} - d_j)} + \\ & + \frac{2(d_{j+1} - d_j)}{(\phi c_t)_j} \sum_{l=1}^{\infty} \frac{(-1)^l \left[e^{-\left\{\left(\frac{l\pi}{d_{j+1}-d_j}\right)^2 \eta_{zj} + (\xi_n^2 \eta_{xj} + \xi_m^2 \eta_{yj})\right\}(t-\tau_i)} - e^{-\left\{\left(\frac{l\pi}{d_{j+1}-d_j}\right)^2 \eta_{zj} + (\xi_n^2 \eta_{xj} + \xi_m^2 \eta_{yj})\right\}(t-\tau_{i-1})} \right]}{(l\pi)^2 \eta_{zj} + (\xi_n^2 \eta_{xj} + \xi_m^2 \eta_{yj})(d_{j+1} - d_j)^2} \end{aligned} \tag{11.5.34}$$

For the $\aleph$ subdivided continua $b_j \le y \le b_{j+1}$, $\forall j = 0, 1, ..., \aleph - 1$, the linear system of equations defined by equation (11.5.31) may be easily solved for the Fourier components of each of the interfacial flux functions as a function of time. Equation (11.5.4) is then used to obtain the pressure at any point in space and time directly.

*If we set $\breve{\lambda}_j = 0$, which physically means that the layers are in perfect hydraulic communication, equation (11.5.7) reduces to a Fredholm equation of the first kind.

11.6 Subdivided cuboid. Point source at (x_{0j}, y_{0j}, z_{0j}) at time $t = t_{0j}$; $0 < x_{0j} < a$, $0 < y_{0j} < b$, $d_j < z_{0j} < d_{j+1}$, $t_{0j} \geq 0$. $p_j(0, y, z, t) = \psi_{0yzj}(y, z, t)$, $p_j(a, y, z, t) = \psi_{ayzj}(y, z, t)$, $p_j(x, 0, z, t) = \psi_{x0zj}(x, z, t)$ and $p_j(x, b, z, t) = \psi_{xbzj}(x, z, t)$, $d_j < z < d_{j+1}$, $\forall j = 0, 1, \ldots\ldots.., \aleph - 1$. At $z = d_0$, $\frac{\partial p(x,y,d_0,t)}{\partial z} = -\left(\frac{\mu}{k_z}\right)_0 \psi_{xy0_0}(x, y, t)$ and at $z = d_\aleph$, $\frac{\partial p(x,y,d_\aleph,t)}{\partial z} = -\left(\frac{\mu}{k_z}\right)_\aleph \psi_{xyd\aleph}(x, y, t)$, $0 < x < a$, $0 < y < b$. At the interface $z = d_j$, $\psi_j(x, y, t) = -\left(\frac{k_z}{\mu}\right)_j \left(\frac{\partial p_j(x,y,d_j,t)}{\partial y}\right) = -\left(\frac{k_z}{\mu}\right)_{j-1} \left(\frac{\partial p_{j-1}(x,y,d_j,t)}{\partial y}\right)$ and $\check{\lambda}_j \psi_j(x, y, t) = \{p_{j-1}(x, y, d_j, t) - p_j(x, y, d_j, t)\}$, $\forall j = 1, \ldots.., \aleph - 1$. The initial pressure $p_j(x, y, z, 0) = \varphi_j(x, y, z)$

The successive application of the Laplace and Fourier transforms to equation (11.5.1) yields

$$\overline{\overline{\overline{p}}}_j = \frac{q_j(s)\, e^{-st_0} \sin(\xi_n x_{0j}) \sin(\xi_m y_{0j}) \cos\{\xi_{lj}(z_{0j} - d_j)\}}{(\phi c_t)_j \left\{\eta_{xj}\xi_n^2 + \eta_{yj}\xi_m^2 + \eta_{zj}\xi_{lj}^2 + s\right\}} + \frac{\left\{(-1)^{l+1}\overline{\overline{\overline{\psi}}}_{j+1}(\xi_n, \xi_m, s) + \overline{\overline{\overline{\psi}}}_j(\xi_n, \xi_m, s)\right\}}{(\phi c_t)_j \left\{\eta_{xj}\xi_n^2 + \eta_{yj}\xi_m^2 + \eta_{zj}\xi_{lj}^2 + s\right\}} +$$
$$+ \frac{\eta_{xj}\xi_n \left\{(-1)^{n+1}\overline{\overline{\overline{\psi}}}_{ayzj}(\xi_m, \xi_{lj}, s) + \overline{\overline{\overline{\psi}}}_{0yzj}(\xi_m, \xi_{lj}, s)\right\}}{\left\{\eta_{xj}\xi_n^2 + \eta_{yj}\xi_m^2 + \eta_{zj}\xi_{lj}^2 + s\right\}} +$$
$$+ \frac{\eta_{yj}\xi_m \left\{(-1)^{m+1}\overline{\overline{\overline{\psi}}}_{xbzj}(\xi_n, \xi_{lj}, s) + \overline{\overline{\overline{\psi}}}_{x0zj}(\xi_n, \xi_{lj}, s)\right\}}{\left\{\eta_{xj}\xi_n^2 + \eta_{yj}\xi_m^2 + \eta_{zj}\xi_{lj}^2 + s\right\}} +$$
$$+ \frac{\int_0^{d_{j+1}-d_j} \int_0^b \int_0^a \varphi_j(u, v, w + d_j) \sin(\xi_n u) \sin(\xi_m v) \cos(\xi_{lj} w)\, du dv dw}{\left\{\eta_{xj}\xi_n^2 + \eta_{yj}\xi_m^2 + \eta_{zj}\xi_{lj}^2 + s\right\}} \tag{11.6.1}$$

where $\overline{p}_j = \int_0^\infty p_j e^{-st} dt$, $\overline{\overline{p}} = \int_0^a \overline{p}_j \sin(\xi_n x)\, dx$, $\overline{\overline{\overline{p}}}_j = \int_0^b \overline{\overline{p}}_j \sin(\xi_m y)\, dy$, $\overline{\overline{\overline{\overline{p}}}}_j = \int_0^{d_{j+1}-d_j} \overline{\overline{\overline{p}}}_j \cos(\xi_{lj} z)\, dz$, $\overline{\psi}_{0yzj}(y, z, s) = \int_0^\infty \psi_{0yzj}(y, z, t)\, e^{-st} dt$, $\overline{\overline{\psi}}_{0yzj}(\xi_m, z, s) = \int_0^b \overline{\psi}_{0yzj}(y, z, s) \sin(\xi_m y)\, dy$, $\overline{\overline{\overline{\psi}}}_{0yzj}(\xi_m, \xi_{lj}, s) = \int_0^{d_{j+1}-d_j} \overline{\overline{\psi}}_{0yzj}(\xi_m, z, s) \cos(\xi_{lj} z)\, dz$, $\overline{\psi}_{ayzj}(y, z, s) = \int_0^\infty \psi_{ayzj}(y, z, t)\, e^{-st} dt$, $\overline{\overline{\psi}}_{ayzj}(\xi_m, z, s) = \int_0^b \overline{\psi}_{ayzj}(y, z, s) \sin(\xi_m y)\, dy$, $\overline{\overline{\overline{\psi}}}_{ayzj}(\xi_m, \xi_{lj}, s) = \int_0^{d_{j+1}-d_j} \overline{\overline{\psi}}_{ayzj}(\xi_m, z, s) \cos(\xi_{lj} z)\, dz$, $\overline{\psi}_{x0zj}(x, z, s) = \int_0^\infty \psi_{x0zj}(x, z, t)\, e^{-st} dt$, $\overline{\overline{\psi}}_{x0zj}(\xi_n, z, s) = \int_0^a \overline{\psi}_{x0zj}(x, z, s) \sin(\xi_n x)\, dx$, $\overline{\overline{\overline{\psi}}}_{x0zj}(\xi_n, \xi_{lj}, s) = \int_0^{d_{j+1}-d_j} \overline{\overline{\psi}}_{x0zj}(\xi_n, z, t) \cos(\xi_{lj} z)\, dz$, $\overline{\psi}_{xbzj}(x, z, s) = \int_0^\infty \psi_{xbzj}(x, z, t)\, e^{-st} dt$, $\overline{\overline{\psi}}_{xbzj}(\xi_n, z, s) = \int_0^a \overline{\psi}_{xbzj}(x, z, s) \sin(\xi_n x)\, dx$ and $\overline{\overline{\overline{\psi}}}_{xbzj}(\xi_n, \xi_{lj}, s) = \int_0^{d_{j+1}-d_j} \overline{\overline{\psi}}_{xbzj}(\xi_n, z, t) \cos(\xi_{lj} z)\, dz$, for the interfacial fluxes, which are functions of x, y, and time, we use the simpler notation $\psi_j(x, y, t)$. $\overline{\psi}_j(x, y, s) = \int_0^\infty \psi_j(x, y, t)\, e^{-st} dt$, $\overline{\overline{\psi}}_j(x, \xi_m, s) = \int_0^b \overline{\psi}_j(x, y, s) \sin(\xi_m y)\, dy$, $\overline{\overline{\overline{\psi}}}_j(\xi_n, \xi_m, s) = \int_0^a \overline{\overline{\psi}}_j(x, \xi_m, s) \sin(\xi_n x)\, dx$, and ξ_n is a positive root of $\sin(\xi_n a) = 0$, which are $\xi_n = \frac{n\pi}{a}$, $n = 1, 2, 3, \ldots..$, ξ_m is a positive root of $\sin(\xi_m b) = 0$, which are $\xi_m = \frac{m\pi}{b}$, $m = 1, 2, 3, \ldots..$, and ξ_{lj} is a positive root of $\sin\{\xi_{lj}(d_{j+1} - d_j)\} = 0$, which are $\xi_{lj} = \frac{l\pi}{(d_{j+1} - d_j)}$, $l = 1, 2, 3, \ldots...$

In the interval $d_j \leq z \leq d_{j+1}$, $j = 0, 1, \ldots, \aleph - 1$, the pressure response to a continuous point source in Laplace space is given by

$$\overline{p}_j = \frac{2q_j(s)\, e^{-st_{0j}}}{b(d_{j+1} - d_j)(\phi c_t)_j \eta_{xj}} \sum_{m=1}^{\infty} \sum_{l=0}^{\infty} \frac{\ni_l \operatorname{csch}\left\{a\sqrt{\beta_{xj} + \frac{s}{\eta_{xj}}}\right\}}{\sqrt{\beta_{xj} + \frac{s}{\eta_{xj}}}} \times$$
$$\times \sin(\xi_m y_{0j}) \sin(\xi_m y) \cos\{\xi_{lj}(z - d_j)\} \cos\{\xi_{lj}(z_{0j} - d_j)\} \times$$
$$\times \left[\cosh\left\{(a - |x - x_{0j}|)\sqrt{\beta_{xj} + \frac{s}{\eta_{xj}}}\right\} - \cosh\left\{(a - x - x_{0j})\sqrt{\beta_{xj} + \frac{s}{\eta_{xj}}}\right\}\right] +$$

$$
\begin{aligned}
&+ \frac{4}{ab\left(\phi c_t\right)_j \eta_{zj}} \sum_{m=1}^{\infty}\sum_{l=0}^{\infty} \frac{\ni_l \operatorname{csch}\left\{\left(d_{j+1}-d_j\right)\sqrt{\beta_{zj}+\frac{s}{\eta_{zj}}}\right\}}{\sqrt{\beta_{zj}+\frac{s}{\eta_{zj}}}} \sin\left(\xi_n x\right)\sin\left(\xi_m y\right) \times \\
&\times \left[\overline{\overline{\overline{\psi}}}_j\left(\xi_n,\xi_m,s\right)\cosh\left\{\left(d_{j+1}-z\right)\sqrt{\beta_{zj}+\frac{s}{\eta_{zj}}}\right\} - \overline{\overline{\overline{\psi}}}_{j+1}\left(\xi_n,\xi_m,s\right)\cosh\left\{z\sqrt{\beta_{zj}+\frac{s}{\eta_{zj}}}\right\}\right] + \\
&+ \frac{4}{b\left(d_{j+1}-d_j\right)} \sum_{m=1}^{\infty}\sum_{l=0}^{\infty} \ni_l \operatorname{csch}\left\{a\sqrt{\beta_{xj}+\frac{s}{\eta_{xj}}}\right\} \sin\left(\xi_m y\right)\cos\left\{\xi_{lj}\left(z-d_j\right)\right\} \times \\
&\times \left[\overline{\overline{\overline{\psi}}}_{ayzj}\left(\xi_m,\xi_{lj},s\right)\sinh\left\{x\sqrt{\beta_{xj}+\frac{s}{\eta_{xj}}}\right\} + \overline{\overline{\overline{\psi}}}_{0yzj}\left(\xi_m,\xi_{lj},s\right)\sinh\left\{(a-x)\sqrt{\beta_{xj}+\frac{s}{\eta_{xj}}}\right\}\right] + \\
&+ \frac{4}{a\left(d_{j+1}-d_j\right)} \sum_{n=1}^{\infty}\sum_{l=0}^{\infty} \ni_l \operatorname{csch}\left\{b\sqrt{\beta_{yj}+\frac{s}{\eta_{yj}}}\right\} \sin\left(\xi_n x\right)\cos\left\{\xi_{lj}\left(z-d_j\right)\right\} \times \\
&\times \left[\overline{\overline{\overline{\psi}}}_{xbzj}\left(\xi_n,\xi_{lj},s\right)\sinh\left\{y\sqrt{\beta_{yj}+\frac{s}{\eta_{yj}}}\right\} + \overline{\overline{\overline{\psi}}}_{x0zj}\left(\xi_n,\xi_{lj},s\right)\sinh\left\{(b-y)\sqrt{\beta_{yj}+\frac{s}{\eta_{yj}}}\right\}\right] + \\
&+ \frac{2}{b\left(d_{j+1}-d_j\right)\eta_{xj}} \sum_{m=1}^{\infty}\sum_{l=0}^{\infty} \frac{\ni_l \operatorname{csch}\left\{a\sqrt{\beta_{xj}+\frac{s}{\eta_{xj}}}\right\}}{\sqrt{\beta_{xj}+\frac{s}{\eta_{xj}}}} \sin\left(\xi_m y\right)\cos\left\{\xi_{lj}\left(z-d_j\right)\right\} \times \\
&\times \int_0^{d_{j+1}-d_j}\int_0^b\int_0^a \varphi_j\left(u,v,w+d_j\right)\sin\left(\xi_m v\right)\cos\left\{\xi_{lj} w\right\} \times \\
&\times \left[\cosh\left\{\left(a-|x-u|\right)\sqrt{\beta_{xj}+\frac{s}{\eta_{xj}}}\right\} - \cosh\left\{(a-x-u)\sqrt{\beta_{xj}+\frac{s}{\eta_{xj}}}\right\}\right] dudvdw \qquad (11.6.2)
\end{aligned}
$$

where $\beta_{xj} = \left\{\frac{\eta_{yj}}{\eta_{xj}}\right\}\xi_m^2 + \left\{\frac{\eta_{zj}}{\eta_{xj}}\right\}\xi_{lj}^2$, $\beta_{yj} = \left\{\frac{\eta_{xj}}{\eta_{yj}}\right\}\xi_n^2 + \left\{\frac{\eta_{zj}}{\eta_{yj}}\right\}\xi_{lj}^2$, $\beta_{zj} = \left\{\frac{\eta_{xj}}{\eta_{zj}}\right\}\xi_n^2 + \left\{\frac{\eta_{yj}}{\eta_{zj}}\right\}\xi_m^2$, and $\ni_l = \begin{cases} \frac{1}{2}, & l=0 \\ 1, & l=1,2,3,.... \end{cases}$. The inverse Laplace transform of equation (11.6.2) yields

$$
\begin{aligned}
p_j \;=\; & \frac{U\left(t-t_{0j}\right)}{8\left(\phi c_t\right)_j ab\left(d_{j+1}-d_j\right)} \times \\
& \times \int_0^{t-t_{0j}} q_j(t-t_{0j}-\tau)\left\{\Theta_3\left(\frac{\pi}{2a}\left(x-x_{0j}\right), e^{-\left(\frac{\pi}{a}\right)^2\eta_{xj}\tau}\right) - \Theta_3\left(\frac{\pi\left(x+x_{0j}\right)}{2a}, e^{-\left(\frac{\pi}{a}\right)^2\eta_{xj}\tau}\right)\right\} \times \\
& \times \left\{\Theta_3\left(\frac{\pi\left(y-y_{0j}\right)}{2b}, e^{-\left(\frac{\pi}{b}\right)^2\eta_{yj}\tau}\right) - \Theta_3\left(\frac{\pi\left(y+y_{0j}\right)}{2b}, e^{-\left(\frac{\pi}{b}\right)^2\eta_{yj}\tau}\right)\right\} \times \\
& \times \left\{\Theta_3\left(\frac{\pi\left(z-z_{0j}\right)}{2\left(d_{j+1}-d_j\right)}, e^{-\left(\frac{\pi}{d_{j+1}-d_j}\right)^2\eta_{zj}\tau}\right) + \Theta_3\left(\frac{\pi\left(z+z_{0j}-2d_j\right)}{2\left(d_{j+1}-d_j\right)}, e^{-\left(\frac{\pi}{d_{j+1}-d_j}\right)^2\eta_{zj}\tau}\right)\right\} d\tau + \\
& + \frac{4}{\left(\phi c_t\right)_j ab\left(d_{j+1}-d_j\right)} \sum_{n=0}^{\infty}\sum_{m=0}^{\infty} \sin\left(\xi_n x\right)\sin\left(\xi_m y\right) \times \\
& \times \int_0^t \left\{\overline{\overline{\psi}}_j\left(\xi_n,\xi_m,\tau\right)\Theta_3\left(\frac{\pi\left(z-d_j\right)}{2\left(d_{j+1}-d_j\right)}, e^{-\left(\frac{\pi}{d_{j+1}-d_j}\right)^2\eta_{zj}(t-\tau)}\right) - \right. \\
& \left. -\overline{\overline{\psi}}_{j+1}\left(\xi_n,\xi_m,\tau\right)\Theta_4\left(\frac{\pi\left(z-d_j\right)}{2\left(d_{j+1}-d_j\right)}, e^{-\left(\frac{\pi}{d_{j+1}-d_j}\right)^2\eta_{zj}(t-\tau)}\right)\right\} e^{-\left(\xi_n^2\eta_{xj}+\xi_m^2\eta_{yj}\right)(t-\tau)} d\tau + \\
& + \frac{2\eta_{xj}}{a^2 b\left(d_{j+1}-d_j\right)} \sum_{m=1}^{\infty}\sum_{l=0}^{\infty} \ni_l \sin\left(\xi_m y\right)\cos\left\{\xi_{lj}\left(z-d_j\right)\right\} \times
\end{aligned}
$$

$$\times \int_0^t \left\{ \overline{\overline{\psi}}_{ayzj}(\xi_m, \xi_{lj}, \tau)\, \Theta_4' \left(\frac{\pi x}{2a}, e^{-\left(\frac{\pi}{a}\right)^2 \eta_{xj}(t-\tau)} \right) - \overline{\overline{\psi}}_{0yzj}(\xi_m, \xi_{lj}, \tau)\, \Theta_3' \left(\frac{\pi x}{2a}, e^{-\left(\frac{\pi}{a}\right)^2 \eta_{xj}(t-\tau)} \right) \right\} \times$$

$$\times e^{-\left(\xi_m^2 \eta_{yj} + \xi_{lj}^2 \eta_{zj}\right)(t-\tau)} d\tau +$$

$$+ \frac{2\eta_{yj}}{ab^2 (d_{j+1} - d_j)} \sum_{n=1}^{\infty} \sum_{l=0}^{\infty} \ni_l \sin(\xi_n x) \cos\{\xi_{lj}(z - d_j)\} \times$$

$$\times \int_0^t \left\{ \overline{\overline{\psi}}_{xbzj}(\xi_n, \xi_{lj}, \tau)\, \Theta_4' \left(\frac{\pi y}{2b}, e^{-\left(\frac{\pi}{b}\right)^2 \eta_{yj}(t-\tau)} \right) - \overline{\overline{\psi}}_{x0zj}(\xi_n, \xi_{lj}, \tau)\, \Theta_3' \left(\frac{\pi y}{2b}, e^{-\left(\frac{\pi}{b}\right)^2 \eta_{yj}(t-\tau)} \right) \right\} \times$$

$$\times e^{-\left(\xi_n^2 \eta_{xj} + \xi_{lj}^2 \eta_{zj}\right)(t-\tau)} d\tau +$$

$$+ \frac{1}{8ab (d_{j+1} - d_j)} \times$$

$$\times \int_0^{d_{j+1}-d_j} \int_0^b \int_0^a \varphi_j(u, v, w + d_j) \left\{ \Theta_3 \left(\frac{\pi (x-u)}{2a}, e^{-\left(\frac{\pi}{a}\right)^2 \eta_{xj} t} \right) - \Theta_3 \left(\frac{\pi (x+u)}{2a}, e^{-\left(\frac{\pi}{a}\right)^2 \eta_{xj} t} \right) \right\} \times$$

$$\times \left\{ \Theta_3 \left(\frac{\pi (y-v)}{2b}, e^{-\left(\frac{\pi}{b}\right)^2 \eta_{yj} t} \right) - \Theta_3 \left(\frac{\pi (y+v)}{2b}, e^{-\left(\frac{\pi}{b}\right)^2 \eta_{yj} t} \right) \right\} \times$$

$$\times \left\{ \Theta_3 \left(\frac{\pi (z - d_j - w)}{2 (d_{j+1} - d_j)}, e^{-\left(\frac{\pi}{d_{j+1}-d_j}\right)^2 \eta_{zj} t} \right) + \Theta_3 \left(\frac{\pi (z - d_j + w)}{2 (d_{j+1} - d_j)}, e^{-\left(\frac{\pi}{d_{j+1}-d_j}\right)^2 \eta_{zj} t} \right) \right\} du dv dw \quad (11.6.3)$$

or

$$p_j = \frac{U(t - t_{0j})}{8 (\phi c_t)_j ab (d_{j+1} - d_j)} \times$$

$$\times \int_0^{t-t_{0j}} q_j(t - t_{0j} - \tau) \left\{ \Theta_3 \left(\frac{\pi}{2a} (x - x_{0j}), e^{-\left(\frac{\pi}{a}\right)^2 \eta_{xj} \tau} \right) - \Theta_3 \left(\frac{\pi (x + x_{0j})}{2a}, e^{-\left(\frac{\pi}{a}\right)^2 \eta_{xj} \tau} \right) \right\} \times$$

$$\times \left\{ \Theta_3 \left(\frac{\pi (y - y_{0j})}{2b}, e^{-\left(\frac{\pi}{b}\right)^2 \eta_{yj} \tau} \right) - \Theta_3 \left(\frac{\pi (y + y_{0j})}{2b}, e^{-\left(\frac{\pi}{b}\right)^2 \eta_{yj} \tau} \right) \right\} \times$$

$$\times \left\{ \Theta_3 \left(\frac{\pi (z - z_{0j})}{2 (d_{j+1} - d_j)}, e^{-\left(\frac{\pi}{d_{j+1}-d_j}\right)^2 \eta_{zj} \tau} \right) + \Theta_3 \left(\frac{\pi (z + z_{0j} - 2d_j)}{2 (d_{j+1} - d_j)}, e^{-\left(\frac{\pi}{d_{j+1}-d_j}\right)^2 \eta_{zj} \tau} \right) \right\} d\tau +$$

$$+ \frac{1}{4 (\phi c_t)_j ab (d_{j+1} - d_j)} \int_0^t \int_0^a \int_0^b \left\{ \psi_j(u, v, \tau)\, \Theta_3 \left(\frac{\pi (z - d_j)}{2 (d_{j+1} - d_j)}, e^{-\left(\frac{\pi}{d_{j+1}-d_j}\right)^2 \eta_{zj}(t-\tau)} \right) - \right.$$

$$\left. - \psi_{j+1}(u, v, \tau)\, \Theta_4 \left(\frac{\pi (z - d_j)}{2 (d_{j+1} - d_j)}, e^{-\left(\frac{\pi}{d_{j+1}-d_j}\right)^2 \eta_{zj}(t-\tau)} \right) \right\} \times$$

$$\times \left\{ \Theta_3 \left(\frac{\pi (x-u)}{2a}, e^{-\left(\frac{\pi}{a}\right)^2 \eta_{xj}(t-\tau)} \right) - \Theta_3 \left(\frac{\pi (x+u)}{2a}, e^{-\left(\frac{\pi}{a}\right)^2 \eta_{xj}(t-\tau)} \right) \right\} \times$$

$$\times \left\{ \Theta_3 \left(\frac{\pi (y-v)}{2b}, e^{-\left(\frac{\pi}{b}\right)^2 \eta_{yj}(t-\tau)} \right) - \Theta_3 \left(\frac{\pi (y+v)}{2b}, e^{-\left(\frac{\pi}{b}\right)^2 \eta_{yj}(t-\tau)} \right) \right\} du dv d\tau +$$

$$+ \frac{\eta_{xj}}{8a^2 b (d_{j+1} - d_j)} \int_0^t \int_0^{d_{j+1}-d_j} \int_0^b \left\{ \psi_{ayzj}(v, w, \tau)\, \Theta_4' \left(\frac{\pi x}{2a}, e^{-\left(\frac{\pi}{a}\right)^2 \eta_{xj}(t-\tau)} \right) - \right.$$

$$\left. - \psi_{0yzj}(v, w, \tau)\, \Theta_3' \left(\frac{\pi x}{2a}, e^{-\left(\frac{\pi}{a}\right)^2 \eta_{xj}(t-\tau)} \right) \right\} \times$$

$$\times \left\{ \Theta_3 \left(\frac{\pi (y-v)}{2b}, e^{-\left(\frac{\pi}{b}\right)^2 \eta_{yj}(t-\tau)} \right) - \Theta_3 \left(\frac{\pi (y+v)}{2b}, e^{-\left(\frac{\pi}{b}\right)^2 \eta_{yj}(t-\tau)} \right) \right\} \times$$

$$\times\left\{\Theta_3\left(\frac{\pi\left(z-d_j-w\right)}{2\left(d_{j+1}-d_j\right)},e^{-\left(\frac{\pi}{d_{j+1}-d_j}\right)^2\eta_{zj}t}\right)+\Theta_3\left(\frac{\pi\left(z-d_j+w\right)}{2\left(d_{j+1}-d_j\right)},e^{-\left(\frac{\pi}{d_{j+1}-d_j}\right)^2\eta_{zj}t}\right)\right\}dvdwd\tau+$$

$$+\quad\frac{\eta_{yj}}{8ab^2\left(d_{j+1}-d_j\right)}\int_0^t\int_0^{d_{j+1}-d_j}\int_0^a\left\{\psi_{xbzj}\left(u,w,\tau\right)\Theta_4'\left(\frac{\pi y}{2b},e^{-\left(\frac{\pi}{b}\right)^2\eta_{yj}(t-\tau)}\right)-\right.$$

$$\left.-\psi_{x0zj}\left(u,w,\tau\right)\Theta_3'\left(\frac{\pi y}{2b},e^{-\left(\frac{\pi}{b}\right)^2\eta_{yj}(t-\tau)}\right)\right\}\times$$

$$\times\left\{\Theta_3\left(\frac{\pi\left(x-u\right)}{2a},e^{-\left(\frac{\pi}{a}\right)^2\eta_{xj}(t-\tau)}\right)-\Theta_3\left(\frac{\pi\left(x+u\right)}{2a},e^{-\left(\frac{\pi}{a}\right)^2\eta_{xj}(t-\tau)}\right)\right\}\times$$

$$\times\left\{\Theta_3\left(\frac{\pi\left(z-d_j-w\right)}{2\left(d_{j+1}-d_j\right)},e^{-\left(\frac{\pi}{d_{j+1}-d_j}\right)^2\eta_{zj}t}\right)+\Theta_3\left(\frac{\pi\left(z-d_j+w\right)}{2\left(d_{j+1}-d_j\right)},e^{-\left(\frac{\pi}{d_{j+1}-d_j}\right)^2\eta_{zj}t}\right)\right\}dudwd\tau+$$

$$+\quad\frac{1}{8ab\left(d_{j+1}-d_j\right)}\times$$

$$\times\int_0^{d_{j+1}-d_j}\int_0^b\int_0^a\varphi_j\left(u,v,w+d_j\right)\left\{\Theta_3\left(\frac{\pi\left(x-u\right)}{2a},e^{-\left(\frac{\pi}{a}\right)^2\eta_{xj}t}\right)-\Theta_3\left(\frac{\pi\left(x+u\right)}{2a},e^{-\left(\frac{\pi}{a}\right)^2\eta_{xj}t}\right)\right\}\times$$

$$\times\left\{\Theta_3\left(\frac{\pi\left(y-v\right)}{2b},e^{-\left(\frac{\pi}{b}\right)^2\eta_{yj}t}\right)-\Theta_3\left(\frac{\pi\left(y+v\right)}{2b},e^{-\left(\frac{\pi}{b}\right)^2\eta_{yj}t}\right)\right\}\times$$

$$\times\left\{\Theta_3\left(\frac{\pi\left(z-d_j-w\right)}{2\left(d_{j+1}-d_j\right)},e^{-\left(\frac{\pi}{d_{j+1}-d_j}\right)^2\eta_{zj}t}\right)+\Theta_3\left(\frac{\pi\left(z-d_j+w\right)}{2\left(d_{j+1}-d_j\right)},e^{-\left(\frac{\pi}{d_{j+1}-d_j}\right)^2\eta_{zj}t}\right)\right\}dudvdw \quad (11.6.4)$$

We employ, in the time domain, the interfacial boundary condition

$$\breve{\lambda}_j\psi_j\left(x,y,t\right)=\frac{4\breve{\lambda}_j}{ab}\sum_{n=1}^{\infty}\sum_{m=1}^{\infty}\overline{\overline{\psi}}_j\left(\xi_n,\xi_m,t\right)\sin\left(\xi_n x\right)\sin\left(\xi_m y\right)=p_{j-1}\left(x,y,d_j,t\right)-p_j\left(x,y,d_j,t\right)$$

Substituting for $p_j\left(x,y,d_j,t\right)$ and $p_{j-1}\left(x,y,d_j,t\right)$ from equation (11.6.3), we obtain a three-point inhomogeneous recurrence relationship of the interfacial flux functions:

$$\breve{\lambda}_j\sum_{n=1}^{\infty}\sum_{m=1}^{\infty}\overline{\overline{\psi}}_j\left(\xi_n,\xi_m,t\right)\sin\left(\xi_n x\right)\sin\left(\xi_m y\right)=$$

$$=\sum_{n=1}^{\infty}\sum_{m=1}^{\infty}\sin\left(\xi_n x\right)\sin\left(\xi_m y\right)\int_0^t\overline{\overline{\psi}}_j\left(\xi_n,\xi_m,\tau\right)\mathcal{A}_j\left(\xi_n,\xi_m,t-\tau\right)d\tau+$$

$$+\sum_{n=1}^{\infty}\sum_{m=1}^{\infty}\sin\left(\xi_n x\right)\sin\left(\xi_m y\right)\int_0^t\overline{\overline{\psi}}_{j+1}\left(\xi_n,\xi_m,\tau\right)\mathcal{B}_j\left(\xi_n,\xi_m,t-\tau\right)d\tau+$$

$$+\sum_{n=1}^{\infty}\sum_{m=1}^{\infty}\sin\left(\xi_n x\right)\sin\left(\xi_m y\right)\int_0^t\overline{\overline{\psi}}_{j-1}\left(\xi_n,\xi_m,\tau\right)\mathcal{C}_j\left(\xi_n,\xi_m,t-\tau\right)d\tau+\left(\frac{ab}{4}\right)\Omega_j\left(x,y,t\right) \qquad (11.6.5)$$

By use of the orthogonality of the sine integral, equation (11.5.6) may be reduced to

$$\breve{\lambda}_j\overline{\overline{\psi}}_j\left(\xi_n,\xi_m,t\right)=\int_0^t\overline{\overline{\psi}}_j\left(\xi_n,\xi_m,\tau\right)\mathcal{A}_j\left(\xi_n,\xi_m,t-\tau\right)d\tau+\int_0^t\overline{\overline{\psi}}_{j+1}\left(\xi_n,\xi_m,\tau\right)\mathcal{B}_j\left(\xi_n,\xi_m,t-\tau\right)d\tau+$$

$$+\int_0^t\overline{\overline{\psi}}_{j-1}\left(\xi_n,\xi_m,\tau\right)\mathcal{C}_j\left(\xi_n,\xi_m,t-\tau\right)d\tau+\Omega_j^{ss}\left(\xi_n,\xi_m,t\right) \qquad (11.6.6)$$

The coefficients $\mathcal{A}_j(\xi_n,\xi_m,t-\tau)$, $\mathcal{B}_j(\xi_n,\xi_m,t-\tau)$ and $\mathcal{C}_j(\xi_n,\xi_m,t-\tau)$ of the recurrence integral equation (11.6.6) for $d_j < z < d_{j+1}$, $\forall j = 1,2,.....,\aleph-1$, are given by equations (11.5.8), (11.5.9) and (11.5.10), respectively. $\Omega_j^{ss}(\xi_n,\xi_m,t)$ is given by

$$\Omega_j^{ss}(\xi_n,\xi_m,t) = \int_0^a\int_0^b \Omega_j(x,y,t)\sin(\xi_n x)\sin(\xi_m y)\,dydx \tag{11.6.7}$$

where

$$\begin{aligned}
\Omega_j(x,y,t) = {} & \frac{U(t-t_{0j-1})}{8(\phi c_t)_{j-1}ab(d_j-d_{j-1})}\int_0^{t-t_{0j-1}} q_{j-1}(t-t_{0j-1}-\tau)\times\\
& \times\left\{\Theta_3\left(\frac{\pi(x-x_{0j-1})}{2a},e^{-\left(\frac{\pi}{a}\right)^2\eta_{xj-1}\tau}\right)-\Theta_3\left(\frac{\pi(x+x_{0j-1})}{2a},e^{-\left(\frac{\pi}{a}\right)^2\eta_{xj-1}\tau}\right)\right\}\times\\
& \times\left\{\Theta_3\left(\frac{\pi(y-y_{0j-1})}{2b},e^{-\left(\frac{\pi}{b}\right)^2\eta_{yj-1}\tau}\right)-\Theta_3\left(\frac{\pi(y+y_{0j-1})}{2b},e^{-\left(\frac{\pi}{b}\right)^2\eta_{yj-1}\tau}\right)\right\}\times\\
& \times\left\{\Theta_3\left(\frac{\pi(d_j-z_{0j-1})}{2(d_j-d_{j-1})},e^{-\left(\frac{\pi}{d_j-d_{j-1}}\right)^2\eta_{zj-1}\tau}\right)+\right.\\
& \left.+\Theta_3\left(\frac{\pi(d_j+z_{0j-1}-2d_{j-1})}{2(d_j-d_{j-1})},e^{-\left(\frac{\pi}{d_j-d_{j-1}}\right)^2\eta_{zj-1}\tau}\right)\right\}d\tau+\\
& +\frac{2\eta_{xj-1}}{a^2b(d_j-d_{j-1})}\sum_{m=1}^{\infty}\sum_{l=0}^{\infty}\ni_l(-1)^l\sin(\xi_m y)\times\\
& \times\int_0^t\left\{\overline{\overline{\psi}}_{ayzj-1}(\xi_m,\xi_{lj-1},\tau)\Theta_4'\left(\frac{\pi x}{2a},e^{-\left(\frac{\pi}{a}\right)^2\eta_{xj-1}(t-\tau)}\right)-\overline{\overline{\psi}}_{0yzj-1}(\xi_m,\xi_{lj-1},\tau)\Theta_3'\left(\frac{\pi x}{2a},e^{-\left(\frac{\pi}{a}\right)^2\eta_{xj-1}(t-\tau)}\right)\right\}\times\\
& \times e^{-\left(\xi_m^2\eta_{yj-1}+\xi_{lj-1}^2\eta_{zj-1}\right)(t-\tau)}d\tau+\\
& +\frac{2\eta_{yj-1}}{ab^2(d_j-d_{j-1})}\sum_{n=1}^{\infty}\sum_{l=0}^{\infty}\ni_l(-1)^l\sin(\xi_n x)\times\\
& \times\int_0^t\left\{\overline{\overline{\psi}}_{xbzj-1}(\xi_n,\xi_{lj-1},\tau)\Theta_4'\left(\frac{\pi y}{2b},e^{-\left(\frac{\pi}{b}\right)^2\eta_{yj-1}(t-\tau)}\right)-\overline{\overline{\psi}}_{x0zj-1}(\xi_n,\xi_{lj-1},\tau)\Theta_3'\left(\frac{\pi y}{2b},e^{-\left(\frac{\pi}{b}\right)^2\eta_{yj-1}(t-\tau)}\right)\right\}\times\\
& \times e^{-\left(\xi_n^2\eta_{xj-1}+\xi_{lj-1}^2\eta_{zj-1}\right)(t-\tau)}d\tau+\\
& +\frac{1}{8ab(d_j-d_{j-1})}\int_0^{d_j-d_{j-1}}\int_0^b\int_0^a\varphi_j(u,v,w+d_{j-1})\times\\
& \times\left\{\Theta_3\left(\frac{\pi(x-u)}{2a},e^{-\left(\frac{\pi}{a}\right)^2\eta_{xj-1}t}\right)-\Theta_3\left(\frac{\pi(x+u)}{2a},e^{-\left(\frac{\pi}{a}\right)^2\eta_{xj-1}t}\right)\right\}\times\\
& \times\left\{\Theta_3\left(\frac{\pi(y-v)}{2b},e^{-\left(\frac{\pi}{b}\right)^2\eta_{yj-1}t}\right)-\Theta_3\left(\frac{\pi(y+v)}{2b},e^{-\left(\frac{\pi}{b}\right)^2\eta_{yj-1}t}\right)\right\}\times\\
& \times\left\{\Theta_3\left(\frac{\pi(d_j-d_{j-1}-w)}{2(d_j-d_{j-1})},e^{-\left(\frac{\pi}{d_j-d_{j-1}}\right)^2\eta_{zj-1}t}\right)+\right.\\
& \left.+\Theta_3\left(\frac{\pi(d_j-d_{j-1}+w)}{2(d_j-d_{j-1})},e^{-\left(\frac{\pi}{d_j-d_{j-1}}\right)^2\eta_{zj-1}t}\right)\right\}dudvdw-
\end{aligned}$$

$$
\begin{aligned}
&- \frac{U(t-t_{0j})}{4(\phi c_t)_j ab(d_{j+1}-d_j)} \int\limits_0^{t-t_{0j}} q_j(t-t_{0j}-\tau)\Theta_3\left(\frac{\pi(d_j-z_{0j})}{2(d_{j+1}-d_j)}, e^{-\left(\frac{\pi}{d_{j+1}-d_j}\right)^2\eta_{zj}\tau}\right) \times \\
&\times \left\{\Theta_3\left(\frac{\pi(x-x_{0j})}{2a}, e^{-\left(\frac{\pi}{a}\right)^2\eta_{xj}\tau}\right) - \Theta_3\left(\frac{\pi(x+x_{0j})}{2a}, e^{-\left(\frac{\pi}{a}\right)^2\eta_{xj}\tau}\right)\right\} \times \\
&\times \left\{\Theta_3\left(\frac{\pi(y-y_{0j})}{2b}, e^{-\left(\frac{\pi}{b}\right)^2\eta_{yj}\tau}\right) - \Theta_3\left(\frac{\pi(y+y_{0j})}{2b}, e^{-\left(\frac{\pi}{b}\right)^2\eta_{yj}\tau}\right)\right\} d\tau - \\
&- \frac{2\eta_{xj}}{a^2 b(d_{j+1}-d_j)} \sum_{m=1}^{\infty}\sum_{l=0}^{\infty} \ni_l \sin(\xi_m y) \times \\
&\times \int\limits_0^t \left\{\overline{\overline{\psi}}_{ayzj}(\xi_m,\xi_{lj},\tau)\Theta_4'\left(\frac{\pi x}{2a}, e^{-\left(\frac{\pi}{a}\right)^2\eta_{xj}(t-\tau)}\right) - \overline{\overline{\psi}}_{0yzj}(\xi_m,\xi_{lj},\tau)\Theta_3'\left(\frac{\pi x}{2a}, e^{-\left(\frac{\pi}{a}\right)^2\eta_{xj}(t-\tau)}\right)\right\} \times \\
&\times e^{-\left(\xi_m^2\eta_{yj}+\xi_{lj}^2\eta_{zj}\right)(t-\tau)} d\tau - \\
&- \frac{2\eta_{yj}}{ab^2(d_{j+1}-d_j)} \sum_{n=1}^{\infty}\sum_{l=0}^{\infty} \ni_l \sin(\xi_n x) \times \\
&\times \int\limits_0^t \left\{\overline{\overline{\psi}}_{xbzj}(\xi_n,\xi_{lj},\tau)\Theta_4'\left(\frac{\pi y}{2b}, e^{-\left(\frac{\pi}{b}\right)^2\eta_{yj}(t-\tau)}\right) - \overline{\overline{\psi}}_{x0zj}(\xi_n,\xi_{lj},\tau)\Theta_3'\left(\frac{\pi y}{2b}, e^{-\left(\frac{\pi}{b}\right)^2\eta_{yj}(t-\tau)}\right)\right\} \times \\
&\times e^{-\left(\xi_n^2\eta_{xj}+\xi_{lj}^2\eta_{zj}\right)(t-\tau)} d\tau - \\
&- \frac{1}{4ab(d_{j+1}-d_j)} \int\limits_0^{d_{j+1}-d_j}\int\limits_0^b\int\limits_0^a \varphi_j(u,v,w+d_j)\,\Theta_3\left(\frac{\pi w}{2(d_{j+1}-d_j)}, e^{-\left(\frac{\pi}{d_{j+1}-d_j}\right)^2\eta_{zj}t}\right) \times \\
&\times \left\{\Theta_3\left(\frac{\pi(x-u)}{2a}, e^{-\left(\frac{\pi}{a}\right)^2\eta_{xj}t}\right) - \Theta_3\left(\frac{\pi(x+u)}{2a}, e^{-\left(\frac{\pi}{a}\right)^2\eta_{xj}t}\right)\right\} \times \\
&\times \left\{\Theta_3\left(\frac{\pi(y-v)}{2b}, e^{-\left(\frac{\pi}{b}\right)^2\eta_{yj}t}\right) - \Theta_3\left(\frac{\pi(y+v)}{2b}, e^{-\left(\frac{\pi}{b}\right)^2\eta_{yj}t}\right)\right\} dudvdw \qquad (11.6.8)
\end{aligned}
$$

Alternatively, substituting for $p_j(x, y, d_j, t)$ and $p_{j-1}(x, y, d_j, t)$ from equation (11.6.4) in

$$\breve{\lambda}_j\psi_j(x,y,t) = \{p_{j-1}(x,y,d_j,t) - p_j(x,y,d_j,t)\}, \qquad \forall j = 1, 2, ..., \aleph - 1$$

we obtain a three-point recurrence integral equation relationship in time and space:

$$
\begin{aligned}
\breve{\lambda}_j\psi_j(x,y,t) =& \int\limits_0^t\int\limits_0^a\int\limits_0^b \mathcal{A}_j(x,u,y.v,t-\tau)\,\psi_j(u,v,\tau)dvdud\tau + \int\limits_0^t\int\limits_0^a\int\limits_0^b \mathcal{B}_j(x,u,y,v,t-\tau)\,\psi_{j+1}(u,v,\tau)dvdud\tau + \\
&+ \int\limits_0^t\int\limits_0^a\int\limits_0^b \mathcal{C}_j(x,u,y,v,t-\tau)\,\psi_{j-1}(u,v,\tau)dvdud\tau + \Omega_j(x,y,t) \qquad (11.6.9)
\end{aligned}
$$

The coefficients $\mathcal{A}_j(x,u,y.v,t-\tau)$, $\mathcal{B}_j(x,u,y.v,t-\tau)$ and $\mathcal{C}_j(x,u,y.v,t-\tau)$ of the recurrence integral equation (11.6.9) for $d_j < z < d_{j+1}$, $\forall j = 1, 2, ..., \aleph - 1$, are given by equations (11.5.14), (11.5.16) and (11.5.17), respectively. $\Omega_j(x, y, t)$ is given by

$$
\begin{aligned}
\Omega_j(x,y,t) =& \frac{U(t-t_{0j-1})}{8(\phi c_t)_{j-1} ab(d_j-d_{j-1})} \times \\
&\times \int\limits_0^{t-t_{0j-1}} q_{j-1}(t-t_{0j-1}-\tau)\left\{\Theta_3\left(\frac{\pi(x-x_{0j-1})}{2a}, e^{-\left(\frac{\pi}{a}\right)^2\eta_{xj-1}\tau}\right) - \Theta_3\left(\frac{\pi(x+x_{0j-1})}{2a}, e^{-\left(\frac{\pi}{a}\right)^2\eta_{xj-1}\tau}\right)\right\} \times \\
&\times \left\{\Theta_3\left(\frac{\pi(y-y_{0j-1})}{2b}, e^{-\left(\frac{\pi}{b}\right)^2\eta_{yj-1}\tau}\right) - \Theta_3\left(\frac{\pi(y+y_{0j-1})}{2b}, e^{-\left(\frac{\pi}{b}\right)^2\eta_{yj-1}\tau}\right)\right\} \times
\end{aligned}
$$

$$\times\left\{\Theta_3\left(\frac{\pi(d_j-z_{0j-1})}{2\left(d_j-d_{j-1}\right)},e^{-\left(\frac{\pi}{d_j-d_{j-1}}\right)^2\eta_{zj-1}\tau}\right)+\Theta_3\left(\frac{\pi(d_j+z_{0j-1}-2d_{j-1})}{2\left(d_j-d_{j-1}\right)},e^{-\left(\frac{\pi}{d_j-d_{j-1}}\right)^2\eta_{zj-1}\tau}\right)\right\}d\tau+$$

$$+\frac{\eta_{xj-1}}{8a^2b\left(d_j-d_{j-1}\right)}\int_0^t\int_0^{d_j-d_{j-1}}\int_0^b\left\{\psi_{ayzj-1}\left(v,w,\tau\right)\Theta_4'\left(\frac{\pi x}{2a},e^{-\left(\frac{\pi}{a}\right)^2\eta_{xj-1}(t-\tau)}\right)-\right.$$

$$\left.-\psi_{0yzj-1}\left(v,w,\tau\right)\Theta_3'\left(\frac{\pi x}{2a},e^{-\left(\frac{\pi}{a}\right)^2\eta_{xj-1}(t-\tau)}\right)\right\}\times$$

$$\times\left\{\Theta_3\left(\frac{\pi\left(y-v\right)}{2b},e^{-\left(\frac{\pi}{b}\right)^2\eta_{yj-1}(t-\tau)}\right)-\Theta_3\left(\frac{\pi\left(y+v\right)}{2b},e^{-\left(\frac{\pi}{b}\right)^2\eta_{yj-1}(t-\tau)}\right)\right\}\times$$

$$\times\left\{\Theta_3\left(\frac{\pi\left(d_j-d_{j-1}-w\right)}{2\left(d_j-d_{j-1}\right)},e^{-\left(\frac{\pi}{d_j-d_{j-1}}\right)^2\eta_{zj-1}(t-\tau)}\right)+\right.$$

$$\left.+\Theta_3\left(\frac{\pi\left(d_j-d_{j-1}+w\right)}{2\left(d_j-d_{j-1}\right)},e^{-\left(\frac{\pi}{d_j-d_{j-1}}\right)^2\eta_{zj-1}(t-\tau)}\right)\right\}dvdwd\tau+$$

$$+\frac{\eta_{yj-1}}{8ab^2\left(d_j-d_{j-1}\right)}\int_0^t\int_0^{d_j-d_{j-1}}\int_0^a\left\{\psi_{xbzj-1}\left(u,w,\tau\right)\Theta_4'\left(\frac{\pi y}{2b},e^{-\left(\frac{\pi}{b}\right)^2\eta_{yj-1}(t-\tau)}\right)-\right.$$

$$\left.-\psi_{x0zj-1}\left(u,w,\tau\right)\Theta_3'\left(\frac{\pi y}{2b},e^{-\left(\frac{\pi}{b}\right)^2\eta_{yj-1}(t-\tau)}\right)\right\}\times$$

$$\times\left\{\Theta_3\left(\frac{\pi\left(x-u\right)}{2a},e^{-\left(\frac{\pi}{a}\right)^2\eta_{xj-1}(t-\tau)}\right)-\Theta_3\left(\frac{\pi\left(x+u\right)}{2a},e^{-\left(\frac{\pi}{a}\right)^2\eta_{xj-1}(t-\tau)}\right)\right\}\times$$

$$\times\left\{\Theta_3\left(\frac{\pi\left(d_j-d_{j-1}-w\right)}{2\left(d_j-d_{j-1}\right)},e^{-\left(\frac{\pi}{d_j-d_{j-1}}\right)^2\eta_{zj-1}(t-\tau)}\right)+\right.$$

$$\left.+\Theta_3\left(\frac{\pi\left(d_j-d_{j-1}+w\right)}{2\left(d_j-d_{j-1}\right)},e^{-\left(\frac{\pi}{d_j-d_{j-1}}\right)^2\eta_{zj-1}(t-\tau)}\right)\right\}dudwd\tau+$$

$$+\frac{1}{8ab\left(d_j-d_{j-1}\right)}\times$$

$$\times\int_0^{d_j-d_{j-1}}\int_0^b\int_0^a\varphi_j(u,v,w+d_{j-1})\left\{\Theta_3\left(\frac{\pi\left(x-u\right)}{2a},e^{-\left(\frac{\pi}{a}\right)^2\eta_{xj-1}t}\right)-\Theta_3\left(\frac{\pi\left(x+u\right)}{2a},e^{-\left(\frac{\pi}{a}\right)^2\eta_{xj-1}t}\right)\right\}\times$$

$$\times\left\{\Theta_3\left(\frac{\pi\left(y-v\right)}{2b},e^{-\left(\frac{\pi}{b}\right)^2\eta_{yj-1}t}\right)-\Theta_3\left(\frac{\pi\left(y+v\right)}{2b},e^{-\left(\frac{\pi}{b}\right)^2\eta_{yj-1}t}\right)\right\}\times$$

$$\times\left\{\Theta_3\left(\frac{\pi\left(d_j-d_{j-1}-w\right)}{2\left(d_j-d_{j-1}\right)},e^{-\left(\frac{\pi}{d_j-d_{j-1}}\right)^2\eta_{zj-1}t}\right)+\right.$$

$$\left.+\Theta_3\left(\frac{\pi\left(d_j-d_{j-1}+w\right)}{2\left(d_j-d_{j-1}\right)},e^{-\left(\frac{\pi}{d_{j+1}-d_j}\right)^2\eta_{zj-1}t}\right)\right\}dudvdw-$$

$$-\frac{U\left(t-t_{0j}\right)}{4\left(\phi c_t\right)_j ab\left(d_{j+1}-d_j\right)}\int_0^{t-t_{0j}}q_j(t-t_{0j}-\tau)\left\{\Theta_3\left(\frac{\pi\left(x-x_{0j}\right)}{2a},e^{-\left(\frac{\pi}{a}\right)^2\eta_{xj}\tau}\right)-\right.$$

$$\left.-\Theta_3\left(\frac{\pi\left(x+x_{0j}\right)}{2a},e^{-\left(\frac{\pi}{a}\right)^2\eta_{xj}\tau}\right)\right\}\Theta_3\left(\frac{\pi\left(d_j-z_{0j}\right)}{2\left(d_{j+1}-d_j\right)},e^{-\left(\frac{\pi}{d_{j+1}-d_j}\right)^2\eta_{zj}\tau}\right)\times$$

$$\times\left\{\Theta_3\left(\frac{\pi(y-y_{0j})}{2b},e^{-\left(\frac{\pi}{b}\right)^2\eta_{yj}\tau}\right)-\Theta_3\left(\frac{\pi(y+y_{0j})}{2b},e^{-\left(\frac{\pi}{b}\right)^2\eta_{yj}\tau}\right)\right\}d\tau-$$

$$-\frac{\eta_{xj}}{4a^2b(d_{j+1}-d_j)}\int_0^t\int_0^{d_{j+1}-d_j}\int_0^b\left\{\psi_{ayzj}(v,w,\tau)\Theta_4'\left(\frac{\pi x}{2a},e^{-\left(\frac{\pi}{a}\right)^2\eta_{xj}(t-\tau)}\right)-\right.$$

$$\left.-\psi_{0yzj}(v,w,\tau)\Theta_3'\left(\frac{\pi x}{2a},e^{-\left(\frac{\pi}{a}\right)^2\eta_{xj}(t-\tau)}\right)\right\}\Theta_3\left(\frac{\pi w}{2(d_{j+1}-d_j)},e^{-\left(\frac{\pi}{d_{j+1}-d_j}\right)^2\eta_{zj}(t-\tau)}\right)\times$$

$$\times\left\{\Theta_3\left(\frac{\pi(y-v)}{2b},e^{-\left(\frac{\pi}{b}\right)^2\eta_{yj}(t-\tau)}\right)-\Theta_3\left(\frac{\pi(y+v)}{2b},e^{-\left(\frac{\pi}{b}\right)^2\eta_{yj}(t-\tau)}\right)\right\}dvdwd\tau-$$

$$-\frac{\eta_{yj}}{4ab^2(d_{j+1}-d_j)}\int_0^t\int_0^{d_{j+1}-d_j}\int_0^a\left\{\psi_{xbzj}(u,w,\tau)\Theta_4'\left(\frac{\pi y}{2b},e^{-\left(\frac{\pi}{b}\right)^2\eta_{yj}(t-\tau)}\right)-\right.$$

$$\left.-\psi_{x0zj}(u,w,\tau)\Theta_3'\left(\frac{\pi y}{2b},e^{-\left(\frac{\pi}{b}\right)^2\eta_{yj}(t-\tau)}\right)\right\}\Theta_3\left(\frac{\pi w}{2(d_{j+1}-d_j)},e^{-\left(\frac{\pi}{d_{j+1}-d_j}\right)^2\eta_{zj}t}\right)\times$$

$$\times\left\{\Theta_3\left(\frac{\pi(x-u)}{2a},e^{-\left(\frac{\pi}{a}\right)^2\eta_{xj}(t-\tau)}\right)-\Theta_3\left(\frac{\pi(x+u)}{2a},e^{-\left(\frac{\pi}{a}\right)^2\eta_{xj}(t-\tau)}\right)\right\}dudwd\tau-$$

$$-\frac{1}{4ab(d_{j+1}-d_j)}\int_0^{d_{j+1}-d_j}\int_0^b\int_0^a\varphi_j(u,v,w+d_j)\Theta_3\left(\frac{\pi w}{2(d_{j+1}-d_j)},e^{-\left(\frac{\pi}{d_{j+1}-d_j}\right)^2\eta_{zj}t}\right)\times$$

$$\times\left\{\Theta_3\left(\frac{\pi(x-u)}{2a},e^{-\left(\frac{\pi}{a}\right)^2\eta_{xj}t}\right)-\Theta_3\left(\frac{\pi(x+u)}{2a},e^{-\left(\frac{\pi}{a}\right)^2\eta_{xj}t}\right)\right\}\times$$

$$\times\left\{\Theta_3\left(\frac{\pi(y-v)}{2b},e^{-\left(\frac{\pi}{b}\right)^2\eta_{yj}t}\right)-\Theta_3\left(\frac{\pi(y+v)}{2b},e^{-\left(\frac{\pi}{b}\right)^2\eta_{yj}t}\right)\right\}dudvdw \qquad (11.6.10)$$

11.7 Time-dependent moving boundary value problem. The medium is bounded by a cuboid at $x=0$, $x=a$, $y=0$, $y=b$, $z=0$ and $z=d$. At $x=0$, $\frac{\partial p(0,y,z,t)}{\partial x}=-\left(\frac{\mu}{k_x}\right)\psi_{0yz}(y,z,t)$ and at $x=a$, $\frac{\partial p(a,y,z,t)}{\partial x}=-\left(\frac{\mu}{k_x}\right)\psi_{ayz}(y,z,t)$, $\psi_{0yz}(y,z,t)$ and $\psi_{ayz}(y,z,t)$ are arbitrary functions of y, z and t. At $y=0$, $\frac{\partial p(x,0,z,t)}{\partial y}=-\left(\frac{\mu}{k_y}\right)\psi_{x0z}(x,z,t)$ and at $y=b$, $\frac{\partial p(x,b,z,t)}{\partial y}=-\left(\frac{\mu}{k_y}\right)\psi_{xbz}(x,z,t)$; $\psi_{x0z}(x,z,t)$ and $\psi_{xbz}(x,z,t)$ are arbitrary functions of x, z and t only. At $z=0$, $p(x,y,0,t)=\psi_0(t)$ and at $z=d$, $p(x,y,d,t)=\psi_d(x,y,t)$, $\psi_0(x,y,t)$ and $\psi_d(x,y,t)$ are arbitrary functions of x, y and t. At $z=z_f(t)$, $0<z_f(t)<d$—the moving boundary—$\frac{\partial p(x,y,z_f(t),t)}{\partial z}=-\left(\frac{\mu}{k_z}\right)\psi_f(x,y,t)$. A line of finite length $(x_{02}-x_{01})$ passes through (y_0,z_0), $z_f(t)\le z_0\le d$, $0\le x_{01}\le a$, $0\le x_{02}\le a$, $x_{02}\ge x_{01}$ and $0\le y_0\le b$. The initial condition $p(x,y,z,0)=\varphi(x,y,z)$

We consider a continuum of volume abd. Commencing at time $t=0$, fluid at a rate of $\tilde{q}(t)$ enters the continuum at $z=0$ over the area, ab, and displaces the in situ fluids in a pistonlike manner, such that a uniform, immobile in situ fluid saturation exists behind the advancing water front. The resulting pressure disturbance is left to diffuse through the homogeneous porous medium. In the uninvaded region, fluid production at a rate of $q(t)$ through the horizontal line $(x_{02}-x_{01})$ begins at time $t=t_0$, $t_0\ge 0$. At the moving interface, $p\{x,y,z_f(t),t\}_i=p\{x,y,z_f(t),t\}_u$ and $\psi_f(x,y,t)=\left[\frac{\partial p\{x,y,z_f(t),t\}}{\partial z}\right]_i\left(\frac{k_z}{\mu}\right)_i=\left[\frac{\partial p\{x,y,z_f(t),t\}}{\partial z}\right]_u\left(\frac{k_z}{\mu}\right)_u$. Here, i and u denote the invaded and uninvaded regions.

The pressures at $z=0$, $p(x,y,0,t)=\psi_0(t)$, and $z=d$, $p(x,y,d,t)=\psi_d(x,y,t)$, are known functions of time. The average velocity of the fluid entering the oil column at $z=0$, $\frac{\tilde{q}(t)}{ab\phi(S_w-S_{wi})}=-\left(\frac{k_z}{\mu}\right)\frac{\partial p}{\partial z}$, however, is not known a priori.

The differential equations for pressure diffusion in the invaded and uninvaded regions are given by

$$\frac{\partial p}{\partial t}=\eta_x\frac{\partial^2 p}{\partial x^2}+\eta_y\frac{\partial^2 p}{\partial y^2}+\eta_z\frac{\partial^2 p}{\partial z^2} \tag{11.7.1}$$

and

$$\frac{\partial p}{\partial t}=\eta_x\frac{\partial^2 p}{\partial x^2}+\eta_y\frac{\partial^2 p}{\partial y^2}+\eta_z\frac{\partial^2 p}{\partial z^2}+U\left(t-t_0\right)\frac{q\left(t-t_0\right)}{\phi c_t}\delta\left(x-x_0\right)\delta\left(y-y_0\right)\delta\left(z-z_0\right) \tag{11.7.2}$$

respectively, where $\eta_\iota = \frac{k_\iota}{\phi c_t \mu}$, $\iota = x, y,$ or z. k_ι is the effective permeability. For the invaded zone, $k_\iota = k_{a\iota} k_{\iota w}|_{1-S_{or}}$, and for the uninvaded zone, $k_\iota = k_{a\iota} k_{\iota o}|_{S_{wi}}$. $k_{a\iota}$ is the absolute permeability. $k_{\iota w}|_{1-S_{or}}$ and $k_{\iota o}|_{S_{wi}}$ are the relative permeabilities of water and oil at saturations $1-S_{or}$ and S_{wi}, respectively. S_{wi} is the initial water saturation and S_{or} is the irreducible oil saturation.

The invaded region: $0 \le z \le z_f(t)$

The finite Fourier transformation of equation (11.7.1) in the region $0 \le z \le z_f(t)$ gives

$$\int_0^{z_f(t)} \mathcal{K}\left(z,\xi_l\right)\frac{\partial p}{\partial t}dz = -\xi_l^2\eta_z\overline{p}+\left\{\eta_z\xi_l\psi_0\left(t\right)+\left(-1\right)^l\frac{\psi_f\left(x,y,t\right)}{\phi c_t}\right\}+\eta_x\frac{\partial^2\overline{p}}{\partial x^2}+\eta_y\frac{\partial^2\overline{p}}{\partial y^2} \tag{11.7.3}$$

where $\overline{p}=\int_0^{z_f(t)}\mathcal{K}\left(z,\xi_l\right)pdz$ and $\mathcal{K}\left(z,\xi_l\right)=\sin\left(\xi_l z\right)$ are the eigenfunctions. The set of eigenvalues ξ_l are the positive roots of $\cos\left\{\xi_l z_f\left(t\right)\right\}=0$, which are $\xi_l=\frac{(2l-1)\pi}{2z_f(t)}$, $l=1,2,....$

The advancing water front is given by

$$\begin{aligned} z_f\left(t\right) &= \frac{\int_0^t \tilde{q}\left(\tau\right)d\tau}{ab\phi\left(S_w-S_{wi}\right)}-\frac{1}{a}\int_0^t\int_0^{z_f(\tau)}\left\{\psi_{ayz}\left(y,z,\tau\right)-\psi_{0yz}\left(y,z,\tau\right)\right\}dzd\tau - \\ &\quad -\frac{1}{b}\int_0^t\int_0^{z_f(\tau)}\left\{\psi_{xbz}\left(x,z,\tau\right)-\psi_{x0z}\left(x,z,\tau\right)\right\}dzd\tau \end{aligned} \tag{11.7.4}$$

and

$$\begin{aligned} \frac{\partial z_f\left(t\right)}{\partial t} &= \frac{\tilde{q}\left(t\right)}{ab\phi\left(S_w-S_{wi}\right)}-\frac{1}{a}\int_0^{z_f(t)}\left\{\psi_{ayz}\left(y,z,t\right)-\psi_{0yz}\left(y,z,t\right)\right\}dz - \\ &\quad -\frac{1}{b}\int_0^{z_f(t)}\left\{\psi_{xbz}\left(x,z,t\right)-\psi_{x0z}\left(x,z,t\right)\right\}dz \end{aligned} \tag{11.7.5}$$

Evaluating the integral in the left-hand side of equation (11.7.3) and applying the finite Fourier transformations in the regions $0 \le x \le a$ and $0 \le y \le b$, we get

$$\frac{\partial\overline{\overline{\overline{p}}}\left(\xi_n,\xi_m,\xi_l\right)}{\partial t}+\sum_{k=1}^{\infty}\varpi_{kl}\left(t\right)\overline{\overline{\overline{p}}}\left(\xi_n,\xi_m,\xi_k\right)=B\left(\xi_n,\xi_m,\xi_l,t\right) \qquad n,m=0,1,2,..., \quad ,k=1,2,... \tag{11.7.6}$$

where $\overline{\overline{\overline{p}}}\left(\xi_n,\xi_m,\xi_l\right)=\int_0^{z_f(t)}\int_0^b\int_0^a p\left(x,y,z,t\right)\cos\left(\xi_n x\right)\cos\left(\xi_m y\right)\mathcal{K}\left(z,\xi_l\right)dxdydz$. ξ_k, a new set of eigenvalues, are the positive roots of $\cos\left\{\xi_k z_f\left(t\right)\right\}=0$, which are $\xi_k=\frac{(2k-1)\pi}{2z_f(t)}$. ξ_n is a positive root of $\sin\left(\xi_n a\right)=0$, with eigenvalues given by $\xi_n=\frac{n\pi}{a}$, $n=0,1,2,...$, and ξ_m is a positive root of $\sin\left(\xi_m b\right)=0$, with eigenvalues given by $\xi_m=\frac{m\pi}{b}$, $m=0,1,2,....$

$$\varpi_{kl}\left(t\right)=\left(\xi_n^2\eta_x+\xi_m^2\eta_y+\xi_l^2\eta_z\right)\delta_k^l-\Omega_{kl}\left(\xi_l,\xi_k,t\right) \tag{11.7.7}$$

$$\Omega_{kl}(\xi_l,\xi_k,t) = \begin{cases} -\frac{1}{2z_f(t)}\frac{\partial z_f(t)}{\partial t} & k=l \\ \frac{(-1)^{k+l}(2l-1)^2}{\{k(k-1)-l(l-1)\}z_f(t)}\frac{dz_f(t)}{dt} = -\Omega_{lk}(\xi_l,\xi_k,t) & k\neq l \end{cases} \quad (11.7.8)$$

$$\begin{aligned} B(\xi_n,\xi_m,\xi_l,t) &= \frac{1}{\phi c_t}\Big\{(-1)^{n+1}\overline{\overline{\psi}}_{ayz}(\xi_m,\xi_l,t)+\overline{\overline{\psi}}_{0yz}(\xi_m,\xi_l,t)+(-1)^{m+1}\overline{\overline{\psi}}_{xbz}(\xi_n,\xi_l,t)+\overline{\overline{\psi}}_{x0z}(\xi_n,\xi_l,t)\Big\}+ \\ &+\left\{\xi_l\eta_z\psi_0(t)\sigma_n\sigma_m+(-1)^l\frac{\overline{\overline{\psi}}_f(\xi_n,\xi_m,t)}{\phi c_t}\right\}+(-1)^{l+1}\overline{\overline{p}}\{\xi_n,\xi_m,z_f(t)\}\frac{\partial z_f(t)}{\partial t} \end{aligned} \quad (11.7.9)$$

where $\sigma_n = \begin{cases} 0, & n\neq 0 \\ a, & n=0 \end{cases}$, $\sigma_m = \begin{cases} 0, & m\neq 0 \\ b, & m=0 \end{cases}$, $\overline{\overline{\psi}}_{0yz}(\xi_m,\xi_l,t) = \int_0^{z_f(t)}\int_0^b \psi_{0yz}(y,z,t)\cos(\xi_m y)\mathcal{K}(z,\xi_l)\,dydz$,
$\overline{\overline{\psi}}_{ayz}(\xi_m,\xi_l,t) = \int_0^{z_f(t)}\int_0^b \psi_{ayz}(y,z,t)\cos(\xi_m y)\mathcal{K}(z,\xi_l)\,dydz$,
$\overline{\overline{\psi}}_{x0z}(\xi_n,\xi_l,t) = \int_0^{z_f(t)}\int_0^a \psi_{x0z}(x,z,t)\cos(\xi_n x)\mathcal{K}(z,\xi_l)\,dxdz$,
$\overline{\overline{\psi}}_{xbz}(\xi_n,\xi_l,t) = \int_0^{z_f(t)}\int_0^a \psi_{xbz}(x,z,t)\cos(\xi_n x)\mathcal{K}(z,\xi_l)\,dxdz$ and $\frac{\partial z_f(t)}{\partial t}$ is given by equation (11.7.5).

For a sufficiently large $L\hat{}L$ system, equation (11.7.6) can be written in matrix form, which is,

$$\mathrm{P}' + \mathrm{AP} = \mathrm{B} \quad (11.7.10)$$

where $\mathrm{P} = \left[\overline{\overline{\overline{p}}}(\xi_n,\xi_m,\xi_1),\overline{\overline{\overline{p}}}(\xi_n,\xi_m,\xi_2),\overline{\overline{\overline{p}}}(\xi_n,\xi_m,\xi_3),\ldots\ldots,\overline{\overline{\overline{p}}}(\xi_n,\xi_m,\xi_L)\right]^T$,

$$\mathrm{A} = \begin{bmatrix} \varpi_{11}(\xi_n,\xi_m,t) & \varpi_{12}(\xi_n,\xi_m,t) & \bullet\bullet\bullet\bullet & \varpi_{1L}(\xi_n,\xi_m,t) \\ \varpi_{21}(\xi_n,\xi_m,t) & \varpi_{22}(\xi_n,\xi_m,t) & \bullet\bullet\bullet\bullet & \varpi_{2L}(\xi_n,\xi_m,t) \\ \varpi_{31}(\xi_n,\xi_m,t) & \varpi_{32}(\xi_n,\xi_m,t) & \bullet\bullet\bullet\bullet & \varpi_{3L}(\xi_n,\xi_m,t) \\ \bullet & \bullet & \bullet\bullet\bullet\bullet & \bullet \\ \bullet & \bullet & \bullet\bullet\bullet\bullet & \bullet \\ \bullet & \bullet & \bullet\bullet\bullet\bullet & \bullet \\ \varpi_{L1}(\xi_n,\xi_m,t) & \varpi_{L2}(\xi_n,\xi_m,t) & \bullet\bullet\bullet\bullet & \varpi_{LL}(\xi_n,\xi_m,t) \end{bmatrix},$$

$\mathrm{B} = [B(\xi_n,\xi_m,\xi_1,t),B(\xi_n,\xi_m,\xi_2,t),B(\xi_n,\xi_m,\xi_3,t),\ldots\ldots,B(\xi_n,\xi_m,\xi_L,t)]^T$ and the initial condition

$\Phi = [\overline{\varphi}(\xi_n,\xi_m,\xi_1),\overline{\varphi}(\xi_n,\xi_m,\xi_2),\overline{\varphi}(\xi_n,\xi_m,\xi_3),\ldots\ldots,\overline{\varphi}(\xi_n,\xi_m,\xi_L)]$.

The magnitude of the off-diagonal terms in matrix A are dependent on the position of the moving boundary but are, in general, small compared to the diagonal term. The solution is given by the lowest order of the coupled system, that is, the matrix containing the diagonal elements only.

$$\frac{d\overline{\overline{\overline{p}}}(\xi_n,\xi_m,\xi_l)}{dt} + \varpi_{ll}(t)\overline{\overline{\overline{p}}}(\xi_n,\xi_m,\xi_l) = B(\xi_n,\xi_m,\xi_l,t) \quad (11.7.11)$$

where

$$\varpi_{ll}(t) = \xi_n^2\eta_x + \xi_m^2\eta_y + \xi_l^2\eta_z + \frac{1}{2z_f(t)}\frac{\partial z_f(t)}{\partial t} \quad (11.7.12)$$

The general solution of the ordinary differential equation (11.7.10) may be explicitly solved to give

$$\overline{\overline{\overline{p}}} = \overline{\overline{\overline{\varphi}}}(\xi_n,\xi_m,\xi_l)e^{-\vartheta_{ll}(\xi_n,\xi_m,\xi_l,t)} + \int_0^t e^{-\{\vartheta_{ll}(\xi_n,\xi_m,\xi_l,t)-\vartheta_{ll}(\xi_n,\xi_m,\xi_l,\tau)\}}B(\xi_n,\xi_m,\xi_l,\tau)\,d\tau \quad (11.7.13)$$

where $\overline{\overline{\overline{p}}} \equiv \overline{\overline{\overline{p}}}(\xi_n,\xi_m,\xi_l,t)$, $\overline{\overline{\overline{\varphi}}}(\xi_n,\xi_m,\xi_l) = \int_0^{z_f(t)}\int_0^b\int_0^a \varphi(x,y,z)\cos(\xi_n x)\cos(\xi_m y)\mathcal{K}(z,\xi_l)\,dxdydz$, and

$$\vartheta_{ll}(\xi_n,\xi_m,\xi_l,t) = \int_0^t \varpi_{ll}(\tau)d\tau \quad (11.7.14)$$

Taking the inverse Fourier transformation of equation (11.7.13), we get

$$p_i = \frac{8}{abz_f(t)} \times$$
$$\times \sum_{n=0}^{\infty} \ni_n \cos(\xi_n x) \sum_{m=0}^{\infty} \ni_m \cos(\xi_m y) \sum_{l=1}^{\infty} \sin(\xi_l z) \int_0^t e^{-\{\vartheta_{ll}(\xi_n,\xi_m,\xi_l,t)-\vartheta_{ll}(\xi_n,\xi_m,\xi_l,\tau)\}} B(\xi_n,\xi_m,\xi_l,\tau)\, d\tau +$$
$$+\frac{8}{abz_f(t)} \sum_{n=0}^{\infty} \ni_n \cos(\xi_n x) \sum_{m=0}^{\infty} \ni_m \cos(\xi_m y) \sum_{l=1}^{\infty} \sin(\xi_l z) \overline{\overline{\overline{\varphi}}}(\xi_n,\xi_m,\xi_l) e^{-\vartheta_{ll}(\xi_n,\xi_m,\xi_l,t)} \quad (11.7.15)$$

where $p_i \equiv p_i(x,y,z,t)$. The subscript i denotes the invaded region $0 \le z \le z_f(t)$. If the initial condition $\varphi(x,y,z) = p_I$, a constant, equation (11.7.15) reduces to

$$p_i = \frac{8}{abz_f(t)} \times$$
$$\times \sum_{n=0}^{\infty} \ni_n \cos(\xi_n x) \sum_{m=0}^{\infty} \ni_m \cos(\xi_m y) \sum_{l=1}^{\infty} \sin(\xi_l z) \int_0^t e^{-\{\vartheta_{ll}(\xi_n,\xi_m,\xi_l,t)-\vartheta_{ll}(\xi_n,\xi_m,\xi_l,\tau)\}} B(\xi_n,\xi_m,\xi_l,\tau)\, d\tau +$$
$$+\frac{4p_I}{\pi} \sum_{l=1}^{\infty} \frac{\sin(\xi_l z)}{(2l-1)} e^{-\vartheta_{ll}(0,0,\xi_l,t)} \quad (11.7.16)$$

When the off-diagonal terms are significant—that is, during early times when the water front is still close to the well bore—a good iterative approximation can be made. The system to be solved is given by

$$\frac{\partial \overline{\overline{\overline{p}}}_j(\xi_n,\xi_m,\xi_l)}{\partial t} + \varpi_{ll}(t) \overline{\overline{\overline{p}}}_j(\xi_n,\xi_m,\xi_l) = B_j(\xi_n,\xi_m,\xi_l,t) + C_{odj-1}(\xi_n,\xi_m,\xi_l,t) \quad j = 1,2,... \quad (11.7.17)$$

where

$$C_{odj-1}(\xi_n,\xi_m,\xi_l,t) = \begin{cases} 0 & j=1 \\ \sum_{k=1}^{\infty} \varpi_{kl}(t) \overline{p}_{ij-1}(\xi_n,\xi_m,\xi_k) \quad k \ne l & j = 2,3,... \end{cases} \quad (11.7.18)$$

$B_j(\xi_n,\xi_m,\xi_l,t)$ is given by equation (11.7.9) and j is the iteration counter. The general solution of equation (11.7.17) may be explicitly solved to give

$$\overline{\overline{\overline{p}}}_j = \overline{\overline{\overline{\varphi}}}_j(\xi_n,\xi_m,\xi_l) e^{-\vartheta_{ll}(\xi_n,\xi_m,\xi_l,t)} +$$
$$+\int_0^t e^{-\{\vartheta_{ll}(\xi_n,\xi_m,\xi_l,t)-\vartheta_{ll}(\xi_n,\xi_m,\xi_l,\tau)\}} \{B_j(\xi_n,\xi_m,\xi_l,\tau) + C_{odj-1}(\xi_n,\xi_m,\xi_l,\tau)\}\, d\tau \quad (11.7.19)$$

Hence, for the invaded region, the solution to be used in the iterative scheme may be written as

$$p_{ij} = p_{ij} + \frac{8}{abz_f(t)} \sum_{n=0}^{\infty} \ni_n \cos(\xi_n x) \sum_{m=0}^{\infty} \ni_m \cos(\xi_m y) \sum_{l=1}^{\infty} \sin(\xi_l z) \times$$
$$\times \int_0^t e^{-\{\vartheta_{ll}(\xi_n,\xi_m,\xi_l,t)-\vartheta_{ll}(\xi_n,\xi_m,\xi_l,\tau)\}} C_{odj-1}(\xi_n,\xi_m,\xi_l,\tau)\, d\tau \quad (11.7.20)$$

where $p_{ij} \equiv p_{ij}(x,y,z,t)$. To start the iteration at $j = 1$, pressure may be obtained from the lowest-order solution.

The uninvaded region: $z_f(t) \le z \le d$

The differential equation for pressure diffusion in this region is given by equation (11.7.2). The lowest-order solution for a horizontal line source of length $(x_{02} - x_{01})$ is

$$\begin{aligned} p_u &= \frac{8}{ab\{d - z_f(t)\}} \sum_{n=0}^{\infty} \ni_n \cos(\xi_n x) \sum_{m=0}^{\infty} \ni_m \cos(\xi_m y) \sum_{l=1}^{\infty} \cos\{\xi_l (z - z_f(t))\} \overline{\overline{\overline{\varphi}}}(\xi_n, \xi_m, \xi_l) e^{-\vartheta_{ll}(\xi_n,\xi_m,\xi_l,t)} + \\ &+ \frac{8}{ab\{d - z_f(t)\}} \sum_{n=0}^{\infty} \ni_n \cos(\xi_n x) \sum_{m=0}^{\infty} \ni_m \cos(\xi_m y) \sum_{l=1}^{\infty} \cos\{\xi_l (z - z_f(t))\} \times \\ &\times \int_0^t e^{-\{\vartheta_{ll}(\xi_n,\xi_m,\xi_l,t) - \vartheta_{ll}(\xi_n,\xi_m,\xi_l,\tau)\}} D(\xi_n, \xi_m, \xi_l, \tau)\, d\tau \end{aligned} \quad (11.7.21)$$

where $p_u \equiv p_u(x, y, z - z_f(t), t)$. The set of eigenvalues ξ_l are the positive roots of $\cos\{\xi_l (d - z_f(t))\} = 0$, which are $\xi_l = \frac{(2l-1)\pi}{2\{d - z_f(t)\}}$, $l = 1, 2, ...$

$\overline{\overline{\overline{\varphi}}}(\xi_n, \xi_m, \xi_l) = \int_0^{d-z_f(t)} \int_0^b \int_0^a \varphi(x, y, z + z_f(t)) \cos(\xi_n x) \cos(\xi_m y) \cos(\xi_l z)\, dxdydz$,

$$\vartheta_{ll}(\xi_n, \xi_m, \xi_l, t) = \int_0^t \varpi_{ll}(\tau) d\tau \quad (11.7.22)$$

$$\varpi_{kl}(t) = \left(\xi_n^2 \eta_x + \xi_m^2 \eta_y + \xi_l^2 \eta_z\right) \delta_k^l - \Omega_{kl}(\xi_l, \xi_k, t) \quad (11.7.23)$$

$$\Omega_{kl}(\xi_l, \xi_k, t) = \begin{cases} -\frac{1}{2\{d - z_f(t)\}} \frac{\partial z_f(t)}{\partial t} & k = l \\ -\frac{(-1)^{k+l}(2l-1)(2k-1)}{2\{k(k-1) - l(l-1)\}\{d - z_f(t)\}} \frac{dz_f(t)}{dt} = -\Omega_{lk}(\xi_l, \xi_k, t) & k \ne l \end{cases} \quad (11.7.24)$$

$$\varpi_{ll}(t) = \xi_n^2 \eta_x + \xi_m^2 \eta_y + \xi_l^2 \eta_z + \frac{1}{2\{d - z_f(t)\}} \frac{\partial z_f(t)}{\partial t} \quad (11.7.25)$$

$z_f(t)$ and $\frac{\partial z_f(t)}{\partial t}$ are given by equations (11.7.4) and (11.7.5).

$$\begin{aligned} D(\xi_n, \xi_m, \xi_l, t) &= \frac{1}{\phi c_t} \Big\{ (-1)^{m+1} \overline{\overline{\psi}}_{xbz}(\xi_n, \xi_l, t) + \overline{\overline{\psi}}_{x0z}(\xi_n, \xi_l, t) + (-1)^{n+1} \overline{\overline{\psi}}_{ayz}(\xi_m, \xi_l, t) + \overline{\overline{\psi}}_{0yz}(\xi_m, \xi_l, t) \Big\} + \\ &+ \left\{ \frac{\overline{\overline{\psi}}_f(\xi_n, \xi_m, t)}{\phi c_t} + (-1)^{l+1} \xi_l \eta_z \overline{\overline{\psi}}_d(\xi_n, \xi_m, t) \right\} + \\ &+ \frac{1}{\phi c_t} q(t) \cos\{\xi_l (z_0 - z_f(t))\} \frac{1}{\xi_n} \{\sin(\xi_n x_{02}) - \sin(\xi_n x_{01})\} \cos(\xi_m y_0) \end{aligned} \quad (11.7.26)$$

where $\overline{\overline{\psi}}_{x0z}(\xi_n, \xi_l, t) = \int_0^{d-z_f(t)} \int_0^a \psi_{x0z}(x, z, t) \cos(\xi_n x) \cos(\xi_l z)\, dxdz$,
$\overline{\overline{\psi}}_{xbz}(\xi_n, \xi_l, t) = \int_0^{d-z_f(t)} \int_0^a \psi_{xbz}(x, z, t) \cos(\xi_n x) \cos(\xi_l z)\, dxdz$,
$\overline{\overline{\psi}}_{0yz}(\xi_m, \xi_l, t) = \int_0^{d-z_f(t)} \int_0^b \psi_{0yz}(y, z, t) \cos(\xi_m y) \cos(\xi_l z)\, dydz$ and
$\overline{\overline{\psi}}_{ayz}(\xi_m, \xi_l, t) = \int_0^{d-z_f(t)} \int_0^b \psi_{ayz}(y, z, t) \cos(\xi_m y) \cos(\xi_l z)\, dydz$. The subscript u denotes the uninvaded region $z_f(t) \le z \le d$ and $p_u \equiv p_u\{x, y, z - z_f(t), t\}$.

If the initial condition $p(x, y, z, 0) = \varphi(x, y, z) = p_I$, a constant, equation (11.7.21) reduces to

$$\begin{aligned} p_u &= \frac{8}{ab\{d - z_f(t)\}} \sum_{n=0}^{\infty} \ni_n \cos(\xi_n x) \sum_{m=0}^{\infty} \ni_m \cos(\xi_m y) \sum_{l=1}^{\infty} \cos\{\xi_l (z - z_f(t))\} \times \\ &\times \int_0^t e^{-\{\vartheta_{ll}(\xi_n,\xi_m,\xi_l,t) - \vartheta_{ll}(\xi_n,\xi_m,\xi_l,\tau)\}} D(\xi_n, \xi_m, \xi_l, \tau)\, d\tau + \\ &+ \frac{4p_I}{\pi} \sum_{l=1}^{\infty} \frac{(-1)^{l+1} e^{-\vartheta_{ll}(0,0,\xi_l,t)} \cos\{\xi_l (z - z_f(t))\}}{(2l-1)} \end{aligned} \quad (11.7.27)$$

When the off-diagonal terms are significant—that is, during early times when the water front is still close to the well bore—a good iterative approximation can be made. The system to be solved for this case is given by

$$\frac{\partial \overline{\overline{\overline{p}}}_j\left(\xi_n,\xi_m,\xi_l\right)}{\partial t}+\varpi_{ll}\left(t\right)\overline{\overline{\overline{p}}}_j\left(\xi_n,\xi_m,\xi_l\right)=D_j\left(\xi_n,\xi_m,\xi_l,t\right)+C_{odj-1}\left(\xi_n,\xi_m,\xi_l,t\right)\quad j=1,2,... \tag{11.7.28}$$

where

$$C_{odj-1}\left(\xi_n,\xi_m,\xi_l,t\right)=\begin{cases}0 & j=1\\ \sum_{k=1}^{\infty}\varpi_{kl}\left(t\right)\overline{p}_{uj-1}(\xi_n,\xi_m,\xi_k) \quad k\neq l & j=2,3,...\end{cases} \tag{11.7.29}$$

$D_j\left(\xi_n,\xi_m,\xi_l,t\right)$ is given by equation (11.7.26) and j is the iteration counter. The general solution of equation (11.7.29) may be explicitly solved to give

$$\begin{aligned}\overline{\overline{\overline{p}}}_j &= \overline{\overline{\overline{\varphi}}}_j\left(\xi_n,\xi_m,\xi_l\right)e^{-\vartheta_{ll}(\xi_n,\xi_m,\xi_l,t)}+\\ &+\int_0^t e^{-\{\vartheta_{ll}(\xi_n,\xi_m,\xi_l,t)-\vartheta_{ll}(\xi_n,\xi_m,\xi_l,\tau)\}}\left\{D_j\left(\xi_n,\xi_m,\xi_l,\tau\right)+C_{odj-1}\left(\xi_n,\xi_m,\xi_l,\tau\right)\right\}d\tau\end{aligned} \tag{11.7.30}$$

Hence, for the uninvaded region, the solution to be used in the iterative scheme may be written as

$$\begin{aligned}p_{uj} &= p_{uj}+\frac{8}{ab\left\{d-z_f\left(t\right)\right\}}\sum_{n=0}^{\infty}\ni_n\cos\left(\xi_n x\right)\sum_{m=0}^{\infty}\ni_m\cos\left(\xi_m y\right)\sum_{l=1}^{\infty}\cos\left\{\xi_l\left(z-z_f\left(t\right)\right)\right\}\times\\ &\times\int_0^t e^{-\{\vartheta_{ll}(\xi_n,\xi_m,\xi_l,t)-\vartheta_{ll}(\xi_n,\xi_m,\xi_l,\tau)\}}C_{odj-1}\left(\xi_n,\xi_m,\xi_l,\tau\right)d\tau\end{aligned} \tag{11.7.31}$$

where $p_{uj}\equiv p_{uj}\left(x,y,z-z_{fj}\left(t\right),t\right)$. To start the iteration at $j=1$, pressure may be obtained from the lowest order solution.

At the interface $z=z_f\left(t\right)$, matching the pressure solutions of the invaded and uninvaded regions, we get two integral equations with two unknowns: the pressure and the flux. The pressure and flux at the interface deduced from these equations can then be used in the general solutions to obtain pressure as a function of x, y, z and t.

11.8 Space- and time-dependent moving boundary value problem. The problem of 11.7, except the shape of the advancing water front is a function of x, y and t. At $x=0$, $\frac{\partial p(0,y,z,t)}{\partial x}=-\left(\frac{\mu}{k_x}\right)\psi_{0yz}\left(y,z,t\right)$, at $x=a$, $\frac{\partial p(a,y,z,t)}{\partial x}=-\left(\frac{\mu}{k_x}\right)\psi_{ayz}\left(y,z,t\right)$, at $y=0$, $\frac{\partial p(x,0,z,t)}{\partial y}=-\left(\frac{\mu}{k_y}\right)\psi_{x0z}\left(x,z,t\right)$ and at $y=b$, $\frac{\partial p(x,b,z,t)}{\partial y}=-\left(\frac{\mu}{k_y}\right)\psi_{xbz}\left(x,z,t\right)$; $\psi_{0yz}\left(y,z,t\right)$ and $\psi_{ayz}\left(y,z,t\right)$ are arbitrary functions of y, z and t only and $\psi_{x0z}\left(x,z,t\right)$ and $\psi_{xbz}\left(x,z,t\right)$ are arbitrary functions of x, z and t only. At $z=0$, $p\left(x,y,0,t\right)=\psi_0\left(t\right)$; $\psi_0\left(t\right)$ is an arbitrary function of t only. At $z=d$, $p\left(x,y,d,t\right)=\psi_d\left(x,y,t\right)$; $\psi_d\left(x,y,t\right)$ is an arbitrary function of x, y and t. At $z=z_f\left(x,y,t\right)$, $0<z_f\left(x,y,t\right)<d$—the moving boundary—$\frac{\partial p\{x,y,z_f(x,y,t),t\}}{\partial z}=-\left(\frac{\mu}{k_z}\right)\psi_f\left(x,y,t\right)$. Multiple lines of finite lengths $\{x_{02\iota}-x_{01\iota}\}$ pass through $(y_{0\iota},z_{0\iota})$, $z_f\left(x,y,t\right)\leq z_{0\iota}\leq d$, $0\leq x_{01\iota}\leq a$, $0\leq x_{02\iota}\leq a$, $x_{02\iota}\geq x_{01\iota}$ and $0\leq y_{0\iota}\leq b$. The initial condition $p\left(x,y,z,0\right)=\varphi\left(x,y,z\right)$*

We consider a continuum of volume abd. Commencing at time $t=0$, fluid at a rate of $\tilde{q}\left(t\right)$ enters the continuum at $z=0$ over the area, ab, and displaces the in situ fluids such that a uniform, immobile in situ fluid saturation exists behind the advancing water front. The resulting pressure disturbance is left to

*For useful solution in the study of water-coning problems in homogeneous anisotropic reservoirs, see Muskat (1937). The boundary conditions at $z=0$ and $z=d$ are chosen such that the oil-bearing pay zone is both overlain by a gas cap and underlain by an aquifer.

diffuse through the homogeneous porous medium. In the uninvaded region, fluid production at a rate of $q_\iota(t)$ through the ι-th horizontal line $(x_{02\iota} - x_{01\iota})$ begins at time $t = t_{0\iota}$, $t_{0\iota} \geq 0$.

In contrast to the problem of 11.7, here the shape of the flood front is directly influenced by the strength of the source in the uninvaded region. At the moving interface, $p\{x, y, z_f(x, y, t), t\}_i = p\{x, y, z_f(x, y, t), t\}_u$ and $\psi_f(x, y, t) = \left[\frac{\partial p\{x,y,z_f(x,y,t),t\}}{\partial z}\right]_i \left(\frac{k_z}{\mu}\right)_i = \left[\frac{\partial p\{x,y,z_f(x,y,t),t\}}{\partial z}\right]_u \left(\frac{k_z}{\mu}\right)_u$. Here i and u denote the invaded and uninvaded regions.

The pressures at $z = 0$, $p(x, y, 0, t) = \psi_0(t)$, and $z = d$, $p(x, y, d, t) = \psi_d(x, y, t)$, are known functions. The average velocity of the fluid entering the oil column at $z = 0$, $\frac{\tilde{q}(t)}{ab\phi(S_w - S_{wi})} = -\left(\frac{k_z}{\mu}\right)\frac{\partial p}{\partial z}$, however, is not known a priori.

The differential equations for pressure diffusion in the invaded and uninvaded regions are given by

$$\frac{\partial p}{\partial t} = \eta_x \frac{\partial^2 p}{\partial x^2} + \eta_y \frac{\partial^2 p}{\partial y^2} + \eta_z \frac{\partial^2 p}{\partial z^2} \tag{11.8.1}$$

and

$$\frac{\partial p}{\partial t} = \eta_x \frac{\partial^2 p}{\partial x^2} + \eta_y \frac{\partial^2 p}{\partial y^2} + \eta_z \frac{\partial^2 p}{\partial z^2} + \frac{1}{\phi c_t} \sum_{\iota=0}^{N} U(t - t_{0\iota})\, q(t - t_{0\iota})\delta(x - x_{0\iota})\,\delta(y - y_{0\iota})\,\delta(z - z_{0\iota}) \tag{11.8.2}$$

respectively, where N is the number of sources in the uninvaded region.* $\eta_\iota = \frac{k_\iota}{\phi c_t \mu}$, $\iota = x, y$, or z. k_ι is the effective permeability. For the invaded zone, $k_\iota = k_{a\iota} k_{\iota w}|_{1-s_{or}}$, and for the uninvaded zone, $k_\iota = k_{a\iota} k_{\iota o}|_{S_{wi}}$. $k_{a\iota}$ is the absolute permeability. $k_{\iota w}|_{1-S_{or}}$ and $k_{\iota o}|_{s_{wi}}$ are the relative permeabilities of water and oil at saturations $1 - S_{or}$ and S_{wi}, respectively. S_{wi} is the initial water saturation and S_{or} is the irreducible oil saturation.

The invaded region: $0 \leq z \leq z_f(x, y, t)$

We begin by deriving an expression for the advancing water front by the use of Fourier transforms.†

For an incompressible oil-water system, the divergence of the velocity field equals zero, which is

$$\frac{\partial q_x}{\partial x} + \frac{\partial q_y}{\partial y} + \frac{\partial q_z}{\partial z} = 0 \tag{11.8.3}$$

where the fluxes across the three planes parallel to the axes of the coordinates are

$$q_x = -\left(\frac{k_x}{\mu}\right)\frac{\partial p}{\partial x} \qquad q_y = -\left(\frac{k_y}{\mu}\right)\frac{\partial p}{\partial y} \qquad q_z = -\left(\frac{k_z}{\mu}\right)\frac{\partial p}{\partial z} \tag{11.8.4}$$

The finite Fourier sine transformation of equation (11.8.3) in the intervals $0 \leq x \leq a$ and $0 \leq y \leq b$ gives

$$\frac{\partial \overline{\overline{q}}_z(\xi_n, \xi_m, z, t)}{\partial z} = -\xi_n \overline{\overline{q}}_{xc}(\xi_n, \xi_m, z, t) - \xi_m \overline{\overline{q}}_{yc}(\xi_n, \xi_m, z, t) \tag{11.8.5}$$

where $\overline{\overline{q}}_z(\xi_n, \xi_m, z, t) = \int_0^b \int_0^a q_z(x, y, z, t)\sin(\xi_n x)\sin(\xi_m y)\,dx dy$ and $\overline{\overline{q}}_{xc}(\xi_n, \xi_m, z, t)$ and $\overline{\overline{q}}_{yc}(\xi_n, \xi_m, z, t)$ are given by

$$\overline{\overline{q}}_{xc}(\xi_n, \xi_m, z, t) = -\left(\frac{k_x}{\mu}\right)\left\{(-1)^n \overline{p}_s(a, \xi_m, z, t) - \overline{p}_s(0, \xi_m, z, t) + \xi_n \overline{\overline{p}}_{ss}(\xi_n, \xi_m, z, t)\right\} \tag{11.8.6}$$

*The point sources are integrated to obtain the line sources.

†$\mathcal{F}_s\left[\frac{\partial f}{\partial x}; x \to n\right] = -\xi_n \overline{f}_c(n)$, $\mathcal{F}_s$ denotes the finite Fourier sine transform of the first derivative and $\overline{f}_c(n)$ denotes the finite Fourier cosine transform defined by equation (2.3.36). Since n is an integer, $\sin(\xi_n x)$ vanishes both at $x = 0$ and $x = a$. $\mathcal{F}_c\left[\frac{\partial f}{\partial x}; x \to n\right] = (-1)^n f(a) - f(0) + \xi_n \overline{f}_s(n)$, $\mathcal{F}_c$ denotes the finite Fourier cosine transform of the first derivative and $\overline{f}_s(n)$ denotes the finite Fourier sine transform defined by equation (2.3.13).

and

$$\overline{\overline{q}}_{yc}(\xi_n,\xi_m,z,t) = -\left(\frac{k_y}{\mu}\right)\left\{(-1)^m \overline{p}_s(\xi_n,b,z,t) - \overline{p}_s(\xi_n,0,z,t) + \xi_m \overline{\overline{p}}_{ss}(\xi_n,\xi_m,z,t)\right\} \tag{11.8.7}$$

where $\overline{\overline{p}}_{ss}(\xi_n,\xi_m,z,t) = \int_0^b\int_0^a p(x,y,z,t)\sin(\xi_n x)\sin(\xi_m y)\,dxdy$, $\overline{p}_s(0,\xi_m,z,t) = \int_0^b p(0,y,z,t)\sin(\xi_m y)\,dy$, $\overline{p}_s(a,\xi_m,z,t) = \int_0^b p(a,y,z,t)\sin(\xi_m y)\,dy$, $\overline{p}_s(\xi_n,0,z,t) = \int_0^a p(x,0,z,t)\sin(\xi_n x)\,dx$ and $\overline{p}_s(\xi_n,b,z,t) = \int_0^a p(x,b,z,t)\sin(\xi_n x)\,dx$. The eigenvalues ξ_n and ξ_m are given by $\xi_n = \frac{n\pi}{a}$, $n = 0,1,2,...,$ and $\xi_m = \frac{m\pi}{b}$, $m = 0,1,2,....$

The inverse Fourier transformation of equation (11.8.5) gives

$$\frac{\partial q_z(x,y,z,t)}{\partial z} = -\frac{2}{ab}\sum_{n=1}^{\infty}\sum_{m=1}^{\infty}\left\{\xi_n\overline{\overline{q}}_{xc}(\xi_n,\xi_m,z,t) + \xi_m\overline{\overline{q}}_{yc}(\xi_n,\xi_m,z,t)\right\}\sin(\xi_n x)\sin(\xi_m y) \tag{11.8.8}$$

Integrating equation (11.8.8) from $z = 0$ to $z = z_f(x,y,t)$ gives

$$\begin{aligned} q_z(x,y,z,t)\big|_{z=z_f(x,y,t)} &= \frac{dz_f(x,y,t)}{dt} = \frac{\tilde{q}(t)}{ab\phi(1-S_{or}-S_w)} - \\ &-\frac{2}{ab}\sum_{n=1}^{\infty}\sum_{m=1}^{\infty}\sin(\xi_n x)\sin(\xi_m y)\int_0^{z_f(x,y,t)}\left\{\xi_n\overline{\overline{q}}_{xc}(\xi_n,\xi_m,z,t) + \xi_m\overline{\overline{q}}_{yc}(\xi_n,\xi_m,z,t)\right\}dz \end{aligned} \tag{11.8.9}$$

The advancing water front is therefore given by

$$\begin{aligned} z_f(x,y,t) &= \frac{\int_0^t \tilde{q}(\tau)\,d\tau}{ab\phi(1-S_{or}-S_w)} - \\ &-\frac{2}{ab}\sum_{n=1}^{\infty}\sum_{m=1}^{\infty}\sin(\xi_n x)\sin(\xi_m y)\int_0^t\int_0^{z_f(x,y,\tau)}\left\{\xi_n\overline{\overline{q}}_{xc}(\xi_n,\xi_m,z,\tau) + \xi_m\overline{\overline{q}}_{yc}(\xi_n,\xi_m,z,\tau)\right\}dzd\tau \end{aligned} \tag{11.8.10}$$

$\overline{\overline{q}}_{xc}(\xi_n,\xi_m,z,t)$ and $\overline{\overline{q}}_{yc}(\xi_n,\xi_m,z,\tau)$ are not known a priori. We begin the computation at $z = 0$ with the pressure profile given by the initial condition, which is $p(x,y,0,0) = \varphi(x,y,0)$. The pressure profile computed at each time step may be used to update the next time step.

We now formally solve the problem at hand. The finite Fourier cosine transformation of equation (11.8.1) in the regions $0 \le x \le a$ and $0 \le y \le b$ gives

$$\begin{aligned} \frac{\partial\overline{\overline{p}}}{\partial t} + \left(\eta_x\xi_n^2 + \eta_z\xi_m^2\right)\overline{\overline{p}} &= \frac{1}{\phi c_t}\left\{\overline{\psi}_{0yz}(\xi_m,z,t) + (-1)^{n+1}\overline{\psi}_{ayz}(\xi_m,z,t)\right\} + \\ &+\frac{1}{\phi c_t}\left\{\overline{\psi}_{x0z}(\xi_n,z,t) + (-1)^{m+1}\overline{\psi}_{xbz}(\xi_n,z,t)\right\} + \eta_z\frac{\partial^2\overline{\overline{p}}}{\partial z^2} \end{aligned} \tag{11.8.11}$$

The finite Fourier transformation of equation (11.8.11) in the interval $0 \le z \le \frac{\overline{\overline{z}}_f(\xi_n,\xi_m,t)}{ab}$ gives

$$\begin{aligned} \int_0^{\frac{\overline{\overline{z}}_f(\xi_n,\xi_m,t)}{ab}} K(z,\xi_l)\frac{\partial\overline{\overline{p}}}{\partial t}dz &= -\left(\eta_x\xi_n^2 + \eta_y\xi_m^2 + \eta_z\xi_l^2\right)\overline{\overline{\overline{p}}} + \frac{1}{\phi c_t}\left\{\overline{\overline{\psi}}_{0yz}(\xi_m,\xi_l,t) + (-1)^{n+1}\overline{\overline{\psi}}_{ayz}(\xi_m,\xi_l,t)\right\} + \\ &+\frac{1}{\phi c_t}\left\{\overline{\overline{\psi}}_{x0z}(\xi_n,\xi_l,t) + (-1)^{m+1}\overline{\overline{\psi}}_{xbz}(\xi_n,\xi_l,t)\right\} + \\ &+\left\{\eta_z\xi_l\overline{\overline{\psi}}_0(\xi_n,\xi_m,t) + (-1)^l\frac{\overline{\overline{\psi}}_f(\xi_n,\xi_m,t)}{\phi c_t}\right\} \end{aligned} \tag{11.8.12}$$

where $\overline{\overline{\overline{p}}} = \int_0^{\frac{\overline{\overline{z}}_f(\xi_n,\xi_m,t)}{ab}} \mathcal{K}(z,\xi_l)\,\overline{\overline{p}}dz$, $\mathcal{K}(z,\xi_l) = \sin(\xi_l z)$ are the eigenfunctions, and $\overline{\overline{z}}_f(\xi_n,\xi_m,t) = \int_0^b\int_0^a z_f(x,y,t)\cos(\xi_n x)\cos(\xi_m y)\,dxdy$. The set of eigenvalues ξ_l are the positive roots of $\cos\left\{\xi_l \overline{\overline{z}}_f(n,m,t)\right\} = 0$, which are $\xi_l = \frac{(2l-1)\pi ab}{2\overline{\overline{z}}_f(\xi_n,\xi_m,t)}$, $l = 1, 2, \ldots$.

Evaluating the integral in the left-hand side of equation (11.8.12), we get

$$\frac{\partial\overline{\overline{\overline{p}}}(\xi_n,\xi_m,\xi_l)}{\partial t} + \sum_{k=1}^{\infty}\varpi_{kl}(t)\,\overline{\overline{\overline{p}}}(\xi_n,\xi_m,\xi_k) = B(\xi_n,\xi_m,\xi_l,t) \qquad n,m = 0,1,2,\ldots, \quad ,k = 1,2,.. \tag{11.8.13}$$

where $\overline{\overline{\overline{p}}}(\xi_n,\xi_m,\xi_l) = \int_0^{\frac{\overline{\overline{z}}_f(\xi_n,\xi_m,t)}{ab}}\int_0^b\int_0^a p(x,y,z,t)\cos(\xi_n x)\cos(\xi_m y)\,\mathcal{K}(z,\xi_l)\,dxdydz$. ξ_k, a new set of eigenvalues, are the positive roots of $\cos\left\{\xi_k\overline{\overline{z}}_f(\xi_n,\xi_m,t)\right\} = 0$, which are $\xi_k = \frac{(2k-1)\pi ab}{2\overline{\overline{z}}_f(\xi_n,\xi_m,t)}$.

$$\varpi_{kl}(t) = \left(\xi_n^2\eta_x + \xi_m^2\eta_y + \xi_l^2\eta_z\right)\delta_k^l - \Omega_{kl}(\xi_l,\xi_k,t) \tag{11.8.14}$$

$$\Omega_{kl}(\xi_l,\xi_k,t) = \begin{cases} -\frac{1}{2\overline{\overline{z}}_f(\xi_n,\xi_m,t)}\frac{\partial\overline{\overline{z}}_f(\xi_n,\xi_m,t)}{\partial t} & k = l \\ \frac{(-1)^{k+l}(2l-1)^2}{\{k(k-1)-l(l-1)\}\overline{\overline{z}}_f(\xi_n,\xi_m,t)}\frac{d\overline{\overline{z}}_f(\xi_n,\xi_m,t)}{dt} = -\Omega_{lk}(\xi_l,\xi_k,t) & k \neq l \end{cases} \tag{11.8.15}$$

$$\begin{aligned} B(\xi_n,\xi_m,\xi_l,t) &= \frac{1}{\phi c_t}\left\{(-1)^{n+1}\overline{\overline{\psi}}_{ayz}(\xi_m,\xi_l,t) + \overline{\overline{\psi}}_{0yz}(\xi_m,\xi_l,t) + \right. \\ &\quad \left. + (-1)^{m+1}\overline{\overline{\psi}}_{xbz}(\xi_n,\xi_l,t) + \overline{\overline{\psi}}_{x0z}(\xi_n,\xi_l,t)\right\} + \\ &\quad + \left\{\xi_l\eta_z\psi_0(t)\,\sigma_n\sigma_m + (-1)^l\frac{\overline{\overline{\psi}}_f(\xi_n,\xi_m,t)}{\phi c_t}\right\} + \frac{(-1)^{l+1}}{ab}\overline{\overline{p}}\left\{\xi_n,\xi_m,\overline{\overline{z}}_f(\xi_n,\xi_m,t)\right\}\frac{\partial\overline{\overline{z}}_f(\xi_n,\xi_m,t)}{\partial t} \end{aligned} \tag{11.8.16}$$

where $\sigma_n = \begin{cases} 0, & n \neq 0 \\ a, & n = 0 \end{cases}$, $\sigma_m = \begin{cases} 0, & m \neq 0 \\ b, & m = 0 \end{cases}$,

$\overline{\overline{\psi}}_{0yz}(\xi_m,\xi_l,t) = \int_0^{\frac{\overline{\overline{z}}_f(\xi_n,\xi_m,t)}{ab}}\int_0^b \psi_{0yz}(y,z,t)\cos(\xi_m y)\,\mathcal{K}(z,\xi_l)\,dydz$,

$\overline{\overline{\psi}}_{ayz}(\xi_m,\xi_l,t) = \int_0^{\frac{\overline{\overline{z}}_f(\xi_n,\xi_m,t)}{ab}}\int_0^b \psi_{ayz}(y,z,t)\cos(\xi_m y)\,\mathcal{K}(z,\xi_l)\,dydz$,

$\overline{\overline{\psi}}_{x0z}(\xi_n,\xi_l,t) = \int_0^{\frac{\overline{\overline{z}}_f(\xi_n,\xi_m,t)}{ab}}\int_0^a \psi_{x0z}(x,z,t)\cos(\xi_n x)\,\mathcal{K}(z,\xi_l)\,dxdz$ and

$\overline{\overline{\psi}}_{xbz}(\xi_n,\xi_l,t) = \int_0^{\frac{\overline{\overline{z}}_f(\xi_n,\xi_m,t)}{ab}}\int_0^a \psi_{xbz}(x,z,t)\cos(\xi_n x)\,\mathcal{K}(z,\xi_l)\,dxdz$.

For a sufficiently large $L\hat{\ }L$ system, equation (11.8.13) can be written in matrix form, which is

$$\mathrm{P}' + \mathrm{AP} = \mathrm{B} \tag{11.8.17}$$

where $\mathrm{P} = \left[\overline{\overline{\overline{p}}}(\xi_n,\xi_m,\xi_1), \overline{\overline{\overline{p}}}(\xi_n,\xi_m,\xi_2), \overline{\overline{\overline{p}}}(\xi_n,\xi_m,\xi_3), \ldots\ldots, \overline{\overline{\overline{p}}}(\xi_n,\xi_m,\xi_L)\right]^T$,

$$\mathrm{A} = \begin{bmatrix} \varpi_{11}(\xi_n,\xi_m,t) & \varpi_{12}(\xi_n,\xi_m,t) & \bullet & \bullet & \bullet & \bullet & \varpi_{1L}(\xi_n,\xi_m,t) \\ \varpi_{21}(\xi_n,\xi_m,t) & \varpi_{22}(\xi_n,\xi_m,t) & \bullet & \bullet & \bullet & \bullet & \varpi_{2L}(\xi_n,\xi_m,t) \\ \varpi_{31}(\xi_n,\xi_m,t) & \varpi_{32}(\xi_n,\xi_m,t) & \bullet & \bullet & \bullet & \bullet & \varpi_{3L}(\xi_n,\xi_m,t) \\ \bullet & \bullet & \bullet & \bullet & \bullet & \bullet & \bullet \\ \bullet & \bullet & \bullet & \bullet & \bullet & \bullet & \bullet \\ \bullet & \bullet & \bullet & \bullet & \bullet & \bullet & \bullet \\ \varpi_{L1}(\xi_n,\xi_m,t) & \varpi_{L2}(\xi_n,\xi_m,t) & \bullet & \bullet & \bullet & \bullet & \varpi_{LL}(\xi_n,\xi_m,t) \end{bmatrix},$$

$\mathrm{B} = [B(\xi_n, \xi_m, \xi_1, t), B(\xi_n, \xi_m, \xi_2, t), B(\xi_n, \xi_m, \xi_3, t), ..., B(\xi_n, \xi_m, \xi_L, t)]^T$ and the initial condition

$\Phi = [\overline{\varphi}(\xi_n, \xi_m, \xi_1), \overline{\varphi}(\xi_n, \xi_m, \xi_2), \overline{\varphi}(\xi_n, \xi_m, \xi_3), ..., \overline{\varphi}(\xi_n, \xi_m, \xi_L)]$.

The magnitude of the off-diagonal terms in matrix A are dependent on the position of the moving boundary but are, in general, small compared to the diagonal term. The solution is given by the lowest order of the coupled system, that is, the matrix containing the diagonal elements only.

$$\frac{d\overline{\overline{\overline{p}}}(\xi_n, \xi_m, \xi_l)}{dt} + \varpi_{ll}(t)\,\overline{\overline{\overline{p}}}(\xi_n, \xi_m, \xi_l) = B(\xi_n, \xi_m, \xi_l, t) \tag{11.8.18}$$

where

$$\varpi_{ll}(t) = \xi_n^2\eta_x + \xi_m^2\eta_y + \xi_l^2\eta_z + \frac{1}{2\overline{\overline{z}}_f(\xi_n, \xi_m, t)}\frac{\partial\overline{\overline{z}}_f(\xi_n, \xi_m, t)}{\partial t} \tag{11.8.19}$$

and $\frac{\partial\overline{\overline{z}}_f(\xi_n,\xi_m,t)}{\partial t}$ and $\overline{\overline{z}}_f(\xi_n, \xi_m, t)$ are obtained from equations (11.8.9) and (11.8.10).* The general solution of the ordinary differential equation (11.8.18) may be explicitly solved to give

$$\overline{\overline{\overline{p}}} = \overline{\overline{\overline{\varphi}}}(\xi_n, \xi_m, \xi_l)\, e^{-\vartheta_{ll}(\xi_n,\xi_m,\xi_l,t)} + \int_0^t e^{-\{\vartheta_{ll}(\xi_n,\xi_m,\xi_l,t)-\vartheta_{ll}(\xi_n,\xi_m,\xi_l,\tau)\}}B(\xi_n, \xi_m, \xi_l, \tau)\, d\tau \tag{11.8.20}$$

where $\overline{\overline{\overline{p}}} \equiv \overline{\overline{\overline{p}}}(\xi_n, \xi_m, \xi_l, t)$, $\overline{\overline{\overline{\varphi}}}(\xi_n, \xi_m, \xi_l) = \int_0^{\frac{\overline{\overline{z}}_f(\xi_n,\xi_m,t)}{ab}} \int_0^b \int_0^a \varphi(x, y, z)\cos(\xi_n x)\cos(\xi_m y)\,\mathcal{K}(z, \xi_l)\, dxdydz$, and

$$\vartheta_{ll}(\xi_n, \xi_m, \xi_l, t) = \int_0^t \varpi_{ll}(\tau)d\tau \tag{11.8.21}$$

Taking the inverse Fourier transformation of equation (11.8.20), we get

$$\begin{aligned} p_i \; = \; & 8\sum_{n=0}^{\infty}\ni_n \cos(\xi_n x)\sum_{m=0}^{\infty}\frac{\ni_m\cos(\xi_m y)}{\overline{\overline{z}}_f(\xi_n, \xi_m, t)}\sum_{l=1}^{\infty}\sin(\xi_l z)\int_0^t e^{-\{\vartheta_{ll}(\xi_n,\xi_m,\xi_l,t)-\vartheta_{ll}(\xi_n,\xi_m,\xi_l,\tau)\}}B(\xi_n, \xi_m, \xi_l, \tau)\, d\tau + \\ & +8\sum_{n=0}^{\infty}\ni_n\cos(\xi_n x)\sum_{m=0}^{\infty}\frac{\ni_m\cos(\xi_m y)}{\overline{\overline{z}}_f(\xi_n, \xi_m, t)}\sum_{l=1}^{\infty}\sin(\xi_l z)\,\overline{\overline{\overline{\varphi}}}(\xi_n, \xi_m, \xi_l)e^{-\vartheta_{ll}(\xi_n,\xi_m,\xi_l,t)} \end{aligned} \tag{11.8.22}$$

where $p_i \equiv p_i(x, y, z, t)$. The subscript i denotes the invaded region $0 \le z \le z_f(x, y, t)$. If the initial condition $\varphi(x, y, z) = p_I$, a constant, equation (11.8.22) reduces to

$$\begin{aligned} p_i \; = \; & 8\sum_{n=0}^{\infty}\ni_n \cos(\xi_n x)\sum_{m=0}^{\infty}\frac{\ni_m\cos(\xi_m y)}{\overline{\overline{z}}_f(\xi_n, \xi_m, t)}\sum_{l=1}^{\infty}\sin(\xi_l z)\int_0^t e^{-\{\vartheta_{ll}(\xi_n,\xi_m,\xi_l,t)-\vartheta_{ll}(\xi_n,\xi_m,\xi_l,\tau)\}}B(\xi_n, \xi_m, \xi_l, \tau)\, d\tau + \\ & +\frac{4p_I}{\pi}\sum_{l=1}^{\infty}\frac{\sin(\xi_l z)}{(2l-1)}e^{-\vartheta_{ll}(0,0,\xi_l,t)} \end{aligned} \tag{11.8.23}$$

When the off-diagonal terms are significant—that is, during late times when the water front is away from the well bore—a good iterative approximation can be made. The system to be solved is given by

$$\frac{\partial\overline{\overline{\overline{p}}}_j(\xi_n, \xi_m, \xi_l)}{\partial t} + \varpi_{ll}(t)\,\overline{\overline{\overline{p}}}_j(\xi_n, \xi_m, \xi_l) = B_j(\xi_n, \xi_m, \xi_l, t) + C_{odj-1}(\xi_n, \xi_m, \xi_l, t) \quad j = 1, 2, ... \tag{11.8.24}$$

---

* $\frac{d\overline{\overline{z}}_f(\xi_n,\xi_m,t)}{dt} = \int_0^b\int_0^a \left\{\frac{dz_f(x,y,t)}{dt}\right\}\cos(\xi_n x)\cos(\xi_m y)\,dxdy$ and $\overline{\overline{z}}_f(\xi_n, \xi_m, t) = \int_0^b\int_0^a z_f(x, y, t)\cos(\xi_n x)\cos(\xi_m y)\,dxdy$.

where

$$C_{odj-1}(\xi_n,\xi_m,\xi_l,t)=\begin{cases}0 & j=1\\ \sum\limits_{k=1}^{\infty}\varpi_{kl}(t)\,\overline{p}_{ij-1}(\xi_n,\xi_m,\xi_k) \quad k\neq l & j=2,3,...\end{cases} \tag{11.8.25}$$

$B_j(\xi_n,\xi_m,\xi_l,t)$ is given by equation (11.8.16) and j is the iteration counter. The general solution of equation (11.8.24) may be explicitly solved to give

$$\begin{aligned}\overline{\overline{\overline{p}}}_j &= \overline{\overline{\overline{\varphi}}}_j(\xi_n,\xi_m,\xi_l)\,e^{-\vartheta_{ll}(\xi_n,\xi_m,\xi_l,t)}+\\ &+\int_0^t e^{-\{\vartheta_{ll}(\xi_n,\xi_m,\xi_l,t)-\vartheta_{ll}(\xi_n,\xi_m,\xi_l,\tau)\}}\{B_j(\xi_n,\xi_m,\xi_l,\tau)+C_{odj-1}(\xi_n,\xi_m,\xi_l,\tau)\}\,d\tau\end{aligned} \tag{11.8.26}$$

Hence, for the invaded region, the solution to be used in the iterative scheme may be written as

$$\begin{aligned}p_{ij} &= p_{ij}+8\sum_{n=0}^{\infty}\ni_n\cos(\xi_n x)\sum_{m=0}^{\infty}\frac{\ni_m\cos(\xi_m y)}{\overline{\overline{z}}_f(\xi_n,\xi_m,t)}\sum_{l=1}^{\infty}\sin(\xi_l z)\times\\ &\times\int_0^t e^{-\{\vartheta_{ll}(\xi_n,\xi_m,\xi_l,t)-\vartheta_{ll}(\xi_n,\xi_m,\xi_l,\tau)\}}C_{odj-1}(\xi_n,\xi_m,\xi_l,\tau)\,d\tau\end{aligned} \tag{11.8.27}$$

where $p_{ij}\equiv p_{ij}(x,y,z,t)$. To start the iteration at $j=1$, pressure may be obtained from the lowest-order solution.

The uninvaded region: $z_f(x,y,t)\le z\le d^*$

The differential equation for pressure diffusion in this region is given by equation (11.8.2).

The lowest-order solution for multiple horizontal line sources of finite lengths $[x_{02\iota}-x_{01\iota}]$ passing through $(y_{0\iota},z_{0\iota})$ for $\iota=1,2,...,M$ in the time domain is given by

$$\begin{aligned}p_u &= 8\sum_{n=0}^{\infty}\ni_n\cos(\xi_n x)\sum_{m=0}^{\infty}\frac{\ni_m\cos(\xi_m y)}{\{abd-\overline{\overline{z}}_f(\xi_n,\xi_m,t)\}}\sum_{l=1}^{\infty}\cos\left\{\xi_l\left(z-\frac{\overline{\overline{z}}_f(\xi_n,\xi_m,t)}{ab}\right)\right\}\times\\ &\times\overline{\overline{\overline{\varphi}}}(\xi_n,\xi_m,\xi_l)\,e^{-\vartheta_{ll}(\xi_n,\xi_m,\xi_l,t)}+\\ &+8\sum_{n=0}^{\infty}\ni_n\cos(\xi_n x)\sum_{m=0}^{\infty}\frac{\ni_m\cos(\xi_m y)}{\{abd-\overline{\overline{z}}_f(\xi_n,\xi_m,t)\}}\sum_{l=1}^{\infty}\cos\left\{\xi_l\left(z-\frac{\overline{\overline{z}}_f(\xi_n,\xi_m,t)}{ab}\right)\right\}\times\\ &\times\int_0^t e^{-\{\vartheta_{ll}(\xi_n,\xi_m,\xi_l,t)-\vartheta_{ll}(\xi_n,\xi_m,\xi_l,\tau)\}}D(\xi_n,\xi_m,\xi_l,\tau)\,d\tau\end{aligned} \tag{11.8.28}$$

where $p_u\equiv p_u(x,y,z-z_f(x,y,t),t)$. The set of eigenvalues ξ_l are the positive roots of $\cos\left\{\xi_l\left(d-\frac{\overline{\overline{z}}_f(\xi_n,\xi_m,t)}{ab}\right)\right\}=0$, which are $\xi_l=\frac{(2l-1)\pi ab}{2\{abd-\overline{\overline{z}}_f(\xi_n,\xi_m,t)\}}$, $l=1,2,....$

$\overline{\overline{\overline{\varphi}}}(\xi_n,\xi_m,\xi_l)=\int_0^{d-\frac{\overline{\overline{z}}_f(\xi_n,\xi_m,t)}{ab}}\int_0^b\int_0^a\varphi\left(x,y,z+\frac{\overline{\overline{z}}_f(\xi_n,\xi_m,t)}{ab}\right)\cos(\xi_n x)\cos(\xi_m y)\cos(\xi_l z)\,dxdydz,$

$$\vartheta_{ll}(\xi_n,\xi_m,\xi_l,t)=\int_0^t\varpi_{ll}(\tau)d\tau \tag{11.8.29}$$

$$\varpi_{kl}(t)=\left(\xi_n^2\eta_x+\xi_m^2\eta_y+\xi_l^2\eta_z\right)\delta_k^l-\Omega_{kl}(\xi_l,\xi_k,t) \tag{11.8.30}$$

---

*The finite Fourier interval here is $0\le z\le d-\frac{\overline{\overline{z}}_f(\xi_n,\xi_m,t)}{ab}$.

$$\Omega_{kl}\left(\xi_l,\xi_k,t\right)=\begin{cases}-\frac{1}{2\left\{abd-\overline{\overline{z}}_f(\xi_n,\xi_m,t)\right\}}\frac{\partial\overline{\overline{z}}_f(\xi_n,\xi_m,t)}{\partial t} & k=l\\ -\frac{(-1)^{k+l}(2l-1)(2k-1)}{2\{k(k-1)-l(l-1)\}\left\{abd-\overline{\overline{z}}_f(\xi_n,\xi_m,t)\right\}}\frac{d\overline{\overline{z}}_f(\xi_n,\xi_m,t)}{dt}=-\Omega_{lk}\left(\xi_l,\xi_k,t\right) & k\neq l\end{cases} \quad (11.8.31)$$

$$\varpi_{ll}\left(t\right)=\xi_n^2\eta_x+\xi_m^2\eta_y+\xi_l^2\eta_z+\frac{1}{2\left\{abd-\overline{\overline{z}}_f\left(\xi_n,\xi_m,t\right)\right\}}\frac{\partial\overline{\overline{z}}_f\left(\xi_n,\xi_m,t\right)}{\partial t} \quad (11.8.32)$$

$\frac{\partial\overline{\overline{z}}_f(\xi_n,\xi_m,t)}{\partial t}$ and $\overline{\overline{z}}_f\left(\xi_n,\xi_m,t\right)$ are obtained from equations (11.8.9) and (11.8.10).

$$\begin{aligned}D(\xi_n,\xi_m,\xi_l,t) &= \frac{1}{\phi c_t}\left\{(-1)^{m+1}\overline{\overline{\psi}}_{xbz}\left(\xi_n,\xi_l,t\right)+\overline{\overline{\psi}}_{x0z}\left(\xi_n,\xi_l,t\right)+(-1)^{n+1}\overline{\overline{\psi}}_{ayz}\left(\xi_m,\xi_l,t\right)+\overline{\overline{\psi}}_{0yz}\left(\xi_m,\xi_l,t\right)\right\}+\\ &+\left\{\frac{\overline{\overline{\psi}}_f\left(\xi_n,\xi_m,t\right)}{\phi c_t}+(-1)^{l+1}\xi_l\eta_z\overline{\overline{\psi}}_d\left(\xi_n,\xi_m,t\right)\right\}+\\ &+\frac{1}{\phi c_t}\sum_{\iota=0}^{N}q_\iota\left(t\right)\cos\left\{\xi_l\left(z_{0\iota}-\frac{\overline{\overline{z}}_f\left(\xi_n,\xi_m,t\right)}{ab}\right)\right\}\frac{1}{\xi_n}\left\{\sin\left(\xi_n x_{02\iota}\right)-\sin\left(\xi_n x_{01\iota}\right)\right\}\cos\left(\xi_m y_{0\iota}\right)\end{aligned} \quad (11.8.33)$$

where $\overline{\overline{\psi}}_{x0z}\left(\xi_n,\xi_l,t\right)=\int_0^{d-\frac{\overline{\overline{z}}_f(\xi_n,\xi_m,t)}{ab}}\int_0^a\psi_{x0z}\left(x,z,t\right)\cos\left(\xi_n x\right)\cos\left(\xi_l z\right)dxdz$,
$\overline{\overline{\psi}}_{xbz}\left(\xi_n,\xi_l,t\right)=\int_0^{d-\frac{\overline{\overline{z}}_f(\xi_n,\xi_m,t)}{ab}}\int_0^a\psi_{xbz}\left(x,z,t\right)\cos\left(\xi_n x\right)\cos\left(\xi_l z\right)dxdz$,
$\overline{\overline{\psi}}_{0yz}\left(\xi_m,\xi_l,t\right)=\int_0^{d-\frac{\overline{\overline{z}}_f(\xi_n,\xi_m,t)}{ab}}\int_0^b\psi_{0yz}\left(y,z,t\right)\cos\left(\xi_m y\right)\cos\left(\xi_l z\right)dydz$ and
$\overline{\overline{\psi}}_{ayz}\left(\xi_m,\xi_l,t\right)=\int_0^{d-\frac{\overline{\overline{z}}_f(\xi_n,\xi_m,t)}{ab}}\int_0^b\psi_{ayz}\left(y,z,t\right)\cos\left(\xi_m y\right)\cos\left(\xi_l z\right)dydz$.

If the initial condition $\varphi\left(x,y,z\right)=p_I$, a constant, equation (11.8.28) reduces to

$$\begin{aligned}p_u &= 8\sum_{n=0}^{\infty}\ni_n\cos\left(\xi_n x\right)\sum_{m=0}^{\infty}\frac{\ni_m\cos\left(\xi_m y\right)}{\left\{abd-\overline{\overline{z}}_f\left(\xi_n,\xi_m,t\right)\right\}}\sum_{l=1}^{\infty}\cos\left\{\xi_l\left(z-\frac{\overline{\overline{z}}_f\left(\xi_n,\xi_m,t\right)}{ab}\right)\right\}\times\\ &\times\int_0^t e^{-\left\{\vartheta_{ll}(\xi_n,\xi_m,\xi_l,t)-\vartheta_{ll}(\xi_n,\xi_m,\xi_l,\tau)\right\}}D\left(\xi_n,\xi_m,\xi_l,\tau\right)d\tau+\\ &+\frac{4p_I}{\pi}\sum_{l=1}^{\infty}\frac{(-1)^{l+1}e^{-\vartheta_{ll}(0,0,\xi_l,t)}\cos\left\{\xi_l\left(z-\frac{\overline{\overline{z}}_f(\xi_n,\xi_m,t)}{ab}\right)\right\}}{(2l-1)}\end{aligned} \quad (11.8.34)$$

When the off-diagonal terms are significant—that is, during late times when the water front is away from the well bore—a good iterative approximation can be made. The system to be solved for this case is given by

$$\frac{\partial\overline{\overline{\overline{p}}}_j\left(\xi_n,\xi_m,\xi_l\right)}{\partial t}+\varpi_{ll}\left(t\right)\overline{\overline{\overline{p}}}_j\left(\xi_n,\xi_m,\xi_l\right)=D_j\left(\xi_n,\xi_m,\xi_l,t\right)+C_{odj-1}\left(\xi_n,\xi_m,\xi_l,t\right)\quad j=1,2,... \quad (11.8.35)$$

where

$$C_{odj-1}\left(\xi_n,\xi_m,\xi_l,t\right)=\begin{cases}0 & j=1\\ \sum\limits_{k=1}^{\infty}\varpi_{kl}\left(t\right)\overline{p}_{uj-1}(\xi_n,\xi_m,\xi_k)\quad k\neq l & j=2,3,...\end{cases} \quad (11.8.36)$$

$D_j\left(\xi_n,\xi_m,\xi_l,t\right)$ is given by equation (11.8.33) and j is the iteration counter. The general solution of equation (11.8.35) may be explicitly solved to give

$$\begin{aligned}\overline{\overline{\overline{p}}}_j &= \overline{\overline{\overline{\varphi}}}_j\left(\xi_n,\xi_m,\xi_l\right)e^{-\vartheta_{ll}(\xi_n,\xi_m,\xi_l,t)}+\\ &+\int_0^t e^{-\left\{\vartheta_{ll}(\xi_n,\xi_m,\xi_l,t)-\vartheta_{ll}(\xi_n,\xi_m,\xi_l,\tau)\right\}}\left\{D_j\left(\xi_n,\xi_m,\xi_l,\tau\right)+C_{odj-1}\left(\xi_n,\xi_m,\xi_l,\tau\right)\right\}d\tau\end{aligned} \quad (11.8.37)$$

Hence, for the uninvaded region, the solution to be used in the iterative scheme may be written as

$$p_{uj} = p_{uj} + 8\sum_{n=0}^{\infty} \ni_n \cos(\xi_n x) \sum_{m=0}^{\infty} \frac{\ni_m \cos(\xi_m y)}{\left\{abd - \overline{\overline{z}}_f(\xi_n, \xi_m, t)\right\}} \sum_{l=1}^{\infty} \cos\left\{\xi_l \left(z - \frac{\overline{\overline{z}}_f(\xi_n, \xi_m, t)}{ab}\right)\right\} \times$$
$$\times \int_0^t e^{-\{\vartheta_{ll}(\xi_n,\xi_m,\xi_l,t) - \vartheta_{ll}(\xi_n,\xi_m,\xi_l,\tau)\}} C_{odj-1}(\xi_n, \xi_m, \xi_l, \tau) d\tau \qquad (11.8.38)$$

where $p_{uj} \equiv p_{uj}(x, y, z - z_{fj}(x, y, t), t)$. To start the iteration at $j = 1$, pressure may be obtained from the lowest-order solution.

At the interface $z = z_f(x, y, t)$, matching the pressure solutions of the invaded and uninvaded regions, we get two integral equations with two unknowns: the pressure and the flux. The pressure and flux at the interface deduced from these equations can then be used in the general solutions to obtain pressure as a function of x, y, z and t.

11.9 The problem of 11.8, except at $z = d$, $\frac{\partial p(r,d,t)}{\partial z} = -\left(\frac{\mu}{k_z}\right) \psi_d(t)$*

The invaded region: $0 \leq z \leq z_f(x, y, t)$

The result is the same as that of the problem of 11.8.

The uninvaded region: $z_f(x, y, t) \leq z \leq d$†

The differential equation for pressure diffusion in this region is given by equation (11.8.2).

The lowest-order solution for multiple horizontal line sources of finite lengths $[x_{02\iota} - x_{01\iota}]$ passing through $(y_{0\iota}, z_{0\iota})$ for $\iota = 1, 2, ..., M$ in the time domain is given by

$$p_u = 8\sum_{n=0}^{\infty} \ni_n \cos(\xi_n x) \sum_{m=0}^{\infty} \frac{\ni_m \cos(\xi_m y)}{\left\{abd - \overline{\overline{z}}_f(\xi_n, \xi_m, t)\right\}} \sum_{l=0}^{\infty} \ni_l \cos\left\{\xi_l \left(z - \frac{\overline{\overline{z}}_f(\xi_n, \xi_m, t)}{ab}\right)\right\} \times$$
$$\times \overline{\overline{\overline{\varphi}}}(\xi_n, \xi_m, \xi_l) e^{-\vartheta_{ll}(\xi_n,\xi_m,\xi_l,t)} +$$
$$+8\sum_{n=0}^{\infty} \ni_n \cos(\xi_n x) \sum_{m=0}^{\infty} \frac{\ni_m \cos(\xi_m y)}{\left\{abd - \overline{\overline{z}}_f(\xi_n, \xi_m, t)\right\}} \sum_{l=0}^{\infty} \ni_l \cos\left\{\xi_l \left(z - \frac{\overline{\overline{z}}_f(\xi_n, \xi_m, t)}{ab}\right)\right\} \times$$
$$\times \int_0^t e^{-\{\vartheta_{ll}(\xi_n,\xi_m,\xi_l,t) - \vartheta_{ll}(\xi_n,\xi_m,\xi_l,\tau)\}} D(\xi_n, \xi_m, \xi_l, \tau) \, d\tau \qquad (11.9.1)$$

where $p_u \equiv p_u(x, y, z - z_f(x, y, t), t)$. The set of eigenvalues ξ_l are the positive roots of $\sin\left\{\xi_l\left(d - \frac{\overline{\overline{z}}_f(\xi_n,\xi_m,t)}{ab}\right)\right\} = 0$, which are $\xi_l = \frac{l\pi ab}{\left\{abd - \overline{\overline{z}}_f(\xi_n,\xi_m,t)\right\}}$, $l = 1, 2, ...$

$\overline{\overline{\overline{\varphi}}}(\xi_n, \xi_m, \xi_l) = \int_0^{d - \frac{\overline{\overline{z}}_f(\xi_n,\xi_m,t)}{ab}} \int_0^b \int_0^a \varphi\left(x, y, z + \frac{\overline{\overline{z}}_f(\xi_n,\xi_m,t)}{ab}\right) \cos(\xi_n x) \cos(\xi_m y) \cos(\xi_l z) \, dx dy dz$,

$$\vartheta_{ll}(\xi_n, \xi_m, \xi_l, t) = \int_0^t \varpi_{ll}(\tau) d\tau \qquad (11.9.2)$$

$$\varpi_{kl}(t) = \left(\xi_n^2 \eta_x + \xi_m^2 \eta_y + \xi_l^2 \eta_z\right) \delta_k^l - \Omega_{kl}(\xi_l, \xi_k, t) \qquad (11.9.3)$$

*The boundary conditions at $z = 0$ and $z = d$ are chosen such that the oil-bearing pay zone is both overlain by a no-flow boundary (when $\psi_d(t) = 0$) and underlain by an aquifer.

†The finite Fourier interval here is $0 \leq z \leq d - \frac{\overline{\overline{z}}_f(\xi_n,\xi_m,t)}{ab}$.

$$\Omega_{kl}\left(\xi_l,\xi_k,t\right)=\begin{cases}\frac{1}{2\left\{abd-\overline{\overline{z}}_f(\xi_n,\xi_m,t)\right\}}\frac{\partial\overline{\overline{z}}_f(\xi_n,\xi_m,t)}{\partial t} & k=l\\ \frac{(-1)^{k+l}}{\left\{abd-\overline{\overline{z}}_f(\xi_n,\xi_m,t)\right\}}\frac{d\overline{\overline{z}}_f(\xi_n,\xi_m,t)}{dt} & k\neq l\end{cases} \tag{11.9.4}$$

$$\varpi_{ll}\left(t\right)=\xi_n^2\eta_x+\xi_m^2\eta_y+\xi_l^2\eta_z-\frac{1}{2\left\{abd-\overline{\overline{z}}_f\left(\xi_n,\xi_m,t\right)\right\}}\frac{\partial\overline{\overline{z}}_f\left(\xi_n,\xi_m,t\right)}{\partial t} \tag{11.9.5}$$

$\frac{\partial\overline{\overline{z}}_f(\xi_n,\xi_m,t)}{\partial t}$ and $\overline{\overline{z}}_f\left(\xi_n,\xi_m,t\right)$ are obtained from equations (11.8.9) and (11.8.10).

$$\begin{aligned}D(\xi_n,\xi_m,\xi_l,t) &= \frac{1}{\phi c_t}\left\{(-1)^{m+1}\overline{\overline{\psi}}_{xbz}\left(\xi_n,\xi_l,t\right)+\overline{\overline{\psi}}_{x0z}\left(\xi_n,\xi_l,t\right)+(-1)^{n+1}\overline{\overline{\psi}}_{ayz}\left(\xi_m,\xi_l,t\right)+\overline{\overline{\psi}}_{0yz}\left(\xi_m,\xi_l,t\right)\right\}+\\ &+\frac{1}{\phi c_t}\left\{\overline{\overline{\psi}}_f\left(\xi_n,\xi_m,t\right)+(-1)^{l+1}\overline{\overline{\psi}}_d\left(\xi_n,\xi_m,t\right)\right\}+\\ &+\frac{(-1)^{l+1}}{ab}\overline{\overline{p}}\left\{\xi_n,\xi_m,\overline{\overline{z}}_f\left(\xi_n,\xi_m,t\right),t\right\}\frac{d\overline{\overline{z}}_f\left(\xi_n,\xi_m,t\right)}{dt}+\\ &+\frac{1}{\phi c_t}\sum_{\iota=0}^{N}q_\iota\left(t\right)\cos\left\{\xi_l\left(z_{0\iota}-\frac{\overline{\overline{z}}_f\left(\xi_n,\xi_m,t\right)}{ab}\right)\right\}\frac{1}{\xi_n}\left\{\sin\left(\xi_n x_{02\iota}\right)-\sin\left(\xi_n x_{01\iota}\right)\right\}\cos\left(\xi_m y_{0\iota}\right)\end{aligned} \tag{11.9.6}$$

where $\overline{\overline{\psi}}_{x0z}\left(\xi_n,\xi_l,t\right)=\int_0^{d-\frac{\overline{\overline{z}}_f(\xi_n,\xi_m,t)}{ab}}\int_0^a\psi_{x0z}\left(x,z,t\right)\cos\left(\xi_n x\right)\cos\left(\xi_l z\right)dxdz$,
$\overline{\overline{\psi}}_{xbz}\left(\xi_n,\xi_l,t\right)=\int_0^{d-\frac{\overline{\overline{z}}_f(\xi_n,\xi_m,t)}{ab}}\int_0^a\psi_{xbz}\left(x,z,t\right)\cos\left(\xi_n x\right)\cos\left(\xi_l z\right)dxdz$,
$\overline{\overline{\psi}}_{0yz}\left(\xi_m,\xi_l,t\right)=\int_0^{d-\frac{\overline{\overline{z}}_f(\xi_n,\xi_m,t)}{ab}}\int_0^b\psi_{0yz}\left(y,z,t\right)\cos\left(\xi_m y\right)\cos\left(\xi_l z\right)dydz$ and
$\overline{\overline{\psi}}_{ayz}\left(\xi_m,\xi_l,t\right)=\int_0^{d-\frac{\overline{\overline{z}}_f(\xi_n,\xi_m,t)}{ab}}\int_0^b\psi_{ayz}\left(y,z,t\right)\cos\left(\xi_m y\right)\cos\left(\xi_l z\right)dydz$.

When the off-diagonal terms are significant—that is, during late times when the water front is away from the well bore—a good iterative approximation can be made. The system to be solved for this case is given by

$$\frac{\partial\overline{\overline{\overline{p}}}_j\left(\xi_n,\xi_m,\xi_l\right)}{\partial t}+\varpi_{ll}\left(t\right)\overline{\overline{\overline{p}}}_j\left(\xi_n,\xi_m,\xi_l\right)=D_j\left(\xi_n,\xi_m,\xi_l,t\right)+C_{odj-1}\left(\xi_n,\xi_m,\xi_l,t\right)\quad j=1,2,... \tag{11.9.7}$$

where

$$C_{odj-1}\left(\xi_n,\xi_m,\xi_l,t\right)=\begin{cases}0 & j=1\\ \sum\limits_{k=1}^{\infty}\varpi_{kl}\left(t\right)\overline{p}_{uj-1}(\xi_n,\xi_m,\xi_k) \quad k\neq l & j=2,3,...\end{cases} \tag{11.9.8}$$

$D_j\left(\xi_n,\xi_m,\xi_l,t\right)$ is given by equation (11.9.6) and j is the iteration counter. The general solution of equation (11.9.7) may be explicitly solved to give

$$\begin{aligned}\overline{\overline{\overline{p}}}_j &= \overline{\overline{\overline{\varphi}}}_j\left(\xi_n,\xi_m,\xi_l\right)e^{-\vartheta_{ll}(\xi_n,\xi_m,\xi_l,t)}+\\ &+\int_0^t e^{-\{\vartheta_{ll}(\xi_n,\xi_m,\xi_l,t)-\vartheta_{ll}(\xi_n,\xi_m,\xi_l,\tau)\}}\left\{D_j\left(\xi_n,\xi_m,\xi_l,\tau\right)+C_{odj-1}\left(\xi_n,\xi_m,\xi_l,\tau\right)\right\}d\tau\end{aligned} \tag{11.9.9}$$

Hence, for the uninvaded region, the solution to be used in the iterative scheme may be written as

$$\begin{aligned}p_{uj} &= p_{uj}+8\sum_{n=0}^{\infty}\ni_n\cos\left(\xi_n x\right)\sum_{m=0}^{\infty}\frac{\ni_m\cos\left(\xi_m y\right)}{\left\{abd-\overline{\overline{z}}_f\left(\xi_n,\xi_m,t\right)\right\}}\sum_{l=0}^{\infty}\ni_l\cos\left\{\xi_l\left(z-\frac{\overline{\overline{z}}_f\left(\xi_n,\xi_m,t\right)}{ab}\right)\right\}\times\\ &\times\int_0^t e^{-\{\vartheta_{ll}(\xi_n,\xi_m,\xi_l,t)-\vartheta_{ll}(\xi_n,\xi_m,\xi_l,\tau)\}}C_{odj-1}\left(\xi_n,\xi_m,\xi_l,\tau\right)d\tau\end{aligned} \tag{11.9.10}$$

where $p_{uj} \equiv p_{uj}(x, y, z - z_{fj}(x, y, t), t)$. To start the iteration at $j = 1$, pressure may be obtained from the lowest-order solution.

At the interface $z = z_f(x, y, t)$, matching the pressure solutions of the invaded and uninvaded regions, we get two integral equations with two unknowns: the pressure and the flux. The pressure and flux at the interface deduced from these equations can then be used in the general solutions to obtain pressure as a function of x, y, z and t.

11.10 The problem of 11.8, except a continuum of volume $a_{\mathcal{N}} \times b \times d$ is subdivided along the x axis, $a_j \leq x \leq a_{j+1}$, $\forall j = 0, 1, ..., \mathcal{N} - 1$. At $x = a_0$, $\frac{\partial p(a_0,y,z,t)}{\partial x} = -\left(\frac{k_x}{\mu}\right)\psi_{0yz}(y, z, t)$ and at $x = a_{\mathcal{N}}$, $\frac{\partial p(a_{\mathcal{N}},y,z,t)}{\partial x} = -\left(\frac{k_x}{\mu}\right)\psi_{\mathcal{N}yz}(y, z, t)$. $\psi_{0yz}(y, z, t)$ and $\psi_{\mathcal{N}yz}(y, z, t)$ are arbitrary functions of y, z and t only. At the static interface $x = a_j$, $\forall j = 1, 2, ..., \mathcal{N} - 1$, $\psi_j(y, z, t) = -\left(\frac{k_x}{\mu}\right)_j\left(\frac{\partial p_j(a_j,y,z,t)}{\partial x}\right) = -\left(\frac{k_x}{\mu}\right)_{j-1}\left(\frac{\partial p_{j-1}(a_j,y,z,t)}{\partial x}\right)$ and $\breve{\lambda}_j\psi_j(y, z, t) = \{p_{j-1}(a_j, y, z, t) - p_j(a_j, y, z, t)\}$. At $y = 0$, $\frac{\partial p(x,0,z,t)}{\partial y} = -\left(\frac{\mu}{k_y}\right)_j\psi_{x0zj}(x, z, t)$ and at $y = b$, $\frac{\partial p(x,b,z,t)}{\partial y} = -\left(\frac{\mu}{k_y}\right)_j\psi_{xbzj}(x, z, t)$, $\psi_{x0z}(x, z, t)$ and $\psi_{xbz}(x, z, t)$ are arbitrary functions of x, z and t only. At $z = 0$, $p_j(x, y, 0, t) = \psi_{0j}(t)$; $\psi_{0j}(t)$ is an arbitrary function of t only. At $z = d$, $p_j(x, y, d, t) = \psi_{dj}(x, y, t)$; $\psi_{dj}(x, y, t)$ is an arbitrary function of x, y and t only. At $z = z_{fj}(x, y, t)$, $0 < z_{fj}(x, y, t) < d$—the moving boundary—$\frac{\partial p\{x,y,z_{fj}(x,y,t),t\}}{\partial z} = -\left(\frac{\mu}{k_z}\right)\psi_{fj}(x, y, t)$. Multiple lines of finite lengths $\{x_{02\iota j} - x_{01\iota j}\}$ pass through $(y_{0\iota j}, z_{0\iota j})$, $z_{fj}(x, y, t) \leq z_{0\iota j} \leq d$, $a_j \leq x_{01\iota j} \leq a_{j+1}$, $a_j \leq x_{02\iota j} \leq a_{j+1}$, $x_{02\iota j} \geq x_{01\iota j}$ and $0 \leq y_{0\iota j} \leq b$. The initial condition $p_j(x, y, z, 0) = \varphi_j(x, y, z)$*.

The boundary conditions at $z = 0$ and $z = d$ are chosen such that the oil bearing pay zone is both overlain by a gas cap and underlain by an aquifer. We consider a continuum of volume $(a_{j+1} - a_j)\,bd$. Commencing at time $t = 0$, fluid at a rate of $\tilde{q}_j(t)$ enters the continuum at $z = 0$ over the area, $(a_{j+1} - a_j)\,b$, and displaces the in situ fluids such that a uniform, immobile in situ fluid saturation exists behind the advancing water front. The resulting pressure disturbance is left to diffuse through the homogeneous porous medium. In the uninvaded region, fluid production at a rate of $q_j(t)$ through the horizontal line $(x_{02j} - x_{01j})$ begins at time $t = t_{0j}$, $t_{0j} \geq 0$.

As in problem 11.8, the shape of the flood front is directly influenced by the strength of the horizontal line source in the uninvaded region. At the moving interface, $p_j\{x, y, z_{fj}(x, y, t), t\}_i = p_j\{x, y, z_{fj}(x, y, t), t\}_u$ and $\psi_{fj}(x, y, t) = \left[\frac{\partial p_j\{x,y,z_{fj}(x,y,t),t\}}{\partial z}\right]_i\left(\frac{k_z}{\mu}\right)_i = \left[\frac{\partial p_j\{x,y,z_{fj}(x,y,t),t\}}{\partial z}\right]_u\left(\frac{k_z}{\mu}\right)_u$. Here i and u denote the invaded and uninvaded regions.

The pressures at $z = 0$, $p_j(x, y, 0, t) = \psi_0(t)$, and $z = d$, $p_j(x, y, d, t) = \psi_d(x, y, t)$, are known functions. The average velocity of the fluid entering the oil column at $z = 0$, $\frac{\tilde{q}_j(t)}{ab\phi_j(S_w - S_{wi})_j} = -\left(\frac{k_z}{\mu}\right)_j\frac{\partial p}{\partial z}$, however, is not known a priori.

The differential equations for pressure diffusion in the invaded and uninvaded regions are given by

$$\frac{\partial p_j}{\partial t} = \eta_{xj}\frac{\partial^2 p_j}{\partial x^2} + \eta_{yj}\frac{\partial^2 p_j}{\partial y^2} + \eta_{zj}\frac{\partial^2 p_j}{\partial z^2} \tag{11.10.1}$$

and

$$\frac{\partial p_j}{\partial t} = \eta_{xj}\frac{\partial^2 p_j}{\partial x^2} + \eta_{yj}\frac{\partial^2 p_j}{\partial y^2} + \eta_{zj}\frac{\partial^2 p_j}{\partial z^2} + U(t - t_{oj})\frac{q_j(t - t_{0j})}{(\phi c_t)_j}\delta(x - x_{0j})\,\delta(y - y_{0j})\,\delta(z - z_{0j}) \tag{11.10.2}$$

respectively. $\eta_{\iota j} = \frac{k_{\iota j}}{(\phi c_t \mu)_j}$, $\iota = x, y$, or z. $k_{\iota j}$ is the effective permeability. For the invaded zone, $k_{\iota j} = \left(k_{a\iota}k_{\iota w}|_{1-s_{or}}\right)_j$, and for the uninvaded zone, $k_{\iota j} = \left(k_{a\iota}k_{\iota o}|_{S_{wi}}\right)_j$. $k_{a\iota}$ is the absolute permeability.

*A useful solution in problems associated with the deployment of inflow control valves in horizontal wells to control the shape of an advancing waterfront in oil reservoirs.

$k_{\iota w}|_{1-S_{or}}$ and $k_{\iota o}|_{S_{wi}}$ are the relative permeabilities of water and oil at saturations $1 - S_{or}$ and S_{wi}, respectively. S_{wi} is the initial water saturation and S_{or} is the irreducible oil saturation.

The complete derivation of the solution for a subregion is given in problem 11.8. Here we simply adapt the solutions to multiple regions and present the final results.

The invaded region: $0 \leq z \leq z_{fj}(x, y, t)$

The advancing water front and its derivative are given by

$$z_{fj}(x,y,t) = \frac{\int_0^t \tilde{q}_j(\tau)\,d\tau}{(a_{j+1}-a_j)\,b\phi_j(1-S_{or}-S_w)_j} - \frac{2}{(a_{j+1}-a_j)\,b}\sum_{n=1}^{\infty}\sum_{m=1}^{\infty}\sin(\xi_n x)\sin(\xi_m y)\times$$
$$\times\int_0^t\int_0^{z_{fj}(x,y,\tau)}\left\{\xi_n\overline{\overline{q}}_{xcj}(\xi_n,\xi_m,z,\tau)+\xi_m\overline{\overline{q}}_{ycj}(\xi_n,\xi_m,z,\tau)\right\}dz d\tau \qquad (11.10.3)$$

and

$$\frac{dz_{fj}(x,y,t)}{dt} = \frac{\tilde{q}(t)}{(a_{j+1}-a_j)\,b\phi_j(1-S_{or}-S_w)_j} -$$
$$-\frac{2}{(a_{j+1}-a_j)\,b}\sum_{n=1}^{\infty}\sum_{m=1}^{\infty}\sin(\xi_n x)\sin(\xi_m y)\int_0^{z_{fj}(x,y,t)}\left\{\xi_n\overline{\overline{q}}_{xcj}(\xi_n,\xi_m,z,t)+\xi_m\overline{\overline{q}}_{ycj}(\xi_n,\xi_m,z,t)\right\}dz$$
$$(11.10.4)$$

where

$$\overline{\overline{q}}_{xcj}(\xi_n,\xi_m,z,t) = -\left(\frac{k_x}{\mu}\right)\left\{(-1)^n\overline{p}_{sj}(a,\xi_m,z,t)-\overline{p}_{sj}(0,\xi_m,z,t)+\xi_n\overline{\overline{p}}_{ssj}(\xi_n,\xi_m,z,t)\right\} \qquad (11.10.5)$$

and

$$\overline{\overline{q}}_{ycj}(\xi_n,\xi_m,z,t) = -\left(\frac{k_y}{\mu}\right)\left\{(-1)^m\overline{p}_{sj}(\xi_n,b,z,t)-\overline{p}_{sj}(\xi_n,0,z,t)+\xi_m\overline{\overline{p}}_{ssj}(\xi_n,\xi_m,z,t)\right\} \qquad (11.10.6)$$

where $\overline{\overline{p}}_{ssj}(\xi_n,\xi_m,z,t) = \int_0^b\int_0^{a_{j+1}-a_j} p(x,y,z,t)\sin(\xi_n x)\sin(\xi_m y)\,dxdy$,
$\overline{p}_{sj}(0,\xi_m,z,t) = \int_0^b p(0,y,z,t)\sin(\xi_m y)\,dy$, $\overline{p}_{sj}(a,\xi_m,z,t) = \int_0^b p(a,y,z,t)\sin(\xi_m y)\,dy$,
$\overline{p}_{sj}(\xi_n,0,z,t) = \int_0^{a_{j+1}-a_j} p(x,0,z,t)\sin(\xi_n x)\,dx$ and $\overline{p}_{sj}(\xi_n,b,z,t) = \int_0^{a_{j+1}-a_j} p(x,b,z,t)\sin(\xi_n x)\,dx$. The eigenvalues ξ_n and ξ_m are given by $\xi_n = \frac{n\pi}{a_{j+1}-a_j}$, $n = 0, 1, 2, ...$, and $\xi_m = \frac{m\pi}{b}$, $m = 0, 1, 2, ...$

$\overline{\overline{q}}_{xcj}(\xi_n,\xi_m,z,t)$ and $\overline{\overline{q}}_{ycj}(\xi_n,\xi_m,z,\tau)$ are not known a priori. We begin the computation at $z = 0$ with the pressure profile given by the initial condition, which is $p_j(x,y,0,0) = \varphi_j(x,y,0)$. The pressure profile computed at each time step may be used to update the next time step.

The pressure in the invaded region is given by

$$p_{ji} = 8\sum_{n=0}^{\infty}\ni_n\cos(\xi_n x)\sum_{m=0}^{\infty}\frac{\ni_m\cos(\xi_m y)}{\overline{\overline{z}}_{fj}(\xi_n,\xi_m,t)}\sum_{l=1}^{\infty}\sin(\xi_{lj}z)\times$$
$$\times\int_0^t e^{-\{\vartheta_{ll}(\xi_n,\xi_m,\xi_{lj},t)-\vartheta_{ll}(\xi_n,\xi_m,\xi_{lj},\tau)\}}B_j(\xi_n,\xi_m,\xi_{lj},\tau)\,d\tau +$$
$$+8\sum_{n=0}^{\infty}\ni_n\cos(\xi_n x)\sum_{m=0}^{\infty}\frac{\ni_m\cos(\xi_m y)}{\overline{\overline{z}}_{fj}(\xi_n,\xi_m,t)}\sum_{l=1}^{\infty}\sin(\xi_{lj}z)\overline{\overline{\overline{\varphi}}}_j(\xi_n,\xi_m,\xi_{lj})e^{-\vartheta_{ll}(\xi_n,\xi_m,\xi_{lj},t)} \qquad (11.10.7)$$

where $p_{ji} \equiv p_{ji}(x,y,z,t)$ and $\overline{\overline{z}}_{fj}(\xi_n,\xi_m,t) = \int\limits_0^b \int\limits_0^{a_{j+1}-a_j} z_{fj}(x,y,t)\cos(\xi_n x)\cos(\xi_m y)\,dxdy$

$\overline{\overline{\overline{\varphi}}}_j(\xi_n,\xi_m,\xi_{lj}) = \int_0^{\frac{\overline{\overline{z}}_{fj}(\xi_n,\xi_m,t)}{(a_{j+1}-a_j)b}} \int_0^b \int_0^{a_{j+1}-a_j} \varphi_j(x,y,z)\cos(\xi_n x)\cos(\xi_m y)\sin(\xi_{lj} z)\,dxdydz,$

$$\begin{aligned} B_j(\xi_n,\xi_m,\xi_{lj},t) &= \frac{1}{(\phi c_t)_j}\Big\{(-1)^{n+1}\overline{\overline{\psi}}_{j+1}(\xi_m,\xi_{lj},t) + \overline{\overline{\psi}}_j(\xi_m,\xi_{lj},t) + \\ &+ (-1)^{m+1}\overline{\overline{\psi}}_{xbzj}(\xi_n,\xi_{lj},t) + \overline{\overline{\psi}}_{x0zj}(\xi_n,\xi_{lj},t)\Big\} + \\ &+ \left\{\xi_{lj}\eta_{zj}\psi_{0j}(t)\sigma_n\sigma_m + (-1)^l \frac{\overline{\overline{\psi}}_{fj}(\xi_n,\xi_m,t)}{(\phi c_t)_j}\right\} + \\ &+ \frac{(-1)^{l+1}\overline{\overline{p}}_j\{\xi_n,\xi_m,\overline{\overline{z}}_{fj}(\xi_n,\xi_m,t)\}}{(a_{j+1}-a_j)\,b}\frac{\partial\overline{\overline{z}}_{fj}(\xi_n,\xi_m,t)}{\partial t} \end{aligned} \tag{11.10.8}$$

where $\sigma_n = \begin{cases} 0, & n \neq 0 \\ a, & n = 0 \end{cases}$, $\sigma_m = \begin{cases} 0, & m \neq 0 \\ b, & m = 0 \end{cases}$,

$\overline{\overline{\psi}}_{0yz}(\xi_m,\xi_{lj},t) = \int_0^{\frac{\overline{\overline{z}}_{fj}(\xi_n,\xi_m,t)}{(a_{j+1}-a_j)b}} \int_0^b \psi_j(y,z,t)\cos(\xi_m y)\sin(\xi_{lj} z)\,dydz,$

$\overline{\overline{\psi}}_{j+1}(\xi_m,\xi_{lj},t) = \int_0^{\frac{\overline{\overline{z}}_{fj}(\xi_n,\xi_m,t)}{(a_{j+1}-a_j)b}} \int_0^b \psi_{j+1}(y,z,t)\cos(\xi_m y)\sin(\xi_{lj} z)\,dydz,$

$\overline{\overline{\psi}}_{x0zj}(\xi_n,\xi_{lj},t) = \int_0^{\frac{\overline{\overline{z}}_{fj}(\xi_n,\xi_m,t)}{(a_{j+1}-a_j)b}} \int_0^{a_{j+1}-a_j} \psi_{x0zj}(x,z,t)\cos(\xi_n x)\sin(\xi_{lj} z)\,dxdz$ and

$\overline{\overline{\psi}}_{xbzj}(\xi_n,\xi_{lj},t) = \int_0^{\frac{\overline{\overline{z}}_{fj}(\xi_n,\xi_m,t)}{(a_{j+1}-a_j)b}} \int_0^{a_{j+1}-a_j} \psi_{xbzj}(x,z,t)\cos(\xi_n x)\sin(\xi_{lj} z)\,dxdz.$

$$\vartheta_{ll}(\xi_n,\xi_m,\xi_{lj},t) = \int\limits_0^t \varpi_{ll}(\tau)d\tau \tag{11.10.9}$$

$$\varpi_{kl}(t) = \left(\xi_n^2\eta_x + \xi_m^2\eta_y + \xi_l^2\eta_z\right)\delta_k^l - \Omega_{kl}(\xi_l,\xi_k,t) \tag{11.10.10}$$

$$\Omega_{kl}(\xi_l,\xi_k,t) = \begin{cases} -\frac{1}{2\overline{\overline{z}}_f(\xi_n,\xi_m,t)}\frac{\partial\overline{\overline{z}}_f(\xi_n,\xi_m,t)}{\partial t} & k = l \\ \frac{(-1)^{k+l}(2l-1)^2}{\{k(k-1)-l(l-1)\}\overline{\overline{z}}_f(\xi_n,\xi_m,t)}\frac{d\overline{\overline{z}}_f(\xi_n,\xi_m,t)}{dt} = -\Omega_{lk}(\xi_l,\xi_k,t) & k \neq l \end{cases} \tag{11.10.11}$$

$$\varpi_{ll}(t) = \xi_n^2\eta_{xj} + \xi_m^2\eta_j y + \xi_{lj}^2\eta_{zj} + \frac{1}{2\overline{\overline{z}}_{fj}(\xi_n,\xi_m,t)}\frac{\partial\overline{\overline{z}}_{fj}(\xi_n,\xi_m,t)}{\partial t} \tag{11.10.12}$$

The set of eigenvalues ξ_{lj} are the positive roots of $\cos\left\{\xi_{lj}\overline{\overline{z}}_{fj}(n,m,t)\right\} = 0$, which are $\xi_{lj} = \frac{(2l-1)\pi(a_{j+1}-a_j)b}{2\overline{\overline{z}}_f(\xi_n,\xi_m,t)}$, $l = 1, 2, \ldots$. $\frac{\partial\overline{\overline{z}}_{fj}(\xi_n,\xi_m,t)}{\partial t}$ and $\overline{\overline{z}}_{fj}(\xi_n,\xi_m,t)$ are obtained from equations (11.10.4) and (11.10.3).* The subscript i denotes the invaded region $0 \le z \le z_{fj}(x,y,t)$.

* $\frac{d\overline{\overline{z}}_{fj}(\xi_n,\xi_m,t)}{dt} = \int\limits_0^b \int\limits_0^{a_{j+1}-a_j} \left\{\frac{dz_{fj}(x,y,t)}{dt}\right\}\cos(\xi_n x)\cos(\xi_m y)\,dxdy$ and

$\overline{\overline{z}}_{fj}(\xi_n,\xi_m,t) = \int\limits_0^b \int\limits_0^{a_{j+1}-a_j} z_{fj}(x,y,t)\cos(\xi_n x)\cos(\xi_m y)\,dxdy.$

If the initial condition $\varphi_j(x,y,z) = p_{Ij}$, a constant, equation (11.10.7) reduces to

$$\begin{aligned} p_{ji} &= 8\sum_{n=0}^{\infty} \ni_n \cos(\xi_n x) \sum_{m=0}^{\infty} \frac{\ni_m \cos(\xi_m y)}{\overline{\overline{z}}_{fj}(\xi_n,\xi_m,t)} \sum_{l=1}^{\infty} \sin(\xi_{lj} z) \times \\ &\times \int_0^t e^{-\{\vartheta_{ll}(\xi_n,\xi_m,\xi_{lj},t)-\vartheta_{ll}(\xi_n,\xi_m,\xi_{lj},\tau)\}} B_j(\xi_n,\xi_m,\xi_{lj},\tau)\,d\tau + \\ &+\frac{4p_I}{\pi}\sum_{l=1}^{\infty}\frac{\sin(\xi_{lj}z)}{(2l-1)}e^{-\vartheta_{ll}(0,0,\xi_{lj},t)} \end{aligned} \qquad (11.10.13)$$

When the off-diagonal terms are significant—that is, during late times when the water front is away from the well bore—a good iterative approximation can be made. The system to be solved is given by

$$\begin{aligned} p_{ji\iota} &= p_{ji\iota} + 8\sum_{n=0}^{\infty} \ni_n \cos(\xi_n x) \sum_{m=0}^{\infty} \frac{\ni_m \cos(\xi_m y)}{\overline{\overline{z}}_{fj}(\xi_n,\xi_m,t)} \sum_{l=1}^{\infty} \sin(\xi_{lj} z) \times \\ &\times \int_0^t e^{-\{\vartheta_{ll}(\xi_n,\xi_m,\xi_{lj},t)-\vartheta_{ll}(\xi_n,\xi_m,\xi_{lj},\tau)\}} C_{od\iota-1}(\xi_n,\xi_m,\xi_{lj},\tau)\,d\tau \end{aligned} \qquad (11.10.14)$$

where

$$C_{od\iota-1}(\xi_n,\xi_m,\xi_{lj},t) = \begin{cases} 0 & \iota = 1 \\ \sum_{k=1}^{\infty} \varpi_{kl}(t)\,\overline{p}_{ji\iota-1}(\xi_n,\xi_m,\xi_k) \quad k \neq l & \iota = 2,3,... \end{cases} \qquad (11.10.15)$$

$B_\iota(\xi_n,\xi_m,\xi_{lj},t)$ is given by equation (11.10.8) and ι is the iteration counter. To start the iteration at $\iota = 1$, pressure may be obtained from the lowest-order solution.

The un-invaded region: $z_{fj}(x,y,t) \le z \le d$

The differential equation for pressure diffusion in this region is given by equation (11.10.2).

The lowest-order solution is given by

$$\begin{aligned} p_{uj} &= 8\sum_{n=0}^{\infty} \ni_n \cos(\xi_n x) \sum_{m=0}^{\infty} \frac{\ni_m \cos(\xi_m y)}{\{(a_{j+1}-a_j)bd - \overline{\overline{z}}_{fj}(\xi_n,\xi_m,t)\}} \sum_{l=1}^{\infty} \cos\left\{\xi_{lj}\left(z - \frac{\overline{\overline{z}}_{fj}(\xi_n,\xi_m,t)}{(a_{j+1}-a_j)b}\right)\right\} \times \\ &\times \overline{\overline{\varphi}}_j(\xi_n,\xi_m,\xi_{lj})\,e^{-\vartheta_{ll}(\xi_n,\xi_m,\xi_{lj},t)} + \\ &+8\sum_{n=0}^{\infty} \ni_n \cos(\xi_n x) \sum_{m=0}^{\infty} \frac{\ni_m \cos(\xi_m y)}{\{(a_{j+1}-a_j)bd - \overline{\overline{z}}_{fj}(\xi_n,\xi_m,t)\}} \sum_{l=1}^{\infty} \cos\left\{\xi_{lj}\left(z - \frac{\overline{\overline{z}}_{fj}(\xi_n,\xi_m,t)}{(a_{j+1}-a_j)b}\right)\right\} \times \\ &\times \int_0^t e^{-\{\vartheta_{ll}(\xi_n,\xi_m,\xi_{lj},t)-\vartheta_{ll}(\xi_n,\xi_m,\xi_{lj},\tau)\}} D_j(\xi_n,\xi_m,\xi_{lj},\tau)\,d\tau \end{aligned} \qquad (11.10.16)$$

where $p_{ju} \equiv p_{ju}(x,y,z-z_{fj}(x,y,t),t)$. The set of eigenvalues ξ_{lj} are the positive roots of $\cos\left\{\xi_{lj}\left(d - \frac{\overline{\overline{z}}_{fj}(\xi_n,\xi_m,t)}{(a_{j+1}-a_j)b}\right)\right\} = 0$, which are $\xi_{lj} = \frac{(2l-1)\pi(a_{j+1}-a_j)b}{2\{(a_{j+1}-a_j)bd-\overline{\overline{z}}_{fj}(\xi_n,\xi_m,t)\}}$, $l = 1,2,....$

$\overline{\overline{\varphi}}_j(\xi_n,\xi_m,\xi_{lj}) = \int_0^{d-\frac{\overline{\overline{z}}_{fj}(\xi_n,\xi_m,t)}{(a_{j+1}-a_j)b}} \int_0^b \int_0^{a_{j+1}-a_j} \varphi\left(x,y,z+\frac{\overline{\overline{z}}_{fj}(\xi_n,\xi_m,t)}{(a_{j+1}-a_j)b}\right)\cos(\xi_n x)\cos(\xi_m y)\cos(\xi_{lj}z)\,dxdydz,$

$$\vartheta_{ll}(\xi_n,\xi_m,\xi_{lj},t) = \int_0^t \varpi_{ll}(\tau)d\tau \qquad (11.10.17)$$

$$\varpi_{kl}(t) = \left(\xi_n^2\eta_x + \xi_m^2\eta_y + \xi_{lj}^2\eta_z\right)\delta_k^l - \Omega_{kl}(\xi_{lj},\xi_k,t) \qquad (11.10.18)$$

$$\Omega_{kl}(\xi_{lj},\xi_k,t)=\begin{cases} -\frac{1}{2\left\{(a_{j+1}-a_j)bd-\overline{\overline{z}}_{fj}(\xi_n,\xi_m,t)\right\}}\frac{\partial\overline{\overline{z}}_{fj}(\xi_n,\xi_m,t)}{\partial t} & k=l \\ -\frac{(-1)^{k+l}(2l-1)(2k-1)}{2\{k(k-1)-l(l-1)\}\left\{(a_{j+1}-a_j)bd-\overline{\overline{z}}_{fj}(\xi_n,\xi_m,t)\right\}}\frac{d\overline{\overline{z}}_{fj}(\xi_n,\xi_m,t)}{dt}=-\Omega_{lk}(\xi_{lj},\xi_k,t) & k\neq l \end{cases} \tag{11.10.19}$$

$$\varpi_{ll}(t)=\xi_n^2\eta_x+\xi_m^2\eta_y+\xi_{lj}^2\eta_z+\frac{1}{2\left\{(a_{j+1}-a_j)bd-\overline{\overline{z}}_{fj}(\xi_n,\xi_m,t)\right\}}\frac{\partial\overline{\overline{z}}_{fj}(\xi_n,\xi_m,t)}{\partial t} \tag{11.10.20}$$

$\frac{\partial\overline{\overline{z}}_{fj}(\xi_n,\xi_m,t)}{\partial t}$ and $\overline{\overline{z}}_{fj}(\xi_n,\xi_m,t)$ are obtained from equations (11.10.4) and (11.10.3).

$$\begin{aligned} D_j(\xi_n,\xi_m,\xi_{lj},t) &= \frac{1}{\phi c_t}\left\{(-1)^{m+1}\overline{\overline{\psi}}_{xbzj}(\xi_n,\xi_{lj},t)+\overline{\overline{\psi}}_{x0zj}(\xi_n,\xi_{lj},t)+\right. \\ &\left.+(-1)^{n+1}\overline{\overline{\psi}}_{j+1}(\xi_m,\xi_{lj},t)+\overline{\overline{\psi}}_j(\xi_m,\xi_{lj},t)\right\}+ \\ &+\left\{\frac{\overline{\overline{\psi}}_f(\xi_n,\xi_m,t)}{\phi c_t}+(-1)^{l+1}\xi_{lj}\eta_z\overline{\overline{\psi}}_d(\xi_n,\xi_m,t)\right\}+ \\ &+\frac{q_j(t)}{\phi c_t\xi_n}\cos\left\{\xi_{lj}\left(z_{0j}-\frac{\overline{\overline{z}}_{fj}(\xi_n,\xi_m,t)}{(a_{j+1}-a_j)b}\right)\right\}\{\sin(\xi_n x_{02j})-\sin(\xi_n x_{01j})\}\cos(\xi_m y_{0j}) \end{aligned} \tag{11.10.21}$$

where $\overline{\overline{\psi}}_{x0zj}(\xi_n,\xi_{lj},t)=\int_0^{d-\frac{\overline{\overline{z}}_{fj}(\xi_n,\xi_m,t)}{(a_{j+1}-a_j)b}}\int_0^{a_{j+1}-a_j}\psi_{x0zj}(x,z,t)\cos(\xi_n x)\cos(\xi_{lj}z)\,dxdz$,
$\overline{\overline{\psi}}_{xbzj}(\xi_n,\xi_{lj},t)=\int_0^{d-\frac{\overline{\overline{z}}_{fj}(\xi_n,\xi_m,t)}{(a_{j+1}-a_j)b}}\int_0^{a_{j+1}-a_j}\psi_{xbzj}(x,z,t)\cos(\xi_n x)\cos(\xi_{lj}z)\,dxdz$,
$\overline{\overline{\psi}}_j(\xi_m,\xi_{lj},t)=\int_0^{d-\frac{\overline{\overline{z}}_{fj}(\xi_n,\xi_m,t)}{(a_{j+1}-a_j)b}}\int_0^b\psi_j(y,z,t)\cos(\xi_m y)\cos(\xi_{lj}z)\,dydz$ and
$\overline{\overline{\psi}}_{j+1}(\xi_m,\xi_{lj},t)=\int_0^{d-\frac{\overline{\overline{z}}_{fj}(\xi_n,\xi_m,t)}{(a_{j+1}-a_j)b}}\int_0^b\psi_{j+1}(y,z,t)\cos(\xi_m y)\cos(\xi_{lj}z)\,dydz$.

If the initial condition $\varphi_j(x,y,z)=p_{Ij}$, a constant, equation (11.10.16) reduces to

$$\begin{aligned} p_{ju} &= 8\sum_{n=0}^{\infty}\ni_n\cos(\xi_n x)\sum_{m=0}^{\infty}\frac{\ni_m\cos(\xi_m y)}{\left\{(a_{j+1}-a_j)bd-\overline{\overline{z}}_{fj}(\xi_n,\xi_m,t)\right\}}\sum_{l=1}^{\infty}\cos\left\{\xi_{lj}\left(z-\frac{\overline{\overline{z}}_{fj}(\xi_n,\xi_m,t)}{(a_{j+1}-a_j)b}\right)\right\}\times \\ &\times\int_0^t e^{-\{\vartheta_{ll}(\xi_n,\xi_m,\xi_{lj},t)-\vartheta_{ll}(\xi_n,\xi_m,\xi_{lj},\tau)\}}D_j(\xi_n,\xi_m,\xi_{lj},\tau)\,d\tau+ \\ &+\frac{4p_I}{\pi}\sum_{l=1}^{\infty}\frac{(-1)^{l+1}e^{-\vartheta_{ll}(0,0,\xi_{lj},t)}\cos\left\{\xi_{lj}\left(z-\frac{\overline{\overline{z}}_{fj}(\xi_n,\xi_m,t)}{(a_{j+1}-a_j)b}\right)\right\}}{(2l-1)} \end{aligned} \tag{11.10.22}$$

When the off-diagonal terms are significant—that is, during late times when the water front is away from the well bore—a good iterative approximation can be made. The iterative solution is given by

$$\begin{aligned} p_{uj\iota} &= p_{uj\iota}+8\sum_{n=0}^{\infty}\ni_n\cos(\xi_n x)\sum_{m=0}^{\infty}\frac{\ni_m\cos(\xi_m y)}{\left\{(a_{j+1}-a_j)bd-\overline{\overline{z}}_{fj}(\xi_n,\xi_m,t)\right\}}\sum_{l=1}^{\infty}\cos\left\{\xi_{lj}\left(z-\frac{\overline{\overline{z}}_{fj}(\xi_n,\xi_m,t)}{(a_{j+1}-a_j)b}\right)\right\}\times \\ &\times\int_0^t e^{-\{\vartheta_{ll}(\xi_n,\xi_m,\xi_{lj},t)-\vartheta_{ll}(\xi_n,\xi_m,\xi_{lj},\tau)\}}C_{od\iota-1}(\xi_n,\xi_m,\xi_{lj},\tau)d\tau \end{aligned} \tag{11.10.23}$$

where

$$C_{od\iota-1}(\xi_n,\xi_m,\xi_{lj},t)=\begin{cases} 0 & \iota=1 \\ \sum_{k=1}^{\infty}\varpi_{kl}(t)\overline{p}_{u\iota-1}(\xi_n,\xi_m,\xi_k) \quad k\neq l & \iota=2,3,... \end{cases} \tag{11.10.24}$$

$D_\iota(\xi_n, \xi_m, \xi_{lj}, t)$ is given by equation (11.10.21) and ι is the iteration counter. To start the iteration at $\iota = 1$, pressure may be obtained from the lowest-order solution.

Deploying the interfacial boundary conditions at $x = a_j$ results in three distinct integral equations:

$$0 \le z \le \begin{cases} z_{fj}(x, y, t) & z_{fj}(x, y, t) < z_{fj-1}(x, y, t) \\ z_{fj-1}(x, y, t) & z_{fj-1}(x, y, t) < z_{fj}(x, y, t) \end{cases} \qquad \breve{\lambda}_j \psi_j(y, z, t) = \{p_{j-1i}(a_j, y, z, t) - p_{ji}(a_j, y, z, t)\} \tag{11.10.25}$$

$$z_{fj-1}(x, y, t) < z < z_{fj}(x, y, t) \qquad \breve{\lambda}_j \psi_j(y, z, t) = \{p_{j-1u}(a_j, y, z, t) - p_{ji}(a_j, y, z, t)\} \tag{11.10.26}$$

If $z_{fj}(x, y, t) < z_{fj-1}(x, y, t)$, equation (11.10.26) should be multiplied by the negative sign.

$$\left.\begin{matrix} z_{fj-1}(x, y, t) < z_{fj}(x, y, t) & z_{fj}(x, y, t) \\ z_{fj}(x, y, t) < z_{fj-1}(x, y, t) & z_{fj-1}(x, y, t) \end{matrix}\right\} \le z \le d \qquad \breve{\lambda}_j \psi_j(y, z, t) = \{p_{j-1u}(a_j, y, z, t) - p_{ju}(a_j, y, z, t)\} \tag{11.10.27}$$

At the interface $z = z_{fj}(x, y, t)$, matching the pressure solutions of the invaded and uninvaded regions, we get two integral equations with two unknowns: the pressure and the flux. The pressure and flux at the interface deduced from these equations can then be used in the general solutions to obtain pressure as a function of x, y, z and t.

Chapter 12

Infinite and semi-infinite cylindrical continua. $p(r, t)$ is a function of r and t only

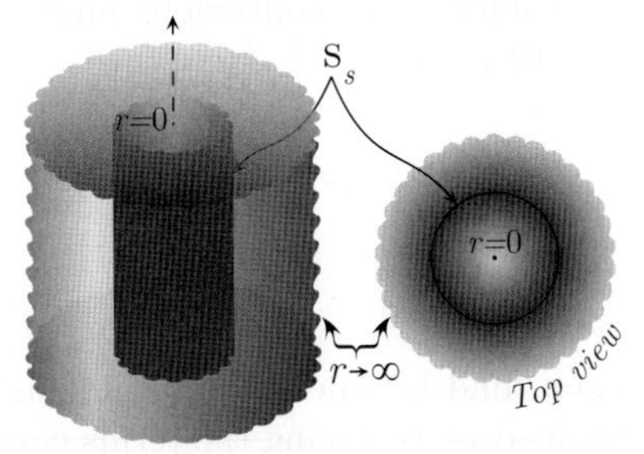

12.1 An infinite continuum whose axis is at $r = 0$ and extends to ∞ in the direction of r positive. Cylindrical surface source at $s_s \equiv r = r_0$ at time $t = t_0$; $0 < r_0 < \infty$, $t_0 \geq 0$. The initial pressure $p(r, 0) = \varphi(r)$

A quantity Q of fluid is suddenly injected at a cylindrical surface passing through $r = r_0$, $r_0 \geq 0$, at time $t = t_0$, $t_0 \geq 0$, and the resulting pressure disturbance is left to diffuse through an infinite homogeneous porous continuum. The differential equation for pressure diffusion is given by

$$\frac{\partial p}{\partial t} = \eta\left(\frac{\partial^2 p}{\partial r^2} + \frac{1}{r}\frac{\partial p}{\partial r}\right) + \frac{Q}{2\pi r\phi c_t}\delta(r - r_0)\delta(t - t_0) \tag{12.1.1}$$

where $\eta = \frac{k}{\phi c_t \mu}$, with the initial condition $p(r, 0) = \varphi(r)$, for $r > 0$. Applying the Laplace transformation to equation (12.1.1), we get

$$\eta\left(\frac{\partial^2 \bar{p}}{\partial r^2} + \frac{1}{r}\frac{\partial \bar{p}}{\partial r}\right) - s\bar{p} = -\frac{Qe^{-st_0}}{2\pi r\phi c_t}\delta(r - r_0) - \varphi(r) \tag{12.1.2}$$

where $\overline{p} = \int_0^\infty p\, e^{-st}dt$. We now apply the Hankel transform,* getting

$$\overline{\overline{p}} = \frac{Qe^{-st_0} J_0(\xi r_0)}{2\pi\phi c_t(\eta\xi^2 + s)} + \frac{\int_0^\infty u\varphi(u) J_0(\xi u)\, du}{(\eta\xi^2 + s)} \tag{12.1.3}$$

where $\overline{\overline{p}} = \int_0^\infty \overline{p} r J_0(\xi r)\, dr$. It is assumed here that $r\frac{\partial p(r)}{\partial r}$ and $p(r)$ vanish as $r \to 0$ and $\sqrt{r}\frac{\partial p}{\partial r}$ and $\sqrt{r}p(r)$ vanish as $r \to \infty$. The inverse Hankel transform of equation (12.1.3) yields

$$\overline{p} = \frac{Q\mu e^{-st_0}}{2\pi k}\begin{Bmatrix} I_0\left(r\sqrt{\frac{s}{\eta}}\right) K_0\left(r_0\sqrt{\frac{s}{\eta}}\right) & 0 < r < r_0 \\ I_0\left(r_0\sqrt{\frac{s}{\eta}}\right) K_0\left(r\sqrt{\frac{s}{\eta}}\right) & 0 < r_0 < r \end{Bmatrix} + \begin{Bmatrix} \frac{1}{\eta} I_0\left(r\sqrt{\frac{s}{\eta}}\right)\int_0^\infty \varphi(u) u K_0\left(u\sqrt{\frac{s}{\eta}}\right) du & 0 < r < u \\ \frac{1}{\eta} K_0\left(r\sqrt{\frac{s}{\eta}}\right)\int_0^\infty \varphi(u) u I_0\left(u\sqrt{\frac{s}{\eta}}\right) du & 0 < u < r \end{Bmatrix} \tag{12.1.4}$$

*Given by equations (2.4.1) and (2.4.3).

The successive inverse Laplace and Hankel transforms of equation (12.1.3) yield

$$p=\frac{QU\left(t-t_0\right)\mu e^{-\frac{\left(r^2+r_0^2\right)}{4\eta(t-t_0)}}}{4\pi k\left(t-t_0\right)}I_0\left\{\frac{rr_0}{2\eta\left(t-t_0\right)}\right\}+\frac{1}{2\eta t}\int_0^\infty\varphi(u)ue^{-\frac{\left(r^2+u^2\right)}{4\eta t}}I_0\left(\frac{ru}{2\eta t}\right)dr^* \tag{12.1.5}$$

where $U(t-t_0)=\begin{cases}0 & t<t_0\\ 1 & t>t_0\end{cases}$ is Heaviside's unit step function. As $t\to t_0$, the pressure from equation (12.1.5) tends to zero at all points except at $r=r_0$, where it becomes infinite.

The continuous source solution may be obtained by integrating the instantaneous source solution with respect to time:

$$p=\frac{U\left(t-t_0\right)\mu}{4\pi k}\int_0^{t-t_0}\frac{q\left(t-t_0-\tau\right)e^{-\frac{\left(r^2+r_0^2\right)}{4\eta\tau}}}{\tau}I_0\left\{\frac{rr_0}{2\eta\tau}\right\}d\tau+\frac{1}{2\eta t}\int_0^\infty\varphi(u)ue^{-\frac{\left(r^2+u^2\right)}{4\eta t}}I_0\left(\frac{ru}{2\eta t}\right)du \tag{12.1.6}$$

The solutions for continuous multiple point sources are obtained by replacing the source term in equation (12.1.6) with

$$p=\frac{\mu}{4\pi k}\sum_{\iota=1}^{N}U(t-t_{0\iota})\int_0^{t-t_{0\iota}}\frac{q\left(t-t_{0\iota}-\tau\right)e^{-\frac{\left(r^2+r_{0\iota}^2\right)}{4\eta\tau}}}{\tau}I_0\left\{\frac{rr_{0\iota}}{2\eta\tau}\right\}d\tau+\frac{1}{2\eta t}\int_0^\infty\varphi(u)ue^{-\frac{\left(r^2+u^2\right)}{4\eta t}}I_0\left(\frac{ru}{2\eta t}\right)du \tag{12.1.7}$$

When fluid is generated continuously along the axis at the center of the cylinder ($r_0=0$), the solution is obtained by replacing the terms corresponding to the source condition (the first term) in equations (12.1.4) and (12.1.6) with

$$\overline{p}=\frac{q\left(s\right)\mu e^{-st_0}}{2\pi k}K_0\left(r\sqrt{\frac{s}{\eta}}\right) \tag{12.1.8}$$

and

$$p=\frac{U\left(t-t_0\right)\mu}{4\pi k}\int_0^{t-t_0}\frac{q\left(t-t_0-\tau\right)e^{-\frac{r^2}{4\eta\tau}}}{\tau}d\tau \tag{12.1.9}$$

When $q\left(t\right)=q$, a constant, equation (12.1.9) further reduces to

$$p=-\frac{U\left(t-t_0\right)q\mu}{4\pi k}Ei\left\{-\frac{r^2}{4\eta\left(t-t_0\right)}\right\} \tag{12.1.10}$$

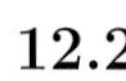
12.2

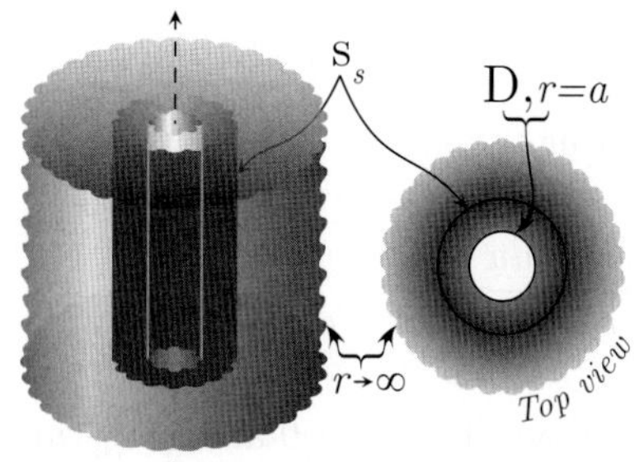

The problem of 12.1, except the continuum is bounded internally at $r=a$ and extends to ∞ in the direction of r positive. Cylindrical surface source at $s_s\equiv r=r_0$ at time $t=t_0$; $a<r_0<\infty$, $t_0\geq 0$. At $r=a$, $D\equiv p\left(a,t\right)=\psi\left(t\right)$, an arbitrary function of time

The successive application of the Laplace and Direchlet-Weber[†] transformations to equation (12.1.1) gives

$$\overline{\overline{p}}=\frac{Qe^{-st_0}\mathcal{C}_0\left(\xi r_0\right)}{2\pi\phi c_t\left(\eta\xi^2+s\right)}-\frac{2\eta\overline{\psi}\left(s\right)}{\pi\left(\eta\xi^2+s\right)}+\frac{\int_a^\infty u\varphi(u)\mathcal{C}_0\left(\xi u\right)du}{\left(\eta\xi^2+s\right)} \tag{12.2.1}$$

[*] $\int_0^\infty uJ_0\left(ua\right)J_0\left(ub\right)e^{-\beta u^2}du=\frac{e^{-\frac{\left(a^2+b^2\right)}{4\beta}}}{2\beta}I_0\left(\frac{ab}{2\beta}\right)$.

[†] Given by equation (2.4.5).

where $\mathcal{C}_0(\xi r) = \{Y_0(\xi a) J_0(\xi r) - J_0(\xi a) Y_0(\xi r)\}$. The inverse Laplace and Weber transforms yield

$$\overline{p} = \frac{Qe^{-st_0}}{2\pi\phi c_t} \int_0^\infty \frac{\xi \mathcal{C}_0(\xi r_0) \mathcal{C}_0(\xi r)}{(\eta\xi^2 + s)\{J_0^2(\xi a) + Y_0^2(\xi a)\}} d\xi - \frac{2\eta\overline{\psi}(s)}{\pi} \int_0^\infty \frac{\xi \mathcal{C}_0(\xi r)}{(\eta\xi^2 + s)\{J_0^2(\xi a) + Y_0^2(\xi a)\}} d\xi + $$
$$+ \int_0^\infty \frac{\xi \mathcal{C}_0(\xi r) \int_a^\infty u\varphi(u) \mathcal{C}_0(\xi u)\, du}{(\eta\xi^2 + s)\{J_0^2(\xi a) + Y_0^2(\xi a)\}} d\xi \tag{12.2.2}$$

and

$$p = \frac{QU(t - t_0)}{2\pi\phi c_t} \int_0^\infty \frac{\xi \mathcal{C}_0(\xi r_0) \mathcal{C}_0(\xi r) e^{-\eta\xi^2(t-t_0)}}{\{J_0^2(\xi a) + Y_0^2(\xi a)\}} d\xi - \frac{2\eta}{\pi} \int_0^\infty \frac{\xi \mathcal{C}_0(\xi r) \int_0^t \psi(t - \tau) e^{-\eta\xi^2\tau} d\tau}{\{J_0^2(\xi a) + Y_0^2(\xi a)\}} d\xi + $$
$$+ \int_0^\infty \frac{\xi \mathcal{C}_0(\xi r) e^{-\eta\xi^2 t} \int_a^\infty u\varphi(u) \mathcal{C}_0(\xi u)\, du}{\{J_0^2(\xi a) + Y_0^2(\xi a)\}} d\xi^* \tag{12.2.3}$$

The continuous source solution is obtained by replacing the source term in equation (12.2.3) with

$$p = \frac{U(t - t_0)}{2\pi\phi c_t} \int_0^\infty \frac{\xi \mathcal{C}_0(\xi r_0) \mathcal{C}_0(\xi r) \int_0^{t-t_0} q(t - t_0 - \tau) e^{-\eta\xi^2\tau} d\tau}{\{J_0^2(\xi a) + Y_0^2(\xi a)\}} d\xi \tag{12.2.4}$$

The flux at $r = a$ is given by

$$q_a = -\frac{k}{\mu} \frac{\partial p(a,t)}{\partial r} = \frac{U(t - t_0)\eta}{\pi^2 a} \int_0^\infty \frac{\xi \mathcal{C}_0(\xi r_0) \int_0^{t-t_0} q(t - t_0 - \tau) e^{-\eta\xi^2\tau} d\tau}{\{J_0^2(\xi a) + Y_0^2(\xi a)\}} d\xi + $$
$$+ \frac{2k}{\pi a\mu} \int_0^\infty \frac{\xi e^{-\eta\xi^2 t} \int_a^\infty u\varphi(u) \mathcal{C}_0(\xi u)\, du}{\{J_0^2(\xi a) + Y_0^2(\xi a)\}} d\xi - \frac{4\eta}{\pi^2 a}\left(\frac{k}{\mu}\right) \int_0^\infty \frac{\xi \int_0^t \psi(t - \tau) e^{-\eta\xi^2\tau} d\tau}{\{J_0^2(\xi a) + Y_0^2(\xi a)\}} d\xi^\dagger \tag{12.2.5}$$

When $\varphi(r) = p_I$, a constant, the solution is obtained by replacing the terms corresponding to the initial condition (the last term) in equations (12.2.2) and (12.2.3) with

$$\overline{p} = \frac{p_I}{s}\left\{1 - \frac{K_0\left(r\sqrt{\frac{s}{\eta}}\right)}{K_0\left(a\sqrt{\frac{s}{\eta}}\right)}\right\}^\ddagger \tag{12.2.6}$$

and

$$p = -\frac{2p_I}{\pi} \int_0^\infty \frac{\mathcal{C}_0(\xi r) e^{-\eta\xi^2 t}}{\xi\{J_0^2(\xi a) + Y_0^2(\xi a)\}} d\xi^\S \tag{12.2.7}$$

When $\psi(t) = p_a$, a constant, the solution is obtained by replacing the terms corresponding to the boundary condition at $r = a$ (the middle term) in equations (12.2.2) and (12.2.3) with

$$\overline{p} = \frac{p_a K_0\left(r\sqrt{\frac{s}{\eta}}\right)}{sK_0\left(a\sqrt{\frac{s}{\eta}}\right)} \tag{12.2.8}$$

*In using equation (12.2.3), it should be noted that the boundary term, by virtue of the kernel $\mathcal{C}_0(\xi r) = \{Y_0(\xi a) J_0(\xi r) - J_0(\xi a) Y_0(\xi r)\}$, appears to vanish when r is set to a. However, perform the integrands first and then let $r \to a$, and no difficulties will arise.

†$\mathcal{C}_0'(\xi a) = \left\{Y_0(\xi a) J_0'(\xi a) - J_0(\xi a) Y_0'(\xi a)\right\} = -\frac{2}{\pi a\xi}$.

‡$\int_0^\infty \frac{\mathcal{C}_0(\xi r)}{\xi(\eta\xi^2+s)\{J_0^2(\xi a)+Y_0^2(\xi a)\}} d\xi = \frac{\pi}{2s}\left\{\frac{K_0\left(r\sqrt{\frac{s}{\eta}}\right)}{K_0\left(a\sqrt{\frac{s}{\eta}}\right)} - 1\right\}, \quad a > 0, \quad r > a.$

§$\int_0^\infty \frac{\mathcal{C}_0(\xi r)}{\xi\{J_0^2(\xi a)+Y_0^2(\xi a)\}} d\xi = -\frac{\pi}{2}, \quad a > 0, \quad r > a.$

and

$$p = p_a + \frac{2p_a}{\pi} \int_0^\infty \frac{\mathcal{C}_0(\xi r) e^{-\eta \xi^2 t}}{\xi \{J_0^2(\xi a) + Y_0^2(\xi a)\}} d\xi \tag{12.2.9}$$

A problem of practical importance is that of the sand face of a well of radius a maintained at constant pressure $p(a,t) = p_a$, $t \geq 0$. The initial pressure $p(r,0) = p_I$, $r > a$. The solution is given by

$$\bar{p} = \frac{p_I}{s} + \frac{(p_a - p_I)}{s} \frac{K_0\left(r\sqrt{\frac{s}{\eta}}\right)}{K_0\left(a\sqrt{\frac{s}{\eta}}\right)} \tag{12.2.10}$$

and

$$p = p_a + \frac{2(p_a - p_I)}{\pi} \int_0^\infty \frac{\mathcal{C}_0(\xi r) e^{-\eta \xi^2 t}}{\xi \{J_0^2(\xi a) + Y_0^2(\xi a)\}} d\xi \tag{12.2.11}$$

The flux, for this case, at $r = a$ is given by

$$\bar{q}_a = -\frac{k}{\mu}\frac{\partial \bar{p}(a,s)}{\partial r} = \frac{(p_a - p_I)k}{\mu\sqrt{\eta s}} \frac{K_1\left(a\sqrt{\frac{s}{\eta}}\right)}{K_0\left(a\sqrt{\frac{s}{\eta}}\right)} \tag{12.2.12}$$

and

$$q_a = -\frac{k}{\mu}\frac{\partial p(a,t)}{\partial r} = \frac{4(p_a - p_I)k}{\pi^2 a\mu} \int_0^\infty \frac{e^{-\eta\xi^2 t}}{\xi \{J_0^2(\xi a) + Y_0^2(\xi a)\}} d\xi^* \tag{12.2.13}$$

12.3

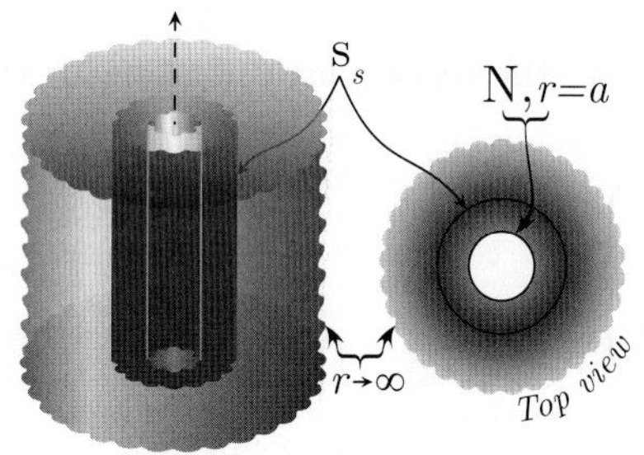

The problem of 12.2, except at $r = a$, $\mathbf{N} \equiv \frac{\partial p(a,t)}{\partial r} = -\left(\frac{\mu}{k}\right)\psi(t)$

The successive application of the Laplace and Neumann-Weber[†] transformations to equation (12.1.1) gives

$$\bar{\bar{p}} = \frac{Q e^{-st_0} \mathcal{G}_0(\xi r_0)}{2\pi\phi c_t(\eta\xi^2 + s)} + \frac{2\overline{\psi}(s)}{\pi\xi\phi c_t(\eta\xi^2 + s)} + \frac{\int_a^\infty u\varphi(u)\mathcal{G}_0(\xi u)\,du}{(\eta\xi^2 + s)} \tag{12.3.1}$$

where $\mathcal{G}_0(\xi r) = \{J_1(\xi a) Y_0(\xi r) - Y_1(\xi a) J_0(\xi r)\}$. The inverse Laplace and Weber transforms yield

$$\begin{aligned}\bar{p} \;=\; & \frac{Q e^{-st_0}}{2\pi\phi c_t} \int_0^\infty \frac{\xi \mathcal{G}_0(\xi r_0)\mathcal{G}_0(\xi r)}{(\eta\xi^2 + s)\{J_1^2(\xi a) + Y_1^2(\xi a)\}} d\xi + \frac{2\overline{\psi}(s)}{\pi\phi c_t} \int_0^\infty \frac{\mathcal{G}_0(\xi r)}{(\eta\xi^2 + s)\{J_1^2(\xi a) + Y_1^2(\xi a)\}} d\xi + \\ & + \int_0^\infty \frac{\xi \mathcal{G}_0(\xi r)\int_a^\infty u\varphi(u)\mathcal{G}_0(\xi u)\,du}{(\eta\xi^2 + s)\{J_1^2(\xi a) + Y_1^2(\xi a)\}} d\xi\end{aligned} \tag{12.3.2}$$

---

*$\mathcal{L}^{-1}\left\{\frac{K_1(\beta\sqrt{s})}{\sqrt{s}K_0(\beta\sqrt{s})}\right\} = \frac{4}{\pi^2\beta}\int_0^\infty \frac{e^{-\eta\xi^2 t}}{\xi\{J_0^2(\xi a) + Y_0^2(\xi a)\}} d\xi.$

†Given by equation (2.4.11).

and

$$p = \frac{QU(t-t_0)}{2\pi\phi c_t}\int_0^\infty \frac{\xi\mathcal{G}_0(\xi r_0)\,\mathcal{G}_0(\xi r)\,e^{-\eta\xi^2(t-t_0)}}{\{J_1^2(\xi a)+Y_1^2(\xi a)\}}d\xi + \frac{2}{\pi\phi c_t}\int_0^\infty \frac{\mathcal{G}_0(\xi r)\int_0^t \psi(t-\tau)\,e^{-\eta\xi^2\tau}d\tau}{\{J_1^2(\xi a)+Y_1^2(\xi a)\}}d\xi + \\ + \int_0^\infty \frac{\xi\mathcal{G}_0(\xi r)\,e^{-\eta\xi^2 t}\int_a^\infty u\varphi(u)\mathcal{G}_0(\xi u)\,du}{\{J_1^2(\xi a)+Y_1^2(\xi a)\}}d\xi^* \tag{12.3.3}$$

The continuous source solution is obtained by replacing the source term in equation (12.3.3) with

$$p = \frac{U(t-t_0)}{2\pi\phi c_t}\int_0^\infty \frac{\xi\mathcal{G}_0(\xi r_0)\,\mathcal{G}_0(\xi r)\int_0^{t-t_0} q(t-t_0-\tau)\,e^{-\eta\xi^2\tau}d\tau}{\{J_1^2(\xi a)+Y_1^2(\xi a)\}}d\xi \tag{12.3.4}$$

When $\psi(t) = q_a$, a constant, the solution is obtained by replacing the terms corresponding to the boundary condition at $r = a$ (the middle term) in equations (12.3.2) and (12.3.3) with

$$\overline{p} = q_a\left(\frac{\mu\sqrt{\eta}}{k}\right)\frac{K_0\left(r\sqrt{\frac{s}{\eta}}\right)}{s^{\frac{3}{2}}K_1\left(a\sqrt{\frac{s}{\eta}}\right)} \tag{12.3.5}$$

and

$$p = \frac{2q_a}{\pi}\left(\frac{\mu}{k}\right)\int_0^\infty \frac{\mathcal{G}_0(\xi r)\left\{1-e^{-\eta\xi^2 t}\right\}}{\xi^2\{J_1^2(\xi a)+Y_1^2(\xi a)\}}d\xi^\dagger \tag{12.3.6}$$

At $r = a$, equation (12.3.6) reduces to

$$p = \frac{4q_a}{a\pi^2}\left(\frac{\mu}{k}\right)\int_0^\infty \frac{\left\{1-e^{-\eta\xi^2 t}\right\}}{\xi^3\{J_1^2(\xi a)+Y_1^2(\xi a)\}}d\xi \tag{12.3.7}$$

which is the pressure at the well bore when there is no source and zero initial pressure.

12.4 The problem of 12.2, except at $r = a$, $\mathbf{R} \equiv \frac{\partial p(a,t)}{\partial r} - \lambda p(a,t) = -\left(\frac{\mu}{k}\right)\psi(t)$

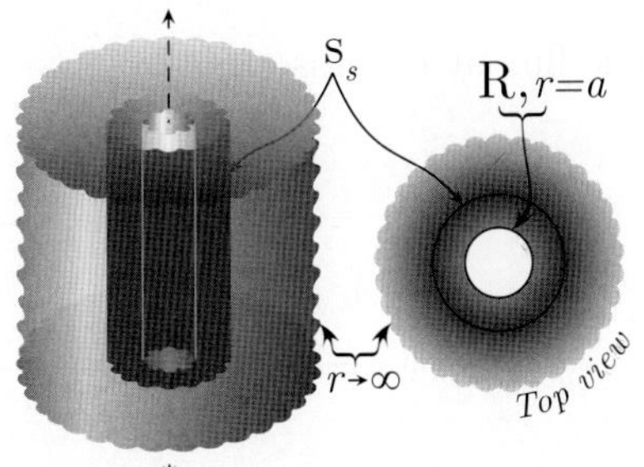

The successive application of the Laplace and Robin[‡] transformations to equation (12.1.1) gives

$$\overline{\overline{p}} = \frac{Qe^{-st_0}\mathcal{D}_0(\xi r_0)}{2\pi\phi c_t(\eta\xi^2+s)} + \frac{\overline{\psi}(s)}{\pi\phi c_t(\eta\xi^2+s)} + \frac{\int_a^\infty u\varphi(u)\mathcal{D}_0(\xi u)\,du}{(\eta\xi^2+s)} \tag{12.4.1}$$

---

*In using the derivative of this equation, it should be noted that the boundary term, by virtue of the kernel $\mathcal{G}_0(\xi r) = \{J_1(\xi a)\,Y_0(\xi r) - Y_1(\xi a)\,J_0(\xi r)\}$, appears to vanish when r is set to a. However, perform the integrands first and then let $r \to a$, and no difficulties will arise.

†$\mathcal{L}^{-1}\left\{\frac{K_0\left(r\sqrt{\frac{s}{\eta}}\right)}{s^{\frac{3}{2}}K_1\left(a\sqrt{\frac{s}{\eta}}\right)}\right\} = \left\{\frac{2}{\pi\sqrt{\eta}}\int_0^\infty \frac{\mathcal{G}_0(\xi r)\left\{1-e^{-\eta\xi^2 t}\right\}}{\xi^2\{J_1^2(\xi a)+Y_1^2(\xi a)\}}d\xi\right\}$, $\int_0^\infty \frac{\mathcal{G}_0'(\xi r)\left\{e^{-\eta\xi^2 t}-1\right\}}{\xi\{J_1^2(\xi a)+Y_1^2(\xi a)\}}d\xi = -\frac{\pi}{2}$.

‡Given by equation (2.4.13).

where $\mathcal{D}_0(\xi r) = Y_0(\xi r)\{\lambda J_0(\xi a) + \xi J_1(\xi a)\} - J_0(\xi r)\{\lambda Y_0(\xi a) + \xi Y_1(\xi a)\}$.* The inverse Laplace and Weber transforms yield

$$\begin{aligned}\overline{p} &= \frac{Qe^{-st_0}}{2\pi\phi c_t}\int_0^\infty \frac{\xi\mathcal{D}_0(\xi r_0)\mathcal{D}_0(\xi r)}{(\eta\xi^2+s)\left\{\{\lambda J_0(\xi a)+\xi J_1(\xi a)\}^2+\{\lambda Y_0(\xi a)+\xi Y_1(\xi a)\}^2\right\}}d\xi + \\ &+\frac{2\overline{\psi}(s)}{\pi\phi c_t}\int_0^\infty \frac{\xi\mathcal{D}_0(\xi r)}{(\eta\xi^2+s)\left\{\{\lambda J_0(\xi a)+\xi J_1(\xi a)\}^2+\{\lambda Y_0(\xi a)+\xi Y_1(\xi a)\}^2\right\}}d\xi + \\ &+\int_0^\infty \frac{\xi\mathcal{D}_0(\xi r)\int_a^\infty u\varphi(u)\mathcal{D}_0(\xi u)\,du}{(\eta\xi^2+s)\left\{\{\lambda J_0(\xi a)+\xi J_1(\xi a)\}^2+\{\lambda Y_0(\xi a)+\xi Y_1(\xi a)\}^2\right\}}d\xi^\dagger\end{aligned} \tag{12.4.2}$$

and

$$\begin{aligned}p &= \frac{QU(t-t_0)}{2\pi\phi c_t}\int_0^\infty \frac{\xi\mathcal{D}_0(\xi r_0)\mathcal{D}_0(\xi r)e^{-\eta\xi^2(t-t_0)}}{\{\lambda J_0(\xi a)+\xi J_1(\xi a)\}^2+\{\lambda Y_0(\xi a)+\xi Y_1(\xi a)\}^2}d\xi + \\ &+\frac{2}{\pi\phi c_t}\int_0^\infty \frac{\xi\mathcal{D}_0(\xi r)\int_0^t\psi(t-\tau)e^{-\eta\xi^2\tau}d\tau}{\left\{\{\lambda J_0(\xi a)+\xi J_1(\xi a)\}^2+\{\lambda Y_0(\xi a)+\xi Y_1(\xi a)\}^2\right\}}d\xi + \\ &+\int_0^\infty \frac{\xi\mathcal{D}_0(\xi r)e^{-\eta\xi^2 t}\int_a^\infty u\varphi(u)\mathcal{D}_0(\xi u)\,du}{\left\{\{\lambda J_0(\xi a)+\xi J_1(\xi a)\}^2+\{\lambda Y_0(\xi a)+\xi Y_1(\xi a)\}^2\right\}}d\xi\end{aligned} \tag{12.4.3}$$

The continuous source solution is obtained by replacing the source term in equations (12.4.3) with

$$p = \frac{U(t-t_0)}{2\pi\phi c_t}\int_0^\infty \frac{\xi\mathcal{D}_0(\xi r_0)\mathcal{D}_0(\xi r)\int_0^{t-t_0}q(t-t_0-\tau)e^{-\eta\xi^2\tau}d\tau}{\{\lambda J_0(\xi a)+\xi J_1(\xi a)\}^2+\{\lambda Y_0(\xi a)+\xi Y_1(\xi a)\}^2}d\xi \tag{12.4.4}$$

The flux at $r = a$ is given by

$$\begin{aligned}q_a &= -\frac{k}{\mu}\frac{\partial p(a,t)}{\partial r} = -\lambda\left(\frac{k}{\mu}\right)p(a,t)+\psi(t) \\ &= \psi(t) - \frac{\lambda\eta U(t-t_0)}{\pi^2 a}\int_0^\infty \frac{\xi\mathcal{D}_0(\xi r_0)\int_0^{t-t_0}q(t-t_0-\tau)e^{-\eta\xi^2\tau}d\tau}{\{\lambda J_0(\xi a)+\xi J_1(\xi a)\}^2+\{\lambda Y_0(\xi a)+\xi Y_1(\xi a)\}^2}d\xi - \\ &-\frac{4\lambda\eta}{\pi^2 a}\int_0^\infty \frac{\xi\int_0^t\psi(t-\tau)e^{-\eta\xi^2\tau}d\tau}{\{\lambda J_0(\xi a)+\xi J_1(\xi a)\}^2+\{\lambda Y_0(\xi a)+\xi Y_1(\xi a)\}^2}d\xi + \\ &\frac{2\lambda}{\pi a}\left(\frac{k}{\mu}\right)\int_0^\infty \frac{\xi e^{-\eta\xi^2 t}\int_a^\infty u\varphi(u)\mathcal{D}_0(\xi u)\,du}{\{\lambda J_0(\xi a)+\xi J_1(\xi a)\}^2+\{\lambda Y_0(\xi a)+\xi Y_1(\xi a)\}^2}d\xi\end{aligned} \tag{12.4.5}$$

*$\mathcal{D}_0'(\xi r) = J_1(\xi r)\{\lambda Y_0(\xi a) + \xi Y_1(\xi a)\} - Y_1(\xi r)\{\lambda J_0(\xi a) + \xi J_1(\xi a)\}$.

†$\int_0^\infty \frac{\{\xi\mathcal{D}_0'(\xi r)-\lambda\mathcal{D}_0(\xi r)\}}{\xi\{J_1^2(\xi a)+Y_1^2(\xi a)\}}d\xi = -\frac{\pi}{2}$.

When $\varphi(r) = p_I$, a constant, the solution is obtained by replacing the terms corresponding to the initial condition (the last term) in equations (12.4.2) and (12.4.3) with

$$\overline{p} = \frac{p_I}{s}\left\{1 - \frac{\lambda K_0\left(r\sqrt{\frac{s}{\eta}}\right)}{\lambda K_0\left(a\sqrt{\frac{s}{\eta}}\right) + \sqrt{\frac{s}{\eta}}K_1\left(a\sqrt{\frac{s}{\eta}}\right)}\right\}^{*} \tag{12.4.6}$$

$$p = \frac{2\lambda p_I}{\pi}\int_0^\infty \frac{\mathcal{D}_0\left(\xi r\right)e^{-\eta\xi^2 t}}{\xi\left\{\left\{\lambda J_0\left(\xi a\right) + \xi J_1\left(\xi a\right)\right\}^2 + \left\{\lambda Y_0\left(\xi a\right) + \xi Y_1\left(\xi a\right)\right\}^2\right\}}d\xi^{\dagger} \tag{12.4.7}$$

---

* $\int_0^\infty \frac{\xi\mathcal{D}_0(\xi r)}{(\eta\xi^2+s)\{\{\lambda J_0(\xi a)+\xi J_1(\xi a)\}^2+\{\lambda Y_0(\xi a)+\xi Y_1(\xi a)\}^2\}}d\xi = \frac{\pi K_0\left(r\sqrt{\frac{s}{\eta}}\right)}{2\eta\left\{\lambda K_0\left(a\sqrt{\frac{s}{\eta}}\right)+\sqrt{\frac{s}{\eta}}K_1\left(a\sqrt{\frac{s}{\eta}}\right)\right\}}$.

† $\int_0^\infty \frac{\mathcal{D}_0(\xi r)}{\xi\{\{\lambda J_0(\xi a)+\xi J_1(\xi a)\}^2+\{\lambda Y_0(\xi a)+\xi Y_1(\xi a)\}^2\}}d\xi = \frac{\pi}{2\lambda}, a > 0,\ r > a.$

Chapter 13

Bounded cylindrical continua. $p(r, t)$ is a function of r and t only

13.1 A cylindrical continuum bounded by $0 \le r \le a$. Cylindrical surface source at $s_s \equiv r = r_0$; $0 < r_0 < a$ at time $t = t_0$, $t_0 \ge 0$. At $r = a$, $D \equiv p(a, t) = \psi(t)$, an arbitrary function of time. The initial pressure $p(r, 0) = \varphi(r)$

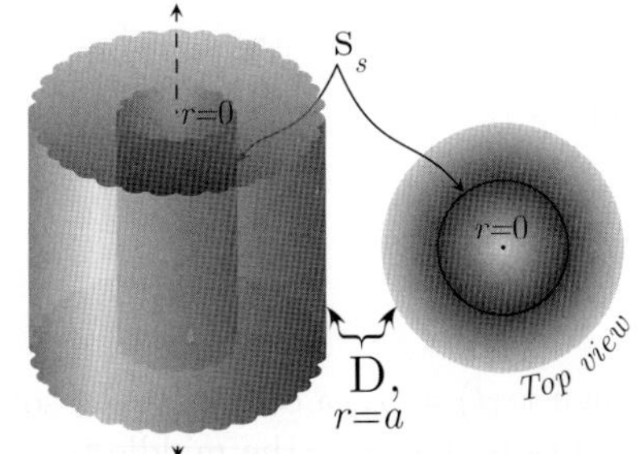

The successive application of the Laplace and finite Hankel transformations* to equation (12.1.1) gives

$$\overline{\overline{p}} = \frac{Qe^{-st_0} J_0(\xi_n r_0)}{2\pi\phi c_t (\eta\xi_n^2 + s)} + \frac{a\eta\xi_n \overline{\psi}(s) J_1(\xi a)}{(\eta\xi_n^2 + s)} + \frac{\int_0^a u\varphi(u) J_0(\xi_n u)\, du}{(\eta\xi_n^2 + s)} \tag{13.1.1}$$

where the eigenvalues $\xi_n, n = 1, 2, ...$, are the positive roots of $J_0(\xi_n a) = 0$. The inverse Hankel transform of equation (13.1.1) yields

$$\overline{p} = \frac{Qe^{-st_0}}{\pi a^2 \phi c_t} \sum_{n=1}^{\infty} \frac{J_0(\xi_n r_0) J_0(\xi_n r)}{(\eta\xi_n^2 + s) J_1^2(\xi_n a)} + \frac{2\eta\overline{\psi}(s)}{a} \sum_{n=1}^{\infty} \frac{\xi_n J_0(\xi_n r)}{(\eta\xi_n^2 + s) J_1(\xi_n a)} + \frac{2}{a^2} \sum_{n=1}^{\infty} \frac{J_0(\xi_n r) \int_0^a u\varphi(u) J_0(\xi_n u)\, du}{(\eta\xi_n^2 + s) J_1^2(\xi_n a)} \tag{13.1.2}$$

The inverse Laplace transform of equation (13.1.2) yields

$$p = \frac{QU(t - t_0)}{\pi a^2 \phi c_t} \sum_{n=1}^{\infty} \frac{J_0(\xi_n r_0) J_0(\xi_n r) e^{-\eta\xi_n^2 (t - t_0)}}{J_1^2(\xi_n a)} + \frac{2\eta}{a} \sum_{n=1}^{\infty} \frac{\xi_n J_0(\xi_n r)}{J_1(\xi_n a)} \int_0^t \psi(t - \tau) e^{-\eta\xi_n^2 \tau} d\tau + \frac{2}{a^2} \sum_{n=1}^{\infty} \frac{J_0(\xi_n r) e^{-\eta\xi_n^2 t}}{J_1^2(\xi_n a)} \int_0^a u\varphi(u) J_0(\xi_n u)\, du^{\dagger} \tag{13.1.3}$$

The continuous source solution is obtained by replacing the source term in equation (13.1.3) with

$$p = \frac{U(t - t_0)}{\pi a^2 \phi c_t} \sum_{n=1}^{\infty} \frac{J_0(\xi_n r_0) J_0(\xi_n r)}{J_1^2(\xi_n a)} \int_0^{t - t_0} q(t - t_0 - \tau) e^{-\eta\xi_n^2 \tau} d\tau \tag{13.1.4}$$

*Given by equation (2.5.11).

†In using this equation, it should be noted that the boundary term, by virtue of the term $J_0(\xi_n a) = 0$, appears to vanish when r is set to a. However, sum the series first and then let $r \to a$, and no difficulties will arise.

If the continuous source is along the axis of the infinitely long cylinder, as $a \to \infty$, equation (13.1.4) assumes the form

$$p = \frac{U(t - t_0)}{2\pi\phi c_t} \int_0^{t-t_0} q(t - t_0 - \tau) \int_0^{\infty} \xi J_0(\xi r) e^{-\eta\xi^2\tau} d\xi d\tau = \frac{U(t - t_0)}{4\pi\phi c_t \eta} \int_0^{t-t_0} \frac{q(t - t_0 - \tau) e^{-\frac{r^2}{4\eta\tau}}}{\tau} d\tau \quad (13.1.5)$$

When $q(t) = q$, a constant, equation (13.1.5) further reduces to equation (12.1.10).

When $\varphi(x, y, z) = p_I$, a constant, the solution is obtained by replacing the terms corresponding to the initial condition (the last term) in equations (13.1.2) and (13.1.3) with

$$\overline{p} = \frac{p_I}{s} \left\{ 1 - \frac{I_0\left(r\sqrt{\frac{s}{\eta}}\right)}{I_0\left(a\sqrt{\frac{s}{\eta}}\right)} \right\}^{*} \quad (13.1.6)$$

and

$$p = \frac{2p_I}{a} \sum_{n=1}^{\infty} \frac{J_0(\xi_n r) e^{-\eta\xi_n^2 t}}{\xi_n J_1(\xi_n a)}^{\dagger} \quad (13.1.7)$$

When $\psi(t) = p_a$, a constant, the solution is obtained by replacing the terms corresponding to the boundary condition at $r = a$ (the middle term) in equations (13.1.2) and (13.1.3) with

$$\overline{p} = \frac{p_a I_0\left(r\sqrt{\frac{s}{\eta}}\right)}{s I_0\left(a\sqrt{\frac{s}{\eta}}\right)} \quad (13.1.8)$$

and

$$p = p_a - \frac{2p_a}{a} \sum_{n=1}^{\infty} \frac{e^{-\eta\xi_n^2 t} J_0(\xi_n r)}{\xi_n J_1(\xi_n a)}^{\ddagger} \quad (13.1.9)$$

When $\psi(t) = p_a$, a constant, the initial pressure $p(r, 0) = p_I$, a constant, $r > a$ and there is no pressure source, equations (13.1.2) and (13.1.3) reduce to

$$\overline{p} = \frac{p_I}{s} - \frac{(p_a - p_I) I_0\left(r\sqrt{\frac{s}{\eta}}\right)}{s I_0\left(a\sqrt{\frac{s}{\eta}}\right)} \quad (13.1.10)$$

and

$$p = p_a - \frac{2(p_a - p_I)}{a} \sum_{n=1}^{\infty} \frac{e^{-\eta\xi_n^2 t} J_0(\xi_n r)}{\xi_n J_1(\xi_n a)} \quad (13.1.11)$$

$^{*}\mathcal{L}\left\{ \frac{2}{a} \sum_{n=1}^{\infty} \frac{J_0(\xi_n r) e^{-\eta\xi_n^2 t}}{\xi_n J_1(\xi_n a)} \right\} = \frac{1}{s} - \frac{I_0\left(r\sqrt{\frac{s}{\eta}}\right)}{s I_0\left(a\sqrt{\frac{s}{\eta}}\right)}$, where ξ_n are the positive roots of $J_0(\xi_n a) = 0$.

$^{\dagger}\int_0^a u J_0(\beta u)\, du = \frac{a J_1(\beta a)}{\beta}$.

$^{\ddagger}\sum_{n=1}^{\infty} \frac{J_0(\xi_n r)}{\xi_n J_1(\xi_n a)} = \frac{a}{2}$, where ξ_n are the positive roots of $J_0(\xi_n a) = 0$.

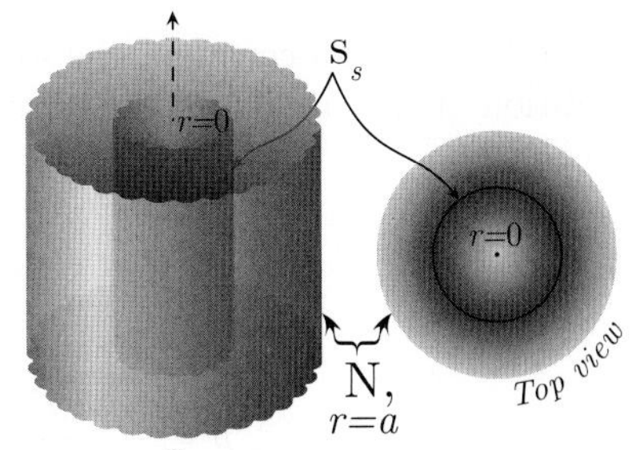

13.2 The problem of 13.1, except N $\equiv \frac{\partial p(a,t)}{\partial r} = -\left(\frac{\mu}{k}\right)\psi(t)$

The successive application of the Laplace and finite Hankel transformations* to equation (12.1.1) gives

$$\bar{\bar{p}} = \frac{Qe^{-st_0}J_0(\xi_n r_0)}{2\pi\phi c_t(\eta\xi_n^2+s)} - \frac{a\overline{\psi}(s)J_0(\xi_n a)}{\phi c_t(\eta\xi_n^2+s)} + \frac{\int_0^a u\varphi(u)J_0(\xi_n u)\,du}{(\eta\xi_n^2+s)} \tag{13.2.1}$$

where the eigenvalues are $\xi_0 = 0$ and $\xi_n, n = 1, 2, ...,$ are the positive roots of $J_1(\xi_n a) = 0$. The inverse Hankel transform of equation (13.2.1) yields

$$\bar{p} = \frac{Qe^{-st_0}}{a^2\pi\phi c_t}\sum_{n=0}^{\infty}\frac{J_0(\xi_n r_0)J_0(\xi_n r)}{(\eta\xi_n^2+s)J_0^2(\xi_n a)} - \frac{2\overline{\psi}(s)}{a\phi c_t}\sum_{n=0}^{\infty}\frac{J_0(\xi_n r)}{(\eta\xi_n^2+s)J_0(\xi_n a)} + \frac{2}{a^2}\sum_{n=0}^{\infty}\frac{J_0(\xi_n r)\int_0^a u\varphi(u)J_0(\xi_n u)\,du}{(\eta\xi_n^2+s)J_0^2(\xi_n a)} \tag{13.2.2}$$

The inverse Laplace transform of equation (13.2.2) yields

$$p = \frac{QU(t-t_0)}{a^2\pi\phi c_t}\left\{1+\sum_{n=1}^{\infty}\frac{J_0(\xi_n r_0)J_0(\xi_n r)e^{-\eta\xi_n^2(t-t_0)}}{J_0^2(\xi_n a)}\right\} - \frac{2\int_0^t\psi(\tau)\,d\tau}{a\phi c_t} -$$
$$-\frac{2}{a\phi c_t}\sum_{n=1}^{\infty}\frac{J_0(\xi_n r)}{J_0(\xi_n a)}\int_0^t\psi(t-\tau)e^{-\eta\xi_n^2\tau}d\tau +$$
$$+\frac{2}{a^2}\int_0^a\varphi(u)u\,du + \frac{2}{a^2}\sum_{n=1}^{\infty}\frac{J_0(\xi_n r)e^{-\eta\xi_n^2 t}}{J_0^2(\xi_n a)}\int_0^a\varphi(u)uJ_0(\xi_n u)\,du^{\dagger} \tag{13.2.3}$$

The continuous source solution is obtained by replacing the source terms in equations (13.2.2) and (13.2.3) with

$$\bar{p} = \frac{q(s)e^{-st_0}}{\pi a^2\phi c_t}\sum_{n=0}^{\infty}\frac{J_0(\xi_n r_0)J_0(\xi_n r)}{(\eta\xi_n^2+s)J_0^2(\xi_n a)} \tag{13.2.4}$$

and

$$p = \frac{U(t-t_0)}{\pi a^2\phi c_t}\left\{\int_0^{t-t_0}q(\tau)\,d\tau + \sum_{n=1}^{\infty}\frac{J_0(\xi_n r_0)J_0(\xi_n r)}{J_0^2(\xi_n a)}\int_0^{t-t_0}q(t-t_0-\tau)e^{-\eta\xi_n^2\tau}d\tau\right\} \tag{13.2.5}$$

When $q(t) = q$, a constant, equations (13.2.4) and (13.2.5) reduce to

$$\bar{p} = \frac{qe^{-st_0}}{\pi a^2\phi c_t s}\sum_{n=0}^{\infty}\frac{J_0(\xi_n r_0)J_0(\xi_n r)}{(\eta\xi_n^2+s)J_0^2(\xi_n a)} \tag{13.2.6}$$

and

$$p = \frac{U(t-t_0)q}{\pi a^2\phi c_t}\left\{(t-t_0) + \frac{1}{\eta}\sum_{n=1}^{\infty}\frac{J_0(\xi_n r_0)J_0(\xi_n r)\left\{1-e^{-\eta\xi_n^2(t-t_0)}\right\}}{\xi_n^2 J_0^2(\xi_n a)}\right\} \tag{13.2.7}$$

*Given by equation (2.5.17).

†In using the derivative of this equation, it should be noted that the boundary term, by virtue of the term $J_0'(\xi_n a) = 0$, appears to vanish when r is set to a. However, sum the series first and then let $r \to a$, and no difficulties will arise.

When $\psi(t) = q_a$, a constant, the solution is obtained by replacing the terms corresponding to the boundary condition at $r = a$ (the middle term) in equations (13.2.2) and (13.2.3) with

$$\overline{p} = -\frac{2q_a}{a\phi c_t s}\sum_{n=0}^{\infty}\frac{J_0(\xi_n r)}{(\eta\xi_n^2 + s)\,J_0(\xi_n a)} \tag{13.2.8}$$

and

$$p = -\frac{2q_a t}{a\phi c_t} - \frac{q_a}{2a\phi c_t\eta}\left(r^2 - \frac{1}{2}\right) - \frac{2q_a}{a\phi c_t\eta}\sum_{n=1}^{\infty}\frac{J_0(\xi_n r)\,e^{-\eta\xi_n^2 t}}{\xi_n^2 J_0(\xi_n a)}{}^{*} \tag{13.2.9}$$

13.3

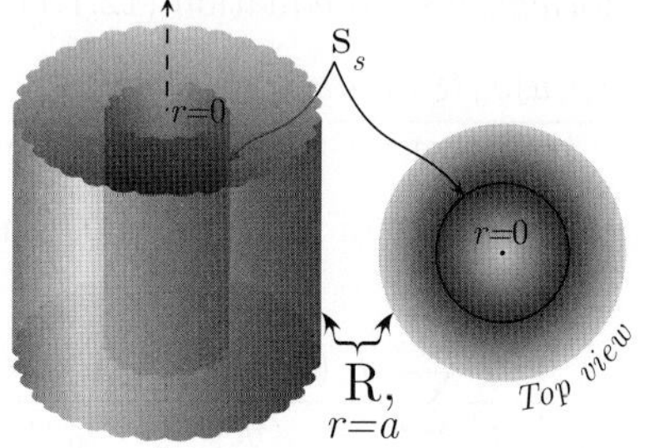

The problem of 13.1, except
$\mathbf{R} \equiv \frac{\partial p(a,t)}{\partial r} + \lambda p(a,t) = -\left(\frac{\mu}{k}\right)\psi(t)$

The successive application of the Laplace and finite Hankel transformations[†] to equation (12.1.1) gives

$$\overline{\overline{p}} = \frac{Qe^{-st_0} J_0(\xi_n r_0)}{2\pi\phi c_t(\eta\xi_n^2 + s)} - \frac{a\overline{\psi}(s)\,J_0(\xi_n a)}{\phi c_t(\eta\xi_n^2 + s)} + \frac{\int_0^a u\varphi(u) J_0(\xi_n u)\,du}{(\eta\xi_n^2 + s)} \tag{13.3.1}$$

The inverse Hankel transform of equation (13.3.1) yields

$$\begin{aligned}\overline{p} \;=\; & \frac{Qe^{-st_0}}{a^2\pi\phi c_t}\sum_{n=1}^{\infty}\frac{J_0(\xi_n r_0)\,J_0(\xi_n r)}{(\eta\xi_n^2 + s)\{J_0^2(\xi_n a) + J_1^2(\xi_n a)\}} - \frac{2\overline{\psi}(s)}{a\phi c_t}\sum_{n=0}^{\infty}\frac{J_0(\xi_n r)\,J_0(\xi_n a)}{(\eta\xi_n^2 + s)\{J_0^2(\xi_n a) + J_1^2(\xi_n a)\}} + \\ & + \frac{2}{a^2}\sum_{n=1}^{\infty}\frac{J_0(\xi_n r)\int_0^a u\varphi(u) J_0(\xi_n u)\,du}{(\eta\xi_n^2 + s)\{J_0^2(\xi_n a) + J_1^2(\xi_n a)\}}\end{aligned} \tag{13.3.2}$$

The eigenvalues $\xi_n, n = 1, 2, ...$, are the positive roots of $\lambda J_0(\xi_n a) = \xi_n J_1(\xi_n a)$. The inverse Laplace transform of equation (13.3.2) yields

$$\begin{aligned}p \;=\; & \frac{QU(t - t_0)}{a^2\pi\phi c_t}\sum_{n=1}^{\infty}\frac{J_0(\xi_n r_0)\,J_0(\xi_n r)\,e^{-\eta\xi_n^2(t-t_0)}}{\{J_0^2(\xi_n a) + J_1^2(\xi_n a)\}} - \frac{2}{a\phi c_t}\sum_{n=0}^{\infty}\frac{J_0(\xi_n r)\,J_0(\xi_n a)\int_0^t \psi(t-\tau)\,e^{-\eta\xi_n^2\tau}d\tau}{\{J_0^2(\xi_n a) + J_1^2(\xi_n a)\}} + \\ & + \frac{2}{a^2}\sum_{n=1}^{\infty}\frac{J_0(\xi_n r)\,e^{-\eta\xi_n^2 t}\int_0^a u\varphi(u) J_0(\xi_n u)\,du}{\{J_0^2(\xi_n a) + J_1^2(\xi_n a)\}}{}^{\ddagger}\end{aligned} \tag{13.3.3}$$

The continuous source solution is obtained by replacing the source term in equation (13.3.3) with

$$p = \frac{U(t - t_0)}{a^2\pi\phi c_t}\sum_{n=1}^{\infty}\frac{J_0(\xi_n r_0)\,J_0(\xi_n r)\int_0^{t-t_0} q(t - t_0 - \tau)\,e^{-\eta\xi_n^2\tau}d\tau}{\{J_0^2(\xi_n a) + J_1^2(\xi_n a)\}} \tag{13.3.4}$$

When $q(t) = q$, a constant, equation (13.2.5) reduces to

$$p = \frac{U(t - t_0)\,q}{a^2\pi\phi c_t\eta}\sum_{n=1}^{\infty}\frac{J_0(\xi_n r_0)\,J_0(\xi_n r)\left\{1 - e^{-\eta\xi_n^2(t-t_0)}\right\}}{\xi_n^2\{J_0^2(\xi_n a) + J_1^2(\xi_n a)\}} \tag{13.3.5}$$

---

[*] $\sum_{n=1}^{\infty}\frac{J_0(\xi_n r)}{\xi_n^2 J_0(\xi_n a)} = \frac{1}{4}\left(r^2 - \frac{1}{2}\right)$, where ξ_n are the positive roots of $J_1(\xi_n a) = 0$.

[†] Given by equation (2.5.21).

[‡] If λ is set to zero, this is also a solution to problem 13.2. For this case, the terms $\frac{QU(t-t_0)}{\pi a^2\phi c_t}$ and $\frac{2}{a^2}\int_0^a u\varphi(u)du$ should be added to the source and initial condition terms, respectively, to account for ξ_0 also being a root of the transcendental equation $\xi_n J_0'(\xi_n a) = 0$.

When $\varphi(x,y,z) = p_I$, a constant, the solution is obtained by replacing the terms corresponding to the initial condition (the last term) in equations (13.3.2) and (13.3.3) with

$$\overline{p} = \frac{2p_I}{a}\sum_{n=1}^{\infty}\frac{J_0(\xi_n r)\,J_1(\xi_n a)}{\xi_n(\eta\xi_n^2+s)\left\{J_0^2(\xi_n a)+J_1^2(\xi_n a)\right\}} \tag{13.3.6}$$

and

$$p = \frac{2p_I}{a}\sum_{n=1}^{\infty}\frac{J_0(\xi_n r)\,J_1(\xi_n a)\,e^{-\eta\xi_n^2 t}}{\xi_n\left\{J_0^2(\xi_n a)+J_1^2(\xi_n a)\right\}} \tag{13.3.7}$$

When $\psi(t) = q_f$, a constant, the solution is obtained by replacing the terms corresponding to the boundary condition at $r = a$ (the middle term) in equations (13.3.2) and (13.3.3) with

$$\overline{p} = \frac{2q_f}{a\phi c_t s}\sum_{n=0}^{\infty}\frac{J_0(\xi_n r)\,J_0(\xi_n a)}{(\eta\xi_n^2+s)\left\{J_0^2(\xi_n a)+J_1^2(\xi_n a)\right\}} \tag{13.3.8}$$

and

$$p = \frac{2q_f}{a\phi c_t \eta}\sum_{n=0}^{\infty}\frac{J_0(\xi_n r)\,J_0(\xi_n a)\left\{1-e^{-\eta\xi_n^2 t}\right\}}{\xi_n^2\left\{J_0^2(\xi_n a)+J_1^2(\xi_n a)\right\}} \tag{13.3.9}$$

13.4 The problem of 13.1, except the cylindrical continuum is bounded by $a \le r \le b$. Cylindrical surface source at $s_s \equiv r = r_0$; $a < r_0 < b$ at time $t = t_0$, $t_0 \ge 0$. $D_a \equiv p(a,t) = \psi_a(t)$ and $D_b \equiv p(b,t) = \psi_b(t)$; $\psi_a(t)$ and $\psi_b(t)$ are arbitrary functions of time. The initial pressure $p(r,0) = \varphi(r)$

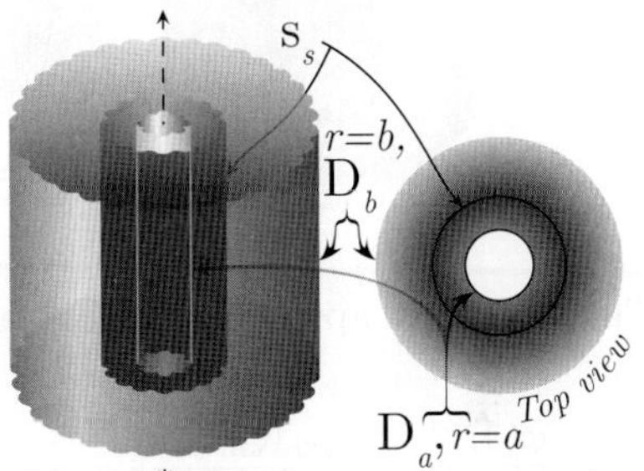

We consider a continuous cylindrical surface source at $r = r_0$. The successive application of the Laplace and finite Hankel transformations* to equation (12.1.1) gives

$$\overline{\overline{p}} = \frac{q(s)\,e^{-st_0}\mathcal{V}_{\mathcal{D}0}(\xi_n r_0, a)}{2\pi\phi c_t(\eta\xi_n^2+s)} + \frac{2\eta\overline{\psi}_b(s)\,J_0(\xi_n a)}{\pi J_0(\xi_n b)(\eta\xi_n^2+s)} - \frac{2\eta\overline{\psi}_a(s)}{\pi(\eta\xi_n^2+s)} + \frac{\int_a^b u\varphi(u)\mathcal{V}_{\mathcal{D}0}(\xi_n u, a)\,du}{(\eta\xi_n^2+s)} \tag{13.4.1}$$

where $\mathcal{V}_{\mathcal{D}0}(\xi_n r, a) = J_0(\xi_n r)\,Y_0(\xi_n a) - Y_0(\xi_n r)\,J_0(\xi_n a)$ and the eigenvalues $\xi_n, n = 1, 2, ...,$ are the positive roots of the transcendental equation $\mathcal{V}_{\mathcal{D}0}(\xi_n b, a) = 0$. The inverse Hankel transform of equation (13.4.1) yields

$$\begin{aligned}\overline{p} \;=\; & \frac{\pi q(s)\,e^{-st_0}}{4\phi c_t}\sum_{n=1}^{\infty}\frac{\xi_n^2 J_0^2(\xi_n b)\,\mathcal{V}_{\mathcal{D}0}(\xi_n r_0, a)\,\mathcal{V}_{\mathcal{D}0}(\xi_n r, a)}{(\eta\xi_n^2+s)\left\{J_0^2(\xi_n a)-J_0^2(\xi_n b)\right\}}+\\ & +\pi\eta\sum_{n=1}^{\infty}\frac{\xi_n^2 J_0(\xi_n b)\left\{J_0(\xi_n a)\,\overline{\psi}_b(s)-J_0(\xi_n b)\,\overline{\psi}_a(s)\right\}\mathcal{V}_{\mathcal{D}0}(\xi_n r, a)}{(\eta\xi_n^2+s)\left\{J_0^2(\xi_n a)-J_0^2(\xi_n b)\right\}}+\\ & +\frac{\pi^2}{2}\sum_{n=1}^{\infty}\frac{\xi_n^2 J_0^2(\xi_n b)\,\mathcal{V}_{\mathcal{D}0}(\xi_n r, a)\int_a^b u\varphi(u)\mathcal{V}_{\mathcal{D}0}(\xi_n u, a)\,du}{(\eta\xi_n^2+s)\left\{J_0^2(\xi_n a)-J_0^2(\xi_n b)\right\}}\end{aligned} \tag{13.4.2}$$

*Given by equation (2.5.26).

The inverse Laplace transform of equation (13.4.2) yields

$$p = \frac{U(t-t_0)\pi}{4\phi c_t}\sum_{n=1}^{\infty}\frac{\xi_n^2 J_0^2(\xi_n b)\mathcal{V}_{D0}(\xi_n r_0,a)\mathcal{V}_{D0}(\xi_n r,a)\int_0^{t-t_0} q(t-t_0-\tau)e^{-\eta\xi_n^2\tau}d\tau}{\{J_0^2(\xi_n a)-J_0^2(\xi_n b)\}}+$$
$$+\pi\eta\sum_{n=1}^{\infty}\frac{\xi_n^2\mathcal{V}_{D0}(\xi_n r,a)J_0(\xi_n b)\int_0^t\{J_0(\xi_n a)\psi_b(t-\tau)-J_0(\xi_n b)\psi_a(t-\tau)\}e^{-\eta\xi_n^2\tau}d\tau}{\{J_0^2(\xi_n a)-J_0^2(\xi_n b)\}}+$$
$$+\frac{\pi^2}{2}\sum_{n=1}^{\infty}\frac{\xi_n^2 J_0^2(\xi_n b)\mathcal{V}_{D0}(\xi_n r,a)e^{-\eta\xi_n^2 t}\int_a^b u\varphi(u)\mathcal{V}_{D0}(\xi_n u,a)\,du}{\{J_0^2(\xi_n a)-J_0^2(\xi_n b)\}}{}^{*} \tag{13.4.3}$$

A problem of practical importance is when at $r=a$, $\psi_a(t)=p_a$, and at $r=b$, $\psi_b(t)=p_b$, for $t>0$. There is no fluid generation and the initial pressure $p(r,0)=p_I$, $a<r<b$. The solution is given by

$$p=\pi\sum_{n=1}^{\infty}\frac{\{p_a J_0(\xi_n b)-p_b J_0(\xi_n a)+p_I\}J_0(\xi_n b)\mathcal{V}_{D0}(\xi_n r)e^{-\eta\xi_n^2 t}}{\{J_0^2(\xi_n a)-J_0^2(\xi_n b)\}}+\frac{p_a\ln\left(\frac{b}{r}\right)+p_b\ln\left(\frac{r}{a}\right)}{\ln\left(\frac{b}{a}\right)}{}^{\dagger} \tag{13.4.4}$$

13.5

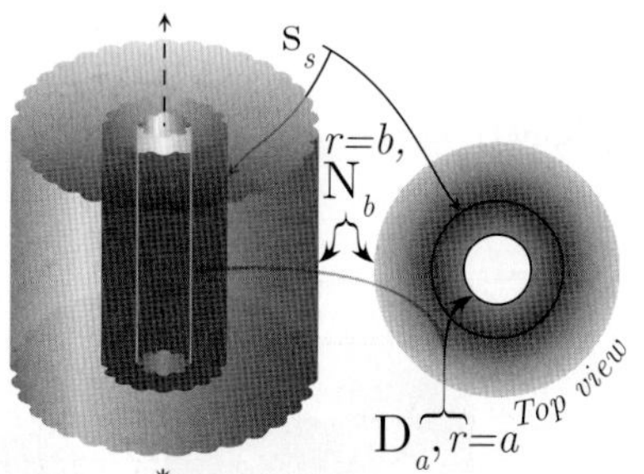

The problem of 13.4, except $\mathbf{D}_a \equiv p(a,t)=\psi_a(t)$ and $\mathbf{N}_b \equiv \frac{\partial p(b,t)}{\partial r} = -\left(\frac{\mu}{k}\right)\psi_b(t)$

The successive application of Laplace and finite Hankel transformations[‡] to equation (12.1.1) gives

$$\bar{\bar{p}}=\frac{q(s)e^{-st_0}\mathcal{V}_{D0}(\xi_n r_0,a)}{2\pi\phi c_t(\eta\xi_n^2+s)}+\frac{2\psi_b(t)J_0(\xi_n a)}{\pi\phi c_t\xi_n J_1(\xi_n b)(\eta\xi_n^2+s)}-\frac{2\eta\psi_a(t)}{\pi(\eta\xi_n^2+s)}+\frac{\int_a^b u\varphi(u)\mathcal{V}_{D0}(\xi_n u,a)\,du}{(\eta\xi_n^2+s)} \tag{13.5.1}$$

where $\mathcal{V}_{D0}(\xi_n r,a)=J_0(\xi_n r)Y_0(\xi_n a)-Y_0(\xi_n r)J_0(\xi_n a)$ and the eigenvalues ξ_n are the positive roots of the transcendental equation $\mathcal{V}'_{D0}(\xi_n b,a)=0$, $\xi_n, n=1,2,\ldots$[§] The inverse Hankel transform of equation (13.5.1) yields

$$\bar{p} = \frac{\pi q(s)e^{-st_0}}{4\phi c_t}\sum_{n=1}^{\infty}\frac{\xi_n^2 J_1^2(\xi_n b)\mathcal{V}_{D0}(\xi_n r_0,a)\mathcal{V}_{D0}(\xi_n r,a)}{(\eta\xi_n^2+s)\{J_0^2(\xi_n a)-J_1^2(\xi_n b)\}}+$$
$$+\pi\eta\sum_{n=1}^{\infty}\frac{\xi_n J_1(\xi_n b)\{J_0(\xi_n a)\left(\frac{\mu}{k}\right)\overline{\psi}_b(s)-\xi_n J_1(\xi_n b)\overline{\psi}_a(s)\}\mathcal{V}_{D0}(\xi_n r,a)}{(\eta\xi_n^2+s)\{J_0^2(\xi_n a)-J_1^2(\xi_n b)\}}+$$
$$+\frac{\pi^2}{2}\sum_{n=1}^{\infty}\frac{\xi_n^2 J_1^2(\xi_n b)\mathcal{V}_{D0}(\xi_n r,a)\int_a^b u\varphi(u)\mathcal{V}_{D0}(\xi_n u,a)\,du}{(\eta\xi_n^2+s)\{J_0^2(\xi_n a)-J_1^2(\xi_n b)\}} \tag{13.5.2}$$

---

*In using this equation, it should be noted that the boundary term, by virtue of the term $\mathcal{V}_{D0}(\xi_n b,a)=0$, appears to vanish at the boundaries $r=a$ and $r=b$. However, sum the series first and then let $r\to a$ or b, and no difficulties will arise.

† $\int_a^b u\mathcal{V}_{D0}(\xi_n r,a)\,du=\frac{2\{J_0(\xi_n a)-J_0(\xi_n b)\}}{\pi\xi_n^2 J_0(\xi_n b)}$, $\sum_{n=1}^{\infty}\frac{J_0^2(\xi_n b)\mathcal{V}_{D0}(\xi_n r,a)}{\{J_0^2(\xi_n a)-J_0^2(\xi_n b)\}}=-\frac{\ln\left(\frac{b}{r}\right)}{\pi\ln\left(\frac{b}{a}\right)}$ and $\frac{J_0(\xi_n a)}{J_0(\xi_n b)}=\frac{Y_0(\xi_n a)}{Y_0(\xi_n b)}$, where ξ_n are the positive roots of the transcendental equation $\mathcal{V}_{D0}(\xi_n b,a)=0$.

‡Given by equation (2.5.30).

§ $\mathcal{V}'_{D0}(\xi_n b,a)=Y_1(\xi_n b)J_0(\xi_n a)-J_1(\xi_n b)Y_0(\xi_n a)$.

The Inverse Laplace transform of equation (13.5.2) yields

$$p = \frac{U(t-t_0)\pi}{4\phi c_t}\sum_{n=1}^{\infty}\frac{\xi_n^2 J_1^2(\xi_n b)\mathcal{V}_{D0}(\xi_n r_0,a)\mathcal{V}_{D0}(\xi_n r,a)\int_a^b q(t-t_0-\tau)e^{-\eta\xi_n^2\tau}d\tau}{\{J_0^2(\xi_n a)-J_1^2(\xi_n b)\}}+$$
$$+\pi\eta\sum_{n=1}^{\infty}\frac{\xi_n J_1(\xi_n b)\mathcal{V}_{D0}(\xi_n r,a)\int_0^t\{J_0(\xi_n a)\left(\frac{\mu}{k}\right)\psi_b(t-\tau)-\xi_n J_1(\xi_n b)\psi_a(t-\tau)\}e^{-\eta\xi_n^2\tau}d\tau}{\{J_0^2(\xi_n a)-J_1^2(\xi_n b)\}}+$$
$$+\frac{\pi^2}{2}\sum_{n=1}^{\infty}\frac{\xi_n^2 J_1^2(\xi_n b)\mathcal{V}_{D0}(\xi_n r,a)e^{-\eta\xi_n^2 t}\int_a^b u\varphi(u)\mathcal{V}_{D0}(\xi_n u,a)du}{\{J_0^2(\xi_n a)-J_1^2(\xi_n b)\}}{}^{*} \tag{13.5.3}$$

A problem of practical importance is when at $r=a$, $p(a,t)=p_a$, and at $r=b$, $\frac{\partial p(b,t)}{\partial r}=-\left(\frac{\mu}{k}\right)q_b$, for $t>0$. There is no fluid generation and the initial pressure $p(r,0)=p_I$, $a<r<b$. The solution is given by

$$p = \pi\sum_{n=1}^{\infty}\frac{\{q_b\left(\frac{\mu}{k}\right)J_0(\xi_n a)-p_a J_1(\xi_n b)+p_I\xi_n J_1(\xi_n b)\}J_1(\xi_n b)\mathcal{V}_{D0}(\xi_n r,a)e^{-\eta\xi_n^2 t}}{\xi_n\{J_0^2(\xi_n a)-J_1^2(\xi_n b)\}}+bq_b\left(\frac{\mu}{k}\right)\ln\left(\frac{a}{r}\right)+p_a{}^{\dagger} \tag{13.5.4}$$

13.6 The problem of 13.4, except $\mathbf{D}_a \equiv p(a,t)=\psi_a(t)$ and $\mathbf{R}_b \equiv \frac{\partial p(b,t)}{\partial r}+\lambda p(b,t)=-\left(\frac{\mu}{k}\right)\psi_b(t)$

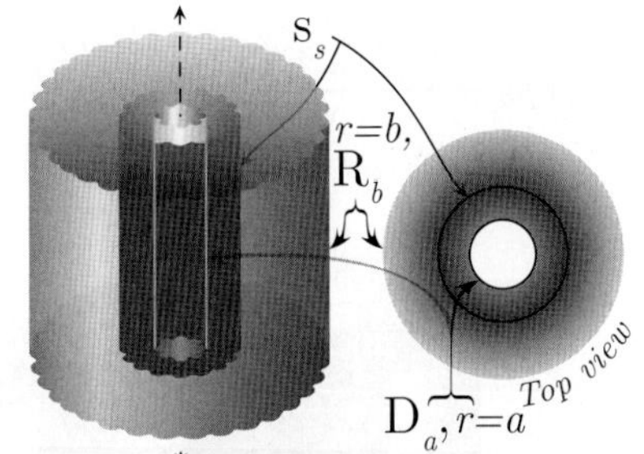

The successive application of the Laplace and finite Hankel transformations[‡] to equation (12.1.1) gives

$$\bar{\bar{p}} = \frac{q(s)e^{-st_0}\mathcal{V}_{D0}(\xi_n r_0,a)}{2\pi\phi c_t(\eta\xi_n^2+s)}-\frac{2\overline{\psi}_b(s)J_0(\xi_n a)}{\pi\phi c_t\{\lambda J_0(\xi_n b)-\xi_n J_1(\xi_n b)\}(\eta\xi_n^2+s)}-\frac{2\eta\overline{\psi}_a(s)}{\pi(\eta\xi_n^2+s)}+\frac{\int_a^b u\varphi(u)\mathcal{V}_{D0}(\xi_n u,a)du}{(\eta\xi_n^2+s)} \tag{13.6.1}$$

where $\mathcal{V}_{D0}(\xi_n r,a)=J_0(\xi_n r)Y_0(\xi_n a)-Y_0(\xi_n r)J_0(\xi_n a)$ and the eigenvalues $\xi_n, n=1,2,...,$ are the positive roots of the transcendental equation $\xi_n\mathcal{V}'_{D0}(\xi_n b,a)+\lambda\mathcal{V}_{D0}(\xi_n b,a)=0$. The inverse Hankel transform of equation (13.6.1) yields

$$\overline{p} = \frac{\pi q(s)e^{-st_0}}{4\phi c_t}\sum_{n=1}^{\infty}\frac{\xi_n^2\{\lambda J_0(\xi_n b)-\xi_n J_1(\xi_n b)\}^2\mathcal{V}_{D0}(\xi_n r_0,a)\mathcal{V}_{D0}(\xi_n r,a)}{(\eta\xi_n^2+s)\left[\{\lambda^2+\xi_n^2\}J_0^2(\xi_n a)-\{\lambda J_0(\xi_n b)-\xi_n J_1(\xi_n b)\}^2\right]}-$$
$$-\pi\eta\sum_{n=1}^{\infty}\frac{\xi_n^2\{\lambda J_0(\xi_n b)-\xi_n J_1(\xi_n b)\}\mathcal{V}_{D0}(\xi_n r,a)\left[J_0(\xi_n a)\left(\frac{\mu}{k}\right)\overline{\psi}_b(s)+\{\lambda J_0(\xi_n b)-\xi_n J_1(\xi_n b)\}\overline{\psi}_a(s)\right]}{(\eta\xi_n^2+s)\left[\{\lambda^2+\xi_n^2\}J_0^2(\xi_n a)-\{\lambda J_0(\xi_n b)-\xi_n J_1(\xi_n b)\}^2\right]}+$$
$$+\frac{\pi^2}{2}\sum_{n=1}^{\infty}\frac{\xi_n^2\{\lambda J_0(\xi_n b)-\xi_n J_1(\xi_n b)\}^2\mathcal{V}_{D0}(\xi_n r,a)\int_a^b u\varphi(u)\mathcal{V}_{D0}(\xi_n u,a)du}{(\eta\xi_n^2+s)\left[\{\lambda^2+\xi_n^2\}J_0^2(\xi_n a)-\{\lambda J_0(\xi_n b)-\xi_n J_1(\xi_n b)\}^2\right]} \tag{13.6.2}$$

---

*In using this equation and its derivative, it should be noted that the boundary term, by virtue of the terms $\mathcal{V}_{D0}(\xi_n a,a)=0$ and $\mathcal{V}'_{D0}(\xi_n b,a)=0$, appears to vanish at the boundaries $r=a$ and $r=b$. However, sum the series first and then let $r\to a$ or b, and no difficulties will arise.

†$\int_a^b u\mathcal{V}_{D0}(\xi_n u,a)du=\frac{2}{\pi\xi_n^2}$ and $\sum_{n=1}^{\infty}\frac{\{q_b\left(\frac{\mu}{k}\right)J_0(\xi_n a)-p_a J_1(\xi_n b)\}J_1(\xi_n b)\mathcal{V}_{D0}(\xi_n r,a)}{\xi_n\{J_0^2(\xi_n a)-J_1^2(\xi_n b)\}}=\frac{1}{\pi}\left\{p_a+q_b\left(\frac{\mu}{k}\right)b\ln\left(\frac{a}{r}\right)\right\}$, where ξ_n are the positive roots of the transcendental equation $\mathcal{V}'_{D0}(\xi_n b,a)=0$.

‡Given by equation (2.5.34).

The inverse Laplace transform of equation (13.6.2) yields

$$p = \frac{U(t-t_0)\pi}{4\phi c_t}\sum_{n=1}^{\infty}\frac{\xi_n^2\{\lambda J_0(\xi_n b)-\xi_n J_1(\xi_n b)\}^2 \mathcal{V}_{\mathcal{D}0}(\xi_n r_0,a)\mathcal{V}_{\mathcal{D}0}(\xi_n r,a)\int_0^{t-t_0} q(t-t_0-\tau)e^{-\eta\xi_n^2\tau}d\tau}{\left[\{\lambda^2+\xi_n^2\}J_0^2(\xi_n a)-\{\lambda J_0(\xi_n b)-\xi_n J_1(\xi_n b)\}^2\right]} -$$

$$-\pi\eta\sum_{n=1}^{\infty}\frac{\xi_n^2\{\lambda J_0(\xi_n b)-\xi_n J_1(\xi_n b)\}\mathcal{V}_{\mathcal{D}0}(\xi_n r,a)}{\left[\{\lambda^2+\xi_n^2\}J_0^2(\xi_n a)-\{\lambda J_0(\xi_n b)-\xi_n J_1(\xi_n b)\}^2\right]}\times$$

$$\times\int_0^t\left[J_0(\xi_n a)\left(\frac{\mu}{k}\right)\psi_b(t-\tau)+\{\lambda J_0(\xi_n b)-\xi_n J_1(\xi_n b)\}\psi_a(t-\tau)\right]e^{-\eta\xi_n^2\tau}d\tau +$$

$$+\frac{\pi^2}{2}\sum_{n=1}^{\infty}\frac{\xi_n^2\{\lambda J_0(\xi_n b)-\xi_n J_1(\xi_n b)\}^2\mathcal{V}_{\mathcal{D}0}(\xi_n r,a)e^{-\eta\xi_n^2 t}\int_a^b u\varphi(u)\mathcal{V}_{\mathcal{D}0}(\xi_n u,a)\,du}{\left[\{\lambda^2+\xi_n^2\}J_0^2(\xi_n a)-\{\lambda J_0(\xi_n b)-\xi_n J_1(\xi_n b)\}^2\right]} \qquad (13.6.3)$$

A problem of practical importance is when at $r=a$, $p(a,t)=p_a$ and at $r=b$, $\frac{\partial p(b,t)}{\partial r}+\lambda p(b,t)=-\left(\frac{\mu}{k}\right)q_b$, for $t>0$. There is no fluid generation and the initial pressure $p(r,0)=p_I$, $a<r<b$. The solution is given by

$$p = \pi\sum_{n=1}^{\infty}\frac{\{q_b\left(\frac{\mu}{k}\right)J_0(\xi_n a)+p_a\lambda J_0(\xi_n b)-(p_a+p_I)\xi_n J_1(\xi_n b)\}\{\lambda J_0(\xi_n b)-\xi_n J_1(\xi_n b)\}\mathcal{V}_{\mathcal{D}0}(\xi_n r,a)e^{-\eta\xi_n^2 t}}{\left[\{\lambda^2+\xi_n^2\}J_0^2(\xi_n a)-\{\lambda J_0(\xi_n b)-\xi_n J_1(\xi_n b)\}^2\right]}+$$

$$+p_a-\frac{b\{\lambda p_a+\left(\frac{\mu}{k}\right)q_b\}\ln\left(\frac{r}{a}\right)}{\lambda b\ln\left(\frac{b}{a}\right)+1}{}^{*} \qquad (13.6.4)$$

13.7 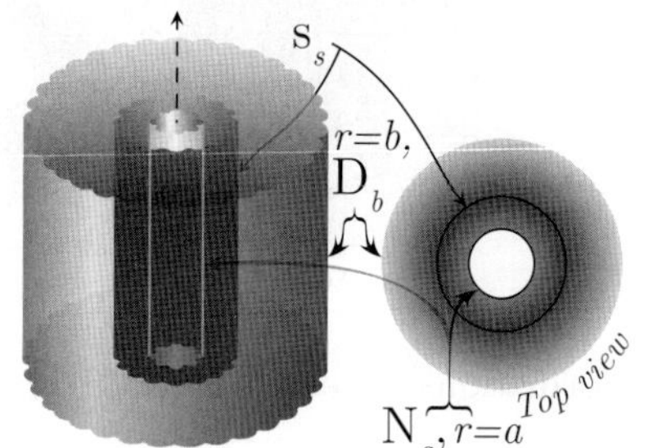

The problem of 13.4, except $\mathbf{N}_a\equiv\frac{\partial p(a,t)}{\partial r}=-\left(\frac{\mu}{k}\right)\psi_a(t)$ and $\mathbf{D}_b\equiv p(b,t)=\psi_b(t)$

The successive application of the Laplace and finite Hankel transformations[†] to equation (12.1.1) gives

$$\bar{\bar{p}}=\frac{q(s)e^{-st_0}\mathcal{V}_{\mathcal{N}0}(\xi_n r_0,a)}{2\pi\phi c_t(\eta\xi_n^2+s)}-\frac{2\eta\overline{\psi}_b(s)J_1(\xi_n a)}{\pi J_0(\xi_n b)(\eta\xi_n^2+s)}+\frac{2\overline{\psi}_a(s)}{\pi\phi c_t\xi_n(\eta\xi_n^2+s)}+\frac{\int_a^b u\varphi(u)\mathcal{V}_{\mathcal{N}0}(\xi_n u,a)\,du}{(\eta\xi_n^2+s)} \qquad (13.7.1)$$

where $\mathcal{V}_{\mathcal{N}0}(\xi_n r,a)=Y_0(\xi_n r)J_1(\xi_n a)-J_0(\xi_n r)Y_1(\xi_n a)$ and the eigenvalues $\xi_n, n=1,2,...,$ are the positive roots of the transcendental equation $\mathcal{V}_{\mathcal{N}0}(\xi_n b,a)=0$. The inverse Hankel transform of equation (13.7.1) yields

$$\overline{p}=\frac{\pi q(s)e^{-st_0}}{4\phi c_t}\sum_{n=1}^{\infty}\frac{\xi_n^2 J_0^2(\xi_n b)\mathcal{V}_{\mathcal{N}0}(\xi_n r_0,a)\mathcal{V}_{\mathcal{N}0}(\xi_n r,a)}{(\eta\xi_n^2+s)\{J_1^2(\xi_n a)-J_0^2(\xi_n b)\}}+$$

$$+\pi\eta\sum_{n=1}^{\infty}\frac{\xi_n\{J_0(\xi_n b)\left(\frac{\mu}{k}\right)\overline{\psi}_a(s)-\xi_n J_1(\xi_n a)\overline{\psi}_b(s)\}J_0(\xi_n b)\mathcal{V}_{\mathcal{N}0}(\xi_n r,a)}{(\eta\xi_n^2+s)\{J_1^2(\xi_n a)-J_0^2(\xi_n b)\}}+$$

$$+\frac{\pi^2}{2}\sum_{n=1}^{\infty}\frac{\xi_n^2 J_0^2(\xi_n b)\mathcal{V}_{\mathcal{N}0}(\xi_n r,a)\int_a^b u\varphi(u)\mathcal{V}_{\mathcal{N}0}(\xi_n u,a)\,du}{(\eta\xi_n^2+s)\{J_1^2(\xi_n a)-J_0^2(\xi_n b)\}} \qquad (13.7.2)$$

---

[*] $\int_a^b u\mathcal{V}_{\mathcal{D}0}(\xi_n u,a)\,du=\frac{2}{\pi\xi_n}\left\{\frac{J_1(\xi_n b)}{\xi_n J_1(\xi_n b)-\lambda J_0(\xi_n b)}\right\}$ and $\sum_{n=1}^{\infty}\frac{[q_b\left(\frac{\mu}{k}\right)J_0(\xi_n a)+p_a\{\lambda J_0(\xi_n b)-\xi_n J_1(\xi_n b)\}]\{\lambda J_0(\xi_n b)-\xi_n J_1(\xi_n b)\}\mathcal{V}_{\mathcal{D}0}(\xi_n r,a)}{[\{\lambda^2+\xi_n^2\}J_0^2(\xi_n a)-\{\lambda J_0(\xi_n b)-\xi_n J_1(\xi_n b)\}^2]}=\frac{b\{\lambda p_a+\left(\frac{\mu}{k}\right)q_b\}\ln\left(\frac{r}{a}\right)}{\pi\{\lambda b\ln\left(\frac{b}{a}\right)+1\}}-\frac{p_a}{\pi}$, where ξ_n are the positive roots of the transcendental equation $\xi_n\mathcal{V}'_{\mathcal{D}0}(\xi_n b,a)+\lambda\mathcal{V}_{\mathcal{D}0}(\xi_n b,a)=0$.

[†] Given by equation (2.5.38).

The inverse Laplace transform of equation (13.7.2) yields

$$p = \frac{U(t-t_0)\pi}{4\phi c_t}\sum_{n=1}^{\infty}\frac{\xi_n^2 J_0^2(\xi_n b)\mathcal{V}_{\mathcal{N}0}(\xi_n r_0,a)\mathcal{V}_{\mathcal{N}0}(\xi_n r,a)\int_0^{t-t_0} q(t-t_0-\tau)e^{-\eta\xi_n^2\tau}d\tau}{\{J_1^2(\xi_n a)-J_0^2(\xi_n b)\}}+$$
$$+\pi\eta\sum_{n=1}^{\infty}\frac{\xi_n J_0(\xi_n b)\mathcal{V}_{\mathcal{N}0}(\xi_n r,a)\int_0^t\{J_0(\xi_n b)\left(\frac{\mu}{k}\right)\psi_a(t-\tau)-\xi_n J_1(\xi_n a)\psi_b(t-\tau)\}e^{-\eta\xi_n^2\tau}d\tau}{\{J_1^2(\xi_n a)-J_0^2(\xi_n b)\}}+$$
$$+\frac{\pi^2}{2}\sum_{n=1}^{\infty}\frac{\xi_n^2 J_0^2(\xi_n b)\mathcal{V}_{\mathcal{N}0}(\xi_n r,a)e^{-\eta\xi_n^2 t}\int_a^b u\varphi(u)\mathcal{V}_{\mathcal{N}0}(\xi_n u,a)\,du}{\{J_1^2(\xi_n a)-J_0^2(\xi_n b)\}}{}^{*} \tag{13.7.3}$$

A problem of practical importance is when at $r=a$, $\frac{\partial p(a,t)}{\partial r}=-\left(\frac{\mu}{k}\right)q_a$, and at $r=b$, $p(b,t)=p_b$, for $t>0$. There is no fluid generation and the initial pressure $p(r,0)=p_I$, $a<r<b$. The solution is given by

$$p=\pi\sum_{n=1}^{\infty}\frac{\{(p_b+p_I)\xi_n J_1(\xi_n a)-q_a\left(\frac{\mu}{k}\right)J_0(\xi_n b)\}J_0(\xi_n b)\mathcal{V}_{\mathcal{N}0}(\xi_n r,a)e^{-\eta\xi_n^2 t}}{\xi_n\{J_1^2(\xi_n a)-J_0^2(\xi_n b)\}}+p_b-a\left(\frac{\mu}{k}\right)q_a\ln\left(\frac{r}{b}\right)^{\dagger} \tag{13.7.4}$$

13.8 The problem of 13.4, except $N_a \equiv \frac{\partial p(a,t)}{\partial r} = -\left(\frac{\mu}{k}\right)\psi_a(t)$ and $N_b \equiv \frac{\partial p(b,t)}{\partial r} = -\left(\frac{\mu}{k}\right)\psi_b(t)$

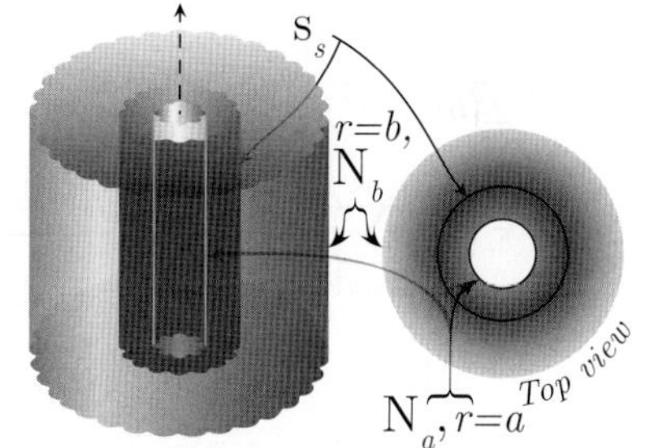

The successive application of the Laplace and finite Hankel transformations[‡] to equation (12.1.1) gives

$$\overline{\overline{p}} = \frac{q(s)e^{-st_0}}{2\pi\phi c_t s}+\frac{q(s)e^{-st_0}\mathcal{V}_{\mathcal{N}0}(\xi_n r_0,a)}{2\pi\phi c_t(\eta\xi_n^2+s)}+\frac{\{a\psi_a(s)-b\psi_b(s)\}}{\phi c_t s}-\frac{2\overline{\psi}_b(s)J_1(\xi_n a)}{\pi\phi c_t\xi_n J_1(\xi_n b)(\eta\xi_n^2+s)}+$$
$$+\frac{2\overline{\psi}_a(s)}{\pi\phi c_t\xi_n(\eta\xi_n^2+s)}+\frac{1}{s}\int_a^b\varphi(u)udu+\frac{\int_a^b u\varphi(u)\mathcal{V}_{\mathcal{N}0}(\xi_n u,a)\,du}{(\eta\xi_n^2+s)} \tag{13.8.1}$$

where $\overline{\overline{p}}=\int_a^b\overline{p}(0,s)\,rdr+\int_a^b\overline{p}(\xi_n,s)\,r\mathcal{V}_{\mathcal{N}0}(\xi_n r,a)\,dr$ and $\mathcal{V}_{\mathcal{N}0}(\xi_n r,a)=Y_0(\xi_n r)J_1(\xi_n a)-J_0(\xi_n r)Y_1(\xi_n a)$. The eigenvalues are $\xi_0=0$ and ξ_n. $\xi_n, n=1,2,...,$ are the positive roots of the transcendental equation $\mathcal{V}'_{\mathcal{N}0}(\xi_n b,a)=0$.[§] The inverse Hankel transform of equation (13.8.1) yields

$$\overline{p} = \frac{q(s)e^{-st_0}}{\pi\phi c_t(b^2-a^2)s}+\frac{\pi q(s)e^{-st_0}}{4\phi c_t}\sum_{n=1}^{\infty}\frac{\xi_n^2 J_1^2(\xi_n b)\mathcal{V}_{\mathcal{N}0}(\xi_n r_0,a)\mathcal{V}_{\mathcal{N}0}(\xi_n r,a)}{(\eta\xi_n^2+s)\{J_1^2(\xi_n a)-J_1^2(\xi_n b)\}}+$$
$$+\frac{2\{a\overline{\psi}_a(s)-b\overline{\psi}_b(s)\}}{\phi c_t s(b^2-a^2)}+\frac{\pi}{\phi c_t}\sum_{n=1}^{\infty}\frac{\xi_n\{J_1(\xi_n b)\overline{\psi}_a(s)-J_1(\xi_n a)\overline{\psi}_b(s)\}J_1(\xi_n b)\mathcal{V}_{\mathcal{N}0}(\xi_n r,a)}{(\eta\xi_n^2+s)\{J_1^2(\xi_n a)-J_1^2(\xi_n b)\}}+$$
$$+\frac{2\int_a^b u\varphi(u)du}{s(b^2-a^2)}+\frac{\pi^2}{2}\sum_{n=1}^{\infty}\frac{\xi_n^2 J_1^2(\xi_n b)\mathcal{V}_{\mathcal{N}0}(\xi_n r,a)\int_a^b u\varphi(u)\mathcal{V}_{\mathcal{N}0}(\xi_n u,a)\,du}{(\eta\xi_n^2+s)\{J_1^2(\xi_n a)-J_1^2(\xi_n b)\}} \tag{13.8.2}$$

---

*In using this equation and its derivative, it should be noted that the boundary term, by virtue of the terms $\mathcal{V}_{\mathcal{N}0}(\xi_n b,a)=0$ and $\mathcal{V}'_{\mathcal{N}0}(\xi_n a,a)=0$, appears to vanish at the boundaries $r=a$ and $r=b$. However, sum the series first and then let $r\to a$ or b, and no difficulties will arise.

†$\int_a^b u\mathcal{V}_{\mathcal{N}0}(\xi_n u,a)\,du = -\frac{2J_1(\xi_n a)}{\pi\xi_n^2 J_0(\xi_n b)}$ and $\sum_{n=1}^{\infty}\frac{\{p_b\xi_n J_1(\xi_n a)-q_a\left(\frac{\mu}{k}\right)J_0(\xi_n b)\}J_0(\xi_n b)\mathcal{V}_{\mathcal{N}0}(\xi_n r,a)}{\xi_n\{J_1^2(\xi_n a)-J_0^2(\xi_n b)\}}=\frac{a}{\pi}\left(\frac{\mu}{k}\right)q_a\ln\left(\frac{r}{b}\right)-\frac{p_b}{\pi}$, where ξ_n are the positive roots of the transcendental equation $\mathcal{V}_{\mathcal{N}0}(\xi_n b,a)=0$.

‡Given by equation (2.5.51).

§$\mathcal{V}'_{\mathcal{N}0}(\xi_n b,a)=J_1(\xi_n b)Y_1(\xi_n a)-Y_1(\xi_n b)J_1(\xi_n a)$.

The inverse Laplace transform of equation (13.8.2) yields

$$p = \frac{U(t-t_0)\int_0^{t-t_0} q(\tau)\,d\tau}{\pi\phi c_t(b^2-a^2)} + \frac{U(t-t_0)\pi}{4\phi c_t}\sum_{n=1}^{\infty}\frac{\xi_n^2 J_1^2(\xi_n b)\,\mathcal{V}_{\mathcal{N}0}(\xi_n r_0,a)\,\mathcal{V}_{\mathcal{N}0}(\xi_n r,a)\int_0^{t-t_0} q(t-t_0-\tau)e^{-\eta\xi_n^2\tau}d\tau}{\{J_1^2(\xi_n a)-J_1^2(\xi_n b)\}} +$$
$$+\frac{2\int_0^t\{a\psi_a(\tau)-b\psi_b(\tau)\}d\tau}{\phi c_t(b^2-a^2)} + \frac{\pi}{\phi c_t}\sum_{n=1}^{\infty}\frac{\xi_n J_1(\xi_n b)\mathcal{V}_{\mathcal{N}0}(\xi_n r,a)\int_0^t\{J_1(\xi_n b)\,\psi_a(t-\tau)-J_1(\xi_n a)\psi_b(t-\tau)\}e^{-\eta\xi_n^2\tau}d\tau}{\{J_1^2(\xi_n a)-J_1^2(\xi_n b)\}} +$$
$$+\frac{2\int_a^b u\varphi(u)du}{(b^2-a^2)} + \frac{\pi^2}{2}\sum_{n=1}^{\infty}\frac{\xi_n^2 J_1^2(\xi_n b)\,\mathcal{V}_{\mathcal{N}0}(\xi_n r,a)\,e^{-\eta\xi_n^2 t}\int_a^b u\varphi(u)\mathcal{V}_{\mathcal{N}0}(\xi_n u,a)\,du}{\{J_1^2(\xi_n a)-J_1^2(\xi_n b)\}}{}^{*} \tag{13.8.3}$$

A problem of practical importance is when at $r=a$, $\frac{\partial p(a,t)}{\partial r} = -\left(\frac{\mu}{k}\right)q_a$, and at $r=b$, $\frac{\partial p(b,t)}{\partial r} = -\left(\frac{\mu}{k}\right)q_b$, for $t>0$. There is no fluid generation and the initial pressure $p(r,0)=p_I$, $a<r<b$. The solution is given by

$$p = \frac{2\int_0^t\{aq_a-bq_b\}\,d\tau}{\phi c_t(b^2-a^2)} +$$
$$+\frac{\left(\frac{\mu}{k}\right)}{2(b^2-a^2)}\left[(aq_a-bq_b)r^2+(aq_b-bq_a)\left\{2ab\ln r+\frac{1}{2}\left(\frac{b^3q_b-a^3q_a}{aq_b-bq_a}+3ab\right)+\frac{2(a^2\ln a-b^2\ln b)}{(b^2-a^2)}\right\}\right] -$$
$$-\pi\left(\frac{\mu}{k}\right)\sum_{n=1}^{\infty}\frac{\xi_n\mathcal{V}_{\mathcal{N}0}(\xi_n r,a)\,J_1(\xi_n b)\{J_1(\xi_n b)\,q_a-J_1(\xi_n a)\,q_b\}\,e^{-e^{-\eta\xi_n^2 t}}}{\{J_1^2(\xi_n a)-J_1^2(\xi_n b)\}} + p_I{}^{\dagger} \tag{13.8.4}$$

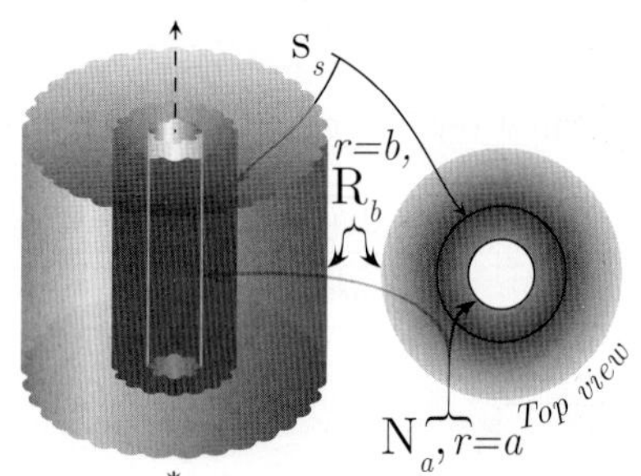

13.9 The problem of 13.4, except $\mathbf{N_a} \equiv \frac{\partial p(a,t)}{\partial r} = -\left(\frac{\mu}{k}\right)\psi_a(t)$ and $\mathbf{R_b} \equiv \frac{\partial p(b,t)}{\partial r} + \lambda p(b,t) = -\left(\frac{\mu}{k}\right)\psi_b(t)$

The successive application of the Laplace and finite Hankel transformations[‡] to equation (12.1.1) gives

$$\bar{\bar{p}} = \frac{q(s)\,e^{-st_0}\mathcal{V}_{\mathcal{N}0}(\xi_n r_0,a)}{2\pi\phi c_t(\eta\xi_n^2+s)} + \frac{2\overline{\psi}_b(s)\,J_1(\xi_n a)}{\pi\phi c_t\{\lambda J_0(\xi_n b)-\xi_n J_1(\xi_n b)\}(\eta\xi_n^2+s)} + \frac{2\overline{\psi}_a(s)}{\pi\phi c_t\xi_n(\eta\xi_n^2+s)} +$$
$$+\frac{\int_a^b u\varphi(u)\mathcal{V}_{\mathcal{N}0}(\xi_n u,a)\,du}{(\eta\xi_n^2+s)} \tag{13.9.1}$$

where $\mathcal{V}_{\mathcal{N}0}(\xi_n r,a)=Y_0(\xi_n r)J_1(\xi_n a)-J_0(\xi_n r)Y_1(\xi_n a)$ and the eigenvalues $\xi_n, n=1,2,...,$ are the positive roots of the transcendental equation $\xi_n\mathcal{V}'_{\mathcal{N}0}(\xi_n b,a)+\lambda\mathcal{V}_{\mathcal{N}0}(\xi_n b,a)=0$. The inverse Hankel transform of

---

*In using the derivative of this equation, it should be noted that the boundary term, by virtue of the term $\mathcal{V}'_{\mathcal{N}0}(\xi_n r,a)=0$, appears to vanish at the boundaries $r=a$ and $r=b$. However, sum the series first and then let $r\to a$ or b, and no difficulties will arise.

† $\sum_{n=1}^{\infty}\frac{\xi_n\mathcal{V}_{\mathcal{N}0}(\xi_n r,a)J_1(\xi_n b)\{J_1(\xi_n b)q_a-J_1(\xi_n a)q_b\}}{\{J_1^2(\xi_n a)-J_1^2(\xi_n b)\}} =$
$= \frac{1}{2\pi(b^2-a^2)}\left[(aq_a-bq_b)\,r^2+2\,(aq_b-bq_a)\left\{ab\ln r+\frac{1}{4}\left(\frac{b^3q_b-a^3q_a}{aq_b-bq_a}+3ab\right)+\frac{(a^2\ln a-b^2\ln b)}{(b^2-a^2)}\right\}\right]$, where ξ_n are the positive roots of $\mathcal{V}'_{\mathcal{N}0}(\xi_n b,a)=0$.

‡ Given by equation (2.5.55).

equation (13.9.1) yields

$$\begin{aligned}
\overline{p} \;=\;& \frac{\pi q(s)\,e^{-st_0}}{4\phi c_t}\sum_{n=1}^{\infty}\frac{\xi_n^2\left\{\lambda J_0(\xi_n b)-\xi_n J_1(\xi_n b)\right\}^2 \mathcal{V}_{\mathcal{N}0}(\xi_n r_0,a)\,\mathcal{V}_{\mathcal{N}0}(\xi_n r,a)}{(\eta\xi_n^2+s)\left[(\lambda^2+\xi_n^2)J_1^2(\xi_n a)-\left\{\lambda J_0(\xi_n b)-\xi_n J_1(\xi_n b)\right\}^2\right]}+\\
&+\frac{\pi}{\phi c_t}\sum_{n=1}^{\infty}\frac{\xi_n\left[\xi_n J_1(\xi_n a)\,\overline{\psi}_b(s)+\left\{\lambda J_0(\xi_n b)-\xi_n J_1(\xi_n b)\right\}\overline{\psi}_a(s)\right]\left\{\lambda J_0(\xi_n b)-\xi_n J_1(\xi_n b)\right\}\mathcal{V}_{\mathcal{N}0}(\xi_n r,a)}{(\eta\xi_n^2+s)\left[(\lambda^2+\xi_n^2)J_1^2(\xi_n a)-\left\{\lambda J_0(\xi_n b)-\xi_n J_1(\xi_n b)\right\}^2\right]}+\\
&+\frac{\pi^2}{2}\sum_{n=1}^{\infty}\frac{\xi_n^2\left\{\lambda J_0(\xi_n b)-\xi_n J_1(\xi_n b)\right\}^2 \mathcal{V}_{\mathcal{N}0}(\xi_n r,a)\int_a^b u\varphi(u)\mathcal{V}_{\mathcal{N}0}(\xi_n u,a)\,du}{(\eta\xi_n^2+s)\left[(\lambda^2+\xi_n^2)J_1^2(\xi_n a)-\left\{\lambda J_0(\xi_n b)-\xi_n J_1(\xi_n b)\right\}^2\right]}
\end{aligned}\tag{13.9.2}$$

The inverse Laplace transform of equation (13.9.2) yields

$$\begin{aligned}
p \;=\;& \frac{U(t-t_0)\,\pi}{4\phi c_t}\sum_{n=1}^{\infty}\frac{\xi_n^2\left\{\lambda J_0(\xi_n b)-\xi_n J_1(\xi_n b)\right\}^2 \mathcal{V}_{\mathcal{N}0}(\xi_n r_0,a)\,\mathcal{V}_{\mathcal{N}0}(\xi_n r,a)\int_0^{t-t_0} q(t-t_0-\tau)\,e^{-\eta\xi_n^2\tau}d\tau}{\left[(\lambda^2+\xi_n^2)J_1^2(\xi_n a)-\left\{\lambda J_0(\xi_n b)-\xi_n J_1(\xi_n b)\right\}^2\right]}+\\
&+\frac{\pi}{\phi c_t}\sum_{n=1}^{\infty}\frac{\xi_n\left\{\lambda J_0(\xi_n b)-\xi_n J_1(\xi_n b)\right\}\mathcal{V}_{\mathcal{N}0}(\xi_n r,a)}{\left[(\lambda^2+\xi_n^2)J_1^2(\xi_n a)-\left\{\lambda J_0(\xi_n b)-\xi_n J_1(\xi_n b)\right\}^2\right]}\times\\
&\times\int_0^t\left[\xi_n J_1(\xi_n a)\,\psi_b(t-\tau)+\left\{\lambda J_0(\xi_n b)-\xi_n J_1(\xi_n b)\right\}\psi_a(t-\tau)\right]e^{-\eta\xi_n^2\tau}d\tau+\\
&+\frac{\pi^2}{2}\sum_{n=1}^{\infty}\frac{\xi_n^2\left\{\lambda J_0(\xi_n b)-\xi_n J_1(\xi_n b)\right\}^2 \mathcal{V}_{\mathcal{N}0}(\xi_n r,a)\,e^{-\eta\xi_n^2 t}\int_a^b u\varphi(u)\mathcal{V}_{\mathcal{N}0}(\xi_n u,a)\,du}{\left[(\lambda^2+\xi_n^2)J_1^2(\xi_n a)-\left\{\lambda J_0(\xi_n b)-\xi_n J_1(\xi_n b)\right\}^2\right]}
\end{aligned}\tag{13.9.3}$$

A problem of practical importance is when at $r=a$, $\frac{\partial p(a,t)}{\partial r}=-\left(\frac{\mu}{k}\right)q_a$, and at $r=b$, $\frac{\partial p(b,t)}{\partial r}+\lambda p(b,t)=-\left(\frac{\mu}{k}\right)q_b$, for $t>0$. There is no fluid generation and the initial pressure $p(r,0)=p_I$, $a<r<b$. The solution is given by

$$\begin{aligned}
p \;=\;& \pi\left(\frac{\mu}{k}\right)\sum_{n=1}^{\infty}\frac{\left\{\xi_n J_1(\xi_n b)-\lambda J_0(\xi_n b)\right\}\mathcal{V}_{\mathcal{N}0}(\xi_n r,a)\,e^{-\eta\xi_n^2 t}}{\xi_n\left[(\lambda^2+\xi_n^2)J_1^2(\xi_n a)-\left\{\lambda J_0(\xi_n b)-\xi_n J_1(\xi_n b)\right\}^2\right]}\times\\
&\times\left[\xi_n J_1(\xi_n a)\,q_b+\left\{\lambda J_0(\xi_n b)-\xi_n J_1(\xi_n b)\right\}q_a-p_I\lambda\left(\frac{k}{\mu}\right)\xi_n J_1(\xi_n a)\right]+\\
&+\frac{1}{\lambda b}\left(\frac{\mu}{k}\right)\left[aq_a\left\{1-\lambda q_a\ln\left(\frac{r}{b}\right)\right\}-bq_b\right]^{*}
\end{aligned}\tag{13.9.4}$$

13.10 The problem of 13.4, except $\mathbf{R}_a\equiv\frac{\partial p(a,t)}{\partial r}-\lambda p(a,t)=-\left(\frac{\mu}{k}\right)\psi_a(t)$ and $\mathbf{D}_b\equiv p(b,t)=\psi_b(t)$

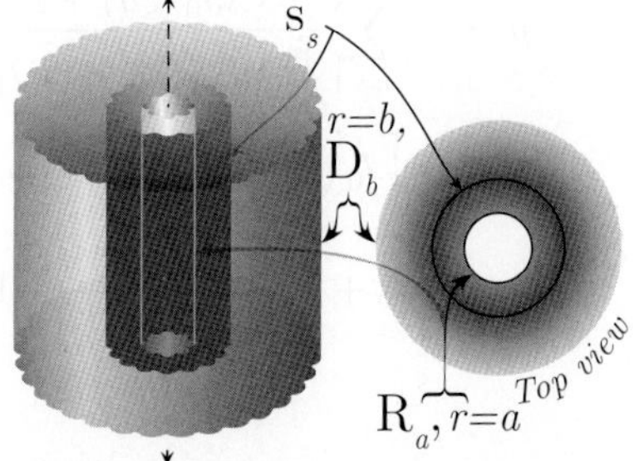

$^{*}\int_a^b u\mathcal{V}_{\mathcal{N}0}(\xi_n u,a)\,du=-\frac{2\lambda J_1(\xi_n a)}{\pi\xi_n^2\{\lambda J_0(\xi_n b)-\xi_n J_1(\xi_n b)\}}$ and $\sum_{n=1}^{\infty}\frac{\{\lambda J_0(\xi_n b)-\xi_n J_1(\xi_n b)\}[\xi_n J_1(\xi_n a)q_b+\{\lambda J_0(\xi_n b)-\xi_n J_1(\xi_n b)\}q_a]\mathcal{V}_{\mathcal{N}0}(\xi_n r)}{\xi_n[(\lambda^2+\xi_n^2)J_1^2(\xi_n a)-\{\lambda J_0(\xi_n b)-\xi_n J_1(\xi_n b)\}^2]}=\frac{1}{\pi\lambda b}\left[aq_a\left\{1-\lambda q_a\ln\left(\frac{r}{b}\right)\right\}-bq_b\right]$, where ξ_n are the positive roots of the transcendental equation $\xi_n\mathcal{V}'_{\mathcal{N}0}(\xi_n b,a)+\lambda\mathcal{V}_{\mathcal{N}0}(\xi_n b,a)=0$.

The successive application of the Laplace and finite Hankel transformations* to equation (12.1.1) gives

$$\overline{\overline{p}} = \frac{q(s)\,e^{-st_0}\mathcal{V}_{\mathcal{D}0}(\xi_n r_0, b)}{2\pi\phi c_t(\eta\xi_n^2+s)} - \frac{2\overline{\psi}_a(s)\,J_0(\xi_n b)}{\pi\phi c_t(\eta\xi_n^2+s)\{\lambda J_0(\xi a)+\xi_n J_1(\xi a)\}} + \frac{2\eta\overline{\psi}_b(s)}{\pi(\eta\xi_n^2+s)} + \frac{\int_a^b u\varphi(u)\mathcal{V}_{\mathcal{D}0}(\xi_n u, b)\,du}{(\eta\xi_n^2+s)} \tag{13.10.1}$$

where $\mathcal{V}_{\mathcal{D}0}(\xi_n r, b) = J_0(\xi_n r)Y_0(\xi_n b) - Y_0(\xi_n r)J_0(\xi_n b)$ and the eigenvalues $\xi_n, n = 1, 2, ...,$ are the positive roots of the transcendental equation $\lambda\mathcal{V}_{\mathcal{D}0}(\xi_n a, b) - \xi_n\mathcal{V}'_{\mathcal{D}0}(\xi_n a, b) = 0$.† The inverse Hankel transform of equation (13.10.1) yields

$$\begin{aligned}\overline{p} = {} & \frac{\pi q(s)\,e^{-st_0}}{4\phi c_t}\sum_{n=1}^{\infty}\frac{\xi_n^2\{\lambda J_0(\xi a)+\xi_n J_1(\xi a)\}^2\mathcal{V}_{\mathcal{D}0}(\xi_n r_0, b)\,\mathcal{V}_{\mathcal{D}0}(\xi_n r, b)}{(\eta\xi_n^2+s)\left[\{\lambda J_0(\xi a)+\xi_n J_1(\xi a)\}^2-(\lambda^2+\xi_n^2)J_0^2(\xi_n b)\right]} + \\ & +\pi\eta\sum_{n=1}^{\infty}\frac{\xi_n^2\{\lambda J_0(\xi a)+\xi_n J_1(\xi a)\}\left[\{\lambda J_0(\xi a)+\xi_n J_1(\xi a)\}\overline{\psi}_b(s) - J_0(\xi_n b)\left(\frac{\mu}{k}\right)\overline{\psi}_a(s)\right]\mathcal{V}_{\mathcal{D}0}(\xi_n r, b)}{(\eta\xi_n^2+s)\left[\{\lambda J_0(\xi a)+\xi_n J_1(\xi a)\}^2-(\lambda^2+\xi_n^2)J_0^2(\xi_n b)\right]} + \\ & +\frac{\pi^2}{2}\sum_{n=1}^{\infty}\frac{\xi_n^2\{\lambda J_0(\xi a)+\xi_n J_1(\xi a)\}^2 V_{R0}(\xi_n r)\int_a^b u\varphi(u)\mathcal{V}_{\mathcal{D}0}(\xi_n u, b)\,du}{(\eta\xi_n^2+s)\left[\{\lambda J_0(\xi a)+\xi_n J_1(\xi a)\}^2-(\lambda^2+\xi_n^2)J_0^2(\xi_n b)\right]}\end{aligned} \tag{13.10.2}$$

The inverse Laplace transform of equation (13.10.2) yields

$$\begin{aligned}p = {} & \frac{U(t-t_0)\,\pi}{4\phi c_t}\sum_{n=1}^{\infty}\frac{\xi_n^2\{\lambda J_0(\xi a)+\xi_n J_1(\xi a)\}^2\mathcal{V}_{\mathcal{D}0}(\xi_n r_0, b)\,\mathcal{V}_{\mathcal{D}0}(\xi_n r, b)\int_0^{t-t_0} q(t-t_0-\tau)\,e^{-\eta\xi_n^2\tau}d\tau}{\left[\{\lambda J_0(\xi a)+\xi_n J_1(\xi a)\}^2-(\lambda^2+\xi_n^2)J_0^2(\xi_n b)\right]} + \\ & +\pi\eta\sum_{n=1}^{\infty}\frac{\xi_n^2\{\lambda J_0(\xi a)+\xi_n J_1(\xi a)\}\mathcal{V}_{\mathcal{D}0}(\xi_n r, b)}{\left[\{\lambda J_0(\xi a)+\xi_n J_1(\xi a)\}^2-(\lambda^2+\xi_n^2)J_0^2(\xi_n b)\right]}\times \\ & \times\int_0^t\left[\{\lambda J_0(\xi a)+\xi_n J_1(\xi a)\}\psi_b(t-\tau) - J_0(\xi_n b)\left(\frac{\mu}{k}\right)\psi_a(t-\tau)\right]e^{-\eta\xi_n^2\tau}d\tau + \\ & +\frac{\pi^2}{2}\sum_{n=1}^{\infty}\frac{\xi_n^2\{\lambda J_0(\xi a)+\xi_n J_1(\xi a)\}^2\mathcal{V}_{\mathcal{D}0}(\xi_n r)\,e^{-\eta\xi_n^2 t}\int_a^b u\varphi(u)\mathcal{V}_{\mathcal{D}0}(\xi_n u, b)\,du}{\left[\{\lambda J_0(\xi a)+\xi_n J_1(\xi a)\}^2-(\lambda^2+\xi_n^2)J_0^2(\xi_n b)\right]}\end{aligned} \tag{13.10.3}$$

A problem of practical importance is when at $r = a$, $\frac{\partial p(a,t)}{\partial r} - \lambda p(a,t) = -\left(\frac{\mu}{k}\right)q_a$, and at $r = b$, $p(b,t) = p_b$, for $t > 0$. There is no fluid generation and the initial pressure $p(r,0) = p_I$, $a < r < b$. The solution is given by

$$\begin{aligned}p = {} & \pi\sum_{n=1}^{\infty}\frac{\{\lambda J_0(\xi a)+\xi_n J_1(\xi a)\}\mathcal{V}_{\mathcal{D}0}(\xi_n r, b)\,e^{-\eta\xi_n^2 t}}{\left[\{\lambda J_0(\xi a)+\xi_n J_1(\xi a)\}^2-(\lambda^2+\xi_n^2)J_0^2(\xi_n b)\right]}\times \\ & \times\left[J_0(\xi_n b)\left(\frac{\mu}{k}\right)q_a - \{\lambda J_0(\xi a)+\xi_n J_1(\xi a)\}p_b + \{\lambda J_0(\xi a) - \lambda J_0(\xi_n b) + \xi_n J_1(\xi a)\}p_I\right] + \\ & +p_b + \frac{a\left(\lambda p_b - \left(\frac{\mu}{k}\right)q_a\right)}{\left\{1+a\lambda\ln\left(\frac{b}{a}\right)\right\}}\ln\left(\frac{r}{b}\right)^{\ddagger}\end{aligned} \tag{13.10.4}$$

---

*Given by equation (2.5.59).

†$\mathcal{V}'_{\mathcal{D}0}(\xi_n r, b) = \{Y_1(\xi_n r)\,J_0(\xi_n b) - J_1(\xi_n r)\,Y_0(\xi_n b)\}$.

‡$\int_a^b u\mathcal{V}_{\mathcal{D}0}(\xi_n r, b)\,du = \frac{2\lambda\{J_0(\xi a)-J_0(\xi_n b)\}+\xi_n J_1(\xi a)}{\pi\xi_n^2\{\lambda J_0(\xi a)+\xi_n J_1(\xi a)\}}$ and $\sum_{n=1}^{\infty}\frac{\{\lambda J_0(\xi a)+\xi_n J_1(\xi a)\}\mathcal{V}_{\mathcal{D}0}(\xi_n r,b)\left[\{\lambda J_0(\xi a)+\xi_n J_1(\xi a)\}p_b - J_0(\xi_n b)\left(\frac{\mu}{k}\right)q_a\right]}{\left[\{\lambda J_0(\xi a)+\xi_n J_1(\xi a)\}^2-(\lambda^2+\xi_n^2)J_0^2(\xi_n b)\right]} = \frac{p_b}{\pi} + \frac{a\left(\lambda p_b - \left(\frac{\mu}{k}\right)q_a\right)\ln\left(\frac{r}{b}\right)}{\pi\left\{1+a\lambda\ln\left(\frac{b}{a}\right)\right\}}$, where ξ_n are the positive roots of the transcendental equation $\lambda\mathcal{V}_{\mathcal{D}0}(\xi_n a, b) - \xi_n\mathcal{V}'_{\mathcal{D}0}(\xi_n a, b) = 0$.

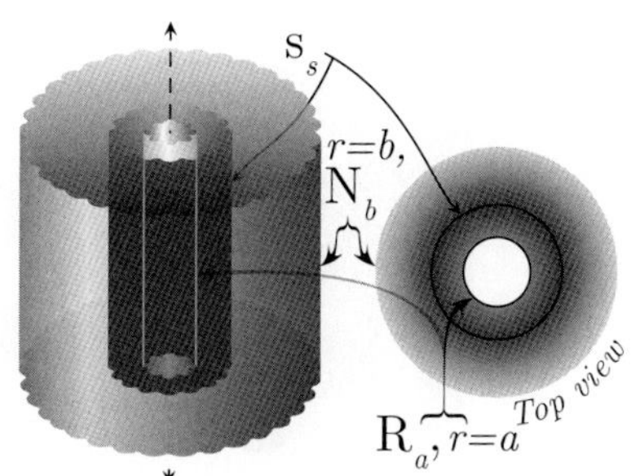

13.11 The problem of 13.4, except
$\mathbf{R}_a \equiv \frac{\partial p(a,t)}{\partial r} - \lambda p(a,t) = -\left(\frac{\mu}{k}\right)\psi_a(t)$ **and**
$\mathbf{N}_b \equiv \frac{\partial p(b,t)}{\partial r} = -\left(\frac{\mu}{k}\right)\psi_b(t)$

The successive application of the Laplace and finite Hankel transformations* to equation (12.1.1) gives

$$\bar{\bar{p}} = \frac{q(s)e^{-st_0}\mathcal{V}_{\mathcal{N}0}(\xi_n r_0, b)}{2\pi\phi c_t(\eta\xi_n^2+s)} + \frac{2\overline{\psi}_a(s)J_1(\xi_n b)}{\pi\phi c_t(\eta\xi_n^2+s)\{\lambda J_0(\xi a)+\xi_n J_1(\xi a)\}} - \frac{2\overline{\psi}_b(s)}{\pi\phi c_t\xi_n(\eta\xi_n^2+s)} + \frac{\int_a^b u\varphi(u)\mathcal{V}_{\mathcal{N}0}(\xi_n u, b)\,du}{(\eta\xi_n^2+s)} \tag{13.11.1}$$

where the eigenvalues $\xi_n, n = 1, 2, ...,$ are the positive roots of the transcendental equation $\lambda\mathcal{V}_{\mathcal{N}0}(\xi_n a, b) - \xi_n\mathcal{V}'_{\mathcal{N}0}(\xi_n a, b) = 0$. The inverse Hankel transform of equation (13.11.1) yields

$$\begin{aligned}\overline{p} = {} & \frac{\pi q(s)e^{-st_0}}{4\phi c_t}\sum_{n=1}^{\infty}\frac{\xi_n^2\{\lambda J_0(\xi a)+\xi_n J_1(\xi a)\}^2\mathcal{V}_{\mathcal{N}0}(\xi_n r_0,b)\mathcal{V}_{\mathcal{N}0}(\xi_n r,b)}{(\eta\xi_n^2+s)\left[\{\lambda J_0(\xi a)+\xi_n J_1(\xi a)\}^2-(\lambda^2+\xi_n^2)J_1^2(\xi_n b)\right]} + \\ & +\frac{\pi}{\phi c_t}\sum_{n=1}^{\infty}\frac{\xi_n\{\lambda J_0(\xi a)+\xi_n J_1(\xi a)\}\left[\xi_n J_1(\xi_n b)\overline{\psi}_a(s)-\{\lambda J_0(\xi a)+\xi_n J_1(\xi a)\}\overline{\psi}_b(s)\right]\mathcal{V}_{\mathcal{N}0}(\xi_n r,b)}{(\eta\xi_n^2+s)\left[\{\lambda J_0(\xi a)+\xi_n J_1(\xi a)\}^2-(\lambda^2+\xi_n^2)J_0^2(\xi_n b)\right]} + \\ & +\frac{\pi^2}{2}\sum_{n=1}^{\infty}\frac{\xi_n^2\{\lambda J_0(\xi a)+\xi_n J_1(\xi a)\}^2\mathcal{V}_{\mathcal{N}0}(\xi_n r,b)\int_a^b u\varphi(u)\mathcal{V}_{\mathcal{N}0}(\xi_n u,b)\,du}{(\eta\xi_n^2+s)\left[\{\lambda J_0(\xi a)+\xi_n J_1(\xi a)\}^2-(\lambda^2+\xi_n^2)J_0^2(\xi_n b)\right]}\end{aligned} \tag{13.11.2}$$

The inverse Laplace transform of equation (13.11.2) yields

$$\begin{aligned}p = {} & \frac{U(t-t_0)\pi}{4\phi c_t}\sum_{n=1}^{\infty}\frac{\xi_n^2\{\lambda J_0(\xi a)+\xi_n J_1(\xi a)\}^2\mathcal{V}_{\mathcal{N}0}(\xi_n r_0,b)\mathcal{V}_{\mathcal{N}0}(\xi_n r,b)\int_0^{t-t_0}q(t-t_0-\tau)e^{-\eta\xi_n^2\tau}d\tau}{\{\lambda J_0(\xi a)+\xi_n J_1(\xi a)\}^2-(\lambda^2+\xi_n^2)J_1^2(\xi_n b)} + \\ & +\frac{\pi}{\phi c_t}\sum_{n=1}^{\infty}\frac{\xi_n\{\lambda J_0(\xi a)+\xi_n J_1(\xi a)\}\mathcal{V}_{\mathcal{N}0}(\xi_n r,b)}{\{\lambda J_0(\xi a)+\xi_n J_1(\xi a)\}^2-(\lambda^2+\xi_n^2)J_1^2(\xi_n b)}\times \\ & \times\int_0^t\left[\xi_n J_1(\xi_n b)\psi_a(t-\tau)-\{\lambda J_0(\xi a)+\xi_n J_1(\xi a)\}\psi_b(t-\tau)\right]e^{-\eta\xi_n^2\tau}d\tau + \\ & +\frac{\pi^2}{2}\sum_{n=1}^{\infty}\frac{\xi_n^2\{\lambda J_0(\xi a)+\xi_n J_1(\xi a)\}^2\mathcal{V}_{\mathcal{N}0}(\xi_n r,b)e^{-\eta\xi_n^2 t}\int_a^b u\varphi(u)\mathcal{V}_{\mathcal{N}0}(\xi_n u,b)\,du}{\{\lambda J_0(\xi a)+\xi_n J_1(\xi a)\}^2-(\lambda^2+\xi_n^2)J_1^2(\xi_n b)}\end{aligned} \tag{13.11.3}$$

A problem of practical importance is when at $r = a$, $\frac{\partial p(a,t)}{\partial r} - \lambda p(a,t) = -\left(\frac{\mu}{k}\right)q_a$, and at $r = b$, $\frac{\partial p(b,t)}{\partial r} = -\left(\frac{\mu}{k}\right)q_b$, for $t > 0$. There is no fluid generation and the initial pressure $p(r,0) = p_I$, $a < r < b$. The solution is given by

$$\begin{aligned}p = {} & \pi\left(\frac{\mu}{k}\right)\sum_{n=1}^{\infty}\frac{\{\lambda J_0(\xi a)+\xi_n J_1(\xi a)\}\mathcal{V}_{\mathcal{N}0}(\xi_n r,b)e^{-\eta\xi_n^2 t}}{\xi_n\left[(\lambda^2+\xi_n^2)J_1^2(\xi_n b)-\{\lambda J_0(\xi a)+\xi_n J_1(\xi a)\}^2\right]}\times \\ & \times\left[\xi_n J_1(\xi_n b)q_a-\{\lambda J_0(\xi a)+\xi_n J_1(\xi a)\}q_b+\left(\frac{k}{\mu}\right)p_I\lambda J_1(\xi_n b)\right] + \\ & +\frac{1}{\lambda a}\left(\frac{\mu}{k}\right)\left[aq_a-bq_b\left\{1+a\lambda\ln\left(\frac{r}{a}\right)\right\}\right]^{\dagger}\end{aligned} \tag{13.11.4}$$

---

*Given by equation (2.5.63).

†$\int_a^b u\mathcal{V}_{\mathcal{N}0}(\xi_n r,b)\,du = \frac{2\lambda J_1(\xi_n b)}{\pi\xi_n^2\{\lambda J_0(\xi a)+\xi_n J_1(\xi a)\}}$ and $\sum_{n=1}^{\infty}\frac{\{\lambda J_0(\xi a)+\xi_n J_1(\xi a)\}[\xi_n J_1(\xi_n b)q_a-\{\lambda J_0(\xi a)+\xi_n J_1(\xi a)\}q_b]\mathcal{V}_{\mathcal{N}0}(\xi_n r,b)}{\xi_n[\{\lambda J_0(\xi a)+\xi_n J_1(\xi a)\}^2-(\lambda^2+\xi_n^2)J_1^2(\xi_n b)]} = \frac{1}{\lambda a}\left[aq_a-bq_b\left\{1+a\lambda\ln\left(\frac{r}{a}\right)\right\}\right]$, where ξ_n are the positive roots of the transcendental equation $\lambda\mathcal{V}_{\mathcal{N}0}(\xi_n a,b)-\xi_n\mathcal{V}'_{\mathcal{N}0}(\xi_n a,b)=0$.

13.12

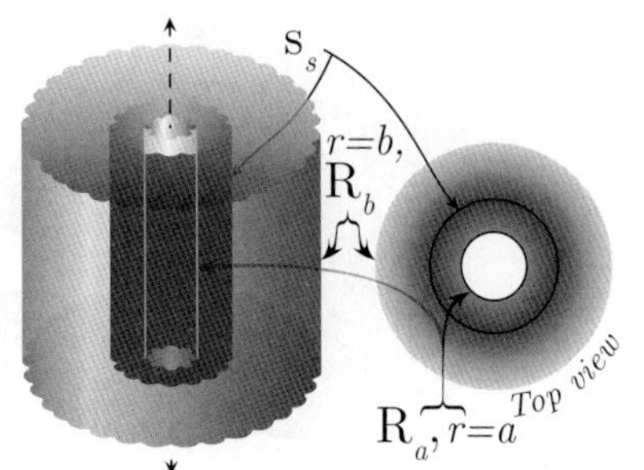

The problem of 13.4, except
$\mathbf{R}_a \equiv \frac{\partial p(a,t)}{\partial r} - \lambda_a p\,(a,t) = -\left(\frac{\mu}{k}\right)\psi_a\,(t)$ **and**
$\mathbf{R}_b \equiv \frac{\partial p(b,t)}{\partial r} + \lambda_b p\,(b,t) = -\left(\frac{\mu}{k}\right)\psi_b\,(t)$

The successive application of the Laplace and finite Hankel transformations* to equation (12.1.1) gives

$$\overline{\overline{p}} = \frac{q(s)\,e^{-st_0}\left\{\xi_n\mathcal{V}_{\mathcal{N}0}(\xi_n r_0,a) - \lambda_a\mathcal{V}_{\mathcal{D}0}(\xi_n r_0,a)\right\}}{2\pi\phi c_t\left(\eta\xi_n^2+s\right)} + \frac{2\overline{\psi}_a(s)}{\pi\phi c_t\left(\eta\xi_n^2+s\right)} + $$
$$+\frac{2\overline{\psi}_b(s)\left\{\xi_n J_1(\xi_n a)+\lambda_a J_0(\xi a)\right\}}{\pi\phi c_t\left(\eta\xi_n^2+s\right)\left\{\lambda_b J_0(\xi_n b)-\xi_n J_1(\xi_n b)\right\}} + \frac{\int_a^b u\varphi(u)\left\{\xi_n\mathcal{V}_{\mathcal{N}0}(\xi_n u,a)-\lambda_a\mathcal{V}_{\mathcal{D}0}(\xi_n u,a)\right\}du}{\left(\eta\xi_n^2+s\right)} \tag{13.12.1}$$

where the eigenvalues $\xi_n, n = 1, 2, ...,$ are the positive roots of

$$\lambda_a\left\{\mathcal{V}'_{\mathcal{D}0}(\xi_n b,a)+\lambda_b\mathcal{V}_{\mathcal{D}0}(\xi_n b,a)\right\} - \xi_n\left\{\mathcal{V}'_{\mathcal{N}0}(\xi_n b,a)+\lambda_b\mathcal{V}_{\mathcal{N}0}(\xi_n b,a)\right\} = 0.$$

The inverse Hankel transform of equation (13.12.1) yields

$$\begin{aligned}
\overline{p} &= \frac{\pi q(s)\,e^{-st_0}}{4\phi c_t}\sum_{n=1}^{\infty}\frac{\xi_n^2\left\{\lambda_b J_0(\xi_n b)-\xi_n J_1(\xi a)\right\}^2}{\left(\eta\xi_n^2+s\right)}\times\\
&\times\frac{\left\{\xi_n\mathcal{V}_{\mathcal{N}0}(\xi_n r_0,a)-\lambda_a\mathcal{V}_{\mathcal{D}0}(\xi_n r_0,a)\right\}\left\{\xi_n\mathcal{V}_{\mathcal{N}0}(\xi_n r,a)-\lambda_a\mathcal{V}_{\mathcal{D}0}(\xi_n r,a)\right\}}{\left[\left(\lambda_b^2+\xi_n^2\right)\left\{\lambda_a J_0(\xi a)+\xi_n J_1(\xi a)\right\}^2-\left(\lambda_a^2+\xi_n^2\right)\left\{\lambda_b J_0(\xi_n b)+\xi_n J_1(\xi_n b)\right\}^2\right]}+\\
&+\frac{\pi}{\phi c_t}\sum_{n=1}^{\infty}\frac{\xi_n^2\left[\left\{\xi_n J_1(\xi_n a)+\lambda_a J_0(\xi a)\right\}\overline{\psi}_b(s)+\left\{\lambda_b J_0(\xi_n b)-\xi_n J_1(\xi a)\right\}\overline{\psi}_a(s)\right]}{\left(\eta\xi_n^2+s\right)\left[\left(\lambda_b^2+\xi_n^2\right)\left\{\lambda_a J_0(\xi a)+\xi_n J_1(\xi a)\right\}^2-\left(\lambda_a^2+\xi_n^2\right)\left\{\lambda_b J_0(\xi_n b)+\xi_n J_1(\xi_n b)\right\}^2\right]}\times\\
&\times\left\{\lambda_b J_0(\xi_n b)-\xi_n J_1(\xi a)\right\}\left\{\xi_n\mathcal{V}_{\mathcal{N}0}(\xi_n r,a)-\lambda_a\mathcal{V}_{\mathcal{D}0}(\xi_n r,a)\right\}+\\
&+\frac{\pi^2}{2}\sum_{n=1}^{\infty}\frac{\xi_n^2\left\{\lambda_b J_0(\xi_n b)-\xi_n J_1(\xi a)\right\}^2\left\{\xi_n\mathcal{V}_{\mathcal{N}0}(\xi_n r,a)-\lambda_a\mathcal{V}_{\mathcal{D}0}(\xi_n r,a)\right\}}{\left(\eta\xi_n^2+s\right)\left[\left(\lambda_b^2+\xi_n^2\right)\left\{\lambda_a J_0(\xi a)+\xi_n J_1(\xi a)\right\}^2-\left(\lambda_a^2+\xi_n^2\right)\left\{\lambda_b J_0(\xi_n b)+\xi_n J_1(\xi_n b)\right\}^2\right]}\times\\
&\times\int_a^b u\varphi(u)\left\{\xi_n\mathcal{V}_{\mathcal{N}0}(\xi_n u,a)-\lambda_a\mathcal{V}_{\mathcal{D}0}(\xi_n u,a)\right\}du
\end{aligned}\tag{13.12.2}$$

The inverse Laplace transform of equation (13.12.2) yields

$$\begin{aligned}
p &= \frac{U(t-t_0)\,\pi}{4\phi c_t}\sum_{n=1}^{\infty}\xi_n^2\left\{\lambda_b J_0(\xi_n b)-\xi_n J_1(\xi a)\right\}^2\times\\
&\times\frac{\left\{\xi_n\mathcal{V}_{\mathcal{N}0}(\xi_n r_0,a)-\lambda_a\mathcal{V}_{\mathcal{D}0}(\xi_n r_0,a)\right\}\left\{\xi_n\mathcal{V}_{\mathcal{N}0}(\xi_n r,a)-\lambda_a\mathcal{V}_{\mathcal{D}0}(\xi_n r,a)\right\}\int_0^{t-t_0}q(t-t_0-\tau)\,e^{-\eta\xi_n^2\tau}d\tau}{\left[\left(\lambda_b^2+\xi_n^2\right)\left\{\lambda_a J_0(\xi a)+\xi_n J_1(\xi a)\right\}^2-\left(\lambda_a^2+\xi_n^2\right)\left\{\lambda_b J_0(\xi_n b)+\xi_n J_1(\xi_n b)\right\}^2\right]}+\\
&+\frac{\pi}{\phi c_t}\sum_{n=1}^{\infty}\frac{\xi_n^2\int_0^t\left[\left\{\xi_n J_1(\xi_n a)+\lambda_a J_0(\xi a)\right\}\psi_b(t-\tau)+\left\{\lambda_b J_0(\xi_n b)-\xi_n J_1(\xi a)\right\}\psi_a(t-\tau)\right]e^{-\eta\xi_n^2\tau}d\tau}{\left[\left(\lambda_b^2+\xi_n^2\right)\left\{\lambda_a J_0(\xi a)+\xi_n J_1(\xi a)\right\}^2-\left(\lambda_a^2+\xi_n^2\right)\left\{\lambda_b J_0(\xi_n b)+\xi_n J_1(\xi_n b)\right\}^2\right]}\times\\
&\times\left\{\lambda_b J_0(\xi_n b)-\xi_n J_1(\xi a)\right\}\left\{\xi_n\mathcal{V}_{\mathcal{N}0}(\xi_n r,a)-\lambda_a\mathcal{V}_{\mathcal{D}0}(\xi_n r,a)\right\}+\\
&+\frac{\pi^2}{2}\sum_{n=1}^{\infty}\frac{\xi_n^2\left\{\lambda_b J_0(\xi_n b)-\xi_n J_1(\xi a)\right\}^2\left\{\xi_n\mathcal{V}_{\mathcal{N}0}(\xi_n r,a)-\lambda_a\mathcal{V}_{\mathcal{D}0}(\xi_n r,a)\right\}e^{-\eta\xi_n^2 t}}{\left[\left(\lambda_b^2+\xi_n^2\right)\left\{\lambda_a J_0(\xi a)+\xi_n J_1(\xi a)\right\}^2-\left(\lambda_a^2+\xi_n^2\right)\left\{\lambda_b J_0(\xi_n b)+\xi_n J_1(\xi_n b)\right\}^2\right]}\times\\
&\times\int_a^b u\varphi(u)\left\{\xi_n\mathcal{V}_{\mathcal{N}0}(\xi_n u,a)-\lambda_a\mathcal{V}_{\mathcal{D}0}(\xi_n u,a)\right\}du
\end{aligned}\tag{13.12.3}$$

*Given by equation (2.5.67).

A problem of practical importance is when at $r = a$, $\frac{\partial p(a,t)}{\partial r} - \lambda_a p(a,t) = -\left(\frac{\mu}{k}\right) q_a$, and at $r = b$, $\frac{\partial p(b,t)}{\partial r} + \lambda_b p(b,t) = -\left(\frac{\mu}{k}\right) q_b$, for $t > 0$. There is no fluid generation and the initial pressure $p(r,0) = p_I$, $a < r < b$. The solution is given by

$$p = \pi\left(\frac{\mu}{k}\right)\sum_{n=1}^{\infty}\frac{\left[\{\xi_n J_1(\xi_n a) + \lambda_a J_0(\xi a)\} q_b + \{\lambda_b J_0(\xi_n b) - \xi_n J_1(\xi a)\} q_a\right] e^{-\eta\xi_n^2 t}}{\left[(\lambda_a^2 + \xi_n^2)\{\lambda_b J_0(\xi_n b) + \xi_n J_1(\xi_n b)\}^2 - (\lambda_b^2 + \xi_n^2)\{\lambda_a J_0(\xi a) + \xi_n J_1(\xi a)\}^2\right]} \times$$

$$\times \{\lambda_b J_0(\xi_n b) - \xi_n J_1(\xi a)\}\{\xi_n \mathcal{V}_{\mathcal{N}0}(\xi_n r, a) - \lambda_a \mathcal{V}_{\mathcal{D}0}(\xi_n r, a)\} +$$

$$+\frac{1}{\lambda_a}\left(\frac{\mu}{k}\right) q_a - \frac{\left(\frac{\mu}{k}\right)(\lambda_b q_a + \lambda_a q_b)\left\{b + \lambda_a ab\ln\left(\frac{r}{a}\right)\right\}}{\lambda_a\left\{\lambda_b b + \lambda_a a - \lambda_a\lambda_b ab\ln\frac{a}{b}\right\}} +$$

$$+\pi p_I\sum_{n=1}^{\infty}\frac{\{\lambda_b J_0(\xi_n b) - \xi_n J_1(\xi_n b)\}\{\xi_n \mathcal{V}_{\mathcal{N}0}(\xi_n r, a) - \lambda_a \mathcal{V}_{\mathcal{D}0}(\xi_n r, a)\} e^{-\eta\xi_n^2 t}}{(\lambda_b^2 + \xi_n^2)\{\lambda_a J_0(\xi a) + \xi_n J_1(\xi a)\}^2 - (\lambda_a^2 + \xi_n^2)\{\lambda_b J_0(\xi_n b) + \xi_n J_1(\xi_n b)\}^2} \times$$

$$\times \left[\lambda_a\{\lambda_b J_0(\xi_n b) - \xi_n J_1(\xi_n b)\} - \lambda_b\{\xi_n J_1(\xi_n a) + \lambda_a J_0(\xi a)\}\right]^* \tag{13.12.4}$$

13.13 $\aleph$ subdivided cylindrical continua $a_j \le r \le a_{j+1}$, $\forall j = 0, 1, ..., \aleph - 1$. Cylindrical surface source at $r = r_{0j}$; $a_j \le r_{0j} \le a_{j+1}$ at time $t = t_{0j}$, $t_{0j} \ge 0$. At $r = a_0$, $\frac{\partial p(a_0,t)}{\partial r} = -\left(\frac{\mu}{k}\right)\psi_0(t)$ and at $r = a_\aleph$, $\frac{\partial p(a_\aleph,t)}{\partial r} = -\left(\frac{\mu}{k}\right)\psi_\aleph(t)$. At the interface $r = a_j$, $\forall j = 1, 2, ..., \aleph - 1$, $\psi_j(t) = -\left(\frac{k}{\mu}\right)_j\left(\frac{\partial p_j(a_j,t)}{\partial r}\right) = -\left(\frac{k}{\mu}\right)_{j-1}\left(\frac{\partial p_{j-1}(a_j,t)}{\partial r}\right)$ and $\check{\lambda}_j\psi_j(t) = \{p_{j-1}(a_j,t) - p_j(a_j,t)\}$, $t > 0$. $p(r,0) = \varphi(r)$

We consider $\aleph$ connected media $a_j \le r \le a_{j+1}$, $\forall j = 0, 1, ..., \aleph - 1$. The properties of each medium are uniform but discontinuous at the interface a_j. Quantities $q_j(t)$ of fluid are continuously injected at a cylindrical surface passing through $r = r_{0j}$ at times $t = t_{0j}$, $a_j \le r_{0j} \le a_{j+1}$, $t_0 \ge 0$, and the resulting pressure disturbance is left to diffuse through the connected multi-medium.

In the interval $a_j \le r \le a_{j+1}$, $j = 0, 1, ..., \aleph - 1$, we find p from the partial differential equation

$$\frac{\partial p_j}{\partial t} = \eta_j\left(\frac{\partial^2 p_j}{\partial r^2} + \frac{1}{r}\frac{\partial p_j}{\partial r}\right) + U(t - t_{0j})\frac{q_j(t - t_{0j})}{2\pi(\phi c_t)_j r}\delta(r - r_{0j}) \tag{13.13.1}$$

where $\eta_j = \left(\frac{k}{\phi c_t \mu}\right)_j$. The initial pressure $p_j(r,0) = \varphi_j(r)$ with the boundary conditions $\frac{\partial p_0(a_0,t)}{\partial r} = -\left(\frac{\mu}{k}\right)_0\psi_0(t)$ and $\frac{\partial p_\aleph(a_\aleph,t)}{\partial r} = -\left(\frac{\mu}{k}\right)_{a_\aleph}\psi_\aleph(t)$. At the interface $r = a_j$, $\forall j = 1, 2, ..., \aleph - 1$, the fluid flux is continuous, that is, $\psi_j(t) = -\left(\frac{k}{\mu}\right)_j\left(\frac{\partial p_j(a_j,t)}{\partial r}\right) = -\left(\frac{k}{\mu}\right)_{j-1}\left(\frac{\partial p_{j-1}(a_j,t)}{\partial r}\right)$. In addition, the rate of transfer of fluids through the interface is proportional to the pressure difference across it, so that $\check{\lambda}_j\psi_j(t) = \{p_{j-1}(a_j,t) - p_j(a_j,t)\}$.

---

* $\int_a^b u\{\xi_n \mathcal{V}_{\mathcal{N}0}(\xi_n r, a) - \lambda_a \mathcal{V}_{\mathcal{D}0}(\xi_n r, a)\} du = \frac{2[\lambda_a\{\lambda_b J_0(\xi_n b) - \xi_n J_1(\xi_n b)\} - \lambda_b\{\xi_n J_1(\xi_n a) + \lambda_a J_0(\xi a)\}]}{\pi\xi_n^2\{\lambda_b J_0(\xi_n b) - \xi_n J_1(\xi_n b)\}}$ and $\sum_{n=1}^{\infty}\frac{[\{\xi_n J_1(\xi_n a) + \lambda_a J_0(\xi a)\} q_b + \{\lambda_b J_0(\xi_n b) - \xi_n J_1(\xi a)\} q_a]\{\lambda_b J_0(\xi_n b) - \xi_n J_1(\xi a)\}\{\xi_n \mathcal{V}_{\mathcal{N}0}(\xi_n r, a) - \lambda_a \mathcal{V}_{\mathcal{D}0}(\xi_n r, a)\}}{\left[\left(\lambda_b^2 + \xi_n^2\right)\{\lambda_a J_0(\xi a) + \xi_n J_1(\xi a)\}^2 - \left(\lambda_a^2 + \xi_n^2\right)\{\lambda_b J_0(\xi_n b) + \xi_n J_1(\xi_n b)\}^2\right]} = $ $= \frac{q_a}{\pi\lambda_a} - \frac{(\lambda_b q_a + \lambda_a q_b)\left\{b + \lambda_a ab\ln\left(\frac{r}{a}\right)\right\}}{\pi\lambda_a\left\{\lambda_b b + \lambda_a a - \lambda_a\lambda_b ab\ln\frac{a}{b}\right\}}$, where ξ_n are the positive roots of the transcendental equation $\lambda_a\left\{\mathcal{V}'_{\mathcal{D}0}(\xi_n b, a) + \lambda_b \mathcal{V}_{\mathcal{D}0}(\xi_n b, a)\right\} - \xi_n\left\{\mathcal{V}'_{\mathcal{N}0}(\xi_n b, a) + \lambda_b \mathcal{V}_{\mathcal{N}0}(\xi_n b, a)\right\} = 0.$

The successive application of the Laplace and finite Hankel transformations* to equation (13.13.1) gives

$$\begin{aligned}\overline{\overline{p}}_j &= \frac{q_j(s)\,e^{-st_{0j}}}{2\pi(\phi c_t)_j\, s} + \frac{q_j(s)\,e^{-st_{0j}}\mathcal{V}_{\mathcal{N}0j}(\xi_n r_{0j}, a_j)}{2\pi(\phi c_t)_j(\eta_j\xi_n^2+s)} + \frac{\{a_j\psi_{a_j}(s) - a_{j+1}\psi_{a_{j+1}}(s)\}}{(\phi c_t)_j\, s} - \\ &- \frac{2\psi_{j+1}(s)\,J_1(\xi_n a_j)}{\pi(\phi c_t)_j\,\xi_n J_1(\xi_n a_{j+1})(\eta_j\xi_n^2+s)} + \frac{2\psi_j(s)}{\pi(\phi c_t)_j\,\xi_n(\eta_j\xi_n^2+s)} + \\ &+ \frac{1}{s}\int_{a_j}^{a_{j+1}}\varphi_j(u)u\,du + + \frac{\int_{a_j}^{a_{j+1}} u\varphi_j(u)\mathcal{V}_{\mathcal{N}0j}(\xi_n u, a_j)\,du}{(\eta_j\xi_n^2+s)}\end{aligned} \tag{13.13.2}$$

where $\overline{\overline{p}}_j = \int_{a_j}^{a_{j+1}} \overline{p}_j r\mathcal{V}_{\mathcal{N}0j}(\xi_n r, a_j)\,dr$, $\mathcal{V}_{\mathcal{N}0j}(\xi_n r, a_j) = Y_0(\xi_n r)\,J_1(\xi_n a_j) - J_0(\xi_n r)\,Y_1(\xi_n a_j)$, and $\overline{p}_j = \int_0^\infty p_j e^{-st}dt$. The eigenvalues are $\xi_0 = 0$ and ξ_n. $\xi_n, n = 1, 2, \ldots$, are the positive roots of the transcendental equation $\mathcal{V}'_{\mathcal{N}0j}(\xi_n a_{j+1}, a_j) = 0$.† The inverse Hankel transform of equation (13.8.1) yields

$$\begin{aligned}\overline{p}_j &= \frac{q_j(s)\,e^{-st_{0j}}}{\pi(\phi c_t)_j\left(a_{j+1}^2 - a_j^2\right)s} + \frac{\pi q_j(s)\,e^{-st_{0j}}}{4(\phi c_t)_j}\sum_{n=1}^{\infty}\frac{\xi_n^2 J_1^2(\xi_n a_{j+1})\,\mathcal{V}_{\mathcal{N}0j}(\xi_n r_{0j}, a_j)\,\mathcal{V}_{\mathcal{N}0j}(\xi_n r, a_j)}{(\eta_j\xi_n^2+s)\{J_1^2(\xi_n a_j) - J_1^2(\xi_n a_{j+1})\}} + \\ &+ \frac{2\{a_j\psi_j(s) - a_{j+1}\psi_{j+1}(s)\}}{(\phi c_t)_j\, s\left(a_{j+1}^2 - a_j^2\right)} + \\ &+ \frac{\pi}{(\phi c_t)_j}\sum_{n=1}^{\infty}\frac{\xi_n\{J_1(\xi_n a_{j+1})\,\psi_j(s) - J_1(\xi_n a_j)\,\psi_{j+1}(s)\}\,J_1(\xi_n a_{j+1})\,\mathcal{V}_{\mathcal{N}0j}(\xi_n r, a_j)}{(\eta_j\xi_n^2+s)\{J_1^2(\xi_n a_j) - J_1^2(\xi_n a_{j+1})\}} + \\ &+ \frac{2\int_{a_j}^{a_{j+1}} u\varphi_j(u)du}{s\left(a_{j+1}^2 - a_j^2\right)} + \frac{\pi^2}{2}\sum_{n=1}^{\infty}\frac{\xi_n^2 J_1^2(\xi_n a_{j+1})\,\mathcal{V}_{\mathcal{N}0j}(\xi_n r, a_j)\int_{a_j}^{a_{j+1}} u\varphi_j(u)\mathcal{V}_{\mathcal{N}0j}(\xi_n u, a_j)\,du}{(\eta_j\xi_n^2+s)\{J_1^2(\xi_n a_j) - J_1^2(\xi_n a_{j+1})\}}\end{aligned} \tag{13.13.3}$$

The inverse Laplace transform of equation (13.13.3) yields

$$\begin{aligned}p_j &= \frac{U(t-t_{0j})\int_0^{t-t_{0j}} q_j(\tau)\,d\tau}{\pi(\phi c_t)_j\left(a_{j+1}^2 - a_j^2\right)} + \frac{2\int_0^t\{a_j\psi_j(\tau) - a_{j+1}\psi_{j+1}(\tau)\}\,d\tau}{(\phi c_t)_j\left(a_{j+1}^2 - a_j^2\right)} + \frac{2\int_{a_j}^{a_{j+1}} u\varphi_j(u)du}{\left(a_{j+1}^2 - a_j^2\right)} + \\ &+ \frac{U(t-t_{0j})\,\pi}{4(\phi c_t)_j}\sum_{n=1}^{\infty}\frac{\xi_n^2 J_1^2(\xi_n a_{j+1})\,\mathcal{V}_{\mathcal{N}0j}(\xi_n r_{0j}, a_j)\,\mathcal{V}_{\mathcal{N}0j}(\xi_n r, a_j)\int_0^{t-t_{0j}} q_j(t-t_{0j}-\tau)\,e^{-\eta_j\xi_n^2\tau}d\tau}{\{J_1^2(\xi_n a_j) - J_1^2(\xi_n a_{j+1})\}} + \\ &+ \frac{\pi}{(\phi c_t)_j}\sum_{n=1}^{\infty}\frac{\xi_n J_1(\xi_n a_{j+1})\mathcal{V}_{\mathcal{N}0}(\xi_n r)\int_0^t\{J_1(\xi_n a_{j+1})\,\psi_j(t-\tau) - J_1(\xi_n a_j)\,\psi_{j+1}(t-\tau)\}e^{-\eta_j\xi_n^2\tau}d\tau}{\{J_1^2(\xi_n a_j) - J_1^2(\xi_n a_{j+1})\}} + \\ &+ \frac{\pi^2}{2}\sum_{n=1}^{\infty}\frac{\xi_n^2 J_1^2(\xi_n a_{j+1})\{Y_0(\xi_n r)\,J_1(\xi_n a_j) - J_0(\xi_n r)\,Y_1(\xi_n a_j)\}\,e^{-\eta_j\xi_n^2 t}\int_{a_j}^{a_{j+1}} u\varphi_j(u)\mathcal{V}_{\mathcal{N}0j}(\xi_n u, a_j)\,du}{\{J_1^2(\xi_n a_j) - J_1^2(\xi_n a_{j+1})\}}\end{aligned} \tag{13.13.4}$$

We now employ, in the Laplace transform domain, the interfacial boundary condition which is, $\forall j = 1, 2, \ldots, \aleph - 1$, $\breve{\lambda}_j\overline{\psi}_j(s) = \left\{\overline{p}_{j-1}(a_j, s) - \overline{p}_j(a_j, s)\right\}$, where $\breve{\lambda}_j$ is a constant. Substituting for $\overline{p}_j(a_j, s)$ and $\overline{p}_{j-1}(a_j, s)$ from equation (13.13.3), we obtain a three-point inhomogeneous recurrence relationship which governs the Laplace transform of the interfacial flux functions:

$$\left\{\breve{\lambda}_j + \mathcal{A}_j(s)\right\}\overline{\psi}_j(s) = \mathcal{B}_j(s)\,\overline{\psi}_{j+1}(s) + \mathcal{C}_j(s)\,\overline{\psi}_{j-1}(s) + \Omega_j(s) \tag{13.13.5}$$

together with the boundary conditions $\overline{\psi}_0(s) = -\left(\frac{k}{\mu}\right)_0\frac{\partial\overline{p}(a_0,s)}{\partial r}$ and $\overline{\psi}_\aleph(s) = -\left(\frac{k}{\mu}\right)_{a_\aleph}\frac{\partial\overline{p}(a_\aleph,s)}{\partial r}$, which are the fluid fluxes at the extremities. It follows from the preceding equations that the coefficients in this

*Given by equation (2.5.42).

†$\mathcal{V}'_{\mathcal{N}0j}(\xi_n a_{j+1}, a_j) = J_1(\xi_n a_{j+1})\,Y_1(\xi_n a_j) - Y_1(\xi_n a_{j+1})\,J_1(\xi_n a_j)$.

recurrence relationship are given by the following formulae:

$$\mathcal{A}_j(s) = \frac{2a_j}{(\phi c_t)_{j-1}\left(a_j^2 - a_{j-1}^2\right)s} + \frac{2a_j}{(\phi c_t)_j\left(a_{j+1}^2 - a_j^2\right)s} + \frac{2}{(\phi c_t)_j a_j}\sum_{n=1}^{\infty}\frac{J_1^2(\xi_n a_{j+1})}{(\eta\xi_n^2 + s)\left\{J_1^2(\xi_n a_j) - J_1^2(\xi_n a_{j+1})\right\}} \tag{13.13.6}$$

$$\begin{aligned}\mathcal{B}_j(s) &= \frac{2a_{j+1}}{(\phi c_t)_j\left(a_{j+1}^2 - a_j^2\right)s} + \frac{2}{(\phi c_t)_j a_j}\sum_{n=1}^{\infty}\frac{J_1(\xi_n a_j)J_1(\xi_n a_{j+1})}{(\eta\xi_n^2 + s)\left\{J_1^2(\xi_n a_j) - J_1^2(\xi_n a_{j+1})\right\}} - \\ &- \frac{2}{(\phi c_t)_{j-1} a_j}\sum_{n=1}^{\infty}\frac{J_1(\xi_n a_{j-1})J_1(\xi_n a_j)}{(\eta\xi_n^2 + s)\left\{J_1^2(\xi_n a_{j-1}) - J_1^2(\xi_n a_j)\right\}}\end{aligned} \tag{13.13.7}$$

$$\mathcal{C}_j(s) = \frac{2a_{j-1}}{(\phi c_t)_{j-1}\left(a_j^2 - a_{j-1}^2\right)s} + \frac{2}{(\phi c_t)_{j-1} a_j}\sum_{n=1}^{\infty}\frac{J_1^2(\xi_n a_j)}{(\eta\xi_n^2 + s)\left\{J_1^2(\xi_n a_{j-1}) - J_1^2(\xi_n a_j)\right\}} \tag{13.13.8}$$

and finally

$$\begin{aligned}\Omega_j(s) &= \frac{q_{j-1}(s)e^{-st_{0j-1}}}{\pi(\phi c_t)_{j-1}\left(a_j^2 - a_{j-1}^2\right)s} + \frac{q_{j-1}(s)e^{-st_{0j-1}}}{2(\phi c_t)_{j-1}a_j}\sum_{n=1}^{\infty}\frac{\xi_n J_1^2(\xi_n a_j)\mathcal{V}_{\mathcal{N}0}(\xi_n r_{0j-1})}{(\eta\xi_n^2 + s)\left\{J_1^2(\xi_n a_{j-1}) - J_1^2(\xi_n a_j)\right\}} + \\ &+ \frac{2\int_{a_{j-1}}^{a_j} u\varphi_{j-1}(u)du}{s\left(a_j^2 - a_{j-1}^2\right)} + \frac{\pi}{a_j}\sum_{n=1}^{\infty}\frac{\xi_n J_1^2(\xi_n a_j)\int_{a_{j-1}}^{a_j} u\varphi_{j-1}(u)\mathcal{V}_{\mathcal{N}0}(\xi_n u)\,du}{(\eta\xi_n^2 + s)\left\{J_1^2(\xi_n a_{j-1}) - J_1^2(\xi_n a_j)\right\}} - \\ &- \frac{q_j(s)e^{-st_{0j}}}{\pi(\phi c_t)_j\left(a_{j+1}^2 - a_j^2\right)s} - \frac{q_j(s)e^{-st_{0j}}}{2(\phi c_t)_j a_j}\sum_{n=1}^{\infty}\frac{\xi_n J_1^2(\xi_n a_{j+1})\mathcal{V}_{\mathcal{N}0}(\xi_n r_{0j})}{(\eta\xi_n^2 + s)\left\{J_1^2(\xi_n a_j) - J_1^2(\xi_n a_{j+1})\right\}} - \\ &- \frac{2\int_{a_j}^{a_{j+1}} u\varphi_j(u)du}{s\left(a_{j+1}^2 - a_j^2\right)} - \frac{\pi}{a_j}\sum_{n=1}^{\infty}\frac{\xi_n J_1^2(\xi_n a_{j+1})\int_{a_j}^{a_{j+1}} u\varphi_j(u)\mathcal{V}_{\mathcal{N}0}(\xi_n u)\,du}{(\eta\xi_n^2 + s)\left\{J_1^2(\xi_n a_j) - J_1^2(\xi_n a_{j+1})\right\}}\end{aligned} \tag{13.13.9}$$

The recurrence relationship (13.13.5) may be rewritten in either rightward or leftward forms, respectively, as

$$\overline{\psi}_{j-1}(s) = \mathcal{R}_f\left[\overline{\psi}_j(s), \overline{\psi}_{j+1}(s)\right] \tag{13.13.10}$$

$$\overline{\psi}_{j+1}(s) = \mathcal{L}_f\left[\overline{\psi}_j(s), \overline{\psi}_{j-1}(s)\right] \tag{13.13.11}$$

where $\mathcal{R}_f$ and $\mathcal{L}_f$ are appropriate linear combinations. The solution method is prescribed in Chapter 4.

13.14 Moving boundary value problem.* The medium is bounded by the cylinder $r = a$ and extends to ∞ in the direction of r positive. At $r = a$, $\frac{\partial p(a,t)}{\partial r} = -\left(\frac{\mu}{k}\right)\psi_a(t)$ and at $r = r_f(t)$—the moving boundary—$\frac{\partial p\{r_f(t),t\}}{\partial r} = -\left(\frac{\mu}{k}\right)\psi_f(t)$. The initial pressure $p(r,0) = \varphi(r)$; $\varphi(r)$ and its derivative tend to zero as $r \to \infty$

The physical model considered in this analysis consists of a well located in an infinite homogeneous isotropic medium of uniform thickness. The formation and fluid properties are independent of pressure, the fluids are of small compressibility, and gravity effects are negligible. At $r = a$, fluid is continuously injected at a rate of $q(t)$ over the entire thickness of the reservoir d, which displaces the in situ fluids in a pistonlike manner, such that a uniform, immobile in situ fluid saturation exists behind the advancing water front. The resulting pressure disturbance is left to diffuse through a semi-infinite homogeneous porous medium. After a

*Prior art in this area may be found in Boughrara (2007), Levitan (2002), Ramakrishnan and Kuchuk (1994a), Ramakrishnan and Kuchuk (1994b), and Abbasazadeh and Kamal (1989), as well as the references provided in those papers.

specified period, the injection is terminated and the pressure is allowed to recede. We find p from the partial differential equation

$$\frac{\partial p}{\partial t} = \eta \left(\frac{\partial^2 p}{\partial r^2} + \frac{1}{r}\frac{\partial p}{\partial r} \right) \tag{13.14.1}$$

where $\eta = \frac{k}{\phi c_t \mu}$. k is the effective permeability. For the invaded zone, $k = k_a k_{rw}|_{1-s_{or}}$ and for the uninvaded zone, $k = k_a k_{ro}|_{S_{wi}}$. k_a is the absolute permeability. $k_{rw}|_{1-S_{or}}$ and $k_{ro}|_{s_{wi}}$ are the relative permeabilities of water and oil at saturations $1 - S_{or}$ and S_{wi}, respectively. S_{wi} is the initial water saturation and S_{or} is the irreducible oil saturation. At $r = a$, $\psi_a(t) = \frac{q(t)}{2\pi a d \phi (S_w - S_{wi})}$, and at the moving interface $r = r_f(t)$, $p\{r_f(t), t\}_i = p\{r_f(t), t\}_u$ and $\psi_f(t) = \left[\frac{\partial p\{r_f(t), t\}}{\partial r}\right]_i \left(\frac{\mu}{k}\right)_i = \left[\frac{\partial p\{r_f(t), t\}}{\partial r}\right]_u \left(\frac{\mu}{k}\right)_u$. Here i and u denote the invaded and uninvaded regions.

We first solve the pressure buildup phase of the problem during injection. Injection is terminated at $t = t_0$. The radial pressure profile at $t = t_0$, obtained from the pressure buildup solution, is used as the initial condition to solve the pressure falloff problem.

Pressure Buildup

The invaded region

The finite Hankel transformation of equation (13.14.1) in the region $a \le r \le r_f(t)$ gives

$$\int_a^{r_f(t)} r \frac{\partial p}{\partial t} dr = \frac{1}{\phi c_t} \{a\psi_a(t) - r_f(t)\psi_f(t)\} \tag{13.14.2}$$

and

$$\int_a^{r_f(t)} r\mathcal{K}_0(\xi_n r) \frac{\partial p}{\partial t} dr = -\eta_r \xi_n^2 \overline{p} + \frac{2\psi_a(t)}{\pi \phi c_t \xi_n} - \frac{2J_1(\xi_n a)\psi_f(t)}{\pi \phi c_t \xi_n J_1\{\xi_n r_f(t)\}} \tag{13.14.3}$$

The advancing water front is given by

$$r_f^2(t) = a^2 + \frac{\int_0^t q(\tau)\, d\tau}{\pi d \phi (S_w - S_{wi})} \tag{13.14.4}$$

where d is the thickness of the reservoir, S_w is the water saturation and S_{wi} is the initial water saturation.

The finite Hankel transformations (13.14.2) and (13.14.3) correspond to the eigenfunctions unity and $\mathcal{K}_0(\xi_n r) = Y_0(\xi_n r) J_1(\xi_n a) - J_0(\xi_n r) Y_1(\xi_n a)$. The corresponding eigenvalues are $\xi_0 = 0$ and ξ_n. The set of eigenvalues ξ_n, which are time dependent, are the positive roots of the transcendental equation $J_1(\xi_n a) Y_1\{\xi_n r_f(t)\} - Y_1(\xi_n a) J_1\{\xi_n r_f(t)\} = 0$, $n = 1, 2, ...$ The solution of the transcendental equation for the eigenvalues can be obtained efficiently and quickly. [see Atkinson (1985)].

Evaluating the integrals in the left-hand side of equations (13.14.2) and (13.14.3), we get

$$\frac{d\overline{p}}{dt} = F(t) \tag{13.14.5}$$

where $\overline{p} = \int_a^{r_f(t)} rp dr$ and

$$F(t) = \frac{q(t)\, p\{r_f(t), t\}}{2\pi d \phi (S_w - S_{wi})} + \frac{1}{\phi c_t} \{a\psi_a(t) - r_f(t)\psi_f(t)\} \tag{13.14.6}$$

and

$$\frac{d\overline{p}(\xi_n)}{dt} + \sum_{m=1}^{\infty} \varpi_{mn}(t)\,\overline{p}(\xi_m) = B(\xi_n, t) \tag{13.14.7}$$

where $\overline{p}(\xi_n) = \int_a^{r_f(t)} r\mathcal{K}_0(\xi_n r)\,p\,dr$.

$$\varpi_{mn}(t) = \eta_r \xi_n^2 \delta_m^n - \Omega_{mn}(\xi_n, \xi_m, t) \tag{13.14.8}$$

where $\delta_m^n = \begin{cases} 0, & m \neq n \\ 1, & m = n \end{cases}$ is Kronecker's delta function.

$$\Omega_{mn}(\xi_n, \xi_m, t) = \frac{\pi^2 \xi_m^2 J_1^2\{\xi_m r_f(t)\}}{2\{J_1^2(\xi_m a) - J_1^2\{\xi_m r_f(t)\}\}} \int_a^{r_f(t)} r\mathcal{K}_0(\xi_m r)\frac{\partial \mathcal{K}_0(\xi_n r)}{\partial t}\,dr \tag{13.14.9}$$

and

$$B(\xi_n, t) = \frac{q(t)\,\mathcal{K}_0\{\xi_n r_f(t)\}\,p\{r_f(t), t\}}{2\pi h\phi(S_w - S_{wi})} + \frac{2\psi_a(t)}{\pi\phi c_t \xi_n} - \frac{2J_1(\xi_n a)\,\psi_f(t)}{\pi\phi c_t \xi_n J_1\{\xi_n r_f(t)\}} \tag{13.14.10}$$

The initial conditions corresponding to the first-order ordinary differential equations (13.14.5) and (13.14.7) are $\overline{\varphi}(0) = \int_a^{r_f(t)} r\varphi(r)\,dr$ and $\overline{\varphi}(\xi_n) = \int_a^{r_f(t)} \varphi(r)\,r\mathcal{K}_0(\xi_n r)\,dr$, respectively.

For a sufficiently large $N\hat{\ }N$ system, equation (13.14.7) can be written in matrix form, which is

$$\mathrm{P}' + \mathrm{AP} = \mathrm{B} \tag{13.14.11}$$

where $\mathrm{P} = [\overline{p}(\xi_1), \overline{p}(\xi_2), \overline{p}(\xi_3), \ldots\ldots, \overline{p}(\xi_N)]^T$, $\mathrm{A} = \begin{bmatrix} \varpi_{11}(t) & \varpi_{12}(t) & \bullet & \bullet & \bullet & \bullet & \varpi_{1N}(t) \\ \varpi_{21}(t) & \varpi_{22}(t) & \bullet & \bullet & \bullet & \bullet & \varpi_{2N}(t) \\ \varpi_{31}(t) & \varpi_{32}(t) & \bullet & \bullet & \bullet & \bullet & \varpi_{3N}(t) \\ \bullet & \bullet & \bullet & \bullet & \bullet & \bullet & \bullet \\ \bullet & \bullet & \bullet & \bullet & \bullet & \bullet & \bullet \\ \bullet & \bullet & \bullet & \bullet & \bullet & \bullet & \bullet \\ \varpi_{N1}(t) & \varpi_{N2}(t) & \bullet & \bullet & \bullet & \bullet & \omega_{NN}(t) \end{bmatrix}$,

$\mathrm{B} = [B(\xi_1, t), B(\xi_2, t), B(\xi_3, t), \ldots\ldots, B(\xi_N, t)]^T$ and the initial condition $\Phi = [\overline{\varphi}(\xi_1), \overline{\varphi}(\xi_2), \overline{\varphi}(\xi_3), \ldots\ldots, \overline{\varphi}(\xi_N)]$.

The magnitude of the off-diagonal terms in the matrix A are dependent on the position of the moving boundary but are, in general, small compared to the diagonal terms. For most practical problems the solution may be given by the lowest order of the coupled system, that is, the matrix containing the diagonal elements only.

$$\frac{d\overline{p}(\xi_n)}{dt} + \varpi_{nn}(t)\,\overline{p}(\xi_n) = B(\xi_n, t) \tag{13.14.12}$$

where

$$\varpi_{nn}(t) = \eta_r \xi_n^2 + \frac{\pi \xi_n^2 J_1^2\{\xi_n r_f(t)\}\,\mathcal{K}_0^2\{\xi_n r_f(t)\}\,q(t)}{8d\phi(S_w - S_{wi})\{J_1^2(\xi_n a) - J_1^2\{\xi_n r_f(t)\}\}} \tag{13.14.13}$$

The general solutions of the ordinary differential equations (13.14.5) and (13.14.12) may be explicitly solved to give

$$\overline{p} = \int_0^t F(t)\,dt + \int_a^{r_f(t)} r\varphi(r)\,dr \tag{13.14.14}$$

and

$$\overline{p}(\xi_n) = \overline{\varphi}(\xi_n)\, e^{-\vartheta_{nn}(t)} + \int_0^t e^{-\{\vartheta_{nn}(t)-\vartheta_{nn}(\tau)\}} B(\xi_n,\tau)\, d\tau \tag{13.14.15}$$

where $\overline{\varphi}(\xi_n) = \int_a^{r_f(t)} \varphi(r)\, r\mathcal{K}_0(\xi_n r)\, dr$ and

$$\vartheta_{nn}(t) = \int_0^t \varpi_{nn}(\tau) d\tau \tag{13.14.16}$$

Taking the inverse Hankel transformations of equations (13.14.14) and (13.14.15) and combining the solutions corresponding to the eigenfunctions unity and $\mathcal{K}_0(\xi_n r)$, $n = 1, 2, ...$, we get

$$\begin{aligned} p_i &= \frac{2\left\{\int_0^t F(t)\, dt + \int_a^{r_f(t)} r\varphi(r)\, dr\right\}}{r_f^2(t) - a^2 +} \\ &+ \frac{\pi^2}{2}\sum_{n=1}^{\infty} \frac{\xi_n^2 \mathcal{K}_0(\xi_n r)\, J_1^2\{\xi_n r_f(t)\}\, e^{-\vartheta_{nn}(t)}\left\{\overline{\varphi}(\xi_n) + \int_0^t e^{\vartheta_{nn}(\tau)} B(\xi_n,\tau)\, d\tau\right\}}{\left[J_1^2(\xi_n a) - J_1^2\{\xi_n r_f(t)\}\right]}{}^{*} \end{aligned} \tag{13.14.17}$$

The subscript i denotes the invaded region $a \le r \le r_f(t)$. If the initial condition $p(r,0) = \varphi(r) = p_I$, a constant, the solution is given by

$$p_i = \frac{2\int_0^t F(t)\, dt}{r_f^2(t) - a^2} + \frac{\pi^2}{2}\sum_{n=1}^{\infty} \frac{\xi_n^2 \mathcal{K}_0(\xi_n r)\, J_1^2\{\xi_n r_f(t)\}\, e^{-\vartheta_{nn}(t)} \int_0^t e^{\vartheta_{nn}(\tau)} B(\xi_n,\tau)\, d\tau}{\left[J_1^2(\xi_n a) - J_1^2\{\xi_n r_f(t)\}\right]} + p_I \tag{13.14.18}$$

When the off-diagonal terms are significant—that is, during late times when the water front is away from the well bore—a good iterative approximation can be made. The system to be solved for this case is given by

$$\frac{d\overline{p}_j(\xi_n)}{dt} + \varpi_{nn}(t)\, \overline{p}_j(\xi_n) = B_j(\xi_n,t) + C_{odj-1}(\xi_n,t) \qquad j = 1, 2, ... \tag{13.14.19}$$

where

$$C_{odj-1}(\xi_n,t) = \begin{cases} 0 & j = 1 \\ \sum\limits_{m=1}^{\infty} \varpi_{mn}(t)\, \overline{p}_{j-1}(\xi_m) \quad m \ne n & j = 2, 3, ... \end{cases} \tag{13.14.20}$$

$B_j(\xi_n,t)$ is given by equation (13.14.10) and j is the iteration counter. The general solution of equation (13.14.19) is given by

$$\overline{p}_j(\xi_n) = \overline{\varphi}_j(\xi_n)\, e^{-\vartheta_{nn}(t)} + \int_0^t e^{-\{\vartheta_{nn}(t)-\vartheta_{nn}(\tau)\}} \{B_j(\xi_n,\tau) + C_{odj-1}(\xi_n,\tau)\}\, d\tau \tag{13.14.21}$$

Hence, for the invaded region, the solution to be used in the iterative scheme may be written as

$$p_{ij} = p_{ij} + \frac{\pi^2}{2}\sum_{n=1}^{\infty} \frac{\xi_n^2 \mathcal{K}_0(\xi_n r)\, J_1^2\{\xi_n r_f(t)\}\, e^{-\vartheta_{nn}(t)} \int_0^t e^{\vartheta_{nn}(\tau)} C_{odj-1}(\xi_n,\tau)\, d\tau}{\left[J_1^2(\xi_n a) - J_1^2\{\xi_n r_f(t)\}\right]} \tag{13.14.22}$$

To start the iteration at $j = 1$, $\overline{p}_{i0}(\xi_m)$ and p_{i0} in equations (13.14.20) and (13.14.22) may be obtained from the lowest-order solution.

*In using the derivative of this equation, it should be noted that the term associated with the series, by virtue of the term $\mathcal{K}_0'\left(\xi_n r_f(t)\right) = J_1(\xi_n a)\, Y_1\left\{\xi_n r_f(t)\right\} - Y_1(\xi_n a)\, J_1\left\{\xi_n r_f(t)\right\} = 0$, appears to vanish at the boundaries $r = a$ and $r = r_f(t)$. However, sum the series first and then let $r \to a$ or $r_f(t)$, and no difficulties will arise.

The uninvaded region

The finite Hankel transformation of equation (13.14.1) in the region $r_f(t) \leq r \leq \infty$ yields

$$\int_{r_f(t)}^{\infty} r\mathcal{G}_0(\varsigma r)\frac{\partial p}{\partial t}dr = -\eta_r\varsigma^2\overline{p} + \frac{2\psi_f(t)}{\pi\phi c_t\varsigma} \tag{13.14.23}$$

where $\mathcal{G}_0(\varsigma r) = J_1\{\varsigma r_f(t)\}Y_0(\varsigma r) - Y_1\{\varsigma r_f(t)\}J_0(\varsigma r)$. Using Leibniz's theorem to evaluate the integral in the left-hand side of equation (13.14.23), we get

$$\frac{d\overline{p}}{dt} + \eta_r\varsigma^2\overline{p} = D(\varsigma,t) + \Xi(\varsigma,t) \tag{13.14.24}$$

where $\overline{p} = \int_{r_f(t)}^{\infty} r\mathcal{G}_0(\varsigma r)\,p dr$

$$D(\varsigma,t) = -\frac{q(t)\,\mathcal{G}_0\{\varsigma r_f(t)\}\,p\{r_f(t)\}}{2\pi h\phi(S_w - S_{wi})} + \frac{2\psi_f(t)}{\pi\phi c_t\varsigma} \tag{13.14.25}$$

and

$$\Xi(\varsigma,t) = \int_{r_f(t)}^{\infty} rp\frac{\partial\mathcal{G}_0(\varsigma r)}{\partial t}dr = \int_0^{\infty}\frac{\overline{p}(\zeta)\,\zeta}{J_1^2\{\zeta r_f(t)\} + Y_1^2\{\zeta r_f(t)\}}\int_{r_f(t)}^{\infty} r\mathcal{G}_0(\zeta r)\frac{\partial\mathcal{G}_0(\varsigma r)}{\partial t}drd\zeta \tag{13.14.26}$$

We find a corollary to the invaded zone. When $\varsigma = \zeta$, equation (13.14.26) reduces to

$$\Xi(\varsigma,t) = -\frac{q(t)}{4\pi d\phi(S_w - S_{wi})}\int_0^{\infty}\frac{\overline{p}(u)\,u\mathcal{G}_0^2\{ur_f(t)\}}{J_1^2\{ur_f(t)\} + Y_1^2\{ur_f(t)\}}du \tag{13.14.27}$$

The general solution of the ordinary differential equation (13.14.24) may be explicitly solved to give

$$p_u = \int_0^{\infty}\frac{\mathcal{G}_0(\varsigma r)\,\varsigma\left[\overline{\varphi}(\varsigma)\,e^{-\eta_r\varsigma^2 t} + \int_0^t e^{-\eta_r\varsigma^2(t-\tau)}\{D(\varsigma,\tau) + \Xi(\varsigma,\tau)\}\,d\tau\right]}{J_1^2\{\varsigma r_f(t)\} + Y_1^2\{\varsigma r_f(t)\}}d\varsigma \tag{13.14.28}$$

As in the invaded zone, the problem is solved iteratively. The system to be solved may be written as

$$\frac{d\overline{p}_j(\varsigma)}{dt} + \eta_r\varsigma^2\overline{p}_j(\varsigma) = D_j(\varsigma,t) + \Xi_{j-1}(\varsigma,t) \tag{13.14.29}$$

where $D_j(\varsigma,t)$ and $\Xi_{j-1}(\varsigma,t)$ are given by equations (13.14.25) and (13.14.26), respectively, and j is the iteration counter. The general solution of the ordinary differential equation (13.14.29) may be explicitly solved to give

$$\overline{p}_j = \overline{\varphi}_j(\varsigma)\,e^{-\eta_r\varsigma^2 t} + \int_0^t e^{-\eta_r\varsigma^2(t-\tau)}\{D_j(\varsigma,\tau) + \Xi_{j-1}(\varsigma,\tau)\}\,d\tau \tag{13.14.30}$$

Hence, for the uninvaded region, the solution to be used in the iterative scheme may be written as

$$p_{uj} = p_{uj} + \int_0^{\infty}\frac{\mathcal{G}_0(\varsigma r)\,\varsigma\int_0^t e^{-\eta_r\varsigma^2(t-\tau)}\Xi_{j-1}(\varsigma,\tau)\,d\tau}{J_1^2\{\varsigma r_f(t)\} + Y_1^2\{\varsigma r_f(t)\}}d\varsigma \tag{13.14.31}$$

The subscript u denotes the uninvaded region $r_f(t) \leq r \leq \infty$. To start the iteration at $j = 1$, we begin with the lowest-order solution by setting $\Xi_0(\varsigma,t) = 0$; for the subsequent iterations, $\Xi_{j-1}(\varsigma,t)$ is given by equations (13.14.26) and (13.14.27) for early and late times, respectively.

If the initial condition $p(r,0) = \varphi(r) = p_I$, a constant, the explicit solution of equation (13.14.24) is given by

$$p_u = \int_0^\infty \frac{\mathcal{G}_0(\varsigma r)\,\varsigma \int_0^t e^{-\eta_r \varsigma^2 (t-\tau)} \{D(\varsigma,\tau) + \Xi(\varsigma,\tau)\} d\tau}{J_1^2\{\varsigma r_f(t)\} + Y_1^2\{\varsigma r_f(t)\}} d\varsigma + p_I \tag{13.14.32}$$

At the interface $r = r_f(t)$, matching the pressure solutions of the invaded and uninvaded regions, we get two integral equations with two unknowns: the pressure $p\{r_f(t), t\}$ and the flux $\psi_f(t)$. The pressure and flux deduced from these equations can then be used in the general solutions to obtain pressure as a function of r and t.

Pressure Falloff

Fluid injection is terminated at $t = t_0$ and the interface between the invaded and uninvaded regions at $r = r_f(t_0)$ is static and is obtained from $r_f^2(t_0) = a^2 + \frac{\int_0^{t_0} q(\tau)d\tau}{\pi h \phi (S_w - S_{wi})}$. The boundary conditions at the interface are $p\{r_f(t_0), t\}_i = p\{r_f(t_0), t\}_u$ and $\left[\frac{\partial p\{r_f(t_0),t\}}{\partial r}\right]_i \left(\frac{\mu}{k}\right)_i = \left[\frac{\partial p\{r_f(t_0),t\}}{\partial r}\right]_u \left(\frac{\mu}{k}\right)_u$. The initial condition at $t = t_0$, the start time of the pressure falloff phase, is obtained from the pressure buildup solution, which is

$$p(r, t_0) = \begin{cases} p_i(r, t_0) & a \le r \le r_f(t_0) \\ p_u(r, t_0) & r \ge r_f(t_0) \end{cases}$$

The solution of this phase of the problem is readily obtained by the successive application of the Laplace and finite Hankel transforms to equation (13.14.1).

The invaded region

The solution in the Laplace and time domains is

$$\overline{p}_i = -\frac{2 r_f(t_0) \overline{\psi}_f(s)}{\phi c_t s \left\{r_f^2(t_0) - a^2\right\}} - \frac{\pi}{\phi c_t} \sum_{n=1}^{\infty} \frac{\xi_n J_1\{\xi_n r_f(t_0)\} J_1(\xi_n a) \mathcal{K}_0(\xi_n r) \overline{\psi}_f(s)}{\left[J_1^2(\xi_n a) - J_1^2\{\xi_n r_f(t_0)\}\right](\eta_r \xi_n^2 + s)} + \frac{2\int_a^{r_f(t_0)} u p_i(u, t_0) du}{s\left\{r_f^2(t_0) - a^2\right\}} + \frac{\pi^2}{2} \sum_{n=1}^{\infty} \frac{\xi_n^2 J_1^2\{\xi_n r_f(t_0)\} \overline{p}_i(\xi_n, t_0) \mathcal{K}_0(\xi_n r)}{\left[J_1^2(\xi_n a) - J_1^2\{\xi_n r_f(t_0)\}\right](\eta_r \xi_n^2 + s)} \tag{13.14.33}$$

where $\overline{\psi}_f(s) = \int_0^{t-t_0} \psi_f(\tau) e^{-s\tau} d\tau$ and $\mathcal{K}_0(\xi_n r) = Y_0(\xi_n r) J_1(\xi_n a) - J_0(\xi_n r) Y_1(\xi_n a)$. The set of eigenvalues ξ_n are the positive roots of the transcendental equation $J_1(\xi_n a) Y_1\{\xi_n r_f(t_0)\} - Y_1(\xi_n a) J_1\{\xi_n r_f(t_0)\} = 0$, $n = 1, 2, \ldots$.

$$p_i = -\frac{2 r_f(t_0) \int_0^{t-t_0} \psi_f(\tau) d\tau}{\phi c_t \left\{r_f^2(t_0) - a^2\right\}} - \frac{\pi}{\phi c_t} \sum_{n=1}^{\infty} \frac{\xi_n J_1\{\xi_n r_f(t_0)\} J_1(\xi_n a) \mathcal{K}_0(\xi_n r) \int_0^{t-t_0} \psi_f(\tau) e^{-\eta_r \xi_n^2 \tau} d\tau}{J_1^2(\xi_n a) - J_1^2\{\xi_n r_f(t_0)\}} + \frac{2\int_a^{r_f(t_0)} u p_i(u, t_0) du}{\left\{r_f^2(t_0) - a^2\right\}} + \frac{\pi^2}{2} \sum_{n=1}^{\infty} \frac{\xi_n^2 J_1^2\{\xi_n r_f(t_0)\} \mathcal{K}_0(\xi_n r) e^{-\eta_r \xi_n^2 (t-t_0)} \int_a^{r_f(t_0)} p_i(u, t_0) u \mathcal{K}_0(\xi_n u) du}{J_1^2(\xi_n a) - J_1^2\{\xi_n r_f(t_0)\}} \tag{13.14.34}$$

The uninvaded region

The solution in the Laplace and time domains is

$$\overline{p}_u = \frac{2\overline{\psi}_f(s)}{\pi \phi c_t} \int_0^\infty \frac{\mathcal{G}_0(\varsigma r)}{(s + \eta_r \varsigma^2)\left[J_1^2\{\varsigma r_f(t_0)\} + Y_1^2\{\varsigma r_f(t_0)\}\right]} d\varsigma + \int_0^\infty \frac{\varsigma \mathcal{G}_0(\varsigma r) \int_{r_f(t_0)}^\infty p_u(u, t_0) u \mathcal{G}_0(\varsigma u) du}{(s + \eta_r \varsigma^2)\left[J_1^2\{\varsigma r_f(t_0)\} + Y_1^2\{\varsigma r_f(t_0)\}\right]} \tag{13.14.35}$$

where $\mathcal{G}_0(\varsigma r) = J_1\{\varsigma r_f(t_0)\} Y_0(\varsigma r) - Y_1\{\varsigma r_f(t_0)\} J_0(\varsigma r)$.

$$p_u = \frac{2}{\pi\phi c_t}\int_0^\infty \frac{\mathcal{G}_0(\varsigma r)\int_0^{t-t_0}\psi_f(t-t_0-\tau)\,e^{-\eta_r\varsigma^2\tau}d\tau}{J_1^2\{\varsigma r_f(t_0)\}+Y_1^2\{\varsigma r_f(t_0)\}}d\varsigma + \int_0^\infty \frac{\varsigma\mathcal{G}_0(\varsigma r)\,e^{-\eta_r\varsigma^2(t-t_0)}\int_{r_f(t_0)}^\infty p_u(u,t_0)\,u\mathcal{G}_0(\varsigma u)du}{J_1^2\{\varsigma r_f(t_0)\}+Y_1^2\{\varsigma r_f(t_0)\}}d\varsigma \tag{13.14.36}$$

where $\mathcal{G}_0(\varsigma r) = \{J_1(\varsigma a)\,Y_0(\varsigma r) - Y_1(\varsigma a)\,J_0(\varsigma r)\}$.

At the interface $r = r_f(t_0)$, matching the pressure solutions of the invaded and uninvaded regions, we get two integral equations with two unknowns: the pressure $p\{r_f(t_0), t\}$ and the flux $\psi_f(t)$. The pressure and flux deduced from these equations can then be used in the general solutions to obtain pressure as a function of r and t.

13.15 The problem of 13.14, except the cylindrical continuum is bounded at $z = 0$, $\frac{\partial p(r,0,t)}{\partial z} = -\left(\frac{\mu}{k_z}\right)\psi_0(r,t)$ and $z = d$, $\frac{\partial p(r,d,t)}{\partial z} = -\left(\frac{\mu}{k_z}\right)\psi_d(r,t)$; $\psi_0(r,t)$ and $\psi_d(r,t)$ are arbitrary functions of r and t. The initial condition $p(r,z,0) = \varphi(r,z)$; $\varphi(r,z)$ and its derivative tend to zero as $r \to \infty$

The differential equation for pressure diffusion is given as

$$\frac{\partial p}{\partial t} = \eta_r\left(\frac{\partial^2 p}{\partial r^2} + \frac{1}{r}\frac{\partial p}{\partial r}\right) + \eta_z\frac{\partial^2 p}{\partial z^2} \tag{13.15.1}$$

where $\eta_\iota = \frac{k_\iota}{\phi c_t \mu}$, $\iota = r, z$. k_ι is the effective permeability. For the invaded zone, $k_\iota = k_{a\iota}k_{\iota w}|_{1-s_{or}}$, and for the uninvaded zone, $k_\iota = k_{a\iota}k_{\iota o}|_{S_{wi}}$. $k_{a\iota}$ is the absolute permeability. $k_{\iota w}|_{1-S_{or}}$ and $k_{\iota o}|_{s_{wi}}$ are the relative permeabilities of water and oil at saturations $1 - S_{or}$ and S_{wi}, respectively. S_{wi} is the initial water saturation and S_{or} is the irreducible oil saturation.

Quantities of fluid at a rate of $q(t)$ are continuously injected at $r = a$ over the entire thickness of the reservoir d, and displace the in situ fluids in a pistonlike manner, such that a uniform, immobile in situ fluid saturation exists behind the advancing water front. The boundary conditions are at $r = a$, $\frac{\partial p(a,z,t)}{\partial r} = -\left(\frac{\mu}{k_r}\right)\psi_a(t)$, $\psi_a(t) = \frac{q(t)}{2\pi a d\phi(S_w - S_{wi})}$, and at $r = r_f(t)$, the moving boundary, $p\{r_f(t), z, t\}_i = p\{r_f(t), z, t\}_u$ and $\psi_f(z,t) = \left[\frac{\partial p\{r_f(t),z,t\}}{\partial r}\right]_i\left(\frac{\mu}{k_r}\right)_i = \left[\frac{\partial p\{r_f(t),z,t\}}{\partial r}\right]_u\left(\frac{\mu}{k_r}\right)_u$. Here i and u denote the invaded and uninvaded regions.

We first solve the pressure buildup phase of the problem during injection. Injection is terminated at $t = t_0$. The pressure profile at $t = t_0$, obtained from the pressure buildup solution, is used as the initial condition to solve the pressure falloff problem.

Pressure Buildup

The invaded region

The finite Hankel transformation of equation (13.15.1) in the region $a \le r \le r_f(t)$ gives

$$\int_a^{r_f(t)} r\frac{\partial p}{\partial t}dr = \frac{1}{\phi c_t}\{a\psi_a(t) - r_f(t)\,\psi_f(z,t)\} + \eta_z\frac{\partial^2\overline{p}}{\partial z^2} \tag{13.15.2}$$

where $\overline{p} = \int_a^{r_f(t)} rp dr$ and

$$\int_a^{r_f(t)} r\mathcal{K}_0(\xi_n r)\frac{\partial p}{\partial t}dr = -\eta_r\xi_n^2\overline{p} + \frac{2\psi_a(t)}{\pi\phi c_t\xi_n} - \frac{2J_1(\xi_n a)\,\psi_f(z,t)}{\pi\phi c_t\xi_n J_1\{\xi_n r_f(t)\}} + \eta_z\frac{\partial^2\overline{p}}{\partial z^2} \tag{13.15.3}$$

where $\overline{p} = \int\limits_a^{r_f(t)} r\mathcal{K}_0(\xi_n r)\, p dr$. The advancing water front is given by

$$r_f^2(t) = a^2 + \frac{\int_0^t q(\tau)\, d\tau}{\pi d\phi (S_w - S_{wi})} + \frac{2}{d}\int\limits_0^t \int\limits_a^{r_f(\tau)} r\{\psi_0(r,\tau) - \psi_d(r,\tau)\}\, dr d\tau \tag{13.15.4}$$

The finite Hankel transformations of equations (13.15.2) and (13.15.3) correspond to the eigenfunctions unity and $\mathcal{K}_0(\xi_n r) = Y_0(\xi_n r) J_1(\xi_n a) - J_0(\xi_n r) Y_1(\xi_n a)$. The corresponding eigenvalues are $\xi_0 = 0$ and ξ_n. The set of eigenvalues ξ_n, which are time dependent, are the positive roots of the transcendental equation $J_1(\xi_n a) Y_1\{\xi_n r_f(t)\} - Y_1(\xi_n a) J_1\{\xi_n r_f(t)\} = 0$, $n = 1, 2, ...$ Where d is the thickness of the reservoir, S_w is the water saturation and S_{wi} is the initial water saturation.

Evaluating the integrals in the left-hand side of equations (13.15.2) and (13.15.3) and applying the finite Fourier transformation, we get

$$\frac{\partial \overline{\overline{p}}}{\partial t} + \eta_z \xi_l^2 \overline{\overline{p}} = F(t, \xi_l) \tag{13.15.5}$$

where $\overline{\overline{p}} = \int_0^d \cos(\xi_l z) \int_a^{r_f(t)} rpdrdz$, $\xi_l = \frac{l\pi}{d}$, $l = 0, 1, ...,$

$$\begin{aligned} F(\xi_l, t) &= \frac{\overline{p}\{r_f(t), \xi_l, t\}}{d} \left\{ \frac{q(t)}{2\pi\phi(S_w - S_{wi})} + \int\limits_a^{r_f(t)} r\{\psi_0(r,t) - \psi_d(r,t)\}\, dr \right\} + \\ &+ \frac{1}{\phi c_t}\{a\psi_a(t)\sigma - r_f(t)\overline{\psi}_f(\xi_l, t)\} + \frac{1}{\phi c_t}\left\{(-1)^{l+1}\overline{\psi}_d(0,t) + \overline{\psi}_0(0,t)\right\} \end{aligned} \tag{13.15.6}$$

$\overline{p}\{r_f(t), \xi_l, t\} = \int_0^d p\{r_f(t), z, t\}\cos(\xi_l z)\, dz$, $\overline{\psi}_0(0,t) = \int_a^{r_f(t)} r\psi_0(r,t) dr$, $\overline{\psi}_d(0,t) = \int_a^{r_f(t)} r\psi_d(r,t) dr$, $\sigma = \begin{cases} 0, & l \neq 0 \\ d, & l = 0 \end{cases}$, and

$$\frac{\partial \overline{\overline{p}}(\xi_n)}{\partial t} + \sum_{m=1}^{\infty} \varpi_{mn}(t)\overline{\overline{p}}(\xi_m) = B(\xi_n, t) \tag{13.15.7}$$

where $\overline{\overline{p}}(\xi_n, \xi_l, t) = \int_0^d \cos(\xi_l z) \int_a^{r_f(t)} p(r,z)\, r\mathcal{K}_0(\xi_n r)\, drdz$,

$$\varpi_{mn}(t) = \left(\eta_r \xi_n^2 + \eta_z \xi_l^2\right)\delta_m^n - \Omega_{mn}(\xi_n, \xi_m, t) \tag{13.15.8}$$

and $\delta_m^n = \begin{cases} 0, & m \neq n \\ 1, & m = n \end{cases}$ is Kronecker's delta function.

$$\Omega_{mn}(\xi_n, \xi_m, t) = \frac{\pi^2}{2}\frac{\xi_m^2 J_1^2\{\xi_m r_f(t)\}}{\{J_1^2(\xi_m a) - J_1^2\{\xi_m r_f(t)\}\}} \int\limits_a^{r_f(t)} r\mathcal{K}_0(\xi_m r)\frac{\partial \mathcal{K}_0(\xi_n r)}{\partial t} dr \tag{13.15.9}$$

and

$$\begin{aligned} B(\xi_n, \xi_l, t) &= \frac{\overline{p}\{r_f(t), \xi_l, t\}\mathcal{K}_0\{\xi_n r_f(t)\}}{d} \left\{ \frac{q(t)}{2\pi\phi(S_w - S_{wi})} + \int\limits_a^{r_f(t)} r\{\psi_0(r,t) - \psi_d(r,t)\}\, dr \right\} + \\ &+ \left[\frac{2\psi_a(t)\sigma}{\pi\phi c_t \xi_n} - \frac{2J_1(\xi_n a)\overline{\psi}_f(\xi_l, t)}{\pi\phi c_t \xi_n J_1\{\xi_n r_f(t)\}}\right] + \frac{1}{\phi c_t}\left\{(-1)^{l+1}\overline{\psi}_d(\xi_n, t) + \overline{\psi}_0(\xi_n, t)\right\} \end{aligned} \tag{13.15.10}$$

where $\overline{\psi}_0(\xi_n, t) = \int_a^{r_f(t)} \psi_0(r,t)\, r\mathcal{K}_0(\xi_n r)\, dr$ and $\overline{\psi}_d(\xi_n, t) = \int_a^{r_f(t)} \psi_d(r,t)\, r\mathcal{K}_0(\xi_n r)\, dr$. The initial conditions corresponding to the first-order ordinary differential equations (13.15.5) and (13.15.7) are

$\overline{\overline{\varphi}}(0,\xi_l) = \int_0^d \cos(\xi_l z) \int_a^{r_f(t)} \varphi(r,z)\, r dr dz$ and $\overline{\overline{\varphi}}(\xi_n,\xi_l) = \int_0^d \cos(\xi_l z) \int_a^{r_f(t)} \varphi(r,z)\, r\mathcal{K}_0(\xi_n r)\, dr dz$, respectively.

For a sufficiently large $N\hat{\ }N$ system, equation (13.15.7) can be written in matrix form, which is

$$\mathrm{P}' + \mathrm{AP} = \mathrm{B} \tag{13.15.11}$$

where $\mathrm{P} = \left[\overline{p}(\xi_1), \overline{p}(\xi_2), \overline{p}(\xi_3), ..., \overline{p}(\xi_N)\right]^T$, $\mathrm{A} = \begin{bmatrix} \varpi_{11}(t) & \varpi_{12}(t) & \bullet & \bullet & \bullet & \bullet & \varpi_{1N}(t) \\ \varpi_{21}(t) & \varpi_{22}(t) & \bullet & \bullet & \bullet & \bullet & \varpi_{2N}(t) \\ \varpi_{31}(t) & \varpi_{32}(t) & \bullet & \bullet & \bullet & \bullet & \varpi_{3N}(t) \\ \bullet & \bullet & \bullet & \bullet & \bullet & \bullet & \bullet \\ \bullet & \bullet & \bullet & \bullet & \bullet & \bullet & \bullet \\ \bullet & \bullet & \bullet & \bullet & \bullet & \bullet & \bullet \\ \varpi_{N1}(t) & \varpi_{N2}(t) & \bullet & \bullet & \bullet & \bullet & \varpi_{NN}(t) \end{bmatrix}$,

$\mathrm{B} = [B(\xi_1,t), B(\xi_2,t), B(\xi_3,t), ..., B(\xi_N,t)]^T$ and the initial condition $\Phi = [\overline{\varphi}(\xi_1), \overline{\varphi}(\xi_2), \overline{\varphi}(\xi_3), ..., \overline{\varphi}(\xi_N)]$.

As in problem 13.14, we represent the solution in terms of the lowest order of the coupled system of the matrix A containing the diagonal elements only:

$$\frac{d\overline{p}(\xi_n)}{dt} + \varpi_{nn}(t)\,\overline{p}(\xi_n) = B(\xi_n,t) \tag{13.15.12}$$

where

$$\varpi_{nn}(\xi_l,t) = \eta_r \xi_n^2 + \eta_z \xi_l^2 + \\ + \frac{\pi \xi_n^2 J_1^2\{\xi_n r_f(t)\} \mathcal{K}_0^2\{\xi_n r_f(t)\}}{8d\left\{J_1^2(\xi_n a) - J_1^2\{\xi_n r_f(t)\}\right\}} \left\{ \frac{q(t)}{\phi(S_w - S_{wi})} + 2\pi \int_a^{r_f(t)} r\left\{\psi_0(r,t) - \psi_d(r,t)\right\} dr \right\} \tag{13.15.13}$$

The general solution of the ordinary differential equations (13.15.5) and (13.15.12) may be explicitly solved to give

$$\overline{\overline{p}} = \overline{\overline{\varphi}}(0,\xi_l)\, e^{-\eta_z \xi_l^2 t} + \int_0^t e^{-\eta_z \xi_l^2 (t-\tau)} F(\xi_l,\tau) d\tau \tag{13.15.14}$$

and

$$\overline{\overline{p}}(\xi_n) = \overline{\overline{\varphi}}(\xi_n,\xi_l)\, e^{-\vartheta_{nn}(t)} + \int_0^t e^{-\{\vartheta_{nn}(t) - \vartheta_{nn}(\tau)\}} B(\xi_n,\tau)\, d\tau \tag{13.15.15}$$

where $\overline{\overline{\varphi}}(\xi_n,\xi_l) = \int_0^d \cos(\xi_l z) \int_a^{r_f(t)} \varphi(r,z)\, r\mathcal{K}_0(\xi_n r)\, dr dz$ and

$$\vartheta_{nn}(t) = \int_0^t \varpi_{nn}(\tau) d\tau \tag{13.15.16}$$

Taking the inverse Hankel and Fourier transformations of equations (13.15.14) and (13.15.15) and combining the solutions corresponding to the eigenfunctions unity and $\mathcal{K}_0(\xi_n r)$, $n = 1, 2, ...$, we get

$$p_i = \frac{4}{d^2\left\{r_f^2(t) - a^2\right\}} \sum_{l=0}^{\infty} \ni_l \cos(\xi_l z) e^{-\eta_z \xi_l^2 t} \int_0^t e^{\eta_z \xi_l^2 \tau} F(\xi_l,\tau) d\tau + \\ + \frac{\pi^2}{d} \sum_{n=1}^{\infty} \frac{\xi_n^2 \mathcal{K}_0(\xi_n r)\, J_1^2\{\xi_n r_f(t)\}}{\left[J_1^2(\xi_n a) - J_1^2\{\xi_n r_f(t)\}\right]} \sum_{l=0}^{\infty} \ni_l \cos(\xi_l z) \int_0^t e^{-\{\vartheta_{nn}(t) - \vartheta_{nn}(\tau)\}} B(\xi_n,\xi_l,\tau)\, d\tau +$$

$$+\frac{4}{d\left\{r_f^2(t)-a^2\right\}}\sum_{l=0}^{\infty}\ni_l\cos(\xi_l z)\overline{\varphi}(0,\xi_l)e^{-\eta_z\xi_l^2 t}+$$
$$+\frac{\pi^2}{d}\sum_{n=1}^{\infty}\frac{\xi_n^2\mathcal{K}_0(\xi_n r)J_1^2\{\xi_n r_f(t)\}}{[J_1^2(\xi_n a)-J_1^2\{\xi_n r_f(t)\}]}\sum_{l=0}^{\infty}\ni_l\cos(\xi_l z)\overline{\overline{\varphi}}(\xi_n,\xi_l)e^{-\vartheta_{nn}(\xi_l,t)} \quad (13.15.17)$$

The subscript i denotes the invaded region $a\le r\le r_f(t)$ and $p_i\equiv p_i(r,z,t)$. If the initial condition $p(r,z,0)=\varphi(r,z)=p_I$, a constant, the solution is obtained by replacing the terms corresponding to the initial condition (the last two terms) in the right-hand side of equation (13.15.17) with p_I.

The iterative approximation to include the higher-order off-diagonal terms for this case is given by

$$\frac{\partial\overline{\overline{p}}_\iota(\xi_n)}{\partial t}+\varpi_{nn}(t)\overline{\overline{p}}_\iota(\xi_n)=B_\iota(\xi_n,\xi_l,t)+C_{od\iota-1}(\xi_n,\xi_l,t) \qquad \iota=1,2,.... \quad (13.15.18)$$

where

$$C_{od\iota-1}(\xi_n,\xi_l,t)=\begin{cases}0 & \iota=1\\ \sum\limits_{m=1}^{\infty}\varpi_{mn}(t)\overline{p}_{i\iota-1}(\xi_m) \quad m\ne n & \iota=2,3,...\end{cases} \quad (13.15.19)$$

$B_\iota(\xi_n,\xi_l,t)$ is given by equation (13.15.10) and ι is the iteration counter. The general solution of equation (13.15.18) may be explicitly solved to give

$$\overline{\overline{p}}_\iota(\xi_n)=\overline{\overline{\varphi}}_\iota(\xi_n,\xi_l)e^{-\vartheta_{nn}(t)}+\int_0^t e^{-\{\vartheta_{nn}(t)-\vartheta_{nn}(\tau)\}}\{B_\iota(\xi_n,\xi_l,\tau)+C_{od\iota-1}(\xi_n,\xi_l,\tau)\}d\tau \quad (13.15.20)$$

Hence, the solution to be used in the iterative scheme may be written as

$$p_{i\iota}=p_{i\iota}+\frac{\pi^2}{d}\sum_{n=1}^{\infty}\frac{\xi_n^2\mathcal{K}_0(\xi_n r)J_1^2\{\xi_n r_f(t)\}}{[J_1^2(\xi_n a)-J_1^2\{\xi_n r_f(t)\}]}\sum_{l=0}^{\infty}\ni_l\cos(\xi_l z)\int_0^t e^{-\{\vartheta_{nn}(t)-\vartheta_{nn}(\tau)\}}C_{od\iota-1}(\xi_n,\xi_l,\tau)d\tau \quad (13.15.21)$$

To start the iteration at $\iota=1$, $\overline{p}_{i0}(\xi_m)$ and p_{i0} in equations (13.15.19) and (13.15.21) may be obtained from the lowest-order solution.

The uninvaded region

The finite Hankel transformation of equation (13.15.1) in the region $r_f(t)\le r\le\infty$ yields

$$\int_{r_f(t)}^{\infty}r\mathcal{G}_0(\varsigma r)\frac{\partial p}{\partial t}dr=-\eta_r\varsigma^2\overline{p}+\frac{2\psi_f(z,t)}{\pi\phi c_t\varsigma}+\eta_z\frac{\partial^2\overline{p}}{\partial z^2} \quad (13.15.22)$$

where $\mathcal{G}_0(\varsigma r)=J_1\{\varsigma r_f(t)\}Y_0(\varsigma r)-Y_1\{\varsigma r_f(t)\}J_0(\varsigma r)$. Using Leibniz's theorem to evaluate the integral in the left-hand side of equation (13.15.22), we get

$$\frac{d\overline{\overline{p}}}{dt}+(\eta_r\varsigma^2+\eta_z\xi_l^2)\overline{\overline{p}}=D(\varsigma,\xi_l,t)+\Xi(\varsigma,\xi_l,t) \quad (13.15.23)$$

where $\overline{\overline{p}}\equiv\overline{\overline{p}}(\varsigma,\xi_l)=\int_0^d\cos(\xi_l z)\int_{r_f(t)}^{\infty}r\mathcal{G}_0(\varsigma r)pdr$,

$$D(\varsigma,\xi_l,t)=-\frac{\mathcal{G}_0\{\varsigma r_f(t)\}\overline{p}\{r_f(t),\xi_l,t\}}{d}\left\{\frac{q(t)}{2\pi\phi(S_w-S_{wi})}+\int_a^{r_f(t)}r\{\psi_0(r,t)-\psi_d(r,t)\}dr\right\}+$$
$$+\frac{2\overline{\psi}_f(\xi_l,t)}{\pi\phi c_t\varsigma}+\frac{1}{\phi c_t}\int_{r_f(t)}^{\infty}v\left\{(-1)^{l+1}\psi_d(v,t)+\psi_0(v,t)\right\}\mathcal{G}_0(\varsigma v)dv \quad (13.15.24)$$

where $\overline{\overline{p}} = \int_0^d \cos(\xi_l z) \int_{r_f(t)}^{\infty} r\mathcal{G}_0(\varsigma r)\, p dr dz$ and

$$\Xi(\varsigma, \xi_l, t) = \int_{r_f(t)}^{\infty} r\overline{p}(r, \xi_l) \frac{\partial \mathcal{G}_0(\varsigma r)}{\partial t} dr = \int_0^{\infty} \frac{\overline{\overline{p}}(\zeta, \xi_l)\zeta}{J_1^2\{\zeta r_f(t)\} + Y_1^2\{\zeta r_f(t)\}} \int_{r_f(t)}^{\infty} r\mathcal{G}_0(\zeta r) \frac{\partial \mathcal{G}_0(\varsigma r)}{\partial t} dr d\zeta \quad (13.15.25)$$

We find a corollary to the invaded zone. When $\varsigma = \zeta$, equation (13.15.25) reduces to

$$\Xi(\varsigma, \xi_l, t) = -\frac{1}{2d}\left[\frac{q(t)}{2\pi\phi(S_w - S_{wi})} + \int_a^{r_f(t)} v\{\psi_0(v,t) - \psi_d(v,t)\} dv\right] \int_0^{\infty} \frac{\overline{\overline{p}}(u, \xi_l)\, u\mathcal{G}_0^2\{ur_f(t)\}}{J_1^2\{ur_f(t)\} + Y_1^2\{ur_f(t)\}} du \quad (13.15.26)$$

The general solution of the ordinary differential equation (13.15.24) may be explicitly solved to give

$$\begin{aligned} p_u &= \frac{2}{d}\sum_{l=0}^{\infty} \ni_l \cos(\xi_l z) \times \\ &\times \int_0^{\infty} \frac{\mathcal{G}_0(\varsigma r)\varsigma\left[\overline{\overline{\varphi}}(\varsigma, \xi_l) e^{-(\eta_r\varsigma^2 + \eta_z\xi_l^2)t} + \int_0^t e^{-(\eta_r\varsigma^2 + \eta_z\xi_l^2)(t-\tau)}\{D(\varsigma, \xi_l, \tau) + \Xi(\varsigma, \xi_l, \tau)\} d\tau\right]}{J_1^2\{\varsigma r_f(t)\} + Y_1^2\{\varsigma r_f(t)\}} d\varsigma \end{aligned} \quad (13.15.27)$$

As in the invaded zone, the problem is solved iteratively. The system to be solved may be written as

$$\frac{d\overline{\overline{p}}_\iota(\varsigma, \xi_l)}{dt} + \left(\eta_r\varsigma^2 + \eta_z\xi_l^2\right)\overline{\overline{p}}_\iota(\varsigma, \xi_l) = D_\iota(\varsigma, \xi_l, t) + \Xi_{\iota-1}(\varsigma, \xi_l, t) \quad (13.15.28)$$

where $D_\iota(\varsigma, \xi_l, t)$ and $\Xi_{\iota-1}(\varsigma, \xi_l, t)$ are given by equations (13.15.24) and (13.15.25), respectively, and ι is the iteration counter. The general solution of the ordinary differential equation (13.15.28) may be explicitly solved to give

$$\overline{\overline{p}}_\iota = \overline{\overline{\varphi}}_\iota(\varsigma, \xi_l) e^{-(\eta_r\varsigma^2 + \eta_z\xi_l^2)t} + \int_0^t e^{-(\eta_r\varsigma^2 + \eta_z\xi_l^2)(t-\tau)}\{D_\iota(\varsigma, \xi_l, \tau) + \Xi_{\iota-1}(\varsigma, \xi_l, \tau)\} d\tau \quad (13.15.29)$$

where $\overline{\overline{\varphi}}_\iota(\varsigma, \xi_l) = \int_0^d \cos(\xi_l z) \int_{r_f(t)}^{\infty} r\mathcal{G}_0(\zeta r)\varphi_\iota(r, z)\, dr dz$. Hence, for the invaded region, the solution to be used in the iterative scheme may be written as

$$p_{u\iota} = p_{u\iota} + \frac{2}{d}\sum_{l=0}^{\infty} \ni_l \cos(\xi_l z) \int_0^{\infty} \frac{\mathcal{G}_0(\varsigma r)\varsigma \int_0^t e^{-(\eta_r\varsigma^2 + \eta_z\xi_l^2)(t-\tau)}\Xi_{\iota-1}(\varsigma, \xi_l, \tau)\, d\tau}{J_1^2\{\varsigma r_f(t)\} + Y_1^2\{\varsigma r_f(t)\}} d\varsigma \quad (13.15.30)$$

The subscript u denotes the uninvaded region $r_f(t) \le r \le \infty$. To start the iteration at $\iota = 1$, we assume $\Xi_0(\varsigma, t) = 0$; for the subsequent iterations, $\Xi_{\iota-1}(\varsigma, t)$ is given by equations (13.15.25) and (13.15.26) for early and late times, respectively.

At the interface $r = r_f(t)$, matching the pressure solutions of the invaded and uninvaded regions, we get two integral equations with two unknowns: the pressure $p\{r_f(t), t\}$ and the flux $\psi_f(t)$. The pressure and flux deduced from these equations can then be used in the general solutions to obtain pressure as a function of r and t.

Pressure Falloff

Fluid injection is terminated at $t = t_0$ and the interface between the invaded and uninvaded regions at $r = r_f(t_0)$ is static and is obtained from

$$r_f^2(t_0) = a^2 + \frac{\int_0^{t_0} q(\tau)\, d\tau}{\pi d\phi(S_w - S_{wi})} + \frac{2}{d}\int_0^{t_0}\int_a^{r_f(\tau)} r\{\psi_0(r,\tau) - \psi_d(r,\tau)\} dr d\tau$$

The boundary conditions at the interface are

$$p\left\{r_f(t_0), z, t\right\}_i = p\left\{r_f(t_0), z, t\right\}_u$$

and

$$\left[\frac{\partial p\left\{r_f(t_0), z, t\right\}}{\partial r}\right]_i \left(\frac{\mu}{k_r}\right)_i = \left[\frac{\partial p\left\{r_f(t_0), z, t\right\}}{\partial r}\right]_u \left(\frac{\mu}{k_r}\right)_u.$$

The initial condition at $t = t_0$, the start time of the pressure falloff phase, is obtained from the pressure buildup solution, which is

$$p(r, z, t_0) = \begin{cases} p_i(r, z, t_0), & a \le r \le r_f(t_0) \\ p_u(r, z, t_0), & r \ge r_f(t_0) \end{cases}$$

The solution of this phase of the problem is readily obtained by the successive application of the Laplace and finite Hankel transforms to equation (13.15.1).

The invaded region

The solution in the Laplace and time domains is

$$\begin{aligned}
\overline{p}_i = & -\frac{r_f(t_0)\operatorname{csch}\left(d\sqrt{\frac{s}{\eta_z}}\right)}{\left\{r_f^2(t_0) - a^2\right\}\phi c_t\sqrt{\eta_z s}} \int_0^d \overline{\psi}_f(u, s)\left[\cosh\left\{(d - |z-u|)\sqrt{\frac{s}{\eta_z}}\right\} + \cosh\left\{(d - z - u)\sqrt{\frac{s}{\eta_z}}\right\}\right] du - \\
& -\frac{\pi}{2\phi c_t\sqrt{\eta_z}} \sum_{n=1}^{\infty} \frac{\xi_n J_1(\xi_n a) J_1\{\xi_n r_f(t_0)\} \mathcal{V}_{\mathcal{N}0}(\xi_n r, a)\operatorname{csch}\left(d\sqrt{\frac{\eta_r\xi_n^2+s}{\eta_z}}\right)}{\left[J_1^2(\xi_n a) - J_1^2\{\xi_n r_f(t_0)\}\right]\sqrt{(\eta_r\xi_n^2 + s)}} \times \\
& \times \int_0^d \overline{\psi}_f(u, s)\left[\cosh\left\{(d - |z-u|)\sqrt{\frac{\eta_r\xi_n^2 + s}{\eta_z}}\right\} + \cosh\left\{(d - z - u)\sqrt{\frac{\eta_r\xi_n^2 + s}{\eta_z}}\right\}\right] du + \\
& + \frac{2\operatorname{csch}\left(d\sqrt{\frac{s}{\eta_z}}\right)}{\left\{r_f^2(t_0) - a^2\right\}\phi c_t\sqrt{\eta_z}} \int_a^{r_f(t_0)} u\left[\overline{\overline{\psi}}_0(\xi_n, s)\cosh\left\{(d - z)\sqrt{\frac{s}{\eta_z}}\right\} - \overline{\overline{\psi}}_d(\xi_n, s)\cosh\left\{z\sqrt{\frac{s}{\eta_z}}\right\}\right] du + \\
& + \frac{\pi^2}{2\phi c_t\sqrt{\eta_z}} \sum_{n=1}^{\infty} \frac{\xi_n^2 J_1^2\{\xi_n r_f(t_0)\} \mathcal{V}_{\mathcal{N}0}(\xi_n r, a)\operatorname{csch}\left(d\sqrt{\frac{\eta_r\xi_n^2+s}{\eta_z}}\right)}{\left[J_1^2(\xi_n a) - J_1^2\{\xi_n r_f(t_0)\}\right]\sqrt{(\eta_r\xi_n^2 + s)}} \times \\
& \times \left[\overline{\overline{\psi}}_0(\xi_n, s)\cosh\left\{(d - z)\sqrt{\frac{\eta_r\xi_n^2 + s}{\eta_z}}\right\} - \overline{\overline{\psi}}_d(\xi_n, s)\cosh\left\{z\sqrt{\frac{\eta_r\xi_n^2 + s}{\eta_z}}\right\}\right] + \\
& + \frac{\operatorname{csch}\left(d\sqrt{\frac{s}{\eta_z}}\right)}{\left\{r_f^2(t_0) - a^2\right\}\sqrt{\eta_z s}} \int_0^d \left[\cosh\left\{(d - |z-u|)\sqrt{\frac{s}{\eta_z}}\right\} + \cosh\left\{(d - z - u)\sqrt{\frac{s}{\eta_z}}\right\}\right] \int_a^{r_f(t_0)} p_i(v, u, t_0)\, v\, dv\, du + \\
& + \frac{\pi^2}{4\sqrt{\eta_z}} \sum_{n=1}^{\infty} \frac{\xi_n^2 J_1^2\{\xi_n r_f(t_0)\} \mathcal{V}_{\mathcal{N}0}(\xi_n r, a)\operatorname{csch}\left(d\sqrt{\frac{\eta_r\xi_n^2+s}{\eta_z}}\right)}{\left[J_1^2(\xi_n a) - J_1^2\{\xi_n r_f(t_0)\}\right]\sqrt{(\eta_r\xi_n^2 + s)}} \times \\
& \times \int_0^d \overline{p}_i(\xi_n, u, t_0)\left[\cosh\left\{(d - |z-u|)\sqrt{\frac{\eta_r\xi_n^2 + s}{\eta_z}}\right\} + \cosh\left\{(d - z - u)\sqrt{\frac{\eta_r\xi_n^2 + s}{\eta_z}}\right\}\right] du \qquad (13.15.31)
\end{aligned}$$

and

$$
\begin{aligned}
p_i = & -\frac{r_f(t_0)}{\phi c_t\left\{r_f^2(t_0)-a^2\right\}d}\int_0^t\int_0^d \psi_f(u,t-\tau)\left[\Theta_3\left\{\frac{\pi(z-u)}{2d},e^{-\left(\frac{\pi}{d}\right)^2\eta_z\tau}\right\}+\Theta_3\left\{\frac{\pi(z+u)}{2d},e^{-\left(\frac{\pi}{d}\right)^2\eta_z\tau}\right\}\right]dud\tau- \\
& -\frac{\pi}{2\phi c_t d}\sum_{n=1}^{\infty}\frac{\xi_n J_1(\xi_n a)\,J_1(\xi_n b)\,\mathcal{V}_{\mathcal{N}0}(\xi_n r,a)}{J_1^2(\xi_n a)-J_1^2\{\xi_n r_f(t_0)\}}\times \\
& \times\int_0^t e^{-\eta_r\xi_n^2\tau}\int_0^d \psi_f(u,t-\tau)\left[\Theta_3\left\{\frac{\pi(z-u)}{2d},e^{-\left(\frac{\pi}{d}\right)^2\eta_z\tau}\right\}+\Theta_3\left\{\frac{\pi(z+u)}{2d},e^{-\left(\frac{\pi}{d}\right)^2\eta_z\tau}\right\}\right]dud\tau- \\
& -\frac{2}{\left\{r_f^2(t_0)-a^2\right\}d\phi c_t}\int_0^t\int_a^{r_f(t_0)} u\left\{\Theta_3\left(\frac{\pi z}{2d},e^{-\left(\frac{\pi}{d}\right)^2\eta_z\tau}\right)\psi_0(u,t-\tau)-\Theta_4\left(\frac{\pi z}{2d},e^{-\left(\frac{\pi}{d}\right)^2\eta_z\tau}\right)\psi_d(u,t-\tau)\right\}dud\tau- \\
& -\frac{\pi^2}{2d\phi c_t}\sum_{n=1}^{\infty}\frac{\xi_n^2 J_1^2(\xi_n b)\,\mathcal{V}_{\mathcal{N}0}(\xi_n r,a)}{J_1^2(\xi_n a)-J_1^2\{\xi_n r_f(t_0)\}}\times \\
& \times\int_0^t\int_a^{r_f(t_0)}\left\{\Theta_3\left(\frac{\pi z}{2d},e^{-\left(\frac{\pi}{d}\right)^2\eta_z\tau}\right)\psi_0(u,t-\tau)-\Theta_4\left(\frac{\pi z}{2d},e^{-\left(\frac{\pi}{d}\right)^2\eta_z\tau}\right)\psi_d(u,t-\tau)\right\}u\mathcal{V}_{\mathcal{N}0}(\xi_n u,a)\,e^{-\eta_r\xi_n^2\tau}dud\tau+ \\
& +\frac{1}{\left\{r_f^2(t_0)-a^2\right\}d}\int_0^d\int_a^{r_f(t_0)} vp_i(v,u,t_0)\,dv\left[\Theta_3\left\{\frac{\pi(z-u)}{2d},e^{-\left(\frac{\pi}{d}\right)^2\eta_z t}\right\}+\Theta_3\left\{\frac{\pi(z+u)}{2d},e^{-\left(\frac{\pi}{d}\right)^2\eta_z t}\right\}\right]du+ \\
& +\frac{\pi^2}{4d}\sum_{n=1}^{\infty}\frac{\xi_n^2 J_1^2(\xi_n b)\,\mathcal{V}_{\mathcal{N}0}(\xi_n r,a)\,e^{-\eta_r\xi_n^2 t}}{J_1^2(\xi_n a)-J_1^2\{\xi_n r_f(t_0)\}}\times \\
& \times\int_0^d \overline{\overline{p}}_i(\xi_n,u,t_0)\left[\Theta_3\left\{\frac{\pi(z-u)}{2d},e^{-\left(\frac{\pi}{d}\right)^2\eta_z t}\right\}+\Theta_3\left\{\frac{\pi(z+u)}{2d},e^{-\left(\frac{\pi}{d}\right)^2\eta_z t}\right\}\right]du \qquad (13.15.32)
\end{aligned}
$$

where $\mathcal{V}_{\mathcal{N}0}(\xi_n r,a)=Y_0(\xi_n r)\,J_1(\xi_n a)-J_0(\xi_n r)\,Y_1(\xi_n a)$ and the eigenvalues $\xi_n, n=1,2,...$, are the positive roots of the transcendental equation $J_1(\xi_n a)\,Y_1\{\xi_n r_f(t_0)\}-Y_1(\xi_n a)\,J_1\{\xi_n r_f(t_0)\}=0$.
$\overline{\overline{\psi}}_0(\xi_n,s)=\int_a^{r_f(t_0)}\overline{\psi}_0(r,s)\,r\mathcal{V}_{\mathcal{N}0}(\xi_n r,a)\,dr$, $\overline{\overline{\psi}}_d(\xi_n,s)=\int_a^{r_f(t_0)}\overline{\psi}_d(r,s)\,r\mathcal{V}_{\mathcal{N}0}(\xi_n r,a)\,dr$,
$\overline{\psi}_f(z,s)=\int_0^\infty\psi_f(z,t)\,e^{-st}dt$ and $\overline{\overline{p}}_i(\xi_n,u,t_0)=\int_a^{r_f(t_0)}p_i(r,u,t_0)\,r\mathcal{V}_{\mathcal{N}0}(\xi_n r,a)\,dr$.

The uninvaded region

The solution in the Laplace and time domains is

$$
\begin{aligned}
\overline{p}_u = & \frac{4}{\pi d\phi c_t}\sum_{l=0}^{\infty}\ni_l\overline{\overline{\psi}}_f(\xi_l,s)\cos(\xi_l z)\int_0^\infty\frac{\mathcal{G}_0(\xi r)}{(\eta_r\xi^2+\eta_z\xi_l^2+s)\left[J_1^2\{\xi r_f(t_0)\}+Y_1^2\{\xi r_f(t_0)\}\right]}d\xi+ \\
& +\frac{2}{d\phi c_t}\sum_{l=0}^{\infty}\ni_l\xi_l\cos(\xi_l z)\int_a^\infty\int_0^\infty\frac{\xi u\mathcal{G}_0(\xi u)\,\mathcal{G}_0(\xi r)}{(\eta_r\xi^2+\eta_z\xi_l^2+s)\left[J_1^2\{\xi r_f(t_0)\}+Y_1^2\{\xi r_f(t_0)\}\right]}d\xi\times \\
& \times\left\{(-1)^{m+1}\overline{\psi}_d(u,s)+\overline{\psi}_0(u,s)\right\}du+ \\
& +\frac{2}{d}\sum_{l=0}^{\infty}\ni_l\cos(\xi_l z)\int_0^\infty\frac{\xi\mathcal{G}_0(\xi r)\int_{r_f(t_0)}^\infty\overline{p}_u(u,\xi_l,t_0)\,u\mathcal{G}_0(\varsigma u)du}{(\eta_r\xi^2+\eta_z\xi_l^2+s)\left[J_1^2\{\xi r_f(t_0)\}+Y_1^2\{\xi r_f(t_0)\}\right]}d\xi \qquad (13.15.33)
\end{aligned}
$$

and

$$p_u = \frac{1}{\pi d\phi c_t}\int_0^t\int_a^\infty \psi_f(u,t-\tau)\left\{\Theta_3\left(\frac{\pi(z-u)}{2d}, e^{-\left(\frac{\pi}{d}\right)^2\eta_z\tau}\right) + \Theta_3\left(\frac{\pi(z+u)}{2d}, e^{-\left(\frac{\pi}{d}\right)^2\eta_z\tau}\right)\right\}\times$$
$$\times\int_0^\infty \frac{\xi\mathcal{G}_0(\xi r)\,e^{-\eta_r\xi^2\tau}}{\left[J_1^2\{\xi r_f(t_0)\} + Y_1^2\{\xi r_f(t_0)\}\right]}d\xi du d\tau +$$
$$+\frac{1}{\phi c_t d}\int_0^t\int_a^\infty\left\{\Theta_3\left(\frac{\pi z}{2d}, e^{-\left(\frac{\pi}{d}\right)^2\eta_z\tau}\right)\psi_0(u,t-\tau) - \Theta_4\left(\frac{\pi z}{2d}, e^{-\left(\frac{\pi}{d}\right)^2\eta_z\tau}\right)\psi_d(u,t-\tau)\right\}\times$$
$$\times\int_0^\infty \frac{\xi u\mathcal{G}_0(\xi u)\,\mathcal{G}_0(\xi r)\,e^{-\eta_r\xi^2\tau}}{\left[J_1^2\{\xi r_f(t_0)\} + Y_1^2\{\xi r_f(t_0)\}\right]}d\xi du d\tau +$$
$$+\frac{1}{2d}\int_a^\infty v\int_0^d p_u(v,u,t_0)\left\{\Theta_3\left(\frac{\pi(z-u)}{2d}, e^{-\left(\frac{\pi}{d}\right)^2\eta_z t}\right) + \Theta_3\left(\frac{\pi(z+u)}{2d}, e^{-\left(\frac{\pi}{d}\right)^2\eta_z t}\right)\right\}\times$$
$$\times\int_0^\infty \frac{\xi\mathcal{G}_0(\xi v)\,\mathcal{G}_0(\xi r)\,e^{-\eta_r\xi^2 t}}{\left[J_1^2\{\xi r_f(t_0)\} + Y_1^2\{\xi r_f(t_0)\}\right]}d\xi du dv \qquad (13.15.34)$$

where $\mathcal{G}_0(\xi r) = J_1\{\xi r_f(t_0)\}Y_0(\xi r) - Y_1\{\xi r_f(t_0)\}J_0(\xi r)$ and ξ_l is a positive root of $\sin(\xi_l d)$, which are $\xi_l = \frac{l\pi}{d}$, $l = 0, 1, \ldots$. $\overline{\overline{\psi}}_f(\xi_l, s) = \int_0^d \overline{\psi}_f(u,s)\cos(\xi_l u)du$, $\overline{\psi}_0(u,s) = \int_0^\infty \psi_0(u,\tau)e^{-s\tau}d\tau$, and $\overline{\psi}_d(u,s) = \int_0^\infty \psi_d(u,\tau)e^{-s\tau}d\tau$.

At the interface $r = r_f(t_0)$, matching the pressure solutions of the invaded and uninvaded regions, we get two integral equations with two unknowns: the pressure $p\{r_f(t_0), z, t\}$ and the flux $\psi_f(t)$. The pressure and flux deduced from these equations can then be used in the general solutions to obtain pressure as a function of r, z and t.

13.16 A moving boundary value problem in a subdivided semi-infinite lamella. The region is semi-infinite (a, ∞) in the direction of r positive. At $r = a$, $\frac{\partial p_j(a,z,t)}{\partial r} = -\left(\frac{\mu}{k_r}\right)_j \psi_{aj}(t)$, $d_j < z < d_{j+1}$, $\forall j = 0, 1, \ldots\ldots, \aleph - 1$, $t > 0$. At $z = d_0$, $\frac{\partial p_j(r,d_0,t)}{\partial z} = -\left(\frac{\mu}{k_z}\right)_0 \psi_0(r,t)$ and at $z = d_\aleph$, $\frac{\partial p_j(r,d_\aleph,t)}{\partial z} = -\left(\frac{\mu}{k_z}\right)_\aleph \psi_\aleph(r,t)$. At the interface $z = d_j$, $\forall j = 1, \ldots\ldots\ldots, \aleph - 1$, $\psi_j(r,t) = -\left(\frac{k_z}{\mu}\right)_j\left(\frac{\partial p_j(r,d_j,t)}{\partial z}\right) = -\left(\frac{k_z}{\mu}\right)_{j-1}\left(\frac{\partial p_{j-1}(r,d_j,t)}{\partial z}\right)$ and $\check{\lambda}_j\psi_j(r,t) = \{p_{j-1}(r,d_j,t) - p_j(r,d_j,t)\}$. The initial pressure $p_j(r,z,0) = \varphi_j(r,z)$

We consider $\aleph$ subdivided systems $d_j < z < d_{j+1}$, $\forall j = 0, 1, \ldots, \aleph - 1$, bounded by $z = d_0 = 0$ and $z = d_\aleph$. The region is semi-infinite $[a, \infty]$ in the direction of r positive. The properties of each medium are uniform but discontinuous at the interface d_j. Quantities $q_j(t)$ of fluid of mobility that is different from that of the in situ fluid are continuously injected at $r = a$ through the interval $(d_{j+1} - d_j)$, resulting in a moving front.

In the interval $d_j \le z \le z_{j+1}$, $j = 0, 1, \ldots, \aleph - 1$, we find p from the partial differential equation

$$\frac{\partial p_j}{\partial t} = \eta_{rj}\left(\frac{\partial^2 p_j}{\partial r^2} + \frac{1}{r}\frac{\partial p_j}{\partial r}\right) + \eta_{zj}\frac{\partial^2 p_j}{\partial z^2} \qquad (13.16.1)$$

where $\eta_{\iota j} = \frac{k_{\iota j}}{(\phi c_t\mu)_j}$, $\iota = r, z$. $k_{\iota j}$ is the effective permeability. For the invaded zone, $k_{\iota j} = \left(k_{a\iota}k_{\iota w}|_{1-s_{or}}\right)_j$, and for the uninvaded zone, $k_{\iota j} = \left(k_{a\iota}k_{\iota o}|_{S_{wi}}\right)_j$. $k_{a\iota}$ is the absolute permeability. $k_{\iota w}|_{1-S_{or}}$ and $k_{\iota o}|_{s_{wi}}$ are the relative permeabilities of water and oil at saturations $1 - S_{or}$ and S_{wi}, respectively. S_{wi} is the initial water saturation and S_{or} is the irreducible oil saturation. The boundary conditions are at $r = a$,

$\frac{\partial p_j(a,z,t)}{\partial r} = -\left(\frac{\mu}{k_r}\right)_j \psi_{aj}(t)$, $\psi_{aj}(t) = \frac{q_j(t)}{2\pi a(d_{j+1}-d_j)\phi_j(S_w-S_{wi})_j}$, and at $r = r_{fj}(t)$, the moving boundary, $p_j\{r_{fj}(t), z, t\}_{ij} = p_j\{r_{fj}(t), z, t\}_{uj}$ and $\psi_{fj}(z,t) = \left[\frac{\partial p_j\{r_{fj}(t),z,t\}}{\partial r}\right]_{ij}\left(\frac{\mu}{k_r}\right)_{ij} = \left[\frac{\partial p_j\{r_{fj}(t),z,t\}}{\partial r}\right]_{uj}\left(\frac{\mu}{k_r}\right)_{uj}$ are satisfied. The subscripts i and u denote the invaded and uninvaded regions.

The advancing water front is given by

$$r_{fj}^2(t) = a^2 + \frac{\int_0^t q_j(\tau)\,d\tau}{\pi(d_{j+1}-d_j)\phi_j(S_w-S_{wi})_j} + \frac{2}{(d_{j+1}-d_j)}\int_0^t\int_a^{r_{fj}(\tau)} r\{\psi_j(r,\tau) - \psi_{j+1}(r,\tau)\}\,drd\tau \quad (13.16.2)$$

At the interface $z = d_j$, $\forall j = 1, 2, ..., \aleph - 1$, the fluid flux is continuous, that is,

$$\psi_j(r,t) = -\left(\frac{k_z}{\mu}\right)_j\left(\frac{\partial p_j(r,d_j,t)}{\partial z}\right) = -\left(\frac{k_z}{\mu}\right)_{j-1}\left(\frac{\partial p_{j-1}(r,d_j,t)}{\partial z}\right) \quad (13.16.3)$$

In addition, the rate of transfer of fluids through the interface is proportional to the pressure difference across it, so that

$$\breve{\lambda}_j\psi_j(r,t) = \{p_{j-1}(r,d_j,t) - p_j(r,d_j,t)\} \quad (13.16.4)$$

where $\breve{\lambda}_j$ is a constant. The initial condition $p_j(r,z,0) = \varphi_j(r,z)$; $\varphi_j(r,z)$ and its derivative tend to zero as $r \to \infty$.

We first solve the pressure buildup phase of the problem during injection. Injection is terminated at $t = t_0$. The pressure profile at $t = t_0$, obtained from the pressure buildup solution, is used as the initial condition to solve the pressure falloff problem.

Pressure Buildup

The invaded region

The lowest-order solution in the time domain is*

$$\begin{aligned} p_{ij} = & \frac{4}{(d_{j+1}-d_j)^2\left\{r_{fj}^2(t) - a^2\right\}}\sum_{l=0}^{\infty}\ni_l\cos(\xi_{lj}z)e^{-\eta_{zj}\xi_{lj}^2 t}\int_0^t e^{\eta_{zj}\xi_{lj}^2\tau}F_j(\xi_{lj},\tau)d\tau + \\ & + \frac{\pi^2}{(d_{j+1}-d_j)}\sum_{n=1}^{\infty}\frac{\xi_n^2\mathcal{K}_0(\xi_n r)J_1^2\{\xi_n r_{fj}(t)\}}{[J_1^2(\xi_n a) - J_1^2\{\xi_n r_f(t)\}]}\sum_{l=0}^{\infty}\ni_l\cos(\xi_{lj}z)\int_0^t e^{-\{\vartheta_{nn}(t)-\vartheta_{nn}(\tau)\}}B_j(\xi_n,\xi_{lj},\tau)\,d\tau + \\ & + \frac{4}{(d_{j+1}-d_j)\left\{r_{fj}^2(t) - a^2\right\}}\sum_{l=0}^{\infty}\ni_{lj}\cos(\xi_{lj}z)\overline{\overline{\varphi}}_j(0,\xi_{lj})\,e^{-\eta_{zj}\xi_{lj}^2 t} + \\ & + \frac{\pi^2}{(d_{j+1}-d_j)}\sum_{n=1}^{\infty}\frac{\xi_n^2\mathcal{K}_0(\xi_n r)J_1^2\{\xi_n r_{fj}(t)\}}{[J_1^2(\xi_n a) - J_1^2\{\xi_n r_{fj}(t)\}]}\sum_{l=0}^{\infty}\ni_l\cos(\xi_{lj}z)\overline{\overline{\varphi}}_j(\xi_n,\xi_{lj})e^{-\vartheta_{nn}(\xi_{lj},t)} \end{aligned} \quad (13.16.5)$$

where

$$\begin{aligned} F_j(\xi_{lj},t) = & \frac{\overline{p}\{r_{fj}(t),\xi_{lj},t\}}{(d_{j+1}-d_j)}\left\{\frac{q_j(t)}{2\pi\phi_j(S_w-S_{wi})_j} + \int_a^{r_{fj}(t)} r\{\psi_j(r,t) - \psi_{j+1}(r,t)\}\,dr\right\} + \\ & + \frac{1}{(\phi c_t)_j}\{a\psi_{aj}(t)\sigma_j - r_{fj}(t)\overline{\psi}_{fj}(\xi_{lj},t)\} + \frac{1}{(\phi c_t)_j}\left\{(-1)^{l+1}\overline{\psi}_{j+1}(0,t) + \overline{\psi}_j(0,t)\right\} \end{aligned} \quad (13.16.6)$$

---

*When off-diagonal terms of the eigenvalue matrix are significant, the correction method prescribed in problem 13.15 should be applied.

$$\overline{p}_j\{r_{fj}(t),\xi_{lj},t\}=\int_0^d p_j\{r_{fj}(t),z,t\}\cos(\xi_{lj}z)\,dz,\ \overline{\psi}_j(0,t)=\int_a^{r_f(t)} r\psi_j(r,t)\,dr,\ \sigma_j=\begin{cases}0, & l\neq 0\\ (d_{j+1}-d_j), & l=0\end{cases},$$

$$\begin{aligned}B_j(\xi_n,\xi_{lj},t) &= \frac{\overline{p}\{r_{fj}(t),\xi_{lj},t\}\mathcal{K}_0\{\xi_n r_{fj}(t)\}}{(d_{j+1}-d_j)}\left\{\frac{q_j(t)}{2\pi\phi_j(S_w-S_{wi})_j}+\int_a^{r_{fj}(t)} r\{\psi_j(r,t)-\psi_{j+1}(r,t)\}\,dr\right\}+\\ &+\left[\frac{2\psi_{aj}(t)\sigma_j}{\pi(\phi c_t)_j\xi_n}-\frac{2J_1(\xi_n a)\overline{\psi}_{fj}(\xi_{lj},t)}{\pi(\phi c_t)_j\xi_n J_1\{\xi_n r_{fj}(t)\}}\right]+\frac{1}{(\phi c_t)_j}\left\{(-1)^{l+1}\overline{\psi}_{j+1}(\xi_n,t)+\overline{\psi}_j(\xi_n,t)\right\}\end{aligned} \tag{13.16.7}$$

$$\vartheta_{nnj}(t)=\int_0^t \varpi_{nnj}(\tau)d\tau \tag{13.16.8}$$

$$\begin{aligned}\varpi_{nnj}(t) &= \eta_r\xi_n^2+\eta_z\xi_{lj}^2+\\ &+\frac{\pi\xi_n^2 J_1^2\{\xi_n r_{fj}(t)\}\mathcal{K}_0^2\{\xi_n r_{fj}(t)\}}{8(d_{j+1}-d_j)\{J_1^2(\xi_n a)-J_1^2\{\xi_n r_{fj}(t)\}\}}\left\{\frac{q_j(t)}{\phi(S_w-S_{wi})_j}+2\pi\int_a^{r_{fj}(t)} r\{\psi_j(r,t)-\psi_{j+1}(r,t)\}\,dr\right\}\end{aligned} \tag{13.16.9}$$

where $\overline{\psi}_j(\xi_n,t)=\int_a^{r_f(t)}\psi_j(r,t)\,r\mathcal{K}_0(\xi_n r)\,dr$, $\overline{\overline{\varphi}}_j(0,\xi_{lj})=\int_0^{d_{j+1}-d_j}\cos(\xi_{lj}u)\int_a^{r_{fj}(t)} v\varphi_j(v,u+d_j)\,dvdu$, $\overline{\overline{\varphi}}_j(\xi_n,\xi_{lj})=\int_0^{d_{j+1}-d_j}\cos(\xi_{lj}u)\int_a^{r_{fj}(t)} v\mathcal{K}_0(\xi_n v)\varphi_j(v,u+d_j)\,dvdu$ and $\mathcal{K}_0(\xi_n r)=Y_0(\xi_n r)J_1(\xi_n a)-J_0(\xi_n r)Y_1(\xi_n a)$.

The set of eigenvalues ξ_n, which are time dependent, are the positive roots of the transcendental equation $J_1(\xi_n a)Y_1\{\xi_n r_{fj}(t)\}-Y_1(\xi_n a)J_1\{\xi_n r_{fj}(t)\}=0,\ n=1,2,....$ The Fourier transform region is $[0\le z\le(d_{j+1}-d_j)]$, and $\xi_{lj}=\frac{l\pi(z-d_j)}{d_{j+1}-d_j}$, $l=0,1,....$ The subscript i denotes the invaded region $a\le r\le r_{fj}(t)$. If the initial condition $p_j(r,z,0)=\varphi_j(r,z)=p_{Ij}$, a constant, the solution is obtained by replacing the term corresponding to the initial condition (the last term) in equation (13.16.5) with p_{Ij}.

The uninvaded region

The solution in the time domain is:

$$\begin{aligned}p_{uj} &= \frac{2}{(d_{j+1}-d_j)}\sum_{l=0}^{\infty}\ni_l\cos(\xi_{lj}z)\times\\ &\times\int_0^{\infty}\frac{\mathcal{G}_0(\varsigma r)\varsigma\left[\overline{\overline{\varphi}}_j(\varsigma,\xi_{lj})e^{-(\eta_r\varsigma^2+\eta_z\xi_{lj}^2)t}+\int_0^t e^{-(\eta_r\varsigma^2+\eta_z\xi_{lj}^2)(t-\tau)}\{D_j(\varsigma,\xi_l,\tau)+\Xi_j(\varsigma,\xi_l,\tau)\}\,d\tau\right]}{J_1^2\{\varsigma r_{fj}(t)\}+Y_1^2\{\varsigma r_{fj}(t)\}}d\varsigma\end{aligned} \tag{13.16.10}$$

where $\overline{\overline{\varphi}}_j(\varsigma,\xi_{lj})=\int_0^{d_{j+1}-d_j}\cos(\xi_{lj}u)\int_{r_{fj}(t)}^{\infty} v\mathcal{G}_0(\varsigma v)\varphi_j(v,u+d_j)\,dvdu$,

$$\begin{aligned}D_j(\varsigma,\xi_{lj},t) &= -\frac{\mathcal{G}_0\{\varsigma r_{fj}(t)\}\overline{p}\{r_{fj}(t),\xi_{lj},t\}}{d_{j+1}-d_j}\left\{\frac{q_j(t)}{2\pi\phi_j(S_w-S_{wi})}+\int_a^{r_{fj}(t)} r\{\psi_j(r,t)-\psi_{j+1}(r,t)\}\,dr\right\}+\\ &+\frac{2\overline{\psi}_{r_{fj}}(\xi_{lj},t)}{\pi(\phi c_t)_j\varsigma}+\frac{1}{(\phi c_t)_j}\int_{r_{fj}(t)}^{\infty} v\left\{(-1)^{l+1}\psi_d(v,t)+\psi_0(v,t)\right\}\mathcal{G}_0(\varsigma v)\,dv\end{aligned} \tag{13.16.11}$$

where $\overline{p}_j\{r_{fj}(t),\xi_{lj},t\}=\int_0^d p\{r_{fj}(t),z,t\}\cos(\xi_{lj}z)\,dz$, $\mathcal{G}_0(\varsigma r)=J_1\{\varsigma r_{fj}(t)\}Y_0(\varsigma r)-Y_1\{\varsigma r_{fj}(t)\}J_0(\varsigma r)$ and, for the lowest order,

$$\Xi_j(\varsigma,\xi_{lj},t) = -\frac{1}{2(d_{j+1}-d_j)}\left\{\frac{q_j(t)}{2\pi\phi_j(S_w-S_{wi})}+\int_a^{r_{fj}(t)} v\{\psi_j(v,t)-\psi_{j+1}(v,t)\}\,dv\right\}\times$$

$$\times\int_0^\infty \frac{\overline{\overline{p}}_j(u,\xi_{lj})\,u\mathcal{G}_0^2\{ur_{fj}(t)\}}{J_1^2\{ur_{fj}(t)\}+Y_1^2\{ur_{fj}(t)\}}du \tag{13.16.12}$$

For each layer $(d_{j+1}-d_j)$, equation (13.16.10) is solved iteratively. The iterative procedure is given in problem 13.15. The subscript u denotes the uninvaded region $r_{fj}(t)\le r\le\infty$.

Deploying the interfacial boundary conditions (13.16.3) and (13.16.4) results in three distinct integral equations:

$$a\le r\le\begin{cases} r_{fj}(t) & r_{fj}(t)<r_{fj-1}(t)\\ r_{fj-1}(t) & r_{fj-1}(t)<r_{fj}(t)\end{cases}\qquad \breve{\lambda}_j\psi_j(r,t)=\{p_{ij-1}(r,d_j,t)-p_{ij}(r,d_j,t)\} \tag{13.16.13}$$

$$r_{fj-1}(t)<r<r_{fj}(t)\qquad \breve{\lambda}_j\psi_j(r,t)=\{p_{uj-1}(r,d_j,t)-p_{ij}(r,d_j,t)\} \tag{13.16.14}$$

If $r_{fj}(t)<r_{fj-1}(t)$, equation (13.16.14) should be multiplied by the negative sign.

$$\left.\begin{matrix} r_{fj-1}(t)<r_{fj}(t) & r_{fj}(t)\\ r_{fj}(t)<r_{fj-1}(t) & r_{fj-1}(t)\end{matrix}\right\}\le r\le\infty\qquad \breve{\lambda}_j\psi_j(r,t)=\{p_{uj-1}(r,d_j,t)-p_{uj}(r,d_j,t)\} \tag{13.16.15}$$

Pressure Falloff

Fluid injection is terminated at $t=t_0$ and the interface between the invaded and uninvaded regions at $r=r_{fj}(t_0)$ is static and is obtained from

$$r_{fj}^2(t_0)=a^2+\frac{\int_0^{t_0} q_j(\tau)\,d\tau}{\pi(d_{j+1}-d_j)\phi_j(S_w-S_{wi})_j}+\frac{2}{(d_{j+1}-d_j)}\int_0^{t_0}\int_a^{r_{fj}(\tau)} r\{\psi_j(r,\tau)-\psi_{j+1}(r,\tau)\}\,drd\tau$$

The boundary conditions at the interface are

$$p\{r_{fj}(t_0),z,t\}_i=p\{r_{fj}(t_0),z,t\}_u$$

and

$$\left[\frac{\partial p\{r_{fj}(t_0),z,t\}}{\partial r}\right]_i\left(\frac{\mu}{k_r}\right)_i=\left[\frac{\partial p\{r_{fj}(t_0),z,t\}}{\partial r}\right]_u\left(\frac{\mu}{k_r}\right)_u$$

The initial condition at $t=t_0$, the start time of the pressure falloff phase, is obtained from the pressure buildup solution, which is

$$p(r,z,t_0)=\begin{cases} p_i(r,z,t_0) & a\le r\le r_{fj}(t_0)\\ p_u(r,z,t_0) & r\ge r_{fj}(t_0)\end{cases}$$

The invaded region

The solution in the time domain is

$$
\begin{aligned}
p_{ij} &= -\frac{r_{fj}(t_0)}{(\phi c_t)_j\left\{r_{fj}^2(t_0)-a^2\right\}(d_{j+1}-d_j)}\int_0^t\int_0^{d_{j+1}-d_j}\psi_{fj}(u,t-\tau)\left[\Theta_3\left\{\frac{\pi(z-u)}{2(d_{j+1}-d_j)},e^{-\left(\frac{\pi}{d_{j+1}-d_j}\right)^2\eta_{zj}\tau}\right\}+\right.\\
&\left.+\Theta_3\left\{\frac{\pi(z+u)}{2(d_{j+1}-d_j)},e^{-\left(\frac{\pi}{d_{j+1}-d_j}\right)^2\eta_{zj}\tau}\right\}\right]du d\tau-\\
&-\frac{\pi}{2(\phi c_t)_j(d_{j+1}-d_j)}\sum_{n=1}^{\infty}\frac{\xi_n J_1(\xi_n a)J_1\{\xi_n r_{fj}(t_0)\}\mathcal{V}_{\mathcal{N}0}(\xi_n r,a)}{J_1^2(\xi_n a)-J_1^2\{\xi_n(\xi_n r_{fj}(t_0))\}}\times\\
&\times\int_0^t e^{-\eta_{rj}\xi_n^2\tau}\int_0^{d_{j+1}-d_j}\psi_{fj}(u,t-\tau)\left[\Theta_3\left\{\frac{\pi(z-u)}{2(d_{j+1}-d_j)},e^{-\left(\frac{\pi}{d_{j+1}-d_j}\right)^2\eta_{zj}\tau}\right\}+\right.\\
&\left.+\Theta_3\left\{\frac{\pi(z+u)}{2(d_{j+1}-d_j)},e^{-\left(\frac{\pi}{d_{j+1}-d_j}\right)^2\eta_{zj}\tau}\right\}\right]du d\tau-\\
&-\frac{2}{\left\{r_{fj}^2(t_0)-a^2\right\}(d_{j+1}-d_j)(\phi c_t)_j}\int_0^t\int_a^{r_{fj}(t_0)}u\left\{\Theta_3\left(\frac{\pi z}{2(d_{j+1}-d_j)},e^{-\left(\frac{\pi}{d_{j+1}-d_j}\right)^2\eta_{zj}\tau}\right)\psi_j(u,t-\tau)-\right.\\
&\left.-\Theta_4\left(\frac{\pi z}{2(d_{j+1}-d_j)},e^{-\left(\frac{\pi}{d_{j+1}-d_j}\right)^2\eta_{zj}\tau}\right)\psi_{j+1}(u,t-\tau)\right\}du d\tau-\\
&-\frac{\pi^2}{2(d_{j+1}-d_j)(\phi c_t)_j}\sum_{n=1}^{\infty}\frac{\xi_n^2 J_1^2\{\xi_n r_{fj}(t_0)\}\mathcal{V}_{\mathcal{N}0}(\xi_n r,a)}{J_1^2(\xi_n a)-J_1^2\{\xi_n r_{fj}(t_0)\}}\times\\
&\times\int_0^t\int_a^{r_{fj}(t_0)}\left\{\Theta_3\left(\frac{\pi z}{2(d_{j+1}-d_j)},e^{-\left(\frac{\pi}{d_{j+1}-d_j}\right)^2\eta_{zj}\tau}\right)\psi_j(u,t-\tau)-\right.\\
&\left.-\Theta_4\left(\frac{\pi z}{2(d_{j+1}-d_j)},e^{-\left(\frac{\pi}{d_{j+1}-d_j}\right)^2\eta_{zj}\tau}\right)\psi_{j+1}(u,t-\tau)\right\}u\mathcal{V}_{\mathcal{N}0}(\xi_n u,a)e^{-\eta_{rj}\xi_n^2\tau}du d\tau+\\
&+\frac{1}{\left\{r_{fj}^2(t_0)-a^2\right\}(d_{j+1}-d_j)}\int_0^{d_{j+1}-d_j}\int_a^{r_{fj}(t_0)}vp_i(v,u,t_0)dv\left[\Theta_3\left\{\frac{\pi(z-u)}{2(d_{j+1}-d_j)},e^{-\left(\frac{\pi}{d_{j+1}-d_j}\right)^2\eta_{zj}t}\right\}+\right.\\
&\left.\Theta_3\left\{\frac{\pi(z+u)}{2(d_{j+1}-d_j)},e^{-\left(\frac{\pi}{d_{j+1}-d_j}\right)^2\eta_{zj}t}\right\}\right]du+\\
&+\frac{\pi^2}{4(d_{j+1}-d_j)}\sum_{n=1}^{\infty}\frac{\xi_n^2 J_1^2\{\xi_n r_{fj}(t_0)\}\mathcal{V}_{\mathcal{N}0}(\xi_n r,a)e^{-\eta_{rj}\xi_n^2 t}}{J_1^2(\xi_n a)-J_1^2\{\xi_n r_{fj}(t_0)\}}\times\\
&\times\int_0^{d_{j+1}-d_j}\overline{p}_i(\xi_n,u+d_j,t_0)\left[\Theta_3\left\{\frac{\pi(z-u)}{2(d_{j+1}-d_j)},e^{-\left(\frac{\pi}{d_{j+1}-d_j}\right)^2\eta_{zj}t}\right\}+\Theta_3\left\{\frac{\pi(z+u)}{2(d_{j+1}-d_j)},e^{-\left(\frac{\pi}{d_{j+1}-d_j}\right)^2\eta_{zj}t}\right\}\right]du
\end{aligned}
\tag{13.16.16}
$$

where $\mathcal{V}_{\mathcal{N}0}(\xi_n r,a)=Y_0(\xi_n r)J_1(\xi_n a)-J_0(\xi_n r)Y_1(\xi_n a)$, and the eigenvalues $\xi_n, n=1,2,...$, are the positive roots of the transcendental equation $J_1(\xi_n a)Y_1\{\xi_n r_{fj}(t_0)\}-Y_1(\xi_n a)J_1\{\xi_n r_{fj}(t_0)\}=0$.
$\overline{\overline{\psi}}_0(\xi_n,s)=\int_a^{r_{fj}(t_0)}\overline{\psi}_0(r,s)r\mathcal{V}_{\mathcal{N}0}(\xi_n r,a)dr$, $\overline{\overline{\psi}}_d(\xi_n,s)=\int_a^{r_{fj}(t_0)}\overline{\psi}_d(r,s)r\mathcal{V}_{\mathcal{N}0}(\xi_n r,a)dr$,
$\overline{\psi}_f(z,s)=\int_0^{\infty}\psi_{fj}(z,t)e^{-st}dt$ and $\overline{p}_i(\xi_n,u,t_0)=\int_a^{r_{fj}(t_0)}p_i(r,u,t_0)r\mathcal{V}_{\mathcal{N}0}(\xi_n r,a)dr$.

The uninvaded region

The solution in the time domain is

$$p_{uj} = \frac{1}{\pi\left(\phi c_t\left(d_{j+1}-d_j\right)\right)_j}\int_0^t\int_a^\infty \psi_{fj}(u,t-\tau)\left\{\Theta_3\left(\frac{\pi(z-u)}{2\left(d_{j+1}-d_j\right)}, e^{-\left(\frac{\pi}{d_{j+1}-d_j}\right)^2\eta_{zj}\tau}\right)+\right.$$
$$\left.+\Theta_3\left(\frac{\pi(z+u)}{2\left(d_{j+1}-d_j\right)}, e^{-\left(\frac{\pi}{d_{j+1}-d_j}\right)^2\eta_{zj}\tau}\right)\right\}\int_0^\infty \frac{\xi\mathcal{G}_0(\xi r)\,e^{-\eta_{rj}\xi^2\tau}}{\left[J_1^2\left\{\xi r_{fj}(t_0)\right\}+Y_1^2\left\{\xi r_{fj}(t_0)\right\}\right]}d\xi du d\tau +$$
$$+\frac{1}{\left(\phi c_t\right)_j\left(d_{j+1}-d_j\right)}\int_0^t\int_a^\infty\left\{\Theta_3\left(\frac{\pi z}{2\left(d_{j+1}-d_j\right)}, e^{-\left(\frac{\pi}{d_{j+1}-d_j}\right)^2\eta_{zj}\tau}\right)\psi_j(u,t-\tau)-\right.$$
$$\left.-\Theta_4\left(\frac{\pi z}{2\left(d_{j+1}-d_j\right)}, e^{-\left(\frac{\pi}{d_{j+1}-d_j}\right)^2\eta_{zj}\tau}\right)\psi_{j+1}(u,t-\tau)\right\}\int_0^\infty\frac{\xi u\mathcal{G}_0(\xi u)\,\mathcal{G}_0(\xi r)\,e^{-\eta_{rj}\xi^2\tau}}{\left[J_1^2\left\{\xi r_{fj}(t_0)\right\}+Y_1^2\left\{\xi r_{fj}(t_0)\right\}\right]}d\xi du d\tau+$$
$$+\frac{1}{2\left(d_{j+1}-d_j\right)}\int_a^\infty v\int_0^{d_{j+1}-d_j} p_u\left(v,u+d_j,t_0\right)\left\{\Theta_3\left(\frac{\pi(z-u)}{2\left(d_{j+1}-d_j\right)}, e^{-\left(\frac{\pi}{d_{j+1}-d_j}\right)^2\eta_{zj}t}\right)+\right.$$
$$\left.+\Theta_3\left(\frac{\pi(z+u)}{2\left(d_{j+1}-d_j\right)}, e^{-\left(\frac{\pi}{d_{j+1}-d_j}\right)^2\eta_{zj}t}\right)\right\}\int_0^\infty\frac{\xi\mathcal{G}_0(\xi v)\,\mathcal{G}_0(\xi r)\,e^{-\eta_{rj}\xi^2 t}}{\left[J_1^2\left\{\xi r_{fj}(t_0)\right\}+Y_1^2\left\{\xi r_{fj}(t_0)\right\}\right]}d\xi du dv \qquad (13.16.17)$$

where $\mathcal{G}_0(\xi r) = J_1\left\{\xi r_{fj}(t_0)\right\}Y_0(\xi r) - Y_1\left\{\xi r_{fj}(t_0)\right\}J_0(\xi r)$. Deploying the interfacial boundary conditions (13.16.3) and (13.16.4) results in three distinct integral equations:

$$a \le r \le \begin{cases} r_{fj}(t_0) & r_{fj}(t_0) < r_{fj-1}(t_0) \\ r_{fj-1}(t_0) & r_{fj-1}(t_0) < r_{fj}(t_0)\end{cases} \qquad \breve{\lambda}_j\psi_j(r,t) = \left\{p_{ij-1}(r,d_j,t) - p_{ij}(r,d_j,t)\right\} \quad (13.16.18)$$

$$r_{fj-1}(t_0) < r < r_{fj}(t_0) \qquad \breve{\lambda}_j\psi_j(r,t) = \left\{p_{uj-1}(r,d_j,t) - p_{ij}(r,d_j,t)\right\} \quad (13.16.19)$$

If $r_{fj}(t_0) < r_{fj-1}(t_0)$, equation (13.16.19) should be multiplied by the negative sign.

$$\left.\begin{matrix} r_{fj-1}(t_0) < r_{fj}(t_0) & r_{fj}(t_0) \\ r_{fj}(t_0) < r_{fj-1}(t_0) & r_{fj-1}(t_0)\end{matrix}\right\} \le r \le \infty \qquad \breve{\lambda}_j\psi_j(r,t) = \left\{p_{uj-1}(r,d_j,t) - p_{uj}(r,d_j,t)\right\} \quad (13.16.20)$$

13.17 The problem of 13.14, except the continuum is bounded by the cylinder $r = a$, $r = b$, $z = 0$ and $z = d$. At $r = a$, $\frac{\partial p(a,z,t)}{\partial r} = -\left(\frac{\mu}{k_r}\right)\psi_a(z,t)$ and at $r = b$, $\frac{\partial p(b,z,t)}{\partial r} = -\left(\frac{\mu}{k_r}\right)\psi_b(z,t)$; $\psi_a(z,t)$ and $\psi_b(z,t)$ are arbitrary functions of z and t. At $z = 0$, $p(r,0,t) = \psi_0(t)$ and at $z = d$, $p(r,d,t) = \psi_d(t)$; $\psi_0(t)$ and $\psi_d(t)$ are arbitrary functions of t only. At $z = z_f(t)$, $0 < z_f(t) < d$—the moving boundary—$\frac{\partial p(r,z_f(t),t)}{\partial z} = -\left(\frac{\mu}{k_z}\right)\psi_f(t)$. The initial pressure $p(r,z,0) = \varphi(r,z)$

We consider a continuum of volume $\pi\left(b^2-a^2\right)d$. Fluid at a rate of $q(t)$ enters the continuum at $z = 0$ over the area, $\pi\left(b^2-a^2\right)$, and displaces the in situ fluids in a pistonlike manner, such that a uniform, immobile in situ fluid saturation exists behind the advancing water front. The resulting pressure disturbance is left to diffuse through the homogeneous porous medium. At the moving interface, $p\left\{r,z_f(t),t\right\}_i = p\left\{r,z_f(t),t\right\}_u$ and $\psi_f(t) = \left[\frac{\partial p\{r,z_f(t),t\}}{\partial z}\right]_i\left(\frac{\mu}{k_z}\right)_i = \left[\frac{\partial p\{r,z_f(t),t\}}{\partial z}\right]_u\left(\frac{\mu}{k_z}\right)_u$. Here i and u denote the invaded and uninvaded regions.

The pressures at $z = 0$, $p(r,0,t) = \psi_0(t)$, and $z = d$, $p(r,d,t) = \psi_d(t)$, are known functions of time. The average velocity of the fluid entering the oil column at $z = 0$, $\frac{q(t)}{\pi(b^2-a^2)\phi(S_w-S_{wi})} = -\left(\frac{k_z}{\mu}\right)\frac{\partial p}{\partial z}$, is not known a priori.

The invaded region: $0 \le z \le z_f(t)$

We find p from the partial differential equation (13.15.1). The finite Fourier transformation of equation (13.15.1) in the region $0 \le z \le z_f(t)$ gives

$$\int_0^{z_f(t)} \mathcal{K}(z,\xi_l)\frac{\partial p}{\partial t}dz = -\xi_l^2\eta_z\overline{p} + \left\{\eta_z\xi_l\psi_0(t) + (-1)^l\frac{\psi_f(t)}{\phi c_t}\right\} + \eta_r\left(\frac{\partial^2\overline{p}}{\partial r^2} + \frac{1}{r}\frac{\partial\overline{p}}{\partial r}\right) \qquad (13.17.1)$$

where $\eta_\iota = \frac{k_\iota}{\phi c_t\mu}$, $\iota = r, z$. k_ι is the effective permeability. For the invaded zone, $k_\iota = k_{a\iota}k_{\iota w}|_{1-s_{or}}$, and for the uninvaded zone, $k_\iota = k_{a\iota}k_{\iota o}|_{S_{wi}}$. $k_{a\iota}$ is the absolute permeability. $k_{\iota w}|_{1-S_{or}}$ and $k_{\iota o}|_{s_{wi}}$ are the relative permeabilities of water and oil at saturations $1 - S_{or}$ and S_{wi}, respectively. S_{wi} is the initial water saturation and S_{or} is the irreducible oil saturation. $\overline{p} = \int_0^{z_f(t)} \mathcal{K}(z,\xi_l)\,p dz$, where $\mathcal{K}(z,\xi_l) = \sin(\xi_l z)$ are the eigenfunctions. The set of eigenvalues ξ_l are the positive roots of $\cos\{\xi_l z_f(t)\} = 0$, which are $\xi_l = \frac{(2l-1)\pi}{2z_f(t)}$, $l = 1, 2, ...$

The advancing water front is given by

$$z_f(t) = \frac{\int_0^t q(\tau)\,d\tau}{\pi(b^2-a^2)\phi(S_w-S_{wi})} + \frac{2}{b^2-a^2}\int_0^t\int_0^{z_f(\tau)}\{a\psi_a(z,\tau) - b\psi_b(z,\tau)\}dzd\tau \qquad (13.17.2)$$

and its time derivative is given by

$$\frac{\partial z_f(t)}{\partial t} = \frac{q(t)}{\pi(b^2-a^2)\phi(S_w-S_{wi})} + \frac{2}{b^2-a^2}\int_0^{z_f(t)}\{a\psi_a(z,t) - b\psi_b(z,t)\}dz \qquad (13.17.3)$$

Evaluating the integral in the left-hand side of equation (13.17.1) and applying the finite Hankel transformation in the region $a \le r \le b$, we get

$$\frac{\partial\overline{\overline{p}}(\xi_l)}{\partial t} + \sum_{m=1}^{\infty}\varpi_{ml}(t)\,\overline{\overline{p}}(\xi_m) = B(\xi_n,\xi_l,t) \qquad (13.17.4)$$

where $\overline{\overline{p}}(\xi_l) \equiv \overline{\overline{p}}(\xi_n,\xi_l) = \int_0^{z_f(t)}\left\{\int_a^b p(0,z,t)\,rdr + \int_a^b p(r,z,t)\,r\mathcal{V}_{\mathcal{N}0}(\xi_n r,a)\,dr\right\}\mathcal{K}(z,\xi_l)\,dz$ and $\mathcal{V}_{\mathcal{N}0}(\xi_n r,a) = Y_0(\xi_n r)J_1(\xi_n a) - J_0(\xi_n r)Y_1(\xi_n a)$. The eigenvalues are $\xi_0 = 0$ and ξ_n. $\xi_n, n = 1, 2, ...,$ are the positive roots of the transcendental equation $\mathcal{V}'_{\mathcal{N}0}(\xi_n b,a) = 0$,*

$$\varpi_{ml}(t) = \left(\eta_r\xi_n^2 + \eta_z\xi_l^2\right)\delta_m^l - \Omega_{ml}(\xi_l,\xi_m,t) \qquad (13.17.5)$$

$$\Omega_{ml}(\xi_l,\xi_m,t) = \begin{cases} -\frac{1}{2z_f(t)}\frac{\partial z_f(t)}{\partial t} & m = l \\ \frac{(-1)^{m+l}(2l-1)^2}{\{m(m-1)-l(l-1)\}z_f(t)}\frac{dz_f(t)}{dt} = -\Omega_{lm}(\xi_l,\xi_m,t) & m \ne l \end{cases} \qquad (13.17.6)$$

$$\begin{aligned} B(0,\xi_l,t) &= \frac{\{a\overline{\psi}_a(\xi_l,t) - b\overline{\psi}_b(\xi_l,t)\}}{\phi c_t} + \frac{b^2-a^2}{2}\left\{\eta_z\xi_l\psi_0(t) + (-1)^l\frac{\psi_f(t)}{\phi c_t}\right\} + \\ &+ (-1)^{l+1}\frac{\partial z_f(t)}{\partial t}\int_a^b up\{u,z_f(t),t\}\,du \end{aligned} \qquad (13.17.7)$$

*$\mathcal{V}'_{\mathcal{N}0}(\xi_n b,a) = J_1(\xi_n b)Y_1(\xi_n a) - Y_1(\xi_n b)J_1(\xi_n a)$.

and

$$B(\xi_n, \xi_l, t) = \frac{2\overline{\psi}_a(\xi_l, t)}{\pi\phi c_t \xi_n} - \frac{2\overline{\psi}_b(\xi_l, t) J_1(\xi_n a)}{\pi\phi c_t \xi_n J_1(\xi_n b)} + (-1)^{l+1}\overline{p}\{\xi_n, z_f(t), t\}\frac{\partial z_f(t)}{\partial t} \quad n = 1, 2, ... \tag{13.17.8}$$

where $\overline{p}\{\xi_n, z_f(t), t\} = \int_a^b rp\{r, z_f(t), t\}\mathcal{V}_{\mathcal{N}0}(\xi_n r, a)\, dr$, $\overline{\psi}_a(\xi_l, t) = \int_0^{z_f(t)} \psi_a(z, t)\sin(\xi_l z)\, dz$, and $\overline{\psi}_b(\xi_l, t) = \int_0^{z_f(t)} \psi_b(z, t)\sin(\xi_l z)\, dz$.

For a sufficiently large $L\hat{\ }L$ system, equation (13.17.3) can be written in matrix form, which is

$$\mathrm{P}' + \mathrm{AP} = \mathrm{B} \tag{13.17.9}$$

where $\mathrm{P} = [\overline{p}(\xi_1), \overline{p}(\xi_2), \overline{p}(\xi_3), ..., \overline{p}(\xi_L)]^T$, $\mathrm{A} = \begin{bmatrix} \varpi_{11}(t) & \varpi_{12}(t) & \bullet\ \bullet\ \bullet\ \bullet & \varpi_{1L}(t) \\ \varpi_{21}(t) & \varpi_{22}(t) & \bullet\ \bullet\ \bullet\ \bullet & \varpi_{2L}(t) \\ \varpi_{31}(t) & \varpi_{32}(t) & \bullet\ \bullet\ \bullet\ \bullet & \varpi_{3L}(t) \\ \bullet & \bullet & \bullet\ \bullet\ \bullet\ \bullet & \bullet \\ \bullet & \bullet & \bullet\ \bullet\ \bullet\ \bullet & \bullet \\ \bullet & \bullet & \bullet\ \bullet\ \bullet\ \bullet & \bullet \\ \varpi_{L1}(t) & \varpi_{L2}(t) & \bullet\ \bullet\ \bullet\ \bullet & \varpi_{LL}(t) \end{bmatrix}$,

$\mathrm{B} = [B(\xi_n, \xi_1, t), B(\xi_n, \xi_2, t), B(\xi_n, \xi_3, t), ..., B(\xi_n, \xi_L, t)]^T$ and the initial condition $\Phi = [\overline{\varphi}(\xi_1), \overline{\varphi}(\xi_2), \overline{\varphi}(\xi_3), ..., \overline{\varphi}(\xi_L)]$.

The lowest-order solution of the coupled system is given by

$$\frac{d\overline{p}(\xi_l)}{dt} + \varpi_{ll}(t)\overline{\overline{p}}(\xi_l) = B(\xi_n, \xi_l, t) \tag{13.17.10}$$

where

$$\varpi_{ll}(t) = \eta_r\xi_n^2 + \eta_z\xi_l^2 + \frac{1}{2z_f(t)}\frac{\partial z_f(t)}{\partial t} \tag{13.17.11}$$

The general solution of the ordinary differential equation (13.17.8) may be explicitly solved to give

$$\overline{\overline{p}} = \overline{\overline{\varphi}}(\xi_n, \xi_l)\, e^{-\vartheta_{ll}(t)} + \int_0^t e^{-\{\vartheta_{ll}(t) - \vartheta_{ll}(\tau)\}}B(\xi_n, \xi_l, \tau)\, d\tau \tag{13.17.12}$$

where $\overline{\overline{\varphi}}(0, \xi_l) = \int_a^b r\int_0^{z_f(t)} \varphi(r, z)\sin(\xi_l z)\, dzdr$, $\xi_0 = 0$ and $\overline{\overline{\varphi}}(\xi_n, \xi_l) = \int_a^b r\mathcal{V}_{\mathcal{N}0}(\xi_n r, a)\int_0^{z_f(t)} \varphi(r, z)\sin(\xi_l z)\, dzdr$, $n = 1, 2, ...$, and

$$\vartheta_{ll}(t) = \int_0^t \varpi_{ll}(\tau) d\tau \tag{13.17.13}$$

Taking the inverse Fourier and Hankel transformations of equation (13.17.12), we get

$$\begin{aligned} p_i \ = \ & \frac{4}{z_f(t)(b^2 - a^2)}\sum_{l=1}^{\infty}\sin(\xi_l z)\int_0^t e^{-\{\vartheta_{ll}(t) - \vartheta_{ll}(\tau)\}}B(0, \xi_l, \tau)\, d\tau + \\ & + \frac{\pi^2}{z_f(t)}\sum_{l=1}^{\infty}\sin(\xi_l z)\sum_{n=1}^{\infty}\frac{\xi_n^2 J_1^2(\xi_n b)\mathcal{V}_{\mathcal{N}0}(\xi_n r, a)}{\{J_1^2(\xi_n a) - J_1^2(\xi_n b)\}}\int_0^t e^{-\{\vartheta_{ll}(t) - \vartheta_{ll}(\tau)\}}B(\xi_n, \xi_l, \tau)\, d\tau + \\ & + \frac{4}{z_f(t)(b^2 - a^2)}\sum_{l=1}^{\infty}\sin(\xi_l z)\overline{\overline{\varphi}}(0, \xi_l)e^{-\vartheta_{ll}(t)} + \\ & + \frac{\pi^2}{z_f(t)}\sum_{l=1}^{\infty}\sin(\xi_l z)\sum_{n=1}^{\infty}\frac{\xi_n^2 J_1^2(\xi_n b)\mathcal{V}_{\mathcal{N}0}(\xi_n r, a)}{\{J_1^2(\xi_n a) - J_1^2(\xi_n b)\}}\overline{\overline{\varphi}}(\xi_n, \xi_l)e^{-\vartheta_{ll}(t)} \end{aligned} \tag{13.17.14}$$

The subscript i denotes the invaded region $a \leq r \leq r_f(t)$ and $p_i \equiv p_i(r,z,t)$. If the initial condition $\varphi(r,z) = p_I$, a constant, equation (13.17.14) reduces to

$$\begin{aligned} p_i &= \frac{4}{z_f(t)(b^2-a^2)} \sum_{l=1}^{\infty} \sin(\xi_l z) \int_0^t e^{-\{\vartheta_{ll}(t)-\vartheta_{ll}(\tau)\}} B(0,\xi_l,\tau)\, d\tau + \\ &+ \frac{\pi^2}{z_f(t)} \sum_{l=1}^{\infty} \sin(\xi_l z) \sum_{n=1}^{\infty} \frac{\xi_n^2 J_1^2(\xi_n b)\, \mathcal{V}_{N0}(\xi_n r, a)}{\{J_1^2(\xi_n a) - J_1^2(\xi_n b)\}} \int_0^t e^{-\{\vartheta_{ll}(t)-\vartheta_{ll}(\tau)\}} B(\xi_n,\xi_l,\tau)\, d\tau + \\ &+ \frac{4p_I}{\pi} \sum_{l=1}^{\infty} \frac{\sin(\xi_l z)}{(2l-1)} e^{-\vartheta_{ll}(t)} \end{aligned} \tag{13.17.15}$$

The iterative approximation to include the higher off-diagonal terms would then be

$$\frac{\partial \overline{\overline{p}}_j(\xi_l)}{\partial t} + \varpi_{ll}(t)\,\overline{\overline{p}}_j(\xi_l) = B_j(\xi_n,\xi_l,t) + C_{odj-1}(\xi_n,\xi_l,t) \qquad j = 1,2,.... \tag{13.17.16}$$

where

$$C_{odj-1}(\xi_n,\xi_l,t) = \begin{cases} 0 & j=1 \\ \sum\limits_{m=1}^{\infty} \varpi_{ml}(t)\,\overline{p}_{ij-1}(\xi_m) \qquad m \neq l & j=2,3,... \end{cases} \tag{13.17.17}$$

$B_j(\xi_n,\xi_l,t)$ is given by equations (13.17.6) and (13.17.7) and j is the iteration counter. The general solution of equation (13.17.16) may be explicitly solved to give

$$\overline{\overline{p}}_j = \overline{\overline{\varphi}}_j(\xi_n,\xi_l)\, e^{-\vartheta_{nn}(t)} + \int_0^t e^{-\{\vartheta_{ll}(t)-\vartheta_{ll}(\tau)\}} \{B_j(\xi_n,\xi_l,\tau) + C_{odj-1}(\xi_n,\xi_l,\tau)\}\, d\tau \tag{13.17.18}$$

Hence, for the invaded region, the solution to be used in the iterative scheme may be written as

$$\begin{aligned} p_{ij} &= p_{ij} + \frac{4}{z_f(t)(b^2-a^2)} \sum_{l=1}^{\infty} \sin(\xi_l z) \int_0^t e^{-\{\vartheta_{ll}(t)-\vartheta_{ll}(\tau)\}} C_{odj-1}(0,\xi_l,\tau)\, d\tau + \\ &+ \frac{\pi^2}{z_f(t)} \sum_{l=1}^{\infty} \sin(\xi_l z) \sum_{n=1}^{\infty} \frac{\xi_n^2 J_1^2(\xi_n b)\, \mathcal{V}_{N0}(\xi_n r, a)}{\{J_1^2(\xi_n a) - J_1^2(\xi_n b)\}} \int_0^t e^{-\{\vartheta_{ll}(t)-\vartheta_{ll}(\tau)\}} C_{odj-1}(\xi_n,\xi_l,\tau)\, d\tau \end{aligned} \tag{13.17.19}$$

where $p_{ij} \equiv p_{ij}(r,z,t)$. To start the iteration at $j=1$, $\overline{p}_{i0}(\xi_m)$ and p_{i0} in equations (13.17.17) and (13.17.19) may be obtained from the lowest-order solution.

The uninvaded region: $z_f(t) \leq z \leq d$

The differential equation for pressure diffusion in this region is given by the partial differential equation (13.15.1). The lowest-order solution in the time domain is

$$\begin{aligned} p_u &= \frac{4}{\{d-z_f(t)\}(b^2-a^2)} \sum_{l=1}^{\infty} \cos\{\xi_l(z-z_f(t))\} \int_0^t e^{-\{\vartheta_{ll}(t)-\vartheta_{ll}(\tau)\}} D(0,\xi_l,\tau)\, d\tau + \\ &+ \frac{\pi^2}{d-z_f(t)} \sum_{l=1}^{\infty} \cos\{\xi_l(z-z_f(t))\} \sum_{n=1}^{\infty} \frac{\xi_n^2 J_1^2(\xi_n b)\, \mathcal{V}_{N0}(\xi_n r, a)}{\{J_1^2(\xi_n a) - J_1^2(\xi_n b)\}} \int_0^t e^{-\{\vartheta_{ll}(t)-\vartheta_{ll}(\tau)\}} D(\xi_n,\xi_l,\tau)\, d\tau + \\ &+ \frac{4}{\{d-z_f(t)\}(b^2-a^2)} \sum_{l=1}^{\infty} \cos\{\xi_l(z-z_f(t))\}\, \overline{\overline{\varphi}}(0,\xi_l) e^{-\vartheta_{ll}(t)} + \\ &+ \frac{\pi^2}{d-z_f(t)} \sum_{l=1}^{\infty} \cos\{\xi_l(z-z_f(t))\} \sum_{n=1}^{\infty} \frac{\xi_n^2 J_1^2(\xi_n b)\, \mathcal{V}_{N0}(\xi_n r, a)}{\{J_1^2(\xi_n a) - J_1^2(\xi_n b)\}} \overline{\overline{\varphi}}(\xi_n,\xi_l) e^{-\vartheta_{ll}(t)} \end{aligned} \tag{13.17.20}$$

The set of eigenvalues ξ_l are the positive roots of $\cos\{\xi_l(d-z_f(t))\}=0$, which are $\xi_l=\frac{(2l-1)\pi}{2\{d-z_f(t)\}}$, $l=1,2,....$ $\overline{\overline{\varphi}}(0,\xi_l)=\int_a^b r\int_0^{d-z_f(t)}\varphi\{r,z+z_f(t)\}\cos\{\xi_l(z-z_f(t))\}d\{z-z_f(t)\}dr$, $\overline{\overline{\varphi}}(\xi_n,\xi_l)=\int_a^b r\mathcal{V}_{\mathcal{N}0}(\xi_n r,a)\int_0^{d-z_f(t)}\varphi\{r,z+z_f(t)\}\cos\{\xi_l(z-z_f(t))\}d\{z-z_f(t)\}dr$, and

$$\vartheta_{ll}(t)=\int_0^t\varpi_{ll}(\tau)d\tau \tag{13.17.21}$$

$$\varpi_{ml}(t)=\left(\eta_r\xi_n^2+\eta_z\xi_l^2\right)\delta_m^l-\Omega_{ml}(\xi_l,\xi_m,t) \tag{13.17.22}$$

$$\Omega_{ml}(\xi_l,\xi_m,t)=\begin{cases}-\frac{1}{2\{d-z_f(t)\}}\frac{\partial z_f(t)}{\partial t} & m=l\\ -\frac{(-1)^{m+l}(2l-1)(2m-1)}{2\{m(m-1)-l(l-1)\}\{d-z_f(t)\}}\frac{dz_f(t)}{dt}=-\Omega_{lm}(\xi_l,\xi_m,t) & m\neq l\end{cases} \tag{13.17.23}$$

$$\varpi_{ll}(t)=\eta_r\xi_n^2+\eta_z\xi_l^2+\frac{1}{2\{d-z_f(t)\}}\left\{\tilde{q}(t)+\frac{2}{b^2-a^2}\int_0^{z_f(t)}\{a\psi_a(z,t)-b\psi_b(z,t)\}dz\right\} \tag{13.17.24}$$

$$D(0,\xi_l,t)=\frac{\{a\overline{\psi}_a(\xi_l,t)-b\overline{\psi}_b(\xi_l,t)\}}{\phi c_t}+\frac{b^2-a^2}{2}\left\{\frac{\psi_f(t)}{\phi c_t}-(-1)^l\eta_z\xi_l\psi_d(t)\right\} \tag{13.17.25}$$

$$D(\xi_n,\xi_l,t)=\frac{2\overline{\psi}_a(\xi_l,t)}{\pi\phi c_t\xi_n}-\frac{2\overline{\psi}_b(\xi_l,t)J_1(\xi_n a)}{\pi\phi c_t\xi_n J_1(\xi b)}\qquad n=1,2,... \tag{13.17.26}$$

where $\overline{\psi}_a(\xi_l,t)=\int_0^{d-z_f(t)}\psi_a(z,t)\cos(\xi_l z)dz$ and $\overline{\psi}_b(\xi_l,t)=\int_0^{d-z_f(t)}\psi_b(z,t)\cos(\xi_l z)dz$. The subscript u denotes the un-invaded region $z_f(t)\leq z\leq d$ and $p_u\equiv p_u\{r,z-z_f(t),t\}$.

If the initial condition $p(r,z,0)=\varphi(r,z)=p_I$, equation (13.17.21) reduces to

$$\begin{aligned}p_u={}&\frac{4}{\{d-z_f(t)\}(b^2-a^2)}\sum_{l=1}^{\infty}\cos\{\xi_l(z-z_f(t))\}\int_0^t e^{-\{\vartheta_{ll}(t)-\vartheta_{ll}(\tau)\}}D(0,\xi_l,\tau)d\tau+\\&+\frac{\pi^2}{d-z_f(t)}\sum_{l=1}^{\infty}\cos\{\xi_l(z-z_f(t))\}\sum_{n=1}^{\infty}\frac{\xi_n^2J_1^2(\xi_n b)\mathcal{V}_{\mathcal{N}0}(\xi_n r,a)}{\{J_1^2(\xi_n a)-J_1^2(\xi_n b)\}}\int_0^t e^{-\{\vartheta_{ll}(t)-\vartheta_{ll}(\tau)\}}D(\xi_n,\xi_l,\tau)d\tau+\\&+\frac{4p_I}{\pi}\sum_{l=1}^{\infty}\frac{(-1)^{l+1}e^{-\vartheta_{ll}(\xi_l,t)}\cos\{\xi_l(z-z_f(t))\}}{(2l-1)}\end{aligned} \tag{13.17.27}$$

The iterative approximation to include the contributions of the off-diagonal terms for this case would be

$$\frac{\partial\overline{\overline{p}}_j(\xi_l)}{\partial t}+\varpi_{ll}(t)\overline{\overline{p}}_j(\xi_l)=D_j(\xi_n,\xi_l,t)+C_{odj-1}(\xi_n,\xi_l,t)\qquad j=1,2,.... \tag{13.17.28}$$

where

$$C_{odj-1}(\xi_n,\xi_l,t)=\begin{cases}0 & j=1\\ \sum_{m=1}^{\infty}\varpi_{ml}(t)\overline{\overline{p}}_{ij-1}(\xi_m)\quad m\neq l & j=2,3,...\end{cases} \tag{13.17.29}$$

$D_j(\xi_n,\xi_l,t)$ is given by equation (13.17.25) and j is the iteration counter. The general solution of equation (13.17.28) may be explicitly solved to give

$$\overline{\overline{p}}_j=\overline{\overline{\varphi}}_j(\xi_n,\xi_l)e^{-\vartheta_{ll}(t)}+\int_0^t e^{-\{\vartheta_{nn}(t)-\vartheta_{ll}(\tau)\}}\{D_j(\xi_n,\xi_l,\tau)+C_{odj-1}(\xi_n,\xi_l,\tau)\}d\tau \tag{13.17.30}$$

where $\overline{\overline{\varphi}}_j(\xi_n,\xi_l) = \int_0^{d-z_f(t)} \left\{ \int_a^b \varphi_j\{r, z+z_f(t)\}\, r dr + \int_a^b \varphi_j\{r, z+z_f(t)\}\, r\mathcal{V}_{\mathcal{N}0}(\xi_n r, a)\, dr \right\} \cos\{\xi_l (z - z_f(t))\}\, dz$. Hence, for the uninvaded region, the solution to be used in the iterative scheme may be written as

$$p_{uj} = p_{uj} + \frac{4}{\{d - z_f(t)\}(b^2 - a^2)} \sum_{l=1}^{\infty} \cos\{\xi_l (z - z_f(t))\} \int_0^t e^{-\{\vartheta_{ll}(t) - \vartheta_{ll}(\tau)\}} C_{odj-1}(0, \xi_l, \tau)\, d\tau +$$
$$+ \frac{\pi^2}{\{d - z_f(t)\}} \sum_{l=1}^{\infty} \cos\{\xi_l (z - z_f(t))\} \sum_{n=1}^{\infty} \frac{\xi_n^2 J_1^2(\xi_n b)\, \mathcal{V}_{\mathcal{N}0}(\xi_n r, a)}{\{J_1^2(\xi_n a) - J_1^2(\xi_n b)\}} \int_0^t e^{-\{\vartheta_{ll}(t) - \vartheta_{ll}(\tau)\}} C_{odj-1}(\xi_n, \xi_l, \tau)\, d\tau \tag{13.17.31}$$

where $p_{uj} \equiv p_{uj}(r, z - z_{fj}(t), t)$. To start the iteration at $j = 1$, $\overline{p}_{i0}(\xi_m)$ and p_{i0} in equations (13.17.29) and (13.17.31) may be obtained from the lowest-order solution.

At the interface $z = z_f(t)$, matching the pressure solutions of the invaded and uninvaded regions, we get two integral equations with two unknowns: the pressure $p\{r, z_f(t), t\}$ and the flux $\psi_f(t)$. The pressure and flux deduced from these equations can then be used in the general solutions to obtain pressure as a function of r, z and t.

13.18 The problem of 13.17, except at $z = d$, $\frac{\partial p(r,d,t)}{\partial z} = -\left(\frac{\mu}{k_z}\right) \psi_d(t)$

The invaded region: $0 \le z \le z_f(t)$

The result is the same as that of problem 13.17.

The uninvaded region: $z_f(t) \le z \le d$

The differential equation for pressure diffusion in this region is obtained from equation (13.15.1). The lowest-order solution in the time domain is

$$p_u = \frac{2\left\{\overline{\overline{\varphi}}(0,0) + \int_0^t D(0,0,\tau)\, d\tau\right\}}{\{d - z_f(t)\}(b^2 - a^2)} +$$
$$+ \frac{\pi^2}{2\{d - z_f(t)\}} \sum_{n=1}^{\infty} \frac{\xi_n^2 J_1^2(\xi_n b)\, \mathcal{V}_{\mathcal{N}0}(\xi_n r, a)}{\{J_1^2(\xi_n a) - J_1^2(\xi_n b)\}} \left\{ \overline{\overline{\varphi}}(\xi_n, 0)\, e^{-\eta_r \xi_n^2 t} + \int_0^t e^{-\eta_r \xi_n^2 (t-\tau)} D(\xi_n, 0, \tau)\, d\tau \right\} +$$
$$+ \frac{4}{\{d - z_f(t)\}(b^2 - a^2)} \sum_{l=1}^{\infty} \cos\{\xi_l (z - z_f(t))\} \int_0^t e^{-\{\vartheta_{ll}(t) - \vartheta_{ll}(\tau)\}} D(0, \xi_l, \tau)\, d\tau +$$
$$+ \frac{\pi^2}{d - z_f(t)} \sum_{l=1}^{\infty} \cos\{\xi_l (z - z_f(t))\} \sum_{n=1}^{\infty} \frac{\xi_n^2 J_1^2(\xi_n b)\, \mathcal{V}_{\mathcal{N}0}(\xi_n r, a)}{\{J_1^2(\xi_n a) - J_1^2(\xi_n b)\}} \int_0^t e^{-\{\vartheta_{ll}(t) - \vartheta_{ll}(\tau)\}} D(\xi_n, \xi_l, \tau)\, d\tau +$$
$$+ \frac{4}{\{d - z_f(t)\}(b^2 - a^2)} \sum_{l=1}^{\infty} \cos\{\xi_l (z - z_f(t))\}\, \overline{\overline{\varphi}}(0, \xi_l) e^{-\vartheta_{ll}(t)} +$$
$$+ \frac{\pi^2}{d - z_f(t)} \sum_{l=1}^{\infty} \cos\{\xi_l (z - z_f(t))\} \sum_{n=1}^{\infty} \frac{\xi_n^2 J_1^2(\xi_n b)\, \mathcal{V}_{\mathcal{N}0}(\xi_n r, a)}{\{J_1^2(\xi_n a) - J_1^2(\xi_n b)\}} \overline{\overline{\varphi}}(\xi_n, \xi_l) e^{-\vartheta_{ll}(t)} \tag{13.18.1}$$

The set of eigenvalues ξ_l are the positive roots of $\sin\{\xi_l (d - z_f(t))\} = 0$, which are $\xi_l = \frac{l\pi}{d - z_f(t)}$, $l = 1, 2, \ldots$. $\mathcal{V}_{\mathcal{N}0}(\xi_n r, a) = Y_0(\xi_n r) J_1(\xi_n a) - J_0(\xi_n r) Y_1(\xi_n a)$. The eigenvalues are $\xi_0 = 0$ and ξ_n. $\xi_n, n = 1, 2, \ldots$, are the positive roots of the transcendental equation $\mathcal{V}'_{\mathcal{N}0}(\xi_n b, a) = 0$,*

*$\mathcal{V}'_{\mathcal{N}0}(\xi_n b, a) = J_1(\xi_n b) Y_1(\xi_n a) - Y_1(\xi_n b) J_1(\xi_n a)$.

$\overline{\overline{\varphi}}(0,0) = \int_a^b r \int_0^{d-z_f(t)} \varphi\{r, z+z_f(t)\} d\{z-z_f(t)\} dr$,
$\overline{\overline{\varphi}}(0,\xi_l) = \int_a^b r \int_0^{d-z_f(t)} \varphi\{r, z+z_f(t)\} \cos\{\xi_l(z-z_f(t))\} d\{z-z_f(t)\} dr$,
$\overline{\overline{\varphi}}(\xi_n,0) = \int_a^b r\mathcal{V}_{\mathcal{N}0}(\xi_n r, a) \int_0^{d-z_f(t)} \varphi\{r, z+z_f(t)\} d\{z-z_f(t)\} dr$,
$\overline{\overline{\varphi}}(\xi_n,\xi_l) = \int_a^b r\mathcal{V}_{\mathcal{N}0}(\xi_n r, a) \int_0^{d-z_f(t)} \varphi\{r, z+z_f(t)\} \cos\{\xi_l(z-z_f(t))\} d\{z-z_f(t)\} dr$, and

$$\vartheta_{ll}(t) = \int_0^t \varpi_{ll}(\tau) d\tau \tag{13.18.2}$$

$$\varpi_{ml}(t) = \left(\eta_r \xi_n^2 + \eta_z \xi_l^2\right) \delta_m^l - \Omega_{ml}(\xi_l, \xi_m, t) \tag{13.18.3}$$

$$\Omega_{ml}(\xi_l, \xi_m, t) = \begin{cases} \frac{1}{2\{d-z_f(t)\}} \frac{\partial z_f(t)}{\partial t} & m = l \\ \frac{4l^2(-1)^{m+l}}{(l^2-m^2)\{d-z_f(t)\}} \frac{dz_f(t)}{dt} = -\Omega_{lm}(\xi_l, \xi_m, t) & m \neq l \end{cases} \tag{13.18.4}$$

$$\varpi_{ll}(t) = \eta_r \xi_n^2 + \eta_z \xi_l^2 - \frac{1}{2\{d-z_f(t)\}} \frac{\partial z_f(t)}{\partial t} \tag{13.18.5}$$

$$D(0,0,t) = \frac{\{a\overline{\psi}_a(0,t) - b\overline{\psi}_b(0,t)\}}{\phi c_t} + \frac{b^2-a^2}{2\phi c_t}\{\psi_f(t) - \psi_d(t)\} - \frac{\partial z_f(t)}{\partial t} \int_a^b u p\{d-z_f(t), u, t\} du \tag{13.18.6}$$

$$D(\xi_n, 0, t) = \frac{2\overline{\psi}_a(\xi_l, t)}{\pi\phi c_t \xi_n} - \frac{2\overline{\psi}_b(\xi_l, t) J_1(\xi_n a)}{\pi\phi c_t \xi_n J_1(\xi_n b)} - \overline{p}\{d-z_f(t), \xi_n, t\} \frac{\partial z_f(t)}{\partial t} \qquad n = 1, 2, ... \tag{13.18.7}$$

$$D(0, \xi_l, t) = \frac{\{a\overline{\psi}_a(0,t) - b\overline{\psi}_b(0,t)\}}{\phi c_t} + \frac{b^2-a^2}{2\phi c_t}\left\{\psi_f(t) - (-1)^l \psi_d(t)\right\} - (-1)^l \frac{\partial z_f(t)}{\partial t} \int_a^b u p\{d-z_f(t), u, t\} du \qquad l = 1, 2, ... \tag{13.18.8}$$

$$D(\xi_n, \xi_l, t) = \frac{2\overline{\psi}_a(\xi_l, t)}{\pi\phi c_t \xi_n} - \frac{2\overline{\psi}_b(\xi_l, t) J_1(\xi_n a)}{\pi\phi c_t \xi_n J_1(\xi_n b)} - (-1)^l \overline{p}\{d-z_f(t), \xi_n, t\} \frac{\partial z_f(t)}{\partial t} \qquad n, l = 1, 2, ... \tag{13.18.9}$$

where $\frac{\partial z_f(t)}{\partial t}$ is given by equation (13.17.3). $\overline{\psi}_a(\xi_l, t) = \int_0^{d-z_f(t)} \cos(\xi_l z) \psi_a(z,t) dz$ and $\overline{\psi}_b(\xi_l, t) = \int_0^{d-z_f(t)} \cos(\xi_l z) \psi_b(z,t) dz$. The subscript u denotes the uninvaded region $z_f(t) \leq z \leq d$ and $p_u \equiv p_u\{r, z-z_f(t), t\}$. If the initial condition $p(r,z,0) = \varphi(r,z) = p_I$, equation (13.18.1) reduces to

$$\begin{aligned} p_u = & \frac{2\int_0^t D(0,0,\tau) d\tau}{\{d-z_f(t)\}(b^2-a^2)} + \frac{\pi^2}{2\{d-z_f(t)\}} \sum_{n=1}^{\infty} \frac{\xi_n^2 J_1^2(\xi_n b) \mathcal{V}_{\mathcal{N}0}(\xi_n r, a)}{\{J_1^2(\xi_n a) - J_1^2(\xi_n b)\}} \int_0^t e^{-\eta_r \xi_n^2 (t-\tau)} D(\xi_n, 0, \tau) d\tau + \\ & + \frac{4}{\{d-z_f(t)\}(b^2-a^2)} \sum_{l=1}^{\infty} \cos\{\xi_l(z-z_f(t))\} \int_0^t e^{-\{\vartheta_{ll}(t) - \vartheta_{ll}(\tau)\}} D(0, \xi_l, \tau) d\tau + \\ & + \frac{\pi^2}{d-z_f(t)} \sum_{l=1}^{\infty} \cos\{\xi_l(z-z_f(t))\} \sum_{n=1}^{\infty} \frac{\xi_n^2 J_1^2(\xi_n b) \mathcal{V}_{\mathcal{N}0}(\xi_n r, a)}{\{J_1^2(\xi_n a) - J_1^2(\xi_n b)\}} \int_0^t e^{-\{\vartheta_{ll}(t) - \vartheta_{ll}(\tau)\}} D(\xi_n, \xi_l, \tau) d\tau + p_I \end{aligned} \tag{13.18.10}$$

The corresponding iterative approximation to include the higher-order solutions for this case is given by

$$\frac{\partial \overline{\overline{p}}_j(\xi_l)}{\partial t} + \varpi_{ll}(t)\overline{\overline{p}}_j(\xi_l) = D_j(\xi_n, \xi_l, t) + C_{odj-1}(\xi_n, \xi_l, t) \qquad j = 1, 2, ... \tag{13.18.11}$$

where

$$C_{odj-1}(\xi_n, \xi_l, t) = \begin{cases} 0 & j = 1 \\ \sum_{m=1}^{\infty} \varpi_{ml}(t)\overline{p}_{ij-1}(\xi_m) \; m \neq l & j = 2, 3, ... \end{cases} \tag{13.18.12}$$

$D_j(\xi_n, \xi_l, t)$ is given by equations (13.18.6), (13.18.7), (13.18.8) and (13.18.9) and j is the iteration counter. The general solution of equation (13.18.11) may be explicitly solved to give

$$\overline{\overline{p}}_j = \overline{\overline{\varphi}}_j(\xi_n, \xi_l) e^{-\vartheta_{ll}(t)} + \int_0^t e^{-\{\vartheta_{nn}(t) - \vartheta_{ll}(\tau)\}} \{D_j(\xi_n, \xi_l, \tau) + C_{odj-1}(\xi_n, \xi_l, \tau)\} d\tau \tag{13.18.13}$$

where $\overline{\overline{\varphi}}_j(\xi_n, \xi_l) = \int_0^{d-z_f(t)} \left\{ \int_a^b \varphi_j\{r, z+z_f(t)\} r dr + \int_a^b \varphi_j\{r, z+z_f(t)\} r \mathcal{V}_{\mathcal{N}0}(\xi_n r, a) dr \right\} \cos(\xi_l z) dz$. Hence, for the uninvaded region, the solution to be used in the iterative scheme may be written as

$$\begin{aligned} p_{uj} &= p_{uj} + \frac{2\int_0^t C_{odj-1}(0, 0, \tau) d\tau}{\{d - z_f(t)\}(b^2 - a^2)} + \\ &+ \frac{\pi^2}{2\{d - z_f(t)\}} \sum_{n=1}^{\infty} \frac{\xi_n^2 J_1^2(\xi_n b) \mathcal{V}_{\mathcal{N}0}(\xi_n r, a)}{\{J_1^2(\xi_n a) - J_1^2(\xi_n b)\}} \int_0^t e^{-\eta_r \xi_n^2 (t-\tau)} C_{odj-1}(\xi_n, 0, \tau) d\tau + \\ &+ \frac{4}{\{d - z_f(t)\}(b^2 - a^2)} \sum_{l=1}^{\infty} \cos\{\xi_l(z - z_f(t))\} \int_0^t e^{-\{\vartheta_{ll}(t) - \vartheta_{ll}(\tau)\}} C_{odj-1}(0, \xi_l, \tau) d\tau + \\ &+ \frac{\pi^2}{d - z_f(t)} \sum_{l=1}^{\infty} \cos\{\xi_l(z - z_f(t))\} \sum_{n=1}^{\infty} \frac{\xi_n^2 J_1^2(\xi_n b) \mathcal{V}_{\mathcal{N}0}(\xi_n r, a)}{\{J_1^2(\xi_n a) - J_1^2(\xi_n b)\}} \int_0^t e^{-\{\vartheta_{ll}(t) - \vartheta_{ll}(\tau)\}} C_{odj-1}(\xi_n, \xi_l, \tau) d\tau \end{aligned} \tag{13.18.14}$$

where $p_{uj} \equiv p_{uj}(r, z - z_{fj}(t), t)$. To start the iteration at $j = 1$, $\overline{p}_{i0}(\xi_m)$ and p_{i0} in equations (13.18.12) and (13.18.14) may be obtained from the lowest-order solution.

At the interface $z = z_f(t)$, matching the pressure solutions of the invaded and uninvaded regions, we get two integral equations with two unknowns: the pressure $p\{r, z_f(t), t\}$ and the flux $\psi_f(t)$. The pressure and flux deduced from these equations can then be used in the general solutions to obtain pressure as a function of r, z and t.

13.19 A moving boundary value problem in a cylindrically subdivided continuum. $\aleph$ subdivided cylindrical continua $a_j \leq r \leq a_{j+1}$, $\forall j = 0, 1, ..., \aleph - 1$. At $r = a_0$, $\frac{\partial p(a_0,z,t)}{\partial r} = -\left(\frac{\mu}{k_r}\right)\psi_0(z,t)$ and at $r = a_\aleph$, $\frac{\partial p(a_\aleph,z,t)}{\partial r} = -\left(\frac{\mu}{k_r}\right)\psi_\aleph(z,t)$. At the interface $r = a_j$, $\forall j = 1, 2, ..., \aleph - 1$, $\psi_j(z,t) = -\left(\frac{k}{\mu}\right)_j \left(\frac{\partial p_j(a_j,z,t)}{\partial r}\right) = -\left(\frac{k}{\mu}\right)_{j-1} \left(\frac{\partial p_{j-1}(a_j,z,t)}{\partial r}\right)$ and $\lambda_j \psi_j(z,t) = \{p_{j-1}(a_j,z,t) - p_j(a_j,z,t)\}$, $t > 0$. At $z = 0$, $p_j(r,0,t) = \psi_{0j}(t)$ and at $z = d$, $p_j(r,d,t) = \psi_{dj}(t)$; $\psi_{0j}(t)$ and $\psi_{dj}(t)$ are arbitrary functions of t only. At $z = z_{fj}(t)$, $0 < z_{fj}(t) < d$—the moving boundary—$\frac{\partial p_j(r,z_{fj}(t),t)}{\partial z} = -\left(\frac{\mu}{k_z}\right)\psi_{fj}(t)$. The initial pressure $p_j(r,z,0) = \varphi_j(r,z)$

We consider $\aleph$ connected media $a_j \leq r \leq a_{j+1}$, $\forall j = 0, 1, ..., \aleph - 1$. The properties of each medium are uniform but discontinuous at the interface a_j. We consider $\aleph$ subdivided systems $d_j < z < d_{j+1}$,

$\forall j = 0, 1, ..., \aleph - 1$, bounded by $z = d_0 = 0$ and $z = d_\aleph$. The pressures at $z = 0$ and $z = d$ are known functions of time. Fluid production from the ring source begins at $t = 0$. Fluid enters the continuum over the entire width, $b - a$, of the system and displaces the in situ fluids in a pistonlike manner, such that a uniform, immobile in situ fluid saturation exists behind the advancing water front. The resulting pressure disturbance is left to diffuse through the homogeneous porous medium.

The advancing water front is given by

$$z_{fj}(t) = \frac{\int_0^t q_j(\tau)\, d\tau}{\pi\left(a_{j+1}^2 - a_j^2\right)\phi_j\left(S_w - S_{wi}\right)_j} + \frac{2}{a_{j+1}^2 - a_j^2}\int_0^t \int_0^{z_{fj}(\tau)} \{a_j\psi_j(z,\tau) - a_{j+1}\psi_{j+1}(z,\tau)\} dz d\tau \tag{13.19.1}$$

where the conditions $p_j\{r, z_{fj}(t), t\}_{ij} = p_j\{r, z_{fj}(t), t\}_{uj}$ and $\psi_{fj}(t) = \left[\frac{\partial p_j\{r, z_{fj}(t), t\}}{\partial z}\right]_{ij}\left(\frac{\mu}{k_{zj}}\right)_i = \left[\frac{\partial p_j\{r, z_{fj}(t), t\}}{\partial z}\right]_{uj}\left(\frac{\mu}{k_{zj}}\right)_u$ are satisfied. The subscripts i and u denote the invaded and uninvaded regions.

At the stationary interface $r = a_j$, $\forall j = 1, 2, ..., \aleph - 1$, the fluid flux is continuous, that is,

$$\psi_j(z,t) = -\left(\frac{k_{rj}}{\mu}\right)\left(\frac{\partial p_j(a_j, z, t)}{\partial r}\right) = -\left(\frac{k_{rj-1}}{\mu}\right)\left(\frac{\partial p_{j-1}(a_j, z, t)}{\partial r}\right) \tag{13.19.2}$$

where $k_{\iota j}$, $\iota = r, z$, is the effective permeability. For the invaded zone, $k_{\iota j} = \left(k_{a\iota} k_{\iota w}|_{1-s_{or}}\right)_j$, and for the uninvaded zone, $k_{\iota j} = \left(k_{a\iota} k_{\iota o}|_{S_{wi}}\right)_j$. $k_{a\iota}$ is the absolute permeability. $k_{\iota w}|_{1-S_{or}}$ and $k_{\iota o}|_{s_{wi}}$ are the relative permeabilities of water and oil at saturations $1 - S_{or}$ and S_{wi}, respectively. S_{wi} is the initial water saturation and S_{or} is the irreducible oil saturation.

In addition, the rate of transfer of fluids through the interface is proportional to the pressure difference across it, so that

$$\breve{\lambda}_j \psi_j(z,t) = \{p_{j-1}(a_j, z, t) - p_j(a_j, z, t)\} \tag{13.19.3}$$

where $\breve{\lambda}_j$ is a constant.

The average velocity of the fluid, $\frac{q(t)}{\pi\left(a_{j+1}^2 - a_j^2\right)\phi_j\left(S_w - S_{wi}\right)_j} = -\left(\frac{k_z}{\mu}\right)_j \frac{\partial p_j}{\partial z}$, entering the cylindrical column of width $a_{j+1} - a_j$ at $z = 0$ is not known a priori.

The invaded region: $0 \le z \le z_{fj}(t)$

In the interval $a_j \le r \le a_{j+1}$, $j = 0, 1, ..., \aleph - 1$, we find p from the partial differential equation

$$\frac{\partial p_j}{\partial t} = \eta_{rj}\left(\frac{\partial^2 p_j}{\partial r^2} + \frac{1}{r}\frac{\partial p_j}{\partial r}\right) + \eta_{zj}\frac{\partial^2 p_j}{\partial z^2} \tag{13.19.4}$$

where $\eta_{rj} = \frac{k_{rj}}{\phi c_t \mu}$ and $\eta_{zj} = \frac{k_{zj}}{\phi c_t \mu}$. The lowest-order solution in the time domain is*

$$p_{ij} = \frac{4}{z_{fj}(t)\left(a_{j+1}^2 - a_j^2\right)}\sum_{l=1}^{\infty}\sin(\xi_{lj}z)\int_0^t e^{-\{\vartheta_{llj}(t) - \vartheta_{llj}(\tau)\}} B_j(0, \xi_{lj}, \tau)\, d\tau +$$

$$+\frac{\pi^2}{z_{fj}(t)}\sum_{l=1}^{\infty}\sin(\xi_{lj}z)\sum_{n=1}^{\infty}\frac{\xi_n^2 J_1^2(\xi_n a_{j+1})\mathcal{V}_{N0}(\xi_n r, a_j)}{\{J_1^2(\xi_n a_j) - J_1^2(\xi_n a_{j+1})\}}\int_0^t e^{-\{\vartheta_{llj}(t) - \vartheta_{llj}(\tau)\}} B_j(\xi_n, \xi_{lj}, \tau)\, d\tau +$$

---

*When off-diagonal terms of the eigenvalue matrix are significant, the correction method prescribed in problem 13.17 should be applied.

$$+\frac{4}{z_{fj}(t)\left(a_{j+1}^2-a_j^2\right)}\sum_{l=1}^{\infty}\sin(\xi_{lj}z)\overline{\overline{\varphi}}_j(0,\xi_{lj})e^{-\vartheta_{llj}(t)}+$$
$$+\frac{\pi^2}{z_{fj}(t)}\sum_{l=1}^{\infty}\sin(\xi_{lj}z)\sum_{n=1}^{\infty}\frac{\xi_n^2J_1^2(\xi_n a_{j+1})\mathcal{V}_{\mathcal{N}0}(\xi_n r,a_j)}{\{J_1^2(\xi_n a_j)-J_1^2(\xi_n a_{j+1})\}}\overline{\overline{\varphi}}_j(\xi_n,\xi_{lj})e^{-\vartheta_{llj}(t)} \quad (13.19.5)$$

where $p_{ij}\equiv p_{ij}(r,z,t)$.

$\overline{\overline{\varphi}}_j(0,\xi_{lj})=\int_a^b r\int_0^{z_{fj}(t)}\varphi_j(r,z)\sin(\xi_{lj}z)\,dzdr$ and $\overline{\overline{\varphi}}_j(\xi_n,\xi_{lj})=\int_a^b r\mathcal{V}_{\mathcal{N}0}(\xi_n r,a_j)\int_0^{z_{fj}(t)}\varphi_j(r,z)\sin(\xi_{lj}z)\,dzdr$. $\mathcal{V}_{\mathcal{N}0}(\xi_n r,a_j)=Y_0(\xi_n r)J_1(\xi_n a_j)-J_0(\xi_n r)Y_1(\xi_n a_j)$. The eigenvalues are $\xi_0=0$ and ξ_n. $\xi_n, n=1,2,...$, are the positive roots of the transcendental equation $\mathcal{V}'_{\mathcal{N}0}(\xi_n a_{j+1},a)=0$.* The set of eigenvalues ξ_{lj} are the positive roots of $\cos\{\xi_{lj}z_{fj}(t)\}=0$, which are $\xi_{lj}=\frac{(2l-1)\pi}{2z_{fj}(t)}$, $l=1,2,....$

$$\vartheta_{llj}(t)=\int_0^t\varpi_{llj}(\tau)d\tau \quad (13.19.6)$$

$$\varpi_{llj}(t)=\eta_r\xi_n^2+\eta_z\xi_{lj}^2+\frac{1}{2z_{fj}(t)}\frac{\partial z_{fj}(t)}{\partial t} \quad (13.19.7)$$

$$\frac{\partial z_{fj}(t)}{\partial t}=\frac{q(t)}{\pi\left(a_{j+1}^2-a_j^2\right)\phi_j(S_w-S_{wi})_j}+\frac{2}{a_{j+1}^2-a_j^2}\int_0^{z_{fj}(t)}\{a_j\psi_j(z,t)-a_{j+1}\psi_{j+1}(z,t)\}dz \quad (13.19.8)$$

and

$$B_j(\xi_n,\xi_{lj},t)=\frac{2\overline{\psi}_j(\xi_{lj},t)}{\pi(\phi c_t)_j\xi_n}-\frac{2\overline{\psi}_{j+1}(\xi_{lj},t)J_1(\xi_n a_j)}{\pi(\phi c_t)_j\xi_n J_1(\xi_n a_{j+1})}+(-1)^{l+1}\overline{p}_j\{\xi_n,z_{fj}(t),t\}\frac{\partial z_{fj}(t)}{\partial t}\qquad n=1,2,.. \quad (13.19.9)$$

where $\overline{p}_j\{\xi_n,z_{fj}(t),t\}=\int_a^b rp_j\{r,z_{fj}(t),t\}\mathcal{V}_{\mathcal{N}0}(\xi_n r,a)\,dr$ and $\overline{\psi}_j(\xi_{lj},t)=\int_0^{z_{fj}(t)}\psi_j(z,t)\sin(\xi_{lj}z)\,dz$.

The uninvaded region: $z_{fj}(t)\le z\le d$

The differential equation for pressure diffusion in this region is given by the partial differential equation (13.15.1).

$$p_{uj}=\frac{4}{\{d-z_{fj}(t)\}\left(a_{j+1}^2-a_j^2\right)}\sum_{l=1}^{\infty}\cos\{\xi_{lj}(z-z_{fj}(t))\}\int_0^t e^{-\{\vartheta_{llj}(t)-\vartheta_{llj}(\tau)\}}D_j(0,\xi_{lj},\tau)\,d\tau+$$
$$+\frac{\pi^2}{d-z_{fj}(t)}\sum_{l=1}^{\infty}\cos\{\xi_{lj}(z-z_{fj}(t))\}\sum_{n=1}^{\infty}\frac{\xi_n^2J_1^2(\xi_n a_{j+1})\mathcal{V}_{\mathcal{N}0}(\xi_n r,a_j)}{\{J_1^2(\xi_n a_j)-J_1^2(\xi_n a_{j+1})\}}\times$$
$$\times\int_0^t e^{-\{\vartheta_{llj}(t)-\vartheta_{llj}(\tau)\}}D_j(\xi_n,\xi_{lj},\tau)\,d\tau+$$
$$+\frac{4}{\{d-z_{fj}(t)\}\left(a_{j+1}^2-a_j^2\right)}\sum_{l=1}^{\infty}\cos\{\xi_{lj}(z-z_{fj}(t))\}\overline{\overline{\varphi}}_j(0,\xi_{lj})e^{-\vartheta_{llj}(t)}+$$
$$+\frac{\pi^2}{d-z_{fj}(t)}\sum_{l=1}^{\infty}\cos\{\xi_{lj}(z-z_{fj}(t))\}\sum_{n=1}^{\infty}\frac{\xi_n^2J_1^2(\xi_n a_{j+1})\mathcal{V}_{\mathcal{N}0}(\xi_n r,a_j)}{\{J_1^2(\xi_n a_j)-J_1^2(\xi_n a_{j+1})\}}\overline{\overline{\varphi}}_j(\xi_n,\xi_{lj})e^{-\vartheta_{llj}(t)} \quad (13.19.10)$$

*$\mathcal{V}'_{\mathcal{N}0}(\xi_n a_{j+1},a)=J_1(\xi_n a_{j+1})Y_1(\xi_n a_j)-Y_1(\xi_n a_{j+1})J_1(\xi_n a_j)$.

where $p_{uj} \equiv p_{uj}\{r, z - z_{fj}(t), t\}$. The set of eigenvalues ξ_{lj} are the positive roots of $\cos\{\xi_{lj}(d - z_{fj}(t))\} = 0$, which are $\xi_{lj} = \frac{(2l-1)\pi}{2\{d - z_{fj}(t)\}}$, $l = 1, 2, ...$
$\overline{\overline{\varphi}}_j(0, \xi_{lj}) = \int_a^b r \int_0^{d - z_{fj}(t)} \varphi_j\{r, z + z_{fj}(t)\} \cos\{\xi_{lj}(z - z_{fj}(t))\} d\{z - z_{fj}(t)\} dr$,
$\overline{\overline{\varphi}}_j(\xi_n, \xi_{lj}) = \int_a^b r\mathcal{V}_{\mathcal{N}0}(\xi_n r, a_j) \int_0^{d - z_{fj}(t)} \varphi_j\{r, z + z_{fj}(t)\} \cos\{\xi_{lj}(z - z_{fj}(t))\} d\{z - z_{fj}(t)\} dr$, and

$$\vartheta_{llj}(t) = \int_0^t \varpi_{llj}(\tau) d\tau \tag{13.19.11}$$

$$\varpi_{llj}(t) = \eta_r \xi_n^2 + \eta_{zj} \xi_{lj}^2 + \frac{1}{2\{d - z_{fj}(t)\}} \frac{\partial z_{fj}(t)}{\partial t} \tag{13.19.12}$$

$$D_j(0, \xi_{lj}, t) = \frac{\{a_j \overline{\psi}_j(\xi_{lj}, t) - a_{j+1} \overline{\psi}_{j+1}(\xi_{lj}, t)\}}{(\phi c_t)_j} + \frac{b^2 - a^2}{2} \left\{ \frac{\psi_{fj}(t)}{(\phi c_t)_j} - (-1)^l \xi_n \eta_{zj} \psi_{dj}(t) \right\} \tag{13.19.13}$$

$$D_j(\xi_n, \xi_{lj}, t) = \frac{2\overline{\psi}_j(\xi_{lj}, t)}{\pi (\phi c_t)_j \xi_n} - \frac{2\overline{\psi}_{j+1}(\xi_{lj}, t) J_1(\xi_n a_j)}{\pi (\phi c_t)_j \xi_n J_1(\xi_n a_{j+1})} \quad n = 1, 2, ... \tag{13.19.14}$$

where $\overline{\psi}_j(\xi_{lj}, t) = \int_0^{d - z_{fj}(t)} \psi_j(z, t) \cos(\xi_{lj} z) dz$.

Deploying the interfacial boundary conditions (13.19.2) and (13.19.3) results in three distinct integral equations:

$$0 \le z \le \begin{cases} z_{fj}(t) & z_{fj}(t) < z_{fj-1}(t) \\ z_{fj-1}(t) & z_{fj-1}(t) < z_{fj}(t) \end{cases} \qquad \breve{\lambda}_j \psi_j(z, t) = \{p_{ij-1}(a_j, z, t) - p_{ij}(a_j, z, t)\} \tag{13.19.15}$$

$$z_{fj-1}(t) < z < z_{fj}(t) \qquad \breve{\lambda}_j \psi_j(z, t) = \{p_{uj-1}(a_j, z, t) - p_{ij}(a_j, z, t)\} \tag{13.19.16}$$

If $z_{fj}(t) < z_{fj-1}(t)$, equation (13.19.17) should be multiplied by the negative sign.

$$\left. \begin{matrix} z_{fj-1}(t) < z_{fj}(t) & z_{fj}(t) \\ z_{fj}(t) < z_{fj-1}(t) & z_{fj-1}(t) \end{matrix} \right\} \le z \le d \qquad \breve{\lambda}_j \psi_j(z, t) = \{p_{uj-1}(a_j, z, t) - p_{uj}(a_j, z, t)\} \tag{13.19.17}$$

Chapter 14

Infinite and semi-infinite cylindrical continua. $p(r, \theta, t)$ is cyclic around the cylinder with a period 2π. $p(r, \theta, t)$ is a function of r, θ and t

14.1 **An infinite continuum whose axis is at $r = 0$ and extends to ∞ in the direction of r positive. $p(r, \theta, t)$ is cyclic around the cylinder with a period 2π, $0 \leq \theta \leq 2\pi$. Line source at $s_l \equiv (r_0, \theta_0)$ at time $t = t_0$; $0 < r_0 < \infty$, $0 \leq \theta_0 \leq 2\pi$, $t_0 \geq 0$. The initial pressure $p(r, \theta, 0) = \varphi(r, \theta)$**

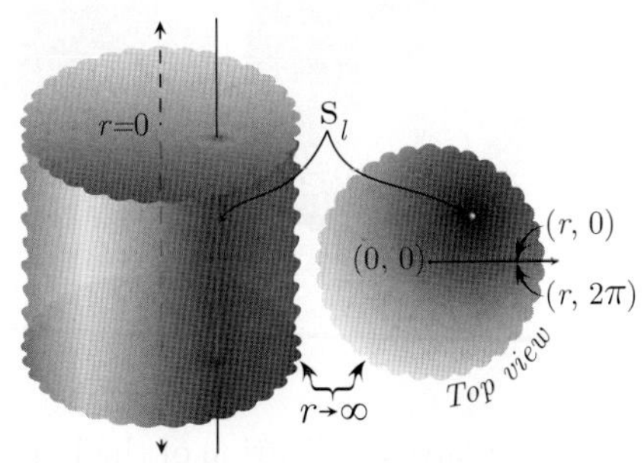

Fluid is produced at the rate of $q(t)$ per unit time from $t = t_0$ to $t = t$, $t_0 \geq 0$, in the line passing through (r_0, θ_0), $r_0 > 0$, $0 \leq \theta_0 \leq 2\pi$. The differential equation for pressure diffusion is given as

$$\frac{\partial p}{\partial t} = \eta_r \left(\frac{\partial^2 p}{\partial r^2} + \frac{1}{r} \frac{\partial p}{\partial r} \right) + \frac{\eta_\theta}{r^2} \frac{\partial^2 p}{\partial \theta^2} + U(t - t_0) \frac{q(t - t_0)}{\phi c_t r} \delta(r - r_0) \delta(\theta - \theta_0) \tag{14.1.1}$$

where $\eta_r = \frac{k_r}{\phi c_t \mu}$ and $\eta_\theta = \frac{k_\theta}{\phi c_t \mu}$, with the initial condition $p(r, \theta, 0) = \varphi(r, \theta)$ for $r > 0$, $0 \leq \theta \leq 2\pi$. Successively applying the Laplace, Fourier and Hankel transformations,* we get

$$\overline{\overline{\overline{p}}} = \frac{q(s) e^{-st_0} \cos\{m(\theta - \theta_0)\} J_{m\dot{o}}(\xi r_0)}{\phi c_t (\eta_r \xi^2 + s)} + \frac{\overline{\overline{\varphi}}(\xi, m; \theta)}{(\eta_r \xi^2 + s)} \tag{14.1.2}$$

where $\overline{\overline{\varphi}}(\xi, m; \theta) = \int_0^\infty r J_{mo}(\xi r) \int_0^{2\pi} \cos\{m(\theta - w)\} \varphi(r, w) dw dr$ and $\dot{o} = \sqrt{\frac{\eta_\theta}{\eta_r}}$. It is assumed here that $r \frac{\partial p(r)}{\partial r}$ and $p(r)$ vanish as $r \to 0$ and $\sqrt{r} \frac{\partial p}{\partial r}$ and $\sqrt{r} p(r)$ vanish as $r \to \infty$. The inverse Fourier and Hankel

*Given by equations (2.2.24) and (2.4.4).

transforms of equation (14.1.2) yield

$$\overline{p} = \frac{q(s)e^{-st_0}}{\pi}\left(\frac{\mu}{k}\right)\sum_{m=0}^{\infty}\ni_m \cos\{m(\theta-\theta_0)\}\begin{Bmatrix} I_{m\dot{o}}\left(r\sqrt{\frac{s}{\eta_r}}\right)K_{m\dot{o}}\left(r_0\sqrt{\frac{s}{\eta_r}}\right) & 0<r<r_0 \\ I_{m\dot{o}}\left(r_0\sqrt{\frac{s}{\eta_r}}\right)K_{m\dot{o}}\left(r\sqrt{\frac{s}{\eta_r}}\right) & 0<r_0<r \end{Bmatrix}+$$

$$+\frac{1}{\pi\eta_r}\sum_{m=0}^{\infty}\ni_m\begin{Bmatrix} I_{m\dot{o}}\left(r\sqrt{\frac{s}{\eta_r}}\right)\int_0^\infty vK_{m\dot{o}}\left(v\sqrt{\frac{s}{\eta_r}}\right)\int_0^{2\pi}\varphi(v,w)\cos\{m(\theta-w)\}\,dwdv & 0<r<v \\ K_{m\dot{o}}\left(r\sqrt{\frac{s}{\eta_r}}\right)\int_0^\infty vI_{m\dot{o}}\left(v\sqrt{\frac{s}{\eta_r}}\right)\int_0^{2\pi}\varphi(v,w)\cos\{m(\theta-w)\}\,dwdv & 0<v<r \end{Bmatrix}^* \quad (14.1.3)$$

The inverse Laplace transform of equation (14.1.3) yields

$$p = \frac{U(t-t_0)}{2\pi}\left(\frac{\mu}{k}\right)\sum_{m=0}^{\infty}\ni_m\cos\{m(\theta-\theta_0)\}\int_0^{t-t_0}\frac{q(t-t_0-\tau)}{\tau}I_{m\dot{o}}\left(\frac{rr_0}{2\eta_r\tau}\right)e^{-\frac{(r^2+r_0^2)}{4\eta_r\tau}}d\tau+$$

$$+\frac{1}{2\pi\eta_r t}\sum_{m=0}^{\infty}\ni_m\int_0^\infty ve^{-\frac{(r^2+v^2)}{4\eta_r t}}I_{m\dot{o}}\left(\frac{rv}{2\eta_r t}\right)\int_0^{2\pi}\varphi(v,w)\cos\{m(\theta-w)\}dwdv^{\dagger} \quad (14.1.4)$$

14.2

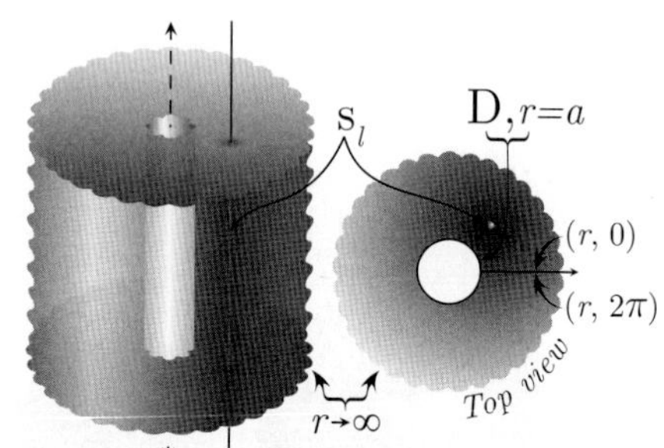

The problem of 14.1, except the continuum is bounded internally at $r=a$ and extends to ∞ in the direction of r positive. Line source at $s_l \equiv (r_0,\theta_0)$ at time $t=t_0$; $a<r_0<\infty$, $0\le\theta_0\le 2\pi$, $t_0\ge 0$.
$D\equiv p(a,\theta,t)=\psi(\theta,t)$, an arbitrary function of θ and time. The initial pressure $p(r,\theta,0)=\varphi(r,\theta)$

The successive application of the Laplace, Fourier and Dirichlet-Weber transformations[‡] to equation (14.1.1) gives

$$\overline{\overline{\overline{p}}} = \frac{q(s)e^{-st_0}\cos\{m(\theta-\theta_0)\}\mathcal{C}_{m\dot{o}}(\xi r_0)}{\phi c_t(\eta_r\xi^2+s)} - \frac{2\eta_r\overline{\overline{\psi}}(m,s;\theta)}{\pi(\eta_r\xi^2+s)}+\frac{\overline{\overline{\varphi}}(\xi,m;\theta)}{(\eta_r\xi^2+s)} \quad (14.2.1)$$

where $\overline{\overline{\psi}}(m,s;\theta)=\int_0^{2\pi}\overline{\psi}(v,s)\cos\{m(\theta-v)\}dv$, $\overline{\psi}(\theta,s)=\int_0^\infty\psi(\theta,\tau)e^{-s\tau}d\tau$, $\dot{o}=\sqrt{\frac{\eta_\theta}{\eta_r}}$, $\overline{\overline{\varphi}}(r,m;\theta)=\int_a^\infty u\mathcal{C}_{m\dot{o}}(\xi u)\int_0^{2\pi}\cos\{m(\theta-v)\}\varphi(u,v)dvdu$ and $\mathcal{C}_\nu(\xi r)=Y_\nu(\xi a)J_\nu(\xi r)-J_\nu(\xi a)Y_\nu(\xi r)$.
Successive inverse transforms yield

$$\overline{p} = \frac{q(s)e^{-st_0}}{\pi\phi c_t}\sum_{m=0}^{\infty}\ni_m\cos\{m(\theta-\theta_0)\}\int_0^\infty\frac{\xi\mathcal{C}_{m\dot{o}}(\xi r_0)\mathcal{C}_{m\dot{o}}(\xi r)}{(\eta_r\xi^2+s)\{J^2_{m\dot{o}}(\xi a)+Y^2_{m\dot{o}}(\xi a)\}}d\xi-$$

$$-\frac{2\eta_r}{\pi^2}\sum_{m=0}^{\infty}\ni_m\overline{\overline{\psi}}(m,s;\theta)\int_0^\infty\frac{\xi\mathcal{C}_{m\dot{o}}(\xi r)}{(\eta_r\xi^2+s)\{J^2_{m\dot{o}}(\xi a)+Y^2_{m\dot{o}}(\xi a)\}}d\xi+$$

$$+\frac{1}{\pi}\sum_{m=0}^{\infty}\ni_m\int_0^\infty\frac{\xi\mathcal{C}_{m\dot{o}}(\xi r)}{(\eta_r\xi^2+s)\{J^2_{m\dot{o}}(\xi a)+Y^2_{m\dot{o}}(\xi a)\}}\int_a^\infty u\mathcal{C}_{m\dot{o}}(\xi u)\int_0^{2\pi}\cos\{m(\theta-v)\}\varphi(u,v)dvdud\xi \quad (14.2.2)$$

---

*In deriving equation (14.1.3), we have used $\int_0^\infty\frac{uJ_\nu(ua)J_\nu(ub)}{(u^2+\alpha^2)}du=\begin{Bmatrix} I_\nu(b\alpha)K_\nu(a\alpha), & 0<b<a \\ I_\nu(a\alpha)K_\nu(b\alpha), & 0<a<b\end{Bmatrix}$, $[\Re\alpha>0,\nu>-1]$.

†In deriving equation (14.1.4), we have used $\int_0^\infty uJ_\nu(ua)J_\nu(ub)e^{-\beta u^2}du=\frac{1}{2\beta}e^{-\frac{(a^2+b^2)}{4\beta}}I_\nu\left(\frac{ab}{2\beta}\right)$, $[a>0,\ b>0]$.

‡Given by equations (2.2.5) and (2.4.5).

and

$$p = \frac{U(t-t_0)}{\pi\phi c_t}\sum_{m=0}^{\infty}\ni_m \cos\{m(\theta-\theta_0)\}\int_0^{\infty}\frac{\xi\mathcal{C}_{m\dot{o}}(\xi r_0)\,\mathcal{C}_{m\dot{o}}(\xi r)\int_0^{t-t_0} q(t-t_0-\tau)\,e^{-\eta_r\xi^2\tau}d\tau}{\{J^2_{m\dot{o}}(\xi a)+Y^2_{m\dot{o}}(\xi a)\}}d\xi -$$

$$-\frac{2\eta_r}{\pi^2}\sum_{m=0}^{\infty}\ni_m\int_0^{\infty}\frac{\xi\mathcal{C}_{m\dot{o}}(\xi r)\int_0^t\overline{\psi}(m,t-\tau;\theta)\,e^{-\eta_r\xi^2\tau}d\tau}{\{J^2_{m\dot{o}}(\xi a)+Y^2_{m\dot{o}}(\xi a)\}}d\xi +$$

$$+\frac{1}{\pi}\sum_{m=0}^{\infty}\ni_m\int_0^{\infty}\frac{\xi\mathcal{C}_{m\dot{o}}(\xi r)\,e^{-\eta_r\xi^2 t}}{\{J^2_{m\dot{o}}(\xi a)+Y^2_{m\dot{o}}(\xi a)\}}\int_a^{\infty}u\mathcal{C}_{m\dot{o}}(\xi u)\int_0^{2\pi}\cos\{m(\theta-v)\}\,\varphi(u,v)dvdud\xi \qquad (14.2.3)$$

When $\varphi(r) = p_I$, a constant, the solution is obtained by replacing the terms corresponding to the initial condition (the last term) in equations (14.2.2) and (14.2.3) with*

$$\overline{p} = \frac{p_I}{s}\left\{1-\frac{K_{0\dot{o}}\left(r\sqrt{\frac{s}{\eta_r}}\right)}{K_{0\dot{o}}\left(a\sqrt{\frac{s}{\eta_r}}\right)}\right\} \qquad (14.2.4)$$

and

$$p = p_I\left\{1-\left(\frac{a}{r}\right)^{0\dot{o}}\right\}-\frac{2p_I}{\pi}\int_0^{\infty}\frac{\mathcal{C}_{0\dot{o}}(\xi r)\,e^{-\eta_r\xi^2 t}}{\xi\{J^2_{0\dot{o}}(\xi a)+Y^2_{0\dot{o}}(\xi a)\}}d\xi \qquad (14.2.5)$$

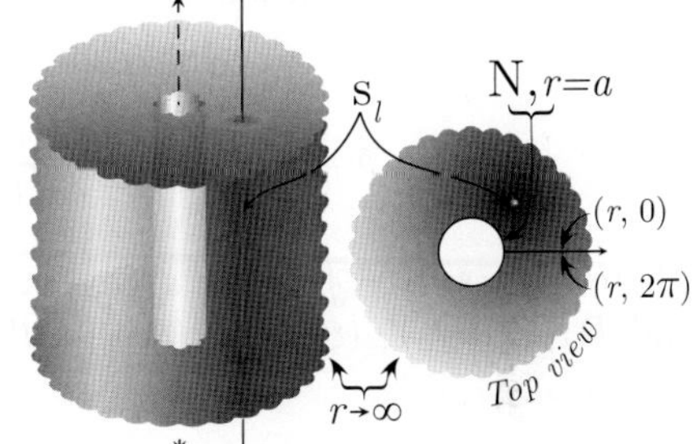

14.3 The problem of 14.2, except $\mathbf{N} \equiv \frac{\partial p(a,\theta,t)}{\partial r} = -\left(\frac{\mu}{k_r}\right)\psi(\theta,t)$

The successive application of the Laplace, Fourier and Neumann-Weber transformations† to equation (14.1.1) gives

$$\overline{\overline{p}} = \frac{q(s)\,e^{-st_0}\cos\{m(\theta-\theta_0)\}\,\mathcal{G}_{m\dot{o}}(\xi r_0)}{\phi c_t(\eta_r\xi^2+s)}-\frac{2\overline{\overline{\psi}}(m,s;\theta)}{\pi\phi c_t\xi(\eta_r\xi^2+s)}+\frac{\overline{\overline{\varphi}}(\xi,m;\theta)}{(\eta_r\xi^2+s)} \qquad (14.3.1)$$

where $\overline{\overline{\psi}}(m,s;\theta) = \int_0^{2\pi}\psi(u,s)\cos\{m(\theta-v)\}dv$, $\overline{\overline{\varphi}}(\xi,m;\theta) = \int_a^{\infty} r\mathcal{G}_{m\dot{o}}(\xi r)\int_0^{2\pi}\cos\{m(\theta-v)\}\,\varphi(r,v)dvdr$, $\mathcal{G}_\nu(\xi r) = Y'_\nu(\xi a)\,J_\nu(\xi r)-J'_\nu(\xi a)\,Y_\nu(\xi r)$ and $\dot{o} = \sqrt{\frac{\eta_\theta}{\eta_r}}$. Successive inverse transforms yield

$$\overline{p} = \frac{q(s)\,e^{-st_0}}{\pi\phi c_t}\sum_{m=0}^{\infty}\ni_m\cos\{m(\theta-\theta_0)\}\int_0^{\infty}\frac{\xi\mathcal{G}_{m\dot{o}}(\xi r_0)\,\mathcal{G}_{m\dot{o}}(\xi r)}{(\eta_r\xi^2+s)\{J'^2_{m\dot{o}}(\xi a)+Y'^2_{m\dot{o}}(\xi a)\}}d\xi +$$

$$+\frac{2}{\pi^2\phi c_t}\sum_{m=0}^{\infty}\ni_m\overline{\overline{\psi}}(m,s;\theta)\int_0^{\infty}\frac{\mathcal{G}_{m\dot{o}}(\xi r)}{(\eta_r\xi^2+s)\{J'^2_{m\dot{o}}(\xi a)+Y'^2_{m\dot{o}}(\xi a)\}}d\xi +$$

$$+\frac{1}{\pi}\sum_{m=0}^{\infty}\ni_m\int_0^{\infty}\frac{\xi\mathcal{G}_{m\dot{o}}(\xi r)}{(\eta_r\xi^2+s)\{J'^2_{m\dot{o}}(\xi a)+Y'^2_{m\dot{o}}(\xi a)\}}\int_a^{\infty}u\mathcal{G}_{m\dot{o}}(\xi u)\int_0^{2\pi}\cos\{m(\theta-v)\}\,\varphi(u,v)dvdud\xi \quad (14.3.2)$$

*When $k_r = k_\theta$, that is, $\dot{o} = 1$, equations (14.2.4) and (14.2.5) reduce to equations (12.2.6) and (12.2.7).
†Given by equations (2.2.5) and (2.4.11).

and

$$p = \frac{U(t-t_0)}{\pi\phi c_t}\sum_{m=0}^{\infty}\ni_m \cos\{m(\theta-\theta_0)\}\int_0^{\infty}\frac{\xi\mathcal{G}_{m\dot{o}}(\xi r_0)\mathcal{G}_{m\dot{o}}(\xi r)\int_0^{t-t_0}q(t-t_0-\tau)e^{-\eta_r\xi^2\tau}d\tau}{\{J'^2_{m\dot{o}}(\xi a)+Y'^2_{m\dot{o}}(\xi a)\}}d\xi +$$
$$+\frac{2}{\pi^2\phi c_t}\sum_{m=0}^{\infty}\ni_m\int_0^{\infty}\frac{\mathcal{G}_{m\dot{o}}(\xi r)\int_0^t\overline{\psi}(m,t-\tau;\theta)e^{-\eta_r\xi^2\tau}d\tau}{(\eta_r\xi^2+s)\{J'^2_{m\dot{o}}(\xi a)+Y'^2_{m\dot{o}}(\xi a)\}}d\xi+$$
$$+\frac{1}{\pi}\sum_{m=0}^{\infty}\ni_m\int_0^{\infty}\frac{\xi\mathcal{G}_{m\dot{o}}(\xi r)e^{-\eta_r\xi^2 t}}{\{J'^2_{m\dot{o}}(\xi a)+Y'^2_{m\dot{o}}(\xi a)\}}\int_a^{\infty}u\mathcal{G}_{m\dot{o}}(\xi u)\int_0^{2\pi}\cos\{m(\theta-v)\}\varphi(u,v)dvdud\xi \quad (14.3.3)$$

14.4

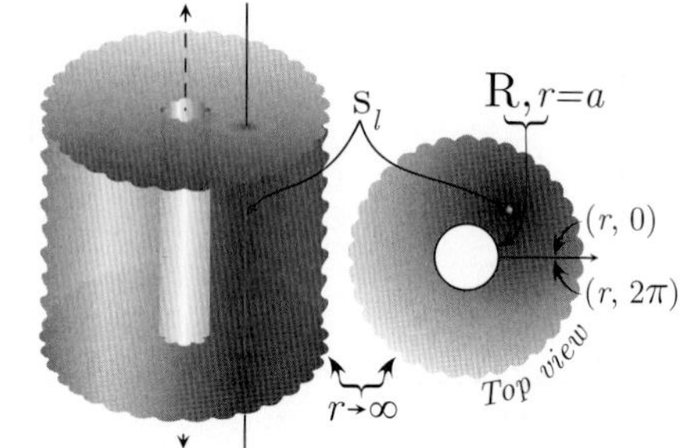

The problem of 14.2, except $\mathbf{R} \equiv \frac{\partial p(a,\theta,t)}{\partial r} - \lambda p(a,\theta,t) = -\left(\frac{\mu}{k_r}\right)\psi(\theta,t)$

The successive application of the Laplace, Fourier and Robin-Weber transformations* to equation (14.1.1) gives

$$\overline{\overline{p}} = \frac{q(s)e^{-st_0}\cos\{m(\theta-\theta_0)\}\mathcal{D}_{m\dot{o}}(\xi r_0)}{\phi c_t(\eta_r\xi^2+s)} - \frac{2\overline{\overline{\psi}}(m,s;\theta)}{\pi\phi c_t(\eta_r\xi^2+s)} + \frac{\overline{\overline{\varphi}}(\xi,m;\theta)}{(\eta_r\xi^2+s)} \quad (14.4.1)$$

where $\overline{\overline{\psi}}(m,s;\theta) = \int_0^{2\pi}\overline{\psi}(v,s)\cos\{m(\theta-v)\}dv$, $\overline{\overline{\varphi}}(\xi,m;\theta) = \int_a^{\infty} r\mathcal{D}_{m\dot{o}}(\xi r)\int_0^{2\pi}\cos\{m(\theta-v)\}\varphi(r,v)dvdr$, and $\mathcal{D}_\nu(\xi r) = Y_\nu(\xi r)\{\lambda J_\nu(\xi a) - \xi J'_\nu(\xi a)\} - J_\nu(\xi r)\{\lambda Y_\nu(\xi a) - \xi Y'_\nu(\xi a)\}$. Successive inverse transforms yield

$$\overline{p} = \frac{q(s)e^{-st_0}}{\pi\phi c_t}\sum_{m=0}^{\infty}\ni_m\cos\{m(\theta-\theta_0)\}\times$$
$$\times\int_0^{\infty}\frac{\xi\mathcal{D}_{m\dot{o}}(\xi r_0)\mathcal{D}_{m\dot{o}}(\xi r)}{(\eta_r\xi^2+s)\left[\{\lambda J_{m\dot{o}}(\xi a)-\xi J'_{m\dot{o}}(\xi a)\}^2+\{\lambda Y_{m\dot{o}}(\xi a)-\xi Y'_{m\dot{o}}(\xi a)\}^2\right]}d\xi +$$
$$+\frac{2}{\pi^2\phi c_t}\sum_{m=0}^{\infty}\ni_m\overline{\overline{\psi}}(m,s;\theta)\int_0^{\infty}\frac{\xi\mathcal{D}_{m\dot{o}}(\xi r)}{(\eta_r\xi^2+s)\left[\{\lambda J_{m\dot{o}}(\xi a)-\xi J'_{m\dot{o}}(\xi a)\}^2+\{\lambda Y_{m\dot{o}}(\xi a)-\xi Y'_{m\dot{o}}(\xi a)\}^2\right]}d\xi+$$
$$+\frac{1}{\pi}\sum_{m=0}^{\infty}\ni_m\int_0^{\infty}\frac{\xi\mathcal{D}_{m\dot{o}}(\xi r)\int_a^{\infty}u\mathcal{D}_{m\dot{o}}(\xi u)\int_0^{2\pi}\cos\{m(\theta-v)\}\varphi(u,v)dvdu}{(\eta_r\xi^2+s)\left[\{\lambda J_{m\dot{o}}(\xi a)-\xi J'_{m\dot{o}}(\xi a)\}^2+\{\lambda Y_{m\dot{o}}(\xi a)-\xi Y'_{m\dot{o}}(\xi a)\}^2\right]}d\xi \quad (14.4.2)$$

and

$$p = \frac{U(t-t_0)}{\pi\phi c_t}\sum_{m=0}^{\infty}\ni_m\cos\{m(\theta-\theta_0)\}\int_0^{\infty}\frac{\xi\mathcal{D}_{m\dot{o}}(\xi r_0)\mathcal{D}_{m\dot{o}}(\xi r)\int_0^{t-t_0}q(t-t_0-\tau)e^{-\eta_r\xi^2\tau}d\tau}{\left[\{\lambda J_{m\dot{o}}(\xi a)-\xi J'_{m\dot{o}}(\xi a)\}^2+\{\lambda Y_{m\dot{o}}(\xi a)-\xi Y'_{m\dot{o}}(\xi a)\}^2\right]}d\xi +$$
$$+\frac{2}{\pi^2\phi c_t}\sum_{m=0}^{\infty}\ni_m\int_0^{\infty}\frac{\xi\mathcal{D}_{m\dot{o}}(\xi r)\int_0^t\overline{\psi}(m,t-\tau;\theta)e^{-\eta_r\xi^2\tau}d\tau}{\left[\{\lambda J_{m\dot{o}}(\xi a)-\xi J'_{m\dot{o}}(\xi a)\}^2+\{\lambda Y_{m\dot{o}}(\xi a)-\xi Y'_{m\dot{o}}(\xi a)\}^2\right]}d\xi+$$

*Given by equations (2.2.5) and (2.4.13).

$$+\frac{1}{\pi}\sum_{m=0}^{\infty}\ni_m\int_0^{\infty}\frac{\xi\mathcal{D}_{m\dot{o}}(\xi r)\,e^{-\eta_r\xi^2 t}\int_a^{\infty}u\mathcal{D}_{m\dot{o}}(\xi u)\int_0^{2\pi}\cos\{m(\theta-v)\}\,\varphi(u,v)dvdu}{\left[\{\lambda J_{m\dot{o}}(\xi a)-\xi J'_{m\dot{o}}(\xi a)\}^2+\{\lambda Y_{m\dot{o}}(\xi a)-\xi Y'_{m\dot{o}}(\xi a)\}^2\right]}d\xi \tag{14.4.3}$$

When $\varphi(r)=p_I$, a constant, the solution is obtained by replacing the terms corresponding to the initial condition (the last term) in equations (14.4.2) and (14.4.3) with*

$$\overline{p}=\frac{p_I}{s}\left\{1-\frac{\lambda K_{0\dot{o}}\left(r\sqrt{\frac{s}{\eta}}\right)}{\lambda K_{0\dot{o}}\left(a\sqrt{\frac{s}{\eta}}\right)-\sqrt{\frac{s}{\eta}}K'_{0\dot{o}}\left(a\sqrt{\frac{s}{\eta}}\right)}\right\} \tag{14.4.4}$$

and

$$p=\frac{2\lambda p_I}{\pi}\int_0^{\infty}\frac{\mathcal{D}_{0\dot{o}}(\xi r)\,e^{-\eta\xi^2 t}}{\xi\left[\{\lambda J_{0\dot{o}}(\xi a)-\xi J'_{0\dot{o}}(\xi a)\}^2+\{\lambda Y_{0\dot{o}}(\xi a)-\xi Y'_{0\dot{o}}(\xi a)\}^2\right]}d\xi \tag{14.4.5}$$

*When $k_r=k_\theta$, that is, $\dot{o}=1$, equations (14.4.4) and (14.4.5) reduce to equations (12.4.6) and (12.4.7).

Chapter 15

Bounded cylindrical continuum. $p(r, \theta, t)$ is cyclic around the cylinder with a period 2π. $p(r, \theta, t)$ is a function of r, θ and t

15.1 **A cylindrical continuum bounded by $0 \le r \le a$. $p(r, \theta, t)$ is cyclic around the cylinder with a period 2π, $0 \le \theta \le 2\pi$. Line source at $s_l \equiv (r_0, \theta_0)$ at time $t = t_0$; $0 < r_0 < a$, $0 \le \theta_0 \le 2\pi$, $t_0 \ge 0$. D $\equiv p(a, \theta, t) = \psi(\theta, t)$, an arbitrary function of θ and time. The initial pressure $p(r, \theta, 0) = \varphi(r, \theta)$**

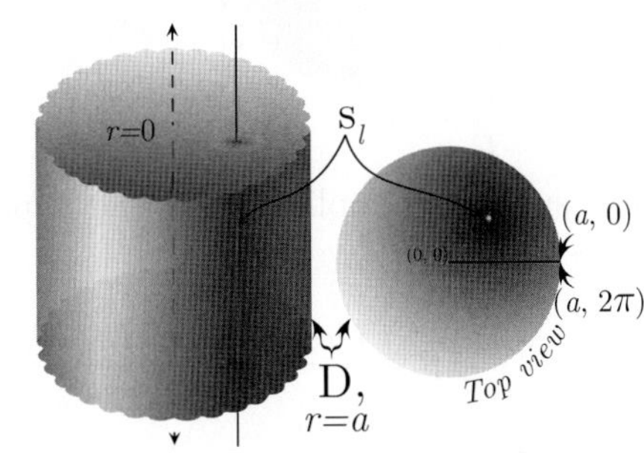

The successive application of the Laplace, Fourier and finite Hankel transformations to equation (14.1.1) gives

$$\overline{\overline{\overline{p}}} = \frac{Qe^{-st_0}\cos\{m(\theta-\theta_0)\}J_{m\dot{o}}(\xi_n r_0)}{\phi c_t(\eta_r\xi_n^2+s)} - \frac{a\eta_r\xi_n\overline{\overline{\psi}}(m,s;\theta)J'_{m\dot{o}}(\xi_n a)}{(\eta_r\xi_n^2+s)} + \frac{\overline{\overline{\varphi}}(\xi_n,m;\theta)}{(\eta_r\xi_n^2+s)} \tag{15.1.1}$$

where $\overline{\overline{\psi}}(m,s;\theta) = \int_0^{2\pi}\overline{\psi}(u,s)\cos\{m(\theta-u)\}du$, $\overline{\psi}(u,s) = \int_0^t \psi(u,\tau)e^{-s\tau}d\tau$, $\overline{\overline{\varphi}}(\xi_n,m;\theta) = \int_0^{2\pi}\cos\{m(\theta-u)\}\int_0^a\varphi(v,u)vJ_{m\dot{o}}(\xi_n v)dvdu$, $\dot{o} = \sqrt{\frac{\eta_\theta}{\eta_r}}$ and the eigenvalues $\xi_n, n = 1, 2, ...$, are the positive roots of $J_{m\dot{o}}(\xi_n a) = 0$. The inverse Fourier and Hankel transforms of equation (15.1.1) yield

$$\begin{aligned}\overline{p} \;=\; & \frac{2Qe^{-st_0}}{\pi a^2\phi c_t}\sum_{m=0}^{\infty}\sum_{n=1}^{\infty}\frac{\ni_m\cos\{m(\theta-\theta_0)\}J_{m\dot{o}}(\xi_n r_0)J_{m\dot{o}}(\xi_n r)}{(\eta_r\xi_n^2+s)J'^2_{m\dot{o}}(\xi_n a)} - \\ & -\frac{2\eta_r}{\pi a}\sum_{m=0}^{\infty}\ni_m\overline{\overline{\psi}}(m,s;\theta)\sum_{n=1}^{\infty}\frac{\xi_n J_{m\dot{o}}(\xi_n r)}{(\eta_r\xi_n^2+s)J'_{m\dot{o}}(\xi_n a)} + \\ & +\frac{2}{\pi a^2}\sum_{m=0}^{\infty}\sum_{n=1}^{\infty}\frac{\ni_m J_{m\dot{o}}(\xi_n r)}{(\eta_r\xi_n^2+s)J'^2_{m\dot{o}}(\xi_n a)}\int_0^{2\pi}\cos\{m(\theta-u)\}\int_0^a\varphi(v,u)vJ_{m\dot{o}}(\xi_n v)dvdu\end{aligned} \tag{15.1.2}$$

The inverse Laplace transform of equation (15.1.2) yields

$$\begin{aligned}p \;=\; & \frac{2QU(t-t_0)}{\pi a^2\phi c_t}\sum_{n=1}^{\infty}e^{-\eta_r\xi_n^2(t-t_0)}\sum_{m=0}^{\infty}\frac{\ni_m\cos\{m(\theta-\theta_0)\}J_{m\dot{o}}(\xi_n r_0)J_{m\dot{o}}(\xi_n r)}{J'^2_{m\dot{o}}(\xi_n a)} - \\ & -\frac{2\eta_r}{\pi a}\sum_{n=1}^{\infty}\sum_{m=0}^{\infty}\frac{\ni_m\xi_n J_{m\dot{o}}(\xi_n r)}{J'_{m\dot{o}}(\xi_n a)}\int_0^t\overline{\psi}(m,t-\tau;\theta)e^{-\eta_r\xi_n^2\tau}d\tau +\end{aligned}$$

$$+\frac{2}{\pi a^2}\sum_{n=1}^{\infty} e^{-\eta_r \xi_n^2 t} \sum_{m=0}^{\infty} \frac{\ni_m J_{m\dot{o}}(\xi_n r)}{J'^2_{m\dot{o}}(\xi_n a)} \int_0^{2\pi} \cos\{m(\theta-u)\} \int_0^a \varphi(v,u) v J_{m\dot{o}}(\xi_n v) dv du \qquad (15.1.3)$$

The continuous source solution is obtained by replacing the source term in equation (15.1.3) with

$$p = \frac{2U(t-t_0)}{\pi a^2 \phi c_t} \sum_{n=1}^{\infty} \int_0^{t-t_0} q(t-t_0-\tau) e^{-\eta_r \xi_n^2 \tau} d\tau \sum_{m=0}^{\infty} \frac{\ni_m \cos\{m(\theta-\theta_0)\} J_{m\dot{o}}(\xi_n r_0) J_{m\dot{o}}(\xi_n r)}{J'^2_{m\dot{o}}(\xi_n a)} \qquad (15.1.4)$$

For the special cases where $\varphi(r,\theta) = p_I$, a constant, and $\psi(\theta,t) = \psi(t)$, a function of time only, the terms corresponding to these initial and boundary conditions reduce to the results given in problem 13.1.

15.2

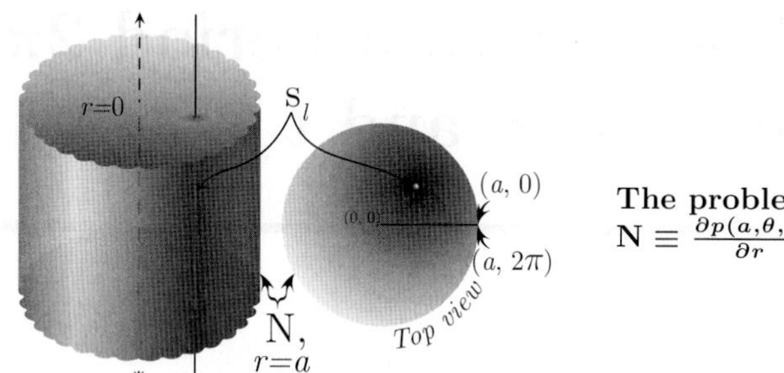

The problem of 15.1, except $\mathbf{N} \equiv \frac{\partial p(a,\theta,t)}{\partial r} = -\left(\frac{\mu}{k_r}\right)\psi(\theta,t)$

The successive application of the Laplace, Fourier and finite Hankel transformations to equation (14.1.1) gives

$$\overline{\overline{\overline{p}}} = \frac{Qe^{-st_0}\cos\{m(\theta-\theta_0)\} J_{m\dot{o}}(\xi_n r_0)}{\phi c_t(\eta_r\xi_n^2+s)} - \frac{a\overline{\overline{\psi}}(m,s;\theta) J_{m\dot{o}}(\xi_n a)}{\phi c_t(\eta_r\xi_n^2+s)} + \frac{\overline{\overline{\varphi}}(\xi_n,m;\theta)}{(\eta_r\xi_n^2+s)} \qquad (15.2.1)$$

where $\overline{\overline{\psi}}(m,s;\theta) = \int_0^{2\pi}\overline{\psi}(u,s)\cos\{m(\theta-u)\}du$, $\overline{\psi}(u,s) = \int_0^t \psi(u,\tau)e^{-s\tau}d\tau$, $\overline{\overline{\varphi}}(\xi_n,m;\theta) = \int_0^{2\pi}\cos\{m(\theta-u)\}\int_0^a \varphi(v,u)vJ_{m\dot{o}}(\xi_n v)dvdu$, $\dot{o} = \sqrt{\frac{\eta_\theta}{\eta_r}}$ and the eigenvalues $\xi_n, n = 1,2,....,$ are the positive roots of $J'_{m\dot{o}}(\xi_n a) = 0$. Successive inverse transforms yield*

$$\begin{aligned}\overline{p} = {} & \frac{Qe^{-st_0}}{\pi a^2\phi c_t s} + \frac{2Qe^{-st_0}}{\pi a^2\phi c_t}\sum_{n=1}^{\infty}\frac{1}{(\eta_r\xi_n^2+s)}\sum_{m=0}^{\infty}\frac{\ni_m\cos\{m(\theta-\theta_0)\}J_{m\dot{o}}(\xi_n r_0)J_{m\dot{o}}(\xi_n r)}{\left\{1-\left(\frac{m\dot{o}}{\xi_n a}\right)^2\right\}J^2_{m\dot{o}}(\xi_n a)} - \\ & -\frac{\int_0^{2\pi}\overline{\psi}(u,s)du}{\pi a\phi c_t s} - \frac{2}{\pi a\phi c_t}\sum_{n=1}^{\infty}\sum_{m=0}^{\infty}\frac{\ni_m\overline{\overline{\psi}}(m,s;\theta)J_{m\dot{o}}(\xi_n r)}{(\eta_r\xi_n^2+s)\left\{1-\left(\frac{m\dot{o}}{\xi_n a}\right)^2\right\}J_{m\dot{o}}(\xi_n a)} + \frac{\int_0^a v\int_0^{2\pi}\varphi(v,u)dudv}{\pi a^2 s} + \\ & +\frac{2}{\pi a^2}\sum_{n=1}^{\infty}\frac{1}{(\eta_r\xi_n^2+s)}\sum_{m=0}^{\infty}\frac{\ni_m J_{m\dot{o}}(\xi_n r)\int_0^a vJ_{m\dot{o}}(\xi_n v)\int_0^{2\pi}\cos\{m(\theta-u)\}\varphi(v,u)dudv}{\left\{1-\left(\frac{m\dot{o}}{\xi_n a}\right)^2\right\}J^2_{m\dot{o}}(\xi_n a)}\end{aligned} \qquad (15.2.2)$$

and

$$\begin{aligned}p = {} & \frac{QU(t-t_0)}{\pi a^2\phi c_t} + \frac{2QU(t-t_0)}{\pi a^2\phi c_t}\sum_{n=1}^{\infty}e^{-\eta_r\xi_n^2(t-t_0)}\sum_{m=0}^{\infty}\frac{\ni_m\cos\{m(\theta-\theta_0)\}J_{m\dot{o}}(\xi_n r_0)J_{m\dot{o}}(\xi_n r)}{\left\{1-\left(\frac{m\dot{o}}{\xi_n a}\right)^2\right\}J^2_{m\dot{o}}(\xi_n a)} - \\ & -\frac{\int_0^t\int_0^{2\pi}\psi(u,\tau)dud\tau}{\pi a\phi c_t} - \frac{2}{\pi a\phi c_t}\sum_{n=1}^{\infty}\sum_{m=0}^{\infty}\frac{\ni_m J_{m\dot{o}}(\xi_n r)}{\left\{1-\left(\frac{m\dot{o}}{\xi_n a}\right)^2\right\}J_{m\dot{o}}(\xi_n a)}\int_0^t\overline{\psi}(m,t-\tau;\theta)e^{-\eta_r\xi_n^2\tau}d\tau +\end{aligned}$$

*Note that $\xi_0 = 0$ is also a root. Therefore, for the case $m\dot{o} = 0$, we must choose $m\dot{o} = 0$ before evaluating the first term corresponding to $\xi_0 = 0$ in equation (15.2.1).

$$+\frac{\int_0^a v\int_0^{2\pi}\varphi(v,u)dudv}{\pi a^2}+\frac{2}{\pi a^2}\sum_{n=1}^{\infty}e^{-\eta_r\xi_n^2 t}\sum_{m=0}^{\infty}\frac{\ni_m J_{m\dot{o}}(\xi_n r)\int_0^a vJ_{m\dot{o}}(\xi_n v)\int_0^{2\pi}\cos\{m(\theta-u)\}\varphi(v,u)dudv}{\left\{1-\left(\frac{m\dot{o}}{\xi_n a}\right)^2\right\}J_{m\dot{o}}^2(\xi_n a)} \tag{15.2.3}$$

The continuous source solution is obtained by replacing the source terms in equations (15.2.2) and (15.2.3) with

$$\overline{p}=\frac{q(s)e^{-st_0}}{\pi a^2\phi c_t s}+\frac{2q(s)e^{-st_0}}{\pi a^2\phi c_t}\sum_{n=1}^{\infty}\frac{1}{(\eta_r\xi_n^2+s)}\sum_{m=0}^{\infty}\frac{\ni_m\cos\{m(\theta-\theta_0)\}J_{m\dot{o}}(\xi_n r_0)J_{m\dot{o}}(\xi_n r)}{\left\{1-\left(\frac{m\dot{o}}{\xi_n a}\right)^2\right\}J_{m\dot{o}}^2(\xi_n a)} \tag{15.2.4}$$

and

$$p=\frac{U(t-t_0)}{\pi a^2\phi c_t}\int_0^{t-t_0}q(t-t_0-\tau)d\tau+$$

$$+\frac{2U(t-t_0)}{\pi a^2\phi c_t}\sum_{n=1}^{\infty}\int_0^{t-t_0}q(t-t_0-\tau)e^{-\eta\xi_n^2\tau}d\tau\sum_{m=0}^{\infty}\frac{\ni_m\cos\{m(\theta-\theta_0)\}J_{m\dot{o}}(\xi_n r_0)J_{m\dot{o}}(\xi_n r)}{\left\{1-\left(\frac{m\dot{o}}{\xi_n a}\right)^2\right\}J_{m\dot{o}}^2(\xi_n a)} \tag{15.2.5}$$

For the special cases where $\varphi(r,\theta)=p_I$, a constant, and $\psi(\theta,t)=\psi(t)$, a function of time only, the terms corresponding to these initial and boundary conditions reduce to the results given in problem 13.2.

15.3 The problem of 15.1, except $\mathbf{R}\equiv\frac{\partial p(a,\theta,t)}{\partial r}+\lambda p(a,\theta,t)=-\left(\frac{\mu}{k}\right)\psi(\theta,t)$

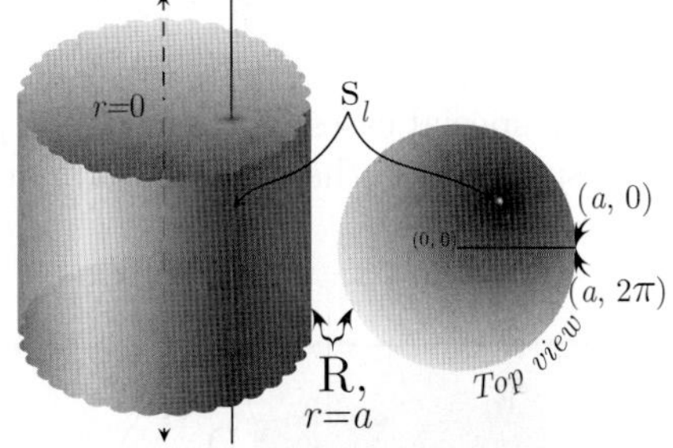

The successive application of the Laplace and finite Hankel transformations* to equation (14.1.1) gives

$$\overline{\overline{\overline{p}}}=\frac{Qe^{-st_0}\cos\{m(\theta-\theta_0)\}J_{m\dot{o}}(\xi r_0)}{\phi c_t(\eta_r\xi_n^2+s)}-\frac{a\overline{\overline{\psi}}(m,s;\theta)J_{m\dot{o}}(\xi_n a)}{\phi c_t(\eta_r\xi_n^2+s)}+\frac{\overline{\overline{\varphi}}(\xi_n,m;\theta)}{(\eta_r\xi_n^2+s)} \tag{15.3.1}$$

where $\overline{\overline{\psi}}(m,s;\theta)=\int_0^{2\pi}\overline{\psi}(u,s)\cos\{m(\theta-u)\}du$, $\overline{\psi}(u,s)=\int_0^t\psi(u,\tau)e^{-s\tau}d\tau$, $\overline{\overline{\varphi}}(\xi_n,m;\theta)=\int_0^{2\pi}\cos\{m(\theta-u)\}\int_0^a\varphi(v,u)vJ_{m\dot{o}}(\xi_n v)dvdu$ and the eigenvalues $\xi_n, n=1,2,....$, are the positive roots of $\xi_n J'_{m\dot{o}}(\xi_n a)+\lambda J_{m\dot{o}}(\xi_n a)=0$. Successive inverse transforms yield

$$\overline{p}=\frac{2Qe^{-st_0}}{\pi a^2\phi c_t}\sum_{n=1}^{\infty}\frac{1}{(\eta_r\xi_n^2+s)}\sum_{m=0}^{\infty}\frac{\ni_m\cos\{m(\theta-\theta_0)\}J_{m\dot{o}}(\xi_n r_0)J_{m\dot{o}}(\xi_n r)}{\left\{1+\left(\frac{m\dot{o}}{a\xi_n}\right)^2\right\}J_{m\dot{o}}^2(\xi_n a)+J'^2_{m\dot{o}}(\xi_n a)}-$$

$$-\frac{2}{\pi a\phi c_t}\sum_{n=1}^{\infty}\frac{1}{(\eta_r\xi_n^2+s)}\sum_{m=0}^{\infty}\frac{\ni_m\overline{\overline{\psi}}(m,s;\theta)J_{m\dot{o}}(\xi_n a)J_{m\dot{o}}(\xi_n r)}{\left\{1+\left(\frac{m\dot{o}}{a\xi_n}\right)^2\right\}J_{m\dot{o}}^2(\xi_n a)+J'^2_{m\dot{o}}(\xi_n a)}+$$

$$+\frac{2}{\pi a^2}\sum_{n=1}^{\infty}\frac{1}{(\eta_r\xi_n^2+s)}\sum_{m=0}^{\infty}\frac{\ni_m J_{m\dot{o}}(\xi_n r)\int_0^a vJ_{m\dot{o}}(\xi v)\int_0^{2\pi}\cos\{m(\theta-u)\}\varphi(v,u)dudv}{\left\{1+\left(\frac{m\dot{o}}{a\xi_n}\right)^2\right\}J_{m\dot{o}}^2(\xi_n a)+J'^2_{m\dot{o}}(\xi_n a)} \tag{15.3.2}$$

*Given by equation (2.5.21).

and

$$p = \frac{2QU(t-t_0)}{\pi a^2\phi c_t}\sum_{n=1}^{\infty} e^{-\eta\xi_n^2(t-t_0)}\sum_{m=0}^{\infty}\frac{\ni_m \cos\{m(\theta-\theta_0)\} J_{m\dot{o}}(\xi_n r_0) J_{m\dot{o}}(\xi_n r)}{\left\{1+\left(\frac{m\dot{o}}{a\xi_n}\right)^2\right\} J_{m\dot{o}}^2(\xi_n a) + J_{m\dot{o}}'^2(\xi_n a)} -$$

$$-\frac{2}{\pi a\phi c_t}\sum_{n=1}^{\infty}\sum_{m=0}^{\infty}\frac{\ni_m J_{m\dot{o}}(\xi_n a) J_{m\dot{o}}(\xi_n r)}{\left\{1+\left(\frac{m\dot{o}}{a\xi_n}\right)^2\right\} J_{m\dot{o}}^2(\xi_n a) + J_{m\dot{o}}'^2(\xi_n a)}\int_0^t \overline{\psi}(m, t-\tau;\theta)\, e^{-\eta\xi_n^2\tau} d\tau +$$

$$+\frac{2}{\pi a^2}\sum_{n=1}^{\infty} e^{-\eta\xi_n^2 t}\sum_{m=0}^{\infty}\frac{\ni_m J_{m\dot{o}}(\xi_n r)\int_0^a vJ_{m\dot{o}}(\xi v)\int_0^{2\pi}\cos\{m(\theta-u)\}\varphi(v,u)du dv}{\left\{1+\left(\frac{m\dot{o}}{a\xi_n}\right)^2\right\} J_{m\dot{o}}^2(\xi_n a) + J_{m\dot{o}}'^2(\xi_n a)} \quad (15.3.3)$$

The continuous source solution is obtained by replacing the source terms in equations (15.3.2) and (15.3.3) with

$$\overline{p} = \frac{2q(s)e^{-st_0}}{\pi a^2\phi c_t}\sum_{n=1}^{\infty}\frac{1}{(\eta_r\xi_n^2+s)}\sum_{m=0}^{\infty}\frac{\ni_m \cos\{m(\theta-\theta_0)\} J_{m\dot{o}}(\xi_n r_0) J_{m\dot{o}}(\xi_n r)}{\left\{1+\left(\frac{m\dot{o}}{a\xi_n}\right)^2\right\} J_{m\dot{o}}^2(\xi_n a) + J_{m\dot{o}}'^2(\xi_n a)} \quad (15.3.4)$$

and

$$p = \frac{2U(t-t_0)}{\pi a^2\phi c_t}\sum_{n=1}^{\infty}\int_0^{t-t_0} q(t-t_0-\tau)\, e^{-\eta\xi_n^2\tau} d\tau \sum_{m=0}^{\infty}\frac{\ni_m \cos\{m(\theta-\theta_0)\} J_{m\dot{o}}(\xi_n r_0) J_{m\dot{o}}(\xi_n r)}{\left\{1+\left(\frac{m\dot{o}}{a\xi_n}\right)^2\right\} J_{m\dot{o}}^2(\xi_n a) + J_{m\dot{o}}'^2(\xi_n a)} \quad (15.3.5)$$

For the special cases where $\varphi(r,\theta) = p_I$, a constant, and $\psi(\theta,t) = \psi(t)$, a function of time only, the terms corresponding to these initial and boundary conditions reduce to the results given in problem 13.3.

15.4

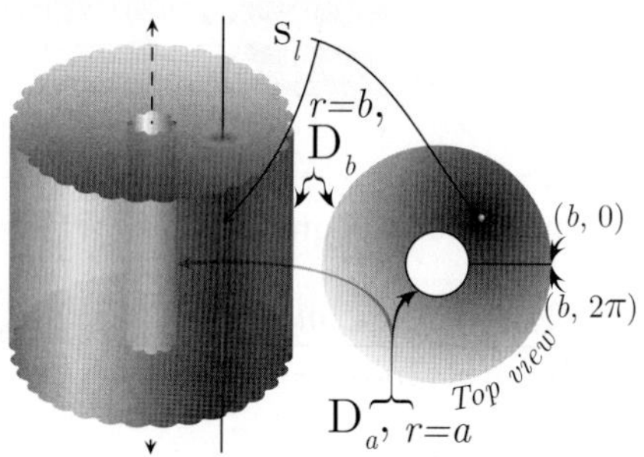

The problem of 15.1, except the cylindrical continuum is bounded by $a \le r \le b$. Line source at $s_l \equiv (r_0, \theta_0)$ at time $t = t_0$; $a < r_0 < b$, $0 \le \theta_0 \le 2\pi$, $t_0 \ge 0$. $D_a \equiv p(a,\theta,t) = \psi_a(\theta,t)$ and $D_b \equiv p(b,\theta,t) = \psi_b(\theta,t)$; $\psi_a(\theta,t)$ and $\psi_b(\theta,t)$ are arbitrary functions of θ and time. The initial pressure $p(r,\theta,0) = \varphi(r,\theta)$

We consider a continuous line source at $r = r_0$. The successive application of the Laplace, Fourier and finite Hankel transformations to equation (14.1.1) gives

$$\overline{\overline{\overline{p}}} = \frac{q(s)e^{-st_0}\cos\{m(\theta-\theta_0)\}\mathcal{V}_{\mathcal{D}m\dot{o}}(\xi_n r_0, a)}{\phi c_t(\eta_r\xi_n^2+s)} + \frac{2\eta_r\overline{\overline{\psi}}_b(m,s;\theta)J_{m\dot{o}}(\xi_n a)}{\pi J_{m\dot{o}}(\xi_n b)(\eta_r\xi_n^2+s)} - \frac{2\eta_r\overline{\overline{\psi}}_a(m,s;\theta)}{\pi(\eta_r\xi_n^2+s)} + \frac{\overline{\overline{\varphi}}(\xi_n, m;\theta)}{(\eta_r\xi_n^2+s)} \quad (15.4.1)$$

where $\mathcal{V}_{\mathcal{D}m\dot{o}}(\xi_n r, a) = J_{m\dot{o}}(\xi_n r)Y_{m\dot{o}}(\xi_n a) - Y_{m\dot{o}}(\xi_n r)J_{m\dot{o}}(\xi_n a)$ and the eigenvalues $\xi_n, n = 1,2,...,$ are the positive roots of the transcendental equation $\mathcal{V}_{\mathcal{D}m\dot{o}}(\xi_n b, a) = 0$. $\overline{\overline{\psi}}_a(m,s;\theta) = \int_0^{2\pi}\overline{\psi}_a(u,s)\cos\{m(\theta-u)\}du$, $\overline{\overline{\psi}}_b(m,s;\theta) = \int_0^{2\pi}\overline{\psi}_b(u,s)\cos\{m(\theta-u)\}du$, and $\overline{\overline{\varphi}}(\xi_n, m;\theta) = \int_0^{2\pi}\cos\{m(\theta-u)\}\int_a^b v\varphi(v,u)\mathcal{V}_{\mathcal{D}m\dot{o}}(\xi_n v, a)du dv$. Successive inverse transforms yield

$$\overline{p} = \frac{\pi q(s)e^{-st_0}}{2\phi c_t}\sum_{m=0}^{\infty}\ni_m\cos\{m(\theta-\theta_0)\}\sum_{n=1}^{\infty}\frac{\xi_n^2 J_{m\dot{o}}^2(\xi_n b)\mathcal{V}_{\mathcal{D}m\dot{o}}(\xi_n r_0, a)\mathcal{V}_{\mathcal{D}m\dot{o}}(\xi_n r, a)}{(\eta_r\xi_n^2+s)\{J_{m\dot{o}}^2(\xi_n a) - J_{m\dot{o}}^2(\xi_n b)\}} +$$

$$+\eta_r \sum_{m=0}^{\infty}\sum_{n=1}^{\infty} \frac{\ni_m \xi_n^2 J_{m\dot{o}}(\xi_n b)\left\{J_{m\dot{o}}(\xi_n a)\overline{\overline{\psi}}_b(m,s;\theta) - J_{m\dot{o}}(\xi_n b)\overline{\overline{\psi}}_a(m,s;\theta)\right\}\mathcal{V}_{\mathcal{D}m\dot{o}}(\xi_n r, a)}{(\eta_r\xi_n^2+s)\{J^2_{m\dot{o}}(\xi_n a) - J^2_{m\dot{o}}(\xi_n b)\}} +$$

$$+\frac{\pi}{2}\sum_{m=0}^{\infty}\sum_{n=1}^{\infty}\frac{\ni_m \xi_n^2 J^2_{m\dot{o}}(\xi_n b)\mathcal{V}_{\mathcal{D}m\dot{o}}(\xi_n r, a)}{(\eta_r\xi_n^2+s)\{J^2_{m\dot{o}}(\xi_n a) - J^2_{m\dot{o}}(\xi_n b)\}}\int_0^{2\pi}\cos\{m(\theta-u)\}\int_a^b v\varphi(v,u)\mathcal{V}_{\mathcal{D}m\dot{o}}(\xi_n v, a)du dv \quad (15.4.2)$$

and

$$p = \frac{\pi U(t-t_0)}{2\phi c_t}\sum_{m=0}^{\infty}\ni_m\cos\{m(\theta-\theta_0)\}\sum_{n=1}^{\infty}\frac{\xi_n^2 J^2_{m\dot{o}}(\xi_n b)\mathcal{V}_{\mathcal{D}m\dot{o}}(\xi_n r_0, a)\mathcal{V}_{\mathcal{D}m\dot{o}}(\xi_n r, a)}{\{J^2_{m\dot{o}}(\xi_n a) - J^2_{m\dot{o}}(\xi_n b)\}}\int_0^{t-t_0} q(t-t_0-\tau)e^{-\eta\xi_n^2\tau}d\tau +$$

$$+\eta_r\sum_{m=0}^{\infty}\sum_{n=1}^{\infty}\frac{\ni_m\xi_n^2 J_{m\dot{o}}(\xi_n b)\mathcal{V}_{\mathcal{D}m\dot{o}}(\xi_n r, a)\int_0^t\{J_{m\dot{o}}(\xi_n a)\overline{\psi}_b(m,\tau;\theta) - J_{m\dot{o}}(\xi_n b)\overline{\psi}_a(m,\tau;\theta)\}e^{-\eta_r\xi_n^2(t-\tau)}d\tau}{\{J^2_{m\dot{o}}(\xi_n a) - J^2_{m\dot{o}}(\xi_n b)\}} +$$

$$+\frac{\pi}{2}\sum_{n=1}^{\infty}e^{-\eta_r\xi_n^2 t}\sum_{m=0}^{\infty}\frac{\ni_m\xi_n^2 J^2_{m\dot{o}}(\xi_n b)\mathcal{V}_{\mathcal{D}m\dot{o}}(\xi_n r, a)}{\{J^2_{m\dot{o}}(\xi_n a) - J^2_{m\dot{o}}(\xi_n b)\}}\int_0^{2\pi}\cos\{m(\theta-u)\}\int_a^b v\varphi(v,u)\mathcal{V}_{\mathcal{D}m\dot{o}}(\xi_n v, a)du dv \quad (15.4.3)$$

15.5 The problem of 15.4, except $\mathbf{D}_a \equiv p(a,\theta,t) = \psi_a(\theta,t)$ and $\mathbf{N}_b \equiv \frac{\partial p(b,\theta,t)}{\partial r} = -\left(\frac{\mu}{k}\right)\psi_b(\theta,t)$

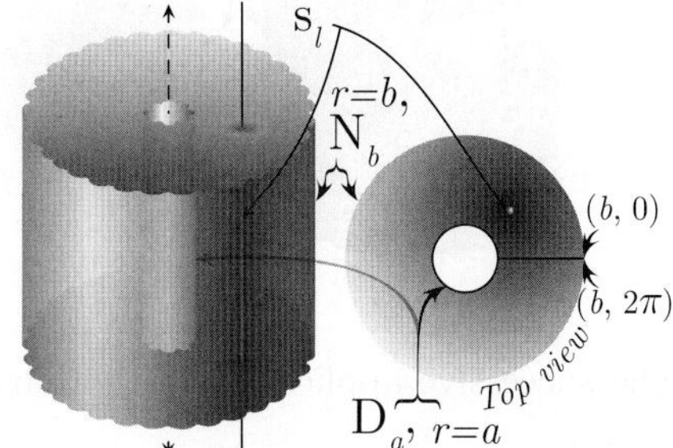

The successive application of the Laplace, Fourier and finite Hankel transformations to equation (14.1.1) gives

$$\overline{\overline{\overline{p}}} = \frac{q(s)e^{-st_0}\cos\{m(\theta-\theta_0)\}\mathcal{V}_{\mathcal{D}m\dot{o}}(\xi_n r_0, a)}{\phi c_t(\eta_r\xi_n^2+s)} - \frac{2\overline{\overline{\psi}}_b(m,s;\theta)J_{m\dot{o}}(\xi_n a)}{\pi\phi c_t\xi_n J'_{m\dot{o}}(\xi_n b)(\eta_r\xi_n^2+s)} - \frac{2\eta_r\overline{\overline{\psi}}_a(m,s;\theta)}{\pi(\eta_r\xi_n^2+s)} + \frac{\overline{\overline{\varphi}}(\xi_n, m;\theta)}{(\eta_r\xi_n^2+s)} \quad (15.5.1)$$

where $\mathcal{V}_{\mathcal{D}m\dot{o}}(\xi_n r, a) = J_{m\dot{o}}(\xi_n r)Y_{m\dot{o}}(\xi_n a) - Y_{m\dot{o}}(\xi_n r)J_{m\dot{o}}(\xi_n a)$ and the eigenvalues $\xi_n, n = 1,2,...$, are the positive roots of the transcendental equation $\mathcal{V}'_{\mathcal{D}m\dot{o}}(\xi_n b, a) = 0$.*
$\overline{\overline{\psi}}_a(m,s;\theta) = \int_0^{2\pi}\overline{\psi}_a(u,s)\cos\{m(\theta-u)\}du$, $\overline{\overline{\psi}}_b(m,s;\theta) = \int_0^{2\pi}\overline{\psi}_b(u,s)\cos\{m(\theta-u)\}du$, and $\overline{\overline{\varphi}}(\xi_n, m;\theta) = \int_0^{2\pi}\cos\{m(\theta-u)\}\int_a^b v\varphi(v,u)\mathcal{V}_{\mathcal{D}m\dot{o}}(\xi_n v, a)dudv$. Successive inverse transforms yield

$$\overline{p} = \frac{\pi q(s)e^{-st_0}}{2\phi c_t}\sum_{m=0}^{\infty}\ni_m\cos\{m(\theta-\theta_0)\}\sum_{n=1}^{\infty}\frac{\xi_n^2 J'^2_{m\dot{o}}(\xi_n b)\mathcal{V}_{\mathcal{D}m\dot{o}}(\xi_n r_0, a)\mathcal{V}_{\mathcal{D}m\dot{o}}(\xi_n r, a)}{(\eta_r\xi_n^2+s)\left[\left\{1-\left(\frac{m\dot{o}}{\xi_n b}\right)^2\right\}J^2_{m\dot{o}}(\xi_n a) - J'^2_{m\dot{o}}(\xi_n b)\right]} -$$

$$-\eta_r\sum_{m=0}^{\infty}\sum_{n=1}^{\infty}\frac{\ni_m\xi_n J'_{m\dot{o}}(\xi_n b)\left\{\xi_n J'_{m\dot{o}}(\xi_n b)\overline{\overline{\psi}}_a(m,s;\theta) + \left(\frac{\mu}{k}\right)J_{m\dot{o}}(\xi_n a)\overline{\overline{\psi}}_b(m,s;\theta)\right\}\mathcal{V}_{\mathcal{D}m\dot{o}}(\xi_n r, a)}{(\eta_r\xi_n^2+s)\left[\left\{1-\left(\frac{m\dot{o}}{\xi_n b}\right)^2\right\}J^2_{m\dot{o}}(\xi_n a) - J'^2_{m\dot{o}}(\xi_n b)\right]} +$$

$$+\frac{\pi}{2}\sum_{m=0}^{\infty}\sum_{n=1}^{\infty}\frac{\ni_m\xi_n^2 J'^2_{m\dot{o}}(\xi_n b)\mathcal{V}_{\mathcal{D}m\dot{o}}(\xi_n r, a)\int_0^{2\pi}\cos\{m(\theta-u)\}\int_a^b v\varphi(v,u)\mathcal{V}_{\mathcal{D}m\dot{o}}(\xi_n v, a)dudv}{(\eta_r\xi_n^2+s)\left[\left\{1-\left(\frac{m\dot{o}}{\xi_n b}\right)^2\right\}J^2_{m\dot{o}}(\xi_n a) - J'^2_{m\dot{o}}(\xi_n b)\right]} \quad (15.5.2)$$

*$\mathcal{V}'_{\mathcal{D}m\dot{o}}(\xi_n r, a) = J'_{m\dot{o}}(\xi_n r)Y_{m\dot{o}}(\xi_n a) - J_{m\dot{o}}(\xi_n a)Y'_{m\dot{o}}(\xi_n r)$.

and

$$p = \frac{\pi U(t-t_0)}{2\phi c_t}\sum_{m=0}^{\infty}\ni_m \cos\{m(\theta-\theta_0)\}\sum_{n=1}^{\infty}\frac{\xi_n^2 J'^2_{m\dot{o}}(\xi_n b)\mathcal{V}_{\mathcal{D}m\dot{o}}(\xi_n r_0,a)\mathcal{V}_{\mathcal{D}m\dot{o}}(\xi_n r,a)\int_0^{t-t_0} q(t-t_0-\tau)e^{-\eta\xi_n^2\tau}d\tau}{\left\{1-\left(\frac{m\dot{o}}{\xi_n b}\right)^2\right\}J^2_{m\dot{o}}(\xi_n a)-J'^2_{m\dot{o}}(\xi_n b)} -$$

$$-\eta_r\sum_{m=0}^{\infty}\sum_{n=1}^{\infty}\frac{\ni_m \xi_n J'_{m\dot{o}}(\xi_n b)\mathcal{V}_{\mathcal{D}m\dot{o}}(\xi_n r,a)}{\left\{1-\left(\frac{m\dot{o}}{\xi_n b}\right)^2\right\}J^2_{m\dot{o}}(\xi_n a)-J'^2_{m\dot{o}}(\xi_n b)}\times$$

$$\times\int_0^t\left\{\xi_n J'_{m\dot{o}}(\xi_n b)\overline{\psi}_a(m,\tau;\theta)+\left(\frac{\mu}{k}\right)J_{m\dot{o}}(\xi_n a)\overline{\psi}_b(m,\tau;\theta)\right\}e^{-\eta_r\xi_n^2(t-\tau)}d\tau +$$

$$+\frac{\pi}{2}\sum_{n=1}^{\infty}e^{-\eta_r\xi_n^2 t}\sum_{m=0}^{\infty}\frac{\ni_m \xi_n^2 J'^2_{m\dot{o}}(\xi_n b)\mathcal{V}_{\mathcal{D}m\dot{o}}(\xi_n r,a)\int_0^{2\pi}\cos\{m(\theta-u)\}\int_a^b v\varphi(v,u)\mathcal{V}_{\mathcal{D}m\dot{o}}(\xi_n v,a)dudv}{\left\{1-\left(\frac{m\dot{o}}{\xi_n b}\right)^2\right\}J^2_{m\dot{o}}(\xi_n a)-J^2_{m\dot{o}}(\xi_n b)}$$

(15.5.3)

15.6 **The problem of 15.4, except $\mathbf{D_a} \equiv p(a,\theta,t) = \psi_a(\theta,t)$ and $\mathbf{R_b} \equiv \frac{\partial p(b,\theta,t)}{\partial r} + \lambda p(b,\theta,t) = -\left(\frac{\mu}{k}\right)\psi_b(\theta,t)$**

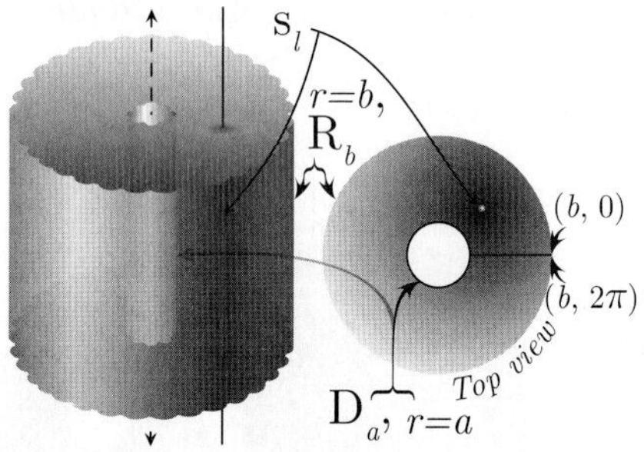

The successive application of the Laplace, Fourier and finite Hankel transformations to equation (14.1.1) gives

$$\overline{\overline{\overline{p}}} = \frac{q(s)e^{-st_0}\cos\{m(\theta-\theta_0)\}\mathcal{V}_{\mathcal{D}m\dot{o}}(\xi_n r_0,a)}{\phi c_t(\eta_r\xi_n^2+s)} - \frac{2\overline{\overline{\psi}}_b(m,s;\theta)J_{m\dot{o}}(\xi_n a)}{\pi\phi c_t\{\xi_n J'_{m\dot{o}}(\xi_n b)+\lambda J_{m\dot{o}}(\xi_n b)\}(\eta_r\xi_n^2+s)} -$$
$$-\frac{2\eta_r\overline{\overline{\psi}}_a(m,s;\theta)}{\pi(\eta_r\xi_n^2+s)}+\frac{\overline{\varphi}(\xi_n,m;\theta)}{(\eta_r\xi_n^2+s)} \quad (15.6.1)$$

where $\mathcal{V}_{\mathcal{D}m\dot{o}}(\xi_n r,a) = J_{m\dot{o}}(\xi_n r)Y_{m\dot{o}}(\xi_n a) - Y_{m\dot{o}}(\xi_n r)J_{m\dot{o}}(\xi_n a)$ and the eigenvalues $\xi_n, n = 1,2,...,$ are the positive roots of the transcendental equation $\xi_n\mathcal{V}'_{\mathcal{D}m\dot{o}}(\xi_n b,a)+\lambda\mathcal{V}_{\mathcal{D}m\dot{o}}(\xi_n b,a) = 0.$*
$\overline{\overline{\psi}}_a(m,s;\theta) = \int_0^{2\pi}\overline{\psi}_a(u,s)\cos\{m(\theta-u)\}du$, $\overline{\overline{\psi}}_b(m,s;\theta) = \int_0^{2\pi}\overline{\psi}_b(u,s)\cos\{m(\theta-u)\}du$, and $\overline{\overline{\varphi}}(\xi_n,m;\theta) = \int_0^{2\pi}\cos\{m(\theta-u)\}\int_a^b v\varphi(v,u)\mathcal{V}_{\mathcal{D}m\dot{o}}(\xi_n v,a)dudv$. Successive inverse transforms yield

$$\overline{p} = \frac{\pi q(s)e^{-st_0}}{2\phi c_t}\sum_{m=0}^{\infty}\ni_m\cos\{m(\theta-\theta_0)\}\times$$
$$\times\sum_{n=1}^{\infty}\frac{\xi_n^2\{\xi_n J'_{m\dot{o}}(\xi_n b)+\lambda J_{m\dot{o}}(\xi_n b)\}^2\mathcal{V}_{\mathcal{D}m\dot{o}}(\xi_n r_0,a)\mathcal{V}_{\mathcal{D}m\dot{o}}(\xi_n r,a)}{(\eta_r\xi_n^2+s)\left[\left\{\lambda^2+\xi_n^2-\left(\frac{m\dot{o}}{b}\right)^2\right\}J^2_{m\dot{o}}(\xi_n a)-\{\xi_n J'_{m\dot{o}}(\xi_n b)+\lambda J_{m\dot{o}}(\xi_n b)\}^2\right]} -$$
$$-\eta_r\sum_{m=0}^{\infty}\sum_{n=1}^{\infty}\frac{\ni_m\xi_n^2\mathcal{V}_{\mathcal{D}m\dot{o}}(\xi_n r,a)\{\xi_n J'_{m\dot{o}}(\xi_n b)+\lambda J_{m\dot{o}}(\xi_n b)\}}{(\eta_r\xi_n^2+s)\left[\left\{\lambda^2+\xi_n^2-\left(\frac{m\dot{o}}{b}\right)^2\right\}J^2_{m\dot{o}}(\xi_n a)-\{\xi_n J'_{m\dot{o}}(\xi_n b)+\lambda J_{m\dot{o}}(\xi_n b)\}^2\right]}\times$$
$$\times\left[\{\xi_n J'_{m\dot{o}}(\xi_n b)+\lambda J_{m\dot{o}}(\xi_n b)\}\overline{\overline{\psi}}_a(m,s;\theta)+\left(\frac{\mu}{k}\right)J_{m\dot{o}}(\xi_n a)\overline{\overline{\psi}}_b(m,s;\theta)\right]+$$
$$+\frac{\pi}{2}\sum_{m=1}^{\infty}\sum_{n=1}^{\infty}\frac{\ni_m\xi_n^2\mathcal{V}_{\mathcal{D}m\dot{o}}(\xi_n r,a)\int_0^{2\pi}\cos\{m(\theta-u)\}\int_a^b v\varphi(v,u)\mathcal{V}_{\mathcal{D}m\dot{o}}(\xi_n v,a)dudv}{(\eta_r\xi_n^2+s)\left[\left\{\lambda^2+\xi_n^2-\left(\frac{m\dot{o}}{b}\right)^2\right\}J^2_{m\dot{o}}(\xi_n a)-\{\xi_n J'_{m\dot{o}}(\xi_n b)+\lambda J_{m\dot{o}}(\xi_n b)\}^2\right]} \quad (15.6.2)$$

*$\xi_n\mathcal{V}'_{\mathcal{D}m\dot{o}}(\xi_n b,a)+\lambda\mathcal{V}_{\mathcal{D}m\dot{o}}(\xi_n b,a) = J_{m\dot{o}}(\xi_n a)\left\{\xi_n Y'_{m\dot{o}}(\xi_n b)+\lambda Y_{m\dot{o}}(\xi_n b)\right\} - Y_{m\dot{o}}(\xi_n a)\left\{\xi_n J'_{m\dot{o}}(\xi_n b)+\lambda J_{m\dot{o}}(\xi_n b)\right\}$.

and

$$p = \frac{\pi U(t-t_0)e^{-st_0}}{2\phi c_t}\sum_{m=0}^{\infty}\ni_m \cos\{m(\theta-\theta_0)\}\times$$
$$\times\sum_{n=1}^{\infty}\frac{\xi_n^2\{\xi_n J'_{m\dot o}(\xi_n b)+\lambda J_{m\dot o}(\xi_n b)\}^2\mathcal{V}_{\mathcal{D}m\dot o}(\xi_n r_0,a)\mathcal{V}_{\mathcal{D}m\dot o}(\xi_n r,a)\int_0^{t-t_0}q(t-t_0-\tau)e^{-\eta\xi_n^2\tau}d\tau}{\left\{\lambda^2+\xi_n^2-\left(\frac{m\dot o}{b}\right)^2\right\}J^2_{m\dot o}(\xi_n a)-\{\xi_n J'_{m\dot o}(\xi_n b)+\lambda J_{m\dot o}(\xi_n b)\}^2}\times$$
$$-\eta_r\sum_{m=0}^{\infty}\sum_{n=1}^{\infty}\frac{\ni_m\,\xi_n^2\mathcal{V}_{\mathcal{D}m\dot o}(\xi_n r,a)\{\xi_n J'_{m\dot o}(\xi_n b)+\lambda J_{m\dot o}(\xi_n b)\}}{(\eta_r\xi_n^2+s)\left[\left\{\lambda^2+\xi_n^2-\left(\frac{m\dot o}{b}\right)^2\right\}J^2_{m\dot o}(\xi_n a)-\{\xi_n J'_{m\dot o}(\xi_n b)+\lambda J_{m\dot o}(\xi_n b)\}^2\right]}\times$$
$$\times\int_0^t\left[\{\xi_n J'_{m\dot o}(\xi_n b)+\lambda J_{m\dot o}(\xi_n b)\}\overline{\psi}_a(m,\tau;\theta)+\left(\frac{\mu}{k}\right)J_{m\dot o}(\xi_n a)\overline{\psi}_b(m,\tau;\theta)\right]e^{-\eta_r\xi_n^2(t-\tau)}d\tau+$$
$$+\frac{\pi}{2}\sum_{n=1}^{\infty}e^{-\eta_r\xi_n^2 t}\sum_{m=0}^{\infty}\frac{\ni_m\,\xi_n^2\{\xi_n J'_{m\dot o}(\xi_n b)+\lambda J_{m\dot o}(\xi_n b)\}^2\mathcal{V}_{\mathcal{D}m\dot o}(\xi_n r,a)}{\left\{\lambda^2+\xi_n^2-\left(\frac{m\dot o}{b}\right)^2\right\}J^2_{m\dot o}(\xi_n a)-\{\xi_n J'_{m\dot o}(\xi_n b)+\lambda J_{m\dot o}(\xi_n b)\}^2}\times$$
$$\times\int_0^{2\pi}\cos\{m(\theta-u)\}\int_a^b v\varphi(v,u)\mathcal{V}_{\mathcal{D}m\dot o}(\xi_n v,a)du\,dv \tag{15.6.3}$$

15.7 The problem of 15.4, except $\mathbf{N}_a \equiv \frac{\partial p(a,\theta,t)}{\partial r} = -\left(\frac{\mu}{k}\right)\psi_a(\theta,t)$ and $\mathbf{D}_b \equiv p(b,\theta,t) = \psi_b(\theta,t)$

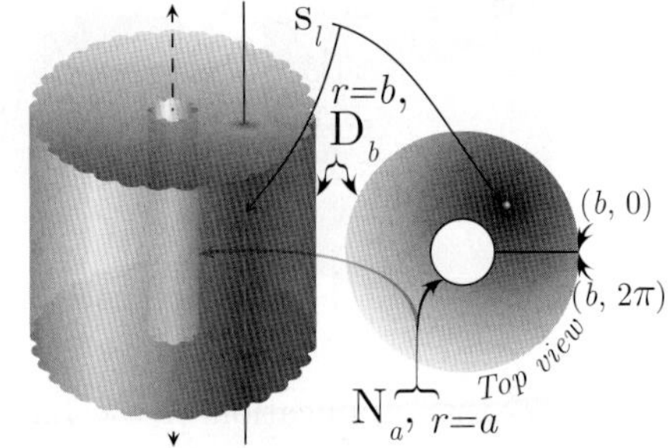

The successive application of the Laplace, Fourier and finite Hankel transformations to equation (14.1.1) gives

$$\overline{\overline{\overline{p}}} = \frac{q(s)e^{-st_0}\mathcal{V}_{\mathcal{N}m\dot o}(\xi_n r_0,a)}{\phi c_t(\eta\xi_n^2+s)}+\frac{2\eta_r\overline{\overline{\psi}}_b(m,s;\theta)J'_{m\dot o}(\xi_n a)}{\pi J_{m\dot o}(\xi b)(\eta\xi_n^2+s)}+\frac{2\overline{\overline{\psi}}_a(m,s;\theta)}{\pi\phi c_t\xi_n(\eta\xi_n^2+s)}+\frac{\overline{\overline{\varphi}}(\xi_n,m;\theta)}{(\eta_r\xi_n^2+s)} \tag{15.7.1}$$

where $\mathcal{V}_{\mathcal{N}m\dot o}(\xi_n r,a) = J_{m\dot o}(\xi_n r)Y'_{m\dot o}(\xi_n a)-Y_{m\dot o}(\xi_n r)J'_{m\dot o}(\xi_n a)$ and the eigenvalues $\xi_n, n=1,2,...,$ are the positive roots of the transcendental equation $\mathcal{V}_{\mathcal{N}m\dot o}(\xi_n b,a)=0$. $\overline{\overline{\psi}}_a(m,s;\theta)=\int_0^{2\pi}\overline{\psi}_a(u,s)\cos\{m(\theta-u)\}du$, $\overline{\overline{\psi}}_b(m,s;\theta)=\int_0^{2\pi}\overline{\psi}_b(u,s)\cos\{m(\theta-u)\}du$, and $\overline{\overline{\varphi}}(\xi_n,m;\theta)=\int_0^{2\pi}\cos\{m(\theta-u)\}\int_a^b v\varphi(v,u)\mathcal{V}_{\mathcal{N}m\dot o}(\xi_n v,a)du\,dv$. Successive inverse transforms yield

$$\overline{p} = \frac{\pi q(s)e^{-st_0}}{2\phi c_t}\sum_{m=0}^{\infty}\ni_m\cos\{m(\theta-\theta_0)\}\sum_{n=1}^{\infty}\frac{\xi_n^2 J^2_{m\dot o}(\xi_n b)\mathcal{V}_{\mathcal{N}m\dot o}(\xi_n r_0,a)\mathcal{V}_{\mathcal{N}m\dot o}(\xi_n r,a)}{(\eta\xi_n^2+s)\left[J'^2_{m\dot o}(\xi_n a)-\left\{1-\left(\frac{m\dot o}{\xi_n a}\right)^2\right\}J^2_{m\dot o}(\xi_n b)\right]}+$$
$$+\eta_r\sum_{m=0}^{\infty}\sum_{n=1}^{\infty}\frac{\ni_m\,\xi_n\left\{J_{m\dot o}(\xi_n b)\left(\frac{\mu}{k}\right)\overline{\overline{\psi}}_a(m,s;\theta)+\xi_n J'_{m\dot o}(\xi_n a)\overline{\overline{\psi}}_b(m,s;\theta)\right\}J_0(\xi_n b)\mathcal{V}_{\mathcal{N}m\dot o}(\xi_n r,a)}{(\eta\xi_n^2+s)\left[J'^2_{m\dot o}(\xi_n a)-\left\{1-\left(\frac{m\dot o}{\xi_n a}\right)^2\right\}J^2_{m\dot o}(\xi_n b)\right]}+$$
$$+\frac{\pi}{2}\sum_{m=0}^{\infty}\sum_{n=1}^{\infty}\frac{\ni_m\,\xi_n^2 J^2_{m\dot o}(\xi_n b)\mathcal{V}_{\mathcal{N}m\dot o}(\xi_n r,a)\int_0^{2\pi}\cos\{m(\theta-u)\}\int_a^b v\varphi(v,u)\mathcal{V}_{\mathcal{N}m\dot o}(\xi_n v,a)du\,dv}{(\eta\xi_n^2+s)\left[J'^2_{m\dot o}(\xi_n a)-\left\{1-\left(\frac{m\dot o}{\xi_n a}\right)^2\right\}J^2_{m\dot o}(\xi_n b)\right]} \tag{15.7.2}$$

and

$$p = \frac{U(t-t_0)}{2\phi c_t}\sum_{m=0}^{\infty} \ni_m \cos\{m(\theta-\theta_0)\}\times$$
$$\times\sum_{n=1}^{\infty}\frac{\xi_n^2 J_{m\dot{o}}^2(\xi_n b)\,\mathcal{V}_{\mathcal{N}m\dot{o}}(\xi_n r_0,a)\,\mathcal{V}_{\mathcal{N}m\dot{o}}(\xi_n r,a)\int_0^{t-t_0} q(t-t_0-\tau)\,e^{-\eta\xi_n^2\tau}d\tau}{J_{m\dot{o}}'^2(\xi_n a)-\left\{1-\left(\frac{m\dot{o}}{\xi_n a}\right)^2\right\}J_{m\dot{o}}^2(\xi_n b)}+$$
$$+\eta_r\sum_{m=0}^{\infty}\sum_{n=1}^{\infty}\frac{\ni_m\,\xi_n J_0(\xi_n b)\,\mathcal{V}_{\mathcal{N}m\dot{o}}(\xi_n r,a)}{J_{m\dot{o}}'^2(\xi_n a)-\left\{1-\left(\frac{m\dot{o}}{\xi_n a}\right)^2\right\}J_{m\dot{o}}^2(\xi_n b)}\times$$
$$\times\int_0^t\left\{J_{m\dot{o}}(\xi_n b)\left(\frac{\mu}{k}\right)\overline{\psi}_a(m,\tau;\theta)+\xi_n J_{m\dot{o}}'(\xi_n a)\,\overline{\psi}_b(m,\tau;\theta)\right\}e^{-\eta_r\xi_n^2(t-\tau)}d\tau+$$
$$+\frac{\pi}{2}\sum_{n=1}^{\infty}e^{-\eta\xi_n^2 t}\sum_{m=0}^{\infty}\frac{\ni_m\,\xi_n^2 J_{m\dot{o}}^2(\xi_n b)\,\mathcal{V}_{\mathcal{N}m\dot{o}}(\xi_n r,a)\int_0^{2\pi}\cos\{m(\theta-u)\}\int_a^b v\varphi(v,u)\mathcal{V}_{\mathcal{N}m\dot{o}}(\xi_n v,a)\,du\,dv}{J_{m\dot{o}}'^2(\xi_n a)-\left\{1-\left(\frac{m\dot{o}}{\xi_n a}\right)^2\right\}J_{m\dot{o}}^2(\xi_n b)} \tag{15.7.3}$$

15.8 **The problem of 15.4, except $\mathbf{N}_a \equiv \frac{\partial p(a,\theta,t)}{\partial r} = -\left(\frac{\mu}{k}\right)\psi_a(\theta,t)$ and $\mathbf{N}_b \equiv \frac{\partial p(b,\theta,t)}{\partial r} = -\left(\frac{\mu}{k}\right)\psi_b(\theta,t)$**

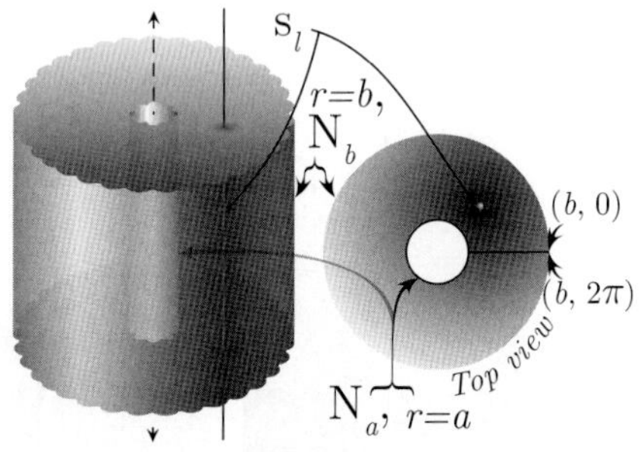

The successive application of the Laplace, Fourier and finite Hankel transformations to equation (14.1.1) gives

$$\overline{\overline{\overline{p}}} = \frac{q(s)e^{-st_0}}{\phi c_t s}+\frac{q(s)e^{-st_0}\mathcal{V}_{\mathcal{N}m\dot{o}}(\xi_n r_0,a)\cos\{m(\theta-\theta_0)\}}{\phi c_t(\eta_r\xi_n^2+s)}+\frac{\left\{a\overline{\overline{\psi}}_a(0,s;\theta)-b\overline{\overline{\psi}}_b(0,s;\theta)\right\}}{\phi c_t s}-$$
$$-\frac{2\overline{\overline{\psi}}_b(m,s;\theta)\,J_{m\dot{o}}'(\xi_n a)}{\pi\phi c_t\xi_n J_{m\dot{o}}'(\xi b)(\eta_r\xi_n^2+s)}+\frac{2\overline{\overline{\psi}}_a(m,s;\theta)}{\pi\phi c_t\xi_n(\eta_r\xi_n^2+s)}+\frac{1}{s}\int_a^b u\overline{\varphi}(u,0;\theta)du+\frac{\overline{\overline{\varphi}}(\xi_n,m;\theta)}{(\eta_r\xi_n^2+s)} \tag{15.8.1}$$

where $\mathcal{V}_{\mathcal{N}m\dot{o}}(\xi_n r,a)=J_{m\dot{o}}(\xi_n r)Y_{m\dot{o}}'(\xi_n a)-Y_{m\dot{o}}(\xi_n r)J_{m\dot{o}}'(\xi_n a)$ and the eigenvalues $\xi_n, n=1,2,...$, are the positive roots of the transcendental equation $\mathcal{V}_{\mathcal{N}m\dot{o}}'(\xi_n b,a)=0.$* $\overline{\overline{\psi}}_a(m,s;\theta)=\int_0^{2\pi}\overline{\psi}_a(u,s)\cos\{m(\theta-u)\}du$, $\overline{\overline{\psi}}_b(m,s;\theta)=\int_0^{2\pi}\overline{\psi}_b(u,s)\cos\{m(\theta-u)\}du$, and
$\overline{\overline{\varphi}}(\xi_n,m;\theta)=\int_0^{2\pi}\cos\{m(\theta-u)\}\int_a^b v\varphi(v,u)\mathcal{V}_{\mathcal{N}m\dot{o}}(\xi_n v,a)du\,dv$. Successive inverse transforms yield

$$\overline{p} = \frac{q(s)e^{-st_0}}{\pi\phi c_t(b^2-a^2)s}+\frac{\pi q(s)e^{-st_0}}{2\phi c_t}\sum_{m=0}^{\infty}\ni_m\cos\{m(\theta-\theta_0)\}\times$$
$$\times\sum_{n=1}^{\infty}\frac{\xi_n^2 J_{m\dot{o}}'^2(\xi_n b)\,\mathcal{V}_{\mathcal{N}m\dot{o}}(\xi_n r_0,a)\,\mathcal{V}_{\mathcal{N}m\dot{o}}(\xi_n r,a)}{(\eta_r\xi_n^2+s)\left[\left\{1-\left(\frac{m\dot{o}}{\xi_n b}\right)^2\right\}J_{m\dot{o}}'^2(\xi_n a)-\left\{1-\left(\frac{m\dot{o}}{\xi_n a}\right)^2\right\}J_{m\dot{o}}'^2(\xi_n b)\right]}+\frac{\left\{a\overline{\overline{\psi}}_a(0,s;\theta)-b\overline{\overline{\psi}}_b(0,s;\theta)\right\}}{\pi\phi c_t(b^2-a^2)s}+$$
$$+\frac{1}{\phi c_t}\sum_{m=0}^{\infty}\sum_{n=1}^{\infty}\frac{\ni_m\,\xi_n J_{m\dot{o}}'(\xi_n b)\,\mathcal{V}_{\mathcal{N}m\dot{o}}(\xi_n r,a)\left\{J_{m\dot{o}}'(\xi_n b)\,\overline{\overline{\psi}}_a(m,s;\theta)-J_{m\dot{o}}'(\xi_n a)\,\overline{\overline{\psi}}_b(m,s;\theta)\right\}}{(\eta_r\xi_n^2+s)\left[\left\{1-\left(\frac{m\dot{o}}{\xi_n b}\right)^2\right\}J_{m\dot{o}}'^2(\xi_n a)-\left\{1-\left(\frac{m\dot{o}}{\xi_n a}\right)^2\right\}J_{m\dot{o}}'^2(\xi_n b)\right]}+$$

*$\mathcal{V}_{\mathcal{N}m\dot{o}}'(\xi_n r,a)=J_{m\dot{o}}'(\xi_n r)Y_{m\dot{o}}'(\xi_n a)-J_{m\dot{o}}'(\xi_n a)Y_{m\dot{o}}'(\xi_n r)$.

$$+\frac{\int_a^b \overline{\varphi}(v,0;\theta)vdv}{\pi\left(b^2-a^2\right)s}+\frac{\pi}{2}\sum_{m=0}^{\infty}\sum_{n=1}^{\infty}\frac{\ni_m \xi_n^2 J'^2_{m\dot{o}}\left(\xi_n b\right)\mathcal{V}_{\mathcal{N}m\dot{o}}(\xi_n r,a)\int_0^{2\pi}\cos\{m\left(\theta-u\right)\}\int_a^b v\varphi(v,u)\mathcal{V}_{\mathcal{N}m\dot{o}}(\xi_n v,a)dudv}{\left(\eta_r\xi_n^2+s\right)\left[\left\{1-\left(\frac{m\dot{o}}{\xi_n b}\right)^2\right\}J'^2_{m\dot{o}}\left(\xi_n a\right)-\left\{1-\left(\frac{m\dot{o}}{\xi_n a}\right)^2\right\}J'^2_{m\dot{o}}\left(\xi_n b\right)\right]}{}^{*} \tag{15.8.2}$$

where $\overline{\varphi}(v,0;\theta)=\int_0^{2\pi}\varphi(v,u)du$, and

$$\begin{aligned}
p \;=\;& \frac{U\left(t-t_0\right)\int_0^{t-t_0}q\left(\tau\right)d\tau}{\pi\phi c_t\left(b^2-a^2\right)}+\frac{U\left(t-t_0\right)}{2\phi c_t}\sum_{m=0}^{\infty}\ni_m\cos\left\{m\left(\theta-\theta_0\right)\right\}\times\\
&\times\sum_{n=1}^{\infty}\frac{\xi_n^2 J'^2_{m\dot{o}}\left(\xi_n b\right)\mathcal{V}_{\mathcal{N}m\dot{o}}\left(\xi_n r_0,a\right)\mathcal{V}_{\mathcal{N}m\dot{o}}\left(\xi_n r,a\right)\int_0^{t-t_0}q\left(t-t_0-\tau\right)e^{-\eta_r\xi_n^2\tau}d\tau}{\left[\left\{1-\left(\frac{m\dot{o}}{\xi_n b}\right)^2\right\}J'^2_{m\dot{o}}\left(\xi_n a\right)-\left\{1-\left(\frac{m\dot{o}}{\xi_n a}\right)^2\right\}J'^2_{m\dot{o}}\left(\xi_n b\right)\right]}+\\
&+\frac{\int_0^t\left\{a\overline{\overline{\psi}}_a\left(0,\tau;\theta\right)-b\overline{\overline{\psi}}_b\left(0,\tau;\theta\right)\right\}d\tau}{\pi\phi c_t\left(b^2-a^2\right)}+\\
&+\frac{1}{\phi c_t}\sum_{m=0}^{\infty}\sum_{n=1}^{\infty}\frac{\ni_m\xi_n J'_{m\dot{o}}(\xi_n b)\mathcal{V}_{\mathcal{N}m\dot{o}}\left(\xi_n r,a\right)\int_0^t\{J'_{m\dot{o}}\left(\xi_n b\right)\overline{\psi}_a(m,\tau;\theta)-J'_{m\dot{o}}(\xi_n a)\overline{\psi}_b\left(m,\tau;\theta\right)\}e^{-\eta_r\xi_n^2(t-\tau)}d\tau}{\left[\left\{1-\left(\frac{m\dot{o}}{\xi_n b}\right)^2\right\}J^2_{m\dot{o}}\left(\xi_n a\right)-\left\{1-\left(\frac{m\dot{o}}{\xi_n a}\right)^2\right\}J^2_{m\dot{o}}\left(\xi_n b\right)\right]}+\\
&+\frac{\int_a^b\overline{\varphi}(u,0;\theta)udu}{\pi\left(b^2-a^2\right)}+\frac{\pi}{2}\sum_{n=1}^{\infty}e^{-\eta_r\xi_n^2 t}\sum_{m=0}^{\infty}\frac{\ni_m\xi_n^2 J'^2_{m\dot{o}}\left(\xi_n b\right)\mathcal{V}_{\mathcal{N}m\dot{o}}(\xi_n r,a)\int_0^{2\pi}\cos\{m\left(\theta-u\right)\}\int_a^b v\varphi(v,u)\mathcal{V}_{\mathcal{N}m\dot{o}}(\xi_n v,a)dudv}{\left[\left\{1-\left(\frac{m\dot{o}}{\xi_n b}\right)^2\right\}J'^2_{m\dot{o}}\left(\xi_n a\right)-\left\{1-\left(\frac{m\dot{o}}{\xi_n a}\right)^2\right\}J'^2_{m\dot{o}}\left(\xi_n b\right)\right]}
\end{aligned} \tag{15.8.3}$$

15.9 The problem of 15.4, except $\mathbf{N}_a\equiv\frac{\partial p(a,\theta,t)}{\partial r}=-\left(\frac{\mu}{k}\right)\psi_a(\theta,t)$ and $\mathbf{R}_b\equiv\frac{\partial p(b,\theta,t)}{\partial r}+\lambda p\left(b,\theta,t\right)=-\left(\frac{\mu}{k}\right)\psi_b\left(\theta,t\right)$

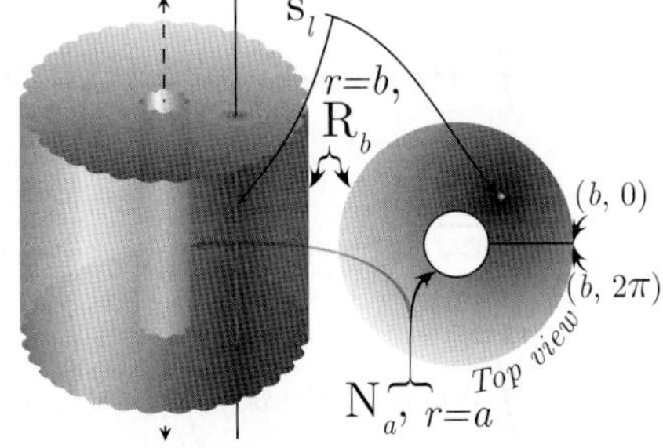

The successive application of the Laplace, Fourier and finite Hankel transformations to equation (14.1.1) gives

$$\begin{aligned}
\overline{\overline{\overline{p}}} \;=\;& \frac{q\left(s\right)e^{-st_0}\cos\left\{m\left(\theta-\theta_0\right)\right\}\mathcal{V}_{\mathcal{N}m\dot{o}}\left(\xi_n r_0,a\right)}{\phi c_t\left(\eta_r\xi_n^2+s\right)}+\frac{2\overline{\overline{\psi}}_a\left(m,s;\theta\right)}{\pi\phi c_t\xi_n\left(\eta_r\xi_n^2+s\right)}-\\
&-\frac{2\overline{\overline{\psi}}_b\left(m,s;\theta\right)J'_{m\dot{o}}\left(\xi_n a\right)}{\pi\phi c_t\left\{\xi_n J'_{m\dot{o}}\left(\xi_n b\right)+\lambda J_{m\dot{o}}\left(\xi_n b\right)\right\}\left(\eta_r\xi_n^2+s\right)}+\frac{\overline{\overline{\varphi}}(\xi_n,m;\theta)}{\left(\eta_r\xi_n^2+s\right)}
\end{aligned} \tag{15.9.1}$$

where $\mathcal{V}_{\mathcal{N}m\dot{o}}\left(\xi_n r,a\right)=J_{m\dot{o}}\left(\xi_n r\right)Y'_{m\dot{o}}\left(\xi_n a\right)-Y_{m\dot{o}}\left(\xi_n r\right)J'_{m\dot{o}}\left(\xi_n a\right)$ and the eigenvalues $\xi_n, n=1,2,...,$ are the positive roots of the transcendental equation $\xi_n\mathcal{V}'_{\mathcal{N}m\dot{o}}\left(\xi_n b,a\right)+\lambda\mathcal{V}_{\mathcal{N}m\dot{o}}\left(\xi_n b,a\right)=0$.
$\overline{\overline{\psi}}_a(m,s;\theta)=\int_0^{2\pi}\overline{\psi}_a(u,s)\cos\left\{m\left(\theta-u\right)\right\}du$, $\overline{\overline{\psi}}_b(m,s;\theta)=\int_0^{2\pi}\overline{\psi}_b(u,s)\cos\left\{m\left(\theta-u\right)\right\}du$, and
$\overline{\overline{\varphi}}(\xi_n,m;\theta)=\int_0^{2\pi}\cos\left\{m\left(\theta-u\right)\right\}\int_a^b v\varphi(v,u)\mathcal{V}_{\mathcal{N}m\dot{o}}\left(\xi_n v,a\right)dudv$. Successive inverse transforms yield

$$\overline{p} \;=\; \frac{\pi q\left(s\right)e^{-st_0}}{2\phi c_t}\sum_{m=0}^{\infty}\ni_m\cos\left\{m\left(\theta-\theta_0\right)\right\}\times$$

---

*If $\psi_a\left(\theta,t\right)=\psi_a\left(t\right)$, a function of time only, then $\overline{\overline{\psi}}_a\left(0,s;\theta\right)=2\pi\overline{\psi}_a\left(s\right)$.

$$\times\sum_{n=1}^{\infty}\frac{\xi_n^2\left\{\xi_n J'_{m\dot{o}}(\xi_n b)+\lambda J_{m\dot{o}}(\xi_n b)\right\}^2\mathcal{V}_{\mathcal{N}m\dot{o}}(\xi_n r_0,a)\mathcal{V}_{\mathcal{N}m\dot{o}}(\xi_n r,a)}{(\eta_r\xi_n^2+s)\left[\left\{\lambda^2+\xi_n^2-\left(\frac{m\dot{o}}{b}\right)^2\right\}J'^2_{m\dot{o}}(\xi_n a)-\left\{1-\left(\frac{m\dot{o}}{\xi_n a}\right)^2\right\}\left\{\xi_n J'_{m\dot{o}}(\xi_n b)+\lambda J_{m\dot{o}}(\xi_n b)\right\}^2\right]}+$$

$$+\frac{1}{\phi c_t}\sum_{m=0}^{\infty}\sum_{n=1}^{\infty}\frac{\ni_m\xi_n\left\{\xi_n J'_{m\dot{o}}(\xi_n b)+\lambda J_{m\dot{o}}(\xi_n b)\right\}\mathcal{V}_{\mathcal{N}m\dot{o}}(\xi_n r,a)}{(\eta_r\xi_n^2+s)\left[\left\{\lambda^2+\xi_n^2-\left(\frac{m\dot{o}}{b}\right)^2\right\}J'^2_{m\dot{o}}(\xi_n a)-\left\{1-\left(\frac{m\dot{o}}{\xi_n a}\right)^2\right\}\left\{\xi_n J'_{m\dot{o}}(\xi_n b)+\lambda J_{m\dot{o}}(\xi_n b)\right\}^2\right]}\times$$

$$\times\left[\left\{\xi_n J'_{m\dot{o}}(\xi_n b)+\lambda J_{m\dot{o}}(\xi_n b)\right\}\overline{\overline{\psi}}_a(m,s;\theta)-\xi_n J'_{m\dot{o}}(\xi_n a)\overline{\overline{\psi}}_b(m,s;\theta)\right]+$$

$$+\frac{\pi}{2}\sum_{m=0}^{\infty}\sum_{n=1}^{\infty}\frac{\ni_m\xi_n^2\left\{\xi_n J'_{m\dot{o}}(\xi_n b)+\lambda J_{m\dot{o}}(\xi_n b)\right\}^2\mathcal{V}_{\mathcal{N}m\dot{o}}(\xi_n r,a)}{(\eta_r\xi_n^2+s)\left[\left\{\lambda^2+\xi_n^2-\left(\frac{m\dot{o}}{b}\right)^2\right\}J'^2_{m\dot{o}}(\xi_n a)-\left\{1-\left(\frac{m\dot{o}}{\xi_n a}\right)^2\right\}\left\{\xi_n J'_{m\dot{o}}(\xi_n b)+\lambda J_{m\dot{o}}(\xi_n b)\right\}^2\right]}\times$$

$$\times\int_0^{2\pi}\cos\{m(\theta-u)\}\int_a^b v\varphi(v,u)\mathcal{V}_{\mathcal{N}m\dot{o}}(\xi_n v,a)dudv \qquad (15.9.2)$$

and

$$p=\frac{\pi U(t-t_0)}{2\phi c_t}\sum_{m=0}^{\infty}\ni_m\cos\{m(\theta-\theta_0)\}\times$$

$$\times\sum_{n=1}^{\infty}\frac{\xi_n^2\left\{\xi_n J'_{m\dot{o}}(\xi_n b)+\lambda J_{m\dot{o}}(\xi_n b)\right\}^2\mathcal{V}_{\mathcal{N}m\dot{o}}(\xi_n r_0,a)\mathcal{V}_{\mathcal{N}m\dot{o}}(\xi_n r,a)\int_0^{t-t_0}q(t-t_0-\tau)e^{-\eta\xi_n^2\tau}d\tau}{\left[\left\{\lambda^2+\xi_n^2-\left(\frac{m\dot{o}}{b}\right)^2\right\}J'^2_{m\dot{o}}(\xi_n a)-\left\{1-\left(\frac{m\dot{o}}{\xi_n a}\right)^2\right\}\left\{\xi_n J'_{m\dot{o}}(\xi_n b)+\lambda J_{m\dot{o}}(\xi_n b)\right\}^2\right]}+$$

$$+\frac{1}{\phi c_t}\sum_{m=0}^{\infty}\sum_{n=1}^{\infty}\frac{\ni_m\xi_n\left\{\xi_n J'_{m\dot{o}}(\xi_n b)+\lambda J_{m\dot{o}}(\xi_n b)\right\}\mathcal{V}_{\mathcal{N}m\dot{o}}(\xi_n r,a)}{\left[\left\{\lambda^2+\xi_n^2-\left(\frac{m\dot{o}}{b}\right)^2\right\}J'^2_{m\dot{o}}(\xi_n a)-\left\{1-\left(\frac{m\dot{o}}{\xi_n a}\right)^2\right\}\left\{\xi_n J'_{m\dot{o}}(\xi_n b)+\lambda J_{m\dot{o}}(\xi_n b)\right\}^2\right]}\times$$

$$\times\int_0^t\left[\left\{\xi_n J'_{m\dot{o}}(\xi_n b)+\lambda J_{m\dot{o}}(\xi_n b)\right\}\overline{\overline{\psi}}_a(m,\tau;\theta)-\xi_n J'_{m\dot{o}}(\xi_n a)\overline{\psi}_b(m,\tau;\theta)\right]e^{-\eta_r\xi_n^2(t-\tau)}d\tau+$$

$$+\frac{\pi}{2}\sum_{n=1}^{\infty}e^{-\eta\xi_n^2 t}\sum_{m=0}^{\infty}\frac{\ni_m\xi_n^2\left\{\xi_n J'_{m\dot{o}}(\xi_n b)+\lambda J_{m\dot{o}}(\xi_n b)\right\}^2\mathcal{V}_{\mathcal{N}m\dot{o}}(\xi_n r,a)}{\left[\left\{\lambda^2+\xi_n^2-\left(\frac{m\dot{o}}{b}\right)^2\right\}J'^2_{m\dot{o}}(\xi_n a)-\left\{1-\left(\frac{m\dot{o}}{\xi_n a}\right)^2\right\}\left\{\xi_n J'_{m\dot{o}}(\xi_n b)+\lambda J_{m\dot{o}}(\xi_n b)\right\}^2\right]}\times$$

$$\times\int_0^{2\pi}\cos\{m(\theta-u)\}\int_a^b v\varphi(v,u)\mathcal{V}_{\mathcal{N}m\dot{o}}(\xi_n v,a)dudv \qquad (15.9.3)$$

15.10

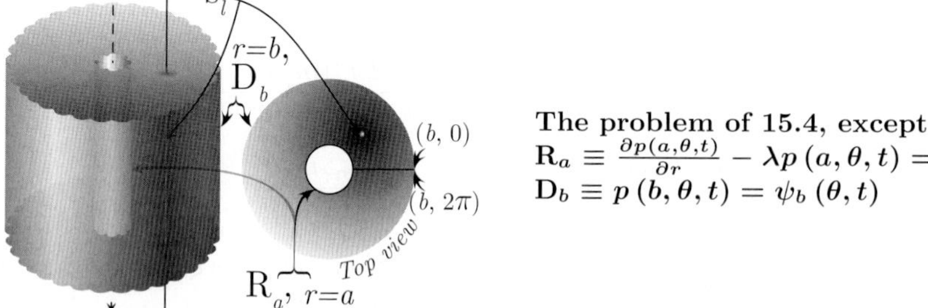

The problem of 15.4, except $\mathbf{R}_a\equiv\frac{\partial p(a,\theta,t)}{\partial r}-\lambda p(a,\theta,t)=-\left(\frac{\mu}{k}\right)\psi_a(\theta,t)$ **and** $\mathbf{D}_b\equiv p(b,\theta,t)=\psi_b(\theta,t)$

The successive application of the Laplace and finite Hankel transformations to equation (14.1.1) gives

$$\overline{\overline{p}}=\frac{q(s)e^{-st_0}\cos\{m(\theta-\theta_0)\}\mathcal{V}_{\mathcal{D}m\dot{o}}(\xi_n r_0,a)}{\phi c_t(\eta_r\xi_n^2+s)}+\frac{2\eta_r\overline{\overline{\psi}}_b(m,s;\theta)}{\pi(\eta_r\xi_n^2+s)}+$$

$$+\frac{2\overline{\overline{\psi}}_a(m,s;\theta)J_{m\dot{o}}(\xi_n b)}{\pi\phi c_t\left\{\xi_n J'_{m\dot{o}}(\xi_n a)-\lambda J_{m\dot{o}}(\xi_n a)\right\}(\eta_r\xi_n^2+s)}+\frac{\overline{\overline{\varphi}}(\xi_n,m;\theta)}{(\eta_r\xi_n^2+s)} \qquad (15.10.1)$$

where $\mathcal{V}_{\mathcal{D}m\dot{o}}(\xi_n r, b) = J_{m\dot{o}}(\xi_n r) Y_{m\dot{o}}(\xi_n b) - Y_{m\dot{o}}(\xi_n r) J_{m\dot{o}}(\xi_n b)$ and the eigenvalues $\xi_n, n = 1, 2, ...,$ are the positive roots of the transcendental equation $\xi_n \mathcal{V}'_{\mathcal{D}m\dot{o}}(\xi_n a, b) - \lambda \mathcal{V}_{\mathcal{D}m\dot{o}}(\xi_n a, b) = 0$.
$\overline{\overline{\psi}}_a(m, s; \theta) = \int_0^{2\pi} \overline{\psi}_a(u, s) \cos\{m(\theta - u)\} du$, $\overline{\overline{\psi}}_b(m, s; \theta) = \int_0^{2\pi} \overline{\psi}_b(u, s) \cos\{m(\theta - u)\} du$, and $\overline{\overline{\varphi}}(\xi_n, m; \theta) = \int_0^{2\pi} \cos\{m(\theta - u)\} \int_a^b v\varphi(v, u) \mathcal{V}_{\mathcal{N}m\dot{o}}(\xi_n v, b) du dv$. Successive inverse transforms yield

$$
\begin{aligned}
\overline{p} &= \frac{\pi q(s) e^{-st_0}}{2\phi c_t} \sum_{m=0}^{\infty} \ni_m \cos\{m(\theta - \theta_0)\} \times \\
&\times \sum_{n=1}^{\infty} \frac{\xi_n^2 \{\xi_n J'_{m\dot{o}}(\xi_n a) - \lambda J_{m\dot{o}}(\xi_n a)\}^2 \mathcal{V}_{\mathcal{D}m\dot{o}}(\xi_n r_0, b) \mathcal{V}_{\mathcal{D}m\dot{o}}(\xi_n r, b)}{(\eta_r \xi_n^2 + s)\left[\{\xi_n J'_{m\dot{o}}(\xi_n a) - \lambda J_{m\dot{o}}(\xi_n a)\}^2 - \left\{\lambda^2 + \xi_n^2 - \left(\frac{m\dot{o}}{a}\right)^2\right\} J^2_{m\dot{o}}(\xi_n b)\right]} + \\
&+ \eta_r \sum_{n=1}^{\infty}\sum_{m=0}^{\infty} \frac{\ni_m \xi_n^2 \{\xi_n J'_{m\dot{o}}(\xi_n a) - \lambda J_{m\dot{o}}(\xi_n a)\} \mathcal{V}_{\mathcal{D}m\dot{o}}(\xi_n r, b)}{(\eta_r \xi_n^2 + s)\left[\{\xi_n J'_{m\dot{o}}(\xi_n a) - \lambda J_{m\dot{o}}(\xi_n a)\}^2 - \left\{\lambda^2 + \xi_n^2 - \left(\frac{m\dot{o}}{a}\right)^2\right\} J^2_{m\dot{o}}(\xi_n b)\right]} \times \\
&\times \left[\overline{\overline{\psi}}_a(m, s; \theta)\left(\frac{\mu}{k}\right) J_{m\dot{o}}(\xi_n b) + \{\xi_n J'_{m\dot{o}}(\xi_n a) - \lambda J_{m\dot{o}}(\xi_n a)\} \overline{\overline{\psi}}_b(m, s; \theta)\right] + \\
&+ \frac{\pi}{2} \sum_{n=1}^{\infty}\sum_{m=0}^{\infty} \frac{\ni_m \xi_n^2 \{\xi_n J'_{m\dot{o}}(\xi_n a) - \lambda J_{m\dot{o}}(\xi_n a)\}^2 \mathcal{V}_{\mathcal{D}m\dot{o}}(\xi_n r, b)}{(\eta_r \xi_n^2 + s)\left[\{\xi_n J'_{m\dot{o}}(\xi_n a) - \lambda J_{m\dot{o}}(\xi_n a)\}^2 - \left\{\lambda^2 + \xi_n^2 - \left(\frac{m\dot{o}}{a}\right)^2\right\} J^2_{m\dot{o}}(\xi_n b)\right]} \times \\
&\times \int_0^{2\pi} \cos\{m(\theta - u)\} \int_a^b v\varphi(v, u) \mathcal{V}_{\mathcal{D}m\dot{o}}(\xi_n v, b) du dv
\end{aligned} \tag{15.10.2}
$$

and

$$
\begin{aligned}
p &= \frac{\pi U(t - t_0)}{2\phi c_t} \sum_{m=0}^{\infty} \ni_m \cos\{m(\theta - \theta_0)\} \times \\
&\times \sum_{n=1}^{\infty} \frac{\xi_n^2 \{\xi_n J'_{m\dot{o}}(\xi_n a) - \lambda J_{m\dot{o}}(\xi_n a)\}^2 \mathcal{V}_{\mathcal{D}m\dot{o}}(\xi_n r_0, b) \mathcal{V}_{\mathcal{D}m\dot{o}}(\xi_n r, b) \int_0^{t-t_0} q(t - t_0 - \tau) e^{-\eta\xi_n^2 \tau} d\tau}{\left[\{\xi_n J'_{m\dot{o}}(\xi_n a) - \lambda J_{m\dot{o}}(\xi_n a)\}^2 - \left\{\lambda^2 + \xi_n^2 - \left(\frac{m\dot{o}}{a}\right)^2\right\} J^2_{m\dot{o}}(\xi_n b)\right]} + \\
&+ \eta_r \sum_{n=1}^{\infty}\sum_{m=0}^{\infty} \frac{\ni_m \xi_n^2 \{\xi_n J'_{m\dot{o}}(\xi_n a) - \lambda J_{m\dot{o}}(\xi_n a)\} \mathcal{V}_{\mathcal{D}m\dot{o}}(\xi_n r, b)}{\left[\{\xi_n J'_{m\dot{o}}(\xi_n a) - \lambda J_{m\dot{o}}(\xi_n a)\}^2 - \left\{\lambda^2 + \xi_n^2 - \left(\frac{m\dot{o}}{a}\right)^2\right\} J^2_{m\dot{o}}(\xi_n b)\right]} \times \\
&\times \int_0^t \left[\overline{\psi}_a(m, \tau; \theta)\left(\frac{\mu}{k}\right) J_{m\dot{o}}(\xi_n b) + \{\xi_n J'_{m\dot{o}}(\xi_n a) - \lambda J_{m\dot{o}}(\xi_n a)\} \overline{\psi}_b(m, \tau; \theta)\right] e^{-\eta\xi_n^2 (t-\tau)} d\tau + \\
&+ \frac{\pi}{2} \sum_{n=1}^{\infty} e^{-\eta\xi_n^2 t} \sum_{m=0}^{\infty} \frac{\ni_m \xi_n^2 \{\xi_n J'_{m\dot{o}}(\xi_n a) - \lambda J_{m\dot{o}}(\xi_n a)\}^2 \mathcal{V}_{\mathcal{D}m\dot{o}}(\xi_n r, b)}{\left[\{\xi_n J'_{m\dot{o}}(\xi_n a) - \lambda J_{m\dot{o}}(\xi_n a)\}^2 - \left\{\lambda^2 + \xi_n^2 - \left(\frac{m\dot{o}}{a}\right)^2\right\} J^2_{m\dot{o}}(\xi_n b)\right]} \times \\
&\times \int_0^{2\pi} \cos\{m(\theta - u)\} \int_a^b v\varphi(v, u) \mathcal{V}_{\mathcal{D}m\dot{o}}(\xi_n v, b) du dv
\end{aligned} \tag{15.10.3}
$$

15.11

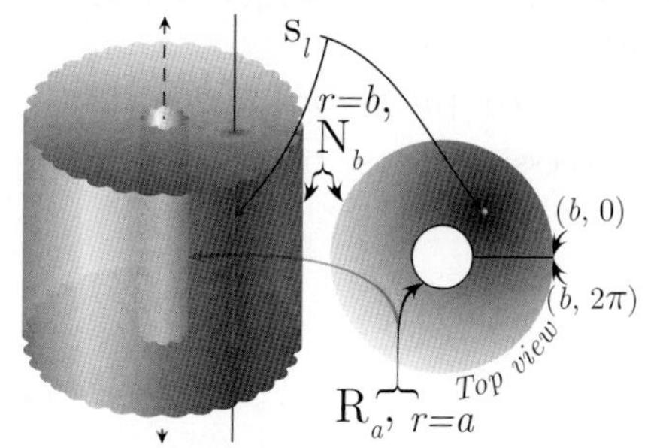

The problem of 15.4, except $\mathbf{R}_a \equiv \frac{\partial p(a,\theta,t)}{\partial r} - \lambda p(a,\theta,t) = -\left(\frac{\mu}{k}\right)\psi_a(\theta,t)$ **and** $\mathbf{N}_b \equiv \frac{\partial p(b,\theta,t)}{\partial r} = -\left(\frac{\mu}{k}\right)\psi_b(\theta,t)$

The successive application of the Laplace and finite Hankel transformations to equation (14.1.1) gives

$$\begin{aligned}\overline{\overline{p}} &= \frac{q(s)e^{-st_0}\cos\{m(\theta-\theta_0)\}\mathcal{V}_{\mathcal{N}m\dot{o}}(\xi_n r_0,b)}{\phi c_t(\eta_r\xi_n^2+s)} - \frac{2\overline{\overline{\psi}}_b(m,s;\theta)}{\pi\phi c_t\xi_n(\eta_r\xi_n^2+s)} + \\ &+ \frac{2\overline{\overline{\psi}}_a(m,s;\theta)J'_{m\dot{o}}(\xi_n b)}{\pi\phi c_t\{\xi_n J'_{m\dot{o}}(\xi_n a)-\lambda J_{m\dot{o}}(\xi_n a)\}(\eta_r\xi_n^2+s)} + \frac{\overline{\overline{\varphi}}(\xi_n,m;\theta)}{(\eta_r\xi_n^2+s)}\end{aligned} \quad (15.11.1)$$

where $\mathcal{V}_{\mathcal{N}m\dot{o}}(\xi_n r,b) = J_{m\dot{o}}(\xi_n r)Y'_{m\dot{o}}(\xi_n b) - Y_{m\dot{o}}(\xi_n r)J'_{m\dot{o}}(\xi_n b)$ and the eigenvalues $\xi_n, n = 1,2,....,$ are the positive roots of the transcendental equation $\lambda\mathcal{V}_{\mathcal{N}m\dot{o}}(\xi_n a,b) - \xi_n\mathcal{V}'_{\mathcal{N}m\dot{o}}(\xi_n a,b) = 0$.
$\overline{\overline{\psi}}_a(m,s;\theta) = \int_0^{2\pi}\overline{\psi}_a(u,s)\cos\{m(\theta-u)\}du$, $\overline{\overline{\psi}}_b(m,s;\theta) = \int_0^{2\pi}\overline{\psi}_b(u,s)\cos\{m(\theta-u)\}du$, and
$\overline{\overline{\varphi}}(\xi_n,m;\theta) = \int_0^{2\pi}\cos\{m(\theta-u)\}\int_a^b v\varphi(v,u)\mathcal{V}_{\mathcal{N}m\dot{o}}(\xi_n v,b)dudv$. Successive inverse transforms yield

$$\begin{aligned}\overline{p} &= \frac{\pi q(s)e^{-st_0}}{2\phi c_t}\sum_{m=0}^{\infty}\ni_m\cos\{m(\theta-\theta_0)\}\times \\ &\times\sum_{n=1}^{\infty}\frac{\xi_n^2\{\xi_n J'_{m\dot{o}}(\xi_n a)-\lambda J_{m\dot{o}}(\xi_n a)\}^2\mathcal{V}_{\mathcal{N}m\dot{o}}(\xi_n r_0,b)\mathcal{V}_{\mathcal{N}m\dot{o}}(\xi_n r,b)}{(\eta_r\xi_n^2+s)\left[\{\xi_n J'_{m\dot{o}}(\xi_n a)-\lambda J_{m\dot{o}}(\xi_n a)\}^2-\left\{\lambda^2+\xi_n^2-\left(\frac{m\dot{o}}{a}\right)^2\right\}J^2_{m\dot{o}}(\xi_n b)\right]} + \\ &+\frac{1}{\phi c_t}\sum_{m=0}^{\infty}\sum_{n=1}^{\infty}\frac{\ni_m\xi_n\{\xi_n J'_{m\dot{o}}(\xi_n a)-\lambda J_{m\dot{o}}(\xi_n a)\}\mathcal{V}_{\mathcal{N}m\dot{o}}(\xi_n r,b)}{(\eta_r\xi_n^2+s)\left[\{\xi_n J'_{m\dot{o}}(\xi_n a)-\lambda J_{m\dot{o}}(\xi_n a)\}^2-\left\{\lambda^2+\xi_n^2-\left(\frac{m\dot{o}}{a}\right)^2\right\}J'^2_{m\dot{o}}(\xi_n b)\right]}\times \\ &\times\left[\xi_n J'_{m\dot{o}}(\xi_n b)\overline{\overline{\psi}}_a(m,s;\theta)+\{\xi_n J'_{m\dot{o}}(\xi_n a)-\lambda J_{m\dot{o}}(\xi_n a)\}\overline{\overline{\psi}}_b(m,s;\theta)\right] + \\ &+\frac{\pi}{2}\sum_{m=0}^{\infty}\sum_{n=1}^{\infty}\frac{\ni_m\xi_n^2\{\xi_n J'_{m\dot{o}}(\xi_n a)-\lambda J_{m\dot{o}}(\xi_n a)\}^2\mathcal{V}_{\mathcal{N}m\dot{o}}(\xi_n r,b)}{(\eta_r\xi_n^2+s)\left[\{\xi_n J'_{m\dot{o}}(\xi_n a)-\lambda J_{m\dot{o}}(\xi_n a)\}^2-\left\{\lambda^2+\xi_n^2-\left(\frac{m\dot{o}}{a}\right)^2\right\}J'^2_{m\dot{o}}(\xi_n b)\right]}\times \\ &\times\int_0^{2\pi}\cos\{m(\theta-u)\}\int_a^b v\varphi(v,u)\mathcal{V}_{\mathcal{N}m\dot{o}}(\xi_n v,b)dudv\end{aligned} \quad (15.11.2)$$

and

$$\begin{aligned}p &= \frac{\pi U(t-t_0)}{2\phi c_t}\sum_{m=0}^{\infty}\ni_m\cos\{m(\theta-\theta_0)\}\times \\ &\times\sum_{n=1}^{\infty}\frac{\xi_n^2\{\xi_n J'_{m\dot{o}}(\xi_n a)-\lambda J_{m\dot{o}}(\xi_n a)\}^2\mathcal{V}_{\mathcal{N}m\dot{o}}(\xi_n r_0,b)\mathcal{V}_{\mathcal{N}m\dot{o}}(\xi_n r,b)\int_0^{t-t_0}q(t-t_0-\tau)e^{-\eta\xi_n^2\tau}d\tau}{\left[\{\xi_n J'_{m\dot{o}}(\xi_n a)-\lambda J_{m\dot{o}}(\xi_n a)\}^2-\left\{\lambda^2+\xi_n^2-\left(\frac{m\dot{o}}{a}\right)^2\right\}J^2_{m\dot{o}}(\xi_n b)\right]} + \\ &+\frac{1}{\phi c_t}\sum_{m=0}^{\infty}\sum_{n=1}^{\infty}\frac{\ni_m\xi_n\{\xi_n J'_{m\dot{o}}(\xi_n a)-\lambda J_{m\dot{o}}(\xi_n a)\}\mathcal{V}_{\mathcal{N}m\dot{o}}(\xi_n r,b)}{\left[\{\xi_n J'_{m\dot{o}}(\xi_n a)-\lambda J_{m\dot{o}}(\xi_n a)\}^2-\left\{\lambda^2+\xi_n^2-\left(\frac{m\dot{o}}{a}\right)^2\right\}J'^2_{m\dot{o}}(\xi_n b)\right]}\times \\ &\times\int_0^t\left[\xi_n J'_{m\dot{o}}(\xi_n b)\overline{\overline{\psi}}_a(m,\tau;\theta)+\{\xi_n J'_{m\dot{o}}(\xi_n a)-\lambda J_{m\dot{o}}(\xi_n a)\}\overline{\overline{\psi}}_b(m,\tau;\theta)\right]e^{-\eta\xi_n^2(t-\tau)}d\tau +\end{aligned}$$

$$+\frac{\pi}{2}\sum_{m=0}^{\infty}e^{-\eta\xi_n^2 t}\sum_{n=1}^{\infty}\frac{\ni_m \xi_n^2\left\{\xi_n J'_{m\dot{o}}(\xi_n a)-\lambda J_{m\dot{o}}(\xi_n a)\right\}^2 \mathcal{V}_{\mathcal{N}m\dot{o}}(\xi_n r,b)}{\left[\left\{\xi_n J'_{m\dot{o}}(\xi_n a)-\lambda J_{m\dot{o}}(\xi_n a)\right\}^2-\left\{\lambda^2+\xi_n^2-\left(\frac{m\dot{o}}{a}\right)^2\right\}J'^2_{m\dot{o}}(\xi_n b)\right]}\times$$

$$\times\int_0^{2\pi}\cos\{m(\theta-u)\}\int_a^b v\varphi(v,u)\mathcal{V}_{\mathcal{N}m\dot{o}}(\xi_n v,b)dudv \quad (15.11.3)$$

15.12 The problem of 15.4, except $\mathbf{R}_a\equiv\frac{\partial p(a,\theta,t)}{\partial r}-\lambda_a p(a,\theta,t)=-\left(\frac{\mu}{k}\right)\psi_a(\theta,t)$ and $\mathbf{R}_b\equiv\frac{\partial p(b,\theta,t)}{\partial r}+\lambda_b p(b,\theta,t)=-\left(\frac{\mu}{k}\right)\psi_b(\theta,t)$

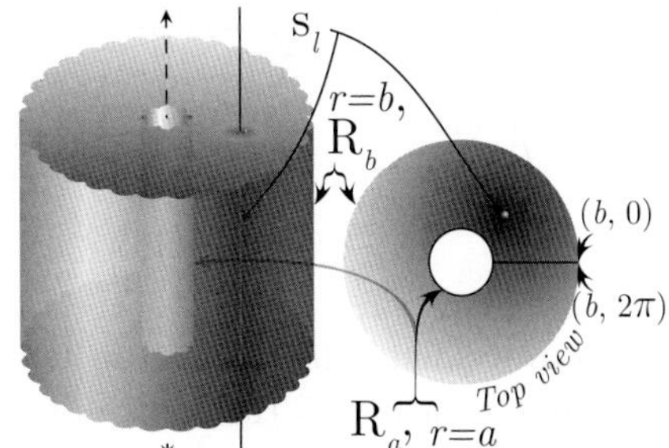

The successive application of the Laplace and finite Hankel transformations to equation (14.1.1) gives

$$\overline{\overline{p}}=\frac{q(s)e^{-st_0}\cos\{m(\theta-\theta_0)\}\left\{\xi_n\mathcal{V}_{\mathcal{N}m\dot{o}}(\xi_n r_0,a)-\lambda_a\mathcal{V}_{\mathcal{D}m\dot{o}}(\xi_n r_0,a)\right\}}{\phi c_t(\eta_r\xi_n^2+s)}+\frac{2\overline{\overline{\psi}}_a(m,s;\theta)}{\pi\phi c_t(\eta_r\xi_n^2+s)}-$$

$$-\frac{2\overline{\overline{\psi}}_b(m,s;\theta)\left\{\xi_n J'_{m\dot{o}}(\xi_n a)-\lambda_a J_{m\dot{o}}(\xi_n a)\right\}}{\pi\phi c_t\left\{\xi_n J'_{m\dot{o}}(\xi_n b)+\lambda_b J_{m\dot{o}}(\xi_n b)\right\}(\eta_r\xi_n^2+s)}+\frac{\overline{\overline{\varphi}}(\xi_n,m;\theta)}{(\eta_r\xi_n^2+s)} \quad (15.12.1)$$

where the eigenvalues $\xi_n, n=1,2,...,$ are the positive roots of
$\lambda_a\left\{\mathcal{V}'_{\mathcal{D}m\dot{o}}(\xi_n b,a)+\lambda_b\mathcal{V}_{\mathcal{D}m\dot{o}}(\xi_n b,a)\right\}-\xi_n\left\{\mathcal{V}'_{\mathcal{N}m\dot{o}}(\xi_n b,a)+\lambda_b\mathcal{V}_{\mathcal{N}m\dot{o}}(\xi_n b,a)\right\}=0.$
$\overline{\overline{\psi}}_a(m,w,s;\theta)=\int_0^{2\pi}\overline{\psi}_a(v,w,s)\cos\{m(\theta-v)\}dv$, $\overline{\overline{\psi}}_b(m,w,s;\theta)=\int_0^{2\pi}\overline{\psi}_b(v,w,s)\cos\{m(\theta-v)\}dv$ and
$\overline{\overline{\varphi}}(\xi_n,m,w;\theta)=\int_a^b u\left\{\xi_n\mathcal{V}_{\mathcal{N}m\dot{o}}(\xi_n u,a)-\lambda_a\mathcal{V}_{\mathcal{D}m\dot{o}}(\xi_n u,a)\right\}\int_0^{2\pi}\varphi(u,v,w)\cos\{m(\theta-v)\}dvdu$. Successive inverse transforms yield

$$\overline{p}=\frac{\pi q(s)e^{-st_0}}{2\phi c_t}\sum_{m=0}^{\infty}\ni_m\cos\{m(\theta-\theta_0)\}\times$$

$$\times\sum_{n=1}^{\infty}\frac{\xi_n^2\left\{\xi_n J'_{m\dot{o}}(\xi_n b)+\lambda_b J_{m\dot{o}}(\xi_n b)\right\}^2}{(\eta_r\xi_n^2+s)\left\{G_{m\dot{o}}(\xi_n a,\lambda_b,\lambda_a,b)-G_{m\dot{o}}(\xi_n b,\lambda_a,-\lambda_b,a)\right\}}\times$$

$$\times\left\{\xi_n\mathcal{V}_{\mathcal{N}m\dot{o}}(\xi_n r_0,a)-\lambda_a\mathcal{V}_{\mathcal{D}m\dot{o}}(\xi_n r_0,a)\right\}\left\{\xi_n\mathcal{V}_{\mathcal{N}m\dot{o}}(\xi_n r,a)-\lambda_a\mathcal{V}_{\mathcal{D}m\dot{o}}(\xi_n r,a)\right\}+$$

$$+\frac{1}{\phi c_t}\sum_{m=0}^{\infty}\sum_{n=1}^{\infty}\frac{\ni_m\xi_n^2\left\{\xi_n J'_{m\dot{o}}(\xi_n b)+\lambda_b J_{m\dot{o}}(\xi_n b)\right\}\left\{\xi_n\mathcal{V}_{\mathcal{N}m\dot{o}}(\xi_n r,a)-\lambda_a\mathcal{V}_{\mathcal{D}m\dot{o}}(\xi_n r,a)\right\}}{(\eta_r\xi_n^2+s)\left\{G_{m\dot{o}}(\xi_n a,\lambda_b,\lambda_a,b)-G_{m\dot{o}}(\xi_n b,\lambda_a,-\lambda_b,a)\right\}}\times$$

$$\times\left[\left\{\xi_n J'_{m\dot{o}}(\xi_n b)+\lambda_b J_{m\dot{o}}(\xi_n b)\right\}\overline{\overline{\psi}}_a(m,s;\theta)-\left\{\xi_n J'_{m\dot{o}}(\xi_n a)-\lambda_a J_{m\dot{o}}(\xi_n a)\right\}\overline{\overline{\psi}}_b(m,s;\theta)\right]$$

$$+\frac{\pi}{2}\sum_{m=0}^{\infty}\sum_{n=1}^{\infty}\frac{\ni_m\xi_n^2\left\{\xi_n J'_{m\dot{o}}(\xi_n b)+\lambda_b J_{m\dot{o}}(\xi_n b)\right\}^2\left\{\xi_n\mathcal{V}_{\mathcal{N}m\dot{o}}(\xi_n r,a)-\lambda_a\mathcal{V}_{\mathcal{D}m\dot{o}}(\xi_n r,a)\right\}}{(\eta_r\xi_n^2+s)\left\{G_{m\dot{o}}(\xi_n a,\lambda_b,\lambda_a,b)-G_{m\dot{o}}(\xi_n b,\lambda_a,-\lambda_b,a)\right\}}\times$$

$$\times\int_0^{2\pi}\cos\{m(\theta-u)\}\int_a^b v\varphi(v,u)\left\{\xi_n\mathcal{V}_{\mathcal{N}m\dot{o}}(\xi_n v,a)-\lambda_a\mathcal{V}_{\mathcal{D}m\dot{o}}(\xi_n v,a)\right\}dudv \quad (15.12.2)$$

where $G_\nu\{\xi_n a,\alpha,\beta,b\}=\left\{\alpha^2+\xi_n^2-\left(\frac{\nu}{b}\right)^2\right\}\left\{\xi_n J'_\nu(\xi_n a)-\beta J_\nu(\xi_n a)\right\}^2$, and

$$p=\frac{\pi U(t-t_0)}{2\phi c_t}\sum_{m=0}^{\infty}\ni_m\cos\{m(\theta-\theta_0)\}\times$$

$$\times\sum_{n=1}^{\infty}\frac{\xi_n^2\left\{\xi_n J'_{m\dot{o}}(\xi_n b)+\lambda_b J_{m\dot{o}}(\xi_n b)\right\}^2\int_0^{t-t_0}q(t-t_0-\tau)e^{-\eta\xi_n^2\tau}d\tau}{\left\{G_{m\dot{o}}(\xi_n a,\lambda_b,\lambda_a,b)-G_{m\dot{o}}(\xi_n b,\lambda_a,-\lambda_b,a)\right\}}\times$$

$$\times \{\xi_n \mathcal{V}_{\mathcal{N}m\dot{o}}(\xi_n r_0, a) - \lambda_a \mathcal{V}_{\mathcal{D}m\dot{o}}(\xi_n r_0, a)\} \{\xi_n \mathcal{V}_{\mathcal{N}m\dot{o}}(\xi_n r, a) - \lambda_a \mathcal{V}_{\mathcal{D}m\dot{o}}(\xi_n r, a)\} +$$

$$+\frac{1}{\phi c_t}\sum_{m=0}^{\infty}\sum_{n=1}^{\infty}\frac{\ni_m \xi_n^2 \{\xi_n J'_{m\dot{o}}(\xi_n b) + \lambda_b J_{m\dot{o}}(\xi_n b)\}\{\xi_n \mathcal{V}_{\mathcal{N}m\dot{o}}(\xi_n r, a) - \lambda_a \mathcal{V}_{\mathcal{D}m\dot{o}}(\xi_n r, a)\}}{\{G_{m\dot{o}}(\xi_n a, \lambda_b, \lambda_a, b) - G_{m\dot{o}}(\xi_n b, \lambda_a, -\lambda_b, a)\}} \times$$

$$\times \int_0^t \left[\{\xi_n J'_{m\dot{o}}(\xi_n b) + \lambda_b J_{m\dot{o}}(\xi_n b)\}\overline{\overline{\psi}}_a(m,\tau;\theta) - \{\xi_n J'_{m\dot{o}}(\xi_n a) - \lambda_a J_{m\dot{o}}(\xi_n a)\}\overline{\overline{\psi}}_b(m,\tau;\theta)\right] e^{-\eta\xi_n^2(t-\tau)} d\tau +$$

$$+\frac{\pi}{2}\sum_{m=0}^{\infty} e^{-\eta\xi_n^2 t}\sum_{n=1}^{\infty}\frac{\ni_m \xi_n^2 \{\xi_n J'_{m\dot{o}}(\xi_n b) + \lambda_b J_{m\dot{o}}(\xi_n b)\}^2 \{\xi_n \mathcal{V}_{\mathcal{N}m\dot{o}}(\xi_n r, a) - \lambda_a \mathcal{V}_{\mathcal{D}m\dot{o}}(\xi_n r, a)\}}{\{G_{m\dot{o}}(\xi_n a, \lambda_b, \lambda_a, b) - G_{m\dot{o}}(\xi_n b, \lambda_a, -\lambda_b, a)\}} \times$$

$$\times \int_0^{2\pi} \cos\{m(\theta - u)\} \int_a^b v\varphi(v,u) \{\xi_n \mathcal{V}_{\mathcal{N}m\dot{o}}(\xi_n v, a) - \lambda_a \mathcal{V}_{\mathcal{D}m\dot{o}}(\xi_n v, a)\} du dv \qquad (15.12.3)$$

15.13 $\aleph$ subdivided cylindrical continua $a_j \le r \le a_{j+1}$, $\forall j = 0, 1, \ldots\ldots, \aleph - 1$. Line source at (r_{0j}, θ_{0j}) at time $t = t_{0j}$; $a_j \le r_{0j} \le a_{j+1}$, $0 \le \theta_{0j} \le 2\pi$, $t_{0j} \ge 0$. At $r = a_0$, $\frac{\partial p(a_0,\theta,t)}{\partial r} = -\left(\frac{\mu}{k}\right)\psi_0(\theta, t)$, and at $r = a_\aleph$, $\frac{\partial p(a_\aleph,\theta,t)}{\partial r} = -\left(\frac{\mu}{k}\right)\psi_\aleph(t)$. At the interface $r = a_j$, $\forall j = 1, 2, \ldots\ldots, \aleph - 1$, $\psi_j(\theta, t) = -\left(\frac{k}{\mu}\right)_j\left(\frac{\partial p_j(a_j,\theta,t)}{\partial r}\right) = -\left(\frac{k}{\mu}\right)_{j-1}\left(\frac{\partial p_{j-1}(a_j,\theta,t)}{\partial r}\right)$ and $\check{\lambda}_j\psi_j(t) = \{p_{j-1}(a_j, \theta, t) - p_j(a_j, \theta, t)\}$, $t > 0$. The initial pressure $p(r, \theta, 0) = \varphi(r, \theta)$

We consider $\aleph$ connected media $a_j \le r \le a_{j+1}$, $\forall j = 0, 1, \ldots\ldots, \aleph - 1$. The properties of each medium are uniform but discontinuous at the interface a_j. Quantities $q_j(t)$ of fluid are continuously injected at a cylindrical surface passing through $r = r_{0j}$ at times $t = t_{0j}$, $a_j \le r_{0j} \le a_{j+1}$, $t_0 \ge 0$, and the resulting pressure disturbance is left to diffuse through the connected multi-medium.

In the interval $a_j \le r \le a_{j+1}$, $j = 0, 1, \ldots\ldots, \aleph - 1$, we find p from the partial differential equation

$$\frac{\partial p_j}{\partial t} = \eta_{rj}\left(\frac{\partial^2 p_j}{\partial r^2} + \frac{1}{r}\frac{\partial p_j}{\partial r}\right) + \frac{\eta_{\theta j}}{r^2}\frac{\partial^2 p_j}{\partial \theta^2} + U(t - t_{0j})\frac{q_j(t - t_{0j})}{(\phi c_t)_j r}\delta(r - r_{0j})\delta(\theta - \theta_{0j}) \qquad (15.13.1)$$

where $\eta_{rj} = \left(\frac{k_r}{\phi c_t \mu}\right)_j$ and $\eta_{\theta j} = \left(\frac{k_\theta}{\phi c_t \mu}\right)_j$. The initial pressure $p_j(r, \theta, 0) = \varphi_j(r, \theta)$, with the boundary conditions $\frac{\partial p_{0j}(a_{0j},\theta,t)}{\partial r} = -\left(\frac{\mu}{k}\right)_{0j}\psi_{0j}(\theta, t)$ and $\frac{\partial p_\aleph(a_\aleph,\theta,t)}{\partial r} = -\left(\frac{\mu}{k}\right)_{a_\aleph}\psi_\aleph(\theta, t)$. At the interface $r = a_j$, $\forall j = 1, 2, \ldots\ldots, \aleph - 1$, the fluid flux is continuous, that is, $\psi_j(\theta, t) = -\left(\frac{k}{\mu}\right)_j\left(\frac{\partial p_j(a_j,\theta,t)}{\partial r}\right) = -\left(\frac{k}{\mu}\right)_{j-1}\left(\frac{\partial p_{j-1}(a_j,\theta,t)}{\partial r}\right)$. In addition, the rate of transfer of fluids through the interface is proportional to the pressure difference across it, so that

$$\check{\lambda}_j\psi_j(\theta, t) = \{p_{j-1}(a_j, \theta, t) - p_j(a_j, \theta, t)\}.$$

The successive application of the Laplace, Fourier and finite Hankel transformations to equation (15.13.1) gives

$$\begin{aligned}\overline{\overline{\overline{p}}}_j &= \frac{q_j(s)\, e^{-st_{0j}}}{(\phi c_t)_j s} + \frac{q_j(s)e^{-st_{0j}}\mathcal{V}_{\mathcal{N}m\dot{o}j}(\xi_n r_{0j}, a_j)\cos\{m(\theta - \theta_{0j})\}}{(\phi c_t)_j(\eta_r\xi_n^2 + s)} + \frac{\left\{a_j\overline{\overline{\psi}}_j(0, s; \theta) - a_{j+1}\overline{\overline{\psi}}_{j+1}(0, s; \theta)\right\}}{(\phi c_t)_j s} - \\ &- \frac{2\overline{\overline{\psi}}_{j+1}(m, s; \theta)J'_{m\dot{o}}(\xi_n a_j)}{\pi(\phi c_t)_j \xi_n J'_{m\dot{o}}(\xi a_{j+1})(\eta_r\xi_n^2 + s)} + \frac{2\overline{\overline{\psi}}_j(m, s; \theta)}{\pi(\phi c_t)_j \xi_n(\eta_r\xi_n^2 + s)} + \frac{1}{s}\int_{a_j}^{a_{j+1}} u\overline{\varphi}_j(u, 0; \theta)du + \frac{\overline{\overline{\varphi}}_j(\xi_n, m; \theta)}{(\eta_r\xi_n^2 + s)}\end{aligned} \qquad (15.13.2)$$

where $\overline{\overline{p}}_j = \int_{a_j}^{a_{j+1}} \overline{p}_j r\mathcal{V}_{\mathcal{N}m\dot{o}j}(\xi_n r, a_j)\, dr$, $\mathcal{V}_{\mathcal{N}m\dot{o}j}(\xi_n r, a_j) = J_{m\dot{o}}(\xi_n r) Y'_{m\dot{o}}(\xi_n a_j) - Y_{m\dot{o}}(\xi_n r) J'_{m\dot{o}}(\xi_n a_j)$, $\overline{p}_j = \int_0^\infty p_j e^{-st}dt$ and the eigenvalues $\xi_n, n = 1, 2, \ldots$, are the positive roots of the transcendental equation $\mathcal{V}'_{\mathcal{N}m\dot{o}j}(\xi_n a_{j+1}, a_j) = 0$. $\overline{\overline{\psi}}_j(m, s; \theta) = \int_0^{2\pi}\overline{\psi}_j(u, s)\cos\{m(\theta - u)\}du$, $\overline{\psi}_j(u, s) = \int_0^t \psi_j(u, \tau)e^{-s\tau}d\tau$, $\overline{\overline{\psi}}_{j+1}(m, s; \theta) = \int_0^{2\pi}\overline{\psi}_{j+1}(u, s)\cos\{m(\theta - u)\}du$, $\overline{\psi}_{j+1}(u, s) = \int_0^t \psi_{j+1}(u, \tau)e^{-s\tau}d\tau$, and

$\overline{\overline{\varphi}}_j(\xi_n, m; \theta) = \int_0^{2\pi} \cos\{m(\theta - u)\} \int_{a_j}^{a_{j+1}} v\varphi_j(v,u)\mathcal{V}_{\mathcal{N}m\dot{o}}(\xi_n v, a_j)dudv$. The inverse Hankel transform of equation (15.8.1) yields

$$\begin{aligned}
\overline{p} = {} & \frac{q_j(s)e^{-st_{0j}}}{\pi(\phi c_t)_j(a_{j+1}{}^2 - a_j{}^2)s} + \frac{\pi q_j(s)e^{-st_{0j}}}{2(\phi c_t)_j}\sum_{m=0}^{\infty} \ni_m \cos\{m(\theta - \theta_{0j})\} \times \\
& \times \sum_{n=1}^{\infty} \frac{\xi_n^2 J'^2_{m\dot{o}}(\xi_n a_{j+1}) \mathcal{V}_{\mathcal{N}m\dot{o}j}(\xi_n r_{0j}, a_j) \mathcal{V}_{\mathcal{N}m\dot{o}j}(\xi_n r, a_j)}{(\eta_r\xi_n^2 + s)\left[\left\{1 - \left(\frac{m\dot{o}}{\xi_n a_{j+1}}\right)^2\right\} J'^2_{m\dot{o}}(\xi_n a_j) - \left\{1 - \left(\frac{m\dot{o}}{\xi_n a_j}\right)^2\right\} J'^2_{m\dot{o}}(\xi_n a_{j+1})\right]} + \\
& + \frac{\left\{a_j \overline{\overline{\psi}}_j(0, s; \theta) - a_{j+1}\overline{\overline{\psi}}_{j+1}(0, s; \theta)\right\}}{\pi(\phi c_t)_j(a_{j+1}{}^2 - a_j{}^2)s} + \\
& + \frac{1}{(\phi c_t)_j}\sum_{m=0}^{\infty}\sum_{n=1}^{\infty} \frac{\ni_m \xi_n J'_{m\dot{o}}(\xi_n a_{j+1}) \mathcal{V}_{\mathcal{N}m\dot{o}j}(\xi_n r, a_j)}{(\eta_r\xi_n^2 + s)\left[\left\{1 - \left(\frac{m\dot{o}}{\xi_n a_{j+1}}\right)^2\right\} J'^2_{m\dot{o}}(\xi_n a_j) - \left\{1 - \left(\frac{m\dot{o}}{\xi_n a_j}\right)^2\right\} J'^2_{m\dot{o}}(\xi_n a_{j+1})\right]} \times \\
& \times \left\{J'_{m\dot{o}}(\xi_n a_{j+1})\overline{\overline{\psi}}_j(m, s; \theta) - J'_{m\dot{o}}(\xi_n a_j)\overline{\overline{\psi}}_{j+1}(m, s; \theta)\right\} + \frac{\int_{a_j}^{a_{j+1}} \overline{\varphi}_j(v, 0; \theta)vdv}{\pi(a_{j+1}{}^2 - a_j{}^2)s} + \\
& + \frac{\pi}{2}\sum_{m=0}^{\infty}\sum_{n=1}^{\infty} \frac{\ni_m \xi_n^2 J'^2_{m\dot{o}}(\xi_n a_{j+1}) \mathcal{V}_{\mathcal{N}m\dot{o}j}(\xi_n r, a_j) \int_0^{2\pi} \cos\{m(\theta - u)\} \int_{a_j}^{a_{j+1}} v\varphi_j(v,u)\mathcal{V}_{\mathcal{N}m\dot{o}j}(\xi_n v, a_j)dudv}{(\eta_r\xi_n^2 + s)\left[\left\{1 - \left(\frac{m\dot{o}}{\xi_n a_{j+1}}\right)^2\right\} J'^2_{m\dot{o}}(\xi_n a_j) - \left\{1 - \left(\frac{m\dot{o}}{\xi_n a_j}\right)^2\right\} J'^2_{m\dot{o}}(\xi_n a_{j+1})\right]}^{*}
\end{aligned} \tag{15.13.3}$$

where $\overline{\varphi}_j(v, 0; \theta) = \int_0^{2\pi} \varphi_j(v, u)du$. The inverse Laplace transform of equation (15.8.2) yields

$$\begin{aligned}
p = {} & \frac{U(t - t_{0j})\int_0^{t - t_{0j}} q_j(\tau)d\tau}{\pi(\phi c_t)_j(a_{j+1}{}^2 - a_j{}^2)} + \frac{U(t - t_{0j})}{2(\phi c_t)_j}\sum_{m=0}^{\infty} \ni_m \cos\{m(\theta - \theta_{0j})\} \times \\
& \times \sum_{n=1}^{\infty} \frac{\xi_n^2 J'^2_{m\dot{o}}(\xi_n a_{j+1}) \mathcal{V}_{\mathcal{N}m\dot{o}j}(\xi_n r_{0j}, a_j) \mathcal{V}_{\mathcal{N}m\dot{o}j}(\xi_n r, a_j) \int_0^{t - t_{0j}} q_j(t - t_{0j} - \tau)e^{-\eta_r\xi_n^2\tau}d\tau}{\left[\left\{1 - \left(\frac{m\dot{o}}{\xi_n a_{j+1}}\right)^2\right\} J'^2_{m\dot{o}}(\xi_n a_j) - \left\{1 - \left(\frac{m\dot{o}}{\xi_n a_j}\right)^2\right\} J'^2_{m\dot{o}}(\xi_n a_{j+1})\right]} + \\
& + \frac{\int_0^t \left\{a_j\overline{\overline{\psi}}_j(0, \tau; \theta) - a_{j+1}\overline{\overline{\psi}}_{j+1}(0, \tau; \theta)\right\}d\tau}{\pi(\phi c_t)_j(a_{j+1}{}^2 - a_j{}^2)} + \\
& + \frac{1}{(\phi c_t)_j}\sum_{m=0}^{\infty}\sum_{n=1}^{\infty} \frac{\ni_m \xi_n J'_{m\dot{o}}(\xi_n a_{j+1}) \mathcal{V}_{\mathcal{N}m\dot{o}j}(\xi_n r, a_j)}{\left[\left\{1 - \left(\frac{m\dot{o}}{\xi_n a_{j+1}}\right)^2\right\} J^2_{m\dot{o}}(\xi_n a_j) - \left\{1 - \left(\frac{m\dot{o}}{\xi_n a_j}\right)^2\right\} J^2_{m\dot{o}}(\xi_n a_{j+1})\right]} \times \\
& \times \int_0^t \{J'_{m\dot{o}}(\xi_n a_{j+1})\overline{\overline{\psi}}_j(m, \tau; \theta) - J'_{m\dot{o}}(\xi_n a_j)\overline{\overline{\psi}}_{j+1}(m, \tau; \theta)\}e^{-\eta_r\xi_n^2(t-\tau)}d\tau + \frac{\int_{a_j}^{a_{j+1}} \overline{\varphi}_j(u, 0; \theta)udu}{\pi(a_{j+1}{}^2 - a_j{}^2)} + \\
& + \frac{\pi}{2}\sum_{n=1}^{\infty} e^{-\eta_r\xi_n^2 t}\sum_{m=0}^{\infty} \frac{\ni_m \xi_n^2 J'^2_{m\dot{o}}(\xi_n a_{j+1}) \mathcal{V}_{\mathcal{N}m\dot{o}j}(\xi_n r, a_j) \int_0^{2\pi} \cos\{m(\theta - u)\} \int_{a_j}^{a_{j+1}} v\varphi_j(v,u)\mathcal{V}_{\mathcal{N}m\dot{o}j}(\xi_n v, a_j)dudv}{\left[\left\{1 - \left(\frac{m\dot{o}}{\xi_n a_{j+1}}\right)^2\right\} J'^2_{m\dot{o}}(\xi_n a_j) - \left\{1 - \left(\frac{m\dot{o}}{\xi_n a_j}\right)^2\right\} J'^2_{m\dot{o}}(\xi_n a_{j+1})\right]}
\end{aligned} \tag{15.13.4}$$

We now employ, in the Laplace transform domain, the interfacial boundary condition, which is, $\forall j = 1, 2, ..., \aleph - 1$,

$$\breve{\lambda}_j\overline{\psi}_j(\theta, s) = \{\overline{p}_{j-1}(a_j, \theta, s) - \overline{p}_j(a_j, \theta, s)\},$$

where $\breve{\lambda}_j$ is a constant. Substituting for $\overline{p}_j(a_j, \theta, s)$ and $\overline{p}_{j-1}(a_j, \theta, s)$ from equation (15.13.3), we obtain a three-point inhomogeneous recurrence relationship which governs the Laplace transform of the interfacial

*If $\psi_j(\theta, t) = \psi_j(t)$, a function of time only, then $\overline{\overline{\psi}}_j(0, s; \theta) = 2\pi\overline{\psi}_j(s)$.

flux functions:

$$\breve{\lambda}_j\overline{\psi}_j(\theta,s)+\mathcal{A}_j(\theta,s)\overline{\overline{\psi}}_j(m,s;\theta)=\mathcal{B}_j(\theta,s)\overline{\overline{\psi}}_{j+1}(m,s;\theta)+\mathcal{C}_j(\theta,s)\overline{\overline{\psi}}_{j-1}(m,s;\theta)+\Omega_j(m,s;\theta) \quad (15.13.5)$$

together with the boundary conditions $\overline{\psi}_0(\theta,s)=-\left(\frac{k}{\mu}\right)_0\frac{\partial\overline{p}(a_0,\theta,s)}{\partial r}$ and $\overline{\psi}_{\aleph}(\theta,s)=-\left(\frac{k}{\mu}\right)_{\aleph}\frac{\partial\overline{p}(a_{\aleph},\theta,s)}{\partial r}$, which are the fluid fluxes at the extremities. It follows from the preceding equations that the coefficients in this recurrence relationship are given by the following formulae:

$$\begin{aligned}\mathcal{A}_j(\theta,s) &= \left\{\mathrm{T}_j(m,s;\theta)+\frac{a_j}{a_{j+1}}\mathrm{T}_{j+1}(m,s;\theta)\right\}+\\ &+\frac{1}{(\phi c_t)_{j-1}}\sum_{m=0}^{\infty}\sum_{n=1}^{\infty}\frac{\ni_m\xi_n J'_{m\dot{o}}(\xi_n a_j)\mathcal{V}_{\mathcal{N}m\dot{o}j-1}(\xi_n a_j,a_{j-1})J'_{m\dot{o}}(\xi_n a_{j-1})}{(\eta_{rj}\xi_n^2+s)\left[\left\{1-\left(\frac{m\dot{o}}{\xi_n a_j}\right)^2\right\}J'^2_{m\dot{o}}(\xi_n a_{j-1})-\left\{1-\left(\frac{m\dot{o}}{\xi_n a_{j-1}}\right)^2\right\}J'^2_{m\dot{o}}(\xi_n a_j)\right]}+\\ &+\frac{1}{(\phi c_t)_j}\sum_{m=0}^{\infty}\sum_{n=1}^{\infty}\frac{\ni_m\xi_n J'_{m\dot{o}}(\xi_n a_{j+1})\mathcal{V}_{\mathcal{N}m\dot{o}j}(\xi_n a_j,a_j)J'_{m\dot{o}}(\xi_n a_{j+1})}{(\eta_{rj}\xi_n^2+s)\left[\left\{1-\left(\frac{m\dot{o}}{\xi_n a_{j+1}}\right)^2\right\}J'^2_{m\dot{o}}(\xi_n a_j)-\left\{1-\left(\frac{m\dot{o}}{\xi_n a_j}\right)^2\right\}J'^2_{m\dot{o}}(\xi_n a_{j+1})\right]}\end{aligned} \quad (15.13.6)$$

$$\begin{aligned}\mathcal{B}_j(\theta,s) &= \mathrm{T}_{j+1}(m,s;\theta)+\\ &+\frac{1}{(\phi c_t)_j}\sum_{m=0}^{\infty}\sum_{n=1}^{\infty}\frac{\ni_m\xi_n J'_{m\dot{o}}(\xi_n a_{j+1})\mathcal{V}_{\mathcal{N}m\dot{o}j}(\xi_n a_j,a_j)J'_{m\dot{o}}(\xi_n a_j)}{(\eta_{rj}\xi_n^2+s)\left[\left\{1-\left(\frac{m\dot{o}}{\xi_n a_{j+1}}\right)^2\right\}J'^2_{m\dot{o}}(\xi_n a_j)-\left\{1-\left(\frac{m\dot{o}}{\xi_n a_j}\right)^2\right\}J'^2_{m\dot{o}}(\xi_n a_{j+1})\right]}\end{aligned} \quad (15.13.7)$$

$$\begin{aligned}\mathcal{C}_j(\theta,s) &= \frac{a_{j-1}}{a_j}\mathrm{T}_j(m,s;\theta)+\\ &+\frac{1}{(\phi c_t)_{j-1}}\sum_{m=0}^{\infty}\sum_{n=1}^{\infty}\frac{\ni_m\xi_n J'_{m\dot{o}}(\xi_n a_j)\mathcal{V}_{\mathcal{N}m\dot{o}j-1}(\xi_n a_j,a_{j-1})J'_{m\dot{o}}(\xi_n a_j)}{(\eta_{rj}\xi_n^2+s)\left[\left\{1-\left(\frac{m\dot{o}}{\xi_n a_j}\right)^2\right\}J'^2_{m\dot{o}}(\xi_n a_{j-1})-\left\{1-\left(\frac{m\dot{o}}{\xi_n a_{j-1}}\right)^2\right\}J'^2_{m\dot{o}}(\xi_n a_j)\right]}\end{aligned} \quad (15.13.8)$$

where $\mathrm{T}_j(m,s;\theta)=\left\{\begin{matrix}\frac{a_j}{\pi s(\phi c_t)_{j-1}(a_j^2-a_{j-1}^2)} & m=0\\ 0 & m\neq 0\end{matrix}\right\}$, and finally

$$\begin{aligned}\Omega_j(m,s;\theta) &= \frac{q_{j-1}(s)e^{-st_{oj-1}}}{\pi(\phi c_t)_{j-1}(a_j^2-a_{j-1}^2)s}+\frac{\pi q_{j-1}(s)e^{-st_{oj-1}}}{2\phi c_t}\sum_{m=0}^{\infty}\ni_m\cos\{m(\theta-\theta_{0j-1})\}\times\\ &\times\sum_{n=1}^{\infty}\frac{\xi_n^2 J'^2_{m\dot{o}}(\xi_n a_j)\mathcal{V}_{\mathcal{N}m\dot{o}j-1}(\xi_n r_{0j-1},a_{j-1})\mathcal{V}_{\mathcal{N}m\dot{o}j-1}(\xi_n a_j,a_{j-1})}{(\eta_{rj}\xi_n^2+s)\left[\left\{1-\left(\frac{m\dot{o}}{\xi_n a_j}\right)^2\right\}J'^2_{m\dot{o}}(\xi_n a_{j-1})-\left\{1-\left(\frac{m\dot{o}}{\xi_n a_{j-1}}\right)^2\right\}J'^2_{m\dot{o}}(\xi_n a_j)\right]}+\\ &+\frac{\int_{a_{j-1}}^{a_j}\overline{\varphi}_{j-1}(u,0;\theta)u\,du}{\pi(a_j^2-a_{j-1}^2)s}+\\ &+\frac{\pi}{2}\sum_{m=0}^{\infty}\sum_{n=1}^{\infty}\frac{\ni_m\xi_n^2 J'_{m\dot{o}}(\xi_n a_j)V_{Nm\dot{o}j-1}(\xi_n a_j,a_{j-1})}{(\eta_{rj}\xi_n^2+s)\left[\left\{1-\left(\frac{m\dot{o}}{\xi_n a_j}\right)^2\right\}J'^2_{m\dot{o}}(\xi_n a_{j-1})-\left\{1-\left(\frac{m\dot{o}}{\xi_n a_{j-1}}\right)^2\right\}J'^2_{m\dot{o}}(\xi_n a_j)\right]}\times\\ &\times\int_0^{2\pi}\cos\{m(\theta-u)\}\int_{a_{j-1}}^{a_j}v\varphi_{j-1}(v,u)V_{Nm\dot{o}j-1}(\xi_n v,a_{j-1})\,du\,dv-\end{aligned}$$

$$-\frac{q_j(s)\,e^{-st_{0j}}}{\pi(\phi c_t)_j\left(a_{j+1}^2-a_j^2\right)s}+\frac{q_j(s)\,e^{-st_{0j}}}{2(\phi c_t)_j}\sum_{m=0}^{\infty}\ni_m\cos\{m(\theta-\theta_{0j})\}\times$$

$$\times\sum_{n=1}^{\infty}\frac{\xi_n^2 J_{m\dot{o}}^{\prime 2}(\xi_n a_{j+1})\,\mathcal{V}_{\mathcal{N}m\dot{o}j}(\xi_n r_{0j},a_j)\,\mathcal{V}_{\mathcal{N}m\dot{o}j}(\xi_n a_j,a_j)}{\left(\eta_{rj}\xi_n^2+s\right)\left[\left\{1-\left(\frac{m\dot{o}}{\xi_n a_{j+1}}\right)^2\right\}J_{m\dot{o}}^{\prime 2}(\xi_n a_j)-\left\{1-\left(\frac{m\dot{o}}{\xi_n a_j}\right)^2\right\}J_{m\dot{o}}^{\prime 2}(\xi_n a_{j+1})\right]}-$$

$$-\frac{\int\limits_{a_j}^{a_{j+1}}\overline{\varphi}_j(u,0;\theta)u\,du}{\pi\left(a_{j+1}^2-a_j^2\right)s}-$$

$$-\frac{\pi}{2}\sum_{m=0}^{\infty}\sum_{n=1}^{\infty}\frac{\ni_m\,\xi_n^2 J_{m\dot{o}}^{\prime}(\xi_n a_{j+1})\,\mathcal{V}_{\mathcal{N}m\dot{o}j}(\xi_n a_j,a_j)}{\left(\eta_{rj}\xi_n^2+s\right)\left[\left\{1-\left(\frac{m\dot{o}}{\xi_n a_{j+1}}\right)^2\right\}J_{m\dot{o}}^{\prime 2}(\xi_n a_j)-\left\{1-\left(\frac{m\dot{o}}{\xi_n a_j}\right)^2\right\}J_{m\dot{o}}^{\prime 2}(\xi_n a_{j+1})\right]}\times$$

$$\times\int\limits_0^{2\pi}\cos\{m(\theta-u)\}\int\limits_{a_j}^{a_{j+1}}v\varphi_j(v,u)V_{Nm\dot{o}j}(\xi_n v,a_j)\,du\,dv \tag{15.13.9}$$

The solution method is prescribed in Chapter 4.

Chapter 16

Wedge-shaped infinite and semi-infinite continua. The range of the θ variable is a portion of the circle; that is, $0 \le \theta \le \vartheta$, where $\vartheta < 2\pi$. $p(r,\, \theta,\, t)$ and the initial and boundary conditions are functions of r, θ and t

16.1 **An infinite continuum whose axis is at $r = 0$ and extends to ∞ in the direction of r positive, $0 \le \theta \le \vartheta$; $\vartheta < 2\pi$. Line source at $s_l \equiv (r_0, \theta_0)$ at time $t = t_0$; $0 < r_0 < \infty$, $0 \le \theta_0 \le \vartheta$, $t_0 \ge 0$. $D_0 \equiv p(r, 0, t) = \psi_0(r, t)$ and $D_\vartheta \equiv p(r, \vartheta, t) = \psi_\vartheta(r, t)$; $\psi_0(r, t)$ and $\psi_\vartheta(r, t)$ are arbitrary functions of r and t. The initial pressure $p(r, \theta, 0) = \varphi(r, \theta)$**

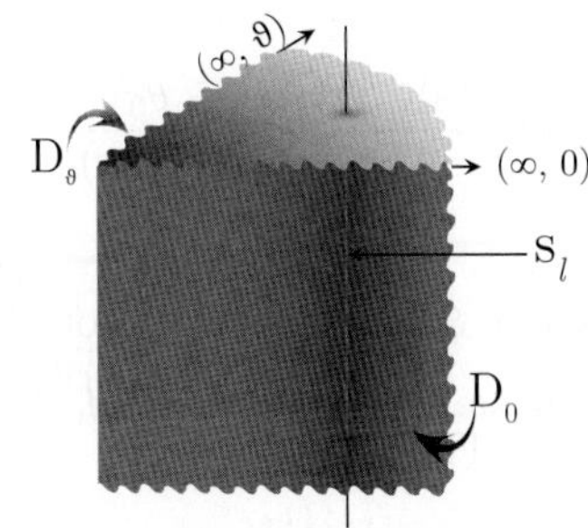

The successive application of the Laplace, Fourier and finite Hankel transformations to equation (14.1.1) gives

$$\overline{\overline{\overline{p}}} = \frac{q(s)\, e^{-st_0} \sin(\xi_m \theta_0) J_{\mathcal{M}}(\xi r_0)}{\phi c_t\left(\eta_r \xi^2 + s\right)} + \frac{\xi_m \eta_\theta \int_0^\infty \frac{J_{\mathcal{M}}(\xi u)}{u} \left\{\overline{\psi}_0(u, s) - (-1)^m\, \overline{\psi}_\vartheta(u, s)\right\} du}{\left(\eta_r \xi^2 + s\right)} + \frac{\overline{\overline{\varphi}}(\xi, \xi_m)}{\left(\eta_r \xi^2 + s\right)} \quad (16.1.1)$$

where ξ_m is a positive root of $\sin(\xi_m \vartheta)$, which are $\xi_m = \frac{m\pi}{\vartheta}$, $m = 1, 2, ...,$ $\mathcal{M} = \xi_m \dot{o}$, $\dot{o} = \sqrt{\frac{\eta_\theta}{\eta_r}}$, and $\overline{\overline{\varphi}}(\xi, \xi_m) = \int_0^\infty r J_{\mathcal{M}}(\xi r) \int_0^\vartheta \varphi(r, u) \sin(\xi_m u) du dr$. It is assumed here that $r\frac{\partial p(r)}{\partial r}$ and $p(r)$ vanish as $r \to 0$ and $\sqrt{r}\frac{\partial p}{\partial r}$ and $\sqrt{r} p(r)$ vanish as $r \to \infty$. The inverse Fourier and Hankel transforms of equation (16.1.1) yield

$$\begin{aligned}
\overline{p} &= \frac{2}{\vartheta}\left(\frac{\mu}{k}\right) q(s)\, e^{-st_0} \sum_{m=1}^{\infty} \sin(\xi_m \theta_0) \sin(\xi_m \theta) \begin{Bmatrix} I_{\mathcal{M}}\left(r\sqrt{\frac{s}{\eta_r}}\right) K_{\mathcal{M}}\left(r_0\sqrt{\frac{s}{\eta_r}}\right) & 0 < r < r_0 \\ I_{\mathcal{M}}\left(r_0\sqrt{\frac{s}{\eta_r}}\right) K_{\mathcal{M}}\left(r\sqrt{\frac{s}{\eta_r}}\right) & 0 < r_0 < r \end{Bmatrix} + \\
&+ \frac{2\dot{o}^2}{\vartheta} \sum_{m=1}^{\infty} \xi_m \sin(\xi_m \theta) \int_0^\infty \begin{Bmatrix} I_{\mathcal{M}}\left(r\sqrt{\frac{s}{\eta_r}}\right) K_{\mathcal{M}}\left(u\sqrt{\frac{s}{\eta_r}}\right) & 0 < r < u \\ I_{\mathcal{M}}\left(u\sqrt{\frac{s}{\eta_r}}\right) K_{\mathcal{M}}\left(r\sqrt{\frac{s}{\eta_r}}\right) & 0 < u < r \end{Bmatrix} \frac{1}{u} \left\{\overline{\psi}_0(u, s) - (-1)^m\, \overline{\psi}_\vartheta(u, s)\right\} du + \\
&+ \frac{2}{\vartheta \eta_r} \sum_{m=1}^{\infty} \sin(\xi_m \theta) \begin{Bmatrix} I_{\mathcal{M}}\left(r\sqrt{\frac{s}{\eta_r}}\right) \int_0^\infty v K_{\mathcal{M}}\left(v\sqrt{\frac{s}{\eta_r}}\right) \int_0^\vartheta \varphi(v, u) \sin(\xi_m u) du dv & 0 < r < v \\ K_{\mathcal{M}}\left(r\sqrt{\frac{s}{\eta_r}}\right) \int_0^\infty v I_{\mathcal{M}}\left(v\sqrt{\frac{s}{\eta_r}}\right) \int_0^\vartheta \varphi(v, u) \sin(\xi_m u) du dv & 0 < v < r \end{Bmatrix}
\end{aligned} \quad (16.1.2)$$

The successive inverse Laplace transforms of equation (16.1.2) yield

$$p = \frac{U(t-t_0)}{\vartheta}\left(\frac{\mu}{k}\right)\sum_{m=1}^{\infty}\sin(\xi_m\theta_0)\sin(\xi_m\theta)\int_0^{t-t_0}\frac{q(t-t_0-\tau)}{\tau}I_{\mathcal{M}}\left(\frac{rr_0}{2\eta_r\tau}\right)e^{-\frac{\left(r^2+r_0^2\right)}{4\eta_r\tau}}d\tau +$$
$$+\frac{\dot{o}^2}{\vartheta}\sum_{m=1}^{\infty}\xi_m\sin(\xi_m\theta)\int_0^t\frac{1}{\tau}\int_0^{\infty}I_{\mathcal{M}}\left\{\frac{ru}{2\eta_r\tau}\right\}\frac{e^{-\frac{\left(r^2+u^2\right)}{4\eta_r\tau}}}{u}\left\{\psi_0(u,t-\tau)-(-1)^m\psi_\vartheta(u,t-\tau)\right\}dud\tau +$$
$$+\frac{1}{\vartheta\eta_r t}\sum_{m=1}^{\infty}\sin(\xi_m\theta)\int_0^{\infty}ve^{-\frac{\left(r^2+v^2\right)}{4\eta_r t}}I_{\mathcal{M}}\left(\frac{rv}{2\eta_r t}\right)\int_0^{\vartheta}\varphi(v,u)\sin(\xi_m u)dudv \tag{16.1.3}$$

16.2

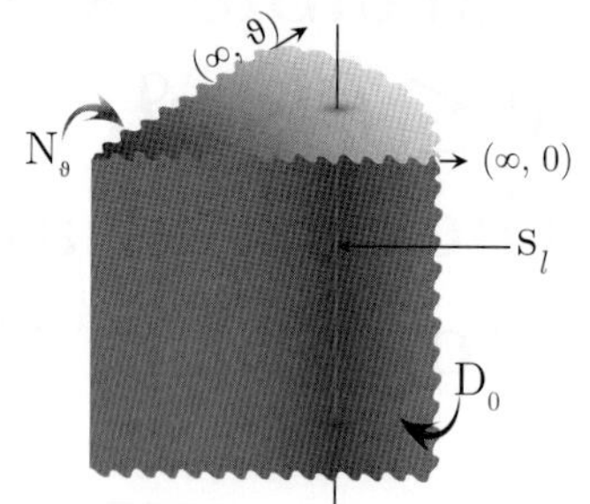

The problem of 16.1, except $D_0 \equiv p(r,0,t) = \psi_0(r,t)$ and $N_\vartheta \equiv \frac{\partial p(r,\vartheta,t)}{\partial\theta} = -\left(\frac{\mu}{k_\theta}\right)\psi_\vartheta(r,t)$

The successive application of the Laplace, Fourier and finite Hankel transformations to equation (14.1.1) gives

$$\overline{\overline{\overline{p}}} = \frac{q(s)e^{-st_0}\sin(\xi_m\theta_0)J_{\mathcal{M}}(\xi r_0)}{\phi c_t(\eta_r\xi^2+s)} + \frac{\eta_\theta\int_0^{\infty}\frac{J_{\mathcal{M}}(\xi u)}{u}\left\{\xi_m\overline{\psi}_0(u,s)+(-1)^m\left(\frac{\mu}{k_\theta}\right)\overline{\psi}_\vartheta(u,s)\right\}du}{(\eta_r\xi^2+s)} + \frac{\overline{\overline{\varphi}}(\xi,\xi_m)}{(\eta_r\xi^2+s)} \tag{16.2.1}$$

where ξ_m is a positive root of $\cos(\xi_m\vartheta)$, which are $\xi_m = \frac{(2m-1)\pi}{2\vartheta}$, $m = 1, 2, ...,$ and $\overline{\overline{\varphi}}(\xi,\xi_m) = \int_0^{\infty} rJ_{\mathcal{M}}(\xi r)\int_0^{\vartheta}\varphi(r,u)\sin(\xi_m u)dudr$. The inverse Fourier and Hankel transforms of equation (16.2.1) yield

$$\overline{p} = \frac{2}{\vartheta}\left(\frac{\mu}{k_r}\right)q(s)e^{-st_0}\sum_{m=1}^{\infty}\sin(\xi_m\theta_0)\sin(\xi_m\theta)\left\{\begin{array}{ll} I_{\mathcal{M}}\left(r\sqrt{\frac{s}{\eta_r}}\right)K_{\mathcal{M}}\left(r_0\sqrt{\frac{s}{\eta_r}}\right) & 0<r<r_0 \\ I_{\mathcal{M}}\left(r_0\sqrt{\frac{s}{\eta_r}}\right)K_{\mathcal{M}}\left(r\sqrt{\frac{s}{\eta_r}}\right) & 0<r_0<r \end{array}\right\} +$$
$$+\frac{2\dot{o}^2}{\vartheta}\sum_{m=1}^{\infty}\sin(\xi_m\theta)\int_0^{\infty}\frac{1}{u}\left\{\begin{array}{ll} I_{\mathcal{M}}\left(r\sqrt{\frac{s}{\eta_r}}\right)K_{\mathcal{M}}\left(u\sqrt{\frac{s}{\eta_r}}\right) & 0<r<u \\ I_{\mathcal{M}}\left(u\sqrt{\frac{s}{\eta_r}}\right)K_{\mathcal{M}}\left(r\sqrt{\frac{s}{\eta_r}}\right) & 0<u<r \end{array}\right\}\left\{\xi_m\overline{\psi}_0(u,s)+(-1)^m\left(\frac{\mu}{k_\theta}\right)\overline{\psi}_\vartheta(u,s)\right\}du+$$
$$+\frac{2}{\vartheta\eta_r}\sum_{m=1}^{\infty}\sin(\xi_m\theta)\left\{\begin{array}{ll} I_{\mathcal{M}}\left(r\sqrt{\frac{s}{\eta_r}}\right)\int_0^{\infty}vK_{\mathcal{M}}\left(v\sqrt{\frac{s}{\eta_r}}\right)\int_0^{\vartheta}\varphi(v,u)\sin(\xi_m u)dudv & 0<r<v \\ K_{\mathcal{M}}\left(r\sqrt{\frac{s}{\eta_r}}\right)\int_0^{\infty}vI_{\mathcal{M}}\left(v\sqrt{\frac{s}{\eta_r}}\right)\int_0^{\vartheta}\varphi(v,u)\sin(\xi_m u)dudv & 0<v<r \end{array}\right\} \tag{16.2.2}$$

The successive inverse Laplace transforms of equation (16.2.2) yield

$$p = \frac{U(t-t_0)}{\vartheta}\left(\frac{\mu}{k_r}\right)\sum_{m=1}^{\infty}\sin(\xi_m\theta_0)\sin(\xi_m\theta)\int_0^{t-t_0}\frac{q(t-t_0-\tau)}{\tau}I_{\mathcal{M}}\left(\frac{rr_0}{2\eta_r\tau}\right)e^{-\frac{\left(r^2+r_0^2\right)}{4\eta_r\tau}}d\tau +$$
$$+\frac{\dot{o}^2}{\vartheta}\sum_{m=1}^{\infty}\sin(\xi_m\theta)\int_0^t\frac{1}{\tau}\int_0^{\infty}I_{\mathcal{M}}\left\{\frac{ru}{2\eta_r\tau}\right\}\frac{e^{-\frac{\left(r^2+u^2\right)}{4\eta_r\tau}}}{u}\left\{\xi_m\psi_0(u,t-\tau)+(-1)^m\left(\frac{\mu}{k_\theta}\right)\psi_\vartheta(u,t-\tau)\right\}dud\tau +$$
$$+\frac{1}{\vartheta\eta_r t}\sum_{m=1}^{\infty}\sin(\xi_m\theta)\int_0^{\infty}ve^{-\frac{\left(r^2+v^2\right)}{4\eta_r t}}I_{\mathcal{M}}\left(\frac{rv}{2\eta_r t}\right)\int_0^{\vartheta}\sin(\xi_m u)\varphi(v,u)dudv \tag{16.2.3}$$

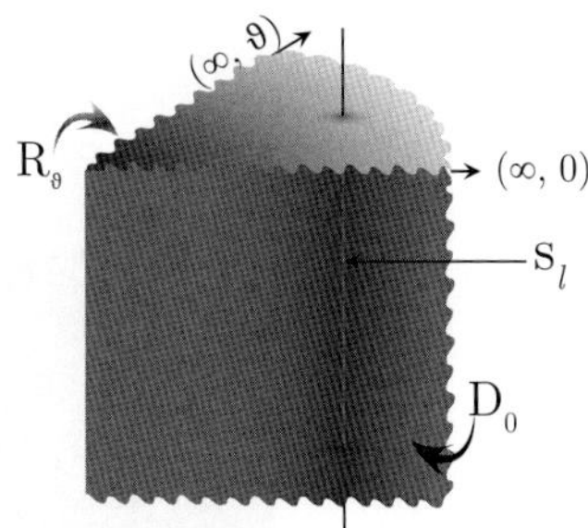

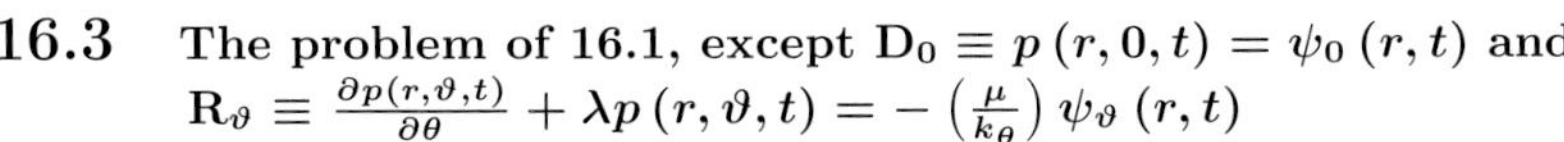

16.3 The problem of 16.1, except $D_0 \equiv p(r,0,t) = \psi_0(r,t)$ and $R_\vartheta \equiv \frac{\partial p(r,\vartheta,t)}{\partial\theta} + \lambda p(r,\vartheta,t) = -\left(\frac{\mu}{k_\theta}\right)\psi_\vartheta(r,t)$

The successive application of the Laplace, Fourier and finite Hankel transformations to equation (14.1.1) gives

$$\overline{\overline{\overline{p}}} = \frac{q(s)\,e^{-st_0}\sin(\xi_m\theta_0)\,J_{\mathcal{M}}(\xi r_0)}{\phi c_t(\eta_r\xi^2+s)} + \frac{\eta_\theta\int_0^\infty \frac{J_{\mathcal{M}}(\xi u)}{u}\left\{\xi_m\overline{\psi}_0(u,s) - \left(\frac{\mu}{k_\theta}\right)\overline{\psi}_\vartheta(u,s)\sin(\xi_m\vartheta)\right\}du}{(\eta_r\xi^2+s)} + \\ +\frac{\overline{\overline{\varphi}}(\xi,\xi_m)}{(\eta_r\xi^2+s)} \tag{16.3.1}$$

where ξ_m is a positive root of $\xi_m\cot(\xi_m\vartheta) = -\lambda$, $m = 1, 2, ...,$ and $\overline{\overline{\varphi}}(\xi,\xi_m) = \int_0^\infty rJ_{\mathcal{M}}(\xi r)\int_0^\vartheta \varphi(r,u)\sin(\xi_m u)dudr$. The inverse Fourier and Hankel transforms of equation (16.3.1) yield

$$\overline{p} = 2\left(\frac{\mu}{k_r}\right)q(s)\,e^{-st_0}\sum_{m=1}^{\infty}\frac{(\xi_m^2+\lambda^2)\sin(\xi_m\theta_0)\sin(\xi_m\theta)}{\vartheta(\xi_m^2+\lambda^2)+\lambda}\left\{\begin{matrix} I_{\mathcal{M}}\left(r\sqrt{\frac{s}{\eta_r}}\right)K_{\mathcal{M}}\left(r_0\sqrt{\frac{s}{\eta_r}}\right) & 0<r<r_0 \\ I_{\mathcal{M}}\left(r_0\sqrt{\frac{s}{\eta_r}}\right)K_{\mathcal{M}}\left(r\sqrt{\frac{s}{\eta_r}}\right) & 0<r_0<r \end{matrix}\right\} + \\ +2\dot{o}^2\sum_{m=1}^{\infty}\frac{(\xi_m^2+\lambda^2)\sin(\xi_m\theta)}{\vartheta(\xi_m^2+\lambda^2)+\lambda}\int_0^\infty\left\{\begin{matrix} I_{\mathcal{M}}\left(r\sqrt{\frac{s}{\eta_r}}\right)K_{\mathcal{M}}\left(u\sqrt{\frac{s}{\eta_r}}\right) & 0<r<u \\ I_{\mathcal{M}}\left(u\sqrt{\frac{s}{\eta_r}}\right)K_{\mathcal{M}}\left(r\sqrt{\frac{s}{\eta_r}}\right) & 0<u<r \end{matrix}\right\}\times \\ \times\frac{1}{u}\left\{\xi_m\overline{\psi}_0(u,s) - \left(\frac{\mu}{k_\theta}\right)\overline{\psi}_\vartheta(u,s)\right\}du + \\ +2\sum_{m=1}^{\infty}\frac{(\xi_m^2+\lambda^2)\sin(\xi_m\theta)}{\vartheta(\xi_m^2+\lambda^2)+\lambda}\left\{\begin{matrix} I_{\mathcal{M}}\left(r\sqrt{\frac{s}{\eta_r}}\right)\int_0^\infty vK_{\mathcal{M}}\left(v\sqrt{\frac{s}{\eta_r}}\right)\int_0^\vartheta\varphi(v,u)\sin(\xi_m u)dudv & 0<r<v \\ K_{\mathcal{M}}\left(r\sqrt{\frac{s}{\eta_r}}\right)\int_0^\infty vI_{\mathcal{M}}\left(v\sqrt{\frac{s}{\eta_r}}\right)\int_0^\vartheta\varphi(v,u)\sin(\xi_m u)dudv & 0<v<r \end{matrix}\right\} \tag{16.3.2}$$

The successive inverse Laplace transforms of equation (16.3.2) yield

$$p = U(t-t_0)\left(\frac{\mu}{k_r}\right)\sum_{m=1}^{\infty}\frac{(\xi_m^2+\lambda^2)\sin(\xi_m\theta_0)\sin(\xi_m\theta)}{\vartheta(\xi_m^2+\lambda^2)+\lambda}\int_0^{t-t_0}\frac{q(t-t_0-\tau)}{\tau}I_{\mathcal{M}}\left(\frac{rr_0}{2\eta_r\tau}\right)e^{-\frac{(r^2+r_0^2)}{4\eta_r\tau}}d\tau + \\ +\dot{o}^2\sum_{m=1}^{\infty}\frac{(\xi_m^2+\lambda^2)\sin(\xi_m\theta)}{\vartheta(\xi_m^2+\lambda^2)+\lambda}\int_0^t\frac{1}{\tau}\int_0^\infty I_{\mathcal{M}}\left\{\frac{ru}{2\eta_r\tau}\right\}\frac{e^{-\frac{(r^2+u^2)}{4\eta_r\tau}}}{u}\left\{\xi_m\psi_0(u,t-\tau) - \left(\frac{\mu}{k_\theta}\right)\psi_\vartheta(u,t-\tau)\right\}dud\tau + \\ +\frac{1}{\eta_r t}\sum_{m=1}^{\infty}\frac{(\xi_m^2+\lambda^2)\sin(\xi_m\theta)}{\vartheta(\xi_m^2+\lambda^2)+\lambda}\int_0^\infty ve^{-\frac{(r^2+v^2)}{4\eta_r t}}I_{\mathcal{M}}\left(\frac{rv}{2\eta_r t}\right)\int_0^\vartheta\varphi(v,u)\sin(\xi_m u)dudv \tag{16.3.3}$$

16.4

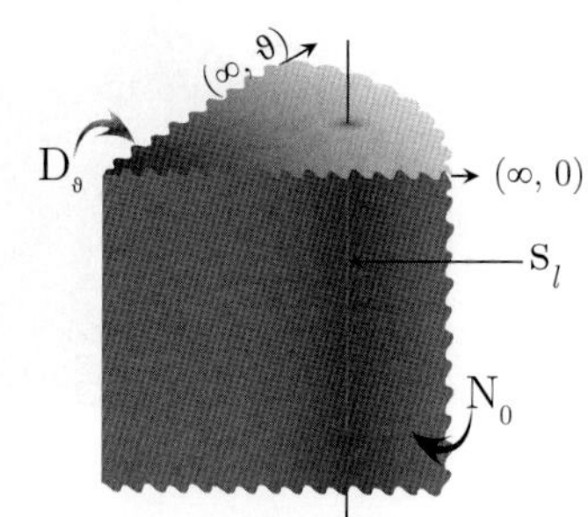

The problem of 16.1, except $N_0 \equiv \frac{\partial p(r,0,t)}{\partial \theta} = -\left(\frac{\mu}{k_\theta}\right)\psi_0(r,t)$ **and** $D_\vartheta \equiv p(r,\vartheta,t) = \psi_\vartheta(r,t)$

The successive application of the Laplace, Fourier and finite Hankel transformations to equation (14.1.1) gives

$$\overline{\overline{\overline{p}}} = \frac{q(s)e^{-st_0}\cos(\xi_m\theta_0)J_{\mathcal{M}}(\xi r_0)}{\phi c_t\left(\eta_r\xi^2+s\right)} + \frac{\eta_\theta\int_0^\infty \frac{J_{\mathcal{M}}(\xi u)}{u}\left\{(-1)^{m+1}\xi_m\overline{\psi}_\vartheta(u,s)+\left(\frac{\mu}{k_\theta}\right)\overline{\psi}_0(u,s)\right\}du}{\left(\eta_r\xi^2+s\right)} + \frac{\overline{\overline{\varphi}}(\xi,\xi_m)}{\left(\eta_r\xi^2+s\right)} \tag{16.4.1}$$

where ξ_m is a positive root of $\cos(\xi_m\vartheta)$, which are $\xi_m = \frac{(2m-1)\pi}{2\vartheta}$, $m = 1, 2, ...,$ and $\overline{\overline{\varphi}}(\xi,\xi_m) = \int_0^\infty rJ_{\mathcal{M}}(\xi r)\int_0^\vartheta \varphi(r,u)\cos(\xi_m u)dudr$. The inverse Fourier and Hankel transforms of equation (16.4.1) yield

$$\begin{aligned}\overline{p} &= \frac{2}{\vartheta}\left(\frac{\mu}{k_r}\right)q(s)e^{-st_0}\sum_{m=1}^{\infty}\cos(\xi_m\theta_0)\cos(\xi_m\theta)\left\{\begin{array}{ll} I_{\mathcal{M}}\left(r\sqrt{\frac{s}{\eta_r}}\right)K_{\mathcal{M}}\left(r_0\sqrt{\frac{s}{\eta_r}}\right) & 0<r<r_0 \\ I_{\mathcal{M}}\left(r_0\sqrt{\frac{s}{\eta_r}}\right)K_{\mathcal{M}}\left(r\sqrt{\frac{s}{\eta_r}}\right) & 0<r_0<r \end{array}\right\}+ \\ &+\frac{2\dot{o}^2}{\vartheta}\sum_{m=1}^{\infty}\cos(\xi_m\theta)\int_0^\infty\frac{1}{u}\left\{\begin{array}{ll} I_{\mathcal{M}}\left(r\sqrt{\frac{s}{\eta_r}}\right)K_{\mathcal{M}}\left(u\sqrt{\frac{s}{\eta_r}}\right) & 0<r<u \\ I_{\mathcal{M}}\left(u\sqrt{\frac{s}{\eta_r}}\right)K_{\mathcal{M}}\left(r\sqrt{\frac{s}{\eta_r}}\right) & 0<u<r \end{array}\right\}\left\{(-1)^{m+1}\xi_m\overline{\psi}_\vartheta(u,s)+\left(\frac{\mu}{k_\theta}\right)\overline{\psi}_0(u,s)\right\}du+ \\ &+\frac{2}{\vartheta\eta_r}\sum_{m=1}^{\infty}\cos(\xi_m\theta)\left\{\begin{array}{ll} I_{\mathcal{M}}\left(r\sqrt{\frac{s}{\eta_r}}\right)\int_0^\infty vK_{\mathcal{M}}\left(v\sqrt{\frac{s}{\eta_r}}\right)\int_0^\vartheta\varphi(v,u)\cos(\xi_m u)dudv & 0<r<v \\ K_{\mathcal{M}}\left(r\sqrt{\frac{s}{\eta_r}}\right)\int_0^\infty vI_{\mathcal{M}}\left(v\sqrt{\frac{s}{\eta_r}}\right)\int_0^\vartheta\varphi(v,u)\cos(\xi_m u)dudv & 0<v<r \end{array}\right\}\end{aligned} \tag{16.4.2}$$

The successive inverse Laplace transforms of equation (16.4.2) yield

$$\begin{aligned}p &= \frac{U(t-t_0)}{\vartheta}\left(\frac{\mu}{k_r}\right)\sum_{m=1}^{\infty}\cos(\xi_m\theta_0)\cos(\xi_m\theta)\int_0^{t-t_0}\frac{q(t-t_0-\tau)}{\tau}I_{\mathcal{M}}\left(\frac{rr_0}{2\eta_r\tau}\right)e^{-\frac{\left(r^2+r_0^2\right)}{4\eta_r\tau}}d\tau+ \\ &+\frac{\dot{o}^2}{\vartheta}\sum_{m=1}^{\infty}\cos(\xi_m\theta)\int_0^t\frac{1}{\tau}\int_0^\infty I_{\mathcal{M}}\left\{\frac{ru}{2\eta_r\tau}\right\}\frac{e^{-\frac{\left(r^2+u^2\right)}{4\eta_r\tau}}}{u}\left\{(-1)^{m+1}\xi_m\psi_\vartheta(u,t-\tau)+\left(\frac{\mu}{k_\theta}\right)\psi_0(u,t-\tau)\right\}dud\tau+ \\ &+\frac{1}{\vartheta\eta_r t}\sum_{m=1}^{\infty}\cos(\xi_m\theta)\int_0^\infty ve^{-\frac{\left(r^2+v^2\right)}{4\eta_r t}}I_{\mathcal{M}}\left(\frac{rv}{2\eta_r t}\right)\int_0^\vartheta\varphi(v,u)\cos(\xi_m u)dudv\end{aligned} \tag{16.4.3}$$

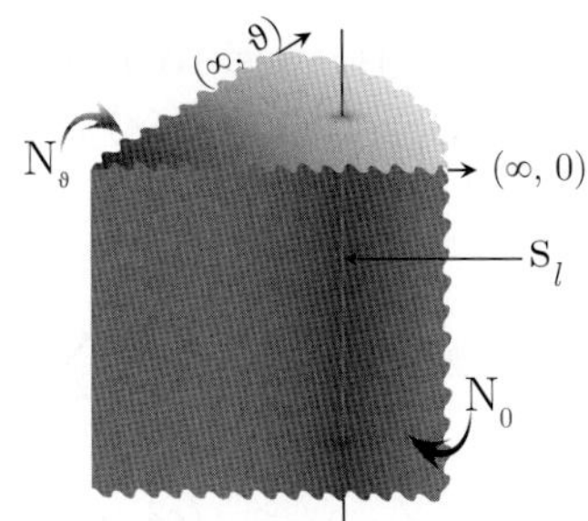

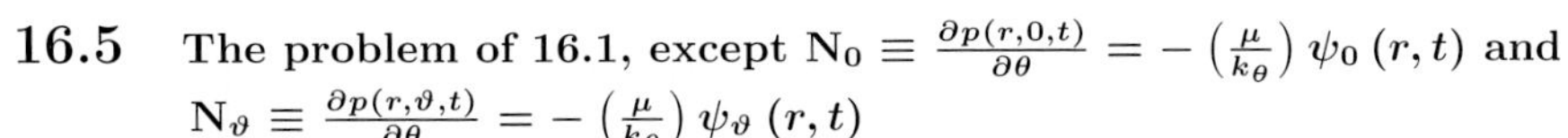

16.5 The problem of 16.1, except $\mathbf{N_0} \equiv \frac{\partial p(r,0,t)}{\partial \theta} = -\left(\frac{\mu}{k_\theta}\right)\psi_0(r,t)$ and $\mathbf{N_\vartheta} \equiv \frac{\partial p(r,\vartheta,t)}{\partial \theta} = -\left(\frac{\mu}{k_\theta}\right)\psi_\vartheta(r,t)$

The successive application of the Laplace, Fourier and finite Hankel transformations to equation (14.1.1) gives

$$\overline{\overline{\overline{p}}} = \frac{q(s)\,e^{-st_0}\cos(\xi_m\theta_0)\,J_{\mathcal{M}}(\xi r_0)}{\phi c_t\left(\eta_r\xi^2+s\right)} + \frac{\int_0^\infty \frac{J_{\mathcal{M}}(\xi u)}{u}\left\{\overline{\psi}_0(u,s)+(-1)^{m+1}\,\overline{\psi}_\vartheta(u,s)\right\}du}{\phi c_t\left(\eta_r\xi^2+s\right)} + \frac{\overline{\overline{\varphi}}(\xi,\xi_m)}{\left(\eta_r\xi^2+s\right)} \qquad (16.5.1)$$

where ξ_m is a positive root of $\sin(\xi_m\vartheta)$, which are $\xi_m = \frac{m\pi}{\vartheta}$, $m = 1, 2, ...,$ and $\overline{\overline{\varphi}}(\xi,\xi_m) = \int_0^\infty rJ_{\mathcal{M}}(\xi r)\int_0^\vartheta \varphi(r,u)\cos(\xi_m u)du dr$. The inverse Fourier and Hankel transforms of equation (16.5.1) yield

$$\begin{aligned}\overline{p} \;=\; & \frac{2}{\vartheta}\left(\frac{\mu}{k_r}\right)q(s)\,e^{-st_0}\sum_{m=0}^{\infty}\ni_m\cos(\xi_m\theta_0)\cos(\xi_m\theta)\begin{Bmatrix} I_{\mathcal{M}}\left(r\sqrt{\frac{s}{\eta_r}}\right)K_{\mathcal{M}}\left(r_0\sqrt{\frac{s}{\eta_r}}\right) & 0<r<r_0 \\ I_{\mathcal{M}}\left(r_0\sqrt{\frac{s}{\eta_r}}\right)K_{\mathcal{M}}\left(r\sqrt{\frac{s}{\eta_r}}\right) & 0<r_0<r \end{Bmatrix}+ \\ & +\frac{2}{\vartheta}\left(\frac{\mu}{k_r}\right)\sum_{m=0}^{\infty}\ni_m\cos(\xi_m\theta)\int_0^\infty\frac{1}{u}\begin{Bmatrix} I_{\mathcal{M}}\left(r\sqrt{\frac{s}{\eta_r}}\right)K_{\mathcal{M}}\left(u\sqrt{\frac{s}{\eta_r}}\right) & 0<r<u \\ I_{\mathcal{M}}\left(u\sqrt{\frac{s}{\eta_r}}\right)K_{\mathcal{M}}\left(r\sqrt{\frac{s}{\eta_r}}\right) & 0<u<r \end{Bmatrix}\left\{\overline{\psi}_0(u,s)+(-1)^{m+1}\,\overline{\psi}_\vartheta(u,s)\right\}du+ \\ & +\frac{2}{\vartheta\eta_r}\sum_{m=0}^{\infty}\ni_m\cos(\xi_m\theta)\begin{Bmatrix} I_{\mathcal{M}}\left(r\sqrt{\frac{s}{\eta_r}}\right)\int_0^\infty vK_{\mathcal{M}}\left(v\sqrt{\frac{s}{\eta_r}}\right)\int_0^\vartheta\varphi(v,u)\cos(\xi_m u)du dv & 0<r<v \\ K_{\mathcal{M}}\left(r\sqrt{\frac{s}{\eta_r}}\right)\int_0^\infty vI_{\mathcal{M}}\left(v\sqrt{\frac{s}{\eta_r}}\right)\int_0^\vartheta\varphi(v,u)\cos(\xi_m u)du dv & 0<v<r \end{Bmatrix}\end{aligned} \qquad (16.5.2)$$

The successive inverse Laplace transforms of equation (16.5.2) yield

$$\begin{aligned}p \;=\; & \frac{U(t-t_0)}{\vartheta}\left(\frac{\mu}{k_r}\right)\sum_{m=0}^{\infty}\ni_m\cos(\xi_m\theta_0)\cos(\xi_m\theta)\int_0^{t-t_0}\frac{q(t-t_0-\tau)}{\tau}I_{\mathcal{M}}\left(\frac{rr_0}{2\eta_r\tau}\right)e^{-\frac{\left(r^2+r_0^2\right)}{4\eta_r\tau}}d\tau+ \\ & +\frac{1}{\vartheta}\left(\frac{\mu}{k_r}\right)\sum_{m=0}^{\infty}\ni_m\cos(\xi_m\theta)\int_0^t\frac{1}{\tau}\int_0^\infty I_{\mathcal{M}}\left\{\frac{ru}{2\eta_r\tau}\right\}\frac{e^{-\frac{\left(r^2+u^2\right)}{4\eta_r\tau}}}{u}\left\{\psi_0(u,t-\tau)+(-1)^{m+1}\,\psi_\vartheta(u,t-\tau)\right\}du d\tau+ \\ & +\frac{1}{\vartheta\eta_r t}\sum_{m=0}^{\infty}\ni_m\cos(\xi_m\theta)\int_0^\infty ve^{-\frac{\left(r^2+v^2\right)}{4\eta_r t}}I_{\mathcal{M}}\left(\frac{rv}{2\eta_r t}\right)\int_0^\vartheta\cos(\xi_m u)\,\varphi(v,u)du dv\end{aligned} \qquad (16.5.3)$$

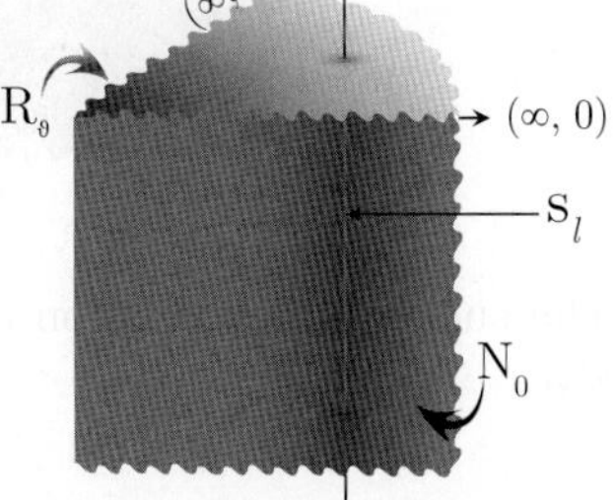

16.6 The problem of 16.1, except $\mathbf{N_0} \equiv \frac{\partial p(r,0,t)}{\partial \theta} = -\left(\frac{\mu}{k_\theta}\right)\psi_0(r,t)$ and $\mathbf{R_\vartheta} \equiv \frac{\partial p(r,\vartheta,t)}{\partial \theta} + \lambda p(r,\vartheta,t) = -\left(\frac{\mu}{k_\theta}\right)\psi_\vartheta(r,t)$

The successive application of the Laplace, Fourier and finite Hankel transformations to equation (14.1.1) gives

$$\overline{\overline{\overline{p}}} = \frac{q(s)\,e^{-st_0}\cos(\xi_m\theta_0)\,J_{\mathcal{M}}(\xi r_0)}{\phi c_t\left(\eta_r\xi^2+s\right)} + \frac{\int_0^\infty \frac{J_{\mathcal{M}}(\xi u)}{u}\left\{\overline{\psi}_0(u,s)-\overline{\psi}_\vartheta(u,s)\cos(\xi_m\vartheta)\right\}du}{\phi c_t\left(\eta_r\xi^2+s\right)} + \frac{\overline{\overline{\varphi}}(\xi,\xi_m)}{\left(\eta_r\xi^2+s\right)} \qquad (16.6.1)$$

where ξ_m is a positive root of $\xi_m \tan(\xi_m \vartheta) = \lambda$, $m = 1, 2, ...,$ and $\overline{\overline{\varphi}}(\xi, \xi_m) = \int_0^\infty r J_{\mathcal{M}}(\xi r) \int_0^\vartheta \varphi(r, u) \cos(\xi_m u) du dr$. The inverse Fourier and Hankel transforms of equation (16.6.1) yield

$$\overline{p} = 2\left(\frac{\mu}{k_r}\right) q(s) e^{-st_0} \sum_{m=1}^{\infty} \frac{(\xi_m^2 + \lambda^2)\cos(\xi_m \theta_0)\cos(\xi_m \theta)}{\vartheta(\xi_m^2 + \lambda^2) + \lambda} \begin{Bmatrix} I_{\mathcal{M}}\left(r\sqrt{\frac{s}{\eta_r}}\right) K_{\mathcal{M}}\left(r_0\sqrt{\frac{s}{\eta_r}}\right) & 0 < r < r_0 \\ I_{\mathcal{M}}\left(r_0\sqrt{\frac{s}{\eta_r}}\right) K_{\mathcal{M}}\left(r\sqrt{\frac{s}{\eta_r}}\right) & 0 < r_0 < r \end{Bmatrix} +$$
$$+2\left(\frac{\mu}{k_r}\right) \sum_{m=1}^{\infty} \frac{(\xi_m^2 + \lambda^2)\cos(\xi_m \theta)}{\vartheta(\xi_m^2 + \lambda^2) + \lambda} \int_0^\infty \begin{Bmatrix} I_{\mathcal{M}}\left(r\sqrt{\frac{s}{\eta_r}}\right) K_{\mathcal{M}}\left(u\sqrt{\frac{s}{\eta_r}}\right) & 0 < r < u \\ I_{\mathcal{M}}\left(u\sqrt{\frac{s}{\eta_r}}\right) K_{\mathcal{M}}\left(r\sqrt{\frac{s}{\eta_r}}\right) & 0 < u < r \end{Bmatrix} \times$$
$$\times \frac{1}{u}\left\{\overline{\psi}_0(u, s) - \overline{\psi}_\vartheta(u, s)\cos(\xi_m \vartheta)\right\} du +$$
$$+2 \sum_{m=1}^{\infty} \frac{(\xi_m^2 + \lambda^2)\cos(\xi_m \theta)}{\vartheta(\xi_m^2 + \lambda^2) + \lambda} \begin{Bmatrix} I_{\mathcal{M}}\left(r\sqrt{\frac{s}{\eta_r}}\right) \int_0^\infty v K_{\mathcal{M}}\left(v\sqrt{\frac{s}{\eta_r}}\right) \int_0^\vartheta \varphi(v, u)\cos(\xi_m u) du dv & 0 < r < v \\ K_{\mathcal{M}}\left(r\sqrt{\frac{s}{\eta_r}}\right) \int_0^\infty v I_{\mathcal{M}}\left(v\sqrt{\frac{s}{\eta_r}}\right) \int_0^\vartheta \varphi(v, u)\cos(\xi_m u) du dv & 0 < v < r \end{Bmatrix} \tag{16.6.2}$$

The successive inverse Laplace transforms of equation (16.6.2) yield

$$p = U(t - t_0)\left(\frac{\mu}{k_r}\right) \sum_{m=1}^{\infty} \frac{(\xi_m^2 + \lambda^2)\cos(\xi_m \theta_0)\cos(\xi_m \theta)}{\vartheta(\xi_m^2 + \lambda^2) + \lambda} \int_0^{t-t_0} \frac{q(t - t_0 - \tau)}{\tau} I_{\mathcal{M}}\left(\frac{r r_0}{2\eta_r \tau}\right) e^{-\frac{(r^2 + r_0^2)}{4\eta_r \tau}} d\tau +$$
$$+\left(\frac{\mu}{k_r}\right) \sum_{m=1}^{\infty} \frac{(\xi_m^2 + \lambda^2)\cos(\xi_m \theta)}{\vartheta(\xi_m^2 + \lambda^2) + \lambda} \times$$
$$\times \int_0^t \frac{1}{\tau} \int_0^\infty I_{\mathcal{M}}\left\{\frac{ru}{2\eta_r \tau}\right\} \frac{e^{-\frac{(r^2 + u^2)}{4\eta_r \tau}}}{u} \{\psi_0(u, t - \tau) - \psi_\vartheta(u, t - \tau)\cos(\xi_m \vartheta)\} du d\tau +$$
$$+\frac{1}{\eta_r t} \sum_{m=1}^{\infty} \frac{(\xi_m^2 + \lambda^2)\cos(\xi_m \theta)}{\vartheta(\xi_m^2 + \lambda^2) + \lambda} \int_0^\infty v e^{-\frac{(r^2 + v^2)}{4\eta_r t}} I_{\mathcal{M}}\left(\frac{rv}{2\eta_r t}\right) \int_0^\vartheta \varphi(v, u)\cos(\xi_m u) du dv \tag{16.6.3}$$

16.7

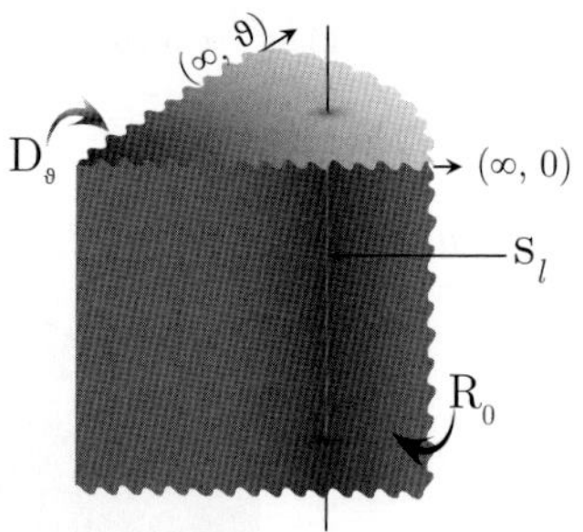

The problem of 16.1, except
$\mathbf{R_0} \equiv \frac{\partial p(r,0,t)}{\partial \theta} - \lambda p(r, 0, t) = -\left(\frac{\mu}{k_\theta}\right)\psi_0(r, t)$ **and**
$\mathbf{D_\vartheta} \equiv p(r, \vartheta, t) = \psi_\vartheta(r, t)$

The successive application of the Laplace, Fourier and finite Hankel transformations to equation (14.1.1) gives

$$\overline{\overline{\overline{p}}} = \frac{q(s) e^{-st_0} \sin\{\xi_m(\vartheta - \theta_0)\} J_{\mathcal{M}}(\xi r_0)}{\phi c_t (\eta_r \xi^2 + s)} + \frac{\eta_\theta \int_0^\infty \frac{J_{\mathcal{M}}(\xi u)}{u} \left\{\left(\frac{\mu}{k_\theta}\right)\overline{\psi}_0(u, s)\sin(\xi_m \vartheta) + \xi_m \overline{\psi}_\vartheta(u, s)\right\} du}{(\eta_r \xi^2 + s)} +$$
$$+\frac{\overline{\overline{\varphi}}(\xi, \xi_m)}{(\eta_r \xi^2 + s)} \tag{16.7.1}$$

where ξ_m is a positive root of $\xi_m \cot(\xi_m \vartheta) = -\lambda$, $m = 1, 2, ...,$ and $\overline{\overline{\varphi}}(\xi, \xi_m) = \int_0^\infty r J_{\mathcal{M}}(\xi r) \int_0^\vartheta \varphi(r, u) \sin\{\xi_m (\vartheta - u)\} du dr$. The inverse Fourier and Hankel transforms of equation (16.7.1) yield

$$\begin{aligned}\overline{p} &= 2\left(\frac{\mu}{k_r}\right) q(s) e^{-st_0} \sum_{m=1}^{\infty} \frac{(\xi_m^2 + \lambda^2)\sin\{\xi_m(\vartheta - \theta_0)\}\sin\{\xi_m(\vartheta - \theta)\}}{\vartheta(\xi_m^2 + \lambda^2) + \lambda} \times \\ &\times \begin{Bmatrix} I_{\mathcal{M}}\left(r\sqrt{\frac{s}{\eta_r}}\right) K_{\mathcal{M}}\left(r_0\sqrt{\frac{s}{\eta_r}}\right) & 0 < r < r_0 \\ I_{\mathcal{M}}\left(r_0\sqrt{\frac{s}{\eta_r}}\right) K_{\mathcal{M}}\left(r\sqrt{\frac{s}{\eta_r}}\right) & 0 < r_0 < r \end{Bmatrix} + \\ &+ 2\dot{o}^2 \sum_{m=1}^{\infty} \frac{(\xi_m^2 + \lambda^2)\sin\{\xi_m(\vartheta - \theta)\}}{\vartheta(\xi_m^2 + \lambda^2) + \lambda} \times \\ &\times \int_0^\infty \begin{Bmatrix} I_{\mathcal{M}}\left(r\sqrt{\frac{s}{\eta_r}}\right) K_{\mathcal{M}}\left(u\sqrt{\frac{s}{\eta_r}}\right) & 0 < r < u \\ I_{\mathcal{M}}\left(u\sqrt{\frac{s}{\eta_r}}\right) K_{\mathcal{M}}\left(r\sqrt{\frac{s}{\eta_r}}\right) & 0 < u < r \end{Bmatrix} \frac{1}{u}\left\{\left(\frac{\mu}{k_\theta}\right)\overline{\psi}_0(u, s)\sin(\xi_m\vartheta) + \xi_m\overline{\psi}_\vartheta(u, s)\right\} du + \\ &+ \frac{2}{\eta_r} \sum_{m=1}^{\infty} \frac{(\xi_m^2 + \lambda^2)\sin\{\xi_m(\vartheta - \theta)\}}{\vartheta(\xi_m^2 + \lambda^2) + \lambda} \times \\ &\times \begin{Bmatrix} I_{\mathcal{M}}\left(r\sqrt{\frac{s}{\eta_r}}\right) \int_0^\infty v K_{\mathcal{M}}\left(v\sqrt{\frac{s}{\eta_r}}\right) \int_0^\vartheta \varphi(v, u) \sin\{\xi_m(\vartheta - \theta)\} du dv & 0 < r < v \\ K_{\mathcal{M}}\left(r\sqrt{\frac{s}{\eta_r}}\right) \int_0^\infty v I_{\mathcal{M}}\left(v\sqrt{\frac{s}{\eta_r}}\right) \int_0^\vartheta \varphi(v, u) \sin\{\xi_m(\vartheta - \theta)\} du dv & 0 < v < r \end{Bmatrix}\end{aligned} \quad (16.7.2)$$

The successive inverse Laplace transforms of equation (16.7.2) yield

$$\begin{aligned}p &= U(t - t_0)\left(\frac{\mu}{k_r}\right) \sum_{m=1}^{\infty} \frac{(\xi_m^2 + \lambda^2)\sin\{\xi_m(\vartheta - \theta_0)\}\sin\{\xi_m(\vartheta - \theta)\}}{\vartheta(\xi_m^2 + \lambda^2) + \lambda} \times \\ &\times \int_0^{t - t_0} \frac{q(t - t_0 - \tau)}{\tau} I_{\mathcal{M}}\left(\frac{r r_0}{2\eta_r \tau}\right) e^{-\frac{(r^2 + r_0^2)}{4\eta_r \tau}} d\tau + \\ &+ \dot{o}^2 \sum_{m=1}^{\infty} \frac{(\xi_m^2 + \lambda^2)\sin\{\xi_m(\vartheta - \theta)\}}{\vartheta(\xi_m^2 + \lambda^2) + \lambda} \times \\ &\times \int_0^t \frac{1}{\tau} \int_0^\infty I_{\mathcal{M}}\left\{\frac{ru}{2\eta_r \tau}\right\} \frac{e^{-\frac{(r^2 + u^2)}{4\eta_r \tau}}}{u} \left\{\left(\frac{\mu}{k_\theta}\right)\psi_0(u, t - \tau)\sin(\xi_m\vartheta) + \xi_m\psi_\vartheta(u, t - \tau)\right\} du d\tau + \\ &+ \frac{1}{\eta_r t} \sum_{m=1}^{\infty} \frac{(\xi_m^2 + \lambda^2)\sin\{\xi_m(\vartheta - \theta)\}}{\vartheta(\xi_m^2 + \lambda^2) + \lambda} \int_0^\infty v e^{-\frac{(r^2 + v^2)}{4\eta_r t}} I_{\mathcal{M}}\left(\frac{rv}{2\eta_r t}\right) \int_0^\vartheta \varphi(v, u) \sin\{\xi_m(\vartheta - u)\} du dv\end{aligned} \quad (16.7.3)$$

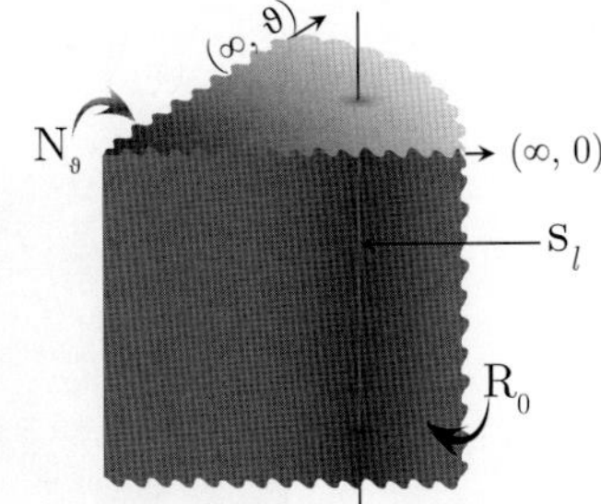

16.8 The problem of 16.1, except $\mathbf{R_0 \equiv \frac{\partial p(r,0,t)}{\partial \theta} - \lambda p(r, 0, t) = -\left(\frac{\mu}{k_\theta}\right)\psi_0(r, t)}$ and $\mathbf{N_\vartheta \equiv \frac{\partial p(r,\vartheta,t)}{\partial \theta} = -\left(\frac{\mu}{k_\theta}\right)\psi_\vartheta(r, t)}$

The successive application of the Laplace, Fourier and finite Hankel transformations to equation (14.1.1) gives

$$\overline{\overline{\overline{p}}} = \frac{q(s) e^{-st_0}\cos\{\xi_m(\vartheta - \theta_0)\} J_{\mathcal{M}}(\xi r_0)}{\phi c_t(\eta_r \xi^2 + s)} + \frac{\int_0^\infty \frac{J_{\mathcal{M}}(\xi u)}{u}\{\overline{\psi}_0(u, s)\cos(\xi_m\vartheta) - \overline{\psi}_\vartheta(u, s)\} du}{\phi c_t(\eta_r \xi^2 + s)} + \\ + \frac{\overline{\overline{\varphi}}(\xi, \xi_m)}{(\eta_r \xi^2 + s)} \quad (16.8.1)$$

where ξ_m is a positive root of $\xi_m \tan(\xi_m \vartheta) = \lambda$, $m = 1, 2, ...,$ and $\overline{\overline{\varphi}}(\xi, \xi_m) = \int_0^\infty r J_{\mathcal{M}}(\xi r) \int_0^\vartheta \varphi(r,u) \cos\{\xi_m(\vartheta - u)\} du dr$. The inverse Fourier and Hankel transforms of equation (16.8.1) yield

$$
\begin{aligned}
\overline{p} &= 2\left(\frac{\mu}{k_r}\right) q(s) e^{-st_0} \sum_{m=1}^{\infty} \frac{(\xi_m^2 + \lambda^2)\cos\{\xi_m(\vartheta-\theta_0)\}\cos\{\xi_m(\vartheta-\theta)\}}{\vartheta(\xi_m^2+\lambda^2)+\lambda} \times \\
&\times \left\{ \begin{array}{ll} I_{\mathcal{M}}\left(r\sqrt{\frac{s}{\eta_r}}\right) K_{\mathcal{M}}\left(r_0\sqrt{\frac{s}{\eta_r}}\right) & 0 < r < r_0 \\ I_{\mathcal{M}}\left(r_0\sqrt{\frac{s}{\eta_r}}\right) K_{\mathcal{M}}\left(r\sqrt{\frac{s}{\eta_r}}\right) & 0 < r_0 < r \end{array} \right\} + \\
&+2\left(\frac{\mu}{k_r}\right) \sum_{m=1}^{\infty} \frac{(\xi_m^2+\lambda^2)\cos\{\xi_m(\vartheta-\theta)\}}{\vartheta(\xi_m^2+\lambda^2)+\lambda} \times \\
&\times \int_0^\infty \left\{ \begin{array}{ll} I_{\mathcal{M}}\left(r\sqrt{\frac{s}{\eta_r}}\right) K_{\mathcal{M}}\left(u\sqrt{\frac{s}{\eta_r}}\right) & 0 < r < u \\ I_{\mathcal{M}}\left(u\sqrt{\frac{s}{\eta_r}}\right) K_{\mathcal{M}}\left(r\sqrt{\frac{s}{\eta_r}}\right) & 0 < u < r \end{array} \right\} \frac{1}{u}\{\overline{\psi}_0(u,s)\cos(\xi_m\vartheta) - \overline{\psi}_\vartheta(u,s)\} du + \\
&+\frac{2}{\eta_r} \sum_{m=1}^{\infty} \frac{(\xi_m^2+\lambda^2)\cos\{\xi_m(\vartheta-\theta)\}}{\vartheta(\xi_m^2+\lambda^2)+\lambda} \times \\
&\times \left\{ \begin{array}{ll} I_{\mathcal{M}}\left(r\sqrt{\frac{s}{\eta_r}}\right) \int_0^\infty v K_{\mathcal{M}}\left(v\sqrt{\frac{s}{\eta_r}}\right) \int_0^\vartheta \varphi(v,u)\cos\{\xi_m(\vartheta-u)\} du dv & 0 < r < v \\ K_{\mathcal{M}}\left(r\sqrt{\frac{s}{\eta_r}}\right) \int_0^\infty v I_{\mathcal{M}}\left(v\sqrt{\frac{s}{\eta_r}}\right) \int_0^\vartheta \varphi(v,u)\cos\{\xi_m(\vartheta-u)\} du dv & 0 < v < r \end{array} \right\}
\end{aligned}
\tag{16.8.2}
$$

The successive inverse Laplace transforms of equation (16.8.2) yield

$$
\begin{aligned}
p &= U(t-t_0)\left(\frac{\mu}{k_r}\right) \sum_{m=1}^{\infty} \frac{(\xi_m^2+\lambda^2)\cos\{\xi_m(\vartheta-\theta_0)\}\cos\{\xi_m(\vartheta-\theta)\}}{\vartheta(\xi_m^2+\lambda^2)+\lambda} \times \\
&\times \int_0^{t-t_0} \frac{q(t-t_0-\tau)}{\tau} I_{\mathcal{M}}\left(\frac{r r_0}{2\eta_r \tau}\right) e^{-\frac{(r^2+r_0^2)}{4\eta_r\tau}} d\tau + \\
&+\left(\frac{\mu}{k_r}\right) \sum_{m=1}^{\infty} \frac{(\xi_m^2+\lambda^2)\cos\{\xi_m(\vartheta-\theta)\}}{\vartheta(\xi_m^2+\lambda^2)+\lambda} \times \\
&\times \int_0^t \frac{1}{\tau} \int_0^\infty I_{\mathcal{M}}\left\{\frac{ru}{2\eta_r\tau}\right\} \frac{e^{-\frac{(r^2+u^2)}{4\eta_r\tau}}}{u} \{\psi_0(u,t-\tau)\cos(\xi_m\vartheta) - \psi_\vartheta(u,t-\tau)\} du d\tau + \\
&+\frac{1}{\eta_r t} \sum_{m=1}^{\infty} \frac{(\xi_m^2+\lambda^2)\cos\{\xi_m(\vartheta-\theta)\}}{\vartheta(\xi_m^2+\lambda^2)+\lambda} \int_0^\infty v e^{-\frac{(r^2+v^2)}{4\eta_r t}} I_{\mathcal{M}}\left(\frac{rv}{2\eta_r t}\right) \int_0^\vartheta \varphi(v,u)\cos\{\xi_m(\vartheta-u)\} du dv
\end{aligned}
\tag{16.8.3}
$$

16.9

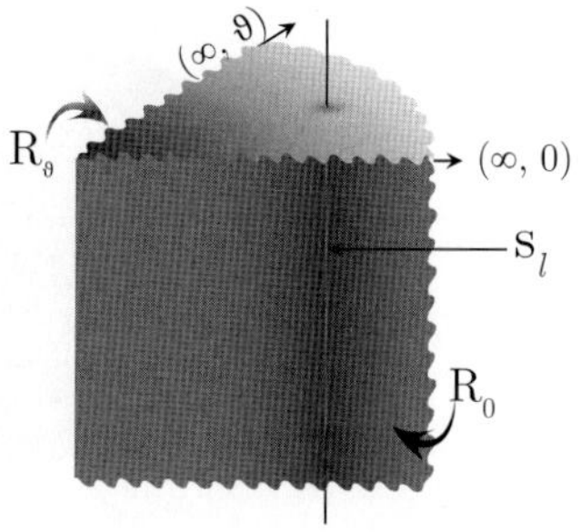

The problem of 16.1, except
$\mathbf{R_0 \equiv \frac{\partial p(r,0,t)}{\partial \theta} - \lambda_0 p(r,0,t) = -\left(\frac{\mu}{k_\theta}\right)\psi_0(r,t)}$ **and**
$\mathbf{R_\vartheta \equiv \frac{\partial p(r,\vartheta,t)}{\partial \theta} + \lambda_\vartheta p(r,\vartheta,t) = -\left(\frac{\mu}{k_\theta}\right)\psi_\vartheta(r,t)}$

The successive application of the Laplace, Fourier and finite Hankel transformations to equation (14.1.1) gives

$$
\begin{aligned}
\overline{\overline{\overline{p}}} &= \frac{q(s)e^{-st_0}\cos\{\xi_m\cos(\xi_m\theta_0) + \lambda_0\sin(\xi_m\theta_0)\} J_{\mathcal{M}}(\xi r_0)}{\phi c_t(\eta_r\xi^2+s)} + \\
&+\frac{\int_0^\infty \frac{J_{\mathcal{M}}(\xi u)}{u}\left[\xi_m\overline{\psi}_0(u,s) - \overline{\psi}_\vartheta(u,s)\{\xi_m\cos(\xi_m\vartheta) + \lambda_0\sin(\xi_m\vartheta)\}\right] du}{\phi c_t(\eta_r\xi^2+s)} + \frac{\overline{\overline{\varphi}}(\xi,\xi_m)}{(\eta_r\xi^2+s)}
\end{aligned}
\tag{16.9.1}
$$

where ξ_m is a positive root of $\tan(\xi_m\vartheta) = \frac{\xi_m(\lambda_0+\lambda_\vartheta)}{\xi_m^2-\lambda_0\lambda_\vartheta}$, $m = 1, 2, ...$, and $\overline{\overline{\varphi}}(\xi,\xi_m) = \int_0^\infty rJ_{\mathcal{M}}(\xi r)\int_0^\vartheta \varphi(r,u)\{\xi_m\cos(\xi_m u)+\lambda_0\sin(\xi_m u)\}dudr$. The inverse Fourier and Hankel transforms of equation (16.9.1) yield

$$\begin{aligned}
\overline{p} &= 2\left(\frac{\mu}{k_r}\right)q(s)\,e^{-st_0}\sum_{m=1}^{\infty}\frac{\{\xi_m\cos(\xi_m\theta_0)+\lambda_0\sin(\xi_m\theta_0)\}\{\xi_m\cos(\xi_m\theta)+\lambda_0\sin(\xi_m\theta)\}}{\left\{(\xi_m^2+\lambda_0^2)\left(\vartheta+\frac{\lambda_\vartheta}{\xi_m^2+\lambda_\vartheta^2}\right)+\lambda_0\right\}}\times\\
&\times\left\{\begin{matrix} I_{\mathcal{M}}\left(r\sqrt{\frac{s}{\eta_r}}\right)K_{\mathcal{M}}\left(r_0\sqrt{\frac{s}{\eta_r}}\right) & 0<r<r_0\\ I_{\mathcal{M}}\left(r_0\sqrt{\frac{s}{\eta_r}}\right)K_{\mathcal{M}}\left(r\sqrt{\frac{s}{\eta_r}}\right) & 0<r_0<r\end{matrix}\right\}+\\
&+2\left(\frac{\mu}{k_r}\right)\sum_{m=1}^{\infty}\frac{\{\xi_m\cos(\xi_m\theta)+\lambda_0\sin(\xi_m\theta)\}}{\left\{(\xi_m^2+\lambda_0^2)\left(\vartheta+\frac{\lambda_\vartheta}{\xi_m^2+\lambda_\vartheta^2}\right)+\lambda_0\right\}}\int_0^\infty\left\{\begin{matrix} I_{\mathcal{M}}\left(r\sqrt{\frac{s}{\eta_r}}\right)K_{\mathcal{M}}\left(u\sqrt{\frac{s}{\eta_r}}\right) & 0<r<u\\ I_{\mathcal{M}}\left(u\sqrt{\frac{s}{\eta_r}}\right)K_{\mathcal{M}}\left(r\sqrt{\frac{s}{\eta_r}}\right) & 0<u<r\end{matrix}\right\}\times\\
&\times\frac{1}{u}\left[\xi_m\overline{\psi}_0(u,s)-\overline{\psi}_\vartheta(u,s)\{\xi_m\cos(\xi_m\vartheta)+\lambda_0\sin(\xi_m\vartheta)\}\right]du+\\
&+\frac{2}{\eta_r}\sum_{m=1}^{\infty}\frac{\{\xi_m\cos(\xi_m\theta)+\lambda_0\sin(\xi_m\theta)\}}{\left\{(\xi_m^2+\lambda_0^2)\left(\vartheta+\frac{\lambda_\vartheta}{\xi_m^2+\lambda_\vartheta^2}\right)+\lambda_0\right\}}\times\\
&\times\left\{\begin{matrix} I_{\mathcal{M}}\left(r\sqrt{\frac{s}{\eta_r}}\right)\int_0^\infty vK_{\mathcal{M}}\left(v\sqrt{\frac{s}{\eta_r}}\right)\int_0^\vartheta\varphi(v,u)\{\xi_m\cos(\xi_m u)+\lambda_0\sin(\xi_m u)\}dudv & 0<r<v\\ K_{\mathcal{M}}\left(r\sqrt{\frac{s}{\eta_r}}\right)\int_0^\infty vI_{\mathcal{M}}\left(v\sqrt{\frac{s}{\eta_r}}\right)\int_0^\vartheta\varphi(v,u)\{\xi_m\cos(\xi_m u)+\lambda_0\sin(\xi_m u)\}dudv & 0<v<r\end{matrix}\right\}
\end{aligned}\tag{16.9.2}$$

The successive inverse Laplace transforms of equation (16.9.2) yield

$$\begin{aligned}
p &= U(t-t_0)\left(\frac{\mu}{k_r}\right)\sum_{m=1}^{\infty}\frac{\{\xi_m\cos(\xi_m\theta_0)+\lambda_0\sin(\xi_m\theta_0)\}\{\xi_m\cos(\xi_m\theta)+\lambda_0\sin(\xi_m\theta)\}}{\left\{(\xi_m^2+\lambda_0^2)\left(\vartheta+\frac{\lambda_\vartheta}{\xi_m^2+\lambda_\vartheta^2}\right)+\lambda_0\right\}}\times\\
&\times\int_0^{t-t_0}\frac{q(t-t_0-\tau)}{\tau}I_{\mathcal{M}}\left(\frac{rr_0}{2\eta_r\tau}\right)e^{-\frac{\left(r^2+r_0^2\right)}{4\eta_r\tau}}d\tau+\\
&+\left(\frac{\mu}{k_r}\right)\sum_{m=1}^{\infty}\frac{\{\xi_m\cos(\xi_m\theta)+\lambda_0\sin(\xi_m\theta)\}}{\left\{(\xi_m^2+\lambda_0^2)\left(\vartheta+\frac{\lambda_\vartheta}{\xi_m^2+\lambda_\vartheta^2}\right)+\lambda_0\right\}}\times\\
&\times\int_0^t\frac{1}{\tau}\int_0^\infty I_{\mathcal{M}}\left\{\frac{ru}{2\eta_r\tau}\right\}\frac{e^{-\frac{\left(r^2+u^2\right)}{4\eta_r\tau}}}{u}\left[\xi_m\psi_0(u,t-\tau)-\psi_\vartheta(u,t-\tau)\{\xi_m\cos(\xi_m\vartheta)+\lambda_0\sin(\xi_m\vartheta)\}\right]dud\tau+\\
&+\frac{1}{\eta_r t}\sum_{m=1}^{\infty}\frac{\{\xi_m\cos(\xi_m\theta)+\lambda_0\sin(\xi_m\theta)\}}{\left\{(\xi_m^2+\lambda_0^2)\left(\vartheta+\frac{\lambda_\vartheta}{\xi_m^2+\lambda_\vartheta^2}\right)+\lambda_0\right\}}\times\\
&\times\int_0^\infty ve^{-\frac{\left(r^2+v^2\right)}{4\eta_r t}}I_{\mathcal{M}}\left(\frac{rv}{2\eta_r t}\right)\int_0^\vartheta\varphi(v,u)\{\xi_m\cos(\xi_m u)+\lambda_0\sin(\xi_m u)\}dudv
\end{aligned}\tag{16.9.3}$$

16.10

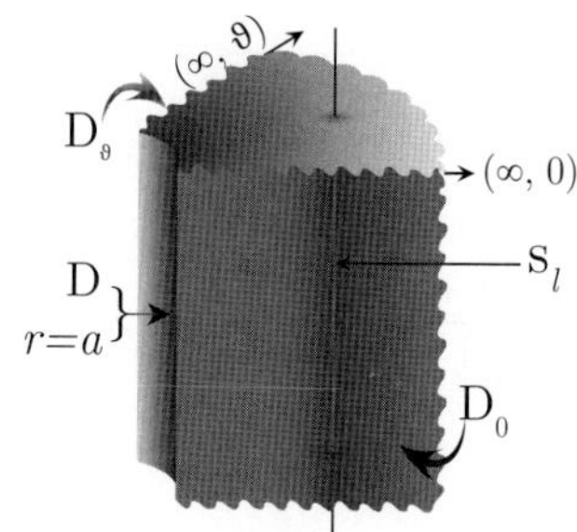

The problem of 16.1, except the continuum is bounded internally at $r = a$ and extends to ∞ in the direction of r positive, $0 \le \theta \le \vartheta$; $\vartheta < 2\pi$. Line source at $s_l \equiv (r_0, \theta_0)$ at time $t = t_0$; $a < r_0 < \infty$, $0 \le \theta_0 \le \vartheta$, $t_0 \ge 0$. D $\equiv p(a, \theta, t) = \psi(\theta, t)$, an arbitrary function of θ and t. $D_0 \equiv p(r, 0, t) = \psi_0(r, t)$ and $D_\vartheta \equiv p(r, \vartheta, t) = \psi_\vartheta(r, t)$; $\psi_0(r, t)$ and $\psi_\vartheta(r, t)$ are arbitrary functions of r and t. The initial pressure $p(r, \theta, 0) = \varphi(r, \theta)$

The successive application of the Laplace, Fourier and Dirichlet-Weber transformations to equation (14.1.1) gives

$$\begin{aligned} \overline{\overline{\overline{p}}} &= \frac{q(s)\,e^{-st_0}\sin(\xi_m\theta_0)\,\mathcal{C}_\mathcal{M}(\xi r_0)}{\phi c_t(\eta_r\xi^2 + s)} - \frac{2\eta_r\overline{\overline{\psi}}(\xi_m, s)}{\pi(\eta_r\xi^2 + s)} + \\ &+ \frac{\xi_m\eta_\theta\int_a^\infty \frac{\mathcal{C}_\mathcal{M}(\xi u)}{u}\left\{\overline{\psi}_0(u, s) - (-1)^m\,\overline{\psi}_\vartheta(u, s)\right\}du}{(\eta_r\xi^2 + s)} + \frac{\overline{\overline{\varphi}}(\xi, \xi_m)}{(\eta_r\xi^2 + s)} \end{aligned} \tag{16.10.1}$$

where ξ_m is a positive root of $\sin(\xi_m\vartheta)$, which are $\xi_m = \frac{m\pi}{\vartheta}$, $m = 1, 2, ...$, $\overline{\overline{\psi}}(\xi_m, s) = \int_0^\vartheta \psi(v, s)\sin(\xi_m v)dv$, $\overline{\overline{\varphi}}(\xi, \xi_m) = \int_a^\infty u\mathcal{C}_\mathcal{M}(\xi u)\int_0^\vartheta \varphi(u, v)\sin(\xi_m v)dvdu$ and $\mathcal{C}_\nu(\xi r) = Y_\nu(\xi a)\,J_\nu(\xi r) - J_\nu(\xi a)\,Y_\nu(\xi r)$. Successive inverse transforms yield

$$\begin{aligned} \overline{p} &= \frac{2q(s)\,e^{-st_0}}{\vartheta\phi c_t}\sum_{m=1}^\infty \sin(\xi_m\theta_0)\sin(\xi_m\theta)\int_0^\infty \frac{\xi\mathcal{C}_\mathcal{M}(\xi r_0)\,\mathcal{C}_\mathcal{M}(\xi r)}{(\eta_r\xi^2 + s)\left\{J_\mathcal{M}^2(\xi a) + Y_\mathcal{M}^2(\xi a)\right\}}d\xi - \\ &- \frac{4\eta_r}{\vartheta\pi}\sum_{m=1}^\infty \overline{\overline{\psi}}(\xi_m, s)\sin(\xi_m\theta)\int_0^\infty \frac{\xi\mathcal{C}_\mathcal{M}(\xi r)}{(\eta_r\xi^2 + s)\left\{J_\mathcal{M}^2(\xi a) + Y_\mathcal{M}^2(\xi a)\right\}}d\xi + \\ &+ \frac{2\eta_\theta}{\vartheta}\sum_{m=1}^\infty \xi_m\sin(\xi_m\theta)\int_a^\infty \frac{1}{u}\int_0^\infty \frac{\xi\mathcal{C}_\mathcal{M}(\xi u)\,\mathcal{C}_\mathcal{M}(\xi r)}{(\eta_r\xi^2 + s)\left\{J_\mathcal{M}^2(\xi a) + Y_\mathcal{M}^2(\xi a)\right\}}d\xi\left\{\overline{\psi}_0(u, s) - (-1)^m\,\overline{\psi}_\vartheta(u, s)\right\}du + \\ &+ \frac{2}{\vartheta}\sum_{m=1}^\infty \sin(\xi_m\theta)\int_0^\infty \frac{\overline{\overline{\varphi}}(\xi, \xi_m)\xi\mathcal{C}_\mathcal{M}(\xi r)}{(\eta_r\xi^2 + s)\left\{J_\mathcal{M}^2(\xi a) + Y_\mathcal{M}^2(\xi a)\right\}}d\xi \end{aligned} \tag{16.10.2}$$

and

$$\begin{aligned} p &= \frac{2U(t - t_0)}{\vartheta\phi c_t}\sum_{m=1}^\infty \sin(\xi_m\theta_0)\sin(\xi_m\theta)\int_0^\infty \frac{\xi\mathcal{C}_\mathcal{M}(\xi r_0)\,\mathcal{C}_\mathcal{M}(\xi r)}{\left\{J_\mathcal{M}^2(\xi a) + Y_\mathcal{M}^2(\xi a)\right\}}\int_0^{t-t_0} q(t - t_0 - \tau)\,e^{-\eta_r\xi^2\tau}d\tau d\xi - \\ &- \frac{4\eta_r}{\vartheta\pi}\sum_{m=1}^\infty \sin(\xi_m\theta)\int_0^\infty \frac{\xi\mathcal{C}_\mathcal{M}(\xi r)}{\left\{J_\mathcal{M}^2(\xi a) + Y_\mathcal{M}^2(\xi a)\right\}}\int_0^t \overline{\psi}(\xi_m, \tau)\,e^{-\eta_r\xi^2(t-\tau)}d\tau d\xi + \\ &+ \frac{2\eta_\theta}{\vartheta}\sum_{m=1}^\infty \xi_m\sin(\xi_m\theta)\int_a^\infty \frac{1}{u}\int_0^\infty \frac{\xi\mathcal{C}_\mathcal{M}(\xi u)\,\mathcal{C}_\mathcal{M}(\xi r)}{\left\{J_\mathcal{M}^2(\xi a) + Y_\mathcal{M}^2(\xi a)\right\}}\int_0^t \left\{\psi_0(u, \tau) - (-1)^m\,\psi_\vartheta(u, \tau)\right\}e^{-\eta_r\xi^2(t-\tau)}d\tau d\xi du + \\ &+ \frac{2}{\vartheta}\sum_{m=1}^\infty \sin(\xi_m\theta)\int_0^\infty \frac{\overline{\overline{\varphi}}(\xi, \xi_m)\xi\mathcal{C}_\mathcal{M}(\xi r)\,e^{-\eta_r\xi^2 t}}{\left\{J_\mathcal{M}^2(\xi a) + Y_\mathcal{M}^2(\xi a)\right\}}d\xi \end{aligned} \tag{16.10.3}$$

When $\varphi(r,\theta) = p_I$, a constant, the solution is obtained by replacing the terms corresponding to the initial condition (the last term) in equations (16.10.2) and (16.10.3) with

$$\overline{p} = \frac{2p_I}{\vartheta s}\sum_{m=1}^{\infty}\frac{K_{\mathcal{M}}\left(r\sqrt{\frac{s}{\eta_r}}\right)\{(-1)^m-1\}\sin(\xi_m\theta)}{\xi_m K_{\mathcal{M}}\left(a\sqrt{\frac{s}{\eta_r}}\right)}+$$

$$+\frac{2p_I\eta_\theta}{\vartheta s}\sum_{m=1}^{\infty}\xi_m\{(-1)^m-1\}\sin(\xi_m\theta)\int_a^\infty\frac{1}{u}\int_0^\infty\frac{\xi\mathcal{C}_{\mathcal{M}}(\xi u)\mathcal{C}_{\mathcal{M}}(\xi r)}{(\eta_r\xi^2+s)\{J_{\mathcal{M}}^2(\xi a)+Y_{\mathcal{M}}^2(\xi a)\}}d\xi du+\frac{p_I}{s} \quad (16.10.4)$$

and

$$p = \frac{2p_I}{\vartheta}\sum_{m=1}^{\infty}\frac{1}{\xi_m}\left\{\left(\frac{a}{r}\right)^{\mathcal{M}}+\frac{2}{\pi}\int_0^\infty\frac{\mathcal{C}_{\mathcal{M}}(\xi r)e^{-\eta_r\xi^2t}}{\xi\{J_{\mathcal{M}}^2(\xi a)+Y_{\mathcal{M}}^2(\xi a)\}}d\xi\right\}\{(-1)^m-1\}\sin(\xi_m\theta)+$$

$$+\frac{2p_I\dot{o}^2}{\vartheta}\sum_{m=1}^{\infty}\xi_m\{(-1)^m-1\}\sin(\xi_m\theta)\int_a^\infty\frac{1}{u}\int_0^\infty\frac{\mathcal{C}_{\mathcal{M}}(\xi u)\mathcal{C}_{\mathcal{M}}(\xi r)\left(1-e^{-\eta_r\xi^2t}\right)}{\xi\{J_{\mathcal{M}}^2(\xi a)+Y_{\mathcal{M}}^2(\xi a)\}}d\xi du+p_I \quad (16.10.5)$$

16.11 The problem of 16.10, except $\mathbf{D_0} \equiv p(r,0,t) = \psi_0(r,t)$, $\mathbf{N}_\vartheta \equiv \frac{\partial p(r,\vartheta,t)}{\partial\theta} = -\left(\frac{\mu}{k_\theta}\right)\psi_\vartheta(r,t)$ and $\mathbf{D} \equiv p(a,\theta,t) = \psi(\theta,t)$

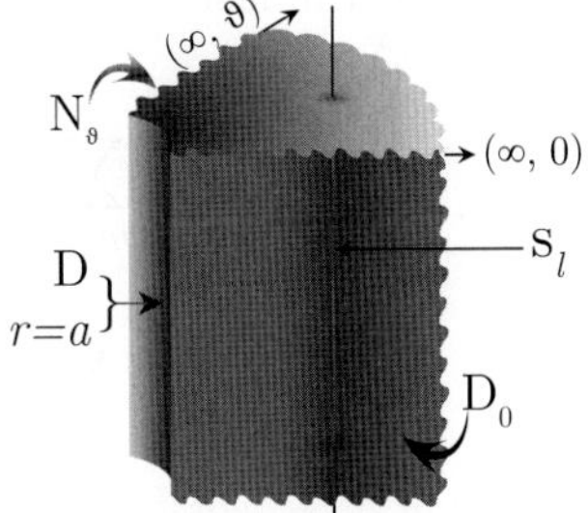

The successive application of the Laplace, Fourier and Dirichlet-Weber transformations to equation (14.1.1) gives

$$\overline{\overline{\overline{p}}} = \frac{q(s)e^{-st_0}\sin(\xi_m\theta_0)\mathcal{C}_{\mathcal{M}}(\xi r_0)}{\phi c_t(\eta_r\xi^2+s)}-\frac{2\eta_r\overline{\overline{\psi}}(\xi_m,s)}{\pi(\eta_r\xi^2+s)}+$$

$$+\frac{\eta_\theta\int_a^\infty\frac{\mathcal{C}_{\mathcal{M}}(\xi u)}{u}\left\{\xi_m\overline{\psi}_0(u,s)+(-1)^m\left(\frac{\mu}{k_\theta}\right)\overline{\psi}_\vartheta(u,s)\right\}du}{(\eta_r\xi^2+s)}+\frac{\overline{\varphi}(\xi,\xi_m)}{(\eta_r\xi^2+s)} \quad (16.11.1)$$

where ξ_m is a positive root of $\cos(\xi_m\vartheta)$, which are $\xi_m = \frac{(2m-1)\pi}{2\vartheta}$, $m = 1,2,...,$ $\overline{\overline{\psi}}(\xi_m,s) = \int_0^\vartheta\psi(v,s)\sin(\xi_m v)dv$, $\overline{\overline{\varphi}}(\xi,\xi_m) = \int_a^\infty u\mathcal{C}_{\mathcal{M}}(\xi u)\int_0^\vartheta\varphi(u,v)\sin(\xi_m v)dvdu$ and $\mathcal{C}_\nu(\xi r) = Y_\nu(\xi a)J_\nu(\xi r)-J_\nu(\xi a)Y_\nu(\xi r)$. Successive inverse transforms yield

$$\overline{p} = \frac{2q(s)e^{-st_0}}{\vartheta\phi c_t}\sum_{m=1}^{\infty}\sin(\xi_m\theta_0)\sin(\xi_m\theta)\int_0^\infty\frac{\xi\mathcal{C}_{\mathcal{M}}(\xi r_0)\mathcal{C}_{\mathcal{M}}(\xi r)}{(\eta_r\xi^2+s)\{J_{\mathcal{M}}^2(\xi a)+Y_{\mathcal{M}}^2(\xi a)\}}d\xi-$$

$$-\frac{4\eta_r}{\vartheta\pi}\sum_{m=1}^{\infty}\overline{\overline{\psi}}(\xi_m,s)\sin(\xi_m\theta)\int_0^\infty\frac{\xi\mathcal{C}_{\mathcal{M}}(\xi r)}{(\eta_r\xi^2+s)\{J_{\mathcal{M}}^2(\xi a)+Y_{\mathcal{M}}^2(\xi a)\}}d\xi+$$

$$+\frac{2\eta_\theta}{\vartheta}\sum_{m=1}^{\infty}\sin(\xi_m\theta)\int_a^\infty\frac{1}{u}\int_0^\infty\frac{\xi\mathcal{C}_{\mathcal{M}}(\xi u)\mathcal{C}_{\mathcal{M}}(\xi r)}{(\eta_r\xi^2+s)\{J_{\mathcal{M}}^2(\xi a)+Y_{\mathcal{M}}^2(\xi a)\}}d\xi\left\{\xi_m\overline{\psi}_0(u,s)+(-1)^m\left(\frac{\mu}{k_\theta}\right)\overline{\psi}_\vartheta(u,s)\right\}du+$$

$$+\frac{2}{\vartheta}\sum_{m=1}^{\infty}\sin(\xi_m\theta)\int_0^\infty\frac{\overline{\overline{\varphi}}(\xi,\xi_m)\xi\mathcal{C}_{\mathcal{M}}(\xi r)}{(\eta_r\xi^2+s)\{J_{\mathcal{M}}^2(\xi a)+Y_{\mathcal{M}}^2(\xi a)\}}d\xi \quad (16.11.2)$$

and

$$
\begin{aligned}
p &= \frac{2U(t-t_0)}{\vartheta\phi c_t}\sum_{m=1}^{\infty}\sin(\xi_m\theta_0)\sin(\xi_m\theta)\int_0^{\infty}\frac{\xi\mathcal{C}_{\mathcal{M}}(\xi r_0)\mathcal{C}_{\mathcal{M}}(\xi r)}{\{J_{\mathcal{M}}^2(\xi a)+Y_{\mathcal{M}}^2(\xi a)\}}\int_0^{t-t_0} q(t-t_0-\tau)\,e^{-\eta_r\xi^2\tau}d\tau d\xi - \\
&-\frac{4\eta_r}{\vartheta\pi}\sum_{m=1}^{\infty}\sin(\xi_m\theta)\int_0^{\infty}\frac{\xi\mathcal{C}_{\mathcal{M}}(\xi r)}{\{J_{\mathcal{M}}^2(\xi a)+Y_{\mathcal{M}}^2(\xi a)\}}\int_0^{t}\overline{\psi}(\xi_m,\tau)\,e^{-\eta_r\xi^2(t-\tau)}d\tau d\xi + \\
&+\frac{2\eta_\theta}{\vartheta}\sum_{m=1}^{\infty}\sin(\xi_m\theta)\times \\
&\times\int_a^{\infty}\frac{1}{u}\int_0^{\infty}\frac{\xi\mathcal{C}_{\mathcal{M}}(\xi u)\mathcal{C}_{\mathcal{M}}(\xi r)}{\{J_{\mathcal{M}}^2(\xi a)+Y_{\mathcal{M}}^2(\xi a)\}}\int_0^{t}\left\{\xi_m\psi_0(u,\tau)+(-1)^m\left(\frac{\mu}{k_\theta}\right)\psi_\vartheta(u,\tau)\right\}e^{-\eta_r\xi^2(t-\tau)}d\tau d\xi du + \\
&+\frac{2}{\vartheta}\sum_{m=1}^{\infty}\sin(\xi_m\theta)\int_0^{\infty}\frac{\overline{\overline{\varphi}}(\xi,\xi_m)\xi\mathcal{C}_{\mathcal{M}}(\xi r)\,e^{-\eta_r\xi^2 t}}{\{J_{\mathcal{M}}^2(\xi a)+Y_{\mathcal{M}}^2(\xi a)\}}d\xi
\end{aligned}
\tag{16.11.3}
$$

When $\varphi(r,\theta)=p_I$, a constant, the solution is obtained by replacing the terms corresponding to the initial condition (the last term) in equations (16.11.2) and (16.11.3) with

$$
\begin{aligned}
\overline{p} &= -\frac{2p_I}{\vartheta s}\sum_{m=1}^{\infty}\frac{K_{\mathcal{M}}\left(r\sqrt{\frac{s}{\eta_r}}\right)\sin(\xi_m\theta)}{\xi_m K_{\mathcal{M}}\left(a\sqrt{\frac{s}{\eta_r}}\right)} - \\
&-\frac{2p_I\eta_\theta}{\vartheta s}\sum_{m=1}^{\infty}\xi_m\sin(\xi_m\theta)\int_a^{\infty}\frac{1}{u}\int_0^{\infty}\frac{\xi\mathcal{C}_{\mathcal{M}}(\xi u)\mathcal{C}_{\mathcal{M}}(\xi r)}{(\eta_r\xi^2+s)\{J_{\mathcal{M}}^2(\xi a)+Y_{\mathcal{M}}^2(\xi a)\}}d\xi du + \frac{p_I}{s}
\end{aligned}
\tag{16.11.4}
$$

and

$$
\begin{aligned}
p &= -\frac{2p_I}{\vartheta}\sum_{m=1}^{\infty}\frac{\sin(\xi_m\theta)}{\xi_m}\left\{\left(\frac{a}{r}\right)^{\mathcal{M}}+\frac{2}{\pi}\int_0^{\infty}\frac{\mathcal{C}_{\mathcal{M}}(\xi r)\,e^{-\eta_r\xi^2 t}}{\xi\{J_{\mathcal{M}}^2(\xi a)+Y_{\mathcal{M}}^2(\xi a)\}}d\xi\right\} - \\
&-\frac{2p_I\dot{o}^2}{\vartheta}\sum_{m=1}^{\infty}\xi_m\sin(\xi_m\theta)\int_a^{\infty}\frac{1}{u}\int_0^{\infty}\frac{\mathcal{C}_{\mathcal{M}}(\xi u)\mathcal{C}_{\mathcal{M}}(\xi r)\left(1-e^{-\eta_r\xi^2 t}\right)}{\xi\{J_{\mathcal{M}}^2(\xi a)+Y_{\mathcal{M}}^2(\xi a)\}}d\xi du + p_I
\end{aligned}
\tag{16.11.5}
$$

16.12

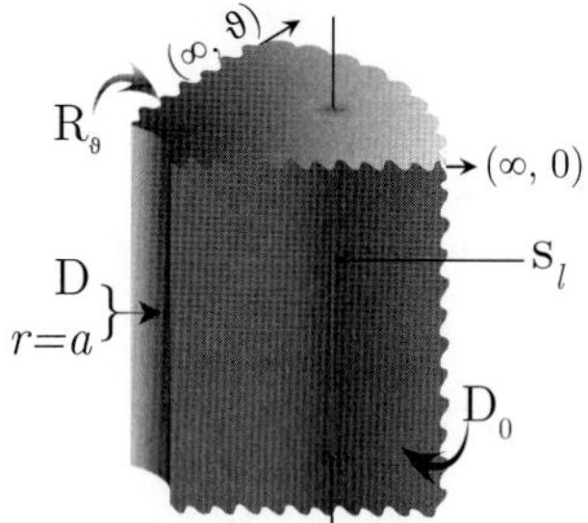

The problem of 16.10, except $\mathbf{D_0} \equiv p(r,0,t)=\psi_0(r,t)$, $\mathbf{R_\vartheta} \equiv \frac{\partial p(r,\vartheta,t)}{\partial\theta}+\lambda p(r,\vartheta,t)=-\left(\frac{\mu}{k_\theta}\right)\psi_\vartheta(r,t)$ and $\mathbf{D} \equiv p(a,\theta,t)=\psi(\theta,t)$

The successive application of the Laplace, Fourier and Dirichlet-Weber transformations to equation (14.1.1) gives

$$
\begin{aligned}
\overline{\overline{\overline{p}}} &= \frac{q(s)\,e^{-st_0}\sin(\xi_m\theta_0)\mathcal{C}_{\mathcal{M}}(\xi r_0)}{\phi c_t(\eta_r\xi^2+s)} - \frac{2\eta_r\overline{\overline{\psi}}(\xi_m,s)}{\pi(\eta_r\xi^2+s)} + \\
&+\frac{\eta_\theta\int_a^{\infty}\frac{\mathcal{C}_{\mathcal{M}}(\xi u)}{u}\left\{\xi_m\overline{\psi}_0(u,s)-\left(\frac{\mu}{k_\theta}\right)\overline{\psi}_\vartheta(u,s)\sin(\xi_m\vartheta)\right\}du}{(\eta_r\xi^2+s)} + \frac{\overline{\overline{\varphi}}(\xi,\xi_m)}{(\eta_r\xi^2+s)}
\end{aligned}
\tag{16.12.1}
$$

where ξ_m is a positive root of $\xi_m \cot(\xi_m \vartheta) = -\lambda$, $m = 1, 2, ...,$
$\overline{\overline{\psi}}(\xi_m, s) = \int_0^\vartheta \psi(v, s) \sin(\xi_m v) dv$, $\overline{\overline{\varphi}}(\xi, \xi_m) = \int_a^\infty u \mathcal{C}_\mathcal{M}(\xi u) \int_0^\vartheta \varphi(u, v) \sin(\xi_m v) dv du$ and
$\mathcal{C}_\nu(\xi r) = Y_\nu(\xi a) J_\nu(\xi r) - J_\nu(\xi a) Y_\nu(\xi r)$. Successive inverse transforms yield

$$\overline{p} = \frac{2q(s)e^{-st_0}}{\phi c_t} \sum_{m=1}^{\infty} \frac{(\xi_m^2 + \lambda^2)\sin(\xi_m \theta_0)\sin(\xi_m \theta)}{\vartheta(\xi_m^2 + \lambda^2) + \lambda} \int_0^\infty \frac{\xi \mathcal{C}_\mathcal{M}(\xi r_0) \mathcal{C}_\mathcal{M}(\xi r)}{(\eta_r \xi^2 + s)\{J_\mathcal{M}^2(\xi a) + Y_\mathcal{M}^2(\xi a)\}} d\xi -$$
$$-\frac{4\eta_r}{\pi} \sum_{m=1}^{\infty} \frac{\overline{\overline{\psi}}(\xi_m, s)(\xi_m^2 + \lambda^2)\sin(\xi_m \theta)}{\vartheta(\xi_m^2 + \lambda^2) + \lambda} \int_0^\infty \frac{\xi \mathcal{C}_\mathcal{M}(\xi r)}{(\eta_r \xi^2 + s)\{J_\mathcal{M}^2(\xi a) + Y_\mathcal{M}^2(\xi a)\}} d\xi +$$
$$+2\eta_\theta \sum_{m=1}^{\infty} \frac{(\xi_m^2 + \lambda^2)\sin(\xi_m \theta)}{\vartheta(\xi_m^2 + \lambda^2) + \lambda} \times$$
$$\times \int_a^\infty \frac{1}{u} \int_0^\infty \frac{\xi \mathcal{C}_\mathcal{M}(\xi u) \mathcal{C}_\mathcal{M}(\xi r)}{(\eta_r \xi^2 + s)\{J_\mathcal{M}^2(\xi a) + Y_\mathcal{M}^2(\xi a)\}} d\xi \left\{ \xi_m \overline{\psi}_0(u, s) - \left(\frac{\mu}{k_\theta}\right) \overline{\psi}_\vartheta(u, s) \sin(\xi_m \vartheta) \right\} du +$$
$$+2 \sum_{m=1}^{\infty} \frac{(\xi_m^2 + \lambda^2)\sin(\xi_m \theta)}{\vartheta(\xi_m^2 + \lambda^2) + \lambda} \int_0^\infty \frac{\overline{\overline{\varphi}}(\xi, \xi_m) \xi \mathcal{C}_\mathcal{M}(\xi r)}{(\eta_r \xi^2 + s)\{J_\mathcal{M}^2(\xi a) + Y_\mathcal{M}^2(\xi a)\}} d\xi \tag{16.12.2}$$

and

$$p = \frac{2U(t - t_0)}{\phi c_t} \sum_{m=1}^{\infty} \frac{(\xi_m^2 + \lambda^2)\sin(\xi_m \theta_0)\sin(\xi_m \theta)}{\vartheta(\xi_m^2 + \lambda^2) + \lambda} \int_0^\infty \frac{\xi \mathcal{C}_\mathcal{M}(\xi r_0) \mathcal{C}_\mathcal{M}(\xi r)}{\{J_\mathcal{M}^2(\xi a) + Y_\mathcal{M}^2(\xi a)\}} \int_0^{t-t_0} q(t - t_0 - \tau) e^{-\eta_r \xi^2 \tau} d\tau d\xi -$$
$$-\frac{4\eta_r}{\pi} \sum_{m=1}^{\infty} \frac{(\xi_m^2 + \lambda^2)\sin(\xi_m \theta)}{\vartheta(\xi_m^2 + \lambda^2) + \lambda} \int_0^\infty \frac{\xi \mathcal{C}_\mathcal{M}(\xi r)}{\{J_\mathcal{M}^2(\xi a) + Y_\mathcal{M}^2(\xi a)\}} \int_0^t \overline{\psi}(\xi_m, \tau) e^{-\eta_r \xi^2 (t-\tau)} d\tau d\xi +$$
$$+2\eta_\theta \sum_{m=1}^{\infty} \frac{(\xi_m^2 + \lambda^2)\sin(\xi_m \theta)}{\vartheta(\xi_m^2 + \lambda^2) + \lambda} \times$$
$$\times \int_a^\infty \frac{1}{u} \int_0^\infty \frac{\xi \mathcal{C}_\mathcal{M}(\xi u) \mathcal{C}_\mathcal{M}(\xi r)}{\{J_\mathcal{M}^2(\xi a) + Y_\mathcal{M}^2(\xi a)\}} \int_0^t \left\{ \xi_m \psi_0(u, \tau) - \left(\frac{\mu}{k_\theta}\right) \psi_\vartheta(u, \tau) \sin(\xi_m \vartheta) \right\} d\tau e^{-\eta_r \xi^2 (t-\tau)} d\xi du +$$
$$+2 \sum_{m=1}^{\infty} \frac{(\xi_m^2 + \lambda^2)\sin(\xi_m \theta)}{\vartheta(\xi_m^2 + \lambda^2) + \lambda} \int_0^\infty \frac{\overline{\overline{\varphi}}(\xi, \xi_m) \xi \mathcal{C}_\mathcal{M}(\xi r) e^{-\eta_r \xi^2 t}}{\{J_\mathcal{M}^2(\xi a) + Y_\mathcal{M}^2(\xi a)\}} d\xi \tag{16.12.3}$$

When $\varphi(r, \theta) = p_I$, a constant, the solution is obtained by replacing the terms corresponding to the initial condition (the last term) in equations (16.12.2) and (16.12.3) with

$$\overline{p} = \frac{2p_I}{s} \sum_{m=1}^{\infty} \frac{K_\mathcal{M}\left(r\sqrt{\frac{s}{\eta_r}}\right)\{\cos(\xi_m \vartheta) - 1\}(\xi_m^2 + \lambda^2)\sin(\xi_m \theta)}{\xi_m \{\vartheta(\xi_m^2 + \lambda^2) + \lambda\} K_\mathcal{M}\left(a\sqrt{\frac{s}{\eta_r}}\right)} -$$
$$-\frac{2p_I \eta_\theta}{s} \sum_{m=1}^{\infty} \frac{\{\xi_m + \lambda \sin(\xi_m \vartheta)\}(\xi_m^2 + \lambda^2)\sin(\xi_m \theta)}{\vartheta(\xi_m^2 + \lambda^2) + \lambda} \int_a^\infty \frac{1}{u} \int_0^\infty \frac{\xi \mathcal{C}_\mathcal{M}(\xi u) \mathcal{C}_\mathcal{M}(\xi r)}{(\eta_r \xi^2 + s)\{J_\mathcal{M}^2(\xi a) + Y_\mathcal{M}^2(\xi a)\}} d\xi du + \frac{p_I}{s} \tag{16.12.4}$$

and

$$p = 2p_I \sum_{m=1}^{\infty} \frac{\{\cos(\xi_m \vartheta) - 1\}(\xi_m^2 + \lambda^2)\sin(\xi_m \theta)}{\xi_m \{\vartheta(\xi_m^2 + \lambda^2) + \lambda\}} \left\{ \left(\frac{a}{r}\right)^\mathcal{M} + \frac{2}{\pi} \int_0^\infty \frac{\mathcal{C}_\mathcal{M}(\xi r) e^{-\eta_r \xi^2 t}}{\xi \{J_\mathcal{M}^2(\xi a) + Y_\mathcal{M}^2(\xi a)\}} d\xi \right\} -$$
$$-2p_I \dot{o}^2 \sum_{m=1}^{\infty} \frac{\{\xi_m + \lambda \sin(\xi_m \vartheta)\}(\xi_m^2 + \lambda^2)\sin(\xi_m \theta)}{\vartheta(\xi_m^2 + \lambda^2) + \lambda} \int_a^\infty \frac{1}{u} \int_0^\infty \frac{\mathcal{C}_\mathcal{M}(\xi u) \mathcal{C}_\mathcal{M}(\xi r)\left(1 - e^{-\eta_r \xi^2 t}\right)}{\xi \{J_\mathcal{M}^2(\xi a) + Y_\mathcal{M}^2(\xi a)\}} d\xi du + p_I \tag{16.12.5}$$

16.13

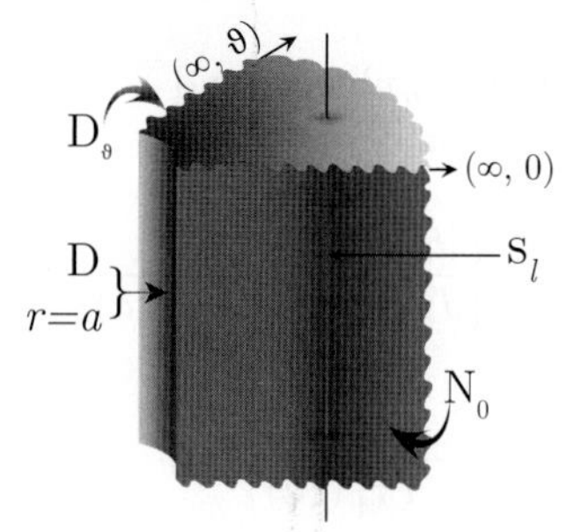

The problem of 16.10, except
$\mathbf{N_0 \equiv \frac{\partial p(r,0,t)}{\partial\theta} = -\left(\frac{\mu}{k_\theta}\right)\psi_0(r,t)}$,
$\mathbf{D_\vartheta \equiv p(r,\vartheta,t) = \psi_\vartheta(r,t)}$ **and** $\mathbf{D \equiv p(a,\theta,t) = \psi(\theta,t)}$

The successive application of the Laplace, Fourier and Dirichlet-Weber transformations to equation (14.1.1) gives

$$\overline{\overline{\overline{p}}} = \frac{q(s)\,e^{-st_0}\cos(\xi_m\theta_0)\,\mathcal{C}_{\mathcal{M}}(\xi r_0)}{\phi c_t(\eta_r\xi^2+s)} - \frac{2\eta_r\overline{\overline{\psi}}(\xi_m,s)}{\pi(\eta_r\xi^2+s)} + \\ +\frac{\eta_\theta\int_a^\infty\frac{\mathcal{C}_{\mathcal{M}}(\xi u)}{u}\left\{(-1)^{m+1}\xi_m\overline{\psi}_\vartheta(u,s)+\left(\frac{\mu}{k_\theta}\right)\overline{\psi}_0(u,s)\right\}du}{(\eta_r\xi^2+s)} + \frac{\overline{\overline{\varphi}}(\xi,\xi_m)}{(\eta_r\xi^2+s)} \tag{16.13.1}$$

where ξ_m is a positive root of $\cos(\xi_m\vartheta)$, which are $\xi_m = \frac{(2m-1)\pi}{2\vartheta}$, $m=1,2,...$, $\overline{\overline{\psi}}(\xi_m,s) = \int_0^\vartheta\psi(v,s)\cos(\xi_m v)dv$, $\overline{\overline{\varphi}}(\xi,\xi_m) = \int_a^\infty u\mathcal{C}_{\mathcal{M}}(\xi u)\int_0^\vartheta\varphi(u,v)\cos(\xi_m v)dvdu$ and $\mathcal{C}_\nu(\xi r) = Y_\nu(\xi a)J_\nu(\xi r) - J_\nu(\xi a)Y_\nu(\xi r)$. Successive inverse transforms yield

$$\overline{p} = \frac{2q(s)\,e^{-st_0}}{\vartheta\phi c_t}\sum_{m=1}^\infty\cos(\xi_m\theta_0)\cos(\xi_m\theta)\int_0^\infty\frac{\xi\mathcal{C}_{\mathcal{M}}(\xi r_0)\mathcal{C}_{\mathcal{M}}(\xi r)}{(\eta_r\xi^2+s)\{J_{\mathcal{M}}^2(\xi a)+Y_{\mathcal{M}}^2(\xi a)\}}d\xi - \\ -\frac{4\eta_r}{\vartheta\pi}\sum_{m=1}^\infty\overline{\overline{\psi}}(\xi_m,s)\cos(\xi_m\theta)\int_0^\infty\frac{\xi\mathcal{C}_{\mathcal{M}}(\xi r)}{(\eta_r\xi^2+s)\{J_{\mathcal{M}}^2(\xi a)+Y_{\mathcal{M}}^2(\xi a)\}}d\xi + \\ +\frac{2\eta_\theta}{\vartheta}\sum_{m=1}^\infty\xi_m\cos(\xi_m\theta)\int_a^\infty\frac{1}{u}\int_0^\infty\frac{\xi\mathcal{C}_{\mathcal{M}}(\xi u)\mathcal{C}_{\mathcal{M}}(\xi r)}{(\eta_r\xi^2+s)\{J_{\mathcal{M}}^2(\xi a)+Y_{\mathcal{M}}^2(\xi a)\}}d\xi\left\{(-1)^{m+1}\xi_m\overline{\psi}_\vartheta(u,s)+\left(\frac{\mu}{k_\theta}\right)\overline{\psi}_0(u,s)\right\}du + \\ +\frac{2}{\vartheta}\sum_{m=1}^\infty\cos(\xi_m\theta)\int_0^\infty\frac{\overline{\overline{\varphi}}(\xi,\xi_m)\xi\mathcal{C}_{\mathcal{M}}(\xi r)}{(\eta_r\xi^2+s)\{J_{\mathcal{M}}^2(\xi a)+Y_{\mathcal{M}}^2(\xi a)\}}d\xi \tag{16.13.2}$$

and

$$p = \frac{2U(t-t_0)}{\vartheta\phi c_t}\sum_{m=1}^\infty\cos(\xi_m\theta_0)\cos(\xi_m\theta)\int_0^\infty\frac{\xi\mathcal{C}_{\mathcal{M}}(\xi r_0)\mathcal{C}_{\mathcal{M}}(\xi r)}{\{J_{\mathcal{M}}^2(\xi a)+Y_{\mathcal{M}}^2(\xi a)\}}\int_0^{t-t_0}q(t-t_0-\tau)\,e^{-\eta_r\xi^2\tau}d\tau d\xi - \\ -\frac{4\eta_r}{\vartheta\pi}\sum_{m=1}^\infty\cos(\xi_m\theta)\int_0^\infty\frac{\xi\mathcal{C}_{\mathcal{M}}(\xi r)}{\{J_{\mathcal{M}}^2(\xi a)+Y_{\mathcal{M}}^2(\xi a)\}}\int_0^t\overline{\psi}(\xi_m,\tau)\,e^{-\eta_r\xi^2(t-\tau)}d\tau d\xi + \\ +\frac{2\eta_\theta}{\vartheta}\sum_{m=1}^\infty\xi_m\cos(\xi_m\theta)\times \\ \times\int_a^\infty\frac{1}{u}\int_0^\infty\frac{\xi\mathcal{C}_{\mathcal{M}}(\xi u)\mathcal{C}_{\mathcal{M}}(\xi r)}{\{J_{\mathcal{M}}^2(\xi a)+Y_{\mathcal{M}}^2(\xi a)\}}\int_0^t\left\{(-1)^{m+1}\xi_m\psi_\vartheta(u,\tau)+\left(\frac{\mu}{k_\theta}\right)\psi_0(u,\tau)\right\}e^{-\eta_r\xi^2(t-\tau)}d\tau d\xi du + \\ +\frac{2}{\vartheta}\sum_{m=1}^\infty\cos(\xi_m\theta)\int_0^\infty\frac{\overline{\overline{\varphi}}(\xi,\xi_m)\xi\mathcal{C}_{\mathcal{M}}(\xi r)\,e^{-\eta_r\xi^2 t}}{\{J_{\mathcal{M}}^2(\xi a)+Y_{\mathcal{M}}^2(\xi a)\}}d\xi \tag{16.13.3}$$

When $\varphi(r,\theta) = p_I$, a constant, the solution is obtained by replacing the terms corresponding to the initial condition (the last term) in equations (16.13.2) and (16.13.3) with

$$\overline{p} = \frac{p_I}{s} - \frac{2p_I}{\vartheta s}\sum_{m=1}^{\infty}\frac{K_{\mathcal{M}}\left(r\sqrt{\frac{s}{\eta_r}}\right)(-1)^{m+1}\cos(\xi_m\theta)}{\xi_m K_{\mathcal{M}}\left(a\sqrt{\frac{s}{\eta_r}}\right)} - \\ -\frac{2p_I\eta_\theta}{\vartheta s}\sum_{m=1}^{\infty}\xi_m(-1)^{m+1}\cos(\xi_m\theta)\int_a^\infty\frac{1}{u}\int_0^\infty\frac{\xi\mathcal{C}_{\mathcal{M}}(\xi u)\,\mathcal{C}_{\mathcal{M}}(\xi r)}{(\eta_r\xi^2+s)\{J_{\mathcal{M}}^2(\xi a)+Y_{\mathcal{M}}^2(\xi a)\}}d\xi du \quad (16.13.4)$$

and

$$p = p_I - \frac{2p_I}{\vartheta}\sum_{m=1}^{\infty}\frac{(-1)^{m+1}\cos(\xi_m\theta)}{\xi_m}\left\{\left(\frac{a}{r}\right)^{\mathcal{M}} + \frac{2}{\pi}\int_0^\infty\frac{\mathcal{C}_{\mathcal{M}}(\xi r)\,e^{-\eta_r\xi^2 t}}{\xi\{J_{\mathcal{M}}^2(\xi a)+Y_{\mathcal{M}}^2(\xi a)\}}d\xi\right\} - \\ -\frac{2p_I\dot{o}^2}{\vartheta}\sum_{m=1}^{\infty}\xi_m(-1)^{m+1}\cos(\xi_m\theta)\int_a^\infty\frac{1}{u}\int_0^\infty\frac{\mathcal{C}_{\mathcal{M}}(\xi u)\,\mathcal{C}_{\mathcal{M}}(\xi r)\left(1-e^{-\eta_r\xi^2 t}\right)}{\xi\{J_{\mathcal{M}}^2(\xi a)+Y_{\mathcal{M}}^2(\xi a)\}}d\xi du \quad (16.13.5)$$

16.14 The problem of 16.10, except $\mathbf{N_0} \equiv \frac{\partial p(r,0,t)}{\partial\theta} = -\left(\frac{\mu}{k_\theta}\right)\psi_0(r,t)$, $\mathbf{N_\vartheta} \equiv \frac{\partial p(r,\vartheta,t)}{\partial\theta} = -\left(\frac{\mu}{k_\theta}\right)\psi_\vartheta(r,t)$ and $\mathbf{D} \equiv p(a,\theta,t) = \psi(\theta,t)$

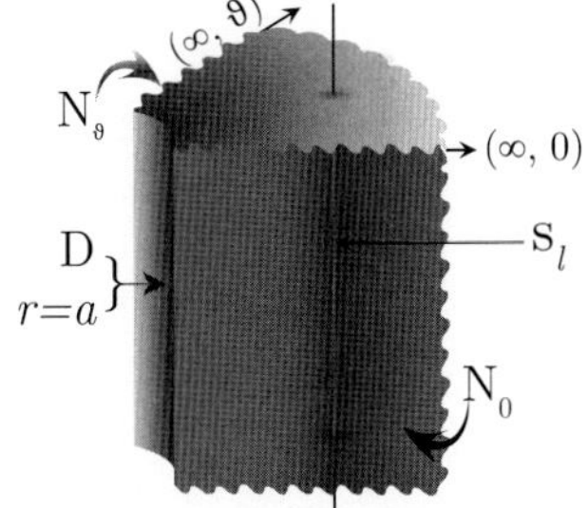

The successive application of the Laplace, Fourier and Dirichlet-Weber transformations to equation (14.1.1) gives

$$\overline{\overline{\overline{p}}} = \frac{q(s)\,e^{-st_0}\cos(\xi_m\theta_0)\,\mathcal{C}_{\mathcal{M}}(\xi r_0)}{\phi c_t(\eta_r\xi^2+s)} - \frac{2\eta_r\overline{\overline{\psi}}(\xi_m,s)}{\pi(\eta_r\xi^2+s)} + \\ +\frac{\int_a^\infty\frac{\mathcal{C}_{\mathcal{M}}(\xi u)}{u}\left\{(-1)^{m+1}\overline{\psi}_\vartheta(u,s)+\overline{\psi}_0(u,s)\right\}du}{\phi c_t(\eta_r\xi^2+s)} + \frac{\overline{\overline{\varphi}}(\xi,\xi_m)}{(\eta_r\xi^2+s)} \quad (16.14.1)$$

where ξ_m is a positive root of $\sin(\xi_m\vartheta)$, which are $\frac{m\pi}{\vartheta}$, $m = 0, 2, ...$, $\overline{\overline{\psi}}(\xi_m,s) = \int_0^\vartheta\psi(v,s)\cos(\xi_m v)dv$, $\overline{\overline{\varphi}}(\xi,\xi_m) = \int_a^\infty u\mathcal{C}_{\mathcal{M}}(\xi u)\int_0^\vartheta\varphi(u,v)\cos(\xi_m v)dvdu$ and $\mathcal{C}_\nu(\xi r) = Y_\nu(\xi a)\,J_\nu(\xi r) - J_\nu(\xi a)\,Y_\nu(\xi r)$. Successive inverse transforms yield

$$\overline{p} = \frac{2q(s)\,e^{-st_0}}{\vartheta\phi c_t}\sum_{m=0}^{\infty}\ni_m\cos(\xi_m\theta_0)\cos(\xi_m\theta)\int_0^\infty\frac{\xi\mathcal{C}_{\mathcal{M}}(\xi r_0)\,\mathcal{C}_{\mathcal{M}}(\xi r)}{(\eta_r\xi^2+s)\{J_{\mathcal{M}}^2(\xi a)+Y_{\mathcal{M}}^2(\xi a)\}}d\xi - \\ -\frac{4\eta_r}{\vartheta\pi}\sum_{m=0}^{\infty}\ni_m\overline{\overline{\psi}}(\xi_m,s)\cos(\xi_m\theta)\int_0^\infty\frac{\xi\mathcal{C}_{\mathcal{M}}(\xi r)}{(\eta_r\xi^2+s)\{J_{\mathcal{M}}^2(\xi a)+Y_{\mathcal{M}}^2(\xi a)\}}d\xi + \\ +\frac{2}{\vartheta\phi c_t}\sum_{m=0}^{\infty}\ni_m\xi_m\cos(\xi_m\theta)\int_a^\infty\frac{1}{u}\int_0^\infty\frac{\xi\mathcal{C}_{\mathcal{M}}(\xi u)\,\mathcal{C}_{\mathcal{M}}(\xi r)}{(\eta_r\xi^2+s)\{J_{\mathcal{M}}^2(\xi a)+Y_{\mathcal{M}}^2(\xi a)\}}d\xi\left\{(-1)^{m+1}\overline{\psi}_\vartheta(u,s)+\overline{\psi}_0(u,s)\right\}du + \\ +\frac{2}{\vartheta}\sum_{m=0}^{\infty}\ni_m\cos(\xi_m\theta)\int_0^\infty\frac{\overline{\overline{\varphi}}(\xi,\xi_m)\xi\mathcal{C}_{\mathcal{M}}(\xi r)}{(\eta_r\xi^2+s)\{J_{\mathcal{M}}^2(\xi a)+Y_{\mathcal{M}}^2(\xi a)\}}d\xi \quad (16.14.2)$$

and

$$p = \frac{2U(t-t_0)}{\vartheta\phi c_t}\sum_{m=0}^{\infty}\ni_m \cos(\xi_m\theta_0)\cos(\xi_m\theta)\int_0^\infty \frac{\xi\mathcal{C_M}(\xi r_0)\mathcal{C_M}(\xi r)}{\{J^2_{\mathcal{M}}(\xi a)+Y^2_{\mathcal{M}}(\xi a)\}}\int_0^{t-t_0} q(t-t_0-\tau)e^{-\eta_r\xi^2\tau}d\tau d\xi -$$
$$-\frac{4\eta_r}{\vartheta\pi}\sum_{m=0}^{\infty}\ni_m\cos(\xi_m\theta)\int_0^\infty\frac{\xi\mathcal{C_M}(\xi r)}{\{J^2_{\mathcal{M}}(\xi a)+Y^2_{\mathcal{M}}(\xi a)\}}\int_0^t\overline{\psi}(\xi_m,\tau)e^{-\eta_r\xi^2(t-\tau)}d\tau d\xi+$$
$$+\frac{2}{\vartheta\phi c_t}\sum_{m=0}^{\infty}\ni_m\xi_m\cos(\xi_m\theta)\times$$
$$\times\int_a^\infty\frac{1}{u}\int_0^\infty\frac{\xi\mathcal{C_M}(\xi u)\mathcal{C_M}(\xi r)}{\{J^2_{\mathcal{M}}(\xi a)+Y^2_{\mathcal{M}}(\xi a)\}}\int_0^t\Big\{(-1)^{m+1}\psi_\vartheta(u,\tau)+\psi_0(u,\tau)\Big\}e^{-\eta_r\xi^2(t-\tau)}d\tau d\xi du+$$
$$+\frac{2}{\vartheta}\sum_{m=0}^{\infty}\ni_m\cos(\xi_m\theta)\int_0^\infty\frac{\overline{\overline{\varphi}}(\xi,\xi_m)\xi\mathcal{C_M}(\xi r)e^{-\eta_r\xi^2 t}}{\{J^2_{\mathcal{M}}(\xi a)+Y^2_{\mathcal{M}}(\xi a)\}}d\xi \tag{16.14.3}$$

When $\varphi(r,\theta) = p_I$, a constant, the solution is obtained by replacing the terms corresponding to the initial condition (the last term) in equations (16.14.2) and (16.14.3) with

$$\overline{p} = -\frac{p_I K_0\left(r\sqrt{\frac{s}{\eta_r}}\right)}{sK_0\left(a\sqrt{\frac{s}{\eta_r}}\right)} \tag{16.14.4}$$

and

$$p = -\frac{2p_I}{\pi}\int_0^\infty\frac{C_0(\xi r)e^{-\eta_r\xi^2 t}}{\xi\{J_0^2(\xi a)+Y_0^2(\xi a)\}}d\xi \tag{16.14.5}$$

16.15

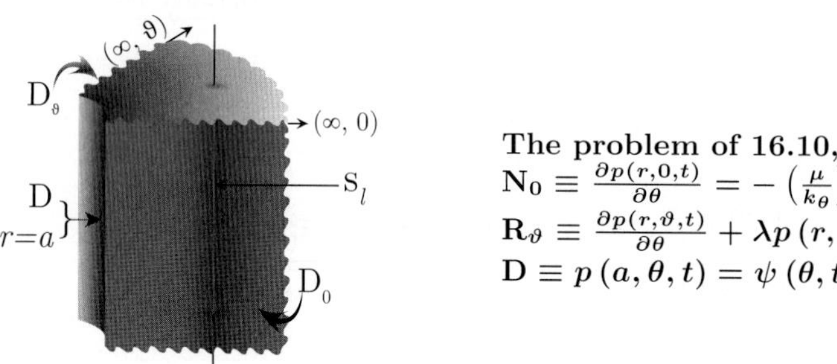

The problem of 16.10, except
$\mathbf{N_0} \equiv \frac{\partial p(r,0,t)}{\partial\theta} = -\left(\frac{\mu}{k_\theta}\right)\psi_0(r,t)$,
$\mathbf{R_\vartheta} \equiv \frac{\partial p(r,\vartheta,t)}{\partial\theta} + \lambda p(r,\vartheta,t) = -\left(\frac{\mu}{k_\theta}\right)\psi_\vartheta(r,t)$ **and**
$\mathbf{D} \equiv p(a,\theta,t) = \psi(\theta,t)$

The successive application of the Laplace, Fourier and Dirichlet-Weber transformations to equation (14.1.1) gives

$$\overline{\overline{\overline{p}}} = \frac{q(s)e^{-st_0}\cos(\xi_m\theta_0)\mathcal{C_M}(\xi r_0)}{\phi c_t(\eta_r\xi^2+s)} - \frac{2\eta_r\overline{\overline{\psi}}(\xi_m,s)}{\pi(\eta_r\xi^2+s)}+$$
$$+\frac{\int_a^\infty\frac{\mathcal{C_M}(\xi u)}{u}\{\overline{\psi}_0(u,s)-\overline{\psi}_\vartheta(u,s)\cos(\xi_m\vartheta)\}du}{\phi c_t(\eta_r\xi^2+s)}+\frac{\overline{\overline{\varphi}}(\xi,\xi_m)}{(\eta_r\xi^2+s)} \tag{16.15.1}$$

where ξ_m is a positive root of $\xi_m\tan(\xi_m\vartheta)=\lambda$, $m=1,2,...,$
$\overline{\overline{\psi}}(\xi_m,s)=\int_0^\vartheta\psi(v,s)\cos(\xi_m v)dv$, $\overline{\overline{\varphi}}(\xi,\xi_m)=\int_a^\infty u\mathcal{C_M}(\xi u)\int_0^\vartheta\varphi(u,v)\cos(\xi_m v)dvdu$ and
$\mathcal{C}_\nu(\xi r)=Y_\nu(\xi a)J_\nu(\xi r)-J_\nu(\xi a)Y_\nu(\xi r)$. Successive inverse transforms yield

$$\overline{p} = \frac{2q(s)e^{-st_0}}{\phi c_t}\sum_{m=1}^{\infty}\frac{(\xi_m^2+\lambda^2)\cos(\xi_m\theta_0)\cos(\xi_m\theta)}{\vartheta(\xi_m^2+\lambda^2)+\lambda}\int_0^\infty\frac{\xi\mathcal{C_M}(\xi r_0)\mathcal{C_M}(\xi r)}{(\eta_r\xi^2+s)\{J^2_{\mathcal{M}}(\xi a)+Y^2_{\mathcal{M}}(\xi a)\}}d\xi-$$

$$-\frac{4\eta_r}{\pi}\sum_{m=1}^{\infty}\frac{\overline{\overline{\psi}}(\xi_m,s)\left(\xi_m^2+\lambda^2\right)\cos\left(\xi_m\theta\right)}{\vartheta\left(\xi_m^2+\lambda^2\right)+\lambda}\int_0^{\infty}\frac{\xi\mathcal{C}_{\mathcal{M}}(\xi r)}{\left(\eta_r\xi^2+s\right)\left\{J_{\mathcal{M}}^2(\xi a)+Y_{\mathcal{M}}^2(\xi a)\right\}}d\xi+$$
$$+\frac{2}{\phi c_t}\sum_{m=1}^{\infty}\frac{\left(\xi_m^2+\lambda^2\right)\cos\left(\xi_m\theta\right)}{\vartheta\left(\xi_m^2+\lambda^2\right)+\lambda}\times$$
$$\times\int_a^{\infty}\frac{1}{u}\int_0^{\infty}\frac{\xi\mathcal{C}_{\mathcal{M}}(\xi u)\,\mathcal{C}_{\mathcal{M}}(\xi r)}{\left(\eta_r\xi^2+s\right)\left\{J_{\mathcal{M}}^2(\xi a)+Y_{\mathcal{M}}^2(\xi a)\right\}}d\xi\left\{\overline{\psi}_0(u,s)-\overline{\psi}_{\vartheta}(u,s)\cos\left(\xi_m\vartheta\right)\right\}du+$$
$$+2\sum_{m=1}^{\infty}\frac{\left(\xi_m^2+\lambda^2\right)\cos\left(\xi_m\theta\right)}{\vartheta\left(\xi_m^2+\lambda^2\right)+\lambda}\int_0^{\infty}\frac{\overline{\overline{\varphi}}(\xi,\xi_m)\xi\mathcal{C}_{\mathcal{M}}(\xi r)}{\left(\eta_r\xi^2+s\right)\left\{J_{\mathcal{M}}^2(\xi a)+Y_{\mathcal{M}}^2(\xi a)\right\}}d\xi \tag{16.15.2}$$

and

$$p=\frac{2U(t-t_0)}{\phi c_t}\sum_{m=1}^{\infty}\frac{\left(\xi_m^2+\lambda^2\right)\cos\left(\xi_m\theta_0\right)\cos\left(\xi_m\theta\right)}{\vartheta\left(\xi_m^2+\lambda^2\right)+\lambda}\int_0^{\infty}\frac{\xi\mathcal{C}_{\mathcal{M}}(\xi r_0)\,\mathcal{C}_{\mathcal{M}}(\xi r)\int_0^{t-t_0}q\left(t-t_0-\tau\right)e^{-\eta_r\xi^2\tau}d\tau}{\left\{J_{\mathcal{M}}^2(\xi a)+Y_{\mathcal{M}}^2(\xi a)\right\}}d\xi-$$
$$-\frac{4\eta_r}{\pi}\sum_{m=1}^{\infty}\frac{\left(\xi_m^2+\lambda^2\right)\cos\left(\xi_m\theta\right)}{\vartheta\left(\xi_m^2+\lambda^2\right)+\lambda}\int_0^{\infty}\frac{\xi\mathcal{C}_{\mathcal{M}}(\xi r)}{\left\{J_{\mathcal{M}}^2(\xi a)+Y_{\mathcal{M}}^2(\xi a)\right\}}\int_0^{t}\overline{\psi}(\xi_m,\tau)\,e^{-\eta_r\xi^2(t-\tau)}d\tau d\xi+$$
$$+\frac{2}{\phi c_t}\sum_{m=1}^{\infty}\frac{\left(\xi_m^2+\lambda^2\right)\cos\left(\xi_m\theta\right)}{\vartheta\left(\xi_m^2+\lambda^2\right)+\lambda}\times$$
$$\times\int_a^{\infty}\frac{1}{u}\int_0^{\infty}\frac{\xi\mathcal{C}_{\mathcal{M}}(\xi u)\,\mathcal{C}_{\mathcal{M}}(\xi r)}{\left\{J_{\mathcal{M}}^2(\xi a)+Y_{\mathcal{M}}^2(\xi a)\right\}}\int_0^{t}\left\{\psi_0(u,t-\tau)-\psi_{\vartheta}(u,t-\tau)\cos\left(\xi_m\vartheta\right)\right\}e^{-\eta_r\xi^2\tau}d\tau d\xi du+$$
$$+2\sum_{m=1}^{\infty}\frac{\left(\xi_m^2+\lambda^2\right)\cos\left(\xi_m\theta\right)}{\vartheta\left(\xi_m^2+\lambda^2\right)+\lambda}\int_0^{\infty}\frac{\overline{\varphi}(\xi,\xi_m)\xi\mathcal{C}_{\mathcal{M}}(\xi r)\,e^{-\eta_r\xi^2 t}}{\left\{J_{\mathcal{M}}^2(\xi a)+Y_{\mathcal{M}}^2(\xi a)\right\}}d\xi \tag{16.15.3}$$

When $\varphi(r,\theta)=p_I$, a constant, the solution is obtained by replacing the terms corresponding to the initial condition (the last term) in equations (16.15.2) and (16.15.3) with

$$\overline{p}=-\frac{2p_I}{s}\sum_{m=1}^{\infty}\frac{\left(\xi_m^2+\lambda^2\right)K_{\mathcal{M}}\left(r\sqrt{\frac{s}{\eta_r}}\right)\sin\left(\xi_m\vartheta\right)\cos\left(\xi_m\theta\right)}{\xi_m K_{\mathcal{M}}\left(a\sqrt{\frac{s}{\eta_r}}\right)\left\{\vartheta\left(\xi_m^2+\lambda^2\right)+\lambda\right\}}+$$
$$+\frac{2\lambda p_I}{\phi c_t s}\sum_{m=1}^{\infty}\frac{\left(\xi_m^2+\lambda^2\right)\cos\left(\xi_m\vartheta\right)\cos\left(\xi_m\theta\right)}{\vartheta\left(\xi_m^2+\lambda^2\right)+\lambda}\int_a^{\infty}\frac{1}{u}\int_0^{\infty}\frac{\xi\mathcal{C}_{\mathcal{M}}(\xi u)\,\mathcal{C}_{\mathcal{M}}(\xi r)}{\left(\eta_r\xi^2+s\right)\left\{J_{\mathcal{M}}^2(\xi a)+Y_{\mathcal{M}}^2(\xi a)\right\}}d\xi du+\frac{p_I}{s} \tag{16.15.4}$$

and

$$p=-2p_I\sum_{m=1}^{\infty}\frac{\left(\xi_m^2+\lambda^2\right)\sin\left(\xi_m\vartheta\right)\cos\left(\xi_m\theta\right)}{\xi_m\left\{\vartheta\left(\xi_m^2+\lambda^2\right)+\lambda\right\}}\left\{\left(\frac{a}{r}\right)^{\mathcal{M}}+\frac{2}{\pi}\int_0^{\infty}\frac{\mathcal{C}_{\mathcal{M}}(\xi r)\,e^{-\eta_r\xi^2 t}}{\xi\left\{J_{\mathcal{M}}^2(\xi a)+Y_{\mathcal{M}}^2(\xi a)\right\}}d\xi\right\}+$$
$$+2\lambda p_I\left(\frac{\mu}{k_r}\right)\sum_{m=1}^{\infty}\frac{\left(\xi_m^2+\lambda^2\right)\cos\left(\xi_m\vartheta\right)\cos\left(\xi_m\theta\right)}{\vartheta\left(\xi_m^2+\lambda^2\right)+\lambda}\int_a^{\infty}\frac{1}{u}\int_0^{\infty}\frac{C_M(\xi u)\,C_M(\xi r)\left(1-e^{-\eta_r\xi^2 t}\right)}{\xi\left\{J_M^2(\xi a)+Y_M^2(\xi a)\right\}}d\xi du+p_I \tag{16.15.5}$$

16.16

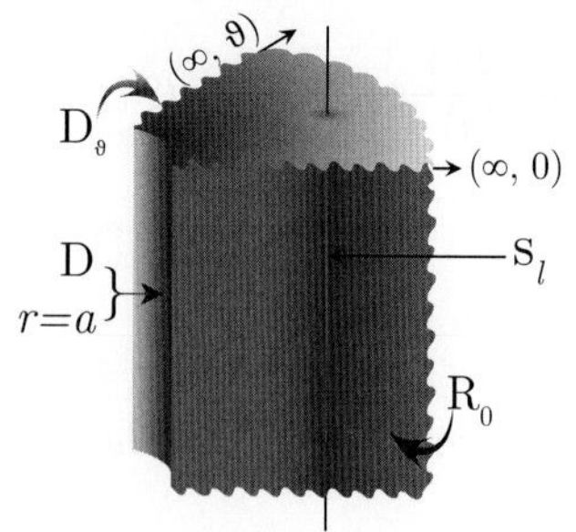

The problem of 16.10, except
$\mathbf{R_0} \equiv \frac{\partial p(r,0,t)}{\partial \theta} - \lambda p(r,0,t) = -\left(\frac{\mu}{k_\theta}\right)\psi_0(r,t)$,
$\mathbf{D_\vartheta} \equiv p(r,\vartheta,t) = \psi_\vartheta(r,t)$ **and** $\mathbf{D} \equiv p(a,\theta,t) = \psi(\theta,t)$

The successive application of the Laplace, Fourier and Dirichlet-Weber transformations to equation (14.1.1) gives

$$\overline{\overline{\overline{p}}} = \frac{q(s)e^{-st_0}\sin\{\xi_m(\vartheta-\theta_0)\}\mathcal{C}_\mathcal{M}(\xi r_0)}{\phi c_t(\eta_r\xi^2+s)} - \frac{2\eta_r\overline{\overline{\psi}}(\xi_m,s)}{\pi(\eta_r\xi^2+s)} + \\ + \frac{\eta_\theta\int_a^\infty \frac{\mathcal{C}_\mathcal{M}(\xi u)}{u}\left\{\left(\frac{\mu}{k_\theta}\right)\overline{\psi}_0(u,s)\sin(\xi_m\vartheta)+\xi_m\overline{\psi}_\vartheta(u,s)\right\}du}{(\eta_r\xi^2+s)} + \frac{\overline{\overline{\varphi}}(\xi,\xi_m)}{(\eta_r\xi^2+s)} \tag{16.16.1}$$

where ξ_m is a positive root of $\xi_m\cot(\xi_m\vartheta) = -\lambda$, $m = 1,2,...$,
$\overline{\overline{\psi}}(\xi_m,s) = \int_0^\vartheta \psi(u,s)\sin\{\xi_m(\vartheta-u)\}du$, $\overline{\overline{\varphi}}(\xi,\xi_m) = \int_a^\infty r\mathcal{C}_\mathcal{M}(\xi r)\int_0^\vartheta \varphi(r,u)\sin\{\xi_m(\vartheta-u)\}dudr$ and $\mathcal{C}_\nu(\xi r) = Y_\nu(\xi a)J_\nu(\xi r) - J_\nu(\xi a)Y_\nu(\xi r)$. Successive inverse transforms yield

$$\overline{p} = \frac{2q(s)e^{-st_0}}{\phi c_t}\sum_{m=1}^\infty \frac{(\xi_m^2+\lambda^2)\sin\{\xi_m(\vartheta-\theta_0)\}\sin\{\xi_m(\vartheta-\theta)\}}{\vartheta(\xi_m^2+\lambda^2)+\lambda}\int_0^\infty \frac{\xi\mathcal{C}_\mathcal{M}(\xi r_0)\mathcal{C}_\mathcal{M}(\xi r)}{(\eta_r\xi^2+s)\{J_\mathcal{M}^2(\xi a)+Y_\mathcal{M}^2(\xi a)\}}d\xi - \\ -\frac{4\eta_r}{\pi}\sum_{m=1}^\infty \frac{\overline{\overline{\psi}}(\xi_m,s)(\xi_m^2+\lambda^2)\sin\{\xi_m(\vartheta-\theta)\}}{\vartheta(\xi_m^2+\lambda^2)+\lambda}\int_0^\infty \frac{\xi\mathcal{C}_\mathcal{M}(\xi r)}{(\eta_r\xi^2+s)\{J_\mathcal{M}^2(\xi a)+Y_\mathcal{M}^2(\xi a)\}}d\xi + \\ +2\eta_\theta\sum_{m=1}^\infty \frac{(\xi_m^2+\lambda^2)\sin\{\xi_m(\vartheta-\theta)\}}{\vartheta(\xi_m^2+\lambda^2)+\lambda}\times \\ \times\int_a^\infty \frac{1}{u}\int_0^\infty \frac{\xi\mathcal{C}_\mathcal{M}(\xi u)\mathcal{C}_\mathcal{M}(\xi r)}{(\eta_r\xi^2+s)\{J_\mathcal{M}^2(\xi a)+Y_\mathcal{M}^2(\xi a)\}}d\xi\left\{\left(\frac{\mu}{k_\theta}\right)\overline{\psi}_0(u,s)\sin(\xi_m\vartheta)+\xi_m\overline{\psi}_\vartheta(u,s)\right\}du + \\ +2\sum_{m=1}^\infty \frac{(\xi_m^2+\lambda^2)\sin\{\xi_m(\vartheta-\theta)\}}{\vartheta(\xi_m^2+\lambda^2)+\lambda}\int_0^\infty \frac{\overline{\overline{\varphi}}(\xi,\xi_m)\xi\mathcal{C}_\mathcal{M}(\xi r)}{(\eta_r\xi^2+s)\{J_\mathcal{M}^2(\xi a)+Y_\mathcal{M}^2(\xi a)\}}d\xi \tag{16.16.2}$$

and

$$p = \frac{2U(t-t_0)}{\phi c_t}\sum_{m=1}^\infty \frac{(\xi_m^2+\lambda^2)\sin\{\xi_m(\vartheta-\theta_0)\}\sin\{\xi_m(\vartheta-\theta)\}}{\vartheta(\xi_m^2+\lambda^2)+\lambda}\times \\ \times\int_0^\infty \frac{\xi\mathcal{C}_\mathcal{M}(\xi r_0)\mathcal{C}_\mathcal{M}(\xi r)}{\{J_\mathcal{M}^2(\xi a)+Y_\mathcal{M}^2(\xi a)\}}\int_0^{t-t_0} q(t-t_0-\tau)e^{-\eta_r\xi^2\tau}d\tau d\xi - \\ -\frac{4\eta_r}{\pi}\sum_{m=1}^\infty \frac{(\xi_m^2+\lambda^2)\sin\{\xi_m(\vartheta-\theta)\}}{\vartheta(\xi_m^2+\lambda^2)+\lambda}\int_0^\infty \frac{\xi\mathcal{C}_\mathcal{M}(\xi r)}{\{J_\mathcal{M}^2(\xi a)+Y_\mathcal{M}^2(\xi a)\}}\int_0^t \overline{\psi}(\xi_m,\tau)e^{-\eta_r\xi^2(t-\tau)}d\tau d\xi + \\ +2\eta_\theta\sum_{m=1}^\infty \frac{(\xi_m^2+\lambda^2)\sin\{\xi_m(\vartheta-\theta)\}}{\vartheta(\xi_m^2+\lambda^2)+\lambda}\times \\ \times\int_a^\infty \frac{1}{u}\int_0^\infty \frac{\xi\mathcal{C}_\mathcal{M}(\xi u)\mathcal{C}_\mathcal{M}(\xi r)}{\{J_\mathcal{M}^2(\xi a)+Y_\mathcal{M}^2(\xi a)\}}\int_0^t\left\{\left(\frac{\mu}{k_\theta}\right)\psi_0(u,\tau)\sin(\xi_m\vartheta)+\xi_m\psi_\vartheta(u,\tau)\right\}e^{-\eta_r\xi^2(t-\tau)}d\tau d\xi du + \\ +2\sum_{m=1}^\infty \frac{(\xi_m^2+\lambda^2)\sin\{\xi_m(\vartheta-\theta)\}}{\vartheta(\xi_m^2+\lambda^2)+\lambda}\int_0^\infty \frac{\overline{\overline{\varphi}}(\xi,\xi_m)\xi\mathcal{C}_\mathcal{M}(\xi r)e^{-\eta_r\xi^2 t}}{\{J_\mathcal{M}^2(\xi a)+Y_\mathcal{M}^2(\xi a)\}}d\xi \tag{16.16.3}$$

When $\varphi(r,\theta) = p_I$, a constant, the solution is obtained by replacing the terms corresponding to the initial condition (the last term) in equations (16.16.2) and (16.16.3) with

$$\begin{aligned}\overline{p} \;=\; & \frac{2p_I}{s}\sum_{m=1}^{\infty}\frac{\left(\xi_m^2+\lambda^2\right)\left\{\cos\left(\xi_m\vartheta\right)-1\right\}\sin\left\{\xi_m\left(\vartheta-\theta\right)\right\}K_{\mathcal{M}}\left(r\sqrt{\frac{s}{\eta_r}}\right)}{\xi_m\left\{\vartheta\left(\xi_m^2+\lambda^2\right)+\lambda\right\}K_{\mathcal{M}}\left(a\sqrt{\frac{s}{\eta_r}}\right)}-\\ & -\frac{2p_I\eta_\theta}{s}\sum_{m=1}^{\infty}\frac{(\xi_m^2+\lambda^2)\{\lambda\sin\left(\xi_m\vartheta\right)+\xi_m\}\sin\{\xi_m\left(\vartheta-\theta\right)\}}{\vartheta\left(\xi_m^2+\lambda^2\right)+\lambda}\int_a^{\infty}\frac{1}{u}\int_0^{\infty}\frac{\xi\mathcal{C}_{\mathcal{M}}\left(\xi u\right)\mathcal{C}_{\mathcal{M}}\left(\xi r\right)}{(\eta_r\xi^2+s)\{J_{\mathcal{M}}^2(\xi a)+Y_{\mathcal{M}}^2\left(\xi a\right)\}}d\xi du+\frac{p_I}{s}\end{aligned} \tag{16.16.4}$$

and

$$\begin{aligned}p \;=\; & 2p_I\sum_{m=1}^{\infty}\frac{\left(\xi_m^2+\lambda^2\right)\left\{\cos\left(\xi_m\vartheta\right)-1\right\}\sin\left\{\xi_m\left(\vartheta-\theta\right)\right\}}{\xi_m\left\{\vartheta\left(\xi_m^2+\lambda^2\right)+\lambda\right\}}\left\{\left(\frac{a}{r}\right)^{\mathcal{M}}+\frac{2}{\pi}\int_0^{\infty}\frac{\mathcal{C}_{\mathcal{M}}\left(\xi r\right)e^{-\eta_r\xi^2t}}{\xi\left\{J_{\mathcal{M}}^2\left(\xi a\right)+Y_{\mathcal{M}}^2\left(\xi a\right)\right\}}d\xi\right\}-\\ & -2p_I\dot{o}^2\sum_{m=1}^{\infty}\frac{\left(\xi_m^2+\lambda^2\right)\{\lambda\sin(\xi_m\vartheta)+\xi_m\}\sin\left\{\xi_m\left(\vartheta-\theta\right)\right\}}{\vartheta\left(\xi_m^2+\lambda^2\right)+\lambda}\int_a^{\infty}\frac{1}{u}\int_0^{\infty}\frac{\mathcal{C}_{\mathcal{M}}(\xi u)\,\mathcal{C}_{\mathcal{M}}(\xi r)\left(1-e^{-\eta_r\xi^2t}\right)}{\xi\left\{J_{\mathcal{M}}^2\left(\xi a\right)+Y_{\mathcal{M}}^2\left(\xi a\right)\right\}}d\xi du+p_I\end{aligned} \tag{16.16.5}$$

16.17 The problem of 16.10, except

$\mathbf{R_0} \equiv \frac{\partial p(r,0,t)}{\partial\theta} - \lambda p\,(r,0,t) = -\left(\frac{\mu}{k_\theta}\right)\psi_0\,(r,t)$,
$\mathbf{N_\vartheta} \equiv \frac{\partial p(r,\vartheta,t)}{\partial\theta} = -\left(\frac{\mu}{k_\theta}\right)\psi_\vartheta\,(r,t)$ and $\mathbf{D} \equiv p\,(a,\theta,t) = \psi\,(\theta,t)$

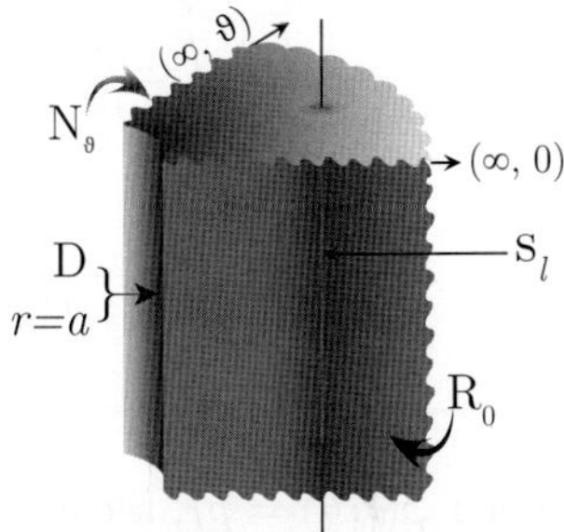

The successive application of the Laplace, Fourier and Dirichlet-Weber transformations to equation (14.1.1) gives

$$\begin{aligned}\overline{\overline{\overline{p}}} \;=\; & \frac{q\,(s)\,e^{-st_0}\cos\left\{\xi_m\left(\vartheta-\theta_0\right)\right\}\mathcal{C}_{\mathcal{M}}\left(\xi r_0\right)}{\phi c_t\left(\eta_r\xi^2+s\right)}-\frac{2\eta_r\overline{\overline{\psi}}\left(\xi_m,s\right)}{\pi\left(\eta_r\xi^2+s\right)}+\\ & +\frac{\int_a^{\infty}\frac{\mathcal{C}_{\mathcal{M}}(\xi u)}{u}\left\{\overline{\psi}_0\left(u,s\right)\cos\left(\xi_m\vartheta\right)-\overline{\psi}_\vartheta\left(u,s\right)\right\}du}{\phi c_t\left(\eta_r\xi^2+s\right)}+\frac{\overline{\overline{\varphi}}(\xi,\xi_m)}{\left(\eta_r\xi^2+s\right)}\end{aligned} \tag{16.17.1}$$

where ξ_m is a positive root of $\xi_m\tan\left(\xi_m\vartheta\right)=\lambda$, $m=1,2,...,$
$\overline{\overline{\psi}}\left(\xi_m,s\right)=\int_0^{\vartheta}\psi\left(u,s\right)\cos\left\{\xi_m\left(\vartheta-u\right)\right\}du$, $\overline{\overline{\varphi}}(\xi,\xi_m)=\int_a^{\infty}r\mathcal{C}_{\mathcal{M}}\left(\xi r\right)\int_0^{\vartheta}\varphi(r,u)\cos\left\{\xi_m\left(\vartheta-u\right)\right\}dudr$ and $\mathcal{C}_\nu\left(\xi r\right)=Y_\nu\left(\xi a\right)J_\nu\left(\xi r\right)-J_\nu\left(\xi a\right)Y_\nu\left(\xi r\right)$. Successive inverse transforms yield

$$\begin{aligned}\overline{p} \;=\; & \frac{2q\,(s)\,e^{-st_0}}{\phi c_t}\sum_{m=1}^{\infty}\frac{\left(\xi_m^2+\lambda^2\right)\cos\left\{\xi_m\left(\vartheta-\theta_0\right)\right\}\cos\left\{\xi_m\left(\vartheta-\theta\right)\right\}}{\vartheta\left(\xi_m^2+\lambda^2\right)+\lambda}\int_0^{\infty}\frac{\xi\mathcal{C}_{\mathcal{M}}\left(\xi r_0\right)\mathcal{C}_{\mathcal{M}}\left(\xi r\right)}{\left(\eta_r\xi^2+s\right)\left\{J_{\mathcal{M}}^2\left(\xi a\right)+Y_{\mathcal{M}}^2\left(\xi a\right)\right\}}d\xi-\\ & -\frac{4\eta_r}{\pi}\sum_{m=1}^{\infty}\frac{\overline{\overline{\psi}}\left(\xi_m,s\right)\left(\xi_m^2+\lambda^2\right)\cos\left\{\xi_m\left(\vartheta-\theta\right)\right\}}{\vartheta\left(\xi_m^2+\lambda^2\right)+\lambda}\int_0^{\infty}\frac{\xi\mathcal{C}_{\mathcal{M}}\left(\xi r\right)}{\left(\eta_r\xi^2+s\right)\left\{J_{\mathcal{M}}^2\left(\xi a\right)+Y_{\mathcal{M}}^2\left(\xi a\right)\right\}}d\xi+\\ & +\frac{2}{\phi c_t}\sum_{m=1}^{\infty}\frac{\left(\xi_m^2+\lambda^2\right)\cos\left\{\xi_m\left(\vartheta-\theta\right)\right\}}{\vartheta\left(\xi_m^2+\lambda^2\right)+\lambda}\times\end{aligned}$$

$$\times \int_a^\infty \frac{1}{u} \int_0^\infty \frac{\xi \mathcal{C}_{\mathcal{M}}(\xi u)\mathcal{C}_{\mathcal{M}}(\xi r)}{(\eta_r \xi^2 + s)\{J_{\mathcal{M}}^2(\xi a) + Y_{\mathcal{M}}^2(\xi a)\}} d\xi \{\overline{\psi}_0(u,s)\cos(\xi_m \vartheta) - \overline{\psi}_\vartheta(u,s)\} du +$$

$$+2\sum_{m=1}^\infty \frac{(\xi_m^2 + \lambda^2)\cos\{\xi_m(\vartheta - \theta)\}}{\vartheta(\xi_m^2 + \lambda^2) + \lambda} \int_0^\infty \frac{\overline{\overline{\varphi}}(\xi, \xi_m)\xi \mathcal{C}_{\mathcal{M}}(\xi r)}{(\eta_r \xi^2 + s)\{J_{\mathcal{M}}^2(\xi a) + Y_{\mathcal{M}}^2(\xi a)\}} d\xi \tag{16.17.2}$$

and

$$p = \frac{2U(t - t_0)}{\phi c_t} \sum_{m=1}^\infty \frac{(\xi_m^2 + \lambda^2)\cos\{\xi_m(\vartheta - \theta_0)\}\cos\{\xi_m(\vartheta - \theta)\}}{\vartheta(\xi_m^2 + \lambda^2) + \lambda} \times$$

$$\times \int_0^\infty \frac{\xi \mathcal{C}_{\mathcal{M}}(\xi r_0)\mathcal{C}_{\mathcal{M}}(\xi r)}{\{J_{\mathcal{M}}^2(\xi a) + Y_{\mathcal{M}}^2(\xi a)\}} \int_0^{t-t_0} q(t - t_0 - \tau) e^{-\eta_r \xi^2 \tau} d\tau d\xi -$$

$$-\frac{4\eta_r}{\pi} \sum_{m=1}^\infty \frac{(\xi_m^2 + \lambda^2)\cos\{\xi_m(\vartheta - \theta)\}}{\vartheta(\xi_m^2 + \lambda^2) + \lambda} \int_0^\infty \frac{\xi \mathcal{C}_{\mathcal{M}}(\xi r)}{\{J_{\mathcal{M}}^2(\xi a) + Y_{\mathcal{M}}^2(\xi a)\}} \int_0^t \overline{\psi}(\xi_m, \tau) e^{-\eta_r \xi^2 (t-\tau)} d\tau d\xi +$$

$$+\frac{2}{\phi c_t} \sum_{m=1}^\infty \frac{(\xi_m^2 + \lambda^2)\cos\{\xi_m(\vartheta - \theta)\}}{\vartheta(\xi_m^2 + \lambda^2) + \lambda} \times$$

$$\times \int_a^\infty \frac{1}{u} \int_0^\infty \frac{\xi \mathcal{C}_{\mathcal{M}}(\xi u)\mathcal{C}_{\mathcal{M}}(\xi r)}{\{J_{\mathcal{M}}^2(\xi a) + Y_{\mathcal{M}}^2(\xi a)\}} \int_0^t \{\psi_0(u,\tau)\cos(\xi_m \vartheta) - \psi_\vartheta(u,\tau)\} e^{-\eta_r \xi^2 (t-\tau)} d\tau d\xi du +$$

$$+2\sum_{m=1}^\infty \frac{(\xi_m^2 + \lambda^2)\cos\{\xi_m(\vartheta - \theta)\}}{\vartheta(\xi_m^2 + \lambda^2) + \lambda} \int_0^\infty \frac{\overline{\overline{\varphi}}(\xi, \xi_m)\xi \mathcal{C}_{\mathcal{M}}(\xi r) e^{-\eta_r \xi^2 t}}{\{J_{\mathcal{M}}^2(\xi a) + Y_{\mathcal{M}}^2(\xi a)\}} d\xi \tag{16.17.3}$$

When $\varphi(r, \theta) = p_I$, a constant, the solution is obtained by replacing the terms corresponding to the initial condition (the last term) in equations (16.17.2) and (16.17.3) with

$$\overline{p} = \frac{2p_I}{s} \sum_{m=1}^\infty \frac{(\xi_m^2 + \lambda^2)\sin(\xi_m \vartheta)\cos\{\xi_m(\vartheta - \theta)\} K_{\mathcal{M}}\left(r\sqrt{\frac{s}{\eta_r}}\right)}{\xi_m\{\vartheta(\xi_m^2 + \lambda^2) + \lambda\} K_{\mathcal{M}}\left(a\sqrt{\frac{s}{\eta_r}}\right)} -$$

$$-\frac{2p_I \lambda}{\phi c_t s} \sum_{m=1}^\infty \frac{(\xi_m^2 + \lambda^2)\cos\{\xi_m(\vartheta - \theta)\}}{\vartheta(\xi_m^2 + \lambda^2) + \lambda} \int_a^\infty \frac{1}{u} \int_0^\infty \frac{\xi \mathcal{C}_{\mathcal{M}}(\xi u)\mathcal{C}_{\mathcal{M}}(\xi r)}{(\eta_r \xi^2 + s)\{J_{\mathcal{M}}^2(\xi a) + Y_{\mathcal{M}}^2(\xi a)\}} d\xi du + \frac{p_I}{s} \tag{16.17.4}$$

and

$$p = 2p_I \sum_{m=1}^\infty \frac{(\xi_m^2 + \lambda^2)\sin(\xi_m \vartheta)\cos\{\xi_m(\vartheta - \theta)\}}{\xi_m\{\vartheta(\xi_m^2 + \lambda^2) + \lambda\}} \left\{ \left(\frac{a}{r}\right)^{\mathcal{M}} + \frac{2}{\pi} \int_0^\infty \frac{\mathcal{C}_{\mathcal{M}}(\xi r) e^{-\eta_r \xi^2 t}}{\xi\{J_{\mathcal{M}}^2(\xi a) + Y_{\mathcal{M}}^2(\xi a)\}} d\xi \right\} -$$

$$-\frac{2p_I \lambda}{\phi c_t} \sum_{m=1}^\infty \frac{(\xi_m^2 + \lambda^2)\cos\{\xi_m(\vartheta - \theta)\}}{\vartheta(\xi_m^2 + \lambda^2) + \lambda} \int_a^\infty \frac{1}{u} \int_0^\infty \frac{\mathcal{C}_{\mathcal{M}}(\xi u)\mathcal{C}_{\mathcal{M}}(\xi r)\left(1 - e^{-\eta_r \xi^2 t}\right)}{\xi\{J_{\mathcal{M}}^2(\xi a) + Y_{\mathcal{M}}^2(\xi a)\}} d\xi du + p_I \tag{16.17.5}$$

16.18 The problem of 16.10, except
$\mathbf{R_0} \equiv \frac{\partial p(r,0,t)}{\partial \theta} - \lambda p(r,0,t) = -\left(\frac{\mu}{k_\theta}\right)\psi_0(r,t)$,
$\mathbf{R_\vartheta} \equiv \frac{\partial p(r,\vartheta,t)}{\partial \theta} + \lambda_\vartheta p(r,\vartheta,t) = -\left(\frac{\mu}{k_\theta}\right)\psi_\vartheta(r,t)$ **and**
$\mathbf{D} \equiv p(a,\theta,t) = \psi(\theta,t)$

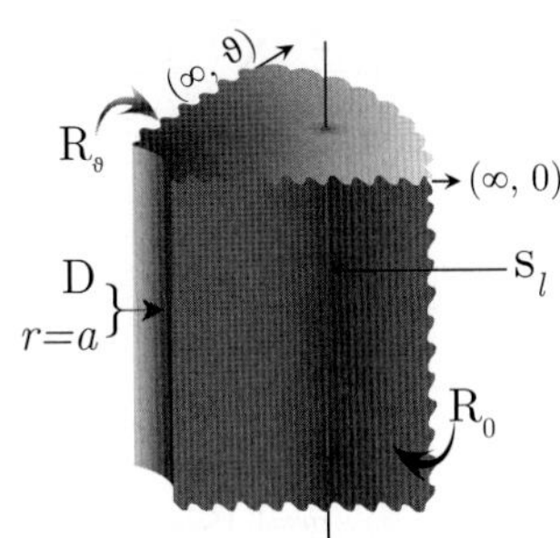

The successive application of the Laplace, Fourier and Dirichlet-Weber transformations to equation (14.1.1) gives

$$\overline{\overline{\overline{p}}} = \frac{q(s)e^{-st_0}\{\xi_m\cos(\xi_m\theta_0)+\lambda_0\sin(\xi_m\theta_0)\}\mathcal{C}_{\mathcal{M}}(\xi r_0)}{\phi c_t(\eta_r\xi^2+s)} - \frac{2\eta_r\overline{\overline{\psi}}(\xi_m,s)}{\pi(\eta_r\xi^2+s)} + \\ + \frac{\int_a^\infty \frac{\mathcal{C}_{\mathcal{M}}(\xi u)}{u}\left[\xi_m\overline{\psi}_0(u,s) - \overline{\psi}_\vartheta(u,s)\{\xi_m\cos(\xi_m\vartheta)+\lambda_0\sin(\xi_m\vartheta)\}\right]du}{\phi c_t(\eta_r\xi^2+s)} + \frac{\overline{\overline{\varphi}}(\xi,\xi_m)}{(\eta_r\xi^2+s)} \tag{16.18.1}$$

where ξ_m is a positive root of $\tan(\xi_m\vartheta) = \frac{\xi_m(\lambda_0+\lambda_\vartheta)}{(\xi_m^2-\lambda_0\lambda_\vartheta)}$, $m = 1, 2, ...,$
$\overline{\overline{\psi}}(\xi_m,s) = \int_0^\vartheta \psi(u,s)\{\xi_m\cos(\xi_m u)+\lambda_0\sin(\xi_m u)\}du$,
$\overline{\overline{\varphi}}(\xi,\xi_m) = \int_a^\infty r\mathcal{C}_{\mathcal{M}}(\xi r)\int_0^\vartheta \varphi(r,u)\{\xi_m\cos(\xi_m u)+\lambda_0\sin(\xi_m u)\}dudr$ and
$\mathcal{C}_\nu(\xi r) = Y_\nu(\xi a)J_\nu(\xi r) - J_\nu(\xi a)Y_\nu(\xi r)$. Successive inverse transforms yield

$$\overline{p} = \frac{2q(s)e^{-st_0}}{\phi c_t}\sum_{m-1}^{\infty}\frac{\{\xi_m\cos(\xi_m\theta_0)+\lambda_0\sin(\xi_m\theta_0)\}\{\xi_m\cos(\xi_m\theta)+\lambda_0\sin(\xi_m\theta)\}}{(\xi_m^2+\lambda_0^2)\left\{\vartheta+\frac{\lambda_\vartheta}{\xi_m^2+\lambda_\vartheta^2}\right\}+\lambda_0}\times \\ \times\int_0^\infty \frac{\xi\mathcal{C}_{\mathcal{M}}(\xi r_0)\mathcal{C}_{\mathcal{M}}(\xi r)}{(\eta_r\xi^2+s)\{J_{\mathcal{M}}^2(\xi a)+Y_{\mathcal{M}}^2(\xi a)\}}d\xi - \\ -\frac{4\eta_r}{\pi}\sum_{m=1}^{\infty}\frac{\overline{\overline{\psi}}(\xi_m,s)\{\xi_m\cos(\xi_m\theta)+\lambda_0\sin(\xi_m\theta)\}}{(\xi_m^2+\lambda_0^2)\left\{\vartheta+\frac{\lambda_\vartheta}{\xi_m^2+\lambda_\vartheta^2}\right\}+\lambda_0}\int_0^\infty\frac{\xi\mathcal{C}_{\mathcal{M}}(\xi r)}{(\eta_r\xi^2+s)\{J_{\mathcal{M}}^2(\xi a)+Y_{\mathcal{M}}^2(\xi a)\}}d\xi + \\ +\frac{2}{\phi c_t}\sum_{m=1}^{\infty}\frac{\{\xi_m\cos(\xi_m\theta)+\lambda_0\sin(\xi_m\theta)\}}{(\xi_m^2+\lambda_0^2)\left\{\vartheta+\frac{\lambda_\vartheta}{\xi_m^2+\lambda_\vartheta^2}\right\}+\lambda_0}\times \\ \times\int_a^\infty\frac{1}{u}\int_0^\infty\frac{\xi\mathcal{C}_{\mathcal{M}}(\xi u)\mathcal{C}_{\mathcal{M}}(\xi r)}{(\eta_r\xi^2+s)\{J_{\mathcal{M}}^2(\xi a)+Y_{\mathcal{M}}^2(\xi a)\}}d\xi\left[\xi_m\overline{\psi}_0(u,s) - \overline{\psi}_\vartheta(u,s)\{\xi_m\cos(\xi_m\vartheta)+\lambda_0\sin(\xi_m\vartheta)\}\right]du + \\ +2\sum_{m=1}^{\infty}\frac{\{\xi_m\cos(\xi_m\theta)+\lambda_0\sin(\xi_m\theta)\}}{(\xi_m^2+\lambda_0^2)\left\{\vartheta+\frac{\lambda_\vartheta}{\xi_m^2+\lambda_\vartheta^2}\right\}+\lambda_0}\int_0^\infty\frac{\overline{\overline{\varphi}}(\xi,\xi_m)\xi\mathcal{C}_{\mathcal{M}}(\xi r)}{(\eta_r\xi^2+s)\{J_{\mathcal{M}}^2(\xi a)+Y_{\mathcal{M}}^2(\xi a)\}}d\xi \tag{16.18.2}$$

and

$$p = \frac{2U(t-t_0)}{\phi c_t}\sum_{m=1}^{\infty}\frac{\{\xi_m\cos(\xi_m\theta_0)+\lambda_0\sin(\xi_m\theta_0)\}\{\xi_m\cos(\xi_m\theta)+\lambda_0\sin(\xi_m\theta)\}}{(\xi_m^2+\lambda_0^2)\left\{\vartheta+\frac{\lambda_\vartheta}{\xi_m^2+\lambda_\vartheta^2}\right\}+\lambda_0}\times \\ \times\int_0^\infty\frac{\xi\mathcal{C}_{\mathcal{M}}(\xi r_0)\mathcal{C}_{\mathcal{M}}(\xi r)}{\{J_{\mathcal{M}}^2(\xi a)+Y_{\mathcal{M}}^2(\xi a)\}}\int_0^{t-t_0}q(t-t_0-\tau)e^{-\eta_r\xi^2\tau}d\tau d\xi - \\ -\frac{4\eta_r}{\pi}\sum_{m=1}^{\infty}\frac{\{\xi_m\cos(\xi_m\theta)+\lambda_0\sin(\xi_m\theta)\}}{(\xi_m^2+\lambda_0^2)\left\{\vartheta+\frac{\lambda_\vartheta}{\xi_m^2+\lambda_\vartheta^2}\right\}+\lambda_0}\int_0^\infty\frac{\xi\mathcal{C}_{\mathcal{M}}(\xi r)}{\{J_{\mathcal{M}}^2(\xi a)+Y_{\mathcal{M}}^2(\xi a)\}}\int_0^t\overline{\psi}(\xi_m,\tau)e^{-\eta_r\xi^2(t-\tau)}d\tau d\xi +$$

$$+\frac{2}{\phi c_t}\sum_{m=1}^{\infty}\frac{\{\xi_m\cos(\xi_m\theta)+\lambda_0\sin(\xi_m\theta)\}}{(\xi_m^2+\lambda_0^2)\left\{\vartheta+\frac{\lambda_\vartheta}{\xi_m^2+\lambda_\vartheta^2}\right\}+\lambda_0}\int_a^\infty\frac{1}{u}\int_0^\infty\frac{\xi\mathcal{C_M}(\xi u)\mathcal{C_M}(\xi r)}{\{J_{\mathcal{M}}^2(\xi a)+Y_{\mathcal{M}}^2(\xi a)\}}\times$$

$$\times\int_0^t[\xi_m\psi_0(u,\tau)-\psi_\vartheta(u,\tau)\{\xi_m\cos(\xi_m\vartheta)+\lambda_0\sin(\xi_m\vartheta)\}]\,e^{-\eta_r\xi^2(t-\tau)}d\tau d\xi du+$$

$$+2\sum_{m=1}^{\infty}\frac{\{\xi_m\cos(\xi_m\theta)+\lambda_0\sin(\xi_m\theta)\}}{(\xi_m^2+\lambda_0^2)\left\{\vartheta+\frac{\lambda_\vartheta}{\xi_m^2+\lambda_\vartheta^2}\right\}+\lambda_0}\int_0^\infty\frac{\overline{\overline{\varphi}}(\xi,\xi_m)\xi\mathcal{C_M}(\xi r)\,e^{-\eta_r\xi^2t}}{\{J_{\mathcal{M}}^2(\xi a)+Y_{\mathcal{M}}^2(\xi a)\}}d\xi \tag{16.18.3}$$

When $\varphi(r,\theta)=p_I$, a constant, the solution is obtained by replacing the terms corresponding to the initial condition (the last term) in equations (16.18.2) and (16.18.3) with

$$\overline{p} = \frac{2p_I}{s}\sum_{m=1}^{\infty}\frac{[\xi_m\sin(\xi_m\vartheta)+\lambda_0\{1-\cos(\xi_m\vartheta)\}]\{\xi_m\cos(\xi_m\theta)+\lambda_0\sin(\xi_m\theta)\}K_{\mathcal{M}}\left(r\sqrt{\frac{s}{\eta_r}}\right)}{\xi_m\left[(\xi_m^2+\lambda_0^2)\left\{\vartheta+\frac{\lambda_\vartheta}{\xi_m^2+\lambda_\vartheta^2}\right\}+\lambda_0\right]K_{\mathcal{M}}\left(a\sqrt{\frac{s}{\eta_r}}\right)}-$$

$$-\frac{2\eta_\theta p_I}{s}\sum_{m=1}^{\infty}\frac{[\lambda_0\xi_m-\lambda_\vartheta\{\xi_m\cos(\xi_m\vartheta)+\lambda_0\sin(\xi_m\vartheta)\}]\{\xi_m\cos(\xi_m\theta)+\lambda_0\sin(\xi_m\theta)\}}{\xi_m\left[(\xi_m^2+\lambda_0^2)\left\{\vartheta+\frac{\lambda_\vartheta}{\xi_m^2+\lambda_\vartheta^2}\right\}+\lambda_0\right]}\times$$

$$\times\int_a^\infty\frac{1}{u}\int_0^\infty\frac{\xi\mathcal{C_M}(\xi u)\mathcal{C_M}(\xi r)}{(\eta_r\xi^2+s)\{J_{\mathcal{M}}^2(\xi a)+Y_{\mathcal{M}}^2(\xi a)\}}d\xi du+\frac{p_I}{s} \tag{16.18.4}$$

and

$$p = 2p_I\sum_{m=1}^{\infty}\frac{[\xi_m\sin(\xi_m\vartheta)+\lambda_0\{1-\cos(\xi_m\vartheta)\}]\{\xi_m\cos(\xi_m\theta)+\lambda_0\sin(\xi_m\theta)\}}{\xi_m\left[(\xi_m^2+\lambda_0^2)\left\{\vartheta+\frac{\lambda_\vartheta}{\xi_m^2+\lambda_\vartheta^2}\right\}+\lambda_0\right]}\times$$

$$\times\left\{\left(\frac{a}{r}\right)^{\mathcal{M}}+\frac{2}{\pi}\int_0^\infty\frac{\mathcal{C_M}(\xi r)\,e^{-\eta_r\xi^2t}}{\xi\{J_{\mathcal{M}}^2(\xi a)+Y_{\mathcal{M}}^2(\xi a)\}}d\xi\right\}-$$

$$-2p_I\dot{o}^2\sum_{m=1}^{\infty}\frac{[\lambda_0\xi_m-\lambda_\vartheta\{\xi_m\cos(\xi_m\vartheta)+\lambda_0\sin(\xi_m\vartheta)\}]\{\xi_m\cos(\xi_m\theta)+\lambda_0\sin(\xi_m\theta)\}}{\xi_m\left[(\xi_m^2+\lambda_0^2)\left\{\vartheta+\frac{\lambda_\vartheta}{\xi_m^2+\lambda_\vartheta^2}\right\}+\lambda_0\right]}\times$$

$$\times\int_a^\infty\frac{1}{u}\int_0^\infty\frac{\mathcal{C_M}(\xi u)\mathcal{C_M}(\xi r)\left(1-e^{-\eta_r\xi^2t}\right)}{\xi\{J_{\mathcal{M}}^2(\xi a)+Y_{\mathcal{M}}^2(\xi a)\}}d\xi du+p_I \tag{16.18.5}$$

16.19

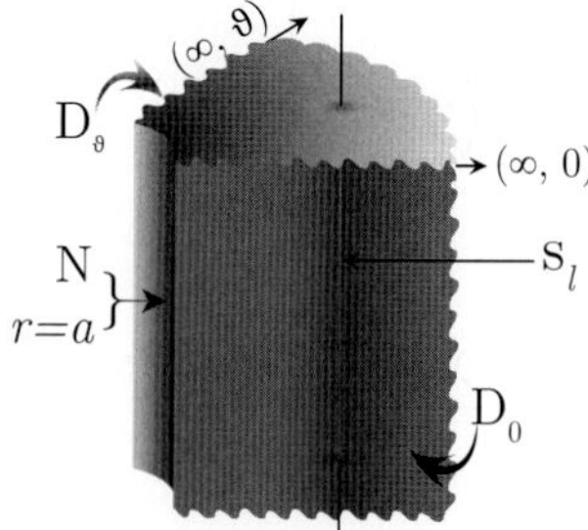

The problem of 16.10, except $\mathbf{N}\equiv\frac{\partial p(a,\theta,t)}{\partial r}=-\left(\frac{\mu}{k_r}\right)\psi(\theta,t)$, an arbitrary function of θ and t. $\mathbf{D_0}\equiv p(r,0,t)=\psi_0(r,t)$ and $\mathbf{D_\vartheta}\equiv p(r,\vartheta,t)=\psi_\vartheta(r,t)$; $\psi_0(r,t)$ and $\psi_\vartheta(r,t)$ are arbitrary functions of r and t. Line source at $s_l\equiv(r_0,\theta_0)$ at time $t=t_0$. The initial pressure $p(r,\theta,0)=\varphi(r,\theta)$

The successive application of the Laplace, Fourier and Neumann-Weber transformations to equation (14.1.1) gives

$$\overline{\overline{\overline{p}}} = \frac{q(s)\,e^{-st_0}\sin(\xi_m\theta_0)\mathcal{G_M}(\xi r_0)}{\phi c_t(\eta_r\xi^2+s)}+\frac{2\overline{\overline{\psi}}(\xi_m,s)}{\pi\phi c_t\xi(\eta_r\xi^2+s)}+$$

$$+\frac{\xi_m\eta_\theta\int_a^\infty \frac{\mathcal{G}_{\mathcal{M}}(\xi u)}{u}\left\{\overline{\psi}_0\left(u,s\right)-\left(-1\right)^m\overline{\psi}_\vartheta\left(u,s\right)\right\}du}{\left(\eta_r\xi^2+s\right)}+\frac{\overline{\overline{\varphi}}(\xi,\xi_m)}{\left(\eta_r\xi^2+s\right)} \tag{16.19.1}$$

where ξ_m is a positive root of $\sin\left(\xi_m\vartheta\right)$, which are $\xi_m=\frac{m\pi}{\vartheta}$, $m=1,2,...,$
$\overline{\overline{\psi}}\left(\xi_m,s\right)=\int_0^\vartheta\psi\left(v,s\right)\sin\left(\xi_m v\right)dv$, $\overline{\overline{\varphi}}(\xi,\xi_m)=\int_a^\infty r\mathcal{G}_{\mathcal{M}}\left(\xi r\right)\int_0^\vartheta\varphi(r,u)\sin\left(\xi_m u\right)du dr$ and
$\mathcal{G}_\nu\left(\xi r\right)=Y_\nu'\left(\xi a\right)J_\nu\left(\xi r\right)-J_\nu'\left(\xi a\right)Y_\nu\left(\xi r\right)$. Successive inverse transforms yield

$$\begin{aligned}\overline{p} &= \frac{2q\left(s\right)e^{-st_0}}{\vartheta\phi c_t}\sum_{m=1}^{\infty}\sin\left(\xi_m\theta_0\right)\sin\left(\xi_m\theta\right)\int_0^\infty\frac{\xi\mathcal{G}_{\mathcal{M}}\left(\xi r_0\right)\mathcal{G}_{\mathcal{M}}\left(\xi r\right)}{\left(\eta_r\xi^2+s\right)\left\{J_{\mathcal{M}}'^2\left(\xi a\right)+Y_{\mathcal{M}}'^2\left(\xi a\right)\right\}}d\xi+\\
&+\frac{4}{\pi\vartheta\phi c_t}\sum_{m=1}^{\infty}\overline{\overline{\psi}}\left(\xi_m,s\right)\sin\left(\xi_m\theta\right)\int_0^\infty\frac{\mathcal{G}_{\mathcal{M}}\left(\xi r\right)}{\left(\eta_r\xi^2+s\right)\left\{J_{\mathcal{M}}'^2\left(\xi a\right)+Y_{\mathcal{M}}'^2\left(\xi a\right)\right\}}d\xi+\\
&+\frac{2\eta_\theta}{\vartheta}\sum_{m=1}^{\infty}\xi_m\sin\left(\xi_m\theta\right)\int_a^\infty\frac{1}{u}\int_0^\infty\frac{\xi\mathcal{G}_{\mathcal{M}}\left(\xi u\right)\mathcal{G}_{\mathcal{M}}\left(\xi r\right)}{\left(\eta_r\xi^2+s\right)\left\{J_{\mathcal{M}}'^2\left(\xi a\right)+Y_{\mathcal{M}}'^2\left(\xi a\right)\right\}}d\xi\left\{\overline{\psi}_0\left(u,s\right)-\left(-1\right)^m\overline{\psi}_\vartheta\left(u,s\right)\right\}du+\\
&+\frac{2}{\vartheta}\sum_{m=1}^{\infty}\sin\left(\xi_m\theta\right)\int_0^\infty\frac{\overline{\overline{\varphi}}(\xi,\xi_m)\xi\mathcal{G}_{\mathcal{M}}\left(\xi r\right)}{\left(\eta_r\xi^2+s\right)\left\{J_{\mathcal{M}}'^2\left(\xi a\right)+Y_{\mathcal{M}}'^2\left(\xi a\right)\right\}}d\xi\end{aligned} \tag{16.19.2}$$

and

$$\begin{aligned}p &= \frac{2U\left(t-t_0\right)}{\vartheta\phi c_t}\sum_{m=1}^{\infty}\sin\left(\xi_m\theta_0\right)\sin\left(\xi_m\theta\right)\int_0^\infty\frac{\xi\mathcal{G}_{\mathcal{M}}\left(\xi r_0\right)\mathcal{G}_{\mathcal{M}}\left(\xi r\right)}{\left\{J_{\mathcal{M}}'^2\left(\xi a\right)+Y_{\mathcal{M}}'^2\left(\xi a\right)\right\}}\int_0^{t-t_0}q\left(t-t_0-\tau\right)e^{-\eta_r\xi^2\tau}d\tau d\xi+\\
&+\frac{4}{\pi\vartheta\phi c_t}\sum_{m=1}^{\infty}\sin\left(\xi_m\theta\right)\int_0^\infty\frac{\mathcal{G}_{\mathcal{M}}\left(\xi r\right)}{\left\{J_{\mathcal{M}}'^2\left(\xi a\right)+Y_{\mathcal{M}}'^2\left(\xi a\right)\right\}}\int_0^t\overline{\psi}\left(\xi_m,\tau\right)e^{-\eta_r\xi^2\left(t-\tau\right)}d\tau d\xi+\\
&+\frac{2\eta_\theta}{\vartheta}\sum_{m=1}^{\infty}\xi_m\sin\left(\xi_m\theta\right)\int_a^\infty\frac{1}{u}\int_0^\infty\frac{\xi\mathcal{G}_{\mathcal{M}}\left(\xi u\right)\mathcal{G}_{\mathcal{M}}\left(\xi r\right)}{\left\{J_{\mathcal{M}}'^2\left(\xi a\right)+Y_{\mathcal{M}}'^2\left(\xi a\right)\right\}}\int_0^t\left\{\psi_0\left(u,\tau\right)-\left(-1\right)^m\psi_\vartheta\left(u,\tau\right)\right\}e^{-\eta_r\xi^2\left(t-\tau\right)}d\tau d\xi du+\\
&+\frac{2}{\vartheta}\sum_{m=1}^{\infty}\sin\left(\xi_m\theta\right)\int_0^\infty\frac{\overline{\varphi}(\xi,\xi_m)\xi\mathcal{G}_{\mathcal{M}}\left(\xi r\right)e^{-\eta_r\xi^2 t}}{\left\{J_{\mathcal{M}}'^2\left(\xi a\right)+Y_{\mathcal{M}}'^2\left(\xi a\right)\right\}}d\xi\end{aligned} \tag{16.19.3}$$

When $\varphi(r,\theta)=p_I$, a constant, the solution is obtained by replacing the terms corresponding to the initial condition (the last term) in equations (16.19.2) and (16.19.3) with

$$\overline{p}=\frac{2p_I\eta_\theta}{\vartheta s}\sum_{m=1}^{\infty}\xi_m\left\{\left(-1\right)^m-1\right\}\sin\left(\xi_m\theta\right)\int_a^\infty\frac{1}{u}\int_0^\infty\frac{\xi\mathcal{G}_{\mathcal{M}}\left(\xi u\right)\mathcal{G}_{\mathcal{M}}\left(\xi r\right)}{\left(\eta_r\xi^2+s\right)\left\{J_{\mathcal{M}}'^2\left(\xi a\right)+Y_{\mathcal{M}}'^2\left(\xi a\right)\right\}}d\xi du+\frac{p_I}{s} \tag{16.19.4}$$

and

$$p=\frac{2p_I\dot{o}^2}{\vartheta}\sum_{m=1}^{\infty}\xi_m\left\{\left(-1\right)^m-1\right\}\sin\left(\xi_m\theta\right)\int_a^\infty\frac{1}{u}\int_0^\infty\frac{\mathcal{G}_{\mathcal{M}}\left(\xi u\right)\mathcal{G}_{\mathcal{M}}\left(\xi r\right)\left(1-e^{-\eta_r\xi^2 t}\right)}{\xi\left\{J_{\mathcal{M}}'^2\left(\xi a\right)+Y_{\mathcal{M}}'^2\left(\xi a\right)\right\}}d\xi du+p_I \tag{16.19.5}$$

16.20

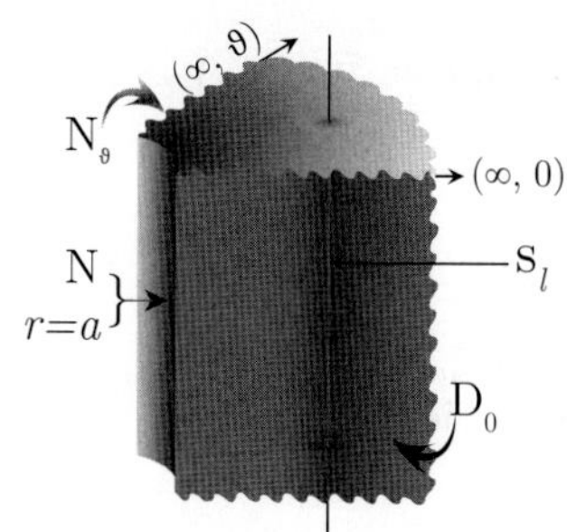

The problem of 16.19, except $D_0 \equiv p(r,0,t) = \psi_0(r,t)$, $N_\vartheta \equiv \frac{\partial p(r,\vartheta,t)}{\partial\theta} = -\left(\frac{\mu}{k_\theta}\right)\psi_\vartheta(r,t)$ and $N \equiv \frac{\partial p(a,\theta,t)}{\partial r} = -\left(\frac{\mu}{k_r}\right)\psi(\theta,t)$

The successive application of the Laplace, Fourier and Neumann-Weber transformations to equation (14.1.1) gives

$$\begin{aligned}\overline{\overline{\overline{p}}} &= \frac{q(s)e^{-st_0}\sin(\xi_m\theta_0)\mathcal{G}_{\mathcal{M}}(\xi r_0)}{\phi c_t(\eta_r\xi^2+s)} + \frac{2\overline{\overline{\psi}}(\xi_m,s)}{\pi\phi c_t\xi(\eta_r\xi^2+s)} + \\ &+ \frac{\eta_\theta\int_a^\infty\frac{\mathcal{G}_{\mathcal{M}}(\xi u)}{u}\left\{\xi_m\overline{\psi}_0(u,s) + (-1)^m\left(\frac{\mu}{k_\theta}\right)\overline{\psi}_\vartheta(u,s)\right\}du}{(\eta_r\xi^2+s)} + \frac{\overline{\overline{\varphi}}(\xi,\xi_m)}{(\eta_r\xi^2+s)}\end{aligned} \tag{16.20.1}$$

where ξ_m is a positive root of $\cos(\xi_m\vartheta)$, which are $\xi_m = \frac{(2m-1)\pi}{2\vartheta}$, $m = 1, 2, ...,$ $\overline{\overline{\psi}}(\xi_m,s) = \int_0^\vartheta\psi(v,s)\sin(\xi_m v)dv$, $\overline{\overline{\varphi}}(\xi,\xi_m) = \int_a^\infty r\mathcal{G}_{\mathcal{M}}(\xi r)\int_0^\vartheta\varphi(r,u)\sin(\xi_m u)dudr$ and $\mathcal{G}_\nu(\xi r) = Y_\nu'(\xi a)J_\nu(\xi r) - J_\nu'(\xi a)Y_\nu(\xi r)$. Successive inverse transforms yield

$$\begin{aligned}\overline{p} &= \frac{2q(s)e^{-st_0}}{\vartheta\phi c_t}\sum_{m=1}^\infty\sin(\xi_m\theta_0)\sin(\xi_m\theta)\int_0^\infty\frac{\xi\mathcal{G}_{\mathcal{M}}(\xi r_0)\mathcal{G}_{\mathcal{M}}(\xi r)}{(\eta_r\xi^2+s)\{J_{\mathcal{M}}'^2(\xi a)+Y_{\mathcal{M}}'^2(\xi a)\}}d\xi + \\ &+ \frac{4}{\pi\vartheta\phi c_t}\sum_{m=1}^\infty\overline{\overline{\psi}}(\xi_m,s)\sin(\xi_m\theta)\int_0^\infty\frac{\mathcal{G}_{\mathcal{M}}(\xi r)}{(\eta_r\xi^2+s)\{J_{\mathcal{M}}'^2(\xi a)+Y_{\mathcal{M}}'^2(\xi a)\}}d\xi + \\ &+ \frac{2\eta_\theta}{\vartheta}\sum_{m=1}^\infty\sin(\xi_m\theta)\int_a^\infty\frac{1}{u}\int_0^\infty\frac{\xi\mathcal{G}_{\mathcal{M}}(\xi u)\mathcal{G}_{\mathcal{M}}(\xi r)}{(\eta_r\xi^2+s)\{J_{\mathcal{M}}'^2(\xi a)+Y_{\mathcal{M}}'^2(\xi a)\}}d\xi\left\{\xi_m\overline{\psi}_0(u,s) + (-1)^m\left(\frac{\mu}{k_\theta}\right)\overline{\psi}_\vartheta(u,s)\right\}du + \\ &+ \frac{2}{\vartheta}\sum_{m=1}^\infty\sin(\xi_m\theta)\int_0^\infty\frac{\overline{\overline{\varphi}}(\xi,\xi_m)\xi\mathcal{G}_{\mathcal{M}}(\xi r)}{(\eta_r\xi^2+s)\{J_{\mathcal{M}}'^2(\xi a)+Y_{\mathcal{M}}'^2(\xi a)\}}d\xi\end{aligned} \tag{16.20.2}$$

and

$$\begin{aligned}p &= \frac{2U(t-t_0)}{\vartheta\phi c_t}\sum_{m=1}^\infty\sin(\xi_m\theta_0)\sin(\xi_m\theta)\int_0^\infty\frac{\xi\mathcal{G}_{\mathcal{M}}(\xi r_0)\mathcal{G}_{\mathcal{M}}(\xi r)}{\{J_{\mathcal{M}}'^2(\xi a)+Y_{\mathcal{M}}'^2(\xi a)\}}\int_0^{t-t_0}q(t-t_0-\tau)e^{-\eta_r\xi^2\tau}d\tau d\xi + \\ &+ \frac{4}{\pi\vartheta\phi c_t}\sum_{m=1}^\infty\sin(\xi_m\theta)\int_0^\infty\frac{\mathcal{G}_{\mathcal{M}}(\xi r)}{\{J_{\mathcal{M}}'^2(\xi a)+Y_{\mathcal{M}}'^2(\xi a)\}}\int_0^t\overline{\psi}(\xi_m,\tau)e^{-\eta_r\xi^2(t-\tau)}d\tau d\xi + \\ &+ \frac{2\eta_\theta}{\vartheta}\sum_{m=1}^\infty\sin(\xi_m\theta)\times \\ &\times\int_a^\infty\frac{1}{u}\int_0^\infty\frac{\xi\mathcal{G}_{\mathcal{M}}(\xi u)\mathcal{G}_{\mathcal{M}}(\xi r)}{\{J_{\mathcal{M}}^2(\xi a)+Y_{\mathcal{M}}^2(\xi a)\}}\int_0^t\left\{\xi_m\psi_0(u,\tau) + (-1)^m\left(\frac{\mu}{k_\theta}\right)\psi_\vartheta(u,\tau)\right\}e^{-\eta_r\xi^2(t-\tau)}d\tau d\xi du + \\ &+ \frac{2}{\vartheta}\sum_{m=1}^\infty\sin(\xi_m\theta)\int_0^\infty\frac{\overline{\overline{\varphi}}(\xi,\xi_m)\xi\mathcal{G}_{\mathcal{M}}(\xi r)e^{-\eta_r\xi^2 t}}{\{J_{\mathcal{M}}^2(\xi a)+Y_{\mathcal{M}}^2(\xi a)\}}d\xi\end{aligned} \tag{16.20.3}$$

When $\varphi(r,\theta)=p_I$, a constant, the solution is obtained by replacing the terms corresponding to the initial condition (the last term) in equations (16.20.2) and (16.20.3) with

$$\overline{p}=\frac{p_I}{s}-\frac{2p_I\eta_\theta}{\vartheta s}\sum_{m=1}^{\infty}\xi_m\sin\left(\xi_m\theta\right)\int_a^{\infty}\frac{1}{u}\int_0^{\infty}\frac{\xi\mathcal{G}_{\mathcal{M}}\left(\xi u\right)\mathcal{G}_{\mathcal{M}}\left(\xi r\right)}{\left(\eta_r\xi^2+s\right)\left\{J_{\mathcal{M}}'^2\left(\xi a\right)+Y_{\mathcal{M}}'^2\left(\xi a\right)\right\}}d\xi du \tag{16.20.4}$$

and

$$p=\frac{2p_I\dot{o}^2}{\vartheta}\sum_{m=1}^{\infty}\xi_m\sin\left(\xi_m\theta\right)\int_a^{\infty}\frac{1}{u}\int_0^{\infty}\frac{\mathcal{G}_{\mathcal{M}}\left(\xi u\right)\mathcal{G}_{\mathcal{M}}\left(\xi r\right)\left(e^{-\eta_r\xi^2t}-1\right)}{u\xi\left\{J_{\mathcal{M}}'^2\left(\xi a\right)+Y_{\mathcal{M}}'^2\left(\xi a\right)\right\}}d\xi du+p_I \tag{16.20.5}$$

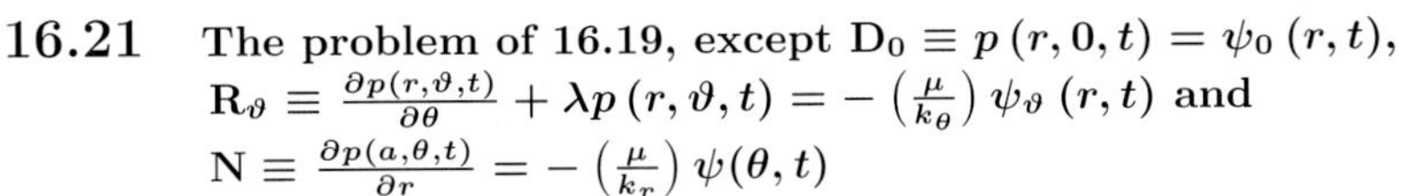

16.21 The problem of 16.19, except $\mathbf{D_0}\equiv p\left(r,0,t\right)=\psi_0\left(r,t\right)$, $\mathbf{R_\vartheta}\equiv\frac{\partial p(r,\vartheta,t)}{\partial\theta}+\lambda p\left(r,\vartheta,t\right)=-\left(\frac{\mu}{k_\theta}\right)\psi_\vartheta\left(r,t\right)$ and $\mathbf{N}\equiv\frac{\partial p(a,\theta,t)}{\partial r}=-\left(\frac{\mu}{k_r}\right)\psi(\theta,t)$

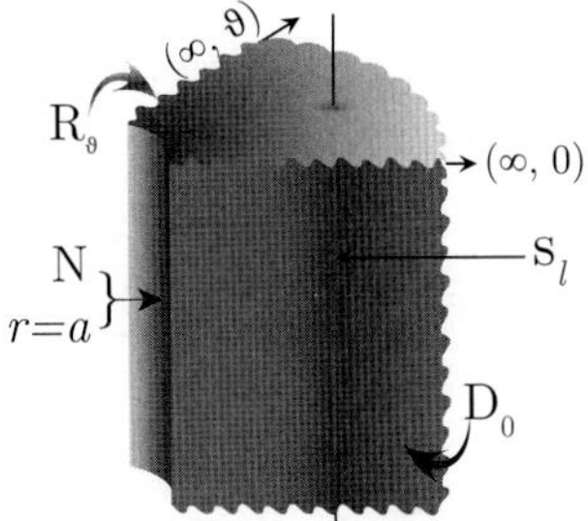

The successive application of the Laplace, Fourier and Neumann-Weber transformations to equation (14.1.1) gives

$$\begin{aligned}\overline{\overline{\overline{p}}}=&\frac{q\left(s\right)e^{-st_0}\sin\left(\xi_m\theta_0\right)\mathcal{G}_{\mathcal{M}}\left(\xi r_0\right)}{\phi c_t\left(\eta_r\xi^2+s\right)}+\frac{2\overline{\overline{\psi}}\left(\xi_m,s\right)}{\pi\phi c_t\xi\left(\eta_r\xi^2+s\right)}+\\&+\frac{\eta_\theta\int_a^{\infty}\frac{\mathcal{G}_{\mathcal{M}}(\xi u)}{u}\left\{\xi_m\overline{\psi}_0\left(u,s\right)-\left(\frac{\mu}{k_\theta}\right)\overline{\psi}_\vartheta\left(u,s\right)\sin\left(\xi_m\vartheta\right)\right\}du}{\left(\eta_r\xi^2+s\right)}+\frac{\overline{\overline{\varphi}}(\xi,\xi_m)}{\left(\eta_r\xi^2+s\right)}\end{aligned} \tag{16.21.1}$$

where ξ_m is a positive root of $\xi_m\cot\left(\xi_m\vartheta\right)=-\lambda$, $m=1,2,\ldots$, $\overline{\overline{\psi}}\left(\xi_m,s\right)=\int_0^{\vartheta}\psi\left(v,s\right)\sin\left(\xi_m v\right)dv$, $\overline{\overline{\varphi}}(\xi,\xi_m)=\int_a^{\infty}r\mathcal{G}_{\mathcal{M}}\left(\xi r\right)\int_0^{\vartheta}\varphi(r,u)\sin\left(\xi_m u\right)dudr$ and $\mathcal{G}_\nu\left(\xi r\right)=Y_\nu'\left(\xi a\right)J_\nu\left(\xi r\right)-J_\nu'\left(\xi a\right)Y_\nu\left(\xi r\right)$. Successive inverse transforms yield

$$\begin{aligned}\overline{p}=&\frac{2q\left(s\right)e^{-st_0}}{\phi c_t}\sum_{m=1}^{\infty}\frac{\left(\xi_m^2+\lambda^2\right)\sin\left(\xi_m\theta_0\right)\sin\left(\xi_m\theta\right)}{\vartheta\left(\xi_m^2+\lambda^2\right)+\lambda}\int_0^{\infty}\frac{\xi\mathcal{G}_{\mathcal{M}}\left(\xi r_0\right)\mathcal{G}_{\mathcal{M}}\left(\xi r\right)}{\left(\eta_r\xi^2+s\right)\left\{J_{\mathcal{M}}'^2\left(\xi a\right)+Y_{\mathcal{M}}'^2\left(\xi a\right)\right\}}d\xi+\\&+\frac{4}{\pi\phi c_t}\sum_{m=1}^{\infty}\frac{\overline{\overline{\psi}}\left(\xi_m,s\right)\left(\xi_m^2+\lambda^2\right)\sin\left(\xi_m\theta\right)}{\vartheta\left(\xi_m^2+\lambda^2\right)+\lambda}\int_0^{\infty}\frac{\mathcal{G}_{\mathcal{M}}\left(\xi r\right)}{\left(\eta_r\xi^2+s\right)\left\{J_{\mathcal{M}}'^2\left(\xi a\right)+Y_{\mathcal{M}}'^2\left(\xi a\right)\right\}}d\xi+\\&+2\eta_\theta\sum_{m=1}^{\infty}\frac{\left(\xi_m^2+\lambda^2\right)\sin\left(\xi_m\theta\right)}{\vartheta\left(\xi_m^2+\lambda^2\right)+\lambda}\times\\&\times\int_a^{\infty}\frac{1}{u}\int_0^{\infty}\frac{\xi\mathcal{G}_{\mathcal{M}}\left(\xi u\right)\mathcal{G}_{\mathcal{M}}\left(\xi r\right)}{\left(\eta_r\xi^2+s\right)\left\{J_{\mathcal{M}}'^2\left(\xi a\right)+Y_{\mathcal{M}}'^2\left(\xi a\right)\right\}}d\xi\left\{\xi_m\overline{\psi}_0\left(u,s\right)-\left(\frac{\mu}{k_\theta}\right)\overline{\psi}_\vartheta\left(u,s\right)\sin\left(\xi_m\vartheta\right)\right\}du+\\&+2\sum_{m=1}^{\infty}\frac{\left(\xi_m^2+\lambda^2\right)\sin\left(\xi_m\theta\right)}{\vartheta\left(\xi_m^2+\lambda^2\right)+\lambda}\int_0^{\infty}\frac{\overline{\overline{\varphi}}(\xi,\xi_m)\xi\mathcal{G}_{\mathcal{M}}\left(\xi r\right)}{\left(\eta_r\xi^2+s\right)\left\{J_{\mathcal{M}}'^2\left(\xi a\right)+Y_{\mathcal{M}}'^2\left(\xi a\right)\right\}}d\xi\end{aligned} \tag{16.21.2}$$

and

$$p=\frac{2U\left(t-t_0\right)}{\phi c_t}\sum_{m=1}^{\infty}\frac{\left(\xi_m^2+\lambda^2\right)\sin\left(\xi_m\theta_0\right)\sin\left(\xi_m\theta\right)}{\vartheta\left(\xi_m^2+\lambda^2\right)+\lambda}\int_0^{\infty}\frac{\xi\mathcal{G}_{\mathcal{M}}\left(\xi r_0\right)\mathcal{G}_{\mathcal{M}}\left(\xi r\right)}{\left\{J_{\mathcal{M}}'^2\left(\xi a\right)+Y_{\mathcal{M}}'^2\left(\xi a\right)\right\}}\int_0^{t-t_0}q\left(t-t_0-\tau\right)e^{-\eta_r\xi^2\tau}d\tau d\xi+$$

$$+\frac{4}{\pi\phi c_t}\sum_{m=1}^{\infty}\frac{\left(\xi_m^2+\lambda^2\right)\sin\left(\xi_m\theta\right)}{\vartheta\left(\xi_m^2+\lambda^2\right)+\lambda}\int_0^{\infty}\frac{\mathcal{G}_{\mathcal{M}}\left(\xi r\right)}{\left\{J_{\mathcal{M}}'^2\left(\xi a\right)+Y_{\mathcal{M}}'^2\left(\xi a\right)\right\}}\int_0^t\overline{\psi}\left(\xi_m,\tau\right)e^{-\eta_r\xi^2(t-\tau)}d\tau d\xi+$$

$$+2\eta_\theta\sum_{m=1}^{\infty}\frac{\left(\xi_m^2+\lambda^2\right)\sin\left(\xi_m\theta\right)}{\vartheta\left(\xi_m^2+\lambda^2\right)+\lambda}\times$$

$$\times\int_a^{\infty}\frac{1}{u}\int_0^{\infty}\frac{\xi\mathcal{G}_{\mathcal{M}}\left(\xi u\right)\mathcal{G}_{\mathcal{M}}\left(\xi r\right)}{\left\{J_{\mathcal{M}}'^2\left(\xi a\right)+Y_{\mathcal{M}}'^2\left(\xi a\right)\right\}}\int_0^t\left\{\xi_m\psi_0\left(u,\tau\right)-\left(\frac{\mu}{k_\theta}\right)\psi_\vartheta\left(u,\tau\right)\sin\left(\xi_m\vartheta\right)\right\}d\tau e^{-\eta_r\xi^2(t-\tau)}d\xi du+$$

$$+2\sum_{m=1}^{\infty}\frac{\left(\xi_m^2+\lambda^2\right)\sin\left(\xi_m\theta\right)}{\vartheta\left(\xi_m^2+\lambda^2\right)+\lambda}\int_0^{\infty}\frac{\overline{\overline{\varphi}}(\xi,\xi_m)\xi\mathcal{G}_{\mathcal{M}}\left(\xi r\right)e^{-\eta_r\xi^2t}}{\left\{J_{\mathcal{M}}'^2\left(\xi a\right)+Y_{\mathcal{M}}'^2\left(\xi a\right)\right\}}d\xi \tag{16.21.3}$$

When $\varphi(r,\theta)=p_I$, a constant, the solution is obtained by replacing the terms corresponding to the initial condition (the last term) in equations (16.21.2) and (16.21.3) with

$$\overline{p}=\frac{p_I}{s}-\frac{2p_I\eta_\theta}{s}\sum_{m=1}^{\infty}\frac{\left\{\xi_m+\lambda\sin\left(\xi_m\vartheta\right)\right\}\left(\xi_m^2+\lambda^2\right)\sin\left(\xi_m\theta\right)}{\vartheta\left(\xi_m^2+\lambda^2\right)+\lambda}\int_a^{\infty}\frac{1}{u}\int_0^{\infty}\frac{\xi\mathcal{G}_{\mathcal{M}}\left(\xi u\right)\mathcal{G}_{\mathcal{M}}\left(\xi r\right)}{\left(\eta_r\xi^2+s\right)\left\{J_{\mathcal{M}}'^2\left(\xi a\right)+Y_{\mathcal{M}}'^2\left(\xi a\right)\right\}}d\xi du \tag{16.21.4}$$

and

$$p=2p_I\dot{o}^2\sum_{m=1}^{\infty}\frac{\left\{\xi_m+\lambda\sin\left(\xi_m\vartheta\right)\right\}\left(\xi_m^2+\lambda^2\right)\sin\left(\xi_m\theta\right)}{\vartheta\left(\xi_m^2+\lambda^2\right)+\lambda}\int_a^{\infty}\frac{1}{u}\int_0^{\infty}\frac{\mathcal{G}_{\mathcal{M}}\left(\xi u\right)\mathcal{G}_{\mathcal{M}}\left(\xi r\right)\left(e^{-\eta_r\xi^2t}-1\right)}{\xi\left\{J_{\mathcal{M}}'^2\left(\xi a\right)+Y_{\mathcal{M}}'^2\left(\xi a\right)\right\}}d\xi du+p_I \tag{16.21.5}$$

16.22

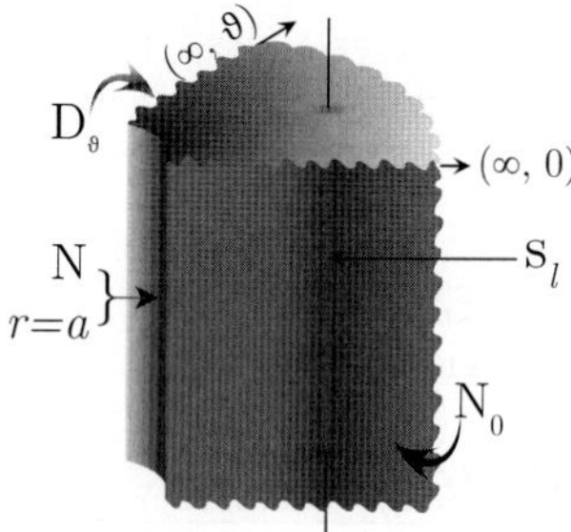

The problem of 16.19, except $\mathbf{N_0}\equiv\frac{\partial p(r,0,t)}{\partial\theta}=-\left(\frac{\mu}{k_\theta}\right)\psi_0\left(r,t\right)$, $\mathbf{D_\vartheta}\equiv p\left(r,\vartheta,t\right)=\psi_\vartheta\left(r,t\right)$ **and** $\mathbf{N}\equiv\frac{\partial p(a,\theta,t)}{\partial r}=-\left(\frac{\mu}{k_r}\right)\psi(\theta,t)$

The successive application of the Laplace, Fourier and Neumann-Weber transformations to equation (14.1.1) gives

$$\overline{\overline{\overline{p}}}=\frac{q\left(s\right)e^{-st_0}\cos\left(\xi_m\theta_0\right)\mathcal{G}_{\mathcal{M}}\left(\xi r_0\right)}{\phi c_t\left(\eta_r\xi^2+s\right)}+\frac{2\overline{\overline{\psi}}\left(\xi_m,s\right)}{\pi\phi c_t\xi\left(\eta_r\xi^2+s\right)}+$$

$$+\frac{\eta_\theta\int_a^{\infty}\frac{\mathcal{G}_{\mathcal{M}}(\xi u)}{u}\left\{\left(-1\right)^{m+1}\xi_m\overline{\psi}_\vartheta\left(u,s\right)+\left(\frac{\mu}{k_\theta}\right)\overline{\psi}_0\left(u,s\right)\right\}du}{\left(\eta_r\xi^2+s\right)}+\frac{\overline{\overline{\varphi}}(\xi,\xi_m)}{\left(\eta_r\xi^2+s\right)} \tag{16.22.1}$$

where ξ_m is a positive root of $\cos\left(\xi_m\vartheta\right)$, which are $\xi_m=\frac{(2m-1)\pi}{2\vartheta}$, $m=1,2,...$, $\overline{\overline{\psi}}\left(\xi_m,s\right)=\int_0^{\vartheta}\psi\left(v,s\right)\cos\left(\xi_m v\right)dv$, $\overline{\overline{\varphi}}(\xi,\xi_m)=\int_a^{\infty}r\mathcal{G}_{\mathcal{M}}\left(\xi r\right)\int_0^{\vartheta}\varphi(r,u)\cos\left(\xi_m u\right)dudr$ and $\mathcal{G}_\nu\left(\xi r\right)=Y_\nu'\left(\xi a\right)J_\nu\left(\xi r\right)-J_\nu'\left(\xi a\right)Y_\nu\left(\xi r\right)$. Successive inverse transforms yield

$$\overline{p}=\frac{2q\left(s\right)e^{-st_0}}{\vartheta\phi c_t}\sum_{m=1}^{\infty}\cos\left(\xi_m\theta_0\right)\cos\left(\xi_m\theta\right)\int_0^{\infty}\frac{\xi\mathcal{G}_{\mathcal{M}}\left(\xi r_0\right)\mathcal{G}_{\mathcal{M}}\left(\xi r\right)}{\left(\eta_r\xi^2+s\right)\left\{J_{\mathcal{M}}'^2\left(\xi a\right)+Y_{\mathcal{M}}'^2\left(\xi a\right)\right\}}d\xi+$$

$$+\frac{4}{\pi\vartheta\phi c_t}\sum_{m=1}^{\infty}\overline{\overline{\psi}}\left(\xi_m,s\right)\cos\left(\xi_m\theta\right)\int_0^{\infty}\frac{\mathcal{G}_{\mathcal{M}}\left(\xi r\right)}{\left(\eta_r\xi^2+s\right)\left\{J_{\mathcal{M}}'^2\left(\xi a\right)+Y_{\mathcal{M}}'^2\left(\xi a\right)\right\}}d\xi+$$

$$+\frac{2\eta_\theta}{\vartheta}\sum_{m=1}^{\infty}\xi_m\cos\left(\xi_m\theta\right)\times$$
$$\times\int_a^{\infty}\frac{1}{u}\int_0^{\infty}\frac{\xi\mathcal{G}_{\mathcal{M}}\left(\xi u\right)\mathcal{G}_{\mathcal{M}}\left(\xi r\right)}{\left(\eta_r\xi^2+s\right)\left\{J_{\mathcal{M}}^2\left(\xi a\right)+Y_{\mathcal{M}}^2\left(\xi a\right)\right\}}d\xi\left\{\left(-1\right)^{m+1}\xi_m\overline{\psi}_\vartheta\left(u,s\right)+\left(\frac{\mu}{k_\theta}\right)\overline{\psi}_0\left(u,s\right)\right\}du+$$
$$+\frac{2}{\vartheta}\sum_{m=1}^{\infty}\cos\left(\xi_m\theta\right)\int_0^{\infty}\frac{\overline{\overline{\varphi}}(\xi,\xi_m)\xi\mathcal{G}_{\mathcal{M}}\left(\xi r\right)}{\left(\eta_r\xi^2+s\right)\left\{J_{\mathcal{M}}'^2\left(\xi a\right)+Y_{\mathcal{M}}'^2\left(\xi a\right)\right\}}d\xi \tag{16.22.2}$$

and

$$p=\frac{2U\left(t-t_0\right)}{\vartheta\phi c_t}\sum_{m=1}^{\infty}\cos\left(\xi_m\theta_0\right)\cos\left(\xi_m\theta\right)\int_0^{\infty}\frac{\xi\mathcal{G}_{\mathcal{M}}\left(\xi r_0\right)\mathcal{G}_{\mathcal{M}}\left(\xi r\right)}{\left\{J_{\mathcal{M}}'^2\left(\xi a\right)+Y_{\mathcal{M}}'^2\left(\xi a\right)\right\}}\int_0^{t-t_0}q\left(t-t_0-\tau\right)e^{-\eta_r\xi^2\tau}d\tau d\xi+$$
$$+\frac{4}{\pi\vartheta\phi c_t}\sum_{m=1}^{\infty}\cos\left(\xi_m\theta\right)\int_0^{\infty}\frac{\mathcal{G}_{\mathcal{M}}\left(\xi r\right)}{\left\{J_{\mathcal{M}}'^2\left(\xi a\right)+Y_{\mathcal{M}}'^2\left(\xi a\right)\right\}}\int_0^{t}\overline{\psi}\left(\xi_m,\tau\right)e^{-\eta_r\xi^2(t-\tau)}d\tau d\xi+$$
$$+\frac{2\eta_\theta}{\vartheta}\sum_{m=1}^{\infty}\xi_m\cos\left(\xi_m\theta\right)\times$$
$$\times\int_a^{\infty}\frac{1}{u}\int_0^{\infty}\frac{\xi\mathcal{G}_{\mathcal{M}}\left(\xi u\right)\mathcal{G}_{\mathcal{M}}\left(\xi r\right)}{\left\{J_{\mathcal{M}}^2\left(\xi a\right)+Y_{\mathcal{M}}^2\left(\xi a\right)\right\}}\int_0^{t}\left\{\left(-1\right)^{m+1}\xi_m\psi_\vartheta\left(u,\tau\right)+\left(\frac{\mu}{k_\theta}\right)\psi_0\left(u,\tau\right)\right\}e^{-\eta_r\xi^2(t-\tau)}d\tau d\xi du+$$
$$+\frac{2}{\vartheta}\sum_{m=1}^{\infty}\cos\left(\xi_m\theta\right)\int_0^{\infty}\frac{\overline{\overline{\varphi}}(\xi,\xi_m)\xi\mathcal{G}_{\mathcal{M}}\left(\xi r\right)e^{-\eta_r\xi^2t}}{\left\{J_{\mathcal{M}}'^2\left(\xi a\right)+Y_{\mathcal{M}}'^2\left(\xi a\right)\right\}}d\xi \tag{16.22.3}$$

When $\varphi(r,\theta)=p_I$, a constant, the solution is obtained by replacing the terms corresponding to the initial condition (the last term) in equations (16.22.2) and (16.22.3) with

$$\overline{p}=\frac{p_I}{s}-\frac{2p_I\eta_\theta}{\vartheta s}\sum_{m=1}^{\infty}\xi_m\left(-1\right)^{m+1}\cos\left(\xi_m\theta\right)\int_a^{\infty}\frac{1}{u}\int_0^{\infty}\frac{\xi\mathcal{G}_{\mathcal{M}}\left(\xi u\right)\mathcal{G}_{\mathcal{M}}\left(\xi r\right)}{\left(\eta_r\xi^2+s\right)\left\{J_{\mathcal{M}}'^2\left(\xi a\right)+Y_{\mathcal{M}}'^2\left(\xi a\right)\right\}}d\xi du \tag{16.22.4}$$

and

$$p=p_I-\frac{2p_I\dot{o}^2}{\vartheta}\sum_{m=1}^{\infty}\xi_m\left(-1\right)^{m+1}\cos\left(\xi_m\theta\right)\int_a^{\infty}\frac{1}{u}\int_0^{\infty}\frac{\mathcal{G}_{\mathcal{M}}\left(\xi u\right)\mathcal{G}_{\mathcal{M}}\left(\xi r\right)\left(1-e^{-\eta_r\xi^2t}\right)}{\xi\left\{J_{\mathcal{M}}'^2\left(\xi a\right)+Y_{\mathcal{M}}'^2\left(\xi a\right)\right\}}d\xi du \tag{16.22.5}$$

16.23 The problem of 16.19, except $\mathbf{N_0}\equiv\frac{\partial p(r,0,t)}{\partial\theta}=-\left(\frac{\mu}{k_\theta}\right)\psi_0\left(r,t\right)$, $\mathbf{N_\vartheta}\equiv\frac{\partial p(r,\vartheta,t)}{\partial\theta}=-\left(\frac{\mu}{k_\theta}\right)\psi_\vartheta\left(r,t\right)$ and $\mathbf{N}\equiv\frac{\partial p(a,\theta,t)}{\partial r}=-\left(\frac{\mu}{k_r}\right)\psi(\theta,t)$

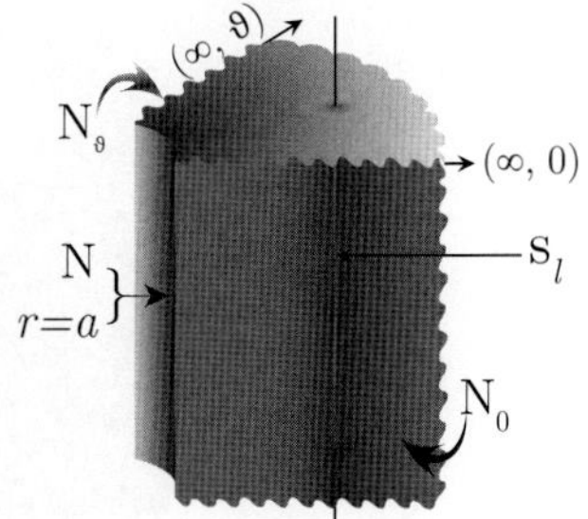

The successive application of the Laplace, Fourier and Neumann-Weber transformations to equation (14.1.1) gives

$$\overline{\overline{\overline{p}}}=\frac{q\left(s\right)e^{-st_0}\cos\left(\xi_m\theta_0\right)\mathcal{G}_{\mathcal{M}}\left(\xi r_0\right)}{\phi c_t\left(\eta_r\xi^2+s\right)}+\frac{2\overline{\overline{\psi}}\left(\xi_m,s\right)}{\pi\phi c_t\xi\left(\eta_r\xi^2+s\right)}+$$
$$+\frac{\int_a^{\infty}\frac{\mathcal{G}_{\mathcal{M}}(\xi u)}{u}\left\{\left(-1\right)^{m+1}\overline{\psi}_\vartheta\left(u,s\right)+\overline{\psi}_0\left(u,s\right)\right\}du}{\phi c_t\left(\eta_r\xi^2+s\right)}+\frac{\overline{\overline{\varphi}}(\xi,\xi_m)}{\left(\eta_r\xi^2+s\right)} \tag{16.23.1}$$

where ξ_m is a positive root of $\sin(\xi_m\vartheta)$, which are $\frac{m\pi}{\vartheta}$, $m = 0, 1, ...,$ $\overline{\overline{\psi}}(\xi_m, s) = \int_0^\vartheta \psi(v,s)\cos(\xi_m v)dv$, $\overline{\overline{\varphi}}(\xi,\xi_m) = \int_a^\infty r\mathcal{G}_\mathcal{M}(\xi r)\int_0^\vartheta \varphi(r,u)\cos(\xi_m u)dudr$ and $\mathcal{G}_\nu(\xi r) = Y'_\nu(\xi a)J_\nu(\xi r) - J'_\nu(\xi a)Y_\nu(\xi r)$. Successive inverse transforms yield

$$\begin{aligned}\overline{p} =& \frac{2q(s)e^{-st_0}}{\vartheta\phi c_t}\sum_{m=0}^{\infty}\ni_m\cos(\xi_m\theta_0)\cos(\xi_m\theta)\int_0^\infty \frac{\xi\mathcal{G}_\mathcal{M}(\xi r_0)\mathcal{G}_\mathcal{M}(\xi r)}{(\eta_r\xi^2+s)\{J'^2_\mathcal{M}(\xi a)+Y'^2_\mathcal{M}(\xi a)\}}d\xi+\\ &+\frac{4}{\pi\vartheta\phi c_t}\sum_{m=0}^{\infty}\ni_m\overline{\overline{\psi}}(\xi_m,s)\cos(\xi_m\theta)\int_0^\infty\frac{\mathcal{G}_\mathcal{M}(\xi r)}{(\eta_r\xi^2+s)\{J'^2_\mathcal{M}(\xi a)+Y'^2_\mathcal{M}(\xi a)\}}d\xi+\\ &+\frac{2}{\vartheta\phi c_t}\sum_{m=0}^{\infty}\ni_m\xi_m\cos(\xi_m\theta)\int_a^\infty\frac{1}{u}\int_0^\infty\frac{\xi\mathcal{G}_\mathcal{M}(\xi u)\mathcal{G}_\mathcal{M}(\xi r)}{(\eta_r\xi^2+s)\{J^2_\mathcal{M}(\xi a)+Y^2_\mathcal{M}(\xi a)\}}d\xi\left\{(-1)^{m+1}\overline{\psi}_\vartheta(u,s)+\overline{\psi}_0(u,s)\right\}du+\\ &+\frac{2}{\vartheta}\sum_{m=0}^{\infty}\ni_m\cos(\xi_m\theta)\int_0^\infty\frac{\overline{\overline{\varphi}}(\xi,\xi_m)\xi\mathcal{G}_\mathcal{M}(\xi r)}{(\eta_r\xi^2+s)\{J'^2_\mathcal{M}(\xi a)+Y'^2_\mathcal{M}(\xi a)\}}d\xi\end{aligned}\tag{16.23.2}$$

and

$$\begin{aligned}p =& \frac{2U(t-t_0)}{\vartheta\phi c_t}\sum_{m=0}^{\infty}\ni_m\cos(\xi_m\theta_0)\cos(\xi_m\theta)\int_0^\infty\frac{\xi\mathcal{G}_\mathcal{M}(\xi r_0)\mathcal{G}_\mathcal{M}(\xi r)}{\{J'^2_\mathcal{M}(\xi a)+Y'^2_\mathcal{M}(\xi a)\}}\int_0^{t-t_0}q(t-t_0-\tau)e^{-\eta_r\xi^2\tau}d\tau d\xi+\\ &+\frac{4}{\pi\vartheta\phi c_t}\sum_{m=0}^{\infty}\ni_m\cos(\xi_m\theta)\int_0^\infty\frac{\mathcal{G}_\mathcal{M}(\xi r)}{\{J'^2_\mathcal{M}(\xi a)+Y'^2_\mathcal{M}(\xi a)\}}\int_0^t\overline{\psi}(\xi_m,\tau)e^{-\eta_r\xi^2(t-\tau)}d\tau d\xi+\\ &+\frac{2}{\vartheta\phi c_t}\sum_{m=0}^{\infty}\ni_m\xi_m\cos(\xi_m\theta)\times\\ &\times\int_a^\infty\frac{1}{u}\int_0^\infty\frac{\xi\mathcal{G}_\mathcal{M}(\xi u)\mathcal{G}_\mathcal{M}(\xi r)}{\{J^2_\mathcal{M}(\xi a)+Y^2_\mathcal{M}(\xi a)\}}\int_0^t\left\{(-1)^{m+1}\psi_\vartheta(u,\tau)+\psi_0(u,\tau)\right\}e^{-\eta_r\xi^2(t-\tau)}d\tau d\xi du+\\ &+\frac{2}{\vartheta}\sum_{m=0}^{\infty}\ni_m\cos(\xi_m\theta)\int_0^\infty\frac{\overline{\overline{\varphi}}(\xi,\xi_m)\xi\mathcal{G}_\mathcal{M}(\xi r)e^{-\eta_r\xi^2 t}}{\{J'^2_\mathcal{M}(\xi a)+Y'^2_\mathcal{M}(\xi a)\}}d\xi\end{aligned}\tag{16.23.3}$$

When $\varphi(r,\theta) = p_I$, a constant, the solution is obtained by replacing the terms corresponding to the initial condition (the last term) in equations (16.23.2) and (16.23.3) with $\frac{p_I}{s}$ and p_I, respectively.

16.24

The problem of 16.19, except
$\mathbf{N_0} \equiv \frac{\partial p(r,0,t)}{\partial\theta} = -\left(\frac{\mu}{k_\theta}\right)\psi_0(r,t)$,
$\mathbf{R}_\vartheta \equiv \frac{\partial p(r,\vartheta,t)}{\partial\theta} + \lambda p(r,\vartheta,t) = -\left(\frac{\mu}{k_\theta}\right)\psi_\vartheta(r,t)$ **and**
$\mathbf{N} \equiv \frac{\partial p(a,\theta,t)}{\partial r} = -\left(\frac{\mu}{k_r}\right)\psi(\theta,t)$

The successive application of the Laplace, Fourier and Neumann-Weber transformations to equation (14.1.1) gives

$$\begin{aligned}\overline{\overline{\overline{p}}} =& \frac{q(s)e^{-st_0}\cos(\xi_m\theta_0)\mathcal{G}_\mathcal{M}(\xi r_0)}{\phi c_t(\eta_r\xi^2+s)}+\frac{2\overline{\overline{\psi}}(\xi_m,s)}{\pi\phi c_t\xi(\eta_r\xi^2+s)}+\\ &+\frac{\int_a^\infty\frac{\mathcal{G}_\mathcal{M}(\xi u)}{u}\{\overline{\psi}_0(u,s)-\overline{\psi}_\vartheta(u,s)\cos(\xi_m\vartheta)\}du}{\phi c_t(\eta_r\xi^2+s)}+\frac{\overline{\overline{\varphi}}(\xi,\xi_m)}{(\eta_r\xi^2+s)}\end{aligned}\tag{16.24.1}$$

where ξ_m is a positive root of $\xi_m \tan(\xi_m \vartheta) = \lambda$, $m = 1, 2, ...$, $\overline{\overline{\psi}}(\xi_m, s) = \int_0^\vartheta \psi(v, s) \cos(\xi_m v) dv$, $\overline{\overline{\varphi}}(\xi, \xi_m) = \int_a^\infty r \mathcal{G}_\mathcal{M}(\xi r) \int_0^\vartheta \varphi(r, u) \cos(\xi_m u) du dr$ and $\mathcal{G}_\nu(\xi r) = Y'_\nu(\xi a) J_\nu(\xi r) - J'_\nu(\xi a) Y_\nu(\xi r)$. Successive inverse transforms yield

$$
\begin{aligned}
\overline{p} = {} & \frac{2q(s)e^{-st_0}}{\phi c_t} \sum_{m=1}^{\infty} \frac{(\xi_m^2 + \lambda^2)\cos(\xi_m \theta_0)\cos(\xi_m \theta)}{\vartheta(\xi_m^2 + \lambda^2) + \lambda} \int_0^\infty \frac{\xi \mathcal{G}_\mathcal{M}(\xi r_0)\mathcal{G}_\mathcal{M}(\xi r)}{(\eta_r \xi^2 + s)\{J'^2_\mathcal{M}(\xi a) + Y'^2_\mathcal{M}(\xi a)\}} d\xi + \\
& + \frac{4}{\pi \phi c_t} \sum_{m=1}^{\infty} \frac{\overline{\overline{\psi}}(\xi_m, s)(\xi_m^2 + \lambda^2)\cos(\xi_m \theta)}{\vartheta(\xi_m^2 + \lambda^2) + \lambda} \int_0^\infty \frac{\mathcal{G}_\mathcal{M}(\xi r)}{(\eta_r \xi^2 + s)\{J'^2_\mathcal{M}(\xi a) + Y'^2_\mathcal{M}(\xi a)\}} d\xi + \\
& + \frac{2}{\phi c_t} \sum_{m=1}^{\infty} \frac{(\xi_m^2 + \lambda^2)\cos(\xi_m \theta)}{\vartheta(\xi_m^2 + \lambda^2) + \lambda} \times \\
& \times \int_a^\infty \frac{1}{u} \int_0^\infty \frac{\xi \mathcal{G}_\mathcal{M}(\xi u)\mathcal{G}_\mathcal{M}(\xi r)}{(\eta_r \xi^2 + s)\{J'^2_\mathcal{M}(\xi a) + Y'^2_\mathcal{M}(\xi a)\}} d\xi \left\{\overline{\psi}_0(r, s) - \overline{\psi}_\vartheta(r, s)\cos(\xi_m \vartheta)\right\} du + \\
& + 2\sum_{m=1}^{\infty} \frac{(\xi_m^2 + \lambda^2)\cos(\xi_m \theta)}{\vartheta(\xi_m^2 + \lambda^2) + \lambda} \int_0^\infty \frac{\overline{\overline{\varphi}}(\xi, \xi_m)\xi \mathcal{G}_\mathcal{M}(\xi r)}{(\eta_r \xi^2 + s)\{J'^2_\mathcal{M}(\xi a) + Y'^2_\mathcal{M}(\xi a)\}} d\xi
\end{aligned}
\tag{16.24.2}
$$

and

$$
\begin{aligned}
p = {} & \frac{2U(t - t_0)}{\phi c_t} \sum_{m=1}^{\infty} \frac{(\xi_m^2 + \lambda^2)\cos(\xi_m \theta_0)\cos(\xi_m \theta)}{\vartheta(\xi_m^2 + \lambda^2) + \lambda} \int_0^\infty \frac{\xi \mathcal{G}_\mathcal{M}(\xi r_0)\mathcal{G}_\mathcal{M}(\xi r)\int_0^{t-t_0} q(t - t_0 - \tau)e^{-\eta_r \xi^2 \tau} d\tau}{\{J'^2_\mathcal{M}(\xi a) + Y'^2_\mathcal{M}(\xi a)\}} d\xi + \\
& + \frac{4}{\pi \phi c_t} \sum_{m=1}^{\infty} \frac{(\xi_m^2 + \lambda^2)\cos(\xi_m \theta)}{\vartheta(\xi_m^2 + \lambda^2) + \lambda} \int_0^\infty \frac{\mathcal{G}_\mathcal{M}(\xi r)}{\{J'^2_\mathcal{M}(\xi a) + Y'^2_\mathcal{M}(\xi a)\}} \int_0^t \overline{\overline{\psi}}(\xi_m, \tau)e^{-\eta_r \xi^2 (t-\tau)} d\tau d\xi + \\
& + \frac{2}{\phi c_t} \sum_{m=1}^{\infty} \frac{(\xi_m^2 + \lambda^2)\cos(\xi_m \theta)}{\vartheta(\xi_m^2 + \lambda^2) + \lambda} \times \\
& \times \int_a^\infty \frac{1}{u} \int_0^\infty \frac{\xi \mathcal{G}_\mathcal{M}(\xi u)\mathcal{G}_\mathcal{M}(\xi r)}{\{J'^2_\mathcal{M}(\xi a) + Y'^2_\mathcal{M}(\xi a)\}} \int_0^t \{\psi_0(r, u) - \psi_\vartheta(u, s)\cos(\xi_m \vartheta)\} e^{-\eta_r \xi^2 (t-\tau)} d\tau d\xi du + \\
& + 2\sum_{m=1}^{\infty} \frac{(\xi_m^2 + \lambda^2)\cos(\xi_m \theta)}{\vartheta(\xi_m^2 + \lambda^2) + \lambda} \int_0^\infty \frac{\overline{\overline{\varphi}}(\xi, \xi_m)\xi \mathcal{G}_\mathcal{M}(\xi r)e^{-\eta_r \xi^2 t}}{\{J'^2_\mathcal{M}(\xi a) + Y'^2_\mathcal{M}(\xi a)\}} d\xi
\end{aligned}
\tag{16.24.3}
$$

When $\varphi(r, \theta) = p_I$, a constant, the solution is obtained by replacing the terms corresponding to the initial condition (the last term) in equations (16.24.2) and (16.24.3) with

$$
\overline{p} = \frac{2\lambda p_I}{\phi c_t s} \sum_{m=1}^{\infty} \frac{(\xi_m^2 + \lambda^2)\cos(\xi_m \vartheta)\cos(\xi_m \theta)}{\vartheta(\xi_m^2 + \lambda^2) + \lambda} \int_a^\infty \frac{1}{u} \int_0^\infty \frac{\xi \mathcal{G}_\mathcal{M}(\xi u)\mathcal{G}_\mathcal{M}(\xi r)}{(\eta_r \xi^2 + s)\{J'^2_\mathcal{M}(\xi a) + Y'^2_\mathcal{M}(\xi a)\}} d\xi du + \frac{p_I}{s} \tag{16.24.4}
$$

and

$$
p = 2\lambda p_I \left(\frac{\mu}{k_r}\right) \sum_{m=1}^{\infty} \frac{(\xi_m^2 + \lambda^2)\cos(\xi_m \vartheta)\cos(\xi_m \theta)}{\vartheta(\xi_m^2 + \lambda^2) + \lambda} \int_a^\infty \frac{1}{u} \int_0^\infty \frac{\mathcal{G}_\mathcal{M}(\xi u)\mathcal{G}_\mathcal{M}(\xi r)\left(1 - e^{-\eta_r \xi^2 t}\right)}{\xi\{J'^2_\mathcal{M}(\xi a) + Y'^2_\mathcal{M}(\xi a)\}} d\xi du + p_I \tag{16.24.5}
$$

16.25

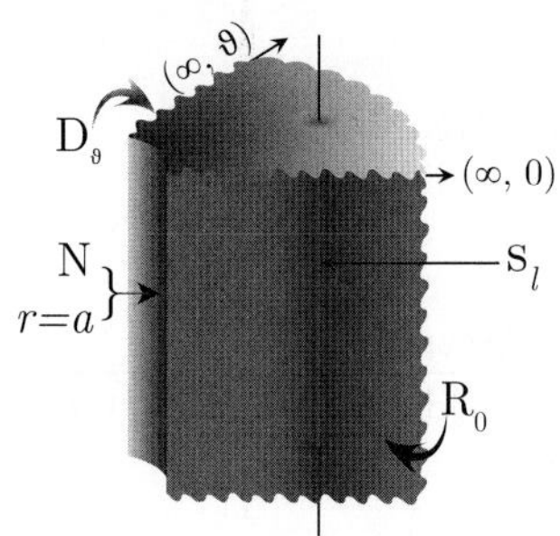

The problem of 16.19, except
$\mathbf{R_0 \equiv \frac{\partial p(r,0,t)}{\partial\theta} - \lambda p\,(r,0,t) = -\left(\frac{\mu}{k_\theta}\right)\psi_0\,(r,t)}$,
$\mathbf{D_\vartheta \equiv p\,(r,\vartheta,t) = \psi_\vartheta\,(r,t)}$ **and**
$\mathbf{N \equiv \frac{\partial p(a,\theta,t)}{\partial r} = -\left(\frac{\mu}{k_r}\right)\psi(\theta,t)}$

The successive application of the Laplace, Fourier and Neumann-Weber transformations to equation (14.1.1) gives

$$\overline{\overline{\overline{p}}} = \frac{q\,(s)\,e^{-st_0}\sin\{\xi_m\,(\vartheta-\theta_0)\}\,\mathcal{G}_{\mathcal{M}}\,(\xi r_0)}{\phi c_t\,(\eta_r\xi^2+s)} + \frac{2\overline{\overline{\psi}}\,(\xi_m,s)}{\pi\phi c_t\xi\,(\eta_r\xi^2+s)} + \\ + \frac{\eta_\theta\int_a^\infty \frac{\mathcal{G}_{\mathcal{M}}(\xi u)}{u}\left\{\left(\frac{\mu}{k_\theta}\right)\overline{\psi}_0\,(u,s)\sin\,(\xi_m\vartheta)+\xi_m\overline{\psi}_\vartheta\,(u,s)\right\}du}{(\eta_r\xi^2+s)} + \frac{\overline{\overline{\varphi}}(\xi,\xi_m)}{(\eta_r\xi^2+s)} \tag{16.25.1}$$

where ξ_m is a positive root of $\xi_m\cot\,(\xi_m\vartheta) = -\lambda$, $m = 1,2,...,$
$\overline{\overline{\psi}}\,(\xi_m,s) = \int_0^\vartheta \psi\,(u,s)\sin\{\xi_m\,(\vartheta-u)\}du$, $\overline{\overline{\varphi}}(\xi,\xi_m) = \int_a^\infty r\mathcal{G}_{\mathcal{M}}\,(\xi r)\int_0^\vartheta \varphi(r,u)\sin\{\xi_m\,(\vartheta-u)\}dudr$ and
$\mathcal{G}_\nu\,(\xi r) = Y_\nu'\,(\xi a)\,J_\nu\,(\xi r) - J_\nu'\,(\xi a)\,Y_\nu\,(\xi r)$. Successive inverse transforms yield

$$\overline{p} = \frac{2q\,(s)\,e^{-st_0}}{\phi c_t}\sum_{m=1}^\infty \frac{(\xi_m^2+\lambda^2)\sin\{\xi_m\,(\vartheta-\theta_0)\}\sin\{\xi_m\,(\vartheta-\theta)\}}{\vartheta\,(\xi_m^2+\lambda^2)+\lambda}\int_0^\infty \frac{\xi\mathcal{G}_{\mathcal{M}}\,(\xi r_0)\,\mathcal{G}_{\mathcal{M}}\,(\xi r)}{(\eta_r\xi^2+s)\,\{J_{\mathcal{M}}'^2\,(\xi a)+Y_{\mathcal{M}}'^2\,(\xi a)\}}d\xi + \\ + \frac{4}{\pi\phi c_t}\sum_{m=1}^\infty \frac{\overline{\overline{\psi}}\,(\xi_m,s)\,(\xi_m^2+\lambda^2)\sin\{\xi_m\,(\vartheta-\theta)\}}{\vartheta\,(\xi_m^2+\lambda^2)+\lambda}\int_0^\infty \frac{\mathcal{G}_{\mathcal{M}}\,(\xi r)}{(\eta_r\xi^2+s)\,\{J_{\mathcal{M}}'^2\,(\xi a)+Y_{\mathcal{M}}'^2\,(\xi a)\}}d\xi + \\ +2\eta_\theta\sum_{m=1}^\infty \frac{(\xi_m^2+\lambda^2)\sin\{\xi_m\,(\vartheta-\theta)\}}{\vartheta\,(\xi_m^2+\lambda^2)+\lambda}\times \\ \times\int_a^\infty \frac{1}{u}\int_0^\infty \frac{\xi\mathcal{G}_{\mathcal{M}}\,(\xi u)\,\mathcal{G}_{\mathcal{M}}\,(\xi r)}{(\eta_r\xi^2+s)\,\{J_{\mathcal{M}}'^2\,(\xi a)+Y_{\mathcal{M}}'^2\,(\xi a)\}}d\xi\left\{\left(\frac{\mu}{k_\theta}\right)\overline{\psi}_0\,(u,s)\sin\,(\xi_m\vartheta)+\xi_m\overline{\psi}_\vartheta\,(u,s)\right\}du + \\ +2\sum_{m=1}^\infty \frac{(\xi_m^2+\lambda^2)\sin\{\xi_m\,(\vartheta-\theta)\}}{\vartheta\,(\xi_m^2+\lambda^2)+\lambda}\int_0^\infty \frac{\overline{\overline{\varphi}}(\xi,\xi_m)\xi\mathcal{G}_{\mathcal{M}}\,(\xi r)}{(\eta_r\xi^2+s)\,\{J_{\mathcal{M}}'^2\,(\xi a)+Y_{\mathcal{M}}'^2\,(\xi a)\}}d\xi \tag{16.25.2}$$

and

$$p = \frac{2U\,(t-t_0)}{\phi c_t}\sum_{m=1}^\infty \frac{(\xi_m^2+\lambda^2)\sin\{\xi_m\,(\vartheta-\theta_0)\}\sin\{\xi_m\,(\vartheta-\theta)\}}{\vartheta\,(\xi_m^2+\lambda^2)+\lambda}\times \\ \times\int_0^\infty \frac{\xi\mathcal{G}_{\mathcal{M}}\,(\xi r_0)\,\mathcal{G}_{\mathcal{M}}\,(\xi r)}{\{J_{\mathcal{M}}'^2\,(\xi a)+Y_{\mathcal{M}}'^2\,(\xi a)\}}\int_0^{t-t_0} q\,(t-t_0-\tau)\,e^{-\eta_r\xi^2\tau}d\tau d\xi + \\ + \frac{4}{\pi\phi c_t}\sum_{m=1}^\infty \frac{(\xi_m^2+\lambda^2)\sin\{\xi_m\,(\vartheta-\theta)\}}{\vartheta\,(\xi_m^2+\lambda^2)+\lambda}\int_0^\infty \frac{\mathcal{G}_{\mathcal{M}}\,(\xi r)}{\{J_{\mathcal{M}}'^2\,(\xi a)+Y_{\mathcal{M}}'^2\,(\xi a)\}}\int_0^t \overline{\psi}\,(\xi_m,\tau)\,e^{-\eta_r\xi^2(t-\tau)}d\tau d\xi + \\ +2\eta_\theta\sum_{m=1}^\infty \frac{(\xi_m^2+\lambda^2)\sin\{\xi_m\,(\vartheta-\theta)\}}{\vartheta\,(\xi_m^2+\lambda^2)+\lambda}\times \\ \times\int_a^\infty \frac{1}{u}\int_0^\infty \frac{\xi\mathcal{G}_{\mathcal{M}}\,(\xi u)\,\mathcal{G}_{\mathcal{M}}\,(\xi r)}{\{J_{\mathcal{M}}'^2\,(\xi a)+Y_{\mathcal{M}}'^2\,(\xi a)\}}\int_0^t\left\{\left(\frac{\mu}{k_\theta}\right)\psi_0\,(u,\tau)\sin\,(\xi_m\vartheta)+\xi_m\psi_\vartheta\,(u,\tau)\right\}e^{-\eta_r\xi^2(t-\tau)}d\tau d\xi du +$$

$$+2\sum_{m=1}^{\infty}\frac{(\xi_m^2+\lambda^2)\sin\{\xi_m(\vartheta-\theta)\}}{\vartheta(\xi_m^2+\lambda^2)+\lambda}\int_0^{\infty}\frac{\overline{\overline{\varphi}}(\xi,\xi_m)\xi\mathcal{G}_{\mathcal{M}}(\xi r)\,e^{-\eta_r\xi^2 t}}{\{J_{\mathcal{M}}'^2(\xi a)+Y_{\mathcal{M}}'^2(\xi a)\}}d\xi \tag{16.25.3}$$

When $\varphi(r,\theta)=p_I$, a constant, the solution is obtained by replacing the terms corresponding to the initial condition (the last term) in equations (16.25.2) and (16.25.3) with

$$\overline{p} = \frac{2p_I\eta_\theta}{s}\sum_{m=1}^{\infty}\frac{(\xi_m^2+\lambda^2)\{\lambda\sin(\xi_m\vartheta)+\xi_m\}\sin\{\xi_m(\vartheta-\theta)\}}{\vartheta(\xi_m^2+\lambda^2)+\lambda}\int_a^{\infty}\frac{1}{u}\int_0^{\infty}\frac{\xi\mathcal{G}_{\mathcal{M}}(\xi u)\,\mathcal{G}_{\mathcal{M}}(\xi r)}{(\eta_r\xi^2+s)\{J_{\mathcal{M}}'^2(\xi a)+Y_{\mathcal{M}}'^2(\xi a)\}}d\xi du+\frac{p_I}{s} \tag{16.25.4}$$

and

$$p = 2p_I\dot{o}^2\sum_{m=1}^{\infty}\frac{(\xi_m^2+\lambda^2)\{\lambda\sin(\xi_m\vartheta)+\xi_m\}\sin\{\xi_m(\vartheta-\theta)\}}{\vartheta(\xi_m^2+\lambda^2)+\lambda}\int_a^{\infty}\frac{1}{u}\int_0^{\infty}\frac{\mathcal{G}_{\mathcal{M}}(\xi u)\,\mathcal{G}_{\mathcal{M}}(\xi r)\left(1-e^{-\eta_r\xi^2 t}\right)}{\xi\{J_{\mathcal{M}}'^2(\xi a)+Y_{\mathcal{M}}'^2(\xi a)\}}d\xi du+p_I \tag{16.25.5}$$

16.26 The problem of 16.19, except

$\mathbf{R_0} \equiv \frac{\partial p(r,0,t)}{\partial\theta}-\lambda p(r,0,t)=-\left(\frac{\mu}{k_\theta}\right)\psi_0(r,t)$,
$\mathbf{N_\vartheta} \equiv \frac{\partial p(r,\vartheta,t)}{\partial\theta}=-\left(\frac{\mu}{k_\theta}\right)\psi_\vartheta(r,t)$ **and**
$\mathbf{N} \equiv \frac{\partial p(a,\theta,t)}{\partial r}=-\left(\frac{\mu}{k_r}\right)\psi(\theta,t)$

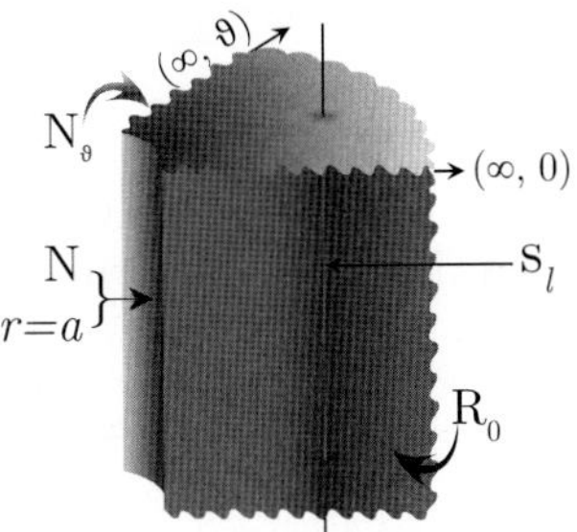

The successive application of the Laplace, Fourier and Neumann-Weber transformations to equation (14.1.1) gives

$$\overline{\overline{\overline{p}}} = \frac{q(s)\,e^{-st_0}\cos\{\xi_m(\vartheta-\theta_0)\}\,\mathcal{G}_{\mathcal{M}}(\xi r_0)}{\phi c_t(\eta_r\xi^2+s)}+\frac{2\overline{\overline{\psi}}(\xi_m,s)}{\pi\phi c_t\xi(\eta_r\xi^2+s)}+ \\ +\frac{\int_a^{\infty}\frac{\mathcal{G}_{\mathcal{M}}(\xi u)}{u}\{\overline{\psi}_0(u,s)\cos(\xi_m\vartheta)-\overline{\psi}_\vartheta(u,s)\}du}{\phi c_t(\eta_r\xi^2+s)}+\frac{\overline{\overline{\varphi}}(\xi,\xi_m)}{(\eta_r\xi^2+s)} \tag{16.26.1}$$

where ξ_m is a positive root of $\xi_m\tan(\xi_m\vartheta)=\lambda$, $m=1,2,...$,
$\overline{\overline{\psi}}(\xi_m,s)=\int_0^{\vartheta}\psi(u,s)\cos\{\xi_m(\vartheta-u)\}du$, $\overline{\overline{\varphi}}(\xi,\xi_m)=\int_a^{\infty}r\mathcal{G}_{\mathcal{M}}(\xi r)\int_0^{\vartheta}\varphi(r,u)\cos\{\xi_m(\vartheta-u)\}dudr$ and $\mathcal{G}_\nu(\xi r)=Y_\nu'(\xi a)J_\nu(\xi r)-J_\nu'(\xi a)Y_\nu(\xi r)$. Successive inverse transforms yield

$$\overline{p} = \frac{2q(s)\,e^{-st_0}}{\phi c_t}\sum_{m=1}^{\infty}\frac{(\xi_m^2+\lambda^2)\cos\{\xi_m(\vartheta-\theta_0)\}\cos\{\xi_m(\vartheta-\theta)\}}{\vartheta(\xi_m^2+\lambda^2)+\lambda}\int_0^{\infty}\frac{\xi\mathcal{G}_{\mathcal{M}}(\xi r_0)\,\mathcal{G}_{\mathcal{M}}(\xi r)}{(\eta_r\xi^2+s)\{J_{\mathcal{M}}'^2(\xi a)+Y_{\mathcal{M}}'^2(\xi a)\}}d\xi+ \\ +\frac{4}{\pi\phi c_t}\sum_{m=1}^{\infty}\frac{\overline{\overline{\psi}}(\xi_m,s)(\xi_m^2+\lambda^2)\cos\{\xi_m(\vartheta-\theta)\}}{\vartheta(\xi_m^2+\lambda^2)+\lambda}\int_0^{\infty}\frac{\mathcal{G}_{\mathcal{M}}(\xi r)}{(\eta_r\xi^2+s)\{J_{\mathcal{M}}'^2(\xi a)+Y_{\mathcal{M}}'^2(\xi a)\}}d\xi+ \\ +\frac{2}{\phi c_t}\sum_{m=1}^{\infty}\frac{(\xi_m^2+\lambda^2)\cos\{\xi_m(\vartheta-\theta)\}}{\vartheta(\xi_m^2+\lambda^2)+\lambda}\times \\ \times\int_a^{\infty}\frac{1}{u}\int_0^{\infty}\frac{\xi\mathcal{G}_{\mathcal{M}}(\xi u)\,\mathcal{G}_{\mathcal{M}}(\xi r)}{(\eta_r\xi^2+s)\{J_{\mathcal{M}}'^2(\xi a)+Y_{\mathcal{M}}'^2(\xi a)\}}d\xi\{\overline{\psi}_0(u,s)\cos(\xi_m\vartheta)-\overline{\psi}_\vartheta(u,s)\}du+ \\ +2\sum_{m=1}^{\infty}\frac{(\xi_m^2+\lambda^2)\cos\{\xi_m(\vartheta-\theta)\}}{\vartheta(\xi_m^2+\lambda^2)+\lambda}\int_0^{\infty}\frac{\overline{\overline{\varphi}}(\xi,\xi_m)\xi\mathcal{G}_{\mathcal{M}}(\xi r)}{(\eta_r\xi^2+s)\{J_{\mathcal{M}}'^2(\xi a)+Y_{\mathcal{M}}'^2(\xi a)\}}d\xi \tag{16.26.2}$$

and

$$p = \frac{2U(t-t_0)}{\phi c_t} \sum_{m=1}^{\infty} \frac{(\xi_m^2+\lambda^2)\cos\{\xi_m(\vartheta-\theta_0)\}\cos\{\xi_m(\vartheta-\theta)\}}{\vartheta(\xi_m^2+\lambda^2)+\lambda} \times$$
$$\times \int_0^{\infty} \frac{\xi \mathcal{G}_{\mathcal{M}}(\xi r_0)\,\mathcal{G}_{\mathcal{M}}(\xi r)}{\{J_{\mathcal{M}}'^2(\xi a)+Y_{\mathcal{M}}'^2(\xi a)\}} \int_0^{t-t_0} q(t-t_0-\tau)\, e^{-\eta_r \xi^2 \tau} d\tau d\xi +$$
$$+\frac{4}{\pi\phi c_t} \sum_{m=1}^{\infty} \frac{(\xi_m^2+\lambda^2)\cos\{\xi_m(\vartheta-\theta)\}}{\vartheta(\xi_m^2+\lambda^2)+\lambda} \int_0^{\infty} \frac{\mathcal{G}_{\mathcal{M}}(\xi r)}{\{J_{\mathcal{M}}'^2(\xi a)+Y_{\mathcal{M}}'^2(\xi a)\}} \int_0^t \overline{\psi}(\xi_m,\tau)\, e^{-\eta_r\xi^2(t-\tau)} d\tau d\xi +$$
$$+\frac{2}{\phi c_t} \sum_{m=1}^{\infty} \frac{(\xi_m^2+\lambda^2)\cos\{\xi_m(\vartheta-\theta)\}}{\vartheta(\xi_m^2+\lambda^2)+\lambda} \times$$
$$\times \int_a^{\infty} \frac{1}{u} \int_0^{\infty} \frac{\xi \mathcal{G}_{\mathcal{M}}(\xi u)\,\mathcal{G}_{\mathcal{M}}(\xi r)}{\{J_{\mathcal{M}}'^2(\xi a)+Y_{\mathcal{M}}'^2(\xi a)\}} \int_0^t \{\psi_0(u,\tau)\cos(\xi_m\vartheta)-\psi_\vartheta(u,\tau)\} e^{-\eta_r\xi^2(t-\tau)} d\tau d\xi du +$$
$$+2\sum_{m=1}^{\infty} \frac{(\xi_m^2+\lambda^2)\cos\{\xi_m(\vartheta-\theta)\}}{\vartheta(\xi_m^2+\lambda^2)+\lambda} \int_0^{\infty} \frac{\overline{\overline{\varphi}}(\xi,\xi_m)\xi\mathcal{G}_{\mathcal{M}}(\xi r)\, e^{-\eta_r\xi^2 t}}{\{J_{\mathcal{M}}'^2(\xi a)+Y_{\mathcal{M}}'^2(\xi a)\}} d\xi \qquad (16.26.3)$$

When $\varphi(r,\theta) = p_I$, a constant, the solution is obtained by replacing the terms corresponding to the initial condition (the last term) in equations (16.26.2) and (16.26.3) with

$$\overline{p} = \frac{2p_I\lambda}{\phi c_t s} \sum_{m=1}^{\infty} \frac{(\xi_m^2+\lambda^2)\cos\{\xi_m(\vartheta-\theta)\}}{\vartheta(\xi_m^2+\lambda^2)+\lambda} \int_a^{\infty} \frac{1}{u} \int_0^{\infty} \frac{\xi\mathcal{G}_{\mathcal{M}}(\xi u)\,\mathcal{G}_{\mathcal{M}}(\xi r)}{(\eta_r\xi^2+s)\{J_{\mathcal{M}}'^2(\xi a)+Y_{\mathcal{M}}'^2(\xi a)\}} d\xi du + \frac{p_I}{s} \qquad (16.26.4)$$

and

$$p = \frac{2p_I\lambda}{\phi c_t} \sum_{m=1}^{\infty} \frac{(\xi_m^2+\lambda^2)\cos\{\xi_m(\vartheta-\theta)\}}{\vartheta(\xi_m^2+\lambda^2)+\lambda} \int_a^{\infty} \frac{1}{u} \int_0^{\infty} \frac{\mathcal{G}_{\mathcal{M}}(\xi u)\,\mathcal{G}_{\mathcal{M}}(\xi r)\left(1-e^{-\eta_r\xi^2 t}\right)}{\xi\{J_{\mathcal{M}}'^2(\xi a)+Y_{\mathcal{M}}'^2(\xi a)\}} d\xi du + p_I \qquad (16.26.5)$$

16.27

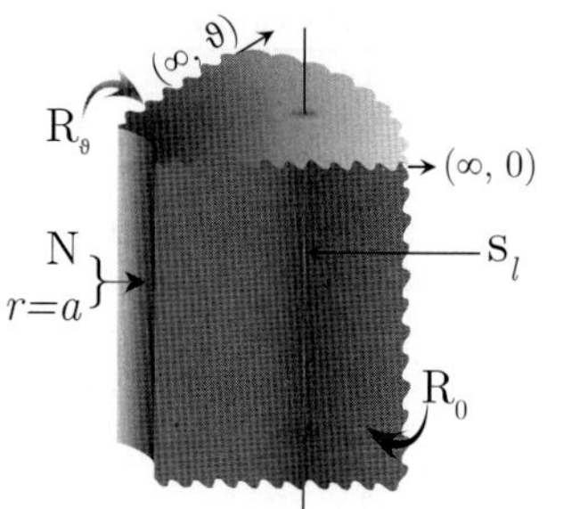

The problem of 16.19, except
$\mathbf{R_0} \equiv \frac{\partial p(r,0,t)}{\partial \theta} - \lambda p(r,0,t) = -\left(\frac{\mu}{k_\theta}\right)\psi_0(r,t)$,
$\mathbf{R_\vartheta} \equiv \frac{\partial p(r,\vartheta,t)}{\partial \theta} + \lambda_\vartheta p(r,\vartheta,t) = -\left(\frac{\mu}{k_\theta}\right)\psi_\vartheta(r,t)$ **and**
$\mathbf{N} \equiv \frac{\partial p(a,\theta,t)}{\partial r} = -\left(\frac{\mu}{k_r}\right)\psi(\theta,t)$

The successive application of the Laplace, Fourier and Neumann-Weber transformations to equation (14.1.1) gives

$$\overline{\overline{\overline{p}}} = \frac{q(s)\, e^{-st_0}\{\xi_m\cos(\xi_m\theta_0)+\lambda_0\sin(\xi_m\theta_0)\}\,\mathcal{G}_{\mathcal{M}}(\xi r_0)}{\phi c_t(\eta_r\xi^2+s)} + \frac{2\overline{\overline{\psi}}(\xi_m,s)}{\pi\phi c_t\xi(\eta_r\xi^2+s)} +$$
$$+\frac{\int_a^\infty \frac{\mathcal{G}_{\mathcal{M}}(\xi u)}{u}\left[\xi_m\overline{\psi}_0(u,s)-\overline{\psi}_\vartheta(u,s)\{\xi_m\cos(\xi_m\vartheta)+\lambda_0\sin(\xi_m\vartheta)\}\right]du}{\phi c_t(\eta_r\xi^2+s)} + \frac{\overline{\overline{\varphi}}(\xi,\xi_m)}{(\eta_r\xi^2+s)} \qquad (16.27.1)$$

where ξ_m is a positive root of $\tan(\xi_m\vartheta) = \frac{\xi_m(\lambda_0+\lambda_\vartheta)}{(\xi_m^2-\lambda_0\lambda_\vartheta)}$, $m = 1, 2, \ldots$,
$\overline{\overline{\psi}}(\xi_m,s) = \int_0^\vartheta \psi(u,s)\{\xi_m\cos(\xi_m u)+\lambda_0\sin(\xi_m u)\}du$,

$\overline{\overline{\varphi}}(\xi,\xi_m)=\int_a^\infty r\mathcal{G}_{\mathcal{M}}(\xi r)\int_0^\vartheta \varphi(r,u)\{\xi_m\cos(\xi_m u)+\lambda_0\sin(\xi_m u)\}dudr$ and $\mathcal{G}_\nu(\xi r)=Y_\nu'(\xi a)J_\nu(\xi r)-J_\nu'(\xi a)Y_\nu(\xi r)$. Successive inverse transforms yield

$$\begin{aligned}
\overline{p} \; = \; & \frac{2q(s)e^{-st_0}}{\phi c_t}\sum_{m=1}^{\infty}\frac{\{\xi_m\cos(\xi_m\theta_0)+\lambda_0\sin(\xi_m\theta_0)\}\{\xi_m\cos(\xi_m\theta)+\lambda_0\sin(\xi_m\theta)\}}{(\xi_m^2+\lambda_0^2)\left\{\vartheta+\frac{\lambda_\vartheta}{\xi_m^2+\lambda_\vartheta^2}\right\}+\lambda_0}\times \\
& \times\int_0^\infty\frac{\xi\mathcal{G}_{\mathcal{M}}(\xi r_0)\mathcal{G}_{\mathcal{M}}(\xi r)}{(\eta_r\xi^2+s)\{J_{\mathcal{M}}'^2(\xi a)+Y_{\mathcal{M}}'^2(\xi a)\}}d\xi+ \\
& +\frac{4}{\pi\phi c_t}\sum_{m=1}^{\infty}\frac{\overline{\overline{\psi}}(\xi_m,s)\{\xi_m\cos(\xi_m\theta)+\lambda_0\sin(\xi_m\theta)\}}{(\xi_m^2+\lambda_0^2)\left\{\vartheta+\frac{\lambda_\vartheta}{\xi_m^2+\lambda_\vartheta^2}\right\}+\lambda_0}\int_0^\infty\frac{\mathcal{G}_{\mathcal{M}}(\xi r)}{(\eta_r\xi^2+s)\{J_{\mathcal{M}}'^2(\xi a)+Y_{\mathcal{M}}'^2(\xi a)\}}d\xi+ \\
& +\frac{2}{\phi c_t}\sum_{m=1}^{\infty}\frac{\{\xi_m\cos(\xi_m\theta)+\lambda_0\sin(\xi_m\theta)\}}{(\xi_m^2+\lambda_0^2)\left\{\vartheta+\frac{\lambda_\vartheta}{\xi_m^2+\lambda_\vartheta^2}\right\}+\lambda_0}\times \\
& \times\int_a^\infty\frac{1}{u}\int_0^\infty\frac{\xi\mathcal{G}_{\mathcal{M}}(\xi u)\mathcal{G}_{\mathcal{M}}(\xi r)}{(\eta_r\xi^2+s)\{J_{\mathcal{M}}'^2(\xi a)+Y_{\mathcal{M}}'^2(\xi a)\}}d\xi\left[\xi_m\overline{\psi}_0(u,s)-\overline{\psi}_\vartheta(u,s)\{\xi_m\cos(\xi_m\vartheta)+\lambda_0\sin(\xi_m\vartheta)\}\right]du+ \\
& +2\sum_{m=1}^{\infty}\frac{\{\xi_m\cos(\xi_m\theta)+\lambda_0\sin(\xi_m\theta)\}}{(\xi_m^2+\lambda_0^2)\left\{\vartheta+\frac{\lambda_\vartheta}{\xi_m^2+\lambda_\vartheta^2}\right\}+\lambda_0}\int_0^\infty\frac{\overline{\overline{\varphi}}(\xi,\xi_m)\xi\mathcal{G}_{\mathcal{M}}(\xi r)}{(\eta_r\xi^2+s)\{J_{\mathcal{M}}'^2(\xi a)+Y_{\mathcal{M}}'^2(\xi a)\}}d\xi
\end{aligned} \tag{16.27.2}$$

and

$$\begin{aligned}
p \; = \; & \frac{2U(t-t_0)}{\phi c_t}\sum_{m=1}^{\infty}\frac{\{\xi_m\cos(\xi_m\theta_0)+\lambda_0\sin(\xi_m\theta_0)\}\{\xi_m\cos(\xi_m\theta)+\lambda_0\sin(\xi_m\theta)\}}{(\xi_m^2+\lambda_0^2)\left\{\vartheta+\frac{\lambda_\vartheta}{\xi_m^2+\lambda_\vartheta^2}\right\}+\lambda_0}\times \\
& \times\int_0^\infty\frac{\xi\mathcal{G}_{\mathcal{M}}(\xi r_0)\mathcal{G}_{\mathcal{M}}(\xi r)}{\{J_{\mathcal{M}}'^2(\xi a)+Y_{\mathcal{M}}'^2(\xi a)\}}\int_0^{t-t_0}q(t-t_0-\tau)e^{-\eta_r\xi^2\tau}d\tau d\xi+ \\
& +\frac{4}{\pi\phi c_t}\sum_{m=1}^{\infty}\frac{\{\xi_m\cos(\xi_m\theta)+\lambda_0\sin(\xi_m\theta)\}}{(\xi_m^2+\lambda_0^2)\left\{\vartheta+\frac{\lambda_\vartheta}{\xi_m^2+\lambda_\vartheta^2}\right\}+\lambda_0}\int_0^\infty\frac{\mathcal{G}_{\mathcal{M}}(\xi r)}{\{J_{\mathcal{M}}'^2(\xi a)+Y_{\mathcal{M}}'^2(\xi a)\}}\int_0^t\overline{\psi}(\xi_m,\tau)e^{-\eta_r\xi^2(t-\tau)}d\tau d\xi+ \\
& +\frac{2}{\phi c_t}\sum_{m=1}^{\infty}\frac{\{\xi_m\cos(\xi_m\theta)+\lambda_0\sin(\xi_m\theta)\}}{(\xi_m^2+\lambda_0^2)\left\{\vartheta+\frac{\lambda_\vartheta}{\xi_m^2+\lambda_\vartheta^2}\right\}+\lambda_0}\int_a^\infty\frac{1}{u}\int_0^\infty\frac{\xi\mathcal{G}_{\mathcal{M}}(\xi u)\mathcal{G}_{\mathcal{M}}(\xi r)}{\{J_{\mathcal{M}}'^2(\xi a)+Y_{\mathcal{M}}'^2(\xi a)\}}\times \\
& \times\int_0^t[\xi_m\psi_0(u,\tau)-\psi_\vartheta(u,\tau)\{\xi_m\cos(\xi_m\vartheta)+\lambda_0\sin(\xi_m\vartheta)\}]e^{-\eta_r\xi^2(t-\tau)}d\tau d\xi du+ \\
& +2\sum_{m=1}^{\infty}\frac{\{\xi_m\cos(\xi_m\theta)+\lambda_0\sin(\xi_m\theta)\}}{(\xi_m^2+\lambda_0^2)\left\{\vartheta+\frac{\lambda_\vartheta}{\xi_m^2+\lambda_\vartheta^2}\right\}+\lambda_0}\int_0^\infty\frac{\overline{\overline{\varphi}}(\xi,\xi_m)\xi\mathcal{G}_{\mathcal{M}}(\xi r)e^{-\eta_r\xi^2 t}}{\{J_{\mathcal{M}}'^2(\xi a)+Y_{\mathcal{M}}'^2(\xi a)\}}d\xi
\end{aligned} \tag{16.27.3}$$

When $\varphi(r,\theta)=p_I$, a constant, the solution is obtained by replacing the terms corresponding to the initial condition (the last term) in equations (16.27.2) and (16.27.3) with

$$\begin{aligned}
\overline{p} \; = \; & \frac{p_I}{s}-\frac{2\eta_\theta p_I}{s}\sum_{m=1}^{\infty}\frac{[\lambda_0\xi_m-\lambda_\vartheta\{\xi_m\cos(\xi_m\vartheta)+\lambda_0\sin(\xi_m\vartheta)\}]\{\xi_m\cos(\xi_m\theta)+\lambda_0\sin(\xi_m\theta)\}}{\xi_m\left[(\xi_m^2+\lambda_0^2)\left\{\vartheta+\frac{\lambda_\vartheta}{\xi_m^2+\lambda_\vartheta^2}\right\}+\lambda_0\right]}\times \\
& \times\int_a^\infty\frac{1}{u}\int_0^\infty\frac{\xi\mathcal{G}_{\mathcal{M}}(\xi u)\mathcal{G}_{\mathcal{M}}(\xi r)}{(\eta_r\xi^2+s)\{J_{\mathcal{M}}'^2(\xi a)+Y_{\mathcal{M}}'^2(\xi a)\}}d\xi du
\end{aligned} \tag{16.27.4}$$

and

$$p = p_I - 2p_I\dot{o}^2 \sum_{m=1}^{\infty} \frac{\left[\lambda_0\xi_m - \lambda_\vartheta \left\{\xi_m \cos(\xi_m\vartheta) + \lambda_0 \sin(\xi_m\vartheta)\right\}\right]\left\{\xi_m \cos(\xi_m\theta) + \lambda_0 \sin(\xi_m\theta)\right\}}{\xi_m \left[(\xi_m^2 + \lambda_0^2)\left\{\vartheta + \frac{\lambda_\vartheta}{\xi_m^2+\lambda_\vartheta^2}\right\} + \lambda_0\right]} \times$$

$$\times \int_a^\infty \frac{1}{u} \int_0^\infty \frac{\mathcal{G}_\mathcal{M}(\xi u)\,\mathcal{G}_\mathcal{M}(\xi r)\left(1 - e^{-\eta_r\xi^2 t}\right)}{\xi\left\{J_\mathcal{M}'^2(\xi a) + Y_\mathcal{M}'^2(\xi a)\right\}} du d\xi \qquad (16.27.5)$$

16.28

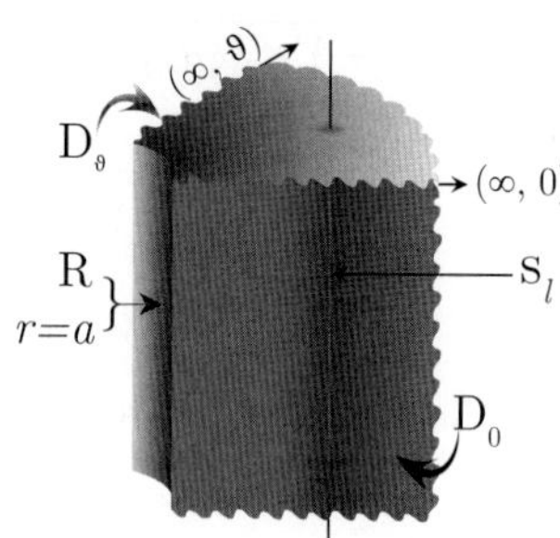

The problem of 16.19, except $\mathbf{R} \equiv \frac{\partial p(a,\theta,t)}{\partial r} - \lambda p(a,\theta,t) = -\left(\frac{\mu}{k_r}\right)\psi(\theta,t)$, an arbitrary function of θ and t. $\mathbf{D_0} \equiv p(r,0,t) = \psi_0(r,t)$ and $\mathbf{D_\vartheta} \equiv p(r,\vartheta,t) = \psi_\vartheta(r,t)$; $\psi_0(r,t)$ and $\psi_\vartheta(r,t)$ are arbitrary functions of r and t. Line source at $s_l \equiv (r_0,\theta_0)$ at time $t = t_0$. The initial pressure $p(r,\theta,0) = \varphi(r,\theta)$

The successive application of the Laplace, Fourier and Robin-Weber transformations to equation (14.1.1) gives

$$\overline{\overline{\overline{p}}} = \frac{q(s)\,e^{-st_0}\sin(\xi_m\theta_0)\,\mathcal{D}_\mathcal{M}(\xi r_0)}{\phi c_t(\eta_r\xi^2 + s)} + \frac{2\overline{\overline{\psi}}(\xi_m,s)}{\pi\phi c_t(\eta_r\xi^2+s)} + $$
$$+\frac{\xi_m\eta_\theta\int_a^\infty \frac{\mathcal{D}_\mathcal{M}(\xi u)}{u}\left\{\overline{\psi}_0(u,s) - (-1)^m\,\overline{\psi}_\vartheta(u,s)\right\}du}{(\eta_r\xi^2+s)} + \frac{\overline{\overline{\varphi}}(\xi,\xi_m)}{(\eta_r\xi^2+s)} \qquad (16.28.1)$$

where ξ_m is a positive root of $\sin(\xi_m\vartheta)$, which are $\xi_m = \frac{m\pi}{\vartheta}$, $m = 1, 2, ...,$
$\overline{\overline{\psi}}(\xi_m,s) = \int_0^\vartheta \psi(v,s)\sin(\xi_m v)dv$, $\overline{\overline{\varphi}}(\xi,\xi_m) = \int_a^\infty r\mathcal{D}_\mathcal{M}(\xi r)\int_0^\vartheta \varphi(r,u)\sin(\xi_m u)dudr$ and
$\mathcal{D}_\nu(\xi r) = Y_\nu(\xi r)\left\{\lambda J_\nu(\xi a) - \xi J_\nu'(\xi a)\right\} - J_\nu(\xi r)\left\{\lambda Y_\nu(\xi a) - \xi Y_\nu'(\xi a)\right\}$. Successive inverse transforms yield

$$\overline{p} = \frac{2q(s)\,e^{-st_0}}{\vartheta\phi c_t} \times$$
$$\times \sum_{m=1}^\infty \sin(\xi_m\theta_0)\sin(\xi_m\theta) \int_0^\infty \frac{\xi\mathcal{D}_\mathcal{M}(\xi r_0)\,\mathcal{D}_\mathcal{M}(\xi r)}{(\eta_r\xi^2+s)\left[\left\{\lambda J_\mathcal{M}(\xi a) - \xi J_\mathcal{M}'(\xi a)\right\}^2 + \left\{\lambda Y_\mathcal{M}(\xi a) - \xi Y_\mathcal{M}'(\xi a)\right\}^2\right]} d\xi -$$
$$+\frac{4}{\vartheta\pi\phi c_t}\sum_{m=1}^\infty \overline{\overline{\psi}}(\xi_m,s)\sin(\xi_m\theta)\int_0^\infty \frac{\xi\mathcal{D}_\mathcal{M}(\xi r)}{(\eta_r\xi^2+s)\left[\left\{\lambda J_\mathcal{M}(\xi a) - \xi J_\mathcal{M}'(\xi a)\right\}^2 + \left\{\lambda Y_\mathcal{M}(\xi a) - \xi Y_\mathcal{M}'(\xi a)\right\}^2\right]} d\xi +$$
$$+\frac{2\eta_\theta}{\vartheta}\sum_{m=1}^\infty \xi_m \sin(\xi_m\theta)\int_a^\infty \frac{1}{u}\int_0^\infty \frac{\xi\mathcal{D}_\mathcal{M}(\xi u)\,\mathcal{D}_\mathcal{M}(\xi r)}{(\eta_r\xi^2+s)\left[\left\{\lambda J_\mathcal{M}(\xi a) - \xi J_\mathcal{M}'(\xi a)\right\}^2 + \left\{\lambda Y_\mathcal{M}(\xi a) - \xi Y_\mathcal{M}'(\xi a)\right\}^2\right]} d\xi \times$$
$$\times \left\{\overline{\psi}_0(u,s) - (-1)^m\,\overline{\psi}_\vartheta(u,s)\right\}du +$$
$$+\frac{2}{\vartheta}\sum_{m=1}^\infty \sin(\xi_m\theta)\int_0^\infty \frac{\overline{\overline{\varphi}}(\xi,\xi_m)\xi\mathcal{D}_\mathcal{M}(\xi r)}{(\eta_r\xi^2+s)\left[\left\{\lambda J_\mathcal{M}(\xi a) - \xi J_\mathcal{M}'(\xi a)\right\}^2 + \left\{\lambda Y_\mathcal{M}(\xi a) - \xi Y_\mathcal{M}'(\xi a)\right\}^2\right]} d\xi \qquad (16.28.2)$$

and

$$p = \frac{2U(t-t_0)}{\vartheta\phi c_t}\sum_{m=1}^\infty \sin(\xi_m\theta_0)\sin(\xi_m\theta) \times$$

$$\times \int_0^\infty \frac{\xi \mathcal{D}_\mathcal{M}(\xi r_0)\mathcal{D}_\mathcal{M}(\xi r)}{\left[\{\lambda J_\mathcal{M}(\xi a) - \xi J'_\mathcal{M}(\xi a)\}^2 + \{\lambda Y_\mathcal{M}(\xi a) - \xi Y'_\mathcal{M}(\xi a)\}^2\right]} \int_0^{t-t_0} q(t - t_0 - \tau) e^{-\eta_r \xi^2 \tau} d\tau d\xi +$$

$$+ \frac{4}{\vartheta \pi \phi c_t} \times$$

$$\times \sum_{m=1}^\infty \sin(\xi_m \theta) \int_0^\infty \frac{\xi \mathcal{D}_\mathcal{M}(\xi r)}{\left[\{\lambda J_\mathcal{M}(\xi a) - \xi J'_\mathcal{M}(\xi a)\}^2 + \{\lambda Y_\mathcal{M}(\xi a) - \xi Y'_\mathcal{M}(\xi a)\}^2\right]} \int_0^t \overline{\psi}(\xi_m, \tau) e^{-\eta_r \xi^2 (t-\tau)} d\tau d\xi +$$

$$+ \frac{2\eta_\theta}{\vartheta} \sum_{m=1}^\infty \xi_m \sin(\xi_m \theta) \int_a^\infty \frac{1}{u} \int_0^\infty \frac{\xi \mathcal{D}_\mathcal{M}(\xi u)\mathcal{D}_\mathcal{M}(\xi r)}{\left[\{\lambda J_\mathcal{M}(\xi a) - \xi J'_\mathcal{M}(\xi a)\}^2 + \{\lambda Y_\mathcal{M}(\xi a) - \xi Y'_\mathcal{M}(\xi a)\}^2\right]} \times$$

$$\times \int_0^t \{\psi_0(u, \tau) - (-1)^m \psi_\vartheta(u, \tau)\} e^{-\eta_r \xi^2 (t-\tau)} d\tau d\xi du +$$

$$+ \frac{2}{\vartheta} \sum_{m=1}^\infty \sin(\xi_m \theta) \int_0^\infty \frac{\overline{\overline{\varphi}}(\xi, \xi_m) \xi \mathcal{D}_\mathcal{M}(\xi r) e^{-\eta_r \xi^2 t}}{\left[\{\lambda J_\mathcal{M}(\xi a) - \xi J'_\mathcal{M}(\xi a)\}^2 + \{\lambda Y_\mathcal{M}(\xi a) - \xi Y'_\mathcal{M}(\xi a)\}^2\right]} d\xi \tag{16.28.3}$$

When $\varphi(r, \theta) = p_I$, a constant, the solution is obtained by replacing the terms corresponding to the initial condition (the last term) in equations (16.28.2) and (16.28.3) with

$$\overline{p} = \frac{2\lambda p_I}{\vartheta s} \sum_{m=1}^\infty \frac{K_\mathcal{M}\left(r\sqrt{\frac{s}{\eta_r}}\right)\{1 - (-1)^m\} \sin(\xi_m \theta)}{\xi_m \left\{\lambda K_\mathcal{M}\left(a\sqrt{\frac{s}{\eta_r}}\right) - \sqrt{\frac{s}{\eta_r}} K'_\mathcal{M}\left(a\sqrt{\frac{s}{\eta_r}}\right)\right\}} +$$

$$+ \frac{2 p_I \eta_\theta}{\vartheta s} \sum_{m=1}^\infty \xi_m \{(-1)^m - 1\} \sin(\xi_m \theta) \times$$

$$\times \int_a^\infty \frac{1}{u} \int_0^\infty \frac{\xi \mathcal{D}_\mathcal{M}(\xi u)\mathcal{D}_\mathcal{M}(\xi r)}{(\eta_r \xi^2 + s)\left[\{\lambda J_\mathcal{M}(\xi a) - \xi J'_\mathcal{M}(\xi a)\}^2 + \{\lambda Y_\mathcal{M}(\xi a) - \xi Y'_\mathcal{M}(\xi a)\}^2\right]} d\xi du + \frac{p_I}{s} \tag{16.28.4}$$

and

$$p = \frac{2\lambda p_I}{\vartheta} \sum_{m=1}^\infty \frac{1}{\xi_m} \left\{ \frac{a}{(\lambda a + \mathcal{M})} \left(\frac{a}{r}\right)^\mathcal{M} - \frac{2}{\pi} \int_0^\infty \frac{\mathcal{D}_\mathcal{M}(\xi r) e^{-\eta_r \xi^2 t}}{\xi \left[\{\lambda J_\mathcal{M}(\xi a) - \xi J'_\mathcal{M}(\xi a)\}^2 + \{\lambda Y_\mathcal{M}(\xi a) - \xi Y'_\mathcal{M}(\xi a)\}^2\right]} d\xi \right\} \times$$

$$\times \{(-1)^m - 1\} \sin(\xi_m \theta) +$$

$$+ \frac{2 p_I \dot{o}^2}{\vartheta} \sum_{m=1}^\infty \xi_m \{(-1)^m - 1\} \sin(\xi_m \theta) \times$$

$$\times \int_a^\infty \frac{1}{u} \int_0^\infty \frac{\mathcal{D}_\mathcal{M}(\xi u)\mathcal{D}_\mathcal{M}(\xi r)\left(1 - e^{-\eta_r \xi^2 t}\right)}{\xi \left[\{\lambda J_\mathcal{M}(\xi a) - \xi J'_\mathcal{M}(\xi a)\}^2 + \{\lambda Y_\mathcal{M}(\xi a) - \xi Y'_\mathcal{M}(\xi a)\}^2\right]} d\xi du + p_I \tag{16.28.5}$$

16.29

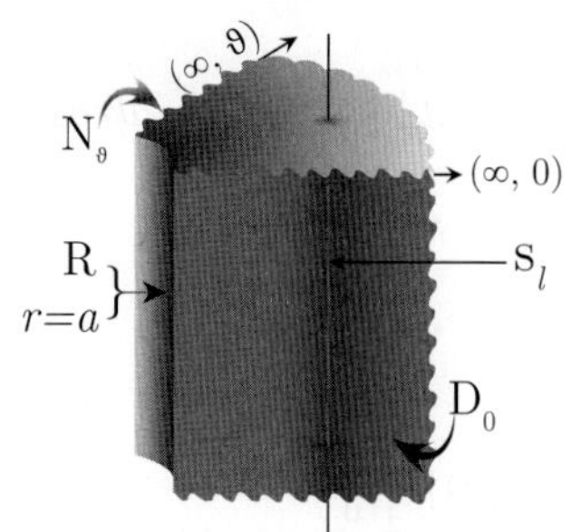

The problem of 16.28, except $\mathbf{D_0} \equiv p(r,0,t) = \psi_0(r,t)$, $\mathbf{N_\vartheta} \equiv \frac{\partial p(r,\vartheta,t)}{\partial \theta} = -\left(\frac{\mu}{k_\theta}\right)\psi_\vartheta(r,t)$ and $\mathbf{R} \equiv \frac{\partial p(a,\theta,t)}{\partial r} - \lambda p(a,\theta,t) = -\left(\frac{\mu}{k_r}\right)\psi(\theta,t)$

The successive application of the Laplace, Fourier and Robin-Weber transformations to equation (14.1.1) gives

$$\overline{\overline{\overline{p}}} = \frac{q(s)e^{-st_0}\sin(\xi_m\theta_0)\mathcal{D_M}(\xi r_0)}{\phi c_t(\eta_r\xi^2+s)} + \frac{2\overline{\overline{\psi}}(\xi_m,s)}{\pi\phi c_t(\eta_r\xi^2+s)} + \\ + \frac{\eta_\theta\int_a^\infty \frac{\mathcal{D_M}(\xi u)}{u}\left\{\xi_m\overline{\psi}_0(u,s)+(-1)^m\left(\frac{\mu}{k_\theta}\right)\overline{\psi}_\vartheta(u,s)\right\}du}{(\eta_r\xi^2+s)} + \frac{\overline{\overline{\varphi}}(\xi,\xi_m)}{(\eta_r\xi^2+s)} \tag{16.29.1}$$

where ξ_m is a positive root of $\cos(\xi_m\vartheta)$, which are $\xi_m = \frac{(2m-1)\pi}{2\vartheta}$, $m=1,2,...$, $\overline{\overline{\psi}}(\xi_m,s) = \int_0^\vartheta \psi(v,s)\sin(\xi_m v)dv$, $\overline{\overline{\varphi}}(\xi,\xi_m) = \int_a^\infty r\mathcal{D_M}(\xi r)\int_0^\vartheta \varphi(r,u)\sin(\xi_m u)dudr$ and $\mathcal{D}_\nu(\xi r) = Y_\nu(\xi r)\{\lambda J_\nu(\xi a) - \xi J_\nu'(\xi a)\} - J_\nu(\xi r)\{\lambda Y_\nu(\xi a) - \xi Y_\nu'(\xi a)\}$. Successive inverse transforms yield

$$\overline{p} = \frac{2q(s)e^{-st_0}}{\vartheta\phi c_t}\times \\ \times\sum_{m=1}^\infty \sin(\xi_m\theta_0)\sin(\xi_m\theta)\int_0^\infty \frac{\xi\mathcal{D_M}(\xi r_0)\mathcal{D_M}(\xi r)}{(\eta_r\xi^2+s)\left[\{\lambda J_\mathcal{M}(\xi a)-\xi J_\mathcal{M}'(\xi a)\}^2+\{\lambda Y_\mathcal{M}(\xi a)-\xi Y_\mathcal{M}'(\xi a)\}^2\right]}d\xi + \\ + \frac{4}{\vartheta\pi\phi c_t}\sum_{m=1}^\infty \overline{\overline{\psi}}(\xi_m,s)\sin(\xi_m\theta)\int_0^\infty \frac{\xi\mathcal{D_M}(\xi r)}{(\eta_r\xi^2+s)\left[\{\lambda J_\mathcal{M}(\xi a)-\xi J_\mathcal{M}'(\xi a)\}^2+\{\lambda Y_\mathcal{M}(\xi a)-\xi Y_\mathcal{M}'(\xi a)\}^2\right]}d\xi + \\ + \frac{2\eta_\theta}{\vartheta}\sum_{m=1}^\infty \sin(\xi_m\theta)\int_a^\infty \frac{1}{u}\int_0^\infty \frac{\xi\mathcal{D_M}(\xi u)\mathcal{D_M}(\xi r)}{(\eta_r\xi^2+s)\left[\{\lambda J_\mathcal{M}(\xi a)-\xi J_\mathcal{M}'(\xi a)\}^2+\{\lambda Y_\mathcal{M}(\xi a)-\xi Y_\mathcal{M}'(\xi a)\}^2\right]}d\xi\times \\ \times\left\{\xi_m\overline{\psi}_0(u,s)+(-1)^m\left(\frac{\mu}{k_\theta}\right)\overline{\psi}_\vartheta(u,s)\right\}du + \\ + \frac{2}{\vartheta}\sum_{m=1}^\infty \sin(\xi_m\theta)\int_0^\infty \frac{\overline{\overline{\varphi}}(\xi,\xi_m)\xi\mathcal{D_M}(\xi r)}{(\eta_r\xi^2+s)\left[\{\lambda J_\mathcal{M}(\xi a)-\xi J_\mathcal{M}'(\xi a)\}^2+\{\lambda Y_\mathcal{M}(\xi a)-\xi Y_\mathcal{M}'(\xi a)\}^2\right]}d\xi \tag{16.29.2}$$

and

$$p = \frac{2U(t-t_0)}{\vartheta\phi c_t}\sum_{m=1}^\infty \sin(\xi_m\theta_0)\sin(\xi_m\theta)\times \\ \times\int_0^\infty \frac{\xi\mathcal{D_M}(\xi r_0)\mathcal{D_M}(\xi r)}{\left[\{\lambda J_\mathcal{M}(\xi a)-\xi J_\mathcal{M}'(\xi a)\}^2+\{\lambda Y_\mathcal{M}(\xi a)-\xi Y_\mathcal{M}'(\xi a)\}^2\right]}\int_0^{t-t_0} q(t-t_0-\tau)e^{-\eta_r\xi^2\tau}d\tau d\xi + \\ + \frac{4}{\vartheta\pi\phi c_t}\times \\ \times\sum_{m=1}^\infty \sin(\xi_m\theta)\int_0^\infty \frac{\xi\mathcal{D_M}(\xi r)}{\left[\{\lambda J_\mathcal{M}(\xi a)-\xi J_\mathcal{M}'(\xi a)\}^2+\{\lambda Y_\mathcal{M}(\xi a)-\xi Y_\mathcal{M}'(\xi a)\}^2\right]}\int_0^t \overline{\psi}(\xi_m,\tau)e^{-\eta_r\xi^2(t-\tau)}d\tau d\xi +$$

$$+\frac{2\eta_\theta}{\vartheta}\sum_{m=1}^{\infty}\sin(\xi_m\theta)\int_a^\infty\frac{1}{u}\int_0^\infty\frac{\xi\mathcal{D}_\mathcal{M}(\xi u)\mathcal{D}_\mathcal{M}(\xi r)}{\left[\{\lambda J_\mathcal{M}(\xi a)-\xi J'_\mathcal{M}(\xi a)\}^2+\{\lambda Y_\mathcal{M}(\xi a)-\xi Y'_\mathcal{M}(\xi a)\}^2\right]}\times$$

$$\times\int_0^t\left\{\xi_m\psi_0(u,\tau)+(-1)^m\left(\frac{\mu}{k_\theta}\right)\psi_\vartheta(u,\tau)\right\}e^{-\eta_r\xi^2(t-\tau)}d\tau d\xi du+$$

$$+\frac{2}{\vartheta}\sum_{m=1}^{\infty}\sin(\xi_m\theta)\int_0^\infty\frac{\overline{\overline{\varphi}}(\xi,\xi_m)\xi\mathcal{D}_\mathcal{M}(\xi r)e^{-\eta_r\xi^2 t}}{\left[\{\lambda J_\mathcal{M}(\xi a)-\xi J'_\mathcal{M}(\xi a)\}^2+\{\lambda Y_\mathcal{M}(\xi a)-\xi Y'_\mathcal{M}(\xi a)\}^2\right]}d\xi \qquad (16.29.3)$$

When $\varphi(r,\theta)=p_I$, a constant, the solution is obtained by replacing the terms corresponding to the initial condition (the last term) in equations (16.29.2) and (16.29.3) with

$$\overline{p} = -\frac{2\lambda p_I}{\vartheta s}\sum_{m=1}^{\infty}\frac{K_\mathcal{M}\left(r\sqrt{\frac{s}{\eta_r}}\right)\sin(\xi_m\theta)}{\xi_m\left\{\lambda K_\mathcal{M}\left(a\sqrt{\frac{s}{\eta_r}}\right)-\sqrt{\frac{s}{\eta_r}}K'_\mathcal{M}\left(a\sqrt{\frac{s}{\eta_r}}\right)\right\}}-$$

$$-\frac{2p_I\eta_\theta}{\vartheta s}\sum_{m=1}^{\infty}\xi_m\sin(\xi_m\theta)\times$$

$$\times\int_a^\infty\frac{1}{u}\int_0^\infty\frac{\xi\mathcal{D}_\mathcal{M}(\xi u)\mathcal{D}_\mathcal{M}(\xi r)}{(\eta_r\xi^2+s)\left[\{\lambda J_\mathcal{M}(\xi a)-\xi J'_\mathcal{M}(\xi a)\}^2+\{\lambda Y_\mathcal{M}(\xi a)-\xi Y'_\mathcal{M}(\xi a)\}^2\right]}d\xi ddu+\frac{p_I}{s} \qquad (16.29.4)$$

and

$$p = -\frac{2\lambda p_I}{\vartheta}\times$$

$$\times\sum_{m=1}^{\infty}\frac{\sin(\xi_m\theta)}{\xi_m}\left\{\frac{a}{(\lambda a+\mathcal{M})}\left(\frac{a}{r}\right)^\mathcal{M}-\frac{2}{\pi}\int_0^\infty\frac{\mathcal{D}_\mathcal{M}(\xi r)e^{-\eta_r\xi^2 t}}{\xi\left[\{\lambda J_\mathcal{M}(\xi a)-\xi J'_\mathcal{M}(\xi a)\}^2+\{\lambda Y_\mathcal{M}(\xi a)-\xi Y'_\mathcal{M}(\xi a)\}^2\right]}d\xi\right\}-$$

$$-\frac{2p_I\dot{o}^2}{\vartheta}\sum_{m=1}^{\infty}\xi_m\sin(\xi_m\theta)\int_a^\infty\frac{1}{u}\int_0^\infty\frac{\mathcal{D}_\mathcal{M}(\xi u)\mathcal{D}_\mathcal{M}(\xi r)\left(1-e^{-\eta_r\xi^2 t}\right)}{\xi\left[\{\lambda J_\mathcal{M}(\xi a)-\xi J'_\mathcal{M}(\xi a)\}^2+\{\lambda Y_\mathcal{M}(\xi a)-\xi Y'_\mathcal{M}(\xi a)\}^2\right]}d\xi du+p_I \qquad (16.29.5)$$

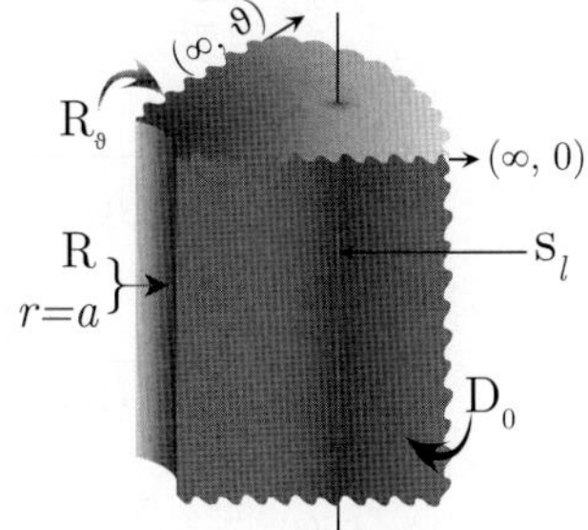

16.30 The problem of 16.28, except $D_0 \equiv p(r,0,t)=\psi_0(r,t)$, $R_\vartheta \equiv \frac{\partial p(r,\vartheta,t)}{\partial\theta}+\lambda p(r,\vartheta,t)=-\left(\frac{\mu}{k_\theta}\right)\psi_\vartheta(r,t)$ and $R\equiv\frac{\partial p(a,\theta,t)}{\partial r}-\lambda p(a,\theta,t)=-\left(\frac{\mu}{k_r}\right)\psi(\theta,t)$

The successive application of the Laplace, Fourier and Robin-Weber transformations to equation (14.1.1) gives

$$\overline{\overline{\overline{p}}} = \frac{q(s)e^{-st_0}\sin(\xi_m\theta_0)\mathcal{D}_\mathcal{M}(\xi r_0)}{\phi c_t(\eta_r\xi^2+s)}+\frac{2\overline{\overline{\psi}}(\xi_m,s)}{\pi\phi c_t(\eta_r\xi^2+s)}+$$

$$+\frac{\eta_\theta\int_a^\infty\frac{\mathcal{D}_\mathcal{M}(\xi u)}{u}\left\{\xi_m\overline{\psi}_0(u,s)-\left(\frac{\mu}{k_\theta}\right)\overline{\psi}_\vartheta(u,s)\sin(\xi_m\vartheta)\right\}du}{(\eta_r\xi^2+s)}+\frac{\overline{\overline{\varphi}}(\xi,\xi_m)}{(\eta_r\xi^2+s)} \qquad (16.30.1)$$

where ξ_m is a positive root of $\xi_m\cot(\xi_m\vartheta)=-\lambda$, $m=1,2,...,$
$\overline{\overline{\psi}}(\xi_m,s)=\int_0^\vartheta\psi(v,s)\sin(\xi_m v)dv$, $\overline{\overline{\varphi}}(\xi,\xi_m)=\int_a^\infty r\mathcal{D}_\mathcal{M}(\xi r)\int_0^\vartheta\varphi(r,u)\sin(\xi_m u)dudr$ and

$\mathcal{D}_\nu(\xi r) = Y_\nu(\xi r)\{\lambda J_\nu(\xi a) - \xi J'_\nu(\xi a)\} - J_\nu(\xi r)\{\lambda Y_\nu(\xi a) - \xi Y'_\nu(\xi a)\}$. Successive inverse transforms yield

$$\begin{aligned}
\overline{p} \; = \; & \frac{2q(s)e^{-st_0}}{\phi c_t}\sum_{m=1}^{\infty}\frac{(\xi_m^2+\lambda^2)\sin(\xi_m\theta_0)\sin(\xi_m\theta)}{\vartheta(\xi_m^2+\lambda^2)+\lambda}\times \\
& \times\int_0^\infty \frac{\xi\mathcal{D}_\mathcal{M}(\xi r_0)\mathcal{D}_\mathcal{M}(\xi r)}{(\eta_r\xi^2+s)\left[\{\lambda J_\mathcal{M}(\xi a)-\xi J'_\mathcal{M}(\xi a)\}^2+\{\lambda Y_\mathcal{M}(\xi a)-\xi Y'_\mathcal{M}(\xi a)\}^2\right]}d\xi + \\
& +\frac{4}{\pi\phi c_t}\sum_{m=1}^{\infty}\frac{\overline{\overline{\psi}}(\xi_m,s)(\xi_m^2+\lambda^2)\sin(\xi_m\theta)}{\vartheta(\xi_m^2+\lambda^2)+\lambda}\times \\
& \times\int_0^\infty \frac{\xi\mathcal{D}_\mathcal{M}(\xi r)}{(\eta_r\xi^2+s)\left[\{\lambda J_\mathcal{M}(\xi a)-\xi J'_\mathcal{M}(\xi a)\}^2+\{\lambda Y_\mathcal{M}(\xi a)-\xi Y'_\mathcal{M}(\xi a)\}^2\right]}d\xi + \\
& +2\eta_\theta\sum_{m=1}^{\infty}\frac{(\xi_m^2+\lambda^2)\sin(\xi_m\theta)}{\vartheta(\xi_m^2+\lambda^2)+\lambda}\int_a^\infty\frac{1}{u}\int_0^\infty\frac{\xi\mathcal{D}_\mathcal{M}(\xi u)\mathcal{D}_\mathcal{M}(\xi r)}{(\eta_r\xi^2+s)\left[\{\lambda J_\mathcal{M}(\xi a)-\xi J'_\mathcal{M}(\xi a)\}^2+\{\lambda Y_\mathcal{M}(\xi a)-\xi Y'_\mathcal{M}(\xi a)\}^2\right]}d\xi\times \\
& \times\left\{\xi_m\overline{\psi}_0(u,s)-\left(\frac{\mu}{k_\theta}\right)\overline{\psi}_\vartheta(u,s)\sin(\xi_m\vartheta)\right\}du + \\
& +2\sum_{m=1}^{\infty}\frac{(\xi_m^2+\lambda^2)\sin(\xi_m\theta)}{\vartheta(\xi_m^2+\lambda^2)+\lambda}\int_0^\infty\frac{\overline{\overline{\varphi}}(\xi,\xi_m)\xi\mathcal{D}_\mathcal{M}(\xi r)}{(\eta_r\xi^2+s)\left[\{\lambda J_\mathcal{M}(\xi a)-\xi J'_\mathcal{M}(\xi a)\}^2+\{\lambda Y_\mathcal{M}(\xi a)-\xi Y'_\mathcal{M}(\xi a)\}^2\right]}d\xi
\end{aligned} \tag{16.30.2}$$

and

$$\begin{aligned}
p \; = \; & \frac{2U(t-t_0)}{\phi c_t}\sum_{m=1}^{\infty}\frac{(\xi_m^2+\lambda^2)\sin(\xi_m\theta_0)\sin(\xi_m\theta)}{\vartheta(\xi_m^2+\lambda^2)+\lambda}\times \\
& \times\int_0^\infty\frac{\xi\mathcal{D}_\mathcal{M}(\xi r_0)\mathcal{D}_\mathcal{M}(\xi r)}{\left[\{\lambda J_\mathcal{M}(\xi a)-\xi J'_\mathcal{M}(\xi a)\}^2+\{\lambda Y_\mathcal{M}(\xi a)-\xi Y'_\mathcal{M}(\xi a)\}^2\right]}\int_0^{t-t_0}q(t-t_0-\tau)e^{-\eta_r\xi^2\tau}d\tau d\xi + \\
& +\frac{4}{\pi\phi c_t}\sum_{m=1}^{\infty}\frac{(\xi_m^2+\lambda^2)\sin(\xi_m\theta)}{\vartheta(\xi_m^2+\lambda^2)+\lambda}\times \\
& \times\int_0^\infty\frac{\xi\mathcal{D}_\mathcal{M}(\xi r)}{\left[\{\lambda J_\mathcal{M}(\xi a)-\xi J'_\mathcal{M}(\xi a)\}^2+\{\lambda Y_\mathcal{M}(\xi a)-\xi Y'_\mathcal{M}(\xi a)\}^2\right]}\int_0^t\overline{\psi}(\xi_m,\tau)e^{-\eta_r\xi^2(t-\tau)}d\tau d\xi + \\
& +2\eta_\theta\sum_{m=1}^{\infty}\frac{(\xi_m^2+\lambda^2)\sin(\xi_m\theta)}{\vartheta(\xi_m^2+\lambda^2)+\lambda}\int_a^\infty\frac{1}{u}\int_0^\infty\frac{\xi\mathcal{D}_\mathcal{M}(\xi u)\mathcal{D}_\mathcal{M}(\xi r)}{\left[\{\lambda J_\mathcal{M}(\xi a)-\xi J'_\mathcal{M}(\xi a)\}^2+\{\lambda Y_\mathcal{M}(\xi a)-\xi Y'_\mathcal{M}(\xi a)\}^2\right]}\times \\
& \times\int_0^t\left\{\xi_m\psi_0(u,\tau)-\left(\frac{\mu}{k_\theta}\right)\psi_\vartheta(u,\tau)\sin(\xi_m\vartheta)\right\}d\tau e^{-\eta_r\xi^2(t-\tau)}d\xi du + \\
& +2\sum_{m=1}^{\infty}\frac{(\xi_m^2+\lambda^2)\sin(\xi_m\theta)}{\vartheta(\xi_m^2+\lambda^2)+\lambda}\int_0^\infty\frac{\overline{\overline{\varphi}}(\xi,\xi_m)\xi\mathcal{D}_\mathcal{M}(\xi r)e^{-\eta_r\xi^2 t}}{\left[\{\lambda J_\mathcal{M}(\xi a)-\xi J'_\mathcal{M}(\xi a)\}^2+\{\lambda Y_\mathcal{M}(\xi a)-\xi Y'_\mathcal{M}(\xi a)\}^2\right]}d\xi
\end{aligned} \tag{16.30.3}$$

When $\varphi(r,\theta) = p_I$, a constant, the solution is obtained by replacing the terms corresponding to the initial condition (the last term) in equations (16.30.2) and (16.30.3) with

$$\overline{p} \; = \; \frac{2\lambda p_I}{s}\sum_{m=1}^{\infty}\frac{K_\mathcal{M}\left(r\sqrt{\frac{s}{\eta_r}}\right)\{1-\cos(\xi_m\vartheta)\}(\xi_m^2+\lambda^2)\sin(\xi_m\theta)}{\xi_m\{\vartheta(\xi_m^2+\lambda^2)+\lambda\}\left\{\lambda K_\mathcal{M}\left(a\sqrt{\frac{s}{\eta_r}}\right)-\sqrt{\frac{s}{\eta_r}}K'_\mathcal{M}\left(a\sqrt{\frac{s}{\eta_r}}\right)\right\}} -$$

$$-\frac{2p_I\eta_\theta}{s}\sum_{m=1}^{\infty}\frac{\{\xi_m+\lambda\sin(\xi_m\vartheta)\}(\xi_m^2+\lambda^2)\sin(\xi_m\theta)}{\vartheta(\xi_m^2+\lambda^2)+\lambda}\times$$

$$\times\int_a^{\infty}\frac{1}{u}\int_0^{\infty}\frac{\xi\mathcal{D}_{\mathcal{M}}(\xi u)\,\mathcal{D}_{\mathcal{M}}(\xi r)}{(\eta_r\xi^2+s)\left[\{\lambda J_{\mathcal{M}}(\xi a)-\xi J'_{\mathcal{M}}(\xi a)\}^2+\{\lambda Y_{\mathcal{M}}(\xi a)-\xi Y'_{\mathcal{M}}(\xi a)\}^2\right]}d\xi du+\frac{p_I}{s} \tag{16.30.4}$$

and

$$p = 2\lambda p_I\sum_{m=1}^{\infty}\frac{\{1-\cos(\xi_m\vartheta)\}(\xi_m^2+\lambda^2)\sin(\xi_m\theta)}{\xi_m\{\vartheta(\xi_m^2+\lambda^2)+\lambda\}}\times$$

$$\times\left\{\frac{a}{(\lambda a+\mathcal{M})}\left(\frac{a}{r}\right)^{\mathcal{M}}-\frac{2}{\pi}\int_0^{\infty}\frac{\mathcal{D}_{\mathcal{M}}(\xi r)\,e^{-\eta_r\xi^2 t}}{\xi\left[\{\lambda J_{\mathcal{M}}(\xi a)-\xi J'_{\mathcal{M}}(\xi a)\}^2+\{\lambda Y_{\mathcal{M}}(\xi a)-\xi Y'_{\mathcal{M}}(\xi a)\}^2\right]}d\xi\right\}-$$

$$-2p_I\dot{o}^2\sum_{m=1}^{\infty}\frac{\{\xi_m+\lambda\sin(\xi_m\vartheta)\}(\xi_m^2+\lambda^2)\sin(\xi_m\theta)}{\vartheta(\xi_m^2+\lambda^2)+\lambda}\times$$

$$\times\int_a^{\infty}\frac{1}{u}\int_0^{\infty}\frac{\mathcal{D}_{\mathcal{M}}(\xi u)\,\mathcal{D}_{\mathcal{M}}(\xi r)\left(1-e^{-\eta_r\xi^2 t}\right)}{\xi\left[\{\lambda J_{\mathcal{M}}(\xi a)-\xi J'_{\mathcal{M}}(\xi a)\}^2+\{\lambda Y_{\mathcal{M}}(\xi a)-\xi Y'_{\mathcal{M}}(\xi a)\}^2\right]}d\xi du+p_I \tag{16.30.5}$$

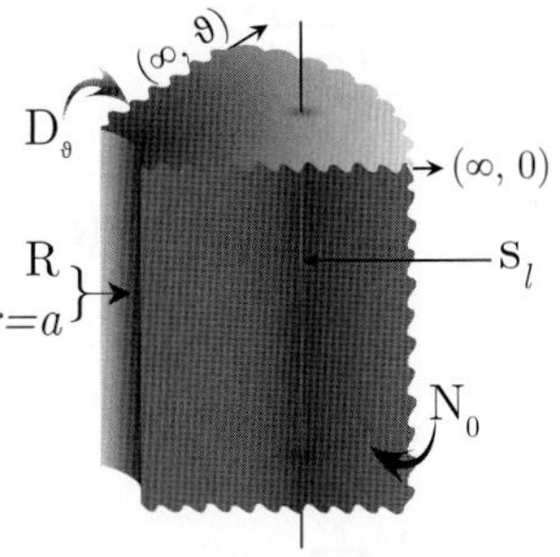

16.31 The problem of 16.28, except $\mathbf{N}_0\equiv\frac{\partial p(r,0,t)}{\partial\theta}=-\left(\frac{\mu}{k_\theta}\right)\psi_0(r,t)$, $\mathbf{D}_\vartheta\equiv p(r,\vartheta,t)=\psi_\vartheta(r,t)$ and $\mathbf{R}\equiv\frac{\partial p(a,\theta,t)}{\partial r}-\lambda p(a,\theta,t)=-\left(\frac{\mu}{k_r}\right)\psi(\theta,t)$

The successive application of the Laplace, Fourier and Robin-Weber transformations to equation (14.1.1) gives

$$\overline{\overline{\overline{p}}} = \frac{q(s)\,e^{-st_0}\cos(\xi_m\theta_0)\,\mathcal{D}_{\mathcal{M}}(\xi r_0)}{\phi c_t(\eta_r\xi^2+s)}+\frac{2\overline{\overline{\psi}}(\xi_m,s)}{\pi\phi c_t(\eta_r\xi^2+s)}+$$

$$+\frac{\eta_\theta\int_a^{\infty}\frac{\mathcal{D}_{\mathcal{M}}(\xi u)}{u}\left\{(-1)^{m+1}\xi_m\overline{\psi}_\vartheta(u,s)+\left(\frac{\mu}{k_\theta}\right)\overline{\psi}_0(u,s)\right\}du}{(\eta_r\xi^2+s)}+\frac{\overline{\overline{\varphi}}(\xi,\xi_m)}{(\eta_r\xi^2+s)} \tag{16.31.1}$$

where ξ_m is a positive root of $\cos(\xi_m\vartheta)$, which are $\xi_m=\frac{(2m-1)\pi}{2\vartheta}$, $m=1,2,...,$ $\overline{\overline{\psi}}(\xi_m,s)=\int_0^{\vartheta}\psi(v,s)\cos(\xi_m v)dv$, $\overline{\overline{\varphi}}(\xi,\xi_m)=\int_a^{\infty}r\mathcal{D}_{\mathcal{M}}(\xi r)\int_0^{\vartheta}\varphi(r,u)\cos(\xi_m u)dudr$ and $\mathcal{D}_\nu(\xi r)=Y_\nu(\xi r)\{\lambda J_\nu(\xi a)-\xi J'_\nu(\xi a)\}-J_\nu(\xi r)\{\lambda Y_\nu(\xi a)-\xi Y'_\nu(\xi a)\}$. Successive inverse transforms yield

$$\overline{p} = \frac{2q(s)\,e^{-st_0}}{\vartheta\phi c_t}\sum_{m=1}^{\infty}\cos(\xi_m\theta_0)\cos(\xi_m\theta)\times$$

$$\times\int_0^{\infty}\frac{\xi\mathcal{D}_{\mathcal{M}}(\xi r_0)\,\mathcal{D}_{\mathcal{M}}(\xi r)}{(\eta_r\xi^2+s)\left[\{\lambda J_{\mathcal{M}}(\xi a)-\xi J'_{\mathcal{M}}(\xi a)\}^2+\{\lambda Y_{\mathcal{M}}(\xi a)-\xi Y'_{\mathcal{M}}(\xi a)\}^2\right]}d\xi+$$

$$+\frac{4}{\vartheta\pi\phi c_t}\sum_{m=1}^{\infty}\overline{\overline{\psi}}(\xi_m,s)\cos(\xi_m\theta)\int_0^{\infty}\frac{\xi\mathcal{D}_{\mathcal{M}}(\xi r)}{(\eta_r\xi^2+s)\left[\{\lambda J_{\mathcal{M}}(\xi a)-\xi J'_{\mathcal{M}}(\xi a)\}^2+\{\lambda Y_{\mathcal{M}}(\xi a)-\xi Y'_{\mathcal{M}}(\xi a)\}^2\right]}d\xi+$$

$$+\frac{2\eta_\theta}{\vartheta}\sum_{m=1}^{\infty}\xi_m\cos(\xi_m\theta)\int_a^{\infty}\frac{1}{u}\int_0^{\infty}\frac{\xi\mathcal{D}_{\mathcal{M}}(\xi u)\,\mathcal{D}_{\mathcal{M}}(\xi r)}{(\eta_r\xi^2+s)\left[\{\lambda J_{\mathcal{M}}(\xi a)-\xi J'_{\mathcal{M}}(\xi a)\}^2+\{\lambda Y_{\mathcal{M}}(\xi a)-\xi Y'_{\mathcal{M}}(\xi a)\}^2\right]}d\xi\times$$

$$\times\left\{(-1)^{m+1}\xi_m\overline{\psi}_\vartheta(u,s)+\left(\frac{\mu}{k_\theta}\right)\overline{\psi}_0(u,s)\right\}du+$$

$$+\frac{2}{\vartheta}\sum_{m=1}^{\infty}\cos(\xi_m\theta)\int_0^\infty\frac{\overline{\overline{\varphi}}(\xi,\xi_m)\xi\mathcal{D}_{\mathcal{M}}(\xi r)}{(\eta_r\xi^2+s)\left[\{\lambda J_{\mathcal{M}}(\xi a)-\xi J'_{\mathcal{M}}(\xi a)\}^2+\{\lambda Y_{\mathcal{M}}(\xi a)-\xi Y'_{\mathcal{M}}(\xi a)\}^2\right]}d\xi \qquad (16.31.2)$$

and

$$p = \frac{2U(t-t_0)}{\vartheta\phi c_t}\sum_{m=1}^{\infty}\cos(\xi_m\theta_0)\cos(\xi_m\theta)\times$$

$$\times\int_0^\infty\frac{\xi\mathcal{D}_{\mathcal{M}}(\xi r_0)\mathcal{D}_{\mathcal{M}}(\xi r)}{\left[\{\lambda J_{\mathcal{M}}(\xi a)-\xi J'_{\mathcal{M}}(\xi a)\}^2+\{\lambda Y_{\mathcal{M}}(\xi a)-\xi Y'_{\mathcal{M}}(\xi a)\}^2\right]}\int_0^{t-t_0}q(t-t_0-\tau)e^{-\eta_r\xi^2\tau}d\tau d\xi+$$

$$+\frac{4}{\vartheta\pi\phi c_t}\times$$

$$\times\sum_{m=1}^{\infty}\cos(\xi_m\theta)\int_0^\infty\frac{\xi\mathcal{D}_{\mathcal{M}}(\xi r)}{\left[\{\lambda J_{\mathcal{M}}(\xi a)-\xi J'_{\mathcal{M}}(\xi a)\}^2+\{\lambda Y_{\mathcal{M}}(\xi a)-\xi Y'_{\mathcal{M}}(\xi a)\}^2\right]}\int_0^t\overline{\psi}(\xi_m,\tau)e^{-\eta_r\xi^2(t-\tau)}d\tau d\xi+$$

$$+\frac{2\eta_\theta}{\vartheta}\sum_{m=1}^{\infty}\xi_m\cos(\xi_m\theta)\times$$

$$\times\int_a^\infty\frac{1}{u}\int_0^\infty\frac{\xi\mathcal{D}_{\mathcal{M}}(\xi u)\mathcal{D}_{\mathcal{M}}(\xi r)}{\left[\{\lambda J_{\mathcal{M}}(\xi a)-\xi J'_{\mathcal{M}}(\xi a)\}^2+\{\lambda Y_{\mathcal{M}}(\xi a)-\xi Y'_{\mathcal{M}}(\xi a)\}^2\right]}\times$$

$$\times\int_0^t\left\{(-1)^{m+1}\xi_m\psi_\vartheta(u,\tau)+\left(\frac{\mu}{k_\theta}\right)\psi_0(u,\tau)\right\}e^{-\eta_r\xi^2(t-\tau)}d\tau d\xi du+$$

$$+\frac{2}{\vartheta}\sum_{m=1}^{\infty}\cos(\xi_m\theta)\int_0^\infty\frac{\overline{\overline{\varphi}}(\xi,\xi_m)\xi\mathcal{D}_{\mathcal{M}}(\xi r)e^{-\eta_r\xi^2t}}{\left[\{\lambda J_{\mathcal{M}}(\xi a)-\xi J'_{\mathcal{M}}(\xi a)\}^2+\{\lambda Y_{\mathcal{M}}(\xi a)-\xi Y'_{\mathcal{M}}(\xi a)\}^2\right]}d\xi \qquad (16.31.3)$$

When $\varphi(r,\theta)=p_I$, a constant, the solution is obtained by replacing the terms corresponding to the initial condition (the last term) in equations (16.31.2) and (16.31.3) with

$$\overline{p} = \frac{p_I}{s}-\frac{2\lambda p_I}{\vartheta s}\sum_{m=1}^{\infty}\frac{K_{\mathcal{M}}\left(r\sqrt{\frac{s}{\eta_r}}\right)(-1)^{m+1}\cos(\xi_m\theta)}{\xi_m\left\{\lambda K_{\mathcal{M}}\left(a\sqrt{\frac{s}{\eta_r}}\right)-\sqrt{\frac{s}{\eta_r}}K'_{\mathcal{M}}\left(a\sqrt{\frac{s}{\eta_r}}\right)\right\}}-$$

$$-\frac{2p_I\eta_\theta}{\vartheta s}\sum_{m=1}^{\infty}\xi_m(-1)^{m+1}\cos(\xi_m\theta)\times$$

$$\times\int_a^\infty\frac{1}{u}\int_0^\infty\frac{\xi\mathcal{D}_{\mathcal{M}}(\xi u)\mathcal{D}_{\mathcal{M}}(\xi r)}{(\eta_r\xi^2+s)\left[\{\lambda J_{\mathcal{M}}(\xi a)-\xi J'_{\mathcal{M}}(\xi a)\}^2+\{\lambda Y_{\mathcal{M}}(\xi a)-\xi Y'_{\mathcal{M}}(\xi a)\}^2\right]}d\xi du \qquad (16.31.4)$$

and

$$p = p_I-\frac{2\lambda p_I}{\vartheta}\sum_{m=1}^{\infty}\frac{(-1)^{m+1}\cos(\xi_m\theta)}{\xi_m}\times$$

$$\times\left\{\frac{a}{(\lambda a+\mathcal{M})}\left(\frac{a}{r}\right)^{\mathcal{M}}-\frac{2}{\pi}\int_0^\infty\frac{\mathcal{D}_{\mathcal{M}}(\xi r)e^{-\eta_r\xi^2t}}{\xi\left[\{\lambda J_{\mathcal{M}}(\xi a)-\xi J'_{\mathcal{M}}(\xi a)\}^2+\{\lambda Y_{\mathcal{M}}(\xi a)-\xi Y'_{\mathcal{M}}(\xi a)\}^2\right]}d\xi\right\}-$$

$$-\frac{2p_I\dot{o}^2}{\vartheta}\sum_{m=1}^{\infty}\xi_m(-1)^{m+1}\cos(\xi_m\theta)\int_a^\infty\frac{1}{u}\int_0^\infty\frac{\mathcal{D}_{\mathcal{M}}(\xi u)\mathcal{D}_{\mathcal{M}}(\xi r)\left(1-e^{-\eta_r\xi^2t}\right)}{\xi\left[\{\lambda J_{\mathcal{M}}(\xi a)-\xi J'_{\mathcal{M}}(\xi a)\}^2+\{\lambda Y_{\mathcal{M}}(\xi a)-\xi Y'_{\mathcal{M}}(\xi a)\}^2\right]}d\xi du$$

(16.31.5)

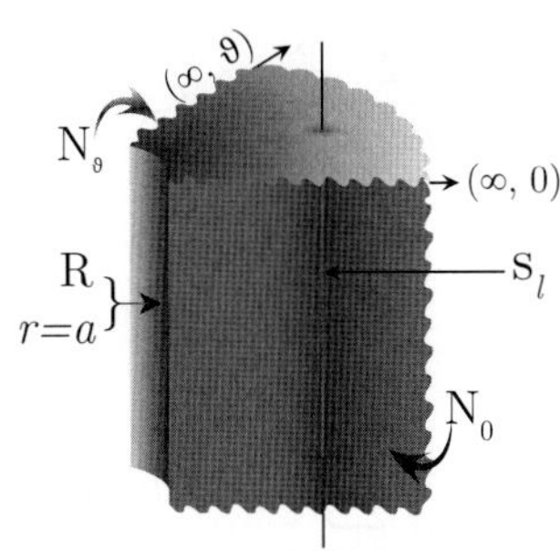

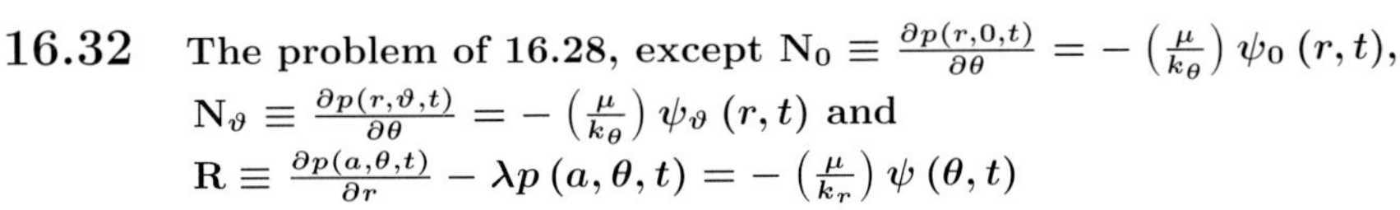

16.32 **The problem of 16.28, except** $\mathbf{N}_0 \equiv \frac{\partial p(r,0,t)}{\partial \theta} = -\left(\frac{\mu}{k_\theta}\right)\psi_0(r,t)$,
$\mathbf{N}_\vartheta \equiv \frac{\partial p(r,\vartheta,t)}{\partial \theta} = -\left(\frac{\mu}{k_\theta}\right)\psi_\vartheta(r,t)$ **and**
$\mathbf{R} \equiv \frac{\partial p(a,\theta,t)}{\partial r} - \lambda p(a,\theta,t) = -\left(\frac{\mu}{k_r}\right)\psi(\theta,t)$

The successive application of the Laplace, Fourier and Robin-Weber transformations to equation (14.1.1) gives

$$\overline{\overline{\overline{p}}} = \frac{q(s)\,e^{-st_0}\cos(\xi_m\theta_0)\,\mathcal{D}_{\mathcal{M}}(\xi r_0)}{\phi c_t(\eta_r\xi^2+s)} + \frac{2\overline{\overline{\psi}}(\xi_m,s)}{\pi\phi c_t(\eta_r\xi^2+s)} + \\ + \frac{\int_a^\infty \frac{\mathcal{D}_{\mathcal{M}}(\xi u)}{u}\left\{(-1)^{m+1}\overline{\psi}_\vartheta(u,s)+\overline{\psi}_0(u,s)\right\}du}{\phi c_t(\eta_r\xi^2+s)} + \frac{\overline{\overline{\varphi}}(\xi,\xi_m)}{(\eta_r\xi^2+s)} \tag{16.32.1}$$

where ξ_m is a positive root of $\sin(\xi_m\vartheta)$, which are $\frac{m\pi}{\vartheta}$, $m = 0, 2, ...,$
$\overline{\overline{\psi}}(\xi_m,s) = \int_0^\vartheta \psi(v,s)\cos(\xi_m v)dv$, $\overline{\overline{\varphi}}(\xi,\xi_m) = \int_a^\infty r\mathcal{D}_{\mathcal{M}}(\xi r)\int_0^\vartheta \varphi(r,u)\cos(\xi_m u)dudr$ and
$\mathcal{D}_\nu(\xi r) = Y_\nu(\xi r)\{\lambda J_\nu(\xi a) - \xi J'_\nu(\xi a)\} - J_\nu(\xi r)\{\lambda Y_\nu(\xi a) - \xi Y'_\nu(\xi a)\}$. Successive inverse transforms yield

$$\overline{p} = \frac{2q(s)\,e^{-st_0}}{\vartheta\phi c_t}\times \\ \times\sum_{m=0}^{\infty}\ni_m\cos(\xi_m\theta_0)\cos(\xi_m\theta)\int_0^\infty\frac{\xi\mathcal{D}_{\mathcal{M}}(\xi r_0)\,\mathcal{D}_{\mathcal{M}}(\xi r)}{(\eta_r\xi^2+s)\left[\{\lambda J_{\mathcal{M}}(\xi a)-\xi J'_{\mathcal{M}}(\xi a)\}^2+\{\lambda Y_{\mathcal{M}}(\xi a)-\xi Y'_{\mathcal{M}}(\xi a)\}^2\right]}d\xi + \\ +\frac{4}{\vartheta\pi\phi c_t}\times \\ \times\sum_{m=0}^{\infty}\ni_m\overline{\overline{\psi}}(\xi_m,s)\cos(\xi_m\theta)\int_0^\infty\frac{\xi\mathcal{D}_{\mathcal{M}}(\xi r)}{(\eta_r\xi^2+s)\left[\{\lambda J_{\mathcal{M}}(\xi a)-\xi J'_{\mathcal{M}}(\xi a)\}^2+\{\lambda Y_{\mathcal{M}}(\xi a)-\xi Y'_{\mathcal{M}}(\xi a)\}^2\right]}d\xi + \\ +\frac{2}{\vartheta\phi c_t}\sum_{m=0}^{\infty}\ni_m\xi_m\cos(\xi_m\theta)\int_a^\infty\frac{1}{u}\int_0^\infty\frac{\xi\mathcal{D}_{\mathcal{M}}(\xi u)\,\mathcal{D}_{\mathcal{M}}(\xi r)}{(\eta_r\xi^2+s)\left[\{\lambda J_{\mathcal{M}}(\xi a)-\xi J'_{\mathcal{M}}(\xi a)\}^2+\{\lambda Y_{\mathcal{M}}(\xi a)-\xi Y'_{\mathcal{M}}(\xi a)\}^2\right]}d\xi\times \\ \times\left\{(-1)^{m+1}\overline{\psi}_\vartheta(u,s)+\overline{\psi}_0(u,s)\right\}du + \\ +\frac{2}{\vartheta}\sum_{m=0}^{\infty}\ni_m\cos(\xi_m\theta)\int_0^\infty\frac{\overline{\overline{\varphi}}(\xi,\xi_m)\xi\mathcal{D}_{\mathcal{M}}(\xi r)}{(\eta_r\xi^2+s)\left[\{\lambda J_{\mathcal{M}}(\xi a)-\xi J'_{\mathcal{M}}(\xi a)\}^2+\{\lambda Y_{\mathcal{M}}(\xi a)-\xi Y'_{\mathcal{M}}(\xi a)\}^2\right]}d\xi \tag{16.32.2}$$

and

$$p = \frac{2U(t-t_0)}{\vartheta\phi c_t}\sum_{m=0}^{\infty}\ni_m\cos(\xi_m\theta_0)\cos(\xi_m\theta)\times \\ \times\int_0^\infty\frac{\xi\mathcal{D}_{\mathcal{M}}(\xi r_0)\,\mathcal{D}_{\mathcal{M}}(\xi r)}{\left[\{\lambda J_{\mathcal{M}}(\xi a)-\xi J'_{\mathcal{M}}(\xi a)\}^2+\{\lambda Y_{\mathcal{M}}(\xi a)-\xi Y'_{\mathcal{M}}(\xi a)\}^2\right]}\int_0^{t-t_0} q(t-t_0-\tau)\,e^{-\eta_r\xi^2\tau}d\tau d\xi + \\ +\frac{4}{\vartheta\pi\phi c_t}\sum_{m=0}^{\infty}\ni_m\cos(\xi_m\theta)\int_0^\infty\frac{\xi\mathcal{D}_{\mathcal{M}}(\xi r)}{\left[\{\lambda J_\nu(\xi a)-\xi J'_\nu(\xi a)\}^2+\{\lambda Y_\nu(\xi a)-\xi Y'_\nu(\xi a)\}^2\right]}\int_0^t\overline{\psi}(\xi_m,\tau)e^{-\eta_r\xi^2(t-\tau)}d\tau d\xi +$$

$$+\frac{2}{\vartheta\phi c_t}\sum_{m=0}^{\infty}\ni_m\xi_m\cos(\xi_m\theta)\int_a^{\infty}\frac{1}{u}\int_0^{\infty}\frac{\xi\mathcal{D}_{\mathcal{M}}(\xi u)\,\mathcal{D}_{\mathcal{M}}(\xi r)}{\left[\{\lambda J_{\mathcal{M}}(\xi a)-\xi J'_{\mathcal{M}}(\xi a)\}^2+\{\lambda Y_{\mathcal{M}}(\xi a)-\xi Y'_{\mathcal{M}}(\xi a)\}^2\right]}\times$$

$$\times\int_0^t\left\{(-1)^{m+1}\psi_\vartheta(u,\tau)+\psi_0(u,\tau)\right\}e^{-\eta_r\xi^2(t-\tau)}d\tau d\xi du+$$

$$+\frac{2}{\vartheta}\sum_{m=0}^{\infty}\ni_m\cos(\xi_m\theta)\int_0^{\infty}\frac{\overline{\overline{\varphi}}(\xi,\xi_m)\xi\mathcal{D}_{\mathcal{M}}(\xi r)\,e^{-\eta_r\xi^2 t}}{\left[\{\lambda J_{\mathcal{M}}(\xi a)-\xi J'_{\mathcal{M}}(\xi a)\}^2+\{\lambda Y_{\mathcal{M}}(\xi a)-\xi Y'_{\mathcal{M}}(\xi a)\}^2\right]}d\xi \tag{16.32.3}$$

When $\varphi(r,\theta)=p_I$, a constant, the solution is obtained by replacing the terms corresponding to the initial condition (the last term) in equations (16.32.2) and (16.32.3) with

$$\overline{p}=\frac{p_I}{s}-\frac{\lambda p_I K_0\left(r\sqrt{\frac{s}{\eta_r}}\right)}{s\left\{\lambda K_0\left(a\sqrt{\frac{s}{\eta_r}}\right)+\sqrt{\frac{s}{\eta_r}}K_1\left(a\sqrt{\frac{s}{\eta_r}}\right)\right\}} \tag{16.32.4}$$

and

$$p=\frac{2\lambda p_I}{\pi}\int_0^{\infty}\frac{\mathcal{D}_0(\xi r)\,e^{-\eta_r\xi^2 t}}{\xi\left[\{\lambda J_0(\xi a)-\xi J'_0(\xi a)\}^2+\{\lambda Y_0(\xi a)-\xi Y'_0(\xi a)\}^2\right]}d\xi \tag{16.32.5}$$

16.33

The problem of 16.28, except
$\mathbf{N_0} \equiv \frac{\partial p(r,0,t)}{\partial\theta}=-\left(\frac{\mu}{k_\theta}\right)\psi_0(r,t)$,
$\mathbf{R_\vartheta} \equiv \frac{\partial p(r,\vartheta,t)}{\partial\theta}+\lambda p(r,\vartheta,t)=-\left(\frac{\mu}{k_\theta}\right)\psi_\vartheta(r,t)$ **and**
$\mathbf{R} \equiv \frac{\partial p(a,\theta,t)}{\partial r}-\lambda p(a,\theta,t)=-\left(\frac{\mu}{k_r}\right)\psi(\theta,t)$

The successive application of the Laplace, Fourier and Robin-Weber transformations to equation (14.1.1) gives

$$\begin{aligned}\overline{\overline{\overline{p}}} &= \frac{q(s)\,e^{-st_0}\cos(\xi_m\theta_0)\,\mathcal{D}_{\mathcal{M}}(\xi r_0)}{\phi c_t(\eta_r\xi^2+s)}+\frac{2\overline{\overline{\psi}}(\xi_m,s)}{\pi\phi c_t(\eta_r\xi^2+s)}+\\ &+\frac{\int_a^{\infty}\frac{\mathcal{D}_{\mathcal{M}}(\xi u)}{u}\{\overline{\psi}_0(u,s)-\overline{\psi}_\vartheta(u,s)\cos(\xi_m\vartheta)\}du}{\phi c_t(\eta_r\xi^2+s)}+\frac{\overline{\overline{\varphi}}(\xi,\xi_m)}{(\eta_r\xi^2+s)}\end{aligned} \tag{16.33.1}$$

where ξ_m is a positive root of $\xi_m\tan(\xi_m\vartheta)=\lambda$, $m=1,2,...$, $\overline{\overline{\psi}}(\xi_m,s)=\int_0^{\vartheta}\psi(v,s)\cos(\xi_m v)dv$, $\overline{\overline{\varphi}}(\xi,\xi_m)=\int_a^{\infty}r\mathcal{D}_{\mathcal{M}}(\xi r)\int_0^{\vartheta}\varphi(r,u)\cos(\xi_m u)dudr$ and $\mathcal{D}_\nu(\xi r)=Y_\nu(\xi r)\{\lambda J_\nu(\xi a)-\xi J'_\nu(\xi a)\}-J_\nu(\xi r)\{\lambda Y_\nu(\xi a)-\xi Y'_\nu(\xi a)\}$. Successive inverse transforms yield

$$\begin{aligned}\overline{p} &= \frac{2q(s)\,e^{-st_0}}{\phi c_t}\sum_{m=1}^{\infty}\frac{(\xi_m^2+\lambda^2)\cos(\xi_m\theta_0)\cos(\xi_m\theta)}{\vartheta(\xi_m^2+\lambda^2)+\lambda}\times\\ &\times\int_0^{\infty}\frac{\xi\mathcal{D}_{\mathcal{M}}(\xi r_0)\,\mathcal{D}_{\mathcal{M}}(\xi r)}{(\eta_r\xi^2+s)\left[\{\lambda J_{\mathcal{M}}(\xi a)-\xi J'_{\mathcal{M}}(\xi a)\}^2+\{\lambda Y_{\mathcal{M}}(\xi a)-\xi Y'_{\mathcal{M}}(\xi a)\}^2\right]}d\xi+\\ &+\frac{4}{\pi\phi c_t}\sum_{m=1}^{\infty}\frac{\overline{\overline{\psi}}(\xi_m,s)(\xi_m^2+\lambda^2)\cos(\xi_m\theta)}{\vartheta(\xi_m^2+\lambda^2)+\lambda}\times\end{aligned}$$

$$\times\int_0^\infty \frac{\xi\mathcal{D}_\mathcal{M}(\xi r)}{(\eta_r\xi^2+s)\left[\{\lambda J_\mathcal{M}(\xi a)-\xi J'_\mathcal{M}(\xi a)\}^2+\{\lambda Y_\mathcal{M}(\xi a)-\xi Y'_\mathcal{M}(\xi a)\}^2\right]}d\xi+$$

$$+\frac{2}{\phi c_t}\sum_{m=1}^\infty \frac{(\xi_m^2+\lambda^2)\cos(\xi_m\theta)}{\vartheta(\xi_m^2+\lambda^2)+\lambda}\int_a^\infty\frac{1}{u}\int_0^\infty \frac{\xi\mathcal{D}_\mathcal{M}(\xi u)\mathcal{D}_\mathcal{M}(\xi r)}{(\eta_r\xi^2+s)\left[\{\lambda J_\mathcal{M}(\xi a)-\xi J'_\mathcal{M}(\xi a)\}^2+\{\lambda Y_\mathcal{M}(\xi a)-\xi Y'_\mathcal{M}(\xi a)\}^2\right]}d\xi\times$$

$$\times\left\{\overline{\psi}_0(r,s)-\overline{\psi}_\vartheta(r,s)\cos(\xi_m\vartheta)\right\}du+$$

$$+2\sum_{m=1}^\infty \frac{(\xi_m^2+\lambda^2)\cos(\xi_m\theta)}{\vartheta(\xi_m^2+\lambda^2)+\lambda}\int_0^\infty \frac{\overline{\overline{\varphi}}(\xi,\xi_m)\xi\mathcal{D}_\mathcal{M}(\xi r)}{(\eta_r\xi^2+s)\left[\{\lambda J_\mathcal{M}(\xi a)-\xi J'_\mathcal{M}(\xi a)\}^2+\{\lambda Y_\mathcal{M}(\xi a)-\xi Y'_\mathcal{M}(\xi a)\}^2\right]}d\xi \tag{16.33.2}$$

and

$$p=\frac{2U(t-t_0)}{\phi c_t}\times$$

$$\times\sum_{m=1}^\infty \frac{(\xi_m^2+\lambda^2)\cos(\xi_m\theta_0)\cos(\xi_m\theta)}{\vartheta(\xi_m^2+\lambda^2)+\lambda}\int_0^\infty \frac{\xi\mathcal{D}_\mathcal{M}(\xi r_0)\mathcal{D}_\mathcal{M}(\xi r)\int_0^{t-t_0}q(t-t_0-\tau)e^{-\eta_r\xi^2\tau}d\tau}{\left[\{\lambda J_\mathcal{M}(\xi a)-\xi J'_\mathcal{M}(\xi a)\}^2+\{\lambda Y_\mathcal{M}(\xi a)-\xi Y'_\mathcal{M}(\xi a)\}^2\right]}d\xi+$$

$$+\frac{4}{\pi\phi c_t}\sum_{m=1}^\infty \frac{(\xi_m^2+\lambda^2)\cos(\xi_m\theta)}{\vartheta(\xi_m^2+\lambda^2)+\lambda}\times$$

$$\times\int_0^\infty \frac{\xi\mathcal{D}_\mathcal{M}(\xi r)}{\left[\{\lambda J_\mathcal{M}(\xi a)-\xi J'_\mathcal{M}(\xi a)\}^2+\{\lambda Y_\mathcal{M}(\xi a)-\xi Y'_\mathcal{M}(\xi a)\}^2\right]}\int_0^t\overline{\psi}(\xi_m,\tau)e^{-\eta_r\xi^2(t-\tau)}d\tau d\xi+$$

$$+\frac{2}{\phi c_t}\sum_{m=1}^\infty \frac{(\xi_m^2+\lambda^2)\cos(\xi_m\theta)}{\vartheta(\xi_m^2+\lambda^2)+\lambda}\int_a^\infty\frac{1}{u}\int_0^\infty \frac{\xi\mathcal{D}_\mathcal{M}(\xi u)\mathcal{D}_\mathcal{M}(\xi r)}{\left[\{\lambda J_\mathcal{M}(\xi a)-\xi J'_\mathcal{M}(\xi a)\}^2+\{\lambda Y_\mathcal{M}(\xi a)-\xi Y'_\mathcal{M}(\xi a)\}^2\right]}\times$$

$$\times\int_0^t\left\{\psi_0(r,u)-\psi_\vartheta(u,s)\cos(\xi_m\vartheta)\right\}e^{-\eta_r\xi^2(t-\tau)}d\tau d\xi du+$$

$$+2\sum_{m=1}^\infty \frac{(\xi_m^2+\lambda^2)\cos(\xi_m\theta)}{\vartheta(\xi_m^2+\lambda^2)+\lambda}\int_0^\infty \frac{\overline{\overline{\varphi}}(\xi,\xi_m)\xi\mathcal{D}_\mathcal{M}(\xi r)e^{-\eta_r\xi^2t}}{\left[\{\lambda J_\mathcal{M}(\xi a)-\xi J'_\mathcal{M}(\xi a)\}^2+\{\lambda Y_\mathcal{M}(\xi a)-\xi Y'_\mathcal{M}(\xi a)\}^2\right]}d\xi \tag{16.33.3}$$

When $\varphi(r,\theta)=p_I$, a constant, the solution is obtained by replacing the terms corresponding to the initial condition (the last term) in equations (16.33.2) and (16.33.3) with

$$\overline{p}=\frac{2\lambda p_I}{s}\sum_{m=1}^\infty \frac{(\xi_m^2+\lambda^2)K_\mathcal{M}\left(r\sqrt{\frac{s}{\eta_r}}\right)\sin(\xi_m\vartheta)\cos(\xi_m\theta)}{\xi_m\left\{\lambda K_\mathcal{M}\left(a\sqrt{\frac{s}{\eta_r}}\right)-\sqrt{\frac{s}{\eta_r}}K'_\mathcal{M}\left(a\sqrt{\frac{s}{\eta_r}}\right)\right\}\{\vartheta(\xi_m^2+\lambda^2)+\lambda\}}+$$

$$+\frac{2\lambda p_I}{\phi c_t}\sum_{m=1}^\infty \frac{(\xi_m^2+\lambda^2)\cos(\xi_m\vartheta)\cos(\xi_m\theta)}{\vartheta(\xi_m^2+\lambda^2)+\lambda}\times$$

$$\times\int_a^\infty\frac{1}{u}\int_0^\infty \frac{\xi\mathcal{D}_\mathcal{M}(\xi u)\mathcal{D}_\mathcal{M}(\xi r)}{(\eta_r\xi^2+s)\left[\{\lambda J_\mathcal{M}(\xi a)-\xi J'_\mathcal{M}(\xi a)\}^2+\{\lambda Y_\mathcal{M}(\xi a)-\xi Y'_\mathcal{M}(\xi a)\}^2\right]}d\xi du+\frac{p_I}{s} \tag{16.33.4}$$

and

$$p=2\lambda p_I\sum_{m=1}^\infty \frac{(\xi_m^2+\lambda^2)\sin(\xi_m\vartheta)\cos(\xi_m\theta)}{\xi_m\{\vartheta(\xi_m^2+\lambda^2)+\lambda\}}\times$$

$$\times\left\{\frac{a}{(\lambda a+\mathcal{M})}\left(\frac{a}{r}\right)^\mathcal{M}-\frac{2}{\pi}\int_0^\infty \frac{\mathcal{D}_\mathcal{M}(\xi r)e^{-\eta_r\xi^2t}}{\xi\left[\{\lambda J_\mathcal{M}(\xi a)-\xi J'_\mathcal{M}(\xi a)\}^2+\{\lambda Y_\mathcal{M}(\xi a)-\xi Y'_\mathcal{M}(\xi a)\}^2\right]}d\xi\right\}+$$

$$+\frac{2\lambda p_I}{\phi c_t}\sum_{m=1}^{\infty}\frac{\left(\xi_m^2+\lambda^2\right)\cos\left(\xi_m\vartheta\right)\cos\left(\xi_m\theta\right)}{\vartheta\left(\xi_m^2+\lambda^2\right)+\lambda}\times$$

$$\times\int_a^{\infty}\frac{1}{u}\int_0^{\infty}\frac{\xi\mathcal{D}_{\mathcal{M}}\left(\xi u\right)\mathcal{D}_{\mathcal{M}}\left(\xi r\right)e^{-\eta_r\xi^2 t}}{\left[\left\{\lambda J_{\mathcal{M}}\left(\xi a\right)-\xi J'_{\mathcal{M}}\left(\xi a\right)\right\}^2+\left\{\lambda Y_{\mathcal{M}}\left(\xi a\right)-\xi Y'_{\mathcal{M}}\left(\xi a\right)\right\}^2\right]}d\xi du+p_I \tag{16.33.5}$$

16.34

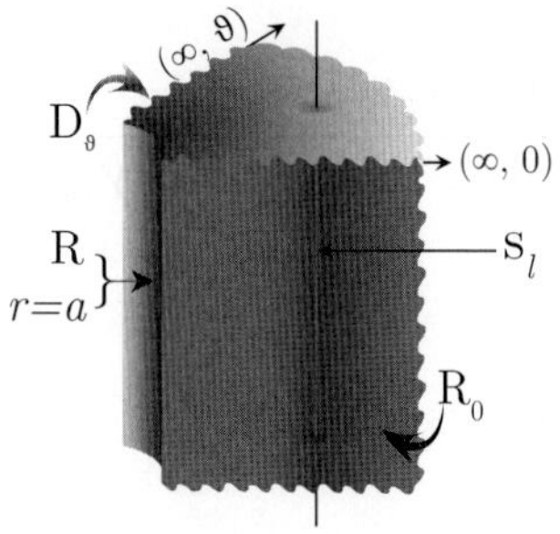

The problem of 16.28, except
$\mathbf{R_0} \equiv \frac{\partial p(r,0,t)}{\partial \theta} - \lambda p\left(r,0,t\right) = -\left(\frac{\mu}{k_\theta}\right)\psi_0\left(r,t\right)$,
$\mathbf{D_\vartheta} \equiv p\left(r,\vartheta,t\right) = \psi_\vartheta\left(r,t\right)$ **and**
$\mathbf{R} \equiv \frac{\partial p(a,\theta,t)}{\partial r} - \lambda p\left(a,\theta,t\right) = -\left(\frac{\mu}{k_r}\right)\psi\left(\theta,t\right)$

The successive application of the Laplace, Fourier and Robin-Weber transformations to equation (14.1.1) gives

$$\overline{\overline{\overline{p}}} = \frac{q\left(s\right)e^{-st_0}\sin\left\{\xi_m\left(\vartheta-\theta_0\right)\right\}\mathcal{D}_{\mathcal{M}}\left(\xi r_0\right)}{\phi c_t\left(\eta_r\xi^2+s\right)}+\frac{2\overline{\overline{\psi}}\left(\xi_m,s\right)}{\pi\phi c_t\left(\eta_r\xi^2+s\right)}+$$

$$+\frac{\eta_\theta\int_a^{\infty}\frac{\mathcal{D}_{\mathcal{M}}(\xi u)}{u}\left\{\left(\frac{\mu}{k_\theta}\right)\overline{\psi}_0\left(u,s\right)\sin\left(\xi_m\vartheta\right)+\xi_m\overline{\psi}_\vartheta\left(u,s\right)\right\}du}{\left(\eta_r\xi^2+s\right)}+\frac{\overline{\overline{\varphi}}(\xi,\xi_m)}{\left(\eta_r\xi^2+s\right)} \tag{16.34.1}$$

where ξ_m is a positive root of $\xi_m\cot\left(\xi_m\vartheta\right)=-\lambda$, $m=1,2,...$,
$\overline{\overline{\psi}}\left(\xi_m,s\right)=\int_0^{\vartheta}\psi\left(u,s\right)\sin\left\{\xi_m\left(\vartheta-u\right)\right\}du$, $\overline{\overline{\varphi}}(\xi,\xi_m)=\int_a^{\infty}r\mathcal{D}_{\mathcal{M}}\left(\xi r\right)\int_0^{\vartheta}\varphi(r,u)\sin\left\{\xi_m\left(\vartheta-u\right)\right\}dudr$ and
$\mathcal{D}_\nu\left(\xi r\right)=Y_\nu\left(\xi r\right)\left\{\lambda J_\nu\left(\xi a\right)-\xi J'_\nu\left(\xi a\right)\right\}-J_\nu\left(\xi r\right)\left\{\lambda Y_\nu\left(\xi a\right)-\xi Y'_\nu\left(\xi a\right)\right\}$. Successive inverse transforms yield

$$\overline{p} = \frac{2q\left(s\right)e^{-st_0}}{\phi c_t}\sum_{m=1}^{\infty}\frac{\left(\xi_m^2+\lambda^2\right)\sin\left\{\xi_m\left(\vartheta-\theta_0\right)\right\}\sin\left\{\xi_m\left(\vartheta-\theta\right)\right\}}{\vartheta\left(\xi_m^2+\lambda^2\right)+\lambda}\times$$

$$\times\int_0^{\infty}\frac{\xi\mathcal{D}_{\mathcal{M}}\left(\xi r_0\right)\mathcal{D}_{\mathcal{M}}\left(\xi r\right)}{\left(\eta_r\xi^2+s\right)\left[\left\{\lambda J_{\mathcal{M}}\left(\xi a\right)-\xi J'_{\mathcal{M}}\left(\xi a\right)\right\}^2+\left\{\lambda Y_{\mathcal{M}}\left(\xi a\right)-\xi Y'_{\mathcal{M}}\left(\xi a\right)\right\}^2\right]}d\xi+$$

$$+\frac{4}{\pi\phi c_t}\sum_{m=1}^{\infty}\frac{\overline{\overline{\psi}}\left(\xi_m,s\right)\left(\xi_m^2+\lambda^2\right)\sin\left\{\xi_m\left(\vartheta-\theta\right)\right\}}{\vartheta\left(\xi_m^2+\lambda^2\right)+\lambda}\times$$

$$\times\int_0^{\infty}\frac{\xi\mathcal{D}_{\mathcal{M}}\left(\xi r\right)}{\left(\eta_r\xi^2+s\right)\left[\left\{\lambda J_{\mathcal{M}}\left(\xi a\right)-\xi J'_{\mathcal{M}}\left(\xi a\right)\right\}^2+\left\{\lambda Y_{\mathcal{M}}\left(\xi a\right)-\xi Y'_{\mathcal{M}}\left(\xi a\right)\right\}^2\right]}d\xi+$$

$$+2\eta_\theta\sum_{m=1}^{\infty}\frac{\left(\xi_m^2+\lambda^2\right)\sin\left\{\xi_m\left(\vartheta-\theta\right)\right\}}{\vartheta\left(\xi_m^2+\lambda^2\right)+\lambda}\times$$

$$\times\int_a^{\infty}\frac{1}{u}\int_0^{\infty}\frac{\xi\mathcal{D}_{\mathcal{M}}\left(\xi u\right)\mathcal{D}_{\mathcal{M}}\left(\xi r\right)}{\left(\eta_r\xi^2+s\right)\left[\left\{\lambda J_{\mathcal{M}}\left(\xi a\right)-\xi J'_{\mathcal{M}}\left(\xi a\right)\right\}^2+\left\{\lambda Y_{\mathcal{M}}\left(\xi a\right)-\xi Y'_{\mathcal{M}}\left(\xi a\right)\right\}^2\right]}d\xi\times$$

$$\times\left\{\left(\frac{\mu}{k_\theta}\right)\overline{\psi}_0\left(u,s\right)\sin\left(\xi_m\vartheta\right)+\xi_m\overline{\psi}_\vartheta\left(u,s\right)\right\}du+$$

$$+2\sum_{m=1}^{\infty}\frac{\left(\xi_m^2+\lambda^2\right)\sin\left\{\xi_m\left(\vartheta-\theta\right)\right\}}{\vartheta\left(\xi_m^2+\lambda^2\right)+\lambda}\int_0^{\infty}\frac{\overline{\overline{\varphi}}(\xi,\xi_m)\xi\mathcal{D}_{\mathcal{M}}\left(\xi r\right)}{\left(\eta_r\xi^2+s\right)\left[\left\{\lambda J_{\mathcal{M}}\left(\xi a\right)-\xi J'_{\mathcal{M}}\left(\xi a\right)\right\}^2+\left\{\lambda Y_{\mathcal{M}}\left(\xi a\right)-\xi Y'_{\mathcal{M}}\left(\xi a\right)\right\}^2\right]}d\xi \tag{16.34.2}$$

and

$$
\begin{aligned}
p \;=\; & \frac{2U\left(t-t_0\right)}{\phi c_t}\sum_{m=1}^{\infty}\frac{\left(\xi_m^2+\lambda^2\right)\sin\left\{\xi_m\left(\vartheta-\theta_0\right)\right\}\sin\left\{\xi_m\left(\vartheta-\theta\right)\right\}}{\vartheta\left(\xi_m^2+\lambda^2\right)+\lambda}\times \\
& \times\int_0^{\infty}\frac{\xi\mathcal{D}_{\mathcal{M}}\left(\xi r_0\right)\mathcal{D}_{\mathcal{M}}\left(\xi r\right)}{\left[\left\{\lambda J_{\mathcal{M}}\left(\xi a\right)-\xi J_{\mathcal{M}}'\left(\xi a\right)\right\}^2+\left\{\lambda Y_{\mathcal{M}}\left(\xi a\right)-\xi Y_{\mathcal{M}}'\left(\xi a\right)\right\}^2\right]}\int_0^{t-t_0} q\left(t-t_0-\tau\right)e^{-\eta_r\xi^2\tau}d\tau d\xi + \\
& +\frac{4}{\pi\phi c_t}\sum_{m=1}^{\infty}\frac{\left(\xi_m^2+\lambda^2\right)\sin\left\{\xi_m\left(\vartheta-\theta\right)\right\}}{\vartheta\left(\xi_m^2+\lambda^2\right)+\lambda}\times \\
& \times\int_0^{\infty}\frac{\xi\mathcal{D}_{\mathcal{M}}\left(\xi r\right)}{\left[\left\{\lambda J_{\mathcal{M}}\left(\xi a\right)-\xi J_{\mathcal{M}}'\left(\xi a\right)\right\}^2+\left\{\lambda Y_{\mathcal{M}}\left(\xi a\right)-\xi Y_{\mathcal{M}}'\left(\xi a\right)\right\}^2\right]}\int_0^{t}\overline{\psi}\left(\xi_m,\tau\right)e^{-\eta_r\xi^2(t-\tau)}d\tau d\xi + \\
& +2\eta_\theta\sum_{m=1}^{\infty}\frac{\left(\xi_m^2+\lambda^2\right)\sin\left\{\xi_m\left(\vartheta-\theta\right)\right\}}{\vartheta\left(\xi_m^2+\lambda^2\right)+\lambda}\int_a^{\infty}\frac{1}{u}\int_0^{\infty}\frac{\xi\mathcal{D}_{\mathcal{M}}\left(\xi u\right)\mathcal{D}_{\mathcal{M}}\left(\xi r\right)}{\left[\left\{\lambda J_{\mathcal{M}}\left(\xi a\right)-\xi J_{\mathcal{M}}'\left(\xi a\right)\right\}^2+\left\{\lambda Y_{\mathcal{M}}\left(\xi a\right)-\xi Y_{\mathcal{M}}'\left(\xi a\right)\right\}^2\right]}\times \\
& \times\int_0^{t}\left\{\left(\frac{\mu}{k_\theta}\right)\psi_0\left(u,\tau\right)\sin\left(\xi_m\vartheta\right)+\xi_m\psi_\vartheta\left(u,\tau\right)\right\}e^{-\eta_r\xi^2(t-\tau)}d\tau d\xi du + \\
& +2\sum_{m=1}^{\infty}\frac{\left(\xi_m^2+\lambda^2\right)\sin\left\{\xi_m\left(\vartheta-\theta\right)\right\}}{\vartheta\left(\xi_m^2+\lambda^2\right)+\lambda}\int_0^{\infty}\frac{\overline{\overline{\varphi}}(\xi,\xi_m)\xi\mathcal{D}_{\mathcal{M}}\left(\xi r\right)e^{-\eta_r\xi^2 t}}{\left[\left\{\lambda J_{\mathcal{M}}\left(\xi a\right)-\xi J_{\mathcal{M}}'\left(\xi a\right)\right\}^2+\left\{\lambda Y_{\mathcal{M}}\left(\xi a\right)-\xi Y_{\mathcal{M}}'\left(\xi a\right)\right\}^2\right]}d\xi \quad (16.34.3)
\end{aligned}
$$

When $\varphi(r,\theta)=p_I$, a constant, the solution is obtained by replacing the terms corresponding to the initial condition (the last term) in equations (16.34.2) and (16.34.3) with

$$
\begin{aligned}
\overline{p} \;=\; & \frac{2\lambda p_I}{s}\sum_{m=1}^{\infty}\frac{\left(\xi_m^2+\lambda^2\right)\left\{1-\cos\left(\xi_m\vartheta\right)\right\}\sin\left\{\xi_m\left(\vartheta-\theta\right)\right\}K_{\mathcal{M}}\left(r\sqrt{\frac{s}{\eta_r}}\right)}{\xi_m\left\{\vartheta\left(\xi_m^2+\lambda^2\right)+\lambda\right\}\left\{\lambda K_{\mathcal{M}}\left(a\sqrt{\frac{s}{\eta_r}}\right)-\sqrt{\frac{s}{\eta_r}}K_{\mathcal{M}}'\left(a\sqrt{\frac{s}{\eta_r}}\right)\right\}}- \\
& -\frac{2p_I\eta_\theta}{s}\sum_{m=1}^{\infty}\frac{\left(\xi_m^2+\lambda^2\right)\left\{\lambda\sin\left(\xi_m\vartheta\right)+\xi_m\right\}\sin\left\{\xi_m\left(\vartheta-\theta\right)\right\}}{\vartheta\left(\xi_m^2+\lambda^2\right)+\lambda}\times \\
& \times\int_a^{\infty}\frac{1}{u}\int_0^{\infty}\frac{\xi\mathcal{D}_{\mathcal{M}}\left(\xi u\right)\mathcal{D}_{\mathcal{M}}\left(\xi r\right)}{\left(\eta_r\xi^2+s\right)\left[\left\{\lambda J_{\mathcal{M}}\left(\xi a\right)-\xi J_{\mathcal{M}}'\left(\xi a\right)\right\}^2+\left\{\lambda Y_{\mathcal{M}}\left(\xi a\right)-\xi Y_{\mathcal{M}}'\left(\xi a\right)\right\}^2\right]}d\xi du+\frac{p_I}{s}
\end{aligned}
$$

(16.34.4)

and

$$
\begin{aligned}
p \;=\; & 2\lambda p_I\sum_{m=1}^{\infty}\frac{\left(\xi_m^2+\lambda^2\right)\left\{1-\cos\left(\xi_m\vartheta\right)\right\}\sin\left\{\xi_m\left(\vartheta-\theta\right)\right\}}{\xi_m\left\{\vartheta\left(\xi_m^2+\lambda^2\right)+\lambda\right\}}\times \\
& \times\left\{\frac{a}{\left(\lambda a+\mathcal{M}\right)}\left(\frac{a}{r}\right)^{\mathcal{M}}-\frac{2}{\pi}\int_0^{\infty}\frac{\mathcal{D}_{\mathcal{M}}\left(\xi r\right)e^{-\eta_r\xi^2 t}}{\xi\left[\left\{\lambda J_{\mathcal{M}}\left(\xi a\right)-\xi J_{\mathcal{M}}'\left(\xi a\right)\right\}^2+\left\{\lambda Y_{\mathcal{M}}\left(\xi a\right)-\xi Y_{\mathcal{M}}'\left(\xi a\right)\right\}^2\right]}d\xi\right\}- \\
& -2p_I\dot{o}^2\sum_{m=1}^{\infty}\frac{\left(\xi_m^2+\lambda^2\right)\left\{\lambda\sin\left(\xi_m\vartheta\right)+\xi_m\right\}\sin\left\{\xi_m\left(\vartheta-\theta\right)\right\}}{\vartheta\left(\xi_m^2+\lambda^2\right)+\lambda}\times \\
& \times\int_a^{\infty}\frac{1}{u}\int_0^{\infty}\frac{\mathcal{D}_{\mathcal{M}}\left(\xi u\right)\mathcal{D}_{\mathcal{M}}\left(\xi r\right)\left(1-e^{-\eta_r\xi^2 t}\right)}{\xi\left[\left\{\lambda J_{\mathcal{M}}\left(\xi a\right)-\xi J_{\mathcal{M}}'\left(\xi a\right)\right\}^2+\left\{\lambda Y_{\mathcal{M}}\left(\xi a\right)-\xi Y_{\mathcal{M}}'\left(\xi a\right)\right\}^2\right]}d\xi du+p_I
\end{aligned}
$$

(16.34.5)

16.35

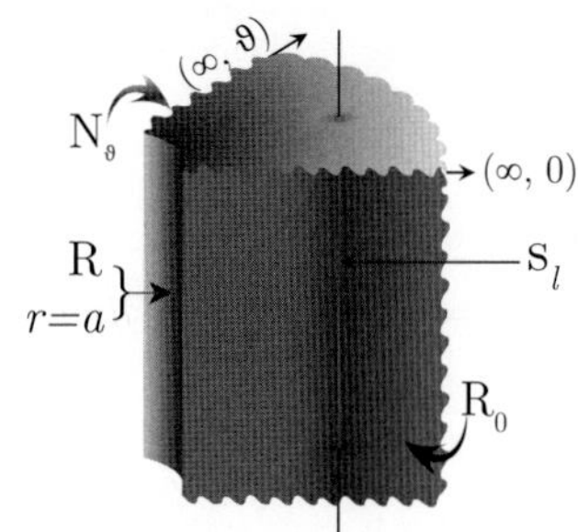

The problem of 16.28, except
$\mathbf{R_0} \equiv \frac{\partial p(r,0,t)}{\partial \theta} - \lambda p(r,0,t) = -\left(\frac{\mu}{k_\theta}\right)\psi_0(r,t)$,
$\mathbf{N_\vartheta} \equiv \frac{\partial p(r,\vartheta,t)}{\partial \theta} = -\left(\frac{\mu}{k_\theta}\right)\psi_\vartheta(r,t)$ **and**
$\mathbf{R} \equiv \frac{\partial p(a,\theta,t)}{\partial r} - \lambda p(a,\theta,t) = -\left(\frac{\mu}{k_r}\right)\psi(\theta,t)$

The successive application of the Laplace, Fourier and Robin-Weber transformations to equation (14.1.1) gives

$$\overline{\overline{\overline{p}}} = \frac{q(s)e^{-st_0}\cos\{\xi_m(\vartheta-\theta_0)\}\mathcal{D}_\mathcal{M}(\xi r_0)}{\phi c_t(\eta_r\xi^2+s)} + \frac{2\overline{\overline{\psi}}(\xi_m,s)}{\pi\phi c_t(\eta_r\xi^2+s)} + \\ + \frac{\int_a^\infty \frac{\mathcal{D}_\mathcal{M}(\xi u)}{u}\left\{\overline{\psi}_0(u,s)\cos(\xi_m\vartheta) - \overline{\psi}_\vartheta(u,s)\right\}du}{\phi c_t(\eta_r\xi^2+s)} + \frac{\overline{\overline{\varphi}}(\xi,\xi_m)}{(\eta_r\xi^2+s)} \tag{16.35.1}$$

where ξ_m is a positive root of $\xi_m\tan(\xi_m\vartheta)=\lambda$, $m=1,2,...$, $\overline{\overline{\psi}}(\xi_m,s)=\int_0^\vartheta\psi(u,s)\cos\{\xi_m(\vartheta-u)\}du$, $\overline{\overline{\varphi}}(\xi,\xi_m)=\int_a^\infty r\mathcal{D}_\mathcal{M}(\xi r)\int_0^\vartheta\varphi(r,u)\cos\{\xi_m(\vartheta-u)\}dudr$ and $\mathcal{D}_\nu(\xi r)=Y_\nu(\xi r)\{\lambda J_\nu(\xi a)-\xi J'_\nu(\xi a)\}-J_\nu(\xi r)\{\lambda Y_\nu(\xi a)-\xi Y'_\nu(\xi a)\}$. Successive inverse transforms yield

$$\overline{p} = \frac{2q(s)e^{-st_0}}{\phi c_t}\sum_{m=1}^\infty\frac{(\xi_m^2+\lambda^2)\cos\{\xi_m(\vartheta-\theta_0)\}\cos\{\xi_m(\vartheta-\theta)\}}{\vartheta(\xi_m^2+\lambda^2)+\lambda}\times \\ \times\int_0^\infty\frac{\xi\mathcal{D}_\mathcal{M}(\xi r_0)\mathcal{D}_\mathcal{M}(\xi r)}{(\eta_r\xi^2+s)\left[\{\lambda J_\mathcal{M}(\xi a)-\xi J'_\mathcal{M}(\xi a)\}^2+\{\lambda Y_\mathcal{M}(\xi a)-\xi Y'_\mathcal{M}(\xi a)\}^2\right]}d\xi + \\ +\frac{4}{\pi\phi c_t}\sum_{m=1}^\infty\frac{\overline{\overline{\psi}}(\xi_m,s)(\xi_m^2+\lambda^2)\cos\{\xi_m(\vartheta-\theta)\}}{\vartheta(\xi_m^2+\lambda^2)+\lambda}\times \\ \times\int_0^\infty\frac{\xi\mathcal{D}_\mathcal{M}(\xi r)}{(\eta_r\xi^2+s)\left[\{\lambda J_\mathcal{M}(\xi a)-\xi J'_\mathcal{M}(\xi a)\}^2+\{\lambda Y_\mathcal{M}(\xi a)-\xi Y'_\mathcal{M}(\xi a)\}^2\right]}d\xi + \\ +\frac{2}{\phi c_t}\sum_{m=1}^\infty\frac{(\xi_m^2+\lambda^2)\cos\{\xi_m(\vartheta-\theta)\}}{\vartheta(\xi_m^2+\lambda^2)+\lambda}\times \\ \times\int_a^\infty\frac{1}{u}\int_0^\infty\frac{\xi\mathcal{D}_\mathcal{M}(\xi u)\mathcal{D}_\mathcal{M}(\xi r)}{(\eta_r\xi^2+s)\left[\{\lambda J_\mathcal{M}(\xi a)-\xi J'_\mathcal{M}(\xi a)\}^2+\{\lambda Y_\mathcal{M}(\xi a)-\xi Y'_\mathcal{M}(\xi a)\}^2\right]}d\xi\times \\ \times\left\{\overline{\psi}_0(u,s)\cos(\xi_m\vartheta)-\overline{\psi}_\vartheta(u,s)\right\}du + \\ +2\sum_{m=1}^\infty\frac{(\xi_m^2+\lambda^2)\cos\{\xi_m(\vartheta-\theta)\}}{\vartheta(\xi_m^2+\lambda^2)+\lambda}\int_0^\infty\frac{\overline{\overline{\varphi}}(\xi,\xi_m)\xi\mathcal{D}_\mathcal{M}(\xi r)}{(\eta_r\xi^2+s)\left[\{\lambda J_\mathcal{M}(\xi a)-\xi J'_\mathcal{M}(\xi a)\}^2+\{\lambda Y_\mathcal{M}(\xi a)-\xi Y'_\mathcal{M}(\xi a)\}^2\right]}d\xi \tag{16.35.2}$$

and

$$p = \frac{2U(t-t_0)}{\phi c_t}\sum_{m=1}^\infty\frac{(\xi_m^2+\lambda^2)\cos\{\xi_m(\vartheta-\theta_0)\}\cos\{\xi_m(\vartheta-\theta)\}}{\vartheta(\xi_m^2+\lambda^2)+\lambda}\times \\ \times\int_0^\infty\frac{\xi\mathcal{D}_\mathcal{M}(\xi r_0)\mathcal{D}_\mathcal{M}(\xi r)}{\left[\{\lambda J_\mathcal{M}(\xi a)-\xi J'_\mathcal{M}(\xi a)\}^2+\{\lambda Y_\mathcal{M}(\xi a)-\xi Y'_\mathcal{M}(\xi a)\}^2\right]}\int_0^{t-t_0}q(t-t_0-\tau)e^{-\eta_r\xi^2\tau}d\tau d\xi +$$

$$+\frac{4}{\pi\phi c_t}\sum_{m=1}^{\infty}\frac{\left(\xi_m^2+\lambda^2\right)\cos\left\{\xi_m\left(\vartheta-\theta\right)\right\}}{\vartheta\left(\xi_m^2+\lambda^2\right)+\lambda}\times$$

$$\times\int_0^{\infty}\frac{\xi\mathcal{D}_{\mathcal{M}}\left(\xi r\right)}{\left[\left\{\lambda J_{\mathcal{M}}\left(\xi a\right)-\xi J'_{\mathcal{M}}\left(\xi a\right)\right\}^2+\left\{\lambda Y_{\mathcal{M}}\left(\xi a\right)-\xi Y'_{\mathcal{M}}\left(\xi a\right)\right\}^2\right]}\int_0^t\overline{\psi}\left(\xi_m,\tau\right)e^{-\eta_r\xi^2(t-\tau)}d\tau d\xi+$$

$$+\frac{2}{\phi c_t}\sum_{m=1}^{\infty}\frac{\left(\xi_m^2+\lambda^2\right)\cos\left\{\xi_m\left(\vartheta-\theta\right)\right\}}{\vartheta\left(\xi_m^2+\lambda^2\right)+\lambda}\int_a^{\infty}\frac{1}{u}\int_0^{\infty}\frac{\xi\mathcal{D}_{\mathcal{M}}\left(\xi u\right)\mathcal{D}_{\mathcal{M}}\left(\xi r\right)}{\left[\left\{\lambda J_{\mathcal{M}}\left(\xi a\right)-\xi J'_{\mathcal{M}}\left(\xi a\right)\right\}^2+\left\{\lambda Y_{\mathcal{M}}\left(\xi a\right)-\xi Y'_{\mathcal{M}}\left(\xi a\right)\right\}^2\right]}\times$$

$$\times\int_0^t\left\{\psi_0\left(u,\tau\right)\cos\left(\xi_m\vartheta\right)-\psi_\vartheta\left(u,\tau\right)\right\}e^{-\eta_r\xi^2(t-\tau)}d\tau d\xi du+$$

$$+2\sum_{m=1}^{\infty}\frac{\left(\xi_m^2+\lambda^2\right)\cos\left\{\xi_m\left(\vartheta-\theta\right)\right\}}{\vartheta\left(\xi_m^2+\lambda^2\right)+\lambda}\int_0^{\infty}\frac{\overline{\overline{\varphi}}(\xi,\xi_m)\xi\mathcal{D}_{\mathcal{M}}\left(\xi r\right)e^{-\eta_r\xi^2 t}}{\left[\left\{\lambda J_{\mathcal{M}}\left(\xi a\right)-\xi J'_{\mathcal{M}}\left(\xi a\right)\right\}^2+\left\{\lambda Y_{\mathcal{M}}\left(\xi a\right)-\xi Y'_{\mathcal{M}}\left(\xi a\right)\right\}^2\right]}d\xi \quad (16.35.3)$$

When $\varphi(r,\theta)=p_I$, a constant, the solution is obtained by replacing the terms corresponding to the initial condition (the last term) in equations (16.35.2) and (16.35.3) with

$$\overline{p}=-\frac{2\lambda p_I}{s}\sum_{m=1}^{\infty}\frac{\left(\xi_m^2+\lambda^2\right)\sin\left(\xi_m\vartheta\right)\cos\left\{\xi_m\left(\vartheta-\theta\right)\right\}K_{\mathcal{M}}\left(r\sqrt{\frac{s}{\eta_r}}\right)}{\xi_m\left\{\vartheta\left(\xi_m^2+\lambda^2\right)+\lambda\right\}\left\{\lambda K_{\mathcal{M}}\left(a\sqrt{\frac{s}{\eta_r}}\right)-\sqrt{\frac{s}{\eta_r}}K'_{\mathcal{M}}\left(a\sqrt{\frac{s}{\eta_r}}\right)\right\}}-$$

$$-\frac{2p_I\lambda}{\phi c_t s}\sum_{m=1}^{\infty}\frac{\left(\xi_m^2+\lambda^2\right)\cos\left\{\xi_m\left(\vartheta-\theta\right)\right\}}{\vartheta\left(\xi_m^2+\lambda^2\right)+\lambda}\times$$

$$\times\int_a^{\infty}\frac{1}{u}\int_0^{\infty}\frac{\xi\mathcal{D}_{\mathcal{M}}\left(\xi u\right)\mathcal{D}_{\mathcal{M}}\left(\xi r\right)}{\left(\eta_r\xi^2+s\right)\left[\left\{\lambda J_{\mathcal{M}}\left(\xi a\right)-\xi J'_{\mathcal{M}}\left(\xi a\right)\right\}^2+\left\{\lambda Y_{\mathcal{M}}\left(\xi a\right)-\xi Y'_{\mathcal{M}}\left(\xi a\right)\right\}^2\right]}d\xi du+\frac{p_I}{s} \quad (16.35.4)$$

and

$$p=-2\lambda p_I\sum_{m=1}^{\infty}\frac{\left(\xi_m^2+\lambda^2\right)\sin\left(\xi_m\vartheta\right)\cos\left\{\xi_m\left(\vartheta-\theta\right)\right\}}{\xi_m\left\{\vartheta\left(\xi_m^2+\lambda^2\right)+\lambda\right\}}\times$$

$$\times\left\{\frac{a}{\left(\lambda a+\mathcal{M}\right)}\left(\frac{a}{r}\right)^{\mathcal{M}}-\frac{2}{\pi}\int_0^{\infty}\frac{\mathcal{D}_{\mathcal{M}}\left(\xi r\right)e^{-\eta_r\xi^2 t}}{\xi\left[\left\{\lambda J_{\mathcal{M}}\left(\xi a\right)-\xi J'_{\mathcal{M}}\left(\xi a\right)\right\}^2+\left\{\lambda Y_{\mathcal{M}}\left(\xi a\right)-\xi Y'_{\mathcal{M}}\left(\xi a\right)\right\}^2\right]}d\xi\right\}-$$

$$-\frac{2p_I\lambda}{\phi c_t}\sum_{m=1}^{\infty}\frac{\left(\xi_m^2+\lambda^2\right)\cos\left\{\xi_m\left(\vartheta-\theta\right)\right\}}{\vartheta\left(\xi_m^2+\lambda^2\right)+\lambda}\times$$

$$\times\int_a^{\infty}\frac{1}{u}\int_0^{\infty}\frac{\mathcal{D}_{\mathcal{M}}\left(\xi u\right)\mathcal{D}_{\mathcal{M}}\left(\xi r\right)\left(1-e^{-\eta_r\xi^2 t}\right)}{\xi\left[\left\{\lambda J_{\mathcal{M}}\left(\xi a\right)-\xi J'_{\mathcal{M}}\left(\xi a\right)\right\}^2+\left\{\lambda Y_{\mathcal{M}}\left(\xi a\right)-\xi Y'_{\mathcal{M}}\left(\xi a\right)\right\}^2\right]}d\xi du+p_I \quad (16.35.5)$$

16.36

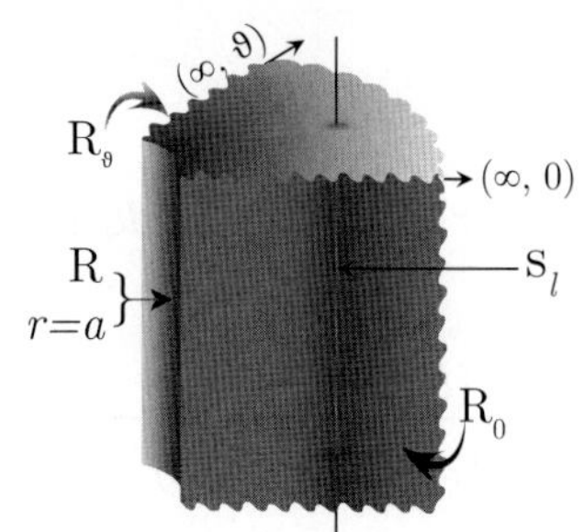

The problem of 16.28, except
$\mathbf{R_0} \equiv \frac{\partial p(r,0,t)}{\partial \theta} - \lambda p(r,0,t) = -\left(\frac{\mu}{k_\theta}\right)\psi_0(r,t)$,
$\mathbf{R_\vartheta} \equiv \frac{\partial p(r,\vartheta,t)}{\partial \theta} + \lambda_\vartheta p(r,\vartheta,t) = -\left(\frac{\mu}{k_\theta}\right)\psi_\vartheta(r,t)$ **and**
$\mathbf{R} \equiv \frac{\partial p(a,\theta,t)}{\partial r} - \lambda p(a,\theta,t) = -\left(\frac{\mu}{k_r}\right)\psi(\theta,t)$

The successive application of the Laplace, Fourier and Robin-Weber transformations to equation (14.1.1) gives

$$\overline{\overline{\overline{p}}} = \frac{q(s)e^{-st_0}\{\xi_m\cos(\xi_m\theta_0)+\lambda_0\sin(\xi_m\theta_0)\}\mathcal{D}_\mathcal{M}(\xi r_0)}{\phi c_t(\eta_r\xi^2+s)} + \frac{2\overline{\overline{\psi}}(\xi_m,s)}{\pi\phi c_t(\eta_r\xi^2+s)} + $$
$$+\frac{\int_a^\infty \frac{\mathcal{D}_\mathcal{M}(\xi u)}{u}\left[\xi_m\overline{\psi}_0(u,s)-\overline{\psi}_\vartheta(u,s)\{\xi_m\cos(\xi_m\vartheta)+\lambda_0\sin(\xi_m\vartheta)\}\right]du}{\phi c_t(\eta_r\xi^2+s)} + \frac{\overline{\overline{\varphi}}(\xi,\xi_m)}{(\eta_r\xi^2+s)} \quad (16.36.1)$$

where ξ_m is a positive root of $\tan(\xi_m\vartheta) = \frac{\xi_m(\lambda_0+\lambda_\vartheta)}{(\xi_m^2-\lambda_0\lambda_\vartheta)}$, $m = 1, 2, ...$,
$\overline{\overline{\psi}}(\xi_m,s) = \int_0^\vartheta \psi(u,s)\{\xi_m\cos(\xi_m u)+\lambda_0\sin(\xi_m u)\}du$,
$\overline{\overline{\varphi}}(\xi,\xi_m) = \int_a^\infty r\mathcal{D}_\mathcal{M}(\xi r)\int_0^\vartheta \varphi(r,u)\{\xi_m\cos(\xi_m u)+\lambda_0\sin(\xi_m u)\}dudr$ and
$\mathcal{D}_\nu(\xi r) = Y_\nu(\xi r)\{\lambda J_\nu(\xi a)-\xi J'_\nu(\xi a)\} - J_\nu(\xi r)\{\lambda Y_\nu(\xi a)-\xi Y'_\nu(\xi a)\}$. Successive inverse transforms yield

$$\overline{p} = \frac{2q(s)e^{-st_0}}{\phi c_t}\sum_{m=1}^{\infty}\frac{\{\xi_m\cos(\xi_m\theta_0)+\lambda_0\sin(\xi_m\theta_0)\}\{\xi_m\cos(\xi_m\theta)+\lambda_0\sin(\xi_m\theta)\}}{(\xi_m^2+\lambda_0^2)\left\{\vartheta+\frac{\lambda_\vartheta}{\xi_m^2+\lambda_\vartheta^2}\right\}+\lambda_0}\times$$
$$\times\int_0^\infty \frac{\xi\mathcal{D}_\mathcal{M}(\xi r_0)\mathcal{D}_\mathcal{M}(\xi r)}{(\eta_r\xi^2+s)\left[\{\lambda J_\mathcal{M}(\xi a)-\xi J'_\mathcal{M}(\xi a)\}^2+\{\lambda Y_\mathcal{M}(\xi a)-\xi Y'_\mathcal{M}(\xi a)\}^2\right]}d\xi +$$
$$+\frac{4}{\pi\phi c_t}\sum_{m=1}^{\infty}\frac{\overline{\overline{\psi}}(\xi_m,s)\{\xi_m\cos(\xi_m\theta)+\lambda_0\sin(\xi_m\theta)\}}{(\xi_m^2+\lambda_0^2)\left\{\vartheta+\frac{\lambda_\vartheta}{\xi_m^2+\lambda_\vartheta^2}\right\}+\lambda_0}\times$$
$$\times\int_0^\infty \frac{\xi\mathcal{D}_\mathcal{M}(\xi r)}{(\eta_r\xi^2+s)\left[\{\lambda J_\mathcal{M}(\xi a)-\xi J'_\mathcal{M}(\xi a)\}^2+\{\lambda Y_\mathcal{M}(\xi a)-\xi Y'_\mathcal{M}(\xi a)\}^2\right]}d\xi +$$
$$+\frac{2}{\phi c_t}\sum_{m=1}^{\infty}\frac{\{\xi_m\cos(\xi_m\theta)+\lambda_0\sin(\xi_m\theta)\}}{(\xi_m^2+\lambda_0^2)\left\{\vartheta+\frac{\lambda_\vartheta}{\xi_m^2+\lambda_\vartheta^2}\right\}+\lambda_0}\times$$
$$\times\int_a^\infty \frac{1}{u}\int_0^\infty \frac{\xi\mathcal{D}_\mathcal{M}(\xi u)\mathcal{D}_\mathcal{M}(\xi r)}{(\eta_r\xi^2+s)\left[\{\lambda J_\mathcal{M}(\xi a)-\xi J'_\mathcal{M}(\xi a)\}^2+\{\lambda Y_\mathcal{M}(\xi a)-\xi Y'_\mathcal{M}(\xi a)\}^2\right]}d\xi\times$$
$$\times\left[\xi_m\overline{\psi}_0(u,s)-\overline{\psi}_\vartheta(u,s)\{\xi_m\cos(\xi_m\vartheta)+\lambda_0\sin(\xi_m\vartheta)\}\right]du +$$
$$+2\sum_{m=1}^{\infty}\frac{\{\xi_m\cos(\xi_m\theta)+\lambda_0\sin(\xi_m\theta)\}}{(\xi_m^2+\lambda_0^2)\left\{\vartheta+\frac{\lambda_\vartheta}{\xi_m^2+\lambda_\vartheta^2}\right\}+\lambda_0}\int_0^\infty\frac{\overline{\overline{\varphi}}(\xi,\xi_m)\xi\mathcal{D}_\mathcal{M}(\xi r)}{(\eta_r\xi^2+s)\left[\{\lambda J_\mathcal{M}(\xi a)-\xi J'_\mathcal{M}(\xi a)\}^2+\{\lambda Y_\mathcal{M}(\xi a)-\xi Y'_\mathcal{M}(\xi a)\}^2\right]}d\xi$$
$$(16.36.2)$$

and

$$p = \frac{2U(t-t_0)}{\phi c_t}\sum_{m=1}^{\infty}\frac{\{\xi_m\cos(\xi_m\theta_0)+\lambda_0\sin(\xi_m\theta_0)\}\{\xi_m\cos(\xi_m\theta)+\lambda_0\sin(\xi_m\theta)\}}{(\xi_m^2+\lambda_0^2)\left\{\vartheta+\frac{\lambda_\vartheta}{\xi_m^2+\lambda_\vartheta^2}\right\}+\lambda_0}\times$$

$$\times \int_0^\infty \frac{\xi \mathcal{D}_\mathcal{M}(\xi r_0)\mathcal{D}_\mathcal{M}(\xi r)}{\left[\{\lambda J_\mathcal{M}(\xi a) - \xi J'_\mathcal{M}(\xi a)\}^2 + \{\lambda Y_\mathcal{M}(\xi a) - \xi Y'_\mathcal{M}(\xi a)\}^2\right]} \int_0^{t-t_0} q(t-t_0-\tau)\, e^{-\eta_r \xi^2 \tau} d\tau d\xi +$$

$$+\frac{4}{\pi\phi c_t}\sum_{m=1}^\infty \frac{\{\xi_m \cos(\xi_m\theta) + \lambda_0 \sin(\xi_m\theta)\}}{(\xi_m^2+\lambda_0^2)\left\{\vartheta + \frac{\lambda_\vartheta}{\xi_m^2+\lambda_\vartheta^2}\right\} + \lambda_0} \times$$

$$\times \int_0^\infty \frac{\xi \mathcal{D}_\mathcal{M}(\xi r)}{\left[\{\lambda J_\mathcal{M}(\xi a) - \xi J'_\mathcal{M}(\xi a)\}^2 + \{\lambda Y_\mathcal{M}(\xi a) - \xi Y'_\mathcal{M}(\xi a)\}^2\right]} \int_0^t \overline{\psi}(\xi_m, \tau)\, e^{-\eta_r \xi^2 (t-\tau)} d\tau d\xi +$$

$$+\frac{2}{\phi c_t}\sum_{m=1}^\infty \frac{\{\xi_m \cos(\xi_m\theta) + \lambda_0 \sin(\xi_m\theta)\}}{(\xi_m^2+\lambda_0^2)\left\{\vartheta + \frac{\lambda_\vartheta}{\xi_m^2+\lambda_\vartheta^2}\right\} + \lambda_0} \int_a^\infty \frac{1}{u} \int_0^\infty \frac{\xi \mathcal{D}_\mathcal{M}(\xi u)\mathcal{D}_\mathcal{M}(\xi r)}{\left[\{\lambda J_\mathcal{M}(\xi a) - \xi J'_\mathcal{M}(\xi a)\}^2 + \{\lambda Y_\mathcal{M}(\xi a) - \xi Y'_\mathcal{M}(\xi a)\}^2\right]} \times$$

$$\times \int_0^t \left[\xi_m \psi_0(u,\tau) - \psi_\vartheta(u,\tau)\{\xi_m \cos(\xi_m\vartheta) + \lambda_0 \sin(\xi_m\vartheta)\}\right] e^{-\eta_r \xi^2 (t-\tau)} d\tau d\xi du +$$

$$+2\sum_{m=1}^\infty \frac{\{\xi_m \cos(\xi_m\theta) + \lambda_0 \sin(\xi_m\theta)\}}{(\xi_m^2+\lambda_0^2)\left\{\vartheta + \frac{\lambda_\vartheta}{\xi_m^2+\lambda_\vartheta^2}\right\} + \lambda_0} \int_0^\infty \frac{\overline{\overline{\varphi}}(\xi,\xi_m)\xi \mathcal{D}_\mathcal{M}(\xi r)\, e^{-\eta_r \xi^2 t}}{\left[\{\lambda J_\mathcal{M}(\xi a) - \xi J'_\mathcal{M}(\xi a)\}^2 + \{\lambda Y_\mathcal{M}(\xi a) - \xi Y'_\mathcal{M}(\xi a)\}^2\right]} d\xi \tag{16.36.3}$$

When $\varphi(r,\theta) = p_I$, a constant, the solution is obtained by replacing the terms corresponding to the initial condition (the last term) in equations (16.36.2) and (16.36.3) with

$$\begin{aligned}
\overline{p} &= \frac{2\lambda p_I}{s}\sum_{m=1}^\infty \frac{[\xi_m \sin(\xi_m\vartheta) + \lambda_0\{\cos(\xi_m\vartheta) - 1\}]\{\xi_m \cos(\xi_m\theta) + \lambda_0 \sin(\xi_m\theta)\} K_\mathcal{M}\left(r\sqrt{\frac{s}{\eta_r}}\right)}{\xi_m\left[(\xi_m^2+\lambda_0^2)\left\{\vartheta + \frac{\lambda_\vartheta}{\xi_m^2+\lambda_\vartheta^2}\right\} + \lambda_0\right]\left\{\lambda K_\mathcal{M}\left(a\sqrt{\frac{s}{\eta_r}}\right) - \sqrt{\frac{s}{\eta_r}} K'_\mathcal{M}\left(a\sqrt{\frac{s}{\eta_r}}\right)\right\}} - \\
&-\frac{2\eta_\theta p_I}{s}\sum_{m=1}^\infty \frac{[\lambda_0\xi_m - \lambda_\vartheta\{\xi_m \cos(\xi_m\vartheta) + \lambda_0 \sin(\xi_m\vartheta)\}]\{\xi_m \cos(\xi_m\theta) + \lambda_0 \sin(\xi_m\theta)\}}{\xi_m\left[(\xi_m^2+\lambda_0^2)\left\{\vartheta + \frac{\lambda_\vartheta}{\xi_m^2+\lambda_\vartheta^2}\right\} + \lambda_0\right]} \times \\
&\times \int_a^\infty \frac{1}{u}\int_0^\infty \frac{\xi \mathcal{D}_\mathcal{M}(\xi u)\mathcal{D}_\mathcal{M}(\xi r)}{(\eta_r\xi^2 + s)\left[\{\lambda J_\mathcal{M}(\xi a) - \xi J'_\mathcal{M}(\xi a)\}^2 + \{\lambda Y_\mathcal{M}(\xi a) - \xi Y'_\mathcal{M}(\xi a)\}^2\right]} d\xi du + \frac{p_I}{s}
\end{aligned} \tag{16.36.4}$$

and

$$\begin{aligned}
p &= 2\lambda p_I \sum_{m=1}^\infty \frac{[\xi_m \sin(\xi_m\vartheta) + \lambda_0\{\cos(\xi_m\vartheta) - 1\}]\{\xi_m \cos(\xi_m\theta) + \lambda_0 \sin(\xi_m\theta)\}}{\xi_m\left[(\xi_m^2+\lambda_0^2)\left\{\vartheta + \frac{\lambda_\vartheta}{\xi_m^2+\lambda_\vartheta^2}\right\} + \lambda_0\right]} \times \\
&\times \left\{\frac{a}{(\lambda a + \mathcal{M})}\left(\frac{a}{r}\right)^\mathcal{M} - \frac{2}{\pi}\int_0^\infty \frac{\mathcal{D}_\mathcal{M}(\xi r)\, e^{-\eta_r\xi^2 t}}{\xi\left[\{\lambda J_\mathcal{M}(\xi a) - \xi J'_\mathcal{M}(\xi a)\}^2 + \{\lambda Y_\mathcal{M}(\xi a) - \xi Y'_\mathcal{M}(\xi a)\}^2\right]} d\xi\right\} - \\
&-2p_I\dot{o}^2 \sum_{m=1}^\infty \frac{[\lambda_0\xi_m - \lambda_\vartheta\{\xi_m \cos(\xi_m\vartheta) + \lambda_0 \sin(\xi_m\vartheta)\}]\{\xi_m \cos(\xi_m\theta) + \lambda_0 \sin(\xi_m\theta)\}}{\xi_m\left[(\xi_m^2+\lambda_0^2)\left\{\vartheta + \frac{\lambda_\vartheta}{\xi_m^2+\lambda_\vartheta^2}\right\} + \lambda_0\right]} \times \\
&\times \int_a^\infty \frac{1}{u}\int_0^\infty \frac{\mathcal{D}_\mathcal{M}(\xi u)\mathcal{D}_\mathcal{M}(\xi r)\left(1 - e^{-\eta_r\xi^2 t}\right)}{\xi\left[\{\lambda J_\mathcal{M}(\xi a) - \xi J'_\mathcal{M}(\xi a)\}^2 + \{\lambda Y_\mathcal{M}(\xi a) - \xi Y'_\mathcal{M}(\xi a)\}^2\right]} d\xi du + p_I
\end{aligned} \tag{16.36.5}$$

Chapter 17

Wedge-shaped bounded continuum. The range of θ is a portion of the circle; that is, $0 \leq \theta \leq \vartheta$, where $\vartheta < 2\pi$. $p(r, \theta, t)$ is a function of r, θ and t

17.1 **A cylindrical continuum bounded by $0 \leq r \leq a$ and $0 \leq \theta \leq \vartheta$; $\vartheta < 2\pi$. Line source at $s_l \equiv (r_0, \theta_0)$ at time $t = t_0$; $0 < r_0 < a$, $0 \leq \theta_0 \leq \vartheta$, $t_0 \geq 0$. $D_0 \equiv p(r, 0, t) = \psi_0(r, t)$ and $D_\vartheta \equiv p(r, \vartheta, t) = \psi_\vartheta(r, t)$; $\psi_0(r, t)$ and $\psi_\vartheta(r, t)$ are arbitrary functions of r and t. $D \equiv p(a, \theta, t) = \psi(\theta, t)$, an arbitrary function of θ and t. The initial pressure $p(r, \theta, 0) = \varphi(r, \theta)$**

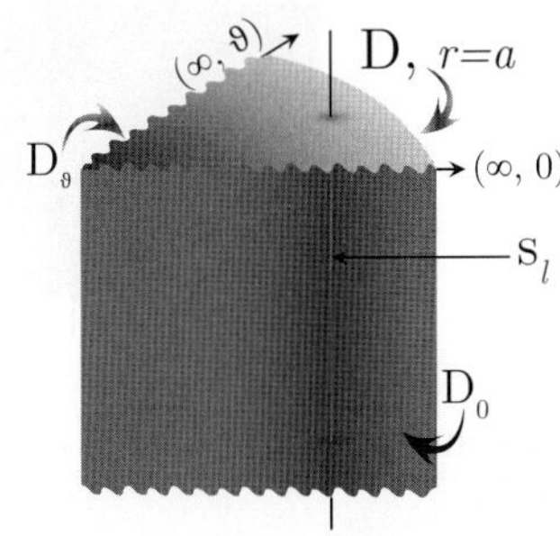

The successive application of the Laplace, Fourier and finite Hankel transformations to equation (14.1.1) gives

$$\overline{\overline{\overline{p}}} = \frac{q(s)\, e^{-st_0} \sin(\xi_m \theta_0)\, J_{\mathcal{M}}(\xi_n r_0)}{\phi c_t (\eta_r \xi_n^2 + s)} - \frac{a \eta_r \xi_n \overline{\overline{\psi}}(\xi_m, s)\, J'_{\mathcal{M}}(\xi_n a)}{(\eta_r \xi_n^2 + s)} + \\ + \frac{\xi_m \eta_\theta \int_0^a \frac{J_{\mathcal{M}}(\xi_n u)}{u} \left\{ \overline{\psi}_0(u, s) - (-1)^m \overline{\psi}_\vartheta(u, s) \right\} du}{(\eta_r \xi_n^2 + s)} + \frac{\overline{\overline{\varphi}}(\xi_n, \xi_m)}{(\eta_r \xi_n^2 + s)} \tag{17.1.1}$$

where ξ_m is a positive root of $\sin(\xi_m \vartheta)$, which are $\xi_m = \frac{m\pi}{\vartheta}$, $m = 1, 2, ...$, $\mathcal{M} = \xi_m \dot{o}$, $\dot{o} = \sqrt{\frac{\eta_\theta}{\eta_r}}$, ξ_n, $n = 1, 2, ...$, are the positive roots of $J_{\mathcal{M}}(\xi_n a) = 0$, $\overline{\overline{\psi}}(\xi_m, s) = \int_0^\vartheta \overline{\psi}(u, s) \sin(\xi_m u) du$ and $\overline{\overline{\varphi}}(\xi_n, \xi_m) = \int_0^a r J_{\mathcal{M}}(\xi_n r) \int_0^\vartheta \varphi(r, u) \sin(\xi_m u) du dr$. Successive inverse transforms yield

$$\overline{p} = \frac{4q(s)\, e^{-st_0}}{\vartheta a^2 \phi c_t} \sum_{m=1}^{\infty} \sin(\xi_m \theta_0) \sin(\xi_m \theta) \sum_{n=1}^{\infty} \frac{J_{\mathcal{M}}(\xi_n r_0)\, J_{\mathcal{M}}(\xi_n r)}{(\eta_r \xi_n^2 + s)\, J'^2_{\mathcal{M}}(\xi_n a)} - \\ - \frac{4\eta_r}{\vartheta a} \sum_{m=1}^{\infty} \overline{\overline{\psi}}(\xi_m, s) \sin(\xi_m \theta) \sum_{n=1}^{\infty} \frac{\xi_n J_{\mathcal{M}}(\xi_n r)}{(\eta_r \xi_n^2 + s)\, J'_{\mathcal{M}}(\xi_n a)} + \\ + \frac{4\eta_\theta}{\vartheta a^2} \sum_{m=1}^{\infty} \xi_m \sin(\xi_m \theta) \sum_{n=1}^{\infty} \frac{J_{\mathcal{M}}(\xi_n r)}{(\eta_r \xi_n^2 + s)\, J'^2_{\mathcal{M}}(\xi_n a)} \int_0^a \frac{J_{\mathcal{M}}(\xi_n u)}{u} \left\{ \overline{\psi}_0(u, s) - (-1)^m \overline{\psi}_\vartheta(u, s) \right\} du + \\ + \frac{4}{\vartheta a^2} \sum_{m=1}^{\infty} \sin(\xi_m \theta) \sum_{n=1}^{\infty} \frac{J_{\mathcal{M}}(\xi_n r)\, \overline{\varphi}(\xi_n, \xi_m)}{(\eta_r \xi_n^2 + s)\, J'^2_{\mathcal{M}}(\xi_n a)} \tag{17.1.2}$$

and

$$p = \frac{4U(t-t_0)}{\vartheta a^2 \phi c_t} \sum_{m=1}^{\infty} \sin(\xi_m \theta_0) \sin(\xi_m \theta) \sum_{n=1}^{\infty} \frac{J_{\mathcal{M}}(\xi_n r_0) J_{\mathcal{M}}(\xi_n r)}{J_{\mathcal{M}}'^2(\xi_n a)} \int_0^{t-t_0} q(t-t_0-\tau) e^{-\eta_r \xi_n^2 (t-\tau)} d\tau -$$
$$-\frac{4\eta_r}{\vartheta a} \sum_{m=1}^{\infty} \sin(\xi_m \theta) \sum_{n=1}^{\infty} \frac{\xi_n J_{\mathcal{M}}(\xi_n r)}{J_{\mathcal{M}}'(\xi_n a)} \int_0^t \overline{\psi}(\xi_m, \tau) e^{-\eta_r \xi_n^2 (t-\tau)} d\tau +$$
$$+\frac{4\eta_\theta}{\vartheta a^2} \sum_{m=1}^{\infty} \xi_m \sin(\xi_m \theta) \sum_{n=1}^{\infty} \frac{J_{\mathcal{M}}(\xi_n r)}{J_{\mathcal{M}}'^2(\xi_n a)} \int_0^a \frac{J_{\mathcal{M}}(\xi_n u)}{u} \int_0^t \{\psi_0(u,\tau) - (-1)^m \psi_\vartheta(u,\tau)\} e^{-\eta_r \xi_n^2 (t-\tau)} d\tau du +$$
$$+\frac{4}{\vartheta a^2} \sum_{m=1}^{\infty} \sin(\xi_m \theta) \sum_{n=1}^{\infty} \frac{J_{\mathcal{M}}(\xi_n r) \overline{\overline{\varphi}}(\xi_n, \xi_m) e^{-\eta_r \xi_n^2 t}}{J_{\mathcal{M}}'^2(\xi_n a)} \tag{17.1.3}$$

where $\overline{\psi}(\xi_m, t) = \int_0^\vartheta \psi(u,t) \sin(\xi_m u) du$.

17.2

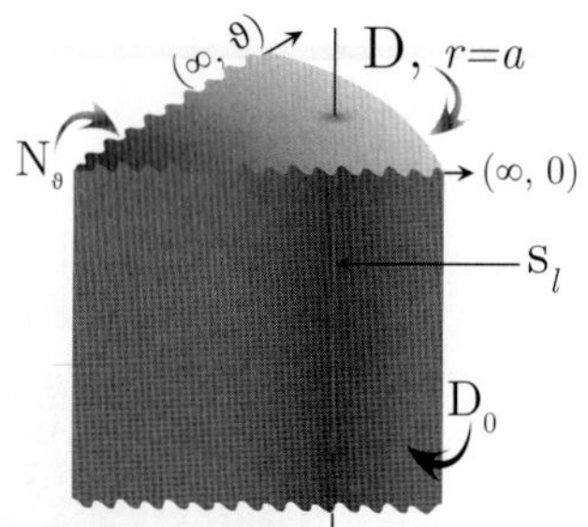

The problem of 17.1, except $D_0 \equiv p(r, 0, t) = \psi_0(r, t)$, $N_\vartheta \equiv \frac{\partial p(r,\vartheta,t)}{\partial \theta} = -\left(\frac{\mu}{k_\theta}\right) \psi_\vartheta(r, t)$ and $D \equiv p(a, \theta, t) = \psi(\theta, t)$

The successive application of the Laplace, Fourier and finite Hankel transformations to equation (14.1.1) gives

$$\overline{\overline{\overline{p}}} = \frac{q(s) e^{-st_0} \sin(\xi_m \theta_0) J_{\mathcal{M}}(\xi_n r_0)}{\phi c_t (\eta_r \xi_n^2 + s)} - \frac{a\eta_r \xi_n \overline{\overline{\psi}}(\xi_m, s) J_{\mathcal{M}}'(\xi_n a)}{(\eta_r \xi_n^2 + s)} +$$
$$+ \frac{\eta_\theta \int_0^a \frac{J_{\mathcal{M}}(\xi_n u)}{u} \left\{\xi_m \overline{\psi}_0(u,s) + (-1)^m \left(\frac{\mu}{k_\theta}\right) \overline{\psi}_\vartheta(u,s)\right\} du}{(\eta_r \xi_n^2 + s)} + \frac{\overline{\overline{\varphi}}(\xi_n, \xi_m)}{(\eta_r \xi_n^2 + s)} \tag{17.2.1}$$

where ξ_m is a positive root of $\cos(\xi_m \vartheta)$, which are $\xi_m = \frac{(2m-1)\pi}{2\vartheta}$, $m = 1, 2, ...$, ξ_n, $n = 1, 2, ...$, are the positive roots of $J_{\mathcal{M}}(\xi_n a) = 0$, $\overline{\overline{\psi}}(\xi_m, s) = \int_0^\vartheta \overline{\psi}(u, s) \sin(\xi_m u) du$ and $\overline{\overline{\varphi}}(\xi_n, \xi_m) = \int_0^a r J_{\mathcal{M}}(\xi_n r) \int_0^\vartheta \varphi(r, u) \sin(\xi_m u) du dr$. Successive inverse transforms yield

$$\overline{p} = \frac{4q(s) e^{-st_0}}{\vartheta a^2 \phi c_t} \sum_{m=1}^{\infty} \sin(\xi_m \theta_0) \sin(\xi_m \theta) \sum_{n=1}^{\infty} \frac{J_{\mathcal{M}}(\xi_n r_0) J_{\mathcal{M}}(\xi_n r)}{(\eta_r \xi_n^2 + s) J_{\mathcal{M}}'^2(\xi_n a)} -$$
$$-\frac{4\eta_r}{\vartheta a} \sum_{m=1}^{\infty} \overline{\overline{\psi}}(\xi_m, s) \sin(\xi_m \theta) \sum_{n=1}^{\infty} \frac{\xi_n J_{\mathcal{M}}(\xi_n r)}{(\eta_r \xi_n^2 + s) J_{\mathcal{M}}'(\xi_n a)} +$$
$$+\frac{4\eta_\theta}{\vartheta a^2} \sum_{m=1}^{\infty} \sin(\xi_m \theta) \sum_{n=1}^{\infty} \frac{J_{\mathcal{M}}(\xi_n r)}{(\eta_r \xi_n^2 + s) J_{\mathcal{M}}'^2(\xi_n a)} \int_0^a \frac{J_{\mathcal{M}}(\xi_n u)}{u} \left\{\xi_m \overline{\psi}_0(u,s) + (-1)^m \left(\frac{\mu}{k_\theta}\right) \overline{\psi}_\vartheta(u,s)\right\} du +$$
$$+\frac{4}{\vartheta a^2} \sum_{m=1}^{\infty} \sin(\xi_m \theta) \sum_{n=1}^{\infty} \frac{J_{\mathcal{M}}(\xi_n r) \overline{\overline{\varphi}}(\xi_n, \xi_m)}{(\eta_r \xi_n^2 + s) J_{\mathcal{M}}'^2(\xi_n a)} \tag{17.2.2}$$

and

$$p = \frac{4U(t-t_0)}{\vartheta a^2\phi c_t}\sum_{m=1}^{\infty}\sin(\xi_m\theta_0)\sin(\xi_m\theta)\sum_{n=1}^{\infty}\frac{J_{\mathcal{M}}(\xi_n r_0)J_{\mathcal{M}}(\xi_n r)}{J'^2_{\mathcal{M}}(\xi_n a)}\int_0^{t-t_0} q(t-t_0-\tau)e^{-\eta_r\xi_n^2(t-\tau)}d\tau -$$
$$-\frac{4\eta_r}{\vartheta a}\sum_{m=1}^{\infty}\sin(\xi_m\theta)\sum_{n=1}^{\infty}\frac{\xi_n J_{\mathcal{M}}(\xi_n r)}{J'_{\mathcal{M}}(\xi_n a)}\int_0^t \overline{\psi}(\xi_m,\tau)e^{-\eta_r\xi_n^2(t-\tau)}d\tau+$$
$$+\frac{4\eta_\theta}{\vartheta a^2}\sum_{m=1}^{\infty}\sin(\xi_m\theta)\sum_{n=1}^{\infty}\frac{J_{\mathcal{M}}(\xi_n r)}{J'^2_{\mathcal{M}}(\xi_n a)}\int_0^a\frac{J_{\mathcal{M}}(\xi_n u)}{u}\int_0^t\left\{\xi_m\psi_0(u,\tau)+(-1)^m\left(\frac{\mu}{k_\theta}\right)\psi_\vartheta(u,\tau)\right\}e^{-\eta_r\xi_n^2(t-\tau)}d\tau du+$$
$$+\frac{4}{\vartheta a^2}\sum_{m=1}^{\infty}\sin(\xi_m\theta)\sum_{n=1}^{\infty}\frac{J_{\mathcal{M}}(\xi_n r)\overline{\overline{\varphi}}(\xi_n,\xi_m)e^{-\eta_r\xi_n^2 t}}{J'^2_{\mathcal{M}}(\xi_n a)} \tag{17.2.3}$$

where $\overline{\psi}(\xi_m,t)=\int_0^{\vartheta}\psi(u,t)\sin(\xi_m u)du$.

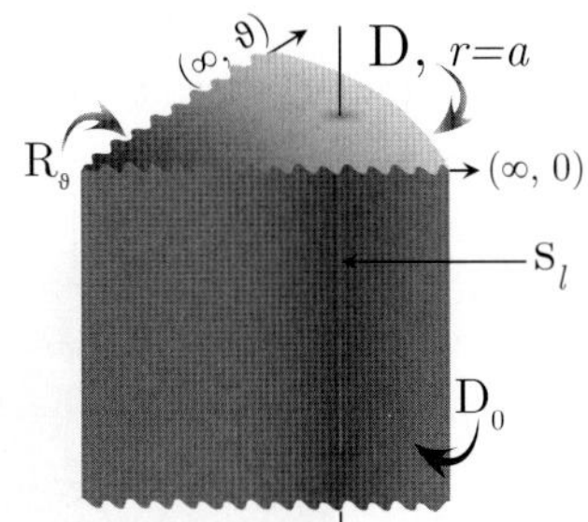

17.3 The problem of 17.1, except $\mathbf{D_0 \equiv p(r,0,t)=\psi_0(r,t)}$, $\mathbf{R_\vartheta \equiv \frac{\partial p(r,\vartheta,t)}{\partial\theta}+\lambda p(r,\vartheta,t)=-\left(\frac{\mu}{k_\theta}\right)\psi_\vartheta(r,t)}$ and $\mathbf{D \equiv p(a,\theta,t)=\psi(\theta,t)}$

The successive application of the Laplace, Fourier and finite Hankel transformations to equation (14.1.1) gives

$$\overline{\overline{\overline{p}}} = \frac{q(s)e^{-st_0}\sin(\xi_m\theta_0)J_{\mathcal{M}}(\xi_n r_0)}{\phi c_t(\eta_r\xi_n^2+s)} - \frac{a\eta_r\xi_n\overline{\overline{\psi}}(\xi_m,s)J'_{\mathcal{M}}(\xi_n a)}{(\eta_r\xi_n^2+s)}+$$
$$+\frac{\eta_\theta\int_0^a\frac{J_{\mathcal{M}}(\xi_n u)}{u}\left\{\xi_m\overline{\psi}_0(u,s)-\left(\frac{\mu}{k_\theta}\right)\overline{\psi}_\vartheta(u,s)\sin(\xi_m\vartheta)\right\}du}{(\eta_r\xi_n^2+s)}+\frac{\overline{\overline{\varphi}}(\xi_n,\xi_m)}{(\eta_r\xi_n^2+s)} \tag{17.3.1}$$

where ξ_m is a positive root of $\xi_m\cot(\xi_m\vartheta)=-\lambda$, $m=1,2,...$, ξ_n, $n=1,2,...$, are the positive roots of $J_{\mathcal{M}}(\xi_n a)=0$, $\overline{\overline{\psi}}(\xi_m,s)=\int_0^{\vartheta}\overline{\psi}(u,s)\sin(\xi_m u)du$ and $\overline{\overline{\varphi}}(\xi_n,\xi_m)=\int_0^a rJ_{\mathcal{M}}(\xi_n r)\int_0^{\vartheta}\varphi(r,u)\sin(\xi_m u)dudr$. Successive inverse transforms yield

$$\overline{p} = \frac{4q(s)e^{-st_0}}{a^2\phi c_t}\sum_{m=1}^{\infty}\frac{(\xi_m^2+\lambda^2)\sin(\xi_m\theta_0)\sin(\xi_m\theta)}{\vartheta(\xi_m^2+\lambda^2)+\lambda}\sum_{n=1}^{\infty}\frac{J_{\mathcal{M}}(\xi_n r_0)J_{\mathcal{M}}(\xi_n r)}{(\eta_r\xi_n^2+s)J'^2_{\mathcal{M}}(\xi_n a)}-$$
$$-\frac{4\eta_r}{a}\sum_{m=1}^{\infty}\frac{\overline{\overline{\psi}}(\xi_m,s)(\xi_m^2+\lambda^2)\sin(\xi_m\theta)}{\vartheta(\xi_m^2+\lambda^2)+\lambda}\sum_{n=1}^{\infty}\frac{\xi_n J_{\mathcal{M}}(\xi_n r)}{(\eta_r\xi_n^2+s)J'_{\mathcal{M}}(\xi_n a)}+$$
$$+\frac{4\eta_\theta}{a^2}\sum_{m=1}^{\infty}\frac{(\xi_m^2+\lambda^2)\sin(\xi_m\theta)}{\vartheta(\xi_m^2+\lambda^2)+\lambda}\times$$
$$\times\sum_{n=1}^{\infty}\frac{J_{\mathcal{M}}(\xi_n r)}{(\eta_r\xi_n^2+s)J'^2_{\mathcal{M}}(\xi_n a)}\int_0^a\frac{J_{\mathcal{M}}(\xi_n u)}{u}\left\{\xi_m\overline{\psi}_0(u,s)-\left(\frac{\mu}{k_\theta}\right)\overline{\psi}_\vartheta(u,s)\sin(\xi_m\vartheta)\right\}du+$$
$$+\frac{4}{a^2}\sum_{m=1}^{\infty}\frac{(\xi_m^2+\lambda^2)\sin(\xi_m\theta)}{\vartheta(\xi_m^2+\lambda^2)+\lambda}\sum_{n=1}^{\infty}\frac{J_{\mathcal{M}}(\xi_n r)\overline{\overline{\varphi}}(\xi_n,\xi_m)}{(\eta_r\xi_n^2+s)J'^2_{\mathcal{M}}(\xi_n a)} \tag{17.3.2}$$

and

$$p = \frac{4U(t-t_0)}{a^2\phi c_t}\sum_{m=1}^{\infty}\frac{(\xi_m^2+\lambda^2)\sin(\xi_m\theta_0)\sin(\xi_m\theta)}{\vartheta(\xi_m^2+\lambda^2)+\lambda}\sum_{n=1}^{\infty}\frac{J_{\mathcal{M}}(\xi_n r_0)J_{\mathcal{M}}(\xi_n r)}{J'^2_{\mathcal{M}}(\xi_n a)}\int_0^{t-t_0} q(t-t_0-\tau)e^{-\eta_r\xi_n^2(t-\tau)}d\tau -$$
$$-\frac{4\eta_r}{a}\sum_{m=1}^{\infty}\frac{(\xi_m^2+\lambda^2)\sin(\xi_m\theta)}{\vartheta(\xi_m^2+\lambda^2)+\lambda}\sum_{n=1}^{\infty}\frac{\xi_n J_{\mathcal{M}}(\xi_n r)}{J'_{\mathcal{M}}(\xi_n a)}\int_0^t \overline{\psi}(\xi_m,\tau)e^{-\eta_r\xi_n^2(t-\tau)}d\tau +$$
$$+\frac{4\eta_\theta}{a^2}\sum_{m=1}^{\infty}\frac{(\xi_m^2+\lambda^2)\sin(\xi_m\theta)}{\vartheta(\xi_m^2+\lambda^2)+\lambda}\times$$
$$\times\sum_{n=1}^{\infty}\frac{J_{\mathcal{M}}(\xi_n r)}{J'^2_{\mathcal{M}}(\xi_n a)}\int_0^a\frac{J_{\mathcal{M}}(\xi_n u)}{u}\int_0^t\left\{\xi_m\psi_0(u,\tau)-\left(\frac{\mu}{k_\theta}\right)\psi_\vartheta(u,\tau)\sin(\xi_m\vartheta)\right\}d\tau e^{-\eta_r\xi_n^2(t-\tau)}du +$$
$$+\frac{4}{a^2}\sum_{m=1}^{\infty}\frac{(\xi_m^2+\lambda^2)\sin(\xi_m\theta)}{\vartheta(\xi_m^2+\lambda^2)+\lambda}\sum_{n=1}^{\infty}\frac{J_{\mathcal{M}}(\xi_n r)\overline{\overline{\varphi}}(\xi_n,\xi_m)e^{-\eta_r\xi_n^2 t}}{J'^2_{\mathcal{M}}(\xi_n a)} \qquad (17.3.3)$$

where $\overline{\psi}(\xi_m,t)=\int_0^\vartheta \psi(u,t)\sin(\xi_m u)du$.

17.4

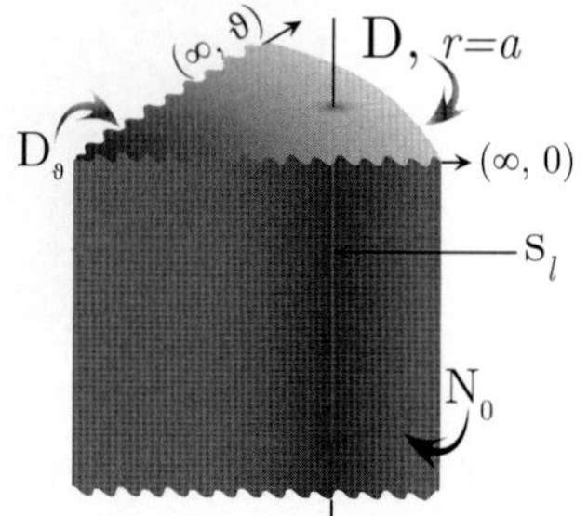

The problem of 17.1, except
$\mathbf{N_0} \equiv \frac{\partial p(r,0,t)}{\partial\theta} = -\left(\frac{\mu}{k_\theta}\right)\psi_0(r,t)$,
$\mathbf{D_\vartheta} \equiv p(r,\vartheta,t)=\psi_\vartheta(r,t)$ **and** $\mathbf{D}\equiv p(a,\theta,t)=\psi(\theta,t)$

The successive application of the Laplace, Fourier and finite Hankel transformations to equation (14.1.1) gives

$$\overline{\overline{\overline{p}}} = \frac{q(s)e^{-st_0}\cos(\xi_m\theta_0)J_{\mathcal{M}}(\xi_n r_0)}{\phi c_t(\eta_r\xi_n^2+s)} - \frac{a\eta_r\xi_n\overline{\overline{\psi}}(\xi_m,s)J'_{\mathcal{M}}(\xi_n a)}{(\eta_r\xi_n^2+s)} +$$
$$+\frac{\eta_\theta\int_0^a\frac{J_{\mathcal{M}}(\xi_n u)}{u}\left\{(-1)^{m+1}\xi_m\overline{\psi}_\vartheta(u,s)+\left(\frac{\mu}{k_\theta}\right)\overline{\psi}_0(u,s)\right\}du}{(\eta_r\xi_n^2+s)} + \frac{\overline{\overline{\varphi}}(\xi_n,\xi_m)}{(\eta_r\xi_n^2+s)} \qquad (17.4.1)$$

where ξ_m is a positive root of $\cos(\xi_m\vartheta)$, which are $\xi_m=\frac{(2m-1)\pi}{2\vartheta}$, $m=1,2,...,$ ξ_n, $n=1,2,...,$ are the positive roots of $J_{\mathcal{M}}(\xi_n a)=0$, $\overline{\overline{\psi}}(\xi_m,s)=\int_0^\vartheta\overline{\psi}(u,s)\cos(\xi_m u)du$ and $\overline{\overline{\varphi}}(\xi_n,\xi_m)=\int_0^a rJ_{\mathcal{M}}(\xi_n r)\int_0^\vartheta\varphi(r,u)\cos(\xi_m u)dudr$. Successive inverse transforms yield

$$\overline{p} = \frac{4q(s)e^{-st_0}}{\vartheta a^2\phi c_t}\sum_{m=1}^{\infty}\cos(\xi_m\theta_0)\cos(\xi_m\theta)\sum_{n=1}^{\infty}\frac{J_{\mathcal{M}}(\xi_n r_0)J_{\mathcal{M}}(\xi_n r)}{(\eta_r\xi_n^2+s)J'^2_{\mathcal{M}}(\xi_n a)} -$$
$$-\frac{4\eta_r}{\vartheta a}\sum_{m=1}^{\infty}\overline{\overline{\psi}}(\xi_m,s)\cos(\xi_m\theta)\sum_{n=1}^{\infty}\frac{\xi_n J_{\mathcal{M}}(\xi_n r)}{(\eta_r\xi_n^2+s)J'_{\mathcal{M}}(\xi_n a)} +$$
$$+\frac{4\eta_\theta}{\vartheta a^2}\sum_{m=1}^{\infty}\xi_m\cos(\xi_m\theta)\sum_{n=1}^{\infty}\frac{J_{\mathcal{M}}(\xi_n r)}{(\eta_r\xi_n^2+s)J'^2_{\mathcal{M}}(\xi_n a)}\int_0^a\frac{J_{\mathcal{M}}(\xi_n u)}{u}\left\{(-1)^{m+1}\xi_m\overline{\psi}_\vartheta(u,s)+\left(\frac{\mu}{k_\theta}\right)\overline{\psi}_0(u,s)\right\}du +$$
$$+\frac{4}{\vartheta a^2}\sum_{m=1}^{\infty}\cos(\xi_m\theta)\sum_{n=1}^{\infty}\frac{J_{\mathcal{M}}(\xi_n r)\overline{\overline{\varphi}}(\xi_n,\xi_m)}{(\eta_r\xi_n^2+s)J'^2_{\mathcal{M}}(\xi_n a)} \qquad (17.4.2)$$

and

$$p = \frac{4U(t-t_0)}{\vartheta a^2 \phi c_t}\sum_{m=1}^{\infty}\cos(\xi_m\theta_0)\cos(\xi_m\theta)\sum_{n=1}^{\infty}\frac{J_{\mathcal{M}}(\xi_n r_0)J_{\mathcal{M}}(\xi_n r)}{J'^2_{\mathcal{M}}(\xi_n a)}\int_0^{t-t_0} q(t-t_0-\tau)e^{-\eta_r\xi_n^2(t-\tau)}d\tau -$$

$$-\frac{4\eta_r}{\vartheta a}\sum_{m=1}^{\infty}\cos(\xi_m\theta)\sum_{n=1}^{\infty}\frac{\xi_n J_{\mathcal{M}}(\xi_n r)}{J'_{\mathcal{M}}(\xi_n a)}\int_0^t \overline{\psi}(\xi_m,\tau)e^{-\eta_r\xi_n^2(t-\tau)}d\tau +$$

$$+\frac{4\eta_\theta}{\vartheta a^2}\sum_{m=1}^{\infty}\xi_m\cos(\xi_m\theta)\times$$

$$\times\sum_{n=1}^{\infty}\frac{J_{\mathcal{M}}(\xi_n r)}{J'^2_{\mathcal{M}}(\xi_n a)}\int_0^a\frac{J_{\mathcal{M}}(\xi_n u)}{u}\int_0^t\left\{(-1)^{m+1}\xi_m\psi_\vartheta(u,\tau)+\left(\frac{\mu}{k_\theta}\right)\psi_0(u,\tau)\right\}e^{-\eta_r\xi_n^2(t-\tau)}d\tau du +$$

$$+\frac{4}{\vartheta a^2}\sum_{m=1}^{\infty}\cos(\xi_m\theta)\sum_{n=1}^{\infty}\frac{J_{\mathcal{M}}(\xi_n r)\overline{\overline{\varphi}}(\xi_n,\xi_m)e^{-\eta_r\xi_n^2 t}}{J'^2_{\mathcal{M}}(\xi_n a)} \tag{17.4.3}$$

where $\overline{\psi}(\xi_m,t)=\int_0^\vartheta \psi(u,t)\cos(\xi_m u)du$.

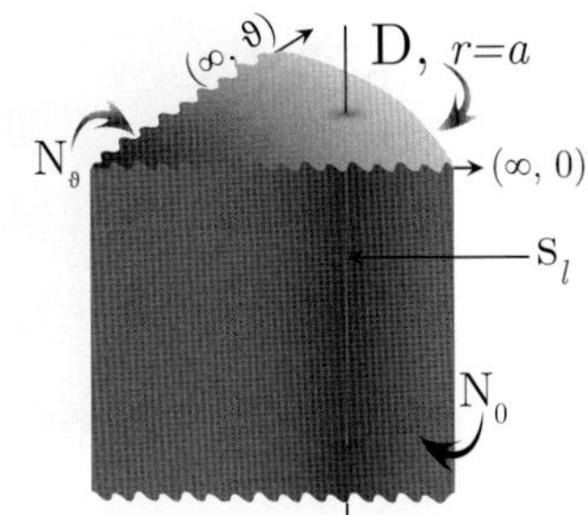

17.5 The problem of 17.1, except $\mathbf{N_0}\equiv\frac{\partial p(r,0,t)}{\partial\theta}=-\left(\frac{\mu}{k_\theta}\right)\psi_0(r,t)$, $\mathbf{N_\vartheta}\equiv\frac{\partial p(r,\vartheta,t)}{\partial\theta}=-\left(\frac{\mu}{k_\theta}\right)\psi_\vartheta(r,t)$ and $\mathbf{D}\equiv p(a,\theta,t)=\psi(\theta,t)$

The successive application of the Laplace, Fourier and finite Hankel transformations to equation (14.1.1) gives

$$\overline{\overline{\overline{p}}} = \frac{q(s)e^{-st_0}\cos(\xi_m\theta_0)J_{\mathcal{M}}(\xi_n r_0)}{\phi c_t(\eta_r\xi_n^2+s)}-\frac{a\eta_r\xi_n\overline{\overline{\psi}}(\xi_m,s)J'_{\mathcal{M}}(\xi_n a)}{(\eta_r\xi_n^2+s)}+$$

$$+\frac{\int_0^a\frac{J_{\mathcal{M}}(\xi_n u)}{u}\left\{(-1)^{m+1}\overline{\psi}_\vartheta(u,s)+\overline{\psi}_0(u,s)\right\}du}{\phi c_t(\eta_r\xi_n^2+s)}+\frac{\overline{\overline{\varphi}}(\xi_n,\xi_m)}{(\eta_r\xi_n^2+s)} \tag{17.5.1}$$

where ξ_m is a positive root of $\sin(\xi_m\vartheta)$, which are $\frac{m\pi}{\vartheta}$, $m=0,1,2,...$, ξ_n, $n=1,2,...$, are the positive roots of $J_{\mathcal{M}}(\xi_n a)=0$, $\overline{\overline{\psi}}(\xi_m,s)=\int_0^\vartheta\overline{\psi}(u,s)\cos(\xi_m u)du$ and $\overline{\overline{\varphi}}(\xi_n,\xi_m)=\int_0^a rJ_{\mathcal{M}}(\xi_n r)\int_0^\vartheta\varphi(r,u)\cos(\xi_m u)dudr$. Successive inverse transforms yield

$$\overline{p} = \frac{4q(s)e^{-st_0}}{\vartheta a^2\phi c_t}\sum_{m=0}^{\infty}\ni_m\cos(\xi_m\theta_0)\cos(\xi_m\theta)\sum_{n=1}^{\infty}\frac{J_{\mathcal{M}}(\xi_n r_0)J_{\mathcal{M}}(\xi_n r)}{(\eta_r\xi_n^2+s)J'^2_{\mathcal{M}}(\xi_n a)}-$$

$$-\frac{4\eta_r}{\vartheta a}\sum_{m=0}^{\infty}\ni_m\overline{\overline{\psi}}(\xi_m,s)\cos(\xi_m\theta)\sum_{n=1}^{\infty}\frac{\xi_n J_{\mathcal{M}}(\xi_n r)}{(\eta_r\xi_n^2+s)J'_{\mathcal{M}}(\xi_n a)}+$$

$$+\frac{4}{\vartheta a^2\phi c_t}\sum_{m=0}^{\infty}\ni_m\xi_m\cos(\xi_m\theta)\sum_{n=1}^{\infty}\frac{J_{\mathcal{M}}(\xi_n r)}{(\eta_r\xi_n^2+s)J'^2_{\mathcal{M}}(\xi_n a)}\int_0^a\frac{J_{\mathcal{M}}(\xi_n u)}{u}\left\{(-1)^{m+1}\overline{\psi}_\vartheta(u,s)+\overline{\psi}_0(u,s)\right\}du+$$

$$+\frac{4}{\vartheta a^2}\sum_{m=0}^{\infty}\ni_m\cos(\xi_m\theta)\sum_{n=1}^{\infty}\frac{J_{\mathcal{M}}(\xi_n r)\overline{\overline{\varphi}}(\xi_n,\xi_m)}{(\eta_r\xi_n^2+s)J'^2_{\mathcal{M}}(\xi_n a)} \tag{17.5.2}$$

and

$$p = \frac{4U(t-t_0)}{\vartheta a^2 \phi c_t} \sum_{m=0}^{\infty} \ni_m \cos(\xi_m \theta_0) \cos(\xi_m \theta) \sum_{n=1}^{\infty} \frac{J_{\mathcal{M}}(\xi_n r_0) J_{\mathcal{M}}(\xi_n r)}{J'^2_{\mathcal{M}}(\xi_n a)} \int_0^{t-t_0} q(t-t_0-\tau) e^{-\eta_r \xi_n^2 (t-\tau)} d\tau -$$
$$-\frac{4\eta_r}{\vartheta a} \sum_{m=0}^{\infty} \ni_m \cos(\xi_m \theta) \sum_{n=1}^{\infty} \frac{\xi_n J_{\mathcal{M}}(\xi_n r)}{J'_{\mathcal{M}}(\xi_n a)} \int_0^t \overline{\psi}(\xi_m, \tau) e^{-\eta_r \xi_n^2 (t-\tau)} d\tau +$$
$$+\frac{4}{\vartheta a^2 \phi c_t} \sum_{m=0}^{\infty} \ni_m \xi_m \cos(\xi_m \theta) \times$$
$$\times \sum_{n=1}^{\infty} \frac{J_{\mathcal{M}}(\xi_n r)}{J'^2_{\mathcal{M}}(\xi_n a)} \int_0^a \frac{J_{\mathcal{M}}(\xi_n u)}{u} \int_0^t \left\{ (-1)^{m+1} \psi_\vartheta(u,\tau) + \psi_0(u,\tau) \right\} e^{-\eta_r \xi_n^2 (t-\tau)} d\tau du +$$
$$+\frac{4}{\vartheta a^2} \sum_{m=0}^{\infty} \ni_m \cos(\xi_m \theta) \sum_{n=1}^{\infty} \frac{J_{\mathcal{M}}(\xi_n r) \overline{\overline{\varphi}}(\xi_n, \xi_m) e^{-\eta_r \xi_n^2 t}}{J'^2_{\mathcal{M}}(\xi_n a)} \qquad (17.5.3)$$

where $\overline{\psi}(\xi_m, t) = \int_0^\vartheta \psi(u,t) \cos(\xi_m u) du$.

17.6

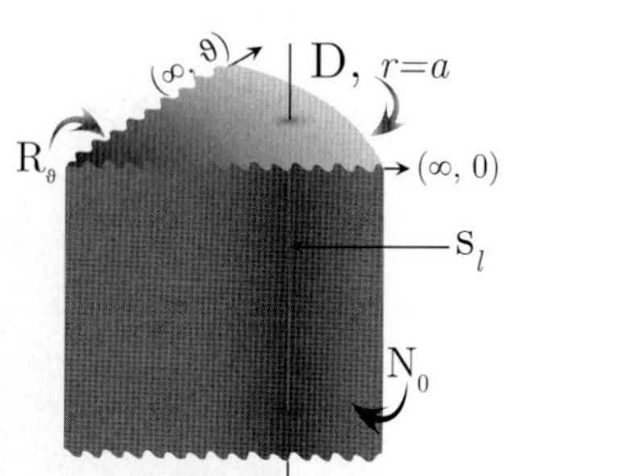

The problem of 17.1, except
$\mathbf{N_0} \equiv \frac{\partial p(r,0,t)}{\partial \theta} = -\left(\frac{\mu}{k_\theta}\right) \psi_0(r,t)$,
$\mathbf{R_\vartheta} \equiv \frac{\partial p(r,\vartheta,t)}{\partial \theta} + \lambda p(r,\vartheta,t) = -\left(\frac{\mu}{k_\theta}\right) \psi_\vartheta(r,t)$ **and**
$\mathbf{D} \equiv p(a,\theta,t) = \psi(\theta,t)$

The successive application of the Laplace, Fourier and finite Hankel transformations to equation (14.1.1) gives

$$\overline{\overline{\overline{p}}} = \frac{q(s) e^{-st_0} \cos(\xi_m \theta_0) J_{\mathcal{M}}(\xi_n r_0)}{\phi c_t (\eta_r \xi_n^2 + s)} - \frac{a \eta_r \xi_n \overline{\overline{\psi}}(\xi_m, s) J'_{\mathcal{M}}(\xi_n a)}{(\eta_r \xi_n^2 + s)} +$$
$$+\frac{\int_0^a \frac{J_{\mathcal{M}}(\xi_n u)}{u} \left\{ \overline{\psi}_0(u,s) - \overline{\psi}_\vartheta(u,s) \cos(\xi_m \vartheta) \right\} du}{\phi c_t (\eta_r \xi_n^2 + s)} + \frac{\overline{\overline{\varphi}}(\xi_n, \xi_m)}{(\eta_r \xi_n^2 + s)} \qquad (17.6.1)$$

where ξ_m is a positive root of $\xi_m \tan(\xi_m \vartheta) = \lambda$, $m = 1, 2, ...$, ξ_n, $n = 1, 2, ...$, are the positive roots of $J_{\mathcal{M}}(\xi_n a) = 0$, $\overline{\overline{\psi}}(\xi_m, s) = \int_0^\vartheta \overline{\psi}(u,s) \cos(\xi_m u) du$ and $\overline{\overline{\varphi}}(\xi_n, \xi_m) = \int_0^a r J_{\mathcal{M}}(\xi_n r) \int_0^\vartheta \varphi(r,u) \cos(\xi_m u) du dr$. Successive inverse transforms yield

$$\overline{p} = \frac{4q(s) e^{-st_0}}{a^2 \phi c_t} \sum_{m=1}^{\infty} \frac{(\xi_m^2 + \lambda^2) \cos(\xi_m \theta_0) \cos(\xi_m \theta)}{\vartheta(\xi_m^2 + \lambda^2) + \lambda} \sum_{n=1}^{\infty} \frac{J_{\mathcal{M}}(\xi_n r_0) J_{\mathcal{M}}(\xi_n r)}{(\eta_r \xi_n^2 + s) J'^2_{\mathcal{M}}(\xi_n a)} -$$
$$-\frac{4\eta_r}{a} \sum_{m=1}^{\infty} \frac{\overline{\overline{\psi}}(\xi_m, s) (\xi_m^2 + \lambda^2) \cos(\xi_m \theta)}{\vartheta(\xi_m^2 + \lambda^2) + \lambda} \sum_{n=1}^{\infty} \frac{\xi_n J_{\mathcal{M}}(\xi_n r)}{(\eta_r \xi_n^2 + s) J'_{\mathcal{M}}(\xi_n a)} +$$
$$+\frac{4}{a^2 \phi c_t} \sum_{m=1}^{\infty} \frac{(\xi_m^2 + \lambda^2) \cos(\xi_m \theta)}{\vartheta(\xi_m^2 + \lambda^2) + \lambda} \times$$
$$\times \sum_{n=1}^{\infty} \frac{J_{\mathcal{M}}(\xi_n r)}{(\eta_r \xi_n^2 + s) J'^2_{\mathcal{M}}(\xi_n a)} \int_0^a \frac{J_{\mathcal{M}}(\xi_n u)}{u} \left\{ \overline{\psi}_0(r,s) - \overline{\psi}_\vartheta(r,s) \cos(\xi_m \vartheta) \right\} du +$$
$$+\frac{4}{a^2} \sum_{m=1}^{\infty} \frac{(\xi_m^2 + \lambda^2) \cos(\xi_m \theta)}{\vartheta(\xi_m^2 + \lambda^2) + \lambda} \sum_{n=1}^{\infty} \frac{J_{\mathcal{M}}(\xi_n r) \overline{\overline{\varphi}}(\xi_n, \xi_m)}{(\eta_r \xi_n^2 + s) J'^2_{\mathcal{M}}(\xi_n a)} \qquad (17.6.2)$$

and

$$p = \frac{4U(t-t_0)}{a^2\phi c_t}\sum_{m=1}^{\infty}\frac{(\xi_m^2+\lambda^2)\cos(\xi_m\theta_0)\cos(\xi_m\theta)}{\vartheta(\xi_m^2+\lambda^2)+\lambda}\sum_{n=1}^{\infty}\frac{J_{\mathcal{M}}(\xi_n r_0)J_{\mathcal{M}}(\xi_n r)}{J_{\mathcal{M}}'^2(\xi_n a)}\int_0^{t-t_0} q(t-t_0-\tau)e^{-\eta_r\xi_n^2(t-\tau)}d\tau -$$
$$-\frac{4\eta_r}{a}\sum_{m=1}^{\infty}\frac{(\xi_m^2+\lambda^2)\cos(\xi_m\theta)}{\vartheta(\xi_m^2+\lambda^2)+\lambda}\sum_{n=1}^{\infty}\frac{\xi_n J_{\mathcal{M}}(\xi_n r)}{J_{\mathcal{M}}'(\xi_n a)}\int_0^t \overline{\psi}(\xi_m,\tau)e^{-\eta_r\xi_n^2(t-\tau)}d\tau +$$
$$+\frac{4}{a^2\phi c_t}\sum_{m=1}^{\infty}\frac{(\xi_m^2+\lambda^2)\cos(\xi_m\theta)}{\vartheta(\xi_m^2+\lambda^2)+\lambda}\times$$
$$\times\sum_{n=1}^{\infty}\frac{J_{\mathcal{M}}(\xi_n r)}{J_{\mathcal{M}}'^2(\xi_n a)}\int_0^a\frac{J_{\mathcal{M}}(\xi_n u)}{u}\int_0^t\{\psi_0(r,u)-\psi_\vartheta(u,s)\cos(\xi_m\vartheta)\}e^{-\eta_r\xi_n^2(t-\tau)}d\tau du +$$
$$+\frac{4}{a^2}\sum_{m=1}^{\infty}\frac{(\xi_m^2+\lambda^2)\cos(\xi_m\theta)}{\vartheta(\xi_m^2+\lambda^2)+\lambda}\sum_{n=1}^{\infty}\frac{J_{\mathcal{M}}(\xi_n r)\overline{\overline{\varphi}}(\xi_n,\xi_m)e^{-\eta_r\xi_n^2 t}}{J_{\mathcal{M}}'^2(\xi_n a)} \quad (17.6.3)$$

where $\overline{\psi}(\xi_m,t)=\int_0^\vartheta \psi(u,t)\cos(\xi_m u)du$.

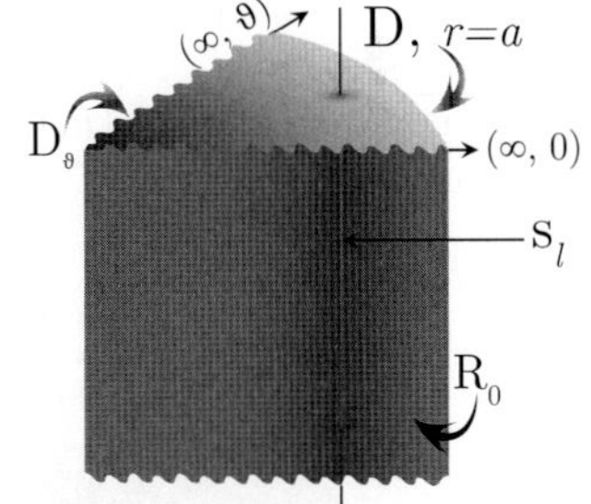

17.7 The problem of 17.1, except

$R_0 \equiv \frac{\partial p(r,0,t)}{\partial\theta} - \lambda p(r,0,t) = -\left(\frac{\mu}{k_\theta}\right)\psi_0(r,t)$,
$D_\vartheta \equiv p(r,\vartheta,t)=\psi_\vartheta(r,t)$ and $D\equiv p(a,\theta,t)=\psi(\theta,t)$

The successive application of the Laplace, Fourier and finite Hankel transformations to equation (14.1.1) gives

$$\overline{\overline{\overline{p}}} = \frac{q(s)e^{-st_0}\sin\{\xi_m(\vartheta-\theta_0)\}J_{\mathcal{M}}(\xi_n r_0)}{\phi c_t(\eta_r\xi_n^2+s)} - \frac{a\eta_r\xi_n\overline{\overline{\psi}}(\xi_m,s)J_{\mathcal{M}}'(\xi_n a)}{(\eta_r\xi_n^2+s)} +$$
$$+\frac{\eta_\theta\int_0^a\frac{J_{\mathcal{M}}(\xi_n u)}{u}\left\{\left(\frac{\mu}{k_\theta}\right)\overline{\psi}_0(u,s)\sin(\xi_m\vartheta)+\xi_m\overline{\psi}_\vartheta(u,s)\right\}du}{(\eta_r\xi_n^2+s)} + \frac{\overline{\overline{\varphi}}(\xi_n,\xi_m)}{(\eta_r\xi_n^2+s)} \quad (17.7.1)$$

where ξ_m is a positive root of $\xi_m\cot(\xi_m\vartheta)=-\lambda$, $m=1,2,...$, ξ_n, $n=1,2,...$, are the positive roots of $J_{\mathcal{M}}(\xi_n a)=0$, $\overline{\overline{\psi}}(\xi_m,s)=\int_0^\vartheta\overline{\psi}(u,s)\sin\{\xi_m(\vartheta-u)\}du$ and $\overline{\overline{\varphi}}(\xi_n,\xi_m)=\int_0^a rJ_{\mathcal{M}}(\xi_n r)\int_0^\vartheta\varphi(r,u)\sin\{\xi_m(\vartheta-u)\}dudr$. Successive inverse transforms yield

$$\overline{p} = \frac{4q(s)e^{-st_0}}{a^2\phi c_t}\sum_{m=1}^{\infty}\frac{(\xi_m^2+\lambda^2)\sin\{\xi_m(\vartheta-\theta_0)\}\sin\{\xi_m(\vartheta-\theta)\}}{\vartheta(\xi_m^2+\lambda^2)+\lambda}\sum_{n=1}^{\infty}\frac{J_{\mathcal{M}}(\xi_n r_0)J_{\mathcal{M}}(\xi_n r)}{(\eta_r\xi_n^2+s)J_{\mathcal{M}}'^2(\xi_n a)} -$$
$$-\frac{4\eta_r}{a}\sum_{m=1}^{\infty}\frac{\overline{\overline{\psi}}(\xi_m,s)(\xi_m^2+\lambda^2)\sin\{\xi_m(\vartheta-\theta)\}}{\vartheta(\xi_m^2+\lambda^2)+\lambda}\sum_{n=1}^{\infty}\frac{\xi_n J_{\mathcal{M}}(\xi_n r)}{(\eta_r\xi_n^2+s)J_{\mathcal{M}}'(\xi_n a)} +$$
$$+\frac{4\eta_\theta}{a^2}\sum_{m=1}^{\infty}\frac{(\xi_m^2+\lambda^2)\sin\{\xi_m(\vartheta-\theta)\}}{\vartheta(\xi_m^2+\lambda^2)+\lambda}\times$$
$$\times\sum_{n=1}^{\infty}\frac{J_{\mathcal{M}}(\xi_n r)}{(\eta_r\xi_n^2+s)J_{\mathcal{M}}'^2(\xi_n a)}\int_0^a\frac{J_{\mathcal{M}}(\xi_n u)}{u}\left\{\left(\frac{\mu}{k_\theta}\right)\overline{\psi}_0(u,s)\sin(\xi_m\vartheta)+\xi_m\overline{\psi}_\vartheta(u,s)\right\}du +$$
$$+\frac{4}{a^2}\sum_{m=1}^{\infty}\frac{(\xi_m^2+\lambda^2)\sin\{\xi_m(\vartheta-\theta)\}}{\vartheta(\xi_m^2+\lambda^2)+\lambda}\sum_{n=1}^{\infty}\frac{J_{\mathcal{M}}(\xi_n r)\overline{\overline{\varphi}}(\xi_n,\xi_m)}{(\eta_r\xi_n^2+s)J_{\mathcal{M}}'^2(\xi_n a)} \quad (17.7.2)$$

and

$$p = \frac{4U(t-t_0)}{a^2\phi c_t}\sum_{m=1}^{\infty}\frac{(\xi_m^2+\lambda^2)\sin\{\xi_m(\vartheta-\theta_0)\}\sin\{\xi_m(\vartheta-\theta)\}}{\vartheta(\xi_m^2+\lambda^2)+\lambda}\times$$
$$\times\sum_{n=1}^{\infty}\frac{J_{\mathcal{M}}(\xi_n r_0)J_{\mathcal{M}}(\xi_n r)}{J'^2_{\mathcal{M}}(\xi_n a)}\int_0^{t-t_0}q(t-t_0-\tau)e^{-\eta_r\xi_n^2(t-\tau)}d\tau -$$
$$-\frac{4\eta_r}{a}\sum_{m=1}^{\infty}\frac{(\xi_m^2+\lambda^2)\sin\{\xi_m(\vartheta-\theta)\}}{\vartheta(\xi_m^2+\lambda^2)+\lambda}\sum_{n=1}^{\infty}\frac{\xi_n J_{\mathcal{M}}(\xi_n r)}{J'_{\mathcal{M}}(\xi_n a)}\int_0^t\overline{\psi}(\xi_m,\tau)e^{-\eta_r\xi_n^2(t-\tau)}d\tau+$$
$$+\frac{4\eta_\theta}{a^2}\sum_{m=1}^{\infty}\frac{(\xi_m^2+\lambda^2)\sin\{\xi_m(\vartheta-\theta)\}}{\vartheta(\xi_m^2+\lambda^2)+\lambda}\times$$
$$\times\sum_{n=1}^{\infty}\frac{J_{\mathcal{M}}(\xi_n r)}{J'^2_{\mathcal{M}}(\xi_n a)}\int_0^a\frac{J_{\mathcal{M}}(\xi_n u)}{u}\int_0^t\left\{\left(\frac{\mu}{k_\theta}\right)\psi_0(u,\tau)\sin(\xi_m\vartheta)+\xi_m\psi_\vartheta(u,\tau)\right\}e^{-\eta_r\xi_n^2(t-\tau)}d\tau du+$$
$$+\frac{4}{a^2}\sum_{m=1}^{\infty}\frac{(\xi_m^2+\lambda^2)\sin\{\xi_m(\vartheta-\theta)\}}{\vartheta(\xi_m^2+\lambda^2)+\lambda}\sum_{n=1}^{\infty}\frac{J_{\mathcal{M}}(\xi_n r)\overline{\overline{\varphi}}(\xi_n,\xi_m)e^{-\eta_r\xi_n^2 t}}{J'^2_{\mathcal{M}}(\xi_n a)} \qquad (17.7.3)$$

where $\overline{\psi}(\xi_m,t)=\int_0^{\vartheta}\psi(u,t)\sin\{\xi_m(\vartheta-u)\}du$

17.8

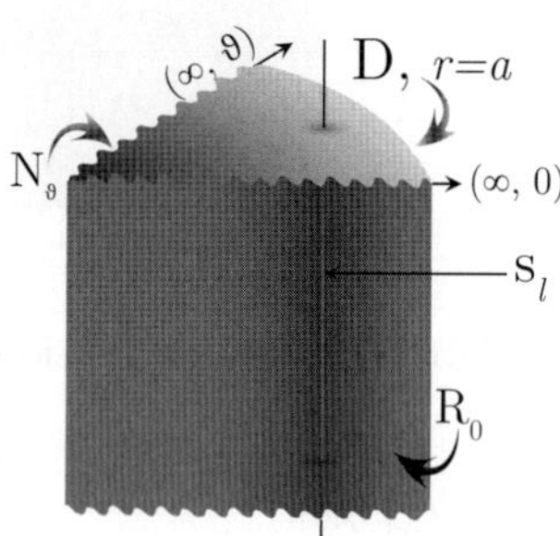

The problem of 17.1, except
$\mathbf{R_0} \equiv \frac{\partial p(r,0,t)}{\partial\theta}-\lambda p(r,0,t)=-\left(\frac{\mu}{k_\theta}\right)\psi_0(r,t)$,
$\mathbf{N_\vartheta} \equiv \frac{\partial p(r,\vartheta,t)}{\partial\theta}=-\left(\frac{\mu}{k_\theta}\right)\psi_\vartheta(r,t)$ **and**
$\mathbf{D} \equiv p(a,\theta,t)=\psi(\theta,t)$

The successive application of the Laplace, Fourier and finite Hankel transformations to equation (14.1.1) gives

$$\overline{\overline{\overline{p}}} = \frac{q(s)e^{-st_0}\cos\{\xi_m(\vartheta-\theta_0)\}J_{\mathcal{M}}(\xi_n r_0)}{\phi c_t(\eta_r\xi_n^2+s)}-\frac{a\eta_r\xi_n\overline{\overline{\psi}}(\xi_m,s)J'_{\mathcal{M}}(\xi_n a)}{(\eta_r\xi_n^2+s)}+$$
$$+\frac{\int_0^a\frac{J_{\mathcal{M}}(\xi_n u)}{u}\left\{\overline{\psi}_0(u,s)\cos(\xi_m\vartheta)-\overline{\psi}_\vartheta(u,s)\right\}du}{\phi c_t(\eta_r\xi_n^2+s)}+\frac{\overline{\overline{\varphi}}(\xi_n,\xi_m)}{(\eta_r\xi_n^2+s)} \qquad (17.8.1)$$

where ξ_m is a positive root of $\xi_m\tan(\xi_m\vartheta)=\lambda$, $m=1,2,...$, ξ_n, $n=1,2,...$, are the positive roots of $J_{\mathcal{M}}(\xi_n a)=0$, $\overline{\overline{\psi}}(\xi_m,s)=\int_0^{\vartheta}\overline{\psi}(u,s)\cos\{\xi_m(\vartheta-u)\}du$ and $\overline{\overline{\varphi}}(\xi_n,\xi_m)=\int_0^a rJ_{\mathcal{M}}(\xi_n r)\int_0^{\vartheta}\varphi(r,u)\cos\{\xi_m(\vartheta-u)\}dudr$. Successive inverse transforms yield

$$\overline{p} = \frac{4q(s)e^{-st_0}}{a^2\phi c_t}\sum_{m=1}^{\infty}\frac{(\xi_m^2+\lambda^2)\cos\{\xi_m(\vartheta-\theta_0)\}\cos\{\xi_m(\vartheta-\theta)\}}{\vartheta(\xi_m^2+\lambda^2)+\lambda}\sum_{n=1}^{\infty}\frac{J_{\mathcal{M}}(\xi_n r_0)J_{\mathcal{M}}(\xi_n r)}{(\eta_r\xi_n^2+s)J'^2_{\mathcal{M}}(\xi_n a)}-$$
$$-\frac{4\eta_r}{a}\sum_{m=1}^{\infty}\frac{\overline{\overline{\psi}}(\xi_m,s)(\xi_m^2+\lambda^2)\cos\{\xi_m(\vartheta-\theta)\}}{\vartheta(\xi_m^2+\lambda^2)+\lambda}\sum_{n=1}^{\infty}\frac{\xi_n J_{\mathcal{M}}(\xi_n r)}{(\eta_r\xi_n^2+s)J'_{\mathcal{M}}(\xi_n a)}+$$
$$+\frac{4}{a^2\phi c_t}\sum_{m=1}^{\infty}\frac{(\xi_m^2+\lambda^2)\cos\{\xi_m(\vartheta-\theta)\}}{\vartheta(\xi_m^2+\lambda^2)+\lambda}\times$$

$$\times\sum_{n=1}^{\infty}\frac{J_{\mathcal{M}}(\xi_n r)}{(\eta_r\xi_n^2+s)\,J_{\mathcal{M}}'^2(\xi_n a)}\int_0^a\frac{J_{\mathcal{M}}(\xi_n u)}{u}\{\overline{\psi}_0(u,s)\cos(\xi_m\vartheta)-\overline{\psi}_\vartheta(u,s)\}du+$$

$$+\frac{4}{a^2}\sum_{m=1}^{\infty}\frac{(\xi_m^2+\lambda^2)\cos\{\xi_m(\vartheta-\theta)\}}{\vartheta(\xi_m^2+\lambda^2)+\lambda}\sum_{n=1}^{\infty}\frac{J_{\mathcal{M}}(\xi_n r)\overline{\overline{\varphi}}(\xi_n,\xi_m)}{(\eta_r\xi_n^2+s)\,J_{\mathcal{M}}'^2(\xi_n a)} \tag{17.8.2}$$

and

$$p=\frac{4U(t-t_0)}{a^2\phi c_t}\sum_{m=1}^{\infty}\frac{(\xi_m^2+\lambda^2)\cos\{\xi_m(\vartheta-\theta_0)\}\cos\{\xi_m(\vartheta-\theta)\}}{\vartheta(\xi_m^2+\lambda^2)+\lambda}\times$$

$$\times\sum_{n=1}^{\infty}\frac{J_{\mathcal{M}}(\xi_n r_0)\,J_{\mathcal{M}}(\xi_n r)}{J_{\mathcal{M}}'^2(\xi_n a)}\int_0^{t-t_0}q(t-t_0-\tau)\,e^{-\eta_r\xi_n^2(t-\tau)}d\tau-$$

$$-\frac{4\eta_r}{a}\sum_{m=1}^{\infty}\frac{(\xi_m^2+\lambda^2)\cos\{\xi_m(\vartheta-\theta)\}}{\vartheta(\xi_m^2+\lambda^2)+\lambda}\sum_{n=1}^{\infty}\frac{\xi_n J_{\mathcal{M}}(\xi_n r)}{J_{\mathcal{M}}'(\xi_n a)}\int_0^t\overline{\psi}(\xi_m,\tau)\,e^{-\eta_r\xi_n^2(t-\tau)}d\tau+$$

$$+\frac{4}{a^2\phi c_t}\sum_{m=1}^{\infty}\frac{(\xi_m^2+\lambda^2)\cos\{\xi_m(\vartheta-\theta)\}}{\vartheta(\xi_m^2+\lambda^2)+\lambda}\times$$

$$\times\sum_{n=1}^{\infty}\frac{J_{\mathcal{M}}(\xi_n r)}{J_{\mathcal{M}}'^2(\xi_n a)}\int_0^a\frac{J_{\mathcal{M}}(\xi_n u)}{u}\int_0^t\{\psi_0(u,\tau)\cos(\xi_m\vartheta)-\psi_\vartheta(u,\tau)\}e^{-\eta_r\xi_n^2(t-\tau)}d\tau du+$$

$$+\frac{4}{a^2}\sum_{m=1}^{\infty}\frac{(\xi_m^2+\lambda^2)\cos\{\xi_m(\vartheta-\theta)\}}{\vartheta(\xi_m^2+\lambda^2)+\lambda}\sum_{n=1}^{\infty}\frac{J_{\mathcal{M}}(\xi_n r)\overline{\overline{\varphi}}(\xi_n,\xi_m)\,e^{-\eta_r\xi_n^2 t}}{J_{\mathcal{M}}'^2(\xi_n a)} \tag{17.8.3}$$

where $\overline{\psi}(\xi_m,t)=\int_0^\vartheta\psi(u,t)\cos\{\xi_m(\vartheta-u)\}du$.

17.9 The problem of 17.1, except

$\mathbf{R}_0\equiv\frac{\partial p(r,0,t)}{\partial\theta}-\lambda_0 p(r,0,t)=-\left(\frac{\mu}{k_\theta}\right)\psi_0(r,t)$,
$\mathbf{R}_\vartheta\equiv\frac{\partial p(r,\vartheta,t)}{\partial\theta}+\lambda_\vartheta p(r,\vartheta,t)=-\left(\frac{\mu}{k_\theta}\right)\psi_\vartheta(r,t)$ and
$\mathbf{D}\equiv p(a,\theta,t)=\psi(\theta,t)$

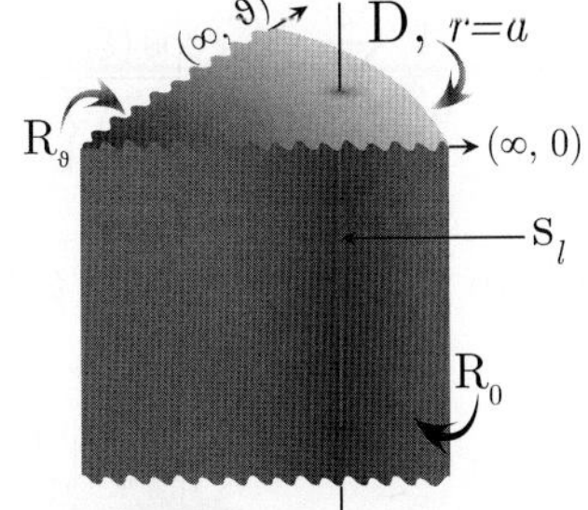

The successive application of the Laplace, Fourier and finite Hankel transformations to equation (14.1.1) gives

$$\overline{\overline{\overline{p}}}=\frac{q(s)\,e^{-st_0}\{\xi_m\cos(\xi_m\theta_0)+\lambda_0\sin(\xi_m\theta_0)\}\,J_{\mathcal{M}}(\xi_n r_0)}{\phi c_t(\eta_r\xi_n^2+s)}-\frac{a\eta_r\xi_n\overline{\overline{\psi}}(\xi_m,s)\,J_{\mathcal{M}}'(\xi_n a)}{(\eta_r\xi_n^2+s)}+$$

$$+\frac{\int_0^a\frac{J_{\mathcal{M}}(\xi_n u)}{u}\left[\xi_m\overline{\psi}_0(u,s)-\overline{\psi}_\vartheta(u,s)\{\xi_m\cos(\xi_m\vartheta)+\lambda_0\sin(\xi_m\vartheta)\}\right]du}{\phi c_t(\eta_r\xi_n^2+s)}+\frac{\overline{\overline{\varphi}}(\xi_n,\xi_m)}{(\eta_r\xi_n^2+s)} \tag{17.9.1}$$

where ξ_m is a positive root of $\tan(\xi_m\vartheta)=\frac{\xi_m(\lambda_0+\lambda_\vartheta)}{(\xi_m^2-\lambda_0\lambda_\vartheta)}$, $m=1,2,...,$ $\xi_n, n=1,2,..,$ are the positive roots of $J_{\mathcal{M}}(\xi_n a)=0$, $\overline{\overline{\psi}}(\xi_m,s)=\int_0^\vartheta\overline{\psi}(u,s)\{\xi_m\cos(\xi_m u)+\lambda_0\sin(\xi_m u)\}du$ and $\overline{\overline{\varphi}}(\xi_n,\xi_m)=\int_0^a rJ_{\mathcal{M}}(\xi_n r)\int_0^\vartheta\varphi(r,u)\{\xi_m\cos(\xi_m u)+\lambda_0\sin(\xi_m u)\}dudr$. Successive inverse transforms yield

$$\overline{p}=\frac{4q(s)\,e^{-st_0}}{a^2\phi c_t}\sum_{m=1}^{\infty}\frac{\{\xi_m\cos(\xi_m\theta_0)+\lambda_0\sin(\xi_m\theta_0)\}\{\xi_m\cos(\xi_m\theta)+\lambda_0\sin(\xi_m\theta)\}}{(\xi_m^2+\lambda_0^2)\left\{\vartheta+\frac{\lambda_\vartheta}{\xi_m^2+\lambda_\vartheta^2}\right\}+\lambda_0}\sum_{n=1}^{\infty}\frac{J_{\mathcal{M}}(\xi_n r_0)\,J_{\mathcal{M}}(\xi_n r)}{(\eta_r\xi_n^2+s)\,J_{\mathcal{M}}'^2(\xi_n a)}-$$

$$-\frac{4\eta_r}{a}\sum_{m=1}^{\infty}\frac{\overline{\overline{\psi}}(\xi_m,s)\{\xi_m\cos(\xi_m\theta)+\lambda_0\sin(\xi_m\theta)\}}{(\xi_m^2+\lambda_0^2)\left\{\vartheta+\frac{\lambda_\vartheta}{\xi_m^2+\lambda_\vartheta^2}\right\}+\lambda_0}\sum_{n=1}^{\infty}\frac{\xi_n J_{\mathcal{M}}(\xi_n r)}{(\eta_r\xi_n^2+s)\,J_{\mathcal{M}}'(\xi_n a)}+$$

$$+\frac{4}{a^2\phi c_t}\sum_{m=1}^{\infty}\frac{\{\xi_m\cos(\xi_m\theta)+\lambda_0\sin(\xi_m\theta)\}}{(\xi_m^2+\lambda_0^2)\left\{\vartheta+\frac{\lambda_\vartheta}{\xi_m^2+\lambda_\vartheta^2}\right\}+\lambda_0}\times$$

$$\times\sum_{n=1}^{\infty}\frac{J_{\mathcal{M}}(\xi_n r)}{(\eta_r\xi_n^2+s)\,J_{\mathcal{M}}'^2(\xi_n a)}\int_0^a\frac{J_{\mathcal{M}}(\xi_n u)}{u}\left[\xi_m\overline{\psi}_0(u,s)-\overline{\psi}_\vartheta(u,s)\{\xi_m\cos(\xi_m\vartheta)+\lambda_0\sin(\xi_m\vartheta)\}\right]du+$$

$$+\frac{4}{a^2}\sum_{m=1}^{\infty}\frac{\{\xi_m\cos(\xi_m\theta)+\lambda_0\sin(\xi_m\theta)\}}{(\xi_m^2+\lambda_0^2)\left\{\vartheta+\frac{\lambda_\vartheta}{\xi_m^2+\lambda_\vartheta^2}\right\}+\lambda_0}\sum_{n=1}^{\infty}\frac{J_{\mathcal{M}}(\xi_n r)\overline{\overline{\varphi}}(\xi_n,\xi_m)}{(\eta_r\xi_n^2+s)\,J_{\mathcal{M}}'^2(\xi_n a)} \qquad (17.9.2)$$

and

$$p=\frac{4U(t-t_0)}{a^2\phi c_t}\sum_{m=1}^{\infty}\frac{\{\xi_m\cos(\xi_m\theta_0)+\lambda_0\sin(\xi_m\theta_0)\}\{\xi_m\cos(\xi_m\theta)+\lambda_0\sin(\xi_m\theta)\}}{(\xi_m^2+\lambda_0^2)\left\{\vartheta+\frac{\lambda_\vartheta}{\xi_m^2+\lambda_\vartheta^2}\right\}+\lambda_0}\times$$

$$\times\sum_{n=1}^{\infty}\frac{J_{\mathcal{M}}(\xi_n r_0)\,J_{\mathcal{M}}(\xi_n r)}{J_{\mathcal{M}}'^2(\xi_n a)}\int_0^{t-t_0}q(t-t_0-\tau)\,e^{-\eta_r\xi_n^2(t-\tau)}d\tau-$$

$$-\frac{4\eta_r}{a}\sum_{m=1}^{\infty}\frac{\{\xi_m\cos(\xi_m\theta)+\lambda_0\sin(\xi_m\theta)\}}{(\xi_m^2+\lambda_0^2)\left\{\vartheta+\frac{\lambda_\vartheta}{\xi_m^2+\lambda_\vartheta^2}\right\}+\lambda_0}\sum_{n=1}^{\infty}\frac{\xi_n J_{\mathcal{M}}(\xi_n r)}{J_{\mathcal{M}}'(\xi_n a)}\int_0^t\overline{\psi}(\xi_m,\tau)\,e^{-\eta_r\xi_n^2(t-\tau)}d\tau+$$

$$+\frac{4}{a^2\phi c_t}\sum_{m=1}^{\infty}\frac{\{\xi_m\cos(\xi_m\theta)+\lambda_0\sin(\xi_m\theta)\}}{(\xi_m^2+\lambda_0^2)\left\{\vartheta+\frac{\lambda_\vartheta}{\xi_m^2+\lambda_\vartheta^2}\right\}+\lambda_0}\times$$

$$\times\sum_{n=1}^{\infty}\frac{J_{\mathcal{M}}(\xi_n r)}{J_{\mathcal{M}}'^2(\xi_n a)}\int_0^a\frac{J_{\mathcal{M}}(\xi_n u)}{u}\int_0^t[\xi_m\psi_0(u,\tau)-\psi_\vartheta(u,\tau)\{\xi_m\cos(\xi_m\vartheta)+\lambda_0\sin(\xi_m\vartheta)\}]\,e^{-\eta_r\xi_n^2(t-\tau)}d\tau du+$$

$$+\frac{4}{a^2}\sum_{m=1}^{\infty}\frac{\{\xi_m\cos(\xi_m\theta)+\lambda_0\sin(\xi_m\theta)\}}{(\xi_m^2+\lambda_0^2)\left\{\vartheta+\frac{\lambda_\vartheta}{\xi_m^2+\lambda_\vartheta^2}\right\}+\lambda_0}\sum_{n=1}^{\infty}\frac{J_{\mathcal{M}}(\xi_n r)\overline{\overline{\varphi}}(\xi_n,\xi_m)\,e^{-\eta_r\xi_n^2 t}}{J_{\mathcal{M}}'^2(\xi_n a)} \qquad (17.9.3)$$

where $\overline{\psi}(\xi_m,t)=\int_0^{\vartheta}\psi(u,t)\{\xi_m\cos(\xi_m u)+\lambda_0\sin(\xi_m u)\}du$.

17.10

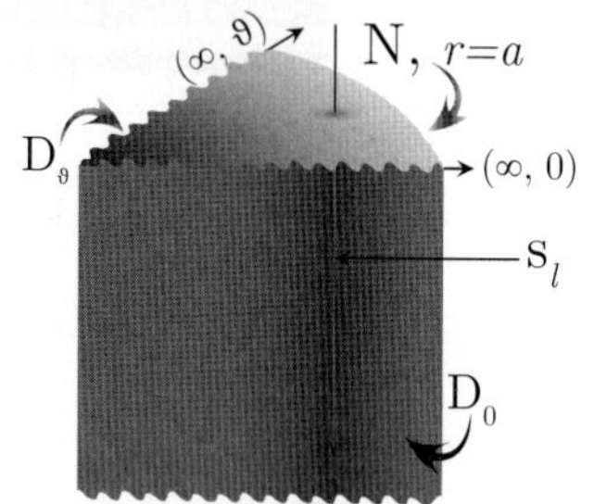

The problem of 17.1, except $\mathbf{N}\equiv\frac{\partial p(a,\theta,t)}{\partial r}=-\left(\frac{\mu}{k_r}\right)\psi(\theta,t)$, $\mathbf{D_0}\equiv p(r,0,t)=\psi_0(r,t)$ **and** $\mathbf{D_\vartheta}\equiv p(r,\vartheta,t)=\psi_\vartheta(r,t)$

The successive application of the Laplace, Fourier and finite Hankel transformations to equation (14.1.1) gives

$$\overline{\overline{\overline{p}}}=\frac{q(s)\,e^{-st_0}\sin(\xi_m\theta_0)\,J_{\mathcal{M}}(\xi_n r_0)}{\phi c_t(\eta_r\xi_n^2+s)}-\frac{a\overline{\overline{\psi}}(\xi_m,s)\,J_{\mathcal{M}}(\xi_n a)}{\phi c_t(\eta_r\xi_n^2+s)}+$$

$$+\frac{\xi_m\eta_\theta\int_0^a\frac{J_{\mathcal{M}}(\xi_n u)}{u}\left\{\overline{\psi}_0(u,s)-(-1)^m\,\overline{\psi}_\vartheta(u,s)\right\}du}{(\eta_r\xi_n^2+s)}+\frac{\overline{\overline{\varphi}}(\xi_n,\xi_m)}{(\eta_r\xi_n^2+s)} \qquad (17.10.1)$$

where ξ_m is a positive root of $\sin(\xi_m\vartheta)$, which are $\xi_m = \frac{m\pi}{\vartheta}$, $m = 1, 2, ..., \xi_n, n = 1, 2, ...,$ are the positive roots of $J'_{\mathcal{M}}(\xi_n a) = 0$, $\overline{\overline{\psi}}(\xi_m, s) = \int_0^\vartheta \overline{\psi}(u, s)\sin(\xi_m u)du$ and $\overline{\overline{\varphi}}(\xi_n, \xi_m) = \int_0^a rJ_{\mathcal{M}}(\xi_n r)\int_0^\vartheta \varphi(r, u)\sin(\xi_m u)dudr$. Successive inverse transforms yield

$$\begin{aligned}\overline{p} =& \frac{4q(s)e^{-st_0}}{\vartheta a^2\phi c_t}\sum_{m=1}^{\infty}\sin(\xi_m\theta_0)\sin(\xi_m\theta)\sum_{n=0}^{\infty}\frac{J_{\mathcal{M}}(\xi_n r_0)J_{\mathcal{M}}(\xi_n r)}{(\eta_r\xi_n^2+s)\left\{1-\left(\frac{\mathcal{M}}{\xi_n a}\right)^2\right\}J^2_{\mathcal{M}}(\xi_n a)} - \\ &-\frac{4}{\vartheta a\phi c_t}\sum_{m=1}^{\infty}\overline{\overline{\psi}}(\xi_m, s)\sin(\xi_m\theta)\sum_{n=0}^{\infty}\frac{J_{\mathcal{M}}(\xi_n r)}{(\eta_r\xi_n^2+s)\left\{1-\left(\frac{\mathcal{M}}{\xi_n a}\right)^2\right\}J_{\mathcal{M}}(\xi_n a)} + \\ &+\frac{4\eta_\theta}{\vartheta a^2}\sum_{m=1}^{\infty}\xi_m\sin(\xi_m\theta)\sum_{n=0}^{\infty}\frac{J_{\mathcal{M}}(\xi_n r)\int_0^a\frac{J_{\mathcal{M}}(\xi_n u)}{u}\left\{\overline{\psi}_0(u,s)-(-1)^m\overline{\psi}_\vartheta(u,s)\right\}du}{(\eta_r\xi_n^2+s)\left\{1-\left(\frac{\mathcal{M}}{\xi_n a}\right)^2\right\}J^2_{\mathcal{M}}(\xi_n a)} + \\ &+\frac{4}{\vartheta a^2}\sum_{m=1}^{\infty}\sin(\xi_m\theta)\sum_{n=0}^{\infty}\frac{J_{\mathcal{M}}(\xi_n r)\overline{\overline{\varphi}}(\xi_n, \xi_m)}{(\eta_r\xi_n^2+s)\left\{1-\left(\frac{\mathcal{M}}{\xi_n a}\right)^2\right\}J^2_{\mathcal{M}}(\xi_n a)}\end{aligned} \tag{17.10.2}$$

and

$$\begin{aligned}p =& \frac{4U(t-t_0)}{\vartheta a^2\phi c_t}\sum_{m=1}^{\infty}\sin(\xi_m\theta_0)\sin(\xi_m\theta)\sum_{n=0}^{\infty}\frac{J_{\mathcal{M}}(\xi_n r_0)J_{\mathcal{M}}(\xi_n r)\int_0^{t-t_0}q(t-t_0-\tau)e^{-\eta_r\xi_n^2(t-\tau)}d\tau}{\left\{1-\left(\frac{\mathcal{M}}{\xi_n a}\right)^2\right\}J^2_{\mathcal{M}}(\xi_n a)} - \\ &-\frac{4}{\vartheta a\phi c_t}\sum_{m=1}^{\infty}\sin(\xi_m\theta)\sum_{n=0}^{\infty}\frac{J_{\mathcal{M}}(\xi_n r)\int_0^t\overline{\psi}(\xi_m,\tau)e^{-\eta_r\xi_n^2(t-\tau)}d\tau}{\left\{1-\left(\frac{\mathcal{M}}{\xi_n a}\right)^2\right\}J_{\mathcal{M}}(\xi_n a)} + \\ &+\frac{4\eta_\theta}{\vartheta a^2}\sum_{m=1}^{\infty}\xi_m\sin(\xi_m\theta)\sum_{n=0}^{\infty}\frac{J_{\mathcal{M}}(\xi_n r)\int_0^a\frac{J_{\mathcal{M}}(\xi_n u)}{u}\int_0^t\left\{\psi_0(u,\tau)-(-1)^m\psi_\vartheta(u,\tau)\right\}e^{-\eta_r\xi_n^2(t-\tau)}d\tau du}{\left\{1-\left(\frac{\mathcal{M}}{\xi_n a}\right)^2\right\}J^2_{\mathcal{M}}(\xi_n a)} + \\ &+\frac{4}{\vartheta a^2}\sum_{m=1}^{\infty}\sin(\xi_m\theta)\sum_{n=0}^{\infty}\frac{J_{\mathcal{M}}(\xi_n r)\overline{\overline{\varphi}}(\xi_n,\xi_m)e^{-\eta_r\xi_n^2 t}}{\left\{1-\left(\frac{\mathcal{M}}{\xi_n a}\right)^2\right\}J^2_{\mathcal{M}}(\xi_n a)}\end{aligned} \tag{17.10.3}$$

where $\overline{\psi}(\xi_m, t) = \int_0^\vartheta \psi(u, t)\sin(\xi_m u)du$.

17.11 The problem of 17.1, except $D_0 \equiv p(r, 0, t) = \psi_0(r, t)$, $N_\vartheta \equiv \frac{\partial p(r,\vartheta,t)}{\partial\theta} = -\left(\frac{\mu}{k_\theta}\right)\psi_\vartheta(r, t)$ and $N \equiv \frac{\partial p(a,\theta,t)}{\partial r} = -\left(\frac{\mu}{k_r}\right)\psi(\theta, t)$

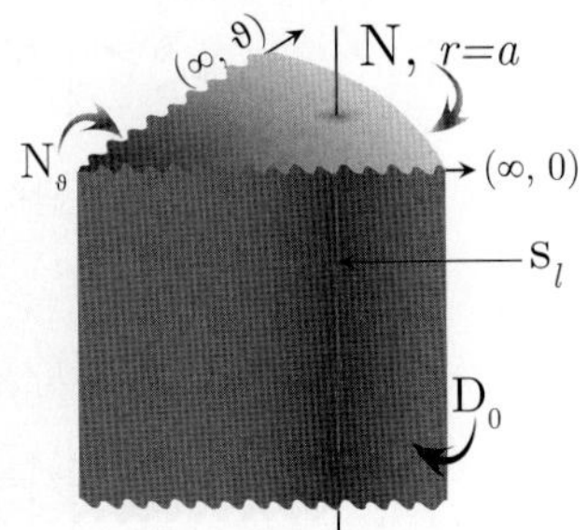

The successive application of the Laplace, Fourier and finite Hankel transformations to equation (14.1.1) gives

$$\begin{aligned}\overline{\overline{\overline{p}}} =& \frac{q(s)e^{-st_0}\sin(\xi_m\theta_0)J_{\mathcal{M}}(\xi_n r_0)}{\phi c_t(\eta_r\xi_n^2+s)} - \frac{a\overline{\overline{\psi}}(\xi_m,s)J_{\mathcal{M}}(\xi_n a)}{\phi c_t(\eta_r\xi_n^2+s)} + \\ &+\frac{\eta_\theta\int_0^a\frac{J_{\mathcal{M}}(\xi_n u)}{u}\left\{\xi_m\overline{\psi}_0(u,s)+(-1)^m\left(\frac{\mu}{k_\theta}\right)\overline{\psi}_\vartheta(u,s)\right\}du}{(\eta_r\xi_n^2+s)} + \frac{\overline{\overline{\varphi}}(\xi_n,\xi_m)}{(\eta_r\xi_n^2+s)}\end{aligned} \tag{17.11.1}$$

where ξ_m is a positive root of $\cos(\xi_m\vartheta)$, which are $\xi_m = \frac{(2m-1)\pi}{2\vartheta}$, $m = 1, 2, ...,$ $\xi_n, n = 1, 2, ...,$ are the positive roots of $J'_{\mathcal{M}}(\xi_n a) = 0$, $\overline{\overline{\psi}}(\xi_m, s) = \int_0^\vartheta \overline{\psi}(u, s)\sin(\xi_m u)du$ and $\overline{\varphi}(\xi_n, \xi_m) = \int_0^a rJ_{\mathcal{M}}(\xi_n r)\int_0^\vartheta \varphi(r, u)\sin(\xi_m u)dudr$. Successive inverse transforms yield

$$\overline{p} = \frac{4q(s)e^{-st_0}}{\vartheta a^2\phi c_t}\sum_{m=1}^{\infty}\sin(\xi_m\theta_0)\sin(\xi_m\theta)\sum_{n=0}^{\infty}\frac{J_{\mathcal{M}}(\xi_n r_0)J_{\mathcal{M}}(\xi_n r)}{(\eta_r\xi_n^2+s)\left\{1-\left(\frac{\mathcal{M}}{\xi_n a}\right)^2\right\}J^2_{\mathcal{M}}(\xi_n a)} -$$
$$-\frac{4}{\vartheta a\phi c_t}\sum_{m=1}^{\infty}\overline{\overline{\psi}}(\xi_m, s)\sin(\xi_m\theta)\sum_{n=0}^{\infty}\frac{J_{\mathcal{M}}(\xi_n r)}{(\eta_r\xi_n^2+s)\left\{1-\left(\frac{\mathcal{M}}{\xi_n a}\right)^2\right\}J_{\mathcal{M}}(\xi_n a)} +$$
$$+\frac{4\eta_\theta}{\vartheta a^2}\sum_{m=1}^{\infty}\sin(\xi_m\theta)\sum_{n=0}^{\infty}\frac{J_{\mathcal{M}}(\xi_n r)\int_0^a\frac{J_{\mathcal{M}}(\xi_n u)}{u}\left\{\xi_m\overline{\psi}_0(u,s)+(-1)^m\left(\frac{\mu}{k_\theta}\right)\overline{\psi}_\vartheta(u,s)\right\}du}{(\eta_r\xi_n^2+s)\left\{1-\left(\frac{\mathcal{M}}{\xi_n a}\right)^2\right\}J^2_{\mathcal{M}}(\xi_n a)} +$$
$$+\frac{4}{\vartheta a^2}\sum_{m=1}^{\infty}\sin(\xi_m\theta)\sum_{n=0}^{\infty}\frac{J_{\mathcal{M}}(\xi_n r)\overline{\overline{\varphi}}(\xi_n,\xi_m)}{(\eta_r\xi_n^2+s)\left\{1-\left(\frac{\mathcal{M}}{\xi_n a}\right)^2\right\}J^2_{\mathcal{M}}(\xi_n a)} \tag{17.11.2}$$

and

$$p = \frac{4U(t-t_0)}{\vartheta a^2\phi c_t}\sum_{m=1}^{\infty}\sin(\xi_m\theta_0)\sin(\xi_m\theta)\sum_{n=0}^{\infty}\frac{J_{\mathcal{M}}(\xi_n r_0)J_{\mathcal{M}}(\xi_n r)\int_0^{t-t_0}q(t-t_0-\tau)e^{-\eta_r\xi_n^2(t-\tau)}d\tau}{\left\{1-\left(\frac{\mathcal{M}}{\xi_n a}\right)^2\right\}J^2_{\mathcal{M}}(\xi_n a)} -$$
$$-\frac{4}{\vartheta a\phi c_t}\sum_{m=1}^{\infty}\sin(\xi_m\theta)\sum_{n=0}^{\infty}\frac{J_{\mathcal{M}}(\xi_n r)\int_0^t\overline{\psi}(\xi_m,\tau)e^{-\eta_r\xi_n^2(t-\tau)}d\tau}{\left\{1-\left(\frac{\mathcal{M}}{\xi_n a}\right)^2\right\}J_{\mathcal{M}}(\xi_n a)} +$$
$$+\frac{4\eta_\theta}{\vartheta a^2}\sum_{m=1}^{\infty}\sin(\xi_m\theta)\sum_{n=0}^{\infty}\frac{J_{\mathcal{M}}(\xi_n r)\int_0^a\frac{J_{\mathcal{M}}(\xi_n u)}{u}\int_0^t\left\{\xi_m\psi_0(u,\tau)+(-1)^m\left(\frac{\mu}{k_\theta}\right)\psi_\vartheta(u,\tau)\right\}e^{-\eta_r\xi_n^2(t-\tau)}d\tau du}{\left\{1-\left(\frac{\mathcal{M}}{\xi_n a}\right)^2\right\}J^2_{\mathcal{M}}(\xi_n a)} +$$
$$+\frac{4}{\vartheta a^2}\sum_{m=1}^{\infty}\sin(\xi_m\theta)\sum_{n=0}^{\infty}\frac{J_{\mathcal{M}}(\xi_n r)\overline{\varphi}(\xi_n,\xi_m)e^{-\eta_r\xi_n^2 t}}{\left\{1-\left(\frac{\mathcal{M}}{\xi_n a}\right)^2\right\}J^2_{\mathcal{M}}(\xi_n a)} \tag{17.11.3}$$

where $\overline{\psi}(\xi_m, t) = \int_0^\vartheta \psi(u, t)\sin(\xi_m u)du$.

17.12

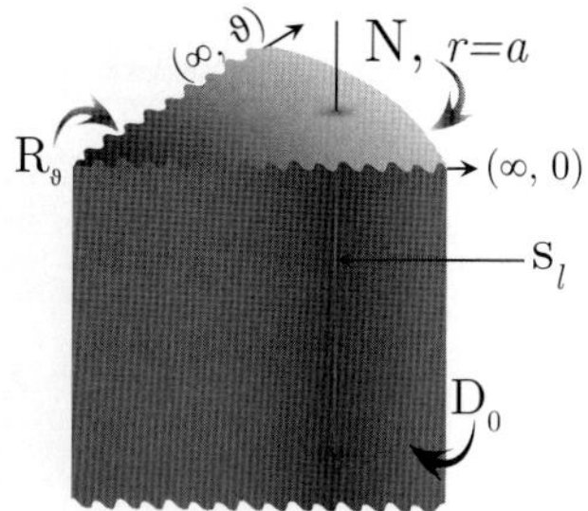

The problem of 17.1, except $\mathbf{D_0} \equiv p(r, 0, t) = \psi_0(r, t)$, $\mathbf{R_\vartheta} \equiv \frac{\partial p(r,\vartheta,t)}{\partial\theta} + \lambda p(r, \vartheta, t) = -\left(\frac{\mu}{k_\theta}\right)\psi_\vartheta(r, t)$ and $\mathbf{N} \equiv \frac{\partial p(a,\theta,t)}{\partial r} = -\left(\frac{\mu}{k_r}\right)\psi(\theta, t)$

The successive application of the Laplace, Fourier and finite Hankel transformations to equation (14.1.1) gives

$$\overline{\overline{\overline{p}}} = \frac{q(s)e^{-st_0}\sin(\xi_m\theta_0)J_{\mathcal{M}}(\xi_n r_0)}{\phi c_t(\eta_r\xi_n^2+s)} - \frac{a\overline{\overline{\psi}}(\xi_m,s)J_{\mathcal{M}}(\xi_n a)}{\phi c_t(\eta_r\xi_n^2+s)} +$$
$$+\frac{\eta_\theta\int_0^a\frac{J_{\mathcal{M}}(\xi_n u)}{u}\left\{\xi_m\overline{\psi}_0(u,s)-\left(\frac{\mu}{k_\theta}\right)\overline{\psi}_\vartheta(u,s)\sin(\xi_m\vartheta)\right\}du}{(\eta_r\xi_n^2+s)} + \frac{\overline{\overline{\varphi}}(\xi_n,\xi_m)}{(\eta_r\xi_n^2+s)} \tag{17.12.1}$$

where ξ_m is a positive root of $\xi_m \cot(\xi_m \vartheta) = -\lambda$, $m = 1, 2, ...$, $\xi_n, n = 1, 2, ...$, are the positive roots of $J'_{\mathcal{M}}(\xi_n a) = 0$, $\overline{\overline{\psi}}(\xi_m, s) = \int_0^{\vartheta} \overline{\psi}(u, s) \sin(\xi_m u) du$ and $\overline{\overline{\varphi}}(\xi_n, \xi_m) = \int_0^a r J_{\mathcal{M}}(\xi_n r) \int_0^{\vartheta} \varphi(r, u) \sin(\xi_m u) du dr$. Successive inverse transforms yield

$$\begin{aligned}
\overline{p} = {} & \frac{4q(s)e^{-st_0}}{a^2\phi c_t} \sum_{m=1}^{\infty} \frac{(\xi_m^2 + \lambda^2)\sin(\xi_m\theta_0)\sin(\xi_m\theta)}{\vartheta(\xi_m^2 + \lambda^2) + \lambda} \sum_{n=0}^{\infty} \frac{J_{\mathcal{M}}(\xi_n r_0) J_{\mathcal{M}}(\xi_n r)}{(\eta_r \xi_n^2 + s)\left\{1 - \left(\frac{\mathcal{M}}{\xi_n a}\right)^2\right\} J_{\mathcal{M}}^2(\xi_n a)} - \\
& - \frac{4}{a\phi c_t} \sum_{m=1}^{\infty} \frac{\overline{\overline{\psi}}(\xi_m, s)(\xi_m^2 + \lambda^2)\sin(\xi_m\theta)}{\vartheta(\xi_m^2 + \lambda^2) + \lambda} \sum_{n=0}^{\infty} \frac{J_{\mathcal{M}}(\xi_n r)}{(\eta_r \xi_n^2 + s)\left\{1 - \left(\frac{\mathcal{M}}{\xi_n a}\right)^2\right\} J_{\mathcal{M}}(\xi_n a)} + \\
& + \frac{4\eta_\theta}{a^2} \sum_{m=1}^{\infty} \frac{(\xi_m^2 + \lambda^2)\sin(\xi_m\theta)}{\vartheta(\xi_m^2 + \lambda^2) + \lambda} \times \\
& \times \sum_{n=0}^{\infty} \frac{J_{\mathcal{M}}(\xi_n r) \int_0^a \frac{J_{\mathcal{M}}(\xi_n u)}{u} \left\{\xi_m \overline{\psi}_0(u, s) - \left(\frac{\mu}{k_\theta}\right) \overline{\psi}_\vartheta(u, s)\sin(\xi_m\vartheta)\right\} du}{(\eta_r \xi_n^2 + s)\left\{1 - \left(\frac{\mathcal{M}}{\xi_n a}\right)^2\right\} J_{\mathcal{M}}^2(\xi_n a)} + \\
& + \frac{4}{a^2} \sum_{m=1}^{\infty} \frac{(\xi_m^2 + \lambda^2)\sin(\xi_m\theta)}{\vartheta(\xi_m^2 + \lambda^2) + \lambda} \sum_{n=0}^{\infty} \frac{J_{\mathcal{M}}(\xi_n r)\overline{\overline{\varphi}}(\xi_n, \xi_m)}{(\eta_r \xi_n^2 + s)\left\{1 - \left(\frac{\mathcal{M}}{\xi_n a}\right)^2\right\} J_{\mathcal{M}}^2(\xi_n a)}
\end{aligned} \qquad (17.12.2)$$

and

$$\begin{aligned}
p = {} & \frac{4U(t - t_0)}{a^2\phi c_t} \sum_{m=1}^{\infty} \frac{(\xi_m^2 + \lambda^2)\sin(\xi_m\theta_0)\sin(\xi_m\theta)}{\vartheta(\xi_m^2 + \lambda^2) + \lambda} \sum_{n=0}^{\infty} \frac{J_{\mathcal{M}}(\xi_n r_0) J_{\mathcal{M}}(\xi_n r) \int_0^{t-t_0} q(t - t_0 - \tau) e^{-\eta_r \xi_n^2 (t-\tau)} d\tau}{\left\{1 - \left(\frac{\mathcal{M}}{\xi_n a}\right)^2\right\} J_{\mathcal{M}}^2(\xi_n a)} - \\
& - \frac{4}{a\phi c_t} \sum_{m=1}^{\infty} \frac{(\xi_m^2 + \lambda^2)\sin(\xi_m\theta)}{\vartheta(\xi_m^2 + \lambda^2) + \lambda} \sum_{n=0}^{\infty} \frac{J_{\mathcal{M}}(\xi_n r) \int_0^t \overline{\psi}(\xi_m, \tau) e^{-\eta_r \xi_n^2 (t-\tau)} d\tau}{\left\{1 - \left(\frac{\mathcal{M}}{\xi_n a}\right)^2\right\} J_{\mathcal{M}}(\xi_n a)} + \\
& + \frac{4\eta_\theta}{a^2} \sum_{m=1}^{\infty} \frac{(\xi_m^2 + \lambda^2)\sin(\xi_m\theta)}{\vartheta(\xi_m^2 + \lambda^2) + \lambda} \times \\
& \times \sum_{n=0}^{\infty} \frac{J_{\mathcal{M}}(\xi_n r) \int_0^a \frac{J_{\mathcal{M}}(\xi_n u)}{u} \int_0^t \left\{\xi_m \psi_0(u, \tau) - \left(\frac{\mu}{k_\theta}\right) \psi_\vartheta(u, \tau)\sin(\xi_m\vartheta)\right\} d\tau e^{-\eta_r \xi_n^2 (t-\tau)} du}{\left\{1 - \left(\frac{\mathcal{M}}{\xi_n a}\right)^2\right\} J_{\mathcal{M}}^2(\xi_n a)} + \\
& + \frac{4}{a^2} \sum_{m=1}^{\infty} \frac{(\xi_m^2 + \lambda^2)\sin(\xi_m\theta)}{\vartheta(\xi_m^2 + \lambda^2) + \lambda} \sum_{n=0}^{\infty} \frac{J_{\mathcal{M}}(\xi_n r)\overline{\overline{\varphi}}(\xi_n, \xi_m) e^{-\eta_r \xi_n^2 t}}{\left\{1 - \left(\frac{\mathcal{M}}{\xi_n a}\right)^2\right\} J_{\mathcal{M}}^2(\xi_n a)}
\end{aligned} \qquad (17.12.3)$$

where $\overline{\psi}(\xi_m, t) = \int_0^{\vartheta} \psi(u, t) \sin(\xi_m u) du$.

17.13

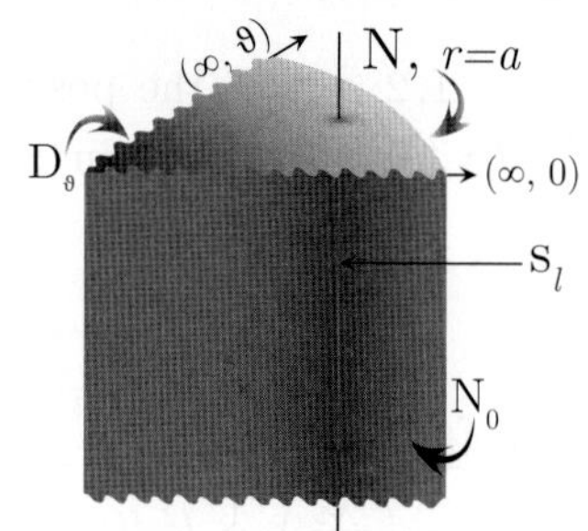

The problem of 17.1, except
$\mathbf{N_0 \equiv \frac{\partial p(r,0,t)}{\partial \theta} = -\left(\frac{\mu}{k_\theta}\right)\psi_0(r,t)}$,
$\mathbf{D_\vartheta \equiv p(r,\vartheta,t) = \psi_\vartheta(r,t)}$ **and**
$\mathbf{N \equiv \frac{\partial p(a,\theta,t)}{\partial r} = -\left(\frac{\mu}{k_r}\right)\psi(\theta,t)}$

The successive application of the Laplace, Fourier and finite Hankel transformations to equation (14.1.1) gives

$$\overline{\overline{\overline{p}}} = \frac{q(s)e^{-st_0}\cos(\xi_m\theta_0)J_{\mathcal{M}}(\xi_n r_0)}{\phi c_t(\eta_r\xi_n^2+s)} - \frac{a\overline{\overline{\psi}}(\xi_m,s)J_{\mathcal{M}}(\xi_n a)}{\phi c_t(\eta_r\xi_n^2+s)} + \\ +\frac{\eta_\theta\int_0^a \frac{J_{\mathcal{M}}(\xi_n u)}{u}\left\{(-1)^{m+1}\xi_m\overline{\psi}_\vartheta(u,s)+\left(\frac{\mu}{k_\theta}\right)\overline{\psi}_0(u,s)\right\}du}{(\eta_r\xi_n^2+s)} + \frac{\overline{\overline{\varphi}}(\xi_n,\xi_m)}{(\eta_r\xi_n^2+s)} \tag{17.13.1}$$

where ξ_m is a positive root of $\cos(\xi_m\vartheta)$, which are $\xi_m = \frac{(2m-1)\pi}{2\vartheta}$, $m = 1,2,...$, $\xi_n, n = 1,2,...$, are the positive roots of $J'_{\mathcal{M}}(\xi_n a) = 0$, $\overline{\overline{\psi}}(\xi_m,s) = \int_0^\vartheta \overline{\psi}(u,s)\cos(\xi_m u)du$ and
$\overline{\overline{\varphi}}(\xi_n,\xi_m) = \int_0^a rJ_{\mathcal{M}}(\xi_n r)\int_0^\vartheta \varphi(r,u)\cos(\xi_m u)dudr$. Successive inverse transforms yield

$$\overline{p} = \frac{4q(s)e^{-st_0}}{\vartheta a^2\phi c_t}\sum_{m=1}^{\infty}\cos(\xi_m\theta_0)\cos(\xi_m\theta)\sum_{n=0}^{\infty}\frac{J_{\mathcal{M}}(\xi_n r_0)J_{\mathcal{M}}(\xi_n r)}{(\eta_r\xi_n^2+s)\left\{1-\left(\frac{\mathcal{M}}{\xi_n a}\right)^2\right\}J^2_{\mathcal{M}}(\xi_n a)} - \\ -\frac{4}{\vartheta a\phi c_t}\sum_{m=1}^{\infty}\overline{\overline{\psi}}(\xi_m,s)\cos(\xi_m\theta)\sum_{n=0}^{\infty}\frac{J_{\mathcal{M}}(\xi_n r)}{(\eta_r\xi_n^2+s)\left\{1-\left(\frac{\mathcal{M}}{\xi_n a}\right)^2\right\}J_{\mathcal{M}}(\xi_n a)} + \\ +\frac{4\eta_\theta}{\vartheta a^2}\sum_{m=1}^{\infty}\xi_m\cos(\xi_m\theta)\sum_{n=0}^{\infty}\frac{J_{\mathcal{M}}(\xi_n r)\int_0^a\frac{J_{\mathcal{M}}(\xi_n u)}{u}\left\{(-1)^{m+1}\xi_m\overline{\psi}_\vartheta(u,s)+\left(\frac{\mu}{k_\theta}\right)\overline{\psi}_0(u,s)\right\}du}{(\eta_r\xi_n^2+s)\left\{1-\left(\frac{\mathcal{M}}{\xi_n a}\right)^2\right\}J^2_{\mathcal{M}}(\xi_n a)} + \\ +\frac{4}{\vartheta a^2}\sum_{m=1}^{\infty}\cos(\xi_m\theta)\sum_{n=0}^{\infty}\frac{J_{\mathcal{M}}(\xi_n r)\overline{\overline{\varphi}}(\xi_n,\xi_m)}{(\eta_r\xi_n^2+s)\left\{1-\left(\frac{\mathcal{M}}{\xi_n a}\right)^2\right\}J^2_{\mathcal{M}}(\xi_n a)} \tag{17.13.2}$$

and

$$p = \frac{4U(t-t_0)}{\vartheta a^2\phi c_t}\sum_{m=1}^{\infty}\cos(\xi_m\theta_0)\cos(\xi_m\theta)\sum_{n=0}^{\infty}\frac{J_{\mathcal{M}}(\xi_n r_0)J_{\mathcal{M}}(\xi_n r)\int_0^{t-t_0}q(t-t_0-\tau)e^{-\eta_r\xi_n^2(t-\tau)}d\tau}{\left\{1-\left(\frac{\mathcal{M}}{\xi_n a}\right)^2\right\}J^2_{\mathcal{M}}(\xi_n a)} - \\ -\frac{4}{\vartheta a\phi c_t}\sum_{m=1}^{\infty}\cos(\xi_m\theta)\sum_{n=0}^{\infty}\frac{J_{\mathcal{M}}(\xi_n r)\int_0^t\overline{\psi}(\xi_m,\tau)e^{-\eta_r\xi_n^2(t-\tau)}d\tau}{\left\{1-\left(\frac{\mathcal{M}}{\xi_n a}\right)^2\right\}J_{\mathcal{M}}(\xi_n a)} + \\ +\frac{4\eta_\theta}{\vartheta a^2}\sum_{m=1}^{\infty}\xi_m\cos(\xi_m\theta)\times \\ \times\sum_{n=0}^{\infty}\frac{J_{\mathcal{M}}(\xi_n r)\int_0^a\frac{J_{\mathcal{M}}(\xi_n u)}{u}\int_0^t\left\{(-1)^{m+1}\xi_m\psi_\vartheta(u,\tau)+\left(\frac{\mu}{k_\theta}\right)\psi_0(u,\tau)\right\}e^{-\eta_r\xi_n^2(t-\tau)}d\tau du}{\left\{1-\left(\frac{\mathcal{M}}{\xi_n a}\right)^2\right\}J^2_{\mathcal{M}}(\xi_n a)} + \\ +\frac{4}{\vartheta a^2}\sum_{m=1}^{\infty}\cos(\xi_m\theta)\sum_{n=0}^{\infty}\frac{J_{\mathcal{M}}(\xi_n r)\overline{\overline{\varphi}}(\xi_n,\xi_m)e^{-\eta_r\xi_n^2 t}}{\left\{1-\left(\frac{\mathcal{M}}{\xi_n a}\right)^2\right\}J^2_{\mathcal{M}}(\xi_n a)} \tag{17.13.3}$$

where $\overline{\psi}(\xi_m,t) = \int_0^\vartheta\psi(u,t)\cos(\xi_m u)du$.

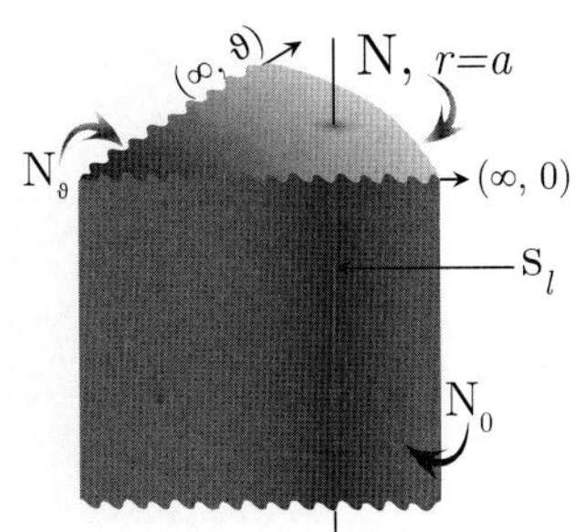

17.14 **The problem of 17.1, except** $\mathbf{N_0} \equiv \frac{\partial p(r,0,t)}{\partial \theta} = -\left(\frac{\mu}{k_\theta}\right)\psi_0(r,t)$**,** $\mathbf{N_\vartheta} \equiv \frac{\partial p(r,\vartheta,t)}{\partial \theta} = -\left(\frac{\mu}{k_\theta}\right)\psi_\vartheta(r,t)$ **and** $\mathbf{N} \equiv \frac{\partial p(a,\theta,t)}{\partial r} = -\left(\frac{\mu}{k_r}\right)\psi(\theta,t)$

The successive application of the Laplace, Fourier and finite Hankel transformations to equation (14.1.1) gives

$$\overline{\overline{\overline{p}}} = \frac{q(s)e^{-st_0}\cos(\xi_m\theta_0)J_{\mathcal{M}}(\xi_n r_0)}{\phi c_t(\eta_r\xi_n^2+s)} - \frac{a\overline{\overline{\psi}}(\xi_m,s)J_{\mathcal{M}}(\xi_n a)}{\phi c_t(\eta_r\xi_n^2+s)} + \\ + \frac{\int_0^a \frac{J_{\mathcal{M}}(\xi_n u)}{u}\left\{(-1)^{m+1}\overline{\psi}_\vartheta(u,s)+\overline{\psi}_0(u,s)\right\}du}{\phi c_t(\eta_r\xi_n^2+s)} + \frac{\overline{\overline{\varphi}}(\xi_n,\xi_m)}{(\eta_r\xi_n^2+s)} \tag{17.14.1}$$

where ξ_m is a positive root of $\sin(\xi_m\vartheta)$, which are $\frac{m\pi}{\vartheta}$, $m=0,1,2,...$, $\xi_n, n=1,2,...$, are the positive roots of $J'_{\mathcal{M}}(\xi_n a)=0$, $\overline{\overline{\psi}}(\xi_m,s)=\int_0^\vartheta \overline{\psi}(u,s)\cos(\xi_m u)du$ and $\overline{\overline{\varphi}}(\xi_n,\xi_m)=\int_0^a rJ_{\mathcal{M}}(\xi_n r)\int_0^\vartheta \varphi(r,u)\cos(\xi_m u)dudr$. Successive inverse transforms yield

$$\overline{p} = \frac{4q(s)e^{-st_0}}{\vartheta a^2\phi c_t}\sum_{m=0}^{\infty}\ni_m\cos(\xi_m\theta_0)\cos(\xi_m\theta)\sum_{n=0}^{\infty}\frac{J_{\mathcal{M}}(\xi_n r_0)J_{\mathcal{M}}(\xi_n r)}{(\eta_r\xi_n^2+s)\left\{1-\left(\frac{\mathcal{M}}{\xi_n a}\right)^2\right\}J^2_{\mathcal{M}}(\xi_n a)} - \\ -\frac{4}{\vartheta a\phi c_t}\sum_{m=0}^{\infty}\ni_m\overline{\overline{\psi}}(\xi_m,s)\cos(\xi_m\theta)\sum_{n=0}^{\infty}\frac{J_{\mathcal{M}}(\xi_n r)}{(\eta_r\xi_n^2+s)\left\{1-\left(\frac{\mathcal{M}}{\xi_n a}\right)^2\right\}J_{\mathcal{M}}(\xi_n a)} + \\ +\frac{4}{\vartheta a^2\phi c_t}\sum_{m=0}^{\infty}\ni_m\xi_m\cos(\xi_m\theta)\sum_{n=0}^{\infty}\frac{J_{\mathcal{M}}(\xi_n r)\int_0^a\frac{J_{\mathcal{M}}(\xi_n u)}{u}\left\{(-1)^{m+1}\overline{\psi}_\vartheta(u,s)+\overline{\psi}_0(u,s)\right\}du}{(\eta_r\xi_n^2+s)\left\{1-\left(\frac{\mathcal{M}}{\xi_n a}\right)^2\right\}J^2_{\mathcal{M}}(\xi_n a)} + \\ +\frac{4}{\vartheta a^2}\sum_{m=0}^{\infty}\ni_m\cos(\xi_m\theta)\sum_{n=0}^{\infty}\frac{J_{\mathcal{M}}(\xi_n r)\overline{\overline{\varphi}}(\xi_n,\xi_m)}{(\eta_r\xi_n^2+s)\left\{1-\left(\frac{\mathcal{M}}{\xi_n a}\right)^2\right\}J^2_{\mathcal{M}}(\xi_n a)} \tag{17.14.2}$$

and

$$p = \frac{4U(t-t_0)}{\vartheta a^2\phi c_t}\sum_{m=0}^{\infty}\ni_m\cos(\xi_m\theta_0)\cos(\xi_m\theta)\sum_{n=0}^{\infty}\frac{J_{\mathcal{M}}(\xi_n r_0)J_{\mathcal{M}}(\xi_n r)\int_0^{t-t_0}q(t-t_0-\tau)e^{-\eta_r\xi_n^2(t-\tau)}d\tau}{\left\{1-\left(\frac{\mathcal{M}}{\xi_n a}\right)^2\right\}J^2_{\mathcal{M}}(\xi_n a)} - \\ -\frac{4}{\vartheta a\phi c_t}\sum_{m=0}^{\infty}\ni_m\cos(\xi_m\theta)\sum_{n=0}^{\infty}\frac{J_{\mathcal{M}}(\xi_n r)\int_0^t\overline{\psi}(\xi_m,\tau)e^{-\eta_r\xi_n^2(t-\tau)}d\tau}{\left\{1-\left(\frac{\mathcal{M}}{\xi_n a}\right)^2\right\}J_{\mathcal{M}}(\xi_n a)} + \\ +\frac{4}{\vartheta a^2\phi c_t}\sum_{m=0}^{\infty}\ni_m\xi_m\cos(\xi_m\theta)\sum_{n=0}^{\infty}\frac{J_{\mathcal{M}}(\xi_n r)\int_0^a\frac{J_{\mathcal{M}}(\xi_n u)}{u}\int_0^t\left\{(-1)^{m+1}\psi_\vartheta(u,\tau)+\psi_0(u,\tau)\right\}e^{-\eta_r\xi_n^2(t-\tau)}d\tau du}{\left\{1-\left(\frac{\mathcal{M}}{\xi_n a}\right)^2\right\}J^2_{\mathcal{M}}(\xi_n a)} + \\ +\frac{4}{\vartheta a^2}\sum_{m=0}^{\infty}\ni_m\cos(\xi_m\theta)\sum_{n=0}^{\infty}\frac{J_{\mathcal{M}}(\xi_n r)\overline{\overline{\varphi}}(\xi_n,\xi_m)e^{-\eta_r\xi_n^2 t}}{\left\{1-\left(\frac{\mathcal{M}}{\xi_n a}\right)^2\right\}J^2_{\mathcal{M}}(\xi_n a)} \tag{17.14.3}$$

where $\overline{\psi}(\xi_m,t)=\int_0^\vartheta \psi(u,t)\cos(\xi_m u)du$.

17.15

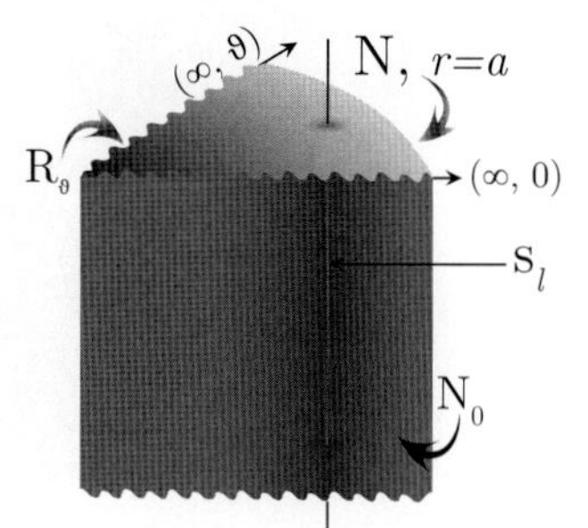

The problem of 17.1, except
$\mathbf{N_0 \equiv \frac{\partial p(r,0,t)}{\partial \theta} = -\left(\frac{\mu}{k_\theta}\right)\psi_0(r,t)}$,
$\mathbf{R_\vartheta \equiv \frac{\partial p(r,\vartheta,t)}{\partial \theta} + \lambda p(r,\vartheta,t) = -\left(\frac{\mu}{k_\theta}\right)\psi_\vartheta(r,t)}$ **and**
$\mathbf{N \equiv \frac{\partial p(a,\theta,t)}{\partial r} = -\left(\frac{\mu}{k_r}\right)\psi(\theta,t)}$

The successive application of the Laplace, Fourier and finite Hankel transformations to equation (14.1.1) gives

$$\begin{aligned}\overline{\overline{\overline{p}}} &= \frac{q(s)\,e^{-st_0}\cos(\xi_m\theta_0)\,J_{\mathcal{M}}(\xi_n r_0)}{\phi c_t\left(\eta_r\xi_n^2+s\right)} - \frac{a\overline{\overline{\psi}}(\xi_m,s)\,J_{\mathcal{M}}(\xi_n a)}{\phi c_t\left(\eta_r\xi_n^2+s\right)} + \\ &+ \frac{\int_0^a \frac{J_{\mathcal{M}}(\xi_n u)}{u}\left\{\overline{\psi}_0(u,s)-\overline{\psi}_\vartheta(u,s)\cos(\xi_m\vartheta)\right\}du}{\phi c_t\left(\eta_r\xi_n^2+s\right)} + \frac{\overline{\overline{\varphi}}(\xi_n,\xi_m)}{\left(\eta_r\xi_n^2+s\right)}\end{aligned} \tag{17.15.1}$$

where ξ_m is a positive root of $\xi_m\tan(\xi_m\vartheta)=\lambda$, $m=1,2,...,$ $\xi_n, n=1,2,...,$ are the positive roots of $J'_{\mathcal{M}}(\xi_n a)=0$, $\overline{\overline{\psi}}(\xi_m,s)=\int_0^\vartheta\overline{\psi}(u,s)\cos(\xi_m u)du$ and $\overline{\overline{\varphi}}(\xi_n,\xi_m)=\int_0^a rJ_{\mathcal{M}}(\xi_n r)\int_0^\vartheta\varphi(r,u)\cos(\xi_m u)dudr$. Successive inverse transforms yield

$$\begin{aligned}\overline{p} &= \frac{4q(s)\,e^{-st_0}}{a^2\phi c_t}\sum_{m=1}^{\infty}\frac{\left(\xi_m^2+\lambda^2\right)\cos(\xi_m\theta_0)\cos(\xi_m\theta)}{\vartheta\left(\xi_m^2+\lambda^2\right)+\lambda}\sum_{n=0}^{\infty}\frac{J_{\mathcal{M}}(\xi_n r_0)\,J_{\mathcal{M}}(\xi_n r)}{\left(\eta_r\xi_n^2+s\right)\left\{1-\left(\frac{\mathcal{M}}{\xi_n a}\right)^2\right\}J_{\mathcal{M}}^2(\xi_n a)} - \\ &-\frac{4}{a\phi c_t}\sum_{m=1}^{\infty}\frac{\overline{\overline{\psi}}(\xi_m,s)\left(\xi_m^2+\lambda^2\right)\cos(\xi_m\theta)}{\vartheta\left(\xi_m^2+\lambda^2\right)+\lambda}\sum_{n=0}^{\infty}\frac{J_{\mathcal{M}}(\xi_n r)}{\left(\eta_r\xi_n^2+s\right)\left\{1-\left(\frac{\mathcal{M}}{\xi_n a}\right)^2\right\}J_{\mathcal{M}}(\xi_n a)} + \\ &+\frac{4}{a^2\phi c_t}\sum_{m=1}^{\infty}\frac{\left(\xi_m^2+\lambda^2\right)\cos(\xi_m\theta)}{\vartheta\left(\xi_m^2+\lambda^2\right)+\lambda}\sum_{n=0}^{\infty}\frac{J_{\mathcal{M}}(\xi_n r)\int_0^a\frac{J_{\mathcal{M}}(\xi_n u)}{u}\left\{\overline{\psi}_0(r,s)-\overline{\psi}_\vartheta(r,s)\cos(\xi_m\vartheta)\right\}du}{\left(\eta_r\xi_n^2+s\right)\left\{1-\left(\frac{\mathcal{M}}{\xi_n a}\right)^2\right\}J_{\mathcal{M}}^2(\xi_n a)} + \\ &+\frac{4}{a^2}\sum_{m=1}^{\infty}\frac{\left(\xi_m^2+\lambda^2\right)\cos(\xi_m\theta)}{\vartheta\left(\xi_m^2+\lambda^2\right)+\lambda}\sum_{n=0}^{\infty}\frac{J_{\mathcal{M}}(\xi_n r)\overline{\overline{\varphi}}(\xi_n,\xi_m)}{\left(\eta_r\xi_n^2+s\right)\left\{1-\left(\frac{\mathcal{M}}{\xi_n a}\right)^2\right\}J_{\mathcal{M}}^2(\xi_n a)}\end{aligned} \tag{17.15.2}$$

and

$$\begin{aligned}p &= \frac{4U(t-t_0)}{a^2\phi c_t}\sum_{m=1}^{\infty}\frac{\left(\xi_m^2+\lambda^2\right)\cos(\xi_m\theta_0)\cos(\xi_m\theta)}{\vartheta\left(\xi_m^2+\lambda^2\right)+\lambda}\sum_{n=0}^{\infty}\frac{J_{\mathcal{M}}(\xi_n r_0)\,J_{\mathcal{M}}(\xi_n r)\int_0^{t-t_0}q(t-t_0-\tau)\,e^{-\eta_r\xi_n^2(t-\tau)}d\tau}{\left\{1-\left(\frac{\mathcal{M}}{\xi_n a}\right)^2\right\}J_{\mathcal{M}}^2(\xi_n a)} - \\ &-\frac{4}{a\phi c_t}\sum_{m=1}^{\infty}\frac{\left(\xi_m^2+\lambda^2\right)\cos(\xi_m\theta)}{\vartheta\left(\xi_m^2+\lambda^2\right)+\lambda}\sum_{n=0}^{\infty}\frac{J_{\mathcal{M}}(\xi_n r)\int_0^t\overline{\psi}(\xi_m,\tau)\,e^{-\eta_r\xi_n^2(t-\tau)}d\tau +}{\left\{1-\left(\frac{\mathcal{M}}{\xi_n a}\right)^2\right\}J_{\mathcal{M}}(\xi_n a)} \\ &+\frac{4}{a^2\phi c_t}\sum_{m=1}^{\infty}\frac{\left(\xi_m^2+\lambda^2\right)\cos(\xi_m\theta)}{\vartheta\left(\xi_m^2+\lambda^2\right)+\lambda}\times \\ &\times\sum_{n=0}^{\infty}\frac{J_{\mathcal{M}}(\xi_n r)\int_0^a\frac{J_{\mathcal{M}}(\xi_n u)}{u}\int_0^t\left\{\psi_0(r,u)-\psi_\vartheta(u,s)\cos(\xi_m\vartheta)\right\}e^{-\eta_r\xi_n^2(t-\tau)}d\tau du}{\left\{1-\left(\frac{\mathcal{M}}{\xi_n a}\right)^2\right\}J_{\mathcal{M}}^2(\xi_n a)} + \\ &+\frac{4}{a^2}\sum_{m=1}^{\infty}\frac{\left(\xi_m^2+\lambda^2\right)\cos(\xi_m\theta)}{\vartheta\left(\xi_m^2+\lambda^2\right)+\lambda}\sum_{n=0}^{\infty}\frac{J_{\mathcal{M}}(\xi_n r)\overline{\overline{\varphi}}(\xi_n,\xi_m)\,e^{-\eta_r\xi_n^2 t}}{\left\{1-\left(\frac{\mathcal{M}}{\xi_n a}\right)^2\right\}J_{\mathcal{M}}^2(\xi_n a)}\end{aligned} \tag{17.15.3}$$

where $\overline{\psi}(\xi_m,t)=\int_0^\vartheta\psi(u,t)\cos(\xi_m u)du$.

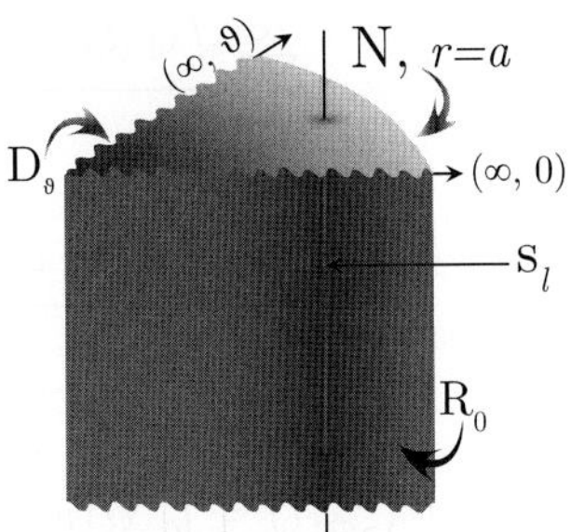

17.16 The problem of 17.1, except
$\mathbf{R_0} \equiv \frac{\partial p(r,0,t)}{\partial \theta} - \lambda p(r,0,t) = -\left(\frac{\mu}{k_\theta}\right)\psi_0(r,t)$,
$\mathbf{D}_\vartheta \equiv p(r,\vartheta,t) = \psi_\vartheta(r,t)$ **and** $\mathbf{N} \equiv \frac{\partial p(a,\theta,t)}{\partial r} = -\left(\frac{\mu}{k_r}\right)\psi(\theta,t)$

The successive application of the Laplace, Fourier and finite Hankel transformations to equation (14.1.1) gives

$$\overline{\overline{\overline{p}}} = \frac{q(s)\,e^{-st_0}\sin\{\xi_m(\vartheta-\theta_0)\}\,J_{\mathcal{M}}(\xi_n r_0)}{\phi c_t(\eta_r\xi_n^2+s)} - \frac{a\overline{\overline{\psi}}(\xi_m,s)\,J_{\mathcal{M}}(\xi_n a)}{\phi c_t(\eta_r\xi_n^2+s)} + \\ + \frac{\eta_\theta\int_0^a \frac{J_{\mathcal{M}}(\xi_n u)}{u}\left\{\left(\frac{\mu}{k_\theta}\right)\overline{\psi}_0(u,s)\sin(\xi_m\vartheta)+\xi_m\overline{\psi}_\vartheta(u,s)\right\}du}{(\eta_r\xi_n^2+s)} + \frac{\overline{\overline{\varphi}}(\xi_n,\xi_m)}{(\eta_r\xi_n^2+s)} \tag{17.16.1}$$

where ξ_m is a positive root of $\xi_m\cot(\xi_m\vartheta) = -\lambda$, $m = 1,2,\ldots$, $\xi_n, n = 1,2,\ldots$, are the positive roots of $J'_{\mathcal{M}}(\xi_n a) = 0$, $\overline{\overline{\psi}}(\xi_m,s) = \int_0^\vartheta \overline{\psi}(u,s)\sin\{\xi_m(\vartheta-u)\}du$ and
$\overline{\overline{\varphi}}(\xi_n,\xi_m) = \int_0^a rJ_{\mathcal{M}}(\xi_n r)\int_0^\vartheta \varphi(r,u)\sin\{\xi_m(\vartheta-u)\}dudr$. Successive inverse transforms yield

$$\overline{p} = \frac{4q(s)\,e^{-st_0}}{a^2\phi c_t}\sum_{m=1}^{\infty}\frac{(\xi_m^2+\lambda^2)\sin\{\xi_m(\vartheta-\theta_0)\}\sin\{\xi_m(\vartheta-\theta)\}}{\vartheta(\xi_m^2+\lambda^2)+\lambda}\sum_{n=0}^{\infty}\frac{J_{\mathcal{M}}(\xi_n r_0)\,J_{\mathcal{M}}(\xi_n r)}{(\eta_r\xi_n^2+s)\left\{1-\left(\frac{\mathcal{M}}{\xi_n a}\right)^2\right\}J_{\mathcal{M}}^2(\xi_n a)} - \\ -\frac{4}{a\phi c_t}\sum_{m=1}^{\infty}\frac{\overline{\overline{\psi}}(\zeta_m,s)(\xi_m^2+\lambda^2)\sin\{\xi_m(\vartheta-\theta)\}}{\vartheta(\xi_m^2+\lambda^2)+\lambda}\sum_{n=0}^{\infty}\frac{J_{\mathcal{M}}(\xi_n r)}{(\eta_r\xi_n^2+s)\left\{1-\left(\frac{\mathcal{M}}{\xi_n a}\right)^2\right\}J_{\mathcal{M}}(\xi_n a)} + \\ +\frac{4\eta_\theta}{a^2}\sum_{m=1}^{\infty}\frac{(\xi_m^2+\lambda^2)\sin\{\xi_m(\vartheta-\theta)\}}{\vartheta(\xi_m^2+\lambda^2)+\lambda}\sum_{n=0}^{\infty}\frac{J_{\mathcal{M}}(\xi_n r)\int_0^a\frac{J_{\mathcal{M}}(\xi_n u)}{u}\left\{\left(\frac{\mu}{k_\theta}\right)\overline{\psi}_0(u,s)\sin(\xi_m\vartheta)+\xi_m\overline{\psi}_\vartheta(u,s)\right\}du}{(\eta_r\xi_n^2+s)\left\{1-\left(\frac{\mathcal{M}}{\xi_n a}\right)^2\right\}J_{\mathcal{M}}^2(\xi_n a)} + \\ +\frac{4}{a^2}\sum_{m=1}^{\infty}\frac{(\xi_m^2+\lambda^2)\sin\{\xi_m(\vartheta-\theta)\}}{\vartheta(\xi_m^2+\lambda^2)+\lambda}\sum_{n=0}^{\infty}\frac{J_{\mathcal{M}}(\xi_n r)\,\overline{\overline{\varphi}}(\xi_n,\xi_m)}{(\eta_r\xi_n^2+s)\left\{1-\left(\frac{\mathcal{M}}{\xi_n a}\right)^2\right\}J_{\mathcal{M}}^2(\xi_n a)} \tag{17.16.2}$$

and

$$p = \frac{4U(t-t_0)}{a^2\phi c_t}\sum_{m=1}^{\infty}\frac{(\xi_m^2+\lambda^2)\sin\{\xi_m(\vartheta-\theta_0)\}\sin\{\xi_m(\vartheta-\theta)\}}{\vartheta(\xi_m^2+\lambda^2)+\lambda}\times \\ \times\sum_{n=0}^{\infty}\frac{J_{\mathcal{M}}(\xi_n r_0)\,J_{\mathcal{M}}(\xi_n r)\int_0^{t-t_0}q(t-t_0-\tau)\,e^{-\eta_r\xi_n^2(t-\tau)}d\tau}{\left\{1-\left(\frac{\mathcal{M}}{\xi_n a}\right)^2\right\}J_{\mathcal{M}}^2(\xi_n a)} - \\ -\frac{4}{a\phi c_t}\sum_{m=1}^{\infty}\frac{(\xi_m^2+\lambda^2)\sin\{\xi_m(\vartheta-\theta)\}}{\vartheta(\xi_m^2+\lambda^2)+\lambda}\sum_{n=0}^{\infty}\frac{J_{\mathcal{M}}(\xi_n r)\int_0^t\overline{\psi}(\xi_m,\tau)\,e^{-\eta_r\xi_n^2(t-\tau)}d\tau}{\left\{1-\left(\frac{\mathcal{M}}{\xi_n a}\right)^2\right\}J_{\mathcal{M}}(\xi_n a)} + \\ +\frac{4\eta_\theta}{a^2}\sum_{m=1}^{\infty}\frac{(\xi_m^2+\lambda^2)\sin\{\xi_m(\vartheta-\theta)\}}{\vartheta(\xi_m^2+\lambda^2)+\lambda}\times$$

$$\times\sum_{n=0}^{\infty}\frac{J_{\mathcal{M}}(\xi_n r)\int_0^a\frac{J_{\mathcal{M}}(\xi_n u)}{u}\int_0^t\left\{\left(\frac{\mu}{k_\theta}\right)\psi_0(u,\tau)\sin(\xi_m\vartheta)+\xi_m\psi_\vartheta(u,\tau)\right\}e^{-\eta_r\xi_n^2(t-\tau)}d\tau du}{\left\{1-\left(\frac{\mathcal{M}}{\xi_n a}\right)^2\right\}J_{\mathcal{M}}^2(\xi_n a)}+$$

$$+\frac{4}{a^2}\sum_{m=1}^{\infty}\frac{(\xi_m^2+\lambda^2)\sin\{\xi_m(\vartheta-\theta)\}}{\vartheta(\xi_m^2+\lambda^2)+\lambda}\sum_{n=0}^{\infty}\frac{J_{\mathcal{M}}(\xi_n r)\overline{\overline{\varphi}}(\xi_n,\xi_m)e^{-\eta_r\xi_n^2 t}}{\left\{1-\left(\frac{\mathcal{M}}{\xi_n a}\right)^2\right\}J_{\mathcal{M}}^2(\xi_n a)} \quad (17.16.3)$$

where $\overline{\psi}(\xi_m,t)=\int_0^{\vartheta}\psi(u,t)\sin\{\xi_m(\vartheta-u)\}du$.

17.17

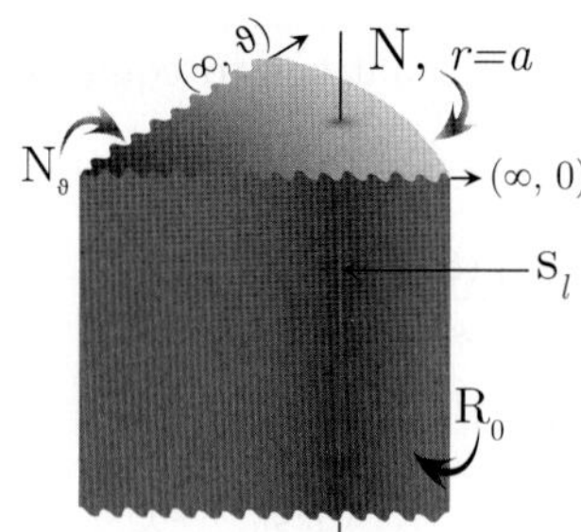

The problem of 17.1, except $\mathbf{R_0}\equiv\frac{\partial p(r,0,t)}{\partial\theta}-\lambda p(r,0,t)=-\left(\frac{\mu}{k_\theta}\right)\psi_0(r,t)$, $\mathbf{N_\vartheta}\equiv\frac{\partial p(r,\vartheta,t)}{\partial\theta}=-\left(\frac{\mu}{k_\theta}\right)\psi_\vartheta(r,t)$ **and** $\mathbf{N}\equiv\frac{\partial p(a,\theta,t)}{\partial r}=-\left(\frac{\mu}{k_r}\right)\psi(\theta,t)$

The successive application of the Laplace, Fourier and finite Hankel transformations to equation (14.1.1) gives

$$\overline{\overline{\overline{p}}}=\frac{q(s)e^{-st_0}\cos\{\xi_m(\vartheta-\theta_0)\}J_{\mathcal{M}}(\xi_n r_0)}{\phi c_t(\eta_r\xi_n^2+s)}-\frac{a\overline{\overline{\psi}}(\xi_m,s)J_{\mathcal{M}}(\xi_n a)}{\phi c_t(\eta_r\xi_n^2+s)}+$$
$$+\frac{\int_0^a\frac{J_{\mathcal{M}}(\xi_n u)}{u}\{\overline{\psi}_0(u,s)\cos(\xi_m\vartheta)-\overline{\psi}_\vartheta(u,s)\}du}{\phi c_t(\eta_r\xi_n^2+s)}+\frac{\overline{\overline{\varphi}}(\xi_n,\xi_m)}{(\eta_r\xi_n^2+s)} \quad (17.17.1)$$

where ξ_m is a positive root of $\xi_m\tan(\xi_m\vartheta)=\lambda$, $m=1,2,...$, $\xi_n, n=1,2,...$, are the positive roots of $J'_{\mathcal{M}}(\xi_n a)=0$, $\overline{\overline{\psi}}(\xi_m,s)=\int_0^{\vartheta}\overline{\psi}(u,s)\cos\{\xi_m(\vartheta-u)\}du$ and $\overline{\overline{\varphi}}(\xi_n,\xi_m)=\int_0^a rJ_{\mathcal{M}}(\xi_n r)\int_0^{\vartheta}\varphi(r,u)\cos\{\xi_m(\vartheta-u)\}dudr$. Successive inverse transforms yield

$$\overline{p}=\frac{4q(s)e^{-st_0}}{a^2\phi c_t}\sum_{m=1}^{\infty}\frac{(\xi_m^2+\lambda^2)\cos\{\xi_m(\vartheta-\theta_0)\}\cos\{\xi_m(\vartheta-\theta)\}}{\vartheta(\xi_m^2+\lambda^2)+\lambda}\sum_{n=0}^{\infty}\frac{J_{\mathcal{M}}(\xi_n r_0)J_{\mathcal{M}}(\xi_n r)}{(\eta_r\xi_n^2+s)\left\{1-\left(\frac{\mathcal{M}}{\xi_n a}\right)^2\right\}J_{\mathcal{M}}^2(\xi_n a)}-$$
$$-\frac{4}{a\phi c_t}\sum_{m=1}^{\infty}\frac{\overline{\overline{\psi}}(\xi_m,s)(\xi_m^2+\lambda^2)\cos\{\xi_m(\vartheta-\theta)\}}{\vartheta(\xi_m^2+\lambda^2)+\lambda}\sum_{n=0}^{\infty}\frac{J_{\mathcal{M}}(\xi_n r)}{(\eta_r\xi_n^2+s)\left\{1-\left(\frac{\mathcal{M}}{\xi_n a}\right)^2\right\}J_{\mathcal{M}}(\xi_n a)}+$$
$$+\frac{4}{a^2\phi c_t}\sum_{m=1}^{\infty}\frac{(\xi_m^2+\lambda^2)\cos\{\xi_m(\vartheta-\theta)\}}{\vartheta(\xi_m^2+\lambda^2)+\lambda}\sum_{n=0}^{\infty}\frac{J_{\mathcal{M}}(\xi_n r)\int_0^a\frac{J_{\mathcal{M}}(\xi_n u)}{u}\{\overline{\psi}_0(u,s)\cos(\xi_m\vartheta)-\overline{\psi}_\vartheta(u,s)\}du}{(\eta_r\xi_n^2+s)\left\{1-\left(\frac{\mathcal{M}}{\xi_n a}\right)^2\right\}J_{\mathcal{M}}^2(\xi_n a)}+$$
$$+\frac{4}{a^2}\sum_{m=1}^{\infty}\frac{(\xi_m^2+\lambda^2)\cos\{\xi_m(\vartheta-\theta)\}}{\vartheta(\xi_m^2+\lambda^2)+\lambda}\sum_{n=0}^{\infty}\frac{J_{\mathcal{M}}(\xi_n r)\overline{\overline{\varphi}}(\xi_n,\xi_m)}{(\eta_r\xi_n^2+s)\left\{1-\left(\frac{\mathcal{M}}{\xi_n a}\right)^2\right\}J_{\mathcal{M}}^2(\xi_n a)} \quad (17.17.2)$$

and

$$p=\frac{4U(t-t_0)}{a^2\phi c_t}\sum_{m=1}^{\infty}\frac{(\xi_m^2+\lambda^2)\cos\{\xi_m(\vartheta-\theta_0)\}\cos\{\xi_m(\vartheta-\theta)\}}{\vartheta(\xi_m^2+\lambda^2)+\lambda}\times$$
$$\times\sum_{n=0}^{\infty}\frac{J_{\mathcal{M}}(\xi_n r_0)J_{\mathcal{M}}(\xi_n r)\int_0^{t-t_0}q(t-t_0-\tau)e^{-\eta_r\xi_n^2(t-\tau)}d\tau}{\left\{1-\left(\frac{\mathcal{M}}{\xi_n a}\right)^2\right\}J_{\mathcal{M}}^2(\xi_n a)}-$$

$$-\frac{4}{a\phi c_t}\sum_{m=1}^{\infty}\frac{(\xi_m^2+\lambda^2)\cos\{\xi_m(\vartheta-\theta)\}}{\vartheta(\xi_m^2+\lambda^2)+\lambda}\sum_{n=0}^{\infty}\frac{J_{\mathcal{M}}(\xi_n r)\int_0^t\overline{\psi}(\xi_m,\tau)e^{-\eta_r\xi_n^2(t-\tau)}d\tau}{\left\{1-\left(\frac{\mathcal{M}}{\xi_n a}\right)^2\right\}J_{\mathcal{M}}(\xi_n a)}+$$

$$+\frac{4}{a^2\phi c_t}\sum_{m=1}^{\infty}\frac{(\xi_m^2+\lambda^2)\cos\{\xi_m(\vartheta-\theta)\}}{\vartheta(\xi_m^2+\lambda^2)+\lambda}\times$$

$$\times\sum_{n=0}^{\infty}\frac{J_{\mathcal{M}}(\xi_n r)\int_0^a\frac{J_{\mathcal{M}}(\xi_n u)}{u}\int_0^t\{\psi_0(u,\tau)\cos(\xi_m\vartheta)-\psi_\vartheta(u,\tau)\}e^{-\eta_r\xi_n^2(t-\tau)}d\tau du}{\left\{1-\left(\frac{\mathcal{M}}{\xi_n a}\right)^2\right\}J_{\mathcal{M}}^2(\xi_n a)}+$$

$$+\frac{4}{a^2}\sum_{m=1}^{\infty}\frac{(\xi_m^2+\lambda^2)\cos\{\xi_m(\vartheta-\theta)\}}{\vartheta(\xi_m^2+\lambda^2)+\lambda}\sum_{n=0}^{\infty}\frac{J_{\mathcal{M}}(\xi_n r)\overline{\overline{\varphi}}(\xi_n,\xi_m)e^{-\eta_r\xi_n^2 t}}{\left\{1-\left(\frac{\mathcal{M}}{\xi_n a}\right)^2\right\}J_{\mathcal{M}}^2(\xi_n a)} \qquad (17.17.3)$$

where $\overline{\psi}(\xi_m,t)=\int_0^\vartheta\psi(u,t)\cos\{\xi_m(\vartheta-u)\}du$.

17.18 The problem of 17.1, except

$\mathbf{R_0}\equiv\frac{\partial p(r,0,t)}{\partial\theta}-\lambda_0 p(r,0,t)=-\left(\frac{\mu}{k_\theta}\right)\psi_0(r,t)$,
$\mathbf{R_\vartheta}\equiv\frac{\partial p(r,\vartheta,t)}{\partial\theta}+\lambda_\vartheta p(r,\vartheta,t)=-\left(\frac{\mu}{k_\theta}\right)\psi_\vartheta(r,t)$ and
$\mathbf{N}\equiv\frac{\partial p(a,\theta,t)}{\partial r}=-\left(\frac{\mu}{k_r}\right)\psi(\theta,t)$

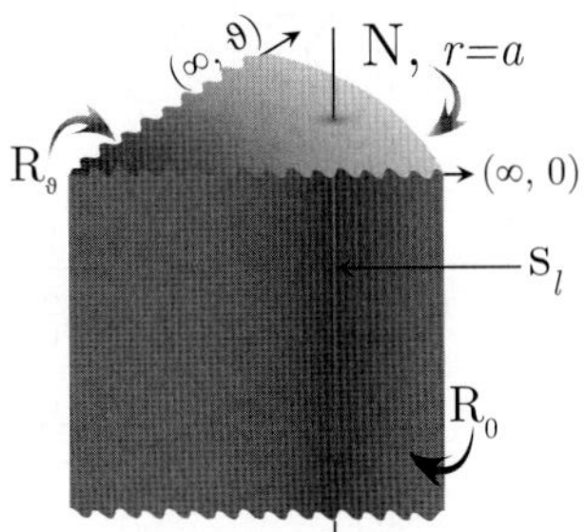

The successive application of the Laplace, Fourier and finite Hankel transformations to equation (14.1.1) gives

$$\overline{\overline{\overline{p}}}=\frac{q(s)e^{-st_0}\{\xi_m\cos(\xi_m\theta_0)+\lambda_0\sin(\xi_m\theta_0)\}J_{\mathcal{M}}(\xi_n r_0)}{\phi c_t(\eta_r\xi_n^2+s)}-\frac{a\overline{\overline{\psi}}(\xi_m,s)J_{\mathcal{M}}(\xi_n a)}{\phi c_t(\eta_r\xi_n^2+s)}+$$

$$+\frac{\int_0^a\frac{J_{\mathcal{M}}(\xi_n u)}{u}\left[\xi_m\overline{\psi}_0(u,s)-\overline{\psi}_\vartheta(u,s)\{\xi_m\cos(\xi_m\vartheta)+\lambda_0\sin(\xi_m\vartheta)\}\right]du}{\phi c_t(\eta_r\xi_n^2+s)}+\frac{\overline{\overline{\varphi}}(\xi_n,\xi_m)}{(\eta_r\xi_n^2+s)} \qquad (17.18.1)$$

where ξ_m is a positive root of $\tan(\xi_m\vartheta)=\frac{\xi_m(\lambda_0+\lambda_\vartheta)}{(\xi_m^2-\lambda_0\lambda_\vartheta)}$, $m=1,2,...,$ $\xi_n, n=1,2,...,$ are the positive roots of $J'_{\mathcal{M}}(\xi_n a)=0$, $\overline{\overline{\psi}}(\xi_m,s)=\int_0^\vartheta\overline{\psi}(u,s)\{\xi_m\cos(\xi_m u)+\lambda_0\sin(\xi_m u)\}du$ and $\overline{\overline{\varphi}}(\xi_n,\xi_m)=\int_0^a rJ_{\mathcal{M}}(\xi_n r)\int_0^\vartheta\varphi(r,u)\{\xi_m\cos(\xi_m u)+\lambda_0\sin(\xi_m u)\}dudr$. Successive inverse transforms yield

$$\overline{p}=\frac{4q(s)e^{-st_0}}{a^2\phi c_t}\sum_{m=1}^{\infty}\frac{\{\xi_m\cos(\xi_m\theta_0)+\lambda_0\sin(\xi_m\theta_0)\}\{\xi_m\cos(\xi_m\theta)+\lambda_0\sin(\xi_m\theta)\}}{(\xi_m^2+\lambda_0^2)\left\{\vartheta+\frac{\lambda_\vartheta}{\xi_m^2+\lambda_\vartheta^2}\right\}+\lambda_0}\times$$

$$\times\sum_{n=0}^{\infty}\frac{J_{\mathcal{M}}(\xi_n r_0)J_{\mathcal{M}}(\xi_n r)}{(\eta_r\xi_n^2+s)\left\{1-\left(\frac{\mathcal{M}}{\xi_n a}\right)^2\right\}J_{\mathcal{M}}^2(\xi_n a)}-$$

$$-\frac{4}{a\phi c_t}\sum_{m=1}^{\infty}\frac{\overline{\overline{\psi}}(\xi_m,s)\{\xi_m\cos(\xi_m\theta)+\lambda_0\sin(\xi_m\theta)\}}{(\xi_m^2+\lambda_0^2)\left\{\vartheta+\frac{\lambda_\vartheta}{\xi_m^2+\lambda_\vartheta^2}\right\}+\lambda_0}\sum_{n=0}^{\infty}\frac{J_{\mathcal{M}}(\xi_n r)}{(\eta_r\xi_n^2+s)\left\{1-\left(\frac{\mathcal{M}}{\xi_n a}\right)^2\right\}J_{\mathcal{M}}(\xi_n a)}+$$

$$+\frac{4}{a^2\phi c_t}\sum_{m=1}^{\infty}\frac{\{\xi_m\cos(\xi_m\theta)+\lambda_0\sin(\xi_m\theta)\}}{(\xi_m^2+\lambda_0^2)\left\{\vartheta+\frac{\lambda_\vartheta}{\xi_m^2+\lambda_\vartheta^2}\right\}+\lambda_0}\times$$

$$\times\sum_{n=0}^{\infty}\frac{J_{\mathcal{M}}(\xi_n r)\int_0^a\frac{J_{\mathcal{M}}(\xi_n u)}{u}\left[\xi_m\overline{\psi}_0(u,s)-\overline{\psi}_\vartheta(u,s)\{\xi_m\cos(\xi_m\vartheta)+\lambda_0\sin(\xi_m\vartheta)\}\right]du}{(\eta_r\xi_n^2+s)\left\{1-\left(\frac{\mathcal{M}}{\xi_n a}\right)^2\right\}J_{\mathcal{M}}^2(\xi_n a)}+$$

$$+\frac{4}{a^2}\sum_{m=1}^{\infty}\frac{\{\xi_m\cos(\xi_m\theta)+\lambda_0\sin(\xi_m\theta)\}}{(\xi_m^2+\lambda_0^2)\left\{\vartheta+\frac{\lambda_\vartheta}{\xi_m^2+\lambda_\vartheta^2}\right\}+\lambda_0}\sum_{n=0}^{\infty}\frac{J_{\mathcal{M}}(\xi_n r)\overline{\overline{\varphi}}(\xi_n,\xi_m)}{(\eta_r\xi_n^2+s)\left\{1-\left(\frac{\mathcal{M}}{\xi_n a}\right)^2\right\}J_{\mathcal{M}}^2(\xi_n a)} \tag{17.18.2}$$

and

$$p=\frac{4U(t-t_0)}{a^2\phi c_t}\sum_{m=1}^{\infty}\frac{\{\xi_m\cos(\xi_m\theta_0)+\lambda_0\sin(\xi_m\theta_0)\}\{\xi_m\cos(\xi_m\theta)+\lambda_0\sin(\xi_m\theta)\}}{(\xi_m^2+\lambda_0^2)\left\{\vartheta+\frac{\lambda_\vartheta}{\xi_m^2+\lambda_\vartheta^2}\right\}+\lambda_0}\times$$

$$\times\sum_{n=0}^{\infty}\frac{J_{\mathcal{M}}(\xi_n r_0)J_{\mathcal{M}}(\xi_n r)\int_0^{t-t_0}q(t-t_0-\tau)e^{-\eta_r\xi_n^2(t-\tau)}d\tau}{\left\{1-\left(\frac{\mathcal{M}}{\xi_n a}\right)^2\right\}J_{\mathcal{M}}^2(\xi_n a)}-$$

$$-\frac{4}{a\phi c_t}\sum_{m=1}^{\infty}\frac{\{\xi_m\cos(\xi_m\theta)+\lambda_0\sin(\xi_m\theta)\}}{(\xi_m^2+\lambda_0^2)\left\{\vartheta+\frac{\lambda_\vartheta}{\xi_m^2+\lambda_\vartheta^2}\right\}+\lambda_0}\sum_{n=0}^{\infty}\frac{J_{\mathcal{M}}(\xi_n r)\int_0^t\overline{\psi}(\xi_m,\tau)e^{-\eta_r\xi_n^2(t-\tau)}d\tau}{\left\{1-\left(\frac{\mathcal{M}}{\xi_n a}\right)^2\right\}J_{\mathcal{M}}(\xi_n a)}+$$

$$+\frac{4}{a^2\phi c_t}\sum_{m=1}^{\infty}\frac{\{\xi_m\cos(\xi_m\theta)+\lambda_0\sin(\xi_m\theta)\}}{(\xi_m^2+\lambda_0^2)\left\{\vartheta+\frac{\lambda_\vartheta}{\xi_m^2+\lambda_\vartheta^2}\right\}+\lambda_0}\times$$

$$\times\sum_{n=0}^{\infty}\frac{J_{\mathcal{M}}(\xi_n r)\int_0^a\frac{J_{\mathcal{M}}(\xi_n u)}{u}\int_0^t[\xi_m\psi_0(u,\tau)-\psi_\vartheta(u,\tau)\{\xi_m\cos(\xi_m\vartheta)+\lambda_0\sin(\xi_m\vartheta)\}]e^{-\eta_r\xi_n^2(t-\tau)}d\tau du}{\left\{1-\left(\frac{\mathcal{M}}{\xi_n a}\right)^2\right\}J_{\mathcal{M}}^2(\xi_n a)}+$$

$$+\frac{4}{a^2}\sum_{m=1}^{\infty}\frac{\{\xi_m\cos(\xi_m\theta)+\lambda_0\sin(\xi_m\theta)\}}{(\xi_m^2+\lambda_0^2)\left\{\vartheta+\frac{\lambda_\vartheta}{\xi_m^2+\lambda_\vartheta^2}\right\}+\lambda_0}\sum_{n=0}^{\infty}\frac{J_{\mathcal{M}}(\xi_n r)\overline{\overline{\varphi}}(\xi_n,\xi_m)e^{-\eta_r\xi_n^2 t}}{\left\{1-\left(\frac{\mathcal{M}}{\xi_n a}\right)^2\right\}J_{\mathcal{M}}^2(\xi_n a)} \tag{17.18.3}$$

where $\overline{\psi}(\xi_m,t)=\int_0^\vartheta\psi(u,t)\{\xi_m\cos(\xi_m u)+\lambda_0\sin(\xi_m u)\}du$.

17.19

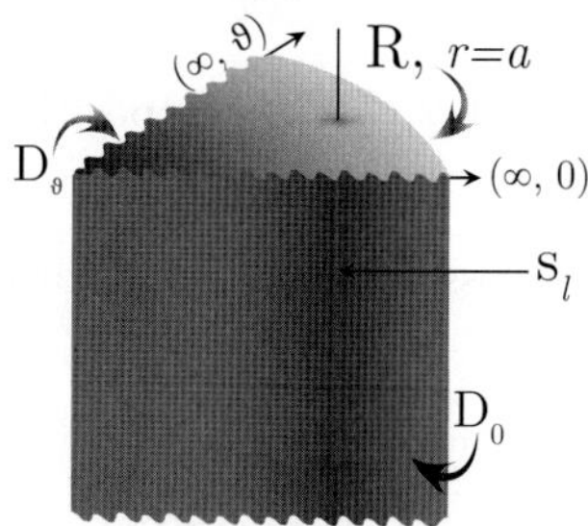

The problem of 17.1, except
$R\equiv\frac{\partial p(a,\theta,t)}{\partial r}+\lambda p(a,\theta,t)=-\left(\frac{\mu}{k_r}\right)\psi(\theta,t)$,
$D_0\equiv p(r,0,t)=\psi_0(r,t)$ and $D_\vartheta\equiv p(r,\vartheta,t)=\psi_\vartheta(r,t)$

The successive application of the Laplace, Fourier and finite Hankel transformations to equation (14.1.1) gives

$$\overline{\overline{\overline{p}}}=\frac{q(s)e^{-st_0}\sin(\xi_m\theta_0)J_{\mathcal{M}}(\xi_n r_0)}{\phi c_t(\eta_r\xi_n^2+s)}-\frac{a\overline{\overline{\psi}}(\xi_m,s)J_{\mathcal{M}}(\xi_n a)}{\phi c_t(\eta_r\xi_n^2+s)}+$$

$$+\frac{\xi_m\eta_\theta\int_0^a\frac{J_{\mathcal{M}}(\xi_n u)}{u}\left\{\overline{\psi}_0(u,s)-(-1)^m\overline{\psi}_\vartheta(u,s)\right\}du}{(\eta_r\xi_n^2+s)}+\frac{\overline{\overline{\varphi}}(\xi_n,\xi_m)}{(\eta_r\xi_n^2+s)} \tag{17.19.1}$$

where ξ_m is a positive root of $\sin(\xi_m\vartheta)$, which are $\xi_m = \frac{m\pi}{\vartheta}$, $m = 1, 2, ...$, ξ_n, $n = 1, 2, ...$, are the positive roots of $\xi_n J'_{\mathcal{M}}(\xi_n a) + \lambda J_{\mathcal{M}}(\xi_n a) = 0$, $\overline{\overline{\psi}}(\xi_m, s) = \int_0^{\vartheta} \overline{\psi}(u, s)\sin(\xi_m u)du$ and $\overline{\overline{\varphi}}(\xi_n, \xi_m) = \int_0^a rJ_{\mathcal{M}}(\xi_n r)\int_0^{\vartheta}\varphi(r, u)\sin(\xi_m u)dudr$. Successive inverse transforms yield

$$\begin{aligned}\overline{p} \;=\; & \frac{4q(s)\,e^{-st_0}}{\vartheta a^2\phi c_t}\sum_{m=1}^{\infty}\sin(\xi_m\theta_0)\sin(\xi_m\theta)\sum_{n=1}^{\infty}\frac{\xi_n^2 J_{\mathcal{M}}(\xi_n r_0)\,J_{\mathcal{M}}(\xi_n r)}{(\eta_r\xi_n^2+s)\left\{\xi_n^2+\lambda^2-\left(\frac{\mathcal{M}}{a}\right)^2\right\}J_{\mathcal{M}}^2(\xi_n a)}-\\ & -\frac{4}{\vartheta a\phi c_t}\sum_{m=1}^{\infty}\overline{\overline{\psi}}(\xi_m, s)\sin(\xi_m\theta)\sum_{n=1}^{\infty}\frac{\xi_n^2 J_{\mathcal{M}}(\xi_n r)}{(\eta_r\xi_n^2+s)\left\{\xi_n^2+\lambda^2-\left(\frac{\mathcal{M}}{a}\right)^2\right\}J_{\mathcal{M}}(\xi_n a)}+\\ & +\frac{4\eta_\theta}{\vartheta a^2}\sum_{m=1}^{\infty}\xi_m\sin(\xi_m\theta)\sum_{n=1}^{\infty}\frac{\xi_n^2 J_{\mathcal{M}}(\xi_n r)\int_0^a\frac{J_{\mathcal{M}}(\xi_n u)}{u}\left\{\overline{\psi}_0(u,s)-(-1)^m\,\overline{\psi}_\vartheta(u,s)\right\}du}{(\eta_r\xi_n^2+s)\left\{\xi_n^2+\lambda^2-\left(\frac{\mathcal{M}}{a}\right)^2\right\}J_{\mathcal{M}}^2(\xi_n a)}+\\ & +\frac{4}{\vartheta a^2}\sum_{m=1}^{\infty}\sin(\xi_m\theta)\sum_{n=1}^{\infty}\frac{\xi_n^2 J_{\mathcal{M}}(\xi_n r)\,\overline{\overline{\varphi}}(\xi_n,\xi_m)}{(\eta_r\xi_n^2+s)\left\{\xi_n^2+\lambda^2-\left(\frac{\mathcal{M}}{a}\right)^2\right\}J_{\mathcal{M}}^2(\xi_n a)}\end{aligned} \qquad (17.19.2)$$

and

$$\begin{aligned}p \;=\; & \frac{4U(t-t_0)}{\vartheta a^2\phi c_t}\sum_{m=1}^{\infty}\sin(\xi_m\theta_0)\sin(\xi_m\theta)\sum_{n=1}^{\infty}\frac{\xi_n^2 J_{\mathcal{M}}(\xi_n r_0)\,J_{\mathcal{M}}(\xi_n r)\int_0^{t-t_0}q(t-t_0-\tau)\,e^{-\eta_r\xi_n^2(t-\tau)}d\tau}{\left\{\xi_n^2+\lambda^2-\left(\frac{\mathcal{M}}{a}\right)^2\right\}J_{\mathcal{M}}^2(\xi_n a)}-\\ & -\frac{4}{\vartheta a\phi c_t}\sum_{m=1}^{\infty}\sin(\xi_m\theta)\sum_{n=1}^{\infty}\frac{\xi_n^2 J_{\mathcal{M}}(\xi_n r)\int_0^t\overline{\psi}(\xi_m,\tau)\,e^{-\eta_r\xi_n^2(t-\tau)}d\tau}{\left\{\xi_n^2+\lambda^2-\left(\frac{\mathcal{M}}{a}\right)^2\right\}J_{\mathcal{M}}(\xi_n a)}+\\ & +\frac{4\eta_\theta}{\vartheta a^2}\sum_{m=1}^{\infty}\xi_m\sin(\xi_m\theta)\sum_{n-1}^{\infty}\frac{\xi_n^2 J_{\mathcal{M}}(\xi_n r)\int_0^a\frac{J_{\mathcal{M}}(\xi_n u)}{u}\int_0^t\left\{\psi_0(u,\tau)-(-1)^m\,\psi_\vartheta(u,\tau)\right\}e^{-\eta_r\xi_n^2(t-\tau)}d\tau du}{\left\{\xi_n^2+\lambda^2-\left(\frac{\mathcal{M}}{a}\right)^2\right\}J_{\mathcal{M}}^2(\xi_n a)}+\\ & +\frac{4}{\vartheta a^2}\sum_{m=1}^{\infty}\sin(\xi_m\theta)\sum_{n=1}^{\infty}\frac{\xi_n^2 J_{\mathcal{M}}(\xi_n r)\,\overline{\overline{\varphi}}(\xi_n,\xi_m)\,e^{-\eta_r\xi_n^2 t}}{\left\{\xi_n^2+\lambda^2-\left(\frac{\mathcal{M}}{a}\right)^2\right\}J_{\mathcal{M}}^2(\xi_n a)}\end{aligned} \qquad (17.19.3)$$

where $\overline{\psi}(\xi_m, t) = \int_0^{\vartheta}\psi(u, t)\sin(\xi_m u)du$.

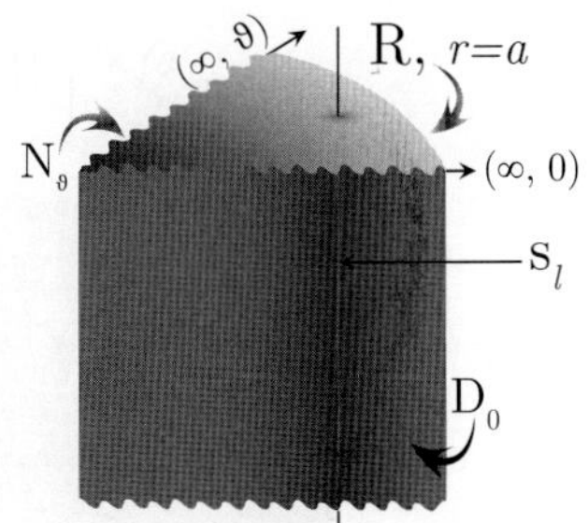

17.20 The problem of 17.1, except $\mathbf{D_0} \equiv p(r, 0, t) = \psi_0(r, t)$, $\mathbf{N_\vartheta} \equiv \frac{\partial p(r,\vartheta,t)}{\partial\theta} = -\left(\frac{\mu}{k_\theta}\right)\psi_\vartheta(r, t)$ and $\mathbf{R} \equiv \frac{\partial p(a,\theta,t)}{\partial r} + \lambda p(a, \theta, t) = -\left(\frac{\mu}{k_r}\right)\psi(\theta, t)$

The successive application of the Laplace, Fourier and finite Hankel transformations to equation (14.1.1) gives

$$\begin{aligned}\overline{\overline{\overline{p}}} \;=\; & \frac{q(s)\,e^{-st_0}\sin(\xi_m\theta_0)\,J_{\mathcal{M}}(\xi_n r_0)}{\phi c_t(\eta_r\xi_n^2+s)}-\frac{a\overline{\overline{\psi}}(\xi_m,s)\,J_{\mathcal{M}}(\xi_n a)}{\phi c_t(\eta_r\xi_n^2+s)}+\\ & +\frac{\eta_\theta\int_0^a\frac{J_{\mathcal{M}}(\xi_n u)}{u}\left\{\xi_m\overline{\psi}_0(u,s)+(-1)^m\left(\frac{\mu}{k_\theta}\right)\overline{\psi}_\vartheta(u,s)\right\}du}{(\eta_r\xi_n^2+s)}+\frac{\overline{\overline{\varphi}}(\xi_n,\xi_m)}{(\eta_r\xi_n^2+s)}\end{aligned} \qquad (17.20.1)$$

where ξ_m is a positive root of $\cos(\xi_m \vartheta)$, which are $\xi_m = \frac{(2m-1)\pi}{2\vartheta}$, $m = 1, 2, ...$, ξ_n, $n = 1, 2, ...$, are the positive roots of $\xi_n J'_{\mathcal{M}}(\xi_n a) + \lambda J_{\mathcal{M}}(\xi_n a) = 0$, $\overline{\overline{\psi}}(\xi_m, s) = \int_0^\vartheta \overline{\psi}(u,s)\sin(\xi_m u)du$ and $\overline{\overline{\varphi}}(\xi_n, \xi_m) = \int_0^a r J_{\mathcal{M}}(\xi_n r)\int_0^\vartheta \varphi(r,u)\sin(\xi_m u)dudr$. Successive inverse transforms yield

$$\begin{aligned}\overline{p} &= \frac{4q(s)e^{-st_0}}{\vartheta a^2 \phi c_t}\sum_{m=1}^{\infty}\sin(\xi_m\theta_0)\sin(\xi_m\theta)\sum_{n=1}^{\infty}\frac{\xi_n^2 J_{\mathcal{M}}(\xi_n r_0)J_{\mathcal{M}}(\xi_n r)}{(\eta_r\xi_n^2+s)\left\{\xi_n^2+\lambda^2-\left(\frac{\mathcal{M}}{a}\right)^2\right\}J^2_{\mathcal{M}}(\xi_n a)} - \\ &-\frac{4}{\vartheta a\phi c_t}\sum_{m=1}^{\infty}\overline{\overline{\psi}}(\xi_m,s)\sin(\xi_m\theta)\sum_{n=1}^{\infty}\frac{\xi_n^2 J_{\mathcal{M}}(\xi_n r)}{(\eta_r\xi_n^2+s)\left\{\xi_n^2+\lambda^2-\left(\frac{\mathcal{M}}{a}\right)^2\right\}J_{\mathcal{M}}(\xi_n a)} + \\ &+\frac{4\eta_\theta}{\vartheta a^2}\sum_{m=1}^{\infty}\sin(\xi_m\theta)\sum_{n=1}^{\infty}\frac{\xi_n^2 J_{\mathcal{M}}(\xi_n r)\int_0^a \frac{J_{\mathcal{M}}(\xi_n u)}{u}\left\{\xi_m\overline{\psi}_0(u,s)+(-1)^m\left(\frac{\mu}{k_\theta}\right)\overline{\psi}_\vartheta(u,s)\right\}du}{(\eta_r\xi_n^2+s)\left\{\xi_n^2+\lambda^2-\left(\frac{\mathcal{M}}{a}\right)^2\right\}J^2_{\mathcal{M}}(\xi_n a)} + \\ &+\frac{4}{\vartheta a^2}\sum_{m=1}^{\infty}\sin(\xi_m\theta)\sum_{n=1}^{\infty}\frac{\xi_n^2 J_{\mathcal{M}}(\xi_n r)\overline{\overline{\varphi}}(\xi_n,\xi_m)}{(\eta_r\xi_n^2+s)\left\{\xi_n^2+\lambda^2-\left(\frac{\mathcal{M}}{a}\right)^2\right\}J^2_{\mathcal{M}}(\xi_n a)}\end{aligned} \quad (17.20.2)$$

and

$$\begin{aligned}p &= \frac{4U(t-t_0)}{\vartheta a^2\phi c_t}\sum_{m=1}^{\infty}\sin(\xi_m\theta_0)\sin(\xi_m\theta)\sum_{n=1}^{\infty}\frac{\xi_n^2 J_{\mathcal{M}}(\xi_n r_0)J_{\mathcal{M}}(\xi_n r)\int_0^{t-t_0}q(t-t_0-\tau)e^{-\eta_r\xi_n^2(t-\tau)}d\tau}{\left\{\xi_n^2+\lambda^2-\left(\frac{\mathcal{M}}{a}\right)^2\right\}J^2_{\mathcal{M}}(\xi_n a)} - \\ &-\frac{4}{\vartheta a\phi c_t}\sum_{m=1}^{\infty}\sin(\xi_m\theta)\sum_{n=1}^{\infty}\frac{\xi_n^2 J_{\mathcal{M}}(\xi_n r)\int_0^t\overline{\psi}(\xi_m,\tau)e^{-\eta_r\xi_n^2(t-\tau)}d\tau}{\left\{\xi_n^2+\lambda^2-\left(\frac{\mathcal{M}}{a}\right)^2\right\}J_{\mathcal{M}}(\xi_n a)} + \\ &+\frac{4\eta_\theta}{\vartheta a^2}\sum_{m=1}^{\infty}\sin(\xi_m\theta)\sum_{n=1}^{\infty}\frac{\xi_n^2 J_{\mathcal{M}}(\xi_n r)\int_0^a\frac{J_{\mathcal{M}}(\xi_n u)}{u}\int_0^t\left\{\xi_m\psi_0(u,\tau)+(-1)^m\left(\frac{\mu}{k_\theta}\right)\psi_\vartheta(u,\tau)\right\}e^{-\eta_r\xi_n^2(t-\tau)}d\tau du}{\left\{\xi_n^2+\lambda^2-\left(\frac{\mathcal{M}}{a}\right)^2\right\}J^2_{\mathcal{M}}(\xi_n a)} + \\ &+\frac{4}{\vartheta a^2}\sum_{m=1}^{\infty}\sin(\xi_m\theta)\sum_{n=1}^{\infty}\frac{\xi_n^2 J_{\mathcal{M}}(\xi_n r)\overline{\overline{\varphi}}(\xi_n,\xi_m)e^{-\eta_r\xi_n^2 t}}{\left\{\xi_n^2+\lambda^2-\left(\frac{\mathcal{M}}{a}\right)^2\right\}J^2_{\mathcal{M}}(\xi_n a)}\end{aligned} \quad (17.20.3)$$

where $\overline{\psi}(\xi_m, t) = \int_0^\vartheta \psi(u,t)\sin(\xi_m u)du$.

17.21

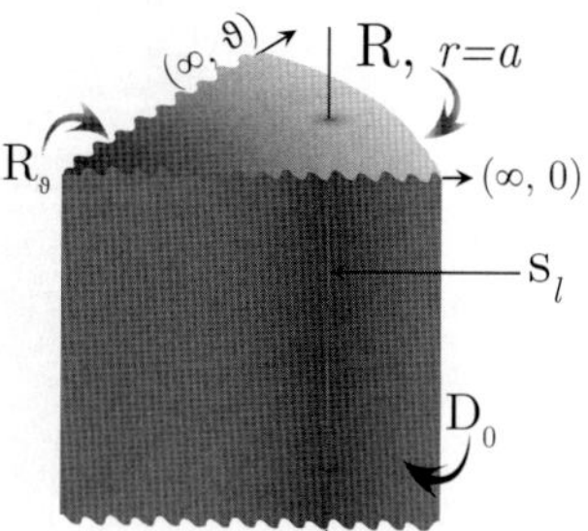

The problem of 17.1, except $\mathbf{D_0} \equiv p(r,0,t) = \psi_0(r,t)$, $\mathbf{R_\vartheta} \equiv \frac{\partial p(r,\vartheta,t)}{\partial\theta} + \lambda_\theta p(r,\vartheta,t) = -\left(\frac{\mu}{k_\theta}\right)\psi_\vartheta(r,t)$ and $\mathbf{R} \equiv \frac{\partial p(a,\theta,t)}{\partial r} + \lambda_a p(a,\theta,t) = -\left(\frac{\mu}{k_r}\right)\psi(\theta,t)$

The successive application of the Laplace, Fourier and finite Hankel transformations to equation (14.1.1) gives

$$\begin{aligned}\overline{\overline{\overline{p}}} &= \frac{q(s)e^{-st_0}\sin(\xi_m\theta_0)J_{\mathcal{M}}(\xi_n r_0)}{\phi c_t(\eta_r\xi_n^2+s)} - \frac{a\overline{\overline{\psi}}(\xi_m,s)J_{\mathcal{M}}(\xi_n a)}{\phi c_t(\eta_r\xi_n^2+s)} + \\ &+\frac{\eta_\theta\int_0^a\frac{J_{\mathcal{M}}(\xi_n u)}{u}\left\{\xi_m\overline{\psi}_0(u,s)-\left(\frac{\mu}{k_\theta}\right)\overline{\psi}_\vartheta(u,s)\sin(\xi_m\vartheta)\right\}du}{(\eta_r\xi_n^2+s)} + \frac{\overline{\overline{\varphi}}(\xi_n,\xi_m)}{(\eta_r\xi_n^2+s)}\end{aligned} \quad (17.21.1)$$

where ξ_m is a positive root of $\xi_m \cot(\xi_m \vartheta) = -\lambda_\theta$, $m = 1, 2, ...$, ξ_n, $n = 1, 2, ...$, are the positive roots of $\xi_n J'_{\mathcal{M}}(\xi_n a) + \lambda_a J_{\mathcal{M}}(\xi_n a) = 0$, $\overline{\overline{\psi}}(\xi_m, s) = \int_0^\vartheta \overline{\psi}(u, s) \sin(\xi_m u) du$ and $\overline{\overline{\varphi}}(\xi_n, \xi_m) = \int_0^a r J_{\mathcal{M}}(\xi_n r) \int_0^\vartheta \varphi(r, u) \sin(\xi_m u) du dr$. Successive inverse transforms yield

$$\begin{aligned}\overline{p} = {} & \frac{4q(s)\, e^{-st_0}}{a^2 \phi c_t} \sum_{m=1}^{\infty} \frac{(\xi_m^2 + \lambda_\vartheta^2) \sin(\xi_m \theta_0) \sin(\xi_m \theta)}{\vartheta(\xi_m^2 + \lambda_\vartheta^2) + \lambda_a} \sum_{n=1}^{\infty} \frac{\xi_n^2 J_{\mathcal{M}}(\xi_n r_0) J_{\mathcal{M}}(\xi_n r)}{(\eta_r \xi_n^2 + s)\left\{\xi_n^2 + \lambda_a^2 - \left(\frac{\mathcal{M}}{a}\right)^2\right\} J_{\mathcal{M}}^2(\xi_n a)} - \\ & - \frac{4}{a\phi c_t} \sum_{m=1}^{\infty} \frac{\overline{\overline{\psi}}(\xi_m, s)(\xi_m^2 + \lambda_\vartheta^2) \sin(\xi_m \theta)}{\vartheta(\xi_m^2 + \lambda_\vartheta^2) + \lambda_a} \sum_{n=1}^{\infty} \frac{\xi_n^2 J_{\mathcal{M}}(\xi_n r)}{(\eta_r \xi_n^2 + s)\left\{\xi_n^2 + \lambda_a^2 - \left(\frac{\mathcal{M}}{a}\right)^2\right\} J_{\mathcal{M}}(\xi_n a)} + \\ & + \frac{4\eta_\theta}{a^2} \sum_{m=1}^{\infty} \frac{(\xi_m^2 + \lambda_\vartheta^2) \sin(\xi_m \theta)}{\vartheta(\xi_m^2 + \lambda_\vartheta^2) + \lambda_a} \times \\ & \times \sum_{n=1}^{\infty} \frac{\xi_n^2 J_{\mathcal{M}}(\xi_n r) \int_0^a \frac{J_{\mathcal{M}}(\xi_n u)}{u} \left\{\xi_m \overline{\psi}_0(u, s) - \left(\frac{\mu}{k_\theta}\right) \overline{\psi}_\vartheta(u, s) \sin(\xi_m \vartheta)\right\} du}{(\eta_r \xi_n^2 + s)\left\{\xi_n^2 + \lambda_a^2 - \left(\frac{\mathcal{M}}{a}\right)^2\right\} J_{\mathcal{M}}^2(\xi_n a)} + \\ & + \frac{4}{a^2} \sum_{m=1}^{\infty} \frac{(\xi_m^2 + \lambda_\vartheta^2) \sin(\xi_m \theta)}{\vartheta(\xi_m^2 + \lambda_\vartheta^2) + \lambda_a} \sum_{n=1}^{\infty} \frac{\xi_n^2 J_{\mathcal{M}}(\xi_n r) \overline{\overline{\varphi}}(\xi_n, \xi_m)}{(\eta_r \xi_n^2 + s)\left\{\xi_n^2 + \lambda_a^2 - \left(\frac{\mathcal{M}}{a}\right)^2\right\} J_{\mathcal{M}}^2(\xi_n a)}\end{aligned} \tag{17.21.2}$$

and

$$\begin{aligned}p = {} & \frac{4U(t - t_0)}{a^2 \phi c_t} \times \\ & \times \sum_{m=1}^{\infty} \frac{(\xi_m^2 + \lambda_\vartheta^2) \sin(\xi_m \theta_0) \sin(\xi_m \theta)}{\vartheta(\xi_m^2 + \lambda_\vartheta^2) + \lambda_a} \sum_{n=1}^{\infty} \frac{\xi_n^2 J_{\mathcal{M}}(\xi_n r_0) J_{\mathcal{M}}(\xi_n r) \int_0^{t-t_0} q(t - t_0 - \tau) e^{-\eta_r \xi_n^2 (t-\tau)} d\tau}{\left\{\xi_n^2 + \lambda_a^2 - \left(\frac{\mathcal{M}}{a}\right)^2\right\} J_{\mathcal{M}}^2(\xi_n a)} - \\ & - \frac{4}{a\phi c_t} \sum_{m=1}^{\infty} \frac{(\xi_m^2 + \lambda_\vartheta^2) \sin(\xi_m \theta)}{\vartheta(\xi_m^2 + \lambda_\vartheta^2) + \lambda_a} \sum_{n=1}^{\infty} \frac{\xi_n^2 J_{\mathcal{M}}(\xi_n r) \int_0^t \overline{\psi}(\xi_m, \tau) e^{-\eta_r \xi_n^2 (t-\tau)} d\tau}{\left\{\xi_n^2 + \lambda_a^2 - \left(\frac{\mathcal{M}}{a}\right)^2\right\} J_{\mathcal{M}}(\xi_n a)} + \\ & + \frac{4\eta_\theta}{a^2} \sum_{m=1}^{\infty} \frac{(\xi_m^2 + \lambda_\vartheta^2) \sin(\xi_m \theta)}{\vartheta(\xi_m^2 + \lambda_\vartheta^2) + \lambda_a} \times \\ & \times \sum_{n=1}^{\infty} \frac{\xi_n^2 J_{\mathcal{M}}(\xi_n r) \int_0^a \frac{J_{\mathcal{M}}(\xi_n u)}{u} \int_0^t \left\{\xi_m \psi_0(u, \tau) - \left(\frac{\mu}{k_\theta}\right) \psi_\vartheta(u, \tau) \sin(\xi_m \vartheta)\right\} d\tau e^{-\eta_r \xi_n^2 (t-\tau)} du}{\left\{\xi_n^2 + \lambda_a^2 - \left(\frac{\mathcal{M}}{a}\right)^2\right\} J_{\mathcal{M}}^2(\xi_n a)} + \\ & + \frac{4}{a^2} \sum_{m=1}^{\infty} \frac{(\xi_m^2 + \lambda_\vartheta^2) \sin(\xi_m \theta)}{\vartheta(\xi_m^2 + \lambda_\vartheta^2) + \lambda_a} \sum_{n=1}^{\infty} \frac{\xi_n^2 J_{\mathcal{M}}(\xi_n r) \overline{\overline{\varphi}}(\xi_n, \xi_m) e^{-\eta_r \xi_n^2 t}}{\left\{\xi_n^2 + \lambda_a^2 - \left(\frac{\mathcal{M}}{a}\right)^2\right\} J_{\mathcal{M}}^2(\xi_n a)}\end{aligned} \tag{17.21.3}$$

where $\overline{\psi}(\xi_m, t) = \int_0^\vartheta \psi(u, t) \sin(\xi_m u) du$.

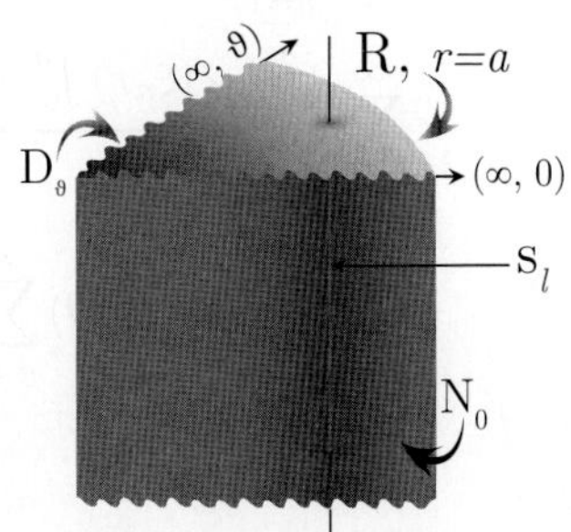

17.22 The problem of 17.1, except $\mathbf{N_0} \equiv \frac{\partial p(r,0,t)}{\partial \theta} = -\left(\frac{\mu}{k_\theta}\right) \psi_0(r, t)$, $\mathbf{D_\vartheta} \equiv p(r, \vartheta, t) = \psi_\vartheta(r, t)$ and $\mathbf{R} \equiv \frac{\partial p(a,\theta,t)}{\partial r} + \lambda p(a, \theta, t) = -\left(\frac{\mu}{k_r}\right) \psi(\theta, t)$

The successive application of the Laplace, Fourier and finite Hankel transformations to equation (14.1.1) gives

$$\overline{\overline{\overline{p}}} = \frac{q(s)\,e^{-st_0}\cos(\xi_m\theta_0)\,J_{\mathcal{M}}(\xi_n r_0)}{\phi c_t(\eta_r\xi_n^2+s)} - \frac{a\overline{\overline{\psi}}(\xi_m,s)\,J_{\mathcal{M}}(\xi_n a)}{\phi c_t(\eta_r\xi_n^2+s)} + \\ + \frac{\eta_\theta\int_0^a \frac{J_{\mathcal{M}}(\xi_n u)}{u}\left\{(-1)^{m+1}\xi_m\overline{\psi}_\vartheta(u,s) + \left(\frac{\mu}{k_\theta}\right)\overline{\psi}_0(u,s)\right\}du}{(\eta_r\xi_n^2+s)} + \frac{\overline{\overline{\varphi}}(\xi_n,\xi_m)}{(\eta_r\xi_n^2+s)} \tag{17.22.1}$$

where ξ_m is a positive root of $\cos(\xi_m\vartheta)$, which are $\xi_m = \frac{(2m-1)\pi}{2\vartheta}$, $m = 1,2,...$, ξ_n, $n = 1,2,...$, are the positive roots of $\xi_n J'_{\mathcal{M}}(\xi_n a) + \lambda J_{\mathcal{M}}(\xi_n a) = 0$, $\overline{\overline{\psi}}(\xi_m,s) = \int_0^\vartheta \overline{\psi}(u,s)\cos(\xi_m u)du$ and $\overline{\overline{\varphi}}(\xi_n,\xi_m) = \int_0^a rJ_{\mathcal{M}}(\xi_n r)\int_0^\vartheta \varphi(r,u)\cos(\xi_m u)du\,dr$. Successive inverse transforms yield

$$\begin{aligned}
\overline{p} = {} & \frac{4q(s)\,e^{-st_0}}{\vartheta a^2\phi c_t}\sum_{m=1}^{\infty}\cos(\xi_m\theta_0)\cos(\xi_m\theta)\sum_{n=1}^{\infty}\frac{\xi_n^2 J_{\mathcal{M}}(\xi_n r_0)\,J_{\mathcal{M}}(\xi_n r)}{(\eta_r\xi_n^2+s)\left\{\xi_n^2+\lambda^2-\left(\frac{\mathcal{M}}{a}\right)^2\right\}J_{\mathcal{M}}^2(\xi_n a)} - \\
& -\frac{4}{\vartheta a\phi c_t}\sum_{m=1}^{\infty}\overline{\overline{\psi}}(\xi_m,s)\cos(\xi_m\theta)\sum_{n=1}^{\infty}\frac{\xi_n^2 J_{\mathcal{M}}(\xi_n r)}{(\eta_r\xi_n^2+s)\left\{\xi_n^2+\lambda^2-\left(\frac{\mathcal{M}}{a}\right)^2\right\}J_{\mathcal{M}}(\xi_n a)} + \\
& +\frac{4\eta_\theta}{\vartheta a^2}\sum_{m=1}^{\infty}\xi_m\cos(\xi_m\theta)\sum_{n=1}^{\infty}\frac{\xi_n^2 J_{\mathcal{M}}(\xi_n r)\int_0^a\frac{J_{\mathcal{M}}(\xi_n u)}{u}\left\{(-1)^{m+1}\xi_m\overline{\psi}_\vartheta(u,s)+\left(\frac{\mu}{k_\theta}\right)\overline{\psi}_0(u,s)\right\}du}{(\eta_r\xi_n^2+s)\left\{\xi_n^2+\lambda^2-\left(\frac{\mathcal{M}}{a}\right)^2\right\}J_{\mathcal{M}}^2(\xi_n a)} + \\
& +\frac{4}{\vartheta a^2}\sum_{m=1}^{\infty}\cos(\xi_m\theta)\sum_{n=1}^{\infty}\frac{\xi_n^2 J_{\mathcal{M}}(\xi_n r)\,\overline{\overline{\varphi}}(\xi_n,\xi_m)}{(\eta_r\xi_n^2+s)\left\{\xi_n^2+\lambda^2-\left(\frac{\mathcal{M}}{a}\right)^2\right\}J_{\mathcal{M}}^2(\xi_n a)}
\end{aligned} \tag{17.22.2}$$

and

$$\begin{aligned}
p = {} & \frac{4U(t-t_0)}{\vartheta a^2\phi c_t}\sum_{m=1}^{\infty}\cos(\xi_m\theta_0)\cos(\xi_m\theta)\sum_{n=1}^{\infty}\frac{\xi_n^2 J_{\mathcal{M}}(\xi_n r_0)\,J_{\mathcal{M}}(\xi_n r)\int_0^{t-t_0}q(t-t_0-\tau)\,e^{-\eta_r\xi_n^2(t-\tau)}d\tau}{\left\{\xi_n^2+\lambda^2-\left(\frac{\mathcal{M}}{a}\right)^2\right\}J_{\mathcal{M}}^2(\xi_n a)} - \\
& -\frac{4}{\vartheta a\phi c_t}\sum_{m=1}^{\infty}\cos(\xi_m\theta)\sum_{n=1}^{\infty}\frac{\xi_n^2 J_{\mathcal{M}}(\xi_n r)\int_0^t\overline{\psi}(\xi_m,\tau)\,e^{-\eta_r\xi_n^2(t-\tau)}d\tau}{\left\{\xi_n^2+\lambda^2-\left(\frac{\mathcal{M}}{a}\right)^2\right\}J_{\mathcal{M}}(\xi_n a)} + \\
& +\frac{4\eta_\theta}{\vartheta a^2}\sum_{m=1}^{\infty}\xi_m\cos(\xi_m\theta)\times \\
& \times\sum_{n=1}^{\infty}\frac{\xi_n^2 J_{\mathcal{M}}(\xi_n r)\int_0^a\frac{J_{\mathcal{M}}(\xi_n u)}{u}\int_0^t\left\{(-1)^{m+1}\xi_m\psi_\vartheta(u,\tau)+\left(\frac{\mu}{k_\theta}\right)\psi_0(u,\tau)\right\}e^{-\eta_r\xi_n^2(t-\tau)}d\tau du}{\left\{\xi_n^2+\lambda^2-\left(\frac{\mathcal{M}}{a}\right)^2\right\}J_{\mathcal{M}}^2(\xi_n a)} + \\
& +\frac{4}{\vartheta a^2}\sum_{m=1}^{\infty}\cos(\xi_m\theta)\sum_{n=1}^{\infty}\frac{\xi_n^2 J_{\mathcal{M}}(\xi_n r)\,\overline{\overline{\varphi}}(\xi_n,\xi_m)\,e^{-\eta_r\xi_n^2 t}}{\left\{\xi_n^2+\lambda^2-\left(\frac{\mathcal{M}}{a}\right)^2\right\}J_{\mathcal{M}}^2(\xi_n a)}
\end{aligned} \tag{17.22.3}$$

where $\overline{\psi}(\xi_m,t) = \int_0^\vartheta \psi(u,t)\cos(\xi_m u)du$.

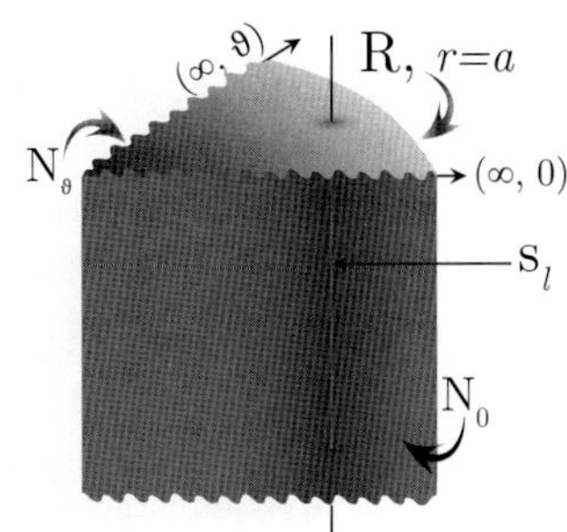

17.23 **The problem of 17.1, except** $\mathbf{N_0} \equiv \frac{\partial p(r,0,t)}{\partial \theta} = -\left(\frac{\mu}{k_\theta}\right)\psi_0(r,t)$, $\mathbf{N}_\vartheta \equiv \frac{\partial p(r,\vartheta,t)}{\partial \theta} = -\left(\frac{\mu}{k_\theta}\right)\psi_\vartheta(r,t)$ **and** $\mathbf{R} \equiv \frac{\partial p(a,\theta,t)}{\partial r} + \lambda p(a,\theta,t) = -\left(\frac{\mu}{k_r}\right)\psi(\theta,t)$

The successive application of the Laplace, Fourier and finite Hankel transformations to equation (14.1.1) gives

$$\overline{\overline{\overline{p}}} = \frac{q(s)\,e^{-st_0}\cos(\xi_m\theta_0)\,J_{\mathcal{M}}(\xi_n r_0)}{\phi c_t(\eta_r\xi_n^2+s)} - \frac{a\overline{\overline{\psi}}(\xi_m,s)\,J_{\mathcal{M}}(\xi_n a)}{\phi c_t(\eta_r\xi_n^2+s)} + \\ +\frac{\int_0^a \frac{J_{\mathcal{M}}(\xi_n u)}{u}\left\{(-1)^{m+1}\overline{\psi}_\vartheta(u,s)+\overline{\psi}_0(u,s)\right\}du}{\phi c_t(\eta_r\xi_n^2+s)} + \frac{\overline{\overline{\varphi}}(\xi_n,\xi_m)}{(\eta_r\xi_n^2+s)} \tag{17.23.1}$$

where ξ_m is a positive root of $\sin(\xi_m\vartheta)$, which are $\frac{m\pi}{\vartheta}$, $m=0,1,2,\dots$, ξ_n, $n=1,2,\dots$, are the positive roots of $\xi_n J'_{\mathcal{M}}(\xi_n a)+\lambda J_{\mathcal{M}}(\xi_n a)=0$, $\overline{\overline{\psi}}(\xi_m,s)=\int_0^\vartheta \overline{\psi}(u,s)\cos(\xi_m u)du$ and $\overline{\overline{\varphi}}(\xi_n,\xi_m)=\int_0^a rJ_{\mathcal{M}}(\xi_n r)\int_0^\vartheta \varphi(r,u)\cos(\xi_m u)dudr$. Successive inverse transforms yield

$$\overline{p} = \frac{4q(s)\,e^{-st_0}}{\vartheta a^2\phi c_t}\sum_{m=0}^{\infty}\ni_m\cos(\xi_m\theta_0)\cos(\xi_m\theta)\sum_{n=1}^{\infty}\frac{\xi_n^2 J_{\mathcal{M}}(\xi_n r_0)\,J_{\mathcal{M}}(\xi_n r)}{(\eta_r\xi_n^2+s)\left\{\xi_n^2+\lambda^2-\left(\frac{\mathcal{M}}{a}\right)^2\right\}J_{\mathcal{M}}^2(\xi_n a)} - \\ -\frac{4}{\vartheta a\phi c_t}\sum_{m=0}^{\infty}\ni_m\overline{\overline{\psi}}(\xi_m,s)\cos(\xi_m\theta)\sum_{n=1}^{\infty}\frac{\xi_n^2 J_{\mathcal{M}}(\xi_n r)}{(\eta_r\xi_n^2+s)\left\{\xi_n^2+\lambda^2-\left(\frac{\mathcal{M}}{a}\right)^2\right\}J_{\mathcal{M}}(\xi_n a)} + \\ +\frac{4}{\vartheta a^2\phi c_t}\sum_{m=0}^{\infty}\ni_m\xi_m\cos(\xi_m\theta)\sum_{n=1}^{\infty}\frac{\xi_n^2 J_{\mathcal{M}}(\xi_n r)\int_0^a \frac{J_{\mathcal{M}}(\xi_n u)}{u}\left\{(-1)^{m+1}\overline{\psi}_\vartheta(u,s)+\overline{\psi}_0(u,s)\right\}du}{(\eta_r\xi_n^2+s)\left\{\xi_n^2+\lambda^2-\left(\frac{\mathcal{M}}{a}\right)^2\right\}J_{\mathcal{M}}^2(\xi_n a)} + \\ +\frac{4}{\vartheta a^2}\sum_{m=0}^{\infty}\ni_m\cos(\xi_m\theta)\sum_{n=1}^{\infty}\frac{\xi_n^2 J_{\mathcal{M}}(\xi_n r)\overline{\overline{\varphi}}(\xi_n,\xi_m)}{(\eta_r\xi_n^2+s)\left\{\xi_n^2+\lambda^2-\left(\frac{\mathcal{M}}{a}\right)^2\right\}J_{\mathcal{M}}^2(\xi_n a)} \tag{17.23.2}$$

and

$$p = \frac{4U(t-t_0)}{\vartheta a^2\phi c_t}\sum_{m=0}^{\infty}\ni_m\cos(\xi_m\theta_0)\cos(\xi_m\theta)\sum_{n=1}^{\infty}\frac{\xi_n^2 J_{\mathcal{M}}(\xi_n r_0)\,J_{\mathcal{M}}(\xi_n r)\int_0^{t-t_0}q(t-t_0-\tau)\,e^{-\eta_r\xi_n^2(t-\tau)}d\tau}{\left\{\xi_n^2+\lambda^2-\left(\frac{\mathcal{M}}{a}\right)^2\right\}J_{\mathcal{M}}^2(\xi_n a)} - \\ -\frac{4}{\vartheta a\phi c_t}\sum_{m=0}^{\infty}\ni_m\cos(\xi_m\theta)\sum_{n=1}^{\infty}\frac{\xi_n^2 J_{\mathcal{M}}(\xi_n r)\int_0^t\overline{\psi}(\xi_m,\tau)\,e^{-\eta_r\xi_n^2(t-\tau)}d\tau}{\left\{\xi_n^2+\lambda^2-\left(\frac{\mathcal{M}}{a}\right)^2\right\}J_{\mathcal{M}}(\xi_n a)} + \\ +\frac{4}{\vartheta a^2\phi c_t}\times \\ \times\sum_{m=0}^{\infty}\ni_m\xi_m\cos(\xi_m\theta)\sum_{n=1}^{\infty}\frac{\xi_n^2 J_{\mathcal{M}}(\xi_n r)\int_0^a\frac{J_{\mathcal{M}}(\xi_n u)}{u}\int_0^t\left\{(-1)^{m+1}\psi_\vartheta(u,\tau)+\psi_0(u,\tau)\right\}e^{-\eta_r\xi_n^2(t-\tau)}d\tau du}{\left\{\xi_n^2+\lambda^2-\left(\frac{\mathcal{M}}{a}\right)^2\right\}J_{\mathcal{M}}^2(\xi_n a)} + \\ +\frac{4}{\vartheta a^2}\sum_{m=0}^{\infty}\ni_m\cos(\xi_m\theta)\sum_{n=1}^{\infty}\frac{\xi_n^2 J_{\mathcal{M}}(\xi_n r)\overline{\overline{\varphi}}(\xi_n,\xi_m)\,e^{-\eta_r\xi_n^2 t}}{\left\{\xi_n^2+\lambda^2-\left(\frac{\mathcal{M}}{a}\right)^2\right\}J_{\mathcal{M}}^2(\xi_n a)} \tag{17.23.3}$$

where $\overline{\psi}(\xi_m,t)=\int_0^\vartheta\psi(u,t)\cos(\xi_m u)du$.

17.24

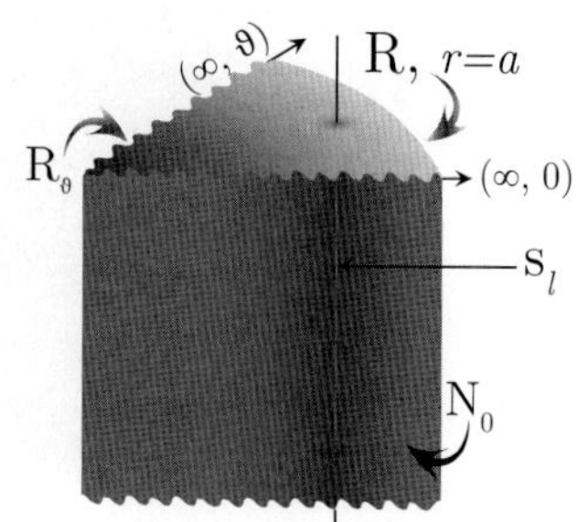

The problem of 17.1, except
$\mathbf{N_0} \equiv \frac{\partial p(r,0,t)}{\partial \theta} = -\left(\frac{\mu}{k_\theta}\right)\psi_0(r,t),$
$\mathbf{R_\vartheta} \equiv \frac{\partial p(r,\vartheta,t)}{\partial \theta} + \lambda_\vartheta p(r,\vartheta,t) = -\left(\frac{\mu}{k_\theta}\right)\psi_\vartheta(r,t)$ **and**
$\mathbf{R} \equiv \frac{\partial p(a,\theta,t)}{\partial r} + \lambda_a p(a,\theta,t) = -\left(\frac{\mu}{k_r}\right)\psi(\theta,t)$

The successive application of the Laplace, Fourier and finite Hankel transformations to equation (14.1.1) gives

$$\begin{aligned}\overline{\overline{\overline{p}}} &= \frac{q(s)e^{-st_0}\cos(\xi_m\theta_0)J_{\mathcal{M}}(\xi_n r_0)}{\phi c_t(\eta_r\xi_n^2+s)} - \frac{a\overline{\overline{\psi}}(\xi_m,s)J_{\mathcal{M}}(\xi_n a)}{\phi c_t(\eta_r\xi_n^2+s)} + \\ &+ \frac{\int_0^a \frac{J_{\mathcal{M}}(\xi_n u)}{u}\{\overline{\psi}_0(u,s)-\overline{\psi}_\vartheta(u,s)\cos(\xi_m\vartheta)\}du}{\phi c_t(\eta_r\xi_n^2+s)} + \frac{\overline{\overline{\varphi}}(\xi_n,\xi_m)}{(\eta_r\xi_n^2+s)}\end{aligned} \tag{17.24.1}$$

where ξ_m is a positive root of $\xi_m\tan(\xi_m\vartheta)=\lambda_\vartheta$, $m=1,2,...,$ ξ_n, $n=1,2,...,$ are the positive roots of $\xi_n J'_{\mathcal{M}}(\xi_n a)+\lambda_a J_{\mathcal{M}}(\xi_n a)=0$, $\overline{\overline{\psi}}(\xi_m,s)=\int_0^\vartheta\overline{\psi}(u,s)\cos(\xi_m u)du$ and $\overline{\overline{\varphi}}(\xi_n,\xi_m)=\int_0^a rJ_{\mathcal{M}}(\xi_n r)\int_0^\vartheta\varphi(r,u)\cos(\xi_m u)dudr$. Successive inverse transforms yield

$$\begin{aligned}\overline{p} &= \frac{4q(s)e^{-st_0}}{a^2\phi c_t}\sum_{m=1}^\infty\frac{(\xi_m^2+\lambda_\vartheta^2)\cos(\xi_m\theta_0)\cos(\xi_m\theta)}{\vartheta(\xi_m^2+\lambda_\vartheta^2)+\lambda_\vartheta}\sum_{n=1}^\infty\frac{\xi_n^2 J_{\mathcal{M}}(\xi_n r_0)J_{\mathcal{M}}(\xi_n r)}{(\eta_r\xi_n^2+s)\left\{\xi_n^2+\lambda_a^2-\left(\frac{\mathcal{M}}{a}\right)^2\right\}J_{\mathcal{M}}^2(\xi_n a)} - \\ &-\frac{4}{a\phi c_t}\sum_{m=1}^\infty\frac{\overline{\overline{\psi}}(\xi_m,s)(\xi_m^2+\lambda_\vartheta^2)\cos(\xi_m\theta)}{\vartheta(\xi_m^2+\lambda_\vartheta^2)+\lambda_\vartheta}\sum_{n=1}^\infty\frac{\xi_n^2 J_{\mathcal{M}}(\xi_n r)}{(\eta_r\xi_n^2+s)\left\{\xi_n^2+\lambda_a^2-\left(\frac{\mathcal{M}}{a}\right)^2\right\}J_{\mathcal{M}}(\xi_n a)} + \\ &+\frac{4}{a^2\phi c_t}\sum_{m=1}^\infty\frac{(\xi_m^2+\lambda_\vartheta^2)\cos(\xi_m\theta)}{\vartheta(\xi_m^2+\lambda_\vartheta^2)+\lambda_\vartheta}\sum_{n=1}^\infty\frac{\xi_n^2 J_{\mathcal{M}}(\xi_n r)\int_0^a\frac{J_{\mathcal{M}}(\xi_n u)}{u}\{\overline{\psi}_0(r,s)-\overline{\psi}_\vartheta(r,s)\cos(\xi_m\vartheta)\}du}{(\eta_r\xi_n^2+s)\left\{\xi_n^2+\lambda_a^2-\left(\frac{\mathcal{M}}{a}\right)^2\right\}J_{\mathcal{M}}^2(\xi_n a)} + \\ &+\frac{4}{a^2}\sum_{m=1}^\infty\frac{(\xi_m^2+\lambda_\vartheta^2)\cos(\xi_m\theta)}{\vartheta(\xi_m^2+\lambda_\vartheta^2)+\lambda_\vartheta}\sum_{n=1}^\infty\frac{\xi_n^2 J_{\mathcal{M}}(\xi_n r)\overline{\overline{\varphi}}(\xi_n,\xi_m)}{(\eta_r\xi_n^2+s)\left\{\xi_n^2+\lambda_a^2-\left(\frac{\mathcal{M}}{a}\right)^2\right\}J_{\mathcal{M}}^2(\xi_n a)}\end{aligned} \tag{17.24.2}$$

and

$$\begin{aligned}p &= \frac{4U(t-t_0)}{a^2\phi c_t}\times \\ &\times\sum_{m=1}^\infty\frac{(\xi_m^2+\lambda_\vartheta^2)\cos(\xi_m\theta_0)\cos(\xi_m\theta)}{\vartheta(\xi_m^2+\lambda_\vartheta^2)+\lambda_\vartheta}\sum_{n=1}^\infty\frac{\xi_n^2 J_{\mathcal{M}}(\xi_n r_0)J_{\mathcal{M}}(\xi_n r)\int_0^{t-t_0}q(t-t_0-\tau)e^{-\eta_r\xi_n^2(t-\tau)}d\tau}{\left\{\xi_n^2+\lambda_a^2-\left(\frac{\mathcal{M}}{a}\right)^2\right\}J_{\mathcal{M}}^2(\xi_n a)} - \\ &-\frac{4}{a\phi c_t}\sum_{m=1}^\infty\frac{(\xi_m^2+\lambda_\vartheta^2)\cos(\xi_m\theta)}{\vartheta(\xi_m^2+\lambda_\vartheta^2)+\lambda_\vartheta}\sum_{n=1}^\infty\frac{\xi_n^2 J_{\mathcal{M}}(\xi_n r)\int_0^t\overline{\psi}(\xi_m,\tau)e^{-\eta_r\xi_n^2(t-\tau)}d\tau +}{\left\{\xi_n^2+\lambda_a^2-\left(\frac{\mathcal{M}}{a}\right)^2\right\}J_{\mathcal{M}}(\xi_n a)} \\ &+\frac{4}{a^2\phi c_t}\sum_{m=1}^\infty\frac{(\xi_m^2+\lambda_\vartheta^2)\cos(\xi_m\theta)}{\vartheta(\xi_m^2+\lambda_\vartheta^2)+\lambda_\vartheta}\times \\ &\times\sum_{n=1}^\infty\frac{\xi_n^2 J_{\mathcal{M}}(\xi_n r)\int_0^a\frac{J_{\mathcal{M}}(\xi_n u)}{u}\int_0^t\{\psi_0(r,u)-\psi_\vartheta(u,s)\cos(\xi_m\vartheta)\}e^{-\eta_r\xi_n^2(t-\tau)}d\tau du}{\left\{\xi_n^2+\lambda_a^2-\left(\frac{\mathcal{M}}{a}\right)^2\right\}J_{\mathcal{M}}^2(\xi_n a)} + \\ &+\frac{4}{a^2}\sum_{m=1}^\infty\frac{(\xi_m^2+\lambda_\vartheta^2)\cos(\xi_m\theta)}{\vartheta(\xi_m^2+\lambda_\vartheta^2)+\lambda_\vartheta}\sum_{n=1}^\infty\frac{\xi_n^2 J_{\mathcal{M}}(\xi_n r)\overline{\overline{\varphi}}(\xi_n,\xi_m)e^{-\eta_r\xi_n^2 t}}{\left\{\xi_n^2+\lambda_a^2-\left(\frac{\mathcal{M}}{a}\right)^2\right\}J_{\mathcal{M}}^2(\xi_n a)}\end{aligned} \tag{17.24.3}$$

where $\overline{\psi}(\xi_m,t)=\int_0^\vartheta\psi(u,t)\cos(\xi_m u)du$.

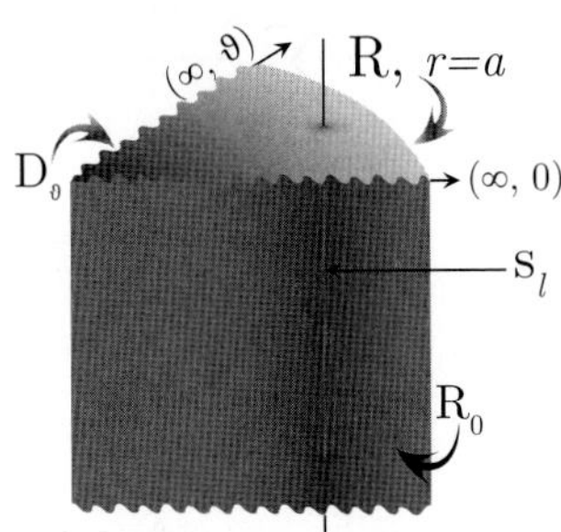

17.25 **The problem of 17.1, except**
$\mathbf{R_0} \equiv \frac{\partial p(r,0,t)}{\partial \theta} - \lambda_0 p(r,0,t) = -\left(\frac{\mu}{k_\theta}\right)\psi_0(r,t)$,
$\mathbf{D_\vartheta} \equiv p(r,\vartheta,t) = \psi_\vartheta(r,t)$ **and**
$\mathbf{R} \equiv \frac{\partial p(a,\theta,t)}{\partial r} + \lambda_a p(a,\theta,t) = -\left(\frac{\mu}{k_r}\right)\psi(\theta,t)$

The successive application of the Laplace, Fourier and finite Hankel transformations to equation (14.1.1) gives

$$\overline{\overline{\overline{p}}} = \frac{q(s)e^{-st_0}\sin\{\xi_m(\vartheta-\theta_0)\}J_{\mathcal{M}}(\xi_n r_0)}{\phi c_t(\eta_r\xi_n^2+s)} - \frac{a\overline{\overline{\psi}}(\xi_m,s)J_{\mathcal{M}}(\xi_n a)}{\phi c_t(\eta_r\xi_n^2+s)} + \frac{\eta_\theta\int_0^a \frac{J_{\mathcal{M}}(\xi_n u)}{u}\left\{\left(\frac{\mu}{k_\theta}\right)\overline{\psi}_0(u,s)\sin(\xi_m\vartheta)+\xi_m\overline{\psi}_\vartheta(u,s)\right\}du}{(\eta_r\xi_n^2+s)} + \frac{\overline{\overline{\varphi}}(\xi_n,\xi_m)}{(\eta_r\xi_n^2+s)} \tag{17.25.1}$$

where ξ_m is a positive root of $\xi_m\cot(\xi_m\vartheta) = -\lambda_0$, $m = 1,2,...$, ξ_n, $n = 1,2,...$, are the positive roots of $\xi_n J'_{\mathcal{M}}(\xi_n a) + \lambda_a J_{\mathcal{M}}(\xi_n a) = 0$, $\overline{\overline{\psi}}(\xi_m,s) = \int_0^\vartheta \overline{\psi}(u,s)\sin\{\xi_m(\vartheta-u)\}du$ and $\overline{\overline{\varphi}}(\xi_n,\xi_m) = \int_0^a rJ_{\mathcal{M}}(\xi_n r)\int_0^\vartheta \varphi(r,u)\sin\{\xi_m(\vartheta-u)\}dudr$. Successive inverse transforms yield

$$\begin{aligned}
\overline{p} = {} & \frac{4q(s)e^{-st_0}}{a^2\phi c_t}\sum_{m=1}^{\infty}\frac{(\xi_m^2+\lambda_0^2)\sin\{\xi_m(\vartheta-\theta_0)\}\sin\{\xi_m(\vartheta-\theta)\}}{\vartheta(\xi_m^2+\lambda_0^2)+\lambda_0}\sum_{n=1}^{\infty}\frac{\xi_n^2 J_{\mathcal{M}}(\xi_n r_0)J_{\mathcal{M}}(\xi_n r)}{(\eta_r\xi_n^2+s)\left\{\xi_n^2+\lambda_a^2-\left(\frac{\mathcal{M}}{a}\right)^2\right\}J_{\mathcal{M}}^2(\xi_n a)} - \\
& -\frac{4}{a\phi c_t}\sum_{m=1}^{\infty}\frac{\overline{\overline{\psi}}(\xi_m,s)(\xi_m^2+\lambda_0^2)\sin\{\xi_m(\vartheta-\theta)\}}{\vartheta(\xi_m^2+\lambda_0^2)+\lambda_0}\sum_{n=1}^{\infty}\frac{\xi_n^2 J_{\mathcal{M}}(\xi_n r)}{(\eta_r\xi_n^2+s)\left\{\xi_n^2+\lambda_a^2-\left(\frac{\mathcal{M}}{a}\right)^2\right\}J_{\mathcal{M}}(\xi_n a)} + \\
& +\frac{4\eta_\theta}{a^2}\sum_{m=1}^{\infty}\frac{(\xi_m^2+\lambda_0^2)\sin\{\xi_m(\vartheta-\theta)\}}{\vartheta(\xi_m^2+\lambda_0^2)+\lambda_0}\times \\
& \times\sum_{n=1}^{\infty}\frac{\xi_n^2 J_{\mathcal{M}}(\xi_n r)\int_0^a\frac{J_{\mathcal{M}}(\xi_n u)}{u}\left\{\left(\frac{\mu}{k_\theta}\right)\overline{\psi}_0(u,s)\sin(\xi_m\vartheta)+\xi_m\overline{\psi}_\vartheta(u,s)\right\}du}{(\eta_r\xi_n^2+s)\left\{\xi_n^2+\lambda_a^2-\left(\frac{\mathcal{M}}{a}\right)^2\right\}J_{\mathcal{M}}^2(\xi_n a)} + \\
& +\frac{4}{a^2}\sum_{m=1}^{\infty}\frac{(\xi_m^2+\lambda_0^2)\sin\{\xi_m(\vartheta-\theta)\}}{\vartheta(\xi_m^2+\lambda_0^2)+\lambda_0}\sum_{n=1}^{\infty}\frac{\xi_n^2 J_{\mathcal{M}}(\xi_n r)\overline{\overline{\varphi}}(\xi_n,\xi_m)}{(\eta_r\xi_n^2+s)\left\{\xi_n^2+\lambda_a^2-\left(\frac{\mathcal{M}}{a}\right)^2\right\}J_{\mathcal{M}}^2(\xi_n a)}
\end{aligned} \tag{17.25.2}$$

and

$$\begin{aligned}
p = {} & \frac{4U(t-t_0)}{a^2\phi c_t}\sum_{m=1}^{\infty}\frac{(\xi_m^2+\lambda_0^2)\sin\{\xi_m(\vartheta-\theta_0)\}\sin\{\xi_m(\vartheta-\theta)\}}{\vartheta(\xi_m^2+\lambda_0^2)+\lambda_0}\times \\
& \times\sum_{n=1}^{\infty}\frac{\xi_n^2 J_{\mathcal{M}}(\xi_n r_0)J_{\mathcal{M}}(\xi_n r)\int_0^{t-t_0}q(t-t_0-\tau)e^{-\eta_r\xi_n^2(t-\tau)}d\tau}{\left\{\xi_n^2+\lambda_a^2-\left(\frac{\mathcal{M}}{a}\right)^2\right\}J_{\mathcal{M}}^2(\xi_n a)} - \\
& -\frac{4}{a\phi c_t}\sum_{m=1}^{\infty}\frac{(\xi_m^2+\lambda_0^2)\sin\{\xi_m(\vartheta-\theta)\}}{\vartheta(\xi_m^2+\lambda_0^2)+\lambda_0}\sum_{n=1}^{\infty}\frac{\xi_n^2 J_{\mathcal{M}}(\xi_n r)\int_0^t\overline{\psi}(\xi_m,\tau)e^{-\eta_r\xi_n^2(t-\tau)}d\tau}{\left\{\xi_n^2+\lambda_a^2-\left(\frac{\mathcal{M}}{a}\right)^2\right\}J_{\mathcal{M}}(\xi_n a)} + \\
& +\frac{4\eta_\theta}{a^2}\sum_{m=1}^{\infty}\frac{(\xi_m^2+\lambda_0^2)\sin\{\xi_m(\vartheta-\theta)\}}{\vartheta(\xi_m^2+\lambda_0^2)+\lambda_0}\times
\end{aligned}$$

$$\times\sum_{n=1}^{\infty}\frac{\xi_n^2 J_{\mathcal{M}}(\xi_n r)\int_0^a \frac{J_{\mathcal{M}}(\xi_n u)}{u}\int_0^t\left\{\left(\frac{\mu}{k_\theta}\right)\psi_0(u,\tau)\sin(\xi_m\vartheta)+\xi_m\psi_\vartheta(u,\tau)\right\}e^{-\eta_r\xi_n^2(t-\tau)}d\tau du}{\left\{\xi_n^2+\lambda_a^2-\left(\frac{\mathcal{M}}{a}\right)^2\right\}J_{\mathcal{M}}^2(\xi_n a)}+$$

$$+\frac{4}{a^2}\sum_{m=1}^{\infty}\frac{\left(\xi_m^2+\lambda_0^2\right)\sin\{\xi_m(\vartheta-\theta)\}}{\vartheta\left(\xi_m^2+\lambda_0^2\right)+\lambda_0}\sum_{n=1}^{\infty}\frac{\xi_n^2 J_{\mathcal{M}}(\xi_n r)\overline{\overline{\varphi}}(\xi_n,\xi_m)e^{-\eta_r\xi_n^2 t}}{\left\{\xi_n^2+\lambda_a^2-\left(\frac{\mathcal{M}}{a}\right)^2\right\}J_{\mathcal{M}}^2(\xi_n a)} \quad (17.25.3)$$

where $\overline{\psi}(\xi_m,t)=\int_0^\vartheta\psi(u,t)\sin\{\xi_m(\vartheta-u)\}du$.

17.26

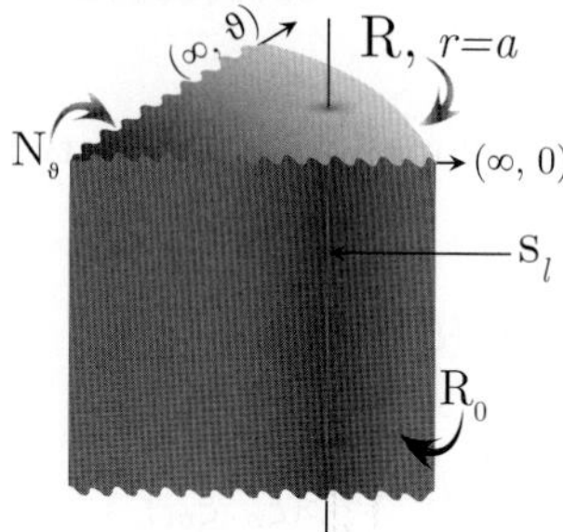

The problem of 17.1, except
$\mathbf{R_0}\equiv\frac{\partial p(r,0,t)}{\partial\theta}-\lambda_0 p(r,0,t)=-\left(\frac{\mu}{k_\theta}\right)\psi_0(r,t)$,
$\mathbf{N_\vartheta}\equiv\frac{\partial p(r,\vartheta,t)}{\partial\theta}=-\left(\frac{\mu}{k_\theta}\right)\psi_\vartheta(r,t)$ **and**
$\mathbf{R}\equiv\frac{\partial p(a,\theta,t)}{\partial r}+\lambda_a p(a,\theta,t)=-\left(\frac{\mu}{k_r}\right)\psi(\theta,t)$

The successive application of the Laplace, Fourier and finite Hankel transformations to equation (14.1.1) gives

$$\overline{\overline{\overline{p}}}=\frac{q(s)e^{-st_0}\cos\{\xi_m(\vartheta-\theta_0)\}J_{\mathcal{M}}(\xi_n r_0)}{\phi c_t\left(\eta_r\xi_n^2+s\right)}-\frac{a\overline{\overline{\psi}}(\xi_m,s)J_{\mathcal{M}}(\xi_n a)}{\phi c_t\left(\eta_r\xi_n^2+s\right)}+$$
$$+\frac{\int_0^a\frac{J_{\mathcal{M}}(\xi_n u)}{u}\left\{\overline{\psi}_0(u,s)\cos(\xi_m\vartheta)-\overline{\psi}_\vartheta(u,s)\right\}du}{\phi c_t\left(\eta_r\xi_n^2+s\right)}+\frac{\overline{\overline{\varphi}}(\xi_n,\xi_m)}{\left(\eta_r\xi_n^2+s\right)} \quad (17.26.1)$$

where ξ_m is a positive root of $\xi_m\tan(\xi_m\vartheta)=\lambda_0$, $m=1,2,...$, ξ_n, $n=1,2,...$, are the positive roots of $\xi_n J'_{\mathcal{M}}(\xi_n a)+\lambda_a J_{\mathcal{M}}(\xi_n a)=0$, $\overline{\overline{\psi}}(\xi_m,s)=\int_0^\vartheta\overline{\psi}(u,s)\cos\{\xi_m(\vartheta-u)\}du$ and
$\overline{\overline{\varphi}}(\xi_n,\xi_m)=\int_0^a rJ_{\mathcal{M}}(\xi_n r)\int_0^\vartheta\varphi(r,u)\cos\{\xi_m(\vartheta-u)\}dudr$. Successive inverse transforms yield

$$\overline{p}=\frac{4q(s)e^{-st_0}}{a^2\phi c_t}\sum_{m=1}^{\infty}\frac{\left(\xi_m^2+\lambda_0^2\right)\cos\{\xi_m(\vartheta-\theta_0)\}\cos\{\xi_m(\vartheta-\theta)\}}{\vartheta\left(\xi_m^2+\lambda_0^2\right)+\lambda_0}\sum_{n=1}^{\infty}\frac{\xi_n^2 J_{\mathcal{M}}(\xi_n r_0)J_{\mathcal{M}}(\xi_n r)}{\left(\eta_r\xi_n^2+s\right)\left\{\xi_n^2+\lambda_a^2-\left(\frac{\mathcal{M}}{a}\right)^2\right\}J_{\mathcal{M}}^2(\xi_n a)}-$$
$$-\frac{4}{a\phi c_t}\sum_{m=1}^{\infty}\frac{\overline{\overline{\psi}}(\xi_m,s)\left(\xi_m^2+\lambda_0^2\right)\cos\{\xi_m(\vartheta-\theta)\}}{\vartheta\left(\xi_m^2+\lambda_0^2\right)+\lambda_0}\sum_{n=1}^{\infty}\frac{\xi_n^2 J_{\mathcal{M}}(\xi_n r)}{\left(\eta_r\xi_n^2+s\right)\left\{\xi_n^2+\lambda_a^2-\left(\frac{\mathcal{M}}{a}\right)^2\right\}J_{\mathcal{M}}(\xi_n a)}+$$
$$+\frac{4}{a^2\phi c_t}\sum_{m=1}^{\infty}\frac{\left(\xi_m^2+\lambda_0^2\right)\cos\{\xi_m(\vartheta-\theta)\}}{\vartheta\left(\xi_m^2+\lambda_0^2\right)+\lambda_0}\sum_{n=1}^{\infty}\frac{\xi_n^2 J_{\mathcal{M}}(\xi_n r)\int_0^a\frac{J_{\mathcal{M}}(\xi_n u)}{u}\left\{\overline{\psi}_0(u,s)\cos(\xi_m\vartheta)-\overline{\psi}_\vartheta(u,s)\right\}du}{\left(\eta_r\xi_n^2+s\right)\left\{\xi_n^2+\lambda_a^2-\left(\frac{\mathcal{M}}{a}\right)^2\right\}J_{\mathcal{M}}^2(\xi_n a)}+$$
$$+\frac{4}{a^2}\sum_{m=1}^{\infty}\frac{\left(\xi_m^2+\lambda_0^2\right)\cos\{\xi_m(\vartheta-\theta)\}}{\vartheta\left(\xi_m^2+\lambda_0^2\right)+\lambda_0}\sum_{n=1}^{\infty}\frac{\xi_n^2 J_{\mathcal{M}}(\xi_n r)\overline{\overline{\varphi}}(\xi_n,\xi_m)}{\left(\eta_r\xi_n^2+s\right)\left\{\xi_n^2+\lambda_a^2-\left(\frac{\mathcal{M}}{a}\right)^2\right\}J_{\mathcal{M}}^2(\xi_n a)} \quad (17.26.2)$$

and

$$p=\frac{4U(t-t_0)}{a^2\phi c_t}\sum_{m=1}^{\infty}\frac{\left(\xi_m^2+\lambda_0^2\right)\cos\{\xi_m(\vartheta-\theta_0)\}\cos\{\xi_m(\vartheta-\theta)\}}{\vartheta\left(\xi_m^2+\lambda_0^2\right)+\lambda_0}\times$$
$$\times\sum_{n=1}^{\infty}\frac{\xi_n^2 J_{\mathcal{M}}(\xi_n r_0)J_{\mathcal{M}}(\xi_n r)\int_0^{t-t_0}q(t-t_0-\tau)e^{-\eta_r\xi_n^2(t-\tau)}d\tau}{\left\{\xi_n^2+\lambda_a^2-\left(\frac{\mathcal{M}}{a}\right)^2\right\}J_{\mathcal{M}}^2(\xi_n a)}-$$
$$-\frac{4}{a\phi c_t}\sum_{m=1}^{\infty}\frac{\left(\xi_m^2+\lambda_0^2\right)\cos\{\xi_m(\vartheta-\theta)\}}{\vartheta\left(\xi_m^2+\lambda_0^2\right)+\lambda_0}\sum_{n=1}^{\infty}\frac{\xi_n^2 J_{\mathcal{M}}(\xi_n r)\int_0^t\overline{\psi}(\xi_m,\tau)e^{-\eta_r\xi_n^2(t-\tau)}d\tau}{\left\{\xi_n^2+\lambda_a^2-\left(\frac{\mathcal{M}}{a}\right)^2\right\}J_{\mathcal{M}}(\xi_n a)}+$$

$$+\frac{4}{a^2\phi c_t}\sum_{m=1}^{\infty}\frac{\left(\xi_m^2+\lambda_0^2\right)\cos\{\xi_m(\vartheta-\theta)\}}{\vartheta\left(\xi_m^2+\lambda_0^2\right)+\lambda_0}\times$$

$$\times\sum_{n=1}^{\infty}\frac{\xi_n^2 J_{\mathcal{M}}(\xi_n r)\int_0^a\frac{J_{\mathcal{M}}(\xi_n u)}{u}\int_0^t\{\psi_0(u,\tau)\cos(\xi_m\vartheta)-\psi_\vartheta(u,\tau)\}e^{-\eta_r\xi_n^2(t-\tau)}d\tau du}{\left\{\xi_n^2+\lambda_a^2-\left(\frac{\mathcal{M}}{a}\right)^2\right\}J_{\mathcal{M}}^2(\xi_n a)}+$$

$$+\frac{4}{a^2}\sum_{m=1}^{\infty}\frac{\left(\xi_m^2+\lambda_0^2\right)\cos\{\xi_m(\vartheta-\theta)\}}{\vartheta\left(\xi_m^2+\lambda_0^2\right)+\lambda_0}\sum_{n=1}^{\infty}\frac{\xi_n^2 J_{\mathcal{M}}(\xi_n r)\overline{\overline{\varphi}}(\xi_n,\xi_m)\,e^{-\eta_r\xi_n^2 t}}{\left\{\xi_n^2+\lambda_a^2-\left(\frac{\mathcal{M}}{a}\right)^2\right\}J_{\mathcal{M}}^2(\xi_n a)} \tag{17.26.3}$$

where $\overline{\psi}(\xi_m,t)=\int_0^{\vartheta}\psi(u,t)\cos\{\xi_m(\vartheta-u)\}du$.

17.27 The problem of 17.1, except

$R_0\equiv\frac{\partial p(r,0,t)}{\partial\theta}-\lambda_0 p(r,0,t)=-\left(\frac{\mu}{k_\theta}\right)\psi_0(r,t)$,
$R_\vartheta\equiv\frac{\partial p(r,\vartheta,t)}{\partial\theta}+\lambda_\vartheta p(r,\vartheta,t)=-\left(\frac{\mu}{k_\theta}\right)\psi_\vartheta(r,t)$ and
$R\equiv\frac{\partial p(a,\theta,t)}{\partial r}+\lambda_a p(a,\theta,t)=-\left(\frac{\mu}{k_r}\right)\psi(\theta,t)$

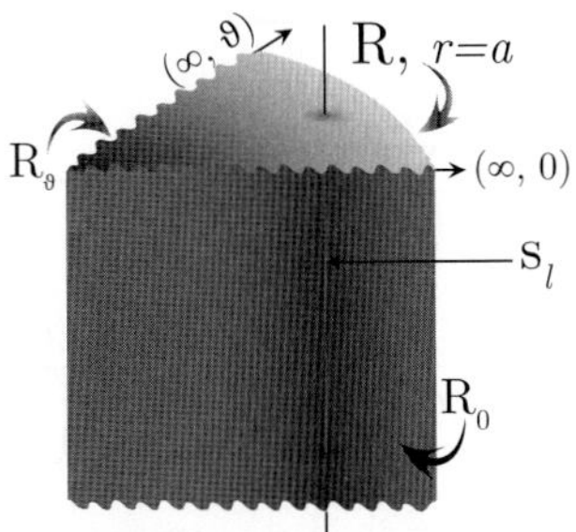

The successive application of the Laplace, Fourier and finite Hankel transformations to equation (14.1.1) gives

$$\overline{\overline{\overline{p}}}=\frac{q(s)e^{-st_0}\{\xi_m\cos(\xi_m\theta_0)+\lambda_0\sin(\xi_m\theta_0)\}J_{\mathcal{M}}(\xi_n r_0)}{\phi c_t\left(\eta_r\xi_n^2+s\right)}-\frac{a\overline{\overline{\psi}}(\xi_m,s)J_{\mathcal{M}}(\xi_n a)}{\phi c_t\left(\eta_r\xi_n^2+s\right)}+$$

$$+\frac{\int_0^a\frac{J_{\mathcal{M}}(\xi_n u)}{u}\left[\xi_m\overline{\psi}_0(u,s)-\overline{\psi}_\vartheta(u,s)\{\xi_m\cos(\xi_m\vartheta)+\lambda_0\sin(\xi_m\vartheta)\}\right]du}{\phi c_t\left(\eta_r\xi_n^2+s\right)}+\frac{\overline{\overline{\varphi}}(\xi_n,\xi_m)}{\left(\eta_r\xi_n^2+s\right)} \tag{17.27.1}$$

where ξ_m is a positive root of $\tan(\xi_m\vartheta)=\frac{\xi_m(\lambda_0+\lambda_\vartheta)}{(\xi_m^2-\lambda_0\lambda_\vartheta)}$, $m=1,2,...,$ ξ_n, $n=1,2,...,$ are the positive roots of $\xi_n J'_{\mathcal{M}}(\xi_n a)+\lambda J_{\mathcal{M}}(\xi_n a)=0$, $\overline{\overline{\psi}}(\xi_m,s)=\int_0^{\vartheta}\overline{\psi}(u,s)\{\xi_m\cos(\xi_m u)+\lambda_0\sin(\xi_m u)\}du$ and $\overline{\overline{\varphi}}(\xi_n,\xi_m)=\int_0^a rJ_{\mathcal{M}}(\xi_n r)\int_0^{\vartheta}\varphi(r,u)\{\xi_m\cos(\xi_m u)+\lambda_0\sin(\xi_m u)\}dudr$. Successive inverse transforms yield

$$\overline{p}=\frac{4q(s)e^{-st_0}}{a^2\phi c_t}\sum_{m=1}^{\infty}\frac{\{\xi_m\cos(\xi_m\theta_0)+\lambda_0\sin(\xi_m\theta_0)\}\{\xi_m\cos(\xi_m\theta)+\lambda_0\sin(\xi_m\theta)\}}{\left(\xi_m^2+\lambda_0^2\right)\left\{\vartheta+\frac{\lambda_\vartheta}{\xi_m^2+\lambda_\vartheta^2}\right\}+\lambda_0}\times$$

$$\times\sum_{n=1}^{\infty}\frac{\xi_n^2 J_{\mathcal{M}}(\xi_n r_0)J_{\mathcal{M}}(\xi_n r)}{\left(\eta_r\xi_n^2+s\right)\left\{\xi_n^2+\lambda_a^2-\left(\frac{\mathcal{M}}{a}\right)^2\right\}J_{\mathcal{M}}^2(\xi_n a)}-$$

$$-\frac{4}{a\phi c_t}\sum_{m=1}^{\infty}\frac{\overline{\overline{\psi}}(\xi_m,s)\{\xi_m\cos(\xi_m\theta)+\lambda_0\sin(\xi_m\theta)\}}{\left(\xi_m^2+\lambda_0^2\right)\left\{\vartheta+\frac{\lambda_\vartheta}{\xi_m^2+\lambda_\vartheta^2}\right\}+\lambda_0}\sum_{n=1}^{\infty}\frac{\xi_n^2 J_{\mathcal{M}}(\xi_n r)}{\left(\eta_r\xi_n^2+s\right)\left\{\xi_n^2+\lambda_a^2-\left(\frac{\mathcal{M}}{a}\right)^2\right\}J_{\mathcal{M}}(\xi_n a)}+$$

$$+\frac{4}{a^2\phi c_t}\sum_{m=1}^{\infty}\frac{\{\xi_m\cos(\xi_m\theta)+\lambda_0\sin(\xi_m\theta)\}}{\left(\xi_m^2+\lambda_0^2\right)\left\{\vartheta+\frac{\lambda_\vartheta}{\xi_m^2+\lambda_\vartheta^2}\right\}+\lambda_0}\times$$

$$\times\sum_{n=1}^{\infty}\frac{\xi_n^2 J_{\mathcal{M}}(\xi_n r)\int_0^a\frac{J_{\mathcal{M}}(\xi_n u)}{u}\left[\xi_m\overline{\psi}_0(u,s)-\overline{\psi}_\vartheta(u,s)\{\xi_m\cos(\xi_m\vartheta)+\lambda_0\sin(\xi_m\vartheta)\}\right]du}{\left(\eta_r\xi_n^2+s\right)\left\{\xi_n^2+\lambda_a^2-\left(\frac{\mathcal{M}}{a}\right)^2\right\}J_{\mathcal{M}}^2(\xi_n a)}+$$

$$+\frac{4}{a^2}\sum_{m=1}^{\infty}\frac{\{\xi_m\cos(\xi_m\theta)+\lambda_0\sin(\xi_m\theta)\}}{\left(\xi_m^2+\lambda_0^2\right)\left\{\vartheta+\frac{\lambda_\vartheta}{\xi_m^2+\lambda_\vartheta^2}\right\}+\lambda_0}\sum_{n=1}^{\infty}\frac{\xi_n^2 J_{\mathcal{M}}(\xi_n r)\overline{\overline{\varphi}}(\xi_n,\xi_m)}{\left(\eta_r\xi_n^2+s\right)\left\{\xi_n^2+\lambda_a^2-\left(\frac{\mathcal{M}}{a}\right)^2\right\}J_{\mathcal{M}}^2(\xi_n a)} \tag{17.27.2}$$

and

$$p = \frac{4U(t-t_0)}{a^2\phi c_t}\sum_{m=1}^{\infty}\frac{\{\xi_m\cos(\xi_m\theta_0)+\lambda_0\sin(\xi_m\theta_0)\}\{\xi_m\cos(\xi_m\theta)+\lambda_0\sin(\xi_m\theta)\}}{(\xi_m^2+\lambda_0^2)\left\{\vartheta+\frac{\lambda_\vartheta}{\xi_m^2+\lambda_\vartheta^2}\right\}+\lambda_0}\times$$
$$\times\sum_{n=1}^{\infty}\frac{\xi_n^2 J_{\mathcal{M}}(\xi_n r_0)J_{\mathcal{M}}(\xi_n r)\int_0^{t-t_0}q(t-t_0-\tau)e^{-\eta_r\xi_n^2(t-\tau)}d\tau}{\left\{\xi_n^2+\lambda_a^2-\left(\frac{\mathcal{M}}{a}\right)^2\right\}J_{\mathcal{M}}^2(\xi_n a)}-$$
$$-\frac{4}{a\phi c_t}\sum_{m=1}^{\infty}\frac{\{\xi_m\cos(\xi_m\theta)+\lambda_0\sin(\xi_m\theta)\}}{(\xi_m^2+\lambda_0^2)\left\{\vartheta+\frac{\lambda_\vartheta}{\xi_m^2+\lambda_\vartheta^2}\right\}+\lambda_0}\sum_{n=1}^{\infty}\frac{\xi_n^2 J_{\mathcal{M}}(\xi_n r)\int_0^t\overline{\psi}(\xi_m,\tau)e^{-\eta_r\xi_n^2(t-\tau)}d\tau}{\left\{\xi_n^2+\lambda_a^2-\left(\frac{\mathcal{M}}{a}\right)^2\right\}J_{\mathcal{M}}(\xi_n a)}+$$
$$+\frac{4}{a^2\phi c_t}\sum_{m=1}^{\infty}\frac{\{\xi_m\cos(\xi_m\theta)+\lambda_0\sin(\xi_m\theta)\}}{(\xi_m^2+\lambda_0^2)\left\{\vartheta+\frac{\lambda_\vartheta}{\xi_m^2+\lambda_\vartheta^2}\right\}+\lambda_0}\times$$
$$\times\sum_{n=1}^{\infty}\frac{\xi_n^2 J_{\mathcal{M}}(\xi_n r)\int_0^a\frac{J_{\mathcal{M}}(\xi_n u)}{u}\int_0^t[\xi_m\psi_0(u,\tau)-\psi_\vartheta(u,\tau)\{\xi_m\cos(\xi_m\vartheta)+\lambda_0\sin(\xi_m\vartheta)\}]e^{-\eta_r\xi_n^2(t-\tau)}d\tau du}{\left\{\xi_n^2+\lambda_a^2-\left(\frac{\mathcal{M}}{a}\right)^2\right\}J_{\mathcal{M}}^2(\xi_n a)}+$$
$$+\frac{4}{a^2}\sum_{m=1}^{\infty}\frac{\{\xi_m\cos(\xi_m\theta)+\lambda_0\sin(\xi_m\theta)\}}{(\xi_m^2+\lambda_0^2)\left\{\vartheta+\frac{\lambda_\vartheta}{\xi_m^2+\lambda_\vartheta^2}\right\}+\lambda_0}\sum_{n=1}^{\infty}\frac{\xi_n^2 J_{\mathcal{M}}(\xi_n r)\overline{\overline{\varphi}}(\xi_n,\xi_m)e^{-\eta_r\xi_n^2 t}}{\left\{\xi_n^2+\lambda_a^2-\left(\frac{\mathcal{M}}{a}\right)^2\right\}J_{\mathcal{M}}^2(\xi_n a)} \quad (17.27.3)$$

where $\overline{\psi}(\xi_m,t)=\int_0^\vartheta\psi(u,t)\{\xi_m\cos(\xi_m u)+\lambda_0\sin(\xi_m u)\}du$.

17.28

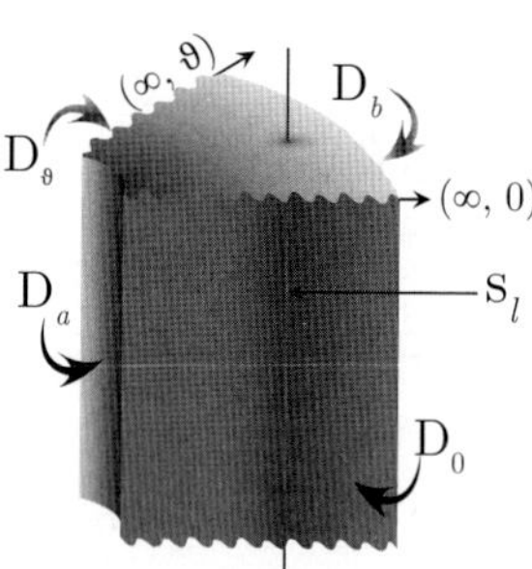

The problem of 17.1, except the cylindrical continuum is bounded by $a \le r \le b$ and $0 \le \theta \le \vartheta$; $\vartheta < 2\pi$. Line source at $s_l \equiv (r_0, \theta_0)$ at time $t = t_0$; $a \le r_0 \le b$, $0 \le \theta_0 \le \vartheta$, $t_0 \ge 0$. $D_a \equiv p(a,\theta,t) = \psi_a(\theta,t)$ and $D_b \equiv p(b,\theta,t) = \psi_b(\theta,t)$; $\psi_a(\theta,t)$ and $\psi_b(\theta,t)$ are arbitrary functions of θ and t. $D_0 \equiv p(r,0,t) = \psi_0(r,t)$ and $D_\vartheta \equiv p(r,\vartheta,t) = \psi_\vartheta(r,t)$; $\psi_0(r,t)$ and $\psi_\vartheta(r,t)$ are arbitrary functions of r and t. $p(r,\theta,0) = \varphi(r,\theta)$

The successive application of the Laplace, Fourier and finite Hankel transformations to equation (14.1.1) gives

$$\overline{\overline{\overline{p}}} = \frac{q(s)e^{-st_0}\sin(\xi_m\theta_0)\mathcal{V}_{\mathcal{DM}}(\xi_n r_0,a)}{\phi c_t(\eta_r\xi_n^2+s)}-\frac{2\eta_r\overline{\overline{\psi}}_a(\xi_m,s)}{\pi(\eta_r\xi_n^2+s)}+\frac{2\eta_r J_{\mathcal{M}}(\xi_n a)\overline{\overline{\psi}}_b(\xi_m,s)}{\pi J_{\mathcal{M}}(\xi_n b)(\eta_r\xi_n^2+s)}+$$
$$+\frac{\xi_m\eta_\theta\int_a^b\frac{\mathcal{V}_{\mathcal{DM}}(\xi_n u,a)}{u}\left\{\overline{\psi}_0(u,s)-(-1)^m\overline{\psi}_\vartheta(u,s)\right\}du}{(\eta_r\xi_n^2+s)}+\frac{\overline{\overline{\varphi}}(\xi_n,\xi_m)}{(\eta_r\xi_n^2+s)} \quad (17.28.1)$$

where ξ_m is a positive root of $\sin(\xi_m\vartheta)$, which are $\xi_m=\frac{m\pi}{\vartheta}$, $m=1,2,...$, ξ_n, $n=1,2,...$, are the positive roots of the transcendental equation $\mathcal{V}_{\mathcal{DM}}(\xi_n b,a)=0$, $\mathcal{V}_{\mathcal{DM}}(\xi_n r,a)=J_{\mathcal{M}}(\xi_n r)Y_{\mathcal{M}}(\xi_n a)-Y_{\mathcal{M}}(\xi_n r)J_{\mathcal{M}}(\xi_n a)$, $\overline{\overline{\psi}}_a(\xi_m,s)=\int_0^\vartheta\overline{\psi}_a(u,s)\sin(\xi_m u)du$, $\overline{\overline{\psi}}_b(\xi_m,s)=\int_0^\vartheta\overline{\psi}_b(u,s)\sin(\xi_m u)du$ and $\overline{\overline{\varphi}}(\xi_n,\xi_m)=\int_a^b r\mathcal{V}_{\mathcal{DM}}(\xi_n r,a)\int_0^\vartheta\varphi(r,u)\sin(\xi_m u)dudr$. Successive inverse transforms yield

$$\overline{p} = \frac{\pi^2 q(s)e^{-st_0}}{\phi c_t\vartheta}\sum_{m=1}^{\infty}\sin(\xi_m\theta_0)\sin(\xi_m\theta)\sum_{n=1}^{\infty}\frac{\xi_n^2 J_{\mathcal{M}}^2(\xi_n b)\mathcal{V}_{\mathcal{DM}}(\xi_n r_0,a)\mathcal{V}_{\mathcal{DM}}(\xi_n r,a)}{(\eta_r\xi_n^2+s)\{J_{\mathcal{M}}^2(\xi_n a)-J_{\mathcal{M}}^2(\xi_n b)\}}+$$
$$+\frac{2\pi\eta_r}{\vartheta}\sum_{m=1}^{\infty}\sin(\xi_m\theta)\sum_{n=1}^{\infty}\frac{\xi_n^2 J_{\mathcal{M}}(\xi_n b)\left\{J_{\mathcal{M}}(\xi_n a)\overline{\overline{\psi}}_b(\xi_m,s)-J_{\mathcal{M}}(\xi_n b)\overline{\overline{\psi}}_a(\xi_m,s)\right\}\mathcal{V}_{\mathcal{DM}}(\xi_n r,a)}{(\eta_r\xi_n^2+s)\{J_{\mathcal{M}}^2(\xi_n a)-J_{\mathcal{M}}^2(\xi_n b)\}}+$$

$$+\frac{\pi^2\eta_\theta}{\vartheta}\sum_{m=1}^{\infty}\xi_m\sin(\xi_m\theta)\sum_{n=1}^{\infty}\frac{\xi_n^2 J_{\mathcal{M}}^2(\xi_n b)\,\mathcal{V}_{\mathcal{DM}}(\xi_n r,a)\int_a^b\frac{\mathcal{V}_{\mathcal{DM}}(\xi_n u,a)}{u}\left\{\overline{\psi}_0(u,s)-(-1)^m\overline{\psi}_\vartheta(u,s)\right\}du}{(\eta_r\xi_n^2+s)\left\{J_{\mathcal{M}}^2(\xi_n a)-J_{\mathcal{M}}^2(\xi_n b)\right\}}+$$

$$+\frac{\pi^2}{\vartheta}\sum_{m=1}^{\infty}\sin(\xi_m\theta)\sum_{n=1}^{\infty}\frac{\xi_n^2 J_{\mathcal{M}}^2(\xi_n b)\,\mathcal{V}_{\mathcal{DM}}(\xi_n r,a)\overline{\overline{\varphi}}(\xi_n,\xi_m)}{(\eta_r\xi_n^2+s)\left\{J_{\mathcal{M}}^2(\xi_n a)-J_{\mathcal{M}}^2(\xi_n b)\right\}} \quad (17.28.2)$$

and

$$p=\frac{\pi^2 U(t-t_0)}{\phi c_t\vartheta}\sum_{m=1}^{\infty}\sin(\xi_m\theta_0)\sin(\xi_m\theta)\times$$

$$\times\sum_{n=1}^{\infty}\frac{\xi_n^2 J_{\mathcal{M}}^2(\xi_n b)\,\mathcal{V}_{\mathcal{DM}}(\xi_n r_0,a)\,\mathcal{V}_{\mathcal{DM}}(\xi_n r,a)\int_0^{t-t_0}q(t-t_0-\tau)\,e^{-\eta_r\xi_n^2(t-\tau)}d\tau}{\left\{J_{\mathcal{M}}^2(\xi_n a)-J_{\mathcal{M}}^2(\xi_n b)\right\}}+$$

$$+\frac{2\pi\eta_r}{\vartheta}\sum_{m=1}^{\infty}\sin(\xi_m\theta)\times$$

$$\times\sum_{n=1}^{\infty}\frac{\xi_n^2 J_{\mathcal{M}}(\xi_n b)\,\mathcal{V}_{\mathcal{DM}}(\xi_n r,a)\int_0^t\left\{J_{\mathcal{M}}(\xi_n a)\overline{\psi}_b(\xi_m,\tau)-J_{\mathcal{M}}(\xi_n b)\overline{\psi}_a(\xi_m,\tau)\right\}e^{-\eta_r\xi_n^2(t-\tau)}d\tau}{\left\{J_{\mathcal{M}}^2(\xi_n a)-J_{\mathcal{M}}^2(\xi_n b)\right\}}+$$

$$+\frac{\pi^2\eta_\theta}{\vartheta}\sum_{m=1}^{\infty}\xi_m\sin(\xi_m\theta)\times$$

$$\times\sum_{n=1}^{\infty}\frac{\xi_n^2 J_{\mathcal{M}}^2(\xi_n b)\,\mathcal{V}_{\mathcal{DM}}(\xi_n r,a)\int_a^b\frac{\mathcal{V}_{\mathcal{DM}}(\xi_n u,a)}{u}\int_0^t\left\{\psi_0(u,\tau)-(-1)^m\psi_\vartheta(u,\tau)\right\}e^{-\eta_r\xi_n^2(t-\tau)}d\tau du}{\left\{J_{\mathcal{M}}^2(\xi_n a)-J_{\mathcal{M}}^2(\xi_n b)\right\}}+$$

$$+\frac{\pi^2}{\vartheta}\sum_{m=1}^{\infty}\sin(\xi_m\theta)\sum_{n=1}^{\infty}\frac{\xi_n^2 J_{\mathcal{M}}^2(\xi_n b)\,\mathcal{V}_{\mathcal{DM}}(\xi_n r,a)\overline{\overline{\varphi}}(\xi_n,\xi_m)\,e^{-\eta_r\xi_n^2 t}}{\left\{J_{\mathcal{M}}^2(\xi_n a)-J_{\mathcal{M}}^2(\xi_n b)\right\}} \quad (17.28.3)$$

where $\overline{\psi}_a(\xi_m,t)=\int_0^\vartheta\psi_a(u,t)\sin(\xi_m u)du$ and $\overline{\psi}_b(\xi_m,t)=\int_0^\vartheta\psi_b(u,t)\sin(\xi_m u)du$.

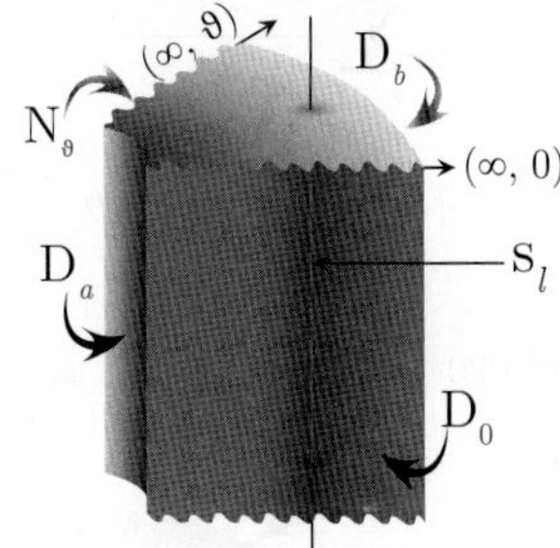

17.29 The problem of 17.28, except $\mathbf{D_0}\equiv p(r,0,t)=\psi_0(r,t)$, $\mathbf{N_\vartheta}\equiv\frac{\partial p(r,\vartheta,t)}{\partial\theta}=-\left(\frac{\mu}{k_\theta}\right)\psi_\vartheta(r,t)$, $\mathbf{D_a}\equiv p(a,\theta,t)=\psi_a(\theta,t)$ and $\mathbf{D_b}\equiv p(b,\theta,t)=\psi_b(\theta,t)$

The successive application of the Laplace, Fourier and finite Hankel transformations to equation (14.1.1) gives

$$\overline{\overline{\overline{p}}}=\frac{q(s)\,e^{-st_0}\sin(\xi_m\theta_0)\,\mathcal{V}_{\mathcal{DM}}(\xi_n r_0,a)}{\phi c_t(\eta_r\xi_n^2+s)}-\frac{2\eta_r\overline{\overline{\psi}}_a(\xi_m,s)}{\pi(\eta_r\xi_n^2+s)}+\frac{2\eta_r J_{\mathcal{M}}(\xi_n a)\overline{\overline{\psi}}_b(\xi_m,s)}{\pi J_{\mathcal{M}}(\xi_n b)(\eta_r\xi_n^2+s)}+$$

$$+\frac{\eta_\theta\int_a^b\frac{\mathcal{V}_{\mathcal{DM}}(\xi_n u,a)}{u}\left\{\xi_m\overline{\psi}_0(u,s)+(-1)^m\left(\frac{\mu}{k_\theta}\right)\overline{\psi}_\vartheta(u,s)\right\}du}{(\eta_r\xi_n^2+s)}+\frac{\overline{\overline{\varphi}}(\xi_n,\xi_m)}{(\eta_r\xi_n^2+s)} \quad (17.29.1)$$

where ξ_m is a positive root of $\cos(\xi_m\vartheta)$, which are $\xi_m=\frac{(2m-1)\pi}{2\vartheta}$, $m=1,2,...,$ ξ_n, $n=1,2,...,$ are the positive roots of the transcendental equation $\mathcal{V}_{\mathcal{DM}}(\xi_n b,a)=0$,
$\mathcal{V}_{\mathcal{DM}}(\xi_n r,a)=J_{\mathcal{M}}(\xi_n r)\,Y_{\mathcal{M}}(\xi_n a)-Y_{\mathcal{M}}(\xi_n r)\,J_{\mathcal{M}}(\xi_n a)$,

$\overline{\overline{\psi}}_a(\xi_m, s) = \int_0^{\vartheta} \overline{\psi}_a(u, s) \sin(\xi_m u) du$, $\overline{\overline{\psi}}_b(\xi_m, s) = \int_0^{\vartheta} \overline{\psi}_b(u, s) \sin(\xi_m u) du$ and $\overline{\overline{\varphi}}(\xi_n, \xi_m) = \int_a^b r \mathcal{V}_{\mathcal{DM}}(\xi_n r, a) \int_0^{\vartheta} \varphi(r, u) \sin(\xi_m u) du dr$. Successive inverse transforms yield

$$\begin{aligned}
\overline{p} \;=\; & \frac{\pi^2 q(s) e^{-st_0}}{\phi c_t \vartheta} \sum_{m=1}^{\infty} \sin(\xi_m \theta_0) \sin(\xi_m \theta) \sum_{n=1}^{\infty} \frac{\xi_n^2 J_{\mathcal{M}}^2(\xi_n b) \mathcal{V}_{\mathcal{DM}}(\xi_n r_0, a) \mathcal{V}_{\mathcal{DM}}(\xi_n r, a)}{(\eta_r \xi_n^2 + s)\{J_{\mathcal{M}}^2(\xi_n a) - J_{\mathcal{M}}^2(\xi_n b)\}} + \\
& + \frac{2\pi\eta_r}{\vartheta} \sum_{m=1}^{\infty} \sin(\xi_m \theta) \sum_{n=1}^{\infty} \frac{\xi_n^2 J_{\mathcal{M}}(\xi_n b)\left\{J_{\mathcal{M}}(\xi_n a) \overline{\overline{\psi}}_b(\xi_m, s) - J_{\mathcal{M}}(\xi_n b) \overline{\overline{\psi}}_a(\xi_m, s)\right\} \mathcal{V}_{\mathcal{DM}}(\xi_n r, a)}{(\eta_r \xi_n^2 + s)\{J_{\mathcal{M}}^2(\xi_n a) - J_{\mathcal{M}}^2(\xi_n b)\}} + \\
& + \frac{\pi^2 \eta_\theta}{\vartheta} \sum_{m=1}^{\infty} \sin(\xi_m \theta) \sum_{n=1}^{\infty} \frac{\xi_n^2 J_{\mathcal{M}}^2(\xi_n b) \mathcal{V}_{\mathcal{DM}}(\xi_n r, a) \int_a^b \frac{\mathcal{V}_{\mathcal{DM}}(\xi_n u, a)}{u}\left\{\xi_m \overline{\psi}_0(u, s) + (-1)^m \left(\frac{\mu}{k_\theta}\right) \overline{\psi}_\vartheta(u, s)\right\} du}{(\eta_r \xi_n^2 + s)\{J_{\mathcal{M}}^2(\xi_n a) - J_{\mathcal{M}}^2(\xi_n b)\}} + \\
& + \frac{\pi^2}{\vartheta} \sum_{m=1}^{\infty} \sin(\xi_m \theta) \sum_{n=1}^{\infty} \frac{\xi_n^2 J_{\mathcal{M}}^2(\xi_n b) \mathcal{V}_{\mathcal{DM}}(\xi_n r, a) \overline{\overline{\varphi}}(\xi_n, \xi_m)}{(\eta_r \xi_n^2 + s)\{J_{\mathcal{M}}^2(\xi_n a) - J_{\mathcal{M}}^2(\xi_n b)\}}
\end{aligned} \tag{17.29.2}$$

and

$$\begin{aligned}
p \;=\; & \frac{\pi^2 U(t - t_0)}{\phi c_t \vartheta} \sum_{m=1}^{\infty} \sin(\xi_m \theta_0) \sin(\xi_m \theta) \times \\
& \times \sum_{n=1}^{\infty} \frac{\xi_n^2 J_{\mathcal{M}}^2(\xi_n b) \mathcal{V}_{\mathcal{DM}}(\xi_n r_0, a) \mathcal{V}_{\mathcal{DM}}(\xi_n r, a) \int_0^{t-t_0} q(t - t_0 - \tau) e^{-\eta_r \xi_n^2 (t-\tau)} d\tau}{\{J_{\mathcal{M}}^2(\xi_n a) - J_{\mathcal{M}}^2(\xi_n b)\}} + \\
& + \frac{2\pi\eta_r}{\vartheta} \sum_{m=1}^{\infty} \sin(\xi_m \theta) \times \\
& \times \sum_{n=1}^{\infty} \frac{\xi_n^2 J_{\mathcal{M}}(\xi_n b) \mathcal{V}_{\mathcal{DM}}(\xi_n r, a) \int_0^t \{J_{\mathcal{M}}(\xi_n a) \overline{\psi}_b(\xi_m, \tau) - J_{\mathcal{M}}(\xi_n b) \overline{\psi}_a(\xi_m, \tau)\} e^{-\eta_r \xi_n^2 (t-\tau)} d\tau}{\{J_{\mathcal{M}}^2(\xi_n a) - J_{\mathcal{M}}^2(\xi_n b)\}} + \\
& + \frac{\pi^2 \eta_\theta}{\vartheta} \sum_{m=1}^{\infty} \sin(\xi_m \theta) \times \\
& \times \sum_{n=1}^{\infty} \frac{\xi_n^2 J_{\mathcal{M}}^2(\xi_n b) \mathcal{V}_{\mathcal{DM}}(\xi_n r, a) \int_a^b \frac{\mathcal{V}_{\mathcal{DM}}(\xi_n u, a)}{u} \int_0^t \left\{\xi_m \psi_0(u, \tau) + (-1)^m \left(\frac{\mu}{k_\theta}\right) \psi_\vartheta(u, \tau)\right\} e^{-\eta_r \xi_n^2 (t-\tau)} d\tau du}{\{J_{\mathcal{M}}^2(\xi_n a) - J_{\mathcal{M}}^2(\xi_n b)\}} + \\
& + \frac{\pi^2}{\vartheta} \sum_{m=1}^{\infty} \sin(\xi_m \theta) \sum_{n=1}^{\infty} \frac{\xi_n^2 J_{\mathcal{M}}^2(\xi_n b) \mathcal{V}_{\mathcal{DM}}(\xi_n r, a) \overline{\overline{\varphi}}(\xi_n, \xi_m) e^{-\eta_r \xi_n^2 t}}{\{J_{\mathcal{M}}^2(\xi_n a) - J_{\mathcal{M}}^2(\xi_n b)\}}
\end{aligned} \tag{17.29.3}$$

where $\overline{\psi}_a(\xi_m, t) = \int_0^{\vartheta} \psi_a(u, t) \sin(\xi_m u) du$ and $\overline{\psi}_b(\xi_m, t) = \int_0^{\vartheta} \psi_b(u, t) \sin(\xi_m u) du$.

17.30

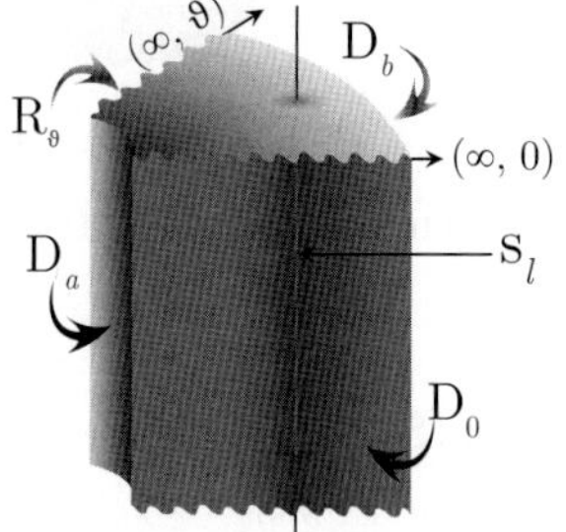

The problem of 17.28, except $D_0 \equiv p(r, 0, t) = \psi_0(r, t)$, $R_\vartheta \equiv \frac{\partial p(r, \vartheta, t)}{\partial \theta} + \lambda p(r, \vartheta, t) = -\left(\frac{\mu}{k_\theta}\right) \psi_\vartheta(r, t)$, $D_a \equiv p(a, \theta, t) = \psi_a(\theta, t)$ and $D_b \equiv p(b, \theta, t) = \psi_b(\theta, t)$

The successive application of the Laplace, Fourier and finite Hankel transformations to equation (14.1.1) gives

$$\begin{aligned}
\overline{\overline{\overline{p}}} \;=\; & \frac{q(s) e^{-st_0} \sin(\xi_m \theta_0) \mathcal{V}_{\mathcal{DM}}(\xi_n r_0, a)}{\phi c_t (\eta_r \xi_n^2 + s)} - \frac{2\eta_r \overline{\overline{\psi}}_a(\xi_m, s)}{\pi(\eta_r \xi_n^2 + s)} + \frac{2\eta_r J_{\mathcal{M}}(\xi_n a) \overline{\overline{\psi}}_b(\xi_m, s)}{\pi J_{\mathcal{M}}(\xi_n b)(\eta_r \xi_n^2 + s)} + \\
& + \frac{\eta_\theta \int_a^b \frac{\mathcal{V}_{\mathcal{DM}}(\xi_n u, a)}{u} \left\{\xi_m \overline{\psi}_0(u, s) - \left(\frac{\mu}{k_\theta}\right) \overline{\psi}_\vartheta(u, s) \sin(\xi_m \vartheta)\right\} du}{(\eta_r \xi_n^2 + s)} + \frac{\overline{\overline{\varphi}}(\xi_n, \xi_m)}{(\eta_r \xi_n^2 + s)}
\end{aligned} \tag{17.30.1}$$

where ξ_m is a positive root of $\xi_m \cot(\xi_m \vartheta) = -\lambda$, $m = 1, 2, ...$, ξ_n, $n = 1, 2, ...$, are the positive roots of the transcendental equation $\mathcal{V}_{\mathcal{DM}}(\xi_n b, a) = 0$, $\mathcal{V}_{\mathcal{DM}}(\xi_n r, a) = J_{\mathcal{M}}(\xi_n r) Y_{\mathcal{M}}(\xi_n a) - Y_{\mathcal{M}}(\xi_n r) J_{\mathcal{M}}(\xi_n a)$, $\overline{\overline{\psi}}_a(\xi_m, s) = \int_0^\vartheta \overline{\psi}_a(u, s) \sin(\xi_m u) du$, $\overline{\overline{\psi}}_b(\xi_m, s) = \int_0^\vartheta \overline{\psi}_b(u, s) \sin(\xi_m u) du$ and $\overline{\overline{\varphi}}(\xi_n, \xi_m) = \int_a^b r \mathcal{V}_{\mathcal{DM}}(\xi_n r, a) \int_0^\vartheta \varphi(r, u) \sin(\xi_m u) du dr$. Successive inverse transforms yield

$$\begin{aligned}
\overline{p} = {} & \frac{\pi^2 q(s) e^{-st_0}}{\phi c_t} \sum_{m=1}^{\infty} \frac{(\xi_m^2 + \lambda^2) \sin(\xi_m \theta_0) \sin(\xi_m \theta)}{\vartheta(\xi_m^2 + \lambda^2) + \lambda} \sum_{n=1}^{\infty} \frac{\xi_n^2 J_{\mathcal{M}}^2(\xi_n b) \mathcal{V}_{\mathcal{DM}}(\xi_n r_0, a) \mathcal{V}_{\mathcal{DM}}(\xi_n r, a)}{(\eta_r \xi_n^2 + s)\{J_{\mathcal{M}}^2(\xi_n a) - J_{\mathcal{M}}^2(\xi_n b)\}} - \\
& +2\pi\eta_r \sum_{m=1}^{\infty} \frac{(\xi_m^2 + \lambda^2) \sin(\xi_m \theta)}{\vartheta(\xi_m^2 + \lambda^2) + \lambda} \sum_{n=1}^{\infty} \frac{\xi_n^2 J_{\mathcal{M}}(\xi_n b) \left\{J_{\mathcal{M}}(\xi_n a) \overline{\overline{\psi}}_b(\xi_m, s) - J_{\mathcal{M}}(\xi_n b) \overline{\overline{\psi}}_a(\xi_m, s)\right\} \mathcal{V}_{\mathcal{DM}}(\xi_n r, a)}{(\eta_r \xi_n^2 + s)\{J_{\mathcal{M}}^2(\xi_n a) - J_{\mathcal{M}}^2(\xi_n b)\}} + \\
& +\pi^2 \eta_\theta \sum_{m=1}^{\infty} \frac{(\xi_m^2 + \lambda^2) \sin(\xi_m \theta)}{\vartheta(\xi_m^2 + \lambda^2) + \lambda} \times \\
& \times \sum_{n=1}^{\infty} \frac{\xi_n^2 J_{\mathcal{M}}^2(\xi_n b) \mathcal{V}_{\mathcal{DM}}(\xi_n r, a) \int_a^b \frac{\mathcal{V}_{\mathcal{DM}}(\xi_n u, a)}{u} \left\{\xi_m \overline{\psi}_0(u, s) - \left(\frac{\mu}{k_\theta}\right) \overline{\psi}_\vartheta(u, s) \sin(\xi_m \vartheta)\right\} du}{(\eta_r \xi_n^2 + s)\{J_{\mathcal{M}}^2(\xi_n a) - J_{\mathcal{M}}^2(\xi_n b)\}} + \\
& +\pi^2 \sum_{m=1}^{\infty} \frac{(\xi_m^2 + \lambda^2) \sin(\xi_m \theta)}{\vartheta(\xi_m^2 + \lambda^2) + \lambda} \sum_{n=1}^{\infty} \frac{\xi_n^2 J_{\mathcal{M}}^2(\xi_n b) \mathcal{V}_{\mathcal{DM}}(\xi_n r, a) \overline{\overline{\varphi}}(\xi_n, \xi_m)}{(\eta_r \xi_n^2 + s)\{J_{\mathcal{M}}^2(\xi_n a) - J_{\mathcal{M}}^2(\xi_n b)\}}
\end{aligned} \tag{17.30.2}$$

and

$$\begin{aligned}
p = {} & \frac{\pi^2 U(t - t_0)}{\phi c_t} \sum_{m=1}^{\infty} \frac{(\xi_m^2 + \lambda^2) \sin(\xi_m \theta_0) \sin(\xi_m \theta)}{\vartheta(\xi_m^2 + \lambda^2) + \lambda} \times \\
& \times \sum_{n=1}^{\infty} \frac{\xi_n^2 J_{\mathcal{M}}^2(\xi_n b) \mathcal{V}_{\mathcal{DM}}(\xi_n r_0, a) \mathcal{V}_{\mathcal{DM}}(\xi_n r, a) \int_0^{t-t_0} q(t - t_0 - \tau) e^{-\eta_r \xi_n^2 (t-\tau)} d\tau}{\{J_{\mathcal{M}}^2(\xi_n a) - J_{\mathcal{M}}^2(\xi_n b)\}} + \\
& +2\pi\eta_r \sum_{m=1}^{\infty} \frac{(\xi_m^2 + \lambda^2) \sin(\xi_m \theta)}{\vartheta(\xi_m^2 + \lambda^2) + \lambda} \times \\
& \times \sum_{n=1}^{\infty} \frac{\xi_n^2 J_{\mathcal{M}}(\xi_n b) \mathcal{V}_{\mathcal{DM}}(\xi_n r, a) \int_0^t \{J_{\mathcal{M}}(\xi_n a) \overline{\psi}_b(\xi_m, \tau) - J_{\mathcal{M}}(\xi_n b) \overline{\psi}_a(\xi_m, \tau)\} e^{-\eta_r \xi_n^2 (t-\tau)} d\tau}{\{J_{\mathcal{M}}^2(\xi_n a) - J_{\mathcal{M}}^2(\xi_n b)\}} + \\
& +\pi^2 \eta_\theta \sum_{m=1}^{\infty} \frac{(\xi_m^2 + \lambda^2) \sin(\xi_m \theta)}{\vartheta(\xi_m^2 + \lambda^2) + \lambda} \times \\
& \times \sum_{n=1}^{\infty} \frac{\xi_n^2 J_{\mathcal{M}}^2(\xi_n b) \mathcal{V}_{\mathcal{DM}}(\xi_n r, a) \int_a^b \frac{\mathcal{V}_{\mathcal{DM}}(\xi_n u, a)}{u} \int_0^t \left\{\xi_m \psi_0(u, \tau) - \left(\frac{\mu}{k_\theta}\right) \psi_\vartheta(u, \tau) \sin(\xi_m \vartheta)\right\} d\tau e^{-\eta_r \xi_n^2 (t-\tau)} du}{\{J_{\mathcal{M}}^2(\xi_n a) - J_{\mathcal{M}}^2(\xi_n b)\}} + \\
& +\pi^2 \sum_{m=1}^{\infty} \frac{(\xi_m^2 + \lambda^2) \sin(\xi_m \theta)}{\vartheta(\xi_m^2 + \lambda^2) + \lambda} \sum_{n=1}^{\infty} \frac{\xi_n^2 J_{\mathcal{M}}^2(\xi_n b) \mathcal{V}_{\mathcal{DM}}(\xi_n r, a) \overline{\overline{\varphi}}(\xi_n, \xi_m) e^{-\eta_r \xi_n^2 t}}{\{J_{\mathcal{M}}^2(\xi_n a) - J_{\mathcal{M}}^2(\xi_n b)\}}
\end{aligned} \tag{17.30.3}$$

where $\overline{\psi}_a(\xi_m, t) = \int_0^\vartheta \psi_a(u, t) \sin(\xi_m u) du$ and $\overline{\psi}_b(\xi_m, t) = \int_0^\vartheta \psi_b(u, t) \sin(\xi_m u) du$.

17.31

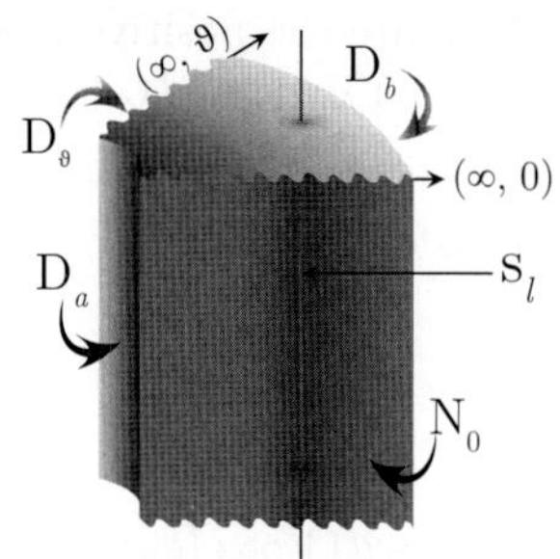

The problem of 17.28, except
$\mathbf{N_0 \equiv \frac{\partial p(r,0,t)}{\partial \theta} = -\left(\frac{\mu}{k_\theta}\right)\psi_0(r,t)}$,
$\mathbf{D_\vartheta \equiv p(r,\vartheta,t) = \psi_\vartheta(r,t)}$, $\mathbf{D_a \equiv p(a,\theta,t) = \psi_a(\theta,t)}$
and $\mathbf{D_b \equiv p(b,\theta,t) = \psi_b(\theta,t)}$

The successive application of the Laplace, Fourier and finite Hankel transformations to equation (14.1.1) gives

$$\overline{\overline{\overline{p}}} = \frac{q(s)\,e^{-st_0}\cos(\xi_m\theta_0)\,\mathcal{V}_{\mathcal{DM}}(\xi_n r_0,a)}{\phi c_t(\eta_r\xi_n^2+s)} - \frac{2\eta_r\overline{\overline{\psi}}_a(\xi_m,s)}{\pi(\eta_r\xi_n^2+s)} + \frac{2\eta_r J_{\mathcal{M}}(\xi_n a)\,\overline{\overline{\psi}}_b(\xi_m,s)}{\pi J_{\mathcal{M}}(\xi_n b)(\eta_r\xi_n^2+s)} + $$
$$+\frac{\eta_\theta\int_a^b\frac{\mathcal{V}_{\mathcal{DM}}(\xi_n u,a)}{u}\left\{(-1)^{m+1}\xi_m\overline{\psi}_\vartheta(u,s)+\left(\frac{\mu}{k_\theta}\right)\overline{\psi}_0(u,s)\right\}du}{(\eta_r\xi_n^2+s)} + \frac{\overline{\overline{\varphi}}(\xi_n,\xi_m)}{(\eta_r\xi_n^2+s)} \tag{17.31.1}$$

where ξ_m is a positive root of $\cos(\xi_m\vartheta)$, which are $\xi_m = \frac{(2m-1)\pi}{2\vartheta}$, $m = 1,2,...,$ ξ_n, $n = 1,2,...,$ are the positive roots of the transcendental equation $\mathcal{V}_{\mathcal{DM}}(\xi_n b, a) = 0$,
$\mathcal{V}_{\mathcal{DM}}(\xi_n r,a) = J_{\mathcal{M}}(\xi_n r)\,Y_{\mathcal{M}}(\xi_n a) - Y_{\mathcal{M}}(\xi_n r)\,J_{\mathcal{M}}(\xi_n a)$, $\overline{\overline{\psi}}_a(\xi_m,s) = \int_0^\vartheta\overline{\psi}_a(u,s)\cos(\xi_m u)du$,
$\overline{\overline{\psi}}_b(\xi_m,s) = \int_0^\vartheta\overline{\psi}_b(u,s)\cos(\xi_m u)du$ and $\overline{\overline{\varphi}}(\xi_n,\xi_m) = \int_a^b r\mathcal{V}_{\mathcal{DM}}(\xi_n r,a)\int_0^\vartheta\varphi(r,u)\cos(\xi_m u)dudr$.
Successive inverse transforms yield

$$\overline{p} = \frac{\pi^2 q(s)\,e^{-st_0}}{\vartheta\phi c_t}\sum_{m=1}^\infty\cos(\xi_m\theta_0)\cos(\xi_m\theta)\sum_{n=1}^\infty\frac{\xi_n^2 J_{\mathcal{M}}^2(\xi_n b)\,\mathcal{V}_{\mathcal{DM}}(\xi_n r_0,a)\,\mathcal{V}_{\mathcal{DM}}(\xi_n r,a)}{(\eta_r\xi_n^2+s)\{J_{\mathcal{M}}^2(\xi_n a)-J_{\mathcal{M}}^2(\xi_n b)\}} -$$
$$+\frac{2\pi\eta_r}{\vartheta}\sum_{m=1}^\infty\cos(\xi_m\theta)\sum_{n=1}^\infty\frac{\xi_n^2 J_{\mathcal{M}}(\xi_n b)\left\{J_{\mathcal{M}}(\xi_n a)\overline{\overline{\psi}}_b(\xi_m,s) - J_{\mathcal{M}}(\xi_n b)\overline{\overline{\psi}}_a(\xi_m,s)\right\}\mathcal{V}_{\mathcal{DM}}(\xi_n r,a)}{(\eta_r\xi_n^2+s)\{J_{\mathcal{M}}^2(\xi_n a)-J_{\mathcal{M}}^2(\xi_n b)\}} +$$
$$+\frac{\pi^2\eta_\theta}{\vartheta}\sum_{m=1}^\infty\xi_m\cos(\xi_m\theta)\times$$
$$\times\sum_{n=1}^\infty\frac{\xi_n^2 J_{\mathcal{M}}^2(\xi_n b)\,\mathcal{V}_{\mathcal{DM}}(\xi_n r,a)\int_a^b\frac{\mathcal{V}_{\mathcal{DM}}(\xi_n u,a)}{u}\left\{(-1)^{m+1}\xi_m\overline{\psi}_\vartheta(u,s)+\left(\frac{\mu}{k_\theta}\right)\overline{\psi}_0(u,s)\right\}du}{(\eta_r\xi_n^2+s)\{J_{\mathcal{M}}^2(\xi_n a)-J_{\mathcal{M}}^2(\xi_n b)\}} +$$
$$+\frac{\pi^2}{\vartheta}\sum_{m=1}^\infty\cos(\xi_m\theta)\sum_{n=1}^\infty\frac{\xi_n^2 J_{\mathcal{M}}^2(\xi_n b)\,\mathcal{V}_{\mathcal{DM}}(\xi_n r,a)\overline{\overline{\varphi}}(\xi_n,\xi_m)}{(\eta_r\xi_n^2+s)\{J_{\mathcal{M}}^2(\xi_n a)-J_{\mathcal{M}}^2(\xi_n b)\}} \tag{17.31.2}$$

and

$$p = \frac{\pi^2 U(t-t_0)}{\phi c_t\vartheta}\sum_{m=1}^\infty\cos(\xi_m\theta_0)\cos(\xi_m\theta)\times$$
$$\times\sum_{n=1}^\infty\frac{\xi_n^2 J_{\mathcal{M}}^2(\xi_n b)\,\mathcal{V}_{\mathcal{DM}}(\xi_n r_0,a)\,\mathcal{V}_{\mathcal{DM}}(\xi_n r,a)\int_0^{t-t_0}q(t-t_0-\tau)\,e^{-\eta_r\xi_n^2(t-\tau)}d\tau}{\{J_{\mathcal{M}}^2(\xi_n a)-J_{\mathcal{M}}^2(\xi_n b)\}} +$$
$$+\frac{2\pi\eta_r}{\vartheta}\sum_{m=1}^\infty\cos(\xi_m\theta)\times$$
$$\times\sum_{n=1}^\infty\frac{\xi_n^2 J_{\mathcal{M}}(\xi_n b)\,\mathcal{V}_{\mathcal{DM}}(\xi_n r,a)\int_0^t\{J_{\mathcal{M}}(\xi_n a)\overline{\psi}_b(\xi_m,\tau) - J_{\mathcal{M}}(\xi_n b)\overline{\psi}_a(\xi_m,\tau)\}\,e^{-\eta_r\xi_n^2(t-\tau)}d\tau}{\{J_{\mathcal{M}}^2(\xi_n a)-J_{\mathcal{M}}^2(\xi_n b)\}} +$$
$$+\frac{\pi^2\eta_\theta}{\vartheta}\sum_{m=1}^\infty\xi_m\cos(\xi_m\theta)\times$$

$$\times \sum_{n=1}^{\infty} \frac{\xi_n^2 J_{\mathcal{M}}^2(\xi_n b)\, \mathcal{V}_{\mathcal{DM}}(\xi_n r, a) \int_a^b \frac{\mathcal{V}_{\mathcal{DM}}(\xi_n u, a)}{u} \int_0^t \left\{(-1)^{m+1} \xi_m \psi_\vartheta(u,\tau) + \left(\frac{\mu}{k_\theta}\right)\psi_0(u,\tau)\right\} e^{-\eta_r \xi_n^2 (t-\tau)} d\tau du}{\left\{J_{\mathcal{M}}^2(\xi_n a) - J_{\mathcal{M}}^2(\xi_n b)\right\}} +$$

$$+\frac{\pi^2}{\vartheta} \sum_{m=1}^{\infty} \cos(\xi_m \theta) \sum_{n=1}^{\infty} \frac{\xi_n^2 J_{\mathcal{M}}^2(\xi_n b)\, \mathcal{V}_{\mathcal{DM}}(\xi_n r, a) \overline{\overline{\varphi}}(\xi_n, \xi_m)\, e^{-\eta_r \xi_n^2 t}}{\left\{J_{\mathcal{M}}^2(\xi_n a) - J_{\mathcal{M}}^2(\xi_n b)\right\}} \quad (17.31.3)$$

where $\overline{\psi}_a(\xi_m, t) = \int_0^\vartheta \psi_a(u,t) \cos(\xi_m u) du$, $\overline{\psi}_b(\xi_m, t) = \int_0^\vartheta \psi_b(u,t) \cos(\xi_m u) du$.

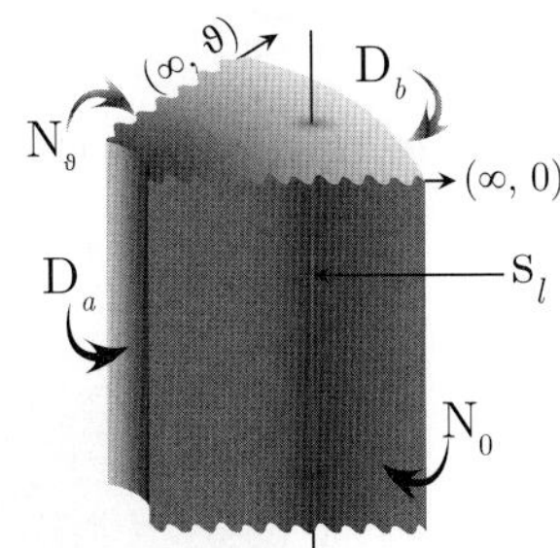

17.32 The problem of 17.28, except $\mathbf{N_0} \equiv \frac{\partial p(r,0,t)}{\partial \theta} = -\left(\frac{\mu}{k_\theta}\right) \psi_0(r,t)$, $\mathbf{N_\vartheta} \equiv \frac{\partial p(r,\vartheta,t)}{\partial \theta} = -\left(\frac{\mu}{k_\theta}\right) \psi_\vartheta(r,t)$, $\mathbf{D_a} \equiv p(a,\theta,t) = \psi_a(\theta,t)$ and $\mathbf{D_b} \equiv p(b,\theta,t) = \psi_b(\theta,t)$

The successive application of the Laplace, Fourier and finite Hankel transformations to equation (14.1.1) gives

$$\overline{\overline{\overline{p}}} = \frac{q(s)\, e^{-s t_0} \cos(\xi_m \theta_0)\, \mathcal{V}_{\mathcal{DM}}(\xi_n r_0, a)}{\phi c_t (\eta_r \xi_n^2 + s)} - \frac{2\eta_r \overline{\overline{\psi}}_a(\xi_m, s)}{\pi(\eta_r \xi_n^2 + s)} + \frac{2\eta_r J_{\mathcal{M}}(\xi_n a)\, \overline{\overline{\psi}}_b(\xi_m, s)}{\pi J_{\mathcal{M}}(\xi_n b)(\eta_r \xi_n^2 + s)} +$$

$$+\frac{\int_a^b \frac{\mathcal{V}_{\mathcal{DM}}(\xi_n u, a)}{u} \left\{(-1)^{m+1} \overline{\psi}_\vartheta(u,s) + \overline{\psi}_0(u,s)\right\} du}{\phi c_t (\eta_r \xi_n^2 + s)} + \frac{\overline{\overline{\varphi}}(\xi_n, \xi_m)}{(\eta_r \xi_n^2 + s)} \quad (17.32.1)$$

where ξ_m is a positive root of $\sin(\xi_m \vartheta)$, which are $\frac{m\pi}{\vartheta}$, $m = 0, 1, 2, \ldots$, ξ_n, $n = 1, 2, \ldots$, are the positive roots of the transcendental equation $\mathcal{V}_{\mathcal{DM}}(\xi_n b, a) = 0$, $\mathcal{V}_{\mathcal{DM}}(\xi_n r, a) = J_{\mathcal{M}}(\xi_n r) Y_{\mathcal{M}}(\xi_n a) - Y_{\mathcal{M}}(\xi_n r) J_{\mathcal{M}}(\xi_n a)$, $\overline{\overline{\psi}}_a(\xi_m, s) = \int_0^\vartheta \overline{\psi}_a(u,s) \cos(\xi_m u) du$, $\overline{\overline{\psi}}_b(\xi_m, s) = \int_0^\vartheta \overline{\psi}_b(u,s) \cos(\xi_m u) du$ and $\overline{\overline{\varphi}}(\xi_n, \xi_m) = \int_a^b r \mathcal{V}_{\mathcal{DM}}(\xi_n r, a) \int_0^\vartheta \varphi(r,u) \cos(\xi_m u) du dr$. Successive inverse transforms yield

$$\overline{p} = \frac{\pi^2 q(s)\, e^{-s t_0}}{\vartheta \phi c_t} \sum_{m=0}^{\infty} \ni_m \cos(\xi_m \theta_0) \cos(\xi_m \theta) \sum_{n=1}^{\infty} \frac{\xi_n^2 J_{\mathcal{M}}^2(\xi_n b)\, \mathcal{V}_{\mathcal{DM}}(\xi_n r_0, a)\, \mathcal{V}_{\mathcal{DM}}(\xi_n r, a)}{(\eta_r \xi_n^2 + s)\left\{J_{\mathcal{M}}^2(\xi_n a) - J_{\mathcal{M}}^2(\xi_n b)\right\}} -$$

$$+\frac{2\pi\eta_r}{\vartheta} \sum_{m=0}^{\infty} \ni_m \cos(\xi_m \theta) \sum_{n=1}^{\infty} \frac{\xi_n^2 J_{\mathcal{M}}(\xi_n b) \left\{J_{\mathcal{M}}(\xi_n a)\, \overline{\overline{\psi}}_b(\xi_m, s) - J_{\mathcal{M}}(\xi_n b)\, \overline{\overline{\psi}}_a(\xi_m, s)\right\} \mathcal{V}_{\mathcal{DM}}(\xi_n r, a)}{(\eta_r \xi_n^2 + s)\left\{J_{\mathcal{M}}^2(\xi_n a) - J_{\mathcal{M}}^2(\xi_n b)\right\}} +$$

$$+\frac{\pi^2 \eta_\theta}{\vartheta} \sum_{m=0}^{\infty} \ni_m \xi_m \cos(\xi_m \theta) \sum_{n=1}^{\infty} \frac{\xi_n^2 J_{\mathcal{M}}^2(\xi_n b) \mathcal{V}_{\mathcal{DM}}(\xi_n r, a) \int_a^b \frac{\mathcal{V}_{\mathcal{DM}}(\xi_n u, a)}{u} \left\{(-1)^{m+1} \overline{\psi}_\vartheta(u,s) + \overline{\psi}_0(u,s)\right\} du}{(\eta_r \xi_n^2 + s)\left\{J_{\mathcal{M}}^2(\xi_n a) - J_{\mathcal{M}}^2(\xi_n b)\right\}} +$$

$$+\frac{\pi^2}{\vartheta} \sum_{m=0}^{\infty} \ni_m \cos(\xi_m \theta) \sum_{n=1}^{\infty} \frac{\xi_n^2 J_{\mathcal{M}}^2(\xi_n b)\, \mathcal{V}_{\mathcal{DM}}(\xi_n r, a) \overline{\overline{\varphi}}(\xi_n, \xi_m)}{(\eta_r \xi_n^2 + s)\left\{J_{\mathcal{M}}^2(\xi_n a) - J_{\mathcal{M}}^2(\xi_n b)\right\}} \quad (17.32.2)$$

and

$$p = \frac{\pi^2 U(t - t_0)}{\phi c_t \vartheta} \sum_{m=0}^{\infty} \ni_m \cos(\xi_m \theta_0) \cos(\xi_m \theta) \times$$

$$\times \sum_{n=1}^{\infty} \frac{\xi_n^2 J_{\mathcal{M}}^2(\xi_n b)\, \mathcal{V}_{\mathcal{DM}}(\xi_n r_0, a)\, \mathcal{V}_{\mathcal{DM}}(\xi_n r, a) \int_0^{t-t_0} q(t - t_0 - \tau)\, e^{-\eta_r \xi_n^2 (t-\tau)} d\tau}{\left\{J_{\mathcal{M}}^2(\xi_n a) - J_{\mathcal{M}}^2(\xi_n b)\right\}} +$$

$$+\frac{2\pi\eta_r}{\vartheta} \sum_{m=0}^{\infty} \ni_m \cos(\xi_m \theta) \times$$

$$\times \sum_{n=1}^{\infty} \frac{\xi_n^2 J_{\mathcal{M}}(\xi_n b)\, \mathcal{V}_{\mathcal{DM}}(\xi_n r, a) \int_0^t \left\{J_{\mathcal{M}}(\xi_n a)\, \overline{\psi}_b(\xi_m, \tau) - J_{\mathcal{M}}(\xi_n b)\, \overline{\psi}_a(\xi_m, \tau)\right\} e^{-\eta_r \xi_n^2 (t-\tau)} d\tau}{\left\{J_{\mathcal{M}}^2(\xi_n a) - J_{\mathcal{M}}^2(\xi_n b)\right\}} +$$

$$+\frac{\pi^2\eta_\theta}{\vartheta}\sum_{m=0}^{\infty}\ni_m\xi_m\cos(\xi_m\theta)\times$$
$$\times\sum_{n=1}^{\infty}\frac{\xi_n^2J_{\mathcal{M}}^2(\xi_nb)\mathcal{V}_{\mathcal{DM}}(\xi_nr,a)\int_a^b\frac{\mathcal{V}_{\mathcal{DM}}(\xi_nu,a)}{u}\int_0^t\left\{(-1)^{m+1}\psi_\vartheta(u,\tau)+\psi_0(u,\tau)\right\}e^{-\eta_r\xi_n^2(t-\tau)}d\tau du}{\{J_{\mathcal{M}}^2(\xi_na)-J_{\mathcal{M}}^2(\xi_nb)\}}+$$
$$+\frac{\pi^2}{\vartheta}\sum_{m=0}^{\infty}\ni_m\cos(\xi_m\theta)\sum_{n=1}^{\infty}\frac{\xi_n^2J_{\mathcal{M}}^2(\xi_nb)\mathcal{V}_{\mathcal{DM}}(\xi_nr,a)\overline{\overline{\varphi}}(\xi_n,\xi_m)e^{-\eta_r\xi_n^2t}}{\{J_{\mathcal{M}}^2(\xi_na)-J_{\mathcal{M}}^2(\xi_nb)\}} \tag{17.32.3}$$

where $\overline{\psi}_a(\xi_m,t)=\int_0^\vartheta\psi_a(u,t)\cos(\xi_mu)du$ and $\overline{\psi}_b(\xi_m,t)=\int_0^\vartheta\psi_b(u,t)\cos(\xi_mu)du$.

17.33

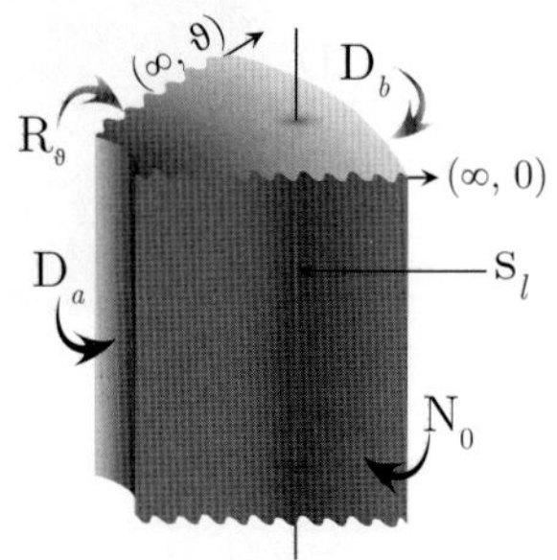

The problem of 17.28, except
$\mathbf{N_0}\equiv\frac{\partial p(r,0,t)}{\partial\theta}=-\left(\frac{\mu}{k_\theta}\right)\psi_0(r,t)$,
$\mathbf{R_\vartheta}\equiv\frac{\partial p(r,\vartheta,t)}{\partial\theta}+\lambda p(r,\vartheta,t)=-\left(\frac{\mu}{k_\theta}\right)\psi_\vartheta(r,t)$,
$\mathbf{D_a}\equiv p(a,\theta,t)=\psi_a(\theta,t)$ **and** $\mathbf{D_b}\equiv p(b,\theta,t)=\psi_b(\theta,t)$

The successive application of the Laplace, Fourier and finite Hankel transformations to equation (14.1.1) gives

$$\overline{\overline{\overline{p}}}=\frac{q(s)e^{-st_0}\cos(\xi_m\theta_0)\mathcal{V}_{\mathcal{DM}}(\xi_nr_0,a)}{\phi c_t(\eta_r\xi_n^2+s)}-\frac{2\eta_r\overline{\overline{\psi}}_a(\xi_m,s)}{\pi(\eta_r\xi_n^2+s)}+\frac{2\eta_rJ_{\mathcal{M}}(\xi_na)\overline{\overline{\psi}}_b(\xi_m,s)}{\pi J_{\mathcal{M}}(\xi_nb)(\eta_r\xi_n^2+s)}+$$
$$+\frac{\int_a^b\frac{\mathcal{V}_{\mathcal{DM}}(\xi_nu,a)}{u}\{\overline{\psi}_0(u,s)-\overline{\psi}_\vartheta(u,s)\cos(\xi_m\vartheta)\}du}{\phi c_t(\eta_r\xi_n^2+s)}+\frac{\overline{\overline{\varphi}}(\xi_n,\xi_m)}{(\eta_r\xi_n^2+s)} \tag{17.33.1}$$

where ξ_m is a positive root of $\xi_m\tan(\xi_m\vartheta)=\lambda$, $m=1,2,...$, ξ_n, $n=1,2,...$, are the positive roots of the transcendental equation $\mathcal{V}_{\mathcal{DM}}(\xi_nb,a)=0$, $\mathcal{V}_{\mathcal{DM}}(\xi_nr,a)=J_{\mathcal{M}}(\xi_nr)Y_{\mathcal{M}}(\xi_na)-Y_{\mathcal{M}}(\xi_nr)J_{\mathcal{M}}(\xi_na)$,
$\overline{\overline{\psi}}_a(\xi_m,s)=\int_0^\vartheta\overline{\psi}_a(u,s)\cos(\xi_mu)du$, $\overline{\overline{\psi}}_b(\xi_m,s)=\int_0^\vartheta\overline{\psi}_b(u,s)\cos(\xi_mu)du$ and
$\overline{\overline{\varphi}}(\xi_n,\xi_m)=\int_a^br\mathcal{V}_{\mathcal{DM}}(\xi_nr,a)\int_0^\vartheta\varphi(r,u)\cos(\xi_mu)dudr$. Successive inverse transforms yield

$$\overline{p}=\frac{\pi^2q(s)e^{-st_0}}{\phi c_t}\sum_{m=1}^{\infty}\frac{(\xi_m^2+\lambda^2)\cos(\xi_m\theta_0)\cos(\xi_m\theta)}{\vartheta(\xi_m^2+\lambda^2)+\lambda}\sum_{n=1}^{\infty}\frac{\xi_n^2J_{\mathcal{M}}^2(\xi_nb)\mathcal{V}_{\mathcal{DM}}(\xi_nr_0,a)\mathcal{V}_{\mathcal{DM}}(\xi_nr,a)}{(\eta_r\xi_n^2+s)\{J_{\mathcal{M}}^2(\xi_na)-J_{\mathcal{M}}^2(\xi_nb)\}}-$$
$$+2\pi\eta_r\sum_{m=1}^{\infty}\frac{(\xi_m^2+\lambda^2)\cos(\xi_m\theta)}{\vartheta(\xi_m^2+\lambda^2)+\lambda}\sum_{n=1}^{\infty}\frac{\xi_n^2J_{\mathcal{M}}(\xi_nb)\left\{J_{\mathcal{M}}(\xi_na)\overline{\overline{\psi}}_b(\xi_m,s)-J_{\mathcal{M}}(\xi_nb)\overline{\overline{\psi}}_a(\xi_m,s)\right\}\mathcal{V}_{\mathcal{DM}}(\xi_nr,a)}{(\eta_r\xi_n^2+s)\{J_{\mathcal{M}}^2(\xi_na)-J_{\mathcal{M}}^2(\xi_nb)\}}+$$
$$+\frac{\pi^2\eta_\theta}{\vartheta}\sum_{m=1}^{\infty}\frac{(\xi_m^2+\lambda^2)\cos(\xi_m\theta)}{\vartheta(\xi_m^2+\lambda^2)+\lambda}\times$$
$$\times\sum_{n=1}^{\infty}\frac{\xi_n^2J_{\mathcal{M}}^2(\xi_nb)\mathcal{V}_{\mathcal{DM}}(\xi_nr,a)\int_a^b\frac{\mathcal{V}_{\mathcal{DM}}(\xi_nu,a)}{u}\{\overline{\psi}_0(r,s)-\overline{\psi}_\vartheta(r,s)\cos(\xi_m\vartheta)\}du}{(\eta_r\xi_n^2+s)\{J_{\mathcal{M}}^2(\xi_na)-J_{\mathcal{M}}^2(\xi_nb)\}}+$$
$$+\pi^2\sum_{m=1}^{\infty}\frac{(\xi_m^2+\lambda^2)\cos(\xi_m\theta)}{\vartheta(\xi_m^2+\lambda^2)+\lambda}\sum_{n=1}^{\infty}\frac{\xi_n^2J_{\mathcal{M}}^2(\xi_nb)\mathcal{V}_{\mathcal{DM}}(\xi_nr,a)\overline{\overline{\varphi}}(\xi_n,\xi_m)}{(\eta_r\xi_n^2+s)\{J_{\mathcal{M}}^2(\xi_na)-J_{\mathcal{M}}^2(\xi_nb)\}} \tag{17.33.2}$$

and

$$p=\frac{\pi^2U(t-t_0)}{\phi c_t}\sum_{m=1}^{\infty}\frac{(\xi_m^2+\lambda^2)\cos(\xi_m\theta_0)\cos(\xi_m\theta)}{\vartheta(\xi_m^2+\lambda^2)+\lambda}\times$$
$$\times\sum_{n=1}^{\infty}\frac{\xi_n^2J_{\mathcal{M}}^2(\xi_nb)\mathcal{V}_{\mathcal{DM}}(\xi_nr_0,a)\mathcal{V}_{\mathcal{DM}}(\xi_nr,a)\int_0^{t-t_0}q(t-t_0-\tau)e^{-\eta_r\xi_n^2(t-\tau)}d\tau}{\{J_{\mathcal{M}}^2(\xi_na)-J_{\mathcal{M}}^2(\xi_nb)\}}-$$

$$+2\pi\eta_r \sum_{m=1}^{\infty} \frac{\left(\xi_m^2+\lambda^2\right)\cos\left(\xi_m\theta\right)}{\vartheta\left(\xi_m^2+\lambda^2\right)+\lambda} \times$$

$$\times \sum_{n=1}^{\infty} \frac{\xi_n^2 J_{\mathcal{M}}\left(\xi_n b\right) \mathcal{V}_{\mathcal{DM}}\left(\xi_n r, a\right) \int_0^t \left\{J_{\mathcal{M}}\left(\xi_n a\right)\overline{\psi}_b\left(\xi_m,\tau\right) - J_{\mathcal{M}}\left(\xi_n b\right)\overline{\psi}_a\left(\xi_m,\tau\right)\right\} e^{-\eta_r\xi_n^2(t-\tau)} d\tau}{\left\{J_{\mathcal{M}}^2\left(\xi_n a\right) - J_{\mathcal{M}}^2\left(\xi_n b\right)\right\}} +$$

$$+\frac{\pi^2\eta_\theta}{\vartheta} \sum_{m=1}^{\infty} \frac{\left(\xi_m^2+\lambda^2\right)\cos\left(\xi_m\theta\right)}{\vartheta\left(\xi_m^2+\lambda^2\right)+\lambda} \times$$

$$\times \sum_{n=1}^{\infty} \frac{\xi_n^2 J_{\mathcal{M}}^2\left(\xi_n b\right) \mathcal{V}_{\mathcal{DM}}\left(\xi_n r, a\right) \int_a^b \frac{\mathcal{V}_{\mathcal{DM}}\left(\xi_n u, a\right)}{u} \int_0^t \left\{\psi_0\left(r,u\right) - \psi_\vartheta\left(u,s\right)\cos\left(\xi_m\vartheta\right)\right\} e^{-\eta_r\xi_n^2(t-\tau)} d\tau du}{\left\{J_{\mathcal{M}}^2\left(\xi_n a\right) - J_{\mathcal{M}}^2\left(\xi_n b\right)\right\}} +$$

$$+\pi^2 \sum_{m=1}^{\infty} \frac{\left(\xi_m^2+\lambda^2\right)\cos\left(\xi_m\theta\right)}{\vartheta\left(\xi_m^2+\lambda^2\right)+\lambda} \sum_{n=1}^{\infty} \frac{\xi_n^2 J_{\mathcal{M}}^2\left(\xi_n b\right) \mathcal{V}_{\mathcal{DM}}\left(\xi_n r, a\right) \overline{\overline{\varphi}}\left(\xi_n,\xi_m\right) e^{-\eta_r\xi_n^2 t}}{\left\{J_{\mathcal{M}}^2\left(\xi_n a\right) - J_{\mathcal{M}}^2\left(\xi_n b\right)\right\}} \tag{17.33.3}$$

where $\overline{\psi}_a\left(\xi_m,t\right) = \int_0^\vartheta \psi_a\left(u,t\right)\cos\left(\xi_m u\right)du$ and $\overline{\psi}_b\left(\xi_m,t\right) = \int_0^\vartheta \psi_b\left(u,t\right)\cos\left(\xi_m u\right)du$.

17.34 The problem of 17.28, except

$\mathbf{R_0} \equiv \frac{\partial p(r,0,t)}{\partial\theta} - \lambda p\left(r,0,t\right) = -\left(\frac{\mu}{k_\theta}\right)\psi_0\left(r,t\right)$,
$\mathbf{D_\vartheta} \equiv p\left(r,\vartheta,t\right) = \psi_\vartheta\left(r,t\right)$, $\mathbf{D_a} \equiv p\left(a,\theta,t\right) = \psi_a\left(\theta,t\right)$ and
$\mathbf{D_b} \equiv p\left(b,\theta,t\right) = \psi_b\left(\theta,t\right)$

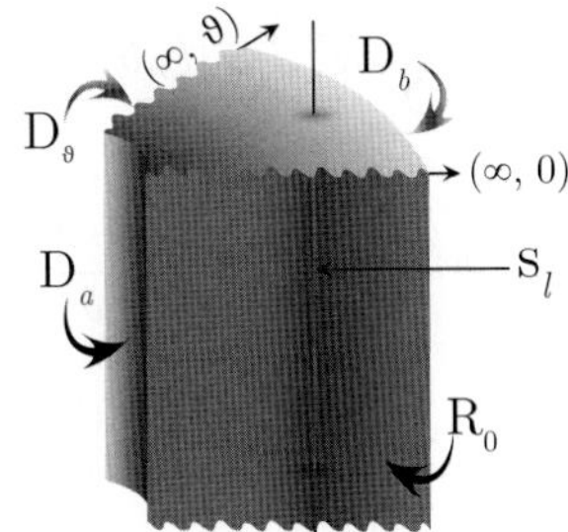

The successive application of the Laplace, Fourier and finite Hankel transformations to equation (14.1.1) gives

$$\overline{\overline{\overline{p}}} = \frac{q\left(s\right)e^{-st_0}\sin\left\{\xi_m\left(\vartheta-\theta_0\right)\right\}\mathcal{V}_{\mathcal{DM}}\left(\xi_n r_0,a\right)}{\phi c_t\left(\eta_r\xi_n^2+s\right)} - \frac{2\eta_r\overline{\overline{\psi}}_a\left(\xi_m,s\right)}{\pi\left(\eta_r\xi_n^2+s\right)} + \frac{2\eta_r J_{\mathcal{M}}\left(\xi_n a\right)\overline{\overline{\psi}}_b\left(\xi_m,s\right)}{\pi J_{\mathcal{M}}\left(\xi_n b\right)\left(\eta_r\xi_n^2+s\right)} +$$

$$+\frac{\eta_\theta \int_a^b \frac{\mathcal{V}_{\mathcal{DM}}\left(\xi_n u,a\right)}{u}\left\{\left(\frac{\mu}{k_\theta}\right)\overline{\psi}_0\left(u,s\right)\sin\left(\xi_m\vartheta\right) + \xi_m\overline{\psi}_\vartheta\left(u,s\right)\right\}du}{\left(\eta_r\xi_n^2+s\right)} + \frac{\overline{\overline{\varphi}}\left(\xi_n,\xi_m\right)}{\left(\eta_r\xi_n^2+s\right)} \tag{17.34.1}$$

where ξ_m is a positive root of $\xi_m\cot\left(\xi_m\vartheta\right) = -\lambda$, $m = 1, 2, ...,$ ξ_n, $n = 1, 2, ...,$ are the positive roots of the transcendental equation $\mathcal{V}_{\mathcal{DM}}\left(\xi_n b, a\right) = 0$, $\mathcal{V}_{\mathcal{DM}}\left(\xi_n r, a\right) = J_{\mathcal{M}}\left(\xi_n r\right)Y_{\mathcal{M}}\left(\xi_n a\right) - Y_{\mathcal{M}}\left(\xi_n r\right)J_{\mathcal{M}}\left(\xi_n a\right)$, $\overline{\overline{\psi}}_a\left(\xi_m,s\right) = \int_0^\vartheta \overline{\psi}_a\left(u,s\right)\sin\left\{\xi_m\left(\vartheta-u\right)\right\}du$, $\overline{\overline{\psi}}_b\left(\xi_m,s\right) = \int_0^\vartheta \overline{\psi}_b\left(u,s\right)\sin\left\{\xi_m\left(\vartheta-u\right)\right\}du$ and $\overline{\overline{\varphi}}(\xi_n,\xi_m) = \int_a^b r\mathcal{V}_{\mathcal{DM}}\left(\xi_n r,a\right)\int_0^\vartheta \varphi(r,u)\sin\left\{\xi_m\left(\vartheta-u\right)\right\}dudr$. Successive inverse transforms yield

$$\overline{p} = \frac{\pi^2 q\left(s\right)e^{-st_0}}{\phi c_t}\sum_{m=1}^{\infty}\frac{\left(\xi_m^2+\lambda^2\right)\sin\left\{\xi_m\left(\vartheta-\theta_0\right)\right\}\sin\left\{\xi_m\left(\vartheta-\theta\right)\right\}}{\vartheta\left(\xi_m^2+\lambda^2\right)+\lambda} \times$$

$$\times\sum_{n=1}^{\infty}\frac{\xi_n^2 J_{\mathcal{M}}^2\left(\xi_n b\right)\mathcal{V}_{\mathcal{DM}}\left(\xi_n r_0,a\right)\mathcal{V}_{\mathcal{DM}}\left(\xi_n r,a\right)}{\left(\eta_r\xi_n^2+s\right)\left\{J_{\mathcal{M}}^2\left(\xi_n a\right)-J_{\mathcal{M}}^2\left(\xi_n b\right)\right\}} +$$

$$+2\pi\eta_r\sum_{m=1}^{\infty}\frac{\left(\xi_m^2+\lambda^2\right)\sin\left\{\xi_m\left(\vartheta-\theta\right)\right\}}{\vartheta\left(\xi_m^2+\lambda^2\right)+\lambda} \times$$

$$\times\sum_{n=1}^{\infty}\frac{\xi_n^2 J_{\mathcal{M}}\left(\xi_n b\right)\left\{J_{\mathcal{M}}\left(\xi_n a\right)\overline{\overline{\psi}}_b\left(\xi_m,s\right) - J_{\mathcal{M}}\left(\xi_n b\right)\overline{\overline{\psi}}_a\left(\xi_m,s\right)\right\}\mathcal{V}_{\mathcal{DM}}\left(\xi_n r,a\right)}{\left(\eta_r\xi_n^2+s\right)\left\{J_{\mathcal{M}}^2\left(\xi_n a\right)-J_{\mathcal{M}}^2\left(\xi_n b\right)\right\}} +$$

$$+\frac{\pi^2\eta_\theta}{\vartheta}\sum_{m=1}^{\infty}\frac{\left(\xi_m^2+\lambda^2\right)\sin\left\{\xi_m\left(\vartheta-\theta\right)\right\}}{\vartheta\left(\xi_m^2+\lambda^2\right)+\lambda} \times$$

$$\times\sum_{n=1}^{\infty}\frac{\xi_n^2 J_{\mathcal{M}}^2(\xi_n b)\,\mathcal{V}_{\mathcal{DM}}(\xi_n r,a)\int_a^b \frac{\mathcal{V}_{\mathcal{DM}}(\xi_n u,a)}{u}\left\{\left(\frac{\mu}{k_\theta}\right)\overline{\psi}_0(u,s)\sin(\xi_m\vartheta)+\xi_m\overline{\psi}_\vartheta(u,s)\right\}du}{(\eta_r\xi_n^2+s)\{J_{\mathcal{M}}^2(\xi_n a)-J_{\mathcal{M}}^2(\xi_n b)\}}+$$

$$+\pi^2\sum_{m=1}^{\infty}\frac{(\xi_m^2+\lambda^2)\sin\{\xi_m(\vartheta-\theta)\}}{\vartheta(\xi_m^2+\lambda^2)+\lambda}\sum_{n=1}^{\infty}\frac{\xi_n^2 J_{\mathcal{M}}^2(\xi_n b)\,\mathcal{V}_{\mathcal{DM}}(\xi_n r,a)\overline{\overline{\varphi}}(\xi_n,\xi_m)}{(\eta_r\xi_n^2+s)\{J_{\mathcal{M}}^2(\xi_n a)-J_{\mathcal{M}}^2(\xi_n b)\}} \tag{17.34.2}$$

and

$$p=\frac{\pi^2 U(t-t_0)}{\phi c_t}\sum_{m=1}^{\infty}\frac{(\xi_m^2+\lambda^2)\sin\{\xi_m(\vartheta-\theta_0)\}\sin\{\xi_m(\vartheta-\theta)\}}{\vartheta(\xi_m^2+\lambda^2)+\lambda}\times$$

$$\times\sum_{n=1}^{\infty}\frac{\xi_n^2 J_{\mathcal{M}}^2(\xi_n b)\,\mathcal{V}_{\mathcal{DM}}(\xi_n r_0,a)\,\mathcal{V}_{\mathcal{DM}}(\xi_n r,a)\int_0^{t-t_0} q(t-t_0-\tau)\,e^{-\eta_r\xi_n^2(t-\tau)}d\tau}{\{J_{\mathcal{M}}^2(\xi_n a)-J_{\mathcal{M}}^2(\xi_n b)\}}+$$

$$+2\pi\eta_r\sum_{m=1}^{\infty}\frac{(\xi_m^2+\lambda^2)\sin\{\xi_m(\vartheta-\theta)\}}{\vartheta(\xi_m^2+\lambda^2)+\lambda}\times$$

$$\times\sum_{n=1}^{\infty}\frac{\xi_n^2 J_{\mathcal{M}}(\xi_n b)\,\mathcal{V}_{\mathcal{DM}}(\xi_n r,a)\int_0^t\{J_{\mathcal{M}}(\xi_n a)\overline{\psi}_b(\xi_m,\tau)-J_{\mathcal{M}}(\xi_n b)\overline{\psi}_a(\xi_m,\tau)\}\,e^{-\eta_r\xi_n^2(t-\tau)}d\tau}{\{J_{\mathcal{M}}^2(\xi_n a)-J_{\mathcal{M}}^2(\xi_n b)\}}+$$

$$+\frac{\pi^2\eta_\theta}{\vartheta}\sum_{m=1}^{\infty}\frac{(\xi_m^2+\lambda^2)\sin\{\xi_m(\vartheta-\theta)\}}{\vartheta(\xi_m^2+\lambda^2)+\lambda}\times$$

$$\times\sum_{n=1}^{\infty}\frac{\xi_n^2 J_{\mathcal{M}}^2(\xi_n b)\,\mathcal{V}_{\mathcal{DM}}(\xi_n r,a)\int_a^b\frac{\mathcal{V}_{\mathcal{DM}}(\xi_n u,a)}{u}\int_0^t\left\{\left(\frac{\mu}{k_\theta}\right)\psi_0(u,\tau)\sin(\xi_m\vartheta)+\xi_m\psi_\vartheta(u,\tau)\right\}e^{-\eta_r\xi_n^2(t-\tau)}d\tau du}{\{J_{\mathcal{M}}^2(\xi_n a)-J_{\mathcal{M}}^2(\xi_n b)\}}+$$

$$+\pi^2\sum_{m=1}^{\infty}\frac{(\xi_m^2+\lambda^2)\sin\{\xi_m(\vartheta-\theta)\}}{\vartheta(\xi_m^2+\lambda^2)+\lambda}\sum_{n=1}^{\infty}\frac{\xi_n^2 J_{\mathcal{M}}^2(\xi_n b)\,\mathcal{V}_{\mathcal{DM}}(\xi_n r,a)\overline{\varphi}(\xi_n,\xi_m)\,e^{-\eta_r\xi_n^2 t}}{\{J_{\mathcal{M}}^2(\xi_n a)-J_{\mathcal{M}}^2(\xi_n b)\}} \tag{17.34.3}$$

where $\overline{\psi}_a(\xi_m,t)=\int_0^\vartheta\psi_a(u,t)\sin\{\xi_m(\vartheta-u)\}du$ and $\overline{\psi}_b(\xi_m,t)=\int_0^\vartheta\psi_b(u,t)\sin\{\xi_m(\vartheta-u)\}du$.

17.35

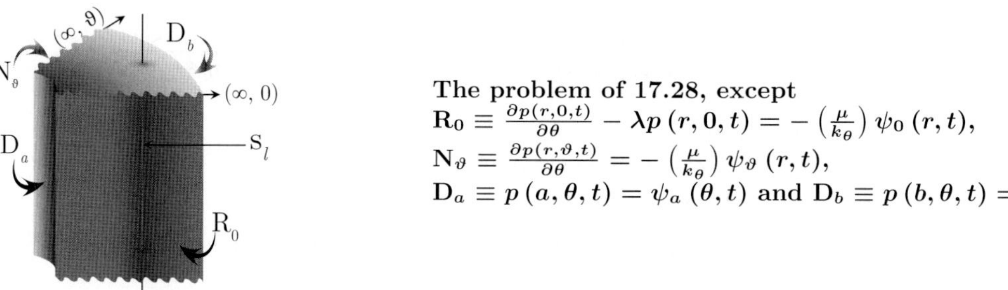

The problem of 17.28, except
$\mathbf{R_0}\equiv\frac{\partial p(r,0,t)}{\partial\theta}-\lambda p(r,0,t)=-\left(\frac{\mu}{k_\theta}\right)\psi_0(r,t)$,
$\mathbf{N_\vartheta}\equiv\frac{\partial p(r,\vartheta,t)}{\partial\theta}=-\left(\frac{\mu}{k_\theta}\right)\psi_\vartheta(r,t)$,
$\mathbf{D_a}\equiv p(a,\theta,t)=\psi_a(\theta,t)$ **and** $\mathbf{D_b}\equiv p(b,\theta,t)=\psi_b(\theta,t)$

The successive application of the Laplace, Fourier and finite Hankel transformations to equation (14.1.1) gives

$$\overline{\overline{\overline{p}}}=\frac{q(s)e^{-st_0}\cos\{\xi_m(\vartheta-\theta_0)\}\mathcal{V}_{\mathcal{DM}}(\xi_n r_0,a)}{\phi c_t(\eta_r\xi_n^2+s)}-\frac{2\eta_r\overline{\overline{\psi}}_a(\xi_m,s)}{\pi(\eta_r\xi_n^2+s)}+\frac{2\eta_r J_{\mathcal{M}}(\xi_n a)\overline{\overline{\psi}}_b(\xi_m,s)}{\pi J_{\mathcal{M}}(\xi_n b)(\eta_r\xi_n^2+s)}+$$

$$+\frac{\int_a^b\frac{\mathcal{V}_{\mathcal{DM}}(\xi_n u,a)}{u}\{\overline{\psi}_0(u,s)\cos(\xi_m\vartheta)-\overline{\psi}_\vartheta(u,s)\}du}{\phi c_t(\eta_r\xi_n^2+s)}+\frac{\overline{\overline{\varphi}}(\xi_n,\xi_m)}{(\eta_r\xi_n^2+s)} \tag{17.35.1}$$

where ξ_m is a positive root of $\xi_m\tan(\xi_m\vartheta)=\lambda$, $m=1,2,...$, ξ_n, $n=1,2,...$, are the positive roots of the transcendental equation $\mathcal{V}_{\mathcal{DM}}(\xi_n b,a)=0$, $\mathcal{V}_{\mathcal{DM}}(\xi_n r,a)=J_{\mathcal{M}}(\xi_n r)Y_{\mathcal{M}}(\xi_n a)-Y_{\mathcal{M}}(\xi_n r)J_{\mathcal{M}}(\xi_n a)$,

$\overline{\overline{\psi}}_a(\xi_m,s)=\int_0^{\vartheta}\overline{\psi}_a(u,s)\cos\{\xi_m(\vartheta-u)\}du$, $\overline{\overline{\psi}}_b(\xi_m,s)=\int_0^{\vartheta}\overline{\psi}_b(u,s)\cos\{\xi_m(\vartheta-u)\}du$ and $\overline{\overline{\varphi}}(\xi_n,\xi_m)=\int_a^b r\mathcal{V}_{\mathcal{DM}}(\xi_n r,a)\int_0^{\vartheta}\varphi(r,u)\cos\{\xi_m(\vartheta-u)\}dudr$. Successive inverse transforms yield

$$\begin{aligned}
\overline{p} &= \frac{\pi^2 q(s)e^{-st_0}}{\phi c_t}\sum_{m=1}^{\infty}\frac{(\xi_m^2+\lambda^2)\cos\{\xi_m(\vartheta-\theta_0)\}\cos\{\xi_m(\vartheta-\theta)\}}{\vartheta(\xi_m^2+\lambda^2)+\lambda}\times\\
&\times\sum_{n=1}^{\infty}\frac{\xi_n^2 J_{\mathcal{M}}^2(\xi_n b)\mathcal{V}_{\mathcal{DM}}(\xi_n r_0,a)\mathcal{V}_{\mathcal{DM}}(\xi_n r,a)}{(\eta_r\xi_n^2+s)\{J_{\mathcal{M}}^2(\xi_n a)-J_{\mathcal{M}}^2(\xi_n b)\}}+\\
&+2\pi\eta_r\sum_{m=1}^{\infty}\frac{(\xi_m^2+\lambda^2)\cos\{\xi_m(\vartheta-\theta)\}}{\vartheta(\xi_m^2+\lambda^2)+\lambda}\times\\
&\times\sum_{n=1}^{\infty}\frac{\xi_n^2 J_{\mathcal{M}}(\xi_n b)\left\{J_{\mathcal{M}}(\xi_n a)\overline{\overline{\psi}}_b(\xi_m,s)-J_{\mathcal{M}}(\xi_n b)\overline{\overline{\psi}}_a(\xi_m,s)\right\}\mathcal{V}_{\mathcal{DM}}(\xi_n r,a)}{(\eta_r\xi_n^2+s)\{J_{\mathcal{M}}^2(\xi_n a)-J_{\mathcal{M}}^2(\xi_n b)\}}+\\
&+\frac{\pi^2\eta_\theta}{\vartheta}\sum_{m=1}^{\infty}\frac{(\xi_m^2+\lambda^2)\cos\{\xi_m(\vartheta-\theta)\}}{\vartheta(\xi_m^2+\lambda^2)+\lambda}\times\\
&\times\sum_{n=1}^{\infty}\frac{\xi_n^2 J_{\mathcal{M}}^2(\xi_n b)\mathcal{V}_{\mathcal{DM}}(\xi_n r,a)\int_a^b\frac{\mathcal{V}_{\mathcal{DM}}(\xi_n u,a)}{u}\{\overline{\psi}_0(u,s)\cos(\xi_m\vartheta)-\overline{\psi}_\vartheta(u,s)\}du}{(\eta_r\xi_n^2+s)\{J_{\mathcal{M}}^2(\xi_n a)-J_{\mathcal{M}}^2(\xi_n b)\}}+\\
&+\pi^2\sum_{m=1}^{\infty}\frac{(\xi_m^2+\lambda^2)\cos\{\xi_m(\vartheta-\theta)\}}{\vartheta(\xi_m^2+\lambda^2)+\lambda}\sum_{n=1}^{\infty}\frac{\xi_n^2 J_{\mathcal{M}}^2(\xi_n b)\mathcal{V}_{\mathcal{DM}}(\xi_n r,a)\overline{\overline{\varphi}}(\xi_n,\xi_m)}{(\eta_r\xi_n^2+s)\{J_{\mathcal{M}}^2(\xi_n a)-J_{\mathcal{M}}^2(\xi_n b)\}}
\end{aligned}\tag{17.35.2}$$

and

$$\begin{aligned}
p &= \frac{\pi^2 U(t-t_0)}{\phi c_t}\sum_{m=1}^{\infty}\frac{(\xi_m^2+\lambda^2)\cos\{\xi_m(\vartheta-\theta_0)\}\cos\{\xi_m(\vartheta-\theta)\}}{\vartheta(\xi_m^2+\lambda^2)+\lambda}\times\\
&\times\sum_{n=1}^{\infty}\frac{\xi_n^2 J_{\mathcal{M}}^2(\xi_n b)\mathcal{V}_{\mathcal{DM}}(\xi_n r_0,a)\mathcal{V}_{\mathcal{DM}}(\xi_n r,a)\int_0^{t-t_0}q(t-t_0-\tau)e^{-\eta_r\xi_n^2(t-\tau)}d\tau}{\{J_{\mathcal{M}}^2(\xi_n a)-J_{\mathcal{M}}^2(\xi_n b)\}}+\\
&+2\pi\eta_r\sum_{m=1}^{\infty}\frac{(\xi_m^2+\lambda^2)\cos\{\xi_m(\vartheta-\theta)\}}{\vartheta(\xi_m^2+\lambda^2)+\lambda}\times\\
&\times\sum_{n=1}^{\infty}\frac{\xi_n^2 J_{\mathcal{M}}(\xi_n b)\mathcal{V}_{\mathcal{DM}}(\xi_n r,a)\int_0^t\{J_{\mathcal{M}}(\xi_n a)\overline{\psi}_b(\xi_m,\tau)-J_{\mathcal{M}}(\xi_n b)\overline{\psi}_a(\xi_m,\tau)\}e^{-\eta_r\xi_n^2(t-\tau)}d\tau}{\{J_{\mathcal{M}}^2(\xi_n a)-J_{\mathcal{M}}^2(\xi_n b)\}}+\\
&+\frac{\pi^2\eta_\theta}{\vartheta}\sum_{m=1}^{\infty}\frac{(\xi_m^2+\lambda^2)\cos\{\xi_m(\vartheta-\theta)\}}{\vartheta(\xi_m^2+\lambda^2)+\lambda}\times\\
&\times\sum_{n=1}^{\infty}\frac{\xi_n^2 J_{\mathcal{M}}^2(\xi_n b)\mathcal{V}_{\mathcal{DM}}(\xi_n r,a)\int_a^b\frac{\mathcal{V}_{\mathcal{DM}}(\xi_n u,a)}{u}\int_0^t\{\psi_0(u,\tau)\cos(\xi_m\vartheta)-\psi_\vartheta(u,\tau)\}e^{-\eta_r\xi_n^2(t-\tau)}d\tau du}{\{J_{\mathcal{M}}^2(\xi_n a)-J_{\mathcal{M}}^2(\xi_n b)\}}+\\
&+\pi^2\sum_{m=1}^{\infty}\frac{(\xi_m^2+\lambda^2)\cos\{\xi_m(\vartheta-\theta)\}}{\vartheta(\xi_m^2+\lambda^2)+\lambda}\sum_{n=1}^{\infty}\frac{\xi_n^2 J_{\mathcal{M}}^2(\xi_n b)\mathcal{V}_{\mathcal{DM}}(\xi_n r,a)\overline{\overline{\varphi}}(\xi_n,\xi_m)e^{-\eta_r\xi_n^2 t}}{\{J_{\mathcal{M}}^2(\xi_n a)-J_{\mathcal{M}}^2(\xi_n b)\}}
\end{aligned}\tag{17.35.3}$$

where $\overline{\psi}_a(\xi_m,t)=\int_0^{\vartheta}\psi_a(u,t)\cos\{\xi_m(\vartheta-u)\}du$ and $\overline{\psi}_b(\xi_m,t)=\int_0^{\vartheta}\psi_b(u,t)\cos\{\xi_m(\vartheta-u)\}du$.

17.36

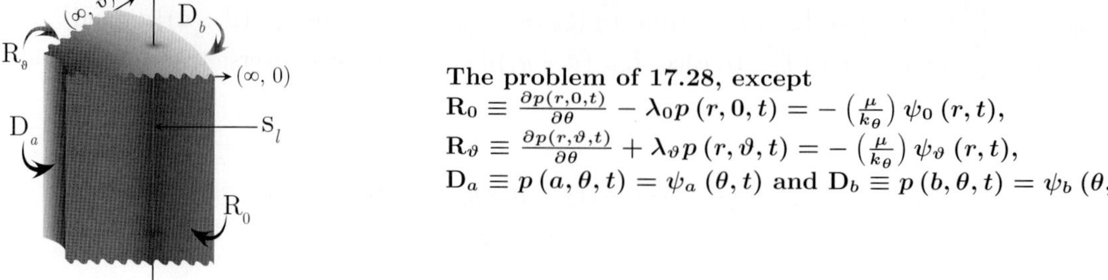

The problem of 17.28, except
$\mathbf{R_0} \equiv \frac{\partial p(r,0,t)}{\partial \theta} - \lambda_0 p(r,0,t) = -\left(\frac{\mu}{k_\theta}\right)\psi_0(r,t)$,
$\mathbf{R_\vartheta} \equiv \frac{\partial p(r,\vartheta,t)}{\partial \theta} + \lambda_\vartheta p(r,\vartheta,t) = -\left(\frac{\mu}{k_\theta}\right)\psi_\vartheta(r,t)$,
$\mathbf{D_a} \equiv p(a,\theta,t) = \psi_a(\theta,t)$ **and** $\mathbf{D_b} \equiv p(b,\theta,t) = \psi_b(\theta,t)$

The successive application of the Laplace, Fourier and finite Hankel transformations to equation (14.1.1) gives

$$\overline{\overline{\overline{p}}} = \frac{q(s)\,e^{-st_0}\left\{\xi_m\cos(\xi_m\theta_0)+\lambda_0\sin(\xi_m\theta_0)\right\}\mathcal{V}_{\mathcal{DM}}(\xi_n r_0,a)}{\phi c_t(\eta_r\xi_n^2+s)} - \frac{2\eta_r\overline{\overline{\psi}}_a(\xi_m,s)}{\pi(\eta_r\xi_n^2+s)} + \frac{2\eta_r J_{\mathcal{M}}(\xi_n a)\overline{\overline{\psi}}_b(\xi_m,s)}{\pi J_{\mathcal{M}}(\xi_n b)(\eta_r\xi_n^2+s)} +$$
$$+\frac{\int_a^b \frac{\mathcal{V}_{\mathcal{DM}}(\xi_n u,a)}{u}\left[\xi_m\overline{\psi}_0(u,s)-\overline{\psi}_\vartheta(u,s)\left\{\xi_m\cos(\xi_m\vartheta)+\lambda_0\sin(\xi_m\vartheta)\right\}\right]du}{\phi c_t(\eta_r\xi_n^2+s)} + \frac{\overline{\overline{\varphi}}(\xi_n,\xi_m)}{(\eta_r\xi_n^2+s)} \quad (17.36.1)$$

where ξ_m is a positive root of $\tan(\xi_m\vartheta) = \frac{\xi_m(\lambda_0+\lambda_\vartheta)}{(\xi_m^2-\lambda_0\lambda_\vartheta)}$, $m = 1,2,...,$ ξ_n, $n = 1,2,...,$ are the positive roots of the transcendental equation $\mathcal{V}_{\mathcal{DM}}(\xi_n b,a) = 0$, $\mathcal{V}_{\mathcal{DM}}(\xi_n r,a) = J_{\mathcal{M}}(\xi_n r)Y_{\mathcal{M}}(\xi_n a) - Y_{\mathcal{M}}(\xi_n r)J_{\mathcal{M}}(\xi_n a)$,
$\overline{\overline{\psi}}_a(\xi_m,s) = \int_0^\vartheta \overline{\psi}_a(u,s)\{\xi_m\cos(\xi_m u)+\lambda_0\sin(\xi_m u)\}du$,
$\overline{\overline{\psi}}_b(\xi_m,s) = \int_0^\vartheta \overline{\psi}_b(u,s)\{\xi_m\cos(\xi_m u)+\lambda_0\sin(\xi_m u)\}du$ and
$\overline{\overline{\varphi}}(\xi_n,\xi_m) = \int_a^b r\mathcal{V}_{\mathcal{DM}}(\xi_n r,a)\int_0^\vartheta \varphi(r,u)\{\xi_m\cos(\xi_m u)+\lambda_0\sin(\xi_m u)\}dudr$. Successive inverse transforms yield

$$\overline{p} = \frac{\pi^2 q(s)\,e^{-st_0}}{\phi c_t}\sum_{m=1}^{\infty}\frac{\{\xi_m\cos(\xi_m\theta_0)+\lambda_0\sin(\xi_m\theta_0)\}\{\xi_m\cos(\xi_m\theta)+\lambda_0\sin(\xi_m\theta)\}}{(\xi_m^2+\lambda_0^2)\left\{\vartheta+\frac{\lambda_\vartheta}{\xi_m^2+\lambda_\vartheta^2}\right\}+\lambda_0}\times$$
$$\times\sum_{n=1}^{\infty}\frac{\xi_n^2 J_{\mathcal{M}}^2(\xi_n b)\mathcal{V}_{\mathcal{DM}}(\xi_n r_0,a)\mathcal{V}_{\mathcal{DM}}(\xi_n r,a)}{(\eta_r\xi_n^2+s)\{J_{\mathcal{M}}^2(\xi_n a)-J_{\mathcal{M}}^2(\xi_n b)\}}+$$
$$+2\pi\eta_r\sum_{m=1}^{\infty}\frac{\{\xi_m\cos(\xi_m\theta)+\lambda_0\sin(\xi_m\theta)\}}{(\xi_m^2+\lambda_0^2)\left\{\vartheta+\frac{\lambda_\vartheta}{\xi_m^2+\lambda_\vartheta^2}\right\}+\lambda_0}\times$$
$$\times\sum_{n=1}^{\infty}\frac{\xi_n^2 J_{\mathcal{M}}(\xi_n b)\left\{J_{\mathcal{M}}(\xi_n a)\overline{\overline{\psi}}_b(\xi_m,s)-J_{\mathcal{M}}(\xi_n b)\overline{\overline{\psi}}_a(\xi_m,s)\right\}\mathcal{V}_{\mathcal{DM}}(\xi_n r,a)}{(\eta_r\xi_n^2+s)\{J_{\mathcal{M}}^2(\xi_n a)-J_{\mathcal{M}}^2(\xi_n b)\}}+$$
$$+\pi^2\eta_\theta\sum_{m=1}^{\infty}\frac{\{\xi_m\cos(\xi_m\theta)+\lambda_0\sin(\xi_m\theta)\}}{(\xi_m^2+\lambda_0^2)\left\{\vartheta+\frac{\lambda_\vartheta}{\xi_m^2+\lambda_\vartheta^2}\right\}+\lambda_0}\times$$
$$\times\sum_{n=1}^{\infty}\frac{\xi_n^2 J_{\mathcal{M}}^2(\xi_n b)\mathcal{V}_{\mathcal{DM}}(\xi_n r,a)\int_a^b\frac{\mathcal{V}_{\mathcal{DM}}(\xi_n u,a)}{u}\left[\xi_m\overline{\psi}_0(u,s)-\overline{\psi}_\vartheta(u,s)\{\xi_m\cos(\xi_m\vartheta)+\lambda_0\sin(\xi_m\vartheta)\}\right]du}{(\eta_r\xi_n^2+s)\{J_{\mathcal{M}}^2(\xi_n a)-J_{\mathcal{M}}^2(\xi_n b)\}}+$$
$$+\pi^2\sum_{m=1}^{\infty}\frac{\{\xi_m\cos(\xi_m\theta)+\lambda_0\sin(\xi_m\theta)\}}{(\xi_m^2+\lambda_0^2)\left\{\vartheta+\frac{\lambda_\vartheta}{\xi_m^2+\lambda_\vartheta^2}\right\}+\lambda_0}\sum_{n=1}^{\infty}\frac{\xi_n^2 J_{\mathcal{M}}^2(\xi_n b)\mathcal{V}_{\mathcal{DM}}(\xi_n r,a)\overline{\overline{\varphi}}(\xi_n,\xi_m)}{(\eta_r\xi_n^2+s)\{J_{\mathcal{M}}^2(\xi_n a)-J_{\mathcal{M}}^2(\xi_n b)\}} \quad (17.36.2)$$

and

$$p = \frac{\pi^2 U(t-t_0)}{\phi c_t}\sum_{m=1}^{\infty}\frac{\{\xi_m\cos(\xi_m\theta_0)+\lambda_0\sin(\xi_m\theta_0)\}\{\xi_m\cos(\xi_m\theta)+\lambda_0\sin(\xi_m\theta)\}}{(\xi_m^2+\lambda_0^2)\left\{\vartheta+\frac{\lambda_\vartheta}{\xi_m^2+\lambda_\vartheta^2}\right\}+\lambda_0}\times$$
$$\times\sum_{n=1}^{\infty}\frac{\xi_n^2 J_{\mathcal{M}}^2(\xi_n b)\mathcal{V}_{\mathcal{DM}}(\xi_n r_0,a)\mathcal{V}_{\mathcal{DM}}(\xi_n r,a)\int_0^{t-t_0}q(t-t_0-\tau)\,e^{-\eta_r\xi_n^2(t-\tau)}d\tau}{\{J_{\mathcal{M}}^2(\xi_n a)-J_{\mathcal{M}}^2(\xi_n b)\}}+$$

$$+2\pi\eta_r \sum_{m=1}^{\infty} \frac{\{\xi_m \cos(\xi_m\theta) + \lambda_0 \sin(\xi_m\theta)\}}{(\xi_m^2+\lambda_0^2)\left\{\vartheta + \frac{\lambda_\vartheta}{\xi_m^2+\lambda_\vartheta^2}\right\} + \lambda_0} \times$$

$$\times \sum_{n=1}^{\infty} \frac{\xi_n^2 J_{\mathcal{M}}(\xi_n b)\,\mathcal{V}_{\mathcal{DM}}(\xi_n r, a) \int_0^t \{J_{\mathcal{M}}(\xi_n a)\overline{\psi}_b(\xi_m,\tau) - J_{\mathcal{M}}(\xi_n b)\overline{\psi}_a(\xi_m,\tau)\} e^{-\eta_r\xi_n^2(t-\tau)} d\tau}{\{J_{\mathcal{M}}^2(\xi_n a) - J_{\mathcal{M}}^2(\xi_n b)\}} +$$

$$+\pi^2\eta_\theta \sum_{m=1}^{\infty} \frac{\{\xi_m \cos(\xi_m\theta) + \lambda_0 \sin(\xi_m\theta)\}}{(\xi_m^2+\lambda_0^2)\left\{\vartheta + \frac{\lambda_\vartheta}{\xi_m^2+\lambda_\vartheta^2}\right\} + \lambda_0} \sum_{n=1}^{\infty} \frac{\xi_n^2 J_{\mathcal{M}}^2(\xi_n b)\,\mathcal{V}_{\mathcal{DM}}(\xi_n r, a)}{\{J_{\mathcal{M}}^2(\xi_n a) - J_{\mathcal{M}}^2(\xi_n b)\}} \times$$

$$\times \int_a^b \frac{\mathcal{V}_{\mathcal{DM}}(\xi_n u, a)}{u} \int_0^t [\xi_m \psi_0(u,\tau) - \psi_\vartheta(u,\tau)\{\xi_m \cos(\xi_m\vartheta) + \lambda_0 \sin(\xi_m\vartheta)\}] e^{-\eta_r\xi_n^2(t-\tau)} d\tau du +$$

$$+\pi^2 \sum_{m=1}^{\infty} \frac{\{\xi_m \cos(\xi_m\theta) + \lambda_0 \sin(\xi_m\theta)\}}{(\xi_m^2+\lambda_0^2)\left\{\vartheta + \frac{\lambda_\vartheta}{\xi_m^2+\lambda_\vartheta^2}\right\} + \lambda_0} \sum_{n=1}^{\infty} \frac{\xi_n^2 J_{\mathcal{M}}^2(\xi_n b)\,\mathcal{V}_{\mathcal{DM}}(\xi_n r, a)\overline{\overline{\varphi}}(\xi_n,\xi_m) e^{-\eta_r\xi_n^2 t}}{\{J_{\mathcal{M}}^2(\xi_n a) - J_{\mathcal{M}}^2(\xi_n b)\}} \tag{17.36.3}$$

where $\overline{\psi}_a(\xi_m,t) = \int_0^\vartheta \psi_a(u,t)\{\xi_m \cos(\xi_m u) + \lambda_0 \sin(\xi_m u)\}du$ and $\overline{\psi}_b(\xi_m,t) = \int_0^\vartheta \psi_b(u,t)\{\xi_m \cos(\xi_m u) + \lambda_0 \sin(\xi_m u)\}du$.

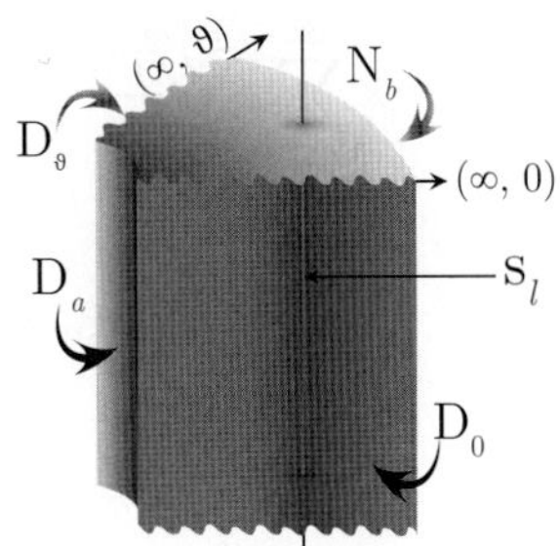

17.37 The problem of 17.28, except $\mathbf{D}_a \equiv p(a,\theta,t) = \psi_a(\theta,t)$, $\mathbf{N}_b \equiv \frac{\partial p(b,\theta,t)}{\partial r} = -\left(\frac{\mu}{k_r}\right)\psi_b(\theta,t)$, $\mathbf{D}_0 \equiv p(r,0,t) = \psi_0(r,t)$ and $\mathbf{D}_\vartheta \equiv p(r,\vartheta,t) = \psi_\vartheta(r,t)$

The successive application of the Laplace, Fourier and finite Hankel transformations to equation (14.1.1) gives

$$\overline{\overline{\overline{p}}} = \frac{q(s)e^{-st_0}\sin(\xi_m\theta_0)\,\mathcal{V}_{\mathcal{DM}}(\xi_n r_0, a)}{\phi c_t(\eta_r\xi_n^2+s)} - \frac{2\eta_r\overline{\overline{\psi}}_a(\xi_m,s)}{\pi(\eta_r\xi_n^2+s)} - \frac{2\overline{\overline{\psi}}_b(\xi_m,s)J_{\mathcal{M}}(\xi_n a)}{\pi\phi c_t\xi_n J'_{\mathcal{M}}(\xi_n b)(\eta_r\xi_n^2+s)} +$$
$$+\frac{\xi_m\eta_\theta \int_a^b \frac{\mathcal{V}_{\mathcal{DM}}(\xi_n u,a)}{u}\{\overline{\psi}_0(u,s) - (-1)^m\overline{\psi}_\vartheta(u,s)\}du}{(\eta_r\xi_n^2+s)} + \frac{\overline{\overline{\varphi}}(\xi_n,\xi_m)}{(\eta_r\xi_n^2+s)} \tag{17.37.1}$$

where ξ_m is a positive root of $\sin(\xi_m\vartheta)$, which are $\xi_m = \frac{m\pi}{\vartheta}$, $m = 1,2,...,$ ξ_n, $n = 1,2,...,$ are the positive roots of the transcendental equation $\mathcal{V}'_{\mathcal{DM}}(\xi_n b, a) = 0$, $\mathcal{V}_{\mathcal{DM}}(\xi_n r, a) = J_{\mathcal{M}}(\xi_n r)Y_{\mathcal{M}}(\xi_n a) - Y_{\mathcal{M}}(\xi_n r)J_{\mathcal{M}}(\xi_n a)$, $\overline{\overline{\psi}}_a(\xi_m,s) = \int_0^\vartheta \overline{\psi}_a(u,s)\sin(\xi_m u)du$, $\overline{\overline{\psi}}_b(\xi_m,s) = \int_0^\vartheta \overline{\psi}_b(u,s)\sin(\xi_m u)du$ and $\overline{\overline{\varphi}}(\xi_n,\xi_m) = \int_a^b r\mathcal{V}_{\mathcal{DM}}(\xi_n r,a)\int_0^\vartheta \varphi(r,u)\sin(\xi_m u)dudr$. Successive inverse transforms yield

$$\overline{p} = \frac{\pi^2 q(s)e^{-st_0}}{\phi c_t\vartheta}\sum_{m=1}^{\infty}\sin(\xi_m\theta_0)\sin(\xi_m\theta)\sum_{n=1}^{\infty}\frac{\xi_n^2 J'^2_{\mathcal{M}}(\xi_n b)\,\mathcal{V}_{\mathcal{DM}}(\xi_n r_0,a)\,\mathcal{V}_{\mathcal{DM}}(\xi_n r,a)}{(\eta_r\xi_n^2+s)\left[\left\{1-\left(\frac{\mathcal{M}}{\xi_n b}\right)^2\right\}J_{\mathcal{M}}^2(\xi_n a) - J'^2_{\mathcal{M}}(\xi_n b)\right]} -$$

$$-\frac{2\pi\eta_r}{\vartheta}\sum_{m=1}^{\infty}\sin(\xi_m\theta)\sum_{n=1}^{\infty}\frac{\xi_n^2 J'_{\mathcal{M}}(\xi_n b)\left\{J_{\mathcal{M}}(\xi_n a)\overline{\overline{\psi}}_b(\xi_m,s) + J'_{\mathcal{M}}(\xi_n b)\overline{\overline{\psi}}_a(\xi_m,s)\right\}\mathcal{V}_{\mathcal{DM}}(\xi_n r,a)}{(\eta_r\xi_n^2+s)\left[\left\{1-\left(\frac{\mathcal{M}}{\xi_n b}\right)^2\right\}J_{\mathcal{M}}^2(\xi_n a) - J'^2_{\mathcal{M}}(\xi_n b)\right]} +$$

$$+\frac{\pi^2\eta_\theta}{\vartheta}\sum_{m=1}^{\infty}\xi_m\sin(\xi_m\theta)\sum_{n=1}^{\infty}\frac{\xi_n^2 J'^2_{\mathcal{M}}(\xi_n b)\,\mathcal{V}_{\mathcal{DM}}(\xi_n r,a)\int_a^b\frac{\mathcal{V}_{\mathcal{DM}}(\xi_n u,a)}{u}\{\overline{\psi}_0(u,s) - (-1)^m\overline{\psi}_\vartheta(u,s)\}du}{(\eta_r\xi_n^2+s)\left[\left\{1-\left(\frac{\mathcal{M}}{\xi_n b}\right)^2\right\}J_{\mathcal{M}}^2(\xi_n a) - J'^2_{\mathcal{M}}(\xi_n b)\right]} +$$

$$+\frac{\pi^2}{\vartheta}\sum_{m=1}^{\infty}\sin(\xi_m\theta)\sum_{n=1}^{\infty}\frac{\xi_n^2 J'^2_{\mathcal{M}}(\xi_n b)\,\mathcal{V}_{\mathcal{DM}}(\xi_n r,a)\overline{\overline{\varphi}}(\xi_n,\xi_m)}{(\eta_r\xi_n^2+s)\left[\left\{1-\left(\frac{\mathcal{M}}{\xi_n b}\right)^2\right\}J_{\mathcal{M}}^2(\xi_n a) - J'^2_{\mathcal{M}}(\xi_n b)\right]} \tag{17.37.2}$$

and

$$p = \frac{\pi^2 U(t-t_0)}{\phi c_t \vartheta} \sum_{m=1}^{\infty} \sin(\xi_m\theta_0)\sin(\xi_m\theta) \times$$
$$\times \sum_{n=1}^{\infty} \frac{\xi_n^2 J_{\mathcal{M}}'^2(\xi_n b)\mathcal{V}_{\mathcal{DM}}(\xi_n r_0,a)\mathcal{V}_{\mathcal{DM}}(\xi_n r,a)\int_0^{t-t_0} q(t-t_0-\tau)e^{-\eta_r\xi_n^2(t-\tau)}d\tau}{\left[\left\{1-\left(\frac{\mathcal{M}}{\xi_n b}\right)^2\right\}J_{\mathcal{M}}^2(\xi_n a)-J_{\mathcal{M}}'^2(\xi_n b)\right]} -$$
$$-\frac{2\pi\eta_r}{\vartheta}\sum_{m=1}^{\infty}\sin(\xi_m\theta)\times$$
$$\times \sum_{n=1}^{\infty} \frac{\xi_n^2 J_{\mathcal{M}}'(\xi_n b)\mathcal{V}_{\mathcal{DM}}(\xi_n r,a)\int_0^t\left\{J_{\mathcal{M}}(\xi_n a)\overline{\psi}_b(\xi_m,\tau)+J_{\mathcal{M}}'(\xi_n b)\overline{\psi}_a(\xi_m,\tau)\right\}e^{-\eta_r\xi_n^2(t-\tau)}d\tau}{\left[\left\{1-\left(\frac{\mathcal{M}}{\xi_n b}\right)^2\right\}J_{\mathcal{M}}^2(\xi_n a)-J_{\mathcal{M}}'^2(\xi_n b)\right]} +$$
$$+\frac{\pi^2\eta_\theta}{\vartheta}\sum_{m=1}^{\infty}\xi_m\sin(\xi_m\theta)\times$$
$$\times \sum_{n=1}^{\infty} \frac{\xi_n^2 J_{\mathcal{M}}'^2(\xi_n b)\mathcal{V}_{\mathcal{DM}}(\xi_n r,a)\int_a^b \frac{\mathcal{V}_{\mathcal{DM}}(\xi_n u,a)}{u}\int_0^t\left\{\psi_0(u,\tau)-(-1)^m\psi_\vartheta(u,\tau)\right\}e^{-\eta_r\xi_n^2(t-\tau)}d\tau du}{\left[\left\{1-\left(\frac{\mathcal{M}}{\xi_n b}\right)^2\right\}J_{\mathcal{M}}^2(\xi_n a)-J_{\mathcal{M}}'^2(\xi_n b)\right]} +$$
$$+\frac{\pi^2}{\vartheta}\sum_{m=1}^{\infty}\sin(\xi_m\theta)\sum_{n=1}^{\infty}\frac{\xi_n^2 J_{\mathcal{M}}'^2(\xi_n b)\mathcal{V}_{\mathcal{DM}}(\xi_n r,a)\overline{\overline{\varphi}}(\xi_n,\xi_m)e^{-\eta_r\xi_n^2 t}}{\left[\left\{1-\left(\frac{\mathcal{M}}{\xi_n b}\right)^2\right\}J_{\mathcal{M}}^2(\xi_n a)-J_{\mathcal{M}}'^2(\xi_n b)\right]} \quad (17.37.3)$$

where $\overline{\psi}_a(\xi_m,t)=\int_0^\vartheta \psi_a(u,t)\sin(\xi_m u)du$ and $\overline{\psi}_b(\xi_m,t)=\int_0^\vartheta \psi_b(u,t)\sin(\xi_m u)du$.

17.38

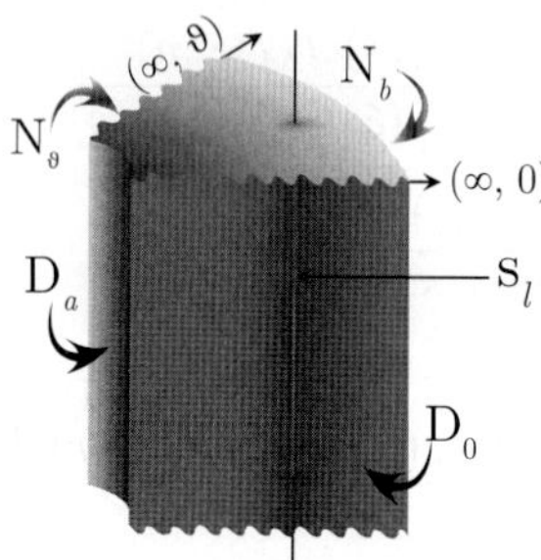

The problem of 17.28, except $\mathbf{D_0 \equiv p(r,0,t)=\psi_0(r,t)}$, $\mathbf{N_\vartheta \equiv \frac{\partial p(r,\vartheta,t)}{\partial\theta} = -\left(\frac{\mu}{k_\theta}\right)\psi_\vartheta(r,t)}$, $\mathbf{D_a \equiv p(a,\theta,t)=\psi_a(\theta,t)}$ and $\mathbf{N_b \equiv \frac{\partial p(b,\theta,t)}{\partial r} = -\left(\frac{\mu}{k_r}\right)\psi_b(\theta,t)}$

The successive application of the Laplace, Fourier and finite Hankel transformations to equation (14.1.1) gives

$$\overline{\overline{\overline{p}}} = \frac{q(s)e^{-st_0}\sin(\xi_m\theta_0)\mathcal{V}_{\mathcal{DM}}(\xi_n r_0,a)}{\phi c_t(\eta_r\xi_n^2+s)} - \frac{2\eta_r\overline{\overline{\psi}}_a(\xi_m,s)}{\pi(\eta_r\xi_n^2+s)} - \frac{2\overline{\overline{\psi}}_b(\xi_m,s)J_{\mathcal{M}}(\xi_n a)}{\pi\phi c_t\xi_n J_{\mathcal{M}}'(\xi_n b)(\eta_r\xi_n^2+s)} +$$
$$+\frac{\eta_\theta\int_a^b\frac{\mathcal{V}_{\mathcal{DM}}(\xi_n u,a)}{u}\left\{\xi_m\overline{\psi}_0(u,s)+(-1)^m\left(\frac{\mu}{k_\theta}\right)\overline{\psi}_\vartheta(u,s)\right\}du}{(\eta_r\xi_n^2+s)} + \frac{\overline{\overline{\varphi}}(\xi_n,\xi_m)}{(\eta_r\xi_n^2+s)} \quad (17.38.1)$$

where ξ_m is a positive root of $\cos(\xi_m\vartheta)$, which are $\xi_m=\frac{(2m-1)\pi}{2\vartheta}$, $m=1,2,...,$ ξ_n, $n=1,2,...,$ are the positive roots of the transcendental equation $\mathcal{V}_{\mathcal{DM}}'(\xi_n b,a)=0$,
$\mathcal{V}_{\mathcal{DM}}(\xi_n r,a)=J_{\mathcal{M}}(\xi_n r)Y_{\mathcal{M}}(\xi_n a)-Y_{\mathcal{M}}(\xi_n r)J_{\mathcal{M}}(\xi_n a)$,

$\overline{\overline{\psi}}_a(\xi_m, s) = \int_0^{\vartheta} \overline{\psi}_a(u, s)\sin(\xi_m u)du$, $\overline{\overline{\psi}}_b(\xi_m, s) = \int_0^{\vartheta} \overline{\psi}_b(u, s)\sin(\xi_m u)du$ and $\overline{\overline{\varphi}}(\xi_n, \xi_m) = \int_a^b r\mathcal{V}_{\mathcal{DM}}(\xi_n r, a)\int_0^{\vartheta} \varphi(r, u)\sin(\xi_m u)dudr$. Successive inverse transforms yield

$$\begin{aligned}
\overline{p} \;=\; & \frac{\pi^2 q(s)\, e^{-st_0}}{\phi c_t \vartheta}\sum_{m=1}^{\infty}\sin(\xi_m\theta_0)\sin(\xi_m\theta)\sum_{n=1}^{\infty}\frac{\xi_n^2 J_{\mathcal{M}}'^2(\xi_n b)\,\mathcal{V}_{\mathcal{DM}}(\xi_n r_0, a)\,\mathcal{V}_{\mathcal{DM}}(\xi_n r, a)}{(\eta_r\xi_n^2+s)\left[\left\{1-\left(\frac{\mathcal{M}}{\xi_n b}\right)^2\right\}J_{\mathcal{M}}^2(\xi_n a)-J_{\mathcal{M}}'^2(\xi_n b)\right]} - \\
& -\frac{2\pi\eta_r}{\vartheta}\sum_{m=1}^{\infty}\sin(\xi_m\theta)\sum_{n=1}^{\infty}\frac{\xi_n^2 J_{\mathcal{M}}'(\xi_n b)\left\{J_{\mathcal{M}}(\xi_n a)\overline{\overline{\psi}}_b(\xi_m, s)+J_{\mathcal{M}}'(\xi_n b)\overline{\overline{\psi}}_a(\xi_m, s)\right\}\mathcal{V}_{\mathcal{DM}}(\xi_n r, a)}{(\eta_r\xi_n^2+s)\left[\left\{1-\left(\frac{\mathcal{M}}{\xi_n b}\right)^2\right\}J_{\mathcal{M}}^2(\xi_n a)-J_{\mathcal{M}}'^2(\xi_n b)\right]} + \\
& +\frac{\pi^2\eta_\theta}{\vartheta}\sum_{m=1}^{\infty}\sin(\xi_m\theta)\sum_{n=1}^{\infty}\frac{\xi_n^2 J_{\mathcal{M}}'^2(\xi_n b)\mathcal{V}_{\mathcal{DM}}(\xi_n r, a)\int_a^b \frac{\mathcal{V}_{\mathcal{DM}}(\xi_n u, a)}{u}\left\{\xi_m\overline{\psi}_0(u, s)+(-1)^m\left(\frac{\mu}{k_\theta}\right)\overline{\psi}_\vartheta(u, s)\right\}du}{(\eta_r\xi_n^2+s)\left[\left\{1-\left(\frac{\mathcal{M}}{\xi_n b}\right)^2\right\}J_{\mathcal{M}}^2(\xi_n a)-J_{\mathcal{M}}'^2(\xi_n b)\right]} + \\
& +\frac{\pi^2}{\vartheta}\sum_{m=1}^{\infty}\sin(\xi_m\theta)\sum_{n=1}^{\infty}\frac{\xi_n^2 J_{\mathcal{M}}'^2(\xi_n b)\,\mathcal{V}_{\mathcal{DM}}(\xi_n r, a)\overline{\overline{\varphi}}(\xi_n, \xi_m)}{(\eta_r\xi_n^2+s)\left[\left\{1-\left(\frac{\mathcal{M}}{\xi_n b}\right)^2\right\}J_{\mathcal{M}}^2(\xi_n a)-J_{\mathcal{M}}'^2(\xi_n b)\right]} .
\end{aligned} \tag{17.38.2}$$

and

$$\begin{aligned}
p \;=\; & \frac{\pi^2 U(t-t_0)}{\phi c_t\vartheta}\sum_{m=1}^{\infty}\sin(\xi_m\theta_0)\sin(\xi_m\theta)\times \\
& \times\sum_{n=1}^{\infty}\frac{\xi_n^2 J_{\mathcal{M}}'^2(\xi_n b)\,\mathcal{V}_{\mathcal{DM}}(\xi_n r_0, a)\,\mathcal{V}_{\mathcal{DM}}(\xi_n r, a)\int_0^{t-t_0} q(t-t_0-\tau)\, e^{-\eta_r\xi_n^2(t-\tau)}d\tau}{\left[\left\{1-\left(\frac{\mathcal{M}}{\xi_n b}\right)^2\right\}J_{\mathcal{M}}^2(\xi_n a)-J_{\mathcal{M}}'^2(\xi_n b)\right]} - \\
& -\frac{2\pi\eta_r}{\vartheta}\sum_{m=1}^{\infty}\sin(\xi_m\theta)\times \\
& \times\sum_{n=1}^{\infty}\frac{\xi_n^2 J_{\mathcal{M}}'(\xi_n b)\,\mathcal{V}_{\mathcal{DM}}(\xi_n r, a)\int_0^t\left\{J_{\mathcal{M}}(\xi_n a)\overline{\psi}_b(\xi_m, \tau)+J_{\mathcal{M}}'(\xi_n b)\overline{\psi}_a(\xi_m, \tau)\right\}e^{-\eta_r\xi_n^2(t-\tau)}d\tau}{\left[\left\{1-\left(\frac{\mathcal{M}}{\xi_n b}\right)^2\right\}J_{\mathcal{M}}^2(\xi_n a)-J_{\mathcal{M}}'^2(\xi_n b)\right]} + \\
& +\frac{\pi^2\eta_\theta}{\vartheta}\sum_{m=1}^{\infty}\sin(\xi_m\theta)\times \\
& \times\sum_{n=1}^{\infty}\frac{\xi_n^2 J_{\mathcal{M}}'^2(\xi_n b)\,\mathcal{V}_{\mathcal{DM}}(\xi_n r, a)\int_a^b\frac{\mathcal{V}_{\mathcal{DM}}(\xi_n u, a)}{u}\int_0^t\left\{\xi_m\psi_0(u, \tau)+(-1)^m\left(\frac{\mu}{k_\theta}\right)\psi_\vartheta(u, \tau)\right\}e^{-\eta_r\xi_n^2(t-\tau)}d\tau du}{\left[\left\{1-\left(\frac{\mathcal{M}}{\xi_n b}\right)^2\right\}J_{\mathcal{M}}^2(\xi_n a)-J_{\mathcal{M}}'^2(\xi_n b)\right]} + \\
& +\frac{\pi^2}{\vartheta}\sum_{m=1}^{\infty}\sin(\xi_m\theta)\sum_{n=1}^{\infty}\frac{\xi_n^2 J_{\mathcal{M}}'^2(\xi_n b)\,\mathcal{V}_{\mathcal{DM}}(\xi_n r, a)\overline{\overline{\varphi}}(\xi_n, \xi_m)\, e^{-\eta_r\xi_n^2 t}}{\left[\left\{1-\left(\frac{\mathcal{M}}{\xi_n b}\right)^2\right\}J_{\mathcal{M}}^2(\xi_n a)-J_{\mathcal{M}}'^2(\xi_n b)\right]}
\end{aligned} \tag{17.38.3}$$

where $\overline{\psi}_a(\xi_m, t) = \int_0^{\vartheta}\psi_a(u, t)\sin(\xi_m u)du$ and $\overline{\psi}_b(\xi_m, t) = \int_0^{\vartheta}\psi_b(u, t)\sin(\xi_m u)du$.

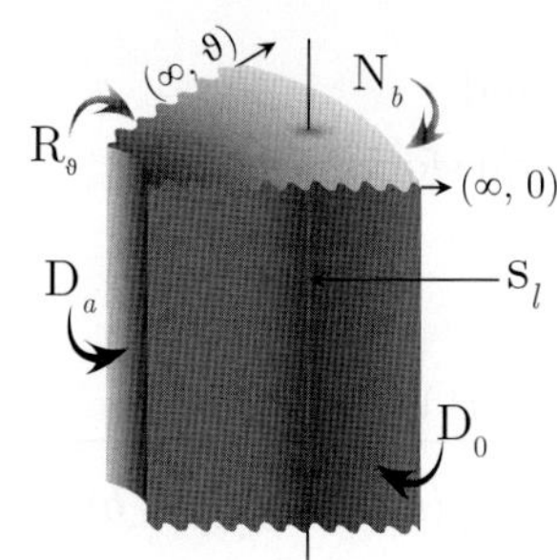

17.39 **The problem of 17.28, except $D_0 \equiv p(r,0,t) = \psi_0(r,t)$, $R_\vartheta \equiv \frac{\partial p(r,\vartheta,t)}{\partial\theta} + \lambda p(r,\vartheta,t) = -\left(\frac{\mu}{k_\theta}\right)\psi_\vartheta(r,t)$, $D_a \equiv p(a,\theta,t) = \psi_a(\theta,t)$ and $N_b \equiv \frac{\partial p(b,\theta,t)}{\partial r} = -\left(\frac{\mu}{k_r}\right)\psi_b(\theta,t)$**

The successive application of the Laplace, Fourier and finite Hankel transformations to equation (14.1.1) gives

$$\overline{\overline{\overline{p}}} = \frac{q(s)e^{-st_0}\sin(\xi_m\theta_0)\mathcal{V}_{\mathcal{DM}}(\xi_n r_0,a)}{\phi c_t(\eta_r\xi_n^2+s)} - \frac{2\eta_r\overline{\overline{\psi}}_a(\xi_m,s)}{\pi(\eta_r\xi_n^2+s)} - \frac{2\overline{\overline{\psi}}_b(\xi_m,s)J_{\mathcal{M}}(\xi_n a)}{\pi\phi c_t\xi_n J'_{\mathcal{M}}(\xi_n b)(\eta_r\xi_n^2+s)} + $$
$$+\frac{\eta_\theta\int_a^b\frac{\mathcal{V}_{\mathcal{DM}}(\xi_n u,a)}{u}\left\{\xi_m\overline{\psi}_0(u,s)-\left(\frac{\mu}{k_\theta}\right)\overline{\psi}_\vartheta(u,s)\sin(\xi_m\vartheta)\right\}du}{(\eta_r\xi_n^2+s)} + \frac{\overline{\overline{\varphi}}(\xi_n,\xi_m)}{(\eta_r\xi_n^2+s)} \tag{17.39.1}$$

where ξ_m is a positive root of $\xi_m\cot(\xi_m\vartheta) = -\lambda$, $m = 1,2,...$, ξ_n, $n = 1,2,...$, are the positive roots of the transcendental equation $\mathcal{V}'_{\mathcal{DM}}(\xi_n b,a) = 0$, $\mathcal{V}_{\mathcal{DM}}(\xi_n r,a) = J_{\mathcal{M}}(\xi_n r)Y_{\mathcal{M}}(\xi_n a) - Y_{\mathcal{M}}(\xi_n r)J_{\mathcal{M}}(\xi_n a)$, $\overline{\overline{\psi}}_a(\xi_m,s) = \int_0^\vartheta\overline{\psi}_a(u,s)\sin(\xi_m u)du$, $\overline{\overline{\psi}}_b(\xi_m,s) = \int_0^\vartheta\overline{\psi}_b(u,s)\sin(\xi_m u)du$ and $\overline{\overline{\varphi}}(\xi_n,\xi_m) = \int_a^b r\mathcal{V}_{\mathcal{DM}}(\xi_n r,a)\int_0^\vartheta\varphi(r,u)\sin(\xi_m u)dudr$. Successive inverse transforms yield

$$\overline{p} = \frac{\pi^2 q(s)e^{-st_0}}{\phi c_t}\sum_{m=1}^\infty\frac{(\xi_m^2+\lambda^2)\sin(\xi_m\theta_0)\sin(\xi_m\theta)}{\vartheta(\xi_m^2+\lambda^2)+\lambda}\sum_{n=1}^\infty\frac{\xi_n^2 J'^2_{\mathcal{M}}(\xi_n b)\mathcal{V}_{\mathcal{DM}}(\xi_n r_0,a)\mathcal{V}_{\mathcal{DM}}(\xi_n r,a)}{(\eta_r\xi_n^2+s)\left[\left\{1-\left(\frac{\mathcal{M}}{\xi_n b}\right)^2\right\}J^2_{\mathcal{M}}(\xi_n a)-J'^2_{\mathcal{M}}(\xi_n b)\right]} -$$
$$-2\pi\eta_r\sum_{m=1}^\infty\frac{(\xi_m^2+\lambda^2)\sin(\xi_m\theta)}{\vartheta(\xi_m^2+\lambda^2)+\lambda}\sum_{n=1}^\infty\frac{\xi_n^2 J'_{\mathcal{M}}(\xi_n b)\left\{J_{\mathcal{M}}(\xi_n a)\overline{\overline{\psi}}_b(\xi_m,s)+J'_{\mathcal{M}}(\xi_n b)\overline{\overline{\psi}}_a(\xi_m,s)\right\}\mathcal{V}_{\mathcal{DM}}(\xi_n r,a)}{(\eta_r\xi_n^2+s)\left[\left\{1-\left(\frac{\mathcal{M}}{\xi_n b}\right)^2\right\}J^2_{\mathcal{M}}(\xi_n a)-J'^2_{\mathcal{M}}(\xi_n b)\right]} +$$
$$+\pi^2\eta_\theta\sum_{m=1}^\infty\frac{(\xi_m^2+\lambda^2)\sin(\xi_m\theta)}{\vartheta(\xi_m^2+\lambda^2)+\lambda}\times$$
$$\times\sum_{n=1}^\infty\frac{\xi_n^2 J'^2_{\mathcal{M}}(\xi_n b)\mathcal{V}_{\mathcal{DM}}(\xi_n r,a)\int_a^b\frac{\mathcal{V}_{\mathcal{DM}}(\xi_n u,a)}{u}\left\{\xi_m\overline{\psi}_0(u,s)-\left(\frac{\mu}{k_\theta}\right)\overline{\psi}_\vartheta(u,s)\sin(\xi_m\vartheta)\right\}du}{(\eta_r\xi_n^2+s)\left[\left\{1-\left(\frac{\mathcal{M}}{\xi_n b}\right)^2\right\}J^2_{\mathcal{M}}(\xi_n a)-J'^2_{\mathcal{M}}(\xi_n b)\right]} +$$
$$+\pi^2\sum_{m=1}^\infty\frac{(\xi_m^2+\lambda^2)\sin(\xi_m\theta)}{\vartheta(\xi_m^2+\lambda^2)+\lambda}\sum_{n=1}^\infty\frac{\xi_n^2 J'^2_{\mathcal{M}}(\xi_n b)\mathcal{V}_{\mathcal{DM}}(\xi_n r,a)\overline{\overline{\varphi}}(\xi_n,\xi_m)}{(\eta_r\xi_n^2+s)\left[\left\{1-\left(\frac{\mathcal{M}}{\xi_n b}\right)^2\right\}J^2_{\mathcal{M}}(\xi_n a)-J'^2_{\mathcal{M}}(\xi_n b)\right]} \tag{17.39.2}$$

and

$$p = \frac{\pi^2 U(t-t_0)}{\phi c_t}\sum_{m=1}^\infty\frac{(\xi_m^2+\lambda^2)\sin(\xi_m\theta_0)\sin(\xi_m\theta)}{\vartheta(\xi_m^2+\lambda^2)+\lambda}\times$$
$$\times\sum_{n=1}^\infty\frac{\xi_n^2 J'^2_{\mathcal{M}}(\xi_n b)\mathcal{V}_{\mathcal{DM}}(\xi_n r_0,a)\mathcal{V}_{\mathcal{DM}}(\xi_n r,a)\int_0^{t-t_0}q(t-t_0-\tau)e^{-\eta_r\xi_n^2(t-\tau)}d\tau}{\left[\left\{1-\left(\frac{\mathcal{M}}{\xi_n b}\right)^2\right\}J^2_{\mathcal{M}}(\xi_n a)-J'^2_{\mathcal{M}}(\xi_n b)\right]} -$$
$$-2\pi\eta_r\sum_{m=1}^\infty\frac{(\xi_m^2+\lambda^2)\sin(\xi_m\theta)}{\vartheta(\xi_m^2+\lambda^2)+\lambda}\times$$
$$\times\sum_{n=1}^\infty\frac{\xi_n^2 J'_{\mathcal{M}}(\xi_n b)\mathcal{V}_{\mathcal{DM}}(\xi_n r,a)\int_0^t\left\{J_{\mathcal{M}}(\xi_n a)\overline{\psi}_b(\xi_m,\tau)+J'_{\mathcal{M}}(\xi_n b)\overline{\psi}_a(\xi_m,\tau)\right\}e^{-\eta_r\xi_n^2(t-\tau)}d\tau}{\left[\left\{1-\left(\frac{\mathcal{M}}{\xi_n b}\right)^2\right\}J^2_{\mathcal{M}}(\xi_n a)-J'^2_{\mathcal{M}}(\xi_n b)\right]} +$$

$$+\pi^2\eta_\theta \sum_{m=1}^{\infty} \frac{(\xi_m^2+\lambda^2)\sin(\xi_m\theta)}{\vartheta(\xi_m^2+\lambda^2)+\lambda}\times$$

$$\times \sum_{n=1}^{\infty} \frac{\xi_n^2 J_{\mathcal{M}}'^2(\xi_n b)\,\mathcal{V}_{\mathcal{DM}}(\xi_n r,a)\int_a^b \frac{\mathcal{V}_{\mathcal{DM}}(\xi_n u,a)}{u}\int_0^t \left\{\xi_m\psi_0(u,\tau)-\left(\frac{\mu}{k_\theta}\right)\psi_\vartheta(u,\tau)\sin(\xi_m\vartheta)\right\}d\tau e^{-\eta_r\xi_n^2(t-\tau)}du}{\left[\left\{1-\left(\frac{\mathcal{M}}{\xi_n b}\right)^2\right\}J_{\mathcal{M}}^2(\xi_n a)-J_{\mathcal{M}}'^2(\xi_n b)\right]}+$$

$$+\pi^2 \sum_{m=1}^{\infty} \frac{(\xi_m^2+\lambda^2)\sin(\xi_m\theta)}{\vartheta(\xi_m^2+\lambda^2)+\lambda}\sum_{n=1}^{\infty}\frac{\xi_n^2 J_{\mathcal{M}}'^2(\xi_n b)\,\mathcal{V}_{\mathcal{DM}}(\xi_n r,a)\overline{\overline{\varphi}}(\xi_n,\xi_m)\,e^{-\eta_r\xi_n^2 t}}{\left[\left\{1-\left(\frac{\mathcal{M}}{\xi_n b}\right)^2\right\}J_{\mathcal{M}}^2(\xi_n a)-J_{\mathcal{M}}'^2(\xi_n b)\right]} \quad (17.39.3)$$

where $\overline{\psi}_a(\xi_m,t)=\int_0^\vartheta \psi_a(u,t)\sin(\xi_m u)du$ and $\overline{\psi}_b(\xi_m,t)=\int_0^\vartheta \psi_b(u,t)\sin(\xi_m u)du$.

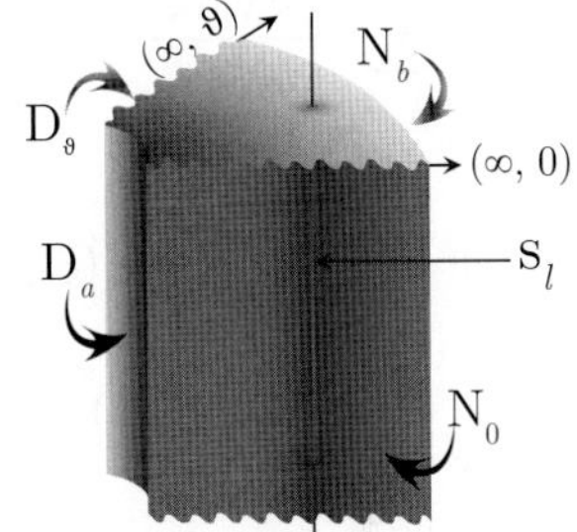

17.40 The problem of 17.28, except $\mathbf{N_0} \equiv \frac{\partial p(r,0,t)}{\partial\theta} = -\left(\frac{\mu}{k_\theta}\right)\psi_0(r,t)$, $\mathbf{D_\vartheta} \equiv p(r,\vartheta,t)=\psi_\vartheta(r,t)$, $\mathbf{D_a}\equiv p(a,\theta,t)=\psi_a(\theta,t)$ and $\mathbf{N_b}\equiv \frac{\partial p(b,\theta,t)}{\partial r} = -\left(\frac{\mu}{k_r}\right)\psi_b(\theta,t)$

The successive application of the Laplace, Fourier and finite Hankel transformations to equation (14.1.1) gives

$$\overline{\overline{\overline{p}}} = \frac{q(s)e^{-st_0}\cos(\xi_m\theta_0)\mathcal{V}_{\mathcal{DM}}(\xi_n r_0,a)}{\phi c_t(\eta_r\xi_n^2+s)} - \frac{2\eta_r\overline{\overline{\psi}}_a(\xi_m,s)}{\pi(\eta_r\xi_n^2+s)} - \frac{2\overline{\overline{\psi}}_b(\xi_m,s)J_{\mathcal{M}}(\xi_n a)}{\pi\phi c_t\xi_n J_{\mathcal{M}}'(\xi_n b)(\eta_r\xi_n^2+s)}+$$

$$+\frac{\eta_\theta\int_a^b \frac{\mathcal{V}_{\mathcal{DM}}(\xi_n u,a)}{u}\left\{(-1)^{m+1}\xi_m\overline{\psi}_\vartheta(u,s)+\left(\frac{\mu}{k_\theta}\right)\overline{\psi}_0(u,s)\right\}du}{(\eta_r\xi_n^2+s)}+\frac{\overline{\overline{\varphi}}(\xi_n,\xi_m)}{(\eta_r\xi_n^2+s)} \quad (17.40.1)$$

where ξ_m is a positive root of $\cos(\xi_m\vartheta)$, which are $\xi_m=\frac{(2m-1)\pi}{2\vartheta}$, $m=1,2,...$, ξ_n, $n=1,2,...$, are the positive roots of the transcendental equation $\mathcal{V}_{\mathcal{DM}}'(\xi_n b,a)=0$,
$\mathcal{V}_{\mathcal{DM}}(\xi_n r,a)=J_{\mathcal{M}}(\xi_n r)Y_{\mathcal{M}}(\xi_n a)-Y_{\mathcal{M}}(\xi_n r)J_{\mathcal{M}}(\xi_n a)$, $\overline{\overline{\psi}}_a(\xi_m,s)=\int_0^\vartheta \overline{\psi}_a(u,s)\cos(\xi_m u)du$,
$\overline{\overline{\psi}}_b(\xi_m,s)=\int_0^\vartheta \overline{\psi}_b(u,s)\cos(\xi_m u)du$ and $\overline{\overline{\varphi}}(\xi_n,\xi_m)=\int_a^b r\mathcal{V}_{\mathcal{DM}}(\xi_n r,a)\int_0^\vartheta \varphi(r,u)\cos(\xi_m u)dudr$.
Successive inverse transforms yield

$$\overline{p} = \frac{\pi^2 q(s)e^{-st_0}}{\vartheta\phi c_t}\sum_{m=1}^{\infty}\cos(\xi_m\theta_0)\cos(\xi_m\theta)\sum_{n=1}^{\infty}\frac{\xi_n^2 J_{\mathcal{M}}'^2(\xi_n b)\mathcal{V}_{\mathcal{DM}}(\xi_n r_0,a)\mathcal{V}_{\mathcal{DM}}(\xi_n r,a)}{(\eta_r\xi_n^2+s)\left[\left\{1-\left(\frac{\mathcal{M}}{\xi_n b}\right)^2\right\}J_{\mathcal{M}}^2(\xi_n a)-J_{\mathcal{M}}'^2(\xi_n b)\right]}-$$

$$-\frac{2\pi\eta_r}{\vartheta}\sum_{m=1}^{\infty}\cos(\xi_m\theta)\sum_{n=1}^{\infty}\frac{\xi_n^2 J_{\mathcal{M}}'(\xi_n b)\left\{J_{\mathcal{M}}(\xi_n a)\overline{\overline{\psi}}_b(\xi_m,s)+J_{\mathcal{M}}'(\xi_n b)\overline{\overline{\psi}}_a(\xi_m,s)\right\}\mathcal{V}_{\mathcal{DM}}(\xi_n r,a)}{(\eta_r\xi_n^2+s)\left[\left\{1-\left(\frac{\mathcal{M}}{\xi_n b}\right)^2\right\}J_{\mathcal{M}}^2(\xi_n a)-J_{\mathcal{M}}'^2(\xi_n b)\right]}+$$

$$+\frac{\pi^2\eta_\theta}{\vartheta}\sum_{m=1}^{\infty}\xi_m\cos(\xi_m\theta)\times$$

$$\times\sum_{n=1}^{\infty}\frac{\xi_n^2 J_{\mathcal{M}}'^2(\xi_n b)\mathcal{V}_{\mathcal{DM}}(\xi_n r,a)\int_a^b\frac{\mathcal{V}_{\mathcal{DM}}(\xi_n u,a)}{u}\left\{(-1)^{m+1}\xi_m\overline{\psi}_\vartheta(u,s)+\left(\frac{\mu}{k_\theta}\right)\overline{\psi}_0(u,s)\right\}du}{(\eta_r\xi_n^2+s)\left[\left\{1-\left(\frac{\mathcal{M}}{\xi_n b}\right)^2\right\}J_{\mathcal{M}}^2(\xi_n a)-J_{\mathcal{M}}'^2(\xi_n b)\right]}+$$

$$+\frac{\pi^2}{\vartheta}\sum_{m=1}^{\infty}\cos(\xi_m\theta)\sum_{n=1}^{\infty}\frac{\xi_n^2 J_{\mathcal{M}}'^2(\xi_n b)\mathcal{V}_{\mathcal{DM}}(\xi_n r,a)\overline{\overline{\varphi}}(\xi_n,\xi_m)}{(\eta_r\xi_n^2+s)\left[\left\{1-\left(\frac{\mathcal{M}}{\xi_n b}\right)^2\right\}J_{\mathcal{M}}^2(\xi_n a)-J_{\mathcal{M}}'^2(\xi_n b)\right]} \quad (17.40.2)$$

and

$$p = \frac{\pi^2 U(t-t_0)}{\phi c_t \vartheta}\sum_{m=1}^{\infty}\cos(\xi_m\theta_0)\cos(\xi_m\theta)\times$$
$$\times\sum_{n=1}^{\infty}\frac{\xi_n^2 J_{\mathcal{M}}'^2(\xi_n b)\mathcal{V}_{\mathcal{DM}}(\xi_n r_0,a)\mathcal{V}_{\mathcal{DM}}(\xi_n r,a)\int_0^{t-t_0} q(t-t_0-\tau)e^{-\eta_r\xi_n^2(t-\tau)}d\tau}{\left[\left\{1-\left(\frac{\mathcal{M}}{\xi_n b}\right)^2\right\}J_{\mathcal{M}}^2(\xi_n a)-J_{\mathcal{M}}'^2(\xi_n b)\right]}-$$
$$-\frac{2\pi\eta_r}{\vartheta}\sum_{m=1}^{\infty}\cos(\xi_m\theta)\times$$
$$\times\sum_{n=1}^{\infty}\frac{\xi_n^2 J_{\mathcal{M}}'(\xi_n b)\mathcal{V}_{\mathcal{DM}}(\xi_n r,a)\int_0^t\left\{J_{\mathcal{M}}(\xi_n a)\overline{\psi}_b(\xi_m,\tau)+J_{\mathcal{M}}'(\xi_n b)\overline{\psi}_a(\xi_m,\tau)\right\}e^{-\eta_r\xi_n^2(t-\tau)}d\tau}{\left[\left\{1-\left(\frac{\mathcal{M}}{\xi_n b}\right)^2\right\}J_{\mathcal{M}}^2(\xi_n a)-J_{\mathcal{M}}'^2(\xi_n b)\right]}+$$
$$+\frac{\pi^2\eta_\theta}{\vartheta}\sum_{m=1}^{\infty}\xi_m\cos(\xi_m\theta)\times$$
$$\times\sum_{n=1}^{\infty}\frac{\xi_n^2 J_{\mathcal{M}}'^2(\xi_n b)\mathcal{V}_{\mathcal{DM}}(\xi_n r,a)\int_a^b\frac{\mathcal{V}_{\mathcal{DM}}(\xi_n u,a)}{u}\int_0^t\left\{(-1)^{m+1}\xi_m\psi_\vartheta(u,\tau)+\left(\frac{\mu}{k_\theta}\right)\psi_0(u,\tau)\right\}e^{-\eta_r\xi_n^2(t-\tau)}d\tau du}{\left[\left\{1-\left(\frac{\mathcal{M}}{\xi_n b}\right)^2\right\}J_{\mathcal{M}}^2(\xi_n a)-J_{\mathcal{M}}'^2(\xi_n b)\right]}+$$
$$+\frac{\pi^2}{\vartheta}\sum_{m=1}^{\infty}\cos(\xi_m\theta)\sum_{n=1}^{\infty}\frac{\xi_n^2 J_{\mathcal{M}}'^2(\xi_n b)\mathcal{V}_{\mathcal{DM}}(\xi_n r,a)\overline{\overline{\varphi}}(\xi_n,\xi_m)e^{-\eta_r\xi_n^2 t}}{\left[\left\{1-\left(\frac{\mathcal{M}}{\xi_n b}\right)^2\right\}J_{\mathcal{M}}^2(\xi_n a)-J_{\mathcal{M}}'^2(\xi_n b)\right]} \tag{17.40.3}$$

where $\overline{\psi}_a(\xi_m,t)=\int_0^\vartheta\psi_a(u,t)\cos(\xi_m u)du$ and $\overline{\psi}_b(\xi_m,t)=\int_0^\vartheta\psi_b(u,t)\cos(\xi_m u)du$.

17.41

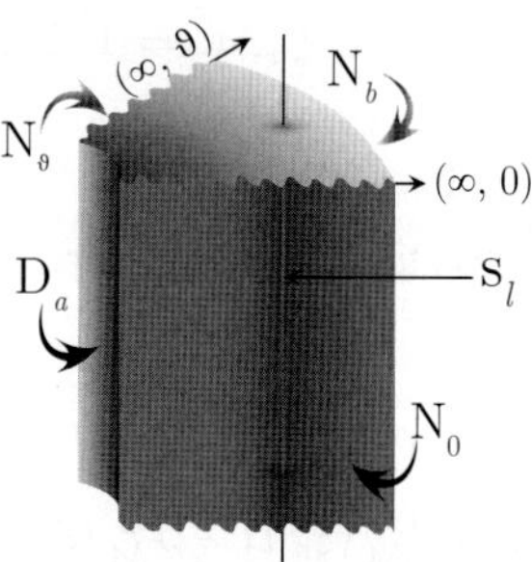

The problem of 17.28, except
$\mathbf{N_0} \equiv \frac{\partial p(r,0,t)}{\partial\theta} = -\left(\frac{\mu}{k_\theta}\right)\psi_0(r,t)$,
$\mathbf{N_\vartheta} \equiv \frac{\partial p(r,\vartheta,t)}{\partial\theta} = -\left(\frac{\mu}{k_\theta}\right)\psi_\vartheta(r,t)$,
$\mathbf{D_a} \equiv p(a,\theta,t) = \psi_a(\theta,t)$ **and**
$\mathbf{N_b} \equiv \frac{\partial p(b,\theta,t)}{\partial r} = -\left(\frac{\mu}{k_r}\right)\psi_b(\theta,t)$

The successive application of the Laplace, Fourier and finite Hankel transformations to equation (14.1.1) gives

$$\overline{\overline{\overline{p}}} = \frac{q(s)e^{-st_0}\cos(\xi_m\theta_0)\mathcal{V}_{\mathcal{DM}}(\xi_n r_0,a)}{\phi c_t(\eta_r\xi_n^2+s)}-\frac{2\eta_r\overline{\overline{\psi}}_a(\xi_m,s)}{\pi(\eta_r\xi_n^2+s)}-\frac{2\overline{\overline{\psi}}_b(\xi_m,s)J_{\mathcal{M}}(\xi_n a)}{\pi\phi c_t\xi_n J_{\mathcal{M}}'(\xi_n b)(\eta_r\xi_n^2+s)}+$$
$$+\frac{\int_a^b\frac{\mathcal{V}_{\mathcal{DM}}(\xi_n u,a)}{u}\left\{(-1)^{m+1}\overline{\psi}_\vartheta(u,s)+\overline{\psi}_0(u,s)\right\}du}{\phi c_t(\eta_r\xi_n^2+s)}+\frac{\overline{\overline{\varphi}}(\xi_n,\xi_m)}{(\eta_r\xi_n^2+s)} \tag{17.41.1}$$

where ξ_m is a positive root of $\sin(\xi_m\vartheta)$, which are $\frac{m\pi}{\vartheta}$, $m=0,1,2,...$, ξ_n, $n=1,2,...$, are the positive roots of the transcendental equation $\mathcal{V}_{\mathcal{DM}}'(\xi_n b,a)=0$, $\mathcal{V}_{\mathcal{DM}}(\xi_n r,a)=J_{\mathcal{M}}(\xi_n r)Y_{\mathcal{M}}(\xi_n a)-Y_{\mathcal{M}}(\xi_n r)J_{\mathcal{M}}(\xi_n a)$,

$\overline{\overline{\psi}}_a(\xi_m,s)=\int_0^\vartheta\overline{\psi}_a(u,s)\cos(\xi_m u)du$, $\overline{\overline{\psi}}_b(\xi_m,s)=\int_0^\vartheta\overline{\psi}_b(u,s)\cos(\xi_m u)du$ and $\overline{\overline{\varphi}}(\xi_n,\xi_m)=\int_a^b r\mathcal{V}_{\mathcal{DM}}(\xi_n r,a)\int_0^\vartheta\varphi(r,u)\cos(\xi_m u)dudr$. Successive inverse transforms yield

$$\begin{aligned}\overline{p} &= \frac{\pi^2 q(s)e^{-st_0}}{\vartheta\phi c_t}\sum_{m=0}^{\infty}\ni_m\cos(\xi_m\theta_0)\cos(\xi_m\theta)\sum_{n=1}^{\infty}\frac{\xi_n^2 J_{\mathcal{M}}'^2(\xi_n b)\mathcal{V}_{\mathcal{DM}}(\xi_n r_0,a)\mathcal{V}_{\mathcal{DM}}(\xi_n r,a)}{(\eta_r\xi_n^2+s)\left[\left\{1-\left(\frac{\mathcal{M}}{\xi_n b}\right)^2\right\}J_{\mathcal{M}}^2(\xi_n a)-J_{\mathcal{M}}'^2(\xi_n b)\right]}-\\ &-\frac{2\pi\eta_r}{\vartheta}\sum_{m=0}^{\infty}\ni_m\cos(\xi_m\theta)\sum_{n=1}^{\infty}\frac{\xi_n^2 J_{\mathcal{M}}'(\xi_n b)\left\{J_{\mathcal{M}}(\xi_n a)\overline{\overline{\psi}}_b(\xi_m,s)+J_{\mathcal{M}}'(\xi_n b)\overline{\overline{\psi}}_a(\xi_m,s)\right\}\mathcal{V}_{\mathcal{DM}}(\xi_n r,a)}{(\eta_r\xi_n^2+s)\left[\left\{1-\left(\frac{\mathcal{M}}{\xi_n b}\right)^2\right\}J_{\mathcal{M}}^2(\xi_n a)-J_{\mathcal{M}}'^2(\xi_n b)\right]}+\\ &+\frac{\pi^2\eta_\theta}{\vartheta}\sum_{m=0}^{\infty}\ni_m\xi_m\cos(\xi_m\theta)\sum_{n=1}^{\infty}\frac{\xi_n^2 J_{\mathcal{M}}'^2(\xi_n b)\mathcal{V}_{\mathcal{DM}}(\xi_n r,a)\int_a^b\frac{\mathcal{V}_{\mathcal{DM}}(\xi_n u,a)}{u}\left\{(-1)^{m+1}\overline{\psi}_\vartheta(u,s)+\overline{\psi}_0(u,s)\right\}du}{(\eta_r\xi_n^2+s)\left[\left\{1-\left(\frac{\mathcal{M}}{\xi_n b}\right)^2\right\}J_{\mathcal{M}}^2(\xi_n a)-J_{\mathcal{M}}'^2(\xi_n b)\right]}+\\ &+\frac{\pi^2}{\vartheta}\sum_{m=0}^{\infty}\ni_m\cos(\xi_m\theta)\sum_{n=1}^{\infty}\frac{\xi_n^2 J_{\mathcal{M}}'^2(\xi_n b)\mathcal{V}_{\mathcal{DM}}(\xi_n r,a)\overline{\overline{\varphi}}(\xi_n,\xi_m)}{(\eta_r\xi_n^2+s)\left[\left\{1-\left(\frac{\mathcal{M}}{\xi_n b}\right)^2\right\}J_{\mathcal{M}}^2(\xi_n a)-J_{\mathcal{M}}'^2(\xi_n b)\right]}\end{aligned}\tag{17.41.2}$$

and

$$\begin{aligned}p &= \frac{\pi^2 U(t-t_0)}{\phi c_t\vartheta}\sum_{m=0}^{\infty}\ni_m\cos(\xi_m\theta_0)\cos(\xi_m\theta)\times\\ &\times\sum_{n=1}^{\infty}\frac{\xi_n^2 J_{\mathcal{M}}'^2(\xi_n b)\mathcal{V}_{\mathcal{DM}}(\xi_n r_0,a)\mathcal{V}_{\mathcal{DM}}(\xi_n r,a)\int_0^{t-t_0}q(t-t_0-\tau)e^{-\eta_r\xi_n^2(t-\tau)}d\tau}{\left[\left\{1-\left(\frac{\mathcal{M}}{\xi_n b}\right)^2\right\}J_{\mathcal{M}}^2(\xi_n a)-J_{\mathcal{M}}'^2(\xi_n b)\right]}-\\ &-\frac{2\pi\eta_r}{\vartheta}\sum_{m=0}^{\infty}\ni_m\cos(\xi_m\theta)\times\\ &\times\sum_{n=1}^{\infty}\frac{\xi_n^2 J_{\mathcal{M}}'(\xi_n b)\mathcal{V}_{\mathcal{DM}}(\xi_n r,a)\int_0^t\left\{J_{\mathcal{M}}(\xi_n a)\overline{\psi}_b(\xi_m,\tau)+J_{\mathcal{M}}'(\xi_n b)\overline{\psi}_a(\xi_m,\tau)\right\}e^{-\eta_r\xi_n^2(t-\tau)}d\tau}{\left[\left\{1-\left(\frac{\mathcal{M}}{\xi_n b}\right)^2\right\}J_{\mathcal{M}}^2(\xi_n a)-J_{\mathcal{M}}'^2(\xi_n b)\right]}+\\ &+\frac{\pi^2\eta_\theta}{\vartheta}\sum_{m=0}^{\infty}\ni_m\xi_m\cos(\xi_m\theta)\times\\ &\times\sum_{n=1}^{\infty}\frac{\xi_n^2 J_{\mathcal{M}}'^2(\xi_n b)\mathcal{V}_{\mathcal{DM}}(\xi_n r,a)\int_a^b\frac{\mathcal{V}_{\mathcal{DM}}(\xi_n u,a)}{u}\int_0^t\left\{(-1)^{m+1}\psi_\vartheta(u,\tau)+\psi_0(u,\tau)\right\}e^{-\eta_r\xi_n^2(t-\tau)}d\tau du}{\left[\left\{1-\left(\frac{\mathcal{M}}{\xi_n b}\right)^2\right\}J_{\mathcal{M}}^2(\xi_n a)-J_{\mathcal{M}}'^2(\xi_n b)\right]}+\\ &+\frac{\pi^2}{\vartheta}\sum_{m=0}^{\infty}\ni_m\cos(\xi_m\theta)\sum_{n=1}^{\infty}\frac{\xi_n^2 J_{\mathcal{M}}'^2(\xi_n b)\mathcal{V}_{\mathcal{DM}}(\xi_n r,a)\overline{\overline{\varphi}}(\xi_n,\xi_m)e^{-\eta_r\xi_n^2 t}}{\left[\left\{1-\left(\frac{\mathcal{M}}{\xi_n b}\right)^2\right\}J_{\mathcal{M}}^2(\xi_n a)-J_{\mathcal{M}}'^2(\xi_n b)\right]}\end{aligned}\tag{17.41.3}$$

where $\overline{\psi}_a(\xi_m,t)=\int_0^\vartheta\psi_a(u,t)\cos(\xi_m u)du$ and $\overline{\psi}_b(\xi_m,t)=\int_0^\vartheta\psi_b(u,t)\cos(\xi_m u)du$.

17.42

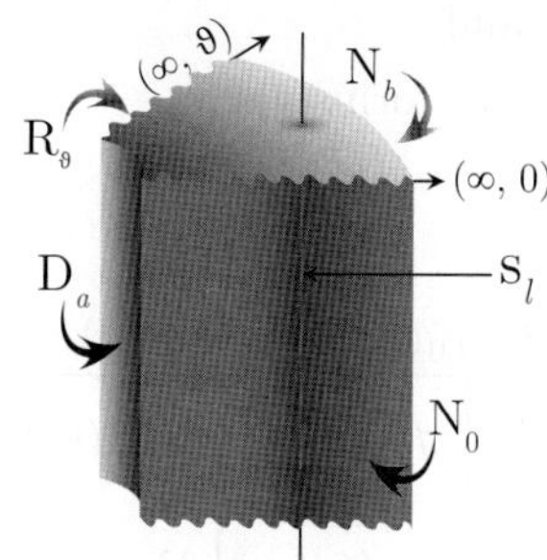

The problem of 17.28, except

$\mathbf{N_0} \equiv \frac{\partial p(r,0,t)}{\partial\theta} = -\left(\frac{\mu}{k_\theta}\right)\psi_0(r,t),$

$\mathbf{R_\vartheta} \equiv \frac{\partial p(r,\vartheta,t)}{\partial\theta} + \lambda p(r,\vartheta,t) = -\left(\frac{\mu}{k_\theta}\right)\psi_\vartheta(r,t),$

$\mathbf{D_a} \equiv p(a,\theta,t) = \psi_a(\theta,t)$ **and**

$\mathbf{N_b} \equiv \frac{\partial p(b,\theta,t)}{\partial r} = -\left(\frac{\mu}{k_r}\right)\psi_b(\theta,t)$

The successive application of the Laplace, Fourier and finite Hankel transformations to equation (14.1.1) gives

$$\begin{aligned}\overline{\overline{\overline{p}}} =& \frac{q(s)e^{-st_0}\cos(\xi_m\theta_0)\mathcal{V}_{\mathcal{DM}}(\xi_n r_0,a)}{\phi c_t(\eta_r\xi_n^2+s)} - \frac{2\eta_r\overline{\overline{\psi}}_a(\xi_m,s)}{\pi(\eta_r\xi_n^2+s)} - \frac{2\overline{\overline{\psi}}_b(\xi_m,s)J_{\mathcal{M}}(\xi_n a)}{\pi\phi c_t\xi_n J'_{\mathcal{M}}(\xi_n b)(\eta_r\xi_n^2+s)} + \\ &+\frac{\int_a^b \frac{\mathcal{V}_{\mathcal{DM}}(\xi_n u,a)}{u}\left\{\overline{\psi}_0(u,s)-\overline{\psi}_\vartheta(u,s)\cos(\xi_m\vartheta)\right\}du}{\phi c_t(\eta_r\xi_n^2+s)} + \frac{\overline{\overline{\varphi}}(\xi_n,\xi_m)}{(\eta_r\xi_n^2+s)}\end{aligned} \tag{17.42.1}$$

where ξ_m is a positive root of $\xi_m\tan(\xi_m\vartheta)=\lambda$, $m=1,2,...$, ξ_n, $n=1,2,...$, are the positive roots of the transcendental equation $\mathcal{V}'_{\mathcal{DM}}(\xi_n b,a)=0$, $\mathcal{V}_{\mathcal{DM}}(\xi_n r,a)=J_{\mathcal{M}}(\xi_n r)Y_{\mathcal{M}}(\xi_n a)-Y_{\mathcal{M}}(\xi_n r)J_{\mathcal{M}}(\xi_n a)$, $\overline{\overline{\psi}}_a(\xi_m,s)=\int_0^\vartheta\overline{\psi}_a(u,s)\cos(\xi_m u)du$, $\overline{\overline{\psi}}_b(\xi_m,s)=\int_0^\vartheta\overline{\psi}_b(u,s)\cos(\xi_m u)du$ and $\overline{\overline{\varphi}}(\xi_n,\xi_m)=\int_a^b r\mathcal{V}_{\mathcal{DM}}(\xi_n r,a)\int_0^\vartheta\varphi(r,u)\cos(\xi_m u)dudr$. Successive inverse transforms yield

$$\begin{aligned}\overline{p} =& \frac{\pi^2 q(s)e^{-st_0}}{\phi c_t}\sum_{m=1}^{\infty}\frac{(\xi_m^2+\lambda^2)\cos(\xi_m\theta_0)\cos(\xi_m\theta)}{\vartheta(\xi_m^2+\lambda^2)+\lambda}\sum_{n=1}^{\infty}\frac{\xi_n^2 J'^2_{\mathcal{M}}(\xi_n b)\mathcal{V}_{\mathcal{DM}}(\xi_n r_0,a)\mathcal{V}_{\mathcal{DM}}(\xi_n r,a)}{(\eta_r\xi_n^2+s)\left[\left\{1-\left(\frac{\mathcal{M}}{\xi_n b}\right)^2\right\}J^2_{\mathcal{M}}(\xi_n a)-J'^2_{\mathcal{M}}(\xi_n b)\right]} - \\ &-2\pi\eta_r\sum_{m=1}^{\infty}\frac{(\xi_m^2+\lambda^2)\cos(\xi_m\theta)}{\vartheta(\xi_m^2+\lambda^2)+\lambda}\sum_{n=1}^{\infty}\frac{\xi_n^2 J'_{\mathcal{M}}(\xi_n b)\left\{J_{\mathcal{M}}(\xi_n a)\overline{\overline{\psi}}_b(\xi_m,s)+J'_{\mathcal{M}}(\xi_n b)\overline{\overline{\psi}}_a(\xi_m,s)\right\}\mathcal{V}_{\mathcal{DM}}(\xi_n r,a)}{(\eta_r\xi_n^2+s)\left[\left\{1-\left(\frac{\mathcal{M}}{\xi_n b}\right)^2\right\}J^2_{\mathcal{M}}(\xi_n a)-J'^2_{\mathcal{M}}(\xi_n b)\right]} + \\ &+\frac{\pi^2\eta_\theta}{\vartheta}\sum_{m=1}^{\infty}\frac{(\xi_m^2+\lambda^2)\cos(\xi_m\theta)}{\vartheta(\xi_m^2+\lambda^2)+\lambda}\times \\ &\times\sum_{n=1}^{\infty}\frac{\xi_n^2 J'^2_{\mathcal{M}}(\xi_n b)\mathcal{V}_{\mathcal{DM}}(\xi_n r,a)\int_a^b\frac{\mathcal{V}_{\mathcal{DM}}(\xi_n u,a)}{u}\left\{\overline{\psi}_0(r,s)-\overline{\psi}_\vartheta(r,s)\cos(\xi_m\vartheta)\right\}du}{(\eta_r\xi_n^2+s)\left[\left\{1-\left(\frac{\mathcal{M}}{\xi_n b}\right)^2\right\}J^2_{\mathcal{M}}(\xi_n a)-J'^2_{\mathcal{M}}(\xi_n b)\right]} + \\ &+\pi^2\sum_{m=1}^{\infty}\frac{(\xi_m^2+\lambda^2)\cos(\xi_m\theta)}{\vartheta(\xi_m^2+\lambda^2)+\lambda}\sum_{n=1}^{\infty}\frac{\xi_n^2 J'^2_{\mathcal{M}}(\xi_n b)\mathcal{V}_{\mathcal{DM}}(\xi_n r,a)\overline{\overline{\varphi}}(\xi_n,\xi_m)}{(\eta_r\xi_n^2+s)\left[\left\{1-\left(\frac{\mathcal{M}}{\xi_n b}\right)^2\right\}J^2_{\mathcal{M}}(\xi_n a)-J'^2_{\mathcal{M}}(\xi_n b)\right]}\end{aligned} \tag{17.42.2}$$

and

$$\begin{aligned}p =& \frac{\pi^2 U(t-t_0)}{\phi c_t}\sum_{m=1}^{\infty}\frac{(\xi_m^2+\lambda^2)\cos(\xi_m\theta_0)\cos(\xi_m\theta)}{\vartheta(\xi_m^2+\lambda^2)+\lambda}\times \\ &\times\sum_{n=1}^{\infty}\frac{\xi_n^2 J'^2_{\mathcal{M}}(\xi_n b)\mathcal{V}_{\mathcal{DM}}(\xi_n r_0,a)\mathcal{V}_{\mathcal{DM}}(\xi_n r,a)\int_0^{t-t_0}q(t-t_0-\tau)e^{-\eta_r\xi_n^2(t-\tau)}d\tau}{\left[\left\{1-\left(\frac{\mathcal{M}}{\xi_n b}\right)^2\right\}J^2_{\mathcal{M}}(\xi_n a)-J'^2_{\mathcal{M}}(\xi_n b)\right]} - \\ &-2\pi\eta_r\sum_{m=1}^{\infty}\frac{(\xi_m^2+\lambda^2)\cos(\xi_m\theta)}{\vartheta(\xi_m^2+\lambda^2)+\lambda}\times \\ &\times\sum_{n=1}^{\infty}\frac{\xi_n^2 J'_{\mathcal{M}}(\xi_n b)\mathcal{V}_{\mathcal{DM}}(\xi_n r,a)\int_0^t\left\{J_{\mathcal{M}}(\xi_n a)\overline{\psi}_b(\xi_m,\tau)+J'_{\mathcal{M}}(\xi_n b)\overline{\psi}_a(\xi_m,\tau)\right\}e^{-\eta_r\xi_n^2(t-\tau)}d\tau}{\left[\left\{1-\left(\frac{\mathcal{M}}{\xi_n b}\right)^2\right\}J^2_{\mathcal{M}}(\xi_n a)-J'^2_{\mathcal{M}}(\xi_n b)\right]} +\end{aligned}$$

$$+\frac{\pi^2\eta_\theta}{\vartheta}\sum_{m=1}^{\infty}\frac{(\xi_m^2+\lambda^2)\cos(\xi_m\theta)}{\vartheta(\xi_m^2+\lambda^2)+\lambda}\times$$
$$\times\sum_{n=1}^{\infty}\frac{\xi_n^2 J_{\mathcal{M}}'^2(\xi_n b)\,\mathcal{V}_{\mathcal{DM}}(\xi_n r,a)\int_a^b\frac{\mathcal{V}_{\mathcal{DM}}(\xi_n u,a)}{u}\int_0^t\{\psi_0(r,u)-\psi_\vartheta(u,s)\cos(\xi_m\vartheta)\}\,e^{-\eta_r\xi_n^2(t-\tau)}d\tau du}{\left[\left\{1-\left(\frac{\mathcal{M}}{\xi_n b}\right)^2\right\}J_{\mathcal{M}}^2(\xi_n a)-J_{\mathcal{M}}'^2(\xi_n b)\right]}+$$
$$+\pi^2\sum_{m=1}^{\infty}\frac{(\xi_m^2+\lambda^2)\cos(\xi_m\theta)}{\vartheta(\xi_m^2+\lambda^2)+\lambda}\sum_{n=1}^{\infty}\frac{\xi_n^2 J_{\mathcal{M}}'^2(\xi_n b)\,\mathcal{V}_{\mathcal{DM}}(\xi_n r,a)\overline{\overline{\varphi}}(\xi_n,\xi_m)\,e^{-\eta_r\xi_n^2 t}}{\left[\left\{1-\left(\frac{\mathcal{M}}{\xi_n b}\right)^2\right\}J_{\mathcal{M}}^2(\xi_n a)-J_{\mathcal{M}}'^2(\xi_n b)\right]} \tag{17.42.3}$$

where $\overline{\psi}_a(\xi_m,t)=\int_0^\vartheta\psi_a(u,t)\cos(\xi_m u)du$ and $\overline{\psi}_b(\xi_m,t)=\int_0^\vartheta\psi_b(u,t)\cos(\xi_m u)du$.

17.43 The problem of 17.28, except

$\mathbf{R_0}\equiv\frac{\partial p(r,0,t)}{\partial\theta}-\lambda p(r,0,t)=-\left(\frac{\mu}{k_\theta}\right)\psi_0(r,t)$,
$\mathbf{D_\vartheta}\equiv p(r,\vartheta,t)=\psi_\vartheta(r,t)$, $\mathbf{D_a}\equiv p(a,\theta,t)=\psi_a(\theta,t)$ and
$\mathbf{N_b}\equiv\frac{\partial p(b,\theta,t)}{\partial r}=-\left(\frac{\mu}{k_r}\right)\psi_b(\theta,t)$

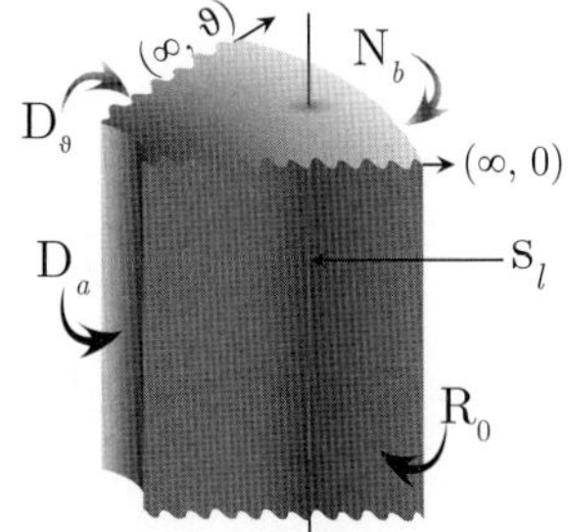

The successive application of the Laplace, Fourier and finite Hankel transformations to equation (14.1.1) gives

$$\overline{\overline{\overline{p}}}=\frac{q(s)\,e^{-st_0}\sin\{\xi_m(\vartheta-\theta_0)\}\,\mathcal{V}_{\mathcal{DM}}(\xi_n r_0,a)}{\phi c_t(\eta_r\xi_n^2+s)}-\frac{2\eta_r\overline{\overline{\psi}}_a(\xi_m,s)}{\pi(\eta_r\xi_n^2+s)}-\frac{2\overline{\overline{\psi}}_b(\xi_m,s)\,J_{\mathcal{M}}(\xi_n a)}{\pi\phi c_t\xi_n J_{\mathcal{M}}'(\xi_n b)(\eta_r\xi_n^2+s)}+$$
$$+\frac{\eta_\theta\int_a^b\frac{\mathcal{V}_{\mathcal{DM}}(\xi_n u,a)}{u}\left\{\left(\frac{\mu}{k_\theta}\right)\overline{\psi}_0(u,s)\sin(\xi_m\vartheta)+\xi_m\overline{\psi}_\vartheta(u,s)\right\}du}{(\eta_r\xi_n^2+s)}+\frac{\overline{\overline{\varphi}}(\xi_n,\xi_m)}{(\eta_r\xi_n^2+s)} \tag{17.43.1}$$

where ξ_m is a positive root of $\xi_m\cot(\xi_m\vartheta)=-\lambda$, $m=1,2,...$, ξ_n, $n=1,2,...$, are the positive roots of the transcendental equation $\mathcal{V}_{\mathcal{DM}}'(\xi_n b,a)=0$, $\mathcal{V}_{\mathcal{DM}}(\xi_n r,a)=J_{\mathcal{M}}(\xi_n r)Y_{\mathcal{M}}(\xi_n a)-Y_{\mathcal{M}}(\xi_n r)J_{\mathcal{M}}(\xi_n a)$, $\overline{\overline{\psi}}_a(\xi_m,s)=\int_0^\vartheta\overline{\psi}_a(u,s)\sin\{\xi_m(\vartheta-u)\}du$, $\overline{\overline{\psi}}_b(\xi_m,s)=\int_0^\vartheta\overline{\psi}_b(u,s)\sin\{\xi_m(\vartheta-u)\}du$ and $\overline{\overline{\varphi}}(\xi_n,\xi_m)=\int_a^b r\mathcal{V}_{\mathcal{DM}}(\xi_n r,a)\int_0^\vartheta\varphi(r,u)\sin\{\xi_m(\vartheta-u)\}dudr$. Successive inverse transforms yield

$$\overline{p}=\frac{\pi^2 q(s)\,e^{-st_0}}{\phi c_t}\sum_{m=1}^{\infty}\frac{(\xi_m^2+\lambda^2)\sin\{\xi_m(\vartheta-\theta_0)\}\sin\{\xi_m(\vartheta-\theta)\}}{\vartheta(\xi_m^2+\lambda^2)+\lambda}\times$$
$$\times\sum_{n=1}^{\infty}\frac{\xi_n^2 J_{\mathcal{M}}'^2(\xi_n b)\,\mathcal{V}_{\mathcal{DM}}(\xi_n r_0,a)\,\mathcal{V}_{\mathcal{DM}}(\xi_n r,a)}{(\eta_r\xi_n^2+s)\left[\left\{1-\left(\frac{\mathcal{M}}{\xi_n b}\right)^2\right\}J_{\mathcal{M}}^2(\xi_n a)-J_{\mathcal{M}}'^2(\xi_n b)\right]}-$$
$$-2\pi\eta_r\sum_{m=1}^{\infty}\frac{(\xi_m^2+\lambda^2)\sin\{\xi_m(\vartheta-\theta)\}}{\vartheta(\xi_m^2+\lambda^2)+\lambda}\times$$
$$\times\sum_{n=1}^{\infty}\frac{\xi_n^2 J_{\mathcal{M}}'(\xi_n b)\left\{J_{\mathcal{M}}(\xi_n a)\overline{\overline{\psi}}_b(\xi_m,s)+J_{\mathcal{M}}'(\xi_n b)\overline{\overline{\psi}}_a(\xi_m,s)\right\}\mathcal{V}_{\mathcal{DM}}(\xi_n r,a)}{(\eta_r\xi_n^2+s)\left[\left\{1-\left(\frac{\mathcal{M}}{\xi_n b}\right)^2\right\}J_{\mathcal{M}}^2(\xi_n a)-J_{\mathcal{M}}'^2(\xi_n b)\right]}+$$
$$+\frac{\pi^2\eta_\theta}{\vartheta}\sum_{m=1}^{\infty}\frac{(\xi_m^2+\lambda^2)\sin\{\xi_m(\vartheta-\theta)\}}{\vartheta(\xi_m^2+\lambda^2)+\lambda}\times$$

$$\times\sum_{n=1}^{\infty}\frac{\xi_n^2 J_{\mathcal{M}}'^2(\xi_n b)\,\mathcal{V}_{\mathcal{DM}}(\xi_n r,a)\int_a^b \frac{\mathcal{V}_{\mathcal{DM}}(\xi_n u,a)}{u}\left\{\left(\frac{\mu}{k_\theta}\right)\overline{\psi}_0(u,s)\sin(\xi_m\vartheta)+\xi_m\overline{\psi}_\vartheta(u,s)\right\}du}{(\eta_r\xi_n^2+s)\left[\left\{1-\left(\frac{\mathcal{M}}{\xi_n b}\right)^2\right\}J_{\mathcal{M}}^2(\xi_n a)-J_{\mathcal{M}}'^2(\xi_n b)\right]}+$$

$$+\pi^2\sum_{m=1}^{\infty}\frac{(\xi_m^2+\lambda^2)\sin\{\xi_m(\vartheta-\theta)\}}{\vartheta(\xi_m^2+\lambda^2)+\lambda}\sum_{n=1}^{\infty}\frac{\xi_n^2 J_{\mathcal{M}}'^2(\xi_n b)\,\mathcal{V}_{\mathcal{DM}}(\xi_n r,a)\overline{\overline{\varphi}}(\xi_n,\xi_m)}{(\eta_r\xi_n^2+s)\left[\left\{1-\left(\frac{\mathcal{M}}{\xi_n b}\right)^2\right\}J_{\mathcal{M}}^2(\xi_n a)-J_{\mathcal{M}}'^2(\xi_n b)\right]} \tag{17.43.2}$$

and

$$p=\frac{\pi^2 U(t-t_0)}{\phi c_t}\sum_{m=1}^{\infty}\frac{(\xi_m^2+\lambda^2)\sin\{\xi_m(\vartheta-\theta_0)\}\sin\{\xi_m(\vartheta-\theta)\}}{\vartheta(\xi_m^2+\lambda^2)+\lambda}\times$$

$$\times\sum_{n=1}^{\infty}\frac{\xi_n^2 J_{\mathcal{M}}'^2(\xi_n b)\,\mathcal{V}_{\mathcal{DM}}(\xi_n r_0,a)\,\mathcal{V}_{\mathcal{DM}}(\xi_n r,a)\int_0^{t-t_0}q(t-t_0-\tau)\,e^{-\eta_r\xi_n^2(t-\tau)}d\tau}{\left[\left\{1-\left(\frac{\mathcal{M}}{\xi_n b}\right)^2\right\}J_{\mathcal{M}}^2(\xi_n a)-J_{\mathcal{M}}'^2(\xi_n b)\right]}-$$

$$-2\pi\eta_r\sum_{m=1}^{\infty}\frac{(\xi_m^2+\lambda^2)\sin\{\xi_m(\vartheta-\theta)\}}{\vartheta(\xi_m^2+\lambda^2)+\lambda}\times$$

$$\times\sum_{n=1}^{\infty}\frac{\xi_n^2 J_{\mathcal{M}}'(\xi_n b)\,\mathcal{V}_{\mathcal{DM}}(\xi_n r,a)\int_0^t\left\{J_{\mathcal{M}}(\xi_n a)\overline{\psi}_b(\xi_m,\tau)+J_{\mathcal{M}}'(\xi_n b)\overline{\psi}_a(\xi_m,\tau)\right\}e^{-\eta_r\xi_n^2(t-\tau)}d\tau}{\left[\left\{1-\left(\frac{\mathcal{M}}{\xi_n b}\right)^2\right\}J_{\mathcal{M}}^2(\xi_n a)-J_{\mathcal{M}}'^2(\xi_n b)\right]}+$$

$$+\frac{\pi^2\eta_\theta}{\vartheta}\sum_{m=1}^{\infty}\frac{(\xi_m^2+\lambda^2)\sin\{\xi_m(\vartheta-\theta)\}}{\vartheta(\xi_m^2+\lambda^2)+\lambda}\times$$

$$\times\sum_{n=1}^{\infty}\frac{\xi_n^2 J_{\mathcal{M}}'^2(\xi_n b)\mathcal{V}_{\mathcal{DM}}(\xi_n r,a)\int_a^b\frac{\mathcal{V}_{\mathcal{DM}}(\xi_n u,a)}{u}\int_0^t\left\{\left(\frac{\mu}{k_\theta}\right)\psi_0(u,\tau)\sin(\xi_m\vartheta)+\xi_m\psi_\vartheta(u,\tau)\right\}e^{-\eta_r\xi_n^2(t-\tau)}d\tau du}{\left[\left\{1-\left(\frac{\mathcal{M}}{\xi_n b}\right)^2\right\}J_{\mathcal{M}}^2(\xi_n a)-J_{\mathcal{M}}'^2(\xi_n b)\right]}+$$

$$+\pi^2\sum_{m=1}^{\infty}\frac{(\xi_m^2+\lambda^2)\sin\{\xi_m(\vartheta-\theta)\}}{\vartheta(\xi_m^2+\lambda^2)+\lambda}\sum_{n=1}^{\infty}\frac{\xi_n^2 J_{\mathcal{M}}'^2(\xi_n b)\,\mathcal{V}_{\mathcal{DM}}(\xi_n r,a)\overline{\overline{\varphi}}(\xi_n,\xi_m)\,e^{-\eta_r\xi_n^2 t}}{\left[\left\{1-\left(\frac{\mathcal{M}}{\xi_n b}\right)^2\right\}J_{\mathcal{M}}^2(\xi_n a)-J_{\mathcal{M}}'^2(\xi_n b)\right]} \tag{17.43.3}$$

where $\overline{\psi}_a(\xi_m,t)=\int_0^{\vartheta}\psi_a(u,t)\sin\{\xi_m(\vartheta-u)\}du$ and $\overline{\psi}_b(\xi_m,t)=\int_0^{\vartheta}\psi_b(u,t)\sin\{\xi_m(\vartheta-u)\}du$.

17.44

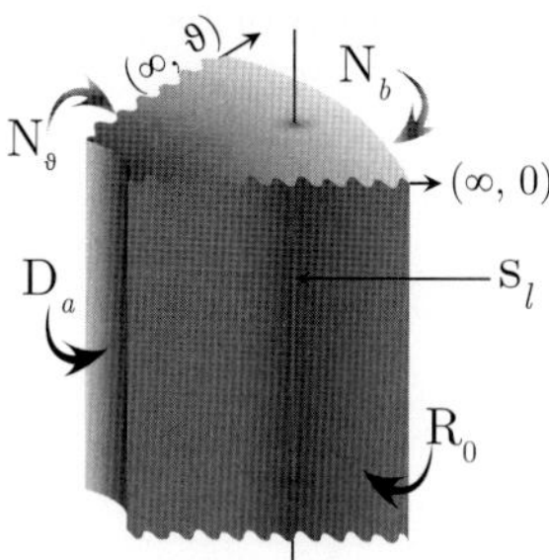

The problem of 17.28, except
$\mathbf{R_0}\equiv\frac{\partial p(r,0,t)}{\partial\theta}-\lambda p(r,0,t)=-\left(\frac{\mu}{k_\theta}\right)\psi_0(r,t)$,
$\mathbf{N_\vartheta}\equiv\frac{\partial p(r,\vartheta,t)}{\partial\theta}=-\left(\frac{\mu}{k_\theta}\right)\psi_\vartheta(r,t)$,
$\mathbf{D_a}\equiv p(a,\theta,t)=\psi_a(\theta,t)$ **and**
$\mathbf{N_b}\equiv\frac{\partial p(b,\theta,t)}{\partial r}=-\left(\frac{\mu}{k_r}\right)\psi_b(\theta,t)$

The successive application of the Laplace, Fourier and finite Hankel transformations to equation (14.1.1) gives

$$\overline{\overline{\overline{p}}}=\frac{q(s)e^{-st_0}\cos\{\xi_m(\vartheta-\theta_0)\}\mathcal{V}_{\mathcal{DM}}(\xi_n r_0,a)}{\phi c_t(\eta_r\xi_n^2+s)}-\frac{2\eta_r\overline{\overline{\psi}}_a(\xi_m,s)}{\pi(\eta_r\xi_n^2+s)}-\frac{2\overline{\overline{\psi}}_b(\xi_m,s)J_{\mathcal{M}}(\xi_n a)}{\pi\phi c_t\xi_n J_{\mathcal{M}}'(\xi_n b)(\eta_r\xi_n^2+s)}+$$

$$+\frac{\int_a^b\frac{\mathcal{V}_{\mathcal{DM}}(\xi_n u,a)}{u}\{\overline{\psi}_0(u,s)\cos(\xi_m\vartheta)-\overline{\psi}_\vartheta(u,s)\}du}{\phi c_t(\eta_r\xi_n^2+s)}+\frac{\overline{\varphi}(\xi_n,\xi_m)}{(\eta_r\xi_n^2+s)} \tag{17.44.1}$$

where ξ_m is a positive root of $\xi_m \tan(\xi_m \vartheta) = \lambda$, $m = 1, 2, ...$, ξ_n, $n = 1, 2, ...$, are the positive roots of the transcendental equation $\mathcal{V}'_{\mathcal{DM}}(\xi_n b, a) = 0$, $\mathcal{V}_{\mathcal{DM}}(\xi_n r, a) = J_{\mathcal{M}}(\xi_n r) Y_{\mathcal{M}}(\xi_n a) - Y_{\mathcal{M}}(\xi_n r) J_{\mathcal{M}}(\xi_n a)$, $\overline{\overline{\psi}}_a(\xi_m, s) = \int_0^\vartheta \overline{\psi}_a(u, s) \cos\{\xi_m(\vartheta - u)\} du$, $\overline{\overline{\psi}}_b(\xi_m, s) = \int_0^\vartheta \overline{\psi}_b(u, s) \cos\{\xi_m(\vartheta - u)\} du$ and $\overline{\overline{\varphi}}(\xi_n, \xi_m) = \int_a^b r \mathcal{V}_{\mathcal{DM}}(\xi_n r, a) \int_0^\vartheta \varphi(r, u) \cos\{\xi_m(\vartheta - u)\} du dr$. Successive inverse transforms yield

$$\begin{aligned}
\overline{p} &= \frac{\pi^2 q(s) e^{-st_0}}{\phi c_t} \sum_{m=1}^{\infty} \frac{(\xi_m^2 + \lambda^2) \cos\{\xi_m(\vartheta - \theta_0)\} \cos\{\xi_m(\vartheta - \theta)\}}{\vartheta(\xi_m^2 + \lambda^2) + \lambda} \times \\
&\times \sum_{n=1}^{\infty} \frac{\xi_n^2 J'^2_{\mathcal{M}}(\xi_n b) \mathcal{V}_{\mathcal{DM}}(\xi_n r_0, a) \mathcal{V}_{\mathcal{DM}}(\xi_n r, a)}{(\eta_r \xi_n^2 + s)\left[\left\{1 - \left(\frac{\mathcal{M}}{\xi_n b}\right)^2\right\} J^2_{\mathcal{M}}(\xi_n a) - J'^2_{\mathcal{M}}(\xi_n b)\right]} - \\
&- 2\pi\eta_r \sum_{m=1}^{\infty} \frac{(\xi_m^2 + \lambda^2) \cos\{\xi_m(\vartheta - \theta)\}}{\vartheta(\xi_m^2 + \lambda^2) + \lambda} \times \\
&\times \sum_{n=1}^{\infty} \frac{\xi_n^2 J'_{\mathcal{M}}(\xi_n b)\left\{J_{\mathcal{M}}(\xi_n a) \overline{\overline{\psi}}_b(\xi_m, s) + J'_{\mathcal{M}}(\xi_n b) \overline{\overline{\psi}}_a(\xi_m, s)\right\} \mathcal{V}_{\mathcal{DM}}(\xi_n r, a)}{(\eta_r \xi_n^2 + s)\left[\left\{1 - \left(\frac{\mathcal{M}}{\xi_n b}\right)^2\right\} J^2_{\mathcal{M}}(\xi_n a) - J'^2_{\mathcal{M}}(\xi_n b)\right]} + \\
&+ \frac{\pi^2 \eta_\theta}{\vartheta} \sum_{m=1}^{\infty} \frac{(\xi_m^2 + \lambda^2) \cos\{\xi_m(\vartheta - \theta)\}}{\vartheta(\xi_m^2 + \lambda^2) + \lambda} \times \\
&\times \sum_{n=1}^{\infty} \frac{\xi_n^2 J'^2_{\mathcal{M}}(\xi_n b) \mathcal{V}_{\mathcal{DM}}(\xi_n r, a) \int_a^b \frac{\mathcal{V}_{\mathcal{DM}}(\xi_n u, a)}{u} \{\overline{\psi}_0(u, s) \cos(\xi_m \vartheta) - \overline{\psi}_\vartheta(u, s)\} du}{(\eta_r \xi_n^2 + s)\left[\left\{1 - \left(\frac{\mathcal{M}}{\xi_n b}\right)^2\right\} J^2_{\mathcal{M}}(\xi_n a) - J'^2_{\mathcal{M}}(\xi_n b)\right]} + \\
&+ \pi^2 \sum_{m=1}^{\infty} \frac{(\xi_m^2 + \lambda^2) \cos\{\xi_m(\vartheta - \theta)\}}{\vartheta(\xi_m^2 + \lambda^2) + \lambda} \sum_{n=1}^{\infty} \frac{\xi_n^2 J'^2_{\mathcal{M}}(\xi_n b) \mathcal{V}_{\mathcal{DM}}(\xi_n r, a) \overline{\overline{\varphi}}(\xi_n, \xi_m)}{(\eta_r \xi_n^2 + s)\left[\left\{1 - \left(\frac{\mathcal{M}}{\xi_n b}\right)^2\right\} J^2_{\mathcal{M}}(\xi_n a) - J'^2_{\mathcal{M}}(\xi_n b)\right]}
\end{aligned} \tag{17.44.2}$$

and

$$\begin{aligned}
p &= \frac{\pi^2 U(t - t_0)}{\phi c_t} \sum_{m=1}^{\infty} \frac{(\xi_m^2 + \lambda^2) \cos\{\xi_m(\vartheta - \theta_0)\} \cos\{\xi_m(\vartheta - \theta)\}}{\vartheta(\xi_m^2 + \lambda^2) + \lambda} \times \\
&\times \sum_{n=1}^{\infty} \frac{\xi_n^2 J'^2_{\mathcal{M}}(\xi_n b) \mathcal{V}_{\mathcal{DM}}(\xi_n r_0, a) \mathcal{V}_{\mathcal{DM}}(\xi_n r, a) \int_0^{t-t_0} q(t - t_0 - \tau) e^{-\eta_r \xi_n^2 (t-\tau)} d\tau}{\left[\left\{1 - \left(\frac{\mathcal{M}}{\xi_n b}\right)^2\right\} J^2_{\mathcal{M}}(\xi_n a) - J'^2_{\mathcal{M}}(\xi_n b)\right]} - \\
&- 2\pi\eta_r \sum_{m=1}^{\infty} \frac{(\xi_m^2 + \lambda^2) \cos\{\xi_m(\vartheta - \theta)\}}{\vartheta(\xi_m^2 + \lambda^2) + \lambda} \times \\
&\times \sum_{n=1}^{\infty} \frac{\xi_n^2 J'_{\mathcal{M}}(\xi_n b) \mathcal{V}_{\mathcal{DM}}(\xi_n r, a) \int_0^t \{J_{\mathcal{M}}(\xi_n a) \overline{\psi}_b(\xi_m, \tau) + J'_{\mathcal{M}}(\xi_n b) \overline{\psi}_a(\xi_m, \tau)\} e^{-\eta_r \xi_n^2 (t-\tau)} d\tau}{\left[\left\{1 - \left(\frac{\mathcal{M}}{\xi_n b}\right)^2\right\} J^2_{\mathcal{M}}(\xi_n a) - J'^2_{\mathcal{M}}(\xi_n b)\right]} + \\
&+ \frac{\pi^2 \eta_\theta}{\vartheta} \sum_{m=1}^{\infty} \frac{(\xi_m^2 + \lambda^2) \cos\{\xi_m(\vartheta - \theta)\}}{\vartheta(\xi_m^2 + \lambda^2) + \lambda} \times \\
&\times \sum_{n=1}^{\infty} \frac{\xi_n^2 J'^2_{\mathcal{M}}(\xi_n b) \mathcal{V}_{\mathcal{DM}}(\xi_n r, a) \int_a^b \frac{\mathcal{V}_{\mathcal{DM}}(\xi_n u, a)}{u} \int_0^t \{\psi_0(u, \tau) \cos(\xi_m \vartheta) - \psi_\vartheta(u, \tau)\} e^{-\eta_r \xi_n^2 (t-\tau)} d\tau du}{\left[\left\{1 - \left(\frac{\mathcal{M}}{\xi_n b}\right)^2\right\} J^2_{\mathcal{M}}(\xi_n a) - J'^2_{\mathcal{M}}(\xi_n b)\right]} + \\
&+ \pi^2 \sum_{m=1}^{\infty} \frac{(\xi_m^2 + \lambda^2) \cos\{\xi_m(\vartheta - \theta)\}}{\vartheta(\xi_m^2 + \lambda^2) + \lambda} \sum_{n=1}^{\infty} \frac{\xi_n^2 J'^2_{\mathcal{M}}(\xi_n b) \mathcal{V}_{\mathcal{DM}}(\xi_n r, a) \overline{\overline{\varphi}}(\xi_n, \xi_m) e^{-\eta_r \xi_n^2 t}}{\left[\left\{1 - \left(\frac{\mathcal{M}}{\xi_n b}\right)^2\right\} J^2_{\mathcal{M}}(\xi_n a) - J'^2_{\mathcal{M}}(\xi_n b)\right]}
\end{aligned} \tag{17.44.3}$$

where $\overline{\psi}_a(\xi_m, t) = \int_0^\vartheta \psi_a(u, t) \cos\{\xi_m(\vartheta - u)\} du$ and $\overline{\psi}_b(\xi_m, t) = \int_0^\vartheta \psi_b(u, t) \cos\{\xi_m(\vartheta - u)\} du$.

17.45

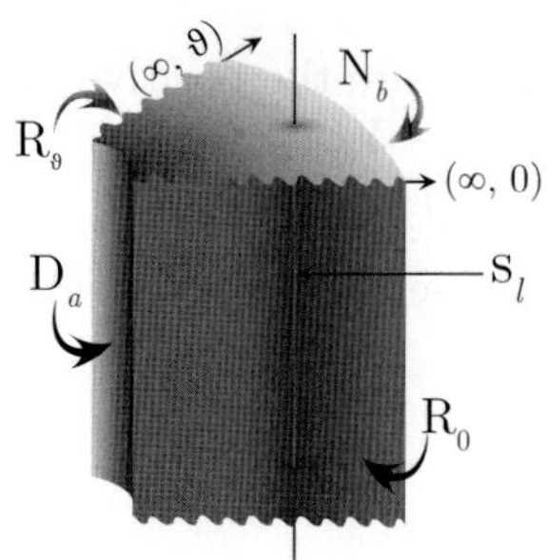

The problem of 17.28, except
$\mathbf{R_0 \equiv \frac{\partial p(r,0,t)}{\partial \theta} - \lambda_0 p\,(r,0,t) = -\left(\frac{\mu}{k_\theta}\right)\psi_0\,(r,t),}$
$\mathbf{R_\vartheta \equiv \frac{\partial p(r,\vartheta,t)}{\partial \theta} + \lambda_\vartheta p\,(r,\vartheta,t) = -\left(\frac{\mu}{k_\theta}\right)\psi_\vartheta\,(r,t),}$
$\mathbf{D_a \equiv p\,(a,\theta,t) = \psi_a\,(\theta,t)}$ **and**
$\mathbf{N_b \equiv \frac{\partial p(b,\theta,t)}{\partial r} = -\left(\frac{\mu}{k_r}\right)\psi_b\,(\theta,t)}$

The successive application of the Laplace, Fourier and finite Hankel transformations to equation (14.1.1) gives

$$\overline{\overline{\overline{p}}} = \frac{q\,(s)\,e^{-st_0}\,\{\xi_m\cos(\xi_m\theta_0)+\lambda_0\sin(\xi_m\theta_0)\}\mathcal{V}_{\mathcal{DM}}(\xi_n r_0,a)}{\phi c_t\,(\eta_r\xi_n^2+s)} - \frac{2\eta_r\overline{\overline{\psi}}_a\,(\xi_m,s)}{\pi\,(\eta_r\xi_n^2+s)} - \frac{2\overline{\overline{\psi}}_b\,(\xi_m,s)\,J_{\mathcal{M}}\,(\xi_n a)}{\pi\phi c_t\xi_n J'_{\mathcal{M}}(\xi_n b)\,(\eta_r\xi_n^2+s)} + $$
$$+\frac{\int_a^b \frac{\mathcal{V}_{\mathcal{DM}}(\xi_n u,a)}{u}\left[\xi_m\overline{\psi}_0\,(u,s) - \overline{\psi}_\vartheta\,(u,s)\,\{\xi_m\cos(\xi_m\vartheta)+\lambda_0\sin(\xi_m\vartheta)\}\right]du}{\phi c_t\,(\eta_r\xi_n^2+s)} + \frac{\overline{\overline{\varphi}}(\xi_n,\xi_m)}{(\eta_r\xi_n^2+s)} \quad (17.45.1)$$

where ξ_m is a positive root of $\tan(\xi_m\vartheta) = \frac{\xi_m(\lambda_0+\lambda_\vartheta)}{(\xi_m^2-\lambda_0\lambda_\vartheta)}$, $m=1,2,...,$ ξ_n, $n=1,2,...,$ are the positive roots of the transcendental equation $\mathcal{V}'_{\mathcal{DM}}\,(\xi_n b,a)=0$, $\mathcal{V}_{\mathcal{DM}}\,(\xi_n r,a) = J_{\mathcal{M}}\,(\xi_n r)\,Y_{\mathcal{M}}\,(\xi_n a) - Y_{\mathcal{M}}\,(\xi_n r)\,J_{\mathcal{M}}\,(\xi_n a)$,
$\overline{\overline{\psi}}_a\,(\xi_m,s) = \int_0^\vartheta \overline{\psi}_a\,(u,s)\,\{\xi_m\cos(\xi_m u)+\lambda_0\sin(\xi_m u)\}du$,
$\overline{\overline{\psi}}_b\,(\xi_m,s) = \int_0^\vartheta \overline{\psi}_b\,(u,s)\,\{\xi_m\cos(\xi_m u)+\lambda_0\sin(\xi_m u)\}du$ and
$\overline{\overline{\varphi}}(\xi_n,\xi_m) = \int_a^b r\mathcal{V}_{\mathcal{DM}}\,(\xi_n r,a)\int_0^\vartheta \varphi(r,u)\{\xi_m\cos(\xi_m u)+\lambda_0\sin(\xi_m u)\}dudr$. Successive inverse transforms yield

$$\overline{p} = \frac{\pi^2 q\,(s)\,e^{-st_0}}{\phi c_t}\sum_{m=1}^{\infty}\frac{\{\xi_m\cos(\xi_m\theta_0)+\lambda_0\sin(\xi_m\theta_0)\}\,\{\xi_m\cos(\xi_m\theta)+\lambda_0\sin(\xi_m\theta)\}}{(\xi_m^2+\lambda_0^2)\left\{\vartheta+\frac{\lambda_\vartheta}{\xi_m^2+\lambda_\vartheta^2}\right\}+\lambda_0}\times$$
$$\times\sum_{n=1}^{\infty}\frac{\xi_n^2 J'^2_{\mathcal{M}}\,(\xi_n b)\,\mathcal{V}_{\mathcal{DM}}\,(\xi_n r_0,a)\,\mathcal{V}_{\mathcal{DM}}\,(\xi_n r,a)}{(\eta_r\xi_n^2+s)\left[\left\{1-\left(\frac{\mathcal{M}}{\xi_n b}\right)^2\right\}J^2_{\mathcal{M}}\,(\xi_n a) - J'^2_{\mathcal{M}}\,(\xi_n b)\right]} -$$
$$-2\pi\eta_r\sum_{m=1}^{\infty}\frac{\{\xi_m\cos(\xi_m\theta)+\lambda_0\sin(\xi_m\theta)\}}{(\xi_m^2+\lambda_0^2)\left\{\vartheta+\frac{\lambda_\vartheta}{\xi_m^2+\lambda_\vartheta^2}\right\}+\lambda_0}\times$$
$$\times\sum_{n=1}^{\infty}\frac{\xi_n^2 J'_{\mathcal{M}}\,(\xi_n b)\left\{J_{\mathcal{M}}\,(\xi_n a)\,\overline{\overline{\psi}}_b\,(\xi_m,s) + J'_{\mathcal{M}}\,(\xi_n b)\,\overline{\overline{\psi}}_a\,(\xi_m,s)\right\}\mathcal{V}_{\mathcal{DM}}\,(\xi_n r,a)}{(\eta_r\xi_n^2+s)\left[\left\{1-\left(\frac{\mathcal{M}}{\xi_n b}\right)^2\right\}J^2_{\mathcal{M}}\,(\xi_n a) - J'^2_{\mathcal{M}}\,(\xi_n b)\right]} +$$
$$+\pi^2\eta_\theta\sum_{m=1}^{\infty}\frac{\{\xi_m\cos(\xi_m\theta)+\lambda_0\sin(\xi_m\theta)\}}{(\xi_m^2+\lambda_0^2)\left\{\vartheta+\frac{\lambda_\vartheta}{\xi_m^2+\lambda_\vartheta^2}\right\}+\lambda_0}\times$$
$$\times\sum_{n=1}^{\infty}\frac{\xi_n^2 J'^2_{\mathcal{M}}(\xi_n b)\,\mathcal{V}_{\mathcal{DM}}(\xi_n r,a)\int_a^b\frac{\mathcal{V}_{\mathcal{DM}}(\xi_n u,a)}{u}\left[\xi_m\overline{\psi}_0\,(u,s) - \overline{\psi}_\vartheta\,(u,s)\,\{\xi_m\cos(\xi_m\vartheta)+\lambda_0\sin(\xi_m\vartheta)\}\right]du}{(\eta_r\xi_n^2+s)\left[\left\{1-\left(\frac{\mathcal{M}}{\xi_n b}\right)^2\right\}J^2_{\mathcal{M}}\,(\xi_n a) - J'^2_{\mathcal{M}}\,(\xi_n b)\right]} +$$
$$+\pi^2\sum_{m=1}^{\infty}\frac{\{\xi_m\cos(\xi_m\theta)+\lambda_0\sin(\xi_m\theta)\}}{(\xi_m^2+\lambda_0^2)\left\{\vartheta+\frac{\lambda_\vartheta}{\xi_m^2+\lambda_\vartheta^2}\right\}+\lambda_0}\sum_{n=1}^{\infty}\frac{\xi_n^2 J'^2_{\mathcal{M}}\,(\xi_n b)\,\mathcal{V}_{\mathcal{DM}}\,(\xi_n r,a)\overline{\overline{\varphi}}\,(\xi_n,\xi_m)}{(\eta_r\xi_n^2+s)\left[\left\{1-\left(\frac{\mathcal{M}}{\xi_n b}\right)^2\right\}J^2_{\mathcal{M}}\,(\xi_n a) - J'^2_{\mathcal{M}}\,(\xi_n b)\right]} \quad (17.45.2)$$

and

$$p = \frac{\pi^2 U\,(t-t_0)}{\phi c_t}\sum_{m=1}^{\infty}\frac{\{\xi_m\cos(\xi_m\theta_0)+\lambda_0\sin(\xi_m\theta_0)\}\,\{\xi_m\cos(\xi_m\theta)+\lambda_0\sin(\xi_m\theta)\}}{(\xi_m^2+\lambda_0^2)\left\{\vartheta+\frac{\lambda_\vartheta}{\xi_m^2+\lambda_\vartheta^2}\right\}+\lambda_0}\times$$
$$\times\sum_{n=1}^{\infty}\frac{\xi_n^2 J'^2_{\mathcal{M}}\,(\xi_n b)\,\mathcal{V}_{\mathcal{DM}}\,(\xi_n r_0,a)\,\mathcal{V}_{\mathcal{DM}}\,(\xi_n r,a)\int_0^{t-t_0} q\,(t-t_0-\tau)\,e^{-\eta_r\xi_n^2(t-\tau)}d\tau}{\left[\left\{1-\left(\frac{\mathcal{M}}{\xi_n b}\right)^2\right\}J^2_{\mathcal{M}}\,(\xi_n a) - J'^2_{\mathcal{M}}\,(\xi_n b)\right]} -$$

$$
-2\pi\eta_r \sum_{m=1}^{\infty} \frac{\{\xi_m \cos(\xi_m\theta) + \lambda_0 \sin(\xi_m\theta)\}}{(\xi_m^2+\lambda_0^2)\left\{\vartheta + \frac{\lambda_\vartheta}{\xi_m^2+\lambda_\vartheta^2}\right\} + \lambda_0} \times
$$

$$
\times \sum_{n=1}^{\infty} \frac{\xi_n^2 J'_{\mathcal{M}}(\xi_n b)\, \mathcal{V}_{\mathcal{DM}}(\xi_n r, a) \int_0^t \left\{ J_{\mathcal{M}}(\xi_n a)\, \overline{\psi}_b(\xi_m,\tau) + J'_{\mathcal{M}}(\xi_n b)\, \overline{\psi}_a(\xi_m,\tau)\right\} e^{-\eta_r \xi_n^2 (t-\tau)} d\tau}{\left[\left\{1 - \left(\frac{\mathcal{M}}{\xi_n b}\right)^2\right\} J^2_{\mathcal{M}}(\xi_n a) - J'^2_{\mathcal{M}}(\xi_n b)\right]} +
$$

$$
+\pi^2 \eta_\theta \sum_{m=1}^{\infty} \frac{\{\xi_m \cos(\xi_m\theta) + \lambda_0 \sin(\xi_m\theta)\}}{(\xi_m^2+\lambda_0^2)\left\{\vartheta + \frac{\lambda_\vartheta}{\xi_m^2+\lambda_\vartheta^2}\right\} + \lambda_0} \sum_{n=1}^{\infty} \frac{\xi_n^2 J'^2_{\mathcal{M}}(\xi_n b)\, \mathcal{V}_{\mathcal{DM}}(\xi_n r, a)}{\left[\left\{1 - \left(\frac{\mathcal{M}}{\xi_n b}\right)^2\right\} J^2_{\mathcal{M}}(\xi_n a) - J'^2_{\mathcal{M}}(\xi_n b)\right]} \times
$$

$$
\times \int_a^b \frac{\mathcal{V}_{\mathcal{DM}}(\xi_n u, a)}{u} \int_0^t \left[\xi_m \psi_0(u,\tau) - \psi_\vartheta(u,\tau)\{\xi_m \cos(\xi_m\vartheta) + \lambda_0 \sin(\xi_m\vartheta)\}\right] e^{-\eta_r \xi_n^2 (t-\tau)} d\tau du +
$$

$$
+\pi^2 \sum_{m=1}^{\infty} \frac{\{\xi_m \cos(\xi_m\theta) + \lambda_0 \sin(\xi_m\theta)\}}{(\xi_m^2+\lambda_0^2)\left\{\vartheta + \frac{\lambda_\vartheta}{\xi_m^2+\lambda_\vartheta^2}\right\} + \lambda_0} \sum_{n=1}^{\infty} \frac{\xi_n^2 J'^2_{\mathcal{M}}(\xi_n b)\, \mathcal{V}_{\mathcal{DM}}(\xi_n r, a) \overline{\overline{\varphi}}(\xi_n, \xi_m)\, e^{-\eta_r \xi_n^2 t}}{\left[\left\{1 - \left(\frac{\mathcal{M}}{\xi_n b}\right)^2\right\} J^2_{\mathcal{M}}(\xi_n a) - J'^2_{\mathcal{M}}(\xi_n b)\right]} \tag{17.45.3}
$$

where $\overline{\psi}_a(\xi_m, t) = \int_0^\vartheta \psi_a(u,t)\{\xi_m \cos(\xi_m u) + \lambda_0 \sin(\xi_m u)\} du$ and $\overline{\psi}_b(\xi_m, t) = \int_0^\vartheta \psi_b(u,t)\{\xi_m \cos(\xi_m u) + \lambda_0 \sin(\xi_m u)\} du$.

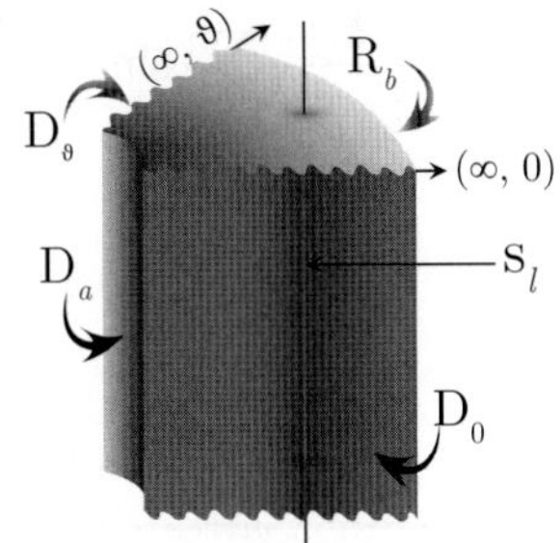

17.46 The problem of 17.28, except $\mathbf{D_a \equiv p(a,\theta,t) = \psi_a(\theta,t)}$, $\mathbf{R_b \equiv \frac{\partial p(b,\theta,t)}{\partial r} + \lambda p(b,\theta,t) = -\left(\frac{\mu}{k_r}\right)\psi_b(\theta,t)}$, $\mathbf{D_0 \equiv p(r,0,t) = \psi_0(r,t)}$ and $\mathbf{D_\vartheta \equiv p(r,\vartheta,t) = \psi_\vartheta(r,t)}$

The successive application of the Laplace, Fourier and finite Hankel transformations to equation (14.1.1) gives

$$
\overline{\overline{\overline{p}}} = \frac{q(s)\, e^{-st_0} \sin(\xi_m\theta_0)\, \mathcal{V}_{\mathcal{DM}}(\xi_n r_0, a)}{\phi c_t (\eta_r \xi_n^2 + s)} - \frac{2\eta_r \overline{\overline{\psi}}_a(\xi_m, s)}{\pi(\eta_r\xi_n^2+s)} - \frac{2\overline{\overline{\psi}}_b(\xi_m,s)\, J_{\mathcal{M}}(\xi_n a)}{\pi\phi c_t \{\xi_n J'_{\mathcal{M}}(\xi_n b) + \lambda J_{\mathcal{M}}(\xi_n b)\}(\eta_r\xi_n^2+s)} +
$$

$$
+\frac{\xi_m \eta_\theta \int_a^b \frac{\mathcal{V}_{\mathcal{DM}}(\xi_n u, a)}{u}\left\{\overline{\psi}_0(u,s) - (-1)^m \overline{\psi}_\vartheta(u,s)\right\} du}{(\eta_r \xi_n^2 + s)} + \frac{\overline{\overline{\varphi}}(\xi_n, \xi_m)}{(\eta_r \xi_n^2 + s)} \tag{17.46.1}
$$

where ξ_m is a positive root of $\sin(\xi_m\vartheta)$, which are $\xi_m = \frac{m\pi}{\vartheta}$, $m = 1, 2, ...$, ξ_n, $n = 1, 2, ...$, are the positive roots of the transcendental equation $\xi_n \mathcal{V}'_{\mathcal{DM}}(\xi_n b, a) + \lambda \mathcal{V}_{\mathcal{DM}}(\xi_n b, a) = 0$,
$\mathcal{V}_{\mathcal{DM}}(\xi_n r, a) = J_{\mathcal{M}}(\xi_n r)\, Y_{\mathcal{M}}(\xi_n a) - Y_{\mathcal{M}}(\xi_n r)\, J_{\mathcal{M}}(\xi_n a)$,
$\overline{\overline{\psi}}_a(\xi_m, s) = \int_0^\vartheta \overline{\psi}_a(u,s) \sin(\xi_m u) du$, $\overline{\overline{\psi}}_b(\xi_m, s) = \int_0^\vartheta \overline{\psi}_b(u,s) \sin(\xi_m u) du$ and
$\overline{\overline{\varphi}}(\xi_n, \xi_m) = \int_a^b r \mathcal{V}_{\mathcal{DM}}(\xi_n r, a) \int_0^\vartheta \varphi(r,u) \sin(\xi_m u) du dr$. Successive inverse transforms yield

$$
\overline{p} = \frac{\pi^2 q(s)\, e^{-st_0}}{\phi c_t \vartheta} \sum_{m=1}^{\infty} \sin(\xi_m\theta_0) \sin(\xi_m\theta) \times
$$

$$
\times \sum_{n=1}^{\infty} \frac{\xi_n^2 \{\xi_n J'_{\mathcal{M}}(\xi_n b) + \lambda J_{\mathcal{M}}(\xi_n b)\}^2 \mathcal{V}_{\mathcal{DM}}(\xi_n r_0, a)\, \mathcal{V}_{\mathcal{DM}}(\xi_n r, a)}{(\eta_r\xi_n^2+s)\left[\left\{\lambda^2 + \xi_n^2 - \left(\frac{\mathcal{M}}{b}\right)^2\right\} J^2_{\mathcal{M}}(\xi_n a) - \{\xi_n J'_{\mathcal{M}}(\xi_n b) + \lambda J_{\mathcal{M}}(\xi_n b)\}^2\right]} -
$$

$$
-\frac{2\pi\eta_r}{\vartheta} \sum_{m=1}^{\infty} \sin(\xi_m\theta) \times
$$

$$\times\sum_{n=1}^{\infty}\frac{\xi_n^2\{\xi_n J'_{\mathcal{M}}(\xi_n b)+\lambda J_{\mathcal{M}}(\xi_n b)\}\Big\{J_{\mathcal{M}}(\xi_n a)\overline{\overline{\psi}}_b(\xi_m,s)+\{\xi_n J'_{\mathcal{M}}(\xi_n b)+\lambda J_{\mathcal{M}}(\xi_n b)\}\overline{\overline{\psi}}_a(\xi_m,s)\Big\}\mathcal{V}_{\mathcal{DM}}(\xi_n r,a)}{(\eta_r\xi_n^2+s)\left[\left\{\lambda^2+\xi_n^2-\left(\frac{\mathcal{M}}{b}\right)^2\right\}J_{\mathcal{M}}^2(\xi_n a)-\{\xi_n J'_{\mathcal{M}}(\xi_n b)+\lambda J_{\mathcal{M}}(\xi_n b)\}^2\right]}+$$

$$+\frac{\pi^2\eta_\theta}{\vartheta}\sum_{m=1}^{\infty}\xi_m\sin(\xi_m\theta)\times$$

$$\times\sum_{n=1}^{\infty}\frac{\xi_n^2\{\xi_n J'_{\mathcal{M}}(\xi_n b)+\lambda J_{\mathcal{M}}(\xi_n b)\}^2\mathcal{V}_{\mathcal{DM}}(\xi_n r,a)\int_a^b\frac{\mathcal{V}_{\mathcal{DM}}(\xi_n u,a)}{u}\left\{\overline{\psi}_0(u,s)-(-1)^m\overline{\psi}_\vartheta(u,s)\right\}du}{(\eta_r\xi_n^2+s)\left[\left\{\lambda^2+\xi_n^2-\left(\frac{\mathcal{M}}{b}\right)^2\right\}J_{\mathcal{M}}^2(\xi_n a)-\{\xi_n J'_{\mathcal{M}}(\xi_n b)+\lambda J_{\mathcal{M}}(\xi_n b)\}^2\right]}+$$

$$+\frac{\pi^2}{\vartheta}\sum_{m=1}^{\infty}\sin(\xi_m\theta)\sum_{n=1}^{\infty}\frac{\xi_n^2\{\xi_n J'_{\mathcal{M}}(\xi_n b)+\lambda J_{\mathcal{M}}(\xi_n b)\}^2\mathcal{V}_{\mathcal{DM}}(\xi_n r,a)\overline{\overline{\varphi}}(\xi_n,\xi_m)}{(\eta_r\xi_n^2+s)\left[\left\{\lambda^2+\xi_n^2-\left(\frac{\mathcal{M}}{b}\right)^2\right\}J_{\mathcal{M}}^2(\xi_n a)-\{\xi_n J'_{\mathcal{M}}(\xi_n b)+\lambda J_{\mathcal{M}}(\xi_n b)\}^2\right]}\tag{17.46.2}$$

and

$$p=\frac{\pi^2U(t-t_0)}{\phi c_t\vartheta}\sum_{m=1}^{\infty}\sin(\xi_m\theta_0)\sin(\xi_m\theta)\times$$

$$\times\sum_{n=1}^{\infty}\frac{\xi_n^2\{\xi_n J'_{\mathcal{M}}(\xi_n b)+\lambda J_{\mathcal{M}}(\xi_n b)\}^2\mathcal{V}_{\mathcal{DM}}(\xi_n r_0,a)\mathcal{V}_{\mathcal{DM}}(\xi_n r,a)\int_0^{t-t_0}q(t-t_0-\tau)e^{-\eta_r\xi_n^2(t-\tau)}d\tau}{\left[\left\{\lambda^2+\xi_n^2-\left(\frac{\mathcal{M}}{b}\right)^2\right\}J_{\mathcal{M}}^2(\xi_n a)-\{\xi_n J'_{\mathcal{M}}(\xi_n b)+\lambda J_{\mathcal{M}}(\xi_n b)\}^2\right]}-$$

$$-\frac{2\pi\eta_r}{\vartheta}\sum_{m=1}^{\infty}\sin(\xi_m\theta)\sum_{n=1}^{\infty}\frac{\xi_n^2\mathcal{V}_{\mathcal{DM}}(\xi_n r,a)\{\xi_n J'_{\mathcal{M}}(\xi_n b)+\lambda J_{\mathcal{M}}(\xi_n b)\}}{\left[\left\{\lambda^2+\xi_n^2-\left(\frac{\mathcal{M}}{b}\right)^2\right\}J_{\mathcal{M}}^2(\xi_n a)-\{\xi_n J'_{\mathcal{M}}(\xi_n b)+\lambda J_{\mathcal{M}}(\xi_n b)\}^2\right]}\times$$

$$\times\int_0^t\left\{J_{\mathcal{M}}(\xi_n a)\overline{\psi}_b(\xi_m,\tau)+\{\xi_n J'_{\mathcal{M}}(\xi_n b)+\lambda J_{\mathcal{M}}(\xi_n b)\}\overline{\psi}_a(\xi_m,\tau)\right\}e^{-\eta_r\xi_n^2(t-\tau)}d\tau+$$

$$+\frac{\pi^2\eta_\theta}{\vartheta}\sum_{m=1}^{\infty}\xi_m\sin(\xi_m\theta)\sum_{n=1}^{\infty}\frac{\xi_n^2\{\xi_n J'_{\mathcal{M}}(\xi_n b)+\lambda J_{\mathcal{M}}(\xi_n b)\}^2\mathcal{V}_{\mathcal{DM}}(\xi_n r,a)}{\left[\left\{\lambda^2+\xi_n^2-\left(\frac{\mathcal{M}}{b}\right)^2\right\}J_{\mathcal{M}}^2(\xi_n a)-\{\xi_n J'_{\mathcal{M}}(\xi_n b)+\lambda J_{\mathcal{M}}(\xi_n b)\}^2\right]}\times$$

$$\times\int_a^b\frac{\mathcal{V}_{\mathcal{DM}}(\xi_n u,a)}{u}\int_0^t\{\psi_0(u,\tau)-(-1)^m\psi_\vartheta(u,\tau)\}e^{-\eta_r\xi_n^2(t-\tau)}d\tau du+$$

$$+\frac{\pi^2}{\vartheta}\sum_{m=1}^{\infty}\sin(\xi_m\theta)\sum_{n=1}^{\infty}\frac{\xi_n^2\{\xi_n J'_{\mathcal{M}}(\xi_n b)+\lambda J_{\mathcal{M}}(\xi_n b)\}^2\mathcal{V}_{\mathcal{DM}}(\xi_n r,a)\overline{\overline{\varphi}}(\xi_n,\xi_m)e^{-\eta_r\xi_n^2 t}}{\left[\left\{\lambda^2+\xi_n^2-\left(\frac{\mathcal{M}}{b}\right)^2\right\}J_{\mathcal{M}}^2(\xi_n a)-\{\xi_n J'_{\mathcal{M}}(\xi_n b)+\lambda J_{\mathcal{M}}(\xi_n b)\}^2\right]}\tag{17.46.3}$$

where $\overline{\psi}_a(\xi_m,t)=\int_0^\vartheta\psi_a(u,t)\sin(\xi_m u)du$ and $\overline{\psi}_b(\xi_m,t)=\int_0^\vartheta\psi_b(u,t)\sin(\xi_m u)du$.

17.47

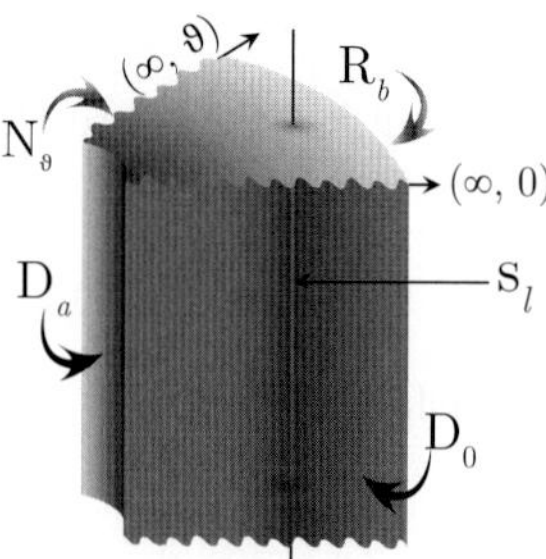

The problem of 17.28, except $\mathbf{D}_0\equiv p(r,0,t)=\psi_0(r,t)$, $\mathbf{N}_\vartheta\equiv\frac{\partial p(r,\vartheta,t)}{\partial\theta}=-\left(\frac{\mu}{k_\theta}\right)\psi_\vartheta(r,t)$, $\mathbf{D}_a\equiv p(a,\theta,t)=\psi_a(\theta,t)$ and $\mathbf{R}_b\equiv\frac{\partial p(b,\theta,t)}{\partial r}+\lambda p(b,\theta,t)=-\left(\frac{\mu}{k_r}\right)\psi_b(\theta,t)$

The successive application of the Laplace, Fourier and finite Hankel transformations to equation (14.1.1) gives

$$\overline{\overline{\overline{p}}}=\frac{q(s)e^{-st_0}\sin(\xi_m\theta_0)\mathcal{V}_{\mathcal{DM}}(\xi_n r_0,a)}{\phi c_t(\eta_r\xi_n^2+s)}-\frac{2\eta_r\overline{\overline{\psi}}_a(\xi_m,s)}{\pi(\eta_r\xi_n^2+s)}-\frac{2\overline{\overline{\psi}}_b(\xi_m,s)J_{\mathcal{M}}(\xi_n a)}{\pi\phi c_t\{\xi_n J'_{\mathcal{M}}(\xi_n b)+\lambda J_{\mathcal{M}}(\xi_n b)\}(\eta_r\xi_n^2+s)}+$$

$$+\frac{\eta_\theta\int_a^b\frac{\mathcal{V}_{\mathcal{DM}}(\xi_n u,a)}{u}\left\{\xi_m\overline{\psi}_0(u,s)+(-1)^m\left(\frac{\mu}{k_\theta}\right)\overline{\psi}_\vartheta(u,s)\right\}du}{(\eta_r\xi_n^2+s)}+\frac{\overline{\overline{\varphi}}(\xi_n,\xi_m)}{(\eta_r\xi_n^2+s)}\tag{17.47.1}$$

where ξ_m is a positive root of $\cos(\xi_m\vartheta)$, which are $\xi_m = \frac{(2m-1)\pi}{2\vartheta}$, $m = 1,2,...,$ ξ_n, $n = 1,2,...,$ are the positive roots of the transcendental equation $\xi_n \mathcal{V}'_{\mathcal{DM}}(\xi_n b, a) + \lambda \mathcal{V}_{\mathcal{DM}}(\xi_n b, a) = 0$, $\mathcal{V}_{\mathcal{DM}}(\xi_n r, a) = J_{\mathcal{M}}(\xi_n r) Y_{\mathcal{M}}(\xi_n a) - Y_{\mathcal{M}}(\xi_n r) J_{\mathcal{M}}(\xi_n a)$, $\overline{\overline{\psi}}_a(\xi_m, s) = \int_0^\vartheta \overline{\psi}_a(u,s)\sin(\xi_m u)du$, $\overline{\overline{\psi}}_b(\xi_m, s) = \int_0^\vartheta \overline{\psi}_b(u,s)\sin(\xi_m u)du$ and $\overline{\overline{\varphi}}(\xi_n,\xi_m) = \int_a^b r\mathcal{V}_{\mathcal{DM}}(\xi_n r, a)\int_0^\vartheta \varphi(r,u)\sin(\xi_m u)dudr$. Successive inverse transforms yield

$$\begin{aligned}
\overline{p} \; = \; & \frac{\pi^2 q(s)e^{-st_0}}{\phi c_t \vartheta}\sum_{m=1}^{\infty}\sin(\xi_m\theta_0)\sin(\xi_m\theta)\times \\
& \times\sum_{n=1}^{\infty}\frac{\xi_n^2\{\xi_n J'_{\mathcal{M}}(\xi_n b)+\lambda J_{\mathcal{M}}(\xi_n b)\}^2\mathcal{V}_{\mathcal{DM}}(\xi_n r_0,a)\mathcal{V}_{\mathcal{DM}}(\xi_n r,a)}{(\eta_r\xi_n^2+s)\left[\left\{\lambda^2+\xi_n^2-\left(\frac{\mathcal{M}}{b}\right)^2\right\}J^2_{\mathcal{M}}(\xi_n a)-\{\xi_n J'_{\mathcal{M}}(\xi_n b)+\lambda J_{\mathcal{M}}(\xi_n b)\}^2\right]} - \\
& -\frac{2\pi\eta_r}{\vartheta}\sum_{m=1}^{\infty}\sin(\xi_m\theta)\times \\
& \times\sum_{n=1}^{\infty}\frac{\xi_n^2\{\xi_n J'_{\mathcal{M}}(\xi_n b)+\lambda J_{\mathcal{M}}(\xi_n b)\}\left\{J_{\mathcal{M}}(\xi_n a)\overline{\overline{\psi}}_b(\xi_m,s)+\{\xi_n J'_{\mathcal{M}}(\xi_n b)+\lambda J_{\mathcal{M}}(\xi_n b)\}\overline{\overline{\psi}}_a(\xi_m,s)\right\}\mathcal{V}_{\mathcal{DM}}(\xi_n r,a)}{(\eta_r\xi_n^2+s)\left[\left\{\lambda^2+\xi_n^2-\left(\frac{\mathcal{M}}{b}\right)^2\right\}J^2_{\mathcal{M}}(\xi_n a)-\{\xi_n J'_{\mathcal{M}}(\xi_n b)+\lambda J_{\mathcal{M}}(\xi_n b)\}^2\right]} + \\
& +\frac{\pi^2\eta_\theta}{\vartheta}\sum_{m=1}^{\infty}\sin(\xi_m\theta)\times \\
& \times\sum_{n=1}^{\infty}\frac{\xi_n^2\{\xi_n J'_{\mathcal{M}}(\xi_n b)+\lambda J_{\mathcal{M}}(\xi_n b)\}^2\mathcal{V}_{\mathcal{DM}}(\xi_n r,a)\int_a^b\frac{\mathcal{V}_{\mathcal{DM}}(\xi_n u,a)}{u}\left\{\xi_m\overline{\psi}_0(u,s)+(-1)^m\left(\frac{\mu}{k_\theta}\right)\overline{\psi}_\vartheta(u,s)\right\}du}{(\eta_r\xi_n^2+s)\left[\left\{\lambda^2+\xi_n^2-\left(\frac{\mathcal{M}}{b}\right)^2\right\}J^2_{\mathcal{M}}(\xi_n a)-\{\xi_n J'_{\mathcal{M}}(\xi_n b)+\lambda J_{\mathcal{M}}(\xi_n b)\}^2\right]} + \\
& +\frac{\pi^2}{\vartheta}\sum_{m=1}^{\infty}\sin(\xi_m\theta)\sum_{n=1}^{\infty}\frac{\xi_n^2\{\xi_n J'_{\mathcal{M}}(\xi_n b)+\lambda J_{\mathcal{M}}(\xi_n b)\}^2\mathcal{V}_{\mathcal{DM}}(\xi_n r,a)\overline{\overline{\varphi}}(\xi_n,\xi_m)}{(\eta_r\xi_n^2+s)\left[\left\{\lambda^2+\xi_n^2-\left(\frac{\mathcal{M}}{b}\right)^2\right\}J^2_{\mathcal{M}}(\xi_n a)-\{\xi_n J'_{\mathcal{M}}(\xi_n b)+\lambda J_{\mathcal{M}}(\xi_n b)\}^2\right]}
\end{aligned} \tag{17.47.2}$$

and

$$\begin{aligned}
p \; = \; & \frac{\pi^2 U(t-t_0)}{\phi c_t\vartheta}\sum_{m=1}^{\infty}\sin(\xi_m\theta_0)\sin(\xi_m\theta)\times \\
& \times\sum_{n=1}^{\infty}\frac{\xi_n^2\{\xi_n J'_{\mathcal{M}}(\xi_n b)+\lambda J_{\mathcal{M}}(\xi_n b)\}^2\mathcal{V}_{\mathcal{DM}}(\xi_n r_0,a)\mathcal{V}_{\mathcal{DM}}(\xi_n r,a)\int_0^{t-t_0}q(t-t_0-\tau)e^{-\eta_r\xi_n^2(t-\tau)}d\tau}{\left[\left\{\lambda^2+\xi_n^2-\left(\frac{\mathcal{M}}{b}\right)^2\right\}J^2_{\mathcal{M}}(\xi_n a)-\{\xi_n J'_{\mathcal{M}}(\xi_n b)+\lambda J_{\mathcal{M}}(\xi_n b)\}^2\right]} - \\
& -\frac{2\pi\eta_r}{\vartheta}\sum_{m=1}^{\infty}\sin(\xi_m\theta)\sum_{n=1}^{\infty}\frac{\xi_n^2\mathcal{V}_{\mathcal{DM}}(\xi_n r,a)\{\xi_n J'_{\mathcal{M}}(\xi_n b)+\lambda J_{\mathcal{M}}(\xi_n b)\}}{\left[\left\{\lambda^2+\xi_n^2-\left(\frac{\mathcal{M}}{b}\right)^2\right\}J^2_{\mathcal{M}}(\xi_n a)-\{\xi_n J'_{\mathcal{M}}(\xi_n b)+\lambda J_{\mathcal{M}}(\xi_n b)\}^2\right]}\times \\
& \times\int_0^t\{J_{\mathcal{M}}(\xi_n a)\overline{\psi}_b(\xi_m,\tau)+\{\xi_n J'_{\mathcal{M}}(\xi_n b)+\lambda J_{\mathcal{M}}(\xi_n b)\}\overline{\psi}_a(\xi_m,\tau)\}e^{-\eta_r\xi_n^2(t-\tau)}d\tau + \\
& +\frac{\pi^2\eta_\theta}{\vartheta}\sum_{m=1}^{\infty}\sin(\xi_m\theta)\sum_{n=1}^{\infty}\frac{\xi_n^2\{\xi_n J'_{\mathcal{M}}(\xi_n b)+\lambda J_{\mathcal{M}}(\xi_n b)\}^2\mathcal{V}_{\mathcal{DM}}(\xi_n r,a)}{\left[\left\{\lambda^2+\xi_n^2-\left(\frac{\mathcal{M}}{b}\right)^2\right\}J^2_{\mathcal{M}}(\xi_n a)-\{\xi_n J'_{\mathcal{M}}(\xi_n b)+\lambda J_{\mathcal{M}}(\xi_n b)\}^2\right]}\times \\
& \times\int_a^b\frac{\mathcal{V}_{\mathcal{DM}}(\xi_n u,a)}{u}\int_0^t\left\{\xi_m\psi_0(u,\tau)+(-1)^m\left(\frac{\mu}{k_\theta}\right)\psi_\vartheta(u,\tau)\right\}e^{-\eta_r\xi_n^2(t-\tau)}d\tau du + \\
& +\frac{\pi^2}{\vartheta}\sum_{m=1}^{\infty}\sin(\xi_m\theta)\sum_{n=1}^{\infty}\frac{\xi_n^2\{\xi_n J'_{\mathcal{M}}(\xi_n b)+\lambda J_{\mathcal{M}}(\xi_n b)\}^2\mathcal{V}_{\mathcal{DM}}(\xi_n r,a)\overline{\overline{\varphi}}(\xi_n,\xi_m)e^{-\eta_r\xi_n^2 t}}{\left[\left\{\lambda^2+\xi_n^2-\left(\frac{\mathcal{M}}{b}\right)^2\right\}J^2_{\mathcal{M}}(\xi_n a)-\{\xi_n J'_{\mathcal{M}}(\xi_n b)+\lambda J_{\mathcal{M}}(\xi_n b)\}^2\right]}
\end{aligned} \tag{17.47.3}$$

where $\overline{\psi}_a(\xi_m,t) = \int_0^\vartheta \psi_a(u,t)\sin(\xi_m u)du$ and $\overline{\psi}_b(\xi_m,t) = \int_0^\vartheta \psi_b(u,t)\sin(\xi_m u)du$.

17.48

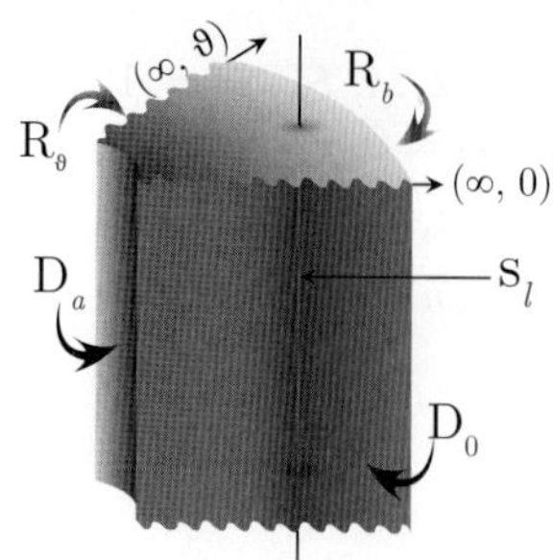

The problem of 17.28, except $\mathbf{D_0 \equiv p(r,0,t) = \psi_0(r,t)}$, $\mathbf{R_\vartheta \equiv \frac{\partial p(r,\vartheta,t)}{\partial\theta} + \lambda_\vartheta p(r,\vartheta,t) = -\left(\frac{\mu}{k_\theta}\right)\psi_\vartheta(r,t)}$, $\mathbf{D_a \equiv p(a,\theta,t) = \psi_a(\theta,t)}$ **and** $\mathbf{R_b \equiv \frac{\partial p(b,\theta,t)}{\partial r} + \lambda_b p(b,\theta,t) = -\left(\frac{\mu}{k_r}\right)\psi_b(\theta,t)}$

The successive application of the Laplace, Fourier and finite Hankel transformations to equation (14.1.1) gives

$$\overline{\overline{\overline{p}}} = \frac{q(s)\,e^{-st_0}\sin(\xi_m\theta_0)\,\mathcal{V}_{\mathcal{DM}}(\xi_n r_0,a)}{\phi c_t(\eta_r\xi_n^2+s)} - \frac{2\eta_r\overline{\overline{\psi}}_a(\xi_m,s)}{\pi(\eta_r\xi_n^2+s)} - \frac{2\overline{\overline{\psi}}_b(\xi_m,s)\,J_{\mathcal{M}}(\xi_n a)}{\pi\phi c_t\{\xi_n J'_{\mathcal{M}}(\xi_n b)+\lambda J_{\mathcal{M}}(\xi_n b)\}(\eta_r\xi_n^2+s)} +$$
$$+\frac{\eta_\theta\int_a^b \frac{\mathcal{V}_{\mathcal{DM}}(\xi_n u,a)}{u}\left\{\xi_m\overline{\psi}_0(u,s) - \left(\frac{\mu}{k_\theta}\right)\overline{\psi}_\vartheta(u,s)\sin(\xi_m\vartheta)\right\}du}{(\eta_r\xi_n^2+s)} + \frac{\overline{\overline{\varphi}}(\xi_n,\xi_m)}{(\eta_r\xi_n^2+s)} \tag{17.48.1}$$

where ξ_m is a positive root of $\xi_m\cot(\xi_m\vartheta) = -\lambda$, $m=1,2,...$, ξ_n, $n=1,2,...$, are the positive roots of the transcendental equation $\xi_n\mathcal{V}'_{\mathcal{DM}}(\xi_n b,a) + \lambda\mathcal{V}_{\mathcal{DM}}(\xi_n b,a) = 0$,
$\mathcal{V}_{\mathcal{DM}}(\xi_n r,a) = J_{\mathcal{M}}(\xi_n r)\,Y_{\mathcal{M}}(\xi_n a) - Y_{\mathcal{M}}(\xi_n r)\,J_{\mathcal{M}}(\xi_n a)$, $\overline{\overline{\psi}}_a(\xi_m,s) = \int_0^\vartheta\overline{\psi}_a(u,s)\sin(\xi_m u)du$,
$\overline{\overline{\psi}}_b(\xi_m,s) = \int_0^\vartheta\overline{\psi}_b(u,s)\sin(\xi_m u)du$ and $\overline{\overline{\varphi}}(\xi_n,\xi_m) = \int_a^b r\mathcal{V}_{\mathcal{DM}}(\xi_n r,a)\int_0^\vartheta\varphi(r,u)\sin(\xi_m u)dudr$. Successive inverse transforms yield

$$\overline{p} = \frac{\pi^2 q(s)\,e^{-st_0}}{\phi c_t}\sum_{m=1}^\infty\frac{(\xi_m^2+\lambda^2)\sin(\xi_m\theta_0)\sin(\xi_m\theta)}{\vartheta(\xi_m^2+\lambda^2)+\lambda}\times$$
$$\times\sum_{n=1}^\infty\frac{\xi_n^2\{\xi_n J'_{\mathcal{M}}(\xi_n b)+\lambda J_{\mathcal{M}}(\xi_n b)\}^2\mathcal{V}_{\mathcal{DM}}(\xi_n r_0,a)\,\mathcal{V}_{\mathcal{DM}}(\xi_n r,a)}{(\eta_r\xi_n^2+s)\left[\left\{\lambda^2+\xi_n^2-\left(\frac{\mathcal{M}}{b}\right)^2\right\}J^2_{\mathcal{M}}(\xi_n a) - \{\xi_n J'_{\mathcal{M}}(\xi_n b)+\lambda J_{\mathcal{M}}(\xi_n b)\}^2\right]} -$$
$$-2\pi\eta_r\sum_{m=1}^\infty\frac{(\xi_m^2+\lambda^2)\sin(\xi_m\theta)}{\vartheta(\xi_m^2+\lambda^2)+\lambda}\times$$
$$\times\sum_{n=1}^\infty\frac{\xi_n^2\{\xi_n J'_{\mathcal{M}}(\xi_n b)+\lambda J_{\mathcal{M}}(\xi_n b)\}\left\{J_{\mathcal{M}}(\xi_n a)\overline{\overline{\psi}}_b(\xi_m,s)+\{\xi_n J'_{\mathcal{M}}(\xi_n b)+\lambda J_{\mathcal{M}}(\xi_n b)\}\overline{\overline{\psi}}_a(\xi_m,s)\right\}\mathcal{V}_{\mathcal{DM}}(\xi_n r,a)}{(\eta_r\xi_n^2+s)\left[\left\{\lambda^2+\xi_n^2-\left(\frac{\mathcal{M}}{b}\right)^2\right\}J^2_{\mathcal{M}}(\xi_n a) - \{\xi_n J'_{\mathcal{M}}(\xi_n b)+\lambda J_{\mathcal{M}}(\xi_n b)\}^2\right]} +$$
$$+\pi^2\eta_\theta\sum_{m=1}^\infty\frac{(\xi_m^2+\lambda^2)\sin(\xi_m\theta)}{\vartheta(\xi_m^2+\lambda^2)+\lambda}\times$$
$$\times\sum_{n=1}^\infty\frac{\xi_n^2\{\xi_n J'_{\mathcal{M}}(\xi_n b)+\lambda J_{\mathcal{M}}(\xi_n b)\}^2\mathcal{V}_{\mathcal{DM}}(\xi_n r,a)\int_a^b\frac{\mathcal{V}_{\mathcal{DM}}(\xi_n u,a)}{u}\left\{\xi_m\overline{\psi}_0(u,s)-\left(\frac{\mu}{k_\theta}\right)\overline{\psi}_\vartheta(u,s)\sin(\xi_m\vartheta)\right\}du}{(\eta_r\xi_n^2+s)\left[\left\{\lambda^2+\xi_n^2-\left(\frac{\mathcal{M}}{b}\right)^2\right\}J^2_{\mathcal{M}}(\xi_n a) - \{\xi_n J'_{\mathcal{M}}(\xi_n b)+\lambda J_{\mathcal{M}}(\xi_n b)\}^2\right]} +$$
$$+\pi^2\sum_{m=1}^\infty\frac{(\xi_m^2+\lambda^2)\sin(\xi_m\theta)}{\vartheta(\xi_m^2+\lambda^2)+\lambda}\sum_{n=1}^\infty\frac{\xi_n^2\{\xi_n J'_{\mathcal{M}}(\xi_n b)+\lambda J_{\mathcal{M}}(\xi_n b)\}^2\mathcal{V}_{\mathcal{DM}}(\xi_n r,a)\overline{\overline{\varphi}}(\xi_n,\xi_m)}{(\eta_r\xi_n^2+s)\left[\left\{\lambda^2+\xi_n^2-\left(\frac{\mathcal{M}}{b}\right)^2\right\}J^2_{\mathcal{M}}(\xi_n a) - \{\xi_n J'_{\mathcal{M}}(\xi_n b)+\lambda J_{\mathcal{M}}(\xi_n b)\}^2\right]} \tag{17.48.2}$$

and

$$p = \frac{\pi^2 U(t-t_0)}{\phi c_t}\sum_{m=1}^\infty\frac{(\xi_m^2+\lambda^2)\sin(\xi_m\theta_0)\sin(\xi_m\theta)}{\vartheta(\xi_m^2+\lambda^2)+\lambda}\times$$
$$\times\sum_{n=1}^\infty\frac{\xi_n^2\{\xi_n J'_{\mathcal{M}}(\xi_n b)+\lambda J_{\mathcal{M}}(\xi_n b)\}^2\mathcal{V}_{\mathcal{DM}}(\xi_n r_0,a)\,\mathcal{V}_{\mathcal{DM}}(\xi_n r,a)\int_0^{t-t_0}q(t-t_0-\tau)\,e^{-\eta_r\xi_n^2(t-\tau)}d\tau}{\left[\left\{\lambda^2+\xi_n^2-\left(\frac{\mathcal{M}}{b}\right)^2\right\}J^2_{\mathcal{M}}(\xi_n a) - \{\xi_n J'_{\mathcal{M}}(\xi_n b)+\lambda J_{\mathcal{M}}(\xi_n b)\}^2\right]} -$$

$$-2\pi\eta_r \sum_{m=1}^{\infty} \frac{\left(\xi_m^2+\lambda^2\right)\sin(\xi_m\theta)}{\vartheta\left(\xi_m^2+\lambda^2\right)+\lambda} \sum_{n=1}^{\infty} \frac{\xi_n^2 \mathcal{V}_{\mathcal{DM}}(\xi_n r, a)\left\{\xi_n J'_{\mathcal{M}}(\xi_n b)+\lambda J_{\mathcal{M}}(\xi_n b)\right\}}{\left[\left\{\lambda^2+\xi_n^2-\left(\frac{\mathcal{M}}{b}\right)^2\right\} J_{\mathcal{M}}^2(\xi_n a)-\left\{\xi_n J'_{\mathcal{M}}(\xi_n b)+\lambda J_{\mathcal{M}}(\xi_n b)\right\}^2\right]} \times$$

$$\times \int_0^t \left\{J_{\mathcal{M}}(\xi_n a)\overline{\psi}_b(\xi_m,\tau)+\left\{\xi_n J'_{\mathcal{M}}(\xi_n b)+\lambda J_{\mathcal{M}}(\xi_n b)\right\}\overline{\psi}_a(\xi_m,\tau)\right\} e^{-\eta_r\xi_n^2(t-\tau)}d\tau +$$

$$+\pi^2\eta_\theta \sum_{m=1}^{\infty} \frac{\left(\xi_m^2+\lambda^2\right)\sin(\xi_m\theta)}{\vartheta\left(\xi_m^2+\lambda^2\right)+\lambda} \sum_{n=1}^{\infty} \frac{\xi_n^2\left\{\xi_n J'_{\mathcal{M}}(\xi_n b)+\lambda J_{\mathcal{M}}(\xi_n b)\right\}^2 \mathcal{V}_{\mathcal{DM}}(\xi_n r, a)}{\left[\left\{\lambda^2+\xi_n^2-\left(\frac{\mathcal{M}}{b}\right)^2\right\} J_{\mathcal{M}}^2(\xi_n a)-\left\{\xi_n J'_{\mathcal{M}}(\xi_n b)+\lambda J_{\mathcal{M}}(\xi_n b)\right\}^2\right]} \times$$

$$\times \int_a^b \frac{\mathcal{V}_{\mathcal{DM}}(\xi_n u, a)}{u} \int_0^t \left\{\xi_m\psi_0(u,\tau)-\left(\frac{\mu}{k_\theta}\right)\psi_\vartheta(u,\tau)\sin(\xi_m\vartheta)\right\} e^{-\eta_r\xi_n^2(t-\tau)}d\tau du +$$

$$+\pi^2 \sum_{m=1}^{\infty} \frac{\left(\xi_m^2+\lambda^2\right)\sin(\xi_m\theta)}{\vartheta\left(\xi_m^2+\lambda^2\right)+\lambda} \sum_{n=1}^{\infty} \frac{\xi_n^2\left\{\xi_n J'_{\mathcal{M}}(\xi_n b)+\lambda J_{\mathcal{M}}(\xi_n b)\right\}^2 \mathcal{V}_{\mathcal{DM}}(\xi_n r, a)\overline{\overline{\varphi}}(\xi_n,\xi_m)\, e^{-\eta_r\xi_n^2 t}}{\left[\left\{\lambda^2+\xi_n^2-\left(\frac{\mathcal{M}}{b}\right)^2\right\} J_{\mathcal{M}}^2(\xi_n a)-\left\{\xi_n J'_{\mathcal{M}}(\xi_n b)+\lambda J_{\mathcal{M}}(\xi_n b)\right\}^2\right]} \quad (17.48.3)$$

where $\overline{\psi}_a(\xi_m,t)=\int_0^\vartheta \psi_a(u,t)\sin(\xi_m u)du$ and $\overline{\psi}_b(\xi_m,t)=\int_0^\vartheta \psi_b(u,t)\sin(\xi_m u)du$.

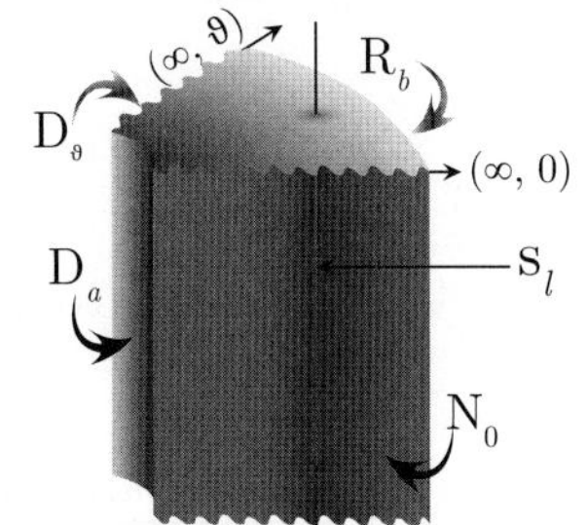

17.49 The problem of 17.28, except $\mathbf{N_0} \equiv \frac{\partial p(r,0,t)}{\partial\theta} = -\left(\frac{\mu}{k_\theta}\right)\psi_0(r,t)$, $\mathbf{D_\vartheta} \equiv p(r,\vartheta,t) = \psi_\vartheta(r,t)$, $\mathbf{D_a} \equiv p(a,\theta,t) = \psi_a(\theta,t)$ and $\mathbf{R_b} \equiv \frac{\partial p(b,\theta,t)}{\partial r} + \lambda p(b,\theta,t) = -\left(\frac{\mu}{k_r}\right)\psi_b(\theta,t)$

The successive application of the Laplace, Fourier and finite Hankel transformations to equation (14.1.1) gives

$$\overline{\overline{\overline{p}}} = \frac{q(s)\,e^{-st_0}\cos(\xi_m\theta_0)\,\mathcal{V}_{\mathcal{DM}}(\xi_n r_0, a)}{\phi c_t\left(\eta_r\xi_n^2+s\right)} - \frac{2\eta_r\overline{\overline{\psi}}_a(\xi_m,s)}{\pi\left(\eta_r\xi_n^2+s\right)} - \frac{2\overline{\overline{\psi}}_b(\xi_m,s)\,J_{\mathcal{M}}(\xi_n a)}{\pi\phi c_t\left\{\xi_n J'_{\mathcal{M}}(\xi_n b)+\lambda J_{\mathcal{M}}(\xi_n b)\right\}\left(\eta_r\xi_n^2+s\right)} +$$
$$+\frac{\eta_\theta\int_a^b \frac{\mathcal{V}_{\mathcal{DM}}(\xi_n u,a)}{u}\left\{(-1)^{m+1}\xi_m\overline{\psi}_\vartheta(u,s)+\left(\frac{\mu}{k_\theta}\right)\overline{\psi}_0(u,s)\right\}du}{\left(\eta_r\xi_n^2+s\right)} + \frac{\overline{\overline{\varphi}}(\xi_n,\xi_m)}{\left(\eta_r\xi_n^2+s\right)} \quad (17.49.1)$$

where ξ_m is a positive root of $\cos(\xi_m\vartheta)$, which are $\xi_m=\frac{(2m-1)\pi}{2\vartheta}$, $m=1,2,...$, ξ_n, $n=1,2,...$, are the positive roots of the transcendental equation $\xi_n\mathcal{V}'_{\mathcal{DM}}(\xi_n b,a)+\lambda\mathcal{V}_{\mathcal{DM}}(\xi_n b,a)=0$, $\mathcal{V}_{\mathcal{DM}}(\xi_n r,a)=J_{\mathcal{M}}(\xi_n r)Y_{\mathcal{M}}(\xi_n a)-Y_{\mathcal{M}}(\xi_n r)J_{\mathcal{M}}(\xi_n a)$, $\overline{\overline{\psi}}_a(\xi_m,s)=\int_0^\vartheta\overline{\psi}_a(u,s)\cos(\xi_m u)du$, $\overline{\overline{\psi}}_b(\xi_m,s)=\int_0^\vartheta\overline{\psi}_b(u,s)\cos(\xi_m u)du$ and $\overline{\overline{\varphi}}(\xi_n,\xi_m)=\int_a^b r\mathcal{V}_{\mathcal{DM}}(\xi_n r,a)\int_0^\vartheta\varphi(r,u)\cos(\xi_m u)dudr$.
Successive inverse transforms yield

$$\overline{p} = \frac{\pi^2 q(s)\,e^{-st_0}}{\vartheta\phi c_t}\sum_{m=1}^{\infty}\cos(\xi_m\theta_0)\cos(\xi_m\theta)\times$$
$$\times\sum_{n=1}^{\infty}\frac{\xi_n^2\left\{\xi_n J'_{\mathcal{M}}(\xi_n b)+\lambda J_{\mathcal{M}}(\xi_n b)\right\}^2\mathcal{V}_{\mathcal{DM}}(\xi_n r_0,a)\,\mathcal{V}_{\mathcal{DM}}(\xi_n r,a)}{\left(\eta_r\xi_n^2+s\right)\left[\left\{\lambda^2+\xi_n^2-\left(\frac{\mathcal{M}}{b}\right)^2\right\}J_{\mathcal{M}}^2(\xi_n a)-\left\{\xi_n J'_{\mathcal{M}}(\xi_n b)+\lambda J_{\mathcal{M}}(\xi_n b)\right\}^2\right]} -$$
$$-\frac{2\pi\eta_r}{\vartheta}\sum_{m=1}^{\infty}\cos(\xi_m\theta)\sum_{n=1}^{\infty}\frac{\xi_n^2\left\{\xi_n J'_{\mathcal{M}}(\xi_n b)+\lambda J_{\mathcal{M}}(\xi_n b)\right\}\mathcal{V}_{\mathcal{DM}}(\xi_n r,a)}{\left(\eta_r\xi_n^2+s\right)\left[\left\{\lambda^2+\xi_n^2-\left(\frac{\mathcal{M}}{b}\right)^2\right\}J_{\mathcal{M}}^2(\xi_n a)-\left\{\xi_n J'_{\mathcal{M}}(\xi_n b)+\lambda J_{\mathcal{M}}(\xi_n b)\right\}^2\right]}\times$$
$$\times\left\{J_{\mathcal{M}}(\xi_n a)\overline{\overline{\psi}}_b(\xi_m,s)+\left\{\xi_n J'_{\mathcal{M}}(\xi_n b)+\lambda J_{\mathcal{M}}(\xi_n b)\right\}\overline{\overline{\psi}}_a(\xi_m,s)\right\}+$$
$$+\frac{\pi^2\eta_\theta}{\vartheta}\sum_{m=1}^{\infty}\xi_m\cos(\xi_m\theta)\sum_{n=1}^{\infty}\frac{\xi_n^2\left\{\xi_n J'_{\mathcal{M}}(\xi_n b)+\lambda J_{\mathcal{M}}(\xi_n b)\right\}^2\mathcal{V}_{\mathcal{DM}}(\xi_n r,a)}{\left(\eta_r\xi_n^2+s\right)\left[\left\{\lambda^2+\xi_n^2-\left(\frac{\mathcal{M}}{b}\right)^2\right\}J_{\mathcal{M}}^2(\xi_n a)-\left\{\xi_n J'_{\mathcal{M}}(\xi_n b)+\lambda J_{\mathcal{M}}(\xi_n b)\right\}^2\right]}\times$$

$$\times \int_a^b \frac{\mathcal{V}_{\mathcal{DM}}(\xi_n u, a)}{u}\left\{(-1)^{m+1}\xi_m \overline{\psi}_\vartheta(u,s)+\left(\frac{\mu}{k_\theta}\right)\overline{\psi}_0(u,s)\right\}du +$$

$$+\frac{\pi^2}{\vartheta}\sum_{m=1}^{\infty}\cos(\xi_m\theta)\sum_{n=1}^{\infty}\frac{\xi_n^2\{\xi_n J'_{\mathcal{M}}(\xi_n b)+\lambda J_{\mathcal{M}}(\xi_n b)\}^2 \mathcal{V}_{\mathcal{DM}}(\xi_n r, a)\overline{\overline{\varphi}}(\xi_n,\xi_m)}{(\eta_r\xi_n^2+s)\left[\left\{\lambda^2+\xi_n^2-\left(\frac{\mathcal{M}}{b}\right)^2\right\}J_{\mathcal{M}}^2(\xi_n a)-\{\xi_n J'_{\mathcal{M}}(\xi_n b)+\lambda J_{\mathcal{M}}(\xi_n b)\}^2\right]} \tag{17.49.2}$$

and

$$p = \frac{\pi^2 U(t-t_0)}{\phi c_t \vartheta}\sum_{m=1}^{\infty}\cos(\xi_m\theta_0)\cos(\xi_m\theta)\times$$

$$\times\sum_{n=1}^{\infty}\frac{\xi_n^2\{\xi_n J'_{\mathcal{M}}(\xi_n b)+\lambda J_{\mathcal{M}}(\xi_n b)\}^2\mathcal{V}_{\mathcal{DM}}(\xi_n r_0,a)\,\mathcal{V}_{\mathcal{DM}}(\xi_n r,a)\int_0^{t-t_0}q(t-t_0-\tau)\,e^{-\eta_r\xi_n^2(t-\tau)}d\tau}{\left[\left\{\lambda^2+\xi_n^2-\left(\frac{\mathcal{M}}{b}\right)^2\right\}J_{\mathcal{M}}^2(\xi_n a)-\{\xi_n J'_{\mathcal{M}}(\xi_n b)+\lambda J_{\mathcal{M}}(\xi_n b)\}^2\right]} -$$

$$-\frac{2\pi\eta_r}{\vartheta}\sum_{m=1}^{\infty}\cos(\xi_m\theta)\sum_{n=1}^{\infty}\frac{\xi_n^2\mathcal{V}_{\mathcal{DM}}(\xi_n r,a)\{\xi_n J'_{\mathcal{M}}(\xi_n b)+\lambda J_{\mathcal{M}}(\xi_n b)\}}{\left[\left\{\lambda^2+\xi_n^2-\left(\frac{\mathcal{M}}{b}\right)^2\right\}J_{\mathcal{M}}^2(\xi_n a)-\{\xi_n J'_{\mathcal{M}}(\xi_n b)+\lambda J_{\mathcal{M}}(\xi_n b)\}^2\right]}\times$$

$$\times\int_0^t\left\{J_{\mathcal{M}}(\xi_n a)\overline{\psi}_b(\xi_m,\tau)+\{\xi_n J'_{\mathcal{M}}(\xi_n b)+\lambda J_{\mathcal{M}}(\xi_n b)\}\overline{\psi}_a(\xi_m,\tau)\right\}e^{-\eta_r\xi_n^2(t-\tau)}d\tau +$$

$$+\frac{\pi^2\eta_\theta}{\vartheta}\sum_{m=1}^{\infty}\xi_m\cos(\xi_m\theta)\sum_{n=1}^{\infty}\frac{\xi_n^2\{\xi_n J'_{\mathcal{M}}(\xi_n b)+\lambda J_{\mathcal{M}}(\xi_n b)\}^2\mathcal{V}_{\mathcal{DM}}(\xi_n r,a)}{\left[\left\{\lambda^2+\xi_n^2-\left(\frac{\mathcal{M}}{b}\right)^2\right\}J_{\mathcal{M}}^2(\xi_n a)-\{\xi_n J'_{\mathcal{M}}(\xi_n b)+\lambda J_{\mathcal{M}}(\xi_n b)\}^2\right]}\times$$

$$\times\int_a^b\frac{\mathcal{V}_{\mathcal{DM}}(\xi_n u,a)}{u}\int_0^t\left\{(-1)^{m+1}\xi_m\psi_\vartheta(u,\tau)+\left(\frac{\mu}{k_\theta}\right)\psi_0(u,\tau)\right\}e^{-\eta_r\xi_n^2(t-\tau)}d\tau du +$$

$$+\frac{\pi^2}{\vartheta}\sum_{m=1}^{\infty}\cos(\xi_m\theta)\sum_{n=1}^{\infty}\frac{\xi_n^2\{\xi_n J'_{\mathcal{M}}(\xi_n b)+\lambda J_{\mathcal{M}}(\xi_n b)\}^2\mathcal{V}_{\mathcal{DM}}(\xi_n r,a)\overline{\overline{\varphi}}(\xi_n,\xi_m)\,e^{-\eta_r\xi_n^2 t}}{\left[\left\{\lambda^2+\xi_n^2-\left(\frac{\mathcal{M}}{b}\right)^2\right\}J_{\mathcal{M}}^2(\xi_n a)-\{\xi_n J'_{\mathcal{M}}(\xi_n b)+\lambda J_{\mathcal{M}}(\xi_n b)\}^2\right]} \tag{17.49.3}$$

where $\overline{\psi}_a(\xi_m,t)=\int_0^\vartheta\psi_a(u,t)\cos(\xi_m u)du$ and $\overline{\psi}_b(\xi_m,t)=\int_0^\vartheta\psi_b(u,t)\cos(\xi_m u)du$.

17.50

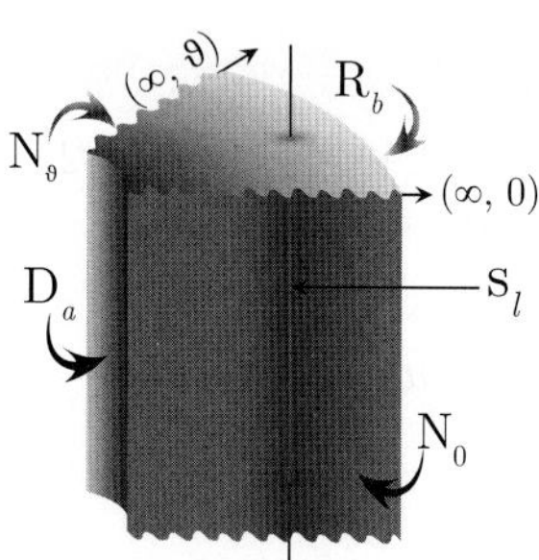

The problem of 17.28, except
$\mathbf{N_0} \equiv \frac{\partial p(r,0,t)}{\partial\theta} = -\left(\frac{\mu}{k_\theta}\right)\psi_0(r,t),$
$\mathbf{N_\vartheta} \equiv \frac{\partial p(r,\vartheta,t)}{\partial\theta} = -\left(\frac{\mu}{k_\theta}\right)\psi_\vartheta(r,t),$
$\mathbf{D_a} \equiv p(a,\theta,t)=\psi_a(\theta,t)$ **and**
$\mathbf{R_b} \equiv \frac{\partial p(b,\theta,t)}{\partial r}+\lambda p(b,\theta,t) = -\left(\frac{\mu}{k_r}\right)\psi_b(\theta,t)$

The successive application of the Laplace, Fourier and finite Hankel transformations to equation (14.1.1) gives

$$\overline{\overline{\overline{p}}} = \frac{q(s)e^{-st_0}\cos(\xi_m\theta_0)\mathcal{V}_{\mathcal{DM}}(\xi_n r_0,a)}{\phi c_t(\eta_r\xi_n^2+s)}-\frac{2\eta_r\overline{\overline{\psi}}_a(\xi_m,s)}{\pi(\eta_r\xi_n^2+s)}-\frac{2\overline{\overline{\psi}}_b(\xi_m,s)J_{\mathcal{M}}(\xi_n a)}{\pi\phi c_t\{\xi_n J'_{\mathcal{M}}(\xi_n b)+\lambda J_{\mathcal{M}}(\xi_n b)\}(\eta_r\xi_n^2+s)}+$$

$$+\frac{\int_a^b\frac{\mathcal{V}_{\mathcal{DM}}(\xi_n u,a)}{u}\left\{(-1)^{m+1}\overline{\psi}_\vartheta(u,s)+\overline{\psi}_0(u,s)\right\}du}{\phi c_t(\eta_r\xi_n^2+s)}+\frac{\overline{\overline{\varphi}}(\xi_n,\xi_m)}{(\eta_r\xi_n^2+s)} \tag{17.50.1}$$

where ξ_m is a positive root of $\sin(\xi_m\vartheta)$, which are $\frac{m\pi}{\vartheta}$, $m=0,1,2,...$, ξ_n, $n=1,2,...$, are the positive roots of the transcendental equation $\xi_n\mathcal{V}'_{\mathcal{DM}}(\xi_n b,a)+\lambda\mathcal{V}_{\mathcal{DM}}(\xi_n b,a)=0$,

$\mathcal{V}_{\mathcal{DM}}(\xi_n r, a) = J_{\mathcal{M}}(\xi_n r) Y_{\mathcal{M}}(\xi_n a) - Y_{\mathcal{M}}(\xi_n r) J_{\mathcal{M}}(\xi_n a)$,
$\overline{\overline{\psi}}_a(\xi_m, s) = \int_0^{\vartheta} \overline{\psi}_a(u, s)\cos(\xi_m u)du$, $\overline{\overline{\psi}}_b(\xi_m, s) = \int_0^{\vartheta} \overline{\psi}_b(u, s)\cos(\xi_m u)du$ and
$\overline{\overline{\varphi}}(\xi_n, \xi_m) = \int_a^b r\mathcal{V}_{\mathcal{DM}}(\xi_n r, a)\int_0^{\vartheta} \varphi(r, u)\cos(\xi_m u)dudr$. Successive inverse transforms yield

$$\begin{aligned}
\overline{p} \;=\; & \frac{\pi^2 q(s)e^{-st_0}}{\vartheta\phi c_t}\sum_{m=0}^{\infty}\ni_m \cos(\xi_m\theta_0)\cos(\xi_m\theta)\times \\
& \times\sum_{n=1}^{\infty}\frac{\xi_n^2\{\xi_n J'_{\mathcal{M}}(\xi_n b)+\lambda J_{\mathcal{M}}(\xi_n b)\}^2\mathcal{V}_{\mathcal{DM}}(\xi_n r_0, a)\mathcal{V}_{\mathcal{DM}}(\xi_n r, a)}{(\eta_r\xi_n^2+s)\left[\left\{\lambda^2+\xi_n^2-\left(\frac{\mathcal{M}}{b}\right)^2\right\}J_{\mathcal{M}}^2(\xi_n a)-\{\xi_n J'_{\mathcal{M}}(\xi_n b)+\lambda J_{\mathcal{M}}(\xi_n b)\}^2\right]} - \\
& -\frac{2\pi\eta_r}{\vartheta}\sum_{m=0}^{\infty}\ni_m\cos(\xi_m\theta)\sum_{n=1}^{\infty}\frac{\xi_n^2\{\xi_n J'_{\mathcal{M}}(\xi_n b)+\lambda J_{\mathcal{M}}(\xi_n b)\}\mathcal{V}_{\mathcal{DM}}(\xi_n r, a)}{(\eta_r\xi_n^2+s)\left[\left\{\lambda^2+\xi_n^2-\left(\frac{\mathcal{M}}{b}\right)^2\right\}J_{\mathcal{M}}^2(\xi_n a)-\{\xi_n J'_{\mathcal{M}}(\xi_n b)+\lambda J_{\mathcal{M}}(\xi_n b)\}^2\right]}\times \\
& \times\left\{J_{\mathcal{M}}(\xi_n a)\overline{\overline{\psi}}_b(\xi_m, s)+\{\xi_n J'_{\mathcal{M}}(\xi_n b)+\lambda J_{\mathcal{M}}(\xi_n b)\}\overline{\overline{\psi}}_a(\xi_m, s)\right\}+ \\
& +\frac{\pi^2\eta_\theta}{\vartheta}\sum_{m=0}^{\infty}\ni_m\xi_m\cos(\xi_m\theta)\sum_{n=1}^{\infty}\frac{\xi_n^2\{\xi_n J'_{\mathcal{M}}(\xi_n b)+\lambda J_{\mathcal{M}}(\xi_n b)\}^2\mathcal{V}_{\mathcal{DM}}(\xi_n r, a)}{(\eta_r\xi_n^2+s)\left[\left\{\lambda^2+\xi_n^2-\left(\frac{\mathcal{M}}{b}\right)^2\right\}J_{\mathcal{M}}^2(\xi_n a)-\{\xi_n J'_{\mathcal{M}}(\xi_n b)+\lambda J_{\mathcal{M}}(\xi_n b)\}^2\right]}\times \\
& \times\int_a^b\frac{\mathcal{V}_{\mathcal{DM}}(\xi_n u, a)}{u}\left\{(-1)^{m+1}\overline{\psi}_\vartheta(u, s)+\overline{\psi}_0(u, s)\right\}du+ \\
& +\frac{\pi^2}{\vartheta}\sum_{m=0}^{\infty}\ni_m\cos(\xi_m\theta)\sum_{n=1}^{\infty}\frac{\xi_n^2\{\xi_n J'_{\mathcal{M}}(\xi_n b)+\lambda J_{\mathcal{M}}(\xi_n b)\}^2\mathcal{V}_{\mathcal{DM}}(\xi_n r, a)\overline{\overline{\varphi}}(\xi_n, \xi_m)}{(\eta_r\xi_n^2+s)\left[\left\{\lambda^2+\xi_n^2-\left(\frac{\mathcal{M}}{b}\right)^2\right\}J_{\mathcal{M}}^2(\xi_n a)-\{\xi_n J'_{\mathcal{M}}(\xi_n b)+\lambda J_{\mathcal{M}}(\xi_n b)\}^2\right]}
\end{aligned} \tag{17.50.2}$$

and

$$\begin{aligned}
p \;=\; & \frac{\pi^2 U(t-t_0)}{\phi c_t\vartheta}\sum_{m=0}^{\infty}\ni_m\cos(\xi_m\theta_0)\cos(\xi_m\theta)\times \\
& \times\sum_{n=1}^{\infty}\frac{\xi_n^2\{\xi_n J'_{\mathcal{M}}(\xi_n b)+\lambda J_{\mathcal{M}}(\xi_n b)\}^2\mathcal{V}_{\mathcal{DM}}(\xi_n r_0, a)\mathcal{V}_{\mathcal{DM}}(\xi_n r, a)\int_0^{t-t_0}q(t-t_0-\tau)e^{-\eta_r\xi_n^2(t-\tau)}d\tau}{\left[\left\{\lambda^2+\xi_n^2-\left(\frac{\mathcal{M}}{b}\right)^2\right\}J_{\mathcal{M}}^2(\xi_n a)-\{\xi_n J'_{\mathcal{M}}(\xi_n b)+\lambda J_{\mathcal{M}}(\xi_n b)\}^2\right]} - \\
& -\frac{2\pi\eta_r}{\vartheta}\sum_{m=0}^{\infty}\ni_m\cos(\xi_m\theta)\sum_{n=1}^{\infty}\frac{\xi_n^2\mathcal{V}_{\mathcal{DM}}(\xi_n r, a)\{\xi_n J'_{\mathcal{M}}(\xi_n b)+\lambda J_{\mathcal{M}}(\xi_n b)\}}{\left[\left\{\lambda^2+\xi_n^2-\left(\frac{\mathcal{M}}{b}\right)^2\right\}J_{\mathcal{M}}^2(\xi_n a)-\{\xi_n J'_{\mathcal{M}}(\xi_n b)+\lambda J_{\mathcal{M}}(\xi_n b)\}^2\right]}\times \\
& \times\int_0^t\left\{J_{\mathcal{M}}(\xi_n a)\overline{\psi}_b(\xi_m, \tau)+\{\xi_n J'_{\mathcal{M}}(\xi_n b)+\lambda J_{\mathcal{M}}(\xi_n b)\}\overline{\psi}_a(\xi_m, \tau)\right\}e^{-\eta_r\xi_n^2(t-\tau)}d\tau+ \\
& +\frac{\pi^2\eta_\theta}{\vartheta}\sum_{m=0}^{\infty}\ni_m\xi_m\cos(\xi_m\theta)\sum_{n=1}^{\infty}\frac{\xi_n^2\{\xi_n J'_{\mathcal{M}}(\xi_n b)+\lambda J_{\mathcal{M}}(\xi_n b)\}^2\mathcal{V}_{\mathcal{DM}}(\xi_n r, a)}{\left[\left\{\lambda^2+\xi_n^2-\left(\frac{\mathcal{M}}{b}\right)^2\right\}J_{\mathcal{M}}^2(\xi_n a)-\{\xi_n J'_{\mathcal{M}}(\xi_n b)+\lambda J_{\mathcal{M}}(\xi_n b)\}^2\right]}\times \\
& \times\int_a^b\frac{\mathcal{V}_{\mathcal{DM}}(\xi_n u, a)}{u}\int_0^t\left\{(-1)^{m+1}\psi_\vartheta(u, \tau)+\psi_0(u, \tau)\right\}e^{-\eta_r\xi_n^2(t-\tau)}d\tau du+ \\
& +\frac{\pi^2}{\vartheta}\sum_{m=0}^{\infty}\ni_m\cos(\xi_m\theta)\sum_{n=1}^{\infty}\frac{\xi_n^2\{\xi_n J'_{\mathcal{M}}(\xi_n b)+\lambda J_{\mathcal{M}}(\xi_n b)\}^2\mathcal{V}_{\mathcal{DM}}(\xi_n r, a)\overline{\overline{\varphi}}(\xi_n, \xi_m)e^{-\eta_r\xi_n^2 t}}{\left[\left\{\lambda^2+\xi_n^2-\left(\frac{\mathcal{M}}{b}\right)^2\right\}J_{\mathcal{M}}^2(\xi_n a)-\{\xi_n J'_{\mathcal{M}}(\xi_n b)+\lambda J_{\mathcal{M}}(\xi_n b)\}^2\right]}
\end{aligned} \tag{17.50.3}$$

where $\overline{\psi}_a(\xi_m, t) = \int_0^{\vartheta}\psi_a(u, t)\cos(\xi_m u)du$ and $\overline{\psi}_b(\xi_m, t) = \int_0^{\vartheta}\psi_b(u, t)\cos(\xi_m u)du$.

17.51

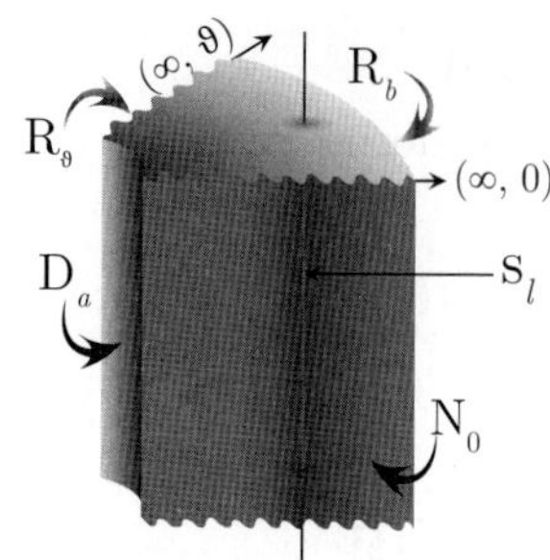

The problem of 17.28, except
$\mathbf{N_0} \equiv \frac{\partial p(r,0,t)}{\partial \theta} = -\left(\frac{\mu}{k_\theta}\right)\psi_0(r,t)$,
$\mathbf{R_\vartheta} \equiv \frac{\partial p(r,\vartheta,t)}{\partial \theta} + \lambda_\vartheta p(r,\vartheta,t) = -\left(\frac{\mu}{k_\theta}\right)\psi_\vartheta(r,t)$,
$\mathbf{D_a} \equiv p(a,\theta,t) = \psi_a(\theta,t)$ **and**
$\mathbf{R_b} \equiv \frac{\partial p(b,\theta,t)}{\partial r} + \lambda_b p(b,\theta,t) = -\left(\frac{\mu}{k_r}\right)\psi_b(\theta,t)$

The successive application of the Laplace, Fourier and finite Hankel transformations to equation (14.1.1) gives

$$\overline{\overline{\overline{p}}} = \frac{q(s)\,e^{-st_0}\cos(\xi_m\theta_0)\,\mathcal{V}_{\mathcal{DM}}(\xi_n r_0,a)}{\phi c_t(\eta_r\xi_n^2+s)} - \frac{2\eta_r\overline{\overline{\psi}}_a(\xi_m,s)}{\pi(\eta_r\xi_n^2+s)} - \frac{2\overline{\overline{\psi}}_b(\xi_m,s)\,J_{\mathcal{M}}(\xi_n a)}{\pi\phi c_t\{\xi_n J'_{\mathcal{M}}(\xi_n b)+\lambda J_{\mathcal{M}}(\xi_n b)\}(\eta_r\xi_n^2+s)} + $$
$$+\frac{\int_a^b \frac{\mathcal{V}_{\mathcal{DM}}(\xi_n u,a)}{u}\{\overline{\psi}_0(u,s)-\overline{\psi}_\vartheta(u,s)\cos(\xi_m\vartheta)\}du}{\phi c_t(\eta_r\xi_n^2+s)} + \frac{\overline{\overline{\varphi}}(\xi_n,\xi_m)}{(\eta_r\xi_n^2+s)} \tag{17.51.1}$$

where ξ_m is a positive root of $\xi_m\tan(\xi_m\vartheta)=\lambda$, $m=1,2,...$, ξ_n, $n=1,2,...$, are the positive roots of the transcendental equation $\xi_n\mathcal{V}'_{\mathcal{DM}}(\xi_n b,a)+\lambda\mathcal{V}_{\mathcal{DM}}(\xi_n b,a)=0$,
$\mathcal{V}_{\mathcal{DM}}(\xi_n r,a)=J_{\mathcal{M}}(\xi_n r)\,Y_{\mathcal{M}}(\xi_n a)-Y_{\mathcal{M}}(\xi_n r)\,J_{\mathcal{M}}(\xi_n a)$, $\overline{\overline{\psi}}_a(\xi_m,s)=\int_0^\vartheta\overline{\psi}_a(u,s)\cos(\xi_m u)du$,
$\overline{\overline{\psi}}_b(\xi_m,s)=\int_0^\vartheta\overline{\psi}_b(u,s)\cos(\xi_m u)du$ and $\overline{\overline{\varphi}}(\xi_n,\xi_m)=\int_a^b r\mathcal{V}_{\mathcal{DM}}(\xi_n r,a)\int_0^\vartheta\varphi(r,u)\cos(\xi_m u)dudr$.
Successive inverse transforms yield

$$\begin{aligned}\overline{p} &= \frac{\pi^2 q(s)\,e^{-st_0}}{\phi c_t}\sum_{m=1}^{\infty}\frac{(\xi_m^2+\lambda^2)\cos(\xi_m\theta_0)\cos(\xi_m\theta)}{\vartheta(\xi_m^2+\lambda^2)+\lambda}\times\\ &\times\sum_{n=1}^{\infty}\frac{\xi_n^2\{\xi_n J'_{\mathcal{M}}(\xi_n b)+\lambda J_{\mathcal{M}}(\xi_n b)\}^2\mathcal{V}_{\mathcal{DM}}(\xi_n r_0,a)\,\mathcal{V}_{\mathcal{DM}}(\xi_n r,a)}{(\eta_r\xi_n^2+s)\left[\left\{\lambda^2+\xi_n^2-\left(\frac{\mathcal{M}}{b}\right)^2\right\}J_{\mathcal{M}}^2(\xi_n a)-\{\xi_n J'_{\mathcal{M}}(\xi_n b)+\lambda J_{\mathcal{M}}(\xi_n b)\}^2\right]}-\\ &-2\pi\eta_r\sum_{m=1}^{\infty}\frac{(\xi_m^2+\lambda^2)\cos(\xi_m\theta)}{\vartheta(\xi_m^2+\lambda^2)+\lambda}\sum_{n=1}^{\infty}\frac{\xi_n^2\{\xi_n J'_{\mathcal{M}}(\xi_n b)+\lambda J_{\mathcal{M}}(\xi_n b)\}\mathcal{V}_{\mathcal{DM}}(\xi_n r,a)}{(\eta_r\xi_n^2+s)\left[\left\{\lambda^2+\xi_n^2-\left(\frac{\mathcal{M}}{b}\right)^2\right\}J_{\mathcal{M}}^2(\xi_n a)-\{\xi_n J'_{\mathcal{M}}(\xi_n b)+\lambda J_{\mathcal{M}}(\xi_n b)\}^2\right]}\times\\ &\times\left\{J_{\mathcal{M}}(\xi_n a)\overline{\overline{\psi}}_b(\xi_m,s)+\{\xi_n J'_{\mathcal{M}}(\xi_n b)+\lambda J_{\mathcal{M}}(\xi_n b)\}\overline{\overline{\psi}}_a(\xi_m,s)\right\}+\\ &+\frac{\pi^2\eta_\theta}{\vartheta}\sum_{m=1}^{\infty}\frac{(\xi_m^2+\lambda^2)\cos(\xi_m\theta)}{\vartheta(\xi_m^2+\lambda^2)+\lambda}\times\\ &\times\sum_{n=1}^{\infty}\frac{\xi_n^2\{\xi_n J'_{\mathcal{M}}(\xi_n b)+\lambda J_{\mathcal{M}}(\xi_n b)\}^2\mathcal{V}_{\mathcal{DM}}(\xi_n r,a)\int_a^b\frac{\mathcal{V}_{\mathcal{DM}}(\xi_n u,a)}{u}\{\overline{\psi}_0(r,s)-\overline{\psi}_\vartheta(r,s)\cos(\xi_m\vartheta)\}du}{(\eta_r\xi_n^2+s)\left[\left\{\lambda^2+\xi_n^2-\left(\frac{\mathcal{M}}{b}\right)^2\right\}J_{\mathcal{M}}^2(\xi_n a)-\{\xi_n J'_{\mathcal{M}}(\xi_n b)+\lambda J_{\mathcal{M}}(\xi_n b)\}^2\right]}+\\ &+\pi^2\sum_{m=1}^{\infty}\frac{(\xi_m^2+\lambda^2)\cos(\xi_m\theta)}{\vartheta(\xi_m^2+\lambda^2)+\lambda}\sum_{n=1}^{\infty}\frac{\xi_n^2\{\xi_n J'_{\mathcal{M}}(\xi_n b)+\lambda J_{\mathcal{M}}(\xi_n b)\}^2\mathcal{V}_{\mathcal{DM}}(\xi_n r,a)\overline{\overline{\varphi}}(\xi_n,\xi_m)}{(\eta_r\xi_n^2+s)\left[\left\{\lambda^2+\xi_n^2-\left(\frac{\mathcal{M}}{b}\right)^2\right\}J_{\mathcal{M}}^2(\xi_n a)-\{\xi_n J'_{\mathcal{M}}(\xi_n b)+\lambda J_{\mathcal{M}}(\xi_n b)\}^2\right]}\end{aligned} \tag{17.51.2}$$

and

$$\begin{aligned}p &= \frac{\pi^2 U(t-t_0)}{\phi c_t}\sum_{m=1}^{\infty}\frac{(\xi_m^2+\lambda^2)\cos(\xi_m\theta_0)\cos(\xi_m\theta)}{\vartheta(\xi_m^2+\lambda^2)+\lambda}\times\\ &\times\sum_{n=1}^{\infty}\frac{\xi_n^2\{\xi_n J'_{\mathcal{M}}(\xi_n b)+\lambda J_{\mathcal{M}}(\xi_n b)\}^2\mathcal{V}_{\mathcal{DM}}(\xi_n r_0,a)\,\mathcal{V}_{\mathcal{DM}}(\xi_n r,a)\int_0^{t-t_0}q(t-t_0-\tau)\,e^{-\eta_r\xi_n^2(t-\tau)}d\tau}{\left[\left\{\lambda^2+\xi_n^2-\left(\frac{\mathcal{M}}{b}\right)^2\right\}J_{\mathcal{M}}^2(\xi_n a)-\{\xi_n J'_{\mathcal{M}}(\xi_n b)+\lambda J_{\mathcal{M}}(\xi_n b)\}^2\right]}-\end{aligned}$$

$$-2\pi\eta_r \sum_{m=1}^{\infty} \frac{\left(\xi_m^2+\lambda^2\right)\cos\left(\xi_m \theta\right)}{\vartheta\left(\xi_m^2+\lambda^2\right)+\lambda} \times$$
$$\times \sum_{n=1}^{\infty} \frac{\xi_n^2 J'_{\mathcal{M}}\left(\xi_n b\right) \mathcal{V}_{\mathcal{DM}}\left(\xi_n r, a\right) \int_0^t \left\{J_{\mathcal{M}}\left(\xi_n a\right) \overline{\psi}_b\left(\xi_m, \tau\right) + J'_{\mathcal{M}}\left(\xi_n b\right) \overline{\psi}_a\left(\xi_m, \tau\right)\right\} e^{-\eta_r \xi_n^2 (t-\tau)} d\tau}{\left[\left\{\lambda^2+\xi_n^2-\left(\frac{\mathcal{M}}{b}\right)^2\right\} J_{\mathcal{M}}^2\left(\xi_n a\right) - \left\{\xi_n J'_{\mathcal{M}}\left(\xi_n b\right) + \lambda J_{\mathcal{M}}\left(\xi_n b\right)\right\}^2\right]} +$$
$$+\frac{\pi^2 \eta_\theta}{\vartheta} \sum_{m=1}^{\infty} \frac{\left(\xi_m^2+\lambda^2\right)\cos\left(\xi_m \theta\right)}{\vartheta\left(\xi_m^2+\lambda^2\right)+\lambda} \sum_{n=1}^{\infty} \frac{\xi_n^2 \left\{\xi_n J'_{\mathcal{M}}\left(\xi_n b\right) + \lambda J_{\mathcal{M}}\left(\xi_n b\right)\right\}^2 \mathcal{V}_{\mathcal{DM}}\left(\xi_n r, a\right)}{\left[\left\{\lambda^2+\xi_n^2-\left(\frac{\mathcal{M}}{b}\right)^2\right\} J_{\mathcal{M}}^2\left(\xi_n a\right) - \left\{\xi_n J'_{\mathcal{M}}\left(\xi_n b\right) + \lambda J_{\mathcal{M}}\left(\xi_n b\right)\right\}^2\right]} \times$$
$$\times \int_a^b \frac{\mathcal{V}_{\mathcal{DM}}\left(\xi_n u, a\right)}{u} \int_0^t \left\{\psi_0\left(r,u\right) - \psi_\vartheta\left(u,s\right)\cos\left(\xi_m \vartheta\right)\right\} e^{-\eta_r \xi_n^2 (t-\tau)} d\tau du +$$
$$+\pi^2 \sum_{m=1}^{\infty} \frac{\left(\xi_m^2+\lambda^2\right)\cos\left(\xi_m \theta\right)}{\vartheta\left(\xi_m^2+\lambda^2\right)+\lambda} \sum_{n=1}^{\infty} \frac{\xi_n^2 \left\{\xi_n J'_{\mathcal{M}}\left(\xi_n b\right) + \lambda J_{\mathcal{M}}\left(\xi_n b\right)\right\}^2 \mathcal{V}_{\mathcal{DM}}\left(\xi_n r, a\right) \overline{\overline{\varphi}}\left(\xi_n, \xi_m\right) e^{-\eta_r \xi_n^2 t}}{\left[\left\{\lambda^2+\xi_n^2-\left(\frac{\mathcal{M}}{b}\right)^2\right\} J_{\mathcal{M}}^2\left(\xi_n a\right) - \left\{\xi_n J'_{\mathcal{M}}\left(\xi_n b\right) + \lambda J_{\mathcal{M}}\left(\xi_n b\right)\right\}^2\right]} \quad (17.51.3)$$

where $\overline{\psi}_a\left(\xi_m, t\right) = \int_0^\vartheta \psi_a\left(u,t\right)\cos\left(\xi_m u\right) du$ and $\overline{\psi}_b\left(\xi_m, t\right) = \int_0^\vartheta \psi_b\left(u,t\right)\cos\left(\xi_m u\right) du$.

17.52 The problem of 17.28, except

$\mathbf{R_0} \equiv \frac{\partial p(r,0,t)}{\partial \theta} - \lambda_0 p\left(r,0,t\right) = -\left(\frac{\mu}{k_\theta}\right)\psi_0\left(r,t\right)$,
$\mathbf{D_\vartheta} \equiv p\left(r,\vartheta,t\right) = \psi_\vartheta\left(r,t\right)$, $\mathbf{D_a} \equiv p\left(a,\theta,t\right) = \psi_a\left(\theta,t\right)$ and
$\mathbf{R_b} \equiv \frac{\partial p(b,\theta,t)}{\partial r} + \lambda_b p\left(b,\theta,t\right) = -\left(\frac{\mu}{k_r}\right)\psi_b\left(\theta,t\right)$

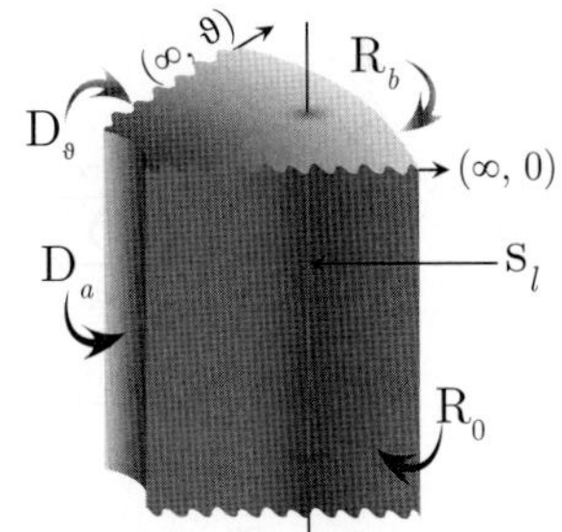

The successive application of the Laplace, Fourier and finite Hankel transformations to equation (14.1.1) gives

$$\overline{\overline{\overline{p}}} = \frac{q\left(s\right)e^{-st_0}\sin\left\{\xi_m\left(\vartheta-\theta_0\right)\right\}\mathcal{V}_{\mathcal{DM}}\left(\xi_n r_0, a\right)}{\phi c_t\left(\eta_r \xi_n^2 + s\right)} - \frac{2\eta_r \overline{\overline{\psi}}_a\left(\xi_m, s\right)}{\pi\left(\eta_r \xi_n^2+s\right)} - \frac{2\overline{\overline{\psi}}_b\left(\xi_m, s\right) J_{\mathcal{M}}\left(\xi_n a\right)}{\pi \phi c_t \left\{\xi_n J'_{\mathcal{M}}\left(\xi_n b\right) + \lambda J_{\mathcal{M}}\left(\xi_n b\right)\right\}\left(\eta_r \xi_n^2 + s\right)} +$$
$$+\frac{\eta_\theta \int_a^b \frac{\mathcal{V}_{\mathcal{DM}}\left(\xi_n u, a\right)}{u}\left\{\left(\frac{\mu}{k_\theta}\right)\overline{\psi}_0\left(u,s\right)\sin\left(\xi_m \vartheta\right) + \xi_m \overline{\psi}_\vartheta\left(u,s\right)\right\} du}{\left(\eta_r \xi_n^2+s\right)} + \frac{\overline{\overline{\varphi}}\left(\xi_n, \xi_m\right)}{\left(\eta_r \xi_n^2+s\right)} \quad (17.52.1)$$

where ξ_m is a positive root of $\xi_m \cot\left(\xi_m \vartheta\right) = -\lambda$, $m = 1,2,...$, ξ_n, $n = 1,2,...$, are the positive roots of the transcendental equation $\xi_n \mathcal{V}'_{\mathcal{DM}}\left(\xi_n b, a\right) + \lambda \mathcal{V}_{\mathcal{DM}}\left(\xi_n b, a\right) = 0$,
$\mathcal{V}_{\mathcal{DM}}\left(\xi_n r, a\right) = J_{\mathcal{M}}\left(\xi_n r\right) Y_{\mathcal{M}}\left(\xi_n a\right) - Y_{\mathcal{M}}\left(\xi_n r\right) J_{\mathcal{M}}\left(\xi_n a\right)$,
$\overline{\overline{\psi}}_a\left(\xi_m, s\right) = \int_0^\vartheta \overline{\psi}_a\left(u,s\right)\sin\left\{\xi_m\left(\vartheta-u\right)\right\} du$, $\overline{\overline{\psi}}_b\left(\xi_m, s\right) = \int_0^\vartheta \overline{\psi}_b\left(u,s\right)\sin\left\{\xi_m\left(\vartheta-u\right)\right\} du$ and
$\overline{\overline{\varphi}}\left(\xi_n, \xi_m\right) = \int_a^b r \mathcal{V}_{\mathcal{DM}}\left(\xi_n r, a\right) \int_0^\vartheta \varphi\left(r,u\right)\sin\left\{\xi_m\left(\vartheta-u\right)\right\} du dr$. Successive inverse transforms yield

$$\overline{p} = \frac{\pi^2 q\left(s\right)e^{-st_0}}{\phi c_t} \sum_{m=1}^{\infty} \frac{\left(\xi_m^2+\lambda^2\right)\sin\left\{\xi_m\left(\vartheta-\theta_0\right)\right\}\sin\left\{\xi_m\left(\vartheta-\theta\right)\right\}}{\vartheta\left(\xi_m^2+\lambda^2\right)+\lambda} \times$$
$$\times \sum_{n=1}^{\infty} \frac{\xi_n^2 \left\{\xi_n J'_{\mathcal{M}}\left(\xi_n b\right) + \lambda J_{\mathcal{M}}\left(\xi_n b\right)\right\}^2 \mathcal{V}_{\mathcal{DM}}\left(\xi_n r_0, a\right) \mathcal{V}_{\mathcal{DM}}\left(\xi_n r, a\right)}{\left(\eta_r \xi_n^2+s\right)\left[\left\{\lambda^2+\xi_n^2-\left(\frac{\mathcal{M}}{b}\right)^2\right\} J_{\mathcal{M}}^2\left(\xi_n a\right) - \left\{\xi_n J'_{\mathcal{M}}\left(\xi_n b\right) + \lambda J_{\mathcal{M}}\left(\xi_n b\right)\right\}^2\right]} -$$
$$-2\pi\eta_r \sum_{m=1}^{\infty} \frac{\left(\xi_m^2+\lambda^2\right)\sin\left\{\xi_m\left(\vartheta-\theta\right)\right\}}{\vartheta\left(\xi_m^2+\lambda^2\right)+\lambda} \times$$
$$\times \sum_{n=1}^{\infty} \frac{\xi_n^2 \left\{\xi_n J'_{\mathcal{M}}\left(\xi_n b\right) + \lambda J_{\mathcal{M}}\left(\xi_n b\right)\right\} \mathcal{V}_{\mathcal{DM}}\left(\xi_n r, a\right)}{\left(\eta_r \xi_n^2+s\right)\left[\left\{\lambda^2+\xi_n^2-\left(\frac{\mathcal{M}}{b}\right)^2\right\} J_{\mathcal{M}}^2\left(\xi_n a\right) - \left\{\xi_n J'_{\mathcal{M}}\left(\xi_n b\right) + \lambda J_{\mathcal{M}}\left(\xi_n b\right)\right\}^2\right]} \times$$

$$\times\left\{J_{\mathcal{M}}(\xi_n a)\overline{\overline{\psi}}_b(\xi_m,s)+\{\xi_n J'_{\mathcal{M}}(\xi_n b)+\lambda J_{\mathcal{M}}(\xi_n b)\}\overline{\overline{\psi}}_a(\xi_m,s)\right\}+$$
$$+\frac{\pi^2\eta_\theta}{\vartheta}\sum_{m=1}^{\infty}\frac{(\xi_m^2+\lambda^2)\sin\{\xi_m(\vartheta-\theta)\}}{\vartheta(\xi_m^2+\lambda^2)+\lambda}\times$$
$$\times\sum_{n=1}^{\infty}\frac{\xi_n^2\{\xi_n J'_{\mathcal{M}}(\xi_n b)+\lambda J_{\mathcal{M}}(\xi_n b)\}^2\mathcal{V}_{\mathcal{DM}}(\xi_n r,a)}{(\eta_r\xi_n^2+s)\left[\left\{\lambda^2+\xi_n^2-\left(\frac{\mathcal{M}}{b}\right)^2\right\}J_{\mathcal{M}}^2(\xi_n a)-\{\xi_n J'_{\mathcal{M}}(\xi_n b)+\lambda J_{\mathcal{M}}(\xi_n b)\}^2\right]}\times$$
$$\times\int_a^b\frac{\mathcal{V}_{\mathcal{DM}}(\xi_n u,a)}{u}\left\{\left(\frac{\mu}{k_\theta}\right)\overline{\psi}_0(u,s)\sin(\xi_m\vartheta)+\xi_m\overline{\psi}_\vartheta(u,s)\right\}du+$$
$$+\pi^2\sum_{m=1}^{\infty}\frac{(\xi_m^2+\lambda^2)\sin\{\xi_m(\vartheta-\theta)\}}{\vartheta(\xi_m^2+\lambda^2)+\lambda}\times$$
$$\times\sum_{n=1}^{\infty}\frac{\xi_n^2\{\xi_n J'_{\mathcal{M}}(\xi_n b)+\lambda J_{\mathcal{M}}(\xi_n b)\}^2\mathcal{V}_{\mathcal{DM}}(\xi_n r,a)\overline{\overline{\varphi}}(\xi_n,\xi_m)}{(\eta_r\xi_n^2+s)\left[\left\{\lambda^2+\xi_n^2-\left(\frac{\mathcal{M}}{b}\right)^2\right\}J_{\mathcal{M}}^2(\xi_n a)-\{\xi_n J'_{\mathcal{M}}(\xi_n b)+\lambda J_{\mathcal{M}}(\xi_n b)\}^2\right]}\tag{17.52.2}$$

and

$$p=\frac{\pi^2U(t-t_0)}{\phi c_t}\sum_{m=1}^{\infty}\frac{(\xi_m^2+\lambda^2)\sin\{\xi_m(\vartheta-\theta_0)\}\sin\{\xi_m(\vartheta-\theta)\}}{\vartheta(\xi_m^2+\lambda^2)+\lambda}\times$$
$$\times\sum_{n=1}^{\infty}\frac{\xi_n^2\{\xi_n J'_{\mathcal{M}}(\xi_n b)+\lambda J_{\mathcal{M}}(\xi_n b)\}^2\mathcal{V}_{\mathcal{DM}}(\xi_n r_0,a)\mathcal{V}_{\mathcal{DM}}(\xi_n r,a)\int_0^{t-t_0}q(t-t_0-\tau)e^{-\eta_r\xi_n^2(t-\tau)}d\tau}{\left[\left\{\lambda^2+\xi_n^2-\left(\frac{\mathcal{M}}{b}\right)^2\right\}J_{\mathcal{M}}^2(\xi_n a)-\{\xi_n J'_{\mathcal{M}}(\xi_n b)+\lambda J_{\mathcal{M}}(\xi_n b)\}^2\right]}-$$
$$-2\pi\eta_r\sum_{m=1}^{\infty}\frac{(\xi_m^2+\lambda^2)\sin\{\xi_m(\vartheta-\theta)\}}{\vartheta(\xi_m^2+\lambda^2)+\lambda}\times$$
$$\times\sum_{n=1}^{\infty}\frac{\xi_n^2\mathcal{V}_{\mathcal{DM}}(\xi_n r,a)\{\xi_n J'_{\mathcal{M}}(\xi_n b)+\lambda J_{\mathcal{M}}(\xi_n b)\}}{\left[\left\{\lambda^2+\xi_n^2-\left(\frac{\mathcal{M}}{b}\right)^2\right\}J_{\mathcal{M}}^2(\xi_n a)-\{\xi_n J'_{\mathcal{M}}(\xi_n b)+\lambda J_{\mathcal{M}}(\xi_n b)\}^2\right]}\times$$
$$\times\int_0^t\left\{J_{\mathcal{M}}(\xi_n a)\overline{\psi}_b(\xi_m,\tau)+\{\xi_n J'_{\mathcal{M}}(\xi_n b)+\lambda J_{\mathcal{M}}(\xi_n b)\}\overline{\psi}_a(\xi_m,\tau)\right\}e^{-\eta_r\xi_n^2(t-\tau)}d\tau+$$
$$+\frac{\pi^2\eta_\theta}{\vartheta}\sum_{m=1}^{\infty}\frac{(\xi_m^2+\lambda^2)\sin\{\xi_m(\vartheta-\theta)\}}{\vartheta(\xi_m^2+\lambda^2)+\lambda}\times$$
$$\times\sum_{n=1}^{\infty}\frac{\xi_n^2\{\xi_n J'_{\mathcal{M}}(\xi_n b)+\lambda J_{\mathcal{M}}(\xi_n b)\}^2\mathcal{V}_{\mathcal{DM}}(\xi_n r,a)}{\left[\left\{\lambda^2+\xi_n^2-\left(\frac{\mathcal{M}}{b}\right)^2\right\}J_{\mathcal{M}}^2(\xi_n a)-\{\xi_n J'_{\mathcal{M}}(\xi_n b)+\lambda J_{\mathcal{M}}(\xi_n b)\}^2\right]}\times$$
$$\times\int_a^b\frac{\mathcal{V}_{\mathcal{DM}}(\xi_n u,a)}{u}\int_0^t\left\{\left(\frac{\mu}{k_\theta}\right)\psi_0(u,\tau)\sin(\xi_m\vartheta)+\xi_m\psi_\vartheta(u,\tau)\right\}e^{-\eta_r\xi_n^2(t-\tau)}d\tau du+$$
$$+\pi^2\sum_{m=1}^{\infty}\frac{(\xi_m^2+\lambda^2)\sin\{\xi_m(\vartheta-\theta)\}}{\vartheta(\xi_m^2+\lambda^2)+\lambda}\times$$
$$\times\sum_{n=1}^{\infty}\frac{\xi_n^2\{\xi_n J'_{\mathcal{M}}(\xi_n b)+\lambda J_{\mathcal{M}}(\xi_n b)\}^2\mathcal{V}_{\mathcal{DM}}(\xi_n r,a)\overline{\overline{\varphi}}(\xi_n,\xi_m)e^{-\eta_r\xi_n^2 t}}{\left[\left\{\lambda^2+\xi_n^2-\left(\frac{\mathcal{M}}{b}\right)^2\right\}J_{\mathcal{M}}^2(\xi_n a)-\{\xi_n J'_{\mathcal{M}}(\xi_n b)+\lambda J_{\mathcal{M}}(\xi_n b)\}^2\right]}\tag{17.52.3}$$

where $\overline{\psi}_a(\xi_m,t)=\int_0^\vartheta\psi_a(u,t)\sin\{\xi_m(\vartheta-u)\}du$ and $\overline{\psi}_b(\xi_m,t)=\int_0^\vartheta\psi_b(u,t)\sin\{\xi_m(\vartheta-u)\}du$.

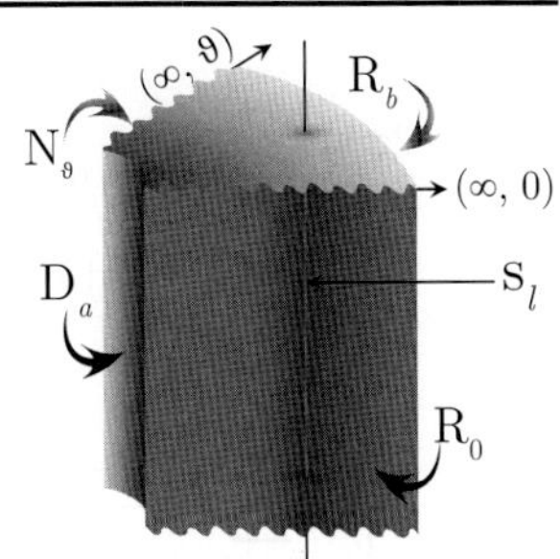

17.53 The problem of 17.28, except
$\mathbf{R_0} \equiv \frac{\partial p(r,0,t)}{\partial\theta} - \lambda_0 p(r,0,t) = -\left(\frac{\mu}{k_\theta}\right)\psi_0(r,t)$,
$\mathbf{N_\vartheta} \equiv \frac{\partial p(r,\vartheta,t)}{\partial\theta} = -\left(\frac{\mu}{k_\theta}\right)\psi_\vartheta(r,t)$, $\mathbf{D_a} \equiv p(a,\theta,t) = \psi_a(\theta,t)$ **and**
$\mathbf{R_b} \equiv \frac{\partial p(b,\theta,t)}{\partial r} + \lambda_b p(b,\theta,t) = -\left(\frac{\mu}{k_r}\right)\psi_b(\theta,t)$

The successive application of the Laplace, Fourier and finite Hankel transformations to equation (14.1.1) gives

$$\overline{\overline{\overline{p}}} = \frac{q(s)e^{-st_0}\cos\{\xi_m(\vartheta-\theta_0)\}\mathcal{V}_{\mathcal{DM}}(\xi_n r_0,a)}{\phi c_t(\eta_r\xi_n^2+s)} - \frac{2\eta_r\overline{\overline{\psi}}_a(\xi_m,s)}{\pi(\eta_r\xi_n^2+s)} - \frac{2\overline{\overline{\psi}}_b(\xi_m,s)J_{\mathcal{M}}(\xi_n a)}{\pi\phi c_t\{\xi_n J'_{\mathcal{M}}(\xi_n b)+\lambda J_{\mathcal{M}}(\xi_n b)\}(\eta_r\xi_n^2+s)} + $$
$$+\frac{\int_a^b \frac{\mathcal{V}_{\mathcal{DM}}(\xi_n u,a)}{u}\{\overline{\psi}_0(u,s)\cos(\xi_m\vartheta)-\overline{\psi}_\vartheta(u,s)\}du}{\phi c_t(\eta_r\xi_n^2+s)} + \frac{\overline{\overline{\varphi}}(\xi_n,\xi_m)}{(\eta_r\xi_n^2+s)} \tag{17.53.1}$$

where ξ_m is a positive root of $\xi_m\tan(\xi_m\vartheta)=\lambda$, $m=1,2,...$, ξ_n, $n=1,2,...$, are the positive roots of the transcendental equation $\xi_n\mathcal{V}'_{\mathcal{DM}}(\xi_n b,a)+\lambda\mathcal{V}_{\mathcal{DM}}(\xi_n b,a)=0$,
$\mathcal{V}_{\mathcal{DM}}(\xi_n r,a) = J_{\mathcal{M}}(\xi_n r)Y_{\mathcal{M}}(\xi_n a) - Y_{\mathcal{M}}(\xi_n r)J_{\mathcal{M}}(\xi_n a)$,
$\overline{\overline{\psi}}_a(\xi_m,s) = \int_0^\vartheta \overline{\psi}_a(u,s)\cos\{\xi_m(\vartheta-u)\}du$, $\overline{\overline{\psi}}_b(\xi_m,s) = \int_0^\vartheta \overline{\psi}_b(u,s)\cos\{\xi_m(\vartheta-u)\}du$ and
$\overline{\overline{\varphi}}(\xi_n,\xi_m) = \int_a^b r\mathcal{V}_{\mathcal{DM}}(\xi_n r,a)\int_0^\vartheta \varphi(r,u)\cos\{\xi_m(\vartheta-u)\}dudr$. Successive inverse transforms yield

$$\overline{p} = \frac{\pi^2 q(s)e^{-st_0}}{\phi c_t}\sum_{m=1}^\infty \frac{(\xi_m^2+\lambda^2)\cos\{\xi_m(\vartheta-\theta_0)\}\cos\{\xi_m(\vartheta-\theta)\}}{\vartheta(\xi_m^2+\lambda^2)+\lambda}\times$$
$$\times\sum_{n=1}^\infty \frac{\xi_n^2\{\xi_n J'_{\mathcal{M}}(\xi_n b)+\lambda J_{\mathcal{M}}(\xi_n b)\}^2\mathcal{V}_{\mathcal{DM}}(\xi_n r_0,a)\mathcal{V}_{\mathcal{DM}}(\xi_n r,a)}{(\eta_r\xi_n^2+s)\left[\left\{\lambda^2+\xi_n^2-\left(\frac{\mathcal{M}}{b}\right)^2\right\}J_{\mathcal{M}}^2(\xi_n a)-\{\xi_n J'_{\mathcal{M}}(\xi_n b)+\lambda J_{\mathcal{M}}(\xi_n b)\}^2\right]} -$$
$$-2\pi\eta_r\sum_{m=1}^\infty \frac{(\xi_m^2+\lambda^2)\cos\{\xi_m(\vartheta-\theta)\}}{\vartheta(\xi_m^2+\lambda^2)+\lambda}\times$$
$$\times\sum_{n=1}^\infty \frac{\xi_n^2\{\xi_n J'_{\mathcal{M}}(\xi_n b)+\lambda J_{\mathcal{M}}(\xi_n b)\}\mathcal{V}_{\mathcal{DM}}(\xi_n r,a)}{(\eta_r\xi_n^2+s)\left[\left\{\lambda^2+\xi_n^2-\left(\frac{\mathcal{M}}{b}\right)^2\right\}J_{\mathcal{M}}^2(\xi_n a)-\{\xi_n J'_{\mathcal{M}}(\xi_n b)+\lambda J_{\mathcal{M}}(\xi_n b)\}^2\right]}\times$$
$$\times\left\{J_{\mathcal{M}}(\xi_n a)\overline{\overline{\psi}}_b(\xi_m,s)+\{\xi_n J'_{\mathcal{M}}(\xi_n b)+\lambda J_{\mathcal{M}}(\xi_n b)\}\overline{\overline{\psi}}_a(\xi_m,s)\right\}+$$
$$+\frac{\pi^2\eta_\theta}{\vartheta}\sum_{m=1}^\infty \frac{(\xi_m^2+\lambda^2)\cos\{\xi_m(\vartheta-\theta)\}}{\vartheta(\xi_m^2+\lambda^2)+\lambda}\times$$
$$\times\sum_{n=1}^\infty \frac{\xi_n^2\{\xi_n J'_{\mathcal{M}}(\xi_n b)+\lambda J_{\mathcal{M}}(\xi_n b)\}^2\mathcal{V}_{\mathcal{DM}}(\xi_n r,a)\int_a^b\frac{\mathcal{V}_{\mathcal{DM}}(\xi_n u,a)}{u}\{\overline{\psi}_0(u,s)\cos(\xi_m\vartheta)-\overline{\psi}_\vartheta(u,s)\}du}{(\eta_r\xi_n^2+s)\left[\left\{\lambda^2+\xi_n^2-\left(\frac{\mathcal{M}}{b}\right)^2\right\}J_{\mathcal{M}}^2(\xi_n a)-\{\xi_n J'_{\mathcal{M}}(\xi_n b)+\lambda J_{\mathcal{M}}(\xi_n b)\}^2\right]}+$$
$$+\pi^2\sum_{m=1}^\infty \frac{(\xi_m^2+\lambda^2)\cos\{\xi_m(\vartheta-\theta)\}}{\vartheta(\xi_m^2+\lambda^2)+\lambda}\times$$
$$\times\sum_{n=1}^\infty \frac{\xi_n^2\{\xi_n J'_{\mathcal{M}}(\xi_n b)+\lambda J_{\mathcal{M}}(\xi_n b)\}^2\mathcal{V}_{\mathcal{DM}}(\xi_n r,a)\overline{\overline{\varphi}}(\xi_n,\xi_m)}{(\eta_r\xi_n^2+s)\left[\left\{\lambda^2+\xi_n^2-\left(\frac{\mathcal{M}}{b}\right)^2\right\}J_{\mathcal{M}}^2(\xi_n a)-\{\xi_n J'_{\mathcal{M}}(\xi_n b)+\lambda J_{\mathcal{M}}(\xi_n b)\}^2\right]} \tag{17.53.2}$$

and

$$p = \frac{\pi^2 U(t-t_0)}{\phi c_t}\sum_{m=1}^\infty \frac{(\xi_m^2+\lambda^2)\cos\{\xi_m(\vartheta-\theta_0)\}\cos\{\xi_m(\vartheta-\theta)\}}{\vartheta(\xi_m^2+\lambda^2)+\lambda}\times$$
$$\times\sum_{n=1}^\infty \frac{\xi_n^2\{\xi_n J'_{\mathcal{M}}(\xi_n b)+\lambda J_{\mathcal{M}}(\xi_n b)\}^2\mathcal{V}_{\mathcal{DM}}(\xi_n r_0,a)\mathcal{V}_{\mathcal{DM}}(\xi_n r,a)\int_0^{t-t_0}q(t-t_0-\tau)e^{-\eta_r\xi_n^2(t-\tau)}d\tau}{\left[\left\{\lambda^2+\xi_n^2-\left(\frac{\mathcal{M}}{b}\right)^2\right\}J_{\mathcal{M}}^2(\xi_n a)-\{\xi_n J'_{\mathcal{M}}(\xi_n b)+\lambda J_{\mathcal{M}}(\xi_n b)\}^2\right]} -$$

$$-2\pi\eta_r \sum_{m=1}^{\infty} \frac{\left(\xi_m^2+\lambda^2\right)\cos\{\xi_m(\vartheta-\theta)\}}{\vartheta\left(\xi_m^2+\lambda^2\right)+\lambda} \times$$

$$\times \sum_{n=1}^{\infty} \frac{\xi_n^2 J'_{\mathcal{M}}(\xi_n b)\,\mathcal{V}_{\mathcal{DM}}(\xi_n r,a)\int_0^t \left\{J_{\mathcal{M}}(\xi_n a)\overline{\psi}_b(\xi_m,\tau)+J'_{\mathcal{M}}(\xi_n b)\overline{\psi}_a(\xi_m,\tau)\right\}e^{-\eta_r\xi_n^2(t-\tau)}d\tau}{\left[\left\{\lambda^2+\xi_n^2-\left(\frac{\mathcal{M}}{b}\right)^2\right\}J_{\mathcal{M}}^2(\xi_n a)-\left\{\xi_n J'_{\mathcal{M}}(\xi_n b)+\lambda J_{\mathcal{M}}(\xi_n b)\right\}^2\right]} +$$

$$+\frac{\pi^2\eta_\theta}{\vartheta} \sum_{m=1}^{\infty} \frac{\left(\xi_m^2+\lambda^2\right)\cos\{\xi_m(\vartheta-\theta)\}}{\vartheta\left(\xi_m^2+\lambda^2\right)+\lambda} \times$$

$$\times \sum_{n=1}^{\infty} \frac{\xi_n^2\{\xi_n J'_{\mathcal{M}}(\xi_n b)+\lambda J_{\mathcal{M}}(\xi_n b)\}^2\mathcal{V}_{\mathcal{DM}}(\xi_n r,a)}{\left[\left\{\lambda^2+\xi_n^2-\left(\frac{\mathcal{M}}{b}\right)^2\right\}J_{\mathcal{M}}^2(\xi_n a)-\left\{\xi_n J'_{\mathcal{M}}(\xi_n b)+\lambda J_{\mathcal{M}}(\xi_n b)\right\}^2\right]} \times$$

$$\times \int_a^b \frac{\mathcal{V}_{\mathcal{DM}}(\xi_n u,a)}{u}\int_0^t \{\psi_0(u,\tau)\cos(\xi_m\vartheta)-\psi_\vartheta(u,\tau)\}e^{-\eta_r\xi_n^2(t-\tau)}d\tau du +$$

$$+\pi^2 \sum_{m=1}^{\infty} \frac{\left(\xi_m^2+\lambda^2\right)\cos\{\xi_m(\vartheta-\theta)\}}{\vartheta\left(\xi_m^2+\lambda^2\right)+\lambda} \sum_{n=1}^{\infty} \frac{\xi_n^2\{\xi_n J'_{\mathcal{M}}(\xi_n b)+\lambda J_{\mathcal{M}}(\xi_n b)\}^2\mathcal{V}_{\mathcal{DM}}(\xi_n r,a)\overline{\overline{\varphi}}(\xi_n,\xi_m)\,e^{-\eta_r\xi_n^2 t}}{\left[\left\{\lambda^2+\xi_n^2-\left(\frac{\mathcal{M}}{b}\right)^2\right\}J_{\mathcal{M}}^2(\xi_n a)-\left\{\xi_n J'_{\mathcal{M}}(\xi_n b)+\lambda J_{\mathcal{M}}(\xi_n b)\right\}^2\right]} \quad (17.53.3)$$

where $\overline{\psi}_a(\xi_m,t)=\int_0^\vartheta \psi_a(u,t)\cos\{\xi_m(\vartheta-u)\}du$ and $\overline{\psi}_b(\xi_m,t)=\int_0^\vartheta \psi_b(u,t)\cos\{\xi_m(\vartheta-u)\}du$.

17.54

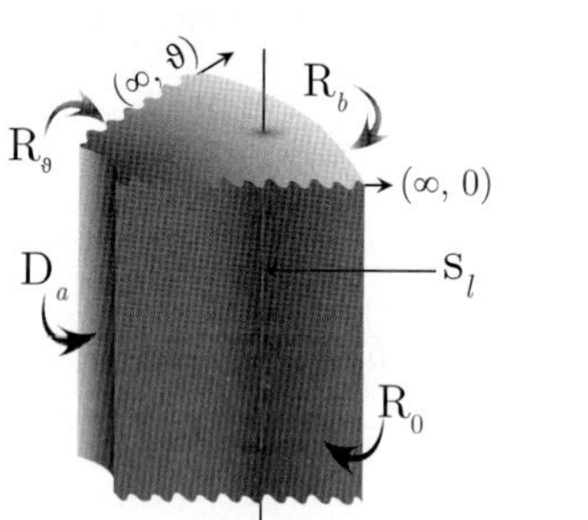

The problem of 17.28, except
$\mathbf{R_0} \equiv \frac{\partial p(r,0,t)}{\partial\theta} - \lambda_0 p(r,0,t) = -\left(\frac{\mu}{k_\theta}\right)\psi_0(r,t)$,
$\mathbf{R_\vartheta} \equiv \frac{\partial p(r,\vartheta,t)}{\partial\theta} + \lambda_\vartheta p(r,\vartheta,t) = -\left(\frac{\mu}{k_\theta}\right)\psi_\vartheta(r,t)$,
$\mathbf{D_a} \equiv p(a,\theta,t) = \psi_a(\theta,t)$ **and**
$\mathbf{R_b} \equiv \frac{\partial p(b,\theta,t)}{\partial r} + \lambda_b p(b,\theta,t) = -\left(\frac{\mu}{k_r}\right)\psi_b(\theta,t)$

The successive application of the Laplace, Fourier and finite Hankel transformations to equation (14.1.1) gives

$$\overline{\overline{\overline{p}}} = \frac{q(s)\,e^{-st_0}\{\xi_m\cos(\xi_m\theta_0)+\lambda_0\sin(\xi_m\theta_0)\}\mathcal{V}_{\mathcal{DM}}(\xi_n r_0,a)}{\phi c_t(\eta_r\xi_n^2+s)} - \frac{2\overline{\overline{\psi}}_b(\xi_m,s)\,J_{\mathcal{M}}(\xi_n a)}{\pi\phi c_t\{\xi_n J'_{\mathcal{M}}(\xi_n b)+\lambda J_{\mathcal{M}}(\xi_n b)\}(\eta_r\xi_n^2+s)} - \frac{2\eta_r\overline{\overline{\psi}}_a(\xi_m,s)}{\pi(\eta_r\xi_n^2+s)} + \frac{\int_a^b \frac{\mathcal{V}_{\mathcal{DM}}(\xi_n u,a)}{u}\left[\xi_m\overline{\psi}_0(u,s)-\overline{\psi}_\vartheta(u,s)\{\xi_m\cos(\xi_m\vartheta)+\lambda_0\sin(\xi_m\vartheta)\}\right]du}{\phi c_t(\eta_r\xi_n^2+s)} + \frac{\overline{\overline{\varphi}}(\xi_n,\xi_m)}{(\eta_r\xi_n^2+s)} \quad (17.54.1)$$

where ξ_m is a positive root of $\tan(\xi_m\vartheta)=\frac{\xi_m(\lambda_0+\lambda_\vartheta)}{(\xi_m^2-\lambda_0\lambda_\vartheta)}$, $m=1,2,...,$ ξ_n, $n=1,2,...,$ are the positive roots of the transcendental equation $\xi_n\mathcal{V}'_{\mathcal{DM}}(\xi_n b,a)+\lambda\mathcal{V}_{\mathcal{DM}}(\xi_n b,a)=0$,
$\mathcal{V}_{\mathcal{DM}}(\xi_n r,a)=J_{\mathcal{M}}(\xi_n r)\,Y_{\mathcal{M}}(\xi_n a)-Y_{\mathcal{M}}(\xi_n r)\,J_{\mathcal{M}}(\xi_n a)$,
$\overline{\overline{\psi}}_a(\xi_m,s)=\int_0^\vartheta \overline{\psi}_a(u,s)\{\xi_m\cos(\xi_m u)+\lambda_0\sin(\xi_m u)\}du$, $\overline{\overline{\psi}}_b(\xi_m,s)=\int_0^\vartheta \overline{\psi}_b(u,s)$ $\{\xi_m\cos(\xi_m u)+\lambda_0\sin(\xi_m u)\}\,du$ and $\overline{\overline{\varphi}}(\xi_n,\xi_m)=\int_a^b r\mathcal{V}_{\mathcal{DM}}(\xi_n r,a)\int_0^\vartheta \varphi(r,u)\{\xi_m\cos(\xi_m u)+\lambda_0\sin(\xi_m u)\}$ $dudr$. Successive inverse transforms yield

$$\overline{p} = \frac{\pi^2 q(s)\,e^{-st_0}}{\phi c_t}\sum_{m=1}^{\infty}\frac{\{\xi_m\cos(\xi_m\theta_0)+\lambda_0\sin(\xi_m\theta_0)\}\{\xi_m\cos(\xi_m\theta)+\lambda_0\sin(\xi_m\theta)\}}{\left(\xi_m^2+\lambda_0^2\right)\left\{\vartheta+\frac{\lambda_\vartheta}{\xi_m^2+\lambda_\vartheta^2}\right\}+\lambda_0} \times$$

$$\times\sum_{n=1}^{\infty}\frac{\xi_n^2\{\xi_n J'_{\mathcal{M}}(\xi_n b)+\lambda J_{\mathcal{M}}(\xi_n b)\}^2\mathcal{V}_{\mathcal{DM}}(\xi_n r_0,a)\,\mathcal{V}_{\mathcal{DM}}(\xi_n r,a)}{(\eta_r\xi_n^2+s)\left[\left\{\lambda^2+\xi_n^2-\left(\frac{\mathcal{M}}{b}\right)^2\right\}J_{\mathcal{M}}^2(\xi_n a)-\left\{\xi_n J'_{\mathcal{M}}(\xi_n b)+\lambda J_{\mathcal{M}}(\xi_n b)\right\}^2\right]} -$$

$$-2\pi\eta_r \sum_{m=1}^{\infty} \frac{\{\xi_m \cos(\xi_m\theta) + \lambda_0 \sin(\xi_m\theta)\}}{(\xi_m^2 + \lambda_0^2)\left\{\vartheta + \frac{\lambda_\vartheta}{\xi_m^2+\lambda_\vartheta^2}\right\} + \lambda_0} \times$$

$$\times \sum_{n=1}^{\infty} \frac{\xi_n^2 \{\xi_n J'_{\mathcal{M}}(\xi_n b) + \lambda J_{\mathcal{M}}(\xi_n b)\} \mathcal{V}_{\mathcal{DM}}(\xi_n r, a)}{(\eta_r \xi_n^2 + s)\left[\left\{\lambda^2 + \xi_n^2 - \left(\frac{\mathcal{M}}{b}\right)^2\right\} J_{\mathcal{M}}^2(\xi_n a) - \{\xi_n J'_{\mathcal{M}}(\xi_n b) + \lambda J_{\mathcal{M}}(\xi_n b)\}^2\right]} \times$$

$$\times \left\{ J_{\mathcal{M}}(\xi_n a) \overline{\overline{\psi}}_b(\xi_m, s) + \{\xi_n J'_{\mathcal{M}}(\xi_n b) + \lambda J_{\mathcal{M}}(\xi_n b)\} \overline{\overline{\psi}}_a(\xi_m, s) \right\} +$$

$$+\pi^2 \eta_\theta \sum_{m=1}^{\infty} \frac{\{\xi_m \cos(\xi_m\theta) + \lambda_0 \sin(\xi_m\theta)\}}{(\xi_m^2 + \lambda_0^2)\left\{\vartheta + \frac{\lambda_\vartheta}{\xi_m^2+\lambda_\vartheta^2}\right\} + \lambda_0} \times$$

$$\times \sum_{n=1}^{\infty} \frac{\xi_n^2 \{\xi_n J'_{\mathcal{M}}(\xi_n b) + \lambda J_{\mathcal{M}}(\xi_n b)\}^2 \mathcal{V}_{\mathcal{DM}}(\xi_n r, a)}{(\eta_r \xi_n^2 + s)\left[\left\{\lambda^2 + \xi_n^2 - \left(\frac{\mathcal{M}}{b}\right)^2\right\} J_{\mathcal{M}}^2(\xi_n a) - \{\xi_n J'_{\mathcal{M}}(\xi_n b) + \lambda J_{\mathcal{M}}(\xi_n b)\}^2\right]} \times$$

$$\times \int_a^b \frac{\mathcal{V}_{\mathcal{DM}}(\xi_n u, a)}{u} \left[\xi_m \overline{\psi}_0(u, s) - \overline{\psi}_\vartheta(u, s) \{\xi_m \cos(\xi_m\vartheta) + \lambda_0 \sin(\xi_m\vartheta)\}\right] du +$$

$$+\pi^2 \sum_{m=1}^{\infty} \frac{\{\xi_m \cos(\xi_m\theta) + \lambda_0 \sin(\xi_m\theta)\}}{(\xi_m^2 + \lambda_0^2)\left\{\vartheta + \frac{\lambda_\vartheta}{\xi_m^2+\lambda_\vartheta^2}\right\} + \lambda_0} \times$$

$$\times \sum_{n=1}^{\infty} \frac{\xi_n^2 \{\xi_n J'_{\mathcal{M}}(\xi_n b) + \lambda J_{\mathcal{M}}(\xi_n b)\}^2 \mathcal{V}_{\mathcal{DM}}(\xi_n r, a) \overline{\overline{\varphi}}(\xi_n, \xi_m)}{(\eta_r \xi_n^2 + s)\left[\left\{\lambda^2 + \xi_n^2 - \left(\frac{\mathcal{M}}{b}\right)^2\right\} J_{\mathcal{M}}^2(\xi_n a) - \{\xi_n J'_{\mathcal{M}}(\xi_n b) + \lambda J_{\mathcal{M}}(\xi_n b)\}^2\right]} \qquad (17.54.2)$$

and

$$p = \frac{\pi^2 U(t - t_0)}{\phi c_t} \sum_{m=1}^{\infty} \frac{\{\xi_m \cos(\xi_m\theta_0) + \lambda_0 \sin(\xi_m\theta_0)\}\{\xi_m \cos(\xi_m\theta) + \lambda_0 \sin(\xi_m\theta)\}}{(\xi_m^2 + \lambda_0^2)\left\{\vartheta + \frac{\lambda_\vartheta}{\xi_m^2+\lambda_\vartheta^2}\right\} + \lambda_0} \times$$

$$\times \sum_{n=1}^{\infty} \frac{\xi_n^2 \{\xi_n J'_{\mathcal{M}}(\xi_n b) + \lambda J_{\mathcal{M}}(\xi_n b)\}^2 \mathcal{V}_{\mathcal{DM}}(\xi_n r_0, a) \mathcal{V}_{\mathcal{DM}}(\xi_n r, a) \int_0^{t-t_0} q(t - t_0 - \tau) e^{-\eta_r \xi_n^2 (t-\tau)} d\tau}{\left[\left\{\lambda^2 + \xi_n^2 - \left(\frac{\mathcal{M}}{b}\right)^2\right\} J_{\mathcal{M}}^2(\xi_n a) - \{\xi_n J'_{\mathcal{M}}(\xi_n b) + \lambda J_{\mathcal{M}}(\xi_n b)\}^2\right]} -$$

$$-2\pi\eta_r \sum_{m=1}^{\infty} \frac{\{\xi_m \cos(\xi_m\theta) + \lambda_0 \sin(\xi_m\theta)\}}{(\xi_m^2 + \lambda_0^2)\left\{\vartheta + \frac{\lambda_\vartheta}{\xi_m^2+\lambda_\vartheta^2}\right\} + \lambda_0} \times$$

$$\times \sum_{n=1}^{\infty} \frac{\xi_n^2 \mathcal{V}_{\mathcal{DM}}(\xi_n r, a) \{\xi_n J'_{\mathcal{M}}(\xi_n b) + \lambda J_{\mathcal{M}}(\xi_n b)\}}{\left[\left\{\lambda^2 + \xi_n^2 - \left(\frac{\mathcal{M}}{b}\right)^2\right\} J_{\mathcal{M}}^2(\xi_n a) - \{\xi_n J'_{\mathcal{M}}(\xi_n b) + \lambda J_{\mathcal{M}}(\xi_n b)\}^2\right]} \times$$

$$\times \int_0^t \left\{ J_{\mathcal{M}}(\xi_n a) \overline{\psi}_b(\xi_m, \tau) + \{\xi_n J'_{\mathcal{M}}(\xi_n b) + \lambda J_{\mathcal{M}}(\xi_n b)\} \overline{\psi}_a(\xi_m, \tau) \right\} e^{-\eta_r \xi_n^2 (t-\tau)} d\tau +$$

$$+\pi^2 \eta_\theta \sum_{m=1}^{\infty} \frac{\{\xi_m \cos(\xi_m\theta) + \lambda_0 \sin(\xi_m\theta)\}}{(\xi_m^2 + \lambda_0^2)\left\{\vartheta + \frac{\lambda_\vartheta}{\xi_m^2+\lambda_\vartheta^2}\right\} + \lambda_0} \sum_{n=1}^{\infty} \frac{\xi_n^2 \{\xi_n J'_{\mathcal{M}}(\xi_n b) + \lambda J_{\mathcal{M}}(\xi_n b)\}^2 \mathcal{V}_{\mathcal{DM}}(\xi_n r, a)}{\left[\left\{\lambda^2 + \xi_n^2 - \left(\frac{\mathcal{M}}{b}\right)^2\right\} J_{\mathcal{M}}^2(\xi_n a) - \{\xi_n J'_{\mathcal{M}}(\xi_n b) + \lambda J_{\mathcal{M}}(\xi_n b)\}^2\right]} \times$$

$$\times \int_a^b \frac{\mathcal{V}_{\mathcal{DM}}(\xi_n u, a)}{u} \int_0^t \left[\xi_m \psi_0(u, \tau) - \psi_\vartheta(u, \tau) \{\xi_m \cos(\xi_m\vartheta) + \lambda_0 \sin(\xi_m\vartheta)\}\right] e^{-\eta_r \xi_n^2 (t-\tau)} d\tau du +$$

$$+\pi^2 \sum_{m=1}^{\infty} \frac{\{\xi_m \cos(\xi_m\theta) + \lambda_0 \sin(\xi_m\theta)\}}{(\xi_m^2 + \lambda_0^2)\left\{\vartheta + \frac{\lambda_\vartheta}{\xi_m^2+\lambda_\vartheta^2}\right\} + \lambda_0} \sum_{n=1}^{\infty} \frac{\xi_n^2 J'^2_{\mathcal{M}}(\xi_n b) \mathcal{V}_{\mathcal{DM}}(\xi_n r, a) \overline{\overline{\varphi}}(\xi_n, \xi_m) e^{-\eta_r \xi_n^2 t}}{\left[\left\{\lambda^2 + \xi_n^2 - \left(\frac{\mathcal{M}}{b}\right)^2\right\} J_{\mathcal{M}}^2(\xi_n a) - \{\xi_n J'_{\mathcal{M}}(\xi_n b) + \lambda J_{\mathcal{M}}(\xi_n b)\}^2\right]}$$

(17.54.3)

where $\overline{\psi}_a(\xi_m,t)=\int_0^{\vartheta}\psi_a(u,t)\{\xi_m\cos(\xi_m u)+\lambda_0\sin(\xi_m u)\}du$ and
$\overline{\psi}_b(\xi_m,t)=\int_0^{\vartheta}\psi_b(u,t)\{\xi_m\cos(\xi_m u)+\lambda_0\sin(\xi_m u)\}du$.

17.55

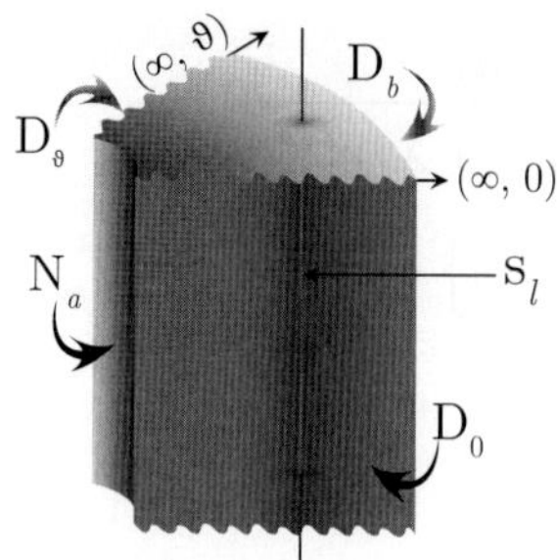

The problem of 17.28, except
$\mathbf{N_a \equiv \frac{\partial p(a,\theta,t)}{\partial r} = -\left(\frac{\mu}{k_r}\right)\psi_a(\theta,t)}$,
$\mathbf{D_b \equiv p(b,\theta,t) = \psi_b(\theta,t)}$, $\mathbf{D_0 \equiv p(r,0,t) = \psi_0(r,t)}$ **and**
$\mathbf{D_\vartheta \equiv p(r,\vartheta,t) = \psi_\vartheta(r,t)}$

The successive application of the Laplace, Fourier and finite Hankel transformations to equation (14.1.1) gives

$$\overline{\overline{\overline{p}}} = \frac{q(s)e^{-st_0}\sin(\xi_m\theta_0)\mathcal{V}_{\mathcal{NM}}(\xi_n r_0,a)}{\phi c_t(\eta_r\xi_n^2+s)} + \frac{2\overline{\overline{\psi}}_a(\xi_m,s)}{\pi\phi c_t\xi_n(\eta_r\xi_n^2+s)} + \frac{2\eta_r J'_{\mathcal{M}}(\xi_n a)\overline{\overline{\psi}}_b(\xi_m,s)}{\pi J_{\mathcal{M}}(\xi_n b)(\eta_r\xi_n^2+s)} + \frac{\xi_m\eta_\theta\int_a^b\frac{\mathcal{V}_{\mathcal{NM}}(\xi_n u,a)}{u}\left\{\overline{\psi}_0(u,s)-(-1)^m\overline{\psi}_\vartheta(u,s)\right\}du}{(\eta_r\xi_n^2+s)} + \frac{\overline{\overline{\varphi}}(\xi_n,\xi_m)}{(\eta_r\xi_n^2+s)} \tag{17.55.1}$$

where ξ_m is a positive root of $\sin(\xi_m\vartheta)$, which are $\xi_m=\frac{m\pi}{\vartheta}$, $m=1,2,...,\xi_n$, $n=1,2,...$, are the positive roots of the transcendental equation $\mathcal{V}_{\mathcal{NM}}(\xi_n b,a)=0$, $\mathcal{V}_{\mathcal{NM}}(\xi_n r,a)=J_{\mathcal{M}}(\xi_n r)Y'_{\mathcal{M}}(\xi_n a)-Y_{\mathcal{M}}(\xi_n r)J'_{\mathcal{M}}(\xi_n a)$, $\overline{\overline{\psi}}_a(\xi_m,s)=\int_0^{\vartheta}\overline{\psi}_a(u,s)\sin(\xi_m u)du$, $\overline{\overline{\psi}}_b(\xi_m,s)=\int_0^{\vartheta}\overline{\psi}_b(u,s)\sin(\xi_m u)du$ and
$\overline{\overline{\varphi}}(\xi_n,\xi_m)=\int_a^b r\mathcal{V}_{\mathcal{NM}}(\xi_n r,a)\int_0^{\vartheta}\varphi(r,u)\sin(\xi_m u)dudr$. Successive inverse transforms yield

$$\begin{aligned}\overline{p} =\; & \frac{\pi^2 q(s)e^{-st_0}}{\phi c_t\vartheta}\sum_{m=1}^{\infty}\sin(\xi_m\theta_0)\sin(\xi_m\theta)\sum_{n=1}^{\infty}\frac{\xi_n^2J_{\mathcal{M}}^2(\xi_n b)\mathcal{V}_{\mathcal{NM}}(\xi_n r_0,a)\mathcal{V}_{\mathcal{NM}}(\xi_n r,a)}{(\eta_r\xi_n^2+s)\left[J'^2_{\mathcal{M}}(\xi_n a)-\left\{1-\left(\frac{\mathcal{M}}{\xi_n a}\right)^2\right\}J^2_{\mathcal{M}}(\xi_n b)\right]} + \\ & +\frac{2\pi\eta_r}{\vartheta}\sum_{m=1}^{\infty}\sin(\xi_m\theta)\sum_{n=1}^{\infty}\frac{\xi_n J_{\mathcal{M}}(\xi_n b)\mathcal{V}_{\mathcal{NM}}(\xi_n r,a)\left\{\overline{\overline{\psi}}_a(\xi_m,s)\left(\frac{\mu}{k_r}\right)J_{\mathcal{M}}(\xi_n b)+\xi_n J'_{\mathcal{M}}(\xi_n a)\overline{\overline{\psi}}_b(\xi_m,s)\right\}}{(\eta_r\xi_n^2+s)\left[J'^2_{\mathcal{M}}(\xi_n a)-\left\{1-\left(\frac{\mathcal{M}}{\xi_n a}\right)^2\right\}J^2_{\mathcal{M}}(\xi_n b)\right]} + \\ & +\frac{\pi^2\eta_\theta}{\vartheta}\sum_{m=1}^{\infty}\xi_m\sin(\xi_m\theta)\sum_{n=1}^{\infty}\frac{\xi_n^2J^2_{\mathcal{M}}(\xi_n b)\mathcal{V}_{\mathcal{NM}}(\xi_n r,a)\int_a^b\frac{\mathcal{V}_{\mathcal{NM}}(\xi_n u,a)}{u}\left\{\overline{\psi}_0(u,s)-(-1)^m\overline{\psi}_\vartheta(u,s)\right\}du}{(\eta_r\xi_n^2+s)\left[J'^2_{\mathcal{M}}(\xi_n a)-\left\{1-\left(\frac{\mathcal{M}}{\xi_n a}\right)^2\right\}J^2_{\mathcal{M}}(\xi_n b)\right]} + \\ & +\frac{\pi^2}{\vartheta}\sum_{m=1}^{\infty}\sin(\xi_m\theta)\sum_{n=1}^{\infty}\frac{\xi_n^2J^2_{\mathcal{M}}(\xi_n b)\mathcal{V}_{\mathcal{NM}}(\xi_n r,a)\overline{\overline{\varphi}}(\xi_n,\xi_m)}{(\eta_r\xi_n^2+s)\left[J'^2_{\mathcal{M}}(\xi_n a)-\left\{1-\left(\frac{\mathcal{M}}{\xi_n a}\right)^2\right\}J^2_{\mathcal{M}}(\xi_n b)\right]}\end{aligned} \tag{17.55.2}$$

and

$$\begin{aligned}p =\; & \frac{\pi^2U(t-t_0)}{\phi c_t\vartheta}\sum_{m=1}^{\infty}\sin(\xi_m\theta_0)\sin(\xi_m\theta)\times \\ & \times\sum_{n=1}^{\infty}\frac{\xi_n^2J^2_{\mathcal{M}}(\xi_n b)\mathcal{V}_{\mathcal{NM}}(\xi_n r_0,a)\mathcal{V}_{\mathcal{NM}}(\xi_n r,a)\int_0^{t-t_0}q(t-t_0-\tau)e^{-\eta_r\xi_n^2(t-\tau)}d\tau}{\left[J'^2_{\mathcal{M}}(\xi_n a)-\left\{1-\left(\frac{\mathcal{M}}{\xi_n a}\right)^2\right\}J^2_{\mathcal{M}}(\xi_n b)\right]} + \\ & +\frac{2\pi\eta_r}{\vartheta}\sum_{m=1}^{\infty}\sin(\xi_m\theta)\times \\ & \times\sum_{n=1}^{\infty}\frac{\xi_n J_{\mathcal{M}}(\xi_n b)\mathcal{V}_{\mathcal{NM}}(\xi_n r,a)\int_0^t\left\{\overline{\psi}_a(\xi_m,\tau)\left(\frac{\mu}{k_r}\right)J_{\mathcal{M}}(\xi_n b)+\xi_n J'_{\mathcal{M}}(\xi_n a)\overline{\psi}_b(\xi_m,\tau)\right\}e^{-\eta_r\xi_n^2(t-\tau)}d\tau}{\left[J'^2_{\mathcal{M}}(\xi_n a)-\left\{1-\left(\frac{\mathcal{M}}{\xi_n a}\right)^2\right\}J^2_{\mathcal{M}}(\xi_n b)\right]} +\end{aligned}$$

$$+\frac{\pi^2\eta_\theta}{\vartheta}\sum_{m=1}^{\infty}\xi_m\sin(\xi_m\theta)\times$$

$$\times\sum_{n=1}^{\infty}\frac{\xi_n^2J_{\mathcal{M}}^2(\xi_nb)\mathcal{V}_{\mathcal{NM}}(\xi_nr,a)\int_a^b\frac{\mathcal{V}_{\mathcal{NM}}(\xi_nu,a)}{u}\int_0^t\{\psi_0(u,\tau)-(-1)^m\psi_\vartheta(u,\tau)\}e^{-\eta_r\xi_n^2(t-\tau)}d\tau du}{\left[J_{\mathcal{M}}'^2(\xi_na)-\left\{1-\left(\frac{\mathcal{M}}{\xi_na}\right)^2\right\}J_{\mathcal{M}}^2(\xi_nb)\right]}+$$

$$+\frac{\pi^2}{\vartheta}\sum_{m=1}^{\infty}\sin(\xi_m\theta)\sum_{n=1}^{\infty}\frac{\xi_n^2J_{\mathcal{M}}^2(\xi_nb)\mathcal{V}_{\mathcal{NM}}(\xi_nr,a)\overline{\overline{\varphi}}(\xi_n,\xi_m)e^{-\eta_r\xi_n^2t}}{\left[J_{\mathcal{M}}'^2(\xi_na)-\left\{1-\left(\frac{\mathcal{M}}{\xi_na}\right)^2\right\}J_{\mathcal{M}}^2(\xi_nb)\right]}\tag{17.55.3}$$

where $\overline{\psi}_a(\xi_m,t)=\int_0^\vartheta\psi_a(u,t)\sin(\xi_mu)du$ and $\overline{\psi}_b(\xi_m,t)=\int_0^\vartheta\psi_b(u,t)\sin(\xi_mu)du$.

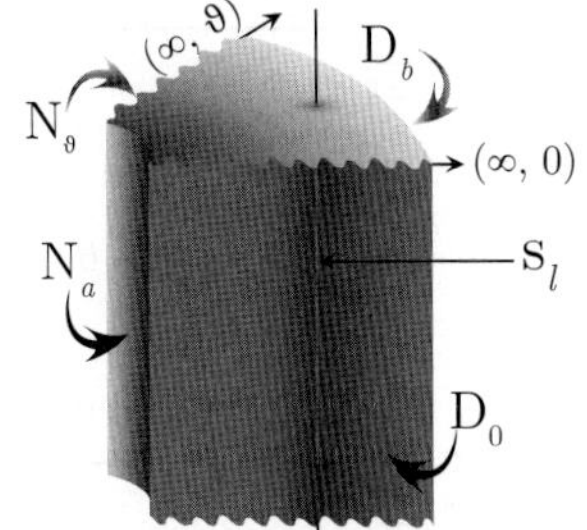

17.56 The problem of 17.28, except $D_0\equiv p(r,0,t)=\psi_0(r,t)$, $N_\vartheta\equiv\frac{\partial p(r,\vartheta,t)}{\partial\theta}=-\left(\frac{\mu}{k_\theta}\right)\psi_\vartheta(r,t)$, $N_a\equiv\frac{\partial p(a,\theta,t)}{\partial r}=-\left(\frac{\mu}{k_r}\right)\psi_a(\theta,t)$ and $D_b\equiv p(b,\theta,t)=\psi_b(\theta,t)$

The successive application of the Laplace, Fourier and finite Hankel transformations to equation (14.1.1) gives

$$\overline{\overline{\overline{p}}}=\frac{q(s)e^{-st_0}\sin(\xi_m\theta_0)\mathcal{V}_{\mathcal{NM}}(\xi_nr_0,a)}{\phi c_t(\eta_r\xi_n^2+s)}+\frac{2\overline{\overline{\psi}}_a(\xi_m,s)}{\pi\phi c_t\xi_n(\eta_r\xi_n^2+s)}+\frac{2\eta_rJ_{\mathcal{M}}'(\xi_na)\overline{\overline{\psi}}_b(\xi_m,s)}{\pi J_{\mathcal{M}}(\xi_nb)(\eta_r\xi_n^2+s)}+$$
$$+\frac{\eta_\theta\int_a^b\frac{\mathcal{V}_{\mathcal{NM}}(\xi_nu,a)}{u}\left\{\xi_m\overline{\psi}_0(u,s)+(-1)^m\left(\frac{\mu}{k_\theta}\right)\overline{\psi}_\vartheta(u,s)\right\}du}{(\eta_r\xi_n^2+s)}+\frac{\overline{\overline{\varphi}}(\xi_n,\xi_m)}{(\eta_r\xi_n^2+s)}\tag{17.56.1}$$

where ξ_m is a positive root of $\cos(\xi_m\vartheta)$, which are $\xi_m=\frac{(2m-1)\pi}{2\vartheta}$, $m=1,2,...$, ξ_n, $n=1,2,...$, are the positive roots of the transcendental equation $\mathcal{V}_{\mathcal{NM}}(\xi_nb,a)=0$,
$\mathcal{V}_{\mathcal{NM}}(\xi_nr,a)=J_{\mathcal{M}}(\xi_nr)Y_{\mathcal{M}}'(\xi_na)-Y_{\mathcal{M}}(\xi_nr)J_{\mathcal{M}}'(\xi_na)$, $\overline{\overline{\psi}}_a(\xi_m,s)=\int_0^\vartheta\overline{\psi}_a(u,s)\sin(\xi_mu)du$,
$\overline{\overline{\psi}}_b(\xi_m,s)=\int_0^\vartheta\overline{\psi}_b(u,s)\sin(\xi_mu)du$ and $\overline{\overline{\varphi}}(\xi_n,\xi_m)=\int_a^br\mathcal{V}_{\mathcal{NM}}(\xi_nr,a)\int_0^\vartheta\varphi(r,u)\sin(\xi_mu)dudr$.
Successive inverse transforms yield

$$\overline{p}=\frac{\pi^2q(s)e^{-st_0}}{\phi c_t\vartheta}\sum_{m=1}^{\infty}\sin(\xi_m\theta_0)\sin(\xi_m\theta)\sum_{n=1}^{\infty}\frac{\xi_n^2J_{\mathcal{M}}^2(\xi_nb)\mathcal{V}_{\mathcal{NM}}(\xi_nr_0,a)\mathcal{V}_{\mathcal{NM}}(\xi_nr,a)}{(\eta_r\xi_n^2+s)\left[J_{\mathcal{M}}'^2(\xi_na)-\left\{1-\left(\frac{\mathcal{M}}{\xi_na}\right)^2\right\}J_{\mathcal{M}}^2(\xi_nb)\right]}+$$
$$+\frac{2\pi\eta_r}{\vartheta}\sum_{m=1}^{\infty}\sin(\xi_m\theta)\sum_{n=1}^{\infty}\frac{\xi_nJ_{\mathcal{M}}(\xi_nb)\mathcal{V}_{\mathcal{NM}}(\xi_nr,a)\left\{\overline{\overline{\psi}}_a(\xi_m,s)\left(\frac{\mu}{k_r}\right)J_{\mathcal{M}}(\xi_nb)+\xi_nJ_{\mathcal{M}}'(\xi_na)\overline{\overline{\psi}}_b(\xi_m,s)\right\}}{(\eta_r\xi_n^2+s)\left[J_{\mathcal{M}}'^2(\xi_na)-\left\{1-\left(\frac{\mathcal{M}}{\xi_na}\right)^2\right\}J_{\mathcal{M}}^2(\xi_nb)\right]}+$$
$$+\frac{\pi^2\eta_\theta}{\vartheta}\sum_{m=1}^{\infty}\sin(\xi_m\theta)\sum_{n=1}^{\infty}\frac{\xi_n^2J_{\mathcal{M}}^2(\xi_nb)\mathcal{V}_{\mathcal{NM}}(\xi_nr,a)\int_a^b\frac{\mathcal{V}_{\mathcal{NM}}(\xi_nu,a)}{u}\left\{\xi_m\overline{\psi}_0(u,s)+(-1)^m\left(\frac{\mu}{k_\theta}\right)\overline{\psi}_\vartheta(u,s)\right\}du}{(\eta_r\xi_n^2+s)\left[J_{\mathcal{M}}'^2(\xi_na)-\left\{1-\left(\frac{\mathcal{M}}{\xi_na}\right)^2\right\}J_{\mathcal{M}}^2(\xi_nb)\right]}+$$
$$+\frac{\pi^2}{\vartheta}\sum_{m=1}^{\infty}\sin(\xi_m\theta)\sum_{n=1}^{\infty}\frac{\xi_n^2J_{\mathcal{M}}^2(\xi_nb)\mathcal{V}_{\mathcal{NM}}(\xi_nr,a)\overline{\overline{\varphi}}(\xi_n,\xi_m)}{(\eta_r\xi_n^2+s)\left[J_{\mathcal{M}}'^2(\xi_na)-\left\{1-\left(\frac{\mathcal{M}}{\xi_na}\right)^2\right\}J_{\mathcal{M}}^2(\xi_nb)\right]}\tag{17.56.2}$$

and

$$
\begin{aligned}
p = {} & \frac{\pi^2 U(t-t_0)}{\phi c_t \vartheta} \sum_{m=1}^{\infty} \sin(\xi_m \theta_0) \sin(\xi_m \theta) \times \\
& \times \sum_{n=1}^{\infty} \frac{\xi_n^2 J_{\mathcal{M}}^2(\xi_n b) \mathcal{V}_{\mathcal{NM}}(\xi_n r_0, a) \mathcal{V}_{\mathcal{NM}}(\xi_n r, a) \int_0^{t-t_0} q(t-t_0-\tau) e^{-\eta_r \xi_n^2 (t-\tau)} d\tau}{\left[J_{\mathcal{M}}'^2(\xi_n a) - \left\{ 1 - \left(\frac{\mathcal{M}}{\xi_n a} \right)^2 \right\} J_{\mathcal{M}}^2(\xi_n b) \right]} + \\
& + \frac{2\pi\eta_r}{\vartheta} \sum_{m=1}^{\infty} \sin(\xi_m \theta) \times \\
& \times \sum_{n=1}^{\infty} \frac{\xi_n J_{\mathcal{M}}(\xi_n b) \mathcal{V}_{\mathcal{NM}}(\xi_n r, a) \int_0^t \left\{ \overline{\psi}_a(\xi_m, \tau) \left(\frac{\mu}{k_r} \right) J_{\mathcal{M}}(\xi_n b) + \xi_n J_{\mathcal{M}}'(\xi_n a) \overline{\psi}_b(\xi_m, \tau) \right\} e^{-\eta_r \xi_n^2 (t-\tau)} d\tau}{\left[J_{\mathcal{M}}'^2(\xi_n a) - \left\{ 1 - \left(\frac{\mathcal{M}}{\xi_n a} \right)^2 \right\} J_{\mathcal{M}}^2(\xi_n b) \right]} + \\
& + \frac{\pi^2 \eta_\theta}{\vartheta} \sum_{m=1}^{\infty} \sin(\xi_m \theta) \times \\
& \times \sum_{n=1}^{\infty} \frac{\xi_n^2 J_{\mathcal{M}}^2(\xi_n b) \mathcal{V}_{\mathcal{NM}}(\xi_n r, a) \int_a^b \frac{\mathcal{V}_{\mathcal{NM}}(\xi_n u, a)}{u} \int_0^t \left\{ \xi_m \psi_0(u, \tau) + (-1)^m \left(\frac{\mu}{k_\theta} \right) \psi_\vartheta(u, \tau) \right\} e^{-\eta_r \xi_n^2 (t-\tau)} d\tau du}{\left[J_{\mathcal{M}}'^2(\xi_n a) - \left\{ 1 - \left(\frac{\mathcal{M}}{\xi_n a} \right)^2 \right\} J_{\mathcal{M}}^2(\xi_n b) \right]} + \\
& + \frac{\pi^2}{\vartheta} \sum_{m=1}^{\infty} \sin(\xi_m \theta) \sum_{n=1}^{\infty} \frac{\xi_n^2 J_{\mathcal{M}}^2(\xi_n b) \mathcal{V}_{\mathcal{NM}}(\xi_n r, a) \overline{\overline{\varphi}}(\xi_n, \xi_m) e^{-\eta_r \xi_n^2 t}}{\left[J_{\mathcal{M}}'^2(\xi_n a) - \left\{ 1 - \left(\frac{\mathcal{M}}{\xi_n a} \right)^2 \right\} J_{\mathcal{M}}^2(\xi_n b) \right]}
\end{aligned}
\tag{17.56.3}
$$

where $\overline{\psi}_a(\xi_m, t) = \int_0^\vartheta \psi_a(u, t) \sin(\xi_m u) du$ and $\overline{\psi}_b(\xi_m, t) = \int_0^\vartheta \psi_b(u, t) \sin(\xi_m u) du$.

17.57

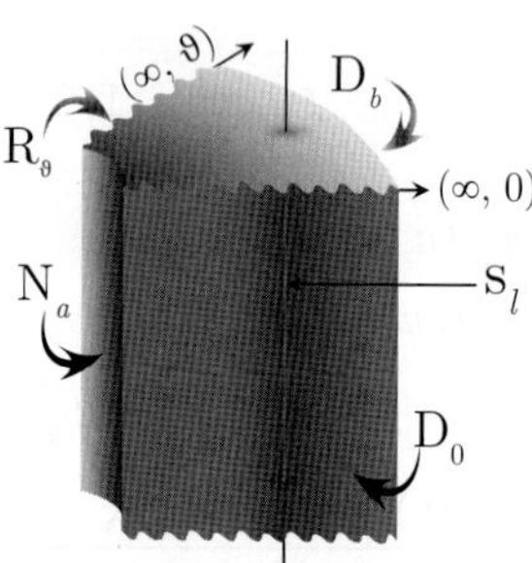

The problem of 17.28, except $\mathbf{D_0} \equiv p(r, 0, t) = \psi_0(r, t)$, $\mathbf{R_\vartheta} \equiv \frac{\partial p(r,\vartheta,t)}{\partial \theta} + \lambda p(r, \vartheta, t) = -\left(\frac{\mu}{k_\theta}\right) \psi_\vartheta(r, t)$, $\mathbf{N_a} \equiv \frac{\partial p(a,\theta,t)}{\partial r} = -\left(\frac{\mu}{k_r}\right) \psi_a(\theta, t)$ and $\mathbf{D_b} \equiv p(b, \theta, t) = \psi_b(\theta, t)$

The successive application of the Laplace, Fourier and finite Hankel transformations to equation (14.1.1) gives

$$
\begin{aligned}
\overline{\overline{\overline{p}}} = {} & \frac{q(s) e^{-st_0} \sin(\xi_m \theta_0) \mathcal{V}_{\mathcal{NM}}(\xi_n r_0, a)}{\phi c_t (\eta_r \xi_n^2 + s)} + \frac{2\overline{\overline{\psi}}_a(\xi_m, s)}{\pi \phi c_t \xi_n (\eta_r \xi_n^2 + s)} + \frac{2\eta_r J_{\mathcal{M}}'(\xi_n a) \overline{\overline{\psi}}_b(\xi_m, s)}{\pi J_{\mathcal{M}}(\xi_n b) (\eta_r \xi_n^2 + s)} + \\
& + \frac{\eta_\theta \int_a^b \frac{\mathcal{V}_{\mathcal{NM}}(\xi_n u, a)}{u} \left\{ \xi_m \overline{\psi}_0(u, s) - \left(\frac{\mu}{k_\theta} \right) \overline{\psi}_\vartheta(u, s) \sin(\xi_m \vartheta) \right\} du}{(\eta_r \xi_n^2 + s)} + \frac{\overline{\overline{\varphi}}(\xi_n, \xi_m)}{(\eta_r \xi_n^2 + s)}
\end{aligned}
\tag{17.57.1}
$$

where ξ_m is a positive root of $\xi_m \cot(\xi_m \vartheta) = -\lambda$, $m = 1, 2, ...,$ ξ_n, $n = 1, 2, ...,$ are the positive roots of the transcendental equation $\mathcal{V}_{\mathcal{NM}}(\xi_n b, a) = 0$, $\mathcal{V}_{\mathcal{NM}}(\xi_n r, a) = J_{\mathcal{M}}(\xi_n r) Y_{\mathcal{M}}'(\xi_n a) - Y_{\mathcal{M}}(\xi_n r) J_{\mathcal{M}}'(\xi_n a)$,

$\overline{\overline{\psi}}_a(\xi_m, s) = \int_0^{\vartheta} \overline{\psi}_a(u, s)\sin(\xi_m u)du$, $\overline{\overline{\psi}}_b(\xi_m, s) = \int_0^{\vartheta} \overline{\psi}_b(u, s)\sin(\xi_m u)du$ and $\overline{\overline{\varphi}}(\xi_n, \xi_m) = \int_a^b r\mathcal{V}_{\mathcal{NM}}(\xi_n r, a)\int_0^{\vartheta} \varphi(r, u)\sin(\xi_m u)dudr$. Successive inverse transforms yield

$$\begin{aligned}
\overline{p} &= \frac{\pi^2 q(s)e^{-st_0}}{\phi c_t}\sum_{m=1}^{\infty}\frac{(\xi_m^2+\lambda^2)\sin(\xi_m\theta_0)\sin(\xi_m\theta)}{\vartheta(\xi_m^2+\lambda^2)+\lambda}\sum_{n=1}^{\infty}\frac{\xi_n^2 J_{\mathcal{M}}^2(\xi_n b)\mathcal{V}_{\mathcal{NM}}(\xi_n r_0, a)\mathcal{V}_{\mathcal{NM}}(\xi_n r, a)}{(\eta_r\xi_n^2+s)\left[J_{\mathcal{M}}'^2(\xi_n a)-\left\{1-\left(\frac{\mathcal{M}}{\xi_n a}\right)^2\right\}J_{\mathcal{M}}^2(\xi_n b)\right]}+\\
&+2\pi\eta_r\sum_{m=1}^{\infty}\frac{(\xi_m^2+\lambda^2)\sin(\xi_m\theta)}{\vartheta(\xi_m^2+\lambda^2)+\lambda}\times\\
&\times\sum_{n=1}^{\infty}\frac{\xi_n J_{\mathcal{M}}(\xi_n b)\mathcal{V}_{\mathcal{NM}}(\xi_n r, a)\left\{\overline{\overline{\psi}}_a(\xi_m, s)\left(\frac{\mu}{k_r}\right)J_{\mathcal{M}}(\xi_n b)+\xi_n J_{\mathcal{M}}'(\xi_n a)\overline{\overline{\psi}}_b(\xi_m, s)\right\}}{(\eta_r\xi_n^2+s)\left[J_{\mathcal{M}}'^2(\xi_n a)-\left\{1-\left(\frac{\mathcal{M}}{\xi_n a}\right)^2\right\}J_{\mathcal{M}}^2(\xi_n b)\right]}+\\
&+\pi^2\eta_\theta\sum_{m=1}^{\infty}\frac{(\xi_m^2+\lambda^2)\sin(\xi_m\theta)}{\vartheta(\xi_m^2+\lambda^2)+\lambda}\times\\
&\times\sum_{n=1}^{\infty}\frac{\xi_n^2 J_{\mathcal{M}}^2(\xi_n b)\mathcal{V}_{\mathcal{NM}}(\xi_n r, a)\int_a^b\frac{\mathcal{V}_{\mathcal{NM}}(\xi_n u, a)}{u}\left\{\xi_m\overline{\psi}_0(u, s)-\left(\frac{\mu}{k_\theta}\right)\overline{\psi}_\vartheta(u, s)\sin(\xi_m\vartheta)\right\}du}{(\eta_r\xi_n^2+s)\left[J_{\mathcal{M}}'^2(\xi_n a)-\left\{1-\left(\frac{\mathcal{M}}{\xi_n a}\right)^2\right\}J_{\mathcal{M}}^2(\xi_n b)\right]}+\\
&+\pi^2\sum_{m=1}^{\infty}\frac{(\xi_m^2+\lambda^2)\sin(\xi_m\theta)}{\vartheta(\xi_m^2+\lambda^2)+\lambda}\sum_{n=1}^{\infty}\frac{\xi_n^2 J_{\mathcal{M}}^2(\xi_n b)\mathcal{V}_{\mathcal{NM}}(\xi_n r, a)\overline{\overline{\varphi}}(\xi_n, \xi_m)}{(\eta_r\xi_n^2+s)\left[J_{\mathcal{M}}'^2(\xi_n a)-\left\{1-\left(\frac{\mathcal{M}}{\xi_n a}\right)^2\right\}J_{\mathcal{M}}^2(\xi_n b)\right]}
\end{aligned} \tag{17.57.2}$$

and

$$\begin{aligned}
p &= \frac{\pi^2 U(t-t_0)}{\phi c_t}\sum_{m=1}^{\infty}\frac{(\xi_m^2+\lambda^2)\sin(\xi_m\theta_0)\sin(\xi_m\theta)}{\vartheta(\xi_m^2+\lambda^2)+\lambda}\times\\
&\times\sum_{n=1}^{\infty}\frac{\xi_n^2 J_{\mathcal{M}}^2(\xi_n b)\mathcal{V}_{\mathcal{NM}}(\xi_n r_0, a)\mathcal{V}_{\mathcal{NM}}(\xi_n r, a)\int_0^{t-t_0}q(t-t_0-\tau)e^{-\eta_r\xi_n^2(t-\tau)}d\tau}{\left[J_{\mathcal{M}}'^2(\xi_n a)-\left\{1-\left(\frac{\mathcal{M}}{\xi_n a}\right)^2\right\}J_{\mathcal{M}}^2(\xi_n b)\right]}+\\
&+2\pi\eta_r\sum_{m=1}^{\infty}\frac{(\xi_m^2+\lambda^2)\sin(\xi_m\theta)}{\vartheta(\xi_m^2+\lambda^2)+\lambda}\times\\
&\times\sum_{n=1}^{\infty}\frac{\xi_n J_{\mathcal{M}}(\xi_n b)\mathcal{V}_{\mathcal{NM}}(\xi_n r, a)\int_0^t\left\{\overline{\psi}_a(\xi_m, \tau)\left(\frac{\mu}{k_r}\right)J_{\mathcal{M}}(\xi_n b)+\xi_n J_{\mathcal{M}}'(\xi_n a)\overline{\psi}_b(\xi_m, \tau)\right\}e^{-\eta_r\xi_n^2(t-\tau)}d\tau}{\left[J_{\mathcal{M}}'^2(\xi_n a)-\left\{1-\left(\frac{\mathcal{M}}{\xi_n a}\right)^2\right\}J_{\mathcal{M}}^2(\xi_n b)\right]}+\\
&+\pi^2\eta_\theta\sum_{m=1}^{\infty}\frac{(\xi_m^2+\lambda^2)\sin(\xi_m\theta)}{\vartheta(\xi_m^2+\lambda^2)+\lambda}\times\\
&\times\sum_{n=1}^{\infty}\frac{\xi_n^2 J_{\mathcal{M}}^2(\xi_n b)\mathcal{V}_{\mathcal{NM}}(\xi_n r, a)\int_a^b\frac{\mathcal{V}_{\mathcal{NM}}(\xi_n u, a)}{u}\int_0^t\left\{\xi_m\psi_0(u, \tau)-\left(\frac{\mu}{k_\theta}\right)\psi_\vartheta(u, \tau)\sin(\xi_m\vartheta)\right\}d\tau e^{-\eta_r\xi_n^2(t-\tau)}du}{\left[J_{\mathcal{M}}'^2(\xi_n a)-\left\{1-\left(\frac{\mathcal{M}}{\xi_n a}\right)^2\right\}J_{\mathcal{M}}^2(\xi_n b)\right]}+\\
&+\pi^2\sum_{m=1}^{\infty}\frac{(\xi_m^2+\lambda^2)\sin(\xi_m\theta)}{\vartheta(\xi_m^2+\lambda^2)+\lambda}\sum_{n=1}^{\infty}\frac{\xi_n^2 J_{\mathcal{M}}^2(\xi_n b)\mathcal{V}_{\mathcal{NM}}(\xi_n r, a)\overline{\overline{\varphi}}(\xi_n, \xi_m)e^{-\eta_r\xi_n^2 t}}{\left[J_{\mathcal{M}}'^2(\xi_n a)-\left\{1-\left(\frac{\mathcal{M}}{\xi_n a}\right)^2\right\}J_{\mathcal{M}}^2(\xi_n b)\right]}
\end{aligned} \tag{17.57.3}$$

where $\overline{\psi}_a(\xi_m, t) = \int_0^{\vartheta}\psi_a(u, t)\sin(\xi_m u)du$ and $\overline{\psi}_b(\xi_m, t) = \int_0^{\vartheta}\psi_b(u, t)\sin(\xi_m u)du$.

17.58

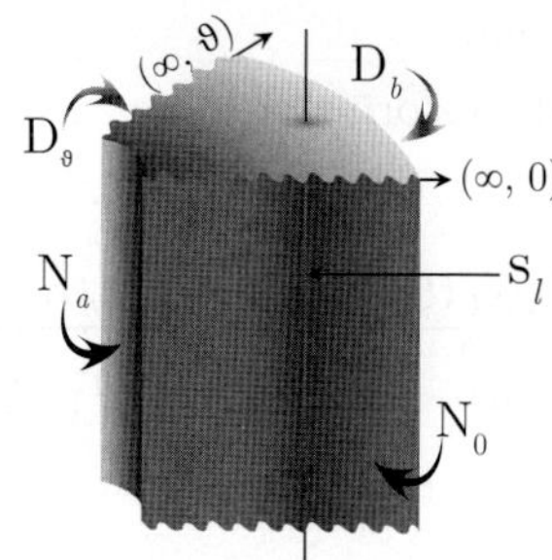

The problem of 17.28, except
$\mathbf{N_0} \equiv \frac{\partial p(r,0,t)}{\partial \theta} = -\left(\frac{\mu}{k_\theta}\right)\psi_0(r,t)$,
$\mathbf{D_\vartheta} \equiv p(r,\vartheta,t) = \psi_\vartheta(r,t)$,
$\mathbf{N_a} \equiv \frac{\partial p(a,\theta,t)}{\partial r} = -\left(\frac{\mu}{k_r}\right)\psi_a(\theta,t)$ **and**
$\mathbf{D_b} \equiv p(b,\theta,t) = \psi_b(\theta,t)$

The successive application of the Laplace, Fourier and finite Hankel transformations to equation (14.1.1) gives

$$\overline{\overline{\overline{p}}} = \frac{q(s)e^{-st_0}\cos(\xi_m\theta_0)\mathcal{V}_{\mathcal{NM}}(\xi_n r_0, a)}{\phi c_t(\eta_r\xi_n^2+s)} + \frac{2\overline{\overline{\psi}}_a(\xi_m,s)}{\pi\phi c_t\xi_n(\eta_r\xi_n^2+s)} + \frac{2\eta_r J'_{\mathcal{M}}(\xi_n a)\overline{\overline{\psi}}_b(\xi_m,s)}{\pi J_{\mathcal{M}}(\xi_n b)(\eta_r\xi_n^2+s)} + \\ + \frac{\eta_\theta\int_a^b \frac{\mathcal{V}_{\mathcal{NM}}(\xi_n u,a)}{u}\left\{(-1)^{m+1}\xi_m\overline{\psi}_\vartheta(u,s)+\left(\frac{\mu}{k_\theta}\right)\overline{\psi}_0(u,s)\right\}du}{(\eta_r\xi_n^2+s)} + \frac{\overline{\overline{\varphi}}(\xi_n,\xi_m)}{(\eta_r\xi_n^2+s)} \quad (17.58.1)$$

where ξ_m is a positive root of $\cos(\xi_m\vartheta)$, which are $\xi_m = \frac{(2m-1)\pi}{2\vartheta}$, $m = 1, 2, ...$, ξ_n, $n = 1, 2, ...$, are the positive roots of the transcendental equation $\mathcal{V}_{\mathcal{NM}}(\xi_n b, a) = 0$,
$\mathcal{V}_{\mathcal{NM}}(\xi_n r, a) = J_{\mathcal{M}}(\xi_n r)Y'_{\mathcal{M}}(\xi_n a) - Y_{\mathcal{M}}(\xi_n r)J'_{\mathcal{M}}(\xi_n a)$, $\overline{\overline{\psi}}_a(\xi_m,s) = \int_0^\vartheta \overline{\psi}_a(u,s)\cos(\xi_m u)du$,
$\overline{\overline{\psi}}_b(\xi_m,s) = \int_0^\vartheta \overline{\psi}_b(u,s)\cos(\xi_m u)du$ and $\overline{\overline{\varphi}}(\xi_n,\xi_m) = \int_a^b r\mathcal{V}_{\mathcal{NM}}(\xi_n r,a)\int_0^\vartheta \varphi(r,u)\cos(\xi_m u)dudr$. Successive inverse transforms yield

$$\overline{p} = \frac{\pi^2 q(s)e^{-st_0}}{\vartheta\phi c_t}\sum_{m=1}^\infty \cos(\xi_m\theta_0)\cos(\xi_m\theta)\sum_{n=1}^\infty \frac{\xi_n^2 J_{\mathcal{M}}^2(\xi_n b)\mathcal{V}_{\mathcal{NM}}(\xi_n r_0,a)\mathcal{V}_{\mathcal{NM}}(\xi_n r,a)}{(\eta_r\xi_n^2+s)\left[J_{\mathcal{M}}'^2(\xi_n a) - \left\{1-\left(\frac{\mathcal{M}}{\xi_n a}\right)^2\right\}J_{\mathcal{M}}^2(\xi_n b)\right]} + \\ + \frac{2\pi\eta_r}{\vartheta}\sum_{m=1}^\infty \cos(\xi_m\theta)\sum_{n=1}^\infty \frac{\xi_n J_{\mathcal{M}}(\xi_n b)\mathcal{V}_{\mathcal{NM}}(\xi_n r,a)\left\{\overline{\overline{\psi}}_a(\xi_m,s)\left(\frac{\mu}{k_r}\right)J_{\mathcal{M}}(\xi_n b) + \xi_n J'_{\mathcal{M}}(\xi_n a)\overline{\overline{\psi}}_b(\xi_m,s)\right\}}{(\eta_r\xi_n^2+s)\left[J_{\mathcal{M}}'^2(\xi_n a) - \left\{1-\left(\frac{\mathcal{M}}{\xi_n a}\right)^2\right\}J_{\mathcal{M}}^2(\xi_n b)\right]} + \\ + \frac{\pi^2\eta_\theta}{\vartheta}\sum_{m=1}^\infty \xi_m\cos(\xi_m\theta)\sum_{n=1}^\infty \frac{\xi_n^2 J_{\mathcal{M}}^2(\xi_n b)\mathcal{V}_{\mathcal{NM}}(\xi_n r,a)\int_a^b \frac{\mathcal{V}_{\mathcal{NM}}(\xi_n u,a)}{u}\left\{(-1)^{m+1}\xi_m\overline{\psi}_\vartheta(u,s)+\left(\frac{\mu}{k_\theta}\right)\overline{\psi}_0(u,s)\right\}du}{(\eta_r\xi_n^2+s)\left[J_{\mathcal{M}}'^2(\xi_n a) - \left\{1-\left(\frac{\mathcal{M}}{\xi_n a}\right)^2\right\}J_{\mathcal{M}}^2(\xi_n b)\right]} + \\ + \frac{\pi^2}{\vartheta}\sum_{m=1}^\infty \cos(\xi_m\theta)\sum_{n=1}^\infty \frac{\xi_n^2 J_{\mathcal{M}}^2(\xi_n b)\mathcal{V}_{\mathcal{NM}}(\xi_n r,a)\overline{\overline{\varphi}}(\xi_n,\xi_m)}{(\eta_r\xi_n^2+s)\left[J_{\mathcal{M}}'^2(\xi_n a) - \left\{1-\left(\frac{\mathcal{M}}{\xi_n a}\right)^2\right\}J_{\mathcal{M}}^2(\xi_n b)\right]} \quad (17.58.2)$$

and

$$p = \frac{\pi^2 U(t-t_0)}{\phi c_t\vartheta}\sum_{m=1}^\infty \cos(\xi_m\theta_0)\cos(\xi_m\theta)\times \\ \times\sum_{n=1}^\infty \frac{\xi_n^2 J_{\mathcal{M}}^2(\xi_n b)\mathcal{V}_{\mathcal{NM}}(\xi_n r_0,a)\mathcal{V}_{\mathcal{NM}}(\xi_n r,a)\int_0^{t-t_0} q(t-t_0-\tau)e^{-\eta_r\xi_n^2(t-\tau)}d\tau}{\left[J_{\mathcal{M}}'^2(\xi_n a) - \left\{1-\left(\frac{\mathcal{M}}{\xi_n a}\right)^2\right\}J_{\mathcal{M}}^2(\xi_n b)\right]} + \\ + \frac{2\pi\eta_r}{\vartheta}\sum_{m=1}^\infty \cos(\xi_m\theta)\times \\ \times\sum_{n=1}^\infty \frac{\xi_n J_{\mathcal{M}}(\xi_n b)\mathcal{V}_{\mathcal{NM}}(\xi_n r,a)\int_0^t\left\{\overline{\psi}_a(\xi_m,\tau)\left(\frac{\mu}{k_r}\right)J_{\mathcal{M}}(\xi_n b) + \xi_n J'_{\mathcal{M}}(\xi_n a)\overline{\psi}_b(\xi_m,\tau)\right\}e^{-\eta_r\xi_n^2(t-\tau)}d\tau}{\left[J_{\mathcal{M}}'^2(\xi_n a) - \left\{1-\left(\frac{\mathcal{M}}{\xi_n a}\right)^2\right\}J_{\mathcal{M}}^2(\xi_n b)\right]} +$$

$$+\frac{\pi^2\eta_\theta}{\vartheta}\sum_{m=1}^{\infty}\xi_m\cos(\xi_m\theta)\times$$
$$\times\sum_{n=1}^{\infty}\frac{\xi_n^2J_{\mathcal{M}}^2(\xi_nb)\,\mathcal{V}_{\mathcal{NM}}(\xi_nr,a)\int_a^b\frac{\mathcal{V}_{\mathcal{NM}}(\xi_nu,a)}{u}\int_0^t\left\{(-1)^{m+1}\xi_m\psi_\vartheta(u,\tau)+\left(\frac{\mu}{k_\theta}\right)\psi_0(u,\tau)\right\}e^{-\eta_r\xi_n^2(t-\tau)}d\tau du}{\left[J_{\mathcal{M}}'^2(\xi_na)-\left\{1-\left(\frac{\mathcal{M}}{\xi_na}\right)^2\right\}J_{\mathcal{M}}^2(\xi_nb)\right]}+$$
$$+\frac{\pi^2}{\vartheta}\sum_{m=1}^{\infty}\cos(\xi_m\theta)\sum_{n=1}^{\infty}\frac{\xi_n^2J_{\mathcal{M}}^2(\xi_nb)\,\mathcal{V}_{\mathcal{NM}}(\xi_nr,a)\overline{\overline{\varphi}}(\xi_n,\xi_m)\,e^{-\eta_r\xi_n^2t}}{\left[J_{\mathcal{M}}'^2(\xi_na)-\left\{1-\left(\frac{\mathcal{M}}{\xi_na}\right)^2\right\}J_{\mathcal{M}}^2(\xi_nb)\right]} \qquad (17.58.3)$$

where $\overline{\psi}_a(\xi_m,t)=\int_0^\vartheta\psi_a(u,t)\cos(\xi_mu)du$ and $\overline{\psi}_b(\xi_m,t)=\int_0^\vartheta\psi_b(u,t)\cos(\xi_mu)du$.

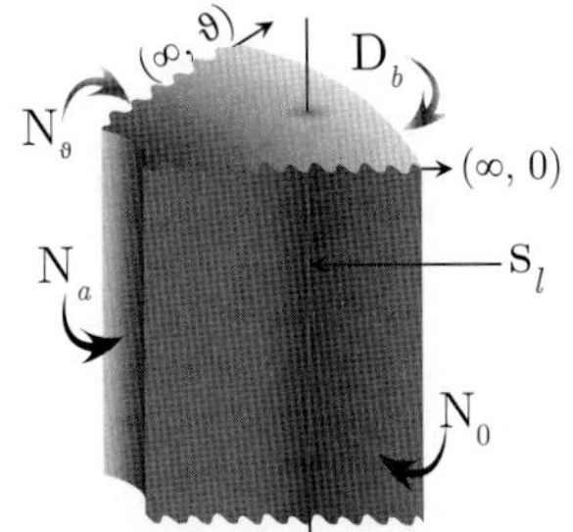

17.59 The problem of 17.28, except $\mathbf{N_0}\equiv\frac{\partial p(r,0,t)}{\partial\theta}=-\left(\frac{\mu}{k_\theta}\right)\psi_0(r,t)$, $\mathbf{N_\vartheta}\equiv\frac{\partial p(r,\vartheta,t)}{\partial\theta}=-\left(\frac{\mu}{k_\theta}\right)\psi_\vartheta(r,t)$, $\mathbf{N_a}\equiv\frac{\partial p(a,\theta,t)}{\partial r}=-\left(\frac{\mu}{k_r}\right)\psi_a(\theta,t)$ and $\mathbf{D_b}\equiv p(b,\theta,t)=\psi_b(\theta,t)$

The successive application of the Laplace, Fourier and finite Hankel transformations to equation (14.1.1) gives

$$\overline{\overline{\overline{p}}}=\frac{q(s)\,e^{-st_0}\cos(\xi_m\theta_0)\,\mathcal{V}_{\mathcal{NM}}(\xi_nr_0,a)}{\phi c_t(\eta_r\xi_n^2+s)}+\frac{2\overline{\overline{\psi}}_a(\xi_m,s)}{\pi\phi c_t\xi_n(\eta_r\xi_n^2+s)}+\frac{2\eta_rJ_{\mathcal{M}}'(\xi_na)\overline{\overline{\psi}}_b(\xi_m,s)}{\pi J_{\mathcal{M}}(\xi_nb)(\eta_r\xi_n^2+s)}+$$
$$+\frac{\int_a^b\frac{\mathcal{V}_{\mathcal{NM}}(\xi_nu,a)}{u}\left\{(-1)^{m+1}\overline{\psi}_\vartheta(u,s)+\overline{\psi}_0(u,s)\right\}du}{\phi c_t(\eta_r\xi_n^2+s)}+\frac{\overline{\overline{\varphi}}(\xi_n,\xi_m)}{(\eta_r\xi_n^2+s)} \qquad (17.59.1)$$

where ξ_m is a positive root of $\sin(\xi_m\vartheta)$, which are $\frac{m\pi}{\vartheta}$, $m=0,1,2,...,$ ξ_n, $n=1,2,...,$ are the positive roots of the transcendental equation $\mathcal{V}_{\mathcal{NM}}(\xi_nb,a)=0$,
$\mathcal{V}_{\mathcal{NM}}(\xi_nr,a)=J_{\mathcal{M}}(\xi_nr)\,Y_{\mathcal{M}}'(\xi_na)-Y_{\mathcal{M}}(\xi_nr)\,J_{\mathcal{M}}'(\xi_na)$, $\overline{\overline{\psi}}_a(\xi_m,s)=\int_0^\vartheta\overline{\psi}_a(u,s)\cos(\xi_mu)du$,
$\overline{\overline{\psi}}_b(\xi_m,s)=\int_0^\vartheta\overline{\psi}_b(u,s)\cos(\xi_mu)du$ and $\overline{\overline{\varphi}}(\xi_n,\xi_m)=\int_a^b r\mathcal{V}_{\mathcal{NM}}(\xi_nr,a)\int_0^\vartheta\varphi(r,u)\cos(\xi_mu)dudr$.
Successive inverse transforms yield

$$\overline{p}=\frac{\pi^2q(s)\,e^{-st_0}}{\vartheta\phi c_t}\sum_{m=0}^{\infty}\ni_m\cos(\xi_m\theta_0)\cos(\xi_m\theta)\sum_{n=1}^{\infty}\frac{\xi_n^2J_{\mathcal{M}}^2(\xi_nb)\,\mathcal{V}_{\mathcal{NM}}(\xi_nr_0,a)\,\mathcal{V}_{\mathcal{NM}}(\xi_nr,a)}{(\eta_r\xi_n^2+s)\left[J_{\mathcal{M}}'^2(\xi_na)-\left\{1-\left(\frac{\mathcal{M}}{\xi_na}\right)^2\right\}J_{\mathcal{M}}^2(\xi_nb)\right]}+$$
$$+\frac{2\pi\eta_r}{\vartheta}\sum_{m=0}^{\infty}\ni_m\cos(\xi_m\theta)\sum_{n=1}^{\infty}\frac{\xi_nJ_{\mathcal{M}}(\xi_nb)\,\mathcal{V}_{\mathcal{NM}}(\xi_nr,a)\left\{\overline{\overline{\psi}}_a(\xi_m,s)\left(\frac{\mu}{k_r}\right)J_{\mathcal{M}}(\xi_nb)+\xi_nJ_{\mathcal{M}}'(\xi_na)\,\overline{\overline{\psi}}_b(\xi_m,s)\right\}}{(\eta_r\xi_n^2+s)\left[J_{\mathcal{M}}'^2(\xi_na)-\left\{1-\left(\frac{\mathcal{M}}{\xi_na}\right)^2\right\}J_{\mathcal{M}}^2(\xi_nb)\right]}+$$
$$+\frac{\pi^2\eta_\theta}{\vartheta}\sum_{m=0}^{\infty}\ni_m\xi_m\cos(\xi_m\theta)\sum_{n=1}^{\infty}\frac{\xi_n^2J_{\mathcal{M}}^2(\xi_nb)\,\mathcal{V}_{\mathcal{NM}}(\xi_nr,a)\int_a^b\frac{\mathcal{V}_{\mathcal{NM}}(\xi_nu,a)}{u}\left\{(-1)^{m+1}\overline{\psi}_\vartheta(u,s)+\overline{\psi}_0(u,s)\right\}du}{(\eta_r\xi_n^2+s)\left[J_{\mathcal{M}}'^2(\xi_na)-\left\{1-\left(\frac{\mathcal{M}}{\xi_na}\right)^2\right\}J_{\mathcal{M}}^2(\xi_nb)\right]}+$$
$$+\frac{\pi^2}{\vartheta}\sum_{m=0}^{\infty}\ni_m\cos(\xi_m\theta)\sum_{n=1}^{\infty}\frac{\xi_n^2J_{\mathcal{M}}^2(\xi_nb)\,\mathcal{V}_{\mathcal{NM}}(\xi_nr,a)\overline{\overline{\varphi}}(\xi_n,\xi_m)}{(\eta_r\xi_n^2+s)\left[J_{\mathcal{M}}'^2(\xi_na)-\left\{1-\left(\frac{\mathcal{M}}{\xi_na}\right)^2\right\}J_{\mathcal{M}}^2(\xi_nb)\right]} \qquad (17.59.2)$$

and

$$p = \frac{\pi^2 U(t-t_0)}{\phi c_t \vartheta} \sum_{m=0}^{\infty} \ni_m \cos(\xi_m \theta_0) \cos(\xi_m \theta) \times$$
$$\times \sum_{n=1}^{\infty} \frac{\xi_n^2 J_{\mathcal{M}}^2(\xi_n b) \mathcal{V}_{\mathcal{NM}}(\xi_n r_0, a) \mathcal{V}_{\mathcal{NM}}(\xi_n r, a) \int_0^{t-t_0} q(t-t_0-\tau) e^{-\eta_r \xi_n^2 (t-\tau)} d\tau}{\left[J_{\mathcal{M}}'^2(\xi_n a) - \left\{1 - \left(\frac{\mathcal{M}}{\xi_n a}\right)^2\right\} J_{\mathcal{M}}^2(\xi_n b)\right]} +$$
$$+ \frac{2\pi\eta_r}{\vartheta} \sum_{m=0}^{\infty} \ni_m \cos(\xi_m \theta) \times$$
$$\times \sum_{n=1}^{\infty} \frac{\xi_n J_{\mathcal{M}}(\xi_n b) \mathcal{V}_{\mathcal{NM}}(\xi_n r, a) \int_0^t \left\{\overline{\psi}_a(\xi_m, \tau) \left(\frac{\mu}{k_r}\right) J_{\mathcal{M}}(\xi_n b) + \xi_n J_{\mathcal{M}}'(\xi_n a) \overline{\psi}_b(\xi_m, \tau)\right\} e^{-\eta_r \xi_n^2 (t-\tau)} d\tau}{\left[J_{\mathcal{M}}'^2(\xi_n a) - \left\{1 - \left(\frac{\mathcal{M}}{\xi_n a}\right)^2\right\} J_{\mathcal{M}}^2(\xi_n b)\right]} +$$
$$+ \frac{\pi^2 \eta_\theta}{\vartheta} \sum_{m=0}^{\infty} \ni_m \xi_m \cos(\xi_m \theta) \times$$
$$\times \sum_{n=1}^{\infty} \frac{\xi_n^2 J_{\mathcal{M}}^2(\xi_n b) \mathcal{V}_{\mathcal{NM}}(\xi_n r, a) \int_a^b \frac{\mathcal{V}_{\mathcal{NM}}(\xi_n u, a)}{u} \int_0^t \left\{(-1)^{m+1} \psi_\vartheta(u, \tau) + \psi_0(u, \tau)\right\} e^{-\eta_r \xi_n^2 (t-\tau)} d\tau du}{\left[J_{\mathcal{M}}'^2(\xi_n a) - \left\{1 - \left(\frac{\mathcal{M}}{\xi_n a}\right)^2\right\} J_{\mathcal{M}}^2(\xi_n b)\right]} +$$
$$+ \frac{\pi^2}{\vartheta} \sum_{m=0}^{\infty} \ni_m \cos(\xi_m \theta) \sum_{n=1}^{\infty} \frac{\xi_n^2 J_{\mathcal{M}}^2(\xi_n b) \mathcal{V}_{\mathcal{NM}}(\xi_n r, a) \overline{\overline{\varphi}}(\xi_n, \xi_m) e^{-\eta_r \xi_n^2 t}}{\left[J_{\mathcal{M}}'^2(\xi_n a) - \left\{1 - \left(\frac{\mathcal{M}}{\xi_n a}\right)^2\right\} J_{\mathcal{M}}^2(\xi_n b)\right]} \qquad (17.59.3)$$

where $\overline{\psi}_a(\xi_m, t) = \int_0^\vartheta \psi_a(u, t) \cos(\xi_m u) du$ and $\overline{\psi}_b(\xi_m, t) = \int_0^\vartheta \psi_b(u, t) \cos(\xi_m u) du$.

17.60

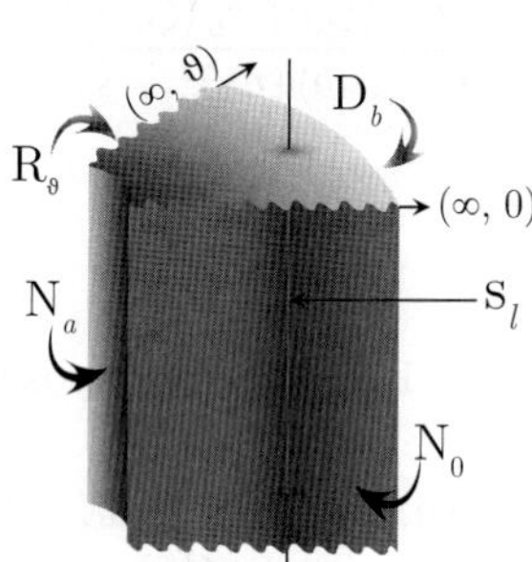

The problem of 17.28, except
$\mathbf{N_0} \equiv \frac{\partial p(r,0,t)}{\partial \theta} = -\left(\frac{\mu}{k_\theta}\right) \psi_0(r, t)$,
$\mathbf{R_\vartheta} \equiv \frac{\partial p(r,\vartheta,t)}{\partial \theta} + \lambda p(r, \vartheta, t) = -\left(\frac{\mu}{k_\theta}\right) \psi_\vartheta(r, t)$,
$\mathbf{N_a} \equiv \frac{\partial p(a,\theta,t)}{\partial r} = -\left(\frac{\mu}{k_r}\right) \psi_a(\theta, t)$ **and**
$\mathbf{D_b} \equiv p(b, \theta, t) = \psi_b(\theta, t)$

The successive application of the Laplace, Fourier and finite Hankel transformations to equation (14.1.1) gives

$$\overline{\overline{\overline{p}}} = \frac{q(s) e^{-st_0} \cos(\xi_m \theta_0) \mathcal{V}_{\mathcal{NM}}(\xi_n r_0, a)}{\phi c_t (\eta_r \xi_n^2 + s)} + \frac{2\overline{\overline{\psi}}_a(\xi_m, s)}{\pi \phi c_t \xi_n (\eta_r \xi_n^2 + s)} + \frac{2\eta_r J_{\mathcal{M}}'(\xi_n a) \overline{\overline{\psi}}_b(\xi_m, s)}{\pi J_{\mathcal{M}}(\xi_n b)(\eta_r \xi_n^2 + s)} +$$
$$+ \frac{\int_a^b \frac{\mathcal{V}_{\mathcal{NM}}(\xi_n u, a)}{u} \left\{\overline{\psi}_0(u, s) - \overline{\psi}_\vartheta(u, s) \cos(\xi_m \vartheta)\right\} du}{\phi c_t (\eta_r \xi_n^2 + s)} + \frac{\overline{\overline{\varphi}}(\xi_n, \xi_m)}{(\eta_r \xi_n^2 + s)} \qquad (17.60.1)$$

where ξ_m is a positive root of $\xi_m \tan(\xi_m \vartheta) = \lambda$, $m = 1, 2, ...$, ξ_n, $n = 1, 2, ...$, are the positive roots of the transcendental equation $\mathcal{V}_{\mathcal{NM}}(\xi_n b, a) = 0$, $\mathcal{V}_{\mathcal{NM}}(\xi_n r, a) = J_{\mathcal{M}}(\xi_n r) Y_{\mathcal{M}}'(\xi_n a) - Y_{\mathcal{M}}(\xi_n r) J_{\mathcal{M}}'(\xi_n a)$, $\overline{\overline{\psi}}_a(\xi_m, s) = \int_0^\vartheta \overline{\psi}_a(u, s) \cos(\xi_m u) du$, $\overline{\overline{\psi}}_b(\xi_m, s) = \int_0^\vartheta \overline{\psi}_b(u, s) \cos(\xi_m u) du$ and $\overline{\overline{\varphi}}(\xi_n, \xi_m) = \int_a^b r \mathcal{V}_{\mathcal{NM}}(\xi_n r, a) \int_0^\vartheta \varphi(r, u) \cos(\xi_m u) du dr$. Successive inverse transforms yield

$$\overline{p} = \frac{\pi^2 q(s) e^{-st_0}}{\phi c_t} \sum_{m=1}^{\infty} \frac{(\xi_m^2 + \lambda^2) \cos(\xi_m \theta_0) \cos(\xi_m \theta)}{\vartheta(\xi_m^2 + \lambda^2) + \lambda} \sum_{n=1}^{\infty} \frac{\xi_n^2 J_{\mathcal{M}}^2(\xi_n b) \mathcal{V}_{\mathcal{NM}}(\xi_n r_0, a) \mathcal{V}_{\mathcal{NM}}(\xi_n r, a)}{(\eta_r \xi_n^2 + s) \left[J_{\mathcal{M}}'^2(\xi_n a) - \left\{1 - \left(\frac{\mathcal{M}}{\xi_n a}\right)^2\right\} J_{\mathcal{M}}^2(\xi_n b)\right]} +$$
$$+ 2\pi\eta_r \sum_{m=1}^{\infty} \frac{(\xi_m^2 + \lambda^2) \cos(\xi_m \theta)}{\vartheta(\xi_m^2 + \lambda^2) + \lambda} \times$$

$$\times\sum_{n=1}^{\infty}\frac{\xi_n J_{\mathcal{M}}(\xi_n b)\,\mathcal{V}_{\mathcal{NM}}(\xi_n r,a)\left\{\overline{\overline{\psi}}_a(\xi_m,s)\left(\frac{\mu}{k_r}\right)J_{\mathcal{M}}(\xi_n b)+\xi_n J'_{\mathcal{M}}(\xi_n a)\,\overline{\overline{\psi}}_b(\xi_m,s)\right\}}{(\eta_r\xi_n^2+s)\left[J'^2_{\mathcal{M}}(\xi_n a)-\left\{1-\left(\frac{\mathcal{M}}{\xi_n a}\right)^2\right\}J^2_{\mathcal{M}}(\xi_n b)\right]}+$$

$$+\frac{\pi^2\eta_\theta}{\vartheta}\sum_{m=1}^{\infty}\frac{(\xi_m^2+\lambda^2)\cos(\xi_m\theta)}{\vartheta(\xi_m^2+\lambda^2)+\lambda}\times$$

$$\times\sum_{n=1}^{\infty}\frac{\xi_n^2 J^2_{\mathcal{M}}(\xi_n b)\,\mathcal{V}_{\mathcal{NM}}(\xi_n r,a)\int_a^b\frac{\mathcal{V}_{\mathcal{NM}}(\xi_n u,a)}{u}\left\{\overline{\psi}_0(r,s)-\overline{\psi}_\vartheta(r,s)\cos(\xi_m\vartheta)\right\}du}{(\eta_r\xi_n^2+s)\left[J'^2_{\mathcal{M}}(\xi_n a)-\left\{1-\left(\frac{\mathcal{M}}{\xi_n a}\right)^2\right\}J^2_{\mathcal{M}}(\xi_n b)\right]}+$$

$$+\pi^2\sum_{m=1}^{\infty}\frac{(\xi_m^2+\lambda^2)\cos(\xi_m\theta)}{\vartheta(\xi_m^2+\lambda^2)+\lambda}\sum_{n=1}^{\infty}\frac{\xi_n^2 J^2_{\mathcal{M}}(\xi_n b)\,\mathcal{V}_{\mathcal{NM}}(\xi_n r,a)\overline{\overline{\varphi}}(\xi_n,\xi_m)}{(\eta_r\xi_n^2+s)\left[J'^2_{\mathcal{M}}(\xi_n a)-\left\{1-\left(\frac{\mathcal{M}}{\xi_n a}\right)^2\right\}J^2_{\mathcal{M}}(\xi_n b)\right]} \tag{17.60.2}$$

and

$$p=\frac{\pi^2 U(t-t_0)}{\phi c_t}\sum_{m=1}^{\infty}\frac{(\xi_m^2+\lambda^2)\cos(\xi_m\theta_0)\cos(\xi_m\theta)}{\vartheta(\xi_m^2+\lambda^2)+\lambda}\times$$

$$\times\sum_{n=1}^{\infty}\frac{\xi_n^2 J^2_{\mathcal{M}}(\xi_n b)\,\mathcal{V}_{\mathcal{NM}}(\xi_n r_0,a)\,\mathcal{V}_{\mathcal{NM}}(\xi_n r,a)\int_0^{t-t_0}q(t-t_0-\tau)\,e^{-\eta_r\xi_n^2(t-\tau)}d\tau}{\left[J'^2_{\mathcal{M}}(\xi_n a)-\left\{1-\left(\frac{\mathcal{M}}{\xi_n a}\right)^2\right\}J^2_{\mathcal{M}}(\xi_n b)\right]}+$$

$$+2\pi\eta_r\sum_{m=1}^{\infty}\frac{(\xi_m^2+\lambda^2)\cos(\xi_m\theta)}{\vartheta(\xi_m^2+\lambda^2)+\lambda}\times$$

$$\times\sum_{n=1}^{\infty}\frac{\xi_n J_{\mathcal{M}}(\xi_n b)\,\mathcal{V}_{\mathcal{NM}}(\xi_n r,a)\int_0^t\left\{\overline{\psi}_a(\xi_m,\tau)\left(\frac{\mu}{k_r}\right)J_{\mathcal{M}}(\xi_n b)+\xi_n J'_{\mathcal{M}}(\xi_n a)\,\overline{\psi}_b(\xi_m,\tau)\right\}e^{-\eta_r\xi_n^2(t-\tau)}d\tau}{\left[J'^2_{\mathcal{M}}(\xi_n a)-\left\{1-\left(\frac{\mathcal{M}}{\xi_n a}\right)^2\right\}J^2_{\mathcal{M}}(\xi_n b)\right]}+$$

$$+\frac{\pi^2\eta_\theta}{\vartheta}\sum_{m=1}^{\infty}\frac{(\xi_m^2+\lambda^2)\cos(\xi_m\theta)}{\vartheta(\xi_m^2+\lambda^2)+\lambda}\times$$

$$\times\sum_{n=1}^{\infty}\frac{\xi_n^2 J^2_{\mathcal{M}}(\xi_n b)\,\mathcal{V}_{\mathcal{NM}}(\xi_n r,a)\int_a^b\frac{\mathcal{V}_{\mathcal{NM}}(\xi_n u,a)}{u}\int_0^t\left\{\psi_0(r,u)-\psi_\vartheta(u,s)\cos(\xi_m\vartheta)\right\}e^{-\eta_r\xi_n^2(t-\tau)}d\tau du}{\left[J'^2_{\mathcal{M}}(\xi_n a)-\left\{1-\left(\frac{\mathcal{M}}{\xi_n a}\right)^2\right\}J^2_{\mathcal{M}}(\xi_n b)\right]}+$$

$$+\pi^2\sum_{m=1}^{\infty}\frac{(\xi_m^2+\lambda^2)\cos(\xi_m\theta)}{\vartheta(\xi_m^2+\lambda^2)+\lambda}\sum_{n=1}^{\infty}\frac{\xi_n^2 J^2_{\mathcal{M}}(\xi_n b)\,\mathcal{V}_{\mathcal{NM}}(\xi_n r,a)\overline{\overline{\varphi}}(\xi_n,\xi_m)\,e^{-\eta_r\xi_n^2 t}}{\left[J'^2_{\mathcal{M}}(\xi_n a)-\left\{1-\left(\frac{\mathcal{M}}{\xi_n a}\right)^2\right\}J^2_{\mathcal{M}}(\xi_n b)\right]} \tag{17.60.3}$$

where $\overline{\psi}_a(\xi_m,t)=\int_0^\vartheta\psi_a(u,t)\cos(\xi_m u)du$ and $\overline{\psi}_b(\xi_m,t)=\int_0^\vartheta\psi_b(u,t)\cos(\xi_m u)du$.

17.61

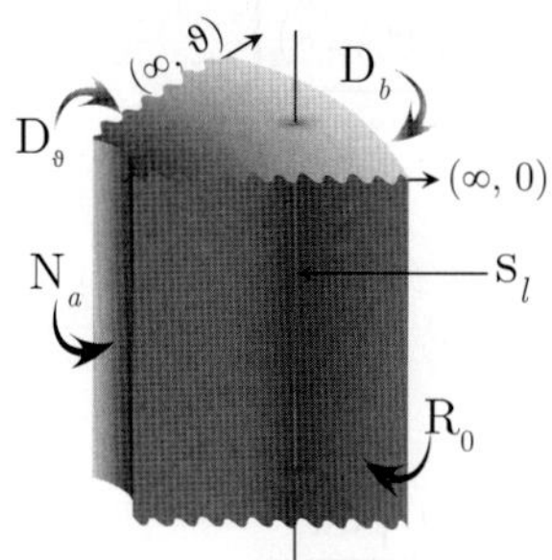

The problem of 17.28, except
$\mathbf{R_0} \equiv \frac{\partial p(r,0,t)}{\partial \theta} - \lambda p(r,0,t) = -\left(\frac{\mu}{k_\theta}\right)\psi_0(r,t),$
$\mathbf{D_\vartheta} \equiv p(r,\vartheta,t) = \psi_\vartheta(r,t),$
$\mathbf{N_a} \equiv \frac{\partial p(a,\theta,t)}{\partial r} = -\left(\frac{\mu}{k_r}\right)\psi_a(\theta,t)$ **and**
$\mathbf{D_b} \equiv p(b,\theta,t) = \psi_b(\theta,t)$

The successive application of the Laplace, Fourier and finite Hankel transformations to equation (14.1.1) gives

$$\overline{\overline{\overline{p}}} = \frac{q(s)e^{-st_0}\sin\{\xi_m(\vartheta-\theta_0)\}\mathcal{V}_{\mathcal{NM}}(\xi_n r_0,a)}{\phi c_t(\eta_r\xi_n^2+s)} + \frac{2\overline{\overline{\psi}}_a(\xi_m,s)}{\pi\phi c_t\xi_n(\eta_r\xi_n^2+s)} + \frac{2\eta_r J'_{\mathcal{M}}(\xi_n a)\overline{\overline{\psi}}_b(\xi_m,s)}{\pi J_{\mathcal{M}}(\xi_n b)(\eta_r\xi_n^2+s)} + $$
$$+\frac{\eta_\theta\int_a^b\frac{\mathcal{V}_{\mathcal{NM}}(\xi_n u,a)}{u}\left\{\left(\frac{\mu}{k_\theta}\right)\overline{\psi}_0(u,s)\sin(\xi_m\vartheta)+\xi_m\overline{\psi}_\vartheta(u,s)\right\}du}{(\eta_r\xi_n^2+s)} + \frac{\overline{\overline{\varphi}}(\xi_n,\xi_m)}{(\eta_r\xi_n^2+s)} \qquad (17.61.1)$$

where ξ_m is a positive root of $\xi_m\cot(\xi_m\vartheta) = -\lambda$, $m = 1, 2, ...,$ ξ_n, $n = 1, 2, ...,$ are the positive roots of the transcendental equation $\mathcal{V}_{\mathcal{NM}}(\xi_n b, a) = 0$, $\mathcal{V}_{\mathcal{NM}}(\xi_n r, a) = J_{\mathcal{M}}(\xi_n r)Y'_{\mathcal{M}}(\xi_n a) - Y_{\mathcal{M}}(\xi_n r)J'_{\mathcal{M}}(\xi_n a)$, $\overline{\overline{\psi}}_a(\xi_m,s) = \int_0^\vartheta \overline{\psi}_a(u,s)\sin\{\xi_m(\vartheta-u)\}du$, $\overline{\overline{\psi}}_b(\xi_m,s) = \int_0^\vartheta \overline{\psi}_b(u,s)\sin\{\xi_m(\vartheta-u)\}du$ and $\overline{\overline{\varphi}}(\xi_n,\xi_m) = \int_a^b r\mathcal{V}_{\mathcal{NM}}(\xi_n r,a)\int_0^\vartheta\varphi(r,u)\sin\{\xi_m(\vartheta-u)\}dudr$. Successive inverse transforms yield

$$\overline{p} = \frac{\pi^2 q(s)e^{-st_0}}{\phi c_t}\sum_{m=1}^\infty\frac{(\xi_m^2+\lambda^2)\sin\{\xi_m(\vartheta-\theta_0)\}\sin\{\xi_m(\vartheta-\theta)\}}{\vartheta(\xi_m^2+\lambda^2)+\lambda}\times$$
$$\times\sum_{n=1}^\infty\frac{\xi_n^2 J_{\mathcal{M}}^2(\xi_n b)\mathcal{V}_{\mathcal{NM}}(\xi_n r_0,a)\mathcal{V}_{\mathcal{NM}}(\xi_n r,a)}{(\eta_r\xi_n^2+s)\left[J'^2_{\mathcal{M}}(\xi_n a)-\left\{1-\left(\frac{\mathcal{M}}{\xi_n a}\right)^2\right\}J^2_{\mathcal{M}}(\xi_n b)\right]}+$$
$$+2\pi\eta_r\sum_{m=1}^\infty\frac{(\xi_m^2+\lambda^2)\sin\{\xi_m(\vartheta-\theta)\}}{\vartheta(\xi_m^2+\lambda^2)+\lambda}\times$$
$$\times\sum_{n=1}^\infty\frac{\xi_n J_{\mathcal{M}}(\xi_n b)\mathcal{V}_{\mathcal{NM}}(\xi_n r,a)\left\{\overline{\overline{\psi}}_a(\xi_m,s)\left(\frac{\mu}{k_r}\right)J_{\mathcal{M}}(\xi_n b)+\xi_n J'_{\mathcal{M}}(\xi_n a)\overline{\overline{\psi}}_b(\xi_m,s)\right\}}{(\eta_r\xi_n^2+s)\left[J'^2_{\mathcal{M}}(\xi_n a)-\left\{1-\left(\frac{\mathcal{M}}{\xi_n a}\right)^2\right\}J^2_{\mathcal{M}}(\xi_n b)\right]}+$$
$$+\frac{\pi^2\eta_\theta}{\vartheta}\sum_{m=1}^\infty\frac{(\xi_m^2+\lambda^2)\sin\{\xi_m(\vartheta-\theta)\}}{\vartheta(\xi_m^2+\lambda^2)+\lambda}\times$$
$$\times\sum_{n=1}^\infty\frac{\xi_n^2 J^2_{\mathcal{M}}(\xi_n b)\mathcal{V}_{\mathcal{NM}}(\xi_n r,a)\int_a^b\frac{\mathcal{V}_{\mathcal{NM}}(\xi_n u,a)}{u}\left\{\left(\frac{\mu}{k_\theta}\right)\overline{\psi}_0(u,s)\sin(\xi_m\vartheta)+\xi_m\overline{\psi}_\vartheta(u,s)\right\}du}{(\eta_r\xi_n^2+s)\left[J'^2_{\mathcal{M}}(\xi_n a)-\left\{1-\left(\frac{\mathcal{M}}{\xi_n a}\right)^2\right\}J^2_{\mathcal{M}}(\xi_n b)\right]}+$$
$$+\pi^2\sum_{m=1}^\infty\frac{(\xi_m^2+\lambda^2)\sin\{\xi_m(\vartheta-\theta)\}}{\vartheta(\xi_m^2+\lambda^2)+\lambda}\sum_{n=1}^\infty\frac{\xi_n^2 J^2_{\mathcal{M}}(\xi_n b)\mathcal{V}_{\mathcal{NM}}(\xi_n r,a)\overline{\overline{\varphi}}(\xi_n,\xi_m)}{(\eta_r\xi_n^2+s)\left[J'^2_{\mathcal{M}}(\xi_n a)-\left\{1-\left(\frac{\mathcal{M}}{\xi_n a}\right)^2\right\}J^2_{\mathcal{M}}(\xi_n b)\right]} \qquad (17.61.2)$$

and

$$p = \frac{\pi^2 U(t-t_0)}{\phi c_t}\sum_{m=1}^\infty\frac{(\xi_m^2+\lambda^2)\sin\{\xi_m(\vartheta-\theta_0)\}\sin\{\xi_m(\vartheta-\theta)\}}{\vartheta(\xi_m^2+\lambda^2)+\lambda}\times$$
$$\times\sum_{n=1}^\infty\frac{\xi_n^2 J^2_{\mathcal{M}}(\xi_n b)\mathcal{V}_{\mathcal{NM}}(\xi_n r_0,a)\mathcal{V}_{\mathcal{NM}}(\xi_n r,a)\int_0^{t-t_0}q(t-t_0-\tau)e^{-\eta_r\xi_n^2(t-\tau)}d\tau}{\left[J'^2_{\mathcal{M}}(\xi_n a)-\left\{1-\left(\frac{\mathcal{M}}{\xi_n a}\right)^2\right\}J^2_{\mathcal{M}}(\xi_n b)\right]}+$$

$$+2\pi\eta_r \sum_{m=1}^{\infty} \frac{(\xi_m^2+\lambda^2)\sin\{\xi_m(\vartheta-\theta)\}}{\vartheta(\xi_m^2+\lambda^2)+\lambda} \times$$

$$\times \sum_{n=1}^{\infty} \frac{\xi_n J_{\mathcal{M}}(\xi_n b)\mathcal{V}_{\mathcal{NM}}(\xi_n r,a)\int_0^t \left\{\overline{\psi}_a(\xi_m,\tau)\left(\frac{\mu}{k_r}\right)J_{\mathcal{M}}(\xi_n b)+\xi_n J'_{\mathcal{M}}(\xi_n a)\overline{\psi}_b(\xi_m,\tau)\right\}e^{-\eta_r\xi_n^2(t-\tau)}d\tau}{\left[J'^2_{\mathcal{M}}(\xi_n a)-\left\{1-\left(\frac{\mathcal{M}}{\xi_n a}\right)^2\right\}J^2_{\mathcal{M}}(\xi_n b)\right]} +$$

$$+\frac{\pi^2\eta_\theta}{\vartheta} \sum_{m=1}^{\infty} \frac{(\xi_m^2+\lambda^2)\sin\{\xi_m(\vartheta-\theta)\}}{\vartheta(\xi_m^2+\lambda^2)+\lambda} \times$$

$$\times \sum_{n=1}^{\infty} \frac{\xi_n^2 J^2_{\mathcal{M}}(\xi_n b)\mathcal{V}_{\mathcal{NM}}(\xi_n r,a)\int_a^b \frac{\mathcal{V}_{\mathcal{NM}}(\xi_n u,a)}{u}\int_0^t \left\{\left(\frac{\mu}{k_\theta}\right)\psi_0(u,\tau)\sin(\xi_m\vartheta)+\xi_m\psi_\vartheta(u,\tau)\right\}e^{-\eta_r\xi_n^2(t-\tau)}d\tau du}{\left[J'^2_{\mathcal{M}}(\xi_n a)-\left\{1-\left(\frac{\mathcal{M}}{\xi_n a}\right)^2\right\}J^2_{\mathcal{M}}(\xi_n b)\right]} +$$

$$+\pi^2 \sum_{m=1}^{\infty} \frac{(\xi_m^2+\lambda^2)\sin\{\xi_m(\vartheta-\theta)\}}{\vartheta(\xi_m^2+\lambda^2)+\lambda} \sum_{n=1}^{\infty} \frac{\xi_n^2 J^2_{\mathcal{M}}(\xi_n b)\mathcal{V}_{\mathcal{NM}}(\xi_n r,a)\overline{\overline{\varphi}}(\xi_n,\xi_m)e^{-\eta_r\xi_n^2 t}}{\left[J'^2_{\mathcal{M}}(\xi_n a)-\left\{1-\left(\frac{\mathcal{M}}{\xi_n a}\right)^2\right\}J^2_{\mathcal{M}}(\xi_n b)\right]} \quad (17.61.3)$$

where $\overline{\psi}_a(\xi_m,t)=\int_0^\vartheta \psi_a(u,t)\sin\{\xi_m(\vartheta-u)\}du$ and $\overline{\psi}_b(\xi_m,t)=\int_0^\vartheta \psi_b(u,t)\sin\{\xi_m(\vartheta-u)\}du$.

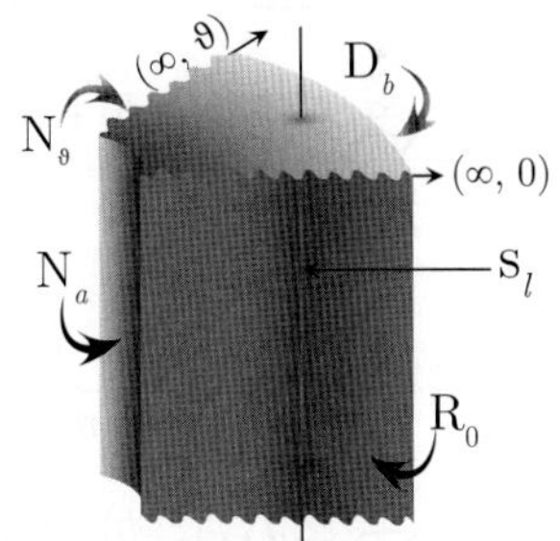

17.62 **The problem of 17.28, except**
$\mathbf{R_0} \equiv \frac{\partial p(r,0,t)}{\partial\theta} - \lambda p(r,0,t) = -\left(\frac{\mu}{k_\theta}\right)\psi_0(r,t)$,
$\mathbf{N_\vartheta} \equiv \frac{\partial p(r,\vartheta,t)}{\partial\theta} = -\left(\frac{\mu}{k_\theta}\right)\psi_\vartheta(r,t)$, $\mathbf{N_a} \equiv \frac{\partial p(a,\theta,t)}{\partial r} = -\left(\frac{\mu}{k_r}\right)\psi_a(\theta,t)$
and $\mathbf{D_b} \equiv p(b,\theta,t) = \psi_b(\theta,t)$

The successive application of the Laplace, Fourier and finite Hankel transformations to equation (14.1.1) gives

$$\overline{\overline{\overline{p}}} = \frac{q(s)e^{-st_0}\cos\{\xi_m(\vartheta-\theta_0)\}\mathcal{V}_{\mathcal{NM}}(\xi_n r_0,a)}{\phi c_t(\eta_r\xi_n^2+s)} + \frac{2\overline{\overline{\psi}}_a(\xi_m,s)}{\pi\phi c_t\xi_n(\eta_r\xi_n^2+s)} + \frac{2\eta_r J'_{\mathcal{M}}(\xi_n a)\overline{\overline{\psi}}_b(\xi_m,s)}{\pi J_{\mathcal{M}}(\xi_n b)(\eta_r\xi_n^2+s)} +$$
$$+\frac{\int_a^b \frac{\mathcal{V}_{\mathcal{NM}}(\xi_n u,a)}{u}\left\{\overline{\psi}_0(u,s)\cos(\xi_m\vartheta)-\overline{\psi}_\vartheta(u,s)\right\}du}{\phi c_t(\eta_r\xi_n^2+s)} + \frac{\overline{\overline{\varphi}}(\xi_n,\xi_m)}{(\eta_r\xi_n^2+s)} \quad (17.62.1)$$

where ξ_m is a positive root of $\xi_m\tan(\xi_m\vartheta)=\lambda$, $m=1,2,...$, ξ_n, $n=1,2,...$, are the positive roots of the transcendental equation $\mathcal{V}_{\mathcal{NM}}(\xi_n b,a)=0$, $\mathcal{V}_{\mathcal{NM}}(\xi_n r,a)=J_{\mathcal{M}}(\xi_n r)Y'_{\mathcal{M}}(\xi_n a)-Y_{\mathcal{M}}(\xi_n r)J'_{\mathcal{M}}(\xi_n a)$, $\overline{\overline{\psi}}_a(\xi_m,s)=\int_0^\vartheta \overline{\psi}_a(u,s)\cos\{\xi_m(\vartheta-u)\}du$, $\overline{\overline{\psi}}_b(\xi_m,s)=\int_0^\vartheta \overline{\psi}_b(u,s)\cos\{\xi_m(\vartheta-u)\}du$ and $\overline{\overline{\varphi}}(\xi_n,\xi_m)=\int_a^b r\mathcal{V}_{\mathcal{NM}}(\xi_n r,a)\int_0^\vartheta \varphi(r,u)\cos\{\xi_m(\vartheta-u)\}dudr$. Successive inverse transforms yield

$$\overline{p} = \frac{\pi^2 q(s)e^{-st_0}}{\phi c_t}\sum_{m=1}^{\infty}\frac{(\xi_m^2+\lambda^2)\cos\{\xi_m(\vartheta-\theta_0)\}\cos\{\xi_m(\vartheta-\theta)\}}{\vartheta(\xi_m^2+\lambda^2)+\lambda} \times$$

$$\times\sum_{n=1}^{\infty}\frac{\xi_n^2 J^2_{\mathcal{M}}(\xi_n b)\mathcal{V}_{\mathcal{NM}}(\xi_n r_0,a)\mathcal{V}_{\mathcal{NM}}(\xi_n r,a)}{(\eta_r\xi_n^2+s)\left[J'^2_{\mathcal{M}}(\xi_n a)-\left\{1-\left(\frac{\mathcal{M}}{\xi_n a}\right)^2\right\}J^2_{\mathcal{M}}(\xi_n b)\right]} +$$

$$+2\pi\eta_r\sum_{m=1}^{\infty}\frac{(\xi_m^2+\lambda^2)\cos\{\xi_m(\vartheta-\theta)\}}{\vartheta(\xi_m^2+\lambda^2)+\lambda} \times$$

$$\times\sum_{n=1}^{\infty}\frac{\xi_n J_{\mathcal{M}}(\xi_n b)\mathcal{V}_{\mathcal{NM}}(\xi_n r,a)\left\{\overline{\overline{\psi}}_a(\xi_m,s)\left(\frac{\mu}{k_r}\right)J_{\mathcal{M}}(\xi_n b)+\xi_n J'_{\mathcal{M}}(\xi_n a)\overline{\overline{\psi}}_b(\xi_m,s)\right\}}{(\eta_r\xi_n^2+s)\left[J'^2_{\mathcal{M}}(\xi_n a)-\left\{1-\left(\frac{\mathcal{M}}{\xi_n a}\right)^2\right\}J^2_{\mathcal{M}}(\xi_n b)\right]} +$$

$$+\frac{\pi^2\eta_\theta}{\vartheta}\sum_{m=1}^{\infty}\frac{\left(\xi_m^2+\lambda^2\right)\cos\{\xi_m(\vartheta-\theta)\}}{\vartheta\left(\xi_m^2+\lambda^2\right)+\lambda}\times$$
$$\times\sum_{n=1}^{\infty}\frac{\xi_n^2 J_{\mathcal{M}}^2(\xi_n b)\,\mathcal{V}_{\mathcal{NM}}(\xi_n r,a)\int_a^b\frac{\mathcal{V}_{\mathcal{NM}}(\xi_n u,a)}{u}\{\overline{\psi}_0(u,s)\cos(\xi_m\vartheta)-\overline{\psi}_\vartheta(u,s)\}du}{\left(\eta_r\xi_n^2+s\right)\left[J_{\mathcal{M}}'^2(\xi_n a)-\left\{1-\left(\frac{\mathcal{M}}{\xi_n a}\right)^2\right\}J_{\mathcal{M}}^2(\xi_n b)\right]}+$$
$$+\pi^2\sum_{m=1}^{\infty}\frac{\left(\xi_m^2+\lambda^2\right)\cos\{\xi_m(\vartheta-\theta)\}}{\vartheta\left(\xi_m^2+\lambda^2\right)+\lambda}\sum_{n=1}^{\infty}\frac{\xi_n^2 J_{\mathcal{M}}^2(\xi_n b)\,\mathcal{V}_{\mathcal{NM}}(\xi_n r,a)\overline{\overline{\varphi}}(\xi_n,\xi_m)}{\left(\eta_r\xi_n^2+s\right)\left[J_{\mathcal{M}}'^2(\xi_n a)-\left\{1-\left(\frac{\mathcal{M}}{\xi_n a}\right)^2\right\}J_{\mathcal{M}}^2(\xi_n b)\right]} \quad (17.62.2)$$

and

$$p=\frac{\pi^2 U(t-t_0)}{\phi c_t}\sum_{m=1}^{\infty}\frac{\left(\xi_m^2+\lambda^2\right)\cos\{\xi_m(\vartheta-\theta_0)\}\cos\{\xi_m(\vartheta-\theta)\}}{\vartheta\left(\xi_m^2+\lambda^2\right)+\lambda}\times$$
$$\times\sum_{n=1}^{\infty}\frac{\xi_n^2 J_{\mathcal{M}}^2(\xi_n b)\,\mathcal{V}_{\mathcal{NM}}(\xi_n r_0,a)\,\mathcal{V}_{\mathcal{NM}}(\xi_n r,a)\int_0^{t-t_0}q(t-t_0-\tau)\,e^{-\eta_r\xi_n^2(t-\tau)}d\tau}{\left[J_{\mathcal{M}}'^2(\xi_n a)-\left\{1-\left(\frac{\mathcal{M}}{\xi_n a}\right)^2\right\}J_{\mathcal{M}}^2(\xi_n b)\right]}+$$
$$+2\pi\eta_r\sum_{m=1}^{\infty}\frac{\left(\xi_m^2+\lambda^2\right)\cos\{\xi_m(\vartheta-\theta)\}}{\vartheta\left(\xi_m^2+\lambda^2\right)+\lambda}\times$$
$$\times\sum_{n=1}^{\infty}\frac{\xi_n J_{\mathcal{M}}(\xi_n b)\,\mathcal{V}_{\mathcal{NM}}(\xi_n r,a)\int_0^t\left\{\overline{\psi}_a(\xi_m,\tau)\left(\frac{\mu}{k_r}\right)J_{\mathcal{M}}(\xi_n b)+\xi_n J_{\mathcal{M}}'(\xi_n a)\overline{\psi}_b(\xi_m,\tau)\right\}e^{-\eta_r\xi_n^2(t-\tau)}d\tau}{\left[J_{\mathcal{M}}'^2(\xi_n a)-\left\{1-\left(\frac{\mathcal{M}}{\xi_n a}\right)^2\right\}J_{\mathcal{M}}^2(\xi_n b)\right]}+$$
$$+\frac{\pi^2\eta_\theta}{\vartheta}\sum_{m=1}^{\infty}\frac{\left(\xi_m^2+\lambda^2\right)\cos\{\xi_m(\vartheta-\theta)\}}{\vartheta\left(\xi_m^2+\lambda^2\right)+\lambda}\times$$
$$\times\sum_{n=1}^{\infty}\frac{\xi_n^2 J_{\mathcal{M}}^2(\xi_n b)\,\mathcal{V}_{\mathcal{NM}}(\xi_n r,a)\int_a^b\frac{\mathcal{V}_{\mathcal{NM}}(\xi_n u,a)}{u}\int_0^t\{\psi_0(u,\tau)\cos(\xi_m\vartheta)-\psi_\vartheta(u,\tau)\}e^{-\eta_r\xi_n^2(t-\tau)}d\tau du}{\left[J_{\mathcal{M}}'^2(\xi_n a)-\left\{1-\left(\frac{\mathcal{M}}{\xi_n a}\right)^2\right\}J_{\mathcal{M}}^2(\xi_n b)\right]}+$$
$$+\pi^2\sum_{m=1}^{\infty}\frac{\left(\xi_m^2+\lambda^2\right)\cos\{\xi_m(\vartheta-\theta)\}}{\vartheta\left(\xi_m^2+\lambda^2\right)+\lambda}\sum_{n=1}^{\infty}\frac{\xi_n^2 J_{\mathcal{M}}^2(\xi_n b)\,\mathcal{V}_{\mathcal{NM}}(\xi_n r,a)\overline{\overline{\varphi}}(\xi_n,\xi_m)\,e^{-\eta_r\xi_n^2 t}}{\left[J_{\mathcal{M}}'^2(\xi_n a)-\left\{1-\left(\frac{\mathcal{M}}{\xi_n a}\right)^2\right\}J_{\mathcal{M}}^2(\xi_n b)\right]} \quad (17.62.3)$$

where $\overline{\psi}_a(\xi_m,t)=\int_0^\vartheta\psi_a(u,t)\cos\{\xi_m(\vartheta-u)\}du$ and $\overline{\psi}_b(\xi_m,t)=\int_0^\vartheta\psi_b(u,t)\cos\{\xi_m(\vartheta-u)\}du$.

17.63

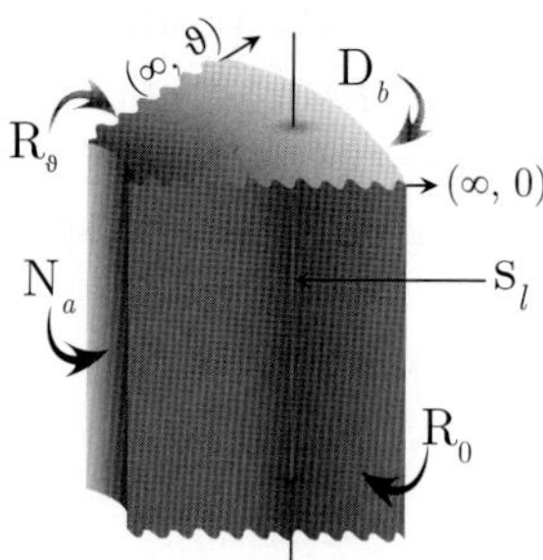

The problem of 17.28, except
$\mathbf{R_0\equiv\frac{\partial p(r,0,t)}{\partial\theta}-\lambda_0 p(r,0,t)=-\left(\frac{\mu}{k_\theta}\right)\psi_0(r,t)}$,
$\mathbf{R_\vartheta\equiv\frac{\partial p(r,\vartheta,t)}{\partial\theta}+\lambda_\vartheta p(r,\vartheta,t)=-\left(\frac{\mu}{k_\theta}\right)\psi_\vartheta(r,t)}$,
$\mathbf{N_a\equiv\frac{\partial p(a,\theta,t)}{\partial r}=-\left(\frac{\mu}{k_r}\right)\psi_a(\theta,t)}$ **and**
$\mathbf{D_b\equiv p(b,\theta,t)=\psi_b(\theta,t)}$

The successive application of the Laplace, Fourier and finite Hankel transformations to equation (14.1.1) gives

$$\overline{\overline{\overline{p}}}=\frac{q(s)\,e^{-st_0}\{\xi_m\cos(\xi_m\theta_0)+\lambda_0\sin(\xi_m\theta_0)\}\mathcal{V}_{\mathcal{NM}}(\xi_n r_0,a)}{\phi c_t\left(\eta_r\xi_n^2+s\right)}+\frac{2\overline{\overline{\psi}}_a(\xi_m,s)}{\pi\phi c_t\xi_n\left(\eta_r\xi_n^2+s\right)}+\frac{2\eta_r J_{\mathcal{M}}'(\xi_n a)\overline{\overline{\psi}}_b(\xi_m,s)}{\pi J_{\mathcal{M}}(\xi_n b)\left(\eta_r\xi_n^2+s\right)}+$$
$$+\frac{\int_a^b\frac{\mathcal{V}_{\mathcal{NM}}(\xi_n u,a)}{u}\left[\xi_m\overline{\psi}_0(u,s)-\overline{\psi}_\vartheta(u,s)\{\xi_m\cos(\xi_m\vartheta)+\lambda_0\sin(\xi_m\vartheta)\}\right]du}{\phi c_t\left(\eta_r\xi_n^2+s\right)}+\frac{\overline{\overline{\varphi}}(\xi_n,\xi_m)}{\left(\eta_r\xi_n^2+s\right)} \quad (17.63.1)$$

where ξ_m is a positive root of $\tan(\xi_m\vartheta) = \frac{\xi_m(\lambda_0+\lambda_\vartheta)}{(\xi_m^2-\lambda_0\lambda_\vartheta)}$, $m = 1,2,...$, ξ_n, $n = 1,2,...$, are the positive roots of the transcendental equation $\mathcal{V}_{\mathcal{NM}}(\xi_n b, a) = 0$, $\mathcal{V}_{\mathcal{NM}}(\xi_n r, a) = J_{\mathcal{M}}(\xi_n r)\, Y'_{\mathcal{M}}(\xi_n a) - Y_{\mathcal{M}}(\xi_n r)\, J'_{\mathcal{M}}(\xi_n a)$,
$\overline{\overline{\psi}}_a(\xi_m, s) = \int_0^\vartheta \overline{\psi}_a(u,s)\{\xi_m\cos(\xi_m u) + \lambda_0\sin(\xi_m u)\}du$,
$\overline{\overline{\psi}}_b(\xi_m, s) = \int_0^\vartheta \overline{\psi}_b(u,s)\{\xi_m\cos(\xi_m u) + \lambda_0\sin(\xi_m u)\}du$
and $\overline{\overline{\varphi}}(\xi_n,\xi_m) = \int_a^b r\mathcal{V}_{\mathcal{NM}}(\xi_n r, a)\int_0^\vartheta \varphi(r,u)\{\xi_m\cos(\xi_m u) + \lambda_0\sin(\xi_m u)\}du\,dr$. Successive inverse transforms yield

$$\begin{aligned}
\overline{p} = {} & \frac{\pi^2 q(s)\, e^{-st_0}}{\phi c_t}\sum_{m=1}^{\infty}\frac{\{\xi_m\cos(\xi_m\theta_0) + \lambda_0\sin(\xi_m\theta_0)\}\{\xi_m\cos(\xi_m\theta) + \lambda_0\sin(\xi_m\theta)\}}{(\xi_m^2+\lambda_0^2)\left\{\vartheta + \frac{\lambda_\vartheta}{\xi_m^2+\lambda_\vartheta^2}\right\} + \lambda_0}\times \\
& \times\sum_{n=1}^{\infty}\frac{\xi_n^2 J_{\mathcal{M}}^2(\xi_n b)\,\mathcal{V}_{\mathcal{NM}}(\xi_n r_0, a)\,\mathcal{V}_{\mathcal{NM}}(\xi_n r, a)}{(\eta_r\xi_n^2+s)\left[J'^2_{\mathcal{M}}(\xi_n a) - \left\{1-\left(\frac{\mathcal{M}}{\xi_n a}\right)^2\right\}J_{\mathcal{M}}^2(\xi_n b)\right]} + \\
& + 2\pi\eta_r\sum_{m=1}^{\infty}\frac{\{\xi_m\cos(\xi_m\theta) + \lambda_0\sin(\xi_m\theta)\}}{(\xi_m^2+\lambda_0^2)\left\{\vartheta + \frac{\lambda_\vartheta}{\xi_m^2+\lambda_\vartheta^2}\right\} + \lambda_0}\times \\
& \times\sum_{n=1}^{\infty}\frac{\xi_n J_{\mathcal{M}}(\xi_n b)\,\mathcal{V}_{\mathcal{NM}}(\xi_n r, a)\left\{\overline{\overline{\psi}}_a(\xi_m,s)\left(\frac{\mu}{k_r}\right)J_{\mathcal{M}}(\xi_n b) + \xi_n J'_{\mathcal{M}}(\xi_n a)\,\overline{\overline{\psi}}_b(\xi_m,s)\right\}}{(\eta_r\xi_n^2+s)\left[J'^2_{\mathcal{M}}(\xi_n a) - \left\{1-\left(\frac{\mathcal{M}}{\xi_n a}\right)^2\right\}J_{\mathcal{M}}^2(\xi_n b)\right]} + \\
& + \pi^2\eta_\theta\sum_{m=1}^{\infty}\frac{\{\xi_m\cos(\xi_m\theta) + \lambda_0\sin(\xi_m\theta)\}}{(\xi_m^2+\lambda_0^2)\left\{\vartheta + \frac{\lambda_\vartheta}{\xi_m^2+\lambda_\vartheta^2}\right\} + \lambda_0}\times \\
& \times\sum_{n=1}^{\infty}\frac{\xi_n^2 J_{\mathcal{M}}^2(\xi_n b)\,\mathcal{V}_{\mathcal{NM}}(\xi_n r, a)\int_a^b\frac{\mathcal{V}_{\mathcal{NM}}(\xi_n u, a)}{u}\left[\xi_m\overline{\psi}_0(u,s) - \overline{\psi}_\vartheta(u,s)\{\xi_m\cos(\xi_m\vartheta) + \lambda_0\sin(\xi_m\vartheta)\}\right]du}{(\eta_r\xi_n^2+s)\left[J'^2_{\mathcal{M}}(\xi_n a) - \left\{1-\left(\frac{\mathcal{M}}{\xi_n a}\right)^2\right\}J_{\mathcal{M}}^2(\xi_n b)\right]} + \\
& + \pi^2\sum_{m=1}^{\infty}\frac{\{\xi_m\cos(\xi_m\theta) + \lambda_0\sin(\xi_m\theta)\}}{(\xi_m^2+\lambda_0^2)\left\{\vartheta + \frac{\lambda_\vartheta}{\xi_m^2+\lambda_\vartheta^2}\right\} + \lambda_0}\sum_{n=1}^{\infty}\frac{\xi_n^2 J_{\mathcal{M}}^2(\xi_n b)\,\mathcal{V}_{\mathcal{NM}}(\xi_n r, a)\,\overline{\overline{\varphi}}(\xi_n,\xi_m)}{(\eta_r\xi_n^2+s)\left[J'^2_{\mathcal{M}}(\xi_n a) - \left\{1-\left(\frac{\mathcal{M}}{\xi_n a}\right)^2\right\}J_{\mathcal{M}}^2(\xi_n b)\right]}
\end{aligned} \tag{17.63.2}$$

and

$$\begin{aligned}
p = {} & \frac{\pi^2 U(t-t_0)}{\phi c_t}\sum_{m=1}^{\infty}\frac{\{\xi_m\cos(\xi_m\theta_0) + \lambda_0\sin(\xi_m\theta_0)\}\{\xi_m\cos(\xi_m\theta) + \lambda_0\sin(\xi_m\theta)\}}{(\xi_m^2+\lambda_0^2)\left\{\vartheta + \frac{\lambda_\vartheta}{\xi_m^2+\lambda_\vartheta^2}\right\} + \lambda_0}\times \\
& \times\sum_{n=1}^{\infty}\frac{\xi_n^2 J_{\mathcal{M}}^2(\xi_n b)\,\mathcal{V}_{\mathcal{NM}}(\xi_n r_0, a)\,\mathcal{V}_{\mathcal{NM}}(\xi_n r, a)\int_0^{t-t_0} q(t-t_0-\tau)\, e^{-\eta_r\xi_n^2(t-\tau)}d\tau}{\left[J'^2_{\mathcal{M}}(\xi_n a) - \left\{1-\left(\frac{\mathcal{M}}{\xi_n a}\right)^2\right\}J_{\mathcal{M}}^2(\xi_n b)\right]} + \\
& + 2\pi\eta_r\sum_{m=1}^{\infty}\frac{\{\xi_m\cos(\xi_m\theta) + \lambda_0\sin(\xi_m\theta)\}}{(\xi_m^2+\lambda_0^2)\left\{\vartheta + \frac{\lambda_\vartheta}{\xi_m^2+\lambda_\vartheta^2}\right\} + \lambda_0}\times \\
& \times\sum_{n=1}^{\infty}\frac{\xi_n J_{\mathcal{M}}(\xi_n b)\,\mathcal{V}_{\mathcal{NM}}(\xi_n r, a)\int_0^t\left\{\overline{\psi}_a(\xi_m,\tau)\left(\frac{\mu}{k_r}\right)J_{\mathcal{M}}(\xi_n b) + \xi_n J'_{\mathcal{M}}(\xi_n a)\,\overline{\psi}_b(\xi_m,\tau)\right\}e^{-\eta_r\xi_n^2(t-\tau)}d\tau}{\left[J'^2_{\mathcal{M}}(\xi_n a) - \left\{1-\left(\frac{\mathcal{M}}{\xi_n a}\right)^2\right\}J_{\mathcal{M}}^2(\xi_n b)\right]} + \\
& + \pi^2\eta_\theta\sum_{m=1}^{\infty}\frac{\{\xi_m\cos(\xi_m\theta) + \lambda_0\sin(\xi_m\theta)\}}{(\xi_m^2+\lambda_0^2)\left\{\vartheta + \frac{\lambda_\vartheta}{\xi_m^2+\lambda_\vartheta^2}\right\} + \lambda_0}\sum_{n=1}^{\infty}\frac{\xi_n^2 J_{\mathcal{M}}^2(\xi_n b)\,\mathcal{V}_{\mathcal{NM}}(\xi_n r, a)}{\left[J'^2_{\mathcal{M}}(\xi_n a) - \left\{1-\left(\frac{\mathcal{M}}{\xi_n a}\right)^2\right\}J_{\mathcal{M}}^2(\xi_n b)\right]}\times
\end{aligned}$$

$$\times \int_a^b \frac{\mathcal{V}_{\mathcal{NM}}(\xi_n u, a)}{u} \int_0^t [\xi_m \psi_0(u,\tau) - \psi_\vartheta(u,\tau)\{\xi_m \cos(\xi_m \vartheta) + \lambda_0 \sin(\xi_m \vartheta)\}] e^{-\eta_r \xi_n^2 (t-\tau)} d\tau du +$$

$$+\pi^2 \sum_{m=1}^{\infty} \frac{\{\xi_m \cos(\xi_m \theta) + \lambda_0 \sin(\xi_m \theta)\}}{(\xi_m^2 + \lambda_0^2)\left\{\vartheta + \frac{\lambda_\vartheta}{\xi_m^2 + \lambda_\vartheta^2}\right\} + \lambda_0} \sum_{n=1}^{\infty} \frac{\xi_n^2 J_{\mathcal{M}}^2(\xi_n b)\, \mathcal{V}_{\mathcal{NM}}(\xi_n r, a) \overline{\overline{\varphi}}(\xi_n, \xi_m)\, e^{-\eta_r \xi_n^2 t}}{\left[J_{\mathcal{M}}'^2(\xi_n a) - \left\{1 - \left(\frac{\mathcal{M}}{\xi_n a}\right)^2\right\} J_{\mathcal{M}}^2(\xi_n b)\right]} \tag{17.63.3}$$

where $\overline{\psi}_a(\xi_m, t) = \int_0^\vartheta \psi_a(u,t)\{\xi_m \cos(\xi_m u) + \lambda_0 \sin(\xi_m u)\} du$ and $\overline{\psi}_b(\xi_m, t) = \int_0^\vartheta \psi_b(u,t)\{\xi_m \cos(\xi_m u) + \lambda_0 \sin(\xi_m u)\} du$.

17.64

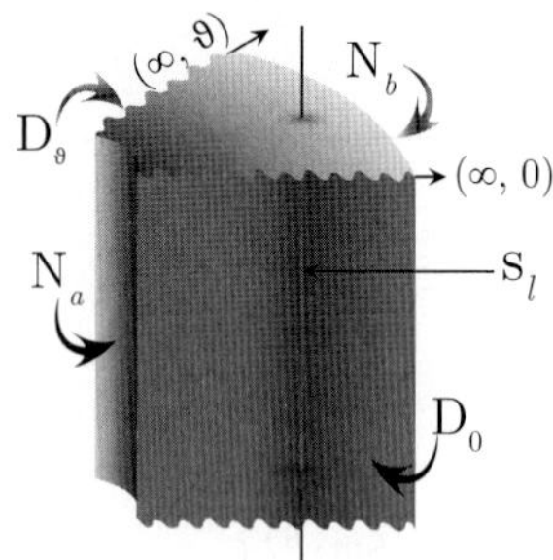

The problem of 17.28, except
$\mathbf{N}_a \equiv \frac{\partial p(a,\theta,t)}{\partial r} = -\left(\frac{\mu}{k_r}\right)\psi_a(\theta,t)$,
$\mathbf{N}_b \equiv \frac{\partial p(b,\theta,t)}{\partial r} = -\left(\frac{\mu}{k_r}\right)\psi_b(\theta,t)$,
$\mathbf{D}_0 \equiv p(r,0,t) = \psi_0(r,t)$ and $\mathbf{D}_\vartheta \equiv p(r,\vartheta,t) = \psi_\vartheta(r,t)$

The successive application of the Laplace, Fourier and finite Hankel transformations to equation (14.1.1) gives

$$\overline{\overline{\overline{p}}} = \frac{q(s)e^{-st_0}\sin(\xi_m\theta_0)\mathcal{V}_{\mathcal{NM}}(\xi_n r_0, a)}{\phi c_t(\eta_r \xi_n^2 + s)} + \frac{2\overline{\overline{\psi}}_a(\xi_m, s)}{\pi\phi c_t \xi_n(\eta_r \xi_n^2 + s)} - \frac{2J_{\mathcal{M}}'(\xi_n a)\overline{\overline{\psi}}_b(\xi_m, s)}{\pi\phi c_t \xi_n J_{\mathcal{M}}'(\xi_n b)(\eta_r \xi_n^2 + s)} +$$
$$+\frac{\xi_m \eta_\theta \int_a^b \frac{\mathcal{V}_{\mathcal{NM}}(\xi_n u, a)}{u}\left\{\overline{\psi}_0(u,s) - (-1)^m \overline{\psi}_\vartheta(u,s)\right\} du}{(\eta_r \xi_n^2 + s)} + \frac{\overline{\overline{\varphi}}(\xi_n, \xi_m)}{(\eta_r \xi_n^2 + s)} \tag{17.64.1}$$

where ξ_m is a positive root of $\sin(\xi_m \vartheta)$, which are $\xi_m = \frac{m\pi}{\vartheta}$, $m = 1, 2, ...$, ξ_n, $n = 1, 2, ...$, are the positive roots of the transcendental equation $\mathcal{V}_{\mathcal{NM}}'(\xi_n b, a) = 0$, $\mathcal{V}_{\mathcal{NM}}(\xi_n r, a) = J_{\mathcal{M}}(\xi_n r) Y_{\mathcal{M}}'(\xi_n a) - Y_{\mathcal{M}}(\xi_n r) J_{\mathcal{M}}'(\xi_n a)$, $\overline{\overline{\psi}}_a(\xi_m, s) = \int_0^\vartheta \overline{\psi}_a(u,s)\sin(\xi_m u)du$, $\overline{\overline{\psi}}_b(\xi_m, s) = \int_0^\vartheta \overline{\psi}_b(u,s)\sin(\xi_m u)du$ and $\overline{\overline{\varphi}}(\xi_n, \xi_m) = \int_a^b r\mathcal{V}_{\mathcal{NM}}(\xi_n r, a)\int_0^\vartheta \varphi(r,u)\sin(\xi_m u)dudr$. Successive inverse transforms yield

$$\overline{p} = \frac{\pi^2 q(s)e^{-st_0}}{\phi c_t \vartheta}\sum_{m=1}^{\infty}\sin(\xi_m\theta_0)\sin(\xi_m\theta)\sum_{n=1}^{\infty}\frac{\xi_n^2 J_{\mathcal{M}}'^2(\xi_n b)\mathcal{V}_{\mathcal{NM}}(\xi_n r_0, a)\,\mathcal{V}_{\mathcal{NM}}(\xi_n r, a)}{(\eta_r\xi_n^2 + s)\left[\left\{1 - \left(\frac{\mathcal{M}}{\xi_n b}\right)^2\right\}J_{\mathcal{M}}'^2(\xi_n a) - \left\{1 - \left(\frac{\mathcal{M}}{\xi_n a}\right)^2\right\}J_{\mathcal{M}}'^2(\xi_n b)\right]} +$$
$$+\frac{2\pi}{\vartheta\phi c_t}\sum_{m=1}^{\infty}\sin(\xi_m\theta)\sum_{n=1}^{\infty}\frac{\xi_n J_{\mathcal{M}}'(\xi_n b)\,\mathcal{V}_{\mathcal{NM}}(\xi_n r, a)\left\{\overline{\overline{\psi}}_a(\xi_m, s)J_{\mathcal{M}}'(\xi_n b) - J_{\mathcal{M}}'(\xi_n a)\overline{\overline{\psi}}_b(\xi_m, s)\right\}}{(\eta_r\xi_n^2 + s)\left[\left\{1 - \left(\frac{\mathcal{M}}{\xi_n b}\right)^2\right\}J_{\mathcal{M}}'^2(\xi_n a) - \left\{1 - \left(\frac{\mathcal{M}}{\xi_n a}\right)^2\right\}J_{\mathcal{M}}'^2(\xi_n b)\right]} +$$
$$+\frac{\pi^2\eta_\theta}{\vartheta}\sum_{m=1}^{\infty}\xi_m\sin(\xi_m\theta)\sum_{n=1}^{\infty}\frac{\xi_n^2 J_{\mathcal{M}}'^2(\xi_n b)\,\mathcal{V}_{\mathcal{NM}}(\xi_n r, a)\int_a^b \frac{\mathcal{V}_{\mathcal{NM}}(\xi_n u, a)}{u}\left\{\overline{\psi}_0(u,s) - (-1)^m\overline{\psi}_\vartheta(u,s)\right\}du}{(\eta_r\xi_n^2 + s)\left[\left\{1 - \left(\frac{\mathcal{M}}{\xi_n b}\right)^2\right\}J_{\mathcal{M}}'^2(\xi_n a) - \left\{1 - \left(\frac{\mathcal{M}}{\xi_n a}\right)^2\right\}J_{\mathcal{M}}'^2(\xi_n b)\right]} +$$
$$+\frac{\pi^2}{\vartheta}\sum_{m=1}^{\infty}\sin(\xi_m\theta)\sum_{n=1}^{\infty}\frac{\xi_n^2 J_{\mathcal{M}}'^2(\xi_n b)\,\mathcal{V}_{\mathcal{NM}}(\xi_n r, a)\overline{\overline{\varphi}}(\xi_n, \xi_m)}{(\eta_r\xi_n^2 + s)\left[\left\{1 - \left(\frac{\mathcal{M}}{\xi_n b}\right)^2\right\}J_{\mathcal{M}}'^2(\xi_n a) - \left\{1 - \left(\frac{\mathcal{M}}{\xi_n a}\right)^2\right\}J_{\mathcal{M}}'^2(\xi_n b)\right]} \tag{17.64.2}$$

and

$$p = \frac{\pi^2 U(t - t_0)}{\phi c_t \vartheta}\sum_{m=1}^{\infty}\sin(\xi_m\theta_0)\sin(\xi_m\theta) \times$$
$$\times\sum_{n=1}^{\infty}\frac{\xi_n^2 J_{\mathcal{M}}'^2(\xi_n b)\,\mathcal{V}_{\mathcal{NM}}(\xi_n r_0, a)\,\mathcal{V}_{\mathcal{NM}}(\xi_n r, a)\int_0^{t-t_0} q(t - t_0 - \tau)e^{-\eta_r\xi_n^2(t-\tau)}d\tau}{\left[\left\{1 - \left(\frac{\mathcal{M}}{\xi_n b}\right)^2\right\}J_{\mathcal{M}}'^2(\xi_n a) - \left\{1 - \left(\frac{\mathcal{M}}{\xi_n a}\right)^2\right\}J_{\mathcal{M}}'^2(\xi_n b)\right]} +$$

$$+\frac{2\pi}{\vartheta\phi c_t}\sum_{m=1}^{\infty}\sin(\xi_m\theta)\times$$

$$\times\sum_{n=1}^{\infty}\frac{\xi_n J'_{\mathcal{M}}(\xi_n b)\mathcal{V}_{\mathcal{NM}}(\xi_n r,a)\int_0^t\left\{\overline{\psi}_a(\xi_m,\tau)J'_{\mathcal{M}}(\xi_n b)-J'_{\mathcal{M}}(\xi_n a)\overline{\psi}_b(\xi_m,\tau)\right\}e^{-\eta_r\xi_n^2(t-\tau)}d\tau}{\left[\left\{1-\left(\frac{\mathcal{M}}{\xi_n b}\right)^2\right\}J'^2_{\mathcal{M}}(\xi_n a)-\left\{1-\left(\frac{\mathcal{M}}{\xi_n a}\right)^2\right\}J'^2_{\mathcal{M}}(\xi_n b)\right]}+$$

$$+\frac{\pi^2\eta_\theta}{\vartheta}\sum_{m=1}^{\infty}\xi_m\sin(\xi_m\theta)\times$$

$$\times\sum_{n=1}^{\infty}\frac{\xi_n^2 J'^2_{\mathcal{M}}(\xi_n b)\mathcal{V}_{\mathcal{NM}}(\xi_n r,a)\int_a^b\frac{\mathcal{V}_{\mathcal{NM}}(\xi_n u,a)}{u}\int_0^t\left\{\psi_0(u,\tau)-(-1)^m\psi_\vartheta(u,\tau)\right\}e^{-\eta_r\xi_n^2(t-\tau)}d\tau du}{\left[\left\{1-\left(\frac{\mathcal{M}}{\xi_n b}\right)^2\right\}J'^2_{\mathcal{M}}(\xi_n a)-\left\{1-\left(\frac{\mathcal{M}}{\xi_n a}\right)^2\right\}J'^2_{\mathcal{M}}(\xi_n b)\right]}+$$

$$+\frac{\pi^2}{\vartheta}\sum_{m=1}^{\infty}\sin(\xi_m\theta)\sum_{n=1}^{\infty}\frac{\xi_n^2 J'^2_{\mathcal{M}}(\xi_n b)\mathcal{V}_{\mathcal{NM}}(\xi_n r,a)\overline{\overline{\varphi}}(\xi_n,\xi_m)e^{-\eta_r\xi_n^2 t}}{\left[\left\{1-\left(\frac{\mathcal{M}}{\xi_n b}\right)^2\right\}J'^2_{\mathcal{M}}(\xi_n a)-\left\{1-\left(\frac{\mathcal{M}}{\xi_n a}\right)^2\right\}J'^2_{\mathcal{M}}(\xi_n b)\right]} \tag{17.64.3}$$

where $\overline{\psi}_a(\xi_m,t)=\int_0^\vartheta\psi_a(u,t)\sin(\xi_m u)du$ and $\overline{\psi}_b(\xi_m,t)=\int_0^\vartheta\psi_b(u,t)\sin(\xi_m u)du$.

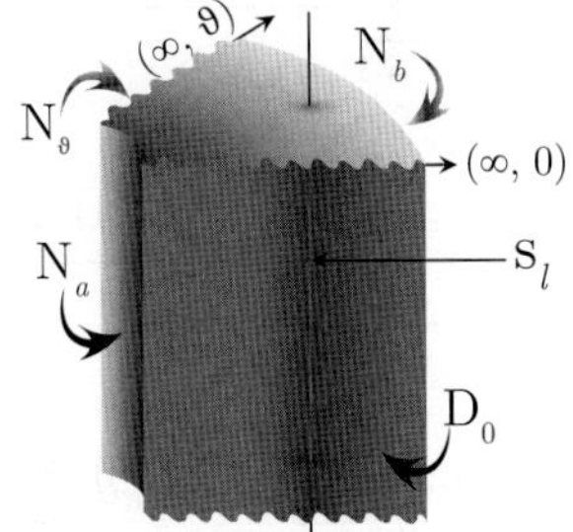

17.65 The problem of 17.28, except $\mathbf{D_0}\equiv p(r,0,t)=\psi_0(r,t)$, $\mathbf{N_\vartheta}\equiv\frac{\partial p(r,\vartheta,t)}{\partial\theta}=-\left(\frac{\mu}{k_\theta}\right)\psi_\vartheta(r,t)$, $\mathbf{N_a}\equiv\frac{\partial p(a,\theta,t)}{\partial r}=-\left(\frac{\mu}{k_r}\right)\psi_a(\theta,t)$ and $\mathbf{N_b}\equiv\frac{\partial p(b,\theta,t)}{\partial r}=-\left(\frac{\mu}{k_r}\right)\psi_b(\theta,t)$

The successive application of the Laplace, Fourier and finite Hankel transformations to equation (14.1.1) gives

$$\overline{\overline{\overline{p}}}=\frac{q(s)e^{-st_0}\sin(\xi_m\theta_0)\mathcal{V}_{\mathcal{NM}}(\xi_n r_0,a)}{\phi c_t(\eta_r\xi_n^2+s)}+\frac{2\overline{\overline{\psi}}_a(\xi_m,s)}{\pi\phi c_t\xi_n(\eta_r\xi_n^2+s)}-\frac{2J'_{\mathcal{M}}(\xi_n a)\overline{\overline{\psi}}_b(\xi_m,s)}{\pi\phi c_t\xi_n J'_{\mathcal{M}}(\xi_n b)(\eta_r\xi_n^2+s)}+$$
$$+\frac{\eta_\theta\int_a^b\frac{\mathcal{V}_{\mathcal{NM}}(\xi_n u,a)}{u}\left\{\xi_m\overline{\psi}_0(u,s)+(-1)^m\left(\frac{\mu}{k_\theta}\right)\overline{\psi}_\vartheta(u,s)\right\}du}{(\eta_r\xi_n^2+s)}+\frac{\overline{\overline{\varphi}}(\xi_n,\xi_m)}{(\eta_r\xi_n^2+s)} \tag{17.65.1}$$

where ξ_m is a positive root of $\cos(\xi_m\vartheta)$, which are $\xi_m=\frac{(2m-1)\pi}{2\vartheta}$, $m=1,2,...$, ξ_n, $n=1,2,...$, are the positive roots of the transcendental equation $\mathcal{V}'_{\mathcal{NM}}(\xi_n b,a)=0$,
$\mathcal{V}_{\mathcal{NM}}(\xi_n r,a)=J_{\mathcal{M}}(\xi_n r)Y'_{\mathcal{M}}(\xi_n a)-Y_{\mathcal{M}}(\xi_n r)J'_{\mathcal{M}}(\xi_n a)$, $\overline{\overline{\psi}}_a(\xi_m,s)=\int_0^\vartheta\overline{\psi}_a(u,s)\sin(\xi_m u)du$,
$\overline{\overline{\psi}}_b(\xi_m,s)=\int_0^\vartheta\overline{\psi}_b(u,s)\sin(\xi_m u)du$ and $\overline{\overline{\varphi}}(\xi_n,\xi_m)=\int_a^b r\mathcal{V}_{\mathcal{NM}}(\xi_n r,a)\int_0^\vartheta\varphi(r,u)\sin(\xi_m u)dudr$.
Successive inverse transforms yield

$$\overline{p}=\frac{\pi^2 q(s)e^{-st_0}}{\phi c_t\vartheta}\sum_{m=1}^{\infty}\sin(\xi_m\theta_0)\sin(\xi_m\theta)\sum_{n=1}^{\infty}\frac{\xi_n^2 J'^2_{\mathcal{M}}(\xi_n b)\mathcal{V}_{\mathcal{NM}}(\xi_n r_0,a)\mathcal{V}_{\mathcal{NM}}(\xi_n r,a)}{(\eta_r\xi_n^2+s)\left[\left\{1-\left(\frac{\mathcal{M}}{\xi_n b}\right)^2\right\}J'^2_{\mathcal{M}}(\xi_n a)-\left\{1-\left(\frac{\mathcal{M}}{\xi_n a}\right)^2\right\}J'^2_{\mathcal{M}}(\xi_n b)\right]}+$$

$$+\frac{2\pi}{\vartheta\phi c_t}\sum_{m=1}^{\infty}\sin(\xi_m\theta)\sum_{n=1}^{\infty}\frac{\xi_n J'_{\mathcal{M}}(\xi_n b)\mathcal{V}_{\mathcal{NM}}(\xi_n r,a)\left\{\overline{\overline{\psi}}_a(\xi_m,s)J'_{\mathcal{M}}(\xi_n b)-J'_{\mathcal{M}}(\xi_n a)\overline{\overline{\psi}}_b(\xi_m,s)\right\}}{(\eta_r\xi_n^2+s)\left[\left\{1-\left(\frac{\mathcal{M}}{\xi_n b}\right)^2\right\}J'^2_{\mathcal{M}}(\xi_n a)-\left\{1-\left(\frac{\mathcal{M}}{\xi_n a}\right)^2\right\}J'^2_{\mathcal{M}}(\xi_n b)\right]}+$$

$$+\frac{\pi^2\eta_\theta}{\vartheta}\sum_{m=1}^{\infty}\sin(\xi_m\theta)\sum_{n=1}^{\infty}\frac{\xi_n^2 J_{\mathcal{M}}'^2(\xi_n b)\mathcal{V}_{\mathcal{N}\mathcal{M}}(\xi_n r,a)\int_a^b\frac{\mathcal{V}_{\mathcal{N}\mathcal{M}}(\xi_n u,a)}{u}\left\{\xi_m\overline{\psi}_0(u,s)+(-1)^m\left(\frac{\mu}{k_\theta}\right)\overline{\psi}_\vartheta(u,s)\right\}du}{(\eta_r\xi_n^2+s)\left[\left\{1-\left(\frac{\mathcal{M}}{\xi_n b}\right)^2\right\}J_{\mathcal{M}}'^2(\xi_n a)-\left\{1-\left(\frac{\mathcal{M}}{\xi_n a}\right)^2\right\}J_{\mathcal{M}}'^2(\xi_n b)\right]}+$$

$$+\frac{\pi^2}{\vartheta}\sum_{m=1}^{\infty}\sin(\xi_m\theta)\sum_{n=1}^{\infty}\frac{\xi_n^2 J_{\mathcal{M}}'^2(\xi_n b)\mathcal{V}_{\mathcal{N}\mathcal{M}}(\xi_n r,a)\overline{\overline{\varphi}}(\xi_n,\xi_m)}{(\eta_r\xi_n^2+s)\left[\left\{1-\left(\frac{\mathcal{M}}{\xi_n b}\right)^2\right\}J_{\mathcal{M}}'^2(\xi_n a)-\left\{1-\left(\frac{\mathcal{M}}{\xi_n a}\right)^2\right\}J_{\mathcal{M}}'^2(\xi_n b)\right]} \tag{17.65.2}$$

and

$$p=\frac{\pi^2 U(t-t_0)}{\phi c_t\vartheta}\sum_{m=1}^{\infty}\sin(\xi_m\theta_0)\sin(\xi_m\theta)\times$$

$$\times\sum_{n=1}^{\infty}\frac{\xi_n^2 J_{\mathcal{M}}'^2(\xi_n b)\mathcal{V}_{\mathcal{N}\mathcal{M}}(\xi_n r_0,a)\mathcal{V}_{\mathcal{N}\mathcal{M}}(\xi_n r,a)\int_0^{t-t_0}q(t-t_0-\tau)e^{-\eta_r\xi_n^2(t-\tau)}d\tau}{\left[\left\{1-\left(\frac{\mathcal{M}}{\xi_n b}\right)^2\right\}J_{\mathcal{M}}'^2(\xi_n a)-\left\{1-\left(\frac{\mathcal{M}}{\xi_n a}\right)^2\right\}J_{\mathcal{M}}'^2(\xi_n b)\right]}+$$

$$+\frac{2\pi}{\vartheta\phi c_t}\sum_{m=1}^{\infty}\sin(\xi_m\theta)\times$$

$$\times\sum_{n=1}^{\infty}\frac{\xi_n J_{\mathcal{M}}'(\xi_n b)\mathcal{V}_{\mathcal{N}\mathcal{M}}(\xi_n r,a)\int_0^t\left\{\overline{\psi}_a(\xi_m,\tau)J_{\mathcal{M}}'(\xi_n b)-J_{\mathcal{M}}'(\xi_n a)\overline{\psi}_b(\xi_m,\tau)\right\}e^{-\eta_r\xi_n^2(t-\tau)}d\tau}{\left[\left\{1-\left(\frac{\mathcal{M}}{\xi_n b}\right)^2\right\}J_{\mathcal{M}}'^2(\xi_n a)-\left\{1-\left(\frac{\mathcal{M}}{\xi_n a}\right)^2\right\}J_{\mathcal{M}}'^2(\xi_n b)\right]}+$$

$$\times\sum_{n=1}^{\infty}\frac{\xi_n^2 J_{\mathcal{M}}'^2(\xi_n b)\mathcal{V}_{\mathcal{N}\mathcal{M}}(\xi_n r,a)\int_a^b\frac{\mathcal{V}_{\mathcal{N}\mathcal{M}}(\xi_n u,a)}{u}\int_0^t\left\{\xi_m\psi_0(u,\tau)+(-1)^m\left(\frac{\mu}{k_\theta}\right)\psi_\vartheta(u,\tau)\right\}e^{-\eta_r\xi_n^2(t-\tau)}d\tau du}{\left[\left\{1-\left(\frac{\mathcal{M}}{\xi_n b}\right)^2\right\}J_{\mathcal{M}}'^2(\xi_n a)-\left\{1-\left(\frac{\mathcal{M}}{\xi_n a}\right)^2\right\}J_{\mathcal{M}}'^2(\xi_n b)\right]}+$$

$$+\frac{\pi^2}{\vartheta}\sum_{m=1}^{\infty}\sin(\xi_m\theta)\sum_{n=1}^{\infty}\frac{\xi_n^2 J_{\mathcal{M}}'^2(\xi_n b)\mathcal{V}_{\mathcal{N}\mathcal{M}}(\xi_n r,a)\overline{\overline{\varphi}}(\xi_n,\xi_m)e^{-\eta_r\xi_n^2 t}}{\left[\left\{1-\left(\frac{\mathcal{M}}{\xi_n b}\right)^2\right\}J_{\mathcal{M}}'^2(\xi_n a)-\left\{1-\left(\frac{\mathcal{M}}{\xi_n a}\right)^2\right\}J_{\mathcal{M}}'^2(\xi_n b)\right]} \tag{17.65.3}$$

where $\overline{\psi}_a(\xi_m,t)=\int_0^\vartheta\psi_a(u,t)\sin(\xi_m u)du$ and $\overline{\psi}_b(\xi_m,t)=\int_0^\vartheta\psi_b(u,t)\sin(\xi_m u)du$.

17.66

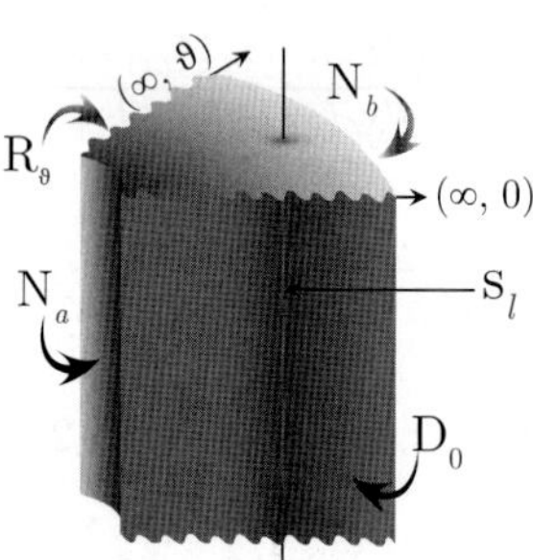

The problem of 17.28, except $D_0\equiv p(r,0,t)=\psi_0(r,t)$, $R_\vartheta\equiv\frac{\partial p(r,\vartheta,t)}{\partial\theta}+\lambda p(r,\vartheta,t)=-\left(\frac{\mu}{k_\theta}\right)\psi_\vartheta(r,t)$, $N_a\equiv\frac{\partial p(a,\theta,t)}{\partial r}=-\left(\frac{\mu}{k_r}\right)\psi_a(\theta,t)$ and $N_b\equiv\frac{\partial p(b,\theta,t)}{\partial r}=-\left(\frac{\mu}{k_r}\right)\psi_b(\theta,t)$

The successive application of the Laplace, Fourier and finite Hankel transformations to equation (14.1.1) gives

$$\overline{\overline{\overline{p}}}=\frac{q(s)e^{-st_0}\sin(\xi_m\theta_0)\mathcal{V}_{\mathcal{N}\mathcal{M}}(\xi_n r_0,a)}{\phi c_t(\eta_r\xi_n^2+s)}+\frac{2\overline{\overline{\psi}}_a(\xi_m,s)}{\pi\phi c_t\xi_n(\eta_r\xi_n^2+s)}-\frac{2J_{\mathcal{M}}'(\xi_n a)\overline{\overline{\psi}}_b(\xi_m,s)}{\pi\phi c_t\xi_n J_{\mathcal{M}}'(\xi_n b)(\eta_r\xi_n^2+s)}+$$

$$+\frac{\eta_\theta\int_a^b\frac{\mathcal{V}_{\mathcal{N}\mathcal{M}}(\xi_n u,a)}{u}\left\{\xi_m\overline{\psi}_0(u,s)-\left(\frac{\mu}{k_\theta}\right)\overline{\psi}_\vartheta(u,s)\sin(\xi_m\vartheta)\right\}du}{(\eta_r\xi_n^2+s)}+\frac{\overline{\overline{\varphi}}(\xi_n,\xi_m)}{(\eta_r\xi_n^2+s)} \tag{17.66.1}$$

where ξ_m is a positive root of $\xi_m\cot(\xi_m\vartheta)=-\lambda$, $m=1,2,...,$ ξ_n, $n=1,2,...,$ are the positive roots of the transcendental equation $\mathcal{V}_{\mathcal{N}\mathcal{M}}'(\xi_n b,a)=0$, $\mathcal{V}_{\mathcal{N}\mathcal{M}}(\xi_n r,a)=J_{\mathcal{M}}(\xi_n r)Y_{\mathcal{M}}'(\xi_n a)-Y_{\mathcal{M}}(\xi_n r)J_{\mathcal{M}}'(\xi_n a)$,

$\overline{\overline{\psi}}_a(\xi_m, s) = \int_0^{\vartheta} \overline{\psi}_a(u,s)\sin(\xi_m u)du$, $\overline{\overline{\psi}}_b(\xi_m, s) = \int_0^{\vartheta} \overline{\psi}_b(u,s)\sin(\xi_m u)du$ and $\overline{\overline{\varphi}}(\xi_n, \xi_m) = \int_a^b r\mathcal{V}_{\mathcal{NM}}(\xi_n r, a)\int_0^{\vartheta}\varphi(r,u)\sin(\xi_m u)dudr$. Successive inverse transforms yield

$$
\begin{aligned}
\overline{p} = {} & \frac{\pi^2 q(s)\, e^{-st_0}}{\phi c_t}\sum_{m=1}^{\infty}\frac{(\xi_m^2+\lambda^2)\sin(\xi_m\theta_0)\sin(\xi_m\theta)}{\vartheta(\xi_m^2+\lambda^2)+\lambda}\times \\
& \times\sum_{n=1}^{\infty}\frac{\xi_n^2 J_{\mathcal{M}}'^2(\xi_n b)\,\mathcal{V}_{\mathcal{NM}}(\xi_n r_0, a)\,\mathcal{V}_{\mathcal{NM}}(\xi_n r, a)}{(\eta_r\xi_n^2+s)\left[\left\{1-\left(\frac{\mathcal{M}}{\xi_n b}\right)^2\right\}J_{\mathcal{M}}'^2(\xi_n a)-\left\{1-\left(\frac{\mathcal{M}}{\xi_n a}\right)^2\right\}J_{\mathcal{M}}'^2(\xi_n b)\right]}+ \\
& +\frac{2\pi}{\phi c_t}\sum_{m=1}^{\infty}\frac{(\xi_m^2+\lambda^2)\sin(\xi_m\theta)}{\vartheta(\xi_m^2+\lambda^2)+\lambda}\sum_{n=1}^{\infty}\frac{\xi_n J_{\mathcal{M}}'(\xi_n b)\mathcal{V}_{\mathcal{NM}}(\xi_n r, a)\left\{\overline{\overline{\psi}}_a(\xi_m, s)\,J_{\mathcal{M}}'(\xi_n b)-J_{\mathcal{M}}'(\xi_n a)\overline{\overline{\psi}}_b(\xi_m, s)\right\}}{(\eta_r\xi_n^2+s)\left[\left\{1-\left(\frac{\mathcal{M}}{\xi_n b}\right)^2\right\}J_{\mathcal{M}}'^2(\xi_n a)-\left\{1-\left(\frac{\mathcal{M}}{\xi_n a}\right)^2\right\}J_{\mathcal{M}}'^2(\xi_n b)\right]}+ \\
& +\pi^2\eta_\theta\sum_{m=1}^{\infty}\frac{(\xi_m^2+\lambda^2)\sin(\xi_m\theta)}{\vartheta(\xi_m^2+\lambda^2)+\lambda}\times \\
& \times\sum_{n=1}^{\infty}\frac{\xi_n^2 J_{\mathcal{M}}'^2(\xi_n b)\,\mathcal{V}_{\mathcal{NM}}(\xi_n r, a)\int_a^b\frac{\mathcal{V}_{\mathcal{NM}}(\xi_n u, a)}{u}\left\{\xi_m\overline{\psi}_0(u,s)-\left(\frac{\mu}{k_\theta}\right)\overline{\psi}_\vartheta(u,s)\sin(\xi_m\vartheta)\right\}du}{(\eta_r\xi_n^2+s)\left[\left\{1-\left(\frac{\mathcal{M}}{\xi_n b}\right)^2\right\}J_{\mathcal{M}}'^2(\xi_n a)-\left\{1-\left(\frac{\mathcal{M}}{\xi_n a}\right)^2\right\}J_{\mathcal{M}}'^2(\xi_n b)\right]}+ \\
& +\pi^2\sum_{m=1}^{\infty}\frac{(\xi_m^2+\lambda^2)\sin(\xi_m\theta)}{\vartheta(\xi_m^2+\lambda^2)+\lambda}\sum_{n=1}^{\infty}\frac{\xi_n^2 J_{\mathcal{M}}'^2(\xi_n b)\,\mathcal{V}_{\mathcal{NM}}(\xi_n r, a)\overline{\overline{\varphi}}(\xi_n, \xi_m)}{(\eta_r\xi_n^2+s)\left[\left\{1-\left(\frac{\mathcal{M}}{\xi_n b}\right)^2\right\}J_{\mathcal{M}}'^2(\xi_n a)-\left\{1-\left(\frac{\mathcal{M}}{\xi_n a}\right)^2\right\}J_{\mathcal{M}}'^2(\xi_n b)\right]}
\end{aligned} \tag{17.66.2}
$$

and

$$
\begin{aligned}
p = {} & \frac{\pi^2 U(t-t_0)}{\phi c_t}\sum_{m=1}^{\infty}\frac{(\xi_m^2+\lambda^2)\sin(\xi_m\theta_0)\sin(\xi_m\theta)}{\vartheta(\xi_m^2+\lambda^2)+\lambda}\times \\
& \times\sum_{n=1}^{\infty}\frac{\xi_n^2 J_{\mathcal{M}}'^2(\xi_n b)\,\mathcal{V}_{\mathcal{NM}}(\xi_n r_0, a)\,\mathcal{V}_{\mathcal{NM}}(\xi_n r, a)\int_0^{t-t_0}q(t-t_0-\tau)\,e^{-\eta_r\xi_n^2(t-\tau)}d\tau}{\left[\left\{1-\left(\frac{\mathcal{M}}{\xi_n b}\right)^2\right\}J_{\mathcal{M}}'^2(\xi_n a)-\left\{1-\left(\frac{\mathcal{M}}{\xi_n a}\right)^2\right\}J_{\mathcal{M}}'^2(\xi_n b)\right]}+ \\
& +\frac{2\pi}{\phi c_t}\sum_{m=1}^{\infty}\frac{(\xi_m^2+\lambda^2)\sin(\xi_m\theta)}{\vartheta(\xi_m^2+\lambda^2)+\lambda}\times \\
& \times\sum_{n=1}^{\infty}\frac{\xi_n J_{\mathcal{M}}'(\xi_n b)\,\mathcal{V}_{\mathcal{NM}}(\xi_n r, a)\int_0^t\left\{\overline{\psi}_a(\xi_m,\tau)\,J_{\mathcal{M}}'(\xi_n b)-J_{\mathcal{M}}'(\xi_n a)\,\overline{\psi}_b(\xi_m,\tau)\right\}e^{-\eta_r\xi_n^2(t-\tau)}d\tau}{\left[\left\{1-\left(\frac{\mathcal{M}}{\xi_n b}\right)^2\right\}J_{\mathcal{M}}'^2(\xi_n a)-\left\{1-\left(\frac{\mathcal{M}}{\xi_n a}\right)^2\right\}J_{\mathcal{M}}'^2(\xi_n b)\right]}+ \\
& +\pi^2\eta_\theta\sum_{m=1}^{\infty}\frac{(\xi_m^2+\lambda^2)\sin(\xi_m\theta)}{\vartheta(\xi_m^2+\lambda^2)+\lambda}\times \\
& \times\sum_{n=1}^{\infty}\frac{\xi_n^2 J_{\mathcal{M}}'^2(\xi_n b)\mathcal{V}_{\mathcal{NM}}(\xi_n r, a)\int_a^b\frac{\mathcal{V}_{\mathcal{NM}}(\xi_n u, a)}{u}\int_0^t\left\{\xi_m\psi_0(u,\tau)-\left(\frac{\mu}{k_\theta}\right)\psi_\vartheta(u,\tau)\sin(\xi_m\vartheta)\right\}d\tau e^{-\eta_r\xi_n^2(t-\tau)}du}{\left[\left\{1-\left(\frac{\mathcal{M}}{\xi_n b}\right)^2\right\}J_{\mathcal{M}}'^2(\xi_n a)-\left\{1-\left(\frac{\mathcal{M}}{\xi_n a}\right)^2\right\}J_{\mathcal{M}}'^2(\xi_n b)\right]}+ \\
& +\pi^2\sum_{m=1}^{\infty}\frac{(\xi_m^2+\lambda^2)\sin(\xi_m\theta)}{\vartheta(\xi_m^2+\lambda^2)+\lambda}\sum_{n=1}^{\infty}\frac{\xi_n^2 J_{\mathcal{M}}'^2(\xi_n b)\,\mathcal{V}_{\mathcal{NM}}(\xi_n r, a)\overline{\overline{\varphi}}(\xi_n, \xi_m)\,e^{-\eta_r\xi_n^2 t}}{\left[\left\{1-\left(\frac{\mathcal{M}}{\xi_n b}\right)^2\right\}J_{\mathcal{M}}'^2(\xi_n a)-\left\{1-\left(\frac{\mathcal{M}}{\xi_n a}\right)^2\right\}J_{\mathcal{M}}'^2(\xi_n b)\right]}
\end{aligned} \tag{17.66.3}
$$

where $\overline{\psi}_a(\xi_m, t) = \int_0^{\vartheta}\psi_a(u,t)\sin(\xi_m u)du$ and $\overline{\psi}_b(\xi_m, t) = \int_0^{\vartheta}\psi_b(u,t)\sin(\xi_m u)du$.

17.67

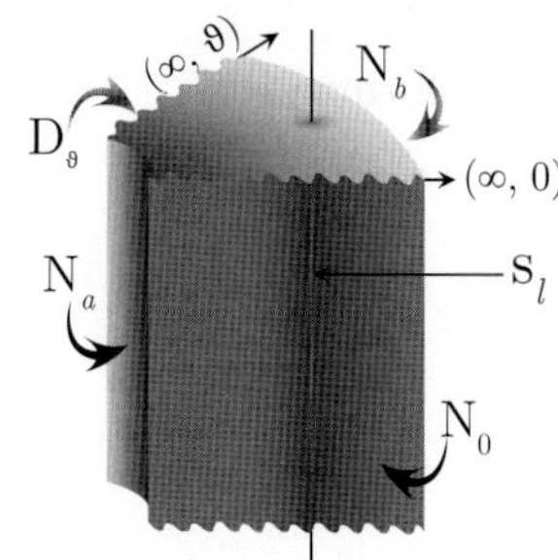

The problem of 17.28, except
$\mathbf{N_0} \equiv \frac{\partial p(r,0,t)}{\partial \theta} = -\left(\frac{\mu}{k_\theta}\right)\psi_0(r,t),$
$\mathbf{D_\vartheta} \equiv p(r,\vartheta,t) = \psi_\vartheta(r,t),$
$\mathbf{N_a} \equiv \frac{\partial p(a,\theta,t)}{\partial r} = -\left(\frac{\mu}{k_r}\right)\psi_a(\theta,t)$ **and**
$\mathbf{N_b} \equiv \frac{\partial p(b,\theta,t)}{\partial r} = -\left(\frac{\mu}{k_r}\right)\psi_b(\theta,t)$

The successive application of the Laplace, Fourier and finite Hankel transformations to equation (14.1.1) gives

$$\overline{\overline{\overline{p}}} = \frac{q(s)e^{-st_0}\cos(\xi_m\theta_0)\mathcal{V}_{\mathcal{NM}}(\xi_n r_0,a)}{\phi c_t(\eta_r\xi_n^2+s)} + \frac{2\overline{\overline{\psi}}_a(\xi_m,s)}{\pi\phi c_t\xi_n(\eta_r\xi_n^2+s)} - \frac{2J'_{\mathcal{M}}(\xi_n a)\overline{\overline{\psi}}_b(\xi_m,s)}{\pi\phi c_t\xi_n J'_{\mathcal{M}}(\xi_n b)(\eta_r\xi_n^2+s)} + \\ + \frac{\eta_\theta\int_a^b \frac{\mathcal{V}_{\mathcal{NM}}(\xi_n u,a)}{u}\left\{(-1)^{m+1}\xi_m\overline{\psi}_\vartheta(u,s)+\left(\frac{\mu}{k_\theta}\right)\overline{\psi}_0(u,s)\right\}du}{(\eta_r\xi_n^2+s)} + \frac{\overline{\overline{\varphi}}(\xi_n,\xi_m)}{(\eta_r\xi_n^2+s)} \tag{17.67.1}$$

where ξ_m is a positive root of $\cos(\xi_m\vartheta)$, which are $\xi_m = \frac{(2m-1)\pi}{2\vartheta}$, $m=1,2,...,$ ξ_n, $n=1,2,...,$ are the positive roots of the transcendental equation $\mathcal{V}'_{\mathcal{NM}}(\xi_n b,a)=0$,
$\mathcal{V}_{\mathcal{NM}}(\xi_n r,a) = J_{\mathcal{M}}(\xi_n r)Y'_{\mathcal{M}}(\xi_n a) - Y_{\mathcal{M}}(\xi_n r)J'_{\mathcal{M}}(\xi_n a)$, $\overline{\overline{\psi}}_a(\xi_m,s) = \int_0^\vartheta \overline{\psi}_a(u,s)\cos(\xi_m u)du$,
$\overline{\overline{\psi}}_b(\xi_m,s) = \int_0^\vartheta \overline{\psi}_b(u,s)\cos(\xi_m u)du$ and $\overline{\overline{\varphi}}(\xi_n,\xi_m) = \int_a^b r\mathcal{V}_{\mathcal{NM}}(\xi_n r,a)\int_0^\vartheta \varphi(r,u)\cos(\xi_m u)dudr$.
Successive inverse transforms yield

$$\overline{p} = \frac{\pi^2 q(s)e^{-st_0}}{\vartheta\phi c_t}\sum_{m=1}^{\infty}\cos(\xi_m\theta_0)\cos(\xi_m\theta)\sum_{n=1}^{\infty}\frac{\xi_n^2 J'^2_{\mathcal{M}}(\xi_n b)\mathcal{V}_{\mathcal{NM}}(\xi_n r_0,a)\mathcal{V}_{\mathcal{NM}}(\xi_n r,a)}{(\eta_r\xi_n^2+s)\left[\left\{1-\left(\frac{\mathcal{M}}{\xi_n b}\right)^2\right\}J'^2_{\mathcal{M}}(\xi_n a)-\left\{1-\left(\frac{\mathcal{M}}{\xi_n a}\right)^2\right\}J'^2_{\mathcal{M}}(\xi_n b)\right]} + \\ + \frac{2\pi}{\vartheta\phi c_t}\sum_{m=1}^{\infty}\cos(\xi_m\theta)\times \\ \times\sum_{n=1}^{\infty}\frac{\xi_n J'_{\mathcal{M}}(\xi_n b)\mathcal{V}_{\mathcal{NM}}(\xi_n r,a)\left\{\overline{\overline{\psi}}_a(\xi_m,s)J'_{\mathcal{M}}(\xi_n b)-J'_{\mathcal{M}}(\xi_n a)\overline{\overline{\psi}}_b(\xi_m,s)\right\}}{(\eta_r\xi_n^2+s)\left[\left\{1-\left(\frac{\mathcal{M}}{\xi_n b}\right)^2\right\}J'^2_{\mathcal{M}}(\xi_n a)-\left\{1-\left(\frac{\mathcal{M}}{\xi_n a}\right)^2\right\}J'^2_{\mathcal{M}}(\xi_n b)\right]} + \\ + \frac{\pi^2\eta_\theta}{\vartheta}\sum_{m=1}^{\infty}\xi_m\cos(\xi_m\theta)\sum_{n=1}^{\infty}\frac{\xi_n^2 J'^2_{\mathcal{M}}(\xi_n b)\mathcal{V}_{\mathcal{NM}}(\xi_n r,a)\int_a^b\frac{\mathcal{V}_{\mathcal{NM}}(\xi_n u,a)}{u}\left\{(-1)^{m+1}\xi_m\overline{\psi}_\vartheta(u,s)+\left(\frac{\mu}{k_\theta}\right)\overline{\psi}_0(u,s)\right\}du}{(\eta_r\xi_n^2+s)\left[\left\{1-\left(\frac{\mathcal{M}}{\xi_n b}\right)^2\right\}J'^2_{\mathcal{M}}(\xi_n a)-\left\{1-\left(\frac{\mathcal{M}}{\xi_n a}\right)^2\right\}J'^2_{\mathcal{M}}(\xi_n b)\right]} + \\ + \frac{\pi^2}{\vartheta}\sum_{m=1}^{\infty}\cos(\xi_m\theta)\sum_{n=1}^{\infty}\frac{\xi_n^2 J'^2_{\mathcal{M}}(\xi_n b)\mathcal{V}_{\mathcal{NM}}(\xi_n r,a)\overline{\overline{\varphi}}(\xi_n,\xi_m)}{(\eta_r\xi_n^2+s)\left[\left\{1-\left(\frac{\mathcal{M}}{\xi_n b}\right)^2\right\}J'^2_{\mathcal{M}}(\xi_n a)-\left\{1-\left(\frac{\mathcal{M}}{\xi_n a}\right)^2\right\}J'^2_{\mathcal{M}}(\xi_n b)\right]} \tag{17.67.2}$$

and

$$p = \frac{\pi^2 U(t-t_0)}{\phi c_t\vartheta}\sum_{m=1}^{\infty}\cos(\xi_m\theta_0)\cos(\xi_m\theta)\times \\ \times\sum_{n=1}^{\infty}\frac{\xi_n^2 J'^2_{\mathcal{M}}(\xi_n b)\mathcal{V}_{\mathcal{NM}}(\xi_n r_0,a)\mathcal{V}_{\mathcal{NM}}(\xi_n r,a)\int_0^{t-t_0}q(t-t_0-\tau)e^{-\eta_r\xi_n^2(t-\tau)}d\tau}{\left[\left\{1-\left(\frac{\mathcal{M}}{\xi_n b}\right)^2\right\}J'^2_{\mathcal{M}}(\xi_n a)-\left\{1-\left(\frac{\mathcal{M}}{\xi_n a}\right)^2\right\}J'^2_{\mathcal{M}}(\xi_n b)\right]} + \\ + \frac{2\pi}{\vartheta\phi c_t}\sum_{m=1}^{\infty}\cos(\xi_m\theta)\times$$

$$\times\sum_{n=1}^{\infty}\frac{\xi_n J'_{\mathcal{M}}(\xi_n b)\,\mathcal{V}_{\mathcal{NM}}(\xi_n r,a)\int_0^t\left\{\overline{\psi}_a(\xi_m,\tau)\,J'_{\mathcal{M}}(\xi_n b)-J'_{\mathcal{M}}(\xi_n a)\,\overline{\psi}_b(\xi_m,\tau)\right\}e^{-\eta_r\xi_n^2(t-\tau)}d\tau}{\left[\left\{1-\left(\frac{\mathcal{M}}{\xi_n b}\right)^2\right\}J'^2_{\mathcal{M}}(\xi_n a)-\left\{1-\left(\frac{\mathcal{M}}{\xi_n a}\right)^2\right\}J'^2_{\mathcal{M}}(\xi_n b)\right]}+$$

$$+\frac{\pi^2\eta_\theta}{\vartheta}\sum_{m=1}^{\infty}\xi_m\cos(\xi_m\theta)\times$$

$$\times\sum_{n=1}^{\infty}\frac{\xi_n^2 J'^2_{\mathcal{M}}(\xi_n b)\,\mathcal{V}_{\mathcal{NM}}(\xi_n r,a)\int_a^b\frac{\mathcal{V}_{\mathcal{NM}}(\xi_n u,a)}{u}\int_0^t\left\{(-1)^{m+1}\xi_m\psi_\vartheta(u,\tau)+\left(\frac{\mu}{k_\theta}\right)\psi_0(u,\tau)\right\}e^{-\eta_r\xi_n^2(t-\tau)}d\tau du}{\left[\left\{1-\left(\frac{\mathcal{M}}{\xi_n b}\right)^2\right\}J'^2_{\mathcal{M}}(\xi_n a)-\left\{1-\left(\frac{\mathcal{M}}{\xi_n a}\right)^2\right\}J'^2_{\mathcal{M}}(\xi_n b)\right]}+$$

$$+\frac{\pi^2}{\vartheta}\sum_{m=1}^{\infty}\cos(\xi_m\theta)\sum_{n=1}^{\infty}\frac{\xi_n^2 J'^2_{\mathcal{M}}(\xi_n b)\,\mathcal{V}_{\mathcal{NM}}(\xi_n r,a)\overline{\overline{\varphi}}(\xi_n,\xi_m)\,e^{-\eta_r\xi_n^2 t}}{\left[\left\{1-\left(\frac{\mathcal{M}}{\xi_n b}\right)^2\right\}J'^2_{\mathcal{M}}(\xi_n a)-\left\{1-\left(\frac{\mathcal{M}}{\xi_n a}\right)^2\right\}J'^2_{\mathcal{M}}(\xi_n b)\right]} \quad (17.67.3)$$

where $\overline{\psi}_a(\xi_m,t)=\int_0^\vartheta\psi_a(u,t)\cos(\xi_m u)du$ and $\overline{\psi}_b(\xi_m,t)=\int_0^\vartheta\psi_b(u,t)\cos(\xi_m u)du$.

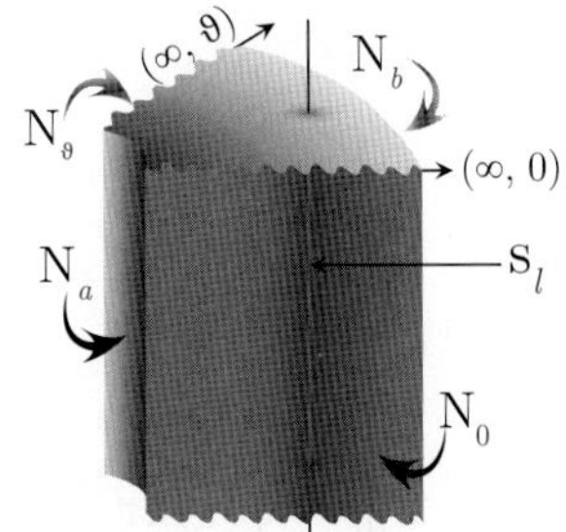

17.68 **The problem of 17.28, except $\mathbf{N_0}\equiv\frac{\partial p(r,0,t)}{\partial\theta}=-\left(\frac{\mu}{k_\theta}\right)\psi_0(r,t)$, $\mathbf{N_\vartheta}\equiv\frac{\partial p(r,\vartheta,t)}{\partial\theta}=-\left(\frac{\mu}{k_\theta}\right)\psi_\vartheta(r,t)$, $\mathbf{N_a}\equiv\frac{\partial p(a,\theta,t)}{\partial r}=-\left(\frac{\mu}{k_r}\right)\psi_a(\theta,t)$ and $\mathbf{N_b}\equiv\frac{\partial p(b,\theta,t)}{\partial r}=-\left(\frac{\mu}{k_r}\right)\psi_b(\theta,t)$**

The successive application of the Laplace, Fourier and finite Hankel transformations to equation (14.1.1) gives

$$\begin{aligned}\overline{\overline{\overline{p}}}=&\frac{q(s)e^{-st_0}}{\phi c_t s}+\frac{q(s)e^{-st_0}\cos(\xi_m\theta_0)\,\mathcal{V}_{\mathcal{NM}}(\xi_n r_0,a)}{\phi c_t(\eta_r\xi_n^2+s)}+\\&+\frac{\int_0^\vartheta\left\{a\overline{\psi}_a(u,s)-b\overline{\psi}_b(u,s)\right\}du}{\phi c_t s}+\frac{2\overline{\overline{\psi}}_a(\xi_m,s)}{\pi\phi c_t\xi_n(\eta_r\xi_n^2+s)}-\frac{2J'_{\mathcal{M}}(\xi_n a)\,\overline{\overline{\psi}}_b(\xi_m,s)}{\pi\phi c_t\xi_n J'_{\mathcal{M}}(\xi_n b)(\eta_r\xi_n^2+s)}+\\&+\frac{\int_a^b\left\{\overline{\psi}_0(u,s)-\overline{\psi}_\vartheta(u,s)\right\}\frac{du}{u}}{\vartheta\phi c_t s}+\frac{\int_a^b\frac{\mathcal{V}_{\mathcal{NM}}(\xi_n u,a)}{u}\left\{(-1)^{m+1}\overline{\psi}_\vartheta(u,s)+\overline{\psi}_0(u,s)\right\}du}{\phi c_t(\eta_r\xi_n^2+s)}+\\&+\frac{1}{s}\int_a^b r\int_0^\vartheta\varphi(r,u)dudr+\frac{\overline{\overline{\varphi}}(\xi_n,\xi_m)}{(\eta_r\xi_n^2+s)}\end{aligned} \quad (17.68.1)$$

where ξ_m is a positive root of $\sin(\xi_m\vartheta)$, which are $\frac{m\pi}{\vartheta}$, $m=0,1,2,...$, ξ_n, $n=1,2,...$, are the positive roots of the transcendental equation $\mathcal{V}'_{\mathcal{NM}}(\xi_n b,a)=0$, $\mathcal{V}_{\mathcal{NM}}(\xi_n r,a)=J_{\mathcal{M}}(\xi_n r)\,Y'_{\mathcal{M}}(\xi_n a)-Y_{\mathcal{M}}(\xi_n r)\,J'_{\mathcal{M}}(\xi_n a)$, $\overline{\overline{\psi}}_a(\xi_m,s)=\int_0^\vartheta\overline{\psi}_a(u,s)\cos(\xi_m u)du$, $\overline{\overline{\psi}}_b(\xi_m,s)=\int_0^\vartheta\overline{\psi}_b(u,s)\cos(\xi_m u)du$ and $\overline{\overline{\varphi}}(\xi_n,\xi_m)=\int_a^b r\mathcal{V}_{\mathcal{NM}}(\xi_n r,a)\int_0^\vartheta\varphi(r,u)\cos(\xi_m u)dudr$. Successive inverse transforms yield

$$\overline{p}=\frac{2q(s)e^{-st_0}}{\phi c_t\vartheta s(b^2-a^2)}+\frac{\pi^2 q(s)e^{-st_0}}{\vartheta\phi c_t}\sum_{m=0}^{\infty}\ni_m\cos(\xi_m\theta_0)\cos(\xi_m\theta)\times$$

$$\times\sum_{n=1}^{\infty}\frac{\xi_n^2 J'^2_{\mathcal{M}}(\xi_n b)\,\mathcal{V}_{\mathcal{NM}}(\xi_n r_0,a)\,\mathcal{V}_{\mathcal{NM}}(\xi_n r,a)}{(\eta_r\xi_n^2+s)\left[\left\{1-\left(\frac{\mathcal{M}}{\xi_n b}\right)^2\right\}J'^2_{\mathcal{M}}(\xi_n a)-\left\{1-\left(\frac{\mathcal{M}}{\xi_n a}\right)^2\right\}J'^2_{\mathcal{M}}(\xi_n b)\right]}+$$

$$+\frac{2\int_0^\vartheta\left\{a\overline{\psi}_a(u,s)-b\overline{\psi}_b(u,s)\right\}du}{\phi c_t\vartheta s(b^2-a^2)}+\frac{2\pi}{\vartheta\phi c_t}\sum_{m=0}^{\infty}\ni_m\cos(\xi_m\theta)\times$$

$$\times\sum_{n=1}^{\infty}\frac{\xi_n J'_{\mathcal{M}}(\xi_n b)\,\mathcal{V}_{\mathcal{NM}}(\xi_n r,a)\left\{\overline{\overline{\psi}}_a(\xi_m,s)\,J'_{\mathcal{M}}(\xi_n b)-J'_{\mathcal{M}}(\xi_n a)\,\overline{\overline{\psi}}_b(\xi_m,s)\right\}}{(\eta_r\xi_n^2+s)\left[\left\{1-\left(\frac{\mathcal{M}}{\xi_n b}\right)^2\right\}J'^2_{\mathcal{M}}(\xi_n a)-\left\{1-\left(\frac{\mathcal{M}}{\xi_n a}\right)^2\right\}J'^2_{\mathcal{M}}(\xi_n b)\right]}+$$

$$+\frac{2\int_a^b\left\{\overline{\psi}_0(u,s)-\overline{\psi}_\vartheta(u,s)\right\}\frac{du}{u}}{\vartheta\phi c_t s\,(b^2-a^2)}+\frac{\pi^2\eta_\theta}{\vartheta}\sum_{m=0}^{\infty}\ni_m\xi_m\cos(\xi_m\theta)\times$$

$$\times\sum_{n=1}^{\infty}\frac{\xi_n^2 J'^2_{\mathcal{M}}(\xi_n b)\,\mathcal{V}_{\mathcal{NM}}(\xi_n r,a)\int_a^b\frac{\mathcal{V}_{\mathcal{NM}}(\xi_n u,a)}{u}\left\{(-1)^{m+1}\,\overline{\psi}_\vartheta(u,s)+\overline{\psi}_0(u,s)\right\}du}{(\eta_r\xi_n^2+s)\left[\left\{1-\left(\frac{\mathcal{M}}{\xi_n b}\right)^2\right\}J'^2_{\mathcal{M}}(\xi_n a)-\left\{1-\left(\frac{\mathcal{M}}{\xi_n a}\right)^2\right\}J'^2_{\mathcal{M}}(\xi_n b)\right]}+$$

$$+\frac{2\int_a^b r\int_0^\vartheta\varphi(r,u)\,du\,dr}{\vartheta s\,(b^2-a^2)}+$$

$$+\frac{\pi^2}{\vartheta}\sum_{m=0}^{\infty}\ni_m\cos(\xi_m\theta)\sum_{n=1}^{\infty}\frac{\xi_n^2 J'^2_{\mathcal{M}}(\xi_n b)\,\mathcal{V}_{\mathcal{NM}}(\xi_n r,a)\overline{\overline{\varphi}}(\xi_n,\xi_m)}{(\eta_r\xi_n^2+s)\left[\left\{1-\left(\frac{\mathcal{M}}{\xi_n b}\right)^2\right\}J'^2_{\mathcal{M}}(\xi_n a)-\left\{1-\left(\frac{\mathcal{M}}{\xi_n a}\right)^2\right\}J'^2_{\mathcal{M}}(\xi_n b)\right]}\qquad(17.68.2)$$

and

$$p=\frac{2\int_0^{t-t_0}q(\tau)\,d\tau}{\phi c_t\vartheta\,(b^2-a^2)}+\frac{\pi^2 U(t-t_0)}{\phi c_t\vartheta}\sum_{m=0}^{\infty}\ni_m\cos(\xi_m\theta_0)\cos(\xi_m\theta)\times$$

$$\times\sum_{n=1}^{\infty}\frac{\xi_n^2 J'^2_{\mathcal{M}}(\xi_n b)\,\mathcal{V}_{\mathcal{NM}}(\xi_n r_0,a)\,\mathcal{V}_{\mathcal{NM}}(\xi_n r,a)\int_0^{t-t_0}q(t-t_0-\tau)\,e^{-\eta_r\xi_n^2(t-\tau)}d\tau}{\left[\left\{1-\left(\frac{\mathcal{M}}{\xi_n b}\right)^2\right\}J'^2_{\mathcal{M}}(\xi_n a)-\left\{1-\left(\frac{\mathcal{M}}{\xi_n a}\right)^2\right\}J'^2_{\mathcal{M}}(\xi_n b)\right]}+$$

$$+\frac{2\int_0^\vartheta\int_0^t\{a\psi_a(u,\tau)-b\psi_b(u,\tau)\}\,d\tau\,du}{\phi c_t\vartheta\,(b^2-a^2)}+\frac{2\pi}{\vartheta\phi c_t}\sum_{m=0}^{\infty}\ni_m\cos(\xi_m\theta)\times$$

$$\times\sum_{n=1}^{\infty}\frac{\xi_n J'_{\mathcal{M}}(\xi_n b)\,\mathcal{V}_{\mathcal{NM}}(\xi_n r,a)\int_0^t\left\{\overline{\psi}_a(\xi_m,\tau)\,J'_{\mathcal{M}}(\xi_n b)-J'_{\mathcal{M}}(\xi_n a)\,\overline{\psi}_b(\xi_m,\tau)\right\}e^{-\eta_r\xi_n^2(t-\tau)}d\tau}{\left[\left\{1-\left(\frac{\mathcal{M}}{\xi_n b}\right)^2\right\}J'^2_{\mathcal{M}}(\xi_n a)-\left\{1-\left(\frac{\mathcal{M}}{\xi_n a}\right)^2\right\}J'^2_{\mathcal{M}}(\xi_n b)\right]}+$$

$$+\frac{2\int_a^b\int_0^t\{\psi_0(u,\tau)-\psi_\vartheta(u,\tau)\}d\tau\,\frac{du}{u}}{\vartheta\phi c_t\,(b^2-a^2)}+\frac{\pi^2\eta_\theta}{\vartheta}\sum_{m=0}^{\infty}\ni_m\xi_m\cos(\xi_m\theta)\times$$

$$\times\sum_{n=1}^{\infty}\frac{\xi_n^2 J'^2_{\mathcal{M}}(\xi_n b)\,\mathcal{V}_{\mathcal{NM}}(\xi_n r,a)\int_a^b\frac{\mathcal{V}_{\mathcal{NM}}(\xi_n u,a)}{u}\int_0^t\left\{(-1)^{m+1}\,\psi_\vartheta(u,\tau)+\psi_0(u,\tau)\right\}e^{-\eta_r\xi_n^2(t-\tau)}d\tau\,du}{\left[\left\{1-\left(\frac{\mathcal{M}}{\xi_n b}\right)^2\right\}J'^2_{\mathcal{M}}(\xi_n a)-\left\{1-\left(\frac{\mathcal{M}}{\xi_n a}\right)^2\right\}J'^2_{\mathcal{M}}(\xi_n b)\right]}+$$

$$+\frac{2\int\limits_a^b r\int\limits_0^\vartheta\varphi(r,u)\,du\,dr}{\vartheta\,(b^2-a^2)}+\frac{\pi^2}{\vartheta}\sum_{m=0}^{\infty}\ni_m\cos(\xi_m\theta)\sum_{n=1}^{\infty}\frac{\xi_n^2 J'^2_{\mathcal{M}}(\xi_n b)\,\mathcal{V}_{\mathcal{NM}}(\xi_n r,a)\overline{\overline{\varphi}}(\xi_n,\xi_m)\,e^{-\eta_r\xi_n^2 t}}{\left[\left\{1-\left(\frac{\mathcal{M}}{\xi_n b}\right)^2\right\}J'^2_{\mathcal{M}}(\xi_n a)-\left\{1-\left(\frac{\mathcal{M}}{\xi_n a}\right)^2\right\}J'^2_{\mathcal{M}}(\xi_n b)\right]}\qquad(17.68.3)$$

where $\overline{\psi}_a(\xi_m,t)=\int_0^\vartheta\psi_a(u,t)\cos(\xi_m u)du$ and $\overline{\psi}_b(\xi_m,t)=\int_0^\vartheta\psi_b(u,t)\cos(\xi_m u)du$.

17.69 **The problem of 17.28, except** $\mathbf{N_0} \equiv \frac{\partial p(r,0,t)}{\partial \theta} = -\left(\frac{\mu}{k_\theta}\right)\psi_0(r,t)$,
$\mathbf{R_\vartheta} \equiv \frac{\partial p(r,\vartheta,t)}{\partial \theta} + \lambda p(r,\vartheta,t) = -\left(\frac{\mu}{k_\theta}\right)\psi_\vartheta(r,t)$,
$\mathbf{N_a} \equiv \frac{\partial p(a,\theta,t)}{\partial r} = -\left(\frac{\mu}{k_r}\right)\psi_a(\theta,t)$ **and**
$\mathbf{N_b} \equiv \frac{\partial p(b,\theta,t)}{\partial r} = -\left(\frac{\mu}{k_r}\right)\psi_b(\theta,t)$

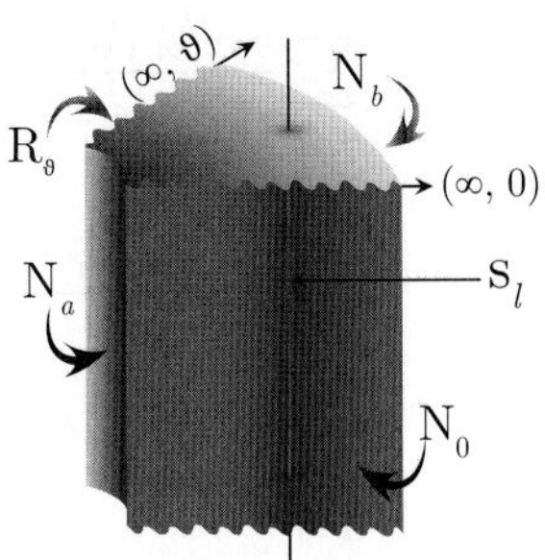

The successive application of the Laplace, Fourier and finite Hankel transformations to equation (14.1.1) gives

$$\overline{\overline{\overline{p}}} = \frac{q(s)\,e^{-st_0}\cos(\xi_m\theta_0)\,\mathcal{V}_{\mathcal{NM}}(\xi_n r_0,a)}{\phi c_t\left(\eta_r\xi_n^2+s\right)} + \frac{2\overline{\overline{\psi}}_a(\xi_m,s)}{\pi\phi c_t\xi_n\left(\eta_r\xi_n^2+s\right)} - \frac{2J'_{\mathcal{M}}(\xi_n a)\,\overline{\overline{\psi}}_b(\xi_m,s)}{\pi\phi c_t\xi_n J'_{\mathcal{M}}(\xi_n b)\left(\eta_r\xi_n^2+s\right)} +$$
$$+\frac{\int_a^b \frac{\mathcal{V}_{\mathcal{NM}}(\xi_n u,a)}{u}\left\{\overline{\psi}_0(u,s)-\overline{\psi}_\vartheta(u,s)\cos(\xi_m\vartheta)\right\}du}{\phi c_t\left(\eta_r\xi_n^2+s\right)} + \frac{\overline{\overline{\varphi}}(\xi_n,\xi_m)}{\left(\eta_r\xi_n^2+s\right)} \tag{17.69.1}$$

where ξ_m is a positive root of $\xi_m\tan(\xi_m\vartheta)=\lambda$, $m=1,2,\ldots$, ξ_n, $n=1,2,\ldots$, are the positive roots of the transcendental equation $\mathcal{V}'_{\mathcal{NM}}(\xi_n b,a)=0$, $\mathcal{V}_{\mathcal{NM}}(\xi_n r,a)=J_{\mathcal{M}}(\xi_n r)\,Y'_{\mathcal{M}}(\xi_n a)-Y_{\mathcal{M}}(\xi_n r)\,J'_{\mathcal{M}}(\xi_n a)$, $\overline{\overline{\psi}}_a(\xi_m,s)=\int_0^\vartheta\overline{\psi}_a(u,s)\cos(\xi_m u)du$, $\overline{\overline{\psi}}_b(\xi_m,s)=\int_0^\vartheta\overline{\psi}_b(u,s)\cos(\xi_m u)du$ and $\overline{\overline{\varphi}}(\xi_n,\xi_m)=\int_a^b r\mathcal{V}_{\mathcal{NM}}(\xi_n r,a)\int_0^\vartheta\varphi(r,u)\cos(\xi_m u)dudr$. Successive inverse transforms yield

$$\overline{p} = \frac{\pi^2 q(s)\,e^{-st_0}}{\phi c_t}\sum_{m=1}^{\infty}\frac{\left(\xi_m^2+\lambda^2\right)\cos(\xi_m\theta_0)\cos(\xi_m\theta)}{\vartheta\left(\xi_m^2+\lambda^2\right)+\lambda}\times$$
$$\times\sum_{n=1}^{\infty}\frac{\xi_n^2J'^2_{\mathcal{M}}(\xi_n b)\,\mathcal{V}_{\mathcal{NM}}(\xi_n r_0,a)\,\mathcal{V}_{\mathcal{NM}}(\xi_n r,a)}{\left(\eta_r\xi_n^2+s\right)\left[\left\{1-\left(\frac{\mathcal{M}}{\xi_n b}\right)^2\right\}J'^2_{\mathcal{M}}(\xi_n a)-\left\{1-\left(\frac{\mathcal{M}}{\xi_n a}\right)^2\right\}J'^2_{\mathcal{M}}(\xi_n b)\right]}+$$
$$+\frac{2\pi}{\phi c_t}\sum_{m=1}^{\infty}\frac{\left(\xi_m^2+\lambda^2\right)\cos(\xi_m\theta)}{\vartheta\left(\xi_m^2+\lambda^2\right)+\lambda}\sum_{n=1}^{\infty}\frac{\xi_nJ'_{\mathcal{M}}(\xi_n b)\,\mathcal{V}_{\mathcal{NM}}(\xi_n r,a)\left\{\overline{\overline{\psi}}_a(\xi_m,s)J'_{\mathcal{M}}(\xi_n b)-J'_{\mathcal{M}}(\xi_n a)\,\overline{\overline{\psi}}_b(\xi_m,s)\right\}}{\left(\eta_r\xi_n^2+s\right)\left[\left\{1-\left(\frac{\mathcal{M}}{\xi_n b}\right)^2\right\}J'^2_{\mathcal{M}}(\xi_n a)-\left\{1-\left(\frac{\mathcal{M}}{\xi_n a}\right)^2\right\}J'^2_{\mathcal{M}}(\xi_n b)\right]}+$$
$$+\frac{\pi^2\eta_\theta}{\vartheta}\sum_{m=1}^{\infty}\frac{\left(\xi_m^2+\lambda^2\right)\cos(\xi_m\theta)}{\vartheta\left(\xi_m^2+\lambda^2\right)+\lambda}\times$$
$$\times\sum_{n=1}^{\infty}\frac{\xi_n^2J'^2_{\mathcal{M}}(\xi_n b)\,\mathcal{V}_{\mathcal{NM}}(\xi_n r,a)\int_a^b\frac{\mathcal{V}_{\mathcal{NM}}(\xi_n u,a)}{u}\left\{\overline{\psi}_0(r,s)-\overline{\psi}_\vartheta(r,s)\cos(\xi_m\vartheta)\right\}du}{\left(\eta_r\xi_n^2+s\right)\left[\left\{1-\left(\frac{\mathcal{M}}{\xi_n b}\right)^2\right\}J'^2_{\mathcal{M}}(\xi_n a)-\left\{1-\left(\frac{\mathcal{M}}{\xi_n a}\right)^2\right\}J'^2_{\mathcal{M}}(\xi_n b)\right]}+$$
$$+\pi^2\sum_{m=1}^{\infty}\frac{\left(\xi_m^2+\lambda^2\right)\cos(\xi_m\theta)}{\vartheta\left(\xi_m^2+\lambda^2\right)+\lambda}\sum_{n=1}^{\infty}\frac{\xi_n^2J'^2_{\mathcal{M}}(\xi_n b)\,\mathcal{V}_{\mathcal{NM}}(\xi_n r,a)\overline{\overline{\varphi}}(\xi_n,\xi_m)}{\left(\eta_r\xi_n^2+s\right)\left[\left\{1-\left(\frac{\mathcal{M}}{\xi_n b}\right)^2\right\}J'^2_{\mathcal{M}}(\xi_n a)-\left\{1-\left(\frac{\mathcal{M}}{\xi_n a}\right)^2\right\}J'^2_{\mathcal{M}}(\xi_n b)\right]} \tag{17.69.2}$$

and

$$p = \frac{\pi^2U(t-t_0)}{\phi c_t}\sum_{m=1}^{\infty}\frac{\left(\xi_m^2+\lambda^2\right)\cos(\xi_m\theta_0)\cos(\xi_m\theta)}{\vartheta\left(\xi_m^2+\lambda^2\right)+\lambda}\times$$
$$\times\sum_{n=1}^{\infty}\frac{\xi_n^2J'^2_{\mathcal{M}}(\xi_n b)\,\mathcal{V}_{\mathcal{NM}}(\xi_n r_0,a)\,\mathcal{V}_{\mathcal{NM}}(\xi_n r,a)\int_0^{t-t_0}q(t-t_0-\tau)\,e^{-\eta_r\xi_n^2(t-\tau)}d\tau}{\left[\left\{1-\left(\frac{\mathcal{M}}{\xi_n b}\right)^2\right\}J'^2_{\mathcal{M}}(\xi_n a)-\left\{1-\left(\frac{\mathcal{M}}{\xi_n a}\right)^2\right\}J'^2_{\mathcal{M}}(\xi_n b)\right]}+$$
$$+\frac{2\pi}{\phi c_t}\sum_{m=1}^{\infty}\frac{\left(\xi_m^2+\lambda^2\right)\cos(\xi_m\theta)}{\vartheta\left(\xi_m^2+\lambda^2\right)+\lambda}\times$$

$$\times\sum_{n=1}^{\infty}\frac{\xi_n J'_{\mathcal{M}}(\xi_n b)\mathcal{V}_{\mathcal{NM}}(\xi_n r,a)\int_0^t\left\{\overline{\psi}_a(\xi_m,\tau)J'_{\mathcal{M}}(\xi_n b)-J'_{\mathcal{M}}(\xi_n a)\overline{\psi}_b(\xi_m,\tau)\right\}e^{-\eta_r\xi_n^2(t-\tau)}d\tau}{\left[\left\{1-\left(\frac{\mathcal{M}}{\xi_n b}\right)^2\right\}J'^2_{\mathcal{M}}(\xi_n a)-\left\{1-\left(\frac{\mathcal{M}}{\xi_n a}\right)^2\right\}J'^2_{\mathcal{M}}(\xi_n b)\right]}+$$

$$+\frac{\pi^2\eta_\theta}{\vartheta}\sum_{m=1}^{\infty}\frac{\left(\xi_m^2+\lambda^2\right)\cos(\xi_m\theta)}{\vartheta\left(\xi_m^2+\lambda^2\right)+\lambda}\times$$

$$\times\sum_{n=1}^{\infty}\frac{\xi_n^2 J'^2_{\mathcal{M}}(\xi_n b)\mathcal{V}_{\mathcal{NM}}(\xi_n r,a)\int_a^b\frac{\mathcal{V}_{\mathcal{NM}}(\xi_n u,a)}{u}\int_0^t\left\{\psi_0(r,u)-\psi_\vartheta(u,s)\cos(\xi_m\vartheta)\right\}e^{-\eta_r\xi_n^2(t-\tau)}d\tau du}{\left[\left\{1-\left(\frac{\mathcal{M}}{\xi_n b}\right)^2\right\}J'^2_{\mathcal{M}}(\xi_n a)-\left\{1-\left(\frac{\mathcal{M}}{\xi_n a}\right)^2\right\}J'^2_{\mathcal{M}}(\xi_n b)\right]}+$$

$$+\pi^2\sum_{m=1}^{\infty}\frac{\left(\xi_m^2+\lambda^2\right)\cos(\xi_m\theta)}{\vartheta\left(\xi_m^2+\lambda^2\right)+\lambda}\sum_{n=1}^{\infty}\frac{\xi_n^2 J'^2_{\mathcal{M}}(\xi_n b)\mathcal{V}_{\mathcal{NM}}(\xi_n r,a)\overline{\overline{\varphi}}(\xi_n,\xi_m)e^{-\eta_r\xi_n^2 t}}{\left[\left\{1-\left(\frac{\mathcal{M}}{\xi_n b}\right)^2\right\}J'^2_{\mathcal{M}}(\xi_n a)-\left\{1-\left(\frac{\mathcal{M}}{\xi_n a}\right)^2\right\}J'^2_{\mathcal{M}}(\xi_n b)\right]}\tag{17.69.3}$$

where $\overline{\psi}_a(\xi_m,t)=\int_0^\vartheta\psi_a(u,t)\cos(\xi_m u)du$ and $\overline{\psi}_b(\xi_m,t)=\int_0^\vartheta\psi_b(u,t)\cos(\xi_m u)du$.

17.70

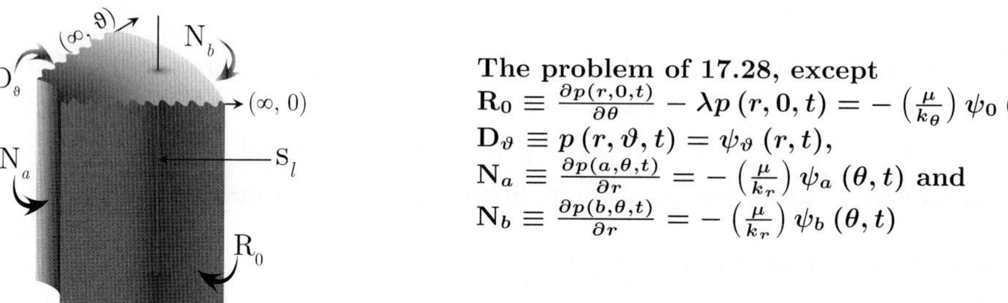

The problem of 17.28, except
$\mathbf{R_0}\equiv\frac{\partial p(r,0,t)}{\partial\theta}-\lambda p(r,0,t)=-\left(\frac{\mu}{k_\theta}\right)\psi_0(r,t)$,
$\mathbf{D_\vartheta}\equiv p(r,\vartheta,t)=\psi_\vartheta(r,t)$,
$\mathbf{N_a}\equiv\frac{\partial p(a,\theta,t)}{\partial r}=-\left(\frac{\mu}{k_r}\right)\psi_a(\theta,t)$ **and**
$\mathbf{N_b}\equiv\frac{\partial p(b,\theta,t)}{\partial r}=-\left(\frac{\mu}{k_r}\right)\psi_b(\theta,t)$

The successive application of the Laplace, Fourier and finite Hankel transformations to equation (14.1.1) gives

$$\overline{\overline{\overline{p}}}=\frac{q(s)e^{-st_0}\sin\{\xi_m(\vartheta-\theta_0)\}\mathcal{V}_{\mathcal{NM}}(\xi_n r_0,a)}{\phi c_t\left(\eta_r\xi_n^2+s\right)}+\frac{2\overline{\overline{\psi}}_a(\xi_m,s)}{\pi\phi c_t\xi_n\left(\eta_r\xi_n^2+s\right)}-\frac{2J'_{\mathcal{M}}(\xi_n a)\overline{\overline{\psi}}_b(\xi_m,s)}{\pi\phi c_t\xi_n J'_{\mathcal{M}}(\xi_n b)\left(\eta_r\xi_n^2+s\right)}+$$
$$+\frac{\eta_\theta\int_a^b\frac{\mathcal{V}_{\mathcal{NM}}(\xi_n u,a)}{u}\left\{\left(\frac{\mu}{k_\theta}\right)\overline{\psi}_0(u,s)\sin(\xi_m\vartheta)+\xi_m\overline{\psi}_\vartheta(u,s)\right\}du}{\left(\eta_r\xi_n^2+s\right)}+\frac{\overline{\overline{\varphi}}(\xi_n,\xi_m)}{\left(\eta_r\xi_n^2+s\right)}\tag{17.70.1}$$

where ξ_m is a positive root of $\xi_m\cot(\xi_m\vartheta)=-\lambda$, $m=1,2,...$, ξ_n, $n=1,2,...$, are the positive roots of the transcendental equation $\mathcal{V}'_{\mathcal{NM}}(\xi_n b,a)=0$, $\mathcal{V}_{\mathcal{NM}}(\xi_n r,a)=J_{\mathcal{M}}(\xi_n r)Y'_{\mathcal{M}}(\xi_n a)-Y_{\mathcal{M}}(\xi_n r)J'_{\mathcal{M}}(\xi_n a)$, $\overline{\overline{\psi}}_a(\xi_m,s)=\int_0^\vartheta\overline{\psi}_a(u,s)\sin\{\xi_m(\vartheta-u)\}du$, $\overline{\overline{\psi}}_b(\xi_m,s)=\int_0^\vartheta\overline{\psi}_b(u,s)\sin\{\xi_m(\vartheta-u)\}du$ and $\overline{\overline{\varphi}}(\xi_n,\xi_m)=\int_a^b r\mathcal{V}_{\mathcal{NM}}(\xi_n r,a)\int_0^\vartheta\varphi(r,u)\sin\{\xi_m(\vartheta-u)\}dudr$. Successive inverse transforms yield

$$\overline{p}=\frac{\pi^2 q(s)e^{-st_0}}{\phi c_t}\sum_{m=1}^{\infty}\frac{\left(\xi_m^2+\lambda^2\right)\sin\{\xi_m(\vartheta-\theta_0)\}\sin\{\xi_m(\vartheta-\theta)\}}{\vartheta\left(\xi_m^2+\lambda^2\right)+\lambda}\times$$

$$\times\sum_{n=1}^{\infty}\frac{\xi_n^2 J'^2_{\mathcal{M}}(\xi_n b)\mathcal{V}_{\mathcal{NM}}(\xi_n r_0,a)\mathcal{V}_{\mathcal{NM}}(\xi_n r,a)}{\left(\eta_r\xi_n^2+s\right)\left[\left\{1-\left(\frac{\mathcal{M}}{\xi_n b}\right)^2\right\}J'^2_{\mathcal{M}}(\xi_n a)-\left\{1-\left(\frac{\mathcal{M}}{\xi_n a}\right)^2\right\}J'^2_{\mathcal{M}}(\xi_n b)\right]}+$$

$$+\frac{2\pi}{\phi c_t}\sum_{m=1}^{\infty}\frac{\left(\xi_m^2+\lambda^2\right)\sin\{\xi_m(\vartheta-\theta)\}}{\vartheta\left(\xi_m^2+\lambda^2\right)+\lambda}\times$$

$$\times\sum_{n=1}^{\infty}\frac{\xi_n J'_{\mathcal{M}}(\xi_n b)\mathcal{V}_{\mathcal{NM}}(\xi_n r,a)\left\{\overline{\overline{\psi}}_a(\xi_m,s)J'_{\mathcal{M}}(\xi_n b)-J'_{\mathcal{M}}(\xi_n a)\overline{\overline{\psi}}_b(\xi_m,s)\right\}}{\left(\eta_r\xi_n^2+s\right)\left[\left\{1-\left(\frac{\mathcal{M}}{\xi_n b}\right)^2\right\}J'^2_{\mathcal{M}}(\xi_n a)-\left\{1-\left(\frac{\mathcal{M}}{\xi_n a}\right)^2\right\}J'^2_{\mathcal{M}}(\xi_n b)\right]}+$$

$$+\frac{\pi^2\eta_\theta}{\vartheta}\sum_{m=1}^{\infty}\frac{(\xi_m^2+\lambda^2)\sin\{\xi_m(\vartheta-\theta)\}}{\vartheta(\xi_m^2+\lambda^2)+\lambda}\times$$
$$\times\sum_{n=1}^{\infty}\frac{\xi_n^2 J_{\mathcal{M}}'^2(\xi_n b)\mathcal{V}_{\mathcal{N}\mathcal{M}}(\xi_n r,a)\int_a^b\frac{\mathcal{V}_{\mathcal{N}\mathcal{M}}(\xi_n u,a)}{u}\left\{\left(\frac{\mu}{k_\theta}\right)\overline{\psi}_0(u,s)\sin(\xi_m\vartheta)+\xi_m\overline{\psi}_\vartheta(u,s)\right\}du}{(\eta_r\xi_n^2+s)\left[\left\{1-\left(\frac{\mathcal{M}}{\xi_n b}\right)^2\right\}J_{\mathcal{M}}'^2(\xi_n a)-\left\{1-\left(\frac{\mathcal{M}}{\xi_n a}\right)^2\right\}J_{\mathcal{M}}'^2(\xi_n b)\right]}+$$
$$+\pi^2\sum_{m=1}^{\infty}\frac{(\xi_m^2+\lambda^2)\sin\{\xi_m(\vartheta-\theta)\}}{\vartheta(\xi_m^2+\lambda^2)+\lambda}\sum_{n=1}^{\infty}\frac{\xi_n^2 J_{\mathcal{M}}'^2(\xi_n b)\mathcal{V}_{\mathcal{N}\mathcal{M}}(\xi_n r,a)\overline{\overline{\varphi}}(\xi_n,\xi_m)}{(\eta_r\xi_n^2+s)\left[\left\{1-\left(\frac{\mathcal{M}}{\xi_n b}\right)^2\right\}J_{\mathcal{M}}'^2(\xi_n a)-\left\{1-\left(\frac{\mathcal{M}}{\xi_n a}\right)^2\right\}J_{\mathcal{M}}'^2(\xi_n b)\right]} \tag{17.70.2}$$

and

$$p=\frac{\pi^2 U(t-t_0)}{\phi c_t}\sum_{m=1}^{\infty}\frac{(\xi_m^2+\lambda^2)\sin\{\xi_m(\vartheta-\theta_0)\}\sin\{\xi_m(\vartheta-\theta)\}}{\vartheta(\xi_m^2+\lambda^2)+\lambda}\times$$
$$\times\sum_{n=1}^{\infty}\frac{\xi_n^2 J_{\mathcal{M}}'^2(\xi_n b)\mathcal{V}_{\mathcal{N}\mathcal{M}}(\xi_n r_0,a)\mathcal{V}_{\mathcal{N}\mathcal{M}}(\xi_n r,a)\int_0^{t-t_0}q(t-t_0-\tau)e^{-\eta_r\xi_n^2(t-\tau)}d\tau}{\left[\left\{1-\left(\frac{\mathcal{M}}{\xi_n b}\right)^2\right\}J_{\mathcal{M}}'^2(\xi_n a)-\left\{1-\left(\frac{\mathcal{M}}{\xi_n a}\right)^2\right\}J_{\mathcal{M}}'^2(\xi_n b)\right]}+$$
$$+\frac{2\pi}{\phi c_t}\sum_{m=1}^{\infty}\frac{(\xi_m^2+\lambda^2)\sin\{\xi_m(\vartheta-\theta)\}}{\vartheta(\xi_m^2+\lambda^2)+\lambda}\times$$
$$\times\sum_{n=1}^{\infty}\frac{\xi_n J_{\mathcal{M}}'(\xi_n b)\mathcal{V}_{\mathcal{N}\mathcal{M}}(\xi_n r,a)\int_0^t\{\overline{\psi}_a(\xi_m,\tau)J_{\mathcal{M}}'(\xi_n b)-J_{\mathcal{M}}'(\xi_n a)\overline{\psi}_b(\xi_m,\tau)\}e^{-\eta_r\xi_n^2(t-\tau)}d\tau}{\left[\left\{1-\left(\frac{\mathcal{M}}{\xi_n b}\right)^2\right\}J_{\mathcal{M}}'^2(\xi_n a)-\left\{1-\left(\frac{\mathcal{M}}{\xi_n a}\right)^2\right\}J_{\mathcal{M}}'^2(\xi_n b)\right]}+$$
$$+\frac{\pi^2\eta_\theta}{\vartheta}\sum_{m=1}^{\infty}\frac{(\xi_m^2+\lambda^2)\sin\{\xi_m(\vartheta-\theta)\}}{\vartheta(\xi_m^2+\lambda^2)+\lambda}\times$$
$$\times\sum_{n=1}^{\infty}\frac{\xi_n^2 J_{\mathcal{M}}'^2(\xi_n b)\mathcal{V}_{\mathcal{N}\mathcal{M}}(\xi_n r,a)\int_a^b\frac{\mathcal{V}_{\mathcal{N}\mathcal{M}}(\xi_n u,a)}{u}\int_0^t\left\{\left(\frac{\mu}{k_\theta}\right)\psi_0(u,\tau)\sin(\xi_m\vartheta)+\xi_m\psi_\vartheta(u,\tau)\right\}e^{-\eta_r\xi_n^2(t-\tau)}d\tau du}{\left[\left\{1-\left(\frac{\mathcal{M}}{\xi_n b}\right)^2\right\}J_{\mathcal{M}}'^2(\xi_n a)-\left\{1-\left(\frac{\mathcal{M}}{\xi_n a}\right)^2\right\}J_{\mathcal{M}}'^2(\xi_n b)\right]}+$$
$$+\pi^2\sum_{m=1}^{\infty}\frac{(\xi_m^2+\lambda^2)\sin\{\xi_m(\vartheta-\theta)\}}{\vartheta(\xi_m^2+\lambda^2)+\lambda}\sum_{n=1}^{\infty}\frac{\xi_n^2 J_{\mathcal{M}}'^2(\xi_n b)\mathcal{V}_{\mathcal{N}\mathcal{M}}(\xi_n r,a)\overline{\overline{\varphi}}(\xi_n,\xi_m)e^{-\eta_r\xi_n^2 t}}{\left[\left\{1-\left(\frac{\mathcal{M}}{\xi_n b}\right)^2\right\}J_{\mathcal{M}}'^2(\xi_n a)-\left\{1-\left(\frac{\mathcal{M}}{\xi_n a}\right)^2\right\}J_{\mathcal{M}}'^2(\xi_n b)\right]} \tag{17.70.3}$$

where $\overline{\psi}_a(\xi_m,t)=\int_0^\vartheta\psi_a(u,t)\sin\{\xi_m(\vartheta-u)\}du$ and $\overline{\psi}_b(\xi_m,t)=\int_0^\vartheta\psi_b(u,t)\sin\{\xi_m(\vartheta-u)\}du$.

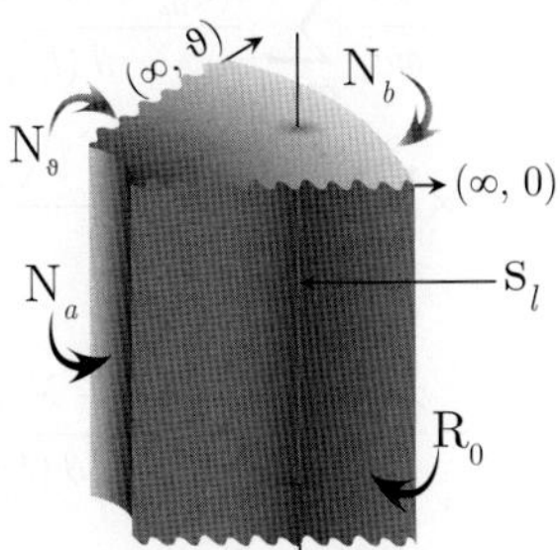

17.71 The problem of 17.28, except
$\mathbf{R_0}\equiv\frac{\partial p(r,0,t)}{\partial\theta}-\lambda p(r,0,t)=-\left(\frac{\mu}{k_\theta}\right)\psi_0(r,t)$,
$\mathbf{N_\vartheta}\equiv\frac{\partial p(r,\vartheta,t)}{\partial\theta}=-\left(\frac{\mu}{k_\theta}\right)\psi_\vartheta(r,t)$, $\mathbf{N_a}\equiv\frac{\partial p(a,\theta,t)}{\partial r}=-\left(\frac{\mu}{k_r}\right)\psi_a(\theta,t)$
and $\mathbf{N_b}\equiv\frac{\partial p(b,\theta,t)}{\partial r}=-\left(\frac{\mu}{k_r}\right)\psi_b(\theta,t)$

The successive application of the Laplace, Fourier and finite Hankel transformations to equation (14.1.1) gives

$$\overline{\overline{\overline{p}}}=\frac{q(s)e^{-st_0}\cos\{\xi_m(\vartheta-\theta_0)\}\mathcal{V}_{\mathcal{N}\mathcal{M}}(\xi_n r_0,a)}{\phi c_t(\eta_r\xi_n^2+s)}+\frac{2\overline{\overline{\psi}}_a(\xi_m,s)}{\pi\phi c_t\xi_n(\eta_r\xi_n^2+s)}-\frac{2J_{\mathcal{M}}'(\xi_n a)\overline{\overline{\psi}}_b(\xi_m,s)}{\pi\phi c_t\xi_n J_{\mathcal{M}}'(\xi_n b)(\eta_r\xi_n^2+s)}+$$
$$+\frac{\int_a^b\frac{\mathcal{V}_{\mathcal{N}\mathcal{M}}(\xi_n u,a)}{u}\{\overline{\psi}_0(u,s)\cos(\xi_m\vartheta)-\overline{\psi}_\vartheta(u,s)\}du}{\phi c_t(\eta_r\xi_n^2+s)}+\frac{\overline{\overline{\varphi}}(\xi_n,\xi_m)}{(\eta_r\xi_n^2+s)} \tag{17.71.1}$$

where ξ_m is a positive root of $\xi_m \tan(\xi_m \vartheta) = \lambda$, $m = 1, 2, ...$, ξ_n, $n = 1, 2, ...$, are the positive roots of the transcendental equation $\mathcal{V}'_{\mathcal{NM}}(\xi_n b, a) = 0$, $\mathcal{V}_{\mathcal{NM}}(\xi_n r, a) = J_{\mathcal{M}}(\xi_n r) Y'_{\mathcal{M}}(\xi_n a) - Y_{\mathcal{M}}(\xi_n r) J'_{\mathcal{M}}(\xi_n a)$, $\overline{\overline{\psi}}_a(\xi_m, s) = \int_0^{\vartheta} \overline{\psi}_a(u, s) \cos\{\xi_m(\vartheta - u)\} du$, $\overline{\overline{\psi}}_b(\xi_m, s) = \int_0^{\vartheta} \overline{\psi}_b(u, s) \cos\{\xi_m(\vartheta - u)\} du$ and $\overline{\overline{\varphi}}(\xi_n, \xi_m) = \int_a^b r \mathcal{V}_{\mathcal{NM}}(\xi_n r, a) \int_0^{\vartheta} \varphi(r, u) \cos\{\xi_m(\vartheta - u)\} du dr$. Successive inverse transforms yield

$$
\begin{aligned}
\overline{p} = {} & \frac{\pi^2 q(s) e^{-st_0}}{\phi c_t} \sum_{m=1}^{\infty} \frac{(\xi_m^2 + \lambda^2) \cos\{\xi_m(\vartheta - \theta_0)\} \cos\{\xi_m(\vartheta - \theta)\}}{\vartheta(\xi_m^2 + \lambda^2) + \lambda} \times \\
& \times \sum_{n=1}^{\infty} \frac{\xi_n^2 J'^2_{\mathcal{M}}(\xi_n b) \mathcal{V}_{\mathcal{NM}}(\xi_n r_0, a) \mathcal{V}_{\mathcal{NM}}(\xi_n r, a)}{(\eta_r \xi_n^2 + s)\left[\left\{1 - \left(\frac{\mathcal{M}}{\xi_n b}\right)^2\right\} J'^2_{\mathcal{M}}(\xi_n a) - \left\{1 - \left(\frac{\mathcal{M}}{\xi_n a}\right)^2\right\} J'^2_{\mathcal{M}}(\xi_n b)\right]} + \\
& + \frac{2\pi}{\phi c_t} \sum_{m=1}^{\infty} \frac{(\xi_m^2 + \lambda^2) \cos\{\xi_m(\vartheta - \theta)\}}{\vartheta(\xi_m^2 + \lambda^2) + \lambda} \times \\
& \times \sum_{n=1}^{\infty} \frac{\xi_n J'_{\mathcal{M}}(\xi_n b) \mathcal{V}_{\mathcal{NM}}(\xi_n r, a) \left\{\overline{\overline{\psi}}_a(\xi_m, s) J'_{\mathcal{M}}(\xi_n b) - J'_{\mathcal{M}}(\xi_n a) \overline{\overline{\psi}}_b(\xi_m, s)\right\}}{(\eta_r \xi_n^2 + s)\left[\left\{1 - \left(\frac{\mathcal{M}}{\xi_n b}\right)^2\right\} J'^2_{\mathcal{M}}(\xi_n a) - \left\{1 - \left(\frac{\mathcal{M}}{\xi_n a}\right)^2\right\} J'^2_{\mathcal{M}}(\xi_n b)\right]} + \\
& + \frac{\pi^2 \eta_\theta}{\vartheta} \sum_{m=1}^{\infty} \frac{(\xi_m^2 + \lambda^2) \cos\{\xi_m(\vartheta - \theta)\}}{\vartheta(\xi_m^2 + \lambda^2) + \lambda} \times \\
& \times \sum_{n-1}^{\infty} \frac{\xi_n^2 J'^2_{\mathcal{M}}(\xi_n b) \mathcal{V}_{\mathcal{NM}}(\xi_n r, a) \int_a^b \frac{\mathcal{V}_{\mathcal{NM}}(\xi_n u, a)}{u} \{\overline{\psi}_0(u, s) \cos(\xi_m \vartheta) - \overline{\psi}_\vartheta(u, s)\} du}{(\eta_r \xi_n^2 + s)\left[\left\{1 - \left(\frac{\mathcal{M}}{\xi_n b}\right)^2\right\} J'^2_{\mathcal{M}}(\xi_n a) - \left\{1 - \left(\frac{\mathcal{M}}{\xi_n a}\right)^2\right\} J'^2_{\mathcal{M}}(\xi_n b)\right]} + \\
& + \pi^2 \sum_{m=1}^{\infty} \frac{(\xi_m^2 + \lambda^2) \cos\{\xi_m(\vartheta - \theta)\}}{\vartheta(\xi_m^2 + \lambda^2) + \lambda} \sum_{n=1}^{\infty} \frac{\xi_n^2 J'^2_{\mathcal{M}}(\xi_n b) \mathcal{V}_{\mathcal{NM}}(\xi_n r, a) \overline{\overline{\varphi}}(\xi_n, \xi_m)}{(\eta_r \xi_n^2 + s)\left[\left\{1 - \left(\frac{\mathcal{M}}{\xi_n b}\right)^2\right\} J'^2_{\mathcal{M}}(\xi_n a) - \left\{1 - \left(\frac{\mathcal{M}}{\xi_n a}\right)^2\right\} J'^2_{\mathcal{M}}(\xi_n b)\right]}
\end{aligned}
\tag{17.71.2}
$$

and

$$
\begin{aligned}
p = {} & \frac{\pi^2 U(t - t_0)}{\phi c_t} \sum_{m=1}^{\infty} \frac{(\xi_m^2 + \lambda^2) \cos\{\xi_m(\vartheta - \theta_0)\} \cos\{\xi_m(\vartheta - \theta)\}}{\vartheta(\xi_m^2 + \lambda^2) + \lambda} \times \\
& \times \sum_{n=1}^{\infty} \frac{\xi_n^2 J'^2_{\mathcal{M}}(\xi_n b) \mathcal{V}_{\mathcal{NM}}(\xi_n r_0, a) \mathcal{V}_{\mathcal{NM}}(\xi_n r, a) \int_0^{t-t_0} q(t - t_0 - \tau) e^{-\eta_r \xi_n^2 (t-\tau)} d\tau}{\left[\left\{1 - \left(\frac{\mathcal{M}}{\xi_n b}\right)^2\right\} J'^2_{\mathcal{M}}(\xi_n a) - \left\{1 - \left(\frac{\mathcal{M}}{\xi_n a}\right)^2\right\} J'^2_{\mathcal{M}}(\xi_n b)\right]} + \\
& + \frac{2\pi}{\phi c_t} \sum_{m=1}^{\infty} \frac{(\xi_m^2 + \lambda^2) \cos\{\xi_m(\vartheta - \theta)\}}{\vartheta(\xi_m^2 + \lambda^2) + \lambda} \times \\
& \times \sum_{n=1}^{\infty} \frac{\xi_n J'_{\mathcal{M}}(\xi_n b) \mathcal{V}_{\mathcal{NM}}(\xi_n r, a) \int_0^t \{\overline{\psi}_a(\xi_m, \tau) J'_{\mathcal{M}}(\xi_n b) - J'_{\mathcal{M}}(\xi_n a) \overline{\psi}_b(\xi_m, \tau)\} e^{-\eta_r \xi_n^2 (t-\tau)} d\tau}{\left[\left\{1 - \left(\frac{\mathcal{M}}{\xi_n b}\right)^2\right\} J'^2_{\mathcal{M}}(\xi_n a) - \left\{1 - \left(\frac{\mathcal{M}}{\xi_n a}\right)^2\right\} J'^2_{\mathcal{M}}(\xi_n b)\right]} + \\
& + \frac{\pi^2 \eta_\theta}{\vartheta} \sum_{m=1}^{\infty} \frac{(\xi_m^2 + \lambda^2) \cos\{\xi_m(\vartheta - \theta)\}}{\vartheta(\xi_m^2 + \lambda^2) + \lambda} \times \\
& \times \sum_{n=1}^{\infty} \frac{\xi_n^2 J'^2_{\mathcal{M}}(\xi_n b) \mathcal{V}_{\mathcal{NM}}(\xi_n r, a) \int_a^b \frac{\mathcal{V}_{\mathcal{NM}}(\xi_n u, a)}{u} \int_0^t \{\psi_0(u, \tau) \cos(\xi_m \vartheta) - \psi_\vartheta(u, \tau)\} e^{-\eta_r \xi_n^2 (t-\tau)} d\tau du}{\left[\left\{1 - \left(\frac{\mathcal{M}}{\xi_n b}\right)^2\right\} J'^2_{\mathcal{M}}(\xi_n a) - \left\{1 - \left(\frac{\mathcal{M}}{\xi_n a}\right)^2\right\} J'^2_{\mathcal{M}}(\xi_n b)\right]} + \\
& + \pi^2 \sum_{m=1}^{\infty} \frac{(\xi_m^2 + \lambda^2) \cos\{\xi_m(\vartheta - \theta)\}}{\vartheta(\xi_m^2 + \lambda^2) + \lambda} \sum_{n=1}^{\infty} \frac{\xi_n^2 J'^2_{\mathcal{M}}(\xi_n b) \mathcal{V}_{\mathcal{NM}}(\xi_n r, a) \overline{\overline{\varphi}}(\xi_n, \xi_m) e^{-\eta_r \xi_n^2 t}}{\left[\left\{1 - \left(\frac{\mathcal{M}}{\xi_n b}\right)^2\right\} J'^2_{\mathcal{M}}(\xi_n a) - \left\{1 - \left(\frac{\mathcal{M}}{\xi_n a}\right)^2\right\} J'^2_{\mathcal{M}}(\xi_n b)\right]}
\end{aligned}
\tag{17.71.3}
$$

where $\overline{\psi}_a(\xi_m, t) = \int_0^{\vartheta} \psi_a(u, t) \cos\{\xi_m(\vartheta - u)\} du$ and $\overline{\psi}_b(\xi_m, t) = \int_0^{\vartheta} \psi_b(u, t) \cos\{\xi_m(\vartheta - u)\} du$.

17.72 **The problem of 17.28, except**
$\mathbf{R_0} \equiv \frac{\partial p(r,0,t)}{\partial \theta} - \lambda_0 p(r,0,t) = -\left(\frac{\mu}{k_\theta}\right)\psi_0(r,t)$,
$\mathbf{R_\vartheta} \equiv \frac{\partial p(r,\vartheta,t)}{\partial \theta} + \lambda_\vartheta p(r,\vartheta,t) = -\left(\frac{\mu}{k_\theta}\right)\psi_\vartheta(r,t)$,
$\mathbf{N_a} \equiv \frac{\partial p(a,\theta,t)}{\partial r} = -\left(\frac{\mu}{k_r}\right)\psi_a(\theta,t)$ **and**
$\mathbf{N_b} \equiv \frac{\partial p(b,\theta,t)}{\partial r} = -\left(\frac{\mu}{k_r}\right)\psi_b(\theta,t)$

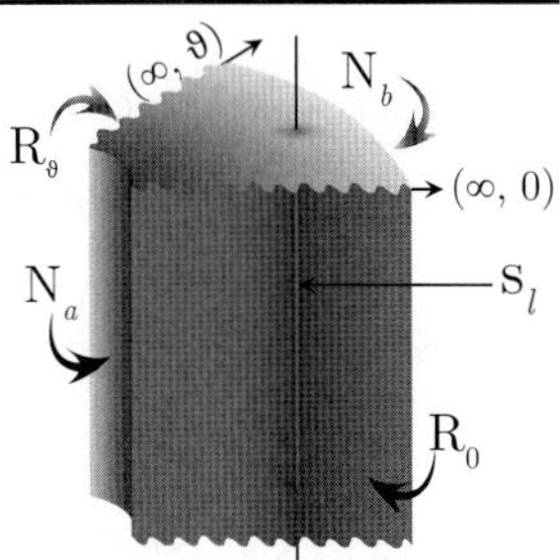

The successive application of the Laplace, Fourier and finite Hankel transformations to equation (14.1.1) gives

$$\overline{\overline{\overline{p}}} = \frac{q(s)e^{-st_0}\{\xi_m\cos(\xi_m\theta_0)+\lambda_0\sin(\xi_m\theta_0)\}\mathcal{V}_{\mathcal{NM}}(\xi_n r_0,a)}{\phi c_t\left(\eta_r\xi_n^2+s\right)} + \frac{2\overline{\overline{\psi}}_a(\xi_m,s)}{\pi\phi c_t\xi_n(\eta_r\xi_n^2+s)} - \frac{2J'_{\mathcal{M}}(\xi_n a)\overline{\overline{\psi}}_b(\xi_m,s)}{\pi\phi c_t\xi_n J'_{\mathcal{M}}(\xi_n b)(\eta_r\xi_n^2+s)} +$$
$$+\frac{\int_a^b \frac{\mathcal{V}_{\mathcal{NM}}(\xi_n u,a)}{u}\left[\xi_m\overline{\psi}_0(u,s) - \overline{\psi}_\vartheta(u,s)\{\xi_m\cos(\xi_m\vartheta)+\lambda_0\sin(\xi_m\vartheta)\}\right]du}{\phi c_t\left(\eta_r\xi_n^2+s\right)} + \frac{\overline{\overline{\varphi}}(\xi_n,\xi_m)}{\left(\eta_r\xi_n^2+s\right)} \tag{17.72.1}$$

where ξ_m is a positive root of $\tan(\xi_m\vartheta) = \frac{\xi_m(\lambda_0+\lambda_\vartheta)}{(\xi_m^2-\lambda_0\lambda_\vartheta)}$, $m = 1,2,...,$ ξ_n, $n = 1,2,...,$ are the positive roots of the transcendental equation $\mathcal{V}'_{\mathcal{NM}}(\xi_n b,a) = 0$, $\mathcal{V}_{\mathcal{NM}}(\xi_n r,a) = J_{\mathcal{M}}(\xi_n r)Y'_{\mathcal{M}}(\xi_n a) - Y_{\mathcal{M}}(\xi_n r)J'_{\mathcal{M}}(\xi_n a)$, $\overline{\overline{\psi}}_a(\xi_m,s) = \int_0^\vartheta \overline{\psi}_a(u,s)\{\xi_m\cos(\xi_m u)+\lambda_0\sin(\xi_m u)\}du$, $\overline{\overline{\psi}}_b(\xi_m,s) = \int_0^\vartheta \overline{\psi}_b(u,s)\{\xi_m\cos(\xi_m u)+\lambda_0\sin(\xi_m u)\}du$ and $\overline{\overline{\varphi}}(\xi_n,\xi_m) = \int_a^b r\mathcal{V}_{\mathcal{NM}}(\xi_n r,a)\int_0^\vartheta \varphi(r,u)\{\xi_m\cos(\xi_m u)+\lambda_0\sin(\xi_m u)\}dudr$. Successive inverse transforms yield

$$\overline{p} = \frac{\pi^2 q(s)e^{-st_0}}{\phi c_t}\sum_{m=1}^\infty \frac{\{\xi_m\cos(\xi_m\theta_0)+\lambda_0\sin(\xi_m\theta_0)\}\{\xi_m\cos(\xi_m\theta)+\lambda_0\sin(\xi_m\theta)\}}{\left(\xi_m^2+\lambda_0^2\right)\left\{\vartheta+\frac{\lambda_\vartheta}{\xi_m^2+\lambda_\vartheta^2}\right\}+\lambda_0}\times$$
$$\times\sum_{n=1}^\infty \frac{\xi_n^2 J'^2_{\mathcal{M}}(\xi_n b)\mathcal{V}_{\mathcal{NM}}(\xi_n r_0,a)\mathcal{V}_{\mathcal{NM}}(\xi_n r,a)}{\left(\eta_r\xi_n^2+s\right)\left[\left\{1-\left(\frac{\mathcal{M}}{\xi_n b}\right)^2\right\}J'^2_{\mathcal{M}}(\xi_n a)-\left\{1-\left(\frac{\mathcal{M}}{\xi_n a}\right)^2\right\}J'^2_{\mathcal{M}}(\xi_n b)\right]}+$$
$$+\frac{2\pi}{\phi c_t}\sum_{m=1}^\infty \frac{\{\xi_m\cos(\xi_m\theta)+\lambda_0\sin(\xi_m\theta)\}}{\left(\xi_m^2+\lambda_0^2\right)\left\{\vartheta+\frac{\lambda_\vartheta}{\xi_m^2+\lambda_\vartheta^2}\right\}+\lambda_0}\times$$
$$\times\sum_{n=1}^\infty \frac{\xi_n J'_{\mathcal{M}}(\xi_n b)\mathcal{V}_{\mathcal{NM}}(\xi_n r,a)\left\{\overline{\overline{\psi}}_a(\xi_m,s)J'_{\mathcal{M}}(\xi_n b)-J'_{\mathcal{M}}(\xi_n a)\overline{\overline{\psi}}_b(\xi_m,s)\right\}}{\left(\eta_r\xi_n^2+s\right)\left[\left\{1-\left(\frac{\mathcal{M}}{\xi_n b}\right)^2\right\}J'^2_{\mathcal{M}}(\xi_n a)-\left\{1-\left(\frac{\mathcal{M}}{\xi_n a}\right)^2\right\}J'^2_{\mathcal{M}}(\xi_n b)\right]}+$$
$$+\pi^2\eta_\theta\sum_{m=1}^\infty \frac{\{\xi_m\cos(\xi_m\theta)+\lambda_0\sin(\xi_m\theta)\}}{\left(\xi_m^2+\lambda_0^2\right)\left\{\vartheta+\frac{\lambda_\vartheta}{\xi_m^2+\lambda_\vartheta^2}\right\}+\lambda_0}\times$$
$$\times\sum_{n=1}^\infty \frac{\xi_n^2 J'^2_{\mathcal{M}}(\xi_n b)\mathcal{V}_{\mathcal{NM}}(\xi_n r,a)\int_a^b \frac{\mathcal{V}_{\mathcal{NM}}(\xi_n u,a)}{u}\left[\xi_m\overline{\psi}_0(u,s)-\overline{\psi}_\vartheta(u,s)\{\xi_m\cos(\xi_m\vartheta)+\lambda_0\sin(\xi_m\vartheta)\}\right]du}{\left(\eta_r\xi_n^2+s\right)\left[\left\{1-\left(\frac{\mathcal{M}}{\xi_n b}\right)^2\right\}J'^2_{\mathcal{M}}(\xi_n a)-\left\{1-\left(\frac{\mathcal{M}}{\xi_n a}\right)^2\right\}J'^2_{\mathcal{M}}(\xi_n b)\right]}+$$
$$+\pi^2\sum_{m=1}^\infty \frac{\{\xi_m\cos(\xi_m\theta)+\lambda_0\sin(\xi_m\theta)\}}{\left(\xi_m^2+\lambda_0^2\right)\left\{\vartheta+\frac{\lambda_\vartheta}{\xi_m^2+\lambda_\vartheta^2}\right\}+\lambda_0}\sum_{n=1}^\infty \frac{\xi_n^2 J'^2_{\mathcal{M}}(\xi_n b)\mathcal{V}_{\mathcal{NM}}(\xi_n r,a)\overline{\overline{\varphi}}(\xi_n,\xi_m)}{\left(\eta_r\xi_n^2+s\right)\left[\left\{1-\left(\frac{\mathcal{M}}{\xi_n b}\right)^2\right\}J'^2_{\mathcal{M}}(\xi_n a)-\left\{1-\left(\frac{\mathcal{M}}{\xi_n a}\right)^2\right\}J'^2_{\mathcal{M}}(\xi_n b)\right]} \tag{17.72.2}$$

and

$$p = \frac{\pi^2 U(t-t_0)}{\phi c_t}\sum_{m=1}^\infty \frac{\{\xi_m\cos(\xi_m\theta_0)+\lambda_0\sin(\xi_m\theta_0)\}\{\xi_m\cos(\xi_m\theta)+\lambda_0\sin(\xi_m\theta)\}}{\left(\xi_m^2+\lambda_0^2\right)\left\{\vartheta+\frac{\lambda_\vartheta}{\xi_m^2+\lambda_\vartheta^2}\right\}+\lambda_0}\times$$
$$\times\sum_{n=1}^\infty \frac{\xi_n^2 J'^2_{\mathcal{M}}(\xi_n b)\mathcal{V}_{\mathcal{NM}}(\xi_n r_0,a)\mathcal{V}_{\mathcal{NM}}(\xi_n r,a)\int_0^{t-t_0} q(t-t_0-\tau)e^{-\eta_r\xi_n^2(t-\tau)}d\tau}{\left[\left\{1-\left(\frac{\mathcal{M}}{\xi_n b}\right)^2\right\}J'^2_{\mathcal{M}}(\xi_n a)-\left\{1-\left(\frac{\mathcal{M}}{\xi_n a}\right)^2\right\}J'^2_{\mathcal{M}}(\xi_n b)\right]}+$$

$$+\frac{2\pi}{\phi c_t}\sum_{m=1}^{\infty}\frac{\{\xi_m\cos(\xi_m\theta)+\lambda_0\sin(\xi_m\theta)\}}{(\xi_m^2+\lambda_0^2)\left\{\vartheta+\frac{\lambda_\vartheta}{\xi_m^2+\lambda_\vartheta^2}\right\}+\lambda_0}\times$$

$$\times\sum_{n=1}^{\infty}\frac{\xi_n J'_{\mathcal{M}}(\xi_n b)\,\mathcal{V}_{\mathcal{NM}}(\xi_n r,a)\int_0^t\{\overline{\psi}_a(\xi_m,\tau)\,J'_{\mathcal{M}}(\xi_n b)-J'_{\mathcal{M}}(\xi_n a)\,\overline{\psi}_b(\xi_m,\tau)\}\,e^{-\eta_r\xi_n^2(t-\tau)}d\tau}{\left[\left\{1-\left(\frac{\mathcal{M}}{\xi_n b}\right)^2\right\}J'^2_{\mathcal{M}}(\xi_n a)-\left\{1-\left(\frac{\mathcal{M}}{\xi_n a}\right)^2\right\}J'^2_{\mathcal{M}}(\xi_n b)\right]}+$$

$$+\pi^2\eta_\theta\sum_{m=1}^{\infty}\frac{\{\xi_m\cos(\xi_m\theta)+\lambda_0\sin(\xi_m\theta)\}}{(\xi_m^2+\lambda_0^2)\left\{\vartheta+\frac{\lambda_\vartheta}{\xi_m^2+\lambda_\vartheta^2}\right\}+\lambda_0}\sum_{n=1}^{\infty}\frac{\xi_n^2 J'^2_{\mathcal{M}}(\xi_n b)\,\mathcal{V}_{\mathcal{NM}}(\xi_n r,a)}{\left[\left\{1-\left(\frac{\mathcal{M}}{\xi_n b}\right)^2\right\}J'^2_{\mathcal{M}}(\xi_n a)-\left\{1-\left(\frac{\mathcal{M}}{\xi_n a}\right)^2\right\}J'^2_{\mathcal{M}}(\xi_n b)\right]}\times$$

$$\times\int_a^b\frac{\mathcal{V}_{\mathcal{NM}}(\xi_n u,a)}{u}\int_0^t\left[\xi_m\psi_0(u,\tau)-\psi_\vartheta(u,\tau)\{\xi_m\cos(\xi_m\vartheta)+\lambda_0\sin(\xi_m\vartheta)\}\right]e^{-\eta_r\xi_n^2(t-\tau)}d\tau du+$$

$$+\pi^2\sum_{m=1}^{\infty}\frac{\{\xi_m\cos(\xi_m\theta)+\lambda_0\sin(\xi_m\theta)\}}{(\xi_m^2+\lambda_0^2)\left\{\vartheta+\frac{\lambda_\vartheta}{\xi_m^2+\lambda_\vartheta^2}\right\}+\lambda_0}\sum_{n=1}^{\infty}\frac{\xi_n^2 J'^2_{\mathcal{M}}(\xi_n b)\,\mathcal{V}_{\mathcal{NM}}(\xi_n r,a)\overline{\overline{\varphi}}(\xi_n,\xi_m)\,e^{-\eta_r\xi_n^2 t}}{\left[\left\{1-\left(\frac{\mathcal{M}}{\xi_n b}\right)^2\right\}J'^2_{\mathcal{M}}(\xi_n a)-\left\{1-\left(\frac{\mathcal{M}}{\xi_n a}\right)^2\right\}J'^2_{\mathcal{M}}(\xi_n b)\right]} \quad (17.72.3)$$

where $\overline{\psi}_a(\xi_m,t)=\int_0^\vartheta\psi_a(u,t)\{\xi_m\cos(\xi_m u)+\lambda_0\sin(\xi_m u)\}du$ and $\overline{\psi}_b(\xi_m,t)=\int_0^\vartheta\psi_b(u,t)\{\xi_m\cos(\xi_m u)+\lambda_0\sin(\xi_m u)\}du$.

17.73

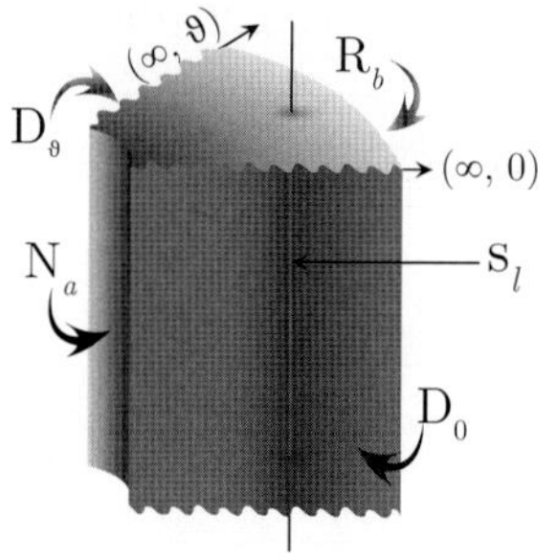

The problem of 17.28, except
$\mathbf{N}_a\equiv\frac{\partial p(a,\theta,t)}{\partial r}=-\left(\frac{\mu}{k_r}\right)\psi_a(\theta,t)$,
$\mathbf{R}_b\equiv\frac{\partial p(b,\theta,t)}{\partial r}+\lambda p(b,\theta,t)=-\left(\frac{\mu}{k_r}\right)\psi_b(\theta,t)$,
$\mathbf{D}_0\equiv p(r,0,t)=\psi_0(r,t)$ **and** $\mathbf{D}_\vartheta\equiv p(r,\vartheta,t)=\psi_\vartheta(r,t)$

The successive application of the Laplace, Fourier and finite Hankel transformations to equation (14.1.1) gives

$$\overline{\overline{\overline{p}}}=\frac{q(s)\,e^{-st_0}\sin(\xi_m\theta_0)\,\mathcal{V}_{\mathcal{NM}}(\xi_n r_0,a)}{\phi c_t(\eta_r\xi_n^2+s)}+\frac{2\overline{\overline{\psi}}_a(\xi_m,s)}{\pi\phi c_t\xi_n(\eta_r\xi_n^2+s)}-\frac{2J'_{\mathcal{M}}(\xi_n a)\,\overline{\overline{\psi}}_b(\xi_m,s)}{\pi\phi c_t\{\xi_n J'_{\mathcal{M}}(\xi_n b)+\lambda J_{\mathcal{M}}(\xi_n b)\}}+$$
$$+\frac{\xi_m\eta_\theta\int_a^b\frac{\mathcal{V}_{\mathcal{NM}}(\xi_n u,a)}{u}\{\overline{\psi}_0(u,s)-(-1)^m\,\overline{\psi}_\vartheta(u,s)\}\,du}{(\eta_r\xi_n^2+s)}+\frac{\overline{\overline{\varphi}}(\xi_n,\xi_m)}{(\eta_r\xi_n^2+s)} \quad (17.73.1)$$

where ξ_m is a positive root of $\sin(\xi_m\vartheta)$, which are $\xi_m=\frac{m\pi}{\vartheta}$, $m=1,2,...,$ ξ_n, $n=1,2,...,$ are the positive roots of the transcendental equation $\xi_n\mathcal{V}'_{\mathcal{NM}}(\xi_n b,a)+\lambda\mathcal{V}_{\mathcal{NM}}(\xi_n b,a)=0$, $\mathcal{V}_{\mathcal{NM}}(\xi_n r,a)=J_{\mathcal{M}}(\xi_n r)\,Y'_{\mathcal{M}}(\xi_n a)-Y_{\mathcal{M}}(\xi_n r)\,J'_{\mathcal{M}}(\xi_n a)$, $\overline{\overline{\psi}}_a(\xi_m,s)=\int_0^\vartheta\overline{\psi}_a(u,s)\sin(\xi_m u)du$, $\overline{\overline{\psi}}_b(\xi_m,s)=\int_0^\vartheta\overline{\psi}_b(u,s)\sin(\xi_m u)du$ and $\overline{\overline{\varphi}}(\xi_n,\xi_m)=\int_a^b r\mathcal{V}_{\mathcal{NM}}(\xi_n r,a)\int_0^\vartheta\varphi(r,u)\sin(\xi_m u)dudr$.
Successive inverse transforms yield

$$\overline{p}=\frac{\pi^2 q(s)\,e^{-st_0}}{\phi c_t\vartheta}\sum_{m=1}^{\infty}\sin(\xi_m\theta_0)\sin(\xi_m\theta)\times$$
$$\times\sum_{n=1}^{\infty}\frac{\xi_n^2\{\xi_n J'_{\mathcal{M}}(\xi_n b)+\lambda J_{\mathcal{M}}(\xi_n b)\}^2\mathcal{V}_{\mathcal{NM}}(\xi_n r_0,a)\,\mathcal{V}_{\mathcal{NM}}(\xi_n r,a)}{(\eta_r\xi_n^2+s)\left[\left\{\lambda^2+\xi_n^2-\left(\frac{\mathcal{M}}{b}\right)^2\right\}J'^2_{\mathcal{M}}(\xi_n a)-\left\{1-\left(\frac{\mathcal{M}}{\xi_n a}\right)^2\right\}\{\xi_n J'_{\mathcal{M}}(\xi_n b)+\lambda J_{\mathcal{M}}(\xi_n b)\}^2\right]}+$$
$$+\frac{2\pi}{\vartheta\phi c_t}\sum_{m=1}^{\infty}\sin(\xi_m\theta)\times$$

$$\times\sum_{n=1}^{\infty}\frac{\xi_n\{\xi_n J'_{\mathcal{M}}(\xi_n b)+\lambda J_{\mathcal{M}}(\xi_n b)\}\left\{\overline{\overline{\psi}}_a(\xi_m,s)\{\xi_n J'_{\mathcal{M}}(\xi_n b)+\lambda J_{\mathcal{M}}(\xi_n b)\}-\xi_n J'_{\mathcal{M}}(\xi_n a)\overline{\overline{\psi}}_b(\xi_m,s)\right\}\mathcal{V}_{\mathcal{NM}}(\xi_n r,a)}{(\eta_r\xi_n^2+s)\left[\left\{\lambda^2+\xi_n^2-\left(\frac{\mathcal{M}}{b}\right)^2\right\}J'^2_{\mathcal{M}}(\xi_n a)-\left\{1-\left(\frac{\mathcal{M}}{\xi_n a}\right)^2\right\}\{\xi_n J'_{\mathcal{M}}(\xi_n b)+\lambda J_{\mathcal{M}}(\xi_n b)\}^2\right]}+$$

$$+\frac{\pi^2\eta_\theta}{\vartheta}\sum_{m=1}^{\infty}\xi_m\sin(\xi_m\theta)\times$$

$$\times\sum_{n=1}^{\infty}\frac{\xi_n^2\{\xi_n J'_{\mathcal{M}}(\xi_n b)+\lambda J_{\mathcal{M}}(\xi_n b)\}^2\mathcal{V}_{\mathcal{NM}}(\xi_n r,a)\int_a^b\frac{\mathcal{V}_{\mathcal{NM}}(\xi_n u,a)}{u}\left\{\overline{\psi}_0(u,s)-(-1)^m\overline{\psi}_\vartheta(u,s)\right\}du}{(\eta_r\xi_n^2+s)\left[\left\{\lambda^2+\xi_n^2-\left(\frac{\mathcal{M}}{b}\right)^2\right\}J'^2_{\mathcal{M}}(\xi_n a)-\left\{1-\left(\frac{\mathcal{M}}{\xi_n a}\right)^2\right\}\{\xi_n J'_{\mathcal{M}}(\xi_n b)+\lambda J_{\mathcal{M}}(\xi_n b)\}^2\right]}+$$

$$+\frac{\pi^2}{\vartheta}\sum_{m=1}^{\infty}\sin(\xi_m\theta)\sum_{n=1}^{\infty}\frac{\xi_n^2\{\xi_n J'_{\mathcal{M}}(\xi_n b)+\lambda J_{\mathcal{M}}(\xi_n b)\}^2\mathcal{V}_{\mathcal{NM}}(\xi_n r,a)\overline{\overline{\varphi}}(\xi_n,\xi_m)}{(\eta_r\xi_n^2+s)\left[\left\{\lambda^2+\xi_n^2-\left(\frac{\mathcal{M}}{b}\right)^2\right\}J'^2_{\mathcal{M}}(\xi_n a)-\left\{1-\left(\frac{\mathcal{M}}{\xi_n a}\right)^2\right\}\{\xi_n J'_{\mathcal{M}}(\xi_n b)+\lambda J_{\mathcal{M}}(\xi_n b)\}^2\right]}$$

(17.73.2)

and

$$p=\frac{\pi^2 U(t-t_0)}{\phi c_t\vartheta}\sum_{m=1}^{\infty}\sin(\xi_m\theta_0)\sin(\xi_m\theta)\times$$

$$\times\sum_{n=1}^{\infty}\frac{\xi_n^2\{\xi_n J'_{\mathcal{M}}(\xi_n b)+\lambda J_{\mathcal{M}}(\xi_n b)\}^2\mathcal{V}_{\mathcal{NM}}(\xi_n r_0,a)\,\mathcal{V}_{\mathcal{NM}}(\xi_n r,a)\int_0^{t-t_0}q(t-t_0-\tau)\,e^{-\eta_r\xi_n^2(t-\tau)}d\tau}{\left[\left\{\lambda^2+\xi_n^2-\left(\frac{\mathcal{M}}{b}\right)^2\right\}J'^2_{\mathcal{M}}(\xi_n a)-\left\{1-\left(\frac{\mathcal{M}}{\xi_n a}\right)^2\right\}\{\xi_n J'_{\mathcal{M}}(\xi_n b)+\lambda J_{\mathcal{M}}(\xi_n b)\}^2\right]}+$$

$$+\frac{2\pi}{\vartheta\phi c_t}\sum_{m=1}^{\infty}\sin(\xi_m\theta)\sum_{n=1}^{\infty}\frac{\xi_n\{\xi_n J'_{\mathcal{M}}(\xi_n b)+\lambda J_{\mathcal{M}}(\xi_n b)\}\mathcal{V}_{\mathcal{NM}}(\xi_n r,a)}{\left[\left\{\lambda^2+\xi_n^2-\left(\frac{\mathcal{M}}{b}\right)^2\right\}J'^2_{\mathcal{M}}(\xi_n a)-\left\{1-\left(\frac{\mathcal{M}}{\xi_n a}\right)^2\right\}\{\xi_n J'_{\mathcal{M}}(\xi_n b)+\lambda J_{\mathcal{M}}(\xi_n b)\}^2\right]}\times$$

$$\times\int_0^t\left\{\overline{\psi}_a(\xi_m,\tau)\{\xi_n J'_{\mathcal{M}}(\xi_n b)+\lambda J_{\mathcal{M}}(\xi_n b)\}-\xi_n J'_{\mathcal{M}}(\xi_n a)\,\overline{\psi}_b(\xi_m,\tau)\right\}e^{-\eta_r\xi_n^2(t-\tau)}d\tau+$$

$$+\frac{\pi^2\eta_\theta}{\vartheta}\sum_{m=1}^{\infty}\xi_m\sin(\xi_m\theta)\sum_{n=1}^{\infty}\frac{\xi_n^2\{\xi_n J'_{\mathcal{M}}(\xi_n b)+\lambda J_{\mathcal{M}}(\xi_n b)\}^2\mathcal{V}_{\mathcal{NM}}(\xi_n r,a)}{\left[\left\{\lambda^2+\xi_n^2-\left(\frac{\mathcal{M}}{b}\right)^2\right\}J'^2_{\mathcal{M}}(\xi_n a)-\left\{1-\left(\frac{\mathcal{M}}{\xi_n a}\right)^2\right\}\{\xi_n J'_{\mathcal{M}}(\xi_n b)+\lambda J_{\mathcal{M}}(\xi_n b)\}^2\right]}\times$$

$$\times\int_a^b\frac{\mathcal{V}_{\mathcal{NM}}(\xi_n u,a)}{u}\int_0^t\{\psi_0(u,\tau)-(-1)^m\psi_\vartheta(u,\tau)\}\,e^{-\eta_r\xi_n^2(t-\tau)}d\tau du+$$

$$+\frac{\pi^2}{\vartheta}\sum_{m=1}^{\infty}\sin(\xi_m\theta)\sum_{n=1}^{\infty}\frac{\xi_n^2\{\xi_n J'_{\mathcal{M}}(\xi_n b)+\lambda J_{\mathcal{M}}(\xi_n b)\}^2\mathcal{V}_{\mathcal{NM}}(\xi_n r,a)\overline{\overline{\varphi}}(\xi_n,\xi_m)\,e^{-\eta_r\xi_n^2 t}}{\left[\left\{\lambda^2+\xi_n^2-\left(\frac{\mathcal{M}}{b}\right)^2\right\}J'^2_{\mathcal{M}}(\xi_n a)-\left\{1-\left(\frac{\mathcal{M}}{\xi_n a}\right)^2\right\}\{\xi_n J'_{\mathcal{M}}(\xi_n b)+\lambda J_{\mathcal{M}}(\xi_n b)\}^2\right]}$$

(17.73.3)

where $\overline{\psi}_a(\xi_m,t)=\int_0^\vartheta\psi_a(u,t)\sin(\xi_m u)du$ and $\overline{\psi}_b(\xi_m,t)=\int_0^\vartheta\psi_b(u,t)\sin(\xi_m u)du$.

17.74

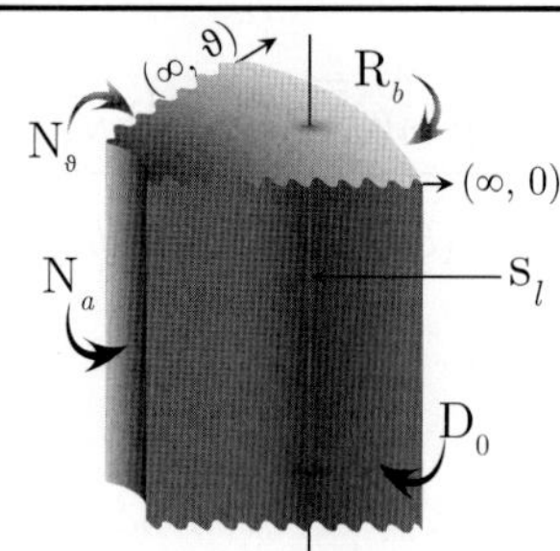

The problem of 17.28, except $\mathbf{D_0 \equiv p(r,0,t) = \psi_0(r,t)}$,
$\mathbf{N_\vartheta \equiv \frac{\partial p(r,\vartheta,t)}{\partial \theta} = -\left(\frac{\mu}{k_\theta}\right)\psi_\vartheta(r,t)}$,
$\mathbf{N_a \equiv \frac{\partial p(a,\theta,t)}{\partial r} = -\left(\frac{\mu}{k_r}\right)\psi_a(\theta,t)}$ **and**
$\mathbf{R_b \equiv \frac{\partial p(b,\theta,t)}{\partial r} + \lambda p(b,\theta,t) = -\left(\frac{\mu}{k_r}\right)\psi_b(\theta,t)}$

The successive application of the Laplace, Fourier and finite Hankel transformations to equation (14.1.1) gives

$$\overline{\overline{\overline{p}}} = \frac{q(s)\,e^{-st_0}\sin(\xi_m\theta_0)\,\mathcal{V}_{\mathcal{NM}}(\xi_n r_0,a)}{\phi c_t(\eta_r\xi_n^2+s)} + \frac{2\overline{\overline{\psi}}_a(\xi_m,s)}{\pi\phi c_t\xi_n(\eta_r\xi_n^2+s)} - \frac{2J'_{\mathcal{M}}(\xi_n a)\,\overline{\overline{\psi}}_b(\xi_m,s)}{\pi\phi c_t\{\xi_n J'_{\mathcal{M}}(\xi_n b)+\lambda J_{\mathcal{M}}(\xi_n b)\}} + $$
$$+\frac{\eta_\theta\int_a^b \frac{\mathcal{V}_{\mathcal{NM}}(\xi_n u,a)}{u}\left\{\xi_m\overline{\psi}_0(u,s)+(-1)^m\left(\frac{\mu}{k_\theta}\right)\overline{\psi}_\vartheta(u,s)\right\}du}{(\eta_r\xi_n^2+s)} + \frac{\overline{\overline{\varphi}}(\xi_n,\xi_m)}{(\eta_r\xi_n^2+s)} \qquad (17.74.1)$$

where ξ_m is a positive root of $\cos(\xi_m\vartheta)$, which are $\xi_m = \frac{(2m-1)\pi}{2\vartheta}$, $m = 1,2,...$, ξ_n, $n = 1,2,...$, are the positive roots of the transcendental equation $\xi_n\mathcal{V}'_{\mathcal{NM}}(\xi_n b,a) + \lambda\mathcal{V}_{\mathcal{NM}}(\xi_n b,a) = 0$,
$\mathcal{V}_{\mathcal{NM}}(\xi_n r,a) = J_{\mathcal{M}}(\xi_n r)\,Y'_{\mathcal{M}}(\xi_n a) - Y_{\mathcal{M}}(\xi_n r)\,J'_{\mathcal{M}}(\xi_n a)$, $\overline{\overline{\psi}}_a(\xi_m,s) = \int_0^\vartheta \overline{\psi}_a(u,s)\sin(\xi_m u)du$,
$\overline{\overline{\psi}}_b(\xi_m,s) = \int_0^\vartheta \overline{\psi}_b(u,s)\sin(\xi_m u)du$ and $\overline{\overline{\varphi}}(\xi_n,\xi_m) = \int_a^b r\mathcal{V}_{\mathcal{NM}}(\xi_n r,a)\int_0^\vartheta \varphi(r,u)\sin(\xi_m u)dudr$.
Successive inverse transforms yield

$$\overline{p} = \frac{\pi^2 q(s)\,e^{-st_0}}{\phi c_t\vartheta}\sum_{m=1}^\infty \sin(\xi_m\theta_0)\sin(\xi_m\theta)\times$$
$$\times\sum_{n=1}^\infty \frac{\xi_n^2\{\xi_n J'_{\mathcal{M}}(\xi_n b)+\lambda J_{\mathcal{M}}(\xi_n b)\}^2\mathcal{V}_{\mathcal{NM}}(\xi_n r_0,a)\,\mathcal{V}_{\mathcal{NM}}(\xi_n r,a)}{(\eta_r\xi_n^2+s)\left[\left\{\lambda^2+\xi_n^2-\left(\frac{\mathcal{M}}{b}\right)^2\right\}J'^2_{\mathcal{M}}(\xi_n a) - \left\{1-\left(\frac{\mathcal{M}}{\xi_n a}\right)^2\right\}\{\xi_n J'_{\mathcal{M}}(\xi_n b)+\lambda J_{\mathcal{M}}(\xi_n b)\}^2\right]} +$$
$$+\frac{2\pi}{\vartheta\phi c_t}\sum_{m=1}^\infty \sin(\xi_m\theta)\times$$
$$\times\sum_{n=1}^\infty \frac{\xi_n\{\xi_n J'_{\mathcal{M}}(\xi_n b)+\lambda J_{\mathcal{M}}(\xi_n b)\}\mathcal{V}_{\mathcal{NM}}(\xi_n r,a)}{(\eta_r\xi_n^2+s)\left[\left\{\lambda^2+\xi_n^2-\left(\frac{\mathcal{M}}{b}\right)^2\right\}J'^2_{\mathcal{M}}(\xi_n a) - \left\{1-\left(\frac{\mathcal{M}}{\xi_n a}\right)^2\right\}\{\xi_n J'_{\mathcal{M}}(\xi_n b)+\lambda J_{\mathcal{M}}(\xi_n b)\}^2\right]}\times$$
$$\times\left\{\overline{\overline{\psi}}_a(\xi_m,s)\{\xi_n J'_{\mathcal{M}}(\xi_n b)+\lambda J_{\mathcal{M}}(\xi_n b)\} - \xi_n J'_{\mathcal{M}}(\xi_n a)\,\overline{\overline{\psi}}_b(\xi_m,s)\right\} +$$
$$+\frac{\pi^2\eta_\theta}{\vartheta}\sum_{m=1}^\infty \sin(\xi_m\theta)\times$$
$$\times\sum_{n=1}^\infty \frac{\xi_n^2\{\xi_n J'_{\mathcal{M}}(\xi_n b)+\lambda J_{\mathcal{M}}(\xi_n b)\}^2\mathcal{V}_{\mathcal{NM}}(\xi_n r,a)\int_a^b\frac{\mathcal{V}_{\mathcal{NM}}(\xi_n u,a)}{u}\left\{\xi_m\overline{\psi}_0(u,s)+(-1)^m\left(\frac{\mu}{k_\theta}\right)\overline{\psi}_\vartheta(u,s)\right\}du}{(\eta_r\xi_n^2+s)\left[\left\{\lambda^2+\xi_n^2-\left(\frac{\mathcal{M}}{b}\right)^2\right\}J'^2_{\mathcal{M}}(\xi_n a) - \left\{1-\left(\frac{\mathcal{M}}{\xi_n a}\right)^2\right\}\{\xi_n J'_{\mathcal{M}}(\xi_n b)+\lambda J_{\mathcal{M}}(\xi_n b)\}^2\right]} +$$
$$+\frac{\pi^2}{\vartheta}\sum_{m=1}^\infty \sin(\xi_m\theta)\sum_{n=1}^\infty \frac{\xi_n^2\{\xi_n J'_{\mathcal{M}}(\xi_n b)+\lambda J_{\mathcal{M}}(\xi_n b)\}^2\mathcal{V}_{\mathcal{NM}}(\xi_n r,a)\overline{\overline{\varphi}}(\xi_n,\xi_m)}{(\eta_r\xi_n^2+s)\left[\left\{\lambda^2+\xi_n^2-\left(\frac{\mathcal{M}}{b}\right)^2\right\}J'^2_{\mathcal{M}}(\xi_n a) - \left\{1-\left(\frac{\mathcal{M}}{\xi_n a}\right)^2\right\}\{\xi_n J'_{\mathcal{M}}(\xi_n b)+\lambda J_{\mathcal{M}}(\xi_n b)\}^2\right]}$$
$$(17.74.2)$$

and

$$p = \frac{\pi^2 U(t-t_0)}{\phi c_t\vartheta}\sum_{m=1}^\infty \sin(\xi_m\theta_0)\sin(\xi_m\theta)\times$$
$$\times\sum_{n=1}^\infty \frac{\xi_n^2\{\xi_n J'_{\mathcal{M}}(\xi_n b)+\lambda J_{\mathcal{M}}(\xi_n b)\}^2\mathcal{V}_{\mathcal{NM}}(\xi_n r_0,a)\,\mathcal{V}_{\mathcal{NM}}(\xi_n r,a)\int_0^{t-t_0} q(t-t_0-\tau)\,e^{-\eta_r\xi_n^2(t-\tau)}d\tau}{\left[\left\{\lambda^2+\xi_n^2-\left(\frac{\mathcal{M}}{b}\right)^2\right\}J'^2_{\mathcal{M}}(\xi_n a) - \left\{1-\left(\frac{\mathcal{M}}{\xi_n a}\right)^2\right\}\{\xi_n J'_{\mathcal{M}}(\xi_n b)+\lambda J_{\mathcal{M}}(\xi_n b)\}^2\right]} +$$

$$+\frac{2\pi}{\vartheta\phi c_t}\sum_{m=1}^{\infty}\sin(\xi_m\theta)\sum_{n=1}^{\infty}\frac{\xi_n\left\{\xi_n J'_{\mathcal{M}}(\xi_n b)+\lambda J_{\mathcal{M}}(\xi_n b)\right\}\mathcal{V}_{\mathcal{NM}}(\xi_n r,a)}{\left[\left\{\lambda^2+\xi_n^2-\left(\frac{\mathcal{M}}{b}\right)^2\right\}J^{\prime 2}_{\mathcal{M}}(\xi_n a)-\left\{1-\left(\frac{\mathcal{M}}{\xi_n a}\right)^2\right\}\left\{\xi_n J'_{\mathcal{M}}(\xi_n b)+\lambda J_{\mathcal{M}}(\xi_n b)\right\}^2\right]}\times$$

$$\times\int_0^t\left\{\overline{\psi}_a(\xi_m,\tau)\left\{\xi_n J'_{\mathcal{M}}(\xi_n b)+\lambda J_{\mathcal{M}}(\xi_n b)\right\}-\xi_n J'_{\mathcal{M}}(\xi_n a)\overline{\psi}_b(\xi_m,\tau)\right\}e^{-\eta_r\xi_n^2(t-\tau)}d\tau+$$

$$+\frac{\pi^2\eta_\theta}{\vartheta}\sum_{m=1}^{\infty}\sin(\xi_m\theta)\sum_{n=1}^{\infty}\frac{\xi_n^2\left\{\xi_n J'_{\mathcal{M}}(\xi_n b)+\lambda J_{\mathcal{M}}(\xi_n b)\right\}^2\mathcal{V}_{\mathcal{NM}}(\xi_n r,a)}{\left[\left\{\lambda^2+\xi_n^2-\left(\frac{\mathcal{M}}{b}\right)^2\right\}J^{\prime 2}_{\mathcal{M}}(\xi_n a)-\left\{1-\left(\frac{\mathcal{M}}{\xi_n a}\right)^2\right\}\left\{\xi_n J'_{\mathcal{M}}(\xi_n b)+\lambda J_{\mathcal{M}}(\xi_n b)\right\}^2\right]}\times$$

$$\times\int_a^b\frac{\mathcal{V}_{\mathcal{NM}}(\xi_n u,a)}{u}\int_0^t\left\{\xi_m\psi_0(u,\tau)+(-1)^m\left(\frac{\mu}{k_\theta}\right)\psi_\vartheta(u,\tau)\right\}e^{-\eta_r\xi_n^2(t-\tau)}d\tau du+$$

$$+\frac{\pi^2}{\vartheta}\sum_{m=1}^{\infty}\sin(\xi_m\theta)\sum_{n=1}^{\infty}\frac{\xi_n^2\left\{\xi_n J'_{\mathcal{M}}(\xi_n b)+\lambda J_{\mathcal{M}}(\xi_n b)\right\}^2\mathcal{V}_{\mathcal{NM}}(\xi_n r,a)\overline{\overline{\varphi}}(\xi_n,\xi_m)e^{-\eta_r\xi_n^2 t}}{\left[\left\{\lambda^2+\xi_n^2-\left(\frac{\mathcal{M}}{b}\right)^2\right\}J^{\prime 2}_{\mathcal{M}}(\xi_n a)-\left\{1-\left(\frac{\mathcal{M}}{\xi_n a}\right)^2\right\}\left\{\xi_n J'_{\mathcal{M}}(\xi_n b)+\lambda J_{\mathcal{M}}(\xi_n b)\right\}^2\right]} \quad (17.74.3)$$

where $\overline{\psi}_a(\xi_m,t)=\int_0^\vartheta\psi_a(u,t)\sin(\xi_m u)du$ and $\overline{\psi}_b(\xi_m,t)=\int_0^\vartheta\psi_b(u,t)\sin(\xi_m u)du$.

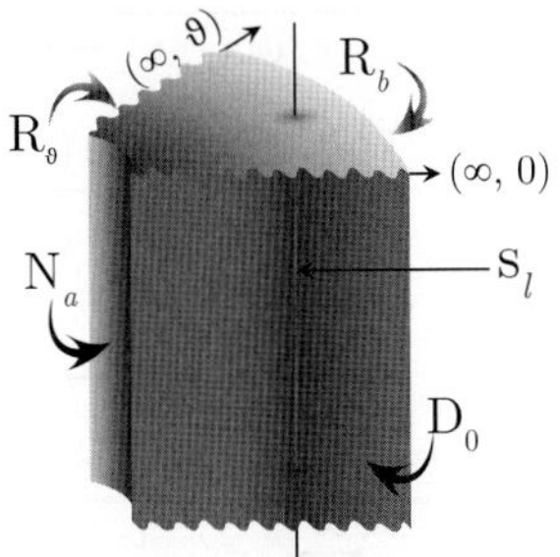

17.75 The problem of 17.28, except $\mathbf{D_0}\equiv p(r,0,t)=\psi_0(r,t)$,
$\mathbf{R_\vartheta}\equiv\frac{\partial p(r,\vartheta,t)}{\partial\theta}+\lambda_\vartheta p(r,\vartheta,t)=-\left(\frac{\mu}{k_\theta}\right)\psi_\vartheta(r,t)$,
$\mathbf{N_a}\equiv\frac{\partial p(a,\theta,t)}{\partial r}=-\left(\frac{\mu}{k_r}\right)\psi_a(\theta,t)$ and
$\mathbf{R_b}\equiv\frac{\partial p(b,\theta,t)}{\partial r}+\lambda p(b,\theta,t)=-\left(\frac{\mu}{k_r}\right)\psi_b(\theta,t)$

The successive application of the Laplace, Fourier and finite Hankel transformations to equation (14.1.1) gives

$$\overline{\overline{\overline{p}}}=\frac{q(s)e^{-st_0}\sin(\xi_m\theta_0)\mathcal{V}_{\mathcal{NM}}(\xi_n r_0,a)}{\phi c_t(\eta_r\xi_n^2+s)}+\frac{2\overline{\overline{\psi}}_a(\xi_m,s)}{\pi\phi c_t\xi_n(\eta_r\xi_n^2+s)}-\frac{2J'_{\mathcal{M}}(\xi_n a)\overline{\overline{\psi}}_b(\xi_m,s)}{\pi\phi c_t\left\{\xi_n J'_{\mathcal{M}}(\xi_n b)+\lambda J_{\mathcal{M}}(\xi_n b)\right\}}+$$
$$+\frac{\eta_\theta\int_a^b\frac{\mathcal{V}_{\mathcal{NM}}(\xi_n u,a)}{u}\left\{\xi_m\overline{\psi}_0(u,s)-\left(\frac{\mu}{k_\theta}\right)\overline{\psi}_\vartheta(u,s)\sin(\xi_m\vartheta)\right\}du}{(\eta_r\xi_n^2+s)}+\frac{\overline{\overline{\varphi}}(\xi_n,\xi_m)}{(\eta_r\xi_n^2+s)} \quad (17.75.1)$$

where ξ_m is a positive root of $\xi_m\cot(\xi_m\vartheta)=-\lambda$, $m=1,2,...$, ξ_n, $n=1,2,...$, are the positive roots of the transcendental equation $\xi_n\mathcal{V}'_{\mathcal{NM}}(\xi_n b,a)+\lambda\mathcal{V}_{\mathcal{NM}}(\xi_n b,a)=0$,
$\mathcal{V}_{\mathcal{NM}}(\xi_n r,a)=J_{\mathcal{M}}(\xi_n r)Y'_{\mathcal{M}}(\xi_n a)-Y_{\mathcal{M}}(\xi_n r)J'_{\mathcal{M}}(\xi_n a)$, $\overline{\overline{\psi}}_a(\xi_m,s)=\int_0^\vartheta\overline{\psi}_a(u,s)\sin(\xi_m u)du$,
$\overline{\overline{\psi}}_b(\xi_m,s)=\int_0^\vartheta\overline{\psi}_b(u,s)\sin(\xi_m u)du$ and $\overline{\overline{\varphi}}(\xi_n,\xi_m)=\int_a^b r\mathcal{V}_{\mathcal{NM}}(\xi_n r,a)\int_0^\vartheta\varphi(r,u)\sin(\xi_m u)dudr$.
Successive inverse transforms yield

$$\overline{p}=\frac{\pi^2 q(s)e^{-st_0}}{\phi c_t}\sum_{m=1}^{\infty}\frac{(\xi_m^2+\lambda^2)\sin(\xi_m\theta_0)\sin(\xi_m\theta)}{\vartheta(\xi_m^2+\lambda^2)+\lambda}\times$$
$$\times\sum_{n=1}^{\infty}\frac{\xi_n^2\left\{\xi_n J'_{\mathcal{M}}(\xi_n b)+\lambda J_{\mathcal{M}}(\xi_n b)\right\}^2\mathcal{V}_{\mathcal{NM}}(\xi_n r_0,a)\mathcal{V}_{\mathcal{NM}}(\xi_n r,a)}{(\eta_r\xi_n^2+s)\left[\left\{\lambda^2+\xi_n^2-\left(\frac{\mathcal{M}}{b}\right)^2\right\}J^{\prime 2}_{\mathcal{M}}(\xi_n a)-\left\{1-\left(\frac{\mathcal{M}}{\xi_n a}\right)^2\right\}\left\{\xi_n J'_{\mathcal{M}}(\xi_n b)+\lambda J_{\mathcal{M}}(\xi_n b)\right\}^2\right]}+$$
$$+\frac{2\pi}{\phi c_t}\sum_{m=1}^{\infty}\frac{(\xi_m^2+\lambda^2)\sin(\xi_m\theta)}{\vartheta(\xi_m^2+\lambda^2)+\lambda}\times$$

$$\times\sum_{n=1}^{\infty}\frac{\xi_n\{\xi_n J'_{\mathcal{M}}(\xi_n b)+\lambda J_{\mathcal{M}}(\xi_n b)\}\left\{\overline{\overline{\psi}}_a(\xi_m,s)\{\xi_n J'_{\mathcal{M}}(\xi_n b)+\lambda J_{\mathcal{M}}(\xi_n b)\}-\xi_n J'_{\mathcal{M}}(\xi_n a)\overline{\overline{\psi}}_b(\xi_m,s)\right\}\mathcal{V}_{\mathcal{NM}}(\xi_n r,a)}{(\eta_r\xi_n^2+s)\left[\left\{\lambda^2+\xi_n^2-\left(\frac{\mathcal{M}}{b}\right)^2\right\}J'^2_{\mathcal{M}}(\xi_n a)-\left\{1-\left(\frac{\mathcal{M}}{\xi_n a}\right)^2\right\}\{\xi_n J'_{\mathcal{M}}(\xi_n b)+\lambda J_{\mathcal{M}}(\xi_n b)\}^2\right]}+$$

$$+\pi^2\eta_\theta\sum_{m=1}^{\infty}\frac{(\xi_m^2+\lambda^2)\sin(\xi_m\theta)}{\vartheta(\xi_m^2+\lambda^2)+\lambda}\times$$

$$\times\sum_{n=1}^{\infty}\frac{\xi_n^2\{\xi_n J'_{\mathcal{M}}(\xi_n b)+\lambda J_{\mathcal{M}}(\xi_n b)\}^2\mathcal{V}_{\mathcal{NM}}(\xi_n r,a)\int_a^b\frac{\mathcal{V}_{\mathcal{NM}}(\xi_n u,a)}{u}\left\{\xi_m\overline{\psi}_0(u,s)-\left(\frac{\mu}{k_\theta}\right)\overline{\psi}_\vartheta(u,s)\sin(\xi_m\vartheta)\right\}du}{(\eta_r\xi_n^2+s)\left[\left\{\lambda^2+\xi_n^2-\left(\frac{\mathcal{M}}{b}\right)^2\right\}J'^2_{\mathcal{M}}(\xi_n a)-\left\{1-\left(\frac{\mathcal{M}}{\xi_n a}\right)^2\right\}\{\xi_n J'_{\mathcal{M}}(\xi_n b)+\lambda J_{\mathcal{M}}(\xi_n b)\}^2\right]}+$$

$$+\pi^2\sum_{m=1}^{\infty}\frac{(\xi_m^2+\lambda^2)\sin(\xi_m\theta)}{\vartheta(\xi_m^2+\lambda^2)+\lambda}\times$$

$$\times\sum_{n=1}^{\infty}\frac{\xi_n^2\{\xi_n J'_{\mathcal{M}}(\xi_n b)+\lambda J_{\mathcal{M}}(\xi_n b)\}^2\mathcal{V}_{\mathcal{NM}}(\xi_n r,a)\overline{\overline{\varphi}}(\xi_n,\xi_m)}{(\eta_r\xi_n^2+s)\left[\left\{\lambda^2+\xi_n^2-\left(\frac{\mathcal{M}}{b}\right)^2\right\}J'^2_{\mathcal{M}}(\xi_n a)-\left\{1-\left(\frac{\mathcal{M}}{\xi_n a}\right)^2\right\}\{\xi_n J'_{\mathcal{M}}(\xi_n b)+\lambda J_{\mathcal{M}}(\xi_n b)\}^2\right]}\qquad(17.75.2)$$

and

$$p=\frac{\pi^2U(t-t_0)}{\phi c_t}\sum_{m=1}^{\infty}\frac{(\xi_m^2+\lambda^2)\sin(\xi_m\theta_0)\sin(\xi_m\theta)}{\vartheta(\xi_m^2+\lambda^2)+\lambda}\times$$

$$\times\sum_{n=1}^{\infty}\frac{\xi_n^2\{\xi_n J'_{\mathcal{M}}(\xi_n b)+\lambda J_{\mathcal{M}}(\xi_n b)\}^2\mathcal{V}_{\mathcal{NM}}(\xi_n r_0,a)\mathcal{V}_{\mathcal{NM}}(\xi_n r,a)\int_0^{t-t_0}q(t-t_0-\tau)e^{-\eta_r\xi_n^2(t-\tau)}d\tau}{\left[\left\{\lambda^2+\xi_n^2-\left(\frac{\mathcal{M}}{b}\right)^2\right\}J'^2_{\mathcal{M}}(\xi_n a)-\left\{1-\left(\frac{\mathcal{M}}{\xi_n a}\right)^2\right\}\{\xi_n J'_{\mathcal{M}}(\xi_n b)+\lambda J_{\mathcal{M}}(\xi_n b)\}^2\right]}+$$

$$+\frac{2\pi}{\phi c_t}\sum_{m=1}^{\infty}\frac{(\xi_m^2+\lambda^2)\sin(\xi_m\theta)}{\vartheta(\xi_m^2+\lambda^2)+\lambda}\times$$

$$\times\sum_{n=1}^{\infty}\frac{\xi_n\{\xi_n J'_{\mathcal{M}}(\xi_n b)+\lambda J_{\mathcal{M}}(\xi_n b)\}\mathcal{V}_{\mathcal{NM}}(\xi_n r,a)}{\left[\left\{\lambda^2+\xi_n^2-\left(\frac{\mathcal{M}}{b}\right)^2\right\}J'^2_{\mathcal{M}}(\xi_n a)-\left\{1-\left(\frac{\mathcal{M}}{\xi_n a}\right)^2\right\}\{\xi_n J'_{\mathcal{M}}(\xi_n b)+\lambda J_{\mathcal{M}}(\xi_n b)\}^2\right]}\times$$

$$\times\int_0^t\left\{\overline{\psi}_a(\xi_m,\tau)\{\xi_n J'_{\mathcal{M}}(\xi_n b)+\lambda J_{\mathcal{M}}(\xi_n b)\}-\xi_n J'_{\mathcal{M}}(\xi_n a)\overline{\psi}_b(\xi_m,\tau)\right\}e^{-\eta_r\xi_n^2(t-\tau)}d\tau+$$

$$+\pi^2\eta_\theta\sum_{m=1}^{\infty}\frac{(\xi_m^2+\lambda^2)\sin(\xi_m\theta)}{\vartheta(\xi_m^2+\lambda^2)+\lambda}\times$$

$$\times\sum_{n=1}^{\infty}\frac{\xi_n^2\{\xi_n J'_{\mathcal{M}}(\xi_n b)+\lambda J_{\mathcal{M}}(\xi_n b)\}^2\mathcal{V}_{\mathcal{NM}}(\xi_n r,a)}{\left[\left\{\lambda^2+\xi_n^2-\left(\frac{\mathcal{M}}{b}\right)^2\right\}J'^2_{\mathcal{M}}(\xi_n a)-\left\{1-\left(\frac{\mathcal{M}}{\xi_n a}\right)^2\right\}\{\xi_n J'_{\mathcal{M}}(\xi_n b)+\lambda J_{\mathcal{M}}(\xi_n b)\}^2\right]}\times$$

$$\times\int_a^b\frac{\mathcal{V}_{\mathcal{NM}}(\xi_n u,a)}{u}\int_0^t\left\{\xi_m\psi_0(u,\tau)-\left(\frac{\mu}{k_\theta}\right)\psi_\vartheta(u,\tau)\sin(\xi_m\vartheta)\right\}e^{-\eta_r\xi_n^2(t-\tau)}d\tau du+$$

$$+\pi^2\sum_{m=1}^{\infty}\frac{(\xi_m^2+\lambda^2)\sin(\xi_m\theta)}{\vartheta(\xi_m^2+\lambda^2)+\lambda}\times$$

$$\times\sum_{n=1}^{\infty}\frac{\xi_n^2\{\xi_n J'_{\mathcal{M}}(\xi_n b)+\lambda J_{\mathcal{M}}(\xi_n b)\}^2\mathcal{V}_{\mathcal{NM}}(\xi_n r,a)\overline{\overline{\varphi}}(\xi_n,\xi_m)e^{-\eta_r\xi_n^2 t}}{\left[\left\{\lambda^2+\xi_n^2-\left(\frac{\mathcal{M}}{b}\right)^2\right\}J'^2_{\mathcal{M}}(\xi_n a)-\left\{1-\left(\frac{\mathcal{M}}{\xi_n a}\right)^2\right\}\{\xi_n J'_{\mathcal{M}}(\xi_n b)+\lambda J_{\mathcal{M}}(\xi_n b)\}^2\right]}\qquad(17.75.3)$$

where $\overline{\psi}_a(\xi_m,t)=\int_0^\vartheta\psi_a(u,t)\sin(\xi_m u)du$ and $\overline{\psi}_b(\xi_m,t)=\int_0^\vartheta\psi_b(u,t)\sin(\xi_m u)du$.

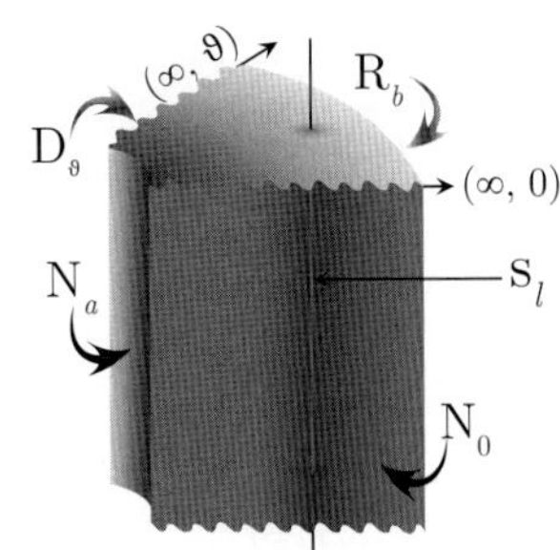

17.76 **The problem of 17.28, except** $\mathbf{N_0 \equiv \frac{\partial p(r,0,t)}{\partial \theta} = -\left(\frac{\mu}{k_\theta}\right)\psi_0(r,t)}$, $\mathbf{D_\vartheta \equiv p(r,\vartheta,t) = \psi_\vartheta(r,t)}$, $\mathbf{N_a \equiv \frac{\partial p(a,\theta,t)}{\partial r} = -\left(\frac{\mu}{k_r}\right)\psi_a(\theta,t)}$ **and** $\mathbf{R_b \equiv \frac{\partial p(b,\theta,t)}{\partial r} + \lambda p(b,\theta,t) = -\left(\frac{\mu}{k_r}\right)\psi_b(\theta,t)}$

The successive application of the Laplace, Fourier and finite Hankel transformations to equation (14.1.1) gives

$$\overline{\overline{\overline{p}}} = \frac{q(s)e^{-st_0}\cos(\xi_m\theta_0)\mathcal{V}_{\mathcal{NM}}(\xi_n r_0,a)}{\phi c_t(\eta_r\xi_n^2+s)} + \frac{2\overline{\overline{\psi}}_a(\xi_m,s)}{\pi\phi c_t\xi_n(\eta_r\xi_n^2+s)} - \frac{2J'_{\mathcal{M}}(\xi_n a)\overline{\overline{\psi}}_b(\xi_m,s)}{\pi\phi c_t\{\xi_n J'_{\mathcal{M}}(\xi_n b)+\lambda J_{\mathcal{M}}(\xi_n b)\}} +$$
$$+\frac{\eta_\theta\int_a^b \frac{\mathcal{V}_{\mathcal{NM}}(\xi_n u,a)}{u}\left\{(-1)^{m+1}\xi_m\overline{\psi}_\vartheta(u,s)+\left(\frac{\mu}{k_\theta}\right)\overline{\psi}_0(u,s)\right\}du}{(\eta_r\xi_n^2+s)} + \frac{\overline{\overline{\varphi}}(\xi_n,\xi_m)}{(\eta_r\xi_n^2+s)} \tag{17.76.1}$$

where ξ_m is a positive root of $\cos(\xi_m\vartheta)$, which are $\xi_m = \frac{(2m-1)\pi}{2\vartheta}$, $m = 1,2,...,$ ξ_n, $n = 1,2,...,$ are the positive roots of the transcendental equation $\xi_n\mathcal{V}'_{\mathcal{NM}}(\xi_n b,a)+\lambda\mathcal{V}_{\mathcal{NM}}(\xi_n b,a)=0$, $\mathcal{V}_{\mathcal{NM}}(\xi_n r,a) = J_{\mathcal{M}}(\xi_n r)Y'_{\mathcal{M}}(\xi_n a) - Y_{\mathcal{M}}(\xi_n r)J'_{\mathcal{M}}(\xi_n a)$, $\overline{\overline{\psi}}_a(\xi_m,s) = \int_0^\vartheta \overline{\psi}_a(u,s)\cos(\xi_m u)du$, $\overline{\overline{\psi}}_b(\xi_m,s) = \int_0^\vartheta \overline{\psi}_b(u,s)\cos(\xi_m u)du$ and $\overline{\overline{\varphi}}(\xi_n,\xi_m) = \int_a^b r\mathcal{V}_{\mathcal{NM}}(\xi_n r,a)\int_0^\vartheta \varphi(r,u)\cos(\xi_m u)dudr$. Successive inverse transforms yield

$$\overline{p} = \frac{\pi^2 q(s)e^{-st_0}}{\vartheta\phi c_t}\sum_{m=1}^\infty \cos(\xi_m\theta_0)\cos(\xi_m\theta)\times$$
$$\times\sum_{n=1}^\infty \frac{\xi_n^2\{\xi_n J'_{\mathcal{M}}(\xi_n b)+\lambda J_{\mathcal{M}}(\xi_n b)\}^2\mathcal{V}_{\mathcal{NM}}(\xi_n r_0,a)\mathcal{V}_{\mathcal{NM}}(\xi_n r,a)}{(\eta_r\xi_n^2+s)\left[\left\{\lambda^2+\xi_n^2-\left(\frac{\mathcal{M}}{b}\right)^2\right\}J'^2_{\mathcal{M}}(\xi_n a)-\left\{1-\left(\frac{\mathcal{M}}{\xi_n a}\right)^2\right\}\{\xi_n J'_{\mathcal{M}}(\xi_n b)+\lambda J_{\mathcal{M}}(\xi_n b)\}^2\right]}+$$
$$+\frac{2\pi}{\vartheta\phi c_t}\sum_{m=1}^\infty\cos(\xi_m\theta)\times$$
$$\times\sum_{n=1}^\infty\frac{\xi_n\{\xi_n J'_{\mathcal{M}}(\xi_n b)+\lambda J_{\mathcal{M}}(\xi_n b)\}\left\{\overline{\overline{\psi}}_a(\xi_m,s)\{\xi_n J'_{\mathcal{M}}(\xi_n b)+\lambda J_{\mathcal{M}}(\xi_n b)\}-\xi_n J'_{\mathcal{M}}(\xi_n a)\overline{\overline{\psi}}_b(\xi_m,s)\right\}\mathcal{V}_{\mathcal{NM}}(\xi_n r,a)}{(\eta_r\xi_n^2+s)\left[\left\{\lambda^2+\xi_n^2-\left(\frac{\mathcal{M}}{b}\right)^2\right\}J'^2_{\mathcal{M}}(\xi_n a)-\left\{1-\left(\frac{\mathcal{M}}{\xi_n a}\right)^2\right\}\{\xi_n J'_{\mathcal{M}}(\xi_n b)+\lambda J_{\mathcal{M}}(\xi_n b)\}^2\right]}+$$
$$+\frac{\pi^2\eta_\theta}{\vartheta}\sum_{m=1}^\infty\xi_m\cos(\xi_m\theta)\times$$
$$\times\sum_{n=1}^\infty\frac{\xi_n^2\{\xi_n J'_{\mathcal{M}}(\xi_n b)+\lambda J_{\mathcal{M}}(\xi_n b)\}^2\mathcal{V}_{\mathcal{NM}}(\xi_n r,a)\int_a^b\frac{\mathcal{V}_{\mathcal{NM}}(\xi_n u,a)}{u}\left\{(-1)^{m+1}\xi_m\overline{\psi}_\vartheta(u,s)+\left(\frac{\mu}{k_\theta}\right)\overline{\psi}_0(u,s)\right\}du}{(\eta_r\xi_n^2+s)\left[\left\{\lambda^2+\xi_n^2-\left(\frac{\mathcal{M}}{b}\right)^2\right\}J'^2_{\mathcal{M}}(\xi_n a)-\left\{1-\left(\frac{\mathcal{M}}{\xi_n a}\right)^2\right\}\{\xi_n J'_{\mathcal{M}}(\xi_n b)+\lambda J_{\mathcal{M}}(\xi_n b)\}^2\right]}+$$
$$+\frac{\pi^2}{\vartheta}\sum_{m=1}^\infty\cos(\xi_m\theta)\sum_{n=1}^\infty\frac{\xi_n^2\{\xi_n J'_{\mathcal{M}}(\xi_n b)+\lambda J_{\mathcal{M}}(\xi_n b)\}^2\mathcal{V}_{\mathcal{NM}}(\xi_n r,a)\overline{\overline{\varphi}}(\xi_n,\xi_m)}{(\eta_r\xi_n^2+s)\left[\left\{\lambda^2+\xi_n^2-\left(\frac{\mathcal{M}}{b}\right)^2\right\}J'^2_{\mathcal{M}}(\xi_n a)-\left\{1-\left(\frac{\mathcal{M}}{\xi_n a}\right)^2\right\}\{\xi_n J'_{\mathcal{M}}(\xi_n b)+\lambda J_{\mathcal{M}}(\xi_n b)\}^2\right]} \tag{17.76.2}$$

and

$$p = \frac{\pi^2 U(t-t_0)}{\phi c_t\vartheta}\sum_{m=1}^\infty\cos(\xi_m\theta_0)\cos(\xi_m\theta)\times$$
$$\times\sum_{n=1}^\infty\frac{\xi_n^2\{\xi_n J'_{\mathcal{M}}(\xi_n b)+\lambda J_{\mathcal{M}}(\xi_n b)\}^2\mathcal{V}_{\mathcal{NM}}(\xi_n r_0,a)\mathcal{V}_{\mathcal{NM}}(\xi_n r,a)\int_0^{t-t_0}q(t-t_0-\tau)e^{-\eta_r\xi_n^2(t-\tau)}d\tau}{\left[\left\{\lambda^2+\xi_n^2-\left(\frac{\mathcal{M}}{b}\right)^2\right\}J'^2_{\mathcal{M}}(\xi_n a)-\left\{1-\left(\frac{\mathcal{M}}{\xi_n a}\right)^2\right\}\{\xi_n J'_{\mathcal{M}}(\xi_n b)+\lambda J_{\mathcal{M}}(\xi_n b)\}^2\right]}+$$

$$+\frac{2\pi}{\vartheta\phi c_t}\sum_{m=1}^{\infty}\cos(\xi_m\theta)\sum_{n=1}^{\infty}\frac{\xi_n\left\{\xi_n J'_{\mathcal{M}}(\xi_n b)+\lambda J_{\mathcal{M}}(\xi_n b)\right\}\mathcal{V}_{\mathcal{NM}}(\xi_n r,a)}{\left[\left\{\lambda^2+\xi_n^2-\left(\frac{\mathcal{M}}{b}\right)^2\right\}J'^2_{\mathcal{M}}(\xi_n a)-\left\{1-\left(\frac{\mathcal{M}}{\xi_n a}\right)^2\right\}\left\{\xi_n J'_{\mathcal{M}}(\xi_n b)+\lambda J_{\mathcal{M}}(\xi_n b)\right\}^2\right]}\times$$

$$\times\int_0^t\left\{\overline{\psi}_a(\xi_m,\tau)\left\{\xi_n J'_{\mathcal{M}}(\xi_n b)+\lambda J_{\mathcal{M}}(\xi_n b)\right\}-\xi_n J'_{\mathcal{M}}(\xi_n a)\overline{\psi}_b(\xi_m,\tau)\right\}e^{-\eta_r\xi_n^2(t-\tau)}d\tau+$$

$$+\frac{\pi^2\eta_\theta}{\vartheta}\sum_{m=1}^{\infty}\xi_m\cos(\xi_m\theta)\sum_{n=1}^{\infty}\frac{\xi_n^2\{\xi_n J'_{\mathcal{M}}(\xi_n b)+\lambda J_{\mathcal{M}}(\xi_n b)\}^2\mathcal{V}_{\mathcal{NM}}(\xi_n r,a)}{\left[\left\{\lambda^2+\xi_n^2-\left(\frac{\mathcal{M}}{b}\right)^2\right\}J'^2_{\mathcal{M}}(\xi_n a)-\left\{1-\left(\frac{\mathcal{M}}{\xi_n a}\right)^2\right\}\left\{\xi_n J'_{\mathcal{M}}(\xi_n b)+\lambda J_{\mathcal{M}}(\xi_n b)\right\}^2\right]}\times$$

$$\times\int_a^b\frac{\mathcal{V}_{\mathcal{NM}}(\xi_n u,a)}{u}\int_0^t\left\{(-1)^{m+1}\xi_m\psi_\vartheta(u,\tau)+\left(\frac{\mu}{k_\theta}\right)\psi_0(u,\tau)\right\}e^{-\eta_r\xi_n^2(t-\tau)}d\tau du+$$

$$+\frac{\pi^2}{\vartheta}\sum_{m=1}^{\infty}\cos(\xi_m\theta)\sum_{n=1}^{\infty}\frac{\xi_n^2\{\xi_n J'_{\mathcal{M}}(\xi_n b)+\lambda J_{\mathcal{M}}(\xi_n b)\}^2\mathcal{V}_{\mathcal{NM}}(\xi_n r,a)\overline{\overline{\varphi}}(\xi_n,\xi_m)e^{-\eta_r\xi_n^2 t}}{\left[\left\{\lambda^2+\xi_n^2-\left(\frac{\mathcal{M}}{b}\right)^2\right\}J'^2_{\mathcal{M}}(\xi_n a)-\left\{1-\left(\frac{\mathcal{M}}{\xi_n a}\right)^2\right\}\left\{\xi_n J'_{\mathcal{M}}(\xi_n b)+\lambda J_{\mathcal{M}}(\xi_n b)\right\}^2\right]}$$

(17.76.3)

where $\overline{\psi}_a(\xi_m,t)=\int_0^\vartheta\psi_a(u,t)\cos(\xi_m u)du$ and $\overline{\psi}_b(\xi_m,t)=\int_0^\vartheta\psi_b(u,t)\cos(\xi_m u)du$.

17.77

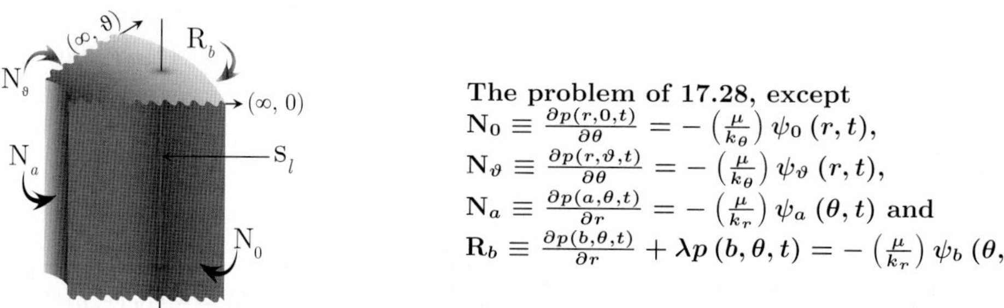

The problem of 17.28, except
$\mathbf{N_0}\equiv\frac{\partial p(r,0,t)}{\partial\theta}=-\left(\frac{\mu}{k_\theta}\right)\psi_0(r,t)$,
$\mathbf{N_\vartheta}\equiv\frac{\partial p(r,\vartheta,t)}{\partial\theta}=-\left(\frac{\mu}{k_\theta}\right)\psi_\vartheta(r,t)$,
$\mathbf{N_a}\equiv\frac{\partial p(a,\theta,t)}{\partial r}=-\left(\frac{\mu}{k_r}\right)\psi_a(\theta,t)$ **and**
$\mathbf{R_b}\equiv\frac{\partial p(b,\theta,t)}{\partial r}+\lambda p(b,\theta,t)=-\left(\frac{\mu}{k_r}\right)\psi_b(\theta,t)$

The successive application of the Laplace, Fourier and finite Hankel transformations to equation (14.1.1) gives

$$\overline{\overline{\overline{p}}}=\frac{q(s)e^{-st_0}\cos(\xi_m\theta_0)\mathcal{V}_{\mathcal{NM}}(\xi_n r_0,a)}{\phi c_t(\eta_r\xi_n^2+s)}+\frac{2\overline{\overline{\psi}}_a(\xi_m,s)}{\pi\phi c_t\xi_n(\eta_r\xi_n^2+s)}-\frac{2J'_{\mathcal{M}}(\xi_n a)\overline{\overline{\psi}}_b(\xi_m,s)}{\pi\phi c_t\left\{\xi_n J'_{\mathcal{M}}(\xi_n b)+\lambda J_{\mathcal{M}}(\xi_n b)\right\}}+$$
$$+\frac{\int_a^b\frac{\mathcal{V}_{\mathcal{NM}}(\xi_n u,a)}{u}\left\{(-1)^{m+1}\overline{\psi}_\vartheta(u,s)+\overline{\psi}_0(u,s)\right\}du}{\phi c_t(\eta_r\xi_n^2+s)}+\frac{\overline{\overline{\varphi}}(\xi_n,\xi_m)}{(\eta_r\xi_n^2+s)}\qquad(17.77.1)$$

where ξ_m is a positive root of $\sin(\xi_m\vartheta)$, which are $\frac{m\pi}{\vartheta}$, $m=0,1,2,...$, ξ_n, $n=1,2,...$, are the positive roots of the transcendental equation $\xi_n\mathcal{V}'_{\mathcal{NM}}(\xi_n b,a)+\lambda\mathcal{V}_{\mathcal{NM}}(\xi_n b,a)=0$,
$\mathcal{V}_{\mathcal{NM}}(\xi_n r,a)=J_{\mathcal{M}}(\xi_n r)Y'_{\mathcal{M}}(\xi_n a)-Y_{\mathcal{M}}(\xi_n r)J'_{\mathcal{M}}(\xi_n a)$,
$\overline{\overline{\psi}}_a(\xi_m,s)=\int_0^\vartheta\overline{\psi}_a(u,s)\cos(\xi_m u)du$, $\overline{\overline{\psi}}_b(\xi_m,s)=\int_0^\vartheta\overline{\psi}_b(u,s)\cos(\xi_m u)du$ and
$\overline{\overline{\varphi}}(\xi_n,\xi_m)=\int_a^b r\mathcal{V}_{\mathcal{NM}}(\xi_n r,a)\int_0^\vartheta\varphi(r,u)\cos(\xi_m u)dudr$. Successive inverse transforms yield

$$\overline{p}=\frac{\pi^2 q(s)e^{-st_0}}{\vartheta\phi c_t}\sum_{m=0}^{\infty}\ni_m\cos(\xi_m\theta_0)\cos(\xi_m\theta)\times$$
$$\times\sum_{n=1}^{\infty}\frac{\xi_n^2\{\xi_n J'_{\mathcal{M}}(\xi_n b)+\lambda J_{\mathcal{M}}(\xi_n b)\}^2\mathcal{V}_{\mathcal{NM}}(\xi_n r_0,a)\mathcal{V}_{\mathcal{NM}}(\xi_n r,a)}{(\eta_r\xi_n^2+s)\left[\left\{\lambda^2+\xi_n^2-\left(\frac{\mathcal{M}}{b}\right)^2\right\}J'^2_{\mathcal{M}}(\xi_n a)-\left\{1-\left(\frac{\mathcal{M}}{\xi_n a}\right)^2\right\}\left\{\xi_n J'_{\mathcal{M}}(\xi_n b)+\lambda J_{\mathcal{M}}(\xi_n b)\right\}^2\right]}+$$
$$+\frac{2\pi}{\vartheta\phi c_t}\sum_{m=0}^{\infty}\ni_m\cos(\xi_m\theta)\times$$

$$\times\sum_{n=1}^{\infty}\frac{\xi_n\left\{\xi_n J'_{\mathcal{M}}(\xi_n b)+\lambda J_{\mathcal{M}}(\xi_n b)\right\}\mathcal{V}_{\mathcal{NM}}(\xi_n r,a)}{\left(\eta_r\xi_n^2+s\right)\left[\left\{\lambda^2+\xi_n^2-\left(\frac{\mathcal{M}}{b}\right)^2\right\}J'^2_{\mathcal{M}}(\xi_n a)-\left\{1-\left(\frac{\mathcal{M}}{\xi_n a}\right)^2\right\}\left\{\xi_n J'_{\mathcal{M}}(\xi_n b)+\lambda J_{\mathcal{M}}(\xi_n b)\right\}^2\right]}\times$$
$$\times\left\{\overline{\overline{\psi}}_a(\xi_m,s)\left\{\xi_n J'_{\mathcal{M}}(\xi_n b)+\lambda J_{\mathcal{M}}(\xi_n b)\right\}-\xi_n J'_{\mathcal{M}}(\xi_n a)\overline{\overline{\psi}}_b(\xi_m,s)\right\}+$$
$$+\frac{\pi^2\eta_\theta}{\vartheta}\sum_{m=0}^{\infty}\ni_m\xi_m\cos(\xi_m\theta)\times$$
$$\times\sum_{n=1}^{\infty}\frac{\xi_n^2\left\{\xi_n J'_{\mathcal{M}}(\xi_n b)+\lambda J_{\mathcal{M}}(\xi_n b)\right\}^2\mathcal{V}_{\mathcal{NM}}(\xi_n r,a)\int_a^b\frac{\mathcal{V}_{\mathcal{NM}}(\xi_n u,a)}{u}\left\{(-1)^{m+1}\overline{\psi}_\vartheta(u,s)+\overline{\psi}_0(u,s)\right\}du}{\left(\eta_r\xi_n^2+s\right)\left[\left\{\lambda^2+\xi_n^2-\left(\frac{\mathcal{M}}{b}\right)^2\right\}J'^2_{\mathcal{M}}(\xi_n a)-\left\{1-\left(\frac{\mathcal{M}}{\xi_n a}\right)^2\right\}\left\{\xi_n J'_{\mathcal{M}}(\xi_n b)+\lambda J_{\mathcal{M}}(\xi_n b)\right\}^2\right]}+$$
$$+\frac{\pi^2}{\vartheta}\sum_{m=0}^{\infty}\ni_m\cos(\xi_m\theta)\times$$
$$\times\sum_{n=1}^{\infty}\frac{\xi_n^2\left\{\xi_n J'_{\mathcal{M}}(\xi_n b)+\lambda J_{\mathcal{M}}(\xi_n b)\right\}^2\mathcal{V}_{\mathcal{NM}}(\xi_n r,a)\overline{\overline{\varphi}}(\xi_n,\xi_m)}{\left(\eta_r\xi_n^2+s\right)\left[\left\{\lambda^2+\xi_n^2-\left(\frac{\mathcal{M}}{b}\right)^2\right\}J'^2_{\mathcal{M}}(\xi_n a)-\left\{1-\left(\frac{\mathcal{M}}{\xi_n a}\right)^2\right\}\left\{\xi_n J'_{\mathcal{M}}(\xi_n b)+\lambda J_{\mathcal{M}}(\xi_n b)\right\}^2\right]}\qquad(17.77.2)$$

and

$$p=\frac{\pi^2U(t-t_0)}{\phi c_t\vartheta}\sum_{m=0}^{\infty}\ni_m\cos(\xi_m\theta_0)\cos(\xi_m\theta)\times$$
$$\times\sum_{n=1}^{\infty}\frac{\xi_n^2\left\{\xi_n J'_{\mathcal{M}}(\xi_n b)+\lambda J_{\mathcal{M}}(\xi_n b)\right\}^2\mathcal{V}_{\mathcal{NM}}(\xi_n r_0,a)\mathcal{V}_{\mathcal{NM}}(\xi_n r,a)\int_0^{t-t_0}q(t-t_0-\tau)e^{-\eta_r\xi_n^2(t-\tau)}d\tau}{\left[\left\{\lambda^2+\xi_n^2-\left(\frac{\mathcal{M}}{b}\right)^2\right\}J'^2_{\mathcal{M}}(\xi_n a)-\left\{1-\left(\frac{\mathcal{M}}{\xi_n a}\right)^2\right\}\left\{\xi_n J'_{\mathcal{M}}(\xi_n b)+\lambda J_{\mathcal{M}}(\xi_n b)\right\}^2\right]}+$$
$$+\frac{2\pi}{\vartheta\phi c_t}\sum_{m=0}^{\infty}\ni_m\cos(\xi_m\theta)\sum_{n=1}^{\infty}\frac{\xi_n\left\{\xi_n J'_{\mathcal{M}}(\xi_n b)+\lambda J_{\mathcal{M}}(\xi_n b)\right\}\mathcal{V}_{\mathcal{NM}}(\xi_n r,a)}{\left[\left\{\lambda^2+\xi_n^2-\left(\frac{\mathcal{M}}{b}\right)^2\right\}J'^2_{\mathcal{M}}(\xi_n a)-\left\{1-\left(\frac{\mathcal{M}}{\xi_n a}\right)^2\right\}\left\{\xi_n J'_{\mathcal{M}}(\xi_n b)+\lambda J_{\mathcal{M}}(\xi_n b)\right\}^2\right]}\times$$
$$\times\int_0^t\left\{\overline{\psi}_a(\xi_m,\tau)\left\{\xi_n J'_{\mathcal{M}}(\xi_n b)+\lambda J_{\mathcal{M}}(\xi_n b)\right\}-\xi_n J'_{\mathcal{M}}(\xi_n a)\overline{\psi}_b(\xi_m,\tau)\right\}e^{-\eta_r\xi_n^2(t-\tau)}d\tau+$$
$$+\frac{\pi^2\eta_\theta}{\vartheta}\sum_{m=0}^{\infty}\ni_m\xi_m\cos(\xi_m\theta)\sum_{n=1}^{\infty}\frac{\xi_n^2\left\{\xi_n J'_{\mathcal{M}}(\xi_n b)+\lambda J_{\mathcal{M}}(\xi_n b)\right\}^2\mathcal{V}_{\mathcal{NM}}(\xi_n r,a)}{\left[\left\{\lambda^2+\xi_n^2-\left(\frac{\mathcal{M}}{b}\right)^2\right\}J'^2_{\mathcal{M}}(\xi_n a)-\left\{1-\left(\frac{\mathcal{M}}{\xi_n a}\right)^2\right\}\left\{\xi_n J'_{\mathcal{M}}(\xi_n b)+\lambda J_{\mathcal{M}}(\xi_n b)\right\}^2\right]}\times$$
$$\times\int_a^b\frac{\mathcal{V}_{\mathcal{NM}}(\xi_n u,a)}{u}\int_0^t\left\{(-1)^{m+1}\psi_\vartheta(u,\tau)+\psi_0(u,\tau)\right\}e^{-\eta_r\xi_n^2(t-\tau)}d\tau du+$$
$$+\frac{\pi^2}{\vartheta}\sum_{m=0}^{\infty}\ni_m\cos(\xi_m\theta)\sum_{n=1}^{\infty}\frac{\xi_n^2\left\{\xi_n J'_{\mathcal{M}}(\xi_n b)+\lambda J_{\mathcal{M}}(\xi_n b)\right\}^2\mathcal{V}_{\mathcal{NM}}(\xi_n r,a)\overline{\overline{\varphi}}(\xi_n,\xi_m)e^{-\eta_r\xi_n^2 t}}{\left[\left\{\lambda^2+\xi_n^2-\left(\frac{\mathcal{M}}{b}\right)^2\right\}J'^2_{\mathcal{M}}(\xi_n a)-\left\{1-\left(\frac{\mathcal{M}}{\xi_n a}\right)^2\right\}\left\{\xi_n J'_{\mathcal{M}}(\xi_n b)+\lambda J_{\mathcal{M}}(\xi_n b)\right\}^2\right]}$$
$$(17.77.3)$$

where $\overline{\psi}_a(\xi_m,t)=\int_0^\vartheta\psi_a(u,t)\cos(\xi_m u)du$ and $\overline{\psi}_b(\xi_m,t)=\int_0^\vartheta\psi_b(u,t)\cos(\xi_m u)du$.

17.78

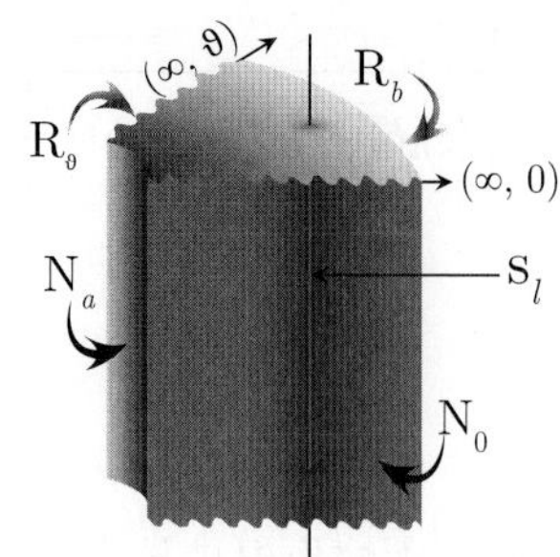

The problem of 17.28, except
$\mathbf{N_0} \equiv \frac{\partial p(r,0,t)}{\partial \theta} = -\left(\frac{\mu}{k_\theta}\right)\psi_0(r,t),$
$\mathbf{R_\vartheta} \equiv \frac{\partial p(r,\vartheta,t)}{\partial \theta} + \lambda_\vartheta p(r,\vartheta,t) = -\left(\frac{\mu}{k_\theta}\right)\psi_\vartheta(r,t),$
$\mathbf{N_a} \equiv \frac{\partial p(a,\theta,t)}{\partial r} = -\left(\frac{\mu}{k_r}\right)\psi_a(\theta,t)$ **and**
$\mathbf{R_b} \equiv \frac{\partial p(b,\theta,t)}{\partial r} + \lambda p(b,\theta,t) = -\left(\frac{\mu}{k_r}\right)\psi_b(\theta,t)$

The successive application of the Laplace, Fourier and finite Hankel transformations to equation (14.1.1) gives

$$\overline{\overline{\overline{p}}} = \frac{q(s)e^{-st_0}\cos(\xi_m\theta_0)\mathcal{V}_{\mathcal{N}\mathcal{M}}(\xi_n r_0,a)}{\phi c_t(\eta_r\xi_n^2+s)} + \frac{2\overline{\overline{\psi}}_a(\xi_m,s)}{\pi\phi c_t\xi_n(\eta_r\xi_n^2+s)} - \frac{2J'_{\mathcal{M}}(\xi_n a)\overline{\overline{\psi}}_b(\xi_m,s)}{\pi\phi c_t\{\xi_n J'_{\mathcal{M}}(\xi_n b)+\lambda J_{\mathcal{M}}(\xi_n b)\}} + \\ + \frac{\int_a^b \frac{\mathcal{V}_{\mathcal{N}\mathcal{M}}(\xi_n u,a)}{u}\{\overline{\psi}_0(u,s)-\overline{\psi}_\vartheta(u,s)\cos(\xi_m\vartheta)\}du}{\phi c_t(\eta_r\xi_n^2+s)} + \frac{\overline{\varphi}(\xi_n,\xi_m)}{(\eta_r\xi_n^2+s)} \tag{17.78.1}$$

where ξ_m is a positive root of $\xi_m\tan(\xi_m\vartheta)=\lambda$, $m=1,2,...,$ ξ_n, $n=1,2,...,$ are the positive roots of the transcendental equation $\xi_n\mathcal{V}'_{\mathcal{N}\mathcal{M}}(\xi_n b,a)+\lambda\mathcal{V}_{\mathcal{N}\mathcal{M}}(\xi_n b,a)=0$,
$\mathcal{V}_{\mathcal{N}\mathcal{M}}(\xi_n r,a)=J_{\mathcal{M}}(\xi_n r)Y'_{\mathcal{M}}(\xi_n a)-Y_{\mathcal{M}}(\xi_n r)J'_{\mathcal{M}}(\xi_n a)$,
$\overline{\overline{\psi}}_a(\xi_m,s)=\int_0^\vartheta\overline{\psi}_a(u,s)\cos(\xi_m u)du$, $\overline{\overline{\psi}}_b(\xi_m,s)=\int_0^\vartheta\overline{\psi}_b(u,s)\cos(\xi_m u)du$ and
$\overline{\varphi}(\xi_n,\xi_m)=\int_a^b r\mathcal{V}_{\mathcal{N}\mathcal{M}}(\xi_n r,a)\int_0^\vartheta\varphi(r,u)\cos(\xi_m u)dudr$. Successive inverse transforms yield

$$\overline{p} = \frac{\pi^2 q(s)e^{-st_0}}{\phi c_t}\sum_{m=1}^\infty\frac{(\xi_m^2+\lambda^2)\cos(\xi_m\theta_0)\cos(\xi_m\theta)}{\vartheta(\xi_m^2+\lambda^2)+\lambda}\times \\ \times\sum_{n=1}^\infty\frac{\xi_n^2\{\xi_n J'_{\mathcal{M}}(\xi_n b)+\lambda J_{\mathcal{M}}(\xi_n b)\}^2\mathcal{V}_{\mathcal{N}\mathcal{M}}(\xi_n r_0,a)\mathcal{V}_{\mathcal{N}\mathcal{M}}(\xi_n r,a)}{(\eta_r\xi_n^2+s)\left[\left\{\lambda^2+\xi_n^2-\left(\frac{\mathcal{M}}{b}\right)^2\right\}J'^2_{\mathcal{M}}(\xi_n a)-\left\{1-\left(\frac{\mathcal{M}}{\xi_n a}\right)^2\right\}\{\xi_n J'_{\mathcal{M}}(\xi_n b)+\lambda J_{\mathcal{M}}(\xi_n b)\}^2\right]} + \\ + \frac{2\pi}{\phi c_t}\sum_{m=1}^\infty\frac{(\xi_m^2+\lambda^2)\cos(\xi_m\theta)}{\vartheta(\xi_m^2+\lambda^2)+\lambda}\times \\ \times\sum_{n=1}^\infty\frac{\xi_n\{\xi_n J'_{\mathcal{M}}(\xi_n b)+\lambda J_{\mathcal{M}}(\xi_n b)\}\mathcal{V}_{\mathcal{N}\mathcal{M}}(\xi_n r,a)}{(\eta_r\xi_n^2+s)\left[\left\{\lambda^2+\xi_n^2-\left(\frac{\mathcal{M}}{b}\right)^2\right\}J'^2_{\mathcal{M}}(\xi_n a)-\left\{1-\left(\frac{\mathcal{M}}{\xi_n a}\right)^2\right\}\{\xi_n J'_{\mathcal{M}}(\xi_n b)+\lambda J_{\mathcal{M}}(\xi_n b)\}^2\right]}\times \\ \times\left\{\overline{\overline{\psi}}_a(\xi_m,s)\{\xi_n J'_{\mathcal{M}}(\xi_n b)+\lambda J_{\mathcal{M}}(\xi_n b)\}-\xi_n J'_{\mathcal{M}}(\xi_n a)\overline{\overline{\psi}}_b(\xi_m,s)\right\} + \\ + \frac{\pi^2\eta_\theta}{\vartheta}\sum_{m=1}^\infty\frac{(\xi_m^2+\lambda^2)\cos(\xi_m\theta)}{\vartheta(\xi_m^2+\lambda^2)+\lambda}\times \\ \times\sum_{n=1}^\infty\frac{\xi_n^2\{\xi_n J'_{\mathcal{M}}(\xi_n b)+\lambda J_{\mathcal{M}}(\xi_n b)\}^2\mathcal{V}_{\mathcal{N}\mathcal{M}}(\xi_n r,a)\int_a^b\frac{\mathcal{V}_{\mathcal{N}\mathcal{M}}(\xi_n u,a)}{u}\{\overline{\psi}_0(r,s)-\overline{\psi}_\vartheta(r,s)\cos(\xi_m\vartheta)\}du}{(\eta_r\xi_n^2+s)\left[\left\{\lambda^2+\xi_n^2-\left(\frac{\mathcal{M}}{b}\right)^2\right\}J'^2_{\mathcal{M}}(\xi_n a)-\left\{1-\left(\frac{\mathcal{M}}{\xi_n a}\right)^2\right\}\{\xi_n J'_{\mathcal{M}}(\xi_n b)+\lambda J_{\mathcal{M}}(\xi_n b)\}^2\right]} + \\ + \pi^2\sum_{m=1}^\infty\frac{(\xi_m^2+\lambda^2)\cos(\xi_m\theta)}{\vartheta(\xi_m^2+\lambda^2)+\lambda}\times \\ \times\sum_{n=1}^\infty\frac{\xi_n^2\{\xi_n J'_{\mathcal{M}}(\xi_n b)+\lambda J_{\mathcal{M}}(\xi_n b)\}^2\mathcal{V}_{\mathcal{N}\mathcal{M}}(\xi_n r,a)\overline{\varphi}(\xi_n,\xi_m)}{(\eta_r\xi_n^2+s)\left[\left\{\lambda^2+\xi_n^2-\left(\frac{\mathcal{M}}{b}\right)^2\right\}J'^2_{\mathcal{M}}(\xi_n a)-\left\{1-\left(\frac{\mathcal{M}}{\xi_n a}\right)^2\right\}\{\xi_n J'_{\mathcal{M}}(\xi_n b)+\lambda J_{\mathcal{M}}(\xi_n b)\}^2\right]} \tag{17.78.2}$$

and

$$p = \frac{\pi^2 U(t-t_0)}{\phi c_t}\sum_{m=1}^{\infty}\frac{(\xi_m^2+\lambda^2)\cos(\xi_m\theta_0)\cos(\xi_m\theta)}{\vartheta(\xi_m^2+\lambda^2)+\lambda}\times$$
$$\times\sum_{n=1}^{\infty}\frac{\xi_n^2\{\xi_n J'_{\mathcal{M}}(\xi_n b)+\lambda J_{\mathcal{M}}(\xi_n b)\}^2\mathcal{V}_{\mathcal{NM}}(\xi_n r_0,a)\,\mathcal{V}_{\mathcal{NM}}(\xi_n r,a)\int_0^{t-t_0}q(t-t_0-\tau)\,e^{-\eta_r\xi_n^2(t-\tau)}d\tau}{\left[\left\{\lambda^2+\xi_n^2-\left(\frac{\mathcal{M}}{b}\right)^2\right\}J'^2_{\mathcal{M}}(\xi_n a)-\left\{1-\left(\frac{\mathcal{M}}{\xi_n a}\right)^2\right\}\{\xi_n J'_{\mathcal{M}}(\xi_n b)+\lambda J_{\mathcal{M}}(\xi_n b)\}^2\right]}+$$
$$+\frac{2\pi}{\phi c_t}\sum_{m=1}^{\infty}\frac{(\xi_m^2+\lambda^2)\cos(\xi_m\theta)}{\vartheta(\xi_m^2+\lambda^2)+\lambda}\times$$
$$\times\sum_{n=1}^{\infty}\frac{\xi_n\{\xi_n J'_{\mathcal{M}}(\xi_n b)+\lambda J_{\mathcal{M}}(\xi_n b)\}\mathcal{V}_{\mathcal{NM}}(\xi_n r,a)}{\left[\left\{\lambda^2+\xi_n^2-\left(\frac{\mathcal{M}}{b}\right)^2\right\}J'^2_{\mathcal{M}}(\xi_n a)-\left\{1-\left(\frac{\mathcal{M}}{\xi_n a}\right)^2\right\}\{\xi_n J'_{\mathcal{M}}(\xi_n b)+\lambda J_{\mathcal{M}}(\xi_n b)\}^2\right]}\times$$
$$\times\int_0^t\left\{\overline{\psi}_a(\xi_m,\tau)\{\xi_n J'_{\mathcal{M}}(\xi_n b)+\lambda J_{\mathcal{M}}(\xi_n b)\}-\xi_n J'_{\mathcal{M}}(\xi_n a)\,\overline{\psi}_b(\xi_m,\tau)\right\}e^{-\eta_r\xi_n^2(t-\tau)}d\tau+$$
$$+\frac{\pi^2\eta_\theta}{\vartheta}\sum_{m=1}^{\infty}\frac{(\xi_m^2+\lambda^2)\cos(\xi_m\theta)}{\vartheta(\xi_m^2+\lambda^2)+\lambda}\times$$
$$\times\sum_{n=1}^{\infty}\frac{\xi_n^2\{\xi_n J'_{\mathcal{M}}(\xi_n b)+\lambda J_{\mathcal{M}}(\xi_n b)\}^2\mathcal{V}_{\mathcal{NM}}(\xi_n r,a)}{\left[\left\{\lambda^2+\xi_n^2-\left(\frac{\mathcal{M}}{b}\right)^2\right\}J'^2_{\mathcal{M}}(\xi_n a)-\left\{1-\left(\frac{\mathcal{M}}{\xi_n a}\right)^2\right\}\{\xi_n J'_{\mathcal{M}}(\xi_n b)+\lambda J_{\mathcal{M}}(\xi_n b)\}^2\right]}\times$$
$$\times\int_a^b\frac{\mathcal{V}_{\mathcal{NM}}(\xi_n u,a)}{u}\int_0^t\{\psi_0(r,u)-\psi_\vartheta(u,s)\cos(\xi_m\vartheta)\}\,e^{-\eta_r\xi_n^2(t-\tau)}d\tau du+$$
$$+\pi^2\sum_{m=1}^{\infty}\frac{(\xi_m^2+\lambda^2)\cos(\xi_m\theta)}{\vartheta(\xi_m^2+\lambda^2)+\lambda}\times$$
$$\times\sum_{n=1}^{\infty}\frac{\xi_n^2\{\xi_n J'_{\mathcal{M}}(\xi_n b)+\lambda J_{\mathcal{M}}(\xi_n b)\}^2\mathcal{V}_{\mathcal{NM}}(\xi_n r,a)\overline{\overline{\varphi}}(\xi_n,\xi_m)\,e^{-\eta_r\xi_n^2 t}}{\left[\left\{\lambda^2+\xi_n^2-\left(\frac{\mathcal{M}}{b}\right)^2\right\}J'^2_{\mathcal{M}}(\xi_n a)-\left\{1-\left(\frac{\mathcal{M}}{\xi_n a}\right)^2\right\}\{\xi_n J'_{\mathcal{M}}(\xi_n b)+\lambda J_{\mathcal{M}}(\xi_n b)\}^2\right]} \quad (17.78.3)$$

where $\overline{\psi}_a(\xi_m,t)=\int_0^\vartheta\psi_a(u,t)\cos(\xi_m u)du$ and $\overline{\psi}_b(\xi_m,t)=\int_0^\vartheta\psi_b(u,t)\cos(\xi_m u)du$.

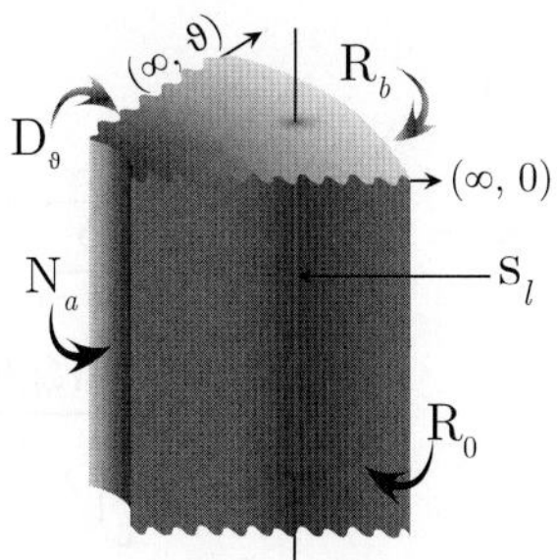

17.79 The problem of 17.28, except
$R_0\equiv\frac{\partial p(r,0,t)}{\partial\theta}-\lambda_0 p(r,0,t)=-\left(\frac{\mu}{k_\theta}\right)\psi_0(r,t)$,
$D_\vartheta\equiv p(r,\vartheta,t)=\psi_\vartheta(r,t)$, $N_a\equiv\frac{\partial p(a,\theta,t)}{\partial r}=-\left(\frac{\mu}{k_r}\right)\psi_a(\theta,t)$ and
$R_b\equiv\frac{\partial p(b,\theta,t)}{\partial r}+\lambda p(b,\theta,t)=-\left(\frac{\mu}{k_r}\right)\psi_b(\theta,t)$

The successive application of the Laplace, Fourier and finite Hankel transformations to equation (14.1.1) gives

$$\overline{\overline{\overline{p}}} = \frac{q(s)\,e^{-st_0}\sin\{\xi_m(\vartheta-\theta_0)\}\mathcal{V}_{\mathcal{NM}}(\xi_n r_0,a)}{\phi c_t(\eta_r\xi_n^2+s)}+\frac{2\overline{\overline{\psi}}_a(\xi_m,s)}{\pi\phi c_t\xi_n(\eta_r\xi_n^2+s)}-\frac{2J'_{\mathcal{M}}(\xi_n a)\,\overline{\overline{\psi}}_b(\xi_m,s)}{\pi\phi c_t\{\xi_n J'_{\mathcal{M}}(\xi_n b)+\lambda J_{\mathcal{M}}(\xi_n b)\}}+$$
$$+\frac{\eta_\theta\int_a^b\frac{\mathcal{V}_{\mathcal{NM}}(\xi_n u,a)}{u}\left\{\left(\frac{\mu}{k_\theta}\right)\overline{\psi}_0(u,s)\sin(\xi_m\vartheta)+\xi_m\overline{\psi}_\vartheta(u,s)\right\}du}{(\eta_r\xi_n^2+s)}+\frac{\overline{\overline{\varphi}}(\xi_n,\xi_m)}{(\eta_r\xi_n^2+s)} \quad (17.79.1)$$

where ξ_m is a positive root of $\xi_m \cot(\xi_m \vartheta) = -\lambda$, $m = 1, 2, ...,$ ξ_n, $n = 1, 2, ...,$ are the positive roots of the transcendental equation $\xi_n \mathcal{V}'_{\mathcal{NM}}(\xi_n b, a) + \lambda \mathcal{V}_{\mathcal{NM}}(\xi_n b, a) = 0$,
$\mathcal{V}_{\mathcal{NM}}(\xi_n r, a) = J_{\mathcal{M}}(\xi_n r) Y'_{\mathcal{M}}(\xi_n a) - Y_{\mathcal{M}}(\xi_n r) J'_{\mathcal{M}}(\xi_n a)$, $\overline{\overline{\psi}}_a(\xi_m, s) = \int_0^{\vartheta} \overline{\psi}_a(u, s) \sin\{\xi_m(\vartheta - u)\} du$,
$\overline{\overline{\psi}}_b(\xi_m, s) = \int_0^{\vartheta} \overline{\psi}_b(u, s) \sin\{\xi_m(\vartheta - u)\} du$ and $\overline{\overline{\varphi}}(\xi_n, \xi_m) = \int_a^b r \mathcal{V}_{\mathcal{NM}}(\xi_n r, a) \int_0^{\vartheta} \varphi(r, u) \sin\{\xi_m(\vartheta - u)\} du dr$.
Successive inverse transforms yield

$$\begin{aligned}
\overline{p} &= \frac{\pi^2 q(s) e^{-st_0}}{\phi c_t} \sum_{m=1}^{\infty} \frac{(\xi_m^2 + \lambda^2) \sin\{\xi_m(\vartheta - \theta_0)\} \sin\{\xi_m(\vartheta - \theta)\}}{\vartheta(\xi_m^2 + \lambda^2) + \lambda} \times \\
&\times \sum_{n=1}^{\infty} \frac{\xi_n^2 \{\xi_n J'_{\mathcal{M}}(\xi_n b) + \lambda J_{\mathcal{M}}(\xi_n b)\}^2 \mathcal{V}_{\mathcal{NM}}(\xi_n r_0, a) \mathcal{V}_{\mathcal{NM}}(\xi_n r, a)}{(\eta_r \xi_n^2 + s) \left[\left\{\lambda^2 + \xi_n^2 - \left(\frac{\mathcal{M}}{b}\right)^2\right\} J'^2_{\mathcal{M}}(\xi_n a) - \left\{1 - \left(\frac{\mathcal{M}}{\xi_n a}\right)^2\right\} \{\xi_n J'_{\mathcal{M}}(\xi_n b) + \lambda J_{\mathcal{M}}(\xi_n b)\}^2\right]} + \\
&+ \frac{2\pi}{\phi c_t} \sum_{m=1}^{\infty} \frac{(\xi_m^2 + \lambda^2) \sin\{\xi_m(\vartheta - \theta)\}}{\vartheta(\xi_m^2 + \lambda^2) + \lambda} \times \\
&\times \sum_{n=1}^{\infty} \frac{\xi_n \{\xi_n J'_{\mathcal{M}}(\xi_n b) + \lambda J_{\mathcal{M}}(\xi_n b)\} \mathcal{V}_{\mathcal{NM}}(\xi_n r, a)}{(\eta_r \xi_n^2 + s) \left[\left\{\lambda^2 + \xi_n^2 - \left(\frac{\mathcal{M}}{b}\right)^2\right\} J'^2_{\mathcal{M}}(\xi_n a) - \left\{1 - \left(\frac{\mathcal{M}}{\xi_n a}\right)^2\right\} \{\xi_n J'_{\mathcal{M}}(\xi_n b) + \lambda J_{\mathcal{M}}(\xi_n b)\}^2\right]} \times \\
&\times \left\{\overline{\overline{\psi}}_a(\xi_m, s) \{\xi_n J'_{\mathcal{M}}(\xi_n b) + \lambda J_{\mathcal{M}}(\xi_n b)\} - \xi_n J'_{\mathcal{M}}(\xi_n a) \overline{\overline{\psi}}_b(\xi_m, s)\right\} + \\
&+ \frac{\pi^2 \eta_\theta}{\vartheta} \sum_{m=1}^{\infty} \frac{(\xi_m^2 + \lambda^2) \sin\{\xi_m(\vartheta - \theta)\}}{\vartheta(\xi_m^2 + \lambda^2) + \lambda} \times \\
&\times \sum_{n=1}^{\infty} \frac{\xi_n^2 \{\xi_n J'_{\mathcal{M}}(\xi_n b) + \lambda J_{\mathcal{M}}(\xi_n b)\}^2 \mathcal{V}_{\mathcal{NM}}(\xi_n r, a)}{(\eta_r \xi_n^2 + s) \left[\left\{\lambda^2 + \xi_n^2 - \left(\frac{\mathcal{M}}{b}\right)^2\right\} J'^2_{\mathcal{M}}(\xi_n a) - \left\{1 - \left(\frac{\mathcal{M}}{\xi_n a}\right)^2\right\} \{\xi_n J'_{\mathcal{M}}(\xi_n b) + \lambda J_{\mathcal{M}}(\xi_n b)\}^2\right]} \times \\
&\times \int_a^b \frac{\mathcal{V}_{\mathcal{NM}}(\xi_n u, a)}{u} \left\{\left(\frac{\mu}{k_\theta}\right) \overline{\psi}_0(u, s) \sin(\xi_m \vartheta) + \xi_m \overline{\psi}_\vartheta(u, s)\right\} du + \\
&+ \pi^2 \sum_{m=1}^{\infty} \frac{(\xi_m^2 + \lambda^2) \sin\{\xi_m(\vartheta - \theta)\}}{\vartheta(\xi_m^2 + \lambda^2) + \lambda} \times \\
&\times \sum_{n=1}^{\infty} \frac{\xi_n^2 \{\xi_n J'_{\mathcal{M}}(\xi_n b) + \lambda J_{\mathcal{M}}(\xi_n b)\}^2 \mathcal{V}_{\mathcal{NM}}(\xi_n r, a) \overline{\overline{\varphi}}(\xi_n, \xi_m)}{(\eta_r \xi_n^2 + s) \left[\left\{\lambda^2 + \xi_n^2 - \left(\frac{\mathcal{M}}{b}\right)^2\right\} J'^2_{\mathcal{M}}(\xi_n a) - \left\{1 - \left(\frac{\mathcal{M}}{\xi_n a}\right)^2\right\} \{\xi_n J'_{\mathcal{M}}(\xi_n b) + \lambda J_{\mathcal{M}}(\xi_n b)\}^2\right]}
\end{aligned} \quad (17.79.2)$$

and

$$\begin{aligned}
p &= \frac{\pi^2 U(t - t_0)}{\phi c_t} \sum_{m=1}^{\infty} \frac{(\xi_m^2 + \lambda^2) \sin\{\xi_m(\vartheta - \theta_0)\} \sin\{\xi_m(\vartheta - \theta)\}}{\vartheta(\xi_m^2 + \lambda^2) + \lambda} \times \\
&\times \sum_{n=1}^{\infty} \frac{\xi_n^2 \{\xi_n J'_{\mathcal{M}}(\xi_n b) + \lambda J_{\mathcal{M}}(\xi_n b)\}^2 \mathcal{V}_{\mathcal{NM}}(\xi_n r_0, a) \mathcal{V}_{\mathcal{NM}}(\xi_n r, a) \int_0^{t - t_0} q(t - t_0 - \tau) e^{-\eta_r \xi_n^2 (t - \tau)} d\tau}{\left[\left\{\lambda^2 + \xi_n^2 - \left(\frac{\mathcal{M}}{b}\right)^2\right\} J'^2_{\mathcal{M}}(\xi_n a) - \left\{1 - \left(\frac{\mathcal{M}}{\xi_n a}\right)^2\right\} \{\xi_n J'_{\mathcal{M}}(\xi_n b) + \lambda J_{\mathcal{M}}(\xi_n b)\}^2\right]} + \\
&+ \frac{2\pi}{\phi c_t} \sum_{m=1}^{\infty} \frac{(\xi_m^2 + \lambda^2) \sin\{\xi_m(\vartheta - \theta)\}}{\vartheta(\xi_m^2 + \lambda^2) + \lambda} \times \\
&\times \sum_{n=1}^{\infty} \frac{\xi_n \{\xi_n J'_{\mathcal{M}}(\xi_n b) + \lambda J_{\mathcal{M}}(\xi_n b)\} \mathcal{V}_{\mathcal{NM}}(\xi_n r, a)}{\left[\left\{\lambda^2 + \xi_n^2 - \left(\frac{\mathcal{M}}{b}\right)^2\right\} J'^2_{\mathcal{M}}(\xi_n a) - \left\{1 - \left(\frac{\mathcal{M}}{\xi_n a}\right)^2\right\} \{\xi_n J'_{\mathcal{M}}(\xi_n b) + \lambda J_{\mathcal{M}}(\xi_n b)\}^2\right]} \times \\
&\times \int_0^t \{\overline{\psi}_a(\xi_m, \tau) \{\xi_n J'_{\mathcal{M}}(\xi_n b) + \lambda J_{\mathcal{M}}(\xi_n b)\} - \xi_n J'_{\mathcal{M}}(\xi_n a) \overline{\psi}_b(\xi_m, \tau)\} e^{-\eta_r \xi_n^2 (t - \tau)} d\tau +
\end{aligned}$$

$$+\frac{\pi^2\eta_\theta}{\vartheta}\sum_{m=1}^{\infty}\frac{\left(\xi_m^2+\lambda^2\right)\sin\{\xi_m(\vartheta-\theta)\}}{\vartheta\left(\xi_m^2+\lambda^2\right)+\lambda}\times$$
$$\times\sum_{n=1}^{\infty}\frac{\xi_n^2\{\xi_n J'_{\mathcal{M}}(\xi_n b)+\lambda J_{\mathcal{M}}(\xi_n b)\}^2\mathcal{V}_{\mathcal{NM}}(\xi_n r,a)}{\left[\left\{\lambda^2+\xi_n^2-\left(\frac{\mathcal{M}}{b}\right)^2\right\}J'^2_{\mathcal{M}}(\xi_n a)-\left\{1-\left(\frac{\mathcal{M}}{\xi_n a}\right)^2\right\}^2\{\xi_n J'_{\mathcal{M}}(\xi_n b)+\lambda J_{\mathcal{M}}(\xi_n b)\}^2\right]}\times$$
$$\times\int_a^b\frac{\mathcal{V}_{\mathcal{NM}}(\xi_n u,a)}{u}\int_0^t\left\{\left(\frac{\mu}{k_\theta}\right)\psi_0(u,\tau)\sin(\xi_m\vartheta)+\xi_m\psi_\vartheta(u,\tau)\right\}e^{-\eta_r\xi_n^2(t-\tau)}d\tau du+$$
$$+\pi^2\sum_{m=1}^{\infty}\frac{\left(\xi_m^2+\lambda^2\right)\sin\{\xi_m(\vartheta-\theta)\}}{\vartheta\left(\xi_m^2+\lambda^2\right)+\lambda}\times$$
$$\times\sum_{n=1}^{\infty}\frac{\xi_n^2\{\xi_n J'_{\mathcal{M}}(\xi_n b)+\lambda J_{\mathcal{M}}(\xi_n b)\}^2\mathcal{V}_{\mathcal{NM}}(\xi_n r,a)\overline{\overline{\varphi}}(\xi_n,\xi_m)\,e^{-\eta_r\xi_n^2 t}}{\left[\left\{\lambda^2+\xi_n^2-\left(\frac{\mathcal{M}}{b}\right)^2\right\}J'^2_{\mathcal{M}}(\xi_n a)-\left\{1-\left(\frac{\mathcal{M}}{\xi_n a}\right)^2\right\}^2\{\xi_n J'_{\mathcal{M}}(\xi_n b)+\lambda J_{\mathcal{M}}(\xi_n b)\}^2\right]}\tag{17.79.3}$$

where $\overline{\psi}_a(\xi_m,t)=\int_0^{\vartheta}\psi_a(u,t)\sin\{\xi_m(\vartheta-u)\}du$ and $\overline{\psi}_b(\xi_m,t)=\int_0^{\vartheta}\psi_b(u,t)\sin\{\xi_m(\vartheta-u)\}du$.

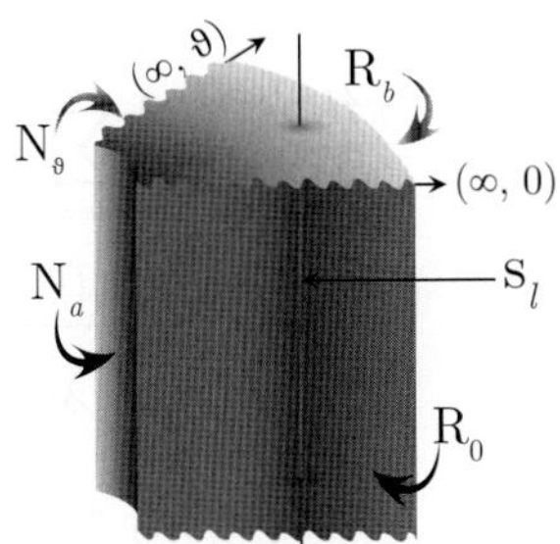

17.80 The problem of 17.28, except
$\mathbf{R_0}\equiv\frac{\partial p(r,0,t)}{\partial\theta}-\lambda_0 p(r,0,t)=-\left(\frac{\mu}{k_\theta}\right)\psi_0(r,t)$,
$\mathbf{N_\vartheta}\equiv\frac{\partial p(r,\vartheta,t)}{\partial\theta}=-\left(\frac{\mu}{k_\theta}\right)\psi_\vartheta(r,t)$, $\mathbf{N_a}\equiv\frac{\partial p(a,\theta,t)}{\partial r}=-\left(\frac{\mu}{k_r}\right)\psi_a(\theta,t)$
and $\mathbf{R_b}\equiv\frac{\partial p(b,\theta,t)}{\partial r}+\lambda p(b,\theta,t)=-\left(\frac{\mu}{k_r}\right)\psi_b(\theta,t)$

The successive application of the Laplace, Fourier and finite Hankel transformations to equation (14.1.1) gives

$$\overline{\overline{\overline{p}}}=\frac{q(s)\,e^{-st_0}\cos\{\xi_m(\vartheta-\theta_0)\}\mathcal{V}_{\mathcal{NM}}(\xi_n r_0,a)}{\phi c_t\left(\eta_r\xi_n^2+s\right)}+\frac{2\overline{\overline{\psi}}_a(\xi_m,s)}{\pi\phi c_t\xi_n\left(\eta_r\xi_n^2+s\right)}-\frac{2J'_{\mathcal{M}}(\xi_n a)\,\overline{\overline{\psi}}_b(\xi_m,s)}{\pi\phi c_t\{\xi_n J'_{\mathcal{M}}(\xi_n b)+\lambda J_{\mathcal{M}}(\xi_n b)\}}+$$
$$+\frac{\int_a^b\frac{\mathcal{V}_{\mathcal{NM}}(\xi_n u,a)}{u}\left\{\overline{\psi}_0(u,s)\cos(\xi_m\vartheta)-\overline{\psi}_\vartheta(u,s)\right\}du}{\phi c_t\left(\eta_r\xi_n^2+s\right)}+\frac{\overline{\overline{\varphi}}(\xi_n,\xi_m)}{\left(\eta_r\xi_n^2+s\right)}\tag{17.80.1}$$

where ξ_m is a positive root of $\xi_m\tan(\xi_m\vartheta)=\lambda$, $m=1,2,...$, ξ_n, $n=1,2,...$, are the positive roots of the transcendental equation $\xi_n\mathcal{V}'_{\mathcal{NM}}(\xi_n b,a)+\lambda\mathcal{V}_{\mathcal{NM}}(\xi_n b,a)=0$,
$\mathcal{V}_{\mathcal{NM}}(\xi_n r,a)=J_{\mathcal{M}}(\xi_n r)\,Y'_{\mathcal{M}}(\xi_n a)-Y_{\mathcal{M}}(\xi_n r)\,J'_{\mathcal{M}}(\xi_n a)$, $\overline{\overline{\psi}}_a(\xi_m,s)=\int_0^{\vartheta}\overline{\psi}_a(u,s)\cos\{\xi_m(\vartheta-u)\}du$,
$\overline{\overline{\psi}}_b(\xi_m,s)=\int_0^{\vartheta}\overline{\psi}_b(u,s)\cos\{\xi_m(\vartheta-u)\}du$ and $\overline{\overline{\varphi}}(\xi_n,\xi_m)=\int_a^b r\mathcal{V}_{\mathcal{NM}}(\xi_n r,a)\int_0^{\vartheta}\varphi(r,u)\cos\{\xi_m(\vartheta-u)\}dudr$.
Successive inverse transforms yield

$$\overline{p}=\frac{\pi^2 q(s)\,e^{-st_0}}{\phi c_t}\sum_{m=1}^{\infty}\frac{\left(\xi_m^2+\lambda^2\right)\cos\{\xi_m(\vartheta-\theta_0)\}\cos\{\xi_m(\vartheta-\theta)\}}{\vartheta\left(\xi_m^2+\lambda^2\right)+\lambda}\times$$
$$\times\sum_{n=1}^{\infty}\frac{\xi_n^2\{\xi_n J'_{\mathcal{M}}(\xi_n b)+\lambda J_{\mathcal{M}}(\xi_n b)\}^2\mathcal{V}_{\mathcal{NM}}(\xi_n r_0,a)\,\mathcal{V}_{\mathcal{NM}}(\xi_n r,a)}{\left(\eta_r\xi_n^2+s\right)\left[\left\{\lambda^2+\xi_n^2-\left(\frac{\mathcal{M}}{b}\right)^2\right\}J'^2_{\mathcal{M}}(\xi_n a)-\left\{1-\left(\frac{\mathcal{M}}{\xi_n a}\right)^2\right\}^2\{\xi_n J'_{\mathcal{M}}(\xi_n b)+\lambda J_{\mathcal{M}}(\xi_n b)\}^2\right]}+$$
$$+\frac{2\pi}{\phi c_t}\sum_{m=1}^{\infty}\frac{\left(\xi_m^2+\lambda^2\right)\cos\{\xi_m(\vartheta-\theta)\}}{\vartheta\left(\xi_m^2+\lambda^2\right)+\lambda}\times$$
$$\times\sum_{n=1}^{\infty}\frac{\xi_n\{\xi_n J'_{\mathcal{M}}(\xi_n b)+\lambda J_{\mathcal{M}}(\xi_n b)\}\mathcal{V}_{\mathcal{NM}}(\xi_n r,a)}{\left(\eta_r\xi_n^2+s\right)\left[\left\{\lambda^2+\xi_n^2-\left(\frac{\mathcal{M}}{b}\right)^2\right\}J'^2_{\mathcal{M}}(\xi_n a)-\left\{1-\left(\frac{\mathcal{M}}{\xi_n a}\right)^2\right\}^2\{\xi_n J'_{\mathcal{M}}(\xi_n b)+\lambda J_{\mathcal{M}}(\xi_n b)\}^2\right]}\times$$

$$\times\left\{\overline{\overline{\psi}}_a(\xi_m,s)\{\xi_n J'_{\mathcal{M}}(\xi_n b)+\lambda J_{\mathcal{M}}(\xi_n b)\}-\xi_n J'_{\mathcal{M}}(\xi_n a)\overline{\overline{\psi}}_b(\xi_m,s)\right\}+$$

$$+\frac{\pi^2\eta_\theta}{\vartheta}\sum_{m=1}^{\infty}\frac{(\xi_m^2+\lambda^2)\cos\{\xi_m(\vartheta-\theta)\}}{\vartheta(\xi_m^2+\lambda^2)+\lambda}\times$$

$$\times\sum_{n=1}^{\infty}\frac{\xi_n^2\{\xi_n J'_{\mathcal{M}}(\xi_n b)+\lambda J_{\mathcal{M}}(\xi_n b)\}^2\mathcal{V}_{\mathcal{NM}}(\xi_n r,a)\int_a^b\frac{\mathcal{V}_{\mathcal{NM}}(\xi_n u,a)}{u}\{\overline{\psi}_0(u,s)\cos(\xi_m\vartheta)-\overline{\psi}_\vartheta(u,s)\}du}{(\eta_r\xi_n^2+s)\left[\left\{\lambda^2+\xi_n^2-\left(\frac{\mathcal{M}}{b}\right)^2\right\}J'^2_{\mathcal{M}}(\xi_n a)-\left\{1-\left(\frac{\mathcal{M}}{\xi_n a}\right)^2\right\}\{\xi_n J'_{\mathcal{M}}(\xi_n b)+\lambda J_{\mathcal{M}}(\xi_n b)\}^2\right]}+$$

$$+\pi^2\sum_{m=1}^{\infty}\frac{(\xi_m^2+\lambda^2)\cos\{\xi_m(\vartheta-\theta)\}}{\vartheta(\xi_m^2+\lambda^2)+\lambda}\times$$

$$\times\sum_{n=1}^{\infty}\frac{\xi_n^2\{\xi_n J'_{\mathcal{M}}(\xi_n b)+\lambda J_{\mathcal{M}}(\xi_n b)\}^2\mathcal{V}_{\mathcal{NM}}(\xi_n r,a)\overline{\overline{\varphi}}(\xi_n,\xi_m)}{(\eta_r\xi_n^2+s)\left[\left\{\lambda^2+\xi_n^2-\left(\frac{\mathcal{M}}{b}\right)^2\right\}J'^2_{\mathcal{M}}(\xi_n a)-\left\{1-\left(\frac{\mathcal{M}}{\xi_n a}\right)^2\right\}\{\xi_n J'_{\mathcal{M}}(\xi_n b)+\lambda J_{\mathcal{M}}(\xi_n b)\}^2\right]}\qquad(17.80.2)$$

and

$$p=\frac{\pi^2U(t-t_0)}{\phi c_t}\sum_{m=1}^{\infty}\frac{(\xi_m^2+\lambda^2)\cos\{\xi_m(\vartheta-\theta_0)\}\cos\{\xi_m(\vartheta-\theta)\}}{\vartheta(\xi_m^2+\lambda^2)+\lambda}\times$$

$$\times\sum_{n=1}^{\infty}\frac{\xi_n^2\{\xi_n J'_{\mathcal{M}}(\xi_n b)+\lambda J_{\mathcal{M}}(\xi_n b)\}^2\mathcal{V}_{\mathcal{NM}}(\xi_n r_0,a)\mathcal{V}_{\mathcal{NM}}(\xi_n r,a)\int_0^{t-t_0}q(t-t_0-\tau)e^{-\eta_r\xi_n^2(t-\tau)}d\tau}{\left[\left\{\lambda^2+\xi_n^2-\left(\frac{\mathcal{M}}{b}\right)^2\right\}J'^2_{\mathcal{M}}(\xi_n a)-\left\{1-\left(\frac{\mathcal{M}}{\xi_n a}\right)^2\right\}\{\xi_n J'_{\mathcal{M}}(\xi_n b)+\lambda J_{\mathcal{M}}(\xi_n b)\}^2\right]}+$$

$$+\frac{2\pi}{\phi c_t}\sum_{m=1}^{\infty}\frac{(\xi_m^2+\lambda^2)\cos\{\xi_m(\vartheta-\theta)\}}{\vartheta(\xi_m^2+\lambda^2)+\lambda}\times$$

$$\times\sum_{n=1}^{\infty}\frac{\xi_n\{\xi_n J'_{\mathcal{M}}(\xi_n b)+\lambda J_{\mathcal{M}}(\xi_n b)\}^2\mathcal{V}_{\mathcal{NM}}(\xi_n r,a)}{\left[\left\{\lambda^2+\xi_n^2-\left(\frac{\mathcal{M}}{b}\right)^2\right\}J'^2_{\mathcal{M}}(\xi_n a)-\left\{1-\left(\frac{\mathcal{M}}{\xi_n a}\right)^2\right\}\{\xi_n J'_{\mathcal{M}}(\xi_n b)+\lambda J_{\mathcal{M}}(\xi_n b)\}^2\right]}\times$$

$$\times\int_0^t\{\overline{\psi}_a(\xi_m,\tau)\{\xi_n J'_{\mathcal{M}}(\xi_n b)+\lambda J_{\mathcal{M}}(\xi_n b)\}-\xi_n J'_{\mathcal{M}}(\xi_n a)\overline{\psi}_b(\xi_m,\tau)\}e^{-\eta_r\xi_n^2(t-\tau)}d\tau+$$

$$+\frac{\pi^2\eta_\theta}{\vartheta}\sum_{m=1}^{\infty}\frac{(\xi_m^2+\lambda^2)\cos\{\xi_m(\vartheta-\theta)\}}{\vartheta(\xi_m^2+\lambda^2)+\lambda}\times$$

$$\times\sum_{n=1}^{\infty}\frac{\xi_n^2\{\xi_n J'_{\mathcal{M}}(\xi_n b)+\lambda J_{\mathcal{M}}(\xi_n b)\}^2\mathcal{V}_{\mathcal{NM}}(\xi_n r,a)}{\left[\left\{\lambda^2+\xi_n^2-\left(\frac{\mathcal{M}}{b}\right)^2\right\}J'^2_{\mathcal{M}}(\xi_n a)-\left\{1-\left(\frac{\mathcal{M}}{\xi_n a}\right)^2\right\}\{\xi_n J'_{\mathcal{M}}(\xi_n b)+\lambda J_{\mathcal{M}}(\xi_n b)\}^2\right]}\times$$

$$\times\int_a^b\frac{\mathcal{V}_{\mathcal{NM}}(\xi_n u,a)}{u}\int_0^t\{\psi_0(u,\tau)\cos(\xi_m\vartheta)-\psi_\vartheta(u,\tau)\}e^{-\eta_r\xi_n^2(t-\tau)}d\tau du+$$

$$+\pi^2\sum_{m=1}^{\infty}\frac{(\xi_m^2+\lambda^2)\cos\{\xi_m(\vartheta-\theta)\}}{\vartheta(\xi_m^2+\lambda^2)+\lambda}\times$$

$$\times\sum_{n=1}^{\infty}\frac{\xi_n^2\{\xi_n J'_{\mathcal{M}}(\xi_n b)+\lambda J_{\mathcal{M}}(\xi_n b)\}^2\mathcal{V}_{\mathcal{NM}}(\xi_n r,a)\overline{\overline{\varphi}}(\xi_n,\xi_m)e^{-\eta_r\xi_n^2 t}}{\left[\left\{\lambda^2+\xi_n^2-\left(\frac{\mathcal{M}}{b}\right)^2\right\}J'^2_{\mathcal{M}}(\xi_n a)-\left\{1-\left(\frac{\mathcal{M}}{\xi_n a}\right)^2\right\}\{\xi_n J'_{\mathcal{M}}(\xi_n b)+\lambda J_{\mathcal{M}}(\xi_n b)\}^2\right]}\qquad(17.80.3)$$

where $\overline{\psi}_a(\xi_m,t)=\int_0^\vartheta\psi_a(u,t)\cos\{\xi_m(\vartheta-u)\}du$ and $\overline{\psi}_b(\xi_m,t)=\int_0^\vartheta\psi_b(u,t)\cos\{\xi_m(\vartheta-u)\}du$.

17.81 **The problem of 17.28, except**
$\mathbf{R_0} \equiv \frac{\partial p(r,0,t)}{\partial \theta} - \lambda_0 p(r,0,t) = -\left(\frac{\mu}{k_\theta}\right)\psi_0(r,t)$,
$\mathbf{R_\vartheta} \equiv \frac{\partial p(r,\vartheta,t)}{\partial \theta} + \lambda_\vartheta p(r,\vartheta,t) = -\left(\frac{\mu}{k_\theta}\right)\psi_\vartheta(r,t)$,
$\mathbf{N_a} \equiv \frac{\partial p(a,\theta,t)}{\partial r} = -\left(\frac{\mu}{k_r}\right)\psi_a(\theta,t)$ **and**
$\mathbf{R_b} \equiv \frac{\partial p(b,\theta,t)}{\partial r} + \lambda p(b,\theta,t) = -\left(\frac{\mu}{k_r}\right)\psi_b(\theta,t)$

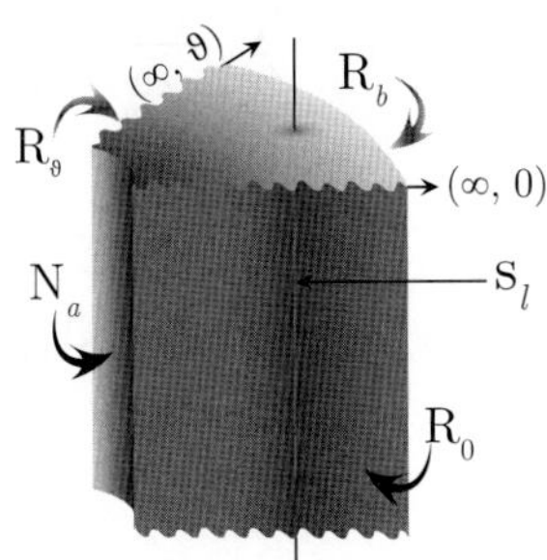

The successive application of the Laplace, Fourier and finite Hankel transformations to equation (14.1.1) gives

$$\overline{\overline{\overline{p}}} = \frac{q(s)\,e^{-st_0}\left\{\xi_m\cos(\xi_m\theta_0)+\lambda_0\sin(\xi_m\theta_0)\right\}\mathcal{V}_{\mathcal{NM}}(\xi_n r_0,a)}{\phi c_t\left(\eta_r\xi_n^2+s\right)} - \frac{2J'_{\mathcal{M}}(\xi_n a)\,\overline{\overline{\psi}}_b(\xi_m,s)}{\pi\phi c_t\left\{\xi_n J'_{\mathcal{M}}(\xi_n b)+\lambda J_{\mathcal{M}}(\xi_n b)\right\}} +$$
$$+\frac{2\overline{\overline{\psi}}_a(\xi_m,s)}{\pi\phi c_t\xi_n(\eta_r\xi_n^2+s)} + \frac{\int_a^b\frac{\mathcal{V}_{\mathcal{NM}}(\xi_n u,a)}{u}\left[\xi_m\overline{\psi}_0(u,s)-\overline{\psi}_\vartheta(u,s)\left\{\xi_m\cos(\xi_m\vartheta)+\lambda_0\sin(\xi_m\vartheta)\right\}\right]du}{\phi c_t\left(\eta_r\xi_n^2+s\right)} + \frac{\overline{\overline{\varphi}}(\xi_n,\xi_m)}{(\eta_r\xi_n^2+s)} \quad (17.81.1)$$

where ξ_m is a positive root of $\tan(\xi_m\vartheta) = \frac{\xi_m(\lambda_0+\lambda_\vartheta)}{(\xi_m^2-\lambda_0\lambda_\vartheta)}$, $m=1,2,...$, ξ_n, $n=1,2,...$, are the positive roots of the transcendental equation $\xi_n\mathcal{V}'_{\mathcal{NM}}(\xi_n b,a)+\lambda\mathcal{V}_{\mathcal{NM}}(\xi_n b,a)=0$,
$\mathcal{V}_{\mathcal{NM}}(\xi_n r,a) = J_{\mathcal{M}}(\xi_n r)\,Y'_{\mathcal{M}}(\xi_n a) - Y_{\mathcal{M}}(\xi_n r)\,J'_{\mathcal{M}}(\xi_n a)$,
$\overline{\overline{\psi}}_a(\xi_m,s) = \int_0^\vartheta \overline{\psi}_a(u,s)\left\{\xi_m\cos(\xi_m u)+\lambda_0\sin(\xi_m u)\right\}du$,
$\overline{\overline{\psi}}_b(\xi_m,s) = \int_0^\vartheta \overline{\psi}_b(u,s)\left\{\xi_m\cos(\xi_m u)+\lambda_0\sin(\xi_m u)\right\}du$ and
$\overline{\overline{\varphi}}(\xi_n,\xi_m) = \int_a^b r\mathcal{V}_{\mathcal{NM}}(\xi_n r,a)\int_0^\vartheta\varphi(r,u)\{\xi_m\cos(\xi_m u)+\lambda_0\sin(\xi_m u)\}$
$dudr$. Successive inverse transforms yield

$$\overline{p} = \frac{\pi^2 q(s)\,e^{-st_0}}{\phi c_t}\sum_{m=1}^{\infty}\frac{\left\{\xi_m\cos(\xi_m\theta_0)+\lambda_0\sin(\xi_m\theta_0)\right\}\left\{\xi_m\cos(\xi_m\theta)+\lambda_0\sin(\xi_m\theta)\right\}}{(\xi_m^2+\lambda_0^2)\left\{\vartheta+\frac{\lambda_\vartheta}{\xi_m^2+\lambda_\vartheta^2}\right\}+\lambda_0}\times$$
$$\times\sum_{n=1}^{\infty}\frac{\xi_n^2\{\xi_n J'_{\mathcal{M}}(\xi_n b)+\lambda J_{\mathcal{M}}(\xi_n b)\}^2\mathcal{V}_{\mathcal{NM}}(\xi_n r_0,a)\,\mathcal{V}_{\mathcal{NM}}(\xi_n r,a)}{(\eta_r\xi_n^2+s)\left[\left\{\lambda^2+\xi_n^2-\left(\frac{\mathcal{M}}{b}\right)^2\right\}J'^2_{\mathcal{M}}(\xi_n a)-\left\{1-\left(\frac{\mathcal{M}}{\xi_n a}\right)^2\right\}\{\xi_n J'_{\mathcal{M}}(\xi_n b)+\lambda J_{\mathcal{M}}(\xi_n b)\}^2\right]}+$$
$$+\frac{2\pi}{\phi c_t}\sum_{m=1}^{\infty}\frac{\left\{\xi_m\cos(\xi_m\theta)+\lambda_0\sin(\xi_m\theta)\right\}}{(\xi_m^2+\lambda_0^2)\left\{\vartheta+\frac{\lambda_\vartheta}{\xi_m^2+\lambda_\vartheta^2}\right\}+\lambda_0}\times$$
$$\times\sum_{n=1}^{\infty}\frac{\xi_n\left\{\xi_n J'_{\mathcal{M}}(\xi_n b)+\lambda J_{\mathcal{M}}(\xi_n b)\right\}\mathcal{V}_{\mathcal{NM}}(\xi_n r,a)}{(\eta_r\xi_n^2+s)\left[\left\{\lambda^2+\xi_n^2-\left(\frac{\mathcal{M}}{b}\right)^2\right\}J'^2_{\mathcal{M}}(\xi_n a)-\left\{1-\left(\frac{\mathcal{M}}{\xi_n a}\right)^2\right\}\{\xi_n J'_{\mathcal{M}}(\xi_n b)+\lambda J_{\mathcal{M}}(\xi_n b)\}^2\right]}\times$$
$$\times\left\{\overline{\overline{\psi}}_a(\xi_m,s)\left\{\xi_n J'_{\mathcal{M}}(\xi_n b)+\lambda J_{\mathcal{M}}(\xi_n b)\right\}-\xi_n J'_{\mathcal{M}}(\xi_n a)\,\overline{\overline{\psi}}_b(\xi_m,s)\right\}+$$
$$+\pi^2\eta_\theta\sum_{m=1}^{\infty}\frac{\left\{\xi_m\cos(\xi_m\theta)+\lambda_0\sin(\xi_m\theta)\right\}}{(\xi_m^2+\lambda_0^2)\left\{\vartheta+\frac{\lambda_\vartheta}{\xi_m^2+\lambda_\vartheta^2}\right\}+\lambda_0}\times$$
$$\times\sum_{n=1}^{\infty}\frac{\xi_n^2\{\xi_n J'_{\mathcal{M}}(\xi_n b)+\lambda J_{\mathcal{M}}(\xi_n b)\}^2\mathcal{V}_{\mathcal{NM}}(\xi_n r,a)}{(\eta_r\xi_n^2+s)\left[\left\{\lambda^2+\xi_n^2-\left(\frac{\mathcal{M}}{b}\right)^2\right\}J'^2_{\mathcal{M}}(\xi_n a)-\left\{1-\left(\frac{\mathcal{M}}{\xi_n a}\right)^2\right\}\{\xi_n J'_{\mathcal{M}}(\xi_n b)+\lambda J_{\mathcal{M}}(\xi_n b)\}^2\right]}\times$$
$$\times\int_a^b\frac{\mathcal{V}_{\mathcal{NM}}(\xi_n u,a)}{u}\left[\xi_m\overline{\psi}_0(u,s)-\overline{\psi}_\vartheta(u,s)\left\{\xi_m\cos(\xi_m\vartheta)+\lambda_0\sin(\xi_m\vartheta)\right\}\right]du+$$

$$+\pi^2 \sum_{m=1}^{\infty} \frac{\{\xi_m \cos(\xi_m \theta) + \lambda_0 \sin(\xi_m \theta)\}}{(\xi_m^2 + \lambda_0^2)\left\{\vartheta + \frac{\lambda_\vartheta}{\xi_m^2 + \lambda_\vartheta^2}\right\} + \lambda_0} \times$$

$$\times \sum_{n=1}^{\infty} \frac{\xi_n^2 \{\xi_n J'_{\mathcal{M}}(\xi_n b) + \lambda J_{\mathcal{M}}(\xi_n b)\}^2 \mathcal{V}_{\mathcal{NM}}(\xi_n r, a) \overline{\overline{\varphi}}(\xi_n, \xi_m)}{(\eta_r \xi_n^2 + s)\left[\left\{\lambda^2 + \xi_n^2 - \left(\frac{\mathcal{M}}{b}\right)^2\right\} J'^2_{\mathcal{M}}(\xi_n a) - \left\{1 - \left(\frac{\mathcal{M}}{\xi_n a}\right)^2\right\} \{\xi_n J'_{\mathcal{M}}(\xi_n b) + \lambda J_{\mathcal{M}}(\xi_n b)\}^2\right]} \tag{17.81.2}$$

and

$$p = \frac{\pi^2 U(t - t_0)}{\phi c_t} \sum_{m=1}^{\infty} \frac{\{\xi_m \cos(\xi_m \theta_0) + \lambda_0 \sin(\xi_m \theta_0)\}\{\xi_m \cos(\xi_m \theta) + \lambda_0 \sin(\xi_m \theta)\}}{(\xi_m^2 + \lambda_0^2)\left\{\vartheta + \frac{\lambda_\vartheta}{\xi_m^2 + \lambda_\vartheta^2}\right\} + \lambda_0} \times$$

$$\times \sum_{n=1}^{\infty} \frac{\xi_n^2 \{\xi_n J'_{\mathcal{M}}(\xi_n b) + \lambda J_{\mathcal{M}}(\xi_n b)\}^2 \mathcal{V}_{\mathcal{NM}}(\xi_n r_0, a)\, \mathcal{V}_{\mathcal{NM}}(\xi_n r, a) \int_0^{t - t_0} q(t - t_0 - \tau)\, e^{-\eta_r \xi_n^2 (t - \tau)} d\tau}{\left[\left\{\lambda^2 + \xi_n^2 - \left(\frac{\mathcal{M}}{b}\right)^2\right\} J'^2_{\mathcal{M}}(\xi_n a) - \left\{1 - \left(\frac{\mathcal{M}}{\xi_n a}\right)^2\right\} \{\xi_n J'_{\mathcal{M}}(\xi_n b) + \lambda J_{\mathcal{M}}(\xi_n b)\}^2\right]} +$$

$$+\frac{2\pi}{\phi c_t} \sum_{m=1}^{\infty} \frac{\{\xi_m \cos(\xi_m \theta) + \lambda_0 \sin(\xi_m \theta)\}}{(\xi_m^2 + \lambda_0^2)\left\{\vartheta + \frac{\lambda_\vartheta}{\xi_m^2 + \lambda_\vartheta^2}\right\} + \lambda_0} \times$$

$$\times \sum_{n=1}^{\infty} \frac{\xi_n \{\xi_n J'_{\mathcal{M}}(\xi_n b) + \lambda J_{\mathcal{M}}(\xi_n b)\} \mathcal{V}_{\mathcal{NM}}(\xi_n r, a)}{\left[\left\{\lambda^2 + \xi_n^2 - \left(\frac{\mathcal{M}}{b}\right)^2\right\} J'^2_{\mathcal{M}}(\xi_n a) - \left\{1 - \left(\frac{\mathcal{M}}{\xi_n a}\right)^2\right\} \{\xi_n J'_{\mathcal{M}}(\xi_n b) + \lambda J_{\mathcal{M}}(\xi_n b)\}^2\right]} \times$$

$$\times \int_0^t \left\{\overline{\psi}_a(\xi_m, \tau)\{\xi_n J'_{\mathcal{M}}(\xi_n b) + \lambda J_{\mathcal{M}}(\xi_n b)\} - \xi_n J'_{\mathcal{M}}(\xi_n a)\, \overline{\psi}_b(\xi_m, \tau)\right\} e^{-\eta_r \xi_n^2 (t - \tau)} d\tau +$$

$$+\pi^2 \eta_\theta \sum_{m=1}^{\infty} \frac{\{\xi_m \cos(\xi_m \theta) + \lambda_0 \sin(\xi_m \theta)\}}{(\xi_m^2 + \lambda_0^2)\left\{\vartheta + \frac{\lambda_\vartheta}{\xi_m^2 + \lambda_\vartheta^2}\right\} + \lambda_0} \times$$

$$\times \sum_{n=1}^{\infty} \frac{\xi_n^2 \{\xi_n J'_{\mathcal{M}}(\xi_n b) + \lambda J_{\mathcal{M}}(\xi_n b)\}^2 \mathcal{V}_{\mathcal{NM}}(\xi_n r, a)}{\left[\left\{\lambda^2 + \xi_n^2 - \left(\frac{\mathcal{M}}{b}\right)^2\right\} J'^2_{\mathcal{M}}(\xi_n a) - \left\{1 - \left(\frac{\mathcal{M}}{\xi_n a}\right)^2\right\} \{\xi_n J'_{\mathcal{M}}(\xi_n b) + \lambda J_{\mathcal{M}}(\xi_n b)\}^2\right]} \times$$

$$\times \int_a^b \frac{\mathcal{V}_{\mathcal{NM}}(\xi_n u, a)}{u} \int_0^t \left[\xi_m \psi_0(u, \tau) - \psi_\vartheta(u, \tau)\{\xi_m \cos(\xi_m \vartheta) + \lambda_0 \sin(\xi_m \vartheta)\}\right] e^{-\eta_r \xi_n^2 (t - \tau)} d\tau du +$$

$$+\pi^2 \sum_{m=1}^{\infty} \frac{\{\xi_m \cos(\xi_m \theta) + \lambda_0 \sin(\xi_m \theta)\}}{(\xi_m^2 + \lambda_0^2)\left\{\vartheta + \frac{\lambda_\vartheta}{\xi_m^2 + \lambda_\vartheta^2}\right\} + \lambda_0} \times$$

$$\times \sum_{n=1}^{\infty} \frac{\xi_n^2 \{\xi_n J'_{\mathcal{M}}(\xi_n b) + \lambda J_{\mathcal{M}}(\xi_n b)\}^2 \mathcal{V}_{\mathcal{NM}}(\xi_n r, a) \overline{\overline{\varphi}}(\xi_n, \xi_m)\, e^{-\eta_r \xi_n^2 t}}{\left[\left\{\lambda^2 + \xi_n^2 - \left(\frac{\mathcal{M}}{b}\right)^2\right\} J'^2_{\mathcal{M}}(\xi_n a) - \left\{1 - \left(\frac{\mathcal{M}}{\xi_n a}\right)^2\right\} \{\xi_n J'_{\mathcal{M}}(\xi_n b) + \lambda J_{\mathcal{M}}(\xi_n b)\}^2\right]} \tag{17.81.3}$$

where $\overline{\psi}_a(\xi_m, t) = \int_0^\vartheta \psi_a(u, t)\{\xi_m \cos(\xi_m u) + \lambda_0 \sin(\xi_m u)\}du$ and
$\overline{\psi}_b(\xi_m, t) = \int_0^\vartheta \psi_b(u, t)\{\xi_m \cos(\xi_m u) + \lambda_0 \sin(\xi_m u)\}du$.

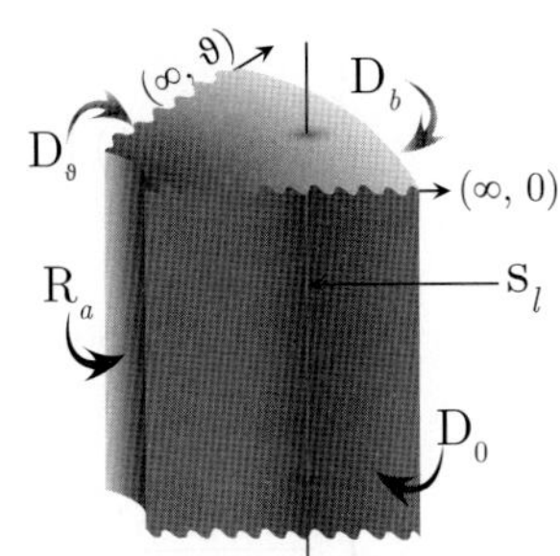

17.82 **The problem of 17.28, except** $\mathbf{R}_a \equiv \frac{\partial p(a,\theta,t)}{\partial r} - \lambda p(a,\theta,t) = -\left(\frac{\mu}{k_r}\right)\psi_a(\theta,t)$, $\mathbf{D}_b \equiv p(b,\theta,t) = \psi_b(\theta,t)$, $\mathbf{D}_0 \equiv p(r,0,t) = \psi_0(r,t)$ **and** $\mathbf{D}_\vartheta \equiv p(r,\vartheta,t) = \psi_\vartheta(r,t)$

The successive application of the Laplace, Fourier and finite Hankel transformations to equation (14.1.1) gives

$$\overline{\overline{\overline{p}}} = \frac{q(s)\,e^{-st_0}\sin(\xi_m\theta_0)\,\mathcal{V}_{\mathcal{DM}}(\xi_n r_0,b)}{\phi c_t(\eta_r\xi_n^2+s)} + \frac{2\eta_r\overline{\overline{\psi}}_b(\xi_m,s)}{\pi(\eta_r\xi_n^2+s)} + \frac{2J_{\mathcal{M}}(\xi_n b)\overline{\overline{\psi}}_a(\xi_m,s)}{\pi\phi c_t\{\xi_n J'_{\mathcal{M}}(\xi_n a) - \lambda J_{\mathcal{M}}(\xi_n a)\}} + $$
$$+\frac{\xi_m\eta_\theta\int_a^b \frac{\mathcal{V}_{\mathcal{DM}}(\xi_n u,b)}{u}\left\{\overline{\psi}_0(u,s) - (-1)^m\,\overline{\psi}_\vartheta(u,s)\right\}du}{(\eta_r\xi_n^2+s)} + \frac{\overline{\overline{\varphi}}(\xi_n,\xi_m)}{(\eta_r\xi_n^2+s)} \quad (17.82.1)$$

where ξ_m is a positive root of $\sin(\xi_m\vartheta)$, which are $\xi_m = \frac{m\pi}{\vartheta}$, $m = 1,2,...$, ξ_n, $n = 1,2,...$, are the positive roots of the transcendental equation $\lambda\mathcal{V}_{\mathcal{DM}}(\xi_n a,b) - \xi_n\mathcal{V}'_{\mathcal{DM}}(\xi_n a,b) = 0$,
$\mathcal{V}_{\mathcal{DM}}(\xi_n r,b) = J_{\mathcal{M}}(\xi_n r)\,Y_{\mathcal{M}}(\xi_n b) - Y_{\mathcal{M}}(\xi_n r)\,J_{\mathcal{M}}(\xi_n b)$, $\overline{\overline{\psi}}_a(\xi_m,s) = \int_0^\vartheta \overline{\psi}_a(u,s)\sin(\xi_m u)du$,
$\overline{\overline{\psi}}_b(\xi_m,s) = \int_0^\vartheta \overline{\psi}_b(u,s)\sin(\xi_m u)du$ and $\overline{\overline{\varphi}}(\xi_n,\xi_m) = \int_a^b r\mathcal{V}_{\mathcal{DM}}(\xi_n r,b)\int_0^\vartheta \varphi(r,u)\sin(\xi_m u)dudr$.
Successive inverse transforms yield

$$\overline{p} = \frac{\pi^2 q(s)\,e^{-st_0}}{\phi c_t\vartheta}\sum_{m=1}^{\infty}\sin(\xi_m\theta_0)\sin(\xi_m\theta)\times$$
$$\times\sum_{n=1}^{\infty}\frac{\xi_n^2\{\xi_n J'_{\mathcal{M}}(\xi_n a) - \lambda J_{\mathcal{M}}(\xi_n a)\}^2\mathcal{V}_{\mathcal{DM}}(\xi_n r_0,b)\,\mathcal{V}_{\mathcal{DM}}(\xi_n r,b)}{(\eta_r\xi_n^2+s)\left[\{\xi_n J'_{\mathcal{M}}(\xi_n a) - \lambda J_{\mathcal{M}}(\xi_n a)\}^2 - \left\{\lambda^2+\xi_n^2-\left(\frac{\mathcal{M}}{a}\right)^2\right\}J^2_{\mathcal{M}}(\xi_n b)\right]} +$$
$$+\frac{2\pi}{\vartheta\phi c_t}\sum_{m=1}^{\infty}\sin(\xi_m\theta)\sum_{n=1}^{\infty}\frac{\xi_n^2\{\xi_n J'_{\mathcal{M}}(\xi_n a) - \lambda J_{\mathcal{M}}(\xi_n a)\}\mathcal{V}_{\mathcal{DM}}(\xi_n r,b)}{(\eta_r\xi_n^2+s)\left[\{\xi_n J'_{\mathcal{M}}(\xi_n a) - \lambda J_{\mathcal{M}}(\xi_n a)\}^2 - \left\{\lambda^2+\xi_n^2-\left(\frac{\mathcal{M}}{a}\right)^2\right\}J^2_{\mathcal{M}}(\xi_n b)\right]}\times$$
$$\times\left\{J_{\mathcal{M}}(\xi_n b)\left(\frac{k_r}{\mu}\right)\overline{\overline{\psi}}_b(\xi_m,s) + \overline{\overline{\psi}}_a(\xi_m,s)\{\xi_n J'_{\mathcal{M}}(\xi_n a) - \lambda J_{\mathcal{M}}(\xi_n a)\}\right\} +$$
$$+\frac{\pi^2\eta_\theta}{\vartheta}\sum_{m=1}^{\infty}\xi_m\sin(\xi_m\theta)\times$$
$$\times\sum_{n=1}^{\infty}\frac{\xi_n^2\{\xi_n J'_{\mathcal{M}}(\xi_n a) - \lambda J_{\mathcal{M}}(\xi_n a)\}^2\mathcal{V}_{\mathcal{DM}}(\xi_n r,b)\int_a^b\frac{\mathcal{V}_{\mathcal{DM}}(\xi_n u,b)}{u}\left\{\overline{\psi}_0(u,s) - (-1)^m\,\overline{\psi}_\vartheta(u,s)\right\}du}{(\eta_r\xi_n^2+s)\left[\{\xi_n J'_{\mathcal{M}}(\xi_n a) - \lambda J_{\mathcal{M}}(\xi_n a)\}^2 - \left\{\lambda^2+\xi_n^2-\left(\frac{\mathcal{M}}{a}\right)^2\right\}J^2_{\mathcal{M}}(\xi_n b)\right]} +$$
$$+\frac{\pi^2}{\vartheta}\sum_{m=1}^{\infty}\sin(\xi_m\theta)\sum_{n=1}^{\infty}\frac{\xi_n^2\{\xi_n J'_{\mathcal{M}}(\xi_n a) - \lambda J_{\mathcal{M}}(\xi_n a)\}^2\mathcal{V}_{\mathcal{DM}}(\xi_n r,b)\overline{\overline{\varphi}}(\xi_n,\xi_m)}{(\eta_r\xi_n^2+s)\left[\{\xi_n J'_{\mathcal{M}}(\xi_n a) - \lambda J_{\mathcal{M}}(\xi_n a)\}^2 - \left\{\lambda^2+\xi_n^2-\left(\frac{\mathcal{M}}{a}\right)^2\right\}J^2_{\mathcal{M}}(\xi_n b)\right]} \quad (17.82.2)$$

and

$$p = \frac{\pi^2 U(t-t_0)}{\phi c_t\vartheta}\sum_{m=1}^{\infty}\sin(\xi_m\theta_0)\sin(\xi_m\theta)\times$$
$$\times\sum_{n=1}^{\infty}\frac{\xi_n^2\{\xi_n J'_{\mathcal{M}}(\xi_n a) - \lambda J_{\mathcal{M}}(\xi_n a)\}^2\mathcal{V}_{\mathcal{DM}}(\xi_n r_0,b)\,\mathcal{V}_{\mathcal{DM}}(\xi_n r,b)\int_0^{t-t_0}q(t-t_0-\tau)\,e^{-\eta_r\xi_n^2(t-\tau)}d\tau}{\left[\{\xi_n J'_{\mathcal{M}}(\xi_n a) - \lambda J_{\mathcal{M}}(\xi_n a)\}^2 - \left\{\lambda^2+\xi_n^2-\left(\frac{\mathcal{M}}{a}\right)^2\right\}J^2_{\mathcal{M}}(\xi_n b)\right]} +$$
$$+\frac{2\pi}{\vartheta\phi c_t}\sum_{m=1}^{\infty}\sin(\xi_m\theta)\sum_{n=1}^{\infty}\frac{\xi_n^2\{\xi_n J'_{\mathcal{M}}(\xi_n a) - \lambda J_{\mathcal{M}}(\xi_n a)\}\mathcal{V}_{\mathcal{DM}}(\xi_n r,b)}{\left[\{\xi_n J'_{\mathcal{M}}(\xi_n a) - \lambda J_{\mathcal{M}}(\xi_n a)\}^2 - \left\{\lambda^2+\xi_n^2-\left(\frac{\mathcal{M}}{a}\right)^2\right\}J^2_{\mathcal{M}}(\xi_n b)\right]}\times$$

$$\times\int_0^t\left\{J_{\mathcal{M}}(\xi_n b)\left(\frac{k_r}{\mu}\right)\overline{\psi}_b(\xi_m,\tau)+\overline{\psi}_a(\xi_m,\tau)\{\xi_n J'_{\mathcal{M}}(\xi_n a)-\lambda J_{\mathcal{M}}(\xi_n a)\}\right\}e^{-\eta_r\xi_n^2(t-\tau)}d\tau+$$

$$+\frac{\pi^2\eta_\theta}{\vartheta}\sum_{m=1}^{\infty}\xi_m\sin(\xi_m\theta)\sum_{n=1}^{\infty}\frac{\xi_n^2\{\xi_n J'_{\mathcal{M}}(\xi_n a)-\lambda J_{\mathcal{M}}(\xi_n a)\}^2\mathcal{V}_{\mathcal{DM}}(\xi_n r,b)}{\left[\{\xi_n J'_{\mathcal{M}}(\xi_n a)-\lambda J_{\mathcal{M}}(\xi_n a)\}^2-\left\{\lambda^2+\xi_n^2-\left(\frac{\mathcal{M}}{a}\right)^2\right\}J^2_{\mathcal{M}}(\xi_n b)\right]}\times$$

$$\times\int_a^b\frac{\mathcal{V}_{\mathcal{DM}}(\xi_n u,b)}{u}\int_0^t\{\psi_0(u,\tau)-(-1)^m\psi_\vartheta(u,\tau)\}e^{-\eta_r\xi_n^2(t-\tau)}d\tau du+$$

$$+\frac{\pi^2}{\vartheta}\sum_{m=1}^{\infty}\sin(\xi_m\theta)\sum_{n=1}^{\infty}\frac{\xi_n^2\{\xi_n J'_{\mathcal{M}}(\xi_n a)-\lambda J_{\mathcal{M}}(\xi_n a)\}^2\mathcal{V}_{\mathcal{DM}}(\xi_n r,b)\overline{\overline{\varphi}}(\xi_n,\xi_m)e^{-\eta_r\xi_n^2 t}}{\left[\{\xi_n J'_{\mathcal{M}}(\xi_n a)-\lambda J_{\mathcal{M}}(\xi_n a)\}^2-\left\{\lambda^2+\xi_n^2-\left(\frac{\mathcal{M}}{a}\right)^2\right\}J^2_{\mathcal{M}}(\xi_n b)\right]}\qquad(17.82.3)$$

where $\overline{\psi}_a(\xi_m,t)=\int_0^\vartheta\psi_a(u,t)\sin(\xi_m u)du$ and $\overline{\psi}_b(\xi_m,t)=\int_0^\vartheta\psi_b(u,t)\sin(\xi_m u)du$.

17.83

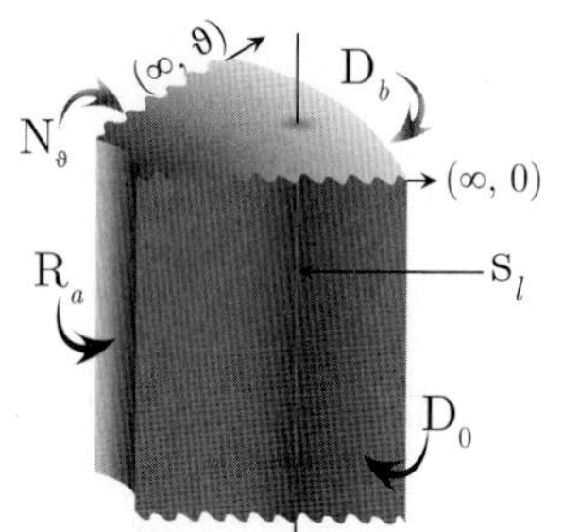

The problem of 17.28, except $\mathbf{D_0\equiv p(r,0,t)=\psi_0(r,t)}$, $\mathbf{N_\vartheta\equiv\frac{\partial p(r,\vartheta,t)}{\partial\theta}=-\left(\frac{\mu}{k_\theta}\right)\psi_\vartheta(r,t)}$, $\mathbf{R_a\equiv\frac{\partial p(a,\theta,t)}{\partial r}-\lambda p(a,\theta,t)=-\left(\frac{\mu}{k_r}\right)\psi_a(\theta,t)}$ and $\mathbf{D_b\equiv p(b,\theta,t)=\psi_b(\theta,t)}$

The successive application of the Laplace, Fourier and finite Hankel transformations to equation (14.1.1) gives

$$\overline{\overline{\overline{p}}}=\frac{q(s)e^{-st_0}\sin(\xi_m\theta_0)\mathcal{V}_{\mathcal{DM}}(\xi_n r_0,b)}{\phi c_t(\eta_r\xi_n^2+s)}+\frac{2\eta_r\overline{\overline{\psi}}_b(\xi_m,s)}{\pi(\eta_r\xi_n^2+s)}+\frac{2J_{\mathcal{M}}(\xi_n b)\overline{\overline{\psi}}_a(\xi_m,s)}{\pi\phi c_t\{\xi_n J'_{\mathcal{M}}(\xi_n a)-\lambda J_{\mathcal{M}}(\xi_n a)\}}+$$
$$+\frac{\eta_\theta\int_a^b\frac{\mathcal{V}_{\mathcal{DM}}(\xi_n u,b)}{u}\left\{\xi_m\overline{\psi}_0(u,s)+(-1)^m\left(\frac{\mu}{k_\theta}\right)\overline{\psi}_\vartheta(u,s)\right\}du}{(\eta_r\xi_n^2+s)}+\frac{\overline{\overline{\varphi}}(\xi_n,\xi_m)}{(\eta_r\xi_n^2+s)}\qquad(17.83.1)$$

where ξ_m is a positive root of $\cos(\xi_m\vartheta)$, which are $\xi_m=\frac{(2m-1)\pi}{2\vartheta}$, $m=1,2,...,$ ξ_n, $n=1,2,...,$ are the positive roots of the transcendental equation $\lambda\mathcal{V}_{\mathcal{DM}}(\xi_n a,b)-\xi_n\mathcal{V}'_{\mathcal{DM}}(\xi_n a,b)=0$,
$\mathcal{V}_{\mathcal{DM}}(\xi_n r,b)=J_{\mathcal{M}}(\xi_n r)Y_{\mathcal{M}}(\xi_n b)-Y_{\mathcal{M}}(\xi_n r)J_{\mathcal{M}}(\xi_n b)$, $\overline{\overline{\psi}}_a(\xi_m,s)=\int_0^\vartheta\overline{\psi}_a(u,s)\sin(\xi_m u)du$,
$\overline{\overline{\psi}}_b(\xi_m,s)=\int_0^\vartheta\overline{\psi}_b(u,s)\sin(\xi_m u)du$ and $\overline{\overline{\varphi}}(\xi_n,\xi_m)=\int_a^b r\mathcal{V}_{\mathcal{DM}}(\xi_n r,b)\int_0^\vartheta\varphi(r,u)\sin(\xi_m u)dudr$.
Successive inverse transforms yield

$$\overline{p}=\frac{\pi^2 q(s)e^{-st_0}}{\phi c_t\vartheta}\sum_{m=1}^{\infty}\sin(\xi_m\theta_0)\sin(\xi_m\theta)\times$$
$$\times\sum_{n=1}^{\infty}\frac{\xi_n^2\{\xi_n J'_{\mathcal{M}}(\xi_n a)-\lambda J_{\mathcal{M}}(\xi_n a)\}^2\mathcal{V}_{\mathcal{DM}}(\xi_n r_0,b)\mathcal{V}_{\mathcal{DM}}(\xi_n r,b)}{(\eta_r\xi_n^2+s)\left[\{\xi_n J'_{\mathcal{M}}(\xi_n a)-\lambda J_{\mathcal{M}}(\xi_n a)\}^2-\left\{\lambda^2+\xi_n^2-\left(\frac{\mathcal{M}}{a}\right)^2\right\}J^2_{\mathcal{M}}(\xi_n b)\right]}+$$
$$+\frac{2\pi}{\vartheta\phi c_t}\sum_{m=1}^{\infty}\sin(\xi_m\theta)\sum_{n=1}^{\infty}\frac{\xi_n^2\{\xi_n J'_{\mathcal{M}}(\xi_n a)-\lambda J_{\mathcal{M}}(\xi_n a)\}\mathcal{V}_{\mathcal{DM}}(\xi_n r,b)}{(\eta_r\xi_n^2+s)\left[\{\xi_n J'_{\mathcal{M}}(\xi_n a)-\lambda J_{\mathcal{M}}(\xi_n a)\}^2-\left\{\lambda^2+\xi_n^2-\left(\frac{\mathcal{M}}{a}\right)^2\right\}J^2_{\mathcal{M}}(\xi_n b)\right]}\times$$
$$\times\left\{J_{\mathcal{M}}(\xi_n b)\left(\frac{k_r}{\mu}\right)\overline{\overline{\psi}}_b(\xi_m,s)+\overline{\overline{\psi}}_a(\xi_m,s)\{\xi_n J'_{\mathcal{M}}(\xi_n a)-\lambda J_{\mathcal{M}}(\xi_n a)\}\right\}+$$
$$+\frac{\pi^2\eta_\theta}{\vartheta}\sum_{m=1}^{\infty}\sin(\xi_m\theta)\times$$

$$\times\sum_{n=1}^{\infty}\frac{\xi_n^2\{\xi_n J'_{\mathcal{M}}(\xi_n a)-\lambda J_{\mathcal{M}}(\xi_n a)\}^2\mathcal{V}_{\mathcal{DM}}(\xi_n r,b)\int_a^b\frac{\mathcal{V}_{\mathcal{DM}}(\xi_n u,b)}{u}\left\{\xi_m\overline{\psi}_0(u,s)+(-1)^m\left(\frac{\mu}{k_\theta}\right)\overline{\psi}_\vartheta(u,s)\right\}du}{(\eta_r\xi_n^2+s)\left[\{\xi_n J'_{\mathcal{M}}(\xi_n a)-\lambda J_{\mathcal{M}}(\xi_n a)\}^2-\left\{\lambda^2+\xi_n^2-\left(\frac{\mathcal{M}}{a}\right)^2\right\}J_{\mathcal{M}}^2(\xi_n b)\right]}+$$

$$+\frac{\pi^2}{\vartheta}\sum_{m=1}^{\infty}\sin(\xi_m\theta)\sum_{n=1}^{\infty}\frac{\xi_n^2\{\xi_n J'_{\mathcal{M}}(\xi_n a)-\lambda J_{\mathcal{M}}(\xi_n a)\}^2\mathcal{V}_{\mathcal{DM}}(\xi_n r,b)\overline{\overline{\varphi}}(\xi_n,\xi_m)}{(\eta_r\xi_n^2+s)\left[\{\xi_n J'_{\mathcal{M}}(\xi_n a)-\lambda J_{\mathcal{M}}(\xi_n a)\}^2-\left\{\lambda^2+\xi_n^2-\left(\frac{\mathcal{M}}{a}\right)^2\right\}J_{\mathcal{M}}^2(\xi_n b)\right]} \qquad (17.83.2)$$

and

$$p=\frac{\pi^2U(t-t_0)}{\phi c_t\vartheta}\sum_{m=1}^{\infty}\sin(\xi_m\theta_0)\sin(\xi_m\theta)\times$$

$$\times\sum_{n=1}^{\infty}\frac{\xi_n^2\{\xi_n J'_{\mathcal{M}}(\xi_n a)-\lambda J_{\mathcal{M}}(\xi_n a)\}^2\mathcal{V}_{\mathcal{DM}}(\xi_n r_0,b)\mathcal{V}_{\mathcal{DM}}(\xi_n r,b)\int_0^{t-t_0}q(t-t_0-\tau)e^{-\eta_r\xi_n^2(t-\tau)}d\tau}{\left[\{\xi_n J'_{\mathcal{M}}(\xi_n a)-\lambda J_{\mathcal{M}}(\xi_n a)\}^2-\left\{\lambda^2+\xi_n^2-\left(\frac{\mathcal{M}}{a}\right)^2\right\}J_{\mathcal{M}}^2(\xi_n b)\right]}+$$

$$+\frac{2\pi}{\vartheta\phi c_t}\sum_{m=1}^{\infty}\sin(\xi_m\theta)\sum_{n=1}^{\infty}\frac{\xi_n^2\{\xi_n J'_{\mathcal{M}}(\xi_n a)-\lambda J_{\mathcal{M}}(\xi_n a)\}\mathcal{V}_{\mathcal{DM}}(\xi_n r,b)}{\left[\{\xi_n J'_{\mathcal{M}}(\xi_n a)-\lambda J_{\mathcal{M}}(\xi_n a)\}^2-\left\{\lambda^2+\xi_n^2-\left(\frac{\mathcal{M}}{a}\right)^2\right\}J_{\mathcal{M}}^2(\xi_n b)\right]}\times$$

$$\times\int_0^t\left\{J_{\mathcal{M}}(\xi_n b)\left(\frac{k_r}{\mu}\right)\overline{\psi}_b(\xi_m,\tau)+\overline{\psi}_a(\xi_m,\tau)\{\xi_n J'_{\mathcal{M}}(\xi_n a)-\lambda J_{\mathcal{M}}(\xi_n a)\}\right\}e^{-\eta_r\xi_n^2(t-\tau)}d\tau+$$

$$+\frac{\pi^2\eta_\theta}{\vartheta}\sum_{m=1}^{\infty}\sin(\xi_m\theta)\sum_{n=1}^{\infty}\frac{\xi_n^2\{\xi_n J'_{\mathcal{M}}(\xi_n a)-\lambda J_{\mathcal{M}}(\xi_n a)\}^2\mathcal{V}_{\mathcal{DM}}(\xi_n r,b)}{\left[\{\xi_n J'_{\mathcal{M}}(\xi_n a)-\lambda J_{\mathcal{M}}(\xi_n a)\}^2-\left\{\lambda^2+\xi_n^2-\left(\frac{\mathcal{M}}{a}\right)^2\right\}J_{\mathcal{M}}^2(\xi_n b)\right]}\times$$

$$\times\int_a^b\frac{\mathcal{V}_{\mathcal{DM}}(\xi_n u,b)}{u}\int_0^t\left\{\xi_m\psi_0(u,\tau)+(-1)^m\left(\frac{\mu}{k_\theta}\right)\psi_\vartheta(u,\tau)\right\}e^{-\eta_r\xi_n^2(t-\tau)}d\tau du+$$

$$+\frac{\pi^2}{\vartheta}\sum_{m=1}^{\infty}\sin(\xi_m\theta)\sum_{n=1}^{\infty}\frac{\xi_n^2\{\xi_n J'_{\mathcal{M}}(\xi_n a)-\lambda J_{\mathcal{M}}(\xi_n a)\}^2\mathcal{V}_{\mathcal{DM}}(\xi_n r,b)\overline{\overline{\varphi}}(\xi_n,\xi_m)e^{-\eta_r\xi_n^2 t}}{\left[\{\xi_n J'_{\mathcal{M}}(\xi_n a)-\lambda J_{\mathcal{M}}(\xi_n a)\}^2-\left\{\lambda^2+\xi_n^2-\left(\frac{\mathcal{M}}{a}\right)^2\right\}J_{\mathcal{M}}^2(\xi_n b)\right]} \qquad (17.83.3)$$

where $\overline{\psi}_a(\xi_m,t)=\int_0^\vartheta\psi_a(u,t)\sin(\xi_m u)du$ and $\overline{\psi}_b(\xi_m,t)=\int_0^\vartheta\psi_b(u,t)\sin(\xi_m u)du$.

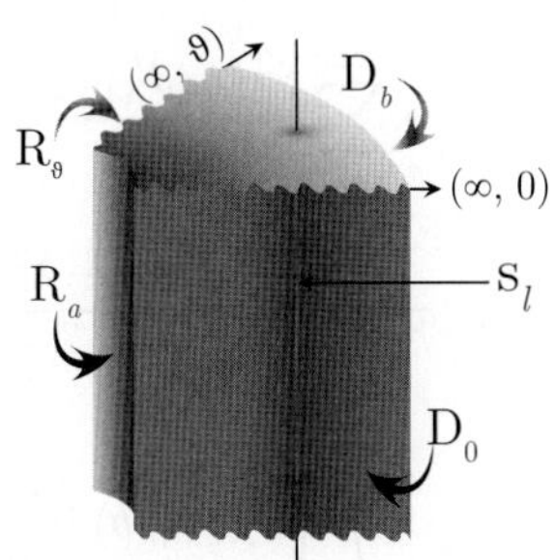

17.84 The problem of 17.28, except $\mathbf{D_0}\equiv p(r,0,t)=\psi_0(r,t)$, $\mathbf{R_\vartheta}\equiv\frac{\partial p(r,\vartheta,t)}{\partial\theta}+\lambda_\vartheta p(r,\vartheta,t)=-\left(\frac{\mu}{k_\theta}\right)\psi_\vartheta(r,t)$, $\mathbf{R_a}\equiv\frac{\partial p(a,\theta,t)}{\partial r}-\lambda p(a,\theta,t)=-\left(\frac{\mu}{k_r}\right)\psi_a(\theta,t)$ and $\mathbf{D_b}\equiv p(b,\theta,t)=\psi_b(\theta,t)$

The successive application of the Laplace, Fourier and finite Hankel transformations to equation (14.1.1) gives

$$\overline{\overline{\overline{p}}}=\frac{q(s)e^{-st_0}\sin(\xi_m\theta_0)\mathcal{V}_{\mathcal{DM}}(\xi_n r_0,b)}{\phi c_t(\eta_r\xi_n^2+s)}+\frac{2\eta_r\overline{\overline{\psi}}_b(\xi_m,s)}{\pi(\eta_r\xi_n^2+s)}+\frac{2J_{\mathcal{M}}(\xi_n b)\overline{\overline{\psi}}_a(\xi_m,s)}{\pi\phi c_t\{\xi_n J'_{\mathcal{M}}(\xi_n a)-\lambda J_{\mathcal{M}}(\xi_n a)\}}+$$

$$+\frac{\eta_\theta\int_a^b\frac{\mathcal{V}_{\mathcal{DM}}(\xi_n u,b)}{u}\left\{\xi_m\overline{\psi}_0(u,s)-\left(\frac{\mu}{k_\theta}\right)\overline{\psi}_\vartheta(u,s)\sin(\xi_m\vartheta)\right\}du}{(\eta_r\xi_n^2+s)}+\frac{\overline{\overline{\varphi}}(\xi_n,\xi_m)}{(\eta_r\xi_n^2+s)} \qquad (17.84.1)$$

where ξ_m is a positive root of $\xi_m\cot(\xi_m\vartheta)=-\lambda$, $m=1,2,...$, ξ_n, $n=1,2,...$, are the positive roots of the transcendental equation $\lambda\mathcal{V}_{\mathcal{DM}}(\xi_n a,b)-\xi_n\mathcal{V}'_{\mathcal{DM}}(\xi_n a,b)=0$,
$\mathcal{V}_{\mathcal{DM}}(\xi_n r,b)=J_{\mathcal{M}}(\xi_n r)Y_{\mathcal{M}}(\xi_n b)-Y_{\mathcal{M}}(\xi_n r)J_{\mathcal{M}}(\xi_n b)$, $\overline{\overline{\psi}}_a(\xi_m,s)=\int_0^\vartheta\overline{\psi}_a(u,s)\sin(\xi_m u)du$,

$\overline{\overline{\psi}}_b(\xi_m,s)=\int_0^{\vartheta}\overline{\psi}_b(u,s)\sin(\xi_m u)du$ and $\overline{\overline{\varphi}}(\xi_n,\xi_m)=\int_a^b r\mathcal{V}_{\mathcal{DM}}(\xi_n r,b)\int_0^{\vartheta}\varphi(r,u)\sin(\xi_m u)dudr$. Successive inverse transforms yield

$$\overline{p}=\frac{\pi^2 q(s)e^{-st_0}}{\phi c_t}\sum_{m=1}^{\infty}\frac{(\xi_m^2+\lambda^2)\sin(\xi_m\theta_0)\sin(\xi_m\theta)}{\vartheta(\xi_m^2+\lambda^2)+\lambda}\times$$
$$\times\sum_{n=1}^{\infty}\frac{\xi_n^2\{\xi_n J'_{\mathcal{M}}(\xi_n a)-\lambda J_{\mathcal{M}}(\xi_n a)\}^2\mathcal{V}_{\mathcal{DM}}(\xi_n r_0,b)\mathcal{V}_{\mathcal{DM}}(\xi_n r,b)}{(\eta_r\xi_n^2+s)\left[\{\xi_n J'_{\mathcal{M}}(\xi_n a)-\lambda J_{\mathcal{M}}(\xi_n a)\}^2-\left\{\lambda^2+\xi_n^2-\left(\frac{\mathcal{M}}{a}\right)^2\right\}J_{\mathcal{M}}^2(\xi_n b)\right]}+$$
$$+\frac{2\pi}{\phi c_t}\sum_{m=1}^{\infty}\frac{(\xi_m^2+\lambda^2)\sin(\xi_m\theta)}{\vartheta(\xi_m^2+\lambda^2)+\lambda}\sum_{n=1}^{\infty}\frac{\xi_n^2\{\xi_n J'_{\mathcal{M}}(\xi_n a)-\lambda J_{\mathcal{M}}(\xi_n a)\}\mathcal{V}_{\mathcal{DM}}(\xi_n r,b)}{(\eta_r\xi_n^2+s)\left[\{\xi_n J'_{\mathcal{M}}(\xi_n a)-\lambda J_{\mathcal{M}}(\xi_n a)\}^2-\left\{\lambda^2+\xi_n^2-\left(\frac{\mathcal{M}}{a}\right)^2\right\}J_{\mathcal{M}}^2(\xi_n b)\right]}\times$$
$$\times\left\{J_{\mathcal{M}}(\xi_n b)\left(\frac{k_r}{\mu}\right)\overline{\overline{\psi}}_b(\xi_m,s)+\overline{\overline{\psi}}_a(\xi_m,s)\{\xi_n J'_{\mathcal{M}}(\xi_n a)-\lambda J_{\mathcal{M}}(\xi_n a)\}\right\}+$$
$$+\pi^2\eta_\theta\sum_{m=1}^{\infty}\frac{(\xi_m^2+\lambda^2)\sin(\xi_m\theta)}{\vartheta(\xi_m^2+\lambda^2)+\lambda}\sum_{n=1}^{\infty}\frac{\xi_n^2\{\xi_n J'_{\mathcal{M}}(\xi_n a)-\lambda J_{\mathcal{M}}(\xi_n a)\}^2\mathcal{V}_{\mathcal{DM}}(\xi_n r,b)}{(\eta_r\xi_n^2+s)\left[\{\xi_n J'_{\mathcal{M}}(\xi_n a)-\lambda J_{\mathcal{M}}(\xi_n a)\}^2-\left\{\lambda^2+\xi_n^2-\left(\frac{\mathcal{M}}{a}\right)^2\right\}J_{\mathcal{M}}^2(\xi_n b)\right]}\times$$
$$\times\int_a^b\frac{\mathcal{V}_{\mathcal{DM}}(\xi_n u,b)}{u}\left\{\xi_m\overline{\psi}_0(u,s)-\left(\frac{\mu}{k_\theta}\right)\overline{\psi}_\vartheta(u,s)\sin(\xi_m\vartheta)\right\}du+$$
$$+\pi^2\sum_{m=1}^{\infty}\frac{(\xi_m^2+\lambda^2)\sin(\xi_m\theta)}{\vartheta(\xi_m^2+\lambda^2)+\lambda}\times$$
$$\times\sum_{n=1}^{\infty}\frac{\xi_n^2\{\xi_n J'_{\mathcal{M}}(\xi_n a)-\lambda J_{\mathcal{M}}(\xi_n a)\}^2\mathcal{V}_{\mathcal{DM}}(\xi_n r,b)\overline{\overline{\varphi}}(\xi_n,\xi_m)}{(\eta_r\xi_n^2+s)\left[\{\xi_n J'_{\mathcal{M}}(\xi_n a)-\lambda J_{\mathcal{M}}(\xi_n a)\}^2-\left\{\lambda^2+\xi_n^2-\left(\frac{\mathcal{M}}{a}\right)^2\right\}J_{\mathcal{M}}^2(\xi_n b)\right]}\quad(17.84.2)$$

and

$$p=\frac{\pi^2 U(t-t_0)}{\phi c_t}\sum_{m=1}^{\infty}\frac{(\xi_m^2+\lambda^2)\sin(\xi_m\theta_0)\sin(\xi_m\theta)}{\vartheta(\xi_m^2+\lambda^2)+\lambda}\times$$
$$\times\sum_{n=1}^{\infty}\frac{\xi_n^2\{\xi_n J'_{\mathcal{M}}(\xi_n a)-\lambda J_{\mathcal{M}}(\xi_n a)\}^2\mathcal{V}_{\mathcal{DM}}(\xi_n r_0,b)\mathcal{V}_{\mathcal{DM}}(\xi_n r,b)\int_0^{t-t_0}q(t-t_0-\tau)e^{-\eta_r\xi_n^2(t-\tau)}d\tau}{\left[\{\xi_n J'_{\mathcal{M}}(\xi_n a)-\lambda J_{\mathcal{M}}(\xi_n a)\}^2-\left\{\lambda^2+\xi_n^2-\left(\frac{\mathcal{M}}{a}\right)^2\right\}J_{\mathcal{M}}^2(\xi_n b)\right]}+$$
$$+\frac{2\pi}{\phi c_t}\sum_{m=1}^{\infty}\frac{(\xi_m^2+\lambda^2)\sin(\xi_m\theta)}{\vartheta(\xi_m^2+\lambda^2)+\lambda}\sum_{n=1}^{\infty}\frac{\xi_n^2\{\xi_n J'_{\mathcal{M}}(\xi_n a)-\lambda J_{\mathcal{M}}(\xi_n a)\}\mathcal{V}_{\mathcal{DM}}(\xi_n r,b)}{\left[\{\xi_n J'_{\mathcal{M}}(\xi_n a)-\lambda J_{\mathcal{M}}(\xi_n a)\}^2-\left\{\lambda^2+\xi_n^2-\left(\frac{\mathcal{M}}{a}\right)^2\right\}J_{\mathcal{M}}^2(\xi_n b)\right]}\times$$
$$\times\int_0^t\left\{J_{\mathcal{M}}(\xi_n b)\left(\frac{k_r}{\mu}\right)\overline{\psi}_b(\xi_m,\tau)+\overline{\psi}_a(\xi_m,\tau)\{\xi_n J'_{\mathcal{M}}(\xi_n a)-\lambda J_{\mathcal{M}}(\xi_n a)\}\right\}e^{-\eta_r\xi_n^2(t-\tau)}d\tau+$$
$$+\pi^2\eta_\theta\sum_{m=1}^{\infty}\frac{(\xi_m^2+\lambda^2)\sin(\xi_m\theta)}{\vartheta(\xi_m^2+\lambda^2)+\lambda}\sum_{n=1}^{\infty}\frac{\xi_n^2\{\xi_n J'_{\mathcal{M}}(\xi_n a)-\lambda J_{\mathcal{M}}(\xi_n a)\}^2\mathcal{V}_{\mathcal{DM}}(\xi_n r,b)}{\left[\{\xi_n J'_{\mathcal{M}}(\xi_n a)-\lambda J_{\mathcal{M}}(\xi_n a)\}^2-\left\{\lambda^2+\xi_n^2-\left(\frac{\mathcal{M}}{a}\right)^2\right\}J_{\mathcal{M}}^2(\xi_n b)\right]}\times$$
$$\times\int_a^b\frac{\mathcal{V}_{\mathcal{DM}}(\xi_n u,b)}{u}\int_0^t\left\{\xi_m\psi_0(u,\tau)-\left(\frac{\mu}{k_\theta}\right)\psi_\vartheta(u,\tau)\sin(\xi_m\vartheta)\right\}e^{-\eta_r\xi_n^2(t-\tau)}d\tau du+$$
$$+\pi^2\sum_{m=1}^{\infty}\frac{(\xi_m^2+\lambda^2)\sin(\xi_m\theta)}{\vartheta(\xi_m^2+\lambda^2)+\lambda}\sum_{n=1}^{\infty}\frac{\xi_n^2\{\xi_n J'_{\mathcal{M}}(\xi_n a)-\lambda J_{\mathcal{M}}(\xi_n a)\}^2\mathcal{V}_{\mathcal{DM}}(\xi_n r,b)\overline{\overline{\varphi}}(\xi_n,\xi_m)e^{-\eta_r\xi_n^2 t}}{\left[\{\xi_n J'_{\mathcal{M}}(\xi_n a)-\lambda J_{\mathcal{M}}(\xi_n a)\}^2-\left\{\lambda^2+\xi_n^2-\left(\frac{\mathcal{M}}{a}\right)^2\right\}J_{\mathcal{M}}^2(\xi_n b)\right]}\quad(17.84.3)$$

where $\overline{\psi}_a(\xi_m,t)=\int_0^{\vartheta}\psi_a(u,t)\sin(\xi_m u)du$ and $\overline{\psi}_b(\xi_m,t)=\int_0^{\vartheta}\psi_b(u,t)\sin(\xi_m u)du$.

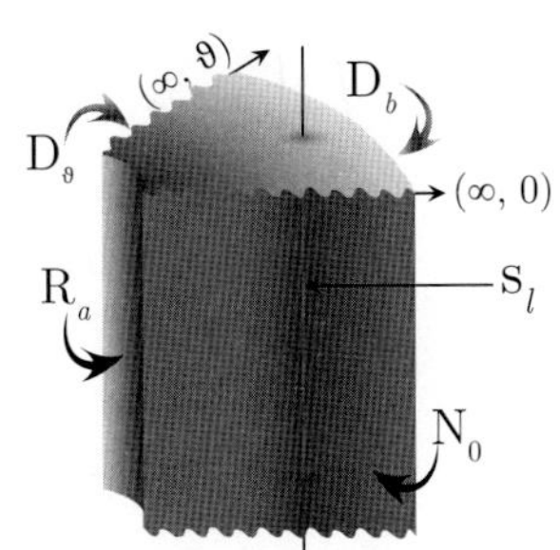

17.85 **The problem of 17.28, except** $\mathbf{N_0 \equiv \frac{\partial p(r,0,t)}{\partial\theta} = -\left(\frac{\mu}{k_\theta}\right)\psi_0(r,t)}$,
$\mathbf{D_\vartheta \equiv p(r,\vartheta,t) = \psi_\vartheta(r,t)}$,
$\mathbf{R_a \equiv \frac{\partial p(a,\theta,t)}{\partial r} - \lambda p(a,\theta,t) = -\left(\frac{\mu}{k_r}\right)\psi_a(\theta,t)}$ **and**
$\mathbf{D_b \equiv p(b,\theta,t) = \psi_b(\theta,t)}$

The successive application of the Laplace, Fourier and finite Hankel transformations to equation (14.1.1) gives

$$\overline{\overline{\overline{p}}} = \frac{q(s)e^{-st_0}\cos(\xi_m\theta_0)\mathcal{V}_{D\mathcal{M}}(\xi_n r_0,b)}{\phi c_t(\eta_r\xi_n^2+s)} + \frac{2\eta_r\overline{\overline{\psi}}_b(\xi_m,s)}{\pi(\eta_r\xi_n^2+s)} + \frac{2J_{\mathcal{M}}(\xi_n b)\overline{\overline{\psi}}_a(\xi_m,s)}{\pi\phi c_t\{\xi_n J'_{\mathcal{M}}(\xi_n a)-\lambda J_{\mathcal{M}}(\xi_n a)\}} + $$
$$+\frac{\eta_\theta\int_a^b\frac{\mathcal{V}_{D\mathcal{M}}(\xi_n u,b)}{u}\left\{(-1)^{m+1}\xi_m\overline{\psi}_\vartheta(u,s)+\left(\frac{\mu}{k_\theta}\right)\overline{\psi}_0(u,s)\right\}du}{(\eta_r\xi_n^2+s)} + \frac{\overline{\overline{\varphi}}(\xi_n,\xi_m)}{(\eta_r\xi_n^2+s)} \qquad (17.85.1)$$

where ξ_m is a positive root of $\cos(\xi_m\vartheta)$, which are $\xi_m = \frac{(2m-1)\pi}{2\vartheta}$, $m = 1,2,...$, ξ_n, $n=1,2,...$, are the positive roots of the transcendental equation $\lambda\mathcal{V}_{D\mathcal{M}}(\xi_n a,b) - \xi_n\mathcal{V}'_{D\mathcal{M}}(\xi_n a,b) = 0$,
$\mathcal{V}_{D\mathcal{M}}(\xi_n r,b) = J_{\mathcal{M}}(\xi_n r)Y_{\mathcal{M}}(\xi_n b) - Y_{\mathcal{M}}(\xi_n r)J_{\mathcal{M}}(\xi_n b)$, $\overline{\overline{\psi}}_a(\xi_m,s) = \int_0^\vartheta\overline{\psi}_a(u,s)\cos(\xi_m u)du$,
$\overline{\overline{\psi}}_b(\xi_m,s) = \int_0^\vartheta\overline{\psi}_b(u,s)\cos(\xi_m u)du$ and $\overline{\overline{\varphi}}(\xi_n,\xi_m) = \int_a^b r\mathcal{V}_{D\mathcal{M}}(\xi_n r,b)\int_0^\vartheta\varphi(r,u)\cos(\xi_m u)dudr$.
Successive inverse transforms yield

$$\overline{p} = \frac{\pi^2 q(s)e^{-st_0}}{\vartheta\phi c_t}\sum_{m=1}^\infty\cos(\xi_m\theta_0)\cos(\xi_m\theta)\times$$
$$\times\sum_{n=1}^\infty\frac{\xi_n^2\{\xi_n J'_{\mathcal{M}}(\xi_n a)-\lambda J_{\mathcal{M}}(\xi_n a)\}^2\mathcal{V}_{D\mathcal{M}}(\xi_n r_0,b)\mathcal{V}_{D\mathcal{M}}(\xi_n r,b)}{(\eta_r\xi_n^2+s)\left[\{\xi_n J'_{\mathcal{M}}(\xi_n a)-\lambda J_{\mathcal{M}}(\xi_n a)\}^2-\left\{\lambda^2+\xi_n^2-\left(\frac{\mathcal{M}}{a}\right)^2\right\}J^2_{\mathcal{M}}(\xi_n b)\right]} +$$
$$+\frac{2\pi}{\vartheta\phi c_t}\sum_{m=1}^\infty\cos(\xi_m\theta)\sum_{n=1}^\infty\frac{\xi_n^2\{\xi_n J'_{\mathcal{M}}(\xi_n a)-\lambda J_{\mathcal{M}}(\xi_n a)\}\mathcal{V}_{D\mathcal{M}}(\xi_n r,b)}{(\eta_r\xi_n^2+s)\left[\{\xi_n J'_{\mathcal{M}}(\xi_n a)-\lambda J_{\mathcal{M}}(\xi_n a)\}^2-\left\{\lambda^2+\xi_n^2-\left(\frac{\mathcal{M}}{a}\right)^2\right\}J^2_{\mathcal{M}}(\xi_n b)\right]}\times$$
$$\times\left\{J_{\mathcal{M}}(\xi_n b)\left(\frac{k_r}{\mu}\right)\overline{\overline{\psi}}_b(\xi_m,s)+\overline{\overline{\psi}}_a(\xi_m,s)\{\xi_n J'_{\mathcal{M}}(\xi_n a)-\lambda J_{\mathcal{M}}(\xi_n a)\}\right\}+$$
$$+\frac{\pi^2\eta_\theta}{\vartheta}\sum_{m=1}^\infty\xi_m\cos(\xi_m\theta)\times$$
$$\times\sum_{n=1}^\infty\frac{\xi_n^2\{\xi_n J'_{\mathcal{M}}(\xi_n a)-\lambda J_{\mathcal{M}}(\xi_n a)\}^2\mathcal{V}_{D\mathcal{M}}(\xi_n r,b)\int_a^b\frac{\mathcal{V}_{D\mathcal{M}}(\xi_n u,b)}{u}\left\{(-1)^{m+1}\xi_m\overline{\psi}_\vartheta(u,s)+\left(\frac{\mu}{k_\theta}\right)\overline{\psi}_0(u,s)\right\}du}{(\eta_r\xi_n^2+s)\left[\{\xi_n J'_{\mathcal{M}}(\xi_n a)-\lambda J_{\mathcal{M}}(\xi_n a)\}^2-\left\{\lambda^2+\xi_n^2-\left(\frac{\mathcal{M}}{a}\right)^2\right\}J^2_{\mathcal{M}}(\xi_n b)\right]}+$$
$$+\frac{\pi^2}{\vartheta}\sum_{m=1}^\infty\cos(\xi_m\theta)\sum_{n=1}^\infty\frac{\xi_n^2\{\xi_n J'_{\mathcal{M}}(\xi_n a)-\lambda J_{\mathcal{M}}(\xi_n a)\}^2\mathcal{V}_{D\mathcal{M}}(\xi_n r,b)\overline{\overline{\varphi}}(\xi_n,\xi_m)}{(\eta_r\xi_n^2+s)\left[\{\xi_n J'_{\mathcal{M}}(\xi_n a)-\lambda J_{\mathcal{M}}(\xi_n a)\}^2-\left\{\lambda^2+\xi_n^2-\left(\frac{\mathcal{M}}{a}\right)^2\right\}J^2_{\mathcal{M}}(\xi_n b)\right]} \qquad (17.85.2)$$

and

$$p = \frac{\pi^2 U(t-t_0)}{\phi c_t\vartheta}\sum_{m=1}^\infty\cos(\xi_m\theta_0)\cos(\xi_m\theta)\times$$
$$\times\sum_{n=1}^\infty\frac{\xi_n^2\{\xi_n J'_{\mathcal{M}}(\xi_n a)-\lambda J_{\mathcal{M}}(\xi_n a)\}^2\mathcal{V}_{D\mathcal{M}}(\xi_n r_0,b)\mathcal{V}_{D\mathcal{M}}(\xi_n r,b)\int_0^{t-t_0}q(t-t_0-\tau)e^{-\eta_r\xi_n^2(t-\tau)}d\tau}{\left[\{\xi_n J'_{\mathcal{M}}(\xi_n a)-\lambda J_{\mathcal{M}}(\xi_n a)\}^2-\left\{\lambda^2+\xi_n^2-\left(\frac{\mathcal{M}}{a}\right)^2\right\}J^2_{\mathcal{M}}(\xi_n b)\right]}+$$
$$+\frac{2\pi}{\vartheta\phi c_t}\sum_{m=1}^\infty\cos(\xi_m\theta)\sum_{n=1}^\infty\frac{\xi_n^2\{\xi_n J'_{\mathcal{M}}(\xi_n a)-\lambda J_{\mathcal{M}}(\xi_n a)\}\mathcal{V}_{D\mathcal{M}}(\xi_n r,b)}{\left[\{\xi_n J'_{\mathcal{M}}(\xi_n a)-\lambda J_{\mathcal{M}}(\xi_n a)\}^2-\left\{\lambda^2+\xi_n^2-\left(\frac{\mathcal{M}}{a}\right)^2\right\}J^2_{\mathcal{M}}(\xi_n b)\right]}\times$$

$$\times \int_0^t \left\{ J_{\mathcal{M}}(\xi_n b)\left(\frac{k_r}{\mu}\right)\overline{\psi}_b(\xi_m,\tau) + \overline{\psi}_a(\xi_m,\tau)\{\xi_n J'_{\mathcal{M}}(\xi_n a) - \lambda J_{\mathcal{M}}(\xi_n a)\}\right\} e^{-\eta_r\xi_n^2(t-\tau)}d\tau +$$

$$+\frac{\pi^2\eta_\theta}{\vartheta}\sum_{m=1}^{\infty}\xi_m\cos(\xi_m\theta)\sum_{n=1}^{\infty}\frac{\xi_n^2\{\xi_n J'_{\mathcal{M}}(\xi_n a) - \lambda J_{\mathcal{M}}(\xi_n a)\}^2\mathcal{V}_{\mathcal{DM}}(\xi_n r,b)}{\left[\{\xi_n J'_{\mathcal{M}}(\xi_n a) - \lambda J_{\mathcal{M}}(\xi_n a)\}^2 - \left\{\lambda^2+\xi_n^2-\left(\frac{\mathcal{M}}{a}\right)^2\right\}J^2_{\mathcal{M}}(\xi_n b)\right]}\times$$

$$\times\int_a^b\frac{\mathcal{V}_{\mathcal{DM}}(\xi_n u,b)}{u}\int_0^t\left\{(-1)^{m+1}\xi_m\psi_\vartheta(u,\tau)+\left(\frac{\mu}{k_\theta}\right)\psi_0(u,\tau)\right\}e^{-\eta_r\xi_n^2(t-\tau)}d\tau du+$$

$$+\frac{\pi^2}{\vartheta}\sum_{m=1}^{\infty}\cos(\xi_m\theta)\sum_{n=1}^{\infty}\frac{\xi_n^2\{\xi_n J'_{\mathcal{M}}(\xi_n a) - \lambda J_{\mathcal{M}}(\xi_n a)\}^2\mathcal{V}_{\mathcal{DM}}(\xi_n r,b)\overline{\overline{\varphi}}(\xi_n,\xi_m)e^{-\eta_r\xi_n^2 t}}{\left[\{\xi_n J'_{\mathcal{M}}(\xi_n a) - \lambda J_{\mathcal{M}}(\xi_n a)\}^2 - \left\{\lambda^2+\xi_n^2-\left(\frac{\mathcal{M}}{a}\right)^2\right\}J^2_{\mathcal{M}}(\xi_n b)\right]} \quad (17.85.3)$$

where $\overline{\psi}_a(\xi_m,t)=\int_0^\vartheta\psi_a(u,t)\cos(\xi_m u)du$ and $\overline{\psi}_b(\xi_m,t)=\int_0^\vartheta\psi_b(u,t)\cos(\xi_m u)du$.

17.86

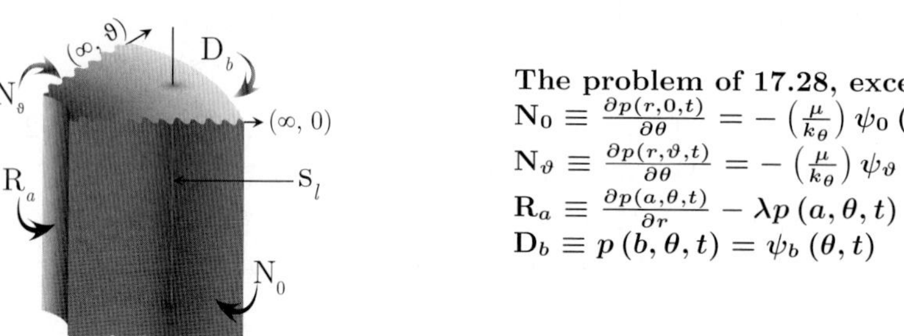

The problem of 17.28, except
$\mathbf{N_0} \equiv \frac{\partial p(r,0,t)}{\partial\theta} = -\left(\frac{\mu}{k_\theta}\right)\psi_0(r,t)$,
$\mathbf{N_\vartheta} \equiv \frac{\partial p(r,\vartheta,t)}{\partial\theta} = -\left(\frac{\mu}{k_\theta}\right)\psi_\vartheta(r,t)$,
$\mathbf{R_a} \equiv \frac{\partial p(a,\theta,t)}{\partial r} - \lambda p(a,\theta,t) = -\left(\frac{\mu}{k_r}\right)\psi_a(\theta,t)$ **and**
$\mathbf{D_b} \equiv p(b,\theta,t) = \psi_b(\theta,t)$

The successive application of the Laplace, Fourier and finite Hankel transformations to equation (14.1.1) gives

$$\overline{\overline{\overline{p}}} = \frac{q(s)e^{-st_0}\cos(\xi_m\theta_0)\mathcal{V}_{\mathcal{DM}}(\xi_n r_0,b)}{\phi c_t(\eta_r\xi_n^2+s)}+\frac{2\eta_r\overline{\overline{\psi}}_b(\xi_m,s)}{\pi(\eta_r\xi_n^2+s)}+\frac{2J_{\mathcal{M}}(\xi_n b)\overline{\overline{\psi}}_a(\xi_m,s)}{\pi\phi c_t\{\xi_n J'_{\mathcal{M}}(\xi_n a)-\lambda J_{\mathcal{M}}(\xi_n a)\}}+$$

$$+\frac{\int_a^b\frac{\mathcal{V}_{\mathcal{DM}}(\xi_n u,b)}{u}\left\{(-1)^{m+1}\overline{\psi}_\vartheta(u,s)+\overline{\psi}_0(u,s)\right\}du}{\phi c_t(\eta_r\xi_n^2+s)}+\frac{\overline{\overline{\varphi}}(\xi_n,\xi_m)}{(\eta_r\xi_n^2+s)} \quad (17.86.1)$$

where ξ_m is a positive root of $\sin(\xi_m\vartheta)$, which are $\frac{m\pi}{\vartheta}$, $m=0,1,2,...$, ξ_n, $n=1,2,...$, are the positive roots of the transcendental equation $\lambda\mathcal{V}_{\mathcal{DM}}(\xi_n a,b)-\xi_n\mathcal{V}'_{\mathcal{DM}}(\xi_n a,b)=0$,
$\mathcal{V}_{\mathcal{DM}}(\xi_n r,b)=J_{\mathcal{M}}(\xi_n r)Y_{\mathcal{M}}(\xi_n b)-Y_{\mathcal{M}}(\xi_n r)J_{\mathcal{M}}(\xi_n b)$, $\overline{\overline{\psi}}_a(\xi_m,s)=\int_0^\vartheta\overline{\psi}_a(u,s)\cos(\xi_m u)du$,
$\overline{\overline{\psi}}_b(\xi_m,s)=\int_0^\vartheta\overline{\psi}_b(u,s)\cos(\xi_m u)du$ and $\overline{\overline{\varphi}}(\xi_n,\xi_m)=\int_a^b r\mathcal{V}_{\mathcal{DM}}(\xi_n r,b)\int_0^\vartheta\varphi(r,u)\cos(\xi_m u)dudr$.
Successive inverse transforms yield

$$\overline{p} = \frac{\pi^2 q(s)e^{-st_0}}{\vartheta\phi c_t}\sum_{m=0}^{\infty}\ni_m\cos(\xi_m\theta_0)\cos(\xi_m\theta)\times$$

$$\times\sum_{n=1}^{\infty}\frac{\xi_n^2\{\xi_n J'_{\mathcal{M}}(\xi_n a) - \lambda J_{\mathcal{M}}(\xi_n a)\}^2\mathcal{V}_{\mathcal{DM}}(\xi_n r_0,b)\mathcal{V}_{\mathcal{DM}}(\xi_n r,b)}{(\eta_r\xi_n^2+s)\left[\{\xi_n J'_{\mathcal{M}}(\xi_n a) - \lambda J_{\mathcal{M}}(\xi_n a)\}^2 - \left\{\lambda^2+\xi_n^2-\left(\frac{\mathcal{M}}{a}\right)^2\right\}J^2_{\mathcal{M}}(\xi_n b)\right]}+$$

$$+\frac{2\pi}{\vartheta\phi c_t}\sum_{m=0}^{\infty}\ni_m\cos(\xi_m\theta)\sum_{n=1}^{\infty}\frac{\xi_n^2\{\xi_n J'_{\mathcal{M}}(\xi_n a) - \lambda J_{\mathcal{M}}(\xi_n a)\}\mathcal{V}_{\mathcal{DM}}(\xi_n r,b)}{(\eta_r\xi_n^2+s)\left[\{\xi_n J'_{\mathcal{M}}(\xi_n a) - \lambda J_{\mathcal{M}}(\xi_n a)\}^2 - \left\{\lambda^2+\xi_n^2-\left(\frac{\mathcal{M}}{a}\right)^2\right\}J^2_{\mathcal{M}}(\xi_n b)\right]}\times$$

$$\times\left\{J_{\mathcal{M}}(\xi_n b)\left(\frac{k_r}{\mu}\right)\overline{\overline{\psi}}_b(\xi_m,s)+\overline{\overline{\psi}}_a(\xi_m,s)\{\xi_n J'_{\mathcal{M}}(\xi_n a)-\lambda J_{\mathcal{M}}(\xi_n a)\}\right\}+$$

$$+\frac{\pi^2\eta_\theta}{\vartheta}\sum_{m=0}^{\infty}\ni_m\xi_m\cos(\xi_m\theta)\times$$

$$\times\sum_{n=1}^{\infty}\frac{\xi_n^2\{\xi_n J'_{\mathcal{M}}(\xi_n a)-\lambda J_{\mathcal{M}}(\xi_n a)\}^2\mathcal{V}_{\mathcal{DM}}(\xi_n r,b)\int_a^b\frac{\mathcal{V}_{\mathcal{DM}}(\xi_n u,b)}{u}\left\{(-1)^{m+1}\overline{\psi}_{\vartheta}(u,s)+\overline{\psi}_0(u,s)\right\}du}{(\eta_r\xi_n^2+s)\left[\{\xi_n J'_{\mathcal{M}}(\xi_n a)-\lambda J_{\mathcal{M}}(\xi_n a)\}^2-\left\{\lambda^2+\xi_n^2-\left(\frac{\mathcal{M}}{a}\right)^2\right\}J^2_{\mathcal{M}}(\xi_n b)\right]}+$$
$$+\frac{\pi^2}{\vartheta}\sum_{m=0}^{\infty}\ni_m\cos(\xi_m\theta)\sum_{n=1}^{\infty}\frac{\xi_n^2\{\xi_n J'_{\mathcal{M}}(\xi_n a)-\lambda J_{\mathcal{M}}(\xi_n a)\}^2\mathcal{V}_{\mathcal{DM}}(\xi_n r,b)\overline{\overline{\varphi}}(\xi_n,\xi_m)}{(\eta_r\xi_n^2+s)\left[\{\xi_n J'_{\mathcal{M}}(\xi_n a)-\lambda J_{\mathcal{M}}(\xi_n a)\}^2-\left\{\lambda^2+\xi_n^2-\left(\frac{\mathcal{M}}{a}\right)^2\right\}J^2_{\mathcal{M}}(\xi_n b)\right]} \tag{17.86.2}$$

and

$$p=\frac{\pi^2U(t-t_0)}{\phi c_t\vartheta}\sum_{m=0}^{\infty}\ni_m\cos(\xi_m\theta_0)\cos(\xi_m\theta)\times$$
$$\times\sum_{n=1}^{\infty}\frac{\xi_n^2\{\xi_n J'_{\mathcal{M}}(\xi_n a)-\lambda J_{\mathcal{M}}(\xi_n a)\}^2\mathcal{V}_{\mathcal{DM}}(\xi_n r_0,b)\,\mathcal{V}_{\mathcal{DM}}(\xi_n r,b)\int_0^{t-t_0}q(t-t_0-\tau)\,e^{-\eta_r\xi_n^2(t-\tau)}d\tau}{\left[\{\xi_n J'_{\mathcal{M}}(\xi_n a)-\lambda J_{\mathcal{M}}(\xi_n a)\}^2-\left\{\lambda^2+\xi_n^2-\left(\frac{\mathcal{M}}{a}\right)^2\right\}J^2_{\mathcal{M}}(\xi_n b)\right]}+$$
$$+\frac{2\pi}{\vartheta\phi c_t}\sum_{m=0}^{\infty}\ni_m\cos(\xi_m\theta)\sum_{n=1}^{\infty}\frac{\xi_n^2\{\xi_n J'_{\mathcal{M}}(\xi_n a)-\lambda J_{\mathcal{M}}(\xi_n a)\}\mathcal{V}_{\mathcal{DM}}(\xi_n r,b)}{\left[\{\xi_n J'_{\mathcal{M}}(\xi_n a)-\lambda J_{\mathcal{M}}(\xi_n a)\}^2-\left\{\lambda^2+\xi_n^2-\left(\frac{\mathcal{M}}{a}\right)^2\right\}J^2_{\mathcal{M}}(\xi_n b)\right]}\times$$
$$\times\int_0^t\left\{J_{\mathcal{M}}(\xi_n b)\left(\frac{k_r}{\mu}\right)\overline{\psi}_b(\xi_m,\tau)+\overline{\psi}_a(\xi_m,\tau)\{\xi_n J'_{\mathcal{M}}(\xi_n a)-\lambda J_{\mathcal{M}}(\xi_n a)\}\right\}e^{-\eta_r\xi_n^2(t-\tau)}d\tau+$$
$$+\frac{\pi^2\eta_\theta}{\vartheta}\sum_{m=0}^{\infty}\ni_m\xi_m\cos(\xi_m\theta)\sum_{n=1}^{\infty}\frac{\xi_n^2\{\xi_n J'_{\mathcal{M}}(\xi_n a)-\lambda J_{\mathcal{M}}(\xi_n a)\}^2\mathcal{V}_{\mathcal{DM}}(\xi_n r,b)}{\left[\{\xi_n J'_{\mathcal{M}}(\xi_n a)-\lambda J_{\mathcal{M}}(\xi_n a)\}^2-\left\{\lambda^2+\xi_n^2-\left(\frac{\mathcal{M}}{a}\right)^2\right\}J^2_{\mathcal{M}}(\xi_n b)\right]}\times$$
$$\times\int_a^b\frac{\mathcal{V}_{\mathcal{DM}}(\xi_n u,b)}{u}\int_0^t\left\{(-1)^{m+1}\psi_\vartheta(u,\tau)+\psi_0(u,\tau)\right\}e^{-\eta_r\xi_n^2(t-\tau)}d\tau du+$$
$$+\frac{\pi^2}{\vartheta}\sum_{m=0}^{\infty}\ni_m\cos(\xi_m\theta)\sum_{n=1}^{\infty}\frac{\xi_n^2\{\xi_n J'_{\mathcal{M}}(\xi_n a)-\lambda J_{\mathcal{M}}(\xi_n a)\}^2\mathcal{V}_{\mathcal{DM}}(\xi_n r,b)\overline{\overline{\varphi}}(\xi_n,\xi_m)\,e^{-\eta_r\xi_n^2 t}}{\left[\{\xi_n J'_{\mathcal{M}}(\xi_n a)-\lambda J_{\mathcal{M}}(\xi_n a)\}^2-\left\{\lambda^2+\xi_n^2-\left(\frac{\mathcal{M}}{a}\right)^2\right\}J^2_{\mathcal{M}}(\xi_n b)\right]} \tag{17.86.3}$$

where $\overline{\psi}_a(\xi_m,t)=\int_0^\vartheta\psi_a(u,t)\cos(\xi_m u)du$ and $\overline{\psi}_b(\xi_m,t)=\int_0^\vartheta\psi_b(u,t)\cos(\xi_m u)du$.

17.87 The problem of 17.28, except $\mathbf{N_0}\equiv\frac{\partial p(r,0,t)}{\partial\theta}=-\left(\frac{\mu}{k_\theta}\right)\psi_0(r,t)$,
$\mathbf{R_\vartheta}\equiv\frac{\partial p(r,\vartheta,t)}{\partial\theta}+\lambda_\vartheta p(r,\vartheta,t)=-\left(\frac{\mu}{k_\theta}\right)\psi_\vartheta(r,t)$,
$\mathbf{R_a}\equiv\frac{\partial p(a,\theta,t)}{\partial r}-\lambda p(a,\theta,t)=-\left(\frac{\mu}{k_r}\right)\psi_a(\theta,t)$ **and**
$\mathbf{D_b}\equiv p(b,\theta,t)=\psi_b(\theta,t)$

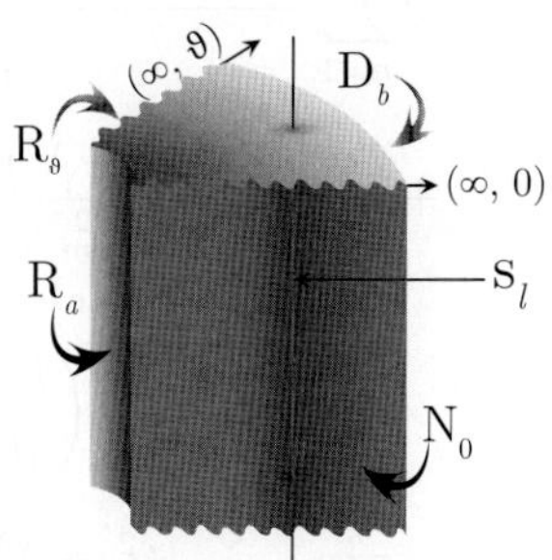

The successive application of the Laplace, Fourier and finite Hankel transformations to equation (14.1.1) gives

$$\overline{\overline{\overline{p}}}=\frac{q(s)\,e^{-st_0}\cos(\xi_m\theta_0)\,\mathcal{V}_{\mathcal{DM}}(\xi_n r_0,b)}{\phi c_t(\eta_r\xi_n^2+s)}+\frac{2\eta_r\overline{\overline{\psi}}_b(\xi_m,s)}{\pi(\eta_r\xi_n^2+s)}+\frac{2J_{\mathcal{M}}(\xi_n b)\,\overline{\overline{\psi}}_a(\xi_m,s)}{\pi\phi c_t\{\xi_n J'_{\mathcal{M}}(\xi_n a)-\lambda J_{\mathcal{M}}(\xi_n a)\}}+$$
$$+\frac{\int_a^b\frac{\mathcal{V}_{\mathcal{DM}}(\xi_n u,b)}{u}\{\overline{\psi}_0(u,s)-\overline{\psi}_\vartheta(u,s)\cos(\xi_m\vartheta)\}du}{\phi c_t(\eta_r\xi_n^2+s)}+\frac{\overline{\overline{\varphi}}(\xi_n,\xi_m)}{(\eta_r\xi_n^2+s)} \tag{17.87.1}$$

where ξ_m is a positive root of $\xi_m\tan(\xi_m\vartheta)=\lambda$, $m=1,2,...,$ ξ_n, $n=1,2,...,$ are the positive roots of the transcendental equation $\lambda\mathcal{V}_{\mathcal{DM}}(\xi_n a,b)-\xi_n\mathcal{V}'_{\mathcal{DM}}(\xi_n a,b)=0$,

$\mathcal{V}_{\mathcal{DM}}(\xi_n r, b) = J_{\mathcal{M}}(\xi_n r) Y_{\mathcal{M}}(\xi_n b) - Y_{\mathcal{M}}(\xi_n r) J_{\mathcal{M}}(\xi_n b)$, $\overline{\overline{\psi}}_a(\xi_m, s) = \int_0^{\vartheta} \overline{\psi}_a(u, s)\cos(\xi_m u) du$, $\overline{\overline{\psi}}_b(\xi_m, s) = \int_0^{\vartheta} \overline{\psi}_b(u, s)\cos(\xi_m u) du$ and $\overline{\overline{\varphi}}(\xi_n, \xi_m) = \int_a^b r\mathcal{V}_{\mathcal{DM}}(\xi_n r, b)\int_0^{\vartheta} \varphi(r, u)\cos(\xi_m u) du dr$. Successive inverse transforms yield

$$\begin{aligned}
\overline{p} = {} & \frac{\pi^2 q(s) e^{-st_0}}{\phi c_t} \sum_{m=1}^{\infty} \frac{(\xi_m^2 + \lambda^2)\cos(\xi_m \theta_0)\cos(\xi_m \theta)}{\vartheta(\xi_m^2 + \lambda^2) + \lambda} \times \\
& \times \sum_{n=1}^{\infty} \frac{\xi_n^2\{\xi_n J'_{\mathcal{M}}(\xi_n a) - \lambda J_{\mathcal{M}}(\xi_n a)\}^2 \mathcal{V}_{\mathcal{DM}}(\xi_n r_0, b)\mathcal{V}_{\mathcal{DM}}(\xi_n r, b)}{(\eta_r \xi_n^2 + s)\left[\{\xi_n J'_{\mathcal{M}}(\xi_n a) - \lambda J_{\mathcal{M}}(\xi_n a)\}^2 - \left\{\lambda^2 + \xi_n^2 - \left(\frac{\mathcal{M}}{a}\right)^2\right\} J_{\mathcal{M}}^2(\xi_n b)\right]} + \\
& + \frac{2\pi}{\phi c_t} \sum_{m=1}^{\infty} \frac{(\xi_m^2 + \lambda^2)\cos(\xi_m \theta)}{\vartheta(\xi_m^2 + \lambda^2) + \lambda} \sum_{n=1}^{\infty} \frac{\xi_n^2\{\xi_n J'_{\mathcal{M}}(\xi_n a) - \lambda J_{\mathcal{M}}(\xi_n a)\}\mathcal{V}_{\mathcal{DM}}(\xi_n r, b)}{(\eta_r \xi_n^2 + s)\left[\{\xi_n J'_{\mathcal{M}}(\xi_n a) - \lambda J_{\mathcal{M}}(\xi_n a)\}^2 - \left\{\lambda^2 + \xi_n^2 - \left(\frac{\mathcal{M}}{a}\right)^2\right\} J_{\mathcal{M}}^2(\xi_n b)\right]} \times \\
& \times \left\{ J_{\mathcal{M}}(\xi_n b)\left(\frac{k_r}{\mu}\right)\overline{\overline{\psi}}_b(\xi_m, s) + \overline{\overline{\psi}}_a(\xi_m, s)\{\xi_n J'_{\mathcal{M}}(\xi_n a) - \lambda J_{\mathcal{M}}(\xi_n a)\}\right\} + \\
& + \frac{\pi^2 \eta_\theta}{\vartheta} \sum_{m=1}^{\infty} \frac{(\xi_m^2 + \lambda^2)\cos(\xi_m \theta)}{\vartheta(\xi_m^2 + \lambda^2) + \lambda} \times \\
& \times \sum_{n=1}^{\infty} \frac{\xi_n^2\{\xi_n J'_{\mathcal{M}}(\xi_n a) - \lambda J_{\mathcal{M}}(\xi_n a)\}^2 \mathcal{V}_{\mathcal{DM}}(\xi_n r, b)\int_a^b \frac{\mathcal{V}_{\mathcal{DM}}(\xi_n u, b)}{u}\{\overline{\psi}_0(r, s) - \overline{\psi}_{\vartheta}(r, s)\cos(\xi_m \vartheta)\} du}{(\eta_r \xi_n^2 + s)\left[\{\xi_n J'_{\mathcal{M}}(\xi_n a) - \lambda J_{\mathcal{M}}(\xi_n a)\}^2 - \left\{\lambda^2 + \xi_n^2 - \left(\frac{\mathcal{M}}{a}\right)^2\right\} J_{\mathcal{M}}^2(\xi_n b)\right]} + \\
& + \pi^2 \sum_{m=1}^{\infty} \frac{(\xi_m^2 + \lambda^2)\cos(\xi_m \theta)}{\vartheta(\xi_m^2 + \lambda^2) + \lambda} \sum_{n=1}^{\infty} \frac{\xi_n^2\{\xi_n J'_{\mathcal{M}}(\xi_n a) - \lambda J_{\mathcal{M}}(\xi_n a)\}^2 \mathcal{V}_{\mathcal{DM}}(\xi_n r, b)\overline{\overline{\varphi}}(\xi_n, \xi_m)}{(\eta_r \xi_n^2 + s)\left[\{\xi_n J'_{\mathcal{M}}(\xi_n a) - \lambda J_{\mathcal{M}}(\xi_n a)\}^2 - \left\{\lambda^2 + \xi_n^2 - \left(\frac{\mathcal{M}}{a}\right)^2\right\} J_{\mathcal{M}}^2(\xi_n b)\right]}
\end{aligned} \tag{17.87.2}$$

and

$$\begin{aligned}
p = {} & \frac{\pi^2 U(t - t_0)}{\phi c_t} \sum_{m=1}^{\infty} \frac{(\xi_m^2 + \lambda^2)\cos(\xi_m \theta_0)\cos(\xi_m \theta)}{\vartheta(\xi_m^2 + \lambda^2) + \lambda} \times \\
& \times \sum_{n=1}^{\infty} \frac{\xi_n^2\{\xi_n J'_{\mathcal{M}}(\xi_n a) - \lambda J_{\mathcal{M}}(\xi_n a)\}^2 \mathcal{V}_{\mathcal{DM}}(\xi_n r_0, b)\mathcal{V}_{\mathcal{DM}}(\xi_n r, b)\int_0^{t-t_0} q(t - t_0 - \tau) e^{-\eta_r \xi_n^2 (t-\tau)} d\tau}{\left[\{\xi_n J'_{\mathcal{M}}(\xi_n a) - \lambda J_{\mathcal{M}}(\xi_n a)\}^2 - \left\{\lambda^2 + \xi_n^2 - \left(\frac{\mathcal{M}}{a}\right)^2\right\} J_{\mathcal{M}}^2(\xi_n b)\right]} + \\
& + \frac{2\pi}{\phi c_t} \sum_{m=1}^{\infty} \frac{(\xi_m^2 + \lambda^2)\cos(\xi_m \theta)}{\vartheta(\xi_m^2 + \lambda^2) + \lambda} \sum_{n=1}^{\infty} \frac{\xi_n^2\{\xi_n J'_{\mathcal{M}}(\xi_n a) - \lambda J_{\mathcal{M}}(\xi_n a)\}\mathcal{V}_{\mathcal{DM}}(\xi_n r, b)}{\left[\{\xi_n J'_{\mathcal{M}}(\xi_n a) - \lambda J_{\mathcal{M}}(\xi_n a)\}^2 - \left\{\lambda^2 + \xi_n^2 - \left(\frac{\mathcal{M}}{a}\right)^2\right\} J_{\mathcal{M}}^2(\xi_n b)\right]} \times \\
& \times \int_0^t \left\{ J_{\mathcal{M}}(\xi_n b)\left(\frac{k_r}{\mu}\right)\overline{\psi}_b(\xi_m, \tau) + \overline{\psi}_a(\xi_m, \tau)\{\xi_n J'_{\mathcal{M}}(\xi_n a) - \lambda J_{\mathcal{M}}(\xi_n a)\}\right\} e^{-\eta_r \xi_n^2 (t-\tau)} d\tau + \\
& + \frac{\pi^2 \eta_\theta}{\vartheta} \sum_{m=1}^{\infty} \frac{(\xi_m^2 + \lambda^2)\cos(\xi_m \theta)}{\vartheta(\xi_m^2 + \lambda^2) + \lambda} \sum_{n=1}^{\infty} \frac{\xi_n^2\{\xi_n J'_{\mathcal{M}}(\xi_n a) - \lambda J_{\mathcal{M}}(\xi_n a)\}^2 \mathcal{V}_{\mathcal{DM}}(\xi_n r, b)}{\left[\{\xi_n J'_{\mathcal{M}}(\xi_n a) - \lambda J_{\mathcal{M}}(\xi_n a)\}^2 - \left\{\lambda^2 + \xi_n^2 - \left(\frac{\mathcal{M}}{a}\right)^2\right\} J_{\mathcal{M}}^2(\xi_n b)\right]} \times \\
& \times \int_a^b \frac{\mathcal{V}_{\mathcal{DM}}(\xi_n u, b)}{u} \int_0^t \{\psi_0(r, u) - \psi_{\vartheta}(u, s)\cos(\xi_m \vartheta)\} e^{-\eta_r \xi_n^2 (t-\tau)} d\tau du + \\
& + \pi^2 \sum_{m=1}^{\infty} \frac{(\xi_m^2 + \lambda^2)\cos(\xi_m \theta)}{\vartheta(\xi_m^2 + \lambda^2) + \lambda} \sum_{n=1}^{\infty} \frac{\xi_n^2\{\xi_n J'_{\mathcal{M}}(\xi_n a) - \lambda J_{\mathcal{M}}(\xi_n a)\}^2 \mathcal{V}_{\mathcal{DM}}(\xi_n r, b)\overline{\overline{\varphi}}(\xi_n, \xi_m) e^{-\eta_r \xi_n^2 t}}{\left[\{\xi_n J'_{\mathcal{M}}(\xi_n a) - \lambda J_{\mathcal{M}}(\xi_n a)\}^2 - \left\{\lambda^2 + \xi_n^2 - \left(\frac{\mathcal{M}}{a}\right)^2\right\} J_{\mathcal{M}}^2(\xi_n b)\right]}
\end{aligned} \tag{17.87.3}$$

where $\overline{\psi}_a(\xi_m, t) = \int_0^{\vartheta} \psi_a(u, t)\cos(\xi_m u) du$ and $\overline{\psi}_b(\xi_m, t) = \int_0^{\vartheta} \psi_b(u, t)\cos(\xi_m u) du$.

17.88 **The problem of 17.28, except**
$\mathbf{R_0} \equiv \frac{\partial p(r,0,t)}{\partial \theta} - \lambda_0 p(r,0,t) = -\left(\frac{\mu}{k_\theta}\right)\psi_0(r,t)$,
$\mathbf{D_\vartheta} \equiv p(r,\vartheta,t) = \psi_\vartheta(r,t)$,
$\mathbf{R_a} \equiv \frac{\partial p(a,\theta,t)}{\partial r} - \lambda p(a,\theta,t) = -\left(\frac{\mu}{k_r}\right)\psi_a(\theta,t)$ **and**
$\mathbf{D_b} \equiv p(b,\theta,t) = \psi_b(\theta,t)$

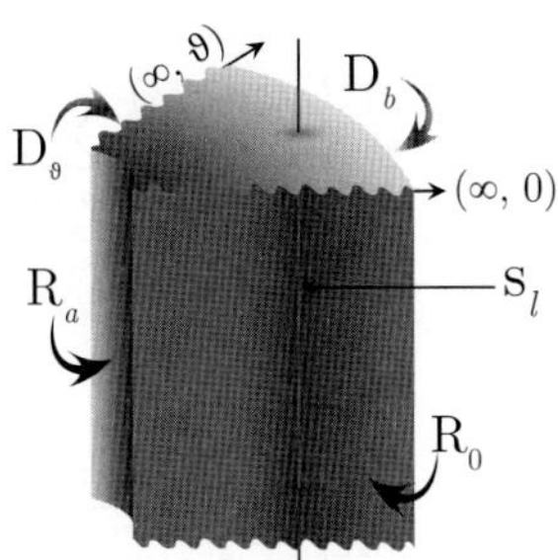

The successive application of the Laplace, Fourier and finite Hankel transformations to equation (14.1.1) gives

$$\overline{\overline{\overline{p}}} = \frac{q(s)e^{-st_0}\sin\{\xi_m(\vartheta-\theta_0)\}\mathcal{V}_{\mathcal{DM}}(\xi_n r_0,b)}{\phi c_t(\eta_r\xi_n^2+s)} + \frac{2\eta_r\overline{\overline{\psi}}_b(\xi_m,s)}{\pi(\eta_r\xi_n^2+s)} + \frac{2J_{\mathcal{M}}(\xi_n b)\overline{\overline{\psi}}_a(\xi_m,s)}{\pi\phi c_t\{\xi_n J'_{\mathcal{M}}(\xi_n a)-\lambda J_{\mathcal{M}}(\xi_n a)\}} +$$
$$+\frac{\eta_\theta\int_a^b\frac{\mathcal{V}_{\mathcal{DM}}(\xi_n u,b)}{u}\left\{\left(\frac{\mu}{k_\theta}\right)\overline{\psi}_0(u,s)\sin(\xi_m\vartheta)+\xi_m\overline{\psi}_\vartheta(u,s)\right\}du}{(\eta_r\xi_n^2+s)} + \frac{\overline{\overline{\varphi}}(\xi_n,\xi_m)}{(\eta_r\xi_n^2+s)} \qquad (17.88.1)$$

where ξ_m is a positive root of $\xi_m\cot(\xi_m\vartheta)=-\lambda$, $m=1,2,...$, ξ_n, $n=1,2,...$, are the positive roots of the transcendental equation $\lambda\mathcal{V}_{\mathcal{DM}}(\xi_n a,b)-\xi_n\mathcal{V}'_{\mathcal{DM}}(\xi_n a,b)=0$,
$\mathcal{V}_{\mathcal{DM}}(\xi_n r,b)=J_{\mathcal{M}}(\xi_n r)Y_{\mathcal{M}}(\xi_n b)-Y_{\mathcal{M}}(\xi_n r)J_{\mathcal{M}}(\xi_n b)$, $\overline{\overline{\psi}}_a(\xi_m,s)=\int_0^\vartheta\overline{\psi}_a(u,s)\sin\{\xi_m(\vartheta-u)\}du$,
$\overline{\overline{\psi}}_b(\xi_m,s)=\int_0^\vartheta\overline{\psi}_b(u,s)\sin\{\xi_m(\vartheta-u)\}du$ and $\overline{\overline{\varphi}}(\xi_n,\xi_m)=\int_a^b r\mathcal{V}_{\mathcal{DM}}(\xi_n r,b)\int_0^\vartheta\varphi(r,u)\sin\{\xi_m(\vartheta-u)\}dudr$.
Successive inverse transforms yield

$$\overline{p} = \frac{\pi^2 q(s)e^{-st_0}}{\phi c_t}\sum_{m=1}^\infty\frac{(\xi_m^2+\lambda^2)\sin\{\xi_m(\vartheta-\theta_0)\}\sin\{\xi_m(\vartheta-\theta)\}}{\vartheta(\xi_m^2+\lambda^2)+\lambda}\times$$
$$\times\sum_{n=1}^\infty\frac{\xi_n^2\{\xi_n J'_{\mathcal{M}}(\xi_n a)-\lambda J_{\mathcal{M}}(\xi_n a)\}^2\mathcal{V}_{\mathcal{DM}}(\xi_n r_0,b)\mathcal{V}_{\mathcal{DM}}(\xi_n r,b)}{(\eta_r\xi_n^2+s)\left[\{\xi_n J'_{\mathcal{M}}(\xi_n a)-\lambda J_{\mathcal{M}}(\xi_n a)\}^2-\left\{\lambda^2+\xi_n^2-\left(\frac{\mathcal{M}}{a}\right)^2\right\}J^2_{\mathcal{M}}(\xi_n b)\right]}+$$
$$+\frac{2\pi}{\phi c_t}\sum_{m=1}^\infty\frac{(\xi_m^2+\lambda^2)\sin\{\xi_m(\vartheta-\theta)\}}{\vartheta(\xi_m^2+\lambda^2)+\lambda}\times$$
$$\times\sum_{n=1}^\infty\frac{\xi_n^2\{\xi_n J'_{\mathcal{M}}(\xi_n a)-\lambda J_{\mathcal{M}}(\xi_n a)\}\mathcal{V}_{\mathcal{DM}}(\xi_n r,b)}{(\eta_r\xi_n^2+s)\left[\{\xi_n J'_{\mathcal{M}}(\xi_n a)-\lambda J_{\mathcal{M}}(\xi_n a)\}^2-\left\{\lambda^2+\xi_n^2-\left(\frac{\mathcal{M}}{a}\right)^2\right\}J^2_{\mathcal{M}}(\xi_n b)\right]}\times$$
$$\times\left\{J_{\mathcal{M}}(\xi_n b)\left(\frac{k_r}{\mu}\right)\overline{\overline{\psi}}_b(\xi_m,s)+\overline{\overline{\psi}}_a(\xi_m,s)\{\xi_n J'_{\mathcal{M}}(\xi_n a)-\lambda J_{\mathcal{M}}(\xi_n a)\}\right\}+$$
$$+\frac{\pi^2\eta_\theta}{\vartheta}\sum_{m=1}^\infty\frac{(\xi_m^2+\lambda^2)\sin\{\xi_m(\vartheta-\theta)\}}{\vartheta(\xi_m^2+\lambda^2)+\lambda}\times$$
$$\times\sum_{n=1}^\infty\frac{\xi_n^2\{\xi_n J'_{\mathcal{M}}(\xi_n a)-\lambda J_{\mathcal{M}}(\xi_n a)\}^2\mathcal{V}_{\mathcal{DM}}(\xi_n r,b)}{(\eta_r\xi_n^2+s)\left[\{\xi_n J'_{\mathcal{M}}(\xi_n a)-\lambda J_{\mathcal{M}}(\xi_n a)\}^2-\left\{\lambda^2+\xi_n^2-\left(\frac{\mathcal{M}}{a}\right)^2\right\}J^2_{\mathcal{M}}(\xi_n b)\right]}\times$$
$$\times\int_a^b\frac{\mathcal{V}_{\mathcal{DM}}(\xi_n u,b)}{u}\left\{\left(\frac{\mu}{k_\theta}\right)\overline{\psi}_0(u,s)\sin(\xi_m\vartheta)+\xi_m\overline{\psi}_\vartheta(u,s)\right\}du+$$
$$+\pi^2\sum_{m=1}^\infty\frac{(\xi_m^2+\lambda^2)\sin\{\xi_m(\vartheta-\theta)\}}{\vartheta(\xi_m^2+\lambda^2)+\lambda}\times$$
$$\times\sum_{n=1}^\infty\frac{\xi_n^2\{\xi_n J'_{\mathcal{M}}(\xi_n a)-\lambda J_{\mathcal{M}}(\xi_n a)\}^2\mathcal{V}_{\mathcal{DM}}(\xi_n r,b)\overline{\overline{\varphi}}(\xi_n,\xi_m)}{(\eta_r\xi_n^2+s)\left[\{\xi_n J'_{\mathcal{M}}(\xi_n a)-\lambda J_{\mathcal{M}}(\xi_n a)\}^2-\left\{\lambda^2+\xi_n^2-\left(\frac{\mathcal{M}}{a}\right)^2\right\}J^2_{\mathcal{M}}(\xi_n b)\right]} \qquad (17.88.2)$$

and

$$p = \frac{\pi^2 U(t-t_0)}{\phi c_t}\sum_{m=1}^{\infty}\frac{(\xi_m^2+\lambda^2)\sin\{\xi_m(\vartheta-\theta_0)\}\sin\{\xi_m(\vartheta-\theta)\}}{\vartheta(\xi_m^2+\lambda^2)+\lambda}\times$$
$$\times\sum_{n=1}^{\infty}\frac{\xi_n^2\{\xi_n J'_{\mathcal{M}}(\xi_n a)-\lambda J_{\mathcal{M}}(\xi_n a)\}^2\mathcal{V}_{\mathcal{DM}}(\xi_n r_0,b)\,\mathcal{V}_{\mathcal{DM}}(\xi_n r,b)\int_0^{t-t_0}q(t-t_0-\tau)\,e^{-\eta_r\xi_n^2(t-\tau)}d\tau}{\left[\{\xi_n J'_{\mathcal{M}}(\xi_n a)-\lambda J_{\mathcal{M}}(\xi_n a)\}^2-\left\{\lambda^2+\xi_n^2-\left(\frac{\mathcal{M}}{a}\right)^2\right\}J^2_{\mathcal{M}}(\xi_n b)\right]}+$$
$$+\frac{2\pi}{\phi c_t}\sum_{m=1}^{\infty}\frac{(\xi_m^2+\lambda^2)\sin\{\xi_m(\vartheta-\theta)\}}{\vartheta(\xi_m^2+\lambda^2)+\lambda}\times$$
$$\times\sum_{n=1}^{\infty}\frac{\xi_n^2\{\xi_n J'_{\mathcal{M}}(\xi_n a)-\lambda J_{\mathcal{M}}(\xi_n a)\}\mathcal{V}_{\mathcal{DM}}(\xi_n r,b)}{\left[\{\xi_n J'_{\mathcal{M}}(\xi_n a)-\lambda J_{\mathcal{M}}(\xi_n a)\}^2-\left\{\lambda^2+\xi_n^2-\left(\frac{\mathcal{M}}{a}\right)^2\right\}J^2_{\mathcal{M}}(\xi_n b)\right]}\times$$
$$\times\int_0^t\left\{J_{\mathcal{M}}(\xi_n b)\left(\frac{k_r}{\mu}\right)\overline{\psi}_b(\xi_m,\tau)+\overline{\psi}_a(\xi_m,\tau)\{\xi_n J'_{\mathcal{M}}(\xi_n a)-\lambda J_{\mathcal{M}}(\xi_n a)\}\right\}e^{-\eta_r\xi_n^2(t-\tau)}d\tau+$$
$$+\frac{\pi^2\eta_\theta}{\vartheta}\sum_{m=1}^{\infty}\frac{(\xi_m^2+\lambda^2)\sin\{\xi_m(\vartheta-\theta)\}}{\vartheta(\xi_m^2+\lambda^2)+\lambda}\times$$
$$\times\sum_{n=1}^{\infty}\frac{\xi_n^2\{\xi_n J'_{\mathcal{M}}(\xi_n a)-\lambda J_{\mathcal{M}}(\xi_n a)\}^2\mathcal{V}_{\mathcal{DM}}(\xi_n r,b)}{\left[\{\xi_n J'_{\mathcal{M}}(\xi_n a)-\lambda J_{\mathcal{M}}(\xi_n a)\}^2-\left\{\lambda^2+\xi_n^2-\left(\frac{\mathcal{M}}{a}\right)^2\right\}J^2_{\mathcal{M}}(\xi_n b)\right]}\times$$
$$\times\int_a^b\frac{\mathcal{V}_{\mathcal{DM}}(\xi_n u,b)}{u}\int_0^t\left\{\left(\frac{\mu}{k_\theta}\right)\psi_0(u,\tau)\sin(\xi_m\vartheta)+\xi_m\psi_\vartheta(u,\tau)\right\}e^{-\eta_r\xi_n^2(t-\tau)}d\tau du+$$
$$+\pi^2\sum_{m=1}^{\infty}\frac{(\xi_m^2+\lambda^2)\sin\{\xi_m(\vartheta-\theta)\}}{\vartheta(\xi_m^2+\lambda^2)+\lambda}\times$$
$$\times\sum_{n=1}^{\infty}\frac{\xi_n^2\{\xi_n J'_{\mathcal{M}}(\xi_n a)-\lambda J_{\mathcal{M}}(\xi_n a)\}^2\mathcal{V}_{\mathcal{DM}}(\xi_n r,b)\overline{\overline{\varphi}}(\xi_n,\xi_m)\,e^{-\eta_r\xi_n^2 t}}{\left[\{\xi_n J'_{\mathcal{M}}(\xi_n a)-\lambda J_{\mathcal{M}}(\xi_n a)\}^2-\left\{\lambda^2+\xi_n^2-\left(\frac{\mathcal{M}}{a}\right)^2\right\}J^2_{\mathcal{M}}(\xi_n b)\right]} \tag{17.88.3}$$

where $\overline{\psi}_a(\xi_m,t)=\int_0^\vartheta\psi_a(u,t)\sin\{\xi_m(\vartheta-u)\}du$ and $\overline{\psi}_b(\xi_m,t)=\int_0^\vartheta\psi_b(u,t)\sin\{\xi_m(\vartheta-u)\}du$.

17.89

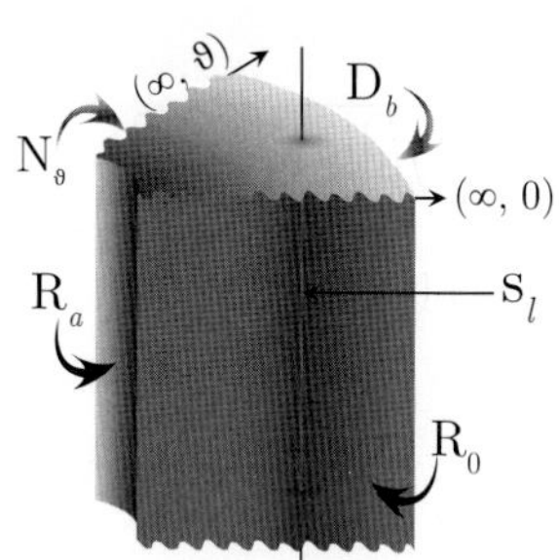

The problem of 17.28, except
$\mathbf{R_0} \equiv \frac{\partial p(r,0,t)}{\partial\theta}-\lambda_0 p(r,0,t)=-\left(\frac{\mu}{k_\theta}\right)\psi_0(r,t)$,
$\mathbf{N_\vartheta} \equiv \frac{\partial p(r,\vartheta,t)}{\partial\theta}=-\left(\frac{\mu}{k_\theta}\right)\psi_\vartheta(r,t)$,
$\mathbf{R_a} \equiv \frac{\partial p(a,\theta,t)}{\partial r}-\lambda p(a,\theta,t)=-\left(\frac{\mu}{k_r}\right)\psi_a(\theta,t)$ **and**
$\mathbf{D_b} \equiv p(b,\theta,t)=\psi_b(\theta,t)$

The successive application of the Laplace, Fourier and finite Hankel transformations to equation (14.1.1) gives

$$\overline{\overline{\overline{p}}} = \frac{q(s)\,e^{-st_0}\cos\{\xi_m(\vartheta-\theta_0)\}\,\mathcal{V}_{\mathcal{DM}}(\xi_n r_0,b)}{\phi c_t(\eta_r\xi_n^2+s)}+\frac{2\eta_r\overline{\overline{\psi}}_b(\xi_m,s)}{\pi(\eta_r\xi_n^2+s)}+\frac{2J_{\mathcal{M}}(\xi_n b)\,\overline{\overline{\psi}}_a(\xi_m,s)}{\pi\phi c_t\{\xi_n J'_{\mathcal{M}}(\xi_n a)-\lambda J_{\mathcal{M}}(\xi_n a)\}}+$$
$$+\frac{\int_a^b\frac{\mathcal{V}_{\mathcal{DM}}(\xi_n u,b)}{u}\left\{\overline{\psi}_0(u,s)\cos(\xi_m\vartheta)-\overline{\psi}_\vartheta(u,s)\right\}du}{\phi c_t(\eta_r\xi_n^2+s)}+\frac{\overline{\overline{\varphi}}(\xi_n,\xi_m)}{(\eta_r\xi_n^2+s)} \tag{17.89.1}$$

where ξ_m is a positive root of $\xi_m\tan(\xi_m\vartheta)=\lambda$, $m=1,2,...$, ξ_n, $n=1,2,...$, are the positive roots of the transcendental equation $\lambda\mathcal{V}_{\mathcal{DM}}(\xi_n a,b)-\xi_n\mathcal{V}'_{\mathcal{DM}}(\xi_n a,b)=0$,

$\mathcal{V}_{\mathcal{DM}}(\xi_n r, b) = J_{\mathcal{M}}(\xi_n r) Y_{\mathcal{M}}(\xi_n b) - Y_{\mathcal{M}}(\xi_n r) J_{\mathcal{M}}(\xi_n b)$, $\overline{\overline{\psi}}_a(\xi_m, s) = \int_0^{\vartheta} \overline{\psi}_a(u, s) \cos\{\xi_m(\vartheta - u)\}du$, $\overline{\overline{\psi}}_b(\xi_m, s) = \int_0^{\vartheta} \overline{\psi}_b(u, s)\cos\{\xi_m(\vartheta - u)\}du$ and $\overline{\overline{\varphi}}(\xi_n, \xi_m) = \int_a^b r\mathcal{V}_{\mathcal{DM}}(\xi_n r, b) \int_0^{\vartheta} \varphi(r, u)\cos\{\xi_m(\vartheta - u)\}dudr$. Successive inverse transforms yield

$$\begin{aligned}
\overline{p} \; = \; & \frac{\pi^2 q(s) e^{-st_0}}{\phi c_t} \sum_{m=1}^{\infty} \frac{(\xi_m^2 + \lambda^2)\cos\{\xi_m(\vartheta - \theta_0)\}\cos\{\xi_m(\vartheta - \theta)\}}{\vartheta(\xi_m^2 + \lambda^2) + \lambda} \times \\
& \times \sum_{n=1}^{\infty} \frac{\xi_n^2\{\xi_n J'_{\mathcal{M}}(\xi_n a) - \lambda J_{\mathcal{M}}(\xi_n a)\}^2 \mathcal{V}_{\mathcal{DM}}(\xi_n r_0, b)\mathcal{V}_{\mathcal{DM}}(\xi_n r, b)}{(\eta_r \xi_n^2 + s)\left[\{\xi_n J'_{\mathcal{M}}(\xi_n a) - \lambda J_{\mathcal{M}}(\xi_n a)\}^2 - \left\{\lambda^2 + \xi_n^2 - \left(\frac{\mathcal{M}}{a}\right)^2\right\} J^2_{\mathcal{M}}(\xi_n b)\right]} + \\
& + \frac{2\pi}{\phi c_t} \sum_{m=1}^{\infty} \frac{(\xi_m^2 + \lambda^2)\cos\{\xi_m(\vartheta - \theta)\}}{\vartheta(\xi_m^2 + \lambda^2) + \lambda} \times \\
& \times \sum_{n=1}^{\infty} \frac{\xi_n^2\{\xi_n J'_{\mathcal{M}}(\xi_n a) - \lambda J_{\mathcal{M}}(\xi_n a)\}\mathcal{V}_{\mathcal{DM}}(\xi_n r, b)}{(\eta_r \xi_n^2 + s)\left[\{\xi_n J'_{\mathcal{M}}(\xi_n a) - \lambda J_{\mathcal{M}}(\xi_n a)\}^2 - \left\{\lambda^2 + \xi_n^2 - \left(\frac{\mathcal{M}}{a}\right)^2\right\} J^2_{\mathcal{M}}(\xi_n b)\right]} \times \\
& \times \left\{ J_{\mathcal{M}}(\xi_n b)\left(\frac{k_r}{\mu}\right)\overline{\overline{\psi}}_b(\xi_m, s) + \overline{\overline{\psi}}_a(\xi_m, s)\{\xi_n J'_{\mathcal{M}}(\xi_n a) - \lambda J_{\mathcal{M}}(\xi_n a)\}\right\} + \\
& + \frac{\pi^2 \eta_\theta}{\vartheta} \sum_{m=1}^{\infty} \frac{(\xi_m^2 + \lambda^2)\cos\{\xi_m(\vartheta - \theta)\}}{\vartheta(\xi_m^2 + \lambda^2) + \lambda} \times \\
& \times \sum_{n=1}^{\infty} \frac{\xi_n^2\{\xi_n J'_{\mathcal{M}}(\xi_n a) - \lambda J_{\mathcal{M}}(\xi_n a)\}^2 \mathcal{V}_{\mathcal{DM}}(\xi_n r, b) \int_a^b \frac{\mathcal{V}_{\mathcal{DM}}(\xi_n u, b)}{u}\{\overline{\psi}_0(u, s)\cos(\xi_m \vartheta) - \overline{\psi}_{\vartheta}(u, s)\}du}{(\eta_r \xi_n^2 + s)\left[\{\xi_n J'_{\mathcal{M}}(\xi_n a) - \lambda J_{\mathcal{M}}(\xi_n a)\}^2 - \left\{\lambda^2 + \xi_n^2 - \left(\frac{\mathcal{M}}{a}\right)^2\right\} J^2_{\mathcal{M}}(\xi_n b)\right]} + \\
& + \pi^2 \sum_{m=1}^{\infty} \frac{(\xi_m^2 + \lambda^2)\cos\{\xi_m(\vartheta - \theta)\}}{\vartheta(\xi_m^2 + \lambda^2) + \lambda} \times \\
& \times \sum_{n=1}^{\infty} \frac{\xi_n^2\{\xi_n J'_{\mathcal{M}}(\xi_n a) - \lambda J_{\mathcal{M}}(\xi_n a)\}^2 \mathcal{V}_{\mathcal{DM}}(\xi_n r, b)\overline{\overline{\varphi}}(\xi_n, \xi_m)}{(\eta_r \xi_n^2 + s)\left[\{\xi_n J'_{\mathcal{M}}(\xi_n a) - \lambda J_{\mathcal{M}}(\xi_n a)\}^2 - \left\{\lambda^2 + \xi_n^2 - \left(\frac{\mathcal{M}}{a}\right)^2\right\} J^2_{\mathcal{M}}(\xi_n b)\right]}
\end{aligned} \tag{17.89.2}$$

and

$$\begin{aligned}
p \; = \; & \frac{\pi^2 U(t - t_0)}{\phi c_t} \sum_{m=1}^{\infty} \frac{(\xi_m^2 + \lambda^2)\cos\{\xi_m(\vartheta - \theta_0)\}\cos\{\xi_m(\vartheta - \theta)\}}{\vartheta(\xi_m^2 + \lambda^2) + \lambda} \times \\
& \times \sum_{n=1}^{\infty} \frac{\xi_n^2\{\xi_n J'_{\mathcal{M}}(\xi_n a) - \lambda J_{\mathcal{M}}(\xi_n a)\}^2 \mathcal{V}_{\mathcal{DM}}(\xi_n r_0, b)\mathcal{V}_{\mathcal{DM}}(\xi_n r, b)\int_0^{t-t_0} q(t - t_0 - \tau) e^{-\eta_r \xi_n^2 (t-\tau)} d\tau}{\left[\{\xi_n J'_{\mathcal{M}}(\xi_n a) - \lambda J_{\mathcal{M}}(\xi_n a)\}^2 - \left\{\lambda^2 + \xi_n^2 - \left(\frac{\mathcal{M}}{a}\right)^2\right\} J^2_{\mathcal{M}}(\xi_n b)\right]} + \\
& + \frac{2\pi}{\phi c_t} \sum_{m=1}^{\infty} \frac{(\xi_m^2 + \lambda^2)\cos\{\xi_m(\vartheta - \theta)\}}{\vartheta(\xi_m^2 + \lambda^2) + \lambda} \times \\
& \times \sum_{n=1}^{\infty} \frac{\xi_n\{\xi_n J'_{\mathcal{M}}(\xi_n a) - \lambda J_{\mathcal{M}}(\xi_n a)\}\mathcal{V}_{\mathcal{DM}}(\xi_n r, b)}{\left[\{\xi_n J'_{\mathcal{M}}(\xi_n a) - \lambda J_{\mathcal{M}}(\xi_n a)\}^2 - \left\{\lambda^2 + \xi_n^2 - \left(\frac{\mathcal{M}}{a}\right)^2\right\} J^2_{\mathcal{M}}(\xi_n b)\right]} \times \\
& \times \int_0^t \left\{ J_{\mathcal{M}}(\xi_n b)\left(\frac{k_r}{\mu}\right)\overline{\psi}_b(\xi_m, \tau) + \overline{\psi}_a(\xi_m, \tau)\{\xi_n J'_{\mathcal{M}}(\xi_n a) - \lambda J_{\mathcal{M}}(\xi_n a)\}\right\} e^{-\eta_r \xi_n^2 (t-\tau)} d\tau + \\
& + \frac{\pi^2 \eta_\theta}{\vartheta} \sum_{m=1}^{\infty} \frac{(\xi_m^2 + \lambda^2)\cos\{\xi_m(\vartheta - \theta)\}}{\vartheta(\xi_m^2 + \lambda^2) + \lambda} \times \\
& \times \sum_{n=1}^{\infty} \frac{\xi_n^2\{\xi_n J'_{\mathcal{M}}(\xi_n a) - \lambda J_{\mathcal{M}}(\xi_n a)\}^2 \mathcal{V}_{\mathcal{DM}}(\xi_n r, b)}{\left[\{\xi_n J'_{\mathcal{M}}(\xi_n a) - \lambda J_{\mathcal{M}}(\xi_n a)\}^2 - \left\{\lambda^2 + \xi_n^2 - \left(\frac{\mathcal{M}}{a}\right)^2\right\} J^2_{\mathcal{M}}(\xi_n b)\right]} \times \\
& \times \int_a^b \frac{\mathcal{V}_{\mathcal{DM}}(\xi_n u, b)}{u} \int_0^t \{\psi_0(u, \tau)\cos(\xi_m \vartheta) - \psi_{\vartheta}(u, \tau)\} e^{-\eta_r \xi_n^2 (t-\tau)} d\tau du +
\end{aligned}$$

$$+\pi^2 \sum_{m=1}^{\infty} \frac{\left(\xi_m^2+\lambda^2\right)\cos\{\xi_m(\vartheta-\theta)\}}{\vartheta\left(\xi_m^2+\lambda^2\right)+\lambda} \times$$

$$\times \sum_{n=1}^{\infty} \frac{\xi_n^2\{\xi_n J'_{\mathcal{M}}(\xi_n a)-\lambda J_{\mathcal{M}}(\xi_n a)\}^2 \mathcal{V}_{\mathcal{DM}}(\xi_n r,b)\overline{\overline{\varphi}}(\xi_n,\xi_m)\, e^{-\eta_r \xi_n^2 t}}{\left[\{\xi_n J'_{\mathcal{M}}(\xi_n a)-\lambda J_{\mathcal{M}}(\xi_n a)\}^2-\left\{\lambda^2+\xi_n^2-\left(\frac{\mathcal{M}}{a}\right)^2\right\} J_{\mathcal{M}}^2(\xi_n b)\right]} \qquad (17.89.3)$$

where $\overline{\psi}_a(\xi_m,t)=\int_0^{\vartheta}\psi_a(u,t)\cos\{\xi_m(\vartheta-u)\}du$ and $\overline{\psi}_b(\xi_m,t)=\int_0^{\vartheta}\psi_b(u,t)\cos\{\xi_m(\vartheta-u)\}du$.

17.90

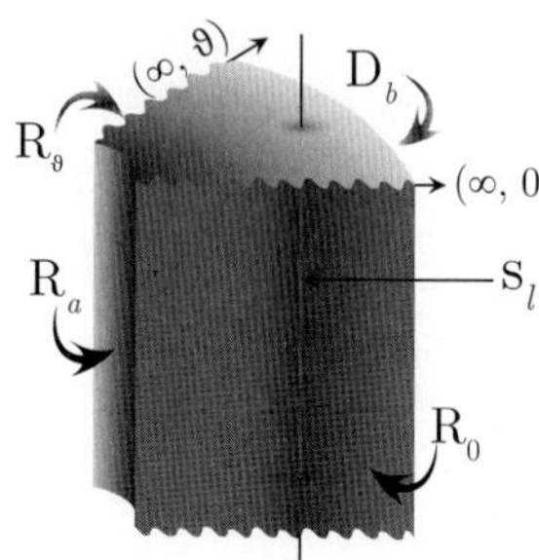

The problem of 17.28, except
$\mathbf{R_0} \equiv \frac{\partial p(r,0,t)}{\partial\theta}-\lambda_0 p(r,0,t)=-\left(\frac{\mu}{k_\theta}\right)\psi_0(r,t)$,
$\mathbf{R_\vartheta} \equiv \frac{\partial p(r,\vartheta,t)}{\partial\theta}+\lambda_\vartheta p(r,\vartheta,t)=-\left(\frac{\mu}{k_\theta}\right)\psi_\vartheta(r,t)$,
$\mathbf{R_a} \equiv \frac{\partial p(a,\theta,t)}{\partial r}-\lambda p(a,\theta,t)=-\left(\frac{\mu}{k_r}\right)\psi_a(\theta,t)$ **and**
$\mathbf{D_b} \equiv p(b,\theta,t)=\psi_b(\theta,t)$

The successive application of the Laplace, Fourier and finite Hankel transformations to equation (14.1.1) gives

$$\overline{\overline{\overline{p}}} = \frac{q(s)e^{-st_0}\{\xi_m\cos(\xi_m\theta_0)+\lambda_0\sin(\xi_m\theta_0)\}\mathcal{V}_{\mathcal{DM}}(\xi_n r_0,b)}{\phi c_t\left(\eta_r\xi_n^2+s\right)}+\frac{2J_{\mathcal{M}}(\xi_n b)\overline{\overline{\psi}}_a(\xi_m,s)}{\pi\phi c_t\{\xi_n J'_{\mathcal{M}}(\xi_n a)-\lambda J_{\mathcal{M}}(\xi_n a)\}}+$$
$$+\frac{2\eta_r\overline{\overline{\psi}}_b(\xi_m,s)}{\pi\left(\eta_r\xi_n^2+s\right)}+\frac{\int_a^b\frac{\mathcal{V}_{\mathcal{DM}}(\xi_n u,b)}{u}\left[\xi_m\overline{\psi}_0(u,s)-\overline{\psi}_\vartheta(u,s)\{\xi_m\cos(\xi_m\vartheta)+\lambda_0\sin(\xi_m\vartheta)\}\right]du}{\phi c_t\left(\eta_r\xi_n^2+s\right)}+\frac{\overline{\overline{\varphi}}(\xi_n,\xi_m)}{\left(\eta_r\xi_n^2+s\right)} \qquad (17.90.1)$$

where ξ_m is a positive root of $\tan(\xi_m\vartheta)=\frac{\xi_m(\lambda_0+\lambda_\vartheta)}{(\xi_m^2-\lambda_0\lambda_\vartheta)}$, $m=1,2,...,$ ξ_n, $n=1,2,...,$ are the positive roots of the transcendental equation $\lambda\mathcal{V}_{\mathcal{DM}}(\xi_n a,b)-\xi_n\mathcal{V}'_{\mathcal{DM}}(\xi_n a,b)=0$,
$\mathcal{V}_{\mathcal{DM}}(\xi_n r,b)=J_{\mathcal{M}}(\xi_n r)Y_{\mathcal{M}}(\xi_n b)-Y_{\mathcal{M}}(\xi_n r)J_{\mathcal{M}}(\xi_n b)$,
$\overline{\overline{\psi}}_a(\xi_m,s)=\int_0^{\vartheta}\overline{\psi}_a(u,s)\{\xi_m\cos(\xi_m u)+\lambda_0\sin(\xi_m u)\}du$,
$\overline{\overline{\psi}}_b(\xi_m,s)=\int_0^{\vartheta}\overline{\psi}_b(u,s)\{\xi_m\cos(\xi_m u)+\lambda_0\sin(\xi_m u)\}du$ and
$\overline{\overline{\varphi}}(\xi_n,\xi_m)=\int_a^b r\mathcal{V}_{\mathcal{DM}}(\xi_n r,b)\int_0^{\vartheta}\varphi(r,u)\{\xi_m\cos(\xi_m u)+\lambda_0\sin(\xi_m u)\}dudr$. Successive inverse transforms yield

$$\overline{p} = \frac{\pi^2 q(s)e^{-st_0}}{\phi c_t}\sum_{m=1}^{\infty}\frac{\{\xi_m\cos(\xi_m\theta_0)+\lambda_0\sin(\xi_m\theta_0)\}\{\xi_m\cos(\xi_m\theta)+\lambda_0\sin(\xi_m\theta)\}}{\left(\xi_m^2+\lambda_0^2\right)\left\{\vartheta+\frac{\lambda_\vartheta}{\xi_m^2+\lambda_\vartheta^2}\right\}+\lambda_0}\times$$
$$\times\sum_{n=1}^{\infty}\frac{\xi_n^2\{\xi_n J'_{\mathcal{M}}(\xi_n a)-\lambda J_{\mathcal{M}}(\xi_n a)\}^2\mathcal{V}_{\mathcal{DM}}(\xi_n r_0,b)\mathcal{V}_{\mathcal{DM}}(\xi_n r,b)}{(\eta_r\xi_n^2+s)\left[\{\xi_n J'_{\mathcal{M}}(\xi_n a)-\lambda J_{\mathcal{M}}(\xi_n a)\}^2-\left\{\lambda^2+\xi_n^2-\left(\frac{\mathcal{M}}{a}\right)^2\right\}J_{\mathcal{M}}^2(\xi_n b)\right]}+$$
$$+\frac{2\pi}{\phi c_t}\sum_{m=1}^{\infty}\frac{\{\xi_m\cos(\xi_m\theta)+\lambda_0\sin(\xi_m\theta)\}}{\left(\xi_m^2+\lambda_0^2\right)\left\{\vartheta+\frac{\lambda_\vartheta}{\xi_m^2+\lambda_\vartheta^2}\right\}+\lambda_0}\times$$
$$\times\sum_{n=1}^{\infty}\frac{\xi_n^2\{\xi_n J'_{\mathcal{M}}(\xi_n a)-\lambda J_{\mathcal{M}}(\xi_n a)\}\mathcal{V}_{\mathcal{DM}}(\xi_n r,b)}{(\eta_r\xi_n^2+s)\left[\{\xi_n J'_{\mathcal{M}}(\xi_n a)-\lambda J_{\mathcal{M}}(\xi_n a)\}^2-\left\{\lambda^2+\xi_n^2-\left(\frac{\mathcal{M}}{a}\right)^2\right\}J_{\mathcal{M}}^2(\xi_n b)\right]}\times$$
$$\times\left\{J_{\mathcal{M}}(\xi_n b)\left(\frac{k_r}{\mu}\right)\overline{\overline{\psi}}_b(\xi_m,s)+\overline{\overline{\psi}}_a(\xi_m,s)\{\xi_n J'_{\mathcal{M}}(\xi_n a)-\lambda J_{\mathcal{M}}(\xi_n a)\}\right\}+$$
$$+\pi^2\eta_\theta\sum_{m=1}^{\infty}\frac{\{\xi_m\cos(\xi_m\theta)+\lambda_0\sin(\xi_m\theta)\}}{\left(\xi_m^2+\lambda_0^2\right)\left\{\vartheta+\frac{\lambda_\vartheta}{\xi_m^2+\lambda_\vartheta^2}\right\}+\lambda_0}\times$$

$$\times \sum_{n=1}^{\infty} \frac{\xi_n^2 \{\xi_n J'_{\mathcal{M}}(\xi_n a) - \lambda J_{\mathcal{M}}(\xi_n a)\}^2 \mathcal{V}_{D\mathcal{M}}(\xi_n r, b)}{(\eta_r \xi_n^2 + s)\left[\{\xi_n J'_{\mathcal{M}}(\xi_n a) - \lambda J_{\mathcal{M}}(\xi_n a)\}^2 - \left\{\lambda^2 + \xi_n^2 - \left(\frac{\mathcal{M}}{a}\right)^2\right\} J_{\mathcal{M}}^2(\xi_n b)\right]} \times$$
$$\times \int_a^b \frac{\mathcal{V}_{D\mathcal{M}}(\xi_n u, b)}{u} \left[\xi_m \overline{\psi}_0(u, s) - \overline{\psi}_\vartheta(u, s) \{\xi_m \cos(\xi_m \vartheta) + \lambda_0 \sin(\xi_m \vartheta)\}\right] du +$$
$$+\pi^2 \sum_{m=1}^{\infty} \frac{\{\xi_m \cos(\xi_m \theta) + \lambda_0 \sin(\xi_m \theta)\}}{(\xi_m^2 + \lambda_0^2)\left\{\vartheta + \frac{\lambda_\vartheta}{\xi_m^2 + \lambda_\vartheta^2}\right\} + \lambda_0} \times$$
$$\times \sum_{n=1}^{\infty} \frac{\xi_n^2 \{\xi_n J'_{\mathcal{M}}(\xi_n a) - \lambda J_{\mathcal{M}}(\xi_n a)\}^2 \mathcal{V}_{D\mathcal{M}}(\xi_n r, b) \overline{\overline{\varphi}}(\xi_n, \xi_m)}{(\eta_r \xi_n^2 + s)\left[\{\xi_n J'_{\mathcal{M}}(\xi_n a) - \lambda J_{\mathcal{M}}(\xi_n a)\}^2 - \left\{\lambda^2 + \xi_n^2 - \left(\frac{\mathcal{M}}{a}\right)^2\right\} J_{\mathcal{M}}^2(\xi_n b)\right]} \tag{17.90.2}$$

and

$$p = \frac{\pi^2 U(t - t_0)}{\phi c_t} \sum_{m=1}^{\infty} \frac{\{\xi_m \cos(\xi_m \theta_0) + \lambda_0 \sin(\xi_m \theta_0)\}\{\xi_m \cos(\xi_m \theta) + \lambda_0 \sin(\xi_m \theta)\}}{(\xi_m^2 + \lambda_0^2)\left\{\vartheta + \frac{\lambda_\vartheta}{\xi_m^2 + \lambda_\vartheta^2}\right\} + \lambda_0} \times$$
$$\times \sum_{n=1}^{\infty} \frac{\xi_n^2 \{\xi_n J'_{\mathcal{M}}(\xi_n a) - \lambda J_{\mathcal{M}}(\xi_n a)\}^2 \mathcal{V}_{D\mathcal{M}}(\xi_n r_0, b) \mathcal{V}_{D\mathcal{M}}(\xi_n r, b) \int_0^{t-t_0} q(t - t_0 - \tau) e^{-\eta_r \xi_n^2 (t-\tau)} d\tau}{\left[\{\xi_n J'_{\mathcal{M}}(\xi_n a) - \lambda J_{\mathcal{M}}(\xi_n a)\}^2 - \left\{\lambda^2 + \xi_n^2 - \left(\frac{\mathcal{M}}{a}\right)^2\right\} J_{\mathcal{M}}^2(\xi_n b)\right]} +$$
$$+\frac{2\pi}{\phi c_t} \sum_{m=1}^{\infty} \frac{\{\xi_m \cos(\xi_m \theta) + \lambda_0 \sin(\xi_m \theta)\}}{(\xi_m^2 + \lambda_0^2)\left\{\vartheta + \frac{\lambda_\vartheta}{\xi_m^2 + \lambda_\vartheta^2}\right\} + \lambda_0} \times$$
$$\times \sum_{n=1}^{\infty} \frac{\xi_n^2 \{\xi_n J'_{\mathcal{M}}(\xi_n a) - \lambda J_{\mathcal{M}}(\xi_n a)\} \mathcal{V}_{D\mathcal{M}}(\xi_n r, b)}{\left[\{\xi_n J'_{\mathcal{M}}(\xi_n a) - \lambda J_{\mathcal{M}}(\xi_n a)\}^2 - \left\{\lambda^2 + \xi_n^2 - \left(\frac{\mathcal{M}}{a}\right)^2\right\} J_{\mathcal{M}}^2(\xi_n b)\right]} \times$$
$$\times \int_0^t \left\{ J_{\mathcal{M}}(\xi_n b)\left(\frac{k_r}{\mu}\right) \overline{\psi}_b(\xi_m, \tau) + \overline{\psi}_a(\xi_m, \tau) \{\xi_n J'_{\mathcal{M}}(\xi_n a) - \lambda J_{\mathcal{M}}(\xi_n a)\} \right\} e^{-\eta_r \xi_n^2 (t-\tau)} d\tau +$$
$$+\pi^2 \eta_\theta \sum_{m=1}^{\infty} \frac{\{\xi_m \cos(\xi_m \theta) + \lambda_0 \sin(\xi_m \theta)\}}{(\xi_m^2 + \lambda_0^2)\left\{\vartheta + \frac{\lambda_\vartheta}{\xi_m^2 + \lambda_\vartheta^2}\right\} + \lambda_0} \times$$
$$\times \sum_{n=1}^{\infty} \frac{\xi_n^2 \{\xi_n J'_{\mathcal{M}}(\xi_n a) - \lambda J_{\mathcal{M}}(\xi_n a)\}^2 \mathcal{V}_{D\mathcal{M}}(\xi_n r, b)}{\left[\{\xi_n J'_{\mathcal{M}}(\xi_n a) - \lambda J_{\mathcal{M}}(\xi_n a)\}^2 - \left\{\lambda^2 + \xi_n^2 - \left(\frac{\mathcal{M}}{a}\right)^2\right\} J_{\mathcal{M}}^2(\xi_n b)\right]} \times$$
$$\times \int_a^b \frac{\mathcal{V}_{D\mathcal{M}}(\xi_n u, b)}{u} \int_0^t \left[\xi_m \psi_0(u, \tau) - \psi_\vartheta(u, \tau) \{\xi_m \cos(\xi_m \vartheta) + \lambda_0 \sin(\xi_m \vartheta)\}\right] e^{-\eta_r \xi_n^2 (t-\tau)} d\tau du +$$
$$+\pi^2 \sum_{m=1}^{\infty} \frac{\{\xi_m \cos(\xi_m \theta) + \lambda_0 \sin(\xi_m \theta)\}}{(\xi_m^2 + \lambda_0^2)\left\{\vartheta + \frac{\lambda_\vartheta}{\xi_m^2 + \lambda_\vartheta^2}\right\} + \lambda_0} \times$$
$$\times \sum_{n=1}^{\infty} \frac{\xi_n^2 \{\xi_n J'_{\mathcal{M}}(\xi_n a) - \lambda J_{\mathcal{M}}(\xi_n a)\}^2 \mathcal{V}_{D\mathcal{M}}(\xi_n r, b) \overline{\overline{\varphi}}(\xi_n, \xi_m) e^{-\eta_r \xi_n^2 t}}{\left[\{\xi_n J'_{\mathcal{M}}(\xi_n a) - \lambda J_{\mathcal{M}}(\xi_n a)\}^2 - \left\{\lambda^2 + \xi_n^2 - \left(\frac{\mathcal{M}}{a}\right)^2\right\} J_{\mathcal{M}}^2(\xi_n b)\right]} \tag{17.90.3}$$

where $\overline{\psi}_a(\xi_m, t) = \int_0^\vartheta \psi_a(u, t) \{\xi_m \cos(\xi_m u) + \lambda_0 \sin(\xi_m u)\} du$ and $\overline{\psi}_b(\xi_m, t) = \int_0^\vartheta \psi_b(u, t) \{\xi_m \cos(\xi_m u) + \lambda_0 \sin(\xi_m u)\} du$.

17.91

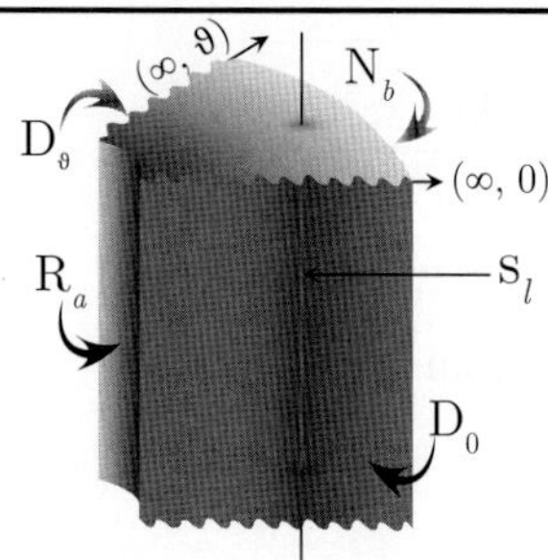

The problem of 17.28, except
$\mathbf{R}_a \equiv \frac{\partial p(a,\theta,t)}{\partial r} - \lambda p(a,\theta,t) = -\left(\frac{\mu}{k_r}\right)\psi_a(\theta,t)$,
$\mathbf{N}_b \equiv \frac{\partial p(b,\theta,t)}{\partial r} = -\left(\frac{\mu}{k_r}\right)\psi_b(\theta,t)$,
$\mathbf{D}_0 \equiv p(r,0,t) = \psi_0(r,t)$ **and** $\mathbf{D}_\vartheta \equiv p(r,\vartheta,t) = \psi_\vartheta(r,t)$

The successive application of the Laplace, Fourier and finite Hankel transformations to equation (14.1.1) gives

$$\overline{\overline{\overline{p}}} = \frac{q(s)\,e^{-st_0}\sin(\xi_m\theta_0)\,\mathcal{V}_{\mathcal{NM}}(\xi_n r_0,b)}{\phi c_t(\eta_r\xi_n^2+s)} - \frac{2\overline{\overline{\psi}}_b(\xi_m,s)}{\pi\phi c_t\xi_n(\eta_r\xi_n^2+s)} + \frac{2J'_{\mathcal{M}}(\xi_n b)\,\overline{\overline{\psi}}_a(\xi_m,s)}{\pi\phi c_t\{\xi_n J'_{\mathcal{M}}(\xi_n a)-\lambda J_{\mathcal{M}}(\xi_n a)\}} + $$
$$+\frac{\xi_m\eta_\theta\int_a^b\frac{\mathcal{V}_{\mathcal{NM}}(\xi_n u,b)}{u}\left\{\overline{\psi}_0(u,s)-(-1)^m\,\overline{\psi}_\vartheta(u,s)\right\}du}{(\eta_r\xi_n^2+s)} + \frac{\overline{\overline{\varphi}}(\xi_n,\xi_m)}{(\eta_r\xi_n^2+s)} \qquad (17.91.1)$$

where ξ_m is a positive root of $\sin(\xi_m\vartheta)$, which are $\xi_m = \frac{m\pi}{\vartheta}$, $m = 1,2,...$, ξ_n, $n = 1,2,...$, are the positive roots of the transcendental equation $\lambda\mathcal{V}_{\mathcal{NM}}(\xi_n a,b) - \xi_n\mathcal{V}'_{\mathcal{NM}}(\xi_n a,b) = 0$,
$\mathcal{V}_{\mathcal{NM}}(\xi_n r,b) = J_{\mathcal{M}}(\xi_n r)\,Y'_{\mathcal{M}}(\xi_n b) - Y_{\mathcal{M}}(\xi_n r)\,J'_{\mathcal{M}}(\xi_n b)$, $\overline{\overline{\psi}}_a(\xi_m,s) = \int_0^\vartheta \overline{\psi}_a(u,s)\sin(\xi_m u)du$,
$\overline{\overline{\psi}}_b(\xi_m,s) = \int_0^\vartheta \overline{\psi}_b(u,s)\sin(\xi_m u)du$ and $\overline{\overline{\varphi}}(\xi_n,\xi_m) = \int_a^b r\mathcal{V}_{\mathcal{NM}}(\xi_n r,b)\int_0^\vartheta\varphi(r,u)\sin(\xi_m u)dudr$.
Successive inverse transforms yield

$$\overline{p} = \frac{\pi^2 q(s)\,e^{-st_0}}{\phi c_t\vartheta}\sum_{m=1}^\infty \sin(\xi_m\theta_0)\sin(\xi_m\theta)\times$$
$$\times\sum_{n=1}^\infty\frac{\xi_n^2\{\xi_n J'_{\mathcal{M}}(\xi_n a)-\lambda J_{\mathcal{M}}(\xi_n a)\}^2\mathcal{V}_{\mathcal{NM}}(\xi_n r_0,b)\,\mathcal{V}_{\mathcal{NM}}(\xi_n r,b)}{(\eta_r\xi_n^2+s)\left[\left\{1-\left(\frac{\mathcal{M}}{\xi_n b}\right)^2\right\}\{\xi_n J'_{\mathcal{M}}(\xi_n a)-\lambda J_{\mathcal{M}}(\xi_n a)\}^2-\left\{\lambda^2+\xi_n^2-\left(\frac{\mathcal{M}}{a}\right)^2\right\}J'^2_{\mathcal{M}}(\xi_n b)\right]}+$$
$$+\frac{2\pi}{\vartheta\phi c_t}\sum_{m=1}^\infty\sin(\xi_m\theta)\times$$
$$\times\sum_{n=1}^\infty\frac{\xi_n\{\xi_n J'_{\mathcal{M}}(\xi_n a)-\lambda J_{\mathcal{M}}(\xi_n a)\}\,\mathcal{V}_{\mathcal{NM}}(\xi_n r,b)}{(\eta_r\xi_n^2+s)\left[\left\{1-\left(\frac{\mathcal{M}}{\xi_n b}\right)^2\right\}\{\xi_n J'_{\mathcal{M}}(\xi_n a)-\lambda J_{\mathcal{M}}(\xi_n a)\}^2-\left\{\lambda^2+\xi_n^2-\left(\frac{\mathcal{M}}{a}\right)^2\right\}J'^2_{\mathcal{M}}(\xi_n b)\right]}\times$$
$$\times\left\{J'_{\mathcal{M}}(\xi_n b)\,\overline{\overline{\psi}}_b(\xi_m,s)-\overline{\overline{\psi}}_a(\xi_m,s)\,\xi_n\{\xi_n J'_{\mathcal{M}}(\xi_n a)-\lambda J_{\mathcal{M}}(\xi_n a)\}\right\}+$$
$$+\frac{\pi^2\eta_\theta}{\vartheta}\sum_{m=1}^\infty\xi_m\sin(\xi_m\theta)\times$$
$$\times\sum_{n=1}^\infty\frac{\xi_n^2\{\xi_n J'_{\mathcal{M}}(\xi_n a)-\lambda J_{\mathcal{M}}(\xi_n a)\}^2\mathcal{V}_{\mathcal{NM}}(\xi_n r,b)\int_a^b\frac{\mathcal{V}_{\mathcal{NM}}(\xi_n u,b)}{u}\left\{\overline{\psi}_0(u,s)-(-1)^m\,\overline{\psi}_\vartheta(u,s)\right\}du}{(\eta_r\xi_n^2+s)\left[\left\{1-\left(\frac{\mathcal{M}}{\xi_n b}\right)^2\right\}\{\xi_n J'_{\mathcal{M}}(\xi_n a)-\lambda J_{\mathcal{M}}(\xi_n a)\}^2-\left\{\lambda^2+\xi_n^2-\left(\frac{\mathcal{M}}{a}\right)^2\right\}J'^2_{\mathcal{M}}(\xi_n b)\right]}+$$
$$+\frac{\pi^2}{\vartheta}\sum_{m=1}^\infty\sin(\xi_m\theta)\sum_{n=1}^\infty\frac{\xi_n^2\{\xi_n J'_{\mathcal{M}}(\xi_n a)-\lambda J_{\mathcal{M}}(\xi_n a)\}^2\mathcal{V}_{\mathcal{NM}}(\xi_n r,b)\overline{\overline{\varphi}}(\xi_n,\xi_m)}{(\eta_r\xi_n^2+s)\left[\left\{1-\left(\frac{\mathcal{M}}{\xi_n b}\right)^2\right\}\{\xi_n J'_{\mathcal{M}}(\xi_n a)-\lambda J_{\mathcal{M}}(\xi_n a)\}^2-\left\{\lambda^2+\xi_n^2-\left(\frac{\mathcal{M}}{a}\right)^2\right\}J'^2_{\mathcal{M}}(\xi_n b)\right]}$$
$$(17.91.2)$$

and

$$p = \frac{\pi^2 U(t-t_0)}{\phi c_t\vartheta}\sum_{m=1}^\infty\sin(\xi_m\theta_0)\sin(\xi_m\theta)\times$$
$$\times\sum_{n=1}^\infty\frac{\xi_n^2\{\xi_n J'_{\mathcal{M}}(\xi_n a)-\lambda J_{\mathcal{M}}(\xi_n a)\}^2\mathcal{V}_{\mathcal{NM}}(\xi_n r_0,b)\,\mathcal{V}_{\mathcal{NM}}(\xi_n r,b)\int_0^{t-t_0}q(t-t_0-\tau)\,e^{-\eta_r\xi_n^2(t-\tau)}d\tau}{\left[\left\{1-\left(\frac{\mathcal{M}}{\xi_n b}\right)^2\right\}\{\xi_n J'_{\mathcal{M}}(\xi_n a)-\lambda J_{\mathcal{M}}(\xi_n a)\}^2-\left\{\lambda^2+\xi_n^2-\left(\frac{\mathcal{M}}{a}\right)^2\right\}J'^2_{\mathcal{M}}(\xi_n b)\right]}+$$

$$+\frac{2\pi}{\vartheta\phi c_t}\sum_{m=1}^{\infty}\sin(\xi_m\theta)\sum_{n=1}^{\infty}\frac{\xi_n\{\xi_n J'_{\mathcal{M}}(\xi_n a)-\lambda J_{\mathcal{M}}(\xi_n a)\}\mathcal{V}_{\mathcal{NM}}(\xi_n r,b)}{\left[\left\{1-\left(\frac{\mathcal{M}}{\xi_n b}\right)^2\right\}\{\xi_n J'_{\mathcal{M}}(\xi_n a)-\lambda J_{\mathcal{M}}(\xi_n a)\}^2-\left\{\lambda^2+\xi_n^2-\left(\frac{\mathcal{M}}{a}\right)^2\right\}J'^2_{\mathcal{M}}(\xi_n b)\right]}\times$$

$$\times\int_0^t\left\{J'_{\mathcal{M}}(\xi_n b)\overline{\psi}_b(\xi_m,\tau)-\overline{\psi}_a(\xi_m,\tau)\xi_n\{\xi_n J'_{\mathcal{M}}(\xi_n a)-\lambda J_{\mathcal{M}}(\xi_n a)\}\right\}e^{-\eta_r\xi_n^2(t-\tau)}d\tau+$$

$$+\frac{\pi^2\eta_\theta}{\vartheta}\sum_{m=1}^{\infty}\xi_m\sin(\xi_m\theta)\sum_{n=1}^{\infty}\frac{\xi_n^2\{\xi_n J'_{\mathcal{M}}(\xi_n a)-\lambda J_{\mathcal{M}}(\xi_n a)\}^2\mathcal{V}_{\mathcal{NM}}(\xi_n r,b)}{\left[\left\{1-\left(\frac{\mathcal{M}}{\xi_n b}\right)^2\right\}\{\xi_n J'_{\mathcal{M}}(\xi_n a)-\lambda J_{\mathcal{M}}(\xi_n a)\}^2-\left\{\lambda^2+\xi_n^2-\left(\frac{\mathcal{M}}{a}\right)^2\right\}J'^2_{\mathcal{M}}(\xi_n b)\right]}\times$$

$$\times\int_a^b\frac{\mathcal{V}_{\mathcal{NM}}(\xi_n u,b)}{u}\int_0^t\{\psi_0(u,\tau)-(-1)^m\psi_\vartheta(u,\tau)\}e^{-\eta_r\xi_n^2(t-\tau)}d\tau du+$$

$$+\frac{\pi^2}{\vartheta}\sum_{m=1}^{\infty}\sin(\xi_m\theta)\sum_{n=1}^{\infty}\frac{\xi_n^2\{\xi_n J'_{\mathcal{M}}(\xi_n a)-\lambda J_{\mathcal{M}}(\xi_n a)\}^2\mathcal{V}_{\mathcal{NM}}(\xi_n r,b)\overline{\overline{\varphi}}(\xi_n,\xi_m)e^{-\eta_r\xi_n^2 t}}{\left[\left\{1-\left(\frac{\mathcal{M}}{\xi_n b}\right)^2\right\}\{\xi_n J'_{\mathcal{M}}(\xi_n a)-\lambda J_{\mathcal{M}}(\xi_n a)\}^2-\left\{\lambda^2+\xi_n^2-\left(\frac{\mathcal{M}}{a}\right)^2\right\}J'^2_{\mathcal{M}}(\xi_n b)\right]}$$

(17.91.3)

where $\overline{\psi}_a(\xi_m,t)=\int_0^\vartheta\psi_a(u,t)\sin(\xi_m u)du$ and $\overline{\psi}_b(\xi_m,t)=\int_0^\vartheta\psi_b(u,t)\sin(\xi_m u)du$.

17.92 The problem of 17.28, except $\mathbf{D_0}=p(r,0,t)=\psi_0(r,t)$, $\mathbf{N_\vartheta}\equiv\frac{\partial p(r,\vartheta,t)}{\partial\theta}=-\left(\frac{\mu}{k_\theta}\right)\psi_\vartheta(r,t)$, $\mathbf{R_a}\equiv\frac{\partial p(a,\theta,t)}{\partial r}-\lambda p(a,\theta,t)=-\left(\frac{\mu}{k_r}\right)\psi_a(\theta,t)$ and $\mathbf{N_b}\equiv\frac{\partial p(b,\theta,t)}{\partial r}=-\left(\frac{\mu}{k_r}\right)\psi_b(\theta,t)$

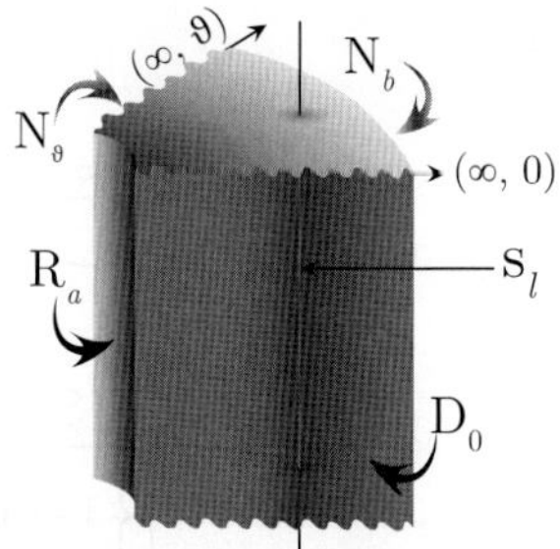

The successive application of the Laplace, Fourier and finite Hankel transformations to equation (14.1.1) gives

$$\overline{\overline{\overline{p}}}=\frac{q(s)e^{-st_0}\sin(\xi_m\theta_0)\mathcal{V}_{\mathcal{NM}}(\xi_n r_0,b)}{\phi c_t(\eta_r\xi_n^2+s)}-\frac{2\overline{\overline{\psi}}_b(\xi_m,s)}{\pi\phi c_t\xi_n(\eta_r\xi_n^2+s)}+\frac{2J'_{\mathcal{M}}(\xi_n b)\overline{\overline{\psi}}_a(\xi_m,s)}{\pi\phi c_t\{\xi_n J'_{\mathcal{M}}(\xi_n a)-\lambda J_{\mathcal{M}}(\xi_n a)\}}+$$

$$+\frac{\eta_\theta\int_a^b\frac{\mathcal{V}_{\mathcal{NM}}(\xi_n u,b)}{u}\left\{\xi_m\overline{\psi}_0(u,s)+(-1)^m\left(\frac{\mu}{k_\theta}\right)\overline{\psi}_\vartheta(u,s)\right\}du}{(\eta_r\xi_n^2+s)}+\frac{\overline{\overline{\varphi}}(\xi_n,\xi_m)}{(\eta_r\xi_n^2+s)}\qquad(17.92.1)$$

where ξ_m is a positive root of $\cos(\xi_m\vartheta)$, which are $\xi_m=\frac{(2m-1)\pi}{2\vartheta}$, $m=1,2,...$, ξ_n, $n=1,2,...$, are the positive roots of the transcendental equation $\lambda\mathcal{V}_{\mathcal{NM}}(\xi_n a,b)-\xi_n\mathcal{V}'_{\mathcal{NM}}(\xi_n a,b)=0$,
$\mathcal{V}_{\mathcal{NM}}(\xi_n r,b)=J_{\mathcal{M}}(\xi_n r)Y'_{\mathcal{M}}(\xi_n b)-Y_{\mathcal{M}}(\xi_n r)J'_{\mathcal{M}}(\xi_n b)$, $\overline{\overline{\psi}}_a(\xi_m,s)=\int_0^\vartheta\overline{\psi}_a(u,s)\sin(\xi_m u)du$,
$\overline{\overline{\psi}}_b(\xi_m,s)=\int_0^\vartheta\overline{\psi}_b(u,s)\sin(\xi_m u)du$ and $\overline{\overline{\varphi}}(\xi_n,\xi_m)=\int_a^b r\mathcal{V}_{\mathcal{NM}}(\xi_n r,b)\int_0^\vartheta\varphi(r,u)\sin(\xi_m u)dudr$.
Successive inverse transforms yield

$$\overline{p}=\frac{\pi^2 q(s)e^{-st_0}}{\phi c_t\vartheta}\sum_{m=1}^{\infty}\sin(\xi_m\theta_0)\sin(\xi_m\theta)\times$$

$$\times\sum_{n=1}^{\infty}\frac{\xi_n^2\{\xi_n J'_{\mathcal{M}}(\xi_n a)-\lambda J_{\mathcal{M}}(\xi_n a)\}^2\mathcal{V}_{\mathcal{NM}}(\xi_n r_0,b)\mathcal{V}_{\mathcal{NM}}(\xi_n r,b)}{(\eta_r\xi_n^2+s)\left[\left\{1-\left(\frac{\mathcal{M}}{\xi_n b}\right)^2\right\}\{\xi_n J'_{\mathcal{M}}(\xi_n a)-\lambda J_{\mathcal{M}}(\xi_n a)\}^2-\left\{\lambda^2+\xi_n^2-\left(\frac{\mathcal{M}}{a}\right)^2\right\}J'^2_{\mathcal{M}}(\xi_n b)\right]}+$$

$$+\frac{2\pi}{\vartheta\phi c_t}\sum_{m=1}^{\infty}\sin(\xi_m\theta)\times$$

$$\times\sum_{n=1}^{\infty}\frac{\xi_n^2\left\{\xi_n J'_{\mathcal{M}}(\xi_n a)-\lambda J_{\mathcal{M}}(\xi_n a)\right\}\mathcal{V}_{\mathcal{NM}}(\xi_n r,b)}{(\eta_r\xi_n^2+s)\left[\left\{1-\left(\frac{\mathcal{M}}{\xi_n b}\right)^2\right\}\left\{\xi_n J'_{\mathcal{M}}(\xi_n a)-\lambda J_{\mathcal{M}}(\xi_n a)\right\}^2-\left\{\lambda^2+\xi_n^2-\left(\frac{\mathcal{M}}{a}\right)^2\right\}J'^2_{\mathcal{M}}(\xi_n b)\right]}\times$$

$$\times\left\{J'_{\mathcal{M}}(\xi_n b)\overline{\overline{\psi}}_b(\xi_m,s)-\overline{\overline{\psi}}_a(\xi_m,s)\,\xi_n\left\{\xi_n J'_{\mathcal{M}}(\xi_n a)-\lambda J_{\mathcal{M}}(\xi_n a)\right\}\right\}+$$

$$+\frac{\pi^2\eta_\theta}{\vartheta}\sum_{m=1}^{\infty}\sin(\xi_m\theta)\times$$

$$\times\sum_{n=1}^{\infty}\frac{\xi_n^2\{\xi_n J'_{\mathcal{M}}(\xi_n a)-\lambda J_{\mathcal{M}}(\xi_n a)\}^2\mathcal{V}_{\mathcal{NM}}(\xi_n r,b)\int_a^b\frac{\mathcal{V}_{\mathcal{NM}}(\xi_n u,b)}{u}\left\{\xi_m\overline{\psi}_0(u,s)+(-1)^m\left(\frac{\mu}{k_\theta}\right)\overline{\psi}_\vartheta(u,s)\right\}du}{(\eta_r\xi_n^2+s)\left[\left\{1-\left(\frac{\mathcal{M}}{\xi_n b}\right)^2\right\}\left\{\xi_n J'_{\mathcal{M}}(\xi_n a)-\lambda J_{\mathcal{M}}(\xi_n a)\right\}^2-\left\{\lambda^2+\xi_n^2-\left(\frac{\mathcal{M}}{a}\right)^2\right\}J'^2_{\mathcal{M}}(\xi_n b)\right]}+$$

$$+\frac{\pi^2}{\vartheta}\sum_{m=1}^{\infty}\sin(\xi_m\theta)\sum_{n=1}^{\infty}\frac{\xi_n^2\{\xi_n J'_{\mathcal{M}}(\xi_n a)-\lambda J_{\mathcal{M}}(\xi_n a)\}^2\mathcal{V}_{\mathcal{NM}}(\xi_n r,b)\overline{\overline{\varphi}}(\xi_n,\xi_m)}{(\eta_r\xi_n^2+s)\left[\left\{1-\left(\frac{\mathcal{M}}{\xi_n b}\right)^2\right\}\{\xi_n J'_{\mathcal{M}}(\xi_n a)-\lambda J_{\mathcal{M}}(\xi_n a)\}^2-\left\{\lambda^2+\xi_n^2-\left(\frac{\mathcal{M}}{a}\right)^2\right\}J'^2_{\mathcal{M}}(\xi_n b)\right]}$$

(17.92.2)

and

$$p=\frac{\pi^2U(t-t_0)}{\phi c_t\vartheta}\sum_{m=1}^{\infty}\sin(\xi_m\theta_0)\sin(\xi_m\theta)\times$$

$$\times\sum_{n=1}^{\infty}\frac{\xi_n^2\{\xi_n J'_{\mathcal{M}}(\xi_n a)-\lambda J_{\mathcal{M}}(\xi_n a)\}^2\mathcal{V}_{\mathcal{NM}}(\xi_n r_0,b)\,\mathcal{V}_{\mathcal{NM}}(\xi_n r,b)\int_0^{t-t_0}q(t-t_0-\tau)\,e^{-\eta_r\xi_n^2(t-\tau)}d\tau}{\left[\left\{1-\left(\frac{\mathcal{M}}{\xi_n b}\right)^2\right\}\{\xi_n J'_{\mathcal{M}}(\xi_n a)-\lambda J_{\mathcal{M}}(\xi_n a)\}^2-\left\{\lambda^2+\xi_n^2-\left(\frac{\mathcal{M}}{a}\right)^2\right\}J'^2_{\mathcal{M}}(\xi_n b)\right]}+$$

$$+\frac{2\pi}{\vartheta\phi c_t}\sum_{m=1}^{\infty}\sin(\xi_m\theta)\sum_{n=1}^{\infty}\frac{\xi_n\{\xi_n J'_{\mathcal{M}}(\xi_n a)-\lambda J_{\mathcal{M}}(\xi_n a)\}\mathcal{V}_{\mathcal{NM}}(\xi_n r,b)}{\left[\left\{1-\left(\frac{\mathcal{M}}{\xi_n b}\right)^2\right\}\{\xi_n J'_{\mathcal{M}}(\xi_n a)-\lambda J_{\mathcal{M}}(\xi_n a)\}^2-\left\{\lambda^2+\xi_n^2-\left(\frac{\mathcal{M}}{a}\right)^2\right\}J'^2_{\mathcal{M}}(\xi_n b)\right]}\times$$

$$\times\int_0^t\{J'_{\mathcal{M}}(\xi_n b)\overline{\psi}_b(\xi_m,\tau)-\overline{\psi}_a(\xi_m,\tau)\,\xi_n\{\xi_n J'_{\mathcal{M}}(\xi_n a)-\lambda J_{\mathcal{M}}(\xi_n a)\}\}e^{-\eta_r\xi_n^2(t-\tau)}d\tau+$$

$$+\frac{\pi^2\eta_\theta}{\vartheta}\sum_{m=1}^{\infty}\sin(\xi_m\theta)\sum_{n=1}^{\infty}\frac{\xi_n^2\{\xi_n J'_{\mathcal{M}}(\xi_n a)-\lambda J_{\mathcal{M}}(\xi_n a)\}^2\mathcal{V}_{\mathcal{NM}}(\xi_n r,b)}{\left[\left\{1-\left(\frac{\mathcal{M}}{\xi_n b}\right)^2\right\}\{\xi_n J'_{\mathcal{M}}(\xi_n a)-\lambda J_{\mathcal{M}}(\xi_n a)\}^2-\left\{\lambda^2+\xi_n^2-\left(\frac{\mathcal{M}}{a}\right)^2\right\}J'^2_{\mathcal{M}}(\xi_n b)\right]}\times$$

$$\times\int_a^b\frac{\mathcal{V}_{\mathcal{NM}}(\xi_n u,b)}{u}\int_0^t\left\{\xi_m\psi_0(u,\tau)+(-1)^m\left(\frac{\mu}{k_\theta}\right)\psi_\vartheta(u,\tau)\right\}e^{-\eta_r\xi_n^2(t-\tau)}d\tau du+$$

$$+\frac{\pi^2}{\vartheta}\sum_{m=1}^{\infty}\sin(\xi_m\theta)\sum_{n=1}^{\infty}\frac{\xi_n^2\{\xi_n J'_{\mathcal{M}}(\xi_n a)-\lambda J_{\mathcal{M}}(\xi_n a)\}^2\mathcal{V}_{\mathcal{NM}}(\xi_n r,b)\overline{\overline{\varphi}}(\xi_n,\xi_m)\,e^{-\eta_r\xi_n^2 t}}{\left[\left\{1-\left(\frac{\mathcal{M}}{\xi_n b}\right)^2\right\}\{\xi_n J'_{\mathcal{M}}(\xi_n a)-\lambda J_{\mathcal{M}}(\xi_n a)\}^2-\left\{\lambda^2+\xi_n^2-\left(\frac{\mathcal{M}}{a}\right)^2\right\}J'^2_{\mathcal{M}}(\xi_n b)\right]}$$

(17.92.3)

where $\overline{\psi}_a(\xi_m,t)=\int_0^\vartheta\psi_a(u,t)\sin(\xi_m u)du$ and $\overline{\psi}_b(\xi_m,t)=\int_0^\vartheta\psi_b(u,t)\sin(\xi_m u)du$.

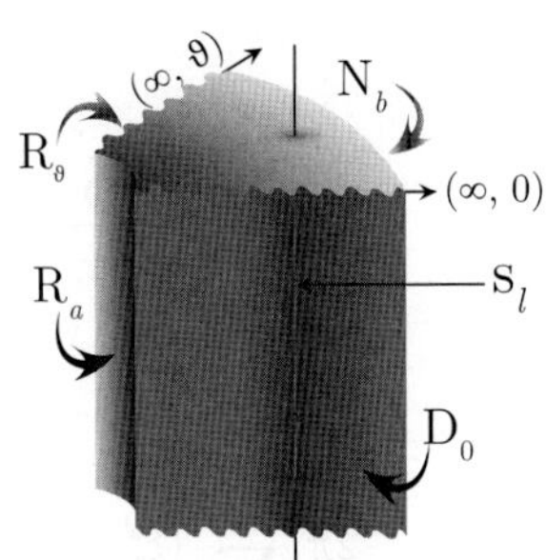

17.93 **The problem of 17.28, except** $\mathbf{D_0} \equiv p(r,0,t) = \psi_0(r,t)$, $\mathbf{R_\vartheta} \equiv \frac{\partial p(r,\vartheta,t)}{\partial\theta} + \lambda_\vartheta p(r,\vartheta,t) = -\left(\frac{\mu}{k_\theta}\right)\psi_\vartheta(r,t)$, $\mathbf{R_a} \equiv \frac{\partial p(a,\theta,t)}{\partial r} - \lambda p(a,\theta,t) = -\left(\frac{\mu}{k_r}\right)\psi_a(\theta,t)$ **and** $\mathbf{N_b} \equiv \frac{\partial p(b,\theta,t)}{\partial r} = -\left(\frac{\mu}{k_r}\right)\psi_b(\theta,t)$

The successive application of the Laplace, Fourier and finite Hankel transformations to equation (14.1.1) gives

$$\overline{\overline{\overline{p}}} = \frac{q(s)e^{-st_0}\sin(\xi_m\theta_0)\mathcal{V}_{\mathcal{NM}}(\xi_n r_0,b)}{\phi c_t(\eta_r\xi_n^2+s)} - \frac{2\overline{\overline{\psi}}_b(\xi_m,s)}{\pi\phi c_t\xi_n(\eta_r\xi_n^2+s)} + \frac{2J'_{\mathcal{M}}(\xi_n b)\overline{\overline{\psi}}_a(\xi_m,s)}{\pi\phi c_t\{\xi_n J'_{\mathcal{M}}(\xi_n a) - \lambda J_{\mathcal{M}}(\xi_n a)\}} + $$
$$+\frac{\eta_\theta\int_a^b\frac{\mathcal{V}_{\mathcal{NM}}(\xi_n u,b)}{u}\left\{\xi_m\overline{\psi}_0(u,s) - \left(\frac{\mu}{k_\theta}\right)\overline{\psi}_\vartheta(u,s)\sin(\xi_m\vartheta)\right\}du}{(\eta_r\xi_n^2+s)} + \frac{\overline{\overline{\varphi}}(\xi_n,\xi_m)}{(\eta_r\xi_n^2+s)} \tag{17.93.1}$$

where ξ_m is a positive root of $\xi_m\cot(\xi_m\vartheta) = -\lambda$, $m = 1,2,...$, ξ_n, $n = 1,2,...$, are the positive roots of the transcendental equation $\lambda\mathcal{V}_{\mathcal{NM}}(\xi_n a,b) - \xi_n\mathcal{V}'_{\mathcal{NM}}(\xi_n a,b) = 0$,
$\mathcal{V}_{\mathcal{NM}}(\xi_n r,b) = J_{\mathcal{M}}(\xi_n r)Y'_{\mathcal{M}}(\xi_n b) - Y_{\mathcal{M}}(\xi_n r)J'_{\mathcal{M}}(\xi_n b)$, $\overline{\overline{\psi}}_a(\xi_m,s) = \int_0^\vartheta\overline{\psi}_a(u,s)\sin(\xi_m u)du$,
$\overline{\overline{\psi}}_b(\xi_m,s) = \int_0^\vartheta\overline{\psi}_b(u,s)\sin(\xi_m u)du$ and $\overline{\overline{\varphi}}(\xi_n,\xi_m) = \int_a^b r\mathcal{V}_{\mathcal{NM}}(\xi_n r,b)\int_0^\vartheta\varphi(r,u)\sin(\xi_m u)dudr$.
Successive inverse transforms yield

$$\begin{aligned}
\overline{p} &= \frac{\pi^2 q(s)e^{-st_0}}{\phi c_t}\sum_{m=1}^{\infty}\frac{(\xi_m^2+\lambda^2)\sin(\xi_m\theta_0)\sin(\xi_m\theta)}{\vartheta(\xi_m^2+\lambda^2)+\lambda}\times \\
&\times\sum_{n=1}^{\infty}\frac{\xi_n^2\{\xi_n J'_{\mathcal{M}}(\xi_n a) - \lambda J_{\mathcal{M}}(\xi_n a)\}^2\mathcal{V}_{\mathcal{NM}}(\xi_n r_0,b)\mathcal{V}_{\mathcal{NM}}(\xi_n r,b)}{(\eta_r\xi_n^2+s)\left[\left\{1-\left(\frac{\mathcal{M}}{\xi_n b}\right)^2\right\}\{\xi_n J'_{\mathcal{M}}(\xi_n a) - \lambda J_{\mathcal{M}}(\xi_n a)\}^2 - \left\{\lambda^2+\xi_n^2-\left(\frac{\mathcal{M}}{a}\right)^2\right\}J'^2_{\mathcal{M}}(\xi_n b)\right]} + \\
&+\frac{2\pi}{\phi c_t}\sum_{m=1}^{\infty}\frac{(\xi_m^2+\lambda^2)\sin(\xi_m\theta)}{\vartheta(\xi_m^2+\lambda^2)+\lambda}\times \\
&\times\sum_{n=1}^{\infty}\frac{\xi_n\{\xi_n J'_{\mathcal{M}}(\xi_n a) - \lambda J_{\mathcal{M}}(\xi_n a)\}\mathcal{V}_{\mathcal{NM}}(\xi_n r,b)}{(\eta_r\xi_n^2+s)\left[\left\{1-\left(\frac{\mathcal{M}}{\xi_n b}\right)^2\right\}\{\xi_n J'_{\mathcal{M}}(\xi_n a) - \lambda J_{\mathcal{M}}(\xi_n a)\}^2 - \left\{\lambda^2+\xi_n^2-\left(\frac{\mathcal{M}}{a}\right)^2\right\}J'^2_{\mathcal{M}}(\xi_n b)\right]}\times \\
&\times\left\{J'_{\mathcal{M}}(\xi_n b)\overline{\overline{\psi}}_b(\xi_m,s) - \overline{\overline{\psi}}_a(\xi_m,s)\xi_n\{\xi_n J'_{\mathcal{M}}(\xi_n a) - \lambda J_{\mathcal{M}}(\xi_n a)\}\right\} + \\
&+\pi^2\eta_\theta\sum_{m=1}^{\infty}\frac{(\xi_m^2+\lambda^2)\sin(\xi_m\theta)}{\vartheta(\xi_m^2+\lambda^2)+\lambda}\times \\
&\times\sum_{n=1}^{\infty}\frac{\xi_n^2\{\xi_n J'_{\mathcal{M}}(\xi_n a) - \lambda J_{\mathcal{M}}(\xi_n a)\}^2\mathcal{V}_{\mathcal{NM}}(\xi_n r,b)}{(\eta_r\xi_n^2+s)\left[\left\{1-\left(\frac{\mathcal{M}}{\xi_n b}\right)^2\right\}\{\xi_n J'_{\mathcal{M}}(\xi_n a) - \lambda J_{\mathcal{M}}(\xi_n a)\}^2 - \left\{\lambda^2+\xi_n^2-\left(\frac{\mathcal{M}}{a}\right)^2\right\}J'^2_{\mathcal{M}}(\xi_n b)\right]}\times \\
&\times\int_a^b\frac{\mathcal{V}_{\mathcal{NM}}(\xi_n u,b)}{u}\left\{\xi_m\overline{\psi}_0(u,s) - \left(\frac{\mu}{k_\theta}\right)\overline{\psi}_\vartheta(u,s)\sin(\xi_m\vartheta)\right\}du + \\
&+\pi^2\sum_{m=1}^{\infty}\frac{(\xi_m^2+\lambda^2)\sin(\xi_m\theta)}{\vartheta(\xi_m^2+\lambda^2)+\lambda}\times \\
&\times\sum_{n=1}^{\infty}\frac{\xi_n^2\{\xi_n J'_{\mathcal{M}}(\xi_n a) - \lambda J_{\mathcal{M}}(\xi_n a)\}^2\mathcal{V}_{\mathcal{NM}}(\xi_n r,b)\overline{\overline{\varphi}}(\xi_n,\xi_m)}{(\eta_r\xi_n^2+s)\left[\left\{1-\left(\frac{\mathcal{M}}{\xi_n b}\right)^2\right\}\{\xi_n J'_{\mathcal{M}}(\xi_n a) - \lambda J_{\mathcal{M}}(\xi_n a)\}^2 - \left\{\lambda^2+\xi_n^2-\left(\frac{\mathcal{M}}{a}\right)^2\right\}J'^2_{\mathcal{M}}(\xi_n b)\right]}
\end{aligned} \tag{17.93.2}$$

and

$$
\begin{aligned}
p \; = \; & \frac{\pi^2 U\left(t-t_0\right)}{\phi c_t} \sum_{m=1}^{\infty} \frac{\left(\xi_m^2+\lambda^2\right) \sin \left(\xi_m \theta_0\right) \sin \left(\xi_m \theta\right)}{\vartheta\left(\xi_m^2+\lambda^2\right)+\lambda} \times \\
& \times \sum_{n=1}^{\infty} \frac{\xi_n^2\left\{\xi_n J_{\mathcal{M}}^{\prime}\left(\xi_n a\right)-\lambda J_{\mathcal{M}}\left(\xi_n a\right)\right\}^2 \mathcal{V}_{\mathcal{N M}}\left(\xi_n r_0, b\right) \mathcal{V}_{\mathcal{N M}}\left(\xi_n r, b\right) \int_0^{t-t_0} q\left(t-t_0-\tau\right) e^{-\eta_r \xi_n^2(t-\tau)} d \tau}{\left[\left\{1-\left(\frac{\mathcal{M}}{\xi_n b}\right)^2\right\}\left\{\xi_n J_{\mathcal{M}}^{\prime}\left(\xi_n a\right)-\lambda J_{\mathcal{M}}\left(\xi_n a\right)\right\}^2-\left\{\lambda^2+\xi_n^2-\left(\frac{\mathcal{M}}{a}\right)^2\right\} J_{\mathcal{M}}^{\prime 2}\left(\xi_n b\right)\right]}+ \\
& +\frac{2 \pi}{\phi c_t} \sum_{m=1}^{\infty} \frac{\left(\xi_m^2+\lambda^2\right) \sin \left(\xi_m \theta\right)}{\vartheta\left(\xi_m^2+\lambda^2\right)+\lambda} \times \\
& \times \sum_{n=1}^{\infty} \frac{\xi_n\left\{\xi_n J_{\mathcal{M}}^{\prime}\left(\xi_n a\right)-\lambda J_{\mathcal{M}}\left(\xi_n a\right)\right\} \mathcal{V}_{\mathcal{N M}}\left(\xi_n r, b\right)}{\left[\left\{1-\left(\frac{\mathcal{M}}{\xi_n b}\right)^2\right\}\left\{\xi_n J_{\mathcal{M}}^{\prime}\left(\xi_n a\right)-\lambda J_{\mathcal{M}}\left(\xi_n a\right)\right\}^2-\left\{\lambda^2+\xi_n^2-\left(\frac{\mathcal{M}}{a}\right)^2\right\} J_{\mathcal{M}}^{\prime 2}\left(\xi_n b\right)\right]} \times \\
& \times \int_0^t\left\{J_{\mathcal{M}}^{\prime}\left(\xi_n b\right) \overline{\psi}_b\left(\xi_m, \tau\right)-\overline{\psi}_a\left(\xi_m, \tau\right) \xi_n\left\{\xi_n J_{\mathcal{M}}^{\prime}\left(\xi_n a\right)-\lambda J_{\mathcal{M}}\left(\xi_n a\right)\right\}\right\} e^{-\eta_r \xi_n^2(t-\tau)} d \tau+ \\
& +\pi^2 \eta_\theta \sum_{m=1}^{\infty} \frac{\left(\xi_m^2+\lambda^2\right) \sin \left(\xi_m \theta\right)}{\vartheta\left(\xi_m^2+\lambda^2\right)+\lambda} \times \\
& \times \sum_{n=1}^{\infty} \frac{\xi_n^2\left\{\xi_n J_{\mathcal{M}}^{\prime}\left(\xi_n a\right)-\lambda J_{\mathcal{M}}\left(\xi_n a\right)\right\}^2 \mathcal{V}_{\mathcal{N M}}\left(\xi_n r, b\right)}{\left[\left\{1-\left(\frac{\mathcal{M}}{\xi_n b}\right)^2\right\}\left\{\xi_n J_{\mathcal{M}}^{\prime}\left(\xi_n a\right)-\lambda J_{\mathcal{M}}\left(\xi_n a\right)\right\}^2-\left\{\lambda^2+\xi_n^2-\left(\frac{\mathcal{M}}{a}\right)^2\right\} J_{\mathcal{M}}^{\prime 2}\left(\xi_n b\right)\right]} \times \\
& \times \int_a^b \frac{\mathcal{V}_{\mathcal{N M}}\left(\xi_n u, b\right)}{u} \int_0^t\left\{\xi_m \psi_0(u, \tau)-\left(\frac{\mu}{k_\theta}\right) \psi_\vartheta(u, \tau) \sin \left(\xi_m \vartheta\right)\right\} e^{-\eta_r \xi_n^2(t-\tau)} d \tau d u+ \\
& +\pi^2 \sum_{m=1}^{\infty} \frac{\left(\xi_m^2+\lambda^2\right) \sin \left(\xi_m \theta\right)}{\vartheta\left(\xi_m^2+\lambda^2\right)+\lambda} \times \\
& \times \sum_{n=1}^{\infty} \frac{\xi_n^2\left\{\xi_n J_{\mathcal{M}}^{\prime}\left(\xi_n a\right)-\lambda J_{\mathcal{M}}\left(\xi_n a\right)\right\}^2 \mathcal{V}_{\mathcal{N M}}\left(\xi_n r, b\right) \overline{\overline{\varphi}}\left(\xi_n, \xi_m\right) e^{-\eta_r \xi_n^2 t}}{\left[\left\{1-\left(\frac{\mathcal{M}}{\xi_n b}\right)^2\right\}\left\{\xi_n J_{\mathcal{M}}^{\prime}\left(\xi_n a\right)-\lambda J_{\mathcal{M}}\left(\xi_n a\right)\right\}^2-\left\{\lambda^2+\xi_n^2-\left(\frac{\mathcal{M}}{a}\right)^2\right\} J_{\mathcal{M}}^{\prime 2}\left(\xi_n b\right)\right]}
\end{aligned}
\tag{17.93.3}
$$

where $\overline{\psi}_a\left(\xi_m, t\right)=\int_0^\vartheta \psi_a(u, t) \sin \left(\xi_m u\right) d u$ and $\overline{\psi}_b\left(\xi_m, t\right)=\int_0^\vartheta \psi_b(u, t) \sin \left(\xi_m u\right) d u$.

17.94

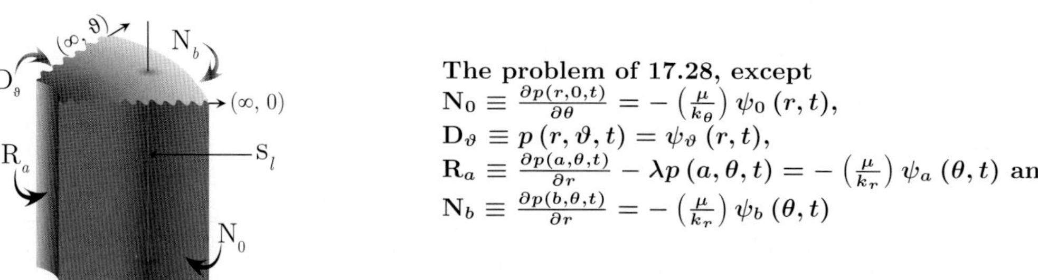

The problem of 17.28, except
$\mathbf{N_0} \equiv \frac{\partial p(r,0,t)}{\partial \theta}=-\left(\frac{\mu}{k_\theta}\right) \psi_0(r, t)$,
$\mathbf{D_\vartheta} \equiv p(r, \vartheta, t)=\psi_\vartheta(r, t)$,
$\mathbf{R_a} \equiv \frac{\partial p(a,\theta,t)}{\partial r}-\lambda p(a, \theta, t)=-\left(\frac{\mu}{k_r}\right) \psi_a(\theta, t)$ **and**
$\mathbf{N_b} \equiv \frac{\partial p(b,\theta,t)}{\partial r}=-\left(\frac{\mu}{k_r}\right) \psi_b(\theta, t)$

The successive application of the Laplace, Fourier and finite Hankel transformations to equation (14.1.1) gives

$$
\begin{aligned}
\overline{\overline{\overline{p}}} \; = \; & \frac{q(s) e^{-s t_0} \cos \left(\xi_m \theta_0\right) \mathcal{V}_{\mathcal{N M}}\left(\xi_n r_0, b\right)}{\phi c_t\left(\eta_r \xi_n^2+s\right)}-\frac{2 \overline{\overline{\psi}}_b\left(\xi_m, s\right)}{\pi \phi c_t \xi_n\left(\eta_r \xi_n^2+s\right)}+\frac{2 J_{\mathcal{M}}^{\prime}\left(\xi_n b\right) \overline{\overline{\psi}}_a\left(\xi_m, s\right)}{\pi \phi c_t\left\{\xi_n J_{\mathcal{M}}^{\prime}\left(\xi_n a\right)-\lambda J_{\mathcal{M}}\left(\xi_n a\right)\right\}}+ \\
& +\frac{\eta_\theta \int_a^b \frac{\mathcal{V}_{\mathcal{N M}}\left(\xi_n u, b\right)}{u}\left\{(-1)^{m+1} \xi_m \overline{\psi}_\vartheta(u, s)+\left(\frac{\mu}{k_\theta}\right) \overline{\psi}_0(u, s)\right\} d u}{\left(\eta_r \xi_n^2+s\right)}+\frac{\overline{\overline{\varphi}}\left(\xi_n, \xi_m\right)}{\left(\eta_r \xi_n^2+s\right)}
\end{aligned}
\tag{17.94.1}
$$

where ξ_m is a positive root of $\cos(\xi_m\vartheta)$, which are $\xi_m = \frac{(2m-1)\pi}{2\vartheta}$, $m = 1,2,...,$ ξ_n, $n = 1,2,...,$ are the positive roots of the transcendental equation $\lambda\mathcal{V}_{\mathcal{N}\mathcal{M}}(\xi_n a,b) - \xi_n\mathcal{V}'_{\mathcal{N}\mathcal{M}}(\xi_n a,b) = 0$, $\mathcal{V}_{\mathcal{N}\mathcal{M}}(\xi_n r,b) = J_{\mathcal{M}}(\xi_n r)Y'_{\mathcal{M}}(\xi_n b) - Y_{\mathcal{M}}(\xi_n r)J'_{\mathcal{M}}(\xi_n b)$, $\overline{\overline{\psi}}_a(\xi_m,s) = \int_0^\vartheta \overline{\psi}_a(u,s)\cos(\xi_m u)du$, $\overline{\overline{\psi}}_b(\xi_m,s) = \int_0^\vartheta \overline{\psi}_b(u,s)\cos(\xi_m u)du$ and $\overline{\overline{\varphi}}(\xi_n,\xi_m) = \int_a^b r\mathcal{V}_{\mathcal{N}\mathcal{M}}(\xi_n r,b)\int_0^\vartheta \varphi(r,u)\cos(\xi_m u)dudr$. Successive inverse transforms yield

$$
\begin{aligned}
\overline{p} \;=\; & \frac{\pi^2 q(s)e^{-st_0}}{\vartheta\phi c_t}\sum_{m=1}^{\infty}\cos(\xi_m\theta_0)\cos(\xi_m\theta)\times \\
& \times\sum_{n=1}^{\infty}\frac{\xi_n^2\{\xi_n J'_{\mathcal{M}}(\xi_n a)-\lambda J_{\mathcal{M}}(\xi_n a)\}^2\mathcal{V}_{\mathcal{N}\mathcal{M}}(\xi_n r_0,b)\mathcal{V}_{\mathcal{N}\mathcal{M}}(\xi_n r,b)}{(\eta_r\xi_n^2+s)\left[\left\{1-\left(\frac{\mathcal{M}}{\xi_n b}\right)^2\right\}\{\xi_n J'_{\mathcal{M}}(\xi_n a)-\lambda J_{\mathcal{M}}(\xi_n a)\}^2-\left\{\lambda^2+\xi_n^2-\left(\frac{\mathcal{M}}{a}\right)^2\right\}J'^2_{\mathcal{M}}(\xi_n b)\right]}+ \\
& +\frac{2\pi}{\vartheta\phi c_t}\sum_{m=1}^{\infty}\cos(\xi_m\theta)\times \\
& \times\sum_{n=1}^{\infty}\frac{\xi_n\{\xi_n J'_{\mathcal{M}}(\xi_n a)-\lambda J_{\mathcal{M}}(\xi_n a)\}\mathcal{V}_{\mathcal{N}\mathcal{M}}(\xi_n r,b)}{(\eta_r\xi_n^2+s)\left[\left\{1-\left(\frac{\mathcal{M}}{\xi_n b}\right)^2\right\}\{\xi_n J'_{\mathcal{M}}(\xi_n a)-\lambda J_{\mathcal{M}}(\xi_n a)\}^2-\left\{\lambda^2+\xi_n^2-\left(\frac{\mathcal{M}}{a}\right)^2\right\}J'^2_{\mathcal{M}}(\xi_n b)\right]}\times \\
& \times\left\{J'_{\mathcal{M}}(\xi_n b)\overline{\overline{\psi}}_b(\xi_m,s)-\overline{\overline{\psi}}_a(\xi_m,s)\xi_n\{\xi_n J'_{\mathcal{M}}(\xi_n a)-\lambda J_{\mathcal{M}}(\xi_n a)\}\right\}+ \\
& +\frac{\pi^2\eta_\theta}{\vartheta}\sum_{m=1}^{\infty}\xi_m\cos(\xi_m\theta)\times \\
& \times\sum_{n=1}^{\infty}\frac{\xi_n^2\{\xi_n J'_{\mathcal{M}}(\xi_n a)-\lambda J_{\mathcal{M}}(\xi_n a)\}^2\mathcal{V}_{\mathcal{N}\mathcal{M}}(\xi_n r,b)\int_a^b\frac{\mathcal{V}_{\mathcal{N}\mathcal{M}}(\xi_n u,b)}{u}\left\{(-1)^{m+1}\xi_m\overline{\psi}_\vartheta(u,s)+\left(\frac{\mu}{k_\theta}\right)\overline{\psi}_0(u,s)\right\}du}{(\eta_r\xi_n^2+s)\left[\left\{1-\left(\frac{\mathcal{M}}{\xi_n b}\right)^2\right\}\{\xi_n J'_{\mathcal{M}}(\xi_n a)-\lambda J_{\mathcal{M}}(\xi_n a)\}^2-\left\{\lambda^2+\xi_n^2-\left(\frac{\mathcal{M}}{a}\right)^2\right\}J'^2_{\mathcal{M}}(\xi_n b)\right]}+ \\
& +\frac{\pi^2}{\vartheta}\sum_{m=1}^{\infty}\cos(\xi_m\theta)\times \\
& \times\sum_{n=1}^{\infty}\frac{\xi_n^2\{\xi_n J'_{\mathcal{M}}(\xi_n a)-\lambda J_{\mathcal{M}}(\xi_n a)\}^2\mathcal{V}_{\mathcal{N}\mathcal{M}}(\xi_n r,b)\overline{\overline{\varphi}}(\xi_n,\xi_m)}{(\eta_r\xi_n^2+s)\left[\left\{1-\left(\frac{\mathcal{M}}{\xi_n b}\right)^2\right\}\{\xi_n J'_{\mathcal{M}}(\xi_n a)-\lambda J_{\mathcal{M}}(\xi_n a)\}^2-\left\{\lambda^2+\xi_n^2-\left(\frac{\mathcal{M}}{a}\right)^2\right\}J'^2_{\mathcal{M}}(\xi_n b)\right]}
\end{aligned}
\tag{17.94.2}
$$

and

$$
\begin{aligned}
p \;=\; & \frac{\pi^2 U(t-t_0)}{\phi c_t\vartheta}\sum_{m=1}^{\infty}\cos(\xi_m\theta_0)\cos(\xi_m\theta)\times \\
& \times\sum_{n=1}^{\infty}\frac{\xi_n^2\{\xi_n J'_{\mathcal{M}}(\xi_n a)-\lambda J_{\mathcal{M}}(\xi_n a)\}^2\mathcal{V}_{\mathcal{N}\mathcal{M}}(\xi_n r_0,b)\mathcal{V}_{\mathcal{N}\mathcal{M}}(\xi_n r,b)\int_0^{t-t_0}q(t-t_0-\tau)e^{-\eta_r\xi_n^2(t-\tau)}d\tau}{\left[\left\{1-\left(\frac{\mathcal{M}}{\xi_n b}\right)^2\right\}\{\xi_n J'_{\mathcal{M}}(\xi_n a)-\lambda J_{\mathcal{M}}(\xi_n a)\}^2-\left\{\lambda^2+\xi_n^2-\left(\frac{\mathcal{M}}{a}\right)^2\right\}J'^2_{\mathcal{M}}(\xi_n b)\right]}+ \\
& +\frac{2\pi}{\vartheta\phi c_t}\sum_{m=1}^{\infty}\cos(\xi_m\theta)\sum_{n=1}^{\infty}\frac{\xi_n\{\xi_n J'_{\mathcal{M}}(\xi_n a)-\lambda J_{\mathcal{M}}(\xi_n a)\}\mathcal{V}_{\mathcal{N}\mathcal{M}}(\xi_n r,b)}{\left[\left\{1-\left(\frac{\mathcal{M}}{\xi_n b}\right)^2\right\}\{\xi_n J'_{\mathcal{M}}(\xi_n a)-\lambda J_{\mathcal{M}}(\xi_n a)\}^2-\left\{\lambda^2+\xi_n^2-\left(\frac{\mathcal{M}}{a}\right)^2\right\}J'^2_{\mathcal{M}}(\xi_n b)\right]}\times \\
& \times\int_0^t\{J'_{\mathcal{M}}(\xi_n b)\overline{\psi}_b(\xi_m,\tau)-\overline{\psi}_a(\xi_m,\tau)\xi_n\{\xi_n J'_{\mathcal{M}}(\xi_n a)-\lambda J_{\mathcal{M}}(\xi_n a)\}\}e^{-\eta_r\xi_n^2(t-\tau)}d\tau+ \\
& +\frac{\pi^2\eta_\theta}{\vartheta}\sum_{m=1}^{\infty}\xi_m\cos(\xi_m\theta)\sum_{n=1}^{\infty}\frac{\xi_n^2\{\xi_n J'_{\mathcal{M}}(\xi_n a)-\lambda J_{\mathcal{M}}(\xi_n a)\}^2\mathcal{V}_{\mathcal{N}\mathcal{M}}(\xi_n r,b)}{\left[\left\{1-\left(\frac{\mathcal{M}}{\xi_n b}\right)^2\right\}\{\xi_n J'_{\mathcal{M}}(\xi_n a)-\lambda J_{\mathcal{M}}(\xi_n a)\}^2-\left\{\lambda^2+\xi_n^2-\left(\frac{\mathcal{M}}{a}\right)^2\right\}J'^2_{\mathcal{M}}(\xi_n b)\right]}\times
\end{aligned}
$$

$$\times \int_a^b \frac{\mathcal{V}_{\mathcal{NM}}(\xi_n u, b)}{u} \int_0^t \left\{(-1)^{m+1} \xi_m \psi_\vartheta(u,\tau) + \left(\frac{\mu}{k_\theta}\right) \psi_0(u,\tau)\right\} e^{-\eta_r \xi_n^2 (t-\tau)} d\tau du +$$

$$+\frac{\pi^2}{\vartheta} \sum_{m=1}^{\infty} \cos(\xi_m \theta) \sum_{n=1}^{\infty} \frac{\xi_n^2 \{\xi_n J'_{\mathcal{M}}(\xi_n a) - \lambda J_{\mathcal{M}}(\xi_n a)\}^2 \mathcal{V}_{\mathcal{NM}}(\xi_n r, b) \overline{\overline{\varphi}}(\xi_n, \xi_m) e^{-\eta_r \xi_n^2 t}}{\left[\left\{1 - \left(\frac{\mathcal{M}}{\xi_n b}\right)^2\right\} \{\xi_n J'_{\mathcal{M}}(\xi_n a) - \lambda J_{\mathcal{M}}(\xi_n a)\}^2 - \left\{\lambda^2 + \xi_n^2 - \left(\frac{\mathcal{M}}{a}\right)^2\right\} J'^2_{\mathcal{M}}(\xi_n b)\right]} \tag{17.94.3}$$

where $\overline{\psi}_a(\xi_m, t) = \int_0^\vartheta \psi_a(u,t) \cos(\xi_m u) du$ and $\overline{\psi}_b(\xi_m, t) = \int_0^\vartheta \psi_b(u,t) \cos(\xi_m u) du$.

17.95

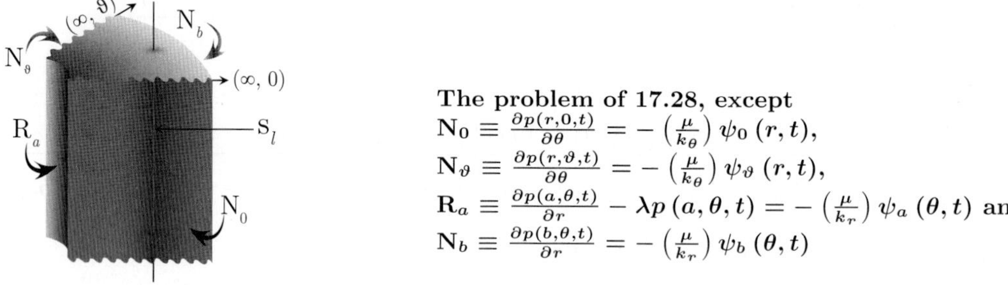

The problem of 17.28, except
$\mathbf{N_0} \equiv \frac{\partial p(r,0,t)}{\partial \theta} = -\left(\frac{\mu}{k_\theta}\right) \psi_0(r,t)$,
$\mathbf{N_\vartheta} \equiv \frac{\partial p(r,\vartheta,t)}{\partial \theta} = -\left(\frac{\mu}{k_\theta}\right) \psi_\vartheta(r,t)$,
$\mathbf{R_a} \equiv \frac{\partial p(a,\theta,t)}{\partial r} - \lambda p(a,\theta,t) = -\left(\frac{\mu}{k_r}\right) \psi_a(\theta,t)$ **and**
$\mathbf{N_b} \equiv \frac{\partial p(b,\theta,t)}{\partial r} = -\left(\frac{\mu}{k_r}\right) \psi_b(\theta,t)$

The successive application of the Laplace, Fourier and finite Hankel transformations to equation (14.1.1) gives

$$\overline{\overline{\overline{p}}} = \frac{q(s) e^{-st_0} \cos(\xi_m \theta_0) \mathcal{V}_{\mathcal{NM}}(\xi_n r_0, b)}{\phi c_t (\eta_r \xi_n^2 + s)} - \frac{2\overline{\overline{\psi}}_b(\xi_m, s)}{\pi \phi c_t \xi_n (\eta_r \xi_n^2 + s)} + \frac{2J'_{\mathcal{M}}(\xi_n b) \overline{\overline{\psi}}_a(\xi_m, s)}{\pi \phi c_t \{\xi_n J'_{\mathcal{M}}(\xi_n a) - \lambda J_{\mathcal{M}}(\xi_n a)\}} +$$

$$+\frac{\int_a^b \frac{\mathcal{V}_{\mathcal{NM}}(\xi_n u, b)}{u} \left\{(-1)^{m+1} \overline{\psi}_\vartheta(u,s) + \overline{\psi}_0(u,s)\right\} du}{\phi c_t (\eta_r \xi_n^2 + s)} + \frac{\overline{\overline{\varphi}}(\xi_n, \xi_m)}{(\eta_r \xi_n^2 + s)} \tag{17.95.1}$$

where ξ_m is a positive root of $\sin(\xi_m \vartheta)$, which are $\frac{m\pi}{\vartheta}$, $m = 0, 1, 2, ...$, ξ_n, $n = 1, 2, ...$, are the positive roots of the transcendental equation $\lambda \mathcal{V}_{\mathcal{NM}}(\xi_n a, b) - \xi_n \mathcal{V}'_{\mathcal{NM}}(\xi_n a, b) = 0$,
$\mathcal{V}_{\mathcal{NM}}(\xi_n r, b) = J_{\mathcal{M}}(\xi_n r) Y'_{\mathcal{M}}(\xi_n b) - Y_{\mathcal{M}}(\xi_n r) J'_{\mathcal{M}}(\xi_n b)$, $\overline{\overline{\psi}}_a(\xi_m, s) = \int_0^\vartheta \overline{\psi}_a(u,s) \cos(\xi_m u) du$,
$\overline{\overline{\psi}}_b(\xi_m, s) = \int_0^\vartheta \overline{\psi}_b(u,s) \cos(\xi_m u) du$ and $\overline{\overline{\varphi}}(\xi_n, \xi_m) = \int_a^b r \mathcal{V}_{\mathcal{NM}}(\xi_n r, b) \int_0^\vartheta \varphi(r,u) \cos(\xi_m u) du dr$.
Successive inverse transforms yield

$$\overline{p} = \frac{\pi^2 q(s) e^{-st_0}}{\vartheta \phi c_t} \sum_{m=0}^{\infty} \ni_m \cos(\xi_m \theta_0) \cos(\xi_m \theta) \times$$

$$\times \sum_{n=1}^{\infty} \frac{\xi_n^2 \{\xi_n J'_{\mathcal{M}}(\xi_n a) - \lambda J_{\mathcal{M}}(\xi_n a)\}^2 \mathcal{V}_{\mathcal{NM}}(\xi_n r_0, b) \mathcal{V}_{\mathcal{NM}}(\xi_n r, b)}{(\eta_r \xi_n^2 + s) \left[\left\{1 - \left(\frac{\mathcal{M}}{\xi_n b}\right)^2\right\} \{\xi_n J'_{\mathcal{M}}(\xi_n a) - \lambda J_{\mathcal{M}}(\xi_n a)\}^2 - \left\{\lambda^2 + \xi_n^2 - \left(\frac{\mathcal{M}}{a}\right)^2\right\} J'^2_{\mathcal{M}}(\xi_n b)\right]} +$$

$$+\frac{2\pi}{\vartheta \phi c_t} \sum_{m=0}^{\infty} \ni_m \cos(\xi_m \theta) \times$$

$$\times \sum_{n=1}^{\infty} \frac{\xi_n \{\xi_n J'_{\mathcal{M}}(\xi_n a) - \lambda J_{\mathcal{M}}(\xi_n a)\} \mathcal{V}_{\mathcal{NM}}(\xi_n r, b)}{(\eta_r \xi_n^2 + s) \left[\left\{1 - \left(\frac{\mathcal{M}}{\xi_n b}\right)^2\right\} \{\xi_n J'_{\mathcal{M}}(\xi_n a) - \lambda J_{\mathcal{M}}(\xi_n a)\}^2 - \left\{\lambda^2 + \xi_n^2 - \left(\frac{\mathcal{M}}{a}\right)^2\right\} J'^2_{\mathcal{M}}(\xi_n b)\right]} \times$$

$$\times \left\{J'_{\mathcal{M}}(\xi_n b) \overline{\overline{\psi}}_b(\xi_m, s) - \overline{\overline{\psi}}_a(\xi_m, s) \xi_n \{\xi_n J'_{\mathcal{M}}(\xi_n a) - \lambda J_{\mathcal{M}}(\xi_n a)\}\right\} +$$

$$+\frac{\pi^2 \eta_\theta}{\vartheta} \sum_{m=0}^{\infty} \ni_m \xi_m \cos(\xi_m \theta) \times$$

$$\times\sum_{n=1}^{\infty}\frac{\xi_n^2\{\xi_n J'_{\mathcal{M}}(\xi_n a)-\lambda J_{\mathcal{M}}(\xi_n a)\}^2\mathcal{V}_{\mathcal{N}\mathcal{M}}(\xi_n r,b)\int_a^b\frac{\mathcal{V}_{\mathcal{N}\mathcal{M}}(\xi_n u,b)}{u}\left\{(-1)^{m+1}\overline{\psi}_\vartheta(u,s)+\overline{\psi}_0(u,s)\right\}du}{(\eta_r\xi_n^2+s)\left[\left\{1-\left(\frac{\mathcal{M}}{\xi_n b}\right)^2\right\}\{\xi_n J'_{\mathcal{M}}(\xi_n a)-\lambda J_{\mathcal{M}}(\xi_n a)\}^2-\left\{\lambda^2+\xi_n^2-\left(\frac{\mathcal{M}}{a}\right)^2\right\}J'^2_{\mathcal{M}}(\xi_n b)\right]}+$$

$$+\frac{\pi^2}{\vartheta}\sum_{m=0}^{\infty}\ni_m\cos(\xi_m\theta)\times$$

$$\times\sum_{n=1}^{\infty}\frac{\xi_n^2\{\xi_n J'_{\mathcal{M}}(\xi_n a)-\lambda J_{\mathcal{M}}(\xi_n a)\}^2\mathcal{V}_{\mathcal{N}\mathcal{M}}(\xi_n r,b)\overline{\overline{\varphi}}(\xi_n,\xi_m)}{(\eta_r\xi_n^2+s)\left[\left\{1-\left(\frac{\mathcal{M}}{\xi_n b}\right)^2\right\}\{\xi_n J'_{\mathcal{M}}(\xi_n a)-\lambda J_{\mathcal{M}}(\xi_n a)\}^2-\left\{\lambda^2+\xi_n^2-\left(\frac{\mathcal{M}}{a}\right)^2\right\}J'^2_{\mathcal{M}}(\xi_n b)\right]} \quad (17.95.2)$$

and

$$p=\frac{\pi^2 U(t-t_0)}{\phi c_t\vartheta}\sum_{m=0}^{\infty}\ni_m\cos(\xi_m\theta_0)\cos(\xi_m\theta)\times$$

$$\times\sum_{n=1}^{\infty}\frac{\xi_n^2\{\xi_n J'_{\mathcal{M}}(\xi_n a)-\lambda J_{\mathcal{M}}(\xi_n a)\}^2\mathcal{V}_{\mathcal{N}\mathcal{M}}(\xi_n r_0,b)\mathcal{V}_{\mathcal{N}\mathcal{M}}(\xi_n r,b)\int_0^{t-t_0}q(t-t_0-\tau)e^{-\eta_r\xi_n^2(t-\tau)}d\tau}{\left[\left\{1-\left(\frac{\mathcal{M}}{\xi_n b}\right)^2\right\}\{\xi_n J'_{\mathcal{M}}(\xi_n a)-\lambda J_{\mathcal{M}}(\xi_n a)\}^2-\left\{\lambda^2+\xi_n^2-\left(\frac{\mathcal{M}}{a}\right)^2\right\}J'^2_{\mathcal{M}}(\xi_n b)\right]}+$$

$$+\frac{2\pi}{\vartheta\phi c_t}\sum_{m=0}^{\infty}\ni_m\cos(\xi_m\theta)\sum_{n=1}^{\infty}\frac{\xi_n\{\xi_n J'_{\mathcal{M}}(\xi_n a)-\lambda J_{\mathcal{M}}(\xi_n a)\}\mathcal{V}_{\mathcal{N}\mathcal{M}}(\xi_n r,b)}{\left[\left\{1-\left(\frac{\mathcal{M}}{\xi_n b}\right)^2\right\}\{\xi_n J'_{\mathcal{M}}(\xi_n a)-\lambda J_{\mathcal{M}}(\xi_n a)\}^2-\left\{\lambda^2+\xi_n^2-\left(\frac{\mathcal{M}}{a}\right)^2\right\}J'^2_{\mathcal{M}}(\xi_n b)\right]}\times$$

$$\times\int_0^t\{J'_{\mathcal{M}}(\xi_n b)\overline{\psi}_b(\xi_m,\tau)-\overline{\psi}_a(\xi_m,\tau)\xi_n\{\xi_n J'_{\mathcal{M}}(\xi_n a)-\lambda J_{\mathcal{M}}(\xi_n a)\}\}e^{-\eta_r\xi_n^2(t-\tau)}d\tau+$$

$$+\frac{\pi^2\eta_\theta}{\vartheta}\sum_{m=0}^{\infty}\ni_m\xi_m\cos(\xi_m\theta)\sum_{n=1}^{\infty}\frac{\xi_n^2\{\xi_n J'_{\mathcal{M}}(\xi_n a)-\lambda J_{\mathcal{M}}(\xi_n a)\}^2\mathcal{V}_{\mathcal{N}\mathcal{M}}(\xi_n r,b)}{\left[\left\{1-\left(\frac{\mathcal{M}}{\xi_n b}\right)^2\right\}\{\xi_n J'_{\mathcal{M}}(\xi_n a)-\lambda J_{\mathcal{M}}(\xi_n a)\}^2-\left\{\lambda^2+\xi_n^2-\left(\frac{\mathcal{M}}{a}\right)^2\right\}J'^2_{\mathcal{M}}(\xi_n b)\right]}\times$$

$$\times\int_a^b\frac{\mathcal{V}_{\mathcal{N}\mathcal{M}}(\xi_n u,b)}{u}\int_0^t\left\{(-1)^{m+1}\psi_\vartheta(u,\tau)+\psi_0(u,\tau)\right\}e^{-\eta_r\xi_n^2(t-\tau)}d\tau du+$$

$$+\frac{\pi^2}{\vartheta}\sum_{m=0}^{\infty}\ni_m\cos(\xi_m\theta)\sum_{n=1}^{\infty}\frac{\xi_n^2\{\xi_n J'_{\mathcal{M}}(\xi_n a)-\lambda J_{\mathcal{M}}(\xi_n a)\}^2\mathcal{V}_{\mathcal{N}\mathcal{M}}(\xi_n r,b)\overline{\overline{\varphi}}(\xi_n,\xi_m)e^{-\eta_r\xi_n^2 t}}{\left[\left\{1-\left(\frac{\mathcal{M}}{\xi_n b}\right)^2\right\}\{\xi_n J'_{\mathcal{M}}(\xi_n a)-\lambda J_{\mathcal{M}}(\xi_n a)\}^2-\left\{\lambda^2+\xi_n^2-\left(\frac{\mathcal{M}}{a}\right)^2\right\}J'^2_{\mathcal{M}}(\xi_n b)\right]}$$

$$(17.95.3)$$

where $\overline{\psi}_a(\xi_m,t)=\int_0^\vartheta\psi_a(u,t)\cos(\xi_m u)du$ and $\overline{\psi}_b(\xi_m,t)=\int_0^\vartheta\psi_b(u,t)\cos(\xi_m u)du$.

**17.96 The problem of 17.28, except $\mathbf{N_0}\equiv\frac{\partial p(r,0,t)}{\partial\theta}=-\left(\frac{\mu}{k_\theta}\right)\psi_0(r,t)$,
$\mathbf{R_\vartheta}\equiv\frac{\partial p(r,\vartheta,t)}{\partial\theta}+\lambda_\vartheta p(r,\vartheta,t)=-\left(\frac{\mu}{k_\theta}\right)\psi_\vartheta(r,t)$,
$\mathbf{R_a}\equiv\frac{\partial p(a,\theta,t)}{\partial r}-\lambda p(a,\theta,t)=-\left(\frac{\mu}{k_r}\right)\psi_a(\theta,t)$ and
$\mathbf{N_b}\equiv\frac{\partial p(b,\theta,t)}{\partial r}=-\left(\frac{\mu}{k_r}\right)\psi_b(\theta,t)$**

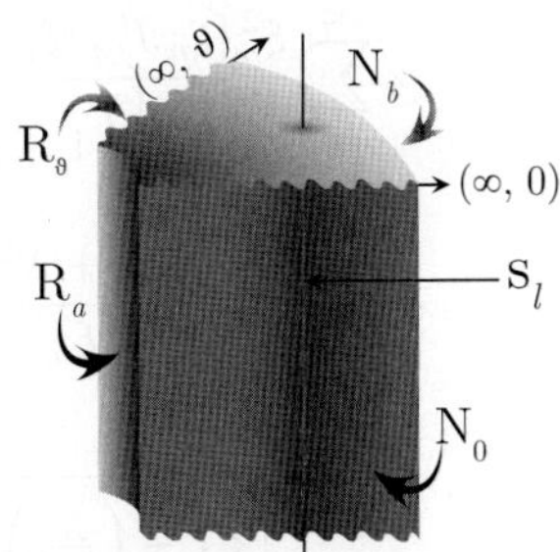

The successive application of the Laplace, Fourier and finite Hankel transformations to equation (14.1.1) gives

$$\overline{\overline{\overline{p}}}=\frac{q(s)e^{-st_0}\cos(\xi_m\theta_0)\mathcal{V}_{\mathcal{N}\mathcal{M}}(\xi_n r_0,b)}{\phi c_t(\eta_r\xi_n^2+s)}-\frac{2\overline{\overline{\psi}}_b(\xi_m,s)}{\pi\phi c_t\xi_n(\eta_r\xi_n^2+s)}+\frac{2J'_{\mathcal{M}}(\xi_n b)\overline{\overline{\psi}}_a(\xi_m,s)}{\pi\phi c_t\{\xi_n J'_{\mathcal{M}}(\xi_n a)-\lambda J_{\mathcal{M}}(\xi_n a)\}}+$$

$$+\frac{\int_a^b\frac{\mathcal{V}_{\mathcal{N}\mathcal{M}}(\xi_n u,b)}{u}\{\overline{\psi}_0(u,s)-\overline{\psi}_\vartheta(u,s)\cos(\xi_m\vartheta)\}du}{\phi c_t(\eta_r\xi_n^2+s)}+\frac{\overline{\overline{\varphi}}(\xi_n,\xi_m)}{(\eta_r\xi_n^2+s)} \quad (17.96.1)$$

where ξ_m is a positive root of $\xi_m \tan(\xi_m \vartheta) = \lambda$, $m = 1, 2, ...$, ξ_n, $n = 1, 2, ...$, are the positive roots of the transcendental equation $\lambda \mathcal{V}_{\mathcal{NM}}(\xi_n a, b) - \xi_n \mathcal{V}'_{\mathcal{NM}}(\xi_n a, b) = 0$,
$\mathcal{V}_{\mathcal{NM}}(\xi_n r, b) = J_{\mathcal{M}}(\xi_n r) Y'_{\mathcal{M}}(\xi_n b) - Y_{\mathcal{M}}(\xi_n r) J'_{\mathcal{M}}(\xi_n b)$, $\overline{\overline{\psi}}_a(\xi_m, s) = \int_0^{\vartheta} \overline{\psi}_a(u, s) \cos(\xi_m u) du$,
$\overline{\overline{\psi}}_b(\xi_m, s) = \int_0^{\vartheta} \overline{\psi}_b(u, s) \cos(\xi_m u) du$ and $\overline{\overline{\varphi}}(\xi_n, \xi_m) = \int_a^b r \mathcal{V}_{\mathcal{NM}}(\xi_n r, b) \int_0^{\vartheta} \varphi(r, u) \cos(\xi_m u) du dr$.
Successive inverse transforms yield

$$
\begin{aligned}
\overline{p} &= \frac{\pi^2 q(s) e^{-st_0}}{\phi c_t} \sum_{m=1}^{\infty} \frac{(\xi_m^2 + \lambda^2) \cos(\xi_m \theta_0) \cos(\xi_m \theta)}{\vartheta(\xi_m^2 + \lambda^2) + \lambda} \times \\
&\times \sum_{n=1}^{\infty} \frac{\xi_n^2 \{\xi_n J'_{\mathcal{M}}(\xi_n a) - \lambda J_{\mathcal{M}}(\xi_n a)\}^2 \mathcal{V}_{\mathcal{NM}}(\xi_n r_0, b) \mathcal{V}_{\mathcal{NM}}(\xi_n r, b)}{(\eta_r \xi_n^2 + s) \left[\left\{ 1 - \left(\frac{\mathcal{M}}{\xi_n b} \right)^2 \right\} \{\xi_n J'_{\mathcal{M}}(\xi_n a) - \lambda J_{\mathcal{M}}(\xi_n a)\}^2 - \left\{ \lambda^2 + \xi_n^2 - \left(\frac{\mathcal{M}}{a} \right)^2 \right\} J'^2_{\mathcal{M}}(\xi_n b) \right]} + \\
&+ \frac{2\pi}{\phi c_t} \sum_{m=1}^{\infty} \frac{(\xi_m^2 + \lambda^2) \cos(\xi_m \theta)}{\vartheta(\xi_m^2 + \lambda^2) + \lambda} \times \\
&\times \sum_{n=1}^{\infty} \frac{\xi_n \{\xi_n J'_{\mathcal{M}}(\xi_n a) - \lambda J_{\mathcal{M}}(\xi_n a)\} \mathcal{V}_{\mathcal{NM}}(\xi_n r, b)}{(\eta_r \xi_n^2 + s) \left[\left\{ 1 - \left(\frac{\mathcal{M}}{\xi_n b} \right)^2 \right\} \{\xi_n J'_{\mathcal{M}}(\xi_n a) - \lambda J_{\mathcal{M}}(\xi_n a)\}^2 - \left\{ \lambda^2 + \xi_n^2 - \left(\frac{\mathcal{M}}{a} \right)^2 \right\} J'^2_{\mathcal{M}}(\xi_n b) \right]} \times \\
&\times \left\{ J'_{\mathcal{M}}(\xi_n b) \overline{\overline{\psi}}_b(\xi_m, s) - \overline{\overline{\psi}}_a(\xi_m, s) \xi_n \{\xi_n J'_{\mathcal{M}}(\xi_n a) - \lambda J_{\mathcal{M}}(\xi_n a)\} \right\} + \\
&+ \frac{\pi^2 \eta_\theta}{\vartheta} \sum_{m=1}^{\infty} \frac{(\xi_m^2 + \lambda^2) \cos(\xi_m \theta)}{\vartheta(\xi_m^2 + \lambda^2) + \lambda} \times \\
&\times \sum_{n=1}^{\infty} \frac{\xi_n^2 \{\xi_n J'_{\mathcal{M}}(\xi_n a) - \lambda J_{\mathcal{M}}(\xi_n a)\}^2 \mathcal{V}_{\mathcal{NM}}(\xi_n r, b) \int_a^b \frac{\mathcal{V}_{\mathcal{NM}}(\xi_n u, b)}{u} \{\overline{\psi}_0(r, s) - \overline{\psi}_\vartheta(r, s) \cos(\xi_m \vartheta)\} du}{(\eta_r \xi_n^2 + s) \left[\left\{ 1 - \left(\frac{\mathcal{M}}{\xi_n b} \right)^2 \right\} \{\xi_n J'_{\mathcal{M}}(\xi_n a) - \lambda J_{\mathcal{M}}(\xi_n a)\}^2 - \left\{ \lambda^2 + \xi_n^2 - \left(\frac{\mathcal{M}}{a} \right)^2 \right\} J'^2_{\mathcal{M}}(\xi_n b) \right]} + \\
&+ \pi^2 \sum_{m=1}^{\infty} \frac{(\xi_m^2 + \lambda^2) \cos(\xi_m \theta)}{\vartheta(\xi_m^2 + \lambda^2) + \lambda} \times \\
&\times \sum_{n=1}^{\infty} \frac{\xi_n^2 \{\xi_n J'_{\mathcal{M}}(\xi_n a) - \lambda J_{\mathcal{M}}(\xi_n a)\}^2 \mathcal{V}_{\mathcal{NM}}(\xi_n r, b) \overline{\overline{\varphi}}(\xi_n, \xi_m)}{(\eta_r \xi_n^2 + s) \left[\left\{ 1 - \left(\frac{\mathcal{M}}{\xi_n b} \right)^2 \right\} \{\xi_n J'_{\mathcal{M}}(\xi_n a) - \lambda J_{\mathcal{M}}(\xi_n a)\}^2 - \left\{ \lambda^2 + \xi_n^2 - \left(\frac{\mathcal{M}}{a} \right)^2 \right\} J'^2_{\mathcal{M}}(\xi_n b) \right]}
\end{aligned}
\tag{17.96.2}
$$

and

$$
\begin{aligned}
p &= \frac{\pi^2 U(t - t_0)}{\phi c_t} \sum_{m=1}^{\infty} \frac{(\xi_m^2 + \lambda^2) \cos(\xi_m \theta_0) \cos(\xi_m \theta)}{\vartheta(\xi_m^2 + \lambda^2) + \lambda} \times \\
&\times \sum_{n=1}^{\infty} \frac{\xi_n^2 \{\xi_n J'_{\mathcal{M}}(\xi_n a) - \lambda J_{\mathcal{M}}(\xi_n a)\}^2 \mathcal{V}_{\mathcal{NM}}(\xi_n r_0, b) \mathcal{V}_{\mathcal{NM}}(\xi_n r, b) \int_0^{t-t_0} q(t - t_0 - \tau) e^{-\eta_r \xi_n^2 (t-\tau)} d\tau}{\left[\left\{ 1 - \left(\frac{\mathcal{M}}{\xi_n b} \right)^2 \right\} \{\xi_n J'_{\mathcal{M}}(\xi_n a) - \lambda J_{\mathcal{M}}(\xi_n a)\}^2 - \left\{ \lambda^2 + \xi_n^2 - \left(\frac{\mathcal{M}}{a} \right)^2 \right\} J'^2_{\mathcal{M}}(\xi_n b) \right]} + \\
&+ \frac{2\pi}{\phi c_t} \sum_{m=1}^{\infty} \frac{(\xi_m^2 + \lambda^2) \cos(\xi_m \theta)}{\vartheta(\xi_m^2 + \lambda^2) + \lambda} \times \\
&\times \sum_{n=1}^{\infty} \frac{\xi_n \{\xi_n J'_{\mathcal{M}}(\xi_n a) - \lambda J_{\mathcal{M}}(\xi_n a)\} \mathcal{V}_{\mathcal{NM}}(\xi_n r, b)}{\left[\left\{ 1 - \left(\frac{\mathcal{M}}{\xi_n b} \right)^2 \right\} \{\xi_n J'_{\mathcal{M}}(\xi_n a) - \lambda J_{\mathcal{M}}(\xi_n a)\}^2 - \left\{ \lambda^2 + \xi_n^2 - \left(\frac{\mathcal{M}}{a} \right)^2 \right\} J'^2_{\mathcal{M}}(\xi_n b) \right]} \times \\
&\times \int_0^t \{J'_{\mathcal{M}}(\xi_n b) \overline{\psi}_b(\xi_m, \tau) - \overline{\psi}_a(\xi_m, \tau) \xi_n \{\xi_n J'_{\mathcal{M}}(\xi_n a) - \lambda J_{\mathcal{M}}(\xi_n a)\}\} e^{-\eta_r \xi_n^2 (t-\tau)} d\tau + \\
&+ \frac{\pi^2 \eta_\theta}{\vartheta} \sum_{m=1}^{\infty} \frac{(\xi_m^2 + \lambda^2) \cos(\xi_m \theta)}{\vartheta(\xi_m^2 + \lambda^2) + \lambda} \times
\end{aligned}
$$

$$\times \sum_{n=1}^{\infty} \frac{\xi_n^2 \{\xi_n J'_{\mathcal{M}}(\xi_n a) - \lambda J_{\mathcal{M}}(\xi_n a)\}^2 \mathcal{V}_{\mathcal{N}\mathcal{M}}(\xi_n r, b)}{\left[\left\{1-\left(\frac{\mathcal{M}}{\xi_n b}\right)^2\right\}\{\xi_n J'_{\mathcal{M}}(\xi_n a) - \lambda J_{\mathcal{M}}(\xi_n a)\}^2 - \left\{\lambda^2 + \xi_n^2 - \left(\frac{\mathcal{M}}{a}\right)^2\right\} J'^2_{\mathcal{M}}(\xi_n b)\right]} \times$$

$$\times \int_a^b \frac{\mathcal{V}_{\mathcal{N}\mathcal{M}}(\xi_n u, b)}{u} \int_0^t \{\psi_0(r,u) - \psi_\vartheta(u,s)\cos(\xi_m \vartheta)\} e^{-\eta_r \xi_n^2 (t-\tau)} d\tau du +$$

$$+\pi^2 \sum_{m=1}^{\infty} \frac{(\xi_m^2 + \lambda^2)\cos(\xi_m \theta)}{\vartheta(\xi_m^2 + \lambda^2) + \lambda} \times$$

$$\times \sum_{n=1}^{\infty} \frac{\xi_n^2 \{\xi_n J'_{\mathcal{M}}(\xi_n a) - \lambda J_{\mathcal{M}}(\xi_n a)\}^2 \mathcal{V}_{\mathcal{N}\mathcal{M}}(\xi_n r, b) \overline{\overline{\varphi}}(\xi_n, \xi_m) e^{-\eta_r \xi_n^2 t}}{\left[\left\{1-\left(\frac{\mathcal{M}}{\xi_n b}\right)^2\right\}\{\xi_n J'_{\mathcal{M}}(\xi_n a) - \lambda J_{\mathcal{M}}(\xi_n a)\}^2 - \left\{\lambda^2 + \xi_n^2 - \left(\frac{\mathcal{M}}{a}\right)^2\right\} J'^2_{\mathcal{M}}(\xi_n b)\right]} \quad (17.96.3)$$

where $\overline{\psi}_a(\xi_m, t) = \int_0^\vartheta \psi_a(u,t)\cos(\xi_m u)du$ and $\overline{\psi}_b(\xi_m, t) = \int_0^\vartheta \psi_b(u,t)\cos(\xi_m u)du$.

17.97 **The problem of 17.28, except**
$\mathbf{R_0} \equiv \frac{\partial p(r,0,t)}{\partial \theta} - \lambda_0 p(r,0,t) = -\left(\frac{\mu}{k_\theta}\right)\psi_0(r,t)$,
$\mathbf{D_\vartheta} \equiv p(r,\vartheta,t) = \psi_\vartheta(r,t)$,
$\mathbf{R_a} \equiv \frac{\partial p(a,\theta,t)}{\partial r} - \lambda p(a,\theta,t) = -\left(\frac{\mu}{k_r}\right)\psi_a(\theta,t)$ **and**
$\mathbf{N_b} \equiv \frac{\partial p(b,\theta,t)}{\partial r} = -\left(\frac{\mu}{k_r}\right)\psi_b(\theta,t)$

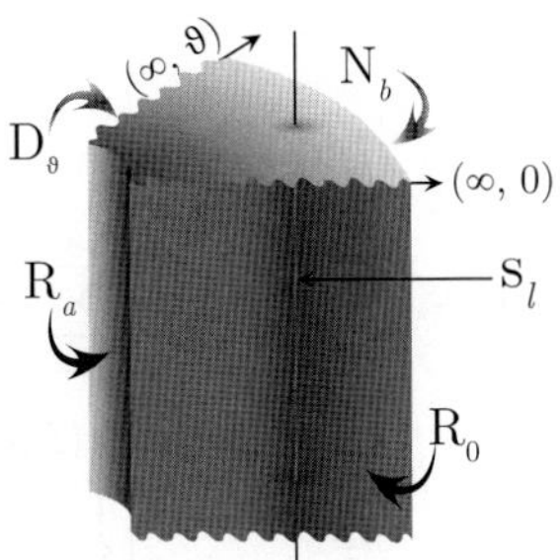

The successive application of the Laplace, Fourier and finite Hankel transformations to equation (14.1.1) gives

$$\overline{\overline{\overline{p}}} = \frac{q(s)e^{-st_0}\sin\{\xi_m(\vartheta-\theta_0)\}\mathcal{V}_{\mathcal{N}\mathcal{M}}(\xi_n r_0, b)}{\phi c_t(\eta_r \xi_n^2 + s)} - \frac{2\overline{\overline{\psi}}_b(\xi_m, s)}{\pi\phi c_t \xi_n(\eta_r \xi_n^2 + s)} + \frac{2J'_{\mathcal{M}}(\xi_n b)\overline{\overline{\psi}}_a(\xi_m, s)}{\pi\phi c_t\{\xi_n J'_{\mathcal{M}}(\xi_n a) - \lambda J_{\mathcal{M}}(\xi_n a)\}} +$$

$$+\frac{\eta_\theta \int_a^b \frac{\mathcal{V}_{\mathcal{N}\mathcal{M}}(\xi_n u, b)}{u}\left\{\left(\frac{\mu}{k_\theta}\right)\overline{\psi}_0(u,s)\sin(\xi_m\vartheta) + \xi_m \overline{\psi}_\vartheta(u,s)\right\}du}{(\eta_r \xi_n^2 + s)} + \frac{\overline{\overline{\varphi}}(\xi_n, \xi_m)}{(\eta_r \xi_n^2 + s)} \quad (17.97.1)$$

where ξ_m is a positive root of $\xi_m \cot(\xi_m \vartheta) = -\lambda$, $m = 1, 2, ...$, ξ_n, $n = 1, 2, ...$, are the positive roots of the transcendental equation $\lambda \mathcal{V}_{\mathcal{N}\mathcal{M}}(\xi_n a, b) - \xi_n \mathcal{V}'_{\mathcal{N}\mathcal{M}}(\xi_n a, b) = 0$,
$\mathcal{V}_{\mathcal{N}\mathcal{M}}(\xi_n r, b) = J_{\mathcal{M}}(\xi_n r) Y'_{\mathcal{M}}(\xi_n b) - Y_{\mathcal{M}}(\xi_n r) J'_{\mathcal{M}}(\xi_n b)$, $\overline{\overline{\psi}}_a(\xi_m, s) = \int_0^\vartheta \overline{\psi}_a(u,s)\sin\{\xi_m(\vartheta-u)\}du$,
$\overline{\overline{\psi}}_b(\xi_m, s) = \int_0^\vartheta \overline{\psi}_b(u,s)\sin\{\xi_m(\vartheta-u)\}du$ and $\overline{\overline{\varphi}}(\xi_n, \xi_m) = \int_a^b r\mathcal{V}_{\mathcal{N}\mathcal{M}}(\xi_n r, b)\int_0^\vartheta \varphi(r,u)\sin\{\xi_m(\vartheta-u)\}dudr$.
Successive inverse transforms yield

$$\overline{p} = \frac{\pi^2 q(s)e^{-st_0}}{\phi c_t}\sum_{m=1}^{\infty}\frac{(\xi_m^2+\lambda^2)\sin\{\xi_m(\vartheta-\theta_0)\}\sin\{\xi_m(\vartheta-\theta)\}}{\vartheta(\xi_m^2+\lambda^2)+\lambda} \times$$

$$\times\sum_{n=1}^{\infty}\frac{\xi_n^2\{\xi_n J'_{\mathcal{M}}(\xi_n a) - \lambda J_{\mathcal{M}}(\xi_n a)\}^2 \mathcal{V}_{\mathcal{N}\mathcal{M}}(\xi_n r_0, b)\mathcal{V}_{\mathcal{N}\mathcal{M}}(\xi_n r, b)}{(\eta_r\xi_n^2+s)\left[\left\{1-\left(\frac{\mathcal{M}}{\xi_n b}\right)^2\right\}\{\xi_n J'_{\mathcal{M}}(\xi_n a) - \lambda J_{\mathcal{M}}(\xi_n a)\}^2 - \left\{\lambda^2 + \xi_n^2 - \left(\frac{\mathcal{M}}{a}\right)^2\right\} J'^2_{\mathcal{M}}(\xi_n b)\right]} +$$

$$+\frac{2\pi}{\phi c_t}\sum_{m=1}^{\infty}\frac{(\xi_m^2+\lambda^2)\sin\{\xi_m(\vartheta-\theta)\}}{\vartheta(\xi_m^2+\lambda^2)+\lambda}\times$$

$$\times\sum_{n=1}^{\infty}\frac{\xi_n\{\xi_n J'_{\mathcal{M}}(\xi_n a) - \lambda J_{\mathcal{M}}(\xi_n a)\}\mathcal{V}_{\mathcal{N}\mathcal{M}}(\xi_n r, b)}{(\eta_r\xi_n^2+s)\left[\left\{1-\left(\frac{\mathcal{M}}{\xi_n b}\right)^2\right\}\{\xi_n J'_{\mathcal{M}}(\xi_n a) - \lambda J_{\mathcal{M}}(\xi_n a)\}^2 - \left\{\lambda^2 + \xi_n^2 - \left(\frac{\mathcal{M}}{a}\right)^2\right\} J'^2_{\mathcal{M}}(\xi_n b)\right]} \times$$

$$\times\left\{J'_{\mathcal{M}}(\xi_n b)\overline{\overline{\psi}}_b(\xi_m,s)-\overline{\overline{\psi}}_a(\xi_m,s)\xi_n\{\xi_n J'_{\mathcal{M}}(\xi_n a)-\lambda J_{\mathcal{M}}(\xi_n a)\}\right\}+$$

$$+\frac{\pi^2\eta_\theta}{\vartheta}\sum_{m=1}^{\infty}\frac{(\xi_m^2+\lambda^2)\sin\{\xi_m(\vartheta-\theta)\}}{\vartheta(\xi_m^2+\lambda^2)+\lambda}\times$$

$$\times\sum_{n=1}^{\infty}\frac{\xi_n^2\{\xi_n J'_{\mathcal{M}}(\xi_n a)-\lambda J_{\mathcal{M}}(\xi_n a)\}^2\mathcal{V}_{\mathcal{N}\mathcal{M}}(\xi_n r,b)}{(\eta_r\xi_n^2+s)\left[\left\{1-\left(\frac{\mathcal{M}}{\xi_n b}\right)^2\right\}\{\xi_n J'_{\mathcal{M}}(\xi_n a)-\lambda J_{\mathcal{M}}(\xi_n a)\}^2-\left\{\lambda^2+\xi_n^2-\left(\frac{\mathcal{M}}{a}\right)^2\right\}J'^2_{\mathcal{M}}(\xi_n b)\right]}\times$$

$$\times\int_a^b\frac{\mathcal{V}_{\mathcal{N}\mathcal{M}}(\xi_n u,b)}{u}\left\{\left(\frac{\mu}{k_\theta}\right)\overline{\psi}_0(u,s)\sin(\xi_m\vartheta)+\xi_m\overline{\psi}_\vartheta(u,s)\right\}du+$$

$$+\pi^2\sum_{m=1}^{\infty}\frac{(\xi_m^2+\lambda^2)\sin\{\xi_m(\vartheta-\theta)\}}{\vartheta(\xi_m^2+\lambda^2)+\lambda}\times$$

$$\times\sum_{n=1}^{\infty}\frac{\xi_n^2\{\xi_n J'_{\mathcal{M}}(\xi_n a)-\lambda J_{\mathcal{M}}(\xi_n a)\}^2\mathcal{V}_{\mathcal{N}\mathcal{M}}(\xi_n r,b)\overline{\overline{\varphi}}(\xi_n,\xi_m)}{(\eta_r\xi_n^2+s)\left[\left\{1-\left(\frac{\mathcal{M}}{\xi_n b}\right)^2\right\}\{\xi_n J'_{\mathcal{M}}(\xi_n a)-\lambda J_{\mathcal{M}}(\xi_n a)\}^2-\left\{\lambda^2+\xi_n^2-\left(\frac{\mathcal{M}}{a}\right)^2\right\}J'^2_{\mathcal{M}}(\xi_n b)\right]}\tag{17.97.2}$$

and

$$p=\frac{\pi^2U(t-t_0)}{\phi c_t}\sum_{m=1}^{\infty}\frac{(\xi_m^2+\lambda^2)\sin\{\xi_m(\vartheta-\theta_0)\}\sin\{\xi_m(\vartheta-\theta)\}}{\vartheta(\xi_m^2+\lambda^2)+\lambda}\times$$

$$\times\sum_{n=1}^{\infty}\frac{\xi_n^2\{\xi_n J'_{\mathcal{M}}(\xi_n a)-\lambda J_{\mathcal{M}}(\xi_n a)\}^2\mathcal{V}_{\mathcal{N}\mathcal{M}}(\xi_n r_0,b)\mathcal{V}_{\mathcal{N}\mathcal{M}}(\xi_n r,b)\int_0^{t-t_0}q(t-t_0-\tau)e^{-\eta_r\xi_n^2(t-\tau)}d\tau}{\left[\left\{1-\left(\frac{\mathcal{M}}{\xi_n b}\right)^2\right\}\{\xi_n J'_{\mathcal{M}}(\xi_n a)-\lambda J_{\mathcal{M}}(\xi_n a)\}^2-\left\{\lambda^2+\xi_n^2-\left(\frac{\mathcal{M}}{a}\right)^2\right\}J'^2_{\mathcal{M}}(\xi_n b)\right]}+$$

$$+\frac{2\pi}{\phi c_t}\sum_{m=1}^{\infty}\frac{(\xi_m^2+\lambda^2)\sin\{\xi_m(\vartheta-\theta)\}}{\vartheta(\xi_m^2+\lambda^2)+\lambda}\times$$

$$\times\sum_{n=1}^{\infty}\frac{\xi_n\{\xi_n J'_{\mathcal{M}}(\xi_n a)-\lambda J_{\mathcal{M}}(\xi_n a)\}\mathcal{V}_{\mathcal{N}\mathcal{M}}(\xi_n r,b)}{\left[\left\{1-\left(\frac{\mathcal{M}}{\xi_n b}\right)^2\right\}\{\xi_n J'_{\mathcal{M}}(\xi_n a)-\lambda J_{\mathcal{M}}(\xi_n a)\}^2-\left\{\lambda^2+\xi_n^2-\left(\frac{\mathcal{M}}{a}\right)^2\right\}J'^2_{\mathcal{M}}(\xi_n b)\right]}\times$$

$$\times\int_0^t\{J'_{\mathcal{M}}(\xi_n b)\overline{\psi}_b(\xi_m,\tau)-\overline{\psi}_a(\xi_m,\tau)\xi_n\{\xi_n J'_{\mathcal{M}}(\xi_n a)-\lambda J_{\mathcal{M}}(\xi_n a)\}\}e^{-\eta_r\xi_n^2(t-\tau)}d\tau+$$

$$+\frac{\pi^2\eta_\theta}{\vartheta}\sum_{m=1}^{\infty}\frac{(\xi_m^2+\lambda^2)\sin\{\xi_m(\vartheta-\theta)\}}{\vartheta(\xi_m^2+\lambda^2)+\lambda}\times$$

$$\times\sum_{n=1}^{\infty}\frac{\xi_n^2\{\xi_n J'_{\mathcal{M}}(\xi_n a)-\lambda J_{\mathcal{M}}(\xi_n a)\}^2\mathcal{V}_{\mathcal{N}\mathcal{M}}(\xi_n r,b)}{\left[\left\{1-\left(\frac{\mathcal{M}}{\xi_n b}\right)^2\right\}\{\xi_n J'_{\mathcal{M}}(\xi_n a)-\lambda J_{\mathcal{M}}(\xi_n a)\}^2-\left\{\lambda^2+\xi_n^2-\left(\frac{\mathcal{M}}{a}\right)^2\right\}J'^2_{\mathcal{M}}(\xi_n b)\right]}\times$$

$$\times\int_a^b\frac{\mathcal{V}_{\mathcal{N}\mathcal{M}}(\xi_n u,b)}{u}\int_0^t\left\{\left(\frac{\mu}{k_\theta}\right)\psi_0(u,\tau)\sin(\xi_m\vartheta)+\xi_m\psi_\vartheta(u,\tau)\right\}e^{-\eta_r\xi_n^2(t-\tau)}d\tau du+$$

$$+\pi^2\sum_{m=1}^{\infty}\frac{(\xi_m^2+\lambda^2)\sin\{\xi_m(\vartheta-\theta)\}}{\vartheta(\xi_m^2+\lambda^2)+\lambda}\times$$

$$\times\sum_{n=1}^{\infty}\frac{\xi_n^2\{\xi_n J'_{\mathcal{M}}(\xi_n a)-\lambda J_{\mathcal{M}}(\xi_n a)\}^2\mathcal{V}_{\mathcal{N}\mathcal{M}}(\xi_n r,b)\overline{\overline{\varphi}}(\xi_n,\xi_m)e^{-\eta_r\xi_n^2 t}}{\left[\left\{1-\left(\frac{\mathcal{M}}{\xi_n b}\right)^2\right\}\{\xi_n J'_{\mathcal{M}}(\xi_n a)-\lambda J_{\mathcal{M}}(\xi_n a)\}^2-\left\{\lambda^2+\xi_n^2-\left(\frac{\mathcal{M}}{a}\right)^2\right\}J'^2_{\mathcal{M}}(\xi_n b)\right]}\tag{17.97.3}$$

where $\overline{\psi}_a(\xi_m,t)=\int_0^\vartheta\psi_a(u,t)\sin\{\xi_m(\vartheta-u)\}du$ and $\overline{\psi}_b(\xi_m,t)=\int_0^\vartheta\psi_b(u,t)\sin\{\xi_m(\vartheta-u)\}du$.

17.98 **The problem of 17.28, except**
$\mathbf{R_0} \equiv \frac{\partial p(r,0,t)}{\partial \theta} - \lambda_0 p(r,0,t) = -\left(\frac{\mu}{k_\theta}\right)\psi_0(r,t)$,
$\mathbf{N_\vartheta} \equiv \frac{\partial p(r,\vartheta,t)}{\partial \theta} = -\left(\frac{\mu}{k_\theta}\right)\psi_\vartheta(r,t)$,
$\mathbf{R_a} \equiv \frac{\partial p(a,\theta,t)}{\partial r} - \lambda p(a,\theta,t) = -\left(\frac{\mu}{k_r}\right)\psi_a(\theta,t)$ **and**
$\mathbf{N_b} \equiv \frac{\partial p(b,\theta,t)}{\partial r} = -\left(\frac{\mu}{k_r}\right)\psi_b(\theta,t)$

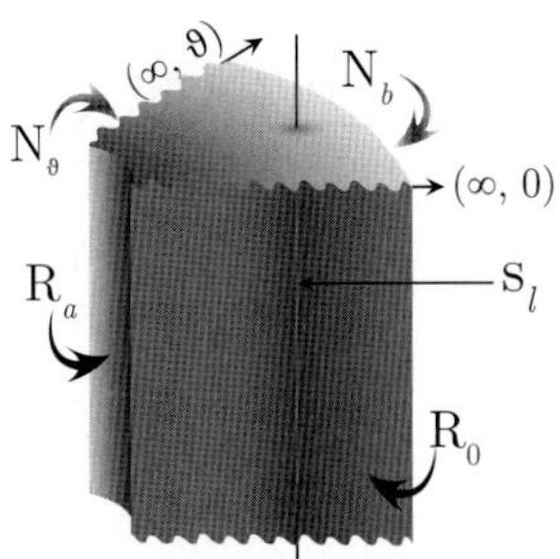

The successive application of the Laplace, Fourier and finite Hankel transformations to equation (14.1.1) gives

$$\overline{\overline{\overline{p}}} = \frac{q(s)\,e^{-st_0}\cos\{\xi_m(\vartheta-\theta_0)\}\,\mathcal{V}_{\mathcal{N}\mathcal{M}}(\xi_n r_0,b)}{\phi c_t\left(\eta_r\xi_n^2+s\right)} - \frac{2\overline{\overline{\psi}}_b(\xi_m,s)}{\pi\phi c_t\xi_n\left(\eta_r\xi_n^2+s\right)} + \frac{2J'_{\mathcal{M}}(\xi_n b)\,\overline{\overline{\psi}}_a(\xi_m,s)}{\pi\phi c_t\left\{\xi_n J'_{\mathcal{M}}(\xi_n a)-\lambda J_{\mathcal{M}}(\xi_n a)\right\}} + $$
$$+\frac{\int_a^b \frac{\mathcal{V}_{\mathcal{N}\mathcal{M}}(\xi_n u,b)}{u}\left\{\overline{\psi}_0(u,s)\cos(\xi_m\vartheta)-\overline{\psi}_\vartheta(u,s)\right\}du}{\phi c_t\left(\eta_r\xi_n^2+s\right)} + \frac{\overline{\overline{\varphi}}(\xi_n,\xi_m)}{\left(\eta_r\xi_n^2+s\right)} \tag{17.98.1}$$

where ξ_m is a positive root of $\xi_m\tan(\xi_m\vartheta)=\lambda$, $m=1,2,...,$ ξ_n, $n=1,2,...,$ are the positive roots of the transcendental equation $\lambda\mathcal{V}_{\mathcal{N}\mathcal{M}}(\xi_n a,b)-\xi_n\mathcal{V}'_{\mathcal{N}\mathcal{M}}(\xi_n a,b)=0$,
$\mathcal{V}_{\mathcal{N}\mathcal{M}}(\xi_n r,b)=J_{\mathcal{M}}(\xi_n r)\,Y'_{\mathcal{M}}(\xi_n b)-Y_{\mathcal{M}}(\xi_n r)\,J'_{\mathcal{M}}(\xi_n b)$, $\overline{\overline{\psi}}_a(\xi_m,s)=\int_0^\vartheta\overline{\psi}_a(u,s)\cos\{\xi_m(\vartheta-u)\}du$,
$\overline{\overline{\psi}}_b(\xi_m,s)=\int_0^\vartheta\overline{\psi}_b(u,s)\cos\{\xi_m(\vartheta-u)\}du$ and $\overline{\overline{\varphi}}(\xi_n,\xi_m)=\int_a^b r\mathcal{V}_{\mathcal{N}\mathcal{M}}(\xi_n r,b)\int_0^\vartheta\varphi(r,u)\cos\{\xi_m(\vartheta-u)\}dudr$.
Successive inverse transforms yield

$$\overline{p} = \frac{\pi^2 q(s)\,e^{-st_0}}{\phi c_t}\sum_{m=1}^{\infty}\frac{\left(\xi_m^2+\lambda^2\right)\cos\{\xi_m(\vartheta-\theta_0)\}\cos\{\xi_m(\vartheta-\theta)\}}{\vartheta\left(\xi_m^2+\lambda^2\right)+\lambda}\times$$
$$\times\sum_{n=1}^{\infty}\frac{\xi_n^2\{\xi_n J'_{\mathcal{M}}(\xi_n a)-\lambda J_{\mathcal{M}}(\xi_n a)\}^2\mathcal{V}_{\mathcal{N}\mathcal{M}}(\xi_n r_0,b)\,\mathcal{V}_{\mathcal{N}\mathcal{M}}(\xi_n r,b)}{\left(\eta_r\xi_n^2+s\right)\left[\left\{1-\left(\frac{\mathcal{M}}{\xi_n b}\right)^2\right\}\{\xi_n J'_{\mathcal{M}}(\xi_n a)-\lambda J_{\mathcal{M}}(\xi_n a)\}^2-\left\{\lambda^2+\xi_n^2-\left(\frac{\mathcal{M}}{a}\right)^2\right\}J'^2_{\mathcal{M}}(\xi_n b)\right]}+$$
$$+\frac{2\pi}{\phi c_t}\sum_{m=1}^{\infty}\frac{\left(\xi_m^2+\lambda^2\right)\cos\{\xi_m(\vartheta-\theta)\}}{\vartheta\left(\xi_m^2+\lambda^2\right)+\lambda}\times$$
$$\times\sum_{n=1}^{\infty}\frac{\xi_n\{\xi_n J'_{\mathcal{M}}(\xi_n a)-\lambda J_{\mathcal{M}}(\xi_n a)\}\,\mathcal{V}_{\mathcal{N}\mathcal{M}}(\xi_n r,b)}{\left(\eta_r\xi_n^2+s\right)\left[\left\{1-\left(\frac{\mathcal{M}}{\xi_n b}\right)^2\right\}\{\xi_n J'_{\mathcal{M}}(\xi_n a)-\lambda J_{\mathcal{M}}(\xi_n a)\}^2-\left\{\lambda^2+\xi_n^2-\left(\frac{\mathcal{M}}{a}\right)^2\right\}J'^2_{\mathcal{M}}(\xi_n b)\right]}\times$$
$$\times\left\{J'_{\mathcal{M}}(\xi_n b)\,\overline{\overline{\psi}}_b(\xi_m,s)-\overline{\overline{\psi}}_a(\xi_m,s)\,\xi_n\{\xi_n J'_{\mathcal{M}}(\xi_n a)-\lambda J_{\mathcal{M}}(\xi_n a)\}\right\}+$$
$$+\frac{\pi^2\eta_\theta}{\vartheta}\sum_{m=1}^{\infty}\frac{\left(\xi_m^2+\lambda^2\right)\cos\{\xi_m(\vartheta-\theta)\}}{\vartheta\left(\xi_m^2+\lambda^2\right)+\lambda}\times$$
$$\times\sum_{n=1}^{\infty}\frac{\xi_n^2\{\xi_n J'_{\mathcal{M}}(\xi_n a)-\lambda J_{\mathcal{M}}(\xi_n a)\}^2\mathcal{V}_{\mathcal{N}\mathcal{M}}(\xi_n r,b)\int_a^b\frac{\mathcal{V}_{\mathcal{N}\mathcal{M}}(\xi_n u,b)}{u}\left\{\overline{\psi}_0(u,s)\cos(\xi_m\vartheta)-\overline{\psi}_\vartheta(u,s)\right\}du}{\left(\eta_r\xi_n^2+s\right)\left[\left\{1-\left(\frac{\mathcal{M}}{\xi_n b}\right)^2\right\}\{\xi_n J'_{\mathcal{M}}(\xi_n a)-\lambda J_{\mathcal{M}}(\xi_n a)\}^2-\left\{\lambda^2+\xi_n^2-\left(\frac{\mathcal{M}}{a}\right)^2\right\}J'^2_{\mathcal{M}}(\xi_n b)\right]}+$$
$$+\pi^2\sum_{m=1}^{\infty}\frac{\left(\xi_m^2+\lambda^2\right)\cos\{\xi_m(\vartheta-\theta)\}}{\vartheta\left(\xi_m^2+\lambda^2\right)+\lambda}\times$$
$$\times\sum_{n=1}^{\infty}\frac{\xi_n^2\{\xi_n J'_{\mathcal{M}}(\xi_n a)-\lambda J_{\mathcal{M}}(\xi_n a)\}^2\mathcal{V}_{\mathcal{N}\mathcal{M}}(\xi_n r,b)\overline{\overline{\varphi}}(\xi_n,\xi_m)}{\left(\eta_r\xi_n^2+s\right)\left[\left\{1-\left(\frac{\mathcal{M}}{\xi_n b}\right)^2\right\}\{\xi_n J'_{\mathcal{M}}(\xi_n a)-\lambda J_{\mathcal{M}}(\xi_n a)\}^2-\left\{\lambda^2+\xi_n^2-\left(\frac{\mathcal{M}}{a}\right)^2\right\}J'^2_{\mathcal{M}}(\xi_n b)\right]} \tag{17.98.2}$$

and

$$p = \frac{\pi^2 U(t-t_0)}{\phi c_t}\sum_{m=1}^{\infty}\frac{(\xi_m^2+\lambda^2)\cos\{\xi_m(\vartheta-\theta_0)\}\cos\{\xi_m(\vartheta-\theta)\}}{\vartheta(\xi_m^2+\lambda^2)+\lambda}\times$$
$$\times\sum_{n=1}^{\infty}\frac{\xi_n^2\{\xi_n J'_{\mathcal{M}}(\xi_n a)-\lambda J_{\mathcal{M}}(\xi_n a)\}^2\mathcal{V}_{\mathcal{NM}}(\xi_n r_0,b)\,\mathcal{V}_{\mathcal{NM}}(\xi_n r,b)\int_0^{t-t_0}q(t-t_0-\tau)\,e^{-\eta_r\xi_n^2(t-\tau)}d\tau}{\left[\left\{1-\left(\frac{\mathcal{M}}{\xi_n b}\right)^2\right\}\{\xi_n J'_{\mathcal{M}}(\xi_n a)-\lambda J_{\mathcal{M}}(\xi_n a)\}^2-\left\{\lambda^2+\xi_n^2-\left(\frac{\mathcal{M}}{a}\right)^2\right\}J'^2_{\mathcal{M}}(\xi_n b)\right]}+$$
$$+\frac{2\pi}{\phi c_t}\sum_{m=1}^{\infty}\frac{(\xi_m^2+\lambda^2)\cos\{\xi_m(\vartheta-\theta)\}}{\vartheta(\xi_m^2+\lambda^2)+\lambda}\times$$
$$\times\sum_{n=1}^{\infty}\frac{\xi_n\{\xi_n J'_{\mathcal{M}}(\xi_n a)-\lambda J_{\mathcal{M}}(\xi_n a)\}\mathcal{V}_{\mathcal{NM}}(\xi_n r,b)}{\left[\left\{1-\left(\frac{\mathcal{M}}{\xi_n b}\right)^2\right\}\{\xi_n J'_{\mathcal{M}}(\xi_n a)-\lambda J_{\mathcal{M}}(\xi_n a)\}^2-\left\{\lambda^2+\xi_n^2-\left(\frac{\mathcal{M}}{a}\right)^2\right\}J'^2_{\mathcal{M}}(\xi_n b)\right]}\times$$
$$\times\int_0^t\{J'_{\mathcal{M}}(\xi_n b)\overline{\psi}_b(\xi_m,\tau)-\overline{\psi}_a(\xi_m,\tau)\,\xi_n\{\xi_n J'_{\mathcal{M}}(\xi_n a)-\lambda J_{\mathcal{M}}(\xi_n a)\}\}e^{-\eta_r\xi_n^2(t-\tau)}d\tau+$$
$$+\frac{\pi^2\eta_\theta}{\vartheta}\sum_{m=1}^{\infty}\frac{(\xi_m^2+\lambda^2)\cos\{\xi_m(\vartheta-\theta)\}}{\vartheta(\xi_m^2+\lambda^2)+\lambda}\times$$
$$\times\sum_{n=1}^{\infty}\frac{\xi_n^2\{\xi_n J'_{\mathcal{M}}(\xi_n a)-\lambda J_{\mathcal{M}}(\xi_n a)\}^2\mathcal{V}_{\mathcal{NM}}(\xi_n r,b)}{\left[\left\{1-\left(\frac{\mathcal{M}}{\xi_n b}\right)^2\right\}\{\xi_n J'_{\mathcal{M}}(\xi_n a)-\lambda J_{\mathcal{M}}(\xi_n a)\}^2-\left\{\lambda^2+\xi_n^2-\left(\frac{\mathcal{M}}{a}\right)^2\right\}J'^2_{\mathcal{M}}(\xi_n b)\right]}\times$$
$$\times\int_a^b\frac{\mathcal{V}_{\mathcal{NM}}(\xi_n u,b)}{u}\int_0^t\{\psi_0(u,\tau)\cos(\xi_m\vartheta)-\psi_\vartheta(u,\tau)\}e^{-\eta_r\xi_n^2(t-\tau)}d\tau du+$$
$$+\pi^2\sum_{m=1}^{\infty}\frac{(\xi_m^2+\lambda^2)\cos\{\xi_m(\vartheta-\theta)\}}{\vartheta(\xi_m^2+\lambda^2)+\lambda}\times$$
$$\times\sum_{n=1}^{\infty}\frac{\xi_n^2\{\xi_n J'_{\mathcal{M}}(\xi_n a)-\lambda J_{\mathcal{M}}(\xi_n a)\}^2\mathcal{V}_{\mathcal{NM}}(\xi_n r,b)\overline{\overline{\varphi}}(\xi_n,\xi_m)\,e^{-\eta_r\xi_n^2 t}}{\left[\left\{1-\left(\frac{\mathcal{M}}{\xi_n b}\right)^2\right\}\{\xi_n J'_{\mathcal{M}}(\xi_n a)-\lambda J_{\mathcal{M}}(\xi_n a)\}^2-\left\{\lambda^2+\xi_n^2-\left(\frac{\mathcal{M}}{a}\right)^2\right\}J'^2_{\mathcal{M}}(\xi_n b)\right]} \qquad (17.98.3)$$

where $\overline{\psi}_a(\xi_m,t)=\int_0^\vartheta\psi_a(u,t)\cos\{\xi_m(\vartheta-u)\}du$ and $\overline{\psi}_b(\xi_m,t)=\int_0^\vartheta\psi_b(u,t)\cos\{\xi_m(\vartheta-u)\}du$.

17.99

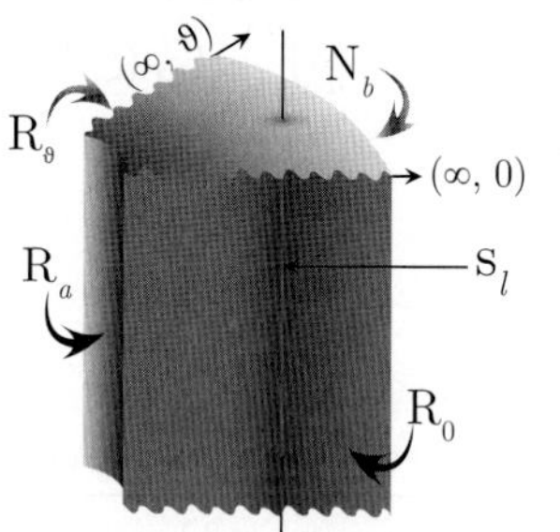

The problem of 17.28, except
$\mathbf{R_0} \equiv \frac{\partial p(r,0,t)}{\partial\theta}-\lambda_0 p(r,0,t)=-\left(\frac{\mu}{k_\theta}\right)\psi_0(r,t)$,
$\mathbf{R_\vartheta} \equiv \frac{\partial p(r,\vartheta,t)}{\partial\theta}+\lambda_\vartheta p(r,\vartheta,t)=-\left(\frac{\mu}{k_\theta}\right)\psi_\vartheta(r,t)$,
$\mathbf{R_a} \equiv \frac{\partial p(a,\theta,t)}{\partial r}-\lambda p(a,\theta,t)=-\left(\frac{\mu}{k_r}\right)\psi_a(\theta,t)$ **and**
$\mathbf{N_b} \equiv \frac{\partial p(b,\theta,t)}{\partial r}=-\left(\frac{\mu}{k_r}\right)\psi_b(\theta,t)$

The successive application of the Laplace, Fourier and finite Hankel transformations to equation (14.1.1) gives

$$\overline{\overline{\overline{p}}} = \frac{q(s)\,e^{-st_0}\{\xi_m\cos(\xi_m\theta_0)+\lambda_0\sin(\xi_m\theta_0)\}\mathcal{V}_{\mathcal{NM}}(\xi_n r_0,b)}{\phi c_t(\eta_r\xi_n^2+s)}+\frac{2J'_{\mathcal{M}}(\xi_n b)\overline{\overline{\psi}}_a(\xi_m,s)}{\pi\phi c_t\{\xi_n J'_{\mathcal{M}}(\xi_n a)-\lambda J_{\mathcal{M}}(\xi_n a)\}}+$$
$$-\frac{2\overline{\overline{\psi}}_b(\xi_m,s)}{\pi\phi c_t\xi_n(\eta_r\xi_n^2+s)}+\frac{\int_a^b\frac{\mathcal{V}_{\mathcal{NM}}(\xi_n u,b)}{u}\left[\xi_m\overline{\psi}_0(u,s)-\overline{\psi}_\vartheta(u,s)\{\xi_m\cos(\xi_m\vartheta)+\lambda_0\sin(\xi_m\vartheta)\}\right]du}{\phi c_t(\eta_r\xi_n^2+s)}+\frac{\overline{\overline{\varphi}}(\xi_n,\xi_m)}{(\eta_r\xi_n^2+s)} \qquad (17.99.1)$$

where ξ_m is a positive root of $\tan(\xi_m\vartheta) = \frac{\xi_m(\lambda_0+\lambda_\vartheta)}{(\xi_m^2-\lambda_0\lambda_\vartheta)}$, $m = 1, 2, ..., \xi_n$, $n = 1, 2, ...$, are the positive roots of the transcendental equation $\lambda\mathcal{V}_{\mathcal{NM}}(\xi_n a, b) - \xi_n \mathcal{V}'_{\mathcal{NM}}(\xi_n a, b) = 0$,
$\mathcal{V}_{\mathcal{NM}}(\xi_n r, b) = J_{\mathcal{M}}(\xi_n r) Y'_{\mathcal{M}}(\xi_n b) - Y_{\mathcal{M}}(\xi_n r) J'_{\mathcal{M}}(\xi_n b)$,
$\overline{\overline{\psi}}_a(\xi_m, s) = \int_0^\vartheta \overline{\psi}_a(u, s)\{\xi_m\cos(\xi_m u) + \lambda_0\sin(\xi_m u)\}du$,
$\overline{\overline{\psi}}_b(\xi_m, s) = \int_0^\vartheta \overline{\psi}_b(u, s)\{\xi_m\cos(\xi_m u) + \lambda_0\sin(\xi_m u)\}du$ and
$\overline{\overline{\varphi}}(\xi_n, \xi_m) = \int_a^b r\mathcal{V}_{\mathcal{NM}}(\xi_n r, b)\int_0^\vartheta \varphi(r, u)\{\xi_m\cos(\xi_m u) + \lambda_0\sin(\xi_m u)\}dudr$. Successive inverse transforms yield

$$
\begin{aligned}
\overline{p} \;=\; & \frac{\pi^2 q(s)\,e^{-st_0}}{\phi c_t}\sum_{m=1}^{\infty}\frac{\{\xi_m\cos(\xi_m\theta_0)+\lambda_0\sin(\xi_m\theta_0)\}\{\xi_m\cos(\xi_m\theta)+\lambda_0\sin(\xi_m\theta)\}}{(\xi_m^2+\lambda_0^2)\left\{\vartheta+\frac{\lambda_\vartheta}{\xi_m^2+\lambda_\vartheta^2}\right\}+\lambda_0}\times\\
&\times\sum_{n=1}^{\infty}\frac{\xi_n^2\{\xi_n J'_{\mathcal{M}}(\xi_n a)-\lambda J_{\mathcal{M}}(\xi_n a)\}^2\mathcal{V}_{\mathcal{NM}}(\xi_n r_0,b)\,\mathcal{V}_{\mathcal{NM}}(\xi_n r,b)}{(\eta_r\xi_n^2+s)\left[\left\{1-\left(\frac{\mathcal{M}}{\xi_n b}\right)^2\right\}\{\xi_n J'_{\mathcal{M}}(\xi_n a)-\lambda J_{\mathcal{M}}(\xi_n a)\}^2-\left\{\lambda^2+\xi_n^2-\left(\frac{\mathcal{M}}{a}\right)^2\right\}J'^2_{\mathcal{M}}(\xi_n b)\right]}+\\
&+\frac{2\pi}{\phi c_t}\sum_{m=1}^{\infty}\frac{\{\xi_m\cos(\xi_m\theta)+\lambda_0\sin(\xi_m\theta)\}}{(\xi_m^2+\lambda_0^2)\left\{\vartheta+\frac{\lambda_\vartheta}{\xi_m^2+\lambda_\vartheta^2}\right\}+\lambda_0}\times\\
&\times\sum_{n=1}^{\infty}\frac{\xi_n\{\xi_n J'_{\mathcal{M}}(\xi_n a)-\lambda J_{\mathcal{M}}(\xi_n a)\}\mathcal{V}_{\mathcal{NM}}(\xi_n r,b)}{(\eta_r\xi_n^2+s)\left[\left\{1-\left(\frac{\mathcal{M}}{\xi_n b}\right)^2\right\}\{\xi_n J'_{\mathcal{M}}(\xi_n a)-\lambda J_{\mathcal{M}}(\xi_n a)\}^2-\left\{\lambda^2+\xi_n^2-\left(\frac{\mathcal{M}}{a}\right)^2\right\}J'^2_{\mathcal{M}}(\xi_n b)\right]}\times\\
&\times\left\{J'_{\mathcal{M}}(\xi_n b)\overline{\overline{\psi}}_b(\xi_m,s)-\overline{\overline{\psi}}_a(\xi_m,s)\,\xi_n\{\xi_n J'_{\mathcal{M}}(\xi_n a)-\lambda J_{\mathcal{M}}(\xi_n a)\}\right\}+\\
&+\pi^2\eta_\theta\sum_{m=1}^{\infty}\frac{\{\xi_m\cos(\xi_m\theta)+\lambda_0\sin(\xi_m\theta)\}}{(\xi_m^2+\lambda_0^2)\left\{\vartheta+\frac{\lambda_\vartheta}{\xi_m^2+\lambda_\vartheta^2}\right\}+\lambda_0}\times\\
&\times\sum_{n=1}^{\infty}\frac{\xi_n^2\{\xi_n J'_{\mathcal{M}}(\xi_n a)-\lambda J_{\mathcal{M}}(\xi_n a)\}^2\mathcal{V}_{\mathcal{NM}}(\xi_n r,b)}{(\eta_r\xi_n^2+s)\left[\left\{1-\left(\frac{\mathcal{M}}{\xi_n b}\right)^2\right\}\{\xi_n J'_{\mathcal{M}}(\xi_n a)-\lambda J_{\mathcal{M}}(\xi_n a)\}^2-\left\{\lambda^2+\xi_n^2-\left(\frac{\mathcal{M}}{a}\right)^2\right\}J'^2_{\mathcal{M}}(\xi_n b)\right]}\times\\
&\times\int_a^b\frac{\mathcal{V}_{\mathcal{NM}}(\xi_n u,b)}{u}\left[\xi_m\overline{\psi}_0(u,s)-\overline{\psi}_\vartheta(u,s)\{\xi_m\cos(\xi_m\vartheta)+\lambda_0\sin(\xi_m\vartheta)\}\right]du+\\
&+\pi^2\sum_{m=1}^{\infty}\frac{\{\xi_m\cos(\xi_m\theta)+\lambda_0\sin(\xi_m\theta)\}}{(\xi_m^2+\lambda_0^2)\left\{\vartheta+\frac{\lambda_\vartheta}{\xi_m^2+\lambda_\vartheta^2}\right\}+\lambda_0}\times\\
&\times\sum_{n=1}^{\infty}\frac{\xi_n^2\{\xi_n J'_{\mathcal{M}}(\xi_n a)-\lambda J_{\mathcal{M}}(\xi_n a)\}^2\mathcal{V}_{\mathcal{NM}}(\xi_n r,b)\overline{\overline{\varphi}}(\xi_n,\xi_m)}{(\eta_r\xi_n^2+s)\left[\left\{1-\left(\frac{\mathcal{M}}{\xi_n b}\right)^2\right\}\{\xi_n J'_{\mathcal{M}}(\xi_n a)-\lambda J_{\mathcal{M}}(\xi_n a)\}^2-\left\{\lambda^2+\xi_n^2-\left(\frac{\mathcal{M}}{a}\right)^2\right\}J'^2_{\mathcal{M}}(\xi_n b)\right]}
\end{aligned}
\tag{17.99.2}
$$

and

$$
\begin{aligned}
p \;=\; & \frac{\pi^2 U(t-t_0)}{\phi c_t}\sum_{m=1}^{\infty}\frac{\{\xi_m\cos(\xi_m\theta_0)+\lambda_0\sin(\xi_m\theta_0)\}\{\xi_m\cos(\xi_m\theta)+\lambda_0\sin(\xi_m\theta)\}}{(\xi_m^2+\lambda_0^2)\left\{\vartheta+\frac{\lambda_\vartheta}{\xi_m^2+\lambda_\vartheta^2}\right\}+\lambda_0}\times\\
&\times\sum_{n=1}^{\infty}\frac{\xi_n^2\{\xi_n J'_{\mathcal{M}}(\xi_n a)-\lambda J_{\mathcal{M}}(\xi_n a)\}^2\mathcal{V}_{\mathcal{NM}}(\xi_n r_0,b)\,\mathcal{V}_{\mathcal{NM}}(\xi_n r,b)\int_0^{t-t_0}q(t-t_0-\tau)\,e^{-\eta_r\xi_n^2(t-\tau)}d\tau}{\left[\left\{1-\left(\frac{\mathcal{M}}{\xi_n b}\right)^2\right\}\{\xi_n J'_{\mathcal{M}}(\xi_n a)-\lambda J_{\mathcal{M}}(\xi_n a)\}^2-\left\{\lambda^2+\xi_n^2-\left(\frac{\mathcal{M}}{a}\right)^2\right\}J'^2_{\mathcal{M}}(\xi_n b)\right]}+\\
&+\frac{2\pi}{\phi c_t}\sum_{m=1}^{\infty}\frac{\{\xi_m\cos(\xi_m\theta)+\lambda_0\sin(\xi_m\theta)\}}{(\xi_m^2+\lambda_0^2)\left\{\vartheta+\frac{\lambda_\vartheta}{\xi_m^2+\lambda_\vartheta^2}\right\}+\lambda_0}\times\\
&\times\sum_{n=1}^{\infty}\frac{\xi_n\{\xi_n J'_{\mathcal{M}}(\xi_n a)-\lambda J_{\mathcal{M}}(\xi_n a)\}\mathcal{V}_{\mathcal{NM}}(\xi_n r,b)}{\left[\left\{1-\left(\frac{\mathcal{M}}{\xi_n b}\right)^2\right\}\{\xi_n J'_{\mathcal{M}}(\xi_n a)-\lambda J_{\mathcal{M}}(\xi_n a)\}^2-\left\{\lambda^2+\xi_n^2-\left(\frac{\mathcal{M}}{a}\right)^2\right\}J'^2_{\mathcal{M}}(\xi_n b)\right]}\times
\end{aligned}
$$

$$\times \int_0^t \left\{J'_{\mathcal{M}}(\xi_n b)\overline{\psi}_b(\xi_m,\tau) - \overline{\psi}_a(\xi_m,\tau)\xi_n\left\{\xi_n J'_{\mathcal{M}}(\xi_n a) - \lambda J_{\mathcal{M}}(\xi_n a)\right\}\right\} e^{-\eta_r \xi_n^2 (t-\tau)} d\tau +$$

$$+\pi^2 \eta_\theta \sum_{m=1}^{\infty} \frac{\{\xi_m \cos(\xi_m \theta) + \lambda_0 \sin(\xi_m \theta)\}}{(\xi_m^2 + \lambda_0^2)\left\{\vartheta + \frac{\lambda_\vartheta}{\xi_m^2 + \lambda_\vartheta^2}\right\} + \lambda_0} \times$$

$$\times \sum_{n=1}^{\infty} \frac{\xi_n^2 \{\xi_n J'_{\mathcal{M}}(\xi_n a) - \lambda J_{\mathcal{M}}(\xi_n a)\}^2 \mathcal{V}_{\mathcal{NM}}(\xi_n r, b)}{\left[\left\{1 - \left(\frac{\mathcal{M}}{\xi_n b}\right)^2\right\}\{\xi_n J'_{\mathcal{M}}(\xi_n a) - \lambda J_{\mathcal{M}}(\xi_n a)\}^2 - \left\{\lambda^2 + \xi_n^2 - \left(\frac{\mathcal{M}}{a}\right)^2\right\} J'^2_{\mathcal{M}}(\xi_n b)\right]} \times$$

$$\times \int_a^b \frac{\mathcal{V}_{\mathcal{NM}}(\xi_n u, b)}{u} \int_0^t \left[\xi_m \psi_0(u,\tau) - \psi_\vartheta(u,\tau)\{\xi_m \cos(\xi_m \vartheta) + \lambda_0 \sin(\xi_m \vartheta)\}\right] e^{-\eta_r \xi_n^2 (t-\tau)} d\tau du +$$

$$+\pi^2 \sum_{m=1}^{\infty} \frac{\{\xi_m \cos(\xi_m \theta) + \lambda_0 \sin(\xi_m \theta)\}}{(\xi_m^2 + \lambda_0^2)\left\{\vartheta + \frac{\lambda_\vartheta}{\xi_m^2 + \lambda_\vartheta^2}\right\} + \lambda_0} \times$$

$$\times \sum_{n=1}^{\infty} \frac{\xi_n^2 \{\xi_n J'_{\mathcal{M}}(\xi_n a) - \lambda J_{\mathcal{M}}(\xi_n a)\}^2 \mathcal{V}_{\mathcal{NM}}(\xi_n r, b) \overline{\overline{\varphi}}(\xi_n, \xi_m) e^{-\eta_r \xi_n^2 t}}{\left[\left\{1 - \left(\frac{\mathcal{M}}{\xi_n b}\right)^2\right\}\{\xi_n J'_{\mathcal{M}}(\xi_n a) - \lambda J_{\mathcal{M}}(\xi_n a)\}^2 - \left\{\lambda^2 + \xi_n^2 - \left(\frac{\mathcal{M}}{a}\right)^2\right\} J'^2_{\mathcal{M}}(\xi_n b)\right]} \quad (17.99.3)$$

where $\overline{\psi}_a(\xi_m,t) = \int_0^\vartheta \psi_a(u,t)\{\xi_m \cos(\xi_m u) + \lambda_0 \sin(\xi_m u)\}du$ and
$\overline{\psi}_b(\xi_m,t) = \int_0^\vartheta \psi_b(u,t)\{\xi_m \cos(\xi_m u) + \lambda_0 \sin(\xi_m u)\}du$.

17.100

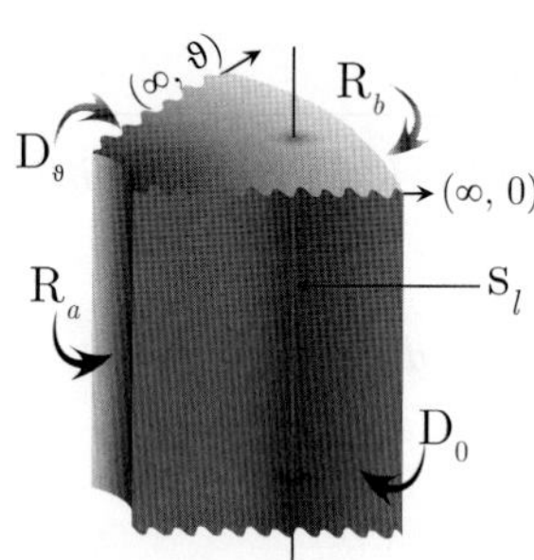

The problem of 17.28, except
$\mathbf{R}_a \equiv \frac{\partial p(a,\theta,t)}{\partial r} - \lambda_a p(a,\theta,t) = -\left(\frac{\mu}{k_r}\right)\psi_a(\theta,t)$,
$\mathbf{R}_b \equiv \frac{\partial p(b,\theta,t)}{\partial r} + \lambda_b p(b,\theta,t) = -\left(\frac{\mu}{k_r}\right)\psi_b(\theta,t)$,
$\mathbf{D}_0 \equiv p(r,0,t) = \psi_0(r,t)$ and $\mathbf{D}_\vartheta \equiv p(r,\vartheta,t) = \psi_\vartheta(r,t)$

The successive application of the Laplace, Fourier and finite Hankel transformations to equation (14.1.1) gives

$$\overline{\overline{\overline{p}}} = \frac{q(s)e^{-st_0}\sin(\xi_m\theta_0)\{\xi_n \mathcal{V}_{\mathcal{NM}}(\xi_n r_0, a) - \lambda_a \mathcal{V}_{\mathcal{DM}}(\xi_n r_0, a)\}}{\phi c_t(\eta_r \xi_n^2 + s)} -$$
$$-\frac{2\{\xi_n J'_{\mathcal{M}}(\xi_n a) - \lambda_a J_{\mathcal{M}}(\xi_n a)\}\overline{\overline{\psi}}_b(\xi_m,s)}{\pi\phi c_t\{\xi_n J'_{\mathcal{M}}(\xi_n b) + \lambda_b J_{\mathcal{M}}(\xi_n a)\}(\eta_r \xi_n^2 + s)} + \frac{2\overline{\overline{\psi}}_a(\xi_m,s)}{\pi\phi c_t(\eta_r\xi_n^2 + s)} +$$
$$+\frac{\xi_m \eta_\theta \int_a^b \frac{\{\xi_n \mathcal{V}_{\mathcal{NM}}(\xi_n u,a) - \lambda_a \mathcal{V}_{\mathcal{DM}}(\xi_n u,a)\}}{u}\left\{\overline{\psi}_0(u,s) - (-1)^m \overline{\psi}_\vartheta(u,s)\right\}du}{(\eta_r \xi_n^2 + s)} + \frac{\overline{\overline{\varphi}}(\xi_n,\xi_m)}{(\eta_r\xi_n^2 + s)} \quad (17.100.1)$$

where ξ_m is a positive root of $\sin(\xi_m\vartheta)$, which are $\xi_m = \frac{m\pi}{\vartheta}$, $m = 1, 2, ...$, ξ_n, $n = 1, 2, ...$, are the positive roots of the transcendental equation
$\lambda_a\{\mathcal{V}'_{\mathcal{DM}}(\xi_n b, a) + \lambda_b \mathcal{V}_{\mathcal{DM}}(\xi_n b, a)\} - \xi_n\{\mathcal{V}'_{\mathcal{NM}}(\xi_n b, a) + \lambda_b \mathcal{V}_{\mathcal{NM}}(\xi_n b, a)\} = 0$,
$\mathcal{V}_{\mathcal{DM}}(\xi_n r, a) = J_{\mathcal{M}}(\xi_n r) Y_{\mathcal{M}}(\xi_n a) - Y_{\mathcal{M}}(\xi_n r) J_{\mathcal{M}}(\xi_n a)$,
$\mathcal{V}_{\mathcal{NM}}(\xi_n r, a) = J_{\mathcal{M}}(\xi_n r) Y'_{\mathcal{M}}(\xi_n a) - Y_{\mathcal{M}}(\xi_n r) J'_{\mathcal{M}}(\xi_n a)$,

$\overline{\overline{\psi}}_a(\xi_m, s) = \int_0^\vartheta \overline{\psi}_a(u, s)\sin(\xi_m u)du$, $\overline{\overline{\psi}}_b(\xi_m, s) = \int_0^\vartheta \overline{\psi}_b(u, s)\sin(\xi_m u)du$ and $\overline{\overline{\varphi}}(\xi_n, \xi_m) = \int_a^b r\{\xi_n \mathcal{V}_{\mathcal{NM}}(\xi_n r, a) - \lambda_a \mathcal{V}_{\mathcal{DM}}(\xi_n r, a)\}\int_0^\vartheta \varphi(r, u)\sin(\xi_m u)dudr$. Successive inverse transforms yield

$$\begin{aligned}
\overline{p} &= \frac{\pi^2 q(s)e^{-st_0}}{\phi c_t\vartheta}\sum_{m=1}^{\infty}\sin(\xi_m\theta_0)\sin(\xi_m\theta)\times\\
&\times\sum_{n=1}^{\infty}\frac{\xi_n^2\{\xi_n J'_{\mathcal{M}}(\xi_n b)+\lambda_b J_{\mathcal{M}}(\xi_n b)\}^2\{\xi_n\mathcal{V}_{\mathcal{NM}}(\xi_n r_0, a)-\lambda_a\mathcal{V}_{\mathcal{DM}}(\xi_n r_0, a)\}\mathrm{B}_{\mathcal{M}}(\xi_n r, a)}{(\eta_r\xi_n^2+s)}+\\
&+\frac{2\pi}{\vartheta\phi c_t}\sum_{m=1}^{\infty}\sin(\xi_m\theta)\sum_{n=1}^{\infty}\frac{\xi_n^2\{\xi_n J'_{\mathcal{M}}(\xi_n b)+\lambda_b J_{\mathcal{M}}(\xi_n b)\}\mathrm{B}_{\mathcal{M}}(\xi_n r, a)}{(\eta_r\xi_n^2+s)}\times\\
&\times\left[\{\xi_n J'_{\mathcal{M}}(\xi_n a)-\lambda_a J_{\mathcal{M}}(\xi_n a)\}\overline{\overline{\psi}}_b(\xi_m, s)-\{\xi_n J'_{\mathcal{M}}(\xi_n b)+\lambda_b J_{\mathcal{M}}(\xi_n b)\}\overline{\overline{\psi}}_a(\xi_m, s)\right]+\\
&+\frac{\pi^2\eta_\theta}{\vartheta}\sum_{m=1}^{\infty}\xi_m\sin(\xi_m\theta)\sum_{n=1}^{\infty}\frac{\xi_n^2\{\xi_n J'_{\mathcal{M}}(\xi_n b)+\lambda_b J_{\mathcal{M}}(\xi_n b)\}^2\mathrm{B}_{\mathcal{M}}(\xi_n r, a)}{(\eta_r\xi_n^2+s)}\times\\
&\times\int_a^b\frac{\{\xi_n\mathcal{V}_{\mathcal{NM}}(\xi_n u, a)-\lambda_a\mathcal{V}_{\mathcal{DM}}(\xi_n u, a)\}}{u}\{\overline{\psi}_0(u, s)-(-1)^m\overline{\psi}_\vartheta(u, s)\}du+\\
&+\frac{\pi^2}{\vartheta}\sum_{m=1}^{\infty}\sin(\xi_m\theta)\sum_{n=1}^{\infty}\frac{\xi_n^2\{\xi_n J'_{\mathcal{M}}(\xi_n b)+\lambda_b J_{\mathcal{M}}(\xi_n b)\}^2\mathrm{B}_{\mathcal{M}}(\xi_n r, a)\overline{\overline{\varphi}}(\xi_n, \xi_m)}{(\eta_r\xi_n^2+s)}
\end{aligned} \tag{17.100.2}$$

where $\mathrm{B}_{\mathcal{M}}(\xi_n r, a) = \frac{\{\xi_n\mathcal{V}_{\mathcal{NM}}(\xi_n r, a)-\lambda_a\mathcal{V}_{\mathcal{DM}}(\xi_n r, a)\}}{\left[\left\{\lambda_b^2+\xi_n^2-\left(\frac{\mathcal{M}}{b}\right)^2\right\}\{\xi_n J'_{\mathcal{M}}(\xi_n a)-\lambda_a J_{\mathcal{M}}(\xi_n a)\}^2-\left\{\lambda_a^2+\xi_n^2-\left(\frac{\mathcal{M}}{a}\right)^2\right\}\{\xi_n J'_{\mathcal{M}}(\xi_n b)+\lambda_b J_{\mathcal{M}}(\xi_n b)\}^2\right]}$ and

$$\begin{aligned}
p &= \frac{\pi^2 U(t-t_0)}{\phi c_t\vartheta}\sum_{m=1}^{\infty}\sin(\xi_m\theta_0)\sin(\xi_m\theta)\times\\
&\times\sum_{n=1}^{\infty}\xi_n^2\{\xi_n J'_{\mathcal{M}}(\xi_n b)+\lambda_b J_{\mathcal{M}}(\xi_n b)\}^2\{\xi_n\mathcal{V}_{\mathcal{NM}}(\xi_n r_0, a)-\lambda_a\mathcal{V}_{\mathcal{DM}}(\xi_n r_0, a)\}\mathrm{B}_{\mathcal{M}}(\xi_n r, a)\times\\
&\times\int_0^{t-t_0} q(t-t_0-\tau)e^{-\eta_r\xi_n^2(t-\tau)}d\tau+\\
&+\frac{2\pi}{\vartheta\phi c_t}\sum_{m=1}^{\infty}\sin(\xi_m\theta)\sum_{n=1}^{\infty}\xi_n^2\{\xi_n J'_{\mathcal{M}}(\xi_n b)+\lambda_b J_{\mathcal{M}}(\xi_n b)\}\mathrm{B}_{\mathcal{M}}(\xi_n r, a)\times\\
&\times\int_0^t\left[\{\xi_n J'_{\mathcal{M}}(\xi_n a)-\lambda_a J_{\mathcal{M}}(\xi_n a)\}\overline{\psi}_b(\xi_m, \tau)-\{\xi_n J'_{\mathcal{M}}(\xi_n b)+\lambda_b J_{\mathcal{M}}(\xi_n b)\}\overline{\psi}_a(\xi_m, \tau)\right]e^{-\eta_r\xi_n^2(t-\tau)}d\tau+\\
&+\frac{\pi^2\eta_\theta}{\vartheta}\sum_{m=1}^{\infty}\xi_m\sin(\xi_m\theta)\sum_{n=1}^{\infty}\xi_n^2\{\xi_n J'_{\mathcal{M}}(\xi_n b)+\lambda_b J_{\mathcal{M}}(\xi_n b)\}^2\mathrm{B}_{\mathcal{M}}(\xi_n r, a)\times\\
&\times\int_a^b\frac{\{\xi_n\mathcal{V}_{\mathcal{NM}}(\xi_n u, a)-\lambda_a\mathcal{V}_{\mathcal{DM}}(\xi_n u, a)\}}{u}\int_0^t\{\psi_0(u, \tau)-(-1)^m\psi_\vartheta(u, \tau)\}e^{-\eta_r\xi_n^2(t-\tau)}d\tau du+\\
&+\frac{\pi^2}{\vartheta}\sum_{m=1}^{\infty}\sin(\xi_m\theta)\sum_{n=1}^{\infty}\xi_n^2\{\xi_n J'_{\mathcal{M}}(\xi_n b)+\lambda_b J_{\mathcal{M}}(\xi_n b)\}^2\mathrm{B}_{\mathcal{M}}(\xi_n r, a)\overline{\overline{\varphi}}(\xi_n, \xi_m)e^{-\eta_r\xi_n^2 t}
\end{aligned} \tag{17.100.3}$$

where $\overline{\psi}_a(\xi_m, t) = \int_0^\vartheta \psi_a(u, t)\sin(\xi_m u)du$ and $\overline{\psi}_b(\xi_m, t) = \int_0^\vartheta \psi_b(u, t)\sin(\xi_m u)du$.

17.101

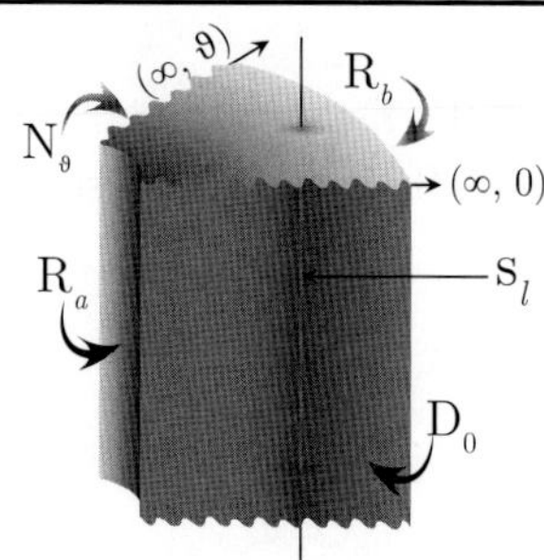

The problem of 17.28, except $\mathbf{D_0 \equiv p(r,0,t) = \psi_0(r,t)}$,
$\mathbf{N_\vartheta \equiv \frac{\partial p(r,\vartheta,t)}{\partial\theta} = -\left(\frac{\mu}{k_\theta}\right)\psi_\vartheta(r,t)}$,
$\mathbf{R_a \equiv \frac{\partial p(a,\theta,t)}{\partial r} - \lambda_a p(a,\theta,t) = -\left(\frac{\mu}{k_r}\right)\psi_a(\theta,t)}$ **and**
$\mathbf{R_b \equiv \frac{\partial p(b,\theta,t)}{\partial r} + \lambda_b p(b,\theta,t) = -\left(\frac{\mu}{k_r}\right)\psi_b(\theta,t)}$

The successive application of the Laplace, Fourier and finite Hankel transformations to equation (14.1.1) gives

$$\begin{aligned}\overline{\overline{\overline{p}}} &= \frac{q(s)\,e^{-st_0}\sin(\xi_m\theta_0)\left\{\xi_n\mathcal{V}_{\mathcal{NM}}(\xi_n r_0,a)-\lambda_a\mathcal{V}_{\mathcal{DM}}(\xi_n r_0,a)\right\}}{\phi c_t\left(\eta_r\xi_n^2+s\right)} - \\ &- \frac{2\left\{\xi_n J'_{\mathcal{M}}(\xi_n a)-\lambda_a J_{\mathcal{M}}(\xi_n a)\right\}\overline{\overline{\psi}}_b(\xi_m,s)}{\pi\phi c_t\left\{\xi_n J'_{\mathcal{M}}(\xi_n b)+\lambda_b J_{\mathcal{M}}(\xi_n a)\right\}\left(\eta_r\xi_n^2+s\right)} + \frac{2\overline{\overline{\psi}}_a(\xi_m,s)}{\pi\phi c_t\left(\eta_r\xi_n^2+s\right)} + \\ &+ \frac{\eta_\theta\int_a^b\frac{\left\{\xi_n\mathcal{V}_{\mathcal{NM}}(\xi_n u,a)-\lambda_a\mathcal{V}_{\mathcal{DM}}(\xi_n u,a)\right\}}{u}\left\{\xi_m\overline{\psi}_0(u,s)+(-1)^m\left(\frac{\mu}{k_\theta}\right)\overline{\psi}_\vartheta(u,s)\right\}du}{\left(\eta_r\xi_n^2+s\right)} + \frac{\overline{\overline{\varphi}}(\xi_n,\xi_m)}{\left(\eta_r\xi_n^2+s\right)}\end{aligned} \quad (17.101.1)$$

where ξ_m is a positive root of $\cos(\xi_m\vartheta)$, which are $\xi_m = \frac{(2m-1)\pi}{2\vartheta}$, $m = 1,2,...$, ξ_n, $n = 1,2,...$, are the positive roots of the transcendental equation
$\lambda_a\left\{\mathcal{V}'_{\mathcal{DM}}(\xi_n b,a)+\lambda_b\mathcal{V}_{\mathcal{DM}}(\xi_n b,a)\right\} - \xi_n\left\{\mathcal{V}'_{\mathcal{NM}}(\xi_n b,a)+\lambda_b\mathcal{V}_{\mathcal{NM}}(\xi_n b,a)\right\} = 0$,
$\mathcal{V}_{\mathcal{DM}}(\xi_n r,a) = J_{\mathcal{M}}(\xi_n r)\,Y_{\mathcal{M}}(\xi_n a) - Y_{\mathcal{M}}(\xi_n r)\,J_{\mathcal{M}}(\xi_n a)$,
$\mathcal{V}_{\mathcal{NM}}(\xi_n r,a) = J_{\mathcal{M}}(\xi_n r)\,Y'_{\mathcal{M}}(\xi_n a) - Y_{\mathcal{M}}(\xi_n r)\,J'_{\mathcal{M}}(\xi_n a)$,
$\overline{\overline{\psi}}_a(\xi_m,s) = \int_0^\vartheta\overline{\psi}_a(u,s)\sin(\xi_m u)du$, $\overline{\overline{\psi}}_b(\xi_m,s) = \int_0^\vartheta\overline{\psi}_b(u,s)\sin(\xi_m u)du$ and
$\overline{\overline{\varphi}}(\xi_n,\xi_m) = \int_a^b r\left\{\xi_n\mathcal{V}_{\mathcal{NM}}(\xi_n r,a)-\lambda_a\mathcal{V}_{\mathcal{DM}}(\xi_n r,a)\right\}\int_0^\vartheta\varphi(r,u)\sin(\xi_m u)dudr$. Successive inverse transforms yield

$$\begin{aligned}\overline{p} &= \frac{\pi^2 q(s)\,e^{-st_0}}{\phi c_t\vartheta}\sum_{m=1}^{\infty}\sin(\xi_m\theta_0)\sin(\xi_m\theta)\times \\ &\times\sum_{n=1}^{\infty}\frac{\xi_n^2\left\{\xi_n J'_{\mathcal{M}}(\xi_n b)+\lambda_b J_{\mathcal{M}}(\xi_n b)\right\}^2\left\{\xi_n\mathcal{V}_{\mathcal{NM}}(\xi_n r_0,a)-\lambda_a\mathcal{V}_{\mathcal{DM}}(\xi_n r_0,a)\right\}\mathrm{B}_{\mathcal{M}}(\xi_n r,a)}{\left(\eta_r\xi_n^2+s\right)} + \\ &+\frac{2\pi}{\vartheta\phi c_t}\sum_{m=1}^{\infty}\sin(\xi_m\theta)\sum_{n=1}^{\infty}\frac{\xi_n^2\left\{\xi_n J'_{\mathcal{M}}(\xi_n b)+\lambda_b J_{\mathcal{M}}(\xi_n b)\right\}\mathrm{B}_{\mathcal{M}}(\xi_n r,a)}{\left(\eta_r\xi_n^2+s\right)}\times \\ &\times\left[\left\{\xi_n J'_{\mathcal{M}}(\xi_n a)-\lambda_a J_{\mathcal{M}}(\xi_n a)\right\}\overline{\overline{\psi}}_b(\xi_m,s) - \left\{\xi_n J'_{\mathcal{M}}(\xi_n b)+\lambda_b J_{\mathcal{M}}(\xi_n b)\right\}\overline{\overline{\psi}}_a(\xi_m,s)\right] + \\ &+\frac{\pi^2\eta_\theta}{\vartheta}\sum_{m=1}^{\infty}\sin(\xi_m\theta)\sum_{n=1}^{\infty}\frac{\xi_n^2\left\{\xi_n J'_{\mathcal{M}}(\xi_n b)+\lambda_b J_{\mathcal{M}}(\xi_n b)\right\}^2\mathrm{B}_{\mathcal{M}}(\xi_n r,a)}{\left(\eta_r\xi_n^2+s\right)}\times \\ &\times\int_a^b\frac{\left\{\xi_n\mathcal{V}_{\mathcal{NM}}(\xi_n u,a)-\lambda_a\mathcal{V}_{\mathcal{DM}}(\xi_n u,a)\right\}}{u}\left\{\xi_m\overline{\psi}_0(u,s)+(-1)^m\left(\frac{\mu}{k_\theta}\right)\overline{\psi}_\vartheta(u,s)\right\}du + \\ &+\frac{\pi^2}{\vartheta}\sum_{m=1}^{\infty}\sin(\xi_m\theta)\sum_{n=1}^{\infty}\frac{\xi_n^2\left\{\xi_n J'_{\mathcal{M}}(\xi_n b)+\lambda_b J_{\mathcal{M}}(\xi_n b)\right\}^2\mathrm{B}_{\mathcal{M}}(\xi_n r,a)\overline{\overline{\varphi}}(\xi_n,\xi_m)}{\left(\eta_r\xi_n^2+s\right)}\end{aligned} \quad (17.101.2)$$

where $\mathrm{B}_{\mathcal{M}}(\xi_n r,a) = \frac{\left\{\xi_n\mathcal{V}_{\mathcal{NM}}(\xi_n r,a)-\lambda_a\mathcal{V}_{\mathcal{DM}}(\xi_n r,a)\right\}}{\left[\left\{\lambda_b^2+\xi_n^2-\left(\frac{\mathcal{M}}{b}\right)^2\right\}\left\{\xi_n J'_{\mathcal{M}}(\xi_n a)-\lambda_a J_{\mathcal{M}}(\xi_n a)\right\}^2-\left\{\lambda_a^2+\xi_n^2-\left(\frac{\mathcal{M}}{a}\right)^2\right\}\left\{\xi_n J'_{\mathcal{M}}(\xi_n b)+\lambda_b J_{\mathcal{M}}(\xi_n b)\right\}^2\right]}$ and

$$\begin{aligned}p &= \frac{\pi^2 U(t-t_0)}{\phi c_t\vartheta}\sum_{m=1}^{\infty}\sin(\xi_m\theta_0)\sin(\xi_m\theta)\times \\ &\times\sum_{n=1}^{\infty}\xi_n^2\left\{\xi_n J'_{\mathcal{M}}(\xi_n b)+\lambda_b J_{\mathcal{M}}(\xi_n b)\right\}^2\left\{\xi_n\mathcal{V}_{\mathcal{NM}}(\xi_n r_0,a)-\lambda_a\mathcal{V}_{\mathcal{DM}}(\xi_n r_0,a)\right\}\mathrm{B}_{\mathcal{M}}(\xi_n r,a)\times\end{aligned}$$

$$\times \int_0^{t-t_0} q(t-t_0-\tau)\, e^{-\eta_r \xi_n^2 (t-\tau)} d\tau +$$

$$+\frac{2\pi}{\vartheta\phi c_t}\sum_{m=1}^{\infty}\sin(\xi_m\theta)\sum_{n=1}^{\infty}\xi_n^2\left\{\xi_n J'_{\mathcal{M}}(\xi_n b)+\lambda_b J_{\mathcal{M}}(\xi_n b)\right\}\mathrm{B}_{\mathcal{M}}(\xi_n r, a)\times$$

$$\times\int_0^t\left[\left\{\xi_n J'_{\mathcal{M}}(\xi_n a)-\lambda_a J_{\mathcal{M}}(\xi_n a)\right\}\overline{\psi}_b(\xi_m,\tau)-\left\{\xi_n J'_{\mathcal{M}}(\xi_n b)+\lambda_b J_{\mathcal{M}}(\xi_n b)\right\}\overline{\psi}_a(\xi_m,\tau)\right]e^{-\eta_r\xi_n^2(t-\tau)}d\tau+$$

$$+\frac{\pi^2\eta_\theta}{\vartheta}\sum_{m=1}^{\infty}\sin(\xi_m\theta)\sum_{n=1}^{\infty}\xi_n^2\left\{\xi_n J'_{\mathcal{M}}(\xi_n b)+\lambda_b J_{\mathcal{M}}(\xi_n b)\right\}^2\mathrm{B}_{\mathcal{M}}(\xi_n r, a)\times$$

$$\times\int_a^b\frac{\left\{\xi_n\mathcal{V}_{\mathcal{NM}}(\xi_n u, a)-\lambda_a\mathcal{V}_{\mathcal{DM}}(\xi_n u, a)\right\}}{u}\int_0^t\left\{\xi_m\psi_0(u,\tau)+(-1)^m\left(\frac{\mu}{k_\theta}\right)\psi_\vartheta(u,\tau)\right\}e^{-\eta_r\xi_n^2(t-\tau)}d\tau du+$$

$$+\frac{\pi^2}{\vartheta}\sum_{m=1}^{\infty}\sin(\xi_m\theta)\sum_{n=1}^{\infty}\xi_n^2\left\{\xi_n J'_{\mathcal{M}}(\xi_n b)+\lambda_b J_{\mathcal{M}}(\xi_n b)\right\}^2\mathrm{B}_{\mathcal{M}}(\xi_n r, a)\overline{\overline{\varphi}}(\xi_n,\xi_m)\,e^{-\eta_r\xi_n^2 t} \quad (17.101.3)$$

where $\overline{\psi}_a(\xi_m,t)=\int_0^\vartheta\psi_a(u,t)\sin(\xi_m u)du$ and $\overline{\psi}_b(\xi_m,t)=\int_0^\vartheta\psi_b(u,t)\sin(\xi_m u)du$.

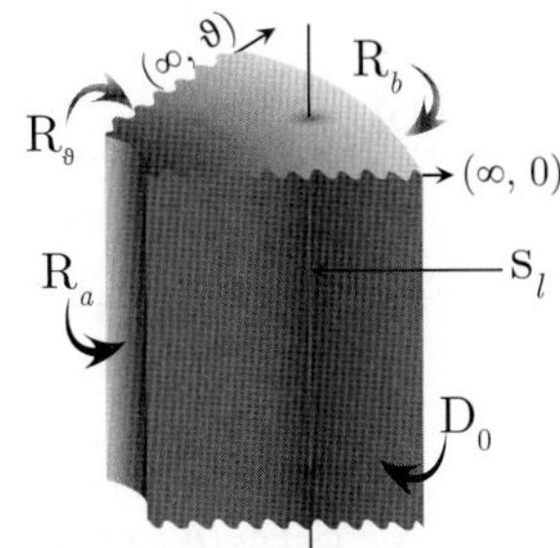

17.102 **The problem of 17.28, except $\mathbf{D_0} \equiv p(r,0,t)=\psi_0(r,t)$,**
$\mathbf{R_\vartheta} \equiv \frac{\partial p(r,\vartheta,t)}{\partial\theta}+\lambda_\vartheta p(r,\vartheta,t)=-\left(\frac{\mu}{k_\theta}\right)\psi_\vartheta(r,t)$,
$\mathbf{R_a} \equiv \frac{\partial p(a,\theta,t)}{\partial r}-\lambda_a p(a,\theta,t)=-\left(\frac{\mu}{k_r}\right)\psi_a(\theta,t)$ and
$\mathbf{R_b} \equiv \frac{\partial p(b,\theta,t)}{\partial r}+\lambda_b p(b,\theta,t)=-\left(\frac{\mu}{k_r}\right)\psi_b(\theta,t)$

The successive application of the Laplace, Fourier and finite Hankel transformations to equation (14.1.1) gives

$$\overline{\overline{\overline{p}}} = \frac{q(s)\,e^{-st_0}\sin(\xi_m\theta_0)\left\{\xi_n\mathcal{V}_{\mathcal{NM}}(\xi_n r_0,a)-\lambda_a\mathcal{V}_{\mathcal{DM}}(\xi_n r_0,a)\right\}}{\phi c_t(\eta_r\xi_n^2+s)}-$$

$$-\frac{2\left\{\xi_n J'_{\mathcal{M}}(\xi_n a)-\lambda_a J_{\mathcal{M}}(\xi_n a)\right\}\overline{\overline{\psi}}_b(\xi_m,s)}{\pi\phi c_t\left\{\xi_n J'_{\mathcal{M}}(\xi_n b)+\lambda_b J_{\mathcal{M}}(\xi_n a)\right\}(\eta_r\xi_n^2+s)}+\frac{2\overline{\overline{\psi}}_a(\xi_m,s)}{\pi\phi c_t(\eta_r\xi_n^2+s)}+$$

$$+\frac{\eta_\theta\int_a^b\frac{\{\xi_n\mathcal{V}_{\mathcal{NM}}(\xi_n u,a)-\lambda_a\mathcal{V}_{\mathcal{DM}}(\xi_n u,a)\}}{u}\left\{\xi_m\overline{\psi}_0(u,s)-\left(\frac{\mu}{k_\theta}\right)\overline{\psi}_\vartheta(u,s)\sin(\xi_m\vartheta)\right\}du}{(\eta_r\xi_n^2+s)}+\frac{\overline{\overline{\varphi}}(\xi_n,\xi_m)}{(\eta_r\xi_n^2+s)} \quad (17.102.1)$$

where ξ_m is a positive root of $\xi_m\cot(\xi_m\vartheta)=-\lambda$, $m=1,2,...$, ξ_n, $n=1,2,...$, are the positive roots of the transcendental equation
$\lambda_a\left\{\mathcal{V}'_{\mathcal{DM}}(\xi_n b,a)+\lambda_b\mathcal{V}_{\mathcal{DM}}(\xi_n b,a)\right\}-\xi_n\left\{\mathcal{V}'_{\mathcal{NM}}(\xi_n b,a)+\lambda_b\mathcal{V}_{\mathcal{NM}}(\xi_n b,a)\right\}=0$,
$\mathcal{V}_{\mathcal{DM}}(\xi_n r,a)=J_{\mathcal{M}}(\xi_n r)Y_{\mathcal{M}}(\xi_n a)-Y_{\mathcal{M}}(\xi_n r)J_{\mathcal{M}}(\xi_n a)$,
$\mathcal{V}_{\mathcal{NM}}(\xi_n r,a)=J_{\mathcal{M}}(\xi_n r)Y'_{\mathcal{M}}(\xi_n a)-Y_{\mathcal{M}}(\xi_n r)J'_{\mathcal{M}}(\xi_n a)$,
$\overline{\overline{\psi}}_a(\xi_m,s)=\int_0^\vartheta\overline{\psi}_a(u,s)\sin(\xi_m u)du$, $\overline{\overline{\psi}}_b(\xi_m,s)=\int_0^\vartheta\overline{\psi}_b(u,s)\sin(\xi_m u)du$ and
$\overline{\overline{\varphi}}(\xi_n,\xi_m)=\int_a^b r\left\{\xi_n\mathcal{V}_{\mathcal{NM}}(\xi_n r,a)-\lambda_a\mathcal{V}_{\mathcal{DM}}(\xi_n r,a)\right\}\int_0^\vartheta\varphi(r,u)\sin(\xi_m u)dudr$. Successive inverse transforms yield

$$\overline{p} = \frac{\pi^2 q(s)\,e^{-st_0}}{\phi c_t}\sum_{m=1}^{\infty}\frac{(\xi_m^2+\lambda^2)\sin(\xi_m\theta_0)\sin(\xi_m\theta)}{\vartheta(\xi_m^2+\lambda^2)+\lambda}\times$$

$$\times\sum_{n=1}^{\infty}\frac{\xi_n^2\left\{\xi_n J'_{\mathcal{M}}(\xi_n b)+\lambda_b J_{\mathcal{M}}(\xi_n b)\right\}^2\left\{\xi_n\mathcal{V}_{\mathcal{NM}}(\xi_n r_0,a)-\lambda_a\mathcal{V}_{\mathcal{DM}}(\xi_n r_0,a)\right\}\mathrm{B}_{\mathcal{M}}(\xi_n r,a)}{(\eta_r\xi_n^2+s)}+$$

$$+\frac{2\pi}{\phi c_t}\sum_{m=1}^{\infty}\frac{(\xi_m^2+\lambda^2)\sin(\xi_m\theta)}{\vartheta(\xi_m^2+\lambda^2)+\lambda}\sum_{n=1}^{\infty}\frac{\xi_n^2\{\xi_n J'_{\mathcal{M}}(\xi_n b)+\lambda_b J_{\mathcal{M}}(\xi_n b)\}\mathrm{B}_{\mathcal{M}}(\xi_n r,a)}{(\eta_r\xi_n^2+s)}\times$$

$$\times\left[\{\xi_n J'_{\mathcal{M}}(\xi_n a)-\lambda_a J_{\mathcal{M}}(\xi_n a)\}\overline{\overline{\psi}}_b(\xi_m,s)-\{\xi_n J'_{\mathcal{M}}(\xi_n b)+\lambda_b J_{\mathcal{M}}(\xi_n b)\}\overline{\overline{\psi}}_a(\xi_m,s)\right]+$$

$$+\pi^2\eta_\theta\sum_{m=1}^{\infty}\frac{(\xi_m^2+\lambda^2)\sin(\xi_m\theta)}{\vartheta(\xi_m^2+\lambda^2)+\lambda}\sum_{n=1}^{\infty}\frac{\xi_n^2\{\xi_n J'_{\mathcal{M}}(\xi_n b)+\lambda_b J_{\mathcal{M}}(\xi_n b)\}^2\mathrm{B}_{\mathcal{M}}(\xi_n r,a)}{(\eta_r\xi_n^2+s)}\times$$

$$\times\int_a^b\frac{\{\xi_n\mathcal{V}_{\mathcal{NM}}(\xi_n u,a)-\lambda_a\mathcal{V}_{\mathcal{DM}}(\xi_n u,a)\}}{u}\left\{\xi_m\overline{\psi}_0(u,s)-\left(\frac{\mu}{k_\theta}\right)\overline{\psi}_\vartheta(u,s)\sin(\xi_m\vartheta)\right\}du+$$

$$+\pi^2\sum_{m=1}^{\infty}\frac{(\xi_m^2+\lambda^2)\sin(\xi_m\theta)}{\vartheta(\xi_m^2+\lambda^2)+\lambda}\sum_{n=1}^{\infty}\frac{\xi_n^2\{\xi_n J'_{\mathcal{M}}(\xi_n b)+\lambda_b J_{\mathcal{M}}(\xi_n b)\}^2\mathrm{B}_{\mathcal{M}}(\xi_n r,a)\overline{\overline{\varphi}}(\xi_n,\xi_m)}{(\eta_r\xi_n^2+s)} \tag{17.102.2}$$

where $\mathrm{B}_{\mathcal{M}}(\xi_n r,a)=\frac{\{\xi_n\mathcal{V}_{\mathcal{NM}}(\xi_n r,a)-\lambda_a\mathcal{V}_{\mathcal{DM}}(\xi_n r,a)\}}{\left[\left\{\lambda_b^2+\xi_n^2-\left(\frac{\mathcal{M}}{b}\right)^2\right\}\{\xi_n J'_{\mathcal{M}}(\xi_n a)-\lambda_a J_{\mathcal{M}}(\xi_n a)\}^2-\left\{\lambda_a^2+\xi_n^2-\left(\frac{\mathcal{M}}{a}\right)^2\right\}\{\xi_n J'_{\mathcal{M}}(\xi_n b)+\lambda_b J_{\mathcal{M}}(\xi_n b)\}^2\right]}$ and

$$p=\frac{\pi^2 U(t-t_0)}{\phi c_t}\sum_{m=1}^{\infty}\frac{(\xi_m^2+\lambda^2)\sin(\xi_m\theta_0)\sin(\xi_m\theta)}{\vartheta(\xi_m^2+\lambda^2)+\lambda}\times$$

$$\times\sum_{n=1}^{\infty}\xi_n^2\{\xi_n J'_{\mathcal{M}}(\xi_n b)+\lambda_b J_{\mathcal{M}}(\xi_n b)\}^2\{\xi_n\mathcal{V}_{\mathcal{NM}}(\xi_n r_0,a)-\lambda_a\mathcal{V}_{\mathcal{DM}}(\xi_n r_0,a)\}\mathrm{B}_{\mathcal{M}}(\xi_n r,a)\times$$

$$\times\int_0^{t-t_0}q(t-t_0-\tau)e^{-\eta_r\xi_n^2(t-\tau)}d\tau+$$

$$+\frac{2\pi}{\phi c_t}\sum_{m=1}^{\infty}\frac{(\xi_m^2+\lambda^2)\sin(\xi_m\theta)}{\vartheta(\xi_m^2+\lambda^2)+\lambda}\sum_{n=1}^{\infty}\xi_n^2\{\xi_n J'_{\mathcal{M}}(\xi_n b)+\lambda_b J_{\mathcal{M}}(\xi_n b)\}\mathrm{B}_{\mathcal{M}}(\xi_n r,a)\times$$

$$\times\int_0^t\left[\{\xi_n J'_{\mathcal{M}}(\xi_n a)-\lambda_a J_{\mathcal{M}}(\xi_n a)\}\overline{\psi}_b(\xi_m,\tau)-\{\xi_n J'_{\mathcal{M}}(\xi_n b)+\lambda_b J_{\mathcal{M}}(\xi_n b)\}\overline{\psi}_a(\xi_m,\tau)\right]e^{-\eta_r\xi_n^2(t-\tau)}d\tau+$$

$$+\pi^2\eta_\theta\sum_{m=1}^{\infty}\frac{(\xi_m^2+\lambda^2)\sin(\xi_m\theta)}{\vartheta(\xi_m^2+\lambda^2)+\lambda}\sum_{n=1}^{\infty}\xi_n^2\{\xi_n J'_{\mathcal{M}}(\xi_n b)+\lambda_b J_{\mathcal{M}}(\xi_n b)\}^2\mathrm{B}_{\mathcal{M}}(\xi_n r,a)\times$$

$$\times\int_a^b\frac{\{\xi_n\mathcal{V}_{\mathcal{NM}}(\xi_n u,a)-\lambda_a\mathcal{V}_{\mathcal{DM}}(\xi_n u,a)\}}{u}\int_0^t\left\{\xi_m\psi_0(u,\tau)-\left(\frac{\mu}{k_\theta}\right)\psi_\vartheta(u,\tau)\sin(\xi_m\vartheta)\right\}e^{-\eta_r\xi_n^2(t-\tau)}d\tau du+$$

$$+\pi^2\sum_{m=1}^{\infty}\frac{(\xi_m^2+\lambda^2)\sin(\xi_m\theta)}{\vartheta(\xi_m^2+\lambda^2)+\lambda}\sum_{n=1}^{\infty}\xi_n^2\{\xi_n J'_{\mathcal{M}}(\xi_n b)+\lambda_b J_{\mathcal{M}}(\xi_n b)\}^2\mathrm{B}_{\mathcal{M}}(\xi_n r,a)\overline{\overline{\varphi}}(\xi_n,\xi_m)e^{-\eta_r\xi_n^2 t} \tag{17.102.3}$$

where $\overline{\psi}_a(\xi_m,t)=\int_0^\vartheta\psi_a(u,t)\sin(\xi_m u)du$ and $\overline{\psi}_b(\xi_m,t)=\int_0^\vartheta\psi_b(u,t)\sin(\xi_m u)du$.

17.103 **The problem of 17.28, except** $\mathbf{N_0 \equiv \frac{\partial p(r,0,t)}{\partial \theta} = -\left(\frac{\mu}{k_\theta}\right)\psi_0(r,t)}$,
$\mathbf{D_\vartheta \equiv p(r,\vartheta,t) = \psi_\vartheta(r,t)}$,
$\mathbf{R_a \equiv \frac{\partial p(a,\theta,t)}{\partial r} - \lambda_a p(a,\theta,t) = -\left(\frac{\mu}{k_r}\right)\psi_a(\theta,t)}$ **and**
$\mathbf{R_b \equiv \frac{\partial p(b,\theta,t)}{\partial r} + \lambda_b p(b,\theta,t) = -\left(\frac{\mu}{k_r}\right)\psi_b(\theta,t)}$

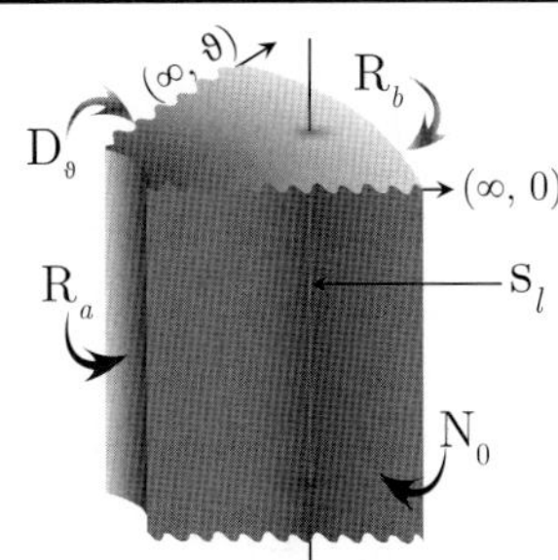

The successive application of the Laplace, Fourier and finite Hankel transformations to equation (14.1.1) gives

$$\begin{aligned}\overline{\overline{\overline{p}}} = & \frac{q(s)e^{-st_0}\cos(\xi_m\theta_0)\{\xi_n\mathcal{V}_{\mathcal{NM}}(\xi_n r_0,a) - \lambda_a\mathcal{V}_{\mathcal{DM}}(\xi_n r_0,a)\}}{\phi c_t(\eta_r\xi_n^2+s)} - \\ & -\frac{2\{\xi_n J'_{\mathcal{M}}(\xi_n a) - \lambda_a J_{\mathcal{M}}(\xi_n a)\}\overline{\overline{\psi}}_b(\xi_m,s)}{\pi\phi c_t\{\xi_n J'_{\mathcal{M}}(\xi_n b) + \lambda_b J_{\mathcal{M}}(\xi_n a)\}(\eta_r\xi_n^2+s)} + \frac{2\overline{\overline{\psi}}_a(\xi_m,s)}{\pi\phi c_t(\eta_r\xi_n^2+s)} + \\ & + \frac{\eta_\theta\int_a^b \frac{\{\xi_n\mathcal{V}_{\mathcal{NM}}(\xi_n u,a) - \lambda_a\mathcal{V}_{\mathcal{DM}}(\xi_n u,a)\}}{u}\left\{(-1)^{m+1}\xi_m\overline{\psi}_\vartheta(u,s) + \left(\frac{\mu}{k_\theta}\right)\overline{\psi}_0(u,s)\right\}du}{(\eta_r\xi_n^2+s)} + \frac{\overline{\overline{\varphi}}(\xi_n,\xi_m)}{(\eta_r\xi_n^2+s)}\end{aligned} \quad (17.103.1)$$

where ξ_m is a positive root of $\cos(\xi_m\vartheta)$, which are $\xi_m = \frac{(2m-1)\pi}{2\vartheta}$, $m = 1,2,...$, ξ_n, $n = 1,2,...$, are the positive roots of the transcendental equation
$\lambda_a\{\mathcal{V}'_{\mathcal{DM}}(\xi_n b,a) + \lambda_b\mathcal{V}_{\mathcal{DM}}(\xi_n b,a)\} - \xi_n\{\mathcal{V}'_{\mathcal{NM}}(\xi_n b,a) + \lambda_b\mathcal{V}_{\mathcal{NM}}(\xi_n b,a)\} = 0$,
$\mathcal{V}_{\mathcal{DM}}(\xi_n r,a) = J_{\mathcal{M}}(\xi_n r)Y_{\mathcal{M}}(\xi_n a) - Y_{\mathcal{M}}(\xi_n r)J_{\mathcal{M}}(\xi_n a)$,
$\mathcal{V}_{\mathcal{NM}}(\xi_n r,a) = J_{\mathcal{M}}(\xi_n r)Y'_{\mathcal{M}}(\xi_n a) - Y_{\mathcal{M}}(\xi_n r)J'_{\mathcal{M}}(\xi_n a)$,
$\overline{\overline{\psi}}_a(\xi_m,s) = \int_0^\vartheta\overline{\psi}_a(u,s)\cos(\xi_m u)du$, $\overline{\overline{\psi}}_b(\xi_m,s) = \int_0^\vartheta\overline{\psi}_b(u,s)\cos(\xi_m u)du$ and
$\overline{\overline{\varphi}}(\xi_n,\xi_m) = \int_a^b r\{\xi_n\mathcal{V}_{\mathcal{NM}}(\xi_n r,a) - \lambda_a\mathcal{V}_{\mathcal{DM}}(\xi_n r,a)\}\int_0^\vartheta\varphi(r,u)\cos(\xi_m u)dudr$. Successive inverse transforms yield

$$\begin{aligned}\overline{p} = & \frac{\pi^2 q(s)e^{-st_0}}{\vartheta\phi c_t}\sum_{m=1}^\infty\cos(\xi_m\theta_0)\cos(\xi_m\theta)\times \\ & \times\sum_{n=1}^\infty\frac{\xi_n^2\{\xi_n J'_{\mathcal{M}}(\xi_n b) + \lambda_b J_{\mathcal{M}}(\xi_n b)\}^2\{\xi_n\mathcal{V}_{\mathcal{NM}}(\xi_n r_0,a) - \lambda_a\mathcal{V}_{\mathcal{DM}}(\xi_n r_0,a)\}\mathrm{B}_{\mathcal{M}}(\xi_n r,a)}{(\eta_r\xi_n^2+s)} + \\ & + \frac{2\pi}{\vartheta\phi c_t}\sum_{m=1}^\infty\cos(\xi_m\theta)\sum_{n=1}^\infty\frac{\xi_n^2\{\xi_n J'_{\mathcal{M}}(\xi_n b) + \lambda_b J_{\mathcal{M}}(\xi_n b)\}\mathrm{B}_{\mathcal{M}}(\xi_n r,a)}{(\eta_r\xi_n^2+s)}\times \\ & \times\left[\{\xi_n J'_{\mathcal{M}}(\xi_n a) - \lambda_a J_{\mathcal{M}}(\xi_n a)\}\overline{\overline{\psi}}_b(\xi_m,s) - \{\xi_n J'_{\mathcal{M}}(\xi_n b) + \lambda_b J_{\mathcal{M}}(\xi_n b)\}\overline{\overline{\psi}}_a(\xi_m,s)\right] + \\ & + \frac{\pi^2\eta_\theta}{\vartheta}\sum_{m=1}^\infty\xi_m\cos(\xi_m\theta)\sum_{n=1}^\infty\frac{\xi_n^2\{\xi_n J'_{\mathcal{M}}(\xi_n b) + \lambda_b J_{\mathcal{M}}(\xi_n b)\}^2\mathrm{B}_{\mathcal{M}}(\xi_n r,a)}{(\eta_r\xi_n^2+s)}\times \\ & \times\int_a^b\frac{\{\xi_n\mathcal{V}_{\mathcal{NM}}(\xi_n u,a) - \lambda_a\mathcal{V}_{\mathcal{DM}}(\xi_n u,a)\}}{u}\left\{(-1)^{m+1}\xi_m\overline{\psi}_\vartheta(u,s) + \left(\frac{\mu}{k_\theta}\right)\overline{\psi}_0(u,s)\right\}du + \\ & + \frac{\pi^2}{\vartheta}\sum_{m=1}^\infty\cos(\xi_m\theta)\sum_{n=1}^\infty\frac{\xi_n^2\{\xi_n J'_{\mathcal{M}}(\xi_n b) + \lambda_b J_{\mathcal{M}}(\xi_n b)\}^2\mathrm{B}_{\mathcal{M}}(\xi_n r,a)\overline{\overline{\varphi}}(\xi_n,\xi_m)}{(\eta_r\xi_n^2+s)}\end{aligned} \quad (17.103.2)$$

where $\mathrm{B}_{\mathcal{M}}(\xi_n r,a) = \frac{\{\xi_n\mathcal{V}_{\mathcal{NM}}(\xi_n r,a) - \lambda_a\mathcal{V}_{\mathcal{DM}}(\xi_n r,a)\}}{\left[\left\{\lambda_b^2+\xi_n^2-\left(\frac{\mathcal{M}}{b}\right)^2\right\}\{\xi_n J'_{\mathcal{M}}(\xi_n a) - \lambda_a J_{\mathcal{M}}(\xi_n a)\}^2 - \left\{\lambda_a^2+\xi_n^2-\left(\frac{\mathcal{M}}{a}\right)^2\right\}\{\xi_n J'_{\mathcal{M}}(\xi_n b) + \lambda_b J_{\mathcal{M}}(\xi_n b)\}^2\right]}$ and

$$\begin{aligned}p = & \frac{\pi^2 U(t-t_0)}{\phi c_t\vartheta}\sum_{m=1}^\infty\cos(\xi_m\theta_0)\cos(\xi_m\theta)\times \\ & \times\sum_{n=1}^\infty\xi_n^2\{\xi_n J'_{\mathcal{M}}(\xi_n b) + \lambda_b J_{\mathcal{M}}(\xi_n b)\}^2\{\xi_n\mathcal{V}_{\mathcal{NM}}(\xi_n r_0,a) - \lambda_a\mathcal{V}_{\mathcal{DM}}(\xi_n r_0,a)\}\mathrm{B}_{\mathcal{M}}(\xi_n r,a)\times\end{aligned}$$

$$\times \int_0^{t-t_0} q(t-t_0-\tau)\, e^{-\eta_r \xi_n^2 (t-\tau)} d\tau +$$
$$+\frac{2\pi}{\vartheta\phi c_t} \sum_{m=1}^{\infty} \cos(\xi_m\theta) \sum_{n=1}^{\infty} \xi_n^2 \{\xi_n J'_{\mathcal{M}}(\xi_n b) + \lambda_b J_{\mathcal{M}}(\xi_n b)\} \mathrm{B}_{\mathcal{M}}(\xi_n r, a) \times$$
$$\times \int_0^t \left[\{\xi_n J'_{\mathcal{M}}(\xi_n a) - \lambda_a J_{\mathcal{M}}(\xi_n a)\} \overline{\psi}_b(\xi_m,\tau) - \{\xi_n J'_{\mathcal{M}}(\xi_n b) + \lambda_b J_{\mathcal{M}}(\xi_n b)\} \overline{\psi}_a(\xi_m,\tau)\right] e^{-\eta_r \xi_n^2 (t-\tau)} d\tau +$$
$$+\frac{\pi^2 \eta_\theta}{\vartheta} \sum_{m=1}^{\infty} \xi_m \cos(\xi_m\theta) \sum_{n=1}^{\infty} \xi_n^2 \{\xi_n J'_{\mathcal{M}}(\xi_n b) + \lambda_b J_{\mathcal{M}}(\xi_n b)\}^2 \mathrm{B}_{\mathcal{M}}(\xi_n r, a) \times$$
$$\times \int_a^b \frac{\{\xi_n \mathcal{V}_{\mathcal{NM}}(\xi_n u, a) - \lambda_a \mathcal{V}_{\mathcal{DM}}(\xi_n u, a)\}}{u} \int_0^t \left\{(-1)^{m+1} \xi_m \psi_\vartheta(u,\tau) + \left(\frac{\mu}{k_\theta}\right) \psi_0(u,\tau)\right\} e^{-\eta_r \xi_n^2 (t-\tau)} d\tau du +$$
$$+\frac{\pi^2}{\vartheta} \sum_{m=1}^{\infty} \cos(\xi_m\theta) \sum_{n=1}^{\infty} \xi_n^2 \{\xi_n J'_{\mathcal{M}}(\xi_n b) + \lambda_b J_{\mathcal{M}}(\xi_n b)\}^2 \mathrm{B}_{\mathcal{M}}(\xi_n r, a) \overline{\overline{\varphi}}(\xi_n, \xi_m)\, e^{-\eta_r \xi_n^2 t} \qquad (17.103.3)$$

where $\overline{\psi}_a(\xi_m, t) = \int_0^\vartheta \psi_a(u,t) \cos(\xi_m u) du$ and $\overline{\psi}_b(\xi_m, t) = \int_0^\vartheta \psi_b(u,t) \cos(\xi_m u) du$.

17.104

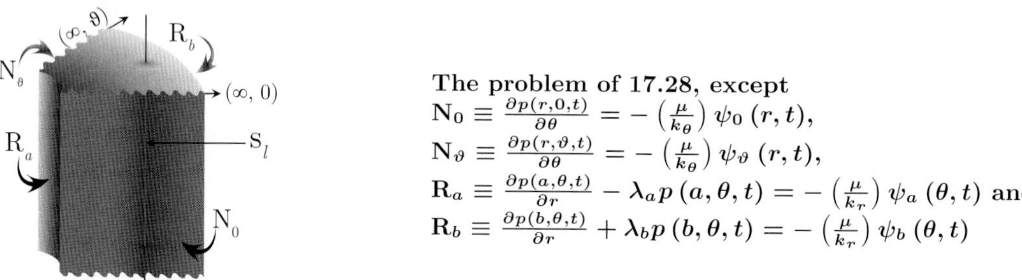

The problem of 17.28, except
$\mathbf{N_0} \equiv \frac{\partial p(r,0,t)}{\partial \theta} = -\left(\frac{\mu}{k_\theta}\right) \psi_0(r,t)$,
$\mathbf{N_\vartheta} \equiv \frac{\partial p(r,\vartheta,t)}{\partial \theta} = -\left(\frac{\mu}{k_\theta}\right) \psi_\vartheta(r,t)$,
$\mathbf{R_a} \equiv \frac{\partial p(a,\theta,t)}{\partial r} - \lambda_a p(a,\theta,t) = -\left(\frac{\mu}{k_r}\right) \psi_a(\theta,t)$ **and**
$\mathbf{R_b} \equiv \frac{\partial p(b,\theta,t)}{\partial r} + \lambda_b p(b,\theta,t) = -\left(\frac{\mu}{k_r}\right) \psi_b(\theta,t)$

The successive application of the Laplace, Fourier and finite Hankel transformations to equation (14.1.1) gives

$$\overline{\overline{\overline{p}}} = \frac{q(s)\, e^{-st_0} \cos(\xi_m\theta_0) \{\xi_n \mathcal{V}_{\mathcal{NM}}(\xi_n r_0, a) - \lambda_a \mathcal{V}_{\mathcal{DM}}(\xi_n r_0, a)\}}{\phi c_t (\eta_r \xi_n^2 + s)} -$$
$$-\frac{2\{\xi_n J'_{\mathcal{M}}(\xi_n a) - \lambda_a J_{\mathcal{M}}(\xi_n a)\} \overline{\overline{\psi}}_b(\xi_m, s)}{\pi\phi c_t \{\xi_n J'_{\mathcal{M}}(\xi_n b) + \lambda_b J_{\mathcal{M}}(\xi_n a)\} (\eta_r \xi_n^2 + s)} + \frac{2\overline{\overline{\psi}}_a(\xi_m, s)}{\pi\phi c_t (\eta_r \xi_n^2 + s)} +$$
$$+\frac{\int_a^b \frac{\{\xi_n \mathcal{V}_{\mathcal{NM}}(\xi_n u, a) - \lambda_a \mathcal{V}_{\mathcal{DM}}(\xi_n u, a)\}}{u} \left\{(-1)^{m+1} \overline{\psi}_\vartheta(u,s) + \overline{\psi}_0(u,s)\right\} du}{\phi c_t (\eta_r \xi_n^2 + s)} + \frac{\overline{\overline{\varphi}}(\xi_n, \xi_m)}{(\eta_r \xi_n^2 + s)} \qquad (17.104.1)$$

where ξ_m is a positive root of $\sin(\xi_m\vartheta)$, which are $\frac{m\pi}{\vartheta}$, $m = 0, 1, 2, ...$, ξ_n, $n = 1, 2, ...$, are the positive roots of the transcendental equation
$\lambda_a \{\mathcal{V}'_{\mathcal{DM}}(\xi_n b, a) + \lambda_b \mathcal{V}_{\mathcal{DM}}(\xi_n b, a)\} - \xi_n \{\mathcal{V}'_{\mathcal{NM}}(\xi_n b, a) + \lambda_b \mathcal{V}_{\mathcal{NM}}(\xi_n b, a)\} = 0$,
$\mathcal{V}_{\mathcal{DM}}(\xi_n r, a) = J_{\mathcal{M}}(\xi_n r) Y_{\mathcal{M}}(\xi_n a) - Y_{\mathcal{M}}(\xi_n r) J_{\mathcal{M}}(\xi_n a)$,
$\mathcal{V}_{\mathcal{NM}}(\xi_n r, a) = J_{\mathcal{M}}(\xi_n r) Y'_{\mathcal{M}}(\xi_n a) - Y_{\mathcal{M}}(\xi_n r) J'_{\mathcal{M}}(\xi_n a)$,
$\overline{\overline{\psi}}_a(\xi_m, s) = \int_0^\vartheta \overline{\psi}_a(u,s) \cos(\xi_m u) du$, $\overline{\overline{\psi}}_b(\xi_m, s) = \int_0^\vartheta \overline{\psi}_b(u,s) \cos(\xi_m u) du$ and
$\overline{\overline{\varphi}}(\xi_n, \xi_m) = \int_a^b r\{\xi_n \mathcal{V}_{\mathcal{NM}}(\xi_n r, a) - \lambda_a \mathcal{V}_{\mathcal{DM}}(\xi_n r, a)\} \int_0^\vartheta \varphi(r,u) \cos(\xi_m u) du dr$. Successive inverse transforms yield

$$\overline{p} = \frac{\pi^2 q(s)\, e^{-st_0}}{\vartheta\phi c_t} \sum_{m=0}^{\infty} \ni_m \cos(\xi_m\theta_0) \cos(\xi_m\theta) \times$$
$$\times \sum_{n=1}^{\infty} \frac{\xi_n^2 \{\xi_n J'_{\mathcal{M}}(\xi_n b) + \lambda_b J_{\mathcal{M}}(\xi_n b)\}^2 \{\xi_n \mathcal{V}_{\mathcal{NM}}(\xi_n r_0, a) - \lambda_a \mathcal{V}_{\mathcal{DM}}(\xi_n r_0, a)\} \mathrm{B}_{\mathcal{M}}(\xi_n r, a)}{(\eta_r \xi_n^2 + s)} +$$

$$+\frac{2\pi}{\vartheta\phi c_t}\sum_{m=0}^{\infty}\ni_m\cos(\xi_m\theta)\sum_{n=1}^{\infty}\frac{\xi_n^2\left\{\xi_n J'_{\mathcal{M}}(\xi_n b)+\lambda_b J_{\mathcal{M}}(\xi_n b)\right\}\mathrm{B}_{\mathcal{M}}(\xi_n r,a)}{(\eta_r\xi_n^2+s)}\times$$
$$\times\left[\left\{\xi_n J'_{\mathcal{M}}(\xi_n a)-\lambda_a J_{\mathcal{M}}(\xi_n a)\right\}\overline{\overline{\psi}}_b(\xi_m,s)-\left\{\xi_n J'_{\mathcal{M}}(\xi_n b)+\lambda_b J_{\mathcal{M}}(\xi_n b)\right\}\overline{\overline{\psi}}_a(\xi_m,s)\right]+$$
$$+\frac{\pi^2\eta_\theta}{\vartheta}\sum_{m=0}^{\infty}\ni_m\xi_m\cos(\xi_m\theta)\sum_{n=1}^{\infty}\frac{\xi_n^2\{\xi_n J'_{\mathcal{M}}(\xi_n b)+\lambda_b J_{\mathcal{M}}(\xi_n b)\}^2\mathrm{B}_{\mathcal{M}}(\xi_n r,a)}{(\eta_r\xi_n^2+s)}\times$$
$$\times\int_a^b\frac{\{\xi_n\mathcal{V}_{\mathcal{NM}}(\xi_n u,a)-\lambda_a\mathcal{V}_{\mathcal{DM}}(\xi_n u,a)\}}{u}\left\{(-1)^{m+1}\overline{\psi}_\vartheta(u,s)+\overline{\psi}_0(u,s)\right\}du+$$
$$+\frac{\pi^2}{\vartheta}\sum_{m=0}^{\infty}\ni_m\cos(\xi_m\theta)\sum_{n=1}^{\infty}\frac{\xi_n^2\{\xi_n J'_{\mathcal{M}}(\xi_n b)+\lambda_b J_{\mathcal{M}}(\xi_n b)\}^2\mathrm{B}_{\mathcal{M}}(\xi_n r,a)\overline{\overline{\varphi}}(\xi_n,\xi_m)}{(\eta_r\xi_n^2+s)} \qquad (17.104.2)$$

where $\mathrm{B}_{\mathcal{M}}(\xi_n r,a)=\frac{\{\xi_n\mathcal{V}_{\mathcal{NM}}(\xi_n r,a)-\lambda_a\mathcal{V}_{\mathcal{DM}}(\xi_n r,a)\}}{\left[\left\{\lambda_b^2+\xi_n^2-\left(\frac{\mathcal{M}}{b}\right)^2\right\}\left\{\xi_n J'_{\mathcal{M}}(\xi_n a)-\lambda_a J_{\mathcal{M}}(\xi_n a)\right\}^2-\left\{\lambda_a^2+\xi_n^2-\left(\frac{\mathcal{M}}{a}\right)^2\right\}\left\{\xi_n J'_{\mathcal{M}}(\xi_n b)+\lambda_b J_{\mathcal{M}}(\xi_n b)\right\}^2\right]}$ and

$$p=\frac{\pi^2 U(t-t_0)}{\phi c_t\vartheta}\sum_{m=0}^{\infty}\ni_m\cos(\xi_m\theta_0)\cos(\xi_m\theta)\times$$
$$\times\sum_{n=1}^{\infty}\xi_n^2\{\xi_n J'_{\mathcal{M}}(\xi_n b)+\lambda_b J_{\mathcal{M}}(\xi_n b)\}^2\{\xi_n\mathcal{V}_{\mathcal{NM}}(\xi_n r_0,a)-\lambda_a\mathcal{V}_{\mathcal{DM}}(\xi_n r_0,a)\}\mathrm{B}_{\mathcal{M}}(\xi_n r,a)\times$$
$$\times\int_0^{t-t_0}q(t-t_0-\tau)e^{-\eta_r\xi_n^2(t-\tau)}d\tau+$$
$$+\frac{2\pi}{\vartheta\phi c_t}\sum_{m=0}^{\infty}\ni_m\cos(\xi_m\theta)\sum_{n=1}^{\infty}\xi_n^2\{\xi_n J'_{\mathcal{M}}(\xi_n b)+\lambda_b J_{\mathcal{M}}(\xi_n b)\}\mathrm{B}_{\mathcal{M}}(\xi_n r,a)\times$$
$$\times\int_0^t\left[\{\xi_n J'_{\mathcal{M}}(\xi_n a)-\lambda_a J_{\mathcal{M}}(\xi_n a)\}\overline{\psi}_b(\xi_m,\tau)-\{\xi_n J'_{\mathcal{M}}(\xi_n b)+\lambda_b J_{\mathcal{M}}(\xi_n b)\}\overline{\psi}_a(\xi_m,\tau)\right]e^{-\eta_r\xi_n^2(t-\tau)}d\tau+$$
$$+\frac{\pi^2\eta_\theta}{\vartheta}\sum_{m=0}^{\infty}\ni_m\xi_m\cos(\xi_m\theta)\sum_{n=1}^{\infty}\xi_n^2\{\xi_n J'_{\mathcal{M}}(\xi_n b)+\lambda_b J_{\mathcal{M}}(\xi_n b)\}^2\mathrm{B}_{\mathcal{M}}(\xi_n r,a)\times$$
$$\times\int_a^b\frac{\{\xi_n\mathcal{V}_{\mathcal{NM}}(\xi_n u,a)-\lambda_a\mathcal{V}_{\mathcal{DM}}(\xi_n u,a)\}}{u}\int_0^t\left\{(-1)^{m+1}\psi_\vartheta(u,\tau)+\psi_0(u,\tau)\right\}e^{-\eta_r\xi_n^2(t-\tau)}d\tau du+$$
$$+\frac{\pi^2}{\vartheta}\sum_{m=0}^{\infty}\ni_m\cos(\xi_m\theta)\sum_{n=1}^{\infty}\xi_n^2\{\xi_n J'_{\mathcal{M}}(\xi_n b)+\lambda_b J_{\mathcal{M}}(\xi_n b)\}^2\mathrm{B}_{\mathcal{M}}(\xi_n r,a)\overline{\overline{\varphi}}(\xi_n,\xi_m)e^{-\eta_r\xi_n^2 t} \qquad (17.104.3)$$

where $\overline{\psi}_a(\xi_m,t)=\int_0^\vartheta\psi_a(u,t)\cos(\xi_m u)du$ and $\overline{\psi}_b(\xi_m,t)=\int_0^\vartheta\psi_b(u,t)\cos(\xi_m u)du$.

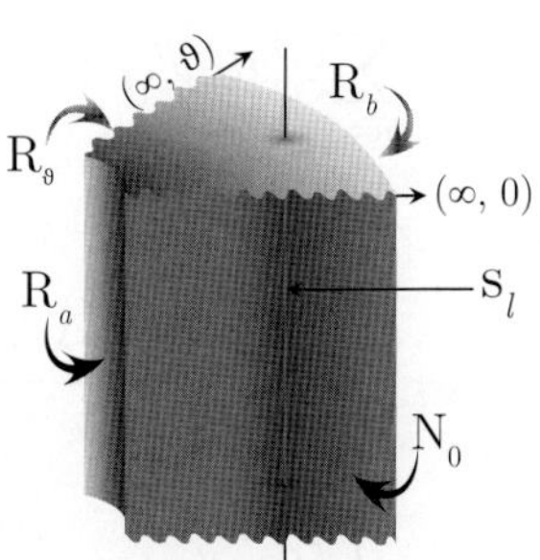

17.105 **The problem of 17.28, except** $\mathbf{N_0\equiv\frac{\partial p(r,0,t)}{\partial\theta}=-\left(\frac{\mu}{k_\theta}\right)\psi_0(r,t)}$,
$\mathbf{R_\vartheta\equiv\frac{\partial p(r,\vartheta,t)}{\partial\theta}+\lambda_\vartheta p(r,\vartheta,t)=-\left(\frac{\mu}{k_\theta}\right)\psi_\vartheta(r,t)}$,
$\mathbf{R_a\equiv\frac{\partial p(a,\theta,t)}{\partial r}-\lambda_a p(a,\theta,t)=-\left(\frac{\mu}{k_r}\right)\psi_a(\theta,t)}$ **and**
$\mathbf{R_b\equiv\frac{\partial p(b,\theta,t)}{\partial r}+\lambda_b p(b,\theta,t)=-\left(\frac{\mu}{k_r}\right)\psi_b(\theta,t)}$

The successive application of the Laplace, Fourier and finite Hankel transformations to equation (14.1.1) gives

$$\overline{\overline{\overline{p}}} = \frac{q(s)\,e^{-st_0}\cos(\xi_m\theta_0)\{\xi_n\mathcal{V}_{\mathcal{NM}}(\xi_n r_0,a)-\lambda_a\mathcal{V}_{\mathcal{DM}}(\xi_n r_0,a)\}}{\phi c_t(\eta_r\xi_n^2+s)} - \\ -\frac{2\{\xi_n J'_{\mathcal{M}}(\xi_n a)-\lambda_a J_{\mathcal{M}}(\xi_n a)\}\overline{\overline{\psi}}_b(\xi_m,s)}{\pi\phi c_t\{\xi_n J'_{\mathcal{M}}(\xi_n b)+\lambda_b J_{\mathcal{M}}(\xi_n a)\}(\eta_r\xi_n^2+s)} + \frac{2\overline{\overline{\psi}}_a(\xi_m,s)}{\pi\phi c_t(\eta_r\xi_n^2+s)} + \\ +\frac{\int_a^b \frac{\{\xi_n\mathcal{V}_{\mathcal{NM}}(\xi_n u,a)-\lambda_a\mathcal{V}_{\mathcal{DM}}(\xi_n u,a)\}}{u}\{\overline{\psi}_0(u,s)-\overline{\psi}_\vartheta(u,s)\cos(\xi_m\vartheta)\}du}{\phi c_t(\eta_r\xi_n^2+s)} + \frac{\overline{\overline{\varphi}}(\xi_n,\xi_m)}{(\eta_r\xi_n^2+s)} \tag{17.105.1}$$

where ξ_m is a positive root of $\xi_m\tan(\xi_m\vartheta)=\lambda$, $m=1,2,...$, ξ_n, $n=1,2,...$, are the positive roots of the transcendental equation
$\lambda_a\{\mathcal{V}'_{\mathcal{DM}}(\xi_n b,a)+\lambda_b\mathcal{V}_{\mathcal{DM}}(\xi_n b,a)\}-\xi_n\{\mathcal{V}'_{\mathcal{NM}}(\xi_n b,a)+\lambda_b\mathcal{V}_{\mathcal{NM}}(\xi_n b,a)\}=0$,
$\mathcal{V}_{\mathcal{DM}}(\xi_n r,a)=J_{\mathcal{M}}(\xi_n r)Y_{\mathcal{M}}(\xi_n a)-Y_{\mathcal{M}}(\xi_n r)J_{\mathcal{M}}(\xi_n a)$,
$\mathcal{V}_{\mathcal{NM}}(\xi_n r,a)=J_{\mathcal{M}}(\xi_n r)Y'_{\mathcal{M}}(\xi_n a)-Y_{\mathcal{M}}(\xi_n r)J'_{\mathcal{M}}(\xi_n a)$,
$\overline{\overline{\psi}}_a(\xi_m,s)=\int_0^\vartheta\overline{\psi}_a(u,s)\cos(\xi_m u)du$, $\overline{\overline{\psi}}_b(\xi_m,s)=\int_0^\vartheta\overline{\psi}_b(u,s)\cos(\xi_m u)du$ and
$\overline{\overline{\varphi}}(\xi_n,\xi_m)=\int_a^b r\{\xi_n\mathcal{V}_{\mathcal{NM}}(\xi_n r,a)-\lambda_a\mathcal{V}_{\mathcal{DM}}(\xi_n r,a)\}\int_0^\vartheta\varphi(r,u)\cos(\xi_m u)dudr$. Successive inverse transforms yield

$$\overline{p} = \frac{\pi^2 q(s)\,e^{-st_0}}{\phi c_t}\sum_{m=1}^{\infty}\frac{(\xi_m^2+\lambda^2)\cos(\xi_m\theta_0)\cos(\xi_m\theta)}{\vartheta(\xi_m^2+\lambda^2)+\lambda}\times \\ \times\sum_{n=1}^{\infty}\frac{\xi_n^2\{\xi_n J'_{\mathcal{M}}(\xi_n b)+\lambda_b J_{\mathcal{M}}(\xi_n b)\}^2\{\xi_n\mathcal{V}_{\mathcal{NM}}(\xi_n r_0,a)-\lambda_a\mathcal{V}_{\mathcal{DM}}(\xi_n r_0,a)\}\mathrm{B}_{\mathcal{M}}(\xi_n r,a)}{(\eta_r\xi_n^2+s)} + \\ +\frac{2\pi}{\phi c_t}\sum_{m=1}^{\infty}\frac{(\xi_m^2+\lambda^2)\cos(\xi_m\theta)}{\vartheta(\xi_m^2+\lambda^2)+\lambda}\sum_{n=1}^{\infty}\frac{\xi_n^2\{\xi_n J'_{\mathcal{M}}(\xi_n b)+\lambda_b J_{\mathcal{M}}(\xi_n b)\}\mathrm{B}_{\mathcal{M}}(\xi_n r,a)}{(\eta_r\xi_n^2+s)}\times \\ \times\left[\{\xi_n J'_{\mathcal{M}}(\xi_n a)-\lambda_a J_{\mathcal{M}}(\xi_n a)\}\overline{\overline{\psi}}_b(\xi_m,s)-\{\xi_n J'_{\mathcal{M}}(\xi_n b)+\lambda_b J_{\mathcal{M}}(\xi_n b)\}\overline{\overline{\psi}}_a(\xi_m,s)\right] + \\ +\frac{\pi^2\eta_\theta}{\vartheta}\sum_{m=1}^{\infty}\frac{(\xi_m^2+\lambda^2)\cos(\xi_m\theta)}{\vartheta(\xi_m^2+\lambda^2)+\lambda}\sum_{n=1}^{\infty}\frac{\xi_n^2\{\xi_n J'_{\mathcal{M}}(\xi_n b)+\lambda_b J_{\mathcal{M}}(\xi_n b)\}^2\mathrm{B}_{\mathcal{M}}(\xi_n r,a)}{(\eta_r\xi_n^2+s)}\times \\ \times\int_a^b\frac{\{\xi_n\mathcal{V}_{\mathcal{NM}}(\xi_n u,a)-\lambda_a\mathcal{V}_{\mathcal{DM}}(\xi_n u,a)\}}{u}\{\overline{\psi}_0(r,s)-\overline{\psi}_\vartheta(r,s)\cos(\xi_m\vartheta)\}du + \\ +\pi^2\sum_{m=1}^{\infty}\frac{(\xi_m^2+\lambda^2)\cos(\xi_m\theta)}{\vartheta(\xi_m^2+\lambda^2)+\lambda}\sum_{n=1}^{\infty}\frac{\xi_n^2\{\xi_n J'_{\mathcal{M}}(\xi_n b)+\lambda_b J_{\mathcal{M}}(\xi_n b)\}^2\mathrm{B}_{\mathcal{M}}(\xi_n r,a)\overline{\overline{\varphi}}(\xi_n,\xi_m)}{(\eta_r\xi_n^2+s)} \tag{17.105.2}$$

where $\mathrm{B}_{\mathcal{M}}(\xi_n r,a)=\frac{\{\xi_n\mathcal{V}_{\mathcal{NM}}(\xi_n r,a)-\lambda_a\mathcal{V}_{\mathcal{DM}}(\xi_n r,a)\}}{\left[\left\{\lambda_b^2+\xi_n^2-\left(\frac{\mathcal{M}}{b}\right)^2\right\}\{\xi_n J'_{\mathcal{M}}(\xi_n a)-\lambda_a J_{\mathcal{M}}(\xi_n a)\}^2-\left\{\lambda_a^2+\xi_n^2-\left(\frac{\mathcal{M}}{a}\right)^2\right\}\{\xi_n J'_{\mathcal{M}}(\xi_n b)+\lambda_b J_{\mathcal{M}}(\xi_n b)\}^2\right]}$ and

$$p = \frac{\pi^2 U(t-t_0)}{\phi c_t}\sum_{m=1}^{\infty}\frac{(\xi_m^2+\lambda^2)\cos(\xi_m\theta_0)\cos(\xi_m\theta)}{\vartheta(\xi_m^2+\lambda^2)+\lambda}\times \\ \times\sum_{n=1}^{\infty}\xi_n^2\{\xi_n J'_{\mathcal{M}}(\xi_n b)+\lambda_b J_{\mathcal{M}}(\xi_n b)\}^2\{\xi_n\mathcal{V}_{\mathcal{NM}}(\xi_n r_0,a)-\lambda_a\mathcal{V}_{\mathcal{DM}}(\xi_n r_0,a)\}\mathrm{B}_{\mathcal{M}}(\xi_n r,a)\times \\ \times\int_0^{t-t_0}q(t-t_0-\tau)\,e^{-\eta_r\xi_n^2(t-\tau)}d\tau + \\ +\frac{2\pi}{\phi c_t}\sum_{m=1}^{\infty}\frac{(\xi_m^2+\lambda^2)\cos(\xi_m\theta)}{\vartheta(\xi_m^2+\lambda^2)+\lambda}\sum_{n=1}^{\infty}\xi_n^2\{\xi_n J'_{\mathcal{M}}(\xi_n b)+\lambda_b J_{\mathcal{M}}(\xi_n b)\}\mathrm{B}_{\mathcal{M}}(\xi_n r,a)\times \\ \times\int_0^t\left[\{\xi_n J'_{\mathcal{M}}(\xi_n a)-\lambda_a J_{\mathcal{M}}(\xi_n a)\}\overline{\psi}_b(\xi_m,\tau)-\{\xi_n J'_{\mathcal{M}}(\xi_n b)+\lambda_b J_{\mathcal{M}}(\xi_n b)\}\overline{\psi}_a(\xi_m,\tau)\right]e^{-\eta_r\xi_n^2(t-\tau)}d\tau +$$

$$+\frac{\pi^2\eta_\theta}{\vartheta}\sum_{m=1}^{\infty}\frac{\left(\xi_m^2+\lambda^2\right)\cos\left(\xi_m\theta\right)}{\vartheta\left(\xi_m^2+\lambda^2\right)+\lambda}\sum_{n=1}^{\infty}\xi_n^2\{\xi_n J'_{\mathcal{M}}\left(\xi_n b\right)+\lambda_b J_{\mathcal{M}}\left(\xi_n b\right)\}^2\mathrm{B}_{\mathcal{M}}\left(\xi_n r,a\right)\times$$

$$\times\int_a^b\frac{\{\xi_n\mathcal{V}_{\mathcal{NM}}\left(\xi_n u,a\right)-\lambda_a\mathcal{V}_{\mathcal{DM}}\left(\xi_n u,a\right)\}}{u}\int_0^t\{\psi_0\left(r,u\right)-\psi_\vartheta\left(u,s\right)\cos\left(\xi_m\vartheta\right)\}e^{-\eta_r\xi_n^2(t-\tau)}d\tau du+$$

$$+\pi^2\sum_{m=1}^{\infty}\frac{\left(\xi_m^2+\lambda^2\right)\cos\left(\xi_m\theta\right)}{\vartheta\left(\xi_m^2+\lambda^2\right)+\lambda}\sum_{n=1}^{\infty}\xi_n^2\{\xi_n J'_{\mathcal{M}}\left(\xi_n b\right)+\lambda_b J_{\mathcal{M}}\left(\xi_n b\right)\}^2\mathrm{B}_{\mathcal{M}}\left(\xi_n r,a\right)\overline{\overline{\varphi}}\left(\xi_n,\xi_m\right)e^{-\eta_r\xi_n^2 t} \quad (17.105.3)$$

where $\overline{\psi}_a\left(\xi_m,t\right)=\int_0^\vartheta\psi_a\left(u,t\right)\cos\left(\xi_m u\right)du$ and $\overline{\psi}_b\left(\xi_m,t\right)=\int_0^\vartheta\psi_b\left(u,t\right)\cos\left(\xi_m u\right)du$.

17.106 **The problem of 17.28, except**
$\mathbf{R_0\equiv\frac{\partial p(r,0,t)}{\partial\theta}-\lambda_0 p\left(r,0,t\right)=-\left(\frac{\mu}{k_\theta}\right)\psi_0\left(r,t\right)}$,
$\mathbf{D_\vartheta\equiv p\left(r,\vartheta,t\right)=\psi_\vartheta\left(r,t\right)}$,
$\mathbf{R_a\equiv\frac{\partial p(a,\theta,t)}{\partial r}-\lambda_a p\left(a,\theta,t\right)=-\left(\frac{\mu}{k_r}\right)\psi_a\left(\theta,t\right)}$ **and**
$\mathbf{R_b\equiv\frac{\partial p(b,\theta,t)}{\partial r}+\lambda_b p\left(b,\theta,t\right)=-\left(\frac{\mu}{k_r}\right)\psi_b\left(\theta,t\right)}$

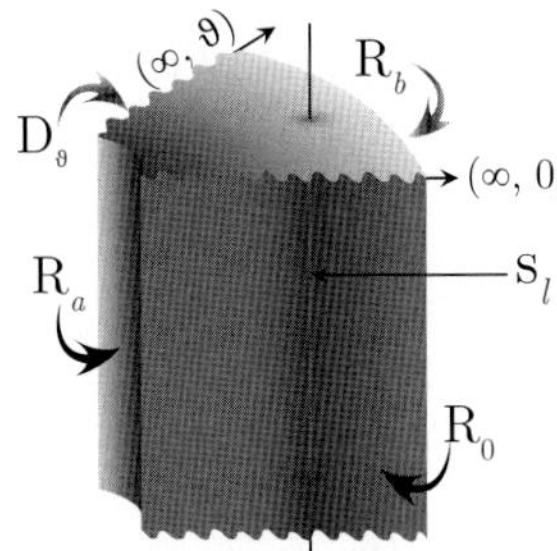

The successive application of the Laplace, Fourier and finite Hankel transformations to equation (14.1.1) gives

$$\overline{\overline{\overline{p}}}=\frac{q\left(s\right)e^{-st_0}\sin\{\xi_m\left(\vartheta-\theta_0\right)\}\{\xi_n\mathcal{V}_{\mathcal{NM}}\left(\xi_n r_0,a\right)-\lambda_a\mathcal{V}_{\mathcal{DM}}\left(\xi_n r_0,a\right)\}}{\phi c_t\left(\eta_r\xi_n^2+s\right)}-$$

$$-\frac{2\{\xi_n J'_{\mathcal{M}}\left(\xi_n a\right)-\lambda_a J_{\mathcal{M}}\left(\xi_n a\right)\}\overline{\overline{\psi}}_b\left(\xi_m,s\right)}{\pi\phi c_t\{\xi_n J'_{\mathcal{M}}\left(\xi_n b\right)+\lambda_b J_{\mathcal{M}}\left(\xi_n a\right)\}\left(\eta_r\xi_n^2+s\right)}+\frac{2\overline{\overline{\psi}}_a\left(\xi_m,s\right)}{\pi\phi c_t\left(\eta_r\xi_n^2+s\right)}+$$

$$+\frac{\eta_\theta\int_a^b\frac{\{\xi_n\mathcal{V}_{\mathcal{NM}}(\xi_n u,a)-\lambda_a\mathcal{V}_{\mathcal{DM}}(\xi_n u,a)\}}{u}\left\{\left(\frac{\mu}{k_\theta}\right)\overline{\psi}_0\left(u,s\right)\sin\left(\xi_m\vartheta\right)+\xi_m\overline{\psi}_\vartheta\left(u,s\right)\right\}du}{\left(\eta_r\xi_n^2+s\right)}+\frac{\overline{\overline{\varphi}}(\xi_n,\xi_m)}{\left(\eta_r\xi_n^2+s\right)} \quad (17.106.1)$$

where ξ_m is a positive root of $\xi_m\cot\left(\xi_m\vartheta\right)=-\lambda$, $m=1,2,...$, ξ_n, $n=1,2,...$, are the positive roots of the transcendental equation
$\lambda_a\{\mathcal{V}'_{\mathcal{DM}}\left(\xi_n b,a\right)+\lambda_b\mathcal{V}_{\mathcal{DM}}\left(\xi_n b,a\right)\}-\xi_n\{\mathcal{V}'_{\mathcal{NM}}\left(\xi_n b,a\right)+\lambda_b\mathcal{V}_{\mathcal{NM}}\left(\xi_n b,a\right)\}=0$,
$\mathcal{V}_{\mathcal{DM}}\left(\xi_n r,a\right)=J_{\mathcal{M}}\left(\xi_n r\right)Y_{\mathcal{M}}\left(\xi_n a\right)-Y_{\mathcal{M}}\left(\xi_n r\right)J_{\mathcal{M}}\left(\xi_n a\right)$,
$\mathcal{V}_{\mathcal{NM}}\left(\xi_n r,a\right)=J_{\mathcal{M}}\left(\xi_n r\right)Y'_{\mathcal{M}}\left(\xi_n a\right)-Y_{\mathcal{M}}\left(\xi_n r\right)J'_{\mathcal{M}}\left(\xi_n a\right)$,
$\overline{\overline{\psi}}_a\left(\xi_m,s\right)=\int_0^\vartheta\overline{\psi}_a\left(u,s\right)\sin\{\xi_m\left(\vartheta-u\right)\}du$, $\overline{\overline{\psi}}_b\left(\xi_m,s\right)=\int_0^\vartheta\overline{\psi}_b\left(u,s\right)\sin\{\xi_m\left(\vartheta-u\right)\}du$ and
$\overline{\overline{\varphi}}(\xi_n,\xi_m)=\int_a^b r\{\xi_n\mathcal{V}_{\mathcal{NM}}\left(\xi_n r,a\right)-\lambda_a\mathcal{V}_{\mathcal{DM}}\left(\xi_n r,a\right)\}\int_0^\vartheta\varphi(r,u)\sin\{\xi_m\left(\vartheta-u\right)\}dudr$. Successive inverse transforms yield

$$\overline{p}=\frac{\pi^2 q\left(s\right)e^{-st_0}}{\phi c_t}\sum_{m=1}^{\infty}\frac{\left(\xi_m^2+\lambda^2\right)\sin\{\xi_m\left(\vartheta-\theta_0\right)\}\sin\{\xi_m\left(\vartheta-\theta\right)\}}{\vartheta\left(\xi_m^2+\lambda^2\right)+\lambda}\times$$

$$\times\sum_{n=1}^{\infty}\frac{\xi_n^2\{\xi_n J'_{\mathcal{M}}\left(\xi_n b\right)+\lambda_b J_{\mathcal{M}}\left(\xi_n b\right)\}^2\{\xi_n\mathcal{V}_{\mathcal{NM}}\left(\xi_n r_0,a\right)-\lambda_a\mathcal{V}_{\mathcal{DM}}\left(\xi_n r_0,a\right)\}\mathrm{B}_{\mathcal{M}}\left(\xi_n r,a\right)}{\left(\eta_r\xi_n^2+s\right)}+$$

$$+\frac{2\pi}{\phi c_t}\sum_{m=1}^{\infty}\frac{\left(\xi_m^2+\lambda^2\right)\sin\{\xi_m\left(\vartheta-\theta\right)\}}{\vartheta\left(\xi_m^2+\lambda^2\right)+\lambda}\sum_{n=1}^{\infty}\frac{\xi_n^2\{\xi_n J'_{\mathcal{M}}\left(\xi_n b\right)+\lambda_b J_{\mathcal{M}}\left(\xi_n b\right)\}\mathrm{B}_{\mathcal{M}}\left(\xi_n r,a\right)}{\left(\eta_r\xi_n^2+s\right)}\times$$

$$\times\left[\{\xi_n J'_{\mathcal{M}}\left(\xi_n a\right)-\lambda_a J_{\mathcal{M}}\left(\xi_n a\right)\}\overline{\overline{\psi}}_b\left(\xi_m,s\right)-\{\xi_n J'_{\mathcal{M}}\left(\xi_n b\right)+\lambda_b J_{\mathcal{M}}\left(\xi_n b\right)\}\overline{\overline{\psi}}_a\left(\xi_m,s\right)\right]+$$

$$+\frac{\pi^2\eta_\theta}{\vartheta}\sum_{m=1}^{\infty}\frac{\left(\xi_m^2+\lambda^2\right)\sin\{\xi_m\left(\vartheta-\theta\right)\}}{\vartheta\left(\xi_m^2+\lambda^2\right)+\lambda}\sum_{n=1}^{\infty}\frac{\xi_n^2\{\xi_n J'_{\mathcal{M}}\left(\xi_n b\right)+\lambda_b J_{\mathcal{M}}\left(\xi_n b\right)\}^2\mathrm{B}_{\mathcal{M}}\left(\xi_n r,a\right)}{\left(\eta_r\xi_n^2+s\right)}\times$$

$$\times\int_a^b \frac{\{\xi_n\mathcal{V}_{\mathcal{NM}}(\xi_n u,a)-\lambda_a\mathcal{V}_{\mathcal{DM}}(\xi_n u,a)\}}{u}\left\{\left(\frac{\mu}{k_\theta}\right)\overline{\psi}_0(u,s)\sin(\xi_m\vartheta)+\xi_m\overline{\psi}_\vartheta(u,s)\right\}du+$$

$$+\pi^2\sum_{m=1}^{\infty}\frac{(\xi_m^2+\lambda^2)\sin\{\xi_m(\vartheta-\theta)\}}{\vartheta(\xi_m^2+\lambda^2)+\lambda}\sum_{n=1}^{\infty}\frac{\xi_n^2\{\xi_n J'_{\mathcal{M}}(\xi_n b)+\lambda_b J_{\mathcal{M}}(\xi_n b)\}^2\mathrm{B}_{\mathcal{M}}(\xi_n r,a)\overline{\overline{\varphi}}(\xi_n,\xi_m)}{(\eta_r\xi_n^2+s)} \quad (17.106.2)$$

where $\mathrm{B}_{\mathcal{M}}(\xi_n r,a)=\frac{\{\xi_n\mathcal{V}_{\mathcal{NM}}(\xi_n r,a)-\lambda_a\mathcal{V}_{\mathcal{DM}}(\xi_n r,a)\}}{\left[\left\{\lambda_b^2+\xi_n^2-\left(\frac{\mathcal{M}}{b}\right)^2\right\}\{\xi_n J'_{\mathcal{M}}(\xi_n a)-\lambda_a J_{\mathcal{M}}(\xi_n a)\}^2-\left\{\lambda_a^2+\xi_n^2-\left(\frac{\mathcal{M}}{a}\right)^2\right\}\{\xi_n J'_{\mathcal{M}}(\xi_n b)+\lambda_b J_{\mathcal{M}}(\xi_n b)\}^2\right]}$ and

$$p=\frac{\pi^2 U(t-t_0)}{\phi c_t}\sum_{m=1}^{\infty}\frac{(\xi_m^2+\lambda^2)\sin\{\xi_m(\vartheta-\theta_0)\}\sin\{\xi_m(\vartheta-\theta)\}}{\vartheta(\xi_m^2+\lambda^2)+\lambda}\times$$

$$\times\sum_{n=1}^{\infty}\xi_n^2\{\xi_n J'_{\mathcal{M}}(\xi_n b)+\lambda_b J_{\mathcal{M}}(\xi_n b)\}^2\{\xi_n\mathcal{V}_{\mathcal{NM}}(\xi_n r_0,a)-\lambda_a\mathcal{V}_{\mathcal{DM}}(\xi_n r_0,a)\}\mathrm{B}_{\mathcal{M}}(\xi_n r,a)\times$$

$$\times\int_0^{t-t_0} q(t-t_0-\tau)e^{-\eta_r\xi_n^2(t-\tau)}d\tau+$$

$$+\frac{2\pi}{\phi c_t}\sum_{m=1}^{\infty}\frac{(\xi_m^2+\lambda^2)\sin\{\xi_m(\vartheta-\theta)\}}{\vartheta(\xi_m^2+\lambda^2)+\lambda}\sum_{n=1}^{\infty}\xi_n^2\{\xi_n J'_{\mathcal{M}}(\xi_n b)+\lambda_b J_{\mathcal{M}}(\xi_n b)\}\mathrm{B}_{\mathcal{M}}(\xi_n r,a)\times$$

$$\times\int_0^t\left[\{\xi_n J'_{\mathcal{M}}(\xi_n a)-\lambda_a J_{\mathcal{M}}(\xi_n a)\}\overline{\psi}_b(\xi_m,\tau)-\{\xi_n J'_{\mathcal{M}}(\xi_n b)+\lambda_b J_{\mathcal{M}}(\xi_n b)\}\overline{\psi}_a(\xi_m,\tau)\right]e^{-\eta_r\xi_n^2(t-\tau)}d\tau+$$

$$+\frac{\pi^2\eta_\theta}{\vartheta}\sum_{m=1}^{\infty}\frac{(\xi_m^2+\lambda^2)\sin\{\xi_m(\vartheta-\theta)\}}{\vartheta(\xi_m^2+\lambda^2)+\lambda}\sum_{n=1}^{\infty}\xi_n^2\{\xi_n J'_{\mathcal{M}}(\xi_n b)+\lambda_b J_{\mathcal{M}}(\xi_n b)\}^2\mathrm{B}_{\mathcal{M}}(\xi_n r,a)\times$$

$$\times\int_a^b\frac{\{\xi_n\mathcal{V}_{\mathcal{NM}}(\xi_n u,a)-\lambda_a\mathcal{V}_{\mathcal{DM}}(\xi_n u,a)\}}{u}\int_0^t\left\{\left(\frac{\mu}{k_\theta}\right)\psi_0(u,\tau)\sin(\xi_m\vartheta)+\xi_m\psi_\vartheta(u,\tau)\right\}e^{-\eta_r\xi_n^2(t-\tau)}d\tau du+$$

$$+\pi^2\sum_{m=1}^{\infty}\frac{(\xi_m^2+\lambda^2)\sin\{\xi_m(\vartheta-\theta)\}}{\vartheta(\xi_m^2+\lambda^2)+\lambda}\sum_{n=1}^{\infty}\xi_n^2\{\xi_n J'_{\mathcal{M}}(\xi_n b)+\lambda_b J_{\mathcal{M}}(\xi_n b)\}^2\mathrm{B}_{\mathcal{M}}(\xi_n r,a)\overline{\overline{\varphi}}(\xi_n,\xi_m)e^{-\eta_r\xi_n^2 t}$$

(17.106.3)

where $\overline{\psi}_a(\xi_m,t)=\int_0^{\vartheta}\psi_a(u,t)\sin\{\xi_m(\vartheta-u)\}du$ and $\overline{\psi}_b(\xi_m,t)=\int_0^{\vartheta}\psi_b(u,t)\sin\{\xi_m(\vartheta-u)\}du$.

17.107

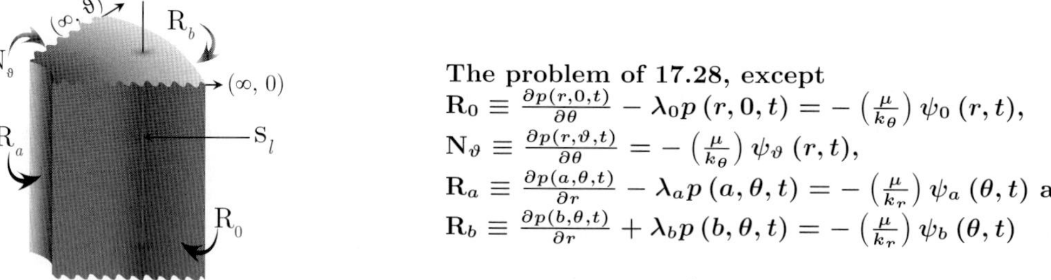

The problem of 17.28, except
$\mathbf{R_0}\equiv\frac{\partial p(r,0,t)}{\partial\theta}-\lambda_0 p(r,0,t)=-\left(\frac{\mu}{k_\theta}\right)\psi_0(r,t)$,
$\mathbf{N_\vartheta}\equiv\frac{\partial p(r,\vartheta,t)}{\partial\theta}=-\left(\frac{\mu}{k_\theta}\right)\psi_\vartheta(r,t)$,
$\mathbf{R_a}\equiv\frac{\partial p(a,\theta,t)}{\partial r}-\lambda_a p(a,\theta,t)=-\left(\frac{\mu}{k_r}\right)\psi_a(\theta,t)$ **and**
$\mathbf{R_b}\equiv\frac{\partial p(b,\theta,t)}{\partial r}+\lambda_b p(b,\theta,t)=-\left(\frac{\mu}{k_r}\right)\psi_b(\theta,t)$

The successive application of the Laplace, Fourier and finite Hankel transformations to equation (14.1.1) gives

$$\overline{\overline{\overline{p}}}=\frac{q(s)e^{-st_0}\cos\{\xi_m(\vartheta-\theta_0)\}\{\xi_n\mathcal{V}_{\mathcal{NM}}(\xi_n r_0,a)-\lambda_a\mathcal{V}_{\mathcal{DM}}(\xi_n r_0,a)\}}{\phi c_t(\eta_r\xi_n^2+s)}-$$

$$-\frac{2\{\xi_n J'_{\mathcal{M}}(\xi_n a)-\lambda_a J_{\mathcal{M}}(\xi_n a)\}\overline{\overline{\psi}}_b(\xi_m,s)}{\pi\phi c_t\{\xi_n J'_{\mathcal{M}}(\xi_n b)+\lambda_b J_{\mathcal{M}}(\xi_n a)\}(\eta_r\xi_n^2+s)}+\frac{2\overline{\overline{\psi}}_a(\xi_m,s)}{\pi\phi c_t(\eta_r\xi_n^2+s)}+$$

$$+\frac{\int_a^b\frac{\{\xi_n\mathcal{V}_{\mathcal{NM}}(\xi_n u,a)-\lambda_a\mathcal{V}_{\mathcal{DM}}(\xi_n u,a)\}}{u}\{\overline{\psi}_0(u,s)\cos(\xi_m\vartheta)-\overline{\psi}_\vartheta(u,s)\}du}{\phi c_t(\eta_r\xi_n^2+s)}+\frac{\overline{\varphi}(\xi_n,\xi_m)}{(\eta_r\xi_n^2+s)} \quad (17.107.1)$$

where ξ_m is a positive root of $\xi_m \tan(\xi_m \vartheta) = \lambda$, $m = 1, 2, ...,$ ξ_n, $n = 1, 2, ...,$ are the positive roots of the transcendental equation
$\lambda_a \{\mathcal{V}'_{\mathcal{DM}}(\xi_n b, a) + \lambda_b \mathcal{V}_{\mathcal{DM}}(\xi_n b, a)\} - \xi_n \{\mathcal{V}'_{\mathcal{NM}}(\xi_n b, a) + \lambda_b \mathcal{V}_{\mathcal{NM}}(\xi_n b, a)\} = 0,$
$\mathcal{V}_{\mathcal{DM}}(\xi_n r, a) = J_{\mathcal{M}}(\xi_n r) Y_{\mathcal{M}}(\xi_n a) - Y_{\mathcal{M}}(\xi_n r) J_{\mathcal{M}}(\xi_n a),$
$\mathcal{V}_{\mathcal{NM}}(\xi_n r, a) = J_{\mathcal{M}}(\xi_n r) Y'_{\mathcal{M}}(\xi_n a) - Y_{\mathcal{M}}(\xi_n r) J'_{\mathcal{M}}(\xi_n a),$
$\overline{\overline{\psi}}_a(\xi_m, s) = \int_0^\vartheta \overline{\psi}_a(u, s) \cos\{\xi_m(\vartheta - u)\}du$, $\overline{\overline{\psi}}_b(\xi_m, s) = \int_0^\vartheta \overline{\psi}_b(u, s) \cos\{\xi_m(\vartheta - u)\}du$ and
$\overline{\overline{\varphi}}(\xi_n, \xi_m) = \int_a^b r\{\xi_n \mathcal{V}_{\mathcal{NM}}(\xi_n r, a) - \lambda_a \mathcal{V}_{\mathcal{DM}}(\xi_n r, a)\} \int_0^\vartheta \varphi(r, u)\cos\{\xi_m(\vartheta - u)\}dudr$. Successive inverse transforms yield

$$\begin{aligned}
\overline{p} \;=\; & \frac{\pi^2 q(s) e^{-st_0}}{\phi c_t} \sum_{m=1}^{\infty} \frac{(\xi_m^2 + \lambda^2)\cos\{\xi_m(\vartheta - \theta_0)\}\cos\{\xi_m(\vartheta - \theta)\}}{\vartheta(\xi_m^2 + \lambda^2) + \lambda} \times \\
& \times \sum_{n=1}^{\infty} \frac{\xi_n^2\{\xi_n J'_{\mathcal{M}}(\xi_n b) + \lambda_b J_{\mathcal{M}}(\xi_n b)\}^2 \{\xi_n \mathcal{V}_{\mathcal{NM}}(\xi_n r_0, a) - \lambda_a \mathcal{V}_{\mathcal{DM}}(\xi_n r_0, a)\} \mathrm{B}_{\mathcal{M}}(\xi_n r, a)}{(\eta_r \xi_n^2 + s)} + \\
& + \frac{2\pi}{\phi c_t} \sum_{m=1}^{\infty} \frac{(\xi_m^2 + \lambda^2)\cos\{\xi_m(\vartheta - \theta)\}}{\vartheta(\xi_m^2 + \lambda^2) + \lambda} \sum_{n=1}^{\infty} \frac{\xi_n^2\{\xi_n J'_{\mathcal{M}}(\xi_n b) + \lambda_b J_{\mathcal{M}}(\xi_n b)\} \mathrm{B}_{\mathcal{M}}(\xi_n r, a)}{(\eta_r \xi_n^2 + s)} \times \\
& \times \left[\{\xi_n J'_{\mathcal{M}}(\xi_n a) - \lambda_a J_{\mathcal{M}}(\xi_n a)\}\overline{\overline{\psi}}_b(\xi_m, s) - \{\xi_n J'_{\mathcal{M}}(\xi_n b) + \lambda_b J_{\mathcal{M}}(\xi_n b)\}\overline{\overline{\psi}}_a(\xi_m, s)\right] + \\
& + \frac{\pi^2 \eta_\theta}{\vartheta} \sum_{m=1}^{\infty} \frac{(\xi_m^2 + \lambda^2)\cos\{\xi_m(\vartheta - \theta)\}}{\vartheta(\xi_m^2 + \lambda^2) + \lambda} \sum_{n=1}^{\infty} \frac{\xi_n^2\{\xi_n J'_{\mathcal{M}}(\xi_n b) + \lambda_b J_{\mathcal{M}}(\xi_n b)\}^2 \mathrm{B}_{\mathcal{M}}(\xi_n r, a)}{(\eta_r \xi_n^2 + s)} \times \\
& \times \int_a^b \frac{\{\xi_n \mathcal{V}_{\mathcal{NM}}(\xi_n u, a) - \lambda_a \mathcal{V}_{\mathcal{DM}}(\xi_n u, a)\}}{u} \{\overline{\psi}_0(u, s)\cos(\xi_m \vartheta) - \overline{\psi}_\vartheta(u, s)\}du + \\
& + \pi^2 \sum_{m=1}^{\infty} \frac{(\xi_m^2 + \lambda^2)\cos\{\xi_m(\vartheta - \theta)\}}{\vartheta(\xi_m^2 + \lambda^2) + \lambda} \sum_{n=1}^{\infty} \frac{\xi_n^2\{\xi_n J'_{\mathcal{M}}(\xi_n b) + \lambda_b J_{\mathcal{M}}(\xi_n b)\}^2 \mathrm{B}_{\mathcal{M}}(\xi_n r, a)\overline{\overline{\varphi}}(\xi_n, \xi_m)}{(\eta_r \xi_n^2 + s)}
\end{aligned} \qquad (17.107.2)$$

where $\mathrm{B}_{\mathcal{M}}(\xi_n r, a) = \frac{\{\xi_n \mathcal{V}_{\mathcal{NM}}(\xi_n r, a) - \lambda_a \mathcal{V}_{\mathcal{DM}}(\xi_n r, a)\}}{\left[\left\{\lambda_b^2 + \xi_n^2 - \left(\frac{\mathcal{M}}{b}\right)^2\right\}\{\xi_n J'_{\mathcal{M}}(\xi_n a) - \lambda_a J_{\mathcal{M}}(\xi_n a)\}^2 - \left\{\lambda_a^2 + \xi_n^2 - \left(\frac{\mathcal{M}}{a}\right)^2\right\}\{\xi_n J'_{\mathcal{M}}(\xi_n b) + \lambda_b J_{\mathcal{M}}(\xi_n b)\}^2\right]}$ and

$$\begin{aligned}
p \;=\; & \frac{\pi^2 U(t - t_0)}{\phi c_t} \sum_{m=1}^{\infty} \frac{(\xi_m^2 + \lambda^2)\cos\{\xi_m(\vartheta - \theta_0)\}\cos\{\xi_m(\vartheta - \theta)\}}{\vartheta(\xi_m^2 + \lambda^2) + \lambda} \times \\
& \times \sum_{n=1}^{\infty} \xi_n^2\{\xi_n J'_{\mathcal{M}}(\xi_n b) + \lambda_b J_{\mathcal{M}}(\xi_n b)\}^2 \{\xi_n \mathcal{V}_{\mathcal{NM}}(\xi_n r_0, a) - \lambda_a \mathcal{V}_{\mathcal{DM}}(\xi_n r_0, a)\} \mathrm{B}_{\mathcal{M}}(\xi_n r, a) \times \\
& \times \int_0^{t - t_0} q(t - t_0 - \tau) e^{-\eta_r \xi_n^2 (t - \tau)} d\tau + \\
& + \frac{2\pi}{\phi c_t} \sum_{m=1}^{\infty} \frac{(\xi_m^2 + \lambda^2)\cos\{\xi_m(\vartheta - \theta)\}}{\vartheta(\xi_m^2 + \lambda^2) + \lambda} \sum_{n=1}^{\infty} \xi_n\{\xi_n J'_{\mathcal{M}}(\xi_n b) + \lambda_b J_{\mathcal{M}}(\xi_n b)\} \mathrm{B}_{\mathcal{M}}(\xi_n r, a) \times \\
& \times \int_0^t \left[\{\xi_n J'_{\mathcal{M}}(\xi_n a) - \lambda_a J_{\mathcal{M}}(\xi_n a)\}\overline{\psi}_b(\xi_m, \tau) - \{\xi_n J'_{\mathcal{M}}(\xi_n b) + \lambda_b J_{\mathcal{M}}(\xi_n b)\}\overline{\psi}_a(\xi_m, \tau)\right] e^{-\eta_r \xi_n^2 (t - \tau)} d\tau + \\
& + \frac{\pi^2 \eta_\theta}{\vartheta} \sum_{m=1}^{\infty} \frac{(\xi_m^2 + \lambda^2)\cos\{\xi_m(\vartheta - \theta)\}}{\vartheta(\xi_m^2 + \lambda^2) + \lambda} \sum_{n=1}^{\infty} \xi_n^2\{\xi_n J'_{\mathcal{M}}(\xi_n b) + \lambda_b J_{\mathcal{M}}(\xi_n b)\}^2 \mathrm{B}_{\mathcal{M}}(\xi_n r, a) \times \\
& \times \int_a^b \frac{\{\xi_n \mathcal{V}_{\mathcal{NM}}(\xi_n u, a) - \lambda_a \mathcal{V}_{\mathcal{DM}}(\xi_n u, a)\}}{u} \int_0^t \{\psi_0(u, \tau)\cos(\xi_m \vartheta) - \psi_\vartheta(u, \tau)\} e^{-\eta_r \xi_n^2 (t - \tau)} d\tau du + \\
& + \pi^2 \sum_{m=1}^{\infty} \frac{(\xi_m^2 + \lambda^2)\cos\{\xi_m(\vartheta - \theta)\}}{\vartheta(\xi_m^2 + \lambda^2) + \lambda} \sum_{n=1}^{\infty} \xi_n^2\{\xi_n J'_{\mathcal{M}}(\xi_n b) + \lambda_b J_{\mathcal{M}}(\xi_n b)\}^2 \mathrm{B}_{\mathcal{M}}(\xi_n r, a)\overline{\overline{\varphi}}(\xi_n, \xi_m) e^{-\eta_r \xi_n^2 t}
\end{aligned} \qquad (17.107.3)$$

where $\overline{\psi}_a(\xi_m, t) = \int_0^\vartheta \psi_a(u, t)\cos\{\xi_m(\vartheta - u)\}du$ and $\overline{\psi}_b(\xi_m, t) = \int_0^\vartheta \psi_b(u, t)\cos\{\xi_m(\vartheta - u)\}du$.

17.108

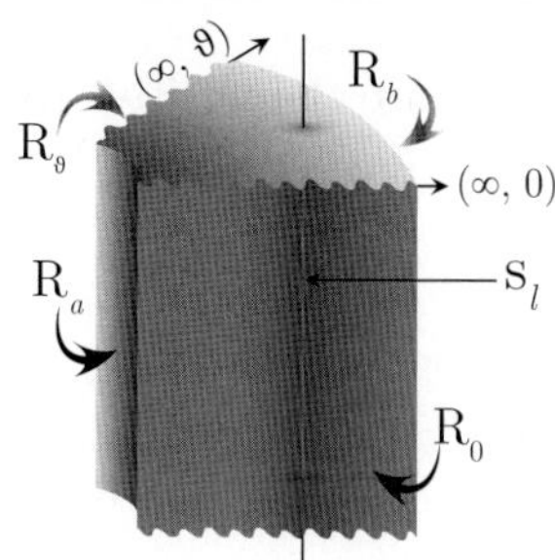

The problem of 17.28, except
$\mathbf{R_0} \equiv \frac{\partial p(r,0,t)}{\partial \theta} - \lambda_0 p(r,0,t) = -\left(\frac{\mu}{k_\theta}\right)\psi_0(r,t)$,
$\mathbf{R_\vartheta} \equiv \frac{\partial p(r,\vartheta,t)}{\partial \theta} + \lambda_\vartheta p(r,\vartheta,t) = -\left(\frac{\mu}{k_\theta}\right)\psi_\vartheta(r,t)$,
$\mathbf{R_a} \equiv \frac{\partial p(a,\theta,t)}{\partial r} - \lambda_a p(a,\theta,t) = -\left(\frac{\mu}{k_r}\right)\psi_a(\theta,t)$ **and**
$\mathbf{R_b} \equiv \frac{\partial p(b,\theta,t)}{\partial r} + \lambda_b p(b,\theta,t) = -\left(\frac{\mu}{k_r}\right)\psi_b(\theta,t)$

The successive application of the Laplace, Fourier and finite Hankel transformations to equation (14.1.1) gives

$$\overline{\overline{\overline{p}}} = \frac{q(s)e^{-st_0}\{\xi_m\cos(\xi_m\theta_0)+\lambda_0\sin(\xi_m\theta_0)\}\{\xi_n\mathcal{V}_{\mathcal{NM}}(\xi_n r_0,a)-\lambda_a\mathcal{V}_{\mathcal{DM}}(\xi_n r_0,a)\}}{\phi c_t(\eta_r\xi_n^2+s)} -$$
$$-\frac{2\{\xi_n J'_{\mathcal{M}}(\xi_n a)-\lambda_a J_{\mathcal{M}}(\xi_n a)\}\overline{\overline{\psi}}_b(\xi_m,s)}{\pi\phi c_t\{\xi_n J'_{\mathcal{M}}(\xi_n b)+\lambda_b J_{\mathcal{M}}(\xi_n a)\}(\eta_r\xi_n^2+s)} + \frac{2\overline{\overline{\psi}}_a(\xi_m,s)}{\pi\phi c_t(\eta_r\xi_n^2+s)} +$$
$$+\frac{\int_a^b\frac{\{\xi_n\mathcal{V}_{\mathcal{NM}}(\xi_n u,a)-\lambda_a\mathcal{V}_{\mathcal{DM}}(\xi_n u,a)\}}{u}\left[\xi_m\overline{\psi}_0(u,s)-\overline{\psi}_\vartheta(u,s)\{\xi_m\cos(\xi_m\vartheta)+\lambda_0\sin(\xi_m\vartheta)\}\right]du}{\phi c_t(\eta_r\xi_n^2+s)} + \frac{\overline{\overline{\varphi}}(\xi_n,\xi_m)}{(\eta_r\xi_n^2+s)} \tag{17.108.1}$$

where ξ_m is a positive root of $\tan(\xi_m\vartheta) = \frac{\xi_m(\lambda_0+\lambda_\vartheta)}{(\xi_m^2-\lambda_0\lambda_\vartheta)}$, $m = 1, 2, ..., \xi_n$, $n = 1, 2, ...$, are the positive roots of the transcendental equation
$\lambda_a\{\mathcal{V}'_{\mathcal{DM}}(\xi_n b,a)+\lambda_b\mathcal{V}_{\mathcal{DM}}(\xi_n b,a)\} - \xi_n\{\mathcal{V}'_{\mathcal{NM}}(\xi_n b,a)+\lambda_b\mathcal{V}_{\mathcal{NM}}(\xi_n b,a)\} = 0$,
$\mathcal{V}_{\mathcal{DM}}(\xi_n r,a) = J_{\mathcal{M}}(\xi_n r)Y_{\mathcal{M}}(\xi_n a) - Y_{\mathcal{M}}(\xi_n r)J_{\mathcal{M}}(\xi_n a)$,
$\mathcal{V}_{\mathcal{NM}}(\xi_n r,a) = J_{\mathcal{M}}(\xi_n r)Y'_{\mathcal{M}}(\xi_n a) - Y_{\mathcal{M}}(\xi_n r)J'_{\mathcal{M}}(\xi_n a)$,
$\overline{\overline{\psi}}_a(\xi_m,s) = \int_0^\vartheta\overline{\psi}_a(u,s)\{\xi_m\cos(\xi_m u)+\lambda_0\sin(\xi_m u)\}du$,
$\overline{\overline{\psi}}_b(\xi_m,s) = \int_0^\vartheta\overline{\psi}_b(u,s)\{\xi_m\cos(\xi_m u)+\lambda_0\sin(\xi_m u)\}du$ and
$\overline{\overline{\varphi}}(\xi_n,\xi_m) = \int_a^b r\{\xi_n\mathcal{V}_{\mathcal{NM}}(\xi_n r,a)-\lambda_a\mathcal{V}_{\mathcal{DM}}(\xi_n r,a)\}\int_0^\vartheta\varphi(r,u)\{\xi_m\cos(\xi_m u)+\lambda_0\sin(\xi_m u)\}dudr$.
Successive inverse transforms yield

$$\overline{p} = \frac{\pi^2 q(s)e^{-st_0}}{\phi c_t}\sum_{m=1}^{\infty}\frac{\{\xi_m\cos(\xi_m\theta_0)+\lambda_0\sin(\xi_m\theta_0)\}\{\xi_m\cos(\xi_m\theta)+\lambda_0\sin(\xi_m\theta)\}}{(\xi_m^2+\lambda_0^2)\left\{\vartheta+\frac{\lambda_\vartheta}{\xi_m^2+\lambda_\vartheta^2}\right\}+\lambda_0}\times$$
$$\times\sum_{n=1}^{\infty}\frac{\xi_n^2\{\xi_n J'_{\mathcal{M}}(\xi_n b)+\lambda_b J_{\mathcal{M}}(\xi_n b)\}^2\{\xi_n\mathcal{V}_{\mathcal{NM}}(\xi_n r_0,a)-\lambda_a\mathcal{V}_{\mathcal{DM}}(\xi_n r_0,a)\}\mathrm{B}_{\mathcal{M}}(\xi_n r,a)}{(\eta_r\xi_n^2+s)} +$$
$$+\frac{2\pi}{\phi c_t}\sum_{m=1}^{\infty}\frac{\{\xi_m\cos(\xi_m\theta)+\lambda_0\sin(\xi_m\theta)\}}{(\xi_m^2+\lambda_0^2)\left\{\vartheta+\frac{\lambda_\vartheta}{\xi_m^2+\lambda_\vartheta^2}\right\}+\lambda_0}\sum_{n=1}^{\infty}\frac{\xi_n^2\{\xi_n J'_{\mathcal{M}}(\xi_n b)+\lambda_b J_{\mathcal{M}}(\xi_n b)\}\mathrm{B}_{\mathcal{M}}(\xi_n r,a)}{(\eta_r\xi_n^2+s)}\times$$
$$\times\left[\{\xi_n J'_{\mathcal{M}}(\xi_n a)-\lambda_a J_{\mathcal{M}}(\xi_n a)\}\overline{\overline{\psi}}_b(\xi_m,s) - \{\xi_n J'_{\mathcal{M}}(\xi_n b)+\lambda_b J_{\mathcal{M}}(\xi_n b)\}\overline{\overline{\psi}}_a(\xi_m,s)\right] +$$
$$+\pi^2\eta_\theta\sum_{m=1}^{\infty}\frac{\{\xi_m\cos(\xi_m\theta)+\lambda_0\sin(\xi_m\theta)\}}{(\xi_m^2+\lambda_0^2)\left\{\vartheta+\frac{\lambda_\vartheta}{\xi_m^2+\lambda_\vartheta^2}\right\}+\lambda_0}\sum_{n=1}^{\infty}\frac{\xi_n^2\{\xi_n J'_{\mathcal{M}}(\xi_n b)+\lambda_b J_{\mathcal{M}}(\xi_n b)\}^2\mathrm{B}_{\mathcal{M}}(\xi_n r,a)}{(\eta_r\xi_n^2+s)}\times$$
$$\times\int_a^b\frac{\{\xi_n\mathcal{V}_{\mathcal{NM}}(\xi_n u,a)-\lambda_a\mathcal{V}_{\mathcal{DM}}(\xi_n u,a)\}}{u}\left[\xi_m\overline{\psi}_0(u,s)-\overline{\psi}_\vartheta(u,s)\{\xi_m\cos(\xi_m\vartheta)+\lambda_0\sin(\xi_m\vartheta)\}\right]du+$$
$$+\pi^2\sum_{m=1}^{\infty}\frac{\{\xi_m\cos(\xi_m\theta)+\lambda_0\sin(\xi_m\theta)\}}{(\xi_m^2+\lambda_0^2)\left\{\vartheta+\frac{\lambda_\vartheta}{\xi_m^2+\lambda_\vartheta^2}\right\}+\lambda_0}\sum_{n=1}^{\infty}\frac{\xi_n^2\{\xi_n J'_{\mathcal{M}}(\xi_n b)+\lambda_b J_{\mathcal{M}}(\xi_n b)\}^2\mathrm{B}_{\mathcal{M}}(\xi_n r,a)\overline{\overline{\varphi}}(\xi_n,\xi_m)}{(\eta_r\xi_n^2+s)}$$

$$\tag{17.108.2}$$

where $B_{\mathcal{M}}(\xi_n r, a) = \frac{\{\xi_n \mathcal{V}_{\mathcal{NM}}(\xi_n r, a) - \lambda_a \mathcal{V}_{\mathcal{DM}}(\xi_n r, a)\}}{\left[\left\{\lambda_b^2+\xi_n^2-\left(\frac{\mathcal{M}}{b}\right)^2\right\}\{\xi_n J'_{\mathcal{M}}(\xi_n a)-\lambda_a J_{\mathcal{M}}(\xi_n a)\}^2-\left\{\lambda_a^2+\xi_n^2-\left(\frac{\mathcal{M}}{a}\right)^2\right\}\{\xi_n J'_{\mathcal{M}}(\xi_n b)+\lambda_b J_{\mathcal{M}}(\xi_n b)\}^2\right]}$ and

$$\begin{aligned}
p &= \frac{\pi^2 U(t-t_0)}{\phi c_t}\sum_{m=1}^{\infty}\frac{\{\xi_m\cos(\xi_m\theta_0)+\lambda_0\sin(\xi_m\theta_0)\}\{\xi_m\cos(\xi_m\theta)+\lambda_0\sin(\xi_m\theta)\}}{(\xi_m^2+\lambda_0^2)\left\{\vartheta+\frac{\lambda_\vartheta}{\xi_m^2+\lambda_\vartheta^2}\right\}+\lambda_0}\times\\
&\times\sum_{n=1}^{\infty}\xi_n^2\{\xi_n J'_{\mathcal{M}}(\xi_n b)+\lambda_b J_{\mathcal{M}}(\xi_n b)\}^2\{\xi_n\mathcal{V}_{\mathcal{NM}}(\xi_n r_0,a)-\lambda_a\mathcal{V}_{\mathcal{DM}}(\xi_n r_0,a)\}B_{\mathcal{M}}(\xi_n r,a)\times\\
&\times\int_0^{t-t_0}q(t-t_0-\tau)e^{-\eta_r\xi_n^2(t-\tau)}d\tau+\\
&+\frac{2\pi}{\phi c_t}\sum_{m=1}^{\infty}\frac{\{\xi_m\cos(\xi_m\theta)+\lambda_0\sin(\xi_m\theta)\}}{(\xi_m^2+\lambda_0^2)\left\{\vartheta+\frac{\lambda_\vartheta}{\xi_m^2+\lambda_\vartheta^2}\right\}+\lambda_0}\sum_{n=1}^{\infty}\xi_n^2\{\xi_n J'_{\mathcal{M}}(\xi_n b)+\lambda_b J_{\mathcal{M}}(\xi_n b)\}B_{\mathcal{M}}(\xi_n r,a)\times\\
&\times\int_0^t\left[\{\xi_n J'_{\mathcal{M}}(\xi_n a)-\lambda_a J_{\mathcal{M}}(\xi_n a)\}\overline{\psi}_b(\xi_m,\tau)-\{\xi_n J'_{\mathcal{M}}(\xi_n b)+\lambda_b J_{\mathcal{M}}(\xi_n b)\}\overline{\psi}_a(\xi_m,\tau)\right]e^{-\eta_r\xi_n^2(t-\tau)}d\tau+\\
&+\pi^2\eta_\theta\sum_{m=1}^{\infty}\frac{\{\xi_m\cos(\xi_m\theta)+\lambda_0\sin(\xi_m\theta)\}}{(\xi_m^2+\lambda_0^2)\left\{\vartheta+\frac{\lambda_\vartheta}{\xi_m^2+\lambda_\vartheta^2}\right\}+\lambda_0}\sum_{n=1}^{\infty}\xi_n^2\{\xi_n J'_{\mathcal{M}}(\xi_n b)+\lambda_b J_{\mathcal{M}}(\xi_n b)\}^2 B_{\mathcal{M}}(\xi_n r,a)\times\\
&\times\int_a^b\frac{\{\xi_n\mathcal{V}_{\mathcal{NM}}(\xi_n u,a)-\lambda_a\mathcal{V}_{\mathcal{DM}}\mathcal{V}_{\mathcal{DM}}(\xi_n u,a)\}}{u}\times\\
&\times\int_0^t\left[\xi_m\psi_0(u,\tau)-\psi_\vartheta(u,\tau)\{\xi_m\cos(\xi_m\vartheta)+\lambda_0\sin(\xi_m\vartheta)\}\right]e^{-\eta_r\xi_n^2(t-\tau)}d\tau du+\\
&+\pi^2\sum_{m=1}^{\infty}\frac{\{\xi_m\cos(\xi_m\theta)+\lambda_0\sin(\xi_m\theta)\}}{(\xi_m^2+\lambda_0^2)\left\{\vartheta+\frac{\lambda_\vartheta}{\xi_m^2+\lambda_\vartheta^2}\right\}+\lambda_0}\times\\
&\times\sum_{n=1}^{\infty}\xi_n^2\{\xi_n J'_{\mathcal{M}}(\xi_n b)+\lambda_b J_{\mathcal{M}}(\xi_n b)\}^2 B_{\mathcal{M}}(\xi_n r,a)\overline{\overline{\varphi}}(\xi_n,\xi_m)e^{-\eta_r\xi_n^2 t}\mathcal{W}_{\mathcal{M}}(\xi_n r,a)
\end{aligned}\tag{17.108.3}$$

where $\overline{\psi}_a(\xi_m,t)=\int_0^\vartheta\psi_a(u,t)\{\xi_m\cos(\xi_m u)+\lambda_0\sin(\xi_m u)\}du$ and
$\overline{\psi}_b(\xi_m,t)=\int_0^\vartheta\psi_b(u,t)\{\xi_m\cos(\xi_m u)+\lambda_0\sin(\xi_m u)\}du$.

Chapter 18

Infinite and semi-infinite cylindrical continua. The continuum is also either infinite or semi-infinite in z. $p(r, z, t)$ is a function of r, z and t

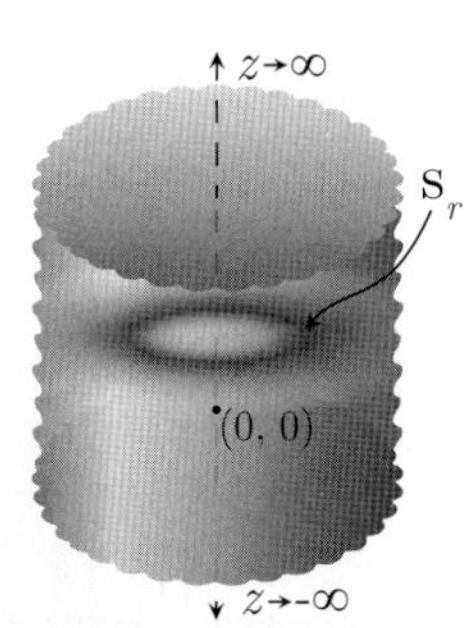

18.1 An infinite continuum in the z and r cordinates. The axis is at $r = 0$ and extends to ∞ in the direction of r positive and $(-\infty < z < \infty)$. Ring source at $s_r \equiv (r_0, z_0)$; $0 \le r_0 \le \infty$, $(-\infty < z_0 < \infty)$, $t_0 \ge 0$. The initial pressure $p(r, z, 0) = \varphi(r, z)$

Fluid is produced at the rate of $q(t)$ per unit time from $t = t_0$ to $t = t$, $t_0 \ge 0$, in the ring passing through $s_r \equiv (r_0, z_0)$, $r_0 > 0$, $-\infty < z_0 < \infty$. The differential equation for pressure diffusion is given as

$$\frac{\partial p}{\partial t} = \eta_r \left(\frac{\partial^2 p}{\partial r^2} + \frac{1}{r} \frac{\partial p}{\partial r} \right) + \eta_z \frac{\partial^2 p}{\partial z^2} + U\,(t - t_0)\, \frac{q\,(t - t_0)}{2\pi r \phi c_t} \delta\,(r - r_0)\, \delta\,(z - z_0) \tag{18.1.1}$$

where $\eta_r = \frac{k_r}{\phi c_t \mu}$ and $\eta_z = \frac{k_z}{\phi c_t \mu}$, with the initial condition $p(r, z, 0) = \varphi(r, z)$ for $r > 0$. Successively applying the Laplace, Fourier and Hankel transformations, we get

$$\overline{\overline{\overline{p}}} = \frac{q\,(s)\, e^{ilz_0} e^{-st_0} J_0\,(\xi r_0)}{2\pi\phi c_t\,(\eta_r \xi^2 + \eta_z l^2 + s)} + \frac{\overline{\overline{\varphi}}\,(\xi, l)}{(\eta_r \xi^2 + \eta_z l^2 + s)} \tag{18.1.2}$$

where $\overline{\overline{\varphi}}\,(\xi, l) = \int_0^\infty \overline{\varphi}(r, l) r J_0\,(\xi r)\, dr$ and $\overline{\varphi}(r, l) = \int_{-\infty}^\infty e^{ilz} \varphi(r, z) dz$. It is assumed here that $r \frac{\partial p(r)}{\partial r}$ and $p\,(r)$ vanish as $r \to 0$ and $\sqrt{r} \frac{\partial p}{\partial r}$ and $\sqrt{r} p\,(r)$ vanish as $r \to \infty$. The inverse Fourier and Hankel transforms of equation (18.1.2) yield

$$\overline{p} = \frac{q\,(s)\, e^{-st_0}}{4\pi\phi c_t \sqrt{\eta_z}} \int\limits_0^\infty \frac{\xi J_0(\xi r_0) J_0(\xi r)\, e^{-|z - z_0| \sqrt{\frac{\eta_r \xi^2 + s}{\eta_z}}}}{\sqrt{\eta_r \xi^2 + s}} d\xi + \frac{1}{2\pi\sqrt{\eta_z}} \int\limits_0^\infty \frac{\xi J_0\,(\xi r)}{\sqrt{\eta_r \xi^2 + s}} \int\limits_{-\infty}^\infty \overline{\varphi}(\xi, w)\, e^{-|z - w| \sqrt{\frac{\eta_r \xi^2 + s}{\eta_z}}} dw d\xi \tag{18.1.3}$$

$\overline{\varphi}(\xi, w) = \int_0^\infty \varphi(r, w) r J_0(\xi r)\, dr$. The inverse Laplace transform of equation (18.1.3) yields

$$p = \frac{U(t-t_0)}{8\phi c_t \eta_r \sqrt{\pi^3 \eta_z}} \int_0^{t-t_0} \frac{q(t-t_0-\tau)}{\sqrt{\tau^3}} I_0\left(\frac{r r_0}{2\eta_r \tau}\right) e^{-\frac{1}{4\tau}\left\{\frac{(r^2+r_0^2)}{\eta_r}+\frac{(z-z_0)^2}{\eta_z}\right\}} d\tau +$$

$$+\frac{1}{2\sqrt{\pi^3 \eta_z t}} \int_0^\infty \xi J_0(\xi r) e^{-\eta_r \xi^2 t} \int_{-\infty}^{\infty} \overline{\varphi}(\xi, w) e^{-\frac{(z-w)^2}{4\eta_z t}} dw d\xi \qquad (18.1.4)$$

The solution to a continuous disc source of radius a is obtained by replacing the source term (the first term) in equation (18.1.4) with*

$$p = \frac{U(t-t_0)\, a}{2\phi c_t \sqrt{\pi \eta_z}} \int_0^{t-t_0} \frac{q(t-t_0-\tau) e^{-\frac{(z-z_0)^2}{4\eta_z \tau}}}{\sqrt{\tau}} \int_0^\infty e^{-\eta_r \tau u} J_0(ru) J_1(ru)\, du d\tau \qquad (18.1.5)$$

For the special case where $q(t) = q$, a constant, equation (18.1.5) reduces to

$$p = \frac{U(t-t_0)\, qa}{2\varphi c_t \sqrt{\pi \eta_z \eta_r}} \times$$

$$\times \int_0^\infty \frac{J_0(ru) J_1(ru)}{\sqrt{u}} \left[e^{-(z-z_0)\sqrt{\frac{u\eta_r}{\eta_z}}} - \frac{1}{2}\left\{ e^{(z-z_0)\sqrt{\frac{u\eta_r}{\eta_z}}} \operatorname{erfc}\left(\sqrt{\eta_r u (t-t_0)} + \frac{(z-z_0)}{2}\sqrt{\frac{1}{\eta_z (t-t_0)}}\right) - \right.\right.$$

$$\left.\left. -e^{-(z-z_0)\sqrt{\frac{u\eta_r}{\eta_z}}} \operatorname{erfc}\left(\sqrt{\eta_r u (t-t_0)} - \frac{(z-z_0)}{2}\sqrt{\frac{1}{\eta_z (t-t_0)}}\right)\right\}\right] du \qquad (18.1.6)$$

18.2

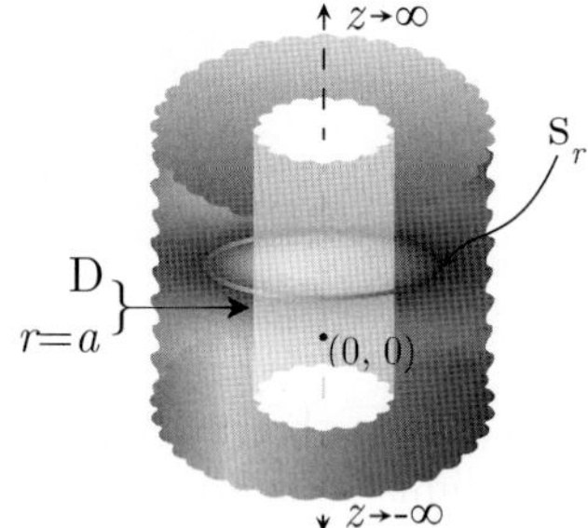

The problem of 18.1, except the continuum is bounded internally at $r = a$ and extends to ∞ in the direction of r positive. Ring source at $s_r \equiv (r_0, z_0)$; $a \le r_0 \le \infty$, $-\infty < z_0 < \infty$, $t_0 \ge 0$. D $\equiv p(a, z, t) = \psi(z, t)$

The successive application of the Laplace, Fourier and Dirichlet-Weber transformations to equation (18.1.1) gives

$$\overline{\overline{\overline{p}}} = \frac{q(s) e^{ilz_0} e^{-st_0} \mathcal{C}_0(\xi r_0)}{2\pi\phi c_t (\eta_r \xi^2 + \eta_z l^2 + s)} - \frac{2\eta_r \overline{\overline{\psi}}(l, s)}{\pi(\eta_r \xi^2 + \eta_z l^2 + s)} + \frac{\overline{\overline{\varphi}}(\xi, l)}{(\eta_r \xi^2 + \eta_z l^2 + s)} \qquad (18.2.1)$$

where $\overline{\overline{\varphi}}(\xi, l) = \int_a^\infty \overline{\varphi}(r, l) r \mathcal{C}_0(\xi r)\, dr$, $\overline{\varphi}(r, l) = \int_{-\infty}^\infty e^{ilz} \varphi(r, z) dz$, $\overline{\overline{\psi}}(l, s) = \int_{-\infty}^\infty \overline{\psi}(z, s) e^{ilz} dz$ and $\mathcal{C}_0(\xi r) = Y_0(\xi a) J_0(\xi r) - J_0(\xi a) Y_0(\xi r)$. The inverse Laplace and Weber transforms yield

$$\overline{p} = \frac{q(s) e^{-st_0}}{4\pi\phi c_t \sqrt{\eta_z}} \int_0^\infty \frac{\xi \mathcal{C}_0(\xi r_0) \mathcal{C}_0(\xi r) e^{-|z-z_0|\sqrt{\frac{\eta_r \xi^2 + s}{\eta_z}}}}{\{J_0^2(\xi a) + Y_0^2(\xi a)\}\sqrt{\eta_r \xi^2 + s}} d\xi -$$

$$-\frac{\eta_r}{\pi^2 \sqrt{\eta_z}} \int_0^\infty \frac{\xi \mathcal{C}_0(\xi r)}{\{J_0^2(\xi a) + Y_0^2(\xi a)\}\sqrt{\eta_r \xi^2 + s}} \int_{-\infty}^\infty \overline{\psi}(w, s) e^{-|z-w|\sqrt{\frac{\eta_r \xi^2 + s}{\eta_z}}} dw d\xi +$$

$$+\frac{1}{2\pi\sqrt{\eta_z}} \int_0^\infty \frac{\xi \mathcal{C}_0(\xi r)}{\{J_0^2(\xi a) + Y_0^2(\xi a)\}\sqrt{\eta_r \xi^2 + s}} \int_{-\infty}^\infty \overline{\varphi}(\xi, w) e^{-|z-w|\sqrt{\frac{\eta_r \xi^2 + s}{\eta_z}}} dw d\xi \qquad (18.2.2)$$

*Equation (18.1.5) is derived by multiplying the right-hand side of equation (18.1.4) by $2\pi r_0$ and integrating with respect to r_0 from 0 to a.

where $\overline{\varphi}(\xi, w) = \int_a^\infty \varphi(r, w) r \mathcal{C}_0(\xi r)\, dr$ and

$$p = \frac{U(t-t_0)}{4\phi c_t\sqrt{\pi^3\eta_z}} \int_0^{t-t_0} \frac{q(t-t_0-\tau)\, e^{-\frac{(z-z_0)^2}{4\eta_z\tau}}}{\sqrt{\tau}} \int_0^\infty \frac{\xi \mathcal{C}_0(\xi r_0)\, \mathcal{C}_0(\xi r)\, e^{-\eta_r\xi^2\tau}}{\{J_0^2(\xi a) + Y_0^2(\xi a)\}} d\xi d\tau -$$

$$-\frac{\eta_r}{\pi^{\frac{5}{2}}\sqrt{\eta_z}} \int_0^t \frac{1}{\sqrt{\tau}} \int_{-\infty}^\infty \psi(w, t-\tau) e^{-\frac{(z-w)^2}{4\eta_z\tau}} \int_0^\infty \frac{\xi \mathcal{C}_0(\xi r)\, e^{-\eta_r\xi^2\tau}}{\{J_0^2(\xi a) + Y_0^2(\xi a)\}} d\xi dw d\tau +$$

$$+\frac{1}{2\sqrt{\pi^3\eta_z t}} \int_{-\infty}^\infty e^{-\frac{(z-w)^2}{4\eta_z t}} \int_0^\infty \frac{\xi \overline{\varphi}(\xi, w)\, \mathcal{C}_0(\xi r)\, e^{-\eta_r\xi^2 t}}{\{J_0^2(\xi a) + Y_0^2(\xi a)\}} d\xi dw \tag{18.2.3}$$

When $\varphi(r, z) = p_I$, a constant, the solution is obtained by replacing the terms corresponding to the initial condition (the last term) in equations (18.2.2) and (18.2.3) with

$$\overline{p} = \frac{p_I}{s}\left\{1 - \frac{K_0\left(r\sqrt{\frac{s}{\eta}}\right)}{K_0\left(a\sqrt{\frac{s}{\eta}}\right)}\right\} \tag{18.2.4}$$

$$p = -\frac{2p_I}{\pi} \int_0^\infty \frac{\mathcal{C}_0(\xi r)\, e^{-\eta\xi^2 t}}{\xi\{J_0^2(\xi a) + Y_0^2(\xi a)\}} d\xi \tag{18.2.5}$$

When $\psi(z, t) = p_a(z)$, a function of z only, the solution is obtained by replacing the terms corresponding to the boundary condition at $r = a$ (the middle term) in equations (18.2.2) and (18.2.3) with

$$\overline{p} = \frac{p_a(z) K_0\left(r\sqrt{\frac{s}{\eta}}\right)}{sK_0\left(a\sqrt{\frac{s}{\eta}}\right)} \tag{18.2.6}$$

and

$$p = p_a(z) + \frac{2p_a(z)}{\pi} \int_0^\infty \frac{\mathcal{C}_0(\xi r)\, e^{-\eta\xi^2 t}}{\xi\{J_0^2(\xi a) + Y_0^2(\xi a)\}} d\xi \tag{18.2.7}$$

18.3 The problem of 18.2, except $\mathbf{N} \equiv \frac{\partial p(a,z,t)}{\partial r} = -\left(\frac{\mu}{k_r}\right)\psi(z, t)$

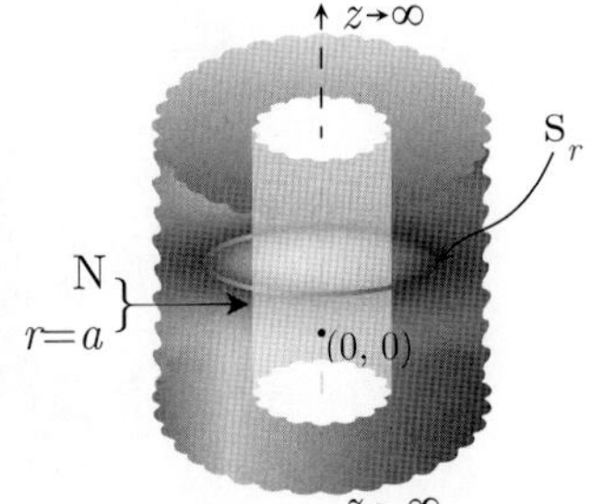

The successive application of the Laplace, Fourier and Neumann-Weber transformations to equation (18.1.1) gives

$$\overline{\overline{\overline{p}}} = \frac{q(s)\, e^{ilz_0} e^{-st_0} \mathcal{G}_0(\xi r_0)}{2\pi\phi c_t(\eta_r\xi^2 + \eta_z l^2 + s)} + \frac{2\overline{\overline{\psi}}(l, s)}{\xi\pi\phi c_t(\eta_r\xi^2 + \eta_z l^2 + s)} + \frac{\overline{\overline{\varphi}}(\xi, l)}{(\eta_r\xi^2 + \eta_z l^2 + s)} \tag{18.3.1}$$

where $\overline{\overline{\varphi}}(\xi,l)=\int_a^\infty \overline{\varphi}(r,l)r\mathcal{G}_0(\xi r)\,dr$, $\overline{\varphi}(r,l)=\int_{-\infty}^\infty e^{ilz}\varphi(r,z)dz$, $\overline{\overline{\psi}}(l,s)=\int_{-\infty}^\infty \overline{\psi}(z,s)\,e^{ilz}dz$ and $\mathcal{G}_0(\xi r)=J_1(\xi a)\,Y_0(\xi r)-Y_1(\xi a)\,J_0(\xi r)$. The inverse Laplace and Weber transforms yield

$$\begin{aligned}\overline{p} &= \frac{q(s)\,e^{-st_0}}{4\pi\phi c_t\sqrt{\eta_z}}\int_0^\infty \frac{\xi\mathcal{G}_0(\xi r_0)\,\mathcal{G}_0(\xi r)\,e^{-|z-z_0|\sqrt{\frac{\eta_r\xi^2+s}{\eta_z}}}}{\{J_1^2(\xi a)+Y_1^2(\xi a)\}\sqrt{\eta_r\xi^2+s}}d\xi+\\ &+\frac{1}{\pi^2\phi c_t\sqrt{\eta_z}}\int_0^\infty \frac{\mathcal{G}_0(\xi r)}{\{J_1^2(\xi a)+Y_1^2(\xi a)\}\sqrt{\eta_r\xi^2+s}}\int_{-\infty}^\infty \overline{\psi}(w,s)e^{-|z-w|\sqrt{\frac{\eta_r\xi^2+s}{\eta_z}}}dwd\xi+\\ &+\frac{1}{2\pi\sqrt{\eta_z}}\int_0^\infty \frac{\xi\mathcal{G}_0(\xi r)}{\{J_1^2(\xi a)+Y_1^2(\xi a)\}\sqrt{\eta_r\xi^2+s}}\int_{-\infty}^\infty \overline{\varphi}(\xi,w)\,e^{-|z-w|\sqrt{\frac{\eta_r\xi^2+s}{\eta_z}}}dwd\xi\end{aligned} \tag{18.3.2}$$

where $\overline{\varphi}(\xi,w)=\int_a^\infty \varphi(r,w)r\mathcal{G}_0(\xi r)\,dr$ and

$$\begin{aligned}p &= \frac{U(t-t_0)}{4\phi c_t\sqrt{\pi^3\eta_z}}\int_0^{t-t_0}\frac{q(t-t_0-\tau)\,e^{-\frac{(z-z_0)^2}{4\eta_z\tau}}}{\sqrt{\tau}}\int_0^\infty \frac{\xi\mathcal{G}_0(\xi r_0)\,\mathcal{G}_0(\xi r)\,e^{-\eta_r\xi^2\tau}}{\{J_1^2(\xi a)+Y_1^2(\xi a)\}}d\xi d\tau+\\ &+\frac{1}{\pi^{\frac{5}{2}}\phi c_t\sqrt{\eta_z}}\int_0^t\frac{1}{\sqrt{\tau}}\int_{-\infty}^\infty \psi(w,t-\tau)e^{-\frac{(z-w)^2}{4\eta_z\tau}}\int_0^\infty \frac{\mathcal{G}_0(\xi r)\,e^{-\eta_r\xi^2\tau}}{\{J_1^2(\xi a)+Y_1^2(\xi a)\}}d\xi dwd\tau+\\ &+\frac{1}{2\sqrt{\pi^3\eta_z t}}\int_{-\infty}^\infty e^{-\frac{(z-w)^2}{4\eta_z t}}\int_0^\infty \frac{\xi\overline{\varphi}(\xi,w)\,\mathcal{G}_0(\xi r)\,e^{-\eta_r\xi^2 t}}{\{J_1^2(\xi a)+Y_1^2(\xi a)\}}d\xi dw\end{aligned} \tag{18.3.3}$$

When $\psi(z,t)=q_a(z)$, a constant, equations (18.3.4) and (18.3.5) reduce to

$$\overline{p}=q_a(z)\left(\frac{\mu\sqrt{\eta}}{k}\right)\frac{K_0\left(r\sqrt{\frac{s}{\eta}}\right)}{s^{\frac{3}{2}}K_1\left(a\sqrt{\frac{s}{\eta}}\right)} \tag{18.3.4}$$

and

$$p=\frac{2q_a(z)}{\pi}\left(\frac{\mu}{k}\right)\int_0^\infty \frac{\mathcal{G}_0(\xi r)\left\{1-e^{-\eta\xi^2 t}\right\}}{\xi^2\{J_1^2(\xi a)+Y_1^2(\xi a)\}}d\xi \tag{18.3.5}$$

18.4

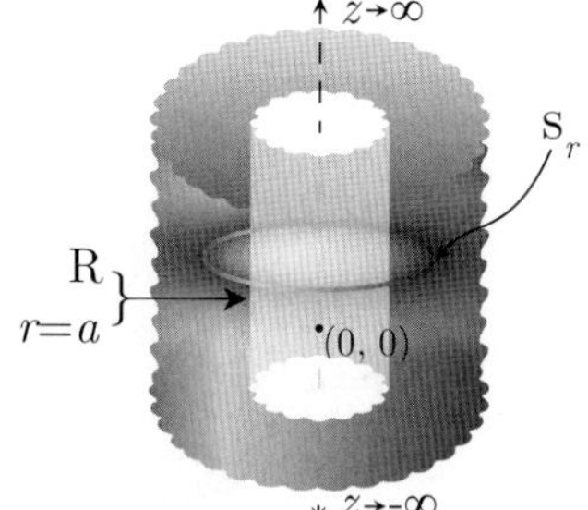

The problem of 18.2, except
$\mathbf{R}\equiv\frac{\partial p(a,z,t)}{\partial r}-\lambda p(a,z,t)=-\left(\frac{\mu}{k_r}\right)\psi(z,t)$

The successive application of the Laplace and Robin-Weber transformations to equation (18.1.1) gives

$$\overline{\overline{\overline{p}}}=\frac{q(s)\,e^{ilz_0}e^{-st_0}\mathcal{D}_0(\xi r_0)}{2\pi\phi c_t(\eta_r\xi^2+\eta_z l^2+s)}+\frac{2\overline{\overline{\psi}}(l,s)}{\pi\phi c_t(\eta_r\xi^2+\eta_z l^2+s)}+\frac{\overline{\overline{\varphi}}(\xi,l)}{(\eta_r\xi^2+\eta_z l^2+s)} \tag{18.4.1}$$

where $\overline{\overline{\varphi}}(\xi,l)=\int_a^\infty \overline{\varphi}(r,l)r\mathcal{D}_0(\xi r)\,dr$, $\overline{\varphi}(r,l)=\int_{-\infty}^\infty e^{ilz}\varphi(r,z)dz$, $\overline{\overline{\psi}}(l,s)=\int_{-\infty}^\infty \overline{\psi}(z,s)\,e^{ilz}dz$ and $\mathcal{D}_0(\xi r)=Y_0(\xi r)\{\lambda J_0(\xi a)+\xi J_1(\xi a)\}-J_0(\xi r)\{\lambda Y_0(\xi a)+\xi Y_1(\xi a)\}$. The inverse Laplace and Weber

transforms yield

$$\overline{p} = \frac{q(s)\,e^{-st_0}}{4\pi\phi c_t\sqrt{\eta_z}}\int_0^\infty \frac{\xi\mathcal{D}_0(\xi r_0)\,\mathcal{D}_0(\xi r)\,e^{-|z-z_0|\sqrt{\frac{\eta_r\xi^2+s}{\eta_z}}}}{\left[\{\lambda J_0(\xi a)+\xi J_1(\xi a)\}^2+\{\lambda Y_0(\xi a)+\xi Y_1(\xi a)\}^2\right]\sqrt{\eta_r\xi^2+s}}d\xi + \frac{1}{\pi^2\phi c_t\sqrt{\eta_z}}\int_0^\infty \frac{\xi\mathcal{D}_0(\xi r)\int_{-\infty}^{\infty}\overline{\psi}(w,s)e^{-|z-w|\sqrt{\frac{\eta_r\xi^2+s}{\eta_z}}}dw}{\left[\{\lambda J_0(\xi a)+\xi J_1(\xi a)\}^2+\{\lambda Y_0(\xi a)+\xi Y_1(\xi a)\}^2\right]\sqrt{\eta_r\xi^2+s}}d\xi + \frac{1}{2\pi\sqrt{\eta_z}}\int_0^\infty \frac{\xi\mathcal{D}_0(\xi r)\int_{-\infty}^{\infty}\overline{\varphi}(\xi,w)\,e^{-|z-w|\sqrt{\frac{\eta_r\xi^2+s}{\eta_z}}}dw}{\left[\{\lambda J_0(\xi a)+\xi J_1(\xi a)\}^2+\{\lambda Y_0(\xi a)+\xi Y_1(\xi a)\}^2\right]\sqrt{\eta_r\xi^2+s}}d\xi \tag{18.4.2}$$

where $\overline{\varphi}(\xi,w)=\int_a^\infty \varphi(r,w)r\mathcal{D}_0(\xi r)\,dr$ and

$$p = \frac{U(t-t_0)}{4\phi c_t\sqrt{\pi^3\eta_z}}\int_0^{t-t_0}\frac{q(t-t_0-\tau)\,e^{-\frac{(z-z_0)^2}{4\eta_z\tau}}}{\sqrt{\tau}}\int_0^\infty\frac{\xi\mathcal{D}_0(\xi r_0)\,\mathcal{D}_0(\xi r)\,e^{-\eta_r\xi^2\tau}}{\{\lambda J_0(\xi a)+\xi J_1(\xi a)\}^2+\{\lambda Y_0(\xi a)+\xi Y_1(\xi a)\}^2}d\xi d\tau + \frac{1}{\pi^{\frac{5}{2}}\phi c_t\sqrt{\eta_z}}\int_0^t\frac{1}{\sqrt{\tau}}\int_0^\infty\frac{\xi\mathcal{D}_0(\xi r)\,e^{-\eta_r\xi^2\tau}\int_{-\infty}^{\infty}\psi(w,t-\tau)e^{-\frac{(z-w)^2}{4\eta_z\tau}}dw}{\left[\{\lambda J_0(\xi a)+\xi J_1(\xi a)\}^2+\{\lambda Y_0(\xi a)+\xi Y_1(\xi a)\}^2\right]}d\xi d\tau + \frac{1}{2\sqrt{\pi^3\eta_z t}}\int_{-\infty}^{\infty}e^{-\frac{(z-w)^2}{4\eta_z t}}\int_0^\infty\frac{\xi\overline{\varphi}(\xi,w)\,\mathcal{D}_0(\xi r)\,e^{-\eta_r\xi^2 t}}{\left[\{\lambda J_0(\xi a)+\xi J_1(\xi a)\}^2+\{\lambda Y_0(\xi a)+\xi Y_1(\xi a)\}^2\right]}d\xi dw \tag{18.4.3}$$

When $\varphi(r)=p_I$, a constant, the solution is obtained by replacing the terms corresponding to the initial condition (the last term) in equations (18.4.2) and (18.4.3) with

$$\overline{p}=\frac{p_I}{s}\left\{1-\frac{\lambda K_0\left(r\sqrt{\frac{s}{\eta}}\right)}{\lambda K_0\left(a\sqrt{\frac{s}{\eta}}\right)-\sqrt{\frac{s}{\eta}}K_0'\left(a\sqrt{\frac{s}{\eta}}\right)}\right\} \tag{18.4.4}$$

and

$$p=\frac{2\lambda p_I}{\pi}\int_0^\infty\frac{\mathcal{D}_0(\xi r)\,e^{-\eta\xi^2 t}}{\xi\left\{\{\lambda J_0(\xi a)+\xi J_1(\xi a)\}^2+\{\lambda Y_0(\xi a)+\xi Y_1(\xi a)\}^2\right\}}d\xi \tag{18.4.5}$$

18.5 The problem of 18.1, except z is semi-infinite ($0\le z\le\infty$). The axis is at $r=0$ and extends to ∞ in the direction of r positive. Ring source at $s_r\equiv(r_0,z_0)$; $0\le r_0\le\infty$, $0<z_0<\infty$, $t_0\ge 0$. $D\equiv p(r,0,t)=\psi(r,t)$, an arbitrary function of r and t. $p(r,z,0)=\varphi(r,z)$

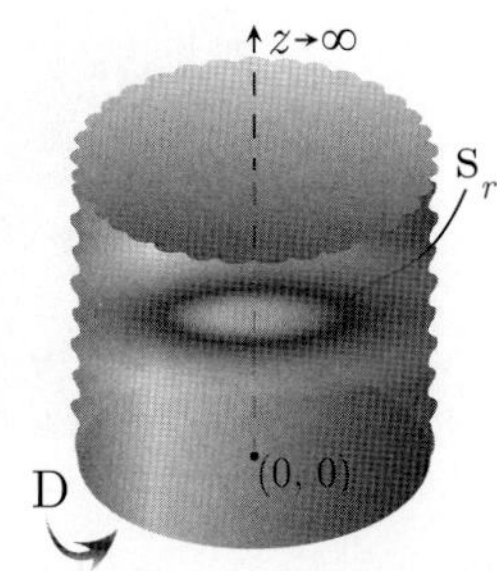

The successive application of the Laplace, Fourier and Hankel transformations to equation (18.1.1) gives

$$\overline{\overline{\overline{p}}}=\frac{q(s)\sin(nz_0)\,e^{-st_0}J_0(\xi r_0)}{2\pi\phi c_t(\eta_r\xi^2+\eta_z n^2+s)}+\frac{\eta_z n\overline{\overline{\psi}}(\xi,s)}{(\eta_r\xi^2+\eta_z n^2+s)}+\frac{\overline{\overline{\varphi}}(\xi,n)}{(\eta_r\xi^2+\eta_z n^2+s)} \tag{18.5.1}$$

where $\overline{\overline{\psi}}(\xi,s)=\int_0^\infty \overline{\psi}(r,s)\,rJ_0(\xi r)\,dr$, $\overline{\overline{\varphi}}(\xi,n)=\int_0^\infty \overline{\varphi}(r,n)rJ_0(\xi r)\,dr$ and $\overline{\varphi}(r,n)=\int_0^\infty \varphi(r,z)\sin(nz)\,dz$. The inverse Fourier and Hankel transforms of equation (18.5.1) yield

$$\begin{aligned}\overline{p} &= \frac{q(s)\,e^{-st_0}}{4\pi\phi c_t\sqrt{\eta_z}}\int_0^\infty \frac{\xi J_0(\xi r_0)\,J_0(\xi r)}{\sqrt{\eta_r\xi^2+s}}\left\{e^{-|z-z_0|\sqrt{\frac{\eta_r\xi^2+s}{\eta_z}}}-e^{-(z+z_0)\sqrt{\frac{\eta_r\xi^2+s}{\eta_z}}}\right\}d\xi+\\&+\int_0^\infty \overline{\overline{\psi}}(\xi,s)\,\xi J_0(\xi r)\,e^{-z\sqrt{\frac{\eta_r\xi^2+s}{\eta_z}}}d\xi+\\&+\frac{1}{2\sqrt{\eta_z}}\int_0^\infty\int_0^\infty \frac{\xi J_0(\xi r)\,\overline{\varphi}(\xi,u)}{\sqrt{\eta_r\xi^2+s}}\left\{e^{-|z-u|\sqrt{\frac{\eta_r\xi^2+s}{\eta_z}}}-e^{-(z+u)\sqrt{\frac{\eta_r\xi^2+s}{\eta_z}}}\right\}du\,d\xi\end{aligned}\tag{18.5.2}$$

The inverse Laplace transform of equation (18.5.2) yields

$$\begin{aligned}p &= \frac{U(t-t_0)}{8\pi\phi c_t\eta_r\sqrt{\pi\eta_z}}\int_0^t \frac{q(t-t_0-\tau)}{\sqrt{\tau^3}}\left\{e^{-\frac{(z-z_0)^2}{4\eta_z\tau}}-e^{-\frac{(z+z_0)^2}{4\eta_z\tau}}\right\}I_0\left(\frac{rr_0}{2\eta_r\tau}\right)e^{-\frac{\left(r^2+r_0^2\right)}{4\tau\eta_r}}d\tau+\\&+\frac{2}{\sqrt{\pi}}\int_{\frac{z}{2\sqrt{\eta_z t}}}^\infty e^{-\tau^2}\int_0^\infty \overline{\psi}\left(\xi,t-\frac{z^2}{4\eta_z\tau^2}\right)\xi J_0(\xi r)\,e^{-\frac{\eta_r}{\eta_z}\left(\frac{z\xi}{2\tau}\right)^2}d\xi d\tau+\\&+\frac{1}{2\sqrt{\pi\eta_z t}}\int_0^\infty\left\{e^{-\frac{(z-u)^2}{4\eta_z t}}-e^{-\frac{(z+u)^2}{4\eta_z t}}\right\}\int_0^\infty \xi J_0(\xi r)\,\overline{\varphi}(\xi,u)\,e^{-\eta_r\xi^2 t}d\xi du\end{aligned}\tag{18.5.3}$$

When $\varphi(r,z)=p_I$, a constant, the solution is obtained by replacing the terms corresponding to the initial condition (the last term) in equation (18.5.3) with

$$p_I\,\mathrm{erf}\left(\frac{z}{2\sqrt{\eta_z t}}\right)\tag{18.5.4}$$

When $\psi(r,0,t)=p_0$, a constant, the solution is obtained by replacing the terms corresponding to the boundary condition at $z=0$ (the middle term) in equation (18.5.3) with

$$p=p_0\,\mathrm{erfc}\left(\frac{z}{2\sqrt{\eta_z t}}\right)\tag{18.5.5}$$

18.6

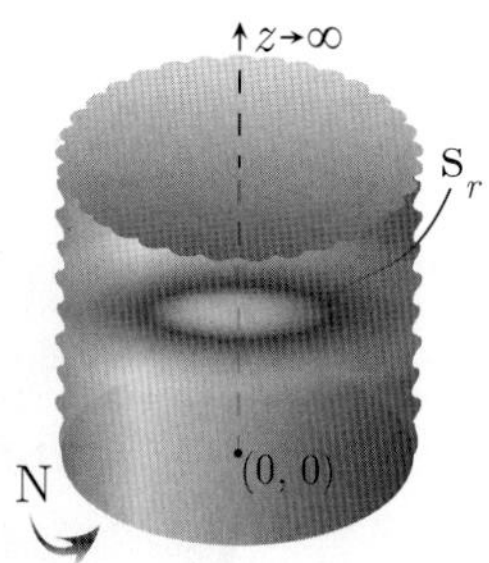

The problem of 18.5, except $\mathbf{N}\equiv\frac{\partial p(r,0,t)}{\partial z}=-\left(\frac{\mu}{k_z}\right)\psi(r,t)$

The successive application of the Laplace, Fourier and Hankel transformations to equation (18.1.1) gives

$$\overline{\overline{\overline{p}}}=\frac{q(s)\cos(nz_0)\,e^{-st_0}J_0(\xi r_0)}{2\pi\phi c_t\left(\eta_r\xi^2+\eta_z n^2+s\right)}+\frac{\overline{\overline{\psi}}(\xi,s)}{\phi c_t\left(\eta_r\xi^2+\eta_z n^2+s\right)}+\frac{\overline{\overline{\varphi}}(\xi,n)}{\left(\eta_r\xi^2+\eta_z n^2+s\right)}\tag{18.6.1}$$

where $\overline{\overline{\psi}}(\xi, s) = \int_0^\infty \overline{\psi}(r, s)\, rJ_0(\xi r)\, dr$, $\overline{\overline{\varphi}}(\xi, n) = \int_0^\infty \overline{\varphi}(r, n) rJ_0(\xi r)\, dr$ and $\overline{\varphi}(r, n) = \int_0^\infty \varphi(r, z)\cos(nz)\, dz$. The inverse Fourier and Hankel transforms of equation (18.6.1) yield

$$\begin{aligned}
\overline{p} \;=\;& \frac{q(s)\, e^{-st_0}}{4\pi\phi c_t\sqrt{\eta_z}}\int_0^\infty \frac{\xi J_0(\xi r_0)\, J_0(\xi r)}{\sqrt{\eta_r\xi^2+s}}\left\{e^{-|z-z_0|\sqrt{\frac{\eta_r\xi^2+s}{\eta_z}}} + e^{-(z+z_0)\sqrt{\frac{\eta_r\xi^2+s}{\eta_z}}}\right\}d\xi \,+ \\
&+\frac{1}{\phi c_t\sqrt{\eta_z}}\int_0^\infty \frac{\xi\overline{\overline{\psi}}(\xi, s)\, J_0(\xi r)}{\sqrt{\eta_r\xi^2+s}} e^{-z\sqrt{\frac{\eta_r\xi^2+s}{\eta_z}}}\, d\xi \,+ \\
&+\frac{1}{2\sqrt{\eta_z}}\int_0^\infty\!\!\int_0^\infty \frac{\xi J_0(\xi r)\,\overline{\varphi}(\xi, u)}{\sqrt{\eta_r\xi^2+s}}\left\{e^{-|z-u|\sqrt{\frac{\eta_r\xi^2+s}{\eta_z}}} + e^{-(z+u)\sqrt{\frac{\eta_r\xi^2+s}{\eta_z}}}\right\} du d\xi
\end{aligned} \tag{18.6.2}$$

The inverse Laplace transform of equation (18.6.2) yields

$$\begin{aligned}
p \;=\;& \frac{U(t-t_0)}{8\pi\phi c_t\eta_r\sqrt{\pi\eta_z}}\int_0^t \frac{q(t-t_0-\tau)}{\sqrt{\tau^3}}\left\{e^{-\frac{(z-z_0)^2}{4\eta_z\tau}} + e^{-\frac{(z+z_0)^2}{4\eta_z\tau}}\right\} I_0\left(\frac{rr_0}{2\eta_r\tau}\right) e^{-\frac{\left(r^2+r_0^2\right)}{4\tau\eta_r}}\, d\tau \,+ \\
&+\frac{1}{\phi c_t\sqrt{\pi\eta_z}}\int_0^t \frac{e^{-\frac{z^2}{4\eta_z\tau}}}{\sqrt{\tau}}\int_0^\infty \xi\overline{\psi}(\xi, t-\tau)\, J_0(\xi r)\, e^{-\eta_r\xi^2\tau} d\xi d\tau \,+ \\
&+\frac{1}{2\sqrt{\pi\eta_z t}}\int_0^\infty \left\{e^{-\frac{(z-u)^2}{4\eta_z t}} + e^{-\frac{(z+u)^2}{4\eta_z t}}\right\}\int_0^\infty \xi J_0(\xi r)\,\overline{\varphi}(\xi, u)\, e^{-\eta_r\xi^2 t} d\xi du
\end{aligned} \tag{18.6.3}$$

18.7 The problem of 18.5, except $\mathbf{R} \equiv \frac{\partial p(r,0,t)}{\partial z} - \lambda p(r, 0, t) = -\left(\frac{\mu}{k_z}\right)\psi(r, t)$

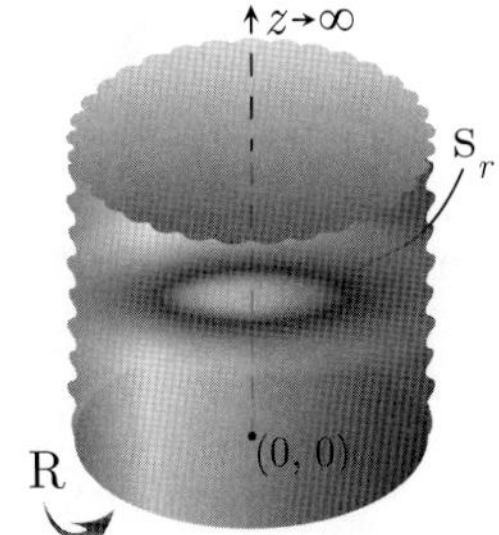

The successive application of the Laplace, Fourier and Hankel transformations to equation (18.1.1) gives

$$\overline{\overline{\overline{p}}} = \frac{q(s)\{n\cos(nz_0) + \lambda\sin(nz_0)\}\, e^{-st_0} J_0(\xi r_0)}{2\pi\phi c_t\left(\eta_r\xi^2 + \eta_z n^2 + s\right)} + \frac{n\overline{\overline{\psi}}(\xi, s)}{\phi c_t\left(\eta_r\xi^2 + \eta_z n^2 + s\right)} + \frac{\overline{\overline{\varphi}}(\xi, n)}{\left(\eta_r\xi^2 + \eta_z n^2 + s\right)} \tag{18.7.1}$$

where $\overline{\overline{\psi}}(\xi, s) = \int_0^\infty \overline{\psi}(r, s)\, rJ_0(\xi r)\, dr$, $\overline{\overline{\varphi}}(\xi, n) = \int_0^\infty \overline{\varphi}(r, n) rJ_0(\xi r)\, dr$ and $\overline{\overline{\varphi}}(\xi, n) = \int_0^\infty \overline{\varphi}(\xi, z)\{n\cos(nz) + \lambda\sin(nz)\}\, dz$. The inverse Fourier and Hankel transforms of equation (18.7.1) yield

$$\begin{aligned}
\overline{p} \;=\;& \frac{q(s)\, e^{-st_0}}{4\pi\phi c_t\sqrt{\eta_z}}\int_0^\infty \frac{\xi J_0(\xi r_0)\, J_0(\xi r)}{\sqrt{\eta_r\xi^2+s}}\left\{e^{-|z-z_0|\sqrt{\frac{\eta_r\xi^2+s}{\eta_z}}} + \left(\frac{\sqrt{\eta_r\xi^2+s}-\lambda\sqrt{\eta_z}}{\sqrt{\eta_r\xi^2+s}-\lambda\sqrt{\eta_z}}\right) e^{-(z+z_0)\sqrt{\frac{\eta_r\xi^2+s}{\eta_z}}}\right\}d\xi \,+ \\
&+\frac{1}{\phi c_t\sqrt{\eta_z}}\int_0^\infty \frac{\xi\overline{\overline{\psi}}(\xi, s)\, J_0(\xi r)}{\left(\lambda\sqrt{\eta_z}+\sqrt{\eta_r\xi^2+s}\right)} e^{-z\sqrt{\frac{\eta_r\xi^2+s}{\eta_z}}}\, d\xi \,+ \\
&+\frac{1}{2\sqrt{\eta_z}}\int_0^\infty\!\!\int_0^\infty \frac{\xi J_0(\xi r)\overline{\varphi}(\xi, u)}{\sqrt{\eta_r\xi^2+s}}\left\{e^{-|z-u|\sqrt{\frac{\eta_r\xi^2+s}{\eta_z}}} + \left(\frac{\sqrt{\eta_r\xi^2+s}-\lambda\sqrt{\eta_z}}{\sqrt{\eta_r\xi^2+s}-\lambda\sqrt{\eta_z}}\right) e^{-(z+u)\sqrt{\frac{\eta_r\xi^2+s}{\eta_z}}}\right\} du d\xi
\end{aligned} \tag{18.7.2}$$

The inverse Laplace transform of equation (18.7.2) yields

$$p = \frac{U(t-t_0)}{8\pi\phi c_t\eta_r\sqrt{\pi\eta_z}}\int_0^t \frac{q(t-t_0-\tau)}{\sqrt{\tau^3}}\left\{e^{-\frac{(z-z_0)^2}{4\eta_z\tau}}+e^{-\frac{(z+z_0)^2}{4\eta_z\tau}}-\right.$$
$$\left.-2\lambda\sqrt{\pi\eta_z\tau}e^{(z+z_0)\lambda+\lambda^2\eta_z\tau}\operatorname{erfc}\left(\lambda\sqrt{\eta_z\tau}+\frac{z+z_0}{2\sqrt{\eta_z\tau}}\right)\right\}I_0\left(\frac{rr_0}{2\eta_r\tau}\right)e^{-\frac{(r^2+r_0^2)}{4\tau\eta_r}}d\tau+$$
$$+\frac{1}{\phi c_t\sqrt{\eta_z}}\int_0^t\left\{\frac{e^{-\frac{z^2}{4\eta_z\tau}}}{\sqrt{\pi\tau}}-\lambda\sqrt{\eta_z}e^{\lambda z+\lambda^2\eta_z\tau}\operatorname{erfc}\left(\lambda\sqrt{\eta_z\tau}\frac{z}{2\sqrt{\eta_z\tau}}\right)\right\}\int_0^\infty \xi\overline{\psi}(\xi,t-\tau)J_0(\xi r)e^{-\eta_r\xi^2\tau}d\xi d\tau+$$
$$+\frac{1}{2\sqrt{\pi\eta_z t}}\int_0^\infty\left\{e^{-\frac{(z-u)^2}{4\eta_z t}}+e^{-\frac{(z+u)^2}{4\eta_z t}}-2\lambda\sqrt{\pi\eta_z t}e^{(z+u)\lambda+\lambda^2\eta_z t}\operatorname{erfc}\left(\lambda\sqrt{\eta_z t}+\frac{z+u}{2\sqrt{\eta_z t}}\right)\right\}\times$$
$$\times\int_0^\infty \overline{\varphi}(\xi,u)\xi J_0(\xi r)e^{-\eta_r\xi^2 t}d\xi du \tag{18.7.3}$$

18.8

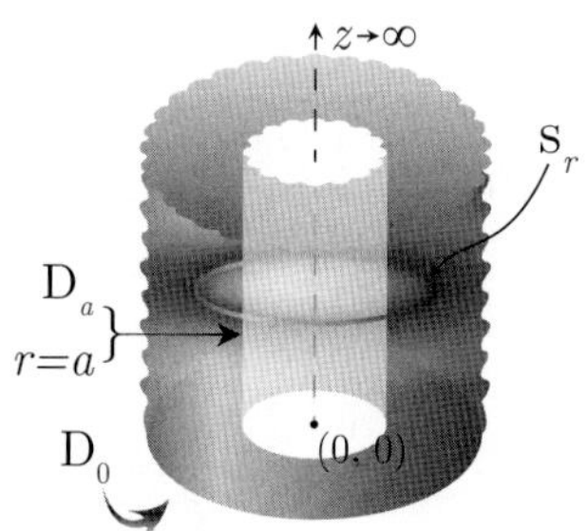

The problem of 18.5, except the continuum is bounded internally at $r = a$ and extends to ∞ in the direction of r positive. Ring source at $s_r \equiv (r_0, z_0)$; $a \le r_0 \le \infty$, $0 < z_0 < \infty$, $t_0 \ge 0$. $D_a \equiv p(a, z, t) = \psi_a(z, t)$, an arbitrary function of z and t. $D_0 \equiv p(r, 0, t) = \psi_0(r, t)$, an arbitrary function of r and t. $p(r, z, 0) = \varphi(r, z)$

The successive application of the Laplace, Fourier and Hankel transformations to equation (18.1.1) gives

$$\overline{\overline{\overline{p}}} = \frac{q(s)\sin(nz_0)e^{-st_0}\mathcal{C}_0(\xi r_0)}{2\pi\phi c_t(\eta_r\xi^2+\eta_z n^2+s)}+\frac{\eta_z n\overline{\overline{\psi}}_0(\xi,s)}{(\eta_r\xi^2+\eta_z n^2+s)}-\frac{2\eta_r\overline{\overline{\psi}}_a(n,s)}{\pi(\eta_r\xi^2+\eta_z n^2+s)}+\frac{\overline{\overline{\varphi}}(\xi,n)}{(\eta_r\xi^2+\eta_z n^2+s)} \tag{18.8.1}$$

where $\mathcal{C}_0(\xi r) = Y_0(\xi a)J_0(\xi r) - J_0(\xi a)Y_0(\xi r)$, $\overline{\overline{\psi}}_0(\xi,s) = \int_a^\infty \overline{\psi}_0(r,s)r\mathcal{C}_0(\xi r)dr$, $\overline{\overline{\psi}}_a(n,s) = \int_0^\infty \overline{\psi}_a(z,s)\sin(nz)dz$, $\overline{\overline{\varphi}}(\xi,n) = \int_a^\infty \overline{\varphi}(r,n)r\mathcal{C}_0(\xi r)dr$ and $\overline{\varphi}(r,n) = \int_0^\infty \varphi(r,z)\sin(nz)dz$. The inverse Fourier and Hankel transforms of equation (18.8.1) yield

$$\overline{p} = \frac{q(s)e^{-st_0}}{4\pi\phi c_t\sqrt{\eta_z}}\int_0^\infty \frac{\xi\mathcal{C}_0(\xi r_0)\mathcal{C}_0(\xi r)}{\{J_0^2(\xi a)+Y_0^2(\xi a)\}\sqrt{\eta_r\xi^2+s}}\left\{e^{-|z-z_0|\sqrt{\frac{\eta_r\xi^2+s}{\eta_z}}}-e^{-(z+z_0)\sqrt{\frac{\eta_r\xi^2+s}{\eta_z}}}\right\}d\xi+$$
$$+\int_0^\infty \frac{\overline{\overline{\psi}}_0(\xi,s)\xi\mathcal{C}_0(\xi r)e^{-z\sqrt{\frac{\eta_r\xi^2+s}{\eta_z}}}}{\{J_0^2(\xi a)+Y_0^2(\xi a)\}}d\xi-$$
$$-\frac{\eta_r}{\pi\sqrt{\eta_z}}\int_0^\infty\int_0^\infty \frac{\xi\mathcal{C}_0(\xi r)\overline{\psi}_a(u,s)}{\{J_0^2(\xi a)+Y_0^2(\xi a)\}\sqrt{\eta_r\xi^2+s}}\left\{e^{-|z-u|\sqrt{\frac{\eta_r\xi^2+s}{\eta_z}}}-e^{-(z+u)\sqrt{\frac{\eta_r\xi^2+s}{\eta_z}}}\right\}dud\xi+$$
$$+\frac{1}{2\sqrt{\eta_z}}\int_0^\infty\int_0^\infty \frac{\xi\mathcal{C}_0(\xi r)\overline{\varphi}(\xi,u)}{\{J_0^2(\xi a)+Y_0^2(\xi a)\}\sqrt{\eta_r\xi^2+s}}\left\{e^{-|z-u|\sqrt{\frac{\eta_r\xi^2+s}{\eta_z}}}-e^{-(z+u)\sqrt{\frac{\eta_r\xi^2+s}{\eta_z}}}\right\}dud\xi \tag{18.8.2}$$

The inverse Laplace transform of equation (18.8.2) yields

$$p = \frac{U(t-t_0)}{4\pi\phi c_t\sqrt{\pi\eta_z}}\int_0^t \frac{q(t-t_0-\tau)}{\sqrt{\tau}}\left\{e^{-\frac{(z-z_0)^2}{4\eta_z\tau}} - e^{-\frac{(z+z_0)^2}{4\eta_z\tau}}\right\}\int_0^\infty \frac{\xi\mathcal{C}_0(\xi r_0)\mathcal{C}_0(\xi r)e^{-\eta_r\xi^2\tau}}{J_0^2(\xi a)+Y_0^2(\xi a)}d\xi d\tau +$$
$$+\frac{2}{\sqrt{\pi}}\int_{\frac{z}{2\sqrt{\eta_z t}}}^\infty e^{-\tau^2}\int_0^\infty \frac{\overline{\psi}_0\left(\xi, t-\frac{z^2}{4\eta_z\tau^2}\right)\xi\mathcal{C}_0(\xi r)e^{-\frac{\eta_r}{\eta_z}\left(\frac{z\xi}{2\tau}\right)^2}}{J_0^2(\xi a)+Y_0^2(\xi a)}d\xi d\tau -$$
$$-\frac{\eta_r}{\sqrt{\pi^3\eta_z t}}\int_0^\infty\int_0^\infty \frac{\xi\mathcal{C}_0(\xi r)}{J_0^2(\xi a)+Y_0^2(\xi a)}\int_0^t \psi_a(u,t-\tau)\left\{e^{-\frac{(z-u)^2}{4\eta_z\tau}} - e^{-\frac{(z+u)^2}{4\eta_z\tau}}\right\}e^{-\eta_r\xi^2\tau}d\tau du d\xi +$$
$$+\frac{1}{2\sqrt{\pi\eta_z t}}\int_0^\infty\left\{e^{-\frac{(z-u)^2}{4\eta_z t}} - e^{-\frac{(z+u)^2}{4\eta_z t}}\right\}\int_0^\infty \frac{\overline{\varphi}(\xi,u)\xi\mathcal{C}_0(\xi r)e^{-\eta_r\xi^2 t}}{J_0^2(\xi a)+Y_0^2(\xi a)}du d\xi \qquad (18.8.3)$$

18.9 The problem of 18.8, except $\mathbf{N_0} \equiv \frac{\partial p(r,0,t)}{\partial z} = -\left(\frac{\mu}{k_z}\right)\psi_0(r,t)$ and $\mathbf{D}_a \equiv p(a,z,t) = \psi_a(z,t)$

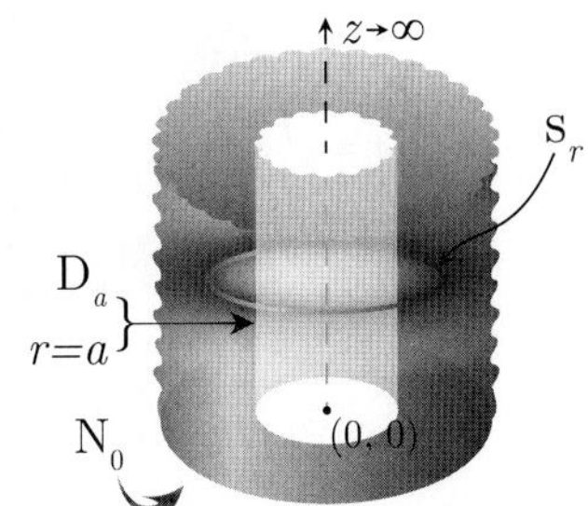

The successive application of the Laplace, Fourier and Hankel transformations to equation (18.1.1) gives

$$\overline{\overline{\overline{p}}} = \frac{q(s)\cos(nz_0)e^{-st_0}\mathcal{C}_0(\xi r_0)}{2\pi\phi c_t(\eta_r\xi^2+\eta_z n^2+s)} + \frac{\overline{\overline{\psi}}_0(\xi,s)}{\phi c_t(\eta_r\xi^2+\eta_z n^2+s)} - \frac{2\eta_r\overline{\overline{\psi}}_a(n,s)}{\pi(\eta_r\xi^2+\eta_z n^2+s)} + \frac{\overline{\overline{\varphi}}(\xi,n)}{(\eta_r\xi^2+\eta_z n^2+s)} \qquad (18.9.1)$$

where $\mathcal{C}_0(\xi r) = Y_0(\xi a)J_0(\xi r) - J_0(\xi a)Y_0(\xi r)$, $\overline{\overline{\psi}}_0(\xi,s) = \int_a^\infty \overline{\psi}_0(r,s)r\mathcal{C}_0(\xi r)dr$, $\overline{\overline{\psi}}_a(n,s) = \int_0^\infty \overline{\psi}_a(z,s)\cos(nz)dz$, $\overline{\overline{\varphi}}(\xi,n) = \int_a^\infty \overline{\varphi}(r,n)r\mathcal{C}_0(\xi r)dr$ and $\overline{\varphi}(r,n) = \int_0^\infty \varphi(r,z)\cos(nz)dz$. The inverse Fourier and Hankel transforms of equation (18.9.1) yield

$$\overline{p} = \frac{q(s)e^{-st_0}}{4\pi\phi c_t\sqrt{\eta_z}}\int_0^\infty \frac{\xi\mathcal{C}_0(\xi r_0)\mathcal{C}_0(\xi r)}{\{J_0^2(\xi a)+Y_0^2(\xi a)\}\sqrt{\eta_r\xi^2+s}}\left\{e^{-|z-z_0|\sqrt{\frac{\eta_r\xi^2+s}{\eta_z}}} + e^{-(z+z_0)\sqrt{\frac{\eta_r\xi^2+s}{\eta_z}}}\right\}d\xi +$$
$$+\frac{1}{\phi c_t\sqrt{\eta_z}}\int_0^\infty \frac{\xi\overline{\overline{\psi}}_0(\xi,s)\mathcal{C}_0(\xi r)e^{-z\sqrt{\frac{\eta_r\xi^2+s}{\eta_z}}}}{\{J_0^2(\xi a)+Y_0^2(\xi a)\}\sqrt{\eta_r\xi^2+s}}d\xi +$$
$$-\frac{\eta_r}{\pi\sqrt{\eta_z}}\int_0^\infty\int_0^\infty \frac{\xi\mathcal{C}_0(\xi r)\overline{\psi}_a(u,s)}{\{J_0^2(\xi a)+Y_0^2(\xi a)\}\sqrt{\eta_r\xi^2+s}}\left\{e^{-|z-u|\sqrt{\frac{\eta_r\xi^2+s}{\eta_z}}} + e^{-(z+u)\sqrt{\frac{\eta_r\xi^2+s}{\eta_z}}}\right\}du d\xi +$$
$$+\frac{1}{2\sqrt{\eta_z}}\int_0^\infty\int_0^\infty \frac{\xi\mathcal{C}_0(\xi r)\overline{\varphi}(\xi,u)}{\{J_0^2(\xi a)+Y_0^2(\xi a)\}\sqrt{\eta_r\xi^2+s}}\left\{e^{-|z-u|\sqrt{\frac{\eta_r\xi^2+s}{\eta_z}}} + e^{-(z+u)\sqrt{\frac{\eta_r\xi^2+s}{\eta_z}}}\right\}du d\xi \qquad (18.9.2)$$

The inverse Laplace transform of equation (18.9.2) yields

$$p = \frac{U(t-t_0)}{4\pi\phi c_t\sqrt{\pi\eta_z}}\int_0^t \frac{q(t-t_0-\tau)}{\sqrt{\tau}}\left\{e^{-\frac{(z-z_0)^2}{4\eta_z\tau}}+e^{-\frac{(z+z_0)^2}{4\eta_z\tau}}\right\}\int_0^\infty \frac{\xi\mathcal{C}_0(\xi r_0)\,\mathcal{C}_0(\xi r)\,e^{-\eta_r\xi^2\tau}}{J_0^2(\xi a)+Y_0^2(\xi a)}d\xi d\tau +$$
$$+\frac{1}{\phi c_t\sqrt{\pi\eta_z}}\int_0^t \frac{e^{-\frac{z^2}{4\eta_z\tau}}}{\sqrt{\tau}}\int_0^\infty \frac{\xi\overline{\psi}_0(\xi,t-\tau)\,\mathcal{C}_0(\xi r)\,e^{-\eta_r\xi^2\tau}}{J_0^2(\xi a)+Y_0^2(\xi a)}d\xi d\tau +$$
$$-\frac{\eta_r}{\sqrt{\pi^3\eta_z t}}\int_0^\infty\int_0^\infty \frac{\xi\mathcal{C}_0(\xi r)}{J_0^2(\xi a)+Y_0^2(\xi a)}\int_0^t \psi_a(u,t-\tau)\left\{e^{-\frac{(z-u)^2}{4\eta_z\tau}}+e^{-\frac{(z+u)^2}{4\eta_z\tau}}\right\}e^{-\eta_r\xi^2\tau}d\tau du d\xi +$$
$$+\frac{1}{2\sqrt{\pi\eta_z t}}\int_0^\infty\left\{e^{-\frac{(z-u)^2}{4\eta_z t}}+e^{-\frac{(z+u)^2}{4\eta_z t}}\right\}\int_0^\infty \frac{\xi\mathcal{C}_0(\xi r)\,\overline{\varphi}(\xi,u)\,e^{-\eta_r\xi^2 t}}{J_0^2(\xi a)+Y_0^2(\xi a)}d\xi du \qquad (18.9.3)$$

18.10

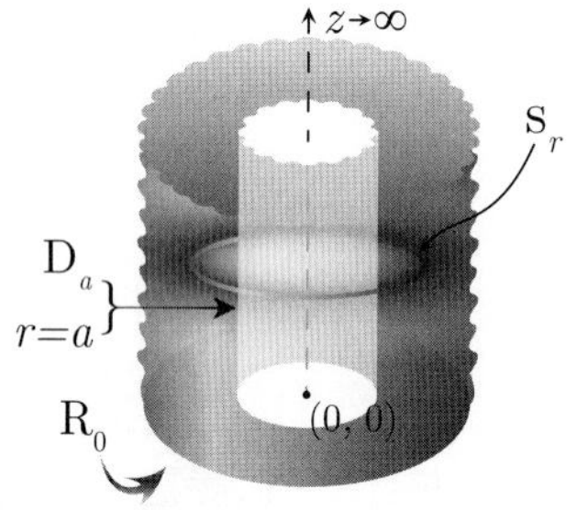

The problem of 18.8, except
$R_0 \equiv \frac{\partial p(r,0,t)}{\partial z} - \lambda p(r,0,t) = -\left(\frac{\mu}{k_z}\right)\psi_0(r,t)$ and
$D_a \equiv p(a,z,t) = \psi_a(z,t)$

The successive application of the Laplace, Fourier and Hankel transformations to equation (18.1.1) gives

$$\overline{\overline{\overline{p}}} = \frac{q(s)\{n\cos(nz_0)+\lambda\sin(nz_0)\}e^{-st_0}\mathcal{C}_0(\xi r_0)}{2\pi\phi c_t(\eta_r\xi^2+\eta_z n^2+s)} + \frac{n\overline{\overline{\psi}}_0(\xi,s)}{\phi c_t(\eta_r\xi^2+\eta_z n^2+s)} - \frac{2\eta_r\overline{\overline{\psi}}_a(n,s)}{\pi(\eta_r\xi^2+\eta_z n^2+s)} +$$
$$+\frac{\overline{\overline{\varphi}}(\xi,n)}{(\eta_r\xi^2+\eta_z n^2+s)} \qquad (18.10.1)$$

where $\mathcal{C}_0(\xi r) = Y_0(\xi a)J_0(\xi r) - J_0(\xi a)Y_0(\xi r)$, $\overline{\overline{\psi}}_a(n,s) = \int_0^\infty \overline{\psi}_a(z,s)\{n\cos(nz)+\lambda\sin(nz)\}dz$, $\overline{\overline{\psi}}_0(\xi,s) = \int_a^\infty \overline{\psi}_0(r,s)\,r\mathcal{C}_0(\xi r)\,dr$, $\overline{\overline{\varphi}}(\xi,n) = \int_a^\infty \overline{\varphi}(r,n)r\mathcal{C}_0(\xi r)\,dr$ and $\overline{\overline{\varphi}}(\xi,n) = \int_0^\infty \overline{\varphi}(\xi,z)\{n\cos(nz)+\lambda\sin(nz)\}dz$. The inverse Fourier and Hankel transforms of equation (18.10.1) yield

$$\overline{p} = \frac{q(s)e^{-st_0}}{4\pi\phi c_t\sqrt{\eta_z}}\times$$
$$\times\int_0^\infty \frac{\xi\mathcal{C}_0(\xi r_0)\,\mathcal{C}_0(\xi r)}{\{J_0^2(\xi a)+Y_0^2(\xi a)\}\sqrt{\eta_r\xi^2+s}}\left\{e^{-|z-z_0|\sqrt{\frac{\eta_r\xi^2+s}{\eta_z}}}+\left(\frac{\sqrt{\eta_r\xi^2+s}-\lambda\sqrt{\eta_z}}{\sqrt{\eta_r\xi^2+s}-\lambda\sqrt{\eta_z}}\right)e^{-(z+z_0)\sqrt{\frac{\eta_r\xi^2+s}{\eta_z}}}\right\}d\xi +$$
$$+\frac{1}{\phi c_t\sqrt{\eta_z}}\int_0^\infty \frac{\xi\overline{\overline{\psi}}_0(\xi,s)\,\mathcal{C}_0(\xi r)}{\{J_0^2(\xi a)+Y_0^2(\xi a)\}\left(\lambda\sqrt{\eta_z}+\sqrt{\eta_r\xi^2+s}\right)}e^{-z\sqrt{\frac{\eta_r\xi^2+s}{\eta_z}}}d\xi -$$
$$-\frac{\eta_r}{\pi\sqrt{\eta_z}}\int_0^\infty\int_0^\infty \frac{\xi\mathcal{C}_0(\xi r)\overline{\psi}_a(u,s)}{\{J_0^2(\xi a)+Y_0^2(\xi a)\}\sqrt{(\eta_r\xi^2+s)}}\left\{e^{-|z-u|\sqrt{\frac{\eta_r\xi^2+s}{\eta_z}}}+\left(\frac{\sqrt{\eta_r\xi^2+s}-\lambda\sqrt{\eta_z}}{\sqrt{\eta_r\xi^2+s}-\lambda\sqrt{\eta_z}}\right)e^{-(z+u)\sqrt{\frac{\eta_r\xi^2+s}{\eta_z}}}\right\}du d\xi +$$
$$+\frac{1}{2\sqrt{\eta_z}}\int_0^\infty\int_0^\infty \frac{\xi\mathcal{C}_0(\xi r)\,\overline{\varphi}(\xi,u)}{\{J_0^2(\xi a)+Y_0^2(\xi a)\}\sqrt{\eta_r\xi^2+s}}\times$$
$$\times\left\{e^{-|z-u|\sqrt{\frac{\eta_r\xi^2+s}{\eta_z}}}+\left(\frac{\sqrt{\eta_r\xi^2+s}-\lambda\sqrt{\eta_z}}{\sqrt{\eta_r\xi^2+s}-\lambda\sqrt{\eta_z}}\right)e^{-(z+u)\sqrt{\frac{\eta_r\xi^2+s}{\eta_z}}}\right\}du d\xi \qquad (18.10.2)$$

The inverse Laplace transform of equation (18.10.2) yields

$$\begin{aligned}
p &= \frac{U(t-t_0)}{4\pi\phi c_t\sqrt{\pi\eta_z}}\int_0^t \frac{q(t-t_0-\tau)}{\sqrt{\tau}}\left\{e^{-\frac{(z-z_0)^2}{4\eta_z\tau}}+e^{-\frac{(z+z_0)^2}{4\eta_z\tau}}-\right.\\
&-2\lambda\sqrt{\pi\eta_z\tau}e^{(z+z_0)\lambda+\lambda^2\eta_z\tau}\operatorname{erfc}\left.\left(\lambda\sqrt{\eta_z\tau}+\frac{z+z_0}{2\sqrt{\eta_z\tau}}\right)\right\}\int_0^\infty \frac{\xi\mathcal{C}_0(\xi r_0)\mathcal{C}_0(\xi r)e^{-\eta_r\xi^2\tau}}{J_0^2(\xi a)+Y_0^2(\xi a)}d\xi d\tau+\\
&+\frac{1}{\phi c_t\sqrt{\eta_z}}\int_0^t\left\{\frac{e^{-\frac{z^2}{4\eta_z\tau}}}{\sqrt{\pi\tau}}-\lambda\sqrt{\eta_z}e^{\lambda z+\lambda^2\eta_z\tau}\operatorname{erfc}\left(\lambda\sqrt{\eta_z\tau}\frac{z}{2\sqrt{\eta_z\tau}}\right)\right\}\int_0^\infty \frac{\xi\overline{\psi}_0(\xi,t-\tau)\mathcal{C}_0(\xi r)e^{-\eta_r\xi^2\tau}}{J_0^2(\xi a)+Y_0^2(\xi a)}d\xi d\tau-\\
&-\frac{\eta_r}{\sqrt{\pi^3\eta_z t}}\int_0^\infty\int_0^\infty \frac{\xi\mathcal{C}_0(\xi r)}{J_0^2(\xi a)+Y_0^2(\xi a)}\times\\
&\times\int_0^t \psi_a(u,t-\tau)\left\{e^{-\frac{(z-u)^2}{4\eta_z t}}+e^{-\frac{(z+u)^2}{4\eta_z t}}-2\lambda\sqrt{\pi\eta_z t}e^{(z+u)\lambda+\lambda^2\eta_z t}\operatorname{erfc}\left(\lambda\sqrt{\eta_z t}+\frac{z+u}{2\sqrt{\eta_z t}}\right)\right\}e^{-\eta_r\xi^2\tau}d\tau du+\\
&+\frac{1}{2\sqrt{\pi\eta_z t}}\int_0^\infty\left\{e^{-\frac{(z-u)^2}{4\eta_z t}}+e^{-\frac{(z+u)^2}{4\eta_z t}}-2\lambda\sqrt{\pi\eta_z t}e^{(z+u)\lambda+\lambda^2\eta_z t}\operatorname{erfc}\left(\lambda\sqrt{\eta_z t}+\frac{z+u}{2\sqrt{\eta_z t}}\right)\right\}\times\\
&\times\int_0^\infty \frac{\overline{\varphi}(\xi,u)\xi\mathcal{C}_0(\xi r)e^{-\eta_r\xi^2 t}}{J_0^2(\xi a)+Y_0^2(\xi a)}d\xi du
\end{aligned}\tag{18.10.3}$$

18.11 The problem of 18.8, except $\mathbf{N}_a \equiv \frac{\partial p(a,z,t)}{\partial r} = -\left(\frac{\mu}{k}\right)\psi_a(z,t)$ and $\mathbf{D}_0 \equiv p(r,0,t) = \psi_0(r,t)$

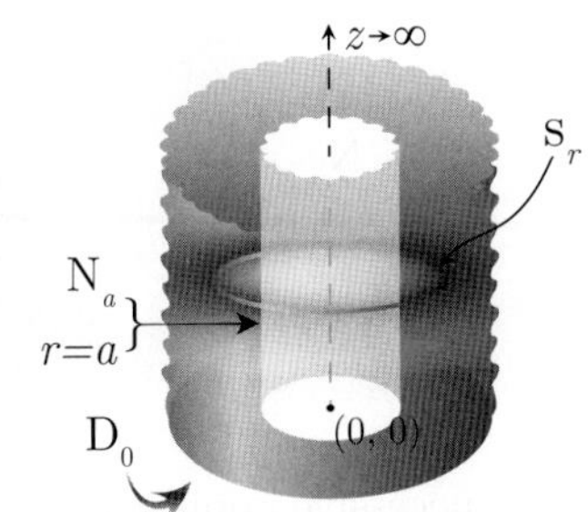

The successive application of the Laplace, Fourier and Hankel transformations to equation (18.1.1) gives

$$\begin{aligned}
\overline{\overline{\overline{p}}} &= \frac{q(s)\sin(nz_0)e^{-st_0}\mathcal{G}_0(\xi r_0)}{2\pi\phi c_t(\eta_r\xi^2+\eta_z n^2+s)}+\frac{\eta_z n\overline{\overline{\psi}}_0(\xi,s)}{(\eta_r\xi^2+\eta_z n^2+s)}+\frac{2\overline{\overline{\psi}}_a(n,s)}{\pi\phi c_t\xi(\eta_r\xi^2+\eta_z n^2+s)}+\\
&+\frac{\overline{\overline{\varphi}}(\xi,n)}{(\eta_r\xi^2+\eta_z n^2+s)}
\end{aligned}\tag{18.11.1}$$

where $\mathcal{G}_0(\xi r)=J_1(\xi a)Y_0(\xi r)-Y_1(\xi a)J_0(\xi r)$, $\overline{\overline{\psi}}_0(\xi,s)=\int_a^\infty\overline{\psi}_0(r,s)r\mathcal{G}_0(\xi r)dr$, $\overline{\overline{\psi}}_a(n,s)=\int_0^\infty\overline{\psi}_a(z,s)\sin(nz)dz$, $\overline{\overline{\varphi}}(\xi,n)=\int_a^\infty\overline{\varphi}(r,n)r\mathcal{G}_0(\xi r)dr$ and $\overline{\varphi}(r,n)=\int_0^\infty\varphi(r,z)\sin(nz)dz$. The inverse Fourier and Hankel transforms of equation (18.11.1) yield

$$\begin{aligned}
\overline{p} &= \frac{q(s)e^{-st_0}}{4\pi\phi c_t\sqrt{\eta_z}}\int_0^\infty\frac{\xi\mathcal{G}_0(\xi r_0)\mathcal{G}_0(\xi r)}{\{J_1^2(\xi a)+Y_1^2(\xi a)\}\sqrt{\eta_r\xi^2+s}}\left\{e^{-|z-z_0|\sqrt{\frac{\eta_r\xi^2+s}{\eta_z}}}-e^{-(z+z_0)\sqrt{\frac{\eta_r\xi^2+s}{\eta_z}}}\right\}d\xi+\\
&+\int_0^\infty\frac{\overline{\overline{\psi}}_0(\xi,s)\xi\mathcal{G}_0(\xi r)e^{-z\sqrt{\frac{\eta_r\xi^2+s}{\eta_z}}}}{\{J_1^2(\xi a)+Y_1^2(\xi a)\}}d\xi+
\end{aligned}$$

$$+\frac{1}{\pi\phi c_t\sqrt{\eta_z}}\int_0^\infty\int_0^\infty \frac{\mathcal{G}_0(\xi r)\,\overline{\psi}_a(u,s)}{\{J_1^2(\xi a)+Y_1^2(\xi a)\}\sqrt{\eta_r\xi^2+s}}\left\{e^{-|z-u|\sqrt{\frac{\eta_r\xi^2+s}{\eta_z}}}-e^{-(z+u)\sqrt{\frac{\eta_r\xi^2+s}{\eta_z}}}\right\}du\,d\xi+$$

$$+\frac{1}{2\sqrt{\eta_z}}\int_0^\infty\int_0^\infty \frac{\xi\mathcal{G}_0(\xi r)\,\overline{\varphi}(\xi,u)}{\{J_1^2(\xi a)+Y_1^2(\xi a)\}\sqrt{\eta_r\xi^2+s}}\left\{e^{-|z-u|\sqrt{\frac{\eta_r\xi^2+s}{\eta_z}}}-e^{-(z+u)\sqrt{\frac{\eta_r\xi^2+s}{\eta_z}}}\right\}du\,d\xi \quad (18.11.2)$$

The inverse Laplace transform of equation (18.11.2) yields

$$p=\frac{U(t-t_0)}{4\pi\phi c_t\sqrt{\pi\eta_z}}\int_0^t\frac{q(t-t_0-\tau)}{\sqrt{\tau}}\left\{e^{-\frac{(z-z_0)^2}{4\eta_z\tau}}-e^{-\frac{(z+z_0)^2}{4\eta_z\tau}}\right\}\int_0^\infty\frac{\xi\mathcal{G}_0(\xi r_0)\,\mathcal{G}_0(\xi r)\,e^{-\eta_r\xi^2\tau}}{J_1^2(\xi a)+Y_1^2(\xi a)}d\xi\,d\tau+$$

$$+\frac{2}{\sqrt{\pi}}\int_{\frac{z}{2\sqrt{\eta_z t}}}^\infty e^{-\tau^2}\int_0^\infty\frac{\overline{\psi}_0\left(\xi,t-\frac{z^2}{4\eta_z\tau^2}\right)\xi\mathcal{G}_0(\xi r)\,e^{-\frac{\eta_r}{\eta_z}\left(\frac{z\xi}{2\tau}\right)^2}}{J_1^2(\xi a)+Y_1^2(\xi a)}d\xi\,d\tau+$$

$$+\frac{1}{\phi c_t\sqrt{\pi^3\eta_z t}}\int_0^\infty\int_0^\infty\frac{\mathcal{G}_0(\xi r)}{J_1^2(\xi a)+Y_1^2(\xi a)}\int_0^t\psi_a(u,t-\tau)\left\{e^{-\frac{(z-u)^2}{4\eta_z\tau}}-e^{-\frac{(z+u)^2}{4\eta_z\tau}}\right\}e^{-\eta_r\xi^2\tau}d\tau\,du\,d\xi+$$

$$+\frac{1}{2\sqrt{\pi\eta_z t}}\int_0^\infty\left\{e^{-\frac{(z-u)^2}{4\eta_z t}}-e^{-\frac{(z+u)^2}{4\eta_z t}}\right\}\int_0^\infty\frac{\xi\mathcal{G}_0(\xi r)\,\overline{\varphi}(\xi,u)\,e^{-\eta_r\xi^2 t}}{J_1^2(\xi a)+Y_1^2(\xi a)}d\xi\,du \quad (18.11.3)$$

18.12

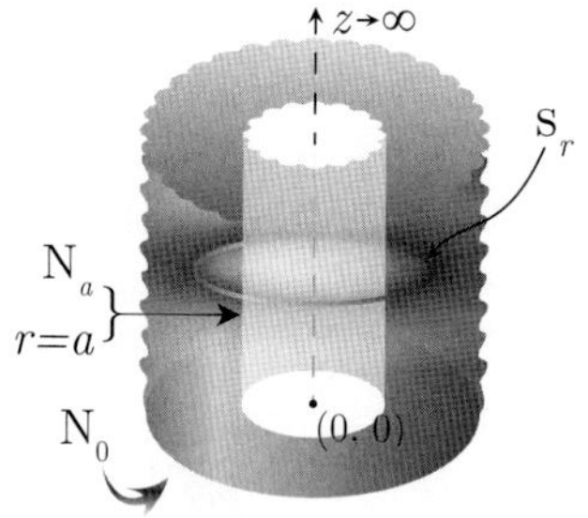

The problem of 18.8, except
$\mathbf{N_0}\equiv\frac{\partial p(r,0,t)}{\partial z}=-\left(\frac{\mu}{k_z}\right)\psi_0(r,t)$ **and**
$\mathbf{N_a}\equiv\frac{\partial p(a,z,t)}{\partial r}=-\left(\frac{\mu}{k}\right)\psi_a(z,t)$

The successive application of the Laplace, Fourier and Hankel transformations to equation (18.1.1) gives

$$\overline{\overline{\overline{p}}}=\frac{q(s)\cos(nz_0)\,e^{-st_0}\mathcal{G}_0(\xi r_0)}{2\pi\phi c_t(\eta_r\xi^2+\eta_z n^2+s)}+\frac{\overline{\overline{\psi}}_0(\xi,s)}{\phi c_t(\eta_r\xi^2+\eta_z n^2+s)}+\frac{2\overline{\overline{\psi}}_a(n,s)}{\pi\phi c_t\xi(\eta_r\xi^2+\eta_z n^2+s)}+$$
$$+\frac{\overline{\overline{\varphi}}(\xi,n)}{(\eta_r\xi^2+\eta_z n^2+s)} \quad (18.12.1)$$

where $\mathcal{G}_0(\xi r)=J_1(\xi a)\,Y_0(\xi r)-Y_1(\xi a)\,J_0(\xi r)$, $\overline{\overline{\psi}}_0(\xi,s)=\int_a^\infty\overline{\psi}_0(r,s)\,r\mathcal{G}_0(\xi r)\,dr$, $\overline{\overline{\psi}}_a(n,s)=\int_0^\infty\overline{\psi}_a(z,s)\cos(nz)\,dz$, $\overline{\overline{\varphi}}(\xi,n)=\int_a^\infty\overline{\varphi}(r,n)r\mathcal{G}_0(\xi r)\,dr$ and $\overline{\varphi}(r,n)=\int_0^\infty\varphi(r,z)\cos(nz)\,dz$. The inverse Fourier and Hankel transforms of equation (18.12.1) yield

$$\overline{p}=\frac{q(s)\,e^{-st_0}}{4\pi\phi c_t\sqrt{\eta_z}}\int_0^\infty\frac{\xi\mathcal{G}_0(\xi r_0)\,\mathcal{G}_0(\xi r)}{\{J_1^2(\xi a)+Y_1^2(\xi a)\}\sqrt{\eta_r\xi^2+s}}\left\{e^{-|z-z_0|\sqrt{\frac{\eta_r\xi^2+s}{\eta_z}}}+e^{-(z+z_0)\sqrt{\frac{\eta_r\xi^2+s}{\eta_z}}}\right\}d\xi+$$

$$+\frac{1}{\phi c_t\sqrt{\eta_z}}\int_0^\infty\frac{\xi\overline{\overline{\psi}}_0(\xi,s)\,\mathcal{G}_0(\xi r)\,e^{-z\sqrt{\frac{\eta_r\xi^2+s}{\eta_z}}}}{\{J_1^2(\xi a)+Y_1^2(\xi a)\}\sqrt{\eta_r\xi^2+s}}d\xi+$$

$$+\frac{1}{\pi\phi c_t\sqrt{\eta_z}}\int_0^\infty\int_0^\infty\frac{\mathcal{G}_0(\xi r)\,\overline{\psi}_a(u,s)}{\{J_1^2(\xi a)+Y_1^2(\xi a)\}\sqrt{\eta_r\xi^2+s}}\left\{e^{-|z-u|\sqrt{\frac{\eta_r\xi^2+s}{\eta_z}}}+e^{-(z+u)\sqrt{\frac{\eta_r\xi^2+s}{\eta_z}}}\right\}du\,d\xi+$$

$$+\frac{1}{2\sqrt{\eta_z}}\int_0^\infty\int_0^\infty \frac{\xi\mathcal{G}_0(\xi r)\overline{\varphi}(\xi,u)}{\{J_1^2(\xi a)+Y_1^2(\xi a)\}\sqrt{\eta_r\xi^2+s}}\left\{e^{-|z-u|\sqrt{\frac{\eta_r\xi^2+s}{\eta_z}}}+e^{-(z+u)\sqrt{\frac{\eta_r\xi^2+s}{\eta_z}}}\right\}dud\xi \quad (18.12.2)$$

The inverse Laplace transform of equation (18.12.2) yields

$$p = \frac{U(t-t_0)}{4\pi\phi c_t\sqrt{\pi\eta_z}}\int_0^t \frac{q(t-t_0-\tau)}{\sqrt{\tau}}\left\{e^{-\frac{(z-z_0)^2}{4\eta_z\tau}}+e^{-\frac{(z+z_0)^2}{4\eta_z\tau}}\right\}\int_0^\infty \frac{\xi\mathcal{G}_0(\xi r_0)\mathcal{G}_0(\xi r)e^{-\eta_r\xi^2\tau}}{J_1^2(\xi a)+Y_1^2(\xi a)}d\xi d\tau +$$
$$+\frac{1}{\phi c_t\sqrt{\pi\eta_z}}\int_0^t \frac{e^{-\frac{z^2}{4\eta_z\tau}}}{\sqrt{\tau}}\int_0^\infty \frac{\xi\overline{\psi}_0(\xi,t-\tau)\mathcal{G}_0(\xi r)e^{-\eta_r\xi^2\tau}}{J_1^2(\xi a)+Y_1^2(\xi a)}d\xi d\tau +$$
$$+\frac{1}{\phi c_t\sqrt{\pi^3\eta_z t}}\int_0^\infty\int_0^\infty \frac{\mathcal{G}_0(\xi r)}{J_1^2(\xi a)+Y_1^2(\xi a)}\int_0^t \psi_a(u,t-\tau)\left\{e^{-\frac{(z-u)^2}{4\eta_z\tau}}+e^{-\frac{(z+u)^2}{4\eta_z\tau}}\right\}e^{-\eta_r\xi^2\tau}d\tau dud\xi +$$
$$+\frac{1}{2\sqrt{\pi\eta_z t}}\int_0^\infty\left\{e^{-\frac{(z-u)^2}{4\eta_z t}}+e^{-\frac{(z+u)^2}{4\eta_z t}}\right\}\int_0^\infty \frac{\xi\mathcal{G}_0(\xi r)\overline{\varphi}(\xi,u)e^{-\eta_r\xi^2 t}}{J_1^2(\xi a)+Y_1^2(\xi a)}d\xi du \quad (18.12.3)$$

18.13 The problem of 18.8, except $\mathbf{R_0} \equiv \frac{\partial p(r,0,t)}{\partial z} - \lambda p(r,0,t) = -\left(\frac{\mu}{k_z}\right)\psi_0(r,t)$ and $\mathbf{N}_a \equiv \frac{\partial p(a,z,t)}{\partial r} = -\left(\frac{\mu}{k}\right)\psi_a(z,t)$

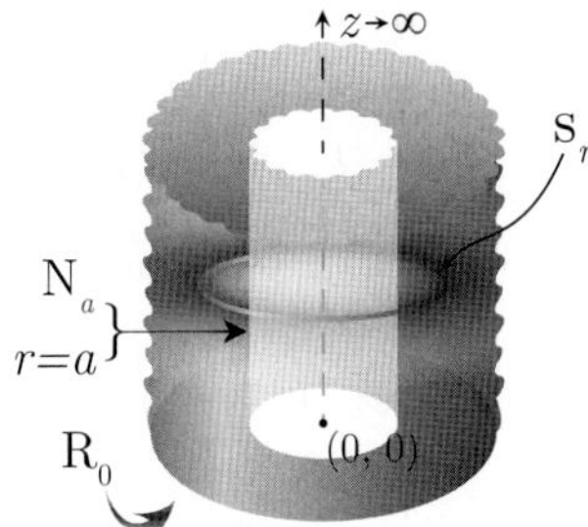

The successive application of the Laplace, Fourier and Hankel transformations to equation (18.1.1) gives

$$\overline{\overline{\overline{p}}} = \frac{q(s)\{n\cos(nz_0)+\lambda\sin(nz_0)\}e^{-st_0}\mathcal{G}_0(\xi r_0)}{2\pi\phi c_t(\eta_r\xi^2+\eta_z n^2+s)}+\frac{n\overline{\overline{\psi}}_0(\xi,s)}{\phi c_t(\eta_r\xi^2+\eta_z n^2+s)}+\frac{2\overline{\overline{\psi}}_a(n,s)}{\pi\phi c_t\xi(\eta_r\xi^2+\eta_z n^2+s)}+$$
$$+\frac{\overline{\overline{\varphi}}(\xi,n)}{(\eta_r\xi^2+\eta_z n^2+s)} \quad (18.13.1)$$

where $\mathcal{G}_0(\xi r) = J_1(\xi a)Y_0(\xi r) - Y_1(\xi a)J_0(\xi r)$, $\overline{\overline{\psi}}_a(n,s) = \int_0^\infty \overline{\psi}_a(z,s)\{n\cos(nz)+\lambda\sin(nz)\}dz$, $\overline{\overline{\psi}}_0(\xi,s) = \int_a^\infty \overline{\psi}_0(r,s)r\mathcal{G}_0(\xi r)dr$, $\overline{\varphi}(\xi,n) = \int_a^\infty \varphi(r,n)r\mathcal{G}_0(\xi r)dr$ and $\overline{\overline{\varphi}}(\xi,n) = \int_0^\infty \overline{\varphi}(\xi,z)\{n\cos(nz)+\lambda\sin(nz)\}dz$. The inverse Fourier and Hankel transforms of equation (18.13.1) yield

$$\overline{p} = \frac{q(s)e^{-st_0}}{4\pi\phi c_t\sqrt{\eta_z}}\times$$
$$\times\int_0^\infty \frac{\xi\mathcal{G}_0(\xi r_0)\mathcal{G}_0(\xi r)}{\{J_1^2(\xi a)+Y_1^2(\xi a)\}\sqrt{\eta_r\xi^2+s}}\left\{e^{-|z-z_0|\sqrt{\frac{\eta_r\xi^2+s}{\eta_z}}}+\left(\frac{\sqrt{\eta_r\xi^2+s}-\lambda\sqrt{\eta_z}}{\sqrt{\eta_r\xi^2+s}-\lambda\sqrt{\eta_z}}\right)e^{-(z+z_0)\sqrt{\frac{\eta_r\xi^2+s}{\eta_z}}}\right\}d\xi +$$
$$+\frac{1}{\phi c_t\sqrt{\eta_z}}\int_0^\infty \frac{\xi\overline{\overline{\psi}}_0(\xi,s)\mathcal{G}_0(\xi r)}{\{J_1^2(\xi a)+Y_1^2(\xi a)\}\left(\lambda\sqrt{\eta_z}+\sqrt{\eta_r\xi^2+s}\right)}e^{-z\sqrt{\frac{\eta_r\xi^2+s}{\eta_z}}}d\xi +$$
$$+\frac{1}{\pi\phi c_t\sqrt{\eta_z}}\int_0^\infty\int_0^\infty \frac{\xi\mathcal{G}_0(\xi r)\overline{\psi}_a(u,s)}{\{J_1^2(\xi a)+Y_1^2(\xi a)\}\sqrt{(\eta_r\xi^2+s)}}\times$$

$$\times\left\{e^{-|z-u|\sqrt{\frac{\eta_r\xi^2+s}{\eta_z}}}+\left(\frac{\sqrt{\eta_r\xi^2+s}-\lambda\sqrt{\eta_z}}{\sqrt{\eta_r\xi^2+s}-\lambda\sqrt{\eta_z}}\right)e^{-(z+u)\sqrt{\frac{\eta_r\xi^2+s}{\eta_z}}}\right\}dud\xi+$$

$$+\frac{1}{2\sqrt{\eta_z}}\int_0^\infty\int_0^\infty\frac{\xi\mathcal{G}_0(\xi r)\overline{\varphi}(\xi,u)}{\{J_1^2(\xi a)+Y_1^2(\xi a)\}\sqrt{\eta_r\xi^2+s}}\times$$

$$\times\left\{e^{-|z-u|\sqrt{\frac{\eta_r\xi^2+s}{\eta_z}}}+\left(\frac{\sqrt{\eta_r\xi^2+s}-\lambda\sqrt{\eta_z}}{\sqrt{\eta_r\xi^2+s}-\lambda\sqrt{\eta_z}}\right)e^{-(z+u)\sqrt{\frac{\eta_r\xi^2+s}{\eta_z}}}\right\}dud\xi \tag{18.13.2}$$

The inverse Laplace transform of equation (18.13.2) yields

$$p=\frac{U(t-t_0)}{4\pi\phi c_t\sqrt{\pi\eta_z}}\int_0^t\frac{q(t-t_0-\tau)}{\sqrt{\tau}}\left\{e^{-\frac{(z-z_0)^2}{4\eta_z\tau}}+e^{-\frac{(z+z_0)^2}{4\eta_z\tau}}-\right.$$

$$\left.-2\lambda\sqrt{\pi\eta_z\tau}e^{(z+z_0)\lambda+\lambda^2\eta_z\tau}\operatorname{erfc}\left(\lambda\sqrt{\eta_z\tau}+\frac{z+z_0}{2\sqrt{\eta_z\tau}}\right)\right\}\int_0^\infty\frac{\xi\mathcal{G}_0(\xi r_0)\mathcal{G}_0(\xi r)e^{-\eta_r\xi^2\tau}}{J_1^2(\xi a)+Y_1^2(\xi a)}d\xi d\tau+$$

$$+\frac{1}{\phi c_t\sqrt{\eta_z}}\int_0^t\left\{\frac{e^{-\frac{z^2}{4\eta_z\tau}}}{\sqrt{\pi\tau}}-\lambda\sqrt{\eta_z}e^{\lambda z+\lambda^2\eta_z\tau}\operatorname{erfc}\left(\lambda\sqrt{\eta_z\tau}\frac{z}{2\sqrt{\eta_z\tau}}\right)\right\}\int_0^\infty\frac{\xi\overline{\psi}_0(\xi,t-\tau)\mathcal{G}_0(\xi r)e^{-\eta_r\xi^2\tau}}{J_1^2(\xi a)+Y_1^2(\xi a)}d\xi d\tau+$$

$$+\frac{1}{\phi c_t\sqrt{\pi^3\eta_z t}}\int_0^\infty\int_0^\infty\frac{\xi\mathcal{G}_0(\xi r)}{J_1^2(\xi a)+Y_1^2(\xi a)}\times$$

$$\times\int_0^t\psi_a(u,t-\tau)\left\{e^{-\frac{(z-u)^2}{4\eta_z t}}+e^{-\frac{(z+u)^2}{4\eta_z t}}-2\lambda\sqrt{\pi\eta_z t}e^{(z+u)\lambda+\lambda^2\eta_z t}\operatorname{erfc}\left(\lambda\sqrt{\eta_z t}+\frac{z+u}{2\sqrt{\eta_z t}}\right)\right\}e^{-\eta_r\xi^2\tau}d\tau du+$$

$$+\frac{1}{2\sqrt{\pi\eta_z t}}\int_0^\infty\left\{e^{-\frac{(z-u)^2}{4\eta_z t}}+e^{-\frac{(z+u)^2}{4\eta_z t}}-2\lambda\sqrt{\pi\eta_z t}e^{(z+u)\lambda+\lambda^2\eta_z t}\operatorname{erfc}\left(\lambda\sqrt{\eta_z t}+\frac{z+u}{2\sqrt{\eta_z t}}\right)\right\}\times$$

$$\times\int_0^\infty\frac{\overline{\varphi}(\xi,u)\xi\mathcal{G}_0(\xi r)e^{-\eta_r\xi^2 t}}{J_1^2(\xi a)+Y_1^2(\xi a)}d\xi du \tag{18.13.3}$$

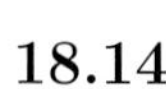
18.14

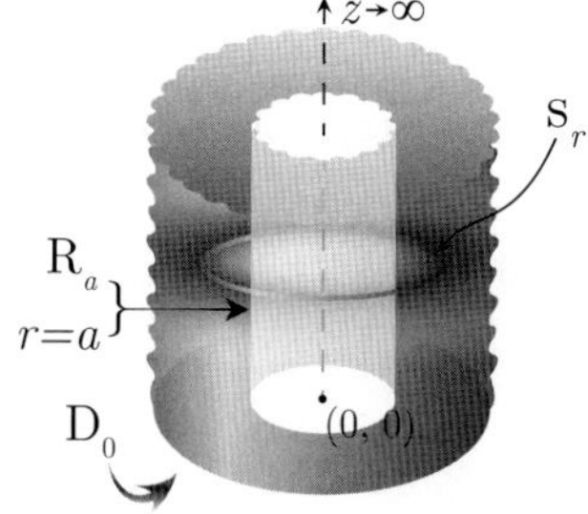

The problem of 18.8, except
$\mathbf{R}_a\equiv\frac{\partial p(a,z,t)}{\partial r}-\lambda p(a,z,t)=-\left(\frac{\mu}{k}\right)\psi_a(z,t)$ **and**
$\mathbf{D}_0\equiv p(r,0,t)=\psi_0(r,t)$

The successive application of the Laplace, Fourier and Hankel transformations to equation (18.1.1) gives

$$\overline{\overline{\overline{p}}}=\frac{q(s)\sin(nz_0)e^{-st_0}\mathcal{D}_0(\xi r_0)}{2\pi\phi c_t(\eta_r\xi^2+\eta_z n^2+s)}+\frac{\eta_z n\overline{\overline{\psi}}_0(\xi,s)}{(\eta_r\xi^2+\eta_z n^2+s)}+\frac{2\overline{\overline{\psi}}_a(n,s)}{\pi\phi c_t(\eta_r\xi^2+\eta_z n^2+s)}+$$
$$+\frac{\overline{\overline{\varphi}}(\xi,n)}{(\eta_r\xi^2+\eta_z n^2+s)} \tag{18.14.1}$$

where $\mathcal{D}_0(\xi r)=Y_0(\xi r)\{\lambda J_0(\xi a)+\xi J_1(\xi a)\}-J_0(\xi r)\{\lambda Y_0(\xi a)+\xi Y_1(\xi a)\}$,
$\overline{\overline{\psi}}_0(\xi,s)=\int_a^\infty\overline{\psi}_0(r,s)r\mathcal{D}_0(\xi r)dr$, $\overline{\overline{\psi}}_a(n,s)=\int_0^\infty\overline{\psi}_a(z,s)\sin(nz)dz$, $\overline{\overline{\varphi}}(\xi,n)=\int_a^\infty\overline{\varphi}(r,n)r\mathcal{D}_0(\xi r)dr$ and

$\overline{\varphi}(r,n) = \int_0^\infty \varphi(r,z)\sin(nz)\,dz$. The inverse Fourier and Hankel transforms of equation (18.14.1) yield

$$\begin{aligned}
\overline{p} &= \frac{q(s)\,e^{-st_0}}{4\pi\phi c_t\sqrt{\eta_z}}\int_0^\infty \frac{\xi\mathcal{D}_0(\xi r_0)\,\mathcal{D}_0(\xi r)}{\left\{\{\lambda J_0(\xi a)+\xi J_1(\xi a)\}^2+\{\lambda Y_0(\xi a)+\xi Y_1(\xi a)\}^2\right\}\sqrt{\eta_r\xi^2+s}}\times\\
&\times\left\{e^{-|z-z_0|\sqrt{\frac{\eta_r\xi^2+s}{\eta_z}}}-e^{-(z+z_0)\sqrt{\frac{\eta_r\xi^2+s}{\eta_z}}}\right\}d\xi+\\
&+\int_0^\infty \frac{\overline{\overline{\psi}}_0(\xi,s)\,\xi\mathcal{D}_0(\xi r)\,e^{-z\sqrt{\frac{\eta_r\xi^2+s}{\eta_z}}}}{\left\{\{\lambda J_0(\xi a)+\xi J_1(\xi a)\}^2+\{\lambda Y_0(\xi a)+\xi Y_1(\xi a)\}^2\right\}}d\xi+\\
&+\frac{1}{\pi\phi c_t\sqrt{\eta_z}}\int_0^\infty\int_0^\infty \frac{\xi\mathcal{D}_0(\xi r)\,\overline{\psi}_a(u,s)}{\left[\{\lambda J_0(\xi a)+\xi J_1(\xi a)\}^2+\{\lambda Y_0(\xi a)+\xi Y_1(\xi a)\}^2\right]\sqrt{\eta_r\xi^2+s}}\times\\
&\times\left\{e^{-|z-u|\sqrt{\frac{\eta_r\xi^2+s}{\eta_z}}}-e^{-(z+u)\sqrt{\frac{\eta_r\xi^2+s}{\eta_z}}}\right\}du\,d\xi+\\
&+\frac{1}{2\sqrt{\eta_z}}\int_0^\infty\int_0^\infty \frac{\xi\mathcal{D}_0(\xi r)\,\overline{\varphi}(\xi,u)}{\left\{\{\lambda J_0(\xi a)+\xi J_1(\xi a)\}^2+\{\lambda Y_0(\xi a)+\xi Y_1(\xi a)\}^2\right\}\sqrt{\eta_r\xi^2+s}}\times\\
&\times\left\{e^{-|z-u|\sqrt{\frac{\eta_r\xi^2+s}{\eta_z}}}-e^{-(z+u)\sqrt{\frac{\eta_r\xi^2+s}{\eta_z}}}\right\}du\,d\xi
\end{aligned}\tag{18.14.2}$$

The inverse Laplace transform of equation (18.14.2) yields

$$\begin{aligned}
p &= \frac{U(t-t_0)}{4\pi\phi c_t\sqrt{\pi\eta_z}}\int_0^t \frac{q(t-t_0-\tau)}{\sqrt{\tau}}\left\{e^{-\frac{(z-z_0)^2}{4\eta_z\tau}}-e^{-\frac{(z+z_0)^2}{4\eta_z\tau}}\right\}\times\\
&\times\int_0^\infty \frac{\xi\mathcal{D}_0(\xi r_0)\,\mathcal{D}_0(\xi r)\,e^{-\eta_r\xi^2\tau}}{\{\lambda J_0(\xi a)+\xi J_1(\xi a)\}^2+\{\lambda Y_0(\xi a)+\xi Y_1(\xi a)\}^2}d\xi\,d\tau+\\
&+\frac{2}{\sqrt{\pi}}\int_{\frac{z}{2\sqrt{\eta_z t}}}^\infty e^{-\tau^2}\int_0^\infty \frac{\overline{\psi}_0\left(\xi,t-\frac{z^2}{4\eta_z\tau^2}\right)\xi\mathcal{D}_0(\xi r)\,e^{-\frac{\eta_r}{\eta_z}\left(\frac{z\xi}{2\tau}\right)^2}}{\{\lambda J_0(\xi a)+\xi J_1(\xi a)\}^2+\{\lambda Y_0(\xi a)+\xi Y_1(\xi a)\}^2}d\xi\,d\tau+\\
&+\frac{1}{\phi c_t\sqrt{\pi^3\eta_z t}}\int_0^\infty\int_0^\infty \frac{\xi\mathcal{D}_0(\xi r)}{\{\lambda J_0(\xi a)+\xi J_1(\xi a)\}^2+\{\lambda Y_0(\xi a)+\xi Y_1(\xi a)\}^2}\times\\
&\times\int_0^t \psi_a(u,t-\tau)\left\{e^{-\frac{(z-u)^2}{4\eta_z\tau}}-e^{-\frac{(z+u)^2}{4\eta_z\tau}}\right\}e^{-\eta_r\xi^2\tau}d\tau\,du\,d\xi+\\
&+\frac{1}{2\sqrt{\pi\eta_z t}}\int_0^\infty\left\{e^{-\frac{(z-u)^2}{4\eta_z t}}-e^{-\frac{(z+u)^2}{4\eta_z t}}\right\}\int_0^\infty \frac{\xi\mathcal{D}_0(\xi r)\,\overline{\varphi}(\xi,u)\,e^{-\eta_r\xi^2 t}}{\{\lambda J_0(\xi a)+\xi J_1(\xi a)\}^2+\{\lambda Y_0(\xi a)+\xi Y_1(\xi a)\}^2}d\xi\,du
\end{aligned}\tag{18.14.3}$$

18.15 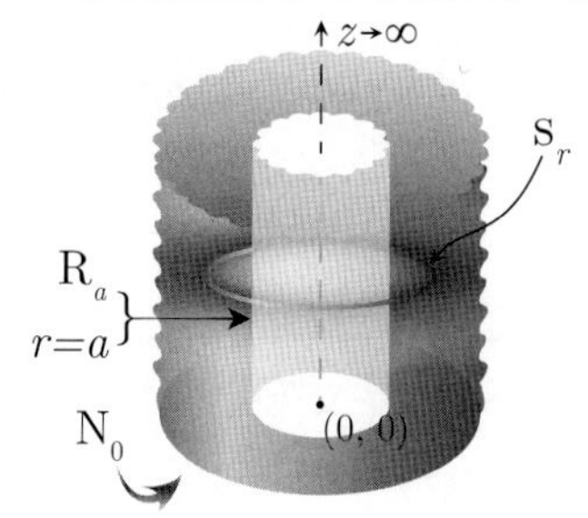

The problem of 18.8, except
$\mathbf{N_0} \equiv \frac{\partial p(r,0,t)}{\partial z} = -\left(\frac{\mu}{k_z}\right)\psi_0(r,t)$ **and**
$\mathbf{R_a} \equiv \frac{\partial p(a,z,t)}{\partial r} - \lambda p(a,z,t) = -\left(\frac{\mu}{k}\right)\psi_a(z,t)$

The successive application of the Laplace, Fourier and Hankel transformations to equation (18.1.1) gives

$$\begin{aligned}\overline{\overline{\overline{p}}} &= \frac{q(s)\cos(nz_0)\,e^{-st_0}\mathcal{D}_0(\xi r_0)}{2\pi\phi c_t(\eta_r\xi^2+\eta_z n^2+s)} + \frac{\overline{\overline{\psi}}_0(\xi,s)}{\phi c_t(\eta_r\xi^2+\eta_z n^2+s)} + \frac{2\overline{\overline{\psi}}_a(n,s)}{\pi\phi c_t(\eta_r\xi^2+\eta_z n^2+s)} + \\ &+ \frac{\overline{\overline{\varphi}}(\xi,n)}{(\eta_r\xi^2+\eta_z n^2+s)}\end{aligned} \tag{18.15.1}$$

where $\mathcal{D}_0(\xi r) = Y_0(\xi r)\{\lambda J_0(\xi a)+\xi J_1(\xi a)\} - J_0(\xi r)\{\lambda Y_0(\xi a)+\xi Y_1(\xi a)\}$, $\overline{\overline{\psi}}_0(\xi,s) = \int_a^\infty \overline{\psi}_0(r,s)\,r\mathcal{D}_0(\xi r)\,dr$, $\overline{\overline{\psi}}_a(n,s) = \int_0^\infty \overline{\psi}_a(z,s)\cos(nz)\,dz$, $\overline{\overline{\varphi}}(\xi,n) = \int_a^\infty \overline{\varphi}(r,n)r\mathcal{D}_0(\xi r)\,dr$ and $\overline{\varphi}(r,n) = \int_0^\infty \varphi(r,z)\cos(nz)\,dz$. The inverse Fourier and Hankel transforms of equation (18.15.1) yield

$$\begin{aligned}\overline{p} &= \frac{q(s)\,e^{-st_0}}{4\pi\phi c_t\sqrt{\eta_z}}\int_0^\infty \frac{\xi\mathcal{D}_0(\xi r_0)\mathcal{D}_0(\xi r)}{\left\{\{\lambda J_0(\xi a)+\xi J_1(\xi a)\}^2+\{\lambda Y_0(\xi a)+\xi Y_1(\xi a)\}^2\right\}\sqrt{\eta_r\xi^2+s}} \times \\ &\times\left\{e^{-|z-z_0|\sqrt{\frac{\eta_r\xi^2+s}{\eta_z}}}+e^{-(z+z_0)\sqrt{\frac{\eta_r\xi^2+s}{\eta_z}}}\right\}d\xi + \\ &+\frac{1}{\phi c_t\sqrt{\eta_z}}\int_0^\infty \frac{\xi\overline{\overline{\psi}}_0(\xi,s)\mathcal{D}_0(\xi r)\,e^{-z\sqrt{\frac{\eta_r\xi^2+s}{\eta_z}}}}{\left\{\{\lambda J_0(\xi a)+\xi J_1(\xi a)\}^2+\{\lambda Y_0(\xi a)+\xi Y_1(\xi a)\}^2\right\}\sqrt{\eta_r\xi^2+s}}d\xi + \\ &+\frac{1}{\pi\phi c_t\sqrt{\eta_z}}\int_0^\infty\!\!\int_0^\infty \frac{\xi\mathcal{D}_0(\xi r)\overline{\psi}_a(u,s)}{\left[\{\lambda J_0(\xi a)+\xi J_1(\xi a)\}^2+\{\lambda Y_0(\xi a)+\xi Y_1(\xi a)\}^2\right]\sqrt{\eta_r\xi^2+s}}\times \\ &\times\left\{e^{-|z-u|\sqrt{\frac{\eta_r\xi^2+s}{\eta_z}}}+e^{-(z+u)\sqrt{\frac{\eta_r\xi^2+s}{\eta_z}}}\right\}du\,d\xi + \\ &+\frac{1}{2\sqrt{\eta_z}}\int_0^\infty\!\!\int_0^\infty \frac{\xi\mathcal{D}_0(\xi r)\overline{\varphi}(\xi,u)}{\left\{\{\lambda J_0(\xi a)+\xi J_1(\xi a)\}^2+\{\lambda Y_0(\xi a)+\xi Y_1(\xi a)\}^2\right\}\sqrt{\eta_r\xi^2+s}}\times \\ &\times\left\{e^{-|z-u|\sqrt{\frac{\eta_r\xi^2+s}{\eta_z}}}+e^{-(z+u)\sqrt{\frac{\eta_r\xi^2+s}{\eta_z}}}\right\}du\,d\xi\end{aligned} \tag{18.15.2}$$

The inverse Laplace transform of equation (18.15.2) yields

$$\begin{aligned}p &= \frac{U(t-t_0)}{4\pi\phi c_t\sqrt{\pi\eta_z}}\int_0^t \frac{q(t-t_0-\tau)}{\sqrt{\tau}}\left\{e^{-\frac{(z-z_0)^2}{4\eta_z\tau}}+e^{-\frac{(z+z_0)^2}{4\eta_z\tau}}\right\}\times \\ &\times\int_0^\infty \frac{\xi\mathcal{D}_0(\xi r_0)\mathcal{D}_0(\xi r)\,e^{-\eta_r\xi^2\tau}}{\{\lambda J_0(\xi a)+\xi J_1(\xi a)\}^2+\{\lambda Y_0(\xi a)+\xi Y_1(\xi a)\}^2}d\xi d\tau + \\ &+\frac{1}{\phi c_t\sqrt{\pi\eta_z}}\int_0^t \frac{e^{-\frac{z^2}{4\eta_z\tau}}}{\sqrt{\tau}}\int_0^\infty \frac{\xi\overline{\psi}_0(\xi,t-\tau)\mathcal{D}_0(\xi r)\,e^{-\eta_r\xi^2\tau}}{\{\lambda J_0(\xi a)+\xi J_1(\xi a)\}^2+\{\lambda Y_0(\xi a)+\xi Y_1(\xi a)\}^2}d\xi d\tau +\end{aligned}$$

$$+\frac{1}{\phi c_t\sqrt{\pi^3\eta_z t}}\int\limits_0^\infty\int\limits_0^\infty \frac{\xi\mathcal{D}_0(\xi r)}{\{\lambda J_0(\xi a)+\xi J_1(\xi a)\}^2+\{\lambda Y_0(\xi a)+\xi Y_1(\xi a)\}^2}\times$$

$$\times\int\limits_0^t \psi_a(u,t-\tau)\left\{e^{-\frac{(z-u)^2}{4\eta_z\tau}}+e^{-\frac{(z+u)^2}{4\eta_z\tau}}\right\}e^{-\eta_r\xi^2\tau}d\tau du d\xi+$$

$$+\frac{1}{2\sqrt{\pi\eta_z t}}\int\limits_0^\infty\left\{e^{-\frac{(z-u)^2}{4\eta_z t}}+e^{-\frac{(z+u)^2}{4\eta_z t}}\right\}\int\limits_0^\infty \frac{\xi\mathcal{D}_0(\xi r)\overline{\varphi}(\xi,u)e^{-\eta_r\xi^2 t}}{\{\lambda J_0(\xi a)+\xi J_1(\xi a)\}^2+\{\lambda Y_0(\xi a)+\xi Y_1(\xi a)\}^2}d\xi du \quad (18.15.3)$$

18.16 The problem of 18.8, except $\mathbf{R_0 \equiv \frac{\partial p(r,0,t)}{\partial z} - \lambda p(r,0,t) = -\left(\frac{\mu}{k_z}\right)\psi_0(r,t)}$ and $\mathbf{R_a \equiv \frac{\partial p(a,z,t)}{\partial r} - \lambda p(a,z,t) = -\left(\frac{\mu}{k}\right)\psi_a(z,t)}$

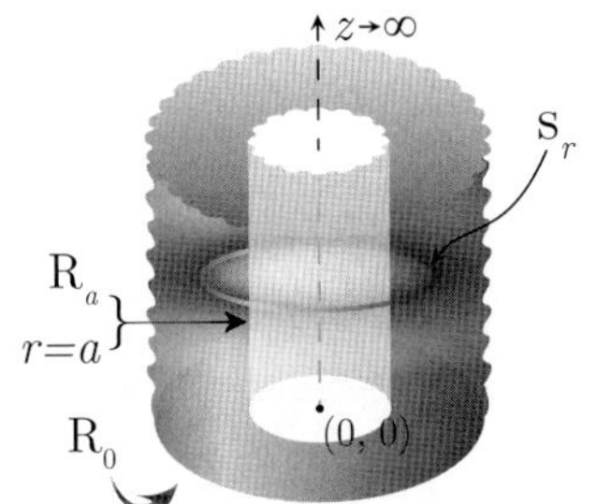

The successive application of the Laplace, Fourier and Hankel transformations to equation (18.1.1) gives

$$\overline{\overline{\overline{p}}} = \frac{q(s)\{n\cos(nz_0)+\lambda\sin(nz_0)\}e^{-st_0}\mathcal{D}_0(\xi r_0)}{2\pi\phi c_t(\eta_r\xi^2+\eta_z n^2+s)}+\frac{n\overline{\overline{\psi}}_0(\xi,s)}{\phi c_t(\eta_r\xi^2+\eta_z n^2+s)}+\frac{2\overline{\overline{\psi}}_a(n,s)}{\pi\phi c_t(\eta_r\xi^2+\eta_z n^2+s)}+$$
$$+\frac{\overline{\overline{\varphi}}(\xi,n)}{(\eta_r\xi^2+\eta_z n^2+s)} \quad (18.16.1)$$

where $\mathcal{D}_0(\xi r) = Y_0(\xi r)\{\lambda J_0(\xi a)+\xi J_1(\xi a)\} - J_0(\xi r)\{\lambda Y_0(\xi a)+\xi Y_1(\xi a)\}$, $\overline{\overline{\psi}}_a(n,s) = \int_0^\infty \overline{\psi}_a(z,s)\{n\cos(nz)+\lambda\sin(nz)\}dz$, $\overline{\overline{\psi}}_0(\xi,s) = \int_a^\infty \overline{\psi}_0(r,s)r\mathcal{D}_0(\xi r)dr$, $\overline{\overline{\varphi}}(\xi,n) = \int_a^\infty \overline{\varphi}(r,n)r\mathcal{D}_0(\xi r)dr$ and $\overline{\overline{\varphi}}(\xi,n) = \int_0^\infty \overline{\varphi}(\xi,z)\{n\cos(nz)+\lambda\sin(nz)\}dz$. The inverse Fourier and Hankel transforms of equation (18.16.1) yield

$$\overline{p} = \frac{q(s)e^{-st_0}}{4\pi\phi c_t\sqrt{\eta_z}}\int\limits_0^\infty \frac{\xi\mathcal{D}_0(\xi r_0)\mathcal{D}_0(\xi r)}{\left\{\{\lambda J_0(\xi a)+\xi J_1(\xi a)\}^2+\{\lambda Y_0(\xi a)+\xi Y_1(\xi a)\}^2\right\}\sqrt{\eta_r\xi^2+s}}\times$$
$$\times\left\{e^{-|z-z_0|\sqrt{\frac{\eta_r\xi^2+s}{\eta_z}}}+\left(\frac{\sqrt{\eta_r\xi^2+s}-\lambda\sqrt{\eta_z}}{\sqrt{\eta_r\xi^2+s}-\lambda\sqrt{\eta_z}}\right)e^{-(z+z_0)\sqrt{\frac{\eta_r\xi^2+s}{\eta_z}}}\right\}d\xi+$$
$$+\frac{1}{\phi c_t\sqrt{\eta_z}}\int\limits_0^\infty \frac{\xi\overline{\overline{\psi}}_0(\xi,s)\mathcal{D}_0(\xi r)e^{-z\sqrt{\frac{\eta_r\xi^2+s}{\eta_z}}}}{\left\{\{\lambda J_0(\xi a)+\xi J_1(\xi a)\}^2+\{\lambda Y_0(\xi a)+\xi Y_1(\xi a)\}^2\right\}\left(\lambda\sqrt{\eta_z}+\sqrt{\eta_r\xi^2+s}\right)}d\xi+$$
$$+\frac{1}{\pi\phi c_t\sqrt{\eta_z}}\int\limits_0^\infty\int\limits_0^\infty \frac{\xi\mathcal{D}_0(\xi r)\overline{\psi}_a(u,s)}{\left[\{\lambda J_0(\xi a)+\xi J_1(\xi a)\}^2+\{\lambda Y_0(\xi a)+\xi Y_1(\xi a)\}^2\right]\sqrt{\eta_r\xi^2+s}}\times$$
$$\times\left\{e^{-|z-u|\sqrt{\frac{\eta_r\xi^2+s}{\eta_z}}}+\left(\frac{\sqrt{\eta_r\xi^2+s}-\lambda\sqrt{\eta_z}}{\sqrt{\eta_r\xi^2+s}-\lambda\sqrt{\eta_z}}\right)e^{-(z+u)\sqrt{\frac{\eta_r\xi^2+s}{\eta_z}}}\right\}du d\xi+$$
$$+\frac{1}{2\sqrt{\eta_z}}\int\limits_0^\infty\int\limits_0^\infty \frac{\xi\mathcal{D}_0(\xi r)\overline{\varphi}(\xi,u)}{\left\{\{\lambda J_0(\xi a)+\xi J_1(\xi a)\}^2+\{\lambda Y_0(\xi a)+\xi Y_1(\xi a)\}^2\right\}\sqrt{\eta_r\xi^2+s}}\times$$
$$\times\left\{e^{-|z-u|\sqrt{\frac{\eta_r\xi^2+s}{\eta_z}}}+\left(\frac{\sqrt{\eta_r\xi^2+s}-\lambda\sqrt{\eta_z}}{\sqrt{\eta_r\xi^2+s}-\lambda\sqrt{\eta_z}}\right)e^{-(z+u)\sqrt{\frac{\eta_r\xi^2+s}{\eta_z}}}\right\}du d\xi \quad (18.16.2)$$

The inverse Laplace transform of equation (18.16.2) yields

$$
\begin{aligned}
p = {} & \frac{U(t-t_0)}{4\pi\phi c_t\sqrt{\pi\eta_z}}\int_0^t \frac{q(t-t_0-\tau)}{\sqrt{\tau}}\left\{e^{-\frac{(z-z_0)^2}{4\eta_z\tau}}+e^{-\frac{(z+z_0)^2}{4\eta_z\tau}}-\right.\\
& \left.-2\lambda\sqrt{\pi\eta_z\tau}e^{(z+z_0)\lambda+\lambda^2\eta_z\tau}\operatorname{erfc}\left(\lambda\sqrt{\eta_z\tau}+\frac{z+z_0}{2\sqrt{\eta_z\tau}}\right)\right\}\int_0^\infty \frac{\xi\mathcal{D}_0(\xi r_0)\mathcal{D}_0(\xi r)e^{-\eta_r\xi^2\tau}}{\{\lambda J_0(\xi a)+\xi J_1(\xi a)\}^2+\{\lambda Y_0(\xi a)+\xi Y_1(\xi a)\}^2}d\xi d\tau+\\
& +\frac{1}{\phi c_t\sqrt{\eta_z}}\int_0^t\left\{\frac{e^{-\frac{z^2}{4\eta_z\tau}}}{\sqrt{\pi\tau}}-\lambda\sqrt{\eta_z}e^{\lambda z+\lambda^2\eta_z\tau}\operatorname{erfc}\left(\lambda\sqrt{\eta_z\tau}\frac{z}{2\sqrt{\eta_z\tau}}\right)\right\}\times\\
& \times\int_0^\infty \frac{\xi\overline{\psi}_0(\xi,t-\tau)\mathcal{D}_0(\xi r)e^{-\eta_r\xi^2\tau}}{\{\lambda J_0(\xi a)+\xi J_1(\xi a)\}^2+\{\lambda Y_0(\xi a)+\xi Y_1(\xi a)\}^2}d\xi d\tau+\\
& +\frac{1}{\phi c_t\sqrt{\pi^3\eta_z t}}\int_0^\infty\int_0^\infty \frac{\xi\mathcal{D}_0(\xi r)}{\{\lambda J_0(\xi a)+\xi J_1(\xi a)\}^2+\{\lambda Y_0(\xi a)+\xi Y_1(\xi a)\}^2}\times\\
& \times\int_0^t\psi_a(u,t-\tau)\left\{e^{-\frac{(z-u)^2}{4\eta_z t}}+e^{-\frac{(z+u)^2}{4\eta_z t}}-2\lambda\sqrt{\pi\eta_z t}e^{(z+u)\lambda+\lambda^2\eta_z t}\operatorname{erfc}\left(\lambda\sqrt{\eta_z t}+\frac{z+u}{2\sqrt{\eta_z t}}\right)\right\}e^{-\eta_r\xi^2\tau}d\tau du d\xi+\\
& +\frac{1}{2\sqrt{\pi\eta_z t}}\int_0^\infty\left\{e^{-\frac{(z-u)^2}{4\eta_z t}}+e^{-\frac{(z+u)^2}{4\eta_z t}}-2\lambda\sqrt{\pi\eta_z t}e^{(z+u)\lambda+\lambda^2\eta_z t}\operatorname{erfc}\left(\lambda\sqrt{\eta_z t}+\frac{z+u}{2\sqrt{\eta_z t}}\right)\right\}\times\\
& \times\int_0^\infty \frac{\overline{\varphi}(\xi,u)\xi\mathcal{D}_0(\xi r)e^{-\eta_r\xi^2 t}}{\{\lambda J_0(\xi a)+\xi J_1(\xi a)\}^2+\{\lambda Y_0(\xi a)+\xi Y_1(\xi a)\}^2}d\xi du
\end{aligned}
\tag{18.16.3}
$$

Chapter 19

Infinite and semi-infinite cylindrical continua bounded by the planes $z = 0$ and $z = d$. $p(r,\ z,\ t)$ is a function of r, z and t

19.1 **An infinite continuum whose axis is at $r = 0$ and extends to ∞ in the direction of r positive and is bounded by the planes $z = 0$ and $z = d$. $D_0 \equiv p\,(r,0,t) = \psi_0\,(r,t)$ and $D_d \equiv p\,(r,d,t) = \psi_d\,(r,t)$; $\psi_0\,(r,t)$ and $\psi_d\,(r,t)$ are arbitrary functions of r and t. Ring source at $s_r \equiv (r_0, z_0)$; $0 \le r_0 \le \infty$, $0 \le z_0 \le d$, $t_0 \ge 0$. The initial pressure $p(r,z,0) = \varphi(r,z)$**

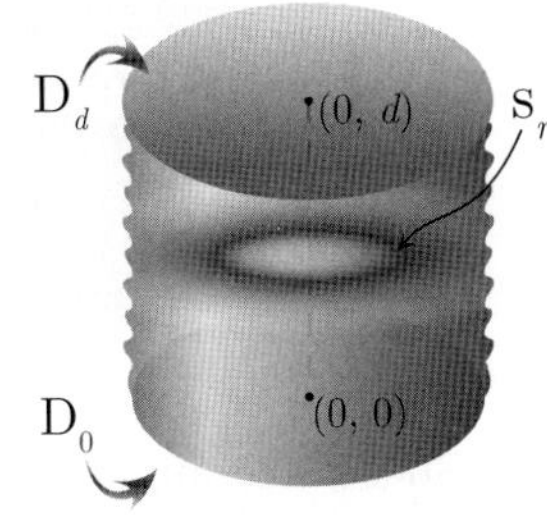

The successive application of the Laplace, Fourier and finite Hankel transformations to equation (18.1.1) gives

$$\overline{\overline{\overline{p}}} = \frac{q(s)e^{-st_0}\sin(\xi_m z_0)\,J_0(\xi_n r_0)}{2\pi\phi c_t\,(\eta_r\xi^2 + \eta_z\xi_m^2 + s)} + \frac{\eta_z\xi_m\int_0^\infty J_0\,(\xi u)\,u\{\overline{\psi}_0(u,s) - (-1)^m\,\overline{\psi}_d(u,s)\}\,du}{(\eta_r\xi^2 + \eta_z\xi_m^2 + s)} + \frac{\overline{\overline{\varphi}}\,(\xi,\xi_m)}{(\eta_r\xi^2 + \eta_z\xi_m^2 + s)} \tag{19.1.1}$$

where ξ_m is a positive root of $\sin(\xi_m d)$, which are $\xi_m = \frac{m\pi}{d}$, $m = 1, 2, ...,$ and $\overline{\overline{\varphi}}(\xi,\xi_m) = \int_0^\infty rJ_0\,(\xi r)\int_0^d \varphi(r,u)\sin(\xi_m u)dudr$. The inverse Fourier and Hankel transforms of equation (19.1.1) yield

$$\begin{aligned}
\overline{p} \;=\; & \frac{1}{\pi d}\left(\frac{\mu}{k_r}\right) q\,(s)\,e^{-st_0}\sum_{m=1}^{\infty}\sin(\xi_m z_0)\sin(\xi_m z)\begin{Bmatrix} I_0\left(r\sqrt{\frac{\eta_z\xi_m^2+s}{\eta_r}}\right)K_0\left(r_0\sqrt{\frac{\eta_z\xi_m^2+s}{\eta_r}}\right), & 0 < r < r_0 \\ I_0\left(r_0\sqrt{\frac{\eta_z\xi_m^2+s}{\eta_r}}\right)K_0\left(r\sqrt{\frac{\eta_z\xi_m^2+s}{\eta_r}}\right), & 0 < r_0 < r \end{Bmatrix} + \\
& + \frac{2\eta_z}{d\eta_r}\sum_{m=1}^{\infty}\xi_m\sin(\xi_m z)\int_0^\infty \begin{Bmatrix} I_0\left(r\sqrt{\frac{\eta_z\xi_m^2+s}{\eta_r}}\right)K_0\left(u\sqrt{\frac{\eta_z\xi_m^2+s}{\eta_r}}\right), & 0 < r < u \\ I_0\left(u\sqrt{\frac{\eta_z\xi_m^2+s}{\eta_r}}\right)K_0\left(r\sqrt{\frac{\eta_z\xi_m^2+s}{\eta_r}}\right), & 0 < u < r \end{Bmatrix} \times \\
& \times u\left\{\overline{\psi}_0\,(u,s) - (-1)^m\,\overline{\psi}_d\,(u,s)\right\}du + \\
& + \frac{2}{d\eta_r}\sum_{m=1}^{\infty}\sin(\xi_m z)\begin{Bmatrix} I_0\left(r\sqrt{\frac{\eta_z\xi_m^2+s}{\eta_r}}\right)\int_0^\infty vK_0\left(v\sqrt{\frac{\eta_z\xi_m^2+s}{\eta_r}}\right)\int_0^d\varphi(v,u)\sin(\xi_m u)dudv, & 0 < r < v \\ K_0\left(r\sqrt{\frac{\eta_z\xi_m^2+s}{\eta_r}}\right)\int_0^\infty vI_0\left(v\sqrt{\frac{\eta_z\xi_m^2+s}{\eta_r}}\right)\int_0^d\varphi(v,u)\sin(\xi_m u)dudv, & 0 < v < r \end{Bmatrix}
\end{aligned} \tag{19.1.2}$$

The inverse Laplace transform of equation (19.1.2) yields

$$p = \frac{U(t-t_0)}{8\pi d}\left(\frac{\mu}{k_r}\right)\times$$

$$\times\int_0^{t-t_0}\frac{q(t-t_0-\tau)}{\tau}I_0\left(\frac{rr_0}{2\eta_r\tau}\right)e^{-\frac{\left(r^2+r_0^2\right)}{4\eta_r\tau}}\left\{\Theta_3\left(\frac{\pi(z-z_0)}{2d},e^{-\left(\frac{\pi}{d}\right)\eta_z\tau}\right)-\Theta_3\left(\frac{\pi(z+z_0)}{2d},e^{-\left(\frac{\pi}{d}\right)\eta_z\tau}\right)\right\}d\tau+$$

$$+\frac{\eta_z}{4d^2\eta_r}\int_0^\infty\int_0^t I_0\left(\frac{ru}{2\eta_r\tau}\right)\frac{ue^{-\frac{\left(r^2+u^2\right)}{4\eta_r\tau}}}{\tau}\left\{\Theta_4'\left(\frac{\pi z}{2d},e^{-\left(\frac{\pi}{d}\right)\eta_z\tau}\right)\psi_d(u,t-\tau)-\Theta_3'\left(\frac{\pi z}{2d},e^{-\left(\frac{\pi}{d}\right)\eta_z\tau}\right)\psi_0(u,t-\tau)\right\}d\tau du+$$

$$+\frac{1}{4d\eta_r t}\int_0^\infty ve^{-\frac{\left(r^2+v^2\right)}{4\eta_r t}}I_0\left(\frac{rv}{2\eta_r t}\right)\int_0^d\varphi(v,u)\left\{\Theta_3\left(\frac{\pi(z-u)}{2d},e^{-\left(\frac{\pi}{d}\right)\eta_z\tau}\right)-\Theta_3\left(\frac{\pi(z+u)}{2d},e^{-\left(\frac{\pi}{d}\right)\eta_z\tau}\right)\right\}dudv \quad (19.1.3)$$

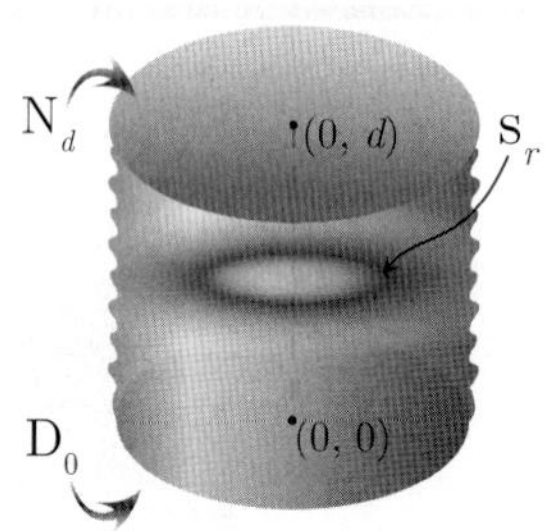

19.2 **The problem of 19.1, except $\mathbf{D_0} \equiv p(r,0,t) = \psi_0(r,t)$ and $\mathbf{N_d} \equiv \frac{\partial p(r,d,t)}{\partial z} = -\left(\frac{\mu}{k_z}\right)\psi_d(r,t)$**

The successive application of the Laplace, Fourier and finite Hankel transformations to equation (18.1.1) gives

$$\overline{\overline{\overline{p}}} = \frac{q(s)e^{-st_0}\sin(\xi_m z_0)J_0(\xi r_0)}{2\pi\phi c_t(\eta_r\xi^2+\eta_z\xi_m^2+s)}+\frac{\eta_z\int_0^\infty J_0(\xi u)u\left\{\xi_m\overline{\psi}_0(u,s)+(-1)^m\left(\frac{\mu}{k_z}\right)\overline{\psi}_d(u,s)\right\}du}{(\eta_r\xi^2+\eta_z\xi_m^2+s)}+$$
$$+\frac{\overline{\overline{\varphi}}(\xi,\xi_m)}{(\eta_r\xi^2+\eta_z\xi_m^2+s)} \quad (19.2.1)$$

where ξ_m is a positive root of $\cos(\xi_m d)$, which are $\xi_m = \frac{(2m-1)\pi}{2d}$, $m = 1, 2, ...,$ and $\overline{\overline{\varphi}}(\xi,\xi_m) = \int_0^\infty rJ_0(\xi r)\int_0^d\varphi(r,u)\sin(\xi_m u)dudr$. The inverse Fourier and Hankel transforms of equation (19.2.1) yield

$$\overline{p} = \frac{1}{\pi d}\left(\frac{\mu}{k_r}\right)q(s)e^{-st_0}\sum_{m=1}^\infty\sin(\xi_m z_0)\sin(\xi_m z)\left\{\begin{array}{ll}I_0\left(r\sqrt{\frac{\eta_z\xi_m^2+s}{\eta_r}}\right)K_0\left(r_0\sqrt{\frac{\eta_z\xi_m^2+s}{\eta_r}}\right), & 0<r<r_0\\ I_0\left(r_0\sqrt{\frac{\eta_z\xi_m^2+s}{\eta_r}}\right)K_0\left(r\sqrt{\frac{\eta_z\xi_m^2+s}{\eta_r}}\right), & 0<r_0<r\end{array}\right\}+$$

$$+\frac{2\eta_z}{d\eta_r}\sum_{m=1}^\infty\sin(\xi_m z)\int_0^\infty\left\{\begin{array}{ll}I_0\left(r\sqrt{\frac{\eta_z\xi_m^2+s}{\eta_r}}\right)K_0\left(u\sqrt{\frac{\eta_z\xi_m^2+s}{\eta_r}}\right), & 0<r<u\\ I_0\left(u\sqrt{\frac{\eta_z\xi_m^2+s}{\eta_r}}\right)K_0\left(r\sqrt{\frac{\eta_z\xi_m^2+s}{\eta_r}}\right), & 0<u<r\end{array}\right\}\times$$

$$\times u\left\{\xi_m\overline{\psi}_0(u,s)+(-1)^m\left(\frac{\mu}{k_z}\right)\overline{\psi}_d(u,s)\right\}du+$$

$$+\frac{2}{d\eta_r}\sum_{m=1}^\infty\sin(\xi_m z)\left\{\begin{array}{ll}I_0\left(r\sqrt{\frac{\eta_z\xi_m^2+s}{\eta_r}}\right)\int_0^\infty vK_0\left(v\sqrt{\frac{\eta_z\xi_m^2+s}{\eta_r}}\right)\int_0^d\varphi(v,u)\sin(\xi_m u)dudv, & 0<r<v\\ K_0\left(r\sqrt{\frac{\eta_z\xi_m^2+s}{\eta_r}}\right)\int_0^\infty vI_0\left(v\sqrt{\frac{\eta_z\xi_m^2+s}{\eta_r}}\right)\int_0^d\varphi(v,u)\sin(\xi_m u)dudv, & 0<v<r\end{array}\right\} \quad (19.2.2)$$

The inverse Laplace transform of equation (19.2.2) yields

$$p = \frac{U(t-t_0)}{8\pi d}\left(\frac{\mu}{k_r}\right)\times$$
$$\times\int_0^{t-t_0}\frac{q(t-t_0-\tau)}{\tau}I_0\left(\frac{rr_0}{2\eta_r\tau}\right)e^{-\frac{(r^2+r_0^2)}{4\eta_r\tau}}\left\{\Theta_2\left(\frac{\pi(z-z_0)}{2d},e^{-\left(\frac{\pi}{d}\right)\eta_z\tau}\right)-\Theta_2\left(\frac{\pi(z+z_0)}{2d},e^{-\left(\frac{\pi}{d}\right)\eta_z\tau}\right)\right\}d\tau-$$
$$-\frac{1}{2\pi d\eta_r}\int_0^\infty\int_0^t I_0\left(\frac{ru}{2\eta_r\tau}\right)\frac{ue^{-\frac{(r^2+u^2)}{4\eta_r\tau}}}{\tau}\times$$
$$\times\left\{\left(\frac{1}{\phi c_t}\right)\Theta_1'\left(\frac{\pi z}{2d},e^{-\left(\frac{\pi}{d}\right)\eta_z\tau}\right)\psi_d(u,t-\tau)+\left(\frac{\pi\eta_z}{2d}\right)\Theta_2'\left(\frac{\pi z}{2d},e^{-\left(\frac{\pi}{d}\right)\eta_z\tau}\right)\psi_0(u,t-\tau)\right\}d\tau du+$$
$$+\frac{1}{4d\eta_r t}\int_0^\infty ve^{-\frac{(r^2+v^2)}{4\eta_r t}}I_0\left(\frac{rv}{2\eta_r t}\right)\int_0^d\varphi(v,u)\left\{\Theta_2\left(\frac{\pi(z-u)}{2d},e^{-\left(\frac{\pi}{d}\right)\eta_z\tau}\right)-\Theta_2\left(\frac{\pi(z+u)}{2d},e^{-\left(\frac{\pi}{d}\right)\eta_z\tau}\right)\right\}dudv$$
(19.2.3)

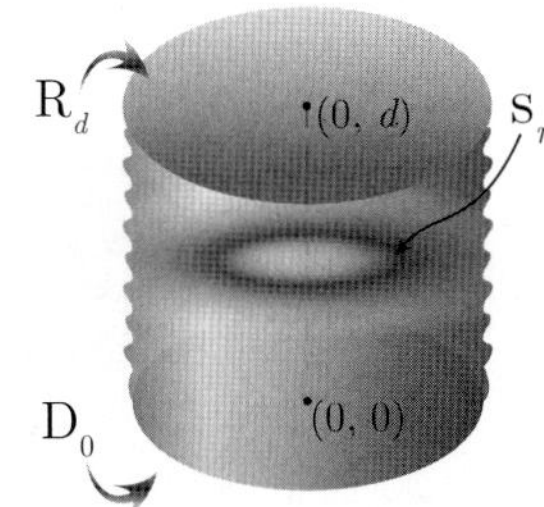

19.3 The problem of 19.1, except $D_0 \equiv p(r,0,t) = \psi_0(r,t)$ and $R_d \equiv \frac{\partial p(r,d,t)}{\partial z} + \lambda p(r,d,t) = -\left(\frac{\mu}{k_z}\right)\psi_d(r,t)$

The successive application of the Laplace, Fourier and finite Hankel transformations to equation (18.1.1) gives

$$\overline{\overline{\overline{p}}} = \frac{q(s)e^{-st_0}\sin(\xi_m z_0)J_0(\xi r_0)}{2\pi\phi c_t(\eta_r\xi^2+\eta_z\xi_m^2+s)}+\frac{\eta_z\int_0^\infty J_0(\xi u)u\left\{\xi_m\overline{\psi}_0(u,s)-\left(\frac{\mu}{k_z}\right)\overline{\psi}_d(u,s)\sin(\xi_m d)\right\}du}{(\eta_r\xi^2+\eta_z\xi_m^2+s)}+$$
$$+\frac{\overline{\overline{\varphi}}(\xi,\xi_m)}{(\eta_r\xi^2+\eta_z\xi_m^2+s)} \qquad (19.3.1)$$

where ξ_m is a positive root of $\xi_m\cot(\xi_m d) = -\lambda$, $m = 1, 2, ...,$ and $\overline{\overline{\varphi}}(\xi,\xi_m) = \int_0^\infty rJ_0(\xi r)\int_0^d\varphi(r,u)\sin(\xi_m u)dudr$. The inverse Fourier and Hankel transforms of equation (19.3.1) yield

$$\overline{p} = \frac{1}{\pi}\left(\frac{\mu}{k_r}\right)q(s)e^{-st_0}\times$$
$$\times\sum_{m=1}^\infty\frac{(\xi_m^2+\lambda^2)\sin(\xi_m z_0)\sin(\xi_m z)}{\{d(\xi_m^2+\lambda^2)+\lambda\}}\left\{\begin{array}{ll}I_0\left(r\sqrt{\frac{\eta_z\xi_m^2+s}{\eta_r}}\right)K_0\left(r_0\sqrt{\frac{\eta_z\xi_m^2+s}{\eta_r}}\right), & 0<r<r_0\\ I_0\left(r_0\sqrt{\frac{\eta_z\xi_m^2+s}{\eta_r}}\right)K_0\left(r\sqrt{\frac{\eta_z\xi_m^2+s}{\eta_r}}\right), & 0<r_0<r\end{array}\right\}+$$
$$+\frac{2\eta_z}{\eta_r}\sum_{m=1}^\infty\frac{(\xi_m^2+\lambda^2)\sin(\xi_m z)}{\{d(\xi_m^2+\lambda^2)+\lambda\}}\int_0^\infty\left\{\begin{array}{ll}I_0\left(r\sqrt{\frac{\eta_z\xi_m^2+s}{\eta_r}}\right)K_0\left(u\sqrt{\frac{\eta_z\xi_m^2+s}{\eta_r}}\right), & 0<r<u\\ I_0\left(u\sqrt{\frac{\eta_z\xi_m^2+s}{\eta_r}}\right)K_0\left(r\sqrt{\frac{\eta_z\xi_m^2+s}{\eta_r}}\right), & 0<u<r\end{array}\right\}\times$$
$$\times u\left\{\xi_m\overline{\psi}_0(u,s)-\left(\frac{\mu}{k_z}\right)\overline{\psi}_d(u,s)\sin(\xi_m d)\right\}du+$$
$$+\frac{2}{\eta_r}\sum_{m=1}^\infty\frac{(\xi_m^2+\lambda^2)\sin(\xi_m z)}{\{d(\xi_m^2+\lambda^2)+\lambda\}}\times$$

$$\times\left\{\begin{array}{ll} I_0\left(r\sqrt{\frac{\eta_z\xi_m^2+s}{\eta_r}}\right)\int_0^\infty vK_0\left(v\sqrt{\frac{\eta_z\xi_m^2+s}{\eta_r}}\right)\int_0^d\varphi(v,u)\sin(\xi_m u)dudv, & 0<r<v\\ K_0\left(r\sqrt{\frac{\eta_z\xi_m^2+s}{\eta_r}}\right)\int_0^\infty vI_0\left(v\sqrt{\frac{\eta_z\xi_m^2+s}{\eta_r}}\right)\int_0^d\varphi(v,u)\sin(\xi_m u)dudv, & 0<v<r\end{array}\right\} \quad (19.3.2)$$

The inverse Laplace transform of equation (19.3.2) yields

$$p = \frac{U(t-t_0)}{2\pi}\left(\frac{\mu}{k_r}\right)\sum_{m=1}^{\infty}\frac{(\xi_m^2+\lambda^2)\sin(\xi_m z_0)\sin(\xi_m z)}{\{d(\xi_m^2+\lambda^2)+\lambda\}}\int_0^{t-t_0}\frac{q(t-t_0-\tau)}{\tau}I_0\left(\frac{rr_0}{2\eta_r\tau}\right)e^{-\frac{(r^2+r_0^2)}{4\eta_r\tau}-\eta_z\xi_m^2\tau}d\tau+$$

$$+\frac{\eta_z}{\eta_r}\sum_{m=1}^{\infty}\frac{(\xi_m^2+\lambda^2)\sin(\xi_m z)}{\{d(\xi_m^2+\lambda^2)+\lambda\}}\times$$

$$\times\int_0^\infty\int_0^t I_0\left(\frac{ru}{2\eta_r\tau}\right)\frac{ue^{-\frac{(r^2+u^2)}{4\eta_r\tau}-\eta_z\xi_m^2\tau}}{u\tau}\left\{\xi_m\psi_0(u,t-\tau)-\left(\frac{\mu}{k_z}\right)\psi_d(u,t-\tau)\sin(\xi_m d)\right\}d\tau du+$$

$$+\frac{1}{\eta_r t}\sum_{m=1}^{\infty}\frac{(\xi_m^2+\lambda^2)\sin(\xi_m z)}{\{d(\xi_m^2+\lambda^2)+\lambda\}}\int_0^\infty ve^{-\frac{(r^2+v^2)}{4\eta_r t}-\eta_z\xi_m^2 t}I_0\left(\frac{rv}{2\eta_r t}\right)\int_0^d\varphi(v,u)\sin(\xi_m u)dudv \quad (19.3.3)$$

19.4 **The problem of 19.1, except** $\mathbf{N_0 \equiv \frac{\partial p(r,0,t)}{\partial z} = -\left(\frac{\mu}{k_z}\right)\psi_0(r,t)}$ **and** $\mathbf{D_d \equiv p(r,d,t) = \psi_d(r,t)}$

The successive application of the Laplace, Fourier and finite Hankel transformations to equation (18.1.1) gives

$$\overline{\overline{\overline{p}}} = \frac{q(s)e^{-st_0}\cos(\xi_m z_0)J_0(\xi_n r_0)}{2\pi\phi c_t(\eta_r\xi^2+\eta_z\xi_m^2+s)}+\frac{\eta_z\int_0^\infty J_0(\xi u)u\left\{(-1)^{m+1}\xi_m\overline{\psi}_d(u,s)+\left(\frac{\mu}{k_z}\right)\overline{\psi}_0(u,s)\right\}du}{(\eta_r\xi^2+\eta_z\xi_m^2+s)}+$$

$$+\frac{\overline{\overline{\varphi}}(\xi,\xi_m)}{(\eta_r\xi^2+\eta_z\xi_m^2+s)} \quad (19.4.1)$$

where ξ_m is a positive root of $\cos(\xi_m d)$, which are $\xi_m = \frac{(2m-1)\pi}{2d}$, $m=1,2,...,$ and $\overline{\overline{\varphi}}(\xi,\xi_m) = \int_0^\infty rJ_0(\xi r)\int_0^d\varphi(r,u)\cos(\xi_m u)dudr$. The inverse Fourier and Hankel transforms of equation (19.4.1) yield

$$\overline{p} = \frac{1}{\pi d}\left(\frac{\mu}{k_r}\right)q(s)e^{-st_0}\sum_{m=1}^{\infty}\cos(\xi_m z_0)\cos(\xi_m z)\left\{\begin{array}{ll} I_0\left(r\sqrt{\frac{\eta_z\xi_m^2+s}{\eta_r}}\right)K_0\left(r_0\sqrt{\frac{\eta_z\xi_m^2+s}{\eta_r}}\right), & 0<r<r_0\\ I_0\left(r_0\sqrt{\frac{\eta_z\xi_m^2+s}{\eta_r}}\right)K_0\left(r\sqrt{\frac{\eta_z\xi_m^2+s}{\eta_r}}\right), & 0<r_0<r\end{array}\right\}+$$

$$+\frac{2\eta_z}{d\eta_r}\sum_{m=1}^{\infty}\cos(\xi_m z)\int_0^\infty\left\{\begin{array}{ll} I_0\left(r\sqrt{\frac{\eta_z\xi_m^2+s}{\eta_r}}\right)K_0\left(u\sqrt{\frac{\eta_z\xi_m^2+s}{\eta_r}}\right), & 0<r<u\\ I_0\left(u\sqrt{\frac{\eta_z\xi_m^2+s}{\eta_r}}\right)K_0\left(r\sqrt{\frac{\eta_z\xi_m^2+s}{\eta_r}}\right), & 0<u<r\end{array}\right\}\times$$

$$\times u\left\{(-1)^{m+1}\xi_m\overline{\psi}_d(u,s)+\left(\frac{\mu}{k_z}\right)\overline{\psi}_0(u,s)\right\}du+$$

$$+\frac{2}{d\eta_r}\sum_{m=1}^{\infty}\cos(\xi_m z)\left\{\begin{array}{ll} I_0\left(r\sqrt{\frac{\eta_z\xi_m^2+s}{\eta_r}}\right)\int_0^\infty vK_0\left(v\sqrt{\frac{\eta_z\xi_m^2+s}{\eta_r}}\right)\int_0^d\varphi(v,u)\cos(\xi_m u)dudv, & 0<r<v\\ K_0\left(r\sqrt{\frac{\eta_z\xi_m^2+s}{\eta_r}}\right)\int_0^\infty vI_0\left(v\sqrt{\frac{\eta_z\xi_m^2+s}{\eta_r}}\right)\int_0^d\varphi(v,u)\cos(\xi_m u)dudv, & 0<v<r\end{array}\right\}$$

(19.4.2)

The inverse Laplace transform of equation (19.4.2) yields

$$p = \frac{U(t-t_0)}{8\pi d}\left(\frac{\mu}{k_r}\right)\times$$

$$\times\int_0^{t-t_0}\frac{q(t-t_0-\tau)}{\tau}I_0\left(\frac{rr_0}{2\eta_r\tau}\right)e^{-\frac{(r^2+r_0^2)}{4\eta_r\tau}}\left\{\Theta_2\left(\frac{\pi(z-z_0)}{2d},e^{-\left(\frac{\pi}{d}\right)\eta_z\tau}\right)+\Theta_2\left(\frac{\pi(z+z_0)}{2d},e^{-\left(\frac{\pi}{d}\right)\eta_z\tau}\right)\right\}d\tau+$$

$$+\frac{1}{2d\eta_r}\int_0^{\infty}\int_0^{t}I_0\left(\frac{ru}{2\eta_r\tau}\right)\frac{ue^{-\frac{(r^2+u^2)}{4\eta_r\tau}}}{\tau}\times$$

$$\times\left\{\left(\frac{\eta_z}{2d}\right)\Theta_1'\left(\frac{\pi z}{2d},e^{-\left(\frac{\pi}{d}\right)\eta_z\tau}\right)\psi_d(u,t-\tau)+\left(\frac{1}{\phi c_t}\right)\Theta_2\left(\frac{\pi z}{2d},e^{-\left(\frac{\pi}{d}\right)\eta_z\tau}\right)\psi_0(u,t-\tau)\right\}d\tau du+$$

$$+\frac{1}{4d\eta_r t}\int_0^{\infty}ve^{-\frac{(r^2+v^2)}{4\eta_r t}}I_0\left(\frac{rv}{2\eta_r t}\right)\int_0^{d}\varphi(v,u)\left\{\Theta_2\left(\frac{\pi(z-u)}{2d},e^{-\left(\frac{\pi}{d}\right)\eta_z\tau}\right)+\Theta_2\left(\frac{\pi(z+u)}{2d},e^{-\left(\frac{\pi}{d}\right)\eta_z\tau}\right)\right\}dudv$$

(19.4.3)

19.5 The problem of 19.1, except $\mathbf{N_0} \equiv \frac{\partial p(r,0,t)}{\partial z} = -\left(\frac{\mu}{k_z}\right)\psi_0(r,t)$ and $\mathbf{N_d} \equiv \frac{\partial p(r,d,t)}{\partial z} = -\left(\frac{\mu}{k_z}\right)\psi_d(r,t)$

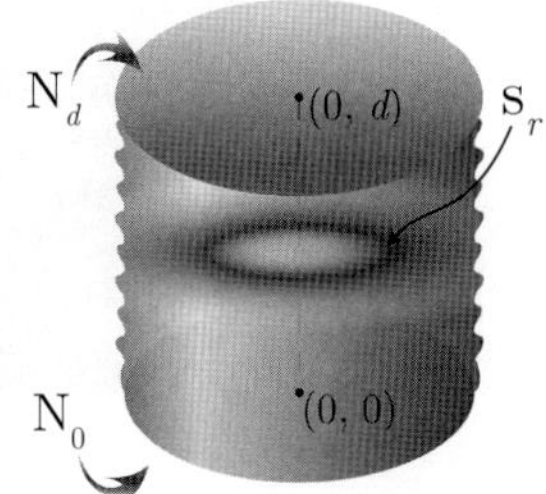

The successive application of the Laplace, Fourier and finite Hankel transformations to equation (18.1.1) gives

$$\overline{\overline{\overline{p}}} = \frac{q(s)e^{-st_0}\cos(\xi_m z_0)J_0(\xi_n r_0)}{2\pi\phi c_t(\eta_r\xi^2+\eta_z\xi_m^2+s)}+\frac{\int_0^\infty J_0(\xi u)u\left\{\overline{\psi}_0(u,s)+(-1)^{m+1}\overline{\psi}_d(u,s)\right\}du}{\phi c_t(\eta_r\xi^2+\eta_z\xi_m^2+s)}+\frac{\overline{\overline{\varphi}}(\xi,\xi_m)}{(\eta_r\xi^2+\eta_z\xi_m^2+s)}$$

(19.5.1)

where ξ_m is a positive root of $\sin(\xi_m d)$, which are $\xi_m = \frac{m\pi}{d}$, $m = 1, 2, ...,$ and $\overline{\overline{\varphi}}(\xi,\xi_m) = \int_0^\infty rJ_0(\xi r)\int_0^d \varphi(r,u)\cos(\xi_m u)dudr$. The inverse Fourier and Hankel transforms of equation (19.5.1) yield

$$\overline{p} = \frac{1}{\pi d}\left(\frac{\mu}{k_r}\right)q(s)e^{-st_0}\sum_{m=0}^{\infty}\ni_m\cos(\xi_m z_0)\cos(\xi_m z)\left\{\begin{array}{ll}I_0\left(r\sqrt{\frac{\eta_z\xi_m^2+s}{\eta_r}}\right)K_0\left(r_0\sqrt{\frac{\eta_z\xi_m^2+s}{\eta_r}}\right), & 0<r<r_0\\ I_0\left(r_0\sqrt{\frac{\eta_z\xi_m^2+s}{\eta_r}}\right)K_0\left(r\sqrt{\frac{\eta_z\xi_m^2+s}{\eta_r}}\right), & 0<r_0<r\end{array}\right\}+$$

$$+\frac{2}{d}\left(\frac{\mu}{k_r}\right)\sum_{m=0}^{\infty}\ni_m\cos(\xi_m z)\times$$

$$\times\int_0^\infty u\left\{\begin{array}{ll}I_0\left(r\sqrt{\frac{\eta_z\xi_m^2+s}{\eta_r}}\right)K_0\left(u\sqrt{\frac{\eta_z\xi_m^2+s}{\eta_r}}\right), & 0<r<u\\ I_0\left(u\sqrt{\frac{\eta_z\xi_m^2+s}{\eta_r}}\right)K_0\left(r\sqrt{\frac{\eta_z\xi_m^2+s}{\eta_r}}\right), & 0<u<r\end{array}\right\}\left\{\overline{\psi}_0(u,s)+(-1)^{m+1}\overline{\psi}_d(u,s)\right\}du+$$

$$+\frac{2}{d\eta_r}\sum_{m=0}^{\infty}\ni_m\cos(\xi_m z)\left\{\begin{array}{ll}I_0\left(r\sqrt{\frac{\eta_z\xi_m^2+s}{\eta_r}}\right)\int_0^\infty vK_0\left(v\sqrt{\frac{\eta_z\xi_m^2+s}{\eta_r}}\right)\int_0^d\varphi(v,u)\cos(\xi_m u)dudv, & 0<r<v\\ K_0\left(r\sqrt{\frac{\eta_z\xi_m^2+s}{\eta_r}}\right)\int_0^\infty vI_0\left(v\sqrt{\frac{\eta_z\xi_m^2+s}{\eta_r}}\right)\int_0^d\varphi(v,u)\cos(\xi_m u)dudv, & 0<v<r\end{array}\right\}$$

(19.5.2)

The inverse Laplace transform of equation (19.5.2) yields

$$p = \frac{U(t-t_0)}{8\pi d}\left(\frac{\mu}{k_r}\right)\times$$
$$\times\int_0^{t-t_0}\frac{q(t-t_0-\tau)}{\tau}I_0\left(\frac{rr_0}{2\eta_r\tau}\right)e^{-\frac{(r^2+r_0^2)}{4\eta_r\tau}}\left\{\Theta_3\left(\frac{\pi(z-z_0)}{2d},e^{-\left(\frac{\pi}{d}\right)\eta_z\tau}\right)+\Theta_3\left(\frac{\pi(z+z_0)}{2d},e^{-\left(\frac{\pi}{d}\right)\eta_z\tau}\right)\right\}d\tau+$$
$$+\frac{1}{2d\phi c_t}\times$$
$$\times\int_0^\infty\int_0^t I_0\left(\frac{ru}{2\eta_r\tau}\right)\frac{ue^{-\frac{(r^2+u^2)}{4\eta_r\tau}}}{\tau}\left\{\Theta_3\left\{\frac{\pi z}{2d},e^{-\left(\frac{\pi}{d}\right)\eta_z\tau}\right\}\psi_0(u,t-\tau)-\Theta_4\left\{\frac{\pi z}{2d},e^{-\left(\frac{\pi}{d}\right)\eta_z\tau}\right\}\psi_d(u,t-\tau)\right\}d\tau du+$$
$$+\frac{1}{4d\eta_r t}\int_0^\infty ve^{-\frac{(r^2+v^2)}{4\eta_r t}}I_0\left(\frac{rv}{2\eta_r t}\right)\int_0^d\varphi(v,u)\left\{\Theta_3\left(\frac{\pi(z-u)}{2d},e^{-\left(\frac{\pi}{d}\right)\eta_z\tau}\right)+\Theta_3\left(\frac{\pi(z+u)}{2d},e^{-\left(\frac{\pi}{d}\right)\eta_z\tau}\right)\right\}du \tag{19.5.3}$$

19.6 **The problem of 19.1, except**
$\mathbf{N_0} \equiv \frac{\partial p(r,0,t)}{\partial z} = -\left(\frac{\mu}{k_z}\right)\psi_0(r,t)$ **and**
$\mathbf{R_d} \equiv \frac{\partial p(r,d,t)}{\partial z} + \lambda p(r,d,t) = -\left(\frac{\mu}{k_z}\right)\psi_d(r,t)$

The successive application of the Laplace, Fourier and finite Hankel transformations to equation (18.1.1) gives

$$\overline{\overline{\overline{p}}} = \frac{q(s)e^{-st_0}\cos(\xi_m z_0)J_0(\xi r_0)}{2\pi\phi c_t(\eta_r\xi^2+\eta_z\xi_m^2+s)}+\frac{\int_0^\infty J_0(\xi u)\,u\{\overline{\psi}_0(u,s)-\overline{\psi}_d(u,s)\cos(\xi_m d)\}du}{\phi c_t(\eta_r\xi^2+\eta_z\xi_m^2+s)}+\frac{\overline{\overline{\varphi}}(\xi,\xi_m)}{(\eta_r\xi^2+\eta_z\xi_m^2+s)} \tag{19.6.1}$$

where ξ_m is a positive root of $\xi_m\tan(\xi_m d)=\lambda$, $m=1,2,...$, and $\overline{\overline{\varphi}}(\xi,\xi_m)=\int_0^\infty rJ_0(\xi r)\int_0^d\varphi(r,u)\cos(\xi_m u)dudr$. The inverse Fourier and Hankel transforms of equation (19.6.1) yield

$$\overline{p} = \frac{1}{\pi}\left(\frac{\mu}{k_r}\right)q(s)e^{-st_0}\times$$
$$\times\sum_{m=1}^\infty\frac{(\xi_m^2+\lambda^2)\cos(\xi_m z_0)\cos(\xi_m z)}{\{d(\xi_m^2+\lambda^2)+\lambda\}}\left\{\begin{array}{ll}I_0\left(r\sqrt{\frac{\eta_z\xi_m^2+s}{\eta_r}}\right)K_0\left(r_0\sqrt{\frac{\eta_z\xi_m^2+s}{\eta_r}}\right), & 0<r<r_0\\ I_0\left(r_0\sqrt{\frac{\eta_z\xi_m^2+s}{\eta_r}}\right)K_0\left(r\sqrt{\frac{\eta_z\xi_m^2+s}{\eta_r}}\right), & 0<r_0<r\end{array}\right\}+$$
$$+2\left(\frac{\mu}{k_r}\right)\sum_{m=1}^\infty\frac{(\xi_m^2+\lambda^2)\cos(\xi_m z)}{\{d(\xi_m^2+\lambda^2)+\lambda\}}\int_0^\infty\left\{\begin{array}{ll}I_0\left(r\sqrt{\frac{\eta_z\xi_m^2+s}{\eta_r}}\right)K_0\left(u\sqrt{\frac{\eta_z\xi_m^2+s}{\eta_r}}\right), & 0<r<u\\ I_0\left(u\sqrt{\frac{\eta_z\xi_m^2+s}{\eta_r}}\right)K_0\left(r\sqrt{\frac{\eta_z\xi_m^2+s}{\eta_r}}\right), & 0<u<r\end{array}\right\}\times$$
$$\times u\{\overline{\psi}_0(u,s)-\overline{\psi}_d(u,s)\cos(\xi_m d)\}du+$$
$$+\frac{2}{\eta_r}\sum_{m=1}^\infty\frac{(\xi_m^2+\lambda^2)\cos(\xi_m z)}{\{d(\xi_m^2+\lambda^2)+\lambda\}}\times$$
$$\times\left\{\begin{array}{ll}I_0\left(r\sqrt{\frac{\eta_z\xi_m^2+s}{\eta_r}}\right)\int_0^\infty vK_0\left(v\sqrt{\frac{\eta_z\xi_m^2+s}{\eta_r}}\right)\int_0^d\varphi(v,u)\cos(\xi_m u)dudv, & 0<r<v\\ K_0\left(r\sqrt{\frac{\eta_z\xi_m^2+s}{\eta_r}}\right)\int_0^\infty vI_0\left(v\sqrt{\frac{\eta_z\xi_m^2+s}{\eta_r}}\right)\int_0^d\varphi(v,u)\cos(\xi_m u)dudv, & 0<v<r\end{array}\right\} \tag{19.6.2}$$

The inverse Laplace transform of equation (19.6.2) yields

$$p = \frac{U(t-t_0)}{2\pi}\left(\frac{\mu}{k_r}\right)\sum_{m=1}^{\infty}\frac{(\xi_m^2+\lambda^2)\cos(\xi_m z_0)\cos(\xi_m z)}{\{d(\xi_m^2+\lambda^2)+\lambda\}}\int_0^{t-t_0}\frac{q(t-t_0-\tau)}{\tau}I_0\left(\frac{rr_0}{2\eta_r\tau}\right)e^{-\frac{(r^2+r_0^2)}{4\eta_r\tau}-\eta_z\xi_m^2\tau}d\tau +$$

$$+\left(\frac{\mu}{k_r}\right)\sum_{m=1}^{\infty}\frac{(\xi_m^2+\lambda^2)\cos(\xi_m z)}{\{d(\xi_m^2+\lambda^2)+\lambda\}}\times$$

$$\times\int_0^{\infty}\int_0^{t} I_0\left\{\frac{ru}{2\eta_r(t-\tau)}\right\}\frac{ue^{-\frac{(r^2+u^2)}{4\eta_r(t-\tau)}-\eta_z\xi_m^2\tau}}{u(t-\tau)}\{\psi_0(u,\tau)-\psi_d(u,\tau)\cos(\xi_m d)\}d\tau du +$$

$$+\frac{1}{\eta_r t}\sum_{m=1}^{\infty}\frac{(\xi_m^2+\lambda^2)\cos(\xi_m z)e^{-\eta_z\xi_m^2 t}}{\{d(\xi_m^2+\lambda^2)+\lambda\}}\int_0^{\infty}ve^{-\frac{(r^2+v^2)}{4\eta_r t}}I_0\left(\frac{rv}{2\eta_r t}\right)\int_0^d\varphi(v,u)\cos(\xi_m u)du dv \tag{19.6.3}$$

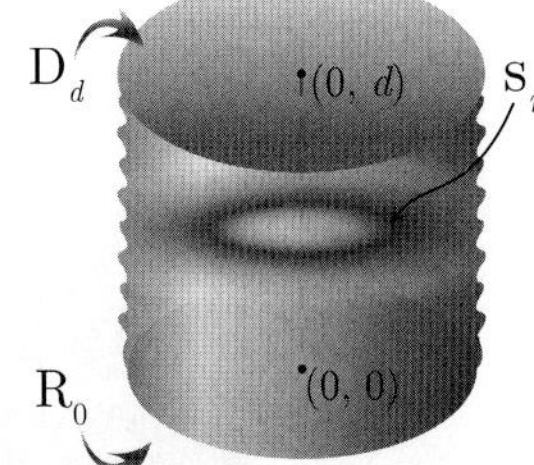

19.7 The problem of 19.1, except $\mathbf{R_0 \equiv \frac{\partial p(r,0,t)}{\partial z} - \lambda p(r,0,t) = -\left(\frac{\mu}{k_z}\right)\psi_0(r,t)}$ and $\mathbf{D_d \equiv p(r,d,t) = \psi_d(r,t)}$

The successive application of the Laplace, Fourier and finite Hankel transformations to equation (18.1.1) gives

$$\overline{\overline{\overline{p}}} = \frac{q(s)e^{-st_0}\sin\{\xi_m(d-z_0)\}J_0(\xi_n r_0)}{2\pi\phi c_t(\eta_r\xi^2+\eta_z\xi_m^2+s)} + \frac{\eta_z\int_0^\infty J_0(\xi u)u\left\{\left(\frac{\mu}{k_z}\right)\overline{\psi}_0(u,s)\sin(\xi_m d)+\xi_m\overline{\psi}_d(u,s)\right\}du}{(\eta_r\xi^2+\eta_z\xi_m^2+s)} +$$

$$+\frac{\overline{\overline{\varphi}}(\xi,\xi_m)}{(\eta_r\xi^2+\eta_z\xi_m^2+s)} \tag{19.7.1}$$

where ξ_m is a positive root of $\xi_m\cot(\xi_m d) = -\lambda$, $m = 1, 2, ...,$ and $\overline{\overline{\varphi}}(\xi,\xi_m) = \int_0^\infty rJ_0(\xi r)\int_0^d\varphi(r,u)\sin\{\xi_m(d-u)\}dudr$. The inverse Fourier and Hankel transforms of equation (19.7.1) yield

$$\overline{p} = \frac{1}{\pi}\left(\frac{\mu}{k_r}\right)q(s)e^{-st_0}\sum_{m=1}^{\infty}\frac{(\xi_m^2+\lambda^2)\sin\{\xi_m(d-z_0)\}\sin\{\xi_m(d-z)\}}{\{d(\xi_m^2+\lambda^2)+\lambda\}}\times$$

$$\times\begin{Bmatrix} I_0\left(r\sqrt{\frac{\eta_z\xi_m^2+s}{\eta_r}}\right)K_0\left(r_0\sqrt{\frac{\eta_z\xi_m^2+s}{\eta_r}}\right), & 0<r<r_0 \\ I_0\left(r_0\sqrt{\frac{\eta_z\xi_m^2+s}{\eta_r}}\right)K_0\left(r\sqrt{\frac{\eta_z\xi_m^2+s}{\eta_r}}\right), & 0<r_0<r \end{Bmatrix}+$$

$$+\frac{2\eta_z}{\eta_r}\sum_{m=1}^{\infty}\frac{(\xi_m^2+\lambda^2)\sin\{\xi_m(d-z)\}}{\{d(\xi_m^2+\lambda^2)+\lambda\}}\times$$

$$\times\int_0^\infty u\begin{Bmatrix} I_0\left(r\sqrt{\frac{\eta_z\xi_m^2+s}{\eta_r}}\right)K_0\left(u\sqrt{\frac{\eta_z\xi_m^2+s}{\eta_r}}\right), & 0<r<u \\ I_0\left(u\sqrt{\frac{\eta_z\xi_m^2+s}{\eta_r}}\right)K_0\left(r\sqrt{\frac{\eta_z\xi_m^2+s}{\eta_r}}\right), & 0<u<r \end{Bmatrix}\left\{\left(\frac{\mu}{k_z}\right)\overline{\psi}_0(u,s)\sin(\xi_m d)+\xi_m\overline{\psi}_d(u,s)\right\}du +$$

$$+\frac{2}{\eta_r}\sum_{m=1}^{\infty}\frac{(\xi_m^2+\lambda^2)\sin\{\xi_m(d-z)\}}{\{d(\xi_m^2+\lambda^2)+\lambda\}}\times$$

$$\times\begin{Bmatrix} I_0\left(r\sqrt{\frac{\eta_z\xi_m^2+s}{\eta_r}}\right)\int_0^\infty vK_0\left(v\sqrt{\frac{\eta_z\xi_m^2+s}{\eta_r}}\right)\int_0^d\varphi(v,u)\sin\{\xi_m(d-z)\}dudv, & 0<r<v \\ K_0\left(r\sqrt{\frac{\eta_z\xi_m^2+s}{\eta_r}}\right)\int_0^\infty vI_0\left(v\sqrt{\frac{\eta_z\xi_m^2+s}{\eta_r}}\right)\int_0^d\varphi(v,u)\sin\{\xi_m(d-z)\}dudv, & 0<v<r \end{Bmatrix} \tag{19.7.2}$$

The inverse Laplace transform of equation (19.7.2) yields

$$p = \frac{U(t-t_0)}{2\pi}\left(\frac{\mu}{k_r}\right)\times$$

$$\times\sum_{m=1}^{\infty}\frac{(\xi_m^2+\lambda^2)\sin\{\xi_m(d-z_0)\}\sin\{\xi_m(d-z)\}}{\{d(\xi_m^2+\lambda^2)+\lambda\}}\int\limits_0^{t-t_0}\frac{q(t-t_0-\tau)}{\tau}I_0\left(\frac{rr_0}{2\eta_r\tau}\right)e^{-\frac{(r^2+r_0^2)}{4\eta_r\tau}-\eta_z\xi_m^2\tau}d\tau+$$

$$+\frac{\eta_z}{\eta_r}\sum_{m=1}^{\infty}\frac{(\xi_m^2+\lambda^2)\sin\{\xi_m(d-z)\}}{\{d(\xi_m^2+\lambda^2)+\lambda\}}\times$$

$$\times\int_0^{\infty}\int_0^{t}I_0\left\{\frac{ru}{2\eta_r(t-\tau)}\right\}\frac{ue^{-\frac{(r^2+u^2)}{4\eta_r(t-\tau)}-\eta_z\xi_m^2\tau}}{u(t-\tau)}\left\{\left(\frac{\mu}{k_z}\right)\psi_0(u,\tau)\sin(\xi_m d)+\xi_m\psi_d(u,\tau)\right\}d\tau du+$$

$$+\frac{1}{\eta_r t}\sum_{m=1}^{\infty}\frac{(\xi_m^2+\lambda^2)\sin\{\xi_m(d-z)\}e^{-\eta_z\xi_m^2 t}}{\{d(\xi_m^2+\lambda^2)+\lambda\}}\int\limits_0^{\infty}ve^{-\frac{(r^2+v^2)}{4\eta_r t}}I_0\left(\frac{rv}{2\eta_r t}\right)\int\limits_0^{d}\varphi(v,u)\sin\{\xi_m(d-u)\}dudv \tag{19.7.3}$$

19.8

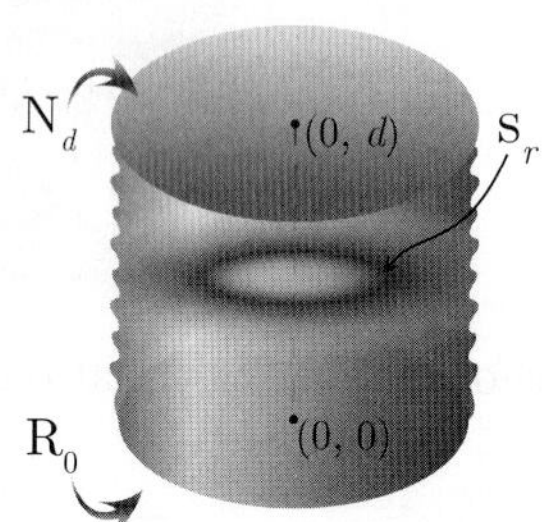

The problem of 19.1, except
$R_0 \equiv \frac{\partial p(r,0,t)}{\partial z} - \lambda p(r,0,t) = -\left(\frac{\mu}{k_z}\right)\psi_0(r,t)$ and
$N_d \equiv \frac{\partial p(r,d,t)}{\partial z} = -\left(\frac{\mu}{k_z}\right)\psi_d(r,t)$

The successive application of the Laplace, Fourier and finite Hankel transformations to equation (18.1.1) gives

$$\overline{\overline{\overline{p}}} = \frac{q(s)e^{-st_0}\cos\{\xi_m(d-z_0)\}J_0(\xi_n r_0)}{2\pi\phi c_t(\eta_r\xi^2+\eta_z\xi_m^2+s)}+\frac{\int_0^\infty J_0(\xi u)u\{\overline{\psi}_0(u,s)\cos(\xi_m d)-\overline{\psi}_d(u,s)\}du}{\phi c_t(\eta_r\xi^2+\eta_z\xi_m^2+s)}+$$

$$+\frac{\overline{\overline{\varphi}}(\xi,\xi_m)}{(\eta_r\xi^2+\eta_z\xi_m^2+s)} \tag{19.8.1}$$

where ξ_m is a positive root of $\xi_m\tan(\xi_m d)=\lambda$, $m=1,2,...,$ and $\overline{\overline{\varphi}}(\xi,\xi_m)=\int_0^\infty rJ_0(\xi r)\int_0^d\varphi(r,u)\cos\{\xi_m(d-u)\}dudr$. The inverse Fourier and Hankel transforms of equation (19.8.1) yield

$$\overline{p} = \frac{1}{\pi}\left(\frac{\mu}{k_r}\right)q(s)e^{-st_0}\times$$

$$\times\sum_{m=1}^{\infty}\frac{(\xi_m^2+\lambda^2)\cos\{\xi_m(d-z_0)\}\cos\{\xi_m(d-z)\}}{\{d(\xi_m^2+\lambda^2)+\lambda\}}\left\{\begin{matrix}I_0\left(r\sqrt{\frac{\eta_z\xi_m^2+s}{\eta_r}}\right)K_0\left(r_0\sqrt{\frac{\eta_z\xi_m^2+s}{\eta_r}}\right), & 0<r<r_0\\ I_0\left(r_0\sqrt{\frac{\eta_z\xi_m^2+s}{\eta_r}}\right)K_0\left(r\sqrt{\frac{\eta_z\xi_m^2+s}{\eta_r}}\right), & 0<r_0<r\end{matrix}\right\}+$$

$$+2\left(\frac{\mu}{k_r}\right)\sum_{m=1}^{\infty}\frac{(\xi_m^2+\lambda^2)\cos\{\xi_m(d-z)\}}{\{d(\xi_m^2+\lambda^2)+\lambda\}}\times$$

$$\times\int\limits_0^{\infty}u\left\{\begin{matrix}I_0\left(r\sqrt{\frac{\eta_z\xi_m^2+s}{\eta_r}}\right)K_0\left(u\sqrt{\frac{\eta_z\xi_m^2+s}{\eta_r}}\right), & 0<r<u\\ I_0\left(u\sqrt{\frac{\eta_z\xi_m^2+s}{\eta_r}}\right)K_0\left(r\sqrt{\frac{\eta_z\xi_m^2+s}{\eta_r}}\right), & 0<u<r\end{matrix}\right\}\{\overline{\psi}_0(u,s)\cos(\xi_m d)-\overline{\psi}_d(u,s)\}du+$$

$$+\frac{2}{\eta_r}\sum_{m=1}^{\infty}\frac{(\xi_m^2+\lambda^2)\cos\{\xi_m(d-z)\}}{\{d(\xi_m^2+\lambda^2)+\lambda\}}\times$$

$$\times\left\{\begin{array}{ll} I_0\left(r\sqrt{\frac{\eta_z\xi_m^2+s}{\eta_r}}\right)\int_0^\infty vK_0\left(v\sqrt{\frac{\eta_z\xi_m^2+s}{\eta_r}}\right)\int_0^d \varphi(v,u)\cos\{\xi_m(d-u)\}dudv, & 0<r<v \\ K_0\left(r\sqrt{\frac{\eta_z\xi_m^2+s}{\eta_r}}\right)\int_0^\infty vI_0\left(v\sqrt{\frac{\eta_z\xi_m^2+s}{\eta_r}}\right)\int_0^d \varphi(v,u)\cos\{\xi_m(d-u)\}dudv, & 0<v<r \end{array}\right\} \quad (19.8.2)$$

The inverse Laplace transform of equation (19.8.2) yields

$$p = \frac{U(t-t_0)}{2\pi}\left(\frac{\mu}{k_r}\right)\times$$
$$\times\sum_{m=1}^{\infty}\frac{(\xi_m^2+\lambda^2)\cos\{\xi_m(d-z_0)\}\cos\{\xi_m(d-z)\}}{\{d(\xi_m^2+\lambda^2)+\lambda\}}\int_0^{t-t_0}\frac{q(t-t_0-\tau)}{\tau}I_0\left(\frac{rr_0}{2\eta_r\tau}\right)e^{-\frac{(r^2+r_0^2)}{4\eta_r\tau}-\eta_z\xi_m^2\tau}d\tau+$$
$$+\left(\frac{\mu}{k_r}\right)\sum_{m=1}^{\infty}\frac{(\xi_m^2+\lambda^2)\cos\{\xi_m(d-z)\}}{\{d(\xi_m^2+\lambda^2)+\lambda\}}\times$$
$$\times\int_0^\infty\int_0^t I_0\left\{\frac{ru}{2\eta_r(t-\tau)}\right\}\frac{ue^{-\frac{(r^2+u^2)}{4\eta_r(t-\tau)}-\eta_z\xi_m^2\tau}}{u(t-\tau)}\{\psi_0(u,\tau)\cos(\xi_m d)-\psi_d(u,\tau)\}d\tau du+$$
$$+\frac{1}{\eta_r t}\sum_{m=1}^{\infty}\frac{(\xi_m^2+\lambda^2)\cos\{\xi_m(d-z)\}e^{-\eta_z\xi_m^2 t}}{\{d(\xi_m^2+\lambda^2)+\lambda\}}\int_0^\infty ve^{-\frac{(r^2+v^2)}{4\eta_r t}}I_0\left(\frac{rv}{2\eta_r t}\right)\int_0^d\varphi(v,u)\cos\{\xi_m(d-u)\}dudv$$
(19.8.3)

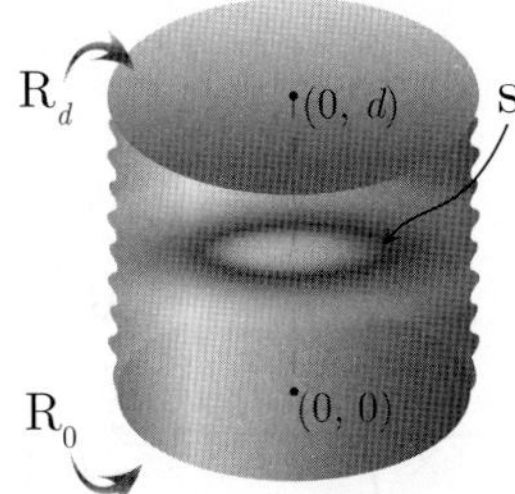

19.9 The problem of 19.1, except $\mathbf{R_0 \equiv \frac{\partial p(r,0,t)}{\partial z} - \lambda_0 p(r,0,t) = -\left(\frac{\mu}{k_z}\right)\psi_0(r,t)}$ and $\mathbf{R_d \equiv \frac{\partial p(r,d,t)}{\partial z} + \lambda_d p(r,d,t) = -\left(\frac{\mu}{k_z}\right)\psi_d(r,t)}$

The successive application of the Laplace, Fourier and finite Hankel transformations to equation (18.1.1) gives

$$\overline{\overline{\overline{p}}} = \frac{q(s)e^{-st_0}\cos\{\xi_m\cos(\xi_m z_0)+\lambda_0\sin(\xi_m z_0)\}J_0(\xi_n r_0)}{2\pi\phi c_t(\eta_r\xi^2+\eta_z\xi_m^2+s)}+$$
$$+\frac{\int_0^\infty J_0(\xi u)u\left[\xi_m\overline{\psi}_0(u,s)-\overline{\psi}_d(u,s)\{\xi_m\cos(\xi_m d)+\lambda_0\sin(\xi_m d)\}\right]du}{\phi c_t(\eta_r\xi^2+\eta_z\xi_m^2+s)}+\frac{\overline{\overline{\varphi}}(\xi,\xi_m)}{(\eta_r\xi^2+\eta_z\xi_m^2+s)} \quad (19.9.1)$$

where ξ_m is a positive root of $\tan(\xi_m d) = \frac{\xi_m(\lambda_0+\lambda_d)}{\xi_m^2-\lambda_0\lambda_d}$, $m = 1, 2, ...,$ and $\overline{\overline{\varphi}}(\xi,\xi_m) = \int_0^\infty rJ_0(\xi r)\int_0^d\varphi(r,u)\{\xi_m\cos(\xi_m u)+\lambda_0\sin(\xi_m u)\}dudr$. The inverse Fourier and Hankel transforms of equation (19.9.1) yield

$$\overline{p} = \frac{1}{\pi}\left(\frac{\mu}{k_r}\right)q(s)e^{-st_0}\sum_{m=1}^{\infty}\frac{\{\xi_m\cos(\xi_m z_0)+\lambda_0\sin(\xi_m z_0)\}\{\xi_m\cos(\xi_m z)+\lambda_0\sin(\xi_m z)\}}{\left\{(\xi_m^2+\lambda_0^2)\left(d+\frac{\lambda_d}{\xi_m^2+\lambda_d^2}\right)+\lambda_0\right\}}\times$$
$$\times\left\{\begin{array}{ll} I_0\left(r\sqrt{\frac{\eta_z\xi_m^2+s}{\eta_r}}\right)K_0\left(r_0\sqrt{\frac{\eta_z\xi_m^2+s}{\eta_r}}\right), & 0<r<r_0 \\ I_0\left(r_0\sqrt{\frac{\eta_z\xi_m^2+s}{\eta_r}}\right)K_0\left(r\sqrt{\frac{\eta_z\xi_m^2+s}{\eta_r}}\right), & 0<r_0<r \end{array}\right\}+$$
$$+2\left(\frac{\mu}{k_r}\right)\sum_{m=1}^{\infty}\frac{\{\xi_m\cos(\xi_m z)+\lambda_0\sin(\xi_m z)\}}{\left\{(\xi_m^2+\lambda_0^2)\left(d+\frac{\lambda_d}{\xi_m^2+\lambda_d^2}\right)+\lambda_0\right\}}\int_0^\infty\left\{\begin{array}{ll} I_0\left(r\sqrt{\frac{\eta_z\xi_m^2+s}{\eta_r}}\right)K_0\left(u\sqrt{\frac{\eta_z\xi_m^2+s}{\eta_r}}\right), & 0<r<u \\ I_0\left(u\sqrt{\frac{\eta_z\xi_m^2+s}{\eta_r}}\right)K_0\left(r\sqrt{\frac{\eta_z\xi_m^2+s}{\eta_r}}\right), & 0<u<r \end{array}\right\}\times$$

$$\times u\left[\xi_m\overline{\psi}_0(u,s)-\overline{\psi}_d(u,s)\{\xi_m\cos(\xi_m d)+\lambda_0\sin(\xi_m d)\}\right]du+$$

$$+\frac{2}{\eta_r}\sum_{m=1}^{\infty}\frac{\{\xi_m\cos(\xi_m z)+\lambda_0\sin(\xi_m z)\}}{\left\{(\xi_m^2+\lambda_0^2)\left(d+\frac{\lambda_d}{\xi_m^2+\lambda_d^2}\right)+\lambda_0\right\}}\times$$

$$\times\left\{\begin{array}{ll} I_0\left(r\sqrt{\frac{\eta_z\xi_m^2+s}{\eta_r}}\right)\int_0^\infty vK_0\left(v\sqrt{\frac{\eta_z\xi_m^2+s}{\eta_r}}\right)\int_0^d\varphi(v,u)\{\xi_m\cos(\xi_m u)+\lambda_0\sin(\xi_m u)\}dudv, & 0<r<v\\ K_0\left(r\sqrt{\frac{\eta_z\xi_m^2+s}{\eta_r}}\right)\int_0^\infty vI_0\left(v\sqrt{\frac{\eta_z\xi_m^2+s}{\eta_r}}\right)\int_0^d\varphi(v,u)\{\xi_m\cos(\xi_m u)+\lambda_0\sin(\xi_m u)\}dudv, & 0<v<r\end{array}\right\} \tag{19.9.2}$$

The inverse Laplace transform of equation (19.9.2) yields

$$p=\frac{U(t-t_0)}{2\pi}\left(\frac{\mu}{k_r}\right)\sum_{m=1}^{\infty}\frac{\{\xi_m\cos(\xi_m z_0)+\lambda_0\sin(\xi_m z_0)\}\{\xi_m\cos(\xi_m z)+\lambda_0\sin(\xi_m z)\}}{\left\{(\xi_m^2+\lambda_0^2)\left(d+\frac{\lambda_d}{\xi_m^2+\lambda_d^2}\right)+\lambda_0\right\}}\times$$

$$\times\int_0^{t-t_0}\frac{q(t-t_0-\tau)}{\tau}I_0\left(\frac{rr_0}{2\eta_r\tau}\right)e^{-\frac{(r^2+r_0^2)}{4\eta_r\tau}-\eta_z\xi_m^2\tau}d\tau+$$

$$+\left(\frac{\mu}{k_r}\right)\sum_{m=1}^{\infty}\frac{\{\xi_m\cos(\xi_m z)+\lambda_0\sin(\xi_m z)\}}{\left\{(\xi_m^2+\lambda_0^2)\left(d+\frac{\lambda_d}{\xi_m^2+\lambda_d^2}\right)+\lambda_0\right\}}\times$$

$$\times\int_0^\infty\int_0^t I_0\left\{\frac{ru}{2\eta_r(t-\tau)}\right\}\frac{ue^{-\frac{(r^2+u^2)}{4\eta_r(t-\tau)}-\eta_z\xi_m^2\tau}}{u(t-\tau)}[\xi_m\psi_0(u,\tau)-\psi_d(u,\tau)\{\xi_m\cos(\xi_m d)+\lambda_0\sin(\xi_m d)\}]d\tau du+$$

$$+\frac{1}{\eta_r t}\sum_{m=1}^{\infty}\frac{\{\xi_m\cos(\xi_m z)+\lambda_0\sin(\xi_m z)\}e^{-\eta_z\xi_m^2 t}}{\left\{(\xi_m^2+\lambda_0^2)\left(d+\frac{\lambda_d}{\xi_m^2+\lambda_d^2}\right)+\lambda_0\right\}}\times$$

$$\times\int_0^\infty ve^{-\frac{(r^2+v^2)}{4\eta_r t}}I_0\left(\frac{rv}{2\eta_r t}\right)\int_0^d\varphi(v,u)\{\xi_m\cos(\xi_m u)+\lambda_0\sin(\xi_m u)\}dudv \tag{19.9.3}$$

19.10

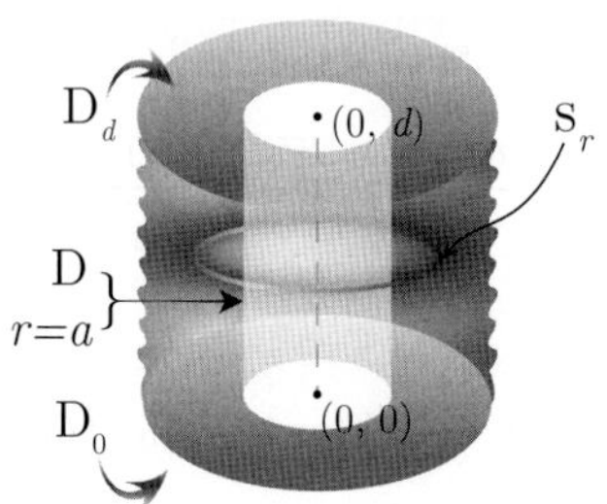

The problem of 19.1, except the continuum is bounded internally at $r=a$ and extends to ∞ in the direction of r positive. The continuum is also bounded by the planes $z=0$ and $z=d$. Ring source at $s_r\equiv(r_0,z_0)$; $a\le r_0\le\infty$, $0\le z_0\le d$, $t_0\ge 0$. $D\equiv p(a,z,t)=\psi(z,t)$, $D_0\equiv p(r,0,t)=\psi_0(r,t)$ and $D_d\equiv p(r,d,t)=\psi_d(r,t)$. $p(r,z,0)=\varphi(r,z)$

The successive application of the Laplace, Fourier and Dirichlet-Weber transformations to equation (18.1.1) gives

$$\overline{\overline{\overline{p}}}=\frac{q(s)e^{-st_0}\sin(\xi_m z_0)\mathcal{C}_0(\xi r_0)}{2\pi\phi c_t(\eta_r\xi^2+\eta_z\xi_m^2+s)}-\frac{2\eta_r\overline{\overline{\psi}}(\xi_m,s)}{\pi(\eta_r\xi^2+\eta_z\xi_m^2+s)}+$$

$$+\frac{\xi_m\eta_z\int_a^\infty u\mathcal{C}_0(\xi u)\left\{\overline{\psi}_0(u,s)-(-1)^m\overline{\psi}_d(u,s)\right\}du}{(\eta_r\xi^2+\eta_z\xi_m^2+s)}+\frac{\overline{\overline{\varphi}}(\xi,\xi_m)}{(\eta_r\xi^2+\eta_z\xi_m^2+s)} \tag{19.10.1}$$

where ξ_m is a positive root of $\sin(\xi_m d)$, which are $\xi_m=\frac{m\pi}{d}$, $m=1,2,...$, $\mathcal{C}_0(\xi r)=Y_0(\xi a)J_0(\xi r)-J_0(\xi a)Y_0(\xi r)$, $\overline{\overline{\psi}}(\xi_m,s)=\int_0^d\overline{\psi}(u,s)\sin(\xi_m u)du$ and

$\overline{\overline{\varphi}}(\xi,\xi_m)=\int_a^\infty r\mathcal{C}_0(\xi r)\int_0^d \varphi(r,u)\sin(\xi_m u)dudr$. Successive inverse transforms yield

$$\begin{aligned}
\overline{p} &= \frac{q(s)e^{-st_0}}{\pi d\phi c_t}\sum_{m=1}^{\infty}\sin(\xi_m z_0)\sin(\xi_m z)\int_0^\infty \frac{\xi\mathcal{C}_0(\xi r_0)\mathcal{C}_0(\xi r)}{(\eta_r\xi^2+\eta_z\xi_m^2+s)\{J_0^2(\xi a)+Y_0^2(\xi a)\}}d\xi- \\
&-\frac{4\eta_r}{d\pi}\sum_{m=1}^{\infty}\overline{\overline{\psi}}(\xi_m,s)\sin(\xi_m z)\int_0^\infty \frac{\xi\mathcal{C}_0(\xi r)}{(\eta_r\xi^2+\eta_z\xi_m^2+s)\{J_0^2(\xi a)+Y_0^2(\xi a)\}}d\xi+ \\
&+\frac{2\eta_z}{d}\sum_{m=1}^{\infty}\xi_m\sin(\xi_m z)\int_a^\infty\int_0^\infty \frac{\xi\mathcal{C}_0(\xi u)\mathcal{C}_0(\xi r)}{(\eta_r\xi^2+\eta_z\xi_m^2+s)\{J_0^2(\xi a)+Y_0^2(\xi a)\}}d\xi\left\{\overline{\psi}_0(u,s)-(-1)^m\overline{\psi}_d(u,s)\right\}udu+ \\
&+\frac{2}{d}\sum_{m=1}^{\infty}\sin(\xi_m z)\int_0^\infty \frac{\overline{\overline{\varphi}}(\xi,\xi_m)\xi\mathcal{C}_0(\xi r)}{(\eta_r\xi^2+\eta_z\xi_m^2+s)\{J_0^2(\xi a)+Y_0^2(\xi a)\}}d\xi
\end{aligned} \tag{19.10.2}$$

and

$$\begin{aligned}
p &= \frac{U(t-t_0)}{4\pi d\phi c_t}\int_0^{t-t_0} q(t-t_0-\tau)\left\{\Theta_3\left(\frac{\pi(z-z_0)}{2d},e^{-\left(\frac{\pi}{d}\right)^2\eta_z\tau}\right)-\Theta_3\left(\frac{\pi(z+z_0)}{2d},e^{-\left(\frac{\pi}{d}\right)^2\eta_z\tau}\right)\right\}\times \\
&\times\int_0^\infty \frac{\xi\mathcal{C}_0(\xi r_0)\mathcal{C}_0(\xi r)e^{-\eta_r\xi^2\tau}}{\{J_0^2(\xi a)+Y_0^2(\xi a)\}}d\xi d\tau- \\
&-\frac{\eta_r}{\pi d}\int_0^t\int_a^\infty \psi(u,t-\tau)\left\{\Theta_3\left(\frac{\pi(z-u)}{2d},e^{-\left(\frac{\pi}{d}\right)^2\eta_z\tau}\right)-\Theta_3\left(\frac{\pi(z+u)}{2d},e^{-\left(\frac{\pi}{d}\right)^2\eta_z\tau}\right)\right\}\times \\
&\times\int_0^\infty \frac{\xi\mathcal{C}_0(\xi r)e^{-\eta_r\xi^2\tau}}{\{J_0^2(\xi a)+Y_0^2(\xi a)\}}d\xi dud\tau+ \\
&+\frac{\eta_z}{2d^2}\int_0^t\int_a^\infty\left\{\Theta_4'\left(\frac{\pi z}{2d},e^{-\left(\frac{\pi}{d}\right)^2\eta_z\tau}\right)\psi_d(u,t-\tau)-\Theta_3'\left(\frac{\pi z}{2d},e^{-\left(\frac{\pi}{d}\right)^2\eta_z\tau}\right)\psi_0(u,t-\tau)\right\}\times \\
&\times\int_0^\infty \frac{\xi u\mathcal{C}_0(\xi u)\mathcal{C}_0(\xi r)e^{-\eta_r\xi^2\tau}}{\{J_0^2(\xi a)+Y_0^2(\xi a)\}}d\xi dud\tau+ \\
&+\frac{1}{2d}\int_a^\infty v\int_0^d \varphi(v,u)\left\{\Theta_3\left(\frac{\pi(z-u)}{2d},e^{-\left(\frac{\pi}{d}\right)^2\eta_z t}\right)-\Theta_3\left(\frac{\pi(z+u)}{2d},e^{-\left(\frac{\pi}{d}\right)^2\eta_z t}\right)\right\}\times \\
&\times\int_0^\infty \frac{\xi\mathcal{C}_0(\xi v)\mathcal{C}_0(\xi r)e^{-\eta_r\xi^2 t}}{\{J_0^2(\xi a)+Y_0^2(\xi a)\}}d\xi dudv
\end{aligned} \tag{19.10.3}$$

When $\varphi(r,z)=p_I$, a constant, the solution is obtained by replacing the terms corresponding to the initial condition (the last term) in equations (19.10.2) and (19.10.3) with

$$\begin{aligned}
\overline{p} &= \frac{2p_I}{ds}\sum_{m=1}^{\infty}\frac{K_0\left(r\sqrt{\frac{s+\eta_z\xi_m^2}{\eta_r}}\right)\{(-1)^m-1\}\sin(\xi_m z)}{\xi_m K_0\left(a\sqrt{\frac{s+\eta_z\xi_m^2}{\eta_r}}\right)}+ \\
&+\frac{2p_I\eta_z}{ds}\sum_{m=1}^{\infty}\xi_m\{(-1)^m-1\}\sin(\xi_m z)\int_0^\infty\int_a^\infty \frac{\xi u\mathcal{C}_0(\xi u)\mathcal{C}_0(\xi r)}{(\eta_r\xi^2+\eta_z\xi_m^2+s)\{J_0^2(\xi a)+Y_0^2(\xi a)\}}dud\xi+\frac{p_I}{s}
\end{aligned} \tag{19.10.4}$$

and

$$p = \frac{4p_I\eta_r}{d\pi}\sum_{m=1}^{\infty}\frac{\{1-(-1)^m\}\sin(\xi_m\theta)}{\xi_m}\int_0^{\infty}\frac{\xi\mathcal{C}_0(\xi r)\left\{1-e^{-(\eta_r\xi^2+\eta_z\xi_m^2)t}\right\}}{(\eta_r\xi^2+\eta_z\xi_m^2)\{J_0^2(\xi a)+Y_0^2(\xi a)\}}d\xi +$$
$$+\frac{2p_I\eta_z}{d}\sum_{m=1}^{\infty}\xi_m\{(-1)^m-1\}\sin(\xi_m z)\int_0^{\infty}\int_a^{\infty}\frac{\xi u\mathcal{C}_0(\xi u)\mathcal{C}_0(\xi r)\left\{1-e^{-(\eta_r\xi^2+\eta_z\xi_m^2)t}\right\}}{(\eta_r\xi^2+\eta_z\xi_m^2)\{J_0^2(\xi a)+Y_0^2(\xi a)\}}dud\xi + p_I \quad (19.10.5)$$

19.11

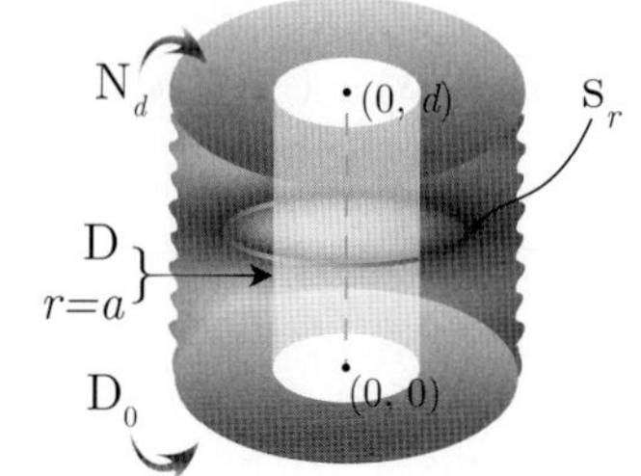

The problem of 19.10, except $\mathbf{D_0} \equiv p(r,0,t) = \psi_0(r,t)$, $\mathbf{N}_d \equiv \frac{\partial p(r,d,t)}{\partial z} = -\left(\frac{\mu}{k_z}\right)\psi_d(r,t)$ and $\mathbf{D} \equiv p(a,z,t) = \psi(z,t)$

The successive application of the Laplace, Fourier and Dirichlet-Weber transformations to equation (18.1.1) gives

$$\overline{\overline{\overline{p}}} = \frac{q(s)e^{-st_0}\sin(\xi_m z_0)\mathcal{C}_0(\xi r_0)}{2\pi\phi c_t(\eta_r\xi^2+\eta_z\xi_m^2+s)} - \frac{2\eta_r\overline{\overline{\psi}}(\xi_m,s)}{\pi(\eta_r\xi^2+\eta_z\xi_m^2+s)} +$$
$$+\frac{\eta_z\int_a^{\infty}u\mathcal{C}_0(\xi u)\left\{\xi_m\overline{\psi}_0(u,s)+(-1)^m\left(\frac{\mu}{k_z}\right)\overline{\psi}_d(u,s)\right\}du}{(\eta_r\xi^2+\eta_z\xi_m^2+s)} + \frac{\overline{\overline{\varphi}}(\xi,\xi_m)}{(\eta_r\xi^2+\eta_z\xi_m^2+s)} \quad (19.11.1)$$

where ξ_m is a positive root of $\cos(\xi_m d)$, which are $\xi_m = \frac{(2m-1)\pi}{2d}$, $m = 1, 2, ...$, $\mathcal{C}_0(\xi r) = Y_0(\xi a)J_0(\xi r) - J_0(\xi a)Y_0(\xi r)$, $\overline{\overline{\psi}}(\xi_m,s) = \int_0^d\overline{\psi}(u,s)\sin(\xi_m u)du$ and $\overline{\overline{\varphi}}(\xi,\xi_m) = \int_a^{\infty}r\mathcal{C}_0(\xi r)\int_0^d\varphi(r,u)\sin(\xi_m u)dudr$. Successive inverse transforms yield

$$\overline{p} = \frac{q(s)e^{-st_0}}{\pi d\phi c_t}\sum_{m=1}^{\infty}\sin(\xi_m z_0)\sin(\xi_m z)\int_0^{\infty}\frac{\xi\mathcal{C}_0(\xi r_0)\mathcal{C}_0(\xi r)}{(\eta_r\xi^2+\eta_z\xi_m^2+s)\{J_0^2(\xi a)+Y_0^2(\xi a)\}}d\xi -$$
$$-\frac{4\eta_r}{d\pi}\sum_{m=1}^{\infty}\overline{\overline{\psi}}(\xi_m,s)\sin(\xi_m z)\int_0^{\infty}\frac{\xi\mathcal{C}_0(\xi r)}{(\eta_r\xi^2+\eta_z\xi_m^2+s)\{J_0^2(\xi a)+Y_0^2(\xi a)\}}d\xi +$$
$$+\frac{2\eta_z}{d}\sum_{m=1}^{\infty}\sin(\xi_m z)\int_a^{\infty}\int_0^{\infty}\frac{\xi\mathcal{C}_0(\xi u)\mathcal{C}_0(\xi r)}{(\eta_r\xi^2+\eta_z\xi_m^2+s)\{J_0^2(\xi a)+Y_0^2(\xi a)\}}d\xi\left\{\xi_m\overline{\psi}_0(u,s)+(-1)^m\left(\frac{\mu}{k_z}\right)\overline{\psi}_d(u,s)\right\}udu +$$
$$+\frac{2}{d}\sum_{m=1}^{\infty}\sin(\xi_m z)\int_0^{\infty}\frac{\overline{\overline{\varphi}}(\xi,\xi_m)\xi\mathcal{C}_0(\xi r)}{(\eta_r\xi^2+\eta_z\xi_m^2+s)\{J_0^2(\xi a)+Y_0^2(\xi a)\}}d\xi \quad (19.11.2)$$

and

$$p = \frac{U(t-t_0)}{4\pi d\phi c_t}\int_0^{t-t_0}q(t-t_0-\tau)\left\{\Theta_2\left(\frac{\pi(z-z_0)}{2d}, e^{-\left(\frac{\pi}{d}\right)^2\eta_z\tau}\right) - \Theta_2\left(\frac{\pi(z+z_0)}{2d}, e^{-\left(\frac{\pi}{d}\right)^2\eta_z\tau}\right)\right\}\times$$
$$\times\int_0^{\infty}\frac{\xi\mathcal{C}_0(\xi r_0)\mathcal{C}_0(\xi r)e^{-\eta_r\xi^2\tau}}{\{J_0^2(\xi a)+Y_0^2(\xi a)\}}d\xi d\tau -$$
$$-\frac{\eta_r}{\pi d}\int_0^t\int_a^{\infty}\psi(u,t-\tau)\left\{\Theta_2\left(\frac{\pi(z-u)}{2d}, e^{-\left(\frac{\pi}{d}\right)^2\eta_z\tau}\right) - \Theta_2\left(\frac{\pi(z+u)}{2d}, e^{-\left(\frac{\pi}{d}\right)^2\eta_z\tau}\right)\right\}\times$$

$$\times \int_0^\infty \frac{\xi \mathcal{C}_0(\xi r) e^{-\eta_r \xi^2 \tau}}{\{J_0^2(\xi a) + Y_0^2(\xi a)\}} d\xi du d\tau -$$

$$-\frac{1}{d}\int_0^\infty \int_0^t \left\{\left(\frac{\eta_z}{2d}\right)\Theta_2'\left(\frac{\pi z}{2d}, e^{-\left(\frac{\pi}{d}\right)^2 \eta_z \tau}\right)\psi_0(u, t-\tau) + \left(\frac{1}{\phi c_t}\right)\Theta_1\left(\frac{\pi z}{2d}, e^{-\left(\frac{\pi}{d}\right)^2 \eta_z \tau}\right)\psi_d(u, t-\tau)\right\} \times$$

$$\times \int_0^\infty \frac{\xi u \mathcal{C}_0(\xi u) \mathcal{C}_0(\xi r) e^{-\eta_r \xi^2 \tau}}{\{J_0^2(\xi a) + Y_0^2(\xi a)\}} d\xi du d\tau +$$

$$+\frac{1}{2d}\int_a^\infty v \int_0^d \varphi(v,u)\left\{\Theta_2\left(\frac{\pi(z-u)}{2d}, e^{-\left(\frac{\pi}{d}\right)^2 \eta_z t}\right) - \Theta_2\left(\frac{\pi(z+u)}{2d}, e^{-\left(\frac{\pi}{d}\right)^2 \eta_z t}\right)\right\} \times$$

$$\times \int_0^\infty \frac{\xi \mathcal{C}_0(\xi v) \mathcal{C}_0(\xi r) e^{-\eta_r \xi^2 t}}{\{J_0^2(\xi a) + Y_0^2(\xi a)\}} d\xi du dv \tag{19.11.3}$$

When $\varphi(r,z) = p_I$, a constant, the solution is obtained by replacing the terms corresponding to the initial condition (the last term) in equations (19.11.2) and (19.11.3) with

$$\begin{aligned}\overline{p} &= -\frac{2p_I}{ds}\sum_{m=1}^\infty \frac{K_0\left(r\sqrt{\frac{s+\eta_z\xi_m^2}{\eta_r}}\right)\sin(\xi_m z)}{\xi_m K_0\left(a\sqrt{\frac{s+\eta_z\xi_m^2}{\eta_r}}\right)} - \\ &-\frac{2p_I\eta_z}{ds}\sum_{m=1}^\infty \xi_m \sin(\xi_m z)\int_0^\infty\int_a^\infty \frac{\xi u \mathcal{C}_0(\xi u)\mathcal{C}_0(\xi r)}{(\eta_r\xi^2 + \eta_z\xi_m^2 + s)\{J_0^2(\xi a) + Y_0^2(\xi a)\}} du d\xi + \frac{p_I}{s}\end{aligned} \tag{19.11.4}$$

and

$$\begin{aligned}p &= \frac{4p_I\eta_r}{\pi d}\sum_{m=1}^\infty \frac{\sin(\xi_m z)}{\xi_m}\int_0^\infty \frac{\xi \mathcal{C}_0(\xi r)\left\{1 - e^{-(\eta_r\xi^2 + \eta_z\xi_m^2)t}\right\}}{(\eta_r\xi^2 + \eta_z\xi_m^2)\{J_0^2(\xi a) + Y_0^2(\xi a)\}} d\xi - \\ &-\frac{2p_I\eta_z}{d}\sum_{m=1}^\infty \xi_m \sin(\xi_m z)\int_0^\infty\int_a^\infty \frac{\xi u \mathcal{C}_0(\xi u)\mathcal{C}_0(\xi r)\left\{1 - e^{-(\eta_r\xi^2 + \eta_z\xi_m^2)t}\right\}}{(\eta_r\xi^2 + \eta_z\xi_m^2)\{J_0^2(\xi a) + Y_0^2(\xi a)\}} du d\xi + p_I\end{aligned} \tag{19.11.5}$$

19.12 The problem of 19.10, except $D_0 \equiv p(r,0,t) = \psi_0(r,t)$, $R_d \equiv \frac{\partial p(r,d,t)}{\partial z} + \lambda p(r,d,t) = -\left(\frac{\mu}{k_z}\right)\psi_d(r,t)$ and $D \equiv p(a,z,t) = \psi(z,t)$

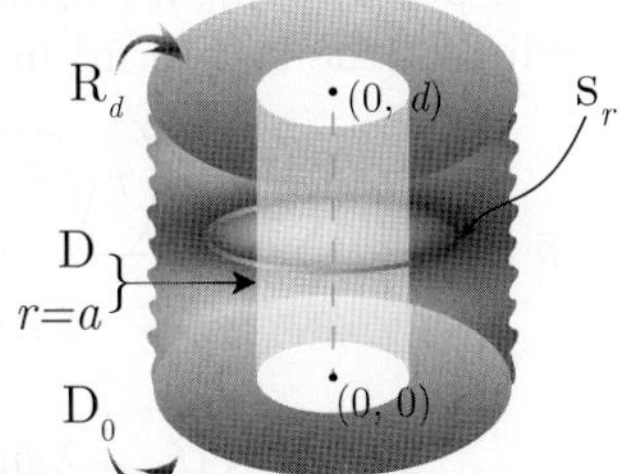

The successive application of the Laplace, Fourier and Dirichlet-Weber transformations to equation (18.1.1) gives

$$\begin{aligned}\overline{\overline{\overline{p}}} &= \frac{q(s)e^{-st_0}\sin(\xi_m z_0)\mathcal{C}_0(\xi r_0)}{2\pi\phi c_t(\eta_r\xi^2 + \eta_z\xi_m^2 + s)} - \frac{2\eta_r\overline{\overline{\psi}}(\xi_m, s)}{\pi(\eta_r\xi^2 + \eta_z\xi_m^2 + s)} + \\ &+\frac{\eta_z\int_a^\infty u\mathcal{C}_0(\xi u)\left\{\xi_m\overline{\psi}_0(u,s) - \left(\frac{\mu}{k_z}\right)\overline{\psi}_d(u,s)\sin(\xi_m d)\right\}du}{(\eta_r\xi^2 + \eta_z\xi_m^2 + s)} + \frac{\overline{\overline{\varphi}}(\xi,\xi_m)}{(\eta_r\xi^2 + \eta_z\xi_m^2 + s)}\end{aligned} \tag{19.12.1}$$

where ξ_m is a positive root of $\xi_m \cot(\xi_m d) = -\lambda$, $m = 1, 2, ...$, $\mathcal{C}_0(\xi r) = Y_0(\xi a)J_0(\xi r) - J_0(\xi a)Y_0(\xi r)$, $\overline{\overline{\psi}}(\xi_m, s) = \int_0^d \overline{\psi}(u,s)\sin(\xi_m u)du$ and $\overline{\overline{\varphi}}(\xi,\xi_m) = \int_a^\infty r\mathcal{C}_0(\xi r)\int_0^d \varphi(r,u)\sin(\xi_m u)dudr$. Successive inverse

transforms yield

$$\overline{p} = \frac{q(s)\,e^{-st_0}}{\pi\phi c_t}\sum_{m=1}^{\infty}\frac{\left(\xi_m^2+\lambda^2\right)\sin(\xi_m z_0)\sin(\xi_m z)}{d\left(\xi_m^2+\lambda^2\right)+\lambda}\int_0^{\infty}\frac{\xi\mathcal{C}_0(\xi r_0)\,\mathcal{C}_0(\xi r)}{\left(\eta_r\xi^2+\eta_z\xi_m^2+s\right)\left\{J_0^2(\xi a)+Y_0^2(\xi a)\right\}}d\xi -$$

$$-\frac{4\eta_r}{\pi}\sum_{m=1}^{\infty}\frac{\overline{\overline{\psi}}(\xi_m,s)\left(\xi_m^2+\lambda^2\right)\sin(\xi_m z)}{d\left(\xi_m^2+\lambda^2\right)+\lambda}\int_0^{\infty}\frac{\xi\mathcal{C}_0(\xi r)}{\left(\eta_r\xi^2+\eta_z\xi_m^2+s\right)\left\{J_0^2(\xi a)+Y_0^2(\xi a)\right\}}d\xi +$$

$$+2\eta_z\sum_{m=1}^{\infty}\frac{\left(\xi_m^2+\lambda^2\right)\sin(\xi_m z)}{d\left(\xi_m^2+\lambda^2\right)+\lambda}\times$$

$$\times\int_a^{\infty}\int_0^{\infty}\frac{\xi\mathcal{C}_0(\xi u)\,\mathcal{C}_0(\xi r)}{\left(\eta_r\xi^2+\eta_z\xi_m^2+s\right)\left\{J_0^2(\xi a)+Y_0^2(\xi a)\right\}}d\xi\left\{\xi_m\overline{\psi}_0(u,s)-\left(\frac{\mu}{k_z}\right)\overline{\psi}_d(u,s)\sin(\xi_m d)\right\}udu +$$

$$+2\sum_{m=1}^{\infty}\frac{\left(\xi_m^2+\lambda^2\right)\sin(\xi_m z)}{d\left(\xi_m^2+\lambda^2\right)+\lambda}\int_0^{\infty}\frac{\overline{\overline{\varphi}}(\xi,\xi_m)\xi\mathcal{C}_0(\xi r)}{\left(\eta_r\xi^2+\eta_z\xi_m^2+s\right)\left\{J_0^2(\xi a)+Y_0^2(\xi a)\right\}}d\xi \qquad (19.12.2)$$

and

$$p = \frac{U(t-t_0)}{\pi\phi c_t}\sum_{m=1}^{\infty}\frac{\left(\xi_m^2+\lambda^2\right)\sin(\xi_m z_0)\sin(\xi_m z)}{d\left(\xi_m^2+\lambda^2\right)+\lambda}\int_0^{\infty}\frac{\xi\mathcal{C}_0(\xi r_0)\,\mathcal{C}_0(\xi r)}{\left\{J_0^2(\xi a)+Y_0^2(\xi a)\right\}}\int_0^{t-t_0}q(t-t_0-\tau)\,e^{-\left(\eta_r\xi^2+\eta_z\xi_m^2\right)\tau}d\tau d\xi -$$

$$-\frac{4\eta_r}{\pi}\sum_{m=1}^{\infty}\frac{\left(\xi_m^2+\lambda^2\right)\sin(\xi_m z)}{d\left(\xi_m^2+\lambda^2\right)+\lambda}\int_0^{\infty}\frac{\xi\mathcal{C}_0(\xi r)}{\left\{J_0^2(\xi a)+Y_0^2(\xi a)\right\}}\int_0^{t}\overline{\psi}(\xi_m,t-\tau)\,e^{-\left(\eta_r\xi^2+\eta_z\xi_m^2\right)\tau}d\tau d\xi +$$

$$+2\eta_z\sum_{m=1}^{\infty}\frac{\left(\xi_m^2+\lambda^2\right)\sin(\xi_m z)}{d\left(\xi_m^2+\lambda^2\right)+\lambda}\times$$

$$\times\int_a^{\infty}\int_0^{\infty}\frac{\xi u\mathcal{C}_0(\xi u)\,\mathcal{C}_0(\xi r)}{\left\{J_0^2(\xi a)+Y_0^2(\xi a)\right\}}\int_0^{t}\left\{\xi_m\psi_0(u,t-\tau)-\left(\frac{\mu}{k_z}\right)\psi_d(u,t-\tau)\sin(\xi_m d)\right\}e^{-\left(\eta_r\xi^2+\eta_z\xi_m^2\right)\tau}d\tau d\xi du +$$

$$+2\sum_{m=1}^{\infty}\frac{\left(\xi_m^2+\lambda^2\right)\sin(\xi_m z)}{d\left(\xi_m^2+\lambda^2\right)+\lambda}\int_0^{\infty}\frac{\overline{\overline{\varphi}}(\xi,\xi_m)\xi\mathcal{C}_0(\xi r)\,e^{-\left(\eta_r\xi^2+\eta_z\xi_m^2\right)t}}{\left\{J_0^2(\xi a)+Y_0^2(\xi a)\right\}}d\xi \qquad (19.12.3)$$

When $\varphi(r,z)=p_I$, a constant, the solution is obtained by replacing the terms corresponding to the initial condition (the last term) in equations (19.12.2) and (19.12.3) with

$$\overline{p} = \frac{2p_I}{s}\sum_{m=1}^{\infty}\frac{K_0\left(r\sqrt{\frac{s+\eta_z\xi_m^2}{\eta_r}}\right)\left\{\cos(\xi_m d)-1\right\}\left(\xi_m^2+\lambda^2\right)\sin(\xi_m z)}{\xi_m\left\{d\left(\xi_m^2+\lambda^2\right)+\lambda\right\}K_0\left(a\sqrt{\frac{s+\eta_z\xi_m^2}{\eta_r}}\right)} -$$

$$-\frac{2p_I\eta_z}{s}\sum_{m=1}^{\infty}\frac{\left\{\xi_m+\lambda\sin(\xi_m d)\right\}\left(\xi_m^2+\lambda^2\right)\sin(\xi_m z)}{d\left(\xi_m^2+\lambda^2\right)+\lambda}\int_0^{\infty}\int_a^{\infty}\frac{\xi u\mathcal{C}_0(\xi u)\,\mathcal{C}_0(\xi r)}{\left(\eta_r\xi^2+\eta_z\xi_m^2+s\right)\left\{J_0^2(\xi a)+Y_0^2(\xi a)\right\}}dud\xi+\frac{p_I}{s} \qquad (19.12.4)$$

and

$$p = \frac{4p_I\eta_r}{\pi}\sum_{m=1}^{\infty}\frac{\left\{1-\cos(\xi_m d)\right\}\left(\xi_m^2+\lambda^2\right)\sin(\xi_m z)}{\xi_m\left\{d\left(\xi_m^2+\lambda^2\right)+\lambda\right\}}\int_0^{\infty}\frac{\xi\mathcal{C}_0(\xi r)\left\{1-e^{-\left(\eta_r\xi^2+\eta_z\xi_m^2\right)t}\right\}}{\left(\eta_r\xi^2+\eta_z\xi_m^2\right)\left\{J_0^2(\xi a)+Y_0^2(\xi a)\right\}}d\xi -$$

$$-2p_I\eta_z\sum_{m=1}^{\infty}\frac{\left\{\xi_m+\lambda\sin(\xi_m d)\right\}\left(\xi_m^2+\lambda^2\right)\sin(\xi_m z)}{d\left(\xi_m^2+\lambda^2\right)+\lambda}\int_0^{\infty}\int_a^{\infty}\frac{\xi u\mathcal{C}_0(\xi u)\,\mathcal{C}_0(\xi r)\left\{1-e^{-\left(\eta_r\xi^2+\eta_z\xi_m^2\right)t}\right\}}{\left(\eta_r\xi^2+\eta_z\xi_m^2\right)\left\{J_0^2(\xi a)+Y_0^2(\xi a)\right\}}dud\xi+p_I \qquad (19.12.5)$$

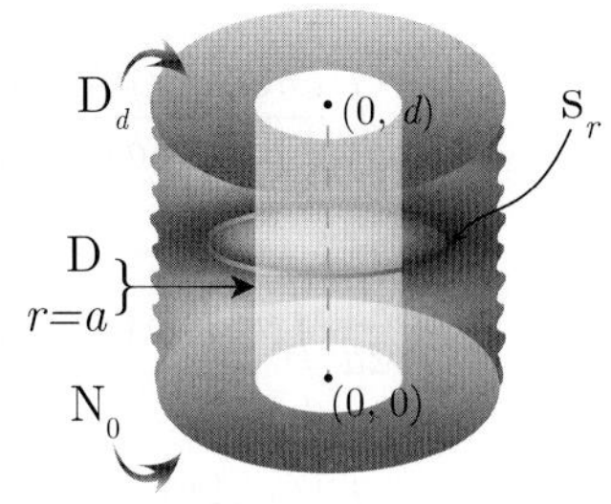

19.13 The problem of 19.10, except $N_0 \equiv \frac{\partial p(r,0,t)}{\partial z} = -\left(\frac{\mu}{k_z}\right)\psi_0(r,t)$, $D_d \equiv p(r,d,t) = \psi_d(r,t)$ and $D \equiv p(a,z,t) = \psi(z,t)$

The successive application of the Laplace, Fourier and Dirichlet-Weber transformations to equation (18.1.1) gives

$$\begin{aligned}\overline{\overline{\overline{p}}} &= \frac{q(s)e^{-st_0}\cos(\xi_m z_0)\mathcal{C}_0(\xi r_0)}{2\pi\phi c_t(\eta_r\xi^2+\eta_z\xi_m^2+s)} - \frac{2\eta_r\overline{\overline{\psi}}(\xi_m,s)}{\pi(\eta_r\xi^2+\eta_z\xi_m^2+s)} + \\ &+\frac{\eta_z\int_a^\infty u\mathcal{C}_0(\xi u)\left\{(-1)^{m+1}\xi_m\overline{\psi}_d(u,s)+\left(\frac{\mu}{k_z}\right)\overline{\psi}_0(u,s)\right\}du}{(\eta_r\xi^2+\eta_z\xi_m^2+s)} + \frac{\overline{\overline{\varphi}}(\xi,\xi_m)}{(\eta_r\xi^2+\eta_z\xi_m^2+s)}\end{aligned} \tag{19.13.1}$$

where ξ_m is a positive root of $\cos(\xi_m d)$, which are $\xi_m = \frac{(2m-1)\pi}{2d}$, $m = 1, 2, ...,$ $\mathcal{C}_0(\xi r) = Y_0(\xi a)J_0(\xi r) - J_0(\xi a)Y_0(\xi r)$, $\overline{\overline{\psi}}(\xi_m,s) = \int_0^d \overline{\psi}(u,s)\cos(\xi_m u)du$, and $\overline{\overline{\varphi}}(\xi,\xi_m) = \int_a^\infty r\mathcal{C}_0(\xi r)\int_0^d \varphi(r,u)\cos(\xi_m u)dudr$. Successive inverse transforms yield

$$\begin{aligned}\overline{p} &= \frac{q(s)e^{-st_0}}{\pi d\phi c_t}\sum_{m=1}^\infty \cos(\xi_m z_0)\cos(\xi_m z)\int_0^\infty \frac{\xi\mathcal{C}_0(\xi r_0)\mathcal{C}_0(\xi r)}{(\eta_r\xi^2+\eta_z\xi_m^2+s)\{J_0^2(\xi a)+Y_0^2(\xi a)\}}d\xi - \\ &-\frac{4\eta_r}{d\pi}\sum_{m=1}^\infty \overline{\overline{\psi}}(\xi_m,s)\cos(\xi_m z)\int_0^\infty \frac{\xi\mathcal{C}_0(\xi r)}{(\eta_r\xi^2+\eta_z\xi_m^2+s)\{J_0^2(\xi a)+Y_0^2(\xi a)\}}d\xi + \\ &+\frac{2\eta_z}{d}\sum_{m=1}^\infty \xi_m\cos(\xi_m z)\times \\ &\times\int_a^\infty\int_0^\infty \frac{\xi\mathcal{C}_0(\xi u)\mathcal{C}_0(\xi r)}{(\eta_r\xi^2+\eta_z\xi_m^2+s)\{J_0^2(\xi a)+Y_0^2(\xi a)\}}d\xi\left\{(-1)^{m+1}\xi_m\overline{\psi}_d(u,s)+\left(\frac{\mu}{k_z}\right)\overline{\psi}_0(u,s)\right\}udu + \\ &+\frac{2}{d}\sum_{m=1}^\infty \cos(\xi_m z)\int_0^\infty \frac{\overline{\overline{\varphi}}(\xi,\xi_m)\xi\mathcal{C}_0(\xi r)}{(\eta_r\xi^2+\eta_z\xi_m^2+s)\{J_0^2(\xi a)+Y_0^2(\xi a)\}}d\xi\end{aligned} \tag{19.13.2}$$

and

$$\begin{aligned}p &= \frac{U(t-t_0)}{4\pi d\phi c_t}\int_0^{t-t_0} q(t-t_0-\tau)\left\{\Theta_2\left(\frac{\pi(z-z_0)}{2d}, e^{-\left(\frac{\pi}{d}\right)^2\eta_z\tau}\right)+\Theta_2\left(\frac{\pi(z+z_0)}{2d}, e^{-\left(\frac{\pi}{d}\right)^2\eta_z\tau}\right)\right\}\times \\ &\times\int_0^\infty \frac{\xi\mathcal{C}_0(\xi r_0)\mathcal{C}_0(\xi r)e^{-\eta_r\xi^2\tau}}{\{J_0^2(\xi a)+Y_0^2(\xi a)\}}d\xi d\tau - \\ &-\frac{\eta_r}{\pi d}\int_0^t\int_a^\infty \psi(u,t-\tau)\left\{\Theta_2\left(\frac{\pi(z-u)}{2d}, e^{-\left(\frac{\pi}{d}\right)^2\eta_z\tau}\right)+\Theta_2\left(\frac{\pi(z+u)}{2d}, e^{-\left(\frac{\pi}{d}\right)^2\eta_z\tau}\right)\right\}\times \\ &\times\int_0^\infty \frac{\xi\mathcal{C}_0(\xi r)e^{-\eta_r\xi^2\tau}}{\{J_0^2(\xi a)+Y_0^2(\xi a)\}}d\xi dud\tau + \\ &+\frac{1}{d}\int_0^\infty\int_0^t\left\{\left(\frac{1}{\phi c_t}\right)\Theta_2\left(\frac{\pi z}{2d}, e^{-\left(\frac{\pi}{d}\right)^2\eta_z\tau}\right)\psi_0(u,t-\tau)+\left(\frac{\eta_z}{2d}\right)\Theta_1'\left(\frac{\pi z}{2d}, e^{-\left(\frac{\pi}{d}\right)^2\eta_z\tau}\right)\psi_d(u,t-\tau)\right\}\times\end{aligned}$$

$$\times \int_0^\infty \frac{\xi u \mathcal{C}_0(\xi u)\mathcal{C}_0(\xi r) e^{-\eta_r \xi^2 \tau}}{\{J_0^2(\xi a)+Y_0^2(\xi a)\}} d\xi du d\tau +$$

$$+\frac{1}{2d}\int_a^\infty v \int_0^d \varphi(v,u)\left\{\Theta_2\left(\frac{\pi(z-u)}{2d}, e^{-\left(\frac{\pi}{d}\right)^2\eta_z t}\right)+\Theta_2\left(\frac{\pi(z+u)}{2d}, e^{-\left(\frac{\pi}{d}\right)^2\eta_z t}\right)\right\}\times$$

$$\times \int_0^\infty \frac{\xi \mathcal{C}_0(\xi v)\mathcal{C}_0(\xi r) e^{-\eta_r \xi^2 t}}{\{J_0^2(\xi a)+Y_0^2(\xi a)\}} d\xi du dv \tag{19.13.3}$$

When $\varphi(r,z) = p_I$, a constant, the solution is obtained by replacing the terms corresponding to the initial condition (the last term) in equations (19.13.2) and (19.13.3) with

$$\overline{p} = \frac{p_I}{s} - \frac{2p_I}{ds}\sum_{m=1}^\infty \frac{K_0\left(r\sqrt{\frac{s+\eta_z\xi_m^2}{\eta_r}}\right)(-1)^{m+1}\cos(\xi_m z)}{\xi_m K_0\left(a\sqrt{\frac{s+\eta_z\xi_m^2}{\eta_r}}\right)} -$$

$$-\frac{2p_I\eta_z}{ds}\sum_{m=1}^\infty \xi_m(-1)^{m+1}\cos(\xi_m z)\int_0^\infty\int_a^\infty \frac{\xi u \mathcal{C}_0(\xi u)\mathcal{C}_0(\xi r)}{(\eta_r\xi^2+\eta_z\xi_m^2+s)\{J_0^2(\xi a)+Y_0^2(\xi a)\}} du d\xi \tag{19.13.4}$$

and

$$p = p_I + \frac{4p_I\eta_r}{\pi d}\sum_{m=1}^\infty \frac{(-1)^{m+1}\cos(\xi_m z)}{\xi_m}\int_0^\infty \frac{\xi\mathcal{C}_0(\xi r)\left\{1-e^{-(\eta_r\xi^2+\eta_z\xi_m^2)t}\right\}}{(\eta_r\xi^2+\eta_z\xi_m^2)\{J_0^2(\xi a)+Y_0^2(\xi a)\}} d\xi -$$

$$-\frac{2p_I\eta_z}{d}\sum_{m=1}^\infty \xi_m(-1)^{m+1}\cos(\xi_m z)\int_0^\infty\int_a^\infty \frac{\xi u\mathcal{C}_0(\xi u)\mathcal{C}_0(\xi r)\left\{1-e^{-(\eta_r\xi^2+\eta_z\xi_m^2)t}\right\}}{(\eta_r\xi^2+\eta_z\xi_m^2)\{J_0^2(\xi a)+Y_0^2(\xi a)\}} du d\xi \tag{19.13.5}$$

19.14

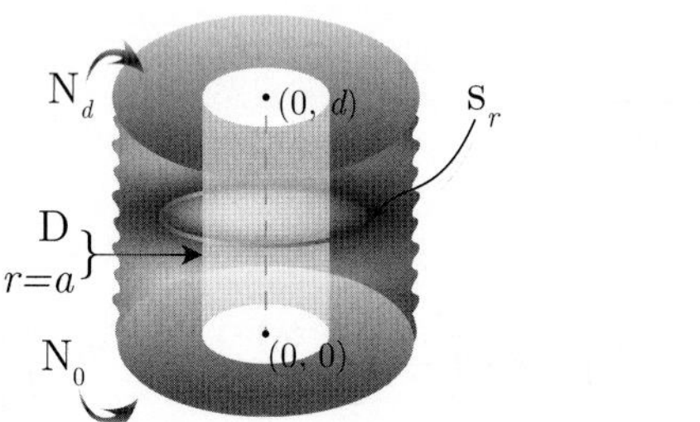

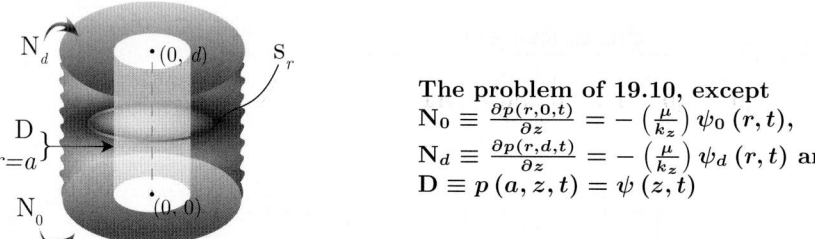

The problem of 19.10, except
$\mathbf{N_0} \equiv \frac{\partial p(r,0,t)}{\partial z} = -\left(\frac{\mu}{k_z}\right)\psi_0(r,t)$,
$\mathbf{N_d} \equiv \frac{\partial p(r,d,t)}{\partial z} = -\left(\frac{\mu}{k_z}\right)\psi_d(r,t)$ **and**
$\mathbf{D} \equiv p(a,z,t) = \psi(z,t)$

The successive application of the Laplace, Fourier and Dirichlet-Weber transformations to equation (18.1.1) gives

$$\overline{\overline{\overline{p}}} = \frac{q(s)e^{-st_0}\cos(\xi_m z_0)\mathcal{C}_0(\xi r_0)}{2\pi\phi c_t(\eta_r\xi^2+\eta_z\xi_m^2+s)} - \frac{2\eta_r\overline{\overline{\psi}}(\xi_m,s)}{\pi(\eta_r\xi^2+\eta_z\xi_m^2+s)} +$$

$$+\frac{\int_a^\infty u\mathcal{C}_0(\xi u)\left\{(-1)^{m+1}\overline{\psi}_d(u,s)+\overline{\psi}_0(u,s)\right\}du}{\phi c_t(\eta_r\xi^2+\eta_z\xi_m^2+s)} + \frac{\overline{\overline{\varphi}}(\xi,\xi_m)}{(\eta_r\xi^2+\eta_z\xi_m^2+s)} \tag{19.14.1}$$

where ξ_m is a positive root of $\sin(\xi_m d)$, which are $\frac{m\pi}{d}$, $m = 0, 2, ...$, $\mathcal{C}_0(\xi r) = Y_0(\xi a)J_0(\xi r) - J_0(\xi a)Y_0(\xi r)$, $\overline{\overline{\psi}}(\xi_m,s) = \int_0^d \overline{\psi}(u,s)\cos(\xi_m u)du$ and $\overline{\overline{\varphi}}(\xi,\xi_m) = \int_a^\infty r\mathcal{C}_0(\xi r)\int_0^d \varphi(r,u)\cos(\xi_m u)dudr$. Successive inverse

transforms yield

$$\begin{aligned}
\overline{p} &= \frac{q(s)e^{-st_0}}{\pi d\phi c_t}\sum_{m=0}^{\infty}\ni_m\cos(\xi_m z_0)\cos(\xi_m z)\int_0^{\infty}\frac{\xi\mathcal{C}_0(\xi r_0)\mathcal{C}_0(\xi r)}{(\eta_r\xi^2+\eta_z\xi_m^2+s)\left\{J_0^2(\xi a)+Y_0^2(\xi a)\right\}}d\xi-\\
&-\frac{4\eta_r}{d\pi}\sum_{m=0}^{\infty}\ni_m\overline{\overline{\psi}}(\xi_m,s)\cos(\xi_m z)\int_0^{\infty}\frac{\xi\mathcal{C}_0(\xi r)}{(\eta_r\xi^2+\eta_z\xi_m^2+s)\left\{J_0^2(\xi a)+Y_0^2(\xi a)\right\}}d\xi+\\
&+\frac{2}{d\phi c_t}\sum_{m=0}^{\infty}\ni_m\xi_m\cos(\xi_m z)\times\\
&\times\int_a^{\infty}\int_0^{\infty}\frac{\xi\mathcal{C}_0(\xi u)\mathcal{C}_0(\xi r)}{(\eta_r\xi^2+\eta_z\xi_m^2+s)\left\{J_0^2(\xi a)+Y_0^2(\xi a)\right\}}d\xi\left\{(-1)^{m+1}\overline{\psi}_d(u,s)+\overline{\psi}_0(u,s)\right\}udu+\\
&+\frac{2}{d}\sum_{m=0}^{\infty}\ni_m\cos(\xi_m z)\int_0^{\infty}\frac{\overline{\overline{\varphi}}(\xi,\xi_m)\xi\mathcal{C}_0(\xi r)}{(\eta_r\xi^2+\eta_z\xi_m^2+s)\left\{J_0^2(\xi a)+Y_0^2(\xi a)\right\}}d\xi
\end{aligned}\tag{19.14.2}$$

and

$$\begin{aligned}
p &= \frac{U(t-t_0)}{4\pi d\phi c_t}\int_0^{t-t_0}q(t-t_0-\tau)\left\{\Theta_3\left(\frac{\pi(z-z_0)}{2d},e^{-\left(\frac{\pi}{d}\right)^2\eta_z\tau}\right)+\Theta_3\left(\frac{\pi(z+z_0)}{2d},e^{-\left(\frac{\pi}{d}\right)^2\eta_z\tau}\right)\right\}\times\\
&\times\int_0^{\infty}\frac{\xi\mathcal{C}_0(\xi r_0)\mathcal{C}_0(\xi r)e^{-\eta_r\xi^2\tau}}{\left\{J_0^2(\xi a)+Y_0^2(\xi a)\right\}}d\xi d\tau+\\
&+\frac{\eta_r}{\pi d}\int_0^{t}\int_a^{\infty}\psi(u,t-\tau)\left\{\Theta_3\left(\frac{\pi(z-u)}{2d},e^{-\left(\frac{\pi}{d}\right)^2\eta_z\tau}\right)+\Theta_3\left(\frac{\pi(z+u)}{2d},e^{-\left(\frac{\pi}{d}\right)^2\eta_z\tau}\right)\right\}\times\\
&\times\int_0^{\infty}\frac{\xi\mathcal{C}_0(\xi r)e^{-\eta_r\xi^2\tau}}{\left\{J_0^2(\xi a)+Y_0^2(\xi a)\right\}}d\xi dud\tau+\\
&+\frac{1}{\phi c_t d}\int_0^{t}\int_a^{\infty}\left\{\Theta_3\left(\frac{\pi z}{2d},e^{-\left(\frac{\pi}{d}\right)^2\eta_z\tau}\right)\psi_0(u,t-\tau)-\Theta_4\left(\frac{\pi z}{2d},e^{-\left(\frac{\pi}{d}\right)^2\eta_z\tau}\right)\psi_d(u,t-\tau)\right\}\times\\
&\times\int_0^{\infty}\frac{\xi u\mathcal{C}_0(\xi u)\mathcal{C}_0(\xi r)e^{-\eta_r\xi^2\tau}}{\left\{J_0^2(\xi a)+Y_0^2(\xi a)\right\}}d\xi dud\tau+\\
&+\frac{1}{2d}\int_a^{\infty}v\int_0^{d}\varphi(v,u)\left\{\Theta_3\left(\frac{\pi(z-u)}{2d},e^{-\left(\frac{\pi}{d}\right)^2\eta_z t}\right)+\Theta_3\left(\frac{\pi(z+u)}{2d},e^{-\left(\frac{\pi}{d}\right)^2\eta_z t}\right)\right\}\times\\
&\times\int_0^{\infty}\frac{\xi\mathcal{C}_0(\xi v)\mathcal{C}_0(\xi r)e^{-\eta_r\xi^2 t}}{\left\{J_0^2(\xi a)+Y_0^2(\xi a)\right\}}d\xi dudv
\end{aligned}\tag{19.14.3}$$

When $\varphi(r,z)=p_I$, a constant, the solution is obtained by replacing the terms corresponding to the initial condition (the last term) in equations (19.14.2) and (19.14.3) with

$$\overline{p}=-\frac{p_I K_0\left(r\sqrt{\frac{s}{\eta_r}}\right)}{sK_0\left(a\sqrt{\frac{s}{\eta_r}}\right)}\tag{19.14.4}$$

and

$$p = -\frac{2p_I}{\pi}\int_0^\infty \frac{\mathcal{C}_0(\xi r)\, e^{-\eta_r \xi^2 t}}{\xi\left\{J_0^2(\xi a) + Y_0^2(\xi a)\right\}} d\xi \tag{19.14.5}$$

19.15

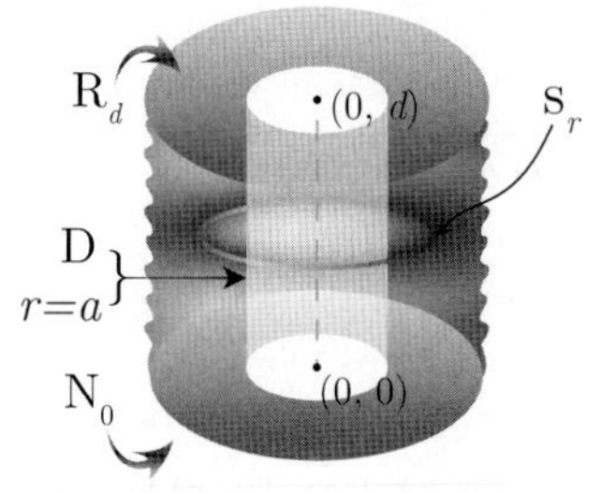

The problem of 19.10, except
$\mathbf{N_0} \equiv \frac{\partial p(r,0,t)}{\partial z} = -\left(\frac{\mu}{k_z}\right)\psi_0(r,t)$,
$\mathbf{R_d} \equiv \frac{\partial p(r,d,t)}{\partial z} + \lambda p(r,d,t) = -\left(\frac{\mu}{k_z}\right)\psi_d(r,t)$ **and**
$\mathbf{D} \equiv p(a,z,t) = \psi(z,t)$

The successive application of the Laplace, Fourier and Dirichlet-Weber transformations to equation (18.1.1) gives

$$\begin{aligned}\overline{\overline{\overline{p}}} &= \frac{q(s)\, e^{-st_0} \cos(\xi_m z_0)\, \mathcal{C}_0(\xi r_0)}{2\pi\phi c_t\left(\eta_r \xi^2 + \eta_z \xi_m^2 + s\right)} - \frac{2\eta_r \overline{\overline{\psi}}(\xi_m, s)}{\pi\left(\eta_r \xi^2 + \eta_z \xi_m^2 + s\right)} + \\ &+ \frac{\int_a^\infty u\mathcal{C}_0(\xi u)\left\{\overline{\psi}_0(u,s) - \overline{\psi}_d(u,s)\cos(\xi_m d)\right\} du}{\phi c_t\left(\eta_r \xi^2 + \eta_z \xi_m^2 + s\right)} + \frac{\overline{\overline{\varphi}}(\xi, \xi_m)}{\left(\eta_r \xi^2 + \eta_z \xi_m^2 + s\right)}\end{aligned} \tag{19.15.1}$$

where ξ_m is a positive root of $\xi_m \tan(\xi_m d) = \lambda$, $m = 1, 2, \ldots$, $\mathcal{C}_0(\xi r) = Y_0(\xi a)\, J_0(\xi r) - J_0(\xi a)\, Y_0(\xi r)$, $\overline{\overline{\psi}}(\xi_m, s) = \int_0^d \overline{\psi}(u,s)\cos(\xi_m u) du$ and $\overline{\overline{\varphi}}(\xi, \xi_m) = \int_a^\infty r\mathcal{C}_0(\xi r) \int_0^d \varphi(r,u)\cos(\xi_m u) du dr$. Successive inverse transforms yield

$$\begin{aligned}\overline{p} &= \frac{q(s)\, e^{-st_0}}{\pi\phi c_t} \sum_{m=1}^\infty \frac{\left(\xi_m^2 + \lambda^2\right)\cos(\xi_m z_0)\cos(\xi_m z)}{d\left(\xi_m^2 + \lambda^2\right) + \lambda} \int_0^\infty \frac{\xi\mathcal{C}_0(\xi r_0)\, \mathcal{C}_0(\xi r)}{\left(\eta_r \xi^2 + \eta_z \xi_m^2 + s\right)\left\{J_0^2(\xi a) + Y_0^2(\xi a)\right\}} d\xi - \\ &- \frac{4\eta_r}{\pi} \sum_{m=1}^\infty \frac{\overline{\overline{\psi}}(\xi_m, s)\left(\xi_m^2 + \lambda^2\right)\cos(\xi_m z)}{d\left(\xi_m^2 + \lambda^2\right) + \lambda} \int_0^\infty \frac{\xi\mathcal{C}_0(\xi r)}{\left(\eta_r \xi^2 + \eta_z \xi_m^2 + s\right)\left\{J_0^2(\xi a) + Y_0^2(\xi a)\right\}} d\xi + \\ &+ \frac{2}{\phi c_t} \sum_{m=1}^\infty \frac{\left(\xi_m^2 + \lambda^2\right)\cos(\xi_m z)}{d\left(\xi_m^2 + \lambda^2\right) + \lambda} \times \\ &\times \int_a^\infty \int_0^\infty \frac{\xi\mathcal{C}_0(\xi u)\, \mathcal{C}_0(\xi r)}{\left(\eta_r \xi^2 + \eta_z \xi_m^2 + s\right)\left\{J_0^2(\xi a) + Y_0^2(\xi a)\right\}} d\xi \left\{\overline{\psi}_0(u,s) - \overline{\psi}_d(u,s)\cos(\xi_m d)\right\} u du + \\ &+ 2\sum_{m=1}^\infty \frac{\left(\xi_m^2 + \lambda^2\right)\cos(\xi_m z)}{d\left(\xi_m^2 + \lambda^2\right) + \lambda} \int_0^\infty \frac{\overline{\overline{\varphi}}(\xi, \xi_m)\xi\mathcal{C}_0(\xi r)}{\left(\eta_r \xi^2 + \eta_z \xi_m^2 + s\right)\left\{J_0^2(\xi a) + Y_0^2(\xi a)\right\}} d\xi\end{aligned} \tag{19.15.2}$$

and

$$\begin{aligned}p &= \frac{U(t-t_0)}{\pi\phi c_t} \sum_{m=1}^\infty \frac{\left(\xi_m^2 + \lambda^2\right)\cos(\xi_m z_0)\cos(\xi_m z)}{d\left(\xi_m^2 + \lambda^2\right) + \lambda} \int_0^\infty \frac{\xi\mathcal{C}_0(\xi r_0)\, \mathcal{C}_0(\xi r) \int_0^{t-t_0} q(t-t_0-\tau)\, e^{-\left(\eta_r \xi^2 + \eta_z \xi_m^2\right)\tau} d\tau}{\left\{J_0^2(\xi a) + Y_0^2(\xi a)\right\}} d\xi - \\ &- \frac{4\eta_r}{\pi} \sum_{m=1}^\infty \frac{\left(\xi_m^2 + \lambda^2\right)\cos(\xi_m z)}{d\left(\xi_m^2 + \lambda^2\right) + \lambda} \int_0^\infty \frac{\xi\mathcal{C}_0(\xi r)}{\left\{J_0^2(\xi a) + Y_0^2(\xi a)\right\}} \int_0^t \overline{\psi}(\xi_m, t-\tau)\, e^{-\left(\eta_r \xi^2 + \eta_z \xi_m^2\right)\tau} d\tau d\xi + \\ &+ \frac{2}{\phi c_t} \sum_{m=1}^\infty \frac{\left(\xi_m^2 + \lambda^2\right)\cos(\xi_m z)}{d\left(\xi_m^2 + \lambda^2\right) + \lambda} \times \\ &\times \int_a^\infty \int_0^\infty \frac{\xi u\mathcal{C}_0(\xi u)\, \mathcal{C}_0(\xi r)}{\left\{J_0^2(\xi a) + Y_0^2(\xi a)\right\}} \int_0^t \left\{\psi_0(u, t-\tau) - \psi_d(u, t-\tau)\cos(\xi_m d)\right\} e^{-\left(\eta_r \xi^2 + \eta_z \xi_m^2\right)\tau} d\tau d\xi du + \\ &+ 2\sum_{m=1}^\infty \frac{\left(\xi_m^2 + \lambda^2\right)\cos(\xi_m z)}{d\left(\xi_m^2 + \lambda^2\right) + \lambda} \int_0^\infty \frac{\overline{\overline{\varphi}}(\xi, \xi_m)\xi\mathcal{C}_0(\xi r)\, e^{-\left(\eta_r \xi^2 + \eta_z \xi_m^2\right)t}}{\left\{J_0^2(\xi a) + Y_0^2(\xi a)\right\}} d\xi\end{aligned} \tag{19.15.3}$$

where $\overline{\psi}(\xi_m,t)=\int_0^d \psi(u,t)\cos(\xi_m u)du$. When $\varphi(r,z)=p_I$, a constant, the solution is obtained by replacing the terms corresponding to the initial condition (the last term) in equations (19.15.2) and (19.15.3) with

$$\overline{p} = -\frac{2p_I}{s}\sum_{m=1}^{\infty}\frac{\left(\xi_m^2+\lambda^2\right)K_0\left(r\sqrt{\frac{s+\eta_z\xi_m^2}{\eta_r}}\right)\sin(\xi_m d)\cos(\xi_m z)}{\xi_m K_0\left(a\sqrt{\frac{s+\eta_z\xi_m^2}{\eta_r}}\right)\left\{d\left(\xi_m^2+\lambda^2\right)+\lambda\right\}}+$$

$$+\frac{2\lambda p_I}{\phi c_t s}\sum_{m=1}^{\infty}\frac{(\xi_m^2+\lambda^2)\cos(\xi_m d)\cos(\xi_m z)}{\{d\left(\xi_m^2+\lambda^2\right)+\lambda\}}\int_a^{\infty}\int_0^{\infty}\frac{\xi u C_0(\xi u)C_0(\xi r)}{(\eta_r\xi^2+\eta_z\xi_m^2+s)\{J_0^2(\xi a)+Y_0^2(\xi a)\}}d\xi du+\frac{p_I}{s} \quad (19.15.4)$$

and

$$p = \frac{4p_I\eta_r}{\pi}\sum_{m=1}^{\infty}\frac{\left(\xi_m^2+\lambda^2\right)\sin(\xi_m d)\cos(\xi_m z)}{\xi_m\left\{d\left(\xi_m^2+\lambda^2\right)+\lambda\right\}}\int_0^{\infty}\frac{\xi C_0(\xi r)\left\{1-e^{-\left(\eta_r\xi^2+\eta_z\xi_m^2\right)t}\right\}}{\left(\eta_r\xi^2+\eta_z\xi_m^2\right)\left\{J_0^2(\xi a)+Y_0^2(\xi a)\right\}}d\xi+$$

$$+2\lambda p_I\left(\frac{\mu}{k_r}\right)\sum_{m=1}^{\infty}\frac{(\xi_m^2+\lambda^2)\cos(\xi_m d)\cos(\xi_m z)}{\{d\left(\xi_m^2+\lambda^2\right)+\lambda\}}\int_a^{\infty}\int_0^{\infty}\frac{\xi u C_0(\xi u)C_0(\xi r)\left\{1-e^{-\left(\eta_r\xi^2+\eta_z\xi_m^2\right)t}\right\}}{\left(\eta_r\xi^2+\eta_z\xi_m^2\right)\left\{J_0^2(\xi a)+Y_0^2(\xi a)\right\}}d\xi du+p_I \quad (19.15.5)$$

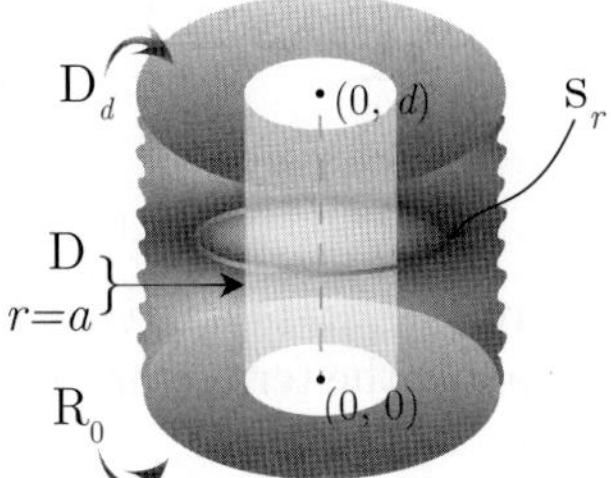

19.16 The problem of 19.10, except

$\mathbf{R_0} \equiv \frac{\partial p(r,0,t)}{\partial z}-\lambda p(r,0,t)=-\left(\frac{\mu}{k_z}\right)\psi_0(r,t)$,
$\mathbf{D_d} \equiv p(r,d,t)=\psi_d(r,t)$ **and** $\mathbf{D} \equiv p(a,z,t)=\psi(z,t)$

The successive application of the Laplace, Fourier and Dirichlet-Weber transformations to equation (18.1.1) gives

$$\overline{\overline{\overline{p}}} = \frac{q(s)e^{-st_0}\sin\{\xi_m(d-z_0)\}C_0(\xi r_0)}{2\pi\phi c_t\left(\eta_r\xi^2+\eta_z\xi_m^2+s\right)}-\frac{2\eta_r\overline{\overline{\psi}}(\xi_m,s)}{\pi\left(\eta_r\xi^2+\eta_z\xi_m^2+s\right)}+$$

$$+\frac{\eta_z\int_a^{\infty}uC_0(\xi u)\left\{\left(\frac{\mu}{k_z}\right)\overline{\psi}_0(u,s)\sin(\xi_m d)+\xi_m\overline{\psi}_d(u,s)\right\}du}{\left(\eta_r\xi^2+\eta_z\xi_m^2+s\right)}+\frac{\overline{\overline{\varphi}}(\xi,\xi_m)}{\left(\eta_r\xi^2+\eta_z\xi_m^2+s\right)} \quad (19.16.1)$$

where ξ_m is a positive root of $\xi_m\cot(\xi_m d)=-\lambda$, $m=1,2,...$, $C_0(\xi r)=Y_0(\xi a)J_0(\xi r)-J_0(\xi a)Y_0(\xi r)$, $\overline{\overline{\psi}}(\xi_m,s)=\int_0^d\overline{\psi}(u,s)\sin\{\xi_m(d-u)\}du$ and $\overline{\overline{\varphi}}(\xi,\xi_m)=\int_a^{\infty}rC_0(\xi r)\int_0^d\varphi(r,u)\sin\{\xi_m(d-u)\}dudr$. Successive inverse transforms yield

$$\overline{p} = \frac{q(s)e^{-st_0}}{\pi\phi c_t}\sum_{m=1}^{\infty}\frac{(\xi_m^2+\lambda^2)\sin\{\xi_m(d-z_0)\}\sin\{\xi_m(d-z)\}}{d\left(\xi_m^2+\lambda^2\right)+\lambda}\int_0^{\infty}\frac{\xi C_0(\xi r_0)C_0(\xi r)}{\left(\eta_r\xi^2+\eta_z\xi_m^2+s\right)\left\{J_0^2(\xi a)+Y_0^2(\xi a)\right\}}d\xi-$$

$$-\frac{4\eta_r}{\pi}\sum_{m=1}^{\infty}\frac{\overline{\overline{\psi}}(\xi_m,s)\left(\xi_m^2+\lambda^2\right)\sin\{\xi_m(d-z)\}}{d\left(\xi_m^2+\lambda^2\right)+\lambda}\int_0^{\infty}\frac{\xi C_0(\xi r)}{\left(\eta_r\xi^2+\eta_z\xi_m^2+s\right)\left\{J_0^2(\xi a)+Y_0^2(\xi a)\right\}}d\xi+$$

$$+2\eta_z\sum_{m=1}^{\infty}\frac{\left(\xi_m^2+\lambda^2\right)\sin\{\xi_m(d-z)\}}{d\left(\xi_m^2+\lambda^2\right)+\lambda}\times$$

$$\times\int_a^{\infty}\int_0^{\infty}\frac{\xi C_0(\xi u)C_0(\xi r)}{\left(\eta_r\xi^2+\eta_z\xi_m^2+s\right)\left\{J_0^2(\xi a)+Y_0^2(\xi a)\right\}}d\xi\left\{\left(\frac{\mu}{k_z}\right)\overline{\psi}_0(u,s)\sin(\xi_m d)+\xi_m\overline{\psi}_d(u,s)\right\}udu+$$

$$+2\sum_{m=1}^{\infty}\frac{\left(\xi_m^2+\lambda^2\right)\sin\{\xi_m(d-z)\}}{d\left(\xi_m^2+\lambda^2\right)+\lambda}\int_0^{\infty}\frac{\overline{\overline{\varphi}}(\xi,\xi_m)\xi C_0(\xi r)}{\left(\eta_r\xi^2+\eta_z\xi_m^2+s\right)\left\{J_0^2(\xi a)+Y_0^2(\xi a)\right\}}d\xi \quad (19.16.2)$$

and

$$
\begin{aligned}
p = {} & \frac{U(t-t_0)}{\pi\phi c_t}\sum_{m=1}^{\infty}\frac{(\xi_m^2+\lambda^2)\sin\{\xi_m(d-z_0)\}\sin\{\xi_m(d-z)\}}{d(\xi_m^2+\lambda^2)+\lambda}\times \\
& \times\int_0^{\infty}\frac{\xi\mathcal{C}_0(\xi r_0)\mathcal{C}_0(\xi r)}{\{J_0^2(\xi a)+Y_0^2(\xi a)\}}\int_0^{t-t_0}q(t-t_0-\tau)e^{-(\eta_r\xi^2+\eta_z\xi_m^2)\tau}d\tau d\xi - \\
& -\frac{4\eta_r}{\pi}\sum_{m=1}^{\infty}\frac{(\xi_m^2+\lambda^2)\sin\{\xi_m(d-z)\}}{d(\xi_m^2+\lambda^2)+\lambda}\int_0^{\infty}\frac{\xi\mathcal{C}_0(\xi r)}{\{J_0^2(\xi a)+Y_0^2(\xi a)\}}\int_0^{t}\overline{\psi}(\xi_m,t-\tau)e^{-(\eta_r\xi^2+\eta_z\xi_m^2)\tau}d\tau d\xi + \\
& +2\eta_z\sum_{m=1}^{\infty}\frac{(\xi_m^2+\lambda^2)\sin\{\xi_m(d-z)\}}{d(\xi_m^2+\lambda^2)+\lambda}\times \\
& \times\int_a^{\infty}\int_0^{\infty}\frac{\xi u\mathcal{C}_0(\xi u)\mathcal{C}_0(\xi r)}{\{J_0^2(\xi a)+Y_0^2(\xi a)\}}\int_0^{t}\left\{\left(\frac{\mu}{k_z}\right)\psi_0(u,\tau)\sin(\xi_m d)+\xi_m\psi_d(u,\tau)\right\}e^{-(\eta_r\xi^2+\eta_z\xi_m^2)(t-\tau)}d\tau d\xi du + \\
& +2\sum_{m=1}^{\infty}\frac{(\xi_m^2+\lambda^2)\sin\{\xi_m(d-z)\}}{d(\xi_m^2+\lambda^2)+\lambda}\int_0^{\infty}\frac{\overline{\varphi}(\xi,\xi_m)\xi\mathcal{C}_0(\xi r)e^{-(\eta_r\xi^2+\eta_z\xi_m^2)t}}{\{J_0^2(\xi a)+Y_0^2(\xi a)\}}d\xi
\end{aligned}
\tag{19.16.3}
$$

where $\overline{\psi}(\xi_m,t)=\int_0^d\psi(u,t)\sin\{\xi_m(d-u)\}du$. When $\varphi(r,z)=p_I$, a constant, the solution is obtained by replacing the terms corresponding to the initial condition (the last term) in equations (19.16.2) and (19.16.3) with

$$
\begin{aligned}
\overline{p} = {} & \frac{2p_I}{s}\sum_{m=1}^{\infty}\frac{(\xi_m^2+\lambda^2)\{\cos(\xi_m d)-1\}\sin\{\xi_m(d-z)\}K_0\left(r\sqrt{\frac{s+\eta_z\xi_m^2}{\eta_r}}\right)}{\xi_m\{d(\xi_m^2+\lambda^2)+\lambda\}K_0\left(a\sqrt{\frac{s+\eta_z\xi_m^2}{\eta_r}}\right)} - \\
& -\frac{2p_I\eta_z}{s}\sum_{m=1}^{\infty}\frac{(\xi_m^2+\lambda^2)\{\lambda\sin(\xi_m d)+\xi_m\}\sin\{\xi_m(d-z)\}}{d(\xi_m^2+\lambda^2)+\lambda}\times \\
& \times\int_0^{\infty}\int_a^{\infty}\frac{\xi u\mathcal{C}_0(\xi u)\mathcal{C}_0(\xi r)}{(\eta_r\xi^2+\eta_z\xi_m^2+s)\{J_0^2(\xi a)+Y_0^2(\xi a)\}}du d\xi+\frac{p_I}{s}
\end{aligned}
\tag{19.16.4}
$$

and

$$
\begin{aligned}
p = {} & \frac{4p_I\eta_r}{\pi}\sum_{m=1}^{\infty}\frac{(\xi_m^2+\lambda^2)\{1-\cos(\xi_m d)\}\sin\{\xi_m(d-z)\}}{\xi_m\{d(\xi_m^2+\lambda^2)+\lambda\}}\int_0^{\infty}\frac{\xi\mathcal{C}_0(\xi r)\left\{1-e^{-(\eta_r\xi^2+\eta_z\xi_m^2)t}\right\}}{(\eta_r\xi^2+\eta_z\xi_m^2)\{J_0^2(\xi a)+Y_0^2(\xi a)\}}d\xi - \\
& -2p_I\eta_z\sum_{m=1}^{\infty}\frac{(\xi_m^2+\lambda^2)\{\lambda\sin(\xi_m d)+\xi_m\}\sin\{\xi_m(d-z)\}}{d(\xi_m^2+\lambda^2)+\lambda}\times \\
& \times\int_0^{\infty}\int_a^{\infty}\frac{\xi u\mathcal{C}_0(\xi u)\mathcal{C}_0(\xi r)\left\{1-e^{-(\eta_r\xi^2+\eta_z\xi_m^2)t}\right\}}{(\eta_r\xi^2+\eta_z\xi_m^2)\{J_0^2(\xi a)+Y_0^2(\xi a)\}}du d\xi+p_I
\end{aligned}
\tag{19.16.5}
$$

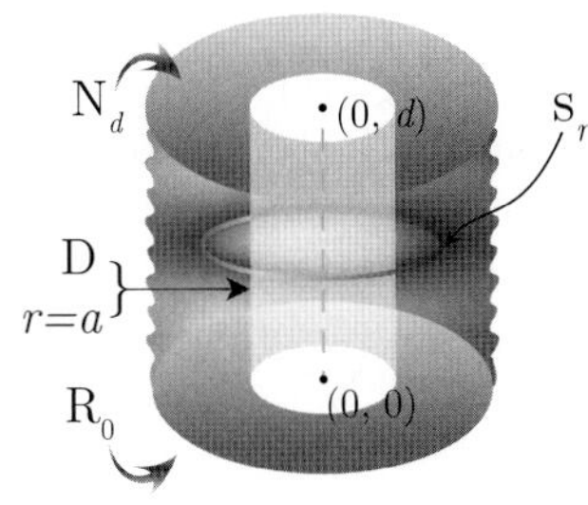

19.17 **The problem of 19.10, except**
$\mathbf{R_0 \equiv \frac{\partial p(r,0,t)}{\partial z} - \lambda p\,(r,0,t) = -\left(\frac{\mu}{k_z}\right)\psi_0\,(r,t)},$
$\mathbf{N_d \equiv \frac{\partial p(r,d,t)}{\partial z} = -\left(\frac{\mu}{k_z}\right)\psi_d\,(r,t)}$ **and** $\mathbf{D \equiv p\,(a,z,t) = \psi\,(z,t)}$

The successive application of the Laplace, Fourier and Dirichlet-Weber transformations to equation (18.1.1) gives

$$\overline{\overline{\overline{p}}} = \frac{q\,(s)\,e^{-st_0}\cos\left\{\xi_m\,(d-z_0)\right\}\mathcal{C}_0\,(\xi r_0)}{2\pi\phi c_t\,(\eta_r\xi^2+\eta_z\xi_m^2+s)} - \frac{2\eta_r\overline{\overline{\psi}}\,(\xi_m,s)}{\pi\,(\eta_r\xi^2+\eta_z\xi_m^2+s)} + $$
$$+\frac{\int_a^\infty u\mathcal{C}_0\,(\xi u)\left\{\overline{\psi}_0\,(u,s)\cos\left(\xi_m d\right)-\overline{\psi}_d\,(u,s)\right\}du}{2\pi\phi c_t\,(\eta_r\xi^2+\eta_z\xi_m^2+s)} + \frac{\overline{\overline{\varphi}}(\xi,\xi_m)}{(\eta_r\xi^2+\eta_z\xi_m^2+s)} \tag{19.17.1}$$

where ξ_m is a positive root of $\xi_m\tan\left(\xi_m d\right)=\lambda$, $m=1,2,...$, $\mathcal{C}_0\,(\xi r)=Y_0\,(\xi a)\,J_0\,(\xi r)-J_0\,(\xi a)\,Y_0\,(\xi r)$, $\overline{\overline{\psi}}\,(\xi_m,s)=\int_0^d\overline{\psi}\,(u,s)\cos\left\{\xi_m\,(d-u)\right\}du$ and $\overline{\overline{\varphi}}(\xi,\xi_m)=\int_a^\infty r\mathcal{C}_0\,(\xi r)\int_0^d\varphi(r,u)\cos\left\{\xi_m\,(d-u)\right\}dudr$. Successive inverse transforms yield

$$\overline{p} = \frac{q(s)e^{-st_0}}{\pi\phi c_t}\sum_{m=1}^{\infty}\frac{(\xi_m^2+\lambda^2)\cos\{\xi_m\,(d-z_0)\}\cos\{\xi_m\,(d-z)\}}{d\,(\xi_m^2+\lambda^2)+\lambda}\int_0^\infty\frac{\xi\mathcal{C}_0\,(\xi r_0)\,\mathcal{C}_0\,(\xi r)}{(\eta_r\xi^2+\eta_z\xi_m^2+s)\left\{J_0^2(\xi a)+Y_0^2(\xi a)\right\}}d\xi-$$
$$-\frac{4\eta_r}{\pi}\sum_{m=1}^{\infty}\frac{\overline{\overline{\psi}}\,(\xi_m,s)\left(\xi_m^2+\lambda^2\right)\cos\left\{\xi_m\,(d-z)\right\}}{d\,(\xi_m^2+\lambda^2)+\lambda}\int_0^\infty\frac{\xi\mathcal{C}_0\,(\xi r)}{(\eta_r\xi^2+\eta_z\xi_m^2+s)\left\{J_0^2\,(\xi a)+Y_0^2\,(\xi a)\right\}}d\xi+$$
$$+\frac{2}{\phi c_t}\sum_{m=1}^{\infty}\frac{\left(\xi_m^2+\lambda^2\right)\cos\left\{\xi_m\,(d-z)\right\}}{d\,(\xi_m^2+\lambda^2)+\lambda}\times$$
$$\times\int_a^\infty\int_0^\infty\frac{\xi\mathcal{C}_0\,(\xi u)\,\mathcal{C}_0\,(\xi r)}{(\eta_r\xi^2+\eta_z\xi_m^2+s)\left\{J_0^2\,(\xi a)+Y_0^2\,(\xi a)\right\}}d\xi\left\{\overline{\psi}_0\,(u,s)\cos\left(\xi_m d\right)-\overline{\psi}_d\,(u,s)\right\}udu+$$
$$+2\sum_{m=1}^{\infty}\frac{\left(\xi_m^2+\lambda^2\right)\cos\left\{\xi_m\,(d-z)\right\}}{d\,(\xi_m^2+\lambda^2)+\lambda}\int_0^\infty\frac{\overline{\overline{\varphi}}(\xi,\xi_m)\xi\mathcal{C}_0\,(\xi r)}{(\eta_r\xi^2+\eta_z\xi_m^2+s)\left\{J_0^2\,(\xi a)+Y_0^2\,(\xi a)\right\}}d\xi \tag{19.17.2}$$

and

$$p = \frac{U\,(t-t_0)}{\pi\phi c_t}\sum_{m=1}^{\infty}\frac{\left(\xi_m^2+\lambda^2\right)\cos\left\{\xi_m\,(d-z_0)\right\}\cos\left\{\xi_m\,(d-z)\right\}}{d\,(\xi_m^2+\lambda^2)+\lambda}\times$$
$$\times\int_0^\infty\frac{\xi\mathcal{C}_0\,(\xi r_0)\,\mathcal{C}_0\,(\xi r)}{\left\{J_0^2\,(\xi a)+Y_0^2\,(\xi a)\right\}}\int_0^{t-t_0}q\,(t-t_0-\tau)\,e^{-\left(\eta_r\xi^2+\eta_z\xi_m^2\right)\tau}d\tau d\xi-$$
$$-\frac{4\eta_r}{\pi}\sum_{m=1}^{\infty}\frac{\left(\xi_m^2+\lambda^2\right)\cos\left\{\xi_m\,(d-z)\right\}}{d\,(\xi_m^2+\lambda^2)+\lambda}\int_0^\infty\frac{\xi\mathcal{C}_0\,(\xi r)}{\left\{J_0^2\,(\xi a)+Y_0^2\,(\xi a)\right\}}\int_0^t\overline{\psi}\,(\xi_m,t-\tau)\,e^{-\left(\eta_r\xi^2+\eta_z\xi_m^2\right)\tau}d\tau d\xi+$$
$$+\frac{2}{\phi c_t}\sum_{m=1}^{\infty}\frac{\left(\xi_m^2+\lambda^2\right)\cos\left\{\xi_m\,(d-z)\right\}}{d\,(\xi_m^2+\lambda^2)+\lambda}\times$$
$$\times\int_a^\infty\int_0^\infty\frac{\xi u\mathcal{C}_0\,(\xi u)\,\mathcal{C}_0\,(\xi r)}{\left\{J_0^2\,(\xi a)+Y_0^2\,(\xi a)\right\}}\int_0^t\left\{\psi_0\,(u,\tau)\cos\left(\xi_m d\right)-\psi_d\,(u,\tau)\right\}e^{-\left(\eta_r\xi^2+\eta_z\xi_m^2\right)(t-\tau)}d\tau d\xi du+$$
$$+2\sum_{m=1}^{\infty}\frac{\left(\xi_m^2+\lambda^2\right)\cos\left\{\xi_m\,(d-z)\right\}}{d\,(\xi_m^2+\lambda^2)+\lambda}\int_0^\infty\frac{\overline{\overline{\varphi}}(\xi,\xi_m)\xi\mathcal{C}_0\,(\xi r)\,e^{-\left(\eta_r\xi^2+\eta_z\xi_m^2\right)t}}{\left\{J_0^2\,(\xi a)+Y_0^2\,(\xi a)\right\}}d\xi \tag{19.17.3}$$

where $\overline{\psi}(\xi_m,t)=\int_0^d \psi(u,t)\cos\{\xi_m(d-u)\}du$. When $\varphi(r,z)=p_I$, a constant, the solution is obtained by replacing the terms corresponding to the initial condition (the last term) in equations (19.17.2) and (19.17.3) with

$$\overline{p} = \frac{2p_I}{s}\sum_{m=1}^{\infty}\frac{(\xi_m^2+\lambda^2)\sin(\xi_m d)\cos\{\xi_m(d-z)\}K_0\left(r\sqrt{\frac{s+\eta_z\xi_m^2}{\eta_r}}\right)}{\xi_m\{d(\xi_m^2+\lambda^2)+\lambda\}K_0\left(a\sqrt{\frac{s+\eta_z\xi_m^2}{\eta_r}}\right)} - $$
$$-\frac{2p_I\lambda}{\phi c_t s}\sum_{m=1}^{\infty}\frac{(\xi_m^2+\lambda^2)\cos\{\xi_m(d-z)\}}{d(\xi_m^2+\lambda^2)+\lambda}\int_0^{\infty}\int_a^{\infty}\frac{\xi u\mathcal{C}_0(\xi u)\mathcal{C}_0(\xi r)}{(\eta_r\xi^2+\eta_z\xi_m^2+s)\{J_0^2(\xi a)+Y_0^2(\xi a)\}}dud\xi+\frac{p_I}{s} \quad (19.17.4)$$

$$p = -\frac{4p_I\eta_r}{\pi}\sum_{m=1}^{\infty}\frac{(\xi_m^2+\lambda^2)\sin(\xi_m d)\cos\{\xi_m(d-z)\}}{\xi_m\{d(\xi_m^2+\lambda^2)+\lambda\}}\int_0^{\infty}\frac{\xi\mathcal{C}_0(\xi r)\left\{1-e^{-(\eta_r\xi^2+\eta_z\xi_m^2)t}\right\}}{(\eta_r\xi^2+\eta_z\xi_m^2)\{J_0^2(\xi a)+Y_0^2(\xi a)\}}d\xi -$$
$$-\frac{2p_I\lambda}{\phi c_t}\sum_{m=1}^{\infty}\frac{(\xi_m^2+\lambda^2)\cos\{\xi_m(d-z)\}}{d(\xi_m^2+\lambda^2)+\lambda}\int_0^{\infty}\int_a^{\infty}\frac{\xi u\mathcal{C}_0(\xi u)\mathcal{C}_0(\xi r)\left\{1-e^{-(\eta_r\xi^2+\eta_z\xi_m^2)t}\right\}}{(\eta_r\xi^2+\eta_z\xi_m^2)\{J_0^2(\xi a)+Y_0^2(\xi a)\}}dud\xi+p_I \quad (19.17.5)$$

19.18

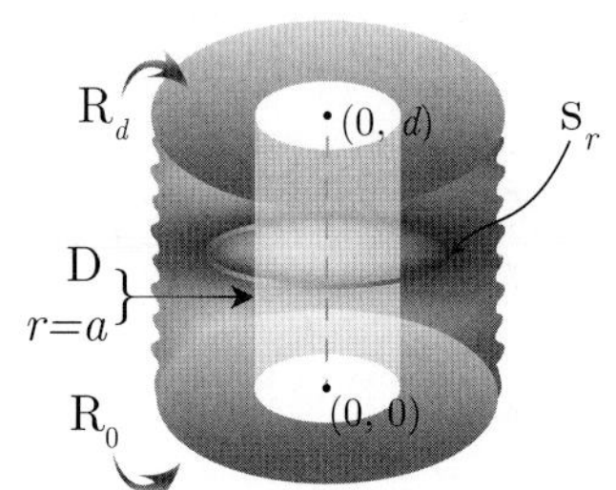

The problem of 19.10, except
$\mathbf{R_0} \equiv \frac{\partial p(r,0,t)}{\partial z} - \lambda p(r,0,t) = -\left(\frac{\mu}{k_z}\right)\psi_0(r,t)$,
$\mathbf{R_d} \equiv \frac{\partial p(r,d,t)}{\partial z} + \lambda_d p(r,d,t) = -\left(\frac{\mu}{k_z}\right)\psi_d(r,t)$ **and**
$\mathbf{D} \equiv p(a,z,t) = \psi(z,t)$

The successive application of the Laplace, Fourier and Dirichlet-Weber transformations to equation (18.1.1) gives

$$\overline{\overline{\overline{p}}} = \frac{q(s)e^{-st_0}\{\xi_m\cos(\xi_m z_0)+\lambda_0\sin(\xi_m z_0)\}\mathcal{C}_0(\xi r_0)}{2\pi\phi c_t(\eta_r\xi^2+\eta_z\xi_m^2+s)} - \frac{2\eta_r\overline{\overline{\psi}}(\xi_m,s)}{\pi(\eta_r\xi^2+\eta_z\xi_m^2+s)} +$$
$$+\frac{\int_a^{\infty}u\mathcal{C}_0(\xi u)\left[\xi_m\overline{\psi}_0(u,s)-\overline{\psi}_d(u,s)\{\xi_m\cos(\xi_m d)+\lambda_0\sin(\xi_m d)\}\right]du}{\phi c_t(\eta_r\xi^2+\eta_z\xi_m^2+s)} + \frac{\overline{\overline{\varphi}}(\xi,\xi_m)}{(\eta_r\xi^2+\eta_z\xi_m^2+s)} \quad (19.18.1)$$

where ξ_m is a positive root of $\tan(\xi_m d) = \frac{\xi_m(\lambda_0+\lambda_d)}{(\xi_m^2-\lambda_0\lambda_d)}$, $m=1,2,...$, $\mathcal{C}_0(\xi r) = Y_0(\xi a)J_0(\xi r) - J_0(\xi a)Y_0(\xi r)$, $\overline{\overline{\psi}}(\xi_m,s) = \int_0^d \overline{\psi}(u,s)\{\xi_m\cos(\xi_m u)+\lambda_0\sin(\xi_m u)\}du$ and
$\overline{\overline{\varphi}}(\xi,\xi_m) = \int_a^{\infty} r\mathcal{C}_0(\xi r)\int_0^d \varphi(r,u)\{\xi_m\cos(\xi_m u)+\lambda_0\sin(\xi_m u)\}dudr$. Successive inverse transforms yield

$$\overline{p} = \frac{q(s)e^{-st_0}}{\pi\phi c_t}\sum_{m=1}^{\infty}\frac{\{\xi_m\cos(\xi_m z_0)+\lambda_0\sin(\xi_m z_0)\}\{\xi_m\cos(\xi_m z)+\lambda_0\sin(\xi_m z)\}}{(\xi_m^2+\lambda_0^2)\left\{d+\frac{\lambda_d}{\xi_m^2+\lambda_d^2}\right\}+\lambda_0}\times$$
$$\times\int_0^{\infty}\frac{\xi\mathcal{C}_0(\xi r_0)\mathcal{C}_0(\xi r)}{(\eta_r\xi^2+\eta_z\xi_m^2+s)\{J_0^2(\xi a)+Y_0^2(\xi a)\}}d\xi -$$
$$-\frac{4\eta_r}{\pi}\sum_{m=1}^{\infty}\frac{\overline{\overline{\psi}}(\xi_m,s)\{\xi_m\cos(\xi_m z)+\lambda_0\sin(\xi_m z)\}}{(\xi_m^2+\lambda_0^2)\left\{d+\frac{\lambda_d}{\xi_m^2+\lambda_d^2}\right\}+\lambda_0}\int_0^{\infty}\frac{\xi\mathcal{C}_0(\xi r)}{(\eta_r\xi^2+\eta_z\xi_m^2+s)\{J_0^2(\xi a)+Y_0^2(\xi a)\}}d\xi+$$
$$+\frac{2}{\phi c_t}\sum_{m=1}^{\infty}\frac{\{\xi_m\cos(\xi_m z)+\lambda_0\sin(\xi_m z)\}}{(\xi_m^2+\lambda_0^2)\left\{d+\frac{\lambda_d}{\xi_m^2+\lambda_d^2}\right\}+\lambda_0}\times$$

$$\times \int_a^\infty \int_0^\infty \frac{\xi \mathcal{C}_0(\xi u)\,\mathcal{C}_0(\xi r)}{(\eta_r\xi^2+\eta_z\xi_m^2+s)\{J_0^2(\xi a)+Y_0^2(\xi a)\}} d\xi \left[\xi_m \overline{\psi}_0(u,s) - \overline{\psi}_d(u,s)\{\xi_m \cos(\xi_m d)+\lambda_0 \sin(\xi_m d)\}\right] u du +$$

$$+2\sum_{m=1}^{\infty} \frac{\{\xi_m \cos(\xi_m z)+\lambda_0 \sin(\xi_m z)\}}{(\xi_m^2+\lambda_0^2)\left\{d+\frac{\lambda_d}{\xi_m^2+\lambda_d^2}\right\}+\lambda_0} \int_0^\infty \frac{\overline{\overline{\varphi}}(\xi,\xi_m)\xi \mathcal{C}_0(\xi r)}{(\eta_r\xi^2+\eta_z\xi_m^2+s)\{J_0^2(\xi a)+Y_0^2(\xi a)\}} d\xi \qquad (19.18.2)$$

and

$$p = \frac{U(t-t_0)}{\pi\phi c_t} \sum_{m=1}^{\infty} \frac{\{\xi_m \cos(\xi_m z_0)+\lambda_0 \sin(\xi_m z_0)\}\{\xi_m \cos(\xi_m z)+\lambda_0 \sin(\xi_m z)\}}{(\xi_m^2+\lambda_0^2)\left\{d+\frac{\lambda_d}{\xi_m^2+\lambda_d^2}\right\}+\lambda_0} \times$$

$$\times \int_0^\infty \frac{\xi \mathcal{C}_0(\xi r_0)\,\mathcal{C}_0(\xi r)}{\{J_0^2(\xi a)+Y_0^2(\xi a)\}} \int_0^{t-t_0} q(t-t_0-\tau)\, e^{-(\eta_r\xi^2+\eta_z\xi_m^2)\tau} d\tau d\xi -$$

$$-\frac{4\eta_r}{\pi} \sum_{m=1}^{\infty} \frac{\{\xi_m \cos(\xi_m z)+\lambda_0 \sin(\xi_m z)\}}{(\xi_m^2+\lambda_0^2)\left\{d+\frac{\lambda_d}{\xi_m^2+\lambda_d^2}\right\}+\lambda_0} \int_0^\infty \frac{\xi \mathcal{C}_0(\xi r)}{\{J_0^2(\xi a)+Y_0^2(\xi a)\}} \int_0^t \overline{\psi}(\xi_m, t-\tau)\, e^{-(\eta_r\xi^2+\eta_z\xi_m^2)\tau} d\tau d\xi +$$

$$+\frac{2}{\phi c_t} \sum_{m=1}^{\infty} \frac{\{\xi_m \cos(\xi_m z)+\lambda_0 \sin(\xi_m z)\}}{(\xi_m^2+\lambda_0^2)\left\{d+\frac{\lambda_d}{\xi_m^2+\lambda_d^2}\right\}+\lambda_0} \int_a^\infty \int_0^\infty \frac{\xi u \mathcal{C}_0(\xi u)\,\mathcal{C}_0(\xi r)}{\{J_0^2(\xi a)+Y_0^2(\xi a)\}} \times$$

$$\times \int_0^t \left[\xi_m \psi_0(u,\tau) - \psi_d(u,\tau)\{\xi_m \cos(\xi_m d)+\lambda_0 \sin(\xi_m d)\}\right] e^{-(\eta_r\xi^2+\eta_z\xi_m^2)(t-\tau)} d\tau d\xi du +$$

$$+2\sum_{m=1}^{\infty} \frac{\{\xi_m \cos(\xi_m z)+\lambda_0 \sin(\xi_m z)\}}{(\xi_m^2+\lambda_0^2)\left\{d+\frac{\lambda_d}{\xi_m^2+\lambda_d^2}\right\}+\lambda_0} \int_0^\infty \frac{\overline{\overline{\varphi}}(\xi,\xi_m)\xi \mathcal{C}_0(\xi r)\, e^{-(\eta_r\xi^2+\eta_z\xi_m^2)t}}{\{J_0^2(\xi a)+Y_0^2(\xi a)\}} d\xi \qquad (19.18.3)$$

where $\overline{\psi}(\xi_m,t) = \int_0^d \psi(u,t)\{\xi_m \cos(\xi_m u)+\lambda_0 \sin(\xi_m u)\}du$. When $\varphi(r,z) = p_I$, a constant, the solution is obtained by replacing the terms corresponding to the initial condition (the last term) in equations (19.18.2) and (19.18.3) with

$$\overline{p} = \frac{2p_I}{s} \sum_{m=1}^{\infty} \frac{[\xi_m \sin(\xi_m d)+\lambda_0\{1-\cos(\xi_m d)\}]\{\xi_m \cos(\xi_m z)+\lambda_0 \sin(\xi_m z)\} K_0\left(r\sqrt{\frac{s+\eta_z\xi_m^2}{\eta_r}}\right)}{\xi_m\left[(\xi_m^2+\lambda_0^2)\left\{d+\frac{\lambda_d}{\xi_m^2+\lambda_d^2}\right\}+\lambda_0\right] K_0\left(a\sqrt{\frac{s+\eta_z\xi_m^2}{\eta_r}}\right)} -$$

$$-\frac{2\eta_z p_I}{s} \sum_{m=1}^{\infty} \frac{[\lambda_0\xi_m - \lambda_d\{\xi_m \cos(\xi_m d)+\lambda_0 \sin(\xi_m d)\}]\{\xi_m \cos(\xi_m z)+\lambda_0 \sin(\xi_m z)\}}{\xi_m\left[(\xi_m^2+\lambda_0^2)\left\{d+\frac{\lambda_d}{\xi_m^2+\lambda_d^2}\right\}+\lambda_0\right]} \times$$

$$\times \int_0^\infty \int_a^\infty \frac{\xi u \mathcal{C}_0(\xi u)\,\mathcal{C}_0(\xi r)}{(\eta_r\xi^2+\eta_z\xi_m^2+s)\{J_0^2(\xi a)+Y_0^2(\xi a)\}} du d\xi + \frac{p_I}{s} \qquad (19.18.4)$$

and

$$p = \frac{4p_I\eta_r}{\pi} \sum_{m=1}^{\infty} \frac{[\xi_m \sin(\xi_m d)+\lambda_0\{\cos(\xi_m d)-1\}]\{\xi_m \cos(\xi_m z)+\lambda_0 \sin(\xi_m z)\}}{\xi_m\left[(\xi_m^2+\lambda_0^2)\left\{d+\frac{\lambda_d}{\xi_m^2+\lambda_d^2}\right\}+\lambda_0\right]} \times$$

$$\times \int_0^\infty \frac{\xi \mathcal{C}_0(\xi r)\left\{1-e^{-(\eta_r\xi^2+\eta_z\xi_m^2)t}\right\}}{(\eta_r\xi^2+\eta_z\xi_m^2)\{J_0^2(\xi a)+Y_0^2(\xi a)\}} d\xi -$$

$$-2\eta_z p_I \sum_{m=1}^{\infty} \frac{[\lambda_0\xi_m - \lambda_d\{\xi_m \cos(\xi_m d)+\lambda_0 \sin(\xi_m d)\}]\{\xi_m \cos(\xi_m z)+\lambda_0 \sin(\xi_m z)\}}{\xi_m\left[(\xi_m^2+\lambda_0^2)\left\{d+\frac{\lambda_d}{\xi_m^2+\lambda_d^2}\right\}+\lambda_0\right]} \times$$

$$\times \int_0^\infty \int_a^\infty \frac{\xi u \mathcal{C}_0(\xi u)\, \mathcal{C}_0(\xi r) \left\{1 - e^{-(\eta_r \xi^2 + \eta_z \xi_m^2)t}\right\}}{(\eta_r \xi^2 + \eta_z \xi_m^2)\{J_0^2(\xi a) + Y_0^2(\xi a)\}} du d\xi + p_I \tag{19.18.5}$$

19.19 D_d $(0, d)$ S_r N $r=a$ D_0 $(0, 0)$

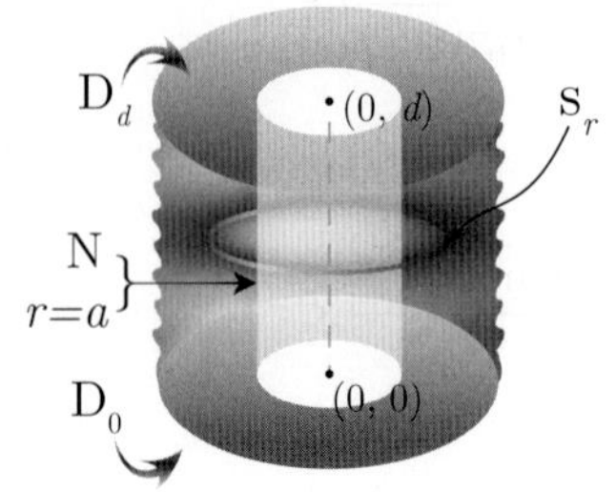

The problem of 19.10, except $\mathbf{N} \equiv \frac{\partial p(a,z,t)}{\partial r} = -\left(\frac{\mu}{k_r}\right)\psi(z,t)$, $\mathbf{D_0} \equiv p(r,0,t) = \psi_0(r,t)$ **and** $\mathbf{D_d} \equiv p(r,d,t) = \psi_d(r,t)$

The successive application of the Laplace, Fourier and Neumann-Weber transformations to equation (18.1.1) gives

$$\begin{aligned}\overline{\overline{\overline{p}}} &= \frac{q(s)\, e^{-st_0} \sin(\xi_m z_0)\, \mathcal{G}_0(\xi r_0)}{2\pi\phi c_t (\eta_r \xi^2 + \eta_z \xi_m^2 + s)} + \frac{2\overline{\overline{\psi}}(\xi_m, s)}{\pi\phi c_t \xi (\eta_r \xi^2 + \eta_z \xi_m^2 + s)} + \\ &+ \frac{\xi_m \eta_z \int_a^\infty u \mathcal{G}_0(\xi u) \left\{\overline{\psi}_0(u,s) - (-1)^m \overline{\psi}_d(u,s)\right\} du}{(\eta_r \xi^2 + \eta_z \xi_m^2 + s)} + \frac{\overline{\overline{\varphi}}(\xi, \xi_m)}{(\eta_r \xi^2 + \eta_z \xi_m^2 + s)}\end{aligned} \tag{19.19.1}$$

where ξ_m is a positive root of $\sin(\xi_m d)$, which are $\xi_m = \frac{m\pi}{d}$, $m = 1, 2, ...,$
$\mathcal{G}_0(\xi r) = \{J_1(\xi a)\, Y_0(\xi r) - Y_1(\xi a)\, J_0(\xi r)\}$, $\overline{\overline{\psi}}(\xi_m, s) = \int_0^d \overline{\psi}(u,s) \sin(\xi_m u) du$ and
$\overline{\overline{\varphi}}(\xi, \xi_m) = \int_a^\infty r \mathcal{G}_0(\xi r) \int_0^d \varphi(r,u) \sin(\xi_m u) du dr$. Successive inverse transforms yield

$$\begin{aligned}\overline{p} &= \frac{q(s)\, e^{-st_0}}{\pi d\phi c_t} \sum_{m=1}^\infty \sin(\xi_m z_0) \sin(\xi_m z) \int_0^\infty \frac{\xi \mathcal{G}_0(\xi r_0)\, \mathcal{G}_0(\xi r)}{(\eta_r \xi^2 + \eta_z \xi_m^2 + s)\{J_1^2(\xi a) + Y_1^2(\xi a)\}} d\xi + \\ &+ \frac{4}{\pi d\phi c_t} \sum_{m=1}^\infty \overline{\overline{\psi}}(\xi_m, s) \sin(\xi_m z) \int_0^\infty \frac{\mathcal{G}_0(\xi r)}{(\eta_r \xi^2 + \eta_z \xi_m^2 + s)\{J_1^2(\xi a) + Y_1^2(\xi a)\}} d\xi + \\ &+ \frac{2\eta_z}{d} \sum_{m=1}^\infty \xi_m \sin(\xi_m z) \int_a^\infty \int_0^\infty \frac{\xi u \mathcal{G}_0(\xi u)\, \mathcal{G}_0(\xi r)}{(\eta_r \xi^2 + \eta_z \xi_m^2 + s)\{J_1^2(\xi a) + Y_1^2(\xi a)\}} d\xi \left\{\overline{\psi}_0(u,s) - (-1)^m \overline{\psi}_d(u,s)\right\} du + \\ &+ \frac{2}{d} \sum_{m=1}^\infty \sin(\xi_m z) \int_0^\infty \frac{\overline{\overline{\varphi}}(\xi, \xi_m) \xi \mathcal{G}_0(\xi r)}{(\eta_r \xi^2 + \eta_z \xi_m^2 + s)\{J_1^2(\xi a) + Y_1^2(\xi a)\}} d\xi\end{aligned} \tag{19.19.2}$$

and

$$\begin{aligned}p &= \frac{U(t-t_0)}{4\pi d\phi c_t} \int_0^{t-t_0} q(t-t_0-\tau) \left\{\Theta_3\left(\frac{\pi(z-z_0)}{2d}, e^{-\left(\frac{\pi}{d}\right)^2 \eta_z \tau}\right) - \Theta_3\left(\frac{\pi(z+z_0)}{2d}, e^{-\left(\frac{\pi}{d}\right)^2 \eta_z \tau}\right)\right\} \times \\ &\times \int_0^\infty \frac{\xi \mathcal{G}_0(\xi r_0)\, \mathcal{G}_0(\xi r)\, e^{-\eta_r \xi^2 \tau}}{\{J_1^2(\xi a) + Y_1^2(\xi a)\}} d\xi d\tau + \\ &+ \frac{1}{\pi d\phi c_t} \int_0^t \int_a^\infty \psi(u, t-\tau) \left\{\Theta_3\left(\frac{\pi(z-u)}{2d}, e^{-\left(\frac{\pi}{d}\right)^2 \eta_z \tau}\right) - \Theta_3\left(\frac{\pi(z+u)}{2d}, e^{-\left(\frac{\pi}{d}\right)^2 \eta_z \tau}\right)\right\} \times \\ &\times \int_0^\infty \frac{\xi \mathcal{G}_0(\xi r)\, e^{-\eta_r \xi^2 \tau}}{\{J_1^2(\xi a) + Y_1^2(\xi a)\}} d\xi du d\tau +\end{aligned}$$

$$+\frac{\eta_z}{2d^2}\int_0^t\int_a^\infty\left\{\Theta_4'\left(\frac{\pi z}{2d},e^{-\left(\frac{\pi}{d}\right)^2\eta_z\tau}\right)\psi_d(u,t-\tau)-\Theta_3'\left(\frac{\pi z}{2d},e^{-\left(\frac{\pi}{d}\right)^2\eta_z\tau}\right)\psi_0(u,t-\tau)\right\}\times$$
$$\times\int_0^\infty\frac{\xi u\mathcal{G}_0(\xi u)\mathcal{G}_0(\xi r)e^{-\eta_r\xi^2\tau}}{\left\{J_1^2(\xi a)+Y_1^2(\xi a)\right\}}d\xi du d\tau+$$
$$+\frac{1}{2d}\int_a^\infty v\int_0^d\varphi(v,u)\left\{\Theta_3\left(\frac{\pi(z-u)}{2d},e^{-\left(\frac{\pi}{d}\right)^2\eta_z t}\right)-\Theta_3\left(\frac{\pi(z+u)}{2d},e^{-\left(\frac{\pi}{d}\right)^2\eta_z t}\right)\right\}\times$$
$$\times\int_0^\infty\frac{\xi\mathcal{G}_0(\xi v)\mathcal{G}_0(\xi r)e^{-\eta_r\xi^2 t}}{\left\{J_1^2(\xi a)+Y_1^2(\xi a)\right\}}d\xi du dv \tag{19.19.3}$$

When $\varphi(r,z)=p_I$, a constant, the solution is obtained by replacing the terms corresponding to the initial condition (the last term) in equations (19.19.2) and (19.19.3) with

$$\overline{p}=\frac{2p_I\eta_z}{ds}\sum_{m=1}^\infty\xi_m\left\{(-1)^m-1\right\}\sin(\xi_m z)\int_0^\infty\int_a^\infty\frac{\xi u\mathcal{G}_0(\xi u)\mathcal{G}_0(\xi r)}{\left(\eta_r\xi^2+\eta_z\xi_m^2+s\right)\left\{J_1^2(\xi a)+Y_1^2(\xi a)\right\}}du d\xi+\frac{p_I}{s} \tag{19.19.4}$$

and

$$p=\frac{2p_I\eta_z}{d}\sum_{m=1}^\infty\xi_m\left\{(-1)^m-1\right\}\sin(\xi_m z)\int_0^\infty\int_a^\infty\frac{\xi u\mathcal{G}_0(\xi u)\mathcal{G}_0(\xi r)\left\{1-e^{-\left(\eta_r\xi^2+\eta_z\xi_m^2\right)t}\right\}}{\left(\eta_r\xi^2+\eta_z\xi_m^2\right)\left\{J_1^2(\xi a)+Y_1^2(\xi a)\right\}}du d\xi+p_I \tag{19.19.5}$$

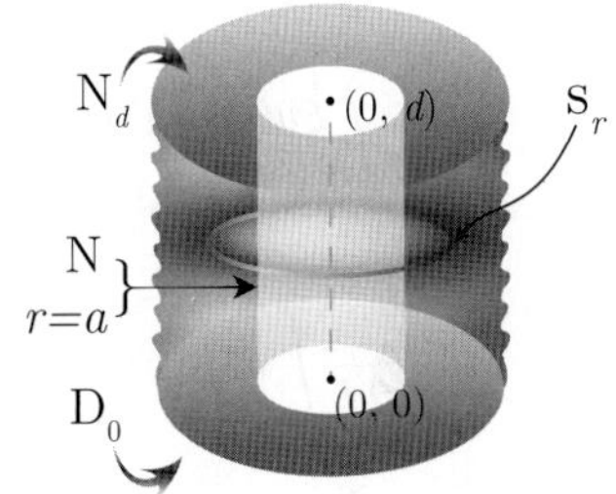

19.20 The problem of 19.10, except $\mathbf{D_0}\equiv p(r,0,t)=\psi_0(r,t)$, $\mathbf{N}_d\equiv\frac{\partial p(r,d,t)}{\partial z}=-\left(\frac{\mu}{k_z}\right)\psi_d(r,t)$ and $\mathbf{N}\equiv\frac{\partial p(a,z,t)}{\partial r}=-\left(\frac{\mu}{k_r}\right)\psi(z,t)$

The successive application of the Laplace, Fourier and Neumann-Weber transformations to equation (18.1.1) gives

$$\overline{\overline{\overline{p}}}=\frac{q(s)e^{-st_0}\sin(\xi_m z_0)\mathcal{G}_0(\xi r_0)}{2\pi\phi c_t\left(\eta_r\xi^2+\eta_z\xi_m^2+s\right)}+\frac{2\overline{\overline{\psi}}(\xi_m,s)}{\pi\phi c_t\xi\left(\eta_r\xi^2+\eta_z\xi_m^2+s\right)}+$$
$$+\frac{\eta_z\int_a^\infty u\mathcal{G}_0(\xi u)\left\{\xi_m\overline{\psi}_0(u,s)+(-1)^m\left(\frac{\mu}{k_z}\right)\overline{\psi}_d(u,s)\right\}du}{\left(\eta_r\xi^2+\eta_z\xi_m^2+s\right)}+\frac{\overline{\overline{\varphi}}(\xi,\xi_m)}{\left(\eta_r\xi^2+\eta_z\xi_m^2+s\right)} \tag{19.20.1}$$

where ξ_m is a positive root of $\cos(\xi_m d)$, which are $\xi_m=\frac{(2m-1)\pi}{2d}$, $m=1,2,...$, $\mathcal{G}_0(\xi r)=\left\{J_1(\xi a)Y_0(\xi r)-Y_1(\xi a)J_0(\xi r)\right\}$, $\overline{\overline{\psi}}(\xi_m,s)=\int_0^d\overline{\psi}(u,s)\sin(\xi_m u)du$ and $\overline{\overline{\varphi}}(\xi,\xi_m)=\int_a^\infty r\mathcal{G}_0(\xi r)\int_0^d\varphi(r,u)\sin(\xi_m u)du dr$. Successive inverse transforms yield

$$\overline{p}=\frac{q(s)e^{-st_0}}{\pi d\phi c_t}\sum_{m=1}^\infty\sin(\xi_m z_0)\sin(\xi_m z)\int_0^\infty\frac{\xi\mathcal{G}_0(\xi r_0)\mathcal{G}_0(\xi r)}{\left(\eta_r\xi^2+\eta_z\xi_m^2+s\right)\left\{J_1^2(\xi a)+Y_1^2(\xi a)\right\}}d\xi+$$
$$+\frac{4}{\pi d\phi c_t}\sum_{m=1}^\infty\overline{\overline{\psi}}(\xi_m,s)\sin(\xi_m z)\int_0^\infty\frac{\mathcal{G}_0(\xi r)}{\left(\eta_r\xi^2+\eta_z\xi_m^2+s\right)\left\{J_1^2(\xi a)+Y_1^2(\xi a)\right\}}d\xi+$$

$$+\frac{2\eta_z}{d}\sum_{m=1}^{\infty}\sin(\xi_m z)\int_a^{\infty}\int_0^{\infty}\frac{\xi u\mathcal{G}_0(\xi u)\,\mathcal{G}_0(\xi r)}{(\eta_r\xi^2+\eta_z\xi_m^2+s)\{J_1^2(\xi a)+Y_1^2(\xi a)\}}d\xi\left\{\xi_m\overline{\psi}_0(u,s)+(-1)^m\left(\frac{\mu}{k_z}\right)\overline{\psi}_d(u,s)\right\}du+$$

$$+\frac{2}{d}\sum_{m=1}^{\infty}\sin(\xi_m z)\int_0^{\infty}\frac{\overline{\overline{\varphi}}(\xi,\xi_m)\xi\mathcal{G}_0(\xi r)}{(\eta_r\xi^2+\eta_z\xi_m^2+s)\{J_1^2(\xi a)+Y_1^2(\xi a)\}}d\xi \tag{19.20.2}$$

and

$$\begin{aligned}
p &= \frac{U(t-t_0)}{4\pi d\phi c_t}\int_0^{t-t_0} q(t-t_0-\tau)\left\{\Theta_2\left(\frac{\pi(z-z_0)}{2d},e^{-\left(\frac{\pi}{d}\right)^2\eta_z\tau}\right)-\Theta_2\left(\frac{\pi(z+z_0)}{2d},e^{-\left(\frac{\pi}{d}\right)^2\eta_z\tau}\right)\right\}\times\\
&\times\int_0^{\infty}\frac{\xi\mathcal{G}_0(\xi r_0)\,\mathcal{G}_0(\xi r)\,e^{-\eta_r\xi^2\tau}}{\{J_1^2(\xi a)+Y_1^2(\xi a)\}}d\xi d\tau+\\
&+\frac{1}{\pi d\phi c_t}\int_0^{t}\int_a^{\infty}\psi(u,t-\tau)\left\{\Theta_2\left(\frac{\pi(z-u)}{2d},e^{-\left(\frac{\pi}{d}\right)^2\eta_z\tau}\right)-\Theta_2\left(\frac{\pi(z+u)}{2d},e^{-\left(\frac{\pi}{d}\right)^2\eta_z\tau}\right)\right\}\times\\
&\times\int_0^{\infty}\frac{\xi\mathcal{G}_0(\xi r)\,e^{-\eta_r\xi^2\tau}}{\{J_1^2(\xi a)+Y_1^2(\xi a)\}}d\xi du d\tau-\\
&-\frac{1}{d}\int_0^{\infty}\int_0^{t}\left\{\left(\frac{\eta_z}{2d}\right)\Theta_2'\left(\frac{\pi z}{2d},e^{-\left(\frac{\pi}{d}\right)^2\eta_z\tau}\right)\psi_0(u,t-\tau)+\left(\frac{1}{\phi c_t}\right)\Theta_1\left(\frac{\pi z}{2d},e^{-\left(\frac{\pi}{d}\right)^2\eta_z\tau}\right)\psi_d(u,t-\tau)\right\}\times\\
&\times\int_0^{\infty}\frac{\xi u\mathcal{G}_0(\xi u)\,\mathcal{G}_0(\xi r)\,e^{-\eta_r\xi^2\tau}}{\{J_1^2(\xi a)+Y_1^2(\xi a)\}}d\xi du d\tau+\\
&+\frac{1}{2d}\int_a^{\infty}v\int_0^{d}\varphi(v,u)\left\{\Theta_2\left(\frac{\pi(z-u)}{2d},e^{-\left(\frac{\pi}{d}\right)^2\eta_z t}\right)-\Theta_2\left(\frac{\pi(z+u)}{2d},e^{-\left(\frac{\pi}{d}\right)^2\eta_z t}\right)\right\}\times\\
&\times\int_0^{\infty}\frac{\xi\mathcal{G}_0(\xi v)\,\mathcal{G}_0(\xi r)\,e^{-\eta_r\xi^2 t}}{\{J_1^2(\xi a)+Y_1^2(\xi a)\}}d\xi du dv
\end{aligned}\tag{19.20.3}$$

When $\varphi(r,z)=p_I$, a constant, the solution is obtained by replacing the terms corresponding to the initial condition (the last term) in equations (19.20.2) and (19.20.3) with

$$\overline{p}=\frac{p_I}{s}-\frac{2p_I\eta_z}{ds}\sum_{m=1}^{\infty}\xi_m\sin(\xi_m z)\int_0^{\infty}\int_a^{\infty}\frac{\xi u\mathcal{G}_0(\xi u)\,\mathcal{G}_0(\xi r)}{(\eta_r\xi^2+\eta_z\xi_m^2+s)\{J_1^2(\xi a)+Y_1^2(\xi a)\}}du d\xi \tag{19.20.4}$$

and

$$p=\frac{2p_I\eta_z}{d\eta_r}\sum_{m=1}^{\infty}\xi_m\sin(\xi_m z)\int_0^{\infty}\int_a^{\infty}\frac{\xi u\mathcal{G}_0(\xi u)\,\mathcal{G}_0(\xi r)\left\{e^{-(\eta_r\xi^2+\eta_z\xi_m^2)t}-1\right\}}{(\eta_r\xi^2+\eta_z\xi_m^2)\{J_1^2(\xi a)+Y_1^2(\xi a)\}}du d\xi+p_I \tag{19.20.5}$$

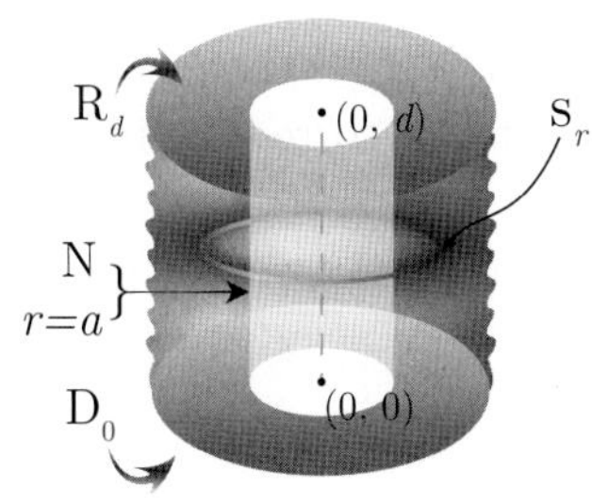

19.21 The problem of 19.10, except $D_0 \equiv p(r,0,t) = \psi_0(r,t)$, $R_d \equiv \frac{\partial p(r,d,t)}{\partial z} + \lambda p(r,d,t) = -\left(\frac{\mu}{k_z}\right)\psi_d(r,t)$ and $N \equiv \frac{\partial p(a,z,t)}{\partial r} = -\left(\frac{\mu}{k_r}\right)\psi(z,t)$

The successive application of the Laplace, Fourier and Neumann-Weber transformations to equation (18.1.1) gives

$$\overline{\overline{\overline{p}}} = \frac{q(s)\,e^{-st_0}\sin(\xi_m z_0)\,\mathcal{G}_0(\xi r_0)}{2\pi\phi c_t\left(\eta_r\xi^2+\eta_z\xi_m^2+s\right)} + \frac{2\overline{\overline{\psi}}(\xi_m,s)}{\pi\phi c_t\xi\left(\eta_r\xi^2+\eta_z\xi_m^2+s\right)} + \\ + \frac{\eta_z\int_a^\infty u\mathcal{G}_0(\xi u)\left\{\xi_m\overline{\psi}_0(u,s) - \left(\frac{\mu}{k_z}\right)\overline{\psi}_d(u,s)\sin(\xi_m d)\right\}du}{\left(\eta_r\xi^2+\eta_z\xi_m^2+s\right)} + \frac{\overline{\overline{\varphi}}(\xi,\xi_m)}{\left(\eta_r\xi^2+\eta_z\xi_m^2+s\right)} \tag{19.21.1}$$

where ξ_m is a positive root of $\xi_m\cot(\xi_m d) = -\lambda$, $m = 1,2,...$, $\mathcal{G}_0(\xi r) = \{J_1(\xi a)\,Y_0(\xi r) - Y_1(\xi a)\,J_0(\xi r)\}$, $\overline{\overline{\psi}}(\xi_m,s) = \int_0^d\overline{\psi}(u,s)\sin(\xi_m u)du$ and $\overline{\overline{\varphi}}(\xi,\xi_m) = \int_a^\infty r\mathcal{G}_0(\xi r)\int_0^d\varphi(r,u)\sin(\xi_m u)dudr$. Successive inverse transforms yield

$$\overline{p} = \frac{q(s)\,e^{-st_0}}{\pi\phi c_t}\sum_{m=1}^{\infty}\frac{\left(\xi_m^2+\lambda^2\right)\sin(\xi_m z_0)\sin(\xi_m z)}{d\left(\xi_m^2+\lambda^2\right)+\lambda}\int_0^\infty\frac{\xi\mathcal{G}_0(\xi r_0)\,\mathcal{G}_0(\xi r)}{\left(\eta_r\xi^2+\eta_z\xi_m^2+s\right)\left\{J_1^2(\xi a)+Y_1^2(\xi a)\right\}}d\xi + \\ + \frac{4}{\pi\phi c_t}\sum_{m=1}^{\infty}\frac{\overline{\overline{\psi}}(\xi_m,s)\left(\xi_m^2+\lambda^2\right)\sin(\xi_m z)}{d\left(\xi_m^2+\lambda^2\right)+\lambda}\int_0^\infty\frac{\mathcal{G}_0(\xi r)}{\left(\eta_r\xi^2+\eta_z\xi_m^2+s\right)\left\{J_1^2(\xi a)+Y_1^2(\xi a)\right\}}d\xi + \\ + 2\eta_z\sum_{m=1}^{\infty}\frac{\left(\xi_m^2+\lambda^2\right)\sin(\xi_m z)}{d\left(\xi_m^2+\lambda^2\right)+\lambda}\times \\ \times\int_a^\infty\int_0^\infty\frac{\xi u\mathcal{G}_0(\xi u)\,\mathcal{G}_0(\xi r)}{\left(\eta_r\xi^2+\eta_z\xi_m^2+s\right)\left\{J_1^2(\xi a)+Y_1^2(\xi a)\right\}}d\xi\left\{\xi_m\overline{\psi}_0(u,s) - \left(\frac{\mu}{k_z}\right)\overline{\psi}_d(u,s)\sin(\xi_m d)\right\}du + \\ + 2\sum_{m=1}^{\infty}\frac{\left(\xi_m^2+\lambda^2\right)\sin(\xi_m z)}{d\left(\xi_m^2+\lambda^2\right)+\lambda}\int_0^\infty\frac{\overline{\overline{\varphi}}(\xi,\xi_m)\xi\mathcal{G}_0(\xi r)}{\left(\eta_r\xi^2+\eta_z\xi_m^2+s\right)\left\{J_1^2(\xi a)+Y_1^2(\xi a)\right\}}d\xi \tag{19.21.2}$$

and

$$p = \frac{U(t-t_0)}{\pi\phi c_t}\sum_{m=1}^{\infty}\frac{\left(\xi_m^2+\lambda^2\right)\sin(\xi_m z_0)\sin(\xi_m z)}{d\left(\xi_m^2+\lambda^2\right)+\lambda}\int_0^\infty\frac{\xi\mathcal{G}_0(\xi r_0)\,\mathcal{G}_0(\xi r)}{\left\{J_1^2(\xi a)+Y_1^2(\xi a)\right\}}\int_0^{t-t_0}q(t-t_0-\tau)\,e^{-\left(\eta_r\xi^2+\eta_z\xi_m^2\right)\tau}d\tau d\xi + \\ + \frac{4}{\pi\phi c_t}\sum_{m=1}^{\infty}\frac{\left(\xi_m^2+\lambda^2\right)\sin(\xi_m z)}{d\left(\xi_m^2+\lambda^2\right)+\lambda}\int_0^\infty\frac{\mathcal{G}_0(\xi r)}{\left\{J_1^2(\xi a)+Y_1^2(\xi a)\right\}}\int_0^t\overline{\psi}(\xi_m,\tau)\,e^{-\left(\eta_r\xi^2+\eta_z\xi_m^2\right)(t-\tau)}d\tau d\xi + \\ + 2\eta_z\sum_{m=1}^{\infty}\frac{\left(\xi_m^2+\lambda^2\right)\sin(\xi_m z)}{d\left(\xi_m^2+\lambda^2\right)+\lambda}\times \\ \times\int_a^\infty\int_0^\infty\frac{\xi\mathcal{G}_0(\xi u)\,\mathcal{G}_0(\xi r)}{u\left\{J_1^2(\xi a)+Y_1^2(\xi a)\right\}}\int_0^t\left\{\xi_m\psi_0(u,\tau) - \left(\frac{\mu}{k_z}\right)\psi_d(u,\tau)\sin(\xi_m d)\right\}d\tau e^{-\left(\eta_r\xi^2+\eta_z\xi_m^2\right)(t-\tau)}d\xi du + \\ + 2\sum_{m=1}^{\infty}\frac{\left(\xi_m^2+\lambda^2\right)\sin(\xi_m z)}{d\left(\xi_m^2+\lambda^2\right)+\lambda}\int_0^\infty\frac{\overline{\overline{\varphi}}(\xi,\xi_m)\xi\mathcal{G}_0(\xi r)\,e^{-\left(\eta_r\xi^2+\eta_z\xi_m^2\right)t}}{\left\{J_1^2(\xi a)+Y_1^2(\xi a)\right\}}d\xi \tag{19.21.3}$$

where $\overline{\psi}(\xi_m, t) = \int_0^d \psi(u,t)\sin(\xi_m u)du$. When $\varphi(r,z) = p_I$, a constant, the solution is obtained by replacing the terms corresponding to the initial condition (the last term) in equations (19.21.2) and (19.21.3) with

$$\overline{p} = \frac{p_I}{s} - \frac{2p_I\eta_z}{s}\sum_{m=1}^{\infty}\frac{\{\xi_m + \lambda\sin(\xi_m d)\}\left(\xi_m^2+\lambda^2\right)\sin(\xi_m z)}{d\left(\xi_m^2+\lambda^2\right)+\lambda}\int_0^{\infty}\int_a^{\infty}\frac{\xi u \mathcal{G}_0(\xi u)\,\mathcal{G}_0(\xi r)}{\left(\eta_r\xi^2+\eta_z\xi_m^2+s\right)\left\{J_1^2(\xi a)+Y_1^2(\xi a)\right\}}dud\xi \tag{19.21.4}$$

and

$$p = 2p_I\eta_z\sum_{m=1}^{\infty}\frac{\{\xi_m + \lambda\sin(\xi_m d)\}\left(\xi_m^2+\lambda^2\right)\sin(\xi_m z)}{d\left(\xi_m^2+\lambda^2\right)+\lambda}\int_0^{\infty}\int_a^{\infty}\frac{\xi u\mathcal{G}_0(\xi u)\,\mathcal{G}_0(\xi r)\left\{e^{-\left(\eta_r\xi^2+\eta_z\xi_m^2\right)t}-1\right\}}{\left(\eta_r\xi^2+\eta_z\xi_m^2\right)\left\{J_1^2(\xi a)+Y_1^2(\xi a)\right\}}dud\xi + p_I \tag{19.21.5}$$

19.22

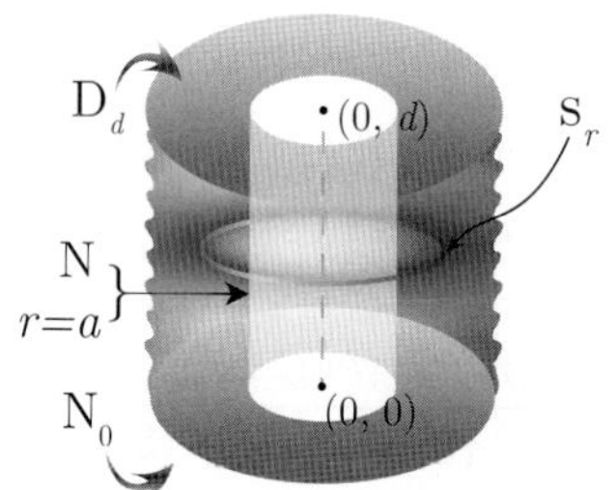

The problem of 19.10, except $\mathbf{N_0} \equiv \frac{\partial p(r,0,t)}{\partial z} = -\left(\frac{\mu}{k_z}\right)\psi_0(r,t)$, $\mathbf{D_d} \equiv p(r,d,t) = \psi_d(r,t)$ **and** $\mathbf{N} \equiv \frac{\partial p(a,z,t)}{\partial r} = -\left(\frac{\mu}{k_r}\right)\psi(z,t)$

The successive application of the Laplace, Fourier and Neumann-Weber transformations to equation (18.1.1) gives

$$\overline{\overline{\overline{p}}} = \frac{q(s)\,e^{-st_0}\cos(\xi_m z_0)\,\mathcal{G}_0(\xi r_0)}{2\pi\phi c_t\left(\eta_r\xi^2+\eta_z\xi_m^2+s\right)} + \frac{2\overline{\overline{\psi}}(\xi_m,s)}{\pi\phi c_t\xi\left(\eta_r\xi^2+\eta_z\xi_m^2+s\right)} + \frac{\eta_z\int_a^{\infty}u\mathcal{G}_0(\xi u)\left\{(-1)^{m+1}\xi_m\overline{\psi}_d(u,s)+\left(\frac{\mu}{k_z}\right)\overline{\psi}_0(u,s)\right\}du}{\left(\eta_r\xi^2+\eta_z\xi_m^2+s\right)} + \frac{\overline{\overline{\varphi}}(\xi,\xi_m)}{\left(\eta_r\xi^2+\eta_z\xi_m^2+s\right)} \tag{19.22.1}$$

where ξ_m is a positive root of $\cos(\xi_m d)$, which are $\xi_m = \frac{(2m-1)\pi}{2d}$, $m = 1, 2, ...,$ $\mathcal{G}_0(\xi r) = \{J_1(\xi a)\,Y_0(\xi r) - Y_1(\xi a)\,J_0(\xi r)\}$, $\overline{\overline{\psi}}(\xi_m, s) = \int_0^d \overline{\psi}(u,s)\cos(\xi_m u)du$ and $\overline{\overline{\varphi}}(\xi,\xi_m) = \int_a^{\infty} r\mathcal{G}_0(\xi r)\int_0^d \varphi(r,u)\cos(\xi_m u)dudr$. Successive inverse transforms yield

$$\begin{aligned}\overline{p} = {} & \frac{q(s)\,e^{-st_0}}{\pi d\phi c_t}\sum_{m=1}^{\infty}\cos(\xi_m z_0)\cos(\xi_m z)\int_0^{\infty}\frac{\xi\mathcal{G}_0(\xi r_0)\,\mathcal{G}_0(\xi r)}{\left(\eta_r\xi^2+\eta_z\xi_m^2+s\right)\left\{J_1^2(\xi a)+Y_1^2(\xi a)\right\}}d\xi + \\ & + \frac{4}{\pi d\phi c_t}\sum_{m=1}^{\infty}\overline{\overline{\psi}}(\xi_m,s)\cos(\xi_m z)\int_0^{\infty}\frac{\mathcal{G}_0(\xi r)}{\left(\eta_r\xi^2+\eta_z\xi_m^2+s\right)\left\{J_1^2(\xi a)+Y_1^2(\xi a)\right\}}d\xi + \\ & + \frac{2\eta_z}{d}\sum_{m=1}^{\infty}\xi_m\cos(\xi_m z)\times \\ & \times\int_a^{\infty}\int_0^{\infty}\frac{\xi u\mathcal{G}_0(\xi u)\,\mathcal{G}_0(\xi r)}{\left(\eta_r\xi^2+\eta_z\xi_m^2+s\right)\left\{J_1^2(\xi a)+Y_1^2(\xi a)\right\}}d\xi\left\{(-1)^{m+1}\xi_m\overline{\psi}_d(u,s)+\left(\frac{\mu}{k_z}\right)\overline{\psi}_0(u,s)\right\}du + \\ & + \frac{2}{d}\sum_{m=1}^{\infty}\cos(\xi_m z)\int_0^{\infty}\frac{\overline{\overline{\varphi}}(\xi,\xi_m)\xi\mathcal{G}_0(\xi r)}{\left(\eta_r\xi^2+\eta_z\xi_m^2+s\right)\left\{J_1^2(\xi a)+Y_1^2(\xi a)\right\}}d\xi\end{aligned} \tag{19.22.2}$$

and

$$p = \frac{U(t-t_0)}{4\pi d\phi c_t}\int_0^{t-t_0} q(t-t_0-\tau)\left\{\Theta_2\left(\frac{\pi(z-z_0)}{2d}, e^{-\left(\frac{\pi}{d}\right)^2\eta_z\tau}\right)+\Theta_2\left(\frac{\pi(z+z_0)}{2d}, e^{-\left(\frac{\pi}{d}\right)^2\eta_z\tau}\right)\right\}\times$$
$$\times\int_0^\infty \frac{\xi\mathcal{G}_0(\xi r_0)\mathcal{G}_0(\xi r)e^{-\eta_r\xi^2\tau}}{\{J_1^2(\xi a)+Y_1^2(\xi a)\}}d\xi d\tau +$$
$$+\frac{1}{\pi d\phi c_t}\int_0^t\int_a^\infty \psi(u,t-\tau)\left\{\Theta_2\left(\frac{\pi(z-u)}{2d}, e^{-\left(\frac{\pi}{d}\right)^2\eta_z\tau}\right)+\Theta_2\left(\frac{\pi(z+u)}{2d}, e^{-\left(\frac{\pi}{d}\right)^2\eta_z\tau}\right)\right\}\times$$
$$\times\int_0^\infty \frac{\xi\mathcal{G}_0(\xi r)e^{-\eta_r\xi^2\tau}}{\{J_1^2(\xi a)+Y_1^2(\xi a)\}}d\xi du d\tau +$$
$$+\frac{1}{d}\int_0^\infty\int_0^t\left\{\left(\frac{1}{\phi c_t}\right)\Theta_2\left(\frac{\pi z}{2d}, e^{-\left(\frac{\pi}{d}\right)^2\eta_z\tau}\right)\psi_0(u,t-\tau)+\left(\frac{\eta_z}{2d}\right)\Theta_1'\left(\frac{\pi z}{2d}, e^{-\left(\frac{\pi}{d}\right)^2\eta_z\tau}\right)\psi_d(u,t-\tau)\right\}\times$$
$$\times\int_0^\infty \frac{\xi u\mathcal{G}_0(\xi u)\mathcal{G}_0(\xi r)e^{-\eta_r\xi^2\tau}}{\{J_1^2(\xi a)+Y_1^2(\xi a)\}}d\xi du d\tau +$$
$$+\frac{1}{2d}\int_a^\infty v\int_0^d \varphi(v,u)\left\{\Theta_2\left(\frac{\pi(z-u)}{2d}, e^{-\left(\frac{\pi}{d}\right)^2\eta_z t}\right)+\Theta_2\left(\frac{\pi(z+u)}{2d}, e^{-\left(\frac{\pi}{d}\right)^2\eta_z t}\right)\right\}\times$$
$$\times\int_0^\infty \frac{\xi\mathcal{G}_0(\xi v)\mathcal{G}_0(\xi r)e^{-\eta_r\xi^2 t}}{\{J_1^2(\xi a)+Y_1^2(\xi a)\}}d\xi du dv \qquad (19.22.3)$$

When $\varphi(r,z)=p_I$, a constant, the solution is obtained by replacing the terms corresponding to the initial condition (the last term) in equations (19.22.2) and (19.22.3) with

$$\overline{p}=\frac{p_I}{s}-\frac{2p_I\eta_z}{ds}\sum_{m=1}^\infty \xi_m(-1)^{m+1}\cos(\xi_m z)\int_0^\infty\int_a^\infty \frac{\xi u\mathcal{G}_0(\xi u)\mathcal{G}_0(\xi r)}{(\eta_r\xi^2+\eta_z\xi_m^2+s)\{J_1^2(\xi a)+Y_1^2(\xi a)\}}du d\xi \qquad (19.22.4)$$

and

$$p=p_I-\frac{2p_I\eta_z}{d}\sum_{m=1}^\infty \xi_m(-1)^{m+1}\cos(\xi_m z)\int_0^\infty\int_a^\infty \frac{\xi u\mathcal{G}_0(\xi u)\mathcal{G}_0(\xi r)\left\{1-e^{-(\eta_r\xi^2+\eta_z\xi_m^2)t}\right\}}{(\eta_r\xi^2+\eta_z\xi_m^2)\{J_1^2(\xi a)+Y_1^2(\xi a)\}}du d\xi \qquad (19.22.5)$$

19.23 The problem of 19.10, except $N_0\equiv\frac{\partial p(r,0,t)}{\partial z}=-\left(\frac{\mu}{k_z}\right)\psi_0(r,t)$, $N_d\equiv\frac{\partial p(r,d,t)}{\partial z}=-\left(\frac{\mu}{k_z}\right)\psi_d(r,t)$ and $N\equiv\frac{\partial p(a,z,t)}{\partial r}=-\left(\frac{\mu}{k_r}\right)\psi(z,t)$

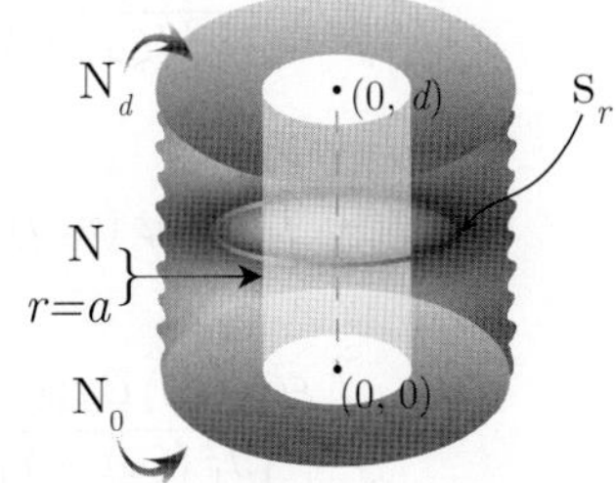

The successive application of the Laplace, Fourier and Neumann-Weber transformations to equation (18.1.1) gives

$$\overline{\overline{\overline{p}}}=\frac{q(s)e^{-st_0}\cos(\xi_m z_0)\mathcal{G}_0(\xi r_0)}{2\pi\phi c_t(\eta_r\xi^2+\eta_z\xi_m^2+s)}+\frac{2\overline{\overline{\psi}}(\xi_m,s)}{\pi\phi c_t\xi(\eta_r\xi^2+\eta_z\xi_m^2+s)}+$$
$$+\frac{\int_a^\infty u\mathcal{G}_0(\xi u)\left\{(-1)^{m+1}\overline{\psi}_d(u,s)+\overline{\psi}_0(u,s)\right\}du}{\phi c_t(\eta_r\xi^2+\eta_z\xi_m^2+s)}+\frac{\overline{\overline{\varphi}}(\xi,\xi_m)}{(\eta_r\xi^2+\eta_z\xi_m^2+s)} \qquad (19.23.1)$$

where ξ_m is a positive root of $\sin(\xi_m d)$, which are $\frac{m\pi}{d}$, $m = 0, 2, \ldots$, $\mathcal{G}_0(\xi r) = \{J_1(\xi a)\, Y_0(\xi r) - Y_1(\xi a)\, J_0(\xi r)\}$, $\overline{\overline{\psi}}(\xi_m, s) = \int_0^d \overline{\psi}(u, s)\cos(\xi_m u)du$ and $\overline{\overline{\varphi}}(\xi, \xi_m) = \int_a^\infty r\mathcal{G}_0(\xi r)\int_0^d \varphi(r, u)\cos(\xi_m u)dudr$. Successive inverse transforms yield

$$\begin{aligned}
\overline{p} &= \frac{q(s)\,e^{-st_0}}{\pi d\phi c_t}\sum_{m=0}^{\infty}\ni_m\cos(\xi_m z_0)\cos(\xi_m z)\int_0^\infty \frac{\xi\mathcal{G}_0(\xi r_0)\,\mathcal{G}_0(\xi r)}{(\eta_r\xi^2 + \eta_z\xi_m^2 + s)\left\{J_1^2(\xi a) + Y_1^2(\xi a)\right\}}d\xi + \\
&+ \frac{4}{\pi d\phi c_t}\sum_{m=0}^{\infty}\ni_m\overline{\overline{\psi}}(\xi_m, s)\cos(\xi_m z)\int_0^\infty \frac{\mathcal{G}_0(\xi r)}{(\eta_r\xi^2 + \eta_z\xi_m^2 + s)\left\{J_1^2(\xi a) + Y_1^2(\xi a)\right\}}d\xi + \\
&+ \frac{2}{d\phi c_t}\sum_{m=0}^{\infty}\ni_m\xi_m\cos(\xi_m z)\int_a^\infty\int_0^\infty \frac{\xi u\mathcal{G}_0(\xi u)\,\mathcal{G}_0(\xi r)}{(\eta_r\xi^2 + \eta_z\xi_m^2 + s)\{J_1^2(\xi a) + Y_1^2(\xi a)\}}d\xi\left\{(-1)^{m+1}\overline{\psi}_d(u, s) + \overline{\psi}_0(u, s)\right\}du + \\
&+ \frac{2}{d}\sum_{m=0}^{\infty}\ni_m\cos(\xi_m z)\int_0^\infty \frac{\overline{\overline{\varphi}}(\xi, \xi_m)\xi\mathcal{G}_0(\xi r)}{(\eta_r\xi^2 + \eta_z\xi_m^2 + s)\left\{J_1^2(\xi a) + Y_1^2(\xi a)\right\}}d\xi
\end{aligned} \tag{19.23.2}$$

and

$$\begin{aligned}
p &= \frac{U(t - t_0)}{4\pi d\phi c_t}\int_0^{t-t_0} q(t - t_0 - \tau)\left\{\Theta_3\left(\frac{\pi(z - z_0)}{2d}, e^{-\left(\frac{\pi}{d}\right)^2\eta_z\tau}\right) + \Theta_3\left(\frac{\pi(z + z_0)}{2d}, e^{-\left(\frac{\pi}{d}\right)^2\eta_z\tau}\right)\right\}\times \\
&\times\int_0^\infty \frac{\xi\mathcal{G}_0(\xi r_0)\,\mathcal{G}_0(\xi r)\,e^{-\eta_r\xi^2\tau}}{\left\{J_1^2(\xi a) + Y_1^2(\xi a)\right\}}d\xi d\tau + \\
&+ \frac{1}{\pi d\phi c_t}\int_0^t\int_a^\infty \psi(u, t - \tau)\left\{\Theta_3\left(\frac{\pi(z - u)}{2d}, e^{-\left(\frac{\pi}{d}\right)^2\eta_z\tau}\right) + \Theta_3\left(\frac{\pi(z + u)}{2d}, e^{-\left(\frac{\pi}{d}\right)^2\eta_z\tau}\right)\right\}\times \\
&\times\int_0^\infty \frac{\xi\mathcal{G}_0(\xi r)\,e^{-\eta_r\xi^2\tau}}{\left\{J_1^2(\xi a) + Y_1^2(\xi a)\right\}}d\xi dud\tau + \\
&+ \frac{1}{\phi c_t d}\int_0^t\int_a^\infty\left\{\Theta_3\left(\frac{\pi z}{2d}, e^{-\left(\frac{\pi}{d}\right)^2\eta_z\tau}\right)\psi_0(u, t - \tau) - \Theta_4\left(\frac{\pi z}{2d}, e^{-\left(\frac{\pi}{d}\right)^2\eta_z\tau}\right)\psi_d(u, t - \tau)\right\}\times \\
&\times\int_0^\infty \frac{\xi u\mathcal{G}_0(\xi u)\,\mathcal{G}_0(\xi r)\,e^{-\eta_r\xi^2\tau}}{\left\{J_1^2(\xi a) + Y_1^2(\xi a)\right\}}d\xi dud\tau + \\
&+ \frac{1}{2d}\int_a^\infty v\int_0^d \varphi(v, u)\left\{\Theta_3\left(\frac{\pi(z - u)}{2d}, e^{-\left(\frac{\pi}{d}\right)^2\eta_z t}\right) + \Theta_3\left(\frac{\pi(z + u)}{2d}, e^{-\left(\frac{\pi}{d}\right)^2\eta_z t}\right)\right\}\times \\
&\times\int_0^\infty \frac{\xi\mathcal{G}_0(\xi v)\,\mathcal{G}_0(\xi r)\,e^{-\eta_r\xi^2 t}}{\left\{J_1^2(\xi a) + Y_1^2(\xi a)\right\}}d\xi dudv^*
\end{aligned} \tag{19.23.3}$$

When $\varphi(r, z) = p_I$, a constant, the solution is obtained by replacing the terms corresponding to the initial condition (the last term) in equations (19.23.2) and (19.23.3) with $\frac{p_I}{s}$ and p_I, respectively.

*A useful solution in the study of well bore heat transmission. See Durrant and Thambynayagam (1986) for the use of a special case of the solution.

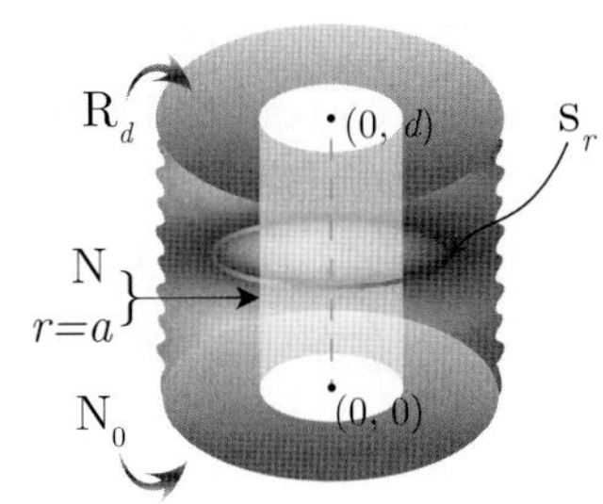

19.24 The problem of 19.10, except $\mathbf{N_0 \equiv \frac{\partial p(r,0,t)}{\partial z} = -\left(\frac{\mu}{k_z}\right)\psi_0(r,t)}$,
$\mathbf{R_d \equiv \frac{\partial p(r,d,t)}{\partial z} + \lambda p(r,d,t) = -\left(\frac{\mu}{k_z}\right)\psi_d(r,t)}$ and
$\mathbf{N \equiv \frac{\partial p(a,z,t)}{\partial r} = -\left(\frac{\mu}{k_r}\right)\psi(z,t)}$

The successive application of the Laplace, Fourier and Neumann-Weber transformations to equation (18.1.1) gives

$$\overline{\overline{\overline{p}}} = \frac{q(s)\,e^{-st_0}\cos(\xi_m z_0)\,\mathcal{G}_0(\xi r_0)}{2\pi\phi c_t\left(\eta_r\xi^2+\eta_z\xi_m^2+s\right)} + \frac{2\overline{\overline{\psi}}(\xi_m,s)}{\pi\phi c_t\xi\left(\eta_r\xi^2+\eta_z\xi_m^2+s\right)} + \\ + \frac{\int_a^\infty u\mathcal{G}_0(\xi u)\{\overline{\psi}_0(u,s)-\overline{\psi}_d(u,s)\cos(\xi_m d)\}du}{\phi c_t\left(\eta_r\xi^2+\eta_z\xi_m^2+s\right)} + \frac{\overline{\overline{\varphi}}(\xi,\xi_m)}{\left(\eta_r\xi^2+\eta_z\xi_m^2+s\right)} \tag{19.24.1}$$

where ξ_m is a positive root of $\xi_m\tan(\xi_m d)=\lambda$, $m=1,2,...$, $\mathcal{G}_0(\xi r)=\{J_1(\xi a)\,Y_0(\xi r)-Y_1(\xi a)\,J_0(\xi r)\}$, $\overline{\overline{\psi}}(\xi_m,s)=\int_0^d\overline{\psi}(u,s)\cos(\xi_m u)du$ and $\overline{\overline{\varphi}}(\xi,\xi_m)=\int_a^\infty r\mathcal{G}_0(\xi r)\int_0^d\varphi(r,u)\cos(\xi_m u)dudr$. Successive inverse transforms yield

$$\begin{aligned}\overline{p} &= \frac{q(s)\,e^{-st_0}}{\pi\phi c_t}\sum_{m=1}^\infty\frac{\left(\xi_m^2+\lambda^2\right)\cos(\xi_m z_0)\cos(\xi_m z)}{d\left(\xi_m^2+\lambda^2\right)+\lambda}\int_0^\infty\frac{\xi\mathcal{G}_0(\xi r_0)\,\mathcal{G}_0(\xi r)}{\left(\eta_r\xi^2+\eta_z\xi_m^2+s\right)\{J_1^2(\xi a)+Y_1^2(\xi a)\}}d\xi+\\ &+\frac{4}{\pi\phi c_t}\sum_{m=1}^\infty\frac{\overline{\overline{\psi}}(\xi_m,s)\left(\xi_m^2+\lambda^2\right)\cos(\xi_m z)}{d\left(\xi_m^2+\lambda^2\right)+\lambda}\int_0^\infty\frac{\mathcal{G}_0(\xi r)}{\left(\eta_r\xi^2+\eta_z\xi_m^2+s\right)\{J_1^2(\xi a)+Y_1^2(\xi a)\}}d\xi+\\ &+\frac{2}{\phi c_t}\sum_{m=1}^\infty\frac{\left(\xi_m^2+\lambda^2\right)\cos(\xi_m z)}{d\left(\xi_m^2+\lambda^2\right)+\lambda}\times\\ &\times\int_a^\infty\int_0^\infty\frac{\xi u\mathcal{G}_0(\xi u)\,\mathcal{G}_0(\xi r)}{\left(\eta_r\xi^2+\eta_z\xi_m^2+s\right)\{J_1^2(\xi a)+Y_1^2(\xi a)\}}d\xi\left\{\overline{\psi}_0(r,s)-\overline{\psi}_d(r,s)\cos(\xi_m d)\right\}du+\\ &+2\sum_{m=1}^\infty\frac{\left(\xi_m^2+\lambda^2\right)\cos(\xi_m z)}{d\left(\xi_m^2+\lambda^2\right)+\lambda}\int_0^\infty\frac{\overline{\overline{\varphi}}(\xi,\xi_m)\xi\mathcal{G}_0(\xi r)}{\left(\eta_r\xi^2+\eta_z\xi_m^2+s\right)\{J_1^2(\xi a)+Y_1^2(\xi a)\}}d\xi\end{aligned} \tag{19.24.2}$$

and

$$\begin{aligned}p &= \frac{U(t-t_0)}{\pi\phi c_t}\sum_{m=1}^\infty\frac{\left(\xi_m^2+\lambda^2\right)\cos(\xi_m z_0)\cos(\xi_m z)}{d\left(\xi_m^2+\lambda^2\right)+\lambda}\int_0^\infty\frac{\xi\mathcal{G}_0(\xi r_0)\,\mathcal{G}_0(\xi r)\int_0^{t-t_0}q(t-t_0-\tau)\,e^{-\left(\eta_r\xi^2+\eta_z\xi_m^2\right)\tau}d\tau}{\{J_1^2(\xi a)+Y_1^2(\xi a)\}}d\xi+\\ &+\frac{4}{\pi\phi c_t}\sum_{m=1}^\infty\frac{\left(\xi_m^2+\lambda^2\right)\cos(\xi_m z)}{d\left(\xi_m^2+\lambda^2\right)+\lambda}\int_0^\infty\frac{\mathcal{G}_0(\xi r)}{\{J_1^2(\xi a)+Y_1^2(\xi a)\}}\int_0^t\overline{\psi}(\xi_m,\tau)\,e^{-\left(\eta_r\xi^2+\eta_z\xi_m^2\right)(t-\tau)}d\tau d\xi+\\ &+\frac{2}{\phi c_t}\sum_{m=1}^\infty\frac{\left(\xi_m^2+\lambda^2\right)\cos(\xi_m z)}{d\left(\xi_m^2+\lambda^2\right)+\lambda}\times\\ &\times\int_a^\infty\int_0^\infty\frac{\xi u\mathcal{G}_0(\xi u)\,\mathcal{G}_0(\xi r)}{\{J_1^2(\xi a)+Y_1^2(\xi a)\}}\int_0^t\{\psi_0(r,u)-\psi_d(u,s)\cos(\xi_m d)\}\,e^{-\left(\eta_r\xi^2+\eta_z\xi_m^2\right)(t-\tau)}d\tau d\xi du+\\ &+2\sum_{m=1}^\infty\frac{\left(\xi_m^2+\lambda^2\right)\cos(\xi_m z)}{d\left(\xi_m^2+\lambda^2\right)+\lambda}\int_0^\infty\frac{\overline{\overline{\varphi}}(\xi,\xi_m)\xi\mathcal{G}_0(\xi r)\,e^{-\left(\eta_r\xi^2+\eta_z\xi_m^2\right)t}}{\{J_1^2(\xi a)+Y_1^2(\xi a)\}}d\xi\end{aligned} \tag{19.24.3}$$

where $\overline{\psi}(\xi_m, t) = \int_0^d \psi(u,t)\cos(\xi_m u)du$. When $\varphi(r,z) = p_I$, a constant, the solution is obtained by replacing the terms corresponding to the initial condition (the last term) in equations (19.24.2) and (19.24.3) with

$$\overline{p} = \frac{2\lambda p_I}{\phi c_t s}\sum_{m=1}^{\infty}\frac{\left(\xi_m^2+\lambda^2\right)\cos(\xi_m d)\cos(\xi_m z)}{\left\{d\left(\xi_m^2+\lambda^2\right)+\lambda\right\}}\int_a^{\infty}\int_0^{\infty}\frac{\xi u \mathcal{G}_0(\xi u)\mathcal{G}_0(\xi r)}{\left(\eta_r\xi^2+\eta_z\xi_m^2+s\right)\left\{J_1^2(\xi a)+Y_1^2(\xi a)\right\}}d\xi du + \frac{p_I}{s} \quad (19.24.4)$$

and

$$p = \frac{2\lambda p_I}{\phi c_t}\sum_{m=1}^{\infty}\frac{\left(\xi_m^2+\lambda^2\right)\cos(\xi_m d)\cos(\xi_m z)}{\left\{d\left(\xi_m^2+\lambda^2\right)+\lambda\right\}}\int_a^{\infty}\int_0^{\infty}\frac{\xi u \mathcal{G}_0(\xi u)\mathcal{G}_0(\xi r)\left\{1-e^{-\left(\eta_r\xi^2+\eta_z\xi_m^2\right)t}\right\}}{\left(\eta_r\xi^2+\eta_z\xi_m^2\right)\left\{J_1^2(\xi a)+Y_1^2(\xi a)\right\}}d\xi du + p_I \quad (19.24.5)$$

19.25

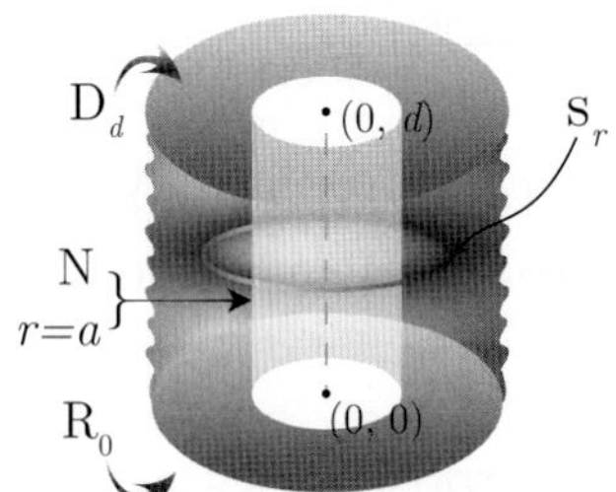

The problem of 19.10, except
$\mathbf{R_0} \equiv \frac{\partial p(r,0,t)}{\partial z} - \lambda p(r,0,t) = -\left(\frac{\mu}{k_z}\right)\psi_0(r,t)$,
$\mathbf{D_d} \equiv p(r,d,t) = \psi_d(r,t)$ **and**
$\mathbf{N} \equiv \frac{\partial p(a,z,t)}{\partial r} = -\left(\frac{\mu}{k_r}\right)\psi(z,t)$

The successive application of the Laplace, Fourier and Neumann-Weber transformations to equation (18.1.1) gives

$$\overline{\overline{\overline{p}}} = \frac{q(s)e^{-st_0}\sin\{\xi_m(d-z_0)\}\mathcal{G}_0(\xi r_0)}{2\pi\phi c_t\left(\eta_r\xi^2+\eta_z\xi_m^2+s\right)} + \frac{2\overline{\overline{\psi}}(\xi_m,s)}{\pi\phi c_t\xi\left(\eta_r\xi^2+\eta_z\xi_m^2+s\right)} + \frac{\eta_z\int_a^{\infty}u\mathcal{G}_0(\xi u)\left\{\left(\frac{\mu}{k_z}\right)\overline{\psi}_0(u,s)\sin(\xi_m d)+\xi_m\overline{\psi}_d(u,s)\right\}du}{\left(\eta_r\xi^2+\eta_z\xi_m^2+s\right)} + \frac{\overline{\overline{\varphi}}(\xi,\xi_m)}{\left(\eta_r\xi^2+\eta_z\xi_m^2+s\right)} \quad (19.25.1)$$

where ξ_m is a positive root of $\xi_m\cot(\xi_m d) = -\lambda$, $m = 1, 2, ...$, $\mathcal{G}_0(\xi r) = \{J_1(\xi a)Y_0(\xi r) - Y_1(\xi a)J_0(\xi r)\}$, $\overline{\overline{\psi}}(\xi_m, s) = \int_0^d \overline{\psi}(u,s)\sin\{\xi_m(d-u)\}du$ and $\overline{\overline{\varphi}}(\xi,\xi_m) = \int_a^{\infty} r\mathcal{G}_0(\xi r)\int_0^d \varphi(r,u)\sin\{\xi_m(d-u)\}dudr$. Successive inverse transforms yield

$$\begin{aligned}
\overline{p} = {} & \frac{q(s)e^{-st_0}}{\pi\phi c_t}\sum_{m=1}^{\infty}\frac{\left(\xi_m^2+\lambda^2\right)\sin\{\xi_m(d-z_0)\}\sin\{\xi_m(d-z)\}}{d\left(\xi_m^2+\lambda^2\right)+\lambda}\int_0^{\infty}\frac{\xi\mathcal{G}_0(\xi r_0)\mathcal{G}_0(\xi r)}{\left(\eta_r\xi^2+\eta_z\xi_m^2+s\right)\left\{J_1^2(\xi a)+Y_1^2(\xi a)\right\}}d\xi + \\
& + \frac{4}{\pi\phi c_t}\sum_{m=1}^{\infty}\frac{\overline{\overline{\psi}}(\xi_m,s)\left(\xi_m^2+\lambda^2\right)\sin\{\xi_m(d-z)\}}{d\left(\xi_m^2+\lambda^2\right)+\lambda}\int_0^{\infty}\frac{\mathcal{G}_0(\xi r)}{\left(\eta_r\xi^2+\eta_z\xi_m^2+s\right)\left\{J_1^2(\xi a)+Y_1^2(\xi a)\right\}}d\xi + \\
& + 2\eta_z\sum_{m=1}^{\infty}\frac{\left(\xi_m^2+\lambda^2\right)\sin\{\xi_m(d-z)\}}{d\left(\xi_m^2+\lambda^2\right)+\lambda}\times \\
& \times\int_a^{\infty}\int_0^{\infty}\frac{\xi u\mathcal{G}_0(\xi u)\mathcal{G}_0(\xi r)}{\left(\eta_r\xi^2+\eta_z\xi_m^2+s\right)\left\{J_1^2(\xi a)+Y_1^2(\xi a)\right\}}d\xi\left\{\left(\frac{\mu}{k_z}\right)\overline{\psi}_0(u,s)\sin(\xi_m d)+\xi_m\overline{\psi}_d(u,s)\right\}du + \\
& + 2\sum_{m=1}^{\infty}\frac{\left(\xi_m^2+\lambda^2\right)\sin\{\xi_m(d-z)\}}{d\left(\xi_m^2+\lambda^2\right)+\lambda}\int_0^{\infty}\frac{\overline{\overline{\varphi}}(\xi,\xi_m)\xi\mathcal{G}_0(\xi r)}{\left(\eta_r\xi^2+\eta_z\xi_m^2+s\right)\left\{J_1^2(\xi a)+Y_1^2(\xi a)\right\}}d\xi
\end{aligned} \quad (19.25.2)$$

and

$$p = \frac{U(t-t_0)}{\pi\phi c_t}\sum_{m=1}^{\infty}\frac{(\xi_m^2+\lambda^2)\sin\{\xi_m(d-z_0)\}\sin\{\xi_m(d-z)\}}{d(\xi_m^2+\lambda^2)+\lambda}\times$$
$$\times\int_0^{\infty}\frac{\xi\mathcal{G}_0(\xi r_0)\mathcal{G}_0(\xi r)}{\{J_1^2(\xi a)+Y_1^2(\xi a)\}}\int_0^{t-t_0}q(t-t_0-\tau)\,e^{-(\eta_r\xi^2+\eta_z\xi_m^2)\tau}d\tau d\xi+$$
$$+\frac{4}{\pi\phi c_t}\sum_{m=1}^{\infty}\frac{(\xi_m^2+\lambda^2)\sin\{\xi_m(d-z)\}}{d(\xi_m^2+\lambda^2)+\lambda}\int_0^{\infty}\frac{\mathcal{G}_0(\xi r)}{\{J_1^2(\xi a)+Y_1^2(\xi a)\}}\int_0^{t}\overline{\psi}(\xi_m,\tau)\,e^{-(\eta_r\xi^2+\eta_z\xi_m^2)(t-\tau)}d\tau d\xi+$$
$$+2\eta_z\sum_{m=1}^{\infty}\frac{(\xi_m^2+\lambda^2)\sin\{\xi_m(d-z)\}}{d(\xi_m^2+\lambda^2)+\lambda}\times$$
$$\times\int_a^{\infty}\int_0^{\infty}\frac{\xi u\mathcal{G}_0(\xi u)\mathcal{G}_0(\xi r)}{\{J_1^2(\xi a)+Y_1^2(\xi a)\}}\int_0^{t}\left\{\left(\frac{\mu}{k_z}\right)\psi_0(u,\tau)\sin(\xi_m d)+\xi_m\psi_d(u,\tau)\right\}e^{-(\eta_r\xi^2+\eta_z\xi_m^2)(t-\tau)}d\tau d\xi du+$$
$$+2\sum_{m=1}^{\infty}\frac{(\xi_m^2+\lambda^2)\sin\{\xi_m(d-z)\}}{d(\xi_m^2+\lambda^2)+\lambda}\int_0^{\infty}\frac{\overline{\overline{\varphi}}(\xi,\xi_m)\xi\mathcal{G}_0(\xi r)\,e^{-(\eta_r\xi^2+\eta_z\xi_m^2)t}}{\{J_1^2(\xi a)+Y_1^2(\xi a)\}}d\xi \quad (19.25.3)$$

where $\overline{\psi}(\xi_m,t)=\int_0^d\psi(u,t)\sin\{\xi_m(d-u)\}du$. When $\varphi(r,z)=p_I$, a constant, the solution is obtained by replacing the terms corresponding to the initial condition (the last term) in equations (19.25.2) and (19.25.3) with

$$\overline{p} = \frac{2p_I\eta_z}{s}\sum_{m=1}^{\infty}\frac{(\xi_m^2+\lambda^2)\{\lambda\sin(\xi_m d)+\xi_m\}\sin\{\xi_m(d-z)\}}{d(\xi_m^2+\lambda^2)+\lambda}\int_0^{\infty}\int_a^{\infty}\frac{\xi\mathcal{G}_0(\xi u)\mathcal{G}_0(\xi r)}{u(\eta_r\xi^2+\eta_z\xi_m^2+s)\{J_1^2(\xi a)+Y_1^2(\xi a)\}}dud\xi+$$
$$+\frac{p_I}{s} \quad (19.25.4)$$

and

$$p = 2p_I\eta_z\sum_{m=1}^{\infty}\frac{(\xi_m^2+\lambda^2)\{\lambda\sin(\xi_m d)+\xi_m\}\sin\{\xi_m(d-z)\}}{d(\xi_m^2+\lambda^2)+\lambda}\int_0^{\infty}\int_a^{\infty}\frac{u\xi\mathcal{G}_0(\xi u)\mathcal{G}_0(\xi r)\left(1-e^{-(\eta_r\xi^2+\eta_z\xi_m^2)t}\right)}{(\eta_r\xi^2+\eta_z\xi_m^2)\{J_1^2(\xi a)+Y_1^2(\xi a)\}}dud\xi+$$
$$+p_I \quad (19.25.5)$$

19.26 The problem of 19.10, except

$\mathbf{R}_0 \equiv \frac{\partial p(r,0,t)}{\partial z}-\lambda p(r,0,t)=-\left(\frac{\mu}{k_z}\right)\psi_0(r,t)$,
$\mathbf{N}_d \equiv \frac{\partial p(r,d,t)}{\partial z}=-\left(\frac{\mu}{k_z}\right)\psi_d(r,t)$ **and**
$\mathbf{N} \equiv \frac{\partial p(a,z,t)}{\partial r}=-\left(\frac{\mu}{k_r}\right)\psi(z,t)$

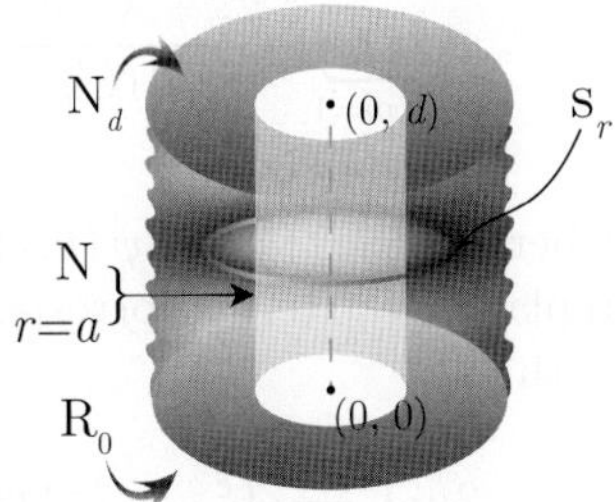

The successive application of the Laplace, Fourier and Neumann-Weber transformations to equation (18.1.1) gives

$$\overline{\overline{\overline{p}}} = \frac{q(s)\,e^{-st_0}\cos\{\xi_m(d-z_0)\}\mathcal{G}_0(\xi r_0)}{2\pi\phi c_t(\eta_r\xi^2+\eta_z\xi_m^2+s)}+\frac{2\overline{\overline{\psi}}(\xi_m,s)}{\pi\phi c_t\xi(\eta_r\xi^2+\eta_z\xi_m^2+s)}+$$
$$+\frac{\int_a^{\infty}u\mathcal{G}_0(\xi u)\{\overline{\psi}_0(u,s)\cos(\xi_m d)-\overline{\psi}_d(u,s)\}du}{\phi c_t(\eta_r\xi^2+\eta_z\xi_m^2+s)}+\frac{\overline{\overline{\varphi}}(\xi,\xi_m)}{(\eta_r\xi^2+\eta_z\xi_m^2+s)} \quad (19.26.1)$$

where ξ_m is a positive root of $\xi_m \tan(\xi_m d) = \lambda$, $m = 1, 2, ...$, $\mathcal{G}_0(\xi r) = \{J_1(\xi a) Y_0(\xi r) - Y_1(\xi a) J_0(\xi r)\}$, $\overline{\overline{\psi}}(\xi_m, s) = \int_0^d \overline{\psi}(u, s) \cos\{\xi_m(d-u)\} du$ and $\overline{\overline{\varphi}}(\xi, \xi_m) = \int_a^\infty r\mathcal{G}_0(\xi r) \int_0^d \varphi(r, u) \cos\{\xi_m(d-u)\} du dr$. Successive inverse transforms yield

$$\begin{aligned}
\overline{p} =& \frac{q(s)e^{-st_0}}{\pi\phi c_t} \sum_{m=1}^{\infty} \frac{(\xi_m^2+\lambda^2)\cos\{\xi_m(d-z_0)\}\cos\{\xi_m(d-z)\}}{d(\xi_m^2+\lambda^2)+\lambda} \int_0^\infty \frac{\xi\mathcal{G}_0(\xi r_0)\mathcal{G}_0(\xi r)}{(\eta_r\xi^2+\eta_z\xi_m^2+s)\{J_1^2(\xi a)+Y_1^2(\xi a)\}} d\xi + \\
&+\frac{4}{\pi\phi c_t} \sum_{m=1}^{\infty} \frac{\overline{\overline{\psi}}(\xi_m, s)(\xi_m^2+\lambda^2)\cos\{\xi_m(d-z)\}}{d(\xi_m^2+\lambda^2)+\lambda} \int_0^\infty \frac{\mathcal{G}_0(\xi r)}{(\eta_r\xi^2+\eta_z\xi_m^2+s)\{J_1^2(\xi a)+Y_1^2(\xi a)\}} d\xi + \\
&+\frac{2}{\phi c_t} \sum_{m=1}^{\infty} \frac{(\xi_m^2+\lambda^2)\cos\{\xi_m(d-z)\}}{d(\xi_m^2+\lambda^2)+\lambda} \times \\
&\times \int_a^\infty \int_0^\infty \frac{\xi u\mathcal{G}_0(\xi u)\mathcal{G}_0(\xi r)}{(\eta_r\xi^2+\eta_z\xi_m^2+s)\{J_1^2(\xi a)+Y_1^2(\xi a)\}} d\xi \{\overline{\psi}_0(u, s)\cos(\xi_m d) - \overline{\psi}_d(u, s)\} du + \\
&+2\sum_{m=1}^{\infty} \frac{(\xi_m^2+\lambda^2)\cos\{\xi_m(d-z)\}}{d(\xi_m^2+\lambda^2)+\lambda} \int_0^\infty \frac{\overline{\overline{\varphi}}(\xi, \xi_m)\xi\mathcal{G}_0(\xi r)}{(\eta_r\xi^2+\eta_z\xi_m^2+s)\{J_1^2(\xi a)+Y_1^2(\xi a)\}} d\xi
\end{aligned} \tag{19.26.2}$$

and

$$\begin{aligned}
p =& \frac{U(t-t_0)}{\pi\phi c_t} \sum_{m=1}^{\infty} \frac{(\xi_m^2+\lambda^2)\cos\{\xi_m(d-z_0)\}\cos\{\xi_m(d-z)\}}{d(\xi_m^2+\lambda^2)+\lambda} \times \\
&\times \int_0^\infty \frac{\xi\mathcal{G}_0(\xi r_0)\mathcal{G}_0(\xi r)}{\{J_1^2(\xi a)+Y_1^2(\xi a)\}} \int_0^{t-t_0} q(t-t_0-\tau) e^{-(\eta_r\xi^2+\eta_z\xi_m^2)\tau} d\tau d\xi + \\
&+\frac{4}{\pi\phi c_t} \sum_{m=1}^{\infty} \frac{(\xi_m^2+\lambda^2)\cos\{\xi_m(d-z)\}}{d(\xi_m^2+\lambda^2)+\lambda} \int_0^\infty \frac{\mathcal{G}_0(\xi r)}{\{J_1^2(\xi a)+Y_1^2(\xi a)\}} \int_0^t \overline{\psi}(\xi_m, \tau) e^{-(\eta_r\xi^2+\eta_z\xi_m^2)(t-\tau)} d\tau d\xi + \\
&+\frac{2}{\phi c_t} \sum_{m=1}^{\infty} \frac{(\xi_m^2+\lambda^2)\cos\{\xi_m(d-z)\}}{d(\xi_m^2+\lambda^2)+\lambda} \times \\
&\times \int_a^\infty \int_0^\infty \frac{\xi u\mathcal{G}_0(\xi u)\mathcal{G}_0(\xi r)}{\{J_1^2(\xi a)+Y_1^2(\xi a)\}} \int_0^t \{\psi_0(u, \tau)\cos(\xi_m d) - \psi_d(u, \tau)\} e^{-(\eta_r\xi^2+\eta_z\xi_m^2)(t-\tau)} d\tau d\xi du + \\
&+2\sum_{m=1}^{\infty} \frac{(\xi_m^2+\lambda^2)\cos\{\xi_m(d-z)\}}{d(\xi_m^2+\lambda^2)+\lambda} \int_0^\infty \frac{\overline{\overline{\varphi}}(\xi, \xi_m)\xi\mathcal{G}_0(\xi r) e^{-(\eta_r\xi^2+\eta_z\xi_m^2)t}}{\{J_1^2(\xi a)+Y_1^2(\xi a)\}} d\xi
\end{aligned} \tag{19.26.3}$$

where $\overline{\psi}(\xi_m, t) = \int_0^d \psi(u, t) \cos\{\xi_m(d-u)\} du$. When $\varphi(r, z) = p_I$, a constant, the solution is obtained by replacing the terms corresponding to the initial condition (the last term) in equations (19.26.2) and (19.26.3) with

$$\overline{p} = \frac{2p_I\lambda}{\phi c_t s} \sum_{m=1}^{\infty} \frac{(\xi_m^2+\lambda^2)\cos\{\xi_m(d-z)\}}{d(\xi_m^2+\lambda^2)+\lambda} \int_0^\infty \int_a^\infty \frac{\xi u\mathcal{G}_0(\xi u)\mathcal{G}_0(\xi r)}{(\eta_r\xi^2+\eta_z\xi_m^2+s)\{J_1^2(\xi a)+Y_1^2(\xi a)\}} du d\xi + \frac{p_I}{s} \tag{19.26.4}$$

and

$$p = \frac{2p_I\lambda}{\phi c_t} \sum_{m=1}^{\infty} \frac{(\xi_m^2+\lambda^2)\cos\{\xi_m(d-z)\}}{d(\xi_m^2+\lambda^2)+\lambda} \int_0^\infty \int_a^\infty \frac{\xi u\mathcal{G}_0(\xi u)\mathcal{G}_0(\xi r)\left\{1-e^{-(\eta_r\xi^2+\eta_z\xi_m^2)t}\right\}}{(\eta_r\xi^2+\eta_z\xi_m^2)\{J_1^2(\xi a)+Y_1^2(\xi a)\}} du d\xi + p_I \tag{19.26.5}$$

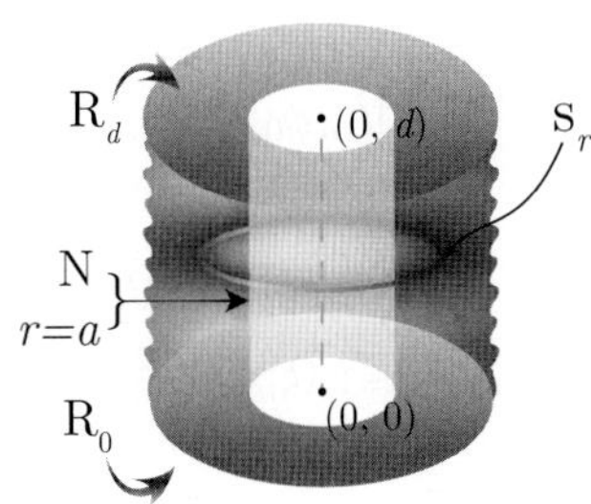

19.27 **The problem of 19.10, except**
$\mathbf{R_0} \equiv \frac{\partial p(r,0,t)}{\partial z} - \lambda_0 p(r,0,t) = -\left(\frac{\mu}{k_z}\right)\psi_0(r,t),$
$\mathbf{R_d} \equiv \frac{\partial p(r,d,t)}{\partial z} + \lambda_d p(r,d,t) = -\left(\frac{\mu}{k_z}\right)\psi_d(r,t)$ **and**
$\mathbf{N} \equiv \frac{\partial p(a,z,t)}{\partial r} = -\left(\frac{\mu}{k_r}\right)\psi(z,t)$

The successive application of the Laplace, Fourier and Neumann-Weber transformations to equation (18.1.1) gives

$$\overline{\overline{\overline{p}}} = \frac{q(s)\,e^{-st_0}\{\xi_m\cos(\xi_m z_0)+\lambda_0\sin(\xi_m z_0)\}\,\mathcal{G}_0(\xi r_0)}{2\pi\phi c_t(\eta_r\xi^2+\eta_z\xi_m^2+s)} + \frac{2\overline{\overline{\psi}}(\xi_m,s)}{\pi\phi c_t\xi(\eta_r\xi^2+\eta_z\xi_m^2+s)} + \\ +\frac{\int_a^\infty u\mathcal{G}_0(\xi u)\left[\xi_m\overline{\psi}_0(u,s)-\overline{\psi}_d(u,s)\{\xi_m\cos(\xi_m d)+\lambda_0\sin(\xi_m d)\}\right]du}{\phi c_t(\eta_r\xi^2+\eta_z\xi_m^2+s)} + \frac{\overline{\overline{\varphi}}(\xi,\xi_m)}{(\eta_r\xi^2+\eta_z\xi_m^2+s)} \quad (19.27.1)$$

where ξ_m is a positive root of $\tan(\xi_m d) = \frac{\xi_m(\lambda_0+\lambda_d)}{(\xi_m^2-\lambda_0\lambda_d)}$, $m = 1, 2, ...,$
$\mathcal{G}_0(\xi r) = \{J_1(\xi a)\,Y_0(\xi r) - Y_1(\xi a)\,J_0(\xi r)\}$, $\overline{\overline{\psi}}(\xi_m,s) = \int_0^d \overline{\psi}(u,s)\{\xi_m\cos(\xi_m u)+\lambda_0\sin(\xi_m u)\}du$ and $\overline{\overline{\varphi}}(\xi,\xi_m) = \int_a^\infty r\mathcal{G}_0(\xi r)\int_0^d \varphi(r,u)\{\xi_m\cos(\xi_m u)+\lambda_0\sin(\xi_m u)\}dudr$. Successive inverse transforms yield

$$\overline{p} = \frac{q(s)\,e^{-st_0}}{\pi\phi c_t}\sum_{m=1}^\infty \frac{\{\xi_m\cos(\xi_m z_0)+\lambda_0\sin(\xi_m z_0)\}\{\xi_m\cos(\xi_m z)+\lambda_0\sin(\xi_m z)\}}{(\xi_m^2+\lambda_0^2)\left\{d+\frac{\lambda_d}{\xi_m^2+\lambda_d^2}\right\}+\lambda_0}\times \\ \times\int_0^\infty \frac{\xi\mathcal{G}_0(\xi r_0)\,\mathcal{G}_0(\xi r)}{(\eta_r\xi^2+\eta_z\xi_m^2+s)\{J_1^2(\xi a)+Y_1^2(\xi a)\}}d\xi + \\ +\frac{4}{\pi\phi c_t}\sum_{m=1}^\infty \frac{\overline{\overline{\psi}}(\xi_m,s)\{\xi_m\cos(\xi_m z)+\lambda_0\sin(\xi_m z)\}}{(\xi_m^2+\lambda_0^2)\left\{d+\frac{\lambda_d}{\xi_m^2+\lambda_d^2}\right\}+\lambda_0}\int_0^\infty \frac{\mathcal{G}_0(\xi r)}{(\eta_r\xi^2+\eta_z\xi_m^2+s)\{J_1^2(\xi a)+Y_1^2(\xi a)\}}d\xi + \\ +\frac{2}{\phi c_t}\sum_{m=1}^\infty \frac{\{\xi_m\cos(\xi_m z)+\lambda_0\sin(\xi_m z)\}}{(\xi_m^2+\lambda_0^2)\left\{d+\frac{\lambda_d}{\xi_m^2+\lambda_d^2}\right\}+\lambda_0}\times \\ \times\int_a^\infty\int_0^\infty \frac{\xi u\mathcal{G}_0(\xi u)\,\mathcal{G}_0(\xi r)\left[\xi_m\overline{\psi}_0(u,s)-\overline{\psi}_d(u,s)\{\xi_m\cos(\xi_m d)+\lambda_0\sin(\xi_m d)\}\right]}{(\eta_r\xi^2+\eta_z\xi_m^2+s)\{J_1^2(\xi a)+Y_1^2(\xi a)\}}d\xi du + \\ +2\sum_{m=1}^\infty \frac{\{\xi_m\cos(\xi_m z)+\lambda_0\sin(\xi_m z)\}}{(\xi_m^2+\lambda_0^2)\left\{d+\frac{\lambda_d}{\xi_m^2+\lambda_d^2}\right\}+\lambda_0}\int_0^\infty \frac{\overline{\overline{\varphi}}(\xi,\xi_m)\xi\mathcal{G}_0(\xi r)}{(\eta_r\xi^2+\eta_z\xi_m^2+s)\{J_1^2(\xi a)+Y_1^2(\xi a)\}}d\xi \quad (19.27.2)$$

and

$$p = \frac{U(t-t_0)}{\pi\phi c_t}\sum_{m=1}^\infty \frac{\{\xi_m\cos(\xi_m z_0)+\lambda_0\sin(\xi_m z_0)\}\{\xi_m\cos(\xi_m z)+\lambda_0\sin(\xi_m z)\}}{(\xi_m^2+\lambda_0^2)\left\{d+\frac{\lambda_d}{\xi_m^2+\lambda_d^2}\right\}+\lambda_0}\times \\ \times\int_0^\infty \frac{\xi\mathcal{G}_0(\xi r_0)\,\mathcal{G}_0(\xi r)}{\{J_1^2(\xi a)+Y_1^2(\xi a)\}}\int_0^{t-t_0} q(t-t_0-\tau)\,e^{-(\eta_r\xi^2+\eta_z\xi_m^2)\tau}d\tau d\xi + \\ +\frac{4}{\pi\phi c_t}\sum_{m=1}^\infty \frac{\{\xi_m\cos(\xi_m z)+\lambda_0\sin(\xi_m z)\}}{(\xi_m^2+\lambda_0^2)\left\{d+\frac{\lambda_d}{\xi_m^2+\lambda_d^2}\right\}+\lambda_0}\int_0^\infty \frac{\mathcal{G}_0(\xi r)}{\{J_1^2(\xi a)+Y_1^2(\xi a)\}}\int_0^t \overline{\psi}(\xi_m,\tau)\,e^{-(\eta_r\xi^2+\eta_z\xi_m^2)(t-\tau)}d\tau d\xi + \\ +\frac{2}{\phi c_t}\sum_{m=1}^\infty \frac{\{\xi_m\cos(\xi_m z)+\lambda_0\sin(\xi_m z)\}}{(\xi_m^2+\lambda_0^2)\left\{d+\frac{\lambda_d}{\xi_m^2+\lambda_d^2}\right\}+\lambda_0}\int_a^\infty\int_0^\infty \frac{\xi u\mathcal{G}_0(\xi u)\,\mathcal{G}_0(\xi r)}{\{J_1^2(\xi a)+Y_1^2(\xi a)\}}\times$$

$$\times \int_0^t \left[\xi_m \psi_0(u,\tau) - \psi_d(u,\tau)\{\xi_m \cos(\xi_m d) + \lambda_0 \sin(\xi_m d)\}\right] e^{-\left(\eta_r \xi^2 + \eta_z \xi_m^2\right)(t-\tau)} d\tau d\xi du +$$

$$+2\sum_{m=1}^{\infty} \frac{\{\xi_m \cos(\xi_m z) + \lambda_0 \sin(\xi_m z)\}}{(\xi_m^2 + \lambda_0^2)\left\{d + \frac{\lambda_d}{\xi_m^2 + \lambda_d^2}\right\} + \lambda_0} \int_0^{\infty} \frac{\overline{\overline{\varphi}}(\xi,\xi_m)\xi\mathcal{G}_0(\xi r)\, e^{-\left(\eta_r \xi^2 + \eta_z \xi_m^2\right)t}}{\{J_1^2(\xi a) + Y_1^2(\xi a)\}} d\xi \quad (19.27.3)$$

where $\overline{\psi}(\xi_m,t) = \int_0^d \psi(u,t)\{\xi_m \cos(\xi_m u) + \lambda_0 \sin(\xi_m u)\}du$. When $\varphi(r,z) = p_I$, a constant, the solution is obtained by replacing the terms corresponding to the initial condition (the last term) in equations (19.27.2) and (19.27.3) with

$$\overline{p} = \frac{p_I}{s} - \frac{2\eta_z p_I}{s} \sum_{m=1}^{\infty} \frac{[\lambda_0 \xi_m - \lambda_d\{\xi_m \cos(\xi_m d) + \lambda_0 \sin(\xi_m d)\}]\{\xi_m \cos(\xi_m z) + \lambda_0 \sin(\xi_m z)\}}{\xi_m \left[(\xi_m^2 + \lambda_0^2)\left\{d + \frac{\lambda_d}{\xi_m^2 + \lambda_d^2}\right\} + \lambda_0\right]} \times$$
$$\times \int_0^{\infty}\int_a^{\infty} \frac{\xi u \mathcal{G}_0(\xi u)\mathcal{G}_0(\xi r)}{(\eta_r \xi^2 + \eta_z \xi_m^2 + s)\{J_1^2(\xi a) + Y_1^2(\xi a)\}} du d\xi \quad (19.27.4)$$

and

$$p = p_I - 2\eta_z p_I \sum_{m=1}^{\infty} \frac{[\lambda_0 \xi_m - \lambda_d\{\xi_m \cos(\xi_m d) + \lambda_0 \sin(\xi_m d)\}]\{\xi_m \cos(\xi_m z) + \lambda_0 \sin(\xi_m z)\}}{\xi_m \left[(\xi_m^2 + \lambda_0^2)\left\{d + \frac{\lambda_d}{\xi_m^2 + \lambda_d^2}\right\} + \lambda_0\right]} \times$$
$$\times \int_0^{\infty}\int_a^{\infty} \frac{\xi u \mathcal{G}_0(\xi u)\mathcal{G}_0(\xi r)\left\{1 - e^{-\left(\eta_r \xi^2 + \eta_z \xi_m^2\right)t}\right\}}{(\eta_r \xi^2 + \eta_z \xi_m^2)\{J_1^2(\xi a) + Y_1^2(\xi a)\}} du d\xi \quad (19.27.5)$$

19.28

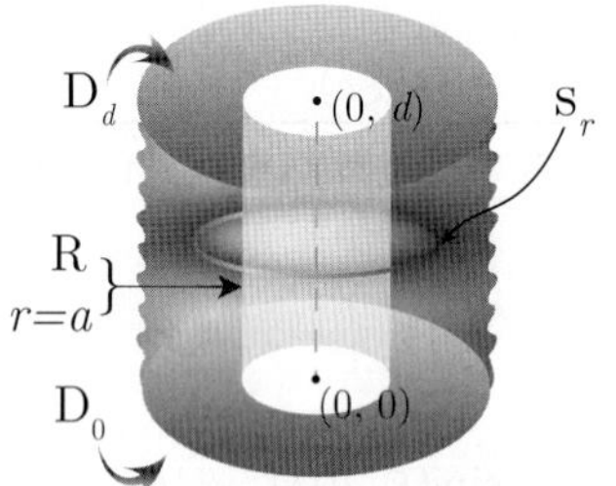

The problem of 19.10, except
$\mathbf{R} \equiv \frac{\partial p(a,z,t)}{\partial r} - \lambda p(a,z,t) = -\left(\frac{\mu}{k_r}\right)\psi(z,t)$,
$\mathbf{D_0} \equiv p(r,0,t) = \psi_0(r,t)$ and $\mathbf{D_d} \equiv p(r,d,t) = \psi_d(r,t)$

The successive application of the Laplace, Fourier and Robin-Weber transformations to equation (18.1.1) gives

$$\overline{\overline{\overline{p}}} = \frac{q(s)\, e^{-st_0}\sin(\xi_m z_0)\mathcal{D}_0(\xi r_0)}{2\pi\phi c_t(\eta_r \xi^2 + \eta_z \xi_m^2 + s)} + \frac{2\overline{\overline{\psi}}(\xi_m,s)}{\pi\phi c_t(\eta_r \xi^2 + \eta_z \xi_m^2 + s)} +$$
$$+ \frac{\xi_m \eta_z \int_a^{\infty} u\mathcal{D}_0(\xi u)\left\{\overline{\psi}_0(u,s) - (-1)^m \overline{\psi}_d(u,s)\right\} du}{(\eta_r \xi^2 + \eta_z \xi_m^2 + s)} + \frac{\overline{\overline{\varphi}}(\xi,\xi_m)}{(\eta_r \xi^2 + \eta_z \xi_m^2 + s)} \quad (19.28.1)$$

where ξ_m is a positive root of $\sin(\xi_m d)$, which are $\xi_m = \frac{m\pi}{d}$, $m = 1, 2, ...,$
$\mathcal{D}_0(\xi r) = Y_0(\xi r)\{\lambda J_0(\xi a) + \xi J_1(\xi a)\} - J_0(\xi r)\{\lambda Y_0(\xi a) + \xi Y_1(\xi a)\}$, $\overline{\overline{\psi}}(\xi_m,s) = \int_0^d \overline{\psi}(u,s)\sin(\xi_m u)du$ and $\overline{\overline{\varphi}}(\xi,\xi_m) = \int_a^{\infty} r\mathcal{D}_0(\xi r)\int_0^d \varphi(r,u)\sin(\xi_m u)dudr$. Successive inverse transforms yield

$$\overline{p} = \frac{q(s)\, e^{-st_0}}{\pi d\phi c_t} \sum_{m=1}^{\infty} \sin(\xi_m z_0)\sin(\xi_m z) \times$$
$$\times \int_0^{\infty} \frac{\xi\mathcal{D}_0(\xi r_0)\mathcal{D}_0(\xi r)}{(\eta_r \xi^2 + \eta_z \xi_m^2 + s)\left[\{\lambda J_0(\xi a) + \xi J_1(\xi a)\}^2 + \{\lambda Y_0(\xi a) + \xi Y_1(\xi a)\}^2\right]} d\xi -$$

$$+\frac{4}{d\pi\phi c_t}\sum_{m=1}^{\infty}\overline{\overline{\psi}}(\xi_m,s)\sin(\xi_m z)\int_0^\infty \frac{\xi\mathcal{D}_0(\xi r)}{(\eta_r\xi^2+\eta_z\xi_m^2+s)\left[\{\lambda J_0(\xi a)+\xi J_1(\xi a)\}^2+\{\lambda Y_0(\xi a)+\xi Y_1(\xi a)\}^2\right]}d\xi+$$

$$+\frac{2\eta_z}{d}\sum_{m=1}^{\infty}\xi_m\sin(\xi_m z)\int_a^\infty\int_0^\infty \frac{\xi u\mathcal{D}_0(\xi u)\mathcal{D}_0(\xi r)}{(\eta_r\xi^2+\eta_z\xi_m^2+s)\left[\{\lambda J_0(\xi a)+\xi J_1(\xi a)\}^2+\{\lambda Y_0(\xi a)+\xi Y_1(\xi a)\}^2\right]}d\xi\times$$

$$\times\left\{\overline{\psi}_0(u,s)-(-1)^m\overline{\psi}_d(u,s)\right\}du+$$

$$+\frac{2}{d}\sum_{m=1}^{\infty}\sin(\xi_m z)\int_0^\infty \frac{\overline{\overline{\varphi}}(\xi,\xi_m)\xi\mathcal{D}_0(\xi r)}{(\eta_r\xi^2+\eta_z\xi_m^2+s)\left[\{\lambda J_0(\xi a)+\xi J_1(\xi a)\}^2+\{\lambda Y_0(\xi a)+\xi Y_1(\xi a)\}^2\right]}d\xi \quad (19.28.2)$$

and

$$p=\frac{U(t-t_0)}{4\pi d\phi c_t}\int_0^{t-t_0}q(t-t_0-\tau)\left\{\Theta_3\left(\frac{\pi(z-z_0)}{2d},e^{-\left(\frac{\pi}{d}\right)^2\eta_z\tau}\right)-\Theta_3\left(\frac{\pi(z+z_0)}{2d},e^{-\left(\frac{\pi}{d}\right)^2\eta_z\tau}\right)\right\}\times$$

$$\times\int_0^\infty\frac{\xi D_0(\xi r_0)D_0(\xi r)e^{-\eta_r\xi^2\tau}}{\{\lambda J_0(\xi a)+\xi J_1(\xi a)\}^2+\{\lambda Y_0(\xi a)+\xi Y_1(\xi a)\}^2}d\xi d\tau+$$

$$+\frac{1}{\pi d\phi c_t}\int_0^t\int_a^\infty\psi(u,t-\tau)\left\{\Theta_3\left(\frac{\pi(z-u)}{2d},e^{-\left(\frac{\pi}{d}\right)^2\eta_z\tau}\right)-\Theta_3\left(\frac{\pi(z+u)}{2d},e^{-\left(\frac{\pi}{d}\right)^2\eta_z\tau}\right)\right\}\times$$

$$\times\int_0^\infty\frac{\xi D_0(\xi r)e^{-\eta_r\xi^2\tau}}{\{\lambda J_0(\xi a)+\xi J_1(\xi a)\}^2+\{\lambda Y_0(\xi a)+\xi Y_1(\xi a)\}^2}d\xi dud\tau+$$

$$+\frac{\eta_z}{2d^2}\int_0^t\int_a^\infty\left\{\Theta_4'\left(\frac{\pi z}{2d},e^{-\left(\frac{\pi}{d}\right)^2\eta_z\tau}\right)\psi_d(u,t-\tau)-\Theta_3'\left(\frac{\pi z}{2d},e^{-\left(\frac{\pi}{d}\right)^2\eta_z\tau}\right)\psi_0(u,t-\tau)\right\}\times$$

$$\times\int_0^\infty\frac{\xi uD_0(\xi u)D_0(\xi r)e^{-\eta_r\xi^2\tau}}{\{\lambda J_0(\xi a)+\xi J_1(\xi a)\}^2+\{\lambda Y_0(\xi a)+\xi Y_1(\xi a)\}^2}d\xi dud\tau+$$

$$+\frac{1}{2d}\int_a^\infty v\int_0^d\varphi(v,u)\left\{\Theta_3\left(\frac{\pi(z-u)}{2d},e^{-\left(\frac{\pi}{d}\right)^2\eta_z t}\right)-\Theta_3\left(\frac{\pi(z+u)}{2d},e^{-\left(\frac{\pi}{d}\right)^2\eta_z t}\right)\right\}\times$$

$$\times\int_0^\infty\frac{\xi D_0(\xi v)D_0(\xi r)e^{-\eta_r\xi^2 t}}{\{\lambda J_0(\xi a)+\xi J_1(\xi a)\}^2+\{\lambda Y_0(\xi a)+\xi Y_1(\xi a)\}^2}d\xi dudv \quad (19.28.3)$$

When $\varphi(r,z)=p_I$, a constant, the solution is obtained by replacing the terms corresponding to the initial condition (the last term) in equations (19.28.2) and (19.28.3) with

$$\overline{p}=-\frac{2\lambda p_I}{ds}\sum_{m=1}^{\infty}\frac{K_0\left(r\sqrt{\frac{\eta_z\xi_m^2+s}{\eta_r}}\right)\{1-(-1)^m\}\sin(\xi_m z)}{\xi_m\left\{\lambda K_0\left(a\sqrt{\frac{\eta_z\xi_m^2+s}{\eta_r}}\right)+\sqrt{\frac{\eta_z\xi_m^2+s}{\eta_r}}K_1\left(a\sqrt{\frac{\eta_z\xi_m^2+s}{\eta_r}}\right)\right\}}-$$

$$-\frac{2p_I\eta_z}{ds}\sum_{m=1}^{\infty}\xi_m\{1-(-1)^m\}\sin(\xi_m z)\times$$

$$\times\int_0^\infty\int_a^\infty\frac{u\xi\mathcal{D}_0(\xi u)\mathcal{D}_0(\xi r)}{(\eta_r\xi^2+\eta_z\xi_m^2+s)\left[\{\lambda J_0(\xi a)+\xi J_1(\xi a)\}^2+\{\lambda Y_0(\xi a)+\xi Y_1(\xi a)\}^2\right]}dud\xi+\frac{p_I}{s} \quad (19.28.4)$$

and

$$p = -\frac{4\eta_r\lambda p_I}{\pi d}\sum_{m=1}^{\infty}\frac{\{1-(-1)^m\}\sin(\xi_m z)}{\xi_m}\times$$
$$\times\int_0^\infty\frac{\xi\mathcal{D}_0(\xi r)\left\{1-e^{-(\eta_r\xi^2+\eta_z\xi_m^2)t}\right\}}{(\eta_r\xi^2+\eta_z\xi_m^2)\left[\{\lambda J_0(\xi a)+\xi J_1(\xi a)\}^2+\{\lambda Y_0(\xi a)+\xi Y_1(\xi a)\}^2\right]}d\xi -$$
$$-\frac{2p_I\eta_z}{d}\sum_{m=1}^{\infty}\xi_m\{1-(-1)^m\}\sin(\xi_m z)\times$$
$$\times\int_0^\infty\int_a^\infty\frac{u\xi\mathcal{D}_0(\xi u)\mathcal{D}_0(\xi r)\left\{1-e^{-(\eta_r\xi^2+\eta_z\xi_m^2)t}\right\}}{(\eta_r\xi^2+\eta_z\xi_m^2)\left[\{\lambda J_0(\xi a)+\xi J_1(\xi a)\}^2+\{\lambda Y_0(\xi a)+\xi Y_1(\xi a)\}^2\right]}du d\xi + p_I \quad (19.28.5)$$

19.29

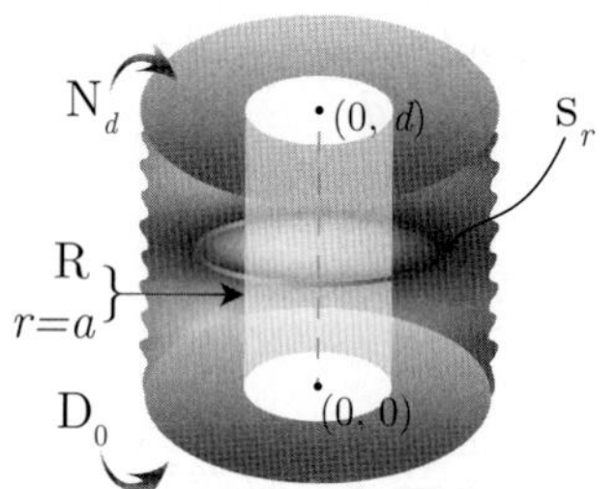

The problem of 19.10, except $\mathbf{D_0} \equiv p(r,0,t) = \psi_0(r,t)$, $\mathbf{N}_d \equiv \frac{\partial p(r,d,t)}{\partial z} = -\left(\frac{\mu}{k_z}\right)\psi_d(r,t)$ and $\mathbf{R} \equiv \frac{\partial p(a,z,t)}{\partial r} - \lambda p(a,z,t) = -\left(\frac{\mu}{k_r}\right)\psi(z,t)$

The successive application of the Laplace, Fourier and Robin-Weber transformations to equation (18.1.1) gives

$$\overline{\overline{\overline{p}}} = \frac{q(s)e^{-st_0}\sin(\xi_m z_0)\mathcal{D}_0(\xi r_0)}{2\pi\phi c_t(\eta_r\xi^2+\eta_z\xi_m^2+s)} + \frac{2\overline{\overline{\psi}}(\xi_m,s)}{\pi\phi c_t(\eta_r\xi^2+\eta_z\xi_m^2+s)} +$$
$$+\frac{\eta_z\int_a^\infty u\mathcal{D}_0(\xi u)\left\{\xi_m\overline{\psi}_0(u,s)+(-1)^m\left(\frac{\mu}{k_z}\right)\overline{\psi}_d(u,s)\right\}du}{(\eta_r\xi^2+\eta_z\xi_m^2+s)} + \frac{\overline{\overline{\varphi}}(\xi,\xi_m)}{(\eta_r\xi^2+\eta_z\xi_m^2+s)} \quad (19.29.1)$$

where ξ_m is a positive root of $\cos(\xi_m d)$, which are $\xi_m = \frac{(2m-1)\pi}{2d}$, $m = 1, 2, ...,$ $\mathcal{D}_0(\xi r) = Y_0(\xi r)\{\lambda J_0(\xi a)+\xi J_1(\xi a)\} - J_0(\xi r)\{\lambda Y_0(\xi a)+\xi Y_1(\xi a)\}$, $\overline{\overline{\psi}}(\xi_m,s) = \int_0^d\overline{\psi}(u,s)\sin(\xi_m u)du$ and $\overline{\overline{\varphi}}(\xi,\xi_m) = \int_a^\infty r\mathcal{D}_0(\xi r)\int_0^d\varphi(r,u)\sin(\xi_m u)du dr$. Successive inverse transforms yield

$$\overline{p} = \frac{q(s)e^{-st_0}}{\pi d\phi c_t}\sum_{m=1}^{\infty}\sin(\xi_m z_0)\sin(\xi_m z)\times$$
$$\times\int_0^\infty\frac{\xi\mathcal{D}_0(\xi r_0)\mathcal{D}_0(\xi r)}{(\eta_r\xi^2+\eta_z\xi_m^2+s)\left[\{\lambda J_0(\xi a)+\xi J_1(\xi a)\}^2+\{\lambda Y_0(\xi a)+\xi Y_1(\xi a)\}^2\right]}d\xi +$$
$$+\frac{4}{d\pi\phi c_t}\sum_{m=1}^{\infty}\overline{\overline{\psi}}(\xi_m,s)\sin(\xi_m z)\int_0^\infty\frac{\xi\mathcal{D}_0(\xi r)}{(\eta_r\xi^2+\eta_z\xi_m^2+s)\left[\{\lambda J_0(\xi a)+\xi J_1(\xi a)\}^2+\{\lambda Y_0(\xi a)+\xi Y_1(\xi a)\}^2\right]}d\xi +$$
$$+\frac{2\eta_z}{d}\sum_{m=1}^{\infty}\sin(\xi_m z)\int_a^\infty\int_0^\infty\frac{\xi u\mathcal{D}_0(\xi u)\mathcal{D}_0(\xi r)}{(\eta_r\xi^2+\eta_z\xi_m^2+s)\left[\{\lambda J_0(\xi a)+\xi J_1(\xi a)\}^2+\{\lambda Y_0(\xi a)+\xi Y_1(\xi a)\}^2\right]}d\xi\times$$
$$\times\left\{\xi_m\overline{\psi}_0(u,s)+(-1)^m\left(\frac{\mu}{k_z}\right)\overline{\psi}_d(u,s)\right\}du +$$
$$+\frac{2}{d}\sum_{m=1}^{\infty}\sin(\xi_m z)\int_0^\infty\frac{\overline{\overline{\varphi}}(\xi,\xi_m)\xi\mathcal{D}_0(\xi r)}{(\eta_r\xi^2+\eta_z\xi_m^2+s)\left[\{\lambda J_0(\xi a)+\xi J_1(\xi a)\}^2+\{\lambda Y_0(\xi a)+\xi Y_1(\xi a)\}^2\right]}d\xi \quad (19.29.2)$$

and

$$p = \frac{U(t-t_0)}{4\pi d\phi c_t}\int_0^{t-t_0} q(t-t_0-\tau)\left\{\Theta_2\left(\frac{\pi(z-z_0)}{2d}, e^{-\left(\frac{\pi}{d}\right)^2\eta_z\tau}\right)-\Theta_2\left(\frac{\pi(z+z_0)}{2d}, e^{-\left(\frac{\pi}{d}\right)^2\eta_z\tau}\right)\right\}\times$$
$$\times\int_0^\infty \frac{\xi D_0(\xi r_0) D_0(\xi r) e^{-\eta_r\xi^2\tau}}{\{\lambda J_0(\xi a)+\xi J_1(\xi a)\}^2+\{\lambda Y_0(\xi a)+\xi Y_1(\xi a)\}^2} d\xi d\tau +$$
$$+\frac{1}{\pi d\phi c_t}\int_0^t\int_a^\infty \psi(u,t-\tau)\left\{\Theta_2\left(\frac{\pi(z-u)}{2d}, e^{-\left(\frac{\pi}{d}\right)^2\eta_z\tau}\right)-\Theta_2\left(\frac{\pi(z+u)}{2d}, e^{-\left(\frac{\pi}{d}\right)^2\eta_z\tau}\right)\right\}\times$$
$$\times\int_0^\infty \frac{\xi D_0(\xi r) e^{-\eta_r\xi^2\tau}}{\{\lambda J_0(\xi a)+\xi J_1(\xi a)\}^2+\{\lambda Y_0(\xi a)+\xi Y_1(\xi a)\}^2} d\xi du d\tau -$$
$$-\frac{1}{d}\int_0^\infty\int_0^t\left\{\left(\frac{\eta_z}{2d}\right)\Theta_2'\left(\frac{\pi z}{2d}, e^{-\left(\frac{\pi}{d}\right)^2\eta_z\tau}\right)\psi_0(u,t-\tau)+\left(\frac{1}{\phi c_t}\right)\Theta_1\left(\frac{\pi z}{2d}, e^{-\left(\frac{\pi}{d}\right)^2\eta_z\tau}\right)\psi_d(u,t-\tau)\right\}\times$$
$$\times\int_0^\infty \frac{\xi u D_0(\xi u) D_0(\xi r) e^{-\eta_r\xi^2\tau}}{\{\lambda J_0(\xi a)+\xi J_1(\xi a)\}^2+\{\lambda Y_0(\xi a)+\xi Y_1(\xi a)\}^2} d\xi du d\tau +$$
$$+\frac{1}{2d}\int_a^\infty v\int_0^d \varphi(v,u)\left\{\Theta_2\left(\frac{\pi(z-u)}{2d}, e^{-\left(\frac{\pi}{d}\right)^2\eta_z t}\right)-\Theta_2\left(\frac{\pi(z+u)}{2d}, e^{-\left(\frac{\pi}{d}\right)^2\eta_z t}\right)\right\}\times$$
$$\times\int_0^\infty \frac{\xi D_0(\xi v) D_0(\xi r) e^{-\eta_r\xi^2 t}}{\{\lambda J_0(\xi a)+\xi J_1(\xi a)\}^2+\{\lambda Y_0(\xi a)+\xi Y_1(\xi a)\}^2} d\xi du dv \qquad (19.29.3)$$

When $\varphi(r,z) = p_I$, a constant, the solution is obtained by replacing the terms corresponding to the initial condition (the last term) in equations (19.29.2) and (19.29.3) with

$$\overline{p} = \frac{2\lambda p_I}{ds}\sum_{m=1}^\infty \frac{K_0\left(r\sqrt{\frac{\eta_z\xi_m^2+s}{\eta_r}}\right)\sin(\xi_m z)}{\xi_m\left\{\lambda K_0\left(a\sqrt{\frac{\eta_z\xi_m^2+s}{\eta_r}}\right)+\sqrt{\frac{\eta_z\xi_m^2+s}{\eta_r}}K_1\left(a\sqrt{\frac{\eta_z\xi_m^2+s}{\eta_r}}\right)\right\}} -$$
$$-\frac{2p_I\eta_z}{ds}\sum_{m=1}^\infty \xi_m\sin(\xi_m z)\times$$
$$\times\int_0^\infty\int_a^\infty \frac{\xi u \mathcal{D}_0(\xi u)\mathcal{D}_0(\xi r)}{(\eta_r\xi^2+\eta_z\xi_m^2+s)\left[\{\lambda J_0(\xi a)+\xi J_1(\xi a)\}^2+\{\lambda Y_0(\xi a)+\xi Y_1(\xi a)\}^2\right]} du d\xi + \frac{p_I}{s} \qquad (19.29.4)$$

and

$$p = \frac{4\lambda\eta_r p_I}{\pi d}\sum_{m=1}^\infty \frac{\sin(\xi_m z)}{\xi_m}\int_0^\infty \frac{\xi\mathcal{D}_0(\xi r)\left\{1-e^{-(\eta_r\xi^2+\eta_z\xi_m^2)t}\right\}}{(\eta_r\xi^2+\eta_z\xi_m^2)\left[\{\lambda J_0(\xi a)+\xi J_1(\xi a)\}^2+\{\lambda Y_0(\xi a)+\xi Y_1(\xi a)\}^2\right]} d\xi -$$
$$-\frac{2p_I\eta_z}{d}\sum_{m=1}^\infty \xi_m\sin(\xi_m z)\int_0^\infty\int_a^\infty \frac{\xi u\mathcal{D}_0(\xi u)\mathcal{D}_0(\xi r)\left\{1-e^{-(\eta_r\xi^2+\eta_z\xi_m^2)t}\right\}}{(\eta_r\xi^2+\eta_z\xi_m^2)\left[\{\lambda J_0(\xi a)+\xi J_1(\xi a)\}^2+\{\lambda Y_0(\xi a)+\xi Y_1(\xi a)\}^2\right]} du d\xi + p_I$$
$$(19.29.5)$$

19.30

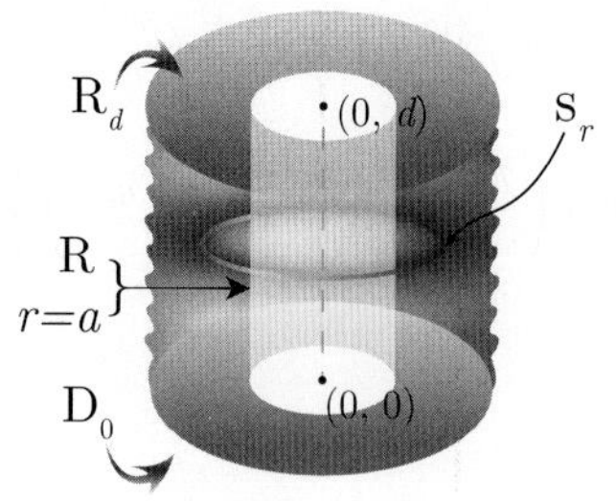

The problem of 19.10, except $D_0 \equiv p(r,0,t) = \psi_0(r,t)$, $R_d \equiv \frac{\partial p(r,d,t)}{\partial z} + \lambda_d p(r,d,t) = -\left(\frac{\mu}{k_z}\right)\psi_d(r,t)$ and $R \equiv \frac{\partial p(a,z,t)}{\partial r} - \lambda p(a,z,t) = -\left(\frac{\mu}{k_r}\right)\psi(z,t)$

The successive application of the Laplace, Fourier and Robin-Weber transformations to equation (18.1.1) gives

$$\overline{\overline{\overline{p}}} = \frac{q(s)\,e^{-st_0}\sin(\xi_m z_0)\,\mathcal{D}_0(\xi r_0)}{2\pi\phi c_t\left(\eta_r\xi^2+\eta_z\xi_m^2+s\right)} + \frac{2\overline{\overline{\psi}}(\xi_m,s)}{\pi\phi c_t\left(\eta_r\xi^2+\eta_z\xi_m^2+s\right)} + \\ + \frac{\eta_z\int_a^\infty u\mathcal{D}_0(\xi u)\left\{\xi_m\overline{\psi}_0(u,s) - \left(\frac{\mu}{k_z}\right)\overline{\psi}_d(u,s)\sin(\xi_m d)\right\}du}{\left(\eta_r\xi^2+\eta_z\xi_m^2+s\right)} + \frac{\overline{\overline{\varphi}}(\xi,\xi_m)}{\left(\eta_r\xi^2+\eta_z\xi_m^2+s\right)} \tag{19.30.1}$$

where ξ_m is a positive root of $\xi_m\cot(\xi_m d) = -\lambda_d$, $m = 1,2,...$,
$\mathcal{D}_0(\xi r) = Y_0(\xi r)\{\lambda J_0(\xi a) + \xi J_1(\xi a)\} - J_0(\xi r)\{\lambda Y_0(\xi a) + \xi Y_1(\xi a)\}$, $\overline{\overline{\psi}}(\xi_m,s) = \int_0^d \overline{\psi}(u,s)\sin(\xi_m u)du$ and $\overline{\overline{\varphi}}(\xi,\xi_m) = \int_a^\infty r\mathcal{D}_0(\xi r)\int_0^d \varphi(r,u)\sin(\xi_m u)dudr$. Successive inverse transforms yield

$$\begin{aligned}\overline{p} &= \frac{q(s)\,e^{-st_0}}{\pi\phi c_t}\sum_{m=1}^{\infty}\frac{\left(\xi_m^2+\lambda_d^2\right)\sin(\xi_m z_0)\sin(\xi_m z)}{d\left(\xi_m^2+\lambda_d^2\right)+\lambda_d}\times \\ &\times\int_0^\infty \frac{\xi\mathcal{D}_0(\xi r_0)\,\mathcal{D}_0(\xi r)}{\left(\eta_r\xi^2+\eta_z\xi_m^2+s\right)\left[\{\lambda J_0(\xi a)+\xi J_1(\xi a)\}^2+\{\lambda Y_0(\xi a)+\xi Y_1(\xi a)\}^2\right]}d\xi + \\ &+\frac{4}{\pi\phi c_t}\sum_{m=1}^{\infty}\frac{\overline{\overline{\psi}}(\xi_m,s)\left(\xi_m^2+\lambda_d^2\right)\sin(\xi_m z)}{d\left(\xi_m^2+\lambda_d^2\right)+\lambda_d}\times \\ &\times\int_0^\infty \frac{\xi\mathcal{D}_0(\xi r)}{\left(\eta_r\xi^2+\eta_z\xi_m^2+s\right)\left[\{\lambda J_0(\xi a)+\xi J_1(\xi a)\}^2+\{\lambda Y_0(\xi a)+\xi Y_1(\xi a)\}^2\right]}d\xi + \\ &+2\eta_z\sum_{m=1}^{\infty}\frac{\left(\xi_m^2+\lambda_d^2\right)\sin(\xi_m z)}{d\left(\xi_m^2+\lambda_d^2\right)+\lambda_d}\int_a^\infty\int_0^\infty\frac{\xi u\mathcal{D}_0(\xi u)\,\mathcal{D}_0(\xi r)}{\left(\eta_r\xi^2+\eta_z\xi_m^2+s\right)\left[\{\lambda J_0(\xi a)+\xi J_1(\xi a)\}^2+\{\lambda Y_0(\xi a)+\xi Y_1(\xi a)\}^2\right]}d\xi\times \\ &\times\left\{\xi_m\overline{\psi}_0(u,s) - \left(\frac{\mu}{k_z}\right)\overline{\psi}_d(u,s)\sin(\xi_m d)\right\}du + \\ &+2\sum_{m=1}^{\infty}\frac{\left(\xi_m^2+\lambda_d^2\right)\sin(\xi_m z)}{d\left(\xi_m^2+\lambda_d^2\right)+\lambda_d}\int_0^\infty\frac{\overline{\overline{\varphi}}(\xi,\xi_m)\xi\mathcal{D}_0(\xi r)}{\left(\eta_r\xi^2+\eta_z\xi_m^2+s\right)\left[\{\lambda J_0(\xi a)+\xi J_1(\xi a)\}^2+\{\lambda Y_0(\xi a)+\xi Y_1(\xi a)\}^2\right]}d\xi\end{aligned} \tag{19.30.2}$$

and

$$\begin{aligned}p &= \frac{U(t-t_0)}{\pi\phi c_t}\sum_{m=1}^{\infty}\frac{\left(\xi_m^2+\lambda_d^2\right)\sin(\xi_m z_0)\sin(\xi_m z)}{d\left(\xi_m^2+\lambda_d^2\right)+\lambda_d}\times \\ &\times\int_0^\infty\frac{\xi\mathcal{D}_0(\xi r_0)\,\mathcal{D}_0(\xi r)}{\left[\{\lambda J_0(\xi a)+\xi J_1(\xi a)\}^2+\{\lambda Y_0(\xi a)+\xi Y_1(\xi a)\}^2\right]}\int_0^{t-t_0} q(t-t_0-\tau)\,e^{-\left(\eta_r\xi^2+\eta_z\xi_m^2\right)\tau}d\tau d\xi + \\ &+\frac{4}{\pi\phi c_t}\sum_{m=1}^{\infty}\frac{\left(\xi_m^2+\lambda_d^2\right)\sin(\xi_m z)}{d\left(\xi_m^2+\lambda_d^2\right)+\lambda_d}\times\end{aligned}$$

$$\times\int_0^\infty \frac{\xi\mathcal{D}_0(\xi r)}{\left[\{\lambda J_0(\xi a)+\xi J_1(\xi a)\}^2+\{\lambda Y_0(\xi a)+\xi Y_1(\xi a)\}^2\right]}\int_0^t \overline{\psi}(\xi_m,\tau)\,e^{-\left(\eta_r\xi^2+\eta_z\xi_m^2\right)(t-\tau)}d\tau d\xi +$$

$$+2\eta_z\sum_{m=1}^\infty \frac{\left(\xi_m^2+\lambda_d^2\right)\sin(\xi_m z)}{d\left(\xi_m^2+\lambda_d^2\right)+\lambda_d}\int_a^\infty\int_0^\infty \frac{\xi u\mathcal{D}_0(\xi u)\mathcal{D}_0(\xi r)}{\left[\{\lambda J_0(\xi a)+\xi J_1(\xi a)\}^2+\{\lambda Y_0(\xi a)+\xi Y_1(\xi a)\}^2\right]}\times$$

$$\times\int_0^t\left\{\xi_m\psi_0(u,\tau)-\left(\frac{\mu}{k_z}\right)\psi_d(u,\tau)\sin(\xi_m d)\right\}d\tau e^{-\left(\eta_r\xi^2+\eta_z\xi_m^2\right)(t-\tau)}d\xi du +$$

$$+2\sum_{m=1}^\infty \frac{\left(\xi_m^2+\lambda_d^2\right)\sin(\xi_m z)}{d\left(\xi_m^2+\lambda_d^2\right)+\lambda_d}\int_0^\infty \frac{\overline{\overline{\varphi}}(\xi,\xi_m)\xi\mathcal{D}_0(\xi r)\,e^{-\left(\eta_r\xi^2+\eta_z\xi_m^2\right)t}}{\left[\{\lambda J_0(\xi a)+\xi J_1(\xi a)\}^2+\{\lambda Y_0(\xi a)+\xi Y_1(\xi a)\}^2\right]}d\xi \qquad (19.30.3)$$

where $\overline{\psi}(\xi_m,t)=\int_0^d\psi(u,t)\sin(\xi_m u)du$. When $\varphi(r,z)=p_I$, a constant, the solution is obtained by replacing the terms corresponding to the initial condition (the last term) in equations (19.30.2) and (19.30.3) with

$$\overline{p} = \frac{2\lambda p_I}{s}\sum_{m=1}^\infty \frac{K_0\left(r\sqrt{\frac{\eta_z\xi_m^2+s}{\eta_r}}\right)\{1-\cos(\xi_m d)\}\left(\xi_m^2+\lambda_d^2\right)\sin(\xi_m z)}{\xi_m\left\{d\left(\xi_m^2+\lambda_d^2\right)+\lambda\right\}\left\{\lambda K_0\left(a\sqrt{\frac{\eta_z\xi_m^2+s}{\eta_r}}\right)+\sqrt{\frac{\eta_z\xi_m^2+s}{\eta_r}}K_1\left(a\sqrt{\frac{\eta_z\xi_m^2+s}{\eta_r}}\right)\right\}} -$$

$$-\frac{2p_I\eta_z}{s}\sum_{m=1}^\infty\frac{\{\xi_m+\lambda\sin(\xi_m d)\}\left(\xi_m^2+\lambda^2\right)\sin(\xi_m z)}{d\left(\xi_m^2+\lambda_d^2\right)+\lambda}\times$$

$$\times\int_0^\infty\int_a^\infty\frac{\xi u\mathcal{D}_0(\xi u)\mathcal{D}_0(\xi r)}{\left(\eta_r\xi^2+\eta_z\xi_m^2+s\right)\left[\{\lambda J_0(\xi a)+\xi J_1(\xi a)\}^2+\{\lambda Y_0(\xi a)+\xi Y_1(\xi a)\}^2\right]}du d\xi+\frac{p_I}{s} \qquad (19.30.4)$$

and

$$p = \frac{4\lambda\eta_r p_I}{\pi}\sum_{m=1}^\infty\frac{\{1-\cos(\xi_m d)\}\left(\xi_m^2+\lambda_d^2\right)\sin(\xi_m z)}{\xi_m\left\{d\left(\xi_m^2+\lambda_d^2\right)+\lambda\right\}}\times$$

$$\times\int_0^\infty\frac{\xi\mathcal{D}_0(\xi r)\left\{1-e^{-\left(\eta_r\xi^2+\eta_z\xi_m^2\right)t}\right\}}{\left(\eta_r\xi^2+\eta_z\xi_m^2\right)\left[\{\lambda J_0(\xi a)+\xi J_1(\xi a)\}^2+\{\lambda Y_0(\xi a)+\xi Y_1(\xi a)\}^2\right]}d\xi -$$

$$-2p_I\eta_z\sum_{m=1}^\infty\frac{\{\xi_m+\lambda\sin(\xi_m d)\}\left(\xi_m^2+\lambda_d^2\right)\sin(\xi_m z)}{d\left(\xi_m^2+\lambda_d^2\right)+\lambda}\times$$

$$\times\int_0^\infty\int_a^\infty\frac{\xi u\mathcal{D}_0(\xi u)\mathcal{D}_0(\xi r)\left\{1-e^{-\left(\eta_r\xi^2+\eta_z\xi_m^2\right)t}\right\}}{\left(\eta_r\xi^2+\eta_z\xi_m^2\right)\left[\{\lambda J_0(\xi a)+\xi J_1(\xi a)\}^2+\{\lambda Y_0(\xi a)+\xi Y_1(\xi a)\}^2\right]}du d\xi+p_I \qquad (19.30.5)$$

19.31 The problem of 19.10, except $\mathbf{N_0}\equiv\frac{\partial p(r,0,t)}{\partial z}=-\left(\frac{\mu}{k_z}\right)\psi_0(r,t)$, $\mathbf{D_d}\equiv p(r,d,t)=\psi_d(r,t)$ and $\mathbf{R}\equiv\frac{\partial p(a,z,t)}{\partial r}-\lambda p(a,z,t)=-\left(\frac{\mu}{k_r}\right)\psi(z,t)$

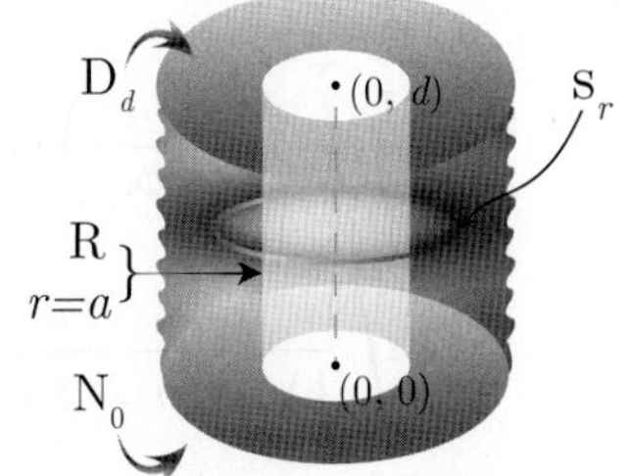

The successive application of the Laplace, Fourier and Robin-Weber transformations to equation (18.1.1) gives

$$\overline{\overline{\overline{p}}} = \frac{q(s)\,e^{-st_0}\cos(\xi_m z_0)\mathcal{D}_0(\xi r_0)}{2\pi\phi c_t\left(\eta_r\xi^2+\eta_z\xi_m^2+s\right)}+\frac{2\overline{\overline{\psi}}(\xi_m,s)}{\pi\phi c_t\left(\eta_r\xi^2+\eta_z\xi_m^2+s\right)}+$$

$$+\frac{\eta_z\int_a^\infty u\mathcal{D}_0(\xi u)\left\{(-1)^{m+1}\xi_m\overline{\psi}_d(u,s)+\left(\frac{\mu}{k_z}\right)\overline{\psi}_0(u,s)\right\}du}{\left(\eta_r\xi^2+\eta_z\xi_m^2+s\right)}+\frac{\overline{\overline{\varphi}}(\xi,\xi_m)}{\left(\eta_r\xi^2+\eta_z\xi_m^2+s\right)} \qquad (19.31.1)$$

where ξ_m is a positive root of $\cos(\xi_m d)$, which are $\xi_m = \frac{(2m-1)\pi}{2d}$, $m = 1, 2, ...,$ $\mathcal{D}_0(\xi r) = Y_0(\xi r)\{\lambda J_0(\xi a) + \xi J_1(\xi a)\} - J_0(\xi r)\{\lambda Y_0(\xi a) + \xi Y_1(\xi a)\}$, $\overline{\overline{\psi}}(\xi_m, s) = \int_0^d \overline{\psi}(u,s)\cos(\xi_m u)du$ and $\overline{\overline{\varphi}}(\xi,\xi_m) = \int_a^\infty r\mathcal{D}_0(\xi r)\int_0^d \varphi(r,u)\cos(\xi_m u)dudr$. Successive inverse transforms yield

$$
\begin{aligned}
\overline{p} = \; & \frac{q(s)e^{-st_0}}{\pi d\phi c_t}\sum_{m=1}^{\infty}\cos(\xi_m z_0)\cos(\xi_m z)\times \\
& \times\int_0^\infty \frac{\xi\mathcal{D}_0(\xi r_0)\mathcal{D}_0(\xi r)}{(\eta_r\xi^2+\eta_z\xi_m^2+s)\left[\{\lambda J_0(\xi a)+\xi J_1(\xi a)\}^2+\{\lambda Y_0(\xi a)+\xi Y_1(\xi a)\}^2\right]}d\xi + \\
& + \frac{4}{d\pi\phi c_t}\sum_{m=1}^{\infty}\overline{\overline{\psi}}(\xi_m,s)\cos(\xi_m z)\int_0^\infty \frac{\xi\mathcal{D}_0(\xi r)}{(\eta_r\xi^2+\eta_z\xi_m^2+s)\left[\{\lambda J_0(\xi a)+\xi J_1(\xi a)\}^2+\{\lambda Y_0(\xi a)+\xi Y_1(\xi a)\}^2\right]}d\xi + \\
& + \frac{2\eta_z}{d}\sum_{m=1}^{\infty}\xi_m\cos(\xi_m z)\int_a^\infty\int_0^\infty \frac{\xi u\mathcal{D}_0(\xi u)\mathcal{D}_0(\xi r)}{(\eta_r\xi^2+\eta_z\xi_m^2+s)\left[\{\lambda J_0(\xi a)+\xi J_1(\xi a)\}^2+\{\lambda Y_0(\xi a)+\xi Y_1(\xi a)\}^2\right]}d\xi\times \\
& \times\left\{(-1)^{m+1}\xi_m\overline{\psi}_d(u,s)+\left(\frac{\mu}{k_z}\right)\overline{\psi}_0(u,s)\right\}du + \\
& + \frac{2}{d}\sum_{m=1}^{\infty}\cos(\xi_m z)\int_0^\infty \frac{\overline{\overline{\varphi}}(\xi,\xi_m)\xi\mathcal{D}_0(\xi r)}{(\eta_r\xi^2+\eta_z\xi_m^2+s)\left[\{\lambda J_0(\xi a)+\xi J_1(\xi a)\}^2+\{\lambda Y_0(\xi a)+\xi Y_1(\xi a)\}^2\right]}d\xi
\end{aligned}
\tag{19.31.2}
$$

and

$$
\begin{aligned}
p = \; & \frac{U(t-t_0)}{4\pi d\phi c_t}\int_0^{t-t_0} q(t-t_0-\tau)\left\{\Theta_2\left(\frac{\pi(z-z_0)}{2d}, e^{-\left(\frac{\pi}{d}\right)^2\eta_z\tau}\right)+\Theta_2\left(\frac{\pi(z+z_0)}{2d}, e^{-\left(\frac{\pi}{d}\right)^2\eta_z\tau}\right)\right\}\times \\
& \times\int_0^\infty \frac{\xi D_0(\xi r_0)D_0(\xi r)e^{-\eta_r\xi^2\tau}}{\{\lambda J_0(\xi a)+\xi J_1(\xi a)\}^2+\{\lambda Y_0(\xi a)+\xi Y_1(\xi a)\}^2}d\xi d\tau + \\
& + \frac{1}{\pi d\phi c_t}\int_0^t\int_a^\infty \psi(u,t-\tau)\left\{\Theta_2\left(\frac{\pi(z-u)}{2d}, e^{-\left(\frac{\pi}{d}\right)^2\eta_z\tau}\right)+\Theta_2\left(\frac{\pi(z+u)}{2d}, e^{-\left(\frac{\pi}{d}\right)^2\eta_z\tau}\right)\right\}\times \\
& \times\int_0^\infty \frac{\xi D_0(\xi r)e^{-\eta_r\xi^2\tau}}{\{\lambda J_0(\xi a)+\xi J_1(\xi a)\}^2+\{\lambda Y_0(\xi a)+\xi Y_1(\xi a)\}^2}d\xi dud\tau + \\
& + \frac{1}{d}\int_0^\infty\int_0^t\left\{\left(\frac{1}{\phi c_t}\right)\Theta_2\left(\frac{\pi z}{2d}, e^{-\left(\frac{\pi}{d}\right)^2\eta_z\tau}\right)\psi_0(u,t-\tau)+\left(\frac{\eta_z}{2d}\right)\Theta_1'\left(\frac{\pi z}{2d}, e^{-\left(\frac{\pi}{d}\right)^2\eta_z\tau}\right)\psi_d(u,t-\tau)\right\}\times \\
& \times\int_0^\infty \frac{\xi uD_0(\xi u)D_0(\xi r)e^{-\eta_r\xi^2\tau}}{\{\lambda J_0(\xi a)+\xi J_1(\xi a)\}^2+\{\lambda Y_0(\xi a)+\xi Y_1(\xi a)\}^2}d\xi dud\tau + \\
& + \frac{1}{2d}\int_a^\infty v\int_0^d \varphi(v,u)\left\{\Theta_2\left(\frac{\pi(z-u)}{2d}, e^{-\left(\frac{\pi}{d}\right)^2\eta_z t}\right)+\Theta_2\left(\frac{\pi(z+u)}{2d}, e^{-\left(\frac{\pi}{d}\right)^2\eta_z t}\right)\right\}\times \\
& \times\int_0^\infty \frac{\xi D_0(\xi v)D_0(\xi r)e^{-\eta_r\xi^2 t}}{\{\lambda J_0(\xi a)+\xi J_1(\xi a)\}^2+\{\lambda Y_0(\xi a)+\xi Y_1(\xi a)\}^2}d\xi dudv
\end{aligned}
\tag{19.31.3}
$$

When $\varphi(r,z) = p_I$, a constant, the solution is obtained by replacing the terms corresponding to the initial condition (the last term) in equations (19.31.2) and (19.31.3) with

$$\overline{p} = \frac{p_I}{s} + \frac{2\lambda p_I}{ds}\sum_{m=1}^{\infty}\frac{K_0\left(r\sqrt{\frac{\eta_z\xi_m^2+s}{\eta_r}}\right)(-1)^{m+1}\cos(\xi_m z)}{\xi_m\left\{\lambda K_0\left(a\sqrt{\frac{\eta_z\xi_m^2+s}{\eta_r}}\right)+\sqrt{\frac{\eta_z\xi_m^2+s}{\eta_r}}K_1\left(a\sqrt{\frac{\eta_z\xi_m^2+s}{\eta_r}}\right)\right\}} - \frac{2p_I\eta_z}{ds}\sum_{m=1}^{\infty}\xi_m(-1)^{m+1}\cos(\xi_m z)\times$$
$$\times\int_0^{\infty}\int_a^{\infty}\frac{\xi u\mathcal{D}_0(\xi u)\mathcal{D}_0(\xi r)}{(\eta_r\xi^2+\eta_z\xi_m^2+s)\left[\{\lambda J_0(\xi a)+\xi J_1(\xi a)\}^2+\{\lambda Y_0(\xi a)+\xi Y_1(\xi a)\}^2\right]}dud\xi \tag{19.31.4}$$

and

$$p = \frac{4\lambda\eta_r p_I}{\pi d}\sum_{m=1}^{\infty}\frac{(-1)^{m+1}\cos(\xi_m z)}{\xi_m}\times$$
$$\times\int_0^{\infty}\frac{\xi\mathcal{D}_0(\xi r)\left\{1-e^{-(\eta_r\xi^2+\eta_z\xi_m^2)t}\right\}}{(\eta_r\xi^2+\eta_z\xi_m^2)\left[\{\lambda J_0(\xi a)+\xi J_1(\xi a)\}^2+\{\lambda Y_0(\xi a)+\xi Y_1(\xi a)\}^2\right]}d\xi - \frac{2p_I\eta_z}{d}\sum_{m=1}^{\infty}\xi_m(-1)^{m+1}\cos(\xi_m z)\times$$
$$\times\int_0^{\infty}\int_a^{\infty}\frac{\xi u\mathcal{D}_0(\xi u)\mathcal{D}_0(\xi r)\left\{1-e^{-(\eta_r\xi^2+\eta_z\xi_m^2)t}\right\}}{(\eta_r\xi^2+\eta_z\xi_m^2)\left[\{\lambda J_0(\xi a)+\xi J_1(\xi a)\}^2+\{\lambda Y_0(\xi a)+\xi Y_1(\xi a)\}^2\right]}dud\xi + p_I \tag{19.31.5}$$

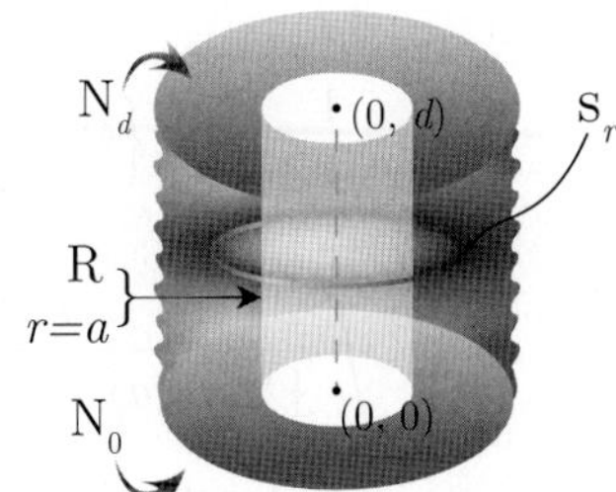

19.32 The problem of 19.10, except $\mathbf{N_0 \equiv \frac{\partial p(r,0,t)}{\partial z} = -\left(\frac{\mu}{k_z}\right)\psi_0(r,t)}$, $\mathbf{N_d \equiv \frac{\partial p(r,d,t)}{\partial z} = -\left(\frac{\mu}{k_z}\right)\psi_d(r,t)}$ **and** $\mathbf{R \equiv \frac{\partial p(a,z,t)}{\partial r} - \lambda p(a,z,t) = -\left(\frac{\mu}{k_r}\right)\psi(z,t)}$

The successive application of the Laplace, Fourier and Robin-Weber transformations to equation (18.1.1) gives

$$\overline{\overline{\overline{p}}} = \frac{q(s)e^{-st_0}\cos(\xi_m z_0)\mathcal{D}_0(\xi r_0)}{2\pi\phi c_t(\eta_r\xi^2+\eta_z\xi_m^2+s)} + \frac{2\overline{\overline{\psi}}(\xi_m,s)}{\pi\phi c_t(\eta_r\xi^2+\eta_z\xi_m^2+s)} + \frac{\int_a^{\infty}u\mathcal{D}_0(\xi u)\left\{(-1)^{m+1}\overline{\psi}_d(u,s)+\overline{\psi}_0(u,s)\right\}du}{\phi c_t(\eta_r\xi^2+\eta_z\xi_m^2+s)} + \frac{\overline{\overline{\varphi}}(\xi,\xi_m)}{(\eta_r\xi^2+\eta_z\xi_m^2+s)} \tag{19.32.1}$$

where ξ_m is a positive root of $\sin(\xi_m d)$, which are $\frac{m\pi}{d}$, $m = 0, 2, \ldots$, $\mathcal{D}_0(\xi r) = Y_0(\xi r)\{\lambda J_0(\xi a)+\xi J_1(\xi a)\} - J_0(\xi r)\{\lambda Y_0(\xi a)+\xi Y_1(\xi a)\}$, $\overline{\overline{\psi}}(\xi_m,s) = \int_0^d\overline{\psi}(u,s)\cos(\xi_m u)du$ and $\overline{\overline{\varphi}}(\xi,\xi_m) = \int_a^{\infty}r\mathcal{D}_0(\xi r)\int_0^d\varphi(r,u)\cos(\xi_m u)dudr$. Successive inverse transforms yield

$$\overline{p} = \frac{q(s)e^{-st_0}}{\pi d\phi c_t}\sum_{m=0}^{\infty}\ni_m\cos(\xi_m z_0)\cos(\xi_m z)\times$$
$$\times\int_0^{\infty}\frac{\xi\mathcal{D}_0(\xi r_0)\mathcal{D}_0(\xi r)}{(\eta_r\xi^2+\eta_z\xi_m^2+s)\left[\{\lambda J_0(\xi a)+\xi J_1(\xi a)\}^2+\{\lambda Y_0(\xi a)+\xi Y_1(\xi a)\}^2\right]}d\xi +$$

$$+\frac{4}{d\pi\phi c_t}\sum_{m=0}^{\infty}\ni_m\overline{\overline{\psi}}(\xi_m,s)\cos(\xi_m z)\int_0^{\infty}\frac{\xi\mathcal{D}_0(\xi r)}{(\eta_r\xi^2+\eta_z\xi_m^2+s)\left[\{\lambda J_0(\xi a)+\xi J_1(\xi a)\}^2+\{\lambda Y_0(\xi a)+\xi Y_1(\xi a)\}^2\right]}d\xi+$$

$$+\frac{2}{d\phi c_t}\sum_{m=0}^{\infty}\ni_m\xi_m\cos(\xi_m z)\int_a^{\infty}\int_0^{\infty}\frac{\xi u\mathcal{D}_0(\xi u)\mathcal{D}_0(\xi r)}{(\eta_r\xi^2+\eta_z\xi_m^2+s)\left[\{\lambda J_0(\xi a)+\xi J_1(\xi a)\}^2+\{\lambda Y_0(\xi a)+\xi Y_1(\xi a)\}^2\right]}d\xi\times$$

$$\times\left\{(-1)^{m+1}\overline{\psi}_d(u,s)+\overline{\psi}_0(u,s)\right\}du+$$

$$+\frac{2}{d}\sum_{m=0}^{\infty}\ni_m\cos(\xi_m z)\int_0^{\infty}\frac{\overline{\overline{\varphi}}(\xi,\xi_m)\xi\mathcal{D}_0(\xi r)}{(\eta_r\xi^2+\eta_z\xi_m^2+s)\left[\{\lambda J_0(\xi a)+\xi J_1(\xi a)\}^2+\{\lambda Y_0(\xi a)+\xi Y_1(\xi a)\}^2\right]}d\xi \tag{19.32.2}$$

and

$$p=\frac{U(t-t_0)}{4\pi d\phi c_t}\int_0^{t-t_0}q(t-t_0-\tau)\left\{\Theta_3\left(\frac{\pi(z-z_0)}{2d},e^{-\left(\frac{\pi}{d}\right)^2\eta_z\tau}\right)+\Theta_3\left(\frac{\pi(z+z_0)}{2d},e^{-\left(\frac{\pi}{d}\right)^2\eta_z\tau}\right)\right\}\times$$

$$\times\int_0^{\infty}\frac{\xi D_0(\xi r_0)D_0(\xi r)e^{-\eta_r\xi^2\tau}}{\{\lambda J_0(\xi a)+\xi J_1(\xi a)\}^2+\{\lambda Y_0(\xi a)+\xi Y_1(\xi a)\}^2}d\xi d\tau+$$

$$+\frac{1}{\pi d\phi c_t}\int_0^t\int_a^{\infty}\psi(u,t-\tau)\left\{\Theta_3\left(\frac{\pi(z-u)}{2d},e^{-\left(\frac{\pi}{d}\right)^2\eta_z\tau}\right)+\Theta_3\left(\frac{\pi(z+u)}{2d},e^{-\left(\frac{\pi}{d}\right)^2\eta_z\tau}\right)\right\}\times$$

$$\times\int_0^{\infty}\frac{\xi D_0(\xi r)e^{-\eta_r\xi^2\tau}}{\{\lambda J_0(\xi a)+\xi J_1(\xi a)\}^2+\{\lambda Y_0(\xi a)+\xi Y_1(\xi a)\}^2}d\xi du d\tau+$$

$$+\frac{1}{\phi c_t d}\int_0^t\int_a^{\infty}\left\{\Theta_3\left(\frac{\pi z}{2d},e^{-\left(\frac{\pi}{d}\right)^2\eta_z\tau}\right)\psi_0(u,t-\tau)-\Theta_4\left(\frac{\pi z}{2d},e^{-\left(\frac{\pi}{d}\right)^2\eta_z\tau}\right)\psi_d(u,t-\tau)\right\}\times$$

$$\times\int_0^{\infty}\frac{\xi u D_0(\xi u)D_0(\xi r)e^{-\eta_r\xi^2\tau}}{\{\lambda J_0(\xi a)+\xi J_1(\xi a)\}^2+\{\lambda Y_0(\xi a)+\xi Y_1(\xi a)\}^2}d\xi du d\tau+$$

$$+\frac{1}{2d}\int_a^{\infty}v\int_0^d\varphi(v,u)\left\{\Theta_3\left(\frac{\pi(z-u)}{2d},e^{-\left(\frac{\pi}{d}\right)^2\eta_z t}\right)+\Theta_3\left(\frac{\pi(z+u)}{2d},e^{-\left(\frac{\pi}{d}\right)^2\eta_z t}\right)\right\}\times$$

$$\times\int_0^{\infty}\frac{\xi D_0(\xi v)D_0(\xi r)e^{-\eta_r\xi^2 t}}{\{\lambda J_0(\xi a)+\xi J_1(\xi a)\}^2+\{\lambda Y_0(\xi a)+\xi Y_1(\xi a)\}^2}d\xi du dv \tag{19.32.3}$$

When $\varphi(r,z)=p_I$, a constant, the solution is obtained by replacing the terms corresponding to the initial condition (the last term) in equations (19.32.2) and (19.32.3) with

$$\overline{p}=\frac{p_I}{s}\left\{1-\frac{\lambda K_0\left(r\sqrt{\frac{s}{\eta}}\right)}{\lambda K_0\left(a\sqrt{\frac{s}{\eta}}\right)-\sqrt{\frac{s}{\eta}}K_0'\left(a\sqrt{\frac{s}{\eta}}\right)}\right\} \tag{19.32.4}$$

and

$$p=\frac{2\lambda p_I}{\pi}\int_0^{\infty}\frac{D_0(\xi r)e^{-\eta\xi^2 t}}{\xi\left\{\{\lambda J_0(\xi a)+\xi J_1(\xi a)\}^2+\{\lambda Y_0(\xi a)+\xi Y_1(\xi a)\}^2\right\}}d\xi \tag{19.32.5}$$

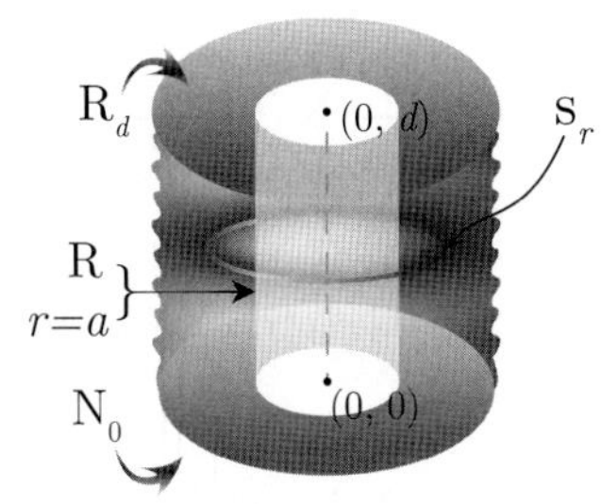

19.33 The problem of 19.10, except $\mathbf{N_0 \equiv \frac{\partial p(r,0,t)}{\partial z} = -\left(\frac{\mu}{k_z}\right)\psi_0(r,t)}$**,** $\mathbf{R_d \equiv \frac{\partial p(r,d,t)}{\partial z} + \lambda_d p(r,d,t) = -\left(\frac{\mu}{k_z}\right)\psi_d(r,t)}$ **and** $\mathbf{R \equiv \frac{\partial p(a,z,t)}{\partial r} - \lambda p(a,z,t) = -\left(\frac{\mu}{k_r}\right)\psi(z,t)}$

The successive application of the Laplace, Fourier and Robin-Weber transformations to equation (18.1.1) gives

$$\overline{\overline{\overline{p}}} = \frac{q(s)e^{-st_0}\cos(\xi_m z_0)\mathcal{D}_0(\xi r_0)}{2\pi\phi c_t(\eta_r\xi^2+\eta_z\xi_m^2+s)} + \frac{2\overline{\overline{\psi}}(\xi_m,s)}{\pi\phi c_t(\eta_r\xi^2+\eta_z\xi_m^2+s)} + \\ + \frac{\int_a^\infty u\mathcal{D}_0(\xi u)\{\overline{\psi}_0(u,s)-\overline{\psi}_d(u,s)\cos(\xi_m d)\}du}{\phi c_t(\eta_r\xi^2+\eta_z\xi_m^2+s)} + \frac{\overline{\overline{\varphi}}(\xi,\xi_m)}{(\eta_r\xi^2+\eta_z\xi_m^2+s)} \tag{19.33.1}$$

where ξ_m is a positive root of $\xi_m\tan(\xi_m d) = \lambda_d$, $m = 1, 2, ...$, $\mathcal{D}_0(\xi r) = Y_0(\xi r)\{\lambda J_0(\xi a)+\xi J_1(\xi a)\} - J_0(\xi r)\{\lambda Y_0(\xi a)+\xi Y_1(\xi a)\}$, $\overline{\overline{\psi}}(\xi_m,s) = \int_0^d \overline{\psi}(u,s)\cos(\xi_m u)du$ and $\overline{\overline{\varphi}}(\xi,\xi_m) = \int_a^\infty r\mathcal{D}_0(\xi r)\int_0^d \varphi(r,u)\cos(\xi_m u)dudr$. Successive inverse transforms yield

$$\overline{p} = \frac{q(s)e^{-st_0}}{\pi\phi c_t}\sum_{m=1}^\infty \frac{(\xi_m^2+\lambda_d^2)\cos(\xi_m z_0)\cos(\xi_m z)}{d(\xi_m^2+\lambda_d^2)+\lambda_d}\times \\ \times\int_0^\infty \frac{\xi\mathcal{D}_0(\xi r_0)\mathcal{D}_0(\xi r)}{(\eta_r\xi^2+\eta_z\xi_m^2+s)\left[\{\lambda J_0(\xi a)+\xi J_1(\xi a)\}^2+\{\lambda Y_0(\xi a)+\xi Y_1(\xi a)\}^2\right]}d\xi + \\ +\frac{4}{\pi\phi c_t}\sum_{m=1}^\infty \frac{\overline{\overline{\psi}}(\xi_m,s)(\xi_m^2+\lambda_d^2)\cos(\xi_m z)}{d(\xi_m^2+\lambda_d^2)+\lambda_d}\times \\ \times\int_0^\infty \frac{\xi\mathcal{D}_0(\xi r)}{(\eta_r\xi^2+\eta_z\xi_m^2+s)\left[\{\lambda J_0(\xi a)+\xi J_1(\xi a)\}^2+\{\lambda Y_0(\xi a)+\xi Y_1(\xi a)\}^2\right]}d\xi + \\ +\frac{2}{\phi c_t}\sum_{m=1}^\infty \frac{(\xi_m^2+\lambda_d^2)\cos(\xi_m z)}{d(\xi_m^2+\lambda^2)+\lambda}\int_a^\infty\int_0^\infty \frac{\xi u\mathcal{D}_0(\xi u)\mathcal{D}_0(\xi r)}{(\eta_r\xi^2+\eta_z\xi_m^2+s)\left[\{\lambda J_0(\xi a)+\xi J_1(\xi a)\}^2+\{\lambda Y_0(\xi a)+\xi Y_1(\xi a)\}^2\right]}d\xi\times \\ \times\left\{\overline{\psi}_0(r,s)-\overline{\psi}_d(r,s)\cos(\xi_m d)\right\}du + \\ +2\sum_{m=1}^\infty \frac{(\xi_m^2+\lambda_d^2)\cos(\xi_m z)}{d(\xi_m^2+\lambda_d^2)+\lambda_d}\int_0^\infty \frac{\overline{\overline{\varphi}}(\xi,\xi_m)\xi\mathcal{D}_0(\xi r)}{(\eta_r\xi^2+\eta_z\xi_m^2+s)\left[\{\lambda J_0(\xi a)+\xi J_1(\xi a)\}^2+\{\lambda Y_0(\xi a)+\xi Y_1(\xi a)\}^2\right]}d\xi \tag{19.33.2}$$

and

$$p = \frac{U(t-t_0)}{\pi\phi c_t}\times \\ \times\sum_{m=1}^\infty \frac{(\xi_m^2+\lambda_d^2)\cos(\xi_m z_0)\cos(\xi_m z)}{d(\xi_m^2+\lambda_d^2)+\lambda_d}\int_0^\infty \frac{\xi\mathcal{D}_0(\xi r_0)\mathcal{D}_0(\xi r)\int_0^{t-t_0} q(t-t_0-\tau)e^{-(\eta_r\xi^2+\eta_z\xi_m^2)\tau}d\tau}{\left[\{\lambda J_0(\xi a)+\xi J_1(\xi a)\}^2+\{\lambda Y_0(\xi a)+\xi Y_1(\xi a)\}^2\right]}d\xi + \\ +\frac{4}{\pi\phi c_t}\sum_{m=1}^\infty \frac{(\xi_m^2+\lambda_d^2)\cos(\xi_m z)}{d(\xi_m^2+\lambda_d^2)+\lambda_d}\times \\ \times\int_0^\infty \frac{\xi\mathcal{D}_0(\xi r)}{\left[\{\lambda J_0(\xi a)+\xi J_1(\xi a)\}^2+\{\lambda Y_0(\xi a)+\xi Y_1(\xi a)\}^2\right]}\int_0^t \overline{\psi}(\xi_m,\tau)e^{-(\eta_r\xi^2+\eta_z\xi_m^2)(t-\tau)}d\tau d\xi +$$

$$+\frac{2}{\phi c_t}\sum_{m=1}^{\infty}\frac{\left(\xi_m^2+\lambda_d^2\right)\cos\left(\xi_m z\right)}{d\left(\xi_m^2+\lambda_d^2\right)+\lambda_d}\int_a^{\infty}\int_0^{\infty}\frac{\xi u\mathcal{D}_0\left(\xi u\right)\mathcal{D}_0\left(\xi r\right)}{\left[\left\{\lambda J_0\left(\xi a\right)+\xi J_1\left(\xi a\right)\right\}^2+\left\{\lambda Y_0\left(\xi a\right)+\xi Y_1\left(\xi a\right)\right\}^2\right]}\times$$

$$\times\int_0^t\left\{\psi_0\left(r,u\right)-\psi_d\left(u,s\right)\cos\left(\xi_m d\right)\right\}e^{-\left(\eta_r\xi^2+\eta_z\xi_m^2\right)(t-\tau)}d\tau d\xi du+$$

$$+2\sum_{m=1}^{\infty}\frac{\left(\xi_m^2+\lambda_d^2\right)\cos\left(\xi_m z\right)}{d\left(\xi_m^2+\lambda_d^2\right)+\lambda_d}\int_0^{\infty}\frac{\overline{\overline{\varphi}}(\xi,\xi_m)\xi\mathcal{D}_0\left(\xi r\right)e^{-\left(\eta_r\xi^2+\eta_z\xi_m^2\right)t}}{\left[\left\{\lambda J_0\left(\xi a\right)+\xi J_1\left(\xi a\right)\right\}^2+\left\{\lambda Y_0\left(\xi a\right)+\xi Y_1\left(\xi a\right)\right\}^2\right]}d\xi \qquad (19.33.3)$$

where $\overline{\psi}\left(\xi_m,t\right)=\int_0^d\psi\left(u,t\right)\cos\left(\xi_m u\right)du$. When $\varphi(r,z)=p_I$, a constant, the solution is obtained by replacing the terms corresponding to the initial condition (the last term) in equations (19.33.2) and (19.33.3) with

$$\overline{p}=\frac{2\lambda p_I}{s}\sum_{m=1}^{\infty}\frac{\left(\xi_m^2+\lambda_d^2\right)K_0\left(r\sqrt{\frac{\eta_z\xi_m^2+s}{\eta_r}}\right)\sin\left(\xi_m d\right)\cos\left(\xi_m z\right)}{\xi_m\left\{\lambda K_0\left(a\sqrt{\frac{\eta_z\xi_m^2+s}{\eta_r}}\right)+\sqrt{\frac{\eta_z\xi_m^2+s}{\eta_r}}K_1\left(a\sqrt{\frac{\eta_z\xi_m^2+s}{\eta_r}}\right)\right\}\left\{d\left(\xi_m^2+\lambda_d^2\right)+\lambda_d\right\}}+$$

$$+\frac{2\lambda p_I}{\phi c_t s}\sum_{m=1}^{\infty}\frac{\left(\xi_m^2+\lambda_d^2\right)\cos\left(\xi_m d\right)\cos\left(\xi_m z\right)}{\left\{d\left(\xi_m^2+\lambda_d^2\right)+\lambda_d\right\}}\times$$

$$\times\int_a^{\infty}\int_0^{\infty}\frac{\xi u\mathcal{D}_0\left(\xi u\right)\mathcal{D}_0\left(\xi r\right)}{\left(\eta_r\xi^2+\eta_z\xi_m^2+s\right)\left[\left\{\lambda J_0\left(\xi a\right)+\xi J_1\left(\xi a\right)\right\}^2+\left\{\lambda Y_0\left(\xi a\right)+\xi Y_1\left(\xi a\right)\right\}^2\right]}d\xi du+\frac{p_I}{s} \qquad (19.33.4)$$

and

$$p=\frac{4\lambda\eta_r p_I}{\pi}\sum_{m=1}^{\infty}\frac{\left(\xi_m^2+\lambda_d^2\right)\sin\left(\xi_m d\right)\cos\left(\xi_m z\right)}{\xi_m\left\{d\left(\xi_m^2+\lambda_d^2\right)+\lambda_d\right\}}\times$$

$$\times\int_0^{\infty}\frac{\xi\mathcal{D}_0\left(\xi r\right)\left\{1-e^{-\left(\eta_r\xi^2+\eta_z\xi_m^2\right)t}\right\}}{\left(\eta_r\xi^2+\eta_z\xi_m^2\right)\left[\left\{\lambda J_0\left(\xi a\right)+\xi J_1\left(\xi a\right)\right\}^2+\left\{\lambda Y_0\left(\xi a\right)+\xi Y_1\left(\xi a\right)\right\}^2\right]}d\xi+$$

$$+\frac{2\lambda p_I}{\phi c_t}\sum_{m=1}^{\infty}\frac{\left(\xi_m^2+\lambda_d^2\right)\cos\left(\xi_m d\right)\cos\left(\xi_m z\right)}{\left\{d\left(\xi_m^2+\lambda_d^2\right)+\lambda_d\right\}}\times$$

$$\times\int_a^{\infty}\int_0^{\infty}\frac{\xi u\mathcal{D}_0\left(\xi u\right)\mathcal{D}_0\left(\xi r\right)e^{-\left(\eta_r\xi^2+\eta_z\xi_m^2\right)t}}{\left(\eta_r\xi^2+\eta_z\xi_m^2\right)\left[\left\{\lambda J_0\left(\xi a\right)+\xi J_1\left(\xi a\right)\right\}^2+\left\{\lambda Y_0\left(\xi a\right)+\xi Y_1\left(\xi a\right)\right\}^2\right]}d\xi du+p_I \qquad (19.33.5)$$

19.34

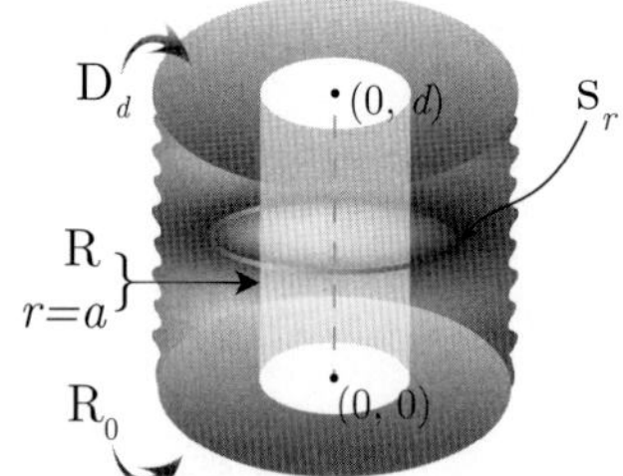

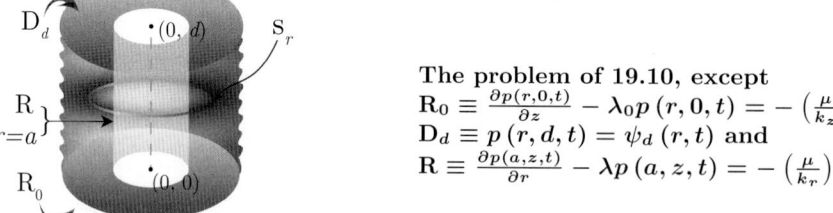

The problem of 19.10, except
$\mathbf{R_0}\equiv\frac{\partial p(r,0,t)}{\partial z}-\lambda_0 p\left(r,0,t\right)=-\left(\frac{\mu}{k_z}\right)\psi_0\left(r,t\right),$
$\mathbf{D_d}\equiv p\left(r,d,t\right)=\psi_d\left(r,t\right)$ **and**
$\mathbf{R}\equiv\frac{\partial p(a,z,t)}{\partial r}-\lambda p\left(a,z,t\right)=-\left(\frac{\mu}{k_r}\right)\psi\left(z,t\right)$

The successive application of the Laplace, Fourier and Robin-Weber transformations to equation (18.1.1) gives

$$\overline{\overline{\overline{p}}}=\frac{q\left(s\right)e^{-st_0}\sin\left\{\xi_m\left(d-z_0\right)\right\}\mathcal{D}_0\left(\xi r_0\right)}{2\pi\phi c_t\left(\eta_r\xi^2+\eta_z\xi_m^2+s\right)}+\frac{2\overline{\overline{\psi}}\left(\xi_m,s\right)}{\pi\phi c_t\left(\eta_r\xi^2+\eta_z\xi_m^2+s\right)}+$$

$$+\frac{\eta_z\int_a^{\infty}u\mathcal{D}_0\left(\xi u\right)\left\{\left(\frac{\mu}{k_z}\right)\overline{\psi}_0\left(u,s\right)\sin\left(\xi_m d\right)+\xi_m\overline{\psi}_d\left(u,s\right)\right\}du}{\left(\eta_r\xi^2+\eta_z\xi_m^2+s\right)}+\frac{\overline{\overline{\varphi}}(\xi,\xi_m)}{\left(\eta_r\xi^2+\eta_z\xi_m^2+s\right)} \qquad (19.34.1)$$

where ξ_m is a positive root of $\xi_m \cot(\xi_m d) = -\lambda_0$, $m = 1, 2, ...,$
$\mathcal{D}_0(\xi r) = Y_0(\xi r)\{\lambda J_0(\xi a) + \xi J_1(\xi a)\} - J_0(\xi r)\{\lambda Y_0(\xi a) + \xi Y_1(\xi a)\}$, $\overline{\overline{\psi}}(\xi_m, s) = \int_0^d \overline{\psi}(u, s) \sin\{\xi_m (d-u)\} du$ and $\overline{\overline{\varphi}}(\xi, \xi_m) = \int_a^\infty r\mathcal{D}_0(\xi r) \int_0^d \varphi(r, u) \sin\{\xi_m (d-u)\} du dr$. Successive inverse transforms yield

$$\begin{aligned}
\overline{p} &= \frac{q(s)\, e^{-st_0}}{\pi\phi c_t} \sum_{m=1}^{\infty} \frac{(\xi_m^2 + \lambda_0^2) \sin\{\xi_m (d-z_0)\} \sin\{\xi_m (d-z)\}}{d(\xi_m^2 + \lambda_0^2) + \lambda_0} \times \\
&\times \int_0^\infty \frac{\xi \mathcal{D}_0(\xi r_0)\, \mathcal{D}_0(\xi r)}{(\eta_r \xi^2 + \eta_z \xi_m^2 + s)\left[\{\lambda J_0(\xi a) + \xi J_1(\xi a)\}^2 + \{\lambda Y_0(\xi a) + \xi Y_1(\xi a)\}^2\right]} d\xi + \\
&+ \frac{4}{\pi\phi c_t} \sum_{m=1}^{\infty} \frac{\overline{\overline{\psi}}(\xi_m, s)(\xi_m^2 + \lambda_0^2) \sin\{\xi_m (d-z)\}}{d(\xi_m^2 + \lambda_0^2) + \lambda_0} \times \\
&\times \int_0^\infty \frac{\xi \mathcal{D}_0(\xi r)}{(\eta_r \xi^2 + \eta_z \xi_m^2 + s)\left[\{\lambda J_0(\xi a) + \xi J_1(\xi a)\}^2 + \{\lambda Y_0(\xi a) + \xi Y_1(\xi a)\}^2\right]} d\xi + \\
&+ 2\eta_z \sum_{m=1}^{\infty} \frac{(\xi_m^2 + \lambda_0^2) \sin\{\xi_m (d-z)\}}{d(\xi_m^2 + \lambda_0^2) + \lambda_0} \times \\
&\times \int_a^\infty \int_0^\infty \frac{\xi u \mathcal{D}_0(\xi u)\, \mathcal{D}_0(\xi r)}{(\eta_r \xi^2 + \eta_z \xi_m^2 + s)\left[\{\lambda J_0(\xi a) + \xi J_1(\xi a)\}^2 + \{\lambda Y_0(\xi a) + \xi Y_1(\xi a)\}^2\right]} d\xi \times \\
&\times \left\{\left(\frac{\mu}{k_z}\right) \overline{\psi}_0(u, s) \sin(\xi_m d) + \xi_m \overline{\psi}_d(u, s)\right\} du + \\
&+ 2 \sum_{m=1}^{\infty} \frac{(\xi_m^2 + \lambda_0^2) \sin\{\xi_m (d-z)\}}{d(\xi_m^2 + \lambda_0^2) + \lambda_0} \times \\
&\times \int_0^\infty \frac{\overline{\overline{\varphi}}(\xi, \xi_m) \xi \mathcal{D}_0(\xi r)}{(\eta_r \xi^2 + \eta_z \xi_m^2 + s)\left[\{\lambda J_0(\xi a) + \xi J_1(\xi a)\}^2 + \{\lambda Y_0(\xi a) + \xi Y_1(\xi a)\}^2\right]} d\xi
\end{aligned} \tag{19.34.2}$$

and

$$\begin{aligned}
p &= \frac{U(t-t_0)}{\pi\phi c_t} \sum_{m=1}^{\infty} \frac{(\xi_m^2 + \lambda_0^2) \sin\{\xi_m (d-z_0)\} \sin\{\xi_m (d-z)\}}{d(\xi_m^2 + \lambda_0^2) + \lambda_0} \times \\
&\times \int_0^\infty \frac{\xi \mathcal{D}_0(\xi r_0)\, \mathcal{D}_0(\xi r)}{\left[\{\lambda J_0(\xi a) + \xi J_1(\xi a)\}^2 + \{\lambda Y_0(\xi a) + \xi Y_1(\xi a)\}^2\right]} \int_0^{t-t_0} q(t-t_0-\tau)\, e^{-(\eta_r \xi^2 + \eta_z \xi_m^2)\tau} d\tau d\xi + \\
&+ \frac{4}{\pi\phi c_t} \sum_{m=1}^{\infty} \frac{(\xi_m^2 + \lambda_0^2) \sin\{\xi_m (d-z)\}}{d(\xi_m^2 + \lambda_0^2) + \lambda_0} \times \\
&\times \int_0^\infty \frac{\xi \mathcal{D}_0(\xi r)}{\left[\{\lambda J_0(\xi a) + \xi J_1(\xi a)\}^2 + \{\lambda Y_0(\xi a) + \xi Y_1(\xi a)\}^2\right]} \int_0^t \overline{\psi}(\xi_m, \tau)\, e^{-(\eta_r \xi^2 + \eta_z \xi_m^2)(t-\tau)} d\tau d\xi + \\
&+ 2\eta_z \sum_{m=1}^{\infty} \frac{(\xi_m^2 + \lambda_0^2) \sin\{\xi_m (d-z)\}}{d(\xi_m^2 + \lambda_0^2) + \lambda_0} \int_a^\infty \int_0^\infty \frac{\xi u \mathcal{D}_0(\xi u)\, \mathcal{D}_0(\xi r)}{\left[\{\lambda J_0(\xi a) + \xi J_1(\xi a)\}^2 + \{\lambda Y_0(\xi a) + \xi Y_1(\xi a)\}^2\right]} \times \\
&\times \int_0^t \left\{\left(\frac{\mu}{k_z}\right) \psi_0(u, \tau) \sin(\xi_m d) + \xi_m \psi_d(u, \tau)\right\} e^{-(\eta_r \xi^2 + \eta_z \xi_m^2)(t-\tau)} d\tau d\xi du + \\
&+ 2 \sum_{m=1}^{\infty} \frac{(\xi_m^2 + \lambda_0^2) \sin\{\xi_m (d-z)\}}{d(\xi_m^2 + \lambda_0^2) + \lambda_0} \int_0^\infty \frac{\overline{\overline{\varphi}}(\xi, \xi_m) \xi \mathcal{D}_0(\xi r)\, e^{-(\eta_r \xi^2 + \eta_z \xi_m^2)t}}{\left[\{\lambda J_0(\xi a) + \xi J_1(\xi a)\}^2 + \{\lambda Y_0(\xi a) + \xi Y_1(\xi a)\}^2\right]} d\xi
\end{aligned} \tag{19.34.3}$$

where $\overline{\psi}(\xi_m, t) = \int_0^d \psi(u, t) \sin\{\xi_m (d-u)\} du$. When $\varphi(r, z) = p_I$, a constant, the solution is obtained by replacing the terms corresponding to the initial condition (the last term) in equations (19.34.2) and (19.34.3) with

$$\overline{p} = \frac{2\lambda p_I}{s} \sum_{m=1}^{\infty} \frac{(\xi_m^2 + \lambda_0^2)\{1 - \cos(\xi_m d)\} \sin\{\xi_m (d-z)\} K_0\left(r\sqrt{\frac{\eta_z \xi_m^2 + s}{\eta_r}}\right)}{\xi_m \{d(\xi_m^2 + \lambda_0^2) + \lambda\} \left\{\lambda K_0\left(a\sqrt{\frac{\eta_z \xi_m^2 + s}{\eta_r}}\right) + \sqrt{\frac{\eta_z \xi_m^2 + s}{\eta_r}} K_1\left(a\sqrt{\frac{\eta_z \xi_m^2 + s}{\eta_r}}\right)\right\}} - $$
$$- \frac{2p_I \eta_z}{s} \sum_{m=1}^{\infty} \frac{(\xi_m^2 + \lambda_0^2)\{\lambda \sin(\xi_m d) + \xi_m\} \sin\{\xi_m (d-z)\}}{d(\xi_m^2 + \lambda_0^2) + \lambda_0} \times$$
$$\times \int_0^{\infty} \int_a^{\infty} \frac{\xi u \mathcal{D}_0(\xi u) \mathcal{D}_0(\xi r)}{(\eta_r \xi^2 + \eta_z \xi_m^2 + s)\left[\{\lambda J_0(\xi a) + \xi J_1(\xi a)\}^2 + \{\lambda Y_0(\xi a) + \xi Y_1(\xi a)\}^2\right]} du d\xi + \frac{p_I}{s} \qquad (19.34.4)$$

and

$$p = \frac{4\lambda \eta_r p_I}{\pi} \sum_{m=1}^{\infty} \frac{(\xi_m^2 + \lambda_0^2)\{1 - \cos(\xi_m d)\} \sin\{\xi_m (d-z)\}}{\xi_m \{d(\xi_m^2 + \lambda_0^2) + \lambda\}} \times$$
$$\times \int_0^{\infty} \frac{\xi \mathcal{D}_0(\xi r)\left\{1 - e^{-(\eta_r \xi^2 + \eta_z \xi_m^2)t}\right\}}{(\eta_r \xi^2 + \eta_z \xi_m^2)\left[\{\lambda J_0(\xi a) + \xi J_1(\xi a)\}^2 + \{\lambda Y_0(\xi a) + \xi Y_1(\xi a)\}^2\right]} d\xi -$$
$$- \frac{2p_I \eta_z}{\eta_r} \sum_{m=1}^{\infty} \frac{(\xi_m^2 + \lambda_0^2)\{\lambda \sin(\xi_m d) + \xi_m\} \sin\{\xi_m (d-z)\}}{d(\xi_m^2 + \lambda_0^2) + \lambda_0} \times$$
$$\times \int_0^{\infty} \int_a^{\infty} \frac{\xi u \mathcal{D}_0(\xi u) \mathcal{D}_0(\xi r)\left\{1 - e^{-(\eta_r \xi^2 + \eta_z \xi_m^2)t}\right\}}{(\eta_r \xi^2 + \eta_z \xi_m^2)\left[\{\lambda J_0(\xi a) + \xi J_1(\xi a)\}^2 + \{\lambda Y_0(\xi a) + \xi Y_1(\xi a)\}^2\right]} du d\xi + p_I \qquad (19.34.5)$$

19.35

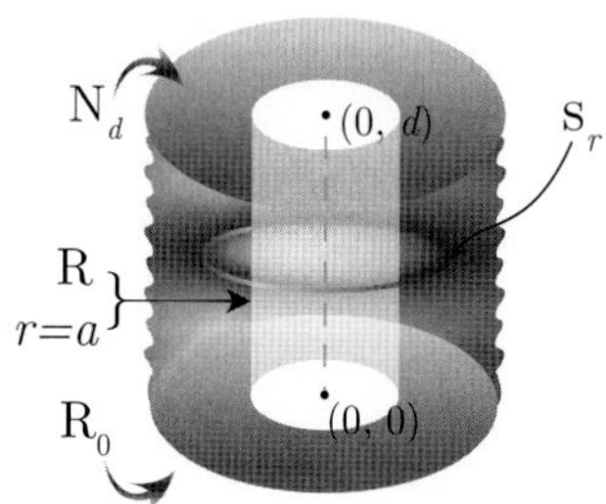

The problem of 19.10, except
$\mathbf{R_0} \equiv \frac{\partial p(r,0,t)}{\partial z} - \lambda_0 p(r, 0, t) = -\left(\frac{\mu}{k_z}\right) \psi_0(r, t),$
$\mathbf{N_d} \equiv \frac{\partial p(r,d,t)}{\partial z} = -\left(\frac{\mu}{k_z}\right) \psi_d(r, t)$ **and**
$\mathbf{R} \equiv \frac{\partial p(a,z,t)}{\partial r} - \lambda p(a, z, t) = -\left(\frac{\mu}{k_r}\right) \psi(z, t)$

The successive application of the Laplace, Fourier and Robin-Weber transformations to equation (18.1.1) gives

$$\overline{\overline{\overline{p}}} = \frac{q(s) e^{-st_0} \cos\{\xi_m (d - z_0)\} \mathcal{D}_0(\xi r_0)}{2\pi\phi c_t (\eta_r \xi^2 + \eta_z \xi_m^2 + s)} + \frac{2\overline{\overline{\psi}}(\xi_m, s)}{\pi\phi c_t (\eta_r \xi^2 + \eta_z \xi_m^2 + s)} +$$
$$+ \frac{\int_a^{\infty} u \mathcal{D}_0(\xi u)\{\overline{\psi}_0(u, s)\cos(\xi_m d) - \overline{\psi}_d(u, s)\} du}{\phi c_t (\eta_r \xi^2 + \eta_z \xi_m^2 + s)} + \frac{\overline{\overline{\varphi}}(\xi, \xi_m)}{(\eta_r \xi^2 + \eta_z \xi_m^2 + s)} \qquad (19.35.1)$$

where ξ_m is a positive root of $\xi_m \tan(\xi_m d) = \lambda_0$, $m = 1, 2, ...$,
$\mathcal{D}_0(\xi r) = Y_0(\xi r)\{\lambda J_0(\xi a) + \xi J_1(\xi a)\} - J_0(\xi r)\{\lambda Y_0(\xi a) + \xi Y_1(\xi a)\}$, $\overline{\overline{\psi}}(\xi_m, s) = \int_0^d \overline{\psi}(u, s) \cos\{\xi_m (d-u)\} du$

and $\overline{\overline{\varphi}}(\xi,\xi_m)=\int_a^\infty r\mathcal{D}_0(\xi r)\int_0^d \varphi(r,u)\cos\{\xi_m(d-u)\}dudr$. Successive inverse transforms yield

$$\begin{aligned}\overline{p} = {} & \frac{q(s)\,e^{-st_0}}{\pi\phi c_t}\sum_{m=1}^{\infty}\frac{(\xi_m^2+\lambda_0^2)\cos\{\xi_m(d-z_0)\}\cos\{\xi_m(d-z)\}}{d(\xi_m^2+\lambda_0^2)+\lambda_0}\times\\ & \times\int_0^\infty\frac{\xi\mathcal{D}_0(\xi r_0)\,\mathcal{D}_0(\xi r)}{(\eta_r\xi^2+\eta_z\xi_m^2+s)\left[\{\lambda J_0(\xi a)+\xi J_1(\xi a)\}^2+\{\lambda Y_0(\xi a)+\xi Y_1(\xi a)\}^2\right]}d\xi+\\ & +\frac{4}{\pi\phi c_t}\sum_{m=1}^{\infty}\frac{\overline{\overline{\psi}}(\xi_m,s)\,(\xi_m^2+\lambda_0^2)\cos\{\xi_m(d-z)\}}{d(\xi_m^2+\lambda_0^2)+\lambda_0}\times\\ & \times\int_0^\infty\frac{\xi\mathcal{D}_0(\xi r)}{(\eta_r\xi^2+\eta_z\xi_m^2+s)\left[\{\lambda J_0(\xi a)+\xi J_1(\xi a)\}^2+\{\lambda Y_0(\xi a)+\xi Y_1(\xi a)\}^2\right]}d\xi+\\ & +\frac{2}{\phi c_t}\sum_{m=1}^{\infty}\frac{(\xi_m^2+\lambda_0^2)\cos\{\xi_m(d-z)\}}{d(\xi_m^2+\lambda_0^2)+\lambda_0}\times\\ & \times\int_a^\infty\int_0^\infty\frac{\xi u\mathcal{D}_0(\xi u)\,\mathcal{D}_0(\xi r)}{(\eta_r\xi^2+\eta_z\xi_m^2+s)\left[\{\lambda J_0(\xi a)+\xi J_1(\xi a)\}^2+\{\lambda Y_0(\xi a)+\xi Y_1(\xi a)\}^2\right]}d\xi\times\\ & \times\{\overline{\psi}_0(u,s)\cos(\xi_m d)-\overline{\psi}_d(u,s)\}du+\\ & +2\sum_{m=1}^{\infty}\frac{(\xi_m^2+\lambda_0^2)\cos\{\xi_m(d-z)\}}{d(\xi_m^2+\lambda_0^2)+\lambda_0}\times\\ & \times\int_0^\infty\frac{\overline{\overline{\varphi}}(\xi,\xi_m)\xi\mathcal{D}_0(\xi r)}{(\eta_r\xi^2+\eta_z\xi_m^2+s)\left[\{\lambda J_0(\xi a)+\xi J_1(\xi a)\}^2+\{\lambda Y_0(\xi a)+\xi Y_1(\xi a)\}^2\right]}d\xi\end{aligned}\tag{19.35.2}$$

and

$$\begin{aligned}p = {} & \frac{U(t-t_0)}{\pi\phi c_t}\sum_{m=1}^{\infty}\frac{(\xi_m^2+\lambda_0^2)\cos\{\xi_m(d-z_0)\}\cos\{\xi_m(d-z)\}}{d(\xi_m^2+\lambda_0^2)+\lambda_0}\times\\ & \times\int_0^\infty\frac{\xi\mathcal{D}_0(\xi r_0)\,\mathcal{D}_0(\xi r)}{\left[\{\lambda J_0(\xi a)+\xi J_1(\xi a)\}^2+\{\lambda Y_0(\xi a)+\xi Y_1(\xi a)\}^2\right]}\int_0^{t-t_0}q(t-t_0-\tau)\,e^{-(\eta_r\xi^2+\eta_z\xi_m^2)\tau}d\tau d\xi+\\ & +\frac{4}{\pi\phi c_t}\sum_{m=1}^{\infty}\frac{(\xi_m^2+\lambda_0^2)\cos\{\xi_m(d-z)\}}{d(\xi_m^2+\lambda_0^2)+\lambda_0}\times\\ & \times\int_0^\infty\frac{\xi\mathcal{D}_0(\xi r)}{\left[\{\lambda J_0(\xi a)+\xi J_1(\xi a)\}^2+\{\lambda Y_0(\xi a)+\xi Y_1(\xi a)\}^2\right]}\int_0^t\overline{\psi}(\xi_m,\tau)\,e^{-(\eta_r\xi^2+\eta_z\xi_m^2)(t-\tau)}d\tau d\xi+\\ & +\frac{2}{\phi c_t}\sum_{m=1}^{\infty}\frac{(\xi_m^2+\lambda_0^2)\cos\{\xi_m(d-z)\}}{d(\xi_m^2+\lambda_0^2)+\lambda_0}\int_a^\infty\int_0^\infty\frac{\xi u\mathcal{D}_0(\xi u)\,\mathcal{D}_0(\xi r)}{\left[\{\lambda J_0(\xi a)+\xi J_1(\xi a)\}^2+\{\lambda Y_0(\xi a)+\xi Y_1(\xi a)\}^2\right]}\times\\ & \times\int_0^t\{\psi_0(u,\tau)\cos(\xi_m d)-\psi_d(u,\tau)\}e^{-(\eta_r\xi^2+\eta_z\xi_m^2)(t-\tau)}d\tau d\xi du+\\ & +2\sum_{m=1}^{\infty}\frac{(\xi_m^2+\lambda_0^2)\cos\{\xi_m(d-z)\}}{d(\xi_m^2+\lambda_0^2)+\lambda_0}\int_0^\infty\frac{\overline{\overline{\varphi}}(\xi,\xi_m)\xi\mathcal{D}_0(\xi r)\,e^{-(\eta_r\xi^2+\eta_z\xi_m^2)t}}{\left[\{\lambda J_0(\xi a)+\xi J_1(\xi a)\}^2+\{\lambda Y_0(\xi a)+\xi Y_1(\xi a)\}^2\right]}d\xi\end{aligned}\tag{19.35.3}$$

where $\overline{\psi}(\xi_m,t)=\int_0^d\psi(u,t)\cos\{\xi_m(d-u)\}du$. When $\varphi(r,z)=p_I$, a constant, the solution is obtained by replacing the terms corresponding to the initial condition (the last term) in equations (19.35.2) and (19.35.3) with

$$\overline{p} = -\frac{2\lambda p_I}{s}\sum_{m=1}^{\infty}\frac{\left(\xi_m^2+\lambda_0^2\right)\sin\left(\xi_m d\right)\cos\left\{\xi_m\left(d-z\right)\right\}K_0\left(r\sqrt{\frac{\eta_z\xi_m^2+s}{\eta_r}}\right)}{\xi_m\left\{d\left(\xi_m^2+\lambda_0^2\right)+\lambda_0\right\}\left\{\lambda K_0\left(a\sqrt{\frac{\eta_z\xi_m^2+s}{\eta_r}}\right)+\sqrt{\frac{\eta_z\xi_m^2+s}{\eta_r}}K_1\left(a\sqrt{\frac{\eta_z\xi_m^2+s}{\eta_r}}\right)\right\}} -$$
$$-\frac{2p_I\lambda}{\phi c_t s}\sum_{m=1}^{\infty}\frac{\left(\xi_m^2+\lambda_0^2\right)\cos\left\{\xi_m\left(d-z\right)\right\}}{d\left(\xi_m^2+\lambda_0^2\right)+\lambda_0}\times$$
$$\times\int_0^{\infty}\int_a^{\infty}\frac{\xi u\mathcal{D}_0\left(\xi u\right)\mathcal{D}_0\left(\xi r\right)}{\left(\eta_r\xi^2+\eta_z\xi_m^2+s\right)\left[\left\{\lambda J_0\left(\xi a\right)+\xi J_1\left(\xi a\right)\right\}^2+\left\{\lambda Y_0\left(\xi a\right)+\xi Y_1\left(\xi a\right)\right\}^2\right]}dud\xi+\frac{p_I}{s} \tag{19.35.4}$$

and

$$p = -\frac{4\lambda\eta_r p_I}{\pi}\sum_{m=1}^{\infty}\frac{\left(\xi_m^2+\lambda_0^2\right)\sin\left(\xi_m d\right)\cos\left\{\xi_m\left(d-z\right)\right\}}{\xi_m\left\{d\left(\xi_m^2+\lambda_0^2\right)+\lambda_0\right\}}\times$$
$$\times\int_0^{\infty}\frac{\xi\mathcal{D}_0\left(\xi r\right)\left\{1-e^{-\left(\eta_r\xi^2+\eta_z\xi_m^2\right)t}\right\}}{\left(\eta_r\xi^2+\eta_z\xi_m^2\right)\left[\left\{\lambda J_0\left(\xi a\right)+\xi J_1\left(\xi a\right)\right\}^2+\left\{\lambda Y_0\left(\xi a\right)+\xi Y_1\left(\xi a\right)\right\}^2\right]}d\xi -$$
$$-\frac{2p_I\lambda}{\phi c_t}\sum_{m=1}^{\infty}\frac{\left(\xi_m^2+\lambda_0^2\right)\cos\left\{\xi_m\left(d-z\right)\right\}}{d\left(\xi_m^2+\lambda_0^2\right)+\lambda_0}\times$$
$$\times\int_0^{\infty}\int_a^{\infty}\frac{\xi u\mathcal{D}_0\left(\xi u\right)\mathcal{D}_0\left(\xi r\right)\left\{1-e^{-\left(\eta_r\xi^2+\eta_z\xi_m^2\right)t}\right\}}{\left(\eta_r\xi^2+\eta_z\xi_m^2\right)\left[\left\{\lambda J_0\left(\xi a\right)+\xi J_1\left(\xi a\right)\right\}^2+\left\{\lambda Y_0\left(\xi a\right)+\xi Y_1\left(\xi a\right)\right\}^2\right]}dud\xi+p_I \tag{19.35.5}$$

19.36

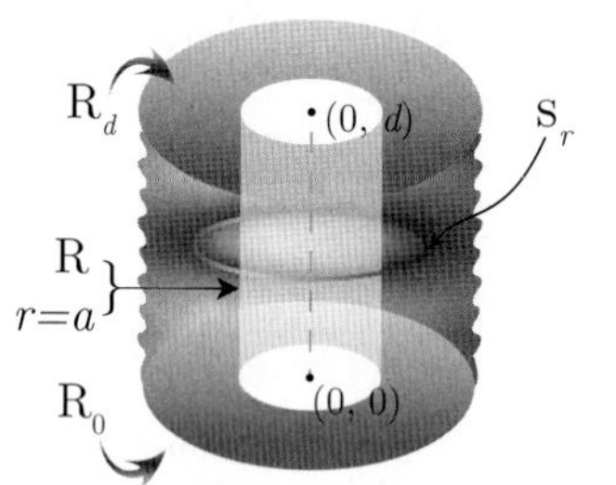

The problem of 19.10, except
$\mathbf{R_0 \equiv \frac{\partial p(r,0,t)}{\partial z} - \lambda_0 p\left(r,0,t\right) = -\left(\frac{\mu}{k_z}\right)\psi_0\left(r,t\right)}$,
$\mathbf{R_d \equiv \frac{\partial p(r,d,t)}{\partial z} + \lambda_d p\left(r,d,t\right) = -\left(\frac{\mu}{k_z}\right)\psi_d\left(r,t\right)}$ **and**
$\mathbf{R \equiv \frac{\partial p(a,z,t)}{\partial r} - \lambda p\left(a,z,t\right) = -\left(\frac{\mu}{k_r}\right)\psi\left(z,t\right)}$

The successive application of the Laplace, Fourier and Robin-Weber transformations to equation (18.1.1) gives

$$\overline{\overline{\overline{p}}} = \frac{q\left(s\right)e^{-st_0}\left\{\xi_m\cos\left(\xi_m z_0\right)+\lambda_0\sin\left(\xi_m z_0\right)\right\}\mathcal{D}_0\left(\xi r_0\right)}{2\pi\phi c_t\left(\eta_r\xi^2+\eta_z\xi_m^2+s\right)}+\frac{2\overline{\overline{\psi}}\left(\xi_m,s\right)}{\pi\phi c_t\left(\eta_r\xi^2+\eta_z\xi_m^2+s\right)}+$$
$$+\frac{\int_a^{\infty}u\mathcal{D}_0\left(\xi u\right)\left[\xi_m\overline{\psi}_0\left(u,s\right)-\overline{\psi}_d\left(u,s\right)\left\{\xi_m\cos\left(\xi_m d\right)+\lambda_0\sin\left(\xi_m d\right)\right\}\right]du}{\phi c_t\left(\eta_r\xi^2+\eta_z\xi_m^2+s\right)}+\frac{\overline{\overline{\varphi}}(\xi,\xi_m)}{\left(\eta_r\xi^2+\eta_z\xi_m^2+s\right)} \tag{19.36.1}$$

where ξ_m is a positive root of $\tan\left(\xi_m d\right)=\frac{\xi_m\left(\lambda_0+\lambda_d\right)}{\left(\xi_m^2-\lambda_0\lambda_d\right)}$, $m=1,2,...$,
$\mathcal{D}_0\left(\xi r\right)=Y_0\left(\xi r\right)\left\{\lambda J_0\left(\xi a\right)+\xi J_1\left(\xi a\right)\right\}-J_0\left(\xi r\right)\left\{\lambda Y_0\left(\xi a\right)+\xi Y_1\left(\xi a\right)\right\}$,
$\overline{\overline{\psi}}\left(\xi_m,s\right)=\int_0^d\overline{\psi}\left(u,s\right)\left\{\xi_m\cos\left(\xi_m u\right)+\lambda_0\sin\left(\xi_m u\right)\right\}du$ and
$\overline{\overline{\varphi}}(\xi,\xi_m)=\int_a^{\infty}r\mathcal{D}_0\left(\xi r\right)\int_0^d\varphi(r,u)\{\xi_m\cos\left(\xi_m u\right)+\lambda_0\sin\left(\xi_m u\right)\}dudr$. Successive inverse transforms yield

$$\overline{p} = \frac{q\left(s\right)e^{-st_0}}{\pi\phi c_t}\sum_{m=1}^{\infty}\frac{\left\{\xi_m\cos\left(\xi_m z_0\right)+\lambda_0\sin\left(\xi_m z_0\right)\right\}\left\{\xi_m\cos\left(\xi_m z\right)+\lambda_0\sin\left(\xi_m z\right)\right\}}{\left(\xi_m^2+\lambda_0^2\right)\left\{d+\frac{\lambda_d}{\xi_m^2+\lambda_d^2}\right\}+\lambda_0}\times$$
$$\times\int_0^{\infty}\frac{\xi\mathcal{D}_0\left(\xi r_0\right)\mathcal{D}_0\left(\xi r\right)}{\left(\eta_r\xi^2+\eta_z\xi_m^2+s\right)\left[\left\{\lambda J_0\left(\xi a\right)+\xi J_1\left(\xi a\right)\right\}^2+\left\{\lambda Y_0\left(\xi a\right)+\xi Y_1\left(\xi a\right)\right\}^2\right]}d\xi+$$

$$
\begin{aligned}
&+\frac{4}{\pi\phi c_t}\sum_{m=1}^{\infty}\frac{\overline{\overline{\psi}}(\xi_m,s)\{\xi_m\cos(\xi_m z)+\lambda_0\sin(\xi_m z)\}}{(\xi_m^2+\lambda_0^2)\left\{d+\frac{\lambda_d}{\xi_m^2+\lambda_d^2}\right\}+\lambda_0}\times\\
&\times\int_0^\infty\frac{\xi\mathcal{D}_0(\xi r)}{(\eta_r\xi^2+\eta_z\xi_m^2+s)\left[\{\lambda J_0(\xi a)+\xi J_1(\xi a)\}^2+\{\lambda Y_0(\xi a)+\xi Y_1(\xi a)\}^2\right]}d\xi+\\
&+\frac{2}{\phi c_t}\sum_{m=1}^{\infty}\frac{\{\xi_m\cos(\xi_m z)+\lambda_0\sin(\xi_m z)\}}{(\xi_m^2+\lambda_0^2)\left\{d+\frac{\lambda_d}{\xi_m^2+\lambda_d^2}\right\}+\lambda_0}\times\\
&\times\int_a^\infty\int_0^\infty\frac{\xi u\mathcal{D}_0(\xi u)\mathcal{D}_0(\xi r)}{(\eta_r\xi^2+\eta_z\xi_m^2+s)\left[\{\lambda J_0(\xi a)+\xi J_1(\xi a)\}^2+\{\lambda Y_0(\xi a)+\xi Y_1(\xi a)\}^2\right]}d\xi\times\\
&\times\left[\xi_m\overline{\psi}_0(u,s)-\overline{\psi}_d(u,s)\{\xi_m\cos(\xi_m d)+\lambda_0\sin(\xi_m d)\}\right]du+\\
&+2\sum_{m=1}^{\infty}\frac{\{\xi_m\cos(\xi_m z)+\lambda_0\sin(\xi_m z)\}}{(\xi_m^2+\lambda_0^2)\left\{d+\frac{\lambda_d}{\xi_m^2+\lambda_d^2}\right\}+\lambda_0}\times\\
&\times\int_0^\infty\frac{\overline{\overline{\varphi}}(\xi,\xi_m)\xi\mathcal{D}_0(\xi r)}{(\eta_r\xi^2+\eta_z\xi_m^2+s)\left[\{\lambda J_0(\xi a)+\xi J_1(\xi a)\}^2+\{\lambda Y_0(\xi a)+\xi Y_1(\xi a)\}^2\right]}d\xi
\end{aligned}
\tag{19.36.2}
$$

and

$$
\begin{aligned}
p=&\frac{U(t-t_0)}{\pi\phi c_t}\sum_{m=1}^{\infty}\frac{\{\xi_m\cos(\xi_m z_0)+\lambda_0\sin(\xi_m z_0)\}\{\xi_m\cos(\xi_m z)+\lambda_0\sin(\xi_m z)\}}{(\xi_m^2+\lambda_0^2)\left\{d+\frac{\lambda_d}{\xi_m^2+\lambda_d^2}\right\}+\lambda_0}\times\\
&\times\int_0^\infty\frac{\xi\mathcal{D}_0(\xi r_0)\mathcal{D}_0(\xi r)}{\left[\{\lambda J_0(\xi a)+\xi J_1(\xi a)\}^2+\{\lambda Y_0(\xi a)+\xi Y_1(\xi a)\}^2\right]}\int_0^{t-t_0}q(t-t_0-\tau)e^{-\left(\eta_r\xi^2+\eta_z\xi_m^2\right)\tau}d\tau d\xi+\\
&+\frac{4}{\pi\phi c_t}\sum_{m=1}^{\infty}\frac{\{\xi_m\cos(\xi_m z)+\lambda_0\sin(\xi_m z)\}}{(\xi_m^2+\lambda_0^2)\left\{d+\frac{\lambda_d}{\xi_m^2+\lambda_d^2}\right\}+\lambda_0}\times\\
&\times\int_0^\infty\frac{\xi\mathcal{D}_0(\xi r)}{\left[\{\lambda J_0(\xi a)+\xi J_1(\xi a)\}^2+\{\lambda Y_0(\xi a)+\xi Y_1(\xi a)\}^2\right]}\int_0^t\overline{\psi}(\xi_m,\tau)e^{-\left(\eta_r\xi^2+\eta_z\xi_m^2\right)(t-\tau)}d\tau d\xi+\\
&+\frac{2}{\phi c_t}\sum_{m=1}^{\infty}\frac{\{\xi_m\cos(\xi_m z)+\lambda_0\sin(\xi_m z)\}}{(\xi_m^2+\lambda_0^2)\left\{d+\frac{\lambda_d}{\xi_m^2+\lambda_d^2}\right\}+\lambda_0}\int_a^\infty\int_0^\infty\frac{\xi u\mathcal{D}_0(\xi u)\mathcal{D}_0(\xi r)}{\left[\{\lambda J_0(\xi a)+\xi J_1(\xi a)\}^2+\{\lambda Y_0(\xi a)+\xi Y_1(\xi a)\}^2\right]}\times\\
&\times\int_0^t\left[\xi_m\psi_0(u,\tau)-\psi_d(u,\tau)\{\xi_m\cos(\xi_m d)+\lambda_0\sin(\xi_m d)\}\right]e^{-\left(\eta_r\xi^2+\eta_z\xi_m^2\right)(t-\tau)}d\tau d\xi du+\\
&+2\sum_{m=1}^{\infty}\frac{\{\xi_m\cos(\xi_m z)+\lambda_0\sin(\xi_m z)\}}{(\xi_m^2+\lambda_0^2)\left\{d+\frac{\lambda_d}{\xi_m^2+\lambda_d^2}\right\}+\lambda_0}\int_0^\infty\frac{\overline{\overline{\varphi}}(\xi,\xi_m)\xi\mathcal{D}_0(\xi r)e^{-\left(\eta_r\xi^2+\eta_z\xi_m^2\right)t}}{\left[\{\lambda J_0(\xi a)+\xi J_1(\xi a)\}^2+\{\lambda Y_0(\xi a)+\xi Y_1(\xi a)\}^2\right]}d\xi
\end{aligned}
\tag{19.36.3}
$$

where $\overline{\psi}(\xi_m,t)=\int_0^d\psi(u,t)\{\xi_m\cos(\xi_m u)+\lambda_0\sin(\xi_m u)\}du$. When $\varphi(r,z)=p_I$, a constant, the solution is obtained by replacing the terms corresponding to the initial condition (the last term) in equations (19.36.2) and (19.36.3) with

$$\overline{p} = \frac{2\lambda p_I}{s}\sum_{m=1}^{\infty}\frac{\left[\xi_m \sin(\xi_m d)+\lambda_0\left\{\cos(\xi_m d)-1\right\}\right]\left\{\xi_m\cos(\xi_m z)+\lambda_0\sin(\xi_m z)\right\}K_0\left(r\sqrt{\frac{\eta_z\xi_m^2+s}{\eta_r}}\right)}{\xi_m\left[\left(\xi_m^2+\lambda_0^2\right)\left\{d+\frac{\lambda_d}{\xi_m^2+\lambda_d^2}\right\}+\lambda_0\right]\left\{\lambda K_0\left(a\sqrt{\frac{\eta_z\xi_m^2+s}{\eta_r}}\right)+\sqrt{\frac{\eta_z\xi_m^2+s}{\eta_r}}K_1\left(a\sqrt{\frac{\eta_z\xi_m^2+s}{\eta_r}}\right)\right\}} -$$

$$-\frac{2\eta_z p_I}{s}\sum_{m=1}^{\infty}\frac{\left[\lambda_0\xi_m-\lambda_d\left\{\xi_m\cos(\xi_m d)+\lambda_0\sin(\xi_m d)\right\}\right]\left\{\xi_m\cos(\xi_m z)+\lambda_0\sin(\xi_m z)\right\}}{\xi_m\left[\left(\xi_m^2+\lambda_0^2\right)\left\{d+\frac{\lambda_d}{\xi_m^2+\lambda_d^2}\right\}+\lambda_0\right]}\times$$

$$\times\int_0^{\infty}\int_a^{\infty}\frac{\xi u\mathcal{D}_0(\xi u)\mathcal{D}_0(\xi r)}{\left(\eta_r\xi^2+\eta_z\xi_m^2+s\right)\left[\left\{\lambda J_0(\xi a)+\xi J_1(\xi a)\right\}^2+\left\{\lambda Y_0(\xi a)+\xi Y_1(\xi a)\right\}^2\right]}du d\xi+\frac{p_I}{s} \tag{19.36.4}$$

and

$$p = \frac{4\lambda\eta_r p_I}{\pi}\sum_{m=1}^{\infty}\frac{\left[\xi_m \sin(\xi_m d)+\lambda_0\left\{\cos(\xi_m d)-1\right\}\right]\left\{\xi_m\cos(\xi_m z)+\lambda_0\sin(\xi_m z)\right\}}{\xi_m\left[\left(\xi_m^2+\lambda_0^2\right)\left\{d+\frac{\lambda_d}{\xi_m^2+\lambda_d^2}\right\}+\lambda_0\right]}\times$$

$$\times\int_0^{\infty}\frac{\xi\mathcal{D}_0(\xi r)\left\{1-e^{-\left(\eta_r\xi^2+\eta_z\xi_m^2\right)t}\right\}}{\left(\eta_r\xi^2+\eta_z\xi_m^2\right)\left[\left\{\lambda J_0(\xi a)+\xi J_1(\xi a)\right\}^2+\left\{\lambda Y_0(\xi a)+\xi Y_1(\xi a)\right\}^2\right]}d\xi -$$

$$-\frac{2\eta_z p_I}{\eta_r}\sum_{m=1}^{\infty}\frac{\left[\lambda_0\xi_m-\lambda_d\left\{\xi_m\cos(\xi_m d)+\lambda_0\sin(\xi_m d)\right\}\right]\left\{\xi_m\cos(\xi_m z)+\lambda_0\sin(\xi_m z)\right\}}{\xi_m\left[\left(\xi_m^2+\lambda_0^2\right)\left\{d+\frac{\lambda_d}{\xi_m^2+\lambda_d^2}\right\}+\lambda_0\right]}\times$$

$$\times\int_0^{\infty}\int_a^{\infty}\frac{\xi u\mathcal{D}_0(\xi u)\mathcal{D}_0(\xi r)\left\{1-e^{-\left(\eta_r\xi^2+\eta_z\xi_m^2\right)t}\right\}}{\left(\eta_r\xi^2+\eta_z\xi_m^2\right)\left[\left\{\lambda J_0(\xi a)+\xi J_1(\xi a)\right\}^2+\left\{\lambda Y_0(\xi a)+\xi Y_1(\xi a)\right\}^2\right]}du d\xi+p_I \tag{19.36.5}$$

Chapter 20

Bounded cylindrical continuum. The independent variable z is either infinite or semi-infinite. $p(r, z, t)$ is a function of r, z and t

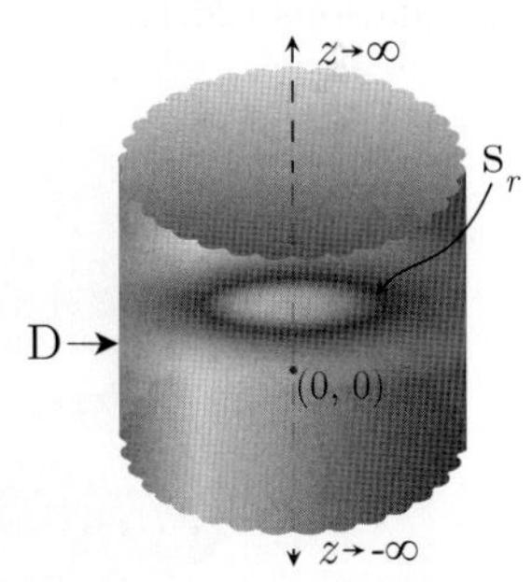

20.1 A cylindrical continuum bounded by $0 \leq r \leq a$. z is unbounded, $-\infty < z < \infty$. Ring source at $s_r \equiv (r_0, z_0)$; $0 \leq r_0 \leq a$, $-\infty < z_0 < \infty$, $t_0 \geq 0$. D $\equiv p(a, z, t) = \psi(z, t)$, an arbitrary function of z and t. The initial pressure $p(r, z, 0) = \varphi(r, z)$

The successive application of the Laplace, Fourier and finite Hankel transformations to equation (18.1.1) gives

$$\overline{\overline{\overline{p}}} = \frac{q(s)\, e^{-st_0} e^{ilz_0} J_0(\xi_n r_0)}{2\pi\phi c_t \left(\eta_r \xi_n^2 + \eta_z l^2 + s\right)} + \frac{a\eta_r \xi_n \overline{\overline{\psi}}(l, s)\, J_1(\xi_n a)}{\left(\eta_r \xi_n^2 + \eta_z l^2 + s\right)} + \frac{\overline{\overline{\varphi}}(\xi_n, l)}{\left(\eta_r \xi_n^2 + \eta_z l^2 + s\right)} \tag{20.1.1}$$

where ξ_n are the positive roots of $J_0(\xi_n a) = 0$, $n = 1, 2, ...$, $\overline{\overline{\psi}}(l, s) = \int_{-\infty}^{\infty} e^{ilz} \overline{\psi}(z, s) dz$, $\overline{\overline{\varphi}}(\xi_n, l) = \int_0^a \overline{\varphi}(r, l)\, r J_0(\xi_n r)\, dr$ and $\overline{\varphi}(r, l) = \int_{-\infty}^{\infty} e^{ilz} \varphi(r, z) dz$. Successive inverse transforms yield

$$\begin{aligned}
\overline{p} \;=\; & \frac{q(s)\, e^{-st_0}}{2\pi a^2 \phi c_t \sqrt{\eta_z}} \sum_{n=1}^{\infty} \frac{J_0(\xi_n r_0)\, J_0(\xi_n r)\, e^{-|z-z_0|\sqrt{\frac{\eta_r \xi_n^2 + s}{\eta_z}}}}{J_1^2(\xi_n a)\, \sqrt{(\eta_r \xi_n^2 + s)}} + \\
& + \frac{\eta_r}{a\sqrt{\eta_z}} \sum_{n=1}^{\infty} \frac{\xi_n J_0(\xi_n r)}{J_1(\xi_n a)\, \sqrt{\eta_r \xi_n^2 + s}} \int_{-\infty}^{\infty} \overline{\psi}(w, s)\, e^{-|z-w|\sqrt{\frac{\eta_r \xi_n^2 + s}{\eta_z}}} dw + \\
& + \frac{1}{a^2 \sqrt{\eta_z}} \sum_{n=1}^{\infty} \frac{J_0(\xi_n r)}{J_1^2(\xi_n a)\, \sqrt{\eta_r \xi_n^2 + s}} \int_{-\infty}^{\infty} \overline{\varphi}(\xi_n, w)\, e^{-|z-w|\sqrt{\frac{\eta_r \xi_n^2 + s}{\eta_z}}} dw
\end{aligned} \tag{20.1.2}$$

where $\overline{\varphi}(\xi_n, w) = \int_0^a \varphi(r, w)\, r J_0(\xi_n r)\, dr$ and

$$p \;=\; \frac{U(t - t_0)}{2\pi a^2 \phi c_t \sqrt{\pi \eta_z}} \sum_{n=1}^{\infty} \frac{J_0(\xi_n r_0)\, J_0(\xi_n r)}{J_1^2(\xi_n a)} \int_0^{t-t_0} \frac{q(t - t_0 - \tau)\, e^{-\eta_r \xi_n^2 \tau - \frac{(z-z_0)^2}{4\eta_z \tau}}}{\sqrt{\tau}} d\tau +$$

$$+\frac{\eta_r}{a\sqrt{\pi\eta_z}}\sum_{n=1}^{\infty}\frac{\xi_n J_0(\xi_n r)}{J_1(\xi_n a)}\int_{-\infty}^{\infty}\int_0^t\frac{\psi(w,t-\tau)e^{-\eta_r\xi_n^2\tau-\frac{(z-w)^2}{4\eta_z\tau}}}{\sqrt{\tau}}d\tau dw+$$

$$+\frac{1}{a^2\sqrt{\pi\eta_z t}}\sum_{n=1}^{\infty}\frac{J_0(\xi_n r)e^{-\eta_r\xi_n^2 t}}{J_1^2(\xi_n a)}\int_{-\infty}^{\infty}\overline{\varphi}(\xi_n,w)e^{-\frac{(z-w)^2}{4\eta_z t}}dw \tag{20.1.3}$$

When $\psi(z,t)=p_a t^{\upsilon}e^{-\alpha z^2}$, $\alpha>0$, $\upsilon>0$, the solution is obtained by replacing the terms corresponding to the boundary condition at $r=a$ (the middle term) in equations (20.1.2) and (20.1.3) with

$$\overline{p}=\frac{p_a\Gamma(\upsilon+1)\eta_r}{as^{\upsilon+1}\sqrt{\eta_z}}\sum_{n=1}^{\infty}\frac{\xi_n J_0(\xi_n r)}{J_1(\xi_n a)\sqrt{\eta_r\xi_n^2+s}}\int_{-\infty}^{\infty}e^{-\alpha u^2}e^{-|z-w|\sqrt{\frac{\eta_r\xi_n^2+s}{\eta_z}}}dw \tag{20.1.4}$$

and

$$p=\frac{2p_a\eta_r}{a}\sum_{n=1}^{\infty}\frac{\xi_n J_0(\xi_n r)}{J_1(\xi_n a)}\int_0^t\frac{(t-\tau)^{\upsilon}e^{-\eta_r\xi_n^2\tau-\frac{\alpha z^2}{4\eta_z\alpha\tau+1}}}{\sqrt{4\eta_z\alpha\tau+1}}d\tau \tag{20.1.5}$$

For the special cases $\varphi(r,z)=p_I$ and $\psi(z,t)=p_a$, where p_I and p_a are constants, the corresponding terms in equations (20.1.2) and (20.1.3) reduce to the solutions given in problem 13.1.

20.2

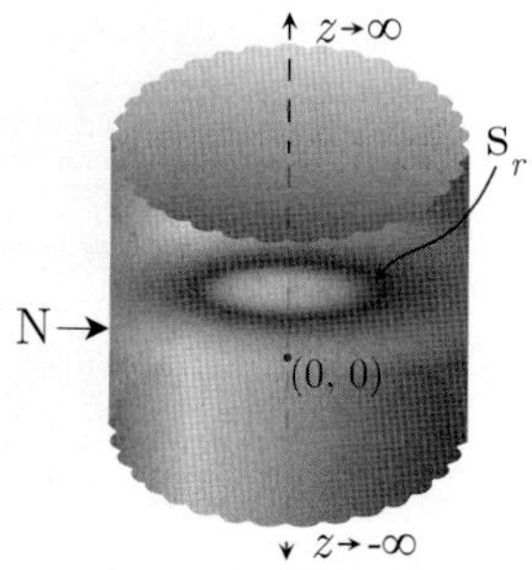

The problem of 20.1, except $\mathbf{N}\equiv\frac{\partial p(a,z,t)}{\partial r}=-\left(\frac{\mu}{k_r}\right)\psi(z,t)$

The successive application of the Laplace, Fourier and finite Hankel transformations to equation (18.1.1) gives

$$\overline{\overline{\overline{p}}}=\frac{q(s)e^{-st_0}e^{ilz_0}J_0(\xi_n r_0)}{2\pi\phi c_t(\eta_r\xi_n^2+\eta_z l^2+s)}-\frac{a\overline{\overline{\psi}}(l,s)J_0(\xi_n a)}{\phi c_t(\eta_r\xi_n^2+\eta_z l^2+s)}+\frac{\overline{\overline{\varphi}}(\xi_n,l)}{(\eta_r\xi_n^2+\eta_z l^2+s)} \tag{20.2.1}$$

where ξ_n are the positive roots of $J_1(\xi_n a)=0$, $n=0,1,...$, $\overline{\overline{\psi}}(l,s)=\int_{-\infty}^{\infty}e^{ilz}\overline{\psi}(z,s)dz$, $\overline{\overline{\varphi}}(\xi_n,l)=\int_0^a\overline{\varphi}(r,l)rJ_0(\xi_n r)dr$ and $\overline{\varphi}(r,l)=\int_{-\infty}^{\infty}e^{ilz}\varphi(r,z)dz$. Successive inverse transforms yield

$$\overline{p}=\frac{q(s)e^{-st_0}}{2\pi a^2\phi c_t\sqrt{\eta_z}}\sum_{n=0}^{\infty}\frac{J_0(\xi_n r_0)J_0(\xi_n r)e^{-|z-z_0|\sqrt{\frac{\eta_r\xi_n^2+s}{\eta_z}}}}{J_0^2(\xi_n a)\sqrt{(\eta_r\xi_n^2+s)}}-$$

$$-\frac{1}{a\phi c_t\sqrt{\eta_z}}\sum_{n=0}^{\infty}\frac{J_0(\xi_n r)}{J_0(\xi_n a)\sqrt{\eta_r\xi_n^2+s}}\int_{-\infty}^{\infty}\overline{\psi}(w,s)e^{-|z-w|\sqrt{\frac{\eta_r\xi_n^2+s}{\eta_z}}}dw+$$

$$+\frac{1}{a^2\sqrt{\eta_z}}\sum_{n=0}^{\infty}\frac{J_0(\xi_n r)}{J_0^2(\xi_n a)\sqrt{\eta_r\xi_n^2+s}}\int_{-\infty}^{\infty}\overline{\varphi}(\xi_n,w)e^{-|z-w|\sqrt{\frac{\eta_r\xi_n^2+s}{\eta_z}}}dw \tag{20.2.2}$$

where $\overline{\varphi}(\xi_n,w)=\int_0^a\varphi(r,w)rJ_0(\xi_n r)dr$ and

$$p=\frac{U(t-t_0)}{2\pi a^2\phi c_t\sqrt{\pi\eta_z}}\sum_{n=0}^{\infty}\frac{J_0(\xi_n r_0)J_0(\xi_n r)}{J_0^2(\xi_n a)}\int_0^{t-t_0}\frac{q(t-t_0-\tau)e^{-\eta_r\xi_n^2\tau-\frac{(z-z_0)^2}{4\eta_z\tau}}}{\sqrt{\tau}}d\tau-$$

$$-\frac{1}{a\phi c_t\sqrt{\pi\eta_z}}\sum_{n=0}^{\infty}\frac{J_0(\xi_n r)}{J_0(\xi_n a)}\int_{-\infty}^{\infty}\int_0^t\frac{\psi(w,t-\tau)\,e^{-\eta_r\xi_n^2\tau-\frac{(z-w)^2}{4\eta_z\tau}}}{\sqrt{\tau}}d\tau dw+$$
$$+\frac{1}{a^2\sqrt{\pi\eta_z t}}\sum_{n=0}^{\infty}\frac{J_0(\xi_n r)\,e^{-\eta_r\xi_n^2 t}}{J_0^2(\xi_n a)}\int_{-\infty}^{\infty}\overline{\varphi}(\xi_n,w)\,e^{-\frac{(z-w)^2}{4\eta_z t}}dw \tag{20.2.3}$$

20.3 The problem of 20.1, except $\mathbf{R}\equiv\frac{\partial p(a,z,t)}{\partial r}+\lambda p(a,z,t)=-\left(\frac{\mu}{k_r}\right)\psi(z,t)$

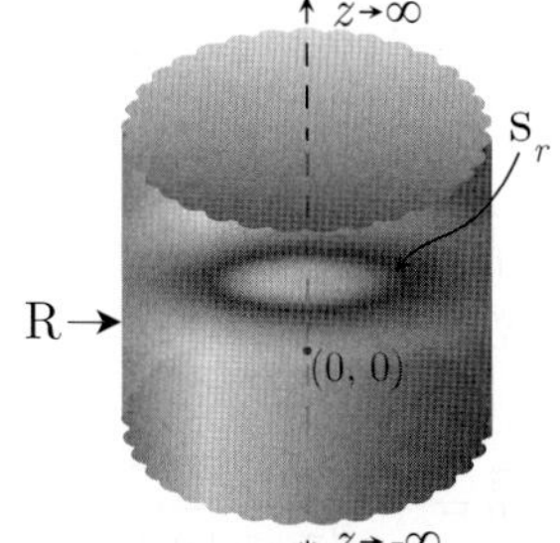

The successive application of the Laplace, Fourier and finite Hankel transformations to equation (18.1.1) gives

$$\overline{\overline{\overline{p}}}=\frac{q(s)\,e^{-st_0}e^{ilz_0}J_0(\xi_n r_0)}{2\pi\phi c_t(\eta_r\xi_n^2+\eta_z l^2+s)}-\frac{a\overline{\overline{\psi}}(l,s)\,J_0(\xi_n a)}{\phi c_t(\eta_r\xi_n^2+\eta_z l^2+s)}+\frac{\overline{\overline{\varphi}}(\xi_n,l)}{(\eta_r\xi_n^2+\eta_z l^2+s)} \tag{20.3.1}$$

where ξ_n are the positive roots of $\lambda J_0(\xi_n a)=\xi_n J_1(\xi_n a)$, $n=0,1,...$, $\overline{\overline{\psi}}(l,s)=\int_{-\infty}^{\infty}e^{ilz}\overline{\psi}(z,s)dz$, $\overline{\overline{\varphi}}(\xi_n,l)=\int_0^a\overline{\varphi}(r,l)\,rJ_0(\xi_n r)\,dr$ and $\overline{\varphi}(r,l)=\int_{-\infty}^{\infty}e^{ilz}\varphi(r,z)dz$. Successive inverse transforms yield

$$\overline{p}=\frac{q(s)\,e^{-st_0}}{2\pi a^2\phi c_t\sqrt{\eta_z}}\sum_{n=1}^{\infty}\frac{J_0(\xi_n r_0)\,J_0(\xi_n r)\,e^{-|z-z_0|\sqrt{\frac{\eta_r\xi_n^2+s}{\eta_z}}}}{\{J_0^2(\xi_n a)+J_1^2(\xi_n a)\}\sqrt{(\eta_r\xi_n^2+s)}}-$$
$$-\frac{1}{a\phi c_t\sqrt{\eta_z}}\sum_{n=1}^{\infty}\frac{J_0(\xi_n a)\,J_0(\xi_n r)}{\{J_0^2(\xi_n a)+J_1^2(\xi_n a)\}\sqrt{\eta_r\xi_n^2+s}}\int_{-\infty}^{\infty}\overline{\psi}(w,s)\,e^{-|z-w|\sqrt{\frac{\eta_r\xi_n^2+s}{\eta_z}}}dw+$$
$$+\frac{1}{a^2\sqrt{\eta_z}}\sum_{n=1}^{\infty}\frac{J_0(\xi_n r)}{\{J_0^2(\xi_n a)+J_1^2(\xi_n a)\}\sqrt{\eta_r\xi_n^2+s}}\int_{-\infty}^{\infty}\overline{\varphi}(\xi_n,w)\,e^{-|z-w|\sqrt{\frac{\eta_r\xi_n^2+s}{\eta_z}}}dw \tag{20.3.2}$$

where $\overline{\varphi}(\xi_n,w)=\int_0^a\varphi(r,w)\,rJ_0(\xi_n r)\,dr$ and

$$p=\frac{U(t-t_0)}{2\pi a^2\phi c_t\sqrt{\pi\eta_z}}\sum_{n=1}^{\infty}\frac{J_0(\xi_n r_0)\,J_0(\xi_n r)}{\{J_0^2(\xi_n a)+J_1^2(\xi_n a)\}}\int_0^{t-t_0}\frac{q(t-t_0-\tau)\,e^{-\eta_r\xi_n^2\tau-\frac{(z-z_0)^2}{4\eta_z\tau}}}{\sqrt{\tau}}d\tau-$$
$$-\frac{1}{a\phi c_t\sqrt{\pi\eta_z}}\sum_{n=1}^{\infty}\frac{J_0(\xi_n a)\,J_0(\xi_n r)}{\{J_0^2(\xi_n a)+J_1^2(\xi_n a)\}}\int_{-\infty}^{\infty}\int_0^t\frac{\psi(w,t-\tau)\,e^{-\eta_r\xi_n^2\tau-\frac{(z-w)^2}{4\eta_z\tau}}}{\sqrt{\tau}}d\tau dw+$$
$$+\frac{1}{a^2\sqrt{\pi\eta_z t}}\sum_{n=1}^{\infty}\frac{J_0(\xi_n r)\,e^{-\eta_r\xi_n^2 t}}{\{J_0^2(\xi_n a)+J_1^2(\xi_n a)\}}\int_{-\infty}^{\infty}\overline{\varphi}(\xi_n,w)\,e^{-\frac{(z-w)^2}{4\eta_z t}}dw \tag{20.3.3}$$

20.4

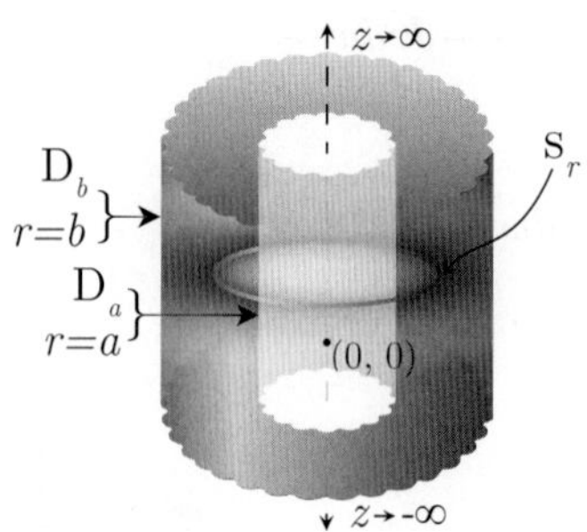

A cylindrical continuum bounded by $a \le r \le b$. z is unbounded, $-\infty < z < \infty$. Ring source at $s_r \equiv (r_0, z_0)$; $a \le r_0 \le b$, $-\infty < z_0 < \infty$, $t_0 \ge 0$.
$D_a \equiv p(a, z, t) = \psi_a(z, t)$ and
$D_b \equiv p(b, z, t) = \psi_b(z, t)$. $p(r, z, 0) = \varphi(r, z)$

The successive application of the Laplace, Fourier and finite Hankel transformations to equation (18.1.1) gives

$$\overline{\overline{\overline{p}}} = \frac{q(s)\, e^{-st_0} e^{ilz_0} \mathcal{V}_{\mathcal{D}0}(\xi_n r_0, a)}{2\pi\phi c_t (\eta_r \xi_n^2 + \eta_z l^2 + s)} - \frac{2\eta_r \overline{\overline{\psi}}_a(l, s)}{\pi (\eta_r \xi_n^2 + \eta_z l^2 + s)} + \frac{2\eta_r J_0(\xi_n a)\, \overline{\overline{\psi}}_b(l, s)}{\pi J_0(\xi_n b)(\eta_r \xi_n^2 + \eta_z l^2 + s)} + \frac{\overline{\overline{\varphi}}(\xi_n, l)}{(\eta_r \xi_n^2 + \eta_z l^2 + s)} \quad (20.4.1)$$

where $\mathcal{V}_{\mathcal{D}0}(\xi_n r, a) = J_0(\xi_n r) Y_0(\xi_n a) - Y_0(\xi_n r) J_0(\xi_n a)$. The eigenvalues $\xi_n, n = 1, 2, ...,$ are the positive roots of the transcendental equation $\mathcal{V}_{\mathcal{D}0}(\xi_n b, a) = 0$. $\overline{\overline{\psi}}_a(l, s) = \int_{-\infty}^{\infty} e^{ilz} \overline{\psi}_a(z, s) dz$,
$\overline{\overline{\psi}}_b(l, s) = \int_{-\infty}^{\infty} e^{ilz} \overline{\psi}_b(z, s) dz$, $\overline{\overline{\varphi}}(\xi_n, l) = \int_a^b \overline{\varphi}(r, l)\, r \mathcal{V}_{\mathcal{D}0}(\xi_n r, a)\, dr$; $\overline{\varphi}(r, l) = \int_{-\infty}^{\infty} e^{ilw} \varphi(r, w) dw$. Successive inverse transforms yield

$$\begin{aligned}
\overline{p} \;=\; & \frac{\pi q(s)\, e^{-st_0}}{8\phi c_t \sqrt{\eta_z}} \sum_{n=1}^{\infty} \frac{\xi_n^2 J_0^2(\xi_n b)\, \mathcal{V}_{\mathcal{D}0}(\xi r_0, a)\, \mathcal{V}_{\mathcal{D}0}(\xi r, a)\, e^{-|z-z_0|\sqrt{\frac{\eta_r \xi_n^2 + s}{\eta_z}}}}{\{J_0^2(\xi_n a) - J_0^2(\xi_n b)\} \sqrt{(\eta_r \xi_n^2 + s)}} - \\
& - \frac{\pi \eta_r}{2\sqrt{\eta_z}} \sum_{n=1}^{\infty} \frac{\xi_n^2 J_0^2(\xi_n b)\, \mathcal{V}_{\mathcal{D}0}(\xi r, a)}{\{J_0^2(\xi_n a) - J_0^2(\xi_n b)\} \sqrt{\eta_r \xi_n^2 + s}} \int_{-\infty}^{\infty} \overline{\psi}_a(w, s)\, e^{-|z-w|\sqrt{\frac{\eta_r \xi_n^2 + s}{\eta_z}}} dw + \\
& + \frac{\pi \eta_r}{2\sqrt{\eta_z}} \sum_{n=1}^{\infty} \frac{\xi_n^2 J_0(\xi_n a)\, J_0(\xi_n b)\, \mathcal{V}_{\mathcal{D}0}(\xi r, a)}{\{J_0^2(\xi_n a) - J_0^2(\xi_n b)\} \sqrt{\eta_r \xi_n^2 + s}} \int_{-\infty}^{\infty} \overline{\psi}_b(w, s)\, e^{-|z-w|\sqrt{\frac{\eta_r \xi_n^2 + s}{\eta_z}}} dw + \\
& + \frac{\pi^2}{4\sqrt{\eta_z}} \sum_{n=1}^{\infty} \frac{\xi_n^2 J_0^2(\xi_n b)\, \mathcal{V}_{\mathcal{D}0}(\xi r, a)}{\{J_0^2(\xi_n a) - J_0^2(\xi_n b)\} \sqrt{\eta_r \xi_n^2 + s}} \int_{-\infty}^{\infty} \overline{\varphi}(\xi_n, w)\, e^{-|z-w|\sqrt{\frac{\eta_r \xi_n^2 + s}{\eta_z}}} dw
\end{aligned} \quad (20.4.2)$$

where $\overline{\varphi}(\xi_n, w) = \int_a^b \varphi(r, w)\, r \mathcal{V}_{\mathcal{D}0}(\xi_n r, a)\, dr$ and

$$\begin{aligned}
p \;=\; & \frac{U(t-t_0)}{8\phi c_t} \sqrt{\frac{\pi}{\eta_z}} \sum_{n=1}^{\infty} \frac{\xi_n^2 J_0^2(\xi_n b)\, \mathcal{V}_{\mathcal{D}0}(\xi r_0, a)\, \mathcal{V}_{\mathcal{D}0}(\xi r, a)}{\{J_0^2(\xi_n a) - J_0^2(\xi_n b)\}} \int_0^{t-t_0} \frac{q(t-t_0-\tau)\, e^{-\eta_r \xi_n^2 \tau - \frac{(z-z_0)^2}{4\eta_z \tau}}}{\sqrt{\tau}} d\tau - \\
& - \frac{\eta_r}{2} \sqrt{\frac{\pi}{\eta_z}} \sum_{n=1}^{\infty} \frac{\xi_n^2 J_0^2(\xi_n b)\, \mathcal{V}_{\mathcal{D}0}(\xi r, a)}{\{J_0^2(\xi_n a) - J_0^2(\xi_n b)\}} \int_{-\infty}^{\infty} \int_0^t \frac{\psi_a(w, t-\tau)\, e^{-\eta_r \xi_n^2 \tau - \frac{(z-w)^2}{4\eta_z \tau}}}{\sqrt{\tau}} d\tau dw + \\
& + \frac{\eta_r}{2} \sqrt{\frac{\pi}{\eta_z}} \sum_{n=1}^{\infty} \frac{\xi_n^2 J_0(\xi_n a)\, J_0(\xi_n b)\, \mathcal{V}_{\mathcal{D}0}(\xi r, a)}{\{J_0^2(\xi_n a) - J_0^2(\xi_n b)\}} \int_{-\infty}^{\infty} \int_0^t \frac{\psi_b(w, t-\tau)\, e^{-\eta_r \xi_n^2 \tau - \frac{(z-w)^2}{4\eta_z \tau}}}{\sqrt{\tau}} d\tau dw + \\
& + \frac{1}{4} \sqrt{\frac{\pi^3}{\eta_z t}} \sum_{n=1}^{\infty} \frac{\xi_n^2 J_0^2(\xi_n b)\, \mathcal{V}_{\mathcal{D}0}(\xi r, a)\, e^{-\eta_r \xi_n^2 t}}{\{J_0^2(\xi_n a) - J_0^2(\xi_n b)\}} \int_{-\infty}^{\infty} \overline{\varphi}(\xi_n, w)\, e^{-\frac{(z-w)^2}{4\eta_z t}} dw
\end{aligned} \quad (20.4.3)$$

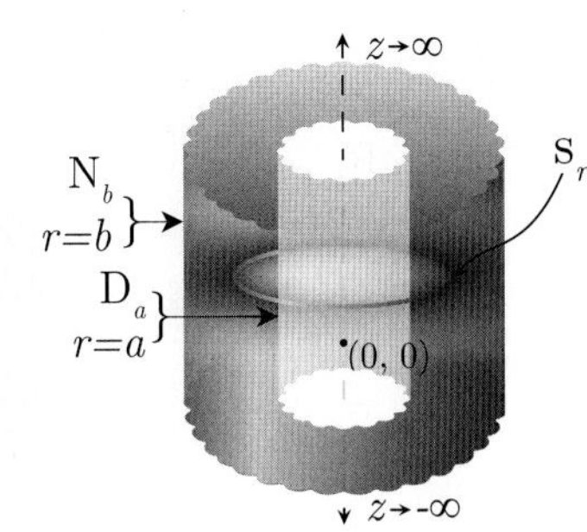

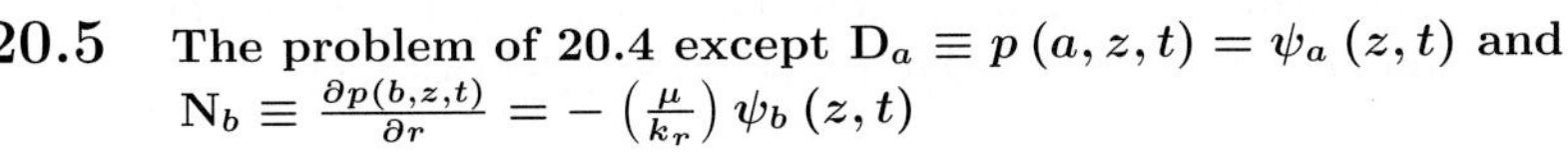

20.5 The problem of 20.4 except $\mathbf{D}_a \equiv p(a,z,t) = \psi_a(z,t)$ and $\mathbf{N}_b \equiv \frac{\partial p(b,z,t)}{\partial r} = -\left(\frac{\mu}{k_r}\right)\psi_b(z,t)$

The successive application of the Laplace, Fourier and finite Hankel transformations to equation (18.1.1) gives

$$\overline{\overline{\overline{p}}} = \frac{q(s)e^{-st_0}e^{ilz_0}\mathcal{V}_{D0}(\xi_n r_0, a)}{2\pi\phi c_t(\eta_r\xi_n^2+\eta_z l^2+s)} - \frac{2\eta_r\overline{\overline{\psi}}_a(l,s)}{\pi(\eta_r\xi_n^2+\eta_z l^2+s)} + \frac{2J_0(\xi_n a)\overline{\overline{\psi}}_b(l,s)}{\pi\phi c_t J_1(\xi_n b)(\eta_r\xi_n^2+\eta_z l^2+s)} + \frac{\overline{\overline{\varphi}}(\xi_n,l)}{(\eta_r\xi_n^2+\eta_z l^2+s)} \tag{20.5.1}$$

where $\mathcal{V}_{D0}(\xi_n r, a) = J_0(\xi_n r)Y_0(\xi_n a) - Y_0(\xi_n r)J_0(\xi_n a)$. The eigenvalues ξ_n are the positive roots of the transcendental equation $\mathcal{V}_{D0}'(\xi_n b, a) = 0$,* $n = 1, 2, ...$, $\overline{\overline{\psi}}_a(l,s) = \int_{-\infty}^{\infty} e^{ilz}\overline{\psi}_a(z,s)dz$, $\overline{\overline{\psi}}_b(l,s) = \int_{-\infty}^{\infty} e^{ilz}\overline{\psi}_b(z,s)dz$ and $\overline{\overline{\varphi}}(\xi_n,l) = \int_a^b \overline{\varphi}(r,l)\, r\mathcal{V}_{D0}(\xi_n r,a)\,dr$ and $\overline{\varphi}(r,l) = \int_{-\infty}^{\infty} e^{ilw}\varphi(r,w)dw$. Successive inverse transforms yield

$$\begin{aligned}
\overline{p} = {} & \frac{\pi q(s)e^{-st_0}}{8\phi c_t\sqrt{\eta_z}}\sum_{n=1}^{\infty}\frac{\xi_n^2 J_1^2(\xi_n b)\mathcal{V}_{D0}(\xi r_0,a)\mathcal{V}_{D0}(\xi r,a)e^{-|z-z_0|\sqrt{\frac{\eta_r\xi_n^2+s}{\eta_z}}}}{\{J_0^2(\xi_n a)-J_1^2(\xi_n b)\}\sqrt{(\eta_r\xi_n^2+s)}} - \\
& -\frac{\pi\eta_r}{2\sqrt{\eta_z}}\sum_{n=1}^{\infty}\frac{\xi_n^2 J_1^2(\xi_n b)\mathcal{V}_{D0}(\xi r,a)}{\{J_0^2(\xi_n a)-J_1^2(\xi_n b)\}\sqrt{\eta_r\xi_n^2+s}}\int_{-\infty}^{\infty}\overline{\psi}_a(w,s)e^{-|z-w|\sqrt{\frac{\eta_r\xi_n^2+s}{\eta_z}}}dw + \\
& +\frac{\pi}{2\phi c_t\sqrt{\eta_z}}\sum_{n=1}^{\infty}\frac{\xi_n^2 J_0(\xi_n a)J_1(\xi_n b)\mathcal{V}_{D0}(\xi r,a)}{\{J_0^2(\xi_n a)-J_1^2(\xi_n b)\}\sqrt{\eta_r\xi_n^2+s}}\int_{-\infty}^{\infty}\overline{\psi}_b(w,s)e^{-|z-w|\sqrt{\frac{\eta_r\xi_n^2+s}{\eta_z}}}dw + \\
& +\frac{\pi^2}{4\sqrt{\eta_z}}\sum_{n=1}^{\infty}\frac{\xi_n^2 J_1^2(\xi_n b)\mathcal{V}_{D0}(\xi r,a)}{\{J_0^2(\xi_n a)-J_1^2(\xi_n b)\}\sqrt{\eta_r\xi_n^2+s}}\int_{-\infty}^{\infty}\overline{\varphi}(\xi_n,w)e^{-|z-w|\sqrt{\frac{\eta_r\xi_n^2+s}{\eta_z}}}dw
\end{aligned} \tag{20.5.2}$$

where $\overline{\varphi}(\xi_n,w) = \int_a^b \varphi(r,w)\, r\mathcal{V}_{D0}(\xi_n r,a)\,dr$ and

$$\begin{aligned}
p = {} & \frac{U(t-t_0)}{8\phi c_t}\sqrt{\frac{\pi}{\eta_z}}\sum_{n=1}^{\infty}\frac{\xi_n^2 J_1^2(\xi_n b)\mathcal{V}_{D0}(\xi r_0,a)\mathcal{V}_{D0}(\xi r,a)}{\{J_0^2(\xi_n a)-J_1^2(\xi_n b)\}}\int_0^{t-t_0}\frac{q(t-t_0-\tau)e^{-\eta_r\xi_n^2\tau-\frac{(z-z_0)^2}{4\eta_z\tau}}}{\sqrt{\tau}}d\tau - \\
& -\frac{\eta_r}{2}\sqrt{\frac{\pi}{\eta_z}}\sum_{n=1}^{\infty}\frac{\xi_n^2 J_1^2(\xi_n b)\mathcal{V}_{D0}(\xi r,a)}{\{J_0^2(\xi_n a)-J_1^2(\xi_n b)\}}\int_{-\infty}^{\infty}\int_0^t\frac{\psi_a(w,t-\tau)e^{-\eta_r\xi_n^2\tau-\frac{(z-w)^2}{4\eta_z\tau}}}{\sqrt{\tau}}d\tau dw + \\
& +\frac{1}{2\phi c_t}\sqrt{\frac{\pi}{\eta_z}}\sum_{n=1}^{\infty}\frac{\xi_n^2 J_0(\xi_n a)J_1(\xi_n b)\mathcal{V}_{D0}(\xi r,a)}{\{J_0^2(\xi_n a)-J_1^2(\xi_n b)\}}\int_{-\infty}^{\infty}\int_0^t\frac{\psi_b(w,t-\tau)e^{-\eta_r\xi_n^2\tau-\frac{(z-w)^2}{4\eta_z\tau}}}{\sqrt{\tau}}d\tau dw + \\
& +\frac{1}{4}\sqrt{\frac{\pi^3}{\eta_z t}}\sum_{n=1}^{\infty}\frac{\xi_n^2 J_1^2(\xi_n b)\mathcal{V}_{D0}(\xi r,a)e^{-\eta_r\xi_n^2 t}}{\{J_0^2(\xi_n a)-J_1^2(\xi_n b)\}}\int_{-\infty}^{\infty}\overline{\varphi}(\xi_n,w)e^{-\frac{(z-w)^2}{4\eta_z t}}dw
\end{aligned} \tag{20.5.3}$$

---

*$\mathcal{V}_{D0}'(\xi_n b, a) = Y_1(\xi_n b)J_0(\xi_n a) - J_1(\xi_n b)Y_0(\xi_n a)$.

20.6 **The problem of 20.4 except $\mathbf{D}_a \equiv p(a,z,t) = \psi_a(z,t)$ and $\mathbf{R}_b \equiv \frac{\partial p(b,z,t)}{\partial r} + \lambda p(b,z,t) = -\left(\frac{\mu}{k_r}\right)\psi_b(z,t)$**

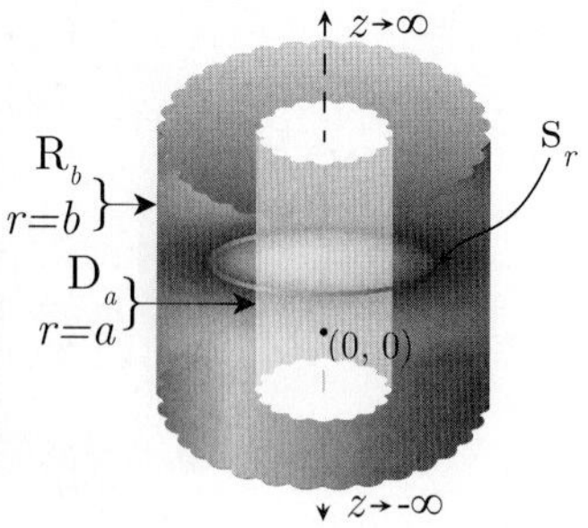

The successive application of the Laplace, Fourier and finite Hankel transformations to equation (18.1.1) gives

$$\overline{\overline{\overline{p}}} = \frac{q(s)\, e^{-st_0} e^{ilz_0} \mathcal{V}_{\mathcal{D}0}(\xi_n r_0, a)}{2\pi\phi c_t(\eta_r\xi_n^2+\eta_z l^2+s)} - \frac{2\eta_r \overline{\overline{\psi}}_a(l,s)}{\pi(\eta_r\xi_n^2+\eta_z l^2+s)} - \frac{2J_0(\xi_n a)\,\overline{\overline{\psi}}_b(l,s)}{\pi\phi c_t\{\lambda J_0(\xi_n b)-\xi_n J_1(\xi_n b)\}(\eta_r\xi_n^2+\eta_z l^2+s)} + \frac{\overline{\overline{\varphi}}(\xi_n,l)}{(\eta_r\xi_n^2+\eta_z l^2+s)} \quad (20.6.1)$$

where $\mathcal{V}_{\mathcal{D}0}(\xi_n r, a) = J_0(\xi_n r)\,Y_0(\xi_n a) - Y_0(\xi_n r)\,J_0(\xi_n a)$. The eigenvalues $\xi_n, n = 1, 2, ...,$ are the positive roots of the transcendental equation $\xi_n\mathcal{V}'_{\mathcal{D}0}(\xi_n b, a)+\lambda\mathcal{V}_{\mathcal{D}0}(\xi_n b, a) = 0$. $\overline{\overline{\psi}}_a(l,s) = \int_{-\infty}^{\infty} e^{ilz}\overline{\psi}_a(z,s)dz$, $\overline{\overline{\psi}}_b(l,s) = \int_{-\infty}^{\infty} e^{ilz}\overline{\psi}_b(z,s)dz$, $\overline{\overline{\varphi}}(\xi_n,l) = \int_a^b \overline{\varphi}(r,l)\, r\mathcal{V}_{\mathcal{D}0}(\xi_n r,a)\,dr$ and $\overline{\varphi}(r,l) = \int_{-\infty}^{\infty} e^{ilw}\varphi(r,w)dw$. Successive inverse transforms yield

$$\begin{aligned}
\overline{p} =\ & \frac{\pi q(s)\, e^{-st_0}}{8\phi c_t\sqrt{\eta_z}} \sum_{n=1}^{\infty} \frac{\xi_n^2\{\lambda J_0(\xi_n b)-\xi_n J_1(\xi_n b)\}^2 \mathcal{V}_{\mathcal{D}0}(\xi r_0,a)\,\mathcal{V}_{\mathcal{D}0}(\xi r,a)\, e^{-|z-z_0|\sqrt{\frac{\eta_r\xi_n^2+s}{\eta_z}}}}{\left\{(\lambda^2+\xi_n^2)\,J_0^2(\xi_n a) - \{\lambda J_0(\xi_n b)-\xi_n J_1(\xi_n b)\}^2\right\}\sqrt{(\eta_r\xi_n^2+s)}} - \\
& -\frac{\pi\eta_r}{2\sqrt{\eta_z}}\sum_{n=1}^{\infty}\frac{\xi_n^2\{\lambda J_0(\xi_n b)-\xi_n J_1(\xi_n b)\}^2\mathcal{V}_{\mathcal{D}0}(\xi r,a)}{\left\{(\lambda^2+\xi_n^2)\,J_0^2(\xi_n a)-\{\lambda J_0(\xi_n b)-\xi_n J_1(\xi_n b)\}^2\right\}\sqrt{\eta_r\xi_n^2+s}}\int_{-\infty}^{\infty}\overline{\psi}_a(w,s)e^{-|z-w|\sqrt{\frac{\eta_r\xi_n^2+s}{\eta_z}}}dw - \\
& -\frac{\pi}{2\phi c_t\sqrt{\eta_z}}\sum_{n=1}^{\infty}\frac{\xi_n^2 J_0(\xi_n a)\{\lambda J_0(\xi_n b)-\xi_n J_1(\xi_n b)\}\mathcal{V}_{\mathcal{D}0}(\xi r,a)}{\left\{(\lambda^2+\xi_n^2)J_0^2(\xi_n a)-\{\lambda J_0(\xi_n b)-\xi_n J_1(\xi_n b)\}^2\right\}\sqrt{\eta_r\xi_n^2+s}}\int_{-\infty}^{\infty}\overline{\psi}_b(w,s)e^{-|z-w|\sqrt{\frac{\eta_r\xi_n^2+s}{\eta_z}}}dw + \\
& +\frac{\pi^2}{4\sqrt{\eta_z}}\sum_{n=1}^{\infty}\frac{\xi_n^2\{\lambda J_0(\xi_n b)-\xi_n J_1(\xi_n b)\}^2\mathcal{V}_{\mathcal{D}0}(\xi r,a)}{\left\{(\lambda^2+\xi_n^2)\,J_0^2(\xi_n a)-\{\lambda J_0(\xi_n b)-\xi_n J_1(\xi_n b)\}^2\right\}\sqrt{\eta_r\xi_n^2+s}}\int_{-\infty}^{\infty}\overline{\varphi}(\xi_n,w)e^{-|z-w|\sqrt{\frac{\eta_r\xi_n^2+s}{\eta_z}}}dw
\end{aligned} \quad (20.6.2)$$

where $\overline{\varphi}(\xi_n,w) = \int_a^b \varphi(r,w)\, r\mathcal{V}_{\mathcal{D}0}(\xi_n r,a)\,dr$ and

$$\begin{aligned}
p =\ & \frac{U(t-t_0)}{8\phi c_t}\sqrt{\frac{\pi}{\eta_z}}\sum_{n=1}^{\infty}\frac{\xi_n^2\{\lambda J_0(\xi_n b)-\xi_n J_1(\xi_n b)\}^2\mathcal{V}_{\mathcal{D}0}(\xi r_0,a)\,\mathcal{V}_{\mathcal{D}0}(\xi r,a)}{\left\{(\lambda^2+\xi_n^2)\,J_0^2(\xi_n a)-\{\lambda J_0(\xi_n b)-\xi_n J_1(\xi_n b)\}^2\right\}}\int_0^{t-t_0}\frac{q(t-t_0-\tau)\,e^{-\eta_r\xi_n^2\tau-\frac{(z-z_0)^2}{4\eta_z\tau}}}{\sqrt{\tau}}d\tau - \\
& -\frac{\eta_r}{2}\sqrt{\frac{\pi}{\eta_z}}\sum_{n=1}^{\infty}\frac{\xi_n^2\{\lambda J_0(\xi_n b)-\xi_n J_1(\xi_n b)\}^2\mathcal{V}_{\mathcal{D}0}(\xi r,a)}{\left\{(\lambda^2+\xi_n^2)\,J_0^2(\xi_n a)-\{\lambda J_0(\xi_n b)-\xi_n J_1(\xi_n b)\}^2\right\}}\int_{-\infty}^{\infty}\int_0^t\frac{\psi_a(w,t-\tau)\,e^{-\eta_r\xi_n^2\tau-\frac{(z-w)^2}{4\eta_z\tau}}}{\sqrt{\tau}}d\tau dw - \\
& -\frac{1}{2\phi c_t}\sqrt{\frac{\pi}{\eta_z}}\sum_{n=1}^{\infty}\frac{\xi_n^2 J_0(\xi_n a)\{\lambda J_0(\xi_n b)-\xi_n J_1(\xi_n b)\}\mathcal{V}_{\mathcal{D}0}(\xi r,a)}{\left\{(\lambda^2+\xi_n^2)\,J_0^2(\xi_n a)-\{\lambda J_0(\xi_n b)-\xi_n J_1(\xi_n b)\}^2\right\}}\int_{-\infty}^{\infty}\int_0^t\frac{\psi_b(w,t-\tau)e^{-\eta_r\xi_n^2\tau-\frac{(z-w)^2}{4\eta_z\tau}}}{\sqrt{\tau}}d\tau dw + \\
& +\frac{1}{4}\sqrt{\frac{\pi^3}{\eta_z t}}\sum_{n=1}^{\infty}\frac{\xi_n^2\{\lambda J_0(\xi_n b)-\xi_n J_1(\xi_n b)\}^2\mathcal{V}_{\mathcal{D}0}(\xi r,a)\,e^{-\eta_r\xi_n^2 t}}{\left\{(\lambda^2+\xi_n^2)\,J_0^2(\xi_n a)-\{\lambda J_0(\xi_n b)-\xi_n J_1(\xi_n b)\}^2\right\}}\int_{-\infty}^{\infty}\overline{\varphi}(\xi_n,w)\,e^{-\frac{(z-w)^2}{4\eta_z t}}dw
\end{aligned} \quad (20.6.3)$$

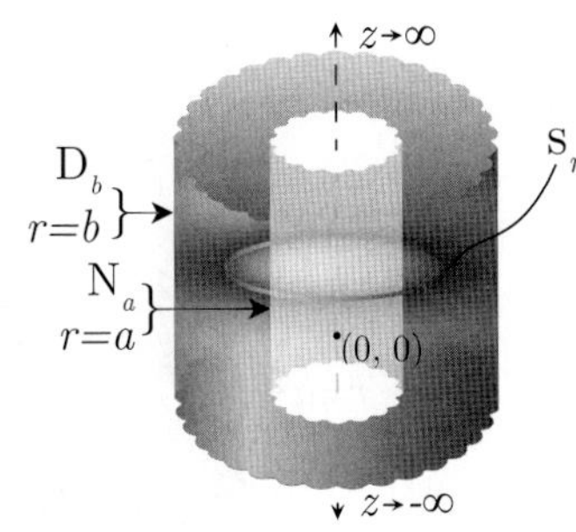

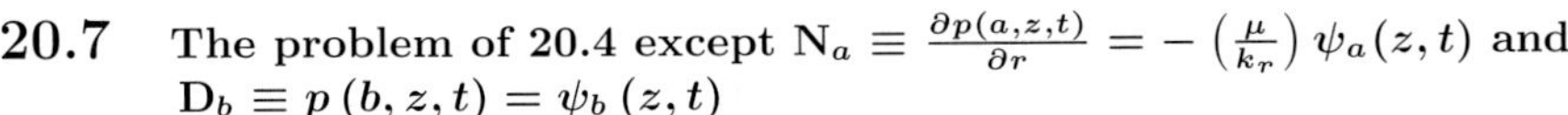

20.7 The problem of 20.4 except $\mathbf{N}_a \equiv \frac{\partial p(a,z,t)}{\partial r} = -\left(\frac{\mu}{k_r}\right)\psi_a(z,t)$ and $\mathbf{D}_b \equiv p(b,z,t) = \psi_b(z,t)$

The successive application of the Laplace, Fourier and finite Hankel transformations to equation (18.1.1) gives

$$\overline{\overline{\overline{p}}} = \frac{q(s)\,e^{-st_0}e^{ilz_0}\mathcal{V}_{\mathcal{N}0}(\xi_n r_0, a)}{2\pi\phi c_t\left(\eta_r\xi_n^2+\eta_z l^2+s\right)} + \frac{2\overline{\overline{\psi}}_a(l,s)}{\pi\phi c_t\xi_n\left(\eta_r\xi_n^2+\eta_z l^2+s\right)} - \\ -\frac{2\eta_r J_1(\xi_n a)\,\overline{\overline{\psi}}_b(l,s)}{\pi J_0(\xi_n b)\left(\eta_r\xi_n^2+\eta_z l^2+s\right)} + \frac{\overline{\overline{\varphi}}(\xi_n,l)}{\left(\eta_r\xi_n^2+\eta_z l^2+s\right)} \tag{20.7.1}$$

where $\mathcal{V}_{\mathcal{N}0}(\xi_n r,a) = Y_0(\xi_n r)\,J_1(\xi_n a) - J_0(\xi_n r)\,Y_1(\xi_n a)$. The eigenvalues $\xi_n, n = 1,2,...,$ are the positive roots of the transcendental equation $\mathcal{V}_{\mathcal{N}0}(\xi_n b, a) = 0$. $\overline{\overline{\psi}}_a(l,s) = \int_{-\infty}^{\infty} e^{ilz}\overline{\psi}_a(z,s)dz$, $\overline{\overline{\psi}}_b(l,s) = \int_{-\infty}^{\infty} e^{ilz}\overline{\psi}_b(z,s)dz$, $\overline{\overline{\varphi}}(\xi_n,l) = \int_a^b \overline{\varphi}(r,l)\,r\mathcal{V}_{\mathcal{N}0}(\xi_n r,a)\,dr$ and $\overline{\varphi}(r,l) = \int_{-\infty}^{\infty} e^{ilw}\varphi(r,w)dw$. Successive inverse transforms yield

$$\overline{p} = \frac{\pi q(s)\,e^{-st_0}}{8\phi c_t\sqrt{\eta_z}}\sum_{n=1}^{\infty}\frac{\xi_n^2 J_0^2(\xi_n b)\,\mathcal{V}_{\mathcal{N}0}(\xi r_0,a)\,\mathcal{V}_{\mathcal{N}0}(\xi r,a)\,e^{-|z-z_0|\sqrt{\frac{\eta_r\xi_n^2+s}{\eta_z}}}}{\left\{J_1^2(\xi_n a)-J_0^2(\xi_n b)\right\}\sqrt{(\eta_r\xi_n^2+s)}} + \\ +\frac{\pi}{2\phi c_t\sqrt{\eta_z}}\sum_{n=1}^{\infty}\frac{\xi_n J_0^2(\xi_n b)\,\mathcal{V}_{\mathcal{N}0}(\xi r,a)}{\left\{J_1^2(\xi_n a)-J_0^2(\xi_n b)\right\}\sqrt{\eta_r\xi_n^2+s}}\int_{-\infty}^{\infty}\overline{\psi}_a(w,s)\,e^{-|z-w|\sqrt{\frac{\eta_r\xi_n^2+s}{\eta_z}}}dw - \\ -\frac{\pi\eta_r}{2\sqrt{\eta_z}}\sum_{n=1}^{\infty}\frac{\xi_n^2 J_1(\xi_n a)\,J_0(\xi_n b)\,\mathcal{V}_{\mathcal{N}0}(\xi r,a)}{\left\{J_1^2(\xi_n a)-J_0^2(\xi_n b)\right\}\sqrt{\eta_r\xi_n^2+s}}\int_{-\infty}^{\infty}\overline{\psi}_b(w,s)\,e^{-|z-w|\sqrt{\frac{\eta_r\xi_n^2+s}{\eta_z}}}dw + \\ +\frac{\pi^2}{4\sqrt{\eta_z}}\sum_{n=1}^{\infty}\frac{\xi_n^2 J_0^2(\xi_n b)\,\mathcal{V}_{\mathcal{N}0}(\xi r,a)}{\left\{J_1^2(\xi_n a)-J_0^2(\xi_n b)\right\}\sqrt{\eta_r\xi_n^2+s}}\int_{-\infty}^{\infty}\overline{\varphi}(\xi_n,w)\,e^{-|z-w|\sqrt{\frac{\eta_r\xi_n^2+s}{\eta_z}}}dw \tag{20.7.2}$$

where $\overline{\varphi}(\xi_n,w) = \int_a^b \varphi(r,w)\,r\mathcal{V}_{\mathcal{N}0}(\xi_n r,a)\,dr$ and

$$p = \frac{U(t-t_0)}{8\phi c_t}\sqrt{\frac{\pi}{\eta_z}}\sum_{n=1}^{\infty}\frac{\xi_n^2 J_0^2(\xi_n b)\,\mathcal{V}_{\mathcal{N}0}(\xi r_0,a)\,\mathcal{V}_{\mathcal{N}0}(\xi r,a)}{\left\{J_1^2(\xi_n a)-J_0^2(\xi_n b)\right\}}\int_0^{t-t_0}\frac{q(t-t_0-\tau)\,e^{-\eta_r\xi_n^2\tau-\frac{(z-z_0)^2}{4\eta_z\tau}}}{\sqrt{\tau}}d\tau + \\ +\frac{1}{2\phi c_t}\sqrt{\frac{\pi}{\eta_z}}\sum_{n=1}^{\infty}\frac{\xi_n J_0^2(\xi_n b)\,\mathcal{V}_{\mathcal{N}0}(\xi r,a)}{\left\{J_1^2(\xi_n a)-J_0^2(\xi_n b)\right\}}\int_{-\infty}^{\infty}\int_0^t\frac{\psi_a(w,t-\tau)\,e^{-\eta_r\xi_n^2\tau-\frac{(z-w)^2}{4\eta_z\tau}}}{\sqrt{\tau}}d\tau dw - \\ -\frac{\eta_r}{2}\sqrt{\frac{\pi}{\eta_z}}\sum_{n=1}^{\infty}\frac{\xi_n^2 J_1(\xi_n a)\,J_0(\xi_n b)\,\mathcal{V}_{\mathcal{N}0}(\xi r,a)}{\left\{J_1^2(\xi_n a)-J_0^2(\xi_n b)\right\}}\int_{-\infty}^{\infty}\int_0^t\frac{\psi_b(w,t-\tau)\,e^{-\eta_r\xi_n^2\tau-\frac{(z-w)^2}{4\eta_z\tau}}}{\sqrt{\tau}}d\tau dw + \\ +\frac{1}{4}\sqrt{\frac{\pi^3}{\eta_z t}}\sum_{n=1}^{\infty}\frac{\xi_n^2 J_0^2(\xi_n b)\,\mathcal{V}_{\mathcal{N}0}(\xi r,a)\,e^{-\eta_r\xi_n^2 t}}{\left\{J_1^2(\xi_n a)-J_0^2(\xi_n b)\right\}}\int_{-\infty}^{\infty}\overline{\varphi}(\xi_n,w)\,e^{-\frac{(z-w)^2}{4\eta_z t}}dw \tag{20.7.3}$$

20.8

The problem of 20.4 except
$\mathbf{N}_a \equiv \frac{\partial p(a,z,t)}{\partial r} = -\left(\frac{\mu}{k_r}\right)\psi_a(z,t)$ **and**
$\mathbf{N}_b \equiv \frac{\partial p(b,z,t)}{\partial r} = -\left(\frac{\mu}{k_r}\right)\psi_b(z,t)$

The successive application of the Laplace, Fourier and finite Hankel transformations to equation (18.1.1) gives

$$\begin{aligned}\overline{\overline{\overline{p}}} &= \frac{q(s)\,e^{-st_0}e^{ilz_0}}{2\pi\phi c_t(\eta_z l^2+s)} + \frac{q(s)\,e^{-st_0}e^{ilz_0}\mathcal{V}_{\mathcal{N}0}(\xi_n r_0,a)}{2\pi\phi c_t(\eta_r\xi_n^2+\eta_z l^2+s)} + \frac{\left\{a\overline{\overline{\psi}}_a(l,s) - b\overline{\overline{\psi}}_b(l,s)\right\}}{\phi c_t(\eta_z l^2+s)} + \\ &+ \frac{2\overline{\overline{\psi}}_a(l,s)}{\pi\phi c_t\xi_n(\eta_r\xi_n^2+\eta_z l^2+s)} - \frac{2J_1(\xi_n a)\,\overline{\overline{\psi}}_b(l,s)}{\pi\phi c_t\xi_n J_1(\xi_n b)(\eta_r\xi_n^2+\eta_z l^2+s)} + \\ &+ \frac{\int_a^b w\overline{\varphi}(w,l)\,dw}{(\eta_z l^2+s)} + \frac{\overline{\overline{\varphi}}(\xi_n,l)}{(\eta_r\xi_n^2+\eta_z l^2+s)}\end{aligned} \tag{20.8.1}$$

where $\mathcal{V}_{\mathcal{N}0}(\xi_n r,a) = Y_0(\xi_n r)\,J_1(\xi_n a) - J_0(\xi_n r)\,Y_1(\xi_n a)$. The eigenvalues are $\xi_0 = 0$ and $\xi_n, n = 1,2,...$, which are the positive roots of the transcendental equation $\mathcal{V}'_{\mathcal{N}0}(\xi_n b,a) = 0$.* $\overline{\overline{\psi}}_a(l,s) = \int_{-\infty}^{\infty} e^{ilz}\overline{\psi}_a(z,s)dz$, $\overline{\overline{\psi}}_b(l,s) = \int_{-\infty}^{\infty} e^{ilz}\overline{\psi}_b(z,s)dz$, $\overline{\overline{\varphi}}(\xi_n,l) = \int_a^b \overline{\varphi}(r,l)\,r\mathcal{V}_{\mathcal{N}0}(\xi_n r,a)\,dr$ and $\overline{\varphi}(r,l) = \int_{-\infty}^{\infty} e^{ilw}\varphi(r,w)dw$. Successive inverse transforms yield

$$\begin{aligned}\overline{p} &= \frac{q(s)\,e^{-st_0}e^{-|z-z_0|\sqrt{\frac{s}{\eta_z}}}}{2\pi\phi c_t(b^2-a^2)\sqrt{\eta_z s}} + \frac{\pi q(s)\,e^{-st_0}}{8\phi c_t\sqrt{\eta_z}}\sum_{n=1}^{\infty}\frac{\xi_n^2 J_1^2(\xi_n b)\,\mathcal{V}_{\mathcal{N}0}(\xi r_0,a)\,\mathcal{V}_{\mathcal{N}0}(\xi r,a)\,e^{-|z-z_0|\sqrt{\frac{\eta_r\xi_n^2+s}{\eta_z}}}}{\{J_1^2(\xi_n a) - J_1^2(\xi_n b)\}\sqrt{(\eta_r\xi_n^2+s)}} + \\ &+ \frac{1}{\phi c_t(b^2-a^2)\sqrt{\eta_z s}}\int_{-\infty}^{\infty}\{a\overline{\psi}_a(w,s) - b\overline{\psi}_b(w,s)\}\,e^{-|z-w|\sqrt{\frac{s}{\eta_z}}}dw + \\ &+ \frac{\pi}{2\phi c_t\sqrt{\eta_z}}\sum_{n=1}^{\infty}\frac{\xi_n J_1^2(\xi_n b)\,\mathcal{V}_{\mathcal{N}0}(\xi r,a)}{\{J_1^2(\xi_n a) - J_1^2(\xi_n b)\}\sqrt{(\eta_r\xi_n^2+s)}}\int_{-\infty}^{\infty}\overline{\psi}_a(w,s)\,e^{-|z-w|\sqrt{\frac{\eta_r\xi_n^2+s}{\eta_z}}}dw - \\ &- \frac{\pi}{2\phi c_t\sqrt{\eta_z}}\sum_{n=1}^{\infty}\frac{\xi_n J_1(\xi_n a)\,J_1(\xi_n b)\,\mathcal{V}_{\mathcal{N}0}(\xi r,a)}{\{J_1^2(\xi_n a) - J_1^2(\xi_n b)\}\sqrt{(\eta_r\xi_n^2+s)}}\int_{-\infty}^{\infty}\overline{\psi}_b(w,s)\,e^{-|z-w|\sqrt{\frac{\eta_r\xi_n^2+s}{\eta_z}}}dw + \\ &+ \frac{1}{(b^2-a^2)\sqrt{\eta_z s}}\int_{-\infty}^{\infty}e^{-|z-w|\sqrt{\frac{s}{\eta_z}}}\int_a^b u\varphi(u,w)\,du\,dw + \\ &+ \frac{\pi^2}{4\sqrt{\eta_z}}\sum_{n=1}^{\infty}\frac{\xi_n^2 J_1^2(\xi_n b)\,\mathcal{V}_{\mathcal{N}0}(\xi r,a)}{\{J_1^2(\xi_n a) - J_1^2(\xi_n b)\}\sqrt{(\eta_r\xi_n^2+s)}}\int_{-\infty}^{\infty}\overline{\varphi}(\xi_n,w)\,e^{-|z-w|\sqrt{\frac{\eta_r\xi_n^2+s}{\eta_z}}}dw\end{aligned} \tag{20.8.2}$$

where $\overline{\varphi}(\xi_n,w) = \int_a^b \varphi(r,w)\,r\mathcal{V}_{\mathcal{N}0}(\xi_n r,a)\,dr$ and

$$p = \frac{U(t-t_0)}{2\pi\phi c_t(b^2-a^2)\sqrt{\pi\eta_z}}\int_0^{t-t_0}\frac{q(t-t_0-\tau)\,e^{-\frac{(z-z_0)^2}{4\eta_z\tau}}}{\sqrt{\tau}}d\tau +$$

---

*$\mathcal{V}'_{\mathcal{N}0}(\xi_n b,a) = J_1(\xi_n b)\,Y_1(\xi_n a) - Y_1(\xi_n b)\,J_1(\xi_n a)$.

$$+\frac{U(t-t_0)}{8\phi c_t}\sqrt{\frac{\pi}{\eta_z}}\sum_{n=1}^{\infty}\frac{\xi_n^2 J_1^2(\xi_n b)\mathcal{V}_{\mathcal{N}0}(\xi r_0,a)\mathcal{V}_{\mathcal{N}0}(\xi r,a)}{\{J_1^2(\xi_n a)-J_1^2(\xi_n b)\}}\int_0^{t-t_0}\frac{q(t-t_0-\tau)e^{-\eta_r\xi_n^2\tau-\frac{(z-z_0)^2}{4\eta_z\tau}}}{\sqrt{\tau}}d\tau+$$

$$+\frac{1}{\phi c_t(b^2-a^2)\sqrt{\pi\eta_z}}\int_{-\infty}^{\infty}\int_0^t\frac{\{a\psi_a(w,t-\tau)-b\psi_b(w,t-\tau)\}e^{-\frac{(z-w)^2}{4\eta_z\tau}}}{\sqrt{\tau}}d\tau dw+$$

$$+\frac{1}{2\phi c_t}\sqrt{\frac{\pi}{\eta_z}}\sum_{n=1}^{\infty}\frac{\xi_n J_1^2(\xi_n b)\mathcal{V}_{\mathcal{N}0}(\xi r,a)}{\{J_1^2(\xi_n a)-J_1^2(\xi_n b)\}}\int_{-\infty}^{\infty}\int_0^t\frac{\psi_a(w,t-\tau)e^{-\eta_r\xi_n^2\tau-\frac{(z-w)^2}{4\eta_z\tau}}}{\sqrt{\tau}}d\tau dw-$$

$$-\frac{1}{2\phi c_t}\sqrt{\frac{\pi}{\eta_z}}\sum_{n=1}^{\infty}\frac{\xi_n J_1(\xi_n a)J_1(\xi_n b)\mathcal{V}_{\mathcal{N}0}(\xi r,a)}{\{J_1^2(\xi_n a)-J_1^2(\xi_n b)\}}\int_{-\infty}^{\infty}\int_0^t\frac{\psi_b(w,t-\tau)e^{-\eta_r\xi_n^2\tau-\frac{(z-w)^2}{4\eta_z\tau}}}{\sqrt{\tau}}d\tau dw+$$

$$+\frac{1}{(b^2-a^2)\sqrt{\pi\eta_z t}}\int_{-\infty}^{\infty}\int_a^b u\varphi(u,w)du e^{-\frac{(z-w)^2}{4\eta_z t}}dw+$$

$$+\frac{1}{4}\sqrt{\frac{\pi^3}{\eta_z t}}\sum_{n=1}^{\infty}\frac{\xi_n^2 J_1^2(\xi_n b)\mathcal{V}_{\mathcal{N}0}(\xi r,a)e^{-\eta_r\xi_n^2 t}}{\{J_1^2(\xi_n a)-J_1^2(\xi_n b)\}}\int_{-\infty}^{\infty}\overline{\varphi}(\xi_n,w)e^{-\frac{(z-w)^2}{4\eta_z t}}dw \tag{20.8.3}$$

20.9 The problem of 20.4 except $\mathbf{N}_a \equiv \frac{\partial p(a,z,t)}{\partial r} = -\left(\frac{\mu}{k_r}\right)\psi_a(z,t)$ and $\mathbf{R}_b \equiv \frac{\partial p(b,z,t)}{\partial r} + \lambda p(b,z,t) = -\left(\frac{\mu}{k_r}\right)\psi_b(z,t)$

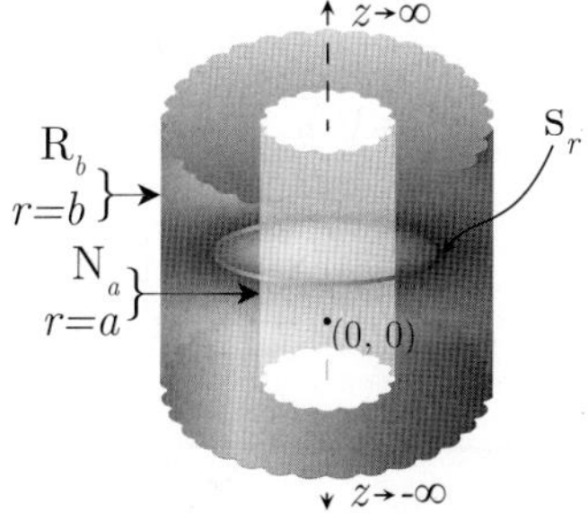

The successive application of the Laplace, Fourier and finite Hankel transformations to equation (18.1.1) gives

$$\overline{\overline{\overline{p}}} = \frac{q(s)e^{-st_0}e^{ilz_0}\mathcal{V}_{\mathcal{N}0}(\xi_n r_0,a)}{2\pi\phi c_t(\eta_r\xi_n^2+\eta_z l^2+s)}+\frac{2\overline{\overline{\psi}}_a(l,s)}{\pi\phi c_t\xi_n(\eta_r\xi_n^2+\eta_z l^2+s)}+$$
$$+\frac{2J_1(\xi_n a)\overline{\overline{\psi}}_b(l,s)}{\pi\phi c_t\{\lambda J_0(\xi_n b)-\xi_n J_1(\xi_n b)\}(\eta_r\xi_n^2+\eta_z l^2+s)}+\frac{\overline{\overline{\varphi}}(\xi_n,l)}{(\eta_r\xi_n^2+\eta_z l^2+s)} \tag{20.9.1}$$

where $\mathcal{V}_{\mathcal{N}0}(\xi_n r,a)$=$Y_0(\xi_n r)J_1(\xi_n a)-J_0(\xi_n r)Y_1(\xi_n a)$. The eigenvalues $\xi_n, n=1,2,...,$ are the positive roots of the transcendental equation $\xi_n\mathcal{V}'_{\mathcal{N}0}(\xi_n b,a)+\lambda\mathcal{V}_{\mathcal{N}0}(\xi_n b,a)=0$. $\overline{\overline{\psi}}_a(l,s)=\int_{-\infty}^{\infty}e^{ilz}\overline{\psi}_a(z,s)dz$, $\overline{\overline{\psi}}_b(l,s)=\int_{-\infty}^{\infty}e^{ilz}\overline{\psi}_b(z,s)dz$, $\overline{\overline{\varphi}}(\xi_n,l)=\int_a^b\overline{\varphi}(r,l)r\mathcal{V}_{\mathcal{N}0}(\xi_n r,a)\,dr$ and $\overline{\varphi}(r,l)=\int_{-\infty}^{\infty}e^{ilw}\varphi(r,w)dw$. Successive inverse transforms yield

$$\overline{p} = \frac{\pi q(s)e^{-st_0}}{8\phi c_t\sqrt{\eta_z}}\sum_{n=1}^{\infty}\frac{\xi_n^2\{\lambda J_0(\xi_n b)-\xi_n J_1(\xi_n b)\}^2\mathcal{V}_{\mathcal{N}0}(\xi r_0,a)\mathcal{V}_{\mathcal{N}0}(\xi r,a)e^{-|z-z_0|\sqrt{\frac{\eta_r\xi_n^2+s}{\eta_z}}}}{\left[(\lambda^2+\xi_n^2)J_1^2(\xi_n a)-\{\lambda J_0(\xi_n b)-\xi_n J_1(\xi_n b)\}^2\right]\sqrt{(\eta_r\xi_n^2+s)}}+$$
$$+\frac{\pi}{2\phi c_t\sqrt{\eta_z}}\times$$
$$\times\sum_{n=1}^{\infty}\frac{\xi_n\{\lambda J_0(\xi_n b)-\xi_n J_1(\xi_n b)\}^2\mathcal{V}_{\mathcal{N}0}(\xi r,a)}{\left[(\lambda^2+\xi_n^2)J_1^2(\xi_n a)-\{\lambda J_0(\xi_n b)-\xi_n J_1(\xi_n b)\}^2\right]\sqrt{\eta_r\xi_n^2+s}}\int_{-\infty}^{\infty}\overline{\psi}_a(w,s)e^{-|z-w|\sqrt{\frac{\eta_r\xi_n^2+s}{\eta_z}}}dw+$$

$$
+\frac{\pi}{2\phi c_t\sqrt{\eta_z}}\times
$$

$$
\times\sum_{n=1}^{\infty}\frac{\xi_n^2 J_1(\xi_n a)\{\lambda J_0(\xi_n b)-\xi_n J_1(\xi_n b)\}\mathcal{V}_{\mathcal{N}0}(\xi r,a)}{\left[(\lambda^2+\xi_n^2)J_1^2(\xi_n a)-\{\lambda J_0(\xi_n b)-\xi_n J_1(\xi_n b)\}^2\right]\sqrt{\eta_r\xi_n^2+s}}\int_{-\infty}^{\infty}\overline{\psi}_b(w,s)\,e^{-|z-w|\sqrt{\frac{\eta_r\xi_n^2+s}{\eta_z}}}dw+
$$

$$
+\frac{\pi^2}{4\sqrt{\eta_z}}\sum_{n=1}^{\infty}\frac{\xi_n^2\{\lambda J_0(\xi_n b)-\xi_n J_1(\xi_n b)\}^2\mathcal{V}_{\mathcal{N}0}(\xi r,a)}{\left[(\lambda^2+\xi_n^2)J_1^2(\xi_n a)-\{\lambda J_0(\xi_n b)-\xi_n J_1(\xi_n b)\}^2\right]\sqrt{\eta_r\xi_n^2+s}}\int_{-\infty}^{\infty}\overline{\varphi}(\xi_n,w)\,e^{-|z-w|\sqrt{\frac{\eta_r\xi_n^2+s}{\eta_z}}}dw
\tag{20.9.2}
$$

where $\overline{\varphi}(\xi_n,w)=\int_a^b\varphi(r,w)\,r\mathcal{V}_{\mathcal{N}0}(\xi_n r,a)\,dr$ and

$$
p=\frac{U(t-t_0)}{8\phi c_t}\sqrt{\frac{\pi}{\eta_z}}\times
$$

$$
\times\sum_{n=1}^{\infty}\frac{\xi_n^2\{\lambda J_0(\xi_n b)-\xi_n J_1(\xi_n b)\}^2\mathcal{V}_{\mathcal{N}0}(\xi r_0,a)\mathcal{V}_{\mathcal{N}0}(\xi r,a)}{\left[(\lambda^2+\xi_n^2)J_1^2(\xi_n a)-\{\lambda J_0(\xi_n b)-\xi_n J_1(\xi_n b)\}^2\right]}\int_0^{t-t_0}\frac{q(t-t_0-\tau)\,e^{-\eta_r\xi_n^2\tau-\frac{(z-z_0)^2}{4\eta_z\tau}}}{\sqrt{\tau}}d\tau+
$$

$$
+\frac{1}{2\phi c_t}\sqrt{\frac{\pi}{\eta_z}}\sum_{n=1}^{\infty}\frac{\xi_n\{\lambda J_0(\xi_n b)-\xi_n J_1(\xi_n b)\}^2\mathcal{V}_{\mathcal{N}0}(\xi r,a)}{\left[(\lambda^2+\xi_n^2)J_1^2(\xi_n a)-\{\lambda J_0(\xi_n b)-\xi_n J_1(\xi_n b)\}^2\right]}\int_{-\infty}^{\infty}\int_0^t\frac{\psi_a(w,t-\tau)\,e^{-\eta_r\xi_n^2\tau-\frac{(z-w)^2}{4\eta_z\tau}}}{\sqrt{\tau}}d\tau dw+
$$

$$
+\frac{1}{2\phi c_t}\sqrt{\frac{\pi}{\eta_z}}\sum_{n=1}^{\infty}\frac{\xi_n^2 J_1(\xi_n a)\{\lambda J_0(\xi_n b)-\xi_n J_1(\xi_n b)\}\mathcal{V}_{\mathcal{N}0}(\xi r,a)}{\left[(\lambda^2+\xi_n^2)J_1^2(\xi_n a)-\{\lambda J_0(\xi_n b)-\xi_n J_1(\xi_n b)\}^2\right]}\int_{-\infty}^{\infty}\int_0^t\frac{\psi_b(w,t-\tau)\,e^{-\eta_r\xi_n^2\tau-\frac{(z-w)^2}{4\eta_z\tau}}}{\sqrt{\tau}}d\tau dw+
$$

$$
+\frac{1}{4}\sqrt{\frac{\pi^3}{\eta_z t}}\sum_{n=1}^{\infty}\frac{\xi_n^2\{\lambda J_0(\xi_n b)-\xi_n J_1(\xi_n b)\}^2\mathcal{V}_{\mathcal{N}0}(\xi r,a)\,e^{-\eta_r\xi_n^2 t}}{\left[(\lambda^2+\xi_n^2)J_1^2(\xi_n a)-\{\lambda J_0(\xi_n b)-\xi_n J_1(\xi_n b)\}^2\right]}\int_{-\infty}^{\infty}\overline{\varphi}(\xi_n,w)\,e^{-\frac{(z-w)^2}{4\eta_z t}}dw
\tag{20.9.3}
$$

20.10

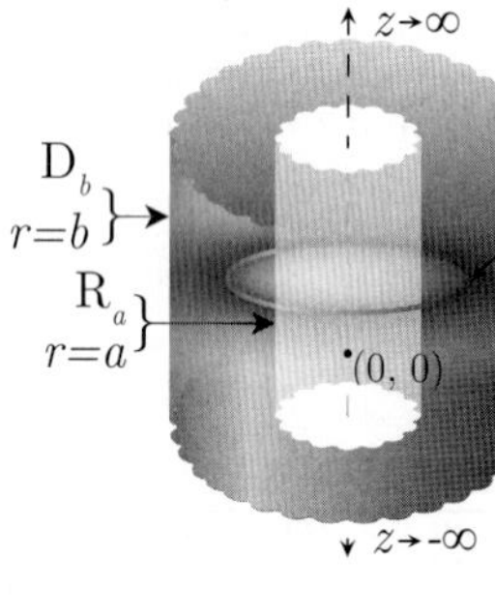

The problem of 20.4 except
$\mathbf{R}_a\equiv\frac{\partial p(a,z,t)}{\partial r}-\lambda p(a,z,t)=-\left(\frac{\mu}{k_r}\right)\psi_a(z,t)$ **and**
$\mathbf{D}_b\equiv p(b,z,t)=\psi_b(z,t)$

The successive application of the Laplace, Fourier and finite Hankel transformations to equation (18.1.1) gives

$$
\overline{\overline{\overline{p}}}=\frac{q(s)\,e^{-st_0}e^{ilz_0}\mathcal{V}_{\mathcal{D}0}(\xi_n r_0,b)}{2\pi\phi c_t(\eta_r\xi_n^2+\eta_z l^2+s)}-\frac{2J_0(\xi_n b)\overline{\overline{\psi}}_a(l,s)}{\pi\phi c_t(\eta_r\xi_n^2+\eta_z l^2+s)\{\lambda J_0(\xi_n a)+\xi_n J_1(\xi_n a)\}}+
$$

$$
+\frac{2\eta_r\overline{\overline{\psi}}_b(l,s)}{\pi(\eta_r\xi_n^2+\eta_z l^2+s)}+\frac{\overline{\overline{\varphi}}(\xi_n,l)}{(\eta_r\xi_n^2+\eta_z l^2+s)}
\tag{20.10.1}
$$

where $\mathcal{V}_{\mathcal{D}0}(\xi_n r,b)=J_0(\xi_n r)Y_0(\xi_n b)-Y_0(\xi_n r)J_0(\xi_n b)$. The eigenvalues $\xi_n, n=1,2,...$, are the positive roots of the transcendental equation $\lambda\mathcal{V}_{\mathcal{D}0}(\xi_n a,b)-\xi_n\mathcal{V}'_{\mathcal{D}0}(\xi_n a,b)=0^*$. $\overline{\overline{\psi}}_a(l,s)=\int_{-\infty}^{\infty}e^{ilz}\overline{\psi}_a(z,s)dz$, $\overline{\overline{\psi}}_b(l,s)=\int_{-\infty}^{\infty}e^{ilz}\overline{\psi}_b(z,s)dz$, $\overline{\overline{\varphi}}(\xi_n,l)=\int_a^b\overline{\varphi}(r,l)\,r\mathcal{V}_{\mathcal{D}0}(\xi_n r,a)\,dr$ and $\overline{\varphi}(r,l)=\int_{-\infty}^{\infty}e^{ilw}\varphi(r,w)dw$.

$^*\mathcal{V}'_{\mathcal{D}0}(\xi_n r,b)=\{Y_1(\xi_n r)J_0(\xi_n b)-J_1(\xi_n r)Y_0(\xi_n b)\}$.

Successive inverse transforms yield

$$\overline{p} = \frac{\pi q(s) e^{-st_0}}{8\phi c_t \sqrt{\eta_z}} \sum_{n=1}^{\infty} \frac{\xi_n^2 \left\{\lambda J_0(\xi_n a) + \xi_n J_1(\xi_n a)\right\}^2 \mathcal{V}_{\mathcal{D}0}(\xi r_0, b)\, \mathcal{V}_{\mathcal{D}0}(\xi r, b)\, e^{-|z-z_0|\sqrt{\frac{\eta_r \xi_n^2 + s}{\eta_z}}}}{\left[\left\{\lambda J_0(\xi_n a) + \xi_n J_1(\xi_n a)\right\}^2 - (\lambda^2 + \xi_n^2) J_0^2(\xi_n b)\right] \sqrt{(\eta_r \xi_n^2 + s)}} -$$

$$-\frac{\pi}{2\phi c_t \sqrt{\eta_z}} \sum_{n=1}^{\infty} \frac{\xi_n^2 J_0(\xi_n b) \left\{\lambda J_0(\xi_n a) + \xi_n J_1(\xi_n a)\right\} \mathcal{V}_{\mathcal{D}0}(\xi r, b)}{\left[\left\{\lambda J_0(\xi_n a) + \xi_n J_1(\xi_n a)\right\}^2 - (\lambda^2 + \xi_n^2) J_0^2(\xi_n b)\right] \sqrt{\eta_r \xi_n^2 + s}} \int_{-\infty}^{\infty} \overline{\psi}_a(w,s) e^{-|z-w|\sqrt{\frac{\eta_r \xi_n^2 + s}{\eta_z}}} dw +$$

$$+\frac{\pi \eta_r}{2\sqrt{\eta_z}} \sum_{n=1}^{\infty} \frac{\xi_n^2 \left\{\lambda J_0(\xi_n a) + \xi_n J_1(\xi_n a)\right\}^2 \mathcal{V}_{\mathcal{D}0}(\xi r, b)}{\left[\left\{\lambda J_0(\xi_n a) + \xi_n J_1(\xi_n a)\right\}^2 - (\lambda^2 + \xi_n^2) J_0^2(\xi_n b)\right] \sqrt{\eta_r \xi_n^2 + s}} \int_{-\infty}^{\infty} \overline{\psi}_b(w,s) e^{-|z-w|\sqrt{\frac{\eta_r \xi_n^2 + s}{\eta_z}}} dw +$$

$$+\frac{\pi^2}{4\sqrt{\eta_z}} \sum_{n=1}^{\infty} \frac{\xi_n^2 \left\{\lambda J_0(\xi_n a) + \xi_n J_1(\xi_n a)\right\}^2 \mathcal{V}_{\mathcal{D}0}(\xi r, b)}{\left[\left\{\lambda J_0(\xi_n a) + \xi_n J_1(\xi_n a)\right\}^2 - (\lambda^2 + \xi_n^2) J_0^2(\xi_n b)\right] \sqrt{\eta_r \xi_n^2 + s}} \int_{-\infty}^{\infty} \overline{\varphi}(\xi_n, w) e^{-|z-w|\sqrt{\frac{\eta_r \xi_n^2 + s}{\eta_z}}} dw \tag{20.10.2}$$

where $\overline{\varphi}(\xi_n, w) = \int_a^b \varphi(r,w)\, r \mathcal{V}_{\mathcal{D}0}(\xi_n r, a)\, dr$ and

$$p = \frac{U(t-t_0)}{8\phi c_t} \sqrt{\frac{\pi}{\eta_z}} \sum_{n=1}^{\infty} \frac{\xi_n^2 \{\lambda J_0(\xi_n a) + \xi_n J_1(\xi_n a)\}^2 \mathcal{V}_{\mathcal{D}0}(\xi r_0, b)\, \mathcal{V}_{\mathcal{D}0}(\xi r, b)}{\left[\left\{\lambda J_0(\xi_n a) + \xi_n J_1(\xi_n a)\right\}^2 - (\lambda^2 + \xi_n^2) J_0^2(\xi_n b)\right]} \int_0^{t-t_0} \frac{q(t-t_0-\tau) e^{-\eta_r \xi_n^2 \tau - \frac{(z-z_0)^2}{4\eta_z \tau}}}{\sqrt{\tau}} d\tau -$$

$$-\frac{1}{2\phi c_t} \sqrt{\frac{\pi}{\eta_z}} \sum_{n=1}^{\infty} \frac{\xi_n^2 J_0(\xi_n b) \left\{\lambda J_0(\xi_n a) + \xi_n J_1(\xi_n a)\right\} \mathcal{V}_{\mathcal{D}0}(\xi r, b)}{\left[\left\{\lambda J_0(\xi_n a) + \xi_n J_1(\xi_n a)\right\}^2 - (\lambda^2 + \xi_n^2) J_0^2(\xi_n b)\right]} \int_{-\infty}^{\infty} \int_0^t \frac{\psi_a(w, t-\tau) e^{-\eta_r \xi_n^2 \tau - \frac{(z-w)^2}{4\eta_z \tau}}}{\sqrt{\tau}} d\tau dw +$$

$$+\frac{\eta_r}{2} \sqrt{\frac{\pi}{\eta_z}} \sum_{n=1}^{\infty} \frac{\xi_n^2 \left\{\lambda J_0(\xi_n a) + \xi_n J_1(\xi_n a)\right\}^2 \mathcal{V}_{\mathcal{D}0}(\xi r, b)}{\left[\left\{\lambda J_0(\xi_n a) + \xi_n J_1(\xi_n a)\right\}^2 - (\lambda^2 + \xi_n^2) J_0^2(\xi_n b)\right]} \int_{-\infty}^{\infty} \int_0^t \frac{\psi_b(w, t-\tau) e^{-\eta_r \xi_n^2 \tau - \frac{(z-w)^2}{4\eta_z \tau}}}{\sqrt{\tau}} d\tau dw +$$

$$+\frac{1}{4} \sqrt{\frac{\pi^3}{\eta_z t}} \sum_{n=1}^{\infty} \frac{\xi_n^2 \left\{\lambda J_0(\xi_n a) + \xi_n J_1(\xi_n a)\right\}^2 \mathcal{V}_{\mathcal{D}0}(\xi r, b)\, e^{-\eta_r \xi_n^2 t}}{\left[\left\{\lambda J_0(\xi_n a) + \xi_n J_1(\xi_n a)\right\}^2 - (\lambda^2 + \xi_n^2) J_0^2(\xi_n b)\right]} \int_{-\infty}^{\infty} \overline{\varphi}(\xi_n, w)\, e^{-\frac{(z-w)^2}{4\eta_z t}} dw \tag{20.10.3}$$

20.11 The problem of 20.4 except

$\mathbf{R}_a \equiv \frac{\partial p(a,z,t)}{\partial r} - \lambda p(a,z,t) = -\left(\frac{\mu}{k_r}\right) \psi_a(z,t)$ **and**
$\mathbf{N}_b \equiv \frac{\partial p(b,z,t)}{\partial r} = -\left(\frac{\mu}{k_r}\right) \psi_b(z,t)$

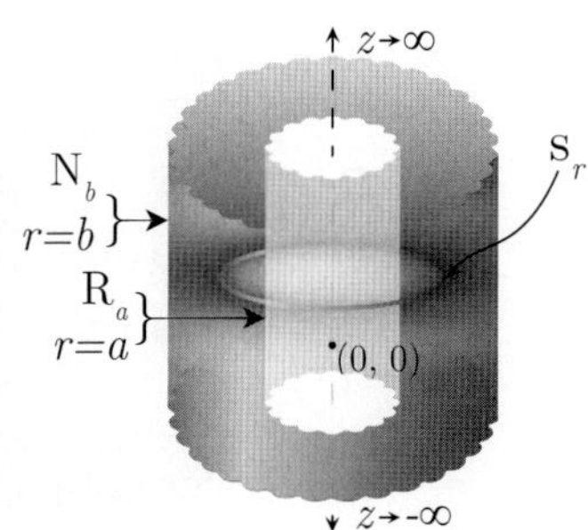

The successive application of the Laplace, Fourier and finite Hankel transformations to equation (18.1.1) gives

$$\overline{\overline{\overline{p}}} = \frac{q(s) e^{-st_0} e^{ilz_0} \mathcal{V}_{\mathcal{N}0}(\xi_n r_0, b)}{2\pi\phi c_t (\eta_r \xi_n^2 + \eta_z l^2 + s)} + \frac{2J_1(\xi_n b)\, \overline{\overline{\psi}}_a(l,s)}{\pi\phi c_t (\eta_r \xi_n^2 + \eta_z l^2 + s) \left\{\lambda J_0(\xi_n a) + \xi_n J_1(\xi_n a)\right\}} -$$

$$-\frac{2\overline{\overline{\psi}}_b(l,s)}{\pi\phi c_t \xi_n (\eta_r \xi_n^2 + \eta_z l^2 + s)} + \frac{\overline{\overline{\varphi}}(\xi_n, l)}{(\eta_r \xi_n^2 + \eta_z l^2 + s)} \tag{20.11.1}$$

where $\xi_n, n = 1, 2, ...,$ are the positive roots of the transcendental equation $\lambda \mathcal{V}_{\mathcal{N}0}(\xi_n a, b) - \xi_n \mathcal{V}'_{\mathcal{N}0}(\xi_n a, b) = 0$. $\overline{\overline{\psi}}_a(l,s) = \int_{-\infty}^{\infty} e^{ilz} \overline{\psi}_a(z,s) dz$,

$\overline{\overline{\psi}}_b(l,s) = \int_{-\infty}^{\infty} e^{ilz}\overline{\psi}_b(z,s)dz$, $\overline{\overline{\varphi}}(\xi_n, l) = \int_a^b \overline{\varphi}(r,l) r\mathcal{V}_{\mathcal{N}0}(\xi_n r, a)\, dr$ and $\overline{\varphi}(r,l) = \int_{-\infty}^{\infty} e^{ilw}\varphi(r,w)dw$. Successive inverse transforms yield

$$\begin{aligned}
\overline{p} &= \frac{\pi q(s) e^{-st_0}}{8\phi c_t\sqrt{\eta_z}} \sum_{n=1}^{\infty} \frac{\xi_n^2 \{\lambda J_0(\xi_n a) + \xi_n J_1(\xi_n a)\}^2 \mathcal{V}_{\mathcal{N}0}(\xi r_0, b)\mathcal{V}_{\mathcal{N}0}(\xi r, b)\, e^{-|z-z_0|\sqrt{\frac{\eta_r\xi_n^2+s}{\eta_z}}}}{\left[\{\lambda J_0(\xi_n a) + \xi_n J_1(\xi_n a)\}^2 - (\lambda^2+\xi_n^2) J_1^2(\xi_n b)\right]\sqrt{(\eta_r\xi_n^2+s)}} + \\
&+ \frac{\pi}{2\phi c_t\sqrt{\eta_z}} \sum_{n=1}^{\infty} \frac{\xi_n^2 J_1(\xi_n b)\{\lambda J_0(\xi_n a) + \xi_n J_1(\xi_n a)\}\mathcal{V}_{\mathcal{N}0}(\xi r, b)}{\left[\{\lambda J_0(\xi_n a)+\xi_n J_1(\xi_n a)\}^2 - (\lambda^2+\xi_n^2) J_1^2(\xi_n b)\right]\sqrt{\eta_r\xi_n^2+s}} \int_{-\infty}^{\infty} \overline{\psi}_a(w,s) e^{-|z-w|\sqrt{\frac{\eta_r\xi_n^2+s}{\eta_z}}} dw - \\
&- \frac{\pi}{2\phi c_t\sqrt{\eta_z}} \sum_{n=1}^{\infty} \frac{\xi_n \{\lambda J_0(\xi_n a) + \xi_n J_1(\xi_n a)\}^2 \mathcal{V}_{\mathcal{N}0}(\xi r, b)}{\left[\{\lambda J_0(\xi_n a)+\xi_n J_1(\xi_n a)\}^2 - (\lambda^2+\xi_n^2) J_1^2(\xi_n b)\right]\sqrt{\eta_r\xi_n^2+s}} \int_{-\infty}^{\infty} \overline{\psi}_b(w,s) e^{-|z-w|\sqrt{\frac{\eta_r\xi_n^2+s}{\eta_z}}} dw + \\
&+ \frac{\pi^2}{4\sqrt{\eta_z}} \sum_{n=1}^{\infty} \frac{\xi_n^2 \{\lambda J_0(\xi_n a) + \xi_n J_1(\xi_n a)\}^2 \mathcal{V}_{\mathcal{N}0}(\xi r, b)}{\left[\{\lambda J_0(\xi_n a) + \xi_n J_1(\xi_n a)\}^2 - (\lambda^2+\xi_n^2) J_1^2(\xi_n b)\right]\sqrt{\eta_r\xi_n^2+s}} \int_{-\infty}^{\infty} \overline{\varphi}(\xi_n, w) e^{-|z-w|\sqrt{\frac{\eta_r\xi_n^2+s}{\eta_z}}} dw
\end{aligned} \tag{20.11.2}$$

where $\overline{\varphi}(\xi_n, w) = \int_a^b \varphi(r,w) r\mathcal{V}_{\mathcal{N}0}(\xi_n r, a)\, dr$ and

$$\begin{aligned}
p &= \frac{U(t-t_0)}{8\phi c_t}\sqrt{\frac{\pi}{\eta_z}} \sum_{n=1}^{\infty} \frac{\xi_n^2\{\lambda J_0(\xi_n a)+\xi_n J_1(\xi_n a)\}^2 \mathcal{V}_{\mathcal{N}0}(\xi r_0, b)\mathcal{V}_{\mathcal{N}0}(\xi r, b)}{\left[\{\lambda J_0(\xi_n a) + \xi_n J_1(\xi_n a)\}^2 - (\lambda^2+\xi_n^2) J_1^2(\xi_n b)\right]} \int_0^{t-t_0} \frac{q(t-t_0-\tau)\, e^{-\eta_r\xi_n^2\tau - \frac{(z-z_0)^2}{4\eta_z\tau}}}{\sqrt{\tau}} d\tau + \\
&+ \frac{1}{2\phi c_t}\sqrt{\frac{\pi}{\eta_z}} \sum_{n=1}^{\infty} \frac{\xi_n^2 J_1(\xi_n b)\{\lambda J_0(\xi_n a) + \xi_n J_1(\xi_n a)\}\mathcal{V}_{\mathcal{N}0}(\xi r, b)}{\left[\{\lambda J_0(\xi_n a)+\xi_n J_1(\xi_n a)\}^2 - (\lambda^2+\xi_n^2) J_1^2(\xi_n b)\right]} \int_{-\infty}^{\infty}\int_0^t \frac{\psi_a(w, t-\tau) e^{-\eta_r\xi_n^2\tau - \frac{(z-w)^2}{4\eta_z\tau}}}{\sqrt{\tau}} d\tau dw - \\
&- \frac{1}{2\phi c_t}\sqrt{\frac{\pi}{\eta_z}} \sum_{n=1}^{\infty} \frac{\xi_n\{\lambda J_0(\xi_n a) + \xi_n J_1(\xi_n a)\}^2\mathcal{V}_{\mathcal{N}0}(\xi r, b)}{\left[\{\lambda J_0(\xi_n a)+\xi_n J_1(\xi_n a)\}^2 - (\lambda^2+\xi_n^2) J_1^2(\xi_n b)\right]} \int_{-\infty}^{\infty}\int_0^t \frac{\psi_b(w, t-\tau) e^{-\eta_r\xi_n^2\tau - \frac{(z-w)^2}{4\eta_z\tau}}}{\sqrt{\tau}} d\tau dw + \\
&+ \frac{1}{4}\sqrt{\frac{\pi^3}{\eta_z t}} \sum_{n=1}^{\infty} \frac{\xi_n^2\{\lambda J_0(\xi_n a) + \xi_n J_1(\xi_n a)\}^2\mathcal{V}_{\mathcal{N}0}(\xi r, b)\, e^{-\eta_r\xi_n^2 t}}{\left[\{\lambda J_0(\xi_n a) + \xi_n J_1(\xi_n a)\}^2 - (\lambda^2+\xi_n^2) J_1^2(\xi_n b)\right]} \int_{-\infty}^{\infty} \overline{\varphi}(\xi_n, w)\, e^{-\frac{(z-w)^2}{4\eta_z t}} dw
\end{aligned} \tag{20.11.3}$$

20.12

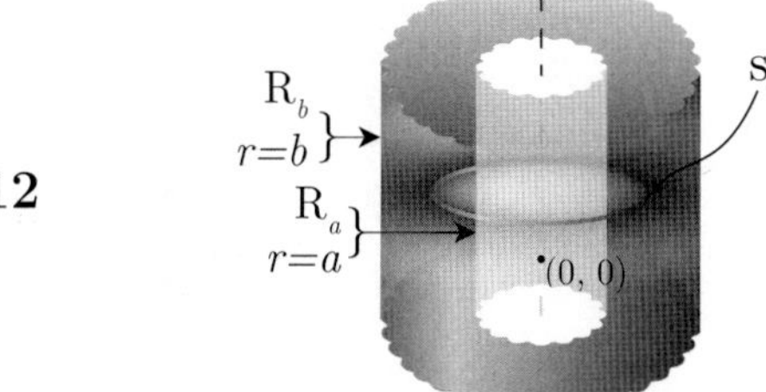

The problem of 20.4 except
$\mathbf{R_a} \equiv \frac{\partial p(a,z,t)}{\partial r} - \lambda_a p(a,z,t) = -\left(\frac{\mu}{k_r}\right)\psi_a(z,t)$ **and**
$\mathbf{R_b} \equiv \frac{\partial p(b,z,t)}{\partial r} + \lambda_b p(b,z,t) = -\left(\frac{\mu}{k_r}\right)\psi_b(z,t)$

The successive application of the Laplace, Fourier and finite Hankel transformations to equation (18.1.1) gives

$$\begin{aligned}
\overline{\overline{\overline{p}}} &= \frac{q(s) e^{-st_0} e^{ilz_0}\{\xi_n\mathcal{V}_{\mathcal{N}0}(\xi_n r_0, a) - \lambda_a\mathcal{V}_{\mathcal{D}0}(\xi_n r_0, a)\}}{2\pi\phi c_t(\eta_r\xi_n^2 + \eta_z l^2 + s)} + \frac{2\overline{\overline{\psi}}_a(l,s)}{\pi\phi c_t(\eta_r\xi_n^2+\eta_z l^2+s)} + \\
&+ \frac{2\{\lambda_a J_0(\xi_n a) + \xi_n J_1(\xi_n a)\}\overline{\overline{\psi}}_b(l,s)}{\pi\phi c_t(\eta_r\xi_n^2+\eta_z l^2+s)\{\lambda_b J_0(\xi_n b) - \xi_n J_1(\xi_n b)\}} + \frac{\overline{\overline{\varphi}}(\xi_n, l)}{(\eta_r\xi_n^2+\eta_z l^2+s)}
\end{aligned} \tag{20.12.1}$$

where $\xi_n, n = 1, 2, ...$, are the positive roots of
$\lambda_a\{\mathcal{V}'_{\mathcal{D}0}(\xi_n b, a) + \lambda_b\mathcal{V}_{\mathcal{D}0}(\xi_n b, a)\} - \xi_n\{\mathcal{V}'_{\mathcal{N}0}(\xi_n b, a) + \lambda_b\mathcal{V}_{\mathcal{N}0}(\xi_n b, a)\} = 0$. $\overline{\overline{\psi}}_a(l,s) = \int_{-\infty}^{\infty} e^{ilz}\overline{\psi}_a(z,s)dz$,

$\overline{\overline{\psi}}_b(l,s)=\int_{-\infty}^{\infty}e^{ilz}\overline{\psi}_b(z,s)dz$, $\overline{\overline{\varphi}}(\xi_n,l)=\int_a^b\overline{\varphi}(r,l)\,r\left\{\xi_n\mathcal{V}_{\mathcal{N}0}(\xi_n r,a)-\lambda_a\mathcal{V}_{\mathcal{D}0}(\xi_n r,a)\right\}dr$ and $\overline{\varphi}(r,l)=\int_{-\infty}^{\infty}e^{ilw}\varphi(r,w)dw$. Successive inverse transforms yield

$$\begin{aligned}
\overline{p} &= \frac{\pi q(s)e^{-st_0}}{8\phi c_t\sqrt{\eta_z}}\sum_{n=1}^{\infty}\frac{\xi_n^2\left\{\xi_nJ_1(\xi_nb)-\lambda_bJ_0(\xi_nb)\right\}^2e^{-|z-z_0|\sqrt{\frac{\eta_r\xi_n^2+s}{\eta_z}}}}{\sqrt{(\eta_r\xi_n^2+s)}}\times\\
&\times\frac{\left\{\xi_n\mathcal{V}_{\mathcal{N}0}(\xi_nr_0,a)-\lambda_a\mathcal{V}_{\mathcal{D}0}(\xi_nr_0,a)\right\}\left\{\xi_n\mathcal{V}_{\mathcal{N}0}(\xi_nr,a)-\lambda_a\mathcal{V}_{\mathcal{D}0}(\xi_nr,a)\right\}}{\left[(\lambda_b^2+\xi_n^2)\left\{\lambda_aJ_0(\xi_na)+\xi_nJ_1(\xi_na)\right\}^2-(\lambda_a^2+\xi_n^2)\left\{\lambda_bJ_0(\xi_nb)+\xi_nJ_1(\xi_nb)\right\}^2\right]}+\\
&+\frac{\pi}{2\phi c_t\sqrt{\eta_z}}\sum_{n=1}^{\infty}\frac{\xi_n^2\left\{\xi_nJ_1(\xi_nb)-\lambda_bJ_0(\xi_nb)\right\}^2\left\{\xi_n\mathcal{V}_{\mathcal{N}0}(\xi_nr,a)-\lambda_a\mathcal{V}_{\mathcal{D}0}(\xi_nr,a)\right\}}{\left[(\lambda_b^2+\xi_n^2)\left\{\lambda_aJ_0(\xi_na)+\xi_nJ_1(\xi_na)\right\}^2-(\lambda_a^2+\xi_n^2)\left\{\lambda_bJ_0(\xi_nb)+\xi_nJ_1(\xi_nb)\right\}^2\right]\sqrt{\eta_r\xi_n^2+s}}\times\\
&\times\int_{-\infty}^{\infty}\overline{\psi}_a(w,s)e^{-|z-w|\sqrt{\frac{\eta_r\xi_n^2+s}{\eta_z}}}dw+\\
&+\frac{\pi}{2\phi c_t\sqrt{\eta_z}}\sum_{n=1}^{\infty}\frac{\xi_n^2\{\xi_nJ_1(\xi_nb)-\lambda_bJ_0(\xi_nb)\}\{\xi_nJ_1(\xi_na)+\lambda_aJ_0(\xi_na)\}\{\xi_n\mathcal{V}_{\mathcal{N}0}(\xi_nr,a)-\lambda_a\mathcal{V}_{\mathcal{D}0}(\xi_nr,a)\}}{\left[(\lambda_b^2+\xi_n^2)\{\lambda_aJ_0(\xi_na)+\xi_nJ_1(\xi_na)\}^2-(\lambda_a^2+\xi_n^2)\left\{\lambda_bJ_0(\xi_nb)+\xi_nJ_1(\xi_nb)\right\}^2\right]\sqrt{\eta_r\xi_n^2+s}}\times\\
&\times\int_{-\infty}^{\infty}\overline{\psi}_b(w,s)e^{-|z-w|\sqrt{\frac{\eta_r\xi_n^2+s}{\eta_z}}}dw+\\
&+\frac{\pi^2}{4\sqrt{\eta_z}}\sum_{n=1}^{\infty}\frac{\xi_n^2\left\{\xi_nJ_1(\xi_nb)-\lambda_bJ_0(\xi_nb)\right\}^2\left\{\xi_n\mathcal{V}_{\mathcal{N}0}(\xi_nr,a)-\lambda_a\mathcal{V}_{\mathcal{D}0}(\xi_nr,a)\right\}}{\left[(\lambda_b^2+\xi_n^2)\left\{\lambda_aJ_0(\xi_na)+\xi_nJ_1(\xi_na)\right\}^2-(\lambda_a^2+\xi_n^2)\left\{\lambda_bJ_0(\xi_nb)+\xi_nJ_1(\xi_nb)\right\}^2\right]\sqrt{\eta_r\xi_n^2+s}}\times\\
&\times\int_{-\infty}^{\infty}\overline{\varphi}(\xi_n,w)e^{-|z-w|\sqrt{\frac{\eta_r\xi_n^2+s}{\eta_z}}}dw
\end{aligned}\tag{20.12.2}$$

where $\overline{\varphi}(\xi_n,w)=\int_a^b\varphi(r,w)\,r\left\{\xi_n\mathcal{V}_{\mathcal{N}0}(\xi_nr,a)-\lambda_a\mathcal{V}_{\mathcal{D}0}(\xi_nr,a)\right\}dr$ and

$$\begin{aligned}
p &= \frac{U(t-t_0)}{8\phi c_l}\sqrt{\frac{\pi}{\eta_z}}\sum_{n=1}^{\infty}\frac{\xi_n^2\left\{\xi_nJ_1(\xi_nb)-\lambda_bJ_0(\xi_nb)\right\}^2\left\{\xi_n\mathcal{V}_{\mathcal{N}0}(\xi_nr_0,a)-\lambda_a\mathcal{V}_{\mathcal{D}0}(\xi_nr_0,a)\right\}}{\left[(\lambda_b^2+\xi_n^2)\left\{\lambda_aJ_0(\xi_na)+\xi_nJ_1(\xi_na)\right\}^2-(\lambda_a^2+\xi_n^2)\left\{\lambda_bJ_0(\xi_nb)+\xi_nJ_1(\xi_nb)\right\}^2\right]}\times\\
&\times\left\{\xi_n\mathcal{V}_{\mathcal{N}0}(\xi_nr,a)-\lambda_a\mathcal{V}_{\mathcal{D}0}(\xi_nr,a)\right\}\int_0^{t-t_0}\frac{q(t-t_0-\tau)e^{-\eta_r\xi_n^2\tau-\frac{(z-z_0)^2}{4\eta_z\tau}}}{\sqrt{\tau}}d\tau+\\
&+\frac{1}{2\phi c_t}\sqrt{\frac{\pi}{\eta_z}}\sum_{n=1}^{\infty}\frac{\xi_n^2\left\{\xi_nJ_1(\xi_nb)-\lambda_bJ_0(\xi_nb)\right\}^2\left\{\xi_n\mathcal{V}_{\mathcal{N}0}(\xi_nr,a)-\lambda_a\mathcal{V}_{\mathcal{D}0}(\xi_nr,a)\right\}}{\left[(\lambda_b^2+\xi_n^2)\left\{\lambda_aJ_0(\xi_na)+\xi_nJ_1(\xi_na)\right\}^2-(\lambda_a^2+\xi_n^2)\left\{\lambda_bJ_0(\xi_nb)+\xi_nJ_1(\xi_nb)\right\}^2\right]}\times\\
&\times\int_{-\infty}^{\infty}\int_0^t\frac{\psi_a(w,t-\tau)e^{-\eta_r\xi_n^2\tau-\frac{(z-w)^2}{4\eta_z\tau}}}{\sqrt{\tau}}d\tau dw+\\
&+\frac{1}{2\phi c_t}\sqrt{\frac{\pi}{\eta_z}}\sum_{n=1}^{\infty}\frac{\xi_n^2\{\xi_nJ_1(\xi_nb)-\lambda_bJ_0(\xi_nb)\}\{\xi_nJ_1(\xi_na)+\lambda_aJ_0(\xi_na)\}\{\xi_n\mathcal{V}_{\mathcal{N}0}(\xi_nr,a)-\lambda_a\mathcal{V}_{\mathcal{D}0}(\xi_nr,a)\}}{\left[(\lambda_b^2+\xi_n^2)\left\{\lambda_aJ_0(\xi_na)+\xi_nJ_1(\xi_na)\right\}^2-(\lambda_a^2+\xi_n^2)\left\{\lambda_bJ_0(\xi_nb)+\xi_nJ_1(\xi_nb)\right\}^2\right]}\times\\
&\times\int_{-\infty}^{\infty}\int_0^t\frac{\psi_b(w,t-\tau)e^{-\eta_r\xi_n^2\tau-\frac{(z-w)^2}{4\eta_z\tau}}}{\sqrt{\tau}}d\tau dw+\\
&+\frac{1}{4}\sqrt{\frac{\pi^3}{\eta_zt}}\sum_{n=1}^{\infty}\frac{\xi_n^2\left\{\xi_nJ_1(\xi_nb)-\lambda_bJ_0(\xi_nb)\right\}^2\left\{\xi_n\mathcal{V}_{\mathcal{N}0}(\xi_nr,a)-\lambda_a\mathcal{V}_{\mathcal{D}0}(\xi_nr,a)\right\}e^{-\eta_r\xi_n^2t}}{\left[(\lambda_b^2+\xi_n^2)\left\{\lambda_aJ_0(\xi_na)+\xi_nJ_1(\xi_na)\right\}^2-(\lambda_a^2+\xi_n^2)\left\{\lambda_bJ_0(\xi_nb)+\xi_nJ_1(\xi_nb)\right\}^2\right]}\times\\
&\times\int_{-\infty}^{\infty}\overline{\varphi}(\xi_n,w)e^{-\frac{(z-w)^2}{4\eta_zt}}dw
\end{aligned}\tag{20.12.3}$$

20.13

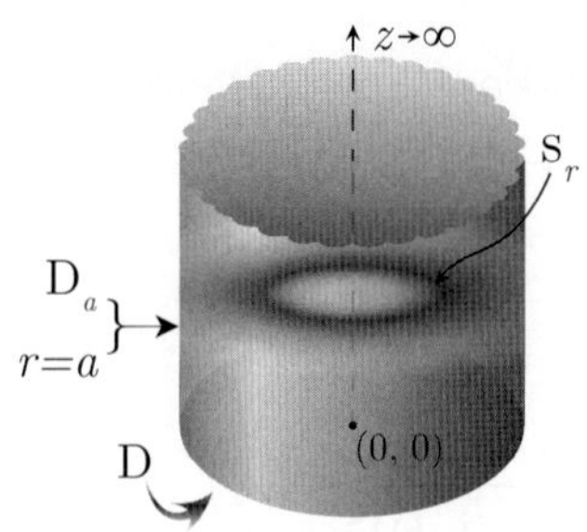

A cylindrical continuum bounded by $0 \leq r \leq a$ and semi-infinite in z. Ring source at $s_r \equiv (r_0, z_0)$; $0 \leq r_0 \leq a$, $0 < z_0 < \infty$, $t_0 \geq 0$. $D \equiv p(r, 0, t) = \psi(r, t)$ and $D_a \equiv p(a, z, t) = \psi_a(z, t)$. $p(r, z, 0) = \varphi(r, z)$

The successive application of the Laplace, Fourier and finite Hankel transformations to equation (18.1.1) gives

$$\overline{\overline{\overline{p}}} = \frac{q(s)\, e^{-st_0} \sin(lz_0)\, J_0(\xi_n r_0)}{2\pi\phi c_t (\eta_r \xi_n^2 + \eta_z l^2 + s)} + \frac{a\eta_r \xi_n \overline{\overline{\psi}}_a(l, s)\, J_1(\xi_n a)}{(\eta_r \xi_n^2 + \eta_z l^2 + s)} + \frac{\eta_z l \overline{\overline{\psi}}(\xi_n, s)}{(\eta_r \xi_n^2 + \eta_z l^2 + s)} + \frac{\overline{\overline{\varphi}}(\xi_n, l)}{(\eta_r \xi_n^2 + \eta_z l^2 + s)} \quad (20.13.1)$$

where ξ_n are the positive roots of $J_0(\xi_n a) = 0$, $n = 1, 2, \ldots$, $\overline{\overline{\psi}}_a(l, s) = \int_0^\infty \sin(lz)\, \overline{\psi}_a(z, s) dz$, $\overline{\overline{\psi}}(\xi_n, s) = \int_0^a \overline{\psi}(r, s) r J_0(\xi r)\, dr$, $\overline{\overline{\varphi}}(\xi_n, l) = \int_0^a \overline{\varphi}(r, l)\, r J_0(\xi_n r)\, dr$ and $\overline{\varphi}(r, l) = \int_0^\infty \sin(lz)\, \varphi(r, z) dz$. Successive inverse transforms yield

$$\begin{aligned}
\overline{p} \;=\; & \frac{q(s)\, e^{-st_0}}{2\pi a^2 \phi c_t \sqrt{\eta_z}} \sum_{n=1}^{\infty} \frac{J_0(\xi_n r_0)\, J_0(\xi_n r)}{J_1^2(\xi_n a) \sqrt{(\eta_r \xi_n^2 + s)}} \left\{ e^{-|z - z_0| \sqrt{\frac{\eta_r \xi_n^2 + s}{\eta_z}}} - e^{-|z + z_0| \sqrt{\frac{\eta_r \xi_n^2 + s}{\eta_z}}} \right\} + \\
& + \frac{\eta_r}{a\sqrt{\eta_z}} \sum_{n=1}^{\infty} \frac{\xi_n J_0(\xi_n r)}{J_1(\xi_n a) \sqrt{\eta_r \xi_n^2 + s}} \int_0^\infty \overline{\psi}_a(w, s) \left\{ e^{-|z - w| \sqrt{\frac{\eta_r \xi_n^2 + s}{\eta_z}}} - e^{-|z + w| \sqrt{\frac{\eta_r \xi_n^2 + s}{\eta_z}}} \right\} dw + \\
& + \frac{2}{a^2} \sum_{n=1}^{\infty} \frac{\overline{\overline{\psi}}(\xi_n, s)\, J_0(\xi_n r)\, e^{-z\sqrt{\frac{\eta_r \xi_n^2 + s}{\eta_z}}}}{J_1^2(\xi_n a)} + \\
& + \frac{1}{a^2 \sqrt{\eta_z}} \sum_{n=1}^{\infty} \frac{J_0(\xi_n r)}{J_1^2(\xi_n a) \sqrt{\eta_r \xi_n^2 + s}} \int_0^\infty \overline{\varphi}(\xi_n, w) \left\{ e^{-|z - w| \sqrt{\frac{\eta_r \xi_n^2 + s}{\eta_z}}} - e^{-|z + w| \sqrt{\frac{\eta_r \xi_n^2 + s}{\eta_z}}} \right\} dw \quad (20.13.2)
\end{aligned}$$

where $\overline{\varphi}(\xi_n, w) = \int_0^a \varphi(r, w)\, r J_0(\xi_n r)\, dr$ and

$$\begin{aligned}
p \;=\; & \frac{U(t - t_0)}{2\pi a^2 \phi c_t \sqrt{\pi \eta_z}} \sum_{n=1}^{\infty} \frac{J_0(\xi_n r_0)\, J_0(\xi_n r)}{J_1^2(\xi_n a)} \int_0^{t - t_0} \frac{q(t - t_0 - \tau)\, e^{-\eta_r \xi_n^2 \tau}}{\sqrt{\tau}} \left\{ e^{-\frac{(z - z_0)^2}{4\eta_z \tau}} - e^{-\frac{(z + z_0)^2}{4\eta_z \tau}} \right\} d\tau + \\
& + \frac{\eta_r}{a\sqrt{\pi \eta_z}} \sum_{n=1}^{\infty} \frac{\xi_n J_0(\xi_n r)}{J_1(\xi_n a)} \int_0^\infty \int_0^t \frac{\psi_a(w, t - \tau)\, e^{-\eta_r \xi_n^2 \tau}}{\sqrt{\tau}} \left\{ e^{-\frac{(z - w)^2}{4\eta_z \tau}} - e^{-\frac{(z + w)^2}{4\eta_z \tau}} \right\} d\tau dw + \\
& + \frac{4}{a^2 \sqrt{\pi}} \sum_{n=1}^{\infty} \frac{J_0(\xi_n r)}{J_1^2(\xi_n a)} \int_{\frac{z}{2\sqrt{\eta_z t}}}^{\infty} \overline{\psi}\left(\xi_n, t - \frac{z^2}{4\eta_z \tau^2}\right) e^{-\eta_r \xi_n^2 \left(\frac{z^2}{4\eta_z \tau^2}\right) - \tau^2} d\tau + \\
& + \frac{1}{a^2 \sqrt{\pi \eta_z t}} \sum_{n=1}^{\infty} \frac{J_0(\xi_n r)\, e^{-\eta_r \xi_n^2 t}}{J_1^2(\xi_n a)} \int_0^\infty \overline{\varphi}(\xi_n, w) \left\{ e^{-\frac{(z - w)^2}{4\eta_z t}} - e^{-\frac{(z + w)^2}{4\eta_z t}} \right\} dw \quad (20.13.3)
\end{aligned}$$

When $p(r, z, 0) = p_I$, a constant, the solution is obtained by replacing the terms corresponding to the initial condition (the last term) in equations (20.13.2) and (20.13.3) with

$$\overline{p} = \frac{p_I}{s} - \frac{2p_I \eta_r}{a} \sum_{n=1}^{\infty} \frac{\xi_n J_0(\xi_n r)}{s(\eta_r \xi_n^2 + s)\, J_1(\xi_n a)} - \frac{2p_I}{a} \sum_{n=1}^{\infty} \frac{J_0(\xi_n r)\, e^{-z\sqrt{\frac{\eta_r \xi_n^2 + s}{\eta_z}}}}{\xi_n (\eta_r \xi_n^2 + s)\, J_1(\xi_n a)} \quad (20.13.4)$$

and

$$p = \frac{2p_I}{a} \operatorname{erf}\left(\frac{z}{2\sqrt{\eta_z t}}\right) \sum_{n=1}^{\infty} \frac{J_0(\xi_n r) e^{-\eta_r \xi_n^2 t}}{\xi_n J_1(\xi_n a)} \tag{20.13.5}$$

20.14 The problem of 20.13, except $\mathbf{N}_a \equiv \frac{\partial p(a,z,t)}{\partial r} = -\left(\frac{\mu}{k_r}\right)\psi_a(z,t)$ and $\mathbf{D} \equiv p(r,0,t) = \psi(r,t)$

The successive application of the Laplace, Fourier and finite Hankel transformations to equation (18.1.1) gives

$$\overline{\overline{\overline{p}}} = \frac{q(s) e^{-st_0} \sin(lz_0) J_0(\xi_n r_0)}{2\pi\phi c_t (\eta_r \xi_n^2 + \eta_z l^2 + s)} - \frac{a\overline{\overline{\psi}}_a(l,s) J_0(\xi_n a)}{\phi c_t (\eta_r \xi_n^2 + \eta_z l^2 + s)} + \frac{\eta_z l \overline{\overline{\psi}}(\xi_n, s)}{(\eta_r \xi_n^2 + \eta_z l^2 + s)} + \frac{\overline{\overline{\varphi}}(\xi_n, l)}{(\eta_r \xi_n^2 + \eta_z l^2 + s)} \tag{20.14.1}$$

where ξ_n are the positive roots of $J_1(\xi_n a) = 0$, $n = 0, 1, ...,$ $\overline{\overline{\psi}}_a(l,s) = \int_0^\infty \sin(lz)\overline{\psi}_a(z,s)dz$, $\overline{\overline{\psi}}(\xi_n, s) = \int_0^a \overline{\psi}(r,s) r J_0(\xi r)\, dr$, $\overline{\overline{\varphi}}(\xi_n, l) = \int_0^a \overline{\varphi}(r,l)\, r J_0(\xi_n r)\, dr$ and $\overline{\varphi}(r,l) = \int_0^\infty \sin(lz)\,\varphi(r,z)dz$. Successive inverse transforms yield

$$\begin{aligned}
\overline{p} = {} & \frac{q(s) e^{-st_0}}{2\pi a^2 \phi c_t \sqrt{\eta_z}} \sum_{n=0}^{\infty} \frac{J_0(\xi_n r_0) J_0(\xi_n r)}{J_0^2(\xi_n a)\sqrt{(\eta_r \xi_n^2 + s)}} \left\{ e^{-|z-z_0|\sqrt{\frac{\eta_r \xi_n^2 + s}{\eta_z}}} - e^{-|z+z_0|\sqrt{\frac{\eta_r \xi_n^2 + s}{\eta_z}}} \right\} - \\
& - \frac{1}{a\phi c_t \sqrt{\eta_z}} \sum_{n=0}^{\infty} \frac{J_0(\xi_n r)}{J_0(\xi_n a)\sqrt{\eta_r \xi_n^2 + s}} \int_0^\infty \overline{\psi}_a(w,s) \left\{ e^{-|z-w|\sqrt{\frac{\eta_r \xi_n^2 + s}{\eta_z}}} - e^{-|z+w|\sqrt{\frac{\eta_r \xi_n^2 + s}{\eta_z}}} \right\} dw + \\
& + \frac{2}{a^2} \sum_{n=1}^{\infty} \frac{\overline{\overline{\psi}}(\xi_n, s) J_0(\xi_n r) e^{-z\sqrt{\frac{\eta_r \xi_n^2 + s}{\eta_z}}}}{J_0^2(\xi_n a)} + \\
& + \frac{1}{a^2\sqrt{\eta_z}} \sum_{n=0}^{\infty} \frac{J_0(\xi_n r)}{J_0^2(\xi_n a)\sqrt{\eta_r \xi_n^2 + s}} \int_0^\infty \overline{\varphi}(\xi_n, w) \left\{ e^{-|z-w|\sqrt{\frac{\eta_r \xi_n^2 + s}{\eta_z}}} - e^{-|z+w|\sqrt{\frac{\eta_r \xi_n^2 + s}{\eta_z}}} \right\} dw
\end{aligned} \tag{20.14.2}$$

where $\overline{\varphi}(\xi_n, w) = \int_0^a \varphi(r,w)\, r J_0(\xi_n r)\, dr$ and

$$\begin{aligned}
p = {} & \frac{U(t-t_0)}{2\pi a^2 \phi c_t \sqrt{\pi \eta_z}} \sum_{n=0}^{\infty} \frac{J_0(\xi_n r_0) J_0(\xi_n r)}{J_0^2(\xi_n a)} \int_0^{t-t_0} \frac{q(t-t_0-\tau) e^{-\eta_r \xi_n^2 \tau}}{\sqrt{\tau}} \left\{ e^{-\frac{(z-z_0)^2}{4\eta_z \tau}} - e^{-\frac{(z+z_0)^2}{4\eta_z \tau}} \right\} d\tau - \\
& - \frac{1}{a\phi c_t \sqrt{\pi \eta_z}} \sum_{n=0}^{\infty} \frac{J_0(\xi_n r)}{J_0(\xi_n a)} \int_0^\infty \int_0^t \frac{\psi_a(w, t-\tau) e^{-\eta_r \xi_n^2 \tau}}{\sqrt{\tau}} \left\{ e^{-\frac{(z-w)^2}{4\eta_z \tau}} - e^{-\frac{(z+w)^2}{4\eta_z \tau}} \right\} d\tau dw + \\
& + \frac{4}{a^2\sqrt{\pi}} \sum_{n=1}^{\infty} \frac{J_0(\xi_n r)}{J_0^2(\xi_n a)} \int_{\frac{z}{2\sqrt{\eta_z t}}}^{\infty} \overline{\psi}\left(\xi_n, t - \frac{z^2}{4\eta_z \tau^2}\right) e^{-\eta_r \xi_n^2 \left(\frac{z^2}{4\eta_z \tau^2}\right) - \tau^2} d\tau + \\
& + \frac{1}{a^2\sqrt{\pi \eta_z t}} \sum_{n=0}^{\infty} \frac{J_0(\xi_n r) e^{-\eta_r \xi_n^2 t}}{J_0^2(\xi_n a)} \int_0^\infty \overline{\varphi}(\xi_n, w) \left\{ e^{-\frac{(z-w)^2}{4\eta_z t}} - e^{-\frac{(z+w)^2}{4\eta_z t}} \right\} dw
\end{aligned} \tag{20.14.3}$$

When $p(r,z,0) = p_I$, a constant, the solution is obtained by replacing the terms corresponding to the initial condition (the last term) in equations (20.14.2) and (20.14.3) with

$$\overline{p} = \frac{p_I}{s} - \frac{2p_I}{a}\sum_{n=1}^{\infty}\frac{J_1(\xi_n a)\, J_0(\xi_n r)\, e^{-z\sqrt{\frac{\eta_r\xi_n^2+s}{\eta_z}}}}{s\xi_n J_0^2(\xi_n a)} \tag{20.14.4}$$

and

$$\begin{aligned} p \;=\; & p_I - \frac{2p_I}{a}\sum_{n=1}^{\infty}\frac{J_1(\xi_n a)\, J_0(\xi_n r)}{\xi_n J_0^2(\xi_n a)} \times \\ & \times\left[e^{-z\xi_n\sqrt{\frac{\eta_r}{\eta_z}}} + \frac{1}{2}\left\{e^{z\xi_n\sqrt{\frac{\eta_r}{\eta_z}}}\operatorname{erfc}\left(\xi_n\sqrt{\eta_r t} + \frac{z}{2\sqrt{\eta_z t}}\right) - e^{-z\xi_n\sqrt{\frac{\eta_r}{\eta_z}}}\operatorname{erfc}\left(\xi_n\sqrt{\eta_r t} - \frac{z}{2\sqrt{\eta_z t}}\right)\right\}\right] \end{aligned} \tag{20.14.5}$$

20.15 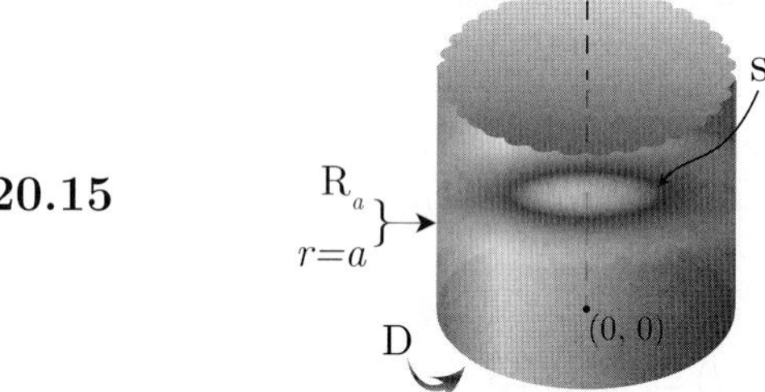

The problem of 20.13, except
$R_a \equiv \frac{\partial p(a,z,t)}{\partial r} + \lambda p(a,z,t) = -\left(\frac{\mu}{k_r}\right)\psi_a(z,t)$ and
$D \equiv p(r,0,t) = \psi(r,t)$

The successive application of the Laplace, Fourier and finite Hankel transformations to equation (18.1.1) gives

$$\overline{\overline{\overline{p}}} = \frac{q(s)\, e^{-st_0}\sin(lz_0)\, J_0(\xi_n r_0)}{2\pi\phi c_t\left(\eta_r\xi_n^2 + \eta_z l^2 + s\right)} - \frac{a\overline{\overline{\psi}}_a(l,s)\, J_0(\xi_n a)}{\phi c_t\left(\eta_r\xi_n^2 + \eta_z l^2 + s\right)} + \frac{\eta_z l\overline{\overline{\psi}}(\xi_n,s)}{\left(\eta_r\xi_n^2 + \eta_z l^2 + s\right)} + \frac{\overline{\overline{\varphi}}(\xi_n,l)}{\left(\eta_r\xi_n^2 + \eta_z l^2 + s\right)} \tag{20.15.1}$$

where ξ_n are the positive roots of $\lambda J_0(\xi_n a) = \xi_n J_1(\xi_n a)$, $n = 1, 2, ...$, $\overline{\overline{\psi}}_a(l,s) = \int_0^\infty \sin(lz)\,\overline{\psi}_a(z,s)dz$, $\overline{\overline{\psi}}(\xi_n,s) = \int_0^a \overline{\psi}(r,s) r J_0(\xi r)\, dr$, $\overline{\overline{\varphi}}(\xi_n,l) = \int_0^a \overline{\varphi}(r,l)\, r J_0(\xi_n r)\, dr$ and $\overline{\varphi}(r,l) = \int_0^\infty \sin(lz)\,\varphi(r,z)dz$. Successive inverse transforms yield

$$\begin{aligned} \overline{p} \;=\; & \frac{q(s)\, e^{-st_0}}{2\pi a^2\phi c_t\sqrt{\eta_z}}\sum_{n=1}^{\infty}\frac{J_0(\xi_n r_0)\, J_0(\xi_n r)}{\left\{J_0^2(\xi_n a) + J_1^2(\xi_n a)\right\}\sqrt{(\eta_r\xi_n^2 + s)}}\left\{e^{-|z-z_0|\sqrt{\frac{\eta_r\xi_n^2+s}{\eta_z}}} - e^{-|z+z_0|\sqrt{\frac{\eta_r\xi_n^2+s}{\eta_z}}}\right\} - \\ & - \frac{1}{a\phi c_t\sqrt{\eta_z}}\sum_{n=1}^{\infty}\frac{J_0(\xi_n a)\, J_0(\xi_n r)}{\left\{J_0^2(\xi_n a) + J_1^2(\xi_n a)\right\}\sqrt{\eta_r\xi_n^2 + s}}\int_0^\infty \overline{\psi}_a(w,s)\left\{e^{-|z-w|\sqrt{\frac{\eta_r\xi_n^2+s}{\eta_z}}} - e^{-|z+w|\sqrt{\frac{\eta_r\xi_n^2+s}{\eta_z}}}\right\}dw + \\ & + \frac{2}{a^2}\sum_{n=1}^{\infty}\frac{\overline{\overline{\psi}}(\xi_n,s)\, J_0(\xi_n r)\, e^{-z\sqrt{\frac{\eta_r\xi_n^2+s}{\eta_z}}}}{\left\{J_0^2(\xi_n a) + J_1^2(\xi_n a)\right\}} + \\ & + \frac{1}{a^2\sqrt{\eta_z}}\sum_{n=1}^{\infty}\frac{J_0(\xi_n r)}{\left\{J_0^2(\xi_n a) + J_1^2(\xi_n a)\right\}\sqrt{\eta_r\xi_n^2 + s}}\int_0^\infty \overline{\varphi}(\xi_n,w)\left\{e^{-|z-w|\sqrt{\frac{\eta_r\xi_n^2+s}{\eta_z}}} - e^{-|z+w|\sqrt{\frac{\eta_r\xi_n^2+s}{\eta_z}}}\right\}dw \end{aligned} \tag{20.15.2}$$

where $\overline{\varphi}(\xi_n,w) = \int_0^a \varphi(r,w)\, r J_0(\xi_n r)\, dr$ and

$$p \;=\; \frac{U(t-t_0)}{2\pi a^2\phi c_t\sqrt{\pi\eta_z}}\sum_{n=1}^{\infty}\frac{J_0(\xi_n r_0)\, J_0(\xi_n r)}{\left\{J_0^2(\xi_n a) + J_1^2(\xi_n a)\right\}}\int_0^{t-t_0}\frac{q(t-t_0-\tau)\, e^{-\eta_r\xi_n^2\tau}}{\sqrt{\tau}}\left\{e^{-\frac{(z-z_0)^2}{4\eta_z\tau}} - e^{-\frac{(z+z_0)^2}{4\eta_z\tau}}\right\}d\tau -$$

$$-\frac{1}{a\phi c_t\sqrt{\pi\eta_z}}\sum_{n=1}^{\infty}\frac{J_0(\xi_n a)\,J_0(\xi_n r)}{\{J_0^2(\xi_n a)+J_1^2(\xi_n a)\}}\int_0^{\infty}\int_0^{t}\frac{\psi_a(w,t-\tau)\,e^{-\eta_r\xi_n^2\tau}}{\sqrt{\tau}}\left\{e^{-\frac{(z-w)^2}{4\eta_z\tau}}-e^{-\frac{(z+w)^2}{4\eta_z\tau}}\right\}d\tau dw+$$

$$+\frac{4}{a^2\sqrt{\pi}}\sum_{n=1}^{\infty}\frac{J_0(\xi_n r)}{\{J_0^2(\xi_n a)+J_1^2(\xi_n a)\}}\int_{\frac{z}{2\sqrt{\eta_z t}}}^{\infty}\overline{\psi}\left(\xi_n,t-\frac{z^2}{4\eta_z\tau^2}\right)e^{-\eta_r\xi_n^2\left(\frac{z^2}{4\eta_z\tau^2}\right)-\tau^2}d\tau+$$

$$+\frac{1}{a^2\sqrt{\pi\eta_z t}}\sum_{n=1}^{\infty}\frac{J_0(\xi_n r)\,e^{-\eta_r\xi_n^2 t}}{\{J_0^2(\xi_n a)+J_1^2(\xi_n a)\}}\int_0^{\infty}\overline{\varphi}(\xi_n,w)\left\{e^{-\frac{(z-w)^2}{4\eta_z t}}-e^{-\frac{(z+w)^2}{4\eta_z t}}\right\}dw \tag{20.15.3}$$

When $p(r,z,0)=p_I$, a constant, the solution is obtained by replacing the terms corresponding to the initial condition (the last term) in equations (20.15.2) and (20.15.3) with

$$\overline{p}=\frac{p_I}{s}-\frac{2\lambda\eta_r p_I}{as}\sum_{n=1}^{\infty}\frac{\xi_n^2 J_0(\xi_n r)}{(\xi_n^2+\lambda^2)(\eta_r\xi_n^2+s)J_0(\xi_n a)}+\frac{2p_I}{as}\sum_{n=1}^{\infty}\left\{\frac{\lambda\eta_r\xi_n}{(\eta_r\xi_n^2+s)}-\frac{J_1(\xi_n a)}{J_0(\xi_n a)}\right\}\frac{\xi_n J_0(\xi_n r)\,e^{-z\sqrt{\frac{\eta_r\xi_n^2+s}{\eta_z}}}}{(\xi_n^2+\lambda^2)\,J_0(\xi_n a)} \tag{20.15.4}$$

and

$$p=p_I+\frac{2\lambda p_I}{a}\sum_{n=1}^{\infty}\frac{J_0(\xi_n r)\left(e^{-\eta_r\xi_n^2 t}-1\right)}{(\xi_n^2+\lambda^2)(\eta_r\xi_n^2+s)J_0(\xi_n a)}-\frac{2\lambda p_I}{a}\operatorname{erfc}\left(\frac{z}{2\sqrt{\eta_z t}}\right)\sum_{n=1}^{\infty}\frac{J_0(\xi_n r)\,e^{-\eta_r\xi_n^2 t}}{(\xi_n^2+\lambda^2)J_0(\xi_n a)}+$$
$$+\frac{2p_I}{a}\sum_{n=1}^{\infty}\frac{J_0(\xi_n r)\{\lambda-\xi_n J_1(\xi_n a)\}}{(\xi_n^2+\lambda^2)J_0(\xi_n a)}\times$$
$$\times\left[e^{-z\xi_n\sqrt{\frac{\eta_r}{\eta_z}}}+\frac{1}{2}\left\{e^{z\xi_n\sqrt{\frac{\eta_r}{\eta_z}}}\operatorname{erfc}\left(\xi_n\sqrt{\eta_r t}+\frac{z}{2\sqrt{\eta_z t}}\right)-e^{-z\xi_n\sqrt{\frac{\eta_r}{\eta_z}}}\operatorname{erfc}\left(\xi_n\sqrt{\eta_r t}-\frac{z}{2\sqrt{\eta_z t}}\right)\right\}\right] \tag{20.15.5}$$

20.16 A cylindrical continuum bounded by $a\le r\le b$ and semi-infinite in z. Ring source at $s_r\equiv(r_0,z_0)$; $a\le r_0\le b$, $0<z_0<\infty$, $t_0\ge 0$. $D\equiv p(r,0,t)=\psi(r,t)$, $D_a\equiv p(a,z,t)=\psi_a(z,t)$ and $D_b\equiv p(b,z,t)=\psi_b(z,t)$. $p(r,z,0)=\varphi(r,z)$

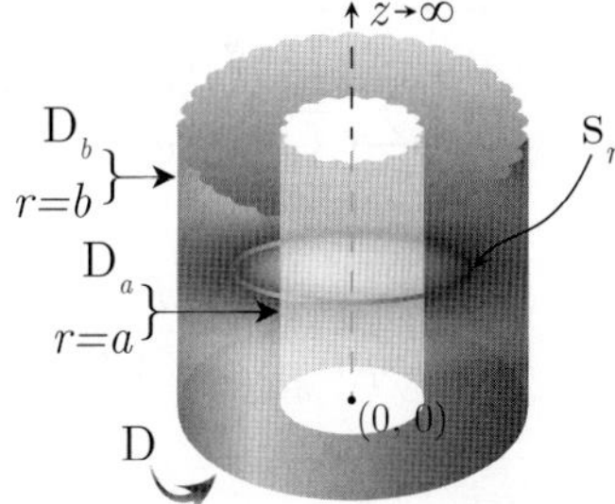

The successive application of the Laplace, Fourier and finite Hankel transformations to equation (18.1.1) gives

$$\overline{\overline{\overline{p}}}=\frac{q(s)\,e^{-st_0}\sin(lz_0)\,\mathcal{V}_{D0}(\xi_n r_0,a)}{2\pi\phi c_t(\eta_r\xi_n^2+\eta_z l^2+s)}-\frac{2\eta_r\overline{\overline{\psi}}_a(l,s)}{\pi(\eta_r\xi_n^2+\eta_z l^2+s)}+\frac{2\eta_r J_0(\xi_n a)\,\overline{\overline{\psi}}_b(l,s)}{\pi J_0(\xi_n b)(\eta_r\xi_n^2+\eta_z l^2+s)}+$$
$$+\frac{\eta_z l\overline{\overline{\psi}}(\xi_n,s)}{(\eta_r\xi_n^2+\eta_z l^2+s)}+\frac{\overline{\overline{\varphi}}(\xi_n,l)}{(\eta_r\xi_n^2+\eta_z l^2+s)} \tag{20.16.1}$$

where $\mathcal{V}_{D0}(\xi_n r,a)=J_0(\xi_n r)\,Y_0(\xi_n a)-Y_0(\xi_n r)\,J_0(\xi_n a)$. The eigenvalues $\xi_n, n=1,2,...$, are the positive roots of the transcendental equation $\mathcal{V}_{D0}(\xi_n b,a)=0$. $\overline{\overline{\psi}}(\xi_n,s)=\int_a^b\overline{\psi}(r,s)\,r\mathcal{V}_{D0}(\xi_n r,a)\,dr$, $\overline{\overline{\psi}}_a(l,s)=\int_0^{\infty}\sin(lz)\,\overline{\psi}_a(z,s)dz$, $\overline{\overline{\psi}}_b(l,s)=\int_0^{\infty}\sin(lz)\,\overline{\psi}_b(z,s)dz$, $\overline{\overline{\varphi}}(\xi_n,l)=\int_a^b\overline{\varphi}(r,l)\,r\mathcal{V}_{D0}(\xi_n r,a)\,dr$ and $\overline{\varphi}(r,l)=\int_0^{\infty}\sin(lw)\,\varphi(r,w)dw$. Successive inverse transforms yield

$$\overline{p}=\frac{\pi q(s)\,e^{-st_0}}{8\phi c_t\sqrt{\eta_z}}\sum_{n=1}^{\infty}\frac{\xi_n^2 J_0^2(\xi_n b)\,\mathcal{V}_{D0}(\xi r_0,a)\,\mathcal{V}_{D0}(\xi r,a)}{\{J_0^2(\xi_n a)-J_0^2(\xi_n b)\}\sqrt{(\eta_r\xi_n^2+s)}}\left\{e^{-|z-z_0|\sqrt{\frac{\eta_r\xi_n^2+s}{\eta_z}}}-e^{-|z+z_0|\sqrt{\frac{\eta_r\xi_n^2+s}{\eta_z}}}\right\}-$$

$$
\begin{aligned}
&-\frac{\pi\eta_r}{2\sqrt{\eta_z}}\sum_{n=1}^{\infty}\frac{\xi_n^2 J_0^2(\xi_n b)\,\mathcal{V}_{\mathcal{D}0}(\xi r,a)}{\{J_0^2(\xi_n a)-J_0^2(\xi_n b)\}\sqrt{\eta_r\xi_n^2+s}}\int_0^\infty \overline{\psi}_a(w,s)\left\{e^{-|z-w|\sqrt{\frac{\eta_r\xi_n^2+s}{\eta_z}}}-e^{-|z+w|\sqrt{\frac{\eta_r\xi_n^2+s}{\eta_z}}}\right\}dw+\\
&+\frac{\pi\eta_r}{2\sqrt{\eta_z}}\sum_{n=1}^{\infty}\frac{\xi_n^2 J_0(\xi_n a)\,J_0(\xi_n b)\,\mathcal{V}_{\mathcal{D}0}(\xi r,a)}{\{J_0^2(\xi_n a)-J_0^2(\xi_n b)\}\sqrt{\eta_r\xi_n^2+s}}\int_0^\infty \overline{\psi}_b(w,s)\left\{e^{-|z-w|\sqrt{\frac{\eta_r\xi_n^2+s}{\eta_z}}}-e^{-|z+w|\sqrt{\frac{\eta_r\xi_n^2+s}{\eta_z}}}\right\}dw+\\
&+\frac{\pi^2}{2}\sum_{n=1}^{\infty}\frac{\xi_n^2 J_0^2(\xi_n b)\,\mathcal{V}_{\mathcal{D}0}(\xi r,a)\overline{\overline{\psi}}(\xi_n,s)\,e^{-z\sqrt{\frac{\eta_r\xi_n^2+s}{\eta_z}}}}{\{J_0^2(\xi_n a)-J_0^2(\xi_n b)\}}+\\
&+\frac{\pi^2}{4\sqrt{\eta_z}}\sum_{n=1}^{\infty}\frac{\xi_n^2 J_0^2(\xi_n b)\,\mathcal{V}_{\mathcal{D}0}(\xi r,a)}{\{J_0^2(\xi_n a)-J_0^2(\xi_n b)\}\sqrt{\eta_r\xi_n^2+s}}\int_0^\infty \overline{\varphi}(\xi_n,w)\left\{e^{-|z-w|\sqrt{\frac{\eta_r\xi_n^2+s}{\eta_z}}}-e^{-|z+w|\sqrt{\frac{\eta_r\xi_n^2+s}{\eta_z}}}\right\}dw
\end{aligned}
\tag{20.16.2}
$$

where $\overline{\varphi}(\xi_n,w)=\int_a^b\varphi(r,w)\,r\mathcal{V}_{\mathcal{D}0}(\xi_n r,a)\,dr$ and

$$
\begin{aligned}
p &= \frac{U(t-t_0)}{8\phi c_t}\sqrt{\frac{\pi}{\eta_z}}\sum_{n=1}^{\infty}\frac{\xi_n^2 J_0^2(\xi_n b)\,\mathcal{V}_{\mathcal{D}0}(\xi r_0,a)\,\mathcal{V}_{\mathcal{D}0}(\xi r,a)}{\{J_0^2(\xi_n a)-J_0^2(\xi_n b)\}}\times\\
&\times\int_0^{t-t_0}\frac{q(t-t_0-\tau)\,e^{-\eta_r\xi_n^2\tau}}{\sqrt{\tau}}\left\{e^{-\frac{(z-z_0)^2}{4\eta_z\tau}}-e^{-\frac{(z+z_0)^2}{4\eta_z\tau}}\right\}d\tau-\\
&-\frac{\eta_r}{2}\sqrt{\frac{\pi}{\eta_z}}\sum_{n=1}^{\infty}\frac{\xi_n^2 J_0^2(\xi_n b)\,\mathcal{V}_{\mathcal{D}0}(\xi r,a)}{\{J_0^2(\xi_n a)-J_0^2(\xi_n b)\}}\int_0^\infty\int_0^t\frac{\psi_a(w,t-\tau)\,e^{-\eta_r\xi_n^2\tau}}{\sqrt{\tau}}\left\{e^{-\frac{(z-w)^2}{4\eta_z\tau}}-e^{-\frac{(z+w)^2}{4\eta_z\tau}}\right\}d\tau dw+\\
&+\frac{\eta_r}{2}\sqrt{\frac{\pi}{\eta_z}}\sum_{n=1}^{\infty}\frac{\xi_n^2 J_0(\xi_n a)\,J_0(\xi_n b)\,\mathcal{V}_{\mathcal{D}0}(\xi r,a)}{\{J_0^2(\xi_n a)-J_0^2(\xi_n b)\}}\int_0^\infty\int_0^t\frac{\psi_b(w,t-\tau)\,e^{-\eta_r\xi_n^2\tau}}{\sqrt{\tau}}\left\{e^{-\frac{(z-w)^2}{4\eta_z\tau}}-e^{-\frac{(z+w)^2}{4\eta_z\tau}}\right\}d\tau dw+\\
&+\pi^{\frac{3}{2}}\sum_{n=1}^{\infty}\frac{\xi_n^2 J_0^2(\xi_n b)\,\mathcal{V}_{\mathcal{D}0}(\xi r,a)}{\{J_0^2(\xi_n a)-J_0^2(\xi_n b)\}}\int_{\frac{z}{2\sqrt{\eta_z t}}}^{\infty}\overline{\psi}\left(\xi_n,t-\frac{z^2}{4\eta_z\tau^2}\right)e^{-\eta_r\xi_n^2\left(\frac{z^2}{4\eta_z\tau^2}\right)-\tau^2}d\tau+\\
&+\frac{1}{4}\sqrt{\frac{\pi^3}{\eta_z t}}\sum_{n=1}^{\infty}\frac{\xi_n^2 J_0^2(\xi_n b)\,\mathcal{V}_{\mathcal{D}0}(\xi r,a)\,e^{-\eta_r\xi_n^2 t}}{\{J_0^2(\xi_n a)-J_0^2(\xi_n b)\}}\int_0^\infty\overline{\varphi}(\xi_n,w)\left\{e^{-\frac{(z-w)^2}{4\eta_z t}}-e^{-\frac{(z+w)^2}{4\eta_z t}}\right\}dw
\end{aligned}
\tag{20.16.3}
$$

20.17 **The problem of 20.16, except $\mathbf{D}_a\equiv p(a,z,t)=\psi_a(z,t)$, $\mathbf{N}_b\equiv\frac{\partial p(b,z,t)}{\partial r}=-\left(\frac{\mu}{k_r}\right)\psi_b(z,t)$ and $\mathbf{D}\equiv p(r,0,t)=\psi(r,t)$**

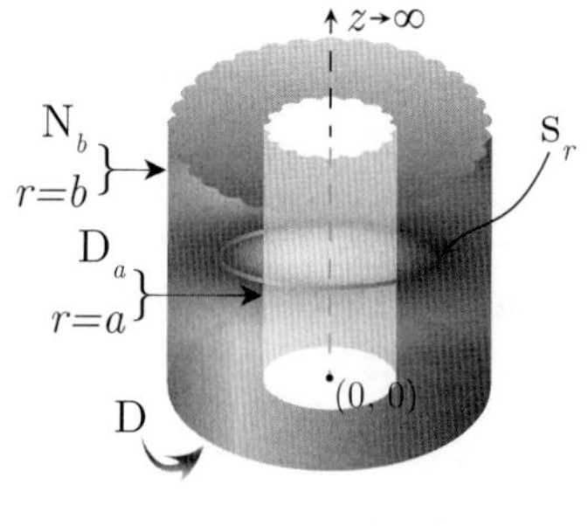

The successive application of the Laplace, Fourier and finite Hankel transformations to equation (18.1.1) gives

$$
\begin{aligned}
\overline{\overline{\overline{p}}} &= \frac{q(s)e^{-st_0}\sin(lz_0)\,\mathcal{V}_{\mathcal{D}0}(\xi_n r_0,a)}{2\pi\phi c_t(\eta_r\xi_n^2+\eta_z l^2+s)}-\frac{2\eta_r\overline{\overline{\psi}}_a(l,s)}{\pi(\eta_r\xi_n^2+\eta_z l^2+s)}+\frac{2J_0(\xi_n a)\,\overline{\overline{\psi}}_b(l,s)}{\pi\phi c_t J_1(\xi_n b)(\eta_r\xi_n^2+\eta_z l^2+s)}+\\
&+\frac{\eta_z l\overline{\overline{\psi}}(\xi_n,s)}{(\eta_r\xi_n^2+\eta_z l^2+s)}+\frac{\overline{\overline{\varphi}}(\xi_n,l)}{(\eta_r\xi_n^2+\eta_z l^2+s)}
\end{aligned}
\tag{20.17.1}
$$

where $\mathcal{V}_{\mathcal{D}0}(\xi_n r, a) = J_0(\xi_n r) Y_0(\xi_n a) - Y_0(\xi_n r) J_0(\xi_n a)$. The eigenvalues ξ_n are the positive roots of the transcendental equation $\mathcal{V}'_{\mathcal{D}0}(\xi_n b, a) = 0$,* $n = 1, 2, ...$, $\overline{\overline{\psi}}(\xi_n, s) = \int_a^b \overline{\psi}(r, s) r \mathcal{V}_{\mathcal{D}0}(\xi_n r, a)\, dr$, $\overline{\overline{\psi}}_a(l, s) = \int_0^\infty \sin(lz) \overline{\psi}_a(z, s) dz$, $\overline{\overline{\psi}}_b(l, s) = \int_0^\infty \sin(lz) \overline{\psi}_b(z, s) dz$, $\overline{\overline{\varphi}}(\xi_n, l) = \int_a^b \overline{\varphi}(r, l) r \mathcal{V}_{\mathcal{D}0}(\xi_n r, a)\, dr$ and $\overline{\varphi}(r, l) = \int_0^\infty \sin(lw) \varphi(r, w) dw$. Successive inverse transforms yield

$$
\begin{aligned}
\overline{p} =\; & \frac{\pi q(s) e^{-st_0}}{8\phi c_t \sqrt{\eta_z}} \sum_{n=1}^{\infty} \frac{\xi_n^2 J_1^2(\xi_n b) \mathcal{V}_{\mathcal{D}0}(\xi r_0, a) \mathcal{V}_{\mathcal{D}0}(\xi r, a)}{\left\{J_0^2(\xi_n a) - J_1^2(\xi_n b)\right\} \sqrt{(\eta_r \xi_n^2 + s)}} \left\{ e^{-|z-z_0|\sqrt{\frac{\eta_r \xi_n^2 + s}{\eta_z}}} - e^{-|z+z_0|\sqrt{\frac{\eta_r \xi_n^2 + s}{\eta_z}}} \right\} - \\
& - \frac{\pi \eta_r}{2\sqrt{\eta_z}} \sum_{n=1}^{\infty} \frac{\xi_n^2 J_1^2(\xi_n b) \mathcal{V}_{\mathcal{D}0}(\xi r, a)}{\left\{J_0^2(\xi_n a) - J_1^2(\xi_n b)\right\} \sqrt{\eta_r \xi_n^2 + s}} \int_0^\infty \overline{\psi}_a(w, s) \left\{ e^{-|z-w|\sqrt{\frac{\eta_r \xi_n^2 + s}{\eta_z}}} - e^{-|z+w|\sqrt{\frac{\eta_r \xi_n^2 + s}{\eta_z}}} \right\} dw + \\
& + \frac{\pi}{2\phi c_t \sqrt{\eta_z}} \sum_{n=1}^{\infty} \frac{\xi_n^2 J_0(\xi_n a) J_1(\xi_n b) \mathcal{V}_{\mathcal{D}0}(\xi r, a)}{\left\{J_0^2(\xi_n a) - J_1^2(\xi_n b)\right\} \sqrt{\eta_r \xi_n^2 + s}} \int_0^\infty \overline{\psi}_b(w, s) \left\{ e^{-|z-w|\sqrt{\frac{\eta_r \xi_n^2 + s}{\eta_z}}} - e^{-|z+w|\sqrt{\frac{\eta_r \xi_n^2 + s}{\eta_z}}} \right\} dw + \\
& + \frac{\pi^2}{2} \sum_{n=1}^{\infty} \frac{\xi_n^2 J_1^2(\xi_n b) \mathcal{V}_{\mathcal{D}0}(\xi r, a) \overline{\overline{\psi}}(\xi_n, s) e^{-z\sqrt{\frac{\eta_r \xi_n^2 + s}{\eta_z}}}}{\left\{J_0^2(\xi_n a) - J_1^2(\xi_n b)\right\}} + \\
& + \frac{\pi^2}{4\sqrt{\eta_z}} \sum_{n=1}^{\infty} \frac{\xi_n^2 J_1^2(\xi_n b) \mathcal{V}_{\mathcal{D}0}(\xi r, a)}{\left\{J_0^2(\xi_n a) - J_1^2(\xi_n b)\right\} \sqrt{\eta_r \xi_n^2 + s}} \int_0^\infty \overline{\varphi}(\xi_n, w) \left\{ e^{-|z-w|\sqrt{\frac{\eta_r \xi_n^2 + s}{\eta_z}}} - e^{-|z+w|\sqrt{\frac{\eta_r \xi_n^2 + s}{\eta_z}}} \right\} dw
\end{aligned}
\tag{20.17.2}
$$

where $\overline{\varphi}(\xi_n, w) = \int_a^b \varphi(r, w) r \mathcal{V}_{\mathcal{D}0}(\xi_n r, a)\, dr$ and

$$
\begin{aligned}
p =\; & \frac{U(t-t_0)}{8\phi c_t} \sqrt{\frac{\pi}{\eta_z}} \sum_{n=1}^{\infty} \frac{\xi_n^2 J_1^2(\xi_n b) \mathcal{V}_{\mathcal{D}0}(\xi r_0, a) \mathcal{V}_{\mathcal{D}0}(\xi r, a)}{\left\{J_0^2(\xi_n a) - J_1^2(\xi_n b)\right\}} \times \\
& \times \int_0^{t-t_0} \frac{q(t-t_0-\tau) e^{-\eta_r \xi_n^2 \tau}}{\sqrt{\tau}} \left\{ e^{-\frac{(z-z_0)^2}{4\eta_z \tau}} - e^{-\frac{(z+z_0)^2}{4\eta_z \tau}} \right\} d\tau - \\
& - \frac{\eta_r}{2} \sqrt{\frac{\pi}{\eta_z}} \sum_{n=1}^{\infty} \frac{\xi_n^2 J_1^2(\xi_n b) \mathcal{V}_{\mathcal{D}0}(\xi r, a)}{\left\{J_0^2(\xi_n a) - J_1^2(\xi_n b)\right\}} \int_0^\infty \int_0^t \frac{\psi_a(w, t-\tau) e^{-\eta_r \xi_n^2 \tau}}{\sqrt{\tau}} \left\{ e^{-\frac{(z-w)^2}{4\eta_z \tau}} - e^{-\frac{(z+w)^2}{4\eta_z \tau}} \right\} d\tau dw + \\
& + \frac{1}{2\phi c_t} \sqrt{\frac{\pi}{\eta_z}} \sum_{n=1}^{\infty} \frac{\xi_n^2 J_0(\xi_n a) J_1(\xi_n b) \mathcal{V}_{\mathcal{D}0}(\xi r, a)}{\left\{J_0^2(\xi_n a) - J_1^2(\xi_n b)\right\}} \int_0^\infty \int_0^t \frac{\psi_b(w, t-\tau) e^{-\eta_r \xi_n^2 \tau}}{\sqrt{\tau}} \left\{ e^{-\frac{(z-w)^2}{4\eta_z \tau}} - e^{-\frac{(z+w)^2}{4\eta_z \tau}} \right\} d\tau dw + \\
& + \pi^{\frac{3}{2}} \sum_{n=1}^{\infty} \frac{\xi_n^2 J_1^2(\xi_n b) \mathcal{V}_{\mathcal{D}0}(\xi r, a)}{\left\{J_0^2(\xi_n a) - J_1^2(\xi_n b)\right\}} \int_{\frac{z}{2\sqrt{\eta_z t}}}^{\infty} \overline{\psi}\left(\xi_n, t - \frac{z^2}{4\eta_z \tau^2}\right) e^{-\eta_r \xi_n^2 \left(\frac{z^2}{4\eta_z \tau^2}\right) - \tau^2} d\tau + \\
& + \frac{1}{4} \sqrt{\frac{\pi^3}{\eta_z t}} \sum_{n=1}^{\infty} \frac{\xi_n^2 J_1^2(\xi_n b) \mathcal{V}_{\mathcal{D}0}(\xi r, a) e^{-\eta_r \xi_n^2 t}}{\left\{J_0^2(\xi_n a) - J_1^2(\xi_n b)\right\}} \int_0^\infty \overline{\varphi}(\xi_n, w) \left\{ e^{-\frac{(z-w)^2}{4\eta_z t}} - e^{-\frac{(z+w)^2}{4\eta_z t}} \right\} dw
\end{aligned}
\tag{20.17.3}
$$

---

*$\mathcal{V}'_{\mathcal{D}0}(\xi_n b, a) = Y_1(\xi_n b) J_0(\xi_n a) - J_1(\xi_n b) Y_0(\xi_n a)$.

20.18

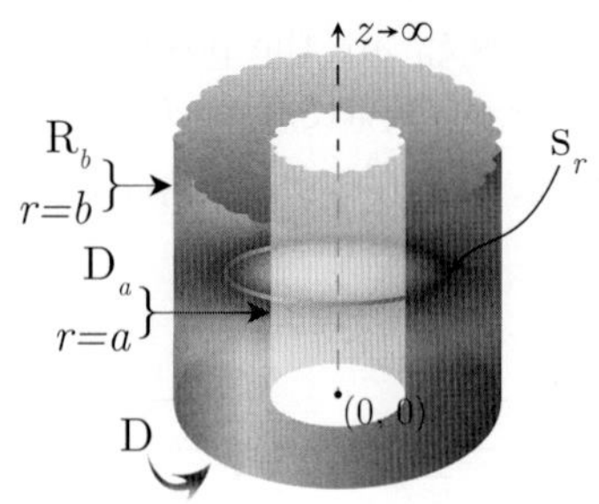

The problem of 20.16, except $\mathbf{D_a \equiv p(a,z,t) = \psi_a(z,t)}$, $\mathbf{R_b \equiv \frac{\partial p(b,z,t)}{\partial r} + \lambda p(b,z,t) = -\left(\frac{\mu}{k_r}\right)\psi_b(z,t)}$ and $\mathbf{D \equiv p(r,0,t) = \psi(r,t)}$

The successive application of the Laplace, Fourier and finite Hankel transformations to equation (18.1.1) gives

$$\begin{aligned}\overline{\overline{\overline{p}}} = & \frac{q(s)e^{-st_0}\sin(lz_0)\mathcal{V}_{\mathcal{D}0}(\xi_n r_0,a)}{2\pi\phi c_t(\eta_r\xi_n^2+\eta_z l^2+s)} - \frac{2\eta_r\overline{\overline{\psi}}_a(l,s)}{\pi(\eta_r\xi_n^2+\eta_z l^2+s)} - \\ & -\frac{2J_0(\xi_n a)\overline{\overline{\psi}}_b(l,s)}{\pi\phi c_t\{\lambda J_0(\xi_n b)-\xi_n J_1(\xi_n b)\}(\eta_r\xi_n^2+\eta_z l^2+s)} + \frac{\eta_z l\overline{\overline{\psi}}(\xi_n,s)}{(\eta_r\xi_n^2+\eta_z l^2+s)} + \frac{\overline{\overline{\varphi}}(\xi_n,l)}{(\eta_r\xi_n^2+\eta_z l^2+s)}\end{aligned} \quad (20.18.1)$$

where $\mathcal{V}_{\mathcal{D}0}(\xi_n r,a) = J_0(\xi_n r)Y_0(\xi_n a) - Y_0(\xi_n r)J_0(\xi_n a)$. The eigenvalues $\xi_n, n = 1,2,...$, are the positive roots of the transcendental equation $\xi_n\mathcal{V}'_{\mathcal{D}0}(\xi_n b,a)+\lambda\mathcal{V}_{\mathcal{D}0}(\xi_n b,a) = 0$. $\overline{\overline{\psi}}(\xi_n,s) = \int_a^b\overline{\psi}(r,s)r\mathcal{V}_{\mathcal{D}0}(\xi_n r,a)\,dr$, $\overline{\overline{\psi}}_a(l,s) = \int_0^\infty\sin(lz)\overline{\psi}_a(z,s)dz$, $\overline{\overline{\psi}}_b(l,s) = \int_0^\infty\sin(lz)\overline{\psi}_b(z,s)dz$, $\overline{\overline{\varphi}}(\xi_n,l) = \int_a^b\overline{\varphi}(r,l)r\mathcal{V}_{\mathcal{D}0}(\xi_n r,a)\,dr$ and $\overline{\varphi}(r,l) = \int_0^\infty\sin(lw)\varphi(r,w)dw$. Successive inverse transforms yield

$$\begin{aligned}\overline{p} = & \frac{\pi q(s)e^{-st_0}}{8\phi c_t\sqrt{\eta_z}}\sum_{n=1}^{\infty}\frac{\xi_n^2\{\lambda J_0(\xi_n b)-\xi_n J_1(\xi_n b)\}^2\mathcal{V}_{\mathcal{D}0}(\xi r_0,a)\mathcal{V}_{\mathcal{D}0}(\xi r,a)}{\left\{(\lambda^2+\xi_n^2)J_0^2(\xi_n a)-\{\lambda J_0(\xi_n b)-\xi_n J_1(\xi_n b)\}^2\right\}\sqrt{(\eta_r\xi_n^2+s)}}\times \\ & \times\left\{e^{-|z-z_0|\sqrt{\frac{\eta_r\xi_n^2+s}{\eta_z}}} - e^{-|z+z_0|\sqrt{\frac{\eta_r\xi_n^2+s}{\eta_z}}}\right\} - \\ & -\frac{\pi\eta_r}{2\sqrt{\eta_z}}\sum_{n=1}^{\infty}\frac{\xi_n^2\{\lambda J_0(\xi_n b)-\xi_n J_1(\xi_n b)\}^2\mathcal{V}_{\mathcal{D}0}(\xi r,a)}{\left\{(\lambda^2+\xi_n^2)J_0^2(\xi_n a)-\{\lambda J_0(\xi_n b)-\xi_n J_1(\xi_n b)\}^2\right\}\sqrt{\eta_r\xi_n^2+s}}\times \\ & \times\int_0^\infty\overline{\psi}_a(w,s)\left\{e^{-|z-w|\sqrt{\frac{\eta_r\xi_n^2+s}{\eta_z}}} - e^{-|z+w|\sqrt{\frac{\eta_r\xi_n^2+s}{\eta_z}}}\right\}dw - \\ & -\frac{\pi}{2\phi c_t\sqrt{\eta_z}}\sum_{n=1}^{\infty}\frac{\xi_n^2 J_0(\xi_n a)\{\lambda J_0(\xi_n b)-\xi_n J_1(\xi_n b)\}\mathcal{V}_{\mathcal{D}0}(\xi r,a)}{\left\{(\lambda^2+\xi_n^2)J_0^2(\xi_n a)-\{\lambda J_0(\xi_n b)-\xi_n J_1(\xi_n b)\}^2\right\}\sqrt{\eta_r\xi_n^2+s}}\times \\ & \times\int_0^\infty\overline{\psi}_b(w,s)\left\{e^{-|z-w|\sqrt{\frac{\eta_r\xi_n^2+s}{\eta_z}}} - e^{-|z+w|\sqrt{\frac{\eta_r\xi_n^2+s}{\eta_z}}}\right\}dw + \\ & +\frac{\pi^2}{2}\sum_{n=1}^{\infty}\frac{\xi_n^2\{\lambda J_0(\xi_n b)-\xi_n J_1(\xi_n b)\}^2\mathcal{V}_{\mathcal{D}0}(\xi r,a)\overline{\overline{\psi}}(\xi_n,s)e^{-z\sqrt{\frac{\eta_r\xi_n^2+s}{\eta_z}}}}{\left\{(\lambda^2+\xi_n^2)J_0^2(\xi_n a)-\{\lambda J_0(\xi_n b)-\xi_n J_1(\xi_n b)\}^2\right\}} + \\ & +\frac{\pi^2}{4\sqrt{\eta_z}}\sum_{n=1}^{\infty}\frac{\xi_n^2\{\lambda J_0(\xi_n b)-\xi_n J_1(\xi_n b)\}^2\mathcal{V}_{\mathcal{D}0}(\xi r,a)}{\left\{(\lambda^2+\xi_n^2)J_0^2(\xi_n a)-\{\lambda J_0(\xi_n b)-\xi_n J_1(\xi_n b)\}^2\right\}\sqrt{\eta_r\xi_n^2+s}}\times \\ & \times\int_0^\infty\overline{\varphi}(\xi_n,w)\left\{e^{-|z-w|\sqrt{\frac{\eta_r\xi_n^2+s}{\eta_z}}} - e^{-|z+w|\sqrt{\frac{\eta_r\xi_n^2+s}{\eta_z}}}\right\}dw\end{aligned} \quad (20.18.2)$$

where $\overline{\varphi}(\xi_n, w) = \int_a^b \varphi(r, w)\, r\mathcal{V}_{\mathcal{D}0}(\xi_n r, a)\, dr$ and

$$p = \frac{U(t-t_0)}{8\phi c_t}\sqrt{\frac{\pi}{\eta_z}}\sum_{n=1}^{\infty}\frac{\xi_n^2\{\lambda J_0(\xi_n b) - \xi_n J_1(\xi_n b)\}^2 \mathcal{V}_{\mathcal{D}0}(\xi r_0, a)\,\mathcal{V}_{\mathcal{D}0}(\xi r, a)}{\left\{(\lambda^2+\xi_n^2)\, J_0^2(\xi_n a) - \{\lambda J_0(\xi_n b) - \xi_n J_1(\xi_n b)\}^2\right\}} \times$$
$$\times \int_0^{t-t_0} \frac{q(t-t_0-\tau)\, e^{-\eta_r \xi_n^2 \tau}}{\sqrt{\tau}}\left\{e^{-\frac{(z-z_0)^2}{4\eta_z\tau}} - e^{-\frac{(z+z_0)^2}{4\eta_z\tau}}\right\}d\tau -$$
$$-\frac{\eta_r}{2}\sqrt{\frac{\pi}{\eta_z}}\sum_{n=1}^{\infty}\frac{\xi_n^2\{\lambda J_0(\xi_n b) - \xi_n J_1(\xi_n b)\}^2 \mathcal{V}_{\mathcal{D}0}(\xi r, a)}{\left\{(\lambda^2+\xi_n^2)\, J_0^2(\xi_n a) - \{\lambda J_0(\xi_n b) - \xi_n J_1(\xi_n b)\}^2\right\}} \times$$
$$\times \int_0^{\infty}\int_0^{t} \frac{\psi_a(w, t-\tau)\, e^{-\eta_r \xi_n^2 \tau}}{\sqrt{\tau}}\left\{e^{-\frac{(z-w)^2}{4\eta_z\tau}} - e^{-\frac{(z+w)^2}{4\eta_z\tau}}\right\}d\tau dw -$$
$$-\frac{1}{2\phi c_t}\sqrt{\frac{\pi}{\eta_z}}\sum_{n=1}^{\infty}\frac{\xi_n^2 J_0(\xi_n a)\{\lambda J_0(\xi_n b) - \xi_n J_1(\xi_n b)\}\mathcal{V}_{\mathcal{D}0}(\xi r, a)}{\left\{(\lambda^2+\xi_n^2)\, J_0^2(\xi_n a) - \{\lambda J_0(\xi_n b) - \xi_n J_1(\xi_n b)\}^2\right\}} \times$$
$$\times \int_0^{\infty}\int_0^{t} \frac{\psi_b(w, t-\tau)\, e^{-\eta_r \xi_n^2 \tau}}{\sqrt{\tau}}\left\{e^{-\frac{(z-w)^2}{4\eta_z\tau}} - e^{-\frac{(z+w)^2}{4\eta_z\tau}}\right\}d\tau dw +$$
$$+\pi^{\frac{3}{2}}\sum_{n=1}^{\infty}\frac{\xi_n^2\{\lambda J_0(\xi_n b) - \xi_n J_1(\xi_n b)\}^2 \mathcal{V}_{\mathcal{D}0}(\xi r, a)}{\left\{(\lambda^2+\xi_n^2)\, J_0^2(\xi_n a) - \{\lambda J_0(\xi_n b) - \xi_n J_1(\xi_n b)\}^2\right\}}\int_{\frac{z}{2\sqrt{\eta_z t}}}^{\infty}\overline{\psi}\left(\xi_n, t - \frac{z^2}{4\eta_z\tau^2}\right)e^{-\eta_r\xi_n^2\left(\frac{z^2}{4\eta_z\tau^2}\right)-\tau^2}d\tau +$$
$$+\frac{1}{4}\sqrt{\frac{\pi^3}{\eta_z t}}\sum_{n=1}^{\infty}\frac{\xi_n^2\{\lambda J_0(\xi_n b) - \xi_n J_1(\xi_n b)\}^2 \mathcal{V}_{\mathcal{D}0}(\xi r, a)\, e^{-\eta_r\xi_n^2 t}}{\left\{(\lambda^2+\xi_n^2)\, J_0^2(\xi_n a) - \{\lambda J_0(\xi_n b) - \xi_n J_1(\xi_n b)\}^2\right\}}\int_0^{\infty}\overline{\varphi}(\xi_n, w)\left\{e^{-\frac{(z-w)^2}{4\eta_z t}} - e^{-\frac{(z+w)^2}{4\eta_z t}}\right\}dw \tag{20.18.3}$$

20.19 The problem of 20.16, except $\mathbf{N}_a \equiv \frac{\partial p(a,z,t)}{\partial r} = -\left(\frac{\mu}{k_r}\right)\psi_a(z,t)$, $\mathbf{D}_b \equiv p(b,z,t) = \psi_b(z,t)$ and $\mathbf{D} \equiv p(r,0,t) = \psi(r,t)$

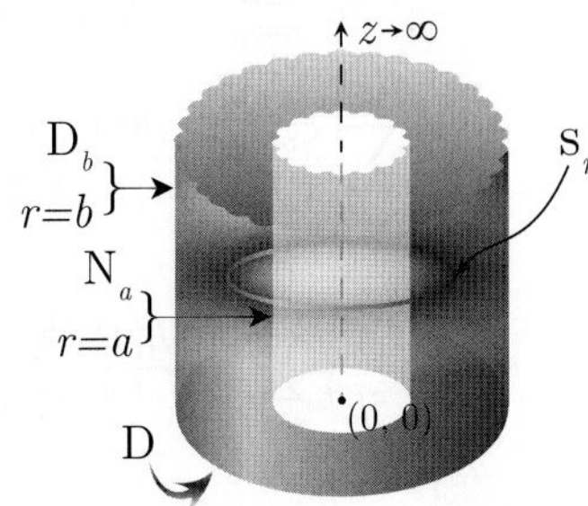

The successive application of the Laplace, Fourier and finite Hankel transformations to equation (18.1.1) gives

$$\overline{\overline{\overline{p}}} = \frac{q(s)\, e^{-st_0}\sin(lz_0)\,\mathcal{V}_{\mathcal{N}0}(\xi_n r_0, a)}{2\pi\phi c_t(\eta_r\xi_n^2+\eta_z l^2+s)} + \frac{2\overline{\overline{\psi}}_a(l,s)}{\pi\phi c_t\xi_n(\eta_r\xi_n^2+\eta_z l^2+s)} - $$
$$-\frac{2\eta_r J_1(\xi_n a)\,\overline{\overline{\psi}}_b(l,s)}{\pi J_0(\xi_n b)(\eta_r\xi_n^2+\eta_z l^2+s)} + \frac{\eta_z l\overline{\overline{\psi}}(\xi_n,s)}{(\eta_r\xi_n^2+\eta_z l^2+s)} + \frac{\overline{\overline{\varphi}}(\xi_n,l)}{(\eta_r\xi_n^2+\eta_z l^2+s)} \tag{20.19.1}$$

where $\mathcal{V}_{\mathcal{N}0}(\xi_n r, a) = Y_0(\xi_n r)\, J_1(\xi_n a) - J_0(\xi_n r)\, Y_1(\xi_n a)$. The eigenvalues $\xi_n, n = 1, 2, ...,$ are the positive roots of the transcendental equation $\mathcal{V}_{\mathcal{N}0}(\xi_n b, a) = 0$. $\overline{\overline{\psi}}(\xi_n, s) = \int_a^b \overline{\psi}(r,s)\, r\mathcal{V}_{\mathcal{N}0}(\xi_n r, a)\, dr$, $\overline{\overline{\psi}}_a(l,s) = \int_0^\infty \sin(lz)\,\overline{\psi}_a(z,s)dz$, $\overline{\overline{\psi}}_b(l,s) = \int_0^\infty \sin(lz)\,\overline{\psi}_b(z,s)dz$, $\overline{\overline{\varphi}}(\xi_n, l) = \int_a^b \overline{\varphi}(r,l)\, r\mathcal{V}_{\mathcal{N}0}(\xi_n r, a)\, dr$ and $\overline{\varphi}(r,l) = \int_0^\infty \sin(lw)\,\varphi(r,w)dw$. Successive inverse transforms yield

$$\overline{p} = \frac{\pi q(s)e^{-st_0}}{8\phi c_t\sqrt{\eta_z}}\sum_{n=1}^{\infty}\frac{\xi_n^2 J_0^2(\xi_n b)\mathcal{V}_{\mathcal{N}0}(\xi r_0,a)\mathcal{V}_{\mathcal{N}0}(\xi r,a)}{\{J_1^2(\xi_n a)-J_0^2(\xi_n b)\}\sqrt{(\eta_r\xi_n^2+s)}}\left\{e^{-|z-z_0|\sqrt{\frac{\eta_r\xi_n^2+s}{\eta_z}}}-e^{-|z+z_0|\sqrt{\frac{\eta_r\xi_n^2+s}{\eta_z}}}\right\}+$$
$$+\frac{\pi}{2\phi c_t\sqrt{\eta_z}}\sum_{n=1}^{\infty}\frac{\xi_n J_0^2(\xi_n b)\mathcal{V}_{\mathcal{N}0}(\xi r,a)}{\{J_1^2(\xi_n a)-J_0^2(\xi_n b)\}\sqrt{\eta_r\xi_n^2+s}}\int_0^{\infty}\overline{\psi}_a(w,s)\left\{e^{-|z-w|\sqrt{\frac{\eta_r\xi_n^2+s}{\eta_z}}}-e^{-|z+w|\sqrt{\frac{\eta_r\xi_n^2+s}{\eta_z}}}\right\}dw-$$
$$-\frac{\pi\eta_r}{2\sqrt{\eta_z}}\sum_{n=1}^{\infty}\frac{\xi_n^2 J_1(\xi_n a)J_0(\xi_n b)\mathcal{V}_{\mathcal{N}0}(\xi r,a)}{\{J_1^2(\xi_n a)-J_0^2(\xi_n b)\}\sqrt{\eta_r\xi_n^2+s}}\int_0^{\infty}\overline{\psi}_b(w,s)\left\{e^{-|z-w|\sqrt{\frac{\eta_r\xi_n^2+s}{\eta_z}}}-e^{-|z+w|\sqrt{\frac{\eta_r\xi_n^2+s}{\eta_z}}}\right\}dw+$$
$$+\frac{\pi^2}{2}\sum_{n=1}^{\infty}\frac{\xi_n^2 J_0^2(\xi_n b)\mathcal{V}_{\mathcal{N}0}(\xi r,a)\overline{\overline{\psi}}(\xi_n,s)e^{-z\sqrt{\frac{\eta_r\xi_n^2+s}{\eta_z}}}}{\{J_1^2(\xi_n a)-J_0^2(\xi_n b)\}}+$$
$$+\frac{\pi^2}{4\sqrt{\eta_z}}\sum_{n=1}^{\infty}\frac{\xi_n^2 J_0^2(\xi_n b)\mathcal{V}_{\mathcal{N}0}(\xi r,a)}{\{J_1^2(\xi_n a)-J_0^2(\xi_n b)\}\sqrt{\eta_r\xi_n^2+s}}\int_0^{\infty}\overline{\varphi}(\xi_n,w)\left\{e^{-|z-w|\sqrt{\frac{\eta_r\xi_n^2+s}{\eta_z}}}-e^{-|z+w|\sqrt{\frac{\eta_r\xi_n^2+s}{\eta_z}}}\right\}dw \tag{20.19.2}$$

where $\overline{\varphi}(\xi_n,w)=\int_a^b\varphi(r,w)\,r\mathcal{V}_{\mathcal{N}0}(\xi_n r,a)\,dr$ and

$$p = \frac{U(t-t_0)}{8\phi c_t}\sqrt{\frac{\pi}{\eta_z}}\sum_{n=1}^{\infty}\frac{\xi_n^2 J_0^2(\xi_n b)\mathcal{V}_{\mathcal{N}0}(\xi r_0,a)\mathcal{V}_{\mathcal{N}0}(\xi r,a)}{\{J_1^2(\xi_n a)-J_0^2(\xi_n b)\}}\times$$
$$\times\int_0^{t-t_0}\frac{q(t-t_0-\tau)e^{-\eta_r\xi_n^2\tau}}{\sqrt{\tau}}\left\{e^{-\frac{(z-z_0)^2}{4\eta_z\tau}}-e^{-\frac{(z+z_0)^2}{4\eta_z\tau}}\right\}d\tau+$$
$$+\frac{1}{2\phi c_t}\sqrt{\frac{\pi}{\eta_z}}\sum_{n=1}^{\infty}\frac{\xi_n J_0^2(\xi_n b)\mathcal{V}_{\mathcal{N}0}(\xi r,a)}{\{J_1^2(\xi_n a)-J_0^2(\xi_n b)\}}\int_0^{\infty}\int_0^{t}\frac{\psi_a(w,t-\tau)e^{-\eta_r\xi_n^2\tau}}{\sqrt{\tau}}\left\{e^{-\frac{(z-w)^2}{4\eta_z\tau}}-e^{-\frac{(z+w)^2}{4\eta_z\tau}}\right\}d\tau dw-$$
$$-\frac{\eta_r}{2}\sqrt{\frac{\pi}{\eta_z}}\sum_{n=1}^{\infty}\frac{\xi_n^2 J_1(\xi_n a)J_0(\xi_n b)\mathcal{V}_{\mathcal{N}0}(\xi r,a)}{\{J_1^2(\xi_n a)-J_0^2(\xi_n b)\}}\int_0^{\infty}\int_0^{t}\frac{\psi_b(w,t-\tau)e^{-\eta_r\xi_n^2\tau}}{\sqrt{\tau}}\left\{e^{-\frac{(z-w)^2}{4\eta_z\tau}}-e^{-\frac{(z+w)^2}{4\eta_z\tau}}\right\}d\tau dw+$$
$$+\pi^{\frac{3}{2}}\sum_{n=1}^{\infty}\frac{\xi_n^2 J_0^2(\xi_n b)\mathcal{V}_{\mathcal{N}0}(\xi r,a)}{\{J_1^2(\xi_n a)-J_0^2(\xi_n b)\}}\int_{\frac{z}{2\sqrt{\eta_z t}}}^{\infty}\overline{\psi}\left(\xi_n,t-\frac{z^2}{4\eta_z\tau^2}\right)e^{-\eta_r\xi_n^2\left(\frac{z^2}{4\eta_z\tau^2}\right)-\tau^2}d\tau+$$
$$+\frac{1}{4}\sqrt{\frac{\pi^3}{\eta_z t}}\sum_{n=1}^{\infty}\frac{\xi_n^2 J_0^2(\xi_n b)\mathcal{V}_{\mathcal{N}0}(\xi r,a)e^{-\eta_r\xi_n^2 t}}{\{J_1^2(\xi_n a)-J_0^2(\xi_n b)\}}\int_0^{\infty}\overline{\varphi}(\xi_n,w)\left\{e^{-\frac{(z-w)^2}{4\eta_z t}}-e^{-\frac{(z+w)^2}{4\eta_z t}}\right\}dw \tag{20.19.3}$$

20.20

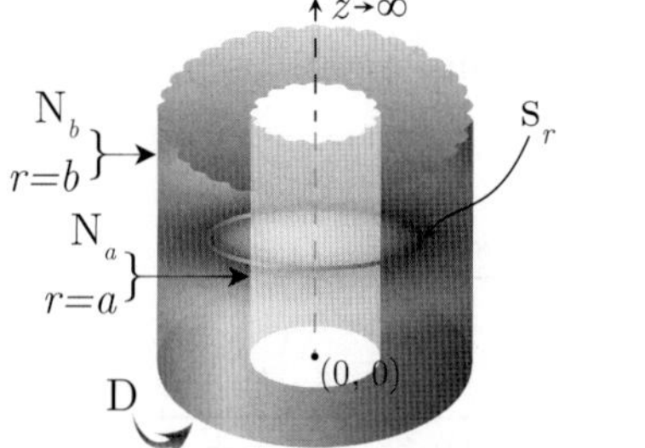

The problem of 20.16, except $\mathbf{N}_a\equiv\frac{\partial p(a,z,t)}{\partial r}=-\left(\frac{\mu}{k_r}\right)\psi_a(z,t)$, $\mathbf{N}_b\equiv\frac{\partial p(b,z,t)}{\partial r}=-\left(\frac{\mu}{k_r}\right)\psi_b(z,t)$ **and** $\mathbf{D}\equiv p(r,0,t)=\psi(r,t)$

The successive application of the Laplace, Fourier and finite Hankel transformations to equation (18.1.1) gives

$$\overline{\overline{\overline{p}}} = \frac{q(s)e^{-st_0}\sin(lz_0)}{2\pi\phi c_t(\eta_z l^2+s)}+\frac{q(s)e^{-st_0}\sin(lz_0)\mathcal{V}_{\mathcal{N}0}(\xi_n r_0,a)}{2\pi\phi c_t(\eta_r\xi_n^2+\eta_z l^2+s)}+\frac{\left\{a\overline{\overline{\psi}}_a(l,s)-b\overline{\overline{\psi}}_b(l,s)\right\}}{\phi c_t(\eta_z l^2+s)}+$$

$$+\frac{2\overline{\overline{\psi}}_a(l,s)}{\pi\phi c_t\xi_n\left(\eta_r\xi_n^2+\eta_z l^2+s\right)}-\frac{2J_1(\xi_n a)\overline{\overline{\psi}}_b(l,s)}{\pi\phi c_t\xi_n J_1(\xi_n b)\left(\eta_r\xi_n^2+\eta_z l^2+s\right)}+$$
$$+\frac{\eta_z l\int_a^b w\overline{\psi}(w,s)\,dw}{(\eta_z l^2+s)}+\frac{\eta_z l\overline{\overline{\psi}}(\xi_n,s)}{(\eta_r\xi_n^2+\eta_z l^2+s)}+\frac{\int_a^b w\overline{\varphi}(w,l)\,dw}{(\eta_z l^2+s)}+\frac{\overline{\overline{\varphi}}(\xi_n,l)}{(\eta_r\xi_n^2+\eta_z l^2+s)} \tag{20.20.1}$$

where $\mathcal{V}_{\mathcal{N}0}(\xi_n r,a)=Y_0(\xi_n r)J_1(\xi_n a)-J_0(\xi_n r)Y_1(\xi_n a)$. The eigenvalues are $\xi_0=0$ and $\xi_n, n=1,2,...$, which are the positive roots of the transcendental equation $\mathcal{V}'_{\mathcal{N}0}(\xi_n b,a)=0$,*
$\overline{\overline{\psi}}(\xi_n,s)=\int_a^b\overline{\psi}(r,s)\,r\mathcal{V}_{\mathcal{N}0}(\xi_n r,a)\,dr$, $\overline{\overline{\psi}}_a(l,s)=\int_0^\infty\sin(lz)\,\overline{\psi}_a(z,s)dz$,
$\overline{\overline{\psi}}_b(l,s)=\int_0^\infty\sin(lz)\,\overline{\psi}_b(z,s)dz$, $\overline{\overline{\varphi}}(\xi_n,l)=\int_a^b\overline{\varphi}(r,l)\,r\mathcal{V}_{\mathcal{N}0}(\xi_n r,a)\,dr$ and $\overline{\varphi}(r,l)=\int_0^\infty\sin(lw)\,\varphi(r,w)dw$.
Successive inverse transforms yield

$$\overline{p}=\frac{q(s)\,e^{-st_0}\left\{e^{-|z-z_0|\sqrt{\frac{s}{\eta_z}}}-e^{-|z+z_0|\sqrt{\frac{s}{\eta_z}}}\right\}}{2\pi\phi c_t\left(b^2-a^2\right)\sqrt{\eta_z s}}+$$
$$+\frac{\pi q(s)\,e^{-st_0}}{8\phi c_t\sqrt{\eta_z}}\sum_{n=1}^{\infty}\frac{\xi_n^2J_1^2(\xi_n b)\,\mathcal{V}_{\mathcal{N}0}(\xi r_0,a)\,\mathcal{V}_{\mathcal{N}0}(\xi r,a)}{\left\{J_1^2(\xi_n a)-J_1^2(\xi_n b)\right\}\sqrt{(\eta_r\xi_n^2+s)}}\left\{e^{-|z-z_0|\sqrt{\frac{\eta_r\xi_n^2+s}{\eta_z}}}-e^{-|z+z_0|\sqrt{\frac{\eta_r\xi_n^2+s}{\eta_z}}}\right\}+$$
$$+\frac{1}{\phi c_t\left(b^2-a^2\right)\sqrt{\eta_z s}}\int_0^{\infty}\left\{a\overline{\psi}_a(w,s)-b\overline{\psi}_b(w,s)\right\}\left\{e^{-|z-w|\sqrt{\frac{s}{\eta_z}}}-e^{-|z+w|\sqrt{\frac{s}{\eta_z}}}\right\}dw+$$
$$+\frac{\pi}{2\phi c_t\sqrt{\eta_z}}\sum_{n=1}^{\infty}\frac{\xi_nJ_1^2(\xi_n b)\,\mathcal{V}_{\mathcal{N}0}(\xi r,a)}{\{J_1^2(\xi_n a)-J_1^2(\xi_n b)\}\sqrt{(\eta_r\xi_n^2+s)}}\int_0^{\infty}\overline{\psi}_a(w,s)\left\{e^{-|z-w|\sqrt{\frac{\eta_r\xi_n^2+s}{\eta_z}}}-e^{-|z+w|\sqrt{\frac{\eta_r\xi_n^2+s}{\eta_z}}}\right\}dw-$$
$$-\frac{\pi}{2\phi c_t\sqrt{\eta_z}}\sum_{n=1}^{\infty}\frac{\xi_nJ_1(\xi_n a)\,J_1(\xi_n b)\,\mathcal{V}_{\mathcal{N}0}(\xi r,a)}{\{J_1^2(\xi_n a)-J_1^2(\xi_n b)\}\sqrt{(\eta_r\xi_n^2+s)}}\int_0^{\infty}\overline{\psi}_b(w,s)\left\{e^{-|z-w|\sqrt{\frac{\eta_r\xi_n^2+s}{\eta_z}}}-e^{-|z+w|\sqrt{\frac{\eta_r\xi_n^2+s}{\eta_z}}}\right\}dw+$$
$$+\frac{2e^{-z\sqrt{\frac{s}{\eta_z}}}}{(b^2-a^2)}\int_a^b w\overline{\psi}(w,s)\,dw+\frac{\pi^2}{2}\sum_{n=1}^{\infty}\frac{\xi_n^2J_1^2(\xi_n b)\,\mathcal{V}_{\mathcal{N}0}(\xi r,a)\,\overline{\overline{\psi}}(\xi_n,s)\,e^{-z\sqrt{\frac{\eta_r\xi_n^2+s}{\eta_z}}}}{\left\{J_1^2(\xi_n a)-J_1^2(\xi_n b)\right\}}+$$
$$+\frac{1}{(b^2-a^2)\sqrt{\eta_z s}}\int_0^{\infty}\left\{e^{-|z-w|\sqrt{\frac{s}{\eta_z}}}-e^{-|z+w|\sqrt{\frac{s}{\eta_z}}}\right\}\int_a^b u\varphi(u,w)\,du\,dw+$$
$$+\frac{\pi^2}{4\sqrt{\eta_z}}\sum_{n=1}^{\infty}\frac{\xi_n^2J_1^2(\xi_n b)\,\mathcal{V}_{\mathcal{N}0}(\xi r,a)}{\left\{J_1^2(\xi_n a)-J_1^2(\xi_n b)\right\}\sqrt{(\eta_r\xi_n^2+s)}}\int_0^{\infty}\overline{\varphi}(\xi_n,w)\left\{e^{-|z-w|\sqrt{\frac{\eta_r\xi_n^2+s}{\eta_z}}}-e^{-|z+w|\sqrt{\frac{\eta_r\xi_n^2+s}{\eta_z}}}\right\}dw \tag{20.20.2}$$

where $\overline{\varphi}(\xi_n,w)=\int_a^b\varphi(r,w)\,r\mathcal{V}_{\mathcal{N}0}(\xi_n r,a)\,dr$ and

$$p=\frac{U(t-t_0)}{2\pi\phi c_t\left(b^2-a^2\right)\sqrt{\pi\eta_z}}\int_0^{t-t_0}\frac{q(t-t_0-\tau)}{\sqrt{\tau}}\left\{e^{-\frac{(z-z_0)^2}{4\eta_z\tau}}-e^{-\frac{(z+z_0)^2}{4\eta_z\tau}}\right\}d\tau+$$
$$+\frac{U(t-t_0)}{8\phi c_t}\sqrt{\frac{\pi}{\eta_z}}\sum_{n=1}^{\infty}\frac{\xi_n^2J_1^2(\xi_n b)\,\mathcal{V}_{\mathcal{N}0}(\xi r_0,a)\,\mathcal{V}_{\mathcal{N}0}(\xi r,a)}{\left\{J_1^2(\xi_n a)-J_1^2(\xi_n b)\right\}}\int_0^{t-t_0}\frac{q(t-t_0-\tau)\,e^{-\eta_r\xi_n^2\tau}}{\sqrt{\tau}}\left\{e^{-\frac{(z-z_0)^2}{4\eta_z\tau}}-e^{-\frac{(z+z_0)^2}{4\eta_z\tau}}\right\}d\tau+$$
$$+\frac{1}{\phi c_t\left(b^2-a^2\right)\sqrt{\pi\eta_z}}\int_0^{\infty}\int_0^{t}\frac{\left\{a\psi_a(w,t-\tau)-b\psi_b(w,t-\tau)\right\}}{\sqrt{\tau}}d\tau\left\{e^{-\frac{(z-w)^2}{4\eta_z\tau}}-e^{-\frac{(z+w)^2}{4\eta_z\tau}}\right\}dw+$$

*$\mathcal{V}'_{\mathcal{N}0}(\xi_n b,a)=J_1(\xi_n b)\,Y_1(\xi_n a)-Y_1(\xi_n b)\,J_1(\xi_n a)$.

$$+\frac{1}{2\phi c_t}\sqrt{\frac{\pi}{\eta_z}}\sum_{n=1}^{\infty}\frac{\xi_n J_1^2(\xi_n b)\,\mathcal{V}_{\mathcal{N}0}(\xi r,a)}{\{J_1^2(\xi_n a)-J_1^2(\xi_n b)\}}\int_0^{\infty}\int_0^{t}\frac{\psi_a(w,t-\tau)}{\sqrt{\tau}}\left\{e^{-\frac{(z-w)^2}{4\eta_z\tau}}-e^{-\frac{(z+w)^2}{4\eta_z\tau}}\right\}d\tau dw-$$

$$-\frac{1}{2\phi c_t}\sqrt{\frac{\pi}{\eta_z}}\sum_{n=1}^{\infty}\frac{\xi_n J_1(\xi_n a)J_1(\xi_n b)\,\mathcal{V}_{\mathcal{N}0}(\xi r,a)}{\{J_1^2(\xi_n a)-J_1^2(\xi_n b)\}}\int_0^{\infty}\int_0^{t}\frac{\psi_b(w,t-\tau)e^{-\eta_r\xi_n^2\tau}}{\sqrt{\tau}}\left\{e^{-\frac{(z-w)^2}{4\eta_z\tau}}-e^{-\frac{(z+w)^2}{4\eta_z\tau}}\right\}d\tau dw+$$

$$+\frac{4}{(b^2-a^2)\sqrt{\pi}}\int_{\frac{z}{2\sqrt{\eta_z t}}}^{\infty}\int_a^b u\psi\left(u,t-\frac{z^2}{4\eta_z\tau^2}\right)du e^{-\tau^2}d\tau+$$

$$+\pi^{\frac{3}{2}}\sum_{n=1}^{\infty}\frac{\xi_n^2 J_1^2(\xi_n b)\,\mathcal{V}_{\mathcal{N}0}(\xi r,a)}{\{J_1^2(\xi_n a)-J_1^2(\xi_n b)\}}\int_{\frac{z}{2\sqrt{\eta_z t}}}^{\infty}\overline{\psi}\left(\xi_n,t-\frac{z^2}{4\eta_z\tau^2}\right)e^{-\eta_r\xi_n^2\left(\frac{z^2}{4\eta_z\tau^2}\right)-\tau^2}d\tau+$$

$$+\frac{1}{(b^2-a^2)\sqrt{\pi\eta_z t}}\int_0^{\infty}\int_a^b u\varphi(u,w)\,du\left\{e^{-\frac{(z-w)^2}{4\eta_z\tau}}-e^{-\frac{(z+w)^2}{4\eta_z\tau}}\right\}dw+$$

$$+\frac{1}{4}\sqrt{\frac{\pi^3}{\eta_z t}}\sum_{n=1}^{\infty}\frac{\xi_n^2 J_1^2(\xi_n b)\,\mathcal{V}_{\mathcal{N}0}(\xi r,a)\,e^{-\eta_r\xi_n^2 t}}{\{J_1^2(\xi_n a)-J_1^2(\xi_n b)\}}\int_0^{\infty}\overline{\varphi}(\xi_n,w)\left\{e^{-\frac{(z-w)^2}{4\eta_z t}}-e^{-\frac{(z+w)^2}{4\eta_z t}}\right\}dw \qquad (20.20.3)$$

20.21

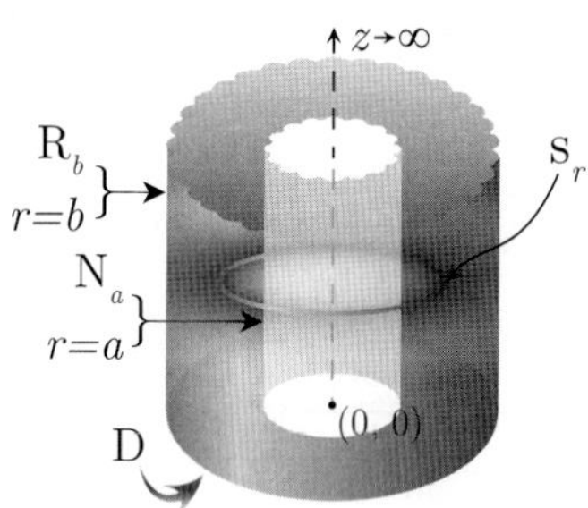

The problem of 20.16, except
$\mathbf{N}_a \equiv \frac{\partial p(a,z,t)}{\partial r} = -\left(\frac{\mu}{k_r}\right)\psi_a(z,t)$,
$\mathbf{R}_b \equiv \frac{\partial p(b,z,t)}{\partial r} + \lambda p(b,z,t) = -\left(\frac{\mu}{k_r}\right)\psi_b(z,t)$ **and**
$\mathbf{D} \equiv p(r,0,t) = \psi(r,t)$

The successive application of the Laplace, Fourier and finite Hankel transformations to equation (18.1.1) gives

$$\overline{\overline{\overline{p}}} = \frac{q(s)\,e^{-st_0}\sin(lz_0)\,\mathcal{V}_{\mathcal{N}0}(\xi_n r_0,a)}{2\pi\phi c_t(\eta_r\xi_n^2+\eta_z l^2+s)}+\frac{2\overline{\overline{\psi}}_a(l,s)}{\pi\phi c_t\xi_n(\eta_r\xi_n^2+\eta_z l^2+s)}+$$
$$+\frac{2J_1(\xi_n a)\,\overline{\overline{\psi}}_b(l,s)}{\pi\phi c_t\{\lambda J_0(\xi_n b)-\xi_n J_1(\xi_n b)\}(\eta_r\xi_n^2+\eta_z l^2+s)}+\frac{\eta_z l\overline{\overline{\psi}}(\xi_n,s)}{(\eta_r\xi_n^2+\eta_z l^2+s)}+\frac{\overline{\overline{\varphi}}(\xi_n,l)}{(\eta_r\xi_n^2+\eta_z l^2+s)} \qquad (20.21.1)$$

where $\mathcal{V}_{\mathcal{N}0}(\xi_n r,a) = Y_0(\xi_n r)J_1(\xi_n a) - J_0(\xi_n r)Y_1(\xi_n a)$. The eigenvalues $\xi_n, n = 1,2,...$, are the positive roots of the transcendental equation $\xi_n\mathcal{V}'_{\mathcal{N}0}(\xi_n b,a)+\lambda\mathcal{V}_{\mathcal{N}0}(\xi_n b,a)=0$. $\overline{\overline{\psi}}(\xi_n,s)=\int_a^b\overline{\psi}(r,s)\,r\mathcal{V}_{\mathcal{N}0}(\xi_n r,a)\,dr$, $\overline{\overline{\psi}}_a(l,s)=\int_0^\infty\sin(lz)\,\overline{\psi}_a(z,s)dz$, $\overline{\overline{\psi}}_b(l,s)=\int_0^\infty\sin(lz)\,\overline{\psi}_b(z,s)dz$, $\overline{\overline{\varphi}}(\xi_n,l)=\int_a^b\overline{\varphi}(r,l)\,r\mathcal{V}_{\mathcal{N}0}(\xi_n r,a)\,dr$ and $\overline{\varphi}(r,l)=\int_0^\infty\sin(lw)\,\varphi(r,w)dw$. Successive inverse transforms yield

$$\overline{p} = \frac{\pi q(s)\,e^{-st_0}}{8\phi c_t\sqrt{\eta_z}}\sum_{n=1}^{\infty}\frac{\xi_n^2\{\lambda J_0(\xi_n b)-\xi_n J_1(\xi_n b)\}^2\,\mathcal{V}_{\mathcal{N}0}(\xi r_0,a)\,\mathcal{V}_{\mathcal{N}0}(\xi r,a)}{\left[(\lambda^2+\xi_n^2)J_1^2(\xi_n a)-\{\lambda J_0(\xi_n b)-\xi_n J_1(\xi_n b)\}^2\right]\sqrt{(\eta_r\xi_n^2+s)}}\times$$
$$\times\left\{e^{-|z-z_0|\sqrt{\frac{\eta_r\xi_n^2+s}{\eta_z}}}-e^{-|z+z_0|\sqrt{\frac{\eta_r\xi_n^2+s}{\eta_z}}}\right\}+$$
$$+\frac{\pi}{2\phi c_t\sqrt{\eta_z}}\sum_{n=1}^{\infty}\frac{\xi_n\{\lambda J_0(\xi_n b)-\xi_n J_1(\xi_n b)\}^2\,\mathcal{V}_{\mathcal{N}0}(\xi r,a)}{\left[(\lambda^2+\xi_n^2)J_1^2(\xi_n a)-\{\lambda J_0(\xi_n b)-\xi_n J_1(\xi_n b)\}^2\right]\sqrt{\eta_r\xi_n^2+s}}\times$$
$$\times\int_0^{\infty}\overline{\psi}_a(w,s)\left\{e^{-|z-w|\sqrt{\frac{\eta_r\xi_n^2+s}{\eta_z}}}-e^{-|z+w|\sqrt{\frac{\eta_r\xi_n^2+s}{\eta_z}}}\right\}dw+$$

$$+\frac{\pi}{2\phi c_t\sqrt{\eta_z}}\sum_{n=1}^{\infty}\frac{\xi_n^2 J_1(\xi_n a)\{\lambda J_0(\xi_n b)-\xi_n J_1(\xi_n b)\}\mathcal{V}_{\mathcal{N}0}(\xi r,a)}{\left[(\lambda^2+\xi_n^2)J_1^2(\xi_n a)-\{\lambda J_0(\xi_n b)-\xi_n J_1(\xi_n b)\}^2\right]\sqrt{\eta_r\xi_n^2+s}}\times$$
$$\times\int_0^{\infty}\overline{\psi}_b(w,s)\left\{e^{-|z-w|\sqrt{\frac{\eta_r\xi_n^2+s}{\eta_z}}}-e^{-|z+w|\sqrt{\frac{\eta_r\xi_n^2+s}{\eta_z}}}\right\}dw+$$
$$+\frac{\pi^2}{2}\sum_{n=1}^{\infty}\frac{\xi_n^2\{\lambda J_0(\xi_n b)-\xi_n J_1(\xi_n b)\}^2\mathcal{V}_{\mathcal{N}0}(\xi r,a)\overline{\overline{\psi}}(\xi_n,s)e^{-z\sqrt{\frac{\eta_r\xi_n^2+s}{\eta_z}}}}{\left[(\lambda^2+\xi_n^2)J_1^2(\xi_n a)-\{\lambda J_0(\xi_n b)-\xi_n J_1(\xi_n b)\}^2\right]}+$$
$$+\frac{\pi^2}{4\sqrt{\eta_z}}\sum_{n=1}^{\infty}\frac{\xi_n^2\{\lambda J_0(\xi_n b)-\xi_n J_1(\xi_n b)\}^2\mathcal{V}_{\mathcal{N}0}(\xi r,a)}{\left[(\lambda^2+\xi_n^2)J_1^2(\xi_n a)-\{\lambda J_0(\xi_n b)-\xi_n J_1(\xi_n b)\}^2\right]\sqrt{\eta_r\xi_n^2+s}}\times$$
$$\times\int_0^{\infty}\overline{\varphi}(\xi_n,w)\left\{e^{-|z-w|\sqrt{\frac{\eta_r\xi_n^2+s}{\eta_z}}}-e^{-|z+w|\sqrt{\frac{\eta_r\xi_n^2+s}{\eta_z}}}\right\}dw \tag{20.21.2}$$

where $\overline{\varphi}(\xi_n,w)=\int_a^b\varphi(r,w)\,r\mathcal{V}_{\mathcal{N}0}(\xi_n r,a)\,dr$ and

$$p=\frac{U(t-t_0)}{8\phi c_t}\sqrt{\frac{\pi}{\eta_z}}\times$$
$$\times\sum_{n=1}^{\infty}\frac{\xi_n^2\{\lambda J_0(\xi_n b)-\xi_n J_1(\xi_n b)\}^2\mathcal{V}_{\mathcal{N}0}(\xi r_0,a)\mathcal{V}_{\mathcal{N}0}(\xi r,a)}{\left[(\lambda^2+\xi_n^2)J_1^2(\xi_n a)-\{\lambda J_0(\xi_n b)-\xi_n J_1(\xi_n b)\}^2\right]}\times$$
$$\times\int_0^{t-t_0}\frac{q(t-t_0-\tau)e^{-\eta_r\xi_n^2\tau}}{\sqrt{\tau}}\left\{e^{-\frac{(z-z_0)^2}{4\eta_z\tau}}-e^{-\frac{(z+z_0)^2}{4\eta_z\tau}}\right\}d\tau+$$
$$+\frac{1}{2\phi c_t}\sqrt{\frac{\pi}{\eta_z}}\sum_{n=1}^{\infty}\frac{\xi_n\{\lambda J_0(\xi_n b)-\xi_n J_1(\xi_n b)\}^2\mathcal{V}_{\mathcal{N}0}(\xi r,a)}{\left[(\lambda^2+\xi_n^2)J_1^2(\xi_n a)-\{\lambda J_0(\xi_n b)-\xi_n J_1(\xi_n b)\}^2\right]}\times$$
$$\times\int_0^{\infty}\int_0^{t}\frac{\psi_a(w,t-\tau)e^{-\eta_r\xi_n^2\tau}}{\sqrt{\tau}}\left\{e^{-\frac{(z-w)^2}{4\eta_z\tau}}-e^{-\frac{(z+w)^2}{4\eta_z\tau}}\right\}d\tau dw+$$
$$+\frac{1}{2\phi c_t}\sqrt{\frac{\pi}{\eta_z}}\sum_{n=1}^{\infty}\frac{\xi_n^2 J_1(\xi_n a)\{\lambda J_0(\xi_n b)-\xi_n J_1(\xi_n b)\}\mathcal{V}_{\mathcal{N}0}(\xi r,a)}{\left[(\lambda^2+\xi_n^2)J_1^2(\xi_n a)-\{\lambda J_0(\xi_n b)-\xi_n J_1(\xi_n b)\}^2\right]}\times$$
$$\times\int_0^{\infty}\int_0^{t}\frac{\psi_b(w,t-\tau)e^{-\eta_r\xi_n^2\tau}}{\sqrt{\tau}}\left\{e^{-\frac{(z-w)^2}{4\eta_z\tau}}-e^{-\frac{(z+w)^2}{4\eta_z\tau}}\right\}d\tau dw+$$
$$+\pi^{\frac{3}{2}}\sum_{n=1}^{\infty}\frac{\xi_n^2\{\lambda J_0(\xi_n b)-\xi_n J_1(\xi_n b)\}^2\mathcal{V}_{\mathcal{N}0}(\xi r,a)}{\left[(\lambda^2+\xi_n^2)J_1^2(\xi_n a)-\{\lambda J_0(\xi_n b)-\xi_n J_1(\xi_n b)\}^2\right]}\times$$
$$\times\int_{\frac{z}{2\sqrt{\eta_z t}}}^{\infty}\overline{\psi}\left(\xi_n,t-\frac{z^2}{4\eta_z\tau^2}\right)e^{-\eta_r\xi_n^2\left(\frac{z^2}{4\eta_z\tau^2}\right)-\tau^2}d\tau+$$
$$+\frac{1}{4}\sqrt{\frac{\pi^3}{\eta_z t}}\sum_{n=1}^{\infty}\frac{\xi_n^2\{\lambda J_0(\xi_n b)-\xi_n J_1(\xi_n b)\}^2\mathcal{V}_{\mathcal{N}0}(\xi r,a)e^{-\eta_r\xi_n^2 t}}{\left[(\lambda^2+\xi_n^2)J_1^2(\xi_n a)-\{\lambda J_0(\xi_n b)-\xi_n J_1(\xi_n b)\}^2\right]}\times$$
$$\times\int_0^{\infty}\overline{\varphi}(\xi_n,w)\left\{e^{-\frac{(z-w)^2}{4\eta_z t}}-e^{-\frac{(z+w)^2}{4\eta_z t}}\right\}dw \tag{20.21.3}$$

20.22

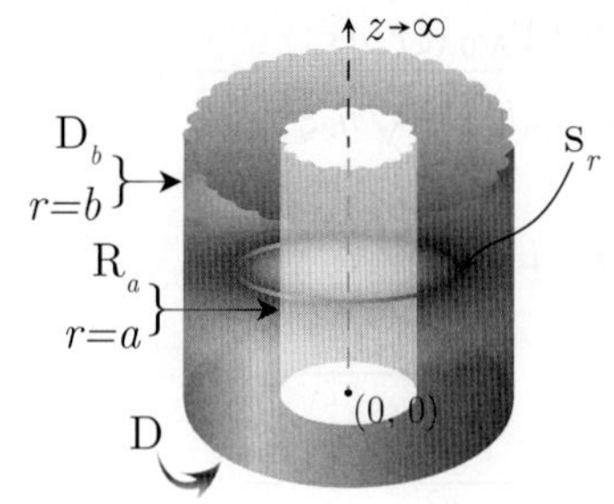

The problem of 20.16, except
$\mathbf{R}_a \equiv \frac{\partial p(a,z,t)}{\partial r} - \lambda p(a,z,t) = -\left(\frac{\mu}{k_r}\right)\psi_a(z,t)$,
$\mathbf{D}_b \equiv p(b,z,t) = \psi_b(z,t)$ **and** $\mathbf{D} \equiv p(r,0,t) = \psi(r,t)$

The successive application of the Laplace, Fourier and finite Hankel transformations to equation (18.1.1) gives

$$\overline{\overline{\overline{p}}} = \frac{q(s)\,e^{-st_0}\sin(lz_0)\,\mathcal{V}_{\mathcal{D}0}(\xi_n r_0, b)}{2\pi\phi c_t(\eta_r\xi_n^2+\eta_z l^2+s)} - \frac{2J_0(\xi_n b)\,\overline{\overline{\psi}}_a(l,s)}{\pi\phi c_t(\eta_r\xi_n^2+\eta_z l^2+s)\{\lambda J_0(\xi_n a)+\xi_n J_1(\xi_n a)\}} + \\ + \frac{2\eta_r\overline{\overline{\psi}}_b(l,s)}{\pi(\eta_r\xi_n^2+\eta_z l^2+s)} + \frac{\eta_z l\overline{\overline{\psi}}(\xi_n,s)}{(\eta_r\xi_n^2+\eta_z l^2+s)} + \frac{\overline{\overline{\varphi}}(\xi_n,l)}{(\eta_r\xi_n^2+\eta_z l^2+s)} \tag{20.22.1}$$

where $\mathcal{V}_{\mathcal{D}0}(\xi_n r, b) = J_0(\xi_n r)Y_0(\xi_n b) - Y_0(\xi_n r)J_0(\xi_n b)$. The eigenvalues $\xi_n, n = 1, 2, ...,$ are the positive roots of the transcendental equation $\lambda\mathcal{V}_{\mathcal{D}0}(\xi_n a, b) - \xi_n\mathcal{V}'_{\mathcal{D}0}(\xi_n a, b) = 0.$* $\overline{\overline{\psi}}(\xi_n, s) = \int_a^b \overline{\psi}(r,s)\,r\mathcal{V}_{\mathcal{D}0}(\xi_n r, b)\,dr$, $\overline{\overline{\psi}}_a(l,s) = \int_0^\infty \sin(lz)\,\overline{\psi}_a(z,s)dz$, $\overline{\overline{\psi}}_b(l,s) = \int_0^\infty \sin(lz)\,\overline{\psi}_b(z,s)dz$, $\overline{\overline{\varphi}}(\xi_n, l) = \int_a^b \overline{\varphi}(r,l)\,r\mathcal{V}_{\mathcal{D}0}(\xi_n r, a)\,dr$ and $\overline{\varphi}(r,l) = \int_0^\infty \sin(lw)\,\varphi(r,w)dw$. Successive inverse transforms yield

$$\overline{p} = \frac{\pi q(s)\,e^{-st_0}}{8\phi c_t\sqrt{\eta_z}}\sum_{n=1}^{\infty}\frac{\xi_n^2\{\lambda J_0(\xi_n a)+\xi_n J_1(\xi_n a)\}^2\,\mathcal{V}_{\mathcal{D}0}(\xi r_0, b)\,\mathcal{V}_{\mathcal{D}0}(\xi r, b)}{\left[\{\lambda J_0(\xi_n a)+\xi_n J_1(\xi_n a)\}^2-(\lambda^2+\xi_n^2)\,J_0^2(\xi_n b)\right]\sqrt{(\eta_r\xi_n^2+s)}} \times \\ \times\left\{e^{-|z-z_0|\sqrt{\frac{\eta_r\xi_n^2+s}{\eta_z}}} - e^{-|z+z_0|\sqrt{\frac{\eta_r\xi_n^2+s}{\eta_z}}}\right\} - \\ - \frac{\pi}{2\phi c_t\sqrt{\eta_z}}\sum_{n=1}^{\infty}\frac{\xi_n^2 J_0(\xi_n b)\{\lambda J_0(\xi_n a)+\xi_n J_1(\xi_n a)\}\,\mathcal{V}_{\mathcal{D}0}(\xi r, b)}{\left[\{\lambda J_0(\xi_n a)+\xi_n J_1(\xi_n a)\}^2-(\lambda^2+\xi_n^2)\,J_0^2(\xi_n b)\right]\sqrt{\eta_r\xi_n^2+s}} \times \\ \times\int_0^\infty \overline{\psi}_a(w,s)\left\{e^{-|z-w|\sqrt{\frac{\eta_r\xi_n^2+s}{\eta_z}}} - e^{-|z+w|\sqrt{\frac{\eta_r\xi_n^2+s}{\eta_z}}}\right\}dw + \\ + \frac{\pi\eta_r}{2\sqrt{\eta_z}}\sum_{n=1}^{\infty}\frac{\xi_n^2\{\lambda J_0(\xi_n a)+\xi_n J_1(\xi_n a)\}^2\,\mathcal{V}_{\mathcal{D}0}(\xi r, b)}{\left[\{\lambda J_0(\xi_n a)+\xi_n J_1(\xi_n a)\}^2-(\lambda^2+\xi_n^2)\,J_0^2(\xi_n b)\right]\sqrt{\eta_r\xi_n^2+s}} \times \\ \times\int_0^\infty \overline{\psi}_b(w,s)\left\{e^{-|z-w|\sqrt{\frac{\eta_r\xi_n^2+s}{\eta_z}}} - e^{-|z+w|\sqrt{\frac{\eta_r\xi_n^2+s}{\eta_z}}}\right\}dw + \\ + \frac{\pi^2}{2}\sum_{n=1}^{\infty}\frac{\xi_n^2\{\lambda J_0(\xi_n a)+\xi_n J_1(\xi_n a)\}^2\,\mathcal{V}_{\mathcal{D}0}(\xi r, b)\,\overline{\overline{\psi}}(\xi_n,s)\,e^{-z\sqrt{\frac{\eta_r\xi_n^2+s}{\eta_z}}}}{\left[\{\lambda J_0(\xi_n a)+\xi_n J_1(\xi_n a)\}^2-(\lambda^2+\xi_n^2)\,J_0^2(\xi_n b)\right]} + \\ + \frac{\pi^2}{4\sqrt{\eta_z}}\sum_{n=1}^{\infty}\frac{\xi_n^2\{\lambda J_0(\xi_n a)+\xi_n J_1(\xi_n a)\}^2\,\mathcal{V}_{\mathcal{D}0}(\xi r, b)}{\left[\{\lambda J_0(\xi_n a)+\xi_n J_1(\xi_n a)\}^2-(\lambda^2+\xi_n^2)\,J_0^2(\xi_n b)\right]\sqrt{\eta_r\xi_n^2+s}} \times \\ \times\int_0^\infty \overline{\varphi}(\xi_n,w)\left\{e^{-|z-w|\sqrt{\frac{\eta_r\xi_n^2+s}{\eta_z}}} - e^{-|z+w|\sqrt{\frac{\eta_r\xi_n^2+s}{\eta_z}}}\right\}dw \tag{20.22.2}$$

---

* $\mathcal{V}'_{\mathcal{D}0}(\xi_n r, b) = \{Y_1(\xi_n r)\,J_0(\xi_n b) - J_1(\xi_n r)\,Y_0(\xi_n b)\}$.

where $\overline{\varphi}(\xi_n, w) = \int_a^b \varphi(r, w)\, r\mathcal{V}_{\mathcal{D}0}(\xi_n r, a)\, dr$ and

$$p = \frac{U(t-t_0)}{8\phi c_t}\sqrt{\frac{\pi}{\eta_z}}\sum_{n=1}^{\infty}\frac{\xi_n^2\{\lambda J_0(\xi_n a)+\xi_n J_1(\xi_n a)\}^2\mathcal{V}_{\mathcal{D}0}(\xi r_0, b)\,\mathcal{V}_{\mathcal{D}0}(\xi r, b)}{\left[\{\lambda J_0(\xi_n a)+\xi_n J_1(\xi_n a)\}^2-(\lambda^2+\xi_n^2)\,J_0^2(\xi_n b)\right]}\times$$
$$\times\int_0^{t-t_0}\frac{q(t-t_0-\tau)\,e^{-\eta_r\xi_n^2\tau}}{\sqrt{\tau}}\left\{e^{-\frac{(z-z_0)^2}{4\eta_z\tau}}-e^{-\frac{(z+z_0)^2}{4\eta_z\tau}}\right\}d\tau-$$
$$-\frac{1}{2\phi c_t}\sqrt{\frac{\pi}{\eta_z}}\sum_{n=1}^{\infty}\frac{\xi_n^2 J_0(\xi_n b)\{\lambda J_0(\xi_n a)+\xi_n J_1(\xi_n a)\}\mathcal{V}_{\mathcal{D}0}(\xi r, b)}{\left[\{\lambda J_0(\xi_n a)+\xi_n J_1(\xi_n a)\}^2-(\lambda^2+\xi_n^2)\,J_0^2(\xi_n b)\right]}\times$$
$$\times\int_0^{\infty}\int_0^{t}\frac{\psi_a(w,t-\tau)\,e^{-\eta_r\xi_n^2\tau}}{\sqrt{\tau}}\left\{e^{-\frac{(z-w)^2}{4\eta_z\tau}}-e^{-\frac{(z+w)^2}{4\eta_z\tau}}\right\}d\tau dw+$$
$$+\frac{\eta_r}{2}\sqrt{\frac{\pi}{\eta_z}}\sum_{n=1}^{\infty}\frac{\xi_n^2\{\lambda J_0(\xi_n a)+\xi_n J_1(\xi_n a)\}^2\mathcal{V}_{\mathcal{D}0}(\xi r, b)}{\left[\{\lambda J_0(\xi_n a)+\xi_n J_1(\xi_n a)\}^2-(\lambda^2+\xi_n^2)\,J_0^2(\xi_n b)\right]}\times$$
$$\times\int_0^{\infty}\int_0^{t}\frac{\psi_b(w,t-\tau)\,e^{-\eta_r\xi_n^2\tau}}{\sqrt{\tau}}\left\{e^{-\frac{(z-w)^2}{4\eta_z\tau}}-e^{-\frac{(z+w)^2}{4\eta_z\tau}}\right\}d\tau dw+$$
$$+\pi^{\frac{3}{2}}\sum_{n=1}^{\infty}\frac{\xi_n^2\{\lambda J_0(\xi_n a)+\xi_n J_1(\xi_n a)\}^2\mathcal{V}_{\mathcal{D}0}(\xi r, b)}{\left[\{\lambda J_0(\xi_n a)+\xi_n J_1(\xi_n a)\}^2-(\lambda^2+\xi_n^2)\,J_0^2(\xi_n b)\right]}\times$$
$$\times\int_{\frac{z}{2\sqrt{\eta_z t}}}^{\infty}\overline{\psi}\left(\xi_n, t-\frac{z^2}{4\eta_z\tau^2}\right)e^{-\eta_r\xi_n^2\left(\frac{z^2}{4\eta_z\tau^2}\right)-\tau^2}d\tau+$$
$$+\frac{1}{4}\sqrt{\frac{\pi^3}{\eta_z t}}\sum_{n=1}^{\infty}\frac{\xi_n^2\{\lambda J_0(\xi_n a)+\xi_n J_1(\xi_n a)\}^2\mathcal{V}_{\mathcal{D}0}(\xi r, b)\,e^{-\eta_r\xi_n^2 t}}{\left[\{\lambda J_0(\xi_n a)+\xi_n J_1(\xi_n a)\}^2-(\lambda^2+\xi_n^2)\,J_0^2(\xi_n b)\right]}\times$$
$$\times\int_0^{\infty}\overline{\varphi}(\xi_n, w)\left\{e^{-\frac{(z-w)^2}{4\eta_z t}}-e^{-\frac{(z+w)^2}{4\eta_z t}}\right\}dw \tag{20.22.3}$$

20.23 The problem of 20.16, except

$\mathbf{R}_a \equiv \frac{\partial p(a,z,t)}{\partial r} - \lambda p(a,z,t) = -\left(\frac{\mu}{k_r}\right)\psi_a(z,t)$,
$\mathbf{N}_b \equiv \frac{\partial p(b,z,t)}{\partial r} = -\left(\frac{\mu}{k_r}\right)\psi_b(z,t)$ and $\mathbf{D} \equiv p(r,0,t) = \psi(r,t)$

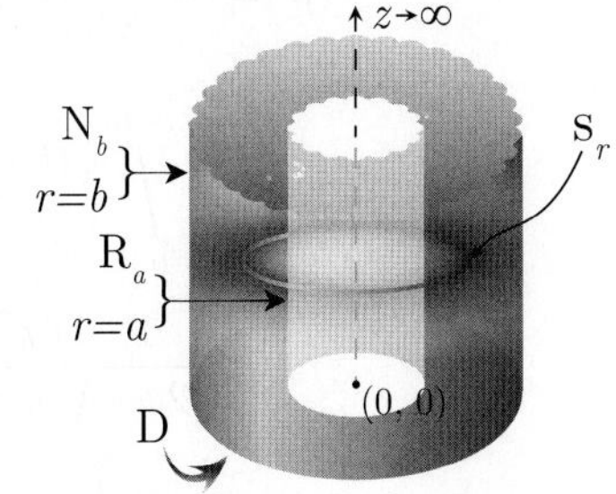

The successive application of the Laplace, Fourier and finite Hankel transformations to equation (18.1.1) gives

$$\overline{\overline{\overline{p}}} = \frac{q(s)\,e^{-st_0}\sin(lz_0)\,\mathcal{V}_{\mathcal{N}0}(\xi_n r_0, b)}{2\pi\phi c_t(\eta_r\xi_n^2+\eta_z l^2+s)} + \frac{2J_1(\xi_n b)\,\overline{\overline{\psi}}_a(l,s)}{\pi\phi c_t(\eta_r\xi_n^2+\eta_z l^2+s)\{\lambda J_0(\xi_n a)+\xi_n J_1(\xi_n a)\}} -$$
$$-\frac{2\overline{\overline{\psi}}_b(l,s)}{\pi\phi c_t\xi_n(\eta_r\xi_n^2+\eta_z l^2+s)} + \frac{\eta_z l\overline{\overline{\psi}}(\xi_n,s)}{(\eta_r\xi_n^2+\eta_z l^2+s)} + \frac{\overline{\overline{\varphi}}(\xi_n,l)}{(\eta_r\xi_n^2+\eta_z l^2+s)} \tag{20.23.1}$$

where $\xi_n, n = 1, 2, ...,$ are the positive roots of the transcendental equation $\lambda \mathcal{V}_{\mathcal{N}0}(\xi_n a, b) - \xi_n \mathcal{V}'_{\mathcal{N}0}(\xi_n a, b) = 0$. $\overline{\overline{\psi}}(\xi_n, s) = \int_a^b \overline{\psi}(r, s)\, r\mathcal{V}_{\mathcal{N}0}(\xi_n r, b)\, dr$, $\overline{\overline{\psi}}_a(l, s) = \int_0^\infty \sin(lz)\, \overline{\psi}_a(z, s) dz$, $\overline{\overline{\psi}}_b(l, s) = \int_0^\infty \sin(lz)\, \overline{\psi}_b(z, s) dz$, $\overline{\overline{\varphi}}(\xi_n, l) = \int_a^b \overline{\varphi}(r, l)\, r\mathcal{V}_{\mathcal{N}0}(\xi_n r, a)\, dr$ and $\overline{\varphi}(r, l) = \int_0^\infty \sin(lw)\, \varphi(r, w) dw$. Successive inverse transforms yield

$$\begin{aligned}
\overline{p} &= \frac{\pi q(s)\, e^{-st_0}}{8\phi c_t \sqrt{\eta_z}} \sum_{n=1}^{\infty} \frac{\xi_n^2 \{\lambda J_0(\xi_n a) + \xi_n J_1(\xi_n a)\}^2 \mathcal{V}_{\mathcal{N}0}(\xi r_0, b)\, \mathcal{V}_{\mathcal{N}0}(\xi r, b)}{\left[\{\lambda J_0(\xi_n a) + \xi_n J_1(\xi_n a)\}^2 - (\lambda^2 + \xi_n^2)\, J_1^2(\xi_n b)\right] \sqrt{(\eta_r \xi_n^2 + s)}} \times \\
&\times \left\{ e^{-|z - z_0|\sqrt{\frac{\eta_r \xi_n^2 + s}{\eta_z}}} - e^{-|z + z_0|\sqrt{\frac{\eta_r \xi_n^2 + s}{\eta_z}}} \right\} + \\
&+ \frac{\pi}{2\phi c_t \sqrt{\eta_z}} \sum_{n=1}^{\infty} \frac{\xi_n^2 J_1(\xi_n b) \{\lambda J_0(\xi_n a) + \xi_n J_1(\xi_n a)\} \mathcal{V}_{\mathcal{N}0}(\xi r, b)}{\left[\{\lambda J_0(\xi_n a) + \xi_n J_1(\xi_n a)\}^2 - (\lambda^2 + \xi_n^2)\, J_1^2(\xi_n b)\right] \sqrt{\eta_r \xi_n^2 + s}} \times \\
&\times \int_0^\infty \overline{\psi}_a(w, s) \left\{ e^{-|z - w|\sqrt{\frac{\eta_r \xi_n^2 + s}{\eta_z}}} - e^{-|z + w|\sqrt{\frac{\eta_r \xi_n^2 + s}{\eta_z}}} \right\} dw - \\
&- \frac{\pi}{2\phi c_t \sqrt{\eta_z}} \sum_{n=1}^{\infty} \frac{\xi_n \{\lambda J_0(\xi_n a) + \xi_n J_1(\xi_n a)\}^2 \mathcal{V}_{\mathcal{N}0}(\xi r, b)}{\left[\{\lambda J_0(\xi_n a) + \xi_n J_1(\xi_n a)\}^2 - (\lambda^2 + \xi_n^2)\, J_1^2(\xi_n b)\right] \sqrt{\eta_r \xi_n^2 + s}} \times \\
&\times \int_0^\infty \overline{\psi}_b(w, s) \left\{ e^{-|z - w|\sqrt{\frac{\eta_r \xi_n^2 + s}{\eta_z}}} - e^{-|z + w|\sqrt{\frac{\eta_r \xi_n^2 + s}{\eta_z}}} \right\} dw + \\
&+ \frac{\pi^2}{2} \sum_{n=1}^{\infty} \frac{\xi_n^2 \{\lambda J_0(\xi_n a) + \xi_n J_1(\xi_n a)\}^2 \mathcal{V}_{\mathcal{N}0}(\xi r, b)\, \overline{\overline{\psi}}(\xi_n, s)\, e^{-z\sqrt{\frac{\eta_r \xi_n^2 + s}{\eta_z}}}}{\left[\{\lambda J_0(\xi_n a) + \xi_n J_1(\xi_n a)\}^2 - (\lambda^2 + \xi_n^2)\, J_1^2(\xi_n b)\right]} + \\
&+ \frac{\pi^2}{4\sqrt{\eta_z}} \sum_{n=1}^{\infty} \frac{\xi_n^2 \{\lambda J_0(\xi_n a) + \xi_n J_1(\xi_n a)\}^2 \mathcal{V}_{\mathcal{N}0}(\xi r, b)}{\left[\{\lambda J_0(\xi_n a) + \xi_n J_1(\xi_n a)\}^2 - (\lambda^2 + \xi_n^2)\, J_1^2(\xi_n b)\right] \sqrt{\eta_r \xi_n^2 + s}} \times \\
&\times \int_0^\infty \overline{\varphi}(\xi_n, w) \left\{ e^{-|z - w|\sqrt{\frac{\eta_r \xi_n^2 + s}{\eta_z}}} - e^{-|z + w|\sqrt{\frac{\eta_r \xi_n^2 + s}{\eta_z}}} \right\} dw
\end{aligned} \tag{20.23.2}$$

where $\overline{\varphi}(\xi_n, w) = \int_a^b \varphi(r, w)\, r\mathcal{V}_{\mathcal{N}0}(\xi_n r, a)\, dr$ and

$$\begin{aligned}
p &= \frac{U(t - t_0)}{8\phi c_t} \sqrt{\frac{\pi}{\eta_z}} \sum_{n=1}^{\infty} \frac{\xi_n^2 \{\lambda J_0(\xi_n a) + \xi_n J_1(\xi_n a)\}^2 \mathcal{V}_{\mathcal{N}0}(\xi r_0, b)\, \mathcal{V}_{\mathcal{N}0}(\xi r, b)}{\left[\{\lambda J_0(\xi_n a) + \xi_n J_1(\xi_n a)\}^2 - (\lambda^2 + \xi_n^2)\, J_1^2(\xi_n b)\right]} \times \\
&\times \int_0^{t - t_0} \frac{q(t - t_0 - \tau)\, e^{-\eta_r \xi_n^2 \tau}}{\sqrt{\tau}} \left\{ e^{-\frac{(z - z_0)^2}{4\eta_z \tau}} - e^{-\frac{(z + z_0)^2}{4\eta_z \tau}} \right\} d\tau + \\
&+ \frac{1}{2\phi c_t} \sqrt{\frac{\pi}{\eta_z}} \sum_{n=1}^{\infty} \frac{\xi_n^2 J_1(\xi_n b) \{\lambda J_0(\xi_n a) + \xi_n J_1(\xi_n a)\} \mathcal{V}_{\mathcal{N}0}(\xi r, b)}{\left[\{\lambda J_0(\xi_n a) + \xi_n J_1(\xi_n a)\}^2 - (\lambda^2 + \xi_n^2)\, J_1^2(\xi_n b)\right]} \times \\
&\times \int_0^\infty \int_0^t \frac{\psi_a(w, t - \tau)\, e^{-\eta_r \xi_n^2 \tau}}{\sqrt{\tau}} \left\{ e^{-\frac{(z - w)^2}{4\eta_z \tau}} - e^{-\frac{(z + w)^2}{4\eta_z \tau}} \right\} d\tau dw - \\
&- \frac{1}{2\phi c_t} \sqrt{\frac{\pi}{\eta_z}} \sum_{n=1}^{\infty} \frac{\xi_n \{\lambda J_0(\xi_n a) + \xi_n J_1(\xi_n a)\}^2 \mathcal{V}_{\mathcal{N}0}(\xi r, b)}{\left[\{\lambda J_0(\xi_n a) + \xi_n J_1(\xi_n a)\}^2 - (\lambda^2 + \xi_n^2)\, J_1^2(\xi_n b)\right]} \times \\
&\times \int_0^\infty \int_0^t \frac{\psi_b(w, t - \tau)\, e^{-\eta_r \xi_n^2 \tau}}{\sqrt{\tau}} \left\{ e^{-\frac{(z - w)^2}{4\eta_z \tau}} - e^{-\frac{(z + w)^2}{4\eta_z \tau}} \right\} d\tau dw +
\end{aligned}$$

$$+\pi^{\frac{3}{2}}\sum_{n=1}^{\infty}\frac{\xi_n^2\left\{\lambda J_0\left(\xi_n a\right)+\xi_n J_1\left(\xi_n a\right)\right\}^2\mathcal{V}_{\mathcal{N}0}\left(\xi r,b\right)}{\left[\left\{\lambda J_0\left(\xi_n a\right)+\xi_n J_1\left(\xi_n a\right)\right\}^2-\left(\lambda^2+\xi_n^2\right)J_1^2\left(\xi_n b\right)\right]}\times$$

$$\times\int_{\frac{z}{2\sqrt{\eta_z t}}}^{\infty}\overline{\psi}\left(\xi_n,t-\frac{z^2}{4\eta_z\tau^2}\right)e^{-\eta_r\xi_n^2\left(\frac{z^2}{4\eta_z\tau^2}\right)-\tau^2}d\tau+$$

$$+\frac{1}{4}\sqrt{\frac{\pi^3}{\eta_z t}}\sum_{n=1}^{\infty}\frac{\xi_n^2\left\{\lambda J_0\left(\xi_n a\right)+\xi_n J_1\left(\xi_n a\right)\right\}^2\mathcal{V}_{\mathcal{N}0}\left(\xi r,b\right)e^{-\eta_r\xi_n^2 t}}{\left[\left\{\lambda J_0\left(\xi_n a\right)+\xi_n J_1\left(\xi_n a\right)\right\}^2-\left(\lambda^2+\xi_n^2\right)J_1^2\left(\xi_n b\right)\right]}\times$$

$$\times\int_0^{\infty}\overline{\varphi}\left(\xi_n,w\right)\left\{e^{-\frac{(z-w)^2}{4\eta_z t}}-e^{-\frac{(z+w)^2}{4\eta_z t}}\right\}dw \qquad (20.23.3)$$

20.24 The problem of 20.16, except

$\mathbf{R}_a\equiv\frac{\partial p(a,z,t)}{\partial r}-\lambda_a p\left(a,z,t\right)=-\left(\frac{\mu}{k_r}\right)\psi_a\left(z,t\right)$,
$\mathbf{R}_b\equiv\frac{\partial p(b,z,t)}{\partial r}+\lambda_b p\left(b,z,t\right)=-\left(\frac{\mu}{k_r}\right)\psi_b\left(z,t\right)$ and
$\mathbf{D}\equiv p\left(r,0,t\right)=\psi\left(r,t\right)$

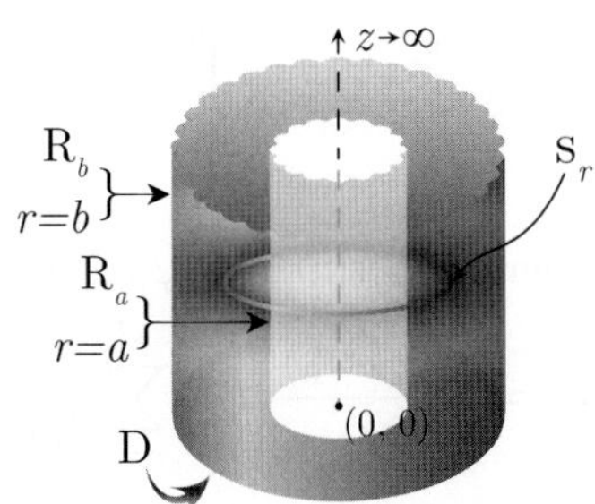

The successive application of the Laplace, Fourier and finite Hankel transformations to equation (18.1.1) gives

$$\overline{\overline{\overline{p}}}=\frac{q\left(s\right)e^{-st_0}\sin\left(lz_0\right)\left\{\xi_n\mathcal{V}_{\mathcal{N}0}\left(\xi_n r_0,a\right)-\lambda_a\mathcal{V}_{\mathcal{D}0}\left(\xi_n r_0,a\right)\right\}}{2\pi\phi c_t\left(\eta_r\xi_n^2+\eta_z l^2+s\right)}+\frac{2\overline{\overline{\psi}}_a\left(l,s\right)}{\pi\phi c_t\left(\eta_r\xi_n^2+\eta_z l^2+s\right)}+$$

$$+\frac{2\left\{\lambda_a J_0\left(\xi_n a\right)+\xi_n J_1\left(\xi_n a\right)\right\}\overline{\overline{\psi}}_b\left(l,s\right)}{\pi\phi c_t\left(\eta_r\xi_n^2+\eta_z l^2+s\right)\left\{\lambda_b J_0\left(\xi_n b\right)-\xi_n J_1\left(\xi_n b\right)\right\}}+\frac{\eta_z l\overline{\overline{\psi}}\left(\xi_n,s\right)}{\left(\eta_r\xi_n^2+\eta_z l^2+s\right)}+\frac{\overline{\overline{\varphi}}\left(\xi_n,l\right)}{\left(\eta_r\xi_n^2+\eta_z l^2+s\right)} \qquad (20.24.1)$$

where $\xi_n, n=1,2,...,$ are the positive roots of
$\lambda_a\left\{\mathcal{V}'_{\mathcal{D}0}\left(\xi_n b,a\right)+\lambda_b\mathcal{V}_{\mathcal{D}0}\left(\xi_n b,a\right)\right\}-\xi_n\left\{\mathcal{V}'_{\mathcal{N}0}\left(\xi_n b,a\right)+\lambda_b\mathcal{V}_{\mathcal{N}0}\left(\xi_n b,a\right)\right\}=0.$
$\overline{\overline{\psi}}\left(\xi_n,s\right)=\int_a^b\overline{\psi}\left(r,s\right)r\left\{\xi_n\mathcal{V}_{\mathcal{N}0}\left(\xi_n r,a\right)-\lambda_a\mathcal{V}_{\mathcal{D}0}\left(\xi_n r,a\right)\right\}dr$,
$\overline{\overline{\psi}}_a\left(l,s\right)=\int_0^{\infty}\sin\left(lz\right)\overline{\psi}_a\left(z,s\right)dz$, $\overline{\overline{\psi}}_b\left(l,s\right)=\int_0^{\infty}\sin\left(lz\right)\overline{\psi}_b\left(z,s\right)dz$,
$\overline{\overline{\varphi}}\left(\xi_n,l\right)=\int_a^b\overline{\varphi}\left(r,l\right)r\left\{\xi_n\mathcal{V}_{\mathcal{N}0}\left(\xi_n r,a\right)-\lambda_a\mathcal{V}_{\mathcal{D}0}\left(\xi_n r,a\right)\right\}dr$ and
$\overline{\varphi}\left(r,l\right)=\int_0^{\infty}\sin\left(lw\right)\varphi\left(r,w\right)dw$. Successive inverse transforms yield

$$\overline{p}=\frac{\pi q\left(s\right)e^{-st_0}}{8\phi c_t\sqrt{\eta_z}}\sum_{n=1}^{\infty}\frac{\xi_n^2\left\{\xi_n J_1\left(\xi_n b\right)-\lambda_b J_0\left(\xi_n b\right)\right\}^2}{\sqrt{\left(\eta_r\xi_n^2+s\right)}}\times$$

$$\times\frac{\left\{\xi_n\mathcal{V}_{\mathcal{N}0}\left(\xi_n r_0,a\right)-\lambda_a\mathcal{V}_{\mathcal{D}0}\left(\xi_n r_0,a\right)\right\}\left\{\xi_n\mathcal{V}_{\mathcal{N}0}\left(\xi_n r,a\right)-\lambda_a\mathcal{V}_{\mathcal{D}0}\left(\xi_n r,a\right)\right\}}{\left[\left(\lambda_b^2+\xi_n^2\right)\left\{\lambda_a J_0\left(\xi_n a\right)+\xi_n J_1\left(\xi_n a\right)\right\}^2-\left(\lambda_a^2+\xi_n^2\right)\left\{\lambda_b J_0\left(\xi_n b\right)+\xi_n J_1\left(\xi_n b\right)\right\}^2\right]}\times$$

$$\times\left\{e^{-|z-z_0|\sqrt{\frac{\eta_r\xi_n^2+s}{\eta_z}}}-e^{-|z+z_0|\sqrt{\frac{\eta_r\xi_n^2+s}{\eta_z}}}\right\}+$$

$$+\frac{\pi}{2\phi c_t\sqrt{\eta_z}}\sum_{n=1}^{\infty}\frac{\xi_n^2\left\{\xi_n J_1\left(\xi_n b\right)-\lambda_b J_0\left(\xi_n b\right)\right\}^2\left\{\xi_n\mathcal{V}_{\mathcal{N}0}\left(\xi_n r,a\right)-\lambda_a\mathcal{V}_{\mathcal{D}0}\left(\xi_n r,a\right)\right\}}{\left[\left(\lambda_b^2+\xi_n^2\right)\left\{\lambda_a J_0(\xi_n a)+\xi_n J_1(\xi_n a)\right\}^2-\left(\lambda_a^2+\xi_n^2\right)\left\{\lambda_b J_0(\xi_n b)+\xi_n J_1(\xi_n b)\right\}^2\right]\sqrt{\eta_r\xi_n^2+s}}\times$$

$$\times \int_0^\infty \overline{\psi}_a(w,s)\left\{e^{-|z-w|\sqrt{\frac{\eta_r\xi_n^2+s}{\eta_z}}} - e^{-|z+w|\sqrt{\frac{\eta_r\xi_n^2+s}{\eta_z}}}\right\}dw +$$

$$+\frac{\pi}{2\phi c_t\sqrt{\eta_z}}\sum_{n=1}^{\infty}\frac{\xi_n^2\{\xi_n J_1(\xi_n b)-\lambda_b J_0(\xi_n b)\}\{\xi_n J_1(\xi_n a)+\lambda_a J_0(\xi_n a)\}\{\xi_n\mathcal{V}_{\mathcal{N}0}(\xi_n r,a)-\lambda_a\mathcal{V}_{\mathcal{D}0}(\xi_n r,a)\}}{\left[(\lambda_b^2+\xi_n^2)\{\lambda_a J_0(\xi_n a)+\xi_n J_1(\xi_n a)\}^2-(\lambda_a^2+\xi_n^2)\{\lambda_b J_0(\xi_n b)+\xi_n J_1(\xi_n b)\}^2\right]\sqrt{\eta_r\xi_n^2+s}}\times$$

$$\times \int_0^\infty \overline{\psi}_b(w,s)\left\{e^{-|z-w|\sqrt{\frac{\eta_r\xi_n^2+s}{\eta_z}}} - e^{-|z+w|\sqrt{\frac{\eta_r\xi_n^2+s}{\eta_z}}}\right\}dw +$$

$$+\frac{\pi^2}{2}\sum_{n=1}^{\infty}\frac{\xi_n^2\{\xi_n J_1(\xi_n b)-\lambda_b J_0(\xi_n b)\}^2\{\xi_n\mathcal{V}_{\mathcal{N}0}(\xi_n r,a)-\lambda_a\mathcal{V}_{\mathcal{D}0}(\xi_n r,a)\}\overline{\overline{\psi}}(\xi_n,s)\,e^{-z\sqrt{\frac{\eta_r\xi_n^2+s}{\eta_z}}}}{\left[(\lambda_b^2+\xi_n^2)\{\lambda_a J_0(\xi_n a)+\xi_n J_1(\xi_n a)\}^2-(\lambda_a^2+\xi_n^2)\{\lambda_b J_0(\xi_n b)+\xi_n J_1(\xi_n b)\}^2\right]}+$$

$$+\frac{\pi^2}{4\sqrt{\eta_z}}\sum_{n=1}^{\infty}\frac{\xi_n^2\{\xi_n J_1(\xi_n b)-\lambda_b J_0(\xi_n b)\}^2\{\xi_n\mathcal{V}_{\mathcal{N}0}(\xi_n r,a)-\lambda_a\mathcal{V}_{\mathcal{D}0}(\xi_n r,a)\}}{\left[(\lambda_b^2+\xi_n^2)\{\lambda_a J_0(\xi_n a)+\xi_n J_1(\xi_n a)\}^2-(\lambda_a^2+\xi_n^2)\{\lambda_b J_0(\xi_n b)+\xi_n J_1(\xi_n b)\}^2\right]\sqrt{\eta_r\xi_n^2+s}}\times$$

$$\times \int_0^\infty \overline{\varphi}(\xi_n,w)\left\{e^{-|z-w|\sqrt{\frac{\eta_r\xi_n^2+s}{\eta_z}}} - e^{-|z+w|\sqrt{\frac{\eta_r\xi_n^2+s}{\eta_z}}}\right\}dw \tag{20.24.2}$$

where $\overline{\varphi}(\xi_n,w)=\int_a^b\varphi(r,w)\,r\,\{\xi_n\mathcal{V}_{\mathcal{N}0}(\xi_n r,a)-\lambda_a\mathcal{V}_{\mathcal{D}0}(\xi_n r,a)\}\,dr$ and

$$p = \frac{U(t-t_0)}{8\phi c_t}\sqrt{\frac{\pi}{\eta_z}}\sum_{n=1}^{\infty}\frac{\xi_n^2\{\xi_n J_1(\xi_n b)-\lambda_b J_0(\xi_n b)\}^2\{\xi_n\mathcal{V}_{\mathcal{N}0}(\xi_n r_0,a)-\lambda_a\mathcal{V}_{\mathcal{D}0}(\xi_n r_0,a)\}}{\left[(\lambda_b^2+\xi_n^2)\{\lambda_a J_0(\xi_n a)+\xi_n J_1(\xi_n a)\}^2-(\lambda_a^2+\xi_n^2)\{\lambda_b J_0(\xi_n b)+\xi_n J_1(\xi_n b)\}^2\right]}\times$$

$$\times\{\xi_n\mathcal{V}_{\mathcal{N}0}(\xi_n r,a)-\lambda_a\mathcal{V}_{\mathcal{D}0}(\xi_n r,a)\}\int_0^{t-t_0}\frac{q(t-t_0-\tau)\,e^{-\eta_r\xi_n^2\tau}}{\sqrt{\tau}}\left\{e^{-\frac{(z-z_0)^2}{4\eta_z\tau}}-e^{-\frac{(z+z_0)^2}{4\eta_z\tau}}\right\}d\tau+$$

$$+\frac{1}{2\phi c_t}\sqrt{\frac{\pi}{\eta_z}}\sum_{n=1}^{\infty}\frac{\xi_n^2\{\xi_n J_1(\xi_n b)-\lambda_b J_0(\xi_n b)\}^2\{\xi_n\mathcal{V}_{\mathcal{N}0}(\xi_n r,a)-\lambda_a\mathcal{V}_{\mathcal{D}0}(\xi_n r,a)\}}{\left[(\lambda_b^2+\xi_n^2)\{\lambda_a J_0(\xi_n a)+\xi_n J_1(\xi_n a)\}^2-(\lambda_a^2+\xi_n^2)\{\lambda_b J_0(\xi_n b)+\xi_n J_1(\xi_n b)\}^2\right]}\times$$

$$\times\int_0^\infty\int_0^t\frac{\psi_a(w,t-\tau)\,e^{-\eta_r\xi_n^2\tau}}{\sqrt{\tau}}\left\{e^{-\frac{(z-w)^2}{4\eta_z\tau}}-e^{-\frac{(z+w)^2}{4\eta_z\tau}}\right\}d\tau dw+$$

$$+\frac{1}{2\phi c_t}\sqrt{\frac{\pi}{\eta_z}}\sum_{n=1}^{\infty}\frac{\xi_n^2\{\xi_n J_1(\xi_n b)-\lambda_b J_0(\xi_n b)\}\{\xi_n J_1(\xi_n a)+\lambda_a J_0(\xi_n a)\}\{\xi_n\mathcal{V}_{\mathcal{N}0}(\xi_n r,a)-\lambda_a\mathcal{V}_{\mathcal{D}0}(\xi_n r,a)\}}{\left[(\lambda_b^2+\xi_n^2)\{\lambda_a J_0(\xi_n a)+\xi_n J_1(\xi_n a)\}^2-(\lambda_a^2+\xi_n^2)\{\lambda_b J_0(\xi_n b)+\xi_n J_1(\xi_n b)\}^2\right]}\times$$

$$\times\int_0^\infty\int_0^t\frac{\psi_b(w,t-\tau)\,e^{-\eta_r\xi_n^2\tau}}{\sqrt{\tau}}\left\{e^{-\frac{(z-w)^2}{4\eta_z\tau}}-e^{-\frac{(z+w)^2}{4\eta_z\tau}}\right\}d\tau dw+$$

$$+\pi^{\frac{3}{2}}\sum_{n=1}^{\infty}\frac{\xi_n^2\{\xi_n J_1(\xi_n b)-\lambda_b J_0(\xi_n b)\}^2\{\xi_n\mathcal{V}_{\mathcal{N}0}(\xi_n r,a)-\lambda_a\mathcal{V}_{\mathcal{D}0}(\xi_n r,a)\}}{\left[(\lambda_b^2+\xi_n^2)\{\lambda_a J_0(\xi_n a)+\xi_n J_1(\xi_n a)\}^2-(\lambda_a^2+\xi_n^2)\{\lambda_b J_0(\xi_n b)+\xi_n J_1(\xi_n b)\}^2\right]}\times$$

$$\times\int_{\frac{z}{2\sqrt{\eta_z t}}}^{\infty}\overline{\psi}\left(\xi_n,t-\frac{z^2}{4\eta_z\tau^2}\right)e^{-\eta_r\xi_n^2\left(\frac{z^2}{4\eta_z\tau^2}\right)-\tau^2}d\tau+$$

$$+\frac{1}{4}\sqrt{\frac{\pi^3}{\eta_z t}}\sum_{n=1}^{\infty}\frac{\xi_n^2\{\xi_n J_1(\xi_n b)-\lambda_b J_0(\xi_n b)\}^2\{\xi_n\mathcal{V}_{\mathcal{N}0}(\xi_n r,a)-\lambda_a\mathcal{V}_{\mathcal{D}0}(\xi_n r,a)\}e^{-\eta_r\xi_n^2 t}}{\left[(\lambda_b^2+\xi_n^2)\{\lambda_a J_0(\xi_n a)+\xi_n J_1(\xi_n a)\}^2-(\lambda_a^2+\xi_n^2)\{\lambda_b J_0(\xi_n b)+\xi_n J_1(\xi_n b)\}^2\right]}\times$$

$$\times\int_0^\infty\overline{\varphi}(\xi_n,w)\left\{e^{-\frac{(z-w)^2}{4\eta_z t}}-e^{-\frac{(z+w)^2}{4\eta_z t}}\right\}dw \tag{20.24.3}$$

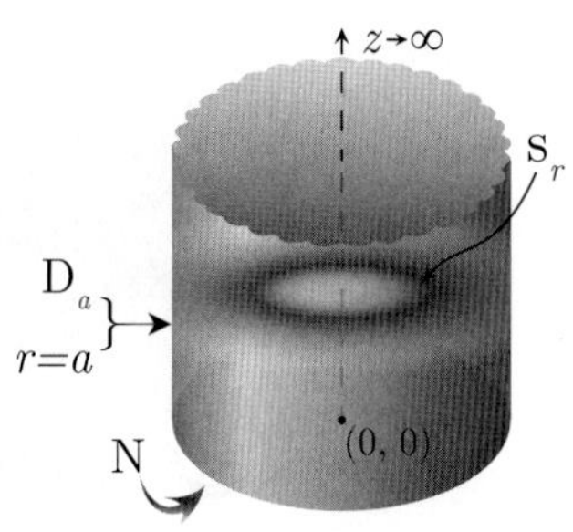

20.25 **A cylindrical continuum bounded by $0 \le r \le a$ and semi-infinite in z. Ring source at $\mathrm{s}_r \equiv (r_0, z_0)$; $0 \le r_0 \le a$, $0 < z_0 < \infty$, $t_0 \ge 0$. $\mathrm{N} \equiv \frac{\partial p(r,0,t)}{\partial z} = -\left(\frac{\mu}{k_z}\right)\psi(r,t)$ and $\mathrm{D}_a \equiv p(a,z,t) = \psi_a(z,t)$. $p(r,z,0) = \varphi(r,z)$**

The successive application of the Laplace, Fourier and finite Hankel transformations to equation (18.1.1) gives

$$\overline{\overline{\overline{p}}} = \frac{q(s)\,e^{-st_0}\cos(lz_0)\,J_0(\xi_n r_0)}{2\pi\phi c_t\left(\eta_r\xi_n^2+\eta_z l^2+s\right)} + \frac{a\eta_r\xi_n\overline{\overline{\psi}}_a(l,s)\,J_1(\xi_n a)}{\left(\eta_r\xi_n^2+\eta_z l^2+s\right)} + \frac{\overline{\overline{\psi}}(\xi_n,s)}{\phi c_t\left(\eta_r\xi_n^2+\eta_z l^2+s\right)} + \frac{\overline{\overline{\varphi}}(\xi_n,l)}{\left(\eta_r\xi_n^2+\eta_z l^2+s\right)} \tag{20.25.1}$$

where ξ_n are the positive roots of $J_0(\xi_n a)=0$, $n=1,2,...$, $\overline{\overline{\psi}}_a(l,s) = \int_0^\infty \cos(lz)\,\overline{\psi}_a(z,s)dz$, $\overline{\overline{\psi}}(\xi_n,s) = \int_0^a \overline{\psi}(r,s) rJ_0(\xi r)\,dr$, $\overline{\overline{\varphi}}(\xi_n,l) = \int_0^a \overline{\varphi}(r,l)\,rJ_0(\xi_n r)\,dr$ and $\overline{\varphi}(r,l) = \int_0^\infty \cos(lz)\,\varphi(r,z)dz$. Successive inverse transforms yield

$$\begin{aligned}
\overline{p} \;=\; & \frac{q(s)\,e^{-st_0}}{2\pi a^2\phi c_t\sqrt{\eta_z}}\sum_{n=1}^{\infty}\frac{J_0(\xi_n r_0)\,J_0(\xi_n r)}{J_1^2(\xi_n a)\sqrt{(\eta_r\xi_n^2+s)}}\left\{e^{-|z-z_0|\sqrt{\frac{\eta_r\xi_n^2+s}{\eta_z}}}+e^{-|z+z_0|\sqrt{\frac{\eta_r\xi_n^2+s}{\eta_z}}}\right\}+\\
&+\frac{\eta_r}{a\sqrt{\eta_z}}\sum_{n=1}^{\infty}\frac{\xi_n J_0(\xi_n r)}{J_1(\xi_n a)\sqrt{\eta_r\xi_n^2+s}}\int_0^\infty \overline{\psi}_a(w,s)\left\{e^{-|z-w|\sqrt{\frac{\eta_r\xi_n^2+s}{\eta_z}}}+e^{-|z+w|\sqrt{\frac{\eta_r\xi_n^2+s}{\eta_z}}}\right\}dw+\\
&+\frac{2}{a^2\phi c_t\sqrt{\eta_z}}\sum_{n=1}^{\infty}\frac{\overline{\overline{\psi}}(\xi_n,s)\,J_0(\xi_n r)\,e^{-z\sqrt{\frac{\eta_r\xi_n^2+s}{\eta_z}}}}{J_1^2(\xi_n a)\sqrt{(\eta_r\xi_n^2+s)}}+\\
&+\frac{1}{a^2\sqrt{\eta_z}}\sum_{n=1}^{\infty}\frac{J_0(\xi_n r)}{J_1^2(\xi_n a)\sqrt{\eta_r\xi_n^2+s}}\int_0^\infty \overline{\varphi}(\xi_n,w)\left\{e^{-|z-w|\sqrt{\frac{\eta_r\xi_n^2+s}{\eta_z}}}+e^{-|z+w|\sqrt{\frac{\eta_r\xi_n^2+s}{\eta_z}}}\right\}dw
\end{aligned} \tag{20.25.2}$$

where $\overline{\varphi}(\xi_n,w) = \int_0^a \varphi(r,w)\,rJ_0(\xi_n r)\,dr$ and

$$\begin{aligned}
p \;=\; & \frac{U(t-t_0)}{2\pi a^2\phi c_t\sqrt{\pi\eta_z}}\sum_{n=1}^{\infty}\frac{J_0(\xi_n r_0)\,J_0(\xi_n r)}{J_1^2(\xi_n a)}\int_0^{t-t_0}\frac{q(t-t_0-\tau)\,e^{-\eta_r\xi_n^2\tau}}{\sqrt{\tau}}\left\{e^{-\frac{(z-z_0)^2}{4\eta_z\tau}}+e^{-\frac{(z+z_0)^2}{4\eta_z\tau}}\right\}d\tau+\\
&+\frac{\eta_r}{a\sqrt{\pi\eta_z}}\sum_{n=1}^{\infty}\frac{\xi_n J_0(\xi_n r)}{J_1(\xi_n a)}\int_0^\infty\!\!\int_0^t\frac{\psi_a(w,t-\tau)\,e^{-\eta_r\xi_n^2\tau}}{\sqrt{\tau}}\left\{e^{-\frac{(z-w)^2}{4\eta_z\tau}}+e^{-\frac{(z+w)^2}{4\eta_z\tau}}\right\}d\tau dw+\\
&+\frac{2}{a^2\phi c_t\sqrt{\pi\eta_z}}\sum_{n=1}^{\infty}\frac{J_0(\xi_n r)}{J_1^2(\xi_n a)}\int_0^t\frac{\overline{\psi}(\xi_n,t-\tau)\,e^{-\eta_r\xi_n^2\tau-\frac{z^2}{4\eta_z\tau}}}{\sqrt{\tau}}d\tau+\\
&+\frac{1}{a^2\sqrt{\pi\eta_z t}}\sum_{n=1}^{\infty}\frac{J_0(\xi_n r)\,e^{-\eta_r\xi_n^2 t}}{J_1^2(\xi_n a)}\int_0^\infty\overline{\varphi}(\xi_n,w)\left\{e^{-\frac{(z-w)^2}{4\eta_z t}}+e^{-\frac{(z+w)^2}{4\eta_z t}}\right\}dw
\end{aligned} \tag{20.25.3}$$

20.26

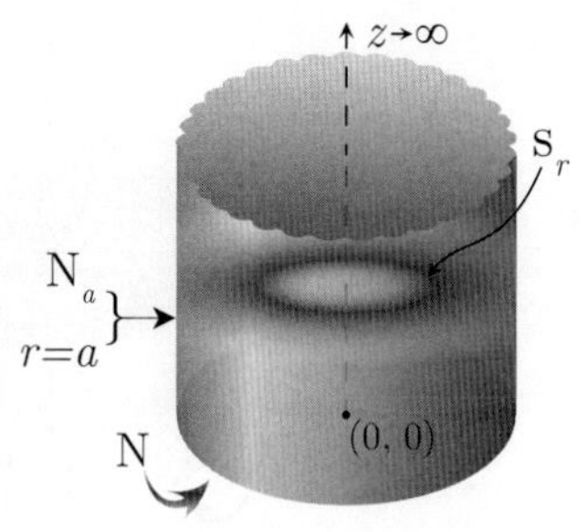

The problem of 20.25, except $\mathbf{N_a \equiv \frac{\partial p(a,z,t)}{\partial r} = -\left(\frac{\mu}{k_r}\right)\psi_a(z,t)}$ **and** $\mathbf{N \equiv \frac{\partial p(r,0,t)}{\partial z} = -\left(\frac{\mu}{k_z}\right)\psi(r,t)}$

The successive application of the Laplace, Fourier and finite Hankel transformations to equation (18.1.1) gives

$$\overline{\overline{\overline{p}}} = \frac{q(s)\,e^{-st_0}\cos(lz_0)\,J_0(\xi_n r_0)}{2\pi\phi c_t\left(\eta_r\xi_n^2+\eta_z l^2+s\right)} - \frac{a\overline{\overline{\psi}}_a(l,s)\,J_0(\xi_n a)}{\phi c_t\left(\eta_r\xi_n^2+\eta_z l^2+s\right)} + \frac{\overline{\overline{\psi}}(\xi_n,s)}{\phi c_t\left(\eta_r\xi_n^2+\eta_z l^2+s\right)} + \frac{\overline{\overline{\varphi}}(\xi_n,l)}{\left(\eta_r\xi_n^2+\eta_z l^2+s\right)} \tag{20.26.1}$$

where ξ_n are the positive roots of $J_1(\xi_n a)=0$, $n=0,1,...$, $\overline{\overline{\psi}}_a(l,s)=\int_0^\infty\cos(lz)\,\overline{\psi}_a(z,s)dz$, $\overline{\overline{\psi}}(\xi_n,s)=\int_0^a\overline{\psi}(r,s)rJ_0(\xi r)\,dr$, $\overline{\overline{\varphi}}(\xi_n,l)=\int_0^a\overline{\varphi}(r,l)\,rJ_0(\xi_n r)\,dr$ and $\overline{\varphi}(r,l)=\int_0^\infty\cos(lz)\,\varphi(r,z)dz$. Successive inverse transforms yield

$$\begin{aligned}
\overline{p} \;=\; & \frac{q(s)\,e^{-st_0}}{2\pi a^2\phi c_t\sqrt{\eta_z}}\sum_{n=0}^{\infty}\frac{J_0(\xi_n r_0)\,J_0(\xi_n r)}{J_0^2(\xi_n a)\sqrt{(\eta_r\xi_n^2+s)}}\left\{e^{-|z-z_0|\sqrt{\frac{\eta_r\xi_n^2+s}{\eta_z}}}+e^{-|z+z_0|\sqrt{\frac{\eta_r\xi_n^2+s}{\eta_z}}}\right\}- \\
&-\frac{1}{a\phi c_t\sqrt{\eta_z}}\sum_{n=0}^{\infty}\frac{J_0(\xi_n r)}{J_0(\xi_n a)\sqrt{\eta_r\xi_n^2+s}}\int_0^\infty\overline{\psi}_a(w,s)\left\{e^{-|z-w|\sqrt{\frac{\eta_r\xi_n^2+s}{\eta_z}}}+e^{-|z+w|\sqrt{\frac{\eta_r\xi_n^2+s}{\eta_z}}}\right\}dw+ \\
&+\frac{2}{a^2\phi c_t\sqrt{\eta_z}}\sum_{n=1}^{\infty}\frac{\overline{\overline{\psi}}(\xi_n,s)\,J_0(\xi_n r)\,e^{-z\sqrt{\frac{\eta_r\xi_n^2+s}{\eta_z}}}}{J_0^2(\xi_n a)\sqrt{(\eta_r\xi_n^2+s)}}+ \\
&+\frac{1}{a^2\sqrt{\eta_z}}\sum_{n=0}^{\infty}\frac{J_0(\xi_n r)}{J_0^2(\xi_n a)\sqrt{\eta_r\xi_n^2+s}}\int_0^\infty\overline{\varphi}(\xi_n,w)\left\{e^{-|z-w|\sqrt{\frac{\eta_r\xi_n^2+s}{\eta_z}}}+e^{-|z+w|\sqrt{\frac{\eta_r\xi_n^2+s}{\eta_z}}}\right\}dw
\end{aligned} \tag{20.26.2}$$

where $\overline{\varphi}(\xi_n,w)=\int_0^a\varphi(r,w)\,rJ_0(\xi_n r)\,dr$ and

$$\begin{aligned}
p \;=\; & \frac{U(t-t_0)}{2\pi a^2\phi c_t\sqrt{\pi\eta_z}}\sum_{n=0}^{\infty}\frac{J_0(\xi_n r_0)\,J_0(\xi_n r)}{J_0^2(\xi_n a)}\int_0^{t-t_0}\frac{q(t-t_0-\tau)\,e^{-\eta_r\xi_n^2\tau}}{\sqrt{\tau}}\left\{e^{-\frac{(z-z_0)^2}{4\eta_z\tau}}+e^{-\frac{(z+z_0)^2}{4\eta_z\tau}}\right\}d\tau- \\
&-\frac{1}{a\phi c_t\sqrt{\pi\eta_z}}\sum_{n=0}^{\infty}\frac{J_0(\xi_n r)}{J_0(\xi_n a)}\int_0^\infty\int_0^t\frac{\psi_a(w,t-\tau)\,e^{-\eta_r\xi_n^2\tau}}{\sqrt{\tau}}\left\{e^{-\frac{(z-w)^2}{4\eta_z\tau}}+e^{-\frac{(z+w)^2}{4\eta_z\tau}}\right\}d\tau dw+ \\
&+\frac{2}{a^2\phi c_t\sqrt{\pi\eta_z}}\sum_{n=1}^{\infty}\frac{J_0(\xi_n r)}{J_0^2(\xi_n a)}\int_0^t\frac{\overline{\psi}(\xi_n,t-\tau)\,e^{-\eta_r\xi_n^2\tau-\frac{z^2}{4\eta_z\tau}}}{\sqrt{\tau}}d\tau+ \\
&+\frac{1}{a^2\sqrt{\pi\eta_z t}}\sum_{n=0}^{\infty}\frac{J_0(\xi_n r)\,e^{-\eta_r\xi_n^2 t}}{J_0^2(\xi_n a)}\int_0^\infty\overline{\varphi}(\xi_n,w)\left\{e^{-\frac{(z-w)^2}{4\eta_z t}}+e^{-\frac{(z+w)^2}{4\eta_z t}}\right\}dw
\end{aligned} \tag{20.26.3}$$

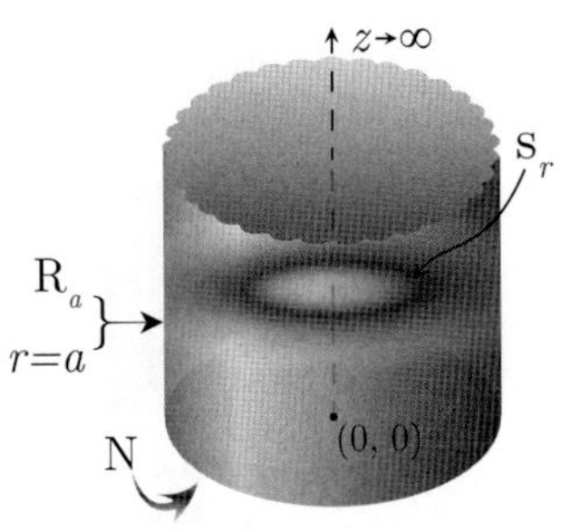

20.27 **The problem of 20.25, except**
$\mathbf{R}_a \equiv \frac{\partial p(a,z,t)}{\partial r} + \lambda p\,(a,z,t) = -\left(\frac{\mu}{k_r}\right)\psi_a(z,t)$ **and**
$\mathbf{N} \equiv \frac{\partial p(r,0,t)}{\partial z} = -\left(\frac{\mu}{k_z}\right)\psi\,(r,t)$

The successive application of the Laplace, Fourier and finite Hankel transformations to equation (18.1.1) gives

$$\overline{\overline{\overline{p}}} = \frac{q\,(s)\,e^{-st_0}\cos\left(lz_0\right)J_0\left(\xi_n r_0\right)}{2\pi\phi c_t\left(\eta_r\xi_n^2+\eta_z l^2+s\right)} - \frac{a\overline{\overline{\psi}}_a\left(l,s\right)J_0\left(\xi_n a\right)}{\phi c_t\left(\eta_r\xi_n^2+\eta_z l^2+s\right)} + \frac{\overline{\overline{\psi}}\left(\xi_n,s\right)}{\phi c_t\left(\eta_r\xi_n^2+\eta_z l^2+s\right)} + \frac{\overline{\overline{\varphi}}\left(\xi_n,l\right)}{\left(\eta_r\xi_n^2+\eta_z l^2+s\right)} \tag{20.27.1}$$

where ξ_n are the positive roots of $\lambda J_0\left(\xi_n a\right) = \xi_n J_1\left(\xi_n a\right)$, $n = 0, 1, ...,$ $\overline{\overline{\psi}}_a\left(l,s\right) = \int_0^\infty \cos\left(lz\right)\overline{\psi}_a\left(z,s\right)dz$, $\overline{\overline{\psi}}\left(\xi_n,s\right) = \int_0^a \overline{\psi}(r,s)rJ_0\left(\xi r\right)dr$, $\overline{\overline{\varphi}}\left(\xi_n,l\right) = \int_0^a \overline{\varphi}\left(r,l\right)rJ_0\left(\xi_n r\right)dr$ and $\overline{\varphi}\left(r,l\right) = \int_0^\infty \cos\left(lz\right)\varphi(r,z)dz$. Successive inverse transforms yield

$$\begin{aligned}\overline{p} \;=\; & \frac{q\,(s)\,e^{-st_0}}{2\pi a^2\phi c_t\sqrt{\eta_z}}\sum_{n=1}^{\infty}\frac{J_0\left(\xi_n r_0\right)J_0\left(\xi_n r\right)}{\left\{J_0^2\left(\xi_n a\right)+J_1^2\left(\xi_n a\right)\right\}\sqrt{\left(\eta_r\xi_n^2+s\right)}}\left\{e^{-|z-z_0|\sqrt{\frac{\eta_r\xi_n^2+s}{\eta_z}}}+e^{-|z+z_0|\sqrt{\frac{\eta_r\xi_n^2+s}{\eta_z}}}\right\} - \\ & -\frac{1}{a\phi c_t\sqrt{\eta_z}}\sum_{n=1}^{\infty}\frac{J_0\left(\xi_n a\right)J_0\left(\xi_n r\right)}{\left\{J_0^2(\xi_n a)+J_1^2(\xi_n a)\right\}\sqrt{\eta_r\xi_n^2+s}}\int_0^\infty \overline{\psi}_a(w,s)\left\{e^{-|z-w|\sqrt{\frac{\eta_r\xi_n^2+s}{\eta_z}}}+e^{-|z+w|\sqrt{\frac{\eta_r\xi_n^2+s}{\eta_z}}}\right\}dw + \\ & +\frac{2}{a^2\phi c_t\sqrt{\eta_z}}\sum_{n=1}^{\infty}\frac{\overline{\overline{\psi}}\left(\xi_n,s\right)J_0\left(\xi_n r\right)e^{-z\sqrt{\frac{\eta_r\xi_n^2+s}{\eta_z}}}}{\left\{J_0^2\left(\xi_n a\right)+J_1^2\left(\xi_n a\right)\right\}\sqrt{\left(\eta_r\xi_n^2+s\right)}} + \\ & +\frac{1}{a^2\sqrt{\eta_z}}\sum_{n=1}^{\infty}\frac{J_0\left(\xi_n r\right)}{\left\{J_0^2\left(\xi_n a\right)+J_1^2\left(\xi_n a\right)\right\}\sqrt{\eta_r\xi_n^2+s}}\int_0^\infty \overline{\varphi}\left(\xi_n,w\right)\left\{e^{-|z-w|\sqrt{\frac{\eta_r\xi_n^2+s}{\eta_z}}}+e^{-|z+w|\sqrt{\frac{\eta_r\xi_n^2+s}{\eta_z}}}\right\}dw\end{aligned} \tag{20.27.2}$$

where $\overline{\varphi}\left(\xi_n,w\right) = \int_0^a \varphi\left(r,w\right)rJ_0\left(\xi_n r\right)dr$ and

$$\begin{aligned}p \;=\; & \frac{U\left(t-t_0\right)}{2\pi a^2\phi c_t\sqrt{\pi\eta_z}}\sum_{n=1}^{\infty}\frac{J_0\left(\xi_n r_0\right)J_0\left(\xi_n r\right)}{\left\{J_0^2\left(\xi_n a\right)+J_1^2\left(\xi_n a\right)\right\}}\int_0^{t-t_0}\frac{q\left(t-t_0-\tau\right)e^{-\eta_r\xi_n^2\tau}}{\sqrt{\tau}}\left\{e^{-\frac{(z-z_0)^2}{4\eta_z\tau}}+e^{-\frac{(z+z_0)^2}{4\eta_z\tau}}\right\}d\tau - \\ & -\frac{1}{a\phi c_t\sqrt{\pi\eta_z}}\sum_{n=1}^{\infty}\frac{J_0\left(\xi_n a\right)J_0\left(\xi_n r\right)}{\left\{J_0^2\left(\xi_n a\right)+J_1^2\left(\xi_n a\right)\right\}}\int_0^\infty\int_0^t\frac{\psi_a\left(w,t-\tau\right)e^{-\eta_r\xi_n^2\tau}}{\sqrt{\tau}}\left\{e^{-\frac{(z-w)^2}{4\eta_z\tau}}+e^{-\frac{(z+w)^2}{4\eta_z\tau}}\right\}d\tau dw + \\ & +\frac{2}{a^2\phi c_t\sqrt{\pi\eta_z}}\sum_{n=1}^{\infty}\frac{J_0\left(\xi_n r\right)}{\left\{J_0^2\left(\xi_n a\right)+J_1^2\left(\xi_n a\right)\right\}}\int_0^t\frac{\overline{\psi}\left(\xi_n,t-\tau\right)e^{-\eta_r\xi_n^2\tau-\frac{z^2}{4\eta_z\tau}}}{\sqrt{\tau}}d\tau + \\ & +\frac{1}{a^2\sqrt{\pi\eta_z t}}\sum_{n=1}^{\infty}\frac{J_0\left(\xi_n r\right)e^{-\eta_r\xi_n^2 t}}{\left\{J_0^2\left(\xi_n a\right)+J_1^2\left(\xi_n a\right)\right\}}\int_0^\infty\overline{\varphi}\left(\xi_n,w\right)\left\{e^{-\frac{(z-w)^2}{4\eta_z t}}+e^{-\frac{(z+w)^2}{4\eta_z t}}\right\}dw\end{aligned} \tag{20.27.3}$$

20.28

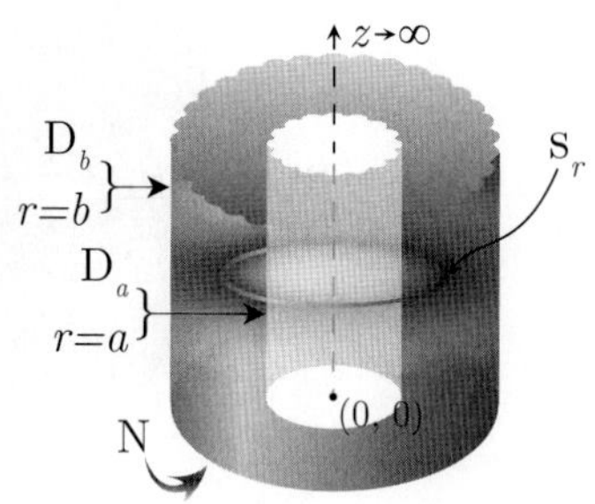

A cylindrical continuum bounded by $a \le r \le b$ and semi-infinite in z. Ring source at $s_r \equiv (r_0, z_0)$; $a \le r_0 \le b$, $0 < z_0 < \infty$, $t_0 \ge 0$. $N \equiv \frac{\partial p(r,0,t)}{\partial z} = -\left(\frac{\mu}{k_z}\right)\psi(r,t)$, $D_a \equiv p(a,z,t) = \psi_a(z,t)$ and $D_b \equiv p(b,z,t) = \psi_b(z,t)$. $p(r,z,0) = \varphi(r,z)$

The successive application of the Laplace, Fourier and finite Hankel transformations to equation (18.1.1) gives

$$\overline{\overline{\overline{p}}} = \frac{q(s)e^{-st_0}\cos(lz_0)\mathcal{V}_{D0}(\xi_n r_0, a)}{2\pi\phi c_t(\eta_r\xi_n^2+\eta_z l^2+s)} - \frac{2\eta_r\overline{\overline{\psi}}_a(l,s)}{\pi(\eta_r\xi_n^2+\eta_z l^2+s)} + \frac{2\eta_r J_0(\xi_n a)\overline{\overline{\psi}}_b(l,s)}{\pi J_0(\xi_n b)(\eta_r\xi_n^2+\eta_z l^2+s)} + $$
$$+ \frac{\overline{\overline{\psi}}(\xi_n, s)}{\phi c_t(\eta_r\xi_n^2+\eta_z l^2+s)} + \frac{\overline{\overline{\varphi}}(\xi_n, l)}{(\eta_r\xi_n^2+\eta_z l^2+s)} \tag{20.28.1}$$

where $\mathcal{V}_{D0}(\xi_n r, a) = J_0(\xi_n r)Y_0(\xi_n a) - Y_0(\xi_n r)J_0(\xi_n a)$. The eigenvalues $\xi_n, n = 1, 2, ...,$ are the positive roots of the transcendental equation $\mathcal{V}_{D0}(\xi_n b, a) = 0$. $\overline{\overline{\psi}}(\xi_n, s) = \int_a^b \overline{\psi}(r,s)\, r\mathcal{V}_{D0}(\xi_n r, a)\,dr$, $\overline{\overline{\psi}}_a(l,s) = \int_0^\infty \cos(lz)\overline{\psi}_a(z,s)dz$, $\overline{\overline{\psi}}_b(l,s) = \int_0^\infty \cos(lz)\overline{\psi}_b(z,s)dz$, $\overline{\overline{\varphi}}(\xi_n, l) = \int_a^b \overline{\varphi}(r,l)\, r\mathcal{V}_{D0}(\xi_n r, a)\,dr$ and $\overline{\varphi}(r,l) = \int_0^\infty \cos(lw)\varphi(r,w)dw$. Successive inverse transforms yield

$$\overline{p} = \frac{\pi q(s)e^{-st_0}}{8\phi c_t\sqrt{\eta_z}}\sum_{n=1}^{\infty}\frac{\xi_n^2 J_0^2(\xi_n b)\mathcal{V}_{D0}(\xi r_0, a)\mathcal{V}_{D0}(\xi r, a)}{\{J_0^2(\xi_n a) - J_0^2(\xi_n b)\}\sqrt{(\eta_r\xi_n^2+s)}}\left\{e^{-|z-z_0|\sqrt{\frac{\eta_r\xi_n^2+s}{\eta_z}}} + e^{-|z+z_0|\sqrt{\frac{\eta_r\xi_n^2+s}{\eta_z}}}\right\} -$$
$$-\frac{\pi\eta_r}{2\sqrt{\eta_z}}\sum_{n=1}^{\infty}\frac{\xi_n^2 J_0^2(\xi_n b)\mathcal{V}_{D0}(\xi r, a)}{\{J_0^2(\xi_n a) - J_0^2(\xi_n b)\}\sqrt{\eta_r\xi_n^2+s}}\int_0^\infty \overline{\psi}_a(w,s)\left\{e^{-|z-w|\sqrt{\frac{\eta_r\xi_n^2+s}{\eta_z}}} + e^{-|z+w|\sqrt{\frac{\eta_r\xi_n^2+s}{\eta_z}}}\right\}dw +$$
$$+\frac{\pi\eta_r}{2\sqrt{\eta_z}}\sum_{n=1}^{\infty}\frac{\xi_n^2 J_0(\xi_n a)J_0(\xi_n b)\mathcal{V}_{D0}(\xi r, a)}{\{J_0^2(\xi_n a) - J_0^2(\xi_n b)\}\sqrt{\eta_r\xi_n^2+s}}\int_0^\infty \overline{\psi}_b(w,s)\left\{e^{-|z-w|\sqrt{\frac{\eta_r\xi_n^2+s}{\eta_z}}} + e^{-|z+w|\sqrt{\frac{\eta_r\xi_n^2+s}{\eta_z}}}\right\}dw +$$
$$+\frac{\pi^2}{2\phi c_t\sqrt{\eta_z}}\sum_{n=1}^{\infty}\frac{\xi_n^2 J_0^2(\xi_n b)\mathcal{V}_{D0}(\xi r, a)\overline{\overline{\psi}}(\xi_n, s)\,e^{-z\sqrt{\frac{\eta_r\xi_n^2+s}{\eta_z}}}}{\{J_0^2(\xi_n a) - J_0^2(\xi_n b)\}\sqrt{(\eta_r\xi_n^2+s)}} +$$
$$+\frac{\pi^2}{4\sqrt{\eta_z}}\sum_{n=1}^{\infty}\frac{\xi_n^2 J_0^2(\xi_n b)\mathcal{V}_{D0}(\xi r, a)}{\{J_0^2(\xi_n a) - J_0^2(\xi_n b)\}\sqrt{\eta_r\xi_n^2+s}}\int_0^\infty \overline{\varphi}(\xi_n, w)\left\{e^{-|z-w|\sqrt{\frac{\eta_r\xi_n^2+s}{\eta_z}}} + e^{-|z+w|\sqrt{\frac{\eta_r\xi_n^2+s}{\eta_z}}}\right\}dw \tag{20.28.2}$$

where $\overline{\varphi}(\xi_n, w) = \int_a^b \varphi(r,w)\, r\mathcal{V}_{D0}(\xi_n r, a)\,dr$ and

$$p = \frac{U(t-t_0)}{8\phi c_t}\sqrt{\frac{\pi}{\eta_z}}\sum_{n=1}^{\infty}\frac{\xi_n^2 J_0^2(\xi_n b)\mathcal{V}_{D0}(\xi r_0, a)\mathcal{V}_{D0}(\xi r, a)}{\{J_0^2(\xi_n a) - J_0^2(\xi_n b)\}} \times$$
$$\times \int_0^{t-t_0}\frac{q(t-t_0-\tau)e^{-\eta_r\xi_n^2\tau}}{\sqrt{\tau}}\left\{e^{-\frac{(z-z_0)^2}{4\eta_z\tau}} + e^{-\frac{(z+z_0)^2}{4\eta_z\tau}}\right\}d\tau -$$
$$-\frac{\eta_r}{2}\sqrt{\frac{\pi}{\eta_z}}\sum_{n=1}^{\infty}\frac{\xi_n^2 J_0^2(\xi_n b)\mathcal{V}_{D0}(\xi r, a)}{\{J_0^2(\xi_n a) - J_0^2(\xi_n b)\}}\int_0^\infty\int_0^t \frac{\psi_a(w,t-\tau)e^{-\eta_r\xi_n^2\tau}}{\sqrt{\tau}}\left\{e^{-\frac{(z-w)^2}{4\eta_z\tau}} + e^{-\frac{(z+w)^2}{4\eta_z\tau}}\right\}d\tau dw +$$

$$+\frac{\eta_r}{2}\sqrt{\frac{\pi}{\eta_z}}\sum_{n=1}^{\infty}\frac{\xi_n^2 J_0(\xi_n a)\,J_0(\xi_n b)\,\mathcal{V}_{D0}(\xi r,a)}{\{J_0^2(\xi_n a)-J_0^2(\xi_n b)\}}\int_0^{\infty}\int_0^{t}\frac{\psi_b(w,t-\tau)\,e^{-\eta_r\xi_n^2\tau}}{\sqrt{\tau}}\left\{e^{-\frac{(z-w)^2}{4\eta_z\tau}}+e^{-\frac{(z+w)^2}{4\eta_z\tau}}\right\}d\tau dw+$$

$$+\frac{\pi}{2\phi c_t}\sqrt{\frac{\pi}{\eta_z}}\sum_{n=1}^{\infty}\frac{\xi_n^2 J_0^2(\xi_n b)\,\mathcal{V}_{D0}(\xi r,a)}{\{J_0^2(\xi_n a)-J_0^2(\xi_n b)\}}\int_0^{t}\frac{\overline{\psi}(\xi_n,t-\tau)\,e^{-\eta_r\xi_n^2\tau-\frac{z^2}{4\eta_z\tau}}}{\sqrt{\tau}}d\tau+$$

$$+\frac{1}{4}\sqrt{\frac{\pi^3}{\eta_z t}}\sum_{n=1}^{\infty}\frac{\xi_n^2 J_0^2(\xi_n b)\,\mathcal{V}_{D0}(\xi r,a)\,e^{-\eta_r\xi_n^2 t}}{\{J_0^2(\xi_n a)-J_0^2(\xi_n b)\}}\int_0^{\infty}\overline{\varphi}(\xi_n,w)\left\{e^{-\frac{(z-w)^2}{4\eta_z t}}+e^{-\frac{(z+w)^2}{4\eta_z t}}\right\}dw \quad (20.28.3)$$

20.29 The problem of 20.28, except $D_a \equiv p(a,z,t)=\psi_a(z,t)$, $N_b \equiv \frac{\partial p(b,z,t)}{\partial r} = -\left(\frac{\mu}{k_r}\right)\psi_b(z,t)$ and $N \equiv \frac{\partial p(r,0,t)}{\partial z} = -\left(\frac{\mu}{k_z}\right)\psi(r,t)$

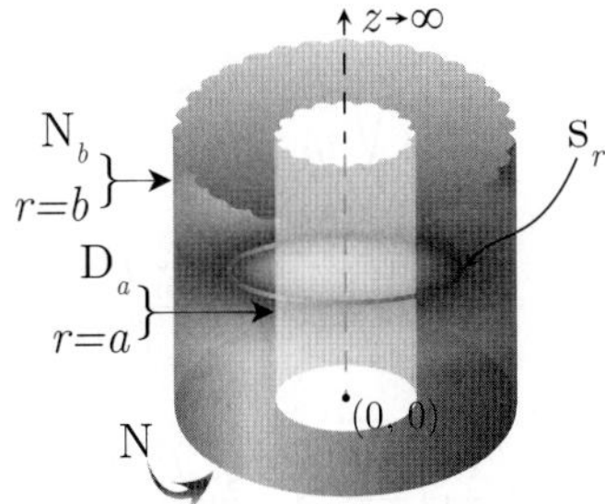

The successive application of the Laplace, Fourier and finite Hankel transformations to equation (18.1.1) gives

$$\overline{\overline{\overline{p}}} = \frac{q(s)\,e^{-st_0}\cos(lz_0)\,\mathcal{V}_{D0}(\xi_n r_0,a)}{2\pi\phi c_t(\eta_r\xi_n^2+\eta_z l^2+s)}-\frac{2\eta_r\overline{\overline{\psi}}_a(l,s)}{\pi(\eta_r\xi_n^2+\eta_z l^2+s)}+\frac{2J_0(\xi_n a)\,\overline{\overline{\psi}}_b(l,s)}{\pi\phi c_t J_1(\xi_n b)(\eta_r\xi_n^2+\eta_z l^2+s)}+$$
$$+\frac{\overline{\overline{\psi}}(\xi_n,s)}{\phi c_t(\eta_r\xi_n^2+\eta_z l^2+s)}+\frac{\overline{\overline{\varphi}}(\xi_n,l)}{(\eta_r\xi_n^2+\eta_z l^2+s)} \quad (20.29.1)$$

where $\mathcal{V}_{D0}(\xi_n r,a) = J_0(\xi_n r)\,Y_0(\xi_n a) - Y_0(\xi_n r)\,J_0(\xi_n a)$. The eigenvalues ξ_n are the positive roots of the transcendental equation $\mathcal{V}'_{D0}(\xi_n b,a)=0$,* $n=1,2,...$, $\overline{\overline{\psi}}(\xi_n,s)=\int_a^b\overline{\psi}(r,s)\,r\mathcal{V}_{D0}(\xi_n r,a)\,dr$, $\overline{\overline{\psi}}_a(l,s)=\int_0^\infty\cos(lz)\,\overline{\psi}_a(z,s)dz$, $\overline{\overline{\psi}}_b(l,s)=\int_0^\infty\cos(lz)\,\overline{\psi}_b(z,s)dz$, $\overline{\overline{\varphi}}(\xi_n,l)=\int_a^b\overline{\varphi}(r,l)\,r\mathcal{V}_{D0}(\xi_n r,a)\,dr$ and $\overline{\varphi}(r,l)=\int_0^\infty\cos(lw)\,\varphi(r,w)dw$. Successive inverse transforms yield

$$\overline{p} = \frac{\pi q(s)\,e^{-st_0}}{8\phi c_t\sqrt{\eta_z}}\sum_{n=1}^{\infty}\frac{\xi_n^2 J_1^2(\xi_n b)\,\mathcal{V}_{D0}(\xi r_0,a)\,\mathcal{V}_{D0}(\xi r,a)}{\{J_0^2(\xi_n a)-J_1^2(\xi_n b)\}\sqrt{(\eta_r\xi_n^2+s)}}\left\{e^{-|z-z_0|\sqrt{\frac{\eta_r\xi_n^2+s}{\eta_z}}}+e^{-|z+z_0|\sqrt{\frac{\eta_r\xi_n^2+s}{\eta_z}}}\right\}-$$
$$-\frac{\pi\eta_r}{2\sqrt{\eta_z}}\sum_{n=1}^{\infty}\frac{\xi_n^2 J_1^2(\xi_n b)\,\mathcal{V}_{D0}(\xi r,a)}{\{J_0^2(\xi_n a)-J_1^2(\xi_n b)\}\sqrt{\eta_r\xi_n^2+s}}\int_0^\infty\overline{\psi}_a(w,s)\left\{e^{-|z-w|\sqrt{\frac{\eta_r\xi_n^2+s}{\eta_z}}}+e^{-|z+w|\sqrt{\frac{\eta_r\xi_n^2+s}{\eta_z}}}\right\}dw+$$
$$+\frac{\pi}{2\phi c_t\sqrt{\eta_z}}\sum_{n=1}^{\infty}\frac{\xi_n^2 J_0(\xi_n a)\,J_1(\xi_n b)\,\mathcal{V}_{D0}(\xi r,a)}{\{J_0^2(\xi_n a)-J_1^2(\xi_n b)\}\sqrt{\eta_r\xi_n^2+s}}\int_0^\infty\overline{\psi}_b(w,s)\left\{e^{-|z-w|\sqrt{\frac{\eta_r\xi_n^2+s}{\eta_z}}}+e^{-|z+w|\sqrt{\frac{\eta_r\xi_n^2+s}{\eta_z}}}\right\}dw+$$
$$+\frac{\pi^2}{2\phi c_t\sqrt{\eta_z}}\sum_{n=1}^{\infty}\frac{\xi_n^2 J_1^2(\xi_n b)\,\mathcal{V}_{D0}(\xi r,a)\,\overline{\overline{\psi}}(\xi_n,s)\,e^{-z\sqrt{\frac{\eta_r\xi_n^2+s}{\eta_z}}}}{\{J_0^2(\xi_n a)-J_1^2(\xi_n b)\}\sqrt{(\eta_r\xi_n^2+s)}}+$$
$$+\frac{\pi^2}{4\sqrt{\eta_z}}\sum_{n=1}^{\infty}\frac{\xi_n^2 J_1^2(\xi_n b)\,\mathcal{V}_{D0}(\xi r,a)}{\{J_0^2(\xi_n a)-J_1^2(\xi_n b)\}\sqrt{\eta_r\xi_n^2+s}}\int_0^\infty\overline{\varphi}(\xi_n,w)\left\{e^{-|z-w|\sqrt{\frac{\eta_r\xi_n^2+s}{\eta_z}}}+e^{-|z+w|\sqrt{\frac{\eta_r\xi_n^2+s}{\eta_z}}}\right\}dw$$
$$(20.29.2)$$

*$\mathcal{V}'_{D0}(\xi_n b,a) = Y_1(\xi_n b)\,J_0(\xi_n a) - J_1(\xi_n b)\,Y_0(\xi_n a)$.

where $\overline{\varphi}(\xi_n, w) = \int_a^b \varphi(r, w)\, r\mathcal{V}_{\mathcal{D}0}(\xi_n r, a)\, dr$ and

$$p = \frac{U(t-t_0)}{8\phi c_t}\sqrt{\frac{\pi}{\eta_z}}\sum_{n=1}^{\infty}\frac{\xi_n^2 J_1^2(\xi_n b)\,\mathcal{V}_{\mathcal{D}0}(\xi r_0, a)\,\mathcal{V}_{\mathcal{D}0}(\xi r, a)}{\{J_0^2(\xi_n a) - J_1^2(\xi_n b)\}} \times$$

$$\times \int_0^{t-t_0}\frac{q(t-t_0-\tau)\, e^{-\eta_r\xi_n^2\tau}}{\sqrt{\tau}}\left\{e^{-\frac{(z-z_0)^2}{4\eta_z\tau}} + e^{-\frac{(z+z_0)^2}{4\eta_z\tau}}\right\}d\tau -$$

$$-\frac{\eta_r}{2}\sqrt{\frac{\pi}{\eta_z}}\sum_{n=1}^{\infty}\frac{\xi_n^2 J_1^2(\xi_n b)\,\mathcal{V}_{\mathcal{D}0}(\xi r, a)}{\{J_0^2(\xi_n a) - J_1^2(\xi_n b)\}}\int_0^{\infty}\int_0^{t}\frac{\psi_a(w, t-\tau)\, e^{-\eta_r\xi_n^2\tau}}{\sqrt{\tau}}\left\{e^{-\frac{(z-w)^2}{4\eta_z\tau}} + e^{-\frac{(z+w)^2}{4\eta_z\tau}}\right\}d\tau dw +$$

$$+\frac{1}{2\phi c_t}\sqrt{\frac{\pi}{\eta_z}}\sum_{n=1}^{\infty}\frac{\xi_n^2 J_0(\xi_n a)\, J_1(\xi_n b)\,\mathcal{V}_{\mathcal{D}0}(\xi r, a)}{\{J_0^2(\xi_n a) - J_1^2(\xi_n b)\}}\int_0^{\infty}\int_0^{t}\frac{\psi_b(w, t-\tau)\, e^{-\eta_r\xi_n^2\tau}}{\sqrt{\tau}}\left\{e^{-\frac{(z-w)^2}{4\eta_z\tau}} + e^{-\frac{(z+w)^2}{4\eta_z\tau}}\right\}d\tau dw +$$

$$+\frac{\pi}{2\phi c_t}\sqrt{\frac{\pi}{\eta_z}}\sum_{n=1}^{\infty}\frac{\xi_n^2 J_1^2(\xi_n b)\,\mathcal{V}_{\mathcal{D}0}(\xi r, a)}{\{J_0^2(\xi_n a) - J_1^2(\xi_n b)\}}\int_0^{t}\frac{\overline{\psi}(\xi_n, t-\tau)\, e^{-\eta_r\xi_n^2\tau - \frac{z^2}{4\eta_z\tau}}}{\sqrt{\tau}}d\tau +$$

$$+\frac{1}{4}\sqrt{\frac{\pi^3}{\eta_z t}}\sum_{n=1}^{\infty}\frac{\xi_n^2 J_1^2(\xi_n b)\,\mathcal{V}_{\mathcal{D}0}(\xi r, a)\, e^{-\eta_r\xi_n^2 t}}{\{J_0^2(\xi_n a) - J_1^2(\xi_n b)\}}\int_0^{\infty}\overline{\varphi}(\xi_n, w)\left\{e^{-\frac{(z-w)^2}{4\eta_z t}} + e^{-\frac{(z+w)^2}{4\eta_z t}}\right\}dw \qquad (20.29.3)$$

20.30 **The problem of 20.28, except $\mathbf{D}_a \equiv p(a, z, t) = \psi_a(z, t)$, $\mathbf{R}_b \equiv \frac{\partial p(b,z,t)}{\partial r} + \lambda p(b, z, t) = -\left(\frac{\mu}{k_r}\right)\psi_b(z, t)$ and $\mathbf{N} \equiv \frac{\partial p(r,0,t)}{\partial z} = -\left(\frac{\mu}{k_z}\right)\psi(r, t)$**

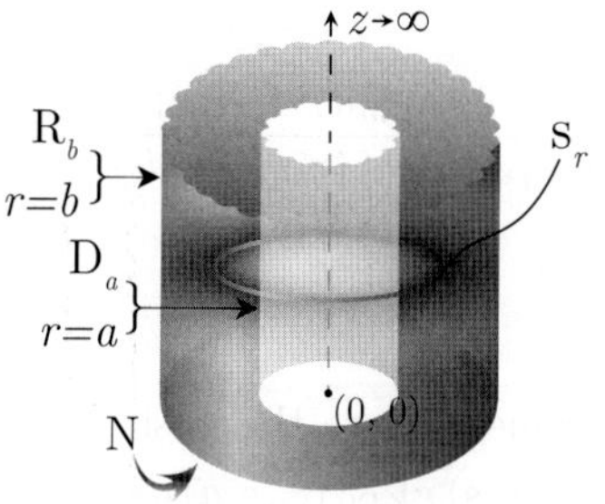

The successive application of the Laplace, Fourier and finite Hankel transformations to equation (18.1.1) gives

$$\overline{\overline{\overline{p}}} = \frac{q(s)\, e^{-st_0}\cos(lz_0)\,\mathcal{V}_{\mathcal{D}0}(\xi_n r_0, a)}{2\pi\phi c_t(\eta_r\xi_n^2 + \eta_z l^2 + s)} - \frac{2\eta_r\overline{\overline{\psi}}_a(l, s)}{\pi(\eta_r\xi_n^2 + \eta_z l^2 + s)} -$$

$$-\frac{2J_0(\xi_n a)\,\overline{\overline{\psi}}_b(l, s)}{\pi\phi c_t\{\lambda J_0(\xi_n b) - \xi_n J_1(\xi_n b)\}(\eta_r\xi_n^2 + \eta_z l^2 + s)} + \frac{\overline{\overline{\psi}}(\xi_n, s)}{\phi c_t(\eta_r\xi_n^2 + \eta_z l^2 + s)} + \frac{\overline{\overline{\varphi}}(\xi_n, l)}{(\eta_r\xi_n^2 + \eta_z l^2 + s)} \qquad (20.30.1)$$

where $\mathcal{V}_{\mathcal{D}0}(\xi_n r, a) = J_0(\xi_n r)\, Y_0(\xi_n a) - Y_0(\xi_n r)\, J_0(\xi_n a)$. The eigenvalues $\xi_n, n = 1, 2, ...,$ are the positive roots of the transcendental equation $\xi_n\mathcal{V}'_{\mathcal{D}0}(\xi_n b, a) + \lambda\mathcal{V}_{\mathcal{D}0}(\xi_n b, a) = 0$. $\overline{\overline{\psi}}(\xi_n, s) = \int_a^b \overline{\psi}(r, s)\, r\mathcal{V}_{\mathcal{D}0}(\xi_n r, a)\, dr$, $\overline{\overline{\psi}}_a(l, s) = \int_0^{\infty}\cos(lz)\,\overline{\psi}_a(z, s)dz$, $\overline{\overline{\psi}}_b(l, s) = \int_0^{\infty}\cos(lz)\,\overline{\psi}_b(z, s)dz$, $\overline{\overline{\varphi}}(\xi_n, l) = \int_a^b \overline{\varphi}(r, l)\, r\mathcal{V}_{\mathcal{D}0}(\xi_n r, a)\, dr$ and $\overline{\varphi}(r, l) = \int_0^{\infty}\cos(lw)\,\varphi(r, w)dw$. Successive inverse transforms yield

$$\overline{p} = \frac{\pi q(s)\, e^{-st_0}}{8\phi c_t\sqrt{\eta_z}}\sum_{n=1}^{\infty}\frac{\xi_n^2\{\lambda J_0(\xi_n b) - \xi_n J_1(\xi_n b)\}^2\mathcal{V}_{\mathcal{D}0}(\xi r_0, a)\,\mathcal{V}_{\mathcal{D}0}(\xi r, a)}{\left\{(\lambda^2 + \xi_n^2)\, J_0^2(\xi_n a) - \{\lambda J_0(\xi_n b) - \xi_n J_1(\xi_n b)\}^2\right\}\sqrt{(\eta_r\xi_n^2 + s)}} \times$$

$$\times\left\{e^{-|z-z_0|\sqrt{\frac{\eta_r\xi_n^2+s}{\eta_z}}} + e^{-|z+z_0|\sqrt{\frac{\eta_r\xi_n^2+s}{\eta_z}}}\right\} -$$

$$-\frac{\pi\eta_r}{2\sqrt{\eta_z}}\sum_{n=1}^{\infty}\frac{\xi_n^2\{\lambda J_0(\xi_n b) - \xi_n J_1(\xi_n b)\}^2\mathcal{V}_{\mathcal{D}0}(\xi r, a)}{\left\{(\lambda^2 + \xi_n^2)\, J_0^2(\xi_n a) - \{\lambda J_0(\xi_n b) - \xi_n J_1(\xi_n b)\}^2\right\}\sqrt{\eta_r\xi_n^2 + s}} \times$$

$$\times \int_0^\infty \overline{\psi}_a(w,s)\left\{e^{-|z-w|\sqrt{\frac{\eta_r\xi_n^2+s}{\eta_z}}}+e^{-|z+w|\sqrt{\frac{\eta_r\xi_n^2+s}{\eta_z}}}\right\}dw -$$

$$-\frac{\pi}{2\phi c_t\sqrt{\eta_z}}\sum_{n=1}^{\infty}\frac{\xi_n^2 J_0(\xi_n a)\{\lambda J_0(\xi_n b)-\xi_n J_1(\xi_n b)\}\mathcal{V}_{\mathcal{D}0}(\xi r,a)}{\left\{(\lambda^2+\xi_n^2)J_0^2(\xi_n a)-\{\lambda J_0(\xi_n b)-\xi_n J_1(\xi_n b)\}^2\right\}\sqrt{\eta_r\xi_n^2+s}}\times$$

$$\times \int_0^\infty \overline{\psi}_b(w,s)\left\{e^{-|z-w|\sqrt{\frac{\eta_r\xi_n^2+s}{\eta_z}}}+e^{-|z+w|\sqrt{\frac{\eta_r\xi_n^2+s}{\eta_z}}}\right\}dw +$$

$$+\frac{\pi^2}{2\phi c_t\sqrt{\eta_z}}\sum_{n=1}^{\infty}\frac{\xi_n^2\{\lambda J_0(\xi_n b)-\xi_n J_1(\xi_n b)\}^2\mathcal{V}_{\mathcal{D}0}(\xi r,a)\overline{\overline{\psi}}(\xi_n,s)\,e^{-z\sqrt{\frac{\eta_r\xi_n^2+s}{\eta_z}}}}{\left\{(\lambda^2+\xi_n^2)J_0^2(\xi_n a)-\{\lambda J_0(\xi_n b)-\xi_n J_1(\xi_n b)\}^2\right\}\sqrt{(\eta_r\xi_n^2+s)}}+$$

$$+\frac{\pi^2}{4\sqrt{\eta_z}}\sum_{n=1}^{\infty}\frac{\xi_n^2\{\lambda J_0(\xi_n b)-\xi_n J_1(\xi_n b)\}^2\mathcal{V}_{\mathcal{D}0}(\xi r,a)}{\left\{(\lambda^2+\xi_n^2)J_0^2(\xi_n a)-\{\lambda J_0(\xi_n b)-\xi_n J_1(\xi_n b)\}^2\right\}\sqrt{\eta_r\xi_n^2+s}}\times$$

$$\times \int_0^\infty \overline{\varphi}(\xi_n,w)\left\{e^{-|z-w|\sqrt{\frac{\eta_r\xi_n^2+s}{\eta_z}}}+e^{-|z+w|\sqrt{\frac{\eta_r\xi_n^2+s}{\eta_z}}}\right\}dw \qquad (20.30.2)$$

where $\overline{\varphi}(\xi_n,w)=\int_a^b\varphi(r,w)\,r\mathcal{V}_{\mathcal{D}0}(\xi_n r,a)\,dr$ and

$$p = \frac{U(t-t_0)}{8\phi c_t}\sqrt{\frac{\pi}{\eta_z}}\sum_{n=1}^{\infty}\frac{\xi_n^2\{\lambda J_0(\xi_n b)-\xi_n J_1(\xi_n b)\}^2\mathcal{V}_{\mathcal{D}0}(\xi r_0,a)\,\mathcal{V}_{\mathcal{D}0}(\xi r,a)}{\left\{(\lambda^2+\xi_n^2)J_0^2(\xi_n a)-\{\lambda J_0(\xi_n b)-\xi_n J_1(\xi_n b)\}^2\right\}}\times$$

$$\times \int_0^{t-t_0}\frac{q(t-t_0-\tau)\,e^{-\eta_r\xi_n^2\tau}}{\sqrt{\tau}}\left\{e^{-\frac{(z-z_0)^2}{4\eta_z\tau}}+e^{-\frac{(z+z_0)^2}{4\eta_z\tau}}\right\}d\tau -$$

$$-\frac{\eta_r}{2}\sqrt{\frac{\pi}{\eta_z}}\sum_{n=1}^{\infty}\frac{\xi_n^2\{\lambda J_0(\xi_n b)-\xi_n J_1(\xi_n b)\}^2\mathcal{V}_{\mathcal{D}0}(\xi r,a)}{\left\{(\lambda^2+\xi_n^2)J_0^2(\xi_n a)-\{\lambda J_0(\xi_n b)-\xi_n J_1(\xi_n b)\}^2\right\}}\times$$

$$\times \int_0^\infty\int_0^t\frac{\psi_a(w,t-\tau)\,e^{-\eta_r\xi_n^2\tau}}{\sqrt{\tau}}\left\{e^{-\frac{(z-w)^2}{4\eta_z\tau}}+e^{-\frac{(z+w)^2}{4\eta_z\tau}}\right\}d\tau dw -$$

$$-\frac{1}{2\phi c_t}\sqrt{\frac{\pi}{\eta_z}}\sum_{n=1}^{\infty}\frac{\xi_n^2 J_0(\xi_n a)\{\lambda J_0(\xi_n b)-\xi_n J_1(\xi_n b)\}\mathcal{V}_{\mathcal{D}0}(\xi r,a)}{\left\{(\lambda^2+\xi_n^2)J_0^2(\xi_n a)-\{\lambda J_0(\xi_n b)-\xi_n J_1(\xi_n b)\}^2\right\}}\times$$

$$\times \int_0^\infty\int_0^t\frac{\psi_b(w,t-\tau)\,e^{-\eta_r\xi_n^2\tau}}{\sqrt{\tau}}\left\{e^{-\frac{(z-w)^2}{4\eta_z\tau}}+e^{-\frac{(z+w)^2}{4\eta_z\tau}}\right\}d\tau dw +$$

$$+\frac{\pi}{2\phi c_t}\sqrt{\frac{\pi}{\eta_z}}\sum_{n=1}^{\infty}\frac{\xi_n^2\{\lambda J_0(\xi_n b)-\xi_n J_1(\xi_n b)\}^2\mathcal{V}_{\mathcal{D}0}(\xi r,a)}{\left\{(\lambda^2+\xi_n^2)J_0^2(\xi_n a)-\{\lambda J_0(\xi_n b)-\xi_n J_1(\xi_n b)\}^2\right\}}\int_0^t\frac{\overline{\psi}(\xi_n,t-\tau)\,e^{-\eta_r\xi_n^2\tau-\frac{z^2}{4\eta_z\tau}}}{\sqrt{\tau}}d\tau +$$

$$+\frac{1}{4}\sqrt{\frac{\pi^3}{\eta_z t}}\sum_{n=1}^{\infty}\frac{\xi_n^2\{\lambda J_0(\xi_n b)-\xi_n J_1(\xi_n b)\}^2\mathcal{V}_{\mathcal{D}0}(\xi r,a)\,e^{-\eta_r\xi_n^2 t}}{\left\{(\lambda^2+\xi_n^2)J_0^2(\xi_n a)-\{\lambda J_0(\xi_n b)-\xi_n J_1(\xi_n b)\}^2\right\}}\int_0^\infty\overline{\varphi}(\xi_n,w)\left\{e^{-\frac{(z-w)^2}{4\eta_z t}}+e^{-\frac{(z+w)^2}{4\eta_z t}}\right\}dw$$

(20.30.3)

20.31

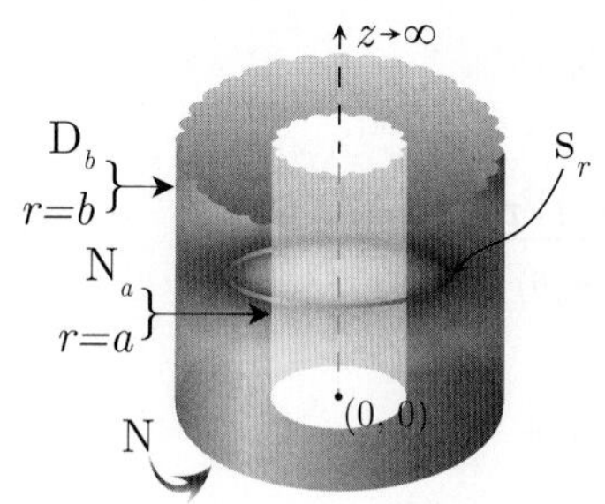

The problem of 20.28, except
$\mathbf{N}_a \equiv \frac{\partial p(a,z,t)}{\partial r} = -\left(\frac{\mu}{k_r}\right)\psi_a(z,t)$,
$\mathbf{D}_b \equiv p(b,z,t) = \psi_b(z,t)$ **and**
$\mathbf{N} \equiv \frac{\partial p(r,0,t)}{\partial z} = -\left(\frac{\mu}{k_z}\right)\psi(r,t)$

The successive application of the Laplace, Fourier and finite Hankel transformations to equation (18.1.1) gives

$$\overline{\overline{\overline{p}}} = \frac{q(s)e^{-st_0}\cos(lz_0)\mathcal{V}_{\mathcal{N}0}(\xi_n r_0,a)}{2\pi\phi c_t(\eta_r\xi_n^2+\eta_z l^2+s)} + \frac{2\overline{\overline{\psi}}_a(l,s)}{\pi\phi c_t\xi_n(\eta_r\xi_n^2+\eta_z l^2+s)} - \\ -\frac{2\eta_r J_1(\xi_n a)\overline{\overline{\psi}}_b(l,s)}{\pi J_0(\xi_n b)(\eta_r\xi_n^2+\eta_z l^2+s)} + \frac{\overline{\overline{\psi}}(\xi_n,s)}{\phi c_t(\eta_r\xi_n^2+\eta_z l^2+s)} + \frac{\overline{\overline{\varphi}}(\xi_n,l)}{(\eta_r\xi_n^2+\eta_z l^2+s)} \quad (20.31.1)$$

where $\mathcal{V}_{\mathcal{N}0}(\xi_n r,a) = Y_0(\xi_n r)J_1(\xi_n a) - J_0(\xi_n r)Y_1(\xi_n a)$. The eigenvalues $\xi_n, n=1,2,...,$ are the positive roots of the transcendental equation $\mathcal{V}_{\mathcal{N}0}(\xi_n b,a)=0$. $\overline{\overline{\psi}}(\xi_n,s) = \int_a^b \overline{\psi}(r,s)\,r\mathcal{V}_{\mathcal{N}0}(\xi_n r,a)\,dr$, $\overline{\overline{\psi}}_a(l,s) = \int_0^\infty \cos(lz)\overline{\psi}_a(z,s)dz$, $\overline{\overline{\psi}}_b(l,s) = \int_0^\infty \cos(lz)\overline{\psi}_b(z,s)dz$, $\overline{\overline{\varphi}}(\xi_n,l) = \int_a^b \overline{\varphi}(r,l)\,r\mathcal{V}_{\mathcal{N}0}(\xi_n r,a)\,dr$ and $\overline{\varphi}(r,l) = \int_0^\infty \cos(lw)\varphi(r,w)dw$. Successive inverse transforms yield

$$\overline{p} = \frac{\pi q(s)e^{-st_0}}{8\phi c_t\sqrt{\eta_z}}\sum_{n=1}^\infty \frac{\xi_n^2 J_0^2(\xi_n b)\mathcal{V}_{\mathcal{N}0}(\xi r_0,a)\mathcal{V}_{\mathcal{N}0}(\xi r,a)}{\{J_1^2(\xi_n a)-J_0^2(\xi_n b)\}\sqrt{(\eta_r\xi_n^2+s)}}\left\{e^{-|z-z_0|\sqrt{\frac{\eta_r\xi_n^2+s}{\eta_z}}} + e^{-|z+z_0|\sqrt{\frac{\eta_r\xi_n^2+s}{\eta_z}}}\right\} + \\ +\frac{\pi}{2\phi c_t\sqrt{\eta_z}}\sum_{n=1}^\infty \frac{\xi_n J_0^2(\xi_n b)\mathcal{V}_{\mathcal{N}0}(\xi r,a)}{\{J_1^2(\xi_n a)-J_0^2(\xi_n b)\}\sqrt{\eta_r\xi_n^2+s}}\int_0^\infty \overline{\psi}_a(w,s)\left\{e^{-|z-w|\sqrt{\frac{\eta_r\xi_n^2+s}{\eta_z}}} + e^{-|z+w|\sqrt{\frac{\eta_r\xi_n^2+s}{\eta_z}}}\right\}dw - \\ -\frac{\pi\eta_r}{2\sqrt{\eta_z}}\sum_{n=1}^\infty \frac{\xi_n^2 J_1(\xi_n a)J_0(\xi_n b)\mathcal{V}_{\mathcal{N}0}(\xi r,a)}{\{J_1^2(\xi_n a)-J_0^2(\xi_n b)\}\sqrt{\eta_r\xi_n^2+s}}\int_0^\infty \overline{\psi}_b(w,s)\left\{e^{-|z-w|\sqrt{\frac{\eta_r\xi_n^2+s}{\eta_z}}} + e^{-|z+w|\sqrt{\frac{\eta_r\xi_n^2+s}{\eta_z}}}\right\}dw + \\ +\frac{\pi^2}{2\phi c_t\sqrt{\eta_z}}\sum_{n=1}^\infty \frac{\xi_n^2 J_0^2(\xi_n b)\mathcal{V}_{\mathcal{N}0}(\xi r,a)\overline{\overline{\psi}}(\xi_n,s)e^{-z\sqrt{\frac{\eta_r\xi_n^2+s}{\eta_z}}}}{\{J_1^2(\xi_n a)-J_0^2(\xi_n b)\}\sqrt{(\eta_r\xi_n^2+s)}} + \\ +\frac{\pi^2}{4\sqrt{\eta_z}}\sum_{n=1}^\infty \frac{\xi_n^2 J_0^2(\xi_n b)\mathcal{V}_{\mathcal{N}0}(\xi r,a)}{\{J_1^2(\xi_n a)-J_0^2(\xi_n b)\}\sqrt{\eta_r\xi_n^2+s}}\int_0^\infty \overline{\varphi}(\xi_n,w)\left\{e^{-|z-w|\sqrt{\frac{\eta_r\xi_n^2+s}{\eta_z}}} + e^{-|z+w|\sqrt{\frac{\eta_r\xi_n^2+s}{\eta_z}}}\right\}dw \quad (20.31.2)$$

where $\overline{\varphi}(\xi_n,w) = \int_a^b \varphi(r,w)\,r\mathcal{V}_{\mathcal{N}0}(\xi_n r,a)\,dr$ and

$$p = \frac{U(t-t_0)}{8\phi c_t}\sqrt{\frac{\pi}{\eta_z}}\sum_{n=1}^\infty \frac{\xi_n^2 J_0^2(\xi_n b)\mathcal{V}_{\mathcal{N}0}(\xi r_0,a)\mathcal{V}_{\mathcal{N}0}(\xi r,a)}{\{J_1^2(\xi_n a)-J_0^2(\xi_n b)\}} \times \\ \times\int_0^{t-t_0}\frac{q(t-t_0-\tau)e^{-\eta_r\xi_n^2\tau}}{\sqrt{\tau}}\left\{e^{-\frac{(z-z_0)^2}{4\eta_z\tau}} + e^{-\frac{(z+z_0)^2}{4\eta_z\tau}}\right\}d\tau + \\ +\frac{1}{2\phi c_t}\sqrt{\frac{\pi}{\eta_z}}\sum_{n=1}^\infty \frac{\xi_n J_0^2(\xi_n b)\mathcal{V}_{\mathcal{N}0}(\xi r,a)}{\{J_1^2(\xi_n a)-J_0^2(\xi_n b)\}}\int_0^\infty\int_0^t \frac{\psi_a(w,t-\tau)e^{-\eta_r\xi_n^2\tau}}{\sqrt{\tau}}\left\{e^{-\frac{(z-w)^2}{4\eta_z\tau}} + e^{-\frac{(z+w)^2}{4\eta_z\tau}}\right\}d\tau dw - \\ -\frac{\eta_r}{2}\sqrt{\frac{\pi}{\eta_z}}\sum_{n=1}^\infty \frac{\xi_n^2 J_1(\xi_n a)J_0(\xi_n b)\mathcal{V}_{\mathcal{N}0}(\xi r,a)}{\{J_1^2(\xi_n a)-J_0^2(\xi_n b)\}}\int_0^\infty\int_0^t \frac{\psi_b(w,t-\tau)e^{-\eta_r\xi_n^2\tau}}{\sqrt{\tau}}\left\{e^{-\frac{(z-w)^2}{4\eta_z\tau}} + e^{-\frac{(z+w)^2}{4\eta_z\tau}}\right\}d\tau dw +$$

$$+\frac{\pi}{2\phi c_t}\sqrt{\frac{\pi}{\eta_z}}\sum_{n=1}^{\infty}\frac{\xi_n^2 J_0^2(\xi_n b)\mathcal{V}_{\mathcal{N}0}(\xi r,a)}{\{J_1^2(\xi_n a)-J_0^2(\xi_n b)\}}\int_0^t\frac{\overline{\psi}(\xi_n,t-\tau)e^{-\eta_r\xi_n^2\tau-\frac{z^2}{4\eta_z\tau}}}{\sqrt{\tau}}d\tau+$$

$$+\frac{1}{4}\sqrt{\frac{\pi^3}{\eta_z t}}\sum_{n=1}^{\infty}\frac{\xi_n^2 J_0^2(\xi_n b)\mathcal{V}_{\mathcal{N}0}(\xi r,a)e^{-\eta_r\xi_n^2 t}}{\{J_1^2(\xi_n a)-J_0^2(\xi_n b)\}}\int_0^{\infty}\overline{\varphi}(\xi_n,w)\left\{e^{-\frac{(z-w)^2}{4\eta_z t}}+e^{-\frac{(z+w)^2}{4\eta_z t}}\right\}dw \qquad (20.31.3)$$

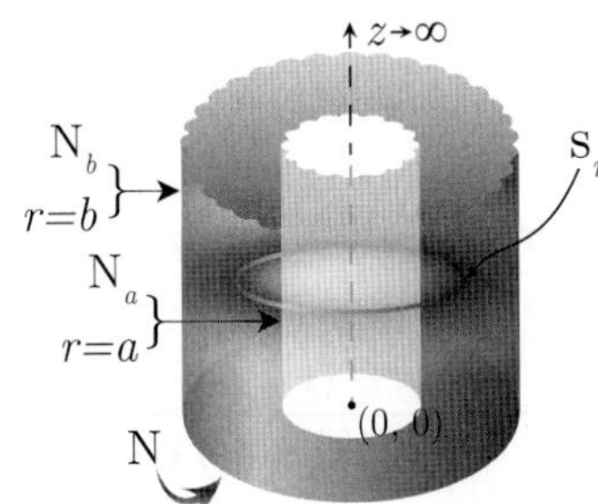

20.32 The problem of 20.28, except $\mathbf{N}_a \equiv \frac{\partial p(a,z,t)}{\partial r} = -\left(\frac{\mu}{k_r}\right)\psi_a(z,t)$, $\mathbf{N}_b \equiv \frac{\partial p(b,z,t)}{\partial r} = -\left(\frac{\mu}{k_r}\right)\psi_b(z,t)$ **and** $\mathbf{N} \equiv \frac{\partial p(r,0,t)}{\partial z} = -\left(\frac{\mu}{k_z}\right)\psi(r,t)$

The successive application of the Laplace, Fourier and finite Hankel transformations to equation (18.1.1) gives

$$\overline{\overline{\overline{p}}} = \frac{q(s)e^{-st_0}\cos(lz_0)}{2\pi\phi c_t(\eta_z l^2+s)}+\frac{q(s)e^{-st_0}\cos(lz_0)\mathcal{V}_{\mathcal{N}0}(\xi_n r_0,a)}{2\pi\phi c_t(\eta_r\xi_n^2+\eta_z l^2+s)}+\frac{\left\{a\overline{\overline{\psi}}_a(l,s)-b\overline{\overline{\psi}}_b(l,s)\right\}}{\phi c_t(\eta_z l^2+s)}+$$
$$+\frac{2\overline{\overline{\psi}}_a(l,s)}{\pi\phi c_t\xi_n(\eta_r\xi_n^2+\eta_z l^2+s)}-\frac{2J_1(\xi_n a)\overline{\overline{\psi}}_b(l,s)}{\pi\phi c_t\xi_n J_1(\xi_n b)(\eta_r\xi_n^2+\eta_z l^2+s)}+$$
$$+\frac{m\int_a^b w\overline{\psi}(w,s)dw}{\phi c_t(\eta_z l^2+s)}+\frac{\overline{\overline{\psi}}(\xi_n,s)}{\phi c_t(\eta_r\xi_n^2+\eta_z l^2+s)}+\frac{\int_a^b w\overline{\varphi}(w,l)dw}{(\eta_z l^2+s)}+\frac{\overline{\overline{\varphi}}(\xi_n,l)}{(\eta_r\xi_n^2+\eta_z l^2+s)} \qquad (20.32.1)$$

where $\mathcal{V}_{\mathcal{N}0}(\xi_n r,a)=Y_0(\xi_n r)J_1(\xi_n a)-J_0(\xi_n r)Y_1(\xi_n a)$. The eigenvalues are $\xi_0=0$ and $\xi_n, n=1,2,...,$ which are the positive roots of the transcendental equation $\mathcal{V}'_{\mathcal{N}0}(\xi_n b,a)=0$.*
$\overline{\overline{\psi}}(\xi_n,s)=\int_a^b\overline{\psi}(r,s)r\mathcal{V}_{\mathcal{N}0}(\xi_n r,a)\,dr$, $\overline{\overline{\psi}}_a(l,s)=\int_0^{\infty}\cos(lz)\overline{\psi}_a(z,s)dz$, $\overline{\overline{\psi}}_b(l,s)=\int_0^{\infty}\cos(lz)\overline{\psi}_b(z,s)dz$, $\overline{\overline{\varphi}}(\xi_n,l)=\int_a^b\overline{\varphi}(r,l)r\mathcal{V}_{\mathcal{N}0}(\xi_n r,a)\,dr$ and $\overline{\varphi}(r,l)=\int_0^{\infty}\cos(lw)\varphi(r,w)dw$. Successive inverse transforms yield

$$\overline{p} = \frac{q(s)e^{-st_0}\left\{e^{-|z-z_0|\sqrt{\frac{s}{\eta_z}}}+e^{-|z+z_0|\sqrt{\frac{s}{\eta_z}}}\right\}}{2\pi\phi c_t(b^2-a^2)\sqrt{\eta_z s}}+$$
$$+\frac{\pi q(s)e^{-st_0}}{8\phi c_t\sqrt{\eta_z}}\sum_{n=1}^{\infty}\frac{\xi_n^2 J_1^2(\xi_n b)\mathcal{V}_{\mathcal{N}0}(\xi r_0,a)\mathcal{V}_{\mathcal{N}0}(\xi r,a)}{\{J_1^2(\xi_n a)-J_1^2(\xi_n b)\}\sqrt{(\eta_r\xi_n^2+s)}}\left\{e^{-|z-z_0|\sqrt{\frac{\eta_r\xi_n^2+s}{\eta_z}}}+e^{-|z+z_0|\sqrt{\frac{\eta_r\xi_n^2+s}{\eta_z}}}\right\}+$$
$$+\frac{1}{\phi c_t(b^2-a^2)\sqrt{\eta_z s}}\int_0^{\infty}\left\{a\overline{\psi}_a(w,s)-b\overline{\psi}_b(w,s)\right\}\left\{e^{-|z-w|\sqrt{\frac{s}{\eta_z}}}+e^{-|z+w|\sqrt{\frac{s}{\eta_z}}}\right\}dw+$$
$$+\frac{\pi}{2\phi c_t\sqrt{\eta_z}}\sum_{n=1}^{\infty}\frac{\xi_n J_1^2(\xi_n b)\mathcal{V}_{\mathcal{N}0}(\xi r,a)}{\{J_1^2(\xi_n a)-J_1^2(\xi_n b)\}\sqrt{(\eta_r\xi_n^2+s)}}\int_0^{\infty}\overline{\psi}_a(w,s)\left\{e^{-|z-w|\sqrt{\frac{\eta_r\xi_n^2+s}{\eta_z}}}+e^{-|z+w|\sqrt{\frac{\eta_r\xi_n^2+s}{\eta_z}}}\right\}dw-$$
$$-\frac{\pi}{2\phi c_t\sqrt{\eta_z}}\sum_{n=1}^{\infty}\frac{\xi_n J_1(\xi_n a)J_1(\xi_n b)\mathcal{V}_{\mathcal{N}0}(\xi r,a)}{\{J_1^2(\xi_n a)-J_1^2(\xi_n b)\}\sqrt{(\eta_r\xi_n^2+s)}}\int_0^{\infty}\overline{\psi}_b(w,s)\left\{e^{-|z-w|\sqrt{\frac{\eta_r\xi_n^2+s}{\eta_z}}}+e^{-|z+w|\sqrt{\frac{\eta_r\xi_n^2+s}{\eta_z}}}\right\}dw+$$

*$\mathcal{V}'_{\mathcal{N}0}(\xi_n b,a)=J_1(\xi_n b)Y_1(\xi_n a)-Y_1(\xi_n b)J_1(\xi_n a)$.

$$+\frac{2e^{-z\sqrt{\frac{s}{\eta_z}}}}{(b^2-a^2)\,\phi c_t\sqrt{\eta_z s}}\int_a^b w\overline{\psi}(w,s)\,dw+\frac{\pi^2}{2\phi c_t\sqrt{\eta_z}}\sum_{n=1}^{\infty}\frac{\xi_n^2 J_1^2(\xi_n b)\,\mathcal{V}_{\mathcal{N}0}(\xi r,a)\,\overline{\overline{\psi}}(\xi_n,s)\,e^{-z\sqrt{\frac{\eta_r\xi_n^2+s}{\eta_z}}}}{\{J_1^2(\xi_n a)-J_1^2(\xi_n b)\}\sqrt{(\eta_r\xi_n^2+s)}}+$$

$$+\frac{1}{(b^2-a^2)\sqrt{\eta_z s}}\int_0^{\infty}\left\{e^{-|z-w|\sqrt{\frac{s}{\eta_z}}}+e^{-|z+w|\sqrt{\frac{s}{\eta_z}}}\right\}\int_a^b u\varphi(u,w)\,du\,dw+$$

$$+\frac{\pi^2}{4\sqrt{\eta_z}}\sum_{n=1}^{\infty}\frac{\xi_n^2 J_1^2(\xi_n b)\,\mathcal{V}_{\mathcal{N}0}(\xi r,a)}{\{J_1^2(\xi_n a)-J_1^2(\xi_n b)\}\sqrt{(\eta_r\xi_n^2+s)}}\int_0^{\infty}\overline{\varphi}(\xi_n,w)\left\{e^{-|z-w|\sqrt{\frac{\eta_r\xi_n^2+s}{\eta_z}}}+e^{-|z+w|\sqrt{\frac{\eta_r\xi_n^2+s}{\eta_z}}}\right\}dw \tag{20.32.2}$$

where $\overline{\varphi}(\xi_n,w)=\int_a^b\varphi(r,w)\,r\mathcal{V}_{\mathcal{N}0}(\xi_n r,a)\,dr$ and

$$p=\frac{U(t-t_0)}{2\pi\phi c_t(b^2-a^2)\sqrt{\pi\eta_z}}\int_0^{t-t_0}\frac{q(t-t_0-\tau)}{\sqrt{\tau}}\left\{e^{-\frac{(z-z_0)^2}{4\eta_z\tau}}+e^{-\frac{(z+z_0)^2}{4\eta_z\tau}}\right\}d\tau+$$

$$+\frac{U(t-t_0)}{8\phi c_t}\sqrt{\frac{\pi}{\eta_z}}\sum_{n=1}^{\infty}\frac{\xi_n^2 J_1^2(\xi_n b)\,\mathcal{V}_{\mathcal{N}0}(\xi r_0,a)\,\mathcal{V}_{\mathcal{N}0}(\xi r,a)}{\{J_1^2(\xi_n a)-J_1^2(\xi_n b)\}}\int_0^{t-t_0}\frac{q(t-t_0-\tau)\,e^{-\eta_r\xi_n^2\tau}}{\sqrt{\tau}}\left\{e^{-\frac{(z-z_0)^2}{4\eta_z\tau}}+e^{-\frac{(z+z_0)^2}{4\eta_z\tau}}\right\}d\tau+$$

$$+\frac{1}{\phi c_t(b^2-a^2)\sqrt{\pi\eta_z}}\int_0^{\infty}\int_0^{t}\frac{\{a\psi_a(w,t-\tau)-b\psi_b(w,t-\tau)\}}{\sqrt{\tau}}d\tau\left\{e^{-\frac{(z-w)^2}{4\eta_z\tau}}+e^{-\frac{(z+w)^2}{4\eta_z\tau}}\right\}dw+$$

$$+\frac{1}{2\phi c_t}\sqrt{\frac{\pi}{\eta_z}}\sum_{n=1}^{\infty}\frac{\xi_n J_1^2(\xi_n b)\,\mathcal{V}_{\mathcal{N}0}(\xi r,a)}{\{J_1^2(\xi_n a)-J_1^2(\xi_n b)\}}\int_0^{\infty}\int_0^{t}\frac{\psi_a(w,t-\tau)}{\sqrt{\tau}}\left\{e^{-\frac{(z-w)^2}{4\eta_z\tau}}+e^{-\frac{(z+w)^2}{4\eta_z\tau}}\right\}d\tau dw-$$

$$-\frac{1}{2\phi c_t}\sqrt{\frac{\pi}{\eta_z}}\sum_{n=1}^{\infty}\frac{\xi_n J_1(\xi_n a)\,J_1(\xi_n b)\,\mathcal{V}_{\mathcal{N}0}(\xi r,a)}{\{J_1^2(\xi_n a)-J_1^2(\xi_n b)\}}\int_0^{\infty}\int_0^{t}\frac{\psi_b(w,t-\tau)\,e^{-\eta_r\xi_n^2\tau}}{\sqrt{\tau}}\left\{e^{-\frac{(z-w)^2}{4\eta_z\tau}}+e^{-\frac{(z+w)^2}{4\eta_z\tau}}\right\}d\tau dw+$$

$$+\frac{2}{(b^2-a^2)\,\phi c_t\sqrt{\pi\eta_z}}\int_0^{t}\frac{e^{-\frac{z^2}{4\eta_z\tau}}\int_a^b w\psi(w,t-\tau)\,dw}{\sqrt{\tau}}d\tau+$$

$$+\frac{\pi}{2\phi c_t}\sqrt{\frac{\pi}{\eta_z}}\sum_{n=1}^{\infty}\frac{\xi_n^2 J_1^2(\xi_n b)\,\mathcal{V}_{\mathcal{N}0}(\xi r,a)}{\{J_1^2(\xi_n a)-J_1^2(\xi_n b)\}}\int_0^{t}\frac{\overline{\psi}(\xi_n,t-\tau)\,e^{-\eta_r\xi_n^2\tau-\frac{z^2}{4\eta_z\tau}}}{\sqrt{\tau}}d\tau+$$

$$+\frac{1}{(b^2-a^2)\sqrt{\pi\eta_z t}}\int_0^{\infty}\int_a^b u\varphi(u,w)\,du\left\{e^{-\frac{(z-w)^2}{4\eta_z\tau}}+e^{-\frac{(z+w)^2}{4\eta_z\tau}}\right\}dw+$$

$$+\frac{1}{4}\sqrt{\frac{\pi^3}{\eta_z t}}\sum_{n=1}^{\infty}\frac{\xi_n^2 J_1^2(\xi_n b)\,\mathcal{V}_{\mathcal{N}0}(\xi r,a)\,e^{-\eta_r\xi_n^2 t}}{\{J_1^2(\xi_n a)-J_1^2(\xi_n b)\}}\int_0^{\infty}\overline{\varphi}(\xi_n,w)\left\{e^{-\frac{(z-w)^2}{4\eta_z t}}+e^{-\frac{(z+w)^2}{4\eta_z t}}\right\}dw \tag{20.32.3}$$

20.33

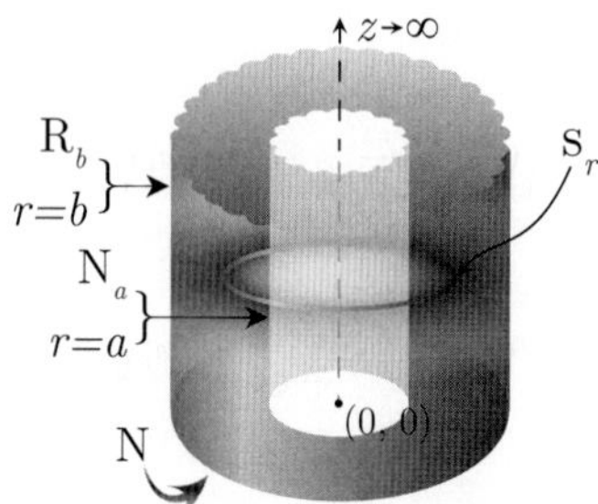

The problem of 20.28, except
$\mathbf{N}_a\equiv\frac{\partial p(a,z,t)}{\partial r}=-\left(\frac{\mu}{k_r}\right)\psi_a(z,t)$,
$\mathbf{R}_b\equiv\frac{\partial p(b,z,t)}{\partial r}+\lambda p(b,z,t)=-\left(\frac{\mu}{k_r}\right)\psi_b(z,t)$ **and**
$\mathbf{N}\equiv\frac{\partial p(r,0,t)}{\partial z}=-\left(\frac{\mu}{k_z}\right)\psi(r,t)$

The successive application of the Laplace, Fourier and finite Hankel transformations to equation (18.1.1) gives

$$\begin{aligned}\overline{\overline{\overline{p}}} = & \frac{q(s)\,e^{-st_0}\cos(lz_0)\,\mathcal{V}_{\mathcal{N}0}(\xi_n r_0,a)}{2\pi\phi c_t(\eta_r\xi_n^2+\eta_z l^2+s)} + \frac{2\overline{\overline{\psi}}_a(l,s)}{\pi\phi c_t\xi_n(\eta_r\xi_n^2+\eta_z l^2+s)} + \\ & + \frac{2J_1(\xi_n a)\,\overline{\overline{\psi}}_b(l,s)}{\pi\phi c_t\{\lambda J_0(\xi_n b)-\xi_n J_1(\xi_n b)\}(\eta_r\xi_n^2+\eta_z l^2+s)} + \frac{\overline{\overline{\psi}}(\xi_n,s)}{\phi c_t(\eta_r\xi_n^2+\eta_z l^2+s)} + \frac{\overline{\overline{\varphi}}(\xi_n,l)}{(\eta_r\xi_n^2+\eta_z l^2+s)}\end{aligned} \tag{20.33.1}$$

where $\mathcal{V}_{\mathcal{N}0}(\xi_n r,a){=}Y_0(\xi_n r)J_1(\xi_n a){-}J_0(\xi_n r)Y_1(\xi_n a)$. The eigenvalues $\xi_n, n=1,2,...,$ are the positive roots of the transcendental equation $\xi_n\mathcal{V}'_{\mathcal{N}0}(\xi_n b,a)+\lambda\mathcal{V}_{\mathcal{N}0}(\xi_n b,a)=0$. $\overline{\overline{\psi}}(\xi_n,s)=\int_a^b\overline{\psi}(r,s)\,r\mathcal{V}_{\mathcal{N}0}(\xi_n r,a)\,dr$, $\overline{\overline{\psi}}_a(l,s)=\int_0^\infty\cos(lz)\,\overline{\psi}_a(z,s)dz$, $\overline{\overline{\psi}}_b(l,s)=\int_0^\infty\cos(lz)\,\overline{\psi}_b(z,s)dz$, $\overline{\overline{\varphi}}(\xi_n,l)=\int_a^b\overline{\varphi}(r,l)\,r\mathcal{V}_{\mathcal{N}0}(\xi_n r,a)\,dr$ and $\overline{\varphi}(r,l)=\int_0^\infty\cos(lw)\,\varphi(r,w)dw$. Successive inverse transforms yield

$$\begin{aligned}\overline{p} = & \frac{\pi q(s)\,e^{-st_0}}{8\phi c_t\sqrt{\eta_z}}\sum_{n=1}^{\infty}\frac{\xi_n^2\{\lambda J_0(\xi_n b)-\xi_n J_1(\xi_n b)\}^2\mathcal{V}_{\mathcal{N}0}(\xi r_0,a)\,\mathcal{V}_{\mathcal{N}0}(\xi r,a)}{\left[(\lambda^2+\xi_n^2)J_1^2(\xi_n a)-\{\lambda J_0(\xi_n b)-\xi_n J_1(\xi_n b)\}^2\right]\sqrt{(\eta_r\xi_n^2+s)}}\times \\ & \times\left\{e^{-|z-z_0|\sqrt{\frac{\eta_r\xi_n^2+s}{\eta_z}}}+e^{-|z+z_0|\sqrt{\frac{\eta_r\xi_n^2+s}{\eta_z}}}\right\}+ \\ & +\frac{\pi}{2\phi c_t\sqrt{\eta_z}}\sum_{n=1}^{\infty}\frac{\xi_n\{\lambda J_0(\xi_n b)-\xi_n J_1(\xi_n b)\}^2\mathcal{V}_{\mathcal{N}0}(\xi r,a)}{\left[(\lambda^2+\xi_n^2)J_1^2(\xi_n a)-\{\lambda J_0(\xi_n b)-\xi_n J_1(\xi_n b)\}^2\right]\sqrt{\eta_r\xi_n^2+s}}\times \\ & \times\int_0^\infty\overline{\psi}_a(w,s)\left\{e^{-|z-w|\sqrt{\frac{\eta_r\xi_n^2+s}{\eta_z}}}+e^{-|z+w|\sqrt{\frac{\eta_r\xi_n^2+s}{\eta_z}}}\right\}dw+ \\ & +\frac{\pi}{2\phi c_t\sqrt{\eta_z}}\sum_{n=1}^{\infty}\frac{\xi_n^2J_1(\xi_n a)\{\lambda J_0(\xi_n b)-\xi_n J_1(\xi_n b)\}\mathcal{V}_{\mathcal{N}0}(\xi r,a)}{\left[(\lambda^2+\xi_n^2)J_1^2(\xi_n a)-\{\lambda J_0(\xi_n b)-\xi_n J_1(\xi_n b)\}^2\right]\sqrt{\eta_r\xi_n^2+s}}\times \\ & \times\int_0^\infty\overline{\psi}_b(w,s)\left\{e^{-|z-w|\sqrt{\frac{\eta_r\xi_n^2+s}{\eta_z}}}+e^{-|z+w|\sqrt{\frac{\eta_r\xi_n^2+s}{\eta_z}}}\right\}dw+ \\ & +\frac{\pi^2}{2\phi c_t\sqrt{\eta_z}}\sum_{n=1}^{\infty}\frac{\xi_n^2\{\lambda J_0(\xi_n b)-\xi_n J_1(\xi_n b)\}^2\mathcal{V}_{\mathcal{N}0}(\xi r,a)\,\overline{\overline{\psi}}(\xi_n,s)\,e^{-z\sqrt{\frac{\eta_r\xi_n^2+s}{\eta_z}}}}{\left[(\lambda^2+\xi_n^2)J_1^2(\xi_n a)-\{\lambda J_0(\xi_n b)-\xi_n J_1(\xi_n b)\}^2\right]\sqrt{(\eta_r\xi_n^2+s)}}+ \\ & +\frac{\pi^2}{4\sqrt{\eta_z}}\sum_{n=1}^{\infty}\frac{\xi_n^2\{\lambda J_0(\xi_n b)-\xi_n J_1(\xi_n b)\}^2\mathcal{V}_{\mathcal{N}0}(\xi r,a)}{\left[(\lambda^2+\xi_n^2)J_1^2(\xi_n a)-\{\lambda J_0(\xi_n b)-\xi_n J_1(\xi_n b)\}^2\right]\sqrt{\eta_r\xi_n^2+s}}\times \\ & \times\int_0^\infty\overline{\varphi}(\xi_n,w)\left\{e^{-|z-w|\sqrt{\frac{\eta_r\xi_n^2+s}{\eta_z}}}+e^{-|z+w|\sqrt{\frac{\eta_r\xi_n^2+s}{\eta_z}}}\right\}dw\end{aligned} \tag{20.33.2}$$

where $\overline{\varphi}(\xi_n,w)=\int_a^b\varphi(r,w)\,r\mathcal{V}_{\mathcal{N}0}(\xi_n r,a)\,dr$ and

$$\begin{aligned}p = & \frac{U(t-t_0)}{8\phi c_t}\sqrt{\frac{\pi}{\eta_z}}\times \\ & \times\sum_{n=1}^{\infty}\frac{\xi_n^2\{\lambda J_0(\xi_n b)-\xi_n J_1(\xi_n b)\}^2\mathcal{V}_{\mathcal{N}0}(\xi r_0,a)\,\mathcal{V}_{\mathcal{N}0}(\xi r,a)}{\left[(\lambda^2+\xi_n^2)J_1^2(\xi_n a)-\{\lambda J_0(\xi_n b)-\xi_n J_1(\xi_n b)\}^2\right]}\times \\ & \times\int_0^{t-t_0}\frac{q(t-t_0-\tau)\,e^{-\eta_r\xi_n^2\tau}}{\sqrt{\tau}}\left\{e^{-\frac{(z-z_0)^2}{4\eta_z\tau}}+e^{-\frac{(z+z_0)^2}{4\eta_z\tau}}\right\}d\tau+\end{aligned}$$

$$+\frac{1}{2\phi c_t}\sqrt{\frac{\pi}{\eta_z}}\sum_{n=1}^{\infty}\frac{\xi_n\left\{\lambda J_0(\xi_n b)-\xi_n J_1(\xi_n b)\right\}^2\mathcal{V}_{\mathcal{N}0}(\xi r,a)}{\left[(\lambda^2+\xi_n^2)J_1^2(\xi_n a)-\left\{\lambda J_0(\xi_n b)-\xi_n J_1(\xi_n b)\right\}^2\right]}\times$$
$$\times\int_0^{\infty}\int_0^{t}\frac{\psi_a(w,t-\tau)e^{-\eta_r\xi_n^2\tau}}{\sqrt{\tau}}\left\{e^{-\frac{(z-w)^2}{4\eta_z\tau}}+e^{-\frac{(z+w)^2}{4\eta_z\tau}}\right\}d\tau dw+$$
$$+\frac{1}{2\phi c_t}\sqrt{\frac{\pi}{\eta_z}}\sum_{n=1}^{\infty}\frac{\xi_n^2 J_1(\xi_n a)\left\{\lambda J_0(\xi_n b)-\xi_n J_1(\xi_n b)\right\}\mathcal{V}_{\mathcal{N}0}(\xi r,a)}{\left[(\lambda^2+\xi_n^2)J_1^2(\xi_n a)-\left\{\lambda J_0(\xi_n b)-\xi_n J_1(\xi_n b)\right\}^2\right]}\times$$
$$\times\int_0^{\infty}\int_0^{t}\frac{\psi_b(w,t-\tau)e^{-\eta_r\xi_n^2\tau}}{\sqrt{\tau}}\left\{e^{-\frac{(z-w)^2}{4\eta_z\tau}}+e^{-\frac{(z+w)^2}{4\eta_z\tau}}\right\}d\tau dw+$$
$$+\frac{\pi}{2\phi c_t}\sqrt{\frac{\pi}{\eta_z}}\sum_{n=1}^{\infty}\frac{\xi_n^2\left\{\lambda J_0(\xi_n b)-\xi_n J_1(\xi_n b)\right\}^2\mathcal{V}_{\mathcal{N}0}(\xi r,a)}{\left[(\lambda^2+\xi_n^2)J_1^2(\xi_n a)-\left\{\lambda J_0(\xi_n b)-\xi_n J_1(\xi_n b)\right\}^2\right]}\times$$
$$\times\int_0^{t}\frac{\overline{\psi}(\xi_n,t-\tau)e^{-\eta_r\xi_n^2\tau-\frac{z^2}{4\eta_z\tau}}}{\sqrt{\tau}}d\tau+$$
$$+\frac{1}{4}\sqrt{\frac{\pi^3}{\eta_z t}}\sum_{n=1}^{\infty}\frac{\xi_n^2\left\{\lambda J_0(\xi_n b)-\xi_n J_1(\xi_n b)\right\}^2\mathcal{V}_{\mathcal{N}0}(\xi r,a)e^{-\eta_r\xi_n^2 t}}{\left[(\lambda^2+\xi_n^2)J_1^2(\xi_n a)-\left\{\lambda J_0(\xi_n b)-\xi_n J_1(\xi_n b)\right\}^2\right]}\times$$
$$\times\int_0^{\infty}\overline{\varphi}(\xi_n,w)\left\{e^{-\frac{(z-w)^2}{4\eta_z t}}+e^{-\frac{(z+w)^2}{4\eta_z t}}\right\}dw \qquad (20.33.3)$$

20.34

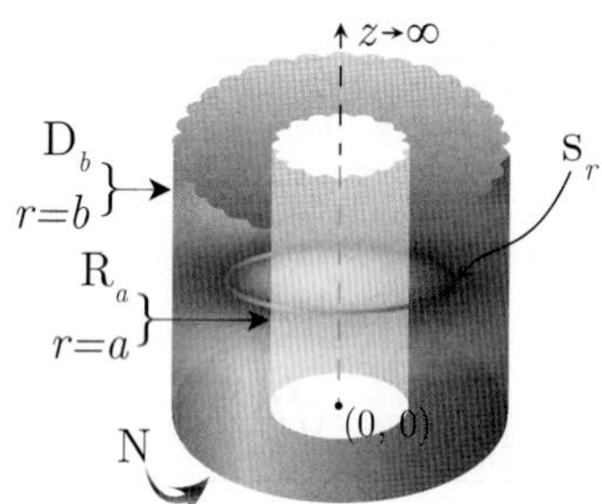

The problem of 20.28, except
$\mathbf{R}_a \equiv \frac{\partial p(a,z,t)}{\partial r}-\lambda p(a,z,t)=-\left(\frac{\mu}{k_r}\right)\psi_a(z,t)$,
$\mathbf{D}_b \equiv p(b,z,t)=\psi_b(z,t)$ **and**
$\mathbf{N} \equiv \frac{\partial p(r,0,t)}{\partial z}=-\left(\frac{\mu}{k_z}\right)\psi(r,t)$

The successive application of the Laplace, Fourier and finite Hankel transformations to equation (18.1.1) gives

$$\overline{\overline{\overline{p}}}=\frac{q(s)e^{-st_0}\cos(lz_0)\mathcal{V}_{\mathcal{D}0}(\xi_n r_0,b)}{2\pi\phi c_t(\eta_r\xi_n^2+\eta_z l^2+s)}-\frac{2J_0(\xi_n b)\overline{\overline{\psi}}_a(l,s)}{\pi\phi c_t(\eta_r\xi_n^2+\eta_z l^2+s)\left\{\lambda J_0(\xi_n a)+\xi_n J_1(\xi_n a)\right\}}+$$
$$+\frac{2\eta_r\overline{\overline{\psi}}_b(l,s)}{\pi(\eta_r\xi_n^2+\eta_z l^2+s)}+\frac{\overline{\overline{\psi}}(\xi_n,s)}{\phi c_t(\eta_r\xi_n^2+\eta_z l^2+s)}+\frac{\overline{\overline{\varphi}}(\xi_n,l)}{(\eta_r\xi_n^2+\eta_z l^2+s)} \qquad (20.34.1)$$

where $\mathcal{V}_{\mathcal{D}0}(\xi_n r,b)=J_0(\xi_n r)Y_0(\xi_n b)-Y_0(\xi_n r)J_0(\xi_n b)$. The eigenvalues $\xi_n, n=1,2,...$, are the positive roots of the transcendental equation $\lambda\mathcal{V}_{\mathcal{D}0}(\xi_n a,b)-\xi_n\mathcal{V}'_{\mathcal{D}0}(\xi_n a,b)=0.$* $\overline{\overline{\psi}}(\xi_n,s)=\int_a^b\overline{\psi}(r,s)r\mathcal{V}_{\mathcal{D}0}(\xi_n r,b)\,dr$, $\overline{\overline{\psi}}_a(l,s)=\int_0^{\infty}\cos(lz)\overline{\psi}_a(z,s)dz$, $\overline{\overline{\psi}}_b(l,s)=\int_0^{\infty}\cos(lz)\overline{\psi}_b(z,s)dz$, $\overline{\overline{\varphi}}(\xi_n,l)=\int_a^b\overline{\varphi}(r,l)r\mathcal{V}_{\mathcal{D}0}(\xi_n r,a)\,dr$ and $\overline{\varphi}(r,l)=\int_0^{\infty}\cos(lw)\varphi(r,w)dw$. Successive inverse transforms yield

$$\overline{p}=\frac{\pi q(s)e^{-st_0}}{8\phi c_t\sqrt{\eta_z}}\sum_{n=1}^{\infty}\frac{\xi_n^2\left\{\lambda J_0(\xi_n a)+\xi_n J_1(\xi_n a)\right\}^2\mathcal{V}_{\mathcal{D}0}(\xi r_0,b)\mathcal{V}_{\mathcal{D}0}(\xi r,b)}{\left[\left\{\lambda J_0(\xi_n a)+\xi_n J_1(\xi_n a)\right\}^2-(\lambda^2+\xi_n^2)J_0^2(\xi_n b)\right]\sqrt{(\eta_r\xi_n^2+s)}}\times$$

*$\mathcal{V}'_{\mathcal{D}0}(\xi_n r,b)=\left\{Y_1(\xi_n r)J_0(\xi_n b)-J_1(\xi_n r)Y_0(\xi_n b)\right\}$.

$$\times\left\{e^{-|z-z_0|\sqrt{\frac{\eta_r\xi_n^2+s}{\eta_z}}}+e^{-|z+z_0|\sqrt{\frac{\eta_r\xi_n^2+s}{\eta_z}}}\right\}-$$

$$-\frac{\pi}{2\phi c_t\sqrt{\eta_z}}\sum_{n=1}^{\infty}\frac{\xi_n^2J_0(\xi_n b)\{\lambda J_0(\xi_n a)+\xi_n J_1(\xi_n a)\}\mathcal{V}_{\mathcal{D}0}(\xi r,b)}{\left[\{\lambda J_0(\xi_n a)+\xi_n J_1(\xi_n a)\}^2-(\lambda^2+\xi_n^2)J_0^2(\xi_n b)\right]\sqrt{\eta_r\xi_n^2+s}}\times$$

$$\times\int_0^\infty\overline{\psi}_a(w,s)\left\{e^{-|z-w|\sqrt{\frac{\eta_r\xi_n^2+s}{\eta_z}}}+e^{-|z+w|\sqrt{\frac{\eta_r\xi_n^2+s}{\eta_z}}}\right\}dw+$$

$$+\frac{\pi\eta_r}{2\sqrt{\eta_z}}\sum_{n=1}^{\infty}\frac{\xi_n^2\{\lambda J_0(\xi_n a)+\xi_n J_1(\xi_n a)\}^2\mathcal{V}_{\mathcal{D}0}(\xi r,b)}{\left[\{\lambda J_0(\xi_n a)+\xi_n J_1(\xi_n a)\}^2-(\lambda^2+\xi_n^2)J_0^2(\xi_n b)\right]\sqrt{\eta_r\xi_n^2+s}}\times$$

$$\times\int_0^\infty\overline{\psi}_b(w,s)\left\{e^{-|z-w|\sqrt{\frac{\eta_r\xi_n^2+s}{\eta_z}}}+e^{-|z+w|\sqrt{\frac{\eta_r\xi_n^2+s}{\eta_z}}}\right\}dw+$$

$$+\frac{\pi^2}{2\phi c_t\sqrt{\eta_z}}\sum_{n=1}^{\infty}\frac{\xi_n^2\{\lambda J_0(\xi_n a)+\xi_n J_1(\xi_n a)\}^2\mathcal{V}_{\mathcal{D}0}(\xi r,b)\overline{\overline{\psi}}(\xi_n,s)e^{-z\sqrt{\frac{\eta_r\xi_n^2+s}{\eta_z}}}}{\left[\{\lambda J_0(\xi_n a)+\xi_n J_1(\xi_n a)\}^2-(\lambda^2+\xi_n^2)J_0^2(\xi_n b)\right]\sqrt{(\eta_r\xi_n^2+s)}}+$$

$$+\frac{\pi^2}{4\sqrt{\eta_z}}\sum_{n=1}^{\infty}\frac{\xi_n^2\{\lambda J_0(\xi_n a)+\xi_n J_1(\xi_n a)\}^2\mathcal{V}_{\mathcal{D}0}(\xi r,b)}{\left[\{\lambda J_0(\xi_n a)+\xi_n J_1(\xi_n a)\}^2-(\lambda^2+\xi_n^2)J_0^2(\xi_n b)\right]\sqrt{\eta_r\xi_n^2+s}}\times$$

$$\times\int_0^\infty\overline{\varphi}(\xi_n,w)\left\{e^{-|z-w|\sqrt{\frac{\eta_r\xi_n^2+s}{\eta_z}}}+e^{-|z+w|\sqrt{\frac{\eta_r\xi_n^2+s}{\eta_z}}}\right\}dw \tag{20.34.2}$$

where $\overline{\varphi}(\xi_n,w)=\int_a^b\varphi(r,w)\,r\mathcal{V}_{\mathcal{D}0}(\xi_n r,a)\,dr$ and

$$p=\frac{U(t-t_0)}{8\phi c_t}\sqrt{\frac{\pi}{\eta_z}}\sum_{n=1}^{\infty}\frac{\xi_n^2\{\lambda J_0(\xi_n a)+\xi_n J_1(\xi_n a)\}^2\mathcal{V}_{\mathcal{D}0}(\xi r_0,b)\mathcal{V}_{\mathcal{D}0}(\xi r,b)}{\left[\{\lambda J_0(\xi_n a)+\xi_n J_1(\xi_n a)\}^2-(\lambda^2+\xi_n^2)J_0^2(\xi_n b)\right]}\times$$

$$\times\int_0^{t-t_0}\frac{q(t-t_0-\tau)e^{-\eta_r\xi_n^2\tau}}{\sqrt{\tau}}\left\{e^{-\frac{(z-z_0)^2}{4\eta_z\tau}}+e^{-\frac{(z+z_0)^2}{4\eta_z\tau}}\right\}d\tau-$$

$$-\frac{\pi}{2\phi c_t\sqrt{\eta_z}}\sum_{n=1}^{\infty}\frac{\xi_n^2J_0(\xi_n b)\{\lambda J_0(\xi_n a)+\xi_n J_1(\xi_n a)\}\mathcal{V}_{\mathcal{D}0}(\xi r,b)}{\left[\{\lambda J_0(\xi_n a)+\xi_n J_1(\xi_n a)\}^2-(\lambda^2+\xi_n^2)J_0^2(\xi_n b)\right]}\times$$

$$\times\int_0^\infty\int_0^t\frac{\psi_a(w,t-\tau)e^{-\eta_r\xi_n^2\tau}}{\sqrt{\tau}}\left\{e^{-\frac{(z-w)^2}{4\eta_z\tau}}+e^{-\frac{(z+w)^2}{4\eta_z\tau}}\right\}d\tau dw+$$

$$+\frac{\eta_r}{2}\sqrt{\frac{\pi}{\eta_z}}\sum_{n=1}^{\infty}\frac{\xi_n^2\{\lambda J_0(\xi_n a)+\xi_n J_1(\xi_n a)\}^2\mathcal{V}_{\mathcal{D}0}(\xi r,b)}{\left[\{\lambda J_0(\xi_n a)+\xi_n J_1(\xi_n a)\}^2-(\lambda^2+\xi_n^2)J_0^2(\xi_n b)\right]}\times$$

$$\times\int_0^\infty\int_0^t\frac{\psi_b(w,t-\tau)e^{-\eta_r\xi_n^2\tau}}{\sqrt{\tau}}\left\{e^{-\frac{(z-w)^2}{4\eta_z\tau}}+e^{-\frac{(z+w)^2}{4\eta_z\tau}}\right\}d\tau dw+$$

$$+\frac{\pi}{2\phi c_t}\sqrt{\frac{\pi}{\eta_z}}\sum_{n=1}^{\infty}\frac{\xi_n^2\{\lambda J_0(\xi_n a)+\xi_n J_1(\xi_n a)\}^2\mathcal{V}_{\mathcal{D}0}(\xi r,b)}{\left[\{\lambda J_0(\xi_n a)+\xi_n J_1(\xi_n a)\}^2-(\lambda^2+\xi_n^2)J_0^2(\xi_n b)\right]}\times$$

$$\times\int_0^t\frac{\overline{\psi}(\xi_n,t-\tau)e^{-\eta_r\xi_n^2\tau-\frac{z^2}{4\eta_z\tau}}}{\sqrt{\tau}}d\tau+$$

$$+\frac{1}{4}\sqrt{\frac{\pi^3}{\eta_z t}}\sum_{n=1}^{\infty}\frac{\xi_n^2\left\{\lambda J_0(\xi_n a)+\xi_n J_1(\xi_n a)\right\}^2\mathcal{V}_{\mathcal{D}0}(\xi r,b)\,e^{-\eta_r\xi_n^2 t}}{\left[\left\{\lambda J_0(\xi_n a)+\xi_n J_1(\xi_n a)\right\}^2-(\lambda^2+\xi_n^2)\,J_0^2(\xi_n b)\right]}\times$$

$$\times\int_0^{\infty}\overline{\varphi}(\xi_n,w)\left\{e^{-\frac{(z-w)^2}{4\eta_z t}}+e^{-\frac{(z+w)^2}{4\eta_z t}}\right\}dw \qquad (20.34.3)$$

20.35

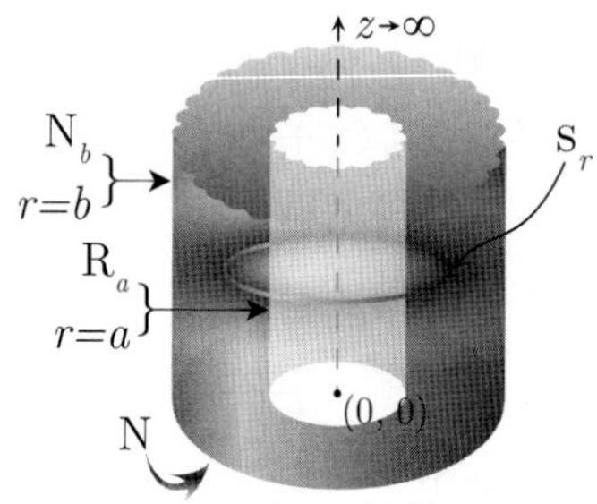

The problem of 20.28, except $\mathbf{R_a \equiv \frac{\partial p(a,z,t)}{\partial r} - \lambda p(a,z,t) = -\left(\frac{\mu}{k_r}\right)\psi_a(z,t)}$, $\mathbf{N_b \equiv \frac{\partial p(b,z,t)}{\partial r} = -\left(\frac{\mu}{k_r}\right)\psi_b(z,t)}$ **and** $\mathbf{N \equiv \frac{\partial p(r,0,t)}{\partial z} = -\left(\frac{\mu}{k_z}\right)\psi(r,t)}$

The successive application of the Laplace, Fourier and finite Hankel transformations to equation (18.1.1) gives

$$\overline{\overline{\overline{p}}} = \frac{q(s)\,e^{-st_0}\cos(lz_0)\,\mathcal{V}_{\mathcal{N}0}(\xi_n r_0,b)}{2\pi\phi c_t\left(\eta_r\xi_n^2+\eta_z l^2+s\right)}+\frac{2J_1(\xi_n b)\,\overline{\overline{\psi}}_a(l,s)}{\pi\phi c_t\left(\eta_r\xi_n^2+\eta_z l^2+s\right)\left\{\lambda J_0(\xi_n a)+\xi_n J_1(\xi_n a)\right\}}-$$
$$-\frac{2\overline{\overline{\psi}}_b(l,s)}{\pi\phi c_t\xi_n\left(\eta_r\xi_n^2+\eta_z l^2+s\right)}+\frac{\overline{\overline{\psi}}(\xi_n,s)}{\phi c_t\left(\eta_r\xi_n^2+\eta_z l^2+s\right)}+\frac{\overline{\overline{\varphi}}(\xi_n,l)}{\left(\eta_r\xi_n^2+\eta_z l^2+s\right)} \qquad (20.35.1)$$

where $\xi_n, n=1,2,...,$ are the positive roots of the transcendental equation $\lambda\mathcal{V}_{\mathcal{N}0}(\xi_n a,b)-\xi_n\mathcal{V}'_{\mathcal{N}0}(\xi_n a,b)=0$. $\overline{\overline{\psi}}(\xi_n,s)=\int_a^b\overline{\psi}(r,s)\,r\mathcal{V}_{\mathcal{N}0}(\xi_n r,b)\,dr$, $\overline{\overline{\psi}}_a(l,s)=\int_0^{\infty}\cos(lz)\,\overline{\psi}_a(z,s)dz$, $\overline{\overline{\psi}}_b(l,s)=\int_0^{\infty}\cos(lz)\,\overline{\psi}_b(z,s)dz$, $\overline{\overline{\varphi}}(\xi_n,l)=\int_a^b\overline{\varphi}(r,l)\,r\mathcal{V}_{\mathcal{N}0}(\xi_n r,a)\,dr$ and $\overline{\varphi}(r,l)=\int_0^{\infty}\cos(lw)\,\varphi(r,w)dw$. Successive inverse transforms yield

$$\overline{p} = \frac{\pi q(s)\,e^{-st_0}}{8\phi c_t\sqrt{\eta_z}}\sum_{n=1}^{\infty}\frac{\xi_n^2\left\{\lambda J_0(\xi_n a)+\xi_n J_1(\xi_n a)\right\}^2\mathcal{V}_{\mathcal{N}0}(\xi r_0,b)\,\mathcal{V}_{\mathcal{N}0}(\xi r,b)}{\left[\left\{\lambda J_0(\xi_n a)+\xi_n J_1(\xi_n a)\right\}^2-(\lambda^2+\xi_n^2)\,J_1^2(\xi_n b)\right]\sqrt{(\eta_r\xi_n^2+s)}}\times$$
$$\times\left\{e^{-|z-z_0|\sqrt{\frac{\eta_r\xi_n^2+s}{\eta_z}}}+e^{-|z+z_0|\sqrt{\frac{\eta_r\xi_n^2+s}{\eta_z}}}\right\}+$$
$$+\frac{1}{2\phi c_t}\sqrt{\frac{\pi}{\eta_z}}\sum_{n=1}^{\infty}\frac{\xi_n^2 J_1(\xi_n b)\left\{\lambda J_0(\xi_n a)+\xi_n J_1(\xi_n a)\right\}\mathcal{V}_{\mathcal{N}0}(\xi r,b)}{\left[\left\{\lambda J_0(\xi_n a)+\xi_n J_1(\xi_n a)\right\}^2-(\lambda^2+\xi_n^2)\,J_1^2(\xi_n b)\right]\sqrt{\eta_r\xi_n^2+s}}\times$$
$$\times\int_0^{\infty}\overline{\psi}_a(w,s)\left\{e^{-|z-w|\sqrt{\frac{\eta_r\xi_n^2+s}{\eta_z}}}+e^{-|z+w|\sqrt{\frac{\eta_r\xi_n^2+s}{\eta_z}}}\right\}dw-$$
$$-\frac{1}{2\phi c_t}\sqrt{\frac{\pi}{\eta_z}}\sum_{n=1}^{\infty}\frac{\xi_n\left\{\lambda J_0(\xi_n a)+\xi_n J_1(\xi_n a)\right\}^2\mathcal{V}_{\mathcal{N}0}(\xi r,b)}{\left[\left\{\lambda J_0(\xi_n a)+\xi_n J_1(\xi_n a)\right\}^2-(\lambda^2+\xi_n^2)\,J_1^2(\xi_n b)\right]\sqrt{\eta_r\xi_n^2+s}}\times$$
$$\times\int_0^{\infty}\overline{\psi}_b(w,s)\left\{e^{-|z-w|\sqrt{\frac{\eta_r\xi_n^2+s}{\eta_z}}}+e^{-|z+w|\sqrt{\frac{\eta_r\xi_n^2+s}{\eta_z}}}\right\}dw+$$
$$+\frac{\pi^2}{2\phi c_t\sqrt{\eta_z}}\sum_{n=1}^{\infty}\frac{\xi_n^2\left\{\lambda J_0(\xi_n a)+\xi_n J_1(\xi_n a)\right\}^2\mathcal{V}_{\mathcal{N}0}(\xi r,b)\,\overline{\overline{\psi}}(\xi_n,s)\,e^{-z\sqrt{\frac{\eta_r\xi_n^2+s}{\eta_z}}}}{\left[\left\{\lambda J_0(\xi_n a)+\xi_n J_1(\xi_n a)\right\}^2-(\lambda^2+\xi_n^2)\,J_1^2(\xi_n b)\right]\sqrt{(\eta_r\xi_n^2+s)}}+$$

$$+\frac{\pi^2}{4\sqrt{\eta_z}}\sum_{n=1}^{\infty}\frac{\xi_n^2\left\{\lambda J_0\left(\xi_n a\right)+\xi_n J_1\left(\xi_n a\right)\right\}^2\mathcal{V}_{\mathcal{N}0}\left(\xi r,b\right)}{\left[\left\{\lambda J_0\left(\xi_n a\right)+\xi_n J_1\left(\xi_n a\right)\right\}^2-\left(\lambda^2+\xi_n^2\right)J_1^2\left(\xi_n b\right)\right]\sqrt{\eta_r\xi_n^2+s}}\times$$

$$\times\int_0^{\infty}\overline{\varphi}\left(\xi_n,w\right)\left\{e^{-|z-w|\sqrt{\frac{\eta_r\xi_n^2+s}{\eta_z}}}+e^{-|z+w|\sqrt{\frac{\eta_r\xi_n^2+s}{\eta_z}}}\right\}dw \tag{20.35.2}$$

where $\overline{\varphi}\left(\xi_n,w\right)=\int_a^b\varphi\left(r,w\right)r\mathcal{V}_{\mathcal{N}0}\left(\xi_n r,a\right)dr$ and

$$p=\frac{U\left(t-t_0\right)}{8\phi c_t}\sqrt{\frac{\pi}{\eta_z}}\sum_{n=1}^{\infty}\frac{\xi_n^2\left\{\lambda J_0\left(\xi_n a\right)+\xi_n J_1\left(\xi_n a\right)\right\}^2\mathcal{V}_{\mathcal{N}0}\left(\xi r_0,b\right)\mathcal{V}_{\mathcal{N}0}\left(\xi r,b\right)}{\left[\left\{\lambda J_0\left(\xi_n a\right)+\xi_n J_1\left(\xi_n a\right)\right\}^2-\left(\lambda^2+\xi_n^2\right)J_1^2\left(\xi_n b\right)\right]}\times$$

$$\times\int_0^{t-t_0}\frac{q\left(t-t_0-\tau\right)e^{-\eta_r\xi_n^2\tau}}{\sqrt{\tau}}\left\{e^{-\frac{(z-z_0)^2}{4\eta_z\tau}}+e^{-\frac{(z+z_0)^2}{4\eta_z\tau}}\right\}d\tau+$$

$$+\frac{1}{2\phi c_t}\sqrt{\frac{\pi}{\eta_z}}\sum_{n=1}^{\infty}\frac{\xi_n^2J_1\left(\xi_n b\right)\left\{\lambda J_0\left(\xi_n a\right)+\xi_n J_1\left(\xi_n a\right)\right\}\mathcal{V}_{\mathcal{N}0}\left(\xi r,b\right)}{\left[\left\{\lambda J_0\left(\xi_n a\right)+\xi_n J_1\left(\xi_n a\right)\right\}^2-\left(\lambda^2+\xi_n^2\right)J_1^2\left(\xi_n b\right)\right]}\times$$

$$\times\int_0^{\infty}\int_0^{t}\frac{\psi_a\left(w,t-\tau\right)e^{-\eta_r\xi_n^2\tau}}{\sqrt{\tau}}\left\{e^{-\frac{(z-w)^2}{4\eta_z\tau}}+e^{-\frac{(z+w)^2}{4\eta_z\tau}}\right\}d\tau dw-$$

$$-\frac{1}{2\phi c_t}\sqrt{\frac{\pi}{\eta_z}}\sum_{n=1}^{\infty}\frac{\xi_n\left\{\lambda J_0\left(\xi_n a\right)+\xi_n J_1\left(\xi_n a\right)\right\}^2\mathcal{V}_{\mathcal{N}0}\left(\xi r,b\right)}{\left[\left\{\lambda J_0\left(\xi_n a\right)+\xi_n J_1\left(\xi_n a\right)\right\}^2-\left(\lambda^2+\xi_n^2\right)J_1^2\left(\xi_n b\right)\right]}\times$$

$$\times\int_0^{\infty}\int_0^{t}\frac{\psi_b\left(w,t-\tau\right)e^{-\eta_r\xi_n^2\tau}}{\sqrt{\tau}}\left\{e^{-\frac{(z-w)^2}{4\eta_z\tau}}+e^{-\frac{(z+w)^2}{4\eta_z\tau}}\right\}d\tau dw+$$

$$+\frac{\pi}{2\phi c_t}\sqrt{\frac{\pi}{\eta_z}}\sum_{n=1}^{\infty}\frac{\xi_n^2\left\{\lambda J_0\left(\xi_n a\right)+\xi_n J_1\left(\xi_n a\right)\right\}^2\mathcal{V}_{\mathcal{N}0}\left(\xi r,b\right)}{\left[\left\{\lambda J_0\left(\xi_n a\right)+\xi_n J_1\left(\xi_n a\right)\right\}^2-\left(\lambda^2+\xi_n^2\right)J_1^2\left(\xi_n b\right)\right]}\times$$

$$\times\int_0^{t}\frac{\overline{\psi}\left(\xi_n,t-\tau\right)e^{-\eta_r\xi_n^2\tau-\frac{z^2}{4\eta_z\tau}}}{\sqrt{\tau}}d\tau+$$

$$+\frac{1}{4}\sqrt{\frac{\pi^3}{\eta_z t}}\sum_{n=1}^{\infty}\frac{\xi_n^2\left\{\lambda J_0\left(\xi_n a\right)+\xi_n J_1\left(\xi_n a\right)\right\}^2\mathcal{V}_{\mathcal{N}0}\left(\xi r,b\right)e^{-\eta_r\xi_n^2 t}}{\left[\left\{\lambda J_0\left(\xi_n a\right)+\xi_n J_1\left(\xi_n a\right)\right\}^2-\left(\lambda^2+\xi_n^2\right)J_1^2\left(\xi_n b\right)\right]}\times$$

$$\times\int_0^{\infty}\overline{\varphi}\left(\xi_n,w\right)\left\{e^{-\frac{(z-w)^2}{4\eta_z t}}+e^{-\frac{(z+w)^2}{4\eta_z t}}\right\}dw \tag{20.35.3}$$

20.36 **The problem of 20.28, except**
$\mathbf{R}_a\equiv\frac{\partial p(a,z,t)}{\partial r}-\lambda_a p\left(a,z,t\right)=-\left(\frac{\mu}{k_r}\right)\psi_a\left(z,t\right)$,
$\mathbf{R}_b\equiv\frac{\partial p(b,z,t)}{\partial r}+\lambda_b p\left(b,z,t\right)=-\left(\frac{\mu}{k_r}\right)\psi_b\left(z,t\right)$ **and**
$\mathbf{N}\equiv\frac{\partial p(r,0,t)}{\partial z}=-\left(\frac{\mu}{k_z}\right)\psi\left(r,t\right)$

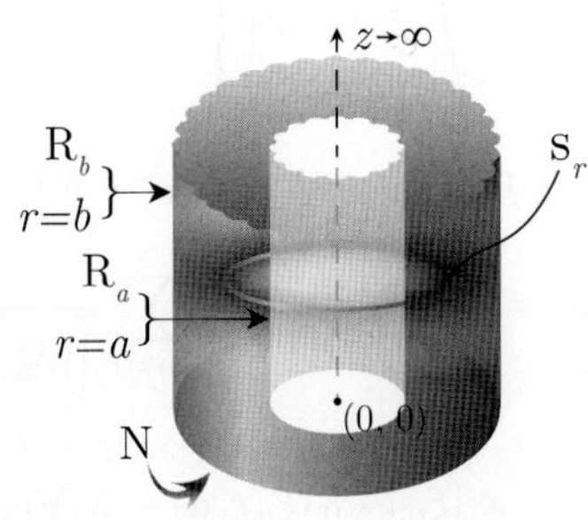

The successive application of the Laplace, Fourier and finite Hankel transformations to equation (18.1.1) gives

$$\overline{\overline{\overline{p}}} = \frac{q(s)\,e^{-st_0}\cos(lz_0)\left\{\xi_n \mathcal{V}_{\mathcal{N}0}(\xi_n r_0,a) - \lambda_a \mathcal{V}_{\mathcal{D}0}(\xi_n r_0,a)\right\}}{2\pi\phi c_t\left(\eta_r\xi_n^2+\eta_z l^2+s\right)} + \frac{2\overline{\overline{\psi}}_a(l,s)}{\pi\phi c_t\left(\eta_r\xi_n^2+\eta_z l^2+s\right)} + $$
$$+\frac{2\left\{\lambda_a J_0(\xi_n a)+\xi_n J_1(\xi_n a)\right\}\overline{\overline{\psi}}_b(l,s)}{\pi\phi c_t\left(\eta_r\xi_n^2+\eta_z l^2+s\right)\left\{\lambda_b J_0(\xi_n b)-\xi_n J_1(\xi_n b)\right\}} + \frac{\overline{\overline{\psi}}(\xi_n,s)}{\phi c_t\left(\eta_r\xi_n^2+\eta_z l^2+s\right)} + \frac{\overline{\overline{\varphi}}(\xi_n,l)}{\left(\eta_r\xi_n^2+\eta_z l^2+s\right)} \quad (20.36.1)$$

where $\xi_n, n = 1, 2, ...,$ are the positive roots of
$\lambda_a\left\{\mathcal{V}'_{\mathcal{D}0}(\xi_n b,a)+\lambda_b\mathcal{V}_{\mathcal{D}0}(\xi_n b,a)\right\} - \xi_n\left\{\mathcal{V}'_{\mathcal{N}0}(\xi_n b,a)+\lambda_b\mathcal{V}_{\mathcal{N}0}(\xi_n b,a)\right\} = 0.$
$\overline{\overline{\psi}}(\xi_n,s) = \int_a^b \overline{\psi}(r,s)\,r\left\{\xi_n\mathcal{V}_{\mathcal{N}0}(\xi_n r,a)-\lambda_a\mathcal{V}_{\mathcal{D}0}(\xi_n r,a)\right\}dr,$
$\overline{\overline{\psi}}_a(l,s) = \int_0^\infty \cos(lz)\,\overline{\psi}_a(z,s)dz,\ \overline{\overline{\psi}}_b(l,s) = \int_0^\infty \cos(lz)\,\overline{\psi}_b(z,s)dz,$
$\overline{\overline{\varphi}}(\xi_n,l) = \int_a^b \overline{\varphi}(r,l)\,r\left\{\xi_n\mathcal{V}_{\mathcal{N}0}(\xi_n r,a)-\lambda_a\mathcal{V}_{\mathcal{D}0}(\xi_n r,a)\right\}dr$ and $\overline{\varphi}(r,l) = \int_0^\infty \cos(lw)\,\varphi(r,w)dw$. Successive inverse transforms yield

$$\overline{p} = \frac{\pi q(s)\,e^{-st_0}}{8\phi c_t\sqrt{\eta_z}}\sum_{n=1}^{\infty}\frac{\xi_n^2\left\{\xi_n J_1(\xi_n b)-\lambda_b J_0(\xi_n b)\right\}^2}{\sqrt{\left(\eta_r\xi_n^2+s\right)}}\times$$
$$\times\frac{\left\{\xi_n\mathcal{V}_{\mathcal{N}0}(\xi_n r_0,a)-\lambda_a\mathcal{V}_{\mathcal{D}0}(\xi_n r_0,a)\right\}\left\{\xi_n\mathcal{V}_{\mathcal{N}0}(\xi_n r,a)-\lambda_a\mathcal{V}_{\mathcal{D}0}(\xi_n r,a)\right\}}{\left[\left(\lambda_b^2+\xi_n^2\right)\left\{\lambda_a J_0(\xi_n a)+\xi_n J_1(\xi_n a)\right\}^2-\left(\lambda_a^2+\xi_n^2\right)\left\{\lambda_b J_0(\xi_n b)+\xi_n J_1(\xi_n b)\right\}^2\right]}\times$$
$$\times\left\{e^{-|z-z_0|\sqrt{\frac{\eta_r\xi_n^2+s}{\eta_z}}}+e^{-|z+z_0|\sqrt{\frac{\eta_r\xi_n^2+s}{\eta_z}}}\right\}+$$
$$+\frac{\pi}{2\phi c_t\sqrt{\eta_z}}\sum_{n=1}^{\infty}\frac{\xi_n^2\left\{\xi_n J_1(\xi_n b)-\lambda_b J_0(\xi_n b)\right\}^2\left\{\xi_n\mathcal{V}_{\mathcal{N}0}(\xi_n r,a)-\lambda_a\mathcal{V}_{\mathcal{D}0}(\xi_n r,a)\right\}}{\left[(\lambda_b^2+\xi_n^2)\{\lambda_a J_0(\xi_n a)+\xi_n J_1(\xi_n a)\}^2-\left(\lambda_a^2+\xi_n^2\right)\left\{\lambda_b J_0(\xi_n b)+\xi_n J_1(\xi_n b)\right\}^2\right]\sqrt{\eta_r\xi_n^2+s}}\times$$
$$\times\int_0^\infty\overline{\psi}_a(w,s)\left\{e^{-|z-w|\sqrt{\frac{\eta_r\xi_n^2+s}{\eta_z}}}+e^{-|z+w|\sqrt{\frac{\eta_r\xi_n^2+s}{\eta_z}}}\right\}dw+$$
$$+\frac{\pi}{2\phi c_t\sqrt{\eta_z}}\sum_{n=1}^{\infty}\frac{\xi_n^2\{\xi_n J_1(\xi_n b)-\lambda_b J_0(\xi_n b)\}\{\xi_n J_1(\xi_n a)+\lambda_a J_0(\xi_n a)\}\{\xi_n\mathcal{V}_{\mathcal{N}0}(\xi_n r,a)-\lambda_a\mathcal{V}_{\mathcal{D}0}(\xi_n r,a)\}}{\left[(\lambda_b^2+\xi_n^2)\{\lambda_a J_0(\xi_n a)+\xi_n J_1(\xi_n a)\}^2-(\lambda_a^2+\xi_n^2)\{\lambda_b J_0(\xi_n b)+\xi_n J_1(\xi_n b)\}^2\right]\sqrt{\eta_r\xi_n^2+s}}\times$$
$$\times\int_0^\infty\overline{\psi}_b(w,s)\left\{e^{-|z-w|\sqrt{\frac{\eta_r\xi_n^2+s}{\eta_z}}}+e^{-|z+w|\sqrt{\frac{\eta_r\xi_n^2+s}{\eta_z}}}\right\}dw+$$
$$+\frac{\pi^2}{2\phi c_t\sqrt{\eta_z}}\sum_{n=1}^{\infty}\frac{\xi_n^2\{\xi_n J_1(\xi_n b)-\lambda_b J_0(\xi_n b)\}^2\{\xi_n\mathcal{V}_{\mathcal{N}0}(\xi_n r,a)-\lambda_a\mathcal{V}_{\mathcal{D}0}(\xi_n r,a)\}\overline{\overline{\psi}}(\xi_n,s)e^{-z\sqrt{\frac{\eta_r\xi_n^2+s}{\eta_z}}}}{\left[\left(\lambda_b^2+\xi_n^2\right)\{\lambda_a J_0(\xi_n a)+\xi_n J_1(\xi_n a)\}^2-(\lambda_a^2+\xi_n^2)\{\lambda_b J_0(\xi_n b)+\xi_n J_1(\xi_n b)\}^2\right]\sqrt{(\eta_r\xi_n^2+s)}}+$$
$$+\frac{\pi^2}{4\sqrt{\eta_z}}\sum_{n=1}^{\infty}\frac{\xi_n^2\left\{\xi_n J_1(\xi_n b)-\lambda_b J_0(\xi_n b)\right\}^2\left\{\xi_n\mathcal{V}_{\mathcal{N}0}(\xi_n r,a)-\lambda_a\mathcal{V}_{\mathcal{D}0}(\xi_n r,a)\right\}}{\left[\left(\lambda_b^2+\xi_n^2\right)\left\{\lambda_a J_0(\xi_n a)+\xi_n J_1(\xi_n a)\right\}^2-\left(\lambda_a^2+\xi_n^2\right)\left\{\lambda_b J_0(\xi_n b)+\xi_n J_1(\xi_n b)\right\}^2\right]\sqrt{\eta_r\xi_n^2+s}}\times$$
$$\times\int_0^\infty\overline{\varphi}(\xi_n,w)\left\{e^{-|z-w|\sqrt{\frac{\eta_r\xi_n^2+s}{\eta_z}}}+e^{-|z+w|\sqrt{\frac{\eta_r\xi_n^2+s}{\eta_z}}}\right\}dw \quad (20.36.2)$$

where $\overline{\varphi}(\xi_n,w) = \int_a^b \varphi(r,w)\,r\left\{\xi_n\mathcal{V}_{\mathcal{N}0}(\xi_n r,a)-\lambda_a\mathcal{V}_{\mathcal{D}0}(\xi_n r,a)\right\}dr$ and

$$p = \frac{U(t-t_0)}{8\phi c_t}\sqrt{\frac{\pi}{\eta_z}}\sum_{n=1}^{\infty}\frac{\xi_n^2\left\{\xi_n J_1(\xi_n b)-\lambda_b J_0(\xi_n b)\right\}^2\left\{\xi_n\mathcal{V}_{\mathcal{N}0}(\xi_n r_0,a)-\lambda_a\mathcal{V}_{\mathcal{D}0}(\xi_n r_0,a)\right\}}{\left[\left(\lambda_b^2+\xi_n^2\right)\left\{\lambda_a J_0(\xi_n a)+\xi_n J_1(\xi_n a)\right\}^2-\left(\lambda_a^2+\xi_n^2\right)\left\{\lambda_b J_0(\xi_n b)+\xi_n J_1(\xi_n b)\right\}^2\right]}\times$$
$$\times\left\{\xi_n\mathcal{V}_{\mathcal{N}0}(\xi_n r,a)-\lambda_a\mathcal{V}_{\mathcal{D}0}(\xi_n r,a)\right\}\int_0^{t-t_0}\frac{q(t-t_0-\tau)\,e^{-\eta_r\xi_n^2\tau}}{\sqrt{\tau}}\left\{e^{-\frac{(z-z_0)^2}{4\eta_z\tau}}+e^{-\frac{(z+z_0)^2}{4\eta_z\tau}}\right\}d\tau+$$

$$+\frac{1}{2\phi c_t}\sqrt{\frac{\pi}{\eta_z}}\sum_{n=1}^{\infty}\frac{\xi_n^2\left\{\xi_n J_1(\xi_n b)-\lambda_b J_0(\xi_n b)\right\}^2\left\{\xi_n \mathcal{V}_{\mathcal{N}0}(\xi_n r,a)-\lambda_a \mathcal{V}_{\mathcal{D}0}(\xi_n r,a)\right\}}{\left[(\lambda_b^2+\xi_n^2)\left\{\lambda_a J_0(\xi_n a)+\xi_n J_1(\xi_n a)\right\}^2-(\lambda_a^2+\xi_n^2)\left\{\lambda_b J_0(\xi_n b)+\xi_n J_1(\xi_n b)\right\}^2\right]}\times$$

$$\times\int_0^{\infty}\int_0^{t}\frac{\psi_a(w,t-\tau)\,e^{-\eta_r\xi_n^2\tau}}{\sqrt{\tau}}\left\{e^{-\frac{(z-w)^2}{4\eta_z\tau}}+e^{-\frac{(z+w)^2}{4\eta_z\tau}}\right\}d\tau dw+$$

$$+\frac{1}{2\phi c_t}\sqrt{\frac{\pi}{\eta_z}}\sum_{n=1}^{\infty}\frac{\xi_n^2\{\xi_n J_1(\xi_n b)-\lambda_b J_0(\xi_n b)\}\{\xi_n J_1(\xi_n a)+\lambda_a J_0(\xi_n a)\}\{\xi_n \mathcal{V}_{\mathcal{N}0}(\xi_n r,a)-\lambda_a \mathcal{V}_{\mathcal{D}0}(\xi_n r,a)\}}{\left[(\lambda_b^2+\xi_n^2)\left\{\lambda_a J_0(\xi_n a)+\xi_n J_1(\xi_n a)\right\}^2-(\lambda_a^2+\xi_n^2)\left\{\lambda_b J_0(\xi_n b)+\xi_n J_1(\xi_n b)\right\}^2\right]}\times$$

$$\times\int_0^{\infty}\int_0^{t}\frac{\psi_b(w,t-\tau)\,e^{-\eta_r\xi_n^2\tau}}{\sqrt{\tau}}\left\{e^{-\frac{(z-w)^2}{4\eta_z\tau}}+e^{-\frac{(z+w)^2}{4\eta_z\tau}}\right\}d\tau dw+$$

$$+\frac{\pi}{2\phi c_t}\sqrt{\frac{\pi}{\eta_z}}\sum_{n=1}^{\infty}\frac{\xi_n^2\left\{\xi_n J_1(\xi_n b)-\lambda_b J_0(\xi_n b)\right\}^2\left\{\xi_n \mathcal{V}_{\mathcal{N}0}(\xi_n r,a)-\lambda_a \mathcal{V}_{\mathcal{D}0}(\xi_n r,a)\right\}}{\left[(\lambda_b^2+\xi_n^2)\left\{\lambda_a J_0(\xi_n a)+\xi_n J_1(\xi_n a)\right\}^2-(\lambda_a^2+\xi_n^2)\left\{\lambda_b J_0(\xi_n b)+\xi_n J_1(\xi_n b)\right\}^2\right]}\times$$

$$\times\int_0^{t}\frac{\overline{\psi}(\xi_n,t-\tau)\,e^{-\eta_r\xi_n^2\tau-\frac{z^2}{4\eta_z\tau}}}{\sqrt{\tau}}d\tau+$$

$$+\frac{1}{4}\sqrt{\frac{\pi^3}{\eta_z t}}\sum_{n=1}^{\infty}\frac{\xi_n^2\left\{\xi_n J_1(\xi_n b)-\lambda_b J_0(\xi_n b)\right\}^2\left\{\xi_n \mathcal{V}_{\mathcal{N}0}(\xi_n r,a)-\lambda_a \mathcal{V}_{\mathcal{D}0}(\xi_n r,a)\right\}e^{-\eta_r\xi_n^2 t}}{\left[(\lambda_b^2+\xi_n^2)\left\{\lambda_a J_0(\xi_n a)+\xi_n J_1(\xi_n a)\right\}^2-(\lambda_a^2+\xi_n^2)\left\{\lambda_b J_0(\xi_n b)+\xi_n J_1(\xi_n b)\right\}^2\right]}\times$$

$$\times\int_0^{\infty}\overline{\varphi}(\xi_n,w)\left\{e^{-\frac{(z-w)^2}{4\eta_z t}}+e^{-\frac{(z+w)^2}{4\eta_z t}}\right\}dw \qquad (20.36.3)$$

20.37 A cylindrical continuum bounded by $0 \le r \le a$ and semi-infinite in z. Ring source at $s_r \equiv (r_0, z_0)$; $0 \le r_0 \le a$, $0 < z_0 < \infty$, $t_0 \ge 0$. $R \equiv \frac{\partial p(r,0,t)}{\partial z} - \lambda p(r,0,t) = -\left(\frac{\mu}{k_z}\right)\psi(r,t)$ and $D_a \equiv p(a,z,t) = \psi_a(z,t)$. $p(r,z,0) = \varphi(r,z)$

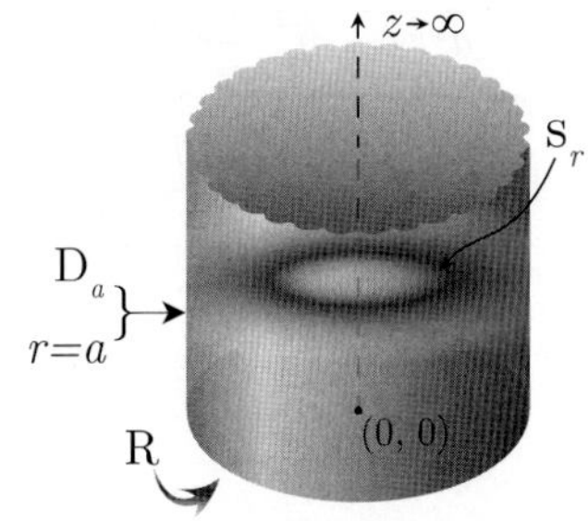

The successive application of the Laplace, Fourier and finite Hankel transformations to equation (18.1.1) gives

$$\overline{\overline{\overline{p}}} = \frac{q(s)\,e^{-st_0}\{l\cos(lz_0)+\lambda\sin(lz_0)\}\,J_0(\xi_n r_0)}{2\pi\phi c_t(\eta_r\xi_n^2+\eta_z l^2+s)}+\frac{a\eta_r\xi_n\overline{\overline{\psi}}_a(l,s)\,J_1(\xi_n a)}{(\eta_r\xi_n^2+\eta_z l^2+s)}+$$
$$+\frac{l\overline{\overline{\psi}}(\xi_n,s)}{\phi c_t(\eta_r\xi_n^2+\eta_z l^2+s)}+\frac{\overline{\overline{\varphi}}(\xi_n,l)}{(\eta_r\xi_n^2+\eta_z l^2+s)} \qquad (20.37.1)$$

where ξ_n are the positive roots of $J_0(\xi_n a)=0$, $n=1,2,...$, $\overline{\overline{\psi}}_a(l,s)=\int_0^\infty\{l\cos(lz)+\lambda\sin(lz)\}\,\overline{\psi}_a(z,s)dz$, $\overline{\overline{\psi}}(\xi_n,s)=\int_0^a\overline{\psi}(r,s)rJ_0(\xi r)\,dr$, $\overline{\overline{\varphi}}(\xi_n,l)=\int_0^a\overline{\varphi}(r,l)\,rJ_0(\xi_n r)\,dr$ and $\overline{\varphi}(r,l)=\int_0^\infty\{l\cos(lw)+\lambda\sin(lw)\}\,\varphi(r,w)dw$. Successive inverse transforms yield

$$\overline{p} = \frac{q(s)\,e^{-st_0}}{2\pi a^2\phi c_t\sqrt{\eta_z}}\sum_{n=1}^{\infty}\frac{J_0(\xi_n r_0)\,J_0(\xi_n r)}{J_1^2(\xi_n a)\sqrt{(\eta_r\xi_n^2+s)}}\left\{e^{-|z-z_0|\sqrt{\frac{\eta_r\xi_n^2+s}{\eta_z}}}+\left(\frac{\sqrt{\eta_r\xi_n^2+s}-\lambda\sqrt{\eta_z}}{\sqrt{\eta_r\xi_n^2+s}+\lambda\sqrt{\eta_z}}\right)e^{-|z+z_0|\sqrt{\frac{\eta_r\xi_n^2+s}{\eta_z}}}\right\}+$$

$$+\frac{\eta_r}{a\sqrt{\eta_z}}\sum_{n=1}^{\infty}\frac{\xi_n J_0(\xi_n r)}{J_1(\xi_n a)\sqrt{\eta_r\xi_n^2+s}}\int_0^{\infty}\overline{\psi}_a(w,s)\left\{e^{-|z-w|\sqrt{\frac{\eta_r\xi_n^2+s}{\eta_z}}}+\left(\frac{\sqrt{\eta_r\xi_n^2+s}-\lambda\sqrt{\eta_z}}{\sqrt{\eta_r\xi_n^2+s}+\lambda\sqrt{\eta_z}}\right)e^{-|z+w|\sqrt{\frac{\eta_r\xi_n^2+s}{\eta_z}}}\right\}dw+$$

$$+\frac{2}{a^2\phi c_t\sqrt{\eta_z}}\sum_{n=1}^{\infty}\frac{\overline{\overline{\psi}}(\xi_n,s)\,J_0(\xi_n r)\,e^{-z\sqrt{\frac{\eta_r\xi_n^2+s}{\eta_z}}}}{J_1^2(\xi_n a)\left(\sqrt{\eta_r\xi_n^2+s}+\lambda\sqrt{\eta_z}\right)}+$$

$$+\frac{1}{a^2\sqrt{\eta_z}}\sum_{n=1}^{\infty}\frac{J_0(\xi_n r)}{J_1^2(\xi_n a)\sqrt{\eta_r\xi_n^2+s}}\int_0^{\infty}\overline{\varphi}(\xi_n,w)\left\{e^{-|z-w|\sqrt{\frac{\eta_r\xi_n^2+s}{\eta_z}}}+\left(\frac{\sqrt{\eta_r\xi_n^2+s}-\lambda\sqrt{\eta_z}}{\sqrt{\eta_r\xi_n^2+s}+\lambda\sqrt{\eta_z}}\right)e^{-|z+w|\sqrt{\frac{\eta_r\xi_n^2+s}{\eta_z}}}\right\}dw \tag{20.37.2}$$

where $\overline{\varphi}(\xi_n,w)=\int_0^a\varphi(r,w)\,rJ_0(\xi_n r)\,dr$ and

$$p = \frac{U(t-t_0)}{2\pi a^2\phi c_t\sqrt{\pi\eta_z}}\sum_{n=1}^{\infty}\frac{J_0(\xi_n r_0)\,J_0(\xi_n r)}{J_1^2(\xi_n a)}\times$$

$$\times\int_0^{t-t_0}\frac{q(t-t_0-\tau)\,e^{-\eta_r\xi_n^2\tau}}{\sqrt{\tau}}\left\{e^{-\frac{(z-z_0)^2}{4\eta_z\tau}}+e^{-\frac{(z+z_0)^2}{4\eta_z\tau}}-2\,(\lambda\sqrt{\pi\eta_z\tau})e^{(z+z_0)\lambda+\lambda^2\eta_z\tau}\operatorname{erfc}\left(\lambda\sqrt{\eta_z\tau}+\frac{z+z_0}{2\sqrt{\eta_z\tau}}\right)\right\}d\tau+$$

$$+\frac{\eta_r}{a\sqrt{\pi\eta_z}}\sum_{n=1}^{\infty}\frac{\xi_n J_0(\xi_n r)}{J_1(\xi_n a)}\times$$

$$\times\int_0^{\infty}\int_0^{t}\frac{\overline{\psi}_a(u,t-\tau)e^{-\eta_r\xi_n^2\tau}}{\sqrt{\tau}}\left\{e^{-\frac{(z-w)^2}{4\eta_z\tau}}+e^{-\frac{(z+w)^2}{4\eta_z\tau}}-2(\lambda\sqrt{\pi\eta_z\tau})e^{(z+w)\lambda+\lambda^2\eta_z\tau}\operatorname{erfc}\left(\lambda\sqrt{\eta_z\tau}+\frac{z+w}{2\sqrt{\eta_z\tau}}\right)\right\}d\tau dw+$$

$$+\frac{2}{a^2\phi c_t\sqrt{\eta_z}}\sum_{n=1}^{\infty}\frac{J_0(\xi_n r)}{J_1^2(\xi_n a)}\int_0^{t}\overline{\psi}(\xi_n,t-\tau)e^{-\eta_r\xi_n^2\tau}\left\{\frac{e^{-\frac{z^2}{4\eta_z\tau}}}{\sqrt{\pi\tau}}-\lambda\sqrt{\eta_z}e^{z\lambda+\lambda^2\eta_z\tau}\operatorname{erfc}\left(\lambda\sqrt{\eta_z\tau}+\frac{z}{2\sqrt{\eta_z\tau}}\right)\right\}d\tau+$$

$$+\frac{1}{a^2\sqrt{\pi\eta_z t}}\sum_{n=1}^{\infty}\frac{J_0(\xi_n r)\,e^{-\eta_r\xi_n^2 t}}{J_1^2(\xi_n a)}\times$$

$$\times\int_0^{\infty}\overline{\varphi}(\xi_n,w)\left\{e^{-\frac{(z-w)^2}{4\eta_z\tau}}+e^{-\frac{(z+w)^2}{4\eta_z\tau}}-2\,(\lambda\sqrt{\pi\eta_z\tau})\,e^{(z+w)\lambda+\lambda^2\eta_z\tau}\operatorname{erfc}\left(\lambda\sqrt{\eta_z\tau}+\frac{z+w}{2\sqrt{\eta_z\tau}}\right)\right\}dw \tag{20.37.3}$$

When $p(r,z,0)=p_I$, a constant, the solution is obtained by replacing the terms corresponding to the initial condition (the last term) in equations (20.37.2) and (20.37.3) with

$$\overline{p} = \frac{p_I}{s}-\frac{2p_I\eta_r}{as}\sum_{n=1}^{\infty}\frac{\xi_n J_0(\xi_n r)}{J_1(\xi_n a)}\left\{\frac{1+\lambda z}{(\eta_r\xi_n^2+\eta_z\lambda^2+s)}+\frac{1}{(\eta_r\xi_n^2+s)}\right\}-$$
$$-\frac{2p_I\lambda\sqrt{\eta_z}}{a}\sum_{n=1}^{\infty}\frac{J_0(\xi_n r)\,e^{-z\sqrt{\frac{\eta_r\xi_n^2+s}{\eta_z}}}}{\xi_n J_1(\xi_n a)\left(\lambda\sqrt{\eta_z}+\sqrt{\eta_r\xi_n^2+s}\right)(\eta_r\xi_n^2+s)} \tag{20.37.4}$$

and

$$p = \frac{2p_I}{a}\sum_{n=1}^{\infty}\frac{J_0(\xi_n r)\,e^{-\eta_r\xi_n^2 t}}{\xi_n J_1(\xi_n a)}-\frac{2p_I\eta_r(1+\lambda z)}{a}\sum_{n=1}^{\infty}\frac{\xi_n J_0(\xi_n r)\left\{1-e^{-(\eta_r\xi_n^2+\eta_z\lambda^2)t}\right\}}{(\eta_r\xi_n^2+\eta_z\lambda^2)\,J_1(\xi_n a)}-$$
$$-\frac{2p_I}{a}\sum_{n=1}^{\infty}\frac{J_0(\xi_n r)\,e^{-\eta_r\xi_n^2 t}}{\xi_n J_1(\xi_n a)}\left\{\operatorname{erfc}\left(\frac{z}{2\sqrt{\eta_z t}}\right)-e^{z\lambda+\lambda^2 t}\operatorname{erfc}\left(\lambda\sqrt{\eta_z t}+\frac{z}{2\sqrt{\eta_z t}}\right)\right\} \tag{20.37.5}$$

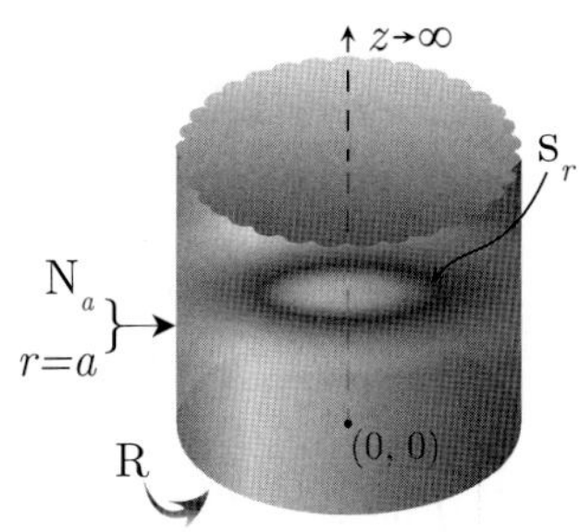

20.38 The problem of 20.37, except $\mathbf{N}_a \equiv \frac{\partial p(a,z,t)}{\partial r} = -\left(\frac{\mu}{k_r}\right)\psi_a(z,t)$ and $\mathbf{R} \equiv \frac{\partial p(r,0,t)}{\partial z} - \lambda p(r,0,t) = -\left(\frac{\mu}{k_z}\right)\psi(r,t)$

The successive application of the Laplace, Fourier and finite Hankel transformations to equation (18.1.1) gives

$$\overline{\overline{\overline{p}}} = \frac{q(s)\,e^{-st_0}\left\{l\cos(lz_0)+\lambda\sin(lz_0)\right\}J_0(\xi_n r_0)}{2\pi\phi c_t\left(\eta_r\xi_n^2+\eta_z l^2+s\right)} - \frac{a\overline{\overline{\psi}}_a(l,s)\,J_0(\xi_n a)}{\phi c_t\left(\eta_r\xi_n^2+\eta_z l^2+s\right)} + \frac{l\overline{\overline{\psi}}(\xi_n,s)}{\phi c_t\left(\eta_r\xi_n^2+\eta_z l^2+s\right)} + \\ + \frac{\overline{\overline{\varphi}}(\xi_n,l)}{\left(\eta_r\xi_n^2+\eta_z l^2+s\right)} \tag{20.38.1}$$

where ξ_n are the positive roots of $J_1(\xi_n a)=0$, $n=0,1,...$, $\overline{\overline{\psi}}_a(l,s)=\int_0^\infty\{l\cos(lz)+\lambda\sin(lz)\}\overline{\psi}_a(z,s)dz$, $\overline{\overline{\psi}}(\xi_n,s)=\int_0^a\overline{\psi}(r,s)rJ_0(\xi r)\,dr$, $\overline{\overline{\varphi}}(\xi_n,l)=\int_0^a\overline{\varphi}(r,l)\,rJ_0(\xi_n r)\,dr$ and $\overline{\varphi}(r,l)=\int_0^\infty\{l\cos(lw)+\lambda\sin(lw)\}\varphi(r,w)dw$. Successive inverse transforms yield

$$\begin{aligned}\overline{p} = {} & \frac{q(s)\,e^{-st_0}}{2\pi a^2\phi c_t\sqrt{\eta_z}}\sum_{n=0}^{\infty}\frac{J_0(\xi_n r_0)\,J_0(\xi_n r)}{J_0^2(\xi_n a)\sqrt{(\eta_r\xi_n^2+s)}}\left\{e^{-|z-z_0|\sqrt{\frac{\eta_r\xi_n^2+s}{\eta_z}}}+\left(\frac{\sqrt{\eta_r\xi_n^2+s}-\lambda\sqrt{\eta_z}}{\sqrt{\eta_r\xi_n^2+s}+\lambda\sqrt{\eta_z}}\right)e^{-|z+z_0|\sqrt{\frac{\eta_r\xi_n^2+s}{\eta_z}}}\right\}- \\ & -\frac{1}{a\phi c_t\sqrt{\eta_z}}\sum_{n=0}^{\infty}\frac{J_0(\xi_n r)}{J_0(\xi_n a)\sqrt{\eta_r\xi_n^2+s}}\times \\ & \times\int_0^\infty\overline{\psi}_a(w,s)\left\{e^{-|z-w|\sqrt{\frac{\eta_r\xi_n^2+s}{\eta_z}}}+\left(\frac{\sqrt{\eta_r\xi_n^2+s}-\lambda\sqrt{\eta_z}}{\sqrt{\eta_r\xi_n^2+s}+\lambda\sqrt{\eta_z}}\right)e^{-|z+w|\sqrt{\frac{\eta_r\xi_n^2+s}{\eta_z}}}\right\}dw+ \\ & +\frac{2}{a^2\phi c_t\sqrt{\eta_z}}\sum_{n=1}^{\infty}\frac{\overline{\overline{\psi}}(\xi_n,s)\,J_0(\xi_n r)\,e^{-z\sqrt{\frac{\eta_r\xi_n^2+s}{\eta_z}}}}{J_0^2(\xi_n a)\left(\sqrt{\eta_r\xi_n^2+s}+\lambda\sqrt{\eta_z}\right)}+ \\ & +\frac{1}{a^2\sqrt{\eta_z}}\sum_{n=0}^{\infty}\frac{J_0(\xi_n r)}{J_0^2(\xi_n a)\sqrt{\eta_r\xi_n^2+s}}\times \\ & \times\int_0^\infty\overline{\varphi}(\xi_n,w)\left\{e^{-|z-w|\sqrt{\frac{\eta_r\xi_n^2+s}{\eta_z}}}+\left(\frac{\sqrt{\eta_r\xi_n^2+s}-\lambda\sqrt{\eta_z}}{\sqrt{\eta_r\xi_n^2+s}+\lambda\sqrt{\eta_z}}\right)e^{-|z+w|\sqrt{\frac{\eta_r\xi_n^2+s}{\eta_z}}}\right\}dw\end{aligned} \tag{20.38.2}$$

where $\overline{\varphi}(\xi_n,w)=\int_0^a\varphi(r,w)\,rJ_0(\xi_n r)\,dr$ and

$$\begin{aligned}p = {} & \frac{U(t-t_0)}{2\pi a^2\phi c_t\sqrt{\pi\eta_z}}\sum_{n=0}^{\infty}\frac{J_0(\xi_n r_0)\,J_0(\xi_n r)}{J_0^2(\xi_n a)}\times \\ & \times\int_0^{t-t_0}\frac{q(t-t_0-\tau)e^{-\eta_r\xi_n^2\tau}}{\sqrt{\tau}}\left\{e^{-\frac{(z-z_0)^2}{4\eta_z\tau}}+e^{-\frac{(z+z_0)^2}{4\eta_z\tau}}-2(\lambda\sqrt{\pi\eta_z\tau})e^{(z+z_0)\lambda+\lambda^2\eta_z\tau}\operatorname{erfc}\left(\lambda\sqrt{\eta_z\tau}+\frac{z+z_0}{2\sqrt{\eta_z\tau}}\right)\right\}d\tau- \\ & -\frac{1}{a\phi c_t\sqrt{\pi\eta_z}}\sum_{n=0}^{\infty}\frac{J_0(\xi_n r)}{J_0(\xi_n a)}\times \\ & \times\int_0^\infty\int_0^t\frac{\psi_a(u,t-\tau)e^{-\eta_r\xi_n^2\tau}}{\sqrt{\tau}}\left\{e^{-\frac{(z-w)^2}{4\eta_z\tau}}+e^{-\frac{(z+w)^2}{4\eta_z\tau}}-2(\lambda\sqrt{\pi\eta_z\tau})\,e^{(z+w)\lambda+\lambda^2\eta_z\tau}\operatorname{erfc}\left(\lambda\sqrt{\eta_z\tau}+\frac{z+w}{2\sqrt{\eta_z\tau}}\right)\right\}d\tau dw+\end{aligned}$$

$$+\frac{2}{a^2\phi c_t\sqrt{\eta_z}}\sum_{n=1}^{\infty}\frac{J_0(\xi_n r)}{J_0^2(\xi_n a)}\int_0^t\overline{\psi}(\xi_n,t-\tau)e^{-\eta_r\xi_n^2\tau}\left\{\frac{e^{-\frac{z^2}{4\eta_z\tau}}}{\sqrt{\pi\tau}}-\lambda\sqrt{\eta_z}e^{z\lambda+\lambda^2\eta_z\tau}\operatorname{erfc}\left(\lambda\sqrt{\eta_z\tau}+\frac{z}{2\sqrt{\eta_z\tau}}\right)\right\}d\tau+$$

$$+\frac{1}{a^2\sqrt{\pi\eta_z t}}\sum_{n=0}^{\infty}\frac{J_0(\xi_n r)e^{-\eta_r\xi_n^2 t}}{J_0^2(\xi_n a)}\times$$

$$\times\int_0^{\infty}\overline{\varphi}(\xi_n,w)\left\{e^{-\frac{(z-w)^2}{4\eta_z\tau}}+e^{-\frac{(z+w)^2}{4\eta_z\tau}}-2\left(\lambda\sqrt{\pi\eta_z\tau}\right)e^{(z+w)\lambda+\lambda^2\eta_z\tau}\operatorname{erfc}\left(\lambda\sqrt{\eta_z\tau}+\frac{z+w}{2\sqrt{\eta_z\tau}}\right)\right\}dw \quad (20.38.3)$$

When $p(r,z,0)=p_I$, a constant, the solution is obtained by replacing the terms corresponding to the initial condition (the last term) in equations (20.38.2) and (20.38.3) with

$$\overline{p}=\frac{p_I}{s}-\frac{2p_I\lambda\sqrt{\eta_z}}{as}\sum_{n=1}^{\infty}\frac{J_1(\xi_n a)J_0(\xi_n r)e^{-z\sqrt{\frac{\eta_r\xi_n^2+s}{\eta_z}}}}{\xi_n J_0^2(\xi_n a)\left(\lambda\sqrt{\eta_z}+\sqrt{\eta_r\xi_n^2+s}\right)} \quad (20.38.4)$$

and

$$p = p_I-\frac{2p_I\lambda\sqrt{\eta_z}}{a}\sum_{n=1}^{\infty}\frac{J_1(\xi_n a)J_0(\xi_n r)}{\xi_n J_0^2(\xi_n a)}\left[\frac{e^{-z\xi_n\sqrt{\frac{\eta_r}{\eta_z}}}\operatorname{erfc}\left\{\frac{z}{2\sqrt{\eta_z t}}-\xi_n\sqrt{\eta_r t}\right\}}{2\left\{\lambda\sqrt{\eta_z}+\xi_n\sqrt{\eta_r}\right\}}+\right.$$

$$\left.+\frac{e^{z\xi_n\sqrt{\frac{\eta_r}{\eta_z}}}\operatorname{erfc}\left\{\frac{z}{2\sqrt{\eta_z t}}+\xi_n\sqrt{\eta_r t}\right\}}{2\left\{\lambda\sqrt{\eta_z}-\xi_n\sqrt{\eta_r}\right\}}-\frac{\lambda\sqrt{\eta_z}e^{z\lambda+\lambda^2\eta_z t-\eta_r\xi_n^2 t}}{\lambda^2\eta_z-\xi_n^2\eta_r}\operatorname{erfc}\left\{\frac{z}{2\sqrt{\eta_z t}}+\lambda\sqrt{\eta_z t}\right\}\right] \quad (20.38.5)$$

20.39

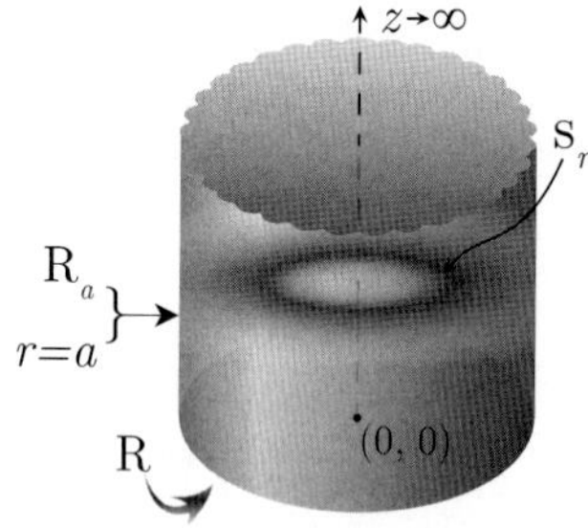

The problem of 20.37, except
$\mathbf{R_a \equiv \frac{\partial p(a,z,t)}{\partial r} + \lambda_a p\,(a,z,t) = -\left(\frac{\mu}{k_r}\right)\psi_a(z,t)}$ **and**
$\mathbf{R \equiv \frac{\partial p(r,0,t)}{\partial z} - \lambda p\,(r,0,t) = -\left(\frac{\mu}{k_z}\right)\psi\,(r,t)}$

The successive application of the Laplace, Fourier and finite Hankel transformations to equation (18.1.1) gives

$$\overline{\overline{\overline{p}}} = \frac{q(s)e^{-st_0}\{l\cos(lz_0)+\lambda\sin(lz_0)\}J_0(\xi_n r_0)}{2\pi\phi c_t(\eta_r\xi_n^2+\eta_z l^2+s)}-\frac{a\overline{\overline{\psi}}_a(l,s)J_0(\xi_n a)}{\phi c_t(\eta_r\xi_n^2+\eta_z l^2+s)}+\frac{l\overline{\overline{\psi}}(\xi_n,s)}{\phi c_t(\eta_r\xi_n^2+\eta_z l^2+s)}+$$

$$+\frac{\overline{\overline{\varphi}}(\xi_n,l)}{(\eta_r\xi_n^2+\eta_z l^2+s)} \quad (20.39.1)$$

where ξ_n are the positive roots of
$\lambda J_0(\xi_n a)=\xi_n J_1(\xi_n a)$, $n=0,1,...$, $\overline{\overline{\psi}}_a(l,s)=\int_0^{\infty}\{l\cos(lz)+\lambda\sin(lz)\}\overline{\psi}_a(z,s)dz$,
$\overline{\overline{\psi}}(\xi_n,s)=\int_0^a\overline{\psi}(r,s)rJ_0(\xi r)\,dr$, $\overline{\overline{\varphi}}(\xi_n,l)=\int_0^a\overline{\varphi}(r,l)\,rJ_0(\xi_n r)\,dr$ and
$\overline{\varphi}(r,l)=\int_0^{\infty}\{l\cos(lw)+\lambda\sin(lw)\}\varphi(r,w)dw$. Successive inverse transforms yield

$$\overline{p} = \frac{q(s)e^{-st_0}}{2\pi a^2\phi c_t\sqrt{\eta_z}}\sum_{n=1}^{\infty}\frac{J_0(\xi_n r_0)J_0(\xi_n r)}{\{J_0^2(\xi_n a)+J_1^2(\xi_n a)\}\sqrt{(\eta_r\xi_n^2+s)}}\times$$

$$\times\left\{e^{-|z-z_0|\sqrt{\frac{\eta_r\xi_n^2+s}{\eta_z}}}+\left(\frac{\sqrt{\eta_r\xi_n^2+s}-\lambda\sqrt{\eta_z}}{\sqrt{\eta_r\xi_n^2+s}+\lambda\sqrt{\eta_z}}\right)e^{-|z+z_0|\sqrt{\frac{\eta_r\xi_n^2+s}{\eta_z}}}\right\}-$$

$$-\frac{1}{a\phi c_t\sqrt{\eta_z}}\sum_{n=1}^{\infty}\frac{J_0(\xi_n a)J_0(\xi_n r)}{\{J_0^2(\xi_n a)+J_1^2(\xi_n a)\}\sqrt{\eta_r\xi_n^2+s}}\times$$
$$\times\int_0^{\infty}\overline{\psi}_a(w,s)\left\{e^{-|z-w|\sqrt{\frac{\eta_r\xi_n^2+s}{\eta_z}}}+\left(\frac{\sqrt{\eta_r\xi_n^2+s}-\lambda\sqrt{\eta_z}}{\sqrt{\eta_r\xi_n^2+s}+\lambda\sqrt{\eta_z}}\right)e^{-|z+w|\sqrt{\frac{\eta_r\xi_n^2+s}{\eta_z}}}\right\}dw+$$
$$+\frac{2}{a^2\phi c_t\sqrt{\eta_z}}\sum_{n=1}^{\infty}\frac{\overline{\overline{\psi}}(\xi_n,s)J_0(\xi_n r)e^{-z\sqrt{\frac{\eta_r\xi_n^2+s}{\eta_z}}}}{\{J_0^2(\xi_n a)+J_1^2(\xi_n a)\}\left(\sqrt{\eta_r\xi_n^2+s}+\lambda\sqrt{\eta_z}\right)}+$$
$$+\frac{1}{a^2\sqrt{\eta_z}}\sum_{n=1}^{\infty}\frac{J_0(\xi_n r)}{\{J_0^2(\xi_n a)+J_1^2(\xi_n a)\}\sqrt{\eta_r\xi_n^2+s}}\times$$
$$\times\int_0^{\infty}\overline{\varphi}(\xi_n,w)\left\{e^{-|z-w|\sqrt{\frac{\eta_r\xi_n^2+s}{\eta_z}}}+\left(\frac{\sqrt{\eta_r\xi_n^2+s}-\lambda\sqrt{\eta_z}}{\sqrt{\eta_r\xi_n^2+s}+\lambda\sqrt{\eta_z}}\right)e^{-|z+w|\sqrt{\frac{\eta_r\xi_n^2+s}{\eta_z}}}\right\}dw \tag{20.39.2}$$

where $\overline{\varphi}(\xi_n,w)=\int_0^a\varphi(r,w)\,rJ_0(\xi_n r)\,dr$ and

$$p=\frac{U(t-t_0)}{2\pi a^2\phi c_t\sqrt{\pi\eta_z}}\sum_{n=1}^{\infty}\frac{J_0(\xi_n r_0)J_0(\xi_n r)}{\{J_0^2(\xi_n a)+J_1^2(\xi_n a)\}}\times$$
$$\times\int_0^{t-t_0}\frac{q(t-t_0-\tau)e^{-\eta_r\xi_n^2\tau}}{\sqrt{\tau}}\left\{e^{-\frac{(z-z_0)^2}{4\eta_z\tau}}+e^{-\frac{(z+z_0)^2}{4\eta_z\tau}}-2(\lambda\sqrt{\pi\eta_z\tau})\,e^{(z+z_0)\lambda+\lambda^2\eta_z\tau}\operatorname{erfc}\left(\lambda\sqrt{\eta_z\tau}+\frac{z+z_0}{2\sqrt{\eta_z\tau}}\right)\right\}d\tau-$$
$$-\frac{1}{a\phi c_t\sqrt{\pi\eta_z}}\sum_{n=1}^{\infty}\frac{J_0(\xi_n a)J_0(\xi_n r)}{\{J_0^2(\xi_n a)+J_1^2(\xi_n a)\}}\times$$
$$\times\int_0^{\infty}\int_0^{t}\frac{\overline{\psi}_a(u,t-\tau)e^{-\eta_r\xi_n^2\tau}}{\sqrt{\tau}}\left\{e^{-\frac{(z-w)^2}{4\eta_z\tau}}+e^{-\frac{(z+w)^2}{4\eta_z\tau}}-2(\lambda\sqrt{\pi\eta_z\tau})\,e^{(z+w)\lambda+\lambda^2\eta_z\tau}\operatorname{erfc}\left(\lambda\sqrt{\eta_z\tau}+\frac{z+w}{2\sqrt{\eta_z\tau}}\right)\right\}d\tau dw+$$
$$+\frac{2}{a^2\phi c_t\sqrt{\eta_z}}\sum_{n=1}^{\infty}\frac{J_0(\xi_n r)}{\{J_0^2(\xi_n a)+J_1^2(\xi_n a)\}}\times$$
$$\times\int_0^{t}\overline{\psi}(\xi_n,t-\tau)\,e^{-\eta_r\xi_n^2\tau}\left\{\frac{e^{-\frac{z^2}{4\eta_z\tau}}}{\sqrt{\pi\tau}}-\lambda\sqrt{\eta_z}e^{z\lambda+\lambda^2\eta_z\tau}\operatorname{erfc}\left(\lambda\sqrt{\eta_z\tau}+\frac{z}{2\sqrt{\eta_z\tau}}\right)\right\}d\tau+$$
$$+\frac{1}{a^2\sqrt{\pi\eta_z t}}\sum_{n=1}^{\infty}\frac{J_0(\xi_n r)e^{-\eta_r\xi_n^2 t}}{\{J_0^2(\xi_n a)+J_1^2(\xi_n a)\}}\times$$
$$\times\int_0^{\infty}\overline{\varphi}(\xi_n,w)\left\{e^{-\frac{(z-w)^2}{4\eta_z\tau}}+e^{-\frac{(z+w)^2}{4\eta_z\tau}}-2\,(\lambda\sqrt{\pi\eta_z\tau})\,e^{(z+w)\lambda+\lambda^2\eta_z\tau}\operatorname{erfc}\left(\lambda\sqrt{\eta_z\tau}+\frac{z+w}{2\sqrt{\eta_z\tau}}\right)\right\}dw \tag{20.39.3}$$

When $p(r,z,0)=p_I$, a constant, the solution is obtained by replacing the terms corresponding to the initial condition (the last term) in equations (20.39.2) and (20.39.3) with

$$\overline{p}=\frac{p_I}{s}-\frac{2\lambda_a p_I\eta_r}{as}\sum_{n=1}^{\infty}\frac{\xi_n^2J_0(\xi_n r)}{(\xi_n^2+\lambda_a^2)J_0(\xi_n a)}\left\{\frac{1+\lambda z}{(\eta_r\xi_n^2+\eta_z\lambda^2+s)}+\frac{1}{(\eta_r\xi_n^2+s)}\right\}+$$
$$+\frac{2p_I\eta_r\lambda_a\lambda\sqrt{\eta_z}}{as}\sum_{n=1}^{\infty}\frac{\xi_n^2J_0(\xi_n r)e^{-z\sqrt{\frac{\eta_r\xi_n^2+s}{\eta_z}}}}{J_0(\xi_n a)(\xi_n^2+\lambda_a^2)(\eta_r\xi_n^2+s)\left(\lambda\sqrt{\eta_z}+\sqrt{\eta_r\xi_n^2+s}\right)}-$$
$$-\frac{2p_I\lambda\sqrt{\eta_z}}{as}\sum_{n=1}^{\infty}\frac{\xi_nJ_1(\xi_n a)J_0(\xi_n r)e^{-z\sqrt{\frac{\eta_r\xi_n^2+s}{\eta_z}}}}{J_0^2(\xi_n a)(\xi_n^2+\lambda_a^2)\left(\lambda\sqrt{\eta_z}+\sqrt{\eta_r\xi_n^2+s}\right)} \tag{20.39.4}$$

and

$$p = p_I - \frac{2\lambda_a p_I}{a}\sum_{n=1}^{\infty}\frac{J_0(\xi_n r)\left(1-e^{-\eta_r\xi_n^2 t}\right)}{(\xi_n^2+\lambda_a^2)J_0(\xi_n a)} - \frac{2p_I\lambda_a\eta_r(1+\lambda z)}{a}\sum_{n=1}^{\infty}\frac{\xi_n^2 J_0(\xi_n r)\left\{1-e^{-(\eta_r\xi_n^2+\eta_z\lambda_0^2)t}\right\}}{J_0(\xi_n a)(\eta_r\xi_n^2+\eta_z\lambda^2)(\xi_n^2+\lambda_a^2)} -$$

$$+\frac{2p_I\lambda_a\eta_r}{a}\sum_{n=1}^{\infty}\frac{\xi_n^2 J_0(\xi_n r)}{J_0(\xi_n a)(\xi_n^2+\lambda_a^2)}\int_0^t\left\{\mathrm{erfc}\left(\frac{z}{2\sqrt{\eta_z\tau}}\right)-e^{z\lambda+\lambda^2\tau}\,\mathrm{erfc}\left(\lambda\sqrt{\eta_z\tau}+\frac{z}{2\sqrt{\eta_z\tau}}\right)\right\}e^{-\eta_r\xi_n^2\tau}d\tau -$$

$$-\frac{2p_I\lambda\sqrt{\eta_z}}{a}\sum_{n=1}^{\infty}\frac{\xi_n J_1(\xi_n a)J_0(\xi_n r)}{J_0^2(\xi_n a)(\xi_n^2+\lambda_a^2)}\left[\frac{e^{-z\xi_n\sqrt{\frac{\eta_r}{\eta_z}}}\,\mathrm{erfc}\left(\frac{z}{2\sqrt{\eta_z\tau}}-\xi_n\sqrt{\eta_r t}\right)}{2\left(\lambda\sqrt{\eta_z}+\xi_n\sqrt{\eta_r}\right)}-\frac{e^{z\xi_n\sqrt{\frac{\eta_r}{\eta_z}}}\,\mathrm{erfc}\left(\frac{z}{2\sqrt{\eta_z\tau}}+\xi_n\sqrt{\eta_r t}\right)}{2\left(\lambda\sqrt{\eta_z}-\xi_n\sqrt{\eta_r}\right)}-\right.$$

$$\left.-\frac{\lambda\sqrt{\eta_z}e^{z\lambda+\lambda^2\eta_z t-\eta_r\xi_n^2 t}}{\lambda^2\eta_z-\xi_n^2\eta_r}\,\mathrm{erfc}\left(\frac{z}{2\sqrt{\eta_z\tau}}+\lambda\sqrt{\eta_z t}\right)\right] \tag{20.39.5}$$

20.40

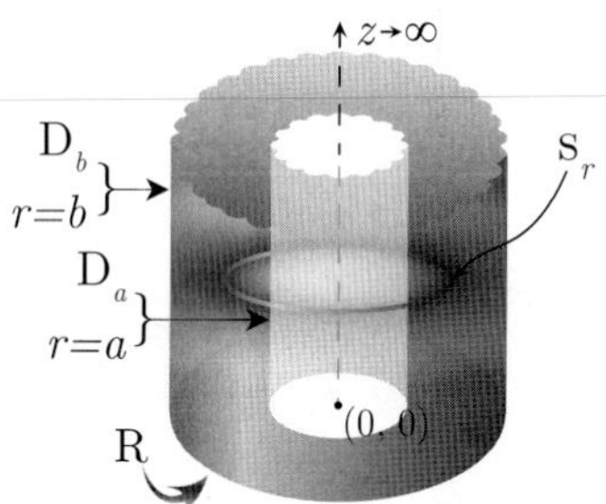

A cylindrical continuum bounded by $a \le r \le b$ and semi-infinite in z. Ring source at $s_r \equiv (r_0, z_0)$; $a \le r_0 \le b$, $0 < z_0 < \infty$, $t_0 \ge 0$.
$R \equiv \frac{\partial p(r,0,t)}{\partial z} - \lambda p(r,0,t) = -\left(\frac{\mu}{k_z}\right)\psi(r,t)$,
$D_a \equiv p(a,z,t) = \psi_a(z,t)$ and $D_b \equiv p(b,z,t) = \psi_b(z,t)$.
$p(r,z,0) = \varphi(r,z)$

The successive application of the Laplace, Fourier and finite Hankel transformations to equation (18.1.1) gives

$$\overline{\overline{\overline{p}}} = \frac{q(s)e^{-st_0}\{l\cos(lz_0)+\lambda\sin(lz_0)\}\mathcal{V}_{\mathcal{D}0}(\xi_n r_0,a)}{2\pi\phi c_t(\eta_r\xi_n^2+\eta_z l^2+s)} - \frac{2\eta_r\overline{\overline{\psi}}_a(l,s)}{\pi(\eta_r\xi_n^2+\eta_z l^2+s)} + \frac{2\eta_r J_0(\xi_n a)\overline{\overline{\psi}}_b(l,s)}{\pi J_0(\xi_n b)(\eta_r\xi_n^2+\eta_z l^2+s)} +$$

$$+\frac{l\overline{\overline{\psi}}(\xi_n,s)}{\phi c_t(\eta_r\xi_n^2+\eta_z l^2+s)} + \frac{\overline{\overline{\varphi}}(\xi_n,l)}{(\eta_r\xi_n^2+\eta_z l^2+s)} \tag{20.40.1}$$

where $\mathcal{V}_{\mathcal{D}0}(\xi_n r,a) = J_0(\xi_n r)Y_0(\xi_n a) - Y_0(\xi_n r)J_0(\xi_n a)$. The eigenvalues $\xi_n, n = 1,2,...,$ are the positive roots of the transcendental equation $\mathcal{V}_{\mathcal{D}0}(\xi_n b,a) = 0$. $\overline{\overline{\psi}}(\xi_n,s) = \int_a^b \overline{\psi}(r,s)\,r\mathcal{V}_{\mathcal{D}0}(\xi_n r,a)\,dr$, $\overline{\overline{\psi}}_a(l,s) = \int_0^\infty\{l\cos(lz)+\lambda\sin(lz)\}\overline{\psi}_a(z,s)dz$, $\overline{\overline{\psi}}_b(l,s) = \int_0^\infty\{l\cos(lz)+\lambda\sin(lz)\}\overline{\psi}_b(z,s)dz$, $\overline{\overline{\varphi}}(\xi_n,l) = \int_a^b\overline{\varphi}(r,l)\,r\mathcal{V}_{\mathcal{D}0}(\xi_n r,a)\,dr$ and $\overline{\varphi}(r,l) = \int_0^\infty\{l\cos(lw)+\lambda\sin(lw)\}\varphi(r,w)dw$. Successive inverse transforms yield

$$\overline{p} = \frac{\pi q(s)e^{-st_0}}{8\phi c_t\sqrt{\eta_z}}\sum_{n=1}^{\infty}\frac{\xi_n^2 J_0^2(\xi_n b)\mathcal{V}_{\mathcal{D}0}(\xi r_0,a)\mathcal{V}_{\mathcal{D}0}(\xi r,a)}{\{J_0^2(\xi_n a)-J_0^2(\xi_n b)\}\sqrt{(\eta_r\xi_n^2+s)}}\times$$

$$\times\left\{e^{-|z-z_0|\sqrt{\frac{\eta_r\xi_n^2+s}{\eta_z}}}+\left(\frac{\sqrt{\eta_r\xi_n^2+s}-\lambda\sqrt{\eta_z}}{\sqrt{\eta_r\xi_n^2+s}+\lambda\sqrt{\eta_z}}\right)e^{-|z+z_0|\sqrt{\frac{\eta_r\xi_n^2+s}{\eta_z}}}\right\} -$$

$$-\frac{\pi\eta_r}{2\sqrt{\eta_z}}\sum_{n=1}^{\infty}\frac{\xi_n^2 J_0^2(\xi_n b)\mathcal{V}_{\mathcal{D}0}(\xi r,a)}{\{J_0^2(\xi_n a)-J_0^2(\xi_n b)\}\sqrt{\eta_r\xi_n^2+s}}\times$$

$$\times\int_0^\infty\overline{\psi}_a(w,s)\left\{e^{-|z-w|\sqrt{\frac{\eta_r\xi_n^2+s}{\eta_z}}}+\left(\frac{\sqrt{\eta_r\xi_n^2+s}-\lambda\sqrt{\eta_z}}{\sqrt{\eta_r\xi_n^2+s}+\lambda\sqrt{\eta_z}}\right)e^{-|z+w|\sqrt{\frac{\eta_r\xi_n^2+s}{\eta_z}}}\right\}dw +$$

$$+\frac{\pi\eta_r}{2\sqrt{\eta_z}}\sum_{n=1}^{\infty}\frac{\xi_n^2 J_0(\xi_n a)J_0(\xi_n b)\mathcal{V}_{\mathcal{D}0}(\xi r,a)}{\{J_0^2(\xi_n a)-J_0^2(\xi_n b)\}\sqrt{\eta_r\xi_n^2+s}}\times$$

$$\times \int_0^\infty \overline{\psi}_b(w,s)\left\{e^{-|z-w|\sqrt{\frac{\eta_r\xi_n^2+s}{\eta_z}}}+\left(\frac{\sqrt{\eta_r\xi_n^2+s}-\lambda\sqrt{\eta_z}}{\sqrt{\eta_r\xi_n^2+s}+\lambda\sqrt{\eta_z}}\right)e^{-|z+w|\sqrt{\frac{\eta_r\xi_n^2+s}{\eta_z}}}\right\}dw+$$

$$+\frac{\pi^2}{2\phi c_t\sqrt{\eta_z}}\sum_{n=1}^{\infty}\frac{\xi_n^2 J_0^2(\xi_n b)\mathcal{V}_{\mathcal{D}0}(\xi r,a)\overline{\overline{\psi}}(\xi_n,s)\,e^{-z\sqrt{\frac{\eta_r\xi_n^2+s}{\eta_z}}}}{\{J_0^2(\xi_n a)-J_0^2(\xi_n b)\}\left(\sqrt{\eta_r\xi_n^2+s}+\lambda\sqrt{\eta_z}\right)}+$$

$$+\frac{\pi^2}{4\sqrt{\eta_z}}\sum_{n=1}^{\infty}\frac{\xi_n^2 J_0^2(\xi_n b)\mathcal{V}_{\mathcal{D}0}(\xi r,a)}{\{J_0^2(\xi_n a)-J_0^2(\xi_n b)\}\sqrt{\eta_r\xi_n^2+s}}\times$$

$$\times\int_0^\infty \overline{\varphi}(\xi_n,w)\left\{e^{-|z-w|\sqrt{\frac{\eta_r\xi_n^2+s}{\eta_z}}}+\left(\frac{\sqrt{\eta_r\xi_n^2+s}-\lambda\sqrt{\eta_z}}{\sqrt{\eta_r\xi_n^2+s}+\lambda\sqrt{\eta_z}}\right)e^{-|z+w|\sqrt{\frac{\eta_r\xi_n^2+s}{\eta_z}}}\right\}dw \tag{20.40.2}$$

where $\overline{\varphi}(\xi_n,w)=\int_a^b\varphi(r,w)\,r\mathcal{V}_{\mathcal{D}0}(\xi_n r,a)\,dr$ and

$$p=\frac{U(t-t_0)}{8\phi c_t}\sqrt{\frac{\pi}{\eta_z}}\sum_{n=1}^{\infty}\frac{\xi_n^2 J_0^2(\xi_n b)\mathcal{V}_{\mathcal{D}0}(\xi r_0,a)\mathcal{V}_{\mathcal{D}0}(\xi r,a)}{\{J_0^2(\xi_n a)-J_0^2(\xi_n b)\}}\times$$

$$\times\int_0^{t-t_0}\frac{q(t-t_0-\tau)e^{-\eta_r\xi_n^2\tau}}{\sqrt{\tau}}\left\{e^{-\frac{(z-z_0)^2}{4\eta_z\tau}}+e^{-\frac{(z+z_0)^2}{4\eta_z\tau}}-2(\lambda\sqrt{\pi\eta_z\tau})e^{(z+z_0)\lambda+\lambda^2\eta_z\tau}\operatorname{erfc}\left(\lambda\sqrt{\eta_z\tau}+\frac{z+z_0}{2\sqrt{\eta_z\tau}}\right)\right\}d\tau-$$

$$-\frac{\eta_r}{2}\sqrt{\frac{\pi}{\eta_z}}\sum_{n=1}^{\infty}\frac{\xi_n^2 J_0^2(\xi_n b)\mathcal{V}_{\mathcal{D}0}(\xi r,a)}{\{J_0^2(\xi_n a)-J_0^2(\xi_n b)\}}\times$$

$$\times\int_0^\infty\int_0^t\frac{\psi_a(u,t-\tau)e^{-\eta_r\xi_n^2\tau}}{\sqrt{\tau}}\left\{e^{-\frac{(z-w)^2}{4\eta_z\tau}}+e^{-\frac{(z+w)^2}{4\eta_z\tau}}-2(\lambda\sqrt{\pi\eta_z\tau})\,e^{(z+w)\lambda+\lambda^2\eta_z\tau}\operatorname{erfc}\left(\lambda\sqrt{\eta_z\tau}+\frac{z+w}{2\sqrt{\eta_z\tau}}\right)\right\}d\tau dw+$$

$$+\frac{\eta_r}{2}\sqrt{\frac{\pi}{\eta_z}}\sum_{n=1}^{\infty}\frac{\xi_n^2 J_0(\xi_n a)J_0(\xi_n b)\mathcal{V}_{\mathcal{D}0}(\xi r,a)}{\{J_0^2(\xi_n a)-J_0^2(\xi_n b)\}}\times$$

$$\times\int_0^\infty\int_0^t\frac{\psi_b(u,t-\tau)e^{-\eta_r\xi_n^2\tau}}{\sqrt{\tau}}\left\{e^{-\frac{(z-w)^2}{4\eta_z\tau}}+e^{-\frac{(z+w)^2}{4\eta_z\tau}}-2(\lambda\sqrt{\pi\eta_z\tau})e^{(z+w)\lambda+\lambda^2\eta_z\tau}\operatorname{erfc}\left(\lambda\sqrt{\eta_z\tau}+\frac{z+w}{2\sqrt{\eta_z\tau}}\right)\right\}d\tau dw+$$

$$+\frac{\pi^2}{2\phi c_t\sqrt{\eta_z}}\sum_{n=1}^{\infty}\frac{\xi_n^2 J_0^2(\xi_n b)\mathcal{V}_{\mathcal{D}0}(\xi r,a)}{\{J_0^2(\xi_n a)-J_0^2(\xi_n b)\}}\times$$

$$\times\int_0^t\overline{\psi}(\xi_n,t-\tau)\,e^{-\eta_r\xi_n^2\tau}\left\{\frac{e^{-\frac{z^2}{4\eta_z\tau}}}{\sqrt{\pi\tau}}-\lambda\sqrt{\eta_z}e^{z\lambda+\lambda^2\eta_z\tau}\operatorname{erfc}\left(\lambda\sqrt{\eta_z\tau}+\frac{z}{2\sqrt{\eta_z\tau}}\right)\right\}d\tau+$$

$$+\frac{1}{4}\sqrt{\frac{\pi^3}{\eta_z t}}\sum_{n=1}^{\infty}\frac{\xi_n^2 J_0^2(\xi_n b)\mathcal{V}_{\mathcal{D}0}(\xi r,a)\,e^{-\eta_r\xi_n^2 t}}{\{J_0^2(\xi_n a)-J_0^2(\xi_n b)\}}\times$$

$$\times\int_0^\infty\overline{\varphi}(\xi_n,w)\left\{e^{-\frac{(z-w)^2}{4\eta_z\tau}}+e^{-\frac{(z+w)^2}{4\eta_z\tau}}-2\,(\lambda\sqrt{\pi\eta_z\tau})\,e^{(z+w)\lambda+\lambda^2\eta_z\tau}\operatorname{erfc}\left(\lambda\sqrt{\eta_z\tau}+\frac{z+w}{2\sqrt{\eta_z\tau}}\right)\right\}dw \tag{20.40.3}$$

20.41

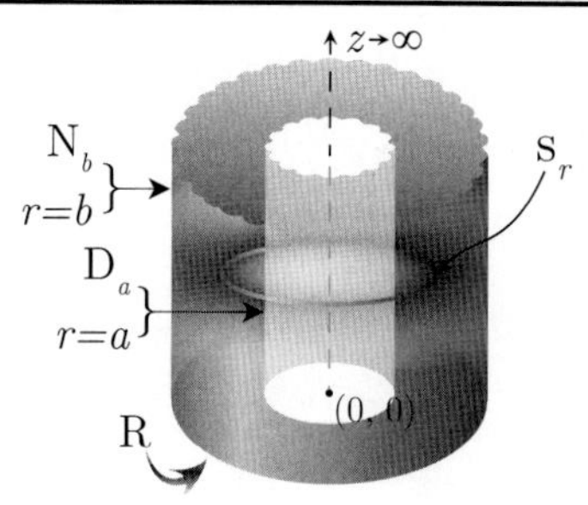

The problem of 20.40, except $\mathbf{D}_a \equiv p(a,z,t) = \psi_a(z,t)$, $\mathbf{N}_b \equiv \frac{\partial p(b,z,t)}{\partial r} = -\left(\frac{\mu}{k_r}\right)\psi_b(z,t)$ and $\mathbf{R} \equiv \frac{\partial p(r,0,t)}{\partial z} - \lambda p(r,0,t) = -\left(\frac{\mu}{k_z}\right)\psi(r,t)$

The successive application of the Laplace, Fourier and finite Hankel transformations to equation (18.1.1) gives

$$\overline{\overline{\overline{p}}} = \frac{q(s)\,e^{-st_0}\{l\cos(lz_0)+\lambda\sin(lz_0)\}\mathcal{V}_{\mathcal{D}0}(\xi_n r_0,a)}{2\pi\phi c_t(\eta_r\xi_n^2+\eta_z l^2+s)} - \frac{2\eta_r\overline{\overline{\psi}}_a(l,s)}{\pi(\eta_r\xi_n^2+\eta_z l^2+s)} + \frac{2J_0(\xi_n a)\overline{\overline{\psi}}_b(l,s)}{\pi\phi c_t J_1(\xi_n b)(\eta_r\xi_n^2+\eta_z l^2+s)} + \\ + \frac{l\overline{\overline{\psi}}(\xi_n,s)}{\phi c_t(\eta_r\xi_n^2+\eta_z l^2+s)} + \frac{\overline{\overline{\varphi}}(\xi_n,l)}{(\eta_r\xi_n^2+\eta_z l^2+s)} \tag{20.41.1}$$

where $\mathcal{V}_{\mathcal{D}0}(\xi_n r,a) = J_0(\xi_n r)Y_0(\xi_n a) - Y_0(\xi_n r)J_0(\xi_n a)$. The eigenvalues ξ_n are the positive roots of the transcendental equation $\mathcal{V}'_{\mathcal{D}0}(\xi_n b,a) = 0$,* $n = 1,2,...$, $\overline{\overline{\psi}}(\xi_n,s) = \int_a^b \overline{\psi}(r,s)\,r\mathcal{V}_{\mathcal{D}0}(\xi_n r,a)\,dr$, $\overline{\overline{\psi}}_a(l,s) = \int_0^\infty\{l\cos(lz)+\lambda\sin(lz)\}\overline{\psi}_a(z,s)dz$, $\overline{\overline{\psi}}_b(l,s) = \int_0^\infty\{l\cos(lz)+\lambda\sin(lz)\}\overline{\psi}_b(z,s)dz$, $\overline{\overline{\varphi}}(\xi_n,l) = \int_a^b \overline{\varphi}(r,l)\,r\mathcal{V}_{\mathcal{D}0}(\xi_n r,a)\,dr$ and $\overline{\varphi}(r,l) = \int_0^\infty\{l\cos(lw)+\lambda\sin(lw)\}\varphi(r,w)dw$. Successive inverse transforms yield

$$\begin{aligned}
\overline{p} &= \frac{\pi q(s)\,e^{-st_0}}{8\phi c_t\sqrt{\eta_z}}\sum_{n=1}^{\infty}\frac{\xi_n^2 J_1^2(\xi_n b)\mathcal{V}_{\mathcal{D}0}(\xi r_0,a)\mathcal{V}_{\mathcal{D}0}(\xi r,a)}{\{J_0^2(\xi_n a)-J_1^2(\xi_n b)\}\sqrt{(\eta_r\xi_n^2+s)}}\times \\
&\times\left\{e^{-|z-z_0|\sqrt{\frac{\eta_r\xi_n^2+s}{\eta_z}}} + \left(\frac{\sqrt{\eta_r\xi_n^2+s}-\lambda\sqrt{\eta_z}}{\sqrt{\eta_r\xi_n^2+s}+\lambda\sqrt{\eta_z}}\right)e^{-|z+z_0|\sqrt{\frac{\eta_r\xi_n^2+s}{\eta_z}}}\right\} - \\
&-\frac{\pi\eta_r}{2\sqrt{\eta_z}}\sum_{n=1}^{\infty}\frac{\xi_n^2 J_1^2(\xi_n b)\mathcal{V}_{\mathcal{D}0}(\xi r,a)}{\{J_0^2(\xi_n a)-J_1^2(\xi_n b)\}\sqrt{\eta_r\xi_n^2+s}}\times \\
&\times\int_0^\infty\overline{\psi}_a(w,s)\left\{e^{-|z-w|\sqrt{\frac{\eta_r\xi_n^2+s}{\eta_z}}} + \left(\frac{\sqrt{\eta_r\xi_n^2+s}-\lambda\sqrt{\eta_z}}{\sqrt{\eta_r\xi_n^2+s}+\lambda\sqrt{\eta_z}}\right)e^{-|z+w|\sqrt{\frac{\eta_r\xi_n^2+s}{\eta_z}}}\right\}dw + \\
&+\frac{\pi}{2\phi c_t\sqrt{\eta_z}}\sum_{n=1}^{\infty}\frac{\xi_n^2 J_0(\xi_n a)J_1(\xi_n b)\mathcal{V}_{\mathcal{D}0}(\xi r,a)}{\{J_0^2(\xi_n a)-J_1^2(\xi_n b)\}\sqrt{\eta_r\xi_n^2+s}}\times \\
&\times\int_0^\infty\overline{\psi}_b(w,s)\left\{e^{-|z-w|\sqrt{\frac{\eta_r\xi_n^2+s}{\eta_z}}} + \left(\frac{\sqrt{\eta_r\xi_n^2+s}-\lambda\sqrt{\eta_z}}{\sqrt{\eta_r\xi_n^2+s}+\lambda\sqrt{\eta_z}}\right)e^{-|z+w|\sqrt{\frac{\eta_r\xi_n^2+s}{\eta_z}}}\right\}dw + \\
&+\frac{\pi^2}{2\phi c_t\sqrt{\eta_z}}\sum_{n=1}^{\infty}\frac{\xi_n^2 J_1^2(\xi_n b)\mathcal{V}_{\mathcal{D}0}(\xi r,a)\overline{\overline{\psi}}(\xi_n,s)\,e^{-z\sqrt{\frac{\eta_r\xi_n^2+s}{\eta_z}}}}{\{J_0^2(\xi_n a)-J_1^2(\xi_n b)\}\left(\sqrt{\eta_r\xi_n^2+s}+\lambda\sqrt{\eta_z}\right)} + \\
&+\frac{\pi^2}{4\sqrt{\eta_z}}\sum_{n=1}^{\infty}\frac{\xi_n^2 J_1^2(\xi_n b)\mathcal{V}_{\mathcal{D}0}(\xi r,a)}{\{J_0^2(\xi_n a)-J_1^2(\xi_n b)\}\sqrt{\eta_r\xi_n^2+s}}\times \\
&\times\int_0^\infty\overline{\varphi}(\xi_n,w)\left\{e^{-|z-w|\sqrt{\frac{\eta_r\xi_n^2+s}{\eta_z}}} + \left(\frac{\sqrt{\eta_r\xi_n^2+s}-\lambda\sqrt{\eta_z}}{\sqrt{\eta_r\xi_n^2+s}+\lambda\sqrt{\eta_z}}\right)e^{-|z+w|\sqrt{\frac{\eta_r\xi_n^2+s}{\eta_z}}}\right\}dw
\end{aligned} \tag{20.41.2}$$

*$\mathcal{V}'_{\mathcal{D}0}(\xi_n b,a) = Y_1(\xi_n b)J_0(\xi_n a) - J_1(\xi_n b)Y_0(\xi_n a)$.

where $\overline{\varphi}(\xi_n, w) = \int_a^b \varphi(r, w)\, r\mathcal{V}_{\mathcal{D}0}(\xi_n r, a)\, dr$ and

$$p = \frac{U(t-t_0)}{8\phi c_t}\sqrt{\frac{\pi}{\eta_z}}\sum_{n=1}^{\infty}\frac{\xi_n^2 J_1^2(\xi_n b)\,\mathcal{V}_{\mathcal{D}0}(\xi r_0, a)\,\mathcal{V}_{\mathcal{D}0}(\xi r, a)}{\{J_0^2(\xi_n a) - J_1^2(\xi_n b)\}}\times$$

$$\times\int_0^{t-t_0}\frac{q(t-t_0-\tau)e^{-\eta_r\xi_n^2\tau}}{\sqrt{\tau}}\left\{e^{-\frac{(z-z_0)^2}{4\eta_z\tau}}+e^{-\frac{(z+z_0)^2}{4\eta_z\tau}}-2(\lambda\sqrt{\pi\eta_z\tau})e^{(z+z_0)\lambda+\lambda^2\eta_z\tau}\operatorname{erfc}\left(\lambda\sqrt{\eta_z\tau}+\frac{z+z_0}{2\sqrt{\eta_z\tau}}\right)\right\}d\tau-$$

$$-\frac{\eta_r}{2}\sqrt{\frac{\pi}{\eta_z}}\sum_{n=1}^{\infty}\frac{\xi_n^2 J_1^2(\xi_n b)\,\mathcal{V}_{\mathcal{D}0}(\xi r, a)}{\{J_0^2(\xi_n a) - J_1^2(\xi_n b)\}}\times$$

$$\times\int_0^{\infty}\int_0^{t}\frac{\psi_a(u,t-\tau)e^{-\eta_r\xi_n^2\tau}}{\sqrt{\tau}}\left\{e^{-\frac{(z-w)^2}{4\eta_z\tau}}+e^{-\frac{(z+w)^2}{4\eta_z\tau}}-2(\lambda\sqrt{\pi\eta_z\tau})\,e^{(z+w)\lambda+\lambda^2\eta_z\tau}\operatorname{erfc}\left(\lambda\sqrt{\eta_z\tau}+\frac{z+w}{2\sqrt{\eta_z\tau}}\right)\right\}d\tau dw+$$

$$+\frac{1}{2\phi c_t}\sqrt{\frac{\pi}{\eta_z}}\sum_{n=1}^{\infty}\frac{\xi_n^2 J_0(\xi_n a)\,J_1(\xi_n b)\,\mathcal{V}_{\mathcal{D}0}(\xi r, a)}{\{J_0^2(\xi_n a) - J_1^2(\xi_n b)\}}\times$$

$$\times\int_0^{\infty}\int_0^{t}\frac{\psi_b(u,t-\tau)e^{-\eta_r\xi_n^2\tau}}{\sqrt{\tau}}\left\{e^{-\frac{(z-w)^2}{4\eta_z\tau}}+e^{-\frac{(z+w)^2}{4\eta_z\tau}}-2(\lambda\sqrt{\pi\eta_z\tau})e^{(z+w)\lambda+\lambda^2\eta_z\tau}\operatorname{erfc}\left(\lambda\sqrt{\eta_z\tau}+\frac{z+w}{2\sqrt{\eta_z\tau}}\right)\right\}d\tau dw+$$

$$+\frac{\pi^2}{2\phi c_t\sqrt{\eta_z}}\sum_{n=1}^{\infty}\frac{\xi_n^2 J_1^2(\xi_n b)\,\mathcal{V}_{\mathcal{D}0}(\xi r, a)}{\{J_0^2(\xi_n a) - J_1^2(\xi_n b)\}}\times$$

$$\times\int_0^{t}\overline{\psi}(\xi_n, t-\tau)e^{-\eta_r\xi_n^2\tau}\left\{\frac{e^{-\frac{z^2}{4\eta_z\tau}}}{\sqrt{\pi\tau}}-\lambda\sqrt{\eta_z}e^{z\lambda+\lambda^2\eta_z\tau}\operatorname{erfc}\left(\lambda\sqrt{\eta_z\tau}+\frac{z}{2\sqrt{\eta_z\tau}}\right)\right\}d\tau+$$

$$+\frac{1}{4}\sqrt{\frac{\pi^3}{\eta_z t}}\sum_{n=1}^{\infty}\frac{\xi_n^2 J_1^2(\xi_n b)\,\mathcal{V}_{\mathcal{D}0}(\xi r, a)\,e^{-\eta_r\xi_n^2 t}}{\{J_0^2(\xi_n a) - J_1^2(\xi_n b)\}}\times$$

$$\times\int_0^{\infty}\overline{\varphi}(\xi_n, w)\left\{e^{-\frac{(z-w)^2}{4\eta_z\tau}}+e^{-\frac{(z+w)^2}{4\eta_z\tau}}-2(\lambda\sqrt{\pi\eta_z\tau})\,e^{(z+w)\lambda+\lambda^2\eta_z\tau}\operatorname{erfc}\left(\lambda\sqrt{\eta_z\tau}+\frac{z+w}{2\sqrt{\eta_z\tau}}\right)\right\}dw \quad (20.41.3)$$

20.42 The problem of 20.40, except $\mathbf{D}_a \equiv p(a, z, t) = \psi_a(z, t)$, $\mathbf{R}_b \equiv \frac{\partial p(b,z,t)}{\partial r} + \lambda_b p(b, z, t) = -\left(\frac{\mu}{k_r}\right)\psi_b(z, t)$ and $\mathbf{R} \equiv \frac{\partial p(r,0,t)}{\partial z} - \lambda p(r, 0, t) = -\left(\frac{\mu}{k_z}\right)\psi(r, t)$

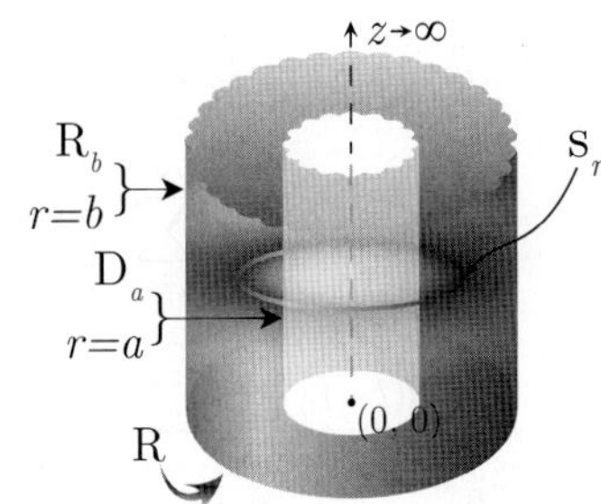

The successive application of the Laplace, Fourier and finite Hankel transformations to equation (18.1.1) gives

$$\overline{\overline{\overline{p}}} = \frac{q(s)\,e^{-st_0}\{l\cos(lz_0)+\lambda\sin(lz_0)\}\,\mathcal{V}_{\mathcal{D}0}(\xi_n r_0, a)}{2\pi\phi c_t(\eta_r\xi_n^2+\eta_z l^2+s)} - \frac{2\eta_r\overline{\overline{\psi}}_a(l,s)}{\pi(\eta_r\xi_n^2+\eta_z l^2+s)} -$$

$$-\frac{2J_0(\xi_n a)\,\overline{\overline{\psi}}_b(l,s)}{\pi\phi c_t\{\lambda_b J_0(\xi_n b)-\xi_n J_1(\xi_n b)\}(\eta_r\xi_n^2+\eta_z l^2+s)} + \frac{l\overline{\overline{\psi}}(\xi_n, s)}{\phi c_t(\eta_r\xi_n^2+\eta_z l^2+s)} + \frac{\overline{\overline{\varphi}}(\xi_n, l)}{(\eta_r\xi_n^2+\eta_z l^2+s)} \quad (20.42.1)$$

where $\mathcal{V}_{\mathcal{D}0}(\xi_n r, a) = J_0(\xi_n r)\,Y_0(\xi_n a) - Y_0(\xi_n r)\,J_0(\xi_n a)$. The eigenvalues $\xi_n, n = 1, 2, ...,$ are the positive roots of the transcendental equation $\xi_n\mathcal{V}'_{\mathcal{D}0}(\xi_n b, a)+\lambda_b\mathcal{V}_{\mathcal{D}0}(\xi_n b, a) = 0$. $\overline{\overline{\psi}}(\xi_n, s) = \int_a^b\overline{\psi}(r, s)\, r\mathcal{V}_{\mathcal{D}0}(\xi_n r, a)\, dr$, $\overline{\overline{\psi}}_a(l, s) = \int_0^\infty\{l\cos(lz)+\lambda\sin(lz)\}\,\overline{\psi}_a(z, s)dz$, $\overline{\overline{\psi}}_b(l, s) = \int_0^\infty\{l\cos(lz)+\lambda\sin(lz)\}\,\overline{\psi}_b(z, s)dz$,

$\overline{\overline{\varphi}}(\xi_n, l) = \int_a^b \overline{\varphi}(r, l)\, r\mathcal{V}_{\mathcal{D}0}(\xi_n r, a)\, dr$ and $\overline{\varphi}(r, l) = \int_0^\infty \{l\cos(lw) + \lambda\sin(lw)\}\, \varphi(r, w)dw$. Successive inverse transforms yield

$$\begin{aligned}
\overline{p} &= \frac{\pi q(s)\, e^{-st_0}}{8\phi c_t\sqrt{\eta_z}} \sum_{n=1}^{\infty} \frac{\xi_n^2\{\lambda_b J_0(\xi_n b) - \xi_n J_1(\xi_n b)\}^2 \mathcal{V}_{\mathcal{D}0}(\xi r_0, a)\, \mathcal{V}_{\mathcal{D}0}(\xi r, a)}{\left\{(\lambda_b^2 + \xi_n^2)\, J_0^2(\xi_n a) - \{\lambda_b J_0(\xi_n b) - \xi_n J_1(\xi_n b)\}^2\right\}\sqrt{(\eta_r\xi_n^2 + s)}} \times \\
&\times \left\{ e^{-|z-z_0|\sqrt{\frac{\eta_r\xi_n^2+s}{\eta_z}}} + \left(\frac{\sqrt{\eta_r\xi_n^2+s} - \lambda\sqrt{\eta_z}}{\sqrt{\eta_r\xi_n^2+s} + \lambda\sqrt{\eta_z}}\right) e^{-|z+z_0|\sqrt{\frac{\eta_r\xi_n^2+s}{\eta_z}}} \right\} - \\
&- \frac{\pi\eta_r}{2\sqrt{\eta_z}} \sum_{n=1}^{\infty} \frac{\xi_n^2\{\lambda_b J_0(\xi_n b) - \xi_n J_1(\xi_n b)\}^2 \mathcal{V}_{\mathcal{D}0}(\xi r, a)}{\left\{(\lambda^2+\xi_n^2)\, J_0^2(\xi_n a) - \{\lambda_b J_0(\xi_n b) - \xi_n J_1(\xi_n b)\}^2\right\}\sqrt{\eta_r\xi_n^2+s}} \times \\
&\times \int_0^\infty \overline{\psi}_a(w, s) \left\{ e^{-|z-w|\sqrt{\frac{\eta_r\xi_n^2+s}{\eta_z}}} + \left(\frac{\sqrt{\eta_r\xi_n^2+s} - \lambda\sqrt{\eta_z}}{\sqrt{\eta_r\xi_n^2+s} + \lambda\sqrt{\eta_z}}\right) e^{-|z+w|\sqrt{\frac{\eta_r\xi_n^2+s}{\eta_z}}} \right\} dw - \\
&- \frac{\pi}{2\phi c_t\sqrt{\eta_z}} \sum_{n=1}^{\infty} \frac{\xi_n^2 J_0(\xi_n a)\{\lambda_b J_0(\xi_n b) - \xi_n J_1(\xi_n b)\}\mathcal{V}_{\mathcal{D}0}(\xi r, a)}{\left\{(\lambda^2+\xi_n^2)\, J_0^2(\xi_n a) - \{\lambda_b J_0(\xi_n b) - \xi_n J_1(\xi_n b)\}^2\right\}\sqrt{\eta_r\xi_n^2+s}} \times \\
&\times \int_0^\infty \overline{\psi}_b(w, s) \left\{ e^{-|z-w|\sqrt{\frac{\eta_r\xi_n^2+s}{\eta_z}}} + \left(\frac{\sqrt{\eta_r\xi_n^2+s} - \lambda\sqrt{\eta_z}}{\sqrt{\eta_r\xi_n^2+s} + \lambda\sqrt{\eta_z}}\right) e^{-|z+w|\sqrt{\frac{\eta_r\xi_n^2+s}{\eta_z}}} \right\} dw + \\
&+ \frac{\pi^2}{2\phi c_t\sqrt{\eta_z}} \sum_{n=1}^{\infty} \frac{\xi_n^2\{\lambda_b J_0(\xi_n b) - \xi_n J_1(\xi_n b)\}^2 \mathcal{V}_{\mathcal{D}0}(\xi r, a)\, \overline{\overline{\psi}}(\xi_n, s)\, e^{-z\sqrt{\frac{\eta_r\xi_n^2+s}{\eta_z}}}}{\left\{(\lambda_b^2 + \xi_n^2)\, J_0^2(\xi_n a) - \{\lambda_b J_0(\xi_n b) - \xi_n J_1(\xi_n b)\}^2\right\}\left(\sqrt{\eta_r\xi_n^2+s} + \lambda\sqrt{\eta_z}\right)} + \\
&+ \frac{\pi^2}{4\sqrt{\eta_z}} \sum_{n=1}^{\infty} \frac{\xi_n^2\{\lambda_b J_0(\xi_n b) - \xi_n J_1(\xi_n b)\}^2 \mathcal{V}_{\mathcal{D}0}(\xi r, a)}{\left\{(\lambda_b^2 + \xi_n^2)\, J_0^2(\xi_n a) - \{\lambda_b J_0(\xi_n b) - \xi_n J_1(\xi_n b)\}^2\right\}\sqrt{\eta_r\xi_n^2+s}} \times \\
&\times \int_0^\infty \overline{\varphi}(\xi_n, w) \left\{ e^{-|z-w|\sqrt{\frac{\eta_r\xi_n^2+s}{\eta_z}}} + \left(\frac{\sqrt{\eta_r\xi_n^2+s} - \lambda\sqrt{\eta_z}}{\sqrt{\eta_r\xi_n^2+s} + \lambda\sqrt{\eta_z}}\right) e^{-|z+w|\sqrt{\frac{\eta_r\xi_n^2+s}{\eta_z}}} \right\} dw
\end{aligned} \tag{20.42.2}$$

where $\overline{\varphi}(\xi_n, w) = \int_a^b \varphi(r, w)\, r\mathcal{V}_{\mathcal{D}0}(\xi_n r, a)\, dr$ and

$$\begin{aligned}
p &= \frac{U(t-t_0)}{8\phi c_t}\sqrt{\frac{\pi}{\eta_z}} \sum_{n=1}^{\infty} \frac{\xi_n^2\{\lambda_b J_0(\xi_n b) - \xi_n J_1(\xi_n b)\}^2 \mathcal{V}_{\mathcal{D}0}(\xi r_0, a)\, \mathcal{V}_{\mathcal{D}0}(\xi r, a)}{\left\{(\lambda_b^2 + \xi_n^2)\, J_0^2(\xi_n a) - \{\lambda_b J_0(\xi_n b) - \xi_n J_1(\xi_n b)\}^2\right\}} \times \\
&\times \int_0^{t-t_0} \frac{q(t-t_0-\tau)e^{-\eta_r\xi_n^2\tau}}{\sqrt{\tau}} \left\{ e^{-\frac{(z-z_0)^2}{4\eta_z\tau}} + e^{-\frac{(z+z_0)^2}{4\eta_z\tau}} - 2(\lambda\sqrt{\pi\eta_z\tau})e^{(z+z_0)\lambda+\lambda^2\eta_z\tau}\operatorname{erfc}\left(\lambda\sqrt{\eta_z\tau} + \frac{z+z_0}{2\sqrt{\eta_z\tau}}\right)\right\} d\tau - \\
&- \frac{\eta_r}{2}\sqrt{\frac{\pi}{\eta_z}} \sum_{n=1}^{\infty} \frac{\xi_n^2\{\lambda_b J_0(\xi_n b) - \xi_n J_1(\xi_n b)\}^2 \mathcal{V}_{\mathcal{D}0}(\xi r, a)}{\left\{(\lambda_b^2 + \xi_n^2)\, J_0^2(\xi_n a) - \{\lambda_b J_0(\xi_n b) - \xi_n J_1(\xi_n b)\}^2\right\}} \times \\
&\times \int_0^\infty\int_0^t \frac{\psi_a(u, t-\tau)e^{-\eta_r\xi_n^2\tau}}{\sqrt{\tau}} \left\{ e^{-\frac{(z-w)^2}{4\eta_z\tau}} + e^{-\frac{(z+w)^2}{4\eta_z\tau}} - 2(\lambda\sqrt{\pi\eta_z\tau})\, e^{(z+w)\lambda+\lambda^2\eta_z\tau}\operatorname{erfc}\left(\lambda\sqrt{\eta_z\tau} + \frac{z+w}{2\sqrt{\eta_z\tau}}\right)\right\} d\tau dw + \\
&- \frac{1}{2\phi c_t}\sqrt{\frac{\pi}{\eta_z}} \sum_{n=1}^{\infty} \frac{\xi_n^2 J_0(\xi_n a)\{\lambda_b J_0(\xi_n b) - \xi_n J_1(\xi_n b)\}\mathcal{V}_{\mathcal{D}0}(\xi r, a)}{\left\{(\lambda_b^2 + \xi_n^2)\, J_0^2(\xi_n a) - \{\lambda_b J_0(\xi_n b) - \xi_n J_1(\xi_n b)\}^2\right\}} \times \\
&\times \int_0^\infty\int_0^t \frac{\psi_b(u, t-\tau)e^{-\eta_r\xi_n^2\tau}}{\sqrt{\tau}} \left\{ e^{-\frac{(z-w)^2}{4\eta_z\tau}} + e^{-\frac{(z+w)^2}{4\eta_z\tau}} - 2(\lambda\sqrt{\pi\eta_z\tau})e^{(z+w)\lambda+\lambda^2\eta_z\tau}\operatorname{erfc}\left(\lambda\sqrt{\eta_z\tau} + \frac{z+w}{2\sqrt{\eta_z\tau}}\right)\right\} d\tau dw +
\end{aligned}$$

$$+\frac{\pi^2}{2\phi c_t\sqrt{\eta_z}}\sum_{n=1}^{\infty}\frac{\xi_n^2\{\lambda_b J_0(\xi_n b)-\xi_n J_1(\xi_n b)\}^2\mathcal{V}_{\mathcal{D}0}(\xi r,a)}{\left\{(\lambda_b^2+\xi_n^2)J_0^2(\xi_n a)-\{\lambda_b J_0(\xi_n b)-\xi_n J_1(\xi_n b)\}^2\right\}}\times$$

$$\times\int_0^t\overline{\psi}(\xi_n,t-\tau)e^{-\eta_r\xi_n^2\tau}\left\{\frac{e^{-\frac{z^2}{4\eta_z\tau}}}{\sqrt{\pi\tau}}-\lambda\sqrt{\eta_z}e^{z\lambda+\lambda^2\eta_z\tau}\operatorname{erfc}\left(\lambda\sqrt{\eta_z\tau}+\frac{z}{2\sqrt{\eta_z\tau}}\right)\right\}d\tau+$$

$$+\frac{1}{4}\sqrt{\frac{\pi^3}{\eta_z t}}\sum_{n=1}^{\infty}\frac{\xi_n^2\{\lambda_b J_0(\xi_n b)-\xi_n J_1(\xi_n b)\}^2\mathcal{V}_{\mathcal{D}0}(\xi r,a)e^{-\eta_r\xi_n^2 t}}{\left\{(\lambda_b^2+\xi_n^2)J_0^2(\xi_n a)-\{\lambda_b J_0(\xi_n b)-\xi_n J_1(\xi_n b)\}^2\right\}}\times$$

$$\times\int_0^\infty\overline{\varphi}(\xi_n,w)\left\{e^{-\frac{(z-w)^2}{4\eta_z\tau}}+e^{-\frac{(z+w)^2}{4\eta_z\tau}}-2\left(\lambda\sqrt{\pi\eta_z\tau}\right)e^{(z+w)\lambda+\lambda^2\eta_z\tau}\operatorname{erfc}\left(\lambda\sqrt{\eta_z\tau}+\frac{z+w}{2\sqrt{\eta_z\tau}}\right)\right\}dw \quad (20.42.3)$$

20.43 The problem of 20.40, except $\mathbf{N}_a \equiv \frac{\partial p(a,z,t)}{\partial r} = -\left(\frac{\mu}{k_r}\right)\psi_a(z,t)$, $\mathbf{D}_b \equiv p(b,z,t) = \psi_b(z,t)$ and $\mathbf{R} \equiv \frac{\partial p(r,0,t)}{\partial z} - \lambda p(r,0,t) = -\left(\frac{\mu}{k_z}\right)\psi(r,t)$

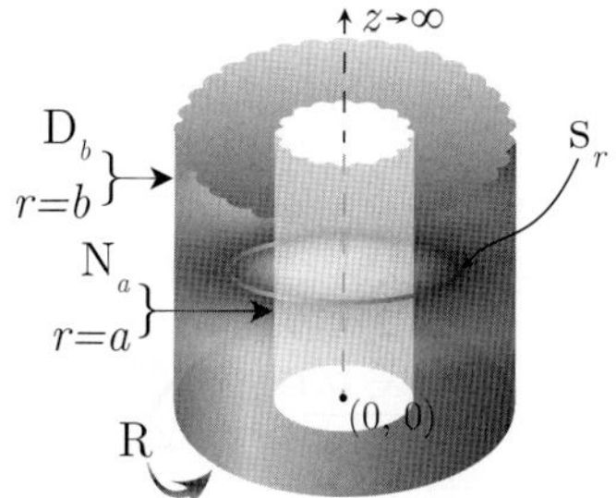

The successive application of the Laplace, Fourier and finite Hankel transformations to equation (18.1.1) gives

$$\overline{\overline{\overline{p}}} = \frac{q(s)e^{-st_0}\{l\cos(lz_0)+\lambda\sin(lz_0)\}\mathcal{V}_{\mathcal{N}0}(\xi_n r_0,a)}{2\pi\phi c_t(\eta_r\xi_n^2+\eta_z l^2+s)}+\frac{2\overline{\overline{\psi}}_a(l,s)}{\pi\phi c_t\xi_n(\eta_r\xi_n^2+\eta_z l^2+s)}-$$
$$-\frac{2\eta_r J_1(\xi_n a)\overline{\overline{\psi}}_b(l,s)}{\pi J_0(\xi_n b)(\eta_r\xi_n^2+\eta_z l^2+s)}+\frac{l\overline{\overline{\psi}}(\xi_n,s)}{\phi c_t(\eta_r\xi_n^2+\eta_z l^2+s)}+\frac{\overline{\overline{\varphi}}(\xi_n,l)}{(\eta_r\xi_n^2+\eta_z l^2+s)} \quad (20.43.1)$$

where $\mathcal{V}_{\mathcal{N}0}(\xi_n r,a) = Y_0(\xi_n r)J_1(\xi_n a) - J_0(\xi_n r)Y_1(\xi_n a)$. The eigenvalues $\xi_n, n = 1,2,...,$ are the positive roots of the transcendental equation $\mathcal{V}_{\mathcal{N}0}(\xi_n b,a) = 0$. $\overline{\overline{\psi}}(\xi_n,s) = \int_a^b\overline{\psi}(r,s)r\mathcal{V}_{\mathcal{N}0}(\xi_n r,a)\,dr$, $\overline{\overline{\psi}}_a(l,s) = \int_0^\infty\{l\cos(lz)+\lambda\sin(lz)\}\overline{\psi}_a(z,s)dz$, $\overline{\overline{\psi}}_b(l,s) = \int_0^\infty\{l\cos(lz)+\lambda\sin(lz)\}\overline{\psi}_b(z,s)dz$, $\overline{\overline{\varphi}}(\xi_n,l) = \int_a^b\overline{\varphi}(r,l)r\mathcal{V}_{\mathcal{N}0}(\xi_n r,a)\,dr$ and $\overline{\varphi}(r,l) = \int_0^\infty\{l\cos(lw)+\lambda\sin(lw)\}\varphi(r,w)dw$. Successive inverse transforms yield

$$\overline{p} = \frac{\pi q(s)e^{-st_0}}{8\phi c_t\sqrt{\eta_z}}\sum_{n=1}^{\infty}\frac{\xi_n^2 J_0^2(\xi_n b)\mathcal{V}_{\mathcal{N}0}(\xi r_0,a)\mathcal{V}_{\mathcal{N}0}(\xi r,a)}{\{J_1^2(\xi_n a)-J_0^2(\xi_n b)\}\sqrt{(\eta_r\xi_n^2+s)}}\times$$
$$\times\left\{e^{-|z-z_0|\sqrt{\frac{\eta_r\xi_n^2+s}{\eta_z}}}+\left(\frac{\sqrt{\eta_r\xi_n^2+s}-\lambda\sqrt{\eta_z}}{\sqrt{\eta_r\xi_n^2+s}+\lambda\sqrt{\eta_z}}\right)e^{-|z+z_0|\sqrt{\frac{\eta_r\xi_n^2+s}{\eta_z}}}\right\}+$$
$$+\frac{\pi}{2\phi c_t\sqrt{\eta_z}}\sum_{n=1}^{\infty}\frac{\xi_n J_0^2(\xi_n b)\mathcal{V}_{\mathcal{N}0}(\xi r,a)}{\{J_1^2(\xi_n a)-J_0^2(\xi_n b)\}\sqrt{\eta_r\xi_n^2+s}}\times$$
$$\times\int_0^\infty\overline{\psi}_a(w,s)\left\{e^{-|z-w|\sqrt{\frac{\eta_r\xi_n^2+s}{\eta_z}}}+\left(\frac{\sqrt{\eta_r\xi_n^2+s}-\lambda\sqrt{\eta_z}}{\sqrt{\eta_r\xi_n^2+s}+\lambda\sqrt{\eta_z}}\right)e^{-|z+w|\sqrt{\frac{\eta_r\xi_n^2+s}{\eta_z}}}\right\}dw-$$
$$-\frac{\pi\eta_r}{2\sqrt{\eta_z}}\sum_{n=1}^{\infty}\frac{\xi_n^2 J_1(\xi_n a)J_0(\xi_n b)\mathcal{V}_{\mathcal{N}0}(\xi r,a)}{\{J_1^2(\xi_n a)-J_0^2(\xi_n b)\}\sqrt{\eta_r\xi_n^2+s}}\times$$

$$\times \int_0^\infty \overline{\psi}_b(w,s)\left\{e^{-|z-w|\sqrt{\frac{\eta_r\xi_n^2+s}{\eta_z}}}+\left(\frac{\sqrt{\eta_r\xi_n^2+s}-\lambda\sqrt{\eta_z}}{\sqrt{\eta_r\xi_n^2+s}+\lambda\sqrt{\eta_z}}\right)e^{-|z+w|\sqrt{\frac{\eta_r\xi_n^2+s}{\eta_z}}}\right\}dw+$$

$$+\frac{\pi^2}{2\phi c_t\sqrt{\eta_z}}\sum_{n=1}^{\infty}\frac{\xi_n^2J_0^2(\xi_nb)\mathcal{V}_{\mathcal{N}0}(\xi r,a)\overline{\overline{\psi}}(\xi_n,s)\,e^{-z\sqrt{\frac{\eta_r\xi_n^2+s}{\eta_z}}}}{\{J_1^2(\xi_na)-J_0^2(\xi_nb)\}\left(\sqrt{\eta_r\xi_n^2+s}+\lambda\sqrt{\eta_z}\right)}+$$

$$+\frac{\pi^2}{4\sqrt{\eta_z}}\sum_{n=1}^{\infty}\frac{\xi_n^2J_0^2(\xi_nb)\mathcal{V}_{\mathcal{N}0}(\xi r,a)}{\{J_1^2(\xi_na)-J_0^2(\xi_nb)\}\sqrt{\eta_r\xi_n^2+s}}\times$$

$$\times \int_0^\infty \overline{\varphi}(\xi_n,w)\left\{e^{-|z-w|\sqrt{\frac{\eta_r\xi_n^2+s}{\eta_z}}}+\left(\frac{\sqrt{\eta_r\xi_n^2+s}-\lambda\sqrt{\eta_z}}{\sqrt{\eta_r\xi_n^2+s}+\lambda\sqrt{\eta_z}}\right)e^{-|z+w|\sqrt{\frac{\eta_r\xi_n^2+s}{\eta_z}}}\right\}dw \qquad (20.43.2)$$

where $\overline{\varphi}(\xi_n,w)=\int_a^b\varphi(r,w)\,r\mathcal{V}_{\mathcal{N}0}(\xi_nr,a)\,dr$ and

$$p=\frac{U(t-t_0)}{8\phi c_t}\sqrt{\frac{\pi}{\eta_z}}\sum_{n=1}^{\infty}\frac{\xi_n^2J_0^2(\xi_nb)\mathcal{V}_{\mathcal{N}0}(\xi r_0,a)\mathcal{V}_{\mathcal{N}0}(\xi r,a)}{\{J_1^2(\xi_na)-J_0^2(\xi_nb)\}}\times$$

$$\times\int_0^{t-t_0}\frac{q(t-t_0-\tau)e^{-\eta_r\xi_n^2\tau}}{\sqrt{\tau}}\left\{e^{-\frac{(z-z_0)^2}{4\eta_z\tau}}+e^{-\frac{(z+z_0)^2}{4\eta_z\tau}}-2\left(\lambda\sqrt{\pi\eta_z\tau}\right)e^{(z+z_0)\lambda+\lambda^2\eta_z\tau}\operatorname{erfc}\left(\lambda\sqrt{\eta_z\tau}+\frac{z+z_0}{2\sqrt{\eta_z\tau}}\right)\right\}d\tau+$$

$$+\frac{1}{2\phi c_t}\sqrt{\frac{\pi}{\eta_z}}\sum_{n=1}^{\infty}\frac{\xi_nJ_0^2(\xi_nb)\mathcal{V}_{\mathcal{N}0}(\xi r,a)}{\{J_1^2(\xi_na)-J_0^2(\xi_nb)\}}\times$$

$$\times\int_0^\infty\int_0^t\frac{\psi_a(u,t-\tau)e^{-\eta_r\xi_n^2\tau}}{\sqrt{\tau}}\left\{e^{-\frac{(z-w)^2}{4\eta_z\tau}}+e^{-\frac{(z+w)^2}{4\eta_z\tau}}-2(\lambda\sqrt{\pi\eta_z\tau})e^{(z+w)\lambda+\lambda^2\eta_z\tau}\operatorname{erfc}\left(\lambda\sqrt{\eta_z\tau}+\frac{z+w}{2\sqrt{\eta_z\tau}}\right)\right\}d\tau dw-$$

$$-\frac{\eta_r}{2}\sqrt{\frac{\pi}{\eta_z}}\sum_{n=1}^{\infty}\frac{\xi_n^2J_1(\xi_na)J_0(\xi_nb)\mathcal{V}_{\mathcal{N}0}(\xi r,a)}{\{J_1^2(\xi_na)-J_0^2(\xi_nb)\}}\times$$

$$\times\int_0^\infty\int_0^t\frac{\psi_b(u,t-\tau)e^{-\eta_r\xi_n^2\tau}}{\sqrt{\tau}}\left\{e^{-\frac{(z-w)^2}{4\eta_z\tau}}+e^{-\frac{(z+w)^2}{4\eta_z\tau}}-2(\lambda\sqrt{\pi\eta_z\tau})e^{(z+w)\lambda+\lambda^2\eta_z\tau}\operatorname{erfc}\left(\lambda\sqrt{\eta_z\tau}+\frac{z+w}{2\sqrt{\eta_z\tau}}\right)\right\}d\tau dw+$$

$$+\frac{\pi^2}{2\phi c_t\sqrt{\eta_z}}\sum_{n=1}^{\infty}\frac{\xi_n^2J_0^2(\xi_nb)\mathcal{V}_{\mathcal{N}0}(\xi r,a)}{\{J_1^2(\xi_na)-J_0^2(\xi_nb)\}}\times$$

$$\times\int_0^t\overline{\psi}(\xi_n,t-\tau)\,e^{-\eta_r\xi_n^2\tau}\left\{\frac{e^{-\frac{z^2}{4\eta_z\tau}}}{\sqrt{\pi\tau}}-\lambda\sqrt{\eta_z}e^{z\lambda+\lambda^2\eta_z\tau}\operatorname{erfc}\left(\lambda\sqrt{\eta_z\tau}+\frac{z}{2\sqrt{\eta_z\tau}}\right)\right\}d\tau+$$

$$+\frac{1}{4}\sqrt{\frac{\pi^3}{\eta_zt}}\sum_{n=1}^{\infty}\frac{\xi_n^2J_0^2(\xi_nb)\mathcal{V}_{\mathcal{N}0}(\xi r,a)\,e^{-\eta_r\xi_n^2t}}{\{J_1^2(\xi_na)-J_0^2(\xi_nb)\}}\times$$

$$\times\int_0^\infty\overline{\varphi}(\xi_n,w)\left\{e^{-\frac{(z-w)^2}{4\eta_z\tau}}+e^{-\frac{(z+w)^2}{4\eta_z\tau}}-2\left(\lambda\sqrt{\pi\eta_z\tau}\right)e^{(z+w)\lambda+\lambda^2\eta_z\tau}\operatorname{erfc}\left(\lambda\sqrt{\eta_z\tau}+\frac{z+w}{2\sqrt{\eta_z\tau}}\right)\right\}dw \qquad (20.43.3)$$

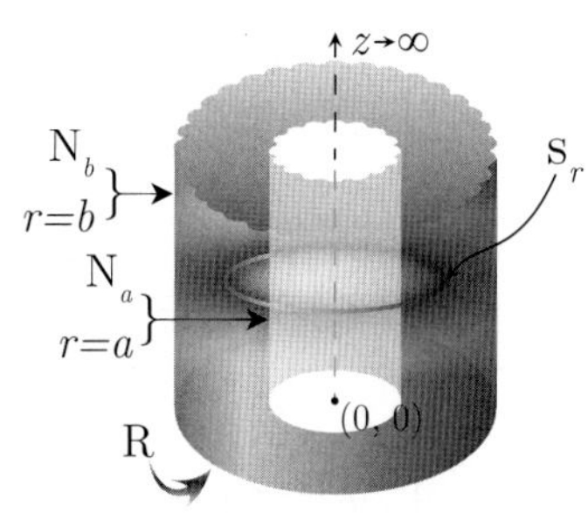

20.44 **The problem of 20.40, except** $\mathbf{N}_a \equiv \frac{\partial p(a,z,t)}{\partial r} = -\left(\frac{\mu}{k_r}\right)\psi_a(z,t)$, $\mathbf{N}_b \equiv \frac{\partial p(b,z,t)}{\partial r} = -\left(\frac{\mu}{k_r}\right)\psi_b(z,t)$ **and** $\mathbf{R} \equiv \frac{\partial p(r,0,t)}{\partial z} - \lambda p(r,0,t) = -\left(\frac{\mu}{k_z}\right)\psi(r,t)$

The successive application of the Laplace, Fourier and finite Hankel transformations to equation (18.1.1) gives

$$\overline{\overline{\overline{p}}} = \frac{q(s)\,e^{-st_0}\{l\cos(lz_0)+\lambda\sin(lz_0)\}}{2\pi\phi c_t(\eta_z l^2+s)} + \frac{q(s)\,e^{-st_0}\{l\cos(lz_0)+\lambda\sin(lz_0)\}\mathcal{V}_{\mathcal{N}0}(\xi_n r_0,a)}{2\pi\phi c_t(\eta_r\xi_n^2+\eta_z l^2+s)} +$$
$$+\frac{\left\{a\overline{\overline{\psi}}_a(l,s)-b\overline{\overline{\psi}}_b(l,s)\right\}}{\phi c_t(\eta_z l^2+s)} + \frac{2\overline{\overline{\psi}}_a(l,s)}{\pi\phi c_t\xi_n(\eta_r\xi_n^2+\eta_z l^2+s)} - \frac{2J_1(\xi_n a)\overline{\overline{\psi}}_b(l,s)}{\pi\phi c_t\xi_n J_1(\xi_n b)(\eta_r\xi_n^2+\eta_z l^2+s)} +$$
$$+\frac{m\int_a^b w\overline{\psi}(w,s)\,dw}{\phi c_t(\eta_z l^2+s)} + \frac{l\overline{\overline{\psi}}(\xi_n,s)}{\phi c_t(\eta_r\xi_n^2+\eta_z l^2+s)} + \frac{\int_a^b w\overline{\varphi}(w,l)\,dw}{(\eta_z l^2+s)} + \frac{\overline{\overline{\varphi}}(\xi_n,l)}{(\eta_r\xi_n^2+\eta_z l^2+s)} \tag{20.44.1}$$

where $\mathcal{V}_{\mathcal{N}0}(\xi_n r,a) = Y_0(\xi_n r)J_1(\xi_n a) - J_0(\xi_n r)Y_1(\xi_n a)$. The eigenvalues are $\xi_0 = 0$ and $\xi_n, n = 1,2,...,$ which are the positive roots of the transcendental equation $\mathcal{V}'_{\mathcal{N}0}(\xi_n b,a) = 0$.*
$\overline{\overline{\psi}}(\xi_n,s) = \int_a^b \overline{\psi}(r,s)\,r\mathcal{V}_{\mathcal{N}0}(\xi_n r,a)\,dr$, $\overline{\overline{\psi}}_a(l,s) = \int_0^\infty \{l\cos(lz)+\lambda\sin(lz)\}\overline{\psi}_a(z,s)dz$,
$\overline{\overline{\psi}}_b(l,s) = \int_0^\infty \{l\cos(lz)+\lambda\sin(lz)\}\overline{\psi}_b(z,s)dz$, $\overline{\overline{\varphi}}(\xi_n,l) = \int_a^b \overline{\varphi}(r,l)\,r\mathcal{V}_{\mathcal{N}0}(\xi_n r,a)\,dr$
and $\overline{\varphi}(r,l) = \int_0^\infty \{l\cos(lw)+\lambda\sin(lw)\}\varphi(r,w)dw$. Successive inverse transforms yield

$$\overline{p} = \frac{q(s)\,e^{-st_0}\left\{e^{-|z-z_0|\sqrt{\frac{s}{\eta_z}}} + \left(\frac{\sqrt{s}-\lambda\sqrt{\eta_z}}{\sqrt{s}+\lambda\sqrt{\eta_z}}\right)e^{-|z+z_0|\sqrt{\frac{s}{\eta_z}}}\right\}}{2\pi\phi c_t(b^2-a^2)\sqrt{\eta_z s}} +$$
$$+\frac{\pi q(s)\,e^{-st_0}}{8\phi c_t\sqrt{\eta_z}}\sum_{n=1}^{\infty}\frac{\xi_n^2 J_1^2(\xi_n b)\mathcal{V}_{\mathcal{N}0}(\xi r_0,a)\mathcal{V}_{\mathcal{N}0}(\xi r,a)}{\{J_1^2(\xi_n a)-J_1^2(\xi_n b)\}\sqrt{(\eta_r\xi_n^2+s)}}\times$$
$$\times\left\{e^{-|z-z_0|\sqrt{\frac{\eta_r\xi_n^2+s}{\eta_z}}} + \left(\frac{\sqrt{\eta_r\xi_n^2+s}-\lambda\sqrt{\eta_z}}{\sqrt{\eta_r\xi_n^2+s}+\lambda\sqrt{\eta_z}}\right)e^{-|z+z_0|\sqrt{\frac{\eta_r\xi_n^2+s}{\eta_z}}}\right\}+$$
$$+\frac{1}{\phi c_t(b^2-a^2)\sqrt{\eta_z s}}\int_0^\infty\{a\overline{\psi}_a(w,s)-b\overline{\psi}_b(w,s)\}\left\{e^{-|z-w|\sqrt{\frac{s}{\eta_z}}} + \left(\frac{\sqrt{s}-\lambda\sqrt{\eta_z}}{\sqrt{s}+\lambda\sqrt{\eta_z}}\right)e^{-|z+w|\sqrt{\frac{s}{\eta_z}}}\right\}dw+$$
$$+\frac{\pi}{2\phi c_t\sqrt{\eta_z}}\sum_{n=1}^{\infty}\frac{\xi_n J_1^2(\xi_n b)\mathcal{V}_{\mathcal{N}0}(\xi r,a)}{\{J_1^2(\xi_n a)-J_1^2(\xi_n b)\}\sqrt{(\eta_r\xi_n^2+s)}}\times$$
$$\times\int_0^\infty\overline{\psi}_a(w,s)\left\{e^{-|z-w|\sqrt{\frac{\eta_r\xi_n^2+s}{\eta_z}}} + \left(\frac{\sqrt{\eta_r\xi_n^2+s}-\lambda\sqrt{\eta_z}}{\sqrt{\eta_r\xi_n^2+s}+\lambda\sqrt{\eta_z}}\right)e^{-|z+w|\sqrt{\frac{\eta_r\xi_n^2+s}{\eta_z}}}\right\}dw-$$
$$-\frac{\pi}{2\phi c_t\sqrt{\eta_z}}\sum_{n=1}^{\infty}\frac{\xi_n J_1(\xi_n a)J_1(\xi_n b)\mathcal{V}_{\mathcal{N}0}(\xi r,a)}{\{J_1^2(\xi_n a)-J_1^2(\xi_n b)\}\sqrt{(\eta_r\xi_n^2+s)}}\times$$
$$\times\int_0^\infty\overline{\psi}_b(w,s)\left\{e^{-|z-w|\sqrt{\frac{\eta_r\xi_n^2+s}{\eta_z}}} + \left(\frac{\sqrt{\eta_r\xi_n^2+s}-\lambda\sqrt{\eta_z}}{\sqrt{\eta_r\xi_n^2+s}+\lambda\sqrt{\eta_z}}\right)e^{-|z+w|\sqrt{\frac{\eta_r\xi_n^2+s}{\eta_z}}}\right\}dw+$$

---

*$\mathcal{V}'_{\mathcal{N}0}(\xi_n b,a) = J_1(\xi_n b)Y_1(\xi_n a) - Y_1(\xi_n b)J_1(\xi_n a)$.

$$+\frac{2e^{-z\sqrt{\frac{s}{\eta_z}}}\int_a^b w\overline{\psi}(w,s)\,dw}{(b^2-a^2)\,\phi c_t\sqrt{\eta_z}\left(\sqrt{s}+\lambda\sqrt{\eta_z}\right)}+\frac{\pi^2}{2\phi c_t\sqrt{\eta_z}}\sum_{n=1}^{\infty}\frac{\xi_n^2J_1^2(\xi_n b)\,V_{N0}(\xi r,a)\,\overline{\overline{\psi}}(\xi_n,s)\,e^{-z\sqrt{\frac{\eta_r\xi_n^2+s}{\eta_z}}}}{\{J_1^2(\xi_n a)-J_1^2(\xi_n b)\}\left(\sqrt{\eta_r\xi_n^2+s}+\lambda\sqrt{\eta_z}\right)}+$$

$$+\frac{1}{(b^2-a^2)\sqrt{\eta_z s}}\int_0^{\infty}\left\{e^{-|z-w|\sqrt{\frac{s}{\eta_z}}}+\left(\frac{\sqrt{s}-\lambda\sqrt{\eta_z}}{\sqrt{s}+\lambda\sqrt{\eta_z}}\right)e^{-|z+w|\sqrt{\frac{s}{\eta_z}}}\right\}\int_a^b u\varphi(u,w)\,du\,dw+$$

$$+\frac{\pi^2}{4\sqrt{\eta_z}}\sum_{n=1}^{\infty}\frac{\xi_n^2J_1^2(\xi_n b)\,V_{N0}(\xi r,a)}{\{J_1^2(\xi_n a)-J_1^2(\xi_n b)\}\sqrt{(\eta_r\xi_n^2+s)}}\times$$

$$\times\int_0^{\infty}\overline{\varphi}(\xi_n,w)\left\{e^{-|z-w|\sqrt{\frac{\eta_r\xi_n^2+s}{\eta_z}}}+\left(\frac{\sqrt{\eta_r\xi_n^2+s}-\lambda\sqrt{\eta_z}}{\sqrt{\eta_r\xi_n^2+s}+\lambda\sqrt{\eta_z}}\right)e^{-|z+w|\sqrt{\frac{\eta_r\xi_n^2+s}{\eta_z}}}\right\}dw \qquad (20.44.2)$$

where $\overline{\varphi}(\xi_n,w)=\int_a^b\varphi(r,w)\,r\mathcal{V}_{N0}(\xi_n r,a)\,dr$ and

$$p=\frac{U(t-t_0)}{2\pi\phi c_t(b^2-a^2)\sqrt{\pi\eta_z}}\times$$

$$\times\int_0^{t-t_0}\frac{q(t-t_0-\tau)}{\sqrt{\tau}}\left\{e^{-\frac{(z-z_0)^2}{4\eta_z\tau}}+e^{-\frac{(z+z_0)^2}{4\eta_z\tau}}-2\left(\lambda\sqrt{\pi\eta_z\tau}\right)e^{(z+z_0)\lambda+\lambda^2\eta_z\tau}\operatorname{erfc}\left(\lambda\sqrt{\eta_z\tau}+\frac{z+z_0}{2\sqrt{\eta_z\tau}}\right)\right\}d\tau+$$

$$+\frac{U(t-t_0)}{8\phi c_t}\sqrt{\frac{\pi}{\eta_z}}\sum_{n=1}^{\infty}\frac{\xi_n^2J_1^2(\xi_n b)\,\mathcal{V}_{N0}(\xi r_0,a)\,\mathcal{V}_{N0}(\xi r,a)}{\{J_1^2(\xi_n a)-J_1^2(\xi_n b)\}}\times$$

$$\times\int_0^{t-t_0}\frac{q(t-t_0-\tau)e^{-\eta_r\xi_n^2\tau}}{\sqrt{\tau}}\left\{e^{-\frac{(z-z_0)^2}{4\eta_z\tau}}+e^{-\frac{(z+z_0)^2}{4\eta_z\tau}}-2(\lambda\sqrt{\pi\eta_z\tau})e^{(z+z_0)\lambda+\lambda^2\eta_z\tau}\operatorname{erfc}\left(\lambda\sqrt{\eta_z\tau}+\frac{z+z_0}{2\sqrt{\eta_z\tau}}\right)\right\}d\tau+$$

$$+\frac{1}{\phi c_t(b^2-a^2)\sqrt{\pi\eta_z}}\int_0^{\infty}\int_0^{t}\frac{\{a\psi_a(w,t-\tau)-b\psi_b(w,t-\tau)\}}{\sqrt{\tau}}d\tau\times$$

$$\times\left\{e^{-\frac{(z-w)^2}{4\eta_z\tau}}+e^{-\frac{(z+w)^2}{4\eta_z\tau}}-2\left(\lambda\sqrt{\pi\eta_z\tau}\right)e^{(z+w)\lambda+\lambda^2\eta_z\tau}\operatorname{erfc}\left(\lambda\sqrt{\eta_z\tau}+\frac{z+w}{2\sqrt{\eta_z\tau}}\right)\right\}dw+$$

$$+\frac{1}{2\phi c_t}\sqrt{\frac{\pi}{\eta_z}}\sum_{n=1}^{\infty}\frac{\xi_nJ_1^2(\xi_n b)\,\mathcal{V}_{N0}(\xi r,a)}{\{J_1^2(\xi_n a)-J_1^2(\xi_n b)\}}\times$$

$$\times\int_0^{\infty}\int_0^{t}\frac{\psi_a(u,t-\tau)e^{-\eta_r\xi_n^2\tau}}{\sqrt{\tau}}\left\{e^{-\frac{(z-w)^2}{4\eta_z\tau}}+e^{-\frac{(z+w)^2}{4\eta_z\tau}}-2(\lambda\sqrt{\pi\eta_z\tau})e^{(z+w)\lambda+\lambda^2\eta_z\tau}\operatorname{erfc}\left(\lambda\sqrt{\eta_z\tau}+\frac{z+w}{2\sqrt{\eta_z\tau}}\right)\right\}d\tau dw+$$

$$-\frac{1}{2\phi c_t}\sqrt{\frac{\pi}{\eta_z}}\sum_{n=1}^{\infty}\frac{\xi_nJ_1(\xi_n a)\,J_1(\xi_n b)\,\mathcal{V}_{N0}(\xi r,a)}{\{J_1^2(\xi_n a)-J_1^2(\xi_n b)\}}\times$$

$$\times\int_0^{\infty}\int_0^{t}\frac{\psi_b(u,t-\tau)e^{-\eta_r\xi_n^2\tau}}{\sqrt{\tau}}\left\{e^{-\frac{(z-w)^2}{4\eta_z\tau}}+e^{-\frac{(z+w)^2}{4\eta_z\tau}}-2(\lambda\sqrt{\pi\eta_z\tau})e^{(z+w)\lambda+\lambda^2\eta_z\tau}\operatorname{erfc}\left(\lambda\sqrt{\eta_z\tau}+\frac{z+w}{2\sqrt{\eta_z\tau}}\right)\right\}d\tau dw+$$

$$+\frac{2}{(b^2-a^2)\,\phi c_t}\int_0^{t}\left\{\frac{e^{-\frac{z^2}{4\eta_z\tau}}}{\sqrt{\pi\tau}}-\lambda\sqrt{\eta_z}e^{z\lambda+\lambda^2\eta_z t}\operatorname{erfc}\left(\lambda\sqrt{\eta_z\tau}+\frac{z}{2\sqrt{\eta_z\tau}}\right)\right\}\int_a^b w\psi(w,t-\tau)\,dw\,d\tau+$$

$$+\frac{\pi^2}{2\phi c_t\sqrt{\eta_z}}\sum_{n=1}^{\infty}\frac{\xi_n^2J_1^2(\xi_n b)\,V_{N0}(\xi r,a)}{\{J_1^2(\xi_n a)-J_1^2(\xi_n b)\}}\times$$

$$\times\int_0^{t}\overline{\psi}(\xi_n,t-\tau)\,e^{-\eta_r\xi_n^2\tau}\left\{\frac{e^{-\frac{z^2}{4\eta_z\tau}}}{\sqrt{\pi\tau}}-\lambda\sqrt{\eta_z}e^{z\lambda+\lambda^2\eta_z t}\operatorname{erfc}\left(\lambda\sqrt{\eta_z\tau}+\frac{z}{2\sqrt{\eta_z\tau}}\right)\right\}d\tau+$$

$$+\frac{1}{\left(b^2-a^2\right)\sqrt{\pi\eta_z t}}\times$$

$$\times\int_0^\infty\int_a^b u\varphi\left(u,w\right)du\left\{e^{-\frac{(z-w)^2}{4\eta_z\tau}}+e^{-\frac{(z+w)^2}{4\eta_z\tau}}-2\left(\lambda\sqrt{\pi\eta_z\tau}\right)e^{(z+w)\lambda+\lambda^2\eta_z\tau}\,\mathrm{erfc}\left(\lambda\sqrt{\eta_z\tau}+\frac{z+w}{2\sqrt{\eta_z\tau}}\right)\right\}dw+$$

$$+\frac{1}{4}\sqrt{\frac{\pi^3}{\eta_z t}}\sum_{n=1}^\infty\frac{\xi_n^2J_1^2\left(\xi_n b\right)\mathcal{V}_{\mathcal{N}0}\left(\xi r,a\right)e^{-\eta_r\xi_n^2 t}}{\left\{J_1^2\left(\xi_n a\right)-J_1^2\left(\xi_n b\right)\right\}}\times$$

$$\times\int_0^\infty\overline{\varphi}\left(\xi_n,w\right)\left\{e^{-\frac{(z-w)^2}{4\eta_z\tau}}+e^{-\frac{(z+w)^2}{4\eta_z\tau}}-2\left(\lambda\sqrt{\pi\eta_z\tau}\right)e^{(z+w)\lambda+\lambda^2\eta_z\tau}\,\mathrm{erfc}\left(\lambda\sqrt{\eta_z\tau}+\frac{z+w}{2\sqrt{\eta_z\tau}}\right)\right\}dw \quad (20.44.3)$$

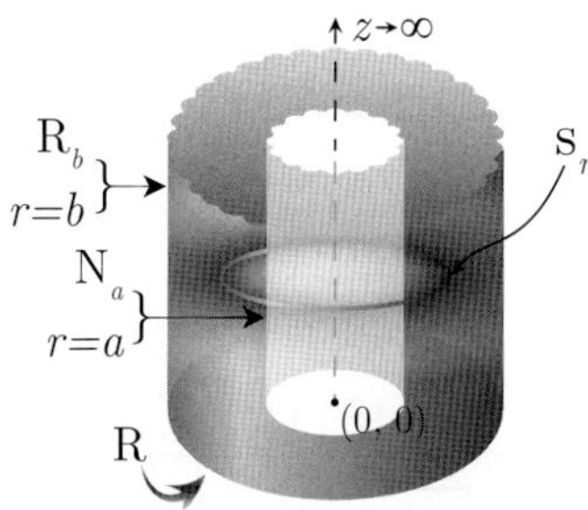

20.45 The problem of 20.40, except $\mathbf{N}_a\equiv\frac{\partial p(a,z,t)}{\partial r}=-\left(\frac{\mu}{k_r}\right)\psi_a\left(z,t\right)$, $\mathbf{R}_b\equiv\frac{\partial p(b,z,t)}{\partial r}+\lambda_b p\left(b,z,t\right)=-\left(\frac{\mu}{k_r}\right)\psi_b\left(z,t\right)$ and $\mathbf{R}\equiv\frac{\partial p(r,0,t)}{\partial z}-\lambda p\left(r,0,t\right)=-\left(\frac{\mu}{k_z}\right)\psi\left(r,t\right)$

The successive application of the Laplace, Fourier and finite Hankel transformations to equation (18.1.1) gives

$$\overline{\overline{\overline{p}}}=\frac{q\left(s\right)e^{-st_0}\left\{l\cos\left(lz_0\right)+\lambda\sin\left(lz_0\right)\right\}\mathcal{V}_{\mathcal{N}0}\left(\xi_n r_0,a\right)}{2\pi\phi c_t\left(\eta_r\xi_n^2+\eta_z l^2+s\right)}+\frac{2\overline{\overline{\psi}}_a\left(l,s\right)}{\pi\phi c_t\xi_n\left(\eta_r\xi_n^2+\eta_z l^2+s\right)}+$$
$$+\frac{2J_1\left(\xi_n a\right)\overline{\overline{\psi}}_b\left(l,s\right)}{\pi\phi c_t\left\{\lambda_a J_0\left(\xi_n b\right)-\xi_n J_1\left(\xi_n b\right)\right\}\left(\eta_r\xi_n^2+\eta_z l^2+s\right)}+\frac{l\overline{\overline{\psi}}\left(\xi_n,s\right)}{\phi c_t\left(\eta_r\xi_n^2+\eta_z l^2+s\right)}+\frac{\overline{\overline{\varphi}}\left(\xi_n,l\right)}{\left(\eta_r\xi_n^2+\eta_z l^2+s\right)} \quad (20.45.1)$$

where $\mathcal{V}_{\mathcal{N}0}\left(\xi_n r,a\right)=Y_0\left(\xi_n r\right)J_1\left(\xi_n a\right)-J_0\left(\xi_n r\right)Y_1\left(\xi_n a\right)$. The eigenvalues $\xi_n, n=1,2,...$, are the positive roots of the transcendental equation $\xi_n\mathcal{V}_{\mathcal{N}0}'\left(\xi_n b,a\right)+\lambda_a\mathcal{V}_{\mathcal{N}0}\left(\xi_n b,a\right)=0$. $\overline{\overline{\psi}}\left(\xi_n,s\right)=\int_a^b\overline{\psi}\left(r,s\right)r\mathcal{V}_{\mathcal{N}0}\left(\xi_n r,a\right)dr$, $\overline{\overline{\psi}}_a\left(l,s\right)=\int_0^\infty\left\{l\cos\left(lz\right)+\lambda\sin\left(lz\right)\right\}\overline{\psi}_a\left(z,s\right)dz$, $\overline{\overline{\psi}}_b\left(l,s\right)=\int_0^\infty\left\{l\cos\left(lz\right)+\lambda\sin\left(lz\right)\right\}\overline{\psi}_b\left(z,s\right)dz$, $\overline{\overline{\varphi}}\left(\xi_n,l\right)=\int_a^b\overline{\varphi}\left(r,l\right)r\mathcal{V}_{\mathcal{N}0}\left(\xi_n r,a\right)dr$ and $\overline{\varphi}\left(r,l\right)=\int_0^\infty\left\{l\cos\left(lw\right)+\lambda\sin\left(lw\right)\right\}\varphi\left(r,w\right)dw$. Successive inverse transforms yield

$$\overline{p}=\frac{\pi q\left(s\right)e^{-st_0}}{8\phi c_t\sqrt{\eta_z}}\sum_{n=1}^\infty\frac{\xi_n^2\left\{\lambda_a J_0\left(\xi_n b\right)-\xi_n J_1\left(\xi_n b\right)\right\}^2\mathcal{V}_{\mathcal{N}0}\left(\xi r_0,a\right)\mathcal{V}_{\mathcal{N}0}\left(\xi r,a\right)}{\left[\left(\lambda_a^2+\xi_n^2\right)J_1^2\left(\xi_n a\right)-\left\{\lambda_a J_0\left(\xi_n b\right)-\xi_n J_1\left(\xi_n b\right)\right\}^2\right]\sqrt{\left(\eta_r\xi_n^2+s\right)}}\times$$
$$\times\left\{e^{-|z-z_0|\sqrt{\frac{\eta_r\xi_n^2+s}{\eta_z}}}+\left(\frac{\sqrt{\eta_r\xi_n^2+s}-\lambda\sqrt{\eta_z}}{\sqrt{\eta_r\xi_n^2+s}+\lambda\sqrt{\eta_z}}\right)e^{-|z+z_0|\sqrt{\frac{\eta_r\xi_n^2+s}{\eta_z}}}\right\}+$$
$$+\frac{\pi}{2\phi c_t\sqrt{\eta_z}}\sum_{n=1}^\infty\frac{\xi_n\left\{\lambda_a J_0\left(\xi_n b\right)-\xi_n J_1\left(\xi_n b\right)\right\}^2\mathcal{V}_{\mathcal{N}0}\left(\xi r,a\right)}{\left[\left(\lambda_a^2+\xi_n^2\right)J_1^2\left(\xi_n a\right)-\left\{\lambda_a J_0\left(\xi_n b\right)-\xi_n J_1\left(\xi_n b\right)\right\}^2\right]\sqrt{\eta_r\xi_n^2+s}}\times$$
$$\times\int_0^\infty\overline{\psi}_a\left(w,s\right)\left\{e^{-|z-w|\sqrt{\frac{\eta_r\xi_n^2+s}{\eta_z}}}+\left(\frac{\sqrt{\eta_r\xi_n^2+s}-\lambda\sqrt{\eta_z}}{\sqrt{\eta_r\xi_n^2+s}+\lambda\sqrt{\eta_z}}\right)e^{-|z+w|\sqrt{\frac{\eta_r\xi_n^2+s}{\eta_z}}}\right\}dw+$$
$$+\frac{\pi}{2\phi c_t\sqrt{\eta_z}}\sum_{n=1}^\infty\frac{\xi_n^2 J_1\left(\xi_n a\right)\left\{\lambda_a J_0\left(\xi_n b\right)-\xi_n J_1\left(\xi_n b\right)\right\}\mathcal{V}_{\mathcal{N}0}\left(\xi r,a\right)}{\left[\left(\lambda_a^2+\xi_n^2\right)J_1^2\left(\xi_n a\right)-\left\{\lambda_a J_0\left(\xi_n b\right)-\xi_n J_1\left(\xi_n b\right)\right\}^2\right]\sqrt{\eta_r\xi_n^2+s}}\times$$

$$\times\int_0^\infty \overline{\psi}_b(w,s)\left\{e^{-|z-w|\sqrt{\frac{\eta_r\xi_n^2+s}{\eta_z}}}+\left(\frac{\sqrt{\eta_r\xi_n^2+s}-\lambda\sqrt{\eta_z}}{\sqrt{\eta_r\xi_n^2+s}+\lambda\sqrt{\eta_z}}\right)e^{-|z+w|\sqrt{\frac{\eta_r\xi_n^2+s}{\eta_z}}}\right\}dw+$$

$$+\frac{\pi^2}{2\phi c_t\sqrt{\eta_z}}\sum_{n=1}^{\infty}\frac{\xi_n^2\left\{\lambda_a J_0(\xi_n b)-\xi_n J_1(\xi_n b)\right\}^2\mathcal{V}_{\mathcal{N}0}(\xi r,a)\,\overline{\overline{\psi}}(\xi_n,s)\,e^{-z\sqrt{\frac{\eta_r\xi_n^2+s}{\eta_z}}}}{\left[\left(\lambda_a^2+\xi_n^2\right)J_1^2(\xi_n a)-\left\{\lambda_a J_0(\xi_n b)-\xi_n J_1(\xi_n b)\right\}^2\right]\left(\sqrt{\eta_r\xi_n^2+s}+\lambda\sqrt{\eta_z}\right)}+$$

$$+\frac{\pi^2}{4\sqrt{\eta_z}}\sum_{n=1}^{\infty}\frac{\xi_n^2\left\{\lambda_a J_0(\xi_n b)-\xi_n J_1(\xi_n b)\right\}^2\mathcal{V}_{\mathcal{N}0}(\xi r,a)}{\left[\left(\lambda_a^2+\xi_n^2\right)J_1^2(\xi_n a)-\left\{\lambda_a J_0(\xi_n b)-\xi_n J_1(\xi_n b)\right\}^2\right]\sqrt{\eta_r\xi_n^2+s}}\times$$

$$\times\int_0^\infty \overline{\varphi}(\xi_n,w)\left\{e^{-|z-w|\sqrt{\frac{\eta_r\xi_n^2+s}{\eta_z}}}+\left(\frac{\sqrt{\eta_r\xi_n^2+s}-\lambda\sqrt{\eta_z}}{\sqrt{\eta_r\xi_n^2+s}+\lambda\sqrt{\eta_z}}\right)e^{-|z+w|\sqrt{\frac{\eta_r\xi_n^2+s}{\eta_z}}}\right\}dw \qquad (20.45.2)$$

where $\overline{\varphi}(\xi_n,w)=\int_a^b\varphi(r,w)\,r\mathcal{V}_{\mathcal{N}0}(\xi_n r,a)\,dr$ and

$$p=\frac{U(t-t_0)}{8\phi c_t}\sqrt{\frac{\pi}{\eta_z}}\times$$

$$\times\sum_{n=1}^{\infty}\frac{\xi_n^2\left\{\lambda_a J_0(\xi_n b)-\xi_n J_1(\xi_n b)\right\}^2\mathcal{V}_{\mathcal{N}0}(\xi r_0,a)\,\mathcal{V}_{\mathcal{N}0}(\xi r,a)}{\left[\left(\lambda_a^2+\xi_n^2\right)J_1^2(\xi_n a)-\left\{\lambda_a J_0(\xi_n b)-\xi_n J_1(\xi_n b)\right\}^2\right]}\times$$

$$\times\int_0^{t-t_0}\frac{q(t-t_0-\tau)e^{-\eta_r\xi_n^2\tau}}{\sqrt{\tau}}\left\{e^{-\frac{(z-z_0)^2}{4\eta_z\tau}}+e^{-\frac{(z+z_0)^2}{4\eta_z\tau}}-2(\lambda\sqrt{\pi\eta_z\tau})e^{(z+z_0)\lambda+\lambda^2\eta_z\tau}\operatorname{erfc}\left(\lambda\sqrt{\eta_z\tau}+\frac{z+z_0}{2\sqrt{\eta_z\tau}}\right)\right\}d\tau+$$

$$+\frac{1}{2\phi c_t}\sqrt{\frac{\pi}{\eta_z}}\sum_{n=1}^{\infty}\frac{\xi_n\left\{\lambda_a J_0(\xi_n b)-\xi_n J_1(\xi_n b)\right\}^2\mathcal{V}_{\mathcal{N}0}(\xi r,a)}{\left[\left(\lambda^2+\xi_n^2\right)J_1^2(\xi_n a)-\left\{\lambda_a J_0(\xi_n b)-\xi_n J_1(\xi_n b)\right\}^2\right]}\times$$

$$\times\int_0^\infty\int_0^t\frac{\psi_a(u,t-\tau)e^{-\eta_r\xi_n^2\tau}}{\sqrt{\tau}}\left\{e^{-\frac{(z-w)^2}{4\eta_z\tau}}+e^{-\frac{(z+w)^2}{4\eta_z\tau}}-2(\lambda\sqrt{\pi\eta_z\tau})e^{(z+w)\lambda+\lambda^2\eta_z\tau}\operatorname{erfc}\left(\lambda\sqrt{\eta_z\tau}+\frac{z+w}{2\sqrt{\eta_z\tau}}\right)\right\}d\tau dw+$$

$$+\frac{1}{2\phi c_t}\sqrt{\frac{\pi}{\eta_z}}\sum_{n=1}^{\infty}\frac{\xi_n^2 J_1(\xi_n a)\left\{\lambda_a J_0(\xi_n b)-\xi_n J_1(\xi_n b)\right\}\mathcal{V}_{\mathcal{N}0}(\xi r,a)}{\left[\left(\lambda^2+\xi_n^2\right)J_1^2(\xi_n a)-\left\{\lambda_a J_0(\xi_n b)-\xi_n J_1(\xi_n b)\right\}^2\right]}\times$$

$$\times\int_0^\infty\int_0^t\frac{\psi_b(u,t-\tau)e^{-\eta_r\xi_n^2\tau}}{\sqrt{\tau}}\left\{e^{-\frac{(z-w)^2}{4\eta_z\tau}}+e^{-\frac{(z+w)^2}{4\eta_z\tau}}-2(\lambda\sqrt{\pi\eta_z\tau})e^{(z+w)\lambda+\lambda^2\eta_z\tau}\operatorname{erfc}\left(\lambda\sqrt{\eta_z\tau}+\frac{z+w}{2\sqrt{\eta_z\tau}}\right)\right\}d\tau dw+$$

$$+\frac{\pi^2}{2\phi c_t\sqrt{\eta_z}}\sum_{n=1}^{\infty}\frac{\xi_n^2\left\{\lambda_a J_0(\xi_n b)-\xi_n J_1(\xi_n b)\right\}^2\mathcal{V}_{\mathcal{N}0}(\xi r,a)}{\left[\left(\lambda_a^2+\xi_n^2\right)J_1^2(\xi_n a)-\left\{\lambda_a J_0(\xi_n b)-\xi_n J_1(\xi_n b)\right\}^2\right]}\times$$

$$\times\int_0^t\overline{\psi}(\xi_n,t-\tau)\,e^{-\eta_r\xi_n^2\tau}\left\{\frac{e^{-\frac{z^2}{4\eta_z\tau}}}{\sqrt{\pi\tau}}-\lambda\sqrt{\eta_z}e^{z\lambda+\lambda^2\eta_z\tau}\operatorname{erfc}\left(\lambda\sqrt{\eta_z\tau}+\frac{z}{2\sqrt{\eta_z\tau}}\right)\right\}d\tau+$$

$$+\frac{1}{4}\sqrt{\frac{\pi^3}{\eta_z t}}\sum_{n=1}^{\infty}\frac{\xi_n^2\left\{\lambda_a J_0(\xi_n b)-\xi_n J_1(\xi_n b)\right\}^2\mathcal{V}_{\mathcal{N}0}(\xi r,a)\,e^{-\eta_r\xi_n^2 t}}{\left[\left(\lambda_a^2+\xi_n^2\right)J_1^2(\xi_n a)-\left\{\lambda_a J_0(\xi_n b)-\xi_n J_1(\xi_n b)\right\}^2\right]}\times$$

$$\times\int_0^\infty\overline{\varphi}(\xi_n,w)\left\{e^{-\frac{(z-w)^2}{4\eta_z\tau}}+e^{-\frac{(z+w)^2}{4\eta_z\tau}}-2\left(\lambda\sqrt{\pi\eta_z\tau}\right)e^{(z+w)\lambda+\lambda^2\eta_z\tau}\operatorname{erfc}\left(\lambda\sqrt{\eta_z\tau}+\frac{z+w}{2\sqrt{\eta_z\tau}}\right)\right\}dw \qquad (20.45.3)$$

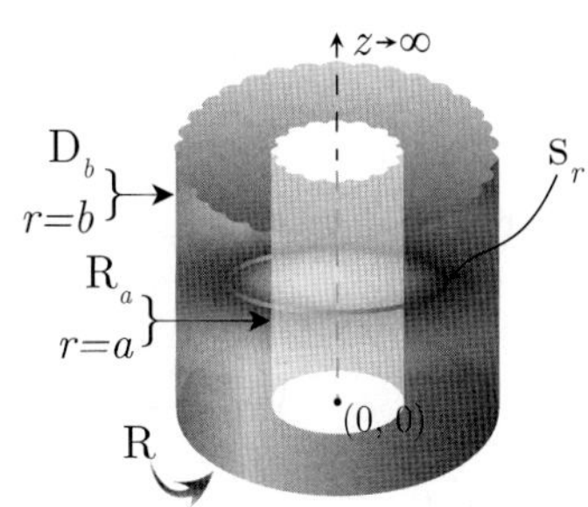

20.46 **The problem of 20.40, except**
$\mathbf{R}_a \equiv \frac{\partial p(a,z,t)}{\partial r} - \lambda_a p(a,z,t) = -\left(\frac{\mu}{k_r}\right)\psi_a(z,t)$,
$\mathbf{D}_b \equiv p(b,z,t) = \psi_b(z,t)$ **and**
$\mathbf{R} \equiv \frac{\partial p(r,0,t)}{\partial z} - \lambda p(r,0,t) = -\left(\frac{\mu}{k_z}\right)\psi(r,t)$

The successive application of the Laplace, Fourier and finite Hankel transformations to equation (18.1.1) gives

$$\overline{\overline{\overline{p}}} = \frac{q(s)\,e^{-st_0}\{l\cos(lz_0)+\lambda\sin(lz_0)\}\,\mathcal{V}_{\mathcal{D}0}(\xi_n r_0,b)}{2\pi\phi c_t(\eta_r\xi_n^2+\eta_z l^2+s)} - \frac{2J_0(\xi_n b)\,\overline{\overline{\psi}}_a(l,s)}{\pi\phi c_t(\eta_r\xi_n^2+\eta_z l^2+s)\{\lambda_a J_0(\xi_n a)+\xi_n J_1(\xi_n a)\}} + $$
$$+\frac{2\eta_r\overline{\overline{\psi}}_b(l,s)}{\pi(\eta_r\xi_n^2+\eta_z l^2+s)} + \frac{l\overline{\overline{\psi}}(\xi_n,s)}{\phi c_t(\eta_r\xi_n^2+\eta_z l^2+s)} + \frac{\overline{\overline{\varphi}}(\xi_n,l)}{(\eta_r\xi_n^2+\eta_z l^2+s)} \tag{20.46.1}$$

where $\mathcal{V}_{\mathcal{D}0}(\xi_n r,b) = J_0(\xi_n r)Y_0(\xi_n b) - Y_0(\xi_n r)J_0(\xi_n b)$. The eigenvalues $\xi_n, n=1,2,...$, are the positive roots of the transcendental equation $\lambda_a\mathcal{V}_{\mathcal{D}0}(\xi_n a,b) - \xi_n\mathcal{V}'_{\mathcal{D}0}(\xi_n a,b) = 0.$* $\overline{\overline{\psi}}(\xi_n,s) = \int_a^b \overline{\psi}(r,s)\,r\mathcal{V}_{\mathcal{D}0}(\xi_n r,b)\,dr$, $\overline{\overline{\psi}}_a(l,s) = \int_0^\infty\{l\cos(lz)+\lambda\sin(lz)\}\,\overline{\psi}_a(z,s)dz$, $\overline{\overline{\psi}}_b(l,s) = \int_0^\infty\{l\cos(lz)+\lambda\sin(lz)\}\,\overline{\psi}_b(z,s)dz$, $\overline{\overline{\varphi}}(\xi_n,l) = \int_a^b \overline{\varphi}(r,l)\,r\mathcal{V}_{\mathcal{D}0}(\xi_n r,a)\,dr$ and $\overline{\varphi}(r,l) = \int_0^\infty\{l\cos(lw)+\lambda\sin(lw)\}\,\varphi(r,w)dw$. Successive inverse transforms yield

$$\overline{p} = \frac{\pi q(s)\,e^{-st_0}}{8\phi c_t\sqrt{\eta_z}}\sum_{n=1}^{\infty}\frac{\xi_n^2\{\lambda_a J_0(\xi_n a)+\xi_n J_1(\xi_n a)\}^2\mathcal{V}_{\mathcal{D}0}(\xi r_0,b)\,\mathcal{V}_{\mathcal{D}0}(\xi r,b)}{\left[\{\lambda_a J_0(\xi_n a)+\xi_n J_1(\xi_n a)\}^2-(\lambda_a^2+\xi_n^2)\,J_0^2(\xi_n b)\right]\sqrt{(\eta_r\xi_n^2+s)}}\times$$
$$\times\left\{e^{-|z-z_0|\sqrt{\frac{\eta_r\xi_n^2+s}{\eta_z}}} + \left(\frac{\sqrt{\eta_r\xi_n^2+s}-\lambda\sqrt{\eta_z}}{\sqrt{\eta_r\xi_n^2+s}+\lambda\sqrt{\eta_z}}\right)e^{-|z+z_0|\sqrt{\frac{\eta_r\xi_n^2+s}{\eta_z}}}\right\} -$$
$$-\frac{\pi}{2\phi c_t\sqrt{\eta_z}}\sum_{n=1}^{\infty}\frac{\xi_n^2 J_0(\xi_n b)\{\lambda_a J_0(\xi_n a)+\xi_n J_1(\xi_n a)\}\,\mathcal{V}_{\mathcal{D}0}(\xi r,b)}{\left[\{\lambda_a J_0(\xi_n a)+\xi_n J_1(\xi_n a)\}^2-(\lambda^2+\xi_n^2)\,J_0^2(\xi_n b)\right]\sqrt{\eta_r\xi_n^2+s}}\times$$
$$\times\int_0^\infty\overline{\psi}_a(w,s)\left\{e^{-|z-w|\sqrt{\frac{\eta_r\xi_n^2+s}{\eta_z}}} + \left(\frac{\sqrt{\eta_r\xi_n^2+s}-\lambda\sqrt{\eta_z}}{\sqrt{\eta_r\xi_n^2+s}+\lambda\sqrt{\eta_z}}\right)e^{-|z+w|\sqrt{\frac{\eta_r\xi_n^2+s}{\eta_z}}}\right\}dw +$$
$$+\frac{\pi\eta_r}{2\sqrt{\eta_z}}\sum_{n=1}^{\infty}\frac{\xi_n^2\{\lambda_a J_0(\xi_n a)+\xi_n J_1(\xi_n a)\}^2\mathcal{V}_{\mathcal{D}0}(\xi r,b)}{\left[\{\lambda_a J_0(\xi_n a)+\xi_n J_1(\xi_n a)\}^2-(\lambda_a^2+\xi_n^2)\,J_0^2(\xi_n b)\right]\sqrt{\eta_r\xi_n^2+s}}\times$$
$$\times\int_0^\infty\overline{\psi}_b(w,s)\left\{e^{-|z-w|\sqrt{\frac{\eta_r\xi_n^2+s}{\eta_z}}} + \left(\frac{\sqrt{\eta_r\xi_n^2+s}-\lambda\sqrt{\eta_z}}{\sqrt{\eta_r\xi_n^2+s}+\lambda\sqrt{\eta_z}}\right)e^{-|z+w|\sqrt{\frac{\eta_r\xi_n^2+s}{\eta_z}}}\right\}dw +$$
$$+\frac{\pi^2}{2\phi c_t\sqrt{\eta_z}}\sum_{n=1}^{\infty}\frac{\xi_n^2\{\lambda_a J_0(\xi_n a)+\xi_n J_1(\xi_n a)\}^2\mathcal{V}_{\mathcal{D}0}(\xi r,b)\,\overline{\overline{\psi}}(\xi_n,s)\,e^{-z\sqrt{\frac{\eta_r\xi_n^2+s}{\eta_z}}}}{\left[\{\lambda_a J_0(\xi_n a)+\xi_n J_1(\xi_n a)\}^2-(\lambda_a^2+\xi_n^2)\,J_0^2(\xi_n b)\right]\left(\sqrt{\eta_r\xi_n^2+s}+\lambda\sqrt{\eta_z}\right)} +$$
$$+\frac{\pi^2}{4\sqrt{\eta_z}}\sum_{n=1}^{\infty}\frac{\xi_n^2\{\lambda_a J_0(\xi_n a)+\xi_n J_1(\xi_n a)\}^2\mathcal{V}_{\mathcal{D}0}(\xi r,b)}{\left[\{\lambda_a J_0(\xi_n a)+\xi_n J_1(\xi_n a)\}^2-(\lambda_a^2+\xi_n^2)\,J_0^2(\xi_n b)\right]\sqrt{\eta_r\xi_n^2+s}}\times$$

---
*$\mathcal{V}'_{\mathcal{D}0}(\xi_n r,b) = \{Y_1(\xi_n r)\,J_0(\xi_n b) - J_1(\xi_n r)\,Y_0(\xi_n b)\}$.

$$\times \int_0^\infty \overline{\varphi}(\xi_n, w) \left\{ e^{-|z-w|\sqrt{\frac{\eta_r \xi_n^2 + s}{\eta_z}}} + \left(\frac{\sqrt{\eta_r \xi_n^2 + s} - \lambda\sqrt{\eta_z}}{\sqrt{\eta_r \xi_n^2 + s} + \lambda\sqrt{\eta_z}} \right) e^{-|z+w|\sqrt{\frac{\eta_r \xi_n^2 + s}{\eta_z}}} \right\} dw \qquad (20.46.2)$$

where $\overline{\varphi}(\xi_n, w) = \int_a^b \varphi(r, w)\, r \mathcal{V}_{\mathcal{D}0}(\xi_n r, a)\, dr$ and

$$p = \frac{U(t-t_0)}{8\phi c_t}\sqrt{\frac{\pi}{\eta_z}} \sum_{n=1}^{\infty} \frac{\xi_n^2 \{\lambda_a J_0(\xi_n a) + \xi_n J_1(\xi_n a)\}^2 \mathcal{V}_{\mathcal{D}0}(\xi r_0, b)\, \mathcal{V}_{\mathcal{D}0}(\xi r, b)}{\left[\{\lambda_a J_0(\xi_n a) + \xi_n J_1(\xi_n a)\}^2 - (\lambda_a^2 + \xi_n^2) J_0^2(\xi_n b)\right]} \times$$

$$\times \int_0^{t-t_0} \frac{q(t-t_0-\tau) e^{-\eta_r \xi_n^2 \tau}}{\sqrt{\tau}} \left\{ e^{-\frac{(z-z_0)^2}{4\eta_z \tau}} + e^{-\frac{(z+z_0)^2}{4\eta_z \tau}} - 2(\lambda\sqrt{\pi\eta_z\tau}) e^{(z+z_0)\lambda + \lambda^2 \eta_z \tau} \operatorname{erfc}\left(\lambda\sqrt{\eta_z \tau} + \frac{z+z_0}{2\sqrt{\eta_z \tau}} \right) \right\} d\tau +$$

$$-\frac{\pi}{2\phi c_t \sqrt{\eta_z}} \sum_{n=1}^{\infty} \frac{\xi_n^2 J_0(\xi_n b) \{\lambda_a J_0(\xi_n a) + \xi_n J_1(\xi_n a)\} \mathcal{V}_{\mathcal{D}0}(\xi r, b)}{\left[\{\lambda_a J_0(\xi_n a) + \xi_n J_1(\xi_n a)\}^2 - (\lambda^2 + \xi_n^2) J_0^2(\xi_n b)\right]} \times$$

$$\times \int_0^\infty \int_0^t \frac{\psi_a(u, t-\tau) e^{-\eta_r \xi_n^2 \tau}}{\sqrt{\tau}} \left\{ e^{-\frac{(z-w)^2}{4\eta_z \tau}} + e^{-\frac{(z+w)^2}{4\eta_z \tau}} - 2(\lambda\sqrt{\pi\eta_z\tau}) e^{(z+w)\lambda + \lambda^2 \eta_z \tau} \operatorname{erfc}\left(\lambda\sqrt{\eta_z \tau} + \frac{z+w}{2\sqrt{\eta_z \tau}} \right) \right\} d\tau dw +$$

$$+\frac{\eta_r}{2}\sqrt{\frac{\pi}{\eta_z}} \sum_{n=1}^{\infty} \frac{\xi_n^2 \{\lambda_a J_0(\xi_n a) + \xi_n J_1(\xi_n a)\}^2 \mathcal{V}_{\mathcal{D}0}(\xi r, b)}{\left[\{\lambda_a J_0(\xi_n a) + \xi_n J_1(\xi_n a)\}^2 - (\lambda_a^2 + \xi_n^2) J_0^2(\xi_n b)\right]} \times$$

$$\times \int_0^\infty \int_0^t \frac{\psi_b(u, t-\tau) e^{-\eta_r \xi_n^2 \tau}}{\sqrt{\tau}} \left\{ e^{-\frac{(z-w)^2}{4\eta_z \tau}} + e^{-\frac{(z+w)^2}{4\eta_z \tau}} - 2(\lambda\sqrt{\pi\eta_z\tau}) e^{(z+w)\lambda + \lambda^2 \eta_z \tau} \operatorname{erfc}\left(\lambda\sqrt{\eta_z \tau} + \frac{z+w}{2\sqrt{\eta_z \tau}} \right) \right\} d\tau dw +$$

$$+\frac{\pi^2}{2\phi c_t \sqrt{\eta_z}} \sum_{n=1}^{\infty} \frac{\xi_n^2 \{\lambda_a J_0(\xi_n a) + \xi_n J_1(\xi_n a)\}^2 \mathcal{V}_{\mathcal{D}0}(\xi r, b)}{\left[\{\lambda_a J_0(\xi_n a) + \xi_n J_1(\xi_n a)\}^2 - (\lambda_a^2 + \xi_n^2) J_0^2(\xi_n b)\right]} \times$$

$$\times \int_0^t \overline{\psi}(\xi_n, t-\tau) e^{-\eta_r \xi_n^2 \tau} \left\{ \frac{e^{-\frac{z^2}{4\eta_z \tau}}}{\sqrt{\pi\tau}} - \lambda\sqrt{\eta_z} e^{z\lambda + \lambda^2 \eta_z \tau} \operatorname{erfc}\left(\lambda\sqrt{\eta_z \tau} + \frac{z}{2\sqrt{\eta_z \tau}} \right) \right\} d\tau +$$

$$+\frac{1}{4}\sqrt{\frac{\pi^3}{\eta_z t}} \sum_{n=1}^{\infty} \frac{\xi_n^2 \{\lambda_a J_0(\xi_n a) + \xi_n J_1(\xi_n a)\}^2 \mathcal{V}_{\mathcal{D}0}(\xi r, b)\, e^{-\eta_r \xi_n^2 t}}{\left[\{\lambda_a J_0(\xi_n a) + \xi_n J_1(\xi_n a)\}^2 - (\lambda_a^2 + \xi_n^2) J_0^2(\xi_n b)\right]} \times$$

$$\times \int_0^\infty \overline{\varphi}(\xi_n, w) \left\{ e^{-\frac{(z-w)^2}{4\eta_z \tau}} + e^{-\frac{(z+w)^2}{4\eta_z \tau}} - 2(\lambda\sqrt{\pi\eta_z\tau}) e^{(z+w)\lambda + \lambda^2 \eta_z \tau} \operatorname{erfc}\left(\lambda\sqrt{\eta_z \tau} + \frac{z+w}{2\sqrt{\eta_z \tau}} \right) \right\} dw \qquad (20.46.3)$$

20.47

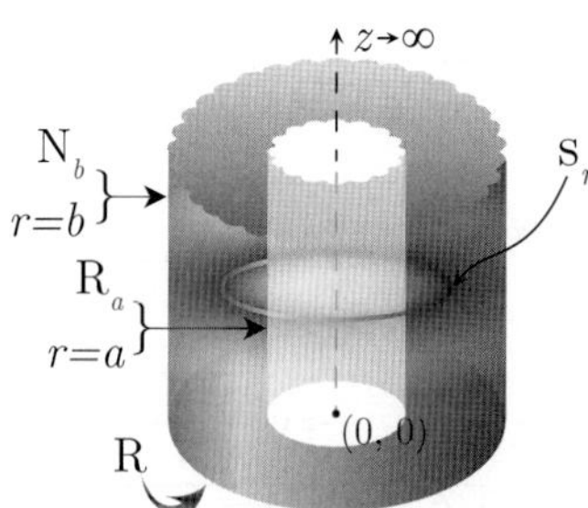

The problem of 20.40, except
$\mathbf{R}_a \equiv \frac{\partial p(a,z,t)}{\partial r} - \lambda_a p(a, z, t) = -\left(\frac{\mu}{k_r}\right) \psi_a(z, t)$,
$\mathbf{N}_b \equiv \frac{\partial p(b,z,t)}{\partial r} = -\left(\frac{\mu}{k_r}\right) \psi_b(z, t)$ **and**
$\mathbf{R} \equiv \frac{\partial p(r,0,t)}{\partial z} - \lambda p(r, 0, t) = -\left(\frac{\mu}{k_z}\right) \psi(r, t)$

The successive application of the Laplace, Fourier and finite Hankel transformations to equation (18.1.1) gives

$$\overline{\overline{\overline{p}}} = \frac{q(s) e^{-st_0} \{l\cos(lz_0) + \lambda\sin(lz_0)\} \mathcal{V}_{\mathcal{N}0}(\xi_n r_0, b)}{2\pi\phi c_t (\eta_r \xi_n^2 + \eta_z l^2 + s)} + \frac{2J_1(\xi_n b)\, \overline{\overline{\psi}}_a(l, s)}{\pi\phi c_t (\eta_r \xi_n^2 + \eta_z l^2 + s)\{\lambda_a J_0(\xi_n a) + \xi_n J_1(\xi_n a)\}} -$$

$$-\frac{2\overline{\overline{\psi}}_b(l,s)}{\pi\phi c_t\xi_n\left(\eta_r\xi_n^2+\eta_z l^2+s\right)}+\frac{l\overline{\overline{\psi}}(\xi_n,s)}{\phi c_t\left(\eta_r\xi_n^2+\eta_z l^2+s\right)}+\frac{\overline{\overline{\varphi}}(\xi_n,l)}{\left(\eta_r\xi_n^2+\eta_z l^2+s\right)} \quad (20.47.1)$$

where $\xi_n, n=1,2,...,$ are the positive roots of the transcendental equation $\lambda_a\mathcal{V}_{\mathcal{N}0}(\xi_n a,b)-\xi_n\mathcal{V}_{\mathcal{N}0}'(\xi_n a,b)=0$. $\overline{\overline{\psi}}(\xi_n,s)=\int_a^b\overline{\psi}(r,s)\,r\mathcal{V}_{\mathcal{N}0}(\xi_n r,b)\,dr$, $\overline{\overline{\psi}}_a(l,s)=\int_0^\infty\{l\cos(lz)+\lambda\sin(lz)\}\overline{\psi}_a(z,s)dz$, $\overline{\overline{\psi}}_b(l,s)=\int_0^\infty\{l\cos(lz)+\lambda\sin(lz)\}\overline{\psi}_b(z,s)dz$, $\overline{\overline{\varphi}}(\xi_n,l)=\int_a^b\overline{\varphi}(r,l)\,r\mathcal{V}_{\mathcal{N}0}(\xi_n r,a)\,dr$ and $\overline{\varphi}(r,l)=\int_0^\infty\{l\cos(lw)+\lambda\sin(lw)\}\varphi(r,w)dw$. Successive inverse transforms yield

$$\begin{aligned}
\overline{p} =\ & \frac{\pi q(s)e^{-st_0}}{8\phi c_t\sqrt{\eta_z}}\sum_{n=1}^{\infty}\frac{\xi_n^2\left\{\lambda_a J_0(\xi_n a)+\xi_n J_1(\xi_n a)\right\}^2\mathcal{V}_{\mathcal{N}0}(\xi r_0,b)\,\mathcal{V}_{\mathcal{N}0}(\xi r,b)}{\left[\left\{\lambda_a J_0(\xi_n a)+\xi_n J_1(\xi_n a)\right\}^2-\left(\lambda_a^2+\xi_n^2\right)J_1^2(\xi_n b)\right]\sqrt{(\eta_r\xi_n^2+s)}}\times\\
&\times\left\{e^{-|z-z_0|\sqrt{\frac{\eta_r\xi_n^2+s}{\eta_z}}}+\left(\frac{\sqrt{\eta_r\xi_n^2+s}-\lambda\sqrt{\eta_z}}{\sqrt{\eta_r\xi_n^2+s}+\lambda\sqrt{\eta_z}}\right)e^{-|z+z_0|\sqrt{\frac{\eta_r\xi_n^2+s}{\eta_z}}}\right\}+\\
&+\frac{1}{2\phi c_t}\sqrt{\frac{\pi}{\eta_z}}\sum_{n=1}^{\infty}\frac{\xi_n^2 J_1(\xi_n b)\left\{\lambda_a J_0(\xi_n a)+\xi_n J_1(\xi_n a)\right\}\mathcal{V}_{\mathcal{N}0}(\xi r,b)}{\left[\left\{\lambda_a J_0(\xi_n a)+\xi_n J_1(\xi_n a)\right\}^2-\left(\lambda_a^2+\xi_n^2\right)J_1^2(\xi_n b)\right]\sqrt{\eta_r\xi_n^2+s}}\times\\
&\times\int_0^\infty\overline{\psi}_a(w,s)\left\{e^{-|z-w|\sqrt{\frac{\eta_r\xi_n^2+s}{\eta_z}}}+\left(\frac{\sqrt{\eta_r\xi_n^2+s}-\lambda\sqrt{\eta_z}}{\sqrt{\eta_r\xi_n^2+s}+\lambda\sqrt{\eta_z}}\right)e^{-|z+w|\sqrt{\frac{\eta_r\xi_n^2+s}{\eta_z}}}\right\}dw-\\
&-\frac{1}{2\phi c_t}\sqrt{\frac{\pi}{\eta_z}}\sum_{n=1}^{\infty}\frac{\xi_n\left\{\lambda_a J_0(\xi_n a)+\xi_n J_1(\xi_n a)\right\}^2\mathcal{V}_{\mathcal{N}0}(\xi r,b)}{\left[\left\{\lambda_a J_0(\xi_n a)+\xi_n J_1(\xi_n a)\right\}^2-\left(\lambda_a^2+\xi_n^2\right)J_1^2(\xi_n b)\right]\sqrt{\eta_r\xi_n^2+s}}\times\\
&\times\int_0^\infty\overline{\psi}_b(w,s)\left\{e^{-|z-w|\sqrt{\frac{\eta_r\xi_n^2+s}{\eta_z}}}+\left(\frac{\sqrt{\eta_r\xi_n^2+s}-\lambda\sqrt{\eta_z}}{\sqrt{\eta_r\xi_n^2+s}+\lambda\sqrt{\eta_z}}\right)e^{-|z+w|\sqrt{\frac{\eta_r\xi_n^2+s}{\eta_z}}}\right\}dw+\\
&+\frac{\pi^2}{2\phi c_t\sqrt{\eta_z}}\sum_{n=1}^{\infty}\frac{\xi_n^2\left\{\lambda_a J_0(\xi_n a)+\xi_n J_1(\xi_n a)\right\}^2\mathcal{V}_{\mathcal{N}0}(\xi r,b)\,\overline{\overline{\psi}}(\xi_n,s)\,e^{-z\sqrt{\frac{\eta_r\xi_n^2+s}{\eta_z}}}}{\left[\left\{\lambda_a J_0(\xi_n a)+\xi_n J_1(\xi_n a)\right\}^2-\left(\lambda_a^2+\xi_n^2\right)J_1^2(\xi_n b)\right]\left(\sqrt{\eta_r\xi_n^2+s}+\lambda\sqrt{\eta_z}\right)}+\\
&+\frac{\pi^2}{4\sqrt{\eta_z}}\sum_{n=1}^{\infty}\frac{\xi_n^2\left\{\lambda_a J_0(\xi_n a)+\xi_n J_1(\xi_n a)\right\}^2\mathcal{V}_{\mathcal{N}0}(\xi r,b)}{\left[\left\{\lambda_a J_0(\xi_n a)+\xi_n J_1(\xi_n a)\right\}^2-\left(\lambda_a^2+\xi_n^2\right)J_1^2(\xi_n b)\right]\sqrt{\eta_r\xi_n^2+s}}\times\\
&\times\int_0^\infty\overline{\varphi}(\xi_n,w)\left\{e^{-|z-w|\sqrt{\frac{\eta_r\xi_n^2+s}{\eta_z}}}+\left(\frac{\sqrt{\eta_r\xi_n^2+s}-\lambda\sqrt{\eta_z}}{\sqrt{\eta_r\xi_n^2+s}+\lambda\sqrt{\eta_z}}\right)e^{-|z+w|\sqrt{\frac{\eta_r\xi_n^2+s}{\eta_z}}}\right\}dw
\end{aligned} \quad (20.47.2)$$

where $\overline{\varphi}(\xi_n,w)=\int_a^b\varphi(r,w)\,r\mathcal{V}_{\mathcal{N}0}(\xi_n r,a)\,dr$ and

$$\begin{aligned}
p =\ & \frac{U(t-t_0)}{8\phi c_t}\sqrt{\frac{\pi}{\eta_z}}\sum_{n=1}^{\infty}\frac{\xi_n^2\left\{\lambda_a J_0(\xi_n a)+\xi_n J_1(\xi_n a)\right\}^2\mathcal{V}_{\mathcal{N}0}(\xi r_0,b)\,\mathcal{V}_{\mathcal{N}0}(\xi r,b)}{\left[\left\{\lambda_a J_0(\xi_n a)+\xi_n J_1(\xi_n a)\right\}^2-\left(\lambda_a^2+\xi_n^2\right)J_1^2(\xi_n b)\right]}\times\\
&\times\int_0^{t-t_0}\frac{q(t-t_0-\tau)e^{-\eta_r\xi_n^2\tau}}{\sqrt{\tau}}\left\{e^{-\frac{(z-z_0)^2}{4\eta_z\tau}}+e^{-\frac{(z+z_0)^2}{4\eta_z\tau}}-2(\lambda\sqrt{\pi\eta_z\tau})e^{(z+z_0)\lambda+\lambda^2\eta_z\tau}\operatorname{erfc}\left(\lambda\sqrt{\eta_z\tau}+\frac{z+z_0}{2\sqrt{\eta_z\tau}}\right)\right\}d\tau+\\
&+\frac{1}{2\phi c_t}\sqrt{\frac{\pi}{\eta_z}}\sum_{n=1}^{\infty}\frac{\xi_n^2 J_1(\xi_n b)\left\{\lambda_a J_0(\xi_n a)+\xi_n J_1(\xi_n a)\right\}\mathcal{V}_{\mathcal{N}0}(\xi r,b)}{\left[\left\{\lambda_a J_0(\xi_n a)+\xi_n J_1(\xi_n a)\right\}^2-\left(\lambda^2+\xi_n^2\right)J_1^2(\xi_n b)\right]}\times\\
&\times\int_0^\infty\int_0^t\frac{\psi_a(u,t-\tau)e^{-\eta_r\xi_n^2\tau}}{\sqrt{\tau}}\left\{e^{-\frac{(z-w)^2}{4\eta_z\tau}}+e^{-\frac{(z+w)^2}{4\eta_z\tau}}-2(\lambda\sqrt{\pi\eta_z\tau})e^{(z+w)\lambda+\lambda^2\eta_z\tau}\operatorname{erfc}\left(\lambda\sqrt{\eta_z\tau}+\frac{z+w}{2\sqrt{\eta_z\tau}}\right)\right\}d\tau dw+
\end{aligned}$$

$$-\frac{1}{2\phi c_t}\sqrt{\frac{\pi}{\eta_z}}\sum_{n=1}^{\infty}\frac{\xi_n\left\{\lambda_a J_0(\xi_n a)+\xi_n J_1(\xi_n a)\right\}^2\mathcal{V}_{\mathcal{N}0}(\xi r,b)}{\left[\left\{\lambda_a J_0(\xi_n a)+\xi_n J_1(\xi_n a)\right\}^2-\left(\lambda_a^2+\xi_n^2\right)J_1^2(\xi_n b)\right]}\times$$

$$\times\int_0^{\infty}\int_0^{t}\frac{\psi_b(u,t-\tau)e^{-\eta_r\xi_n^2\tau}}{\sqrt{\tau}}\left\{e^{-\frac{(z-w)^2}{4\eta_z\tau}}+e^{-\frac{(z+w)^2}{4\eta_z\tau}}-2(\lambda\sqrt{\pi\eta_z\tau})e^{(z+w)\lambda+\lambda^2\eta_z\tau}\operatorname{erfc}\left(\lambda\sqrt{\eta_z\tau}+\frac{z+w}{2\sqrt{\eta_z\tau}}\right)\right\}d\tau dw+$$

$$+\frac{\pi^2}{2\phi c_t\sqrt{\eta_z}}\sum_{n=1}^{\infty}\frac{\xi_n^2\left\{\lambda_a J_0(\xi_n a)+\xi_n J_1(\xi_n a)\right\}^2\mathcal{V}_{\mathcal{N}0}(\xi r,b)}{\left[\left\{\lambda_a J_0(\xi_n a)+\xi_n J_1(\xi_n a)\right\}^2-\left(\lambda_a^2+\xi_n^2\right)J_1^2(\xi_n b)\right]}\times$$

$$\times\int_0^{t}\overline{\psi}(\xi_n,t-\tau)e^{-\eta_r\xi_n^2\tau}\left\{\frac{e^{-\frac{z^2}{4\eta_z\tau}}}{\sqrt{\pi\tau}}-\lambda\sqrt{\eta_z}e^{z\lambda+\lambda^2\eta_z\tau}\operatorname{erfc}\left(\lambda\sqrt{\eta_z\tau}+\frac{z}{2\sqrt{\eta_z\tau}}\right)\right\}d\tau+$$

$$+\frac{1}{4}\sqrt{\frac{\pi^3}{\eta_z t}}\sum_{n=1}^{\infty}\frac{\xi_n^2\left\{\lambda_a J_0(\xi_n a)+\xi_n J_1(\xi_n a)\right\}^2\mathcal{V}_{\mathcal{N}0}(\xi r,b)e^{-\eta_r\xi_n^2 t}}{\left[\left\{\lambda_a J_0(\xi_n a)+\xi_n J_1(\xi_n a)\right\}^2-\left(\lambda_a^2+\xi_n^2\right)J_1^2(\xi_n b)\right]}\times$$

$$\times\int_0^{\infty}\overline{\varphi}(\xi_n,w)\left\{e^{-\frac{(z-w)^2}{4\eta_z\tau}}+e^{-\frac{(z+w)^2}{4\eta_z\tau}}-2\left(\lambda\sqrt{\pi\eta_z\tau}\right)e^{(z+w)\lambda+\lambda^2\eta_z\tau}\operatorname{erfc}\left(\lambda\sqrt{\eta_z\tau}+\frac{z+w}{2\sqrt{\eta_z\tau}}\right)\right\}dw \quad (20.47.3)$$

20.48

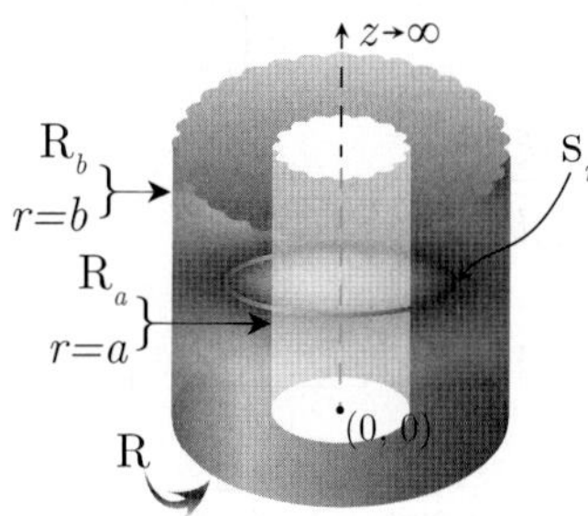

The problem of 20.40, except
$\mathbf{R}_a \equiv \frac{\partial p(a,z,t)}{\partial r}-\lambda_a p(a,z,t)=-\left(\frac{\mu}{k_r}\right)\psi_a(z,t)$,
$\mathbf{R}_b \equiv \frac{\partial p(b,z,t)}{\partial r}+\lambda_b p(b,z,t)=-\left(\frac{\mu}{k_r}\right)\psi_b(z,t)$ **and**
$\mathbf{R} \equiv \frac{\partial p(r,0,t)}{\partial z}-\lambda p(r,0,t)=-\left(\frac{\mu}{k_z}\right)\psi(r,t)$

The successive application of the Laplace, Fourier and finite Hankel transformations to equation (18.1.1) gives

$$\overline{\overline{\overline{p}}} = \frac{q(s)e^{-st_0}\left\{l\cos(lz_0)+\lambda\sin(lz_0)\right\}\left\{\xi_n\mathcal{V}_{\mathcal{N}0}(\xi_n r_0,a)-\lambda_a\mathcal{V}_{\mathcal{D}0}(\xi_n r_0,a)\right\}}{2\pi\phi c_t\left(\eta_r\xi_n^2+\eta_z l^2+s\right)}+\frac{2\overline{\overline{\psi}}_a(l,s)}{\pi\phi c_t\left(\eta_r\xi_n^2+\eta_z l^2+s\right)}+$$
$$+\frac{2\left\{\lambda_a J_0(\zeta_n a)+\zeta_n J_1(\zeta_n a)\right\}\overline{\overline{\psi}}_b(l,s)}{\pi\phi c_t\left(\eta_r\xi_n^2+\eta_z l^2+s\right)\left\{\lambda_b J_0(\xi_n b)-\xi_n J_1(\xi_n b)\right\}}+\frac{l\overline{\overline{\psi}}(\zeta_n,s)}{\phi c_t\left(\eta_r\xi_n^2+\eta_z l^2+s\right)}+\frac{\overline{\overline{\varphi}}(\zeta_n,l)}{\left(\eta_r\xi_n^2+\eta_z l^2+s\right)} \quad (20.48.1)$$

where $\xi_n, n=1,2,...,$ are the positive roots of
$\lambda_a\left\{\mathcal{V}'_{\mathcal{D}0}(\xi_n b,a)+\lambda_b\mathcal{V}_{\mathcal{D}0}(\xi_n b,a)\right\}-\xi_n\left\{\mathcal{V}'_{\mathcal{N}0}(\xi_n b,a)+\lambda_b\mathcal{V}_{\mathcal{N}0}(\xi_n b,a)\right\}=0$.
$\overline{\overline{\psi}}(\xi_n,s)=\int_a^b\overline{\psi}(r,s)\,r\left\{\xi_n\mathcal{V}_{\mathcal{N}0}(\xi_n r,a)-\lambda_a\mathcal{V}_{\mathcal{D}0}(\xi_n r,a)\right\}dr$, $\overline{\overline{\psi}}_a(l,s)=\int_0^\infty\left\{l\cos(lz)+\lambda\sin(lz)\right\}\overline{\psi}_a(z,s)dz$, $\overline{\overline{\psi}}_b(l,s)=\int_0^\infty\left\{l\cos(lz)+\lambda\sin(lz)\right\}\overline{\psi}_b(z,s)dz$, $\overline{\overline{\varphi}}(\xi_n,l)=\int_a^b\overline{\varphi}(r,l)\,r\left\{\xi_n\mathcal{V}_{\mathcal{N}0}(\xi_n r,a)-\lambda_a\mathcal{V}_{\mathcal{D}0}(\xi_n r,a)\right\}dr$ and $\overline{\varphi}(r,l)=\int_0^\infty\left\{l\cos(lw)+\lambda\sin(lw)\right\}\varphi(r,w)dw$. Successive inverse transforms yield

$$\overline{p} = \frac{\pi q(s)e^{-st_0}}{8\phi c_t\sqrt{\eta_z}}\sum_{n=1}^{\infty}\frac{\xi_n^2\left\{\xi_n J_1(\xi_n b)-\lambda_b J_0(\xi_n b)\right\}^2}{\sqrt{\left(\eta_r\xi_n^2+s\right)}}\times$$
$$\times\frac{\left\{\xi_n\mathcal{V}_{\mathcal{N}0}(\xi_n r_0,a)-\lambda_a\mathcal{V}_{\mathcal{D}0}(\xi_n r_0,a)\right\}\left\{\xi_n\mathcal{V}_{\mathcal{N}0}(\xi_n r,a)-\lambda_a\mathcal{V}_{\mathcal{D}0}(\xi_n r,a)\right\}}{\left[\left(\lambda_b^2+\xi_n^2\right)\left\{\lambda_a J_0(\xi_n a)+\xi_n J_1(\xi_n a)\right\}^2-\left(\lambda_a^2+\xi_n^2\right)\left\{\lambda_b J_0(\xi_n b)+\xi_n J_1(\xi_n b)\right\}^2\right]}\times$$
$$\times\left\{e^{-|z-z_0|\sqrt{\frac{\eta_r\xi_n^2+s}{\eta_z}}}+\left(\frac{\sqrt{\eta_r\xi_n^2+s}-\lambda\sqrt{\eta_z}}{\sqrt{\eta_r\xi_n^2+s}+\lambda\sqrt{\eta_z}}\right)e^{-|z+z_0|\sqrt{\frac{\eta_r\xi_n^2+s}{\eta_z}}}\right\}+$$

$$+\frac{\pi}{2\phi c_t\sqrt{\eta_z}}\sum_{n=1}^{\infty}\frac{\xi_n^2\{\xi_n J_1(\xi_n b)-\lambda_b J_0(\xi_n b)\}^2\{\xi_n \mathcal{V}_{\mathcal{N}0}(\xi_n r,a)-\lambda_a \mathcal{V}_{\mathcal{D}0}(\xi_n r,a)\}}{\left[(\lambda_b^2+\xi_n^2)\{\lambda_a J_0(\xi_n a)+\xi_n J_1(\xi_n a)\}^2-(\lambda_a^2+\xi_n^2)\{\lambda_b J_0(\xi_n b)+\xi_n J_1(\xi_n b)\}^2\right]\sqrt{\eta_r\xi_n^2+s}}\times$$

$$\times\int_0^{\infty}\overline{\psi}_a(w,s)\left\{e^{-|z-w|\sqrt{\frac{\eta_r\xi_n^2+s}{\eta_z}}}+\left(\frac{\sqrt{\eta_r\xi_n^2+s}-\lambda\sqrt{\eta_z}}{\sqrt{\eta_r\xi_n^2+s}+\lambda\sqrt{\eta_z}}\right)e^{-|z+w|\sqrt{\frac{\eta_r\xi_n^2+s}{\eta_z}}}\right\}dw+$$

$$+\frac{\pi}{2\phi c_t\sqrt{\eta_z}}\sum_{n=1}^{\infty}\frac{\xi_n^2\{\xi_n J_1(\xi_n b)-\lambda_b J_0(\xi_n b)\}\{\xi_n J_1(\xi_n a)+\lambda_a J_0(\xi_n a)\}\{\xi_n \mathcal{V}_{\mathcal{N}0}(\xi_n r,a)-\lambda_a \mathcal{V}_{\mathcal{D}0}(\xi_n r,a)\}}{\left[(\lambda_b^2+\xi_n^2)\{\lambda_a J_0(\xi_n a)+\xi_n J_1(\xi_n a)\}^2-(\lambda_a^2+\xi_n^2)\{\lambda_b J_0(\xi_n b)+\xi_n J_1(\xi_n b)\}^2\right]\sqrt{\eta_r\xi_n^2+s}}\times$$

$$\times\int_0^{\infty}\overline{\psi}_b(w,s)\left\{e^{-|z-w|\sqrt{\frac{\eta_r\xi_n^2+s}{\eta_z}}}+\left(\frac{\sqrt{\eta_r\xi_n^2+s}-\lambda\sqrt{\eta_z}}{\sqrt{\eta_r\xi_n^2+s}+\lambda\sqrt{\eta_z}}\right)e^{-|z+w|\sqrt{\frac{\eta_r\xi_n^2+s}{\eta_z}}}\right\}dw+$$

$$+\frac{\pi^2}{2\phi c_t\sqrt{\eta_z}}\times$$

$$\times\sum_{n=1}^{\infty}\frac{\xi_n^2\{\xi_n J_1(\xi_n b)-\lambda_b J_0(\xi_n b)\}^2\{\xi_n \mathcal{V}_{\mathcal{N}0}(\xi_n r,a)-\lambda_a \mathcal{V}_{\mathcal{D}0}(\xi_n r,a)\}\overline{\overline{\psi}}(\xi_n,s)\,e^{-z\sqrt{\frac{\eta_r\xi_n^2+s}{\eta_z}}}}{\left[(\lambda_b^2+\xi_n^2)\{\lambda_a J_0(\xi_n a)+\xi_n J_1(\xi_n a)\}^2-(\lambda_a^2+\xi_n^2)\{\lambda_b J_0(\xi_n b)+\xi_n J_1(\xi_n b)\}^2\right]\left(\sqrt{\eta_r\xi_n^2+s}+\lambda\sqrt{\eta_z}\right)}+$$

$$+\frac{\pi^2}{4\sqrt{\eta_z}}\sum_{n=1}^{\infty}\frac{\xi_n^2\{\xi_n J_1(\xi_n b)-\lambda_b J_0(\xi_n b)\}^2\{\xi_n \mathcal{V}_{\mathcal{N}0}(\xi_n r,a)-\lambda_a \mathcal{V}_{\mathcal{D}0}(\xi_n r,a)\}}{\left[(\lambda_b^2+\xi_n^2)\{\lambda_a J_0(\xi_n a)+\xi_n J_1(\xi_n a)\}^2-(\lambda_a^2+\xi_n^2)\{\lambda_b J_0(\xi_n b)+\xi_n J_1(\xi_n b)\}^2\right]\sqrt{\eta_r\xi_n^2+s}}\times$$

$$\times\int_0^{\infty}\overline{\varphi}(\xi_n,w)\left\{e^{-|z-w|\sqrt{\frac{\eta_r\xi_n^2+s}{\eta_z}}}+\left(\frac{\sqrt{\eta_r\xi_n^2+s}-\lambda\sqrt{\eta_z}}{\sqrt{\eta_r\xi_n^2+s}+\lambda\sqrt{\eta_z}}\right)e^{-|z+w|\sqrt{\frac{\eta_r\xi_n^2+s}{\eta_z}}}\right\}dw \qquad (20.48.2)$$

where $\overline{\varphi}(\xi_n,w)=\int_a^b\varphi(r,)\,r\,\{\xi_n \mathcal{V}_{\mathcal{N}0}(\xi_n r,a)-\lambda_a \mathcal{V}_{\mathcal{D}0}(\xi_n r,a)\}\,dr$ and

$$p=\frac{U(t-t_0)}{8\phi c_t}\sqrt{\frac{\pi}{\eta_z}}\sum_{n=1}^{\infty}\frac{\xi_n^2\{\xi_n J_1(\xi_n b)-\lambda_b J_0(\xi_n b)\}^2\{\xi_n \mathcal{V}_{\mathcal{N}0}(\xi_n r_0,a)-\lambda_a \mathcal{V}_{\mathcal{D}0}(\xi_n r_0,a)\}}{\left[(\lambda_b^2+\xi_n^2)\{\lambda_a J_0(\xi_n a)+\xi_n J_1(\xi_n a)\}^2-(\lambda_a^2+\xi_n^2)\{\lambda_b J_0(\xi_n b)+\xi_n J_1(\xi_n b)\}^2\right]}\times$$

$$\times\{\xi_n \mathcal{V}_{\mathcal{N}0}(\xi_n r,a)-\lambda_a \mathcal{V}_{\mathcal{D}0}(\xi_n r,a)\}\times$$

$$\times\int_0^{t-t_0}\frac{q(t-t_0-\tau)e^{-\eta_r\xi_n^2\tau}}{\sqrt{\tau}}\left\{e^{-\frac{(z-z_0)^2}{4\eta_z\tau}}+e^{-\frac{(z+z_0)^2}{4\eta_z\tau}}-2(\lambda\sqrt{\pi\eta_z\tau})\,e^{(z+z_0)\lambda+\lambda^2\eta_z\tau}\operatorname{erfc}\left(\lambda\sqrt{\eta_z\tau}+\frac{z+z_0}{2\sqrt{\eta_z\tau}}\right)\right\}d\tau+$$

$$+\frac{1}{2\phi c_t}\sqrt{\frac{\pi}{\eta_z}}\sum_{n=1}^{\infty}\frac{\xi_n^2\{\xi_n J_1(\xi_n b)-\lambda_b J_0(\xi_n b)\}^2\{\xi_n \mathcal{V}_{\mathcal{N}0}(\xi_n r,a)-\lambda_a \mathcal{V}_{\mathcal{D}0}(\xi_n r,a)\}}{\left[(\lambda_b^2+\xi_n^2)\{\lambda_a J_0(\xi_n a)+\xi_n J_1(\xi_n a)\}^2-(\lambda_a^2+\xi_n^2)\{\lambda_b J_0(\xi_n b)+\xi_n J_1(\xi_n b)\}^2\right]}\times$$

$$\times\int_0^{\infty}\int_0^{t}\frac{\psi_a(u,t-\tau)e^{-\eta_r\xi_n^2\tau}}{\sqrt{\tau}}\left\{e^{-\frac{(z-w)^2}{4\eta_z\tau}}+e^{-\frac{(z+w)^2}{4\eta_z\tau}}-2(\lambda\sqrt{\pi\eta_z\tau})e^{(z+w)\lambda+\lambda^2\eta_z\tau}\operatorname{erfc}\left(\lambda\sqrt{\eta_z\tau}+\frac{z+w}{2\sqrt{\eta_z\tau}}\right)\right\}d\tau dw+$$

$$+\frac{1}{2\phi c_t}\sqrt{\frac{\pi}{\eta_z}}\sum_{n=1}^{\infty}\frac{\xi_n^2\{\xi_n J_1(\xi_n b)-\lambda_b J_0(\xi_n b)\}\{\xi_n J_1(\xi_n a)+\lambda_a J_0(\xi_n a)\}\{\xi_n \mathcal{V}_{\mathcal{N}0}(\xi_n r,a)-\lambda_a \mathcal{V}_{\mathcal{D}0}(\xi_n r,a)\}}{\left[(\lambda_b^2+\xi_n^2)\{\lambda_a J_0(\xi_n a)+\xi_n J_1(\xi_n a)\}^2-(\lambda_a^2+\xi_n^2)\{\lambda_b J_0(\xi_n b)+\xi_n J_1(\xi_n b)\}^2\right]}\times$$

$$\times\int_0^{\infty}\int_0^{t}\frac{\psi_b(u,t-\tau)e^{-\eta_r\xi_n^2\tau}}{\sqrt{\tau}}\left\{e^{-\frac{(z-w)^2}{4\eta_z\tau}}+e^{-\frac{(z+w)^2}{4\eta_z\tau}}-2(\lambda\sqrt{\pi\eta_z\tau})e^{(z+w)\lambda+\lambda^2\eta_z\tau}\operatorname{erfc}\left(\lambda\sqrt{\eta_z\tau}+\frac{z+w}{2\sqrt{\eta_z\tau}}\right)\right\}d\tau dw+$$

$$+\frac{\pi^2}{2\phi c_t\sqrt{\eta_z}}\sum_{n=1}^{\infty}\frac{\xi_n^2\{\xi_n J_1(\xi_n b)-\lambda_b J_0(\xi_n b)\}^2\{\xi_n \mathcal{V}_{\mathcal{N}0}(\xi_n r,a)-\lambda_a \mathcal{V}_{\mathcal{D}0}(\xi_n r,a)\}}{\left[(\lambda_b^2+\xi_n^2)\{\lambda_a J_0(\xi_n a)+\xi_n J_1(\xi_n a)\}^2-(\lambda_a^2+\xi_n^2)\{\lambda_b J_0(\xi_n b)+\xi_n J_1(\xi_n b)\}^2\right]}\times$$

$$\times\int_0^{t}\overline{\psi}(\xi_n,t-\tau)\,e^{-\eta_r\xi_n^2\tau}\left\{\frac{e^{-\frac{z^2}{4\eta_z\tau}}}{\sqrt{\pi\tau}}-\lambda\sqrt{\eta_z}e^{z\lambda+\lambda^2\eta_z\tau}\operatorname{erfc}\left(\lambda\sqrt{\eta_z\tau}+\frac{z}{2\sqrt{\eta_z\tau}}\right)\right\}d\tau+$$

$$+\frac{1}{4}\sqrt{\frac{\pi^3}{\eta_z t}}\sum_{n=1}^{\infty}\frac{\xi_n^2\left\{\xi_n J_1(\xi_n b)-\lambda_b J_0(\xi_n b)\right\}^2\left\{\xi_n \mathcal{V}_{\mathcal{N}0}(\xi_n r,a)-\lambda_a \mathcal{V}_{\mathcal{D}0}(\xi_n r,a)\right\}e^{-\eta_r\xi_n^2 t}}{\left[(\lambda_b^2+\xi_n^2)\left\{\lambda_a J_0(\xi_n a)+\xi_n J_1(\xi_n a)\right\}^2-(\lambda_a^2+\xi_n^2)\left\{\lambda_b J_0(\xi_n b)+\xi_n J_1(\xi_n b)\right\}^2\right]}\times$$

$$\times\int_0^{\infty}\overline{\varphi}(\xi_n,w)\left\{e^{-\frac{(z-w)^2}{4\eta_z\tau}}+e^{-\frac{(z+w)^2}{4\eta_z\tau}}-2\left(\lambda\sqrt{\pi\eta_z\tau}\right)e^{(z+w)\lambda+\lambda^2\eta_z\tau}\operatorname{erfc}\left(\lambda\sqrt{\eta_z\tau}+\frac{z+w}{2\sqrt{\eta_z\tau}}\right)\right\}dw \quad (20.48.3)$$

Chapter 21

Bounded cylindrical continuum. The continuum is also bounded by the planes $z = 0$ and $z = d$. $p(r, z, t)$ is a function of r, z and t

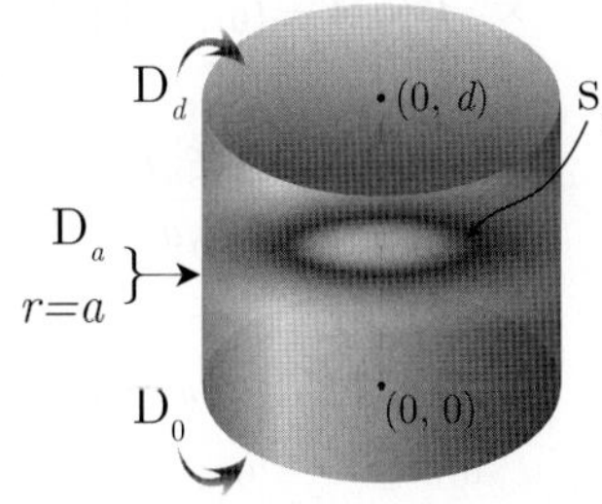

21.1 A cylindrical continuum bounded by $0 \leq r \leq a$ and $0 \leq z \leq d$. Ring source at $s_r \equiv (r_0, z_0)$; $0 \leq r_0 \leq a$, $0 < z_0 < d$, $t_0 \geq 0$. $D_0 \equiv p(r, 0, t) = \psi_0(r, t)$, $D_d \equiv p(r, d, t) = \psi_d(r, t)$ and $D_a \equiv p(a, z, t) = \psi_a(z, t)$. The initial pressure $p(r, z, 0) = \varphi(r, z)$

Successive application of the Laplace, Fourier and finite Hankel transformations to equation (18.1.1) gives

$$\overline{\overline{\overline{p}}} = \frac{q(s)\, e^{-st_0} \sin(\xi_l z_0)\, J_0(\xi_n r_0)}{2\pi\phi c_t (\eta_r \xi_n^2 + \eta_z \xi_l^2 + s)} + \frac{a\eta_r \xi_n \overline{\overline{\psi}}_a(\xi_l, s)\, J_1(\xi_n a)}{(\eta_r \xi_n^2 + \eta_z \xi_l^2 + s)} + \\ + \frac{\eta_z \xi_l \left\{(-1)^{l+1} \overline{\overline{\psi}}_d(\xi_n, s) + \overline{\overline{\psi}}_0(\xi_n, s)\right\}}{(\eta_r \xi_n^2 + \eta_z \xi_l^2 + s)} + \frac{\overline{\overline{\varphi}}(\xi_n, \xi_l)}{(\eta_r \xi_n^2 + \eta_z \xi_l^2 + s)} \tag{21.1.1}$$

where ξ_n are the positive roots of $J_0(\xi_n a) = 0$, $n = 1, 2, ...$, $\xi_l = \frac{l\pi}{d}$, $l = 1, 2, ...$, $\overline{\overline{\psi}}_a(\xi_l, s) = \int_0^d \sin(\xi_l z)\, \overline{\psi}_a(z, s) dz$, $\overline{\overline{\psi}}_0(\xi_n, s) = \int_0^a \overline{\psi}_0(r, s) r J_0(\xi r)\, dr$, $\overline{\overline{\psi}}_d(\xi_n, s) = \int_0^a \overline{\psi}_d(r, s) r J_0(\xi r)\, dr$, $\overline{\overline{\varphi}}(\xi_n, \xi_l) = \int_0^a \overline{\varphi}(r, \xi_l)\, r J_0(\xi_n r)\, dr$ and $\overline{\varphi}(r, \xi_l) = \int_0^d \sin(\xi_l z)\, \varphi(r, z) dz$. Successive inverse transforms yield

$$\overline{p} = \frac{q(s)\, e^{-st_0}}{2\pi a^2 \phi c_t \sqrt{\eta_z}} \sum_{n=1}^{\infty} \frac{J_0(\xi_n r_0)\, J_0(\xi_n r) \operatorname{csch}\left(d\sqrt{\frac{\eta_r \xi_n^2 + s}{\eta_z}}\right)}{J_1^2(\xi_n a) \sqrt{(\eta_r \xi_n^2 + s)}} \times \\ \times \left[\cosh\left\{(d - |z - z_0|) \sqrt{\frac{\eta_r \xi_n^2 + s}{\eta_z}}\right\} - \cosh\left\{(d - z - z_0) \sqrt{\frac{\eta_r \xi_n^2 + s}{\eta_z}}\right\}\right] + \\ + \frac{\eta_r}{a\sqrt{\eta_z}} \sum_{n=1}^{\infty} \frac{\xi_n J_0(\xi_n r) \operatorname{csch}\left(d\sqrt{\frac{\eta_r \xi_n^2 + s}{\eta_z}}\right)}{J_1(\xi_n a) \sqrt{\eta_r \xi_n^2 + s}} \times \\ \times \int_0^d \overline{\psi}_a(u, s) \left[\cosh\left\{(d - |z - u|) \sqrt{\frac{\eta_r \xi_n^2 + s}{\eta_z}}\right\} - \cosh\left\{(d - z - u) \sqrt{\frac{\eta_r \xi_n^2 + s}{\eta_z}}\right\}\right] du +$$

$$+\frac{2}{a^2}\sum_{n=1}^{\infty}\frac{J_0(\xi_n r)\operatorname{csch}\left(d\sqrt{\frac{\eta_r\xi_n^2+s}{\eta_z}}\right)}{J_1^2(\xi_n a)}\times$$
$$\times\left[\overline{\overline{\psi}}_0(\xi_n,s)\sinh\left\{(d-z)\sqrt{\frac{\eta_r\xi_n^2+s}{\eta_z}}\right\}+\overline{\overline{\psi}}_d(\xi_n,s)\sinh\left\{z\sqrt{\frac{\eta_r\xi_n^2+s}{\eta_z}}\right\}\right]+$$
$$+\frac{1}{a^2\sqrt{\eta_z}}\sum_{n=1}^{\infty}\frac{J_0(\xi_n r)\operatorname{csch}\left(d\sqrt{\frac{\eta_r\xi_n^2+s}{\eta_z}}\right)}{J_1^2(\xi_n a)\sqrt{\eta_r\xi_n^2+s}}\times$$
$$\times\int_0^d\overline{\varphi}(\xi_n,u)\left[\cosh\left\{(d-|z-u|)\sqrt{\frac{\eta_r\xi_n^2+s}{\eta_z}}\right\}-\cosh\left\{(d-z-u)\sqrt{\frac{\eta_r\xi_n^2+s}{\eta_z}}\right\}\right]du \quad (21.1.2)$$

where $\overline{\varphi}(\xi_n,u)=\int_0^a\varphi(r,u)\,rJ_0(\xi_n r)\,dr$ and

$$p=\frac{U(t-t_0)}{2\pi a^2 d\phi c_t}\sum_{n=1}^{\infty}\frac{J_0(\xi_n r_0)J_0(\xi_n r)}{J_1^2(\xi_n a)}\times$$
$$\times\int_0^{t-t_0}q(t-t_0-\tau)\left[\Theta_3\left\{\frac{\pi(z-z_0)}{2d},e^{-\left(\frac{\pi}{d}\right)^2\eta_z\tau}\right\}-\Theta_3\left\{\frac{\pi(z+z_0)}{2d},e^{-\left(\frac{\pi}{d}\right)^2\eta_z\tau}\right\}\right]e^{-\eta_r\xi_n^2\tau}d\tau+$$
$$+\frac{\eta_r}{ad}\sum_{n=1}^{\infty}\frac{\xi_n J_0(\xi_n r)}{J_1(\xi_n a)}\times$$
$$\times\int_0^t e^{-\eta_r\xi_n^2\tau}\int_0^d\psi_a(u,t-\tau)\left[\Theta_3\left\{\frac{\pi(z-u)}{2d},e^{-\left(\frac{\pi}{d}\right)^2\eta_z\tau}\right\}-\Theta_3\left\{\frac{\pi(z+u)}{2d},e^{-\left(\frac{\pi}{d}\right)^2\eta_z\tau}\right\}\right]du\,d\tau+$$
$$+\frac{\eta_z}{(ad)^2}\sum_{n=1}^{\infty}\frac{J_0(\xi_n r)}{J_1^2(\xi_n a)}\int_0^t\left\{\Theta_4'\left(\frac{\pi z}{2d},e^{-\left(\frac{\pi}{d}\right)^2\eta_z\tau}\right)\overline{\psi}_d(\xi_n,t-\tau)-\Theta_3'\left(\frac{\pi z}{2d},e^{-\left(\frac{\pi}{d}\right)^2\eta_z\tau}\right)\overline{\psi}_0(\xi_n,t-\tau)\right\}e^{-\eta_r\xi_n^2\tau}d\tau+$$
$$+\frac{1}{a^2 d}\sum_{n=1}^{\infty}\frac{J_0(\xi_n r)e^{-\eta_r\xi_n^2 t}}{J_1^2(\xi_n a)}\int_0^d\overline{\varphi}(\xi_n,u)\left[\Theta_3\left\{\frac{\pi(z-u)}{2d},e^{-\left(\frac{\pi}{d}\right)^2\eta_z t}\right\}-\Theta_3\left\{\frac{\pi(z+u)}{2d},e^{-\left(\frac{\pi}{d}\right)^2\eta_z t}\right\}\right]du$$
$$(21.1.3)$$

21.2

The problem of 21.1, except
$\mathbf{N}_a\equiv\frac{\partial p(a,z,t)}{\partial r}=-\left(\frac{\mu}{k_r}\right)\psi_a(z,t)$,
$\mathbf{D}_0\equiv p(r,0,t)=\psi_0(r,t)$ **and** $\mathbf{D}_d\equiv p(r,d,t)=\psi_d(r,t)$

Successive application of the Laplace, Fourier and finite Hankel transformations to equation (18.1.1) gives

$$\overline{\overline{\overline{p}}}=\frac{q(s)e^{-st_0}\sin(\xi_l z_0)J_0(\xi_n r_0)}{2\pi\phi c_t(\eta_r\xi_n^2+\eta_z\xi_l^2+s)}-\frac{a\overline{\overline{\psi}}_a(\xi_l,s)J_0(\xi_n a)}{\phi c_t(\eta_r\xi_n^2+\eta_z\xi_l^2+s)}+$$
$$+\frac{\eta_z\xi_l\left\{(-1)^{l+1}\overline{\overline{\psi}}_d(\xi_n,s)+\overline{\overline{\psi}}_0(\xi_n,s)\right\}}{(\eta_r\xi_n^2+\eta_z\xi_l^2+s)}+\frac{\overline{\overline{\varphi}}(\xi_n,\xi_l)}{(\eta_r\xi_n^2+\eta_z\xi_l^2+s)} \quad (21.2.1)$$

where ξ_n are the positive roots of $J_1(\xi_n a)=0$, $n=1,2,...$, $\xi_l=\frac{l\pi}{d}$, $l=1,2,...$,
$\overline{\overline{\psi}}_a(\xi_l,s)=\int_0^d\sin(\xi_l z)\overline{\psi}_a(z,s)dz$, $\overline{\overline{\psi}}_0(\xi_n,s)=\int_0^a\overline{\psi}_0(r,s)rJ_0(\xi r)\,dr$, $\overline{\overline{\psi}}_d(\xi_n,s)=\int_0^a\overline{\psi}_d(r,s)rJ_0(\xi r)\,dr$,

$\overline{\overline{\varphi}}(\xi_n,\xi_l)=\int_0^a\overline{\varphi}(r,\xi_l)\,rJ_0(\xi_n r)\,dr$ and $\overline{\varphi}(r,\xi_l)=\int_0^d\sin(\xi_l z)\,\varphi(r,z)dz$. Successive inverse transforms yield

$$\begin{aligned}
\overline{p} &= \frac{q(s)\,e^{-st_0}}{2\pi a^2\phi c_t\sqrt{\eta_z}}\sum_{n=0}^{\infty}\frac{J_0(\xi_n r_0)\,J_0(\xi_n r)\operatorname{csch}\left(d\sqrt{\frac{\eta_r\xi_n^2+s}{\eta_z}}\right)}{J_0^2(\xi_n a)\sqrt{(\eta_r\xi_n^2+s)}}\times\\
&\times\left[\cosh\left\{(d-|z-z_0|)\sqrt{\frac{\eta_r\xi_n^2+s}{\eta_z}}\right\}-\cosh\left\{(d-z-z_0)\sqrt{\frac{\eta_r\xi_n^2+s}{\eta_z}}\right\}\right]-\\
&-\frac{1}{a\phi c_t\sqrt{\eta_z}}\sum_{n=0}^{\infty}\frac{J_0(\xi_n r)\operatorname{csch}\left(d\sqrt{\frac{\eta_r\xi_n^2+s}{\eta_z}}\right)}{J_0(\xi_n a)\sqrt{\eta_r\xi_n^2+s}}\times\\
&\times\int_0^d\overline{\psi}_a(u,s)\left[\cosh\left\{(d-|z-u|)\sqrt{\frac{\eta_r\xi_n^2+s}{\eta_z}}\right\}-\cosh\left\{(d-z-u)\sqrt{\frac{\eta_r\xi_n^2+s}{\eta_z}}\right\}\right]du+\\
&+\frac{2}{a^2}\sum_{n=0}^{\infty}\frac{J_0(\xi_n r)\operatorname{csch}\left(d\sqrt{\frac{\eta_r\xi_n^2+s}{\eta_z}}\right)}{J_0^2(\xi_n a)}\times\\
&\times\left[\overline{\overline{\psi}}_0(\xi_n,s)\sinh\left\{(d-z)\sqrt{\frac{\eta_r\xi_n^2+s}{\eta_z}}\right\}+\overline{\overline{\psi}}_d(\xi_n,s)\sinh\left\{z\sqrt{\frac{\eta_r\xi_n^2+s}{\eta_z}}\right\}\right]+\\
&+\frac{1}{a^2\sqrt{\eta_z}}\sum_{n=0}^{\infty}\frac{J_0(\xi_n r)\operatorname{csch}\left(d\sqrt{\frac{\eta_r\xi_n^2+s}{\eta_z}}\right)}{J_0^2(\xi_n a)\sqrt{\eta_r\xi_n^2+s}}\times\\
&\times\int_0^d\overline{\varphi}(\xi_n,u)\left[\cosh\left\{(d-|z-u|)\sqrt{\frac{\eta_r\xi_n^2+s}{\eta_z}}\right\}-\cosh\left\{(d-z-u)\sqrt{\frac{\eta_r\xi_n^2+s}{\eta_z}}\right\}\right]du
\end{aligned}\tag{21.2.2}$$

where $\overline{\varphi}(\xi_n,u)=\int_0^a\varphi(r,u)\,rJ_0(\xi_n r)\,dr$ and

$$\begin{aligned}
p &= \frac{U(t-t_0)}{2\pi a^2 d\phi c_t}\sum_{n=0}^{\infty}\frac{J_0(\xi_n r_0)\,J_0(\xi_n r)}{J_0^2(\xi_n a)}\times\\
&\times\int_0^{t-t_0}q(t-t_0-\tau)\left[\Theta_3\left\{\frac{\pi(z-z_0)}{2d},e^{-\left(\frac{\pi}{d}\right)^2\eta_z\tau}\right\}-\Theta_3\left\{\frac{\pi(z+z_0)}{2d},e^{-\left(\frac{\pi}{d}\right)^2\eta_z\tau}\right\}\right]e^{-\eta_r\xi_n^2\tau}d\tau-\\
&-\frac{1}{ad\phi c_t}\sum_{n=0}^{\infty}\frac{J_0(\xi_n r)}{J_0(\xi_n a)}\times\\
&\times\int_0^t e^{-\eta_r\xi_n^2\tau}\int_0^d\psi_a(u,t-\tau)\left[\Theta_3\left\{\frac{\pi(z-u)}{2d},e^{-\left(\frac{\pi}{d}\right)^2\eta_z\tau}\right\}-\Theta_3\left\{\frac{\pi(z+u)}{2d},e^{-\left(\frac{\pi}{d}\right)^2\eta_z\tau}\right\}\right]du\,d\tau+\\
&+\frac{\eta_z}{(ad)^2}\sum_{n=0}^{\infty}\frac{J_0(\xi_n r)}{J_0^2(\xi_n a)}\int_0^t\left\{\Theta_4'\left(\frac{\pi z}{2d},e^{-\left(\frac{\pi}{d}\right)^2\eta_z\tau}\right)\overline{\psi}_d(\xi_n,t-\tau)-\Theta_3'\left(\frac{\pi z}{2d},e^{-\left(\frac{\pi}{d}\right)^2\eta_z\tau}\right)\overline{\psi}_0(\xi_n,t-\tau)\right\}e^{-\eta_r\xi_n^2\tau}d\tau+\\
&+\frac{1}{a^2 d}\sum_{n=0}^{\infty}\frac{J_0(\xi_n r)\,e^{-\eta_r\xi_n^2 t}}{J_0^2(\xi_n a)}\int_0^d\overline{\varphi}(\xi_n,u)\left[\Theta_3\left\{\frac{\pi(z-u)}{2d},e^{-\left(\frac{\pi}{d}\right)^2\eta_z t}\right\}-\Theta_3\left\{\frac{\pi(z+u)}{2d},e^{-\left(\frac{\pi}{d}\right)^2\eta_z t}\right\}\right]du
\end{aligned}\tag{21.2.3}$$

21.3 **The problem of 21.1, except** $\mathbf{R_a \equiv \frac{\partial p(a,z,t)}{\partial r} + \lambda p\,(a,z,t) = -\left(\frac{\mu}{k_r}\right)\psi_a(z,t)}$, $\mathbf{D_0 \equiv p\,(r,0,t) = \psi_0\,(r,t)}$ **and** $\mathbf{D_d \equiv p\,(r,d,t) = \psi_d\,(r,t)}$

Successive application of the Laplace, Fourier and finite Hankel transformations to equation (18.1.1) gives

$$\overline{\overline{\overline{p}}} = \frac{q\,(s)\,e^{-st_0}\sin(\xi_l z_0)\,J_0\,(\xi_n r_0)}{2\pi\phi c_t\,(\eta_r\xi_n^2+\eta_z\xi_l^2+s)} - \frac{a\overline{\overline{\psi}}_a\,(\xi_l,s)\,J_0\,(\xi_n a)}{\phi c_t\,(\eta_r\xi_n^2+\eta_z\xi_l^2+s)} + \\ + \frac{\eta_z\xi_l\left\{(-1)^{l+1}\overline{\overline{\psi}}_d\,(\xi_n,s)+\overline{\overline{\psi}}_0\,(\xi_n,s)\right\}}{(\eta_r\xi_n^2+\eta_z\xi_l^2+s)} + \frac{\overline{\overline{\varphi}}\,(\xi_n,\xi_l)}{(\eta_r\xi_n^2+\eta_z\xi_l^2+s)} \qquad (21.3.1)$$

where ξ_n are the positive roots of $\lambda J_0\,(\xi_n a) = \xi_n J_1\,(\xi_n a)$, $n = 1,2,...$, $\xi_l = \frac{l\pi}{d}$, $l = 1,2,...$, $\overline{\overline{\psi}}_a\,(\xi_l,s) = \int_0^d \sin(\xi_l z)\,\overline{\psi}_a\,(z,s)dz$, $\overline{\overline{\psi}}_0\,(\xi_n,s) = \int_0^a \overline{\psi}_0(r,s)rJ_0\,(\xi r)\,dr$, $\overline{\overline{\psi}}_d\,(\xi_n,s) = \int_0^a \overline{\psi}_d(r,s)rJ_0\,(\xi r)\,dr$, $\overline{\overline{\varphi}}\,(\xi_n,\xi_l) = \int_0^a \overline{\varphi}\,(r,\xi_l)\,rJ_0\,(\xi_n r)\,dr$ and $\overline{\varphi}\,(r,\xi_l) = \int_0^d \sin(\xi_l z)\,\varphi\,(r,z)dz$. Successive inverse transforms yield

$$\overline{p} = \frac{q\,(s)\,e^{-st_0}}{2\pi a^2\phi c_t\sqrt{\eta_z}}\sum_{n=1}^{\infty}\frac{J_0\,(\xi_n r_0)\,J_0\,(\xi_n r)\,\mathrm{csch}\left(d\sqrt{\frac{\eta_r\xi_n^2+s}{\eta_z}}\right)}{\{J_0^2\,(\xi_n a)+J_1^2\,(\xi_n a)\}\sqrt{(\eta_r\xi_n^2+s)}}\times \\ \times\left[\cosh\left\{(d-|z-z_0|)\sqrt{\frac{\eta_r\xi_n^2+s}{\eta_z}}\right\} - \cosh\left\{(d-z-z_0)\sqrt{\frac{\eta_r\xi_n^2+s}{\eta_z}}\right\}\right] - \\ -\frac{1}{a\phi c_t\sqrt{\eta_z}}\sum_{n=1}^{\infty}\frac{J_0\,(\xi_n a)\,J_0\,(\xi_n r)\,\mathrm{csch}\left(d\sqrt{\frac{\eta_r\xi_n^2+s}{\eta_z}}\right)}{\{J_0^2\,(\xi_n a)+J_1^2\,(\xi_n a)\}\sqrt{\eta_r\xi_n^2+s}}\times \\ \times\int_0^d \overline{\psi}_a\,(u,s)\left[\cosh\left\{(d-|z-u|)\sqrt{\frac{\eta_r\xi_n^2+s}{\eta_z}}\right\} - \cosh\left\{(d-z-u)\sqrt{\frac{\eta_r\xi_n^2+s}{\eta_z}}\right\}\right]du + \\ +\frac{2}{a^2}\sum_{n=1}^{\infty}\frac{J_0(\xi_n r)\,\mathrm{csch}\left(d\sqrt{\frac{\eta_r\xi_n^2+s}{\eta_z}}\right)}{\{J_0^2\,(\xi_n a)+J_1^2\,(\xi_n a)\}}\left[\overline{\overline{\psi}}_0\,(\xi_n,s)\sinh\left\{(d-z)\sqrt{\frac{\eta_r\xi_n^2+s}{\eta_z}}\right\} + \overline{\overline{\psi}}_d\,(\xi_n,s)\sinh\left\{z\sqrt{\frac{\eta_r\xi_n^2+s}{\eta_z}}\right\}\right] + \\ +\frac{1}{a^2\sqrt{\eta_z}}\sum_{n=1}^{\infty}\frac{J_0\,(\xi_n r)\,\mathrm{csch}\left(d\sqrt{\frac{\eta_r\xi_n^2+s}{\eta_z}}\right)}{\{J_0^2\,(\xi_n a)+J_1^2\,(\xi_n a)\}\sqrt{\eta_r\xi_n^2+s}}\times \\ \times\int_0^d \overline{\varphi}\,(\xi_n,u)\left[\cosh\left\{(d-|z-u|)\sqrt{\frac{\eta_r\xi_n^2+s}{\eta_z}}\right\} - \cosh\left\{(d-z-u)\sqrt{\frac{\eta_r\xi_n^2+s}{\eta_z}}\right\}\right]du \qquad (21.3.2)$$

where $\overline{\varphi}\,(\xi_n,u) = \int_0^a \varphi\,(r,u)\,rJ_0\,(\xi_n r)\,dr$ and

$$p = \frac{U\,(t-t_0)}{2\pi a^2 d\phi c_t}\sum_{n=1}^{\infty}\frac{J_0\,(\xi_n r_0)\,J_0\,(\xi_n r)}{\{J_0^2\,(\xi_n a)+J_1^2\,(\xi_n a)\}}\times \\ \times\int_0^{t-t_0} q\,(t-t_0-\tau)\left[\Theta_3\left\{\frac{\pi\,(z-z_0)}{2d},e^{-\left(\frac{\pi}{d}\right)^2\eta_z\tau}\right\} - \Theta_3\left\{\frac{\pi\,(z+z_0)}{2d},e^{-\left(\frac{\pi}{d}\right)^2\eta_z\tau}\right\}\right]e^{-\eta_r\xi_n^2\tau}d\tau -$$

$$
-\frac{1}{ad\phi c_t}\sum_{n=1}^{\infty}\frac{J_0(\xi_n a)\,J_0(\xi_n r)}{\left\{J_0^2(\xi_n a)+J_1^2(\xi_n a)\right\}}\times
$$

$$
\times\int_0^t e^{-\eta_r\xi_n^2\tau}\int_0^d \psi_a(u,t-\tau)\left[\Theta_3\left\{\frac{\pi(z-u)}{2d},e^{-\left(\frac{\pi}{d}\right)^2\eta_z\tau}\right\}-\Theta_3\left\{\frac{\pi(z+u)}{2d},e^{-\left(\frac{\pi}{d}\right)^2\eta_z\tau}\right\}\right]dud\tau+
$$

$$
+\frac{\eta_z}{(ad)^2}\sum_{n=1}^{\infty}\frac{J_0(\xi_n r)}{\left\{J_0^2(\xi_n a)+J_1^2(\xi_n a)\right\}}\times
$$

$$
\times\int_0^t\left\{\Theta_4'\left(\frac{\pi z}{2d},e^{-\left(\frac{\pi}{d}\right)^2\eta_z\tau}\right)\overline{\psi}_d(\xi_n,t-\tau)-\Theta_3'\left(\frac{\pi z}{2d},e^{-\left(\frac{\pi}{d}\right)^2\eta_z\tau}\right)\overline{\psi}_0(\xi_n,t-\tau)\right\}e^{-\eta_r\xi_n^2\tau}d\tau+
$$

$$
+\frac{1}{a^2 d}\sum_{n=1}^{\infty}\frac{J_0(\xi_n r)\,e^{-\eta_r\xi_n^2 t}}{\left\{J_0^2(\xi_n a)+J_1^2(\xi_n a)\right\}}\int_0^d\overline{\varphi}(\xi_n,u)\left[\Theta_3\left\{\frac{\pi(z-u)}{2d},e^{-\left(\frac{\pi}{d}\right)^2\eta_z t}\right\}-\Theta_3\left\{\frac{\pi(z+u)}{2d},e^{-\left(\frac{\pi}{d}\right)^2\eta_z t}\right\}\right]du
$$

(21.3.3)

21.4 A cylindrical continuum bounded by $a \le r \le b$ and $0 \le z \le d$. Ring source at $s_r \equiv (r_0, z_0)$; $a \le r_0 \le b$, $0 < z_0 < d$, $t_0 \ge 0$. $D_0 \equiv p(r,0,t) = \psi_0(r,t)$, $D_d \equiv p(r,d,t) = \psi_d(r,t)$, $D_a \equiv p(a,z,t) = \psi_a(z,t)$ and $D_b \equiv p(b,z,t) = \psi_b(z,t)$. $p(r,z,0) = \varphi(r,z)$

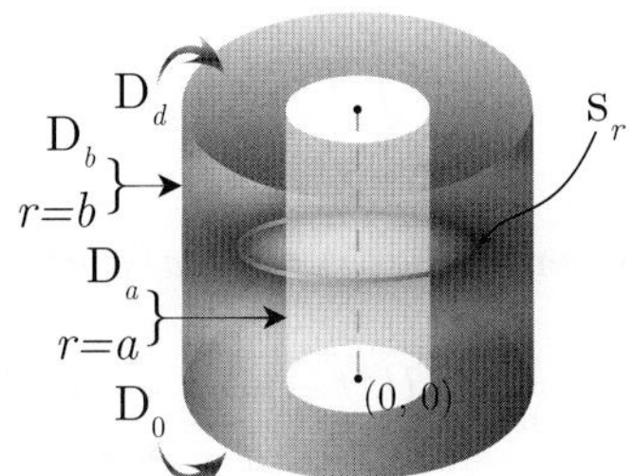

Successive application of the Laplace, Fourier and finite Hankel transformations to equation (18.1.1) gives

$$
\overline{\overline{\overline{p}}}=\frac{q(s)\,e^{-st_0}\sin(\xi_l z_0)\,\mathcal{V}_{D0}(\xi_n r_0,a)}{2\pi\phi c_t\left(\eta_r\xi_n^2+\eta_z\xi_l^2+s\right)}-\frac{2\eta_r\overline{\overline{\psi}}_a(\xi_l,s)}{\pi\left(\eta_r\xi_n^2+\eta_z\xi_l^2+s\right)}+\frac{2\eta_r J_0(\xi_n a)\,\overline{\overline{\psi}}_b(\xi_l,s)}{\pi J_0(\xi_n b)\left(\eta_r\xi_n^2+\eta_z\xi_l^2+s\right)}+
$$

$$
+\frac{\eta_z\xi_l\left\{(-1)^{l+1}\overline{\overline{\psi}}_d(\xi_n,s)+\overline{\overline{\psi}}_0(\xi_n,s)\right\}}{\left(\eta_r\xi_n^2+\eta_z\xi_l^2+s\right)}+\frac{\overline{\overline{\varphi}}(\xi_n,\xi_l)}{\left(\eta_r\xi_n^2+\eta_z\xi_l^2+s\right)} \tag{21.4.1}
$$

where $\mathcal{V}_{D0}(\xi_n r,a)=J_0(\xi_n r)\,Y_0(\xi_n a)-Y_0(\xi_n r)\,J_0(\xi_n a)$. The eigenvalues $\xi_n, n=1,2,...,$ are the positive roots of the transcendental equation $\mathcal{V}_{D0}(\xi_n b,a)=0$ and $\xi_l=\frac{l\pi}{d}, l=1,2,....$
$\overline{\overline{\psi}}_0(\xi_n,s)=\int_a^b\overline{\psi}_0(r,s)\,r\mathcal{V}_{D0}(\xi_n r,a)\,dr$, $\overline{\overline{\psi}}_d(\xi_n,s)=\int_a^b\overline{\psi}_d(r,s)\,r\mathcal{V}_{D0}(\xi_n r,a)\,dr$,
$\overline{\overline{\psi}}_a(\xi_l,s)=\int_0^d\sin(\xi_l z)\,\overline{\psi}_a(z,s)dz$, $\overline{\overline{\psi}}_b(\xi_l,s)=\int_0^d\sin(\xi_l z)\,\overline{\psi}_b(z,s)dz$, $\overline{\overline{\varphi}}(\xi_n,\xi_l)=\int_a^b\overline{\varphi}(r,\xi_l)\,r\mathcal{V}_{D0}(\xi_n r,a)\,dr$ and $\overline{\varphi}(r,\xi_l)=\int_0^d\sin(\xi_l z)\,\varphi(r,z)dz$. Successive inverse transforms yield

$$
\overline{p}=\frac{\pi q(s)\,e^{-st_0}}{8\phi c_t\sqrt{\eta_z}}\sum_{n=1}^{\infty}\frac{\xi_n^2 J_0^2(\xi_n b)\,\mathcal{V}_{D0}(\xi_n r_0,a)\,\mathcal{V}_{D0}(\xi_n r,a)\,\mathrm{csch}\left(d\sqrt{\frac{\eta_r\xi_n^2+s}{\eta_z}}\right)}{\left\{J_0^2(\xi_n a)-J_0^2(\xi_n b)\right\}\sqrt{(\eta_r\xi_n^2+s)}}\times
$$

$$
\times\left[\cosh\left\{(d-|z-z_0|)\sqrt{\frac{\eta_r\xi_n^2+s}{\eta_z}}\right\}-\cosh\left\{(d-z-z_0)\sqrt{\frac{\eta_r\xi_n^2+s}{\eta_z}}\right\}\right]-
$$

$$
-\frac{\pi\eta_r}{2\sqrt{\eta_z}}\sum_{n=1}^{\infty}\frac{\xi_n^2 J_0^2(\xi_n b)\,\mathcal{V}_{D0}(\xi_n r,a)\,\mathrm{csch}\left(d\sqrt{\frac{\eta_r\xi_n^2+s}{\eta_z}}\right)}{\left\{J_0^2(\xi_n a)-J_0^2(\xi_n b)\right\}\sqrt{\eta_r\xi_n^2+s}}\times
$$

$$
\times\int_0^d\overline{\psi}_a(u,s)\left[\cosh\left\{(d-|z-u|)\sqrt{\frac{\eta_r\xi_n^2+s}{\eta_z}}\right\}-\cosh\left\{(d-z-u)\sqrt{\frac{\eta_r\xi_n^2+s}{\eta_z}}\right\}\right]du+
$$

$$+\frac{\pi\eta_r}{2\sqrt{\eta_z}}\sum_{n=1}^{\infty}\frac{\xi_n^2 J_0(\xi_n a)\,J_0(\xi_n b)\,\mathcal{V}_{\mathcal{D}0}(\xi_n r,a)\,\mathrm{csch}\left(d\sqrt{\frac{\eta_r\xi_n^2+s}{\eta_z}}\right)}{\{J_0^2(\xi_n a)-J_0^2(\xi_n b)\}\sqrt{\eta_r\xi_n^2+s}}\times$$

$$\times\int_0^d\overline{\psi}_b(u,s)\left[\cosh\left\{(d-|z-u|)\sqrt{\frac{\eta_r\xi_n^2+s}{\eta_z}}\right\}-\cosh\left\{(d-z-u)\sqrt{\frac{\eta_r\xi_n^2+s}{\eta_z}}\right\}\right]du+$$

$$+\frac{\pi^2}{2}\sum_{n=1}^{\infty}\frac{\xi_n^2 J_0^2(\xi_n b)\,\mathcal{V}_{\mathcal{D}0}(\xi_n r,a)\,\mathrm{csch}\left(d\sqrt{\frac{\eta_r\xi_n^2+s}{\eta_z}}\right)}{\{J_0^2(\xi_n a)-J_0^2(\xi_n b)\}}\times$$

$$\times\left[\overline{\overline{\psi}}_0(\xi_n,s)\sinh\left\{(d-z)\sqrt{\frac{\eta_r\xi_n^2+s}{\eta_z}}\right\}+\overline{\overline{\psi}}_d(\xi_n,s)\sinh\left\{z\sqrt{\frac{\eta_r\xi_n^2+s}{\eta_z}}\right\}\right]+$$

$$+\frac{\pi^2}{4\sqrt{\eta_z}}\sum_{n=1}^{\infty}\frac{\xi_n^2 J_0^2(\xi_n b)\,\mathcal{V}_{\mathcal{D}0}(\xi_n r,a)\,\mathrm{csch}\left(d\sqrt{\frac{\eta_r\xi_n^2+s}{\eta_z}}\right)}{\{J_0^2(\xi_n a)-J_0^2(\xi_n b)\}\sqrt{\eta_r\xi_n^2+s}}\times$$

$$\times\int_0^d\overline{\varphi}(\xi_n,u)\left[\cosh\left\{(d-|z-u|)\sqrt{\frac{\eta_r\xi_n^2+s}{\eta_z}}\right\}-\cosh\left\{(d-z-u)\sqrt{\frac{\eta_r\xi_n^2+s}{\eta_z}}\right\}\right]du \qquad (21.4.2)$$

where $\overline{\varphi}(\xi_n,u)=\int_a^b\varphi(r,u)\,r\mathcal{V}_{\mathcal{D}0}(\xi_n r,a)\,dr$ and

$$p=\frac{U(t-t_0)\,\pi}{8\phi c_t d}\sum_{n=1}^{\infty}\frac{\xi_n^2 J_0^2(\xi_n b)\,\mathcal{V}_{\mathcal{D}0}(\xi_n r_0,a)\,\mathcal{V}_{\mathcal{D}0}(\xi_n r,a)}{\{J_0^2(\xi_n a)-J_0^2(\xi_n b)\}}\times$$

$$\times\int_0^{t-t_0}q(t-t_0-\tau)\left[\Theta_3\left\{\frac{\pi(z-z_0)}{2d},e^{-\left(\frac{\pi}{d}\right)^2\eta_z\tau}\right\}-\Theta_3\left\{\frac{\pi(z+z_0)}{2d},e^{-\left(\frac{\pi}{d}\right)^2\eta_z\tau}\right\}\right]e^{-\eta_r\xi_n^2\tau}d\tau-$$

$$-\frac{\pi\eta_r}{2d}\sum_{n=1}^{\infty}\frac{\xi_n^2 J_0^2(\xi_n b)\,\mathcal{V}_{\mathcal{D}0}(\xi_n r,a)}{\{J_0^2(\xi_n a)-J_0^2(\xi_n b)\}}\times$$

$$\times\int_0^t e^{-\eta_r\xi_n^2\tau}\int_0^d\psi_a(u,t-\tau)\left[\Theta_3\left\{\frac{\pi(z-u)}{2d},e^{-\left(\frac{\pi}{d}\right)^2\eta_z\tau}\right\}-\Theta_3\left\{\frac{\pi(z+u)}{2d},e^{-\left(\frac{\pi}{d}\right)^2\eta_z\tau}\right\}\right]du\,d\tau+$$

$$+\frac{\pi\eta_r}{2d}\sum_{n=1}^{\infty}\frac{\xi_n^2 J_0(\xi_n a)\,J_0(\xi_n b)\,\mathcal{V}_{\mathcal{D}0}(\xi_n r,a)}{\{J_0^2(\xi_n a)-J_0^2(\xi_n b)\}}\times$$

$$\times\int_0^t e^{-\eta_r\xi_n^2\tau}\int_0^d\psi_b(u,t-\tau)\left[\Theta_3\left\{\frac{\pi(z-u)}{2d},e^{-\left(\frac{\pi}{d}\right)^2\eta_z\tau}\right\}-\Theta_3\left\{\frac{\pi(z+u)}{2d},e^{-\left(\frac{\pi}{d}\right)^2\eta_z\tau}\right\}\right]du\,d\tau+$$

$$+\frac{\pi^2\eta_z}{4d^2}\sum_{n=1}^{\infty}\frac{\xi_n^2 J_0^2(\xi_n b)\,\mathcal{V}_{\mathcal{D}0}(\xi_n r,a)}{\{J_0^2(\xi_n a)-J_0^2(\xi_n b)\}}\times$$

$$\times\int_0^t\left\{\Theta_4'\left(\frac{\pi z}{2d},e^{-\left(\frac{\pi}{d}\right)^2\eta_z\tau}\right)\overline{\psi}_d(\xi_n,t-\tau)-\Theta_3'\left(\frac{\pi z}{2d},e^{-\left(\frac{\pi}{d}\right)^2\eta_z\tau}\right)\overline{\psi}_0(\xi_n,t-\tau)\right\}e^{-\eta_r\xi_n^2\tau}d\tau+$$

$$+\frac{\pi^2}{4d}\sum_{n=1}^{\infty}\frac{\xi_n^2 J_0^2(\xi_n b)\,\mathcal{V}_{\mathcal{D}0}(\xi_n r,a)\,e^{-\eta_r\xi_n^2 t}}{\{J_0^2(\xi_n a)-J_0^2(\xi_n b)\}}\times$$

$$\times\int_0^d\overline{\varphi}(\xi_n,u)\left[\Theta_3\left\{\frac{\pi(z-u)}{2d},e^{-\left(\frac{\pi}{d}\right)^2\eta_z t}\right\}-\Theta_3\left\{\frac{\pi(z+u)}{2d},e^{-\left(\frac{\pi}{d}\right)^2\eta_z t}\right\}\right]du \qquad (21.4.3)$$

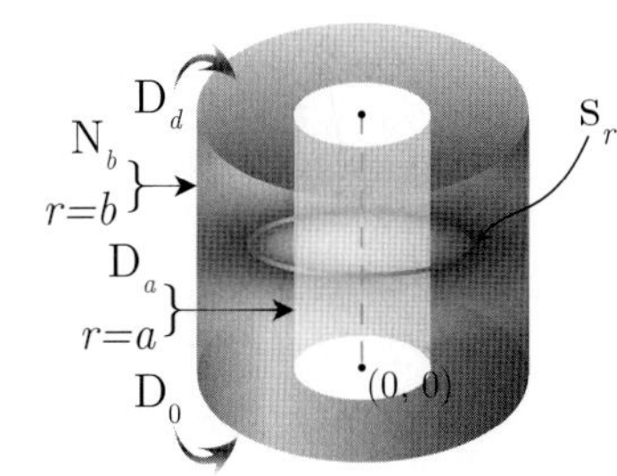

21.5 **The problem of 21.4, except $\mathbf{D}_a \equiv p(a,z,t) = \psi_a(z,t)$, $\mathbf{N}_b \equiv \frac{\partial p(b,z,t)}{\partial r} = -\left(\frac{\mu}{k_r}\right)\psi_b(z,t)$, $\mathbf{D}_0 \equiv p(r,0,t) = \psi_0(r,t)$ and $\mathbf{D}_d \equiv p(r,d,t) = \psi_d(r,t)$**

Successive application of the Laplace, Fourier and finite Hankel transformations to equation (18.1.1) gives

$$\overline{\overline{\overline{p}}} = \frac{q(s)e^{-st_0}\sin(\xi_l z_0)\mathcal{V}_{\mathcal{D}0}(\xi_n r_0,a)}{2\pi\phi c_t(\eta_r\xi_n^2+\eta_z\xi_l^2+s)} - \frac{2\eta_r\overline{\overline{\psi}}_a(\xi_l,s)}{\pi(\eta_r\xi_n^2+\eta_z\xi_l^2+s)} + \frac{2J_0(\xi_n a)\overline{\overline{\psi}}_b(\xi_l,s)}{\pi\phi c_t J_1(\xi_n b)(\eta_r\xi_n^2+\eta_z\xi_l^2+s)} + $$
$$+\frac{\eta_z\xi_l\left\{(-1)^{l+1}\overline{\overline{\psi}}_d(\xi_n,s)+\overline{\overline{\psi}}_0(\xi_n,s)\right\}}{(\eta_r\xi_n^2+\eta_z\xi_l^2+s)} + \frac{\overline{\overline{\varphi}}(\xi_n,\xi_l)}{(\eta_r\xi_n^2+\eta_z\xi_l^2+s)} \tag{21.5.1}$$

where $\mathcal{V}_{\mathcal{D}0}(\xi_n r,a) = J_0(\xi_n r)Y_0(\xi_n a) - Y_0(\xi_n r)J_0(\xi_n a)$. The eigenvalues ξ_n are the positive roots of the transcendental equation $\mathcal{V}'_{\mathcal{D}0}(\xi_n b,a) = 0$,* $n = 1,2,...,$ and $\xi_l = \frac{l\pi}{d}, l = 1,2,....$
$\overline{\overline{\psi}}_0(\xi_n,s) = \int_a^b \overline{\psi}_0(r,s)\, r\mathcal{V}_{\mathcal{D}0}(\xi_n r,a)\,dr$, $\overline{\overline{\psi}}_d(\xi_n,s) = \int_a^b \overline{\psi}_d(r,s)\, r\mathcal{V}_{\mathcal{D}0}(\xi_n r,a)\,dr$,
$\overline{\overline{\psi}}_a(\xi_l,s) = \int_0^d \sin(\xi_l z)\overline{\psi}_a(z,s)dz$, $\overline{\overline{\psi}}_b(\xi_l,s) = \int_0^d \sin(\xi_l z)\overline{\psi}_b(z,s)dz$, $\overline{\overline{\varphi}}(\xi_n,\xi_l) = \int_a^b \overline{\varphi}(r,\xi_l)\, r\mathcal{V}_{\mathcal{D}0}(\xi_n r,a)\,dr$ and $\overline{\varphi}(r,\xi_l) = \int_0^d \sin(\xi_l z)\varphi(r,z)dz$. Successive inverse transforms yield

$$\overline{p} = \frac{\pi q(s)e^{-st_0}}{8\phi c_t\sqrt{\eta_z}}\sum_{n=1}^{\infty}\frac{\xi_n^2 J_1^2(\xi_n b)\mathcal{V}_{\mathcal{D}0}(\xi_n r_0,a)\mathcal{V}_{\mathcal{D}0}(\xi_n r,a)\operatorname{csch}\left(d\sqrt{\frac{\eta_r\xi_n^2+s}{\eta_z}}\right)}{\left\{J_0^2(\xi_n a)-J_1^2(\xi_n b)\right\}\sqrt{(\eta_r\xi_n^2+s)}} \times$$
$$\times\left[\cosh\left\{(d-|z-z_0|)\sqrt{\frac{\eta_r\xi_n^2+s}{\eta_z}}\right\} - \cosh\left\{(d-z-z_0)\sqrt{\frac{\eta_r\xi_n^2+s}{\eta_z}}\right\}\right] -$$
$$-\frac{\pi\eta_r}{2\sqrt{\eta_z}}\sum_{n=1}^{\infty}\frac{\xi_n^2 J_1^2(\xi_n b)\mathcal{V}_{\mathcal{D}0}(\xi_n r,a)\operatorname{csch}\left(d\sqrt{\frac{\eta_r\xi_n^2+s}{\eta_z}}\right)}{\left\{J_0^2(\xi_n a)-J_1^2(\xi_n b)\right\}\sqrt{\eta_r\xi_n^2+s}} \times$$
$$\times\int_0^d \overline{\psi}_a(u,s)\left[\cosh\left\{(d-|z-u|)\sqrt{\frac{\eta_r\xi_n^2+s}{\eta_z}}\right\} - \cosh\left\{(d-z-u)\sqrt{\frac{\eta_r\xi_n^2+s}{\eta_z}}\right\}\right]du +$$
$$+\frac{\pi}{2\phi c_t\sqrt{\eta_z}}\sum_{n=1}^{\infty}\frac{\xi_n^2 J_0(\xi_n a)J_1(\xi_n b)\mathcal{V}_{\mathcal{D}0}(\xi_n r,a)\operatorname{csch}\left(d\sqrt{\frac{\eta_r\xi_n^2+s}{\eta_z}}\right)}{\left\{J_0^2(\xi_n a)-J_1^2(\xi_n b)\right\}\sqrt{\eta_r\xi_n^2+s}} \times$$
$$\times\int_0^d \overline{\psi}_b(u,s)\left[\cosh\left\{(d-|z-u|)\sqrt{\frac{\eta_r\xi_n^2+s}{\eta_z}}\right\} - \cosh\left\{(d-z-u)\sqrt{\frac{\eta_r\xi_n^2+s}{\eta_z}}\right\}\right]du +$$
$$+\frac{\pi^2}{2}\sum_{n=1}^{\infty}\frac{\xi_n^2 J_1^2(\xi_n b)\mathcal{V}_{\mathcal{D}0}(\xi_n r,a)\operatorname{csch}\left(d\sqrt{\frac{\eta_r\xi_n^2+s}{\eta_z}}\right)}{\left\{J_0^2(\xi_n a)-J_1^2(\xi_n b)\right\}} \times$$
$$\times\left[\overline{\overline{\psi}}_0(\xi_n,s)\sinh\left\{(d-z)\sqrt{\frac{\eta_r\xi_n^2+s}{\eta_z}}\right\} + \overline{\overline{\psi}}_d(\xi_n,s)\sinh\left\{z\sqrt{\frac{\eta_r\xi_n^2+s}{\eta_z}}\right\}\right] +$$
$$+\frac{\pi^2}{4\sqrt{\eta_z}}\sum_{n=1}^{\infty}\frac{\xi_n^2 J_1^2(\xi_n b)\mathcal{V}_{\mathcal{D}0}(\xi_n r,a)\operatorname{csch}\left(d\sqrt{\frac{\eta_r\xi_n^2+s}{\eta_z}}\right)}{\left\{J_0^2(\xi_n a)-J_1^2(\xi_n b)\right\}\sqrt{\eta_r\xi_n^2+s}} \times$$

---
*$\mathcal{V}'_{\mathcal{D}0}(\xi_n b,a) = Y_1(\xi_n b)J_0(\xi_n a) - J_1(\xi_n b)Y_0(\xi_n a)$.

$$\times \int_0^d \overline{\varphi}(\xi_n, u)\left[\cosh\left\{(d-|z-u|)\sqrt{\frac{\eta_r\xi_n^2+s}{\eta_z}}\right\} - \cosh\left\{(d-z-u)\sqrt{\frac{\eta_r\xi_n^2+s}{\eta_z}}\right\}\right] du \qquad (21.5.2)$$

where $\overline{\varphi}(\xi_n, u) = \int_a^b \varphi(r, u)\, r\mathcal{V}_{\mathcal{D}0}(\xi_n r, a)\, dr$ and

$$p = \frac{U(t-t_0)\pi}{8\phi c_t d}\sum_{n=1}^{\infty}\frac{\xi_n^2 J_1^2(\xi_n b)\mathcal{V}_{\mathcal{D}0}(\xi_n r_0, a)\mathcal{V}_{\mathcal{D}0}(\xi_n r, a)}{\{J_0^2(\xi_n a) - J_1^2(\xi_n b)\}} \times$$

$$\times \int_0^{t-t_0} q(t-t_0-\tau)\left[\Theta_3\left\{\frac{\pi(z-z_0)}{2d}, e^{-\left(\frac{\pi}{d}\right)^2\eta_z\tau}\right\} - \Theta_3\left\{\frac{\pi(z+z_0)}{2d}, e^{-\left(\frac{\pi}{d}\right)^2\eta_z\tau}\right\}\right] e^{-\eta_r\xi_n^2\tau} d\tau -$$

$$-\frac{\pi\eta_r}{2d}\sum_{n=1}^{\infty}\frac{\xi_n^2 J_1^2(\xi_n b)\mathcal{V}_{\mathcal{D}0}(\xi_n r, a)}{\{J_0^2(\xi_n a) - J_1^2(\xi_n b)\}} \times$$

$$\times \int_0^t e^{-\eta_r\xi_n^2\tau}\int_0^d \psi_a(u, t-\tau)\left[\Theta_3\left\{\frac{\pi(z-u)}{2d}, e^{-\left(\frac{\pi}{d}\right)^2\eta_z\tau}\right\} - \Theta_3\left\{\frac{\pi(z+u)}{2d}, e^{-\left(\frac{\pi}{d}\right)^2\eta_z\tau}\right\}\right] du d\tau +$$

$$+\frac{\pi}{2\phi c_t d}\sum_{n=1}^{\infty}\frac{\xi_n^2 J_0(\xi_n a) J_1(\xi_n b)\mathcal{V}_{\mathcal{D}0}(\xi_n r, a)}{\{J_0^2(\xi_n a) - J_1^2(\xi_n b)\}} \times$$

$$\times \int_0^t e^{-\eta_r\xi_n^2\tau}\int_0^d \psi_b(u, t-\tau)\left[\Theta_3\left\{\frac{\pi(z-u)}{2d}, e^{-\left(\frac{\pi}{d}\right)^2\eta_z\tau}\right\} - \Theta_3\left\{\frac{\pi(z+u)}{2d}, e^{-\left(\frac{\pi}{d}\right)^2\eta_z\tau}\right\}\right] du d\tau +$$

$$+\frac{\pi^2\eta_z}{4d^2}\sum_{n=1}^{\infty}\frac{\xi_n^2 J_1^2(\xi_n b)\mathcal{V}_{\mathcal{D}0}(\xi_n r, a)}{\{J_0^2(\xi_n a) - J_1^2(\xi_n b)\}} \times$$

$$\times \int_0^t \left\{\Theta_4'\left(\frac{\pi z}{2d}, e^{-\left(\frac{\pi}{d}\right)^2\eta_z\tau}\right)\overline{\psi}_d(\xi_n, t-\tau) - \Theta_3'\left(\frac{\pi z}{2d}, e^{-\left(\frac{\pi}{d}\right)^2\eta_z\tau}\right)\overline{\psi}_0(\xi_n, t-\tau)\right\} e^{-\eta_r\xi_n^2\tau} d\tau +$$

$$+\frac{\pi^2}{4d}\sum_{n=1}^{\infty}\frac{\xi_n^2 J_1^2(\xi_n b)\mathcal{V}_{\mathcal{D}0}(\xi_n r, a)\, e^{-\eta_r\xi_n^2 t}}{\{J_0^2(\xi_n a) - J_1^2(\xi_n b)\}} \times$$

$$\times \int_0^d \overline{\varphi}(\xi_n, u)\left[\Theta_3\left\{\frac{\pi(z-u)}{2d}, e^{-\left(\frac{\pi}{d}\right)^2\eta_z t}\right\} - \Theta_3\left\{\frac{\pi(z+u)}{2d}, e^{-\left(\frac{\pi}{d}\right)^2\eta_z t}\right\}\right] du \qquad (21.5.3)$$

21.6

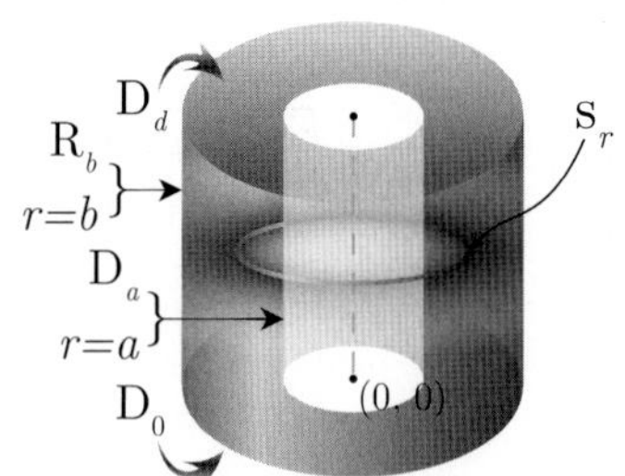

The problem of 21.4, except $\mathbf{D}_a \equiv p(a, z, t) = \psi_a(z, t)$, $\mathbf{R}_b \equiv \frac{\partial p(b,z,t)}{\partial r} + \lambda p(b, z, t) = -\left(\frac{\mu}{k_r}\right)\psi_b(z, t)$, $\mathbf{D}_0 \equiv p(r, 0, t) = \psi_0(r, t)$ and $\mathbf{D}_d \equiv p(r, d, t) = \psi_d(r, t)$

Successive application of the Laplace, Fourier and finite Hankel transformations to equation (18.1.1) gives

$$\overline{\overline{\overline{p}}} = \frac{q(s)\, e^{-st_0}\sin(\xi_l z_0)\mathcal{V}_{\mathcal{D}0}(\xi_n r_0, a)}{2\pi\phi c_t(\eta_r\xi_n^2+\eta_z\xi_l^2+s)} - \frac{2J_0(\xi_n a)\overline{\overline{\psi}}_b(\xi_l, s)}{\pi\phi c_t\{\lambda J_0(\xi_n b) - \xi_n J_1(\xi_n b)\}(\eta_r\xi_n^2+\eta_z\xi_l^2+s)} -$$

$$-\frac{2\eta_r\overline{\overline{\psi}}_a(\xi_l, s)}{\pi(\eta_r\xi_n^2+\eta_z\xi_l^2+s)} + \frac{\eta_z\xi_l\left\{(-1)^{l+1}\overline{\overline{\psi}}_d(\xi_n, s) + \overline{\overline{\psi}}_0(\xi_n, s)\right\}}{(\eta_r\xi_n^2+\eta_z\xi_l^2+s)} + \frac{\overline{\overline{\varphi}}(\xi_n, \xi_l)}{(\eta_r\xi_n^2+\eta_z\xi_l^2+s)} \qquad (21.6.1)$$

where $\mathcal{V}_{\mathcal{D}0}(\xi_n r, a) = J_0(\xi_n r) Y_0(\xi_n a) - Y_0(\xi_n r) J_0(\xi_n a)$. The eigenvalues $\xi_n, n = 1, 2, ...,$ are the positive roots of the transcendental equation $\xi_n \mathcal{V}'_{\mathcal{D}0}(\xi_n b, a) + \lambda \mathcal{V}_{\mathcal{D}0}(\xi_n b, a) = 0$, $\xi_l = \frac{l\pi}{d}, l = 1, 2, ...$
$\overline{\overline{\psi}}_0(\xi_n, s) = \int_a^b \overline{\psi}_0(r, s) r \mathcal{V}_{\mathcal{D}0}(\xi_n r, a) \, dr$, $\overline{\overline{\psi}}_d(\xi_n, s) = \int_a^b \overline{\psi}_d(r, s) r \mathcal{V}_{\mathcal{D}0}(\xi_n r, a) \, dr$,
$\overline{\overline{\psi}}_a(\xi_l, s) = \int_0^d \sin(\xi_l z) \overline{\psi}_a(z, s) dz$, $\overline{\overline{\psi}}_b(\xi_l, s) = \int_0^d \sin(\xi_l z) \overline{\psi}_b(z, s) dz$, $\overline{\overline{\varphi}}(\xi_n, \xi_l) = \int_a^b \overline{\varphi}(r, \xi_l) r \mathcal{V}_{\mathcal{D}0}(\xi_n r, a) \, dr$ and $\overline{\varphi}(r, \xi_l) = \int_0^d \sin(\xi_l z) \varphi(r, z) dz$. Successive inverse transforms yield

$$\begin{aligned}
\overline{p} \;=\; & \frac{\pi q(s) e^{-st_0}}{8\phi c_t \sqrt{\eta_z}} \sum_{n=1}^{\infty} \frac{\xi_n^2 \{\lambda J_0(\xi_n b) - \xi_n J_1(\xi_n b)\}^2 \mathcal{V}_{\mathcal{D}0}(\xi_n r_0, a) \mathcal{V}_{\mathcal{D}0}(\xi_n r, a) \operatorname{csch}\left(d\sqrt{\frac{\eta_r \xi_n^2 + s}{\eta_z}}\right)}{\left\{(\lambda^2 + \xi_n^2) J_0^2(\xi_n a) - \{\lambda J_0(\xi_n b) - \xi_n J_1(\xi_n b)\}^2\right\} \sqrt{(\eta_r \xi_n^2 + s)}} \times \\
& \times \left[\cosh\left\{(d - |z - z_0|)\sqrt{\frac{\eta_r \xi_n^2 + s}{\eta_z}}\right\} - \cosh\left\{(d - z - z_0)\sqrt{\frac{\eta_r \xi_n^2 + s}{\eta_z}}\right\}\right] - \\
& - \frac{\pi \eta_r}{2\sqrt{\eta_z}} \sum_{n=1}^{\infty} \frac{\xi_n^2 \{\lambda J_0(\xi_n b) - \xi_n J_1(\xi_n b)\}^2 \mathcal{V}_{\mathcal{D}0}(\xi_n r, a) \operatorname{csch}\left(d\sqrt{\frac{\eta_r \xi_n^2 + s}{\eta_z}}\right)}{\left\{(\lambda^2 + \xi_n^2) J_0^2(\xi_n a) - \{\lambda J_0(\xi_n b) - \xi_n J_1(\xi_n b)\}^2\right\} \sqrt{\eta_r \xi_n^2 + s}} \times \\
& \times \int_0^d \overline{\psi}_a(u, s) \left[\cosh\left\{(d - |z - u|)\sqrt{\frac{\eta_r \xi_n^2 + s}{\eta_z}}\right\} - \cosh\left\{(d - z - u)\sqrt{\frac{\eta_r \xi_n^2 + s}{\eta_z}}\right\}\right] du - \\
& - \frac{\pi}{2\phi c_t \sqrt{\eta_z}} \sum_{n=1}^{\infty} \frac{\xi_n^2 J_0(\xi_n a) \{\lambda J_0(\xi_n b) - \xi_n J_1(\xi_n b)\} \mathcal{V}_{\mathcal{D}0}(\xi_n r, a) \operatorname{csch}\left(d\sqrt{\frac{\eta_r \xi_n^2 + s}{\eta_z}}\right)}{\left\{(\lambda^2 + \xi_n^2) J_0^2(\xi_n a) - \{\lambda J_0(\xi_n b) - \xi_n J_1(\xi_n b)\}^2\right\} \sqrt{\eta_r \xi_n^2 + s}} \times \\
& \times \int_0^d \overline{\psi}_b(u, s) \left[\cosh\left\{(d - |z - u|)\sqrt{\frac{\eta_r \xi_n^2 + s}{\eta_z}}\right\} - \cosh\left\{(d - z - u)\sqrt{\frac{\eta_r \xi_n^2 + s}{\eta_z}}\right\}\right] du + \\
& + \frac{\pi^2}{2} \sum_{n=1}^{\infty} \frac{\xi_n^2 \{\lambda J_0(\xi_n b) - \xi_n J_1(\xi_n b)\}^2 \mathcal{V}_{\mathcal{D}0}(\xi_n r, a) \operatorname{csch}\left(d\sqrt{\frac{\eta_r \xi_n^2 + s}{\eta_z}}\right)}{\left\{(\lambda^2 + \xi_n^2) J_0^2(\xi_n a) - \{\lambda J_0(\xi_n b) - \xi_n J_1(\xi_n b)\}^2\right\}} \times \\
& \times \left[\overline{\overline{\psi}}_0(\xi_n, s) \sinh\left\{(d - z)\sqrt{\frac{\eta_r \xi_n^2 + s}{\eta_z}}\right\} + \overline{\overline{\psi}}_d(\xi_n, s) \sinh\left\{z\sqrt{\frac{\eta_r \xi_n^2 + s}{\eta_z}}\right\}\right] + \\
& + \frac{\pi^2}{4\sqrt{\eta_z}} \sum_{n=1}^{\infty} \frac{\xi_n^2 \{\lambda J_0(\xi_n b) - \xi_n J_1(\xi_n b)\}^2 \mathcal{V}_{\mathcal{D}0}(\xi_n r, a) \operatorname{csch}\left(d\sqrt{\frac{\eta_r \xi_n^2 + s}{\eta_z}}\right)}{\left\{(\lambda^2 + \xi_n^2) J_0^2(\xi_n a) - \{\lambda J_0(\xi_n b) - \xi_n J_1(\xi_n b)\}^2\right\} \sqrt{\eta_r \xi_n^2 + s}} \times \\
& \times \int_0^d \overline{\varphi}(\xi_n, u) \left[\cosh\left\{(d - |z - u|)\sqrt{\frac{\eta_r \xi_n^2 + s}{\eta_z}}\right\} - \cosh\left\{(d - z - u)\sqrt{\frac{\eta_r \xi_n^2 + s}{\eta_z}}\right\}\right] du
\end{aligned} \tag{21.6.2}$$

where $\overline{\varphi}(\xi_n, u) = \int_a^b \varphi(r, u) r \mathcal{V}_{\mathcal{D}0}(\xi_n r, a) \, dr$ and

$$\begin{aligned}
p \;=\; & \frac{U(t - t_0)\pi}{8\phi c_t d} \sum_{n=1}^{\infty} \frac{\xi_n^2 \{\lambda J_0(\xi_n b) - \xi_n J_1(\xi_n b)\}^2 \mathcal{V}_{\mathcal{D}0}(\xi_n r_0, a) \mathcal{V}_{\mathcal{D}0}(\xi_n r, a)}{\left\{(\lambda^2 + \xi_n^2) J_0^2(\xi_n a) - \{\lambda J_0(\xi_n b) - \xi_n J_1(\xi_n b)\}^2\right\}} \times \\
& \times \int_0^{t - t_0} q(t - t_0 - \tau) \left[\Theta_3\left\{\frac{\pi(z - z_0)}{2d}, e^{-\left(\frac{\pi}{d}\right)^2 \eta_z \tau}\right\} - \Theta_3\left\{\frac{\pi(z + z_0)}{2d}, e^{-\left(\frac{\pi}{d}\right)^2 \eta_z \tau}\right\}\right] e^{-\eta_r \xi_n^2 \tau} d\tau - \\
& - \frac{\pi \eta_r}{2d} \sum_{n=1}^{\infty} \frac{\xi_n^2 \{\lambda J_0(\xi_n b) - \xi_n J_1(\xi_n b)\}^2 \mathcal{V}_{\mathcal{D}0}(\xi_n r, a)}{\left\{(\lambda^2 + \xi_n^2) J_0^2(\xi_n a) - \{\lambda J_0(\xi_n b) - \xi_n J_1(\xi_n b)\}^2\right\}} \times
\end{aligned}$$

$$\times \int_0^t e^{-\eta_r \xi_n^2 \tau} \int_0^d \psi_a(u,t-\tau)\left[\Theta_3\left\{\frac{\pi(z-u)}{2d}, e^{-\left(\frac{\pi}{d}\right)^2 \eta_z \tau}\right\} - \Theta_3\left\{\frac{\pi(z+u)}{2d}, e^{-\left(\frac{\pi}{d}\right)^2 \eta_z \tau}\right\}\right] du d\tau -$$

$$-\frac{\pi}{2\phi c_t d}\sum_{n=1}^{\infty}\frac{\xi_n^2 J_0(\xi_n a)\{\lambda J_0(\xi_n b) - \xi_n J_1(\xi_n b)\}\mathcal{V}_{\mathcal{D}0}(\xi_n r, a)}{\left\{(\lambda^2+\xi_n^2) J_0^2(\xi_n a) - \{\lambda J_0(\xi_n b) - \xi_n J_1(\xi_n b)\}^2\right\}} \times$$

$$\times \int_0^t e^{-\eta_r \xi_n^2 \tau} \int_0^d \psi_b(u,t-\tau)\left[\Theta_3\left\{\frac{\pi(z-u)}{2d}, e^{-\left(\frac{\pi}{d}\right)^2 \eta_z \tau}\right\} - \Theta_3\left\{\frac{\pi(z+u)}{2d}, e^{-\left(\frac{\pi}{d}\right)^2 \eta_z \tau}\right\}\right] du d\tau +$$

$$+\frac{\pi^2 \eta_z}{4d^2}\sum_{n=1}^{\infty}\frac{\xi_n^2\{\lambda J_0(\xi_n b) - \xi_n J_1(\xi_n b)\}^2 \mathcal{V}_{\mathcal{D}0}(\xi_n r, a)}{\left\{(\lambda^2+\xi_n^2) J_0^2(\xi_n a) - \{\lambda J_0(\xi_n b) - \xi_n J_1(\xi_n b)\}^2\right\}} \times$$

$$\times \int_0^t \left\{\Theta_4'\left(\frac{\pi z}{2d}, e^{-\left(\frac{\pi}{d}\right)^2 \eta_z \tau}\right)\overline{\psi}_d(\xi_n, t-\tau) - \Theta_3'\left(\frac{\pi z}{2d}, e^{-\left(\frac{\pi}{d}\right)^2 \eta_z \tau}\right)\overline{\psi}_0(\xi_n, t-\tau)\right\} e^{-\eta_r \xi_n^2 \tau} d\tau +$$

$$+\frac{\pi^2}{4d}\sum_{n=1}^{\infty}\frac{\xi_n^2\{\lambda J_0(\xi_n b) - \xi_n J_1(\xi_n b)\}^2 \mathcal{V}_{\mathcal{D}0}(\xi_n r, a)\, e^{-\eta_r \xi_n^2 t}}{\left\{(\lambda^2+\xi_n^2) J_0^2(\xi_n a) - \{\lambda J_0(\xi_n b) - \xi_n J_1(\xi_n b)\}^2\right\}} \times$$

$$\times \int_0^d \overline{\varphi}(\xi_n, u)\left[\Theta_3\left\{\frac{\pi(z-u)}{2d}, e^{-\left(\frac{\pi}{d}\right)^2 \eta_z t}\right\} - \Theta_3\left\{\frac{\pi(z+u)}{2d}, e^{-\left(\frac{\pi}{d}\right)^2 \eta_z t}\right\}\right] du \quad (21.6.3)$$

21.7

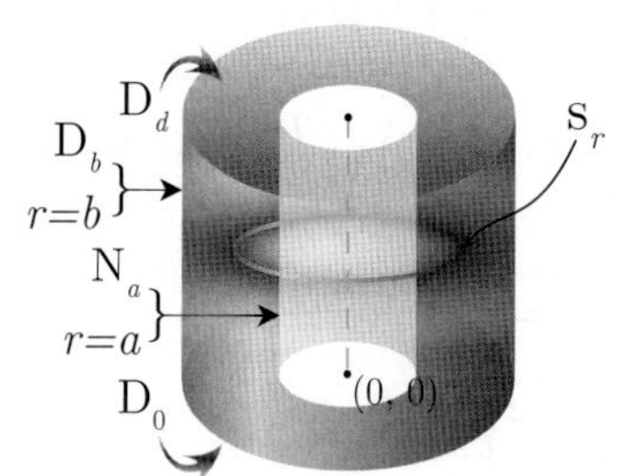

The problem of 21.4, except
$\mathbf{N}_a \equiv \frac{\partial p(a,z,t)}{\partial r} = -\left(\frac{\mu}{k_r}\right)\psi_a(z,t)$,
$\mathbf{D}_b \equiv p(b,z,t) = \psi_b(z,t)$, $\mathbf{D}_0 \equiv p(r,0,t) = \psi_0(r,t)$ **and**
$\mathbf{D}_d \equiv p(r,d,t) = \psi_d(r,t)$

Successive application of the Laplace, Fourier and finite Hankel transformations to equation (18.1.1) gives

$$\overline{\overline{\overline{p}}} = \frac{q(s)e^{-st_0}\sin(\xi_l z_0)\mathcal{V}_{\mathcal{N}0}(\xi_n r_0, a)}{2\pi\phi c_t(\eta_r\xi_n^2+\eta_z\xi_l^2+s)} + \frac{2\overline{\overline{\psi}}_a(\xi_l,s)}{\pi\phi c_t\xi_n(\eta_r\xi_n^2+\eta_z\xi_l^2+s)} -$$
$$-\frac{2\eta_r J_1(\xi_n a)\overline{\overline{\psi}}_b(\xi_l,s)}{\pi J_0(\xi_n b)(\eta_r\xi_n^2+\eta_z\xi_l^2+s)} + \frac{\eta_z\xi_l\left\{(-1)^{l+1}\overline{\overline{\psi}}_d(\xi_n,s)+\overline{\overline{\psi}}_0(\xi_n,s)\right\}}{(\eta_r\xi_n^2+\eta_z\xi_l^2+s)} + \frac{\overline{\overline{\varphi}}(\xi_n,\xi_l)}{(\eta_r\xi_n^2+\eta_z\xi_l^2+s)} \quad (21.7.1)$$

where $\mathcal{V}_{\mathcal{N}0}(\xi_n r, a) = Y_0(\xi_n r)J_1(\xi_n a) - J_0(\xi_n r)Y_1(\xi_n a)$. The eigenvalues $\xi_n, n = 1,2,...$, are the positive roots of the transcendental equation $\mathcal{V}_{\mathcal{N}0}(\xi_n b, a) = 0$, $\xi_l = \frac{l\pi}{d}, l = 1,2,....$
$\overline{\overline{\psi}}_0(\xi_n,s) = \int_a^b \overline{\psi}_0(r,s)\, r\mathcal{V}_{\mathcal{N}0}(\xi_n r,a)\,dr$, $\overline{\overline{\psi}}_d(\xi_n,s) = \int_a^b \overline{\psi}_d(r,s)\, r\mathcal{V}_{\mathcal{N}0}(\xi_n r,a)\,dr$,
$\overline{\overline{\psi}}_a(\xi_l,s) = \int_0^d \sin(\xi_l z)\overline{\psi}_a(z,s)dz$, $\overline{\overline{\psi}}_b(\xi_l,s) = \int_0^d \sin(\xi_l z)\overline{\psi}_b(z,s)dz$, $\overline{\overline{\varphi}}(\xi_n,\xi_l) = \int_a^b \overline{\varphi}(r,\xi_l)\, r\mathcal{V}_{\mathcal{N}0}(\xi_n r,a)\,dr$ and $\overline{\varphi}(r,\xi_l) = \int_0^d \sin(\xi_l z)\varphi(r,z)dz$. Successive inverse transforms yield

$$\overline{p} = \frac{\pi q(s)e^{-st_0}}{8\phi c_t\sqrt{\eta_z}}\sum_{n=1}^{\infty}\frac{\xi_n^2 J_0^2(\xi_n b)\mathcal{V}_{\mathcal{N}0}(\xi_n r_0,a)\mathcal{V}_{\mathcal{N}0}(\xi_n r,a)\operatorname{csch}\left(d\sqrt{\frac{\eta_r\xi_n^2+s}{\eta_z}}\right)}{\{J_1^2(\xi_n a) - J_0^2(\xi_n b)\}\sqrt{(\eta_r\xi_n^2+s)}} \times$$
$$\times\left[\cosh\left\{(d-|z-z_0|)\sqrt{\frac{\eta_r\xi_n^2+s}{\eta_z}}\right\} - \cosh\left\{(d-z-z_0)\sqrt{\frac{\eta_r\xi_n^2+s}{\eta_z}}\right\}\right] +$$

$$+\frac{\pi}{2\phi c_t\sqrt{\eta_z}}\sum_{n=1}^{\infty}\frac{\xi_n J_0^2(\xi_n b)\mathcal{V}_{\mathcal{N}0}(\xi_n r,a)\operatorname{csch}\left(d\sqrt{\frac{\eta_r\xi_n^2+s}{\eta_z}}\right)}{\{J_1^2(\xi_n a)-J_0^2(\xi_n b)\}\sqrt{\eta_r\xi_n^2+s}}\times$$
$$\times\int_0^d\overline{\psi}_a(u,s)\left[\cosh\left\{(d-|z-u|)\sqrt{\frac{\eta_r\xi_n^2+s}{\eta_z}}\right\}-\cosh\left\{(d-z-u)\sqrt{\frac{\eta_r\xi_n^2+s}{\eta_z}}\right\}\right]du-$$
$$-\frac{\pi\eta_r}{2\sqrt{\eta_z}}\sum_{n=1}^{\infty}\frac{\xi_n^2 J_1(\xi_n a)J_0(\xi_n b)\mathcal{V}_{\mathcal{N}0}(\xi_n r,a)\operatorname{csch}\left(d\sqrt{\frac{\eta_r\xi_n^2+s}{\eta_z}}\right)}{\{J_1^2(\xi_n a)-J_0^2(\xi_n b)\}\sqrt{\eta_r\xi_n^2+s}}\times$$
$$\times\int_0^d\overline{\psi}_b(u,s)\left[\cosh\left\{(d-|z-u|)\sqrt{\frac{\eta_r\xi_n^2+s}{\eta_z}}\right\}-\cosh\left\{(d-z-u)\sqrt{\frac{\eta_r\xi_n^2+s}{\eta_z}}\right\}\right]du+$$
$$+\frac{\pi^2}{2}\sum_{n=1}^{\infty}\frac{\xi_n^2 J_0^2(\xi_n b)\mathcal{V}_{\mathcal{N}0}(\xi_n r,a)\operatorname{csch}\left(d\sqrt{\frac{\eta_r\xi_n^2+s}{\eta_z}}\right)}{\{J_1^2(\xi_n a)-J_0^2(\xi_n b)\}}\times$$
$$\times\left[\overline{\overline{\psi}}_0(\xi_n,s)\sinh\left\{(d-z)\sqrt{\frac{\eta_r\xi_n^2+s}{\eta_z}}\right\}+\overline{\overline{\psi}}_d(\xi_n,s)\sinh\left\{z\sqrt{\frac{\eta_r\xi_n^2+s}{\eta_z}}\right\}\right]+$$
$$+\frac{\pi^2}{4\sqrt{\eta_z}}\sum_{n=1}^{\infty}\frac{\xi_n^2 J_0^2(\xi_n b)\mathcal{V}_{\mathcal{N}0}(\xi_n r,a)\operatorname{csch}\left(d\sqrt{\frac{\eta_r\xi_n^2+s}{\eta_z}}\right)}{\{J_1^2(\xi_n a)-J_0^2(\xi_n b)\}\sqrt{\eta_r\xi_n^2+s}}\times$$
$$\times\int_0^d\overline{\varphi}(\xi_n,u)\left[\cosh\left\{(d-|z-u|)\sqrt{\frac{\eta_r\xi_n^2+s}{\eta_z}}\right\}-\cosh\left\{(d-z-u)\sqrt{\frac{\eta_r\xi_n^2+s}{\eta_z}}\right\}\right]du \quad (21.7.2)$$

where $\overline{\varphi}(\xi_n,u)=\int_a^b\varphi(r,u)\,r\mathcal{V}_{\mathcal{N}0}(\xi_n r,a)\,dr$ and

$$p=\frac{U(t-t_0)\pi}{8\phi c_t d}\sum_{n=1}^{\infty}\frac{\xi_n^2 J_0^2(\xi_n b)\mathcal{V}_{\mathcal{N}0}(\xi_n r_0,a)\mathcal{V}_{\mathcal{N}0}(\xi_n r,a)}{\{J_1^2(\xi_n a)-J_0^2(\xi_n b)\}}\times$$
$$\times\int_0^{t-t_0}q(t-t_0-\tau)\left[\Theta_3\left\{\frac{\pi(z-z_0)}{2d},e^{-\left(\frac{\pi}{d}\right)^2\eta_z\tau}\right\}-\Theta_3\left\{\frac{\pi(z+z_0)}{2d},e^{-\left(\frac{\pi}{d}\right)^2\eta_z\tau}\right\}\right]e^{-\eta_r\xi_n^2\tau}d\tau+$$
$$+\frac{\pi}{2\phi c_t d}\sum_{n=1}^{\infty}\frac{\xi_n J_0^2(\xi_n b)\mathcal{V}_{\mathcal{N}0}(\xi_n r,a)}{\{J_1^2(\xi_n a)-J_0^2(\xi_n b)\}}\times$$
$$\times\int_0^t e^{-\eta_r\xi_n^2\tau}\int_0^d\psi_a(u,t-\tau)\left[\Theta_3\left\{\frac{\pi(z-u)}{2d},e^{-\left(\frac{\pi}{d}\right)^2\eta_z\tau}\right\}-\Theta_3\left\{\frac{\pi(z+u)}{2d},e^{-\left(\frac{\pi}{d}\right)^2\eta_z\tau}\right\}\right]dud\tau-$$
$$-\frac{\pi\eta_r}{2d}\sum_{n=1}^{\infty}\frac{\xi_n^2 J_1(\xi_n a)J_0(\xi_n b)\mathcal{V}_{\mathcal{N}0}(\xi_n r,a)}{\{J_1^2(\xi_n a)-J_0^2(\xi_n b)\}}\times$$
$$\times\int_0^t e^{-\eta_r\xi_n^2\tau}\int_0^d\psi_b(u,t-\tau)\left[\Theta_3\left\{\frac{\pi(z-u)}{2d},e^{-\left(\frac{\pi}{d}\right)^2\eta_z\tau}\right\}-\Theta_3\left\{\frac{\pi(z+u)}{2d},e^{-\left(\frac{\pi}{d}\right)^2\eta_z\tau}\right\}\right]dud\tau+$$
$$+\frac{\pi^2\eta_z}{4d^2}\sum_{n=1}^{\infty}\frac{\xi_n^2 J_0^2(\xi_n b)\mathcal{V}_{\mathcal{N}0}(\xi_n r,a)}{\{J_1^2(\xi_n a)-J_0^2(\xi_n b)\}}\times$$
$$\times\int_0^t\left\{\Theta_4'\left(\frac{\pi z}{2d},e^{-\left(\frac{\pi}{d}\right)^2\eta_z\tau}\right)\overline{\psi}_d(\xi_n,t-\tau)-\Theta_3'\left(\frac{\pi z}{2d},e^{-\left(\frac{\pi}{d}\right)^2\eta_z\tau}\right)\overline{\psi}_0(\xi_n,t-\tau)\right\}e^{-\eta_r\xi_n^2\tau}d\tau+$$

$$+\frac{\pi^2}{4d}\sum_{n=1}^{\infty}\frac{\xi_n^2 J_0^2(\xi_n b)\,\mathcal{V}_{\mathcal{N}0}(\xi_n r,a)\,e^{-\eta_r\xi_n^2 t}}{\{J_1^2(\xi_n a)-J_0^2(\xi_n b)\}}\times$$
$$\times\int_0^d \overline{\varphi}(\xi_n,u)\left[\Theta_3\left\{\frac{\pi(z-u)}{2d},e^{-\left(\frac{\pi}{d}\right)^2\eta_z t}\right\}-\Theta_3\left\{\frac{\pi(z+u)}{2d},e^{-\left(\frac{\pi}{d}\right)^2\eta_z t}\right\}\right]du \qquad (21.7.3)$$

21.8

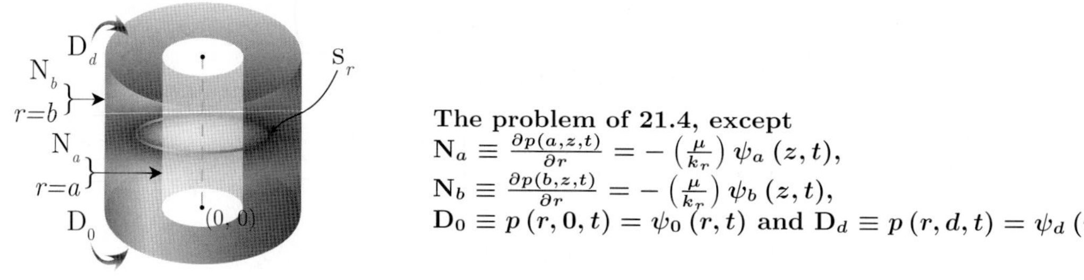

The problem of 21.4, except
$\mathbf{N}_a \equiv \frac{\partial p(a,z,t)}{\partial r} = -\left(\frac{\mu}{k_r}\right)\psi_a(z,t)$,
$\mathbf{N}_b \equiv \frac{\partial p(b,z,t)}{\partial r} = -\left(\frac{\mu}{k_r}\right)\psi_b(z,t)$,
$\mathbf{D}_0 \equiv p(r,0,t) = \psi_0(r,t)$ **and** $\mathbf{D}_d \equiv p(r,d,t) = \psi_d(r,t)$

Successive application of the Laplace, Fourier and finite Hankel transformations to equation (18.1.1) gives

$$\overline{\overline{\overline{p}}} = \frac{q(s)e^{-st_0}\sin(\xi_l z_0)}{2\pi\phi c_t(\eta_z\xi_l^2+s)}+\frac{q(s)e^{-st_0}\sin(\xi_l z_0)\,\mathcal{V}_{\mathcal{N}0}(\xi_n r_0,a)}{2\pi\phi c_t(\eta_r\xi_n^2+\eta_z\xi_l^2+s)}+\frac{\left\{a\overline{\overline{\psi}}_a(\xi_l,s)-b\overline{\overline{\psi}}_b(\xi_l,s)\right\}}{\phi c_t(\eta_z\xi_l^2+s)}+$$
$$+\frac{2\overline{\overline{\psi}}_a(\xi_l,s)}{\pi\phi c_t\xi_n(\eta_r\xi_n^2+\eta_z\xi_l^2+s)}-\frac{2J_1(\xi_n a)\,\overline{\overline{\psi}}_b(\xi_l,s)}{\pi\phi c_t\xi_n J_1(\xi_n b)(\eta_r\xi_n^2+\eta_z\xi_l^2+s)}+$$
$$+\frac{\eta_z\xi_l\int_a^b\left\{(-1)^{l+1}\overline{\psi}_d(u,s)+\overline{\psi}_0(u,s)\right\}udu}{(\eta_z\xi_l^2+s)}+\frac{\eta_z\xi_l\left\{(-1)^{l+1}\overline{\overline{\psi}}_d(\xi_n,s)+\overline{\overline{\psi}}_0(\xi_n,s)\right\}}{(\eta_r\xi_n^2+\eta_z\xi_l^2+s)}+$$
$$+\frac{\int_a^b u\overline{\varphi}(u,\xi_l)\,du}{(\eta_z\xi_l^2+s)}+\frac{\overline{\overline{\varphi}}(\xi_n,\xi_l)}{(\eta_r\xi_n^2+\eta_z\xi_l^2+s)} \qquad (21.8.1)$$

where $\mathcal{V}_{\mathcal{N}0}(\xi_n r,a) = Y_0(\xi_n r)J_1(\xi_n a) - J_0(\xi_n r)Y_1(\xi_n a)$. The eigenvalues are $\xi_0 = 0$ and $\xi_n, n = 1,2,...$, which are the positive roots of the transcendental equation $\mathcal{V}'_{\mathcal{N}0}(\xi_n b,a) = 0$,*
$\xi_l = \frac{l\pi}{d}, l = 1,2,....$ $\overline{\overline{\psi}}_0(\xi_n,s) = \int_a^b \overline{\psi}_0(r,s)\,r\mathcal{V}_{\mathcal{N}0}(\xi_n r,a)\,dr$, $\overline{\overline{\psi}}_d(\xi_n,s) = \int_a^b \overline{\psi}_d(r,s)\,r\mathcal{V}_{\mathcal{N}0}(\xi_n r,a)\,dr$,
$\overline{\overline{\psi}}_a(\xi_l,s) = \int_0^d \sin(\xi_l z)\,\overline{\psi}_a(z,s)dz$, $\overline{\overline{\psi}}_b(\xi_l,s) = \int_0^d \sin(\xi_l z)\,\overline{\psi}_b(z,s)dz$, $\overline{\overline{\varphi}}(\xi_n,\xi_l) = \int_a^b \overline{\varphi}(r,\xi_l)\,r\mathcal{V}_{\mathcal{N}0}(\xi_n r,a)\,dr$
and $\overline{\varphi}(r,\xi_l) = \int_0^d \sin(\xi_l z)\,\varphi(r,z)dz$. Successive inverse transforms yield

$$\overline{p} = \frac{q(s)e^{-st_0}\,\mathrm{csch}\left(d\sqrt{\frac{s}{\eta_z}}\right)}{2\pi(b^2-a^2)\phi c_t\sqrt{\eta_z s}}\left[\cosh\left\{(d-|z-z_0|)\sqrt{\frac{s}{\eta_z}}\right\}-\cosh\left\{(d-z-z_0)\sqrt{\frac{s}{\eta_z}}\right\}\right]+$$
$$+\frac{\pi q(s)e^{-st_0}}{8\phi c_t\sqrt{\eta_z}}\sum_{n=1}^{\infty}\frac{\xi_n^2 J_1^2(\xi_n b)\,\mathcal{V}_{\mathcal{N}0}(\xi_n r_0,a)\,\mathcal{V}_{\mathcal{N}0}(\xi_n r,a)\,\mathrm{csch}\left(d\sqrt{\frac{\eta_r\xi_n^2+s}{\eta_z}}\right)}{\{J_1^2(\xi_n a)-J_1^2(\xi_n b)\}\sqrt{(\eta_r\xi_n^2+s)}}\times$$
$$\times\left[\cosh\left\{(d-|z-z_0|)\sqrt{\frac{\eta_r\xi_n^2+s}{\eta_z}}\right\}-\cosh\left\{(d-z-z_0)\sqrt{\frac{\eta_r\xi_n^2+s}{\eta_z}}\right\}\right]+$$
$$+\frac{\mathrm{csch}\left(d\sqrt{\frac{s}{\eta_z}}\right)}{(b^2-a^2)\phi c_t\sqrt{\eta_z s}}\int_0^d\{a\overline{\psi}_a(u,s)-b\overline{\psi}_b(u,s)\}\left[\cosh\left\{(d-|z-u|)\sqrt{\frac{s}{\eta_z}}\right\}-\cosh\left\{(d-z-u)\sqrt{\frac{s}{\eta_z}}\right\}\right]du+$$
$$+\frac{\pi}{2\phi c_t\sqrt{\eta_z}}\sum_{n=1}^{\infty}\frac{\xi_n J_1^2(\xi_n b)\,\mathcal{V}_{\mathcal{N}0}(\xi_n r,a)\,\mathrm{csch}\left(d\sqrt{\frac{\eta_r\xi_n^2+s}{\eta_z}}\right)}{\{J_1^2(\xi_n a)-J_1^2(\xi_n b)\}\sqrt{(\eta_r\xi_n^2+s)}}\times$$

*$\mathcal{V}'_{\mathcal{N}0}(\xi_n b,a) = J_1(\xi_n b)Y_1(\xi_n a) - Y_1(\xi_n b)J_1(\xi_n a)$.

$$\times \int_0^d \overline{\psi}_a(u,s)\left[\cosh\left\{(d-|z-u|)\sqrt{\frac{\eta_r\xi_n^2+s}{\eta_z}}\right\}-\cosh\left\{(d-z-u)\sqrt{\frac{\eta_r\xi_n^2+s}{\eta_z}}\right\}\right]du-$$

$$-\frac{\pi}{2\phi c_t\sqrt{\eta_z}}\sum_{n=1}^{\infty}\frac{\xi_n J_1(\xi_n a)\,J_1(\xi_n b)\,\mathcal{V}_{\mathcal{N}0}(\xi_n r,a)\,\mathrm{csch}\left(d\sqrt{\frac{\eta_r\xi_n^2+s}{\eta_z}}\right)}{\{J_1^2(\xi_n a)-J_1^2(\xi_n b)\}\sqrt{(\eta_r\xi_n^2+s)}}\times$$

$$\times \int_0^d \overline{\psi}_b(u,s)\left[\cosh\left\{(d-|z-u|)\sqrt{\frac{\eta_r\xi_n^2+s}{\eta_z}}\right\}-\cosh\left\{(d-z-u)\sqrt{\frac{\eta_r\xi_n^2+s}{\eta_z}}\right\}\right]du+$$

$$+\frac{2\,\mathrm{csch}\left(d\sqrt{\frac{s}{\eta_z}}\right)}{(b^2-a^2)}\int_a^b u\left[\overline{\psi}_0(u,s)\sinh\left\{(d-z)\sqrt{\frac{s}{\eta_z}}\right\}+\overline{\psi}_d(u,s)\sinh\left\{z\sqrt{\frac{s}{\eta_z}}\right\}\right]du+$$

$$+\frac{\pi^2}{2}\sum_{n=1}^{\infty}\frac{\xi_n^2 J_1^2(\xi_n b)\,\mathcal{V}_{\mathcal{N}0}(\xi_n r,a)\,\mathrm{csch}\left(d\sqrt{\frac{\eta_r\xi_n^2+s}{\eta_z}}\right)}{\{J_1^2(\xi_n a)-J_1^2(\xi_n b)\}}\times$$

$$\times\left[\overline{\overline{\psi}}_0(\xi_n,s)\sinh\left\{(d-z)\sqrt{\frac{\eta_r\xi_n^2+s}{\eta_z}}\right\}+\overline{\overline{\psi}}_d(\xi_n,s)\sinh\left\{z\sqrt{\frac{\eta_r\xi_n^2+s}{\eta_z}}\right\}\right]+$$

$$+\frac{\mathrm{csch}\left(d\sqrt{\frac{s}{\eta_z}}\right)}{(b^2-a^2)\sqrt{\eta_z s}}\int_0^d\left[\cosh\left\{(d-|z-u|)\sqrt{\frac{s}{\eta_z}}\right\}-\cosh\left\{(d-z-u)\sqrt{\frac{s}{\eta_z}}\right\}\right]\int_a^b\varphi(v,u)\,v\,dv\,du+$$

$$+\frac{\pi^2}{4\sqrt{\eta_z}}\sum_{n=1}^{\infty}\frac{\xi_n^2 J_1^2(\xi_n b)\,\mathcal{V}_{\mathcal{N}0}(\xi_n r,a)\,\mathrm{csch}\left(d\sqrt{\frac{\eta_r\xi_n^2+s}{\eta_z}}\right)}{\{J_1^2(\xi_n a)-J_1^2(\xi_n b)\}\sqrt{(\eta_r\xi_n^2+s)}}\times$$

$$\times\int_0^d\overline{\varphi}(\xi_n,u)\left[\cosh\left\{(d-|z-u|)\sqrt{\frac{\eta_r\xi_n^2+s}{\eta_z}}\right\}-\cosh\left\{(d-z-u)\sqrt{\frac{\eta_r\xi_n^2+s}{\eta_z}}\right\}\right]du \tag{21.8.2}$$

where $\overline{\varphi}(\xi_n,u)=\int_a^b\varphi(r,u)\,r\mathcal{V}_{\mathcal{N}0}(\xi_n r,a)\,dr$ and

$$p=\frac{U(t-t_0)}{2\pi\phi c_t d(b^2-a^2)}\int_0^{t-t_0}q(t-t_0-\tau)\left[\Theta_3\left\{\frac{\pi(z-z_0)}{2d},e^{-\left(\frac{\pi}{d}\right)^2\eta_z\tau}\right\}-\Theta_3\left\{\frac{\pi(z+z_0)}{2d},e^{-\left(\frac{\pi}{d}\right)^2\eta_z\tau}\right\}\right]d\tau+$$

$$+\frac{U(t-t_0)\,\pi}{8\phi c_t d}\sum_{n=1}^{\infty}\frac{\xi_n^2 J_1^2(\xi_n b)\,\mathcal{V}_{\mathcal{N}0}(\xi_n r_0,a)\,\mathcal{V}_{\mathcal{N}0}(\xi_n r,a)}{\{J_1^2(\xi_n a)-J_1^2(\xi_n b)\}}\times$$

$$\times\int_0^{t-t_0}q(t-t_0-\tau)\left[\Theta_3\left\{\frac{\pi(z-z_0)}{2d},e^{-\left(\frac{\pi}{d}\right)^2\eta_z\tau}\right\}-\Theta_3\left\{\frac{\pi(z+z_0)}{2d},e^{-\left(\frac{\pi}{d}\right)^2\eta_z\tau}\right\}\right]e^{-\eta_r\xi_n^2\tau}d\tau+$$

$$+\frac{1}{\phi c_t(b^2-a^2)\,d}\times$$

$$\times\int_0^t\int_0^d\{a\psi_a(u,t-\tau)-b\psi_b(u,t-\tau)\}\left[\Theta_3\left\{\frac{\pi(z-u)}{2d},e^{-\left(\frac{\pi}{d}\right)^2\eta_z\tau}\right\}-\Theta_3\left\{\frac{\pi(z+u)}{2d},e^{-\left(\frac{\pi}{d}\right)^2\eta_z\tau}\right\}\right]du\,d\tau+$$

$$+\frac{\pi}{2\phi c_t d}\sum_{n=1}^{\infty}\frac{\xi_n J_1^2(\xi_n b)\,\mathcal{V}_{\mathcal{N}0}(\xi_n r,a)}{\{J_1^2(\xi_n a)-J_1^2(\xi_n b)\}}\times$$

$$\times\int_0^t e^{-\eta_r\xi_n^2\tau}\int_0^d\psi_a(u,t-\tau)\left[\Theta_3\left\{\frac{\pi(z-u)}{2d},e^{-\left(\frac{\pi}{d}\right)^2\eta_z\tau}\right\}-\Theta_3\left\{\frac{\pi(z+u)}{2d},e^{-\left(\frac{\pi}{d}\right)^2\eta_z\tau}\right\}\right]du\,d\tau-$$

$$-\frac{\pi}{2\phi c_t d}\sum_{n=1}^{\infty}\frac{\xi_n J_1(\xi_n a) J_1(\xi_n b)\mathcal{V}_{\mathcal{N}0}(\xi_n r,a)}{\{J_1^2(\xi_n a)-J_1^2(\xi_n b)\}}\times$$

$$\times\int_0^t e^{-\eta_r\xi_n^2\tau}\int_0^d \psi_b(u,t-\tau)\left[\Theta_3\left\{\frac{\pi(z-u)}{2d},e^{-\left(\frac{\pi}{d}\right)^2\eta_z\tau}\right\}-\Theta_3\left\{\frac{\pi(z+u)}{2d},e^{-\left(\frac{\pi}{d}\right)^2\eta_z\tau}\right\}\right]dud\tau+$$

$$+\frac{\eta_z}{(b^2-a^2)d^2}\int_0^t\int_a^b u\left\{\Theta_4'\left(\frac{\pi z}{2d},e^{-\left(\frac{\pi}{d}\right)^2\eta_z\tau}\right)\psi_d(u,t-\tau)-\Theta_3'\left(\frac{\pi z}{2d},e^{-\left(\frac{\pi}{d}\right)^2\eta_z\tau}\right)\psi_0(u,t-\tau)\right\}dud\tau+$$

$$+\frac{\pi^2\eta_z}{4d^2}\sum_{n=1}^{\infty}\frac{\xi_n^2 J_1^2(\xi_n b)\mathcal{V}_{\mathcal{N}0}(\xi_n r,a)}{\{J_1^2(\xi_n a)-J_1^2(\xi_n b)\}}\times$$

$$\times\int_0^t\left\{\Theta_4'\left(\frac{\pi z}{2d},e^{-\left(\frac{\pi}{d}\right)^2\eta_z\tau}\right)\overline{\psi}_d(\xi_n,t-\tau)-\Theta_3'\left(\frac{\pi z}{2d},e^{-\left(\frac{\pi}{d}\right)^2\eta_z\tau}\right)\overline{\psi}_0(\xi_n,t-\tau)\right\}e^{-\eta_r\xi_n^2\tau}d\tau+$$

$$+\frac{1}{(b^2-a^2)d}\int_0^d\int_a^b v\varphi(v,u)\,dv\left[\Theta_3\left\{\frac{\pi(z-u)}{2d},e^{-\left(\frac{\pi}{d}\right)^2\eta_z t}\right\}-\Theta_3\left\{\frac{\pi(z+u)}{2d},e^{-\left(\frac{\pi}{d}\right)^2\eta_z t}\right\}\right]du+$$

$$+\frac{\pi^2}{4d}\sum_{n=1}^{\infty}\frac{\xi_n^2 J_1^2(\xi_n b)\mathcal{V}_{\mathcal{N}0}(\xi_n r,a)e^{-\eta_r\xi_n^2 t}}{\{J_1^2(\xi_n a)-J_1^2(\xi_n b)\}}\times$$

$$\times\int_0^d\overline{\varphi}(\xi_n,u)\left[\Theta_3\left\{\frac{\pi(z-u)}{2d},e^{-\left(\frac{\pi}{d}\right)^2\eta_z t}\right\}-\Theta_3\left\{\frac{\pi(z+u)}{2d},e^{-\left(\frac{\pi}{d}\right)^2\eta_z t}\right\}\right]du \tag{21.8.3}$$

21.9

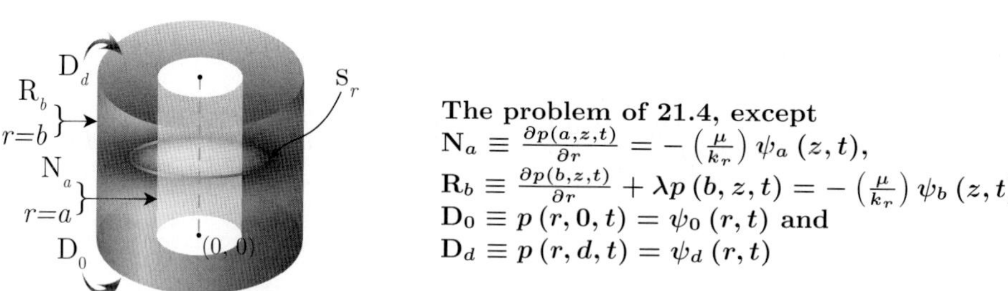

The problem of 21.4, except
$\mathbf{N}_a \equiv \frac{\partial p(a,z,t)}{\partial r} = -\left(\frac{\mu}{k_r}\right)\psi_a(z,t)$,
$\mathbf{R}_b \equiv \frac{\partial p(b,z,t)}{\partial r} + \lambda p(b,z,t) = -\left(\frac{\mu}{k_r}\right)\psi_b(z,t)$,
$\mathbf{D}_0 \equiv p(r,0,t) = \psi_0(r,t)$ **and**
$\mathbf{D}_d \equiv p(r,d,t) = \psi_d(r,t)$

Successive application of the Laplace, Fourier and finite Hankel transformations to equation (18.1.1) gives

$$\overline{\overline{\overline{p}}} = \frac{q(s)e^{-st_0}\sin(\xi_l z_0)\mathcal{V}_{\mathcal{N}0}(\xi_n r_0,a)}{2\pi\phi c_t(\eta_r\xi_n^2+\eta_z\xi_l^2+s)}+\frac{2J_1(\xi_n a)\overline{\overline{\psi}}_b(\xi_l,s)}{\pi\phi c_t\{\lambda J_0(\xi_n b)-\xi_n J_1(\xi_n b)\}(\eta_r\xi_n^2+\eta_z\xi_l^2+s)}+$$
$$+\frac{2\overline{\overline{\psi}}_a(\xi_l,s)}{\pi\phi c_t\xi_n(\eta_r\xi_n^2+\eta_z\xi_l^2+s)}+\frac{\eta_z\xi_l\left\{(-1)^{l+1}\overline{\overline{\psi}}_d(\xi_n,s)+\overline{\overline{\psi}}_0(\xi_n,s)\right\}}{(\eta_r\xi_n^2+\eta_z\xi_l^2+s)}+\frac{\overline{\overline{\varphi}}(\xi_n,\xi_l)}{(\eta_r\xi_n^2+\eta_z\xi_l^2+s)} \tag{21.9.1}$$

where $\mathcal{V}_{\mathcal{N}0}(\xi_n r,a)=Y_0(\xi_n r)J_1(\xi_n a)-J_0(\xi_n r)Y_1(\xi_n a)$. The eigenvalues $\xi_n, n=1,2,...$, are the positive roots of the transcendental equation $\xi_n\mathcal{V}_{\mathcal{N}0}'(\xi_n b,a)+\lambda\mathcal{V}_{\mathcal{N}0}(\xi_n b,a)=0$, $\xi_l=\frac{l\pi}{d}, l=1,2,....$
$\overline{\overline{\psi}}_0(\xi_n,s)=\int_a^b\overline{\psi}_0(r,s)\,r\mathcal{V}_{\mathcal{N}0}(\xi_n r,a)\,dr$, $\overline{\overline{\psi}}_d(\xi_n,s)=\int_a^b\overline{\psi}_d(r,s)\,r\mathcal{V}_{\mathcal{N}0}(\xi_n r,a)\,dr$,
$\overline{\overline{\psi}}_a(\xi_l,s)=\int_0^d\sin(\xi_l z)\overline{\psi}_a(z,s)dz$, $\overline{\overline{\psi}}_b(\xi_l,s)=\int_0^d\sin(\xi_l z)\overline{\psi}_b(z,s)dz$, $\overline{\overline{\varphi}}(\xi_n,\xi_l)=\int_a^b\overline{\varphi}(r,\xi_l)\,r\mathcal{V}_{\mathcal{N}0}(\xi_n r,a)\,dr$,
and $\overline{\varphi}(r,\xi_l)=\int_0^d\sin(\xi_l z)\varphi(r,z)dz$. Successive inverse transforms yield

$$\overline{p} = \frac{\pi q(s)e^{-st_0}}{8\phi c_t\sqrt{\eta_z}}\sum_{n=1}^{\infty}\frac{\xi_n^2\{\lambda J_0(\xi_n b)-\xi_n J_1(\xi_n b)\}^2\mathcal{V}_{\mathcal{N}0}(\xi_n r_0,a)\mathcal{V}_{\mathcal{N}0}(\xi_n r,a)\operatorname{csch}\left(d\sqrt{\frac{\eta_r\xi_n^2+s}{\eta_z}}\right)}{\left[(\lambda^2+\xi_n^2)J_1^2(\xi_n a)-\{\lambda J_0(\xi_n b)-\xi_n J_1(\xi_n b)\}^2\right]\sqrt{(\eta_r\xi_n^2+s)}}\times$$
$$\times\left[\cosh\left\{(d-|z-z_0|)\sqrt{\frac{\eta_r\xi_n^2+s}{\eta_z}}\right\}-\cosh\left\{(d-z-z_0)\sqrt{\frac{\eta_r\xi_n^2+s}{\eta_z}}\right\}\right]+$$

$$+\frac{\pi}{2\phi c_t\sqrt{\eta_z}}\sum_{n=1}^{\infty}\frac{\xi_n\left\{\lambda J_0(\xi_n b)-\xi_n J_1(\xi_n b)\right\}^2\mathcal{V}_{\mathcal{N}0}(\xi_n r,a)\operatorname{csch}\left(d\sqrt{\frac{\eta_r\xi_n^2+s}{\eta_z}}\right)}{\left[\left(\lambda^2+\xi_n^2\right)J_1^2(\xi_n a)-\left\{\lambda J_0(\xi_n b)-\xi_n J_1(\xi_n b)\right\}^2\right]\sqrt{\eta_r\xi_n^2+s}}\times$$

$$\times\int_0^d\overline{\psi}_a(u,s)\left[\cosh\left\{(d-|z-u|)\sqrt{\frac{\eta_r\xi_n^2+s}{\eta_z}}\right\}-\cosh\left\{(d-z-u)\sqrt{\frac{\eta_r\xi_n^2+s}{\eta_z}}\right\}\right]du+$$

$$+\frac{\pi}{2\phi c_t\sqrt{\eta_z}}\sum_{n=1}^{\infty}\frac{\xi_n^2 J_1(\xi_n a)\left\{\lambda J_0(\xi_n b)-\xi_n J_1(\xi_n b)\right\}\mathcal{V}_{\mathcal{N}0}(\xi_n r,a)\operatorname{csch}\left(d\sqrt{\frac{\eta_r\xi_n^2+s}{\eta_z}}\right)}{\left[\left(\lambda^2+\xi_n^2\right)J_1^2(\xi_n a)-\left\{\lambda J_0(\xi_n b)-\xi_n J_1(\xi_n b)\right\}^2\right]\sqrt{\eta_r\xi_n^2+s}}\times$$

$$\times\int_0^d\overline{\psi}_b(u,s)\left[\cosh\left\{(d-|z-u|)\sqrt{\frac{\eta_r\xi_n^2+s}{\eta_z}}\right\}-\cosh\left\{(d-z-u)\sqrt{\frac{\eta_r\xi_n^2+s}{\eta_z}}\right\}\right]du+$$

$$+\frac{\pi^2}{2}\sum_{n=1}^{\infty}\frac{\xi_n^2\left\{\lambda J_0(\xi_n b)-\xi_n J_1(\xi_n b)\right\}^2\mathcal{V}_{\mathcal{N}0}(\xi_n r,a)\operatorname{csch}\left(d\sqrt{\frac{\eta_r\xi_n^2+s}{\eta_z}}\right)}{\left[\left(\lambda^2+\xi_n^2\right)J_1^2(\xi_n a)-\left\{\lambda J_0(\xi_n b)-\xi_n J_1(\xi_n b)\right\}^2\right]}\times$$

$$\times\left[\overline{\overline{\psi}}_0(\xi_n,s)\sinh\left\{(d-z)\sqrt{\frac{\eta_r\xi_n^2+s}{\eta_z}}\right\}+\overline{\overline{\psi}}_d(\xi_n,s)\sinh\left\{z\sqrt{\frac{\eta_r\xi_n^2+s}{\eta_z}}\right\}\right]+$$

$$+\frac{\pi^2}{4\sqrt{\eta_z}}\sum_{n=1}^{\infty}\frac{\xi_n^2\left\{\lambda J_0(\xi_n b)-\xi_n J_1(\xi_n b)\right\}^2\mathcal{V}_{\mathcal{N}0}(\xi_n r,a)\operatorname{csch}\left(d\sqrt{\frac{\eta_r\xi_n^2+s}{\eta_z}}\right)}{\left[\left(\lambda^2+\xi_n^2\right)J_1^2(\xi_n a)-\left\{\lambda J_0(\xi_n b)-\xi_n J_1(\xi_n b)\right\}^2\right]\sqrt{\eta_r\xi_n^2+s}}\times$$

$$\times\int_0^d\overline{\varphi}(\xi_n,u)\left[\cosh\left\{(d-|z-u|)\sqrt{\frac{\eta_r\xi_n^2+s}{\eta_z}}\right\}-\cosh\left\{(d-z-u)\sqrt{\frac{\eta_r\xi_n^2+s}{\eta_z}}\right\}\right]du \qquad (21.9.2)$$

where $\overline{\varphi}(\xi_n,u)=\int_a^b\varphi(r,u)\,r\mathcal{V}_{\mathcal{N}0}(\xi_n r,a)\,dr$ and

$$p=\frac{U(t-t_0)\pi}{8\phi c_t d}\sum_{n=1}^{\infty}\frac{\xi_n^2\left\{\lambda J_0(\xi_n b)-\xi_n J_1(\xi_n b)\right\}^2\mathcal{V}_{\mathcal{N}0}(\xi_n r_0,a)\mathcal{V}_{\mathcal{N}0}(\xi_n r,a)}{\left[\left(\lambda^2+\xi_n^2\right)J_1^2(\xi_n a)-\left\{\lambda J_0(\xi_n b)-\xi_n J_1(\xi_n b)\right\}^2\right]}\times$$

$$\times\int_0^{t-t_0}q(t-t_0-\tau)\left[\Theta_3\left\{\frac{\pi(z-z_0)}{2d},e^{-\left(\frac{\pi}{d}\right)^2\eta_z\tau}\right\}-\Theta_3\left\{\frac{\pi(z+z_0)}{2d},e^{-\left(\frac{\pi}{d}\right)^2\eta_z\tau}\right\}\right]e^{-\eta_r\xi_n^2\tau}d\tau+$$

$$+\frac{\pi}{2\phi c_t d}\sum_{n=1}^{\infty}\frac{\xi_n\left\{\lambda J_0(\xi_n b)-\xi_n J_1(\xi_n b)\right\}^2\mathcal{V}_{\mathcal{N}0}(\xi_n r,a)}{\left[\left(\lambda^2+\xi_n^2\right)J_1^2(\xi_n a)-\left\{\lambda J_0(\xi_n b)-\xi_n J_1(\xi_n b)\right\}^2\right]}\times$$

$$\times\int_0^t e^{-\eta_r\xi_n^2\tau}\int_0^d\psi_a(u,t-\tau)\left[\Theta_3\left\{\frac{\pi(z-u)}{2d},e^{-\left(\frac{\pi}{d}\right)^2\eta_z\tau}\right\}-\Theta_3\left\{\frac{\pi(z+u)}{2d},e^{-\left(\frac{\pi}{d}\right)^2\eta_z\tau}\right\}\right]du\,d\tau+$$

$$+\frac{\pi}{2\phi c_t d}\sum_{n=1}^{\infty}\frac{\xi_n^2 J_1(\xi_n a)\left\{\lambda J_0(\xi_n b)-\xi_n J_1(\xi_n b)\right\}\mathcal{V}_{\mathcal{N}0}(\xi_n r,a)}{\left[\left(\lambda^2+\xi_n^2\right)J_1^2(\xi_n a)-\left\{\lambda J_0(\xi_n b)-\xi_n J_1(\xi_n b)\right\}^2\right]}\times$$

$$\times\int_0^t e^{-\eta_r\xi_n^2\tau}\int_0^d\psi_b(u,t-\tau)\left[\Theta_3\left\{\frac{\pi(z-u)}{2d},e^{-\left(\frac{\pi}{d}\right)^2\eta_z\tau}\right\}-\Theta_3\left\{\frac{\pi(z+u)}{2d},e^{-\left(\frac{\pi}{d}\right)^2\eta_z\tau}\right\}\right]du\,d\tau+$$

$$+\frac{\pi^2\eta_z}{4d^2}\sum_{n=1}^{\infty}\frac{\xi_n^2\left\{\lambda J_0(\xi_n b)-\xi_n J_1(\xi_n b)\right\}^2\mathcal{V}_{\mathcal{N}0}(\xi_n r,a)}{\left[\left(\lambda^2+\xi_n^2\right)J_1^2(\xi_n a)-\left\{\lambda J_0(\xi_n b)-\xi_n J_1(\xi_n b)\right\}^2\right]}\times$$

$$\times \int_0^t \left\{ \Theta_4' \left(\frac{\pi z}{2d}, e^{-\left(\frac{\pi}{d}\right)^2 \eta_z \tau} \right) \overline{\psi}_d \left(\xi_n, t-\tau \right) - \Theta_3' \left(\frac{\pi z}{2d}, e^{-\left(\frac{\pi}{d}\right)^2 \eta_z \tau} \right) \overline{\psi}_0 \left(\xi_n, t-\tau \right) \right\} e^{-\eta_r \xi_n^2 \tau} d\tau +$$

$$+ \frac{\pi^2}{4d} \sum_{n=1}^{\infty} \frac{\xi_n^2 \left\{ \lambda J_0 \left(\xi_n b \right) - \xi_n J_1 \left(\xi_n b \right) \right\}^2 \mathcal{V}_{\mathcal{N}0} \left(\xi_n r, a \right) e^{-\eta_r \xi_n^2 t}}{\left[\left(\lambda^2 + \xi_n^2 \right) J_1^2 \left(\xi_n a \right) - \left\{ \lambda J_0 \left(\xi_n b \right) - \xi_n J_1 \left(\xi_n b \right) \right\}^2 \right]} \times$$

$$\times \int_0^d \overline{\varphi} \left(\xi_n, u \right) \left[\Theta_3 \left\{ \frac{\pi \left(z-u \right)}{2d}, e^{-\left(\frac{\pi}{d}\right)^2 \eta_z t} \right\} - \Theta_3 \left\{ \frac{\pi \left(z+u \right)}{2d}, e^{-\left(\frac{\pi}{d}\right)^2 \eta_z t} \right\} \right] du \quad (21.9.3)$$

21.10

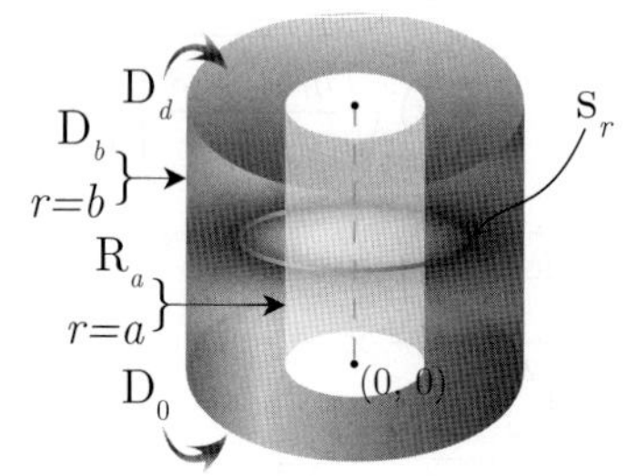

The problem of 21.4, except
$\mathbf{R_a} \equiv \frac{\partial p(a,z,t)}{\partial r} - \lambda p\left(a,z,t\right) = -\left(\frac{\mu}{k_r}\right) \psi_a\left(z,t\right)$,
$\mathbf{D_b} \equiv p\left(b,z,t\right) = \psi_b\left(z,t\right)$, $\mathbf{D_0} \equiv p\left(r,0,t\right) = \psi_0\left(r,t\right)$ **and**
$\mathbf{D_d} \equiv p\left(r,d,t\right) = \psi_d\left(r,t\right)$

Successive application of the Laplace, Fourier and finite Hankel transformations to equation (18.1.1) gives

$$\overline{\overline{\overline{p}}} = \frac{q\left(s\right) e^{-st_0} \sin\left(\xi_l z_0\right) \mathcal{V}_{\mathcal{D}0}\left(\xi_n r_0, b\right)}{2\pi\phi c_t \left(\eta_r \xi_n^2 + \eta_z \xi_l^2 + s\right)} - \frac{2 J_0\left(\xi_n b\right) \overline{\overline{\psi}}_a\left(\xi_l, s\right)}{\pi\phi c_t \left(\eta_r \xi_n^2 + \eta_z \xi_l^2 + s\right) \left\{\lambda J_0\left(\xi_n a\right) + \xi_n J_1\left(\xi_n a\right)\right\}} +$$

$$+ \frac{2\eta_r \overline{\overline{\psi}}_b\left(\xi_l, s\right)}{\pi\left(\eta_r \xi_n^2 + \eta_z \xi_l^2 + s\right)} + \frac{\eta_z \xi_l \left\{\left(-1\right)^{l+1} \overline{\overline{\psi}}_d\left(\xi_n, s\right) + \overline{\overline{\psi}}_0\left(\xi_n, s\right)\right\}}{\left(\eta_r \xi_n^2 + \eta_z \xi_l^2 + s\right)} + \frac{\overline{\overline{\varphi}}\left(\xi_n, \xi_l\right)}{\left(\eta_r \xi_n^2 + \eta_z \xi_l^2 + s\right)} \quad (21.10.1)$$

where $\mathcal{V}_{\mathcal{D}0}\left(\xi_n r, b\right) = J_0\left(\xi_n r\right) Y_0\left(\xi_n b\right) - Y_0\left(\xi_n r\right) J_0\left(\xi_n b\right)$. The eigenvalues $\xi_n, n = 1, 2, ...,$ are the positive roots of the transcendental equation $\lambda \mathcal{V}_{\mathcal{D}0}\left(\xi_n a, b\right) - \xi_n \mathcal{V}_{\mathcal{D}0}'\left(\xi_n a, b\right) = 0$,* $\xi_l = \frac{l\pi}{d}, l = 1, 2, ...$
$\overline{\overline{\psi}}_0\left(\xi_n, s\right) = \int_a^b \overline{\psi}_0\left(r, s\right) r \mathcal{V}_{\mathcal{D}0}\left(\xi_n r, b\right) dr$, $\overline{\overline{\psi}}_d\left(\xi_n, s\right) = \int_a^b \overline{\psi}_d\left(r, s\right) r \mathcal{V}_{\mathcal{D}0}\left(\xi_n r, b\right) dr$,
$\overline{\overline{\psi}}_a\left(\xi_l, s\right) = \int_0^d \sin\left(\xi_l z\right) \overline{\psi}_a\left(z, s\right) dz$, $\overline{\overline{\psi}}_b\left(\xi_l, s\right) = \int_0^d \sin\left(\xi_l z\right) \overline{\psi}_b\left(z, s\right) dz$, $\overline{\overline{\varphi}}\left(\xi_n, \xi_l\right) = \int_a^b \overline{\varphi}\left(r, \xi_l\right) r \mathcal{V}_{\mathcal{D}0}\left(\xi_n r, a\right) dr$
and $\overline{\varphi}\left(r, \xi_l\right) = \int_0^d \sin\left(\xi_l z\right) \varphi\left(r, z\right) dz$. Successive inverse transforms yield

$$\overline{p} = \frac{\pi q\left(s\right) e^{-st_0}}{8\phi c_t \sqrt{\eta_z}} \sum_{n=1}^{\infty} \frac{\xi_n^2 \left\{\lambda J_0\left(\xi_n a\right) + \xi_n J_1\left(\xi_n a\right)\right\}^2 \mathcal{V}_{\mathcal{D}0}\left(\xi r_0, b\right) \mathcal{V}_{\mathcal{D}0}\left(\xi r, b\right) \operatorname{csch}\left(d\sqrt{\frac{\eta_r \xi_n^2 + s}{\eta_z}}\right)}{\left[\left\{\lambda J_0\left(\xi_n a\right) + \xi_n J_1\left(\xi_n a\right)\right\}^2 - \left(\lambda^2 + \xi_n^2\right) J_0^2\left(\xi_n b\right)\right] \sqrt{\left(\eta_r \xi_n^2 + s\right)}} \times$$

$$\times \left[\cosh\left\{\left(d - \left|z - z_0\right|\right) \sqrt{\frac{\eta_r \xi_n^2 + s}{\eta_z}}\right\} - \cosh\left\{\left(d - z - z_0\right) \sqrt{\frac{\eta_r \xi_n^2 + s}{\eta_z}}\right\}\right] -$$

$$- \frac{\pi}{2\phi c_t \sqrt{\eta_z}} \sum_{n=1}^{\infty} \frac{\xi_n^2 J_0\left(\xi_n b\right) \left\{\lambda J_0\left(\xi_n a\right) + \xi_n J_1\left(\xi_n a\right)\right\} \mathcal{V}_{\mathcal{D}0}\left(\xi r, b\right) \operatorname{csch}\left(d\sqrt{\frac{\eta_r \xi_n^2 + s}{\eta_z}}\right)}{\left[\left\{\lambda J_0\left(\xi_n a\right) + \xi_n J_1\left(\xi_n a\right)\right\}^2 - \left(\lambda^2 + \xi_n^2\right) J_0^2\left(\xi_n b\right)\right] \sqrt{\eta_r \xi_n^2 + s}} \times$$

$$\times \int_0^d \overline{\psi}_a\left(u, s\right) \left[\cosh\left\{\left(d - \left|z - u\right|\right) \sqrt{\frac{\eta_r \xi_n^2 + s}{\eta_z}}\right\} - \cosh\left\{\left(d - z - u\right) \sqrt{\frac{\eta_r \xi_n^2 + s}{\eta_z}}\right\}\right] du +$$

$$+ \frac{\pi \eta_r}{2\sqrt{\eta_z}} \sum_{n=1}^{\infty} \frac{\xi_n^2 \left\{\lambda J_0\left(\xi_n a\right) + \xi_n J_1\left(\xi_n a\right)\right\}^2 \mathcal{V}_{\mathcal{D}0}\left(\xi r, b\right) \operatorname{csch}\left(d\sqrt{\frac{\eta_r \xi_n^2 + s}{\eta_z}}\right)}{\left[\left\{\lambda J_0\left(\xi_n a\right) + \xi_n J_1\left(\xi_n a\right)\right\}^2 - \left(\lambda^2 + \xi_n^2\right) J_0^2\left(\xi_n b\right)\right] \sqrt{\eta_r \xi_n^2 + s}} \times$$

*$\mathcal{V}_{\mathcal{D}0}'\left(\xi_n r, b\right) = \left\{Y_1\left(\xi_n r\right) J_0\left(\xi_n b\right) - J_1\left(\xi_n r\right) Y_0\left(\xi_n b\right)\right\}$.

$$\times \int_0^d \overline{\psi}_b(u,s)\left[\cosh\left\{(d-|z-u|)\sqrt{\frac{\eta_r\xi_n^2+s}{\eta_z}}\right\}-\cosh\left\{(d-z-u)\sqrt{\frac{\eta_r\xi_n^2+s}{\eta_z}}\right\}\right]du+$$

$$+\frac{\pi^2}{2}\sum_{n=1}^{\infty}\frac{\xi_n^2\left\{\lambda J_0(\xi_n a)+\xi_n J_1(\xi_n a)\right\}^2\mathcal{V}_{\mathcal{D}0}(\xi r,b)\operatorname{csch}\left(d\sqrt{\frac{\eta_r\xi_n^2+s}{\eta_z}}\right)}{\left[\left\{\lambda J_0(\xi_n a)+\xi_n J_1(\xi_n a)\right\}^2-\left(\lambda^2+\xi_n^2\right)J_0^2(\xi_n b)\right]}\times$$

$$\times\left[\overline{\overline{\psi}}_0(\xi_n,s)\sinh\left\{(d-z)\sqrt{\frac{\eta_r\xi_n^2+s}{\eta_z}}\right\}+\overline{\overline{\psi}}_d(\xi_n,s)\sinh\left\{z\sqrt{\frac{\eta_r\xi_n^2+s}{\eta_z}}\right\}\right]+$$

$$+\frac{\pi^2}{4\sqrt{\eta_z}}\sum_{n=1}^{\infty}\frac{\xi_n^2\left\{\lambda J_0(\xi_n a)+\xi_n J_1(\xi_n a)\right\}^2\mathcal{V}_{\mathcal{D}0}(\xi r,b)\operatorname{csch}\left(d\sqrt{\frac{\eta_r\xi_n^2+s}{\eta_z}}\right)}{\left[\left\{\lambda J_0(\xi_n a)+\xi_n J_1(\xi_n a)\right\}^2-\left(\lambda^2+\xi_n^2\right)J_0^2(\xi_n b)\right]\sqrt{\eta_r\xi_n^2+s}}\times$$

$$\times\int_0^d\overline{\varphi}(\xi_n,u)\left[\cosh\left\{(d-|z-u|)\sqrt{\frac{\eta_r\xi_n^2+s}{\eta_z}}\right\}-\cosh\left\{(d-z-u)\sqrt{\frac{\eta_r\xi_n^2+s}{\eta_z}}\right\}\right]du \quad (21.10.2)$$

where $\overline{\varphi}(\xi_n,u)=\int_a^b\varphi(r,u)\,r\mathcal{V}_{\mathcal{D}0}(\xi_n r,a)\,dr$ and

$$p=\frac{U(t-t_0)\pi}{8\phi c_t d}\sum_{n=1}^{\infty}\frac{\xi_n^2\left\{\lambda J_0(\xi_n a)+\xi_n J_1(\xi_n a)\right\}^2\mathcal{V}_{\mathcal{D}0}(\xi r_0,b)\,\mathcal{V}_{\mathcal{D}0}(\xi r,b)}{\left[\left\{\lambda J_0(\xi_n a)+\xi_n J_1(\xi_n a)\right\}^2-\left(\lambda^2+\xi_n^2\right)J_0^2(\xi_n b)\right]}\times$$

$$\int_0^{t-t_0}q(t-t_0-\tau)\left[\Theta_3\left\{\frac{\pi(z-z_0)}{2d},e^{-\left(\frac{\pi}{d}\right)^2\eta_z\tau}\right\}-\Theta_3\left\{\frac{\pi(z+z_0)}{2d},e^{-\left(\frac{\pi}{d}\right)^2\eta_z\tau}\right\}\right]e^{-\eta_r\xi_n^2\tau}d\tau-$$

$$-\frac{\pi}{2\phi c_t d}\sum_{n=1}^{\infty}\frac{\xi_n^2 J_0(\xi_n b)\left\{\lambda J_0(\xi_n a)+\xi_n J_1(\xi_n a)\right\}\mathcal{V}_{\mathcal{D}0}(\xi r,b)}{\left[\left\{\lambda J_0(\xi_n a)+\xi_n J_1(\xi_n a)\right\}^2-\left(\lambda^2+\xi_n^2\right)J_0^2(\xi_n b)\right]}\times$$

$$\times\int_0^t e^{-\eta_r\xi_n^2\tau}\int_0^d\psi_a(u,t-\tau)\left[\Theta_3\left\{\frac{\pi(z-u)}{2d},e^{-\left(\frac{\pi}{d}\right)^2\eta_z\tau}\right\}-\Theta_3\left\{\frac{\pi(z+u)}{2d},e^{-\left(\frac{\pi}{d}\right)^2\eta_z\tau}\right\}\right]du\,d\tau+$$

$$+\frac{\pi\eta_r}{2d}\sum_{n=1}^{\infty}\frac{\xi_n^2\left\{\lambda J_0(\xi_n a)+\xi_n J_1(\xi_n a)\right\}^2\mathcal{V}_{\mathcal{D}0}(\xi r,b)}{\left[\left\{\lambda J_0(\xi_n a)+\xi_n J_1(\xi_n a)\right\}^2-\left(\lambda^2+\xi_n^2\right)J_0^2(\xi_n b)\right]}\times$$

$$\times\int_0^t e^{-\eta_r\xi_n^2\tau}\int_0^d\psi_b(u,t-\tau)\left[\Theta_3\left\{\frac{\pi(z-u)}{2d},e^{-\left(\frac{\pi}{d}\right)^2\eta_z\tau}\right\}-\Theta_3\left\{\frac{\pi(z+u)}{2d},e^{-\left(\frac{\pi}{d}\right)^2\eta_z\tau}\right\}\right]du\,d\tau+$$

$$+\frac{\pi^2\eta_z}{4d^2}\sum_{n=1}^{\infty}\frac{\xi_n^2\left\{\lambda J_0(\xi_n a)+\xi_n J_1(\xi_n a)\right\}^2\mathcal{V}_{\mathcal{D}0}(\xi r,b)}{\left[\left\{\lambda J_0(\xi_n a)+\xi_n J_1(\xi_n a)\right\}^2-\left(\lambda^2+\xi_n^2\right)J_0^2(\xi_n b)\right]}\times$$

$$\times\int_0^t\left\{\Theta_4'\left(\frac{\pi z}{2d},e^{-\left(\frac{\pi}{d}\right)^2\eta_z\tau}\right)\overline{\psi}_d(\xi_n,t-\tau)-\Theta_3'\left(\frac{\pi z}{2d},e^{-\left(\frac{\pi}{d}\right)^2\eta_z\tau}\right)\overline{\psi}_0(\xi_n,t-\tau)\right\}e^{-\eta_r\xi_n^2\tau}d\tau+$$

$$+\frac{\pi^2}{4d}\sum_{n=1}^{\infty}\frac{\xi_n^2\left\{\lambda J_0(\xi_n a)+\xi_n J_1(\xi_n a)\right\}^2\mathcal{V}_{\mathcal{D}0}(\xi r,b)\,e^{-\eta_r\xi_n^2 t}}{\left[\left\{\lambda J_0(\xi_n a)+\xi_n J_1(\xi_n a)\right\}^2-\left(\lambda^2+\xi_n^2\right)J_0^2(\xi_n b)\right]}\times$$

$$\times\int_0^d\overline{\varphi}(\xi_n,u)\left[\Theta_3\left\{\frac{\pi(z-u)}{2d},e^{-\left(\frac{\pi}{d}\right)^2\eta_z t}\right\}-\Theta_3\left\{\frac{\pi(z+u)}{2d},e^{-\left(\frac{\pi}{d}\right)^2\eta_z t}\right\}\right]du \quad (21.10.3)$$

21.11

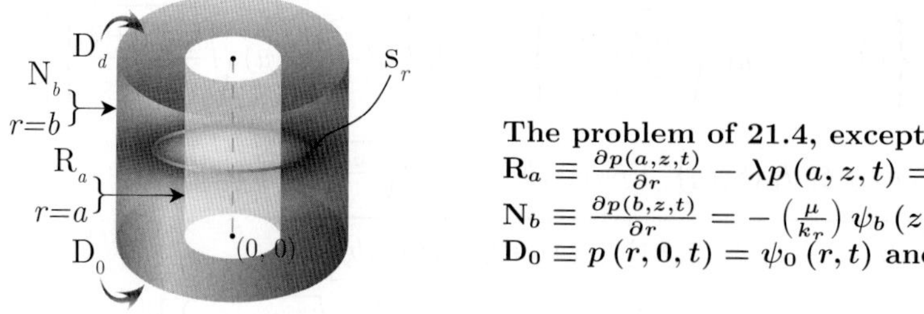

The problem of 21.4, except
$\mathbf{R}_a \equiv \frac{\partial p(a,z,t)}{\partial r} - \lambda p\,(a,z,t) = -\left(\frac{\mu}{k_r}\right)\psi_a\,(z,t),$
$\mathbf{N}_b \equiv \frac{\partial p(b,z,t)}{\partial r} = -\left(\frac{\mu}{k_r}\right)\psi_b\,(z,t),$
$\mathbf{D}_0 \equiv p\,(r,0,t) = \psi_0\,(r,t)$ **and** $\mathbf{D}_d \equiv p\,(r,d,t) = \psi_d\,(r,t)$

Successive application of the Laplace, Fourier and finite Hankel transformations to equation (18.1.1) gives

$$\overline{\overline{\overline{p}}} = \frac{q\,(s)\,e^{-st_0}\sin(\xi_l z_0)\,\mathcal{V}_{\mathcal{N}0}\,(\xi_n r_0, b)}{2\pi\phi c_t\,(\eta_r\xi_n^2+\eta_z\xi_l^2+s)} + \frac{2J_1\,(\xi_n b)\,\overline{\overline{\psi}}_a\,(\xi_l, s)}{\pi\phi c_t\,(\eta_r\xi_n^2+\eta_z\xi_l^2+s)\,\{\lambda J_0\,(\xi_n a)+\xi_n J_1\,(\xi_n a)\}} -$$
$$-\frac{2\overline{\overline{\psi}}_b\,(\xi_l, s)}{\pi\phi c_t\xi_n\,(\eta_r\xi_n^2+\eta_z\xi_l^2+s)} + \frac{\eta_z\xi_l\left\{(-1)^{l+1}\overline{\overline{\psi}}_d\,(\xi_n,s)+\overline{\overline{\psi}}_0\,(\xi_n,s)\right\}}{(\eta_r\xi_n^2+\eta_z\xi_l^2+s)} + \frac{\overline{\overline{\varphi}}\,(\xi_n,\xi_l)}{(\eta_r\xi_n^2+\eta_z\xi_l^2+s)} \qquad (21.11.1)$$

where $\xi_n, n=1,2,...,$ are the positive roots of the transcendental equation $\lambda\mathcal{V}_{\mathcal{N}0}\,(\xi_n a, b) - \xi_n\mathcal{V}'_{\mathcal{N}0}\,(\xi_n a, b) = 0$, $\xi_l = \frac{l\pi}{d}, l = 1,2,....$ $\overline{\overline{\psi}}_0\,(\xi_n,s) = \int_a^b \overline{\psi}_0\,(r,s)\,r\mathcal{V}_{\mathcal{N}0}\,(\xi_n r, b)\,dr$, $\overline{\overline{\psi}}_d\,(\xi_n,s) = \int_a^b \overline{\psi}_d\,(r,s)\,r\mathcal{V}_{\mathcal{N}0}\,(\xi_n r, b)\,dr$, $\overline{\overline{\psi}}_a\,(\xi_l,s) = \int_0^d \sin(\xi_l z)\,\overline{\psi}_a\,(z,s)dz$, $\overline{\overline{\psi}}_b\,(\xi_l,s) = \int_0^d \sin(\xi_l z)\,\overline{\psi}_b\,(z,s)dz$, $\overline{\overline{\varphi}}\,(\xi_n,\xi_l) = \int_a^b \overline{\varphi}\,(r,\xi_l)\,r\mathcal{V}_{\mathcal{N}0}\,(\xi_n r, a)\,dr$ and $\overline{\varphi}\,(r,\xi_l) = \int_0^d \sin(\xi_l z)\,\varphi\,(r,z)dz$. Successive inverse transforms yield

$$\overline{p} = \frac{\pi q\,(s)\,e^{-st_0}}{8\phi c_t\sqrt{\eta_z}}\sum_{n=1}^{\infty}\frac{\xi_n^2\,\{\lambda J_0\,(\xi_n a)+\xi_n J_1\,(\xi_n a)\}^2\,\mathcal{V}_{\mathcal{N}0}\,(\xi r_0, b)\,\mathcal{V}_{\mathcal{N}0}\,(\xi r, b)\,\mathrm{csch}\left(d\sqrt{\frac{\eta_r\xi_n^2+s}{\eta_z}}\right)}{\left[\{\lambda J_0\,(\xi_n a)+\xi_n J_1\,(\xi_n a)\}^2-(\lambda^2+\xi_n^2)\,J_1^2\,(\xi_n b)\right]\sqrt{(\eta_r\xi_n^2+s)}} \times$$
$$\times\left[\cosh\left\{(d-|z-z_0|)\sqrt{\frac{\eta_r\xi_n^2+s}{\eta_z}}\right\} - \cosh\left\{(d-z-z_0)\sqrt{\frac{\eta_r\xi_n^2+s}{\eta_z}}\right\}\right] +$$
$$+\frac{\pi}{2\phi c_t\sqrt{\eta_z}}\sum_{n=1}^{\infty}\frac{\xi_n^2 J_1\,(\xi_n b)\,\{\lambda J_0\,(\xi_n a)+\xi_n J_1\,(\xi_n a)\}\,\mathcal{V}_{\mathcal{N}0}\,(\xi r, b)\,\mathrm{csch}\left(d\sqrt{\frac{\eta_r\xi_n^2+s}{\eta_z}}\right)}{\left[\{\lambda J_0\,(\xi_n a)+\xi_n J_1\,(\xi_n a)\}^2-(\lambda^2+\xi_n^2)\,J_1^2\,(\xi_n b)\right]\sqrt{\eta_r\xi_n^2+s}} \times$$
$$\times\int_0^d \overline{\psi}_a\,(u,s)\left[\cosh\left\{(d-|z-u|)\sqrt{\frac{\eta_r\xi_n^2+s}{\eta_z}}\right\} - \cosh\left\{(d-z-u)\sqrt{\frac{\eta_r\xi_n^2+s}{\eta_z}}\right\}\right]du -$$
$$-\frac{\pi}{2\phi c_t\sqrt{\eta_z}}\sum_{n=1}^{\infty}\frac{\xi_n\,\{\lambda J_0\,(\xi_n a)+\xi_n J_1\,(\xi_n a)\}^2\,\mathcal{V}_{\mathcal{N}0}\,(\xi r, b)\,\mathrm{csch}\left(d\sqrt{\frac{\eta_r\xi_n^2+s}{\eta_z}}\right)}{\left[\{\lambda J_0\,(\xi_n a)+\xi_n J_1\,(\xi_n a)\}^2-(\lambda^2+\xi_n^2)\,J_1^2\,(\xi_n b)\right]\sqrt{\eta_r\xi_n^2+s}} \times$$
$$\times\int_0^d \overline{\psi}_b\,(u,s)\left[\cosh\left\{(d-|z-u|)\sqrt{\frac{\eta_r\xi_n^2+s}{\eta_z}}\right\} - \cosh\left\{(d-z-u)\sqrt{\frac{\eta_r\xi_n^2+s}{\eta_z}}\right\}\right]du +$$
$$+\frac{\pi^2}{2}\sum_{n=1}^{\infty}\frac{\xi_n^2\,\{\lambda J_0\,(\xi_n a)+\xi_n J_1\,(\xi_n a)\}^2\,\mathcal{V}_{\mathcal{N}0}\,(\xi r, b)\,\mathrm{csch}\left(d\sqrt{\frac{\eta_r\xi_n^2+s}{\eta_z}}\right)}{\left[\{\lambda J_0\,(\xi_n a)+\xi_n J_1\,(\xi_n a)\}^2-(\lambda^2+\xi_n^2)\,J_1^2\,(\xi_n b)\right]} \times$$
$$\times\left[\overline{\overline{\psi}}_0\,(\xi_n,s)\sinh\left\{(d-z)\sqrt{\frac{\eta_r\xi_n^2+s}{\eta_z}}\right\} + \overline{\overline{\psi}}_d\,(\xi_n,s)\sinh\left\{z\sqrt{\frac{\eta_r\xi_n^2+s}{\eta_z}}\right\}\right] +$$
$$+\frac{\pi^2}{4\sqrt{\eta_z}}\sum_{n=1}^{\infty}\frac{\xi_n^2\,\{\lambda J_0\,(\xi_n a)+\xi_n J_1\,(\xi_n a)\}^2\,\mathcal{V}_{\mathcal{N}0}\,(\xi r, b)\,\mathrm{csch}\left(d\sqrt{\frac{\eta_r\xi_n^2+s}{\eta_z}}\right)}{\left[\{\lambda J_0\,(\xi_n a)+\xi_n J_1\,(\xi_n a)\}^2-(\lambda^2+\xi_n^2)\,J_1^2\,(\xi_n b)\right]\sqrt{\eta_r\xi_n^2+s}} \times$$

$$\times \int_0^d \overline{\varphi}(\xi_n,u)\left[\cosh\left\{(d-|z-u|)\sqrt{\frac{\eta_r\xi_n^2+s}{\eta_z}}\right\}-\cosh\left\{(d-z-u)\sqrt{\frac{\eta_r\xi_n^2+s}{\eta_z}}\right\}\right]du \quad (21.11.2)$$

where $\overline{\varphi}(\xi_n,u)=\int_a^b \varphi(r,u)\,r\mathcal{V}_{\mathcal{N}0}(\xi_n r,a)\,dr$ and

$$p = \frac{U(t-t_0)\,\pi}{8\phi c_t d}\sum_{n=1}^{\infty}\frac{\xi_n^2\{\lambda J_0(\xi_n a)+\xi_n J_1(\xi_n a)\}^2\mathcal{V}_{\mathcal{N}0}(\xi r_0,b)\,\mathcal{V}_{\mathcal{N}0}(\xi r,b)}{\left[\{\lambda J_0(\xi_n a)+\xi_n J_1(\xi_n a)\}^2-(\lambda^2+\xi_n^2)\,J_1^2(\xi_n b)\right]}\times$$

$$\int_0^{t-t_0} q(t-t_0-\tau)\left[\Theta_3\left\{\frac{\pi(z-z_0)}{2d},e^{-\left(\frac{\pi}{d}\right)^2\eta_z\tau}\right\}-\Theta_3\left\{\frac{\pi(z+z_0)}{2d},e^{-\left(\frac{\pi}{d}\right)^2\eta_z\tau}\right\}\right]e^{-\eta_r\xi_n^2\tau}d\tau+$$

$$+\frac{\pi}{2\phi c_t d}\sum_{n=1}^{\infty}\frac{\xi_n^2 J_1(\xi_n b)\{\lambda J_0(\xi_n a)+\xi_n J_1(\xi_n a)\}\mathcal{V}_{\mathcal{N}0}(\xi r,b)}{\left[\{\lambda J_0(\xi_n a)+\xi_n J_1(\xi_n a)\}^2-(\lambda^2+\xi_n^2)\,J_1^2(\xi_n b)\right]}\times$$

$$\times\int_0^t e^{-\eta_r\xi_n^2\tau}\int_0^d \psi_a(u,t-\tau)\left[\Theta_3\left\{\frac{\pi(z-u)}{2d},e^{-\left(\frac{\pi}{d}\right)^2\eta_z\tau}\right\}-\Theta_3\left\{\frac{\pi(z+u)}{2d},e^{-\left(\frac{\pi}{d}\right)^2\eta_z\tau}\right\}\right]du\,d\tau-$$

$$-\frac{\pi}{2\phi c_t d}\sum_{n=1}^{\infty}\frac{\xi_n\{\lambda J_0(\xi_n a)+\xi_n J_1(\xi_n a)\}^2\mathcal{V}_{\mathcal{N}0}(\xi r,b)}{\left[\{\lambda J_0(\xi_n a)+\xi_n J_1(\xi_n a)\}^2-(\lambda^2+\xi_n^2)\,J_1^2(\xi_n b)\right]}\times$$

$$\times\int_0^t e^{-\eta_r\xi_n^2\tau}\int_0^d \psi_b(u,t-\tau)\left[\Theta_3\left\{\frac{\pi(z-u)}{2d},e^{-\left(\frac{\pi}{d}\right)^2\eta_z\tau}\right\}-\Theta_3\left\{\frac{\pi(z+u)}{2d},e^{-\left(\frac{\pi}{d}\right)^2\eta_z\tau}\right\}\right]du\,d\tau+$$

$$+\frac{\pi^2\eta_z}{4d^2}\sum_{n=1}^{\infty}\frac{\xi_n^2\{\lambda J_0(\xi_n a)+\xi_n J_1(\xi_n a)\}^2\mathcal{V}_{\mathcal{N}0}(\xi r,b)}{\left[\{\lambda J_0(\xi_n a)+\xi_n J_1(\xi_n a)\}^2-(\lambda^2+\xi_n^2)\,J_1^2(\xi_n b)\right]}\times$$

$$\times\int_0^t\left\{\Theta_4'\left(\frac{\pi z}{2d},e^{-\left(\frac{\pi}{d}\right)^2\eta_z\tau}\right)\overline{\psi}_d(\xi_n,t-\tau)-\Theta_3'\left(\frac{\pi z}{2d},e^{-\left(\frac{\pi}{d}\right)^2\eta_z\tau}\right)\overline{\psi}_0(\xi_n,t-\tau)\right\}e^{-\eta_r\xi_n^2\tau}d\tau+$$

$$+\frac{\pi^2}{4d}\sum_{n=1}^{\infty}\frac{\xi_n^2\{\lambda J_0(\xi_n a)+\xi_n J_1(\xi_n a)\}^2\mathcal{V}_{\mathcal{N}0}(\xi r,b)\,e^{-\eta_r\xi_n^2 t}}{\left[\{\lambda J_0(\xi_n a)+\xi_n J_1(\xi_n a)\}^2-(\lambda^2+\xi_n^2)\,J_1^2(\xi_n b)\right]}\times$$

$$\times\int_0^d \overline{\varphi}(\xi_n,u)\left[\Theta_3\left\{\frac{\pi(z-u)}{2d},e^{-\left(\frac{\pi}{d}\right)^2\eta_z t}\right\}-\Theta_3\left\{\frac{\pi(z+u)}{2d},e^{-\left(\frac{\pi}{d}\right)^2\eta_z t}\right\}\right]du \quad (21.11.3)$$

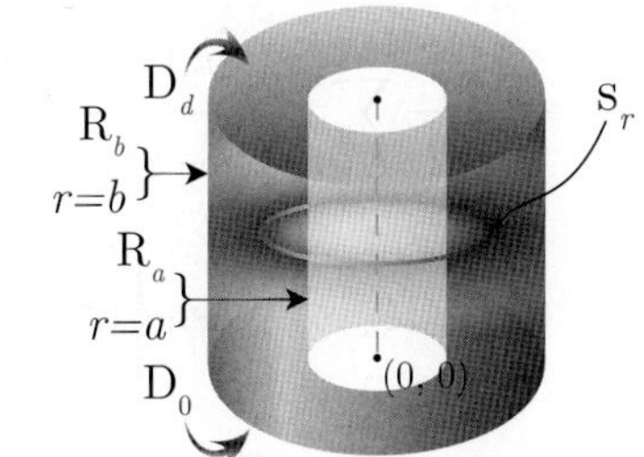

21.12 The problem of 21.4, except
$\mathbf{R}_a\equiv\frac{\partial p(a,z,t)}{\partial r}-\lambda p(a,z,t)=-\left(\frac{\mu}{k_r}\right)\psi_a(z,t)$,
$\mathbf{R}_b\equiv\frac{\partial p(b,z,t)}{\partial r}+\lambda_b p(b,z,t)=-\left(\frac{\mu}{k_r}\right)\psi_b(z,t)$,
$\mathbf{D}_0\equiv p(r,0,t)=\psi_0(r,t)$ and $\mathbf{D}_d\equiv p(r,d,t)=\psi_d(r,t)$

Successive application of the Laplace, Fourier and finite Hankel transformations to equation (18.1.1) gives

$$\overline{\overline{\overline{p}}} = \frac{q(s)\,e^{-st_0}\sin(\xi_l z_0)\{\xi_n\mathcal{V}_{\mathcal{N}0}(\xi_n r_0,a)-\lambda_a\mathcal{V}_{\mathcal{D}0}(\xi_n r_0,a)\}}{2\pi\phi c_t(\eta_r\xi_n^2+\eta_z\xi_l^2+s)}+\frac{2\{\lambda_a J_0(\xi_n a)+\xi_n J_1(\xi_n a)\}\overline{\overline{\psi}}_b(\xi_l,s)}{\pi\phi c_t(\eta_r\xi_n^2+\eta_z\xi_l^2+s)\{\lambda_b J_0(\xi_n b)-\xi_n J_1(\xi_n b)\}}+$$

$$+\frac{2\overline{\overline{\psi}}_a(\xi_l,s)}{\pi\phi c_t(\eta_r\xi_n^2+\eta_z\xi_l^2+s)}+\frac{\eta_z\xi_l\left\{(-1)^{l+1}\overline{\overline{\psi}}_d(\xi_n,s)+\overline{\overline{\psi}}_0(\xi_n,s)\right\}}{(\eta_r\xi_n^2+\eta_z\xi_l^2+s)}+\frac{\overline{\overline{\varphi}}(\xi_n,\xi_l)}{(\eta_r\xi_n^2+\eta_z\xi_l^2+s)} \quad (21.12.1)$$

where $\xi_n, n = 1, 2, ...,$ are the positive roots of
$\lambda_a \{\mathcal{V}'_{\mathcal{D}0}(\xi_n b, a) + \lambda_b \mathcal{V}_{\mathcal{D}0}(\xi_n b, a)\} - \xi_n \{\mathcal{V}'_{\mathcal{N}0}(\xi_n b, a) + \lambda_b \mathcal{V}_{\mathcal{N}0}(\xi_n b, a)\} = 0,\ \xi_l = \frac{l\pi}{d}, l = 1, 2, ...$
$\overline{\overline{\psi}}_0(\xi_n, s) = \int_a^b \overline{\psi}_0(r, s)\, r \{\xi_n \mathcal{V}_{\mathcal{N}0}(\xi_n r, a) - \lambda_a \mathcal{V}_{\mathcal{D}0}(\xi_n r, a)\} dr,$
$\overline{\overline{\psi}}_d(\xi_n, s) = \int_a^b \overline{\psi}_d(r, s)\, r \{\xi_n \mathcal{V}_{\mathcal{N}0}(\xi_n r, a) - \lambda_a \mathcal{V}_{\mathcal{D}0}(\xi_n r, a)\} dr,\ \overline{\overline{\psi}}_a(\xi_l, s) = \int_0^d \sin(\xi_l z)\, \overline{\psi}_a(z, s) dz,$
$\overline{\overline{\psi}}_b(\xi_l, s) = \int_0^d \sin(\xi_l z)\, \overline{\psi}_b(z, s) dz,\ \overline{\overline{\varphi}}(\xi_n, \xi_l) = \int_a^b \overline{\varphi}(r, \xi_l)\, r \{\xi_n \mathcal{V}_{\mathcal{N}0}(\xi_n r, a) - \lambda_a \mathcal{V}_{\mathcal{D}0}(\xi_n r, a)\} dr$ and
$\overline{\varphi}(r, \xi_l) = \int_0^d \sin(\xi_l z)\, \varphi(r, z) dz$. Successive inverse transforms yield

$$\begin{aligned}
\overline{p} &= \frac{\pi q(s) e^{-st_0}}{8\phi c_t \sqrt{\eta_z}} \sum_{n=1}^{\infty} \frac{\xi_n^2 \{\xi_n J_1(\xi_n b) - \lambda_b J_0(\xi_n b)\}^2}{\sqrt{(\eta_r \xi_n^2 + s)}} \times \\
&\times \frac{\{\xi_n \mathcal{V}_{\mathcal{N}0}(\xi_n r_0, a) - \lambda_a \mathcal{V}_{\mathcal{D}0}(\xi_n r_0, a)\} \{\xi_n \mathcal{V}_{\mathcal{N}0}(\xi_n r, a) - \lambda_a \mathcal{V}_{\mathcal{D}0}(\xi_n r, a)\} \operatorname{csch}\left(d\sqrt{\frac{\eta_r \xi_n^2 + s}{\eta_z}}\right)}{\left[(\lambda_b^2 + \xi_n^2)\{\lambda_a J_0(\xi_n a) + \xi_n J_1(\xi_n a)\}^2 - (\lambda_a^2 + \xi_n^2)\{\lambda_b J_0(\xi_n b) + \xi_n J_1(\xi_n b)\}^2\right]} \times \\
&\times \left[\cosh\left\{(d - |z - z_0|)\sqrt{\frac{\eta_r \xi_n^2 + s}{\eta_z}}\right\} - \cosh\left\{(d - z - z_0)\sqrt{\frac{\eta_r \xi_n^2 + s}{\eta_z}}\right\}\right] + \\
&+ \frac{\pi}{2\phi c_t \sqrt{\eta_z}} \sum_{n=1}^{\infty} \frac{\xi_n^2 \{\xi_n J_1(\xi_n b) - \lambda_b J_0(\xi_n b)\}^2 \{\xi_n \mathcal{V}_{\mathcal{N}0}(\xi_n r, a) - \lambda_a \mathcal{V}_{\mathcal{D}0}(\xi_n r, a)\} \operatorname{csch}\left(d\sqrt{\frac{\eta_r \xi_n^2 + s}{\eta_z}}\right)}{\left[(\lambda_b^2 + \xi_n^2)\{\lambda_a J_0(\xi_n a) + \xi_n J_1(\xi_n a)\}^2 - (\lambda_a^2 + \xi_n^2)\{\lambda_b J_0(\xi_n b) + \xi_n J_1(\xi_n b)\}^2\right]\sqrt{\eta_r \xi_n^2 + s}} \times \\
&\times \int_0^d \overline{\psi}_a(u, s) \left[\cosh\left\{(d - |z - u|)\sqrt{\frac{\eta_r \xi_n^2 + s}{\eta_z}}\right\} - \cosh\left\{(d - z - u)\sqrt{\frac{\eta_r \xi_n^2 + s}{\eta_z}}\right\}\right] du + \\
&+ \frac{\pi}{2\phi c_t \sqrt{\eta_z}} \sum_{n=1}^{\infty} \frac{\xi_n^2 \{\xi_n J_1(\xi_n b) - \lambda_b J_0(\xi_n b)\} \{\xi_n J_1(\xi_n a) + \lambda_a J_0(\xi_n a)\} \{\xi_n \mathcal{V}_{\mathcal{N}0}(\xi_n r, a) - \lambda_a \mathcal{V}_{\mathcal{D}0}(\xi_n r, a)\}}{\left[(\lambda_b^2 + \xi_n^2)\{\lambda_a J_0(\xi_n a) + \xi_n J_1(\xi_n a)\}^2 - (\lambda_a^2 + \xi_n^2)\{\lambda_b J_0(\xi_n b) + \xi_n J_1(\xi_n b)\}^2\right]\sqrt{\eta_r \xi_n^2 + s}} \times \\
&\times \operatorname{csch}\left(d\sqrt{\frac{\eta_r \xi_n^2 + s}{\eta_z}}\right) \int_0^d \overline{\psi}_b(u, s) \left[\cosh\left\{(d - |z - u|)\sqrt{\frac{\eta_r \xi_n^2 + s}{\eta_z}}\right\} - \cosh\left\{(d - z - u)\sqrt{\frac{\eta_r \xi_n^2 + s}{\eta_z}}\right\}\right] du + \\
&+ \frac{\pi^2}{2} \sum_{n=1}^{\infty} \frac{\xi_n^2 \{\xi_n J_1(\xi_n b) - \lambda_b J_0(\xi_n b)\}^2 \{\xi_n \mathcal{V}_{\mathcal{N}0}(\xi_n r, a) - \lambda_a \mathcal{V}_{\mathcal{D}0}(\xi_n r, a)\} \operatorname{csch}\left(d\sqrt{\frac{\eta_r \xi_n^2 + s}{\eta_z}}\right)}{\left[(\lambda_b^2 + \xi_n^2)\{\lambda_a J_0(\xi_n a) + \xi_n J_1(\xi_n a)\}^2 - (\lambda_a^2 + \xi_n^2)\{\lambda_b J_0(\xi_n b) + \xi_n J_1(\xi_n b)\}^2\right]} \times \\
&\times \left[\overline{\overline{\psi}}_0(\xi_n, s) \sinh\left\{(d - z)\sqrt{\frac{\eta_r \xi_n^2 + s}{\eta_z}}\right\} + \overline{\overline{\psi}}_d(\xi_n, s) \sinh\left\{z\sqrt{\frac{\eta_r \xi_n^2 + s}{\eta_z}}\right\}\right] + \\
&+ \frac{\pi^2}{4\sqrt{\eta_z}} \sum_{n=1}^{\infty} \frac{\xi_n^2 \{\xi_n J_1(\xi_n b) - \lambda_b J_0(\xi_n b)\}^2 \{\xi_n \mathcal{V}_{\mathcal{N}0}(\xi_n r, a) - \lambda_a \mathcal{V}_{\mathcal{D}0}(\xi_n r, a)\} \operatorname{csch}\left(d\sqrt{\frac{\eta_r \xi_n^2 + s}{\eta_z}}\right)}{\left[(\lambda_b^2 + \xi_n^2)\{\lambda_a J_0(\xi_n a) + \xi_n J_1(\xi_n a)\}^2 - (\lambda_a^2 + \xi_n^2)\{\lambda_b J_0(\xi_n b) + \xi_n J_1(\xi_n b)\}^2\right]\sqrt{\eta_r \xi_n^2 + s}} \times \\
&\times \int_0^d \overline{\varphi}(\xi_n, u) \left[\cosh\left\{(d - |z - u|)\sqrt{\frac{\eta_r \xi_n^2 + s}{\eta_z}}\right\} - \cosh\left\{(d - z - u)\sqrt{\frac{\eta_r \xi_n^2 + s}{\eta_z}}\right\}\right] du
\end{aligned} \tag{21.12.2}$$

where $\overline{\varphi}(\xi_n, u) = \int_a^b \varphi(r, u)\, r \{\xi_n \mathcal{V}_{\mathcal{N}0}(\xi_n r, a) - \lambda_a \mathcal{V}_{\mathcal{D}0}(\xi_n r, a)\} dr$ and

$$\begin{aligned}
p &= \frac{U(t - t_0)\pi}{8\phi c_t d} \sum_{n=1}^{\infty} \frac{\xi_n^2 \{\xi_n J_1(\xi_n b) - \lambda_b J_0(\xi_n b)\}^2 \{\xi_n \mathcal{V}_{\mathcal{N}0}(\xi_n r_0, a) - \lambda_a \mathcal{V}_{\mathcal{D}0}(\xi_n r_0, a)\}}{\left[(\lambda_b^2 + \xi_n^2)\{\lambda_a J_0(\xi_n a) + \xi_n J_1(\xi_n a)\}^2 - (\lambda_a^2 + \xi_n^2)\{\lambda_b J_0(\xi_n b) + \xi_n J_1(\xi_n b)\}^2\right]} \times \\
&\times \{\xi_n \mathcal{V}_{\mathcal{N}0}(\xi_n r, a) - \lambda_a \mathcal{V}_{\mathcal{D}0}(\xi_n r, a)\} \times \\
&\times \int_0^{t - t_0} q(t - t_0 - \tau) \left[\Theta_3\left\{\frac{\pi(z - z_0)}{2d}, e^{-\left(\frac{\pi}{d}\right)^2 \eta_z \tau}\right\} - \Theta_3\left\{\frac{\pi(z + z_0)}{2d}, e^{-\left(\frac{\pi}{d}\right)^2 \eta_z \tau}\right\}\right] e^{-\eta_r \xi_n^2 \tau} d\tau +
\end{aligned}$$

$$+\frac{\pi}{2\phi c_t d}\sum_{n=1}^{\infty}\frac{\xi_n^2\left\{\xi_n J_1(\xi_n b)-\lambda_b J_0(\xi_n b)\right\}^2\left\{\xi_n \mathcal{V}_{\mathcal{N}0}(\xi_n r,a)-\lambda_a \mathcal{V}_{\mathcal{D}0}(\xi_n r,a)\right\}}{\left[(\lambda_b^2+\xi_n^2)\left\{\lambda_a J_0(\xi_n a)+\xi_n J_1(\xi_n a)\right\}^2-(\lambda_a^2+\xi_n^2)\left\{\lambda_b J_0(\xi_n b)+\xi_n J_1(\xi_n b)\right\}^2\right]}\times$$

$$\times\int_0^t e^{-\eta_r\xi_n^2\tau}\int_0^d \psi_a(u,t-\tau)\left[\Theta_3\left\{\frac{\pi(z-u)}{2d},e^{-\left(\frac{\pi}{d}\right)^2\eta_z\tau}\right\}-\Theta_3\left\{\frac{\pi(z+u)}{2d},e^{-\left(\frac{\pi}{d}\right)^2\eta_z\tau}\right\}\right]dud\tau+$$

$$+\frac{\pi}{2\phi c_t d}\sum_{n=1}^{\infty}\frac{\xi_n^2\left\{\xi_n J_1(\xi_n b)-\lambda_b J_0(\xi_n b)\right\}\left\{\xi_n J_1(\xi_n a)+\lambda_a J_0(\xi_n a)\right\}\left\{\xi_n \mathcal{V}_{\mathcal{N}0}(\xi_n r,a)-\lambda_a \mathcal{V}_{\mathcal{D}0}(\xi_n r,a)\right\}}{\left[(\lambda_b^2+\xi_n^2)\left\{\lambda_a J_0(\xi_n a)+\xi_n J_1(\xi_n a)\right\}^2-(\lambda_a^2+\xi_n^2)\left\{\lambda_b J_0(\xi_n b)+\xi_n J_1(\xi_n b)\right\}^2\right]}\times$$

$$\times\int_0^t e^{-\eta_r\xi_n^2\tau}\int_0^d \psi_b(u,t-\tau)\left[\Theta_3\left\{\frac{\pi(z-u)}{2d},e^{-\left(\frac{\pi}{d}\right)^2\eta_z\tau}\right\}-\Theta_3\left\{\frac{\pi(z+u)}{2d},e^{-\left(\frac{\pi}{d}\right)^2\eta_z\tau}\right\}\right]dud\tau+$$

$$+\frac{\pi^2\eta_z}{4d^2}\sum_{n=1}^{\infty}\frac{\xi_n^2\left\{\xi_n J_1(\xi_n b)-\lambda_b J_0(\xi_n b)\right\}^2\left\{\xi_n \mathcal{V}_{\mathcal{N}0}(\xi_n r,a)-\lambda_a \mathcal{V}_{\mathcal{D}0}(\xi_n r,a)\right\}}{\left[(\lambda_b^2+\xi_n^2)\left\{\lambda_a J_0(\xi_n a)+\xi_n J_1(\xi_n a)\right\}^2-(\lambda_a^2+\xi_n^2)\left\{\lambda_b J_0(\xi_n b)+\xi_n J_1(\xi_n b)\right\}^2\right]}\times$$

$$\times\int_0^t\left\{\Theta_4'\left(\frac{\pi z}{2d},e^{-\left(\frac{\pi}{d}\right)^2\eta_z\tau}\right)\overline{\psi}_d(\xi_n,t-\tau)-\Theta_3'\left(\frac{\pi z}{2d},e^{-\left(\frac{\pi}{d}\right)^2\eta_z\tau}\right)\overline{\psi}_0(\xi_n,t-\tau)\right\}e^{-\eta_r\xi_n^2\tau}d\tau+$$

$$+\frac{\pi^2}{4d}\sum_{n=1}^{\infty}\frac{\xi_n^2\left\{\xi_n J_1(\xi_n b)-\lambda_b J_0(\xi_n b)\right\}^2\left\{\xi_n \mathcal{V}_{\mathcal{N}0}(\xi_n r,a)-\lambda_a \mathcal{V}_{\mathcal{D}0}(\xi_n r,a)\right\}e^{-\eta_r\xi_n^2 t}}{\left[(\lambda_b^2+\xi_n^2)\left\{\lambda_a J_0(\xi_n a)+\xi_n J_1(\xi_n a)\right\}^2-(\lambda_a^2+\xi_n^2)\left\{\lambda_b J_0(\xi_n b)+\xi_n J_1(\xi_n b)\right\}^2\right]}\times$$

$$\times\int_0^d\overline{\varphi}(\xi_n,u)\left[\Theta_3\left\{\frac{\pi(z-u)}{2d},e^{-\left(\frac{\pi}{d}\right)^2\eta_z t}\right\}-\Theta_3\left\{\frac{\pi(z+u)}{2d},e^{-\left(\frac{\pi}{d}\right)^2\eta_z t}\right\}\right]du \qquad (21.12.3)$$

21.13 A cylindrical continuum bounded by $0\le r\le a$ and $0\le z\le d$. Ring source at $s_r\equiv(r_0,z_0)$; $0\le r_0\le a$, $0<z_0<d$, $t_0\ge 0$. $D_0\equiv p(r,0,t)=\psi_0(r,t)$, $N_d\equiv\frac{\partial p(r,d,t)}{\partial z}=-\left(\frac{\mu}{k_z}\right)\psi_d(r,t)$ and $D_a\equiv p(a,z,t)=\psi_a(z,t)$. $p(r,z,0)=\varphi(r,z)$

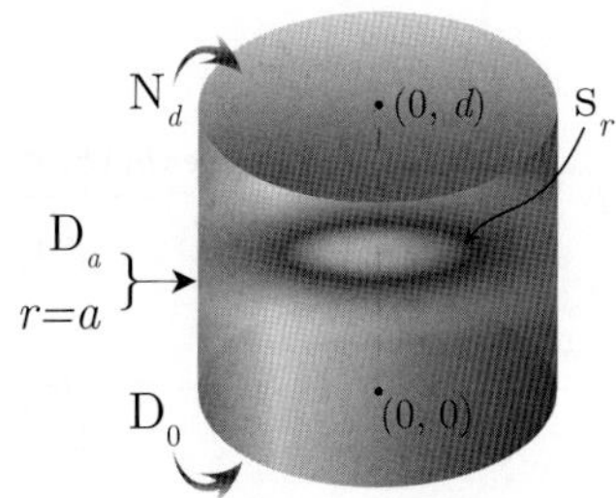

Successive application of the Laplace, Fourier and finite Hankel transformations to equation (18.1.1) gives

$$\overline{\overline{\overline{p}}}=\frac{q(s)e^{-st_0}\sin(\xi_l z_0)J_0(\xi_n r_0)}{2\pi\phi c_t(\eta_r\xi_n^2+\eta_z\xi_l^2+s)}+\frac{a\eta_r\xi_n\overline{\overline{\psi}}_a(\xi_l,s)J_1(\xi_n a)}{(\eta_r\xi_n^2+\eta_z\xi_l^2+s)}+$$
$$+\frac{\left\{\frac{(-1)^m\overline{\overline{\psi}}_d(\xi_n,s)}{\phi c_t}+\eta_z\xi_l\overline{\overline{\psi}}_0(\xi_n,s)\right\}}{(\eta_r\xi_n^2+\eta_z\xi_l^2+s)}+\frac{\overline{\overline{\varphi}}(\xi_n,\xi_l)}{(\eta_r\xi_n^2+\eta_z\xi_l^2+s)} \qquad (21.13.1)$$

where ξ_n are the positive roots of $J_0(\xi_n a)=0$, $n=1,2,...$, $\xi_l=\frac{(2l-1)\pi}{2d}$, $l=1,2,...$, $\overline{\overline{\psi}}_a(\xi_l,s)=\int_0^d\sin(\xi_l z)\overline{\psi}_a(z,s)dz$, $\overline{\overline{\psi}}_0(\xi_n,s)=\int_0^a\overline{\psi}_0(r,s)rJ_0(\xi r)\,dr$, $\overline{\overline{\psi}}_d(\xi_n,s)=\int_0^a\overline{\psi}_d(r,s)rJ_0(\xi r)\,dr$, $\overline{\overline{\varphi}}(\xi_n,\xi_l)=\int_0^a\overline{\varphi}(r,\xi_l)\,rJ_0(\xi_n r)\,dr$ and $\overline{\varphi}(r,\xi_l)=\int_0^d\sin(\xi_l z)\,\varphi(r,z)dz$. Successive inverse transforms yield

$$\overline{p}=\frac{q(s)e^{-st_0}}{2\pi a^2\phi c_t\sqrt{\eta_z}}\sum_{n=1}^{\infty}\frac{J_0(\xi_n r_0)J_0(\xi_n r)\,\mathrm{sech}\left(d\sqrt{\frac{\eta_r\xi_n^2+s}{\eta_z}}\right)}{J_1^2(\xi_n a)\sqrt{(\eta_r\xi_n^2+s)}}\times$$

$$\times\left[\sinh\left\{(d-|z-z_0|)\sqrt{\frac{\eta_r\xi_n^2+s}{\eta_z}}\right\}-\sinh\left\{(d-z-z_0)\sqrt{\frac{\eta_r\xi_n^2+s}{\eta_z}}\right\}\right]+$$

$$+\frac{\eta_r}{a\sqrt{\eta_z}}\sum_{n=1}^{\infty}\frac{\xi_n J_0(\xi_n r)\operatorname{sech}\left(d\sqrt{\frac{\eta_r\xi_n^2+s}{\eta_z}}\right)}{J_1(\xi_n a)\sqrt{\eta_r\xi_n^2+s}}\times$$

$$\times\int_0^d\overline{\psi}_a(u,s)\left[\sinh\left\{(d-|z-u|)\sqrt{\frac{\eta_r\xi_n^2+s}{\eta_z}}\right\}-\sinh\left\{(d-z-u)\sqrt{\frac{\eta_r\xi_n^2+s}{\eta_z}}\right\}\right]du+$$

$$+\frac{2}{a^2}\sum_{n=1}^{\infty}\frac{J_0(\xi_n r)\operatorname{sech}\left(d\sqrt{\frac{\eta_r\xi_n^2+s}{\eta_z}}\right)}{J_1^2(\xi_n a)}\times$$

$$\times\left[\overline{\overline{\psi}}_0(\xi_n,s)\cosh\left\{(d-z)\sqrt{\frac{\eta_r\xi_n^2+s}{\eta_z}}\right\}+\frac{\overline{\overline{\psi}}_d(\xi_n,s)}{\phi c_t\sqrt{\eta_z(\eta_r\xi_n^2+s)}}\sinh\left\{z\sqrt{\frac{\eta_r\xi_n^2+s}{\eta_z}}\right\}\right]+$$

$$+\frac{1}{a^2\sqrt{\eta_z}}\sum_{n=1}^{\infty}\frac{J_0(\xi_n r)\operatorname{sech}\left(d\sqrt{\frac{\eta_r\xi_n^2+s}{\eta_z}}\right)}{J_1^2(\xi_n a)\sqrt{\eta_r\xi_n^2+s}}\times$$

$$\times\int_0^d\overline{\varphi}(\xi_n,u)\left[\sinh\left\{(d-|z-u|)\sqrt{\frac{\eta_r\xi_n^2+s}{\eta_z}}\right\}-\sinh\left\{(d-z-u)\sqrt{\frac{\eta_r\xi_n^2+s}{\eta_z}}\right\}\right]du \quad (21.13.2)$$

where $\overline{\varphi}(\xi_n,u)=\int_0^a\varphi(r,u)\,rJ_0(\xi_n r)\,dr$ and

$$p=\frac{U(t-t_0)}{2\pi a^2 d\phi c_t}\sum_{n=1}^{\infty}\frac{J_0(\xi_n r_0)J_0(\xi_n r)}{J_1^2(\xi_n a)}\times$$

$$\times\int_0^{t-t_0}q(t-t_0-\tau)\left[\Theta_2\left\{\frac{\pi(z-z_0)}{2d},e^{-\left(\frac{\pi}{d}\right)^2\eta_z\tau}\right\}-\Theta_2\left\{\frac{\pi(z+z_0)}{2d},e^{-\left(\frac{\pi}{d}\right)^2\eta_z\tau}\right\}\right]e^{-\eta_r\xi_n^2\tau}d\tau+$$

$$+\frac{\eta_r}{ad}\sum_{n=1}^{\infty}\frac{\xi_n J_0(\xi_n r)}{J_1(\xi_n a)}\times$$

$$\times\int_0^t e^{-\eta_r\xi_n^2\tau}\int_0^d\psi_a(u,t-\tau)\left[\Theta_2\left\{\frac{\pi(z-u)}{2d},e^{-\left(\frac{\pi}{d}\right)^2\eta_z\tau}\right\}-\Theta_2\left\{\frac{\pi(z+u)}{2d},e^{-\left(\frac{\pi}{d}\right)^2\eta_z\tau}\right\}\right]du\,d\tau-$$

$$-\frac{2}{a^2d}\sum_{n=1}^{\infty}\frac{J_0(\xi_n r)}{J_1^2(\xi_n a)}\times$$

$$\times\int_0^t\left\{\left(\frac{\eta_z}{2d}\right)\Theta_2'\left(\frac{\pi z}{2d},e^{-\left(\frac{\pi}{d}\right)^2\eta_z\tau}\right)\overline{\psi}_0(\xi_n,t-\tau)+\left(\frac{1}{\phi c_t}\right)\Theta_1\left(\frac{\pi z}{2d},e^{-\left(\frac{\pi}{d}\right)^2\eta_z\tau}\right)\overline{\psi}_d(\xi_n,t-\tau)\right\}e^{-\eta_r\xi_n^2\tau}d\tau+$$

$$+\frac{1}{a^2d}\sum_{n=1}^{\infty}\frac{J_0(\xi_n r)e^{-\eta_r\xi_n^2 t}}{J_1^2(\xi_n a)}\int_0^d\overline{\varphi}(\xi_n,u)\left[\Theta_2\left\{\frac{\pi(z-u)}{2d},e^{-\left(\frac{\pi}{d}\right)^2\eta_z t}\right\}-\Theta_2\left\{\frac{\pi(z+u)}{2d},e^{-\left(\frac{\pi}{d}\right)^2\eta_z t}\right\}\right]du$$

(21.13.3)

21.14 **The problem of 21.13, except** $\mathbf{N}_a \equiv \frac{\partial p(a,z,t)}{\partial r} = -\left(\frac{\mu}{k_r}\right)\psi_a(z,t)$**,** $\mathbf{D}_0 \equiv p(r,0,t) = \psi_0(r,t)$ **and** $\mathbf{N}_d \equiv \frac{\partial p(r,d,t)}{\partial z} = -\left(\frac{\mu}{k_z}\right)\psi_d(r,t)$

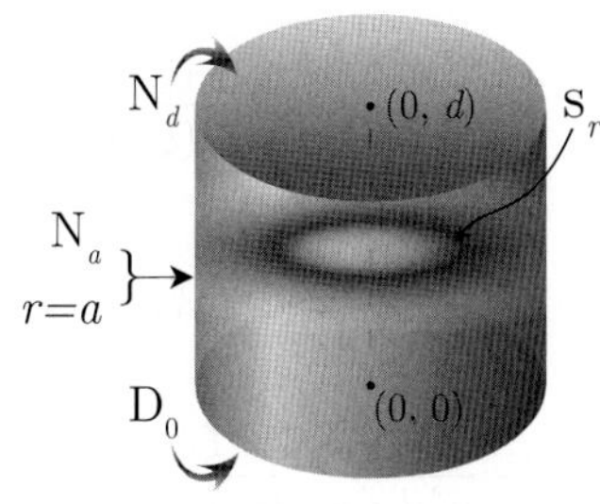

Successive application of the Laplace, Fourier and finite Hankel transformations to equation (18.1.1) gives

$$\overline{\overline{\overline{p}}} = \frac{q(s)e^{-st_0}\sin(\xi_l z_0)J_0(\xi_n r_0)}{2\pi\phi c_t(\eta_r\xi_n^2+\eta_z\xi_l^2+s)} - \frac{a\overline{\overline{\psi}}_a(\xi_l,s)J_0(\xi_n a)}{\phi c_t(\eta_r\xi_n^2+\eta_z\xi_l^2+s)} + \\ + \frac{\left\{\frac{(-1)^m\overline{\overline{\psi}}_d(\xi_n,s)}{\phi c_t}+\eta_z\xi_l\overline{\overline{\psi}}_0(\xi_n,s)\right\}}{(\eta_r\xi_n^2+\eta_z\xi_l^2+s)} + \frac{\overline{\overline{\varphi}}(\xi_n,\xi_l)}{(\eta_r\xi_n^2+\eta_z\xi_l^2+s)} \tag{21.14.1}$$

where ξ_n are the positive roots of $J_1(\xi_n a) = 0$, $n = 1,2,...$, $\xi_l = \frac{(2l-1)\pi}{2d}$, $l = 1,2,...$, $\overline{\overline{\psi}}_a(\xi_l,s) = \int_0^d \sin(\xi_l z)\overline{\psi}_a(z,s)dz$, $\overline{\overline{\psi}}_0(\xi_n,s) = \int_0^a \overline{\psi}_0(r,s)rJ_0(\xi r)\,dr$, $\overline{\overline{\psi}}_d(\xi_n,s) = \int_0^a \overline{\psi}_d(r,s)rJ_0(\xi r)\,dr$, $\overline{\overline{\varphi}}(\xi_n,\xi_l) = \int_0^a \overline{\varphi}(r,\xi_l)\,rJ_0(\xi_n r)\,dr$ and $\overline{\varphi}(r,\xi_l) = \int_0^d \sin(\xi_l z)\,\varphi(r,z)dz$. Successive inverse transforms yield

$$\overline{p} = \frac{q(s)e^{-st_0}}{2\pi a^2\phi c_t\sqrt{\eta_z}}\sum_{n=0}^{\infty}\frac{J_0(\xi_n r_0)J_0(\xi_n r)\,\mathrm{sech}\left(d\sqrt{\frac{\eta_r\xi_n^2+s}{\eta_z}}\right)}{J_0^2(\xi_n a)\sqrt{(\eta_r\xi_n^2+s)}} \times \\ \times\left[\sinh\left\{(d-|z-z_0|)\sqrt{\frac{\eta_r\xi_n^2+s}{\eta_z}}\right\} - \sinh\left\{(d-z-z_0)\sqrt{\frac{\eta_r\xi_n^2+s}{\eta_z}}\right\}\right] - \\ -\frac{1}{a\phi c_t\sqrt{\eta_z}}\sum_{n=0}^{\infty}\frac{J_0(\xi_n r)\,\mathrm{sech}\left(d\sqrt{\frac{\eta_r\xi_n^2+s}{\eta_z}}\right)}{J_0(\xi_n a)\sqrt{\eta_r\xi_n^2+s}} \times \\ \times\int_0^d \overline{\psi}_a(u,s)\left[\sinh\left\{(d-|z-u|)\sqrt{\frac{\eta_r\xi_n^2+s}{\eta_z}}\right\} - \sinh\left\{(d-z-u)\sqrt{\frac{\eta_r\xi_n^2+s}{\eta_z}}\right\}\right]du + \\ +\frac{2}{a^2}\sum_{n=0}^{\infty}\frac{J_0(\xi_n r)\,\mathrm{sech}\left(d\sqrt{\frac{\eta_r\xi_n^2+s}{\eta_z}}\right)}{J_0^2(\xi_n a)} \times \\ \times\left[\overline{\overline{\psi}}_0(\xi_n,s)\cosh\left\{(d-z)\sqrt{\frac{\eta_r\xi_n^2+s}{\eta_z}}\right\} + \frac{\overline{\overline{\psi}}_d(\xi_n,s)}{\phi c_t\sqrt{\eta_z}(\eta_r\xi_n^2+s)}\sinh\left\{z\sqrt{\frac{\eta_r\xi_n^2+s}{\eta_z}}\right\}\right] + \\ +\frac{1}{a^2\sqrt{\eta_z}}\sum_{n=0}^{\infty}\frac{J_0(\xi_n r)\,\mathrm{sech}\left(d\sqrt{\frac{\eta_r\xi_n^2+s}{\eta_z}}\right)}{J_0^2(\xi_n a)\sqrt{\eta_r\xi_n^2+s}} \times \\ \times\int_0^d \overline{\varphi}(\xi_n,u)\left[\sinh\left\{(d-|z-u|)\sqrt{\frac{\eta_r\xi_n^2+s}{\eta_z}}\right\} - \sinh\left\{(d-z-u)\sqrt{\frac{\eta_r\xi_n^2+s}{\eta_z}}\right\}\right]du \tag{21.14.2}$$

where $\overline{\varphi}(\xi_n,u) = \int_0^a \varphi(r,u)\,rJ_0(\xi_n r)\,dr$ and

$$p = \frac{U(t-t_0)}{2\pi a^2 d\phi c_t}\sum_{n=0}^{\infty}\frac{J_0(\xi_n r_0)J_0(\xi_n r)}{J_0^2(\xi_n a)} \times \\ \times\int_0^{t-t_0} q(t-t_0-\tau)\left[\Theta_2\left\{\frac{\pi(z-z_0)}{2d}, e^{-\left(\frac{\pi}{d}\right)^2\eta_z\tau}\right\} - \Theta_2\left\{\frac{\pi(z+z_0)}{2d}, e^{-\left(\frac{\pi}{d}\right)^2\eta_z\tau}\right\}\right]e^{-\eta_r\xi_n^2\tau}d\tau -$$

$$-\frac{1}{ad\phi c_t}\sum_{n=0}^{\infty}\frac{J_0(\xi_n r)}{J_0(\xi_n a)}\times$$
$$\times\int_0^t e^{-\eta_r\xi_n^2\tau}\int_0^d \psi_a(u,t-\tau)\left[\Theta_2\left\{\frac{\pi(z-u)}{2d},e^{-\left(\frac{\pi}{d}\right)^2\eta_z\tau}\right\}-\Theta_2\left\{\frac{\pi(z+u)}{2d},e^{-\left(\frac{\pi}{d}\right)^2\eta_z\tau}\right\}\right]dud\tau-$$
$$-\frac{2}{a^2 d}\sum_{n=0}^{\infty}\frac{J_0(\xi_n r)}{J_0^2(\xi_n a)}\times$$
$$\times\int_0^t\left\{\left(\frac{\eta_z}{2d}\right)\Theta_2'\left(\frac{\pi z}{2d},e^{-\left(\frac{\pi}{d}\right)^2\eta_z\tau}\right)\overline{\psi}_0(\xi_n,t-\tau)+\left(\frac{1}{\phi c_t}\right)\Theta_1\left(\frac{\pi z}{2d},e^{-\left(\frac{\pi}{d}\right)^2\eta_z\tau}\right)\overline{\psi}_d(\xi_n,t-\tau)\right\}e^{-\eta_r\xi_n^2\tau}d\tau+$$
$$+\frac{1}{a^2 d}\sum_{n=0}^{\infty}\frac{J_0(\xi_n r)e^{-\eta_r\xi_n^2 t}}{J_0^2(\xi_n a)}\int_0^d\overline{\varphi}(\xi_n,u)\left[\Theta_2\left\{\frac{\pi(z-u)}{2d},e^{-\left(\frac{\pi}{d}\right)^2\eta_z t}\right\}-\Theta_2\left\{\frac{\pi(z+u)}{2d},e^{-\left(\frac{\pi}{d}\right)^2\eta_z t}\right\}\right]du \tag{21.14.3}$$

21.15

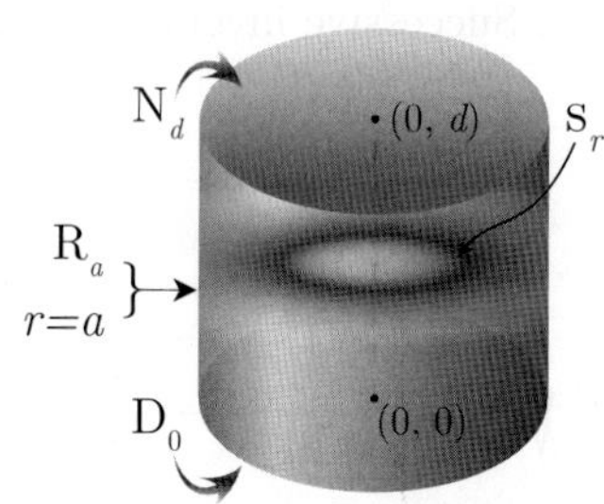

The problem of 21.13, except
$R_a \equiv \frac{\partial p(a,z,t)}{\partial r}+\lambda p(a,z,t)=-\left(\frac{\mu}{k_r}\right)\psi_a(z,t)$,
$D_0 \equiv p(r,0,t)=\psi_0(r,t)$ and
$N_d \equiv \frac{\partial p(r,d,t)}{\partial z}=-\left(\frac{\mu}{k_z}\right)\psi_d(r,t)$

Successive application of the Laplace, Fourier and finite Hankel transformations to equation (18.1.1) gives

$$\overline{\overline{\overline{p}}}=\frac{q(s)e^{-st_0}\sin(\xi_l z_0)J_0(\xi_n r_0)}{2\pi\phi c_t(\eta_r\xi_n^2+\eta_z\xi_l^2+s)}-\frac{a\overline{\overline{\psi}}_a(\xi_l,s)J_0(\xi_n a)}{\phi c_t(\eta_r\xi_n^2+\eta_z\xi_l^2+s)}+$$
$$+\frac{\left\{\frac{(-1)^m\overline{\overline{\psi}}_d(\xi_n,s)}{\phi c_t}+\eta_z\xi_l\overline{\overline{\psi}}_0(\xi_n,s)\right\}}{(\eta_r\xi_n^2+\eta_z\xi_l^2+s)}+\frac{\overline{\overline{\varphi}}(\xi_n,\xi_l)}{(\eta_r\xi_n^2+\eta_z\xi_l^2+s)} \tag{21.15.1}$$

where ξ_n are the positive roots of $\lambda J_0(\xi_n a)=\xi_n J_1(\xi_n a)$, $n=1,2,...$, $\xi_l=\frac{(2l-1)\pi}{2d}$, $l=1,2,...$, $\overline{\overline{\psi}}_0(\xi_n,s)=\int_0^a\overline{\psi}_0(r,s)rJ_0(\xi r)\,dr$, $\overline{\overline{\psi}}_d(\xi_n,s)=\int_0^a\overline{\psi}_d(r,s)rJ_0(\xi r)\,dr$, $\overline{\overline{\psi}}_a(\xi_l,s)=\int_0^d\sin(\xi_l z)\overline{\psi}_a(z,s)dz$, $\overline{\overline{\varphi}}(\xi_n,\xi_l)=\int_0^a\overline{\varphi}(r,\xi_l)rJ_0(\xi_n r)\,dr$ and $\overline{\varphi}(r,\xi_l)=\int_0^d\sin(\xi_l z)\varphi(r,z)dz$. Successive inverse transforms yield

$$\overline{p}=\frac{q(s)e^{-st_0}}{2\pi a^2\phi c_t\sqrt{\eta_z}}\sum_{n=1}^{\infty}\frac{J_0(\xi_n r_0)J_0(\xi_n r)\operatorname{sech}\left(d\sqrt{\frac{\eta_r\xi_n^2+s}{\eta_z}}\right)}{\{J_0^2(\xi_n a)+J_1^2(\xi_n a)\}\sqrt{(\eta_r\xi_n^2+s)}}\times$$
$$\times\left[\sinh\left\{(d-|z-z_0|)\sqrt{\frac{\eta_r\xi_n^2+s}{\eta_z}}\right\}-\sinh\left\{(d-z-z_0)\sqrt{\frac{\eta_r\xi_n^2+s}{\eta_z}}\right\}\right]-$$
$$-\frac{1}{a\phi c_t\sqrt{\eta_z}}\sum_{n=1}^{\infty}\frac{J_0(\xi_n a)J_0(\xi_n r)\operatorname{sech}\left(d\sqrt{\frac{\eta_r\xi_n^2+s}{\eta_z}}\right)}{\{J_0^2(\xi_n a)+J_1^2(\xi_n a)\}\sqrt{\eta_r\xi_n^2+s}}\times$$
$$\times\int_0^d\overline{\psi}_a(u,s)\left[\sinh\left\{(d-|z-u|)\sqrt{\frac{\eta_r\xi_n^2+s}{\eta_z}}\right\}-\sinh\left\{(d-z-u)\sqrt{\frac{\eta_r\xi_n^2+s}{\eta_z}}\right\}\right]du+$$

$$+\frac{2}{a^2}\sum_{n=1}^{\infty}\frac{J_0(\xi_n r)\operatorname{sech}\left(d\sqrt{\frac{\eta_r\xi_n^2+s}{\eta_z}}\right)}{\{J_0^2(\xi_n a)+J_1^2(\xi_n a)\}}\times$$

$$\times\left[\overline{\overline{\psi}}_0(\xi_n,s)\cosh\left\{(d-z)\sqrt{\frac{\eta_r\xi_n^2+s}{\eta_z}}\right\}+\frac{\overline{\overline{\psi}}_d(\xi_n,s)}{\phi c_t\sqrt{\eta_z(\eta_r\xi_n^2+s)}}\sinh\left\{z\sqrt{\frac{\eta_r\xi_n^2+s}{\eta_z}}\right\}\right]+$$

$$+\frac{1}{a^2\sqrt{\eta_z}}\sum_{n=1}^{\infty}\frac{J_0(\xi_n r)\operatorname{sech}\left(d\sqrt{\frac{\eta_r\xi_n^2+s}{\eta_z}}\right)}{\{J_0^2(\xi_n a)+J_1^2(\xi_n a)\}\sqrt{\eta_r\xi_n^2+s}}\times$$

$$\times\int_0^d\overline{\varphi}(\xi_n,u)\left[\sinh\left\{(d-|z-u|)\sqrt{\frac{\eta_r\xi_n^2+s}{\eta_z}}\right\}-\sinh\left\{(d-z-u)\sqrt{\frac{\eta_r\xi_n^2+s}{\eta_z}}\right\}\right]du \quad (21.15.2)$$

where $\overline{\varphi}(\xi_n,u)=\int_0^a\varphi(r,u)\,rJ_0(\xi_n r)\,dr$ and

$$p=\frac{U(t-t_0)}{2\pi a^2 d\phi c_t}\sum_{n=1}^{\infty}\frac{J_0(\xi_n r_0)J_0(\xi_n r)}{\{J_0^2(\xi_n a)+J_1^2(\xi_n a)\}}\times$$

$$\times\int_0^{t-t_0}q(t-t_0-\tau)\left[\Theta_2\left\{\frac{\pi(z-z_0)}{2d},e^{-\left(\frac{\pi}{d}\right)^2\eta_z\tau}\right\}-\Theta_2\left\{\frac{\pi(z+z_0)}{2d},e^{-\left(\frac{\pi}{d}\right)^2\eta_z\tau}\right\}\right]e^{-\eta_r\xi_n^2\tau}d\tau-$$

$$-\frac{1}{ad\phi c_t}\sum_{n=1}^{\infty}\frac{J_0(\xi_n a)J_0(\xi_n r)}{\{J_0^2(\xi_n a)+J_1^2(\xi_n a)\}}\times$$

$$\times\int_0^t e^{-\eta_r\xi_n^2\tau}\int_0^d\psi_a(u,t-\tau)\left[\Theta_2\left\{\frac{\pi(z-u)}{2d},e^{-\left(\frac{\pi}{d}\right)^2\eta_z\tau}\right\}-\Theta_2\left\{\frac{\pi(z+u)}{2d},e^{-\left(\frac{\pi}{d}\right)^2\eta_z\tau}\right\}\right]du\,d\tau-$$

$$-\frac{2}{a^2 d}\sum_{n=1}^{\infty}\frac{J_0(\xi_n r)}{\{J_0^2(\xi_n a)+J_1^2(\xi_n a)\}}\times$$

$$\times\int_0^t\left\{\left(\frac{\eta_z}{2d}\right)\Theta_2'\left(\frac{\pi z}{2d},e^{-\left(\frac{\pi}{d}\right)^2\eta_z\tau}\right)\overline{\psi}_0(\xi_n,t-\tau)+\left(\frac{1}{\phi c_t}\right)\Theta_1\left(\frac{\pi z}{2d},e^{-\left(\frac{\pi}{d}\right)^2\eta_z\tau}\right)\overline{\psi}_d(\xi_n,t-\tau)\right\}e^{-\eta_r\xi_n^2\tau}d\tau+$$

$$+\frac{1}{a^2 d}\sum_{n=1}^{\infty}\frac{J_0(\xi_n r)e^{-\eta_r\xi_n^2 t}}{\{J_0^2(\xi_n a)+J_1^2(\xi_n a)\}}\int_0^d\overline{\varphi}(\xi_n,u)\left[\Theta_2\left\{\frac{\pi(z-u)}{2d},e^{-\left(\frac{\pi}{d}\right)^2\eta_z t}\right\}-\Theta_2\left\{\frac{\pi(z+u)}{2d},e^{-\left(\frac{\pi}{d}\right)^2\eta_z t}\right\}\right]du$$

(21.15.3)

21.16 A cylindrical continuum bounded by $a \le r \le b$ and $0 \le z \le d$.

Ring source at $s_r \equiv (r_0, z_0)$; $a \le r_0 \le b$, $0 < z_0 < d$, $t_0 \ge 0$.
$D_0 \equiv p(r,0,t)=\psi_0(r,t)$, $N_d \equiv \frac{\partial p(r,d,t)}{\partial z}=-\left(\frac{\mu}{k_z}\right)\psi_d(r,t)$,
$D_a \equiv p(a,z,t)=\psi_a(z,t)$ and $D_b \equiv p(b,z,t)=\psi_b(z,t)$.
$p(r,z,0)=\varphi(r,z)$

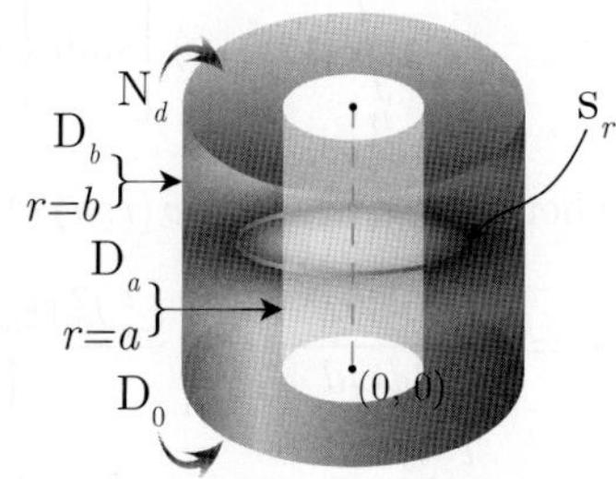

Successive application of the Laplace, Fourier and finite Hankel transformations to equation (18.1.1) gives

$$\overline{\overline{\overline{p}}}=\frac{q(s)e^{-st_0}\sin(\xi_l z_0)\mathcal{V}_{\mathcal{D}0}(\xi_n r_0,a)}{2\pi\phi c_t(\eta_r\xi_n^2+\eta_z\xi_l^2+s)}-\frac{2\eta_r\overline{\overline{\psi}}_a(\xi_l,s)}{\pi(\eta_r\xi_n^2+\eta_z\xi_l^2+s)}+\frac{2\eta_r J_0(\xi_n a)\overline{\overline{\psi}}_b(\xi_l,s)}{\pi J_0(\xi_n b)(\eta_r\xi_n^2+\eta_z\xi_l^2+s)}+$$

$$+\frac{\left\{\frac{(-1)^m\overline{\overline{\psi}}_d(\xi_n,s)}{\phi c_t}+\eta_z\xi_l\overline{\overline{\psi}}_0(\xi_n,s)\right\}}{(\eta_r\xi_n^2+\eta_z\xi_l^2+s)}+\frac{\overline{\overline{\varphi}}(\xi_n,\xi_l)}{(\eta_r\xi_n^2+\eta_z\xi_l^2+s)} \quad (21.16.1)$$

where $\mathcal{V}_{\mathcal{D}0}(\xi_n r, a) = J_0(\xi_n r) Y_0(\xi_n a) - Y_0(\xi_n r) J_0(\xi_n a)$. The eigenvalues $\xi_n, n = 1, 2, ...,$ are the positive roots of the transcendental equation $\mathcal{V}_{\mathcal{D}0}(\xi_n b, a) = 0$, $\xi_l = \frac{(2l-1)\pi}{2d}, l = 1, 2, ...$
$\overline{\overline{\psi}}_0(\xi_n, s) = \int_a^b \overline{\psi}_0(r, s) r \mathcal{V}_{\mathcal{D}0}(\xi_n r, a)\, dr$, $\overline{\overline{\psi}}_d(\xi_n, s) = \int_a^b \overline{\psi}_d(r, s) r \mathcal{V}_{\mathcal{D}0}(\xi_n r, a)\, dr$,
$\overline{\overline{\psi}}_a(\xi_l, s) = \int_0^d \sin(\xi_l z) \overline{\psi}_a(z, s) dz$, $\overline{\overline{\psi}}_b(\xi_l, s) = \int_0^d \sin(\xi_l z) \overline{\psi}_b(z, s) dz$, $\overline{\overline{\varphi}}(\xi_n, \xi_l) = \int_a^b \overline{\varphi}(r, \xi_l) r \mathcal{V}_{\mathcal{D}0}(\xi_n r, a)\, dr$ and $\overline{\varphi}(r, \xi_l) = \int_0^d \sin(\xi_l z) \varphi(r, z) dz$. Successive inverse transforms yield

$$
\begin{aligned}
\overline{p} = {} & \frac{\pi q(s) e^{-st_0}}{8\phi c_t \sqrt{\eta_z}} \sum_{n=1}^{\infty} \frac{\xi_n^2 J_0^2(\xi_n b) \mathcal{V}_{\mathcal{D}0}(\xi_n r_0, a) \mathcal{V}_{\mathcal{D}0}(\xi_n r, a) \operatorname{sech}\left(d\sqrt{\frac{\eta_r \xi_n^2 + s}{\eta_z}}\right)}{\{J_0^2(\xi_n a) - J_0^2(\xi_n b)\} \sqrt{(\eta_r \xi_n^2 + s)}} \times \\
& \times \left[\sinh\left\{(d - |z - z_0|)\sqrt{\frac{\eta_r \xi_n^2 + s}{\eta_z}}\right\} - \sinh\left\{(d - z - z_0)\sqrt{\frac{\eta_r \xi_n^2 + s}{\eta_z}}\right\}\right] - \\
& - \frac{\pi \eta_r}{2\sqrt{\eta_z}} \sum_{n=1}^{\infty} \frac{\xi_n^2 J_0^2(\xi_n b) \mathcal{V}_{\mathcal{D}0}(\xi_n r, a) \operatorname{sech}\left(d\sqrt{\frac{\eta_r \xi_n^2 + s}{\eta_z}}\right)}{\{J_0^2(\xi_n a) - J_0^2(\xi_n b)\} \sqrt{\eta_r \xi_n^2 + s}} \times \\
& \times \int_0^d \overline{\psi}_a(u, s) \left[\sinh\left\{(d - |z - u|)\sqrt{\frac{\eta_r \xi_n^2 + s}{\eta_z}}\right\} - \sinh\left\{(d - z - u)\sqrt{\frac{\eta_r \xi_n^2 + s}{\eta_z}}\right\}\right] du + \\
& + \frac{\pi \eta_r}{2\sqrt{\eta_z}} \sum_{n=1}^{\infty} \frac{\xi_n^2 J_0(\xi_n a) J_0(\xi_n b) \mathcal{V}_{\mathcal{D}0}(\xi_n r, a) \operatorname{sech}\left(d\sqrt{\frac{\eta_r \xi_n^2 + s}{\eta_z}}\right)}{\{J_0^2(\xi_n a) - J_0^2(\xi_n b)\} \sqrt{\eta_r \xi_n^2 + s}} \times \\
& \times \int_0^d \overline{\psi}_b(u, s) \left[\sinh\left\{(d - |z - u|)\sqrt{\frac{\eta_r \xi_n^2 + s}{\eta_z}}\right\} - \sinh\left\{(d - z - u)\sqrt{\frac{\eta_r \xi_n^2 + s}{\eta_z}}\right\}\right] du + \\
& + \frac{\pi^2}{2} \sum_{n=1}^{\infty} \frac{\xi_n^2 J_0^2(\xi_n b) \mathcal{V}_{\mathcal{D}0}(\xi_n r, a) \operatorname{sech}\left(d\sqrt{\frac{\eta_r \xi_n^2 + s}{\eta_z}}\right)}{\{J_0^2(\xi_n a) - J_0^2(\xi_n b)\}} \times \\
& \times \left[\overline{\overline{\psi}}_0(\xi_n, s) \cosh\left\{(d - z)\sqrt{\frac{\eta_r \xi_n^2 + s}{\eta_z}}\right\} + \frac{\overline{\overline{\psi}}_d(\xi_n, s)}{\phi c_t \sqrt{\eta_z (\eta_r \xi_n^2 + s)}} \sinh\left\{z\sqrt{\frac{\eta_r \xi_n^2 + s}{\eta_z}}\right\}\right] + \\
& + \frac{\pi^2}{4\sqrt{\eta_z}} \sum_{n=1}^{\infty} \frac{\xi_n^2 J_0^2(\xi_n b) \mathcal{V}_{\mathcal{D}0}(\xi_n r, a) \operatorname{sech}\left(d\sqrt{\frac{\eta_r \xi_n^2 + s}{\eta_z}}\right)}{\{J_0^2(\xi_n a) - J_0^2(\xi_n b)\} \sqrt{\eta_r \xi_n^2 + s}} \times \\
& \times \int_0^d \overline{\varphi}(\xi_n, u) \left[\sinh\left\{(d - |z - u|)\sqrt{\frac{\eta_r \xi_n^2 + s}{\eta_z}}\right\} - \sinh\left\{(d - z - u)\sqrt{\frac{\eta_r \xi_n^2 + s}{\eta_z}}\right\}\right] du
\end{aligned} \tag{21.16.2}
$$

where $\overline{\varphi}(\xi_n, u) = \int_a^b \varphi(r, u) r \mathcal{V}_{\mathcal{D}0}(\xi_n r, a)\, dr$ and

$$
\begin{aligned}
p = {} & \frac{U(t - t_0)\pi}{8\phi c_t d} \sum_{n=1}^{\infty} \frac{\xi_n^2 J_0^2(\xi_n b) \mathcal{V}_{\mathcal{D}0}(\xi_n r_0, a) \mathcal{V}_{\mathcal{D}0}(\xi_n r, a)}{\{J_0^2(\xi_n a) - J_0^2(\xi_n b)\}} \times \\
& \times \int_0^{t - t_0} q(t - t_0 - \tau) \left[\Theta_2\left\{\frac{\pi(z - z_0)}{2d}, e^{-\left(\frac{\pi}{d}\right)^2 \eta_z \tau}\right\} - \Theta_2\left\{\frac{\pi(z + z_0)}{2d}, e^{-\left(\frac{\pi}{d}\right)^2 \eta_z \tau}\right\}\right] e^{-\eta_r \xi_n^2 \tau} d\tau - \\
& - \frac{\pi \eta_r}{2d} \sum_{n=1}^{\infty} \frac{\xi_n^2 J_0^2(\xi_n b) \mathcal{V}_{\mathcal{D}0}(\xi_n r, a)}{\{J_0^2(\xi_n a) - J_0^2(\xi_n b)\}} \times \\
& \times \int_0^t e^{-\eta_r \xi_n^2 \tau} \int_0^d \psi_a(u, t - \tau) \left[\Theta_2\left\{\frac{\pi(z - u)}{2d}, e^{-\left(\frac{\pi}{d}\right)^2 \eta_z \tau}\right\} - \Theta_2\left\{\frac{\pi(z + u)}{2d}, e^{-\left(\frac{\pi}{d}\right)^2 \eta_z \tau}\right\}\right] du d\tau +
\end{aligned}
$$

$$+\frac{\pi\eta_r}{2d}\sum_{n=1}^{\infty}\frac{\xi_n^2 J_0(\xi_n a)\,J_0(\xi_n b)\,\mathcal{V}_{\mathcal{D}0}(\xi_n r,a)}{\{J_0^2(\xi_n a)-J_0^2(\xi_n b)\}}\times$$

$$\times\int_0^t e^{-\eta_r\xi_n^2\tau}\int_0^d \psi_b(u,t-\tau)\left[\Theta_2\left\{\frac{\pi(z-u)}{2d},e^{-\left(\frac{\pi}{d}\right)^2\eta_z\tau}\right\}-\Theta_2\left\{\frac{\pi(z+u)}{2d},e^{-\left(\frac{\pi}{d}\right)^2\eta_z\tau}\right\}\right]dud\tau-$$

$$-\frac{\pi^2}{2d}\sum_{n=1}^{\infty}\frac{\xi_n^2 J_0^2(\xi_n b)\,\mathcal{V}_{\mathcal{D}0}(\xi_n r,a)}{\{J_0^2(\xi_n a)-J_0^2(\xi_n b)\}}\times$$

$$\times\int_0^t\left\{\left(\frac{\eta_z}{2d}\right)\Theta_2'\left(\frac{\pi z}{2d},e^{-\left(\frac{\pi}{d}\right)^2\eta_z\tau}\right)\overline{\psi}_0(\xi_n,t-\tau)+\left(\frac{1}{\phi c_t}\right)\Theta_1\left(\frac{\pi z}{2d},e^{-\left(\frac{\pi}{d}\right)^2\eta_z\tau}\right)\overline{\psi}_d(\xi_n,t-\tau)\right\}e^{-\eta_r\xi_n^2\tau}d\tau+$$

$$+\frac{\pi^2}{4d}\sum_{n=1}^{\infty}\frac{\xi_n^2 J_0^2(\xi_n b)\,\mathcal{V}_{\mathcal{D}0}(\xi_n r,a)\,e^{-\eta_r\xi_n^2 t}}{\{J_0^2(\xi_n a)-J_0^2(\xi_n b)\}}\times$$

$$\times\int_0^d\overline{\varphi}(\xi_n,u)\left[\Theta_2\left\{\frac{\pi(z-u)}{2d},e^{-\left(\frac{\pi}{d}\right)^2\eta_z t}\right\}-\Theta_2\left\{\frac{\pi(z+u)}{2d},e^{-\left(\frac{\pi}{d}\right)^2\eta_z t}\right\}\right]du \tag{21.16.3}$$

21.17 The problem of 21.16, except $\mathbf{D}_a \equiv p(a,z,t)=\psi_a(z,t)$, $\mathbf{N}_b \equiv \frac{\partial p(b,z,t)}{\partial r} = -\left(\frac{\mu}{k_r}\right)\psi_b(z,t)$, $\mathbf{D}_0 \equiv p(r,0,t)=\psi_0(r,t)$ and $\mathbf{N}_d \equiv \frac{\partial p(r,d,t)}{\partial z} = -\left(\frac{\mu}{k_z}\right)\psi_d(r,t)$

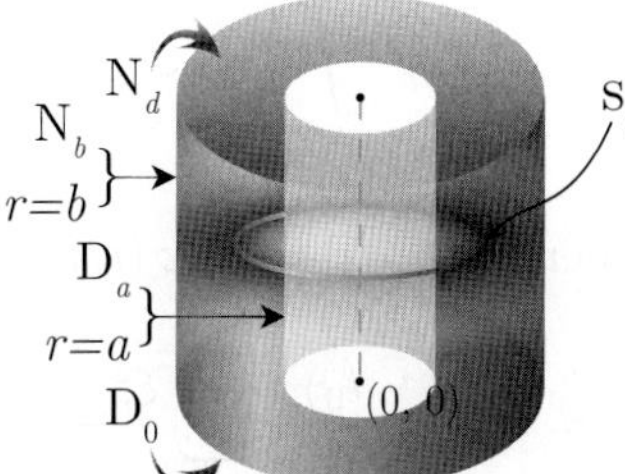

Successive application of the Laplace, Fourier and finite Hankel transformations to equation (18.1.1) gives

$$\overline{\overline{\overline{p}}} = \frac{q(s)e^{-st_0}\sin(\xi_l z_0)\,\mathcal{V}_{\mathcal{D}0}(\xi_n r_0,a)}{2\pi\phi c_t(\eta_r\xi_n^2+\eta_z\xi_l^2+s)}-\frac{2\eta_r\overline{\overline{\psi}}_a(\xi_l,s)}{\pi(\eta_r\xi_n^2+\eta_z\xi_l^2+s)}+\frac{2J_0(\xi_n a)\,\overline{\overline{\psi}}_b(\xi_l,s)}{\pi\phi c_t J_1(\xi_n b)(\eta_r\xi_n^2+\eta_z\xi_l^2+s)}+$$
$$+\frac{\left\{\frac{(-1)^m\overline{\overline{\psi}}_d(\xi_n,s)}{\phi c_t}+\eta_z\xi_l\overline{\overline{\psi}}_0(\xi_n,s)\right\}}{(\eta_r\xi_n^2+\eta_z\xi_l^2+s)}+\frac{\overline{\overline{\varphi}}(\xi_n,\xi_l)}{(\eta_r\xi_n^2+\eta_z\xi_l^2+s)} \tag{21.17.1}$$

where $\mathcal{V}_{\mathcal{D}0}(\xi_n r,a)=J_0(\xi_n r)\,Y_0(\xi_n a)-Y_0(\xi_n r)\,J_0(\xi_n a)$. The eigenvalues ξ_n are the positive roots of the transcendental equation $\mathcal{V}_{\mathcal{D}0}'(\xi_n b,a)=0$,* $n=1,2,...,$ $\xi_l=\frac{(2l-1)\pi}{2d}, l=1,2,....$
$\overline{\overline{\psi}}_0(\xi_n,s)=\int_a^b\overline{\psi}_0(r,s)\,r\mathcal{V}_{\mathcal{D}0}(\xi_n r,a)\,dr$, $\overline{\overline{\psi}}_d(\xi_n,s)=\int_a^b\overline{\psi}_d(r,s)\,r\mathcal{V}_{\mathcal{D}0}(\xi_n r,a)\,dr$,
$\overline{\overline{\psi}}_a(\xi_l,s)=\int_0^d\sin(\xi_l z)\,\overline{\psi}_a(z,s)dz$, $\overline{\overline{\psi}}_b(\xi_l,s)=\int_0^d\sin(\xi_l z)\,\overline{\psi}_b(z,s)dz$, $\overline{\overline{\varphi}}(\xi_n,\xi_l)=\int_a^b\overline{\varphi}(r,\xi_l)\,r\mathcal{V}_{\mathcal{D}0}(\xi_n r,a)\,dr$ and $\overline{\varphi}(r,\xi_l)=\int_0^d\sin(\xi_l z)\,\varphi(r,z)dz$. Successive inverse transforms yield

$$\overline{p} = \frac{\pi q(s)\,e^{-st_0}}{8\phi c_t\sqrt{\eta_z}}\sum_{n=1}^{\infty}\frac{\xi_n^2 J_1^2(\xi_n b)\,\mathcal{V}_{\mathcal{D}0}(\xi_n r_0,a)\,\mathcal{V}_{\mathcal{D}0}(\xi_n r,a)\,\text{sech}\left(d\sqrt{\frac{\eta_r\xi_n^2+s}{\eta_z}}\right)}{\{J_0^2(\xi_n a)-J_1^2(\xi_n b)\}\sqrt{(\eta_r\xi_n^2+s)}}\times$$
$$\times\left[\sinh\left\{(d-|z-z_0|)\sqrt{\frac{\eta_r\xi_n^2+s}{\eta_z}}\right\}-\sinh\left\{(d-z-z_0)\sqrt{\frac{\eta_r\xi_n^2+s}{\eta_z}}\right\}\right]-$$
$$-\frac{\pi\eta_r}{2\sqrt{\eta_z}}\sum_{n=1}^{\infty}\frac{\xi_n^2 J_1^2(\xi_n b)\,\mathcal{V}_{\mathcal{D}0}(\xi_n r,a)\,\text{sech}\left(d\sqrt{\frac{\eta_r\xi_n^2+s}{\eta_z}}\right)}{\{J_0^2(\xi_n a)-J_1^2(\xi_n b)\}\sqrt{\eta_r\xi_n^2+s}}\times$$
$$\times\int_0^d\overline{\psi}_a(u,s)\left[\sinh\left\{(d-|z-u|)\sqrt{\frac{\eta_r\xi_n^2+s}{\eta_z}}\right\}-\sinh\left\{(d-z-u)\sqrt{\frac{\eta_r\xi_n^2+s}{\eta_z}}\right\}\right]du+$$

*$\mathcal{V}_{\mathcal{D}0}'(\xi_n b,a)=Y_1(\xi_n b)\,J_0(\xi_n a)-J_1(\xi_n b)\,Y_0(\xi_n a)$.

$$+\frac{\pi}{2\phi c_t\sqrt{\eta_z}}\sum_{n=1}^{\infty}\frac{\xi_n^2 J_0(\xi_n a)\, J_1(\xi_n b)\,\mathcal{V}_{\mathcal{D}0}(\xi_n r,a)\,\mathrm{sech}\left(d\sqrt{\frac{\eta_r\xi_n^2+s}{\eta_z}}\right)}{\{J_0^2(\xi_n a)-J_1^2(\xi_n b)\}\sqrt{\eta_r\xi_n^2+s}}\times$$
$$\times\int_0^d\overline{\psi}_b(u,s)\left[\sinh\left\{(d-|z-u|)\sqrt{\frac{\eta_r\xi_n^2+s}{\eta_z}}\right\}-\sinh\left\{(d-z-u)\sqrt{\frac{\eta_r\xi_n^2+s}{\eta_z}}\right\}\right]du+$$
$$+\frac{\pi^2}{2}\sum_{n=1}^{\infty}\frac{\xi_n^2 J_1^2(\xi_n b)\,\mathcal{V}_{\mathcal{D}0}(\xi_n r,a)\,\mathrm{sech}\left(d\sqrt{\frac{\eta_r\xi_n^2+s}{\eta_z}}\right)}{\{J_0^2(\xi_n a)-J_1^2(\xi_n b)\}}\times$$
$$\times\left[\overline{\overline{\psi}}_0(\xi_n,s)\cosh\left\{(d-z)\sqrt{\frac{\eta_r\xi_n^2+s}{\eta_z}}\right\}+\frac{\overline{\overline{\psi}}_d(\xi_n,s)}{\phi c_t\sqrt{\eta_z\,(\eta_r\xi_n^2+s)}}\sinh\left\{z\sqrt{\frac{\eta_r\xi_n^2+s}{\eta_z}}\right\}\right]+$$
$$+\frac{\pi^2}{4\sqrt{\eta_z}}\sum_{n=1}^{\infty}\frac{\xi_n^2 J_1^2(\xi_n b)\,\mathcal{V}_{\mathcal{D}0}(\xi_n r,a)\,\mathrm{sech}\left(d\sqrt{\frac{\eta_r\xi_n^2+s}{\eta_z}}\right)}{\{J_0^2(\xi_n a)-J_1^2(\xi_n b)\}\sqrt{\eta_r\xi_n^2+s}}\times$$
$$\times\int_0^d\overline{\varphi}(\xi_n,u)\left[\sinh\left\{(d-|z-u|)\sqrt{\frac{\eta_r\xi_n^2+s}{\eta_z}}\right\}-\sinh\left\{(d-z-u)\sqrt{\frac{\eta_r\xi_n^2+s}{\eta_z}}\right\}\right]du \qquad (21.17.2)$$

where $\overline{\varphi}(\xi_n,u)=\int_a^b\varphi(r,u)\,r\mathcal{V}_{\mathcal{D}0}(\xi_n r,a)\,dr$ and

$$p=\frac{U(t-t_0)\,\pi}{8\phi c_t d}\sum_{n=1}^{\infty}\frac{\xi_n^2 J_1^2(\xi_n b)\,\mathcal{V}_{\mathcal{D}0}(\xi_n r_0,a)\,\mathcal{V}_{\mathcal{D}0}(\xi_n r,a)}{\{J_0^2(\xi_n a)-J_1^2(\xi_n b)\}}\times$$
$$\times\int_0^{t-t_0}q(t-t_0-\tau)\left[\Theta_2\left\{\frac{\pi(z-z_0)}{2d},e^{-\left(\frac{\pi}{d}\right)^2\eta_z\tau}\right\}-\Theta_2\left\{\frac{\pi(z+z_0)}{2d},e^{-\left(\frac{\pi}{d}\right)^2\eta_z\tau}\right\}\right]e^{-\eta_r\xi_n^2\tau}d\tau-$$
$$-\frac{\pi\eta_r}{2d}\sum_{n=1}^{\infty}\frac{\xi_n^2 J_1^2(\xi_n b)\,\mathcal{V}_{\mathcal{D}0}(\xi_n r,a)}{\{J_0^2(\xi_n a)-J_1^2(\xi_n b)\}}\times$$
$$\times\int_0^t e^{-\eta_r\xi_n^2\tau}\int_0^d\psi_a(u,t-\tau)\left[\Theta_2\left\{\frac{\pi(z-u)}{2d},e^{-\left(\frac{\pi}{d}\right)^2\eta_z\tau}\right\}-\Theta_2\left\{\frac{\pi(z+u)}{2d},e^{-\left(\frac{\pi}{d}\right)^2\eta_z\tau}\right\}\right]du\,d\tau+$$
$$+\frac{\pi}{2\phi c_t d}\sum_{n=1}^{\infty}\frac{\xi_n^2 J_0(\xi_n a)\,J_1(\xi_n b)\,\mathcal{V}_{\mathcal{D}0}(\xi_n r,a)}{\{J_0^2(\xi_n a)-J_1^2(\xi_n b)\}}\times$$
$$\times\int_0^t e^{-\eta_r\xi_n^2\tau}\int_0^d\psi_b(u,t-\tau)\left[\Theta_2\left\{\frac{\pi(z-u)}{2d},e^{-\left(\frac{\pi}{d}\right)^2\eta_z\tau}\right\}-\Theta_2\left\{\frac{\pi(z+u)}{2d},e^{-\left(\frac{\pi}{d}\right)^2\eta_z\tau}\right\}\right]du\,d\tau-$$
$$-\frac{\pi^2}{2d}\sum_{n=1}^{\infty}\frac{\xi_n^2 J_1^2(\xi_n b)\,\mathcal{V}_{\mathcal{D}0}(\xi_n r,a)}{\{J_0^2(\xi_n a)-J_1^2(\xi_n b)\}}\times$$
$$\times\int_0^t\left\{\left(\frac{\eta_z}{2d}\right)\Theta_2'\left(\frac{\pi z}{2d},e^{-\left(\frac{\pi}{d}\right)^2\eta_z\tau}\right)\overline{\psi}_0(\xi_n,t-\tau)+\left(\frac{1}{\phi c_t}\right)\Theta_1\left(\frac{\pi z}{2d},e^{-\left(\frac{\pi}{d}\right)^2\eta_z\tau}\right)\overline{\psi}_d(\xi_n,t-\tau)\right\}e^{-\eta_r\xi_n^2\tau}d\tau+$$
$$+\frac{\pi^2}{4d}\sum_{n=1}^{\infty}\frac{\xi_n^2 J_1^2(\xi_n b)\,\mathcal{V}_{\mathcal{D}0}(\xi_n r,a)\,e^{-\eta_r\xi_n^2 t}}{\{J_0^2(\xi_n a)-J_1^2(\xi_n b)\}}\times$$
$$\times\int_0^d\overline{\varphi}(\xi_n,u)\left[\Theta_2\left\{\frac{\pi(z-u)}{2d},e^{-\left(\frac{\pi}{d}\right)^2\eta_z t}\right\}-\Theta_2\left\{\frac{\pi(z+u)}{2d},e^{-\left(\frac{\pi}{d}\right)^2\eta_z t}\right\}\right]du \qquad (21.17.3)$$

21.18 **The problem of 21.16, except $\mathbf{D}_a \equiv p(a,z,t) = \psi_a(z,t)$, $\mathbf{R}_b \equiv \frac{\partial p(b,z,t)}{\partial r} + \lambda p(b,z,t) = -\left(\frac{\mu}{k_r}\right)\psi_b(z,t)$, $\mathbf{D}_0 \equiv p(r,0,t) = \psi_0(r,t)$ and $\mathbf{N}_d \equiv \frac{\partial p(r,d,t)}{\partial z} = -\left(\frac{\mu}{k_z}\right)\psi_d(r,t)$**

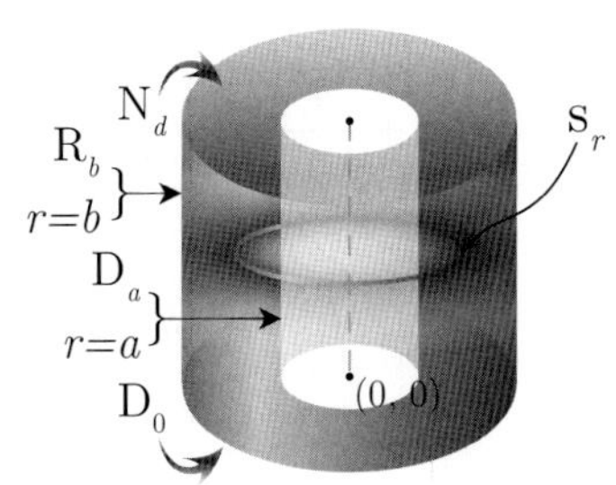

Successive application of the Laplace, Fourier and finite Hankel transformations to equation (18.1.1) gives

$$\overline{\overline{\overline{p}}} = \frac{q(s)e^{-st_0}\sin(\xi_l z_0)\mathcal{V}_{\mathcal{D}0}(\xi_n r_0, a)}{2\pi\phi c_t(\eta_r\xi_n^2+\eta_z\xi_l^2+s)} - \frac{2J_0(\xi_n a)\overline{\overline{\psi}}_b(\xi_l,s)}{\pi\phi c_t\{\lambda J_0(\xi_n b)-\xi_n J_1(\xi_n b)\}(\eta_r\xi_n^2+\eta_z\xi_l^2+s)} - $$

$$-\frac{2\eta_r\overline{\overline{\psi}}_a(\xi_l,s)}{\pi(\eta_r\xi_n^2+\eta_z\xi_l^2+s)} + \frac{\left\{\frac{(-1)^m\overline{\overline{\psi}}_d(\xi_n,s)}{\phi c_t} + \eta_z\xi_l\overline{\overline{\psi}}_0(\xi_n,s)\right\}}{(\eta_r\xi_n^2+\eta_z\xi_l^2+s)} + \frac{\overline{\overline{\varphi}}(\xi_n,\xi_l)}{(\eta_r\xi_n^2+\eta_z\xi_l^2+s)} \tag{21.18.1}$$

where $\mathcal{V}_{\mathcal{D}0}(\xi_n r, a) = J_0(\xi_n r)Y_0(\xi_n a) - Y_0(\xi_n r)J_0(\xi_n a)$. The eigenvalues $\xi_n, n = 1,2,...$, are the positive roots of the transcendental equation $\xi_n\mathcal{V}'_{\mathcal{D}0}(\xi_n b, a)+\lambda\mathcal{V}_{\mathcal{D}0}(\xi_n b, a) = 0$, $\xi_l = \frac{(2l-1)\pi}{2d}, l = 1,2,....$
$\overline{\overline{\psi}}_0(\xi_n,s) = \int_a^b \overline{\psi}_0(r,s)\,r\mathcal{V}_{\mathcal{D}0}(\xi_n r,a)\,dr$, $\overline{\overline{\psi}}_d(\xi_n,s) = \int_a^b \overline{\psi}_d(r,s)\,r\mathcal{V}_{\mathcal{D}0}(\xi_n r,a)\,dr$,
$\overline{\overline{\psi}}_a(\xi_l,s) = \int_0^d \sin(\xi_l z)\overline{\psi}_a(z,s)dz$, $\overline{\overline{\psi}}_b(\xi_l,s) = \int_0^d \sin(\xi_l z)\overline{\psi}_b(z,s)dz$, $\overline{\overline{\varphi}}(\xi_n,\xi_l) = \int_a^b \overline{\varphi}(r,\xi_l)\,r\mathcal{V}_{\mathcal{D}0}(\xi_n r,a)\,dr$ and $\overline{\varphi}(r,\xi_l) = \int_0^d \sin(\xi_l z)\varphi(r,z)dz$. Successive inverse transforms yield

$$\overline{p} = \frac{\pi q(s)e^{-st_0}}{8\phi c_t\sqrt{\eta_z}}\sum_{n=1}^{\infty}\frac{\xi_n^2\{\lambda J_0(\xi_n b)-\xi_n J_1(\xi_n b)\}^2\mathcal{V}_{\mathcal{D}0}(\xi_n r_0,a)\mathcal{V}_{\mathcal{D}0}(\xi_n r,a)\,\mathrm{sech}\left(d\sqrt{\frac{\eta_r\xi_n^2+s}{\eta_z}}\right)}{\left\{(\lambda^2+\xi_n^2)J_0^2(\xi_n a)-\{\lambda J_0(\xi_n b)-\xi_n J_1(\xi_n b)\}^2\right\}\sqrt{(\eta_r\xi_n^2+s)}}\times$$

$$\times\left[\sinh\left\{(d-|z-z_0|)\sqrt{\frac{\eta_r\xi_n^2+s}{\eta_z}}\right\} - \sinh\left\{(d-z-z_0)\sqrt{\frac{\eta_r\xi_n^2+s}{\eta_z}}\right\}\right] -$$

$$-\frac{\pi\eta_r}{2\sqrt{\eta_z}}\sum_{n=1}^{\infty}\frac{\xi_n^2\{\lambda J_0(\xi_n b)-\xi_n J_1(\xi_n b)\}^2\mathcal{V}_{\mathcal{D}0}(\xi_n r,a)\,\mathrm{sech}\left(d\sqrt{\frac{\eta_r\xi_n^2+s}{\eta_z}}\right)}{\left\{(\lambda^2+\xi_n^2)J_0^2(\xi_n a)-\{\lambda J_0(\xi_n b)-\xi_n J_1(\xi_n b)\}^2\right\}\sqrt{\eta_r\xi_n^2+s}}\times$$

$$\times\int_0^d\overline{\psi}_a(u,s)\left[\sinh\left\{(d-|z-u|)\sqrt{\frac{\eta_r\xi_n^2+s}{\eta_z}}\right\} - \sinh\left\{(d-z-u)\sqrt{\frac{\eta_r\xi_n^2+s}{\eta_z}}\right\}\right]du -$$

$$-\frac{\pi}{2\phi c_t\sqrt{\eta_z}}\sum_{n=1}^{\infty}\frac{\xi_n^2 J_0(\xi_n a)\{\lambda J_0(\xi_n b)-\xi_n J_1(\xi_n b)\}\mathcal{V}_{\mathcal{D}0}(\xi_n r,a)\,\mathrm{sech}\left(d\sqrt{\frac{\eta_r\xi_n^2+s}{\eta_z}}\right)}{\left\{(\lambda^2+\xi_n^2)J_0^2(\xi_n a)-\{\lambda J_0(\xi_n b)-\xi_n J_1(\xi_n b)\}^2\right\}\sqrt{\eta_r\xi_n^2+s}}\times$$

$$\times\int_0^d\overline{\psi}_b(u,s)\left[\sinh\left\{(d-|z-u|)\sqrt{\frac{\eta_r\xi_n^2+s}{\eta_z}}\right\} - \sinh\left\{(d-z-u)\sqrt{\frac{\eta_r\xi_n^2+s}{\eta_z}}\right\}\right]du +$$

$$+\frac{\pi^2}{2}\sum_{n=1}^{\infty}\frac{\xi_n^2\{\lambda J_0(\xi_n b)-\xi_n J_1(\xi_n b)\}^2\mathcal{V}_{\mathcal{D}0}(\xi_n r,a)\,\mathrm{sech}\left(d\sqrt{\frac{\eta_r\xi_n^2+s}{\eta_z}}\right)}{\left\{(\lambda^2+\xi_n^2)J_0^2(\xi_n a)-\{\lambda J_0(\xi_n b)-\xi_n J_1(\xi_n b)\}^2\right\}}\times$$

$$\times\left[\overline{\overline{\psi}}_0(\xi_n,s)\cosh\left\{(d-z)\sqrt{\frac{\eta_r\xi_n^2+s}{\eta_z}}\right\} + \frac{\overline{\overline{\psi}}_d(\xi_n,s)}{\phi c_t\sqrt{\eta_z(\eta_r\xi_n^2+s)}}\sinh\left\{z\sqrt{\frac{\eta_r\xi_n^2+s}{\eta_z}}\right\}\right] +$$

$$+\frac{\pi^2}{4\sqrt{\eta_z}}\sum_{n=1}^{\infty}\frac{\xi_n^2\{\lambda J_0(\xi_n b)-\xi_n J_1(\xi_n b)\}^2\mathcal{V}_{\mathcal{D}0}(\xi_n r,a)\,\mathrm{sech}\left(d\sqrt{\frac{\eta_r\xi_n^2+s}{\eta_z}}\right)}{\left\{(\lambda^2+\xi_n^2)J_0^2(\xi_n a)-\{\lambda J_0(\xi_n b)-\xi_n J_1(\xi_n b)\}^2\right\}\sqrt{\eta_r\xi_n^2+s}}\times$$

$$\times\int_0^d\overline{\varphi}(\xi_n,u)\left[\sinh\left\{(d-|z-u|)\sqrt{\frac{\eta_r\xi_n^2+s}{\eta_z}}\right\}-\sinh\left\{(d-z-u)\sqrt{\frac{\eta_r\xi_n^2+s}{\eta_z}}\right\}\right]du \qquad (21.18.2)$$

where $\overline{\varphi}(\xi_n,u)=\int_a^b\varphi(r,u)\,r\mathcal{V}_{\mathcal{D}0}(\xi_n r,a)\,dr$ and

$$p=\frac{U(t-t_0)\pi}{8\phi c_t d}\sum_{n=1}^{\infty}\frac{\xi_n^2\{\lambda J_0(\xi_n b)-\xi_n J_1(\xi_n b)\}^2\mathcal{V}_{\mathcal{D}0}(\xi_n r_0,a)\,\mathcal{V}_{\mathcal{D}0}(\xi_n r,a)}{\left\{(\lambda^2+\xi_n^2)J_0^2(\xi_n a)-\{\lambda J_0(\xi_n b)-\xi_n J_1(\xi_n b)\}^2\right\}}\times$$

$$\times\int_0^{t-t_0}q(t-t_0-\tau)\left[\Theta_2\left\{\frac{\pi(z-z_0)}{2d},e^{-\left(\frac{\pi}{d}\right)^2\eta_z\tau}\right\}-\Theta_2\left\{\frac{\pi(z+z_0)}{2d},e^{-\left(\frac{\pi}{d}\right)^2\eta_z\tau}\right\}\right]e^{-\eta_r\xi_n^2\tau}d\tau-$$

$$-\frac{\pi\eta_r}{2d}\sum_{n=1}^{\infty}\frac{\xi_n^2\{\lambda J_0(\xi_n b)-\xi_n J_1(\xi_n b)\}^2\mathcal{V}_{\mathcal{D}0}(\xi_n r,a)}{\left\{(\lambda^2+\xi_n^2)J_0^2(\xi_n a)-\{\lambda J_0(\xi_n b)-\xi_n J_1(\xi_n b)\}^2\right\}}\times$$

$$\times\int_0^t e^{-\eta_r\xi_n^2\tau}\int_0^d\psi_a(u,t-\tau)\left[\Theta_2\left\{\frac{\pi(z-u)}{2d},e^{-\left(\frac{\pi}{d}\right)^2\eta_z\tau}\right\}-\Theta_2\left\{\frac{\pi(z+u)}{2d},e^{-\left(\frac{\pi}{d}\right)^2\eta_z\tau}\right\}\right]dud\tau-$$

$$-\frac{\pi}{2\phi c_t d}\sum_{n=1}^{\infty}\frac{\xi_n^2 J_0(\xi_n a)\{\lambda J_0(\xi_n b)-\xi_n J_1(\xi_n b)\}\mathcal{V}_{\mathcal{D}0}(\xi_n r,a)}{\left\{(\lambda^2+\xi_n^2)J_0^2(\xi_n a)-\{\lambda J_0(\xi_n b)-\xi_n J_1(\xi_n b)\}^2\right\}}\times$$

$$\times\int_0^t e^{-\eta_r\xi_n^2\tau}\int_0^d\psi_b(u,t-\tau)\left[\Theta_2\left\{\frac{\pi(z-u)}{2d},e^{-\left(\frac{\pi}{d}\right)^2\eta_z\tau}\right\}-\Theta_2\left\{\frac{\pi(z+u)}{2d},e^{-\left(\frac{\pi}{d}\right)^2\eta_z\tau}\right\}\right]dud\tau-$$

$$-\frac{\pi^2}{2d}\sum_{n=1}^{\infty}\frac{\xi_n^2\{\lambda J_0(\xi_n b)-\xi_n J_1(\xi_n b)\}^2\mathcal{V}_{\mathcal{D}0}(\xi_n r,a)}{\left\{(\lambda^2+\xi_n^2)J_0^2(\xi_n a)-\{\lambda J_0(\xi_n b)-\xi_n J_1(\xi_n b)\}^2\right\}}\times$$

$$\times\int_0^t\left\{\left(\frac{\eta_z}{2d}\right)\Theta_2'\left(\frac{\pi z}{2d},e^{-\left(\frac{\pi}{d}\right)^2\eta_z\tau}\right)\overline{\psi}_0(\xi_n,t-\tau)+\left(\frac{1}{\phi c_t}\right)\Theta_1\left(\frac{\pi z}{2d},e^{-\left(\frac{\pi}{d}\right)^2\eta_z\tau}\right)\overline{\psi}_d(\xi_n,t-\tau)\right\}e^{-\eta_r\xi_n^2\tau}d\tau+$$

$$+\frac{\pi^2}{4d}\sum_{n=1}^{\infty}\frac{\xi_n^2\{\lambda J_0(\xi_n b)-\xi_n J_1(\xi_n b)\}^2\mathcal{V}_{\mathcal{D}0}(\xi_n r,a)\,e^{-\eta_r\xi_n^2 t}}{\left\{(\lambda^2+\xi_n^2)J_0^2(\xi_n a)-\{\lambda J_0(\xi_n b)-\xi_n J_1(\xi_n b)\}^2\right\}}\times$$

$$\times\int_0^d\overline{\varphi}(\xi_n,u)\left[\Theta_2\left\{\frac{\pi(z-u)}{2d},e^{-\left(\frac{\pi}{d}\right)^2\eta_z t}\right\}-\Theta_2\left\{\frac{\pi(z+u)}{2d},e^{-\left(\frac{\pi}{d}\right)^2\eta_z t}\right\}\right]du \qquad (21.18.3)$$

21.19

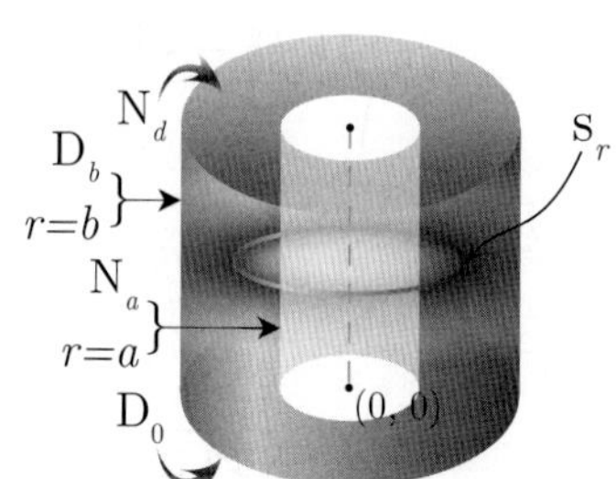

The problem of 21.16, except $\mathbf{N}_a\equiv\frac{\partial p(a,z,t)}{\partial r}=-\left(\frac{\mu}{k_r}\right)\psi_a(z,t)$, $\mathbf{D}_b\equiv p(b,z,t)=\psi_b(z,t)$, $\mathbf{D}_0\equiv p(r,0,t)=\psi_0(r,t)$ **and** $\mathbf{N}_d\equiv\frac{\partial p(r,d,t)}{\partial z}=-\left(\frac{\mu}{k_z}\right)\psi_d(r,t)$

Successive application of the Laplace, Fourier and finite Hankel transformations to equation (18.1.1) gives

$$\overline{\overline{\overline{p}}} = \frac{q(s)\,e^{-st_0}\sin(\xi_l z_0)\,\mathcal{V}_{\mathcal{N}0}(\xi_n r_0, a)}{2\pi\phi c_t(\eta_r\xi_n^2+\eta_z\xi_l^2+s)} + \frac{2\overline{\overline{\psi}}_a(\xi_l,s)}{\pi\phi c_t\xi_n(\eta_r\xi_n^2+\eta_z\xi_l^2+s)} - \\ -\frac{2\eta_r J_1(\xi_n a)\,\overline{\overline{\psi}}_b(\xi_l,s)}{\pi J_0(\xi_n b)(\eta_r\xi_n^2+\eta_z\xi_l^2+s)} + \frac{\left\{\frac{(-1)^m\overline{\overline{\psi}}_d(\xi_n,s)}{\phi c_t}+\eta_z\xi_l\overline{\overline{\psi}}_0(\xi_n,s)\right\}}{(\eta_r\xi_n^2+\eta_z\xi_l^2+s)} + \frac{\overline{\overline{\varphi}}(\xi_n,\xi_l)}{(\eta_r\xi_n^2+\eta_z\xi_l^2+s)} \qquad (21.19.1)$$

where $\mathcal{V}_{\mathcal{N}0}(\xi_n r, a) = Y_0(\xi_n r)\,J_1(\xi_n a) - J_0(\xi_n r)\,Y_1(\xi_n a)$. The eigenvalues $\xi_n, n = 1, 2, ...$, are the positive roots of the transcendental equation $\mathcal{V}_{\mathcal{N}0}(\xi_n b, a) = 0$, $\xi_l = \frac{(2l-1)\pi}{2d}, l = 1, 2, ...$
$\overline{\overline{\psi}}_0(\xi_n,s) = \int_a^b \overline{\psi}_0(r,s)\,r\mathcal{V}_{\mathcal{N}0}(\xi_n r,a)\,dr$, $\overline{\overline{\psi}}_d(\xi_n,s) = \int_a^b \overline{\psi}_d(r,s)\,r\mathcal{V}_{\mathcal{N}0}(\xi_n r,a)\,dr$,
$\overline{\overline{\psi}}_a(\xi_l,s) = \int_0^d \sin(\xi_l z)\,\overline{\psi}_a(z,s)dz$, $\overline{\overline{\psi}}_b(\xi_l,s) = \int_0^d \sin(\xi_l z)\,\overline{\psi}_b(z,s)dz$, $\overline{\overline{\varphi}}(\xi_n,\xi_l) = \int_a^b \overline{\varphi}(r,\xi_l)\,r\mathcal{V}_{\mathcal{N}0}(\xi_n r,a)\,dr$ and $\overline{\varphi}(r,\xi_l) = \int_0^d \sin(\xi_l z)\,\varphi(r,z)dz$. Successive inverse transforms yield

$$\overline{p} = \frac{\pi q(s)\,e^{-st_0}}{8\phi c_t\sqrt{\eta_z}}\sum_{n=1}^{\infty}\frac{\xi_n^2 J_0^2(\xi_n b)\,\mathcal{V}_{\mathcal{N}0}(\xi_n r_0,a)\,\mathcal{V}_{\mathcal{N}0}(\xi_n r,a)\,\text{sech}\left(d\sqrt{\frac{\eta_r\xi_n^2+s}{\eta_z}}\right)}{\{J_1^2(\xi_n a)-J_0^2(\xi_n b)\}\sqrt{(\eta_r\xi_n^2+s)}}\times \\ \times\left[\sinh\left\{(d-|z-z_0|)\sqrt{\frac{\eta_r\xi_n^2+s}{\eta_z}}\right\}-\sinh\left\{(d-z-z_0)\sqrt{\frac{\eta_r\xi_n^2+s}{\eta_z}}\right\}\right]+ \\ +\frac{\pi}{2\phi c_t\sqrt{\eta_z}}\sum_{n=1}^{\infty}\frac{\xi_n J_0^2(\xi_n b)\,\mathcal{V}_{\mathcal{N}0}(\xi_n r,a)\,\text{sech}\left(d\sqrt{\frac{\eta_r\xi_n^2+s}{\eta_z}}\right)}{\{J_1^2(\xi_n a)-J_0^2(\xi_n b)\}\sqrt{\eta_r\xi_n^2+s}}\times \\ \times\int_0^d\overline{\psi}_a(u,s)\left[\sinh\left\{(d-|z-u|)\sqrt{\frac{\eta_r\xi_n^2+s}{\eta_z}}\right\}-\sinh\left\{(d-z-u)\sqrt{\frac{\eta_r\xi_n^2+s}{\eta_z}}\right\}\right]du- \\ -\frac{\pi\eta_r}{2\sqrt{\eta_z}}\sum_{n=1}^{\infty}\frac{\xi_n^2 J_1(\xi_n a)\,J_0(\xi_n b)\,\mathcal{V}_{\mathcal{N}0}(\xi_n r,a)\,\text{sech}\left(d\sqrt{\frac{\eta_r\xi_n^2+s}{\eta_z}}\right)}{\{J_1^2(\xi_n a)-J_0^2(\xi_n b)\}\sqrt{\eta_r\xi_n^2+s}}\times \\ \times\int_0^d\overline{\psi}_b(u,s)\left[\sinh\left\{(d-|z-u|)\sqrt{\frac{\eta_r\xi_n^2+s}{\eta_z}}\right\}-\sinh\left\{(d-z-u)\sqrt{\frac{\eta_r\xi_n^2+s}{\eta_z}}\right\}\right]du+ \\ +\frac{\pi^2}{2}\sum_{n=1}^{\infty}\frac{\xi_n^2 J_0^2(\xi_n b)\,\mathcal{V}_{\mathcal{N}0}(\xi_n r,a)\,\text{sech}\left(d\sqrt{\frac{\eta_r\xi_n^2+s}{\eta_z}}\right)}{\{J_1^2(\xi_n a)-J_0^2(\xi_n b)\}}\times \\ \times\left[\overline{\overline{\psi}}_0(\xi_n,s)\cosh\left\{(d-z)\sqrt{\frac{\eta_r\xi_n^2+s}{\eta_z}}\right\}+\frac{\overline{\overline{\psi}}_d(\xi_n,s)}{\phi c_t\sqrt{\eta_z}(\eta_r\xi_n^2+s)}\sinh\left\{z\sqrt{\frac{\eta_r\xi_n^2+s}{\eta_z}}\right\}\right]+ \\ +\frac{\pi^2}{4\sqrt{\eta_z}}\sum_{n=1}^{\infty}\frac{\xi_n^2 J_0^2(\xi_n b)\,\mathcal{V}_{\mathcal{N}0}(\xi_n r,a)\,\text{sech}\left(d\sqrt{\frac{\eta_r\xi_n^2+s}{\eta_z}}\right)}{\{J_1^2(\xi_n a)-J_0^2(\xi_n b)\}\sqrt{\eta_r\xi_n^2+s}}\times \\ \times\int_0^d\overline{\varphi}(\xi_n,u)\left[\sinh\left\{(d-|z-u|)\sqrt{\frac{\eta_r\xi_n^2+s}{\eta_z}}\right\}-\sinh\left\{(d-z-u)\sqrt{\frac{\eta_r\xi_n^2+s}{\eta_z}}\right\}\right]du \qquad (21.19.2)$$

where $\overline{\varphi}(\xi_n,u) = \int_a^b \varphi(r,u)\,r\mathcal{V}_{\mathcal{N}0}(\xi_n r,a)\,dr$ and

$$p = \frac{U(t-t_0)\,\pi}{8\phi c_t d}\sum_{n=1}^{\infty}\frac{\xi_n^2 J_0^2(\xi_n b)\,\mathcal{V}_{\mathcal{N}0}(\xi_n r_0,a)\,\mathcal{V}_{\mathcal{N}0}(\xi_n r,a)}{\{J_1^2(\xi_n a)-J_0^2(\xi_n b)\}}\times$$

$$\times \int_0^{t-t_0} q(t-t_0-\tau)\left[\Theta_2\left\{\frac{\pi(z-z_0)}{2d}, e^{-\left(\frac{\pi}{d}\right)^2\eta_z\tau}\right\} - \Theta_2\left\{\frac{\pi(z+z_0)}{2d}, e^{-\left(\frac{\pi}{d}\right)^2\eta_z\tau}\right\}\right] e^{-\eta_r\xi_n^2\tau} d\tau +$$

$$+\frac{\pi}{2\phi c_t d}\sum_{n=1}^{\infty}\frac{\xi_n J_0^2(\xi_n b)\mathcal{V}_{\mathcal{N}0}(\xi_n r, a)}{\{J_1^2(\xi_n a) - J_0^2(\xi_n b)\}}\times$$

$$\times \int_0^t e^{-\eta_r\xi_n^2\tau}\int_0^d \psi_a(u, t-\tau)\left[\Theta_2\left\{\frac{\pi(z-u)}{2d}, e^{-\left(\frac{\pi}{d}\right)^2\eta_z\tau}\right\} - \Theta_2\left\{\frac{\pi(z+u)}{2d}, e^{-\left(\frac{\pi}{d}\right)^2\eta_z\tau}\right\}\right] du d\tau -$$

$$-\frac{\pi\eta_r}{2d}\sum_{n=1}^{\infty}\frac{\xi_n^2 J_1(\xi_n a) J_0(\xi_n b)\mathcal{V}_{\mathcal{N}0}(\xi_n r, a)}{\{J_1^2(\xi_n a) - J_0^2(\xi_n b)\}}\times$$

$$\times \int_0^t e^{-\eta_r\xi_n^2\tau}\int_0^d \psi_b(u, t-\tau)\left[\Theta_2\left\{\frac{\pi(z-u)}{2d}, e^{-\left(\frac{\pi}{d}\right)^2\eta_z\tau}\right\} - \Theta_2\left\{\frac{\pi(z+u)}{2d}, e^{-\left(\frac{\pi}{d}\right)^2\eta_z\tau}\right\}\right] du d\tau -$$

$$-\frac{\pi^2}{2d}\sum_{n=1}^{\infty}\frac{\xi_n^2 J_0^2(\xi_n b)\mathcal{V}_{\mathcal{N}0}(\xi_n r, a)}{\{J_1^2(\xi_n a) - J_0^2(\xi_n b)\}}\times$$

$$\times \int_0^t \left\{\left(\frac{\eta_z}{2d}\right)\Theta_2'\left(\frac{\pi z}{2d}, e^{-\left(\frac{\pi}{d}\right)^2\eta_z\tau}\right)\overline{\psi}_0(\xi_n, t-\tau) + \left(\frac{1}{\phi c_t}\right)\Theta_1\left(\frac{\pi z}{2d}, e^{-\left(\frac{\pi}{d}\right)^2\eta_z\tau}\right)\overline{\psi}_d(\xi_n, t-\tau)\right\} e^{-\eta_r\xi_n^2\tau} d\tau +$$

$$+\frac{\pi^2}{4d}\sum_{n=1}^{\infty}\frac{\xi_n^2 J_0^2(\xi_n b)\mathcal{V}_{\mathcal{N}0}(\xi_n r, a) e^{-\eta_r\xi_n^2 t}}{\{J_1^2(\xi_n a) - J_0^2(\xi_n b)\}}\times$$

$$\times \int_0^d \overline{\varphi}(\xi_n, u)\left[\Theta_2\left\{\frac{\pi(z-u)}{2d}, e^{-\left(\frac{\pi}{d}\right)^2\eta_z t}\right\} - \Theta_2\left\{\frac{\pi(z+u)}{2d}, e^{-\left(\frac{\pi}{d}\right)^2\eta_z t}\right\}\right] du \qquad (21.19.3)$$

21.20

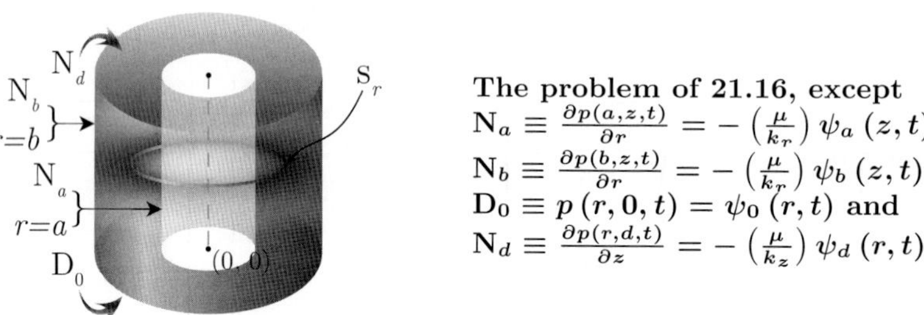

The problem of 21.16, except
$\mathbf{N}_a \equiv \frac{\partial p(a,z,t)}{\partial r} = -\left(\frac{\mu}{k_r}\right)\psi_a(z,t)$,
$\mathbf{N}_b \equiv \frac{\partial p(b,z,t)}{\partial r} = -\left(\frac{\mu}{k_r}\right)\psi_b(z,t)$,
$\mathbf{D}_0 \equiv p(r,0,t) = \psi_0(r,t)$ **and**
$\mathbf{N}_d \equiv \frac{\partial p(r,d,t)}{\partial z} = -\left(\frac{\mu}{k_z}\right)\psi_d(r,t)$

Successive application of the Laplace, Fourier and finite Hankel transformations to equation (18.1.1) gives

$$\overline{\overline{\overline{p}}} = \frac{q(s)e^{-st_0}\sin(\xi_l z_0)}{2\pi\phi c_t(\eta_z\xi_l^2+s)} + \frac{q(s)e^{-st_0}\sin(\xi_l z_0)\mathcal{V}_{\mathcal{N}0}(\xi_n r_0, a)}{2\pi\phi c_t(\eta_r\xi_n^2+\eta_z\xi_l^2+s)} + \frac{\left\{a\overline{\overline{\psi}}_a(\xi_l, s) - b\overline{\overline{\psi}}_b(\xi_l, s)\right\}}{\phi c_t(\eta_z\xi_l^2+s)} +$$

$$+\frac{2\overline{\overline{\psi}}_a(\xi_l, s)}{\pi\phi c_t\xi_n(\eta_r\xi_n^2+\eta_z\xi_l^2+s)} - \frac{2J_1(\xi_n a)\overline{\overline{\psi}}_b(\xi_l, s)}{\pi\phi c_t\xi_n J_1(\xi_n b)(\eta_r\xi_n^2+\eta_z\xi_l^2+s)} + \frac{\int_a^b\left\{\frac{(-1)^m\overline{\psi}_d(u,s)}{\phi c_t} + \eta_z\xi_l\overline{\psi}_0(u,s)\right\}u du}{(\eta_z\xi_l^2+s)} +$$

$$+\frac{\left\{\frac{(-1)^m\overline{\overline{\psi}}_d(\xi_n,s)}{\phi c_t} + \eta_z\xi_l\overline{\overline{\psi}}_0(\xi_n, s)\right\}}{(\eta_r\xi_n^2+\eta_z\xi_l^2+s)} + \frac{\int_a^b u\overline{\varphi}(u,\xi_l)du}{(\eta_z\xi_l^2+s)} + \frac{\overline{\overline{\varphi}}(\xi_n, \xi_l)}{(\eta_r\xi_n^2+\eta_z\xi_l^2+s)} \qquad (21.20.1)$$

where $\mathcal{V}_{\mathcal{N}0}(\xi_n r, a) = Y_0(\xi_n r)J_1(\xi_n a) - J_0(\xi_n r)Y_1(\xi_n a)$. The eigenvalues are $\xi_0 = 0$ and $\xi_n, n = 1, 2, ...,$ which are the positive roots of the transcendental equation $\mathcal{V}_{\mathcal{N}0}'(\xi_n b, a) = 0$,* $\xi_l = \frac{(2l-1)\pi}{2d}$,

*$\mathcal{V}_{\mathcal{N}0}'(\xi_n b, a) = J_1(\xi_n b)Y_1(\xi_n a) - Y_1(\xi_n b)J_1(\xi_n a)$.

$l = 1, 2, ...\ \overline{\overline{\psi}}_0(\xi_n, s) = \int_a^b \overline{\psi}_0(r, s)\, r\mathcal{V}_{\mathcal{N}0}(\xi_n r, a)\, dr$, $\overline{\overline{\psi}}_d(\xi_n, s) = \int_a^b \overline{\psi}_d(r, s)\, r\mathcal{V}_{\mathcal{N}0}(\xi_n r, a)\, dr$, $\overline{\overline{\psi}}_a(\xi_l, s) = \int_0^d \sin(\xi_l z)\, \overline{\psi}_a(z, s) dz$, $\overline{\overline{\psi}}_b(\xi_l, s) = \int_0^d \sin(\xi_l z)\, \overline{\psi}_b(z, s) dz$, $\overline{\overline{\varphi}}(\xi_n, \xi_l) = \int_a^b \overline{\varphi}(r, \xi_l)\, r\mathcal{V}_{\mathcal{N}0}(\xi_n r, a)\, dr$ and $\overline{\varphi}(r, \xi_l) = \int_0^d \sin(\xi_l z)\, \varphi(r, z) dz$. Successive inverse transforms yield

$$
\begin{aligned}
\overline{p} \;=\; & \frac{q(s)\, e^{-st_0}\, \mathrm{sech}\left(d\sqrt{\frac{s}{\eta_z}}\right)}{2\pi\left(b^2 - a^2\right)\phi c_t \sqrt{\eta_z s}} \left[\sinh\left\{(d - |z - z_0|)\sqrt{\frac{s}{\eta_z}}\right\} - \sinh\left\{(d - z - z_0)\sqrt{\frac{s}{\eta_z}}\right\}\right] + \\
& + \frac{\pi q(s)\, e^{-st_0}}{8\phi c_t \sqrt{\eta_z}} \sum_{n=1}^{\infty} \frac{\xi_n^2 J_1^2(\xi_n b)\, \mathcal{V}_{\mathcal{N}0}(\xi_n r_0, a)\, \mathcal{V}_{\mathcal{N}0}(\xi_n r, a)\, \mathrm{sech}\left(d\sqrt{\frac{\eta_r \xi_n^2 + s}{\eta_z}}\right)}{\left\{J_1^2(\xi_n a) - J_1^2(\xi_n b)\right\}\sqrt{\left(\eta_r \xi_n^2 + s\right)}} \times \\
& \times \left[\sinh\left\{(d - |z - z_0|)\sqrt{\frac{\eta_r \xi_n^2 + s}{\eta_z}}\right\} - \sinh\left\{(d - z - z_0)\sqrt{\frac{\eta_r \xi_n^2 + s}{\eta_z}}\right\}\right] + \\
& + \frac{\mathrm{sech}\left(d\sqrt{\frac{s}{\eta_z}}\right)}{\left(b^2 - a^2\right)\phi c_t \sqrt{\eta_z s}} \int_0^d \left\{a\overline{\psi}_a(u, s) - b\overline{\psi}_b(u, s)\right\}\left[\sinh\left\{(d - |z - u|)\sqrt{\frac{s}{\eta_z}}\right\} - \sinh\left\{(d - z - u)\sqrt{\frac{s}{\eta_z}}\right\}\right] du + \\
& + \frac{\pi}{2\phi c_t \sqrt{\eta_z}} \sum_{n=1}^{\infty} \frac{\xi_n J_1^2(\xi_n b)\, \mathcal{V}_{\mathcal{N}0}(\xi_n r, a)\, \mathrm{sech}\left(d\sqrt{\frac{\eta_r \xi_n^2 + s}{\eta_z}}\right)}{\left\{J_1^2(\xi_n a) - J_1^2(\xi_n b)\right\}\sqrt{\left(\eta_r \xi_n^2 + s\right)}} \times \\
& \times \int_0^d \overline{\psi}_a(u, s)\left[\sinh\left\{(d - |z - u|)\sqrt{\frac{\eta_r \xi_n^2 + s}{\eta_z}}\right\} - \sinh\left\{(d - z - u)\sqrt{\frac{\eta_r \xi_n^2 + s}{\eta_z}}\right\}\right] du - \\
& - \frac{\pi}{2\phi c_t \sqrt{\eta_z}} \sum_{n=1}^{\infty} \frac{\xi_n J_1(\xi_n a)\, J_1(\xi_n b)\, \mathcal{V}_{\mathcal{N}0}(\xi_n r, a)\, \mathrm{sech}\left(d\sqrt{\frac{\eta_r \xi_n^2 + s}{\eta_z}}\right)}{\left\{J_1^2(\xi_n a) - J_1^2(\xi_n b)\right\}\sqrt{\left(\eta_r \xi_n^2 + s\right)}} \times \\
& \times \int_0^d \overline{\psi}_b(u, s)\left[\sinh\left\{(d - |z - u|)\sqrt{\frac{\eta_r \xi_n^2 + s}{\eta_z}}\right\} - \sinh\left\{(d - z - u)\sqrt{\frac{\eta_r \xi_n^2 + s}{\eta_z}}\right\}\right] du + \\
& + \frac{2\, \mathrm{sech}\left(d\sqrt{\frac{s}{\eta_z}}\right)}{\left(b^2 - a^2\right)} \int_a^b u\left[\overline{\psi}_0(u, s)\cosh\left\{(d - z)\sqrt{\frac{s}{\eta_z}}\right\} + \frac{\overline{\psi}_d(u, s)}{\phi c_t \sqrt{\eta_z s}}\sinh\left\{z\sqrt{\frac{s}{\eta_z}}\right\}\right] du + \\
& + \frac{\pi^2}{2} \sum_{n=1}^{\infty} \frac{\xi_n^2 J_1^2(\xi_n b)\, \mathcal{V}_{\mathcal{N}0}(\xi_n r, a)\, \mathrm{sech}\left(d\sqrt{\frac{\eta_r \xi_n^2 + s}{\eta_z}}\right)}{\left\{J_1^2(\xi_n a) - J_1^2(\xi_n b)\right\}} \times \\
& \times \left[\overline{\overline{\psi}}_0(\xi_n, s)\cosh\left\{(d - z)\sqrt{\frac{\eta_r \xi_n^2 + s}{\eta_z}}\right\} + \frac{\overline{\overline{\psi}}_d(\xi_n, s)}{\phi c_t \sqrt{\eta_z\left(\eta_r \xi_n^2 + s\right)}}\sinh\left\{z\sqrt{\frac{\eta_r \xi_n^2 + s}{\eta_z}}\right\}\right] + \\
& + \frac{\mathrm{sech}\left(d\sqrt{\frac{s}{\eta_z}}\right)}{\left(b^2 - a^2\right)\sqrt{\eta_z s}} \int_0^d \left[\sinh\left\{(d - |z - u|)\sqrt{\frac{s}{\eta_z}}\right\} - \sinh\left\{(d - z - u)\sqrt{\frac{s}{\eta_z}}\right\}\right] \int_a^b \varphi(v, u)\, v dv du + \\
& + \frac{\pi^2}{4\sqrt{\eta_z}} \sum_{n=1}^{\infty} \frac{\xi_n^2 J_1^2(\xi_n b)\, \mathcal{V}_{\mathcal{N}0}(\xi_n r, a)\, \mathrm{sech}\left(d\sqrt{\frac{\eta_r \xi_n^2 + s}{\eta_z}}\right)}{\left\{J_1^2(\xi_n a) - J_1^2(\xi_n b)\right\}\sqrt{\left(\eta_r \xi_n^2 + s\right)}} \times \\
& \times \int_0^d \overline{\varphi}(\xi_n, u)\left[\sinh\left\{(d - |z - u|)\sqrt{\frac{\eta_r \xi_n^2 + s}{\eta_z}}\right\} - \sinh\left\{(d - z - u)\sqrt{\frac{\eta_r \xi_n^2 + s}{\eta_z}}\right\}\right] du \qquad (21.20.2)
\end{aligned}
$$

where $\overline{\varphi}(\xi_n, u) = \int_a^b \varphi(r, u)\, r \mathcal{V}_{\mathcal{N}0}(\xi_n r, a)\, dr$ and

$$
\begin{aligned}
p &= \frac{U(t-t_0)}{2\pi\phi c_t d\,(b^2-a^2)} \int_0^{t-t_0} q(t-t_0-\tau)\left[\Theta_2\left\{\frac{\pi(z-z_0)}{2d}, e^{-\left(\frac{\pi}{d}\right)^2\eta_z\tau}\right\} - \Theta_2\left\{\frac{\pi(z+z_0)}{2d}, e^{-\left(\frac{\pi}{d}\right)^2\eta_z\tau}\right\}\right] d\tau + \\
&+ \frac{U(t-t_0)\,\pi}{8\phi c_t d}\sum_{n=1}^{\infty} \frac{\xi_n^2 J_1^2(\xi_n b)\, \mathcal{V}_{\mathcal{N}0}(\xi_n r_0, a)\, \mathcal{V}_{\mathcal{N}0}(\xi_n r, a)}{\{J_1^2(\xi_n a) - J_1^2(\xi_n b)\}} \times \\
&\times \int_0^{t-t_0} q(t-t_0-\tau)\left[\Theta_2\left\{\frac{\pi(z-z_0)}{2d}, e^{-\left(\frac{\pi}{d}\right)^2\eta_z\tau}\right\} - \Theta_2\left\{\frac{\pi(z+z_0)}{2d}, e^{-\left(\frac{\pi}{d}\right)^2\eta_z\tau}\right\}\right] e^{-\eta_r\xi_n^2\tau}\, d\tau + \\
&+ \frac{1}{\phi c_t (b^2-a^2)\, d} \times \\
&\times \int_0^t\int_0^d \{a\psi_a(u, t-\tau) - b\psi_b(u, t-\tau)\}\left[\Theta_2\left\{\frac{\pi(z-u)}{2d}, e^{-\left(\frac{\pi}{d}\right)^2\eta_z\tau}\right\} - \Theta_2\left\{\frac{\pi(z+u)}{2d}, e^{-\left(\frac{\pi}{d}\right)^2\eta_z\tau}\right\}\right] du\, d\tau + \\
&+ \frac{\pi}{2\phi c_t d}\sum_{n=1}^{\infty} \frac{\xi_n J_1^2(\xi_n b)\, \mathcal{V}_{\mathcal{N}0}(\xi_n r, a)}{\{J_1^2(\xi_n a) - J_1^2(\xi_n b)\}} \times \\
&\times \int_0^t e^{-\eta_r\xi_n^2\tau} \int_0^d \psi_a(u, t-\tau)\left[\Theta_2\left\{\frac{\pi(z-u)}{2d}, e^{-\left(\frac{\pi}{d}\right)^2\eta_z\tau}\right\} - \Theta_2\left\{\frac{\pi(z+u)}{2d}, e^{-\left(\frac{\pi}{d}\right)^2\eta_z\tau}\right\}\right] du\, d\tau - \\
&- \frac{\pi}{2\phi c_t d}\sum_{n=1}^{\infty} \frac{\xi_n J_1(\xi_n a)\, J_1(\xi_n b)\, \mathcal{V}_{\mathcal{N}0}(\xi_n r, a)}{\{J_1^2(\xi_n a) - J_1^2(\xi_n b)\}} \times \\
&\times \int_0^t e^{-\eta_r\xi_n^2\tau} \int_0^d \psi_b(u, t-\tau)\left[\Theta_2\left\{\frac{\pi(z-u)}{2d}, e^{-\left(\frac{\pi}{d}\right)^2\eta_z\tau}\right\} - \Theta_2\left\{\frac{\pi(z+u)}{2d}, e^{-\left(\frac{\pi}{d}\right)^2\eta_z\tau}\right\}\right] du\, d\tau - \\
&- \frac{2}{(b^2-a^2)\, d} \times \\
&\times \int_0^t\int_a^b u\left\{\left(\frac{\eta_z}{2d}\right)\Theta_2'\left(\frac{\pi z}{2d}, e^{-\left(\frac{\pi}{d}\right)^2\eta_z\tau}\right)\overline{\psi}_0(\xi_n, t-\tau) + \left(\frac{1}{\phi c_t}\right)\Theta_1\left(\frac{\pi z}{2d}, e^{-\left(\frac{\pi}{d}\right)^2\eta_z\tau}\right)\overline{\psi}_d(\xi_n, t-\tau)\right\} du\, d\tau - \\
&- \frac{\pi^2}{2d}\sum_{n=1}^{\infty} \frac{\xi_n^2 J_1^2(\xi_n b)\, \mathcal{V}_{\mathcal{N}0}(\xi_n r, a)}{\{J_1^2(\xi_n a) - J_1^2(\xi_n b)\}} \times \\
&\times \int_0^t \left\{\left(\frac{\eta_z}{2d}\right)\Theta_2'\left(\frac{\pi z}{2d}, e^{-\left(\frac{\pi}{d}\right)^2\eta_z\tau}\right)\overline{\psi}_0(\xi_n, t-\tau) + \left(\frac{1}{\phi c_t}\right)\Theta_1\left(\frac{\pi z}{2d}, e^{-\left(\frac{\pi}{d}\right)^2\eta_z\tau}\right)\overline{\psi}_d(\xi_n, t-\tau)\right\} e^{-\eta_r\xi_n^2\tau}\, d\tau + \\
&+ \frac{1}{(b^2-a^2)\, d}\int_0^d\int_a^b v\varphi(v, u)\, dv\left[\Theta_2\left\{\frac{\pi(z-u)}{2d}, e^{-\left(\frac{\pi}{d}\right)^2\eta_z t}\right\} - \Theta_2\left\{\frac{\pi(z+u)}{2d}, e^{-\left(\frac{\pi}{d}\right)^2\eta_z t}\right\}\right] du + \\
&+ \frac{\pi^2}{4d}\sum_{n=1}^{\infty} \frac{\xi_n^2 J_1^2(\xi_n b)\, \mathcal{V}_{\mathcal{N}0}(\xi_n r, a)\, e^{-\eta_r\xi_n^2 t}}{\{J_1^2(\xi_n a) - J_1^2(\xi_n b)\}} \times \\
&\times \int_0^d \overline{\varphi}(\xi_n, u)\left[\Theta_2\left\{\frac{\pi(z-u)}{2d}, e^{-\left(\frac{\pi}{d}\right)^2\eta_z t}\right\} - \Theta_2\left\{\frac{\pi(z+u)}{2d}, e^{-\left(\frac{\pi}{d}\right)^2\eta_z t}\right\}\right] du \qquad (21.20.3)
\end{aligned}
$$

21.21 **The problem of 21.16, except** $\mathbf{N}_a \equiv \frac{\partial p(a,z,t)}{\partial r} = -\left(\frac{\mu}{k_r}\right)\psi_a(z,t)$, $\mathbf{R}_b \equiv \frac{\partial p(b,z,t)}{\partial r} + \lambda p(b,z,t) = -\left(\frac{\mu}{k_r}\right)\psi_b(z,t)$, $\mathbf{D}_0 \equiv p(r,0,t) = \psi_0(r,t)$ **and** $\mathbf{N}_d \equiv \frac{\partial p(r,d,t)}{\partial z} = -\left(\frac{\mu}{k_z}\right)\psi_d(r,t)$

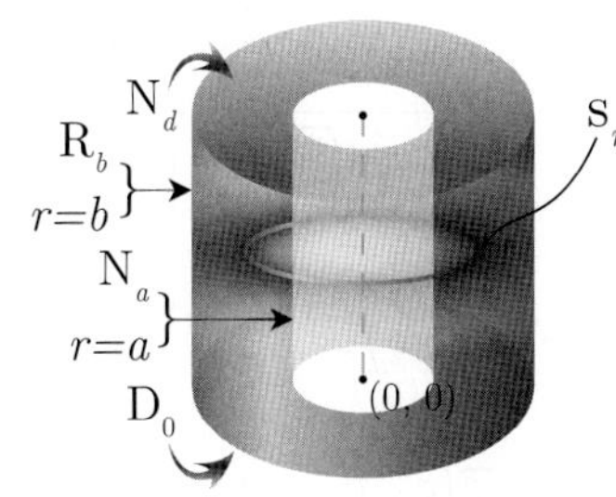

Successive application of the Laplace, Fourier and finite Hankel transformations to equation (18.1.1) gives

$$\overline{\overline{\overline{p}}} = \frac{q(s)e^{-st_0}\sin(\xi_l z_0)\mathcal{V}_{\mathcal{N}0}(\xi_n r_0, a)}{2\pi\phi c_t(\eta_r\xi_n^2+\eta_z\xi_l^2+s)} + \frac{2J_1(\xi_n a)\overline{\overline{\psi}}_b(\xi_l,s)}{\pi\phi c_t\{\lambda J_0(\xi_n b)-\xi_n J_1(\xi_n b)\}(\eta_r\xi_n^2+\eta_z\xi_l^2+s)} +$$
$$+\frac{2\overline{\overline{\psi}}_a(\xi_l,s)}{\pi\phi c_t\xi_n(\eta_r\xi_n^2+\eta_z\xi_l^2+s)} + \frac{\left\{\frac{(-1)^m\overline{\overline{\psi}}_d(\xi_n,s)}{\phi c_t} + \eta_z\xi_l\overline{\overline{\psi}}_0(\xi_n,s)\right\}}{(\eta_r\xi_n^2+\eta_z\xi_l^2+s)} + \frac{\overline{\overline{\varphi}}(\xi_n,\xi_l)}{(\eta_r\xi_n^2+\eta_z\xi_l^2+s)} \qquad (21.21.1)$$

where $\mathcal{V}_{\mathcal{N}0}(\xi_n r, a) = Y_0(\xi_n r)J_1(\xi_n a) - J_0(\xi_n r)Y_1(\xi_n a)$. The eigenvalues $\xi_n, n=1,2,...,$ are the positive roots of the transcendental equation $\xi_n\mathcal{V}'_{\mathcal{N}0}(\xi_n b,a)+\lambda\mathcal{V}_{\mathcal{N}0}(\xi_n b,a)=0$, $\xi_l=\frac{(2l-1)\pi}{2d}, l=1,2,....$
$\overline{\overline{\psi}}_0(\xi_n,s)=\int_a^b\overline{\psi}_0(r,s)r\mathcal{V}_{\mathcal{N}0}(\xi_n r,a)\,dr$, $\overline{\overline{\psi}}_d(\xi_n,s)=\int_a^b\overline{\psi}_d(r,s)r\mathcal{V}_{\mathcal{N}0}(\xi_n r,a)\,dr$,
$\overline{\overline{\psi}}_a(\xi_l,s)=\int_0^d\sin(\xi_l z)\overline{\psi}_a(z,s)dz$, $\overline{\overline{\psi}}_b(\xi_l,s)=\int_0^d\sin(\xi_l z)\overline{\psi}_b(z,s)dz$, $\overline{\overline{\varphi}}(\xi_n,\xi_l)=\int_a^b\overline{\varphi}(r,\xi_l)r\mathcal{V}_{\mathcal{N}0}(\xi_n r,a)\,dr$ and $\overline{\varphi}(r,\xi_l)=\int_0^d\sin(\xi_l z)\varphi(r,z)dz$. Successive inverse transforms yield

$$\overline{p} = \frac{\pi q(s)e^{-st_0}}{8\phi c_t\sqrt{\eta_z}}\sum_{n=1}^{\infty}\frac{\xi_n^2\{\lambda J_0(\xi_n b)-\xi_n J_1(\xi_n b)\}^2\mathcal{V}_{\mathcal{N}0}(\xi_n r_0,a)\mathcal{V}_{\mathcal{N}0}(\xi_n r,a)\operatorname{sech}\left(d\sqrt{\frac{\eta_r\xi_n^2+s}{\eta_z}}\right)}{\left[(\lambda^2+\xi_n^2)J_1^2(\xi_n a)-\{\lambda J_0(\xi_n b)-\xi_n J_1(\xi_n b)\}^2\right]\sqrt{(\eta_r\xi_n^2+s)}}\times$$
$$\times\left[\sinh\left\{(d-|z-z_0|)\sqrt{\frac{\eta_r\xi_n^2+s}{\eta_z}}\right\}-\sinh\left\{(d-z-z_0)\sqrt{\frac{\eta_r\xi_n^2+s}{\eta_z}}\right\}\right]+$$
$$+\frac{\pi}{2\phi c_t\sqrt{\eta_z}}\sum_{n=1}^{\infty}\frac{\xi_n\{\lambda J_0(\xi_n b)-\xi_n J_1(\xi_n b)\}^2\mathcal{V}_{\mathcal{N}0}(\xi_n r,a)\operatorname{sech}\left(d\sqrt{\frac{\eta_r\xi_n^2+s}{\eta_z}}\right)}{\left[(\lambda^2+\xi_n^2)J_1^2(\xi_n a)-\{\lambda J_0(\xi_n b)-\xi_n J_1(\xi_n b)\}^2\right]\sqrt{\eta_r\xi_n^2+s}}\times$$
$$\times\int_0^d\overline{\psi}_a(u,s)\left[\sinh\left\{(d-|z-u|)\sqrt{\frac{\eta_r\xi_n^2+s}{\eta_z}}\right\}-\sinh\left\{(d-z-u)\sqrt{\frac{\eta_r\xi_n^2+s}{\eta_z}}\right\}\right]du+$$
$$+\frac{\pi}{2\phi c_t\sqrt{\eta_z}}\sum_{n=1}^{\infty}\frac{\xi_n^2 J_1(\xi_n a)\{\lambda J_0(\xi_n b)-\xi_n J_1(\xi_n b)\}\mathcal{V}_{\mathcal{N}0}(\xi_n r,a)\operatorname{sech}\left(d\sqrt{\frac{\eta_r\xi_n^2+s}{\eta_z}}\right)}{\left[(\lambda^2+\xi_n^2)J_1^2(\xi_n a)-\{\lambda J_0(\xi_n b)-\xi_n J_1(\xi_n b)\}^2\right]\sqrt{\eta_r\xi_n^2+s}}\times$$
$$\times\int_0^d\overline{\psi}_b(u,s)\left[\sinh\left\{(d-|z-u|)\sqrt{\frac{\eta_r\xi_n^2+s}{\eta_z}}\right\}-\sinh\left\{(d-z-u)\sqrt{\frac{\eta_r\xi_n^2+s}{\eta_z}}\right\}\right]du+$$
$$+\frac{\pi^2}{2}\sum_{n=1}^{\infty}\frac{\xi_n^2\{\lambda J_0(\xi_n b)-\xi_n J_1(\xi_n b)\}^2\mathcal{V}_{\mathcal{N}0}(\xi_n r,a)\operatorname{sech}\left(d\sqrt{\frac{\eta_r\xi_n^2+s}{\eta_z}}\right)}{\left[(\lambda^2+\xi_n^2)J_1^2(\xi_n a)-\{\lambda J_0(\xi_n b)-\xi_n J_1(\xi_n b)\}^2\right]}\times$$
$$\times\left[\overline{\overline{\psi}}_0(\xi_n,s)\cosh\left\{(d-z)\sqrt{\frac{\eta_r\xi_n^2+s}{\eta_z}}\right\}+\frac{\overline{\overline{\psi}}_d(\xi_n,s)}{\phi c_t\sqrt{\eta_z(\eta_r\xi_n^2+s)}}\sinh\left\{z\sqrt{\frac{\eta_r\xi_n^2+s}{\eta_z}}\right\}\right]+$$

$$+\frac{\pi^2}{4\sqrt{\eta_z}}\sum_{n=1}^{\infty}\frac{\xi_n^2\left\{\lambda J_0(\xi_n b)-\xi_n J_1(\xi_n b)\right\}^2\mathcal{V}_{\mathcal{N}0}(\xi_n r,a)\,\mathrm{sech}\left(d\sqrt{\frac{\eta_r\xi_n^2+s}{\eta_z}}\right)}{\left[\left(\lambda^2+\xi_n^2\right)J_1^2(\xi_n a)-\left\{\lambda J_0(\xi_n b)-\xi_n J_1(\xi_n b)\right\}^2\right]\sqrt{\eta_r\xi_n^2+s}}\times$$
$$\times\int_0^d\overline{\varphi}(\xi_n,u)\left[\sinh\left\{(d-|z-u|)\sqrt{\frac{\eta_r\xi_n^2+s}{\eta_z}}\right\}-\sinh\left\{(d-z-u)\sqrt{\frac{\eta_r\xi_n^2+s}{\eta_z}}\right\}\right]du \qquad (21.21.2)$$

where $\overline{\varphi}(\xi_n,u)=\int_a^b\varphi(r,u)\,r\mathcal{V}_{\mathcal{N}0}(\xi_n r,a)\,dr$ and

$$p=\frac{U(t-t_0)\,\pi}{8\phi c_t d}\sum_{n=1}^{\infty}\frac{\xi_n^2\left\{\lambda J_0(\xi_n b)-\xi_n J_1(\xi_n b)\right\}^2\mathcal{V}_{\mathcal{N}0}(\xi_n r_0,a)\,\mathcal{V}_{\mathcal{N}0}(\xi_n r,a)}{\left[\left(\lambda^2+\xi_n^2\right)J_1^2(\xi_n a)-\left\{\lambda J_0(\xi_n b)-\xi_n J_1(\xi_n b)\right\}^2\right]}\times$$
$$\times\int_0^{t-t_0}q(t-t_0-\tau)\left[\Theta_2\left\{\frac{\pi(z-z_0)}{2d},e^{-\left(\frac{\pi}{d}\right)^2\eta_z\tau}\right\}-\Theta_2\left\{\frac{\pi(z+z_0)}{2d},e^{-\left(\frac{\pi}{d}\right)^2\eta_z\tau}\right\}\right]e^{-\eta_r\xi_n^2\tau}d\tau+$$
$$+\frac{\pi}{2\phi c_t d}\sum_{n=1}^{\infty}\frac{\xi_n\left\{\lambda J_0(\xi_n b)-\xi_n J_1(\xi_n b)\right\}^2\mathcal{V}_{\mathcal{N}0}(\xi_n r,a)}{\left[\left(\lambda^2+\xi_n^2\right)J_1^2(\xi_n a)-\left\{\lambda J_0(\xi_n b)-\xi_n J_1(\xi_n b)\right\}^2\right]}\times$$
$$\times\int_0^t e^{-\eta_r\xi_n^2\tau}\int_0^d\psi_a(u,t-\tau)\left[\Theta_2\left\{\frac{\pi(z-u)}{2d},e^{-\left(\frac{\pi}{d}\right)^2\eta_z\tau}\right\}-\Theta_2\left\{\frac{\pi(z+u)}{2d},e^{-\left(\frac{\pi}{d}\right)^2\eta_z\tau}\right\}\right]du\,d\tau+$$
$$+\frac{\pi}{2\phi c_t d}\sum_{n=1}^{\infty}\frac{\xi_n^2 J_1(\xi_n a)\left\{\lambda J_0(\xi_n b)-\xi_n J_1(\xi_n b)\right\}\mathcal{V}_{\mathcal{N}0}(\xi_n r,a)}{\left[\left(\lambda^2+\xi_n^2\right)J_1^2(\xi_n a)-\left\{\lambda J_0(\xi_n b)-\xi_n J_1(\xi_n b)\right\}^2\right]}\times$$
$$\times\int_0^t e^{-\eta_r\xi_n^2\tau}\int_0^d\psi_b(u,t-\tau)\left[\Theta_2\left\{\frac{\pi(z-u)}{2d},e^{-\left(\frac{\pi}{d}\right)^2\eta_z\tau}\right\}-\Theta_2\left\{\frac{\pi(z+u)}{2d},e^{-\left(\frac{\pi}{d}\right)^2\eta_z\tau}\right\}\right]du\,d\tau-$$
$$-\frac{\pi^2}{2d}\sum_{n=1}^{\infty}\frac{\xi_n^2\left\{\lambda J_0(\xi_n b)-\xi_n J_1(\xi_n b)\right\}^2\mathcal{V}_{\mathcal{N}0}(\xi_n r,a)}{\left[\left(\lambda^2+\xi_n^2\right)J_1^2(\xi_n a)-\left\{\lambda J_0(\xi_n b)-\xi_n J_1(\xi_n b)\right\}^2\right]}\times$$
$$\times\int_0^t\left\{\left(\frac{\eta_z}{2d}\right)\Theta_2'\left(\frac{\pi z}{2d},e^{-\left(\frac{\pi}{d}\right)^2\eta_z\tau}\right)\overline{\psi}_0(\xi_n,t-\tau)+\left(\frac{1}{\phi c_t}\right)\Theta_1\left(\frac{\pi z}{2d},e^{-\left(\frac{\pi}{d}\right)^2\eta_z\tau}\right)\overline{\psi}_d(\xi_n,t-\tau)\right\}e^{-\eta_r\xi_n^2\tau}d\tau+$$
$$+\frac{\pi^2}{4d}\sum_{n=1}^{\infty}\frac{\xi_n^2\left\{\lambda J_0(\xi_n b)-\xi_n J_1(\xi_n b)\right\}^2\mathcal{V}_{\mathcal{N}0}(\xi_n r,a)\,e^{-\eta_r\xi_n^2 t}}{\left[\left(\lambda^2+\xi_n^2\right)J_1^2(\xi_n a)-\left\{\lambda J_0(\xi_n b)-\xi_n J_1(\xi_n b)\right\}^2\right]}\times$$
$$\times\int_0^d\overline{\varphi}(\xi_n,u)\left[\Theta_2\left\{\frac{\pi(z-u)}{2d},e^{-\left(\frac{\pi}{d}\right)^2\eta_z t}\right\}-\Theta_2\left\{\frac{\pi(z+u)}{2d},e^{-\left(\frac{\pi}{d}\right)^2\eta_z t}\right\}\right]du \qquad (21.21.3)$$

21.22

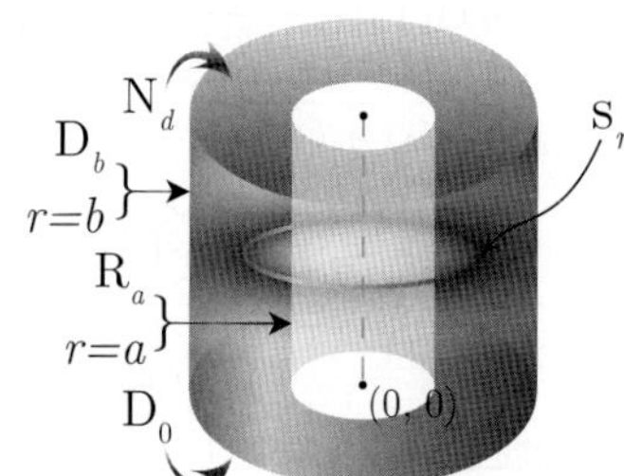

The problem of 21.16, except
$\mathbf{R}_a\equiv\frac{\partial p(a,z,t)}{\partial r}-\lambda p(a,z,t)=-\left(\frac{\mu}{k_r}\right)\psi_a(z,t)$,
$\mathbf{D}_b\equiv p(b,z,t)=\psi_b(z,t)$, $\mathbf{D}_0\equiv p(r,0,t)=\psi_0(r,t)$ **and**
$\mathbf{N}_d\equiv\frac{\partial p(r,d,t)}{\partial z}=-\left(\frac{\mu}{k_z}\right)\psi_d(r,t)$

Successive application of the Laplace, Fourier and finite Hankel transformations to equation (18.1.1) gives

$$\overline{\overline{\overline{p}}}=\frac{q(s)\,e^{-st_0}\sin(\xi_l z_0)\,\mathcal{V}_{\mathcal{D}0}(\xi_n r_0,b)}{2\pi\phi c_t\left(\eta_r\xi_n^2+\eta_z\xi_l^2+s\right)}-\frac{2J_0(\xi_n b)\,\overline{\overline{\psi}}_a(\xi_l,s)}{\pi\phi c_t\left(\eta_r\xi_n^2+\eta_z\xi_l^2+s\right)\left\{\lambda J_0(\xi_n a)+\xi_n J_1(\xi_n a)\right\}}+$$

$$+\frac{2\eta_r\overline{\overline{\psi}}_b(\xi_l,s)}{\pi(\eta_r\xi_n^2+\eta_z\xi_l^2+s)}+\frac{\left\{\frac{(-1)^m\overline{\overline{\psi}}_d(\xi_n,s)}{\phi c_t}+\eta_z\xi_l\overline{\overline{\psi}}_0(\xi_n,s)\right\}}{(\eta_r\xi_n^2+\eta_z\xi_l^2+s)}+\frac{\overline{\overline{\varphi}}(\xi_n,\xi_l)}{(\eta_r\xi_n^2+\eta_z\xi_l^2+s)} \quad (21.22.1)$$

where $\mathcal{V}_{\mathcal{D}0}(\xi_n r,b)=J_0(\xi_n r)Y_0(\xi_n b)-Y_0(\xi_n r)J_0(\xi_n b)$. The eigenvalues $\xi_n, n=1,2,...$, are the positive roots of the transcendental equation $\lambda\mathcal{V}_{\mathcal{D}0}(\xi_n a,b)-\xi_n\mathcal{V}'_{\mathcal{D}0}(\xi_n a,b)=0$,* $\xi_l=\frac{(2l-1)\pi}{2d}, l=1,2,....$
$\overline{\overline{\psi}}_0(\xi_n,s)=\int_a^b\overline{\psi}_0(r,s)\,r\mathcal{V}_{\mathcal{D}0}(\xi_n r,b)\,dr$, $\overline{\overline{\psi}}_d(\xi_n,s)=\int_a^b\overline{\psi}_d(r,s)\,r\mathcal{V}_{\mathcal{D}0}(\xi_n r,b)\,dr$,
$\overline{\overline{\psi}}_a(\xi_l,s)=\int_0^d\sin(\xi_l z)\,\overline{\psi}_a(z,s)dz$, $\overline{\overline{\psi}}_b(\xi_l,s)=\int_0^d\sin(\xi_l z)\,\overline{\psi}_b(z,s)dz$, $\overline{\overline{\varphi}}(\xi_n,\xi_l)=\int_a^b\overline{\varphi}(r,\xi_l)\,r\mathcal{V}_{\mathcal{D}0}(\xi_n r,a)\,dr$ and $\overline{\varphi}(r,\xi_l)=\int_0^d\sin(\xi_l z)\,\varphi(r,z)dz$. Successive inverse transforms yield

$$\overline{p}=\frac{\pi q(s)e^{-st_0}}{8\phi c_t\sqrt{\eta_z}}\sum_{n=1}^{\infty}\frac{\xi_n^2\{\lambda J_0(\xi_n a)+\xi_n J_1(\xi_n a)\}^2\mathcal{V}_{\mathcal{D}0}(\xi r_0,b)\,\mathcal{V}_{\mathcal{D}0}(\xi r,b)\,\mathrm{sech}\left(d\sqrt{\frac{\eta_r\xi_n^2+s}{\eta_z}}\right)}{\left[\{\lambda J_0(\xi_n a)+\xi_n J_1(\xi_n a)\}^2-(\lambda^2+\xi_n^2)J_0^2(\xi_n b)\right]\sqrt{(\eta_r\xi_n^2+s)}}\times$$

$$\times\left[\sinh\left\{(d-|z-z_0|)\sqrt{\frac{\eta_r\xi_n^2+s}{\eta_z}}\right\}-\sinh\left\{(d-z-z_0)\sqrt{\frac{\eta_r\xi_n^2+s}{\eta_z}}\right\}\right]-$$

$$-\frac{\pi}{2\phi c_t\sqrt{\eta_z}}\sum_{n=1}^{\infty}\frac{\xi_n^2J_0(\xi_n b)\{\lambda J_0(\xi_n a)+\xi_n J_1(\xi_n a)\}\mathcal{V}_{\mathcal{D}0}(\xi r,b)\,\mathrm{sech}\left(d\sqrt{\frac{\eta_r\xi_n^2+s}{\eta_z}}\right)}{\left[\{\lambda J_0(\xi_n a)+\xi_n J_1(\xi_n a)\}^2-(\lambda^2+\xi_n^2)J_0^2(\xi_n b)\right]\sqrt{\eta_r\xi_n^2+s}}\times$$

$$\times\int_0^d\overline{\psi}_a(u,s)\left[\sinh\left\{(d-|z-u|)\sqrt{\frac{\eta_r\xi_n^2+s}{\eta_z}}\right\}-\sinh\left\{(d-z-u)\sqrt{\frac{\eta_r\xi_n^2+s}{\eta_z}}\right\}\right]du+$$

$$+\frac{\pi\eta_r}{2\sqrt{\eta_z}}\sum_{n=1}^{\infty}\frac{\xi_n^2\{\lambda J_0(\xi_n a)+\xi_n J_1(\xi_n a)\}^2\mathcal{V}_{\mathcal{D}0}(\xi r,b)\,\mathrm{sech}\left(d\sqrt{\frac{\eta_r\xi_n^2+s}{\eta_z}}\right)}{\left[\{\lambda J_0(\xi_n a)+\xi_n J_1(\xi_n a)\}^2-(\lambda^2+\xi_n^2)J_0^2(\xi_n b)\right]\sqrt{\eta_r\xi_n^2+s}}\times$$

$$\times\int_0^d\overline{\psi}_b(u,s)\left[\sinh\left\{(d-|z-u|)\sqrt{\frac{\eta_r\xi_n^2+s}{\eta_z}}\right\}-\sinh\left\{(d-z-u)\sqrt{\frac{\eta_r\xi_n^2+s}{\eta_z}}\right\}\right]du+$$

$$+\frac{\pi^2}{2}\sum_{n=1}^{\infty}\frac{\xi_n^2\{\lambda J_0(\xi_n a)+\xi_n J_1(\xi_n a)\}^2\mathcal{V}_{\mathcal{D}0}(\xi r,b)\,\mathrm{sech}\left(d\sqrt{\frac{\eta_r\xi_n^2+s}{\eta_z}}\right)}{\left[\{\lambda J_0(\xi_n a)+\xi_n J_1(\xi_n a)\}^2-(\lambda^2+\xi_n^2)J_0^2(\xi_n b)\right]}\times$$

$$\times\left[\overline{\overline{\psi}}_0(\xi_n,s)\cosh\left\{(d-z)\sqrt{\frac{\eta_r\xi_n^2+s}{\eta_z}}\right\}+\frac{\overline{\overline{\psi}}_d(\xi_n,s)}{\phi c_t\sqrt{\eta_z}(\eta_r\xi_n^2+s)}\sinh\left\{z\sqrt{\frac{\eta_r\xi_n^2+s}{\eta_z}}\right\}\right]+$$

$$+\frac{\pi^2}{4\sqrt{\eta_z}}\sum_{n=1}^{\infty}\frac{\xi_n^2\{\lambda J_0(\xi_n a)+\xi_n J_1(\xi_n a)\}^2\mathcal{V}_{\mathcal{D}0}(\xi r,b)\,\mathrm{sech}\left(d\sqrt{\frac{\eta_r\xi_n^2+s}{\eta_z}}\right)}{\left[\{\lambda J_0(\xi_n a)+\xi_n J_1(\xi_n a)\}^2-(\lambda^2+\xi_n^2)J_0^2(\xi_n b)\right]\sqrt{\eta_r\xi_n^2+s}}\times$$

$$\times\int_0^d\overline{\varphi}(\xi_n,u)\left[\sinh\left\{(d-|z-u|)\sqrt{\frac{\eta_r\xi_n^2+s}{\eta_z}}\right\}-\sinh\left\{(d-z-u)\sqrt{\frac{\eta_r\xi_n^2+s}{\eta_z}}\right\}\right]du \quad (21.22.2)$$

where $\overline{\varphi}(\xi_n,u)=\int_a^b\varphi(r,u)\,r\mathcal{V}_{\mathcal{D}0}(\xi_n r,a)\,dr$ and

$$p=\frac{U(t-t_0)\pi}{8\phi c_t d}\sum_{n=1}^{\infty}\frac{\xi_n^2\{\lambda J_0(\xi_n a)+\xi_n J_1(\xi_n a)\}^2\mathcal{V}_{\mathcal{D}0}(\xi r_0,b)\,\mathcal{V}_{\mathcal{D}0}(\xi r,b)}{\left[\{\lambda J_0(\xi_n a)+\xi_n J_1(\xi_n a)\}^2-(\lambda^2+\xi_n^2)J_0^2(\xi_n b)\right]}\times$$

$^*\mathcal{V}'_{\mathcal{D}0}(\xi_n r,b)=\{Y_1(\xi_n r)J_0(\xi_n b)-J_1(\xi_n r)Y_0(\xi_n b)\}$.

$$\int_0^{t-t_0} q(t-t_0-\tau)\left[\Theta_2\left\{\frac{\pi(z-z_0)}{2d}, e^{-\left(\frac{\pi}{d}\right)^2\eta_z\tau}\right\} - \Theta_2\left\{\frac{\pi(z+z_0)}{2d}, e^{-\left(\frac{\pi}{d}\right)^2\eta_z\tau}\right\}\right] e^{-\eta_r\xi_n^2\tau}d\tau -$$

$$-\frac{\pi}{2\phi c_t d}\sum_{n=1}^{\infty}\frac{\xi_n^2 J_0(\xi_n b)\{\lambda J_0(\xi_n a)+\xi_n J_1(\xi_n a)\}\mathcal{V}_{\mathcal{D}0}(\xi r, b)}{\left[\{\lambda J_0(\xi_n a)+\xi_n J_1(\xi_n a)\}^2-(\lambda^2+\xi_n^2)J_0^2(\xi_n b)\right]}\times$$

$$\times\int_0^t e^{-\eta_r\xi_n^2\tau}\int_0^d \psi_a(u,t-\tau)\left[\Theta_2\left\{\frac{\pi(z-u)}{2d}, e^{-\left(\frac{\pi}{d}\right)^2\eta_z\tau}\right\} - \Theta_2\left\{\frac{\pi(z+u)}{2d}, e^{-\left(\frac{\pi}{d}\right)^2\eta_z\tau}\right\}\right]dud\tau +$$

$$+\frac{\pi\eta_r}{2d}\sum_{n=1}^{\infty}\frac{\xi_n^2\{\lambda J_0(\xi_n a)+\xi_n J_1(\xi_n a)\}^2\mathcal{V}_{\mathcal{D}0}(\xi r, b)}{\left[\{\lambda J_0(\xi_n a)+\xi_n J_1(\xi_n a)\}^2-(\lambda^2+\xi_n^2)J_0^2(\xi_n b)\right]}\times$$

$$\times\int_0^t e^{-\eta_r\xi_n^2\tau}\int_0^d \psi_b(u,t-\tau)\left[\Theta_2\left\{\frac{\pi(z-u)}{2d}, e^{-\left(\frac{\pi}{d}\right)^2\eta_z\tau}\right\} - \Theta_2\left\{\frac{\pi(z+u)}{2d}, e^{-\left(\frac{\pi}{d}\right)^2\eta_z\tau}\right\}\right]dud\tau -$$

$$-\frac{\pi^2}{2d}\sum_{n=1}^{\infty}\frac{\xi_n^2\{\lambda J_0(\xi_n a)+\xi_n J_1(\xi_n a)\}^2\mathcal{V}_{\mathcal{D}0}(\xi r, b)}{\left[\{\lambda J_0(\xi_n a)+\xi_n J_1(\xi_n a)\}^2-(\lambda^2+\xi_n^2)J_0^2(\xi_n b)\right]}\times$$

$$\times\int_0^t\left\{\left(\frac{\eta_z}{2d}\right)\Theta_2'\left(\frac{\pi z}{2d}, e^{-\left(\frac{\pi}{d}\right)^2\eta_z\tau}\right)\overline{\psi}_0(\xi_n, t-\tau)+\left(\frac{1}{\phi c_t}\right)\Theta_1\left(\frac{\pi z}{2d}, e^{-\left(\frac{\pi}{d}\right)^2\eta_z\tau}\right)\overline{\psi}_d(\xi_n, t-\tau)\right\}e^{-\eta_r\xi_n^2\tau}d\tau +$$

$$+\frac{\pi^2}{4d}\sum_{n=1}^{\infty}\frac{\xi_n^2\{\lambda J_0(\xi_n a)+\xi_n J_1(\xi_n a)\}^2\mathcal{V}_{\mathcal{D}0}(\xi r, b)e^{-\eta_r\xi_n^2 t}}{\left[\{\lambda J_0(\xi_n a)+\xi_n J_1(\xi_n a)\}^2-(\lambda^2+\xi_n^2)J_0^2(\xi_n b)\right]}\times$$

$$\times\int_0^d \overline{\varphi}(\xi_n, u)\left[\Theta_2\left\{\frac{\pi(z-u)}{2d}, e^{-\left(\frac{\pi}{d}\right)^2\eta_z t}\right\} - \Theta_2\left\{\frac{\pi(z+u)}{2d}, e^{-\left(\frac{\pi}{d}\right)^2\eta_z t}\right\}\right]du \qquad (21.22.3)$$

21.23

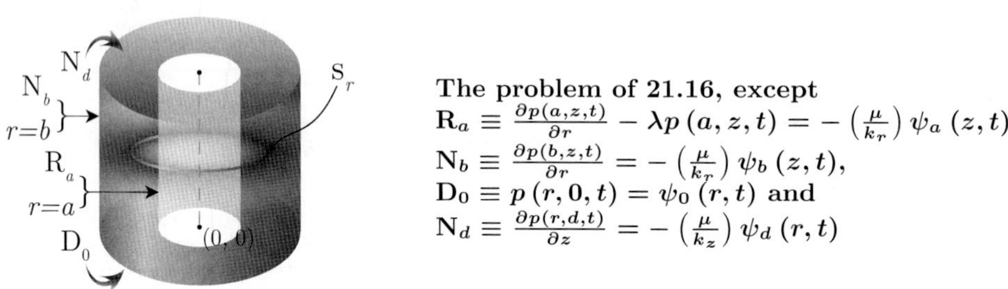

The problem of 21.16, except
$\mathbf{R}_a \equiv \frac{\partial p(a,z,t)}{\partial r} - \lambda p(a,z,t) = -\left(\frac{\mu}{k_r}\right)\psi_a(z,t)$,
$\mathbf{N}_b \equiv \frac{\partial p(b,z,t)}{\partial r} = -\left(\frac{\mu}{k_r}\right)\psi_b(z,t)$,
$\mathbf{D}_0 \equiv p(r,0,t) = \psi_0(r,t)$ **and**
$\mathbf{N}_d \equiv \frac{\partial p(r,d,t)}{\partial z} = -\left(\frac{\mu}{k_z}\right)\psi_d(r,t)$

Successive application of the Laplace, Fourier and finite Hankel transformations to equation (18.1.1) gives

$$\overline{\overline{\overline{p}}} = \frac{q(s)e^{-st_0}\sin(\xi_l z_0)\mathcal{V}_{\mathcal{N}0}(\xi_n r_0, b)}{2\pi\phi c_t(\eta_r\xi_n^2+\eta_z\xi_l^2+s)} + \frac{2J_1(\xi_n b)\overline{\overline{\psi}}_a(\xi_l, s)}{\pi\phi c_t(\eta_r\xi_n^2+\eta_z\xi_l^2+s)\{\lambda J_0(\xi_n a)+\xi_n J_1(\xi_n a)\}} -$$

$$-\frac{2\overline{\overline{\psi}}_b(\xi_l, s)}{\pi\phi c_t\xi_n(\eta_r\xi_n^2+\eta_z\xi_l^2+s)} + \frac{\left\{\frac{(-1)^m\overline{\overline{\psi}}_d(\xi_n,s)}{\phi c_t}+\eta_z\xi_l\overline{\overline{\psi}}_0(\xi_n, s)\right\}}{(\eta_r\xi_n^2+\eta_z\xi_l^2+s)} + \frac{\overline{\overline{\varphi}}(\xi_n, \xi_l)}{(\eta_r\xi_n^2+\eta_z\xi_l^2+s)} \qquad (21.23.1)$$

where $\xi_n, n = 1, 2, ...$, are the positive roots of the transcendental equation $\lambda\mathcal{V}_{\mathcal{N}0}(\xi_n a, b) - \xi_n\mathcal{V}_{\mathcal{N}0}'(\xi_n a, b) = 0$, $\xi_l = \frac{(2l-1)\pi}{2d}, l = 1, 2, ...$ $\overline{\overline{\psi}}_0(\xi_n, s) = \int_a^b \overline{\psi}_0(r,s)r\mathcal{V}_{\mathcal{N}0}(\xi_n r, b)\,dr$, $\overline{\overline{\psi}}_d(\xi_n, s) = \int_a^b \overline{\psi}_d(r,s)r\mathcal{V}_{\mathcal{N}0}(\xi_n r, b)\,dr$, $\overline{\overline{\psi}}_a(\xi_l, s) = \int_0^d \sin(\xi_l z)\overline{\psi}_a(z,s)dz$, $\overline{\overline{\psi}}_b(\xi_l, s) = \int_0^d \sin(\xi_l z)\overline{\psi}_b(z,s)dz$, $\overline{\overline{\varphi}}(\xi_n, \xi_l) = \int_a^b \overline{\varphi}(r, \xi_l)r\mathcal{V}_{\mathcal{N}0}(\xi_n r, a)\,dr$

and $\overline{\varphi}(r,\xi_l) = \int_0^d \sin(\xi_l z)\varphi(r,z)dz$. Successive inverse transforms yield

$$\begin{aligned}
\overline{p} &= \frac{\pi q(s)e^{-st_0}}{8\phi c_t\sqrt{\eta_z}}\sum_{n=1}^{\infty}\frac{\xi_n^2\left\{\lambda J_0(\xi_n a)+\xi_n J_1(\xi_n a)\right\}^2\mathcal{V}_{\mathcal{N}0}(\xi r_0,b)\mathcal{V}_{\mathcal{N}0}(\xi r,b)\operatorname{sech}\left(d\sqrt{\frac{\eta_r\xi_n^2+s}{\eta_z}}\right)}{\left[\left\{\lambda J_0(\xi_n a)+\xi_n J_1(\xi_n a)\right\}^2-\left(\lambda^2+\xi_n^2\right)J_1^2(\xi_n b)\right]\sqrt{(\eta_r\xi_n^2+s)}}\times\\
&\times\left[\sinh\left\{(d-|z-z_0|)\sqrt{\frac{\eta_r\xi_n^2+s}{\eta_z}}\right\}-\sinh\left\{(d-z-z_0)\sqrt{\frac{\eta_r\xi_n^2+s}{\eta_z}}\right\}\right]+\\
&+\frac{\pi}{2\phi c_t\sqrt{\eta_z}}\sum_{n=1}^{\infty}\frac{\xi_n^2 J_1(\xi_n b)\left\{\lambda J_0(\xi_n a)+\xi_n J_1(\xi_n a)\right\}\mathcal{V}_{\mathcal{N}0}(\xi r,b)\operatorname{sech}\left(d\sqrt{\frac{\eta_r\xi_n^2+s}{\eta_z}}\right)}{\left[\left\{\lambda J_0(\xi_n a)+\xi_n J_1(\xi_n a)\right\}^2-\left(\lambda^2+\xi_n^2\right)J_1^2(\xi_n b)\right]\sqrt{\eta_r\xi_n^2+s}}\times\\
&\times\int_0^d\overline{\psi}_a(u,s)\left[\sinh\left\{(d-|z-u|)\sqrt{\frac{\eta_r\xi_n^2+s}{\eta_z}}\right\}-\sinh\left\{(d-z-u)\sqrt{\frac{\eta_r\xi_n^2+s}{\eta_z}}\right\}\right]du-\\
&-\frac{\pi}{2\phi c_t\sqrt{\eta_z}}\sum_{n=1}^{\infty}\frac{\xi_n\left\{\lambda J_0(\xi_n a)+\xi_n J_1(\xi_n a)\right\}^2\mathcal{V}_{\mathcal{N}0}(\xi r,b)\operatorname{sech}\left(d\sqrt{\frac{\eta_r\xi_n^2+s}{\eta_z}}\right)}{\left[\left\{\lambda J_0(\xi_n a)+\xi_n J_1(\xi_n a)\right\}^2-\left(\lambda^2+\xi_n^2\right)J_1^2(\xi_n b)\right]\sqrt{\eta_r\xi_n^2+s}}\times\\
&\times\int_0^d\overline{\psi}_b(u,s)\left[\sinh\left\{(d-|z-u|)\sqrt{\frac{\eta_r\xi_n^2+s}{\eta_z}}\right\}-\sinh\left\{(d-z-u)\sqrt{\frac{\eta_r\xi_n^2+s}{\eta_z}}\right\}\right]du+\\
&+\frac{\pi^2}{2}\sum_{n=1}^{\infty}\frac{\xi_n^2\left\{\lambda J_0(\xi_n a)+\xi_n J_1(\xi_n a)\right\}^2\mathcal{V}_{\mathcal{N}0}(\xi r,b)\operatorname{sech}\left(d\sqrt{\frac{\eta_r\xi_n^2+s}{\eta_z}}\right)}{\left[\left\{\lambda J_0(\xi_n a)+\xi_n J_1(\xi_n a)\right\}^2-\left(\lambda^2+\xi_n^2\right)J_1^2(\xi_n b)\right]}\times\\
&\times\left[\overline{\overline{\psi}}_0(\xi_n,s)\cosh\left\{(d-z)\sqrt{\frac{\eta_r\xi_n^2+s}{\eta_z}}\right\}+\frac{\overline{\overline{\psi}}_d(\xi_n,s)}{\phi c_t\sqrt{\eta_z(\eta_r\xi_n^2+s)}}\sinh\left\{z\sqrt{\frac{\eta_r\xi_n^2+s}{\eta_z}}\right\}\right]+\\
&+\frac{\pi^2}{4\sqrt{\eta_z}}\sum_{n=1}^{\infty}\frac{\xi_n^2\left\{\lambda J_0(\xi_n a)+\xi_n J_1(\xi_n a)\right\}^2\mathcal{V}_{\mathcal{N}0}(\xi r,b)\operatorname{sech}\left(d\sqrt{\frac{\eta_r\xi_n^2+s}{\eta_z}}\right)}{\left[\left\{\lambda J_0(\xi_n a)+\xi_n J_1(\xi_n a)\right\}^2-\left(\lambda^2+\xi_n^2\right)J_1^2(\xi_n b)\right]\sqrt{\eta_r\xi_n^2+s}}\times\\
&\times\int_0^d\overline{\varphi}(\xi_n,u)\left[\sinh\left\{(d-|z-u|)\sqrt{\frac{\eta_r\xi_n^2+s}{\eta_z}}\right\}-\sinh\left\{(d-z-u)\sqrt{\frac{\eta_r\xi_n^2+s}{\eta_z}}\right\}\right]du
\end{aligned}\tag{21.23.2}$$

where $\overline{\varphi}(\xi_n,u) = \int_a^b \varphi(r,u)r\mathcal{V}_{\mathcal{N}0}(\xi_n r,a)dr$ and

$$\begin{aligned}
p &= \frac{U(t-t_0)\pi}{8\phi c_t d}\sum_{n=1}^{\infty}\frac{\xi_n^2\left\{\lambda J_0(\xi_n a)+\xi_n J_1(\xi_n a)\right\}^2\mathcal{V}_{\mathcal{N}0}(\xi r_0,b)\mathcal{V}_{\mathcal{N}0}(\xi r,b)}{\left[\left\{\lambda J_0(\xi_n a)+\xi_n J_1(\xi_n a)\right\}^2-\left(\lambda^2+\xi_n^2\right)J_1^2(\xi_n b)\right]}\times\\
&\int_0^{t-t_0}q(t-t_0-\tau)\left[\Theta_2\left\{\frac{\pi(z-z_0)}{2d},e^{-\left(\frac{\pi}{d}\right)^2\eta_z\tau}\right\}-\Theta_2\left\{\frac{\pi(z+z_0)}{2d},e^{-\left(\frac{\pi}{d}\right)^2\eta_z\tau}\right\}\right]e^{-\eta_r\xi_n^2\tau}d\tau+\\
&+\frac{\pi}{2\phi c_t d}\sum_{n=1}^{\infty}\frac{\xi_n^2 J_1(\xi_n b)\left\{\lambda J_0(\xi_n a)+\xi_n J_1(\xi_n a)\right\}\mathcal{V}_{\mathcal{N}0}(\xi r,b)}{\left[\left\{\lambda J_0(\xi_n a)+\xi_n J_1(\xi_n a)\right\}^2-\left(\lambda^2+\xi_n^2\right)J_1^2(\xi_n b)\right]}\times\\
&\times\int_0^t e^{-\eta_r\xi_n^2\tau}\int_0^d\psi_a(u,t-\tau)\left[\Theta_2\left\{\frac{\pi(z-u)}{2d},e^{-\left(\frac{\pi}{d}\right)^2\eta_z\tau}\right\}-\Theta_2\left\{\frac{\pi(z+u)}{2d},e^{-\left(\frac{\pi}{d}\right)^2\eta_z\tau}\right\}\right]dud\tau-
\end{aligned}$$

$$-\frac{\pi}{2\phi c_t d}\sum_{n=1}^{\infty}\frac{\xi_n\left\{\lambda J_0(\xi_n a)+\xi_n J_1(\xi_n a)\right\}^2\mathcal{V}_{\mathcal{N}0}(\xi r,b)}{\left[\left\{\lambda J_0(\xi_n a)+\xi_n J_1(\xi_n a)\right\}^2-(\lambda^2+\xi_n^2)J_1^2(\xi_n b)\right]}\times$$

$$\times\int_0^t e^{-\eta_r\xi_n^2\tau}\int_0^d \psi_b(u,t-\tau)\left[\Theta_2\left\{\frac{\pi(z-u)}{2d},e^{-\left(\frac{\pi}{d}\right)^2\eta_z\tau}\right\}-\Theta_2\left\{\frac{\pi(z+u)}{2d},e^{-\left(\frac{\pi}{d}\right)^2\eta_z\tau}\right\}\right]dud\tau-$$

$$-\frac{\pi^2}{2d}\sum_{n=1}^{\infty}\frac{\xi_n^2\left\{\lambda J_0(\xi_n a)+\xi_n J_1(\xi_n a)\right\}^2\mathcal{V}_{\mathcal{N}0}(\xi r,b)}{\left[\left\{\lambda J_0(\xi_n a)+\xi_n J_1(\xi_n a)\right\}^2-(\lambda^2+\xi_n^2)J_1^2(\xi_n b)\right]}\times$$

$$\times\int_0^t\left\{\left(\frac{\eta_z}{2d}\right)\Theta_2'\left(\frac{\pi z}{2d},e^{-\left(\frac{\pi}{d}\right)^2\eta_z\tau}\right)\overline{\psi}_0(\xi_n,t-\tau)+\left(\frac{1}{\phi c_t}\right)\Theta_1\left(\frac{\pi z}{2d},e^{-\left(\frac{\pi}{d}\right)^2\eta_z\tau}\right)\overline{\psi}_d(\xi_n,t-\tau)\right\}e^{-\eta_r\xi_n^2\tau}d\tau+$$

$$+\frac{\pi^2}{4d}\sum_{n=1}^{\infty}\frac{\xi_n^2\left\{\lambda J_0(\xi_n a)+\xi_n J_1(\xi_n a)\right\}^2\mathcal{V}_{\mathcal{N}0}(\xi r,b)\,e^{-\eta_r\xi_n^2 t}}{\left[\left\{\lambda J_0(\xi_n a)+\xi_n J_1(\xi_n a)\right\}^2-(\lambda^2+\xi_n^2)J_1^2(\xi_n b)\right]}\times$$

$$\times\int_0^d\overline{\varphi}(\xi_n,u)\left[\Theta_2\left\{\frac{\pi(z-u)}{2d},e^{-\left(\frac{\pi}{d}\right)^2\eta_z t}\right\}-\Theta_2\left\{\frac{\pi(z+u)}{2d},e^{-\left(\frac{\pi}{d}\right)^2\eta_z t}\right\}\right]du \tag{21.23.3}$$

21.24

The problem of 21.16, except
$\mathbf{R}_a \equiv \frac{\partial p(a,z,t)}{\partial r}-\lambda p(a,z,t)=-\left(\frac{\mu}{k_r}\right)\psi_a(z,t)$,
$\mathbf{R}_b \equiv \frac{\partial p(b,z,t)}{\partial r}+\lambda_b p(b,z,t)=-\left(\frac{\mu}{k_r}\right)\psi_b(z,t)$,
$\mathbf{D}_0 \equiv p(r,0,t)=\psi_0(r,t)$ **and**
$\mathbf{N}_d \equiv \frac{\partial p(r,d,t)}{\partial z}=-\left(\frac{\mu}{k_z}\right)\psi_d(r,t)$

Successive application of the Laplace, Fourier and finite Hankel transformations to equation (18.1.1) gives

$$\overline{\overline{\overline{p}}} = \frac{q(s)e^{-st_0}\sin(\xi_l z_0)\{\xi_n\mathcal{V}_{\mathcal{N}0}(\xi_n r_0,a)-\lambda_a\mathcal{V}_{\mathcal{D}0}(\xi_n r_0,a)\}}{2\pi\phi c_t(\eta_r\xi_n^2+\eta_z\xi_l^2+s)}+\frac{2\{\lambda_aJ_0(\xi_na)+\xi_nJ_1(\xi_na)\}\overline{\overline{\psi}}_b(\xi_l,s)}{\pi\phi c_t(\eta_r\xi_n^2+\eta_z\xi_l^2+s)\{\lambda_bJ_0(\xi_nb)-\xi_nJ_1(\xi_nb)\}}+$$

$$+\frac{2\overline{\overline{\psi}}_a(\xi_l,s)}{\pi\phi c_t(\eta_r\xi_n^2+\eta_z\xi_l^2+s)}+\frac{\left\{\frac{(-1)^m\overline{\overline{\psi}}_d(\xi_n,s)}{\phi c_t}+\eta_z\xi_l\overline{\overline{\psi}}_0(\xi_n,s)\right\}}{(\eta_r\xi_n^2+\eta_z\xi_l^2+s)}+\frac{\overline{\overline{\varphi}}(\xi_n,\xi_l)}{(\eta_r\xi_n^2+\eta_z\xi_l^2+s)} \tag{21.24.1}$$

where $\xi_n, n=1,2,...$, are the positive roots of
$\lambda_a\{\mathcal{V}_{\mathcal{D}0}'(\xi_nb,a)+\lambda_b\mathcal{V}_{\mathcal{D}0}(\xi_nb,a)\}-\xi_n\{\mathcal{V}_{\mathcal{N}0}'(\xi_nb,a)+\lambda_b\mathcal{V}_{\mathcal{N}0}(\xi_nb,a)\}=0$, $\xi_l=\frac{(2l-1)\pi}{2d}, l=1,2,....$
$\overline{\overline{\psi}}_0(\xi_n,s)=\int_a^b\overline{\psi}_0(r,s)\,r\{\xi_n\mathcal{V}_{\mathcal{N}0}(\xi_nr,a)-\lambda_a\mathcal{V}_{\mathcal{D}0}(\xi_nr,a)\}\,dr$,
$\overline{\overline{\psi}}_d(\xi_n,s)=\int_a^b\overline{\psi}_d(r,s)\,r\{\xi_n\mathcal{V}_{\mathcal{N}0}(\xi_nr,a)-\lambda_a\mathcal{V}_{\mathcal{D}0}(\xi_nr,a)\}\,dr$,
$\overline{\overline{\psi}}_a(\xi_l,s)=\int_0^d\sin(\xi_lz)\,\overline{\psi}_a(z,s)dz$, $\overline{\overline{\psi}}_b(\xi_l,s)=\int_0^d\sin(\xi_lz)\,\overline{\psi}_b(z,s)dz$,
$\overline{\overline{\varphi}}(\xi_n,\xi_l)=\int_a^b\overline{\varphi}(r,\xi_l)\,r\{\xi_n\mathcal{V}_{\mathcal{N}0}(\xi_nr,a)-\lambda_a\mathcal{V}_{\mathcal{D}0}(\xi_nr,a)\}\,dr$ and
$\overline{\varphi}(r,\xi_l)=\int_0^d\sin(\xi_lz)\,\varphi(r,z)dz$. Successive inverse transforms yield

$$\overline{p} = \frac{\pi q(s)e^{-st_0}}{8\phi c_t\sqrt{\eta_z}}\sum_{n=1}^{\infty}\frac{\xi_n^2\{\xi_nJ_1(\xi_nb)-\lambda_bJ_0(\xi_nb)\}^2}{\sqrt{(\eta_r\xi_n^2+s)}}\times$$

$$\times\frac{\{\xi_n\mathcal{V}_{\mathcal{N}0}(\xi_nr_0,a)-\lambda_a\mathcal{V}_{\mathcal{D}0}(\xi_nr_0,a)\}\{\xi_n\mathcal{V}_{\mathcal{N}0}(\xi_nr,a)-\lambda_a\mathcal{V}_{\mathcal{D}0}(\xi_nr,a)\}\operatorname{sech}\left(d\sqrt{\frac{\eta_r\xi_n^2+s}{\eta_z}}\right)}{\left[(\lambda_b^2+\xi_n^2)\{\lambda_aJ_0(\xi_na)+\xi_nJ_1(\xi_na)\}^2-(\lambda_a^2+\xi_n^2)\{\lambda_bJ_0(\xi_nb)+\xi_nJ_1(\xi_nb)\}^2\right]}\times$$

$$\times\left[\sinh\left\{(d-|z-z_0|)\sqrt{\frac{\eta_r\xi_n^2+s}{\eta_z}}\right\}-\sinh\left\{(d-z-z_0)\sqrt{\frac{\eta_r\xi_n^2+s}{\eta_z}}\right\}\right]+$$

$$+\frac{\pi}{2\phi c_t\sqrt{\eta_z}}\sum_{n=1}^{\infty}\frac{\xi_n^2\left\{\xi_nJ_1(\xi_nb)-\lambda_bJ_0(\xi_nb)\right\}^2\left\{\xi_n\mathcal{V}_{\mathcal{N}0}(\xi_nr,a)-\lambda_a\mathcal{V}_{\mathcal{D}0}(\xi_nr,a)\right\}\operatorname{sech}\left(d\sqrt{\frac{\eta_r\xi_n^2+s}{\eta_z}}\right)}{\left[(\lambda_b^2+\xi_n^2)\{\lambda_aJ_0(\xi_na)+\xi_nJ_1(\xi_na)\}^2-(\lambda_a^2+\xi_n^2)\{\lambda_bJ_0(\xi_nb)+\xi_nJ_1(\xi_nb)\}^2\right]\sqrt{\eta_r\xi_n^2+s}}\times$$

$$\times\int_0^d\overline{\psi}_a(u,s)\left[\sinh\left\{(d-|z-u|)\sqrt{\frac{\eta_r\xi_n^2+s}{\eta_z}}\right\}-\sinh\left\{(d-z-u)\sqrt{\frac{\eta_r\xi_n^2+s}{\eta_z}}\right\}\right]du+$$

$$+\frac{\pi}{2\phi c_t\sqrt{\eta_z}}\sum_{n=1}^{\infty}\frac{\xi_n^2\{\xi_nJ_1(\xi_nb)-\lambda_bJ_0(\xi_nb)\}\{\xi_nJ_1(\xi_na)+\lambda_aJ_0(\xi_na)\}\left\{\xi_n\mathcal{V}_{\mathcal{N}0}(\xi_nr,a)-\lambda_a\mathcal{V}_{\mathcal{D}0}(\xi_nr,a)\right\}}{\left[(\lambda_b^2+\xi_n^2)\{\lambda_aJ_0(\xi_na)+\xi_nJ_1(\xi_na)\}^2-(\lambda_a^2+\xi_n^2)\{\lambda_bJ_0(\xi_nb)+\xi_nJ_1(\xi_nb)\}^2\right]\sqrt{\eta_r\xi_n^2+s}}\times$$

$$\times\operatorname{sech}\left(d\sqrt{\frac{\eta_r\xi_n^2+s}{\eta_z}}\right)\int_0^d\overline{\psi}_b(u,s)\left[\sinh\left\{(d-|z-u|)\sqrt{\frac{\eta_r\xi_n^2+s}{\eta_z}}\right\}-\sinh\left\{(d-z-u)\sqrt{\frac{\eta_r\xi_n^2+s}{\eta_z}}\right\}\right]du+$$

$$+\frac{\pi^2}{2}\sum_{n=1}^{\infty}\frac{\xi_n^2\left\{\xi_nJ_1(\xi_nb)-\lambda_bJ_0(\xi_nb)\right\}^2\left\{\xi_n\mathcal{V}_{\mathcal{N}0}(\xi_nr,a)-\lambda_a\mathcal{V}_{\mathcal{D}0}(\xi_nr,a)\right\}\operatorname{sech}\left(d\sqrt{\frac{\eta_r\xi_n^2+s}{\eta_z}}\right)}{\left[(\lambda_b^2+\xi_n^2)\{\lambda_aJ_0(\xi_na)+\xi_nJ_1(\xi_na)\}^2-(\lambda_a^2+\xi_n^2)\{\lambda_bJ_0(\xi_nb)+\xi_nJ_1(\xi_nb)\}^2\right]}\times$$

$$\times\left[\overline{\overline{\psi}}_0(\xi_n,s)\cosh\left\{(d-z)\sqrt{\frac{\eta_r\xi_n^2+s}{\eta_z}}\right\}+\frac{\overline{\overline{\psi}}_d(\xi_n,s)}{\phi c_t\sqrt{\eta_z(\eta_r\xi_n^2+s)}}\sinh\left\{z\sqrt{\frac{\eta_r\xi_n^2+s}{\eta_z}}\right\}\right]+$$

$$+\frac{\pi^2}{4\sqrt{\eta_z}}\sum_{n=1}^{\infty}\frac{\xi_n^2\left\{\xi_nJ_1(\xi_nb)-\lambda_bJ_0(\xi_nb)\right\}^2\left\{\xi_n\mathcal{V}_{\mathcal{N}0}(\xi_nr,a)-\lambda_a\mathcal{V}_{\mathcal{D}0}(\xi_nr,a)\right\}\operatorname{sech}\left(d\sqrt{\frac{\eta_r\xi_n^2+s}{\eta_z}}\right)}{\left[(\lambda_b^2+\xi_n^2)\{\lambda_aJ_0(\xi_na)+\xi_nJ_1(\xi_na)\}^2-(\lambda_a^2+\xi_n^2)\{\lambda_bJ_0(\xi_nb)+\xi_nJ_1(\xi_nb)\}^2\right]\sqrt{\eta_r\xi_n^2+s}}\times$$

$$\times\int_0^d\overline{\varphi}(\xi_n,u)\left[\sinh\left\{(d-|z-u|)\sqrt{\frac{\eta_r\xi_n^2+s}{\eta_z}}\right\}-\sinh\left\{(d-z-u)\sqrt{\frac{\eta_r\xi_n^2+s}{\eta_z}}\right\}\right]du \qquad (21.24.2)$$

where $\overline{\varphi}(\xi_n,u)=\int_a^b\varphi(r,u)\,r\left\{\xi_n\mathcal{V}_{\mathcal{N}0}(\xi_nr,a)-\lambda_a\mathcal{V}_{\mathcal{D}0}(\xi_nr,a)\right\}dr$ and

$$p=\frac{U(t-t_0)\pi}{8\phi c_td}\sum_{n=1}^{\infty}\frac{\xi_n^2\left\{\xi_nJ_1(\xi_nb)-\lambda_bJ_0(\xi_nb)\right\}^2\left\{\xi_n\mathcal{V}_{\mathcal{N}0}(\xi_nr_0,a)-\lambda_a\mathcal{V}_{\mathcal{D}0}(\xi_nr_0,a)\right\}}{\left[(\lambda_b^2+\xi_n^2)\{\lambda_aJ_0(\xi_na)+\xi_nJ_1(\xi_na)\}^2-(\lambda_a^2+\xi_n^2)\{\lambda_bJ_0(\xi_nb)+\xi_nJ_1(\xi_nb)\}^2\right]}\times$$

$$\times\left\{\xi_n\mathcal{V}_{\mathcal{N}0}(\xi_nr,a)-\lambda_a\mathcal{V}_{\mathcal{D}0}(\xi_nr,a)\right\}\times$$

$$\times\int_0^{t-t_0}q(t-t_0-\tau)\left[\Theta_2\left\{\frac{\pi(z-z_0)}{2d},e^{-\left(\frac{\pi}{d}\right)^2\eta_z\tau}\right\}-\Theta_2\left\{\frac{\pi(z+z_0)}{2d},e^{-\left(\frac{\pi}{d}\right)^2\eta_z\tau}\right\}\right]e^{-\eta_r\xi_n^2\tau}d\tau+$$

$$+\frac{\pi}{2\phi c_td}\sum_{n=1}^{\infty}\frac{\xi_n^2\left\{\xi_nJ_1(\xi_nb)-\lambda_bJ_0(\xi_nb)\right\}^2\left\{\xi_n\mathcal{V}_{\mathcal{N}0}(\xi_nr,a)-\lambda_a\mathcal{V}_{\mathcal{D}0}(\xi_nr,a)\right\}}{\left[(\lambda_b^2+\xi_n^2)\{\lambda_aJ_0(\xi_na)+\xi_nJ_1(\xi_na)\}^2-(\lambda_a^2+\xi_n^2)\{\lambda_bJ_0(\xi_nb)+\xi_nJ_1(\xi_nb)\}^2\right]}\times$$

$$\times\int_0^te^{-\eta_r\xi_n^2\tau}\int_0^d\psi_a(u,t-\tau)\left[\Theta_2\left\{\frac{\pi(z-u)}{2d},e^{-\left(\frac{\pi}{d}\right)^2\eta_z\tau}\right\}-\Theta_2\left\{\frac{\pi(z+u)}{2d},e^{-\left(\frac{\pi}{d}\right)^2\eta_z\tau}\right\}\right]dud\tau+$$

$$+\frac{\pi}{2\phi c_td}\sum_{n=1}^{\infty}\frac{\xi_n^2\left\{\xi_nJ_1(\xi_nb)-\lambda_bJ_0(\xi_nb)\right\}\left\{\xi_nJ_1(\xi_na)+\lambda_aJ_0(\xi_na)\right\}\left\{\xi_n\mathcal{V}_{\mathcal{N}0}(\xi_nr,a)-\lambda_a\mathcal{V}_{\mathcal{D}0}(\xi_nr,a)\right\}}{\left[(\lambda_b^2+\xi_n^2)\{\lambda_aJ_0(\xi_na)+\xi_nJ_1(\xi_na)\}^2-(\lambda_a^2+\xi_n^2)\{\lambda_bJ_0(\xi_nb)+\xi_nJ_1(\xi_nb)\}^2\right]}\times$$

$$\times\int_0^te^{-\eta_r\xi_n^2\tau}\int_0^d\psi_b(u,t-\tau)\left[\Theta_2\left\{\frac{\pi(z-u)}{2d},e^{-\left(\frac{\pi}{d}\right)^2\eta_z\tau}\right\}-\Theta_2\left\{\frac{\pi(z+u)}{2d},e^{-\left(\frac{\pi}{d}\right)^2\eta_z\tau}\right\}\right]dud\tau-$$

$$-\frac{\pi^2}{2d}\sum_{n=1}^{\infty}\frac{\xi_n^2\left\{\xi_n J_1(\xi_n b)-\lambda_b J_0(\xi_n b)\right\}^2\left\{\xi_n \mathcal{V}_{\mathcal{N}0}(\xi_n r,a)-\lambda_a \mathcal{V}_{\mathcal{D}0}(\xi_n r,a)\right\}}{\left[(\lambda_b^2+\xi_n^2)\left\{\lambda_a J_0(\xi_n a)+\xi_n J_1(\xi_n a)\right\}^2-(\lambda_a^2+\xi_n^2)\left\{\lambda_b J_0(\xi_n b)+\xi_n J_1(\xi_n b)\right\}^2\right]}\times$$

$$\times\int_0^t\left\{\left(\frac{\eta_z}{2d}\right)\Theta_2'\left(\frac{\pi z}{2d},e^{-\left(\frac{\pi}{d}\right)^2\eta_z\tau}\right)\overline{\psi}_0(\xi_n,t-\tau)+\left(\frac{1}{\phi c_t}\right)\Theta_1\left(\frac{\pi z}{2d},e^{-\left(\frac{\pi}{d}\right)^2\eta_z\tau}\right)\overline{\psi}_d(\xi_n,t-\tau)\right\}e^{-\eta_r\xi_n^2\tau}d\tau+$$

$$+\frac{\pi^2}{4d}\sum_{n=1}^{\infty}\frac{\xi_n^2\left\{\xi_n J_1(\xi_n b)-\lambda_b J_0(\xi_n b)\right\}^2\left\{\xi_n \mathcal{V}_{\mathcal{N}0}(\xi_n r,a)-\lambda_a \mathcal{V}_{\mathcal{D}0}(\xi_n r,a)\right\}e^{-\eta_r\xi_n^2 t}}{\left[(\lambda_b^2+\xi_n^2)\left\{\lambda_a J_0(\xi_n a)+\xi_n J_1(\xi_n a)\right\}^2-(\lambda_a^2+\xi_n^2)\left\{\lambda_b J_0(\xi_n b)+\xi_n J_1(\xi_n b)\right\}^2\right]}\times$$

$$\times\int_0^d\overline{\varphi}(\xi_n,u)\left[\Theta_2\left\{\frac{\pi(z-u)}{2d},e^{-\left(\frac{\pi}{d}\right)^2\eta_z t}\right\}-\Theta_2\left\{\frac{\pi(z+u)}{2d},e^{-\left(\frac{\pi}{d}\right)^2\eta_z t}\right\}\right]du \qquad (21.24.3)$$

21.25

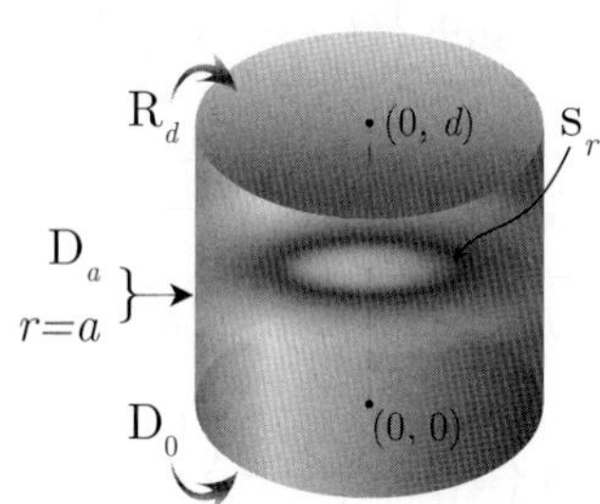

A cylindrical continuum bounded by $0 \le r \le a$ and $0 \le z \le d$. Ring source at $s_r \equiv (r_0, z_0)$; $0 \le r_0 \le a$, $0 < z_0 < d$, $t_0 \ge 0$.
$D_0 \equiv p(r,0,t) = \psi_0(r,t)$,
$R_d \equiv \frac{\partial p(r,d,t)}{\partial z} + \lambda_d p(r,d,t) = -\left(\frac{\mu}{k_z}\right)\psi_d(r,t)$ and
$D_a \equiv p(a,z,t) = \psi_a(z,t)$.
$p(r,z,0) = \varphi(r,z)$

Successive application of the Laplace, Fourier and finite Hankel transformations to equation (18.1.1) gives

$$\overline{\overline{\overline{p}}} = \frac{q(s)e^{-st_0}\sin(\xi_l z_0)J_0(\xi_n r_0)}{2\pi\phi c_t(\eta_r\xi_n^2+\eta_z\xi_l^2+s)}+\frac{a\eta_r\xi_n\overline{\overline{\psi}}_a(\xi_l,s)J_1(\xi_n a)}{(\eta_r\xi_n^2+\eta_z\xi_l^2+s)}+$$
$$+\frac{\left\{\eta_z\xi_l\overline{\overline{\psi}}_0(\xi_n,s)-\frac{\sin(\xi_l d)}{\phi c_t}\overline{\overline{\psi}}_d(\xi_n,s)\right\}}{(\eta_r\xi_n^2+\eta_z\xi_l^2+s)}+\frac{\overline{\overline{\varphi}}(\xi_n,\xi_l)}{(\eta_r\xi_n^2+\eta_z\xi_l^2+s)} \qquad (21.25.1)$$

where ξ_n are the positive roots of $J_0(\xi_n a)=0$, $n=1,2,...$, ξ_l are the positive roots of $\xi_l\cot(\xi_l d)=-\lambda_d$, $l=1,2,...$, $\overline{\overline{\psi}}_a(\xi_l,s)=\int_0^d\sin(\xi_l z)\overline{\psi}_a(z,s)dz$, $\overline{\overline{\psi}}_0(\xi_n,s)=\int_0^a\overline{\psi}_0(r,s)rJ_0(\xi r)\,dr$, $\overline{\overline{\psi}}_d(\xi_n,s)=\int_0^a\overline{\psi}_d(r,s)rJ_0(\xi r)\,dr$, $\overline{\overline{\varphi}}(\xi_n,\xi_l)=\int_0^a\overline{\varphi}(r,\xi_l)rJ_0(\xi_n r)\,dr$ and $\overline{\varphi}(r,\xi_l)=\int_0^d\sin(\xi_l z)\varphi(r,z)dz$. Successive inverse transforms yield

$$\overline{p} = \frac{2q(s)e^{-st_0}}{\pi a^2\phi c_t}\sum_{n=1}^{\infty}\frac{J_0(\xi_n r_0)J_0(\xi_n r)}{J_1^2(\xi_n a)}\sum_{l=1}^{\infty}\frac{(\xi_l^2+\lambda_d^2)\sin(\xi_l z_0)\sin(\xi_l z)}{\{d(\xi_l^2+\lambda_d^2)+\lambda_d\}(\eta_r\xi_n^2+\eta_z\xi_l^2+s)}+$$
$$+\frac{4\eta_r}{a}\sum_{n=1}^{\infty}\frac{\xi_n J_0(\xi_n r)}{J_1(\xi_n a)}\sum_{l=1}^{\infty}\frac{\overline{\overline{\psi}}_a(\xi_l,s)(\xi_l^2+\lambda_d^2)\sin(\xi_l z)}{\{d(\xi_l^2+\lambda_d^2)+\lambda_d\}(\eta_r\xi_n^2+\eta_z\xi_l^2+s)}+$$
$$+\frac{4}{a^2}\sum_{n=1}^{\infty}\frac{J_0(\xi_n r)}{J_1^2(\xi_n a)}\sum_{l=1}^{\infty}\frac{(\xi_l^2+\lambda_d^2)\left\{\eta_z\xi_l\overline{\overline{\psi}}_0(\xi_n,s)-\frac{\sin(\xi_l d)}{\phi c_t}\overline{\overline{\psi}}_d(\xi_n,s)\right\}\sin(\xi_l z)}{\{d(\xi_l^2+\lambda_d^2)+\lambda_d\}(\eta_r\xi_n^2+\eta_z\xi_l^2+s)}+$$
$$+\frac{4}{a^2}\sum_{n=1}^{\infty}\frac{J_0(\xi_n r)}{J_1^2(\xi_n a)}\sum_{l=1}^{\infty}\frac{\overline{\overline{\varphi}}(\xi_n,\xi_l)(\xi_l^2+\lambda_d^2)\sin(\xi_l z)}{\{d(\xi_l^2+\lambda_d^2)+\lambda_d\}(\eta_r\xi_n^2+\eta_z\xi_l^2+s)} \qquad (21.25.2)$$

and

$$p = \frac{2U(t-t_0)}{\pi a^2\phi c_t}\sum_{n=1}^{\infty}\frac{J_0(\xi_n r_0)J_0(\xi_n r)}{J_1^2(\xi_n a)}\times$$
$$\times\sum_{l=1}^{\infty}\frac{(\xi_l^2+\lambda_d^2)\sin(\xi_l z_0)\sin(\xi_l z)\int_0^{t-t_0}q(t-t_0-\tau)e^{-(\eta_r\xi_n^2+\eta_z\xi_l^2)\tau}d\tau}{\{d(\xi_l^2+\lambda_d^2)+\lambda_d\}}+$$

$$+\frac{4\eta_r}{a}\sum_{n=1}^{\infty}\frac{\xi_n J_0(\xi_n r)}{J_1(\xi_n a)}\sum_{l=1}^{\infty}\frac{(\xi_l^2+\lambda_d^2)\sin(\xi_l z)\int_0^t \overline{\psi}_a(\xi_l, t-\tau)\, e^{-(\eta_r\xi_n^2+\eta_z\xi_l^2)\tau}d\tau}{\{d(\xi_l^2+\lambda_d^2)+\lambda_d\}}+$$
$$+\frac{4}{a^2}\sum_{n=1}^{\infty}\frac{J_0(\xi_n r)}{J_1^2(\xi_n a)}\times$$
$$\times\sum_{l=1}^{\infty}\frac{(\xi_l^2+\lambda_d^2)\sin(\xi_l z)\int_0^t\left\{\eta_z\xi_l\overline{\psi}_0(\xi_n, t-\tau)-\frac{\sin(\xi_l d)}{\phi c_t}\overline{\psi}_d(\xi_n, t-\tau)\right\}e^{-(\eta_r\xi_n^2+\eta_z\xi_l^2)\tau}d\tau}{\{d(\xi_l^2+\lambda_d^2)+\lambda_d\}}+$$
$$+\frac{4}{a^2}\sum_{n=1}^{\infty}\frac{J_0(\xi_n r)\, e^{-\eta_r\xi_n^2 t}}{J_1^2(\xi_n a)}\sum_{l=1}^{\infty}\frac{\overline{\overline{\varphi}}(\xi_n,\xi_l)(\xi_l^2+\lambda_d^2)\sin(\xi_l z)\, e^{-\eta_z\xi_l^2 t}}{\{d(\xi_l^2+\lambda_d^2)+\lambda_d\}} \quad (21.25.3)$$

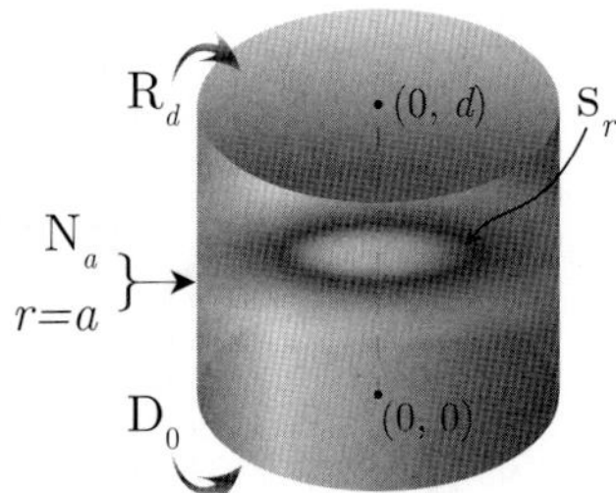

21.26 The problem of 21.25, except $N_a \equiv \frac{\partial p(a,z,t)}{\partial r} = -\left(\frac{\mu}{k_r}\right)\psi_a(z,t)$, $D_0 \equiv p(r,0,t) = \psi_0(r,t)$ and $R_d \equiv \frac{\partial p(r,d,t)}{\partial z} + \lambda_d p(r,d,t) = -\left(\frac{\mu}{k_z}\right)\psi_d(r,t)$

Successive application of the Laplace, Fourier and finite Hankel transformations to equation (18.1.1) gives

$$\overline{\overline{\overline{p}}} = \frac{q(s)e^{-st_0}\sin(\xi_l z_0)J_0(\xi_n r_0)}{2\pi\phi c_t(\eta_r\xi_n^2+\eta_z\xi_l^2+s)} - \frac{a\overline{\overline{\psi}}_a(\xi_l,s)J_0(\xi_n a)}{\phi c_t(\eta_r\xi_n^2+\eta_z\xi_l^2+s)} + $$
$$+\frac{\left\{\eta_z\xi_l\overline{\overline{\psi}}_0(\xi_n,s)-\frac{\sin(\xi_l d)}{\phi c_t}\overline{\overline{\psi}}_d(\xi_n,s)\right\}}{(\eta_r\xi_n^2+\eta_z\xi_l^2+s)}+\frac{\overline{\overline{\varphi}}(\xi_n,\xi_l)}{(\eta_r\xi_n^2+\eta_z\xi_l^2+s)} \quad (21.26.1)$$

where ξ_n are the positive roots of $J_1(\xi_n a)=0$, $n=1,2,...$, ξ_l are the positive roots of $\xi_l\cot(\xi_l d) = -\lambda_d$, $l=1,2,...$, $\overline{\overline{\psi}}_a(\xi_l,s)=\int_0^d\sin(\xi_l z)\overline{\psi}_a(z,s)dz$, $\overline{\overline{\psi}}_0(\xi_n,s)=\int_0^a\overline{\psi}_0(r,s)rJ_0(\xi r)\,dr$, $\overline{\overline{\psi}}_d(\xi_n,s)=\int_0^a\overline{\psi}_d(r,s)rJ_0(\xi r)\,dr$, $\overline{\overline{\varphi}}(\xi_n,\xi_l)=\int_0^a\overline{\varphi}(r,\xi_l)\,rJ_0(\xi_n r)\,dr$, and $\overline{\varphi}(r,\xi_l)=\int_0^d\sin(\xi_l z)\varphi(r,z)dz$. Successive inverse transforms yield

$$\overline{p} = \frac{2q(s)e^{-st_0}}{\pi a^2\phi c_t}\sum_{n=0}^{\infty}\frac{J_0(\xi_n r_0)J_0(\xi_n r)}{J_0^2(\xi_n a)}\sum_{l=1}^{\infty}\frac{(\xi_l^2+\lambda_d^2)\sin(\xi_l z_0)\sin(\xi_l z)}{\{d(\xi_l^2+\lambda_d^2)+\lambda_d\}(\eta_r\xi_n^2+\eta_z\xi_l^2+s)} -$$
$$-\frac{4}{a\phi c_t}\sum_{n=0}^{\infty}\frac{J_0(\xi_n r)}{J_0(\xi_n a)}\sum_{l=1}^{\infty}\frac{\overline{\overline{\psi}}_a(\xi_l,s)(\xi_l^2+\lambda_d^2)\sin(\xi_l z)}{\{d(\xi_l^2+\lambda_d^2)+\lambda_d\}(\eta_r\xi_n^2+\eta_z\xi_l^2+s)}+$$
$$+\frac{4}{a^2}\sum_{n=0}^{\infty}\frac{J_0(\xi_n r)}{J_0^2(\xi_n a)}\sum_{l=1}^{\infty}\frac{(\xi_l^2+\lambda_d^2)\left\{\eta_z\xi_l\overline{\overline{\psi}}_0(\xi_n,s)-\frac{\sin(\xi_l d)}{\phi c_t}\overline{\overline{\psi}}_d(\xi_n,s)\right\}\sin(\xi_l z)}{\{d(\xi_l^2+\lambda_d^2)+\lambda_d\}(\eta_r\xi_n^2+\eta_z\xi_l^2+s)}+$$
$$+\frac{4}{a^2}\sum_{n=0}^{\infty}\frac{J_0(\xi_n r)}{J_0^2(\xi_n a)}\sum_{l=1}^{\infty}\frac{\overline{\overline{\varphi}}(\xi_n,\xi_l)(\xi_l^2+\lambda_d^2)\sin(\xi_l z)}{\{d(\xi_l^2+\lambda_d^2)+\lambda_d\}(\eta_r\xi_n^2+\eta_z\xi_l^2+s)} \quad (21.26.2)$$

and

$$p = \frac{2U(t-t_0)}{\pi a^2\phi c_t}\sum_{n=0}^{\infty}\frac{J_0(\xi_n r_0)J_0(\xi_n r)}{J_0^2(\xi_n a)}\times$$
$$\times\sum_{l=1}^{\infty}\frac{(\xi_l^2+\lambda_d^2)\sin(\xi_l z_0)\sin(\xi_l z)\int_0^{t-t_0}q(t-t_0-\tau)\,e^{-(\eta_r\xi_n^2+\eta_z\xi_l^2)\tau}d\tau}{\{d(\xi_l^2+\lambda_d^2)+\lambda_d\}}-$$

$$-\frac{4}{a\phi c_t}\sum_{n=0}^{\infty}\frac{J_0(\xi_n r)}{J_0(\xi_n a)}\sum_{l=1}^{\infty}\frac{(\xi_l^2+\lambda_d^2)\sin(\xi_l z)\int_0^t\overline{\psi}_a(\xi_l,t-\tau)\,e^{-(\eta_r\xi_n^2+\eta_z\xi_l^2)\tau}d\tau}{\{d(\xi_l^2+\lambda_d^2)+\lambda_d\}}+$$

$$+\frac{4}{a^2}\sum_{n=0}^{\infty}\frac{J_0(\xi_n r)}{J_0^2(\xi_n a)}\times$$

$$\times\sum_{l=1}^{\infty}\frac{(\xi_l^2+\lambda_d^2)\sin(\xi_l z)\int_0^t\left\{\eta_z\xi_l\overline{\psi}_0(\xi_n,t-\tau)-\frac{\sin(\xi_l d)}{\phi c_t}\overline{\psi}_d(\xi_n,t-\tau)\right\}e^{-(\eta_r\xi_n^2+\eta_z\xi_l^2)\tau}d\tau}{\{d(\xi_l^2+\lambda_d^2)+\lambda_d\}}+$$

$$+\frac{4}{a^2}\sum_{n=0}^{\infty}\frac{J_0(\xi_n r)\,e^{-\eta_r\xi_n^2 t}}{J_0^2(\xi_n a)}\sum_{l=1}^{\infty}\frac{\overline{\overline{\varphi}}(\xi_n,\xi_l)(\xi_l^2+\lambda_d^2)\sin(\xi_l z)\,e^{-\eta_z\xi_l^2 t}}{\{d(\xi_l^2+\lambda_d^2)+\lambda_d\}} \qquad (21.26.3)$$

21.27

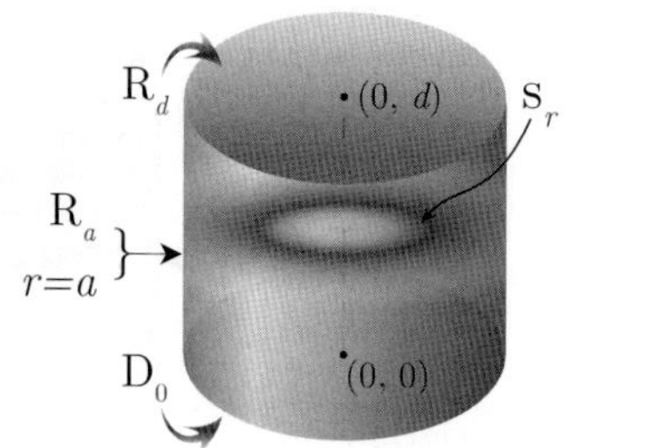

The problem of 21.25, except
$R_a \equiv \frac{\partial p(a,z,t)}{\partial r}+\lambda p(a,z,t)=-\left(\frac{\mu}{k_r}\right)\psi_a(z,t)$,
$D_0 \equiv p(r,0,t)=\psi_0(r,t)$ and
$R_d \equiv \frac{\partial p(r,d,t)}{\partial z}+\lambda_d p(r,d,t)=-\left(\frac{\mu}{k_z}\right)\psi_d(r,t)$

Successive application of the Laplace, Fourier and finite Hankel transformations to equation (18.1.1) gives

$$\overline{\overline{\overline{p}}} = \frac{q(s)\,e^{-st_0}\sin(\xi_l z_0)\,J_0(\xi_n r_0)}{2\pi\phi c_t(\eta_r\xi_n^2+\eta_z\xi_l^2+s)}-\frac{a\overline{\overline{\psi}}_a(\xi_l,s)\,J_0(\xi_n a)}{\phi c_t(\eta_r\xi_n^2+\eta_z\xi_l^2+s)}+$$
$$+\frac{\left\{\eta_z\xi_l\overline{\overline{\psi}}_0(\xi_n,s)-\frac{\sin(\xi_l d)}{\phi c_t}\overline{\overline{\psi}}_d(\xi_n,s)\right\}}{(\eta_r\xi_n^2+\eta_z\xi_l^2+s)}+\frac{\overline{\overline{\varphi}}(\xi_n,\xi_l)}{(\eta_r\xi_n^2+\eta_z\xi_l^2+s)} \qquad (21.27.1)$$

where ξ_n are the positive roots of $\lambda J_0(\xi_n a)=\xi_n J_1(\xi_n a)$, $n=1,2,...,$ ξ_l are the positive roots of $\xi_l\cot(\xi_l d)=-\lambda_d$, $l=1,2,...,$ $\overline{\overline{\psi}}_a(\xi_l,s)=\int_0^d\sin(\xi_l z)\,\overline{\psi}_a(z,s)dz$, $\overline{\overline{\psi}}_0(\xi_n,s)=\int_0^a\overline{\psi}_0(r,s)rJ_0(\xi r)\,dr$, $\overline{\overline{\psi}}_d(\xi_n,s)=\int_0^a\overline{\psi}_d(r,s)rJ_0(\xi r)\,dr$, $\overline{\overline{\varphi}}(\xi_n,\xi_l)=\int_0^a\overline{\varphi}(r,\xi_l)\,rJ_0(\xi_n r)\,dr$ and $\overline{\varphi}(r,\xi_l)=\int_0^d\sin(\xi_l z)\,\varphi(r,z)dz$. Successive inverse transforms yield

$$\overline{p} = \frac{2q(s)\,e^{-st_0}}{\pi a^2\phi c_t}\sum_{n=1}^{\infty}\frac{J_0(\xi_n r_0)\,J_0(\xi_n r)}{\{J_0^2(\xi_n a)+J_1^2(\xi_n a)\}}\sum_{l=1}^{\infty}\frac{(\xi_l^2+\lambda_d^2)\sin(\xi_l z_0)\sin(\xi_l z)}{\{d(\xi_l^2+\lambda_d^2)+\lambda_d\}(\eta_r\xi_n^2+\eta_z\xi_l^2+s)}-$$
$$-\frac{4}{a\phi c_t}\sum_{n=1}^{\infty}\frac{J_0(\xi_n a)\,J_0(\xi_n r)}{\{J_0^2(\xi_n a)+J_1^2(\xi_n a)\}}\sum_{l=1}^{\infty}\frac{\overline{\overline{\psi}}_a(\xi_l,s)(\xi_l^2+\lambda_d^2)\sin(\xi_l z)}{\{d(\xi_l^2+\lambda_d^2)+\lambda_d\}(\eta_r\xi_n^2+\eta_z\xi_l^2+s)}+$$
$$+\frac{4}{a^2}\sum_{n=1}^{\infty}\frac{J_0(\xi_n r)}{\{J_0^2(\xi_n a)+J_1^2(\xi_n a)\}}\sum_{l=1}^{\infty}\frac{(\xi_l^2+\lambda_d^2)\left\{\eta_z\xi_l\overline{\overline{\psi}}_0(\xi_n,s)-\frac{\sin(\xi_l d)}{\phi c_t}\overline{\overline{\psi}}_d(\xi_n,s)\right\}\sin(\xi_l z)}{\{d(\xi_l^2+\lambda_d^2)+\lambda_d\}(\eta_r\xi_n^2+\eta_z\xi_l^2+s)}+$$
$$+\frac{4}{a^2}\sum_{n=1}^{\infty}\frac{J_0(\xi_n r)}{\{J_0^2(\xi_n a)+J_1^2(\xi_n a)\}}\sum_{l=1}^{\infty}\frac{\overline{\overline{\varphi}}(\xi_n,\xi_l)(\xi_l^2+\lambda_d^2)\sin(\xi_l z)}{\{d(\xi_l^2+\lambda_d^2)+\lambda_d\}(\eta_r\xi_n^2+\eta_z\xi_l^2+s)} \qquad (21.27.2)$$

and

$$p = \frac{2U(t-t_0)}{\pi a^2\phi c_t}\sum_{n=1}^{\infty}\frac{J_0(\xi_n r_0)\,J_0(\xi_n r)}{\{J_0^2(\xi_n a)+J_1^2(\xi_n a)\}}\times$$
$$\times\sum_{l=1}^{\infty}\frac{(\xi_l^2+\lambda_d^2)\sin(\xi_l z_0)\sin(\xi_l z)\int_0^{t-t_0}q(t-t_0-\tau)\,e^{-(\eta_r\xi_n^2+\eta_z\xi_l^2)\tau}d\tau}{\{d(\xi_l^2+\lambda_d^2)+\lambda_d\}}-$$

$$-\frac{4}{a\phi c_t}\sum_{n=1}^{\infty}\frac{J_0(\xi_n a)J_0(\xi_n r)}{\{J_0^2(\xi_n a)+J_1^2(\xi_n a)\}}\sum_{l=1}^{\infty}\frac{(\xi_l^2+\lambda_d^2)\sin(\xi_l z)\int_0^t\overline{\psi}_a(\xi_l,t-\tau)e^{-(\eta_r\xi_n^2+\eta_z\xi_l^2)\tau}d\tau}{\{d(\xi_l^2+\lambda_d^2)+\lambda_d\}}+$$

$$+\frac{4}{a^2}\sum_{n=1}^{\infty}\frac{J_0(\xi_n r)}{\{J_0^2(\xi_n a)+J_1^2(\xi_n a)\}}\times$$

$$\times\sum_{l=1}^{\infty}\frac{(\xi_l^2+\lambda_d^2)\sin(\xi_l z)\int_0^t\left\{\eta_z\xi_l\overline{\psi}_0(\xi_n,t-\tau)-\frac{\sin(\xi_l d)}{\phi c_t}\overline{\psi}_d(\xi_n,t-\tau)\right\}e^{-(\eta_r\xi_n^2+\eta_z\xi_l^2)\tau}d\tau}{\{d(\xi_l^2+\lambda_d^2)+\lambda_d\}}+$$

$$+\frac{4}{a^2}\sum_{n=1}^{\infty}\frac{J_0(\xi_n r)e^{-\eta_r\xi_n^2 t}}{\{J_0^2(\xi_n a)+J_1^2(\xi_n a)\}}\sum_{l=1}^{\infty}\frac{\overline{\overline{\varphi}}(\xi_n,\xi_l)(\xi_l^2+\lambda_d^2)\sin(\xi_l z)e^{-\eta_z\xi_l^2 t}}{\{d(\xi_l^2+\lambda_d^2)+\lambda_d\}} \tag{21.27.3}$$

21.28 A cylindrical continuum bounded by $a \le r \le b$ and $0 \le z \le d$. Ring source at $s_r \equiv (r_0, z_0)$; $a \le r_0 \le b$, $0 < z_0 < d$, $t_0 \ge 0$.

$D_0 \equiv p(r,0,t) = \psi_0(r,t)$,
$R_d \equiv \frac{\partial p(r,d,t)}{\partial z} + \lambda_d p(r,d,t) = -\left(\frac{\mu}{k_z}\right)\psi_d(r,t)$,
$D_a \equiv p(a,z,t) = \psi_a(z,t)$ and $D_b \equiv p(b,z,t) = \psi_b(z,t)$.
$p(r,z,0) = \varphi(r,z)$

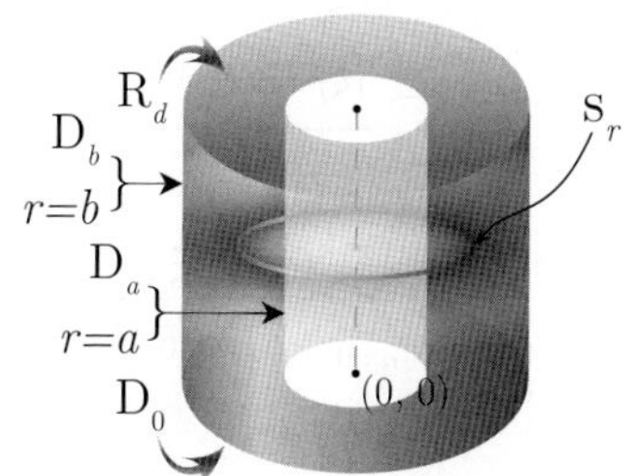

Successive application of the Laplace, Fourier and finite Hankel transformations to equation (18.1.1) gives

$$\overline{\overline{\overline{p}}} = \frac{q(s)e^{-st_0}\sin(\xi_l z_0)\mathcal{V}_{D0}(\xi_n r_0,a)}{2\pi\phi c_t(\eta_r\xi_n^2+\eta_z\xi_l^2+s)}-\frac{2\eta_r\overline{\overline{\psi}}_a(\xi_l,s)}{\pi(\eta_r\xi_n^2+\eta_z\xi_l^2+s)}+\frac{2\eta_r J_0(\xi_n a)\overline{\overline{\psi}}_b(\xi_l,s)}{\pi J_0(\xi_n b)(\eta_r\xi_n^2+\eta_z\xi_l^2+s)}+$$
$$+\frac{\left\{\eta_z\xi_l\overline{\overline{\psi}}_0(\xi_n,s)-\frac{\sin(\xi_l d)}{\phi c_t}\overline{\overline{\psi}}_d(\xi_n,s)\right\}}{(\eta_r\xi_n^2+\eta_z\xi_l^2+s)}+\frac{\overline{\overline{\varphi}}(\xi_n,\xi_l)}{(\eta_r\xi_n^2+\eta_z\xi_l^2+s)} \tag{21.28.1}$$

where $\mathcal{V}_{D0}(\xi_n r,a) = J_0(\xi_n r)Y_0(\xi_n a) - Y_0(\xi_n r)J_0(\xi_n a)$. The eigenvalues $\xi_n, n = 1,2,...,$ are the positive roots of the transcendental equation $\mathcal{V}_{D0}(\xi_n b,a) = 0$, ξ_l are the positive roots of $\xi_l\cot(\xi_l d) = -\lambda_d$, $l = 1,2,....$ $\overline{\overline{\psi}}_0(\xi_n,s) = \int_a^b\overline{\psi}_0(r,s)r\mathcal{V}_{D0}(\xi_n r,a)\,dr$, $\overline{\overline{\psi}}_d(\xi_n,s) = \int_a^b\overline{\psi}_d(r,s)r\mathcal{V}_{D0}(\xi_n r,a)\,dr$, $\overline{\overline{\psi}}_a(\xi_l,s) = \int_0^d\sin(\xi_l z)\overline{\psi}_a(z,s)dz$, $\overline{\overline{\psi}}_b(\xi_l,s) = \int_0^d\sin(\xi_l z)\overline{\psi}_b(z,s)dz$, $\overline{\overline{\varphi}}(\xi_n,\xi_l) = \int_a^b\overline{\varphi}(r,\xi_l)r\mathcal{V}_{D0}(\xi_n r,a)\,dr$ and $\overline{\varphi}(r,\xi_l) = \int_0^d\sin(\xi_l z)\varphi(r,z)dz$. Successive inverse transforms yield

$$\overline{p} = \frac{\pi q(s)e^{-st_0}}{2\phi c_t}\sum_{n=1}^{\infty}\frac{\xi_n^2J_0^2(\xi_n b)\mathcal{V}_{D0}(\xi_n r_0,a)\mathcal{V}_{D0}(\xi_n r,a)}{\{J_0^2(\xi_n a)-J_0^2(\xi_n b)\}}\sum_{l=1}^{\infty}\frac{(\xi_l^2+\lambda_d^2)\sin(\xi_l z_0)\sin(\xi_l z)}{\{d(\xi_l^2+\lambda_d^2)+\lambda_d\}(\eta_r\xi_n^2+\eta_z\xi_l^2+s)}-$$
$$-2\pi\eta_r\sum_{n=1}^{\infty}\frac{\xi_n^2J_0^2(\xi_n b)\mathcal{V}_{D0}(\xi_n r,a)}{\{J_0^2(\xi_n a)-J_0^2(\xi_n b)\}}\sum_{l=1}^{\infty}\frac{\overline{\overline{\psi}}_a(\xi_l,s)(\xi_l^2+\lambda_d^2)\sin(\xi_l z)}{\{d(\xi_l^2+\lambda_d^2)+\lambda_d\}(\eta_r\xi_n^2+\eta_z\xi_l^2+s)}+$$
$$+2\pi\eta_r\sum_{n=1}^{\infty}\frac{\xi_n^2J_0(\xi_n a)J_0(\xi_n b)\mathcal{V}_{D0}(\xi_n r,a)}{\{J_0^2(\xi_n a)-J_0^2(\xi_n b)\}}\sum_{l=1}^{\infty}\frac{\overline{\overline{\psi}}_b(\xi_l,s)(\xi_l^2+\lambda_d^2)\sin(\xi_l z)}{\{d(\xi_l^2+\lambda_d^2)+\lambda_d\}(\eta_r\xi_n^2+\eta_z\xi_l^2+s)}+$$
$$+\pi^2\sum_{n=1}^{\infty}\frac{\xi_n^2J_0^2(\xi_n b)\mathcal{V}_{D0}(\xi_n r,a)}{\{J_0^2(\xi_n a)-J_0^2(\xi_n b)\}}\sum_{l=1}^{\infty}\frac{(\xi_l^2+\lambda_d^2)\left\{\eta_z\xi_l\overline{\overline{\psi}}_0(\xi_n,s)-\frac{\sin(\xi_l d)}{\phi c_t}\overline{\overline{\psi}}_d(\xi_n,s)\right\}\sin(\xi_l z)}{\{d(\xi_l^2+\lambda_d^2)+\lambda_d\}(\eta_r\xi_n^2+\eta_z\xi_l^2+s)}+$$
$$+\pi^2\sum_{n=1}^{\infty}\frac{\xi_n^2J_0^2(\xi_n b)\mathcal{V}_{D0}(\xi_n r,a)}{\{J_0^2(\xi_n a)-J_0^2(\xi_n b)\}}\sum_{l=1}^{\infty}\frac{\overline{\overline{\varphi}}(\xi_n,\xi_l)(\xi_l^2+\lambda_d^2)\sin(\xi_l z)}{\{d(\xi_l^2+\lambda_d^2)+\lambda_d\}(\eta_r\xi_n^2+\eta_z\xi_l^2+s)} \tag{21.28.2}$$

and

$$p = \frac{\pi U(t-t_0)}{2\phi c_t}\sum_{n=1}^{\infty}\frac{\xi_n^2 J_0^2(\xi_n b)\,\mathcal{V}_{\mathcal{D}0}(\xi_n r_0,a)\,\mathcal{V}_{\mathcal{D}0}(\xi_n r,a)}{\{J_0^2(\xi_n a)-J_0^2(\xi_n b)\}}\times$$
$$\times\sum_{l=1}^{\infty}\frac{(\xi_l^2+\lambda_d^2)\sin(\xi_l z_0)\sin(\xi_l z)\int_0^{t-t_0} q(t-t_0-\tau)\,e^{-(\eta_r\xi_n^2+\eta_z\xi_l^2)\tau}d\tau}{\{d(\xi_l^2+\lambda_d^2)+\lambda_d\}}-$$
$$-2\pi\eta_r\sum_{n=1}^{\infty}\frac{\xi_n^2 J_0^2(\xi_n b)\,\mathcal{V}_{\mathcal{D}0}(\xi_n r,a)}{\{J_0^2(\xi_n a)-J_0^2(\xi_n b)\}}\sum_{l=1}^{\infty}\frac{(\xi_l^2+\lambda_d^2)\sin(\xi_l z)\int_0^t\overline{\psi}_a(\xi_l,t-\tau)\,e^{-(\eta_r\xi_n^2+\eta_z\xi_l^2)\tau}d\tau}{\{d(\xi_l^2+\lambda_d^2)+\lambda_d\}}+$$
$$+2\pi\eta_r\sum_{n=1}^{\infty}\frac{\xi_n^2 J_0(\xi_n a)\,J_0(\xi_n b)\,\mathcal{V}_{\mathcal{D}0}(\xi_n r,a)}{\{J_0^2(\xi_n a)-J_0^2(\xi_n b)\}}\sum_{l=1}^{\infty}\frac{(\xi_l^2+\lambda_d^2)\sin(\xi_l z)\int_0^t\overline{\psi}_b(\xi_l,t-\tau)\,e^{-(\eta_r\xi_n^2+\eta_z\xi_l^2)\tau}d\tau}{\{d(\xi_l^2+\lambda_d^2)+\lambda_d\}}+$$
$$+\pi^2\sum_{n=1}^{\infty}\frac{\xi_n^2 J_0^2(\xi_n b)\,\mathcal{V}_{\mathcal{D}0}(\xi_n r,a)}{\{J_0^2(\xi_n a)-J_0^2(\xi_n b)\}}\times$$
$$\times\sum_{l=1}^{\infty}\frac{(\xi_l^2+\lambda_d^2)\sin(\xi_l z)\int_0^t\left\{\eta_z\xi_l\overline{\psi}_0(\xi_n,t-\tau)-\frac{\sin(\xi_l d)}{\phi c_t}\overline{\psi}_d(\xi_n,t-\tau)\right\}e^{-(\eta_r\xi_n^2+\eta_z\xi_l^2)\tau}d\tau}{\{d(\xi_l^2+\lambda_d^2)+\lambda_d\}}+$$
$$+\pi^2\sum_{n=1}^{\infty}\frac{\xi_n^2 J_0^2(\xi_n b)\,\mathcal{V}_{\mathcal{D}0}(\xi_n r,a)\,e^{-\eta_r\xi_n^2 t}}{\{J_0^2(\xi_n a)-J_0^2(\xi_n b)\}}\sum_{l=1}^{\infty}\frac{\overline{\overline{\varphi}}(\xi_n,\xi_l)\,(\xi_l^2+\lambda_d^2)\sin(\xi_l z)\,e^{-\eta_z\xi_l^2 t}}{\{d(\xi_l^2+\lambda_d^2)+\lambda_d\}} \qquad (21.28.3)$$

21.29

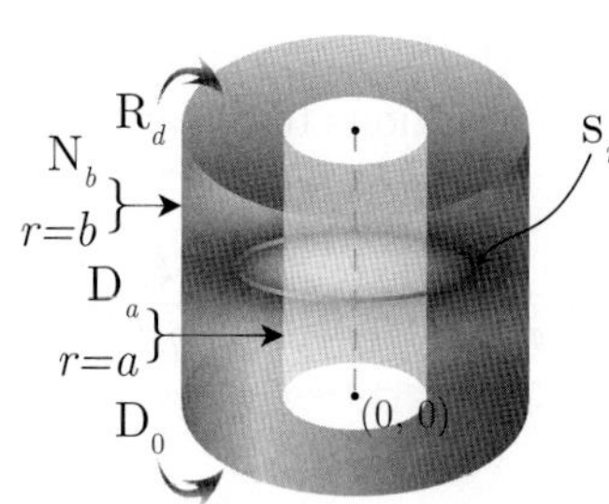

The problem of 21.28, except
$D_a \equiv p(a,z,t) = \psi_a(z,t)$,
$N_b \equiv \frac{\partial p(b,z,t)}{\partial r} = -\left(\frac{\mu}{k_r}\right)\psi_b(z,t)$,
$D_0 \equiv p(r,0,t) = \psi_0(r,t)$ and
$R_d \equiv \frac{\partial p(r,d,t)}{\partial z} + \lambda_d p(r,d,t) = -\left(\frac{\mu}{k_z}\right)\psi_d(r,t)$

Successive application of the Laplace, Fourier and finite Hankel transformations to equation (18.1.1) gives

$$\overline{\overline{\overline{p}}} = \frac{q(s)e^{-st_0}\sin(\xi_l z_0)\,\mathcal{V}_{\mathcal{D}0}(\xi_n r_0,a)}{2\pi\phi c_t(\eta_r\xi_n^2+\eta_z\xi_l^2+s)}-\frac{2\eta_r\overline{\overline{\psi}}_a(\xi_l,s)}{\pi(\eta_r\xi_n^2+\eta_z\xi_l^2+s)}+\frac{2J_0(\xi_n a)\,\overline{\overline{\psi}}_b(\xi_l,s)}{\pi\phi c_t J_1(\xi_n b)(\eta_r\xi_n^2+\eta_z\xi_l^2+s)}+$$
$$+\frac{\left\{\eta_z\xi_l\overline{\overline{\psi}}_0(\xi_n,s)-\frac{\sin(\xi_l d)}{\phi c_t}\overline{\overline{\psi}}_d(\xi_n,s)\right\}}{(\eta_r\xi_n^2+\eta_z\xi_l^2+s)}+\frac{\overline{\overline{\varphi}}(\xi_n,\xi_l)}{(\eta_r\xi_n^2+\eta_z\xi_l^2+s)} \qquad (21.29.1)$$

where $\mathcal{V}_{\mathcal{D}0}(\xi_n r,a) = J_0(\xi_n r)\,Y_0(\xi_n a) - Y_0(\xi_n r)\,J_0(\xi_n a)$. The eigenvalues ξ_n are the positive roots of the transcendental equation $\mathcal{V}'_{\mathcal{D}0}(\xi_n b,a) = 0$,* $n = 1,2,...$, ξ_l are the positive roots of $\xi_l\cot(\xi_l d) = -\lambda_d$, $l = 1,2,....$ $\overline{\overline{\psi}}_0(\xi_n,s) = \int_a^b\overline{\psi}_0(r,s)\,r\mathcal{V}_{\mathcal{D}0}(\xi_n r,a)\,dr$, $\overline{\overline{\psi}}_d(\xi_n,s) = \int_a^b\overline{\psi}_d(r,s)\,r\mathcal{V}_{\mathcal{D}0}(\xi_n r,a)\,dr$, $\overline{\overline{\psi}}_a(\xi_l,s) = \int_0^d\sin(\xi_l z)\,\overline{\psi}_a(z,s)dz$, $\overline{\overline{\psi}}_b(\xi_l,s) = \int_0^d\sin(\xi_l z)\,\overline{\psi}_b(z,s)dz$, $\overline{\overline{\varphi}}(\xi_n,\xi_l) = \int_a^b\overline{\varphi}(r,\xi_l)\,r\mathcal{V}_{\mathcal{D}0}(\xi_n r,a)\,dr$ and $\overline{\varphi}(r,\xi_l) = \int_0^d\sin(\xi_l z)\,\varphi(r,z)dz$. Successive inverse transforms yield

$$\overline{p} = \frac{\pi q(s)\,e^{-st_0}}{2\phi c_t}\sum_{n=1}^{\infty}\frac{\xi_n^2 J_1^2(\xi_n b)\,\mathcal{V}_{\mathcal{D}0}(\xi_n r_0,a)\,\mathcal{V}_{\mathcal{D}0}(\xi_n r,a)}{\{J_0^2(\xi_n a)-J_1^2(\xi_n b)\}}\sum_{l=1}^{\infty}\frac{(\xi_l^2+\lambda_d^2)\sin(\xi_l z_0)\sin(\xi_l z)}{\{d(\xi_l^2+\lambda_d^2)+\lambda_d\}(\eta_r\xi_n^2+\eta_z\xi_l^2+s)}-$$
$$-2\pi\eta_r\sum_{n=1}^{\infty}\frac{\xi_n^2 J_1^2(\xi_n b)\,\mathcal{V}_{\mathcal{D}0}(\xi_n r,a)}{\{J_0^2(\xi_n a)-J_1^2(\xi_n b)\}}\sum_{l=1}^{\infty}\frac{\overline{\overline{\psi}}_a(\xi_l,s)\,(\xi_l^2+\lambda_d^2)\sin(\xi_l z)}{\{d(\xi_l^2+\lambda_d^2)+\lambda_d\}(\eta_r\xi_n^2+\eta_z\xi_l^2+s)}+$$

*$\mathcal{V}'_{\mathcal{D}0}(\xi_n b,a) = Y_1(\xi_n b)\,J_0(\xi_n a) - J_1(\xi_n b)\,Y_0(\xi_n a)$.

$$+\frac{2\pi}{\phi c_t}\sum_{n=1}^{\infty}\frac{\xi_n^2 J_0(\xi_n a) J_1(\xi_n b)\mathcal{V}_{\mathcal{D}0}(\xi_n r,a)}{\{J_0^2(\xi_n a)-J_1^2(\xi_n b)\}}\sum_{l=1}^{\infty}\frac{\overline{\overline{\psi}}_b(\xi_l,s)\left(\xi_l^2+\lambda_d^2\right)\sin(\xi_l z)}{\{d\left(\xi_l^2+\lambda_d^2\right)+\lambda_d\}\left(\eta_r\xi_n^2+\eta_z\xi_l^2+s\right)}+$$
$$+\pi^2\sum_{n=1}^{\infty}\frac{\xi_n^2 J_1^2(\xi_n b)\mathcal{V}_{\mathcal{D}0}(\xi_n r,a)}{\{J_0^2(\xi_n a)-J_1^2(\xi_n b)\}}\sum_{l=1}^{\infty}\frac{\left(\xi_l^2+\lambda_d^2\right)\left\{\eta_z\xi_l\overline{\overline{\psi}}_0(\xi_n,s)-\frac{\sin(\xi_l d)}{\phi c_t}\overline{\overline{\psi}}_d(\xi_n,s)\right\}\sin(\xi_l z)}{\{d\left(\xi_l^2+\lambda_d^2\right)+\lambda_d\}\left(\eta_r\xi_n^2+\eta_z\xi_l^2+s\right)}+$$
$$+\pi^2\sum_{n=1}^{\infty}\frac{\xi_n^2 J_1^2(\xi_n b)\mathcal{V}_{\mathcal{D}0}(\xi_n r,a)}{\{J_0^2(\xi_n a)-J_1^2(\xi_n b)\}}\sum_{l=1}^{\infty}\frac{\overline{\overline{\varphi}}(\xi_n,\xi_l)\left(\xi_l^2+\lambda_d^2\right)\sin(\xi_l z)}{\{d\left(\xi_l^2+\lambda_d^2\right)+\lambda_d\}\left(\eta_r\xi_n^2+\eta_z\xi_l^2+s\right)} \quad (21.29.2)$$

and

$$p=\frac{\pi U(t-t_0)}{2\phi c_t}\sum_{n=1}^{\infty}\frac{\xi_n^2 J_1^2(\xi_n b)\mathcal{V}_{\mathcal{D}0}(\xi_n r_0,a)\mathcal{V}_{\mathcal{D}0}(\xi_n r,a)}{\{J_0^2(\xi_n a)-J_1^2(\xi_n b)\}}\times$$
$$\times\sum_{l=1}^{\infty}\frac{\left(\xi_l^2+\lambda_d^2\right)\sin(\xi_l z_0)\sin(\xi_l z)\int_0^{t-t_0}q(t-t_0-\tau)e^{-\left(\eta_r\xi_n^2+\eta_z\xi_l^2\right)\tau}d\tau}{\{d\left(\xi_l^2+\lambda_d^2\right)+\lambda_d\}}-$$
$$-2\pi\eta_r\sum_{n=1}^{\infty}\frac{\xi_n^2 J_1^2(\xi_n b)\mathcal{V}_{\mathcal{D}0}(\xi_n r,a)}{\{J_0^2(\xi_n a)-J_1^2(\xi_n b)\}}\sum_{l=1}^{\infty}\frac{\left(\xi_l^2+\lambda_d^2\right)\sin(\xi_l z)\int_0^t\overline{\psi}_a(\xi_l,t-\tau)e^{-\left(\eta_r\xi_n^2+\eta_z\xi_l^2\right)\tau}d\tau}{\{d\left(\xi_l^2+\lambda_d^2\right)+\lambda_d\}}+$$
$$+\frac{2\pi}{\phi c_t}\sum_{n=1}^{\infty}\frac{\xi_n^2 J_0(\xi_n a)J_1(\xi_n b)\mathcal{V}_{\mathcal{D}0}(\xi_n r,a)}{\{J_0^2(\xi_n a)-J_1^2(\xi_n b)\}}\sum_{l=1}^{\infty}\frac{\left(\xi_l^2+\lambda_d^2\right)\sin(\xi_l z)\int_0^t\overline{\psi}_b(\xi_l,t-\tau)e^{-\left(\eta_r\xi_n^2+\eta_z\xi_l^2\right)\tau}d\tau}{\{d\left(\xi_l^2+\lambda_d^2\right)+\lambda_d\}}+$$
$$+\pi^2\sum_{n=1}^{\infty}\frac{\xi_n^2 J_1^2(\xi_n b)\mathcal{V}_{\mathcal{D}0}(\xi_n r,a)}{\{J_0^2(\xi_n a)-J_1^2(\xi_n b)\}}\times$$
$$\times\sum_{l=1}^{\infty}\frac{\left(\xi_l^2+\lambda_d^2\right)\sin(\xi_l z)\int_0^t\left\{\eta_z\xi_l\overline{\psi}_0(\xi_n,t-\tau)-\frac{\sin(\xi_l d)}{\phi c_t}\overline{\psi}_d(\xi_n,t-\tau)\right\}e^{-\left(\eta_r\xi_n^2+\eta_z\xi_l^2\right)\tau}d\tau}{\{d\left(\xi_l^2+\lambda_d^2\right)+\lambda_d\}}+$$
$$+\pi^2\sum_{n=1}^{\infty}\frac{\xi_n^2 J_1^2(\xi_n b)\mathcal{V}_{\mathcal{D}0}(\xi_n r,a)e^{-\eta_r\xi_n^2 t}}{\{J_0^2(\xi_n a)-J_1^2(\xi_n b)\}}\sum_{l=1}^{\infty}\frac{\overline{\overline{\varphi}}(\xi_n,\xi_l)\left(\xi_l^2+\lambda_d^2\right)\sin(\xi_l z)e^{-\eta_z\xi_l^2 t}}{\{d\left(\xi_l^2+\lambda_d^2\right)+\lambda_d\}} \quad (21.29.3)$$

21.30 The problem of 21.28, except $\mathbf{D}_a \equiv p(a,z,t)=\psi_a(z,t)$, $\mathbf{R}_b \equiv \frac{\partial p(b,z,t)}{\partial r}+\lambda p(b,z,t)=-\left(\frac{\mu}{k_r}\right)\psi_b(z,t)$, $\mathbf{D}_0 \equiv p(r,0,t)=\psi_0(r,t)$ and $\mathbf{R}_d \equiv \frac{\partial p(r,d,t)}{\partial z}+\lambda_d p(r,d,t)=-\left(\frac{\mu}{k_z}\right)\psi_d(r,t)$

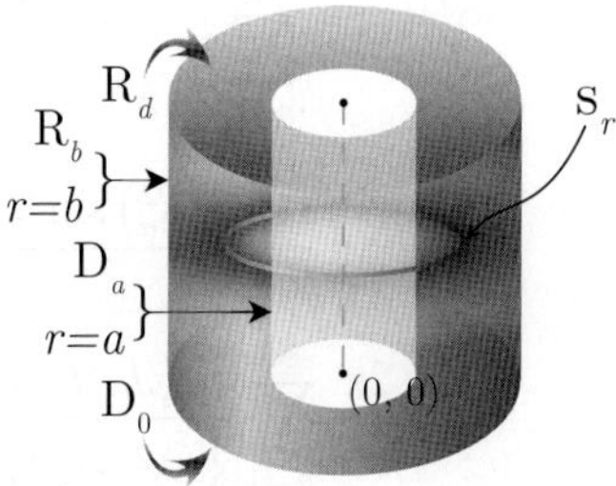

Successive application of the Laplace, Fourier and finite Hankel transformations to equation (18.1.1) gives

$$\overline{\overline{\overline{p}}}=\frac{q(s)e^{-st_0}\sin(\xi_l z_0)\mathcal{V}_{\mathcal{D}0}(\xi_n r_0,a)}{2\pi\phi c_t\left(\eta_r\xi_n^2+\eta_z\xi_l^2+s\right)}-\frac{2J_0(\xi_n a)\overline{\overline{\psi}}_b(\xi_l,s)}{\pi\phi c_t\{\lambda J_0(\xi_n b)-\xi_n J_1(\xi_n b)\}\left(\eta_r\xi_n^2+\eta_z\xi_l^2+s\right)}-$$
$$-\frac{2\eta_r\overline{\overline{\psi}}_a(\xi_l,s)}{\pi\left(\eta_r\xi_n^2+\eta_z\xi_l^2+s\right)}+\frac{\left\{\eta_z\xi_l\overline{\overline{\psi}}_0(\xi_n,s)-\frac{\sin(\xi_l d)}{\phi c_t}\overline{\overline{\psi}}_d(\xi_n,s)\right\}}{\left(\eta_r\xi_n^2+\eta_z\xi_l^2+s\right)}+\frac{\overline{\overline{\varphi}}(\xi_n,\xi_l)}{\left(\eta_r\xi_n^2+\eta_z\xi_l^2+s\right)} \quad (21.30.1)$$

where $\mathcal{V}_{\mathcal{D}0}(\xi_n r,a)=J_0(\xi_n r)Y_0(\xi_n a)-Y_0(\xi_n r)J_0(\xi_n a)$. The eigenvalues $\xi_n, n=1,2,...$, are the positive roots of the transcendental equation $\xi_n\mathcal{V}'_{\mathcal{D}0}(\xi_n b,a)+\lambda\mathcal{V}_{\mathcal{D}0}(\xi_n b,a)=0$, ξ_l are the positive roots of $\xi_l\cot(\xi_l d)=-\lambda_d$, $l=1,2,....$ $\overline{\overline{\psi}}_0(\xi_n,s)=\int_a^b\overline{\psi}_0(r,s)r\mathcal{V}_{\mathcal{D}0}(\xi_n r,a)\,dr$, $\overline{\overline{\psi}}_d(\xi_n,s)=\int_a^b\overline{\psi}_d(r,s)r\mathcal{V}_{\mathcal{D}0}(\xi_n r,a)\,dr$, $\overline{\overline{\psi}}_a(\xi_l,s)=\int_0^d\sin(\xi_l z)\overline{\psi}_a(z,s)dz$, $\overline{\overline{\psi}}_b(\xi_l,s)=\int_0^d\sin(\xi_l z)\overline{\psi}_b(z,s)dz$, $\overline{\overline{\varphi}}(\xi_n,\xi_l)=\int_a^b\overline{\varphi}(r,\xi_l)r\mathcal{V}_{\mathcal{D}0}(\xi_n r,a)\,dr$

and $\overline{\varphi}(r,\xi_l) = \int_0^d \sin(\xi_l z)\,\varphi(r,z)dz$. Successive inverse transforms yield

$$\begin{aligned}
\overline{p} \;=\; & \frac{\pi q(s)\,e^{-st_0}}{2\phi c_t}\sum_{n=1}^{\infty}\frac{\xi_n^2\{\lambda J_0(\xi_n b)-\xi_n J_1(\xi_n b)\}^2\mathcal{V}_{\mathcal{D}0}(\xi_n r_0,a)\,\mathcal{V}_{\mathcal{D}0}(\xi_n r,a)}{\left\{(\lambda^2+\xi_n^2)\,J_0^2(\xi_n a)-\{\lambda J_0(\xi_n b)-\xi_n J_1(\xi_n b)\}^2\right\}}\times\\
&\times\sum_{l=1}^{\infty}\frac{(\xi_l^2+\lambda_d^2)\sin(\xi_l z_0)\sin(\xi_l z)}{\{d(\xi_l^2+\lambda_d^2)+\lambda_d\}(\eta_r\xi_n^2+\eta_z\xi_l^2+s)}-\\
&-2\pi\eta_r\sum_{n=1}^{\infty}\frac{\xi_n^2\{\lambda J_0(\xi_n b)-\xi_n J_1(\xi_n b)\}^2\mathcal{V}_{\mathcal{D}0}(\xi_n r,a)}{\left\{(\lambda^2+\xi_n^2)\,J_0^2(\xi_n a)-\{\lambda J_0(\xi_n b)-\xi_n J_1(\xi_n b)\}^2\right\}}\sum_{l=1}^{\infty}\frac{\overline{\overline{\psi}}_a(\xi_l,s)\,(\xi_l^2+\lambda_d^2)\sin(\xi_l z)}{\{d(\xi_l^2+\lambda_d^2)+\lambda_d\}(\eta_r\xi_n^2+\eta_z\xi_l^2+s)}-\\
&-\frac{2\pi}{\phi c_t}\sum_{n=1}^{\infty}\frac{\xi_n^2 J_0(\xi_n a)\{\lambda J_0(\xi_n b)-\xi_n J_1(\xi_n b)\}\mathcal{V}_{\mathcal{D}0}(\xi_n r,a)}{\left\{(\lambda^2+\xi_n^2)\,J_0^2(\xi_n a)-\{\lambda J_0(\xi_n b)-\xi_n J_1(\xi_n b)\}^2\right\}}\sum_{l=1}^{\infty}\frac{\overline{\overline{\psi}}_b(\xi_l,s)\,(\xi_l^2+\lambda_d^2)\sin(\xi_l z)}{\{d(\xi_l^2+\lambda_d^2)+\lambda_d\}(\eta_r\xi_n^2+\eta_z\xi_l^2+s)}+\\
&+\pi^2\sum_{n=1}^{\infty}\frac{\xi_n^2\{\lambda J_0(\xi_n b)-\xi_n J_1(\xi_n b)\}^2\mathcal{V}_{\mathcal{D}0}(\xi_n r,a)}{\left\{(\lambda^2+\xi_n^2)\,J_0^2(\xi_n a)-\{\lambda J_0(\xi_n b)-\xi_n J_1(\xi_n b)\}^2\right\}}\times\\
&\times\sum_{l=1}^{\infty}\frac{(\xi_l^2+\lambda_d^2)\left\{\eta_z\xi_l\overline{\overline{\psi}}_0(\xi_n,s)-\frac{\sin(\xi_l d)}{\phi c_t}\overline{\overline{\psi}}_d(\xi_n,s)\right\}\sin(\xi_l z)}{\{d(\xi_l^2+\lambda_d^2)+\lambda_d\}(\eta_r\xi_n^2+\eta_z\xi_l^2+s)}+\\
&+\pi^2\sum_{n=1}^{\infty}\frac{\xi_n^2\{\lambda J_0(\xi_n b)-\xi_n J_1(\xi_n b)\}^2\mathcal{V}_{\mathcal{D}0}(\xi_n r,a)}{\left\{(\lambda^2+\xi_n^2)\,J_0^2(\xi_n a)-\{\lambda J_0(\xi_n b)-\xi_n J_1(\xi_n b)\}^2\right\}}\sum_{l=1}^{\infty}\frac{\overline{\overline{\varphi}}(\xi_n,\xi_l)\,(\xi_l^2+\lambda_d^2)\sin(\xi_l z)}{\{d(\xi_l^2+\lambda_d^2)+\lambda_d\}(\eta_r\xi_n^2+\eta_z\xi_l^2+s)}
\end{aligned}\tag{21.30.2}$$

and

$$\begin{aligned}
p \;=\; & \frac{\pi U(t-t_0)}{2\phi c_t}\sum_{n=1}^{\infty}\frac{\xi_n^2\{\lambda J_0(\xi_n b)-\xi_n J_1(\xi_n b)\}^2\mathcal{V}_{\mathcal{D}0}(\xi_n r_0,a)\,\mathcal{V}_{\mathcal{D}0}(\xi_n r,a)}{\left\{(\lambda^2+\xi_n^2)\,J_0^2(\xi_n a)-\{\lambda J_0(\xi_n b)-\xi_n J_1(\xi_n b)\}^2\right\}}\times\\
&\times\sum_{l=1}^{\infty}\frac{(\xi_l^2+\lambda_d^2)\sin(\xi_l z_0)\sin(\xi_l z)\int_0^{t-t_0}q(t-t_0-\tau)\,e^{-(\eta_r\xi_n^2+\eta_z\xi_l^2)\tau}d\tau}{\{d(\xi_l^2+\lambda_d^2)+\lambda_d\}}-\\
&-2\pi\eta_r\sum_{n=1}^{\infty}\frac{\xi_n^2\{\lambda J_0(\xi_n b)-\xi_n J_1(\xi_n b)\}^2\mathcal{V}_{\mathcal{D}0}(\xi_n r,a)}{\left\{(\lambda^2+\xi_n^2)\,J_0^2(\xi_n a)-\{\lambda J_0(\xi_n b)-\xi_n J_1(\xi_n b)\}^2\right\}}\times\\
&\times\sum_{l=1}^{\infty}\frac{(\xi_l^2+\lambda_d^2)\sin(\xi_l z)\int_0^t\overline{\psi}_a(\xi_l,t-\tau)\,e^{-(\eta_r\xi_n^2+\eta_z\xi_l^2)\tau}d\tau}{\{d(\xi_l^2+\lambda_d^2)+\lambda_d\}}-\\
&-\frac{2\pi}{\phi c_t}\sum_{n=1}^{\infty}\frac{\xi_n^2 J_0(\xi_n a)\{\lambda J_0(\xi_n b)-\xi_n J_1(\xi_n b)\}\mathcal{V}_{\mathcal{D}0}(\xi_n r,a)}{\left\{(\lambda^2+\xi_n^2)\,J_0^2(\xi_n a)-\{\lambda J_0(\xi_n b)-\xi_n J_1(\xi_n b)\}^2\right\}}\times\\
&\times\sum_{l=1}^{\infty}\frac{(\xi_l^2+\lambda_d^2)\sin(\xi_l z)\int_0^t\overline{\psi}_b(\xi_l,t-\tau)\,e^{-(\eta_r\xi_n^2+\eta_z\xi_l^2)\tau}d\tau}{\{d(\xi_l^2+\lambda_d^2)+\lambda_d\}}+\\
&+\pi^2\sum_{n=1}^{\infty}\frac{\xi_n^2\{\lambda J_0(\xi_n b)-\xi_n J_1(\xi_n b)\}^2\mathcal{V}_{\mathcal{D}0}(\xi_n r,a)}{\left\{(\lambda^2+\xi_n^2)\,J_0^2(\xi_n a)-\{\lambda J_0(\xi_n b)-\xi_n J_1(\xi_n b)\}^2\right\}}\times\\
&\times\sum_{l=1}^{\infty}\frac{(\xi_l^2+\lambda_d^2)\sin(\xi_l z)\int_0^t\left\{\eta_z\xi_l\overline{\psi}_0(\xi_n,t-\tau)-\frac{\sin(\xi_l d)}{\phi c_t}\overline{\psi}_d(\xi_n,t-\tau)\right\}e^{-(\eta_r\xi_n^2+\eta_z\xi_l^2)\tau}d\tau}{\{d(\xi_l^2+\lambda_d^2)+\lambda_d\}}+\\
&+\pi^2\sum_{n=1}^{\infty}\frac{\xi_n^2\{\lambda J_0(\xi_n b)-\xi_n J_1(\xi_n b)\}^2\mathcal{V}_{\mathcal{D}0}(\xi_n r,a)\,e^{-\eta_r\xi_n^2 t}}{\left\{(\lambda^2+\xi_n^2)\,J_0^2(\xi_n a)-\{\lambda J_0(\xi_n b)-\xi_n J_1(\xi_n b)\}^2\right\}}\sum_{l=1}^{\infty}\frac{\overline{\overline{\varphi}}(\xi_n,\xi_l)\,(\xi_l^2+\lambda_d^2)\sin(\xi_l z)\,e^{-\eta_z\xi_l^2 t}}{\{d(\xi_l^2+\lambda_d^2)+\lambda_d\}}
\end{aligned}\tag{21.30.3}$$

21.31 **The problem of 21.28, except** $\mathbf{N}_a \equiv \frac{\partial p(a,z,t)}{\partial r} = -\left(\frac{\mu}{k_r}\right)\psi_a(z,t)$, $\mathbf{D}_b \equiv p(b,z,t) = \psi_b(z,t)$, $\mathbf{D}_0 \equiv p(r,0,t) = \psi_0(r,t)$ **and** $\mathbf{R}_d \equiv \frac{\partial p(r,d,t)}{\partial z} + \lambda_d p(r,d,t) = -\left(\frac{\mu}{k_z}\right)\psi_d(r,t)$

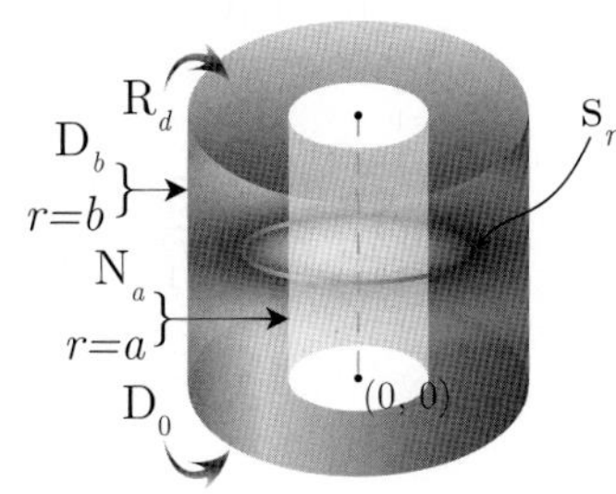

Successive application of the Laplace, Fourier and finite Hankel transformations to equation (18.1.1) gives

$$\overline{\overline{\overline{p}}} = \frac{q(s)e^{-st_0}\sin(\xi_l z_0)\mathcal{V}_{\mathcal{N}0}(\xi_n r_0,a)}{2\pi\phi c_t(\eta_r\xi_n^2+\eta_z\xi_l^2+s)} + \frac{2\overline{\overline{\psi}}_a(\xi_l,s)}{\pi\phi c_t\xi_n(\eta_r\xi_n^2+\eta_z\xi_l^2+s)} - \frac{2\eta_r J_1(\xi_n a)\overline{\overline{\psi}}_b(\xi_l,s)}{\pi J_0(\xi_n b)(\eta_r\xi_n^2+\eta_z\xi_l^2+s)} + \frac{\left\{\eta_z\xi_l\overline{\overline{\psi}}_0(\xi_n,s) - \frac{\sin(\xi_l d)}{\phi c_t}\overline{\overline{\psi}}_d(\xi_n,s)\right\}}{(\eta_r\xi_n^2+\eta_z\xi_l^2+s)} + \frac{\overline{\overline{\varphi}}(\xi_n,\xi_l)}{(\eta_r\xi_n^2+\eta_z\xi_l^2+s)} \tag{21.31.1}$$

where $\mathcal{V}_{\mathcal{N}0}(\xi_n r,a) = Y_0(\xi_n r)J_1(\xi_n a) - J_0(\xi_n r)Y_1(\xi_n a)$. The eigenvalues $\xi_n, n = 1,2,...$, are the positive roots of the transcendental equation $\mathcal{V}_{\mathcal{N}0}(\xi_n b,a) = 0$, ξ_l are the positive roots of $\xi_l\cot(\xi_l d) = -\lambda_d$, $l = 1,2,....$ $\overline{\overline{\psi}}_0(\xi_n,s) = \int_a^b \overline{\psi}_0(r,s)\,r\mathcal{V}_{\mathcal{N}0}(\xi_n r,a)\,dr$, $\overline{\overline{\psi}}_d(\xi_n,s) = \int_a^b \overline{\psi}_d(r,s)\,r\mathcal{V}_{\mathcal{N}0}(\xi_n r,a)\,dr$, $\overline{\overline{\psi}}_a(\xi_l,s) = \int_0^d \sin(\xi_l z)\overline{\psi}_a(z,s)dz$, $\overline{\overline{\psi}}_b(\xi_l,s) = \int_0^d \sin(\xi_l z)\overline{\psi}_b(z,s)dz$, $\overline{\overline{\varphi}}(\xi_n,\xi_l) = \int_a^b \overline{\varphi}(r,\xi_l)\,r\mathcal{V}_{\mathcal{N}0}(\xi_n r,a)\,dr$ and
$\overline{\varphi}(r,\xi_l) = \int_0^d \sin(\xi_l z)\varphi(r,z)dz$. Successive inverse transforms yield

$$\begin{aligned}\overline{p} = {} & \frac{\pi q(s)e^{-st_0}}{2\phi c_t}\sum_{n=1}^{\infty}\frac{\xi_n^2 J_0^2(\xi_n b)\mathcal{V}_{\mathcal{N}0}(\xi_n r_0,a)\mathcal{V}_{\mathcal{N}0}(\xi_n r,a)}{\{J_1^2(\xi_n a)-J_0^2(\xi_n b)\}}\sum_{l=1}^{\infty}\frac{(\xi_l^2+\lambda_d^2)\sin(\xi_l z_0)\sin(\xi_l z)}{\{d(\xi_l^2+\lambda_d^2)+\lambda_d\}(\eta_r\xi_n^2+\eta_z\xi_l^2+s)} + \\ & +\frac{2\pi}{\phi c_t}\sum_{n=1}^{\infty}\frac{\xi_n J_0^2(\xi_n b)\mathcal{V}_{\mathcal{N}0}(\xi_n r,a)}{\{J_1^2(\xi_n a)-J_0^2(\xi_n b)\}}\sum_{l=1}^{\infty}\frac{\overline{\overline{\psi}}_a(\xi_l,s)(\xi_l^2+\lambda_d^2)\sin(\xi_l z)}{\{d(\xi_l^2+\lambda_d^2)+\lambda_d\}(\eta_r\xi_n^2+\eta_z\xi_l^2+s)} - \\ & -2\pi\eta_r\sum_{n=1}^{\infty}\frac{\xi_n^2 J_1(\xi_n a)J_0(\xi_n b)\mathcal{V}_{\mathcal{N}0}(\xi_n r,a)}{\{J_1^2(\xi_n a)-J_0^2(\xi_n b)\}}\sum_{l=1}^{\infty}\frac{\overline{\overline{\psi}}_b(\xi_l,s)(\xi_l^2+\lambda_d^2)\sin(\xi_l z)}{\{d(\xi_l^2+\lambda_d^2)+\lambda_d\}(\eta_r\xi_n^2+\eta_z\xi_l^2+s)} + \\ & +\pi^2\sum_{n=1}^{\infty}\frac{\xi_n^2 J_0^2(\xi_n b)\mathcal{V}_{\mathcal{N}0}(\xi_n r,a)}{\{J_1^2(\xi_n a)-J_0^2(\xi_n b)\}}\sum_{l=1}^{\infty}\frac{(\xi_l^2+\lambda_d^2)\left\{\eta_z\xi_l\overline{\overline{\psi}}_0(\xi_n,s)-\frac{\sin(\xi_l d)}{\phi c_t}\overline{\overline{\psi}}_d(\xi_n,s)\right\}\sin(\xi_l z)}{\{d(\xi_l^2+\lambda_d^2)+\lambda_d\}(\eta_r\xi_n^2+\eta_z\xi_l^2+s)} + \\ & +\pi^2\sum_{n=1}^{\infty}\frac{\xi_n^2 J_0^2(\xi_n b)\mathcal{V}_{\mathcal{N}0}(\xi_n r,a)}{\{J_1^2(\xi_n a)-J_0^2(\xi_n b)\}}\sum_{l=1}^{\infty}\frac{\overline{\varphi}(\xi_n,\xi_l)(\xi_l^2+\lambda_d^2)\sin(\xi_l z)}{\{d(\xi_l^2+\lambda_d^2)+\lambda_d\}(\eta_r\xi_n^2+\eta_z\xi_l^2+s)}\end{aligned} \tag{21.31.2}$$

and

$$\begin{aligned}p = {} & \frac{\pi U(t-t_0)}{2\phi c_t}\sum_{n=1}^{\infty}\frac{\xi_n^2 J_0^2(\xi_n b)\mathcal{V}_{\mathcal{N}0}(\xi_n r_0,a)\mathcal{V}_{\mathcal{N}0}(\xi_n r,a)}{\{J_1^2(\xi_n a)-J_0^2(\xi_n b)\}}\times \\ & \times\sum_{l=1}^{\infty}\frac{(\xi_l^2+\lambda_d^2)\sin(\xi_l z_0)\sin(\xi_l z)\int_0^{t-t_0}q(t-t_0-\tau)e^{-(\eta_r\xi_n^2+\eta_z\xi_l^2)\tau}d\tau}{\{d(\xi_l^2+\lambda_d^2)+\lambda_d\}} + \\ & +\frac{2\pi}{\phi c_t}\sum_{n=1}^{\infty}\frac{\xi_n J_0^2(\xi_n b)\mathcal{V}_{\mathcal{N}0}(\xi_n r,a)}{\{J_1^2(\xi_n a)-J_0^2(\xi_n b)\}}\sum_{l=1}^{\infty}\frac{(\xi_l^2+\lambda_d^2)\sin(\xi_l z)\int_0^t\overline{\psi}_a(\xi_l,t-\tau)e^{-(\eta_r\xi_n^2+\eta_z\xi_l^2)\tau}d\tau}{\{d(\xi_l^2+\lambda_d^2)+\lambda_d\}} - \\ & -2\pi\eta_r\sum_{n=1}^{\infty}\frac{\xi_n^2 J_1(\xi_n a)J_0(\xi_n b)\mathcal{V}_{\mathcal{N}0}(\xi_n r,a)}{\{J_1^2(\xi_n a)-J_0^2(\xi_n b)\}}\sum_{l=1}^{\infty}\frac{(\xi_l^2+\lambda_d^2)\sin(\xi_l z)\int_0^t\overline{\psi}_b(\xi_l,t-\tau)e^{-(\eta_r\xi_n^2+\eta_z\xi_l^2)\tau}d\tau}{\{d(\xi_l^2+\lambda_d^2)+\lambda_d\}} + \\ & +\pi^2\sum_{n=1}^{\infty}\frac{\xi_n^2 J_0^2(\xi_n b)\mathcal{V}_{\mathcal{N}0}(\xi_n r,a)}{\{J_1^2(\xi_n a)-J_0^2(\xi_n b)\}}\times\end{aligned}$$

$$\times\sum_{l=1}^{\infty}\frac{\left(\xi_l^2+\lambda_d^2\right)\sin\left(\xi_l z\right)\int_0^t\left\{\eta_z\xi_l\overline{\psi}_0\left(\xi_n,t-\tau\right)-\frac{\sin(\xi_l d)}{\phi c_t}\overline{\psi}_d\left(\xi_n,t-\tau\right)\right\}e^{-\left(\eta_r\xi_n^2+\eta_z\xi_l^2\right)\tau}d\tau}{\left\{d\left(\xi_l^2+\lambda_d^2\right)+\lambda_d\right\}}+$$

$$+\pi^2\sum_{n=1}^{\infty}\frac{\xi_n^2J_0^2\left(\xi_n b\right)\mathcal{V}_{\mathcal{N}0}\left(\xi_n r,a\right)e^{-\eta_r\xi_n^2 t}}{\left\{J_1^2\left(\xi_n a\right)-J_0^2\left(\xi_n b\right)\right\}}\sum_{l=1}^{\infty}\frac{\overline{\varphi}\left(\xi_n,\xi_l\right)\left(\xi_l^2+\lambda_d^2\right)\sin\left(\xi_l z\right)e^{-\eta_z\xi_l^2 t}}{\left\{d\left(\xi_l^2+\lambda_d^2\right)+\lambda_d\right\}} \tag{21.31.3}$$

21.32

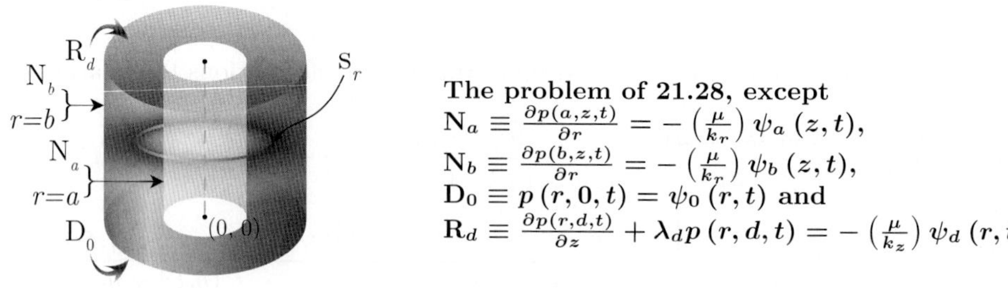

The problem of 21.28, except
$\mathbf{N}_a\equiv\frac{\partial p(a,z,t)}{\partial r}=-\left(\frac{\mu}{k_r}\right)\psi_a\left(z,t\right)$,
$\mathbf{N}_b\equiv\frac{\partial p(b,z,t)}{\partial r}=-\left(\frac{\mu}{k_r}\right)\psi_b\left(z,t\right)$,
$\mathbf{D}_0\equiv p\left(r,0,t\right)=\psi_0\left(r,t\right)$ **and**
$\mathbf{R}_d\equiv\frac{\partial p(r,d,t)}{\partial z}+\lambda_d p\left(r,d,t\right)=-\left(\frac{\mu}{k_z}\right)\psi_d\left(r,t\right)$

Successive application of the Laplace, Fourier and finite Hankel transformations to equation (18.1.1) gives

$$\begin{aligned}\overline{\overline{\overline{p}}} &= \frac{q\left(s\right)e^{-st_0}\sin\left(\xi_l z_0\right)}{2\pi\phi c_t\left(\eta_z\xi_l^2+s\right)}+\frac{q\left(s\right)e^{-st_0}\sin\left(\xi_l z_0\right)\mathcal{V}_{\mathcal{N}0}\left(\xi_n r_0,a\right)}{2\pi\phi c_t\left(\eta_r\xi_n^2+\eta_z\xi_l^2+s\right)}+\frac{\left\{a\overline{\overline{\psi}}_a\left(\xi_l,s\right)-b\overline{\overline{\psi}}_b\left(\xi_l,s\right)\right\}}{\phi c_t\left(\eta_z\xi_l^2+s\right)}+\\ &+\frac{2\overline{\overline{\psi}}_a\left(\xi_l,s\right)}{\pi\phi c_t\xi_n\left(\eta_r\xi_n^2+\eta_z\xi_l^2+s\right)}-\frac{2J_1\left(\xi_n a\right)\overline{\overline{\psi}}_b\left(\xi_l,s\right)}{\pi\phi c_t\xi_n J_1\left(\xi_n b\right)\left(\eta_r\xi_n^2+\eta_z\xi_l^2+s\right)}+\\ &+\frac{\int_a^b\left\{\eta_z\xi_l\overline{\psi}_0\left(u,s\right)-\frac{\sin(\xi_l d)}{\phi c_t}\overline{\psi}_d\left(u,s\right)\right\}udu}{\left(\eta_z\xi_l^2+s\right)}+\frac{\left\{\eta_z\xi_l\overline{\overline{\psi}}_0\left(\xi_n,s\right)-\frac{\sin(\xi_l d)}{\phi c_t}\overline{\overline{\psi}}_d\left(\xi_n,s\right)\right\}}{\left(\eta_r\xi_n^2+\eta_z\xi_l^2+s\right)}+\\ &+\frac{\int_a^b u\overline{\varphi}\left(u,\xi_l\right)du}{\left(\eta_z\xi_l^2+s\right)}+\frac{\overline{\overline{\varphi}}\left(\xi_n,\xi_l\right)}{\left(\eta_r\xi_n^2+\eta_z\xi_l^2+s\right)}\end{aligned} \tag{21.32.1}$$

where $\mathcal{V}_{\mathcal{N}0}\left(\xi_n r,a\right)=Y_0\left(\xi_n r\right)J_1\left(\xi_n a\right)-J_0\left(\xi_n r\right)Y_1\left(\xi_n a\right)$. The eigenvalues are $\xi_0=0$ and $\xi_n, n=1,2,...$, which are the positive roots of the transcendental equation $\mathcal{V}_{\mathcal{N}0}'\left(\xi_n b,a\right)=0$, * ξ_l are the positive roots of $\xi_l\cot\left(\xi_l d\right)=-\lambda_d$, $l=1,2,....$ $\overline{\overline{\psi}}_0\left(\xi_n,s\right)=\int_a^b\overline{\psi}_0\left(r,s\right)r\mathcal{V}_{\mathcal{N}0}\left(\xi_n r,a\right)dr$, $\overline{\overline{\psi}}_d\left(\xi_n,s\right)=\int_a^b\overline{\psi}_d\left(r,s\right)r\mathcal{V}_{\mathcal{N}0}\left(\xi_n r,a\right)dr$, $\overline{\overline{\psi}}_a\left(\xi_l,s\right)=\int_0^d\sin\left(\xi_l z\right)\overline{\psi}_a\left(z,s\right)dz$, $\overline{\overline{\psi}}_b\left(\xi_l,s\right)=\int_0^d\sin\left(\xi_l z\right)\overline{\psi}_b\left(z,s\right)dz$, $\overline{\overline{\varphi}}\left(\xi_n,\xi_l\right)=\int_a^b\overline{\varphi}\left(r,\xi_l\right)r\mathcal{V}_{\mathcal{N}0}\left(\xi_n r,a\right)dr$ and $\overline{\varphi}\left(r,\xi_l\right)=\int_0^d\sin\left(\xi_l z\right)\varphi\left(r,z\right)dz$. Successive inverse transforms yield

$$\begin{aligned}\overline{p} &= \frac{2q\left(s\right)e^{-st_0}}{\pi\left(b^2-a^2\right)\phi c_t}\sum_{l=1}^{\infty}\frac{\left(\xi_l^2+\lambda_d^2\right)\sin\left(\xi_l z_0\right)\sin\left(\xi_l z\right)}{\left\{d\left(\xi_l^2+\lambda_d^2\right)+\lambda_d\right\}\left(\eta_z\xi_l^2+s\right)}+\\ &+\frac{\pi q\left(s\right)e^{-st_0}}{2\phi c_t}\sum_{n=1}^{\infty}\frac{\xi_n^2J_1^2\left(\xi_n b\right)\mathcal{V}_{\mathcal{N}0}\left(\xi_n r_0,a\right)\mathcal{V}_{\mathcal{N}0}\left(\xi_n r,a\right)}{\left\{J_1^2\left(\xi_n a\right)-J_1^2\left(\xi_n b\right)\right\}}\sum_{l=1}^{\infty}\frac{\left(\xi_l^2+\lambda_d^2\right)\sin\left(\xi_l z_0\right)\sin\left(\xi_l z\right)}{\left\{d\left(\xi_l^2+\lambda_d^2\right)+\lambda_d\right\}\left(\eta_r\xi_n^2+\eta_z\xi_l^2+s\right)}+\\ &+\frac{4}{\left(b^2-a^2\right)\phi c_t}\sum_{l=1}^{\infty}\frac{\left\{a\overline{\overline{\psi}}_a\left(\xi_l,s\right)-b\overline{\overline{\psi}}_b\left(\xi_l,s\right)\right\}\left(\xi_l^2+\lambda_d^2\right)\sin\left(\xi_l z\right)}{\left\{d\left(\xi_l^2+\lambda_d^2\right)+\lambda_d\right\}\left(\eta_z\xi_l^2+s\right)}+\\ &+\frac{2\pi}{\phi c_t}\sum_{n=1}^{\infty}\frac{\xi_n J_1^2\left(\xi_n b\right)\mathcal{V}_{\mathcal{N}0}\left(\xi_n r,a\right)}{\left\{J_1^2\left(\xi_n a\right)-J_1^2\left(\xi_n b\right)\right\}}\sum_{l=1}^{\infty}\frac{\overline{\overline{\psi}}_a\left(\xi_l,s\right)\left(\xi_l^2+\lambda_d^2\right)\sin\left(\xi_l z\right)}{\left\{d\left(\xi_l^2+\lambda_d^2\right)+\lambda_d\right\}\left(\eta_r\xi_n^2+\eta_z\xi_l^2+s\right)}-\\ &-\frac{2\pi}{\phi c_t}\sum_{n=1}^{\infty}\frac{\xi_n J_1\left(\xi_n a\right)J_1\left(\xi_n b\right)\mathcal{V}_{\mathcal{N}0}\left(\xi_n r,a\right)}{\left\{J_1^2\left(\xi_n a\right)-J_1^2\left(\xi_n b\right)\right\}}\sum_{l=1}^{\infty}\frac{\overline{\overline{\psi}}_b\left(\xi_l,s\right)\left(\xi_l^2+\lambda_d^2\right)\sin\left(\xi_l z\right)}{\left\{d\left(\xi_l^2+\lambda_d^2\right)+\lambda_d\right\}\left(\eta_r\xi_n^2+\eta_z\xi_l^2+s\right)}+\end{aligned}$$

*$\mathcal{V}_{\mathcal{N}0}'\left(\xi_n b,a\right)=J_1\left(\xi_n b\right)Y_1\left(\xi_n a\right)-Y_1\left(\xi_n b\right)J_1\left(\xi_n a\right)$.

$$+\frac{4}{(b^2-a^2)}\sum_{l=1}^{\infty}\frac{(\xi_l^2+\lambda_d^2)\sin(\xi_l z)\int_a^b u\left\{\eta_z\xi_l\overline{\psi}_0(u,s)-\frac{\sin(\xi_l d)}{\phi c_t}\overline{\psi}_d(u,s)\right\}du}{\{d(\xi_l^2+\lambda_d^2)+\lambda_d\}(\eta_z\xi_l^2+s)}+$$
$$+\pi^2\sum_{n=1}^{\infty}\frac{\xi_n^2J_1^2(\xi_n b)\mathcal{V}_{\mathcal{N}0}(\xi_n r,a)}{\{J_1^2(\xi_n a)-J_1^2(\xi_n b)\}}\sum_{l=1}^{\infty}\frac{(\xi_l^2+\lambda_d^2)\left\{\eta_z\xi_l\overline{\overline{\psi}}_0(\xi_n,s)-\frac{\sin(\xi_l d)}{\phi c_t}\overline{\overline{\psi}}_d(\xi_n,s)\right\}\sin(\xi_l z)}{\{d(\xi_l^2+\lambda_d^2)+\lambda_d\}(\eta_r\xi_n^2+\eta_z\xi_l^2+s)}+$$
$$+\frac{4}{(b^2-a^2)}\sum_{l=1}^{\infty}\frac{(\xi_l^2+\lambda_d^2)\sin(\xi_l z)\int_a^b\overline{\varphi}(u,\xi_l)\,udu}{\{d(\xi_l^2+\lambda_d^2)+\lambda_d\}(\eta_z\xi_l^2+s)}+$$
$$+\pi^2\sum_{n=1}^{\infty}\frac{\xi_n^2J_1^2(\xi_n b)\mathcal{V}_{\mathcal{N}0}(\xi_n r,a)}{\{J_1^2(\xi_n a)-J_1^2(\xi_n b)\}}\sum_{l=1}^{\infty}\frac{\overline{\overline{\varphi}}(\xi_n,\xi_l)(\xi_l^2+\lambda_d^2)\sin(\xi_l z)}{\{d(\xi_l^2+\lambda_d^2)+\lambda_d\}(\eta_r\xi_n^2+\eta_z\xi_l^2+s)} \qquad (21.32.2)$$

and

$$p=\frac{2U(t-t_0)}{\pi(b^2-a^2)\phi c_t}\sum_{l=1}^{\infty}\frac{(\xi_l^2+\lambda_d^2)\sin(\xi_l z_0)\sin(\xi_l z)\int_0^{t-t_0}q(t-t_0-\tau)e^{-\eta_z\xi_l^2\tau}d\tau}{\{d(\xi_l^2+\lambda_d^2)+\lambda_d\}}+$$
$$+\frac{\pi U(t-t_0)}{2\phi c_t}\sum_{n=1}^{\infty}\frac{\xi_n^2J_1^2(\xi_n b)\mathcal{V}_{\mathcal{N}0}(\xi_n r_0,a)\mathcal{V}_{\mathcal{N}0}(\xi_n r,a)}{\{J_1^2(\xi_n a)-J_1^2(\xi_n b)\}}\times$$
$$\times\sum_{l=1}^{\infty}\frac{(\xi_l^2+\lambda_d^2)\sin(\xi_l z_0)\sin(\xi_l z)\int_0^{t-t_0}q(t-t_0-\tau)e^{-(\eta_r\xi_n^2+\eta_z\xi_l^2)\tau}d\tau}{\{d(\xi_l^2+\lambda_d^2)+\lambda_d\}}+$$
$$+\frac{4}{(b^2-a^2)\phi c_t}\sum_{l=1}^{\infty}\frac{(\xi_l^2+\lambda_d^2)\sin(\xi_l z)\int_0^t\{a\overline{\psi}_a(\xi_l,t-\tau)-b\overline{\psi}_b(\xi_l,t-\tau)\}e^{-\eta_z\xi_l^2\tau}d\tau}{\{d(\xi_l^2+\lambda_d^2)+\lambda_d\}}+$$
$$+\frac{2\pi}{\phi c_t}\sum_{n=1}^{\infty}\frac{\xi_nJ_1^2(\xi_n b)\mathcal{V}_{\mathcal{N}0}(\xi_n r,a)}{\{J_1^2(\xi_n a)-J_1^2(\xi_n b)\}}\sum_{l=1}^{\infty}\frac{(\xi_l^2+\lambda_d^2)\sin(\xi_l z)\int_0^t\overline{\psi}_a(\xi_l,t-\tau)e^{-(\eta_r\xi_n^2+\eta_z\xi_l^2)\tau}d\tau}{\{d(\xi_l^2+\lambda_d^2)+\lambda_d\}}-$$
$$-\frac{2\pi}{\phi c_t}\sum_{n=1}^{\infty}\frac{\xi_nJ_1(\xi_n a)J_1(\xi_n b)\mathcal{V}_{\mathcal{N}0}(\xi_n r,a)}{\{J_1^2(\xi_n a)-J_1^2(\xi_n b)\}}\sum_{l=1}^{\infty}\frac{(\xi_l^2+\lambda_d^2)\sin(\xi_l z)\int_0^t\overline{\psi}_b(\xi_l,t-\tau)e^{-(\eta_r\xi_n^2+\eta_z\xi_l^2)\tau}d\tau}{\{d(\xi_l^2+\lambda_d^2)+\lambda_d\}}+$$
$$+\frac{4}{(b^2-a^2)}\sum_{l=1}^{\infty}\frac{(\xi_l^2+\lambda_d^2)\sin(\xi_l z)\int_0^t e^{-\eta_z\xi_l^2\tau}\int_a^b u\left\{\eta_z\xi_l\psi_0(u,t-\tau)-\frac{\sin(\xi_l d)}{\phi c_t}\psi_d(u,t-\tau)\right\}dud\tau}{\{d(\xi_l^2+\lambda_d^2)+\lambda_d\}}+$$
$$+\pi^2\sum_{n=1}^{\infty}\frac{\xi_n^2J_1^2(\xi_n b)\mathcal{V}_{\mathcal{N}0}(\xi_n r,a)}{\{J_1^2(\xi_n a)-J_1^2(\xi_n b)\}}\times$$
$$\times\sum_{l=1}^{\infty}\frac{(\xi_l^2+\lambda_d^2)\sin(\xi_l z)\int_0^t\left\{\eta_z\xi_l\overline{\psi}_0(\xi_n,t-\tau)-\frac{\sin(\xi_l d)}{\phi c_t}\overline{\psi}_d(\xi_n,t-\tau)\right\}e^{-(\eta_r\xi_n^2+\eta_z\xi_l^2)\tau}d\tau}{\{d(\xi_l^2+\lambda_d^2)+\lambda_d\}}+$$
$$+\frac{4}{(b^2-a^2)}\sum_{l=1}^{\infty}\frac{(\xi_l^2+\lambda_d^2)\sin(\xi_l z)e^{-\eta_z\xi_l^2t}\int_a^b\overline{\varphi}(u,\xi_l)\,udu}{\{d(\xi_l^2+\lambda_d^2)+\lambda_d\}}+$$
$$+\pi^2\sum_{n=1}^{\infty}\frac{\xi_n^2J_1^2(\xi_n b)\mathcal{V}_{\mathcal{N}0}(\xi_n r,a)e^{-\eta_r\xi_n^2t}}{\{J_1^2(\xi_n a)-J_1^2(\xi_n b)\}}\sum_{l=1}^{\infty}\frac{\overline{\overline{\varphi}}(\xi_n,\xi_l)(\xi_l^2+\lambda_d^2)\sin(\xi_l z)e^{-\eta_z\xi_l^2t}}{\{d(\xi_l^2+\lambda_d^2)+\lambda_d\}} \qquad (21.32.3)$$

21.33

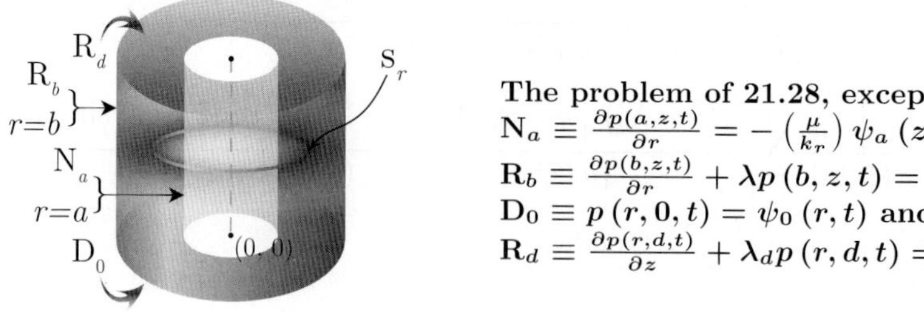

The problem of 21.28, except
$\mathbf{N_a} \equiv \frac{\partial p(a,z,t)}{\partial r} = -\left(\frac{\mu}{k_r}\right)\psi_a(z,t)$,
$\mathbf{R_b} \equiv \frac{\partial p(b,z,t)}{\partial r} + \lambda p(b,z,t) = -\left(\frac{\mu}{k_r}\right)\psi_b(z,t)$,
$\mathbf{D_0} \equiv p(r,0,t) = \psi_0(r,t)$ **and**
$\mathbf{R_d} \equiv \frac{\partial p(r,d,t)}{\partial z} + \lambda_d p(r,d,t) = -\left(\frac{\mu}{k_z}\right)\psi_d(r,t)$

Successive application of the Laplace, Fourier and finite Hankel transformations to equation (18.1.1) gives

$$\overline{\overline{\overline{p}}} = \frac{q(s)\,e^{-st_0}\sin(\xi_l z_0)\,\mathcal{V}_{\mathcal{N}0}(\xi_n r_0,a)}{2\pi\phi c_t(\eta_r\xi_n^2+\eta_z\xi_l^2+s)} + \frac{2J_1(\xi_n a)\,\overline{\overline{\psi}}_b(\xi_l,s)}{\pi\phi c_t\{\lambda J_0(\xi_n b)-\xi_n J_1(\xi_n b)\}(\eta_r\xi_n^2+\eta_z\xi_l^2+s)} +$$
$$+\frac{2\overline{\overline{\psi}}_a(\xi_l,s)}{\pi\phi c_t\xi_n(\eta_r\xi_n^2+\eta_z\xi_l^2+s)} + \frac{\left\{\eta_z\xi_l\overline{\overline{\psi}}_0(\xi_n,s)-\frac{\sin(\xi_l d)}{\phi c_t}\overline{\overline{\psi}}_d(\xi_n,s)\right\}}{(\eta_r\xi_n^2+\eta_z\xi_l^2+s)} + \frac{\overline{\overline{\varphi}}(\xi_n,\xi_l)}{(\eta_r\xi_n^2+\eta_z\xi_l^2+s)} \qquad (21.33.1)$$

where $\mathcal{V}_{\mathcal{N}0}(\xi_n r,a) = Y_0(\xi_n r)J_1(\xi_n a) - J_0(\xi_n r)Y_1(\xi_n a)$. The eigenvalues $\xi_n, n=1,2,...$, are the positive roots of the transcendental equation $\xi_n\mathcal{V}'_{\mathcal{N}0}(\xi_n b,a)+\lambda\mathcal{V}_{\mathcal{N}0}(\xi_n b,a)=0$, ξ_l are the positive roots of $\xi_l\cot(\xi_l d) = -\lambda_d$, $l=1,2,....$ $\overline{\overline{\psi}}_0(\xi_n,s) = \int_a^b \overline{\psi}_0(r,s)\,r\mathcal{V}_{\mathcal{N}0}(\xi_n r,a)\,dr$, $\overline{\overline{\psi}}_d(\xi_n,s) = \int_a^b \overline{\psi}_d(r,s)\,r\mathcal{V}_{\mathcal{N}0}(\xi_n r,a)\,dr$, $\overline{\overline{\psi}}_a(\xi_l,s) = \int_0^d \sin(\xi_l z)\,\overline{\psi}_a(z,s)dz$, $\overline{\overline{\psi}}_b(\xi_l,s) = \int_0^d \sin(\xi_l z)\,\overline{\psi}_b(z,s)dz$, $\overline{\overline{\varphi}}(\xi_n,\xi_l) = \int_a^b \overline{\varphi}(r,\xi_l)\,r\mathcal{V}_{\mathcal{N}0}(\xi_n r,a)\,dr$ and $\overline{\varphi}(r,\xi_l) = \int_0^d \sin(\xi_l z)\,\varphi(r,z)dz$. Successive inverse transforms yield

$$\overline{p} = \frac{\pi q(s)\,e^{-st_0}}{2\phi c_t}\sum_{n=1}^{\infty}\frac{\xi_n^2\{\lambda J_0(\xi_n b)-\xi_n J_1(\xi_n b)\}^2\mathcal{V}_{\mathcal{N}0}(\xi_n r_0,a)\,\mathcal{V}_{\mathcal{N}0}(\xi_n r,a)}{\left[(\lambda^2+\xi_n^2)J_1^2(\xi_n a)-\{\lambda J_0(\xi_n b)-\xi_n J_1(\xi_n b)\}^2\right]}\times$$
$$\times\sum_{l=1}^{\infty}\frac{(\xi_l^2+\lambda_d^2)\sin(\xi_l z_0)\sin(\xi_l z)}{\{d(\xi_l^2+\lambda_d^2)+\lambda_d\}(\eta_r\xi_n^2+\eta_z\xi_l^2+s)}+$$
$$+\frac{2\pi}{\phi c_t}\sum_{n=1}^{\infty}\frac{\xi_n\{\lambda J_0(\xi_n b)-\xi_n J_1(\xi_n b)\}^2\mathcal{V}_{\mathcal{N}0}(\xi_n r,a)}{\left[(\lambda^2+\xi_n^2)J_1^2(\xi_n a)-\{\lambda J_0(\xi_n b)-\xi_n J_1(\xi_n b)\}^2\right]}\sum_{l=1}^{\infty}\frac{\overline{\overline{\psi}}_a(\xi_l,s)(\xi_l^2+\lambda_d^2)\sin(\xi_l z)}{\{d(\xi_l^2+\lambda_d^2)+\lambda_d\}(\eta_r\xi_n^2+\eta_z\xi_l^2+s)}+$$
$$+\frac{2\pi}{\phi c_t}\sum_{n=1}^{\infty}\frac{\xi_n^2 J_1(\xi_n a)\{\lambda J_0(\xi_n b)-\xi_n J_1(\xi_n b)\}\mathcal{V}_{\mathcal{N}0}(\xi_n r,a)}{\left[(\lambda^2+\xi_n^2)J_1^2(\xi_n a)-\{\lambda J_0(\xi_n b)-\xi_n J_1(\xi_n b)\}^2\right]}\sum_{l=1}^{\infty}\frac{\overline{\overline{\psi}}_b(\xi_l,s)(\xi_l^2+\lambda_d^2)\sin(\xi_l z)}{\{d(\xi_l^2+\lambda_d^2)+\lambda_d\}(\eta_r\xi_n^2+\eta_z\xi_l^2+s)}+$$
$$+\pi^2\sum_{n=1}^{\infty}\frac{\xi_n^2\{\lambda J_0(\xi_n b)-\xi_n J_1(\xi_n b)\}^2\mathcal{V}_{\mathcal{N}0}(\xi_n r,a)}{\left[(\lambda^2+\xi_n^2)J_1^2(\xi_n a)-\{\lambda J_0(\xi_n b)-\xi_n J_1(\xi_n b)\}^2\right]}\times$$
$$\times\sum_{l=1}^{\infty}\frac{(\xi_l^2+\lambda_d^2)\left\{\eta_z\xi_l\overline{\overline{\psi}}_0(\xi_n,s)-\frac{\sin(\xi_l d)}{\phi c_t}\overline{\overline{\psi}}_d(\xi_n,s)\right\}\sin(\xi_l z)}{\{d(\xi_l^2+\lambda_d^2)+\lambda_d\}(\eta_r\xi_n^2+\eta_z\xi_l^2+s)}+$$
$$+\pi^2\sum_{n=1}^{\infty}\frac{\xi_n^2\{\lambda J_0(\xi_n b)-\xi_n J_1(\xi_n b)\}^2\mathcal{V}_{\mathcal{N}0}(\xi_n r,a)}{\left[(\lambda^2+\xi_n^2)J_1^2(\xi_n a)-\{\lambda J_0(\xi_n b)-\xi_n J_1(\xi_n b)\}^2\right]}\sum_{l=1}^{\infty}\frac{\overline{\overline{\varphi}}(\xi_n,\xi_l)(\xi_l^2+\lambda_d^2)\sin(\xi_l z)}{\{d(\xi_l^2+\lambda_d^2)+\lambda_d\}(\eta_r\xi_n^2+\eta_z\xi_l^2+s)}$$

(21.33.2)

and

$$p = \frac{\pi U(t-t_0)}{2\phi c_t}\sum_{n=1}^{\infty}\frac{\xi_n^2\{\lambda J_0(\xi_n b)-\xi_n J_1(\xi_n b)\}^2\mathcal{V}_{\mathcal{N}0}(\xi_n r_0,a)\,\mathcal{V}_{\mathcal{N}0}(\xi_n r,a)}{\left[(\lambda^2+\xi_n^2)J_1^2(\xi_n a)-\{\lambda J_0(\xi_n b)-\xi_n J_1(\xi_n b)\}^2\right]}\times$$
$$\times\sum_{l=1}^{\infty}\frac{(\xi_l^2+\lambda_d^2)\sin(\xi_l z_0)\sin(\xi_l z)\int_0^{t-t_0}q(t-t_0-\tau)\,e^{-(\eta_r\xi_n^2+\eta_z\xi_l^2)\tau}d\tau}{\{d(\xi_l^2+\lambda_d^2)+\lambda_d\}}+$$

$$+\frac{2\pi}{\phi c_t}\sum_{n=1}^{\infty}\frac{\xi_n\left\{\lambda J_0(\xi_n b)-\xi_n J_1(\xi_n b)\right\}^2\mathcal{V}_{\mathcal{N}0}(\xi_n r,a)}{\left[(\lambda^2+\xi_n^2)J_1^2(\xi_n a)-\left\{\lambda J_0(\xi_n b)-\xi_n J_1(\xi_n b)\right\}^2\right]}\times$$
$$\times\sum_{l=1}^{\infty}\frac{(\xi_l^2+\lambda_d^2)\sin(\xi_l z)\int_0^t\overline{\psi}_a(\xi_l,t-\tau)\,e^{-(\eta_r\xi_n^2+\eta_z\xi_l^2)\tau}d\tau}{\left\{d(\xi_l^2+\lambda_d^2)+\lambda_d\right\}}+$$
$$+\frac{2\pi}{\phi c_t}\sum_{n=1}^{\infty}\frac{\xi_n^2 J_1(\xi_n a)\left\{\lambda J_0(\xi_n b)-\xi_n J_1(\xi_n b)\right\}\mathcal{V}_{\mathcal{N}0}(\xi_n r,a)}{\left[(\lambda^2+\xi_n^2)J_1^2(\xi_n a)-\left\{\lambda J_0(\xi_n b)-\xi_n J_1(\xi_n b)\right\}^2\right]}\times$$
$$\times\sum_{l=1}^{\infty}\frac{(\xi_l^2+\lambda_d^2)\sin(\xi_l z)\int_0^t\overline{\psi}_b(\xi_l,t-\tau)\,e^{-(\eta_r\xi_n^2+\eta_z\xi_l^2)\tau}d\tau}{\left\{d(\xi_l^2+\lambda_d^2)+\lambda_d\right\}}+$$
$$+\pi^2\sum_{n=1}^{\infty}\frac{\xi_n^2\left\{\lambda J_0(\xi_n b)-\xi_n J_1(\xi_n b)\right\}^2\mathcal{V}_{\mathcal{N}0}(\xi_n r,a)}{\left[(\lambda^2+\xi_n^2)J_1^2(\xi_n a)-\left\{\lambda J_0(\xi_n b)-\xi_n J_1(\xi_n b)\right\}^2\right]}\times$$
$$\times\sum_{l=1}^{\infty}\frac{(\xi_l^2+\lambda_d^2)\sin(\xi_l z)\int_0^t\left\{\eta_z\xi_l\overline{\psi}_0(\xi_n,t-\tau)-\frac{\sin(\xi_l d)}{\phi c_t}\overline{\psi}_d(\xi_n,t-\tau)\right\}e^{-(\eta_r\xi_n^2+\eta_z\xi_l^2)\tau}d\tau}{\left\{d(\xi_l^2+\lambda_d^2)+\lambda_d\right\}}+$$
$$+\pi^2\sum_{n=1}^{\infty}\frac{\xi_n^2\left\{\lambda J_0(\xi_n b)-\xi_n J_1(\xi_n b)\right\}^2\mathcal{V}_{\mathcal{N}0}(\xi_n r,a)\,e^{-\eta_r\xi_n^2 t}}{\left[(\lambda^2+\xi_n^2)J_1^2(\xi_n a)-\left\{\lambda J_0(\xi_n b)-\xi_n J_1(\xi_n b)\right\}^2\right]}\sum_{l=1}^{\infty}\frac{\overline{\overline{\varphi}}(\xi_n,\xi_l)(\xi_l^2+\lambda_d^2)\sin(\xi_l z)\,e^{-\eta_z\xi_l^2 t}}{\left\{d(\xi_l^2+\lambda_d^2)+\lambda_d\right\}}$$

(21.33.3)

21.34 The problem of 21.28, except
$\mathbf{R}_a\equiv\frac{\partial p(a,z,t)}{\partial r}-\lambda p(a,z,t)=-\left(\frac{\mu}{k_r}\right)\psi_a(z,t)$,
$\mathbf{D}_b\equiv p(b,z,t)=\psi_b(z,t)$, $\mathbf{D}_0\equiv p(r,0,t)=\psi_0(r,t)$ **and**
$\mathbf{R}_d\equiv\frac{\partial p(r,d,t)}{\partial z}+\lambda_d p(r,d,t)=-\left(\frac{\mu}{k_z}\right)\psi_d(r,t)$

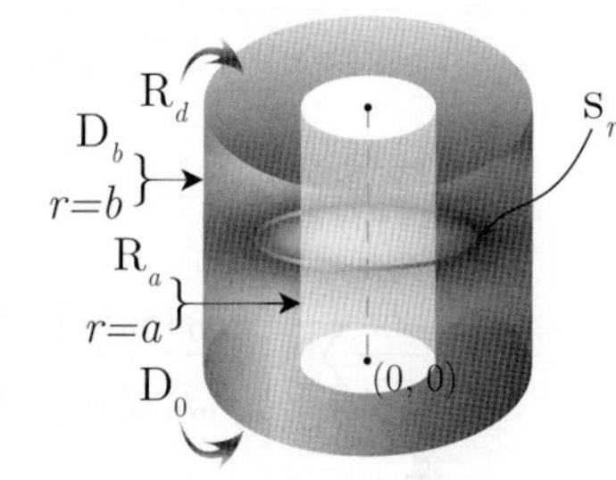

Successive application of the Laplace, Fourier and finite Hankel transformations to equation (18.1.1) gives

$$\overline{\overline{\overline{p}}}=\frac{q(s)\,e^{-st_0}\sin(\xi_l z_0)\,\mathcal{V}_{\mathcal{D}0}(\xi_n r_0,b)}{2\pi\phi c_t(\eta_r\xi_n^2+\eta_z\xi_l^2+s)}-\frac{2J_0(\xi_n b)\,\overline{\overline{\psi}}_a(\xi_l,s)}{\pi\phi c_t(\eta_r\xi_n^2+\eta_z\xi_l^2+s)\left\{\lambda J_0(\xi_n a)+\xi_n J_1(\xi_n a)\right\}}+$$
$$+\frac{2\eta_r\overline{\overline{\psi}}_b(\xi_l,s)}{\pi(\eta_r\xi_n^2+\eta_z\xi_l^2+s)}+\frac{\left\{\eta_z\xi_l\overline{\overline{\psi}}_0(\xi_n,s)-\frac{\sin(\xi_l d)}{\phi c_t}\overline{\overline{\psi}}_d(\xi_n,s)\right\}}{(\eta_r\xi_n^2+\eta_z\xi_l^2+s)}+\frac{\overline{\overline{\varphi}}(\xi_n,\xi_l)}{(\eta_r\xi_n^2+\eta_z\xi_l^2+s)}\qquad(21.34.1)$$

where $\mathcal{V}_{\mathcal{D}0}(\xi_n r,b)=J_0(\xi_n r)Y_0(\xi_n b)-Y_0(\xi_n r)J_0(\xi_n b)$. The eigenvalues $\xi_n, n=1,2,...$, are the positive roots of the transcendental equation $\lambda\mathcal{V}_{\mathcal{D}0}(\xi_n a,b)-\xi_n\mathcal{V}'_{\mathcal{D}0}(\xi_n a,b)=0$,* ξ_l are the positive roots of $\xi_l\cot(\xi_l d)=-\lambda_d$, $l=1,2,....$ $\overline{\overline{\psi}}_0(\xi_n,s)=\int_a^b\overline{\psi}_0(r,s)\,r\mathcal{V}_{\mathcal{D}0}(\xi_n r,b)\,dr$, $\overline{\overline{\psi}}_d(\xi_n,s)=\int_a^b\overline{\psi}_d(r,s)\,r\mathcal{V}_{\mathcal{D}0}(\xi_n r,b)\,dr$, $\overline{\overline{\psi}}_a(\xi_l,s)=\int_0^d\sin(\xi_l z)\,\overline{\psi}_a(z,s)dz$, $\overline{\overline{\psi}}_b(\xi_l,s)=\int_0^d\sin(\xi_l z)\,\overline{\psi}_b(z,s)dz$, $\overline{\overline{\varphi}}(\xi_n,\xi_l)=\int_a^b\overline{\varphi}(r,\xi_l)\,r\mathcal{V}_{\mathcal{D}0}(\xi_n r,a)\,dr$ and $\overline{\varphi}(r,\xi_l)=\int_0^d\sin(\xi_l z)\,\varphi(r,z)dz$. Successive inverse transforms yield

$$\overline{p}=\frac{\pi q(s)\,e^{-st_0}}{2\phi c_t}\sum_{n=1}^{\infty}\frac{\xi_n^2\left\{\lambda J_0(\xi_n a)+\xi_n J_1(\xi_n a)\right\}^2\mathcal{V}_{\mathcal{D}0}(\xi r_0,b)\,\mathcal{V}_{\mathcal{D}0}(\xi r,b)}{\left[\left\{\lambda J_0(\xi_n a)+\xi_n J_1(\xi_n a)\right\}^2-(\lambda^2+\xi_n^2)J_0^2(\xi_n b)\right]}\times$$
$$\times\sum_{l=1}^{\infty}\frac{(\xi_l^2+\lambda_d^2)\sin(\xi_l z_0)\sin(\xi_l z)}{\left\{d(\xi_l^2+\lambda_d^2)+\lambda_d\right\}(\eta_r\xi_n^2+\eta_z\xi_l^2+s)}-$$

*$\mathcal{V}'_{\mathcal{D}0}(\xi_n r,b)=\left\{Y_1(\xi_n r)J_0(\xi_n b)-J_1(\xi_n r)Y_0(\xi_n b)\right\}$.

$$
-\frac{2\pi}{\phi c_t}\sum_{n=1}^{\infty}\frac{\xi_n^2 J_0(\xi_n b)\left\{\lambda J_0(\xi_n a)+\xi_n J_1(\xi_n a)\right\}\mathcal{V}_{\mathcal{D}0}(\xi r,b)}{\left[\left\{\lambda J_0(\xi_n a)+\xi_n J_1(\xi_n a)\right\}^2-\left(\lambda^2+\xi_n^2\right)J_0^2(\xi_n b)\right]}\sum_{l=1}^{\infty}\frac{\overline{\overline{\psi}}_a(\xi_l,s)\left(\xi_l^2+\lambda_d^2\right)\sin(\xi_l z)}{\left\{d\left(\xi_l^2+\lambda_d^2\right)+\lambda_d\right\}\left(\eta_r\xi_n^2+\eta_z\xi_l^2+s\right)}+
$$

$$
+2\pi\eta_r\sum_{n=1}^{\infty}\frac{\xi_n^2\left\{\lambda J_0(\xi_n a)+\xi_n J_1(\xi_n a)\right\}^2\mathcal{V}_{\mathcal{D}0}(\xi r,b)}{\left[\left\{\lambda J_0(\xi_n a)+\xi_n J_1(\xi_n a)\right\}^2-\left(\lambda^2+\xi_n^2\right)J_0^2(\xi_n b)\right]}\sum_{l=1}^{\infty}\frac{\overline{\overline{\psi}}_b(\xi_l,s)\left(\xi_l^2+\lambda_d^2\right)\sin(\xi_l z)}{\left\{d\left(\xi_l^2+\lambda_d^2\right)+\lambda_d\right\}\left(\eta_r\xi_n^2+\eta_z\xi_l^2+s\right)}+
$$

$$
+\pi^2\sum_{n=1}^{\infty}\frac{\xi_n^2\left\{\lambda J_0(\xi_n a)+\xi_n J_1(\xi_n a)\right\}^2\mathcal{V}_{\mathcal{D}0}(\xi r,b)}{\left[\left\{\lambda J_0(\xi_n a)+\xi_n J_1(\xi_n a)\right\}^2-\left(\lambda^2+\xi_n^2\right)J_0^2(\xi_n b)\right]}\times
$$

$$
\times\sum_{l=1}^{\infty}\frac{\left(\xi_l^2+\lambda_d^2\right)\left\{\eta_z\xi_l\overline{\overline{\psi}}_0(\xi_n,s)-\frac{\sin(\xi_l d)}{\phi c_t}\overline{\overline{\psi}}_d(\xi_n,s)\right\}\sin(\xi_l z)}{\left\{d\left(\xi_l^2+\lambda_d^2\right)+\lambda_d\right\}\left(\eta_r\xi_n^2+\eta_z\xi_l^2+s\right)}+
$$

$$
+\pi^2\sum_{n=1}^{\infty}\frac{\xi_n^2\left\{\lambda J_0(\xi_n a)+\xi_n J_1(\xi_n a)\right\}^2\mathcal{V}_{\mathcal{D}0}(\xi r,b)}{\left[\left\{\lambda J_0(\xi_n a)+\xi_n J_1(\xi_n a)\right\}^2-\left(\lambda^2+\xi_n^2\right)J_0^2(\xi_n b)\right]}\sum_{l=1}^{\infty}\frac{\overline{\overline{\varphi}}(\xi_n,\xi_l)\left(\xi_l^2+\lambda_d^2\right)\sin(\xi_l z)}{\left\{d\left(\xi_l^2+\lambda_d^2\right)+\lambda_d\right\}\left(\eta_r\xi_n^2+\eta_z\xi_l^2+s\right)}
$$

(21.34.2)

and

$$
p=\frac{\pi U(t-t_0)}{2\phi c_t}\sum_{n=1}^{\infty}\frac{\xi_n^2\left\{\lambda J_0(\xi_n a)+\xi_n J_1(\xi_n a)\right\}^2\mathcal{V}_{\mathcal{D}0}(\xi r_0,b)\,\mathcal{V}_{\mathcal{D}0}(\xi r,b)}{\left[\left\{\lambda J_0(\xi_n a)+\xi_n J_1(\xi_n a)\right\}^2-\left(\lambda^2+\xi_n^2\right)J_0^2(\xi_n b)\right]}\times
$$

$$
\sum_{l=1}^{\infty}\frac{\left(\xi_l^2+\lambda_d^2\right)\sin(\xi_l z_0)\sin(\xi_l z)\int_0^{t-t_0}q(t-t_0-\tau)\,e^{-\left(\eta_r\xi_n^2+\eta_z\xi_l^2\right)\tau}d\tau}{\left\{d\left(\xi_l^2+\lambda_d^2\right)+\lambda_d\right\}}-
$$

$$
-\frac{2\pi}{\phi c_t}\sum_{n=1}^{\infty}\frac{\xi_n^2 J_0(\xi_n b)\left\{\lambda J_0(\xi_n a)+\xi_n J_1(\xi_n a)\right\}\mathcal{V}_{\mathcal{D}0}(\xi r,b)}{\left[\left\{\lambda J_0(\xi_n a)+\xi_n J_1(\xi_n a)\right\}^2-\left(\lambda^2+\xi_n^2\right)J_0^2(\xi_n b)\right]}\times
$$

$$
\times\sum_{l=1}^{\infty}\frac{\left(\xi_l^2+\lambda_d^2\right)\sin(\xi_l z)\int_0^t\overline{\psi}_a(\xi_l,t-\tau)\,e^{-\left(\eta_r\xi_n^2+\eta_z\xi_l^2\right)\tau}d\tau}{\left\{d\left(\xi_l^2+\lambda_d^2\right)+\lambda_d\right\}}+
$$

$$
+2\pi\eta_r\sum_{n=1}^{\infty}\frac{\xi_n^2\left\{\lambda J_0(\xi_n a)+\xi_n J_1(\xi_n a)\right\}^2\mathcal{V}_{\mathcal{D}0}(\xi r,b)}{\left[\left\{\lambda J_0(\xi_n a)+\xi_n J_1(\xi_n a)\right\}^2-\left(\lambda^2+\xi_n^2\right)J_0^2(\xi_n b)\right]}\times
$$

$$
\times\sum_{l=1}^{\infty}\frac{\left(\xi_l^2+\lambda_d^2\right)\sin(\xi_l z)\int_0^t\overline{\psi}_b(\xi_l,t-\tau)\,e^{-\left(\eta_r\xi_n^2+\eta_z\xi_l^2\right)\tau}d\tau}{\left\{d\left(\xi_l^2+\lambda_d^2\right)+\lambda_d\right\}}+
$$

$$
+\pi^2\sum_{n=1}^{\infty}\frac{\xi_n^2\left\{\lambda J_0(\xi_n a)+\xi_n J_1(\xi_n a)\right\}^2\mathcal{V}_{\mathcal{D}0}(\xi r,b)}{\left[\left\{\lambda J_0(\xi_n a)+\xi_n J_1(\xi_n a)\right\}^2-\left(\lambda^2+\xi_n^2\right)J_0^2(\xi_n b)\right]}\times
$$

$$
\times\sum_{l=1}^{\infty}\frac{\left(\xi_l^2+\lambda_d^2\right)\sin(\xi_l z)\int_0^t\left\{\eta_z\xi_l\overline{\psi}_0(\xi_n,t-\tau)-\frac{\sin(\xi_l d)}{\phi c_t}\overline{\psi}_d(\xi_n,t-\tau)\right\}e^{-\left(\eta_r\xi_n^2+\eta_z\xi_l^2\right)\tau}d\tau}{\left\{d\left(\xi_l^2+\lambda_d^2\right)+\lambda_d\right\}}+
$$

$$
+\pi^2\sum_{n=1}^{\infty}\frac{\xi_n^2\left\{\lambda J_0(\xi_n a)+\xi_n J_1(\xi_n a)\right\}^2\mathcal{V}_{\mathcal{D}0}(\xi r,b)\,e^{-\eta_r\xi_n^2 t}}{\left[\left\{\lambda J_0(\xi_n a)+\xi_n J_1(\xi_n a)\right\}^2-\left(\lambda^2+\xi_n^2\right)J_0^2(\xi_n b)\right]}\sum_{l=1}^{\infty}\frac{\overline{\overline{\varphi}}(\xi_n,\xi_l)\left(\xi_l^2+\lambda_d^2\right)\sin(\xi_l z)\,e^{-\eta_z\xi_l^2 t}}{\left\{d\left(\xi_l^2+\lambda_d^2\right)+\lambda_d\right\}}
$$

(21.34.3)

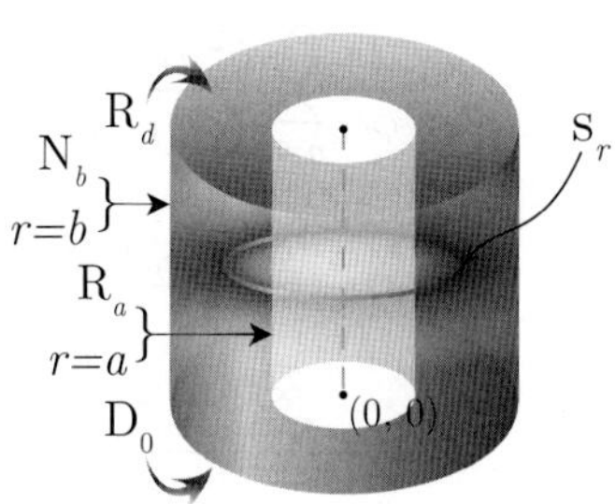

21.35 **The problem of 21.28, except**
$\mathbf{R}_a \equiv \frac{\partial p(a,z,t)}{\partial r} - \lambda p(a,z,t) = -\left(\frac{\mu}{k_r}\right)\psi_a(z,t)$,
$\mathbf{N}_b \equiv \frac{\partial p(b,z,t)}{\partial r} = -\left(\frac{\mu}{k_r}\right)\psi_b(z,t)$, $\mathbf{D}_0 \equiv p(r,0,t) = \psi_0(r,t)$ **and**
$\mathbf{R}_d \equiv \frac{\partial p(r,d,t)}{\partial z} + \lambda_d p(r,d,t) = -\left(\frac{\mu}{k_z}\right)\psi_d(r,t)$

Successive application of the Laplace, Fourier and finite Hankel transformations to equation (18.1.1) gives

$$\overline{\overline{\overline{p}}} = \frac{q(s)e^{-st_0}\sin(\xi_l z_0)\mathcal{V}_{\mathcal{N}0}(\xi_n r_0,b)}{2\pi\phi c_t(\eta_r\xi_n^2+\eta_z\xi_l^2+s)} + \frac{2J_1(\xi_n b)\overline{\overline{\psi}}_a(\xi_l,s)}{\pi\phi c_t(\eta_r\xi_n^2+\eta_z\xi_l^2+s)\{\lambda J_0(\xi_n a)+\xi_n J_1(\xi_n a)\}} - \frac{2\overline{\overline{\psi}}_b(\xi_l,s)}{\pi\phi c_t\xi_n(\eta_r\xi_n^2+\eta_z\xi_l^2+s)} + \frac{\left\{\eta_z\xi_l\overline{\overline{\psi}}_0(\xi_n,s) - \frac{\sin(\xi_l d)}{\phi c_t}\overline{\overline{\psi}}_d(\xi_n,s)\right\}}{(\eta_r\xi_n^2+\eta_z\xi_l^2+s)} + \frac{\overline{\overline{\varphi}}(\xi_n,\xi_l)}{(\eta_r\xi_n^2+\eta_z\xi_l^2+s)} \quad (21.35.1)$$

where $\xi_n, n=1,2,...$, are the positive roots of the transcendental equation $\lambda\mathcal{V}_{\mathcal{N}0}(\xi_n a,b) - \xi_n\mathcal{V}'_{\mathcal{N}0}(\xi_n a,b) = 0$, ξ_l are the positive roots of $\xi_l\cot(\xi_l d) = -\lambda_d$, $l=1,2,....$ $\overline{\overline{\psi}}_0(\xi_n,s) = \int_a^b\overline{\psi}_0(r,s)\,r\mathcal{V}_{\mathcal{N}0}(\xi_n r,b)\,dr$, $\overline{\overline{\psi}}_d(\xi_n,s) = \int_a^b\overline{\psi}_d(r,s)\,r\mathcal{V}_{\mathcal{N}0}(\xi_n r,b)\,dr$, $\overline{\overline{\psi}}_a(\xi_l,s) = \int_0^d\sin(\xi_l z)\,\overline{\psi}_a(z,s)dz$, $\overline{\overline{\psi}}_b(\xi_l,s) = \int_0^d\sin(\xi_l z)\,\overline{\psi}_b(z,s)dz$, $\overline{\overline{\varphi}}(\xi_n,\xi_l) = \int_a^b\overline{\varphi}(r,\xi_l)\,r\mathcal{V}_{\mathcal{N}0}(\xi_n r,a)\,dr$ and $\overline{\varphi}(r,\xi_l) = \int_0^d\sin(\xi_l z)\,\varphi(r,z)dz$. Successive inverse transforms yield

$$\overline{p} = \frac{\pi q(s)e^{-st_0}}{2\phi c_t}\sum_{n=1}^{\infty}\frac{\xi_n^2\{\lambda J_0(\xi_n a)+\xi_n J_1(\xi_n a)\}^2\mathcal{V}_{\mathcal{N}0}(\xi r_0,b)\mathcal{V}_{\mathcal{N}0}(\xi r,b)}{\left[\{\lambda J_0(\xi_n a)+\xi_n J_1(\xi_n a)\}^2 - (\lambda^2+\xi_n^2)J_1^2(\xi_n b)\right]}\times$$
$$\times\sum_{l=1}^{\infty}\frac{(\xi_l^2+\lambda_d^2)\sin(\xi_l z_0)\sin(\xi_l z)}{\{d(\xi_l^2+\lambda_d^2)+\lambda_d\}(\eta_r\xi_n^2+\eta_z\xi_l^2+s)} +$$
$$+\frac{2\pi}{\phi c_t}\sum_{n=1}^{\infty}\frac{\xi_n^2 J_1(\xi_n b)\{\lambda J_0(\xi_n a)+\xi_n J_1(\xi_n a)\}\mathcal{V}_{\mathcal{N}0}(\xi r,b)}{\left[\{\lambda J_0(\xi_n a)+\xi_n J_1(\xi_n a)\}^2-(\lambda^2+\xi_n^2)J_1^2(\xi_n b)\right]}\sum_{l=1}^{\infty}\frac{\overline{\overline{\psi}}_a(\xi_l,s)(\xi_l^2+\lambda_d^2)\sin(\xi_l z)}{\{d(\xi_l^2+\lambda_d^2)+\lambda_d\}(\eta_r\xi_n^2+\eta_z\xi_l^2+s)} -$$
$$-\frac{2\pi}{\phi c_t}\sum_{n=1}^{\infty}\frac{\xi_n\{\lambda J_0(\xi_n a)+\xi_n J_1(\xi_n a)\}^2\mathcal{V}_{\mathcal{N}0}(\xi r,b)}{\left[\{\lambda J_0(\xi_n a)+\xi_n J_1(\xi_n a)\}^2-(\lambda^2+\xi_n^2)J_1^2(\xi_n b)\right]}\sum_{l=1}^{\infty}\frac{\overline{\overline{\psi}}_b(\xi_l,s)(\xi_l^2+\lambda_d^2)\sin(\xi_l z)}{\{d(\xi_l^2+\lambda_d^2)+\lambda_d\}(\eta_r\xi_n^2+\eta_z\xi_l^2+s)} +$$
$$+\pi^2\sum_{n=1}^{\infty}\frac{\xi_n^2\{\lambda J_0(\xi_n a)+\xi_n J_1(\xi_n a)\}^2\mathcal{V}_{\mathcal{N}0}(\xi r,b)}{\left[\{\lambda J_0(\xi_n a)+\xi_n J_1(\xi_n a)\}^2-(\lambda^2+\xi_n^2)J_1^2(\xi_n b)\right]}\times$$
$$\times\sum_{l=1}^{\infty}\frac{(\xi_l^2+\lambda_d^2)\left\{\eta_z\xi_l\overline{\overline{\psi}}_0(\xi_n,s) - \frac{\sin(\xi_l d)}{\phi c_t}\overline{\overline{\psi}}_d(\xi_n,s)\right\}\sin(\xi_l z)}{\{d(\xi_l^2+\lambda_d^2)+\lambda_d\}(\eta_r\xi_n^2+\eta_z\xi_l^2+s)} +$$
$$+\pi^2\sum_{n=1}^{\infty}\frac{\xi_n^2\{\lambda J_0(\xi_n a)+\xi_n J_1(\xi_n a)\}^2\mathcal{V}_{\mathcal{N}0}(\xi r,b)}{\left[\{\lambda J_0(\xi_n a)+\xi_n J_1(\xi_n a)\}^2-(\lambda^2+\xi_n^2)J_1^2(\xi_n b)\right]}\sum_{l=1}^{\infty}\frac{\overline{\overline{\varphi}}(\xi_n,\xi_l)(\xi_l^2+\lambda_d^2)\sin(\xi_l z)}{\{d(\xi_l^2+\lambda_d^2)+\lambda_d\}(\eta_r\xi_n^2+\eta_z\xi_l^2+s)} \quad (21.35.2)$$

and

$$p = \frac{\pi U(t-t_0)}{2\phi c_t}\sum_{n=1}^{\infty}\frac{\xi_n^2\{\lambda J_0(\xi_n a)+\xi_n J_1(\xi_n a)\}^2\mathcal{V}_{\mathcal{N}0}(\xi r_0,b)\mathcal{V}_{\mathcal{N}0}(\xi r,b)}{\left[\{\lambda J_0(\xi_n a)+\xi_n J_1(\xi_n a)\}^2-(\lambda^2+\xi_n^2)J_1^2(\xi_n b)\right]}\times$$
$$\sum_{l=1}^{\infty}\frac{(\xi_l^2+\lambda_d^2)\sin(\xi_l z_0)\sin(\xi_l z)\int_0^{t-t_0}q(t-t_0-\tau)\,e^{-(\eta_r\xi_n^2+\eta_z\xi_l^2)\tau}d\tau}{\{d(\xi_l^2+\lambda_d^2)+\lambda_d\}} +$$

$$+\frac{2\pi}{\phi c_t}\sum_{n=1}^{\infty}\frac{\xi_n^2 J_1(\xi_n b)\{\lambda J_0(\xi_n a)+\xi_n J_1(\xi_n a)\}\mathcal{V}_{\mathcal{N}0}(\xi r, b)}{\left[\{\lambda J_0(\xi_n a)+\xi_n J_1(\xi_n a)\}^2-(\lambda^2+\xi_n^2)J_1^2(\xi_n b)\right]}\times$$
$$\times\sum_{l=1}^{\infty}\frac{(\xi_l^2+\lambda_d^2)\sin(\xi_l z)\int_0^t\overline{\psi}_a(\xi_l, t-\tau)e^{-(\eta_r\xi_n^2+\eta_z\xi_l^2)\tau}d\tau}{\{d(\xi_l^2+\lambda_d^2)+\lambda_d\}}-$$
$$-\frac{2\pi}{\phi c_t}\sum_{n=1}^{\infty}\frac{\xi_n\{\lambda J_0(\xi_n a)+\xi_n J_1(\xi_n a)\}^2\mathcal{V}_{\mathcal{N}0}(\xi r, b)}{\left[\{\lambda J_0(\xi_n a)+\xi_n J_1(\xi_n a)\}^2-(\lambda^2+\xi_n^2)J_1^2(\xi_n b)\right]}\times$$
$$\times\sum_{l=1}^{\infty}\frac{(\xi_l^2+\lambda_d^2)\sin(\xi_l z)\int_0^t\overline{\psi}_b(\xi_l, t-\tau)e^{-(\eta_r\xi_n^2+\eta_z\xi_l^2)\tau}d\tau}{\{d(\xi_l^2+\lambda_d^2)+\lambda_d\}}+$$
$$+\pi^2\sum_{n=1}^{\infty}\frac{\xi_n^2\{\lambda J_0(\xi_n a)+\xi_n J_1(\xi_n a)\}^2\mathcal{V}_{\mathcal{N}0}(\xi r, b)}{\left[\{\lambda J_0(\xi_n a)+\xi_n J_1(\xi_n a)\}^2-(\lambda^2+\xi_n^2)J_1^2(\xi_n b)\right]}\times$$
$$\times\sum_{l=1}^{\infty}\frac{(\xi_l^2+\lambda_d^2)\sin(\xi_l z)\int_0^t\left\{\eta_z\xi_l\overline{\psi}_0(\xi_n, t-\tau)-\frac{\sin(\xi_l d)}{\phi c_t}\overline{\psi}_d(\xi_n, t-\tau)\right\}e^{-(\eta_r\xi_n^2+\eta_z\xi_l^2)\tau}d\tau}{\{d(\xi_l^2+\lambda_d^2)+\lambda_d\}}+$$
$$+\pi^2\sum_{n=1}^{\infty}\frac{\xi_n^2\{\lambda J_0(\xi_n a)+\xi_n J_1(\xi_n a)\}^2\mathcal{V}_{\mathcal{N}0}(\xi r, b)e^{-\eta_r\xi_n^2 t}}{\left[\{\lambda J_0(\xi_n a)+\xi_n J_1(\xi_n a)\}^2-(\lambda^2+\xi_n^2)J_1^2(\xi_n b)\right]}\sum_{l=1}^{\infty}\frac{\overline{\overline{\varphi}}(\xi_n, \xi_l)(\xi_l^2+\lambda_d^2)\sin(\xi_l z)e^{-\eta_z\xi_l^2 t}}{\{d(\xi_l^2+\lambda_d^2)+\lambda_d\}}$$

(21.35.3)

21.36

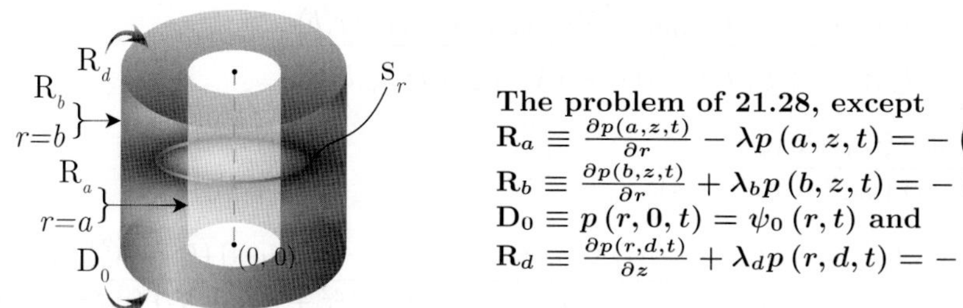

The problem of 21.28, except
$\mathbf{R}_a \equiv \frac{\partial p(a,z,t)}{\partial r}-\lambda p(a,z,t)=-\left(\frac{\mu}{k_r}\right)\psi_a(z,t)$,
$\mathbf{R}_b \equiv \frac{\partial p(b,z,t)}{\partial r}+\lambda_b p(b,z,t)=-\left(\frac{\mu}{k_r}\right)\psi_b(z,t)$,
$\mathbf{D}_0 \equiv p(r,0,t)=\psi_0(r,t)$ **and**
$\mathbf{R}_d \equiv \frac{\partial p(r,d,t)}{\partial z}+\lambda_d p(r,d,t)=-\left(\frac{\mu}{k_z}\right)\psi_d(r,t)$

Successive application of the Laplace, Fourier and finite Hankel transformations to equation (18.1.1) gives

$$\overline{\overline{\overline{p}}}=\frac{q(s)e^{-st_0}\sin(\xi_l z_0)\{\xi_n\mathcal{V}_{\mathcal{N}0}(\xi_n r_0, a)-\lambda_a\mathcal{V}_{\mathcal{D}0}(\xi_n r_0, a)\}}{2\pi\phi c_t(\eta_r\xi_n^2+\eta_z\xi_l^2+s)}+\frac{2\{\lambda_a J_0(\xi_n a)+\xi_n J_1(\xi_n a)\}\overline{\overline{\psi}}_b(\xi_l, s)}{\pi\phi c_t(\eta_r\xi_n^2+\eta_z\xi_l^2+s)\{\lambda_b J_0(\xi_n b)-\xi_n J_1(\xi_n b)\}}+$$
$$+\frac{2\overline{\overline{\psi}}_a(\xi_l, s)}{\pi\phi c_t(\eta_r\xi_n^2+\eta_z\xi_l^2+s)}+\frac{\left\{\eta_z\xi_l\overline{\overline{\psi}}_0(\xi_n, s)-\frac{\sin(\xi_l d)}{\phi c_t}\overline{\overline{\psi}}_d(\xi_n, s)\right\}}{(\eta_r\xi_n^2+\eta_z\xi_l^2+s)}+\frac{\overline{\overline{\varphi}}(\xi_n, \xi_l)}{(\eta_r\xi_n^2+\eta_z\xi_l^2+s)} \qquad (21.36.1)$$

where $\xi_n, n=1,2,...,$ are the positive roots of
$\lambda_a\{\mathcal{V}'_{\mathcal{D}0}(\xi_n b, a)+\lambda_b\mathcal{V}_{\mathcal{D}0}(\xi_n b, a)\}-\xi_n\{\mathcal{V}'_{\mathcal{N}0}(\xi_n b, a)+\lambda_b\mathcal{V}_{\mathcal{N}0}(\xi_n b, a)\}=0$, ξ_l are the positive roots of $\xi_l\cot(\xi_l d)=-\lambda_d$, $l=1,2,....$ $\overline{\overline{\psi}}_0(\xi_n, s)=\int_a^b\overline{\psi}_0(r,s)\,r\{\xi_n\mathcal{V}_{\mathcal{N}0}(\xi_n r, a)-\lambda_a\mathcal{V}_{\mathcal{D}0}(\xi_n r, a)\}dr$, $\overline{\overline{\psi}}_d(\xi_n, s)=\int_a^b\overline{\psi}_d(r,s)\,r\{\xi_n\mathcal{V}_{\mathcal{N}0}(\xi_n r, a)-\lambda_a\mathcal{V}_{\mathcal{D}0}(\xi_n r, a)\}dr$, $\overline{\overline{\psi}}_a(\xi_l, s)=\int_0^d\sin(\xi_l z)\overline{\psi}_a(z,s)dz$, $\overline{\overline{\psi}}_b(\xi_l, s)=\int_0^d\sin(\xi_l z)\overline{\psi}_b(z,s)dz$, $\overline{\overline{\varphi}}(\xi_n, \xi_l)=\int_a^b\overline{\varphi}(r,\xi_l)\,r\{\xi_n\mathcal{V}_{\mathcal{N}0}(\xi_n r, a)-\lambda_a\mathcal{V}_{\mathcal{D}0}(\xi_n r, a)\}dr$ and $\overline{\varphi}(r,\xi_l)=\int_0^d\sin(\xi_l z)\varphi(r,z)dz$. Successive inverse transforms yield

$$\overline{p}=\frac{\pi q(s)e^{-st_0}}{2\phi c_t}\sum_{n=1}^{\infty}\xi_n^2\{\xi_n J_1(\xi_n b)-\lambda_b J_0(\xi_n b)\}^2\times$$
$$\times\frac{\{\xi_n\mathcal{V}_{\mathcal{N}0}(\xi_n r_0, a)-\lambda_a\mathcal{V}_{\mathcal{D}0}(\xi_n r_0, a)\}\{\xi_n\mathcal{V}_{\mathcal{N}0}(\xi_n r, a)-\lambda_a\mathcal{V}_{\mathcal{D}0}(\xi_n r, a)\}}{\left[(\lambda_b^2+\xi_n^2)\{\lambda_a J_0(\xi_n a)+\xi_n J_1(\xi_n a)\}^2-(\lambda_a^2+\xi_n^2)\{\lambda_b J_0(\xi_n b)+\xi_n J_1(\xi_n b)\}^2\right]}\times$$

$$\times \sum_{l=1}^{\infty} \frac{\left(\xi_l^2 + \lambda_d^2\right) \sin\left(\xi_l z_0\right) \sin\left(\xi_l z\right)}{\left\{d\left(\xi_l^2 + \lambda_d^2\right) + \lambda_d\right\} \left(\eta_r \xi_n^2 + \eta_z \xi_l^2 + s\right)} +$$

$$+\frac{2\pi}{\phi c_t} \sum_{n=1}^{\infty} \frac{\xi_n^2 \left\{\xi_n J_1\left(\xi_n b\right) - \lambda_b J_0\left(\xi_n b\right)\right\}^2 \left\{\xi_n \mathcal{V}_{\mathcal{N}0}\left(\xi_n r, a\right) - \lambda_a \mathcal{V}_{\mathcal{D}0}\left(\xi_n r, a\right)\right\}}{\left[\left(\lambda_b^2 + \xi_n^2\right) \left\{\lambda_a J_0\left(\xi_n a\right) + \xi_n J_1\left(\xi_n a\right)\right\}^2 - \left(\lambda_a^2 + \xi_n^2\right) \left\{\lambda_b J_0\left(\xi_n b\right) + \xi_n J_1\left(\xi_n b\right)\right\}^2\right]} \times$$

$$\times \sum_{l=1}^{\infty} \frac{\overline{\overline{\psi}}_a\left(\xi_l, s\right) \left(\xi_l^2 + \lambda_d^2\right) \sin\left(\xi_l z\right)}{\left\{d\left(\xi_l^2 + \lambda_d^2\right) + \lambda_d\right\} \left(\eta_r \xi_n^2 + \eta_z \xi_l^2 + s\right)} +$$

$$+\frac{2\pi}{\phi c_t} \sum_{n=1}^{\infty} \frac{\xi_n^2 \left\{\xi_n J_1\left(\xi_n b\right) - \lambda_b J_0\left(\xi_n b\right)\right\} \left\{\xi_n J_1\left(\xi_n a\right) + \lambda_a J_0\left(\xi_n a\right)\right\} \left\{\xi_n \mathcal{V}_{\mathcal{N}0}\left(\xi_n r, a\right) - \lambda_a \mathcal{V}_{\mathcal{D}0}\left(\xi_n r, a\right)\right\}}{\left[\left(\lambda_b^2 + \xi_n^2\right) \left\{\lambda_a J_0\left(\xi_n a\right) + \xi_n J_1\left(\xi_n a\right)\right\}^2 - \left(\lambda_a^2 + \xi_n^2\right) \left\{\lambda_b J_0\left(\xi_n b\right) + \xi_n J_1\left(\xi_n b\right)\right\}^2\right]} \times$$

$$\times \sum_{l=1}^{\infty} \frac{\overline{\overline{\psi}}_b\left(\xi_l, s\right) \left(\xi_l^2 + \lambda_d^2\right) \sin\left(\xi_l z\right)}{\left\{d\left(\xi_l^2 + \lambda_d^2\right) + \lambda_d\right\} \left(\eta_r \xi_n^2 + \eta_z \xi_l^2 + s\right)} +$$

$$+\pi^2 \sum_{n=1}^{\infty} \frac{\xi_n^2 \left\{\xi_n J_1\left(\xi_n b\right) - \lambda_b J_0\left(\xi_n b\right)\right\}^2 \left\{\xi_n \mathcal{V}_{\mathcal{N}0}\left(\xi_n r, a\right) - \lambda_a \mathcal{V}_{\mathcal{D}0}\left(\xi_n r, a\right)\right\}}{\left[\left(\lambda_b^2 + \xi_n^2\right) \left\{\lambda_a J_0\left(\xi_n a\right) + \xi_n J_1\left(\xi_n a\right)\right\}^2 - \left(\lambda_a^2 + \xi_n^2\right) \left\{\lambda_b J_0\left(\xi_n b\right) + \xi_n J_1\left(\xi_n b\right)\right\}^2\right]} \times$$

$$\times \sum_{l=1}^{\infty} \frac{\left(\xi_l^2 + \lambda_d^2\right) \left\{\eta_z \xi_l \overline{\overline{\psi}}_0\left(\xi_n, s\right) - \frac{\sin(\xi_l d)}{\phi c_t} \overline{\overline{\psi}}_d\left(\xi_n, s\right)\right\} \sin\left(\xi_l z\right)}{\left\{d\left(\xi_l^2 + \lambda_d^2\right) + \lambda_d\right\} \left(\eta_r \xi_n^2 + \eta_z \xi_l^2 + s\right)} +$$

$$+\pi^2 \sum_{n=1}^{\infty} \frac{\xi_n^2 \left\{\xi_n J_1\left(\xi_n b\right) - \lambda_b J_0\left(\xi_n b\right)\right\}^2 \left\{\xi_n \mathcal{V}_{\mathcal{N}0}\left(\xi_n r, a\right) - \lambda_a \mathcal{V}_{\mathcal{D}0}\left(\xi_n r, a\right)\right\}}{\left[\left(\lambda_b^2 + \xi_n^2\right) \left\{\lambda_a J_0\left(\xi_n a\right) + \xi_n J_1\left(\xi_n a\right)\right\}^2 - \left(\lambda_a^2 + \xi_n^2\right) \left\{\lambda_b J_0\left(\xi_n b\right) + \xi_n J_1\left(\xi_n b\right)\right\}^2\right]} \times$$

$$\times \sum_{l=1}^{\infty} \frac{\overline{\overline{\varphi}}\left(\xi_n, \xi_l\right) \left(\xi_l^2 + \lambda_d^2\right) \sin\left(\xi_l z\right)}{\left\{d\left(\xi_l^2 + \lambda_d^2\right) + \lambda_d\right\} \left(\eta_r \xi_n^2 + \eta_z \xi_l^2 + s\right)} \qquad (21.36.2)$$

and

$$p = \frac{\pi U\left(t - t_0\right)}{2\phi c_t} \sum_{n=1}^{\infty} \frac{\xi_n^2 \left\{\xi_n J_1\left(\xi_n b\right) - \lambda_b J_0\left(\xi_n b\right)\right\}^2 \left\{\xi_n \mathcal{V}_{\mathcal{N}0}\left(\xi_n r_0, a\right) - \lambda_a \mathcal{V}_{\mathcal{D}0}\left(\xi_n r_0, a\right)\right\}}{\left[\left(\lambda_b^2 + \xi_n^2\right) \left\{\lambda_a J_0\left(\xi_n a\right) + \xi_n J_1\left(\xi_n a\right)\right\}^2 - \left(\lambda_a^2 + \xi_n^2\right) \left\{\lambda_b J_0\left(\xi_n b\right) + \xi_n J_1\left(\xi_n b\right)\right\}^2\right]} \times$$

$$\times \left\{\xi_n \mathcal{V}_{\mathcal{N}0}\left(\xi_n r, a\right) - \lambda_a \mathcal{V}_{\mathcal{D}0}\left(\xi_n r, a\right)\right\} \times$$

$$\times \sum_{l=1}^{\infty} \frac{\left(\xi_l^2 + \lambda_d^2\right) \sin\left(\xi_l z_0\right) \sin\left(\xi_l z\right) \int_0^{t - t_0} q\left(t - t_0 - \tau\right) e^{-\left(\eta_r \xi_n^2 + \eta_z \xi_l^2\right)\tau} d\tau}{\left\{d\left(\xi_l^2 + \lambda_d^2\right) + \lambda_d\right\}} +$$

$$+\frac{2\pi}{\phi c_t} \sum_{n=1}^{\infty} \frac{\xi_n^2 \left\{\xi_n J_1\left(\xi_n b\right) - \lambda_b J_0\left(\xi_n b\right)\right\}^2 \left\{\xi_n \mathcal{V}_{\mathcal{N}0}\left(\xi_n r, a\right) - \lambda_a \mathcal{V}_{\mathcal{D}0}\left(\xi_n r, a\right)\right\}}{\left[\left(\lambda_b^2 + \xi_n^2\right) \left\{\lambda_a J_0\left(\xi_n a\right) + \xi_n J_1\left(\xi_n a\right)\right\}^2 - \left(\lambda_a^2 + \xi_n^2\right) \left\{\lambda_b J_0\left(\xi_n b\right) + \xi_n J_1\left(\xi_n b\right)\right\}^2\right]} \times$$

$$\times \sum_{l=1}^{\infty} \frac{\left(\xi_l^2 + \lambda_d^2\right) \sin\left(\xi_l z\right) \int_0^t \overline{\psi}_a\left(\xi_l, t - \tau\right) e^{-\left(\eta_r \xi_n^2 + \eta_z \xi_l^2\right)\tau} d\tau}{\left\{d\left(\xi_l^2 + \lambda_d^2\right) + \lambda_d\right\}} +$$

$$+\frac{2\pi}{\phi c_t} \sum_{n=1}^{\infty} \frac{\xi_n^2 \left\{\xi_n J_1\left(\xi_n b\right) - \lambda_b J_0\left(\xi_n b\right)\right\} \left\{\xi_n J_1\left(\xi_n a\right) + \lambda_a J_0\left(\xi_n a\right)\right\} \left\{\xi_n \mathcal{V}_{\mathcal{N}0}\left(\xi_n r, a\right) - \lambda_a \mathcal{V}_{\mathcal{D}0}\left(\xi_n r, a\right)\right\}}{\left[\left(\lambda_b^2 + \xi_n^2\right) \left\{\lambda_a J_0\left(\xi_n a\right) + \xi_n J_1\left(\xi_n a\right)\right\}^2 - \left(\lambda_a^2 + \xi_n^2\right) \left\{\lambda_b J_0\left(\xi_n b\right) + \xi_n J_1\left(\xi_n b\right)\right\}^2\right]} \times$$

$$\times \sum_{l=1}^{\infty} \frac{\left(\xi_l^2 + \lambda_d^2\right) \sin\left(\xi_l z\right) \int_0^t \overline{\psi}_b\left(\xi_l, t - \tau\right) e^{-\left(\eta_r \xi_n^2 + \eta_z \xi_l^2\right)\tau} d\tau}{\left\{d\left(\xi_l^2 + \lambda_d^2\right) + \lambda_d\right\}} +$$

$$+\pi^2 \sum_{n=1}^{\infty} \frac{\xi_n^2 \left\{\xi_n J_1\left(\xi_n b\right) - \lambda_b J_0\left(\xi_n b\right)\right\}^2 \left\{\xi_n \mathcal{V}_{\mathcal{N}0}\left(\xi_n r, a\right) - \lambda_a \mathcal{V}_{\mathcal{D}0}\left(\xi_n r, a\right)\right\}}{\left[\left(\lambda_b^2 + \xi_n^2\right) \left\{\lambda_a J_0\left(\xi_n a\right) + \xi_n J_1\left(\xi_n a\right)\right\}^2 - \left(\lambda_a^2 + \xi_n^2\right) \left\{\lambda_b J_0\left(\xi_n b\right) + \xi_n J_1\left(\xi_n b\right)\right\}^2\right]} \times$$

$$\times \sum_{l=1}^{\infty} \frac{\left(\xi_l^2 + \lambda_d^2\right) \sin\left(\xi_l z\right) \int_0^t \left\{\eta_z \xi_l \overline{\psi}_0\left(\xi_n, t - \tau\right) - \frac{\sin(\xi_l d)}{\phi c_t} \overline{\psi}_d\left(\xi_n, t - \tau\right)\right\} e^{-\left(\eta_r \xi_n^2 + \eta_z \xi_l^2\right)\tau} d\tau}{\left\{d\left(\xi_l^2 + \lambda_d^2\right) + \lambda_d\right\}} +$$

$$+\pi^2 \sum_{n=1}^{\infty} \frac{\xi_n^2 \left\{\xi_n J_1(\xi_n b) - \lambda_b J_0(\xi_n b)\right\}^2 \left\{\xi_n \mathcal{V}_{\mathcal{N}0}(\xi_n r, a) - \lambda_a \mathcal{V}_{\mathcal{D}0}(\xi_n r, a)\right\} e^{-\eta_r \xi_n^2 t}}{\left[(\lambda_b^2 + \xi_n^2)\left\{\lambda_a J_0(\xi_n a) + \xi_n J_1(\xi_n a)\right\}^2 - (\lambda_a^2 + \xi_n^2)\left\{\lambda_b J_0(\xi_n b) + \xi_n J_1(\xi_n b)\right\}^2\right]} \times$$

$$\times \sum_{l=1}^{\infty} \frac{\overline{\overline{\varphi}}(\xi_n, \xi_l)\left(\xi_l^2 + \lambda_d^2\right) \sin(\xi_l z)\, e^{-\eta_z \xi_l^2 t}}{\left\{d\left(\xi_l^2 + \lambda_d^2\right) + \lambda_d\right\}} \tag{21.36.3}$$

21.37

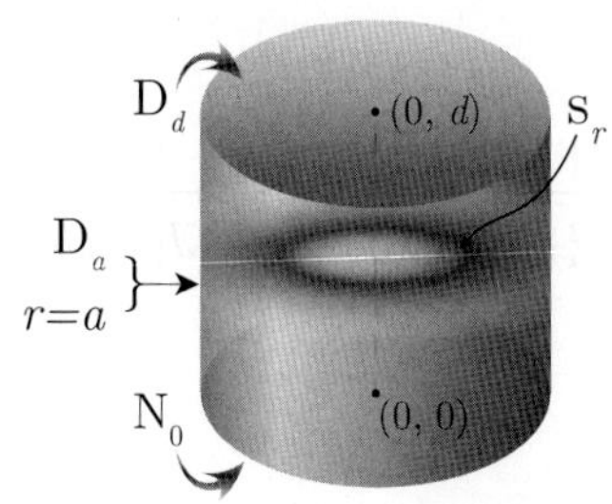

A cylindrical continuum bounded by $0 \le r \le a$ and $0 \le z \le d$. Ring source at $s_r \equiv (r_0, z_0)$; $0 \le r_0 \le a$, $0 < z_0 < d$, $t_0 \ge 0$. $N_0 \equiv \frac{\partial \overline{p}(r,0,t)}{\partial z} = -\left(\frac{\mu}{k_z}\right)\psi_0(r,t)$, $D_d \equiv p(r,d,t) = \psi_d(r,t)$ and $D_a \equiv p(a,z,t) = \psi_a(z,t)$. $p(r,z,0) = \varphi(r,z)$

Successive application of the Laplace, Fourier and finite Hankel transformations to equation (18.1.1) gives

$$\overline{\overline{\overline{p}}} = \frac{q(s)\, e^{-st_0} \cos(\xi_l z_0) J_0(\xi_n r_0)}{2\pi\phi c_t\left(\eta_r \xi_n^2 + \eta_z \xi_l^2 + s\right)} + \frac{a\eta_r \xi_n \overline{\overline{\psi}}_a(\xi_l, s) J_1(\xi_n a)}{\left(\eta_r \xi_n^2 + \eta_z \xi_l^2 + s\right)} +$$

$$+ \frac{\left\{\eta_z (-1)^{l+1} \xi_l \overline{\overline{\psi}}_d(\xi_n, s) + \frac{\overline{\overline{\psi}}_0(\xi_n, s)}{\phi c_t}\right\}}{\left(\eta_r \xi_n^2 + \eta_z \xi_l^2 + s\right)} + \frac{\overline{\overline{\varphi}}(\xi_n, \xi_l)}{\left(\eta_r \xi_n^2 + \eta_z \xi_l^2 + s\right)} \tag{21.37.1}$$

where ξ_n are the positive roots of $J_0(\xi_n a) = 0$, $n = 1, 2, \ldots$, $\xi_l = \frac{(2l-1)\pi}{2d}$, $l = 1, 2, \ldots$, $\overline{\overline{\psi}}_a(\xi_l, s) = \int_0^d \cos(\xi_l z)\, \overline{\psi}_a(z, s) dz$, $\overline{\overline{\psi}}_0(\xi_n, s) = \int_0^a \overline{\psi}_0(r, s) r J_0(\xi r)\, dr$, $\overline{\overline{\psi}}_d(\xi_n, s) = \int_0^a \overline{\psi}_d(r, s) r J_0(\xi r)\, dr$, $\overline{\overline{\varphi}}(\xi_n, \xi_l) = \int_0^a \overline{\varphi}(r, \xi_l)\, r J_0(\xi_n r)\, dr$ and $\overline{\varphi}(r, \xi_l) = \int_0^d \cos(\xi_l z)\, \varphi(r, z) dz$. Successive inverse transforms yield

$$\overline{p} = \frac{q(s)\, e^{-st_0}}{2\pi a^2 \phi c_t \sqrt{\eta_z}} \sum_{n=1}^{\infty} \frac{J_0(\xi_n r_0) J_0(\xi_n r) \operatorname{sech}\left(d\sqrt{\frac{\eta_r \xi_n^2 + s}{\eta_z}}\right)}{J_1^2(\xi_n a)\sqrt{(\eta_r \xi_n^2 + s)}} \times$$

$$\times \left[\sinh\left\{(d - |z - z_0|)\sqrt{\frac{\eta_r \xi_n^2 + s}{\eta_z}}\right\} + \sinh\left\{(d - z - z_0)\sqrt{\frac{\eta_r \xi_n^2 + s}{\eta_z}}\right\}\right] +$$

$$+ \frac{\eta_r}{a\sqrt{\eta_z}} \sum_{n=1}^{\infty} \frac{\xi_n J_0(\xi_n r) \operatorname{sech}\left(d\sqrt{\frac{\eta_r \xi_n^2 + s}{\eta_z}}\right)}{J_1(\xi_n a)\sqrt{\eta_r \xi_n^2 + s}} \times$$

$$\times \int_0^d \overline{\psi}_a(u, s)\left[\sinh\left\{(d - |z - u|)\sqrt{\frac{\eta_r \xi_n^2 + s}{\eta_z}}\right\} + \sinh\left\{(d - z - u)\sqrt{\frac{\eta_r \xi_n^2 + s}{\eta_z}}\right\}\right] du +$$

$$+ \frac{2}{a^2} \sum_{n=1}^{\infty} \frac{J_0(\xi_n r) \operatorname{sech}\left(d\sqrt{\frac{\eta_r \xi_n^2 + s}{\eta_z}}\right)}{J_1^2(\xi_n a)} \times$$

$$\times \left[\frac{\overline{\overline{\psi}}_0(\xi_n, s)}{\phi c_t \sqrt{\eta_z}\left(\eta_r \xi_n^2 + s\right)} \sinh\left\{(d - z)\sqrt{\frac{\eta_r \xi_n^2 + s}{\eta_z}}\right\} + \overline{\overline{\psi}}_d(\xi_n, s) \cosh\left\{z\sqrt{\frac{\eta_r \xi_n^2 + s}{\eta_z}}\right\}\right] +$$

$$+ \frac{1}{a^2\sqrt{\eta_z}} \sum_{n=1}^{\infty} \frac{J_0(\xi_n r) \operatorname{sech}\left(d\sqrt{\frac{\eta_r \xi_n^2 + s}{\eta_z}}\right)}{J_1^2(\xi_n a)\sqrt{\eta_r \xi_n^2 + s}} \times$$

$$\times \int_0^d \overline{\varphi}(\xi_n, u)\left[\sinh\left\{(d - |z - u|)\sqrt{\frac{\eta_r \xi_n^2 + s}{\eta_z}}\right\} + \sinh\left\{(d - z - u)\sqrt{\frac{\eta_r \xi_n^2 + s}{\eta_z}}\right\}\right] du \tag{21.37.2}$$

where $\overline{\varphi}(\xi_n, u) = \int_0^a \varphi(r, u)\, r J_0(\xi_n r)\, dr$ and

$$
\begin{aligned}
p &= \frac{U(t-t_0)}{2\pi a^2 d\phi c_t} \sum_{n=1}^{\infty} \frac{J_0(\xi_n r_0) J_0(\xi_n r)}{J_1^2(\xi_n a)} \times \\
&\times \int_0^{t-t_0} q(t-t_0-\tau) \left[\Theta_2\left\{\frac{\pi(z-z_0)}{2d}, e^{-\left(\frac{\pi}{d}\right)^2 \eta_z \tau}\right\} + \Theta_2\left\{\frac{\pi(z+z_0)}{2d}, e^{-\left(\frac{\pi}{d}\right)^2 \eta_z \tau}\right\}\right] e^{-\eta_r \xi_n^2 \tau} d\tau + \\
&+ \frac{\eta_r}{ad} \sum_{n=1}^{\infty} \frac{\xi_n J_0(\xi_n r)}{J_1(\xi_n a)} \times \\
&\times \int_0^t e^{-\eta_r \xi_n^2 \tau} \int_0^d \psi_a(u, t-\tau) \left[\Theta_2\left\{\frac{\pi(z-u)}{2d}, e^{-\left(\frac{\pi}{d}\right)^2 \eta_z \tau}\right\} + \Theta_2\left\{\frac{\pi(z+u)}{2d}, e^{-\left(\frac{\pi}{d}\right)^2 \eta_z \tau}\right\}\right] du d\tau + \\
&+ \frac{2}{a^2 d} \sum_{n=1}^{\infty} \frac{J_0(\xi_n r)}{J_1^2(\xi_n a)} \times \\
&\times \int_0^t \left\{\left(\frac{1}{\phi c_t}\right) \Theta_2\left(\frac{\pi z}{2d}, e^{-\left(\frac{\pi}{d}\right)^2 \eta_z \tau}\right) \overline{\psi}_0(\xi_n, t-\tau) + \left(\frac{\eta_z}{2d}\right) \Theta_1'\left(\frac{\pi z}{2d}, e^{-\left(\frac{\pi}{d}\right)^2 \eta_z \tau}\right) \overline{\psi}_d(\xi_n, t-\tau)\right\} e^{-\eta_r \xi_n^2 \tau} d\tau + \\
&+ \frac{1}{a^2 d} \sum_{n=1}^{\infty} \frac{J_0(\xi_n r) e^{-\eta_r \xi_n^2 t}}{J_1^2(\xi_n a)} \int_0^d \overline{\varphi}(\xi_n, u) \left[\Theta_2\left\{\frac{\pi(z-u)}{2d}, e^{-\left(\frac{\pi}{d}\right)^2 \eta_z t}\right\} + \Theta_2\left\{\frac{\pi(z+u)}{2d}, e^{-\left(\frac{\pi}{d}\right)^2 \eta_z t}\right\}\right] du
\end{aligned} \tag{21.37.3}
$$

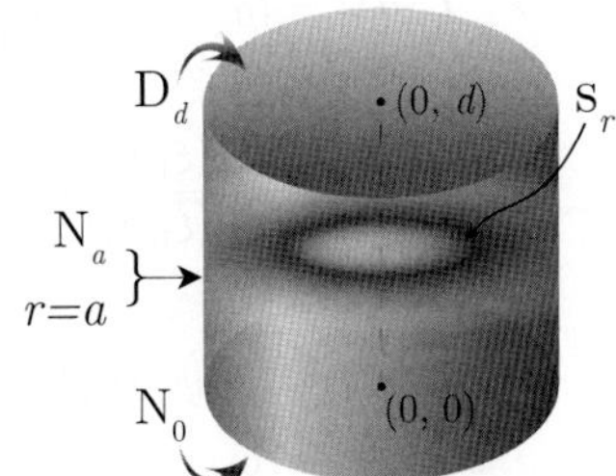

21.38 The problem of 21.37, except $\mathbf{N}_a \equiv \frac{\partial p(a,z,t)}{\partial r} = -\left(\frac{\mu}{k_r}\right) \psi_a(z,t)$, $\mathbf{N}_0 \equiv \frac{\partial p(r,0,t)}{\partial z} = -\left(\frac{\mu}{k_z}\right) \psi_0(r,t)$ and $\mathbf{D}_d \equiv p(r,d,t) = \psi_d(r,t)$

Successive application of the Laplace, Fourier and finite Hankel transformations to equation (18.1.1) gives

$$
\begin{aligned}
\overline{\overline{\overline{p}}} &= \frac{q(s) e^{-st_0} \cos(\xi_l z_0) J_0(\xi_n r_0)}{2\pi\phi c_t (\eta_r \xi_n^2 + \eta_z \xi_l^2 + s)} - \frac{a\overline{\overline{\psi}}_a(\xi_l, s) J_0(\xi_n a)}{\phi c_t (\eta_r \xi_n^2 + \eta_z \xi_l^2 + s)} + \\
&+ \frac{\left\{\eta_z (-1)^{l+1} \xi_l \overline{\overline{\psi}}_d(\xi_n, s) + \frac{\overline{\overline{\psi}}_0(\xi_n, s)}{\phi c_t}\right\}}{(\eta_r \xi_n^2 + \eta_z \xi_l^2 + s)} + \frac{\overline{\overline{\varphi}}(\xi_n, \xi_l)}{(\eta_r \xi_n^2 + \eta_z \xi_l^2 + s)}
\end{aligned} \tag{21.38.1}
$$

where ξ_n are the positive roots of $J_1(\xi_n a) = 0$, $n = 1, 2, ...$, $\xi_l = \frac{(2l-1)\pi}{2d}$, $l = 1, 2, ...$, $\overline{\overline{\psi}}_a(\xi_l, s) = \int_0^d \cos(\xi_l z) \overline{\psi}_a(z, s) dz$, $\overline{\overline{\psi}}_0(\xi_n, s) = \int_0^a \overline{\psi}_0(r, s) r J_0(\xi r)\, dr$, $\overline{\overline{\psi}}_d(\xi_n, s) = \int_0^a \overline{\psi}_d(r, s) r J_0(\xi r)\, dr$, $\overline{\overline{\varphi}}(\xi_n, \xi_l) = \int_0^a \overline{\varphi}(r, \xi_l)\, r J_0(\xi_n r)\, dr$ and $\overline{\varphi}(r, \xi_l) = \int_0^d \cos(\xi_l z)\, \varphi(r, z) dz$. Successive inverse transforms yield

$$
\begin{aligned}
\overline{p} &= \frac{q(s) e^{-st_0}}{2\pi a^2 \phi c_t \sqrt{\eta_z}} \sum_{n=0}^{\infty} \frac{J_0(\xi_n r_0) J_0(\xi_n r) \operatorname{sech}\left(d\sqrt{\frac{\eta_r \xi_n^2 + s}{\eta_z}}\right)}{J_0^2(\xi_n a) \sqrt{(\eta_r \xi_n^2 + s)}} \times \\
&\times \left[\sinh\left\{(d - |z - z_0|) \sqrt{\frac{\eta_r \xi_n^2 + s}{\eta_z}}\right\} + \sinh\left\{(d - z - z_0) \sqrt{\frac{\eta_r \xi_n^2 + s}{\eta_z}}\right\}\right] -
\end{aligned}
$$

$$-\frac{1}{a\phi c_t\sqrt{\eta_z}}\sum_{n=0}^{\infty}\frac{J_0(\xi_n r)\,\mathrm{sech}\left(d\sqrt{\frac{\eta_r\xi_n^2+s}{\eta_z}}\right)}{J_0(\xi_n a)\sqrt{\eta_r\xi_n^2+s}}\times$$

$$\times\int_0^d\overline{\psi}_a(u,s)\left[\sinh\left\{(d-|z-u|)\sqrt{\frac{\eta_r\xi_n^2+s}{\eta_z}}\right\}+\sinh\left\{(d-z-u)\sqrt{\frac{\eta_r\xi_n^2+s}{\eta_z}}\right\}\right]du+$$

$$+\frac{2}{a^2}\sum_{n=0}^{\infty}\frac{J_0(\xi_n r)\,\mathrm{sech}\left(d\sqrt{\frac{\eta_r\xi_n^2+s}{\eta_z}}\right)}{J_0^2(\xi_n a)}\times$$

$$\times\left[\frac{\overline{\overline{\psi}}_0(\xi_n,s)}{\phi c_t\sqrt{\eta_z}\,(\eta_r\xi_n^2+s)}\sinh\left\{(d-z)\sqrt{\frac{\eta_r\xi_n^2+s}{\eta_z}}\right\}+\overline{\overline{\psi}}_d(\xi_n,s)\cosh\left\{z\sqrt{\frac{\eta_r\xi_n^2+s}{\eta_z}}\right\}\right]+$$

$$+\frac{1}{a^2\sqrt{\eta_z}}\sum_{n=0}^{\infty}\frac{J_0(\xi_n r)\,\mathrm{sech}\left(d\sqrt{\frac{\eta_r\xi_n^2+s}{\eta_z}}\right)}{J_0^2(\xi_n a)\sqrt{\eta_r\xi_n^2+s}}\times$$

$$\times\int_0^d\overline{\varphi}(\xi_n,u)\left[\sinh\left\{(d-|z-u|)\sqrt{\frac{\eta_r\xi_n^2+s}{\eta_z}}\right\}+\sinh\left\{(d-z-u)\sqrt{\frac{\eta_r\xi_n^2+s}{\eta_z}}\right\}\right]du \quad (21.38.2)$$

where $\overline{\varphi}(\xi_n,u)=\int_0^a\varphi(r,u)\,rJ_0(\xi_n r)\,dr$ and

$$p = \frac{U(t-t_0)}{2\pi a^2 d\phi c_t}\sum_{n=0}^{\infty}\frac{J_0(\xi_n r_0)\,J_0(\xi_n r)}{J_0^2(\xi_n a)}\times$$

$$\times\int_0^{t-t_0}q(t-t_0-\tau)\left[\Theta_2\left\{\frac{\pi(z-z_0)}{2d},e^{-\left(\frac{\pi}{d}\right)^2\eta_z\tau}\right\}+\Theta_2\left\{\frac{\pi(z+z_0)}{2d},e^{-\left(\frac{\pi}{d}\right)^2\eta_z\tau}\right\}\right]e^{-\eta_r\xi_n^2\tau}d\tau-$$

$$-\frac{1}{ad\phi c_t}\sum_{n=0}^{\infty}\frac{J_0(\xi_n r)}{J_0(\xi_n a)}\times$$

$$\times\int_0^t e^{-\eta_r\xi_n^2\tau}\int_0^d\psi_a(u,t-\tau)\left[\Theta_2\left\{\frac{\pi(z-u)}{2d},e^{-\left(\frac{\pi}{d}\right)^2\eta_z\tau}\right\}+\Theta_2\left\{\frac{\pi(z+u)}{2d},e^{-\left(\frac{\pi}{d}\right)^2\eta_z\tau}\right\}\right]du\,d\tau+$$

$$+\frac{2}{a^2 d}\sum_{n=0}^{\infty}\frac{J_0(\xi_n r)}{J_0^2(\xi_n a)}\times$$

$$\times\int_0^t\left\{\left(\frac{1}{\phi c_t}\right)\Theta_2\left(\frac{\pi z}{2d},e^{-\left(\frac{\pi}{d}\right)^2\eta_z\tau}\right)\overline{\psi}_0(\xi_n,t-\tau)+\left(\frac{\eta_z}{2d}\right)\Theta_1'\left(\frac{\pi z}{2d},e^{-\left(\frac{\pi}{d}\right)^2\eta_z\tau}\right)\overline{\psi}_d(\xi_n,t-\tau)\right\}e^{-\eta_r\xi_n^2\tau}d\tau+$$

$$+\frac{1}{a^2 d}\sum_{n=0}^{\infty}\frac{J_0(\xi_n r)\,e^{-\eta_r\xi_n^2 t}}{J_0^2(\xi_n a)}\int_0^d\overline{\varphi}(\xi_n,u)\left[\Theta_2\left\{\frac{\pi(z-u)}{2d},e^{-\left(\frac{\pi}{d}\right)^2\eta_z t}\right\}+\Theta_2\left\{\frac{\pi(z+u)}{2d},e^{-\left(\frac{\pi}{d}\right)^2\eta_z t}\right\}\right]du$$

(21.38.3)

21.39

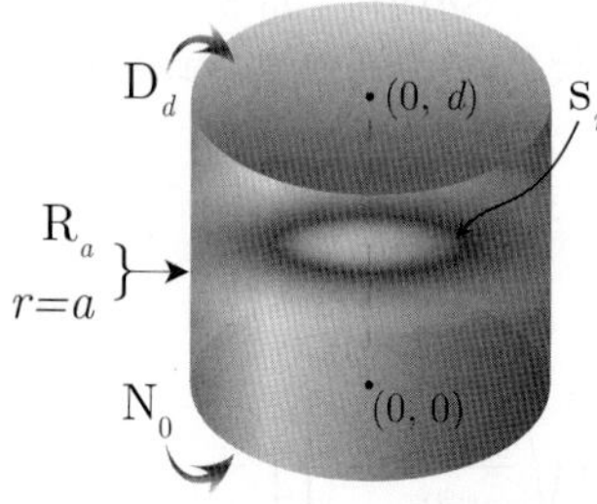

The problem of 21.37, except
$\mathbf{R}_a \equiv \frac{\partial p(a,z,t)}{\partial r}+\lambda p(a,z,t)=-\left(\frac{\mu}{k_r}\right)\psi_a(z,t)$,
$\mathbf{N}_0 \equiv \frac{\partial p(r,0,t)}{\partial z}=-\left(\frac{\mu}{k_z}\right)\psi_0(r,t)$ **and**
$\mathbf{D}_d \equiv p(r,d,t)=\psi_d(r,t)$

Successive application of the Laplace, Fourier and finite Hankel transformations to equation (18.1.1) gives

$$\overline{\overline{\overline{p}}} = \frac{q(s)\,e^{-st_0}\cos(\xi_l z_0)\,J_0(\xi_n r_0)}{2\pi\phi c_t(\eta_r\xi_n^2+\eta_z\xi_l^2+s)} - \frac{a\overline{\overline{\psi}}_a(\xi_l,s)\,J_0(\xi_n a)}{\phi c_t(\eta_r\xi_n^2+\eta_z\xi_l^2+s)} + \frac{\left\{\eta_z(-1)^{l+1}\xi_l\overline{\overline{\psi}}_d(\xi_n,s)+\frac{\overline{\overline{\psi}}_0(\xi_n,s)}{\phi c_t}\right\}}{(\eta_r\xi_n^2+\eta_z\xi_l^2+s)} + \frac{\overline{\overline{\varphi}}(\xi_n,\xi_l)}{(\eta_r\xi_n^2+\eta_z\xi_l^2+s)} \tag{21.39.1}$$

where ξ_n are the positive roots of $\lambda J_0(\xi_n a)=\xi_n J_1(\xi_n a)$, $n=1,2,...$, $\xi_l=\frac{(2l-1)\pi}{2d}$, $l=1,2,...$, $\overline{\overline{\psi}}_a(\xi_l,s)=\int_0^d\cos(\xi_l z)\,\overline{\psi}_a(z,s)dz$, $\overline{\overline{\psi}}_0(\xi_n,s)=\int_0^a\overline{\psi}_0(r,s)rJ_0(\xi r)\,dr$, $\overline{\overline{\psi}}_d(\xi_n,s)=\int_0^a\overline{\psi}_d(r,s)rJ_0(\xi r)\,dr$, $\overline{\overline{\varphi}}(\xi_n,\xi_l)=\int_0^a\overline{\varphi}(r,\xi_l)\,rJ_0(\xi_n r)\,dr$ and $\overline{\varphi}(r,\xi_l)=\int_0^d\cos(\xi_l z)\,\varphi(r,z)dz$. Successive inverse transforms yield

$$\begin{aligned}\overline{p} &= \frac{q(s)\,e^{-st_0}}{2\pi a^2\phi c_t\sqrt{\eta_z}}\sum_{n=1}^{\infty}\frac{J_0(\xi_n r_0)\,J_0(\xi_n r)\,\mathrm{sech}\left(d\sqrt{\frac{\eta_r\xi_n^2+s}{\eta_z}}\right)}{\{J_0^2(\xi_n a)+J_1^2(\xi_n a)\}\sqrt{(\eta_r\xi_n^2+s)}}\times\\ &\times\left[\sinh\left\{(d-|z-z_0|)\sqrt{\frac{\eta_r\xi_n^2+s}{\eta_z}}\right\}+\sinh\left\{(d-z-z_0)\sqrt{\frac{\eta_r\xi_n^2+s}{\eta_z}}\right\}\right]-\\ &-\frac{1}{a\phi c_t\sqrt{\eta_z}}\sum_{n=1}^{\infty}\frac{J_0(\xi_n a)\,J_0(\xi_n r)\,\mathrm{sech}\left(d\sqrt{\frac{\eta_r\xi_n^2+s}{\eta_z}}\right)}{\{J_0^2(\xi_n a)+J_1^2(\xi_n a)\}\sqrt{\eta_r\xi_n^2+s}}\times\\ &\times\int_0^d\overline{\psi}_a(u,s)\left[\sinh\left\{(d-|z-u|)\sqrt{\frac{\eta_r\xi_n^2+s}{\eta_z}}\right\}+\sinh\left\{(d-z-u)\sqrt{\frac{\eta_r\xi_n^2+s}{\eta_z}}\right\}\right]du+\\ &+\frac{2}{a^2}\sum_{n=1}^{\infty}\frac{J_0(\xi_n r)\,\mathrm{sech}\left(d\sqrt{\frac{\eta_r\xi_n^2+s}{\eta_z}}\right)}{\{J_0^2(\xi_n a)+J_1^2(\xi_n a)\}}\times\\ &\times\left[\frac{\overline{\overline{\psi}}_0(\xi_n,s)}{\phi c_t\sqrt{\eta_z}(\eta_r\xi_n^2+s)}\sinh\left\{(d-z)\sqrt{\frac{\eta_r\xi_n^2+s}{\eta_z}}\right\}+\overline{\overline{\psi}}_d(\xi_n,s)\cosh\left\{z\sqrt{\frac{\eta_r\xi_n^2+s}{\eta_z}}\right\}\right]+\\ &+\frac{1}{a^2\sqrt{\eta_z}}\sum_{n=1}^{\infty}\frac{J_0(\xi_n r)\,\mathrm{sech}\left(d\sqrt{\frac{\eta_r\xi_n^2+s}{\eta_z}}\right)}{\{J_0^2(\xi_n a)+J_1^2(\xi_n a)\}\sqrt{\eta_r\xi_n^2+s}}\times\\ &\times\int_0^d\overline{\varphi}(\xi_n,u)\left[\sinh\left\{(d-|z-u|)\sqrt{\frac{\eta_r\xi_n^2+s}{\eta_z}}\right\}+\sinh\left\{(d-z-u)\sqrt{\frac{\eta_r\xi_n^2+s}{\eta_z}}\right\}\right]du\end{aligned} \tag{21.39.2}$$

where $\overline{\varphi}(\xi_n,u)=\int_0^a\varphi(r,u)\,rJ_0(\xi_n r)\,dr$ and

$$\begin{aligned}p &= \frac{U(t-t_0)}{2\pi a^2 d\phi c_t}\sum_{n=1}^{\infty}\frac{J_0(\xi_n r_0)\,J_0(\xi_n r)}{\{J_0^2(\xi_n a)+J_1^2(\xi_n a)\}}\times\\ &\times\int_0^{t-t_0}q(t-t_0-\tau)\left[\Theta_2\left\{\frac{\pi(z-z_0)}{2d},e^{-\left(\frac{\pi}{d}\right)^2\eta_z\tau}\right\}+\Theta_2\left\{\frac{\pi(z+z_0)}{2d},e^{-\left(\frac{\pi}{d}\right)^2\eta_z\tau}\right\}\right]e^{-\eta_r\xi_n^2\tau}d\tau-\\ &-\frac{1}{ad\phi c_t}\sum_{n=1}^{\infty}\frac{J_0(\xi_n a)\,J_0(\xi_n r)}{\{J_0^2(\xi_n a)+J_1^2(\xi_n a)\}}\times\\ &\times\int_0^t e^{-\eta_r\xi_n^2\tau}\int_0^d\psi_a(u,t-\tau)\left[\Theta_2\left\{\frac{\pi(z-u)}{2d},e^{-\left(\frac{\pi}{d}\right)^2\eta_z\tau}\right\}+\Theta_2\left\{\frac{\pi(z+u)}{2d},e^{-\left(\frac{\pi}{d}\right)^2\eta_z\tau}\right\}\right]dud\tau+\end{aligned}$$

$$+\frac{2}{a^2 d}\sum_{n=1}^{\infty}\frac{J_0(\xi_n r)}{\{J_0^2(\xi_n a)+J_1^2(\xi_n a)\}}\times$$

$$\times\int_0^t\left\{\left(\frac{1}{\phi c_t}\right)\Theta_2\left(\frac{\pi z}{2d},e^{-\left(\frac{\pi}{d}\right)^2\eta_z\tau}\right)\overline{\psi}_0(\xi_n,t-\tau)+\left(\frac{\eta_z}{2d}\right)\Theta_1'\left(\frac{\pi z}{2d},e^{-\left(\frac{\pi}{d}\right)^2\eta_z\tau}\right)\overline{\psi}_d(\xi_n,t-\tau)\right\}e^{-\eta_r\xi_n^2\tau}d\tau+$$

$$+\frac{1}{a^2 d}\sum_{n=1}^{\infty}\frac{J_0(\xi_n r)e^{-\eta_r\xi_n^2 t}}{\{J_0^2(\xi_n a)+J_1^2(\xi_n a)\}}\int_0^d\overline{\varphi}(\xi_n,u)\left[\Theta_2\left\{\frac{\pi(z-u)}{2d},e^{-\left(\frac{\pi}{d}\right)^2\eta_z t}\right\}+\Theta_2\left\{\frac{\pi(z+u)}{2d},e^{-\left(\frac{\pi}{d}\right)^2\eta_z t}\right\}\right]du \quad (21.39.3)$$

21.40

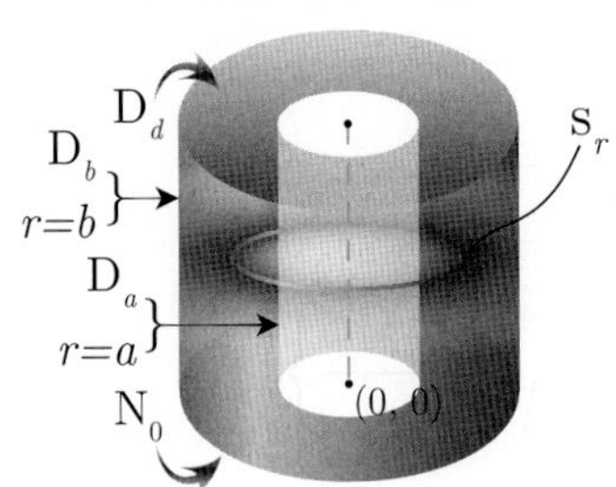

A cylindrical continuum bounded by $a \le r \le b$ and $0 \le z \le d$. Ring source at $s_r \equiv (r_0, z_0)$; $a \le r_0 \le b$, $0 < z_0 < d$, $t_0 \ge 0$. $N_0 \equiv \frac{\partial p(r,0,t)}{\partial z} = -\left(\frac{\mu}{k_z}\right)\psi_0(r,t)$, $D_d \equiv p(r,d,t) = \psi_d(r,t)$, $D_a \equiv p(a,z,t) = \psi_a(z,t)$ and $D_b \equiv p(b,z,t) = \psi_b(z,t)$. $p(r,z,0) = \varphi(r,z)$

Successive application of the Laplace, Fourier and finite Hankel transformations to equation (18.1.1) gives

$$\overline{\overline{\overline{p}}} = \frac{q(s)e^{-st_0}\cos(\xi_l z_0)\mathcal{V}_{\mathcal{D}0}(\xi_n r_0,a)}{2\pi\phi c_t(\eta_r\xi_n^2+\eta_z\xi_l^2+s)}-\frac{2\eta_r\overline{\overline{\psi}}_a(\xi_l,s)}{\pi(\eta_r\xi_n^2+\eta_z\xi_l^2+s)}+\frac{2\eta_r J_0(\xi_n a)\overline{\overline{\psi}}_b(\xi_l,s)}{\pi J_0(\xi_n b)(\eta_r\xi_n^2+\eta_z\xi_l^2+s)}+$$
$$+\frac{\left\{\eta_z(-1)^{l+1}\xi_l\overline{\overline{\psi}}_d(\xi_n,s)+\frac{\overline{\overline{\psi}}_0(\xi_n,s)}{\phi c_t}\right\}}{(\eta_r\xi_n^2+\eta_z\xi_l^2+s)}+\frac{\overline{\overline{\varphi}}(\xi_n,\xi_l)}{(\eta_r\xi_n^2+\eta_z\xi_l^2+s)} \quad (21.40.1)$$

where $\mathcal{V}_{\mathcal{D}0}(\xi_n r,a) = J_0(\xi_n r)Y_0(\xi_n a) - Y_0(\xi_n r)J_0(\xi_n a)$. The eigenvalues $\xi_n, n = 1,2,...$, are the positive roots of the transcendental equation $\mathcal{V}_{\mathcal{D}0}(\xi_n b,a) = 0$, $\xi_l = \frac{(2l-1)\pi}{2d}, l = 1,2,...$
$\overline{\overline{\psi}}_0(\xi_n,s) = \int_a^b \overline{\psi}_0(r,s)\,r\mathcal{V}_{\mathcal{D}0}(\xi_n r,a)\,dr$,
$\overline{\overline{\psi}}_d(\xi_n,s) = \int_a^b \overline{\psi}_d(r,s)\,r\mathcal{V}_{\mathcal{D}0}(\xi_n r,a)\,dr$, $\overline{\overline{\psi}}_a(\xi_l,s) = \int_0^d \cos(\xi_l z)\overline{\psi}_a(z,s)dz$, $\overline{\overline{\psi}}_b(\xi_l,s) = \int_0^d \cos(\xi_l z)\overline{\psi}_b(z,s)dz$, $\overline{\overline{\varphi}}(\xi_n,\xi_l) = \int_a^b \overline{\varphi}(r,\xi_l)\,r\mathcal{V}_{\mathcal{D}0}(\xi_n r,a)\,dr$ and $\overline{\varphi}(r,\xi_l) = \int_0^d \cos(\xi_l z)\varphi(r,z)dz$. Successive inverse transforms yield

$$\overline{p} = \frac{\pi q(s)e^{-st_0}}{8\phi c_t\sqrt{\eta_z}}\sum_{n=1}^{\infty}\frac{\xi_n^2 J_0^2(\xi_n b)\mathcal{V}_{\mathcal{D}0}(\xi_n r_0,a)\mathcal{V}_{\mathcal{D}0}(\xi_n r,a)\operatorname{sech}\left(d\sqrt{\frac{\eta_r\xi_n^2+s}{\eta_z}}\right)}{\{J_0^2(\xi_n a)-J_0^2(\xi_n b)\}\sqrt{(\eta_r\xi_n^2+s)}}\times$$
$$\times\left[\sinh\left\{(d-|z-z_0|)\sqrt{\frac{\eta_r\xi_n^2+s}{\eta_z}}\right\}+\sinh\left\{(d-z-z_0)\sqrt{\frac{\eta_r\xi_n^2+s}{\eta_z}}\right\}\right]-$$
$$-\frac{\pi\eta_r}{2\sqrt{\eta_z}}\sum_{n=1}^{\infty}\frac{\xi_n^2 J_0^2(\xi_n b)\mathcal{V}_{\mathcal{D}0}(\xi_n r,a)\operatorname{sech}\left(d\sqrt{\frac{\eta_r\xi_n^2+s}{\eta_z}}\right)}{\{J_0^2(\xi_n a)-J_0^2(\xi_n b)\}\sqrt{\eta_r\xi_n^2+s}}\times$$
$$\times\int_0^d\overline{\psi}_a(u,s)\left[\sinh\left\{(d-|z-u|)\sqrt{\frac{\eta_r\xi_n^2+s}{\eta_z}}\right\}+\sinh\left\{(d-z-u)\sqrt{\frac{\eta_r\xi_n^2+s}{\eta_z}}\right\}\right]du+$$
$$+\frac{\pi\eta_r}{2\sqrt{\eta_z}}\sum_{n=1}^{\infty}\frac{\xi_n^2 J_0(\xi_n a)J_0(\xi_n b)\mathcal{V}_{\mathcal{D}0}(\xi_n r,a)\operatorname{sech}\left(d\sqrt{\frac{\eta_r\xi_n^2+s}{\eta_z}}\right)}{\{J_0^2(\xi_n a)-J_0^2(\xi_n b)\}\sqrt{\eta_r\xi_n^2+s}}\times$$

$$\times \int_0^d \overline{\psi}_b(u,s)\left[\sinh\left\{(d-|z-u|)\sqrt{\frac{\eta_r\xi_n^2+s}{\eta_z}}\right\}+\sinh\left\{(d-z-u)\sqrt{\frac{\eta_r\xi_n^2+s}{\eta_z}}\right\}\right]du+$$

$$+\frac{\pi^2}{2}\sum_{n=1}^{\infty}\frac{\xi_n^2 J_0^2(\xi_n b)\,\mathcal{V}_{\mathcal{D}0}(\xi_n r,a)\,\mathrm{sech}\left(d\sqrt{\frac{\eta_r\xi_n^2+s}{\eta_z}}\right)}{\{J_0^2(\xi_n a)-J_0^2(\xi_n b)\}}\times$$

$$\times\left[\frac{\overline{\overline{\psi}}_0(\xi_n,s)}{\phi c_t\sqrt{\eta_z(\eta_r\xi_n^2+s)}}\sinh\left\{(d-z)\sqrt{\frac{\eta_r\xi_n^2+s}{\eta_z}}\right\}+\overline{\overline{\psi}}_d(\xi_n,s)\cosh\left\{z\sqrt{\frac{\eta_r\xi_n^2+s}{\eta_z}}\right\}\right]+$$

$$+\frac{\pi^2}{4\sqrt{\eta_z}}\sum_{n=1}^{\infty}\frac{\xi_n^2 J_0^2(\xi_n b)\,\mathcal{V}_{\mathcal{D}0}(\xi_n r,a)\,\mathrm{sech}\left(d\sqrt{\frac{\eta_r\xi_n^2+s}{\eta_z}}\right)}{\{J_0^2(\xi_n a)-J_0^2(\xi_n b)\}\sqrt{\eta_r\xi_n^2+s}}\times$$

$$\times\int_0^d\overline{\varphi}(\xi_n,u)\left[\sinh\left\{(d-|z-u|)\sqrt{\frac{\eta_r\xi_n^2+s}{\eta_z}}\right\}+\sinh\left\{(d-z-u)\sqrt{\frac{\eta_r\xi_n^2+s}{\eta_z}}\right\}\right]du \qquad (21.40.2)$$

where $\overline{\varphi}(\xi_n,u)=\int_a^b\varphi(r,u)\,r\mathcal{V}_{\mathcal{D}0}(\xi_n r,a)\,dr$ and

$$p = \frac{U(t-t_0)\pi}{8\phi c_t d}\sum_{n=1}^{\infty}\frac{\xi_n^2 J_0^2(\xi_n b)\,\mathcal{V}_{\mathcal{D}0}(\xi_n r_0,a)\,\mathcal{V}_{\mathcal{D}0}(\xi_n r,a)}{\{J_0^2(\xi_n a)-J_0^2(\xi_n b)\}}\times$$

$$\times\int_0^{t-t_0}q(t-t_0-\tau)\left[\Theta_2\left\{\frac{\pi(z-z_0)}{2d},e^{-\left(\frac{\pi}{d}\right)^2\eta_z\tau}\right\}+\Theta_2\left\{\frac{\pi(z+z_0)}{2d},e^{-\left(\frac{\pi}{d}\right)^2\eta_z\tau}\right\}\right]e^{-\eta_r\xi_n^2\tau}d\tau-$$

$$-\frac{\pi\eta_r}{2d}\sum_{n=1}^{\infty}\frac{\xi_n^2 J_0^2(\xi_n b)\,\mathcal{V}_{\mathcal{D}0}(\xi_n r,a)}{\{J_0^2(\xi_n a)-J_0^2(\xi_n b)\}}\times$$

$$\times\int_0^t e^{-\eta_r\xi_n^2\tau}\int_0^d\psi_a(u,t-\tau)\left[\Theta_2\left\{\frac{\pi(z-u)}{2d},e^{-\left(\frac{\pi}{d}\right)^2\eta_z\tau}\right\}+\Theta_2\left\{\frac{\pi(z+u)}{2d},e^{-\left(\frac{\pi}{d}\right)^2\eta_z\tau}\right\}\right]dud\tau+$$

$$+\frac{\pi\eta_r}{2d}\sum_{n=1}^{\infty}\frac{\xi_n^2 J_0(\xi_n a)\,J_0(\xi_n b)\,\mathcal{V}_{\mathcal{D}0}(\xi_n r,a)}{\{J_0^2(\xi_n a)-J_0^2(\xi_n b)\}}\times$$

$$\times\int_0^t e^{-\eta_r\xi_n^2\tau}\int_0^d\psi_b(u,t-\tau)\left[\Theta_2\left\{\frac{\pi(z-u)}{2d},e^{-\left(\frac{\pi}{d}\right)^2\eta_z\tau}\right\}+\Theta_2\left\{\frac{\pi(z+u)}{2d},e^{-\left(\frac{\pi}{d}\right)^2\eta_z\tau}\right\}\right]dud\tau+$$

$$+\frac{\pi^2}{2d}\sum_{n=1}^{\infty}\frac{\xi_n^2 J_0^2(\xi_n b)\,\mathcal{V}_{\mathcal{D}0}(\xi_n r,a)}{\{J_0^2(\xi_n a)-J_0^2(\xi_n b)\}}\times$$

$$\times\int_0^t\left\{\left(\frac{1}{\phi c_t}\right)\Theta_2\left(\frac{\pi z}{2d},e^{-\left(\frac{\pi}{d}\right)^2\eta_z\tau}\right)\overline{\psi}_0(\xi_n,t-\tau)+\left(\frac{\eta_z}{2d}\right)\Theta_1'\left(\frac{\pi z}{2d},e^{-\left(\frac{\pi}{d}\right)^2\eta_z\tau}\right)\overline{\psi}_d(\xi_n,t-\tau)\right\}e^{-\eta_r\xi_n^2\tau}d\tau+$$

$$+\frac{\pi^2}{4d}\sum_{n=1}^{\infty}\frac{\xi_n^2 J_0^2(\xi_n b)\,\mathcal{V}_{\mathcal{D}0}(\xi_n r,a)\,e^{-\eta_r\xi_n^2 t}}{\{J_0^2(\xi_n a)-J_0^2(\xi_n b)\}}\times$$

$$\times\int_0^d\overline{\varphi}(\xi_n,u)\left[\Theta_2\left\{\frac{\pi(z-u)}{2d},e^{-\left(\frac{\pi}{d}\right)^2\eta_z t}\right\}+\Theta_2\left\{\frac{\pi(z+u)}{2d},e^{-\left(\frac{\pi}{d}\right)^2\eta_z t}\right\}\right]du \qquad (21.40.3)$$

21.41

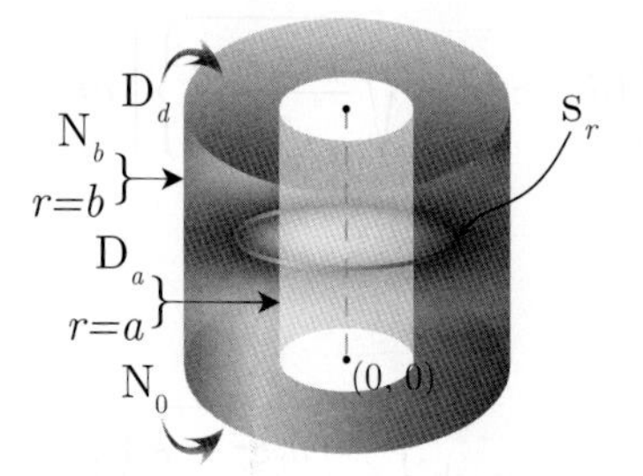

The problem of 21.40, except $\mathbf{D}_a \equiv p(a,z,t) = \psi_a(z,t)$, $\mathbf{N}_b \equiv \frac{\partial p(b,z,t)}{\partial r} = -\left(\frac{\mu}{k_r}\right)\psi_b(z,t)$, $\mathbf{N}_0 \equiv \frac{\partial p(r,0,t)}{\partial z} = -\left(\frac{\mu}{k_z}\right)\psi_0(r,t)$ and $\mathbf{D}_d \equiv p(r,d,t) = \psi_d(r,t)$

Successive application of the Laplace, Fourier and finite Hankel transformations to equation (18.1.1) gives

$$\overline{\overline{\overline{p}}} = \frac{q(s)e^{-st_0}\cos(\xi_l z_0)\mathcal{V}_{\mathcal{D}0}(\xi_n r_0,a)}{2\pi\phi c_t(\eta_r\xi_n^2+\eta_z\xi_l^2+s)} - \frac{2\eta_r\overline{\overline{\psi}}_a(\xi_l,s)}{\pi(\eta_r\xi_n^2+\eta_z\xi_l^2+s)} + \frac{2J_0(\xi_n a)\overline{\overline{\psi}}_b(\xi_l,s)}{\pi\phi c_t J_1(\xi_n b)(\eta_r\xi_n^2+\eta_z\xi_l^2+s)} + \frac{\left\{\eta_z(-1)^{l+1}\xi_l\overline{\overline{\psi}}_d(\xi_n,s) + \frac{\overline{\overline{\psi}}_0(\xi_n,s)}{\phi c_t}\right\}}{(\eta_r\xi_n^2+\eta_z\xi_l^2+s)} + \frac{\overline{\overline{\varphi}}(\xi_n,\xi_l)}{(\eta_r\xi_n^2+\eta_z\xi_l^2+s)} \quad (21.41.1)$$

where $\mathcal{V}_{\mathcal{D}0}(\xi_n r,a) = J_0(\xi_n r)Y_0(\xi_n a) - Y_0(\xi_n r)J_0(\xi_n a)$. The eigenvalues ξ_n are the positive roots of the transcendental equation $\mathcal{V}'_{\mathcal{D}0}(\xi_n b,a) = 0$,* $n = 1,2,...$, $\xi_l = \frac{(2l-1)\pi}{2d}$, $l = 1,2,...$
$\overline{\overline{\psi}}_0(\xi_n,s) = \int_a^b \overline{\psi}_0(r,s)\,r\mathcal{V}_{\mathcal{D}0}(\xi_n r,a)\,dr$, $\overline{\overline{\psi}}_d(\xi_n,s) = \int_a^b \overline{\psi}_d(r,s)\,r\mathcal{V}_{\mathcal{D}0}(\xi_n r,a)\,dr$,
$\overline{\overline{\psi}}_a(\xi_l,s) = \int_0^d \cos(\xi_l z)\overline{\psi}_a(z,s)dz$, $\overline{\overline{\psi}}_b(\xi_l,s) = \int_0^d \cos(\xi_l z)\overline{\psi}_b(z,s)dz$,
$\overline{\overline{\varphi}}(\xi_n,\xi_l) = \int_a^b \overline{\varphi}(r,\xi_l)\,r\mathcal{V}_{\mathcal{D}0}(\xi_n r,a)\,dr$ and $\overline{\varphi}(r,\xi_l) = \int_0^d \cos(\xi_l z)\varphi(r,z)dz$. Successive inverse transforms yield

$$\overline{p} = \frac{\pi q(s)e^{-st_0}}{8\phi c_t\sqrt{\eta_z}}\sum_{n=1}^{\infty}\frac{\xi_n^2 J_1^2(\xi_n b)\mathcal{V}_{\mathcal{D}0}(\xi_n r_0,a)\mathcal{V}_{\mathcal{D}0}(\xi_n r,a)\,\mathrm{sech}\left(d\sqrt{\frac{\eta_r\xi_n^2+s}{\eta_z}}\right)}{\{J_0^2(\xi_n a) - J_1^2(\xi_n b)\}\sqrt{(\eta_r\xi_n^2+s)}} \times$$
$$\times\left[\sinh\left\{(d-|z-z_0|)\sqrt{\frac{\eta_r\xi_n^2+s}{\eta_z}}\right\} + \sinh\left\{(d-z-z_0)\sqrt{\frac{\eta_r\xi_n^2+s}{\eta_z}}\right\}\right] -$$
$$-\frac{\pi\eta_r}{2\sqrt{\eta_z}}\sum_{n=1}^{\infty}\frac{\xi_n^2 J_1^2(\xi_n b)\mathcal{V}_{\mathcal{D}0}(\xi_n r,a)\,\mathrm{sech}\left(d\sqrt{\frac{\eta_r\xi_n^2+s}{\eta_z}}\right)}{\{J_0^2(\xi_n a) - J_1^2(\xi_n b)\}\sqrt{\eta_r\xi_n^2+s}} \times$$
$$\times\int_0^d \overline{\psi}_a(u,s)\left[\sinh\left\{(d-|z-u|)\sqrt{\frac{\eta_r\xi_n^2+s}{\eta_z}}\right\} + \sinh\left\{(d-z-u)\sqrt{\frac{\eta_r\xi_n^2+s}{\eta_z}}\right\}\right]du +$$
$$+\frac{\pi}{2\phi c_t\sqrt{\eta_z}}\sum_{n=1}^{\infty}\frac{\xi_n^2 J_0(\xi_n a)J_1(\xi_n b)\mathcal{V}_{\mathcal{D}0}(\xi_n r,a)\,\mathrm{sech}\left(d\sqrt{\frac{\eta_r\xi_n^2+s}{\eta_z}}\right)}{\{J_0^2(\xi_n a) - J_1^2(\xi_n b)\}\sqrt{\eta_r\xi_n^2+s}} \times$$
$$\times\int_0^d \overline{\psi}_b(u,s)\left[\sinh\left\{(d-|z-u|)\sqrt{\frac{\eta_r\xi_n^2+s}{\eta_z}}\right\} + \sinh\left\{(d-z-u)\sqrt{\frac{\eta_r\xi_n^2+s}{\eta_z}}\right\}\right]du +$$
$$+\frac{\pi^2}{2}\sum_{n=1}^{\infty}\frac{\xi_n^2 J_1^2(\xi_n b)\mathcal{V}_{\mathcal{D}0}(\xi_n r,a)\,\mathrm{sech}\left(d\sqrt{\frac{\eta_r\xi_n^2+s}{\eta_z}}\right)}{\{J_0^2(\xi_n a) - J_1^2(\xi_n b)\}} \times$$
$$\times\left[\frac{\overline{\overline{\psi}}_0(\xi_n,s)}{\phi c_t\sqrt{\eta_z(\eta_r\xi_n^2+s)}}\sinh\left\{(d-z)\sqrt{\frac{\eta_r\xi_n^2+s}{\eta_z}}\right\} + \overline{\overline{\psi}}_d(\xi_n,s)\cosh\left\{z\sqrt{\frac{\eta_r\xi_n^2+s}{\eta_z}}\right\}\right] +$$

*$\mathcal{V}'_{\mathcal{D}0}(\xi_n b,a) = Y_1(\xi_n b)J_0(\xi_n a) - J_1(\xi_n b)Y_0(\xi_n a)$.

$$+\frac{\pi^2}{4\sqrt{\eta_z}}\sum_{n=1}^{\infty}\frac{\xi_n^2 J_1^2(\xi_n b)\,\mathcal{V}_{\mathcal{D}0}(\xi_n r,a)\,\mathrm{sech}\left(d\sqrt{\frac{\eta_r\xi_n^2+s}{\eta_z}}\right)}{\{J_0^2(\xi_n a)-J_1^2(\xi_n b)\}\sqrt{\eta_r\xi_n^2+s}}\times$$

$$\times\int_0^d\overline{\varphi}(\xi_n,u)\left[\sinh\left\{(d-|z-u|)\sqrt{\frac{\eta_r\xi_n^2+s}{\eta_z}}\right\}+\sinh\left\{(d-z-u)\sqrt{\frac{\eta_r\xi_n^2+s}{\eta_z}}\right\}\right]du \qquad (21.41.2)$$

where $\overline{\varphi}(\xi_n,u)=\int_a^b\varphi(r,u)\,r\mathcal{V}_{\mathcal{D}0}(\xi_n r,a)\,dr$ and

$$p=\frac{U(t-t_0)\,\pi}{8\phi c_t d}\sum_{n=1}^{\infty}\frac{\xi_n^2 J_1^2(\xi_n b)\,\mathcal{V}_{\mathcal{D}0}(\xi_n r_0,a)\,\mathcal{V}_{\mathcal{D}0}(\xi_n r,a)}{\{J_0^2(\xi_n a)-J_1^2(\xi_n b)\}}\times$$

$$\times\int_0^{t-t_0}q(t-t_0-\tau)\left[\Theta_2\left\{\frac{\pi(z-z_0)}{2d},e^{-\left(\frac{\pi}{d}\right)^2\eta_z\tau}\right\}+\Theta_2\left\{\frac{\pi(z+z_0)}{2d},e^{-\left(\frac{\pi}{d}\right)^2\eta_z\tau}\right\}\right]e^{-\eta_r\xi_n^2\tau}d\tau-$$

$$-\frac{\pi\eta_r}{2d}\sum_{n=1}^{\infty}\frac{\xi_n^2 J_1^2(\xi_n b)\,\mathcal{V}_{\mathcal{D}0}(\xi_n r,a)}{\{J_0^2(\xi_n a)-J_1^2(\xi_n b)\}}\times$$

$$\times\int_0^t e^{-\eta_r\xi_n^2\tau}\int_0^d\psi_a(u,t-\tau)\left[\Theta_2\left\{\frac{\pi(z-u)}{2d},e^{-\left(\frac{\pi}{d}\right)^2\eta_z\tau}\right\}+\Theta_2\left\{\frac{\pi(z+u)}{2d},e^{-\left(\frac{\pi}{d}\right)^2\eta_z\tau}\right\}\right]dud\tau+$$

$$+\frac{\pi}{2\phi c_t d}\sum_{n=1}^{\infty}\frac{\xi_n^2 J_0(\xi_n a)\,J_1(\xi_n b)\,\mathcal{V}_{\mathcal{D}0}(\xi_n r,a)}{\{J_0^2(\xi_n a)-J_1^2(\xi_n b)\}}\times$$

$$\times\int_0^t e^{-\eta_r\xi_n^2\tau}\int_0^d\psi_b(u,t-\tau)\left[\Theta_2\left\{\frac{\pi(z-u)}{2d},e^{-\left(\frac{\pi}{d}\right)^2\eta_z\tau}\right\}+\Theta_2\left\{\frac{\pi(z+u)}{2d},e^{-\left(\frac{\pi}{d}\right)^2\eta_z\tau}\right\}\right]dud\tau+$$

$$+\frac{\pi^2}{2d}\sum_{n=1}^{\infty}\frac{\xi_n^2 J_1^2(\xi_n b)\,\mathcal{V}_{\mathcal{D}0}(\xi_n r,a)}{\{J_0^2(\xi_n a)-J_1^2(\xi_n b)\}}\times$$

$$\times\int_0^t\left\{\left(\frac{1}{\phi c_t}\right)\Theta_2\left(\frac{\pi z}{2d},e^{-\left(\frac{\pi}{d}\right)^2\eta_z\tau}\right)\overline{\psi}_0(\xi_n,t-\tau)+\left(\frac{\eta_z}{2d}\right)\Theta_1'\left(\frac{\pi z}{2d},e^{-\left(\frac{\pi}{d}\right)^2\eta_z\tau}\right)\overline{\psi}_d(\xi_n,t-\tau)\right\}e^{-\eta_r\xi_n^2\tau}d\tau+$$

$$+\frac{\pi^2}{4d}\sum_{n=1}^{\infty}\frac{\xi_n^2 J_1^2(\xi_n b)\,\mathcal{V}_{\mathcal{D}0}(\xi_n r,a)\,e^{-\eta_r\xi_n^2 t}}{\{J_0^2(\xi_n a)-J_1^2(\xi_n b)\}}\times$$

$$\times\int_0^d\overline{\varphi}(\xi_n,u)\left[\Theta_2\left\{\frac{\pi(z-u)}{2d},e^{-\left(\frac{\pi}{d}\right)^2\eta_z t}\right\}+\Theta_2\left\{\frac{\pi(z+u)}{2d},e^{-\left(\frac{\pi}{d}\right)^2\eta_z t}\right\}\right]du \qquad (21.41.3)$$

21.42 The problem of 21.40, except $\mathbf{D}_a\equiv p(a,z,t)=\psi_a(z,t)$, $\mathbf{R}_b\equiv\frac{\partial p(b,z,t)}{\partial r}+\lambda p(b,z,t)=-\left(\frac{\mu}{k_r}\right)\psi_b(z,t)$, $\mathbf{N}_0\equiv\frac{\partial p(r,0,t)}{\partial z}=-\left(\frac{\mu}{k_z}\right)\psi_0(r,t)$ and $\mathbf{D}_d\equiv p(r,d,t)=\psi_d(r,t)$

Successive application of the Laplace, Fourier and finite Hankel transformations to equation (18.1.1) gives

$$\overline{\overline{\overline{p}}}=\frac{q(s)\,e^{-st_0}\cos(\xi_l z_0)\,\mathcal{V}_{\mathcal{D}0}(\xi_n r_0,a)}{2\pi\phi c_t(\eta_r\xi_n^2+\eta_z\xi_l^2+s)}-\frac{2J_0(\xi_n a)\,\overline{\overline{\psi}}_b(\xi_l,s)}{\pi\phi c_t\{\lambda J_0(\xi_n b)-\xi_n J_1(\xi_n b)\}(\eta_r\xi_n^2+\eta_z\xi_l^2+s)}-$$

$$-\frac{2\eta_r\overline{\overline{\psi}}_a(\xi_l,s)}{\pi(\eta_r\xi_n^2+\eta_z\xi_l^2+s)}+\frac{\left\{\eta_z(-1)^{l+1}\xi_l\overline{\overline{\psi}}_d(\xi_n,s)+\frac{\overline{\overline{\psi}}_0(\xi_n,s)}{\phi c_t}\right\}}{(\eta_r\xi_n^2+\eta_z\xi_l^2+s)}+\frac{\overline{\overline{\varphi}}(\xi_n,\xi_l)}{(\eta_r\xi_n^2+\eta_z\xi_l^2+s)} \qquad (21.42.1)$$

where $\mathcal{V}_{\mathcal{D}0}(\xi_n r, a) = J_0(\xi_n r) Y_0(\xi_n a) - Y_0(\xi_n r) J_0(\xi_n a)$. The eigenvalues $\xi_n, n = 1, 2, \ldots$, are the positive roots of the transcendental equation $\xi_n \mathcal{V}'_{\mathcal{D}0}(\xi_n b, a) + \lambda \mathcal{V}_{\mathcal{D}0}(\xi_n b, a) = 0$, $\xi_l = \frac{(2l-1)\pi}{2d}, l = 1, 2, \ldots$
$\overline{\overline{\psi}}_0(\xi_n, s) = \int_a^b \overline{\psi}_0(r, s) r \mathcal{V}_{\mathcal{D}0}(\xi_n r, a)\, dr$, $\overline{\overline{\psi}}_d(\xi_n, s) = \int_a^b \overline{\psi}_d(r, s) r \mathcal{V}_{\mathcal{D}0}(\xi_n r, a)\, dr$,
$\overline{\overline{\psi}}_a(\xi_l, s) = \int_0^d \cos(\xi_l z) \overline{\psi}_a(z, s) dz$, $\overline{\overline{\psi}}_b(\xi_l, s) = \int_0^d \cos(\xi_l z) \overline{\psi}_b(z, s) dz$,
$\overline{\overline{\varphi}}(\xi_n, \xi_l) = \int_a^b \overline{\varphi}(r, \xi_l) r \mathcal{V}_{\mathcal{D}0}(\xi_n r, a)\, dr$ and $\overline{\varphi}(r, \xi_l) = \int_0^d \cos(\xi_l z) \varphi(r, z) dz$. Successive inverse transforms yield

$$
\begin{aligned}
\overline{p} = {} & \frac{\pi q(s) e^{-st_0}}{8\phi c_t \sqrt{\eta_z}} \sum_{n=1}^{\infty} \frac{\xi_n^2 \{\lambda J_0(\xi_n b) - \xi_n J_1(\xi_n b)\}^2 \mathcal{V}_{\mathcal{D}0}(\xi_n r_0, a) \mathcal{V}_{\mathcal{D}0}(\xi_n r, a) \operatorname{sech}\left(d\sqrt{\frac{\eta_r \xi_n^2 + s}{\eta_z}}\right)}{\left\{(\lambda^2 + \xi_n^2) J_0^2(\xi_n a) - \{\lambda J_0(\xi_n b) - \xi_n J_1(\xi_n b)\}^2\right\} \sqrt{(\eta_r \xi_n^2 + s)}} \times \\
& \times \left[\sinh\left\{(d - |z - z_0|)\sqrt{\frac{\eta_r \xi_n^2 + s}{\eta_z}}\right\} + \sinh\left\{(d - z - z_0)\sqrt{\frac{\eta_r \xi_n^2 + s}{\eta_z}}\right\}\right] - \\
& - \frac{\pi \eta_r}{2\sqrt{\eta_z}} \sum_{n=1}^{\infty} \frac{\xi_n^2 \{\lambda J_0(\xi_n b) - \xi_n J_1(\xi_n b)\}^2 \mathcal{V}_{\mathcal{D}0}(\xi_n r, a) \operatorname{sech}\left(d\sqrt{\frac{\eta_r \xi_n^2 + s}{\eta_z}}\right)}{\left\{(\lambda^2 + \xi_n^2) J_0^2(\xi_n a) - \{\lambda J_0(\xi_n b) - \xi_n J_1(\xi_n b)\}^2\right\} \sqrt{\eta_r \xi_n^2 + s}} \times \\
& \times \int_0^d \overline{\psi}_a(u, s) \left[\sinh\left\{(d - |z - u|)\sqrt{\frac{\eta_r \xi_n^2 + s}{\eta_z}}\right\} + \sinh\left\{(d - z - u)\sqrt{\frac{\eta_r \xi_n^2 + s}{\eta_z}}\right\}\right] du - \\
& - \frac{\pi}{2\phi c_t \sqrt{\eta_z}} \sum_{n=1}^{\infty} \frac{\xi_n^2 J_0(\xi_n a) \{\lambda J_0(\xi_n b) - \xi_n J_1(\xi_n b)\} \mathcal{V}_{\mathcal{D}0}(\xi_n r, a) \operatorname{sech}\left(d\sqrt{\frac{\eta_r \xi_n^2 + s}{\eta_z}}\right)}{\left\{(\lambda^2 + \xi_n^2) J_0^2(\xi_n a) - \{\lambda J_0(\xi_n b) - \xi_n J_1(\xi_n b)\}^2\right\} \sqrt{\eta_r \xi_n^2 + s}} \times \\
& \times \int_0^d \overline{\psi}_b(u, s) \left[\sinh\left\{(d - |z - u|)\sqrt{\frac{\eta_r \xi_n^2 + s}{\eta_z}}\right\} + \sinh\left\{(d - z - u)\sqrt{\frac{\eta_r \xi_n^2 + s}{\eta_z}}\right\}\right] du + \\
& + \frac{\pi^2}{2} \sum_{n=1}^{\infty} \frac{\xi_n^2 \{\lambda J_0(\xi_n b) - \xi_n J_1(\xi_n b)\}^2 \mathcal{V}_{\mathcal{D}0}(\xi_n r, a) \operatorname{sech}\left(d\sqrt{\frac{\eta_r \xi_n^2 + s}{\eta_z}}\right)}{\left\{(\lambda^2 + \xi_n^2) J_0^2(\xi_n a) - \{\lambda J_0(\xi_n b) - \xi_n J_1(\xi_n b)\}^2\right\}} \times \\
& \times \left[\frac{\overline{\overline{\psi}}_0(\xi_n, s)}{\phi c_t \sqrt{\eta_z (\eta_r \xi_n^2 + s)}} \sinh\left\{(d - z)\sqrt{\frac{\eta_r \xi_n^2 + s}{\eta_z}}\right\} + \overline{\overline{\psi}}_d(\xi_n, s) \cosh\left\{z\sqrt{\frac{\eta_r \xi_n^2 + s}{\eta_z}}\right\}\right] + \\
& + \frac{\pi^2}{4\sqrt{\eta_z}} \sum_{n=1}^{\infty} \frac{\xi_n^2 \{\lambda J_0(\xi_n b) - \xi_n J_1(\xi_n b)\}^2 \mathcal{V}_{\mathcal{D}0}(\xi_n r, a) \operatorname{sech}\left(d\sqrt{\frac{\eta_r \xi_n^2 + s}{\eta_z}}\right)}{\left\{(\lambda^2 + \xi_n^2) J_0^2(\xi_n a) - \{\lambda J_0(\xi_n b) - \xi_n J_1(\xi_n b)\}^2\right\} \sqrt{\eta_r \xi_n^2 + s}} \times \\
& \times \int_0^d \overline{\varphi}(\xi_n, u) \left[\sinh\left\{(d - |z - u|)\sqrt{\frac{\eta_r \xi_n^2 + s}{\eta_z}}\right\} + \sinh\left\{(d - z - u)\sqrt{\frac{\eta_r \xi_n^2 + s}{\eta_z}}\right\}\right] du \qquad (21.42.2)
\end{aligned}
$$

where $\overline{\varphi}(\xi_n, u) = \int_a^b \varphi(r, u) r \mathcal{V}_{\mathcal{D}0}(\xi_n r, a)\, dr$ and

$$
\begin{aligned}
p = {} & \frac{U(t - t_0)\pi}{8\phi c_t d} \sum_{n=1}^{\infty} \frac{\xi_n^2 \{\lambda J_0(\xi_n b) - \xi_n J_1(\xi_n b)\}^2 \mathcal{V}_{\mathcal{D}0}(\xi_n r_0, a) \mathcal{V}_{\mathcal{D}0}(\xi_n r, a)}{\left\{(\lambda^2 + \xi_n^2) J_0^2(\xi_n a) - \{\lambda J_0(\xi_n b) - \xi_n J_1(\xi_n b)\}^2\right\}} \times \\
& \times \int_0^{t - t_0} q(t - t_0 - \tau) \left[\Theta_2\left\{\frac{\pi(z - z_0)}{2d}, e^{-\left(\frac{\pi}{d}\right)^2 \eta_z \tau}\right\} + \Theta_2\left\{\frac{\pi(z + z_0)}{2d}, e^{-\left(\frac{\pi}{d}\right)^2 \eta_z \tau}\right\}\right] e^{-\eta_r \xi_n^2 \tau} d\tau - \\
& - \frac{\pi \eta_r}{2d} \sum_{n=1}^{\infty} \frac{\xi_n^2 \{\lambda J_0(\xi_n b) - \xi_n J_1(\xi_n b)\}^2 \mathcal{V}_{\mathcal{D}0}(\xi_n r, a)}{\left\{(\lambda^2 + \xi_n^2) J_0^2(\xi_n a) - \{\lambda J_0(\xi_n b) - \xi_n J_1(\xi_n b)\}^2\right\}} \times
\end{aligned}
$$

$$\times \int_0^t e^{-\eta_r \xi_n^2 \tau} \int_0^d \psi_a(u, t-\tau) \left[\Theta_2 \left\{ \frac{\pi(z-u)}{2d}, e^{-\left(\frac{\pi}{d}\right)^2 \eta_z \tau} \right\} + \Theta_2 \left\{ \frac{\pi(z+u)}{2d}, e^{-\left(\frac{\pi}{d}\right)^2 \eta_z \tau} \right\} \right] du d\tau -$$

$$-\frac{\pi}{2\phi c_t d} \sum_{n=1}^{\infty} \frac{\xi_n^2 J_0(\xi_n a) \{\lambda J_0(\xi_n b) - \xi_n J_1(\xi_n b)\} \mathcal{V}_{\mathcal{D}0}(\xi_n r, a)}{\left\{ (\lambda^2 + \xi_n^2) J_0^2(\xi_n a) - \{\lambda J_0(\xi_n b) - \xi_n J_1(\xi_n b)\}^2 \right\}} \times$$

$$\times \int_0^t e^{-\eta_r \xi_n^2 \tau} \int_0^d \psi_b(u, t-\tau) \left[\Theta_2 \left\{ \frac{\pi(z-u)}{2d}, e^{-\left(\frac{\pi}{d}\right)^2 \eta_z \tau} \right\} + \Theta_2 \left\{ \frac{\pi(z+u)}{2d}, e^{-\left(\frac{\pi}{d}\right)^2 \eta_z \tau} \right\} \right] du d\tau +$$

$$+\frac{\pi^2}{2d} \sum_{n=1}^{\infty} \frac{\xi_n^2 \{\lambda J_0(\xi_n b) - \xi_n J_1(\xi_n b)\}^2 \mathcal{V}_{\mathcal{D}0}(\xi_n r, a)}{\left\{ (\lambda^2 + \xi_n^2) J_0^2(\xi_n a) - \{\lambda J_0(\xi_n b) - \xi_n J_1(\xi_n b)\}^2 \right\}} \times$$

$$\times \int_0^t \left\{ \left(\frac{1}{\phi c_t} \right) \Theta_2 \left(\frac{\pi z}{2d}, e^{-\left(\frac{\pi}{d}\right)^2 \eta_z \tau} \right) \overline{\psi}_0(\xi_n, t-\tau) + \left(\frac{\eta_z}{2d} \right) \Theta_1' \left(\frac{\pi z}{2d}, e^{-\left(\frac{\pi}{d}\right)^2 \eta_z \tau} \right) \overline{\psi}_d(\xi_n, t-\tau) \right\} e^{-\eta_r \xi_n^2 \tau} d\tau +$$

$$+\frac{\pi^2}{4d} \sum_{n=1}^{\infty} \frac{\xi_n^2 \{\lambda J_0(\xi_n b) - \xi_n J_1(\xi_n b)\}^2 \mathcal{V}_{\mathcal{D}0}(\xi_n r, a) e^{-\eta_r \xi_n^2 t}}{\left\{ (\lambda^2 + \xi_n^2) J_0^2(\xi_n a) - \{\lambda J_0(\xi_n b) - \xi_n J_1(\xi_n b)\}^2 \right\}} \times$$

$$\times \int_0^d \overline{\varphi}(\xi_n, u) \left[\Theta_2 \left\{ \frac{\pi(z-u)}{2d}, e^{-\left(\frac{\pi}{d}\right)^2 \eta_z t} \right\} + \Theta_2 \left\{ \frac{\pi(z+u)}{2d}, e^{-\left(\frac{\pi}{d}\right)^2 \eta_z t} \right\} \right] du \quad (21.42.3)$$

21.43 The problem of 21.40, except $\mathbf{N}_a \equiv \frac{\partial p(a,z,t)}{\partial r} = -\left(\frac{\mu}{k_r}\right) \psi_a(z,t)$, $\mathbf{D}_b \equiv p(b,z,t) = \psi_b(z,t)$, $\mathbf{N}_0 \equiv \frac{\partial p(r,0,t)}{\partial z} = -\left(\frac{\mu}{k_z}\right) \psi_0(r,t)$ and $\mathbf{D}_d \equiv p(r,d,t) = \psi_d(r,t)$

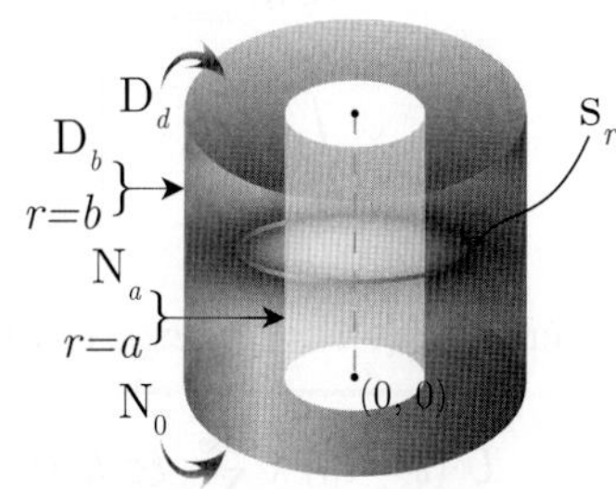

Successive application of the Laplace, Fourier and finite Hankel transformations to equation (18.1.1) gives

$$\overline{\overline{\overline{p}}} = \frac{q(s) e^{-st_0} \cos(\xi_l z_0) \mathcal{V}_{\mathcal{N}0}(\xi_n r_0, a)}{2\pi \phi c_t (\eta_r \xi_n^2 + \eta_z \xi_l^2 + s)} + \frac{2\overline{\overline{\psi}}_a(\xi_l, s)}{\pi \phi c_t \xi_n (\eta_r \xi_n^2 + \eta_z \xi_l^2 + s)} -$$

$$-\frac{2\eta_r J_1(\xi_n a) \overline{\overline{\psi}}_b(\xi_l, s)}{\pi J_0(\xi_n b)(\eta_r \xi_n^2 + \eta_z \xi_l^2 + s)} + \frac{\left\{ \eta_z (-1)^{l+1} \xi_l \overline{\overline{\psi}}_d(\xi_n, s) + \frac{\overline{\overline{\psi}}_0(\xi_n, s)}{\phi c_t} \right\}}{(\eta_r \xi_n^2 + \eta_z \xi_l^2 + s)} + \frac{\overline{\overline{\varphi}}(\xi_n, \xi_l)}{(\eta_r \xi_n^2 + \eta_z \xi_l^2 + s)} \quad (21.43.1)$$

where $\mathcal{V}_{\mathcal{N}0}(\xi_n r, a) = Y_0(\xi_n r) J_1(\xi_n a) - J_0(\xi_n r) Y_1(\xi_n a)$. The eigenvalues $\xi_n, n = 1, 2, ...,$ are the positive roots of the transcendental equation $\mathcal{V}_{\mathcal{N}0}(\xi_n b, a) = 0$, $\xi_l = \frac{(2l-1)\pi}{2d}, l = 1, 2, ...$
$\overline{\overline{\psi}}_0(\xi_n, s) = \int_a^b \overline{\psi}_0(r, s) r \mathcal{V}_{\mathcal{N}0}(\xi_n r, a) dr$, $\overline{\overline{\psi}}_d(\xi_n, s) = \int_a^b \overline{\psi}_d(r, s) r \mathcal{V}_{\mathcal{N}0}(\xi_n r, a) dr$,
$\overline{\overline{\psi}}_a(\xi_l, s) = \int_0^d \cos(\xi_l z) \overline{\psi}_a(z, s) dz$, $\overline{\overline{\psi}}_b(\xi_l, s) = \int_0^d \cos(\xi_l z) \overline{\psi}_b(z, s) dz$, $\overline{\overline{\varphi}}(\xi_n, \xi_l) = \int_a^b \overline{\varphi}(r, \xi_l) r \mathcal{V}_{\mathcal{N}0}(\xi_n r, a) dr$ and $\overline{\varphi}(r, \xi_l) = \int_0^\infty \cos(\xi_l u) \varphi(r, u) du$. Successive inverse transforms yield

$$\overline{p} = \frac{\pi q(s) e^{-st_0}}{8\phi c_t \sqrt{\eta_z}} \sum_{n=1}^{\infty} \frac{\xi_n^2 J_0^2(\xi_n b) \mathcal{V}_{\mathcal{N}0}(\xi_n r_0, a) \mathcal{V}_{\mathcal{N}0}(\xi_n r, a) \operatorname{sech}\left(d\sqrt{\frac{\eta_r \xi_n^2 + s}{\eta_z}} \right)}{\{J_1^2(\xi_n a) - J_0^2(\xi_n b)\} \sqrt{(\eta_r \xi_n^2 + s)}} \times$$

$$\times \left[\sinh\left\{ (d - |z - z_0|) \sqrt{\frac{\eta_r \xi_n^2 + s}{\eta_z}} \right\} + \sinh\left\{ (d - z - z_0) \sqrt{\frac{\eta_r \xi_n^2 + s}{\eta_z}} \right\} \right] +$$

$$+\frac{\pi}{2\phi c_t\sqrt{\eta_z}}\sum_{n=1}^{\infty}\frac{\xi_n J_0^2(\xi_n b)\,\mathcal{V}_{\mathcal{N}0}(\xi_n r,a)\,\mathrm{sech}\left(d\sqrt{\frac{\eta_r\xi_n^2+s}{\eta_z}}\right)}{\left\{J_1^2(\xi_n a)-J_0^2(\xi_n b)\right\}\sqrt{\eta_r\xi_n^2+s}}\times$$

$$\times\int_0^d\overline{\psi}_a(u,s)\left[\sinh\left\{(d-|z-u|)\sqrt{\frac{\eta_r\xi_n^2+s}{\eta_z}}\right\}+\sinh\left\{(d-z-u)\sqrt{\frac{\eta_r\xi_n^2+s}{\eta_z}}\right\}\right]du-$$

$$-\frac{\pi\eta_r}{2\sqrt{\eta_z}}\sum_{n=1}^{\infty}\frac{\xi_n^2 J_1(\xi_n a)\,J_0(\xi_n b)\,\mathcal{V}_{\mathcal{N}0}(\xi_n r,a)\,\mathrm{sech}\left(d\sqrt{\frac{\eta_r\xi_n^2+s}{\eta_z}}\right)}{\left\{J_1^2(\xi_n a)-J_0^2(\xi_n b)\right\}\sqrt{\eta_r\xi_n^2+s}}\times$$

$$\times\int_0^d\overline{\psi}_b(u,s)\left[\sinh\left\{(d-|z-u|)\sqrt{\frac{\eta_r\xi_n^2+s}{\eta_z}}\right\}+\sinh\left\{(d-z-u)\sqrt{\frac{\eta_r\xi_n^2+s}{\eta_z}}\right\}\right]du+$$

$$+\frac{\pi^2}{2}\sum_{n=1}^{\infty}\frac{\xi_n^2 J_0^2(\xi_n b)\,\mathcal{V}_{\mathcal{N}0}(\xi_n r,a)\,\mathrm{sech}\left(d\sqrt{\frac{\eta_r\xi_n^2+s}{\eta_z}}\right)}{\left\{J_1^2(\xi_n a)-J_0^2(\xi_n b)\right\}}\times$$

$$\times\left[\frac{\overline{\overline{\psi}}_0(\xi_n,s)}{\phi c_t\sqrt{\eta_z}\left(\eta_r\xi_n^2+s\right)}\sinh\left\{(d-z)\sqrt{\frac{\eta_r\xi_n^2+s}{\eta_z}}\right\}+\overline{\overline{\psi}}_d(\xi_n,s)\cosh\left\{z\sqrt{\frac{\eta_r\xi_n^2+s}{\eta_z}}\right\}\right]+$$

$$+\frac{\pi^2}{4\sqrt{\eta_z}}\sum_{n=1}^{\infty}\frac{\xi_n^2 J_0^2(\xi_n b)\,\mathcal{V}_{\mathcal{N}0}(\xi_n r,a)\,\mathrm{sech}\left(d\sqrt{\frac{\eta_r\xi_n^2+s}{\eta_z}}\right)}{\left\{J_1^2(\xi_n a)-J_0^2(\xi_n b)\right\}\sqrt{\eta_r\xi_n^2+s}}\times$$

$$\times\int_0^d\overline{\varphi}(\xi_n,u)\left[\sinh\left\{(d-|z-u|)\sqrt{\frac{\eta_r\xi_n^2+s}{\eta_z}}\right\}+\sinh\left\{(d-z-u)\sqrt{\frac{\eta_r\xi_n^2+s}{\eta_z}}\right\}\right]du \qquad (21.43.2)$$

where $\overline{\varphi}(\xi_n,u)=\int_a^b\varphi(r,u)\,r\mathcal{V}_{\mathcal{N}0}(\xi_n r,a)\,dr$ and

$$p=\frac{U(t-t_0)\,\pi}{8\phi c_t d}\sum_{n=1}^{\infty}\frac{\xi_n^2 J_0^2(\xi_n b)\,\mathcal{V}_{\mathcal{N}0}(\xi_n r_0,a)\,\mathcal{V}_{\mathcal{N}0}(\xi_n r,a)}{\left\{J_1^2(\xi_n a)-J_0^2(\xi_n b)\right\}}\times$$

$$\times\int_0^{t-t_0}q(t-t_0-\tau)\left[\Theta_2\left\{\frac{\pi(z-z_0)}{2d},e^{-\left(\frac{\pi}{d}\right)^2\eta_z\tau}\right\}+\Theta_2\left\{\frac{\pi(z+z_0)}{2d},e^{-\left(\frac{\pi}{d}\right)^2\eta_z\tau}\right\}\right]e^{-\eta_r\xi_n^2\tau}d\tau+$$

$$+\frac{\pi}{2\phi c_t d}\sum_{n=1}^{\infty}\frac{\xi_n J_0^2(\xi_n b)\,\mathcal{V}_{\mathcal{N}0}(\xi_n r,a)}{\left\{J_1^2(\xi_n a)-J_0^2(\xi_n b)\right\}}\times$$

$$\times\int_0^t e^{-\eta_r\xi_n^2\tau}\int_0^d\psi_a(u,t-\tau)\left[\Theta_2\left\{\frac{\pi(z-u)}{2d},e^{-\left(\frac{\pi}{d}\right)^2\eta_z\tau}\right\}+\Theta_2\left\{\frac{\pi(z+u)}{2d},e^{-\left(\frac{\pi}{d}\right)^2\eta_z\tau}\right\}\right]du\,d\tau-$$

$$-\frac{\pi\eta_r}{2d}\sum_{n=1}^{\infty}\frac{\xi_n^2 J_1(\xi_n a)\,J_0(\xi_n b)\,\mathcal{V}_{\mathcal{N}0}(\xi_n r,a)}{\left\{J_1^2(\xi_n a)-J_0^2(\xi_n b)\right\}}\times$$

$$\times\int_0^t e^{-\eta_r\xi_n^2\tau}\int_0^d\psi_b(u,t-\tau)\left[\Theta_2\left\{\frac{\pi(z-u)}{2d},e^{-\left(\frac{\pi}{d}\right)^2\eta_z\tau}\right\}+\Theta_2\left\{\frac{\pi(z+u)}{2d},e^{-\left(\frac{\pi}{d}\right)^2\eta_z\tau}\right\}\right]du\,d\tau+$$

$$+\frac{\pi^2}{2d}\sum_{n=1}^{\infty}\frac{\xi_n^2 J_0^2(\xi_n b)\,\mathcal{V}_{\mathcal{N}0}(\xi_n r,a)}{\left\{J_1^2(\xi_n a)-J_0^2(\xi_n b)\right\}}\times$$

$$\times\int_0^t\left\{\left(\frac{1}{\phi c_t}\right)\Theta_2\left(\frac{\pi z}{2d},e^{-\left(\frac{\pi}{d}\right)^2\eta_z\tau}\right)\overline{\psi}_0(\xi_n,t-\tau)+\left(\frac{\eta_z}{2d}\right)\Theta_1'\left(\frac{\pi z}{2d},e^{-\left(\frac{\pi}{d}\right)^2\eta_z\tau}\right)\overline{\psi}_d(\xi_n,t-\tau)\right\}e^{-\eta_r\xi_n^2\tau}d\tau+$$

$$+\frac{\pi^2}{4d}\sum_{n=1}^{\infty}\frac{\xi_n^2 J_0^2(\xi_n b)\,\mathcal{V}_{\mathcal{N}0}(\xi_n r, a)\,e^{-\eta_r\xi_n^2 t}}{\{J_1^2(\xi_n a) - J_0^2(\xi_n b)\}}\times$$

$$\times\int_0^d \overline{\varphi}(\xi_n, u)\left[\Theta_2\left\{\frac{\pi(z-u)}{2d}, e^{-\left(\frac{\pi}{d}\right)^2\eta_z t}\right\} + \Theta_2\left\{\frac{\pi(z+u)}{2d}, e^{-\left(\frac{\pi}{d}\right)^2\eta_z t}\right\}\right]du \qquad (21.43.3)$$

21.44 **The problem of 21.40, except $\mathbf{N}_a \equiv \frac{\partial p(a,z,t)}{\partial r} = -\left(\frac{\mu}{k_r}\right)\psi_a(z,t)$, $\mathbf{N}_b \equiv \frac{\partial p(b,z,t)}{\partial r} = -\left(\frac{\mu}{k_r}\right)\psi_b(z,t)$, $\mathbf{N}_0 \equiv \frac{\partial p(r,0,t)}{\partial z} = -\left(\frac{\mu}{k_z}\right)\psi_0(r,t)$ and $\mathbf{D}_d \equiv p(r,d,t) = \psi_d(r,t)$**

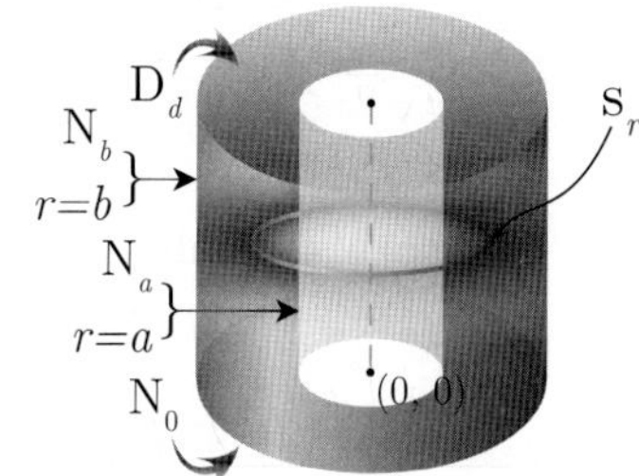

Successive application of the Laplace, Fourier and finite Hankel transformations to equation (18.1.1) gives

$$\begin{aligned}\overline{\overline{\overline{p}}} = &\frac{q(s)\,e^{-st_0}\cos(\xi_l z_0)}{2\pi\phi c_t(\eta_z\xi_l^2+s)} + \frac{q(s)\,e^{-st_0}\cos(\xi_l z_0)\,\mathcal{V}_{\mathcal{N}0}(\xi_n r_0, a)}{2\pi\phi c_t(\eta_r\xi_n^2+\eta_z\xi_l^2+s)} + \frac{\left\{a\overline{\overline{\psi}}_a(\xi_l,s) - b\overline{\overline{\psi}}_b(\xi_l,s)\right\}}{\phi c_t(\eta_z\xi_l^2+s)} +\\ &+\frac{2\overline{\overline{\psi}}_a(\xi_l,s)}{\pi\phi c_t\xi_n(\eta_r\xi_n^2+\eta_z\xi_l^2+s)} - \frac{2J_1(\xi_n a)\,\overline{\overline{\psi}}_b(\xi_l,s)}{\pi\phi c_t\xi_n J_1(\xi_n b)(\eta_r\xi_n^2+\eta_z\xi_l^2+s)} +\\ &+\frac{\int_a^b\left\{\eta_z(-1)^{l+1}\xi_l\overline{\psi}_d(u,s) + \frac{\overline{\psi}_0(u,s)}{\phi c_t}\right\}u\,du}{(\eta_z\xi_l^2+s)} + \frac{\left\{\eta_z(-1)^{l+1}\xi_l\overline{\overline{\psi}}_d(\xi_n,s) + \frac{\overline{\overline{\psi}}_0(\xi_n,s)}{\phi c_t}\right\}}{(\eta_r\xi_n^2+\eta_z\xi_l^2+s)} +\\ &+\frac{\int_a^b u\overline{\varphi}(u,\xi_l)\,du}{(\eta_z\xi_l^2+s)} + \frac{\overline{\overline{\varphi}}(\xi_n,\xi_l)}{(\eta_r\xi_n^2+\eta_z\xi_l^2+s)}\end{aligned} \qquad (21.44.1)$$

where $\mathcal{V}_{\mathcal{N}0}(\xi_n r, a) = Y_0(\xi_n r)\,J_1(\xi_n a) - J_0(\xi_n r)\,Y_1(\xi_n a)$. The eigenvalues are $\xi_0 = 0$ and $\xi_n, n = 1, 2, ...,$ which are the positive roots of the transcendental equation $\mathcal{V}'_{\mathcal{N}0}(\xi_n b, a) = 0$,* $\xi_l = \frac{(2l-1)\pi}{2d}, l = 1, 2, ...$
$\overline{\overline{\psi}}_0(\xi_n,s) = \int_a^b \overline{\psi}_0(r,s)\,r\mathcal{V}_{\mathcal{N}0}(\xi_n r, a)\,dr$, $\overline{\overline{\psi}}_d(\xi_n,s) = \int_a^b \overline{\psi}_d(r,s)\,r\mathcal{V}_{\mathcal{N}0}(\xi_n r, a)\,dr$,
$\overline{\overline{\psi}}_a(\xi_l,s) = \int_0^d \cos(\xi_l z)\,\overline{\psi}_a(z,s)dz$, $\overline{\overline{\psi}}_b(\xi_l,s) = \int_0^d \cos(\xi_l z)\,\overline{\psi}_b(z,s)dz$,
$\overline{\overline{\varphi}}(\xi_n,\xi_l) = \int_a^b \overline{\varphi}(r,\xi_l)\,r\mathcal{V}_{\mathcal{N}0}(\xi_n r, a)\,dr$ and $\overline{\varphi}(r,\xi_l) = \int_0^d \cos(\xi_l z)\,\varphi(r,z)dz$. Successive inverse transforms yield

$$\begin{aligned}\overline{p} = &\frac{q(s)\,e^{-st_0}\,\mathrm{sech}\left(d\sqrt{\frac{s}{\eta_z}}\right)}{2\pi(b^2-a^2)\phi c_t\sqrt{\eta_z s}}\left[\sinh\left\{(d-|z-z_0|)\sqrt{\frac{s}{\eta_z}}\right\} + \sinh\left\{(d-z-z_0)\sqrt{\frac{s}{\eta_z}}\right\}\right] +\\ &+\frac{\pi q(s)\,e^{-st_0}}{8\phi c_t\sqrt{\eta_z}}\sum_{n=1}^{\infty}\frac{\xi_n^2 J_1^2(\xi_n b)\,\mathcal{V}_{\mathcal{N}0}(\xi_n r_0,a)\,\mathcal{V}_{\mathcal{N}0}(\xi_n r,a)\,\mathrm{sech}\left(d\sqrt{\frac{\eta_r\xi_n^2+s}{\eta_z}}\right)}{\{J_1^2(\xi_n a) - J_1^2(\xi_n b)\}\sqrt{(\eta_r\xi_n^2+s)}}\times\\ &\times\left[\sinh\left\{(d-|z-z_0|)\sqrt{\frac{\eta_r\xi_n^2+s}{\eta_z}}\right\} + \sinh\left\{(d-z-z_0)\sqrt{\frac{\eta_r\xi_n^2+s}{\eta_z}}\right\}\right] +\\ &+\frac{\mathrm{sech}\left(d\sqrt{\frac{s}{\eta_z}}\right)}{(b^2-a^2)\phi c_t\sqrt{\eta_z s}}\int_0^d\{a\overline{\psi}_a(u,s) - b\overline{\psi}_b(u,s)\}\left[\sinh\left\{(d-|z-u|)\sqrt{\frac{s}{\eta_z}}\right\} + \sinh\left\{(d-z-u)\sqrt{\frac{s}{\eta_z}}\right\}\right]du +\end{aligned}$$

*$\mathcal{V}'_{\mathcal{N}0}(\xi_n b, a) = J_1(\xi_n b)\,Y_1(\xi_n a) - Y_1(\xi_n b)\,J_1(\xi_n a)$.

$$
+\frac{\pi}{2\phi c_t\sqrt{\eta_z}}\sum_{n=1}^{\infty}\frac{\xi_n J_1^2\left(\xi_n b\right)\mathcal{V}_{\mathcal{N}0}\left(\xi_n r,a\right)\operatorname{sech}\left(d\sqrt{\frac{\eta_r\xi_n^2+s}{\eta_z}}\right)}{\left\{J_1^2\left(\xi_n a\right)-J_1^2\left(\xi_n b\right)\right\}\sqrt{\left(\eta_r\xi_n^2+s\right)}}\times
$$

$$
\times\int_0^d\overline{\psi}_a\left(u,s\right)\left[\sinh\left\{\left(d-|z-u|\right)\sqrt{\frac{\eta_r\xi_n^2+s}{\eta_z}}\right\}+\sinh\left\{\left(d-z-u\right)\sqrt{\frac{\eta_r\xi_n^2+s}{\eta_z}}\right\}\right]du-
$$

$$
-\frac{\pi}{2\phi c_t\sqrt{\eta_z}}\sum_{n=1}^{\infty}\frac{\xi_n J_1\left(\xi_n a\right)J_1\left(\xi_n b\right)\mathcal{V}_{\mathcal{N}0}\left(\xi_n r,a\right)\operatorname{sech}\left(d\sqrt{\frac{\eta_r\xi_n^2+s}{\eta_z}}\right)}{\left\{J_1^2\left(\xi_n a\right)-J_1^2\left(\xi_n b\right)\right\}\sqrt{\left(\eta_r\xi_n^2+s\right)}}\times
$$

$$
\times\int_0^d\overline{\psi}_b\left(u,s\right)\left[\sinh\left\{\left(d-|z-u|\right)\sqrt{\frac{\eta_r\xi_n^2+s}{\eta_z}}\right\}+\sinh\left\{\left(d-z-u\right)\sqrt{\frac{\eta_r\xi_n^2+s}{\eta_z}}\right\}\right]du+
$$

$$
+\frac{2\operatorname{sech}\left(d\sqrt{\frac{s}{\eta_z}}\right)}{\left(b^2-a^2\right)}\int_a^b u\left[\frac{\overline{\psi}_0\left(u,s\right)}{\phi c_t\sqrt{\eta_z s}}\sinh\left\{\left(d-z\right)\sqrt{\frac{s}{\eta_z}}\right\}+\overline{\psi}_d\left(u,s\right)\cosh\left\{z\sqrt{\frac{s}{\eta_z}}\right\}\right]du+
$$

$$
+\frac{\pi^2}{2}\sum_{n=1}^{\infty}\frac{\xi_n^2 J_1^2\left(\xi_n b\right)\mathcal{V}_{\mathcal{N}0}\left(\xi_n r,a\right)\operatorname{sech}\left(d\sqrt{\frac{\eta_r\xi_n^2+s}{\eta_z}}\right)}{\left\{J_1^2\left(\xi_n a\right)-J_1^2\left(\xi_n b\right)\right\}}\times
$$

$$
\times\left[\frac{\overline{\overline{\psi}}_0\left(\xi_n,s\right)}{\phi c_t\sqrt{\eta_z\left(\eta_r\xi_n^2+s\right)}}\sinh\left\{\left(d-z\right)\sqrt{\frac{\eta_r\xi_n^2+s}{\eta_z}}\right\}+\overline{\overline{\psi}}_d\left(\xi_n,s\right)\cosh\left\{z\sqrt{\frac{\eta_r\xi_n^2+s}{\eta_z}}\right\}\right]+
$$

$$
+\frac{\operatorname{sech}\left(d\sqrt{\frac{s}{\eta_z}}\right)}{\left(b^2-a^2\right)\sqrt{\eta_z s}}\int_0^d\left[\sinh\left\{\left(d-|z-u|\right)\sqrt{\frac{s}{\eta_z}}\right\}+\sinh\left\{\left(d-z-u\right)\sqrt{\frac{s}{\eta_z}}\right\}\right]\int_a^b\varphi\left(v,u\right)v\,dv\,du+
$$

$$
+\frac{\pi^2}{4\sqrt{\eta_z}}\sum_{n=1}^{\infty}\frac{\xi_n^2 J_1^2\left(\xi_n b\right)\mathcal{V}_{\mathcal{N}0}\left(\xi_n r,a\right)\operatorname{sech}\left(d\sqrt{\frac{\eta_r\xi_n^2+s}{\eta_z}}\right)}{\left\{J_1^2\left(\xi_n a\right)-J_1^2\left(\xi_n b\right)\right\}\sqrt{\left(\eta_r\xi_n^2+s\right)}}\times
$$

$$
\times\int_0^d\overline{\varphi}\left(\xi_n,u\right)\left[\sinh\left\{\left(d-|z-u|\right)\sqrt{\frac{\eta_r\xi_n^2+s}{\eta_z}}\right\}+\sinh\left\{\left(d-z-u\right)\sqrt{\frac{\eta_r\xi_n^2+s}{\eta_z}}\right\}\right]du \qquad (21.44.2)
$$

where $\overline{\varphi}\left(\xi_n,u\right)=\int_a^b\varphi\left(r,u\right)r\mathcal{V}_{\mathcal{N}0}\left(\xi_n r,a\right)dr$ and

$$
p=\frac{U\left(t-t_0\right)}{2\pi\phi c_t d\left(b^2-a^2\right)}\int_0^{t-t_0}q\left(t-t_0-\tau\right)\left[\Theta_2\left\{\frac{\pi\left(z-z_0\right)}{2d},e^{-\left(\frac{\pi}{d}\right)^2\eta_z\tau}\right\}+\Theta_2\left\{\frac{\pi\left(z+z_0\right)}{2d},e^{-\left(\frac{\pi}{d}\right)^2\eta_z\tau}\right\}\right]d\tau+
$$

$$
+\frac{U\left(t-t_0\right)\pi}{8\phi c_t d}\sum_{n=1}^{\infty}\frac{\xi_n^2 J_1^2\left(\xi_n b\right)\mathcal{V}_{\mathcal{N}0}\left(\xi_n r_0,a\right)\mathcal{V}_{\mathcal{N}0}\left(\xi_n r,a\right)}{\left\{J_1^2\left(\xi_n a\right)-J_1^2\left(\xi_n b\right)\right\}}\times
$$

$$
\times\int_0^{t-t_0}q\left(t-t_0-\tau\right)\left[\Theta_2\left\{\frac{\pi\left(z-z_0\right)}{2d},e^{-\left(\frac{\pi}{d}\right)^2\eta_z\tau}\right\}+\Theta_2\left\{\frac{\pi\left(z+z_0\right)}{2d},e^{-\left(\frac{\pi}{d}\right)^2\eta_z\tau}\right\}\right]e^{-\eta_r\xi_n^2\tau}d\tau+
$$

$$
+\frac{1}{\phi c_t\left(b^2-a^2\right)d}\times
$$

$$
\times\int_0^t\int_0^d\left\{a\psi_a\left(u,t-\tau\right)-b\psi_b\left(u,t-\tau\right)\right\}\left[\Theta_2\left\{\frac{\pi\left(z-u\right)}{2d},e^{-\left(\frac{\pi}{d}\right)^2\eta_z\tau}\right\}+\Theta_2\left\{\frac{\pi\left(z+u\right)}{2d},e^{-\left(\frac{\pi}{d}\right)^2\eta_z\tau}\right\}\right]du\,d\tau+
$$

$$
+\frac{\pi}{2\phi c_t d}\sum_{n=1}^{\infty}\frac{\xi_n J_1^2\left(\xi_n b\right)\mathcal{V}_{\mathcal{N}0}\left(\xi_n r,a\right)}{\left\{J_1^2\left(\xi_n a\right)-J_1^2\left(\xi_n b\right)\right\}}\times
$$

$$\times \int_0^t e^{-\eta_r \xi_n^2 \tau} \int_0^d \psi_a(u, t-\tau) \left[\Theta_2 \left\{ \frac{\pi(z-u)}{2d}, e^{-\left(\frac{\pi}{d}\right)^2 \eta_z \tau} \right\} + \Theta_2 \left\{ \frac{\pi(z+u)}{2d}, e^{-\left(\frac{\pi}{d}\right)^2 \eta_z \tau} \right\} \right] du d\tau -$$

$$-\frac{\pi}{2\phi c_t d} \sum_{n=1}^{\infty} \frac{\xi_n J_1(\xi_n a) J_1(\xi_n b) \mathcal{V}_{\mathcal{N}0}(\xi_n r, a)}{\{J_1^2(\xi_n a) - J_1^2(\xi_n b)\}} \times$$

$$\times \int_0^t e^{-\eta_r \xi_n^2 \tau} \int_0^d \psi_b(u, t-\tau) \left[\Theta_2 \left\{ \frac{\pi(z-u)}{2d}, e^{-\left(\frac{\pi}{d}\right)^2 \eta_z \tau} \right\} + \Theta_2 \left\{ \frac{\pi(z+u)}{2d}, e^{-\left(\frac{\pi}{d}\right)^2 \eta_z \tau} \right\} \right] du d\tau +$$

$$+\frac{2}{(b^2-a^2)d} \int_0^t \int_a^b u \left\{ \left(\frac{1}{\phi c_t}\right) \Theta_2\left(\frac{\pi z}{2d}, e^{-\left(\frac{\pi}{d}\right)^2 \eta_z \tau}\right) \psi_0(u, t-\tau) + \left(\frac{\eta_z}{2d}\right) \Theta_1'\left(\frac{\pi z}{2d}, e^{-\left(\frac{\pi}{d}\right)^2 \eta_z \tau}\right) \psi_d(u, t-\tau) \right\} du d\tau +$$

$$+\frac{\pi^2}{2d} \sum_{n=1}^{\infty} \frac{\xi_n^2 J_1^2(\xi_n b) \mathcal{V}_{\mathcal{N}0}(\xi_n r, a)}{\{J_1^2(\xi_n a) - J_1^2(\xi_n b)\}} \times$$

$$\times \int_0^t \left\{ \left(\frac{1}{\phi c_t}\right) \Theta_2\left(\frac{\pi z}{2d}, e^{-\left(\frac{\pi}{d}\right)^2 \eta_z \tau}\right) \overline{\psi}_0(\xi_n, t-\tau) + \left(\frac{\eta_z}{2d}\right) \Theta_1'\left(\frac{\pi z}{2d}, e^{-\left(\frac{\pi}{d}\right)^2 \eta_z \tau}\right) \overline{\psi}_d(\xi_n, t-\tau) \right\} e^{-\eta_r \xi_n^2 \tau} d\tau +$$

$$+\frac{1}{(b^2-a^2)d} \int_0^d \int_a^b v \varphi(v, u) dv \left[\Theta_2 \left\{ \frac{\pi(z-u)}{2d}, e^{-\left(\frac{\pi}{d}\right)^2 \eta_z t} \right\} + \Theta_2 \left\{ \frac{\pi(z+u)}{2d}, e^{-\left(\frac{\pi}{d}\right)^2 \eta_z t} \right\} \right] du +$$

$$+\frac{\pi^2}{4d} \sum_{n=1}^{\infty} \frac{\xi_n^2 J_1^2(\xi_n b) \mathcal{V}_{\mathcal{N}0}(\xi_n r, a) e^{-\eta_r \xi_n^2 t}}{\{J_1^2(\xi_n a) - J_1^2(\xi_n b)\}} \times$$

$$\times \int_0^d \overline{\varphi}(\xi_n, u) \left[\Theta_2 \left\{ \frac{\pi(z-u)}{2d}, e^{-\left(\frac{\pi}{d}\right)^2 \eta_z t} \right\} + \Theta_2 \left\{ \frac{\pi(z+u)}{2d}, e^{-\left(\frac{\pi}{d}\right)^2 \eta_z t} \right\} \right] du \quad (21.44.3)$$

21.45 The problem of 21.40, except $\mathbf{N}_a \equiv \frac{\partial p(a,z,t)}{\partial r} = -\left(\frac{\mu}{k_r}\right) \psi_a(z,t)$, $\mathbf{R}_b \equiv \frac{\partial p(b,z,t)}{\partial r} + \lambda p(b,z,t) = -\left(\frac{\mu}{k_r}\right) \psi_b(z,t)$, $\mathbf{N}_0 \equiv \frac{\partial p(r,0,t)}{\partial z} = -\left(\frac{\mu}{k_z}\right) \psi_0(r,t)$ and $\mathbf{D}_d \equiv p(r,d,t) = \psi_d(r,t)$

Successive application of the Laplace, Fourier and finite Hankel transformations to equation (18.1.1) gives

$$\overline{\overline{\overline{p}}} = \frac{q(s) e^{-st_0} \cos(\xi_l z_0) \mathcal{V}_{\mathcal{N}0}(\xi_n r_0, a)}{2\pi \phi c_t (\eta_r \xi_n^2 + \eta_z \xi_l^2 + s)} + \frac{2 J_1(\xi_n a) \overline{\overline{\psi}}_b(\xi_l, s)}{\pi \phi c_t \{\lambda J_0(\xi_n b) - \xi_n J_1(\xi_n b)\} (\eta_r \xi_n^2 + \eta_z \xi_l^2 + s)} +$$

$$+\frac{2\overline{\overline{\psi}}_a(\xi_l, s)}{\pi \phi c_t \xi_n (\eta_r \xi_n^2 + \eta_z \xi_l^2 + s)} + \frac{\left\{ \eta_z (-1)^{l+1} \xi_l \overline{\overline{\psi}}_d(\xi_n, s) + \frac{\overline{\overline{\psi}}_0(\xi_n, s)}{\phi c_t} \right\}}{(\eta_r \xi_n^2 + \eta_z \xi_l^2 + s)} + \frac{\overline{\overline{\varphi}}(\xi_n, \xi_l)}{(\eta_r \xi_n^2 + \eta_z \xi_l^2 + s)} \quad (21.45.1)$$

where $\mathcal{V}_{\mathcal{N}0}(\xi_n r, a) = Y_0(\xi_n r) J_1(\xi_n a) - J_0(\xi_n r) Y_1(\xi_n a)$. The eigenvalues $\xi_n, n = 1, 2, ...,$ are the positive roots of the transcendental equation $\xi_n \mathcal{V}_{\mathcal{N}0}'(\xi_n b, a) + \lambda \mathcal{V}_{\mathcal{N}0}(\xi_n b, a) = 0$, $\xi_l = \frac{(2l-1)\pi}{2d}, l = 1, 2, ...$
$\overline{\overline{\psi}}_0(\xi_n, s) = \int_a^b \overline{\psi}_0(r, s) r \mathcal{V}_{\mathcal{N}0}(\xi_n r, a) dr$, $\overline{\overline{\psi}}_d(\xi_n, s) = \int_a^b \overline{\psi}_d(r, s) r \mathcal{V}_{\mathcal{N}0}(\xi_n r, a) dr$,
$\overline{\overline{\psi}}_a(\xi_l, s) = \int_0^d \cos(\xi_l z) \overline{\psi}_a(z, s) dz$, $\overline{\overline{\psi}}_b(\xi_l, s) = \int_0^d \cos(\xi_l z) \overline{\psi}_b(z, s) dz$, $\overline{\overline{\varphi}}(\xi_n, \xi_l) = \int_a^b \overline{\varphi}(r, \xi_l) r \mathcal{V}_{\mathcal{N}0}(\xi_n r, a) dr$ and $\overline{\varphi}(r, \xi_l) = \int_0^d \cos(\xi_l z) \varphi(r, z) dz$. Successive inverse transforms yield

$$\overline{p} = \frac{\pi q(s) e^{-st_0}}{8\phi c_t \sqrt{\eta_z}} \sum_{n=1}^{\infty} \frac{\xi_n^2 \{\lambda J_0(\xi_n b) - \xi_n J_1(\xi_n b)\}^2 \mathcal{V}_{\mathcal{N}0}(\xi_n r_0, a) \mathcal{V}_{\mathcal{N}0}(\xi_n r, a) \operatorname{sech}\left(d\sqrt{\frac{\eta_r \xi_n^2 + s}{\eta_z}}\right)}{\left[(\lambda^2 + \xi_n^2) J_1^2(\xi_n a) - \{\lambda J_0(\xi_n b) - \xi_n J_1(\xi_n b)\}^2\right] \sqrt{(\eta_r \xi_n^2 + s)}} \times$$

$$\times\left[\sinh\left\{(d-|z-z_0|)\sqrt{\frac{\eta_r\xi_n^2+s}{\eta_z}}\right\}+\sinh\left\{(d-z-z_0)\sqrt{\frac{\eta_r\xi_n^2+s}{\eta_z}}\right\}\right]+$$

$$+\frac{\pi}{2\phi c_t\sqrt{\eta_z}}\sum_{n=1}^{\infty}\frac{\xi_n\left\{\lambda J_0(\xi_n b)-\xi_n J_1(\xi_n b)\right\}^2\mathcal{V}_{\mathcal{N}0}(\xi_n r,a)\,\mathrm{sech}\left(d\sqrt{\frac{\eta_r\xi_n^2+s}{\eta_z}}\right)}{\left[\left(\lambda^2+\xi_n^2\right)J_1^2(\xi_n a)-\left\{\lambda J_0(\xi_n b)-\xi_n J_1(\xi_n b)\right\}^2\right]\sqrt{\eta_r\xi_n^2+s}}\times$$

$$\times\int_0^d\overline{\psi}_a(u,s)\left[\sinh\left\{(d-|z-u|)\sqrt{\frac{\eta_r\xi_n^2+s}{\eta_z}}\right\}+\sinh\left\{(d-z-u)\sqrt{\frac{\eta_r\xi_n^2+s}{\eta_z}}\right\}\right]du+$$

$$+\frac{\pi}{2\phi c_t\sqrt{\eta_z}}\sum_{n=1}^{\infty}\frac{\xi_n^2 J_1(\xi_n a)\left\{\lambda J_0(\xi_n b)-\xi_n J_1(\xi_n b)\right\}\mathcal{V}_{\mathcal{N}0}(\xi_n r,a)\,\mathrm{sech}\left(d\sqrt{\frac{\eta_r\xi_n^2+s}{\eta_z}}\right)}{\left[\left(\lambda^2+\xi_n^2\right)J_1^2(\xi_n a)-\left\{\lambda J_0(\xi_n b)-\xi_n J_1(\xi_n b)\right\}^2\right]\sqrt{\eta_r\xi_n^2+s}}\times$$

$$\times\int_0^d\overline{\psi}_b(u,s)\left[\sinh\left\{(d-|z-u|)\sqrt{\frac{\eta_r\xi_n^2+s}{\eta_z}}\right\}+\sinh\left\{(d-z-u)\sqrt{\frac{\eta_r\xi_n^2+s}{\eta_z}}\right\}\right]du+$$

$$+\frac{\pi^2}{2}\sum_{n=1}^{\infty}\frac{\xi_n^2\left\{\lambda J_0(\xi_n b)-\xi_n J_1(\xi_n b)\right\}^2\mathcal{V}_{\mathcal{N}0}(\xi_n r,a)\,\mathrm{sech}\left(d\sqrt{\frac{\eta_r\xi_n^2+s}{\eta_z}}\right)}{\left[\left(\lambda^2+\xi_n^2\right)J_1^2(\xi_n a)-\left\{\lambda J_0(\xi_n b)-\xi_n J_1(\xi_n b)\right\}^2\right]}\times$$

$$\times\left[\frac{\overline{\overline{\psi}}_0(\xi_n,s)}{\phi c_t\sqrt{\eta_z\left(\eta_r\xi_n^2+s\right)}}\sinh\left\{(d-z)\sqrt{\frac{\eta_r\xi_n^2+s}{\eta_z}}\right\}+\overline{\overline{\psi}}_d(\xi_n,s)\cosh\left\{z\sqrt{\frac{\eta_r\xi_n^2+s}{\eta_z}}\right\}\right]+$$

$$+\frac{\pi^2}{4\sqrt{\eta_z}}\sum_{n=1}^{\infty}\frac{\xi_n^2\left\{\lambda J_0(\xi_n b)-\xi_n J_1(\xi_n b)\right\}^2\mathcal{V}_{\mathcal{N}0}(\xi_n r,a)\,\mathrm{sech}\left(d\sqrt{\frac{\eta_r\xi_n^2+s}{\eta_z}}\right)}{\left[\left(\lambda^2+\xi_n^2\right)J_1^2(\xi_n a)-\left\{\lambda J_0(\xi_n b)-\xi_n J_1(\xi_n b)\right\}^2\right]\sqrt{\eta_r\xi_n^2+s}}\times$$

$$\times\int_0^d\overline{\varphi}(\xi_n,u)\left[\sinh\left\{(d-|z-u|)\sqrt{\frac{\eta_r\xi_n^2+s}{\eta_z}}\right\}+\sinh\left\{(d-z-u)\sqrt{\frac{\eta_r\xi_n^2+s}{\eta_z}}\right\}\right]du \qquad (21.45.2)$$

where $\overline{\varphi}(\xi_n,u)=\int_a^b\varphi(r,u)\,r\mathcal{V}_{\mathcal{N}0}(\xi_n r,a)\,dr$ and

$$p=\frac{U(t-t_0)\,\pi}{8\phi c_t d}\sum_{n=1}^{\infty}\frac{\xi_n^2\left\{\lambda J_0(\xi_n b)-\xi_n J_1(\xi_n b)\right\}^2\mathcal{V}_{\mathcal{N}0}(\xi_n r_0,a)\,\mathcal{V}_{\mathcal{N}0}(\xi_n r,a)}{\left[\left(\lambda^2+\xi_n^2\right)J_1^2(\xi_n a)-\left\{\lambda J_0(\xi_n b)-\xi_n J_1(\xi_n b)\right\}^2\right]}\times$$

$$\times\int_0^{t-t_0}q(t-t_0-\tau)\left[\Theta_2\left\{\frac{\pi(z-z_0)}{2d},e^{-\left(\frac{\pi}{d}\right)^2\eta_z\tau}\right\}+\Theta_2\left\{\frac{\pi(z+z_0)}{2d},e^{-\left(\frac{\pi}{d}\right)^2\eta_z\tau}\right\}\right]e^{-\eta_r\xi_n^2\tau}d\tau+$$

$$+\frac{\pi}{2\phi c_t d}\sum_{n=1}^{\infty}\frac{\xi_n\left\{\lambda J_0(\xi_n b)-\xi_n J_1(\xi_n b)\right\}^2\mathcal{V}_{\mathcal{N}0}(\xi_n r,a)}{\left[\left(\lambda^2+\xi_n^2\right)J_1^2(\xi_n a)-\left\{\lambda J_0(\xi_n b)-\xi_n J_1(\xi_n b)\right\}^2\right]}\times$$

$$\times\int_0^t e^{-\eta_r\xi_n^2\tau}\int_0^d\psi_a(u,t-\tau)\left[\Theta_2\left\{\frac{\pi(z-u)}{2d},e^{-\left(\frac{\pi}{d}\right)^2\eta_z\tau}\right\}+\Theta_2\left\{\frac{\pi(z+u)}{2d},e^{-\left(\frac{\pi}{d}\right)^2\eta_z\tau}\right\}\right]du\,d\tau+$$

$$+\frac{\pi}{2\phi c_t d}\sum_{n=1}^{\infty}\frac{\xi_n^2 J_1(\xi_n a)\left\{\lambda J_0(\xi_n b)-\xi_n J_1(\xi_n b)\right\}\mathcal{V}_{\mathcal{N}0}(\xi_n r,a)}{\left[\left(\lambda^2+\xi_n^2\right)J_1^2(\xi_n a)-\left\{\lambda J_0(\xi_n b)-\xi_n J_1(\xi_n b)\right\}^2\right]}\times$$

$$\times\int_0^t e^{-\eta_r\xi_n^2\tau}\int_0^d\psi_b(u,t-\tau)\left[\Theta_2\left\{\frac{\pi(z-u)}{2d},e^{-\left(\frac{\pi}{d}\right)^2\eta_z\tau}\right\}+\Theta_2\left\{\frac{\pi(z+u)}{2d},e^{-\left(\frac{\pi}{d}\right)^2\eta_z\tau}\right\}\right]du\,d\tau+$$

$$+\frac{\pi^2}{2d}\sum_{n=1}^{\infty}\frac{\xi_n^2\left\{\lambda J_0(\xi_n b)-\xi_n J_1(\xi_n b)\right\}^2\mathcal{V}_{\mathcal{N}0}(\xi_n r,a)}{\left[(\lambda^2+\xi_n^2)J_1^2(\xi_n a)-\left\{\lambda J_0(\xi_n b)-\xi_n J_1(\xi_n b)\right\}^2\right]}\times$$

$$\times\int_0^t\left\{\left(\frac{1}{\phi c_t}\right)\Theta_2\left(\frac{\pi z}{2d},e^{-\left(\frac{\pi}{d}\right)^2\eta_z\tau}\right)\overline{\psi}_0(\xi_n,t-\tau)+\left(\frac{\eta_z}{2d}\right)\Theta_1'\left(\frac{\pi z}{2d},e^{-\left(\frac{\pi}{d}\right)^2\eta_z\tau}\right)\overline{\psi}_d(\xi_n,t-\tau)\right\}e^{-\eta_r\xi_n^2\tau}d\tau+$$

$$+\frac{\pi^2}{4d}\sum_{n=1}^{\infty}\frac{\xi_n^2\left\{\lambda J_0(\xi_n b)-\xi_n J_1(\xi_n b)\right\}^2\mathcal{V}_{\mathcal{N}0}(\xi_n r,a)\,e^{-\eta_r\xi_n^2 t}}{\left[(\lambda^2+\xi_n^2)J_1^2(\xi_n a)-\left\{\lambda J_0(\xi_n b)-\xi_n J_1(\xi_n b)\right\}^2\right]}\times$$

$$\times\int_0^d\overline{\varphi}(\xi_n,u)\left[\Theta_2\left\{\frac{\pi(z-u)}{2d},e^{-\left(\frac{\pi}{d}\right)^2\eta_z t}\right\}+\Theta_2\left\{\frac{\pi(z+u)}{2d},e^{-\left(\frac{\pi}{d}\right)^2\eta_z t}\right\}\right]du \qquad (21.45.3)$$

21.46 The problem of 21.40, except
$\mathbf{R}_a\equiv\frac{\partial p(a,z,t)}{\partial r}-\lambda p(a,z,t)=-\left(\frac{\mu}{k_r}\right)\psi_a(z,t)$,
$\mathbf{D}_b\equiv p(b,z,t)=\psi_b(z,t)$, $\mathbf{N}_0\equiv\frac{\partial p(r,0,t)}{\partial z}=-\left(\frac{\mu}{k_z}\right)\psi_0(r,t)$ **and**
$\mathbf{D}_d\equiv p(r,d,t)=\psi_d(r,t)$

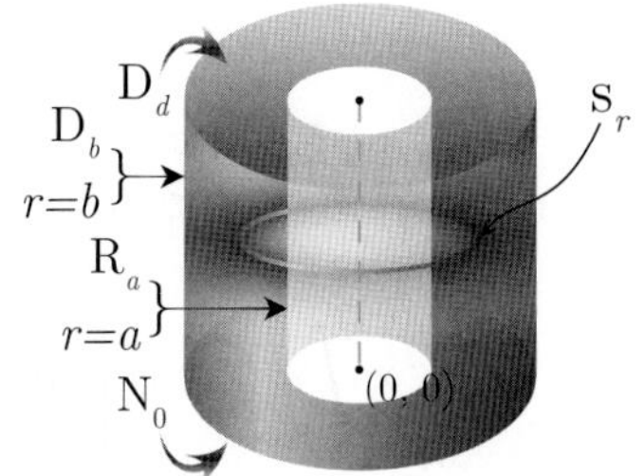

Successive application of the Laplace, Fourier and finite Hankel transformations to equation (18.1.1) gives

$$\overline{\overline{\overline{p}}}=\frac{q(s)e^{-st_0}\cos(\xi_l z_0)\mathcal{V}_{\mathcal{D}0}(\xi_n r_0,b)}{2\pi\phi c_t(\eta_r\xi_n^2+\eta_z\xi_l^2+s)}-\frac{2J_0(\xi_n b)\overline{\overline{\psi}}_a(\xi_l,s)}{\pi\phi c_t(\eta_r\xi_n^2+\eta_z\xi_l^2+s)\left\{\lambda J_0(\xi_n a)+\xi_n J_1(\xi_n a)\right\}}+$$
$$+\frac{2\eta_r\overline{\overline{\psi}}_b(\xi_l,s)}{\pi(\eta_r\xi_n^2+\eta_z\xi_l^2+s)}+\frac{\left\{\eta_z(-1)^{l+1}\xi_l\overline{\overline{\psi}}_d(\xi_n,s)+\frac{\overline{\overline{\psi}}_0(\xi_n,s)}{\phi c_t}\right\}}{(\eta_r\xi_n^2+\eta_z\xi_l^2+s)}+\frac{\overline{\overline{\varphi}}(\xi_n,\xi_l)}{(\eta_r\xi_n^2+\eta_z\xi_l^2+s)} \qquad (21.46.1)$$

where $\mathcal{V}_{\mathcal{D}0}(\xi_n r,b)=J_0(\xi_n r)Y_0(\xi_n b)-Y_0(\xi_n r)J_0(\xi_n b)$. The eigenvalues $\xi_n, n=1,2,...$, are the positive roots of the transcendental equation $\lambda\mathcal{V}_{\mathcal{D}0}(\xi_n a,b)-\xi_n\mathcal{V}_{\mathcal{D}0}'(\xi_n a,b)=0$,* $\xi_l=\frac{(2l-1)\pi}{2d}, l=1,2,...$
$\overline{\overline{\psi}}_0(\xi_n,s)=\int_a^b\overline{\psi}_0(r,s)\,r\mathcal{V}_{\mathcal{D}0}(\xi_n r,b)\,dr$, $\overline{\overline{\psi}}_d(\xi_n,s)=\int_a^b\overline{\psi}_d(r,s)\,r\mathcal{V}_{\mathcal{D}0}(\xi_n r,b)\,dr$,
$\overline{\overline{\psi}}_a(\xi_l,s)=\int_0^d\cos(\xi_l z)\overline{\psi}_a(z,s)dz$, $\overline{\overline{\psi}}_b(\xi_l,s)=\int_0^d\cos(\xi_l z)\overline{\psi}_b(z,s)dz$, $\overline{\overline{\varphi}}(\xi_n,\xi_l)=\int_a^b\overline{\varphi}(r,\xi_l)\,r\mathcal{V}_{\mathcal{D}0}(\xi_n r,a)\,dr$
and $\overline{\varphi}(r,\xi_l)=\int_0^d\cos(\xi_l z)\varphi(r,z)dz$. Successive inverse transforms yield

$$\overline{p}=\frac{\pi q(s)e^{-st_0}}{8\phi c_t\sqrt{\eta_z}}\sum_{n=1}^{\infty}\frac{\xi_n^2\left\{\lambda J_0(\xi_n a)+\xi_n J_1(\xi_n a)\right\}^2\mathcal{V}_{\mathcal{D}0}(\xi r_0,b)\mathcal{V}_{\mathcal{D}0}(\xi r,b)\,\mathrm{sech}\left(d\sqrt{\frac{\eta_r\xi_n^2+s}{\eta_z}}\right)}{\left[\left\{\lambda J_0(\xi_n a)+\xi_n J_1(\xi_n a)\right\}^2-(\lambda^2+\xi_n^2)J_0^2(\xi_n b)\right]\sqrt{(\eta_r\xi_n^2+s)}}\times$$
$$\times\left[\sinh\left\{(d-|z-z_0|)\sqrt{\frac{\eta_r\xi_n^2+s}{\eta_z}}\right\}+\sinh\left\{(d-z-z_0)\sqrt{\frac{\eta_r\xi_n^2+s}{\eta_z}}\right\}\right]-$$
$$-\frac{\pi}{2\phi c_t\sqrt{\eta_z}}\sum_{n=1}^{\infty}\frac{\xi_n^2 J_0(\xi_n b)\left\{\lambda J_0(\xi_n a)+\xi_n J_1(\xi_n a)\right\}\mathcal{V}_{\mathcal{D}0}(\xi r,b)\,\mathrm{sech}\left(d\sqrt{\frac{\eta_r\xi_n^2+s}{\eta_z}}\right)}{\left[\left\{\lambda J_0(\xi_n a)+\xi_n J_1(\xi_n a)\right\}^2-(\lambda^2+\xi_n^2)J_0^2(\xi_n b)\right]\sqrt{\eta_r\xi_n^2+s}}\times$$
$$\times\int_0^d\overline{\psi}_a(u,s)\left[\sinh\left\{(d-|z-u|)\sqrt{\frac{\eta_r\xi_n^2+s}{\eta_z}}\right\}+\sinh\left\{(d-z-u)\sqrt{\frac{\eta_r\xi_n^2+s}{\eta_z}}\right\}\right]du+$$

$^*\mathcal{V}_{\mathcal{D}0}'(\xi_n r,b)=\left\{Y_1(\xi_n r)J_0(\xi_n b)-J_1(\xi_n r)Y_0(\xi_n b)\right\}$.

$$+\frac{\pi\eta_r}{2\sqrt{\eta_z}}\sum_{n=1}^{\infty}\frac{\xi_n^2\left\{\lambda J_0(\xi_n a)+\xi_n J_1(\xi_n a)\right\}^2\mathcal{V}_{\mathcal{D}0}(\xi r,b)\,\mathrm{sech}\left(d\sqrt{\frac{\eta_r\xi_n^2+s}{\eta_z}}\right)}{\left[\left\{\lambda J_0(\xi_n a)+\xi_n J_1(\xi_n a)\right\}^2-(\lambda^2+\xi_n^2)J_0^2(\xi_n b)\right]\sqrt{\eta_r\xi_n^2+s}}\times$$

$$\times\int_0^d\overline{\psi}_b(u,s)\left[\sinh\left\{(d-|z-u|)\sqrt{\frac{\eta_r\xi_n^2+s}{\eta_z}}\right\}+\sinh\left\{(d-z-u)\sqrt{\frac{\eta_r\xi_n^2+s}{\eta_z}}\right\}\right]du+$$

$$+\frac{\pi^2}{2}\sum_{n=1}^{\infty}\frac{\xi_n^2\left\{\lambda J_0(\xi_n a)+\xi_n J_1(\xi_n a)\right\}^2\mathcal{V}_{\mathcal{D}0}(\xi r,b)\,\mathrm{sech}\left(d\sqrt{\frac{\eta_r\xi_n^2+s}{\eta_z}}\right)}{\left[\left\{\lambda J_0(\xi_n a)+\xi_n J_1(\xi_n a)\right\}^2-(\lambda^2+\xi_n^2)J_0^2(\xi_n b)\right]}\times$$

$$\times\left[\frac{\overline{\overline{\psi}}_0(\xi_n,s)}{\phi c_t\sqrt{\eta_z}\,(\eta_r\xi_n^2+s)}\sinh\left\{(d-z)\sqrt{\frac{\eta_r\xi_n^2+s}{\eta_z}}\right\}+\overline{\overline{\psi}}_d(\xi_n,s)\cosh\left\{z\sqrt{\frac{\eta_r\xi_n^2+s}{\eta_z}}\right\}\right]+$$

$$+\frac{\pi^2}{4\sqrt{\eta_z}}\sum_{n=1}^{\infty}\frac{\xi_n^2\left\{\lambda J_0(\xi_n a)+\xi_n J_1(\xi_n a)\right\}^2\mathcal{V}_{\mathcal{D}0}(\xi r,b)\,\mathrm{sech}\left(d\sqrt{\frac{\eta_r\xi_n^2+s}{\eta_z}}\right)}{\left[\left\{\lambda J_0(\xi_n a)+\xi_n J_1(\xi_n a)\right\}^2-(\lambda^2+\xi_n^2)J_0^2(\xi_n b)\right]\sqrt{\eta_r\xi_n^2+s}}\times$$

$$\times\int_0^d\overline{\varphi}(\xi_n,u)\left[\sinh\left\{(d-|z-u|)\sqrt{\frac{\eta_r\xi_n^2+s}{\eta_z}}\right\}+\sinh\left\{(d-z-u)\sqrt{\frac{\eta_r\xi_n^2+s}{\eta_z}}\right\}\right]du \qquad (21.46.2)$$

where $\overline{\varphi}(\xi_n,u)=\int_a^b\varphi(r,u)\,r\mathcal{V}_{\mathcal{D}0}(\xi_n r,a)\,dr$ and

$$p=\frac{U(t-t_0)\,\pi}{8\phi c_t d}\sum_{n=1}^{\infty}\frac{\xi_n^2\left\{\lambda J_0(\xi_n a)+\xi_n J_1(\xi_n a)\right\}^2\mathcal{V}_{\mathcal{D}0}(\xi r_0,b)\,\mathcal{V}_{\mathcal{D}0}(\xi r,b)}{\left[\left\{\lambda J_0(\xi_n a)+\xi_n J_1(\xi_n a)\right\}^2-(\lambda^2+\xi_n^2)J_0^2(\xi_n b)\right]}\times$$

$$\int_0^{t-t_0}q(t-t_0-\tau)\left[\Theta_2\left\{\frac{\pi(z-z_0)}{2d},e^{-\left(\frac{\pi}{d}\right)^2\eta_z\tau}\right\}+\Theta_2\left\{\frac{\pi(z+z_0)}{2d},e^{-\left(\frac{\pi}{d}\right)^2\eta_z\tau}\right\}\right]e^{-\eta_r\xi_n^2\tau}d\tau-$$

$$-\frac{\pi}{2\phi c_t d}\sum_{n=1}^{\infty}\frac{\xi_n^2 J_0(\xi_n b)\left\{\lambda J_0(\xi_n a)+\xi_n J_1(\xi_n a)\right\}\mathcal{V}_{\mathcal{D}0}(\xi r,b)}{\left[\left\{\lambda J_0(\xi_n a)+\xi_n J_1(\xi_n a)\right\}^2-(\lambda^2+\xi_n^2)J_0^2(\xi_n b)\right]}\times$$

$$\times\int_0^t e^{-\eta_r\xi_n^2\tau}\int_0^d\psi_a(u,t-\tau)\left[\Theta_2\left\{\frac{\pi(z-u)}{2d},e^{-\left(\frac{\pi}{d}\right)^2\eta_z\tau}\right\}+\Theta_2\left\{\frac{\pi(z+u)}{2d},e^{-\left(\frac{\pi}{d}\right)^2\eta_z\tau}\right\}\right]du\,d\tau+$$

$$+\frac{\pi\eta_r}{2d}\sum_{n=1}^{\infty}\frac{\xi_n^2\left\{\lambda J_0(\xi_n a)+\xi_n J_1(\xi_n a)\right\}^2\mathcal{V}_{\mathcal{D}0}(\xi r,b)}{\left[\left\{\lambda J_0(\xi_n a)+\xi_n J_1(\xi_n a)\right\}^2-(\lambda^2+\xi_n^2)J_0^2(\xi_n b)\right]}\times$$

$$\times\int_0^t e^{-\eta_r\xi_n^2\tau}\int_0^d\psi_b(u,t-\tau)\left[\Theta_2\left\{\frac{\pi(z-u)}{2d},e^{-\left(\frac{\pi}{d}\right)^2\eta_z\tau}\right\}+\Theta_2\left\{\frac{\pi(z+u)}{2d},e^{-\left(\frac{\pi}{d}\right)^2\eta_z\tau}\right\}\right]du\,d\tau+$$

$$+\frac{\pi^2}{2d}\sum_{n=1}^{\infty}\frac{\xi_n^2\left\{\lambda J_0(\xi_n a)+\xi_n J_1(\xi_n a)\right\}^2\mathcal{V}_{\mathcal{D}0}(\xi r,b)}{\left[\left\{\lambda J_0(\xi_n a)+\xi_n J_1(\xi_n a)\right\}^2-(\lambda^2+\xi_n^2)J_0^2(\xi_n b)\right]}\times$$

$$\times\int_0^t\left\{\left(\frac{1}{\phi c_t}\right)\Theta_2\left(\frac{\pi z}{2d},e^{-\left(\frac{\pi}{d}\right)^2\eta_z\tau}\right)\overline{\psi}_0(\xi_n,t-\tau)+\left(\frac{\eta_z}{2d}\right)\Theta_1'\left(\frac{\pi z}{2d},e^{-\left(\frac{\pi}{d}\right)^2\eta_z\tau}\right)\overline{\psi}_d(\xi_n,t-\tau)\right\}e^{-\eta_r\xi_n^2\tau}d\tau+$$

$$+\frac{\pi^2}{4d}\sum_{n=1}^{\infty}\frac{\xi_n^2\left\{\lambda J_0(\xi_n a)+\xi_n J_1(\xi_n a)\right\}^2\mathcal{V}_{\mathcal{D}0}(\xi r,b)\,e^{-\eta_r\xi_n^2 t}}{\left[\left\{\lambda J_0(\xi_n a)+\xi_n J_1(\xi_n a)\right\}^2-(\lambda^2+\xi_n^2)J_0^2(\xi_n b)\right]}\times$$

$$\times \int_0^d \overline{\varphi}(\xi_n, u)\left[\Theta_2\left\{\frac{\pi(z-u)}{2d}, e^{-\left(\frac{\pi}{d}\right)^2\eta_z t}\right\} + \Theta_2\left\{\frac{\pi(z+u)}{2d}, e^{-\left(\frac{\pi}{d}\right)^2\eta_z t}\right\}\right] du \qquad (21.46.3)$$

21.47 The problem of 21.40, except
$\mathbf{R}_a \equiv \frac{\partial p(a,z,t)}{\partial r} - \lambda p(a,z,t) = -\left(\frac{\mu}{k_r}\right)\psi_a(z,t)$,
$\mathbf{N}_b \equiv \frac{\partial p(b,z,t)}{\partial r} = -\left(\frac{\mu}{k_r}\right)\psi_b(z,t)$, $\mathbf{N}_0 \equiv \frac{\partial p(r,0,t)}{\partial z} = -\left(\frac{\mu}{k_z}\right)\psi_0(r,t)$
and $\mathbf{D}_d \equiv p(r,d,t) = \psi_d(r,t)$

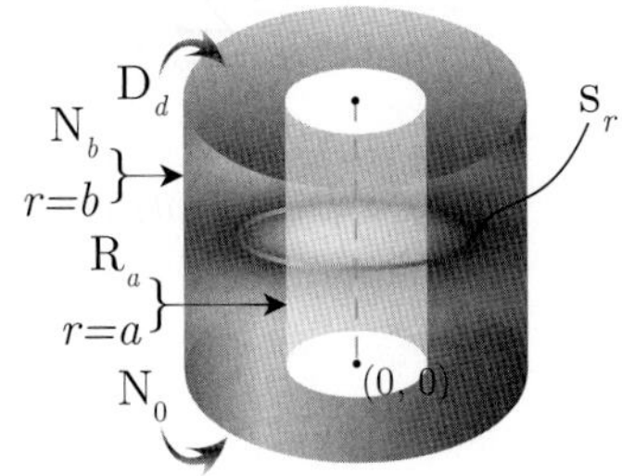

Successive application of the Laplace, Fourier and finite Hankel transformations to equation (18.1.1) gives

$$\overline{\overline{\overline{p}}} = \frac{q(s)e^{-st_0}\cos(\xi_l z_0)\mathcal{V}_{\mathcal{N}0}(\xi_n r_0, b)}{2\pi\phi c_t(\eta_r\xi_n^2+\eta_z\xi_l^2+s)} + \frac{2J_1(\xi_n b)\overline{\overline{\psi}}_a(\xi_l, s)}{\pi\phi c_t(\eta_r\xi_n^2+\eta_z\xi_l^2+s)\{\lambda J_0(\xi_n a)+\xi_n J_1(\xi_n a)\}} -$$
$$-\frac{2\overline{\overline{\psi}}_b(\xi_l,s)}{\pi\phi c_t\xi_n(\eta_r\xi_n^2+\eta_z\xi_l^2+s)} + \frac{\left\{\eta_z(-1)^{l+1}\xi_l\overline{\overline{\psi}}_d(\xi_n,s) + \frac{\overline{\overline{\psi}}_0(\xi_n,s)}{\phi c_t}\right\}}{(\eta_r\xi_n^2+\eta_z\xi_l^2+s)} + \frac{\overline{\overline{\varphi}}(\xi_n,\xi_l)}{(\eta_r\xi_n^2+\eta_z\xi_l^2+s)} \qquad (21.47.1)$$

where $\xi_n, n = 1, 2, ...$, are the positive roots of the transcendental equation $\lambda\mathcal{V}_{\mathcal{N}0}(\xi_n a, b) - \xi_n\mathcal{V}'_{\mathcal{N}0}(\xi_n a, b) = 0$, $\xi_l = \frac{(2l-1)\pi}{2d}, l = 1, 2, ...$ $\overline{\overline{\psi}}_0(\xi_n, s) = \int_a^b \overline{\psi}_0(r,s)\, r\mathcal{V}_{\mathcal{N}0}(\xi_n r, b)\, dr$, $\overline{\overline{\psi}}_d(\xi_n, s) = \int_a^b \overline{\psi}_d(r,s)\, r\mathcal{V}_{\mathcal{N}0}(\xi_n r, b)\, dr$, $\overline{\overline{\psi}}_a(\xi_l, s) = \int_0^d \cos(\xi_l z)\overline{\psi}_a(z,s)dz$, $\overline{\overline{\psi}}_b(\xi_l, s) = \int_0^d \cos(\xi_l z)\overline{\psi}_b(z,s)dz$, $\overline{\overline{\varphi}}(\xi_n, \xi_l) = \int_a^b \overline{\varphi}(r,\xi_l)\, r\mathcal{V}_{\mathcal{N}0}(\xi_n r, a)\, dr$ and $\overline{\varphi}(r,\xi_l) = \int_0^d \cos(\xi_l z)\varphi(r,z)dz$. Successive inverse transforms yield

$$\overline{p} = \frac{\pi q(s)e^{-st_0}}{8\phi c_t\sqrt{\eta_z}}\sum_{n=1}^{\infty}\frac{\xi_n^2\{\lambda J_0(\xi_n a)+\xi_n J_1(\xi_n a)\}^2\mathcal{V}_{\mathcal{N}0}(\xi r_0, b)\mathcal{V}_{\mathcal{N}0}(\xi r, b)\operatorname{sech}\left(d\sqrt{\frac{\eta_r\xi_n^2+s}{\eta_z}}\right)}{\left[\{\lambda J_0(\xi_n a)+\xi_n J_1(\xi_n a)\}^2-(\lambda^2+\xi_n^2)J_1^2(\xi_n b)\right]\sqrt{(\eta_r\xi_n^2+s)}} \times$$
$$\times\left[\sinh\left\{(d-|z-z_0|)\sqrt{\frac{\eta_r\xi_n^2+s}{\eta_z}}\right\} + \sinh\left\{(d-z-z_0)\sqrt{\frac{\eta_r\xi_n^2+s}{\eta_z}}\right\}\right] +$$
$$+\frac{\pi}{2\phi c_t\sqrt{\eta_z}}\sum_{n=1}^{\infty}\frac{\xi_n^2 J_1(\xi_n b)\{\lambda J_0(\xi_n a)+\xi_n J_1(\xi_n a)\}\mathcal{V}_{\mathcal{N}0}(\xi r, b)\operatorname{sech}\left(d\sqrt{\frac{\eta_r\xi_n^2+s}{\eta_z}}\right)}{\left[\{\lambda J_0(\xi_n a)+\xi_n J_1(\xi_n a)\}^2-(\lambda^2+\xi_n^2)J_1^2(\xi_n b)\right]\sqrt{\eta_r\xi_n^2+s}} \times$$
$$\times\int_0^d \overline{\psi}_a(u,s)\left[\sinh\left\{(d-|z-u|)\sqrt{\frac{\eta_r\xi_n^2+s}{\eta_z}}\right\} + \sinh\left\{(d-z-u)\sqrt{\frac{\eta_r\xi_n^2+s}{\eta_z}}\right\}\right] du -$$
$$-\frac{\pi}{2\phi c_t\sqrt{\eta_z}}\sum_{n=1}^{\infty}\frac{\xi_n\{\lambda J_0(\xi_n a)+\xi_n J_1(\xi_n a)\}^2\mathcal{V}_{\mathcal{N}0}(\xi r, b)\operatorname{sech}\left(d\sqrt{\frac{\eta_r\xi_n^2+s}{\eta_z}}\right)}{\left[\{\lambda J_0(\xi_n a)+\xi_n J_1(\xi_n a)\}^2-(\lambda^2+\xi_n^2)J_1^2(\xi_n b)\right]\sqrt{\eta_r\xi_n^2+s}} \times$$
$$\times\int_0^d \overline{\psi}_b(u,s)\left[\sinh\left\{(d-|z-u|)\sqrt{\frac{\eta_r\xi_n^2+s}{\eta_z}}\right\} + \sinh\left\{(d-z-u)\sqrt{\frac{\eta_r\xi_n^2+s}{\eta_z}}\right\}\right] du +$$
$$+\frac{\pi^2}{2}\sum_{n=1}^{\infty}\frac{\xi_n^2\{\lambda J_0(\xi_n a)+\xi_n J_1(\xi_n a)\}^2\mathcal{V}_{\mathcal{N}0}(\xi r, b)\operatorname{sech}\left(d\sqrt{\frac{\eta_r\xi_n^2+s}{\eta_z}}\right)}{\left[\{\lambda J_0(\xi_n a)+\xi_n J_1(\xi_n a)\}^2-(\lambda^2+\xi_n^2)J_1^2(\xi_n b)\right]} \times$$

$$\times\left[\frac{\overline{\overline{\psi}}_0(\xi_n,s)}{\phi c_t\sqrt{\eta_z}\,(\eta_r\xi_n^2+s)}\sinh\left\{(d-z)\sqrt{\frac{\eta_r\xi_n^2+s}{\eta_z}}\right\}+\overline{\overline{\psi}}_d(\xi_n,s)\cosh\left\{z\sqrt{\frac{\eta_r\xi_n^2+s}{\eta_z}}\right\}\right]+$$

$$+\frac{\pi^2}{4\sqrt{\eta_z}}\sum_{n=1}^{\infty}\frac{\xi_n^2\left\{\lambda J_0(\xi_n a)+\xi_n J_1(\xi_n a)\right\}^2\mathcal{V}_{\mathcal{N}0}(\xi r,b)\,\mathrm{sech}\left(d\sqrt{\frac{\eta_r\xi_n^2+s}{\eta_z}}\right)}{\left[\left\{\lambda J_0(\xi_n a)+\xi_n J_1(\xi_n a)\right\}^2-(\lambda^2+\xi_n^2)J_1^2(\xi_n b)\right]\sqrt{\eta_r\xi_n^2+s}}\times$$

$$\times\int_0^d\overline{\varphi}(\xi_n,u)\left[\sinh\left\{(d-|z-u|)\sqrt{\frac{\eta_r\xi_n^2+s}{\eta_z}}\right\}+\sinh\left\{(d-z-u)\sqrt{\frac{\eta_r\xi_n^2+s}{\eta_z}}\right\}\right]du \qquad (21.47.2)$$

where $\overline{\varphi}(\xi_n,u)=\int_a^b\varphi(r,u)\,r\mathcal{V}_{\mathcal{N}0}(\xi_n r,a)\,dr$ and

$$p=\frac{U(t-t_0)\,\pi}{8\phi c_t d}\sum_{n=1}^{\infty}\frac{\xi_n^2\left\{\lambda J_0(\xi_n a)+\xi_n J_1(\xi_n a)\right\}^2\mathcal{V}_{\mathcal{N}0}(\xi r_0,b)\,\mathcal{V}_{\mathcal{N}0}(\xi r,b)}{\left[\left\{\lambda J_0(\xi_n a)+\xi_n J_1(\xi_n a)\right\}^2-(\lambda^2+\xi_n^2)J_1^2(\xi_n b)\right]}\times$$

$$\int_0^{t-t_0}q(t-t_0-\tau)\left[\Theta_2\left\{\frac{\pi(z-z_0)}{2d},e^{-\left(\frac{\pi}{d}\right)^2\eta_z\tau}\right\}+\Theta_2\left\{\frac{\pi(z+z_0)}{2d},e^{-\left(\frac{\pi}{d}\right)^2\eta_z\tau}\right\}\right]e^{-\eta_r\xi_n^2\tau}d\tau+$$

$$+\frac{\pi}{2\phi c_t d}\sum_{n=1}^{\infty}\frac{\xi_n^2 J_1(\xi_n b)\left\{\lambda J_0(\xi_n a)+\xi_n J_1(\xi_n a)\right\}\mathcal{V}_{\mathcal{N}0}(\xi r,b)}{\left[\left\{\lambda J_0(\xi_n a)+\xi_n J_1(\xi_n a)\right\}^2-(\lambda^2+\xi_n^2)J_1^2(\xi_n b)\right]}\times$$

$$\times\int_0^t e^{-\eta_r\xi_n^2\tau}\int_0^d\psi_a(u,t-\tau)\left[\Theta_2\left\{\frac{\pi(z-u)}{2d},e^{-\left(\frac{\pi}{d}\right)^2\eta_z\tau}\right\}+\Theta_2\left\{\frac{\pi(z+u)}{2d},e^{-\left(\frac{\pi}{d}\right)^2\eta_z\tau}\right\}\right]du\,d\tau-$$

$$-\frac{\pi}{2\phi c_t d}\sum_{n=1}^{\infty}\frac{\xi_n\left\{\lambda J_0(\xi_n a)+\xi_n J_1(\xi_n a)\right\}^2\mathcal{V}_{\mathcal{N}0}(\xi r,b)}{\left[\left\{\lambda J_0(\xi_n a)+\xi_n J_1(\xi_n a)\right\}^2-(\lambda^2+\xi_n^2)J_1^2(\xi_n b)\right]}\times$$

$$\times\int_0^t e^{-\eta_r\xi_n^2\tau}\int_0^d\psi_b(u,t-\tau)\left[\Theta_2\left\{\frac{\pi(z-u)}{2d},e^{-\left(\frac{\pi}{d}\right)^2\eta_z\tau}\right\}+\Theta_2\left\{\frac{\pi(z+u)}{2d},e^{-\left(\frac{\pi}{d}\right)^2\eta_z\tau}\right\}\right]du\,d\tau+$$

$$+\frac{\pi^2}{2d}\sum_{n=1}^{\infty}\frac{\xi_n^2\left\{\lambda J_0(\xi_n a)+\xi_n J_1(\xi_n a)\right\}^2\mathcal{V}_{\mathcal{N}0}(\xi r,b)}{\left[\left\{\lambda J_0(\xi_n a)+\xi_n J_1(\xi_n a)\right\}^2-(\lambda^2+\xi_n^2)J_1^2(\xi_n b)\right]}\times$$

$$\times\int_0^t\left\{\left(\frac{1}{\phi c_t}\right)\Theta_2\left(\frac{\pi z}{2d},e^{-\left(\frac{\pi}{d}\right)^2\eta_z\tau}\right)\overline{\psi}_0(\xi_n,t-\tau)+\left(\frac{\eta_z}{2d}\right)\Theta_1'\left(\frac{\pi z}{2d},e^{-\left(\frac{\pi}{d}\right)^2\eta_z\tau}\right)\overline{\psi}_d(\xi_n,t-\tau)\right\}e^{-\eta_r\xi_n^2\tau}d\tau+$$

$$+\frac{\pi^2}{4d}\sum_{n=1}^{\infty}\frac{\xi_n^2\left\{\lambda J_0(\xi_n a)+\xi_n J_1(\xi_n a)\right\}^2\mathcal{V}_{\mathcal{N}0}(\xi r,b)\,e^{-\eta_r\xi_n^2 t}}{\left[\left\{\lambda J_0(\xi_n a)+\xi_n J_1(\xi_n a)\right\}^2-(\lambda^2+\xi_n^2)J_1^2(\xi_n b)\right]}\times$$

$$\times\int_0^d\overline{\varphi}(\xi_n,u)\left[\Theta_2\left\{\frac{\pi(z-u)}{2d},e^{-\left(\frac{\pi}{d}\right)^2\eta_z t}\right\}+\Theta_2\left\{\frac{\pi(z+u)}{2d},e^{-\left(\frac{\pi}{d}\right)^2\eta_z t}\right\}\right]du \qquad (21.47.3)$$

21.48 **The problem of 21.40, except**
$\mathbf{R}_a \equiv \frac{\partial p(a,z,t)}{\partial r} - \lambda p(a,z,t) = -\left(\frac{\mu}{k_r}\right)\psi_a(z,t)$,
$\mathbf{R}_b \equiv \frac{\partial p(b,z,t)}{\partial r} + \lambda_b p(b,z,t) = -\left(\frac{\mu}{k_r}\right)\psi_b(z,t)$,
$\mathbf{N}_0 \equiv \frac{\partial p(r,0,t)}{\partial z} = -\left(\frac{\mu}{k_z}\right)\psi_0(r,t)$ **and**
$\mathbf{D}_d \equiv p(r,d,t) = \psi_d(r,t)$

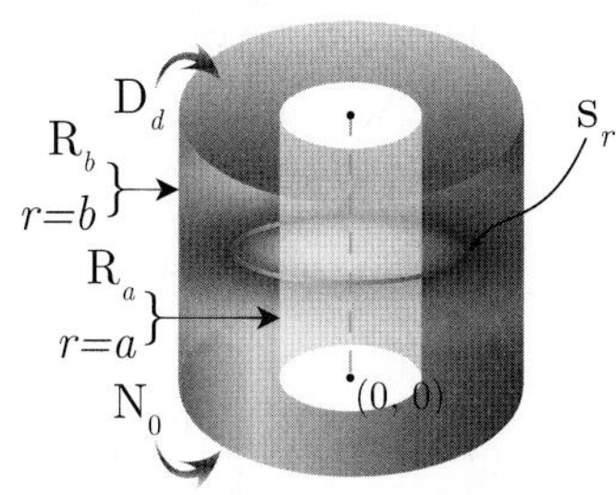

Successive application of the Laplace, Fourier and finite Hankel transformations to equation (18.1.1) gives

$$\overline{\overline{\overline{p}}} = \frac{q(s)\,e^{-st_0}\cos(\xi_l z_0)\{\xi_n\mathcal{V}_{\mathcal{N}0}(\xi_n r_0,a)-\lambda_a\mathcal{V}_{\mathcal{D}0}(\xi_n r_0,a)\}}{2\pi\phi c_t\left(\eta_r\xi_n^2+\eta_z\xi_l^2+s\right)} + \frac{2\{\lambda_a J_0(\xi_n a)+\xi_n J_1(\xi_n a)\}\overline{\overline{\psi}}_b(\xi_l,s)}{\pi\phi c_t(\eta_r\xi_n^2+\eta_z\xi_l^2+s)\{\lambda_b J_0(\xi_n b)-\xi_n J_1(\xi_n b)\}} +$$
$$+\frac{2\overline{\overline{\psi}}_a(\xi_l,s)}{\pi\phi c_t\left(\eta_r\xi_n^2+\eta_z\xi_l^2+s\right)} + \frac{\left\{\eta_z(-1)^{l+1}\xi_l\overline{\overline{\psi}}_d(\xi_n,s)+\frac{\overline{\overline{\psi}}_0(\xi_n,s)}{\phi c_t}\right\}}{\left(\eta_r\xi_n^2+\eta_z\xi_l^2+s\right)} + \frac{\overline{\overline{\varphi}}(\xi_n,\xi_l)}{\left(\eta_r\xi_n^2+\eta_z\xi_l^2+s\right)} \qquad (21.48.1)$$

where $\xi_n, n=1,2,...$, are the positive roots of
$\lambda_a\{\mathcal{V}'_{\mathcal{D}0}(\xi_n b,a)+\lambda_b\mathcal{V}_{\mathcal{D}0}(\xi_n b,a)\} - \xi_n\{\mathcal{V}'_{\mathcal{N}0}(\xi_n b,a)+\lambda_b\mathcal{V}_{\mathcal{N}0}(\xi_n b,a)\}=0$, $\xi_l=\frac{(2l-1)\pi}{2d}, l=1,2,...$
$\overline{\overline{\psi}}_0(\xi_n,s)=\int_a^b\overline{\psi}_0(r,s)\,r\{\xi_n\mathcal{V}_{\mathcal{N}0}(\xi_n r,a)-\lambda_a\mathcal{V}_{\mathcal{D}0}(\xi_n r,a)\}\,dr$,
$\overline{\overline{\psi}}_d(\xi_n,s)=\int_a^b\overline{\psi}_d(r,s)\,r\{\xi_n\mathcal{V}_{\mathcal{N}0}(\xi_n r,a)-\lambda_a\mathcal{V}_{\mathcal{D}0}(\xi_n r,a)\}\,dr$,
$\overline{\overline{\psi}}_a(\xi_l,s)=\int_0^d\cos(\xi_l z)\,\overline{\psi}_a(z,s)dz$, $\overline{\overline{\psi}}_b(\xi_l,s)=\int_0^d\cos(\xi_l z)\,\overline{\psi}_b(z,s)dz$,
$\overline{\overline{\varphi}}(\xi_n,\xi_l)=\int_a^b\overline{\varphi}(r,\xi_l)\,r\{\xi_n\mathcal{V}_{\mathcal{N}0}(\xi_n r,a)-\lambda_a\mathcal{V}_{\mathcal{D}0}(\xi_n r,a)\}\,dr$ and
$\overline{\varphi}(r,\xi_l)=\int_0^d\cos(\xi_l z)\,\varphi(r,z)dz$. Successive inverse transforms yield

$$\overline{p} = \frac{\pi q(s)\,e^{-st_0}}{8\phi c_t\sqrt{\eta_z}}\sum_{n=1}^{\infty}\frac{\xi_n^2\{\xi_n J_1(\xi_n b)-\lambda_b J_0(\xi_n b)\}^2}{\sqrt{(\eta_r\xi_n^2+s)}}\times$$
$$\times\frac{\{\xi_n\mathcal{V}_{\mathcal{N}0}(\xi_n r_0,a)-\lambda_a\mathcal{V}_{\mathcal{D}0}(\xi_n r_0,a)\}\{\xi_n\mathcal{V}_{\mathcal{N}0}(\xi_n r,a)-\lambda_a\mathcal{V}_{\mathcal{D}0}(\xi_n r,a)\}\,\mathrm{sech}\left(d\sqrt{\frac{\eta_r\xi_n^2+s}{\eta_z}}\right)}{\left[(\lambda_b^2+\xi_n^2)\{\lambda_a J_0(\xi_n a)+\xi_n J_1(\xi_n a)\}^2-(\lambda_a^2+\xi_n^2)\{\lambda_b J_0(\xi_n b)+\xi_n J_1(\xi_n b)\}^2\right]}\times$$
$$\times\left[\sinh\left\{(d-|z-z_0|)\sqrt{\frac{\eta_r\xi_n^2+s}{\eta_z}}\right\}+\sinh\left\{(d-z-z_0)\sqrt{\frac{\eta_r\xi_n^2+s}{\eta_z}}\right\}\right]+$$
$$+\frac{\pi}{2\phi c_t\sqrt{\eta_z}}\sum_{n=1}^{\infty}\frac{\xi_n^2\{\xi_n J_1(\xi_n b)-\lambda_b J_0(\xi_n b)\}^2\{\xi_n\mathcal{V}_{\mathcal{N}0}(\xi_n r,a)-\lambda_a\mathcal{V}_{\mathcal{D}0}(\xi_n r,a)\}\,\mathrm{sech}\left(d\sqrt{\frac{\eta_r\xi_n^2+s}{\eta_z}}\right)}{\left[(\lambda_b^2+\xi_n^2)\{\lambda_a J_0(\xi_n a)+\xi_n J_1(\xi_n a)\}^2-(\lambda_a^2+\xi_n^2)\{\lambda_b J_0(\xi_n b)+\xi_n J_1(\xi_n b)\}^2\right]\sqrt{\eta_r\xi_n^2+s}}\times$$
$$\times\int_0^d\overline{\psi}_a(u,s)\left[\sinh\left\{(d-|z-u|)\sqrt{\frac{\eta_r\xi_n^2+s}{\eta_z}}\right\}+\sinh\left\{(d-z-u)\sqrt{\frac{\eta_r\xi_n^2+s}{\eta_z}}\right\}\right]du+$$
$$+\frac{\pi}{2\phi c_t\sqrt{\eta_z}}\sum_{n=1}^{\infty}\frac{\xi_n^2\{\xi_n J_1(\xi_n b)-\lambda_b J_0(\xi_n b)\}\{\xi_n J_1(\xi_n a)+\lambda_a J_0(\xi_n a)\}\{\xi_n\mathcal{V}_{\mathcal{N}0}(\xi_n r,a)-\lambda_a\mathcal{V}_{\mathcal{D}0}(\xi_n r,a)\}}{\left[(\lambda_b^2+\xi_n^2)\{\lambda_a J_0(\xi_n a)+\xi_n J_1(\xi_n a)\}^2-(\lambda_a^2+\xi_n^2)\{\lambda_b J_0(\xi_n b)+\xi_n J_1(\xi_n b)\}^2\right]\sqrt{\eta_r\xi_n^2+s}}\times$$
$$\times\mathrm{sech}\left(d\sqrt{\frac{\eta_r\xi_n^2+s}{\eta_z}}\right)\int_0^d\overline{\psi}_b(u,s)\left[\sinh\left\{(d-|z-u|)\sqrt{\frac{\eta_r\xi_n^2+s}{\eta_z}}\right\}+\sinh\left\{(d-z-u)\sqrt{\frac{\eta_r\xi_n^2+s}{\eta_z}}\right\}\right]du+$$
$$+\frac{\pi^2}{2}\sum_{n=1}^{\infty}\frac{\xi_n^2\{\xi_n J_1(\xi_n b)-\lambda_b J_0(\xi_n b)\}^2\{\xi_n\mathcal{V}_{\mathcal{N}0}(\xi_n r,a)-\lambda_a\mathcal{V}_{\mathcal{D}0}(\xi_n r,a)\}\,\mathrm{sech}\left(d\sqrt{\frac{\eta_r\xi_n^2+s}{\eta_z}}\right)}{\left[(\lambda_b^2+\xi_n^2)\{\lambda_a J_0(\xi_n a)+\xi_n J_1(\xi_n a)\}^2-(\lambda_a^2+\xi_n^2)\{\lambda_b J_0(\xi_n b)+\xi_n J_1(\xi_n b)\}^2\right]}\times$$

$$\times\left[\frac{\overline{\overline{\psi}}_0(\xi_n,s)}{\phi c_t\sqrt{\eta_z}\left(\eta_r\xi_n^2+s\right)}\sinh\left\{(d-z)\sqrt{\frac{\eta_r\xi_n^2+s}{\eta_z}}\right\}+\overline{\overline{\psi}}_d(\xi_n,s)\cosh\left\{z\sqrt{\frac{\eta_r\xi_n^2+s}{\eta_z}}\right\}\right]+$$

$$+\frac{\pi^2}{4\sqrt{\eta_z}}\sum_{n=1}^{\infty}\frac{\xi_n^2\left\{\xi_nJ_1(\xi_nb)-\lambda_bJ_0(\xi_nb)\right\}^2\left\{\xi_n\mathcal{V}_{\mathcal{N}0}(\xi_nr,a)-\lambda_a\mathcal{V}_{\mathcal{D}0}(\xi_nr,a)\right\}\operatorname{sech}\left(d\sqrt{\frac{\eta_r\xi_n^2+s}{\eta_z}}\right)}{\left[\left(\lambda_b^2+\xi_n^2\right)\left\{\lambda_aJ_0(\xi_na)+\xi_nJ_1(\xi_na)\right\}^2-\left(\lambda_a^2+\xi_n^2\right)\left\{\lambda_bJ_0(\xi_nb)+\xi_nJ_1(\xi_nb)\right\}^2\right]\sqrt{\eta_r\xi_n^2+s}}\times$$

$$\times\int_0^d\overline{\varphi}(\xi_n,u)\left[\sinh\left\{(d-|z-u|)\sqrt{\frac{\eta_r\xi_n^2+s}{\eta_z}}\right\}+\sinh\left\{(d-z-u)\sqrt{\frac{\eta_r\xi_n^2+s}{\eta_z}}\right\}\right]du \qquad (21.48.2)$$

where $\overline{\varphi}(\xi_n,u)=\int_a^b\varphi(r,u)\,r\left\{\xi_n\mathcal{V}_{\mathcal{N}0}(\xi_nr,a)-\lambda_a\mathcal{V}_{\mathcal{D}0}(\xi_nr,a)\right\}dr$ and

$$p=\frac{U(t-t_0)\,\pi}{8\phi c_td}\sum_{n=1}^{\infty}\frac{\xi_n^2\left\{\xi_nJ_1(\xi_nb)-\lambda_bJ_0(\xi_nb)\right\}^2\left\{\xi_n\mathcal{V}_{\mathcal{N}0}(\xi_nr_0,a)-\lambda_a\mathcal{V}_{\mathcal{D}0}(\xi_nr_0,a)\right\}}{\left[\left(\lambda_b^2+\xi_n^2\right)\left\{\lambda_aJ_0(\xi_na)+\xi_nJ_1(\xi_na)\right\}^2-\left(\lambda_a^2+\xi_n^2\right)\left\{\lambda_bJ_0(\xi_nb)+\xi_nJ_1(\xi_nb)\right\}^2\right]}\times$$

$$\times\left\{\xi_n\mathcal{V}_{\mathcal{N}0}(\xi_nr,a)-\lambda_a\mathcal{V}_{\mathcal{D}0}(\xi_nr,a)\right\}\times$$

$$\times\int_0^{t-t_0}q(t-t_0-\tau)\left[\Theta_2\left\{\frac{\pi(z-z_0)}{2d},e^{-\left(\frac{\pi}{d}\right)^2\eta_z\tau}\right\}+\Theta_2\left\{\frac{\pi(z+z_0)}{2d},e^{-\left(\frac{\pi}{d}\right)^2\eta_z\tau}\right\}\right]e^{-\eta_r\xi_n^2\tau}d\tau+$$

$$+\frac{\pi}{2\phi c_td}\sum_{n=1}^{\infty}\frac{\xi_n^2\left\{\xi_nJ_1(\xi_nb)-\lambda_bJ_0(\xi_nb)\right\}^2\left\{\xi_n\mathcal{V}_{\mathcal{N}0}(\xi_nr,a)-\lambda_a\mathcal{V}_{\mathcal{D}0}(\xi_nr,a)\right\}}{\left[\left(\lambda_b^2+\xi_n^2\right)\left\{\lambda_aJ_0(\xi_na)+\xi_nJ_1(\xi_na)\right\}^2-\left(\lambda_a^2+\xi_n^2\right)\left\{\lambda_bJ_0(\xi_nb)+\xi_nJ_1(\xi_nb)\right\}^2\right]}\times$$

$$\times\int_0^te^{-\eta_r\xi_n^2\tau}\int_0^d\psi_a(u,t-\tau)\left[\Theta_2\left\{\frac{\pi(z-u)}{2d},e^{-\left(\frac{\pi}{d}\right)^2\eta_z\tau}\right\}+\Theta_2\left\{\frac{\pi(z+u)}{2d},e^{-\left(\frac{\pi}{d}\right)^2\eta_z\tau}\right\}\right]du\,d\tau+$$

$$+\frac{\pi}{2\phi c_td}\sum_{n=1}^{\infty}\frac{\xi_n^2\left\{\xi_nJ_1(\xi_nb)-\lambda_bJ_0(\xi_nb)\right\}\left\{\xi_nJ_1(\xi_na)+\lambda_aJ_0(\xi_na)\right\}\left\{\xi_n\mathcal{V}_{\mathcal{N}0}(\xi_nr,a)-\lambda_a\mathcal{V}_{\mathcal{D}0}(\xi_nr,a)\right\}}{\left[\left(\lambda_b^2+\xi_n^2\right)\left\{\lambda_aJ_0(\xi_na)+\xi_nJ_1(\xi_na)\right\}^2-\left(\lambda_a^2+\xi_n^2\right)\left\{\lambda_bJ_0(\xi_nb)+\xi_nJ_1(\xi_nb)\right\}^2\right]}\times$$

$$\times\int_0^te^{-\eta_r\xi_n^2\tau}\int_0^d\psi_b(u,t-\tau)\left[\Theta_2\left\{\frac{\pi(z-u)}{2d},e^{-\left(\frac{\pi}{d}\right)^2\eta_z\tau}\right\}+\Theta_2\left\{\frac{\pi(z+u)}{2d},e^{-\left(\frac{\pi}{d}\right)^2\eta_z\tau}\right\}\right]du\,d\tau+$$

$$+\frac{\pi^2}{2d}\sum_{n=1}^{\infty}\frac{\xi_n^2\left\{\xi_nJ_1(\xi_nb)-\lambda_bJ_0(\xi_nb)\right\}^2\left\{\xi_n\mathcal{V}_{\mathcal{N}0}(\xi_nr,a)-\lambda_a\mathcal{V}_{\mathcal{D}0}(\xi_nr,a)\right\}}{\left[\left(\lambda_b^2+\xi_n^2\right)\left\{\lambda_aJ_0(\xi_na)+\xi_nJ_1(\xi_na)\right\}^2-\left(\lambda_a^2+\xi_n^2\right)\left\{\lambda_bJ_0(\xi_nb)+\xi_nJ_1(\xi_nb)\right\}^2\right]}\times$$

$$\times\int_0^t\left\{\left(\frac{1}{\phi c_t}\right)\Theta_2\left(\frac{\pi z}{2d},e^{-\left(\frac{\pi}{d}\right)^2\eta_z\tau}\right)\overline{\psi}_0(\xi_n,t-\tau)+\left(\frac{\eta_z}{2d}\right)\Theta_1'\left(\frac{\pi z}{2d},e^{-\left(\frac{\pi}{d}\right)^2\eta_z\tau}\right)\overline{\psi}_d(\xi_n,t-\tau)\right\}e^{-\eta_r\xi_n^2\tau}d\tau+$$

$$+\frac{\pi^2}{4d}\sum_{n=1}^{\infty}\frac{\xi_n^2\left\{\xi_nJ_1(\xi_nb)-\lambda_bJ_0(\xi_nb)\right\}^2\left\{\xi_n\mathcal{V}_{\mathcal{N}0}(\xi_nr,a)-\lambda_a\mathcal{V}_{\mathcal{D}0}(\xi_nr,a)\right\}e^{-\eta_r\xi_n^2t}}{\left[\left(\lambda_b^2+\xi_n^2\right)\left\{\lambda_aJ_0(\xi_na)+\xi_nJ_1(\xi_na)\right\}^2-\left(\lambda_a^2+\xi_n^2\right)\left\{\lambda_bJ_0(\xi_nb)+\xi_nJ_1(\xi_nb)\right\}^2\right]}\times$$

$$\times\int_0^d\overline{\varphi}(\xi_n,u)\left[\Theta_2\left\{\frac{\pi(z-u)}{2d},e^{-\left(\frac{\pi}{d}\right)^2\eta_zt}\right\}+\Theta_2\left\{\frac{\pi(z+u)}{2d},e^{-\left(\frac{\pi}{d}\right)^2\eta_zt}\right\}\right]du \qquad (21.48.3)$$

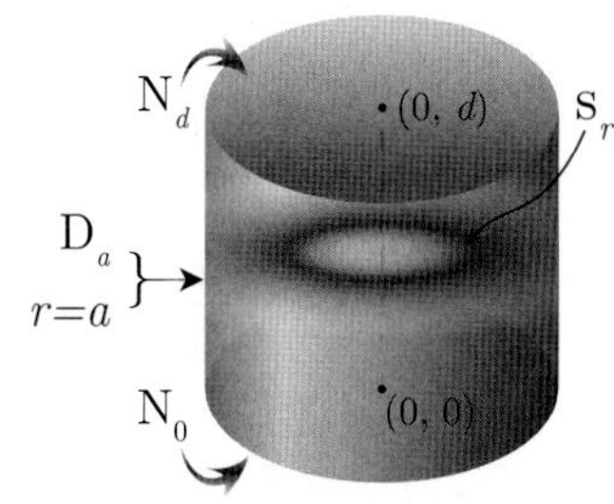

21.49 **A cylindrical continuum bounded by $0 \le r \le a$ and $0 \le z \le d$. Ring source at $s_r \equiv (r_0, z_0)$; $0 \le r_0 \le a$, $0 < z_0 < d$, $t_0 \ge 0$. $N_0 \equiv \frac{\partial p(r,0,t)}{\partial z} = -\left(\frac{\mu}{k_z}\right)\psi_0(r,t)$, $N_d \equiv \frac{\partial p(r,d,t)}{\partial z} = -\left(\frac{\mu}{k_z}\right)\psi_d(r,t)$ and $D_a \equiv p(a,z,t) = \psi_a(z,t)$. $p(r,z,0) = \varphi(r,z)$**

Successive application of the Laplace, Fourier and finite Hankel transformations to equation (18.1.1) gives

$$\begin{aligned}\overline{\overline{\overline{p}}} =& \frac{q(s)e^{-st_0}\cos(\xi_l z_0)J_0(\xi_n r_0)}{2\pi\phi c_t(\eta_r\xi_n^2+\eta_z\xi_l^2+s)} + \frac{a\eta_r\xi_n\overline{\overline{\psi}}_a(\xi_l,s)J_1(\xi_n a)}{(\eta_r\xi_n^2+\eta_z\xi_l^2+s)} + \\ &+\frac{\left\{(-1)^{l+1}\overline{\overline{\psi}}_d(\xi_n,s)+\overline{\overline{\psi}}_0(\xi_n,s)\right\}}{\phi c_t(\eta_r\xi_n^2+\eta_z\xi_l^2+s)} + \frac{\overline{\overline{\varphi}}(\xi_n,\xi_l)}{(\eta_r\xi_n^2+\eta_z\xi_l^2+s)}\end{aligned} \tag{21.49.1}$$

where ξ_n are the positive roots of $J_0(\xi_n a) = 0$, $n = 1,2,...$, $\xi_l = \frac{l\pi}{d}, l = 1,2,...$, $\overline{\overline{\psi}}_a(\xi_l,s) = \int_0^d \cos(\xi_l z)\overline{\psi}_a(z,s)dz$, $\overline{\overline{\psi}}_0(\xi_n,s) = \int_0^a \overline{\psi}_0(r,s)rJ_0(\xi r)\,dr$, $\overline{\overline{\psi}}_d(\xi_n,s) = \int_0^a \overline{\psi}_d(r,s)rJ_0(\xi r)\,dr$, $\overline{\overline{\varphi}}(\xi_n,\xi_l) = \int_0^a \overline{\varphi}(r,\xi_l)\,rJ_0(\xi_n r)\,dr$ and $\overline{\varphi}(r,\xi_l) = \int_0^d \cos(\xi_l z)\varphi(r,z)dz$. Successive inverse transforms yield

$$\begin{aligned}\overline{p} =& \frac{q(s)e^{-st_0}}{2\pi a^2\phi c_t\sqrt{\eta_z}}\sum_{n=1}^{\infty}\frac{J_0(\xi_n r_0)J_0(\xi_n r)\operatorname{csch}\left(d\sqrt{\frac{\eta_r\xi_n^2+s}{\eta_z}}\right)}{J_1^2(\xi_n a)\sqrt{(\eta_r\xi_n^2+s)}}\times \\ &\times\left[\cosh\left\{(d-|z-z_0|)\sqrt{\frac{\eta_r\xi_n^2+s}{\eta_z}}\right\}+\cosh\left\{(d-z-z_0)\sqrt{\frac{\eta_r\xi_n^2+s}{\eta_z}}\right\}\right]+ \\ &+\frac{\eta_r}{a\sqrt{\eta_z}}\sum_{n=1}^{\infty}\frac{\xi_n J_0(\xi_n r)\operatorname{csch}\left(d\sqrt{\frac{\eta_r\xi_n^2+s}{\eta_z}}\right)}{J_1(\xi_n a)\sqrt{\eta_r\xi_n^2+s}}\times \\ &\times\int_0^d\overline{\psi}_a(u,s)\left[\cosh\left\{(d-|z-u|)\sqrt{\frac{\eta_r\xi_n^2+s}{\eta_z}}\right\}+\cosh\left\{(d-z-u)\sqrt{\frac{\eta_r\xi_n^2+s}{\eta_z}}\right\}\right]du+ \\ &+\frac{2}{a^2\phi c_t\sqrt{\eta_z}}\sum_{n=1}^{\infty}\frac{J_0(\xi_n r)\operatorname{csch}\left(d\sqrt{\frac{\eta_r\xi_n^2+s}{\eta_z}}\right)}{J_1^2(\xi_n a)\sqrt{(\eta_r\xi_n^2+s)}}\times \\ &\times\left[\overline{\overline{\psi}}_0(\xi_n,s)\cosh\left\{(d-z)\sqrt{\frac{\eta_r\xi_n^2+s}{\eta_z}}\right\}-\overline{\overline{\psi}}_d(\xi_n,s)\cosh\left\{z\sqrt{\frac{\eta_r\xi_n^2+s}{\eta_z}}\right\}\right]+ \\ &+\frac{1}{a^2\sqrt{\eta_z}}\sum_{n=1}^{\infty}\frac{J_0(\xi_n r)\operatorname{csch}\left(d\sqrt{\frac{\eta_r\xi_n^2+s}{\eta_z}}\right)}{J_1^2(\xi_n a)\sqrt{\eta_r\xi_n^2+s}}\times \\ &\times\int_0^d\overline{\varphi}(\xi_n,u)\left[\cosh\left\{(d-|z-u|)\sqrt{\frac{\eta_r\xi_n^2+s}{\eta_z}}\right\}+\cosh\left\{(d-z-u)\sqrt{\frac{\eta_r\xi_n^2+s}{\eta_z}}\right\}\right]du\end{aligned} \tag{21.49.2}$$

where $\overline{\varphi}(\xi_n,u) = \int_0^a \varphi(r,u)\,rJ_0(\xi_n r)\,dr$ and

$$p = \frac{U(t-t_0)}{2\pi a^2 d\phi c_t}\sum_{n=1}^{\infty}\frac{J_0(\xi_n r_0)J_0(\xi_n r)}{J_1^2(\xi_n a)}\times$$

$$\times \int_0^{t-t_0} q(t-t_0-\tau)\left[\Theta_3\left\{\frac{\pi(z-z_0)}{2d}, e^{-\left(\frac{\pi}{d}\right)^2\eta_z\tau}\right\}+\Theta_3\left\{\frac{\pi(z+z_0)}{2d}, e^{-\left(\frac{\pi}{d}\right)^2\eta_z\tau}\right\}\right]e^{-\eta_r\xi_n^2\tau}d\tau+$$

$$+\frac{\eta_r}{ad}\sum_{n=1}^{\infty}\frac{\xi_n J_0(\xi_n r)}{J_1(\xi_n a)}\times$$

$$\times\int_0^t e^{-\eta_r\xi_n^2\tau}\int_0^d \psi_a(u,t-\tau)\left[\Theta_3\left\{\frac{\pi(z-u)}{2d}, e^{-\left(\frac{\pi}{d}\right)^2\eta_z\tau}\right\}+\Theta_3\left\{\frac{\pi(z+u)}{2d}, e^{-\left(\frac{\pi}{d}\right)^2\eta_z\tau}\right\}\right]dud\tau-$$

$$-\frac{2}{a^2d\phi c_t}\sum_{n=1}^{\infty}\frac{J_0(\xi_n r)}{J_1^2(\xi_n a)}\times$$

$$\times\int_0^t\left\{\Theta_3\left(\frac{\pi z}{2d}, e^{-\left(\frac{\pi}{d}\right)^2\eta_z\tau}\right)\overline{\psi}_0(\xi_n,t-\tau)-\Theta_4\left(\frac{\pi z}{2d}, e^{-\left(\frac{\pi}{d}\right)^2\eta_z\tau}\right)\overline{\psi}_d(\xi_n,t-\tau)\right\}e^{-\eta_r\xi_n^2\tau}d\tau+$$

$$+\frac{1}{a^2d}\sum_{n=1}^{\infty}\frac{J_0(\xi_n r)e^{-\eta_r\xi_n^2 t}}{J_1^2(\xi_n a)}\int_0^d\overline{\varphi}(\xi_n,u)\left[\Theta_3\left\{\frac{\pi(z-u)}{2d}, e^{-\left(\frac{\pi}{d}\right)^2\eta_z t}\right\}+\Theta_3\left\{\frac{\pi(z+u)}{2d}, e^{-\left(\frac{\pi}{d}\right)^2\eta_z t}\right\}\right]du \tag{21.49.3}$$

21.50

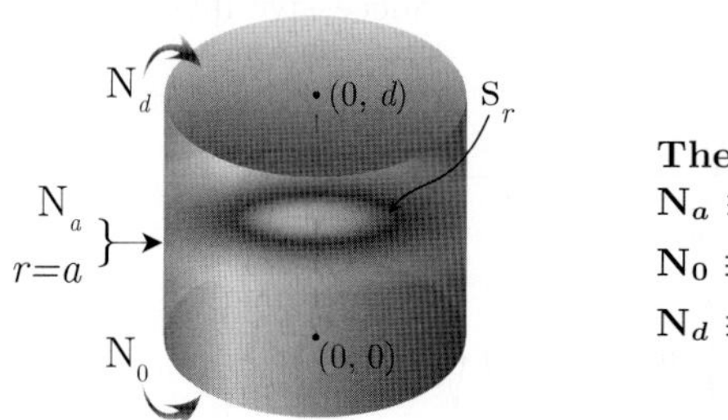

The problem of 21.49, except
$\mathbf{N}_a \equiv \frac{\partial p(a,z,t)}{\partial r} = -\left(\frac{\mu}{k_r}\right)\psi_a(z,t)$,
$\mathbf{N}_0 \equiv \frac{\partial p(r,0,t)}{\partial z} = -\left(\frac{\mu}{k_z}\right)\psi_0(r,t)$ **and**
$\mathbf{N}_d \equiv \frac{\partial p(r,d,t)}{\partial z} = -\left(\frac{\mu}{k_z}\right)\psi_d(r,t)$

Successive application of the Laplace, Fourier and finite Hankel transformations to equation (18.1.1) gives

$$\overline{\overline{\overline{p}}} = \frac{q(s)e^{-st_0}\cos(\xi_l z_0)J_0(\xi_n r_0)}{2\pi\phi c_t(\eta_r\xi_n^2+\eta_z\xi_l^2+s)}-\frac{a\overline{\overline{\psi}}_a(\xi_l,s)J_0(\xi_n a)}{\phi c_t(\eta_r\xi_n^2+\eta_z\xi_l^2+s)}+$$
$$+\frac{\left\{(-1)^{l+1}\overline{\overline{\psi}}_d(\xi_n,s)+\overline{\overline{\psi}}_0(\xi_n,s)\right\}}{\phi c_t(\eta_r\xi_n^2+\eta_z\xi_l^2+s)}+\frac{\overline{\overline{\varphi}}(\xi_n,\xi_l)}{(\eta_r\xi_n^2+\eta_z\xi_l^2+s)} \tag{21.50.1}$$

where ξ_n are the positive roots of $J_1(\xi_n a)=0$, $n=1,2,...$, $\xi_l=\frac{l\pi}{d}, l=1,2,...$, $\overline{\overline{\psi}}_a(\xi_l,s)=\int_0^d\cos(\xi_l z)\overline{\psi}_a(z,s)dz$, $\overline{\overline{\psi}}_0(\xi_n,s)=\int_0^a\overline{\psi}_0(r,s)rJ_0(\xi r)\,dr$, $\overline{\overline{\psi}}_d(\xi_n,s)=\int_0^a\overline{\psi}_d(r,s)rJ_0(\xi r)\,dr$, $\overline{\overline{\varphi}}(\xi_n,\xi_l)=\int_0^a\overline{\varphi}(r,\xi_l)\,rJ_0(\xi_n r)\,dr$ and $\overline{\varphi}(r,\xi_l)=\int_0^d\cos(\xi_l z)\varphi(r,z)dz$. Successive inverse transforms yield

$$\overline{p} = \frac{q(s)e^{-st_0}}{2\pi a^2\phi c_t\sqrt{\eta_z}}\sum_{n=0}^{\infty}\frac{J_0(\xi_n r_0)J_0(\xi_n r)\operatorname{csch}\left(d\sqrt{\frac{\eta_r\xi_n^2+s}{\eta_z}}\right)}{J_0^2(\xi_n a)\sqrt{(\eta_r\xi_n^2+s)}}\times$$
$$\times\left[\cosh\left\{(d-|z-z_0|)\sqrt{\frac{\eta_r\xi_n^2+s}{\eta_z}}\right\}+\cosh\left\{(d-z-z_0)\sqrt{\frac{\eta_r\xi_n^2+s}{\eta_z}}\right\}\right]-$$
$$-\frac{1}{a\phi c_t\sqrt{\eta_z}}\sum_{n=0}^{\infty}\frac{J_0(\xi_n r)\operatorname{csch}\left(d\sqrt{\frac{\eta_r\xi_n^2+s}{\eta_z}}\right)}{J_0(\xi_n a)\sqrt{\eta_r\xi_n^2+s}}\times$$
$$\times\int_0^d\overline{\psi}_a(u,s)\left[\cosh\left\{(d-|z-u|)\sqrt{\frac{\eta_r\xi_n^2+s}{\eta_z}}\right\}+\cosh\left\{(d-z-u)\sqrt{\frac{\eta_r\xi_n^2+s}{\eta_z}}\right\}\right]du+$$

$$+\frac{2}{a^2\phi c_t\sqrt{\eta_z}}\sum_{n=0}^{\infty}\frac{J_0(\xi_n r)\operatorname{csch}\left(d\sqrt{\frac{\eta_r\xi_n^2+s}{\eta_z}}\right)}{J_0^2(\xi_n a)\sqrt{(\eta_r\xi_n^2+s)}}\times$$
$$\times\left[\overline{\overline{\psi}}_0(\xi_n,s)\cosh\left\{(d-z)\sqrt{\frac{\eta_r\xi_n^2+s}{\eta_z}}\right\}-\overline{\overline{\psi}}_d(\xi_n,s)\cosh\left\{z\sqrt{\frac{\eta_r\xi_n^2+s}{\eta_z}}\right\}\right]+$$
$$+\frac{1}{a^2\sqrt{\eta_z}}\sum_{n=0}^{\infty}\frac{J_0(\xi_n r)\operatorname{csch}\left(d\sqrt{\frac{\eta_r\xi_n^2+s}{\eta_z}}\right)}{J_0^2(\xi_n a)\sqrt{\eta_r\xi_n^2+s}}\times$$
$$\times\int_0^d\overline{\varphi}(\xi_n,u)\left[\cosh\left\{(d-|z-u|)\sqrt{\frac{\eta_r\xi_n^2+s}{\eta_z}}\right\}+\cosh\left\{(d-z-u)\sqrt{\frac{\eta_r\xi_n^2+s}{\eta_z}}\right\}\right]du \quad (21.50.2)$$

where $\overline{\varphi}(\xi_n,u)=\int_0^a\varphi(r,u)\,rJ_0(\xi_n r)\,dr$ and

$$p=\frac{U(t-t_0)}{2\pi a^2 d\phi c_t}\sum_{n=0}^{\infty}\frac{J_0(\xi_n r_0)J_0(\xi_n r)}{J_0^2(\xi_n a)}\times$$
$$\times\int_0^{t-t_0}q(t-t_0-\tau)\left[\Theta_3\left\{\frac{\pi(z-z_0)}{2d},e^{-\left(\frac{\pi}{d}\right)^2\eta_z\tau}\right\}+\Theta_3\left\{\frac{\pi(z+z_0)}{2d},e^{-\left(\frac{\pi}{d}\right)^2\eta_z\tau}\right\}\right]e^{-\eta_r\xi_n^2\tau}d\tau-$$
$$-\frac{1}{ad\phi c_t}\sum_{n=0}^{\infty}\frac{J_0(\xi_n r)}{J_0(\xi_n a)}\times$$
$$\times\int_0^t e^{-\eta_r\xi_n^2\tau}\int_0^d\psi_a(u,t-\tau)\left[\Theta_3\left\{\frac{\pi(z-u)}{2d},e^{-\left(\frac{\pi}{d}\right)^2\eta_z\tau}\right\}+\Theta_3\left\{\frac{\pi(z+u)}{2d},e^{-\left(\frac{\pi}{d}\right)^2\eta_z\tau}\right\}\right]du\,d\tau-$$
$$-\frac{2}{a^2 d\phi c_t}\sum_{n=0}^{\infty}\frac{J_0(\xi_n r)}{J_0^2(\xi_n a)}\times$$
$$\times\int_0^t\left\{\Theta_3\left(\frac{\pi z}{2d},e^{-\left(\frac{\pi}{d}\right)^2\eta_z\tau}\right)\overline{\psi}_0(\xi_n,t-\tau)-\Theta_4\left(\frac{\pi z}{2d},e^{-\left(\frac{\pi}{d}\right)^2\eta_z\tau}\right)\overline{\psi}_d(\xi_n,t-\tau)\right\}e^{-\eta_r\xi_n^2\tau}d\tau+$$
$$+\frac{1}{a^2 d}\sum_{n=0}^{\infty}\frac{J_0(\xi_n r)e^{-\eta_r\xi_n^2 t}}{J_0^2(\xi_n a)}\int_0^d\overline{\varphi}(\xi_n,u)\left[\Theta_3\left\{\frac{\pi(z-u)}{2d},e^{-\left(\frac{\pi}{d}\right)^2\eta_z t}\right\}+\Theta_3\left\{\frac{\pi(z+u)}{2d},e^{-\left(\frac{\pi}{d}\right)^2\eta_z t}\right\}\right]du$$
$$(21.50.3)$$

21.51 The problem of 21.49, except
$\mathbf{R}_a\equiv\frac{\partial p(a,z,t)}{\partial r}+\lambda p(a,z,t)=-\left(\frac{\mu}{k_r}\right)\psi_a(z,t)$,
$\mathbf{N}_0\equiv\frac{\partial p(r,0,t)}{\partial z}=-\left(\frac{\mu}{k_z}\right)\psi_0(r,t)$ and
$\mathbf{N}_d\equiv\frac{\partial p(r,d,t)}{\partial z}=-\left(\frac{\mu}{k_z}\right)\psi_d(r,t)$

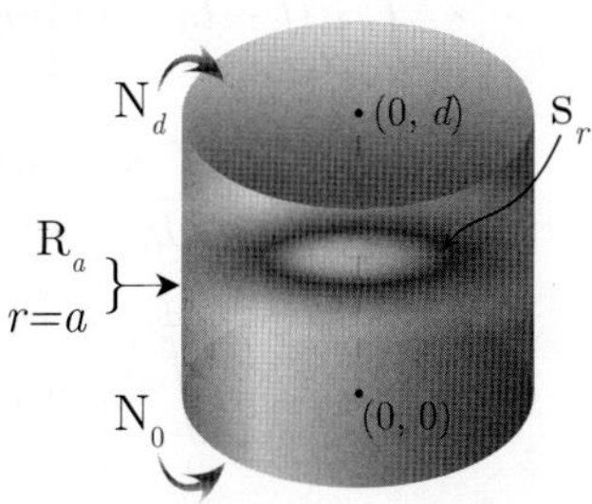

Successive application of the Laplace, Fourier and finite Hankel transformations to equation (18.1.1) gives

$$\overline{\overline{\overline{p}}}=\frac{q(s)e^{-st_0}\cos(\xi_l z_0)J_0(\xi_n r_0)}{2\pi\phi c_t(\eta_r\xi_n^2+\eta_z\xi_l^2+s)}-\frac{a\overline{\overline{\psi}}_a(\xi_l,s)J_0(\xi_n a)}{\phi c_t(\eta_r\xi_n^2+\eta_z\xi_l^2+s)}+$$

$$+\frac{\left\{(-1)^{l+1}\overline{\overline{\psi}}_d(\xi_n,s)+\overline{\overline{\psi}}_0(\xi_n,s)\right\}}{\phi c_t\left(\eta_r\xi_n^2+\eta_z\xi_l^2+s\right)}+\frac{\overline{\overline{\varphi}}(\xi_n,\xi_l)}{\left(\eta_r\xi_n^2+\eta_z\xi_l^2+s\right)} \tag{21.51.1}$$

where ξ_n are the positive roots of $\lambda J_0(\xi_n a)=\xi_n J_1(\xi_n a)$, $n=1,2,...$, $\xi_l=\frac{l\pi}{d}, l=1,2,...$, $\overline{\overline{\psi}}_a(\xi_l,s)=\int_0^d\cos(\xi_l z)\overline{\psi}_a(z,s)dz$, $\overline{\overline{\psi}}_0(\xi_n,s)=\int_0^a\overline{\psi}_0(r,s)rJ_0(\xi r)\,dr$, $\overline{\overline{\psi}}_d(\xi_n,s)=\int_0^a\overline{\psi}_d(r,s)rJ_0(\xi r)\,dr$, $\overline{\overline{\varphi}}(\xi_n,\xi_l)=\int_0^a\overline{\varphi}(r,\xi_l)\,rJ_0(\xi_n r)\,dr$ and $\overline{\varphi}(r,\xi_l)=\int_0^d\cos(\xi_l z)\varphi(r,z)dz$. Successive inverse transforms yield

$$\begin{aligned}
\overline{p} &= \frac{q(s)e^{-st_0}}{2\pi a^2\phi c_t\sqrt{\eta_z}}\sum_{n=1}^{\infty}\frac{J_0(\xi_n r_0)J_0(\xi_n r)\operatorname{csch}\left(d\sqrt{\frac{\eta_r\xi_n^2+s}{\eta_z}}\right)}{\left\{J_0^2(\xi_n a)+J_1^2(\xi_n a)\right\}\sqrt{(\eta_r\xi_n^2+s)}}\times \\
&\times\left[\cosh\left\{(d-|z-z_0|)\sqrt{\frac{\eta_r\xi_n^2+s}{\eta_z}}\right\}+\cosh\left\{(d-z-z_0)\sqrt{\frac{\eta_r\xi_n^2+s}{\eta_z}}\right\}\right]- \\
&-\frac{1}{a\phi c_t\sqrt{\eta_z}}\sum_{n=1}^{\infty}\frac{J_0(\xi_n a)J_0(\xi_n r)\operatorname{csch}\left(d\sqrt{\frac{\eta_r\xi_n^2+s}{\eta_z}}\right)}{\left\{J_0^2(\xi_n a)+J_1^2(\xi_n a)\right\}\sqrt{\eta_r\xi_n^2+s}}\times \\
&\times\int_0^d\overline{\psi}_a(u,s)\left[\cosh\left\{(d-|z-u|)\sqrt{\frac{\eta_r\xi_n^2+s}{\eta_z}}\right\}+\cosh\left\{(d-z-u)\sqrt{\frac{\eta_r\xi_n^2+s}{\eta_z}}\right\}\right]du+ \\
&+\frac{2}{a^2\phi c_t\sqrt{\eta_z}}\sum_{n=1}^{\infty}\frac{J_0(\xi_n r)\operatorname{csch}\left(d\sqrt{\frac{\eta_r\xi_n^2+s}{\eta_z}}\right)}{\left\{J_0^2(\xi_n a)+J_1^2(\xi_n a)\right\}\sqrt{(\eta_r\xi_n^2+s)}}\times \\
&\times\left[\overline{\overline{\psi}}_0(\xi_n,s)\cosh\left\{(d-z)\sqrt{\frac{\eta_r\xi_n^2+s}{\eta_z}}\right\}-\overline{\overline{\psi}}_d(\xi_n,s)\cosh\left\{z\sqrt{\frac{\eta_r\xi_n^2+s}{\eta_z}}\right\}\right]+ \\
&+\frac{1}{a^2\sqrt{\eta_z}}\sum_{n=1}^{\infty}\frac{J_0(\xi_n r)\operatorname{csch}\left(d\sqrt{\frac{\eta_r\xi_n^2+s}{\eta_z}}\right)}{\left\{J_0^2(\xi_n a)+J_1^2(\xi_n a)\right\}\sqrt{\eta_r\xi_n^2+s}}\times \\
&\times\int_0^d\overline{\varphi}(\xi_n,u)\left[\cosh\left\{(d-|z-u|)\sqrt{\frac{\eta_r\xi_n^2+s}{\eta_z}}\right\}+\cosh\left\{(d-z-u)\sqrt{\frac{\eta_r\xi_n^2+s}{\eta_z}}\right\}\right]du
\end{aligned} \tag{21.51.2}$$

where $\overline{\varphi}(\xi_n,u)=\int_0^a\varphi(r,u)\,rJ_0(\xi_n r)\,dr$ and

$$\begin{aligned}
p &= \frac{U(t-t_0)}{2\pi a^2 d\phi c_t}\sum_{n=1}^{\infty}\frac{J_0(\xi_n r_0)J_0(\xi_n r)}{\left\{J_0^2(\xi_n a)+J_1^2(\xi_n a)\right\}}\times \\
&\times\int_0^{t-t_0}q(t-t_0-\tau)\left[\Theta_3\left\{\frac{\pi(z-z_0)}{2d},e^{-\left(\frac{\pi}{d}\right)^2\eta_z\tau}\right\}+\Theta_3\left\{\frac{\pi(z+z_0)}{2d},e^{-\left(\frac{\pi}{d}\right)^2\eta_z\tau}\right\}\right]e^{-\eta_r\xi_n^2\tau}d\tau- \\
&-\frac{1}{ad\phi c_t}\sum_{n=1}^{\infty}\frac{J_0(\xi_n a)J_0(\xi_n r)}{\left\{J_0^2(\xi_n a)+J_1^2(\xi_n a)\right\}}\times \\
&\times\int_0^t e^{-\eta_r\xi_n^2\tau}\int_0^d\psi_a(u,t-\tau)\left[\Theta_3\left\{\frac{\pi(z-u)}{2d},e^{-\left(\frac{\pi}{d}\right)^2\eta_z\tau}\right\}+\Theta_3\left\{\frac{\pi(z+u)}{2d},e^{-\left(\frac{\pi}{d}\right)^2\eta_z\tau}\right\}\right]dud\tau- \\
&-\frac{2}{a^2 d\phi c_t}\sum_{n=1}^{\infty}\frac{J_0(\xi_n r)}{\left\{J_0^2(\xi_n a)+J_1^2(\xi_n a)\right\}}\times \\
&\times\int_0^t\left\{\Theta_3\left(\frac{\pi z}{2d},e^{-\left(\frac{\pi}{d}\right)^2\eta_z\tau}\right)\overline{\psi}_0(\xi_n,t-\tau)-\Theta_4\left(\frac{\pi z}{2d},e^{-\left(\frac{\pi}{d}\right)^2\eta_z\tau}\right)\overline{\psi}_d(\xi_n,t-\tau)\right\}e^{-\eta_r\xi_n^2\tau}d\tau+
\end{aligned}$$

$$+\frac{1}{a^2 d}\sum_{n=1}^{\infty}\frac{J_0(\xi_n r)\,e^{-\eta_r\xi_n^2 t}}{\{J_0^2(\xi_n a)+J_1^2(\xi_n a)\}}\int_0^d \overline{\varphi}(\xi_n,u)\left[\Theta_3\left\{\frac{\pi(z-u)}{2d},e^{-\left(\frac{\pi}{d}\right)^2\eta_z t}\right\}+\Theta_3\left\{\frac{\pi(z+u)}{2d},e^{-\left(\frac{\pi}{d}\right)^2\eta_z t}\right\}\right]du$$

(21.51.3)

21.52 **A cylindrical continuum bounded by $a \le r \le b$ and $0 \le z \le d$. Ring source at $s_r \equiv (r_0, z_0)$; $a \le r_0 \le b$, $0 < z_0 < d$, $t_0 \ge 0$. $N_0 \equiv \frac{\partial p(r,0,t)}{\partial z} = -\left(\frac{\mu}{k_z}\right)\psi_0(r,t)$, $N_d \equiv \frac{\partial p(r,d,t)}{\partial z} = -\left(\frac{\mu}{k_z}\right)\psi_d(r,t)$, $D_a \equiv p(a,z,t) = \psi_a(z,t)$ and $D_b \equiv p(b,z,t) = \psi_b(z,t)$. $p(r,z,0) = \varphi(r,z)$**

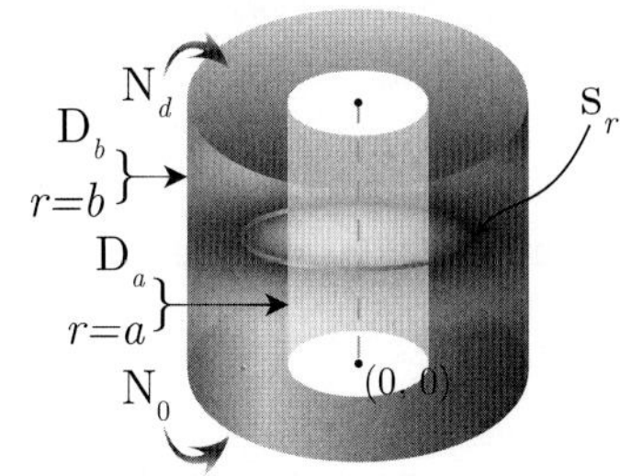

Successive application of the Laplace, Fourier and finite Hankel transformations to equation (18.1.1) gives

$$\overline{\overline{\overline{p}}} = \frac{q(s)\,e^{-st_0}\cos(\xi_l z_0)\,\mathcal{V}_{D0}(\xi_n r_0,a)}{2\pi\phi c_t\,(\eta_r\xi_n^2+\eta_z\xi_l^2+s)} - \frac{2\eta_r\overline{\overline{\psi}}_a(\xi_l,s)}{\pi\,(\eta_r\xi_n^2+\eta_z\xi_l^2+s)} + \frac{2\eta_r J_0(\xi_n a)\,\overline{\overline{\psi}}_b(\xi_l,s)}{\pi J_0(\xi_n b)\,(\eta_r\xi_n^2+\eta_z\xi_l^2+s)} + $$
$$+\frac{\left\{(-1)^{l+1}\overline{\overline{\psi}}_d(\xi_n,s)+\overline{\overline{\psi}}_0(\xi_n,s)\right\}}{\phi c_t\,(\eta_r\xi_n^2+\eta_z\xi_l^2+s)} + \frac{\overline{\overline{\varphi}}(\xi_n,\xi_l)}{(\eta_r\xi_n^2+\eta_z\xi_l^2+s)} \tag{21.52.1}$$

where $\mathcal{V}_{D0}(\xi_n r, a) = J_0(\xi_n r)\,Y_0(\xi_n a) - Y_0(\xi_n r)\,J_0(\xi_n a)$. The eigenvalues $\xi_n, n = 1, 2, ...,$ are the positive roots of the transcendental equation $\mathcal{V}_{D0}(\xi_n b, a) = 0$, $\xi_l = \frac{l\pi}{d}, l = 1, 2, ...$
$\overline{\overline{\psi}}_0(\xi_n,s) = \int_a^b \overline{\psi}_0(r,s)\,r\mathcal{V}_{D0}(\xi_n r,a)\,dr$, $\overline{\overline{\psi}}_d(\xi_n,s) = \int_a^b \overline{\psi}_d(r,s)\,r\mathcal{V}_{D0}(\xi_n r,a)\,dr$,
$\overline{\overline{\psi}}_a(\xi_l,s) = \int_0^d \cos(\xi_l z)\,\overline{\psi}_a(z,s)dz$, $\overline{\overline{\psi}}_b(\xi_l,s) = \int_0^d \cos(\xi_l z)\,\overline{\psi}_b(z,s)dz$, $\overline{\overline{\varphi}}(\xi_n,\xi_l) = \int_a^b \overline{\varphi}(r,\xi_l)\,r\mathcal{V}_{D0}(\xi_n r,a)\,dr$ and $\overline{\varphi}(r,\xi_l) = \int_0^d \cos(\xi_l z)\,\varphi(r,z)dz$. Successive inverse transforms yield

$$\overline{p} = \frac{\pi q(s)\,e^{-st_0}}{8\phi c_t\sqrt{\eta_z}}\sum_{n=1}^{\infty}\frac{\xi_n^2 J_0^2(\xi_n b)\,\mathcal{V}_{D0}(\xi_n r_0,a)\,\mathcal{V}_{D0}(\xi_n r,a)\,\mathrm{csch}\left(d\sqrt{\frac{\eta_r\xi_n^2+s}{\eta_z}}\right)}{\{J_0^2(\xi_n a)-J_0^2(\xi_n b)\}\sqrt{(\eta_r\xi_n^2+s)}}\times$$
$$\times\left[\cosh\left\{(d-|z-z_0|)\sqrt{\frac{\eta_r\xi_n^2+s}{\eta_z}}\right\}+\cosh\left\{(d-z-z_0)\sqrt{\frac{\eta_r\xi_n^2+s}{\eta_z}}\right\}\right]-$$
$$-\frac{\pi\eta_r}{2\sqrt{\eta_z}}\sum_{n=1}^{\infty}\frac{\xi_n^2 J_0^2(\xi_n b)\,\mathcal{V}_{D0}(\xi_n r,a)\,\mathrm{csch}\left(d\sqrt{\frac{\eta_r\xi_n^2+s}{\eta_z}}\right)}{\{J_0^2(\xi_n a)-J_0^2(\xi_n b)\}\sqrt{\eta_r\xi_n^2+s}}\times$$
$$\times\int_0^d \overline{\psi}_a(u,s)\left[\cosh\left\{(d-|z-u|)\sqrt{\frac{\eta_r\xi_n^2+s}{\eta_z}}\right\}+\cosh\left\{(d-z-u)\sqrt{\frac{\eta_r\xi_n^2+s}{\eta_z}}\right\}\right]du+$$
$$+\frac{\pi\eta_r}{2\sqrt{\eta_z}}\sum_{n=1}^{\infty}\frac{\xi_n^2 J_0(\xi_n a)\,J_0(\xi_n b)\,\mathcal{V}_{D0}(\xi_n r,a)\,\mathrm{csch}\left(d\sqrt{\frac{\eta_r\xi_n^2+s}{\eta_z}}\right)}{\{J_0^2(\xi_n a)-J_0^2(\xi_n b)\}\sqrt{\eta_r\xi_n^2+s}}\times$$
$$\times\int_0^d \overline{\psi}_b(u,s)\left[\cosh\left\{(d-|z-u|)\sqrt{\frac{\eta_r\xi_n^2+s}{\eta_z}}\right\}+\cosh\left\{(d-z-u)\sqrt{\frac{\eta_r\xi_n^2+s}{\eta_z}}\right\}\right]du+$$
$$+\frac{\pi^2}{2\phi c_t\sqrt{\eta_z}}\sum_{n=1}^{\infty}\frac{\xi_n^2 J_0^2(\xi_n b)\,\mathcal{V}_{D0}(\xi_n r,a)\,\mathrm{csch}\left(d\sqrt{\frac{\eta_r\xi_n^2+s}{\eta_z}}\right)}{\{J_0^2(\xi_n a)-J_0^2(\xi_n b)\}\sqrt{(\eta_r\xi_n^2+s)}}\times$$
$$\times\left[\overline{\overline{\psi}}_0(\xi_n,s)\cosh\left\{(d-z)\sqrt{\frac{\eta_r\xi_n^2+s}{\eta_z}}\right\}-\overline{\overline{\psi}}_d(\xi_n,s)\cosh\left\{z\sqrt{\frac{\eta_r\xi_n^2+s}{\eta_z}}\right\}\right]+$$

$$+\frac{\pi^2}{4\sqrt{\eta_z}}\sum_{n=1}^{\infty}\frac{\xi_n^2 J_0^2(\xi_n b)\,\mathcal{V}_{\mathcal{D}0}(\xi_n r,a)\operatorname{csch}\left(d\sqrt{\frac{\eta_r\xi_n^2+s}{\eta_z}}\right)}{\left\{J_0^2(\xi_n a)-J_0^2(\xi_n b)\right\}\sqrt{\eta_r\xi_n^2+s}}\times$$

$$\times\int_0^d\overline{\varphi}(\xi_n,u)\left[\cosh\left\{(d-|z-u|)\sqrt{\frac{\eta_r\xi_n^2+s}{\eta_z}}\right\}+\cosh\left\{(d-z-u)\sqrt{\frac{\eta_r\xi_n^2+s}{\eta_z}}\right\}\right]du \qquad (21.52.2)$$

where $\overline{\varphi}(\xi_n,u)=\int_a^b\varphi(r,u)\,r\mathcal{V}_{\mathcal{D}0}(\xi_n r,a)\,dr$ and

$$p=\frac{U(t-t_0)\,\pi}{8\phi c_t d}\sum_{n=1}^{\infty}\frac{\xi_n^2 J_0^2(\xi_n b)\,\mathcal{V}_{\mathcal{D}0}(\xi_n r_0,a)\,\mathcal{V}_{\mathcal{D}0}(\xi_n r,a)}{\left\{J_0^2(\xi_n a)-J_0^2(\xi_n b)\right\}}\times$$

$$\times\int_0^{t-t_0}q(t-t_0-\tau)\left[\Theta_3\left\{\frac{\pi(z-z_0)}{2d},e^{-\left(\frac{\pi}{d}\right)^2\eta_z\tau}\right\}+\Theta_3\left\{\frac{\pi(z+z_0)}{2d},e^{-\left(\frac{\pi}{d}\right)^2\eta_z\tau}\right\}\right]e^{-\eta_r\xi_n^2\tau}d\tau-$$

$$-\frac{\pi\eta_r}{2d}\sum_{n=1}^{\infty}\frac{\xi_n^2 J_0^2(\xi_n b)\,\mathcal{V}_{\mathcal{D}0}(\xi_n r,a)}{\left\{J_0^2(\xi_n a)-J_0^2(\xi_n b)\right\}}\times$$

$$\times\int_0^t e^{-\eta_r\xi_n^2\tau}\int_0^d\psi_a(u,t-\tau)\left[\Theta_3\left\{\frac{\pi(z-u)}{2d},e^{-\left(\frac{\pi}{d}\right)^2\eta_z\tau}\right\}+\Theta_3\left\{\frac{\pi(z+u)}{2d},e^{-\left(\frac{\pi}{d}\right)^2\eta_z\tau}\right\}\right]du d\tau+$$

$$+\frac{\pi\eta_r}{2d}\sum_{n=1}^{\infty}\frac{\xi_n^2 J_0(\xi_n a)\,J_0(\xi_n b)\,\mathcal{V}_{\mathcal{D}0}(\xi_n r,a)}{\left\{J_0^2(\xi_n a)-J_0^2(\xi_n b)\right\}}\times$$

$$\times\int_0^t e^{-\eta_r\xi_n^2\tau}\int_0^d\psi_b(u,t-\tau)\left[\Theta_3\left\{\frac{\pi(z-u)}{2d},e^{-\left(\frac{\pi}{d}\right)^2\eta_z\tau}\right\}+\Theta_3\left\{\frac{\pi(z+u)}{2d},e^{-\left(\frac{\pi}{d}\right)^2\eta_z\tau}\right\}\right]du d\tau-$$

$$-\frac{\pi^2}{2d\phi c_t}\sum_{n=1}^{\infty}\frac{\xi_n^2 J_0^2(\xi_n b)\,\mathcal{V}_{\mathcal{D}0}(\xi_n r,a)}{\left\{J_0^2(\xi_n a)-J_0^2(\xi_n b)\right\}}\times$$

$$\times\int_0^t\left\{\Theta_3\left(\frac{\pi z}{2d},e^{-\left(\frac{\pi}{d}\right)^2\eta_z\tau}\right)\overline{\psi}_0(\xi_n,t-\tau)-\Theta_4\left(\frac{\pi z}{2d},e^{-\left(\frac{\pi}{d}\right)^2\eta_z\tau}\right)\overline{\psi}_d(\xi_n,t-\tau)\right\}e^{-\eta_r\xi_n^2\tau}d\tau+$$

$$+\frac{\pi^2}{4d}\sum_{n=1}^{\infty}\frac{\xi_n^2 J_0^2(\xi_n b)\,\mathcal{V}_{\mathcal{D}0}(\xi_n r,a)\,e^{-\eta_r\xi_n^2 t}}{\left\{J_0^2(\xi_n a)-J_0^2(\xi_n b)\right\}}\times$$

$$\times\int_0^d\overline{\varphi}(\xi_n,u)\left[\Theta_3\left\{\frac{\pi(z-u)}{2d},e^{-\left(\frac{\pi}{d}\right)^2\eta_z t}\right\}+\Theta_3\left\{\frac{\pi(z+u)}{2d},e^{-\left(\frac{\pi}{d}\right)^2\eta_z t}\right\}\right]du \qquad (21.52.3)$$

21.53

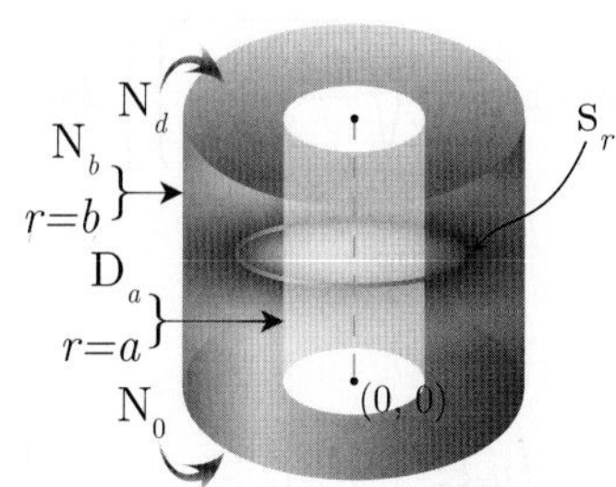

The problem of 21.52, except $\mathbf{D}_a\equiv p(a,z,t)=\psi_a(z,t)$,
$\mathbf{N}_b\equiv\frac{\partial p(b,z,t)}{\partial r}=-\left(\frac{\mu}{k_r}\right)\psi_b(z,t)$,
$\mathbf{N}_0\equiv\frac{\partial p(r,0,t)}{\partial z}=-\left(\frac{\mu}{k_z}\right)\psi_0(r,t)$ and
$\mathbf{N}_d\equiv\frac{\partial p(r,d,t)}{\partial z}=-\left(\frac{\mu}{k_z}\right)\psi_d(r,t)$

Successive application of the Laplace, Fourier and finite Hankel transformations to equation (18.1.1) gives

$$\begin{aligned}\overline{\overline{\overline{p}}} &= \frac{q(s)e^{-st_0}\cos(\xi_l z_0)\mathcal{V}_{\mathcal{D}0}(\xi_n r_0,a)}{2\pi\phi c_t(\eta_r\xi_n^2+\eta_z\xi_l^2+s)} - \frac{2\eta_r\overline{\overline{\psi}}_a(\xi_l,s)}{\pi(\eta_r\xi_n^2+\eta_z\xi_l^2+s)} + \frac{2J_0(\xi_n a)\overline{\overline{\psi}}_b(\xi_l,s)}{\pi\phi c_t J_1(\xi_n b)(\eta_r\xi_n^2+\eta_z\xi_l^2+s)} + \\ &+ \frac{\left\{(-1)^{l+1}\overline{\overline{\psi}}_d(\xi_n,s)+\overline{\overline{\psi}}_0(\xi_n,s)\right\}}{\phi c_t(\eta_r\xi_n^2+\eta_z\xi_l^2+s)} + \frac{\overline{\overline{\varphi}}(\xi_n,\xi_l)}{(\eta_r\xi_n^2+\eta_z\xi_l^2+s)} \end{aligned} \quad (21.53.1)$$

where $\mathcal{V}_{\mathcal{D}0}(\xi_n r,a) = J_0(\xi_n r)Y_0(\xi_n a) - Y_0(\xi_n r)J_0(\xi_n a)$. The eigenvalues ξ_n are the positive roots of the transcendental equation $\mathcal{V}'_{\mathcal{D}0}(\xi_n b,a) = 0$,* $n = 1,2,...,$ $\xi_l = \frac{l\pi}{d}, l = 1,2,....$
$\overline{\overline{\psi}}_0(\xi_n,s) = \int_a^b \overline{\psi}_0(r,s)\,r\mathcal{V}_{\mathcal{D}0}(\xi_n r,a)\,dr$, $\overline{\overline{\psi}}_d(\xi_n,s) = \int_a^b \overline{\psi}_d(r,s)\,r\mathcal{V}_{\mathcal{D}0}(\xi_n r,a)\,dr$,
$\overline{\overline{\psi}}_a(\xi_l,s) = \int_0^d \cos(\xi_l z)\overline{\psi}_a(z,s)dz$, $\overline{\overline{\psi}}_b(\xi_l,s) = \int_0^d \cos(\xi_l z)\overline{\psi}_b(z,s)dz$, $\overline{\overline{\varphi}}(\xi_n,\xi_l) = \int_a^b \overline{\varphi}(r,\xi_l)\,r\mathcal{V}_{\mathcal{D}0}(\xi_n r,a)\,dr$ and $\overline{\varphi}(r,\xi_l) = \int_0^d \cos(\xi_l z)\varphi(r,z)dz$. Successive inverse transforms yield

$$\begin{aligned}\overline{p} &= \frac{\pi q(s)e^{-st_0}}{8\phi c_t\sqrt{\eta_z}}\sum_{n=1}^{\infty}\frac{\xi_n^2 J_1^2(\xi_n b)\mathcal{V}_{\mathcal{D}0}(\xi_n r_0,a)\mathcal{V}_{\mathcal{D}0}(\xi_n r,a)\operatorname{csch}\left(d\sqrt{\frac{\eta_r\xi_n^2+s}{\eta_z}}\right)}{\{J_0^2(\xi_n a)-J_1^2(\xi_n b)\}\sqrt{(\eta_r\xi_n^2+s)}} \times \\ &\times\left[\cosh\left\{(d-|z-z_0|)\sqrt{\frac{\eta_r\xi_n^2+s}{\eta_z}}\right\}+\cosh\left\{(d-z-z_0)\sqrt{\frac{\eta_r\xi_n^2+s}{\eta_z}}\right\}\right] - \\ &-\frac{\pi\eta_r}{2\sqrt{\eta_z}}\sum_{n=1}^{\infty}\frac{\xi_n^2 J_1^2(\xi_n b)\mathcal{V}_{\mathcal{D}0}(\xi_n r,a)\operatorname{csch}\left(d\sqrt{\frac{\eta_r\xi_n^2+s}{\eta_z}}\right)}{\{J_0^2(\xi_n a)-J_1^2(\xi_n b)\}\sqrt{\eta_r\xi_n^2+s}} \times \\ &\times\int_0^d \overline{\psi}_a(u,s)\left[\cosh\left\{(d-|z-u|)\sqrt{\frac{\eta_r\xi_n^2+s}{\eta_z}}\right\}+\cosh\left\{(d-z-u)\sqrt{\frac{\eta_r\xi_n^2+s}{\eta_z}}\right\}\right]du + \\ &+\frac{\pi}{2\phi c_t\sqrt{\eta_z}}\sum_{n=1}^{\infty}\frac{\xi_n^2 J_0(\xi_n a)J_1(\xi_n b)\mathcal{V}_{\mathcal{D}0}(\xi_n r,a)\operatorname{csch}\left(d\sqrt{\frac{\eta_r\xi_n^2+s}{\eta_z}}\right)}{\{J_0^2(\xi_n a)-J_1^2(\xi_n b)\}\sqrt{\eta_r\xi_n^2+s}} \times \\ &\times\int_0^d \overline{\psi}_b(u,s)\left[\cosh\left\{(d-|z-u|)\sqrt{\frac{\eta_r\xi_n^2+s}{\eta_z}}\right\}+\cosh\left\{(d-z-u)\sqrt{\frac{\eta_r\xi_n^2+s}{\eta_z}}\right\}\right]du + \\ &+\frac{\pi^2}{2\phi c_t\sqrt{\eta_z}}\sum_{n=1}^{\infty}\frac{\xi_n^2 J_1^2(\xi_n b)\mathcal{V}_{\mathcal{D}0}(\xi_n r,a)\operatorname{csch}\left(d\sqrt{\frac{\eta_r\xi_n^2+s}{\eta_z}}\right)}{\{J_0^2(\xi_n a)-J_1^2(\xi_n b)\}\sqrt{(\eta_r\xi_n^2+s)}} \times \\ &\times\left[\overline{\overline{\psi}}_0(\xi_n,s)\cosh\left\{(d-z)\sqrt{\frac{\eta_r\xi_n^2+s}{\eta_z}}\right\}-\overline{\overline{\psi}}_d(\xi_n,s)\cosh\left\{z\sqrt{\frac{\eta_r\xi_n^2+s}{\eta_z}}\right\}\right] + \\ &+\frac{\pi^2}{4\sqrt{\eta_z}}\sum_{n=1}^{\infty}\frac{\xi_n^2 J_1^2(\xi_n b)\mathcal{V}_{\mathcal{D}0}(\xi_n r,a)\operatorname{csch}\left(d\sqrt{\frac{\eta_r\xi_n^2+s}{\eta_z}}\right)}{\{J_0^2(\xi_n a)-J_1^2(\xi_n b)\}\sqrt{\eta_r\xi_n^2+s}} \times \\ &\times\int_0^d \overline{\varphi}(\xi_n,u)\left[\cosh\left\{(d-|z-u|)\sqrt{\frac{\eta_r\xi_n^2+s}{\eta_z}}\right\}+\cosh\left\{(d-z-u)\sqrt{\frac{\eta_r\xi_n^2+s}{\eta_z}}\right\}\right]du \end{aligned} \quad (21.53.2)$$

where $\overline{\varphi}(\xi_n,u) = \int_a^b \varphi(r,u)\,r\mathcal{V}_{\mathcal{D}0}(\xi_n r,a)\,dr$ and

$$p = \frac{U(t-t_0)\pi}{8\phi c_t d}\sum_{n=1}^{\infty}\frac{\xi_n^2 J_1^2(\xi_n b)\mathcal{V}_{\mathcal{D}0}(\xi_n r_0,a)\mathcal{V}_{\mathcal{D}0}(\xi_n r,a)}{\{J_0^2(\xi_n a)-J_1^2(\xi_n b)\}} \times$$

*$\mathcal{V}'_{\mathcal{D}0}(\xi_n b,a) = Y_1(\xi_n b)J_0(\xi_n a) - J_1(\xi_n b)Y_0(\xi_n a)$.

$$\times \int_0^{t-t_0} q(t-t_0-\tau)\left[\Theta_3\left\{\frac{\pi(z-z_0)}{2d}, e^{-\left(\frac{\pi}{d}\right)^2\eta_z\tau}\right\} + \Theta_3\left\{\frac{\pi(z+z_0)}{2d}, e^{-\left(\frac{\pi}{d}\right)^2\eta_z\tau}\right\}\right] e^{-\eta_r\xi_n^2\tau} d\tau -$$

$$-\frac{\pi\eta_r}{2d}\sum_{n=1}^{\infty}\frac{\xi_n^2 J_1^2(\xi_n b)\,\mathcal{V}_{\mathcal{D}0}(\xi_n r, a)}{\{J_0^2(\xi_n a) - J_1^2(\xi_n b)\}}\times$$

$$\times \int_0^t e^{-\eta_r\xi_n^2\tau}\int_0^d \psi_a(u, t-\tau)\left[\Theta_3\left\{\frac{\pi(z-u)}{2d}, e^{-\left(\frac{\pi}{d}\right)^2\eta_z\tau}\right\} + \Theta_3\left\{\frac{\pi(z+u)}{2d}, e^{-\left(\frac{\pi}{d}\right)^2\eta_z\tau}\right\}\right] du d\tau +$$

$$+\frac{\pi}{2\phi c_t d}\sum_{n=1}^{\infty}\frac{\xi_n^2 J_0(\xi_n a)\,J_1(\xi_n b)\,\mathcal{V}_{\mathcal{D}0}(\xi_n r, a)}{\{J_0^2(\xi_n a) - J_1^2(\xi_n b)\}}\times$$

$$\times \int_0^t e^{-\eta_r\xi_n^2\tau}\int_0^d \psi_b(u, t-\tau)\left[\Theta_3\left\{\frac{\pi(z-u)}{2d}, e^{-\left(\frac{\pi}{d}\right)^2\eta_z\tau}\right\} + \Theta_3\left\{\frac{\pi(z+u)}{2d}, e^{-\left(\frac{\pi}{d}\right)^2\eta_z\tau}\right\}\right] du d\tau -$$

$$-\frac{\pi^2}{2d\phi c_t}\sum_{n=1}^{\infty}\frac{\xi_n^2 J_1^2(\xi_n b)\,\mathcal{V}_{\mathcal{D}0}(\xi_n r, a)}{\{J_0^2(\xi_n a) - J_1^2(\xi_n b)\}}\times$$

$$\times \int_0^t \left\{\Theta_3\left(\frac{\pi z}{2d}, e^{-\left(\frac{\pi}{d}\right)^2\eta_z\tau}\right)\overline{\psi}_0(\xi_n, t-\tau) - \Theta_4\left(\frac{\pi z}{2d}, e^{-\left(\frac{\pi}{d}\right)^2\eta_z\tau}\right)\overline{\psi}_d(\xi_n, t-\tau)\right\} e^{-\eta_r\xi_n^2\tau} d\tau +$$

$$+\frac{\pi^2}{4d}\sum_{n=1}^{\infty}\frac{\xi_n^2 J_1^2(\xi_n b)\,\mathcal{V}_{\mathcal{D}0}(\xi_n r, a)\,e^{-\eta_r\xi_n^2 t}}{\{J_0^2(\xi_n a) - J_1^2(\xi_n b)\}}\times$$

$$\times \int_0^d \overline{\varphi}(\xi_n, u)\left[\Theta_3\left\{\frac{\pi(z-u)}{2d}, e^{-\left(\frac{\pi}{d}\right)^2\eta_z t}\right\} + \Theta_3\left\{\frac{\pi(z+u)}{2d}, e^{-\left(\frac{\pi}{d}\right)^2\eta_z t}\right\}\right] du \tag{21.53.3}$$

21.54 **The problem of 21.52, except $\mathbf{D}_a \equiv p(a,z,t) = \psi_a(z,t)$,**
$\mathbf{R}_b \equiv \frac{\partial p(b,z,t)}{\partial r} + \lambda p(b,z,t) = -\left(\frac{\mu}{k_r}\right)\psi_b(z,t)$,
$\mathbf{N}_0 \equiv \frac{\partial p(r,0,t)}{\partial z} = -\left(\frac{\mu}{k_z}\right)\psi_0(r,t)$ and
$\mathbf{N}_d \equiv \frac{\partial p(r,d,t)}{\partial z} = -\left(\frac{\mu}{k_z}\right)\psi_d(r,t)$

Successive application of the Laplace, Fourier and finite Hankel transformations to equation (18.1.1) gives

$$\overline{\overline{\overline{p}}} = \frac{q(s)\,e^{-st_0}\cos(\xi_l z_0)\,\mathcal{V}_{\mathcal{D}0}(\xi_n r_0, a)}{2\pi\phi c_t(\eta_r\xi_n^2 + \eta_z\xi_l^2 + s)} - \frac{2J_0(\xi_n a)\,\overline{\overline{\psi}}_b(\xi_l, s)}{\pi\phi c_t\{\lambda J_0(\xi_n b) - \xi_n J_1(\xi_n b)\}(\eta_r\xi_n^2 + \eta_z\xi_l^2 + s)} -$$

$$-\frac{2\eta_r\overline{\overline{\psi}}_a(\xi_l, s)}{\pi(\eta_r\xi_n^2 + \eta_z\xi_l^2 + s)} + \frac{\left\{(-1)^{l+1}\overline{\overline{\psi}}_d(\xi_n, s) + \overline{\overline{\psi}}_0(\xi_n, s)\right\}}{\phi c_t(\eta_r\xi_n^2 + \eta_z\xi_l^2 + s)} + \frac{\overline{\overline{\varphi}}(\xi_n, \xi_l)}{(\eta_r\xi_n^2 + \eta_z\xi_l^2 + s)} \tag{21.54.1}$$

where $\mathcal{V}_{\mathcal{D}0}(\xi_n r, a) = J_0(\xi_n r)\,Y_0(\xi_n a) - Y_0(\xi_n r)\,J_0(\xi_n a)$. The eigenvalues $\xi_n, n = 1, 2, ...,$ are the positive roots of the transcendental equation $\xi_n\mathcal{V}_{\mathcal{D}0}'(\xi_n b, a) + \lambda\mathcal{V}_{\mathcal{D}0}(\xi_n b, a) = 0$, $\xi_l = \frac{l\pi}{d}, l = 1, 2, ...$
$\overline{\overline{\psi}}_0(\xi_n, s) = \int_a^b \overline{\psi}_0(r, s)\,r\mathcal{V}_{\mathcal{D}0}(\xi_n r, a)\,dr$, $\overline{\overline{\psi}}_d(\xi_n, s) = \int_a^b \overline{\psi}_d(r, s)\,r\mathcal{V}_{\mathcal{D}0}(\xi_n r, a)\,dr$,
$\overline{\overline{\psi}}_a(\xi_l, s) = \int_0^d \cos(\xi_l z)\,\overline{\psi}_a(z, s)dz$, $\overline{\overline{\psi}}_b(\xi_l, s) = \int_0^d \cos(\xi_l z)\,\overline{\psi}_b(z, s)dz$, $\overline{\overline{\varphi}}(\xi_n, \xi_l) = \int_a^b \overline{\varphi}(r, \xi_l)\,r\mathcal{V}_{\mathcal{D}0}(\xi_n r, a)\,dr$ and $\overline{\varphi}(r, \xi_l) = \int_0^d \cos(\xi_l z)\,\varphi(r, z)dz$. Successive inverse transforms yield

$$\overline{p} = \frac{\pi q(s)\,e^{-st_0}}{8\phi c_t\sqrt{\eta_z}}\sum_{n=1}^{\infty}\frac{\xi_n^2\{\lambda J_0(\xi_n b) - \xi_n J_1(\xi_n b)\}^2\mathcal{V}_{\mathcal{D}0}(\xi_n r_0, a)\,\mathcal{V}_{\mathcal{D}0}(\xi_n r, a)\,\mathrm{csch}\left(d\sqrt{\frac{\eta_r\xi_n^2+s}{\eta_z}}\right)}{\left\{(\lambda^2 + \xi_n^2)\,J_0^2(\xi_n a) - \{\lambda J_0(\xi_n b) - \xi_n J_1(\xi_n b)\}^2\right\}\sqrt{(\eta_r\xi_n^2 + s)}}\times$$

$$\times\left[\cosh\left\{(d-|z-z_0|)\sqrt{\frac{\eta_r\xi_n^2+s}{\eta_z}}\right\}+\cosh\left\{(d-z-z_0)\sqrt{\frac{\eta_r\xi_n^2+s}{\eta_z}}\right\}\right]-$$

$$-\frac{\pi\eta_r}{2\sqrt{\eta_z}}\sum_{n=1}^{\infty}\frac{\xi_n^2\{\lambda J_0(\xi_n b)-\xi_n J_1(\xi_n b)\}^2\mathcal{V}_{\mathcal{D}0}(\xi_n r,a)\operatorname{csch}\left(d\sqrt{\frac{\eta_r\xi_n^2+s}{\eta_z}}\right)}{\left\{(\lambda^2+\xi_n^2)J_0^2(\xi_n a)-\{\lambda J_0(\xi_n b)-\xi_n J_1(\xi_n b)\}^2\right\}\sqrt{\eta_r\xi_n^2+s}}\times$$

$$\times\int_0^d\overline{\psi}_a(u,s)\left[\cosh\left\{(d-|z-u|)\sqrt{\frac{\eta_r\xi_n^2+s}{\eta_z}}\right\}+\cosh\left\{(d-z-u)\sqrt{\frac{\eta_r\xi_n^2+s}{\eta_z}}\right\}\right]du-$$

$$-\frac{\pi}{2\phi c_t\sqrt{\eta_z}}\sum_{n=1}^{\infty}\frac{\xi_n^2 J_0(\xi_n a)\{\lambda J_0(\xi_n b)-\xi_n J_1(\xi_n b)\}\mathcal{V}_{\mathcal{D}0}(\xi_n r,a)\operatorname{csch}\left(d\sqrt{\frac{\eta_r\xi_n^2+s}{\eta_z}}\right)}{\left\{(\lambda^2+\xi_n^2)J_0^2(\xi_n a)-\{\lambda J_0(\xi_n b)-\xi_n J_1(\xi_n b)\}^2\right\}\sqrt{\eta_r\xi_n^2+s}}\times$$

$$\times\int_0^d\overline{\psi}_b(u,s)\left[\cosh\left\{(d-|z-u|)\sqrt{\frac{\eta_r\xi_n^2+s}{\eta_z}}\right\}+\cosh\left\{(d-z-u)\sqrt{\frac{\eta_r\xi_n^2+s}{\eta_z}}\right\}\right]du+$$

$$+\frac{\pi^2}{2\phi c_t\sqrt{\eta_z}}\sum_{n=1}^{\infty}\frac{\xi_n^2\{\lambda J_0(\xi_n b)-\xi_n J_1(\xi_n b)\}^2\mathcal{V}_{\mathcal{D}0}(\xi_n r,a)\operatorname{csch}\left(d\sqrt{\frac{\eta_r\xi_n^2+s}{\eta_z}}\right)}{\left\{(\lambda^2+\xi_n^2)J_0^2(\xi_n a)-\{\lambda J_0(\xi_n b)-\xi_n J_1(\xi_n b)\}^2\right\}\sqrt{(\eta_r\xi_n^2+s)}}\times$$

$$\times\left[\overline{\overline{\psi}}_0(\xi_n,s)\cosh\left\{(d-z)\sqrt{\frac{\eta_r\xi_n^2+s}{\eta_z}}\right\}-\overline{\overline{\psi}}_d(\xi_n,s)\cosh\left\{z\sqrt{\frac{\eta_r\xi_n^2+s}{\eta_z}}\right\}\right]+$$

$$+\frac{\pi^2}{4\sqrt{\eta_z}}\sum_{n=1}^{\infty}\frac{\xi_n^2\{\lambda J_0(\xi_n b)-\xi_n J_1(\xi_n b)\}^2\mathcal{V}_{\mathcal{D}0}(\xi_n r,a)\operatorname{csch}\left(d\sqrt{\frac{\eta_r\xi_n^2+s}{\eta_z}}\right)}{\left\{(\lambda^2+\xi_n^2)J_0^2(\xi_n a)-\{\lambda J_0(\xi_n b)-\xi_n J_1(\xi_n b)\}^2\right\}\sqrt{\eta_r\xi_n^2+s}}\times$$

$$\times\int_0^d\overline{\varphi}(\xi_n,u)\left[\cosh\left\{(d-|z-u|)\sqrt{\frac{\eta_r\xi_n^2+s}{\eta_z}}\right\}+\cosh\left\{(d-z-u)\sqrt{\frac{\eta_r\xi_n^2+s}{\eta_z}}\right\}\right]du \qquad (21.54.2)$$

where $\overline{\varphi}(\xi_n,u)=\int_a^b\varphi(r,u)\,r\mathcal{V}_{\mathcal{D}0}(\xi_n r,a)\,dr$ and

$$p=\frac{U(t-t_0)\pi}{8\phi c_t d}\sum_{n=1}^{\infty}\frac{\xi_n^2\{\lambda J_0(\xi_n b)-\xi_n J_1(\xi_n b)\}^2\mathcal{V}_{\mathcal{D}0}(\xi_n r_0,a)\,\mathcal{V}_{\mathcal{D}0}(\xi_n r,a)}{\left\{(\lambda^2+\xi_n^2)J_0^2(\xi_n a)-\{\lambda J_0(\xi_n b)-\xi_n J_1(\xi_n b)\}^2\right\}}\times$$

$$\times\int_0^{t-t_0}q(t-t_0-\tau)\left[\Theta_3\left\{\frac{\pi(z-z_0)}{2d},e^{-\left(\frac{\pi}{d}\right)^2\eta_z\tau}\right\}+\Theta_3\left\{\frac{\pi(z+z_0)}{2d},e^{-\left(\frac{\pi}{d}\right)^2\eta_z\tau}\right\}\right]e^{-\eta_r\xi_n^2\tau}d\tau-$$

$$-\frac{\pi\eta_r}{2d}\sum_{n=1}^{\infty}\frac{\xi_n^2\{\lambda J_0(\xi_n b)-\xi_n J_1(\xi_n b)\}^2\mathcal{V}_{\mathcal{D}0}(\xi_n r,a)}{\left\{(\lambda^2+\xi_n^2)J_0^2(\xi_n a)-\{\lambda J_0(\xi_n b)-\xi_n J_1(\xi_n b)\}^2\right\}}\times$$

$$\times\int_0^t e^{-\eta_r\xi_n^2\tau}\int_0^d\psi_a(u,t-\tau)\left[\Theta_3\left\{\frac{\pi(z-u)}{2d},e^{-\left(\frac{\pi}{d}\right)^2\eta_z\tau}\right\}+\Theta_3\left\{\frac{\pi(z+u)}{2d},e^{-\left(\frac{\pi}{d}\right)^2\eta_z\tau}\right\}\right]dud\tau-$$

$$-\frac{\pi}{2\phi c_t d}\sum_{n=1}^{\infty}\frac{\xi_n^2 J_0(\xi_n a)\{\lambda J_0(\xi_n b)-\xi_n J_1(\xi_n b)\}\mathcal{V}_{\mathcal{D}0}(\xi_n r,a)}{\left\{(\lambda^2+\xi_n^2)J_0^2(\xi_n a)-\{\lambda J_0(\xi_n b)-\xi_n J_1(\xi_n b)\}^2\right\}}\times$$

$$\times\int_0^t e^{-\eta_r\xi_n^2\tau}\int_0^d\psi_b(u,t-\tau)\left[\Theta_3\left\{\frac{\pi(z-u)}{2d},e^{-\left(\frac{\pi}{d}\right)^2\eta_z\tau}\right\}+\Theta_3\left\{\frac{\pi(z+u)}{2d},e^{-\left(\frac{\pi}{d}\right)^2\eta_z\tau}\right\}\right]dud\tau-$$

$$-\frac{\pi^2}{2d\phi c_t}\sum_{n=1}^{\infty}\frac{\xi_n^2\{\lambda J_0(\xi_n b)-\xi_n J_1(\xi_n b)\}^2\mathcal{V}_{\mathcal{D}0}(\xi_n r,a)}{\left\{(\lambda^2+\xi_n^2)J_0^2(\xi_n a)-\{\lambda J_0(\xi_n b)-\xi_n J_1(\xi_n b)\}^2\right\}}\times$$

$$\times\int_0^t\left\{\Theta_3\left(\frac{\pi z}{2d},e^{-\left(\frac{\pi}{d}\right)^2\eta_z\tau}\right)\overline{\psi}_0(\xi_n,t-\tau)-\Theta_4\left(\frac{\pi z}{2d},e^{-\left(\frac{\pi}{d}\right)^2\eta_z\tau}\right)\overline{\psi}_d(\xi_n,t-\tau)\right\}e^{-\eta_r\xi_n^2\tau}d\tau+$$

$$+\frac{\pi^2}{4d}\sum_{n=1}^{\infty}\frac{\xi_n^2\{\lambda J_0(\xi_n b)-\xi_n J_1(\xi_n b)\}^2\mathcal{V}_{\mathcal{D}0}(\xi_n r,a)e^{-\eta_r\xi_n^2 t}}{\left\{(\lambda^2+\xi_n^2)J_0^2(\xi_n a)-\{\lambda J_0(\xi_n b)-\xi_n J_1(\xi_n b)\}^2\right\}}\times$$

$$\times\int_0^d\overline{\varphi}(\xi_n,u)\left[\Theta_3\left\{\frac{\pi(z-u)}{2d},e^{-\left(\frac{\pi}{d}\right)^2\eta_z t}\right\}+\Theta_3\left\{\frac{\pi(z+u)}{2d},e^{-\left(\frac{\pi}{d}\right)^2\eta_z t}\right\}\right]du \tag{21.54.3}$$

21.55

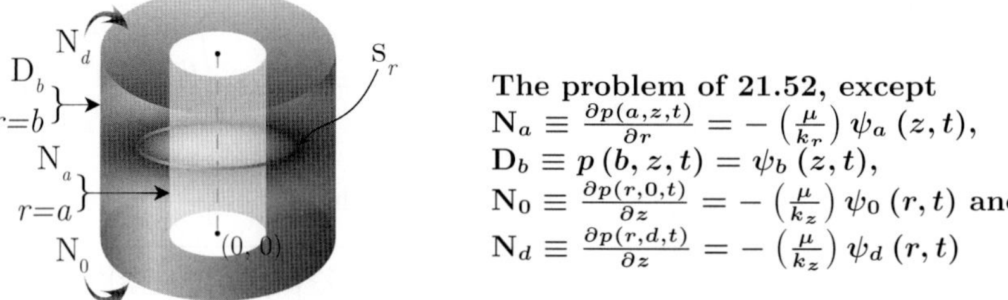

The problem of 21.52, except
$\mathbf{N}_a \equiv \frac{\partial p(a,z,t)}{\partial r} = -\left(\frac{\mu}{k_r}\right)\psi_a(z,t)$,
$\mathbf{D}_b \equiv p(b,z,t) = \psi_b(z,t)$,
$\mathbf{N}_0 \equiv \frac{\partial p(r,0,t)}{\partial z} = -\left(\frac{\mu}{k_z}\right)\psi_0(r,t)$ **and**
$\mathbf{N}_d \equiv \frac{\partial p(r,d,t)}{\partial z} = -\left(\frac{\mu}{k_z}\right)\psi_d(r,t)$

Successive application of the Laplace, Fourier and finite Hankel transformations to equation (18.1.1) gives

$$\overline{\overline{\overline{p}}} = \frac{q(s)e^{-st_0}\cos(\xi_l z_0)\mathcal{V}_{\mathcal{N}0}(\xi_n r_0,a)}{2\pi\phi c_t(\eta_r\xi_n^2+\eta_z\xi_l^2+s)}+\frac{2\overline{\overline{\psi}}_a(\xi_l,s)}{\pi\phi c_t\xi_n(\eta_r\xi_n^2+\eta_z\xi_l^2+s)}-$$

$$-\frac{2\eta_r J_1(\xi_n a)\overline{\overline{\psi}}_b(\xi_l,s)}{\pi J_0(\xi_n b)(\eta_r\xi_n^2+\eta_z\xi_l^2+s)}+\frac{\left\{(-1)^{l+1}\overline{\overline{\psi}}_d(\xi_n,s)+\overline{\overline{\psi}}_0(\xi_n,s)\right\}}{\phi c_t(\eta_r\xi_n^2+\eta_z\xi_l^2+s)}+\frac{\overline{\overline{\varphi}}(\xi_n,\xi_l)}{(\eta_r\xi_n^2+\eta_z\xi_l^2+s)} \tag{21.55.1}$$

where $\mathcal{V}_{\mathcal{N}0}(\xi_n r,a) = Y_0(\xi_n r)J_1(\xi_n a)-J_0(\xi_n r)Y_1(\xi_n a)$. The eigenvalues $\xi_n, n=1,2,...$, are the positive roots of the transcendental equation $\mathcal{V}_{\mathcal{N}0}(\xi_n b,a)=0$, $\xi_l=\frac{l\pi}{d}, l=1,2,....$
$\overline{\overline{\psi}}_0(\xi_n,s)=\int_a^b\overline{\psi}_0(r,s)r\mathcal{V}_{\mathcal{N}0}(\xi_n r,a)dr$,
$\overline{\overline{\psi}}_d(\xi_n,s)=\int_a^b\overline{\psi}_d(r,s)r\mathcal{V}_{\mathcal{N}0}(\xi_n r,a)dr$, $\overline{\overline{\psi}}_a(\xi_l,s)=\int_0^d\cos(\xi_l z)\overline{\psi}_a(z,s)dz$, $\overline{\overline{\psi}}_b(\xi_l,s)=\int_0^d\cos(\xi_l z)\overline{\psi}_b(z,s)dz$, $\overline{\overline{\varphi}}(\xi_n,\xi_l)=\int_a^b\overline{\varphi}(r,\xi_l)r\mathcal{V}_{\mathcal{N}0}(\xi_n r,a)dr$ and $\overline{\varphi}(r,\xi_l)=\int_0^\infty\cos(\xi_l u)\varphi(r,u)du$. Successive inverse transforms yield

$$\overline{p} = \frac{\pi q(s)e^{-st_0}}{8\phi c_t\sqrt{\eta_z}}\sum_{n=1}^{\infty}\frac{\xi_n^2 J_0^2(\xi_n b)\mathcal{V}_{\mathcal{N}0}(\xi_n r_0,a)\mathcal{V}_{\mathcal{N}0}(\xi_n r,a)\operatorname{csch}\left(d\sqrt{\frac{\eta_r\xi_n^2+s}{\eta_z}}\right)}{\{J_1^2(\xi_n a)-J_0^2(\xi_n b)\}\sqrt{(\eta_r\xi_n^2+s)}}\times$$

$$\times\left[\cosh\left\{(d-|z-z_0|)\sqrt{\frac{\eta_r\xi_n^2+s}{\eta_z}}\right\}+\cosh\left\{(d-z-z_0)\sqrt{\frac{\eta_r\xi_n^2+s}{\eta_z}}\right\}\right]+$$

$$+\frac{\pi}{2\phi c_t\sqrt{\eta_z}}\sum_{n=1}^{\infty}\frac{\xi_n J_0^2(\xi_n b)\mathcal{V}_{\mathcal{N}0}(\xi_n r,a)\operatorname{csch}\left(d\sqrt{\frac{\eta_r\xi_n^2+s}{\eta_z}}\right)}{\{J_1^2(\xi_n a)-J_0^2(\xi_n b)\}\sqrt{\eta_r\xi_n^2+s}}\times$$

$$\times\int_0^d\overline{\psi}_a(u,s)\left[\cosh\left\{(d-|z-u|)\sqrt{\frac{\eta_r\xi_n^2+s}{\eta_z}}\right\}+\cosh\left\{(d-z-u)\sqrt{\frac{\eta_r\xi_n^2+s}{\eta_z}}\right\}\right]du-$$

$$-\frac{\pi\eta_r}{2\sqrt{\eta_z}}\sum_{n=1}^{\infty}\frac{\xi_n^2 J_1(\xi_n a)J_0(\xi_n b)\mathcal{V}_{\mathcal{N}0}(\xi_n r,a)\operatorname{csch}\left(d\sqrt{\frac{\eta_r\xi_n^2+s}{\eta_z}}\right)}{\{J_1^2(\xi_n a)-J_0^2(\xi_n b)\}\sqrt{\eta_r\xi_n^2+s}}\times$$

$$\times \int_0^d \overline{\psi}_b(u,s)\left[\cosh\left\{(d-|z-u|)\sqrt{\frac{\eta_r\xi_n^2+s}{\eta_z}}\right\}+\cosh\left\{(d-z-u)\sqrt{\frac{\eta_r\xi_n^2+s}{\eta_z}}\right\}\right]du+$$

$$+\frac{\pi^2}{2\phi c_t\sqrt{\eta_z}}\sum_{n=1}^{\infty}\frac{\xi_n^2 J_0^2(\xi_n b)\mathcal{V}_{\mathcal{N}0}(\xi_n r,a)\operatorname{csch}\left(d\sqrt{\frac{\eta_r\xi_n^2+s}{\eta_z}}\right)}{\{J_1^2(\xi_n a)-J_0^2(\xi_n b)\}\sqrt{(\eta_r\xi_n^2+s)}}\times$$

$$\times\left[\overline{\overline{\psi}}_0(\xi_n,s)\cosh\left\{(d-z)\sqrt{\frac{\eta_r\xi_n^2+s}{\eta_z}}\right\}-\overline{\overline{\psi}}_d(\xi_n,s)\cosh\left\{z\sqrt{\frac{\eta_r\xi_n^2+s}{\eta_z}}\right\}\right]+$$

$$+\frac{\pi^2}{4\sqrt{\eta_z}}\sum_{n=1}^{\infty}\frac{\xi_n^2 J_0^2(\xi_n b)\mathcal{V}_{\mathcal{N}0}(\xi_n r,a)\operatorname{csch}\left(d\sqrt{\frac{\eta_r\xi_n^2+s}{\eta_z}}\right)}{\{J_1^2(\xi_n a)-J_0^2(\xi_n b)\}\sqrt{\eta_r\xi_n^2+s}}\times$$

$$\times\int_0^d\overline{\varphi}(\xi_n,u)\left[\cosh\left\{(d-|z-u|)\sqrt{\frac{\eta_r\xi_n^2+s}{\eta_z}}\right\}+\cosh\left\{(d-z-u)\sqrt{\frac{\eta_r\xi_n^2+s}{\eta_z}}\right\}\right]du \quad (21.55.2)$$

where $\overline{\varphi}(\xi_n,u)=\int_a^b\varphi(r,u)\,r\mathcal{V}_{\mathcal{N}0}(\xi_n r,a)\,dr$ and

$$p = \frac{U(t-t_0)\pi}{8\phi c_t d}\sum_{n=1}^{\infty}\frac{\xi_n^2 J_0^2(\xi_n b)\mathcal{V}_{\mathcal{N}0}(\xi_n r_0,a)\mathcal{V}_{\mathcal{N}0}(\xi_n r,a)}{\{J_1^2(\xi_n a)-J_0^2(\xi_n b)\}}\times$$

$$\times\int_0^{t-t_0}q(t-t_0-\tau)\left[\Theta_3\left\{\frac{\pi(z-z_0)}{2d},e^{-\left(\frac{\pi}{d}\right)^2\eta_z\tau}\right\}+\Theta_3\left\{\frac{\pi(z+z_0)}{2d},e^{-\left(\frac{\pi}{d}\right)^2\eta_z\tau}\right\}\right]e^{-\eta_r\xi_n^2\tau}d\tau+$$

$$+\frac{\pi}{2\phi c_t d}\sum_{n=1}^{\infty}\frac{\xi_n J_0^2(\xi_n b)\mathcal{V}_{\mathcal{N}0}(\xi_n r,a)}{\{J_1^2(\xi_n a)-J_0^2(\xi_n b)\}}\times$$

$$\times\int_0^t e^{-\eta_r\xi_n^2\tau}\int_0^d\psi_a(u,t-\tau)\left[\Theta_3\left\{\frac{\pi(z-u)}{2d},e^{-\left(\frac{\pi}{d}\right)^2\eta_z\tau}\right\}+\Theta_3\left\{\frac{\pi(z+u)}{2d},e^{-\left(\frac{\pi}{d}\right)^2\eta_z\tau}\right\}\right]dud\tau-$$

$$-\frac{\pi\eta_r}{2d}\sum_{n=1}^{\infty}\frac{\xi_n^2 J_1(\xi_n a)J_0(\xi_n b)\mathcal{V}_{\mathcal{N}0}(\xi_n r,a)}{\{J_1^2(\xi_n a)-J_0^2(\xi_n b)\}}\times$$

$$\times\int_0^t e^{-\eta_r\xi_n^2\tau}\int_0^d\psi_b(u,t-\tau)\left[\Theta_3\left\{\frac{\pi(z-u)}{2d},e^{-\left(\frac{\pi}{d}\right)^2\eta_z\tau}\right\}+\Theta_3\left\{\frac{\pi(z+u)}{2d},e^{-\left(\frac{\pi}{d}\right)^2\eta_z\tau}\right\}\right]dud\tau-$$

$$-\frac{\pi^2}{2d\phi c_t}\sum_{n=1}^{\infty}\frac{\xi_n^2 J_0^2(\xi_n b)\mathcal{V}_{\mathcal{N}0}(\xi_n r,a)}{\{J_1^2(\xi_n a)-J_0^2(\xi_n b)\}}\times$$

$$\times\int_0^t\left\{\Theta_3\left(\frac{\pi z}{2d},e^{-\left(\frac{\pi}{d}\right)^2\eta_z\tau}\right)\overline{\psi}_0(\xi_n,t-\tau)-\Theta_4\left(\frac{\pi z}{2d},e^{-\left(\frac{\pi}{d}\right)^2\eta_z\tau}\right)\overline{\psi}_d(\xi_n,t-\tau)\right\}e^{-\eta_r\xi_n^2\tau}d\tau+$$

$$+\frac{\pi^2}{4d}\sum_{n=1}^{\infty}\frac{\xi_n^2 J_0^2(\xi_n b)\mathcal{V}_{\mathcal{N}0}(\xi_n r,a)e^{-\eta_r\xi_n^2 t}}{\{J_1^2(\xi_n a)-J_0^2(\xi_n b)\}}\times$$

$$\times\int_0^d\overline{\varphi}(\xi_n,u)\left[\Theta_3\left\{\frac{\pi(z-u)}{2d},e^{-\left(\frac{\pi}{d}\right)^2\eta_z t}\right\}+\Theta_3\left\{\frac{\pi(z+u)}{2d},e^{-\left(\frac{\pi}{d}\right)^2\eta_z t}\right\}\right]du \quad (21.55.3)$$

21.56

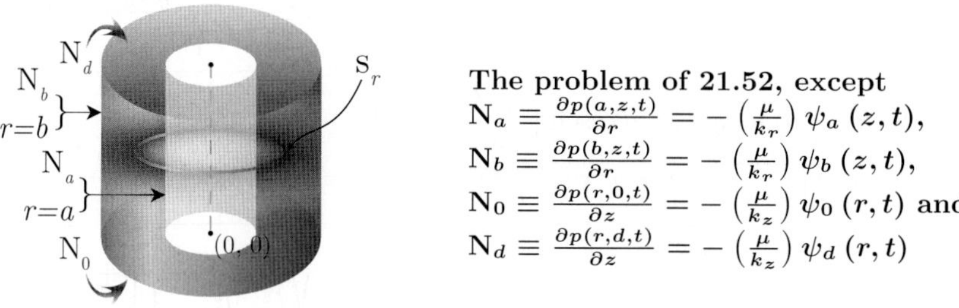

The problem of 21.52, except $\mathbf{N}_a \equiv \frac{\partial p(a,z,t)}{\partial r} = -\left(\frac{\mu}{k_r}\right)\psi_a(z,t)$, $\mathbf{N}_b \equiv \frac{\partial p(b,z,t)}{\partial r} = -\left(\frac{\mu}{k_r}\right)\psi_b(z,t)$, $\mathbf{N}_0 \equiv \frac{\partial p(r,0,t)}{\partial z} = -\left(\frac{\mu}{k_z}\right)\psi_0(r,t)$ **and** $\mathbf{N}_d \equiv \frac{\partial p(r,d,t)}{\partial z} = -\left(\frac{\mu}{k_z}\right)\psi_d(r,t)$

Successive application of the Laplace, Fourier and finite Hankel transformations to equation (18.1.1) gives

$$\overline{\overline{\overline{p}}} = \frac{q(s)\,e^{-st_0}\cos(\xi_l z_0)}{2\pi\phi c_t(\eta_z\xi_l^2+s)} + \frac{q(s)\,e^{-st_0}\cos(\xi_l z_0)\,\mathcal{V}_{\mathcal{N}0}(\xi_n r_0,a)}{2\pi\phi c_t(\eta_r\xi_n^2+\eta_z\xi_l^2+s)} + \frac{\left\{a\overline{\overline{\psi}}_a(\xi_l,s) - b\overline{\overline{\psi}}_b(\xi_l,s)\right\}}{\phi c_t(\eta_z\xi_l^2+s)} +$$
$$+\frac{2\overline{\overline{\psi}}_a(\xi_l,s)}{\pi\phi c_t\xi_n(\eta_r\xi_n^2+\eta_z\xi_l^2+s)} - \frac{2J_1(\xi_n a)\,\overline{\overline{\psi}}_b(\xi_l,s)}{\pi\phi c_t\xi_n J_1(\xi_n b)(\eta_r\xi_n^2+\eta_z\xi_l^2+s)} + \frac{\int_a^b\left\{(-1)^{l+1}\overline{\psi}_d(u,s)+\overline{\psi}_0(u,s)\right\}udu}{\phi c_t(\eta_z\xi_l^2+s)} +$$
$$+\frac{\left\{(-1)^{l+1}\overline{\overline{\psi}}_d(\xi_n,s)+\overline{\overline{\psi}}_0(\xi_n,s)\right\}}{\phi c_t(\eta_r\xi_n^2+\eta_z\xi_l^2+s)} + \frac{\int_a^b u\overline{\varphi}(u,\xi_l)\,du}{(\eta_z\xi_l^2+s)} + \frac{\overline{\overline{\varphi}}(\xi_n,\xi_l)}{(\eta_r\xi_n^2+\eta_z\xi_l^2+s)} \qquad (21.56.1)$$

where $\mathcal{V}_{\mathcal{N}0}(\xi_n r,a) = Y_0(\xi_n r)\,J_1(\xi_n a) - J_0(\xi_n r)\,Y_1(\xi_n a)$. The eigenvalues are $\xi_0 = 0$ and $\xi_n, n = 1,2,...,$ which are the positive roots of the transcendental equation $\mathcal{V}'_{\mathcal{N}0}(\xi_n b,a) = 0$,* $\xi_l = \frac{l\pi}{d}, l = 1,2,....$
$\overline{\overline{\psi}}_0(\xi_n,s) = \int_a^b\overline{\psi}_0(r,s)\,r\mathcal{V}_{\mathcal{N}0}(\xi_n r,a)\,dr$, $\overline{\overline{\psi}}_d(\xi_n,s) = \int_a^b\overline{\psi}_d(r,s)\,r\mathcal{V}_{\mathcal{N}0}(\xi_n r,a)\,dr$,
$\overline{\overline{\psi}}_a(\xi_l,s) = \int_0^d\cos(\xi_l z)\,\overline{\psi}_a(z,s)dz$, $\overline{\overline{\psi}}_b(\xi_l,s) = \int_0^d\cos(\xi_l z)\,\overline{\psi}_b(z,s)dz$,
$\overline{\overline{\varphi}}(\xi_n,\xi_l) = \int_a^b\overline{\varphi}(r,\xi_l)\,r\mathcal{V}_{\mathcal{N}0}(\xi_n r,a)\,dr$ and $\overline{\varphi}(r,\xi_l) = \int_0^d\cos(\xi_l z)\,\varphi(r,z)dz$. Successive inverse transforms yield

$$\overline{p} = \frac{q(s)\,e^{-st_0}\operatorname{csch}\left(d\sqrt{\frac{s}{\eta_z}}\right)}{2\pi(b^2-a^2)\,\phi c_t\sqrt{\eta_z s}}\left[\cosh\left\{(d-|z-z_0|)\sqrt{\frac{s}{\eta_z}}\right\} + \cosh\left\{(d-z-z_0)\sqrt{\frac{s}{\eta_z}}\right\}\right] +$$
$$+\frac{\pi q(s)\,e^{-st_0}}{8\phi c_t\sqrt{\eta_z}}\sum_{n=1}^{\infty}\frac{\xi_n^2 J_1^2(\xi_n b)\,\mathcal{V}_{\mathcal{N}0}(\xi_n r_0,a)\,\mathcal{V}_{\mathcal{N}0}(\xi_n r,a)\operatorname{csch}\left(d\sqrt{\frac{\eta_r\xi_n^2+s}{\eta_z}}\right)}{\left\{J_1^2(\xi_n a) - J_1^2(\xi_n b)\right\}\sqrt{(\eta_r\xi_n^2+s)}} \times$$
$$\times\left[\cosh\left\{(d-|z-z_0|)\sqrt{\frac{\eta_r\xi_n^2+s}{\eta_z}}\right\} + \cosh\left\{(d-z-z_0)\sqrt{\frac{\eta_r\xi_n^2+s}{\eta_z}}\right\}\right] +$$
$$+\frac{\operatorname{csch}\left(d\sqrt{\frac{s}{\eta_z}}\right)}{(b^2-a^2)\,\phi c_t\sqrt{\eta_z s}}\int_0^d\left\{a\overline{\psi}_a(u,s) - b\overline{\psi}_b(u,s)\right\}\left[\cosh\left\{(d-|z-u|)\sqrt{\frac{s}{\eta_z}}\right\} + \cosh\left\{(d-z-u)\sqrt{\frac{s}{\eta_z}}\right\}\right]du +$$
$$+\frac{\pi}{2\phi c_t\sqrt{\eta_z}}\sum_{n=1}^{\infty}\frac{\xi_n J_1^2(\xi_n b)\,\mathcal{V}_{\mathcal{N}0}(\xi_n r,a)\operatorname{csch}\left(d\sqrt{\frac{\eta_r\xi_n^2+s}{\eta_z}}\right)}{\left\{J_1^2(\xi_n a) - J_1^2(\xi_n b)\right\}\sqrt{(\eta_r\xi_n^2+s)}} \times$$
$$\times\int_0^d\overline{\psi}_a(u,s)\left[\cosh\left\{(d-|z-u|)\sqrt{\frac{\eta_r\xi_n^2+s}{\eta_z}}\right\} + \cosh\left\{(d-z-u)\sqrt{\frac{\eta_r\xi_n^2+s}{\eta_z}}\right\}\right]du -$$
$$-\frac{\pi}{2\phi c_t\sqrt{\eta_z}}\sum_{n=1}^{\infty}\frac{\xi_n J_1(\xi_n a)\,J_1(\xi_n b)\,\mathcal{V}_{\mathcal{N}0}(\xi_n r,a)\operatorname{csch}\left(d\sqrt{\frac{\eta_r\xi_n^2+s}{\eta_z}}\right)}{\left\{J_1^2(\xi_n a) - J_1^2(\xi_n b)\right\}\sqrt{(\eta_r\xi_n^2+s)}} \times$$

*$\mathcal{V}'_{\mathcal{N}0}(\xi_n b,a) = J_1(\xi_n b)\,Y_1(\xi_n a) - Y_1(\xi_n b)\,J_1(\xi_n a)$.

$$\times \int_0^d \overline{\psi}_b(u,s)\left[\cosh\left\{(d-|z-u|)\sqrt{\frac{\eta_r\xi_n^2+s}{\eta_z}}\right\}+\cosh\left\{(d-z-u)\sqrt{\frac{\eta_r\xi_n^2+s}{\eta_z}}\right\}\right]du+$$

$$+\frac{2\operatorname{csch}\left(d\sqrt{\frac{s}{\eta_z}}\right)}{(b^2-a^2)\phi c_t\sqrt{\eta_z}}\int_a^b u\left[\overline{\overline{\psi}}_0(\xi_n,s)\cosh\left\{(d-z)\sqrt{\frac{s}{\eta_z}}\right\}-\overline{\overline{\psi}}_d(\xi_n,s)\cosh\left\{z\sqrt{\frac{s}{\eta_z}}\right\}\right]du+$$

$$+\frac{\pi^2}{2\phi c_t\sqrt{\eta_z}}\sum_{n=1}^{\infty}\frac{\xi_n^2J_1^2(\xi_nb)\,\mathcal{V}_{\mathcal{N}0}(\xi_nr,a)\operatorname{csch}\left(d\sqrt{\frac{\eta_r\xi_n^2+s}{\eta_z}}\right)}{\{J_1^2(\xi_na)-J_1^2(\xi_nb)\}\sqrt{(\eta_r\xi_n^2+s)}}\times$$

$$\times\left[\overline{\overline{\psi}}_0(\xi_n,s)\cosh\left\{(d-z)\sqrt{\frac{\eta_r\xi_n^2+s}{\eta_z}}\right\}-\overline{\overline{\psi}}_d(\xi_n,s)\cosh\left\{z\sqrt{\frac{\eta_r\xi_n^2+s}{\eta_z}}\right\}\right]+$$

$$+\frac{\operatorname{csch}\left(d\sqrt{\frac{s}{\eta_z}}\right)}{(b^2-a^2)\sqrt{\eta_z s}}\int_0^d\left[\cosh\left\{(d-|z-u|)\sqrt{\frac{s}{\eta_z}}\right\}+\cosh\left\{(d-z-u)\sqrt{\frac{s}{\eta_z}}\right\}\right]\int_a^b\varphi(v,u)\,v\,dv\,du+$$

$$+\frac{\pi^2}{4\sqrt{\eta_z}}\sum_{n=1}^{\infty}\frac{\xi_n^2J_1^2(\xi_nb)\,\mathcal{V}_{\mathcal{N}0}(\xi_nr,a)\operatorname{csch}\left(d\sqrt{\frac{\eta_r\xi_n^2+s}{\eta_z}}\right)}{\{J_1^2(\xi_na)-J_1^2(\xi_nb)\}\sqrt{(\eta_r\xi_n^2+s)}}\times$$

$$\times\int_0^d\overline{\varphi}(\xi_n,u)\left[\cosh\left\{(d-|z-u|)\sqrt{\frac{\eta_r\xi_n^2+s}{\eta_z}}\right\}+\cosh\left\{(d-z-u)\sqrt{\frac{\eta_r\xi_n^2+s}{\eta_z}}\right\}\right]du \qquad (21.56.2)$$

where $\overline{\varphi}(\xi_n,u)=\int_a^b\varphi(r,u)\,r\mathcal{V}_{\mathcal{N}0}(\xi_nr,a)\,dr$ and

$$p=\frac{U(t-t_0)}{2\pi\phi c_t d\,(b^2-a^2)}\int_0^{t-t_0}q(t-t_0-\tau)\left[\Theta_3\left\{\frac{\pi(z-z_0)}{2d},e^{-\left(\frac{\pi}{d}\right)^2\eta_z\tau}\right\}+\Theta_3\left\{\frac{\pi(z+z_0)}{2d},e^{-\left(\frac{\pi}{d}\right)^2\eta_z\tau}\right\}\right]d\tau+$$

$$+\frac{U(t-t_0)\,\pi}{8\phi c_t d}\sum_{n=1}^{\infty}\frac{\xi_n^2J_1^2(\xi_nb)\,\mathcal{V}_{\mathcal{N}0}(\xi_nr_0,a)\,\mathcal{V}_{\mathcal{N}0}(\xi_nr,a)}{\{J_1^2(\xi_na)-J_1^2(\xi_nb)\}}\times$$

$$\times\int_0^{t-t_0}q(t-t_0-\tau)\left[\Theta_3\left\{\frac{\pi(z-z_0)}{2d},e^{-\left(\frac{\pi}{d}\right)^2\eta_z\tau}\right\}+\Theta_3\left\{\frac{\pi(z+z_0)}{2d},e^{-\left(\frac{\pi}{d}\right)^2\eta_z\tau}\right\}\right]e^{-\eta_r\xi_n^2\tau}d\tau+$$

$$+\frac{1}{\phi c_t(b^2-a^2)\,d}\times$$

$$\times\int_0^t\int_0^d\{a\psi_a(u,t-\tau)-b\psi_b(u,t-\tau)\}\left[\Theta_3\left\{\frac{\pi(z-u)}{2d},e^{-\left(\frac{\pi}{d}\right)^2\eta_z\tau}\right\}+\Theta_3\left\{\frac{\pi(z+u)}{2d},e^{-\left(\frac{\pi}{d}\right)^2\eta_z\tau}\right\}\right]du\,d\tau+$$

$$+\frac{\pi}{2\phi c_t d}\sum_{n=1}^{\infty}\frac{\xi_nJ_1^2(\xi_nb)\,\mathcal{V}_{\mathcal{N}0}(\xi_nr,a)}{\{J_1^2(\xi_na)-J_1^2(\xi_nb)\}}\times$$

$$\times\int_0^t e^{-\eta_r\xi_n^2\tau}\int_0^d\psi_a(u,t-\tau)\left[\Theta_3\left\{\frac{\pi(z-u)}{2d},e^{-\left(\frac{\pi}{d}\right)^2\eta_z\tau}\right\}+\Theta_3\left\{\frac{\pi(z+u)}{2d},e^{-\left(\frac{\pi}{d}\right)^2\eta_z\tau}\right\}\right]du\,d\tau-$$

$$-\frac{\pi}{2\phi c_t d}\sum_{n=1}^{\infty}\frac{\xi_nJ_1(\xi_na)\,J_1(\xi_nb)\,\mathcal{V}_{\mathcal{N}0}(\xi_nr,a)}{\{J_1^2(\xi_na)-J_1^2(\xi_nb)\}}\times$$

$$\times\int_0^t e^{-\eta_r\xi_n^2\tau}\int_0^d\psi_b(u,t-\tau)\left[\Theta_3\left\{\frac{\pi(z-u)}{2d},e^{-\left(\frac{\pi}{d}\right)^2\eta_z\tau}\right\}+\Theta_3\left\{\frac{\pi(z+u)}{2d},e^{-\left(\frac{\pi}{d}\right)^2\eta_z\tau}\right\}\right]du\,d\tau-$$

$$-\frac{2}{(b^2-a^2)\,d\phi c_t}\int_0^t\int_a^b u\Big\{\Theta_3\left(\frac{\pi z}{2d},e^{-\left(\frac{\pi}{d}\right)^2\eta_z\tau}\right)\overline{\psi}_0(\xi_n,t-\tau)-\Theta_4\left(\frac{\pi z}{2d},e^{-\left(\frac{\pi}{d}\right)^2\eta_z\tau}\right)\overline{\psi}_d(\xi_n,t-\tau)\Big\}du d\tau-$$

$$-\frac{\pi^2}{2d\phi c_t}\sum_{n=1}^{\infty}\frac{\xi_n^2J_1^2(\xi_nb)\mathcal{V}_{\mathcal{N}0}(\xi_nr,a)}{\{J_1^2(\xi_na)-J_1^2(\xi_nb)\}}\times$$

$$\times\int_0^t\Big\{\Theta_3\left(\frac{\pi z}{2d},e^{-\left(\frac{\pi}{d}\right)^2\eta_z\tau}\right)\overline{\psi}_0(\xi_n,t-\tau)-\Theta_4\left(\frac{\pi z}{2d},e^{-\left(\frac{\pi}{d}\right)^2\eta_z\tau}\right)\overline{\psi}_d(\xi_n,t-\tau)\Big\}e^{-\eta_r\xi_n^2\tau}d\tau+$$

$$+\frac{1}{(b^2-a^2)\,d}\int_0^d\int_a^b v\varphi(v,u)\,dv\left[\Theta_3\left\{\frac{\pi(z-u)}{2d},e^{-\left(\frac{\pi}{d}\right)^2\eta_zt}\right\}+\Theta_3\left\{\frac{\pi(z+u)}{2d},e^{-\left(\frac{\pi}{d}\right)^2\eta_zt}\right\}\right]du+$$

$$+\frac{\pi^2}{4d}\sum_{n=1}^{\infty}\frac{\xi_n^2J_1^2(\xi_nb)\mathcal{V}_{\mathcal{N}0}(\xi_nr,a)e^{-\eta_r\xi_n^2t}}{\{J_1^2(\xi_na)-J_1^2(\xi_nb)\}}\times$$

$$\times\int_0^d\overline{\varphi}(\xi_n,u)\left[\Theta_3\left\{\frac{\pi(z-u)}{2d},e^{-\left(\frac{\pi}{d}\right)^2\eta_zt}\right\}+\Theta_3\left\{\frac{\pi(z+u)}{2d},e^{-\left(\frac{\pi}{d}\right)^2\eta_zt}\right\}\right]du \qquad (21.56.3)$$

21.57

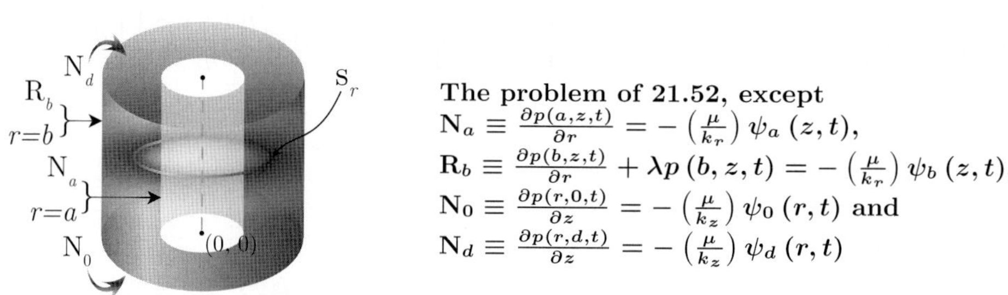

The problem of 21.52, except
$\mathbf{N}_a\equiv\frac{\partial p(a,z,t)}{\partial r}=-\left(\frac{\mu}{k_r}\right)\psi_a(z,t)$,
$\mathbf{R}_b\equiv\frac{\partial p(b,z,t)}{\partial r}+\lambda p(b,z,t)=-\left(\frac{\mu}{k_r}\right)\psi_b(z,t)$,
$\mathbf{N}_0\equiv\frac{\partial p(r,0,t)}{\partial z}=-\left(\frac{\mu}{k_z}\right)\psi_0(r,t)$ **and**
$\mathbf{N}_d\equiv\frac{\partial p(r,d,t)}{\partial z}=-\left(\frac{\mu}{k_z}\right)\psi_d(r,t)$

Successive application of the Laplace, Fourier and finite Hankel transformations to equation (18.1.1) gives

$$\overline{\overline{\overline{p}}}=\frac{q(s)e^{-st_0}\cos(\xi_lz_0)\mathcal{V}_{\mathcal{N}0}(\xi_nr_0,a)}{2\pi\phi c_t(\eta_r\xi_n^2+\eta_z\xi_l^2+s)}+\frac{2J_1(\xi_na)\overline{\overline{\psi}}_b(\xi_l,s)}{\pi\phi c_t\{\lambda J_0(\xi_nb)-\xi_nJ_1(\xi_nb)\}(\eta_r\xi_n^2+\eta_z\xi_l^2+s)}+$$

$$+\frac{2\overline{\overline{\psi}}_a(\xi_l,s)}{\pi\phi c_t\xi_n(\eta_r\xi_n^2+\eta_z\xi_l^2+s)}+\frac{\left\{(-1)^{l+1}\overline{\overline{\psi}}_d(\xi_n,s)+\overline{\overline{\psi}}_0(\xi_n,s)\right\}}{\phi c_t(\eta_r\xi_n^2+\eta_z\xi_l^2+s)}+\frac{\overline{\overline{\varphi}}(\xi_n,\xi_l)}{(\eta_r\xi_n^2+\eta_z\xi_l^2+s)} \qquad (21.57.1)$$

where $\mathcal{V}_{\mathcal{N}0}(\xi_nr,a)=Y_0(\xi_nr)J_1(\xi_na)-J_0(\xi_nr)Y_1(\xi_na)$. The eigenvalues $\xi_n, n=1,2,...,$ are the positive roots of the transcendental equation $\xi_n\mathcal{V}'_{\mathcal{N}0}(\xi_nb,a)+\lambda\mathcal{V}_{\mathcal{N}0}(\xi_nb,a)=0$, $\xi_l=\frac{l\pi}{d}, l=1,2,....$
$\overline{\overline{\psi}}_0(\xi_n,s)=\int_a^b\overline{\psi}_0(r,s)\,r\mathcal{V}_{\mathcal{N}0}(\xi_nr,a)\,dr$, $\overline{\overline{\psi}}_d(\xi_n,s)=\int_a^b\overline{\psi}_d(r,s)\,r\mathcal{V}_{\mathcal{N}0}(\xi_nr,a)\,dr$,
$\overline{\overline{\psi}}_a(\xi_l,s)=\int_0^d\cos(\xi_lz)\overline{\psi}_a(z,s)dz$, $\overline{\overline{\psi}}_b(\xi_l,s)=\int_0^d\cos(\xi_lz)\overline{\psi}_b(z,s)dz$, $\overline{\overline{\varphi}}(\xi_n,\xi_l)=\int_a^b\overline{\varphi}(r,\xi_l)\,r\mathcal{V}_{\mathcal{N}0}(\xi_nr,a)\,dr$
and $\overline{\varphi}(r,\xi_l)=\int_0^d\cos(\xi_lz)\,\varphi(r,z)dz$. Successive inverse transforms yield

$$\overline{p}=\frac{\pi q(s)e^{-st_0}}{8\phi c_t\sqrt{\eta_z}}\sum_{n=1}^{\infty}\frac{\xi_n^2\{\lambda J_0(\xi_nb)-\xi_nJ_1(\xi_nb)\}^2\mathcal{V}_{\mathcal{N}0}(\xi_nr_0,a)\mathcal{V}_{\mathcal{N}0}(\xi_nr,a)\operatorname{csch}\left(d\sqrt{\frac{\eta_r\xi_n^2+s}{\eta_z}}\right)}{\left[(\lambda^2+\xi_n^2)J_1^2(\xi_na)-\{\lambda J_0(\xi_nb)-\xi_nJ_1(\xi_nb)\}^2\right]\sqrt{(\eta_r\xi_n^2+s)}}\times$$

$$\times\left[\cosh\left\{(d-|z-z_0|)\sqrt{\frac{\eta_r\xi_n^2+s}{\eta_z}}\right\}+\cosh\left\{(d-z-z_0)\sqrt{\frac{\eta_r\xi_n^2+s}{\eta_z}}\right\}\right]+$$

$$+\frac{\pi}{2\phi c_t\sqrt{\eta_z}}\sum_{n=1}^{\infty}\frac{\xi_n\{\lambda J_0(\xi_nb)-\xi_nJ_1(\xi_nb)\}^2\mathcal{V}_{\mathcal{N}0}(\xi_nr,a)\operatorname{csch}\left(d\sqrt{\frac{\eta_r\xi_n^2+s}{\eta_z}}\right)}{\left[(\lambda^2+\xi_n^2)J_1^2(\xi_na)-\{\lambda J_0(\xi_nb)-\xi_nJ_1(\xi_nb)\}^2\right]\sqrt{\eta_r\xi_n^2+s}}\times$$

$$\times \int_0^d \overline{\psi}_a(u,s)\left[\cosh\left\{(d-|z-u|)\sqrt{\frac{\eta_r\xi_n^2+s}{\eta_z}}\right\}+\cosh\left\{(d-z-u)\sqrt{\frac{\eta_r\xi_n^2+s}{\eta_z}}\right\}\right]du+$$

$$+\frac{\pi}{2\phi c_t\sqrt{\eta_z}}\sum_{n=1}^{\infty}\frac{\xi_n^2 J_1(\xi_n a)\{\lambda J_0(\xi_n b)-\xi_n J_1(\xi_n b)\}\mathcal{V}_{\mathcal{N}0}(\xi_n r,a)\operatorname{csch}\left(d\sqrt{\frac{\eta_r\xi_n^2+s}{\eta_z}}\right)}{\left[(\lambda^2+\xi_n^2)J_1^2(\xi_n a)-\{\lambda J_0(\xi_n b)-\xi_n J_1(\xi_n b)\}^2\right]\sqrt{\eta_r\xi_n^2+s}}\times$$

$$\times \int_0^d \overline{\psi}_b(u,s)\left[\cosh\left\{(d-|z-u|)\sqrt{\frac{\eta_r\xi_n^2+s}{\eta_z}}\right\}+\cosh\left\{(d-z-u)\sqrt{\frac{\eta_r\xi_n^2+s}{\eta_z}}\right\}\right]du+$$

$$+\frac{\pi^2}{2\phi c_t\sqrt{\eta_z}}\sum_{n=1}^{\infty}\frac{\xi_n^2\{\lambda J_0(\xi_n b)-\xi_n J_1(\xi_n b)\}^2\mathcal{V}_{\mathcal{N}0}(\xi_n r,a)\operatorname{csch}\left(d\sqrt{\frac{\eta_r\xi_n^2+s}{\eta_z}}\right)}{\left[(\lambda^2+\xi_n^2)J_1^2(\xi_n a)-\{\lambda J_0(\xi_n b)-\xi_n J_1(\xi_n b)\}^2\right]\sqrt{(\eta_r\xi_n^2+s)}}\times$$

$$\times\left[\overline{\overline{\psi}}_0(\xi_n,s)\cosh\left\{(d-z)\sqrt{\frac{\eta_r\xi_n^2+s}{\eta_z}}\right\}-\overline{\overline{\psi}}_d(\xi_n,s)\cosh\left\{z\sqrt{\frac{\eta_r\xi_n^2+s}{\eta_z}}\right\}\right]+$$

$$+\frac{\pi^2}{4\sqrt{\eta_z}}\sum_{n=1}^{\infty}\frac{\xi_n^2\{\lambda J_0(\xi_n b)-\xi_n J_1(\xi_n b)\}^2\mathcal{V}_{\mathcal{N}0}(\xi_n r,a)\operatorname{csch}\left(d\sqrt{\frac{\eta_r\xi_n^2+s}{\eta_z}}\right)}{\left[(\lambda^2+\xi_n^2)J_1^2(\xi_n a)-\{\lambda J_0(\xi_n b)-\xi_n J_1(\xi_n b)\}^2\right]\sqrt{\eta_r\xi_n^2+s}}\times$$

$$\times \int_0^d \overline{\varphi}(\xi_n,u)\left[\cosh\left\{(d-|z-u|)\sqrt{\frac{\eta_r\xi_n^2+s}{\eta_z}}\right\}+\cosh\left\{(d-z-u)\sqrt{\frac{\eta_r\xi_n^2+s}{\eta_z}}\right\}\right]du \qquad (21.57.2)$$

where $\overline{\varphi}(\xi_n,u)=\int_a^b\varphi(r,u)\,r\mathcal{V}_{\mathcal{N}0}(\xi_n r,a)\,dr$ and

$$p = \frac{U(t-t_0)\pi}{8\phi c_t d}\sum_{n=1}^{\infty}\frac{\xi_n^2\{\lambda J_0(\xi_n b)-\xi_n J_1(\xi_n b)\}^2\mathcal{V}_{\mathcal{N}0}(\xi_n r_0,a)\mathcal{V}_{\mathcal{N}0}(\xi_n r,a)}{\left[(\lambda^2+\xi_n^2)J_1^2(\xi_n a)-\{\lambda J_0(\xi_n b)-\xi_n J_1(\xi_n b)\}^2\right]}\times$$

$$\times\int_0^{t-t_0} q(t-t_0-\tau)\left[\Theta_3\left\{\frac{\pi(z-z_0)}{2d},e^{-\left(\frac{\pi}{d}\right)^2\eta_z\tau}\right\}+\Theta_3\left\{\frac{\pi(z+z_0)}{2d},e^{-\left(\frac{\pi}{d}\right)^2\eta_z\tau}\right\}\right]e^{-\eta_r\xi_n^2\tau}d\tau+$$

$$+\frac{\pi}{2\phi c_t d}\sum_{n=1}^{\infty}\frac{\xi_n\{\lambda J_0(\xi_n b)-\xi_n J_1(\xi_n b)\}^2\mathcal{V}_{\mathcal{N}0}(\xi_n r,a)}{\left[(\lambda^2+\xi_n^2)J_1^2(\xi_n a)-\{\lambda J_0(\xi_n b)-\xi_n J_1(\xi_n b)\}^2\right]}\times$$

$$\times\int_0^t e^{-\eta_r\xi_n^2\tau}\int_0^d\psi_a(u,t-\tau)\left[\Theta_3\left\{\frac{\pi(z-u)}{2d},e^{-\left(\frac{\pi}{d}\right)^2\eta_z\tau}\right\}+\Theta_3\left\{\frac{\pi(z+u)}{2d},e^{-\left(\frac{\pi}{d}\right)^2\eta_z\tau}\right\}\right]du\,d\tau+$$

$$+\frac{\pi}{2\phi c_t d}\sum_{n=1}^{\infty}\frac{\xi_n^2 J_1(\xi_n a)\{\lambda J_0(\xi_n b)-\xi_n J_1(\xi_n b)\}\mathcal{V}_{\mathcal{N}0}(\xi_n r,a)}{\left[(\lambda^2+\xi_n^2)J_1^2(\xi_n a)-\{\lambda J_0(\xi_n b)-\xi_n J_1(\xi_n b)\}^2\right]}\times$$

$$\times\int_0^t e^{-\eta_r\xi_n^2\tau}\int_0^d\psi_b(u,t-\tau)\left[\Theta_3\left\{\frac{\pi(z-u)}{2d},e^{-\left(\frac{\pi}{d}\right)^2\eta_z\tau}\right\}+\Theta_3\left\{\frac{\pi(z+u)}{2d},e^{-\left(\frac{\pi}{d}\right)^2\eta_z\tau}\right\}\right]du\,d\tau-$$

$$-\frac{\pi^2}{2d\phi c_t}\sum_{n=1}^{\infty}\frac{\xi_n^2\{\lambda J_0(\xi_n b)-\xi_n J_1(\xi_n b)\}^2\mathcal{V}_{\mathcal{N}0}(\xi_n r,a)}{\left[(\lambda^2+\xi_n^2)J_1^2(\xi_n a)-\{\lambda J_0(\xi_n b)-\xi_n J_1(\xi_n b)\}^2\right]}\times$$

$$\times\int_0^t\left\{\Theta_3\left(\frac{\pi z}{2d},e^{-\left(\frac{\pi}{d}\right)^2\eta_z\tau}\right)\overline{\psi}_0(\xi_n,t-\tau)-\Theta_4\left(\frac{\pi z}{2d},e^{-\left(\frac{\pi}{d}\right)^2\eta_z\tau}\right)\overline{\psi}_d(\xi_n,t-\tau)\right\}e^{-\eta_r\xi_n^2\tau}d\tau+$$

$$+\frac{\pi^2}{4d}\sum_{n=1}^{\infty}\frac{\xi_n^2\left\{\lambda J_0(\xi_n b)-\xi_n J_1(\xi_n b)\right\}^2\mathcal{V}_{\mathcal{N}0}(\xi_n r,a)\,e^{-\eta_r\xi_n^2 t}}{\left[(\lambda^2+\xi_n^2)J_1^2(\xi_n a)-\left\{\lambda J_0(\xi_n b)-\xi_n J_1(\xi_n b)\right\}^2\right]}\times$$

$$\times\int_0^d\overline{\varphi}(\xi_n,u)\left[\Theta_3\left\{\frac{\pi(z-u)}{2d},e^{-\left(\frac{\pi}{d}\right)^2\eta_z t}\right\}+\Theta_3\left\{\frac{\pi(z+u)}{2d},e^{-\left(\frac{\pi}{d}\right)^2\eta_z t}\right\}\right]du \qquad (21.57.3)$$

21.58

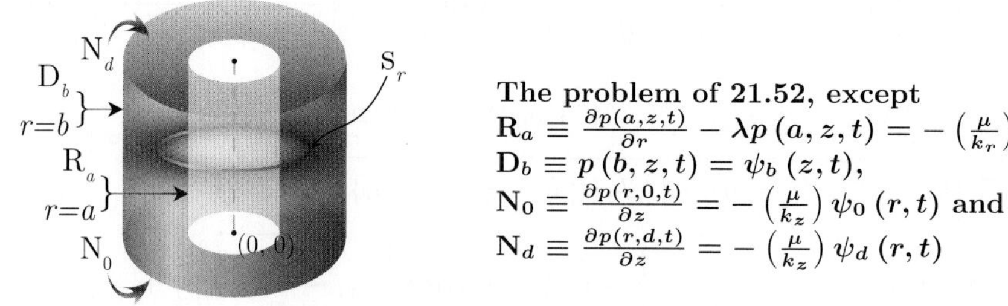

The problem of 21.52, except
$\mathbf{R}_a \equiv \frac{\partial p(a,z,t)}{\partial r}-\lambda p(a,z,t)=-\left(\frac{\mu}{k_r}\right)\psi_a(z,t)$,
$\mathbf{D}_b \equiv p(b,z,t)=\psi_b(z,t)$,
$\mathbf{N}_0 \equiv \frac{\partial p(r,0,t)}{\partial z}=-\left(\frac{\mu}{k_z}\right)\psi_0(r,t)$ **and**
$\mathbf{N}_d \equiv \frac{\partial p(r,d,t)}{\partial z}=-\left(\frac{\mu}{k_z}\right)\psi_d(r,t)$

Successive application of the Laplace, Fourier and finite Hankel transformations to equation (18.1.1) gives

$$\overline{\overline{\overline{p}}}=\frac{q(s)e^{-st_0}\cos(\xi_l z_0)\mathcal{V}_{\mathcal{D}0}(\xi_n r_0,b)}{2\pi\phi c_t(\eta_r\xi_n^2+\eta_z\xi_l^2+s)}-\frac{2J_0(\xi_n b)\overline{\overline{\psi}}_a(\xi_l,s)}{\pi\phi c_t(\eta_r\xi_n^2+\eta_z\xi_l^2+s)\left\{\lambda J_0(\xi_n a)+\xi_n J_1(\xi_n a)\right\}}+$$
$$+\frac{2\eta_r\overline{\overline{\psi}}_b(\xi_l,s)}{\pi(\eta_r\xi_n^2+\eta_z\xi_l^2+s)}+\frac{\left\{(-1)^{l+1}\overline{\overline{\psi}}_d(\xi_n,s)+\overline{\overline{\psi}}_0(\xi_n,s)\right\}}{\phi c_t(\eta_r\xi_n^2+\eta_z\xi_l^2+s)}+\frac{\overline{\overline{\varphi}}(\xi_n,\xi_l)}{(\eta_r\xi_n^2+\eta_z\xi_l^2+s)} \qquad (21.58.1)$$

where $\mathcal{V}_{\mathcal{D}0}(\xi_n r,b)=J_0(\xi_n r)Y_0(\xi_n b)-Y_0(\xi_n r)J_0(\xi_n b)$. The eigenvalues $\xi_n, n=1,2,...$, are the positive roots of the transcendental equation $\lambda\mathcal{V}_{\mathcal{D}0}(\xi_n a,b)-\xi_n\mathcal{V}'_{\mathcal{D}0}(\xi_n a,b)=0$,* $\xi_l=\frac{l\pi}{d}, l=1,2,....$
$\overline{\overline{\psi}}_0(\xi_n,s)=\int_a^b\overline{\psi}_0(r,s)\,r\mathcal{V}_{\mathcal{D}0}(\xi_n r,b)\,dr$, $\overline{\overline{\psi}}_d(\xi_n,s)=\int_a^b\overline{\psi}_d(r,s)\,r\mathcal{V}_{\mathcal{D}0}(\xi_n r,b)\,dr$,
$\overline{\overline{\psi}}_a(\xi_l,s)=\int_0^d\cos(\xi_l z)\overline{\psi}_a(z,s)dz$, $\overline{\overline{\psi}}_b(\xi_l,s)=\int_0^d\cos(\xi_l z)\overline{\psi}_b(z,s)dz$, $\overline{\overline{\varphi}}(\xi_n,\xi_l)=\int_a^b\overline{\varphi}(r,\xi_l)\,r\mathcal{V}_{\mathcal{D}0}(\xi_n r,a)\,dr$
and $\overline{\varphi}(r,\xi_l)=\int_0^d\cos(\xi_l z)\varphi(r,z)dz$. Successive inverse transforms yield

$$\overline{p}=\frac{\pi q(s)e^{-st_0}}{8\phi c_t\sqrt{\eta_z}}\sum_{n=1}^{\infty}\frac{\xi_n^2\left\{\lambda J_0(\xi_n a)+\xi_n J_1(\xi_n a)\right\}^2\mathcal{V}_{\mathcal{D}0}(\xi r_0,b)\mathcal{V}_{\mathcal{D}0}(\xi r,b)\operatorname{csch}\left(d\sqrt{\frac{\eta_r\xi_n^2+s}{\eta_z}}\right)}{\left[\left\{\lambda J_0(\xi_n a)+\xi_n J_1(\xi_n a)\right\}^2-(\lambda^2+\xi_n^2)J_0^2(\xi_n b)\right]\sqrt{(\eta_r\xi_n^2+s)}}\times$$
$$\times\left[\cosh\left\{(d-|z-z_0|)\sqrt{\frac{\eta_r\xi_n^2+s}{\eta_z}}\right\}+\cosh\left\{(d-z-z_0)\sqrt{\frac{\eta_r\xi_n^2+s}{\eta_z}}\right\}\right]-$$
$$-\frac{\pi}{2\phi c_t\sqrt{\eta_z}}\sum_{n=1}^{\infty}\frac{\xi_n^2 J_0(\xi_n b)\left\{\lambda J_0(\xi_n a)+\xi_n J_1(\xi_n a)\right\}\mathcal{V}_{\mathcal{D}0}(\xi r,b)\operatorname{csch}\left(d\sqrt{\frac{\eta_r\xi_n^2+s}{\eta_z}}\right)}{\left[\left\{\lambda J_0(\xi_n a)+\xi_n J_1(\xi_n a)\right\}^2-(\lambda^2+\xi_n^2)J_0^2(\xi_n b)\right]\sqrt{\eta_r\xi_n^2+s}}\times$$
$$\times\int_0^d\overline{\psi}_a(u,s)\left[\cosh\left\{(d-|z-u|)\sqrt{\frac{\eta_r\xi_n^2+s}{\eta_z}}\right\}+\cosh\left\{(d-z-u)\sqrt{\frac{\eta_r\xi_n^2+s}{\eta_z}}\right\}\right]du+$$
$$+\frac{\pi\eta_r}{2\sqrt{\eta_z}}\sum_{n=1}^{\infty}\frac{\xi_n^2\left\{\lambda J_0(\xi_n a)+\xi_n J_1(\xi_n a)\right\}^2\mathcal{V}_{\mathcal{D}0}(\xi r,b)\operatorname{csch}\left(d\sqrt{\frac{\eta_r\xi_n^2+s}{\eta_z}}\right)}{\left[\left\{\lambda J_0(\xi_n a)+\xi_n J_1(\xi_n a)\right\}^2-(\lambda^2+\xi_n^2)J_0^2(\xi_n b)\right]\sqrt{\eta_r\xi_n^2+s}}\times$$
$$\times\int_0^d\overline{\psi}_b(u,s)\left[\cosh\left\{(d-|z-u|)\sqrt{\frac{\eta_r\xi_n^2+s}{\eta_z}}\right\}+\cosh\left\{(d-z-u)\sqrt{\frac{\eta_r\xi_n^2+s}{\eta_z}}\right\}\right]du+$$

*$\mathcal{V}'_{\mathcal{D}0}(\xi_n r,b)=\left\{Y_1(\xi_n r)J_0(\xi_n b)-J_1(\xi_n r)Y_0(\xi_n b)\right\}$.

$$+\frac{\pi^2}{2\phi c_t\sqrt{\eta_z}}\sum_{n=1}^{\infty}\frac{\xi_n^2\left\{\lambda J_0(\xi_n a)+\xi_n J_1(\xi_n a)\right\}^2\mathcal{V}_{\mathcal{D}0}(\xi r,b)\operatorname{csch}\left(d\sqrt{\frac{\eta_r\xi_n^2+s}{\eta_z}}\right)}{\left[\left\{\lambda J_0(\xi_n a)+\xi_n J_1(\xi_n a)\right\}^2-\left(\lambda^2+\xi_n^2\right)J_0^2(\xi_n b)\right]\sqrt{(\eta_r\xi_n^2+s)}}\times$$

$$\times\left[\overline{\overline{\psi}}_0(\xi_n,s)\cosh\left\{(d-z)\sqrt{\frac{\eta_r\xi_n^2+s}{\eta_z}}\right\}-\overline{\overline{\psi}}_d(\xi_n,s)\cosh\left\{z\sqrt{\frac{\eta_r\xi_n^2+s}{\eta_z}}\right\}\right]+$$

$$+\frac{\pi^2}{4\sqrt{\eta_z}}\sum_{n=1}^{\infty}\frac{\xi_n^2\left\{\lambda J_0(\xi_n a)+\xi_n J_1(\xi_n a)\right\}^2\mathcal{V}_{\mathcal{D}0}(\xi r,b)\operatorname{csch}\left(d\sqrt{\frac{\eta_r\xi_n^2+s}{\eta_z}}\right)}{\left[\left\{\lambda J_0(\xi_n a)+\xi_n J_1(\xi_n a)\right\}^2-\left(\lambda^2+\xi_n^2\right)J_0^2(\xi_n b)\right]\sqrt{\eta_r\xi_n^2+s}}\times$$

$$\times\int_0^d\overline{\varphi}(\xi_n,u)\left[\cosh\left\{(d-|z-u|)\sqrt{\frac{\eta_r\xi_n^2+s}{\eta_z}}\right\}+\cosh\left\{(d-z-u)\sqrt{\frac{\eta_r\xi_n^2+s}{\eta_z}}\right\}\right]du \quad (21.58.2)$$

where $\overline{\varphi}(\xi_n,u)=\int_a^b\varphi(r,u)\,r\mathcal{V}_{\mathcal{D}0}(\xi_n r,a)\,dr$ and

$$p=\frac{U(t-t_0)\pi}{8\phi c_t d}\sum_{n=1}^{\infty}\frac{\xi_n^2\left\{\lambda J_0(\xi_n a)+\xi_n J_1(\xi_n a)\right\}^2\mathcal{V}_{\mathcal{D}0}(\xi r_0,b)\,\mathcal{V}_{\mathcal{D}0}(\xi r,b)}{\left[\left\{\lambda J_0(\xi_n a)+\xi_n J_1(\xi_n a)\right\}^2-\left(\lambda^2+\xi_n^2\right)J_0^2(\xi_n b)\right]}\times$$

$$\int_0^{t-t_0}q(t-t_0-\tau)\left[\Theta_3\left\{\frac{\pi(z-z_0)}{2d},e^{-\left(\frac{\pi}{d}\right)^2\eta_z\tau}\right\}+\Theta_3\left\{\frac{\pi(z+z_0)}{2d},e^{-\left(\frac{\pi}{d}\right)^2\eta_z\tau}\right\}\right]e^{-\eta_r\xi_n^2\tau}d\tau-$$

$$-\frac{\pi}{2\phi c_t d}\sum_{n=1}^{\infty}\frac{\xi_n^2 J_0(\xi_n b)\left\{\lambda J_0(\xi_n a)+\xi_n J_1(\xi_n a)\right\}\mathcal{V}_{\mathcal{D}0}(\xi r,b)}{\left[\left\{\lambda J_0(\xi_n a)+\xi_n J_1(\xi_n a)\right\}^2-\left(\lambda^2+\xi_n^2\right)J_0^2(\xi_n b)\right]}\times$$

$$\times\int_0^t e^{-\eta_r\xi_n^2\tau}\int_0^d\psi_a(u,t-\tau)\left[\Theta_3\left\{\frac{\pi(z-u)}{2d},e^{-\left(\frac{\pi}{d}\right)^2\eta_z\tau}\right\}+\Theta_3\left\{\frac{\pi(z+u)}{2d},e^{-\left(\frac{\pi}{d}\right)^2\eta_z\tau}\right\}\right]du d\tau+$$

$$+\frac{\pi\eta_r}{2d}\sum_{n=1}^{\infty}\frac{\xi_n^2\left\{\lambda J_0(\xi_n a)+\xi_n J_1(\xi_n a)\right\}^2\mathcal{V}_{\mathcal{D}0}(\xi r,b)}{\left[\left\{\lambda J_0(\xi_n a)+\xi_n J_1(\xi_n a)\right\}^2-\left(\lambda^2+\xi_n^2\right)J_0^2(\xi_n b)\right]}\times$$

$$\times\int_0^t e^{-\eta_r\xi_n^2\tau}\int_0^d\psi_b(u,t-\tau)\left[\Theta_3\left\{\frac{\pi(z-u)}{2d},e^{-\left(\frac{\pi}{d}\right)^2\eta_z\tau}\right\}+\Theta_3\left\{\frac{\pi(z+u)}{2d},e^{-\left(\frac{\pi}{d}\right)^2\eta_z\tau}\right\}\right]du d\tau-$$

$$-\frac{\pi^2}{2d\phi c_t}\sum_{n=1}^{\infty}\frac{\xi_n^2\left\{\lambda J_0(\xi_n a)+\xi_n J_1(\xi_n a)\right\}^2\mathcal{V}_{\mathcal{D}0}(\xi r,b)}{\left[\left\{\lambda J_0(\xi_n a)+\xi_n J_1(\xi_n a)\right\}^2-\left(\lambda^2+\xi_n^2\right)J_0^2(\xi_n b)\right]}\times$$

$$\times\int_0^t\left\{\Theta_3\left(\frac{\pi z}{2d},e^{-\left(\frac{\pi}{d}\right)^2\eta_z\tau}\right)\overline{\psi}_0(\xi_n,t-\tau)-\Theta_4\left(\frac{\pi z}{2d},e^{-\left(\frac{\pi}{d}\right)^2\eta_z\tau}\right)\overline{\psi}_d(\xi_n,t-\tau)\right\}e^{-\eta_r\xi_n^2\tau}d\tau+$$

$$+\frac{\pi^2}{4d}\sum_{n=1}^{\infty}\frac{\xi_n^2\left\{\lambda J_0(\xi_n a)+\xi_n J_1(\xi_n a)\right\}^2\mathcal{V}_{\mathcal{D}0}(\xi r,b)\,e^{-\eta_r\xi_n^2 t}}{\left[\left\{\lambda J_0(\xi_n a)+\xi_n J_1(\xi_n a)\right\}^2-\left(\lambda^2+\xi_n^2\right)J_0^2(\xi_n b)\right]}\times$$

$$\times\int_0^d\overline{\varphi}(\xi_n,u)\left[\Theta_3\left\{\frac{\pi(z-u)}{2d},e^{-\left(\frac{\pi}{d}\right)^2\eta_z t}\right\}+\Theta_3\left\{\frac{\pi(z+u)}{2d},e^{-\left(\frac{\pi}{d}\right)^2\eta_z t}\right\}\right]du \quad (21.58.3)$$

21.59

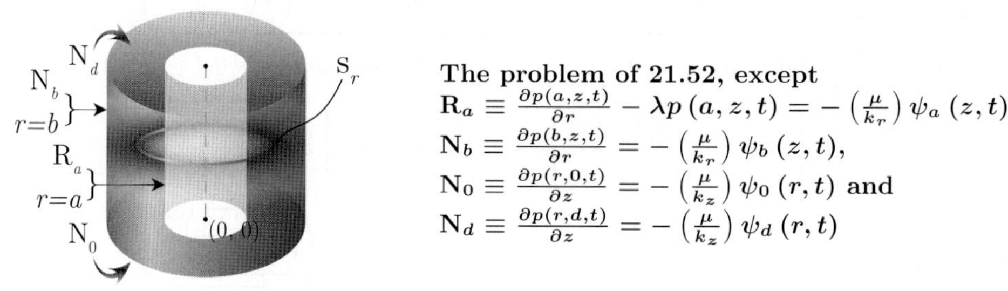

The problem of 21.52, except
$\mathbf{R}_a \equiv \frac{\partial p(a,z,t)}{\partial r} - \lambda p(a,z,t) = -\left(\frac{\mu}{k_r}\right)\psi_a(z,t)$,
$\mathbf{N}_b \equiv \frac{\partial p(b,z,t)}{\partial r} = -\left(\frac{\mu}{k_r}\right)\psi_b(z,t)$,
$\mathbf{N}_0 \equiv \frac{\partial p(r,0,t)}{\partial z} = -\left(\frac{\mu}{k_z}\right)\psi_0(r,t)$ **and**
$\mathbf{N}_d \equiv \frac{\partial p(r,d,t)}{\partial z} = -\left(\frac{\mu}{k_z}\right)\psi_d(r,t)$

Successive application of the Laplace, Fourier and finite Hankel transformations to equation (18.1.1) gives

$$\overline{\overline{\overline{p}}} = \frac{q(s)\,e^{-st_0}\cos(\xi_l z_0)\,\mathcal{V}_{\mathcal{N}0}(\xi_n r_0,b)}{2\pi\phi c_t\left(\eta_r\xi_n^2+\eta_z\xi_l^2+s\right)} + \frac{2J_1(\xi_n b)\,\overline{\overline{\psi}}_a(\xi_l,s)}{\pi\phi c_t\left(\eta_r\xi_n^2+\eta_z\xi_l^2+s\right)\left\{\lambda J_0(\xi_n a)+\xi_n J_1(\xi_n a)\right\}} - $$
$$-\frac{2\overline{\overline{\psi}}_b(\xi_l,s)}{\pi\phi c_t\xi_n\left(\eta_r\xi_n^2+\eta_z\xi_l^2+s\right)} + \frac{\left\{(-1)^{l+1}\overline{\overline{\psi}}_d(\xi_n,s)+\overline{\overline{\psi}}_0(\xi_n,s)\right\}}{\phi c_t\left(\eta_r\xi_n^2+\eta_z\xi_l^2+s\right)} + \frac{\overline{\overline{\varphi}}(\xi_n,\xi_l)}{\left(\eta_r\xi_n^2+\eta_z\xi_l^2+s\right)} \qquad (21.59.1)$$

where $\xi_n, n = 1, 2, ...,$ are the positive roots of the transcendental equation $\lambda\mathcal{V}_{\mathcal{N}0}(\xi_n a,b) - \xi_n\mathcal{V}'_{\mathcal{N}0}(\xi_n a,b) = 0$, $\xi_l = \frac{l\pi}{d}, l = 1, 2, ...$ $\overline{\overline{\psi}}_0(\xi_n,s) = \int_a^b \overline{\psi}_0(r,s)\,r\mathcal{V}_{\mathcal{N}0}(\xi_n r,b)\,dr$, $\overline{\overline{\psi}}_d(\xi_n,s) = \int_a^b \overline{\psi}_d(r,s)\,r\mathcal{V}_{\mathcal{N}0}(\xi_n r,b)\,dr$, $\overline{\overline{\psi}}_a(\xi_l,s) = \int_0^d \cos(\xi_l z)\,\overline{\psi}_a(z,s)dz$, $\overline{\overline{\psi}}_b(\xi_l,s) = \int_0^d \cos(\xi_l z)\,\overline{\psi}_b(z,s)dz$, $\overline{\overline{\varphi}}(\xi_n,\xi_l) = \int_a^b \overline{\varphi}(r,\xi_l)\,r\mathcal{V}_{\mathcal{N}0}(\xi_n r,a)\,dr$ and $\overline{\varphi}(r,\xi_l) = \int_0^d \cos(\xi_l z)\,\varphi(r,z)dz$. Successive inverse transforms yield

$$\overline{p} = \frac{\pi q(s)\,e^{-st_0}}{8\phi c_t\sqrt{\eta_z}}\sum_{n=1}^{\infty}\frac{\xi_n^2\left\{\lambda J_0(\xi_n a)+\xi_n J_1(\xi_n a)\right\}^2\mathcal{V}_{\mathcal{N}0}(\xi r_0,b)\,\mathcal{V}_{\mathcal{N}0}(\xi r,b)\,\mathrm{csch}\left(d\sqrt{\frac{\eta_r\xi_n^2+s}{\eta_z}}\right)}{\left[\left\{\lambda J_0(\xi_n a)+\xi_n J_1(\xi_n a)\right\}^2-\left(\lambda^2+\xi_n^2\right)J_1^2(\xi_n b)\right]\sqrt{\left(\eta_r\xi_n^2+s\right)}}\times$$
$$\times\left[\cosh\left\{(d-|z-z_0|)\sqrt{\frac{\eta_r\xi_n^2+s}{\eta_z}}\right\}+\cosh\left\{(d-z-z_0)\sqrt{\frac{\eta_r\xi_n^2+s}{\eta_z}}\right\}\right]+$$
$$+\frac{\pi}{2\phi c_t\sqrt{\eta_z}}\sum_{n=1}^{\infty}\frac{\xi_n^2 J_1(\xi_n b)\left\{\lambda J_0(\xi_n a)+\xi_n J_1(\xi_n a)\right\}\mathcal{V}_{\mathcal{N}0}(\xi r,b)\,\mathrm{csch}\left(d\sqrt{\frac{\eta_r\xi_n^2+s}{\eta_z}}\right)}{\left[\left\{\lambda J_0(\xi_n a)+\xi_n J_1(\xi_n a)\right\}^2-\left(\lambda^2+\xi_n^2\right)J_1^2(\xi_n b)\right]\sqrt{\eta_r\xi_n^2+s}}\times$$
$$\times\int_0^d \overline{\psi}_a(u,s)\left[\cosh\left\{(d-|z-u|)\sqrt{\frac{\eta_r\xi_n^2+s}{\eta_z}}\right\}+\cosh\left\{(d-z-u)\sqrt{\frac{\eta_r\xi_n^2+s}{\eta_z}}\right\}\right]du-$$
$$-\frac{\pi}{2\phi c_t\sqrt{\eta_z}}\sum_{n=1}^{\infty}\frac{\xi_n\left\{\lambda J_0(\xi_n a)+\xi_n J_1(\xi_n a)\right\}^2\mathcal{V}_{\mathcal{N}0}(\xi r,b)\,\mathrm{csch}\left(d\sqrt{\frac{\eta_r\xi_n^2+s}{\eta_z}}\right)}{\left[\left\{\lambda J_0(\xi_n a)+\xi_n J_1(\xi_n a)\right\}^2-\left(\lambda^2+\xi_n^2\right)J_1^2(\xi_n b)\right]\sqrt{\eta_r\xi_n^2+s}}\times$$
$$\times\int_0^d \overline{\psi}_b(u,s)\left[\cosh\left\{(d-|z-u|)\sqrt{\frac{\eta_r\xi_n^2+s}{\eta_z}}\right\}+\cosh\left\{(d-z-u)\sqrt{\frac{\eta_r\xi_n^2+s}{\eta_z}}\right\}\right]du+$$
$$+\frac{\pi^2}{2\phi c_t\sqrt{\eta_z}}\sum_{n=1}^{\infty}\frac{\xi_n^2\left\{\lambda J_0(\xi_n a)+\xi_n J_1(\xi_n a)\right\}^2\mathcal{V}_{\mathcal{N}0}(\xi r,b)\,\mathrm{csch}\left(d\sqrt{\frac{\eta_r\xi_n^2+s}{\eta_z}}\right)}{\left[\left\{\lambda J_0(\xi_n a)+\xi_n J_1(\xi_n a)\right\}^2-\left(\lambda^2+\xi_n^2\right)J_1^2(\xi_n b)\right]\sqrt{\left(\eta_r\xi_n^2+s\right)}}\times$$
$$\times\left[\overline{\overline{\psi}}_0(\xi_n,s)\cosh\left\{(d-z)\sqrt{\frac{\eta_r\xi_n^2+s}{\eta_z}}\right\}-\overline{\overline{\psi}}_d(\xi_n,s)\cosh\left\{z\sqrt{\frac{\eta_r\xi_n^2+s}{\eta_z}}\right\}\right]+$$

$$+\frac{\pi^2}{4\sqrt{\eta_z}}\sum_{n=1}^{\infty}\frac{\xi_n^2\left\{\lambda J_0(\xi_n a)+\xi_n J_1(\xi_n a)\right\}^2 \mathcal{V}_{\mathcal{N}0}(\xi r,b)\,\mathrm{csch}\left(d\sqrt{\frac{\eta_r\xi_n^2+s}{\eta_z}}\right)}{\left[\left\{\lambda J_0(\xi_n a)+\xi_n J_1(\xi_n a)\right\}^2-(\lambda^2+\xi_n^2)J_1^2(\xi_n b)\right]\sqrt{\eta_r\xi_n^2+s}}\times$$

$$\times\int_0^d \overline{\varphi}(\xi_n,u)\left[\cosh\left\{(d-|z-u|)\sqrt{\frac{\eta_r\xi_n^2+s}{\eta_z}}\right\}+\cosh\left\{(d-z-u)\sqrt{\frac{\eta_r\xi_n^2+s}{\eta_z}}\right\}\right]du \quad (21.59.2)$$

where $\overline{\varphi}(\xi_n,u)=\int_a^b \varphi(r,u)\,r\mathcal{V}_{\mathcal{N}0}(\xi_n r,a)\,dr$ and

$$p=\frac{U(t-t_0)\pi}{8\phi c_t d}\sum_{n=1}^{\infty}\frac{\xi_n^2\left\{\lambda J_0(\xi_n a)+\xi_n J_1(\xi_n a)\right\}^2\mathcal{V}_{\mathcal{N}0}(\xi r_0,b)\,\mathcal{V}_{\mathcal{N}0}(\xi r,b)}{\left[\left\{\lambda J_0(\xi_n a)+\xi_n J_1(\xi_n a)\right\}^2-(\lambda^2+\xi_n^2)J_1^2(\xi_n b)\right]}\times$$

$$\int_0^{t-t_0} q(t-t_0-\tau)\left[\Theta_3\left\{\frac{\pi(z-z_0)}{2d},e^{-\left(\frac{\pi}{d}\right)^2\eta_z\tau}\right\}+\Theta_3\left\{\frac{\pi(z+z_0)}{2d},e^{-\left(\frac{\pi}{d}\right)^2\eta_z\tau}\right\}\right]e^{-\eta_r\xi_n^2\tau}d\tau+$$

$$+\frac{\pi}{2\phi c_t d}\sum_{n=1}^{\infty}\frac{\xi_n^2 J_1(\xi_n b)\left\{\lambda J_0(\xi_n a)+\xi_n J_1(\xi_n a)\right\}\mathcal{V}_{\mathcal{N}0}(\xi r,b)}{\left[\left\{\lambda J_0(\xi_n a)+\xi_n J_1(\xi_n a)\right\}^2-(\lambda^2+\xi_n^2)J_1^2(\xi_n b)\right]}\times$$

$$\times\int_0^t e^{-\eta_r\xi_n^2\tau}\int_0^d \psi_a(u,t-\tau)\left[\Theta_3\left\{\frac{\pi(z-u)}{2d},e^{-\left(\frac{\pi}{d}\right)^2\eta_z\tau}\right\}+\Theta_3\left\{\frac{\pi(z+u)}{2d},e^{-\left(\frac{\pi}{d}\right)^2\eta_z\tau}\right\}\right]du d\tau-$$

$$-\frac{\pi}{2\phi c_t d}\sum_{n=1}^{\infty}\frac{\xi_n\left\{\lambda J_0(\xi_n a)+\xi_n J_1(\xi_n a)\right\}^2\mathcal{V}_{\mathcal{N}0}(\xi r,b)}{\left[\left\{\lambda J_0(\xi_n a)+\xi_n J_1(\xi_n a)\right\}^2-(\lambda^2+\xi_n^2)J_1^2(\xi_n b)\right]}\times$$

$$\times\int_0^t e^{-\eta_r\xi_n^2\tau}\int_0^d \psi_b(u,t-\tau)\left[\Theta_3\left\{\frac{\pi(z-u)}{2d},e^{-\left(\frac{\pi}{d}\right)^2\eta_z\tau}\right\}+\Theta_3\left\{\frac{\pi(z+u)}{2d},e^{-\left(\frac{\pi}{d}\right)^2\eta_z\tau}\right\}\right]du d\tau-$$

$$-\frac{\pi^2}{2d\phi c_t}\sum_{n=1}^{\infty}\frac{\xi_n^2\left\{\lambda J_0(\xi_n a)+\xi_n J_1(\xi_n a)\right\}^2\mathcal{V}_{\mathcal{N}0}(\xi r,b)}{\left[\left\{\lambda J_0(\xi_n a)+\xi_n J_1(\xi_n a)\right\}^2-(\lambda^2+\xi_n^2)J_1^2(\xi_n b)\right]}\times$$

$$\times\int_0^t\left\{\Theta_3\left(\frac{\pi z}{2d},e^{-\left(\frac{\pi}{d}\right)^2\eta_z\tau}\right)\overline{\psi}_0(\xi_n,t-\tau)-\Theta_4\left(\frac{\pi z}{2d},e^{-\left(\frac{\pi}{d}\right)^2\eta_z\tau}\right)\overline{\psi}_d(\xi_n,t-\tau)\right\}e^{-\eta_r\xi_n^2\tau}d\tau+$$

$$+\frac{\pi^2}{4d}\sum_{n=1}^{\infty}\frac{\xi_n^2\left\{\lambda J_0(\xi_n a)+\xi_n J_1(\xi_n a)\right\}^2\mathcal{V}_{\mathcal{N}0}(\xi r,b)\,e^{-\eta_r\xi_n^2 t}}{\left[\left\{\lambda J_0(\xi_n a)+\xi_n J_1(\xi_n a)\right\}^2-(\lambda^2+\xi_n^2)J_1^2(\xi_n b)\right]}\times$$

$$\times\int_0^d \overline{\varphi}(\xi_n,u)\left[\Theta_3\left\{\frac{\pi(z-u)}{2d},e^{-\left(\frac{\pi}{d}\right)^2\eta_z t}\right\}+\Theta_3\left\{\frac{\pi(z+u)}{2d},e^{-\left(\frac{\pi}{d}\right)^2\eta_z t}\right\}\right]du \quad (21.59.3)$$

21.60 The problem of 21.52, except

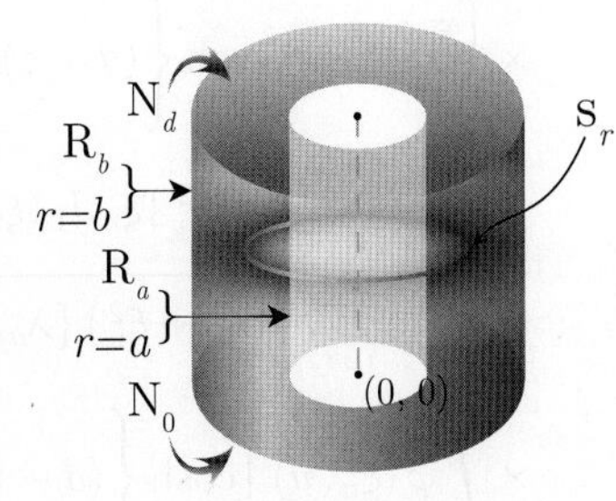

$\mathbf{R}_a\equiv\frac{\partial p(a,z,t)}{\partial r}-\lambda p(a,z,t)=-\left(\frac{\mu}{k_r}\right)\psi_a(z,t)$,
$\mathbf{R}_b\equiv\frac{\partial p(b,z,t)}{\partial r}+\lambda_b p(b,z,t)=-\left(\frac{\mu}{k_r}\right)\psi_b(z,t)$,
$\mathbf{N}_0\equiv\frac{\partial p(r,0,t)}{\partial z}=-\left(\frac{\mu}{k_z}\right)\psi_0(r,t)$ and
$\mathbf{N}_d\equiv\frac{\partial p(r,d,t)}{\partial z}=-\left(\frac{\mu}{k_z}\right)\psi_d(r,t)$

Successive application of the Laplace, Fourier and finite Hankel transformations to equation (18.1.1) gives

$$\overline{\overline{\overline{p}}} = \frac{q(s)\,e^{-st_0}\cos(\xi_l z_0)\{\xi_n\mathcal{V}_{\mathcal{N}0}(\xi_n r_0,a)-\lambda_a\mathcal{V}_{\mathcal{D}0}(\xi_n r_0,a)\}}{2\pi\phi c_t\,(\eta_r\xi_n^2+\eta_z\xi_l^2+s)} + \frac{2\{\lambda_a J_0(\xi_n a)+\xi_n J_1(\xi_n a)\}\,\overline{\overline{\psi}}_b(\xi_l,s)}{\pi\phi c_t(\eta_r\xi_n^2+\eta_z\xi_l^2+s)\{\lambda_b J_0(\xi_n b)-\xi_n J_1(\xi_n b)\}} + \frac{2\overline{\overline{\psi}}_a(\xi_l,s)}{\pi\phi c_t\,(\eta_r\xi_n^2+\eta_z\xi_l^2+s)} + \frac{\left\{(-1)^{l+1}\overline{\overline{\psi}}_d(\xi_n,s)+\overline{\overline{\psi}}_0(\xi_n,s)\right\}}{\phi c_t\,(\eta_r\xi_n^2+\eta_z\xi_l^2+s)} + \frac{\overline{\overline{\varphi}}(\xi_n,\xi_l)}{(\eta_r\xi_n^2+\eta_z\xi_l^2+s)} \tag{21.60.1}$$

where $\xi_n, n=1,2,...,$ are the positive roots of
$\lambda_a\{\mathcal{V}'_{\mathcal{D}0}(\xi_n b,a)+\lambda_b\mathcal{V}_{\mathcal{D}0}(\xi_n b,a)\}-\xi_n\{\mathcal{V}'_{\mathcal{N}0}(\xi_n b,a)+\lambda_b\mathcal{V}_{\mathcal{N}0}(\xi_n b,a)\}=0$, $\xi_l=\frac{l\pi}{d}, l=1,2,....$
$\overline{\overline{\psi}}_0(\xi_n,s)=\int_a^b\overline{\psi}_0(r,s)\,r\{\xi_n\mathcal{V}_{\mathcal{N}0}(\xi_n r,a)-\lambda_a\mathcal{V}_{\mathcal{D}0}(\xi_n r,a)\}\,dr$,
$\overline{\overline{\psi}}_d(\xi_n,s)=\int_a^b\overline{\psi}_d(r,s)\,r\{\xi_n\mathcal{V}_{\mathcal{N}0}(\xi_n r,a)-\lambda_a\mathcal{V}_{\mathcal{D}0}(\xi_n r,a)\}\,dr$,
$\overline{\overline{\psi}}_a(\xi_l,s)=\int_0^d\cos(\xi_l z)\,\overline{\psi}_a(z,s)dz$, $\overline{\overline{\psi}}_b(\xi_l,s)=\int_0^d\cos(\xi_l z)\,\overline{\psi}_b(z,s)dz$,
$\overline{\overline{\varphi}}(\xi_n,\xi_l)=\int_a^b\overline{\varphi}(r,\xi_l)\,r\{\xi_n\mathcal{V}_{\mathcal{N}0}(\xi_n r,a)-\lambda_a\mathcal{V}_{\mathcal{D}0}(\xi_n r,a)\}\,dr$ and $\overline{\varphi}(r,\xi_l)=\int_0^d\cos(\xi_l z)\,\varphi(r,z)dz$. Successive inverse transforms yield

$$\begin{aligned}
\overline{p} &= \frac{\pi q(s)\,e^{-st_0}}{8\phi c_t\sqrt{\eta_z}}\sum_{n=1}^{\infty}\frac{\xi_n^2\{\xi_n J_1(\xi_n b)-\lambda_b J_0(\xi_n b)\}^2}{\sqrt{(\eta_r\xi_n^2+s)}}\times\\
&\times\frac{\{\xi_n\mathcal{V}_{\mathcal{N}0}(\xi_n r_0,a)-\lambda_a\mathcal{V}_{\mathcal{D}0}(\xi_n r_0,a)\}\{\xi_n\mathcal{V}_{\mathcal{N}0}(\xi_n r,a)-\lambda_a\mathcal{V}_{\mathcal{D}0}(\xi_n r,a)\}\operatorname{csch}\left(d\sqrt{\frac{\eta_r\xi_n^2+s}{\eta_z}}\right)}{\left[(\lambda_b^2+\xi_n^2)\{\lambda_a J_0(\xi_n a)+\xi_n J_1(\xi_n a)\}^2-(\lambda_a^2+\xi_n^2)\{\lambda_b J_0(\xi_n b)+\xi_n J_1(\xi_n b)\}^2\right]}\times\\
&\times\left[\cosh\left\{(d-|z-z_0|)\sqrt{\frac{\eta_r\xi_n^2+s}{\eta_z}}\right\}+\cosh\left\{(d-z-z_0)\sqrt{\frac{\eta_r\xi_n^2+s}{\eta_z}}\right\}\right]+\\
&+\frac{\pi}{2\phi c_t\sqrt{\eta_z}}\sum_{n=1}^{\infty}\frac{\xi_n^2\{\xi_n J_1(\xi_n b)-\lambda_b J_0(\xi_n b)\}^2\{\xi_n\mathcal{V}_{\mathcal{N}0}(\xi_n r,a)-\lambda_a\mathcal{V}_{\mathcal{D}0}(\xi_n r,a)\}\operatorname{csch}\left(d\sqrt{\frac{\eta_r\xi_n^2+s}{\eta_z}}\right)}{\left[(\lambda_b^2+\xi_n^2)\{\lambda_a J_0(\xi_n a)+\xi_n J_1(\xi_n a)\}^2-(\lambda_a^2+\xi_n^2)\{\lambda_b J_0(\xi_n b)+\xi_n J_1(\xi_n b)\}^2\right]\sqrt{\eta_r\xi_n^2+s}}\times\\
&\times\int_0^d\overline{\psi}_a(u,s)\left[\cosh\left\{(d-|z-u|)\sqrt{\frac{\eta_r\xi_n^2+s}{\eta_z}}\right\}+\cosh\left\{(d-z-u)\sqrt{\frac{\eta_r\xi_n^2+s}{\eta_z}}\right\}\right]du+\\
&+\frac{\pi}{2\phi c_t\sqrt{\eta_z}}\sum_{n=1}^{\infty}\frac{\xi_n^2\{\xi_n J_1(\xi_n b)-\lambda_b J_0(\xi_n b)\}\{\xi_n J_1(\xi_n a)+\lambda_a J_0(\xi_n a)\}\{\xi_n\mathcal{V}_{\mathcal{N}0}(\xi_n r,a)-\lambda_a\mathcal{V}_{\mathcal{D}0}(\xi_n r,a)\}}{\left[(\lambda_b^2+\xi_n^2)\{\lambda_a J_0(\xi_n a)+\xi_n J_1(\xi_n a)\}^2-(\lambda_a^2+\xi_n^2)\{\lambda_b J_0(\xi_n b)+\xi_n J_1(\xi_n b)\}^2\right]\sqrt{\eta_r\xi_n^2+s}}\times\\
&\times\operatorname{csch}\left(d\sqrt{\frac{\eta_r\xi_n^2+s}{\eta_z}}\right)\int_0^d\overline{\psi}_b(u,s)\left[\cosh\left\{(d-|z-u|)\sqrt{\frac{\eta_r\xi_n^2+s}{\eta_z}}\right\}+\cosh\left\{(d-z-u)\sqrt{\frac{\eta_r\xi_n^2+s}{\eta_z}}\right\}\right]du+\\
&+\frac{\pi^2}{2\phi c_t\sqrt{\eta_z}}\sum_{n=1}^{\infty}\frac{\xi_n^2\{\xi_n J_1(\xi_n b)-\lambda_b J_0(\xi_n b)\}^2\{\xi_n\mathcal{V}_{\mathcal{N}0}(\xi_n r,a)-\lambda_a\mathcal{V}_{\mathcal{D}0}(\xi_n r,a)\}\operatorname{csch}\left(d\sqrt{\frac{\eta_r\xi_n^2+s}{\eta_z}}\right)}{\left[(\lambda_b^2+\xi_n^2)\{\lambda_a J_0(\xi_n a)+\xi_n J_1(\xi_n a)\}^2-(\lambda_a^2+\xi_n^2)\{\lambda_b J_0(\xi_n b)+\xi_n J_1(\xi_n b)\}^2\right]\sqrt{(\eta_r\xi_n^2+s)}}\times\\
&\times\left[\overline{\overline{\psi}}_0(\xi_n,s)\cosh\left\{(d-z)\sqrt{\frac{\eta_r\xi_n^2+s}{\eta_z}}\right\}-\overline{\overline{\psi}}_d(\xi_n,s)\cosh\left\{z\sqrt{\frac{\eta_r\xi_n^2+s}{\eta_z}}\right\}\right]+\\
&+\frac{\pi^2}{4\sqrt{\eta_z}}\sum_{n=1}^{\infty}\frac{\xi_n^2\{\xi_n J_1(\xi_n b)-\lambda_b J_0(\xi_n b)\}^2\{\xi_n\mathcal{V}_{\mathcal{N}0}(\xi_n r,a)-\lambda_a\mathcal{V}_{\mathcal{D}0}(\xi_n r,a)\}\operatorname{csch}\left(d\sqrt{\frac{\eta_r\xi_n^2+s}{\eta_z}}\right)}{\left[(\lambda_b^2+\xi_n^2)\{\lambda_a J_0(\xi_n a)+\xi_n J_1(\xi_n a)\}^2-(\lambda_a^2+\xi_n^2)\{\lambda_b J_0(\xi_n b)+\xi_n J_1(\xi_n b)\}^2\right]\sqrt{\eta_r\xi_n^2+s}}\times\\
&\times\int_0^d\overline{\varphi}(\xi_n,u)\left[\cosh\left\{(d-|z-u|)\sqrt{\frac{\eta_r\xi_n^2+s}{\eta_z}}\right\}+\cosh\left\{(d-z-u)\sqrt{\frac{\eta_r\xi_n^2+s}{\eta_z}}\right\}\right]du
\end{aligned} \tag{21.60.2}$$

where $\overline{\varphi}(\xi_n, u) = \int_a^b \varphi(r,u)\, r \{\xi_n \mathcal{V}_{\mathcal{N}0}(\xi_n r, a) - \lambda_a \mathcal{V}_{\mathcal{D}0}(\xi_n r, a)\}\, dr$ and

$$p = \frac{U(t-t_0)\pi}{8\phi c_t d} \sum_{n=1}^{\infty} \frac{\xi_n^2 \{\xi_n J_1(\xi_n b) - \lambda_b J_0(\xi_n b)\}^2 \{\xi_n \mathcal{V}_{\mathcal{N}0}(\xi_n r_0, a) - \lambda_a \mathcal{V}_{\mathcal{D}0}(\xi_n r_0, a)\}}{\left[(\lambda_b^2 + \xi_n^2)\{\lambda_a J_0(\xi_n a) + \xi_n J_1(\xi_n a)\}^2 - (\lambda_a^2 + \xi_n^2)\{\lambda_b J_0(\xi_n b) + \xi_n J_1(\xi_n b)\}^2\right]} \times$$
$$\times \{\xi_n \mathcal{V}_{\mathcal{N}0}(\xi_n r, a) - \lambda_a \mathcal{V}_{\mathcal{D}0}(\xi_n r, a)\} \times$$
$$\times \int_0^{t-t_0} q(t-t_0-\tau)\left[\Theta_3\left\{\frac{\pi(z-z_0)}{2d}, e^{-\left(\frac{\pi}{d}\right)^2 \eta_z \tau}\right\} + \Theta_3\left\{\frac{\pi(z+z_0)}{2d}, e^{-\left(\frac{\pi}{d}\right)^2 \eta_z \tau}\right\}\right] e^{-\eta_r \xi_n^2 \tau} d\tau +$$
$$+\frac{\pi}{2\phi c_t d} \sum_{n=1}^{\infty} \frac{\xi_n^2 \{\xi_n J_1(\xi_n b) - \lambda_b J_0(\xi_n b)\}^2 \{\xi_n \mathcal{V}_{\mathcal{N}0}(\xi_n r, a) - \lambda_a \mathcal{V}_{\mathcal{D}0}(\xi_n r, a)\}}{\left[(\lambda_b^2 + \xi_n^2)\{\lambda_a J_0(\xi_n a) + \xi_n J_1(\xi_n a)\}^2 - (\lambda_a^2 + \xi_n^2)\{\lambda_b J_0(\xi_n b) + \xi_n J_1(\xi_n b)\}^2\right]} \times$$
$$\times \int_0^{t} e^{-\eta_r \xi_n^2 \tau} \int_0^{d} \psi_a(u, t-\tau)\left[\Theta_3\left\{\frac{\pi(z-u)}{2d}, e^{-\left(\frac{\pi}{d}\right)^2 \eta_z \tau}\right\} + \Theta_3\left\{\frac{\pi(z+u)}{2d}, e^{-\left(\frac{\pi}{d}\right)^2 \eta_z \tau}\right\}\right] du d\tau +$$
$$+\frac{\pi}{2\phi c_t d} \sum_{n=1}^{\infty} \frac{\xi_n^2 \{\xi_n J_1(\xi_n b) - \lambda_b J_0(\xi_n b)\}\{\xi_n J_1(\xi_n a) + \lambda_a J_0(\xi_n a)\}\{\xi_n \mathcal{V}_{\mathcal{N}0}(\xi_n r, a) - \lambda_a \mathcal{V}_{\mathcal{D}0}(\xi_n r, a)\}}{\left[(\lambda_b^2 + \xi_n^2)\{\lambda_a J_0(\xi_n a) + \xi_n J_1(\xi_n a)\}^2 - (\lambda_a^2 + \xi_n^2)\{\lambda_b J_0(\xi_n b) + \xi_n J_1(\xi_n b)\}^2\right]} \times$$
$$\times \int_0^{t} e^{-\eta_r \xi_n^2 \tau} \int_0^{d} \psi_b(u, t-\tau)\left[\Theta_3\left\{\frac{\pi(z-u)}{2d}, e^{-\left(\frac{\pi}{d}\right)^2 \eta_z \tau}\right\} + \Theta_3\left\{\frac{\pi(z+u)}{2d}, e^{-\left(\frac{\pi}{d}\right)^2 \eta_z \tau}\right\}\right] du d\tau -$$
$$-\frac{\pi^2}{2d\phi c_t} \sum_{n=1}^{\infty} \frac{\xi_n^2 \{\xi_n J_1(\xi_n b) - \lambda_b J_0(\xi_n b)\}^2 \{\xi_n \mathcal{V}_{\mathcal{N}0}(\xi_n r, a) - \lambda_a \mathcal{V}_{\mathcal{D}0}(\xi_n r, a)\}}{\left[(\lambda_b^2 + \xi_n^2)\{\lambda_a J_0(\xi_n a) + \xi_n J_1(\xi_n a)\}^2 - (\lambda_a^2 + \xi_n^2)\{\lambda_b J_0(\xi_n b) + \xi_n J_1(\xi_n b)\}^2\right]} \times$$
$$\times \int_0^{t} \left\{\Theta_3\left(\frac{\pi z}{2d}, e^{-\left(\frac{\pi}{d}\right)^2 \eta_z \tau}\right)\overline{\psi}_0(\xi_n, t-\tau) - \Theta_4\left(\frac{\pi z}{2d}, e^{-\left(\frac{\pi}{d}\right)^2 \eta_z \tau}\right)\overline{\psi}_d(\xi_n, t-\tau)\right\} e^{-\eta_r \xi_n^2 \tau} d\tau +$$
$$+\frac{\pi^2}{4d} \sum_{n=1}^{\infty} \frac{\xi_n^2 \{\xi_n J_1(\xi_n b) - \lambda_b J_0(\xi_n b)\}^2 \{\xi_n \mathcal{V}_{\mathcal{N}0}(\xi_n r, a) - \lambda_a \mathcal{V}_{\mathcal{D}0}(\xi_n r, a)\} e^{-\eta_r \xi_n^2 t}}{\left[(\lambda_b^2 + \xi_n^2)\{\lambda_a J_0(\xi_n a) + \xi_n J_1(\xi_n a)\}^2 - (\lambda_a^2 + \xi_n^2)\{\lambda_b J_0(\xi_n b) + \xi_n J_1(\xi_n b)\}^2\right]} \times$$
$$\times \int_0^{d} \overline{\varphi}(\xi_n, u)\left[\Theta_3\left\{\frac{\pi(z-u)}{2d}, e^{-\left(\frac{\pi}{d}\right)^2 \eta_z t}\right\} + \Theta_3\left\{\frac{\pi(z+u)}{2d}, e^{-\left(\frac{\pi}{d}\right)^2 \eta_z t}\right\}\right] du \tag{21.60.3}$$

21.61 A cylindrical continuum bounded by $0 \le r \le a$ and $0 \le z \le d$.

Ring source at $s_r \equiv (r_0, z_0)$; $0 \le r_0 \le a$, $0 < z_0 < d$, $t_0 \ge 0$.
$N_0 \equiv \frac{\partial p(r,0,t)}{\partial z} = -\left(\frac{\mu}{k_z}\right)\psi_0(r,t)$,
$R_d \equiv \frac{\partial p(r,d,t)}{\partial z} + \lambda_d p(r,d,t) = -\left(\frac{\mu}{k_z}\right)\psi_d(r,t)$ and
$D_a \equiv p(a,z,t) = \psi_a(z,t)$. $p(r,z,0) = \varphi(r,z)$

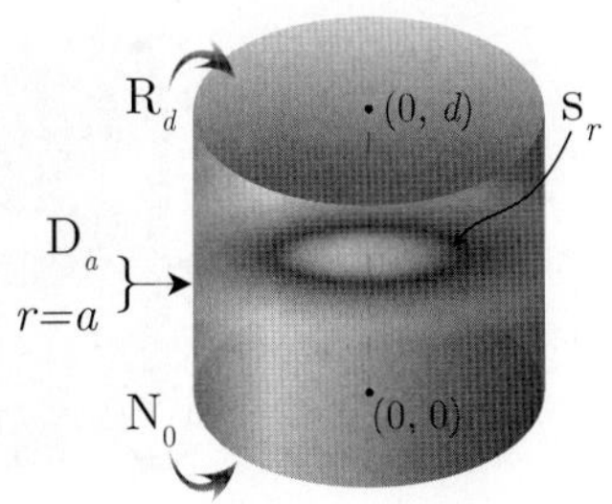

Successive application of the Laplace, Fourier and finite Hankel transformations to equation (18.1.1) gives

$$\overline{\overline{\overline{p}}} = \frac{q(s)e^{-st_0}\cos(\xi_l z_0) J_0(\xi_n r_0)}{2\pi\phi c_t(\eta_r\xi_n^2 + \eta_z\xi_l^2 + s)} + \frac{a\eta_r\xi_n\overline{\overline{\psi}}_a(\xi_l, s) J_1(\xi_n a)}{(\eta_r\xi_n^2 + \eta_z\xi_l^2 + s)} + $$
$$+\frac{\left\{\overline{\overline{\psi}}_0(\xi_n, s) - \cos(\xi_l d)\overline{\overline{\psi}}_d(\xi_n, s)\right\}}{\phi c_t(\eta_r\xi_n^2 + \eta_z\xi_l^2 + s)} + \frac{\overline{\overline{\varphi}}(\xi_n, \xi_l)}{(\eta_r\xi_n^2 + \eta_z\xi_l^2 + s)} \tag{21.61.1}$$

where ξ_n are the positive roots of $J_0(\xi_n a) = 0$, $n = 1, 2, ...$, ξ_l are the positive roots of $\xi_l \tan(\xi_l d) = \lambda_d$, $l = 1, 2, ...$, $\overline{\overline{\psi}}_a(\xi_l, s) = \int_0^d \cos(\xi_l z)\overline{\psi}_a(z, s) dz$, $\overline{\overline{\psi}}_0(\xi_n, s) = \int_0^a \overline{\psi}_0(r, s) r J_0(\xi r)\, dr$,

$\overline{\overline{\psi}}_d(\xi_n,s) = \int_0^a \overline{\psi}_d(r,s) r J_0(\xi r)\, dr$, $\overline{\overline{\varphi}}(\xi_n,\xi_l) = \int_0^a \overline{\varphi}(r,\xi_l)\, r J_0(\xi_n r)\, dr$ and $\overline{\varphi}(r,\xi_l) = \int_0^d \cos(\xi_l z)\, \varphi(r,z) dz$. Successive inverse transforms yield

$$\begin{aligned}\overline{p} &= \frac{2q(s)\, e^{-st_0}}{\pi a^2 \phi c_t} \sum_{n=1}^{\infty} \frac{J_0(\xi_n r_0)\, J_0(\xi_n r)}{J_1^2(\xi_n a)} \sum_{l=1}^{\infty} \frac{\left(\xi_l^2+\lambda_d^2\right)\cos(\xi_l z_0)\cos(\xi_l z)}{\left\{d\left(\xi_l^2+\lambda_d^2\right)+\lambda_d\right\}\left(\eta_r\xi_n^2+\eta_z\xi_l^2+s\right)} + \\ &+ \frac{4\eta_r}{a} \sum_{n=1}^{\infty} \frac{\xi_n J_0(\xi_n r)}{J_1(\xi_n a)} \sum_{l=1}^{\infty} \frac{\overline{\overline{\psi}}_a(\xi_l,s)\left(\xi_l^2+\lambda_d^2\right)\cos(\xi_l z)}{\left\{d\left(\xi_l^2+\lambda_d^2\right)+\lambda_d\right\}\left(\eta_r\xi_n^2+\eta_z\xi_l^2+s\right)} + \\ &+ \frac{4}{a^2\phi c_t} \sum_{n=1}^{\infty} \frac{J_0(\xi_n r)}{J_1^2(\xi_n a)} \sum_{l=1}^{\infty} \frac{\left(\xi_l^2+\lambda_d^2\right)\left\{\overline{\overline{\psi}}_0(\xi_n,s) - \cos(\xi_l d)\,\overline{\overline{\psi}}_d(\xi_n,s)\right\}\cos(\xi_l z)}{\left\{d\left(\xi_l^2+\lambda_d^2\right)+\lambda_d\right\}\left(\eta_r\xi_n^2+\eta_z\xi_l^2+s\right)} + \\ &+ \frac{4}{a^2} \sum_{n=1}^{\infty} \frac{J_0(\xi_n r)}{J_1^2(\xi_n a)} \sum_{l=1}^{\infty} \frac{\overline{\overline{\varphi}}(\xi_n,\xi_l)\left(\xi_l^2+\lambda_d^2\right)\cos(\xi_l z)}{\left\{d\left(\xi_l^2+\lambda_d^2\right)+\lambda_d\right\}\left(\eta_r\xi_n^2+\eta_z\xi_l^2+s\right)} \end{aligned} \tag{21.61.2}$$

and

$$\begin{aligned} p &= \frac{2U(t-t_0)}{\pi a^2 \phi c_t} \sum_{n=1}^{\infty} \frac{J_0(\xi_n r_0)\, J_0(\xi_n r)}{J_1^2(\xi_n a)} \times \\ &\times \sum_{l=1}^{\infty} \frac{\left(\xi_l^2+\lambda_d^2\right)\cos(\xi_l z_0)\cos(\xi_l z)\int_0^{t-t_0} q(t-t_0-\tau)\, e^{-\left(\eta_r\xi_n^2+\eta_z\xi_l^2\right)\tau} d\tau}{\left\{d\left(\xi_l^2+\lambda_d^2\right)+\lambda_d\right\}} + \\ &+ \frac{4\eta_r}{a} \sum_{n=1}^{\infty} \frac{\xi_n J_0(\xi_n r)}{J_1(\xi_n a)} \sum_{l=1}^{\infty} \frac{\left(\xi_l^2+\lambda_d^2\right)\cos(\xi_l z)\int_0^t \overline{\psi}_a(\xi_l,t-\tau)\, e^{-\left(\eta_r\xi_n^2+\eta_z\xi_l^2\right)\tau} d\tau}{\left\{d\left(\xi_l^2+\lambda_d^2\right)+\lambda_d\right\}} + \\ &+ \frac{4}{a^2\phi c_t} \sum_{n=1}^{\infty} \frac{J_0(\xi_n r)}{J_1^2(\xi_n a)} \times \\ &\times \sum_{l=1}^{\infty} \frac{\left(\xi_l^2+\lambda_d^2\right)\cos(\xi_l z)\int_0^t \left\{\overline{\psi}_0(\xi_n,t-\tau) - \cos(\xi_l d)\,\overline{\psi}_d(\xi_n,t-\tau)\right\} e^{-\left(\eta_r\xi_n^2+\eta_z\xi_l^2\right)\tau} d\tau}{\left\{d\left(\xi_l^2+\lambda_d^2\right)+\lambda_d\right\}} + \\ &+ \frac{4}{a^2} \sum_{n=1}^{\infty} \frac{J_0(\xi_n r)\, e^{-\eta_r\xi_n^2 t}}{J_1^2(\xi_n a)} \sum_{l=1}^{\infty} \frac{\overline{\overline{\varphi}}(\xi_n,\xi_l)\left(\xi_l^2+\lambda_d^2\right)\cos(\xi_l z)\, e^{-\eta_z\xi_l^2 t}}{\left\{d\left(\xi_l^2+\lambda_d^2\right)+\lambda_d\right\}} \end{aligned} \tag{21.61.3}$$

21.62

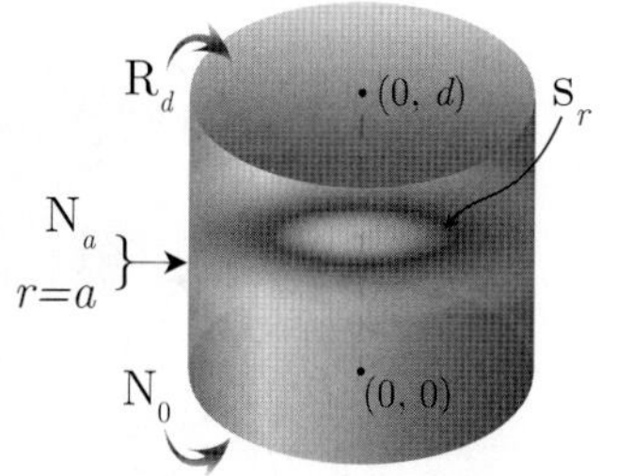

The problem of 21.61, except
$\mathbf{N}_a \equiv \frac{\partial p(a,z,t)}{\partial r} = -\left(\frac{\mu}{k_r}\right)\psi_a(z,t)$,
$\mathbf{N}_0 \equiv \frac{\partial p(r,0,t)}{\partial z} = -\left(\frac{\mu}{k_z}\right)\psi_0(r,t)$ **and**
$\mathbf{R}_d \equiv \frac{\partial p(r,d,t)}{\partial z} + \lambda_d p(r,d,t) = -\left(\frac{\mu}{k_z}\right)\psi_d(r,t)$

Successive application of the Laplace, Fourier and finite Hankel transformations to equation (18.1.1) gives

$$\begin{aligned}\overline{\overline{\overline{p}}} &= \frac{q(s)\, e^{-st_0}\cos(\xi_l z_0)\, J_0(\xi_n r_0)}{2\pi\phi c_t\left(\eta_r\xi_n^2+\eta_z\xi_l^2+s\right)} - \frac{a\overline{\overline{\psi}}_a(\xi_l,s)\, J_0(\xi_n a)}{\phi c_t\left(\eta_r\xi_n^2+\eta_z\xi_l^2+s\right)} + \\ &+ \frac{\left\{\overline{\overline{\psi}}_0(\xi_n,s) - \cos(\xi_l d)\,\overline{\overline{\psi}}_d(\xi_n,s)\right\}}{\phi c_t\left(\eta_r\xi_n^2+\eta_z\xi_l^2+s\right)} + \frac{\overline{\overline{\varphi}}(\xi_n,\xi_l)}{\left(\eta_r\xi_n^2+\eta_z\xi_l^2+s\right)}\end{aligned} \tag{21.62.1}$$

where ξ_n are the positive roots of $J_1(\xi_n a) = 0$, $n = 1, 2, ...$, ξ_l are the positive roots of $\xi_l \tan(\xi_l d) = \lambda_d$, $l = 1, 2, ...$, $\overline{\overline{\psi}}_a(\xi_l,s) = \int_0^d \cos(\xi_l z)\,\overline{\psi}_a(z,s) dz$, $\overline{\overline{\psi}}_0(\xi_n,s) = \int_0^a \overline{\psi}_0(r,s) r J_0(\xi r)\, dr$,

$\overline{\overline{\psi}}_d(\xi_n, s) = \int_0^a \overline{\psi}_d(r,s) r J_0(\xi r)\,dr$, $\overline{\overline{\varphi}}(\xi_n, \xi_l) = \int_0^a \overline{\varphi}(r,\xi_l)\, r J_0(\xi_n r)\,dr$ and $\overline{\varphi}(r,\xi_l) = \int_0^d \cos(\xi_l z)\,\varphi(r,z)dz$. Successive inverse transforms yield

$$\begin{aligned}\overline{p} \;=\; & \frac{2q(s)\,e^{-st_0}}{\pi a^2 \phi c_t} \sum_{n=0}^{\infty} \frac{J_0(\xi_n r_0)\, J_0(\xi_n r)}{J_0^2(\xi_n a)} \sum_{l=1}^{\infty} \frac{(\xi_l^2 + \lambda_d^2)\cos(\xi_l z_0)\cos(\xi_l z)}{\{d(\xi_l^2 + \lambda_d^2) + \lambda_d\}(\eta_r \xi_n^2 + \eta_z \xi_l^2 + s)} - \\ & -\frac{4}{a\phi c_t} \sum_{n=0}^{\infty} \frac{J_0(\xi_n r)}{J_0(\xi_n a)} \sum_{l=1}^{\infty} \frac{\overline{\overline{\psi}}_a(\xi_l, s)(\xi_l^2 + \lambda_d^2)\cos(\xi_l z)}{\{d(\xi_l^2 + \lambda_d^2) + \lambda_d\}(\eta_r \xi_n^2 + \eta_z \xi_l^2 + s)} + \\ & +\frac{4}{a^2\phi c_t} \sum_{n=0}^{\infty} \frac{J_0(\xi_n r)}{J_0^2(\xi_n a)} \sum_{l=1}^{\infty} \frac{(\xi_l^2 + \lambda_d^2)\left\{\overline{\overline{\psi}}_0(\xi_n, s) - \cos(\xi_l d)\,\overline{\overline{\psi}}_d(\xi_n, s)\right\}\cos(\xi_l z)}{\{d(\xi_l^2 + \lambda_d^2) + \lambda_d\}(\eta_r \xi_n^2 + \eta_z \xi_l^2 + s)} + \\ & +\frac{4}{a^2} \sum_{n=0}^{\infty} \frac{J_0(\xi_n r)}{J_0^2(\xi_n a)} \sum_{l=1}^{\infty} \frac{\overline{\overline{\varphi}}(\xi_n, \xi_l)(\xi_l^2 + \lambda_d^2)\cos(\xi_l z)}{\{d(\xi_l^2 + \lambda_d^2) + \lambda_d\}(\eta_r \xi_n^2 + \eta_z \xi_l^2 + s)}\end{aligned} \qquad (21.62.2)$$

and

$$\begin{aligned}p \;=\; & \frac{2U(t-t_0)}{\pi a^2 \phi c_t} \sum_{n=0}^{\infty} \frac{J_0(\xi_n r_0)\, J_0(\xi_n r)}{J_0^2(\xi_n a)} \times \\ & \times \sum_{l=1}^{\infty} \frac{(\xi_l^2 + \lambda_d^2)\cos(\xi_l z_0)\cos(\xi_l z)\int_0^{t-t_0} q(t-t_0-\tau)\, e^{-(\eta_r \xi_n^2 + \eta_z \xi_l^2)\tau} d\tau}{\{d(\xi_l^2 + \lambda_d^2) + \lambda_d\}} - \\ & -\frac{4}{a\phi c_t} \sum_{n=0}^{\infty} \frac{J_0(\xi_n r)}{J_0(\xi_n a)} \sum_{l=1}^{\infty} \frac{(\xi_l^2 + \lambda_d^2)\cos(\xi_l z)\int_0^t \overline{\psi}_a(\xi_l, t-\tau)\, e^{-(\eta_r \xi_n^2 + \eta_z \xi_l^2)\tau} d\tau}{\{d(\xi_l^2 + \lambda_d^2) + \lambda_d\}} + \\ & +\frac{4}{a^2\phi c_t} \sum_{n=0}^{\infty} \frac{J_0(\xi_n r)}{J_0^2(\xi_n a)} \times \\ & \times \sum_{l=1}^{\infty} \frac{(\xi_l^2 + \lambda_d^2)\cos(\xi_l z)\int_0^t \{\overline{\psi}_0(\xi_n, t-\tau) - \cos(\xi_l d)\,\overline{\psi}_d(\xi_n, t-\tau)\} e^{-(\eta_r \xi_n^2 + \eta_z \xi_l^2)\tau} d\tau}{\{d(\xi_l^2 + \lambda_d^2) + \lambda_d\}} + \\ & +\frac{4}{a^2} \sum_{n=0}^{\infty} \frac{J_0(\xi_n r)\, e^{-\eta_r \xi_n^2 t}}{J_0^2(\xi_n a)} \sum_{l=1}^{\infty} \frac{\overline{\overline{\varphi}}(\xi_n, \xi_l)(\xi_l^2 + \lambda_d^2)\cos(\xi_l z)\, e^{-\eta_z \xi_l^2 t}}{\{d(\xi_l^2 + \lambda_d^2) + \lambda_d\}}\end{aligned} \qquad (21.62.3)$$

21.63 The problem of 21.61, except

$R_a \equiv \frac{\partial p(a,z,t)}{\partial r} + \lambda p(a,z,t) = -\left(\frac{\mu}{k_r}\right)\psi_a(z,t)$,
$N_0 \equiv \frac{\partial p(r,0,t)}{\partial z} = -\left(\frac{\mu}{k_z}\right)\psi_0(r,t)$ and
$R_d \equiv \frac{\partial p(r,d,t)}{\partial z} + \lambda_d p(r,d,t) = -\left(\frac{\mu}{k_z}\right)\psi_d(r,t)$

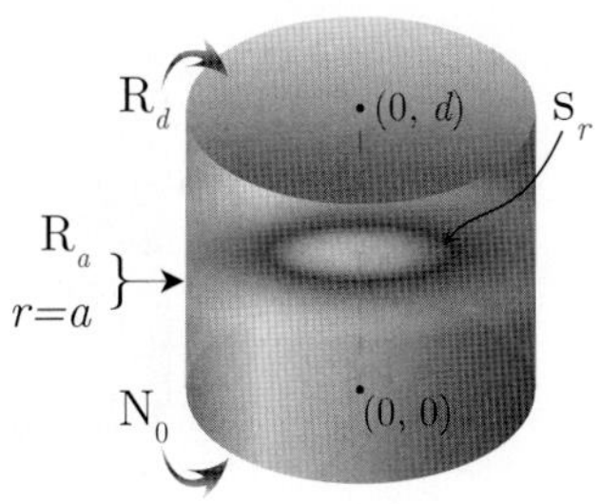

Successive application of the Laplace, Fourier and finite Hankel transformations to equation (18.1.1) gives

$$\begin{aligned}\overline{\overline{\overline{p}}} \;=\; & \frac{q(s)\,e^{-st_0}\cos(\xi_l z_0)\, J_0(\xi_n r_0)}{2\pi\phi c_t(\eta_r \xi_n^2 + \eta_z \xi_l^2 + s)} - \frac{a\overline{\overline{\psi}}_a(\xi_l, s)\, J_0(\xi_n a)}{\phi c_t(\eta_r \xi_n^2 + \eta_z \xi_l^2 + s)} + \\ & + \frac{\left\{\overline{\overline{\psi}}_0(\xi_n, s) - \cos(\xi_l d)\,\overline{\overline{\psi}}_d(\xi_n, s)\right\}}{\phi c_t(\eta_r \xi_n^2 + \eta_z \xi_l^2 + s)} + \frac{\overline{\overline{\varphi}}(\xi_n, \xi_l)}{(\eta_r \xi_n^2 + \eta_z \xi_l^2 + s)}\end{aligned} \qquad (21.63.1)$$

where ξ_n are the positive roots of $\lambda J_0(\xi_n a) = \xi_n J_1(\xi_n a)$, $n = 1, 2, ...$, ξ_l are the positive roots of $\xi_l \tan(\xi_l d) = \lambda_d$, $l = 1, 2, ...$, $\overline{\overline{\psi}}_a(\xi_l, s) = \int_0^d \cos(\xi_l z)\,\overline{\psi}_a(z,s)dz$, $\overline{\overline{\psi}}_0(\xi_n, s) = \int_0^a \overline{\psi}_0(r,s) r J_0(\xi r)\,dr$,

$\overline{\overline{\psi}}_d(\xi_n, s) = \int_0^a \overline{\psi}_d(r,s) r J_0(\xi r)\, dr$, $\overline{\overline{\varphi}}(\xi_n, \xi_l) = \int_0^a \overline{\varphi}(r, \xi_l)\, r J_0(\xi_n r)\, dr$ and $\overline{\varphi}(r, \xi_l) = \int_0^d \cos(\xi_l z)\, \varphi(r, z) dz$. Successive inverse transforms yield

$$\begin{aligned}\overline{p} \;=\; & \frac{2q(s)\, e^{-st_0}}{\pi a^2 \phi c_t} \sum_{n=1}^{\infty} \frac{J_0(\xi_n r_0)\, J_0(\xi_n r)}{\{J_0^2(\xi_n a) + J_1^2(\xi_n a)\}} \sum_{l=1}^{\infty} \frac{(\xi_l^2 + \lambda_d^2) \cos(\xi_l z_0) \cos(\xi_l z)}{\{d(\xi_l^2 + \lambda_d^2) + \lambda_d\}(\eta_r \xi_n^2 + \eta_z \xi_l^2 + s)} - \\ & - \frac{4}{a\phi c_t} \sum_{n=1}^{\infty} \frac{J_0(\xi_n a)\, J_0(\xi_n r)}{\{J_0^2(\xi_n a) + J_1^2(\xi_n a)\}} \sum_{l=1}^{\infty} \frac{\overline{\overline{\psi}}_a(\xi_l, s)(\xi_l^2 + \lambda_d^2) \cos(\xi_l z)}{\{d(\xi_l^2 + \lambda_d^2) + \lambda_d\}(\eta_r \xi_n^2 + \eta_z \xi_l^2 + s)} + \\ & + \frac{4}{a^2 \phi c_t} \sum_{n=1}^{\infty} \frac{J_0(\xi_n r)}{\{J_0^2(\xi_n a) + J_1^2(\xi_n a)\}} \sum_{l=1}^{\infty} \frac{(\xi_l^2 + \lambda_d^2)\left\{\overline{\overline{\psi}}_0(\xi_n, s) - \cos(\xi_l d)\, \overline{\overline{\psi}}_d(\xi_n, s)\right\} \cos(\xi_l z)}{\{d(\xi_l^2 + \lambda_d^2) + \lambda_d\}(\eta_r \xi_n^2 + \eta_z \xi_l^2 + s)} + \\ & + \frac{4}{a^2} \sum_{n=1}^{\infty} \frac{J_0(\xi_n r)}{\{J_0^2(\xi_n a) + J_1^2(\xi_n a)\}} \sum_{l=1}^{\infty} \frac{\overline{\overline{\varphi}}(\xi_n, \xi_l)(\xi_l^2 + \lambda_d^2) \cos(\xi_l z)}{\{d(\xi_l^2 + \lambda_d^2) + \lambda_d\}(\eta_r \xi_n^2 + \eta_z \xi_l^2 + s)}\end{aligned} \tag{21.63.2}$$

and

$$\begin{aligned}p \;=\; & \frac{2U(t - t_0)}{\pi a^2 \phi c_t} \sum_{n=1}^{\infty} \frac{J_0(\xi_n r_0)\, J_0(\xi_n r)}{\{J_0^2(\xi_n a) + J_1^2(\xi_n a)\}} \times \\ & \times \sum_{l=1}^{\infty} \frac{(\xi_l^2 + \lambda_d^2) \cos(\xi_l z_0) \cos(\xi_l z) \int_0^{t-t_0} q(t - t_0 - \tau)\, e^{-(\eta_r \xi_n^2 + \eta_z \xi_l^2)\tau} d\tau}{\{d(\xi_l^2 + \lambda_d^2) + \lambda_d\}} - \\ & - \frac{4}{a\phi c_t} \sum_{n=1}^{\infty} \frac{J_0(\xi_n a)\, J_0(\xi_n r)}{\{J_0^2(\xi_n a) + J_1^2(\xi_n a)\}} \sum_{l=1}^{\infty} \frac{(\xi_l^2 + \lambda_d^2) \cos(\xi_l z) \int_0^t \overline{\psi}_a(\xi_l, t - \tau)\, e^{-(\eta_r \xi_n^2 + \eta_z \xi_l^2)\tau} d\tau}{\{d(\xi_l^2 + \lambda_d^2) + \lambda_d\}} + \\ & + \frac{4}{a^2 \phi c_t} \sum_{n=1}^{\infty} \frac{J_0(\xi_n r)}{\{J_0^2(\xi_n a) + J_1^2(\xi_n a)\}} \times \\ & \times \sum_{l=1}^{\infty} \frac{(\xi_l^2 + \lambda_d^2) \cos(\xi_l z) \int_0^t \{\overline{\psi}_0(\xi_n, t - \tau) - \cos(\xi_l d)\, \overline{\psi}_d(\xi_n, t - \tau)\} e^{-(\eta_r \xi_n^2 + \eta_z \xi_l^2)\tau} d\tau}{\{d(\xi_l^2 + \lambda_d^2) + \lambda_d\}} + \\ & + \frac{4}{a^2} \sum_{n=1}^{\infty} \frac{J_0(\xi_n r)\, e^{-\eta_r \xi_n^2 t}}{\{J_0^2(\xi_n a) + J_1^2(\xi_n a)\}} \sum_{l=1}^{\infty} \frac{\overline{\varphi}(\xi_n, \xi_l)(\xi_l^2 + \lambda_d^2) \cos(\xi_l z)\, e^{-\eta_z \xi_l^2 t}}{\{d(\xi_l^2 + \lambda_d^2) + \lambda_d\}}\end{aligned} \tag{21.63.3}$$

21.64

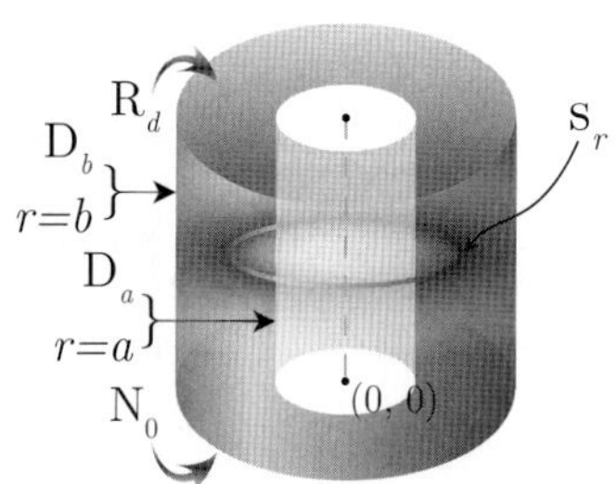

A cylindrical continuum bounded by $a \le r \le b$ and $0 \le z \le d$. Ring source at $s_r \equiv (r_0, z_0)$; $a \le r_0 \le b$, $0 < z_0 < d$, $t_0 \ge 0$. $N_0 \equiv \frac{\partial p(r,0,t)}{\partial z} = -\left(\frac{\mu}{k_z}\right) \psi_0(r, t)$, $R_d \equiv \frac{\partial p(r,d,t)}{\partial z} + \lambda_d p(r, d, t) = -\left(\frac{\mu}{k_z}\right) \psi_d(r, t)$, $D_a \equiv p(a, z, t) = \psi_a(z, t)$ and $D_b \equiv p(b, z, t) = \psi_b(z, t)$. $p(r, z, 0) = \varphi(r, z)$

Successive application of the Laplace, Fourier and finite Hankel transformations to equation (18.1.1) gives

$$\begin{aligned}\overline{\overline{\overline{p}}} \;=\; & \frac{q(s)\, e^{-st_0} \cos(\xi_l z_0)\, \mathcal{V}_{\mathcal{D}0}(\xi_n r_0, a)}{2\pi \phi c_t(\eta_r \xi_n^2 + \eta_z \xi_l^2 + s)} - \frac{2\eta_r \overline{\overline{\psi}}_a(\xi_l, s)}{\pi(\eta_r \xi_n^2 + \eta_z \xi_l^2 + s)} + \frac{2\eta_r J_0(\xi_n a)\, \overline{\overline{\psi}}_b(\xi_l, s)}{\pi J_0(\xi_n b)(\eta_r \xi_n^2 + \eta_z \xi_l^2 + s)} + \\ & + \frac{\left\{\overline{\overline{\psi}}_0(\xi_n, s) - \cos(\xi_l d)\, \overline{\overline{\psi}}_d(\xi_n, s)\right\}}{\phi c_t(\eta_r \xi_n^2 + \eta_z \xi_l^2 + s)} + \frac{\overline{\overline{\varphi}}(\xi_n, \xi_l)}{(\eta_r \xi_n^2 + \eta_z \xi_l^2 + s)}\end{aligned} \tag{21.64.1}$$

where $\mathcal{V}_{\mathcal{D}0}(\xi_n r, a) = J_0(\xi_n r)\, Y_0(\xi_n a) - Y_0(\xi_n r)\, J_0(\xi_n a)$. The eigenvalues $\xi_n, n = 1, 2, ...$, are the positive roots of the transcendental equation $\mathcal{V}_{\mathcal{D}0}(\xi_n b, a) = 0$, ξ_l are the positive roots of $\xi_l \tan(\xi_l d) = \lambda_d$, $l = 1, 2, ...$.

$\overline{\overline{\psi}}_0(\xi_n,s)=\int_a^b\overline{\psi}_0(r,s)\,r\mathcal{V}_{\mathcal{D}0}(\xi_nr,a)\,dr$, $\overline{\overline{\psi}}_d(\xi_n,s)=\int_a^b\overline{\psi}_d(r,s)\,r\mathcal{V}_{\mathcal{D}0}(\xi_nr,a)\,dr$, $\overline{\overline{\psi}}_a(\xi_l,s)=\int_0^d\cos(\xi_lz)\,\overline{\psi}_a(z,s)dz$, $\overline{\overline{\psi}}_b(\xi_l,s)=\int_0^d\cos(\xi_lz)\,\overline{\psi}_b(z,s)dz$, $\overline{\overline{\varphi}}(\xi_n,\xi_l)=\int_a^b\overline{\varphi}(r,\xi_l)\,r\mathcal{V}_{\mathcal{D}0}(\xi_nr,a)\,dr$ and $\overline{\varphi}(r,\xi_l)=\int_0^d\cos(\xi_lz)\,\varphi(r,z)dz$. Successive inverse transforms yield

$$\begin{aligned}
\overline{p} \;=\; & \frac{\pi q(s)\,e^{-st_0}}{2\phi c_t}\sum_{n=1}^{\infty}\frac{\xi_n^2J_0^2(\xi_nb)\,\mathcal{V}_{\mathcal{D}0}(\xi_nr_0,a)\,\mathcal{V}_{\mathcal{D}0}(\xi_nr,a)}{\{J_0^2(\xi_na)-J_0^2(\xi_nb)\}}\sum_{l=1}^{\infty}\frac{(\xi_l^2+\lambda_d^2)\cos(\xi_lz_0)\cos(\xi_lz)}{\{d(\xi_l^2+\lambda_d^2)+\lambda_d\}(\eta_r\xi_n^2+\eta_z\xi_l^2+s)}- \\
& -2\pi\eta_r\sum_{n=1}^{\infty}\frac{\xi_n^2J_0^2(\xi_nb)\,\mathcal{V}_{\mathcal{D}0}(\xi_nr,a)}{\{J_0^2(\xi_na)-J_0^2(\xi_nb)\}}\sum_{l=1}^{\infty}\frac{\overline{\overline{\psi}}_a(\xi_l,s)\,(\xi_l^2+\lambda_d^2)\cos(\xi_lz)}{\{d(\xi_l^2+\lambda_d^2)+\lambda_d\}(\eta_r\xi_n^2+\eta_z\xi_l^2+s)}+ \\
& +2\pi\eta_r\sum_{n=1}^{\infty}\frac{\xi_n^2J_0(\xi_na)\,J_0(\xi_nb)\,\mathcal{V}_{\mathcal{D}0}(\xi_nr,a)}{\{J_0^2(\xi_na)-J_0^2(\xi_nb)\}}\sum_{l=1}^{\infty}\frac{\overline{\overline{\psi}}_b(\xi_l,s)\,(\xi_l^2+\lambda_d^2)\cos(\xi_lz)}{\{d(\xi_l^2+\lambda_d^2)+\lambda_d\}(\eta_r\xi_n^2+\eta_z\xi_l^2+s)}+ \\
& +\frac{\pi^2}{\phi c_t}\sum_{n=1}^{\infty}\frac{\xi_n^2J_0^2(\xi_nb)\,\mathcal{V}_{\mathcal{D}0}(\xi_nr,a)}{\{J_0^2(\xi_na)-J_0^2(\xi_nb)\}}\sum_{l=1}^{\infty}\frac{(\xi_l^2+\lambda_d^2)\left\{\overline{\overline{\psi}}_0(\xi_n,s)-\cos(\xi_ld)\,\overline{\overline{\psi}}_d(\xi_n,s)\right\}\cos(\xi_lz)}{\{d(\xi_l^2+\lambda_d^2)+\lambda_d\}(\eta_r\xi_n^2+\eta_z\xi_l^2+s)}+ \\
& +\pi^2\sum_{n=1}^{\infty}\frac{\xi_n^2J_0^2(\xi_nb)\,\mathcal{V}_{\mathcal{D}0}(\xi_nr,a)}{\{J_0^2(\xi_na)-J_0^2(\xi_nb)\}}\sum_{l=1}^{\infty}\frac{\overline{\overline{\varphi}}(\xi_n,\xi_l)\,(\xi_l^2+\lambda_d^2)\cos(\xi_lz)}{\{d(\xi_l^2+\lambda_d^2)+\lambda_d\}(\eta_r\xi_n^2+\eta_z\xi_l^2+s)}
\end{aligned}\tag{21.64.2}$$

and

$$\begin{aligned}
p \;=\; & \frac{\pi U(t-t_0)}{2\phi c_t}\sum_{n=1}^{\infty}\frac{\xi_n^2J_0^2(\xi_nb)\,\mathcal{V}_{\mathcal{D}0}(\xi_nr_0,a)\,\mathcal{V}_{\mathcal{D}0}(\xi_nr,a)}{\{J_0^2(\xi_na)-J_0^2(\xi_nb)\}}\times \\
& \times\sum_{l=1}^{\infty}\frac{(\xi_l^2+\lambda_d^2)\cos(\xi_lz_0)\cos(\xi_lz)\int_0^{t-t_0}q(t-t_0-\tau)\,e^{-(\eta_r\xi_n^2+\eta_z\xi_l^2)\tau}d\tau}{\{d(\xi_l^2+\lambda_d^2)+\lambda_d\}}- \\
& -2\pi\eta_r\sum_{n=1}^{\infty}\frac{\xi_n^2J_0^2(\xi_nb)\,\mathcal{V}_{\mathcal{D}0}(\xi_nr,a)}{\{J_0^2(\xi_na)-J_0^2(\xi_nb)\}}\sum_{l=1}^{\infty}\frac{(\xi_l^2+\lambda_d^2)\cos(\xi_lz)\int_0^t\overline{\psi}_a(\xi_l,t-\tau)\,e^{-(\eta_r\xi_n^2+\eta_z\xi_l^2)\tau}d\tau}{\{d(\xi_l^2+\lambda_d^2)+\lambda_d\}}+ \\
& +2\pi\eta_r\sum_{n=1}^{\infty}\frac{\xi_n^2J_0(\xi_na)\,J_0(\xi_nb)\,\mathcal{V}_{\mathcal{D}0}(\xi_nr,a)}{\{J_0^2(\xi_na)-J_0^2(\xi_nb)\}}\sum_{l=1}^{\infty}\frac{(\xi_l^2+\lambda_d^2)\cos(\xi_lz)\int_0^t\overline{\psi}_b(\xi_l,t-\tau)\,e^{-(\eta_r\xi_n^2+\eta_z\xi_l^2)\tau}d\tau}{\{d(\xi_l^2+\lambda_d^2)+\lambda_d\}}+ \\
& +\frac{\pi^2}{\phi c_t}\sum_{n=1}^{\infty}\frac{\xi_n^2J_0^2(\xi_nb)\,\mathcal{V}_{\mathcal{D}0}(\xi_nr,a)}{\{J_0^2(\xi_na)-J_0^2(\xi_nb)\}}\times \\
& \times\sum_{l=1}^{\infty}\frac{(\xi_l^2+\lambda_d^2)\cos(\xi_lz)\int_0^t\{\overline{\psi}_0(\xi_n,t-\tau)-\cos(\xi_ld)\,\overline{\psi}_d(\xi_n,t-\tau)\}e^{-(\eta_r\xi_n^2+\eta_z\xi_l^2)\tau}d\tau}{\{d(\xi_l^2+\lambda_d^2)+\lambda_d\}}+ \\
& +\pi^2\sum_{n=1}^{\infty}\frac{\xi_n^2J_0^2(\xi_nb)\,\mathcal{V}_{\mathcal{D}0}(\xi_nr,a)\,e^{-\eta_r\xi_n^2t}}{\{J_0^2(\xi_na)-J_0^2(\xi_nb)\}}\sum_{l=1}^{\infty}\frac{\overline{\overline{\varphi}}(\xi_n,\xi_l)\,(\xi_l^2+\lambda_d^2)\cos(\xi_lz)\,e^{-\eta_z\xi_l^2t}}{\{d(\xi_l^2+\lambda_d^2)+\lambda_d\}}
\end{aligned}\tag{21.64.3}$$

21.65 The problem of 21.64, except $\mathbf{D}_a\equiv p(a,z,t)=\psi_a(z,t)$, $\mathbf{N}_b\equiv\frac{\partial p(b,z,t)}{\partial r}=-\left(\frac{\mu}{k_r}\right)\psi_b(z,t)$, $\mathbf{N}_0\equiv\frac{\partial p(r,0,t)}{\partial z}=-\left(\frac{\mu}{k_z}\right)\psi_0(r,t)$ and $\mathbf{R}_d\equiv\frac{\partial p(r,d,t)}{\partial z}+\lambda_dp(r,d,t)=-\left(\frac{\mu}{k_z}\right)\psi_d(r,t)$

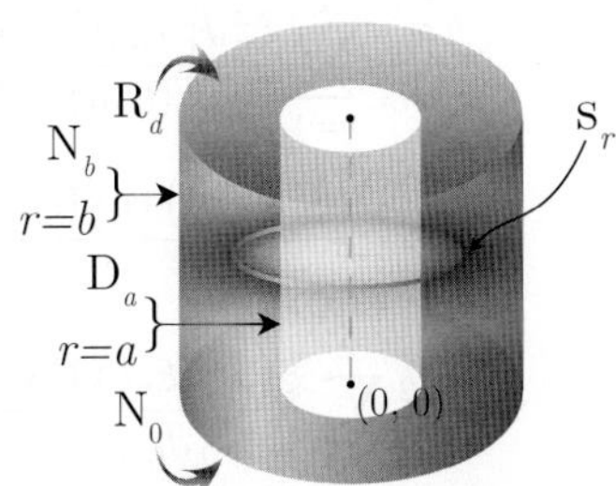

Successive application of the Laplace, Fourier and finite Hankel transformations to equation (18.1.1) gives

$$\overline{\overline{\overline{p}}}\;=\;\frac{q(s)e^{-st_0}\cos(\xi_lz_0)\,\mathcal{V}_{\mathcal{D}0}(\xi_nr_0,a)}{2\pi\phi c_t(\eta_r\xi_n^2+\eta_z\xi_l^2+s)}-\frac{2\eta_r\overline{\overline{\psi}}_a(\xi_l,s)}{\pi(\eta_r\xi_n^2+\eta_z\xi_l^2+s)}+\frac{2J_0(\xi_na)\,\overline{\overline{\psi}}_b(\xi_l,s)}{\pi\phi c_tJ_1(\xi_nb)(\eta_r\xi_n^2+\eta_z\xi_l^2+s)}+$$

$$+\frac{\left\{\overline{\overline{\psi}}_0(\xi_n,s)-\cos(\xi_l d)\overline{\overline{\psi}}_d(\xi_n,s)\right\}}{\phi c_t\left(\eta_r\xi_n^2+\eta_z\xi_l^2+s\right)}+\frac{\overline{\overline{\varphi}}(\xi_n,\xi_l)}{\left(\eta_r\xi_n^2+\eta_z\xi_l^2+s\right)} \tag{21.65.1}$$

where $\mathcal{V}_{\mathcal{D}0}(\xi_n r,a)=J_0(\xi_n r)Y_0(\xi_n a)-Y_0(\xi_n r)J_0(\xi_n a)$. The eigenvalues ξ_n are the positive roots of the transcendental equation $\mathcal{V}'_{\mathcal{D}0}(\xi_n b,a)=0$,* $n=1,2,...,$ ξ_l are the positive roots of $\xi_l\tan(\xi_l d)=\lambda_d$, $l=1,2,....$ $\overline{\overline{\psi}}_0(\xi_n,s)=\int_a^b\overline{\psi}_0(r,s)\,r\mathcal{V}_{\mathcal{D}0}(\xi_n r,a)\,dr$, $\overline{\overline{\psi}}_d(\xi_n,s)=\int_a^b\overline{\psi}_d(r,s)\,r\mathcal{V}_{\mathcal{D}0}(\xi_n r,a)\,dr$, $\overline{\overline{\psi}}_a(\xi_l,s)=\int_0^d\cos(\xi_l z)\overline{\psi}_a(z,s)dz$, $\overline{\overline{\psi}}_b(\xi_l,s)=\int_0^d\cos(\xi_l z)\overline{\psi}_b(z,s)dz$, $\overline{\overline{\varphi}}(\xi_n,\xi_l)=\int_a^b\overline{\varphi}(r,\xi_l)\,r\mathcal{V}_{\mathcal{D}0}(\xi_n r,a)\,dr$ and $\overline{\varphi}(r,\xi_l)=\int_0^d\cos(\xi_l z)\varphi(r,z)dz$. Successive inverse transforms yield

$$\begin{aligned}\overline{p}\;=\;&\frac{\pi q(s)e^{-st_0}}{2\phi c_t}\sum_{n=1}^{\infty}\frac{\xi_n^2J_1^2(\xi_n b)\mathcal{V}_{\mathcal{D}0}(\xi_n r_0,a)\mathcal{V}_{\mathcal{D}0}(\xi_n r,a)}{\left\{J_0^2(\xi_n a)-J_1^2(\xi_n b)\right\}}\sum_{l=1}^{\infty}\frac{\left(\xi_l^2+\lambda_d^2\right)\cos(\xi_l z_0)\cos(\xi_l z)}{\left\{d\left(\xi_l^2+\lambda_d^2\right)+\lambda_d\right\}\left(\eta_r\xi_n^2+\eta_z\xi_l^2+s\right)}-\\&-2\pi\eta_r\sum_{n=1}^{\infty}\frac{\xi_n^2J_1^2(\xi_n b)\mathcal{V}_{\mathcal{D}0}(\xi_n r,a)}{\left\{J_0^2(\xi_n a)-J_1^2(\xi_n b)\right\}}\sum_{l=1}^{\infty}\frac{\overline{\overline{\psi}}_a(\xi_l,s)\left(\xi_l^2+\lambda_d^2\right)\cos(\xi_l z)}{\left\{d\left(\xi_l^2+\lambda_d^2\right)+\lambda_d\right\}\left(\eta_r\xi_n^2+\eta_z\xi_l^2+s\right)}+\\&+\frac{2\pi}{\phi c_t}\sum_{n=1}^{\infty}\frac{\xi_n^2J_0(\xi_n a)J_1(\xi_n b)\mathcal{V}_{\mathcal{D}0}(\xi_n r,a)}{\left\{J_0^2(\xi_n a)-J_1^2(\xi_n b)\right\}}\sum_{l=1}^{\infty}\frac{\overline{\overline{\psi}}_b(\xi_l,s)\left(\xi_l^2+\lambda_d^2\right)\cos(\xi_l z)}{\left\{d\left(\xi_l^2+\lambda_d^2\right)+\lambda_d\right\}\left(\eta_r\xi_n^2+\eta_z\xi_l^2+s\right)}+\\&+\frac{\pi^2}{\phi c_t}\sum_{n=1}^{\infty}\frac{\xi_n^2J_1^2(\xi_n b)\mathcal{V}_{\mathcal{D}0}(\xi_n r,a)}{\left\{J_0^2(\xi_n a)-J_1^2(\xi_n b)\right\}}\sum_{l=1}^{\infty}\frac{\left(\xi_l^2+\lambda_d^2\right)\left\{\overline{\overline{\psi}}_0(\xi_n,s)-\cos(\xi_l d)\overline{\overline{\psi}}_d(\xi_n,s)\right\}\cos(\xi_l z)}{\left\{d\left(\xi_l^2+\lambda_d^2\right)+\lambda_d\right\}\left(\eta_r\xi_n^2+\eta_z\xi_l^2+s\right)}+\\&+\pi^2\sum_{n=1}^{\infty}\frac{\xi_n^2J_1^2(\xi_n b)\mathcal{V}_{\mathcal{D}0}(\xi_n r,a)}{\left\{J_0^2(\xi_n a)-J_1^2(\xi_n b)\right\}}\sum_{l=1}^{\infty}\frac{\overline{\overline{\varphi}}(\xi_n,\xi_l)\left(\xi_l^2+\lambda_d^2\right)\cos(\xi_l z)}{\left\{d\left(\xi_l^2+\lambda_d^2\right)+\lambda_d\right\}\left(\eta_r\xi_n^2+\eta_z\xi_l^2+s\right)}\end{aligned} \tag{21.65.2}$$

and

$$\begin{aligned}p\;=\;&\frac{\pi U(t-t_0)}{2\phi c_t}\sum_{n=1}^{\infty}\frac{\xi_n^2J_1^2(\xi_n b)\mathcal{V}_{\mathcal{D}0}(\xi_n r_0,a)\mathcal{V}_{\mathcal{D}0}(\xi_n r,a)}{\left\{J_0^2(\xi_n a)-J_1^2(\xi_n b)\right\}}\times\\&\times\sum_{l=1}^{\infty}\frac{\left(\xi_l^2+\lambda_d^2\right)\cos(\xi_l z_0)\cos(\xi_l z)\int_0^{t-t_0}q(t-t_0-\tau)e^{-\left(\eta_r\xi_n^2+\eta_z\xi_l^2\right)\tau}d\tau}{\left\{d\left(\xi_l^2+\lambda_d^2\right)+\lambda_d\right\}}-\\&-2\pi\eta_r\sum_{n=1}^{\infty}\frac{\xi_n^2J_1^2(\xi_n b)\mathcal{V}_{\mathcal{D}0}(\xi_n r,a)}{\left\{J_0^2(\xi_n a)-J_1^2(\xi_n b)\right\}}\sum_{l=1}^{\infty}\frac{\left(\xi_l^2+\lambda_d^2\right)\cos(\xi_l z)\int_0^t\overline{\psi}_a(\xi_l,t-\tau)e^{-\left(\eta_r\xi_n^2+\eta_z\xi_l^2\right)\tau}d\tau}{\left\{d\left(\xi_l^2+\lambda_d^2\right)+\lambda_d\right\}}+\\&+\frac{2\pi}{\phi c_t}\sum_{n=1}^{\infty}\frac{\xi_n^2J_0(\xi_n a)J_1(\xi_n b)\mathcal{V}_{\mathcal{D}0}(\xi_n r,a)}{\left\{J_0^2(\xi_n a)-J_1^2(\xi_n b)\right\}}\sum_{l=1}^{\infty}\frac{\left(\xi_l^2+\lambda_d^2\right)\cos(\xi_l z)\int_0^t\overline{\psi}_b(\xi_l,t-\tau)e^{-\left(\eta_r\xi_n^2+\eta_z\xi_l^2\right)\tau}d\tau}{\left\{d\left(\xi_l^2+\lambda_d^2\right)+\lambda_d\right\}}+\\&+\frac{\pi^2}{\phi c_t}\sum_{n=1}^{\infty}\frac{\xi_n^2J_1^2(\xi_n b)\mathcal{V}_{\mathcal{D}0}(\xi_n r,a)}{\left\{J_0^2(\xi_n a)-J_1^2(\xi_n b)\right\}}\times\\&\times\sum_{l=1}^{\infty}\frac{\left(\xi_l^2+\lambda_d^2\right)\cos(\xi_l z)\int_0^t\left\{\overline{\psi}_0(\xi_n,t-\tau)-\cos(\xi_l d)\overline{\psi}_d(\xi_n,t-\tau)\right\}e^{-\left(\eta_r\xi_n^2+\eta_z\xi_l^2\right)\tau}d\tau}{\left\{d\left(\xi_l^2+\lambda_d^2\right)+\lambda_d\right\}}+\\&+\pi^2\sum_{n=1}^{\infty}\frac{\xi_n^2J_1^2(\xi_n b)\mathcal{V}_{\mathcal{D}0}(\xi_n r,a)e^{-\eta_r\xi_n^2t}}{\left\{J_0^2(\xi_n a)-J_1^2(\xi_n b)\right\}}\sum_{l=1}^{\infty}\frac{\overline{\varphi}(\xi_n,\xi_l)\left(\xi_l^2+\lambda_d^2\right)\cos(\xi_l z)e^{-\eta_z\xi_l^2t}}{\left\{d\left(\xi_l^2+\lambda_d^2\right)+\lambda_d\right\}}\end{aligned} \tag{21.65.3}$$

*$\mathcal{V}'_{\mathcal{D}0}(\xi_n b,a)=Y_1(\xi_n b)J_0(\xi_n a)-J_1(\xi_n b)Y_0(\xi_n a)$.

21.66 **The problem of 21.64, except** $\mathbf{D}_a \equiv p(a,z,t) = \psi_a(z,t)$,
$\mathbf{R}_b \equiv \frac{\partial p(b,z,t)}{\partial r} + \lambda p(b,z,t) = -\left(\frac{\mu}{k_r}\right)\psi_b(z,t)$,
$\mathbf{N}_0 \equiv \frac{\partial p(r,0,t)}{\partial z} = -\left(\frac{\mu}{k_z}\right)\psi_0(r,t)$ **and**
$\mathbf{R}_d \equiv \frac{\partial p(r,d,t)}{\partial z} + \lambda_d p(r,d,t) = -\left(\frac{\mu}{k_z}\right)\psi_d(r,t)$

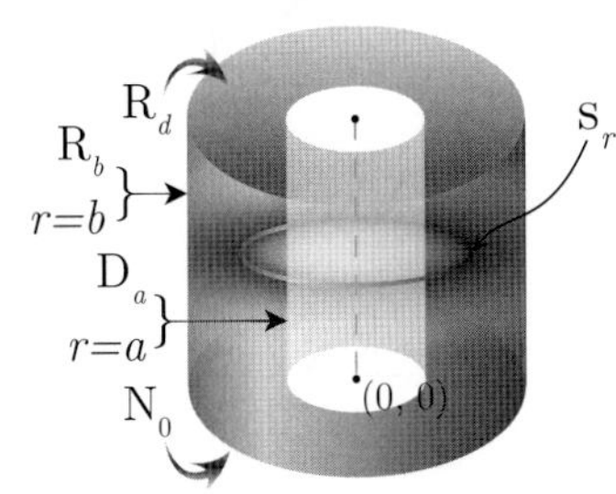

Successive application of the Laplace, Fourier and finite Hankel transformations to equation (18.1.1) gives

$$\overline{\overline{\overline{p}}} = \frac{q(s)e^{-st_0}\cos(\xi_l z_0)\mathcal{V}_{\mathcal{D}0}(\xi_n r_0,a)}{2\pi\phi c_t(\eta_r\xi_n^2+\eta_z\xi_l^2+s)} - \frac{2J_0(\xi_n a)\overline{\overline{\psi}}_b(\xi_l,s)}{\pi\phi c_t\{\lambda J_0(\xi_n b)-\xi_n J_1(\xi_n b)\}(\eta_r\xi_n^2+\eta_z\xi_l^2+s)} - $$
$$-\frac{2\eta_r\overline{\overline{\psi}}_a(\xi_l,s)}{\pi(\eta_r\xi_n^2+\eta_z\xi_l^2+s)} + \frac{\left\{\overline{\overline{\psi}}_0(\xi_n,s)-\cos(\xi_l d)\overline{\overline{\psi}}_d(\xi_n,s)\right\}}{\phi c_t(\eta_r\xi_n^2+\eta_z\xi_l^2+s)} + \frac{\overline{\overline{\varphi}}(\xi_n,\xi_l)}{(\eta_r\xi_n^2+\eta_z\xi_l^2+s)} \quad (21.66.1)$$

where $\mathcal{V}_{\mathcal{D}0}(\xi_n r,a) = J_0(\xi_n r)Y_0(\xi_n a) - Y_0(\xi_n r)J_0(\xi_n a)$. The eigenvalues $\xi_n, n = 1,2,...,$ are the positive roots of the transcendental equation $\xi_n\mathcal{V}'_{\mathcal{D}0}(\xi_n b,a)+\lambda\mathcal{V}_{\mathcal{D}0}(\xi_n b,a) = 0$, ξ_l are the positive roots of $\xi_l\tan(\xi_l d) = \lambda_d$, $l = 1,2,....$ $\overline{\overline{\psi}}_0(\xi_n,s) = \int_a^b\overline{\psi}_0(r,s)r\mathcal{V}_{\mathcal{D}0}(\xi_n r,a)\,dr$, $\overline{\overline{\psi}}_d(\xi_n,s) = \int_a^b\overline{\psi}_d(r,s)r\mathcal{V}_{\mathcal{D}0}(\xi_n r,a)\,dr$, $\overline{\overline{\psi}}_a(\xi_l,s) = \int_0^d\cos(\xi_l z)\overline{\psi}_a(z,s)dz$, $\overline{\overline{\psi}}_b(\xi_l,s) = \int_0^d\cos(\xi_l z)\overline{\psi}_b(z,s)dz$, $\overline{\overline{\varphi}}(\xi_n,\xi_l) = \int_a^b\overline{\varphi}(r,\xi_l)r\mathcal{V}_{\mathcal{D}0}(\xi_n r,a)\,dr$ and $\overline{\varphi}(r,\xi_l) = \int_0^d\cos(\xi_l z)\varphi(r,z)dz$. Successive inverse transforms yield

$$\overline{p} = \frac{\pi q(s)e^{-st_0}}{2\phi c_t}\sum_{n=1}^{\infty}\frac{\xi_n^2\{\lambda J_0(\xi_n b)-\xi_n J_1(\xi_n b)\}^2\mathcal{V}_{\mathcal{D}0}(\xi_n r_0,a)\mathcal{V}_{\mathcal{D}0}(\xi_n r,a)}{\left\{(\lambda^2+\xi_n^2)J_0^2(\xi_n a)-\{\lambda J_0(\xi_n b)-\xi_n J_1(\xi_n b)\}^2\right\}}\times$$
$$\times\sum_{l=1}^{\infty}\frac{(\xi_l^2+\lambda_d^2)\cos(\xi_l z_0)\cos(\xi_l z)}{\{d(\xi_l^2+\lambda_d^2)+\lambda_d\}(\eta_r\xi_n^2+\eta_z\xi_l^2+s)} -$$
$$-2\pi\eta_r\sum_{n=1}^{\infty}\frac{\xi_n^2\{\lambda J_0(\xi_n b)-\xi_n J_1(\xi_n b)\}^2\mathcal{V}_{\mathcal{D}0}(\xi_n r,a)}{\left\{(\lambda^2+\xi_n^2)J_0^2(\xi_n a)-\{\lambda J_0(\xi_n b)-\xi_n J_1(\xi_n b)\}^2\right\}}\sum_{l=1}^{\infty}\frac{\overline{\overline{\psi}}_a(\xi_l,s)(\xi_l^2+\lambda_d^2)\cos(\xi_l z)}{\{d(\xi_l^2+\lambda_d^2)+\lambda_d\}(\eta_r\xi_n^2+\eta_z\xi_l^2+s)} -$$
$$-\frac{2\pi}{\phi c_t}\sum_{n=1}^{\infty}\frac{\xi_n^2 J_0(\xi_n a)\{\lambda J_0(\xi_n b)-\xi_n J_1(\xi_n b)\}\mathcal{V}_{\mathcal{D}0}(\xi_n r,a)}{\left\{(\lambda^2+\xi_n^2)J_0^2(\xi_n a)-\{\lambda J_0(\xi_n b)-\xi_n J_1(\xi_n b)\}^2\right\}}\sum_{l=1}^{\infty}\frac{\overline{\overline{\psi}}_b(\xi_l,s)(\xi_l^2+\lambda_d^2)\cos(\xi_l z)}{\{d(\xi_l^2+\lambda_d^2)+\lambda_d\}(\eta_r\xi_n^2+\eta_z\xi_l^2+s)} +$$
$$+\frac{\pi^2}{\phi c_t}\sum_{n=1}^{\infty}\frac{\xi_n^2\{\lambda J_0(\xi_n b)-\xi_n J_1(\xi_n b)\}^2\mathcal{V}_{\mathcal{D}0}(\xi_n r,a)}{\left\{(\lambda^2+\xi_n^2)J_0^2(\xi_n a)-\{\lambda J_0(\xi_n b)-\xi_n J_1(\xi_n b)\}^2\right\}}\times$$
$$\times\sum_{l=1}^{\infty}\frac{(\xi_l^2+\lambda_d^2)\left\{\overline{\overline{\psi}}_0(\xi_n,s)-\cos(\xi_l d)\overline{\overline{\psi}}_d(\xi_n,s)\right\}\cos(\xi_l z)}{\{d(\xi_l^2+\lambda_d^2)+\lambda_d\}(\eta_r\xi_n^2+\eta_z\xi_l^2+s)} +$$
$$+\pi^2\sum_{n=1}^{\infty}\frac{\xi_n^2\{\lambda J_0(\xi_n b)-\xi_n J_1(\xi_n b)\}^2\mathcal{V}_{\mathcal{D}0}(\xi_n r,a)}{\left\{(\lambda^2+\xi_n^2)J_0^2(\xi_n a)-\{\lambda J_0(\xi_n b)-\xi_n J_1(\xi_n b)\}^2\right\}}\sum_{l=1}^{\infty}\frac{\overline{\overline{\varphi}}(\xi_n,\xi_l)(\xi_l^2+\lambda_d^2)\cos(\xi_l z)}{\{d(\xi_l^2+\lambda_d^2)+\lambda_d\}(\eta_r\xi_n^2+\eta_z\xi_l^2+s)}$$
$$(21.66.2)$$

and

$$p = \frac{\pi U(t-t_0)}{2\phi c_t}\sum_{n=1}^{\infty}\frac{\xi_n^2\{\lambda J_0(\xi_n b)-\xi_n J_1(\xi_n b)\}^2\mathcal{V}_{\mathcal{D}0}(\xi_n r_0,a)\mathcal{V}_{\mathcal{D}0}(\xi_n r,a)}{\left\{(\lambda^2+\xi_n^2)J_0^2(\xi_n a)-\{\lambda J_0(\xi_n b)-\xi_n J_1(\xi_n b)\}^2\right\}}\times$$
$$\times\sum_{l=1}^{\infty}\frac{(\xi_l^2+\lambda_d^2)\cos(\xi_l z_0)\cos(\xi_l z)\int_0^{t-t_0}q(t-t_0-\tau)e^{-(\eta_r\xi_n^2+\eta_z\xi_l^2)\tau}d\tau}{\{d(\xi_l^2+\lambda_d^2)+\lambda_d\}} -$$

$$-2\pi\eta_r \sum_{n=1}^{\infty} \frac{\xi_n^2 \{\lambda J_0(\xi_n b) - \xi_n J_1(\xi_n b)\}^2 \mathcal{V}_{\mathcal{D}0}(\xi_n r, a)}{\left\{(\lambda^2+\xi_n^2) J_0^2(\xi_n a) - \{\lambda J_0(\xi_n b) - \xi_n J_1(\xi_n b)\}^2\right\}} \times$$
$$\times \sum_{l=1}^{\infty} \frac{(\xi_l^2+\lambda_d^2)\cos(\xi_l z)\int_0^t \overline{\psi}_a(\xi_l, t-\tau)\, e^{-(\eta_r\xi_n^2+\eta_z\xi_l^2)\tau} d\tau}{\{d(\xi_l^2+\lambda_d^2)+\lambda_d\}} -$$
$$-\frac{2\pi}{\phi c_t} \sum_{n=1}^{\infty} \frac{\xi_n^2 J_0(\xi_n a)\{\lambda J_0(\xi_n b) - \xi_n J_1(\xi_n b)\}\mathcal{V}_{\mathcal{D}0}(\xi_n r, a)}{\left\{(\lambda^2+\xi_n^2) J_0^2(\xi_n a) - \{\lambda J_0(\xi_n b) - \xi_n J_1(\xi_n b)\}^2\right\}} \times$$
$$\times \sum_{l=1}^{\infty} \frac{(\xi_l^2+\lambda_d^2)\cos(\xi_l z)\int_0^t \overline{\psi}_b(\xi_l, t-\tau)\, e^{-(\eta_r\xi_n^2+\eta_z\xi_l^2)\tau} d\tau}{\{d(\xi_l^2+\lambda_d^2)+\lambda_d\}} +$$
$$+\frac{\pi^2}{\phi c_t} \sum_{n=1}^{\infty} \frac{\xi_n^2 \{\lambda J_0(\xi_n b) - \xi_n J_1(\xi_n b)\}^2 \mathcal{V}_{\mathcal{D}0}(\xi_n r, a)}{\left\{(\lambda^2+\xi_n^2) J_0^2(\xi_n a) - \{\lambda J_0(\xi_n b) - \xi_n J_1(\xi_n b)\}^2\right\}} \times$$
$$\times \sum_{l=1}^{\infty} \frac{(\xi_l^2+\lambda_d^2)\cos(\xi_l z)\int_0^t \{\overline{\psi}_0(\xi_n, t-\tau) - \cos(\xi_l d)\overline{\psi}_d(\xi_n, t-\tau)\} e^{-(\eta_r\xi_n^2+\eta_z\xi_l^2)\tau} d\tau}{\{d(\xi_l^2+\lambda_d^2)+\lambda_d\}} +$$
$$+\pi^2 \sum_{n=1}^{\infty} \frac{\xi_n^2 \{\lambda J_0(\xi_n b) - \xi_n J_1(\xi_n b)\}^2 \mathcal{V}_{\mathcal{D}0}(\xi_n r, a)\, e^{-\eta_r\xi_n^2 t}}{\left\{(\lambda^2+\xi_n^2) J_0^2(\xi_n a) - \{\lambda J_0(\xi_n b) - \xi_n J_1(\xi_n b)\}^2\right\}} \sum_{l=1}^{\infty} \frac{\overline{\overline{\varphi}}(\xi_n, \xi_l)(\xi_l^2+\lambda_d^2)\cos(\xi_l z)\, e^{-\eta_z\xi_l^2 t}}{\{d(\xi_l^2+\lambda_d^2)+\lambda_d\}}$$
(21.66.3)

21.67

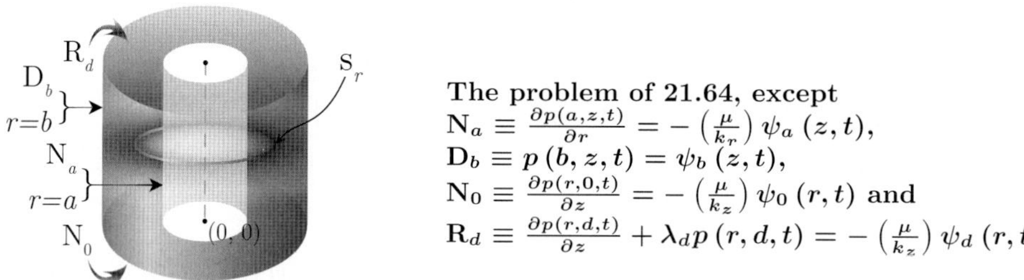

The problem of 21.64, except
$\mathbf{N}_a \equiv \frac{\partial p(a,z,t)}{\partial r} = -\left(\frac{\mu}{k_r}\right)\psi_a(z,t)$,
$\mathbf{D}_b \equiv p(b,z,t) = \psi_b(z,t)$,
$\mathbf{N}_0 \equiv \frac{\partial p(r,0,t)}{\partial z} = -\left(\frac{\mu}{k_z}\right)\psi_0(r,t)$ **and**
$\mathbf{R}_d \equiv \frac{\partial p(r,d,t)}{\partial z} + \lambda_d p(r,d,t) = -\left(\frac{\mu}{k_z}\right)\psi_d(r,t)$

Successive application of the Laplace, Fourier and finite Hankel transformations to equation (18.1.1) gives

$$\overline{\overline{\overline{p}}} = \frac{q(s)\, e^{-st_0}\cos(\xi_l z_0)\,\mathcal{V}_{\mathcal{N}0}(\xi_n r_0, a)}{2\pi\phi c_t(\eta_r\xi_n^2+\eta_z\xi_l^2+s)} + \frac{2\overline{\overline{\psi}}_a(\xi_l, s)}{\pi\phi c_t\xi_n(\eta_r\xi_n^2+\eta_z\xi_l^2+s)} -$$
$$-\frac{2\eta_r J_1(\xi_n a)\,\overline{\overline{\psi}}_b(\xi_l, s)}{\pi J_0(\xi_n b)(\eta_r\xi_n^2+\eta_z\xi_l^2+s)} + \frac{\left\{\overline{\overline{\psi}}_0(\xi_n, s) - \cos(\xi_l d)\,\overline{\overline{\psi}}_d(\xi_n, s)\right\}}{\phi c_t(\eta_r\xi_n^2+\eta_z\xi_l^2+s)} + \frac{\overline{\overline{\varphi}}(\xi_n, \xi_l)}{(\eta_r\xi_n^2+\eta_z\xi_l^2+s)} \quad (21.67.1)$$

where $\mathcal{V}_{\mathcal{N}0}(\xi_n r, a) = Y_0(\xi_n r) J_1(\xi_n a) - J_0(\xi_n r) Y_1(\xi_n a)$. The eigenvalues $\xi_n, n = 1, 2, ...$, are the positive roots of the transcendental equation $\mathcal{V}_{\mathcal{N}0}(\xi_n b, a) = 0$, ξ_l are the positive roots of $\xi_l \tan(\xi_l d) = \lambda_d$, $l = 1, 2, ...$ $\overline{\overline{\psi}}_0(\xi_n, s) = \int_a^b \overline{\psi}_0(r, s)\, r\mathcal{V}_{\mathcal{N}0}(\xi_n r, a)\, dr$, $\overline{\overline{\psi}}_d(\xi_n, s) = \int_a^b \overline{\psi}_d(r, s)\, r\mathcal{V}_{\mathcal{N}0}(\xi_n r, a)\, dr$, $\overline{\overline{\psi}}_a(\xi_l, s) = \int_0^d \cos(\xi_l z)\,\overline{\psi}_a(z, s) dz$, $\overline{\overline{\psi}}_b(\xi_l, s) = \int_0^d \cos(\xi_l z)\,\overline{\psi}_b(z, s) dz$, $\overline{\overline{\varphi}}(\xi_n, \xi_l) = \int_a^b \overline{\varphi}(r, \xi_l)\, r\mathcal{V}_{\mathcal{N}0}(\xi_n r, a)\, dr$ and $\overline{\varphi}(r, \xi_l) = \int_0^\infty \cos(\xi_l u)\,\varphi(r, u) du$. Successive inverse transforms yield

$$\overline{p} = \frac{\pi q(s)\, e^{-st_0}}{2\phi c_t} \sum_{n=1}^{\infty} \frac{\xi_n^2 J_0^2(\xi_n b)\,\mathcal{V}_{\mathcal{N}0}(\xi_n r_0, a)\,\mathcal{V}_{\mathcal{N}0}(\xi_n r, a)}{\{J_1^2(\xi_n a) - J_0^2(\xi_n b)\}} \sum_{l=1}^{\infty} \frac{(\xi_l^2+\lambda_d^2)\cos(\xi_l z_0)\cos(\xi_l z)}{\{d(\xi_l^2+\lambda_d^2)+\lambda_d\}(\eta_r\xi_n^2+\eta_z\xi_l^2+s)} +$$
$$+\frac{2\pi}{\phi c_t} \sum_{n=1}^{\infty} \frac{\xi_n J_0^2(\xi_n b)\,\mathcal{V}_{\mathcal{N}0}(\xi_n r, a)}{\{J_1^2(\xi_n a) - J_0^2(\xi_n b)\}} \sum_{l=1}^{\infty} \frac{\overline{\overline{\psi}}_a(\xi_l, s)(\xi_l^2+\lambda_d^2)\cos(\xi_l z)}{\{d(\xi_l^2+\lambda_d^2)+\lambda_d\}(\eta_r\xi_n^2+\eta_z\xi_l^2+s)} -$$
$$-2\pi\eta_r \sum_{n=1}^{\infty} \frac{\xi_n^2 J_1(\xi_n a) J_0(\xi_n b)\,\mathcal{V}_{\mathcal{N}0}(\xi_n r, a)}{\{J_1^2(\xi_n a) - J_0^2(\xi_n b)\}} \sum_{l=1}^{\infty} \frac{\overline{\overline{\psi}}_b(\xi_l, s)(\xi_l^2+\lambda_d^2)\cos(\xi_l z)}{\{d(\xi_l^2+\lambda_d^2)+\lambda_d\}(\eta_r\xi_n^2+\eta_z\xi_l^2+s)} +$$

$$+\frac{\pi^2}{\phi c_t}\sum_{n=1}^{\infty}\frac{\xi_n^2 J_0^2(\xi_n b)\mathcal{V}_{\mathcal{N}0}(\xi_n r,a)}{\{J_1^2(\xi_n a)-J_0^2(\xi_n b)\}}\sum_{l=1}^{\infty}\frac{(\xi_l^2+\lambda_d^2)\left\{\overline{\overline{\psi}}_0(\xi_n,s)-\cos(\xi_l d)\overline{\overline{\psi}}_d(\xi_n,s)\right\}\cos(\xi_l z)}{\{d(\xi_l^2+\lambda_d^2)+\lambda_d\}(\eta_r\xi_n^2+\eta_z\xi_l^2+s)}+$$
$$+\pi^2\sum_{n=1}^{\infty}\frac{\xi_n^2 J_0^2(\xi_n b)\mathcal{V}_{\mathcal{N}0}(\xi_n r,a)}{\{J_1^2(\xi_n a)-J_0^2(\xi_n b)\}}\sum_{l=1}^{\infty}\frac{\overline{\overline{\varphi}}(\xi_n,\xi_l)(\xi_l^2+\lambda_d^2)\cos(\xi_l z)}{\{d(\xi_l^2+\lambda_d^2)+\lambda_d\}(\eta_r\xi_n^2+\eta_z\xi_l^2+s)} \tag{21.67.2}$$

and

$$p = \frac{\pi U(t-t_0)}{2\phi c_t}\sum_{n=1}^{\infty}\frac{\xi_n^2 J_0^2(\xi_n b)\mathcal{V}_{\mathcal{N}0}(\xi_n r_0,a)\mathcal{V}_{\mathcal{N}0}(\xi_n r,a)}{\{J_1^2(\xi_n a)-J_0^2(\xi_n b)\}}\times$$
$$\times\sum_{l=1}^{\infty}\frac{(\xi_l^2+\lambda_d^2)\cos(\xi_l z_0)\cos(\xi_l z)\int_0^{t-t_0}q(t-t_0-\tau)e^{-(\eta_r\xi_n^2+\eta_z\xi_l^2)\tau}d\tau}{\{d(\xi_l^2+\lambda_d^2)+\lambda_d\}}+$$
$$+\frac{2\pi}{\phi c_t}\sum_{n=1}^{\infty}\frac{\xi_n J_0^2(\xi_n b)\mathcal{V}_{\mathcal{N}0}(\xi_n r,a)}{\{J_1^2(\xi_n a)-J_0^2(\xi_n b)\}}\sum_{l=1}^{\infty}\frac{(\xi_l^2+\lambda_d^2)\cos(\xi_l z)\int_0^t\overline{\psi}_a(\xi_l,t-\tau)e^{-(\eta_r\xi_n^2+\eta_z\xi_l^2)\tau}d\tau}{\{d(\xi_l^2+\lambda_d^2)+\lambda_d\}}-$$
$$-2\pi\eta_r\sum_{n=1}^{\infty}\frac{\xi_n^2 J_1(\xi_n a)J_0(\xi_n b)\mathcal{V}_{\mathcal{N}0}(\xi_n r,a)}{\{J_1^2(\xi_n a)-J_0^2(\xi_n b)\}}\sum_{l=1}^{\infty}\frac{(\xi_l^2+\lambda_d^2)\cos(\xi_l z)\int_0^t\overline{\psi}_b(\xi_l,t-\tau)e^{-(\eta_r\xi_n^2+\eta_z\xi_l^2)\tau}d\tau}{\{d(\xi_l^2+\lambda_d^2)+\lambda_d\}}+$$
$$+\frac{\pi^2}{\phi c_t}\sum_{n=1}^{\infty}\frac{\xi_n^2 J_0^2(\xi_n b)\mathcal{V}_{\mathcal{N}0}(\xi_n r,a)}{\{J_1^2(\xi_n a)-J_0^2(\xi_n b)\}}\times$$
$$\times\sum_{l=1}^{\infty}\frac{(\xi_l^2+\lambda_d^2)\cos(\xi_l z)\int_0^t\{\overline{\psi}_0(\xi_n,t-\tau)-\cos(\xi_l d)\overline{\psi}_d(\xi_n,t-\tau)\}e^{-(\eta_r\xi_n^2+\eta_z\xi_l^2)\tau}d\tau}{\{d(\xi_l^2+\lambda_d^2)+\lambda_d\}}+$$
$$+\pi^2\sum_{n=1}^{\infty}\frac{\xi_n^2 J_0^2(\xi_n b)\mathcal{V}_{\mathcal{N}0}(\xi_n r,a)e^{-\eta_r\xi_n^2 t}}{\{J_1^2(\xi_n a)-J_0^2(\xi_n b)\}}\sum_{l=1}^{\infty}\frac{\overline{\overline{\varphi}}(\xi_n,\xi_l)(\xi_l^2+\lambda_d^2)\cos(\xi_l z)e^{-\eta_z\xi_l^2 t}}{\{d(\xi_l^2+\lambda_d^2)+\lambda_d\}} \tag{21.67.3}$$

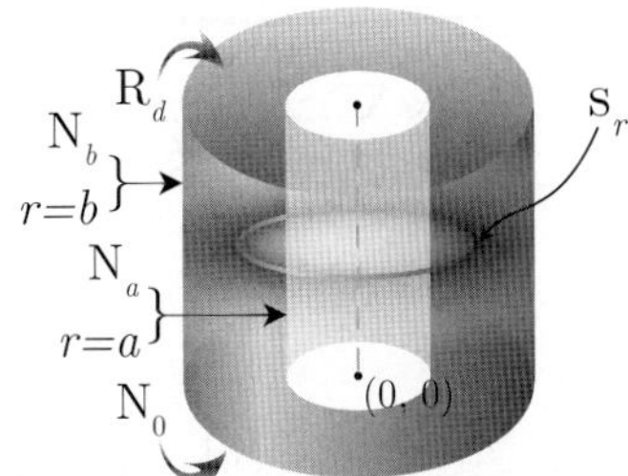

21.68 The problem of 21.64, except $\mathbf{N}_a \equiv \frac{\partial p(a,z,t)}{\partial r} = -\left(\frac{\mu}{k_r}\right)\psi_a(z,t)$, $\mathbf{N}_b \equiv \frac{\partial p(b,z,t)}{\partial r} = -\left(\frac{\mu}{k_r}\right)\psi_b(z,t)$, $\mathbf{N}_0 \equiv \frac{\partial p(r,0,t)}{\partial z} = -\left(\frac{\mu}{k_z}\right)\psi_0(r,t)$ and $\mathbf{R}_d \equiv \frac{\partial p(r,d,t)}{\partial z} + \lambda_d p(r,d,t) = -\left(\frac{\mu}{k_z}\right)\psi_d(r,t)$

Successive application of the Laplace, Fourier and finite Hankel transformations to equation (18.1.1) gives

$$\overline{\overline{\overline{p}}} = \frac{q(s)e^{-st_0}\cos(\xi_l z_0)}{2\pi\phi c_t(\eta_z\xi_l^2+s)}+\frac{q(s)e^{-st_0}\cos(\xi_l z_0)\mathcal{V}_{\mathcal{N}0}(\xi_n r_0,a)}{2\pi\phi c_t(\eta_r\xi_n^2+\eta_z\xi_l^2+s)}+\frac{\left\{a\overline{\overline{\psi}}_a(\xi_l,s)-b\overline{\overline{\psi}}_b(\xi_l,s)\right\}}{\phi c_t(\eta_z\xi_l^2+s)}+$$
$$+\frac{2\overline{\overline{\psi}}_a(\xi_l,s)}{\pi\phi c_t\xi_n(\eta_r\xi_n^2+\eta_z\xi_l^2+s)}-\frac{2J_1(\xi_n a)\overline{\overline{\psi}}_b(\xi_l,s)}{\pi\phi c_t\xi_n J_1(\xi_n b)(\eta_r\xi_n^2+\eta_z\xi_l^2+s)}+$$
$$+\frac{\int_0^d\{\overline{\psi}_0(u,s)-\cos(\xi_l d)\overline{\psi}_d(u,s)\}udu}{\phi c_t(\eta_z\xi_l^2+s)}+\frac{\left\{\overline{\overline{\psi}}_0(\xi_n,s)-\cos(\xi_l d)\overline{\overline{\psi}}_d(\xi_n,s)\right\}}{\phi c_t(\eta_r\xi_n^2+\eta_z\xi_l^2+s)}+$$
$$+\frac{\int_a^b u\overline{\varphi}(u,\xi_l)du}{(\eta_z\xi_l^2+s)}+\frac{\overline{\overline{\varphi}}(\xi_n,\xi_l)}{(\eta_r\xi_n^2+\eta_z\xi_l^2+s)} \tag{21.68.1}$$

where $\mathcal{V}_{\mathcal{N}0}(\xi_n r,a) = Y_0(\xi_n r)J_1(\xi_n a) - J_0(\xi_n r)Y_1(\xi_n a)$. The eigenvalues are $\xi_0 = 0$ and $\xi_n, n = 1, 2, ...,$ which are the positive roots of the transcendental equation $\mathcal{V}'_{\mathcal{N}0}(\xi_n b, a) = 0$,*

*$\mathcal{V}'_{\mathcal{N}0}(\xi_n b, a) = J_1(\xi_n b)Y_1(\xi_n a) - Y_1(\xi_n b)J_1(\xi_n a)$.

ξ_l are the positive roots of $\xi_l \tan(\xi_l d) = \lambda_d$, $l = 1, 2, \ldots.$ $\overline{\overline{\psi}}_0(\xi_n, s) = \int_a^b \overline{\psi}_0(r,s)\, r\mathcal{V}_{\mathcal{N}0}(\xi_n r, a)\, dr$, $\overline{\overline{\psi}}_d(\xi_n, s) = \int_a^b \overline{\psi}_d(r,s)\, r\mathcal{V}_{\mathcal{N}0}(\xi_n r, a)\, dr$, $\overline{\overline{\psi}}_a(\xi_l, s) = \int_0^d \cos(\xi_l z)\, \overline{\psi}_a(z,s) dz$, $\overline{\overline{\psi}}_b(\xi_l, s) = \int_0^d \cos(\xi_l z)\, \overline{\psi}_b(z,s) dz$, $\overline{\overline{\varphi}}(\xi_n, \xi_l) = \int_a^b \overline{\varphi}(r, \xi_l)\, r\mathcal{V}_{\mathcal{N}0}(\xi_n r, a)\, dr$ and $\overline{\varphi}(r, \xi_l) = \int_0^d \cos(\xi_l z)\, \varphi(r,z) dz$. Successive inverse transforms yield

$$\begin{aligned}
\overline{p} = {} & \frac{2q(s)\, e^{-st_0}}{\pi(b^2-a^2)\phi c_t} \sum_{l=1}^{\infty} \frac{(\xi_l^2+\lambda_d^2)\cos(\xi_l z_0)\cos(\xi_l z)}{\{d(\xi_l^2+\lambda_d^2)+\lambda_d\}(\eta_z \xi_l^2 + s)} + \\
& + \frac{\pi q(s)\, e^{-st_0}}{2\phi c_t} \sum_{n=1}^{\infty} \frac{\xi_n^2 J_1^2(\xi_n b)\, \mathcal{V}_{\mathcal{N}0}(\xi_n r_0, a)\, \mathcal{V}_{\mathcal{N}0}(\xi_n r, a)}{\{J_1^2(\xi_n a) - J_1^2(\xi_n b)\}} \sum_{l=1}^{\infty} \frac{(\xi_l^2+\lambda_d^2)\cos(\xi_l z_0)\cos(\xi_l z)}{\{d(\xi_l^2+\lambda_d^2)+\lambda_d\}(\eta_r \xi_n^2 + \eta_z \xi_l^2 + s)} + \\
& + \frac{4}{(b^2-a^2)\phi c_t} \sum_{l=1}^{\infty} \frac{\left\{a\overline{\overline{\psi}}_a(\xi_l, s) - b\overline{\overline{\psi}}_b(\xi_l, s)\right\}(\xi_l^2+\lambda_d^2)\cos(\xi_l z)}{\{d(\xi_l^2+\lambda_d^2)+\lambda_d\}(\eta_z \xi_l^2 + s)} + \\
& + \frac{2\pi}{\phi c_t} \sum_{n=1}^{\infty} \frac{\xi_n J_1^2(\xi_n b)\, \mathcal{V}_{\mathcal{N}0}(\xi_n r, a)}{\{J_1^2(\xi_n a) - J_1^2(\xi_n b)\}} \sum_{l=1}^{\infty} \frac{\overline{\overline{\psi}}_a(\xi_l, s)(\xi_l^2+\lambda_d^2)\cos(\xi_l z)}{\{d(\xi_l^2+\lambda_d^2)+\lambda_d\}(\eta_r \xi_n^2 + \eta_z \xi_l^2 + s)} - \\
& - \frac{2\pi}{\phi c_t} \sum_{n=1}^{\infty} \frac{\xi_n J_1(\xi_n a) J_1(\xi_n b)\, \mathcal{V}_{\mathcal{N}0}(\xi_n r, a)}{\{J_1^2(\xi_n a) - J_1^2(\xi_n b)\}} \sum_{l=1}^{\infty} \frac{\overline{\overline{\psi}}_b(\xi_l, s)(\xi_l^2+\lambda_d^2)\cos(\xi_l z)}{\{d(\xi_l^2+\lambda_d^2)+\lambda_d\}(\eta_r \xi_n^2 + \eta_z \xi_l^2 + s)} + \\
& + \frac{4}{(b^2-a^2)\phi c_t} \sum_{l=1}^{\infty} \frac{(\xi_l^2+\lambda_d^2)\cos(\xi_l z)\int_a^b u\{\overline{\psi}_d(u,s) - \cos(\xi_l d)\overline{\psi}_d(u,s)\}\, du}{\{d(\xi_l^2+\lambda_d^2)+\lambda_d\}(\eta_z \xi_l^2 + s)} + \\
& + \frac{\pi^2}{\phi c_t} \sum_{n=1}^{\infty} \frac{\xi_n^2 J_1^2(\xi_n b)\, \mathcal{V}_{\mathcal{N}0}(\xi_n r, a)}{\{J_1^2(\xi_n a) - J_1^2(\xi_n b)\}} \sum_{l=1}^{\infty} \frac{(\xi_l^2+\lambda_d^2)\left\{\overline{\overline{\psi}}_0(\xi_n, s) - \cos(\xi_l d)\overline{\overline{\psi}}_d(\xi_n, s)\right\}\cos(\xi_l z)}{\{d(\xi_l^2+\lambda_d^2)+\lambda_d\}(\eta_r \xi_n^2 + \eta_z \xi_l^2 + s)} + \\
& + \frac{4}{(b^2-a^2)} \sum_{l-1}^{\infty} \frac{(\xi_l^2+\lambda_d^2)\cos(\xi_l z)\int_a^b \overline{\varphi}(u, \xi_l)\, u du}{\{d(\xi_l^2+\lambda_d^2)+\lambda_d\}(\eta_z \xi_l^2 + s)} + \\
& + \pi^2 \sum_{n=1}^{\infty} \frac{\xi_n^2 J_1^2(\xi_n b)\, \mathcal{V}_{\mathcal{N}0}(\xi_n r, a)}{\{J_1^2(\xi_n a) - J_1^2(\xi_n b)\}} \sum_{l=1}^{\infty} \frac{\overline{\overline{\varphi}}(\xi_n, \xi_l)(\xi_l^2+\lambda_d^2)\cos(\xi_l z)}{\{d(\xi_l^2+\lambda_d^2)+\lambda_d\}(\eta_r \xi_n^2 + \eta_z \xi_l^2 + s)}
\end{aligned} \tag{21.68.2}$$

and

$$\begin{aligned}
p = {} & \frac{2U(t-t_0)}{\pi(b^2-a^2)\phi c_t} \sum_{l=1}^{\infty} \frac{(\xi_l^2+\lambda_d^2)\cos(\xi_l z_0)\cos(\xi_l z)\int_0^{t-t_0} q(t-t_0-\tau)\, e^{-\eta_z \xi_l^2 \tau} d\tau}{\{d(\xi_l^2+\lambda_d^2)+\lambda_d\}} + \\
& + \frac{\pi U(t-t_0)}{2\phi c_t} \sum_{n=1}^{\infty} \frac{\xi_n^2 J_1^2(\xi_n b)\, \mathcal{V}_{\mathcal{N}0}(\xi_n r_0, a)\, \mathcal{V}_{\mathcal{N}0}(\xi_n r, a)}{\{J_1^2(\xi_n a) - J_1^2(\xi_n b)\}} \times \\
& \times \sum_{l=1}^{\infty} \frac{(\xi_l^2+\lambda_d^2)\cos(\xi_l z_0)\cos(\xi_l z)\int_0^{t-t_0} q(t-t_0-\tau)\, e^{-(\eta_r \xi_n^2 + \eta_z \xi_l^2)\tau} d\tau}{\{d(\xi_l^2+\lambda_d^2)+\lambda_d\}} + \\
& + \frac{4}{(b^2-a^2)\phi c_t} \sum_{l=1}^{\infty} \frac{(\xi_l^2+\lambda_d^2)\cos(\xi_l z)\int_0^t \{a\overline{\psi}_a(\xi_l, t-\tau) - b\overline{\psi}_b(\xi_l, t-\tau)\}\, e^{-\eta_z \xi_l^2 \tau} d\tau}{\{d(\xi_l^2+\lambda_d^2)+\lambda_d\}} + \\
& + \frac{2\pi}{\phi c_t} \sum_{n=1}^{\infty} \frac{\xi_n J_1^2(\xi_n b)\, \mathcal{V}_{\mathcal{N}0}(\xi_n r, a)}{\{J_1^2(\xi_n a) - J_1^2(\xi_n b)\}} \sum_{l=1}^{\infty} \frac{(\xi_l^2+\lambda_d^2)\cos(\xi_l z)\int_0^t \overline{\psi}_a(\xi_l, t-\tau)\, e^{-(\eta_r \xi_n^2 + \eta_z \xi_l^2)\tau} d\tau}{\{d(\xi_l^2+\lambda_d^2)+\lambda_d\}} - \\
& - \frac{2\pi}{\phi c_t} \sum_{n=1}^{\infty} \frac{\xi_n J_1(\xi_n a) J_1(\xi_n b)\, \mathcal{V}_{\mathcal{N}0}(\xi_n r, a)}{\{J_1^2(\xi_n a) - J_1^2(\xi_n b)\}} \sum_{l=1}^{\infty} \frac{(\xi_l^2+\lambda_d^2)\cos(\xi_l z)\int_0^t \overline{\psi}_b(\xi_l, t-\tau)\, e^{-(\eta_r \xi_n^2 + \eta_z \xi_l^2)\tau} d\tau}{\{d(\xi_l^2+\lambda_d^2)+\lambda_d\}} + \\
& + \frac{4}{(b^2-a^2)\phi c_t} \sum_{l=1}^{\infty} \frac{(\xi_l^2+\lambda_d^2)\cos(\xi_l z)\int_0^t e^{-\eta_z \xi_l^2 \tau}\int_a^b u\{\psi_d(u, t-\tau) - \cos(\xi_l d)\psi_d(u, t-\tau)\}\, du d\tau}{\{d(\xi_l^2+\lambda_d^2)+\lambda_d\}} +
\end{aligned}$$

$$+\frac{\pi^2}{\phi c_t}\sum_{n=1}^{\infty}\frac{\xi_n^2 J_1^2(\xi_n b)\mathcal{V}_{\mathcal{N}0}(\xi_n r,a)}{\{J_1^2(\xi_n a)-J_1^2(\xi_n b)\}}\times$$
$$\times\sum_{l=1}^{\infty}\frac{(\xi_l^2+\lambda_d^2)\cos(\xi_l z)\int_0^t\{\overline{\psi}_0(\xi_n,t-\tau)-\cos(\xi_l d)\overline{\psi}_d(\xi_n,t-\tau)\}e^{-(\eta_r\xi_n^2+\eta_z\xi_l^2)\tau}d\tau}{\{d(\xi_l^2+\lambda_d^2)+\lambda_d\}}+$$
$$+\frac{4}{(b^2-a^2)}\sum_{l=1}^{\infty}\frac{(\xi_l^2+\lambda_d^2)\cos(\xi_l z)e^{-\eta_z\xi_l^2 t}\int_a^b\overline{\varphi}(u,\xi_l)udu}{\{d(\xi_l^2+\lambda_d^2)+\lambda_d\}}+$$
$$+\pi^2\sum_{n=1}^{\infty}\frac{\xi_n^2 J_1^2(\xi_n b)\mathcal{V}_{\mathcal{N}0}(\xi_n r,a)e^{-\eta_r\xi_n^2 t}}{\{J_1^2(\xi_n a)-J_1^2(\xi_n b)\}}\sum_{l=1}^{\infty}\frac{\overline{\overline{\varphi}}(\xi_n,\xi_l)(\xi_l^2+\lambda_d^2)\cos(\xi_l z)e^{-\eta_z\xi_l^2 t}}{\{d(\xi_l^2+\lambda_d^2)+\lambda_d\}} \quad (21.68.3)$$

21.69 The problem of 21.64, except $\mathbf{N}_a\equiv\frac{\partial p(a,z,t)}{\partial r}=-\left(\frac{\mu}{k_r}\right)\psi_a(z,t)$, $\mathbf{R}_b\equiv\frac{\partial p(b,z,t)}{\partial r}+\lambda p(b,z,t)=-\left(\frac{\mu}{k_r}\right)\psi_b(z,t)$, $\mathbf{N}_0\equiv\frac{\partial p(r,0,t)}{\partial z}=-\left(\frac{\mu}{k_z}\right)\psi_0(r,t)$ and $\mathbf{R}_d\equiv\frac{\partial p(r,d,t)}{\partial z}+\lambda_d p(r,d,t)=-\left(\frac{\mu}{k_z}\right)\psi_d(r,t)$

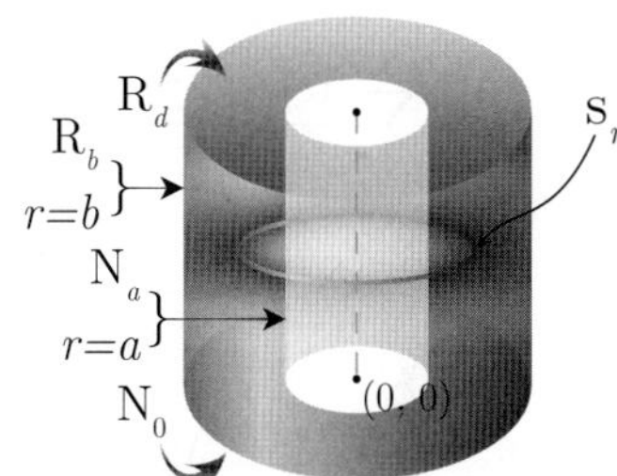

Successive application of the Laplace, Fourier and finite Hankel transformations to equation (18.1.1) gives

$$\overline{\overline{\overline{p}}}=\frac{q(s)e^{-st_0}\cos(\xi_l z_0)\mathcal{V}_{\mathcal{N}0}(\xi_n r_0,a)}{2\pi\phi c_t(\eta_r\xi_n^2+\eta_z\xi_l^2+s)}+\frac{2J_1(\xi_n a)\overline{\overline{\psi}}_b(\xi_l,s)}{\pi\phi c_t\{\lambda J_0(\xi_n b)-\xi_n J_1(\xi_n b)\}(\eta_r\xi_n^2+\eta_z\xi_l^2+s)}+$$
$$+\frac{2\overline{\overline{\psi}}_a(\xi_l,s)}{\pi\phi c_t\xi_n(\eta_r\xi_n^2+\eta_z\xi_l^2+s)}+\frac{\left\{\overline{\overline{\psi}}_0(\xi_n,s)-\cos(\xi_l d)\overline{\overline{\psi}}_d(\xi_n,s)\right\}}{\phi c_t(\eta_r\xi_n^2+\eta_z\xi_l^2+s)}+\frac{\overline{\overline{\varphi}}(\xi_n,\xi_l)}{(\eta_r\xi_n^2+\eta_z\xi_l^2+s)} \quad (21.69.1)$$

where $\mathcal{V}_{\mathcal{N}0}(\xi_n r,a)=Y_0(\xi_n r)J_1(\xi_n a)-J_0(\xi_n r)Y_1(\xi_n a)$. The eigenvalues $\xi_n, n=1,2,...,$ are the positive roots of the transcendental equation $\xi_n\mathcal{V}'_{\mathcal{N}0}(\xi_n b,a)+\lambda\mathcal{V}_{\mathcal{N}0}(\xi_n b,a)=0$, ξ_l are the positive roots of $\xi_l\tan(\xi_l d)=\lambda_d$, $l=1,2,....$ $\overline{\overline{\psi}}_0(\xi_n,s)=\int_a^b\overline{\psi}_0(r,s)r\mathcal{V}_{\mathcal{N}0}(\xi_n r,a)\,dr$, $\overline{\overline{\psi}}_d(\xi_n,s)=\int_a^b\overline{\psi}_d(r,s)r\mathcal{V}_{\mathcal{N}0}(\xi_n r,a)\,dr$, $\overline{\overline{\psi}}_a(\xi_l,s)=\int_0^d\cos(\xi_l z)\overline{\psi}_a(z,s)dz$, $\overline{\overline{\psi}}_b(\xi_l,s)=\int_0^d\cos(\xi_l z)\overline{\psi}_b(z,s)dz$, $\overline{\overline{\varphi}}(\xi_n,\xi_l)=\int_a^b\overline{\varphi}(r,\xi_l)r\mathcal{V}_{\mathcal{N}0}(\xi_n r,a)\,dr$ and $\overline{\varphi}(r,\xi_l)=\int_0^d\cos(\xi_l z)\varphi(r,z)dz$. Successive inverse transforms yield

$$\overline{p}=\frac{\pi q(s)e^{-st_0}}{2\phi c_t}\sum_{n=1}^{\infty}\frac{\xi_n^2\{\lambda J_0(\xi_n b)-\xi_n J_1(\xi_n b)\}^2\mathcal{V}_{\mathcal{N}0}(\xi_n r_0,a)\mathcal{V}_{\mathcal{N}0}(\xi_n r,a)}{\left[(\lambda^2+\xi_n^2)J_1^2(\xi_n a)-\{\lambda J_0(\xi_n b)-\xi_n J_1(\xi_n b)\}^2\right]}\times$$
$$\times\sum_{l=1}^{\infty}\frac{(\xi_l^2+\lambda_d^2)\cos(\xi_l z_0)\cos(\xi_l z)}{\{d(\xi_l^2+\lambda_d^2)+\lambda_d\}(\eta_r\xi_n^2+\eta_z\xi_l^2+s)}+$$
$$+\frac{2\pi}{\phi c_t}\sum_{n=1}^{\infty}\frac{\xi_n\{\lambda J_0(\xi_n b)-\xi_n J_1(\xi_n b)\}^2\mathcal{V}_{\mathcal{N}0}(\xi_n r,a)}{\left[(\lambda^2+\xi_n^2)J_1^2(\xi_n a)-\{\lambda J_0(\xi_n b)-\xi_n J_1(\xi_n b)\}^2\right]}\sum_{l=1}^{\infty}\frac{\overline{\overline{\psi}}_a(\xi_l,s)(\xi_l^2+\lambda_d^2)\cos(\xi_l z)}{\{d(\xi_l^2+\lambda_d^2)+\lambda_d\}(\eta_r\xi_n^2+\eta_z\xi_l^2+s)}+$$
$$+\frac{2\pi}{\phi c_t}\sum_{n=1}^{\infty}\frac{\xi_n^2 J_1(\xi_n a)\{\lambda J_0(\xi_n b)-\xi_n J_1(\xi_n b)\}\mathcal{V}_{\mathcal{N}0}(\xi_n r,a)}{\left[(\lambda^2+\xi_n^2)J_1^2(\xi_n a)-\{\lambda J_0(\xi_n b)-\xi_n J_1(\xi_n b)\}^2\right]}\sum_{l=1}^{\infty}\frac{\overline{\overline{\psi}}_b(\xi_l,s)(\xi_l^2+\lambda_d^2)\cos(\xi_l z)}{\{d(\xi_l^2+\lambda_d^2)+\lambda_d\}(\eta_r\xi_n^2+\eta_z\xi_l^2+s)}+$$
$$+\frac{\pi^2}{\phi c_t}\sum_{n=1}^{\infty}\frac{\xi_n^2\{\lambda J_0(\xi_n b)-\xi_n J_1(\xi_n b)\}^2\mathcal{V}_{\mathcal{N}0}(\xi_n r,a)}{\left[(\lambda^2+\xi_n^2)J_1^2(\xi_n a)-\{\lambda J_0(\xi_n b)-\xi_n J_1(\xi_n b)\}^2\right]}\times$$
$$\times\sum_{l=1}^{\infty}\frac{(\xi_l^2+\lambda_d^2)\left\{\overline{\overline{\psi}}_0(\xi_n,s)-\cos(\xi_l d)\overline{\overline{\psi}}_d(\xi_n,s)\right\}\cos(\xi_l z)}{\{d(\xi_l^2+\lambda_d^2)+\lambda_d\}(\eta_r\xi_n^2+\eta_z\xi_l^2+s)}+$$

$$+\pi^2\sum_{n=1}^{\infty}\frac{\xi_n^2\{\lambda J_0(\xi_n b)-\xi_n J_1(\xi_n b)\}^2\mathcal{V}_{\mathcal{N}0}(\xi_n r,a)}{\left[(\lambda^2+\xi_n^2)J_1^2(\xi_n a)-\{\lambda J_0(\xi_n b)-\xi_n J_1(\xi_n b)\}^2\right]}\sum_{l=1}^{\infty}\frac{\overline{\overline{\varphi}}(\xi_n,\xi_l)(\xi_l^2+\lambda_d^2)\cos(\xi_l z)}{\{d(\xi_l^2+\lambda_d^2)+\lambda_d\}(\eta_r\xi_n^2+\eta_z\xi_l^2+s)} \quad (21.69.2)$$

and

$$p=\frac{\pi U(t-t_0)}{2\phi c_t}\sum_{n=1}^{\infty}\frac{\xi_n^2\{\lambda J_0(\xi_n b)-\xi_n J_1(\xi_n b)\}^2\mathcal{V}_{\mathcal{N}0}(\xi_n r_0,a)\mathcal{V}_{\mathcal{N}0}(\xi_n r,a)}{\left[(\lambda^2+\xi_n^2)J_1^2(\xi_n a)-\{\lambda J_0(\xi_n b)-\xi_n J_1(\xi_n b)\}^2\right]}\times$$
$$\times\sum_{l=1}^{\infty}\frac{(\xi_l^2+\lambda_d^2)\cos(\xi_l z_0)\cos(\xi_l z)\int_0^{t-t_0}q(t-t_0-\tau)e^{-(\eta_r\xi_n^2+\eta_z\xi_l^2)\tau}d\tau}{\{d(\xi_l^2+\lambda_d^2)+\lambda_d\}}+$$
$$+\frac{2\pi}{\phi c_t}\sum_{n=1}^{\infty}\frac{\xi_n\{\lambda J_0(\xi_n b)-\xi_n J_1(\xi_n b)\}^2\mathcal{V}_{\mathcal{N}0}(\xi_n r,a)}{\left[(\lambda^2+\xi_n^2)J_1^2(\xi_n a)-\{\lambda J_0(\xi_n b)-\xi_n J_1(\xi_n b)\}^2\right]}\times$$
$$\times\sum_{l=1}^{\infty}\frac{(\xi_l^2+\lambda_d^2)\cos(\xi_l z)\int_0^t\overline{\psi}_a(\xi_l,t-\tau)e^{-(\eta_r\xi_n^2+\eta_z\xi_l^2)\tau}d\tau}{\{d(\xi_l^2+\lambda_d^2)+\lambda_d\}}+$$
$$+\frac{2\pi}{\phi c_t}\sum_{n=1}^{\infty}\frac{\xi_n^2 J_1(\xi_n a)\{\lambda J_0(\xi_n b)-\xi_n J_1(\xi_n b)\}\mathcal{V}_{\mathcal{N}0}(\xi_n r,a)}{\left[(\lambda^2+\xi_n^2)J_1^2(\xi_n a)-\{\lambda J_0(\xi_n b)-\xi_n J_1(\xi_n b)\}^2\right]}\times$$
$$\times\sum_{l=1}^{\infty}\frac{(\xi_l^2+\lambda_d^2)\cos(\xi_l z)\int_0^t\overline{\psi}_b(\xi_l,t-\tau)e^{-(\eta_r\xi_n^2+\eta_z\xi_l^2)\tau}d\tau}{\{d(\xi_l^2+\lambda_d^2)+\lambda_d\}}+$$
$$+\frac{\pi^2}{\phi c_t}\sum_{n=1}^{\infty}\frac{\xi_n^2\{\lambda J_0(\xi_n b)-\xi_n J_1(\xi_n b)\}^2\mathcal{V}_{\mathcal{N}0}(\xi_n r,a)}{\left[(\lambda^2+\xi_n^2)J_1^2(\xi_n a)-\{\lambda J_0(\xi_n b)-\xi_n J_1(\xi_n b)\}^2\right]}\times$$
$$\times\sum_{l=1}^{\infty}\frac{(\xi_l^2+\lambda_d^2)\cos(\xi_l z)\int_0^t\{\overline{\psi}_0(\xi_n,t-\tau)-\cos(\xi_l d)\overline{\psi}_d(\xi_n,t-\tau)\}e^{-(\eta_r\xi_n^2+\eta_z\xi_l^2)\tau}d\tau}{\{d(\xi_l^2+\lambda_d^2)+\lambda_d\}}+$$
$$+\pi^2\sum_{n=1}^{\infty}\frac{\xi_n^2\{\lambda J_0(\xi_n b)-\xi_n J_1(\xi_n b)\}^2\mathcal{V}_{\mathcal{N}0}(\xi_n r,a)e^{-\eta_r\xi_n^2 t}}{\left[(\lambda^2+\xi_n^2)J_1^2(\xi_n a)-\{\lambda J_0(\xi_n b)-\xi_n J_1(\xi_n b)\}^2\right]}\sum_{l=1}^{\infty}\frac{\overline{\overline{\varphi}}(\xi_n,\xi_l)(\xi_l^2+\lambda_d^2)\cos(\xi_l z)e^{-\eta_z\xi_l^2 t}}{\{d(\xi_l^2+\lambda_d^2)+\lambda_d\}}$$

(21.69.3)

21.70

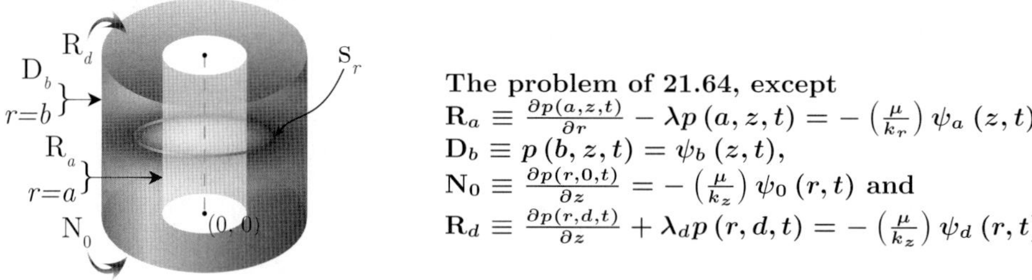

The problem of 21.64, except
$\mathbf{R}_a \equiv \frac{\partial p(a,z,t)}{\partial r}-\lambda p(a,z,t)=-\left(\frac{\mu}{k_r}\right)\psi_a(z,t)$,
$\mathbf{D}_b \equiv p(b,z,t)=\psi_b(z,t)$,
$\mathbf{N}_0 \equiv \frac{\partial p(r,0,t)}{\partial z}=-\left(\frac{\mu}{k_z}\right)\psi_0(r,t)$ **and**
$\mathbf{R}_d \equiv \frac{\partial p(r,d,t)}{\partial z}+\lambda_d p(r,d,t)=-\left(\frac{\mu}{k_z}\right)\psi_d(r,t)$

Successive application of the Laplace, Fourier and finite Hankel transformations to equation (18.1.1) gives

$$\overline{\overline{\overline{p}}}=\frac{q(s)e^{-st_0}\cos(\xi_l z_0)\mathcal{V}_{\mathcal{D}0}(\xi_n r_0,b)}{2\pi\phi c_t(\eta_r\xi_n^2+\eta_z\xi_l^2+s)}-\frac{2J_0(\xi_n b)\overline{\overline{\psi}}_a(\xi_l,s)}{\pi\phi c_t(\eta_r\xi_n^2+\eta_z\xi_l^2+s)\{\lambda J_0(\xi_n a)+\xi_n J_1(\xi_n a)\}}+$$
$$+\frac{2\eta_r\overline{\overline{\psi}}_b(\xi_l,s)}{\pi(\eta_r\xi_n^2+\eta_z\xi_l^2+s)}+\frac{\left\{\overline{\overline{\psi}}_0(\xi_n,s)-\cos(\xi_l d)\overline{\overline{\psi}}_d(\xi_n,s)\right\}}{\phi c_t(\eta_r\xi_n^2+\eta_z\xi_l^2+s)}+\frac{\overline{\overline{\varphi}}(\xi_n,\xi_l)}{(\eta_r\xi_n^2+\eta_z\xi_l^2+s)} \quad (21.70.1)$$

where $\mathcal{V}_{\mathcal{D}0}(\xi_n r,b)=J_0(\xi_n r)Y_0(\xi_n b)-Y_0(\xi_n r)J_0(\xi_n b)$. The eigenvalues $\xi_n, n=1,2,...,$ are the positive roots of the transcendental equation $\lambda\mathcal{V}_{\mathcal{D}0}(\xi_n a,b)-\xi_n\mathcal{V}'_{\mathcal{D}0}(\xi_n a,b)=0$,* ξ_l are the positive roots of

*$\mathcal{V}'_{\mathcal{D}0}(\xi_n r,b)=\{Y_1(\xi_n r)J_0(\xi_n b)-J_1(\xi_n r)Y_0(\xi_n b)\}$.

$\xi_l \tan(\xi_l d) = \lambda_d$, $l = 1, 2, \ldots$. $\overline{\overline{\psi}}_0(\xi_n, s) = \int_a^b \overline{\psi}_0(r, s)\, r\mathcal{V}_{\mathcal{D}0}(\xi_n r, b)\, dr$, $\overline{\overline{\psi}}_d(\xi_n, s) = \int_a^b \overline{\psi}_d(r, s)\, r\mathcal{V}_{\mathcal{D}0}(\xi_n r, b)\, dr$, $\overline{\overline{\psi}}_a(\xi_l, s) = \int_0^d \cos(\xi_l z)\, \overline{\psi}_a(z, s) dz$, $\overline{\overline{\psi}}_b(\xi_l, s) = \int_0^d \cos(\xi_l z)\, \overline{\psi}_b(z, s) dz$, $\overline{\overline{\varphi}}(\xi_n, \xi_l) = \int_a^b \overline{\varphi}(r, \xi_l)\, r\mathcal{V}_{\mathcal{D}0}(\xi_n r, a)\, dr$ and $\overline{\varphi}(r, \xi_l) = \int_0^d \cos(\xi_l z)\, \varphi(r, z) dz$. Successive inverse transforms yield

$$\begin{aligned}
\overline{p} = {} & \frac{\pi q(s) e^{-st_0}}{2\phi c_t} \sum_{n=1}^{\infty} \frac{\xi_n^2 \left\{\lambda J_0(\xi_n a) + \xi_n J_1(\xi_n a)\right\}^2 \mathcal{V}_{\mathcal{D}0}(\xi r_0, b)\, \mathcal{V}_{\mathcal{D}0}(\xi r, b)}{\left[\left\{\lambda J_0(\xi_n a) + \xi_n J_1(\xi_n a)\right\}^2 - \left(\lambda^2 + \xi_n^2\right) J_0^2(\xi_n b)\right]} \times \\
& \times \sum_{l=1}^{\infty} \frac{\left(\xi_l^2 + \lambda_d^2\right) \cos(\xi_l z_0) \cos(\xi_l z)}{\left\{d\left(\xi_l^2 + \lambda_d^2\right) + \lambda_d\right\}\left(\eta_r \xi_n^2 + \eta_z \xi_l^2 + s\right)} - \\
& - \frac{2\pi}{\phi c_t} \sum_{n=1}^{\infty} \frac{\xi_n^2 J_0(\xi_n b) \left\{\lambda J_0(\xi_n a) + \xi_n J_1(\xi_n a)\right\} \mathcal{V}_{\mathcal{D}0}(\xi r, b)}{\left[\left\{\lambda J_0(\xi_n a) + \xi_n J_1(\xi_n a)\right\}^2 - \left(\lambda^2 + \xi_n^2\right) J_0^2(\xi_n b)\right]} \sum_{l=1}^{\infty} \frac{\overline{\overline{\psi}}_a(\xi_l, s) \left(\xi_l^2 + \lambda_d^2\right) \cos(\xi_l z)}{\left\{d\left(\xi_l^2 + \lambda_d^2\right) + \lambda_d\right\}\left(\eta_r \xi_n^2 + \eta_z \xi_l^2 + s\right)} + \\
& + 2\pi\eta_r \sum_{n=1}^{\infty} \frac{\xi_n^2 \left\{\lambda J_0(\xi_n a) + \xi_n J_1(\xi_n a)\right\}^2 \mathcal{V}_{\mathcal{D}0}(\xi r, b)}{\left[\left\{\lambda J_0(\xi_n a) + \xi_n J_1(\xi_n a)\right\}^2 - \left(\lambda^2 + \xi_n^2\right) J_0^2(\xi_n b)\right]} \sum_{l=1}^{\infty} \frac{\overline{\overline{\psi}}_b(\xi_l, s) \left(\xi_l^2 + \lambda_d^2\right) \cos(\xi_l z)}{\left\{d\left(\xi_l^2 + \lambda_d^2\right) + \lambda_d\right\}\left(\eta_r \xi_n^2 + \eta_z \xi_l^2 + s\right)} + \\
& + \frac{\pi^2}{\phi c_t} \sum_{n=1}^{\infty} \frac{\xi_n^2 \left\{\lambda J_0(\xi_n a) + \xi_n J_1(\xi_n a)\right\}^2 \mathcal{V}_{\mathcal{D}0}(\xi r, b)}{\left[\left\{\lambda J_0(\xi_n a) + \xi_n J_1(\xi_n a)\right\}^2 - \left(\lambda^2 + \xi_n^2\right) J_0^2(\xi_n b)\right]} \times \\
& \times \sum_{l=1}^{\infty} \frac{\left(\xi_l^2 + \lambda_d^2\right) \left\{\overline{\overline{\psi}}_0(\xi_n, s) - \cos(\xi_l d)\, \overline{\overline{\psi}}_d(\xi_n, s)\right\} \cos(\xi_l z)}{\left\{d\left(\xi_l^2 + \lambda_d^2\right) + \lambda_d\right\}\left(\eta_r \xi_n^2 + \eta_z \xi_l^2 + s\right)} + \\
& + \pi^2 \sum_{n=1}^{\infty} \frac{\xi_n^2 \left\{\lambda J_0(\xi_n a) + \xi_n J_1(\xi_n a)\right\}^2 \mathcal{V}_{\mathcal{D}0}(\xi r, b)}{\left[\left\{\lambda J_0(\xi_n a) + \xi_n J_1(\xi_n a)\right\}^2 - \left(\lambda^2 + \xi_n^2\right) J_0^2(\xi_n b)\right]} \sum_{l=1}^{\infty} \frac{\overline{\overline{\varphi}}(\xi_n, \xi_l) \left(\xi_l^2 + \lambda_d^2\right) \cos(\xi_l z)}{\left\{d\left(\xi_l^2 + \lambda_d^2\right) + \lambda_d\right\}\left(\eta_r \xi_n^2 + \eta_z \xi_l^2 + s\right)}
\end{aligned} \tag{21.70.2}$$

and

$$\begin{aligned}
p = {} & \frac{\pi U(t - t_0)}{2\phi c_t} \sum_{n=1}^{\infty} \frac{\xi_n^2 \left\{\lambda J_0(\xi_n a) + \xi_n J_1(\xi_n a)\right\}^2 \mathcal{V}_{\mathcal{D}0}(\xi r_0, b)\, \mathcal{V}_{\mathcal{D}0}(\xi r, b)}{\left[\left\{\lambda J_0(\xi_n a) + \xi_n J_1(\xi_n a)\right\}^2 - \left(\lambda^2 + \xi_n^2\right) J_0^2(\xi_n b)\right]} \times \\
& \sum_{l=1}^{\infty} \frac{\left(\xi_l^2 + \lambda_d^2\right) \cos(\xi_l z_0) \cos(\xi_l z) \int_0^{t - t_0} q(t - t_0 - \tau)\, e^{-\left(\eta_r \xi_n^2 + \eta_z \xi_l^2\right)\tau} d\tau}{\left\{d\left(\xi_l^2 + \lambda_d^2\right) + \lambda_d\right\}} - \\
& - \frac{2\pi}{\phi c_t} \sum_{n=1}^{\infty} \frac{\xi_n^2 J_0(\xi_n b) \left\{\lambda J_0(\xi_n a) + \xi_n J_1(\xi_n a)\right\} \mathcal{V}_{\mathcal{D}0}(\xi r, b)}{\left[\left\{\lambda J_0(\xi_n a) + \xi_n J_1(\xi_n a)\right\}^2 - \left(\lambda^2 + \xi_n^2\right) J_0^2(\xi_n b)\right]} \times \\
& \times \sum_{l=1}^{\infty} \frac{\left(\xi_l^2 + \lambda_d^2\right) \cos(\xi_l z) \int_0^t \overline{\psi}_a(\xi_l, t - \tau)\, e^{-\left(\eta_r \xi_n^2 + \eta_z \xi_l^2\right)\tau} d\tau}{\left\{d\left(\xi_l^2 + \lambda_d^2\right) + \lambda_d\right\}} + \\
& + 2\pi\eta_r \sum_{n=1}^{\infty} \frac{\xi_n^2 \left\{\lambda J_0(\xi_n a) + \xi_n J_1(\xi_n a)\right\}^2 \mathcal{V}_{\mathcal{D}0}(\xi r, b)}{\left[\left\{\lambda J_0(\xi_n a) + \xi_n J_1(\xi_n a)\right\}^2 - \left(\lambda^2 + \xi_n^2\right) J_0^2(\xi_n b)\right]} \times \\
& \times \sum_{l=1}^{\infty} \frac{\left(\xi_l^2 + \lambda_d^2\right) \cos(\xi_l z) \int_0^t \overline{\psi}_b(\xi_l, t - \tau)\, e^{-\left(\eta_r \xi_n^2 + \eta_z \xi_l^2\right)\tau} d\tau}{\left\{d\left(\xi_l^2 + \lambda_d^2\right) + \lambda_d\right\}} + \\
& + \frac{\pi^2}{\phi c_t} \sum_{n=1}^{\infty} \frac{\xi_n^2 \left\{\lambda J_0(\xi_n a) + \xi_n J_1(\xi_n a)\right\}^2 \mathcal{V}_{\mathcal{D}0}(\xi r, b)}{\left[\left\{\lambda J_0(\xi_n a) + \xi_n J_1(\xi_n a)\right\}^2 - \left(\lambda^2 + \xi_n^2\right) J_0^2(\xi_n b)\right]} \times \\
& \times \sum_{l=1}^{\infty} \frac{\left(\xi_l^2 + \lambda_d^2\right) \cos(\xi_l z) \int_0^t \left\{\overline{\psi}_0(\xi_n, t - \tau) - \cos(\xi_l d)\, \overline{\psi}_d(\xi_n, t - \tau)\right\} e^{-\left(\eta_r \xi_n^2 + \eta_z \xi_l^2\right)\tau} d\tau}{\left\{d\left(\xi_l^2 + \lambda_d^2\right) + \lambda_d\right\}} +
\end{aligned}$$

$$+\pi^2\sum_{n=1}^{\infty}\frac{\xi_n^2\left\{\lambda J_0(\xi_n a)+\xi_n J_1(\xi_n a)\right\}^2\mathcal{V}_{\mathcal{D}0}(\xi r,b)\,e^{-\eta_r\xi_n^2 t}}{\left[\left\{\lambda J_0(\xi_n a)+\xi_n J_1(\xi_n a)\right\}^2-(\lambda^2+\xi_n^2)\,J_0^2(\xi_n b)\right]}\sum_{l=1}^{\infty}\frac{\overline{\overline{\varphi}}(\xi_n,\xi_l)\left(\xi_l^2+\lambda_d^2\right)\cos(\xi_l z)\,e^{-\eta_z\xi_l^2 t}}{\left\{d\left(\xi_l^2+\lambda_d^2\right)+\lambda_d\right\}}$$

(21.70.3)

21.71

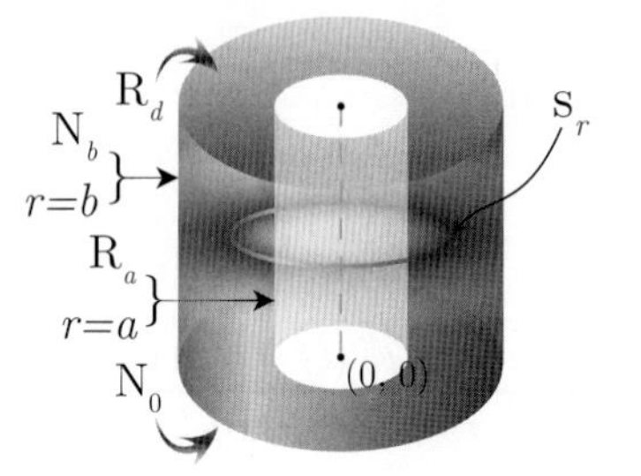

The problem of 21.64, except
$\mathbf{R}_a \equiv \frac{\partial p(a,z,t)}{\partial r} - \lambda p(a,z,t) = -\left(\frac{\mu}{k_r}\right)\psi_a(z,t),$
$\mathbf{N}_b \equiv \frac{\partial p(b,z,t)}{\partial r} = -\left(\frac{\mu}{k_r}\right)\psi_b(z,t),$
$\mathbf{N}_0 \equiv \frac{\partial p(r,0,t)}{\partial z} = -\left(\frac{\mu}{k_z}\right)\psi_0(r,t)$ **and**
$\mathbf{R}_d \equiv \frac{\partial p(r,d,t)}{\partial z} + \lambda_d p(r,d,t) = -\left(\frac{\mu}{k_z}\right)\psi_d(r,t)$

Successive application of the Laplace, Fourier and finite Hankel transformations to equation (18.1.1) gives

$$\overline{\overline{\overline{p}}} = \frac{q(s)\,e^{-st_0}\cos(\xi_l z_0)\,\mathcal{V}_{\mathcal{N}0}(\xi_n r_0,b)}{2\pi\phi c_t\left(\eta_r\xi_n^2+\eta_z\xi_l^2+s\right)}+\frac{2J_1(\xi_n b)\,\overline{\overline{\psi}}_a(\xi_l,s)}{\pi\phi c_t\left(\eta_r\xi_n^2+\eta_z\xi_l^2+s\right)\left\{\lambda J_0(\xi_n a)+\xi_n J_1(\xi_n a)\right\}}-$$
$$-\frac{2\overline{\overline{\psi}}_b(\xi_l,s)}{\pi\phi c_t\xi_n\left(\eta_r\xi_n^2+\eta_z\xi_l^2+s\right)}+\frac{\left\{\overline{\overline{\psi}}_0(\xi_n,s)-\cos(\xi_l d)\,\overline{\overline{\psi}}_d(\xi_n,s)\right\}}{\phi c_t\left(\eta_r\xi_n^2+\eta_z\xi_l^2+s\right)}+\frac{\overline{\overline{\varphi}}(\xi_n,\xi_l)}{\left(\eta_r\xi_n^2+\eta_z\xi_l^2+s\right)} \quad (21.71.1)$$

where $\xi_n, n=1,2,...,$ are the positive roots of the transcendental equation $\lambda\mathcal{V}_{\mathcal{N}0}(\xi_n a,b)-\xi_n\mathcal{V}'_{\mathcal{N}0}(\xi_n a,b)=0$, ξ_l are the positive roots of $\xi_l\tan(\xi_l d)=\lambda_d$, $l=1,2,....$ $\overline{\overline{\psi}}_0(\xi_n,s)=\int_a^b\overline{\psi}_0(r,s)\,r\mathcal{V}_{\mathcal{N}0}(\xi_n r,b)\,dr$, $\overline{\overline{\psi}}_d(\xi_n,s)=\int_a^b\overline{\psi}_d(r,s)\,r\mathcal{V}_{\mathcal{N}0}(\xi_n r,b)\,dr$, $\overline{\overline{\psi}}_a(\xi_l,s)=\int_0^d\cos(\xi_l z)\,\overline{\psi}_a(z,s)dz$, $\overline{\overline{\psi}}_b(\xi_l,s)=\int_0^d\cos(\xi_l z)\,\overline{\psi}_b(z,s)dz$, $\overline{\overline{\varphi}}(\xi_n,\xi_l)=\int_a^b\overline{\varphi}(r,\xi_l)\,r\mathcal{V}_{\mathcal{N}0}(\xi_n r,a)\,dr$ and $\overline{\varphi}(r,\xi_l)=\int_0^d\cos(\xi_l z)\,\varphi(r,z)dz$. Successive inverse transforms yield

$$\overline{p} = \frac{\pi q(s)\,e^{-st_0}}{2\phi c_t}\sum_{n=1}^{\infty}\frac{\xi_n^2\left\{\lambda J_0(\xi_n a)+\xi_n J_1(\xi_n a)\right\}^2\mathcal{V}_{\mathcal{N}0}(\xi r_0,b)\,\mathcal{V}_{\mathcal{N}0}(\xi r,b)}{\left[\left\{\lambda J_0(\xi_n a)+\xi_n J_1(\xi_n a)\right\}^2-(\lambda^2+\xi_n^2)\,J_1^2(\xi_n b)\right]}\times$$
$$\times\sum_{l=1}^{\infty}\frac{\left(\xi_l^2+\lambda_d^2\right)\cos(\xi_l z_0)\cos(\xi_l z)}{\left\{d\left(\xi_l^2+\lambda_d^2\right)+\lambda_d\right\}\left(\eta_r\xi_n^2+\eta_z\xi_l^2+s\right)}+$$
$$+\frac{2\pi}{\phi c_t}\sum_{n=1}^{\infty}\frac{\xi_n^2 J_1(\xi_n b)\left\{\lambda J_0(\xi_n a)+\xi_n J_1(\xi_n a)\right\}\mathcal{V}_{\mathcal{N}0}(\xi r,b)}{\left[\left\{\lambda J_0(\xi_n a)+\xi_n J_1(\xi_n a)\right\}^2-(\lambda^2+\xi_n^2)\,J_1^2(\xi_n b)\right]}\sum_{l=1}^{\infty}\frac{\overline{\overline{\psi}}_a(\xi_l,s)\left(\xi_l^2+\lambda_d^2\right)\cos(\xi_l z)}{\left\{d\left(\xi_l^2+\lambda_d^2\right)+\lambda_d\right\}\left(\eta_r\xi_n^2+\eta_z\xi_l^2+s\right)}-$$
$$-\frac{2\pi}{\phi c_t}\sum_{n=1}^{\infty}\frac{\xi_n\left\{\lambda J_0(\xi_n a)+\xi_n J_1(\xi_n a)\right\}^2\mathcal{V}_{\mathcal{N}0}(\xi r,b)}{\left[\left\{\lambda J_0(\xi_n a)+\xi_n J_1(\xi_n a)\right\}^2-(\lambda^2+\xi_n^2)\,J_1^2(\xi_n b)\right]}\sum_{l=1}^{\infty}\frac{\overline{\overline{\psi}}_b(\xi_l,s)\left(\xi_l^2+\lambda_d^2\right)\cos(\xi_l z)}{\left\{d\left(\xi_l^2+\lambda_d^2\right)+\lambda_d\right\}\left(\eta_r\xi_n^2+\eta_z\xi_l^2+s\right)}+$$
$$+\frac{\pi^2}{\phi c_t}\sum_{n=1}^{\infty}\frac{\xi_n^2\left\{\lambda J_0(\xi_n a)+\xi_n J_1(\xi_n a)\right\}^2\mathcal{V}_{\mathcal{N}0}(\xi r,b)}{\left[\left\{\lambda J_0(\xi_n a)+\xi_n J_1(\xi_n a)\right\}^2-(\lambda^2+\xi_n^2)\,J_1^2(\xi_n b)\right]}\times$$
$$\times\sum_{l=1}^{\infty}\frac{\left(\xi_l^2+\lambda_d^2\right)\left\{\overline{\overline{\psi}}_0(\xi_n,s)-\cos(\xi_l d)\,\overline{\overline{\psi}}_d(\xi_n,s)\right\}\cos(\xi_l z)}{\left\{d\left(\xi_l^2+\lambda_d^2\right)+\lambda_d\right\}\left(\eta_r\xi_n^2+\eta_z\xi_l^2+s\right)}+$$
$$+\pi^2\sum_{n=1}^{\infty}\frac{\xi_n^2\left\{\lambda J_0(\xi_n a)+\xi_n J_1(\xi_n a)\right\}^2\mathcal{V}_{\mathcal{N}0}(\xi r,b)}{\left[\left\{\lambda J_0(\xi_n a)+\xi_n J_1(\xi_n a)\right\}^2-(\lambda^2+\xi_n^2)\,J_1^2(\xi_n b)\right]}\sum_{l=1}^{\infty}\frac{\overline{\overline{\varphi}}(\xi_n,\xi_l)\left(\xi_l^2+\lambda_d^2\right)\cos(\xi_l z)}{\left\{d\left(\xi_l^2+\lambda_d^2\right)+\lambda_d\right\}\left(\eta_r\xi_n^2+\eta_z\xi_l^2+s\right)}$$

(21.71.2)

and

$$p = \frac{\pi U(t-t_0)}{2\phi c_t}\sum_{n=1}^{\infty}\frac{\xi_n^2\left\{\lambda J_0(\xi_n a)+\xi_n J_1(\xi_n a)\right\}^2\mathcal{V}_{\mathcal{N}0}(\xi r_0,b)\,\mathcal{V}_{\mathcal{N}0}(\xi r,b)}{\left[\left\{\lambda J_0(\xi_n a)+\xi_n J_1(\xi_n a)\right\}^2-(\lambda^2+\xi_n^2)\,J_1^2(\xi_n b)\right]}\times$$

$$\sum_{l=1}^{\infty}\frac{\left(\xi_l^2+\lambda_d^2\right)\cos\left(\xi_l z_0\right)\cos\left(\xi_l z\right)\int_0^{t-t_0} q\left(t-t_0-\tau\right)e^{-\left(\eta_r\xi_n^2+\eta_z\xi_l^2\right)\tau}d\tau}{\left\{d\left(\xi_l^2+\lambda_d^2\right)+\lambda_d\right\}}+$$

$$+\frac{2\pi}{\phi c_t}\sum_{n=1}^{\infty}\frac{\xi_n^2 J_1\left(\xi_n b\right)\left\{\lambda J_0\left(\xi_n a\right)+\xi_n J_1\left(\xi_n a\right)\right\}\mathcal{V}_{\mathcal{N}0}\left(\xi r,b\right)}{\left[\left\{\lambda J_0\left(\xi_n a\right)+\xi_n J_1\left(\xi_n a\right)\right\}^2-\left(\lambda^2+\xi_n^2\right)J_1^2\left(\xi_n b\right)\right]}\times$$

$$\times\sum_{l=1}^{\infty}\frac{\left(\xi_l^2+\lambda_d^2\right)\cos\left(\xi_l z\right)\int_0^t\overline{\psi}_a\left(\xi_l,t-\tau\right)e^{-\left(\eta_r\xi_n^2+\eta_z\xi_l^2\right)\tau}d\tau}{\left\{d\left(\xi_l^2+\lambda_d^2\right)+\lambda_d\right\}}-$$

$$-\frac{2\pi}{\phi c_t}\sum_{n=1}^{\infty}\frac{\xi_n\left\{\lambda J_0\left(\xi_n a\right)+\xi_n J_1\left(\xi_n a\right)\right\}^2\mathcal{V}_{\mathcal{N}0}\left(\xi r,b\right)}{\left[\left\{\lambda J_0\left(\xi_n a\right)+\xi_n J_1\left(\xi_n a\right)\right\}^2-\left(\lambda^2+\xi_n^2\right)J_1^2\left(\xi_n b\right)\right]}\times$$

$$\times\sum_{l=1}^{\infty}\frac{\left(\xi_l^2+\lambda_d^2\right)\cos\left(\xi_l z\right)\int_0^t\overline{\psi}_b\left(\xi_l,t-\tau\right)e^{-\left(\eta_r\xi_n^2+\eta_z\xi_l^2\right)\tau}d\tau}{\left\{d\left(\xi_l^2+\lambda_d^2\right)+\lambda_d\right\}}+$$

$$+\frac{\pi^2}{\phi c_t}\sum_{n=1}^{\infty}\frac{\xi_n^2\left\{\lambda J_0\left(\xi_n a\right)+\xi_n J_1\left(\xi_n a\right)\right\}^2\mathcal{V}_{\mathcal{N}0}\left(\xi r,b\right)}{\left[\left\{\lambda J_0\left(\xi_n a\right)+\xi_n J_1\left(\xi_n a\right)\right\}^2-\left(\lambda^2+\xi_n^2\right)J_1^2\left(\xi_n b\right)\right]}\times$$

$$\times\sum_{l=1}^{\infty}\frac{\left(\xi_l^2+\lambda_d^2\right)\cos\left(\xi_l z\right)\int_0^t\left\{\overline{\psi}_0\left(\xi_n,t-\tau\right)-\cos\left(\xi_l d\right)\overline{\psi}_d\left(\xi_n,t-\tau\right)\right\}e^{-\left(\eta_r\xi_n^2+\eta_z\xi_l^2\right)\tau}d\tau}{\left\{d\left(\xi_l^2+\lambda_d^2\right)+\lambda_d\right\}}+$$

$$+\pi^2\sum_{n=1}^{\infty}\frac{\xi_n^2\left\{\lambda J_0\left(\xi_n a\right)+\xi_n J_1\left(\xi_n a\right)\right\}^2\mathcal{V}_{\mathcal{N}0}\left(\xi r,b\right)e^{-\eta_r\xi_n^2 t}}{\left[\left\{\lambda J_0\left(\xi_n a\right)+\xi_n J_1\left(\xi_n a\right)\right\}^2-\left(\lambda^2+\xi_n^2\right)J_1^2\left(\xi_n b\right)\right]}\sum_{l=1}^{\infty}\frac{\overline{\overline{\varphi}}\left(\xi_n,\xi_l\right)\left(\xi_l^2+\lambda_d^2\right)\cos\left(\xi_l z\right)e^{-\eta_z\xi_l^2 t}}{\left\{d\left(\xi_l^2+\lambda_d^2\right)+\lambda_d\right\}}$$

(21.71.3)

21.72 **The problem of 21.64, except**
$\mathbf{R}_a\equiv\frac{\partial p(a,z,t)}{\partial r}-\lambda p\left(a,z,t\right)=-\left(\frac{\mu}{k_r}\right)\psi_a\left(z,t\right)$,
$\mathbf{R}_b\equiv\frac{\partial p(b,z,t)}{\partial r}+\lambda_b p\left(b,z,t\right)=-\left(\frac{\mu}{k_r}\right)\psi_b\left(z,t\right)$,
$\mathbf{N}_0\equiv\frac{\partial p(r,0,t)}{\partial z}=-\left(\frac{\mu}{k_z}\right)\psi_0\left(r,t\right)$ **and**
$\mathbf{R}_d\equiv\frac{\partial p(r,d,t)}{\partial z}+\lambda_d p\left(r,d,t\right)=-\left(\frac{\mu}{k_z}\right)\psi_d\left(r,t\right)$

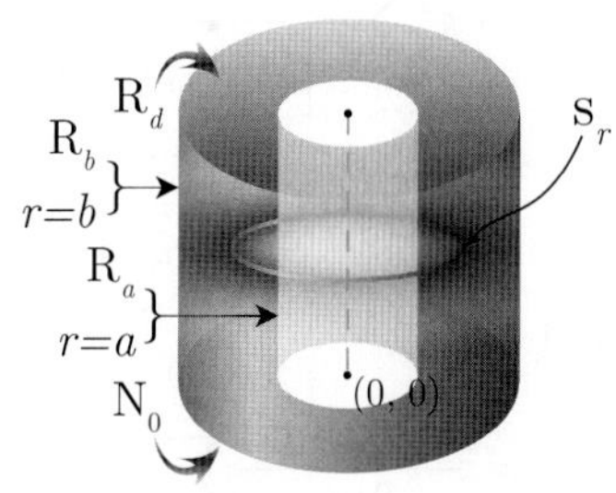

Successive application of the Laplace, Fourier and finite Hankel transformations to equation (18.1.1) gives

$$\overline{\overline{\overline{p}}}=\frac{q\left(s\right)e^{-st_0}\cos\left(\xi_l z_0\right)\left\{\xi_n\mathcal{V}_{\mathcal{N}0}\left(\xi_n r_0,a\right)-\lambda_a\mathcal{V}_{\mathcal{D}0}\left(\xi_n r_0,a\right)\right\}}{2\pi\phi c_t\left(\eta_r\xi_n^2+\eta_z\xi_l^2+s\right)}+\frac{2\left\{\lambda_a J_0(\xi_n a)+\xi_n J_1(\xi_n a)\right\}\overline{\overline{\psi}}_b\left(\xi_l,s\right)}{\pi\phi c_t\left(\eta_r\xi_n^2+\eta_z\xi_l^2+s\right)\left\{\lambda_b J_0(\xi_n b)-\xi_n J_1(\xi_n b)\right\}}+$$

$$+\frac{2\overline{\overline{\psi}}_a\left(\xi_l,s\right)}{\pi\phi c_t\left(\eta_r\xi_n^2+\eta_z\xi_l^2+s\right)}+\frac{\left\{\overline{\overline{\psi}}_0\left(\xi_n,s\right)-\cos\left(\xi_l d\right)\overline{\overline{\psi}}_d\left(\xi_n,s\right)\right\}}{\phi c_t\left(\eta_r\xi_n^2+\eta_z\xi_l^2+s\right)}+\frac{\overline{\overline{\varphi}}\left(\xi_n,\xi_l\right)}{\left(\eta_r\xi_n^2+\eta_z\xi_l^2+s\right)}\qquad(21.72.1)$$

where $\xi_n, n=1,2,...$, are the positive roots of $\lambda_a\left\{\mathcal{V}_{\mathcal{D}0}'\left(\xi_n b,a\right)+\lambda_b\mathcal{V}_{\mathcal{D}0}\left(\xi_n b,a\right)\right\}-\xi_n\left\{\mathcal{V}_{\mathcal{N}0}'\left(\xi_n b,a\right)+\lambda_b\mathcal{V}_{\mathcal{N}0}\left(\xi_n b,a\right)\right\}=0$, ξ_l are the positive roots of $\xi_l\tan\left(\xi_l d\right)=\lambda_d$, $l=1,2,....$ $\overline{\overline{\psi}}_0\left(\xi_n,s\right)=\int_a^b\overline{\psi}_0\left(r,s\right)r\left\{\xi_n\mathcal{V}_{\mathcal{N}0}\left(\xi_n r,a\right)-\lambda_a\mathcal{V}_{\mathcal{D}0}\left(\xi_n r,a\right)\right\}dr$,
$\overline{\overline{\psi}}_d\left(\xi_n,s\right)=\int_a^b\overline{\psi}_d\left(r,s\right)r\left\{\xi_n\mathcal{V}_{\mathcal{N}0}\left(\xi_n r,a\right)-\lambda_a\mathcal{V}_{\mathcal{D}0}\left(\xi_n r,a\right)\right\}dr$,
$\overline{\overline{\psi}}_a\left(\xi_l,s\right)=\int_0^d\cos\left(\xi_l z\right)\overline{\psi}_a\left(z,s\right)dz$, $\overline{\overline{\psi}}_b\left(\xi_l,s\right)=\int_0^d\cos\left(\xi_l z\right)\overline{\psi}_b\left(z,s\right)dz$,
$\overline{\overline{\varphi}}\left(\xi_n,\xi_l\right)=\int_a^b\overline{\varphi}\left(r,\xi_l\right)r\left\{\xi_n\mathcal{V}_{\mathcal{N}0}\left(\xi_n r,a\right)-\lambda_a\mathcal{V}_{\mathcal{D}0}\left(\xi_n r,a\right)\right\}dr$ and

$\overline{\varphi}(r,\xi_l)=\int_0^d \cos(\xi_l z)\varphi(r,z)dz$. Successive inverse transforms yield

$$\begin{aligned}
\overline{p} \;=\; & \frac{\pi q(s)\,e^{-st_0}}{2\phi c_t}\sum_{n=1}^{\infty}\xi_n^2\left\{\xi_n J_1(\xi_n b)-\lambda_b J_0(\xi_n b)\right\}^2\times\\
&\times\frac{\left\{\xi_n\mathcal{V}_{\mathcal{N}0}(\xi_n r_0,a)-\lambda_a\mathcal{V}_{\mathcal{D}0}(\xi_n r_0,a)\right\}\left\{\xi_n\mathcal{V}_{\mathcal{N}0}(\xi_n r,a)-\lambda_a\mathcal{V}_{\mathcal{D}0}(\xi_n r,a)\right\}}{\left[(\lambda_b^2+\xi_n^2)\left\{\lambda_a J_0(\xi_n a)+\xi_n J_1(\xi_n a)\right\}^2-(\lambda_a^2+\xi_n^2)\left\{\lambda_b J_0(\xi_n b)+\xi_n J_1(\xi_n b)\right\}^2\right]}\times\\
&\times\sum_{l=1}^{\infty}\frac{(\xi_l^2+\lambda_d^2)\cos(\xi_l z_0)\cos(\xi_l z)}{\left\{d(\xi_l^2+\lambda_d^2)+\lambda_d\right\}(\eta_r\xi_n^2+\eta_z\xi_l^2+s)}+\\
&+\frac{2\pi}{\phi c_t}\sum_{n=1}^{\infty}\frac{\xi_n^2\left\{\xi_n J_1(\xi_n b)-\lambda_b J_0(\xi_n b)\right\}^2\left\{\xi_n\mathcal{V}_{\mathcal{N}0}(\xi_n r,a)-\lambda_a\mathcal{V}_{\mathcal{D}0}(\xi_n r,a)\right\}}{\left[(\lambda_b^2+\xi_n^2)\left\{\lambda_a J_0(\xi_n a)+\xi_n J_1(\xi_n a)\right\}^2-(\lambda_a^2+\xi_n^2)\left\{\lambda_b J_0(\xi_n b)+\xi_n J_1(\xi_n b)\right\}^2\right]}\times\\
&\times\sum_{l=1}^{\infty}\frac{\overline{\overline{\psi}}_a(\xi_l,s)(\xi_l^2+\lambda_d^2)\cos(\xi_l z)}{\left\{d(\xi_l^2+\lambda_d^2)+\lambda_d\right\}(\eta_r\xi_n^2+\eta_z\xi_l^2+s)}+\\
&+\frac{2\pi}{\phi c_t}\sum_{n=1}^{\infty}\frac{\xi_n^2\left\{\xi_n J_1(\xi_n b)-\lambda_b J_0(\xi_n b)\right\}\left\{\xi_n J_1(\xi_n a)+\lambda_a J_0(\xi_n a)\right\}\left\{\xi_n\mathcal{V}_{\mathcal{N}0}(\xi_n r,a)-\lambda_a\mathcal{V}_{\mathcal{D}0}(\xi_n r,a)\right\}}{\left[(\lambda_b^2+\xi_n^2)\left\{\lambda_a J_0(\xi_n a)+\xi_n J_1(\xi_n a)\right\}^2-(\lambda_a^2+\xi_n^2)\left\{\lambda_b J_0(\xi_n b)+\xi_n J_1(\xi_n b)\right\}^2\right]}\times\\
&\times\sum_{l=1}^{\infty}\frac{\overline{\overline{\psi}}_b(\xi_l,s)(\xi_l^2+\lambda_d^2)\cos(\xi_l z)}{\left\{d(\xi_l^2+\lambda_d^2)+\lambda_d\right\}(\eta_r\xi_n^2+\eta_z\xi_l^2+s)}+\\
&+\frac{\pi^2}{\phi c_t}\sum_{n=1}^{\infty}\frac{\xi_n^2\left\{\xi_n J_1(\xi_n b)-\lambda_b J_0(\xi_n b)\right\}^2\left\{\xi_n\mathcal{V}_{\mathcal{N}0}(\xi_n r,a)-\lambda_a\mathcal{V}_{\mathcal{D}0}(\xi_n r,a)\right\}}{\left[(\lambda_b^2+\xi_n^2)\left\{\lambda_a J_0(\xi_n a)+\xi_n J_1(\xi_n a)\right\}^2-(\lambda_a^2+\xi_n^2)\left\{\lambda_b J_0(\xi_n b)+\xi_n J_1(\xi_n b)\right\}^2\right]}\times\\
&\times\sum_{l=1}^{\infty}\frac{(\xi_l^2+\lambda_d^2)\left\{\overline{\overline{\psi}}_0(\xi_n,s)-\cos(\xi_l d)\overline{\overline{\psi}}_d(\xi_n,s)\right\}\cos(\xi_l z)}{\left\{d(\xi_l^2+\lambda_d^2)+\lambda_d\right\}(\eta_r\xi_n^2+\eta_z\xi_l^2+s)}+\\
&+\pi^2\sum_{n=1}^{\infty}\frac{\xi_n^2\left\{\xi_n J_1(\xi_n b)-\lambda_b J_0(\xi_n b)\right\}^2\left\{\xi_n\mathcal{V}_{\mathcal{N}0}(\xi_n r,a)-\lambda_a\mathcal{V}_{\mathcal{D}0}(\xi_n r,a)\right\}}{\left[(\lambda_b^2+\xi_n^2)\left\{\lambda_a J_0(\xi_n a)+\xi_n J_1(\xi_n a)\right\}^2-(\lambda_a^2+\xi_n^2)\left\{\lambda_b J_0(\xi_n b)+\xi_n J_1(\xi_n b)\right\}^2\right]}\times\\
&\times\sum_{l=1}^{\infty}\frac{\overline{\overline{\varphi}}(\xi_n,\xi_l)(\xi_l^2+\lambda_d^2)\cos(\xi_l z)}{\left\{d(\xi_l^2+\lambda_d^2)+\lambda_d\right\}(\eta_r\xi_n^2+\eta_z\xi_l^2+s)}
\end{aligned}\qquad(21.72.2)$$

and

$$\begin{aligned}
p \;=\; & \frac{\pi U(t-t_0)}{2\phi c_t}\sum_{n=1}^{\infty}\frac{\xi_n^2\left\{\xi_n J_1(\xi_n b)-\lambda_b J_0(\xi_n b)\right\}^2\left\{\xi_n\mathcal{V}_{\mathcal{N}0}(\xi_n r_0,a)-\lambda_a\mathcal{V}_{\mathcal{D}0}(\xi_n r_0,a)\right\}}{\left[(\lambda_b^2+\xi_n^2)\left\{\lambda_a J_0(\xi_n a)+\xi_n J_1(\xi_n a)\right\}^2-(\lambda_a^2+\xi_n^2)\left\{\lambda_b J_0(\xi_n b)+\xi_n J_1(\xi_n b)\right\}^2\right]}\times\\
&\times\left\{\xi_n\mathcal{V}_{\mathcal{N}0}(\xi_n r,a)-\lambda_a\mathcal{V}_{\mathcal{D}0}(\xi_n r,a)\right\}\times\\
&\times\sum_{l=1}^{\infty}\frac{(\xi_l^2+\lambda_d^2)\cos(\xi_l z_0)\cos(\xi_l z)\int_0^{t-t_0}q(t-t_0-\tau)\,e^{-(\eta_r\xi_n^2+\eta_z\xi_l^2)\tau}d\tau}{\left\{d(\xi_l^2+\lambda_d^2)+\lambda_d\right\}}+\\
&+\frac{2\pi}{\phi c_t}\sum_{n=1}^{\infty}\frac{\xi_n^2\left\{\xi_n J_1(\xi_n b)-\lambda_b J_0(\xi_n b)\right\}^2\left\{\xi_n\mathcal{V}_{\mathcal{N}0}(\xi_n r,a)-\lambda_a\mathcal{V}_{\mathcal{D}0}(\xi_n r,a)\right\}}{\left[(\lambda_b^2+\xi_n^2)\left\{\lambda_a J_0(\xi_n a)+\xi_n J_1(\xi_n a)\right\}^2-(\lambda_a^2+\xi_n^2)\left\{\lambda_b J_0(\xi_n b)+\xi_n J_1(\xi_n b)\right\}^2\right]}\times\\
&\times\sum_{l=1}^{\infty}\frac{(\xi_l^2+\lambda_d^2)\cos(\xi_l z)\int_0^t\overline{\psi}_a(\xi_l,t-\tau)\,e^{-(\eta_r\xi_n^2+\eta_z\xi_l^2)\tau}d\tau}{\left\{d(\xi_l^2+\lambda_d^2)+\lambda_d\right\}}+\\
&+\frac{2\pi}{\phi c_t}\sum_{n=1}^{\infty}\frac{\xi_n^2\left\{\xi_n J_1(\xi_n b)-\lambda_b J_0(\xi_n b)\right\}\left\{\xi_n J_1(\xi_n a)+\lambda_a J_0(\xi_n a)\right\}\left\{\xi_n\mathcal{V}_{\mathcal{N}0}(\xi_n r,a)-\lambda_a\mathcal{V}_{\mathcal{D}0}(\xi_n r,a)\right\}}{\left[(\lambda_b^2+\xi_n^2)\left\{\lambda_a J_0(\xi_n a)+\xi_n J_1(\xi_n a)\right\}^2-(\lambda_a^2+\xi_n^2)\left\{\lambda_b J_0(\xi_n b)+\xi_n J_1(\xi_n b)\right\}^2\right]}\times\\
&\times\sum_{l=1}^{\infty}\frac{(\xi_l^2+\lambda_d^2)\cos(\xi_l z)\int_0^t\overline{\psi}_b(\xi_l,t-\tau)\,e^{-(\eta_r\xi_n^2+\eta_z\xi_l^2)\tau}d\tau}{\left\{d(\xi_l^2+\lambda_d^2)+\lambda_d\right\}}+
\end{aligned}$$

$$+\frac{\pi^2}{\phi c_t}\sum_{n=1}^{\infty}\frac{\xi_n^2\left\{\xi_n J_1(\xi_n b)-\lambda_b J_0(\xi_n b)\right\}^2\left\{\xi_n\mathcal{V}_{\mathcal{N}0}(\xi_n r,a)-\lambda_a\mathcal{V}_{\mathcal{D}0}(\xi_n r,a)\right\}}{\left[(\lambda_b^2+\xi_n^2)\left\{\lambda_a J_0(\xi_n a)+\xi_n J_1(\xi_n a)\right\}^2-(\lambda_a^2+\xi_n^2)\left\{\lambda_b J_0(\xi_n b)+\xi_n J_1(\xi_n b)\right\}^2\right]}\times$$

$$\times\sum_{l=1}^{\infty}\frac{(\xi_l^2+\lambda_d^2)\cos(\xi_l z)\int_0^t\left\{\overline{\psi}_0(\xi_n,t-\tau)-\cos(\xi_l d)\,\overline{\psi}_d(\xi_n,t-\tau)\right\}e^{-(\eta_r\xi_n^2+\eta_z\xi_l^2)\tau}d\tau}{\left\{d(\xi_l^2+\lambda_d^2)+\lambda_d\right\}}+$$

$$+\pi^2\sum_{n=1}^{\infty}\frac{\xi_n^2\left\{\xi_n J_1(\xi_n b)-\lambda_b J_0(\xi_n b)\right\}^2\left\{\xi_n\mathcal{V}_{\mathcal{N}0}(\xi_n r,a)-\lambda_a\mathcal{V}_{\mathcal{D}0}(\xi_n r,a)\right\}e^{-\eta_r\xi_n^2 t}}{\left[(\lambda_b^2+\xi_n^2)\left\{\lambda_a J_0(\xi_n a)+\xi_n J_1(\xi_n a)\right\}^2-(\lambda_a^2+\xi_n^2)\left\{\lambda_b J_0(\xi_n b)+\xi_n J_1(\xi_n b)\right\}^2\right]}\times$$

$$\times\sum_{l=1}^{\infty}\frac{\overline{\overline{\varphi}}(\xi_n,\xi_l)(\xi_l^2+\lambda_d^2)\cos(\xi_l z)\,e^{-\eta_z\xi_l^2 t}}{\left\{d(\xi_l^2+\lambda_d^2)+\lambda_d\right\}} \qquad (21.72.3)$$

21.73 A cylindrical continuum bounded by $0 \le r \le a$ and $0 \le z \le d$. Ring source at $s_r \equiv (r_0, z_0)$; $0 \le r_0 \le a$, $0 < z_0 < d$, $t_0 \ge 0$. $R_0 \equiv \frac{\partial p(r,0,t)}{\partial z} - \lambda_0 p(r,0,t) = -\left(\frac{\mu}{k_z}\right)\psi_0(r,t)$, $D_d \equiv p(r,d,t) = \psi_d(r,t)$ and $D_a \equiv p(a,z,t) = \psi_a(z,t)$. $p(r,z,0) = \varphi(r,z)$

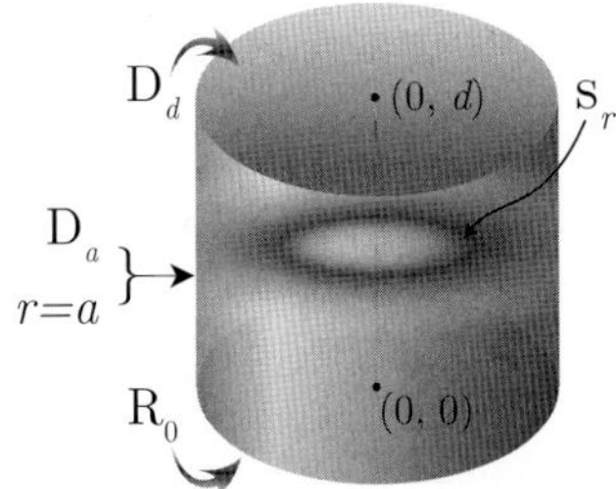

Successive application of the Laplace, Fourier and finite Hankel transformations to equation (18.1.1) gives

$$\overline{\overline{\overline{p}}} = \frac{q(s)e^{-st_0}\sin\{\xi_l(d-z_0)\}J_0(\xi_n r_0)}{2\pi\phi c_t(\eta_r\xi_n^2+\eta_z\xi_l^2+s)}+\frac{a\eta_r\xi_n\overline{\overline{\psi}}_a(\xi_l,s)J_1(\xi_n a)}{(\eta_r\xi_n^2+\eta_z\xi_l^2+s)}+$$

$$+\frac{\left\{\frac{\sin(\xi_l d)}{\phi c_t}\overline{\overline{\psi}}_0(\xi_n,s)+\eta_z\xi_l\overline{\overline{\psi}}_d(\xi_n,s)\right\}}{(\eta_r\xi_n^2+\eta_z\xi_l^2+s)}+\frac{\overline{\overline{\varphi}}(\xi_n,\xi_l)}{(\eta_r\xi_n^2+\eta_z\xi_l^2+s)} \qquad (21.73.1)$$

where ξ_n are the positive roots of $J_0(\xi_n a)=0$, $n=1,2,...$, ξ_l are the positive roots of $\xi_l\cot(\xi_l d)=-\lambda_0$, $l=1,2,...$, $\overline{\overline{\psi}}_a(\xi_l,s)=\int_0^d\sin\{\xi_l(d-z)\}\overline{\psi}_a(z,s)dz$, $\overline{\overline{\psi}}_0(\xi_n,s)=\int_0^a\overline{\psi}_0(r,s)rJ_0(\xi r)\,dr$, $\overline{\overline{\psi}}_d(\xi_n,s)=\int_0^a\overline{\psi}_d(r,s)rJ_0(\xi r)\,dr$, $\overline{\overline{\varphi}}(\xi_n,\xi_l)=\int_0^a\overline{\varphi}(r,\xi_l)rJ_0(\xi_n r)\,dr$ and $\overline{\varphi}(r,\xi_l)=\int_0^d\sin\{\xi_l(d-z)\}\varphi(r,z)dz$. Successive inverse transforms yield

$$\overline{p} = \frac{2q(s)e^{-st_0}}{\pi a^2\phi c_t}\sum_{n=1}^{\infty}\frac{J_0(\xi_n r_0)J_0(\xi_n r)}{J_1^2(\xi_n a)}\sum_{l=1}^{\infty}\frac{(\xi_l^2+\lambda_0^2)\sin\{\xi_l(d-z_0)\}\sin\{\xi_l(d-z)\}}{\{d(\xi_l^2+\lambda_0^2)+\lambda_0\}(\eta_r\xi_n^2+\eta_z\xi_l^2+s)}+$$

$$+\frac{4\eta_r}{a}\sum_{n=1}^{\infty}\frac{\xi_n J_0(\xi_n r)}{J_1(\xi_n a)}\sum_{l=1}^{\infty}\frac{\overline{\overline{\psi}}_a(\xi_l,s)(\xi_l^2+\lambda_0^2)\sin\{\xi_l(d-z)\}}{\{d(\xi_l^2+\lambda_0^2)+\lambda_0\}(\eta_r\xi_n^2+\eta_z\xi_l^2+s)}+$$

$$+\frac{4}{a^2}\sum_{n=1}^{\infty}\frac{J_0(\xi_n r)}{J_1^2(\xi_n a)}\sum_{l=1}^{\infty}\frac{(\xi_l^2+\lambda_0^2)\left\{\frac{\sin(\xi_l d)}{\phi c_t}\overline{\overline{\psi}}_0(\xi_n,s)+\eta_z\xi_l\overline{\overline{\psi}}_d(\xi_n,s)\right\}\sin\{\xi_l(d-z)\}}{\{d(\xi_l^2+\lambda_0^2)+\lambda_0\}(\eta_r\xi_n^2+\eta_z\xi_l^2+s)}+$$

$$+\frac{4}{a^2}\sum_{n=1}^{\infty}\frac{J_0(\xi_n r)}{J_1^2(\xi_n a)}\sum_{l=1}^{\infty}\frac{\overline{\overline{\varphi}}(\xi_n,\xi_l)(\xi_l^2+\lambda_0^2)\sin\{\xi_l(d-z)\}}{\{d(\xi_l^2+\lambda_0^2)+\lambda_0\}(\eta_r\xi_n^2+\eta_z\xi_l^2+s)} \qquad (21.73.2)$$

and

$$p = \frac{2U(t-t_0)}{\pi a^2\phi c_t}\sum_{n=1}^{\infty}\frac{J_0(\xi_n r_0)J_0(\xi_n r)}{J_1^2(\xi_n a)}\times$$

$$\times\sum_{l=1}^{\infty}\frac{(\xi_l^2+\lambda_0^2)\sin\{\xi_l(d-z_0)\}\sin\{\xi_l(d-z)\}\int_0^{t-t_0}q(t-t_0-\tau)\,e^{-(\eta_r\xi_n^2+\eta_z\xi_l^2)\tau}d\tau}{\{d(\xi_l^2+\lambda_0^2)+\lambda_0\}}+$$

$$+\frac{4\eta_r}{a}\sum_{n=1}^{\infty}\frac{\xi_n J_0(\xi_n r)}{J_1(\xi_n a)}\sum_{l=1}^{\infty}\frac{(\xi_l^2+\lambda_0^2)\sin\{\xi_l(d-z)\}\int_0^t\overline{\psi}_a(\xi_l,t-\tau)e^{-(\eta_r\xi_n^2+\eta_z\xi_l^2)\tau}d\tau}{\{d(\xi_l^2+\lambda_0^2)+\lambda_0\}}+$$

$$+\frac{4}{a^2}\sum_{n=1}^{\infty}\frac{J_0(\xi_n r)}{J_1^2(\xi_n a)}\times$$

$$\times\sum_{l=1}^{\infty}\frac{(\xi_l^2+\lambda_0^2)\sin\{\xi_l(d-z)\}\int_0^t\left\{\frac{\sin(\xi_l d)}{\phi c_t}\overline{\psi}_0(\xi_n,t-\tau)+\eta_z\xi_l\overline{\psi}_d(\xi_n,t-\tau)\right\}e^{-(\eta_r\xi_n^2+\eta_z\xi_l^2)\tau}d\tau}{\{d(\xi_l^2+\lambda_0^2)+\lambda_0\}}+$$

$$+\frac{4}{a^2}\sum_{n=1}^{\infty}\frac{J_0(\xi_n r)e^{-\eta_r\xi_n^2 t}}{J_1^2(\xi_n a)}\sum_{l=1}^{\infty}\frac{\overline{\overline{\varphi}}(\xi_n,\xi_l)(\xi_l^2+\lambda_0^2)\sin\{\xi_l(d-z)\}e^{-\eta_z\xi_l^2 t}}{\{d(\xi_l^2+\lambda_0^2)+\lambda_0\}} \qquad (21.73.3)$$

21.74

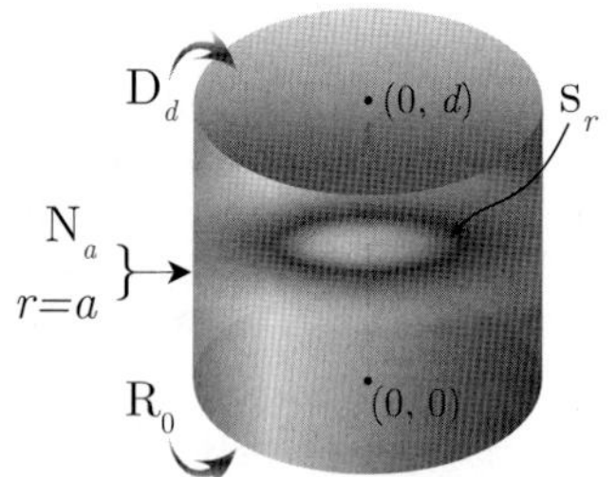

The problem of 21.73, except
$\mathbf{N}_a \equiv \frac{\partial p(a,z,t)}{\partial r} = -\left(\frac{\mu}{k_r}\right)\psi_a(z,t)$,
$\mathbf{R}_0 \equiv \frac{\partial p(r,0,t)}{\partial z} - \lambda_0 p(r,0,t) = -\left(\frac{\mu}{k_z}\right)\psi_0(r,t)$ **and**
$\mathbf{D}_d \equiv p(r,d,t) = \psi_d(r,t)$

Successive application of the Laplace, Fourier and finite Hankel transformations to equation (18.1.1) gives

$$\overline{\overline{\overline{p}}} = \frac{q(s)e^{-st_0}\sin\{\xi_l(d-z_0)\}J_0(\xi_n r_0)}{2\pi\phi c_t(\eta_r\xi_n^2+\eta_z\xi_l^2+s)} - \frac{a\overline{\overline{\psi}}_a(\xi_l,s)J_0(\xi_n a)}{\phi c_t(\eta_r\xi_n^2+\eta_z\xi_l^2+s)}+$$
$$+\frac{\left\{\frac{\sin(\xi_l d)}{\phi c_t}\overline{\overline{\psi}}_0(\xi_n,s)+\eta_z\xi_l\overline{\overline{\psi}}_d(\xi_n,s)\right\}}{(\eta_r\xi_n^2+\eta_z\xi_l^2+s)}+\frac{\overline{\overline{\varphi}}(\xi_n,\xi_l)}{(\eta_r\xi_n^2+\eta_z\xi_l^2+s)} \qquad (21.74.1)$$

where ξ_n are the positive roots of $J_1(\xi_n a)=0$, $n=1,2,...$, ξ_l are the positive roots of $\xi_l\cot(\xi_l d) = -\lambda_0$, $l=1,2,...$, $\overline{\overline{\psi}}_a(\xi_l,s) = \int_0^d \sin\{\xi_l(d-z)\}\overline{\psi}_a(z,s)dz$, $\overline{\overline{\psi}}_0(\xi_n,s) = \int_0^a\overline{\psi}_0(r,s)rJ_0(\xi r)\,dr$, $\overline{\overline{\psi}}_d(\xi_n,s) = \int_0^a\overline{\psi}_d(r,s)rJ_0(\xi r)\,dr$, $\overline{\overline{\varphi}}(\xi_n,\xi_l) = \int_0^a\overline{\varphi}(r,\xi_l)rJ_0(\xi_n r)\,dr$ and $\overline{\varphi}(r,\xi_l) = \int_0^d\sin\{\xi_l(d-z)\}\varphi(r,z)dz$. Successive inverse transforms yield

$$\overline{p} = \frac{2q(s)e^{-st_0}}{\pi a^2\phi c_t}\sum_{n=0}^{\infty}\frac{J_0(\xi_n r_0)J_0(\xi_n r)}{J_0^2(\xi_n a)}\sum_{l=1}^{\infty}\frac{(\xi_l^2+\lambda_0^2)\sin\{\xi_l(d-z_0)\}\sin\{\xi_l(d-z)\}}{\{d(\xi_l^2+\lambda_0^2)+\lambda_0\}(\eta_r\xi_n^2+\eta_z\xi_l^2+s)}-$$
$$-\frac{4}{a\phi c_t}\sum_{n=0}^{\infty}\frac{J_0(\xi_n r)}{J_0(\xi_n a)}\sum_{l=1}^{\infty}\frac{\overline{\overline{\psi}}_a(\xi_l,s)(\xi_l^2+\lambda_0^2)\sin\{\xi_l(d-z)\}}{\{d(\xi_l^2+\lambda_0^2)+\lambda_0\}(\eta_r\xi_n^2+\eta_z\xi_l^2+s)}+$$
$$+\frac{4}{a^2}\sum_{n=0}^{\infty}\frac{J_0(\xi_n r)}{J_0^2(\xi_n a)}\sum_{l=1}^{\infty}\frac{(\xi_l^2+\lambda_0^2)\left\{\frac{\sin(\xi_l d)}{\phi c_t}\overline{\overline{\psi}}_0(\xi_n,s)+\eta_z\xi_l\overline{\overline{\psi}}_d(\xi_n,s)\right\}\sin\{\xi_l(d-z)\}}{\{d(\xi_l^2+\lambda_0^2)+\lambda_0\}(\eta_r\xi_n^2+\eta_z\xi_l^2+s)}+$$
$$+\frac{4}{a^2}\sum_{n=0}^{\infty}\frac{J_0(\xi_n r)}{J_0^2(\xi_n a)}\sum_{l=1}^{\infty}\frac{\overline{\overline{\varphi}}(\xi_n,\xi_l)(\xi_l^2+\lambda_0^2)\sin\{\xi_l(d-z)\}}{\{d(\xi_l^2+\lambda_0^2)+\lambda_0\}(\eta_r\xi_n^2+\eta_z\xi_l^2+s)} \qquad (21.74.2)$$

and

$$p = \frac{2U(t-t_0)}{\pi a^2\phi c_t}\sum_{n=0}^{\infty}\frac{J_0(\xi_n r_0)J_0(\xi_n r)}{J_0^2(\xi_n a)}\times$$
$$\times\sum_{l=1}^{\infty}\frac{(\xi_l^2+\lambda_0^2)\sin\{\xi_l(d-z_0)\}\sin\{\xi_l(d-z)\}\int_0^{t-t_0}q(t-t_0-\tau)e^{-(\eta_r\xi_n^2+\eta_z\xi_l^2)\tau}d\tau}{\{d(\xi_l^2+\lambda_0^2)+\lambda_0\}}-$$

$$-\frac{4}{a\phi c_t}\sum_{n=0}^{\infty}\frac{J_0(\xi_n r)}{J_0(\xi_n a)}\sum_{l=1}^{\infty}\frac{\left(\xi_l^2+\lambda_0^2\right)\sin\{\xi_l(d-z)\}\int_0^t\overline{\psi}_a(\xi_l,t-\tau)\,e^{-\left(\eta_r\xi_n^2+\eta_z\xi_l^2\right)\tau}d\tau}{\{d(\xi_l^2+\lambda_0^2)+\lambda_0\}}+$$

$$+\frac{4}{a^2}\sum_{n=0}^{\infty}\frac{J_0(\xi_n r)}{J_0^2(\xi_n a)}\times$$

$$\times\sum_{l=1}^{\infty}\frac{\left(\xi_l^2+\lambda_0^2\right)\sin\{\xi_l(d-z)\}\int_0^t\left\{\frac{\sin(\xi_l d)}{\phi c_t}\overline{\psi}_0(\xi_n,t-\tau)+\eta_z\xi_l\overline{\psi}_d(\xi_n,t-\tau)\right\}e^{-\left(\eta_r\xi_n^2+\eta_z\xi_l^2\right)\tau}d\tau}{\{d(\xi_l^2+\lambda_0^2)+\lambda_0\}}+$$

$$+\frac{4}{a^2}\sum_{n=0}^{\infty}\frac{J_0(\xi_n r)\,e^{-\eta_r\xi_n^2 t}}{J_0^2(\xi_n a)}\sum_{l=1}^{\infty}\frac{\overline{\overline{\varphi}}(\xi_n,\xi_l)\left(\xi_l^2+\lambda_0^2\right)\sin\{\xi_l(d-z)\}\,e^{-\eta_z\xi_l^2 t}}{\{d(\xi_l^2+\lambda_0^2)+\lambda_0\}} \quad (21.74.3)$$

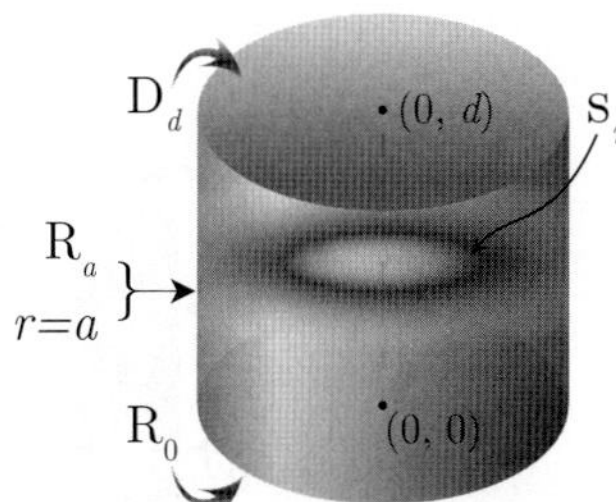

21.75 The problem of 21.73, except
$R_a \equiv \frac{\partial p(a,z,t)}{\partial r}+\lambda p(a,z,t)=-\left(\frac{\mu}{k_r}\right)\psi_a(z,t)$,
$R_0 \equiv \frac{\partial p(r,0,t)}{\partial z}-\lambda_0 p(r,0,t)=-\left(\frac{\mu}{k_z}\right)\psi_0(r,t)$ and
$D_d \equiv p(r,d,t)=\psi_d(r,t)$

Successive application of the Laplace, Fourier and finite Hankel transformations to equation (18.1.1) gives

$$\overline{\overline{\overline{p}}} = \frac{q(s)\,e^{-st_0}\sin\{\xi_l(d-z_0)\}J_0(\xi_n r_0)}{2\pi\phi c_t\left(\eta_r\xi_n^2+\eta_z\xi_l^2+s\right)}-\frac{a\overline{\overline{\psi}}_a(\xi_l,s)\,J_0(\xi_n a)}{\phi c_t\left(\eta_r\xi_n^2+\eta_z\xi_l^2+s\right)}+$$
$$+\frac{\left\{\frac{\sin(\xi_l d)}{\phi c_t}\overline{\overline{\psi}}_0(\xi_n,s)+\eta_z\xi_l\overline{\overline{\psi}}_d(\xi_n,s)\right\}}{\left(\eta_r\xi_n^2+\eta_z\xi_l^2+s\right)}+\frac{\overline{\overline{\varphi}}(\xi_n,\xi_l)}{\left(\eta_r\xi_n^2+\eta_z\xi_l^2+s\right)} \quad (21.75.1)$$

where ξ_n are the positive roots of $\lambda J_0(\xi_n a)=\xi_n J_1(\xi_n a)$, $n=1,2,...$, ξ_l are the positive roots of $\xi_l\cot(\xi_l d)=-\lambda_0$, $l=1,2,...$, $\overline{\overline{\psi}}_a(\xi_l,s)=\int_0^d\sin\{\xi_l(d-z)\}\overline{\psi}_a(z,s)dz$, $\overline{\overline{\psi}}_0(\xi_n,s)=\int_0^a\overline{\psi}_0(r,s)rJ_0(\xi r)\,dr$, $\overline{\overline{\psi}}_d(\xi_n,s)=\int_0^a\overline{\psi}_d(r,s)rJ_0(\xi r)\,dr$, $\overline{\overline{\varphi}}(\xi_n,\xi_l)=\int_0^a\overline{\varphi}(r,\xi_l)\,rJ_0(\xi_n r)\,dr$ and $\overline{\varphi}(r,\xi_l)=\int_0^d\sin\{\xi_l(d-z)\}\varphi(r,z)dz$. Successive inverse transforms yield

$$\overline{p} = \frac{2q(s)\,e^{-st_0}}{\pi a^2\phi c_t}\sum_{n=1}^{\infty}\frac{J_0(\xi_n r_0)J_0(\xi_n r)}{\{J_0^2(\xi_n a)+J_1^2(\xi_n a)\}}\sum_{l=1}^{\infty}\frac{\left(\xi_l^2+\lambda_0^2\right)\sin\{\xi_l(d-z_0)\}\sin\{\xi_l(d-z)\}}{\{d(\xi_l^2+\lambda_0^2)+\lambda_0\}\left(\eta_r\xi_n^2+\eta_z\xi_l^2+s\right)}-$$
$$-\frac{4}{a\phi c_t}\sum_{n=1}^{\infty}\frac{J_0(\xi_n a)J_0(\xi_n r)}{\{J_0^2(\xi_n a)+J_1^2(\xi_n a)\}}\sum_{l=1}^{\infty}\frac{\overline{\overline{\psi}}_a(\xi_l,s)\left(\xi_l^2+\lambda_0^2\right)\sin\{\xi_l(d-z)\}}{\{d(\xi_l^2+\lambda_0^2)+\lambda_0\}\left(\eta_r\xi_n^2+\eta_z\xi_l^2+s\right)}+$$
$$+\frac{4}{a^2}\sum_{n=1}^{\infty}\frac{J_0(\xi_n r)}{\{J_0^2(\xi_n a)+J_1^2(\xi_n a)\}}\sum_{l=1}^{\infty}\frac{\left(\xi_l^2+\lambda_0^2\right)\left\{\frac{\sin(\xi_l d)}{\phi c_t}\overline{\overline{\psi}}_0(\xi_n,s)+\eta_z\xi_l\overline{\overline{\psi}}_d(\xi_n,s)\right\}\sin\{\xi_l(d-z)\}}{\{d(\xi_l^2+\lambda_0^2)+\lambda_0\}\left(\eta_r\xi_n^2+\eta_z\xi_l^2+s\right)}+$$
$$+\frac{4}{a^2}\sum_{n=1}^{\infty}\frac{J_0(\xi_n r)}{\{J_0^2(\xi_n a)+J_1^2(\xi_n a)\}}\sum_{l=1}^{\infty}\frac{\overline{\overline{\varphi}}(\xi_n,\xi_l)\left(\xi_l^2+\lambda_0^2\right)\sin\{\xi_l(d-z)\}}{\{d(\xi_l^2+\lambda_0^2)+\lambda_0\}\left(\eta_r\xi_n^2+\eta_z\xi_l^2+s\right)} \quad (21.75.2)$$

and

$$p = \frac{2U(t-t_0)}{\pi a^2\phi c_t}\sum_{n=1}^{\infty}\frac{J_0(\xi_n r_0)J_0(\xi_n r)}{\{J_0^2(\xi_n a)+J_1^2(\xi_n a)\}}\times$$
$$\times\sum_{l=1}^{\infty}\frac{\left(\xi_l^2+\lambda_0^2\right)\sin\{\xi_l(d-z_0)\}\sin\{\xi_l(d-z)\}\int_0^{t-t_0}q(t-t_0-\tau)\,e^{-\left(\eta_r\xi_n^2+\eta_z\xi_l^2\right)\tau}d\tau}{\{d(\xi_l^2+\lambda_0^2)+\lambda_0\}}-$$

$$-\frac{4}{a\phi c_t}\sum_{n=1}^{\infty}\frac{J_0(\xi_n a)J_0(\xi_n r)}{\{J_0^2(\xi_n a)+J_1^2(\xi_n a)\}}\sum_{l=1}^{\infty}\frac{(\xi_l^2+\lambda_0^2)\sin\{\xi_l(d-z)\}\int_0^t\overline{\psi}_a(\xi_l,t-\tau)e^{-(\eta_r\xi_n^2+\eta_z\xi_l^2)\tau}d\tau}{\{d(\xi_l^2+\lambda_0^2)+\lambda_0\}}+$$
$$+\frac{4}{a^2}\sum_{n=1}^{\infty}\frac{J_0(\xi_n r)}{\{J_0^2(\xi_n a)+J_1^2(\xi_n a)\}}\times$$
$$\times\sum_{l=1}^{\infty}\frac{(\xi_l^2+\lambda_0^2)\sin\{\xi_l(d-z)\}\int_0^t\left\{\frac{\sin(\xi_l d)}{\phi c_t}\overline{\psi}_0(\xi_n,t-\tau)+\eta_z\xi_l\overline{\psi}_d(\xi_n,t-\tau)\right\}e^{-(\eta_r\xi_n^2+\eta_z\xi_l^2)\tau}d\tau}{\{d(\xi_l^2+\lambda_0^2)+\lambda_0\}}+$$
$$+\frac{4}{a^2}\sum_{n=1}^{\infty}\frac{J_0(\xi_n r)e^{-\eta_r\xi_n^2 t}}{\{J_0^2(\xi_n a)+J_1^2(\xi_n a)\}}\sum_{l=1}^{\infty}\frac{\overline{\overline{\varphi}}(\xi_n,\xi_l)(\xi_l^2+\lambda_0^2)\sin\{\xi_l(d-z)\}e^{-\eta_z\xi_l^2 t}}{\{d(\xi_l^2+\lambda_0^2)+\lambda_0\}} \qquad (21.75.3)$$

21.76

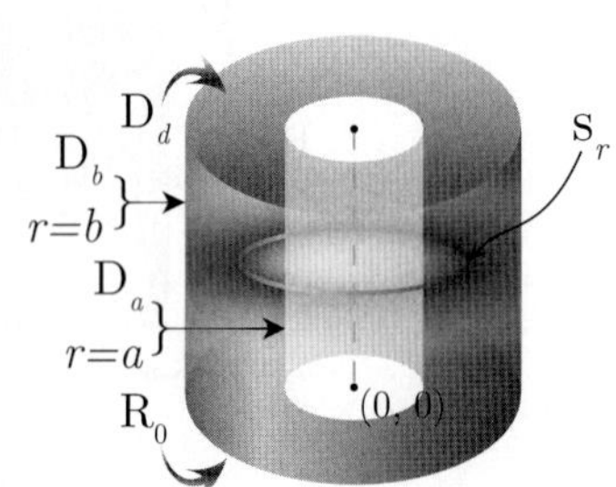

A cylindrical continuum bounded by $a\le r\le b$ and $0\le z\le d$. Ring source at $s_r\equiv(r_0,z_0)$; $a\le r_0\le b$, $0<z_0<d$, $t_0\ge 0$. $\frac{\partial p(r,0,t)}{\partial z}-\lambda_0 p(r,0,t)\lambda_0 p(r,0,t)=-\left(\frac{\mu}{k_z}\right)\psi_0(r,t)$, $D_d\equiv p(r,d,t)=\psi_d(r,t)$, $D_a\equiv p(a,z,t)=\psi_a(z,t)$ and $D_b\equiv p(b,z,t)=\psi_b(z,t)$. $p(r,z,0)=\varphi(r,z)$

Successive application of the Laplace, Fourier and finite Hankel transformations to equation (18.1.1) gives

$$\overline{\overline{\overline{p}}}=\frac{q(s)e^{-st_0}\sin\{\xi_l(d-z_0)\}\mathcal{V}_{\mathcal{D}0}(\xi_n r_0,a)}{2\pi\phi c_t(\eta_r\xi_n^2+\eta_z\xi_l^2+s)}-\frac{2\eta_r\overline{\overline{\psi}}_a(\xi_l,s)}{\pi(\eta_r\xi_n^2+\eta_z\xi_l^2+s)}+\frac{2\eta_r J_0(\xi_n a)\overline{\overline{\psi}}_b(\xi_l,s)}{\pi J_0(\xi_n b)(\eta_r\xi_n^2+\eta_z\xi_l^2+s)}+$$
$$+\frac{\left\{\frac{\sin(\xi_l d)}{\phi c_t}\overline{\overline{\psi}}_0(\xi_n,s)+\eta_z\xi_l\overline{\overline{\psi}}_d(\xi_n,s)\right\}}{(\eta_r\xi_n^2+\eta_z\xi_l^2+s)}+\frac{\overline{\overline{\varphi}}(\xi_n,\xi_l)}{(\eta_r\xi_n^2+\eta_z\xi_l^2+s)} \qquad (21.76.1)$$

where $\mathcal{V}_{\mathcal{D}0}(\xi_n r,a)=J_0(\xi_n r)Y_0(\xi_n a)-Y_0(\xi_n r)J_0(\xi_n a)$. The eigenvalues $\xi_n, n=1,2,...,$ are the positive roots of the transcendental equation $\mathcal{V}_{\mathcal{D}0}(\xi_n b,a)=0$, ξ_l are the positive roots of $\xi_l\cot(\xi_l d)=-\lambda_0$, $l=1,2,....$ $\overline{\overline{\psi}}_0(\xi_n,s)=\int_a^b\overline{\psi}_0(r,s)r\mathcal{V}_{\mathcal{D}0}(\xi_n r,a)\,dr$, $\overline{\overline{\psi}}_d(\xi_n,s)=\int_a^b\overline{\psi}_d(r,s)r\mathcal{V}_{\mathcal{D}0}(\xi_n r,a)\,dr$, $\overline{\overline{\psi}}_a(\xi_l,s)=\int_0^d\sin\{\xi_l(d-z)\}\overline{\psi}_a(z,s)dz$, $\overline{\overline{\psi}}_b(\xi_l,s)=\int_0^d\sin\{\xi_l(d-z)\}\overline{\psi}_b(z,s)dz$, $\overline{\overline{\varphi}}(\xi_n,\xi_l)=\int_a^b\overline{\varphi}(r,\xi_l)r\mathcal{V}_{\mathcal{D}0}(\xi_n r,a)\,dr$ and $\overline{\varphi}(r,\xi_l)=\int_0^d\sin\{\xi_l(d-z)\}\varphi(r,z)dz$. Successive inverse transforms yield

$$\overline{p}=\frac{\pi q(s)e^{-st_0}}{2\phi c_t}\sum_{n=1}^{\infty}\frac{\xi_n^2J_0^2(\xi_n b)\mathcal{V}_{\mathcal{D}0}(\xi_n r_0,a)\mathcal{V}_{\mathcal{D}0}(\xi_n r,a)}{\{J_0^2(\xi_n a)-J_0^2(\xi_n b)\}}\sum_{l=1}^{\infty}\frac{(\xi_l^2+\lambda_0^2)\sin\{\xi_l(d-z_0)\}\sin\{\xi_l(d-z)\}}{\{d(\xi_l^2+\lambda_0^2)+\lambda_0\}(\eta_r\xi_n^2+\eta_z\xi_l^2+s)}-$$
$$-2\pi\eta_r\sum_{n=1}^{\infty}\frac{\xi_n^2J_0^2(\xi_n b)\mathcal{V}_{\mathcal{D}0}(\xi_n r,a)}{\{J_0^2(\xi_n a)-J_0^2(\xi_n b)\}}\sum_{l=1}^{\infty}\frac{\overline{\overline{\psi}}_a(\xi_l,s)(\xi_l^2+\lambda_0^2)\sin\{\xi_l(d-z)\}}{\{d(\xi_l^2+\lambda_0^2)+\lambda_0\}(\eta_r\xi_n^2+\eta_z\xi_l^2+s)}+$$
$$+2\pi\eta_r\sum_{n=1}^{\infty}\frac{\xi_n^2J_0(\xi_n a)J_0(\xi_n b)\mathcal{V}_{\mathcal{D}0}(\xi_n r,a)}{\{J_0^2(\xi_n a)-J_0^2(\xi_n b)\}}\sum_{l=1}^{\infty}\frac{\overline{\overline{\psi}}_b(\xi_l,s)(\xi_l^2+\lambda_0^2)\sin\{\xi_l(d-z)\}}{\{d(\xi_l^2+\lambda_0^2)+\lambda_0\}(\eta_r\xi_n^2+\eta_z\xi_l^2+s)}+$$
$$+\pi^2\sum_{n=1}^{\infty}\frac{\xi_n^2J_0^2(\xi_n b)\mathcal{V}_{\mathcal{D}0}(\xi_n r,a)}{\{J_0^2(\xi_n a)-J_0^2(\xi_n b)\}}\sum_{l=1}^{\infty}\frac{(\xi_l^2+\lambda_0^2)\left\{\frac{\sin(\xi_l d)}{\phi c_t}\overline{\overline{\psi}}_0(\xi_n,s)+\eta_z\xi_l\overline{\overline{\psi}}_d(\xi_n,s)\right\}\sin\{\xi_l(d-z)\}}{\{d(\xi_l^2+\lambda_0^2)+\lambda_0\}(\eta_r\xi_n^2+\eta_z\xi_l^2+s)}+$$
$$+\pi^2\sum_{n=1}^{\infty}\frac{\xi_n^2J_0^2(\xi_n b)\mathcal{V}_{\mathcal{D}0}(\xi_n r,a)}{\{J_0^2(\xi_n a)-J_0^2(\xi_n b)\}}\sum_{l=1}^{\infty}\frac{\overline{\overline{\varphi}}(\xi_n,\xi_l)(\xi_l^2+\lambda_0^2)\sin\{\xi_l(d-z)\}}{\{d(\xi_l^2+\lambda_0^2)+\lambda_0\}(\eta_r\xi_n^2+\eta_z\xi_l^2+s)} \qquad (21.76.2)$$

and

$$p = \frac{\pi U(t-t_0)}{2\phi c_t}\sum_{n=1}^{\infty}\frac{\xi_n^2 J_0^2(\xi_n b)\mathcal{V}_{\mathcal{D}0}(\xi_n r_0,a)\mathcal{V}_{\mathcal{D}0}(\xi_n r,a)}{\{J_0^2(\xi_n a)-J_0^2(\xi_n b)\}}\times$$
$$\times\sum_{l=1}^{\infty}\frac{(\xi_l^2+\lambda_0^2)\sin\{\xi_l(d-z_0)\}\sin\{\xi_l(d-z)\}\int_0^{t-t_0}q(t-t_0-\tau)e^{-(\eta_r\xi_n^2+\eta_z\xi_l^2)\tau}d\tau}{\{d(\xi_l^2+\lambda_0^2)+\lambda_0\}}-$$
$$-2\pi\eta_r\sum_{n=1}^{\infty}\frac{\xi_n^2 J_0^2(\xi_n b)\mathcal{V}_{\mathcal{D}0}(\xi_n r,a)}{\{J_0^2(\xi_n a)-J_0^2(\xi_n b)\}}\sum_{l=1}^{\infty}\frac{(\xi_l^2+\lambda_0^2)\sin\{\xi_l(d-z)\}\int_0^t\overline{\psi}_a(\xi_l,t-\tau)e^{-(\eta_r\xi_n^2+\eta_z\xi_l^2)\tau}d\tau}{\{d(\xi_l^2+\lambda_0^2)+\lambda_0\}}+$$
$$+2\pi\eta_r\sum_{n=1}^{\infty}\frac{\xi_n^2 J_0(\xi_n a)J_0(\xi_n b)\mathcal{V}_{\mathcal{D}0}(\xi_n r,a)}{\{J_0^2(\xi_n a)-J_0^2(\xi_n b)\}}\sum_{l=1}^{\infty}\frac{(\xi_l^2+\lambda_0^2)\sin\{\xi_l(d-z)\}\int_0^t\overline{\psi}_b(\xi_l,t-\tau)e^{-(\eta_r\xi_n^2+\eta_z\xi_l^2)\tau}d\tau}{\{d(\xi_l^2+\lambda_0^2)+\lambda_0\}}+$$
$$+\pi^2\sum_{n=1}^{\infty}\frac{\xi_n^2 J_0^2(\xi_n b)\mathcal{V}_{\mathcal{D}0}(\xi_n r,a)}{\{J_0^2(\xi_n a)-J_0^2(\xi_n b)\}}\times$$
$$\times\sum_{l=1}^{\infty}\frac{(\xi_l^2+\lambda_0^2)\sin\{\xi_l(d-z)\}\int_0^t\left\{\frac{\sin(\xi_l d)}{\phi c_t}\overline{\psi}_0(\xi_n,t-\tau)+\eta_z\xi_l\overline{\psi}_d(\xi_n,t-\tau)\right\}e^{-(\eta_r\xi_n^2+\eta_z\xi_l^2)\tau}d\tau}{\{d(\xi_l^2+\lambda_0^2)+\lambda_0\}}+$$
$$+\pi^2\sum_{n=1}^{\infty}\frac{\xi_n^2 J_0^2(\xi_n b)\mathcal{V}_{\mathcal{D}0}(\xi_n r,a)e^{-\eta_r\xi_n^2 t}}{\{J_0^2(\xi_n a)-J_0^2(\xi_n b)\}}\sum_{l=1}^{\infty}\frac{\overline{\overline{\varphi}}(\xi_n,\xi_l)(\xi_l^2+\lambda_0^2)\sin\{\xi_l(d-z)\}e^{-\eta_z\xi_l^2 t}}{\{d(\xi_l^2+\lambda_0^2)+\lambda_0\}} \qquad (21.76.3)$$

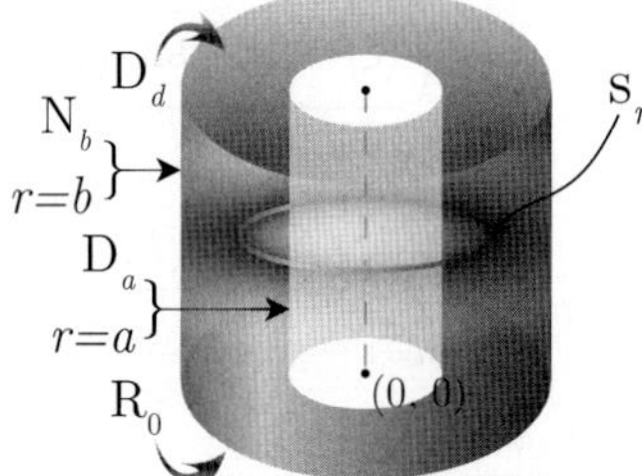

21.77 The problem of 21.76, except $\mathbf{D}_a \equiv p(a,z,t) = \psi_a(z,t)$, $\mathbf{N}_b \equiv \frac{\partial p(b,z,t)}{\partial r} = -\left(\frac{\mu}{k_r}\right)\psi_b(z,t)$, $\mathbf{R}_0 \equiv \frac{\partial p(r,0,t)}{\partial z} - \lambda_0 p(r,0,t) = -\left(\frac{\mu}{k_z}\right)\psi_0(r,t)$ and $\mathbf{D}_d \equiv p(r,d,t) = \psi_d(r,t)$

Successive application of the Laplace, Fourier and finite Hankel transformations to equation (18.1.1) gives

$$\overline{\overline{\overline{p}}} = \frac{q(s)e^{-st_0}\sin\{\xi_l(d-z_0)\}\mathcal{V}_{\mathcal{D}0}(\xi_n r_0,a)}{2\pi\phi c_t(\eta_r\xi_n^2+\eta_z\xi_l^2+s)}-\frac{2\eta_r\overline{\overline{\psi}}_a(\xi_l,s)}{\pi(\eta_r\xi_n^2+\eta_z\xi_l^2+s)}+\frac{2J_0(\xi_n a)\overline{\overline{\psi}}_b(\xi_l,s)}{\pi\phi c_t J_1(\xi_n b)(\eta_r\xi_n^2+\eta_z\xi_l^2+s)}+$$
$$+\frac{\left\{\frac{\sin(\xi_l d)}{\phi c_t}\overline{\overline{\psi}}_0(\xi_n,s)+\eta_z\xi_l\overline{\overline{\psi}}_d(\xi_n,s)\right\}}{(\eta_r\xi_n^2+\eta_z\xi_l^2+s)}+\frac{\overline{\overline{\varphi}}(\xi_n,\xi_l)}{(\eta_r\xi_n^2+\eta_z\xi_l^2+s)} \qquad (21.77.1)$$

where $\mathcal{V}_{\mathcal{D}0}(\xi_n r,a) = J_0(\xi_n r)Y_0(\xi_n a) - Y_0(\xi_n r)J_0(\xi_n a)$. The eigenvalues ξ_n are the positive roots of the transcendental equation $\mathcal{V}'_{\mathcal{D}0}(\xi_n b,a) = 0$,* $n = 1,2,\ldots$, ξ_l are the positive roots of $\xi_l\cot(\xi_l d) = -\lambda_0$, $l = 1,2,\ldots$. $\overline{\overline{\psi}}_0(\xi_n,s) = \int_a^b\overline{\psi}_0(r,s)r\mathcal{V}_{\mathcal{D}0}(\xi_n r,a)\,dr$, $\overline{\overline{\psi}}_d(\xi_n,s) = \int_a^b\overline{\psi}_d(r,s)r\mathcal{V}_{\mathcal{D}0}(\xi_n r,a)\,dr$, $\overline{\overline{\psi}}_a(\xi_l,s) = \int_0^d\sin\{\xi_l(d-z)\}\overline{\psi}_a(z,s)dz$, $\overline{\overline{\psi}}_b(\xi_l,s) = \int_0^d\sin\{\xi_l(d-z)\}\overline{\psi}_b(z,s)dz$, $\overline{\overline{\varphi}}(\xi_n,\xi_l) = \int_a^b\overline{\varphi}(r,\xi_l)r\mathcal{V}_{\mathcal{D}0}(\xi_n r,a)\,dr$ and $\overline{\varphi}(r,\xi_l) = \int_0^d\sin\{\xi_l(d-z)\}\varphi(r,z)dz$. Successive inverse transforms yield

$$\overline{p} = \frac{\pi q(s)e^{-st_0}}{2\phi c_t}\sum_{n=1}^{\infty}\frac{\xi_n^2 J_1^2(\xi_n b)\mathcal{V}_{\mathcal{D}0}(\xi_n r_0,a)\mathcal{V}_{\mathcal{D}0}(\xi_n r,a)}{\{J_0^2(\xi_n a)-J_1^2(\xi_n b)\}}\sum_{l=1}^{\infty}\frac{(\xi_l^2+\lambda_0^2)\sin\{\xi_l(d-z_0)\}\sin\{\xi_l(d-z)\}}{\{d(\xi_l^2+\lambda_0^2)+\lambda_0\}(\eta_r\xi_n^2+\eta_z\xi_l^2+s)}-$$
$$-2\pi\eta_r\sum_{n=1}^{\infty}\frac{\xi_n^2 J_1^2(\xi_n b)\mathcal{V}_{\mathcal{D}0}(\xi_n r,a)}{\{J_0^2(\xi_n a)-J_1^2(\xi_n b)\}}\sum_{l=1}^{\infty}\frac{\overline{\overline{\psi}}_a(\xi_l,s)(\xi_l^2+\lambda_0^2)\sin\{\xi_l(d-z)\}}{\{d(\xi_l^2+\lambda_0^2)+\lambda_0\}(\eta_r\xi_n^2+\eta_z\xi_l^2+s)}+$$
$$+\frac{2\pi}{\phi c_t}\sum_{n=1}^{\infty}\frac{\xi_n^2 J_0(\xi_n a)J_1(\xi_n b)\mathcal{V}_{\mathcal{D}0}(\xi_n r,a)}{\{J_0^2(\xi_n a)-J_1^2(\xi_n b)\}}\sum_{l=1}^{\infty}\frac{\overline{\overline{\psi}}_b(\xi_l,s)(\xi_l^2+\lambda_0^2)\sin\{\xi_l(d-z)\}}{\{d(\xi_l^2+\lambda_0^2)+\lambda_0\}(\eta_r\xi_n^2+\eta_z\xi_l^2+s)}+$$

*$\mathcal{V}'_{\mathcal{D}0}(\xi_n b,a) = Y_1(\xi_n b)J_0(\xi_n a) - J_1(\xi_n b)Y_0(\xi_n a)$.

$$+\pi^2\sum_{n=1}^{\infty}\frac{\xi_n^2J_1^2(\xi_nb)\mathcal{V}_{\mathcal{D}0}(\xi_nr,a)}{\{J_0^2(\xi_na)-J_1^2(\xi_nb)\}}\sum_{l=1}^{\infty}\frac{\left(\xi_l^2+\lambda_0^2\right)\left\{\frac{\sin(\xi_ld)}{\phi c_t}\overline{\overline{\psi}}_0(\xi_n,s)+\eta_z\xi_l\overline{\overline{\psi}}_d(\xi_n,s)\right\}\sin\{\xi_l(d-z)\}}{\{d(\xi_l^2+\lambda_0^2)+\lambda_0\}(\eta_r\xi_n^2+\eta_z\xi_l^2+s)}+$$

$$+\pi^2\sum_{n=1}^{\infty}\frac{\xi_n^2J_1^2(\xi_nb)\mathcal{V}_{\mathcal{D}0}(\xi_nr,a)}{\{J_0^2(\xi_na)-J_1^2(\xi_nb)\}}\sum_{l=1}^{\infty}\frac{\overline{\overline{\varphi}}(\xi_n,\xi_l)\left(\xi_l^2+\lambda_0^2\right)\sin\{\xi_l(d-z)\}}{\{d(\xi_l^2+\lambda_0^2)+\lambda_0\}(\eta_r\xi_n^2+\eta_z\xi_l^2+s)} \quad (21.77.2)$$

and

$$p=\frac{\pi U(t-t_0)}{2\phi c_t}\sum_{n=1}^{\infty}\frac{\xi_n^2J_1^2(\xi_nb)\mathcal{V}_{\mathcal{D}0}(\xi_nr_0,a)\mathcal{V}_{\mathcal{D}0}(\xi_nr,a)}{\{J_0^2(\xi_na)-J_1^2(\xi_nb)\}}\times$$

$$\times\sum_{l=1}^{\infty}\frac{\left(\xi_l^2+\lambda_0^2\right)\sin\{\xi_l(d-z_0)\}\sin\{\xi_l(d-z)\}\int_0^{t-t_0}q(t-t_0-\tau)e^{-\left(\eta_r\xi_n^2+\eta_z\xi_l^2\right)\tau}d\tau}{\{d(\xi_l^2+\lambda_0^2)+\lambda_0\}}-$$

$$-2\pi\eta_r\sum_{n=1}^{\infty}\frac{\xi_n^2J_1^2(\xi_nb)\mathcal{V}_{\mathcal{D}0}(\xi_nr,a)}{\{J_0^2(\xi_na)-J_1^2(\xi_nb)\}}\sum_{l=1}^{\infty}\frac{\left(\xi_l^2+\lambda_0^2\right)\sin\{\xi_l(d-z)\}\int_0^t\overline{\psi}_a(\xi_l,t-\tau)e^{-\left(\eta_r\xi_n^2+\eta_z\xi_l^2\right)\tau}d\tau}{\{d(\xi_l^2+\lambda_0^2)+\lambda_0\}}+$$

$$+\frac{2\pi}{\phi c_t}\sum_{n=1}^{\infty}\frac{\xi_n^2J_0(\xi_na)J_1(\xi_nb)\mathcal{V}_{\mathcal{D}0}(\xi_nr,a)}{\{J_0^2(\xi_na)-J_1^2(\xi_nb)\}}\sum_{l=1}^{\infty}\frac{\left(\xi_l^2+\lambda_0^2\right)\sin\{\xi_l(d-z)\}\int_0^t\overline{\psi}_b(\xi_l,t-\tau)e^{-\left(\eta_r\xi_n^2+\eta_z\xi_l^2\right)\tau}d\tau}{\{d(\xi_l^2+\lambda_0^2)+\lambda_0\}}+$$

$$+\pi^2\sum_{n=1}^{\infty}\frac{\xi_n^2J_1^2(\xi_nb)\mathcal{V}_{\mathcal{D}0}(\xi_nr,a)}{\{J_0^2(\xi_na)-J_1^2(\xi_nb)\}}\times$$

$$\times\sum_{l=1}^{\infty}\frac{\left(\xi_l^2+\lambda_0^2\right)\sin\{\xi_l(d-z)\}\int_0^t\left\{\frac{\sin(\xi_ld)}{\phi c_t}\overline{\psi}_0(\xi_n,t-\tau)+\eta_z\xi_l\overline{\psi}_d(\xi_n,t-\tau)\right\}e^{-\left(\eta_r\xi_n^2+\eta_z\xi_l^2\right)\tau}d\tau}{\{d(\xi_l^2+\lambda_0^2)+\lambda_0\}}+$$

$$+\pi^2\sum_{n=1}^{\infty}\frac{\xi_n^2J_1^2(\xi_nb)\mathcal{V}_{\mathcal{D}0}(\xi_nr,a)e^{-\eta_r\xi_n^2t}}{\{J_0^2(\xi_na)-J_1^2(\xi_nb)\}}\sum_{l=1}^{\infty}\frac{\overline{\overline{\varphi}}(\xi_n,\xi_l)\left(\xi_l^2+\lambda_0^2\right)\sin\{\xi_l(d-z)\}e^{-\eta_z\xi_l^2t}}{\{d(\xi_l^2+\lambda_0^2)+\lambda_0\}} \quad (21.77.3)$$

21.78

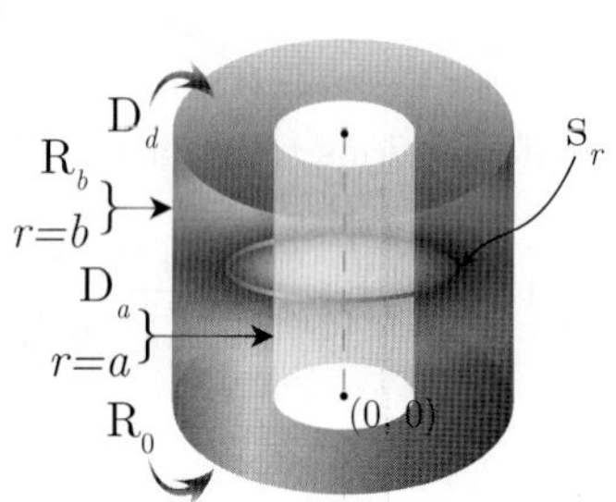

The problem of 21.76, except $\mathbf{D}_a\equiv p(a,z,t)=\psi_a(z,t)$, $\mathbf{R}_b\equiv\frac{\partial p(b,z,t)}{\partial r}+\lambda p(b,z,t)=-\left(\frac{\mu}{k_r}\right)\psi_b(z,t)$, $\mathbf{R}_0\equiv\frac{\partial p(r,0,t)}{\partial z}-\lambda_0p(r,0,t)=-\left(\frac{\mu}{k_z}\right)\psi_0(r,t)$ and $\mathbf{D}_d\equiv p(r,d,t)=\psi_d(r,t)$

Successive application of the Laplace, Fourier and finite Hankel transformations to equation (18.1.1) gives

$$\overline{\overline{\overline{p}}}=\frac{q(s)e^{-st_0}\sin\{\xi_l(d-z_0)\}\mathcal{V}_{\mathcal{D}0}(\xi_nr_0,a)}{2\pi\phi c_t(\eta_r\xi_n^2+\eta_z\xi_l^2+s)}-\frac{2J_0(\xi_na)\overline{\overline{\psi}}_b(\xi_l,s)}{\pi\phi c_t\{\lambda J_0(\xi_nb)-\xi_nJ_1(\xi_nb)\}(\eta_r\xi_n^2+\eta_z\xi_l^2+s)}-$$

$$-\frac{2\eta_r\overline{\overline{\psi}}_a(\xi_l,s)}{\pi(\eta_r\xi_n^2+\eta_z\xi_l^2+s)}+\frac{\left\{\frac{\sin(\xi_ld)}{\phi c_t}\overline{\overline{\psi}}_0(\xi_n,s)+\eta_z\xi_l\overline{\overline{\psi}}_d(\xi_n,s)\right\}}{(\eta_r\xi_n^2+\eta_z\xi_l^2+s)}+\frac{\overline{\overline{\varphi}}(\xi_n,\xi_l)}{(\eta_r\xi_n^2+\eta_z\xi_l^2+s)} \quad (21.78.1)$$

where $\mathcal{V}_{\mathcal{D}0}(\xi_nr,a)=J_0(\xi_nr)Y_0(\xi_na)-Y_0(\xi_nr)J_0(\xi_na)$. The eigenvalues $\xi_n, n=1,2,...,$ are the positive roots of the transcendental equation $\xi_n\mathcal{V}'_{\mathcal{D}0}(\xi_nb,a)+\lambda\mathcal{V}_{\mathcal{D}0}(\xi_nb,a)=0$, ξ_l are the positive roots of $\xi_l\cot(\xi_ld)=-\lambda_0$, $l=1,2,....$ $\overline{\overline{\psi}}_0(\xi_n,s)=\int_a^b\overline{\psi}_0(r,s)r\mathcal{V}_{\mathcal{D}0}(\xi_nr,a)\,dr$, $\overline{\overline{\psi}}_d(\xi_n,s)=\int_a^b\overline{\psi}_d(r,s)r\mathcal{V}_{\mathcal{D}0}(\xi_nr,a)\,dr$, $\overline{\overline{\psi}}_a(\xi_l,s)=\int_0^d\sin\{\xi_l(d-z)\}\overline{\psi}_a(z,s)dz$, $\overline{\overline{\psi}}_b(\xi_l,s)=\int_0^d\sin\{\xi_l(d-z)\}\overline{\psi}_b(z,s)dz$, $\overline{\overline{\varphi}}(\xi_n,\xi_l)=\int_a^b\overline{\varphi}(r,\xi_l)r\mathcal{V}_{\mathcal{D}0}(\xi_nr,a)\,dr$ and $\overline{\varphi}(r,\xi_l)=\int_0^d\sin\{\xi_l(d-z)\}\varphi(r,z)dz$. Successive inverse transforms yield

$$\overline{p}=\frac{\pi q(s)e^{-st_0}}{2\phi c_t}\sum_{n=1}^{\infty}\frac{\xi_n^2\{\lambda J_0(\xi_nb)-\xi_nJ_1(\xi_nb)\}^2\mathcal{V}_{\mathcal{D}0}(\xi_nr_0,a)\mathcal{V}_{\mathcal{D}0}(\xi_nr,a)}{\left\{(\lambda^2+\xi_n^2)J_0^2(\xi_na)-\{\lambda J_0(\xi_nb)-\xi_nJ_1(\xi_nb)\}^2\right\}}\times$$

$$\times\sum_{l=1}^{\infty}\frac{\left(\xi_l^2+\lambda_0^2\right)\sin\left\{\xi_l\left(d-z_0\right)\right\}\sin\left\{\xi_l\left(d-z\right)\right\}}{\left\{d\left(\xi_l^2+\lambda_0^2\right)+\lambda_0\right\}\left(\eta_r\xi_n^2+\eta_z\xi_l^2+s\right)}-$$

$$-2\pi\eta_r\sum_{n=1}^{\infty}\frac{\xi_n^2\left\{\lambda J_0\left(\xi_n b\right)-\xi_n J_1\left(\xi_n b\right)\right\}^2\mathcal{V}_{\mathcal{D}0}\left(\xi_n r,a\right)}{\left\{\left(\lambda^2+\xi_n^2\right)J_0^2\left(\xi_n a\right)-\left\{\lambda J_0\left(\xi_n b\right)-\xi_n J_1\left(\xi_n b\right)\right\}^2\right\}}\sum_{l=1}^{\infty}\frac{\overline{\overline{\psi}}_a\left(\xi_l,s\right)\left(\xi_l^2+\lambda_0^2\right)\sin\left\{\xi_l\left(d-z\right)\right\}}{\left\{d\left(\xi_l^2+\lambda_0^2\right)+\lambda_0\right\}\left(\eta_r\xi_n^2+\eta_z\xi_l^2+s\right)}-$$

$$-\frac{2\pi}{\phi c_t}\sum_{n=1}^{\infty}\frac{\xi_n^2 J_0(\xi_n a)\left\{\lambda J_0(\xi_n b)-\xi_n J_1(\xi_n b)\right\}\mathcal{V}_{\mathcal{D}0}(\xi_n r,a)}{\left\{\left(\lambda^2+\xi_n^2\right)J_0^2(\xi_n a)-\left\{\lambda J_0(\xi_n b)-\xi_n J_1\left(\xi_n b\right)\right\}^2\right\}}\sum_{l=1}^{\infty}\frac{\overline{\overline{\psi}}_b\left(\xi_l,s\right)\left(\xi_l^2+\lambda_0^2\right)\sin\{\xi_l\left(d-z\right)\}}{\left\{d\left(\xi_l^2+\lambda_0^2\right)+\lambda_0\right\}\left(\eta_r\xi_n^2+\eta_z\xi_l^2+s\right)}+$$

$$+\pi^2\sum_{n=1}^{\infty}\frac{\xi_n^2\left\{\lambda J_0\left(\xi_n b\right)-\xi_n J_1\left(\xi_n b\right)\right\}^2\mathcal{V}_{\mathcal{D}0}\left(\xi_n r,a\right)}{\left\{\left(\lambda^2+\xi_n^2\right)J_0^2\left(\xi_n a\right)-\left\{\lambda J_0\left(\xi_n b\right)-\xi_n J_1\left(\xi_n b\right)\right\}^2\right\}}\times$$

$$\times\sum_{l=1}^{\infty}\frac{\left(\xi_l^2+\lambda_0^2\right)\left\{\frac{\sin(\xi_l d)}{\phi c_t}\overline{\overline{\psi}}_0\left(\xi_n,s\right)+\eta_z\xi_l\overline{\overline{\psi}}_d\left(\xi_n,s\right)\right\}\sin\left\{\xi_l\left(d-z\right)\right\}}{\left\{d\left(\xi_l^2+\lambda_0^2\right)+\lambda_0\right\}\left(\eta_r\xi_n^2+\eta_z\xi_l^2+s\right)}+$$

$$+\pi^2\sum_{n=1}^{\infty}\frac{\xi_n^2\left\{\lambda J_0\left(\xi_n b\right)-\xi_n J_1\left(\xi_n b\right)\right\}^2\mathcal{V}_{\mathcal{D}0}\left(\xi_n r,a\right)}{\left\{\left(\lambda^2+\xi_n^2\right)J_0^2\left(\xi_n a\right)-\left\{\lambda J_0\left(\xi_n b\right)-\xi_n J_1\left(\xi_n b\right)\right\}^2\right\}}\sum_{l=1}^{\infty}\frac{\overline{\varphi}\left(\xi_n,\xi_l\right)\left(\xi_l^2+\lambda_0^2\right)\sin\left\{\xi_l\left(d-z\right)\right\}}{\left\{d\left(\xi_l^2+\lambda_0^2\right)+\lambda_0\right\}\left(\eta_r\xi_n^2+\eta_z\xi_l^2+s\right)}$$

(21.78.2)

and

$$p=\frac{\pi U\left(t-t_0\right)}{2\phi c_t}\sum_{n=1}^{\infty}\frac{\xi_n^2\left\{\lambda J_0\left(\xi_n b\right)-\xi_n J_1\left(\xi_n b\right)\right\}^2\mathcal{V}_{\mathcal{D}0}\left(\xi_n r_0,a\right)\mathcal{V}_{\mathcal{D}0}\left(\xi_n r,a\right)}{\left\{\left(\lambda^2+\xi_n^2\right)J_0^2\left(\xi_n a\right)-\left\{\lambda J_0\left(\xi_n b\right)-\xi_n J_1\left(\xi_n b\right)\right\}^2\right\}}\times$$

$$\times\sum_{l=1}^{\infty}\frac{\left(\xi_l^2+\lambda_0^2\right)\sin\left\{\xi_l\left(d-z_0\right)\right\}\sin\left\{\xi_l\left(d-z\right)\right\}\int_0^{t-t_0}q\left(t-t_0-\tau\right)e^{-\left(\eta_r\xi_n^2+\eta_z\xi_l^2\right)\tau}d\tau}{\left\{d\left(\xi_l^2+\lambda_0^2\right)+\lambda_0\right\}}-$$

$$-2\pi\eta_r\sum_{n=1}^{\infty}\frac{\xi_n^2\left\{\lambda J_0\left(\xi_n b\right)-\xi_n J_1\left(\xi_n b\right)\right\}^2\mathcal{V}_{\mathcal{D}0}\left(\xi_n r,a\right)}{\left\{\left(\lambda^2+\xi_n^2\right)J_0^2\left(\xi_n a\right)-\left\{\lambda J_0\left(\xi_n b\right)-\xi_n J_1\left(\xi_n b\right)\right\}^2\right\}}\times$$

$$\times\sum_{l=1}^{\infty}\frac{\left(\xi_l^2+\lambda_0^2\right)\sin\left\{\xi_l\left(d-z\right)\right\}\int_0^t\overline{\psi}_a\left(\xi_l,t-\tau\right)e^{-\left(\eta_r\xi_n^2+\eta_z\xi_l^2\right)\tau}d\tau}{\left\{d\left(\xi_l^2+\lambda_0^2\right)+\lambda_0\right\}}-$$

$$-\frac{2\pi}{\phi c_t}\sum_{n=1}^{\infty}\frac{\xi_n^2 J_0\left(\xi_n a\right)\left\{\lambda J_0\left(\xi_n b\right)-\xi_n J_1\left(\xi_n b\right)\right\}\mathcal{V}_{\mathcal{D}0}\left(\xi_n r,a\right)}{\left\{\left(\lambda^2+\xi_n^2\right)J_0^2\left(\xi_n a\right)-\left\{\lambda J_0\left(\xi_n b\right)-\xi_n J_1\left(\xi_n b\right)\right\}^2\right\}}\times$$

$$\times\sum_{l=1}^{\infty}\frac{\left(\xi_l^2+\lambda_0^2\right)\sin\left\{\xi_l\left(d-z\right)\right\}\int_0^t\overline{\psi}_b\left(\xi_l,t-\tau\right)e^{-\left(\eta_r\xi_n^2+\eta_z\xi_l^2\right)\tau}d\tau}{\left\{d\left(\xi_l^2+\lambda_0^2\right)+\lambda_0\right\}}+$$

$$+\pi^2\sum_{n=1}^{\infty}\frac{\xi_n^2\left\{\lambda J_0\left(\xi_n b\right)-\xi_n J_1\left(\xi_n b\right)\right\}^2\mathcal{V}_{\mathcal{D}0}\left(\xi_n r,a\right)}{\left\{\left(\lambda^2+\xi_n^2\right)J_0^2\left(\xi_n a\right)-\left\{\lambda J_0\left(\xi_n b\right)-\xi_n J_1\left(\xi_n b\right)\right\}^2\right\}}\times$$

$$\times\sum_{l=1}^{\infty}\frac{\left(\xi_l^2+\lambda_0^2\right)\sin\left\{\xi_l\left(d-z\right)\right\}\int_0^t\left\{\frac{\sin(\xi_l d)}{\phi c_t}\overline{\psi}_0\left(\xi_n,t-\tau\right)+\eta_z\xi_l\overline{\psi}_d\left(\xi_n,t-\tau\right)\right\}e^{-\left(\eta_r\xi_n^2+\eta_z\xi_l^2\right)\tau}d\tau}{\left\{d\left(\xi_l^2+\lambda_0^2\right)+\lambda_0\right\}}+$$

$$+\pi^2\sum_{n=1}^{\infty}\frac{\xi_n^2\left\{\lambda J_0\left(\xi_n b\right)-\xi_n J_1\left(\xi_n b\right)\right\}^2\mathcal{V}_{\mathcal{D}0}\left(\xi_n r,a\right)e^{-\eta_r\xi_n^2 t}}{\left\{\left(\lambda^2+\xi_n^2\right)J_0^2\left(\xi_n a\right)-\left\{\lambda J_0\left(\xi_n b\right)-\xi_n J_1\left(\xi_n b\right)\right\}^2\right\}}\sum_{l=1}^{\infty}\frac{\overline{\varphi}\left(\xi_n,\xi_l\right)\left(\xi_l^2+\lambda_0^2\right)\sin\left\{\xi_l\left(d-z\right)\right\}e^{-\eta_z\xi_l^2 t}}{\left\{d\left(\xi_l^2+\lambda_0^2\right)+\lambda_0\right\}}$$

(21.78.3)

21.79

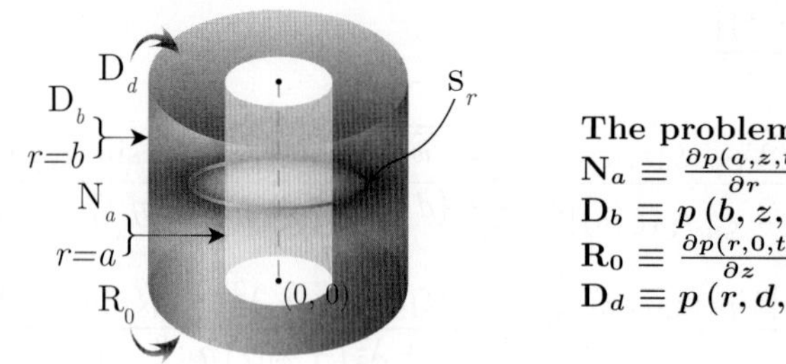

The problem of 21.76, except
$\mathbf{N_a \equiv \frac{\partial p(a,z,t)}{\partial r} = -\left(\frac{\mu}{k_r}\right)\psi_a(z,t)}$,
$\mathbf{D_b \equiv p(b,z,t) = \psi_b(z,t)}$,
$\mathbf{R_0 \equiv \frac{\partial p(r,0,t)}{\partial z} - \lambda_0 p(r,0,t) = -\left(\frac{\mu}{k_z}\right)\psi_0(r,t)}$ **and**
$\mathbf{D_d \equiv p(r,d,t) = \psi_d(r,t)}$

Successive application of the Laplace, Fourier and finite Hankel transformations to equation (18.1.1) gives

$$\overline{\overline{\overline{p}}} = \frac{q(s)e^{-st_0}\sin\{\xi_l(d-z_0)\}\mathcal{V}_{\mathcal{N}0}(\xi_n r_0, a)}{2\pi\phi c_t(\eta_r\xi_n^2+\eta_z\xi_l^2+s)} + \frac{2\overline{\overline{\psi}}_a(\xi_l,s)}{\pi\phi c_t\xi_n(\eta_r\xi_n^2+\eta_z\xi_l^2+s)} - -\frac{2\eta_r J_1(\xi_n a)\overline{\overline{\psi}}_b(\xi_l,s)}{\pi J_0(\xi_n b)(\eta_r\xi_n^2+\eta_z\xi_l^2+s)} + \frac{\left\{\frac{\sin(\xi_l d)}{\phi c_t}\overline{\overline{\psi}}_0(\xi_n,s)+\eta_z\xi_l\overline{\overline{\psi}}_d(\xi_n,s)\right\}}{(\eta_r\xi_n^2+\eta_z\xi_l^2+s)} + \frac{\overline{\overline{\varphi}}(\xi_n,\xi_l)}{(\eta_r\xi_n^2+\eta_z\xi_l^2+s)} \quad (21.79.1)$$

where $\mathcal{V}_{\mathcal{N}0}(\xi_n r, a) = Y_0(\xi_n r)J_1(\xi_n a) - J_0(\xi_n r)Y_1(\xi_n a)$. The eigenvalues $\xi_n, n = 1,2,...,$ are the positive roots of the transcendental equation $\mathcal{V}_{\mathcal{N}0}(\xi_n b, a) = 0$, ξ_l are the positive roots of $\xi_l\cot(\xi_l d) = -\lambda_0$, $l = 1,2,....$ $\overline{\overline{\psi}}_0(\xi_n,s) = \int_a^b \overline{\psi}_0(r,s)\,r\mathcal{V}_{\mathcal{N}0}(\xi_n r,a)\,dr$, $\overline{\overline{\psi}}_d(\xi_n,s) = \int_a^b \overline{\psi}_d(r,s)\,r\mathcal{V}_{\mathcal{N}0}(\xi_n r,a)\,dr$, $\overline{\overline{\psi}}_a(\xi_l,s) = \int_0^d \sin\{\xi_l(d-z)\}\overline{\psi}_a(z,s)dz$, $\overline{\overline{\psi}}_b(\xi_l,s) = \int_0^d \sin\{\xi_l(d-z)\}\overline{\psi}_b(z,s)dz$, $\overline{\overline{\varphi}}(\xi_n,\xi_l) = \int_a^b \overline{\varphi}(r,\xi_l)\,r\mathcal{V}_{\mathcal{N}0}(\xi_n r,a)\,dr$ and $\overline{\varphi}(r,\xi_l) = \int_0^d \sin(\xi_l z)\varphi(r,z)dz$. Successive inverse transforms yield

$$\overline{p} = \frac{\pi q(s)e^{-st_0}}{2\phi c_t}\sum_{n=1}^{\infty}\frac{\xi_n^2 J_0^2(\xi_n b)\mathcal{V}_{\mathcal{N}0}(\xi_n r_0,a)\mathcal{V}_{\mathcal{N}0}(\xi_n r,a)}{\{J_1^2(\xi_n a)-J_0^2(\xi_n b)\}}\sum_{l=1}^{\infty}\frac{(\xi_l^2+\lambda_0^2)\sin\{\xi_l(d-z_0)\}\sin\{\xi_l(d-z)\}}{\{d(\xi_l^2+\lambda_0^2)+\lambda_0\}(\eta_r\xi_n^2+\eta_z\xi_l^2+s)} + $$
$$+\frac{2\pi}{\phi c_t}\sum_{n=1}^{\infty}\frac{\xi_n J_0^2(\xi_n b)\mathcal{V}_{\mathcal{N}0}(\xi_n r,a)}{\{J_1^2(\xi_n a)-J_0^2(\xi_n b)\}}\sum_{l=1}^{\infty}\frac{\overline{\overline{\psi}}_a(\xi_l,s)(\xi_l^2+\lambda_0^2)\sin\{\xi_l(d-z)\}}{\{d(\xi_l^2+\lambda_0^2)+\lambda_0\}(\eta_r\xi_n^2+\eta_z\xi_l^2+s)} - $$
$$-2\pi\eta_r\sum_{n=1}^{\infty}\frac{\xi_n^2 J_1(\xi_n a)J_0(\xi_n b)\mathcal{V}_{\mathcal{N}0}(\xi_n r,a)}{\{J_1^2(\xi_n a)-J_0^2(\xi_n b)\}}\sum_{l=1}^{\infty}\frac{\overline{\overline{\psi}}_b(\xi_l,s)(\xi_l^2+\lambda_0^2)\sin\{\xi_l(d-z)\}}{\{d(\xi_l^2+\lambda_0^2)+\lambda_0\}(\eta_r\xi_n^2+\eta_z\xi_l^2+s)} + $$
$$+\pi^2\sum_{n=1}^{\infty}\frac{\xi_n^2 J_0^2(\xi_n b)\mathcal{V}_{\mathcal{N}0}(\xi_n r,a)}{\{J_1^2(\xi_n a)-J_0^2(\xi_n b)\}}\sum_{l=1}^{\infty}\frac{(\xi_l^2+\lambda_0^2)\left\{\frac{\sin(\xi_l d)}{\phi c_t}\overline{\overline{\psi}}_0(\xi_n,s)+\eta_z\xi_l\overline{\overline{\psi}}_d(\xi_n,s)\right\}\sin\{\xi_l(d-z)\}}{\{d(\xi_l^2+\lambda_0^2)+\lambda_0\}(\eta_r\xi_n^2+\eta_z\xi_l^2+s)} + $$
$$+\pi^2\sum_{n=1}^{\infty}\frac{\xi_n^2 J_0^2(\xi_n b)\mathcal{V}_{\mathcal{N}0}(\xi_n r,a)}{\{J_1^2(\xi_n a)-J_0^2(\xi_n b)\}}\sum_{l=1}^{\infty}\frac{\overline{\overline{\varphi}}(\xi_n,\xi_l)(\xi_l^2+\lambda_0^2)\sin\{\xi_l(d-z)\}}{\{d(\xi_l^2+\lambda_0^2)+\lambda_0\}(\eta_r\xi_n^2+\eta_z\xi_l^2+s)} \quad (21.79.2)$$

and

$$p = \frac{\pi U(t-t_0)}{2\phi c_t}\sum_{n=1}^{\infty}\frac{\xi_n^2 J_0^2(\xi_n b)\mathcal{V}_{\mathcal{N}0}(\xi_n r_0,a)\mathcal{V}_{\mathcal{N}0}(\xi_n r,a)}{\{J_1^2(\xi_n a)-J_0^2(\xi_n b)\}}\times$$
$$\times\sum_{l=1}^{\infty}\frac{(\xi_l^2+\lambda_0^2)\sin\{\xi_l(d-z_0)\}\sin\{\xi_l(d-z)\}\int_0^{t-t_0}q(t-t_0-\tau)e^{-(\eta_r\xi_n^2+\eta_z\xi_l^2)\tau}d\tau}{\{d(\xi_l^2+\lambda_0^2)+\lambda_0\}} + $$
$$+\frac{2\pi}{\phi c_t}\sum_{n=1}^{\infty}\frac{\xi_n J_0^2(\xi_n b)\mathcal{V}_{\mathcal{N}0}(\xi_n r,a)}{\{J_1^2(\xi_n a)-J_0^2(\xi_n b)\}}\sum_{l=1}^{\infty}\frac{(\xi_l^2+\lambda_0^2)\sin\{\xi_l(d-z)\}\int_0^t\overline{\psi}_a(\xi_l,t-\tau)e^{-(\eta_r\xi_n^2+\eta_z\xi_l^2)\tau}d\tau}{\{d(\xi_l^2+\lambda_0^2)+\lambda_0\}} - $$
$$-2\pi\eta_r\sum_{n=1}^{\infty}\frac{\xi_n^2 J_1(\xi_n a)J_0(\xi_n b)\mathcal{V}_{\mathcal{N}0}(\xi_n r,a)}{\{J_1^2(\xi_n a)-J_0^2(\xi_n b)\}}\sum_{l=1}^{\infty}\frac{(\xi_l^2+\lambda_0^2)\sin\{\xi_l(d-z)\}\int_0^t\overline{\psi}_b(\xi_l,t-\tau)e^{-(\eta_r\xi_n^2+\eta_z\xi_l^2)\tau}d\tau}{\{d(\xi_l^2+\lambda_0^2)+\lambda_0\}} + $$
$$+\pi^2\sum_{n=1}^{\infty}\frac{\xi_n^2 J_0^2(\xi_n b)\mathcal{V}_{\mathcal{N}0}(\xi_n r,a)}{\{J_1^2(\xi_n a)-J_0^2(\xi_n b)\}}\times$$

$$\times \sum_{l=1}^{\infty} \frac{\left(\xi_l^2+\lambda_0^2\right) \sin \left\{\xi_l (d-z)\right\} \int_0^t \left\{\frac{\sin(\xi_l d)}{\phi c_t} \overline{\psi}_0 (\xi_n, t-\tau) + \eta_z \xi_l \overline{\psi}_d (\xi_n, t-\tau)\right\} e^{-\left(\eta_r \xi_n^2 + \eta_z \xi_l^2\right)\tau} d\tau}{\left\{d\left(\xi_l^2+\lambda_0^2\right)+\lambda_0\right\}} +$$

$$+\pi^2 \sum_{n=1}^{\infty} \frac{\xi_n^2 J_0^2(\xi_n b)\, \mathcal{V}_{\mathcal{N}0}(\xi_n r, a)\, e^{-\eta_r \xi_n^2 t}}{\left\{J_1^2(\xi_n a) - J_0^2(\xi_n b)\right\}} \sum_{l=1}^{\infty} \frac{\overline{\varphi}(\xi_n, \xi_l)\left(\xi_l^2+\lambda_0^2\right) \sin\left\{\xi_l (d-z)\right\} e^{-\eta_z \xi_l^2 t}}{\left\{d\left(\xi_l^2+\lambda_0^2\right)+\lambda_0\right\}} \tag{21.79.3}$$

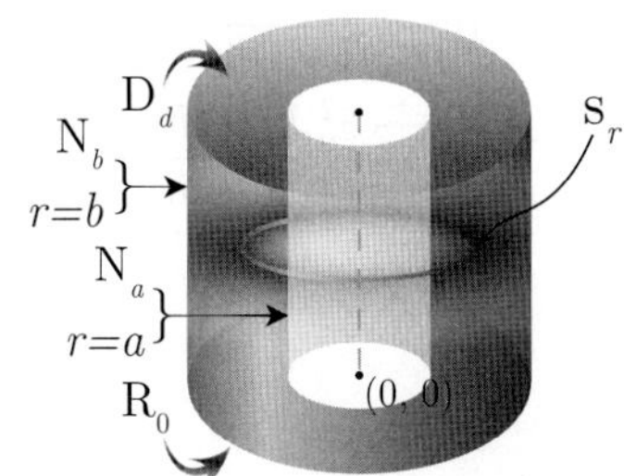

21.80 **The problem of 21.76, except** $\mathbf{N}_a \equiv \frac{\partial p(a,z,t)}{\partial r} = -\left(\frac{\mu}{k_r}\right)\psi_a(z,t)$,
$\mathbf{N}_b \equiv \frac{\partial p(b,z,t)}{\partial r} = -\left(\frac{\mu}{k_r}\right)\psi_b(z,t)$,
$\mathbf{R}_0 \equiv \frac{\partial p(r,0,t)}{\partial z} - \lambda_0 p(r,0,t) = -\left(\frac{\mu}{k_z}\right)\psi_0(r,t)$ **and**
$\mathbf{D}_d \equiv p(r,d,t) = \psi_d(r,t)$

Successive application of the Laplace, Fourier and finite Hankel transformations to equation (18.1.1) gives

$$\overline{\overline{\overline{p}}} = \frac{q(s)\, e^{-st_0} \sin\left\{\xi_l (d-z_0)\right\}}{2\pi\phi c_t \left(\eta_z \xi_l^2 + s\right)} + \frac{q(s)\, e^{-st_0} \sin\left\{\xi_l (d-z_0)\right\} \mathcal{V}_{\mathcal{N}0}(\xi_n r_0, a)}{2\pi\phi c_t \left(\eta_r \xi_n^2 + \eta_z \xi_l^2 + s\right)} + \frac{\left\{a\overline{\overline{\psi}}_a(\xi_l, s) - b\overline{\overline{\psi}}_b(\xi_l, s)\right\}}{\phi c_t \left(\eta_z \xi_l^2 + s\right)} +$$
$$+\frac{2\overline{\overline{\psi}}_a(\xi_l, s)}{\pi\phi c_t \xi_n \left(\eta_r \xi_n^2 + \eta_z \xi_l^2 + s\right)} - \frac{2J_1(\xi_n a)\, \overline{\overline{\psi}}_b(\xi_l, s)}{\pi\phi c_t \xi_n J_1(\xi_n b) \left(\eta_r \xi_n^2 + \eta_z \xi_l^2 + s\right)} +$$
$$+\frac{\int_a^b \left\{\frac{\sin(\xi_l d)}{\phi c_t} \overline{\psi}_0(u, s) + \eta_z \xi_l \overline{\psi}_d(u, s)\right\} u\,du}{\left(\eta_z \xi_l^2 + s\right)} + \frac{\left\{\frac{\sin(\xi_l d)}{\phi c_t} \overline{\overline{\psi}}_0(\xi_n, s) + \eta_z \xi_l \overline{\overline{\psi}}_d(\xi_n, s)\right\}}{\left(\eta_r \xi_n^2 + \eta_z \xi_l^2 + s\right)} +$$
$$+\frac{\int_a^b u \overline{\varphi}(u, \xi_l)\, du}{\left(\eta_z \xi_l^2 + s\right)} + \frac{\overline{\overline{\varphi}}(\xi_n, \xi_l)}{\left(\eta_r \xi_n^2 + \eta_z \xi_l^2 + s\right)} \tag{21.80.1}$$

where $\mathcal{V}_{\mathcal{N}0}(\xi_n r, a) = Y_0(\xi_n r) J_1(\xi_n a) - J_0(\xi_n r) Y_1(\xi_n a)$. The eigenvalues are $\xi_0 = 0$ and $\xi_n, n = 1, 2, \ldots$, which are the positive roots of the transcendental equation $\mathcal{V}'_{\mathcal{N}0}(\xi_n b, a) = 0$,* ξ_l are the positive roots of $\xi_l \cot(\xi_l d) = -\lambda_0$, $l = 1, 2, \ldots$. $\overline{\overline{\psi}}_0(\xi_n, s) = \int_a^b \overline{\psi}_0(r, s)\, r \mathcal{V}_{\mathcal{N}0}(\xi_n r, a)\, dr$, $\overline{\overline{\psi}}_d(\xi_n, s) = \int_a^b \overline{\psi}_d(r, s)\, r \mathcal{V}_{\mathcal{N}0}(\xi_n r, a)\, dr$, $\overline{\overline{\psi}}_a(\xi_l, s) = \int_0^d \sin\left\{\xi_l (d-z)\right\} \overline{\psi}_a(z, s) dz$, $\overline{\overline{\psi}}_b(\xi_l, s) = \int_0^d \sin\left\{\xi_l (d-z)\right\} \overline{\psi}_b(z, s) dz$, $\overline{\overline{\varphi}}(\xi_n, \xi_l) = \int_a^b \overline{\varphi}(r, \xi_l)\, r \mathcal{V}_{\mathcal{N}0}(\xi_n r, a)\, dr$ and $\overline{\varphi}(r, \xi_l) = \int_0^d \sin\left\{\xi_l (d-z)\right\} \varphi(r, z) dz$. Successive inverse transforms yield

$$\overline{p} = \frac{2q(s)\, e^{-st_0}}{\pi\left(b^2 - a^2\right)\phi c_t} \sum_{l=1}^{\infty} \frac{\left(\xi_l^2+\lambda_0^2\right) \sin\left\{\xi_l (d-z_0)\right\} \sin\left\{\xi_l (d-z)\right\}}{\left\{d\left(\xi_l^2+\lambda_0^2\right)+\lambda_0\right\}\left(\eta_z \xi_l^2 + s\right)} +$$
$$+\frac{\pi q(s)\, e^{-st_0}}{2\phi c_t} \sum_{n=1}^{\infty} \frac{\xi_n^2 J_1^2(\xi_n b)\, \mathcal{V}_{\mathcal{N}0}(\xi_n r_0, a)\, \mathcal{V}_{\mathcal{N}0}(\xi_n r, a)}{\left\{J_1^2(\xi_n a) - J_1^2(\xi_n b)\right\}} \sum_{l=1}^{\infty} \frac{\left(\xi_l^2+\lambda_0^2\right) \sin\left\{\xi_l (d-z_0)\right\} \sin\left\{\xi_l (d-z)\right\}}{\left\{d\left(\xi_l^2+\lambda_0^2\right)+\lambda_0\right\}\left(\eta_r \xi_n^2 + \eta_z \xi_l^2 + s\right)} +$$
$$+\frac{4}{\left(b^2 - a^2\right)\phi c_t} \sum_{l=1}^{\infty} \frac{\left\{a\overline{\overline{\psi}}_a(\xi_l, s) - b\overline{\overline{\psi}}_b(\xi_l, s)\right\}\left(\xi_l^2+\lambda_0^2\right) \sin\left\{\xi_l (d-z)\right\}}{\left\{d\left(\xi_l^2+\lambda_0^2\right)+\lambda_0\right\}\left(\eta_z \xi_l^2 + s\right)} +$$
$$+\frac{2\pi}{\phi c_t} \sum_{n=1}^{\infty} \frac{\xi_n J_1^2(\xi_n b)\, \mathcal{V}_{\mathcal{N}0}(\xi_n r, a)}{\left\{J_1^2(\xi_n a) - J_1^2(\xi_n b)\right\}} \sum_{l=1}^{\infty} \frac{\overline{\overline{\psi}}_a(\xi_l, s)\left(\xi_l^2+\lambda_0^2\right) \sin\left\{\xi_l (d-z)\right\}}{\left\{d\left(\xi_l^2+\lambda_0^2\right)+\lambda_0\right\}\left(\eta_r \xi_n^2 + \eta_z \xi_l^2 + s\right)} -$$
$$-\frac{2\pi}{\phi c_t} \sum_{n=1}^{\infty} \frac{\xi_n J_1(\xi_n a)\, J_1(\xi_n b)\, \mathcal{V}_{\mathcal{N}0}(\xi_n r, a)}{\left\{J_1^2(\xi_n a) - J_1^2(\xi_n b)\right\}} \sum_{l=1}^{\infty} \frac{\overline{\overline{\psi}}_b(\xi_l, s)\left(\xi_l^2+\lambda_0^2\right) \sin\left\{\xi_l (d-z)\right\}}{\left\{d\left(\xi_l^2+\lambda_0^2\right)+\lambda_0\right\}\left(\eta_r \xi_n^2 + \eta_z \xi_l^2 + s\right)} +$$

---

*$\mathcal{V}'_{\mathcal{N}0}(\xi_n b, a) = J_1(\xi_n b)\, Y_1(\xi_n a) - Y_1(\xi_n b)\, J_1(\xi_n a)$.

$$
+\frac{4}{(b^2-a^2)}\sum_{l=1}^{\infty}\frac{\left(\xi_l^2+\lambda_0^2\right)\sin\{\xi_l(d-z)\}\int_a^b u\left\{\frac{\sin(\xi_l d)}{\phi c_t}\overline{\psi}_0(u,s)+\eta_z\xi_l\overline{\psi}_d(u,s)\right\}du}{\{d(\xi_l^2+\lambda_0^2)+\lambda_0\}(\eta_z\xi_l^2+s)}+
$$

$$
+\pi^2\sum_{n=1}^{\infty}\frac{\xi_n^2J_1^2(\xi_n b)\mathcal{V}_{\mathcal{N}0}(\xi_n r,a)}{\{J_1^2(\xi_n a)-J_1^2(\xi_n b)\}}\sum_{l=1}^{\infty}\frac{\left(\xi_l^2+\lambda_0^2\right)\left\{\frac{\sin(\xi_l d)}{\phi c_t}\overline{\overline{\psi}}_0(\xi_n,s)+\eta_z\xi_l\overline{\overline{\psi}}_d(\xi_n,s)\right\}\sin\{\xi_l(d-z)\}}{\{d(\xi_l^2+\lambda_0^2)+\lambda_0\}(\eta_r\xi_n^2+\eta_z\xi_l^2+s)}+
$$

$$
+\frac{4}{(b^2-a^2)}\sum_{l=1}^{\infty}\frac{\left(\xi_l^2+\lambda_0^2\right)\sin\{\xi_l(d-z)\}\int_a^b\overline{\varphi}(u,\xi_l)\,udu}{\{d(\xi_l^2+\lambda_0^2)+\lambda_0\}(\eta_z\xi_l^2+s)}+
$$

$$
+\pi^2\sum_{n=1}^{\infty}\frac{\xi_n^2J_1^2(\xi_n b)\mathcal{V}_{\mathcal{N}0}(\xi_n r,a)}{\{J_1^2(\xi_n a)-J_1^2(\xi_n b)\}}\sum_{l=1}^{\infty}\frac{\overline{\overline{\varphi}}(\xi_n,\xi_l)\left(\xi_l^2+\lambda_0^2\right)\sin\{\xi_l(d-z)\}}{\{d(\xi_l^2+\lambda_0^2)+\lambda_0\}(\eta_r\xi_n^2+\eta_z\xi_l^2+s)} \qquad (21.80.2)
$$

and

$$
p=\frac{2U(t-t_0)}{\pi(b^2-a^2)\phi c_t}\sum_{l=1}^{\infty}\frac{\left(\xi_l^2+\lambda_0^2\right)\sin\{\xi_l(d-z_0)\}\sin\{\xi_l(d-z)\}\int_0^{t-t_0}q(t-t_0-\tau)\,e^{-\eta_z\xi_l^2\tau}d\tau}{\{d(\xi_l^2+\lambda_0^2)+\lambda_0\}}+
$$

$$
+\frac{\pi U(t-t_0)}{2\phi c_t}\sum_{n=1}^{\infty}\frac{\xi_n^2J_1^2(\xi_n b)\mathcal{V}_{\mathcal{N}0}(\xi_n r_0,a)\mathcal{V}_{\mathcal{N}0}(\xi_n r,a)}{\{J_1^2(\xi_n a)-J_1^2(\xi_n b)\}}\times
$$

$$
\times\sum_{l=1}^{\infty}\frac{\left(\xi_l^2+\lambda_0^2\right)\sin\{\xi_l(d-z_0)\}\sin\{\xi_l(d-z)\}\int_0^{t-t_0}q(t-t_0-\tau)\,e^{-\left(\eta_r\xi_n^2+\eta_z\xi_l^2\right)\tau}d\tau}{\{d(\xi_l^2+\lambda_0^2)+\lambda_0\}}+
$$

$$
+\frac{4}{(b^2-a^2)\phi c_t}\sum_{l=1}^{\infty}\frac{\left(\xi_l^2+\lambda_0^2\right)\sin\{\xi_l(d-z)\}\int_0^t\left\{a\overline{\psi}_a(\xi_l,t-\tau)-b\overline{\psi}_b(\xi_l,t-\tau)\right\}e^{-\eta_z\xi_l^2\tau}d\tau}{\{d(\xi_l^2+\lambda_0^2)+\lambda_0\}}+
$$

$$
+\frac{2\pi}{\phi c_t}\sum_{n=1}^{\infty}\frac{\xi_nJ_1^2(\xi_n b)\mathcal{V}_{\mathcal{N}0}(\xi_n r,a)}{\{J_1^2(\xi_n a)-J_1^2(\xi_n b)\}}\sum_{l=1}^{\infty}\frac{\left(\xi_l^2+\lambda_0^2\right)\sin\{\xi_l(d-z)\}\int_0^t\overline{\psi}_a(\xi_l,t-\tau)\,e^{-\left(\eta_r\xi_n^2+\eta_z\xi_l^2\right)\tau}d\tau}{\{d(\xi_l^2+\lambda_0^2)+\lambda_0\}}-
$$

$$
-\frac{2\pi}{\phi c_t}\sum_{n=1}^{\infty}\frac{\xi_nJ_1(\xi_n a)J_1(\xi_n b)\mathcal{V}_{\mathcal{N}0}(\xi_n r,a)}{\{J_1^2(\xi_n a)-J_1^2(\xi_n b)\}}\sum_{l=1}^{\infty}\frac{\left(\xi_l^2+\lambda_0^2\right)\sin\{\xi_l(d-z)\}\int_0^t\overline{\psi}_b(\xi_l,t-\tau)\,e^{-\left(\eta_r\xi_n^2+\eta_z\xi_l^2\right)\tau}d\tau}{\{d(\xi_l^2+\lambda_0^2)+\lambda_0\}}+
$$

$$
+\frac{4}{(b^2-a^2)}\sum_{l=1}^{\infty}\frac{\left(\xi_l^2+\lambda_0^2\right)\sin\{\xi_l(d-z)\}\int_0^t e^{-\eta_z\xi_l^2\tau}\int_a^b u\left\{\frac{\sin(\xi_l d)}{\phi c_t}\psi_0(u,t-\tau)+\eta_z\xi_l\psi_d(u,t-\tau)\right\}dud\tau}{\{d(\xi_l^2+\lambda_0^2)+\lambda_0\}}+
$$

$$
+\pi^2\sum_{n=1}^{\infty}\frac{\xi_n^2J_1^2(\xi_n b)\mathcal{V}_{\mathcal{N}0}(\xi_n r,a)}{\{J_1^2(\xi_n a)-J_1^2(\xi_n b)\}}\times
$$

$$
\times\sum_{l=1}^{\infty}\frac{\left(\xi_l^2+\lambda_0^2\right)\sin\{\xi_l(d-z)\}\int_0^t\left\{\frac{\sin(\xi_l d)}{\phi c_t}\overline{\psi}_0(\xi_n,t-\tau)+\eta_z\xi_l\overline{\psi}_d(\xi_n,t-\tau)\right\}e^{-\left(\eta_r\xi_n^2+\eta_z\xi_l^2\right)\tau}d\tau}{\{d(\xi_l^2+\lambda_0^2)+\lambda_0\}}+
$$

$$
+\frac{4}{(b^2-a^2)}\sum_{l=1}^{\infty}\frac{\left(\xi_l^2+\lambda_0^2\right)\sin\{\xi_l(d-z)\}\,e^{-\eta_z\xi_l^2t}\int_a^b\overline{\varphi}(u,\xi_l)\,udu}{\{d(\xi_l^2+\lambda_0^2)+\lambda_0\}}+
$$

$$
+\pi^2\sum_{n=1}^{\infty}\frac{\xi_n^2J_1^2(\xi_n b)\mathcal{V}_{\mathcal{N}0}(\xi_n r,a)\,e^{-\eta_r\xi_n^2t}}{\{J_1^2(\xi_n a)-J_1^2(\xi_n b)\}}\sum_{l=1}^{\infty}\frac{\overline{\varphi}(\xi_n,\xi_l)\left(\xi_l^2+\lambda_0^2\right)\sin\{\xi_l(d-z)\}\,e^{-\eta_z\xi_l^2t}}{\{d(\xi_l^2+\lambda_0^2)+\lambda_0\}} \qquad (21.80.3)
$$

21.81 **The problem of 21.76, except** $\mathbf{N}_a \equiv \frac{\partial p(a,z,t)}{\partial r} = -\left(\frac{\mu}{k_r}\right)\psi_a(z,t)$, $\mathbf{R}_b \equiv \frac{\partial p(b,z,t)}{\partial r} + \lambda p(b,z,t) = -\left(\frac{\mu}{k_r}\right)\psi_b(z,t)$, $\mathbf{R}_0 \equiv \frac{\partial p(r,0,t)}{\partial z} - \lambda_0 p(r,0,t) = -\left(\frac{\mu}{k_z}\right)\psi_0(r,t)$ **and** $\mathbf{D}_d \equiv p(r,d,t) = \psi_d(r,t)$

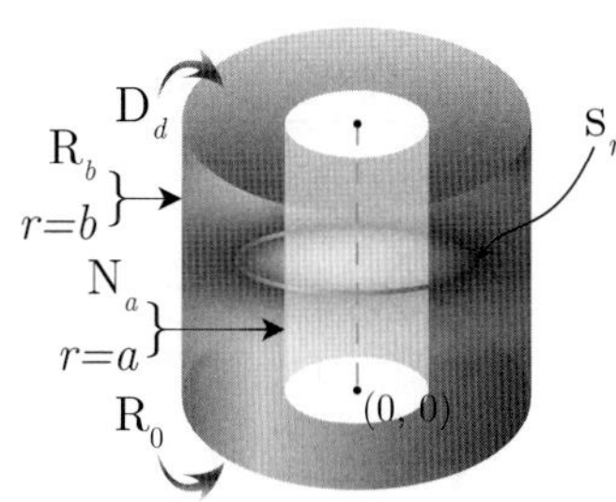

Successive application of the Laplace, Fourier and finite Hankel transformations to equation (18.1.1) gives

$$\overline{\overline{\overline{p}}} = \frac{q(s)\,e^{-st_0}\sin\{\xi_l(d-z_0)\}\mathcal{V}_{\mathcal{N}0}(\xi_n r_0,a)}{2\pi\phi c_t\left(\eta_r\xi_n^2+\eta_z\xi_l^2+s\right)} + \frac{2J_1(\xi_n a)\overline{\overline{\psi}}_b(\xi_l,s)}{\pi\phi c_t\{\lambda J_0(\xi_n b)-\xi_n J_1(\xi_n b)\}\left(\eta_r\xi_n^2+\eta_z\xi_l^2+s\right)} + \frac{2\overline{\overline{\psi}}_a(\xi_l,s)}{\pi\phi c_t\xi_n\left(\eta_r\xi_n^2+\eta_z\xi_l^2+s\right)} + \frac{\left\{\frac{\sin(\xi_l d)}{\phi c_t}\overline{\overline{\psi}}_0(\xi_n,s)+\eta_z\xi_l\overline{\overline{\psi}}_d(\xi_n,s)\right\}}{\left(\eta_r\xi_n^2+\eta_z\xi_l^2+s\right)} + \frac{\overline{\overline{\varphi}}(\xi_n,\xi_l)}{\left(\eta_r\xi_n^2+\eta_z\xi_l^2+s\right)} \quad (21.81.1)$$

where $\mathcal{V}_{\mathcal{N}0}(\xi_n r,a)=Y_0(\xi_n r)J_1(\xi_n a)-J_0(\xi_n r)Y_1(\xi_n a)$. The eigenvalues $\xi_n, n=1,2,...,$ are the positive roots of the transcendental equation $\xi_n\mathcal{V}'_{\mathcal{N}0}(\xi_n b,a)+\lambda\mathcal{V}_{\mathcal{N}0}(\xi_n b,a)=0$, ξ_l are the positive roots of $\xi_l\cot(\xi_l d)=-\lambda_0$, $l=1,2,....$ $\overline{\overline{\psi}}_0(\xi_n,s)=\int_a^b\overline{\psi}_0(r,s)\,r\mathcal{V}_{\mathcal{N}0}(\xi_n r,a)\,dr$, $\overline{\overline{\psi}}_d(\xi_n,s)=\int_a^b\overline{\psi}_d(r,s)\,r\mathcal{V}_{\mathcal{N}0}(\xi_n r,a)\,dr$, $\overline{\overline{\psi}}_a(\xi_l,s)=\int_0^d\sin\{\xi_l(d-z)\}\overline{\psi}_a(z,s)dz$, $\overline{\overline{\psi}}_b(\xi_l,s)=\int_0^d\sin\{\xi_l(d-z)\}\overline{\psi}_b(z,s)dz$, $\overline{\overline{\varphi}}(\xi_n,\xi_l)=\int_a^b\overline{\varphi}(r,\xi_l)\,r\mathcal{V}_{\mathcal{N}0}(\xi_n r,a)\,dr$ and $\overline{\varphi}(r,\xi_l)=\int_0^d\sin\{\xi_l(d-z)\}\varphi(r,z)dz$. Successive inverse transforms yield

$$\begin{aligned}\overline{p} = {} & \frac{\pi q(s)\,e^{-st_0}}{2\phi c_t}\sum_{n=1}^{\infty}\frac{\xi_n^2\{\lambda J_0(\xi_n b)-\xi_n J_1(\xi_n b)\}^2\mathcal{V}_{\mathcal{N}0}(\xi_n r_0,a)\mathcal{V}_{\mathcal{N}0}(\xi_n r,a)}{\left[\left(\lambda^2+\xi_n^2\right)J_1^2(\xi_n a)-\{\lambda J_0(\xi_n b)-\xi_n J_1(\xi_n b)\}^2\right]}\times \\ & \times\sum_{l=1}^{\infty}\frac{\left(\xi_l^2+\lambda_0^2\right)\sin\{\xi_l(d-z_0)\}\sin\{\xi_l(d-z)\}}{\{d\left(\xi_l^2+\lambda_0^2\right)+\lambda_0\}\left(\eta_r\xi_n^2+\eta_z\xi_l^2+s\right)}+ \\ & +\frac{2\pi}{\phi c_t}\sum_{n=1}^{\infty}\frac{\xi_n\{\lambda J_0(\xi_n b)-\xi_n J_1(\xi_n b)\}^2\mathcal{V}_{\mathcal{N}0}(\xi_n r,a)}{\left[\left(\lambda^2+\xi_n^2\right)J_1^2(\xi_n a)-\{\lambda J_0(\xi_n b)-\xi_n J_1(\xi_n b)\}^2\right]}\sum_{l=1}^{\infty}\frac{\overline{\overline{\psi}}_a(\xi_l,s)\left(\xi_l^2+\lambda_0^2\right)\sin\{\xi_l(d-z)\}}{\{d\left(\xi_l^2+\lambda_0^2\right)+\lambda_0\}\left(\eta_r\xi_n^2+\eta_z\xi_l^2+s\right)}+ \\ & +\frac{2\pi}{\phi c_t}\sum_{n=1}^{\infty}\frac{\xi_n^2 J_1(\xi_n a)\{\lambda J_0(\xi_n b)-\xi_n J_1(\xi_n b)\}\mathcal{V}_{\mathcal{N}0}(\xi_n r,a)}{\left[\left(\lambda^2+\xi_n^2\right)J_1^2(\xi_n a)-\{\lambda J_0(\xi_n b)-\xi_n J_1(\xi_n b)\}^2\right]}\sum_{l=1}^{\infty}\frac{\overline{\overline{\psi}}_b(\xi_l,s)\left(\xi_l^2+\lambda_0^2\right)\sin\{\xi_l(d-z)\}}{\{d\left(\xi_l^2+\lambda_0^2\right)+\lambda_0\}\left(\eta_r\xi_n^2+\eta_z\xi_l^2+s\right)}+ \\ & +\pi^2\sum_{n=1}^{\infty}\frac{\xi_n^2\{\lambda J_0(\xi_n b)-\xi_n J_1(\xi_n b)\}^2\mathcal{V}_{\mathcal{N}0}(\xi_n r,a)}{\left[\left(\lambda^2+\xi_n^2\right)J_1^2(\xi_n a)-\{\lambda J_0(\xi_n b)-\xi_n J_1(\xi_n b)\}^2\right]}\times \\ & \times\sum_{l=1}^{\infty}\frac{\left(\xi_l^2+\lambda_0^2\right)\left\{\frac{\sin(\xi_l d)}{\phi c_t}\overline{\overline{\psi}}_0(\xi_n,s)+\eta_z\xi_l\overline{\overline{\psi}}_d(\xi_n,s)\right\}\sin\{\xi_l(d-z)\}}{\{d\left(\xi_l^2+\lambda_0^2\right)+\lambda_0\}\left(\eta_r\xi_n^2+\eta_z\xi_l^2+s\right)}+ \\ & +\pi^2\sum_{n=1}^{\infty}\frac{\xi_n^2\{\lambda J_0(\xi_n b)-\xi_n J_1(\xi_n b)\}^2\mathcal{V}_{\mathcal{N}0}(\xi_n r,a)}{\left[\left(\lambda^2+\xi_n^2\right)J_1^2(\xi_n a)-\{\lambda J_0(\xi_n b)-\xi_n J_1(\xi_n b)\}^2\right]}\sum_{l=1}^{\infty}\frac{\overline{\overline{\varphi}}(\xi_n,\xi_l)\left(\xi_l^2+\lambda_0^2\right)\sin\{\xi_l(d-z)\}}{\{d\left(\xi_l^2+\lambda_0^2\right)+\lambda_0\}\left(\eta_r\xi_n^2+\eta_z\xi_l^2+s\right)}\end{aligned} \quad (21.81.2)$$

and

$$\begin{aligned}p = {} & \frac{\pi U(t-t_0)}{2\phi c_t}\sum_{n=1}^{\infty}\frac{\xi_n^2\{\lambda J_0(\xi_n b)-\xi_n J_1(\xi_n b)\}^2\mathcal{V}_{\mathcal{N}0}(\xi_n r_0,a)\mathcal{V}_{\mathcal{N}0}(\xi_n r,a)}{\left[\left(\lambda^2+\xi_n^2\right)J_1^2(\xi_n a)-\{\lambda J_0(\xi_n b)-\xi_n J_1(\xi_n b)\}^2\right]}\times \\ & \times\sum_{l=1}^{\infty}\frac{\left(\xi_l^2+\lambda_0^2\right)\sin\{\xi_l(d-z_0)\}\sin\{\xi_l(d-z)\}\int_0^{t-t_0}q(t-t_0-\tau)\,e^{-\left(\eta_r\xi_n^2+\eta_z\xi_l^2\right)\tau}d\tau}{\{d\left(\xi_l^2+\lambda_0^2\right)+\lambda_0\}}+ \\ & +\frac{2\pi}{\phi c_t}\sum_{n=1}^{\infty}\frac{\xi_n\{\lambda J_0(\xi_n b)-\xi_n J_1(\xi_n b)\}^2\mathcal{V}_{\mathcal{N}0}(\xi_n r,a)}{\left[\left(\lambda^2+\xi_n^2\right)J_1^2(\xi_n a)-\{\lambda J_0(\xi_n b)-\xi_n J_1(\xi_n b)\}^2\right]}\times\end{aligned}$$

$$\times\sum_{l=1}^{\infty}\frac{\left(\xi_l^2+\lambda_0^2\right)\sin\{\xi_l(d-z)\}\int_0^t\overline{\psi}_a(\xi_l,t-\tau)\,e^{-\left(\eta_r\xi_n^2+\eta_z\xi_l^2\right)\tau}d\tau}{\left\{d\left(\xi_l^2+\lambda_0^2\right)+\lambda_0\right\}}+$$

$$+\frac{2\pi}{\phi c_t}\sum_{n=1}^{\infty}\frac{\xi_n^2J_1(\xi_na)\{\lambda J_0(\xi_nb)-\xi_nJ_1(\xi_nb)\}\mathcal{V}_{\mathcal{N}0}(\xi_nr,a)}{\left[\left(\lambda^2+\xi_n^2\right)J_1^2(\xi_na)-\{\lambda J_0(\xi_nb)-\xi_nJ_1(\xi_nb)\}^2\right]}\times$$

$$\times\sum_{l=1}^{\infty}\frac{\left(\xi_l^2+\lambda_0^2\right)\sin\{\xi_l(d-z)\}\int_0^t\overline{\psi}_b(\xi_l,t-\tau)\,e^{-\left(\eta_r\xi_n^2+\eta_z\xi_l^2\right)\tau}d\tau}{\left\{d\left(\xi_l^2+\lambda_0^2\right)+\lambda_0\right\}}+$$

$$+\pi^2\sum_{n=1}^{\infty}\frac{\xi_n^2\{\lambda J_0(\xi_nb)-\xi_nJ_1(\xi_nb)\}^2\mathcal{V}_{\mathcal{N}0}(\xi_nr,a)}{\left[\left(\lambda^2+\xi_n^2\right)J_1^2(\xi_na)-\{\lambda J_0(\xi_nb)-\xi_nJ_1(\xi_nb)\}^2\right]}\times$$

$$\times\sum_{l=1}^{\infty}\frac{\left(\xi_l^2+\lambda_0^2\right)\sin\{\xi_l(d-z)\}\int_0^t\left\{\frac{\sin(\xi_ld)}{\phi c_t}\overline{\psi}_0(\xi_n,t-\tau)+\eta_z\xi_l\overline{\psi}_d(\xi_n,t-\tau)\right\}e^{-\left(\eta_r\xi_n^2+\eta_z\xi_l^2\right)\tau}d\tau}{\left\{d\left(\xi_l^2+\lambda_0^2\right)+\lambda_0\right\}}+$$

$$+\pi^2\sum_{n=1}^{\infty}\frac{\xi_n^2\{\lambda J_0(\xi_nb)-\xi_nJ_1(\xi_nb)\}^2\mathcal{V}_{\mathcal{N}0}(\xi_nr,a)\,e^{-\eta_r\xi_n^2t}}{\left[\left(\lambda^2+\xi_n^2\right)J_1^2(\xi_na)-\{\lambda J_0(\xi_nb)-\xi_nJ_1(\xi_nb)\}^2\right]}\sum_{l=1}^{\infty}\frac{\overline{\overline{\varphi}}(\xi_n,\xi_l)\left(\xi_l^2+\lambda_0^2\right)\sin\{\xi_l(d-z)\}\,e^{-\eta_z\xi_l^2t}}{\left\{d\left(\xi_l^2+\lambda_0^2\right)+\lambda_0\right\}}$$

(21.81.3)

21.82

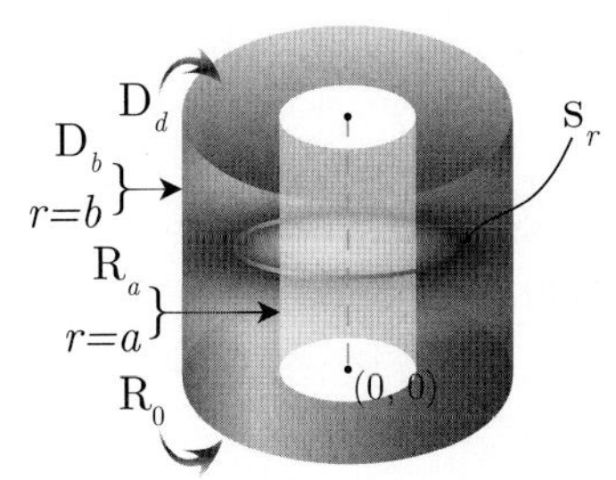

The problem of 21.76, except
$\mathbf{R}_a=\frac{\partial p(a,z,t)}{\partial r}-\lambda p(a,z,t)=-\left(\frac{\mu}{k_r}\right)\psi_a(z,t)$,
$\mathbf{D}_b\equiv p(b,z,t)=\psi_b(z,t)$,
$\mathbf{R}_0\equiv\frac{\partial p(r,0,t)}{\partial z}-\lambda_0p(r,0,t)=-\left(\frac{\mu}{k_z}\right)\psi_0(r,t)$ **and**
$\mathbf{D}_d\equiv p(r,d,t)=\psi_d(r,t)$

Successive application of the Laplace, Fourier and finite Hankel transformations to equation (18.1.1) gives

$$\overline{\overline{\overline{p}}}=\frac{q(s)\,e^{-st_0}\sin\{\xi_l(d-z_0)\}\mathcal{V}_{\mathcal{D}0}(\xi_nr_0,b)}{2\pi\phi c_t\left(\eta_r\xi_n^2+\eta_z\xi_l^2+s\right)}-\frac{2J_0(\xi_nb)\overline{\overline{\psi}}_a(\xi_l,s)}{\pi\phi c_t\left(\eta_r\xi_n^2+\eta_z\xi_l^2+s\right)\{\lambda J_0(\xi_na)+\xi_nJ_1(\xi_na)\}}+$$

$$+\frac{2\eta_r\overline{\overline{\psi}}_b(\xi_l,s)}{\pi\left(\eta_r\xi_n^2+\eta_z\xi_l^2+s\right)}+\frac{\left\{\frac{\sin(\xi_ld)}{\phi c_t}\overline{\overline{\psi}}_0(\xi_n,s)+\eta_z\xi_l\overline{\overline{\psi}}_d(\xi_n,s)\right\}}{\left(\eta_r\xi_n^2+\eta_z\xi_l^2+s\right)}+\frac{\overline{\overline{\varphi}}(\xi_n,\xi_l)}{\left(\eta_r\xi_n^2+\eta_z\xi_l^2+s\right)}\quad(21.82.1)$$

where $\mathcal{V}_{\mathcal{D}0}(\xi_nr,b)=J_0(\xi_nr)Y_0(\xi_nb)-Y_0(\xi_nr)J_0(\xi_nb)$. The eigenvalues $\xi_n, n=1,2,...$, are the positive roots of the transcendental equation $\lambda\mathcal{V}_{\mathcal{D}0}(\xi_na,b)-\xi_n\mathcal{V}_{\mathcal{D}0}'(\xi_na,b)=0$,* ξ_l are the positive roots of $\xi_l\cot(\xi_ld)=-\lambda_0$, $l=1,2,....$ $\overline{\overline{\psi}}_0(\xi_n,s)=\int_a^b\overline{\psi}_0(r,s)\,r\mathcal{V}_{\mathcal{D}0}(\xi_nr,b)\,dr$, $\overline{\overline{\psi}}_d(\xi_n,s)=\int_a^b\overline{\psi}_d(r,s)\,r\mathcal{V}_{\mathcal{D}0}(\xi_nr,b)\,dr$, $\overline{\overline{\psi}}_a(\xi_l,s)=\int_0^d\sin\{\xi_l(d-z)\}\overline{\psi}_a(z,s)dz$, $\overline{\overline{\psi}}_b(\xi_l,s)=\int_0^d\sin\{\xi_l(d-z)\}\overline{\psi}_b(z,s)dz$, $\overline{\overline{\varphi}}(\xi_n,\xi_l)=\int_a^b\overline{\varphi}(r,\xi_l)\,r\mathcal{V}_{\mathcal{D}0}(\xi_nr,a)\,dr$ and $\overline{\varphi}(r,\xi_l)=\int_0^d\sin\{\xi_l(d-z)\}\varphi(r,z)dz$. Successive inverse transforms yield

$$\overline{p}=\frac{\pi q(s)\,e^{-st_0}}{2\phi c_t}\sum_{n=1}^{\infty}\frac{\xi_n^2\{\lambda J_0(\xi_na)+\xi_nJ_1(\xi_na)\}^2\mathcal{V}_{\mathcal{D}0}(\xi r_0,b)\,\mathcal{V}_{\mathcal{D}0}(\xi r,b)}{\left[\{\lambda J_0(\xi_na)+\xi_nJ_1(\xi_na)\}^2-\left(\lambda^2+\xi_n^2\right)J_0^2(\xi_nb)\right]}\times$$

$$\times\sum_{l=1}^{\infty}\frac{\left(\xi_l^2+\lambda_0^2\right)\sin\{\xi_l(d-z_0)\}\sin\{\xi_l(d-z)\}}{\left\{d\left(\xi_l^2+\lambda_0^2\right)+\lambda_0\right\}\left(\eta_r\xi_n^2+\eta_z\xi_l^2+s\right)}-$$

$$-\frac{2\pi}{\phi c_t}\sum_{n=1}^{\infty}\frac{\xi_n^2J_0(\xi_nb)\{\lambda J_0(\xi_na)+\xi_nJ_1(\xi_na)\}\mathcal{V}_{\mathcal{D}0}(\xi r,b)}{\left[\{\lambda J_0(\xi_na)+\xi_nJ_1(\xi_na)\}^2-\left(\lambda^2+\xi_n^2\right)J_0^2(\xi_nb)\right]}\sum_{l=1}^{\infty}\frac{\overline{\overline{\psi}}_a(\xi_l,s)\left(\xi_l^2+\lambda_0^2\right)\sin\{\xi_l(d-z)\}}{\left\{d\left(\xi_l^2+\lambda_0^2\right)+\lambda_0\right\}\left(\eta_r\xi_n^2+\eta_z\xi_l^2+s\right)}+$$

*$\mathcal{V}_{\mathcal{D}0}'(\xi_nr,b)=\{Y_1(\xi_nr)J_0(\xi_nb)-J_1(\xi_nr)Y_0(\xi_nb)\}$.

$$+2\pi\eta_r \sum_{n=1}^{\infty} \frac{\xi_n^2 \left\{\lambda J_0(\xi_n a) + \xi_n J_1(\xi_n a)\right\}^2 \mathcal{V}_{\mathcal{D}0}(\xi r, b)}{\left[\left\{\lambda J_0(\xi_n a) + \xi_n J_1(\xi_n a)\right\}^2 - (\lambda^2+\xi_n^2) J_0^2(\xi_n b)\right]} \sum_{l=1}^{\infty} \frac{\overline{\overline{\psi}}_b(\xi_l, s)\left(\xi_l^2+\lambda_0^2\right)\sin\{\xi_l(d-z)\}}{\{d(\xi_l^2+\lambda_0^2)+\lambda_0\}(\eta_r\xi_n^2+\eta_z\xi_l^2+s)} +$$

$$+\pi^2 \sum_{n=1}^{\infty} \frac{\xi_n^2 \left\{\lambda J_0(\xi_n a) + \xi_n J_1(\xi_n a)\right\}^2 \mathcal{V}_{\mathcal{D}0}(\xi r, b)}{\left[\left\{\lambda J_0(\xi_n a) + \xi_n J_1(\xi_n a)\right\}^2 - (\lambda^2+\xi_n^2) J_0^2(\xi_n b)\right]} \times$$

$$\times \sum_{l=1}^{\infty} \frac{\left(\xi_l^2+\lambda_0^2\right)\left\{\frac{\sin(\xi_l d)}{\phi c_t}\overline{\overline{\psi}}_0(\xi_n, s) + \eta_z\xi_l\overline{\overline{\psi}}_d(\xi_n, s)\right\}\sin\{\xi_l(d-z)\}}{\{d(\xi_l^2+\lambda_0^2)+\lambda_0\}(\eta_r\xi_n^2+\eta_z\xi_l^2+s)} +$$

$$+\pi^2 \sum_{n=1}^{\infty} \frac{\xi_n^2 \left\{\lambda J_0(\xi_n a) + \xi_n J_1(\xi_n a)\right\}^2 \mathcal{V}_{\mathcal{D}0}(\xi r, b)}{\left[\left\{\lambda J_0(\xi_n a) + \xi_n J_1(\xi_n a)\right\}^2 - (\lambda^2+\xi_n^2) J_0^2(\xi_n b)\right]} \sum_{l=1}^{\infty} \frac{\overline{\overline{\varphi}}(\xi_n, \xi_l)\left(\xi_l^2+\lambda_0^2\right)\sin\{\xi_l(d-z)\}}{\{d(\xi_l^2+\lambda_0^2)+\lambda_0\}(\eta_r\xi_n^2+\eta_z\xi_l^2+s)}$$

(21.82.2)

and

$$p = \frac{\pi U(t-t_0)}{2\phi c_t} \sum_{n=1}^{\infty} \frac{\xi_n^2 \left\{\lambda J_0(\xi_n a) + \xi_n J_1(\xi_n a)\right\}^2 \mathcal{V}_{\mathcal{D}0}(\xi r_0, b)\,\mathcal{V}_{\mathcal{D}0}(\xi r, b)}{\left[\left\{\lambda J_0(\xi_n a) + \xi_n J_1(\xi_n a)\right\}^2 - (\lambda^2+\xi_n^2) J_0^2(\xi_n b)\right]} \times$$

$$\sum_{l=1}^{\infty} \frac{\left(\xi_l^2+\lambda_0^2\right)\sin\{\xi_l(d-z_0)\}\sin\{\xi_l(d-z)\}\int_0^{t-t_0} q(t-t_0-\tau)\,e^{-\left(\eta_r\xi_n^2+\eta_z\xi_l^2\right)\tau}d\tau}{\{d(\xi_l^2+\lambda_0^2)+\lambda_0\}} -$$

$$-\frac{2\pi}{\phi c_t} \sum_{n=1}^{\infty} \frac{\xi_n^2 J_0(\xi_n b)\left\{\lambda J_0(\xi_n a) + \xi_n J_1(\xi_n a)\right\} \mathcal{V}_{\mathcal{D}0}(\xi r, b)}{\left[\left\{\lambda J_0(\xi_n a) + \xi_n J_1(\xi_n a)\right\}^2 - (\lambda^2+\xi_n^2) J_0^2(\xi_n b)\right]} \times$$

$$\times \sum_{l=1}^{\infty} \frac{\left(\xi_l^2+\lambda_0^2\right)\sin\{\xi_l(d-z)\}\int_0^{t}\overline{\psi}_a(\xi_l, t-\tau)\,e^{-\left(\eta_r\xi_n^2+\eta_z\xi_l^2\right)\tau}d\tau}{\{d(\xi_l^2+\lambda_0^2)+\lambda_0\}} +$$

$$+2\pi\eta_r \sum_{n=1}^{\infty} \frac{\xi_n^2 \left\{\lambda J_0(\xi_n a) + \xi_n J_1(\xi_n a)\right\}^2 \mathcal{V}_{\mathcal{D}0}(\xi r, b)}{\left[\left\{\lambda J_0(\xi_n a) + \xi_n J_1(\xi_n a)\right\}^2 - (\lambda^2+\xi_n^2) J_0^2(\xi_n b)\right]} \times$$

$$\times \sum_{l=1}^{\infty} \frac{\left(\xi_l^2+\lambda_0^2\right)\sin\{\xi_l(d-z)\}\int_0^{t}\overline{\psi}_b(\xi_l, t-\tau)\,e^{-\left(\eta_r\xi_n^2+\eta_z\xi_l^2\right)\tau}d\tau}{\{d(\xi_l^2+\lambda_0^2)+\lambda_0\}} +$$

$$+\pi^2 \sum_{n=1}^{\infty} \frac{\xi_n^2 \left\{\lambda J_0(\xi_n a) + \xi_n J_1(\xi_n a)\right\}^2 \mathcal{V}_{\mathcal{D}0}(\xi r, b)}{\left[\left\{\lambda J_0(\xi_n a) + \xi_n J_1(\xi_n a)\right\}^2 - (\lambda^2+\xi_n^2) J_0^2(\xi_n b)\right]} \times$$

$$\times \sum_{l=1}^{\infty} \frac{\left(\xi_l^2+\lambda_0^2\right)\sin\{\xi_l(d-z)\}\int_0^{t}\left\{\frac{\sin(\xi_l d)}{\phi c_t}\overline{\psi}_0(\xi_n, t-\tau) + \eta_z\xi_l\overline{\psi}_d(\xi_n, t-\tau)\right\}e^{-\left(\eta_r\xi_n^2+\eta_z\xi_l^2\right)\tau}d\tau}{\{d(\xi_l^2+\lambda_0^2)+\lambda_0\}} +$$

$$+\pi^2 \sum_{n=1}^{\infty} \frac{\xi_n^2 \left\{\lambda J_0(\xi_n a) + \xi_n J_1(\xi_n a)\right\}^2 \mathcal{V}_{\mathcal{D}0}(\xi r, b)\,e^{-\eta_r\xi_n^2 t}}{\left[\left\{\lambda J_0(\xi_n a) + \xi_n J_1(\xi_n a)\right\}^2 - (\lambda^2+\xi_n^2) J_0^2(\xi_n b)\right]} \sum_{l=1}^{\infty} \frac{\overline{\overline{\varphi}}(\xi_n, \xi_l)\left(\xi_l^2+\lambda_0^2\right)\sin\{\xi_l(d-z)\}\,e^{-\eta_z\xi_l^2 t}}{\{d(\xi_l^2+\lambda_0^2)+\lambda_0\}}$$

(21.82.3)

21.83 The problem of 21.76, except
$R_a \equiv \frac{\partial p(a,z,t)}{\partial r} - \lambda p(a,z,t) = -\left(\frac{\mu}{k_r}\right)\psi_a(z,t)$,
$N_b \equiv \frac{\partial p(b,z,t)}{\partial r} = -\left(\frac{\mu}{k_r}\right)\psi_b(z,t)$,
$R_0 \equiv \frac{\partial p(r,0,t)}{\partial z} - \lambda_0 p(r,0,t) = -\left(\frac{\mu}{k_z}\right)\psi_0(r,t)$ and
$D_d \equiv p(r,d,t) = \psi_d(r,t)$

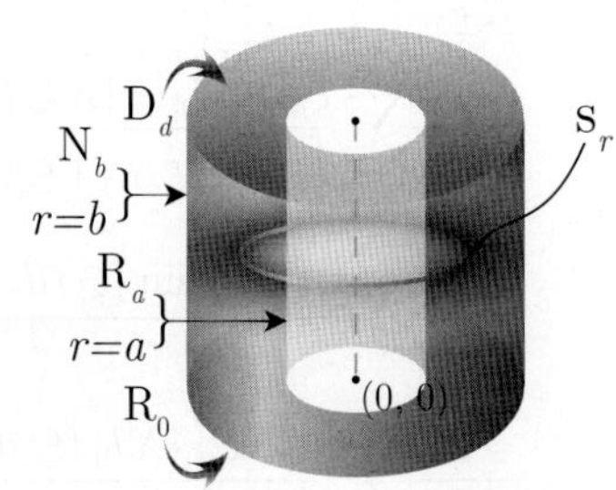

Successive application of the Laplace, Fourier and finite Hankel transformations to equation (18.1.1) gives

$$\overline{\overline{\overline{p}}} = \frac{q(s)e^{-st_0}\sin\{\xi_l(d-z_0)\}\mathcal{V}_{\mathcal{N}0}(\xi_n r_0,b)}{2\pi\phi c_t(\eta_r\xi_n^2+\eta_z\xi_l^2+s)} + \frac{2J_1(\xi_n b)\overline{\overline{\psi}}_a(\xi_l,s)}{\pi\phi c_t(\eta_r\xi_n^2+\eta_z\xi_l^2+s)\{\lambda J_0(\xi_n a)+\xi_n J_1(\xi_n a)\}} -$$
$$-\frac{2\overline{\overline{\psi}}_b(\xi_l,s)}{\pi\phi c_t\xi_n(\eta_r\xi_n^2+\eta_z\xi_l^2+s)} + \frac{\left\{\frac{\sin(\xi_l d)}{\phi c_t}\overline{\overline{\psi}}_0(\xi_n,s)+\eta_z\xi_l\overline{\overline{\psi}}_d(\xi_n,s)\right\}}{(\eta_r\xi_n^2+\eta_z\xi_l^2+s)} + \frac{\overline{\overline{\varphi}}(\xi_n,\xi_l)}{(\eta_r\xi_n^2+\eta_z\xi_l^2+s)} \tag{21.83.1}$$

where $\xi_n, n=1,2,...$, are the positive roots of the transcendental equation $\lambda\mathcal{V}_{\mathcal{N}0}(\xi_n a,b)-\xi_n\mathcal{V}'_{\mathcal{N}0}(\xi_n a,b)=0$, ξ_l are the positive roots of $\xi_l\cot(\xi_l d)=-\lambda_0$, $l=1,2,....$ $\overline{\overline{\psi}}_0(\xi_n,s)=\int_a^b\overline{\psi}_0(r,s)r\mathcal{V}_{\mathcal{N}0}(\xi_n r,b)\,dr$, $\overline{\overline{\psi}}_d(\xi_n,s)=\int_a^b\overline{\psi}_d(r,s)r\mathcal{V}_{\mathcal{N}0}(\xi_n r,b)\,dr$, $\overline{\overline{\psi}}_a(\xi_l,s)=\int_0^d\sin\{\xi_l(d-z)\}\overline{\psi}_a(z,s)dz$, $\overline{\overline{\psi}}_b(\xi_l,s)=\int_0^d\sin\{\xi_l(d-z)\}\overline{\psi}_b(z,s)dz$, $\overline{\overline{\varphi}}(\xi_n,\xi_l)=\int_a^b\overline{\varphi}(r,\xi_l)r\mathcal{V}_{\mathcal{N}0}(\xi_n r,a)\,dr$ and $\overline{\varphi}(r,\xi_l)=\int_0^d\sin\{\xi_l(d-z)\}\varphi(r,z)dz$. Successive inverse transforms yield

$$\overline{p} = \frac{\pi q(s)e^{-st_0}}{2\phi c_t}\sum_{n=1}^{\infty}\frac{\xi_n^2\{\lambda J_0(\xi_n a)+\xi_n J_1(\xi_n a)\}^2\mathcal{V}_{\mathcal{N}0}(\xi r_0,b)\mathcal{V}_{\mathcal{N}0}(\xi r,b)}{\left[\{\lambda J_0(\xi_n a)+\xi_n J_1(\xi_n a)\}^2-(\lambda^2+\xi_n^2)J_1^2(\xi_n b)\right]}\times$$
$$\times\sum_{l=1}^{\infty}\frac{(\xi_l^2+\lambda_0^2)\sin\{\xi_l(d-z_0)\}\sin\{\xi_l(d-z)\}}{\{d(\xi_l^2+\lambda_0^2)+\lambda_0\}(\eta_r\xi_n^2+\eta_z\xi_l^2+s)}+$$
$$+\frac{2\pi}{\phi c_t}\sum_{n=1}^{\infty}\frac{\xi_n^2 J_1(\xi_n b)\{\lambda J_0(\xi_n a)+\xi_n J_1(\xi_n a)\}\mathcal{V}_{\mathcal{N}0}(\xi r,b)}{\left[\{\lambda J_0(\xi_n a)+\xi_n J_1(\xi_n a)\}^2-(\lambda^2+\xi_n^2)J_1^2(\xi_n b)\right]}\sum_{l=1}^{\infty}\frac{\overline{\overline{\psi}}_a(\xi_l,s)(\xi_l^2+\lambda_0^2)\sin\{\xi_l(d-z)\}}{\{d(\xi_l^2+\lambda_0^2)+\lambda_0\}(\eta_r\xi_n^2+\eta_z\xi_l^2+s)}-$$
$$-\frac{2\pi}{\phi c_t}\sum_{n=1}^{\infty}\frac{\xi_n\{\lambda J_0(\xi_n a)+\xi_n J_1(\xi_n a)\}^2\mathcal{V}_{\mathcal{N}0}(\xi r,b)}{\left[\{\lambda J_0(\xi_n a)+\xi_n J_1(\xi_n a)\}^2-(\lambda^2+\xi_n^2)J_1^2(\xi_n b)\right]}\sum_{l=1}^{\infty}\frac{\overline{\psi}_b(\xi_l,s)(\xi_l^2+\lambda_0^2)\sin\{\xi_l(d-z)\}}{\{d(\xi_l^2+\lambda_0^2)+\lambda_0\}(\eta_r\xi_n^2+\eta_z\xi_l^2+s)}+$$
$$+\pi^2\sum_{n=1}^{\infty}\frac{\xi_n^2\{\lambda J_0(\xi_n a)+\xi_n J_1(\xi_n a)\}^2\mathcal{V}_{\mathcal{N}0}(\xi r,b)}{\left[\{\lambda J_0(\xi_n a)+\xi_n J_1(\xi_n a)\}^2-(\lambda^2+\xi_n^2)J_1^2(\xi_n b)\right]}\times$$
$$\times\sum_{l=1}^{\infty}\frac{(\xi_l^2+\lambda_0^2)\left\{\frac{\sin(\xi_l d)}{\phi c_t}\overline{\overline{\psi}}_0(\xi_n,s)+\eta_z\xi_l\overline{\overline{\psi}}_d(\xi_n,s)\right\}\sin\{\xi_l(d-z)\}}{\{d(\xi_l^2+\lambda_0^2)+\lambda_0\}(\eta_r\xi_n^2+\eta_z\xi_l^2+s)}+$$
$$+\pi^2\sum_{n=1}^{\infty}\frac{\xi_n^2\{\lambda J_0(\xi_n a)+\xi_n J_1(\xi_n a)\}^2\mathcal{V}_{\mathcal{N}0}(\xi r,b)}{\left[\{\lambda J_0(\xi_n a)+\xi_n J_1(\xi_n a)\}^2-(\lambda^2+\xi_n^2)J_1^2(\xi_n b)\right]}\sum_{l=1}^{\infty}\frac{\overline{\overline{\varphi}}(\xi_n,\xi_l)(\xi_l^2+\lambda_0^2)\sin\{\xi_l(d-z)\}}{\{d(\xi_l^2+\lambda_0^2)+\lambda_0\}(\eta_r\xi_n^2+\eta_z\xi_l^2+s)} \tag{21.83.2}$$

and

$$p = \frac{\pi U(t-t_0)}{2\phi c_t}\sum_{n=1}^{\infty}\frac{\xi_n^2\{\lambda J_0(\xi_n a)+\xi_n J_1(\xi_n a)\}^2\mathcal{V}_{\mathcal{N}0}(\xi r_0,b)\mathcal{V}_{\mathcal{N}0}(\xi r,b)}{\left[\{\lambda J_0(\xi_n a)+\xi_n J_1(\xi_n a)\}^2-(\lambda^2+\xi_n^2)J_1^2(\xi_n b)\right]}\times$$
$$\sum_{l=1}^{\infty}\frac{(\xi_l^2+\lambda_0^2)\sin\{\xi_l(d-z_0)\}\sin\{\xi_l(d-z)\}\int_0^{t-t_0}q(t-t_0-\tau)e^{-(\eta_r\xi_n^2+\eta_z\xi_l^2)\tau}d\tau}{\{d(\xi_l^2+\lambda_0^2)+\lambda_0\}}+$$
$$+\frac{2\pi}{\phi c_t}\sum_{n=1}^{\infty}\frac{\xi_n^2 J_1(\xi_n b)\{\lambda J_0(\xi_n a)+\xi_n J_1(\xi_n a)\}\mathcal{V}_{\mathcal{N}0}(\xi r,b)}{\left[\{\lambda J_0(\xi_n a)+\xi_n J_1(\xi_n a)\}^2-(\lambda^2+\xi_n^2)J_1^2(\xi_n b)\right]}\times$$
$$\times\sum_{l=1}^{\infty}\frac{(\xi_l^2+\lambda_0^2)\sin\{\xi_l(d-z)\}\int_0^t\overline{\psi}_a(\xi_l,t-\tau)e^{-(\eta_r\xi_n^2+\eta_z\xi_l^2)\tau}d\tau}{\{d(\xi_l^2+\lambda_0^2)+\lambda_0\}}-$$
$$-\frac{2\pi}{\phi c_t}\sum_{n=1}^{\infty}\frac{\xi_n\{\lambda J_0(\xi_n a)+\xi_n J_1(\xi_n a)\}^2\mathcal{V}_{\mathcal{N}0}(\xi r,b)}{\left[\{\lambda J_0(\xi_n a)+\xi_n J_1(\xi_n a)\}^2-(\lambda^2+\xi_n^2)J_1^2(\xi_n b)\right]}\times$$

$$\times \sum_{l=1}^{\infty} \frac{\left(\xi_l^2+\lambda_0^2\right) \sin\left\{\xi_l (d-z)\right\} \int_0^t \overline{\psi}_b\left(\xi_l, t-\tau\right) e^{-\left(\eta_r \xi_n^2+\eta_z \xi_l^2\right)\tau} d\tau}{\left\{d\left(\xi_l^2+\lambda_0^2\right)+\lambda_0\right\}} +$$
$$+\pi^2 \sum_{n=1}^{\infty} \frac{\xi_n^2 \left\{\lambda J_0\left(\xi_n a\right)+\xi_n J_1\left(\xi_n a\right)\right\}^2 \mathcal{V}_{\mathcal{N}0}\left(\xi r, b\right)}{\left[\left\{\lambda J_0\left(\xi_n a\right)+\xi_n J_1\left(\xi_n a\right)\right\}^2-\left(\lambda^2+\xi_n^2\right) J_1^2\left(\xi_n b\right)\right]} \times$$
$$\times \sum_{l=1}^{\infty} \frac{\left(\xi_l^2+\lambda_0^2\right) \sin\left\{\xi_l (d-z)\right\} \int_0^t \left\{\frac{\sin(\xi_l d)}{\phi c_t} \overline{\psi}_0\left(\xi_n, t-\tau\right)+\eta_z \xi_l \overline{\psi}_d\left(\xi_n, t-\tau\right)\right\} e^{-\left(\eta_r \xi_n^2+\eta_z \xi_l^2\right)\tau} d\tau}{\left\{d\left(\xi_l^2+\lambda_0^2\right)+\lambda_0\right\}} +$$
$$+\pi^2 \sum_{n=1}^{\infty} \frac{\xi_n^2 \left\{\lambda J_0\left(\xi_n a\right)+\xi_n J_1\left(\xi_n a\right)\right\}^2 \mathcal{V}_{\mathcal{N}0}\left(\xi r, b\right) e^{-\eta_r \xi_n^2 t}}{\left[\left\{\lambda J_0\left(\xi_n a\right)+\xi_n J_1\left(\xi_n a\right)\right\}^2-\left(\lambda^2+\xi_n^2\right) J_1^2\left(\xi_n b\right)\right]} \sum_{l=1}^{\infty} \frac{\overline{\overline{\varphi}}\left(\xi_n, \xi_l\right)\left(\xi_l^2+\lambda_0^2\right) \sin\left\{\xi_l (d-z)\right\} e^{-\eta_z \xi_l^2 t}}{\left\{d\left(\xi_l^2+\lambda_0^2\right)+\lambda_0\right\}}$$

(21.83.3)

21.84 The problem of 21.76, except
$\mathbf{R}_a \equiv \frac{\partial p(a,z,t)}{\partial r} - \lambda p(a,z,t) = -\left(\frac{\mu}{k_r}\right)\psi_a(z,t)$,
$\mathbf{R}_b \equiv \frac{\partial p(b,z,t)}{\partial r} + \lambda_b p(b,z,t) = -\left(\frac{\mu}{k_r}\right)\psi_b(z,t)$,
$\mathbf{R}_0 \equiv \frac{\partial p(r,0,t)}{\partial z} - \lambda_0 p(r,0,t) = -\left(\frac{\mu}{k_z}\right)\psi_0(r,t)$ **and**
$\mathbf{D}_d \equiv p(r,d,t) = \psi_d(r,t)$

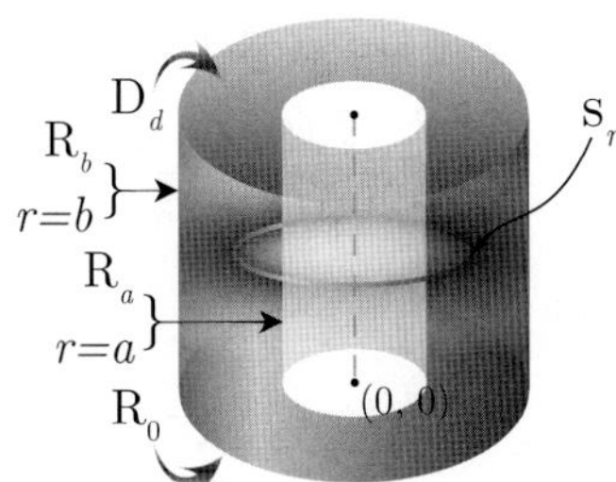

Successive application of the Laplace, Fourier and finite Hankel transformations to equation (18.1.1) gives

$$\overline{\overline{\overline{p}}} = \frac{q(s) e^{-st_0} \sin\left\{\xi_l (d-z_0)\right\}\left\{\xi_n \mathcal{V}_{\mathcal{N}0}\left(\xi_n r_0, a\right)-\lambda_a \mathcal{V}_{\mathcal{D}0}\left(\xi_n r_0, a\right)\right\}}{2\pi \phi c_t \left(\eta_r \xi_n^2+\eta_z \xi_l^2+s\right)} +$$
$$+\frac{2\left\{\lambda_a J_0\left(\xi_n a\right)+\xi_n J_1\left(\xi_n a\right)\right\} \overline{\overline{\psi}}_b\left(\xi_l, s\right)}{\pi \phi c_t \left(\eta_r \xi_n^2+\eta_z \xi_l^2+s\right)\left\{\lambda_b J_0\left(\xi_n b\right)-\xi_n J_1\left(\xi_n b\right)\right\}} +$$
$$+\frac{2\overline{\overline{\psi}}_a\left(\xi_l, s\right)}{\pi \phi c_t \left(\eta_r \xi_n^2+\eta_z \xi_l^2+s\right)} + \frac{\left\{\frac{\sin(\xi_l d)}{\phi c_t} \overline{\overline{\psi}}_0\left(\xi_n, s\right)+\eta_z \xi_l \overline{\overline{\psi}}_d\left(\xi_n, s\right)\right\}}{\left(\eta_r \xi_n^2+\eta_z \xi_l^2+s\right)} + \frac{\overline{\overline{\varphi}}\left(\xi_n, \xi_l\right)}{\left(\eta_r \xi_n^2+\eta_z \xi_l^2+s\right)} \qquad (21.84.1)$$

where $\xi_n, n=1,2,...$, are the positive roots of $\lambda_a\left\{\mathcal{V}_{\mathcal{D}0}'\left(\xi_n b, a\right)+\lambda_b \mathcal{V}_{\mathcal{D}0}\left(\xi_n b, a\right)\right\}-\xi_n\left\{\mathcal{V}_{\mathcal{N}0}'\left(\xi_n b, a\right)+\lambda_b \mathcal{V}_{\mathcal{N}0}\left(\xi_n b, a\right)\right\}=0$, ξ_l are the positive roots of $\xi_l \cot\left(\xi_l d\right)=-\lambda_0$, $l=1,2,....$ $\overline{\overline{\psi}}_0\left(\xi_n, s\right)=\int_a^b \overline{\psi}_0(r,s)\, r\left\{\xi_n \mathcal{V}_{\mathcal{N}0}\left(\xi_n r, a\right)-\lambda_a \mathcal{V}_{\mathcal{D}0}\left(\xi_n r, a\right)\right\} dr$, $\overline{\overline{\psi}}_d\left(\xi_n, s\right)=\int_a^b \overline{\psi}_d(r,s)\, r\left\{\xi_n \mathcal{V}_{\mathcal{N}0}\left(\xi_n r, a\right)-\lambda_a \mathcal{V}_{\mathcal{D}0}\left(\xi_n r, a\right)\right\} dr$, $\overline{\overline{\psi}}_a\left(\xi_l, s\right)=\int_0^d \sin\left\{\xi_l (d-z)\right\} \overline{\psi}_a(z,s) dz$, $\overline{\overline{\psi}}_b\left(\xi_l, s\right)=\int_0^d \sin\left\{\xi_l (d-z)\right\} \overline{\psi}_b(z,s) dz$, $\overline{\overline{\varphi}}\left(\xi_n, \xi_l\right)=\int_a^b \overline{\varphi}\left(r, \xi_l\right) r\left\{\xi_n \mathcal{V}_{\mathcal{N}0}\left(\xi_n r, a\right)-\lambda_a \mathcal{V}_{\mathcal{D}0}\left(\xi_n r, a\right)\right\} dr$ and $\overline{\varphi}\left(r, \xi_l\right)=\int_0^d \sin\left\{\xi_l (d-z)\right\} \varphi(r,z) dz$. Successive inverse transforms yield

$$\overline{p} = \frac{\pi q(s) e^{-st_0}}{2\phi c_t} \sum_{n=1}^{\infty} \xi_n^2 \left\{\xi_n J_1\left(\xi_n b\right)-\lambda_b J_0\left(\xi_n b\right)\right\}^2 \times$$
$$\times \frac{\left\{\xi_n \mathcal{V}_{\mathcal{N}0}\left(\xi_n r_0, a\right)-\lambda_a \mathcal{V}_{\mathcal{D}0}\left(\xi_n r_0, a\right)\right\}\left\{\xi_n \mathcal{V}_{\mathcal{N}0}\left(\xi_n r, a\right)-\lambda_a \mathcal{V}_{\mathcal{D}0}\left(\xi_n r, a\right)\right\}}{\left[\left(\lambda_b^2+\xi_n^2\right)\left\{\lambda_a J_0\left(\xi_n a\right)+\xi_n J_1\left(\xi_n a\right)\right\}^2-\left(\lambda_a^2+\xi_n^2\right)\left\{\lambda_b J_0\left(\xi_n b\right)+\xi_n J_1\left(\xi_n b\right)\right\}^2\right]} \times$$
$$\times \sum_{l=1}^{\infty} \frac{\left(\xi_l^2+\lambda_0^2\right) \sin\left\{\xi_l (d-z_0)\right\} \sin\left\{\xi_l (d-z)\right\}}{\left\{d\left(\xi_l^2+\lambda_0^2\right)+\lambda_0\right\}\left(\eta_r \xi_n^2+\eta_z \xi_l^2+s\right)} +$$
$$+\frac{2\pi}{\phi c_t} \sum_{n=1}^{\infty} \frac{\xi_n^2 \left\{\xi_n J_1\left(\xi_n b\right)-\lambda_b J_0\left(\xi_n b\right)\right\}^2 \left\{\xi_n \mathcal{V}_{\mathcal{N}0}\left(\xi_n r, a\right)-\lambda_a \mathcal{V}_{\mathcal{D}0}\left(\xi_n r, a\right)\right\}}{\left[\left(\lambda_b^2+\xi_n^2\right)\left\{\lambda_a J_0\left(\xi_n a\right)+\xi_n J_1\left(\xi_n a\right)\right\}^2-\left(\lambda_a^2+\xi_n^2\right)\left\{\lambda_b J_0\left(\xi_n b\right)+\xi_n J_1\left(\xi_n b\right)\right\}^2\right]} \times$$

$$\times\sum_{l=1}^{\infty}\frac{\overline{\overline{\psi}}_a(\xi_l,s)\left(\xi_l^2+\lambda_0^2\right)\sin\{\xi_l(d-z)\}}{\{d(\xi_l^2+\lambda_0^2)+\lambda_0\}(\eta_r\xi_n^2+\eta_z\xi_l^2+s)}+$$

$$+\frac{2\pi}{\phi c_t}\sum_{n=1}^{\infty}\frac{\xi_n^2\{\xi_nJ_1(\xi_nb)-\lambda_bJ_0(\xi_nb)\}\{\xi_nJ_1(\xi_na)+\lambda_aJ_0(\xi_na)\}\{\xi_n\mathcal{V}_{\mathcal{N}0}(\xi_nr,a)-\lambda_a\mathcal{V}_{\mathcal{D}0}(\xi_nr,a)\}}{\left[(\lambda_b^2+\xi_n^2)\{\lambda_aJ_0(\xi_na)+\xi_nJ_1(\xi_na)\}^2-(\lambda_a^2+\xi_n^2)\{\lambda_bJ_0(\xi_nb)+\xi_nJ_1(\xi_nb)\}^2\right]}\times$$

$$\times\sum_{l=1}^{\infty}\frac{\overline{\overline{\psi}}_b(\xi_l,s)\left(\xi_l^2+\lambda_0^2\right)\sin\{\xi_l(d-z)\}}{\{d(\xi_l^2+\lambda_0^2)+\lambda_0\}(\eta_r\xi_n^2+\eta_z\xi_l^2+s)}+$$

$$+\pi^2\sum_{n=1}^{\infty}\frac{\xi_n^2\{\xi_nJ_1(\xi_nb)-\lambda_bJ_0(\xi_nb)\}^2\{\xi_n\mathcal{V}_{\mathcal{N}0}(\xi_nr,a)-\lambda_a\mathcal{V}_{\mathcal{D}0}(\xi_nr,a)\}}{\left[(\lambda_b^2+\xi_n^2)\{\lambda_aJ_0(\xi_na)+\xi_nJ_1(\xi_na)\}^2-(\lambda_a^2+\xi_n^2)\{\lambda_bJ_0(\xi_nb)+\xi_nJ_1(\xi_nb)\}^2\right]}\times$$

$$\times\sum_{l=1}^{\infty}\frac{\left(\xi_l^2+\lambda_0^2\right)\left\{\frac{\sin(\xi_ld)}{\phi c_t}\overline{\overline{\psi}}_0(\xi_n,s)+\eta_z\xi_l\overline{\overline{\psi}}_d(\xi_n,s)\right\}\sin\{\xi_l(d-z)\}}{\{d(\xi_l^2+\lambda_0^2)+\lambda_0\}(\eta_r\xi_n^2+\eta_z\xi_l^2+s)}+$$

$$+\pi^2\sum_{n=1}^{\infty}\frac{\xi_n^2\{\xi_nJ_1(\xi_nb)-\lambda_bJ_0(\xi_nb)\}^2\{\xi_n\mathcal{V}_{\mathcal{N}0}(\xi_nr,a)-\lambda_a\mathcal{V}_{\mathcal{D}0}(\xi_nr,a)\}}{\left[(\lambda_b^2+\xi_n^2)\{\lambda_aJ_0(\xi_na)+\xi_nJ_1(\xi_na)\}^2-(\lambda_a^2+\xi_n^2)\{\lambda_bJ_0(\xi_nb)+\xi_nJ_1(\xi_nb)\}^2\right]}\times$$

$$\times\sum_{l=1}^{\infty}\frac{\overline{\overline{\varphi}}(\xi_n,\xi_l)\left(\xi_l^2+\lambda_0^2\right)\sin\{\xi_l(d-z)\}}{\{d(\xi_l^2+\lambda_0^2)+\lambda_0\}(\eta_r\xi_n^2+\eta_z\xi_l^2+s)}\qquad(21.84.2)$$

and

$$p=\frac{\pi U(t-t_0)}{2\phi c_t}\sum_{n=1}^{\infty}\frac{\xi_n^2\{\xi_nJ_1(\xi_nb)-\lambda_bJ_0(\xi_nb)\}^2\{\xi_n\mathcal{V}_{\mathcal{N}0}(\xi_nr_0,a)-\lambda_a\mathcal{V}_{\mathcal{D}0}(\xi_nr_0,a)\}}{\left[(\lambda_b^2+\xi_n^2)\{\lambda_aJ_0(\xi_na)+\xi_nJ_1(\xi_na)\}^2-(\lambda_a^2+\xi_n^2)\{\lambda_bJ_0(\xi_nb)+\xi_nJ_1(\xi_nb)\}^2\right]}\times$$

$$\times\{\xi_n\mathcal{V}_{\mathcal{N}0}(\xi_nr,a)-\lambda_a\mathcal{V}_{\mathcal{D}0}(\xi_nr,a)\}\times$$

$$\times\sum_{l=1}^{\infty}\frac{\left(\xi_l^2+\lambda_0^2\right)\sin\{\xi_l(d-z_0)\}\sin\{\xi_l(d-z)\}\int_0^{t-t_0}q(t-t_0-\tau)\,e^{-(\eta_r\xi_n^2+\eta_z\xi_l^2)\tau}d\tau}{\{d(\xi_l^2+\lambda_0^2)+\lambda_0\}}+$$

$$+\frac{2\pi}{\phi c_t}\sum_{n=1}^{\infty}\frac{\xi_n^2\{\xi_nJ_1(\xi_nb)-\lambda_bJ_0(\xi_nb)\}^2\{\xi_n\mathcal{V}_{\mathcal{N}0}(\xi_nr,a)-\lambda_a\mathcal{V}_{\mathcal{D}0}(\xi_nr,a)\}}{\left[(\lambda_b^2+\xi_n^2)\{\lambda_aJ_0(\xi_na)+\xi_nJ_1(\xi_na)\}^2-(\lambda_a^2+\xi_n^2)\{\lambda_bJ_0(\xi_nb)+\xi_nJ_1(\xi_nb)\}^2\right]}\times$$

$$\times\sum_{l=1}^{\infty}\frac{\left(\xi_l^2+\lambda_0^2\right)\sin\{\xi_l(d-z)\}\int_0^t\overline{\psi}_a(\xi_l,t-\tau)\,e^{-(\eta_r\xi_n^2+\eta_z\xi_l^2)\tau}d\tau}{\{d(\xi_l^2+\lambda_0^2)+\lambda_0\}}+$$

$$+\frac{2\pi}{\phi c_t}\sum_{n=1}^{\infty}\frac{\xi_n^2\{\xi_nJ_1(\xi_nb)-\lambda_bJ_0(\xi_nb)\}\{\xi_nJ_1(\xi_na)+\lambda_aJ_0(\xi_na)\}\{\xi_n\mathcal{V}_{\mathcal{N}0}(\xi_nr,a)-\lambda_a\mathcal{V}_{\mathcal{D}0}(\xi_nr,a)\}}{\left[(\lambda_b^2+\xi_n^2)\{\lambda_aJ_0(\xi_na)+\xi_nJ_1(\xi_na)\}^2-(\lambda_a^2+\xi_n^2)\{\lambda_bJ_0(\xi_nb)+\xi_nJ_1(\xi_nb)\}^2\right]}\times$$

$$\times\sum_{l=1}^{\infty}\frac{\left(\xi_l^2+\lambda_0^2\right)\sin\{\xi_l(d-z)\}\int_0^t\overline{\psi}_b(\xi_l,t-\tau)\,e^{-(\eta_r\xi_n^2+\eta_z\xi_l^2)\tau}d\tau}{\{d(\xi_l^2+\lambda_0^2)+\lambda_0\}}+$$

$$+\pi^2\sum_{n=1}^{\infty}\frac{\xi_n^2\{\xi_nJ_1(\xi_nb)-\lambda_bJ_0(\xi_nb)\}^2\{\xi_n\mathcal{V}_{\mathcal{N}0}(\xi_nr,a)-\lambda_a\mathcal{V}_{\mathcal{D}0}(\xi_nr,a)\}}{\left[(\lambda_b^2+\xi_n^2)\{\lambda_aJ_0(\xi_na)+\xi_nJ_1(\xi_na)\}^2-(\lambda_a^2+\xi_n^2)\{\lambda_bJ_0(\xi_nb)+\xi_nJ_1(\xi_nb)\}^2\right]}\times$$

$$\times\sum_{l=1}^{\infty}\frac{\left(\xi_l^2+\lambda_0^2\right)\sin\{\xi_l(d-z)\}\int_0^t\left\{\frac{\sin(\xi_ld)}{\phi c_t}\overline{\psi}_0(\xi_n,t-\tau)+\eta_z\xi_l\overline{\psi}_d(\xi_n,t-\tau)\right\}e^{-(\eta_r\xi_n^2+\eta_z\xi_l^2)\tau}d\tau}{\{d(\xi_l^2+\lambda_0^2)+\lambda_0\}}+$$

$$+\pi^2\sum_{n=1}^{\infty}\frac{\xi_n^2\{\xi_nJ_1(\xi_nb)-\lambda_bJ_0(\xi_nb)\}^2\{\xi_n\mathcal{V}_{\mathcal{N}0}(\xi_nr,a)-\lambda_a\mathcal{V}_{\mathcal{D}0}(\xi_nr,a)\}\,e^{-\eta_r\xi_n^2t}}{\left[(\lambda_b^2+\xi_n^2)\{\lambda_aJ_0(\xi_na)+\xi_nJ_1(\xi_na)\}^2-(\lambda_a^2+\xi_n^2)\{\lambda_bJ_0(\xi_nb)+\xi_nJ_1(\xi_nb)\}^2\right]}\times$$

$$\times\sum_{l=1}^{\infty}\frac{\overline{\overline{\varphi}}(\xi_n,\xi_l)\left(\xi_l^2+\lambda_0^2\right)\sin\{\xi_l(d-z)\}\,e^{-\eta_z\xi_l^2t}}{\{d(\xi_l^2+\lambda_0^2)+\lambda_0\}}\qquad(21.84.3)$$

21.85 **A cylindrical continuum bounded by $0 \le r \le a$ and $0 \le z \le d$.**
Ring source at $s_r \equiv (r_0, z_0)$; $0 \le r_0 \le a$, $0 < z_0 < d$, $t_0 \ge 0$.
$R_0 \equiv \frac{\partial p(r,0,t)}{\partial z} - \lambda_0 p(r,0,t) = -\left(\frac{\mu}{k_z}\right)\psi_0(r,t)$,
$N_d \equiv \frac{\partial p(r,d,t)}{\partial z} = -\left(\frac{\mu}{k_z}\right)\psi_d(r,t)$ and $D_a \equiv p(a,z,t) = \psi_a(z,t)$.
$p(r,z,0) = \varphi(r,z)$

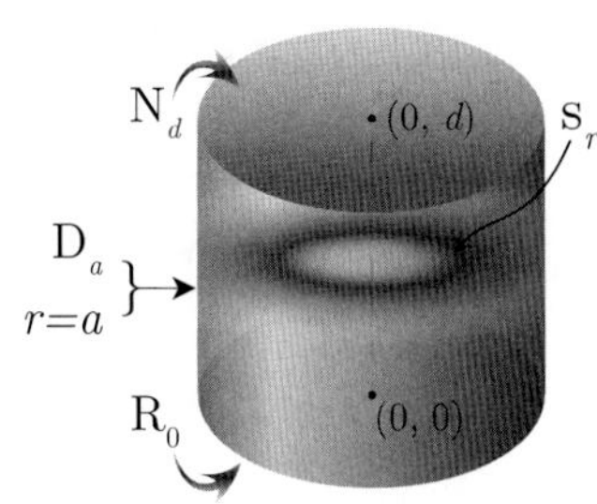

Successive application of the Laplace, Fourier and finite Hankel transformations to equation (18.1.1) gives

$$\overline{\overline{\overline{p}}} = \frac{q(s)\,e^{-st_0}\cos\{\xi_l(d-z_0)\}\,J_0(\xi_n r_0)}{2\pi\phi c_t\left(\eta_r\xi_n^2+\eta_z\xi_l^2+s\right)} + \frac{a\eta_r\xi_n\overline{\overline{\psi}}_a(\xi_l,s)\,J_1(\xi_n a)}{\left(\eta_r\xi_n^2+\eta_z\xi_l^2+s\right)} + \\ + \frac{\left\{\cos(\xi_l d)\,\overline{\overline{\psi}}_0(\xi_n,s) - \overline{\overline{\psi}}_d(\xi_n,s)\right\}}{\phi c_t\left(\eta_r\xi_n^2+\eta_z\xi_l^2+s\right)} + \frac{\overline{\overline{\varphi}}(\xi_n,\xi_l)}{\left(\eta_r\xi_n^2+\eta_z\xi_l^2+s\right)} \tag{21.85.1}$$

where ξ_n are the positive roots of $J_0(\xi_n a) = 0$, $n = 1, 2, ...$, ξ_l are the positive roots of $\xi_l\tan(\xi_l d) = \lambda_0$, $l = 1, 2, ...$, $\overline{\overline{\psi}}_a(\xi_l,s) = \int_0^d \cos\{\xi_l(d-z)\}\,\overline{\psi}_a(z,s)dz$, $\overline{\overline{\psi}}_0(\xi_n,s) = \int_0^a \overline{\psi}_0(r,s)rJ_0(\xi r)\,dr$, $\overline{\overline{\psi}}_d(\xi_n,s) = \int_0^a \overline{\psi}_d(r,s)rJ_0(\xi r)\,dr$, $\overline{\overline{\varphi}}(\xi_n,\xi_l) = \int_0^a \overline{\varphi}(r,\xi_l)\,rJ_0(\xi_n r)\,dr$ and $\overline{\varphi}(r,\xi_l) = \int_0^d \cos\{\xi_l(d-z)\}\,\varphi(r,z)dz$. Successive inverse transforms yield

$$\overline{p} = \frac{2q(s)\,e^{-st_0}}{\pi a^2\phi c_t}\sum_{n=1}^{\infty}\frac{J_0(\xi_n r_0)\,J_0(\xi_n r)}{J_1^2(\xi_n a)}\sum_{l=1}^{\infty}\frac{\left(\xi_l^2+\lambda_0^2\right)\cos\{\xi_l(d-z_0)\}\cos\{\xi_l(d-z)\}}{\left\{d\left(\xi_l^2+\lambda_0^2\right)+\lambda_0\right\}\left(\eta_r\xi_n^2+\eta_z\xi_l^2+s\right)} + \\ + \frac{4\eta_r}{a}\sum_{n=1}^{\infty}\frac{\xi_n J_0(\xi_n r)}{J_1(\xi_n a)}\sum_{l=1}^{\infty}\frac{\overline{\overline{\psi}}_a(\xi_l,s)\left(\xi_l^2+\lambda_0^2\right)\cos\{\xi_l(d-z)\}}{\left\{d\left(\xi_l^2+\lambda_0^2\right)+\lambda_0\right\}\left(\eta_r\xi_n^2+\eta_z\xi_l^2+s\right)} + \\ + \frac{4}{a^2\phi c_t}\sum_{n=1}^{\infty}\frac{J_0(\xi_n r)}{J_1^2(\xi_n a)}\sum_{l=1}^{\infty}\frac{\left(\xi_l^2+\lambda_0^2\right)\left\{\cos(\xi_l d)\,\overline{\overline{\psi}}_0(\xi_n,s) - \overline{\overline{\psi}}_d(\xi_n,s)\right\}\cos\{\xi_l(d-z)\}}{\left\{d\left(\xi_l^2+\lambda_0^2\right)+\lambda_0\right\}\left(\eta_r\xi_n^2+\eta_z\xi_l^2+s\right)} + \\ + \frac{4}{a^2}\sum_{n=1}^{\infty}\frac{J_0(\xi_n r)}{J_1^2(\xi_n a)}\sum_{l=1}^{\infty}\frac{\overline{\overline{\varphi}}(\xi_n,\xi_l)\left(\xi_l^2+\lambda_0^2\right)\cos\{\xi_l(d-z)\}}{\left\{d\left(\xi_l^2+\lambda_0^2\right)+\lambda_0\right\}\left(\eta_r\xi_n^2+\eta_z\xi_l^2+s\right)} \tag{21.85.2}$$

and

$$p = \frac{2U(t-t_0)}{\pi a^2\phi c_t}\sum_{n=1}^{\infty}\frac{J_0(\xi_n r_0)\,J_0(\xi_n r)}{J_1^2(\xi_n a)}\times \\ \times\sum_{l=1}^{\infty}\frac{\left(\xi_l^2+\lambda_0^2\right)\cos\{\xi_l(d-z_0)\}\cos\{\xi_l(d-z)\}\int_0^{t-t_0} q(t-t_0-\tau)\,e^{-\left(\eta_r\xi_n^2+\eta_z\xi_l^2\right)\tau}d\tau}{\left\{d\left(\xi_l^2+\lambda_0^2\right)+\lambda_0\right\}} + \\ + \frac{4\eta_r}{a}\sum_{n=1}^{\infty}\frac{\xi_n J_0(\xi_n r)}{J_1(\xi_n a)}\sum_{l=1}^{\infty}\frac{\left(\xi_l^2+\lambda_0^2\right)\cos\{\xi_l(d-z)\}\int_0^t \overline{\psi}_a(\xi_l,t-\tau)\,e^{-\left(\eta_r\xi_n^2+\eta_z\xi_l^2\right)\tau}d\tau}{\left\{d\left(\xi_l^2+\lambda_0^2\right)+\lambda_0\right\}} + \\ + \frac{4}{a^2\phi c_t}\sum_{n=1}^{\infty}\frac{J_0(\xi_n r)}{J_1^2(\xi_n a)}\times \\ \times\sum_{l=1}^{\infty}\frac{\left(\xi_l^2+\lambda_0^2\right)\cos\{\xi_l(d-z)\}\int_0^t\left\{\cos(\xi_l d)\,\overline{\psi}_0(\xi_n,t-\tau) - \overline{\psi}_d(\xi_n,t-\tau)\right\}e^{-\left(\eta_r\xi_n^2+\eta_z\xi_l^2\right)\tau}d\tau}{\left\{d\left(\xi_l^2+\lambda_0^2\right)+\lambda_0\right\}} + \\ + \frac{4}{a^2}\sum_{n=1}^{\infty}\frac{J_0(\xi_n r)\,e^{-\eta_r\xi_n^2 t}}{J_1^2(\xi_n a)}\sum_{l=1}^{\infty}\frac{\overline{\overline{\varphi}}(\xi_n,\xi_l)\left(\xi_l^2+\lambda_0^2\right)\cos\{\xi_l(d-z)\}\,e^{-\eta_z\xi_l^2 t}}{\left\{d\left(\xi_l^2+\lambda_0^2\right)+\lambda_0\right\}} \tag{21.85.3}$$

21.86

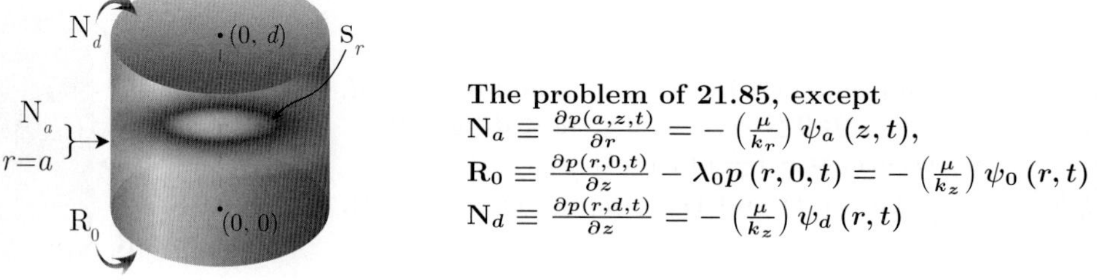

The problem of 21.85, except
$\mathbf{N}_a \equiv \frac{\partial p(a,z,t)}{\partial r} = -\left(\frac{\mu}{k_r}\right)\psi_a(z,t)$,
$\mathbf{R}_0 \equiv \frac{\partial p(r,0,t)}{\partial z} - \lambda_0 p(r,0,t) = -\left(\frac{\mu}{k_z}\right)\psi_0(r,t)$ **and**
$\mathbf{N}_d \equiv \frac{\partial p(r,d,t)}{\partial z} = -\left(\frac{\mu}{k_z}\right)\psi_d(r,t)$

Successive application of the Laplace, Fourier and finite Hankel transformations to equation (18.1.1) gives

$$\overline{\overline{\overline{p}}} = \frac{q(s)\,e^{-st_0}\cos\{\xi_l(d-z_0)\}\,J_0(\xi_n r_0)}{2\pi\phi c_t(\eta_r\xi_n^2+\eta_z\xi_l^2+s)} - \frac{a\overline{\overline{\psi}}_a(\xi_l,s)\,J_0(\xi_n a)}{\phi c_t(\eta_r\xi_n^2+\eta_z\xi_l^2+s)} + \\ + \frac{\left\{\cos(\xi_l d)\,\overline{\overline{\psi}}_0(\xi_n,s) - \overline{\overline{\psi}}_d(\xi_n,s)\right\}}{\phi c_t(\eta_r\xi_n^2+\eta_z\xi_l^2+s)} + \frac{\overline{\overline{\varphi}}(\xi_n,\xi_l)}{(\eta_r\xi_n^2+\eta_z\xi_l^2+s)} \tag{21.86.1}$$

where ξ_n are the positive roots of $J_1(\xi_n a)=0$, $n=1,2,...$, ξ_l are the positive roots of $\xi_l\tan(\xi_l d)=\lambda_0$, $l=1,2,...$, $\overline{\overline{\psi}}_a(\xi_l,s)=\int_0^d\cos\{\xi_l(d-z)\}\,\overline{\psi}_a(z,s)dz$, $\overline{\overline{\psi}}_0(\xi_n,s)=\int_0^a\overline{\psi}_0(r,s)rJ_0(\xi r)\,dr$, $\overline{\overline{\psi}}_d(\xi_n,s)=\int_0^a\overline{\psi}_d(r,s)rJ_0(\xi r)\,dr$, $\overline{\overline{\varphi}}(\xi_n,\xi_l)=\int_0^a\overline{\varphi}(r,\xi_l)\,rJ_0(\xi_n r)\,dr$ and $\overline{\varphi}(r,\xi_l)=\int_0^d\cos\{\xi_l(d-z)\}\,\varphi(r,z)dz$. Successive inverse transforms yield

$$\overline{p} = \frac{2q(s)\,e^{-st_0}}{\pi a^2\phi c_t}\sum_{n=0}^{\infty}\frac{J_0(\xi_n r_0)\,J_0(\xi_n r)}{J_0^2(\xi_n a)}\sum_{l=1}^{\infty}\frac{(\xi_l^2+\lambda_0^2)\cos\{\xi_l(d-z_0)\}\cos\{\xi_l(d-z)\}}{\{d(\xi_l^2+\lambda_0^2)+\lambda_0\}(\eta_r\xi_n^2+\eta_z\xi_l^2+s)} - \\ -\frac{4}{a\phi c_t}\sum_{n=0}^{\infty}\frac{J_0(\xi_n r)}{J_0(\xi_n a)}\sum_{l=1}^{\infty}\frac{\overline{\overline{\psi}}_a(\xi_l,s)\,(\xi_l^2+\lambda_0^2)\cos\{\xi_l(d-z)\}}{\{d(\xi_l^2+\lambda_0^2)+\lambda_0\}(\eta_r\xi_n^2+\eta_z\xi_l^2+s)} + \\ +\frac{4}{a^2\phi c_t}\sum_{n=0}^{\infty}\frac{J_0(\xi_n r)}{J_0^2(\xi_n a)}\sum_{l=1}^{\infty}\frac{(\xi_l^2+\lambda_0^2)\left\{\cos(\xi_l d)\,\overline{\overline{\psi}}_0(\xi_n,s)-\overline{\overline{\psi}}_d(\xi_n,s)\right\}\cos\{\xi_l(d-z)\}}{\{d(\xi_l^2+\lambda_0^2)+\lambda_0\}(\eta_r\xi_n^2+\eta_z\xi_l^2+s)} + \\ +\frac{4}{a^2}\sum_{n=0}^{\infty}\frac{J_0(\xi_n r)}{J_0^2(\xi_n a)}\sum_{l=1}^{\infty}\frac{\overline{\overline{\varphi}}(\xi_n,\xi_l)\,(\xi_l^2+\lambda_0^2)\cos\{\xi_l(d-z)\}}{\{d(\xi_l^2+\lambda_0^2)+\lambda_0\}(\eta_r\xi_n^2+\eta_z\xi_l^2+s)} \tag{21.86.2}$$

and

$$p = \frac{2U(t-t_0)}{\pi a^2\phi c_t}\sum_{n=0}^{\infty}\frac{J_0(\xi_n r_0)\,J_0(\xi_n r)}{J_0^2(\xi_n a)}\times \\ \times\sum_{l=1}^{\infty}\frac{(\xi_l^2+\lambda_0^2)\cos\{\xi_l(d-z_0)\}\cos\{\xi_l(d-z)\}\int_0^{t-t_0}q(t-t_0-\tau)\,e^{-(\eta_r\xi_n^2+\eta_z\xi_l^2)\tau}d\tau}{\{d(\xi_l^2+\lambda_0^2)+\lambda_0\}} - \\ -\frac{4}{a\phi c_t}\sum_{n=0}^{\infty}\frac{J_0(\xi_n r)}{J_0(\xi_n a)}\sum_{l=1}^{\infty}\frac{(\xi_l^2+\lambda_0^2)\cos\{\xi_l(d-z)\}\int_0^t\overline{\psi}_a(\xi_l,t-\tau)\,e^{-(\eta_r\xi_n^2+\eta_z\xi_l^2)\tau}d\tau}{\{d(\xi_l^2+\lambda_0^2)+\lambda_0\}} + \\ +\frac{4}{a^2\phi c_t}\sum_{n=0}^{\infty}\frac{J_0(\xi_n r)}{J_0^2(\xi_n a)}\times \\ \times\sum_{l=1}^{\infty}\frac{(\xi_l^2+\lambda_0^2)\cos\{\xi_l(d-z)\}\int_0^t\left\{\cos(\xi_l d)\,\overline{\psi}_0(\xi_n,t-\tau)-\overline{\psi}_d(\xi_n,t-\tau)\right\}e^{-(\eta_r\xi_n^2+\eta_z\xi_l^2)\tau}d\tau}{\{d(\xi_l^2+\lambda_0^2)+\lambda_0\}} + \\ +\frac{4}{a^2}\sum_{n=0}^{\infty}\frac{J_0(\xi_n r)\,e^{-\eta_r\xi_n^2 t}}{J_0^2(\xi_n a)}\sum_{l=1}^{\infty}\frac{\overline{\overline{\varphi}}(\xi_n,\xi_l)\,(\xi_l^2+\lambda_0^2)\cos\{\xi_l(d-z)\}\,e^{-\eta_z\xi_l^2 t}}{\{d(\xi_l^2+\lambda_0^2)+\lambda_0\}} \tag{21.86.3}$$

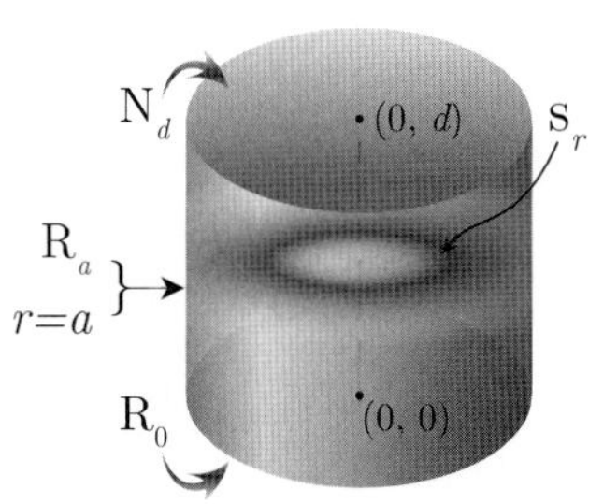

21.87 **The problem of 21.85, except**
$\mathbf{R}_a \equiv \frac{\partial p(a,z,t)}{\partial r} + \lambda p\,(a,z,t) = -\left(\frac{\mu}{k_r}\right)\psi_a(z,t),$
$\mathbf{R}_0 \equiv \frac{\partial p(r,0,t)}{\partial z} - \lambda_0 p\,(r,0,t) = -\left(\frac{\mu}{k_z}\right)\psi_0\,(r,t)$ **and**
$\mathbf{N}_d \equiv \frac{\partial p(r,d,t)}{\partial z} = -\left(\frac{\mu}{k_z}\right)\psi_d\,(r,t)$

Successive application of the Laplace, Fourier and finite Hankel transformations to equation (18.1.1) gives

$$\overline{\overline{\overline{p}}} = \frac{q\,(s)\,e^{-st_0}\cos\{\xi_l\,(d-z_0)\}\,J_0\,(\xi_n r_0)}{2\pi\phi c_t\,(\eta_r\xi_n^2+\eta_z\xi_l^2+s)} - \frac{a\overline{\overline{\psi}}_a\,(\xi_l,s)\,J_0\,(\xi_n a)}{\phi c_t\,(\eta_r\xi_n^2+\eta_z\xi_l^2+s)} + \\ + \frac{\left\{\cos(\xi_l d)\,\overline{\overline{\psi}}_0\,(\xi_n,s) - \overline{\overline{\psi}}_d\,(\xi_n,s)\right\}}{\phi c_t\,(\eta_r\xi_n^2+\eta_z\xi_l^2+s)} + \frac{\overline{\overline{\varphi}}\,(\xi_n,\xi_l)}{(\eta_r\xi_n^2+\eta_z\xi_l^2+s)} \tag{21.87.1}$$

where ξ_n are the positive roots of $\lambda J_0\,(\xi_n a) = \xi_n J_1\,(\xi_n a)$, $n = 1,2,...$, ξ_l are the positive roots of $\xi_l \tan(\xi_l d) = \lambda_0$, $l = 1,2,...$, $\overline{\overline{\psi}}_a\,(\xi_l,s) = \int_0^d \cos\{\xi_l\,(d-z)\}\,\overline{\psi}_a\,(z,s)dz$, $\overline{\overline{\psi}}_0\,(\xi_n,s) = \int_0^a \overline{\psi}_0(r,s)rJ_0\,(\xi r)\,dr$, $\overline{\overline{\psi}}_d\,(\xi_n,s) = \int_0^a \overline{\psi}_d(r,s)rJ_0\,(\xi r)\,dr$, $\overline{\overline{\varphi}}\,(\xi_n,\xi_l) = \int_0^a \overline{\varphi}\,(r,\xi_l)\,rJ_0\,(\xi_n r)\,dr$ and $\overline{\varphi}\,(r,\xi_l) = \int_0^d \cos\{\xi_l\,(d-z)\}\,\varphi\,(r,z)dz$. Successive inverse transforms yield

$$\overline{p} = \frac{2q\,(s)\,e^{-st_0}}{\pi a^2\phi c_t}\sum_{n=1}^{\infty}\frac{J_0\,(\xi_n r_0)\,J_0\,(\xi_n r)}{\{J_0^2\,(\xi_n a)+J_1^2\,(\xi_n a)\}}\sum_{l=1}^{\infty}\frac{(\xi_l^2+\lambda_0^2)\cos\{\xi_l\,(d-z_0)\}\cos\{\xi_l\,(d-z)\}}{\{d\,(\xi_l^2+\lambda_0^2)+\lambda_0\}\,(\eta_r\xi_n^2+\eta_z\xi_l^2+s)} - \\ -\frac{4}{a\phi c_t}\sum_{n=1}^{\infty}\frac{J_0\,(\xi_n a)\,J_0\,(\xi_n r)}{\{J_0^2\,(\xi_n a)+J_1^2\,(\xi_n a)\}}\sum_{l=1}^{\infty}\frac{\overline{\overline{\psi}}_a\,(\xi_l,s)\,(\xi_l^2+\lambda_0^2)\cos\{\xi_l\,(d-z)\}}{\{d\,(\xi_l^2+\lambda_0^2)+\lambda_0\}\,(\eta_r\xi_n^2+\eta_z\xi_l^2+s)} + \\ +\frac{4}{a^2\phi c_t}\sum_{n=1}^{\infty}\frac{J_0\,(\xi_n r)}{\{J_0^2\,(\xi_n a)+J_1^2\,(\xi_n a)\}}\sum_{l=1}^{\infty}\frac{(\xi_l^2+\lambda_0^2)\left\{\cos(\xi_l d)\,\overline{\overline{\psi}}_0\,(\xi_n,s)-\overline{\overline{\psi}}_d\,(\xi_n,s)\right\}\cos\{\xi_l\,(d-z)\}}{\{d\,(\xi_l^2+\lambda_0^2)+\lambda_0\}\,(\eta_r\xi_n^2+\eta_z\xi_l^2+s)} + \\ +\frac{4}{a^2}\sum_{n=1}^{\infty}\frac{J_0\,(\xi_n r)}{\{J_0^2\,(\xi_n a)+J_1^2\,(\xi_n a)\}}\sum_{l=1}^{\infty}\frac{\overline{\overline{\varphi}}\,(\xi_n,\xi_l)\,(\xi_l^2+\lambda_0^2)\cos\{\xi_l\,(d-z)\}}{\{d\,(\xi_l^2+\lambda_0^2)+\lambda_0\}\,(\eta_r\xi_n^2+\eta_z\xi_l^2+s)} \tag{21.87.2}$$

and

$$p = \frac{2U\,(t-t_0)}{\pi a^2\phi c_t}\sum_{n=1}^{\infty}\frac{J_0\,(\xi_n r_0)\,J_0\,(\xi_n r)}{\{J_0^2\,(\xi_n a)+J_1^2\,(\xi_n a)\}}\times \\ \times\sum_{l=1}^{\infty}\frac{(\xi_l^2+\lambda_0^2)\cos\{\xi_l\,(d-z_0)\}\cos\{\xi_l\,(d-z)\}\int_0^{t-t_0} q\,(t-t_0-\tau)\,e^{-(\eta_r\xi_n^2+\eta_z\xi_l^2)\tau}d\tau}{\{d\,(\xi_l^2+\lambda_0^2)+\lambda_0\}} - \\ -\frac{4}{a\phi c_t}\sum_{n=1}^{\infty}\frac{J_0\,(\xi_n a)\,J_0\,(\xi_n r)}{\{J_0^2\,(\xi_n a)+J_1^2\,(\xi_n a)\}}\sum_{l=1}^{\infty}\frac{(\xi_l^2+\lambda_0^2)\cos\{\xi_l\,(d-z)\}\int_0^t \overline{\psi}_a\,(\xi_l,t-\tau)\,e^{-(\eta_r\xi_n^2+\eta_z\xi_l^2)\tau}d\tau}{\{d\,(\xi_l^2+\lambda_0^2)+\lambda_0\}} + \\ +\frac{4}{a^2\phi c_t}\sum_{n=1}^{\infty}\frac{J_0\,(\xi_n r)}{\{J_0^2\,(\xi_n a)+J_1^2\,(\xi_n a)\}}\times \\ \times\sum_{l=1}^{\infty}\frac{(\xi_l^2+\lambda_0^2)\cos\{\xi_l\,(d-z)\}\int_0^t\{\cos(\xi_l d)\,\overline{\psi}_0\,(\xi_n,t-\tau)-\overline{\psi}_d\,(\xi_n,t-\tau)\}\,e^{-(\eta_r\xi_n^2+\eta_z\xi_l^2)\tau}d\tau}{\{d\,(\xi_l^2+\lambda_0^2)+\lambda_0\}} + \\ +\frac{4}{a^2}\sum_{n=1}^{\infty}\frac{J_0\,(\xi_n r)\,e^{-\eta_r\xi_n^2 t}}{\{J_0^2\,(\xi_n a)+J_1^2\,(\xi_n a)\}}\sum_{l=1}^{\infty}\frac{\overline{\overline{\varphi}}\,(\xi_n,\xi_l)\,(\xi_l^2+\lambda_0^2)\cos\{\xi_l\,(d-z)\}\,e^{-\eta_z\xi_l^2 t}}{\{d\,(\xi_l^2+\lambda_0^2)+\lambda_0\}} \tag{21.87.3}$$

21.88

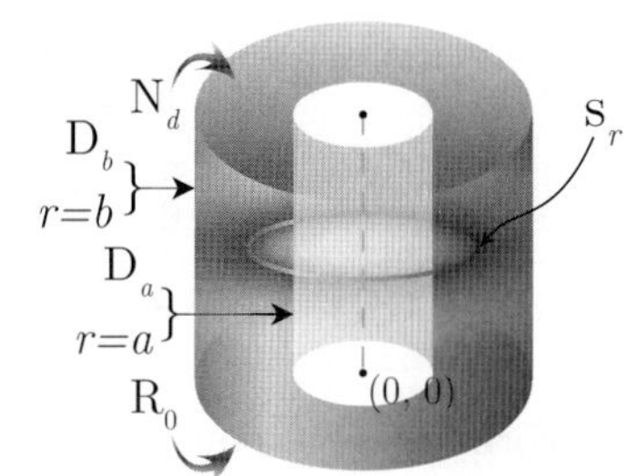

A cylindrical continuum bounded by $a \le r \le b$ and $0 \le z \le d$. Ring source at $s_r \equiv (r_0, z_0)$; $a \le r_0 \le b$, $0 < z_0 < d$, $t_0 \ge 0$.
$R_0 \equiv \frac{\partial p(r,0,t)}{\partial z} - \lambda_0 p(r,0,t) = -\left(\frac{\mu}{k_z}\right)\psi_0(r,t)$,
$N_d \equiv \frac{\partial p(r,d,t)}{\partial z} = -\left(\frac{\mu}{k_z}\right)\psi_d(r,t)$,
$D_a \equiv p(a,z,t) = \psi_a(z,t)$ and $D_b \equiv p(b,z,t) = \psi_b(z,t)$.
$p(r,z,0) = \varphi(r,z)$

Successive application of the Laplace, Fourier and finite Hankel transformations to equation (18.1.1) gives

$$\overline{\overline{\overline{p}}} = \frac{q(s)e^{-st_0}\cos\{\xi_l(d-z_0)\}\mathcal{V}_{\mathcal{D}0}(\xi_n r_0,a)}{2\pi\phi c_t(\eta_r\xi_n^2+\eta_z\xi_l^2+s)} - \frac{2\eta_r\overline{\overline{\psi}}_a(\xi_l,s)}{\pi(\eta_r\xi_n^2+\eta_z\xi_l^2+s)} + \frac{2\eta_r J_0(\xi_n a)\overline{\overline{\psi}}_b(\xi_l,s)}{\pi J_0(\xi_n b)(\eta_r\xi_n^2+\eta_z\xi_l^2+s)} + \\ + \frac{\left\{\cos(\xi_l d)\overline{\overline{\psi}}_0(\xi_n,s) - \overline{\overline{\psi}}_d(\xi_n,s)\right\}}{\phi c_t(\eta_r\xi_n^2+\eta_z\xi_l^2+s)} + \frac{\overline{\overline{\varphi}}(\xi_n,\xi_l)}{(\eta_r\xi_n^2+\eta_z\xi_l^2+s)} \tag{21.88.1}$$

where $\mathcal{V}_{\mathcal{D}0}(\xi_n r,a) = J_0(\xi_n r)Y_0(\xi_n a) - Y_0(\xi_n r)J_0(\xi_n a)$. The eigenvalues $\xi_n, n = 1,2,...,$ are the positive roots of the transcendental equation $\mathcal{V}_{\mathcal{D}0}(\xi_n b,a) = 0$, ξ_l are the positive roots of $\xi_l\tan(\xi_l d) = \lambda_0$, $l = 1,2,....$
$\overline{\overline{\psi}}_0(\xi_n,s) = \int_a^b \overline{\psi}_0(r,s)\,r\mathcal{V}_{\mathcal{D}0}(\xi_n r,a)\,dr$, $\overline{\overline{\psi}}_d(\xi_n,s) = \int_a^b \overline{\psi}_d(r,s)\,r\mathcal{V}_{\mathcal{D}0}(\xi_n r,a)\,dr$,
$\overline{\overline{\psi}}_a(\xi_l,s) = \int_0^d \cos\{\xi_l(d-z)\}\overline{\psi}_a(z,s)dz$, $\overline{\overline{\psi}}_b(\xi_l,s) = \int_0^d \cos\{\xi_l(d-z)\}\overline{\psi}_b(z,s)dz$,
$\overline{\overline{\varphi}}(\xi_n,\xi_l) = \int_a^b \overline{\varphi}(r,\xi_l)\,r\mathcal{V}_{\mathcal{D}0}(\xi_n r,a)\,dr$ and $\overline{\varphi}(r,\xi_l) = \int_0^d \cos\{\xi_l(d-z)\}\varphi(r,z)dz$. Successive inverse transforms yield

$$\overline{p} = \frac{\pi q(s)e^{-st_0}}{2\phi c_t}\sum_{n=1}^{\infty}\frac{\xi_n^2 J_0^2(\xi_n b)\mathcal{V}_{\mathcal{D}0}(\xi_n r_0,a)\mathcal{V}_{\mathcal{D}0}(\xi_n r,a)}{\{J_0^2(\xi_n a) - J_0^2(\xi_n b)\}}\sum_{l=1}^{\infty}\frac{(\xi_l^2+\lambda_0^2)\cos\{\xi_l(d-z_0)\}\cos\{\xi_l(d-z)\}}{\{d(\xi_l^2+\lambda_0^2)+\lambda_0\}(\eta_r\xi_n^2+\eta_z\xi_l^2+s)} - \\ -2\pi\eta_r\sum_{n=1}^{\infty}\frac{\xi_n^2 J_0^2(\xi_n b)\mathcal{V}_{\mathcal{D}0}(\xi_n r,a)}{\{J_0^2(\xi_n a) - J_0^2(\xi_n b)\}}\sum_{l=1}^{\infty}\frac{\overline{\overline{\psi}}_a(\xi_l,s)(\xi_l^2+\lambda_0^2)\cos\{\xi_l(d-z)\}}{\{d(\xi_l^2+\lambda_0^2)+\lambda_0\}(\eta_r\xi_n^2+\eta_z\xi_l^2+s)} + \\ +2\pi\eta_r\sum_{n=1}^{\infty}\frac{\xi_n^2 J_0(\xi_n a)J_0(\xi_n b)\mathcal{V}_{\mathcal{D}0}(\xi_n r,a)}{\{J_0^2(\xi_n a) - J_0^2(\xi_n b)\}}\sum_{l=1}^{\infty}\frac{\overline{\overline{\psi}}_b(\xi_l,s)(\xi_l^2+\lambda_0^2)\cos\{\xi_l(d-z)\}}{\{d(\xi_l^2+\lambda_0^2)+\lambda_0\}(\eta_r\xi_n^2+\eta_z\xi_l^2+s)} + \\ +\frac{\pi^2}{\phi c_t}\sum_{n=1}^{\infty}\frac{\xi_n^2 J_0^2(\xi_n b)\mathcal{V}_{\mathcal{D}0}(\xi_n r,a)}{\{J_0^2(\xi_n a) - J_0^2(\xi_n b)\}}\sum_{l=1}^{\infty}\frac{(\xi_l^2+\lambda_0^2)\left\{\cos(\xi_l d)\overline{\overline{\psi}}_0(\xi_n,s) - \overline{\overline{\psi}}_d(\xi_n,s)\right\}\cos\{\xi_l(d-z)\}}{\{d(\xi_l^2+\lambda_0^2)+\lambda_0\}(\eta_r\xi_n^2+\eta_z\xi_l^2+s)} + \\ +\pi^2\sum_{n=1}^{\infty}\frac{\xi_n^2 J_0^2(\xi_n b)\mathcal{V}_{\mathcal{D}0}(\xi_n r,a)}{\{J_0^2(\xi_n a) - J_0^2(\xi_n b)\}}\sum_{l=1}^{\infty}\frac{\overline{\overline{\varphi}}(\xi_n,\xi_l)(\xi_l^2+\lambda_0^2)\cos\{\xi_l(d-z)\}}{\{d(\xi_l^2+\lambda_0^2)+\lambda_0\}(\eta_r\xi_n^2+\eta_z\xi_l^2+s)} \tag{21.88.2}$$

and

$$p = \frac{\pi U(t-t_0)}{2\phi c_t}\sum_{n=1}^{\infty}\frac{\xi_n^2 J_0^2(\xi_n b)\mathcal{V}_{\mathcal{D}0}(\xi_n r_0,a)\mathcal{V}_{\mathcal{D}0}(\xi_n r,a)}{\{J_0^2(\xi_n a) - J_0^2(\xi_n b)\}} \times \\ \times\sum_{l=1}^{\infty}\frac{(\xi_l^2+\lambda_0^2)\cos\{\xi_l(d-z_0)\}\cos\{\xi_l(d-z)\}\int_0^{t-t_0} q(t-t_0-\tau)e^{-(\eta_r\xi_n^2+\eta_z\xi_l^2)\tau}d\tau}{\{d(\xi_l^2+\lambda_0^2)+\lambda_0\}} - \\ -2\pi\eta_r\sum_{n=1}^{\infty}\frac{\xi_n^2 J_0^2(\xi_n b)\mathcal{V}_{\mathcal{D}0}(\xi_n r,a)}{\{J_0^2(\xi_n a) - J_0^2(\xi_n b)\}}\sum_{l=1}^{\infty}\frac{(\xi_l^2+\lambda_0^2)\cos\{\xi_l(d-z)\}\int_0^t \overline{\psi}_a(\xi_l,t-\tau)e^{-(\eta_r\xi_n^2+\eta_z\xi_l^2)\tau}d\tau}{\{d(\xi_l^2+\lambda_0^2)+\lambda_0\}} + \\ +2\pi\eta_r\sum_{n=1}^{\infty}\frac{\xi_n^2 J_0(\xi_n a)J_0(\xi_n b)\mathcal{V}_{\mathcal{D}0}(\xi_n r,a)}{\{J_0^2(\xi_n a) - J_0^2(\xi_n b)\}}\sum_{l=1}^{\infty}\frac{(\xi_l^2+\lambda_0^2)\cos\{\xi_l(d-z)\}\int_0^t \overline{\psi}_b(\xi_l,t-\tau)e^{-(\eta_r\xi_n^2+\eta_z\xi_l^2)\tau}d\tau}{\{d(\xi_l^2+\lambda_0^2)+\lambda_0\}} +$$

$$+\frac{\pi^2}{\phi c_t}\sum_{n=1}^{\infty}\frac{\xi_n^2 J_0^2(\xi_n b)\mathcal{V}_{\mathcal{D}0}(\xi_n r,a)}{\{J_0^2(\xi_n a)-J_0^2(\xi_n b)\}}\times$$
$$\times\sum_{l=1}^{\infty}\frac{(\xi_l^2+\lambda_0^2)\cos\{\xi_l(d-z)\}\int_0^t\{\cos(\xi_l d)\overline{\psi}_0(\xi_n,t-\tau)-\overline{\psi}_d(\xi_n,t-\tau)\}e^{-(\eta_r\xi_n^2+\eta_z\xi_l^2)\tau}d\tau}{\{d(\xi_l^2+\lambda_0^2)+\lambda_0\}}+$$
$$+\pi^2\sum_{n=1}^{\infty}\frac{\xi_n^2 J_0^2(\xi_n b)\mathcal{V}_{\mathcal{D}0}(\xi_n r,a)e^{-\eta_r\xi_n^2 t}}{\{J_0^2(\xi_n a)-J_0^2(\xi_n b)\}}\sum_{l=1}^{\infty}\frac{\overline{\varphi}(\xi_n,\xi_l)(\xi_l^2+\lambda_0^2)\cos\{\xi_l(d-z)\}e^{-\eta_z\xi_l^2 t}}{\{d(\xi_l^2+\lambda_0^2)+\lambda_0\}} \quad (21.88.3)$$

21.89 The problem of 21.88, except $\mathbf{D}_a \equiv p(a,z,t)=\psi_a(z,t)$, $\mathbf{N}_b \equiv \frac{\partial p(b,z,t)}{\partial r} = -\left(\frac{\mu}{k_r}\right)\psi_b(z,t)$, $\mathbf{R}_0 \equiv \frac{\partial p(r,0,t)}{\partial z}-\lambda_0 p(r,0,t) = -\left(\frac{\mu}{k_z}\right)\psi_0(r,t)$ and $\mathbf{N}_d \equiv \frac{\partial p(r,d,t)}{\partial z} = -\left(\frac{\mu}{k_z}\right)\psi_d(r,t)$

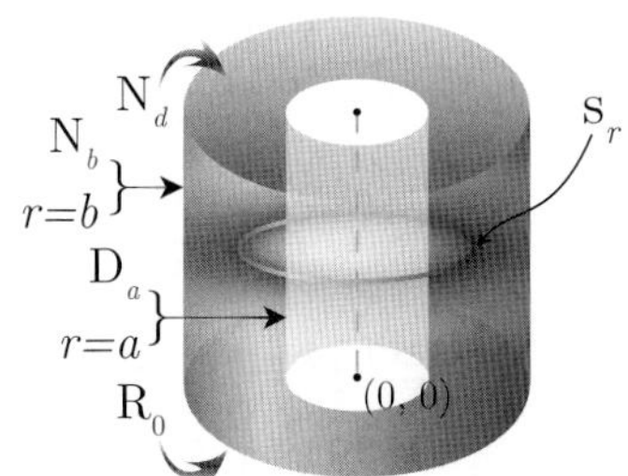

Successive application of the Laplace, Fourier and finite Hankel transformations to equation (18.1.1) gives

$$\overline{\overline{\overline{p}}} = \frac{q(s)e^{-st_0}\cos\{\xi_l(d-z_0)\}\mathcal{V}_{\mathcal{D}0}(\xi_n r_0,a)}{2\pi\phi c_t(\eta_r\xi_n^2+\eta_z\xi_l^2+s)}-\frac{2\eta_r\overline{\overline{\psi}}_a(\xi_l,s)}{\pi(\eta_r\xi_n^2+\eta_z\xi_l^2+s)}+\frac{2J_0(\xi_n a)\overline{\overline{\psi}}_b(\xi_l,s)}{\pi\phi c_t J_1(\xi_n b)(\eta_r\xi_n^2+\eta_z\xi_l^2+s)}+$$
$$+\frac{\left\{\cos(\xi_l d)\overline{\overline{\psi}}_0(\xi_n,s)-\overline{\overline{\psi}}_d(\xi_n,s)\right\}}{\phi c_t(\eta_r\xi_n^2+\eta_z\xi_l^2+s)}+\frac{\overline{\overline{\varphi}}(\xi_n,\xi_l)}{(\eta_r\xi_n^2+\eta_z\xi_l^2+s)} \quad (21.89.1)$$

where $\mathcal{V}_{\mathcal{D}0}(\xi_n r,a)=J_0(\xi_n r)Y_0(\xi_n a)-Y_0(\xi_n r)J_0(\xi_n a)$. The eigenvalues are ξ_n the positive roots of the transcendental equation $\mathcal{V}'_{\mathcal{D}0}(\xi_n b,a)=0$,* $n=1,2,...$, ξ_l are the positive roots of $\xi_l\tan(\xi_l d)=\lambda_0$, $l=1,2,....$ $\overline{\overline{\psi}}_0(\xi_n,s)=\int_a^b\overline{\psi}_0(r,s)r\mathcal{V}_{\mathcal{D}0}(\xi_n r,a)\,dr$, $\overline{\overline{\psi}}_d(\xi_n,s)=\int_a^b\overline{\psi}_d(r,s)r\mathcal{V}_{\mathcal{D}0}(\xi_n r,a)\,dr$, $\overline{\overline{\psi}}_a(\xi_l,s)=\int_0^d\cos\{\xi_l(d-z)\}\overline{\psi}_a(z,s)dz$, $\overline{\overline{\psi}}_b(\xi_l,s)=\int_0^d\cos\{\xi_l(d-z)\}\overline{\psi}_b(z,s)dz$, $\overline{\overline{\varphi}}(\xi_n,\xi_l)=\int_a^b\overline{\varphi}(r,\xi_l)r\mathcal{V}_{\mathcal{D}0}(\xi_n r,a)\,dr$ and $\overline{\varphi}(r,\xi_l)=\int_0^d\cos\{\xi_l(d-z)\}\varphi(r,z)dz$. Successive inverse transforms yield

$$\overline{p} = \frac{\pi q(s)e^{-st_0}}{2\phi c_t}\sum_{n=1}^{\infty}\frac{\xi_n^2 J_1^2(\xi_n b)\mathcal{V}_{\mathcal{D}0}(\xi_n r_0,a)\mathcal{V}_{\mathcal{D}0}(\xi_n r,a)}{\{J_0^2(\xi_n a)-J_1^2(\xi_n b)\}}\sum_{l=1}^{\infty}\frac{(\xi_l^2+\lambda_0^2)\cos\{\xi_l(d-z_0)\}\cos\{\xi_l(d-z)\}}{\{d(\xi_l^2+\lambda_0^2)+\lambda_0\}(\eta_r\xi_n^2+\eta_z\xi_l^2+s)}-$$
$$-2\pi\eta_r\sum_{n=1}^{\infty}\frac{\xi_n^2 J_1^2(\xi_n b)\mathcal{V}_{\mathcal{D}0}(\xi_n r,a)}{\{J_0^2(\xi_n a)-J_1^2(\xi_n b)\}}\sum_{l=1}^{\infty}\frac{\overline{\overline{\psi}}_a(\xi_l,s)(\xi_l^2+\lambda_0^2)\cos\{\xi_l(d-z)\}}{\{d(\xi_l^2+\lambda_0^2)+\lambda_0\}(\eta_r\xi_n^2+\eta_z\xi_l^2+s)}+$$
$$+\frac{2\pi}{\phi c_t}\sum_{n=1}^{\infty}\frac{\xi_n^2 J_0(\xi_n a)J_1(\xi_n b)\mathcal{V}_{\mathcal{D}0}(\xi_n r,a)}{\{J_0^2(\xi_n a)-J_1^2(\xi_n b)\}}\sum_{l=1}^{\infty}\frac{\overline{\overline{\psi}}_b(\xi_l,s)(\xi_l^2+\lambda_0^2)\cos\{\xi_l(d-z)\}}{\{d(\xi_l^2+\lambda_0^2)+\lambda_0\}(\eta_r\xi_n^2+\eta_z\xi_l^2+s)}+$$
$$+\frac{\pi^2}{\phi c_t}\sum_{n=1}^{\infty}\frac{\xi_n^2 J_1^2(\xi_n b)\mathcal{V}_{\mathcal{D}0}(\xi_n r,a)}{\{J_0^2(\xi_n a)-J_1^2(\xi_n b)\}}\sum_{l=1}^{\infty}\frac{(\xi_l^2+\lambda_0^2)\left\{\cos(\xi_l d)\overline{\overline{\psi}}_0(\xi_n,s)-\overline{\overline{\psi}}_d(\xi_n,s)\right\}\cos\{\xi_l(d-z)\}}{\{d(\xi_l^2+\lambda_0^2)+\lambda_0\}(\eta_r\xi_n^2+\eta_z\xi_l^2+s)}+$$
$$+\pi^2\sum_{n=1}^{\infty}\frac{\xi_n^2 J_1^2(\xi_n b)\mathcal{V}_{\mathcal{D}0}(\xi_n r,a)}{\{J_0^2(\xi_n a)-J_1^2(\xi_n b)\}}\sum_{l=1}^{\infty}\frac{\overline{\overline{\varphi}}(\xi_n,\xi_l)(\xi_l^2+\lambda_0^2)\cos\{\xi_l(d-z)\}}{\{d(\xi_l^2+\lambda_0^2)+\lambda_0\}(\eta_r\xi_n^2+\eta_z\xi_l^2+s)} \quad (21.89.2)$$

and

$$p = \frac{\pi U(t-t_0)}{2\phi c_t}\sum_{n=1}^{\infty}\frac{\xi_n^2 J_1^2(\xi_n b)\mathcal{V}_{\mathcal{D}0}(\xi_n r_0,a)\mathcal{V}_{\mathcal{D}0}(\xi_n r,a)}{\{J_0^2(\xi_n a)-J_1^2(\xi_n b)\}}\times$$

*$\mathcal{V}'_{\mathcal{D}0}(\xi_n b,a)=Y_1(\xi_n b)J_0(\xi_n a)-J_1(\xi_n b)Y_0(\xi_n a)$.

$$\times\sum_{l=1}^{\infty}\frac{\left(\xi_l^2+\lambda_0^2\right)\cos\left\{\xi_l\left(d-z_0\right)\right\}\cos\left\{\xi_l\left(d-z\right)\right\}\int_0^{t-t_0}q\left(t-t_0-\tau\right)e^{-\left(\eta_r\xi_n^2+\eta_z\xi_l^2\right)\tau}d\tau}{\left\{d\left(\xi_l^2+\lambda_0^2\right)+\lambda_0\right\}}-$$

$$-2\pi\eta_r\sum_{n=1}^{\infty}\frac{\xi_n^2J_1^2\left(\xi_nb\right)\mathcal{V}_{\mathcal{D}0}\left(\xi_nr,a\right)}{\left\{J_0^2\left(\xi_na\right)-J_1^2\left(\xi_nb\right)\right\}}\sum_{l=1}^{\infty}\frac{\left(\xi_l^2+\lambda_0^2\right)\cos\left\{\xi_l\left(d-z\right)\right\}\int_0^t\overline{\psi}_a\left(\xi_l,t-\tau\right)e^{-\left(\eta_r\xi_n^2+\eta_z\xi_l^2\right)\tau}d\tau}{\left\{d\left(\xi_l^2+\lambda_0^2\right)+\lambda_0\right\}}+$$

$$+\frac{2\pi}{\phi c_t}\sum_{n=1}^{\infty}\frac{\xi_n^2J_0(\xi_na)\,J_1(\xi_nb)\,\mathcal{V}_{\mathcal{D}0}\left(\xi_nr,a\right)}{\left\{J_0^2\left(\xi_na\right)-J_1^2\left(\xi_nb\right)\right\}}\sum_{l=1}^{\infty}\frac{\left(\xi_l^2+\lambda_0^2\right)\cos\left\{\xi_l\left(d-z\right)\right\}\int_0^t\overline{\psi}_b(\xi_l,t-\tau)\,e^{-\left(\eta_r\xi_n^2+\eta_z\xi_l^2\right)\tau}d\tau}{\left\{d\left(\xi_l^2+\lambda_0^2\right)+\lambda_0\right\}}+$$

$$+\frac{\pi^2}{\phi c_t}\sum_{n=1}^{\infty}\frac{\xi_n^2J_1^2\left(\xi_nb\right)\mathcal{V}_{\mathcal{D}0}\left(\xi_nr,a\right)}{\left\{J_0^2\left(\xi_na\right)-J_1^2\left(\xi_nb\right)\right\}}\times$$

$$\times\sum_{l=1}^{\infty}\frac{\left(\xi_l^2+\lambda_0^2\right)\cos\left\{\xi_l\left(d-z\right)\right\}\int_0^t\left\{\cos\left(\xi_ld\right)\overline{\psi}_0\left(\xi_n,t-\tau\right)-\overline{\psi}_d\left(\xi_n,t-\tau\right)\right\}e^{-\left(\eta_r\xi_n^2+\eta_z\xi_l^2\right)\tau}d\tau}{\left\{d\left(\xi_l^2+\lambda_0^2\right)+\lambda_0\right\}}+$$

$$+\pi^2\sum_{n=1}^{\infty}\frac{\xi_n^2J_1^2\left(\xi_nb\right)\mathcal{V}_{\mathcal{D}0}\left(\xi_nr,a\right)e^{-\eta_r\xi_n^2t}}{\left\{J_0^2\left(\xi_na\right)-J_1^2\left(\xi_nb\right)\right\}}\sum_{l=1}^{\infty}\frac{\overline{\overline{\varphi}}\left(\xi_n,\xi_l\right)\left(\xi_l^2+\lambda_0^2\right)\cos\left\{\xi_l\left(d-z\right)\right\}e^{-\eta_z\xi_l^2t}}{\left\{d\left(\xi_l^2+\lambda_0^2\right)+\lambda_0\right\}}\qquad(21.89.3)$$

21.90

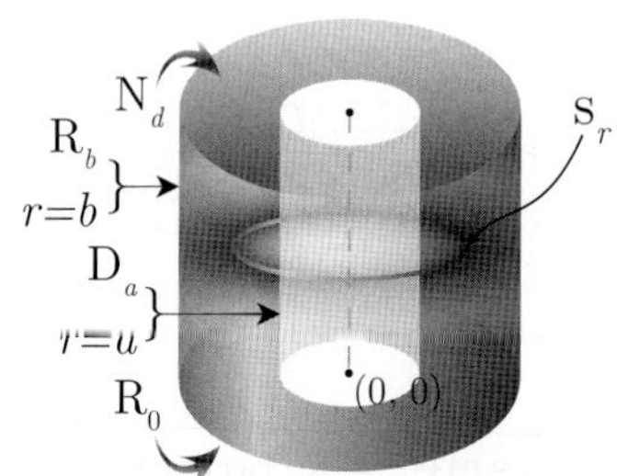

The problem of 21.88, except $\mathbf{D}_a\equiv p\left(a,z,t\right)=\psi_a\left(z,t\right)$,
$\mathbf{R}_b\equiv\frac{\partial p(b,z,t)}{\partial r}+\lambda p\left(b,z,t\right)=-\left(\frac{\mu}{k_r}\right)\psi_b\left(z,t\right)$,
$\mathbf{R}_0\equiv\frac{\partial p(r,0,t)}{\partial z}-\lambda_0p\left(r,0,t\right)=-\left(\frac{\mu}{k_z}\right)\psi_0\left(r,t\right)$ **and**
$\mathbf{N}_d\equiv\frac{\partial p(r,d,t)}{\partial z}=-\left(\frac{\mu}{k_z}\right)\psi_d\left(r,t\right)$

Successive application of the Laplace, Fourier and finite Hankel transformations to equation (18.1.1) gives

$$\overline{\overline{\overline{p}}}=\frac{q\left(s\right)e^{-st_0}\cos\left\{\xi_l\left(d-z_0\right)\right\}\mathcal{V}_{\mathcal{D}0}\left(\xi_nr_0,a\right)}{2\pi\phi c_t\left(\eta_r\xi_n^2+\eta_z\xi_l^2+s\right)}-\frac{2J_0\left(\xi_na\right)\overline{\overline{\psi}}_b\left(\xi_l,s\right)}{\pi\phi c_t\left\{\lambda J_0\left(\xi_nb\right)-\xi_nJ_1\left(\xi_nb\right)\right\}\left(\eta_r\xi_n^2+\eta_z\xi_l^2+s\right)}-$$

$$-\frac{2\eta_r\overline{\overline{\psi}}_a\left(\xi_l,s\right)}{\pi\left(\eta_r\xi_n^2+\eta_z\xi_l^2+s\right)}+\frac{\left\{\cos\left(\xi_ld\right)\overline{\overline{\psi}}_0\left(\xi_n,s\right)-\overline{\overline{\psi}}_d\left(\xi_n,s\right)\right\}}{\phi c_t\left(\eta_r\xi_n^2+\eta_z\xi_l^2+s\right)}+\frac{\overline{\overline{\varphi}}\left(\xi_n,\xi_l\right)}{\left(\eta_r\xi_n^2+\eta_z\xi_l^2+s\right)}\qquad(21.90.1)$$

where $\mathcal{V}_{\mathcal{D}0}\left(\xi_nr,a\right)=J_0\left(\xi_nr\right)Y_0\left(\xi_na\right)-Y_0\left(\xi_nr\right)J_0\left(\xi_na\right)$. The eigenvalues $\xi_n, n=1,2,...,$ are the positive roots of the transcendental equation $\xi_n\mathcal{V}_{\mathcal{D}0}'\left(\xi_nb,a\right)+\lambda\mathcal{V}_{\mathcal{D}0}\left(\xi_nb,a\right)=0$, ξ_l are the positive roots of $\xi_l\tan\left(\xi_ld\right)=\lambda_0$, $l=1,2,....$ $\overline{\overline{\psi}}_0\left(\xi_n,s\right)=\int_a^b\overline{\psi}_0\left(r,s\right)r\mathcal{V}_{\mathcal{D}0}\left(\xi_nr,a\right)dr$, $\overline{\overline{\psi}}_d\left(\xi_n,s\right)=\int_a^b\overline{\psi}_d\left(r,s\right)r\mathcal{V}_{\mathcal{D}0}\left(\xi_nr,a\right)dr$, $\overline{\overline{\psi}}_a\left(\xi_l,s\right)=\int_0^d\cos\left\{\xi_l\left(d-z\right)\right\}\overline{\psi}_a\left(z,s\right)dz$, $\overline{\overline{\psi}}_b\left(\xi_l,s\right)=\int_0^d\cos\left\{\xi_l\left(d-z\right)\right\}\overline{\psi}_b\left(z,s\right)dz$, $\overline{\overline{\varphi}}\left(\xi_n,\xi_l\right)=\int_a^b\overline{\varphi}\left(r,\xi_l\right)r\mathcal{V}_{\mathcal{D}0}\left(\xi_nr,a\right)dr$ and $\overline{\varphi}\left(r,\xi_l\right)=\int_0^d\cos\left\{\xi_l\left(d-z\right)\right\}\varphi\left(r,z\right)dz$. Successive inverse transforms yield

$$\overline{p}=\frac{\pi q\left(s\right)e^{-st_0}}{2\phi c_t}\sum_{n=1}^{\infty}\frac{\xi_n^2\left\{\lambda J_0\left(\xi_nb\right)-\xi_nJ_1\left(\xi_nb\right)\right\}^2\mathcal{V}_{\mathcal{D}0}\left(\xi_nr_0,a\right)\mathcal{V}_{\mathcal{D}0}\left(\xi_nr,a\right)}{\left\{\left(\lambda^2+\xi_n^2\right)J_0^2\left(\xi_na\right)-\left\{\lambda J_0\left(\xi_nb\right)-\xi_nJ_1\left(\xi_nb\right)\right\}^2\right\}}\times$$

$$\times\sum_{l=1}^{\infty}\frac{\left(\xi_l^2+\lambda_0^2\right)\cos\left\{\xi_l\left(d-z_0\right)\right\}\cos\left\{\xi_l\left(d-z\right)\right\}}{\left\{d\left(\xi_l^2+\lambda_0^2\right)+\lambda_0\right\}\left(\eta_r\xi_n^2+\eta_z\xi_l^2+s\right)}-$$

$$-2\pi\eta_r\sum_{n=1}^{\infty}\frac{\xi_n^2\left\{\lambda J_0\left(\xi_nb\right)-\xi_nJ_1\left(\xi_nb\right)\right\}^2\mathcal{V}_{\mathcal{D}0}\left(\xi_nr,a\right)}{\left\{\left(\lambda^2+\xi_n^2\right)J_0^2\left(\xi_na\right)-\left\{\lambda J_0\left(\xi_nb\right)-\xi_nJ_1\left(\xi_nb\right)\right\}^2\right\}}\sum_{l=1}^{\infty}\frac{\overline{\overline{\psi}}_a\left(\xi_l,s\right)\left(\xi_l^2+\lambda_0^2\right)\cos\left\{\xi_l\left(d-z\right)\right\}}{\left\{d\left(\xi_l^2+\lambda_0^2\right)+\lambda_0\right\}\left(\eta_r\xi_n^2+\eta_z\xi_l^2+s\right)}-$$

$$-\frac{2\pi}{\phi c_t}\sum_{n=1}^{\infty}\frac{\xi_n^2J_0\left(\xi_na\right)\left\{\lambda J_0\left(\xi_nb\right)-\xi_nJ_1\left(\xi_nb\right)\right\}\mathcal{V}_{\mathcal{D}0}\left(\xi_nr,a\right)}{\left\{\left(\lambda^2+\xi_n^2\right)J_0^2\left(\xi_na\right)-\left\{\lambda J_0\left(\xi_nb\right)-\xi_nJ_1\left(\xi_nb\right)\right\}^2\right\}}\sum_{l=1}^{\infty}\frac{\overline{\overline{\psi}}_b\left(\xi_l,s\right)\left(\xi_l^2+\lambda_0^2\right)\cos\left\{\xi_l\left(d-z\right)\right\}}{\left\{d\left(\xi_l^2+\lambda_0^2\right)+\lambda_0\right\}\left(\eta_r\xi_n^2+\eta_z\xi_l^2+s\right)}+$$

$$+\frac{\pi^2}{\phi c_t}\sum_{n=1}^{\infty}\frac{\xi_n^2\{\lambda J_0(\xi_n b)-\xi_n J_1(\xi_n b)\}^2\mathcal{V}_{\mathcal{D}0}(\xi_n r,a)}{\left\{(\lambda^2+\xi_n^2)J_0^2(\xi_n a)-\{\lambda J_0(\xi_n b)-\xi_n J_1(\xi_n b)\}^2\right\}}\times$$
$$\times\sum_{l=1}^{\infty}\frac{(\xi_l^2+\lambda_0^2)\left\{\cos(\xi_l d)\overline{\overline{\psi}}_0(\xi_n,s)-\overline{\overline{\psi}}_d(\xi_n,s)\right\}\cos\{\xi_l(d-z)\}}{\{d(\xi_l^2+\lambda_0^2)+\lambda_0\}(\eta_r\xi_n^2+\eta_z\xi_l^2+s)}+$$
$$+\pi^2\sum_{n=1}^{\infty}\frac{\xi_n^2\{\lambda J_0(\xi_n b)-\xi_n J_1(\xi_n b)\}^2\mathcal{V}_{\mathcal{D}0}(\xi_n r,a)}{\left\{(\lambda^2+\xi_n^2)J_0^2(\xi_n a)-\{\lambda J_0(\xi_n b)-\xi_n J_1(\xi_n b)\}^2\right\}}\sum_{l=1}^{\infty}\frac{\overline{\overline{\varphi}}(\xi_n,\xi_l)(\xi_l^2+\lambda_0^2)\cos\{\xi_l(d-z)\}}{\{d(\xi_l^2+\lambda_0^2)+\lambda_0\}(\eta_r\xi_n^2+\eta_z\xi_l^2+s)}$$

(21.90.2)

and

$$p=\frac{\pi U(t-t_0)}{2\phi c_t}\sum_{n=1}^{\infty}\frac{\xi_n^2\{\lambda J_0(\xi_n b)-\xi_n J_1(\xi_n b)\}^2\mathcal{V}_{\mathcal{D}0}(\xi_n r_0,a)\mathcal{V}_{\mathcal{D}0}(\xi_n r,a)}{\left\{(\lambda^2+\xi_n^2)J_0^2(\xi_n a)-\{\lambda J_0(\xi_n b)-\xi_n J_1(\xi_n b)\}^2\right\}}\times$$
$$\times\sum_{l=1}^{\infty}\frac{(\xi_l^2+\lambda_0^2)\cos\{\xi_l(d-z_0)\}\cos\{\xi_l(d-z)\}\int_0^{t-t_0}q(t-t_0-\tau)e^{-(\eta_r\xi_n^2+\eta_z\xi_l^2)\tau}d\tau}{\{d(\xi_l^2+\lambda_0^2)+\lambda_0\}}-$$
$$-2\pi\eta_r\sum_{n=1}^{\infty}\frac{\xi_n^2\{\lambda J_0(\xi_n b)-\xi_n J_1(\xi_n b)\}^2\mathcal{V}_{\mathcal{D}0}(\xi_n r,a)}{\left\{(\lambda^2+\xi_n^2)J_0^2(\xi_n a)-\{\lambda J_0(\xi_n b)-\xi_n J_1(\xi_n b)\}^2\right\}}\times$$
$$\times\sum_{l=1}^{\infty}\frac{(\xi_l^2+\lambda_0^2)\cos\{\xi_l(d-z)\}\int_0^t\overline{\psi}_a(\xi_l,t-\tau)e^{-(\eta_r\xi_n^2+\eta_z\xi_l^2)\tau}d\tau}{\{d(\xi_l^2+\lambda_0^2)+\lambda_0\}}-$$
$$-\frac{2\pi}{\phi c_t}\sum_{n=1}^{\infty}\frac{\xi_n^2 J_0(\xi_n a)\{\lambda J_0(\xi_n b)-\xi_n J_1(\xi_n b)\}\mathcal{V}_{\mathcal{D}0}(\xi_n r,a)}{\left\{(\lambda^2+\xi_n^2)J_0^2(\xi_n a)-\{\lambda J_0(\xi_n b)-\xi_n J_1(\xi_n b)\}^2\right\}}\times$$
$$\times\sum_{l=1}^{\infty}\frac{(\xi_l^2+\lambda_0^2)\cos\{\xi_l(d-z)\}\int_0^t\overline{\psi}_b(\xi_l,t-\tau)e^{-(\eta_r\xi_n^2+\eta_z\xi_l^2)\tau}d\tau}{\{d(\xi_l^2+\lambda_0^2)+\lambda_0\}}+$$
$$+\frac{\pi^2}{\phi c_t}\sum_{n=1}^{\infty}\frac{\xi_n^2\{\lambda J_0(\xi_n b)-\xi_n J_1(\xi_n b)\}^2\mathcal{V}_{\mathcal{D}0}(\xi_n r,a)}{\left\{(\lambda^2+\xi_n^2)J_0^2(\xi_n a)-\{\lambda J_0(\xi_n b)-\xi_n J_1(\xi_n b)\}^2\right\}}\times$$
$$\times\sum_{l=1}^{\infty}\frac{(\xi_l^2+\lambda_0^2)\cos\{\xi_l(d-z)\}\int_0^t\{\cos(\xi_l d)\overline{\psi}_0(\xi_n,t-\tau)-\overline{\psi}_d(\xi_n,t-\tau)\}e^{-(\eta_r\xi_n^2+\eta_z\xi_l^2)\tau}d\tau}{\{d(\xi_l^2+\lambda_0^2)+\lambda_0\}}+$$
$$+\pi^2\sum_{n=1}^{\infty}\frac{\xi_n^2\{\lambda J_0(\xi_n b)-\xi_n J_1(\xi_n b)\}^2\mathcal{V}_{\mathcal{D}0}(\xi_n r,a)e^{-\eta_r\xi_n^2 t}}{\left\{(\lambda^2+\xi_n^2)J_0^2(\xi_n a)-\{\lambda J_0(\xi_n b)-\xi_n J_1(\xi_n b)\}^2\right\}}\sum_{l=1}^{\infty}\frac{\overline{\overline{\varphi}}(\xi_n,\xi_l)(\xi_l^2+\lambda_0^2)\cos\{\xi_l(d-z)\}e^{-\eta_z\xi_l^2 t}}{\{d(\xi_l^2+\lambda_0^2)+\lambda_0\}}$$

(21.90.3)

21.91 **The problem of 21.88, except** $\mathbf{N}_a\equiv\frac{\partial p(a,z,t)}{\partial r}=-\left(\frac{\mu}{k_r}\right)\psi_a(z,t)$, $\mathbf{D}_b\equiv p(b,z,t)=\psi_b(z,t)$, $\mathbf{R}_0\equiv\frac{\partial p(r,0,t)}{\partial z}-\lambda_0 p(r,0,t)=-\left(\frac{\mu}{k_z}\right)\psi_0(r,t)$ **and** $\mathbf{N}_d\equiv\frac{\partial p(r,d,t)}{\partial z}=-\left(\frac{\mu}{k_z}\right)\psi_d(r,t)$

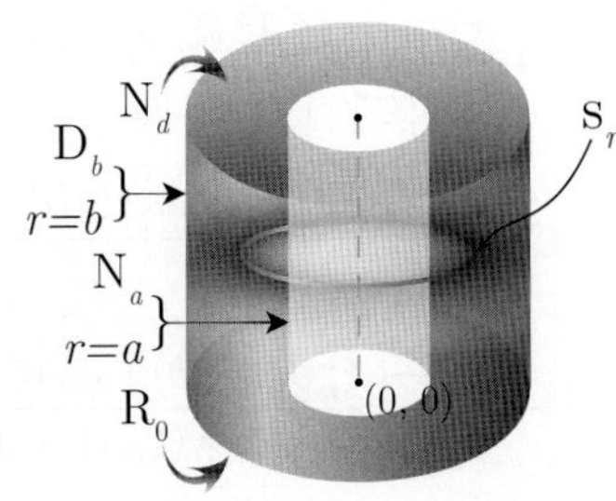

Successive application of the Laplace, Fourier and finite Hankel transformations to equation (18.1.1) gives

$$\overline{\overline{\overline{p}}} = \frac{q(s)\,e^{-st_0}\cos\{\xi_l(d-z_0)\}\,\mathcal{V}_{\mathcal{N}0}(\xi_n r_0,a)}{2\pi\phi c_t\left(\eta_r\xi_n^2+\eta_z\xi_l^2+s\right)} + \frac{2\overline{\overline{\psi}}_a(\xi_l,s)}{\pi\phi c_t\xi_n\left(\eta_r\xi_n^2+\eta_z\xi_l^2+s\right)} - \\ - \frac{2\eta_r J_1(\xi_n a)\,\overline{\overline{\psi}}_b(\xi_l,s)}{\pi J_0(\xi_n b)\left(\eta_r\xi_n^2+\eta_z\xi_l^2+s\right)} + \frac{\left\{\cos(\xi_l d)\,\overline{\overline{\psi}}_0(\xi_n,s)-\overline{\overline{\psi}}_d(\xi_n,s)\right\}}{\phi c_t\left(\eta_r\xi_n^2+\eta_z\xi_l^2+s\right)} + \frac{\overline{\overline{\varphi}}(\xi_n,\xi_l)}{\left(\eta_r\xi_n^2+\eta_z\xi_l^2+s\right)} \tag{21.91.1}$$

where $\mathcal{V}_{\mathcal{N}0}(\xi_n r,a) = Y_0(\xi_n r)\,J_1(\xi_n a) - J_0(\xi_n r)\,Y_1(\xi_n a)$. The eigenvalues $\xi_n, n = 1,2,...$, are the positive roots of the transcendental equation $\mathcal{V}_{\mathcal{N}0}(\xi_n b,a) = 0$, ξ_l are the positive roots of $\xi_l\tan(\xi_l d) = \lambda_0$, $l = 1,2,....$
$\overline{\overline{\psi}}_0(\xi_n,s) = \int_a^b \overline{\psi}_0(r,s)\,r\mathcal{V}_{\mathcal{N}0}(\xi_n r,a)\,dr$, $\overline{\overline{\psi}}_d(\xi_n,s) = \int_a^b \overline{\psi}_d(r,s)\,r\mathcal{V}_{\mathcal{N}0}(\xi_n r,a)\,dr$,
$\overline{\overline{\psi}}_a(\xi_l,s) = \int_0^d \cos\{\xi_l(d-z)\}\,\overline{\psi}_a(z,s)dz$, $\overline{\overline{\psi}}_b(\xi_l,s) = \int_0^d \cos\{\xi_l(d-z)\}\,\overline{\psi}_b(z,s)dz$,
$\overline{\overline{\varphi}}(\xi_n,\xi_l) = \int_a^b \overline{\varphi}(r,\xi_l)\,r\mathcal{V}_{\mathcal{N}0}(\xi_n r,a)\,dr$ and $\overline{\varphi}(r,\xi_l) = \int_0^\infty \cos(\xi_l u)\,\varphi(r,u)du$. Successive inverse transforms yield

$$\overline{p} = \frac{\pi q(s)\,e^{-st_0}}{2\phi c_t}\sum_{n=1}^{\infty}\frac{\xi_n^2 J_0^2(\xi_n b)\,\mathcal{V}_{\mathcal{N}0}(\xi_n r_0,a)\,\mathcal{V}_{\mathcal{N}0}(\xi_n r,a)}{\left\{J_1^2(\xi_n a)-J_0^2(\xi_n b)\right\}}\sum_{l=1}^{\infty}\frac{\left(\xi_l^2+\lambda_0^2\right)\cos\{\xi_l(d-z_0)\}\cos\{\xi_l(d-z)\}}{\left\{d\left(\xi_l^2+\lambda_0^2\right)+\lambda_0\right\}\left(\eta_r\xi_n^2+\eta_z\xi_l^2+s\right)} + \\ + \frac{2\pi}{\phi c_t}\sum_{n=1}^{\infty}\frac{\xi_n J_0^2(\xi_n b)\,\mathcal{V}_{\mathcal{N}0}(\xi_n r,a)}{\left\{J_1^2(\xi_n a)-J_0^2(\xi_n b)\right\}}\sum_{l=1}^{\infty}\frac{\overline{\overline{\psi}}_a(\xi_l,s)\left(\xi_l^2+\lambda_0^2\right)\cos\{\xi_l(d-z)\}}{\left\{d\left(\xi_l^2+\lambda_0^2\right)+\lambda_0\right\}\left(\eta_r\xi_n^2+\eta_z\xi_l^2+s\right)} - \\ -2\pi\eta_r\sum_{n=1}^{\infty}\frac{\xi_n^2 J_1(\xi_n a)\,J_0(\xi_n b)\,\mathcal{V}_{\mathcal{N}0}(\xi_n r,a)}{\left\{J_1^2(\xi_n a)-J_0^2(\xi_n b)\right\}}\sum_{l=1}^{\infty}\frac{\overline{\overline{\psi}}_b(\xi_l,s)\left(\xi_l^2+\lambda_0^2\right)\cos\{\xi_l(d-z)\}}{\left\{d\left(\xi_l^2+\lambda_0^2\right)+\lambda_0\right\}\left(\eta_r\xi_n^2+\eta_z\xi_l^2+s\right)} + \\ + \frac{\pi^2}{\phi c_t}\sum_{n=1}^{\infty}\frac{\xi_n^2 J_0^2(\xi_n b)\,\mathcal{V}_{\mathcal{N}0}(\xi_n r,a)}{\left\{J_1^2(\xi_n a)-J_0^2(\xi_n b)\right\}}\sum_{l=1}^{\infty}\frac{\left(\xi_l^2+\lambda_0^2\right)\left\{\cos(\xi_l d)\,\overline{\overline{\psi}}_0(\xi_n,s)-\overline{\overline{\psi}}_d(\xi_n,s)\right\}\cos\{\xi_l(d-z)\}}{\left\{d\left(\xi_l^2+\lambda_0^2\right)+\lambda_0\right\}\left(\eta_r\xi_n^2+\eta_z\xi_l^2+s\right)} + \\ +\pi^2\sum_{n=1}^{\infty}\frac{\xi_n^2 J_0^2(\xi_n b)\,\mathcal{V}_{\mathcal{N}0}(\xi_n r,a)}{\left\{J_1^2(\xi_n a)-J_0^2(\xi_n b)\right\}}\sum_{l=1}^{\infty}\frac{\overline{\overline{\varphi}}(\xi_n,\xi_l)\left(\xi_l^2+\lambda_0^2\right)\cos\{\xi_l(d-z)\}}{\left\{d\left(\xi_l^2+\lambda_0^2\right)+\lambda_0\right\}\left(\eta_r\xi_n^2+\eta_z\xi_l^2+s\right)} \tag{21.91.2}$$

and

$$p = \frac{\pi U(t-t_0)}{2\phi c_t}\sum_{n=1}^{\infty}\frac{\xi_n^2 J_0^2(\xi_n b)\,\mathcal{V}_{\mathcal{N}0}(\xi_n r_0,a)\,\mathcal{V}_{\mathcal{N}0}(\xi_n r,a)}{\left\{J_1^2(\xi_n a)-J_0^2(\xi_n b)\right\}}\times \\ \times\sum_{l=1}^{\infty}\frac{\left(\xi_l^2+\lambda_0^2\right)\cos\{\xi_l(d-z_0)\}\cos\{\xi_l(d-z)\}\int_0^{t-t_0} q(t-t_0-\tau)\,e^{-\left(\eta_r\xi_n^2+\eta_z\xi_l^2\right)\tau}d\tau}{\left\{d\left(\xi_l^2+\lambda_0^2\right)+\lambda_0\right\}} + \\ + \frac{2\pi}{\phi c_t}\sum_{n=1}^{\infty}\frac{\xi_n J_0^2(\xi_n b)\,\mathcal{V}_{\mathcal{N}0}(\xi_n r,a)}{\left\{J_1^2(\xi_n a)-J_0^2(\xi_n b)\right\}}\sum_{l=1}^{\infty}\frac{\left(\xi_l^2+\lambda_0^2\right)\cos\{\xi_l(d-z)\}\int_0^t \overline{\psi}_a(\xi_l,t-\tau)\,e^{-\left(\eta_r\xi_n^2+\eta_z\xi_l^2\right)\tau}d\tau}{\left\{d\left(\xi_l^2+\lambda_0^2\right)+\lambda_0\right\}} - \\ -2\pi\eta_r\sum_{n=1}^{\infty}\frac{\xi_n^2 J_1(\xi_n a)\,J_0(\xi_n b)\,\mathcal{V}_{\mathcal{N}0}(\xi_n r,a)}{\left\{J_1^2(\xi_n a)-J_0^2(\xi_n b)\right\}}\sum_{l=1}^{\infty}\frac{\left(\xi_l^2+\lambda_0^2\right)\cos\{\xi_l(d-z)\}\int_0^t \overline{\psi}_b(\xi_l,t-\tau)\,e^{-\left(\eta_r\xi_n^2+\eta_z\xi_l^2\right)\tau}d\tau}{\left\{d\left(\xi_l^2+\lambda_0^2\right)+\lambda_0\right\}} + \\ + \frac{\pi^2}{\phi c_t}\sum_{n=1}^{\infty}\frac{\xi_n^2 J_0^2(\xi_n b)\,\mathcal{V}_{\mathcal{N}0}(\xi_n r,a)}{\left\{J_1^2(\xi_n a)-J_0^2(\xi_n b)\right\}}\times \\ \times\sum_{l=1}^{\infty}\frac{\left(\xi_l^2+\lambda_0^2\right)\cos\{\xi_l(d-z)\}\int_0^t\left\{\cos(\xi_l d)\,\overline{\psi}_0(\xi_n,t-\tau)-\overline{\psi}_d(\xi_n,t-\tau)\right\}e^{-\left(\eta_r\xi_n^2+\eta_z\xi_l^2\right)\tau}d\tau}{\left\{d\left(\xi_l^2+\lambda_0^2\right)+\lambda_0\right\}} + \\ +\pi^2\sum_{n=1}^{\infty}\frac{\xi_n^2 J_0^2(\xi_n b)\,\mathcal{V}_{\mathcal{N}0}(\xi_n r,a)\,e^{-\eta_r\xi_n^2 t}}{\left\{J_1^2(\xi_n a)-J_0^2(\xi_n b)\right\}}\sum_{l=1}^{\infty}\frac{\overline{\overline{\varphi}}(\xi_n,\xi_l)\left(\xi_l^2+\lambda_0^2\right)\cos\{\xi_l(d-z)\}\,e^{-\eta_z\xi_l^2 t}}{\left\{d\left(\xi_l^2+\lambda_0^2\right)+\lambda_0\right\}} \tag{21.91.3}$$

21.92 **The problem of 21.88, except** $\mathbf{N}_a \equiv \frac{\partial p(a,z,t)}{\partial r} = -\left(\frac{\mu}{k_r}\right)\psi_a(z,t)$,
$\mathbf{N}_b \equiv \frac{\partial p(b,z,t)}{\partial r} = -\left(\frac{\mu}{k_r}\right)\psi_b(z,t)$,
$\mathbf{R}_0 \equiv \frac{\partial p(r,0,t)}{\partial z} - \lambda_0 p(r,0,t) = -\left(\frac{\mu}{k_z}\right)\psi_0(r,t)$ **and**
$\mathbf{N}_d \equiv \frac{\partial p(r,d,t)}{\partial z} = -\left(\frac{\mu}{k_z}\right)\psi_d(r,t)$

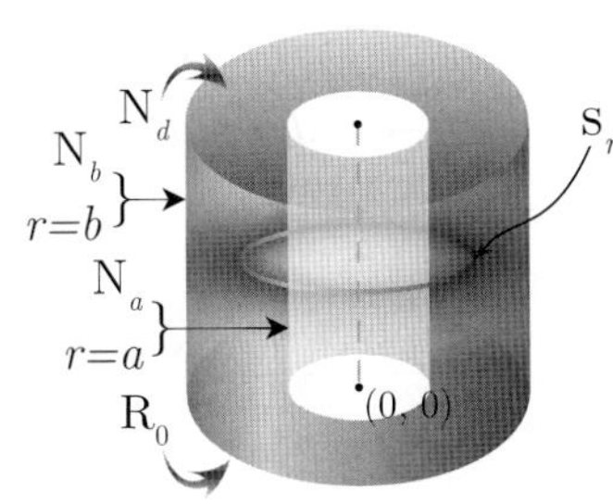

Successive application of the Laplace, Fourier and finite Hankel transformations to equation (18.1.1) gives

$$\begin{aligned}\overline{\overline{\overline{p}}} =& \frac{q(s)e^{-st_0}\cos\{\xi_l(d-z_0)\}}{2\pi\phi c_t(\eta_z\xi_l^2+s)} + \frac{q(s)e^{-st_0}\cos\{\xi_l(d-z_0)\}\mathcal{V}_{\mathcal{N}0}(\xi_n r_0,a)}{2\pi\phi c_t(\eta_r\xi_n^2+\eta_z\xi_l^2+s)} + \frac{\left\{a\overline{\overline{\psi}}_a(\xi_l,s) - b\overline{\overline{\psi}}_b(\xi_l,s)\right\}}{\phi c_t(\eta_z\xi_l^2+s)} + \\ &+ \frac{2\overline{\overline{\psi}}_a(\xi_l,s)}{\pi\phi c_t\xi_n(\eta_r\xi_n^2+\eta_z\xi_l^2+s)} - \frac{2J_1(\xi_n a)\overline{\overline{\psi}}_b(\xi_l,s)}{\pi\phi c_t\xi_n J_1(\xi_n b)(\eta_r\xi_n^2+\eta_z\xi_l^2+s)} + \\ &+ \frac{\int_a^b\{\cos(\xi_l d)\overline{\psi}_0(u,s) - \overline{\psi}_d(u,s)\}u\,du}{\phi c_t(\eta_z\xi_l^2+s)} + \frac{\left\{\cos(\xi_l d)\overline{\overline{\psi}}_0(\xi_n,s) - \overline{\overline{\psi}}_d(\xi_n,s)\right\}}{\phi c_t(\eta_r\xi_n^2+\eta_z\xi_l^2+s)} + \\ &+ \frac{\int_a^b u\overline{\varphi}(u,\xi_l)\,du}{(\eta_z\xi_l^2+s)} + \frac{\overline{\overline{\varphi}}(\xi_n,\xi_l)}{(\eta_r\xi_n^2+\eta_z\xi_l^2+s)}\end{aligned} \tag{21.92.1}$$

where $\mathcal{V}_{\mathcal{N}0}(\xi_n r,a) = Y_0(\xi_n r)J_1(\xi_n a) - J_0(\xi_n r)Y_1(\xi_n a)$. The eigenvalues are $\xi_0 = 0$ and $\xi_n, n = 1,2,...,$ which are the positive roots of the transcendental equation $\mathcal{V}'_{\mathcal{N}0}(\xi_n b,a) = 0$,* ξ_l are the positive roots of $\xi_l\tan(\xi_l d) = \lambda_0$, $l = 1,2,....$ $\overline{\overline{\psi}}_0(\xi_n,s) = \int_a^b\overline{\psi}_0(r,s)\,r\mathcal{V}_{\mathcal{N}0}(\xi_n r,a)\,dr$,
$\overline{\overline{\psi}}_d(\xi_n,s) = \int_a^b\overline{\psi}_d(r,s)\,r\mathcal{V}_{\mathcal{N}0}(\xi_n r,a)\,dr$, $\overline{\overline{\psi}}_a(\xi_l,s) = \int_0^d\cos\{\xi_l(d-z)\}\overline{\psi}_a(z,s)dz$,
$\overline{\overline{\psi}}_b(\xi_l,s) = \int_0^d\cos\{\xi_l(d-z)\}\overline{\psi}_b(z,s)dz$, $\overline{\overline{\varphi}}(\xi_n,\xi_l) = \int_a^b\overline{\varphi}(r,\xi_l)\,r\mathcal{V}_{\mathcal{N}0}(\xi_n r,a)\,dr$ and
$\overline{\varphi}(r,\xi_l) = \int_0^d\cos\{\xi_l(d-z)\}\varphi(r,z)dz$. Successive inverse transforms yield

$$\begin{aligned}\overline{p} =& \frac{2q(s)e^{-st_0}}{\pi(b^2-a^2)\phi c_t}\sum_{l=1}^{\infty}\frac{(\xi_l^2+\lambda_0^2)\cos\{\xi_l(d-z_0)\}\cos\{\xi_l(d-z)\}}{\{d(\xi_l^2+\lambda_0^2)+\lambda_0\}(\eta_z\xi_l^2+s)} + \\ &+ \frac{\pi q(s)e^{-st_0}}{2\phi c_t}\sum_{n=1}^{\infty}\frac{\xi_n^2 J_1^2(\xi_n b)\mathcal{V}_{\mathcal{N}0}(\xi_n r_0,a)\mathcal{V}_{\mathcal{N}0}(\xi_n r,a)}{\{J_1^2(\xi_n a) - J_1^2(\xi_n b)\}}\sum_{l=1}^{\infty}\frac{(\xi_l^2+\lambda_0^2)\cos\{\xi_l(d-z_0)\}\cos\{\xi_l(d-z)\}}{\{d(\xi_l^2+\lambda_0^2)+\lambda_0\}(\eta_r\xi_n^2+\eta_z\xi_l^2+s)} + \\ &+ \frac{4}{(b^2-a^2)\phi c_t}\sum_{l=1}^{\infty}\frac{\left\{a\overline{\overline{\psi}}_a(\xi_l,s) - b\overline{\overline{\psi}}_b(\xi_l,s)\right\}(\xi_l^2+\lambda_0^2)\cos\{\xi_l(d-z)\}}{\{d(\xi_l^2+\lambda_0^2)+\lambda_0\}(\eta_z\xi_l^2+s)} + \\ &+ \frac{2\pi}{\phi c_t}\sum_{n=1}^{\infty}\frac{\xi_n J_1^2(\xi_n b)\mathcal{V}_{\mathcal{N}0}(\xi_n r,a)}{\{J_1^2(\xi_n a) - J_1^2(\xi_n b)\}}\sum_{l=1}^{\infty}\frac{\overline{\overline{\psi}}_a(\xi_l,s)(\xi_l^2+\lambda_0^2)\cos\{\xi_l(d-z)\}}{\{d(\xi_l^2+\lambda_0^2)+\lambda_0\}(\eta_r\xi_n^2+\eta_z\xi_l^2+s)} - \\ &- \frac{2\pi}{\phi c_t}\sum_{n=1}^{\infty}\frac{\xi_n J_1(\xi_n a)J_1(\xi_n b)\mathcal{V}_{\mathcal{N}0}(\xi_n r,a)}{\{J_1^2(\xi_n a) - J_1^2(\xi_n b)\}}\sum_{l=1}^{\infty}\frac{\overline{\overline{\psi}}_b(\xi_l,s)(\xi_l^2+\lambda_0^2)\cos\{\xi_l(d-z)\}}{\{d(\xi_l^2+\lambda_0^2)+\lambda_0\}(\eta_r\xi_n^2+\eta_z\xi_l^2+s)} + \\ &+ \frac{4}{(b^2-a^2)\phi c_t}\sum_{l=1}^{\infty}\frac{(\xi_l^2+\lambda_0^2)\cos\{\xi_l(d-z)\}\int_a^b u\{\cos(\xi_l d)\overline{\psi}_0(u,s) - \overline{\psi}_d(u,s)\}\,du}{\{d(\xi_l^2+\lambda_0^2)+\lambda_0\}(\eta_z\xi_l^2+s)} + \\ &+ \frac{\pi^2}{\phi c_t}\sum_{n=1}^{\infty}\frac{\xi_n^2 J_1^2(\xi_n b)\mathcal{V}_{\mathcal{N}0}(\xi_n r,a)}{\{J_1^2(\xi_n a) - J_1^2(\xi_n b)\}}\sum_{l=1}^{\infty}\frac{(\xi_l^2+\lambda_0^2)\left\{\cos(\xi_l d)\overline{\overline{\psi}}_0(\xi_n,s) - \overline{\overline{\psi}}_d(\xi_n,s)\right\}\cos\{\xi_l(d-z)\}}{\{d(\xi_l^2+\lambda_0^2)+\lambda_0\}(\eta_r\xi_n^2+\eta_z\xi_l^2+s)} + \\ &+ \frac{4}{(b^2-a^2)}\sum_{l=1}^{\infty}\frac{(\xi_l^2+\lambda_0^2)\cos\{\xi_l(d-z)\}\int_a^b\overline{\varphi}(u,\xi_l)\,u\,du}{\{d(\xi_l^2+\lambda_0^2)+\lambda_0\}(\eta_z\xi_l^2+s)} +\end{aligned}$$

*$\mathcal{V}'_{\mathcal{N}0}(\xi_n b,a) = J_1(\xi_n b)Y_1(\xi_n a) - Y_1(\xi_n b)J_1(\xi_n a)$.

$$+\pi^2\sum_{n=1}^{\infty}\frac{\xi_n^2 J_1^2(\xi_n b)\mathcal{V}_{\mathcal{N}0}(\xi_n r,a)}{\{J_1^2(\xi_n a)-J_1^2(\xi_n b)\}}\sum_{l=1}^{\infty}\frac{\overline{\overline{\varphi}}(\xi_n,\xi_l)\left(\xi_l^2+\lambda_0^2\right)\cos\{\xi_l(d-z)\}}{\{d(\xi_l^2+\lambda_0^2)+\lambda_0\}(\eta_r\xi_n^2+\eta_z\xi_l^2+s)} \tag{21.92.2}$$

and

$$\begin{aligned}
p = {} & \frac{2U(t-t_0)}{\pi(b^2-a^2)\phi c_t}\sum_{l=1}^{\infty}\frac{\left(\xi_l^2+\lambda_0^2\right)\cos\{\xi_l(d-z_0)\}\cos\{\xi_l(d-z)\}\int_0^{t-t_0}q(t-t_0-\tau)e^{-\eta_z\xi_l^2\tau}d\tau}{\{d(\xi_l^2+\lambda_0^2)+\lambda_0\}}+\\
& +\frac{\pi U(t-t_0)}{2\phi c_t}\sum_{n=1}^{\infty}\frac{\xi_n^2 J_1^2(\xi_n b)\mathcal{V}_{\mathcal{N}0}(\xi_n r_0,a)\mathcal{V}_{\mathcal{N}0}(\xi_n r,a)}{\{J_1^2(\xi_n a)-J_1^2(\xi_n b)\}}\times\\
& \times\sum_{l=1}^{\infty}\frac{\left(\xi_l^2+\lambda_0^2\right)\cos\{\xi_l(d-z_0)\}\cos\{\xi_l(d-z)\}\int_0^{t-t_0}q(t-t_0-\tau)e^{-\left(\eta_r\xi_n^2+\eta_z\xi_l^2\right)\tau}d\tau}{\{d(\xi_l^2+\lambda_0^2)+\lambda_0\}}+\\
& +\frac{4}{(b^2-a^2)\phi c_t}\sum_{l=1}^{\infty}\frac{\left(\xi_l^2+\lambda_0^2\right)\cos\{\xi_l(d-z)\}\int_0^t\{a\overline{\psi}_a(\xi_l,t-\tau)-b\overline{\psi}_b(\xi_l,t-\tau)\}e^{-\eta_z\xi_l^2\tau}d\tau}{\{d(\xi_l^2+\lambda_0^2)+\lambda_0\}}+\\
& +\frac{2\pi}{\phi c_t}\sum_{n=1}^{\infty}\frac{\xi_n J_1^2(\xi_n b)\mathcal{V}_{\mathcal{N}0}(\xi_n r,a)}{\{J_1^2(\xi_n a)-J_1^2(\xi_n b)\}}\sum_{l=1}^{\infty}\frac{\left(\xi_l^2+\lambda_0^2\right)\cos\{\xi_l(d-z)\}\int_0^t\overline{\psi}_a(\xi_l,t-\tau)e^{-\left(\eta_r\xi_n^2+\eta_z\xi_l^2\right)\tau}d\tau}{\{d(\xi_l^2+\lambda_0^2)+\lambda_0\}}-\\
& -\frac{2\pi}{\phi c_t}\sum_{n=1}^{\infty}\frac{\xi_n J_1(\xi_n a)J_1(\xi_n b)\mathcal{V}_{\mathcal{N}0}(\xi_n r,a)}{\{J_1^2(\xi_n a)-J_1^2(\xi_n b)\}}\sum_{l=1}^{\infty}\frac{\left(\xi_l^2+\lambda_0^2\right)\cos\{\xi_l(d-z)\}\int_0^t\overline{\psi}_b(\xi_l,t-\tau)e^{-\left(\eta_r\xi_n^2+\eta_z\xi_l^2\right)\tau}d\tau}{\{d(\xi_l^2+\lambda_0^2)+\lambda_0\}}+\\
& +\frac{4}{(b^2-a^2)\phi c_t}\sum_{l-1}^{\infty}\frac{\left(\xi_l^2+\lambda_0^2\right)\cos\{\xi_l(d-z)\}\int_0^t e^{-\eta_z\xi_l^2\tau}\int_a^b u\{\cos(\xi_l d)\psi_0(u,t-\tau)-\psi_d(u,t-\tau)\}du d\tau}{\{d(\xi_l^2+\lambda_0^2)+\lambda_0\}}+\\
& +\frac{\pi^2}{\phi c_t}\sum_{n=1}^{\infty}\frac{\xi_n^2 J_1^2(\xi_n b)\mathcal{V}_{\mathcal{N}0}(\xi_n r,a)}{\{J_1^2(\xi_n a)-J_1^2(\xi_n b)\}}\times\\
& \times\sum_{l=1}^{\infty}\frac{\left(\xi_l^2+\lambda_0^2\right)\cos\{\xi_l(d-z)\}\int_0^t\left\{\cos(\xi_l d)\overline{\psi}_0(\xi_n,t-\tau)-\overline{\psi}_d(\xi_n,t-\tau)\right\}e^{-\left(\eta_r\xi_n^2+\eta_z\xi_l^2\right)\tau}d\tau}{\{d(\xi_l^2+\lambda_0^2)+\lambda_0\}}+\\
& +\frac{4}{(b^2-a^2)}\sum_{l=1}^{\infty}\frac{\left(\xi_l^2+\lambda_0^2\right)\cos\{\xi_l(d-z)\}e^{-\eta_z\xi_l^2 t}\int_a^b\overline{\varphi}(u,\xi_l)udu}{\{d(\xi_l^2+\lambda_0^2)+\lambda_0\}}+\\
& +\pi^2\sum_{n=1}^{\infty}\frac{\xi_n^2 J_1^2(\xi_n b)\mathcal{V}_{\mathcal{N}0}(\xi_n r,a)e^{-\eta_r\xi_n^2 t}}{\{J_1^2(\xi_n a)-J_1^2(\xi_n b)\}}\sum_{l=1}^{\infty}\frac{\overline{\overline{\varphi}}(\xi_n,\xi_l)\left(\xi_l^2+\lambda_0^2\right)\cos\{\xi_l(d-z)\}e^{-\eta_z\xi_l^2 t}}{\{d(\xi_l^2+\lambda_0^2)+\lambda_0\}}
\end{aligned} \tag{21.92.3}$$

21.93

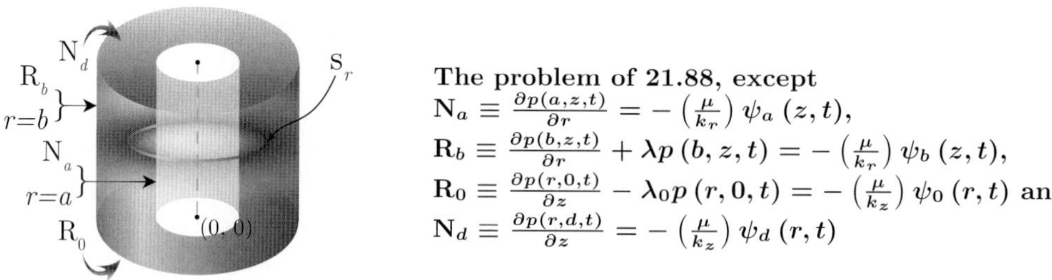

The problem of 21.88, except
$\mathbf{N}_a \equiv \frac{\partial p(a,z,t)}{\partial r} = -\left(\frac{\mu}{k_r}\right)\psi_a(z,t)$,
$\mathbf{R}_b \equiv \frac{\partial p(b,z,t)}{\partial r} + \lambda p(b,z,t) = -\left(\frac{\mu}{k_r}\right)\psi_b(z,t)$,
$\mathbf{R}_0 \equiv \frac{\partial p(r,0,t)}{\partial z} - \lambda_0 p(r,0,t) = -\left(\frac{\mu}{k_z}\right)\psi_0(r,t)$ **and**
$\mathbf{N}_d \equiv \frac{\partial p(r,d,t)}{\partial z} = -\left(\frac{\mu}{k_z}\right)\psi_d(r,t)$

Successive application of the Laplace, Fourier and finite Hankel transformations to equation (18.1.1) gives

$$\begin{aligned}
\overline{\overline{\overline{p}}} = {} & \frac{q(s)e^{-st_0}\cos\{\xi_l(d-z_0)\}\mathcal{V}_{\mathcal{N}0}(\xi_n r_0,a)}{2\pi\phi c_t(\eta_r\xi_n^2+\eta_z\xi_l^2+s)}+\frac{2J_1(\xi_n a)\overline{\overline{\psi}}_b(\xi_l,s)}{\pi\phi c_t\{\lambda J_0(\xi_n b)-\xi_n J_1(\xi_n b)\}(\eta_r\xi_n^2+\eta_z\xi_l^2+s)}+\\
& +\frac{2\overline{\overline{\psi}}_a(\xi_l,s)}{\pi\phi c_t\xi_n(\eta_r\xi_n^2+\eta_z\xi_l^2+s)}+\frac{\left\{\cos(\xi_l d)\overline{\overline{\psi}}_0(\xi_n,s)-\overline{\overline{\psi}}_d(\xi_n,s)\right\}}{\phi c_t(\eta_r\xi_n^2+\eta_z\xi_l^2+s)}+\frac{\overline{\overline{\varphi}}(\xi_n,\xi_l)}{(\eta_r\xi_n^2+\eta_z\xi_l^2+s)}
\end{aligned} \tag{21.93.1}$$

where $\mathcal{V}_{\mathcal{N}0}(\xi_n r, a) = Y_0(\xi_n r) J_1(\xi_n a) - J_0(\xi_n r) Y_1(\xi_n a)$. The eigenvalues $\xi_n, n = 1, 2, ...$, are the positive roots of the transcendental equation $\xi_n \mathcal{V}'_{\mathcal{N}0}(\xi_n b, a) + \lambda \mathcal{V}_{\mathcal{N}0}(\xi_n b, a) = 0$, ξ_l are the positive roots of $\xi_l \tan(\xi_l d) = \lambda_0$, $l = 1, 2, ...$ $\overline{\overline{\psi}}_0(\xi_n, s) = \int_a^b \overline{\psi}_0(r, s) r \mathcal{V}_{\mathcal{N}0}(\xi_n r, a)\, dr$, $\overline{\overline{\psi}}_d(\xi_n, s) = \int_a^b \overline{\psi}_d(r, s) r \mathcal{V}_{\mathcal{N}0}(\xi_n r, a)\, dr$, $\overline{\overline{\psi}}_a(\xi_l, s) = \int_0^d \cos\{\xi_l(d - z)\} \overline{\psi}_a(z, s) dz$, $\overline{\overline{\psi}}_b(\xi_l, s) = \int_0^d \cos\{\xi_l(d - z)\} \overline{\psi}_b(z, s) dz$, $\overline{\overline{\varphi}}(\xi_n, \xi_l) = \int_a^b \overline{\varphi}(r, \xi_l) r \mathcal{V}_{\mathcal{N}0}(\xi_n r, a)\, dr$ and $\overline{\varphi}(r, \xi_l) = \int_0^d \cos\{\xi_l(d - z)\} \varphi(r, z) dz$. Successive inverse transforms yield

$$\begin{aligned}
\overline{p} \;=\; & \frac{\pi q(s) e^{-st_0}}{2\phi c_t} \sum_{n=1}^{\infty} \frac{\xi_n^2 \{\lambda J_0(\xi_n b) - \xi_n J_1(\xi_n b)\}^2 \mathcal{V}_{\mathcal{N}0}(\xi_n r_0, a) \mathcal{V}_{\mathcal{N}0}(\xi_n r, a)}{\left[(\lambda^2 + \xi_n^2) J_1^2(\xi_n a) - \{\lambda J_0(\xi_n b) - \xi_n J_1(\xi_n b)\}^2\right]} \times \\
& \times \sum_{l=1}^{\infty} \frac{(\xi_l^2 + \lambda_0^2) \cos\{\xi_l(d - z_0)\} \cos\{\xi_l(d - z)\}}{\{d(\xi_l^2 + \lambda_0^2) + \lambda_0\}(\eta_r \xi_n^2 + \eta_z \xi_l^2 + s)} + \\
& + \frac{2\pi}{\phi c_t} \sum_{n=1}^{\infty} \frac{\xi_n \{\lambda J_0(\xi_n b) - \xi_n J_1(\xi_n b)\}^2 \mathcal{V}_{\mathcal{N}0}(\xi_n r, a)}{\left[(\lambda^2 + \xi_n^2) J_1^2(\xi_n a) - \{\lambda J_0(\xi_n b) - \xi_n J_1(\xi_n b)\}^2\right]} \sum_{l=1}^{\infty} \frac{\overline{\overline{\psi}}_a(\xi_l, s)(\xi_l^2 + \lambda_0^2) \cos\{\xi_l(d - z)\}}{\{d(\xi_l^2 + \lambda_0^2) + \lambda_0\}(\eta_r \xi_n^2 + \eta_z \xi_l^2 + s)} + \\
& + \frac{2\pi}{\phi c_t} \sum_{n=1}^{\infty} \frac{\xi_n^2 J_1(\xi_n a) \{\lambda J_0(\xi_n b) - \xi_n J_1(\xi_n b)\} \mathcal{V}_{\mathcal{N}0}(\xi_n r, a)}{\left[(\lambda^2 + \xi_n^2) J_1^2(\xi_n a) - \{\lambda J_0(\xi_n b) - \xi_n J_1(\xi_n b)\}^2\right]} \sum_{l=1}^{\infty} \frac{\overline{\overline{\psi}}_b(\xi_l, s)(\xi_l^2 + \lambda_0^2) \cos\{\xi_l(d - z)\}}{\{d(\xi_l^2 + \lambda_0^2) + \lambda_0\}(\eta_r \xi_n^2 + \eta_z \xi_l^2 + s)} + \\
& + \frac{\pi^2}{\phi c_t} \sum_{n=1}^{\infty} \frac{\xi_n^2 \{\lambda J_0(\xi_n b) - \xi_n J_1(\xi_n b)\}^2 \mathcal{V}_{\mathcal{N}0}(\xi_n r, a)}{\left[(\lambda^2 + \xi_n^2) J_1^2(\xi_n a) - \{\lambda J_0(\xi_n b) - \xi_n J_1(\xi_n b)\}^2\right]} \times \\
& \times \sum_{l=1}^{\infty} \frac{(\xi_l^2 + \lambda_0^2)\left\{\cos(\xi_l d) \overline{\overline{\psi}}_0(\xi_n, s) - \overline{\overline{\psi}}_d(\xi_n, s)\right\} \cos\{\xi_l(d - z)\}}{\{d(\xi_l^2 + \lambda_0^2) + \lambda_0\}(\eta_r \xi_n^2 + \eta_z \xi_l^2 + s)} + \\
& + \pi^2 \sum_{n=1}^{\infty} \frac{\xi_n^2 \{\lambda J_0(\xi_n b) - \xi_n J_1(\xi_n b)\}^2 \mathcal{V}_{\mathcal{N}0}(\xi_n r, a)}{\left[(\lambda^2 + \xi_n^2) J_1^2(\xi_n a) - \{\lambda J_0(\xi_n b) - \xi_n J_1(\xi_n b)\}^2\right]} \sum_{l=1}^{\infty} \frac{\overline{\overline{\varphi}}(\xi_n, \xi_l)(\xi_l^2 + \lambda_0^2) \cos\{\xi_l(d - z)\}}{\{d(\xi_l^2 + \lambda_0^2) + \lambda_0\}(\eta_r \xi_n^2 + \eta_z \xi_l^2 + s)}
\end{aligned} \tag{21.93.2}$$

and

$$\begin{aligned}
p \;=\; & \frac{\pi U(t - t_0)}{2\phi c_t} \sum_{n=1}^{\infty} \frac{\xi_n^2 \{\lambda J_0(\xi_n b) - \xi_n J_1(\xi_n b)\}^2 \mathcal{V}_{\mathcal{N}0}(\xi_n r_0, a) \mathcal{V}_{\mathcal{N}0}(\xi_n r, a)}{\left[(\lambda^2 + \xi_n^2) J_1^2(\xi_n a) - \{\lambda J_0(\xi_n b) - \xi_n J_1(\xi_n b)\}^2\right]} \times \\
& \times \sum_{l=1}^{\infty} \frac{(\xi_l^2 + \lambda_0^2) \cos\{\xi_l(d - z_0)\} \cos\{\xi_l(d - z)\} \int_0^{t - t_0} q(t - t_0 - \tau) e^{-(\eta_r \xi_n^2 + \eta_z \xi_l^2)\tau} d\tau}{\{d(\xi_l^2 + \lambda_0^2) + \lambda_0\}} + \\
& + \frac{2\pi}{\phi c_t} \sum_{n=1}^{\infty} \frac{\xi_n \{\lambda J_0(\xi_n b) - \xi_n J_1(\xi_n b)\}^2 \mathcal{V}_{\mathcal{N}0}(\xi_n r, a)}{\left[(\lambda^2 + \xi_n^2) J_1^2(\xi_n a) - \{\lambda J_0(\xi_n b) - \xi_n J_1(\xi_n b)\}^2\right]} \times \\
& \times \sum_{l=1}^{\infty} \frac{(\xi_l^2 + \lambda_0^2) \cos\{\xi_l(d - z)\} \int_0^t \overline{\psi}_a(\xi_l, t - \tau) e^{-(\eta_r \xi_n^2 + \eta_z \xi_l^2)\tau} d\tau}{\{d(\xi_l^2 + \lambda_0^2) + \lambda_0\}} + \\
& + \frac{2\pi}{\phi c_t} \sum_{n=1}^{\infty} \frac{\xi_n^2 J_1(\xi_n a) \{\lambda J_0(\xi_n b) - \xi_n J_1(\xi_n b)\} \mathcal{V}_{\mathcal{N}0}(\xi_n r, a)}{\left[(\lambda^2 + \xi_n^2) J_1^2(\xi_n a) - \{\lambda J_0(\xi_n b) - \xi_n J_1(\xi_n b)\}^2\right]} \times \\
& \times \sum_{l=1}^{\infty} \frac{(\xi_l^2 + \lambda_0^2) \cos\{\xi_l(d - z)\} \int_0^t \overline{\psi}_b(\xi_l, t - \tau) e^{-(\eta_r \xi_n^2 + \eta_z \xi_l^2)\tau} d\tau}{\{d(\xi_l^2 + \lambda_0^2) + \lambda_0\}} + \\
& + \frac{\pi^2}{\phi c_t} \sum_{n=1}^{\infty} \frac{\xi_n^2 \{\lambda J_0(\xi_n b) - \xi_n J_1(\xi_n b)\}^2 \mathcal{V}_{\mathcal{N}0}(\xi_n r, a)}{\left[(\lambda^2 + \xi_n^2) J_1^2(\xi_n a) - \{\lambda J_0(\xi_n b) - \xi_n J_1(\xi_n b)\}^2\right]} \times \\
& \times \sum_{l=1}^{\infty} \frac{(\xi_l^2 + \lambda_0^2) \cos\{\xi_l(d - z)\} \int_0^t \left\{\cos(\xi_l d) \overline{\psi}_0(\xi_n, t - \tau) - \overline{\psi}_d(\xi_n, t - \tau)\right\} e^{-(\eta_r \xi_n^2 + \eta_z \xi_l^2)\tau} d\tau}{\{d(\xi_l^2 + \lambda_0^2) + \lambda_0\}} +
\end{aligned}$$

$$+\pi^2 \sum_{n=1}^{\infty} \frac{\xi_n^2 \{\lambda J_0(\xi_n b) - \xi_n J_1(\xi_n b)\}^2 \mathcal{V}_{\mathcal{N}0}(\xi_n r, a) e^{-\eta_r \xi_n^2 t}}{\left[(\lambda^2 + \xi_n^2) J_1^2(\xi_n a) - \{\lambda J_0(\xi_n b) - \xi_n J_1(\xi_n b)\}^2\right]} \sum_{l=1}^{\infty} \frac{\overline{\overline{\varphi}}(\xi_n, \xi_l)(\xi_l^2 + \lambda_0^2) \cos\{\xi_l(d-z)\} e^{-\eta_z \xi_l^2 t}}{\{d(\xi_l^2 + \lambda_0^2) + \lambda_0\}}$$

(21.93.3)

21.94

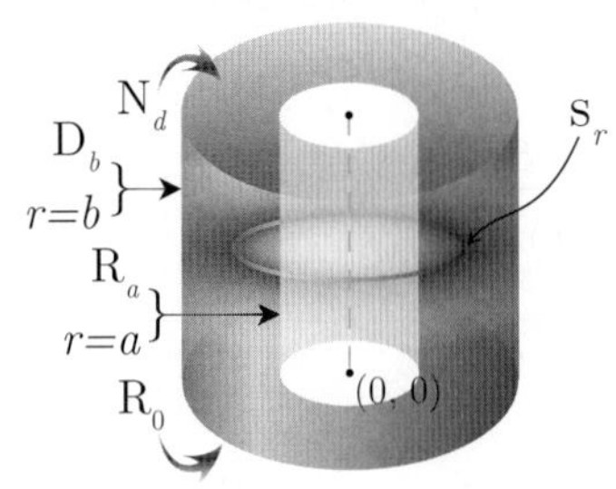

The problem of 21.88, except
$\mathbf{R}_a \equiv \frac{\partial p(a,z,t)}{\partial r} - \lambda p(a,z,t) = -\left(\frac{\mu}{k_r}\right)\psi_a(z,t),$
$\mathbf{D}_b \equiv p(b,z,t) = \psi_b(z,t),$
$\mathbf{R}_0 \equiv \frac{\partial p(r,0,t)}{\partial z} - \lambda_0 p(r,0,t) = -\left(\frac{\mu}{k_z}\right)\psi_0(r,t)$ **and**
$\mathbf{N}_d \equiv \frac{\partial p(r,d,t)}{\partial z} = -\left(\frac{\mu}{k_z}\right)\psi_d(r,t)$

Successive application of the Laplace, Fourier and finite Hankel transformations to equation (18.1.1) gives

$$\overline{\overline{\overline{p}}} = \frac{q(s)e^{-st_0}\cos\{\xi_l(d-z_0)\}\mathcal{V}_{\mathcal{D}0}(\xi_n r_0, b)}{2\pi\phi c_t(\eta_r\xi_n^2 + \eta_z\xi_l^2 + s)} - \frac{2J_0(\xi_n b)\overline{\overline{\psi}}_a(\xi_l, s)}{\pi\phi c_t(\eta_r\xi_n^2 + \eta_z\xi_l^2 + s)\{\lambda J_0(\xi_n a) + \xi_n J_1(\xi_n a)\}} + $$
$$+\frac{2\eta_r\overline{\overline{\psi}}_b(\xi_l, s)}{\pi(\eta_r\xi_n^2 + \eta_z\xi_l^2 + s)} + \frac{\left\{\cos(\xi_l d)\overline{\overline{\psi}}_0(\xi_n, s) - \overline{\overline{\psi}}_d(\xi_n, s)\right\}}{\phi c_t(\eta_r\xi_n^2 + \eta_z\xi_l^2 + s)} + \frac{\overline{\overline{\varphi}}(\xi_n, \xi_l)}{(\eta_r\xi_n^2 + \eta_z\xi_l^2 + s)} \qquad (21.94.1)$$

where $\mathcal{V}_{\mathcal{D}0}(\xi_n r, b) = J_0(\xi_n r)Y_0(\xi_n b) - Y_0(\xi_n r)J_0(\xi_n b)$. The eigenvalues $\xi_n, n = 1, 2, ...,$ are the positive roots of the transcendental equation $\lambda\mathcal{V}_{\mathcal{D}0}(\xi_n a, b) - \xi_n\mathcal{V}'_{\mathcal{D}0}(\xi_n a, b) = 0$,* ξ_l are the positive roots of $\xi_l \tan(\xi_l d) = \lambda_0$, $l = 1, 2, ...$ $\overline{\overline{\psi}}_0(\xi_n, s) = \int_a^b \overline{\psi}_0(r, s) r\mathcal{V}_{\mathcal{D}0}(\xi_n r, b)\,dr$, $\overline{\overline{\psi}}_d(\xi_n, s) = \int_a^b \overline{\psi}_d(r, s) r\mathcal{V}_{\mathcal{D}0}(\xi_n r, b)\,dr$, $\overline{\overline{\psi}}_a(\xi_l, s) = \int_0^d \cos\{\xi_l(d-z)\}\overline{\psi}_a(z, s)dz$, $\overline{\overline{\psi}}_b(\xi_l, s) = \int_0^d \cos\{\xi_l(d-z)\}\overline{\psi}_b(z, s)dz$, $\overline{\overline{\varphi}}(\xi_n, \xi_l) = \int_a^b \overline{\varphi}(r, \xi_l) r\mathcal{V}_{\mathcal{D}0}(\xi_n r, a)\,dr$ and $\overline{\varphi}(r, \xi_l) = \int_0^d \cos\{\xi_l(d-z)\}\varphi(r, z)dz$. Successive inverse transforms yield

$$\overline{p} = \frac{\pi q(s)e^{-st_0}}{2\phi c_t} \sum_{n=1}^{\infty} \frac{\xi_n^2\{\lambda J_0(\xi_n a) + \xi_n J_1(\xi_n a)\}^2 \mathcal{V}_{\mathcal{D}0}(\xi r_0, b)\mathcal{V}_{\mathcal{D}0}(\xi r, b)}{\left[\{\lambda J_0(\xi_n a) + \xi_n J_1(\xi_n a)\}^2 - (\lambda^2 + \xi_n^2)J_0^2(\xi_n b)\right]} \times$$
$$\times \sum_{l=1}^{\infty} \frac{(\xi_l^2 + \lambda_0^2)\cos\{\xi_l(d-z_0)\}\cos\{\xi_l(d-z)\}}{\{d(\xi_l^2 + \lambda_0^2) + \lambda_0\}(\eta_r\xi_n^2 + \eta_z\xi_l^2 + s)} -$$
$$-\frac{2\pi}{\phi c_t} \sum_{n=1}^{\infty} \frac{\xi_n^2 J_0(\xi_n b)\{\lambda J_0(\xi_n a) + \xi_n J_1(\xi_n a)\}\mathcal{V}_{\mathcal{D}0}(\xi r, b)}{\left[\{\lambda J_0(\xi_n a) + \xi_n J_1(\xi_n a)\}^2 - (\lambda^2 + \xi_n^2)J_0^2(\xi_n b)\right]} \sum_{l=1}^{\infty} \frac{\overline{\overline{\psi}}_a(\xi_l, s)(\xi_l^2 + \lambda_0^2)\cos\{\xi_l(d-z)\}}{\{d(\xi_l^2 + \lambda_0^2) + \lambda_0\}(\eta_r\xi_n^2 + \eta_z\xi_l^2 + s)} +$$
$$+2\pi\eta_r \sum_{n=1}^{\infty} \frac{\xi_n^2\{\lambda J_0(\xi_n a) + \xi_n J_1(\xi_n a)\}^2 \mathcal{V}_{\mathcal{D}0}(\xi r, b)}{\left[\{\lambda J_0(\xi_n a) + \xi_n J_1(\xi_n a)\}^2 - (\lambda^2 + \xi_n^2)J_0^2(\xi_n b)\right]} \sum_{l=1}^{\infty} \frac{\overline{\overline{\psi}}_b(\xi_l, s)(\xi_l^2 + \lambda_0^2)\cos\{\xi_l(d-z)\}}{\{d(\xi_l^2 + \lambda_0^2) + \lambda_0\}(\eta_r\xi_n^2 + \eta_z\xi_l^2 + s)} +$$
$$+\frac{\pi^2}{\phi c_t} \sum_{n=1}^{\infty} \frac{\xi_n^2\{\lambda J_0(\xi_n a) + \xi_n J_1(\xi_n a)\}^2 \mathcal{V}_{\mathcal{D}0}(\xi r, b)}{\left[\{\lambda J_0(\xi_n a) + \xi_n J_1(\xi_n a)\}^2 - (\lambda^2 + \xi_n^2)J_0^2(\xi_n b)\right]} \times$$
$$\times \sum_{l=1}^{\infty} \frac{(\xi_l^2 + \lambda_0^2)\left\{\cos(\xi_l d)\overline{\overline{\psi}}_0(\xi_n, s) - \overline{\overline{\psi}}_d(\xi_n, s)\right\}\cos\{\xi_l(d-z)\}}{\{d(\xi_l^2 + \lambda_0^2) + \lambda_0\}(\eta_r\xi_n^2 + \eta_z\xi_l^2 + s)} +$$
$$+\pi^2 \sum_{n=1}^{\infty} \frac{\xi_n^2\{\lambda J_0(\xi_n a) + \xi_n J_1(\xi_n a)\}^2 \mathcal{V}_{\mathcal{D}0}(\xi r, b)}{\left[\{\lambda J_0(\xi_n a) + \xi_n J_1(\xi_n a)\}^2 - (\lambda^2 + \xi_n^2)J_0^2(\xi_n b)\right]} \sum_{l=1}^{\infty} \frac{\overline{\overline{\varphi}}(\xi_n, \xi_l)(\xi_l^2 + \lambda_0^2)\cos\{\xi_l(d-z)\}}{\{d(\xi_l^2 + \lambda_0^2) + \lambda_0\}(\eta_r\xi_n^2 + \eta_z\xi_l^2 + s)}$$

(21.94.2)

*$\mathcal{V}'_{\mathcal{D}0}(\xi_n r, b) = \{Y_1(\xi_n r)J_0(\xi_n b) - J_1(\xi_n r)Y_0(\xi_n b)\}$.

and

$$p = \frac{\pi U(t-t_0)}{2\phi c_t}\sum_{n=1}^{\infty}\frac{\xi_n^2\{\lambda J_0(\xi_n a)+\xi_n J_1(\xi_n a)\}^2\mathcal{V}_{\mathcal{D}0}(\xi r_0,b)\,\mathcal{V}_{\mathcal{D}0}(\xi r,b)}{\left[\{\lambda J_0(\xi_n a)+\xi_n J_1(\xi_n a)\}^2-(\lambda^2+\xi_n^2)\,J_0^2(\xi_n b)\right]}\times$$
$$\sum_{l=1}^{\infty}\frac{(\xi_l^2+\lambda_0^2)\cos\{\xi_l(d-z_0)\}\cos\{\xi_l(d-z)\}\int_0^{t-t_0}q(t-t_0-\tau)\,e^{-(\eta_r\xi_n^2+\eta_z\xi_l^2)\tau}d\tau}{\{d(\xi_l^2+\lambda_0^2)+\lambda_0\}}-$$
$$-\frac{2\pi}{\phi c_t}\sum_{n=1}^{\infty}\frac{\xi_n^2 J_0(\xi_n b)\{\lambda J_0(\xi_n a)+\xi_n J_1(\xi_n a)\}\mathcal{V}_{\mathcal{D}0}(\xi r,b)}{\left[\{\lambda J_0(\xi_n a)+\xi_n J_1(\xi_n a)\}^2-(\lambda^2+\xi_n^2)\,J_0^2(\xi_n b)\right]}\times$$
$$\times\sum_{l=1}^{\infty}\frac{(\xi_l^2+\lambda_0^2)\cos\{\xi_l(d-z)\}\int_0^{t}\overline{\psi}_a(\xi_l,t-\tau)\,e^{-(\eta_r\xi_n^2+\eta_z\xi_l^2)\tau}d\tau}{\{d(\xi_l^2+\lambda_0^2)+\lambda_0\}}+$$
$$+2\pi\eta_r\sum_{n=1}^{\infty}\frac{\xi_n^2\{\lambda J_0(\xi_n a)+\xi_n J_1(\xi_n a)\}^2\mathcal{V}_{\mathcal{D}0}(\xi r,b)}{\left[\{\lambda J_0(\xi_n a)+\xi_n J_1(\xi_n a)\}^2-(\lambda^2+\xi_n^2)\,J_0^2(\xi_n b)\right]}\times$$
$$\times\sum_{l=1}^{\infty}\frac{(\xi_l^2+\lambda_0^2)\cos\{\xi_l(d-z)\}\int_0^{t}\overline{\psi}_b(\xi_l,t-\tau)\,e^{-(\eta_r\xi_n^2+\eta_z\xi_l^2)\tau}d\tau}{\{d(\xi_l^2+\lambda_0^2)+\lambda_0\}}+$$
$$+\frac{\pi^2}{\phi c_t}\sum_{n=1}^{\infty}\frac{\xi_n^2\{\lambda J_0(\xi_n a)+\xi_n J_1(\xi_n a)\}^2\mathcal{V}_{\mathcal{D}0}(\xi r,b)}{\left[\{\lambda J_0(\xi_n a)+\xi_n J_1(\xi_n a)\}^2-(\lambda^2+\xi_n^2)\,J_0^2(\xi_n b)\right]}\times$$
$$\times\sum_{l=1}^{\infty}\frac{(\xi_l^2+\lambda_0^2)\cos\{\xi_l(d-z)\}\int_0^{t}\left\{\cos(\xi_l d)\,\overline{\psi}_0(\xi_n,t-\tau)-\overline{\psi}_d(\xi_n,t-\tau)\right\}e^{-(\eta_r\xi_n^2+\eta_z\xi_l^2)\tau}d\tau}{\{d(\xi_l^2+\lambda_0^2)+\lambda_0\}}+$$
$$+\pi^2\sum_{n=1}^{\infty}\frac{\xi_n^2\{\lambda J_0(\xi_n a)+\xi_n J_1(\xi_n a)\}^2\mathcal{V}_{\mathcal{D}0}(\xi r,b)\,e^{-\eta_r\xi_n^2 t}}{\left[\{\lambda J_0(\xi_n a)+\xi_n J_1(\xi_n a)\}^2-(\lambda^2+\xi_n^2)\,J_0^2(\xi_n b)\right]}\sum_{l=1}^{\infty}\frac{\overline{\overline{\varphi}}(\xi_n,\xi_l)\,(\xi_l^2+\lambda_0^2)\cos\{\xi_l(d-z)\}\,e^{-\eta_z\xi_l^2 t}}{\{d(\xi_l^2+\lambda_0^2)+\lambda_0\}}$$
(21.94.3)

21.95 The problem of 21.88, except

$\mathbf{R}_a \equiv \frac{\partial p(a,z,t)}{\partial r} - \lambda p(a,z,t) = -\left(\frac{\mu}{k_r}\right)\psi_a(z,t)$,
$\mathbf{N}_b \equiv \frac{\partial p(b,z,t)}{\partial r} = -\left(\frac{\mu}{k_r}\right)\psi_b(z,t)$,
$\mathbf{R}_0 \equiv \frac{\partial p(r,0,t)}{\partial z} - \lambda_0 p(r,0,t) = -\left(\frac{\mu}{k_z}\right)\psi_0(r,t)$ **and**
$\mathbf{N}_d \equiv \frac{\partial p(r,d,t)}{\partial z} = -\left(\frac{\mu}{k_z}\right)\psi_d(r,t)$

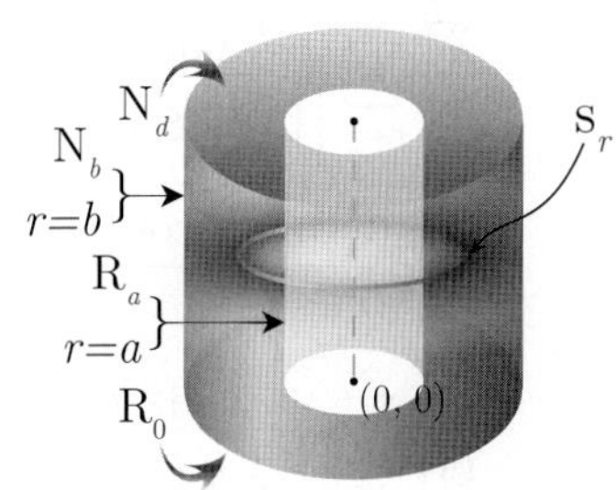

Successive application of the Laplace, Fourier and finite Hankel transformations to equation (18.1.1) gives

$$\overline{\overline{\overline{p}}} = \frac{q(s)\,e^{-st_0}\cos\{\xi_l(d-z_0)\}\,\mathcal{V}_{\mathcal{N}0}(\xi_n r_0,b)}{2\pi\phi c_t(\eta_r\xi_n^2+\eta_z\xi_l^2+s)}+\frac{2J_1(\xi_n b)\,\overline{\overline{\psi}}_a(\xi_l,s)}{\pi\phi c_t(\eta_r\xi_n^2+\eta_z\xi_l^2+s)\{\lambda J_0(\xi_n a)+\xi_n J_1(\xi_n a)\}}-$$
$$-\frac{2\overline{\overline{\psi}}_b(\xi_l,s)}{\pi\phi c_t\xi_n(\eta_r\xi_n^2+\eta_z\xi_l^2+s)}+\frac{\left\{\cos(\xi_l d)\,\overline{\overline{\psi}}_0(\xi_n,s)-\overline{\overline{\psi}}_d(\xi_n,s)\right\}}{\phi c_t(\eta_r\xi_n^2+\eta_z\xi_l^2+s)}+\frac{\overline{\overline{\varphi}}(\xi_n,\xi_l)}{(\eta_r\xi_n^2+\eta_z\xi_l^2+s)} \quad (21.95.1)$$

where $\xi_n, n=1,2,...,$ are the positive roots of the transcendental equation $\lambda\mathcal{V}_{\mathcal{N}0}(\xi_n a,b)-\xi_n\mathcal{V}'_{\mathcal{N}0}(\xi_n a,b)=0$, ξ_l are the positive roots of $\xi_l\tan(\xi_l d)=\lambda_0$, $l=1,2,....$ $\overline{\overline{\psi}}_0(\xi_n,s)=\int_a^b\overline{\psi}_0(r,s)\,r\mathcal{V}_{\mathcal{N}0}(\xi_n r,b)\,dr$, $\overline{\overline{\psi}}_d(\xi_n,s)=\int_a^b\overline{\psi}_d(r,s)\,r\mathcal{V}_{\mathcal{N}0}(\xi_n r,b)\,dr$, $\overline{\overline{\psi}}_a(\xi_l,s)=\int_0^d\cos\{\xi_l(d-z)\}\,\overline{\psi}_a(z,s)dz$, $\overline{\overline{\psi}}_b(\xi_l,s)=\int_0^d\cos\{\xi_l(d-z)\}\,\overline{\psi}_b(z,s)dz$, $\overline{\overline{\varphi}}(\xi_n,\xi_l)=\int_a^b\overline{\varphi}(r,\xi_l)\,r\mathcal{V}_{\mathcal{N}0}(\xi_n r,a)\,dr$ and

$\overline{\varphi}(r,\xi_l)=\int_0^d \cos\{\xi_l(d-z)\}\varphi(r,z)dz$. Successive inverse transforms yield

$$\begin{aligned}\overline{p} &= \frac{\pi q(s)e^{-st_0}}{2\phi c_t}\sum_{n=1}^{\infty}\frac{\xi_n^2\{\lambda J_0(\xi_n a)+\xi_n J_1(\xi_n a)\}^2\mathcal{V}_{\mathcal{N}0}(\xi r_0,b)\mathcal{V}_{\mathcal{N}0}(\xi r,b)}{\left[\{\lambda J_0(\xi_n a)+\xi_n J_1(\xi_n a)\}^2-(\lambda^2+\xi_n^2)J_1^2(\xi_n b)\right]}\times\\
&\times\sum_{l=1}^{\infty}\frac{(\xi_l^2+\lambda_0^2)\cos\{\xi_l(d-z_0)\}\cos\{\xi_l(d-z)\}}{\{d(\xi_l^2+\lambda_0^2)+\lambda_0\}(\eta_r\xi_n^2+\eta_z\xi_l^2+s)}+\\
&+\frac{2\pi}{\phi c_t}\sum_{n=1}^{\infty}\frac{\xi_n^2 J_1(\xi_n b)\{\lambda J_0(\xi_n a)+\xi_n J_1(\xi_n a)\}\mathcal{V}_{\mathcal{N}0}(\xi r,b)}{\left[\{\lambda J_0(\xi_n a)+\xi_n J_1(\xi_n a)\}^2-(\lambda^2+\xi_n^2)J_1^2(\xi_n b)\right]}\sum_{l=1}^{\infty}\frac{\overline{\overline{\psi}}_a(\xi_l,s)(\xi_l^2+\lambda_0^2)\cos\{\xi_l(d-z)\}}{\{d(\xi_l^2+\lambda_0^2)+\lambda_0\}(\eta_r\xi_n^2+\eta_z\xi_l^2+s)}-\\
&-\frac{2\pi}{\phi c_t}\sum_{n=1}^{\infty}\frac{\xi_n\{\lambda J_0(\xi_n a)+\xi_n J_1(\xi_n a)\}^2\mathcal{V}_{\mathcal{N}0}(\xi r,b)}{\left[\{\lambda J_0(\xi_n a)+\xi_n J_1(\xi_n a)\}^2-(\lambda^2+\xi_n^2)J_1^2(\xi_n b)\right]}\sum_{l=1}^{\infty}\frac{\overline{\overline{\psi}}_b(\xi_l,s)(\xi_l^2+\lambda_0^2)\cos\{\xi_l(d-z)\}}{\{d(\xi_l^2+\lambda_0^2)+\lambda_0\}(\eta_r\xi_n^2+\eta_z\xi_l^2+s)}+\\
&+\frac{\pi^2}{\phi c_t}\sum_{n=1}^{\infty}\frac{\xi_n^2\{\lambda J_0(\xi_n a)+\xi_n J_1(\xi_n a)\}^2\mathcal{V}_{\mathcal{N}0}(\xi r,b)}{\left[\{\lambda J_0(\xi_n a)+\xi_n J_1(\xi_n a)\}^2-(\lambda^2+\xi_n^2)J_1^2(\xi_n b)\right]}\times\\
&\times\sum_{l=1}^{\infty}\frac{(\xi_l^2+\lambda_0^2)\left\{\cos(\xi_l d)\overline{\overline{\psi}}_0(\xi_n,s)-\overline{\overline{\psi}}_d(\xi_n,s)\right\}\cos\{\xi_l(d-z)\}}{\{d(\xi_l^2+\lambda_0^2)+\lambda_0\}(\eta_r\xi_n^2+\eta_z\xi_l^2+s)}+\\
&+\pi^2\sum_{n=1}^{\infty}\frac{\xi_n^2\{\lambda J_0(\xi_n a)+\xi_n J_1(\xi_n a)\}^2\mathcal{V}_{\mathcal{N}0}(\xi r,b)}{\left[\{\lambda J_0(\xi_n a)+\xi_n J_1(\xi_n a)\}^2-(\lambda^2+\xi_n^2)J_1^2(\xi_n b)\right]}\sum_{l=1}^{\infty}\frac{\overline{\overline{\varphi}}(\xi_n,\xi_l)(\xi_l^2+\lambda_0^2)\cos\{\xi_l(d-z)\}}{\{d(\xi_l^2+\lambda_0^2)+\lambda_0\}(\eta_r\xi_n^2+\eta_z\xi_l^2+s)}\end{aligned} \tag{21.95.2}$$

and

$$\begin{aligned}p &= \frac{\pi U(t-t_0)}{2\phi c_t}\sum_{n=1}^{\infty}\frac{\xi_n^2\{\lambda J_0(\xi_n a)+\xi_n J_1(\xi_n a)\}^2\mathcal{V}_{\mathcal{N}0}(\xi r_0,b)\mathcal{V}_{\mathcal{N}0}(\xi r,b)}{\left[\{\lambda J_0(\xi_n a)+\xi_n J_1(\xi_n a)\}^2-(\lambda^2+\xi_n^2)J_1^2(\xi_n b)\right]}\times\\
&\sum_{l=1}^{\infty}\frac{(\xi_l^2+\lambda_0^2)\cos\{\xi_l(d-z_0)\}\cos\{\xi_l(d-z)\}\int_0^{t-t_0}q(t-t_0-\tau)e^{-(\eta_r\xi_n^2+\eta_z\xi_l^2)\tau}d\tau}{\{d(\xi_l^2+\lambda_0^2)+\lambda_0\}}+\\
&+\frac{2\pi}{\phi c_t}\sum_{n=1}^{\infty}\frac{\xi_n^2 J_1(\xi_n b)\{\lambda J_0(\xi_n a)+\xi_n J_1(\xi_n a)\}\mathcal{V}_{\mathcal{N}0}(\xi r,b)}{\left[\{\lambda J_0(\xi_n a)+\xi_n J_1(\xi_n a)\}^2-(\lambda^2+\xi_n^2)J_1^2(\xi_n b)\right]}\times\\
&\times\sum_{l=1}^{\infty}\frac{(\xi_l^2+\lambda_0^2)\cos\{\xi_l(d-z)\}\int_0^t\overline{\psi}_a(\xi_l,t-\tau)e^{-(\eta_r\xi_n^2+\eta_z\xi_l^2)\tau}d\tau}{\{d(\xi_l^2+\lambda_0^2)+\lambda_0\}}-\\
&-\frac{2\pi}{\phi c_t}\sum_{n=1}^{\infty}\frac{\xi_n\{\lambda J_0(\xi_n a)+\xi_n J_1(\xi_n a)\}^2\mathcal{V}_{\mathcal{N}0}(\xi r,b)}{\left[\{\lambda J_0(\xi_n a)+\xi_n J_1(\xi_n a)\}^2-(\lambda^2+\xi_n^2)J_1^2(\xi_n b)\right]}\times\\
&\times\sum_{l=1}^{\infty}\frac{(\xi_l^2+\lambda_0^2)\cos\{\xi_l(d-z)\}\int_0^t\overline{\psi}_b(\xi_l,t-\tau)e^{-(\eta_r\xi_n^2+\eta_z\xi_l^2)\tau}d\tau}{\{d(\xi_l^2+\lambda_0^2)+\lambda_0\}}+\\
&+\frac{\pi^2}{\phi c_t}\sum_{n=1}^{\infty}\frac{\xi_n^2\{\lambda J_0(\xi_n a)+\xi_n J_1(\xi_n a)\}^2\mathcal{V}_{\mathcal{N}0}(\xi r,b)}{\left[\{\lambda J_0(\xi_n a)+\xi_n J_1(\xi_n a)\}^2-(\lambda^2+\xi_n^2)J_1^2(\xi_n b)\right]}\times\\
&\times\sum_{l=1}^{\infty}\frac{(\xi_l^2+\lambda_0^2)\cos\{\xi_l(d-z)\}\int_0^t\{\cos(\xi_l d)\overline{\psi}_0(\xi_n,t-\tau)-\overline{\psi}_d(\xi_n,t-\tau)\}e^{-(\eta_r\xi_n^2+\eta_z\xi_l^2)\tau}d\tau}{\{d(\xi_l^2+\lambda_0^2)+\lambda_0\}}+\\
&+\pi^2\sum_{n=1}^{\infty}\frac{\xi_n^2\{\lambda J_0(\xi_n a)+\xi_n J_1(\xi_n a)\}^2\mathcal{V}_{\mathcal{N}0}(\xi r,b)e^{-\eta_r\xi_n^2 t}}{\left[\{\lambda J_0(\xi_n a)+\xi_n J_1(\xi_n a)\}^2-(\lambda^2+\xi_n^2)J_1^2(\xi_n b)\right]}\sum_{l=1}^{\infty}\frac{\overline{\varphi}(\xi_n,\xi_l)(\xi_l^2+\lambda_0^2)\cos\{\xi_l(d-z)\}e^{-\eta_z\xi_l^2 t}}{\{d(\xi_l^2+\lambda_0^2)+\lambda_0\}}\end{aligned} \tag{21.95.3}$$

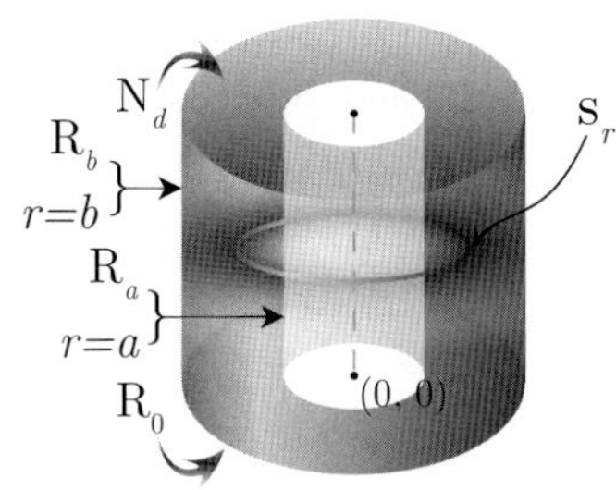

21.96 **The problem of 21.88, except**
$\mathbf{R}_a \equiv \frac{\partial p(a,z,t)}{\partial r} - \lambda p(a,z,t) = -\left(\frac{\mu}{k_r}\right)\psi_a(z,t)$,
$\mathbf{R}_b \equiv \frac{\partial p(b,z,t)}{\partial r} + \lambda_b p(b,z,t) = -\left(\frac{\mu}{k_r}\right)\psi_b(z,t)$,
$\mathbf{R}_0 \equiv \frac{\partial p(r,0,t)}{\partial z} - \lambda_0 p(r,0,t) = -\left(\frac{\mu}{k_z}\right)\psi_0(r,t)$ **and**
$\mathbf{N}_d \equiv \frac{\partial p(r,d,t)}{\partial z} = -\left(\frac{\mu}{k_z}\right)\psi_d(r,t)$

Successive application of the Laplace, Fourier and finite Hankel transformations to equation (18.1.1) gives

$$\overline{\overline{\overline{p}}} = \frac{q(s)\,e^{-st_0}\cos\{\xi_l(d-z_0)\}\{\xi_n\mathcal{V}_{\mathcal{N}0}(\xi_n r_0,a)-\lambda_a\mathcal{V}_{\mathcal{D}0}(\xi_n r_0,a)\}}{2\pi\phi c_t(\eta_r\xi_n^2+\eta_z\xi_l^2+s)}+$$
$$+\frac{2\{\lambda_a J_0(\xi_n a)+\xi_n J_1(\xi_n a)\}\overline{\overline{\psi}}_b(\xi_l,s)}{\pi\phi c_t(\eta_r\xi_n^2+\eta_z\xi_l^2+s)\{\lambda_b J_0(\xi_n b)-\xi_n J_1(\xi_n b)\}}+$$
$$+\frac{2\overline{\overline{\psi}}_a(\xi_l,s)}{\pi\phi c_t(\eta_r\xi_n^2+\eta_z\xi_l^2+s)}+\frac{\left\{\cos(\xi_l d)\overline{\overline{\psi}}_0(\xi_n,s)-\overline{\overline{\psi}}_d(\xi_n,s)\right\}}{\phi c_t(\eta_r\xi_n^2+\eta_z\xi_l^2+s)}+\frac{\overline{\overline{\varphi}}(\xi_n,\xi_l)}{(\eta_r\xi_n^2+\eta_z\xi_l^2+s)} \quad (21.96.1)$$

where $\xi_n, n=1,2,...$, are the positive roots of $\lambda_a\{\mathcal{V}'_{\mathcal{D}0}(\xi_n b,a)+\lambda_b\mathcal{V}_{\mathcal{D}0}(\xi_n b,a)\} - \xi_n\{\mathcal{V}'_{\mathcal{N}0}(\xi_n b,a)+\lambda_b\mathcal{V}_{\mathcal{N}0}(\xi_n b,a)\} = 0$, ξ_l are the positive roots of $\xi_l\tan(\xi_l d)=\lambda_0$, $l=1,2,....$ $\overline{\overline{\psi}}_0(\xi_n,s)=\int_a^b\overline{\psi}_0(r,s)\,r\{\xi_n\mathcal{V}_{\mathcal{N}0}(\xi_n r,a)-\lambda_a\mathcal{V}_{\mathcal{D}0}(\xi_n r,a)\}\,dr$,
$\overline{\overline{\psi}}_d(\xi_n,s)=\int_a^b\overline{\psi}_d(r,s)\,r\{\xi_n\mathcal{V}_{\mathcal{N}0}(\xi_n r,a)-\lambda_a\mathcal{V}_{\mathcal{D}0}(\xi_n r,a)\}\,dr$,
$\overline{\overline{\psi}}_a(\xi_l,s)=\int_0^d\cos\{\xi_l(d-z)\}\,\overline{\psi}_a(z,s)dz$, $\overline{\overline{\psi}}_b(\xi_l,s)=\int_0^d\cos\{\xi_l(d-z)\}\,\overline{\psi}_b(z,s)dz$,
$\overline{\overline{\varphi}}(\xi_n,\xi_l)=\int_a^b\overline{\varphi}(r,\xi_l)\,r\{\xi_n\mathcal{V}_{\mathcal{N}0}(\xi_n r,a)-\lambda_a\mathcal{V}_{\mathcal{D}0}(\xi_n r,a)\}\,dr$ and $\overline{\varphi}(r,\xi_l)=\int_0^d\cos\{\xi_l(d-z)\}\,\varphi(r,z)dz$.
Successive inverse transforms yield

$$\overline{p} = \frac{\pi q(s)\,e^{-st_0}}{2\phi c_t}\sum_{n=1}^{\infty}\xi_n^2\{\xi_n J_1(\xi_n b)-\lambda_b J_0(\xi_n b)\}^2\times$$
$$\times\frac{\{\xi_n\mathcal{V}_{\mathcal{N}0}(\xi_n r_0,a)-\lambda_a\mathcal{V}_{\mathcal{D}0}(\xi_n r_0,a)\}\{\xi_n\mathcal{V}_{\mathcal{N}0}(\xi_n r,a)-\lambda_a\mathcal{V}_{\mathcal{D}0}(\xi_n r,a)\}}{\left[(\lambda_b^2+\xi_n^2)\{\lambda_a J_0(\xi_n a)+\xi_n J_1(\xi_n a)\}^2-(\lambda_a^2+\xi_n^2)\{\lambda_b J_0(\xi_n b)+\xi_n J_1(\xi_n b)\}^2\right]}\times$$
$$\times\sum_{l=1}^{\infty}\frac{(\xi_l^2+\lambda_0^2)\cos\{\xi_l(d-z_0)\}\cos\{\xi_l(d-z)\}}{\{d(\xi_l^2+\lambda_0^2)+\lambda_0\}(\eta_r\xi_n^2+\eta_z\xi_l^2+s)}+$$
$$+\frac{2\pi}{\phi c_t}\sum_{n=1}^{\infty}\frac{\xi_n^2\{\xi_n J_1(\xi_n b)-\lambda_b J_0(\xi_n b)\}^2\{\xi_n\mathcal{V}_{\mathcal{N}0}(\xi_n r,a)-\lambda_a\mathcal{V}_{\mathcal{D}0}(\xi_n r,a)\}}{\left[(\lambda_b^2+\xi_n^2)\{\lambda_a J_0(\xi_n a)+\xi_n J_1(\xi_n a)\}^2-(\lambda_a^2+\xi_n^2)\{\lambda_b J_0(\xi_n b)+\xi_n J_1(\xi_n b)\}^2\right]}\times$$
$$\times\sum_{l=1}^{\infty}\frac{\overline{\overline{\psi}}_a(\xi_l,s)(\xi_l^2+\lambda_0^2)\cos\{\xi_l(d-z)\}}{\{d(\xi_l^2+\lambda_0^2)+\lambda_0\}(\eta_r\xi_n^2+\eta_z\xi_l^2+s)}+$$
$$+\frac{2\pi}{\phi c_t}\sum_{n=1}^{\infty}\frac{\xi_n^2\{\xi_n J_1(\xi_n b)-\lambda_b J_0(\xi_n b)\}\{\xi_n J_1(\xi_n a)+\lambda_a J_0(\xi_n a)\}\{\xi_n\mathcal{V}_{\mathcal{N}0}(\xi_n r,a)-\lambda_a\mathcal{V}_{\mathcal{D}0}(\xi_n r,a)\}}{\left[(\lambda_b^2+\xi_n^2)\{\lambda_a J_0(\xi_n a)+\xi_n J_1(\xi_n a)\}^2-(\lambda_a^2+\xi_n^2)\{\lambda_b J_0(\xi_n b)+\xi_n J_1(\xi_n b)\}^2\right]}\times$$
$$\times\sum_{l=1}^{\infty}\frac{\overline{\overline{\psi}}_b(\xi_l,s)(\xi_l^2+\lambda_0^2)\cos\{\xi_l(d-z)\}}{\{d(\xi_l^2+\lambda_0^2)+\lambda_0\}(\eta_r\xi_n^2+\eta_z\xi_l^2+s)}+$$
$$+\frac{\pi^2}{\phi c_t}\sum_{n=1}^{\infty}\frac{\xi_n^2\{\xi_n J_1(\xi_n b)-\lambda_b J_0(\xi_n b)\}^2\{\xi_n\mathcal{V}_{\mathcal{N}0}(\xi_n r,a)-\lambda_a\mathcal{V}_{\mathcal{D}0}(\xi_n r,a)\}}{\left[(\lambda_b^2+\xi_n^2)\{\lambda_a J_0(\xi_n a)+\xi_n J_1(\xi_n a)\}^2-(\lambda_a^2+\xi_n^2)\{\lambda_b J_0(\xi_n b)+\xi_n J_1(\xi_n b)\}^2\right]}\times$$
$$\times\sum_{l=1}^{\infty}\frac{(\xi_l^2+\lambda_0^2)\left\{\cos(\xi_l d)\overline{\overline{\psi}}_0(\xi_n,s)-\overline{\overline{\psi}}_d(\xi_n,s)\right\}\cos\{\xi_l(d-z)\}}{\{d(\xi_l^2+\lambda_0^2)+\lambda_0\}(\eta_r\xi_n^2+\eta_z\xi_l^2+s)}+$$

$$+\pi^2 \sum_{n=1}^{\infty} \frac{\xi_n^2 \{\xi_n J_1(\xi_n b) - \lambda_b J_0(\xi_n b)\}^2 \{\xi_n \mathcal{V}_{\mathcal{N}0}(\xi_n r, a) - \lambda_a \mathcal{V}_{\mathcal{D}0}(\xi_n r, a)\}}{\left[(\lambda_b^2 + \xi_n^2)\{\lambda_a J_0(\xi_n a) + \xi_n J_1(\xi_n a)\}^2 - (\lambda_a^2 + \xi_n^2)\{\lambda_b J_0(\xi_n b) + \xi_n J_1(\xi_n b)\}^2\right]} \times$$
$$\times \sum_{l=1}^{\infty} \frac{\overline{\overline{\varphi}}(\xi_n, \xi_l)(\xi_l^2 + \lambda_0^2)\cos\{\xi_l(d-z)\}}{\{d(\xi_l^2 + \lambda_0^2) + \lambda_0\}(\eta_r \xi_n^2 + \eta_z \xi_l^2 + s)} \qquad (21.96.2)$$

and

$$p = \frac{\pi U(t-t_0)}{2\phi c_t} \sum_{n=1}^{\infty} \frac{\xi_n^2 \{\xi_n J_1(\xi_n b) - \lambda_b J_0(\xi_n b)\}^2 \{\xi_n \mathcal{V}_{\mathcal{N}0}(\xi_n r_0, a) - \lambda_a \mathcal{V}_{\mathcal{D}0}(\xi_n r_0, a)\}}{\left[(\lambda_b^2 + \xi_n^2)\{\lambda_a J_0(\xi_n a) + \xi_n J_1(\xi_n a)\}^2 - (\lambda_a^2 + \xi_n^2)\{\lambda_b J_0(\xi_n b) + \xi_n J_1(\xi_n b)\}^2\right]} \times$$
$$\times \{\xi_n \mathcal{V}_{\mathcal{N}0}(\xi_n r, a) - \lambda_a \mathcal{V}_{\mathcal{D}0}(\xi_n r, a)\} \times$$
$$\times \sum_{l=1}^{\infty} \frac{(\xi_l^2 + \lambda_0^2)\cos\{\xi_l(d-z_0)\}\cos\{\xi_l(d-z)\}\int_0^{t-t_0} q(t-t_0-\tau)\, e^{-(\eta_r \xi_n^2 + \eta_z \xi_l^2)\tau} d\tau}{\{d(\xi_l^2 + \lambda_0^2) + \lambda_0\}} +$$
$$+\frac{2\pi}{\phi c_t} \sum_{n=1}^{\infty} \frac{\xi_n^2 \{\xi_n J_1(\xi_n b) - \lambda_b J_0(\xi_n b)\}^2 \{\xi_n \mathcal{V}_{\mathcal{N}0}(\xi_n r, a) - \lambda_a \mathcal{V}_{\mathcal{D}0}(\xi_n r, a)\}}{\left[(\lambda_b^2 + \xi_n^2)\{\lambda_a J_0(\xi_n a) + \xi_n J_1(\xi_n a)\}^2 - (\lambda_a^2 + \xi_n^2)\{\lambda_b J_0(\xi_n b) + \xi_n J_1(\xi_n b)\}^2\right]} \times$$
$$\times \sum_{l=1}^{\infty} \frac{(\xi_l^2 + \lambda_0^2)\cos\{\xi_l(d-z)\}\int_0^t \overline{\psi}_a(\xi_l, t-\tau)\, e^{-(\eta_r \xi_n^2 + \eta_z \xi_l^2)\tau} d\tau}{\{d(\xi_l^2 + \lambda_0^2) + \lambda_0\}} +$$
$$+\frac{2\pi}{\phi c_t} \sum_{n=1}^{\infty} \frac{\xi_n^2 \{\xi_n J_1(\xi_n b) - \lambda_b J_0(\xi_n b)\}\{\xi_n J_1(\xi_n a) + \lambda_a J_0(\xi_n a)\}\{\xi_n \mathcal{V}_{\mathcal{N}0}(\xi_n r, a) - \lambda_a \mathcal{V}_{\mathcal{D}0}(\xi_n r, a)\}}{\left[(\lambda_b^2 + \xi_n^2)\{\lambda_a J_0(\xi_n a) + \xi_n J_1(\xi_n a)\}^2 - (\lambda_a^2 + \xi_n^2)\{\lambda_b J_0(\xi_n b) + \xi_n J_1(\xi_n b)\}^2\right]} \times$$
$$\times \sum_{l=1}^{\infty} \frac{(\xi_l^2 + \lambda_0^2)\cos\{\xi_l(d-z)\}\int_0^t \overline{\psi}_b(\xi_l, t-\tau)\, e^{-(\eta_r \xi_n^2 + \eta_z \xi_l^2)\tau} d\tau}{\{d(\xi_l^2 + \lambda_0^2) + \lambda_0\}} +$$
$$+\frac{\pi^2}{\phi c_t} \sum_{n=1}^{\infty} \frac{\xi_n^2 \{\xi_n J_1(\xi_n b) - \lambda_b J_0(\xi_n b)\}^2 \{\xi_n \mathcal{V}_{\mathcal{N}0}(\xi_n r, a) - \lambda_a \mathcal{V}_{\mathcal{D}0}(\xi_n r, a)\}}{\left[(\lambda_b^2 + \xi_n^2)\{\lambda_a J_0(\xi_n a) + \xi_n J_1(\xi_n a)\}^2 - (\lambda_a^2 + \xi_n^2)\{\lambda_b J_0(\xi_n b) + \xi_n J_1(\xi_n b)\}^2\right]} \times$$
$$\times \sum_{l=1}^{\infty} \frac{(\xi_l^2 + \lambda_0^2)\cos\{\xi_l(d-z)\}\int_0^t \{\cos(\xi_l d)\overline{\psi}_0(\xi_n, t-\tau) - \overline{\psi}_d(\xi_n, t-\tau)\}\, e^{-(\eta_r \xi_n^2 + \eta_z \xi_l^2)\tau} d\tau}{\{d(\xi_l^2 + \lambda_0^2) + \lambda_0\}} +$$
$$+\pi^2 \sum_{n=1}^{\infty} \frac{\xi_n^2 \{\xi_n J_1(\xi_n b) - \lambda_b J_0(\xi_n b)\}^2 \{\xi_n \mathcal{V}_{\mathcal{N}0}(\xi_n r, a) - \lambda_a \mathcal{V}_{\mathcal{D}0}(\xi_n r, a)\}\, e^{-\eta_r \xi_n^2 t}}{\left[(\lambda_b^2 + \xi_n^2)\{\lambda_a J_0(\xi_n a) + \xi_n J_1(\xi_n a)\}^2 - (\lambda_a^2 + \xi_n^2)\{\lambda_b J_0(\xi_n b) + \xi_n J_1(\xi_n b)\}^2\right]} \times$$
$$\times \sum_{l=1}^{\infty} \frac{\overline{\overline{\varphi}}(\xi_n, \xi_l)(\xi_l^2 + \lambda_0^2)\cos\{\xi_l(d-z)\}\, e^{-\eta_z \xi_l^2 t}}{\{d(\xi_l^2 + \lambda_0^2) + \lambda_0\}} \qquad (21.96.3)$$

21.97

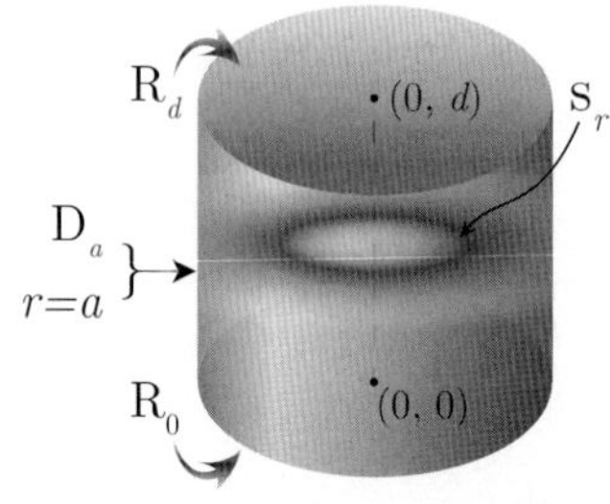

A cylindrical continuum bounded by $0 \le r \le a$ and $0 \le z \le d$. Ring source at $s_r \equiv (r_0, z_0)$; $0 \le r_0 \le a$, $0 < z_0 < d$, $t_0 \ge 0$.
$R_0 \equiv \frac{\partial p(r,0,t)}{\partial z} - \lambda_0 p(r,0,t) = -\left(\frac{\mu}{k_z}\right)\psi_0(r,t)$,
$R_d \equiv \frac{\partial p(r,d,t)}{\partial z} + \lambda_d p(r,d,t) = -\left(\frac{\mu}{k_z}\right)\psi_d(r,t)$ and
$D_a \equiv p(a,z,t) = \psi_a(z,t)$. $p(r,z,0) = \varphi(r,z)$

Successive application of the Laplace, Fourier and finite Hankel transformations to equation (18.1.1) gives

$$\overline{\overline{\overline{p}}} = \frac{q(s)e^{-st_0}\{\xi_l\cos(\xi_l z_0)+\lambda_0\sin(\xi_l z_0)\}J_0(\xi_n r_0)}{2\pi\phi c_t(\eta_r\xi_n^2+\eta_z\xi_l^2+s)} + \frac{a\eta_r\xi_n\overline{\overline{\psi}}_a(\xi_l,s)J_1(\xi_n a)}{(\eta_r\xi_n^2+\eta_z\xi_l^2+s)} + \\ +\frac{\left[\xi_l\overline{\overline{\psi}}_0(\xi_n,s)-\{\xi_l\cos(\xi_l d)+\lambda_0\sin(\xi_l d)\}\overline{\overline{\psi}}_d(\xi_n,s)\right]}{\phi c_t(\eta_r\xi_n^2+\eta_z\xi_l^2+s)} + \frac{\overline{\overline{\varphi}}(\xi_n,\xi_l)}{(\eta_r\xi_n^2+\eta_z\xi_l^2+s)} \tag{21.97.1}$$

where ξ_n are the positive roots of $J_0(\xi_n a)=0$, $n=1,2,...$, ξ_l are the positive roots of $\tan(\xi_l d)=\frac{\xi_l(\lambda_0+\lambda_d)}{\xi_l^2-\lambda_0\lambda_d}$, $l=1,2,...$, $\overline{\overline{\psi}}_a(\xi_l,s)=\int_0^d\{\xi_l\cos(\xi_l z)+\lambda_0\sin(\xi_l z)\}\overline{\psi}_a(z,s)dz$, $\overline{\overline{\psi}}_0(\xi_n,s)=\int_0^a\overline{\psi}_0(r,s)rJ_0(\xi r)\,dr$, $\overline{\overline{\psi}}_d(\xi_n,s)=\int_0^a\overline{\psi}_d(r,s)rJ_0(\xi r)\,dr$, $\overline{\overline{\varphi}}(\xi_n,\xi_l)=\int_0^a\overline{\varphi}(r,\xi_l)\,rJ_0(\xi_n r)\,dr$ and $\overline{\varphi}(r,\xi_l)=\int_0^d\{\xi_l\cos(\xi_l z)+\lambda_0\sin(\xi_l z)\}\varphi(r,z)dz$. Successive inverse transforms yield

$$\overline{p} = \frac{2q(s)e^{-st_0}}{\pi a^2\phi c_t}\sum_{n=1}^{\infty}\frac{J_0(\xi_n r_0)J_0(\xi_n r)}{J_1^2(\xi_n a)}\sum_{l=1}^{\infty}\frac{\{\xi_l\cos(\xi_l z_0)+\lambda_0\sin(\xi_l z_0)\}\{\xi_l\cos(\xi_l z)+\lambda_0\sin(\xi_l z)\}}{\left\{(\xi_l^2+\lambda_0^2)\left(d+\frac{\lambda_d}{\xi_l^2+\lambda_d^2}\right)+\lambda_0\right\}(\eta_r\xi_n^2+\eta_z\xi_l^2+s)} + \\ +\frac{4\eta_r}{a}\sum_{n=1}^{\infty}\frac{\xi_n J_0(\xi_n r)}{J_1(\xi_n a)}\sum_{l=1}^{\infty}\frac{\overline{\overline{\psi}}_a(\xi_l,s)\{\xi_l\cos(\xi_l z)+\lambda_0\sin(\xi_l z)\}}{\left\{(\xi_l^2+\lambda_0^2)\left(d+\frac{\lambda_d}{\xi_l^2+\lambda_d^2}\right)+\lambda_0\right\}(\eta_r\xi_n^2+\eta_z\xi_l^2+s)} + \\ +\frac{4}{a^2\phi c_t}\sum_{n=1}^{\infty}\frac{J_0(\xi_n r)}{J_1^2(\xi_n a)}\times \\ \times\sum_{l=1}^{\infty}\frac{\left[\xi_l\overline{\overline{\psi}}_0(\xi_n,s)-\{\xi_l\cos(\xi_l d)+\lambda_0\sin(\xi_l d)\}\overline{\overline{\psi}}_d(\xi_n,s)\right]\{\xi_l\cos(\xi_l z)+\lambda_0\sin(\xi_l z)\}}{\left\{(\xi_l^2+\lambda_0^2)\left(d+\frac{\lambda_d}{\xi_l^2+\lambda_d^2}\right)+\lambda_0\right\}(\eta_r\xi_n^2+\eta_z\xi_l^2+s)} + \\ +\frac{4}{a^2}\sum_{n=1}^{\infty}\frac{J_0(\xi_n r)}{J_1^2(\xi_n a)}\sum_{l=1}^{\infty}\frac{\overline{\overline{\varphi}}(\xi_n,\xi_l)\{\xi_l\cos(\xi_l z)+\lambda_0\sin(\xi_l z)\}}{\left\{(\xi_l^2+\lambda_0^2)\left(d+\frac{\lambda_d}{\xi_l^2+\lambda_d^2}\right)+\lambda_0\right\}(\eta_r\xi_n^2+\eta_z\xi_l^2+s)} \tag{21.97.2}$$

and

$$p = \frac{2U(t-t_0)}{\pi a^2\phi c_t}\sum_{n=1}^{\infty}\frac{J_0(\xi_n r_0)J_0(\xi_n r)}{J_1^2(\xi_n a)}\times \\ \times\sum_{l=1}^{\infty}\frac{\{\xi_l\cos(\xi_l z_0)+\lambda_0\sin(\xi_l z_0)\}\{\xi_l\cos(\xi_l z)+\lambda_0\sin(\xi_l z)\}\int_0^{t-t_0}q(t-t_0-\tau)e^{-(\eta_r\xi_n^2+\eta_z\xi_l^2)\tau}d\tau}{\left\{(\xi_l^2+\lambda_0^2)\left(d+\frac{\lambda_d}{\xi_l^2+\lambda_d^2}\right)+\lambda_0\right\}} + \\ +\frac{4\eta_r}{a}\sum_{n=1}^{\infty}\frac{\xi_n J_0(\xi_n r)}{J_1(\xi_n a)}\sum_{l=1}^{\infty}\frac{\{\xi_l\cos(\xi_l z)+\lambda_0\sin(\xi_l z)\}\int_0^t\overline{\psi}_a(\xi_l,t-\tau)e^{-(\eta_r\xi_n^2+\eta_z\xi_l^2)\tau}d\tau}{\left\{(\xi_l^2+\lambda_0^2)\left(d+\frac{\lambda_d}{\xi_l^2+\lambda_d^2}\right)+\lambda_0\right\}} + \\ +\frac{4}{a^2\phi c_t}\sum_{n=1}^{\infty}\frac{J_0(\xi_n r)}{J_1^2(\xi_n a)}\sum_{l=1}^{\infty}\frac{\{\xi_l\cos(\xi_l z)+\lambda_0\sin(\xi_l z)\}}{\left\{(\xi_l^2+\lambda_0^2)\left(d+\frac{\lambda_d}{\xi_l^2+\lambda_d^2}\right)+\lambda_0\right\}}\times \\ \times\int_0^t\left[\xi_l\overline{\psi}_0(\xi_n,t-\tau)-\{\xi_l\cos(\xi_l d)+\lambda_0\sin(\xi_l d)\}\overline{\psi}_d(\xi_n,t-\tau)\right]e^{-(\eta_r\xi_n^2+\eta_z\xi_l^2)\tau}d\tau + \\ +\frac{4}{a^2}\sum_{n=1}^{\infty}\frac{J_0(\xi_n r)e^{-\eta_r\xi_n^2 t}}{J_1^2(\xi_n a)}\sum_{l=1}^{\infty}\frac{\overline{\varphi}(\xi_n,\xi_l)\{\xi_l\cos(\xi_l z)+\lambda_0\sin(\xi_l z)\}e^{-\eta_z\xi_l^2 t}}{\left\{(\xi_l^2+\lambda_0^2)\left(d+\frac{\lambda_d}{\xi_l^2+\lambda_d^2}\right)+\lambda_0\right\}} \tag{21.97.3}$$

21.98

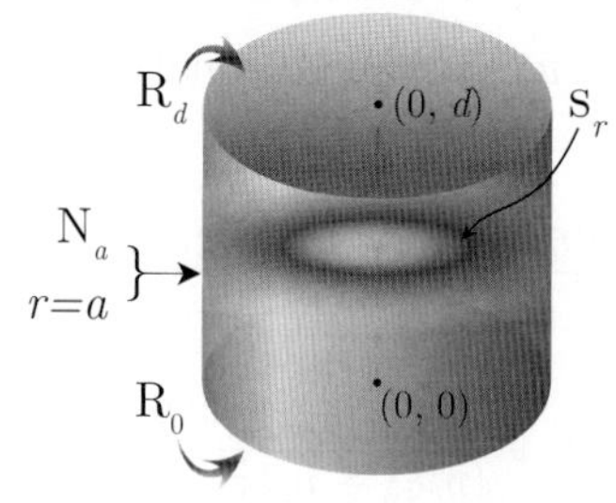

The problem of 21.97, except
$\mathbf{N_a \equiv \frac{\partial p(a,z,t)}{\partial r} = -\left(\frac{\mu}{k_r}\right)\psi_a(z,t)}$,
$\mathbf{R_0 \equiv \frac{\partial p(r,0,t)}{\partial z} - \lambda_0 p(r,0,t) = -\left(\frac{\mu}{k_z}\right)\psi_0(r,t)}$ **and**
$\mathbf{R_d \equiv \frac{\partial p(r,d,t)}{\partial z} + \lambda_d p(r,d,t) = -\left(\frac{\mu}{k_z}\right)\psi_d(r,t)}$

Successive application of the Laplace, Fourier and finite Hankel transformations to equation (18.1.1) gives

$$\overline{\overline{\overline{p}}} = \frac{q(s)\,e^{-st_0}\{\xi_l\cos(\xi_l z_0)+\lambda_0\sin(\xi_l z_0)\}J_0(\xi_n r_0)}{2\pi\phi c_t(\eta_r\xi_n^2+\eta_z\xi_l^2+s)} - \frac{a\overline{\overline{\psi}}_a(\xi_l,s)\,J_0(\xi_n a)}{\phi c_t(\eta_r\xi_n^2+\eta_z\xi_l^2+s)} + $$
$$+\frac{\left[\xi_l\overline{\overline{\psi}}_0(\xi_n,s)-\{\xi_l\cos(\xi_l d)+\lambda_0\sin(\xi_l d)\}\overline{\overline{\psi}}_d(\xi_n,s)\right]}{\phi c_t(\eta_r\xi_n^2+\eta_z\xi_l^2+s)} + \frac{\overline{\overline{\varphi}}(\xi_n,\xi_l)}{(\eta_r\xi_n^2+\eta_z\xi_l^2+s)} \tag{21.98.1}$$

where ξ_n are the positive roots of $J_1(\xi_n a)=0$, $n=1,2,...,$ ξ_l are the positive roots of $\tan(\xi_l d)=\frac{\xi_l(\lambda_0+\lambda_d)}{\xi_l^2-\lambda_0\lambda_d}$, $l=1,2,...,$ $\overline{\overline{\psi}}_a(\xi_l,s)=\int_0^d\{\xi_l\cos(\xi_l z)+\lambda_0\sin(\xi_l z)\}\overline{\psi}_a(z,s)dz$, $\overline{\overline{\psi}}_0(\xi_n,s)=\int_0^a\overline{\psi}_0(r,s)rJ_0(\xi r)\,dr$, $\overline{\overline{\psi}}_d(\xi_n,s)=\int_0^a\overline{\psi}_d(r,s)rJ_0(\xi r)\,dr$, $\overline{\overline{\varphi}}(\xi_n,\xi_l)=\int_0^a\overline{\varphi}(r,\xi_l)\,rJ_0(\xi_n r)\,dr$ and $\overline{\varphi}(r,\xi_l)=\int_0^d\{\xi_l\cos(\xi_l z)+\lambda_0\sin(\xi_l z)\}\varphi(r,z)dz$. Successive inverse transforms yield

$$\overline{p} = \frac{2q(s)\,e^{-st_0}}{\pi a^2\phi c_t}\sum_{n=0}^{\infty}\frac{J_0(\xi_n r_0)\,J_0(\xi_n r)}{J_0^2(\xi_n a)}\sum_{l=1}^{\infty}\frac{\{\xi_l\cos(\xi_l z_0)+\lambda_0\sin(\xi_l z_0)\}\{\xi_l\cos(\xi_l z)+\lambda_0\sin(\xi_l z)\}}{\left\{(\xi_l^2+\lambda_0^2)\left(d+\frac{\lambda_d}{\xi_l^2+\lambda_d^2}\right)+\lambda_0\right\}(\eta_r\xi_n^2+\eta_z\xi_l^2+s)} -$$
$$-\frac{4}{a\phi c_t}\sum_{n=0}^{\infty}\frac{J_0(\xi_n r)}{J_0(\xi_n a)}\sum_{l=1}^{\infty}\frac{\overline{\overline{\psi}}_a(\xi_l,s)\{\xi_l\cos(\xi_l z)+\lambda_0\sin(\xi_l z)\}}{\left\{(\xi_l^2+\lambda_0^2)\left(d+\frac{\lambda_d}{\xi_l^2+\lambda_d^2}\right)+\lambda_0\right\}(\eta_r\xi_n^2+\eta_z\xi_l^2+s)} +$$
$$+\frac{4}{a^2\phi c_t}\sum_{n=0}^{\infty}\frac{J_0(\xi_n r)}{J_1^2(\xi_n a)}\sum_{l=1}^{\infty}\frac{\left[\xi_l\overline{\overline{\psi}}_0(\xi_n,s)-\{\xi_l\cos(\xi_l d)+\lambda_0\sin(\xi_l d)\}\overline{\overline{\psi}}_d(\xi_n,s)\right]\{\xi_l\cos(\xi_l z)+\lambda_0\sin(\xi_l z)\}}{\left\{(\xi_l^2+\lambda_0^2)\left(d+\frac{\lambda_d}{\xi_l^2+\lambda_d^2}\right)+\lambda_0\right\}(\eta_r\xi_n^2+\eta_z\xi_l^2+s)} +$$
$$+\frac{4}{a^2}\sum_{n=0}^{\infty}\frac{J_0(\xi_n r)}{J_0^2(\xi_n a)}\sum_{l=1}^{\infty}\frac{\overline{\overline{\varphi}}(\xi_n,\xi_l)\{\xi_l\cos(\xi_l z)+\lambda_0\sin(\xi_l z)\}}{\left\{(\xi_l^2+\lambda_0^2)\left(d+\frac{\lambda_d}{\xi_l^2+\lambda_d^2}\right)+\lambda_0\right\}(\eta_r\xi_n^2+\eta_z\xi_l^2+s)} \tag{21.98.2}$$

and

$$p = \frac{2U(t-t_0)}{\pi a^2\phi c_t}\sum_{n=0}^{\infty}\frac{J_0(\xi_n r_0)\,J_0(\xi_n r)}{J_0^2(\xi_n a)}\times$$
$$\times\sum_{l=1}^{\infty}\frac{\{\xi_l\cos(\xi_l z_0)+\lambda_0\sin(\xi_l z_0)\}\{\xi_l\cos(\xi_l z)+\lambda_0\sin(\xi_l z)\}\int_0^{t-t_0}q(t-t_0-\tau)\,e^{-(\eta_r\xi_n^2+\eta_z\xi_l^2)\tau}d\tau}{\left\{(\xi_l^2+\lambda_0^2)\left(d+\frac{\lambda_d}{\xi_l^2+\lambda_d^2}\right)+\lambda_0\right\}} -$$
$$-\frac{4}{a\phi c_t}\sum_{n=0}^{\infty}\frac{J_0(\xi_n r)}{J_0(\xi_n a)}\sum_{l=1}^{\infty}\frac{\{\xi_l\cos(\xi_l z)+\lambda_0\sin(\xi_l z)\}\int_0^t\overline{\psi}_a(\xi_l,t-\tau)\,e^{-(\eta_r\xi_n^2+\eta_z\xi_l^2)\tau}d\tau}{\left\{(\xi_l^2+\lambda_0^2)\left(d+\frac{\lambda_d}{\xi_l^2+\lambda_d^2}\right)+\lambda_0\right\}} +$$
$$+\frac{4}{a^2\phi c_t}\sum_{n=0}^{\infty}\frac{J_0(\xi_n r)}{J_0^2(\xi_n a)}\sum_{l=1}^{\infty}\frac{\{\xi_l\cos(\xi_l z)+\lambda_0\sin(\xi_l z)\}}{\left\{(\xi_l^2+\lambda_0^2)\left(d+\frac{\lambda_d}{\xi_l^2+\lambda_d^2}\right)+\lambda_0\right\}}\times$$
$$\times\int_0^t\left[\xi_l\overline{\psi}_0(\xi_n,t-\tau)-\{\xi_l\cos(\xi_l d)+\lambda_0\sin(\xi_l d)\}\overline{\psi}_d(\xi_n,t-\tau)\right]e^{-(\eta_r\xi_n^2+\eta_z\xi_l^2)\tau}d\tau +$$
$$+\frac{4}{a^2}\sum_{n=0}^{\infty}\frac{J_0(\xi_n r)\,e^{-\eta_r\xi_n^2 t}}{J_0^2(\xi_n a)}\sum_{l=1}^{\infty}\frac{\overline{\varphi}(\xi_n,\xi_l)\{\xi_l\cos(\xi_l z)+\lambda_0\sin(\xi_l z)\}e^{-\eta_z\xi_l^2 t}}{\left\{(\xi_l^2+\lambda_0^2)\left(d+\frac{\lambda_d}{\xi_l^2+\lambda_d^2}\right)+\lambda_0\right\}} \tag{21.98.3}$$

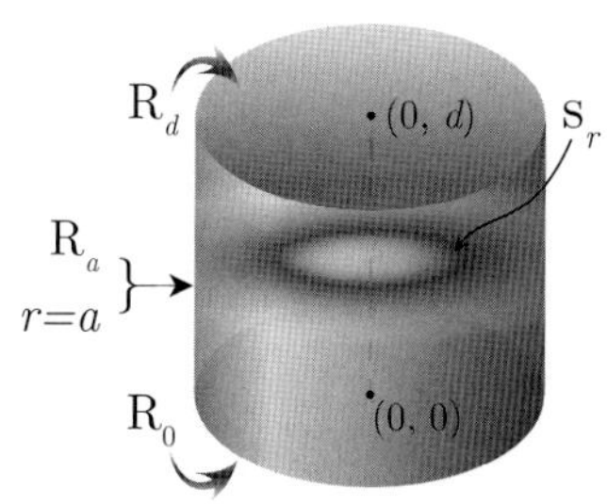

21.99 **The problem of 21.97, except**
$\mathbf{R}_a \equiv \frac{\partial p(a,z,t)}{\partial r} + \lambda p(a,z,t) = -\left(\frac{\mu}{k_r}\right)\psi_a(z,t),$
$\mathbf{R}_0 \equiv \frac{\partial p(r,0,t)}{\partial z} - \lambda_0 p(r,0,t) = -\left(\frac{\mu}{k_z}\right)\psi_0(r,t)$ **and**
$\mathbf{R}_d \equiv \frac{\partial p(r,d,t)}{\partial z} + \lambda_d p(r,d,t) = -\left(\frac{\mu}{k_z}\right)\psi_d(r,t)$

Successive application of the Laplace, Fourier and finite Hankel transformations to equation (18.1.1) gives

$$\overline{\overline{\overline{p}}} = \frac{q(s)e^{-st_0}\{\xi_l\cos(\xi_l z_0)+\lambda_0\sin(\xi_l z_0)\}J_0(\xi_n r_0)}{2\pi\phi c_t(\eta_r\xi_n^2+\eta_z\xi_l^2+s)} - \frac{a\overline{\overline{\psi}}_a(\xi_l,s)J_0(\xi_n a)}{\phi c_t(\eta_r\xi_n^2+\eta_z\xi_l^2+s)} + \frac{\left[\xi_l\overline{\overline{\psi}}_0(\xi_n,s)-\{\xi_l\cos(\xi_l d)+\lambda_0\sin(\xi_l d)\}\overline{\overline{\psi}}_d(\xi_n,s)\right]}{\phi c_t(\eta_r\xi_n^2+\eta_z\xi_l^2+s)} + \frac{\overline{\overline{\varphi}}(\xi_n,\xi_l)}{(\eta_r\xi_n^2+\eta_z\xi_l^2+s)} \tag{21.99.1}$$

where ξ_n are the positive roots of $\lambda J_0(\xi_n a)=\xi_n J_1(\xi_n a)$, $n=1,2,...$, ξ_l are the positive roots of $\tan(\xi_l d)=\frac{\xi_l(\lambda_0+\lambda_d)}{\xi_l^2-\lambda_0\lambda_d}$, $l=1,2,...$, $\overline{\overline{\psi}}_a(\xi_l,s)=\int_0^d\{\xi_l\cos(\xi_l z)+\lambda_0\sin(\xi_l z)\}\overline{\psi}_a(z,s)dz$, $\overline{\overline{\psi}}_0(\xi_n,s)=\int_0^a\overline{\psi}_0(r,s)rJ_0(\xi r)\,dr$, $\overline{\overline{\psi}}_d(\xi_n,s)=\int_0^a\overline{\psi}_d(r,s)rJ_0(\xi r)\,dr$, $\overline{\overline{\varphi}}(\xi_n,\xi_l)=\int_0^a\overline{\varphi}(r,\xi_l)\,rJ_0(\xi_n r)\,dr$ and $\overline{\varphi}(r,\xi_l)=\int_0^d\{\xi_l\cos(\xi_l z)+\lambda_0\sin(\xi_l z)\}\varphi(r,z)dz$. Successive inverse transforms yield

$$\begin{aligned}\overline{p} = {} & \frac{2q(s)e^{-st_0}}{\pi a^2\phi c_t}\sum_{n=1}^{\infty}\frac{J_0(\xi_n r_0)J_0(\xi_n r)}{\{J_0^2(\xi_n a)+J_1^2(\xi_n a)\}}\sum_{l=1}^{\infty}\frac{\{\xi_l\cos(\xi_l z_0)+\lambda_0\sin(\xi_l z_0)\}\{\xi_l\cos(\xi_l z)+\lambda_0\sin(\xi_l z)\}}{\left\{(\xi_l^2+\lambda_0^2)\left(d+\frac{\lambda_d}{\xi_l^2+\lambda_d^2}\right)+\lambda_0\right\}(\eta_r\xi_n^2+\eta_z\xi_l^2+s)} - \\ & -\frac{4}{a\phi c_t}\sum_{n=1}^{\infty}\frac{J_0(\xi_n a)J_0(\xi_n r)}{\{J_0^2(\xi_n a)+J_1^2(\xi_n a)\}}\sum_{l=1}^{\infty}\frac{\overline{\overline{\psi}}_a(\xi_l,s)\{\xi_l\cos(\xi_l z)+\lambda_0\sin(\xi_l z)\}}{\left\{(\xi_l^2+\lambda_0^2)\left(d+\frac{\lambda_d}{\xi_l^2+\lambda_d^2}\right)+\lambda_0\right\}(\eta_r\xi_n^2+\eta_z\xi_l^2+s)} + \\ & +\frac{4}{a^2\phi c_t}\sum_{n=1}^{\infty}\frac{J_0(\xi_n r)}{J_1^2(\xi_n a)}\sum_{l=1}^{\infty}\frac{\left[\xi_l\overline{\overline{\psi}}_0(\xi_n,s)-\{\xi_l\cos(\xi_l d)+\lambda_0\sin(\xi_l d)\}\overline{\overline{\psi}}_d(\xi_n,s)\right]\{\xi_l\cos(\xi_l z)+\lambda_0\sin(\xi_l z)\}}{\left\{(\xi_l^2+\lambda_0^2)\left(d+\frac{\lambda_d}{\xi_l^2+\lambda_d^2}\right)+\lambda_0\right\}(\eta_r\xi_n^2+\eta_z\xi_l^2+s)} + \\ & +\frac{4}{a^2}\sum_{n=1}^{\infty}\frac{J_0(\xi_n r)}{\{J_0^2(\xi_n a)+J_1^2(\xi_n a)\}}\sum_{l=1}^{\infty}\frac{\overline{\overline{\varphi}}(\xi_n,\xi_l)\{\xi_l\cos(\xi_l z)+\lambda_0\sin(\xi_l z)\}}{\left\{(\xi_l^2+\lambda_0^2)\left(d+\frac{\lambda_d}{\xi_l^2+\lambda_d^2}\right)+\lambda_0\right\}(\eta_r\xi_n^2+\eta_z\xi_l^2+s)}\end{aligned} \tag{21.99.2}$$

and

$$\begin{aligned}p = {} & \frac{2U(t-t_0)}{\pi a^2\phi c_t}\sum_{n=1}^{\infty}\frac{J_0(\xi_n r_0)J_0(\xi_n r)}{\{J_0^2(\xi_n a)+J_1^2(\xi_n a)\}}\times \\ & \times\sum_{l=1}^{\infty}\frac{\{\xi_l\cos(\xi_l z_0)+\lambda_0\sin(\xi_l z_0)\}\{\xi_l\cos(\xi_l z)+\lambda_0\sin(\xi_l z)\}\int_0^{t-t_0}q(t-t_0-\tau)e^{-(\eta_r\xi_n^2+\eta_z\xi_l^2)\tau}d\tau}{\left\{(\xi_l^2+\lambda_0^2)\left(d+\frac{\lambda_d}{\xi_l^2+\lambda_d^2}\right)+\lambda_0\right\}} - \\ & -\frac{4}{a\phi c_t}\sum_{n=1}^{\infty}\frac{J_0(\xi_n a)J_0(\xi_n r)}{\{J_0^2(\xi_n a)+J_1^2(\xi_n a)\}}\sum_{l=1}^{\infty}\frac{\{\xi_l\cos(\xi_l z)+\lambda_0\sin(\xi_l z)\}\int_0^t\overline{\psi}_a(\xi_l,t-\tau)e^{-(\eta_r\xi_n^2+\eta_z\xi_l^2)\tau}d\tau}{\left\{(\xi_l^2+\lambda_0^2)\left(d+\frac{\lambda_d}{\xi_l^2+\lambda_d^2}\right)+\lambda_0\right\}} + \\ & +\frac{4}{a^2\phi c_t}\sum_{n=1}^{\infty}\frac{J_0(\xi_n r)}{\{J_0^2(\xi_n a)+J_1^2(\xi_n a)\}}\sum_{l=1}^{\infty}\frac{\{\xi_l\cos(\xi_l z)+\lambda_0\sin(\xi_l z)\}}{\left\{(\xi_l^2+\lambda_0^2)\left(d+\frac{\lambda_d}{\xi_l^2+\lambda_d^2}\right)+\lambda_0\right\}}\times \\ & \times\int_0^t\left[\xi_l\overline{\psi}_0(\xi_n,t-\tau)-\{\xi_l\cos(\xi_l d)+\lambda_0\sin(\xi_l d)\}\overline{\psi}_d(\xi_n,t-\tau)\right]e^{-(\eta_r\xi_n^2+\eta_z\xi_l^2)\tau}d\tau + \\ & +\frac{4}{a^2}\sum_{n=1}^{\infty}\frac{J_0(\xi_n r)e^{-\eta_r\xi_n^2 t}}{\{J_0^2(\xi_n a)+J_1^2(\xi_n a)\}}\sum_{l=1}^{\infty}\frac{\overline{\overline{\varphi}}(\xi_n,\xi_l)\{\xi_l\cos(\xi_l z)+\lambda_0\sin(\xi_l z)\}e^{-\eta_z\xi_l^2 t}}{\left\{(\xi_l^2+\lambda_0^2)\left(d+\frac{\lambda_d}{\xi_l^2+\lambda_d^2}\right)+\lambda_0\right\}}\end{aligned} \tag{21.99.3}$$

21.100

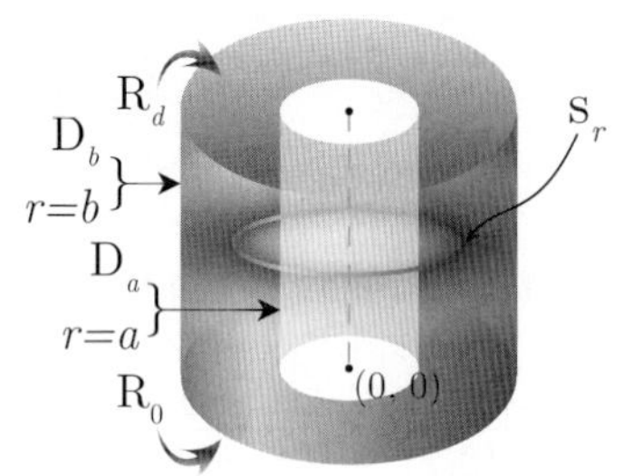

A cylindrical continuum bounded by $a \le r \le b$ and $0 \le z \le d$. Ring source at $s_r \equiv (r_0, z_0)$; $a \le r_0 \le b$, $0 < z_0 < d$, $t_0 \ge 0$.
$R_0 \equiv \frac{\partial p(r,0,t)}{\partial z} - \lambda_0 p(r,0,t) = -\left(\frac{\mu}{k_z}\right)\psi_0(r,t)$,
$R_d \equiv \frac{\partial p(r,d,t)}{\partial z} + \lambda_d p(r,d,t) = -\left(\frac{\mu}{k_z}\right)\psi_d(r,t)$,
$D_a \equiv p(a,z,t) = \psi_a(z,t)$ and $D_b \equiv p(b,z,t) = \psi_b(z,t)$.
$p(r,z,0) = \varphi(r,z)$

Successive application of the Laplace, Fourier and finite Hankel transformations to equation (18.1.1) gives

$$\overline{\overline{\overline{p}}} = \frac{q(s)e^{-st_0}\{\xi_l\cos(\xi_l z_0)+\lambda_0\sin(\xi_l z_0)\}\mathcal{V}_{\mathcal{D}0}(\xi_n r_0,a)}{2\pi\phi c_t(\eta_r\xi_n^2+\eta_z\xi_l^2+s)} - \frac{2\eta_r\overline{\overline{\psi}}_a(\xi_l,s)}{\pi(\eta_r\xi_n^2+\eta_z\xi_l^2+s)} + \frac{2\eta_r J_0(\xi_n a)\overline{\overline{\psi}}_b(\xi_l,s)}{\pi J_0(\xi_n b)(\eta_r\xi_n^2+\eta_z\xi_l^2+s)} +$$
$$+\frac{\left[\xi_l\overline{\overline{\psi}}_0(\xi_n,s) - \{\xi_l\cos(\xi_l d)+\lambda_0\sin(\xi_l d)\}\overline{\overline{\psi}}_d(\xi_n,s)\right]}{\phi c_t(\eta_r\xi_n^2+\eta_z\xi_l^2+s)} + \frac{\overline{\overline{\varphi}}(\xi_n,\xi_l)}{(\eta_r\xi_n^2+\eta_z\xi_l^2+s)} \qquad (21.100.1)$$

where $\mathcal{V}_{\mathcal{D}0}(\xi_n r,a) = J_0(\xi_n r)Y_0(\xi_n a) - Y_0(\xi_n r)J_0(\xi_n a)$. The eigenvalues $\xi_n, n = 1,2,...,$ are the positive roots of the transcendental equation $\mathcal{V}_{\mathcal{D}0}(\xi_n b,a) = 0$, ξ_l are the positive roots of $\tan(\xi_l d) = \frac{\xi_l(\lambda_0+\lambda_d)}{\xi_l^2-\lambda_0\lambda_d}$, $l = 1,2,....$ $\overline{\overline{\psi}}_0(\xi_n,s) = \int_a^b \overline{\psi}_0(r,s)\, r\mathcal{V}_{\mathcal{D}0}(\xi_n r,a)\,dr$, $\overline{\overline{\psi}}_d(\xi_n,s) = \int_a^b \overline{\psi}_d(r,s)\, r\mathcal{V}_{\mathcal{D}0}(\xi_n r,a)\,dr$, $\overline{\overline{\psi}}_a(\xi_l,s) = \int_0^d \{\xi_l\cos(\xi_l z)+\lambda_0\sin(\xi_l z)\}\overline{\psi}_a(z,s)dz$, $\overline{\overline{\psi}}_b(\xi_l,s) = \int_0^d \{\xi_l\cos(\xi_l z)+\lambda_0\sin(\xi_l z)\}\overline{\psi}_b(z,s)dz$, $\overline{\overline{\varphi}}(\xi_n,\xi_l) = \int_a^b \overline{\varphi}(r,\xi_l)\, r\mathcal{V}_{\mathcal{D}0}(\xi_n r,a)\,dr$ and $\overline{\varphi}(r,\xi_l) = \int_0^d \{\xi_l\cos(\xi_l z)+\lambda_0\sin(\xi_l z)\}\varphi(r,z)dz$. Successive inverse transforms yield

$$\overline{p} = \frac{\pi q(s)e^{-st_0}}{2\phi c_t}\sum_{n=1}^{\infty}\frac{\xi_n^2 J_0^2(\xi_n b)\mathcal{V}_{\mathcal{D}0}(\xi_n r_0,a)\mathcal{V}_{\mathcal{D}0}(\xi_n r,a)}{\{J_0^2(\xi_n a)-J_0^2(\xi_n b)\}}\times$$
$$\times\sum_{l=1}^{\infty}\frac{\{\xi_l\cos(\xi_l z_0)+\lambda_0\sin(\xi_l z_0)\}\{\xi_l\cos(\xi_l z)+\lambda_0\sin(\xi_l z)\}}{\left\{(\xi_l^2+\lambda_0^2)\left(d+\frac{\lambda_d}{\xi_l^2+\lambda_d^2}\right)+\lambda_0\right\}(\eta_r\xi_n^2+\eta_z\xi_l^2+s)} -$$
$$-2\pi\eta_r\sum_{n=1}^{\infty}\frac{\xi_n^2 J_0^2(\xi_n b)\mathcal{V}_{\mathcal{D}0}(\xi_n r,a)}{\{J_0^2(\xi_n a)-J_0^2(\xi_n b)\}}\sum_{l=1}^{\infty}\frac{\overline{\overline{\psi}}_a(\xi_l,s)\{\xi_l\cos(\xi_l z)+\lambda_0\sin(\xi_l z)\}}{\left\{(\xi_l^2+\lambda_0^2)\left(d+\frac{\lambda_d}{\xi_l^2+\lambda_d^2}\right)+\lambda_0\right\}(\eta_r\xi_n^2+\eta_z\xi_l^2+s)} +$$
$$+2\pi\eta_r\sum_{n=1}^{\infty}\frac{\xi_n^2 J_0(\xi_n a)J_0(\xi_n b)\mathcal{V}_{\mathcal{D}0}(\xi_n r,a)}{\{J_0^2(\xi_n a)-J_0^2(\xi_n b)\}}\sum_{l=1}^{\infty}\frac{\overline{\overline{\psi}}_b(\xi_l,s)\{\xi_l\cos(\xi_l z)+\lambda_0\sin(\xi_l z)\}}{\left\{(\xi_l^2+\lambda_0^2)\left(d+\frac{\lambda_d}{\xi_l^2+\lambda_d^2}\right)+\lambda_0\right\}(\eta_r\xi_n^2+\eta_z\xi_l^2+s)} +$$
$$+\frac{\pi^2}{\phi c_t}\sum_{n=1}^{\infty}\frac{\xi_n^2 J_0^2(\xi_n b)\mathcal{V}_{\mathcal{D}0}(\xi_n r,a)}{\{J_0^2(\xi_n a)-J_0^2(\xi_n b)\}}\times$$
$$\times\sum_{l=1}^{\infty}\frac{\left[\xi_l\overline{\overline{\psi}}_0(\xi_n,s)-\{\xi_l\cos(\xi_l d)+\lambda_0\sin(\xi_l d)\}\overline{\overline{\psi}}_d(\xi_n,s)\right]\{\xi_l\cos(\xi_l z)+\lambda_0\sin(\xi_l z)\}}{\left\{(\xi_l^2+\lambda_0^2)\left(d+\frac{\lambda_d}{\xi_l^2+\lambda_d^2}\right)+\lambda_0\right\}(\eta_r\xi_n^2+\eta_z\xi_l^2+s)} +$$
$$+\pi^2\sum_{n=1}^{\infty}\frac{\xi_n^2 J_0^2(\xi_n b)\mathcal{V}_{\mathcal{D}0}(\xi_n r,a)}{\{J_0^2(\xi_n a)-J_0^2(\xi_n b)\}}\sum_{l=1}^{\infty}\frac{\overline{\overline{\varphi}}(\xi_n,\xi_l)\{\xi_l\cos(\xi_l z)+\lambda_0\sin(\xi_l z)\}}{\left\{(\xi_l^2+\lambda_0^2)\left(d+\frac{\lambda_d}{\xi_l^2+\lambda_d^2}\right)+\lambda_0\right\}(\eta_r\xi_n^2+\eta_z\xi_l^2+s)} \qquad (21.100.2)$$

and

$$p = \frac{\pi U(t-t_0)}{2\phi c_t}\sum_{n=1}^{\infty}\frac{\xi_n^2 J_0^2(\xi_n b)\mathcal{V}_{\mathcal{D}0}(\xi_n r_0,a)\mathcal{V}_{\mathcal{D}0}(\xi_n r,a)}{\{J_0^2(\xi_n a)-J_0^2(\xi_n b)\}}\times$$

$$\times\sum_{l=1}^{\infty}\frac{\{\xi_l\cos(\xi_l z_0)+\lambda_0\sin(\xi_l z_0)\}\{\xi_l\cos(\xi_l z)+\lambda_0\sin(\xi_l z)\}\int_0^{t-t_0}q(t-t_0-\tau)\,e^{-\left(\eta_r\xi_n^2+\eta_z\xi_l^2\right)\tau}d\tau}{\left\{\left(\xi_l^2+\lambda_0^2\right)\left(d+\frac{\lambda_d}{\xi_l^2+\lambda_d^2}\right)+\lambda_0\right\}}-$$

$$-2\pi\eta_r\sum_{n=1}^{\infty}\frac{\xi_n^2J_0^2(\xi_n b)\,\mathcal{V}_{D0}(\xi_n r,a)}{\{J_0^2(\xi_n a)-J_0^2(\xi_n b)\}}\sum_{l=1}^{\infty}\frac{\{\xi_l\cos(\xi_l z)+\lambda_0\sin(\xi_l z)\}\int_0^t\overline{\psi}_a(\xi_l,t-\tau)\,e^{-\left(\eta_r\xi_n^2+\eta_z\xi_l^2\right)\tau}d\tau}{\left\{\left(\xi_l^2+\lambda_0^2\right)\left(d+\frac{\lambda_d}{\xi_l^2+\lambda_d^2}\right)+\lambda_0\right\}}+$$

$$+2\pi\eta_r\sum_{n=1}^{\infty}\frac{\xi_n^2J_0(\xi_n a)\,J_0(\xi_n b)\,\mathcal{V}_{D0}(\xi_n r,a)}{\{J_0^2(\xi_n a)-J_0^2(\xi_n b)\}}\sum_{l=1}^{\infty}\frac{\{\xi_l\cos(\xi_l z)+\lambda_0\sin(\xi_l z)\}\int_0^t\overline{\psi}_b(\xi_l,t-\tau)\,e^{-\left(\eta_r\xi_n^2+\eta_z\xi_l^2\right)\tau}d\tau}{\left\{\left(\xi_l^2+\lambda_0^2\right)\left(d+\frac{\lambda_d}{\xi_l^2+\lambda_d^2}\right)+\lambda_0\right\}}+$$

$$+\frac{\pi^2}{\phi c_t}\sum_{n=1}^{\infty}\frac{\xi_n^2J_0^2(\xi_n b)\,\mathcal{V}_{D0}(\xi_n r,a)}{\{J_0^2(\xi_n a)-J_0^2(\xi_n b)\}}\sum_{l=1}^{\infty}\frac{\{\xi_l\cos(\xi_l z)+\lambda_0\sin(\xi_l z)\}}{\left\{\left(\xi_l^2+\lambda_0^2\right)\left(d+\frac{\lambda_d}{\xi_l^2+\lambda_d^2}\right)+\lambda_0\right\}}\times$$

$$\times\int_0^t\left[\xi_l\overline{\psi}_0(\xi_n,t-\tau)-\{\xi_l\cos(\xi_l d)+\lambda_0\sin(\xi_l d)\}\,\overline{\psi}_d(\xi_n,t-\tau)\right]e^{-\left(\eta_r\xi_n^2+\eta_z\xi_l^2\right)\tau}d\tau+$$

$$+\pi^2\sum_{n=1}^{\infty}\frac{\xi_n^2J_0^2(\xi_n b)\,\mathcal{V}_{D0}(\xi_n r,a)\,e^{-\eta_r\xi_n^2t}}{\{J_0^2(\xi_n a)-J_0^2(\xi_n b)\}}\sum_{l=1}^{\infty}\frac{\overline{\overline{\varphi}}(\xi_n,\xi_l)\,\{\xi_l\cos(\xi_l z)+\lambda_0\sin(\xi_l z)\}e^{-\eta_z\xi_l^2t}}{\left\{\left(\xi_l^2+\lambda_0^2\right)\left(d+\frac{\lambda_d}{\xi_l^2+\lambda_d^2}\right)+\lambda_0\right\}}\qquad(21.100.3)$$

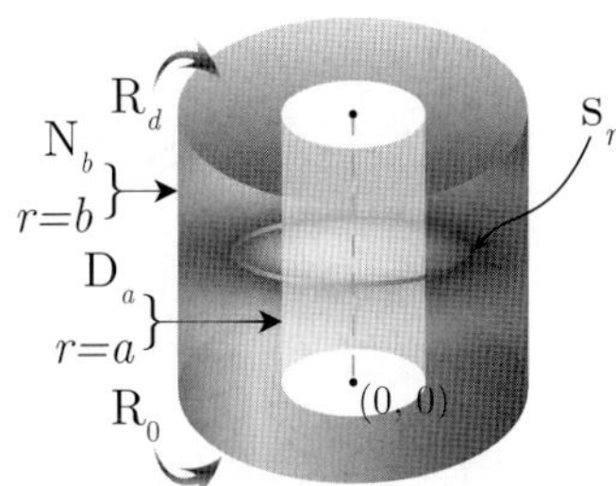

21.101 **The problem of 21.100, except $\mathbf{D}_a\equiv p(a,z,t)=\psi_a(z,t)$, $\mathbf{N}_b\equiv\frac{\partial p(b,z,t)}{\partial r}=-\left(\frac{\mu}{k_r}\right)\psi_b(z,t)$, $\mathbf{R}_0\equiv\frac{\partial p(r,0,t)}{\partial z}-\lambda_0 p(r,0,t)=-\left(\frac{\mu}{k_z}\right)\psi_0(r,t)$ and $\mathbf{R}_d\equiv\frac{\partial p(r,d,t)}{\partial z}+\lambda_d p(r,d,t)=-\left(\frac{\mu}{k_z}\right)\psi_d(r,t)$**

Successive application of the Laplace, Fourier and finite Hankel transformations to equation (18.1.1) gives

$$\overline{\overline{\overline{p}}}=\frac{q(s)e^{-st_0}\{\xi_l\cos(\xi_l z_0)+\lambda_0\sin(\xi_l z_0)\}\mathcal{V}_{D0}(\xi_n r_0,a)}{2\pi\phi c_t\left(\eta_r\xi_n^2+\eta_z\xi_l^2+s\right)}-\frac{2\eta_r\overline{\overline{\psi}}_a(\xi_l,s)}{\pi\left(\eta_r\xi_n^2+\eta_z\xi_l^2+s\right)}+\frac{2J_0(\xi_n a)\,\overline{\overline{\psi}}_b(\xi_l,s)}{\pi\phi c_tJ_1(\xi_n b)\left(\eta_r\xi_n^2+\eta_z\xi_l^2+s\right)}+$$

$$+\frac{\left[\xi_l\overline{\overline{\psi}}_0(\xi_n,s)-\{\xi_l\cos(\xi_l d)+\lambda_0\sin(\xi_l d)\}\,\overline{\overline{\psi}}_d(\xi_n,s)\right]}{\phi c_t\left(\eta_r\xi_n^2+\eta_z\xi_l^2+s\right)}+\frac{\overline{\overline{\varphi}}(\xi_n,\xi_l)}{\left(\eta_r\xi_n^2+\eta_z\xi_l^2+s\right)}\qquad(21.101.1)$$

where $\mathcal{V}_{D0}(\xi_n r,a)=J_0(\xi_n r)\,Y_0(\xi_n a)-Y_0(\xi_n r)\,J_0(\xi_n a)$. The eigenvalues ξ_n are the positive roots of the transcendental equation $\mathcal{V}'_{D0}(\xi_n b,a)=0$,* $n=1,2,...$, ξ_l are the positive roots of $\tan(\xi_l d)=\frac{\xi_l(\lambda_0+\lambda_d)}{\xi_l^2-\lambda_0\lambda_d}$, $l=1,2,....$ $\overline{\overline{\psi}}_0(\xi_n,s)=\int_a^b\overline{\psi}_0(r,s)\,r\mathcal{V}_{D0}(\xi_n r,a)\,dr$, $\overline{\overline{\psi}}_d(\xi_n,s)=\int_a^b\overline{\psi}_d(r,s)\,r\mathcal{V}_{D0}(\xi_n r,a)\,dr$, $\overline{\overline{\psi}}_a(\xi_l,s)=\int_0^d\{\xi_l\cos(\xi_l z)+\lambda_0\sin(\xi_l z)\}\overline{\psi}_a(z,s)dz$, $\overline{\overline{\psi}}_b(\xi_l,s)=\int_0^d\{\xi_l\cos(\xi_l z)+\lambda_0\sin(\xi_l z)\}\overline{\psi}_b(z,s)dz$, $\overline{\overline{\varphi}}(\xi_n,\xi_l)=\int_a^b\overline{\varphi}(r,\xi_l)\,r\mathcal{V}_{D0}(\xi_n r,a)\,dr$ and $\overline{\varphi}(r,\xi_l)=\int_0^d\{\xi_l\cos(\xi_l z)+\lambda_0\sin(\xi_l z)\}\varphi(r,z)dz$. Successive inverse transforms yield

$$\overline{p}=\frac{\pi q(s)\,e^{-st_0}}{2\phi c_t}\sum_{n=1}^{\infty}\frac{\xi_n^2J_1^2(\xi_n b)\,\mathcal{V}_{D0}(\xi_n r_0,a)\,\mathcal{V}_{D0}(\xi_n r,a)}{\{J_0^2(\xi_n a)-J_1^2(\xi_n b)\}}\times$$

$$\times\sum_{l=1}^{\infty}\frac{\{\xi_l\cos(\xi_l z_0)+\lambda_0\sin(\xi_l z_0)\}\{\xi_l\cos(\xi_l z)+\lambda_0\sin(\xi_l z)\}}{\left\{\left(\xi_l^2+\lambda_0^2\right)\left(d+\frac{\lambda_d}{\xi_l^2+\lambda_d^2}\right)+\lambda_0\right\}\left(\eta_r\xi_n^2+\eta_z\xi_l^2+s\right)}-$$

$$-2\pi\eta_r\sum_{n=1}^{\infty}\frac{\xi_n^2J_1^2(\xi_n b)\,\mathcal{V}_{D0}(\xi_n r,a)}{\{J_0^2(\xi_n a)-J_1^2(\xi_n b)\}}\sum_{l=1}^{\infty}\frac{\overline{\overline{\psi}}_a(\xi_l,s)\,\{\xi_l\cos(\xi_l z)+\lambda_0\sin(\xi_l z)\}}{\left\{\left(\xi_l^2+\lambda_0^2\right)\left(d+\frac{\lambda_d}{\xi_l^2+\lambda_d^2}\right)+\lambda_0\right\}\left(\eta_r\xi_n^2+\eta_z\xi_l^2+s\right)}+$$

*$\mathcal{V}'_{D0}(\xi_n b,a)=Y_1(\xi_n b)\,J_0(\xi_n a)-J_1(\xi_n b)\,Y_0(\xi_n a)$.

$$+\frac{2\pi}{\phi c_t}\sum_{n=1}^{\infty}\frac{\xi_n^2 J_0(\xi_n a)\, J_1(\xi_n b)\,\mathcal{V}_{\mathcal{D}0}(\xi_n r, a)}{\left\{J_0^2(\xi_n a) - J_1^2(\xi_n b)\right\}}\sum_{l=1}^{\infty}\frac{\overline{\overline{\psi}}_b(\xi_l, s)\left\{\xi_l\cos(\xi_l z) + \lambda_0\sin(\xi_l z)\right\}}{\left\{\left(\xi_l^2+\lambda_0^2\right)\left(d+\frac{\lambda_d}{\xi_l^2+\lambda_d^2}\right)+\lambda_0\right\}\left(\eta_r\xi_n^2+\eta_z\xi_l^2+s\right)}+$$

$$+\frac{\pi^2}{\phi c_t}\sum_{n=1}^{\infty}\frac{\xi_n^2 J_1^2(\xi_n b)\,\mathcal{V}_{\mathcal{D}0}(\xi_n r, a)}{\left\{J_0^2(\xi_n a) - J_1^2(\xi_n b)\right\}}\times$$

$$\times\sum_{l=1}^{\infty}\frac{\left[\xi_l\overline{\overline{\psi}}_0(\xi_n, s) - \left\{\xi_l\cos(\xi_l d) + \lambda_0\sin(\xi_l d)\right\}\overline{\overline{\psi}}_d(\xi_n, s)\right]\left\{\xi_l\cos(\xi_l z) + \lambda_0\sin(\xi_l z)\right\}}{\left\{\left(\xi_l^2+\lambda_0^2\right)\left(d+\frac{\lambda_d}{\xi_l^2+\lambda_d^2}\right)+\lambda_0\right\}\left(\eta_r\xi_n^2+\eta_z\xi_l^2+s\right)}+$$

$$+\pi^2\sum_{n=1}^{\infty}\frac{\xi_n^2 J_1^2(\xi_n b)\,\mathcal{V}_{\mathcal{D}0}(\xi_n r, a)}{\left\{J_0^2(\xi_n a) - J_1^2(\xi_n b)\right\}}\sum_{l=1}^{\infty}\frac{\overline{\overline{\varphi}}(\xi_n, \xi_l)\left\{\xi_l\cos(\xi_l z) + \lambda_0\sin(\xi_l z)\right\}}{\left\{\left(\xi_l^2+\lambda_0^2\right)\left(d+\frac{\lambda_d}{\xi_l^2+\lambda_d^2}\right)+\lambda_0\right\}\left(\eta_r\xi_n^2+\eta_z\xi_l^2+s\right)} \quad (21.101.2)$$

and

$$p = \frac{\pi U(t-t_0)}{2\phi c_t}\sum_{n=1}^{\infty}\frac{\xi_n^2 J_1^2(\xi_n b)\,\mathcal{V}_{\mathcal{D}0}(\xi_n r_0, a)\,\mathcal{V}_{\mathcal{D}0}(\xi_n r, a)}{\left\{J_0^2(\xi_n a) - J_1^2(\xi_n b)\right\}}\times$$

$$\times\sum_{l=1}^{\infty}\frac{\left\{\xi_l\cos(\xi_l z_0)+\lambda_0\sin(\xi_l z_0)\right\}\left\{\xi_l\cos(\xi_l z)+\lambda_0\sin(\xi_l z)\right\}\int_0^{t-t_0} q(t-t_0-\tau)\, e^{-\left(\eta_r\xi_n^2+\eta_z\xi_l^2\right)\tau}d\tau}{\left\{\left(\xi_l^2+\lambda_0^2\right)\left(d+\frac{\lambda_d}{\xi_l^2+\lambda_d^2}\right)+\lambda_0\right\}}-$$

$$-2\pi\eta_r\sum_{n=1}^{\infty}\frac{\xi_n^2 J_1^2(\xi_n b)\,\mathcal{V}_{\mathcal{D}0}(\xi_n r, a)}{\left\{J_0^2(\xi_n a) - J_1^2(\xi_n b)\right\}}\sum_{l=1}^{\infty}\frac{\left\{\xi_l\cos(\xi_l z)+\lambda_0\sin(\xi_l z)\right\}\int_0^t\overline{\psi}_a(\xi_l, t-\tau)\, e^{-\left(\eta_r\xi_n^2+\eta_z\xi_l^2\right)\tau}d\tau}{\left\{\left(\xi_l^2+\lambda_0^2\right)\left(d+\frac{\lambda_d}{\xi_l^2+\lambda_d^2}\right)+\lambda_0\right\}}+$$

$$+\frac{2\pi}{\phi c_t}\sum_{n=1}^{\infty}\frac{\xi_n^2 J_0(\xi_n a)\, J_1(\xi_n b)\,\mathcal{V}_{\mathcal{D}0}(\xi_n r, a)}{\left\{J_0^2(\xi_n a) - J_1^2(\xi_n b)\right\}}\sum_{l=1}^{\infty}\frac{\left\{\xi_l\cos(\xi_l z)+\lambda_0\sin(\xi_l z)\right\}\int_0^t\overline{\psi}_b(\xi_l, t-\tau)\, e^{-\left(\eta_r\xi_n^2+\eta_z\xi_l^2\right)\tau}d\tau}{\left\{\left(\xi_l^2+\lambda_0^2\right)\left(d+\frac{\lambda_d}{\xi_l^2+\lambda_d^2}\right)+\lambda_0\right\}}+$$

$$+\frac{\pi^2}{\phi c_t}\sum_{n=1}^{\infty}\frac{\xi_n^2 J_1^2(\xi_n b)\,\mathcal{V}_{\mathcal{D}0}(\xi_n r, a)}{\left\{J_0^2(\xi_n a) - J_1^2(\xi_n b)\right\}}\sum_{l=1}^{\infty}\frac{\left\{\xi_l\cos(\xi_l z)+\lambda_0\sin(\xi_l z)\right\}}{\left\{\left(\xi_l^2+\lambda_0^2\right)\left(d+\frac{\lambda_d}{\xi_l^2+\lambda_d^2}\right)+\lambda_0\right\}}\times$$

$$\times\int_0^t\left[\xi_l\overline{\psi}_0(\xi_n, t-\tau)\quad\left\{\xi_l\cos(\xi_l d)+\lambda_0\sin(\xi_l d)\right\}\overline{\psi}_d(\xi_n, t-\tau)\right]e^{-\left(\eta_r\xi_n^2+\eta_z\xi_l^2\right)\tau}d\tau+$$

$$+\pi^2\sum_{n=1}^{\infty}\frac{\xi_n^2 J_1^2(\xi_n b)\,\mathcal{V}_{\mathcal{D}0}(\xi_n r, a)\, e^{-\eta_r\xi_n^2 t}}{\left\{J_0^2(\xi_n a) - J_1^2(\xi_n b)\right\}}\sum_{l=1}^{\infty}\frac{\overline{\overline{\varphi}}(\xi_n, \xi_l)\left\{\xi_l\cos(\xi_l z)+\lambda_0\sin(\xi_l z)\right\}e^{-\eta_z\xi_l^2 t}}{\left\{\left(\xi_l^2+\lambda_0^2\right)\left(d+\frac{\lambda_d}{\xi_l^2+\lambda_d^2}\right)+\lambda_0\right\}} \quad (21.101.3)$$

21.102

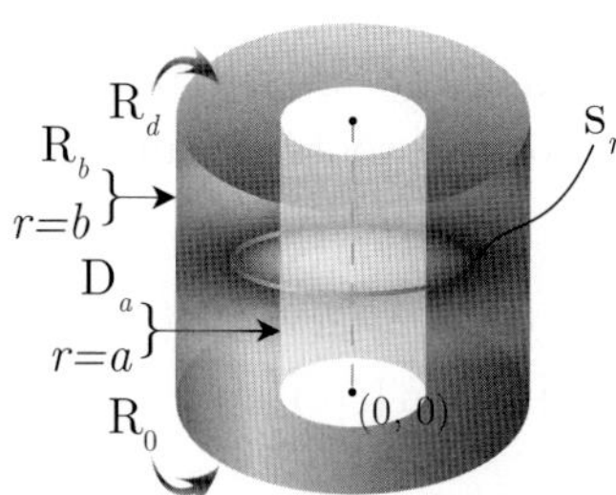

The problem of 21.100, except
$\mathbf{D}_a \equiv p(a, z, t) = \psi_a(z, t)$,
$\mathbf{R}_b \equiv \frac{\partial p(b,z,t)}{\partial r} + \lambda p(b, z, t) = -\left(\frac{\mu}{k_r}\right)\psi_b(z, t)$,
$\mathbf{R}_0 \equiv \frac{\partial p(r,0,t)}{\partial z} - \lambda_0 p(r, 0, t) = -\left(\frac{\mu}{k_z}\right)\psi_0(r, t)$ **and**
$\mathbf{R}_d \equiv \frac{\partial p(r,d,t)}{\partial z} + \lambda_d p(r, d, t) = -\left(\frac{\mu}{k_z}\right)\psi_d(r, t)$

Successive application of the Laplace, Fourier and finite Hankel transformations to equation (18.1.1) gives

$$\overline{\overline{\overline{p}}} = \frac{q(s)\, e^{-st_0}\left\{\xi_l\cos(\xi_l z_0)+\lambda_0\sin(\xi_l z_0)\right\}\mathcal{V}_{\mathcal{D}0}(\xi_n r_0, a)}{2\pi\phi c_t\left(\eta_r\xi_n^2+\eta_z\xi_l^2+s\right)} - \frac{2\eta_r\overline{\overline{\psi}}_a(\xi_l, s)}{\pi\left(\eta_r\xi_n^2+\eta_z\xi_l^2+s\right)} -$$

$$-\frac{2J_0(\xi_n a)\,\overline{\overline{\psi}}_b(\xi_l, s)}{\pi\phi c_t\left\{\lambda J_0(\xi_n b) - \xi_n J_1(\xi_n b)\right\}\left(\eta_r\xi_n^2+\eta_z\xi_l^2+s\right)}+$$

$$+\frac{\left[\xi_l\overline{\overline{\psi}}_0(\xi_n, s) - \left\{\xi_l\cos(\xi_l d)+\lambda_0\sin(\xi_l d)\right\}\overline{\overline{\psi}}_d(\xi_n, s)\right]}{\phi c_t\left(\eta_r\xi_n^2+\eta_z\xi_l^2+s\right)} + \frac{\overline{\overline{\varphi}}(\xi_n, \xi_l)}{\left(\eta_r\xi_n^2+\eta_z\xi_l^2+s\right)} \quad (21.102.1)$$

where $\mathcal{V}_{\mathcal{D}0}(\xi_n r, a) = J_0(\xi_n r) Y_0(\xi_n a) - Y_0(\xi_n r) J_0(\xi_n a)$. The eigenvalues $\xi_n, n = 1, 2, ...,$ are the positive roots of the transcendental equation $\xi_n \mathcal{V}'_{\mathcal{D}0}(\xi_n b, a) + \lambda \mathcal{V}_{\mathcal{D}0}(\xi_n b, a) = 0$, ξ_l are the positive roots of $\tan(\xi_l d) = \frac{\xi_l(\lambda_0+\lambda_d)}{\xi_l^2 - \lambda_0\lambda_d}$, $l = 1, 2, ...$ $\overline{\overline{\psi}}_0(\xi_n, s) = \int_a^b \overline{\psi}_0(r, s) r\mathcal{V}_{\mathcal{D}0}(\xi_n r, a)\, dr$, $\overline{\overline{\psi}}_d(\xi_n, s) = \int_a^b \overline{\psi}_d(r, s) r\mathcal{V}_{\mathcal{D}0}(\xi_n r, a)\, dr$, $\overline{\overline{\psi}}_a(\xi_l, s) = \int_0^d \{\xi_l \cos(\xi_l z) + \lambda_0 \sin(\xi_l z)\}\overline{\psi}_a(z, s) dz$, $\overline{\overline{\psi}}_b(\xi_l, s) = \int_0^d \{\xi_l \cos(\xi_l z) + \lambda_0 \sin(\xi_l z)\}\overline{\psi}_b(z, s) dz$, $\overline{\overline{\varphi}}(\xi_n, \xi_l) = \int_a^b \overline{\varphi}(r, \xi_l) r\mathcal{V}_{\mathcal{D}0}(\xi_n r, a)\, dr$ and $\overline{\varphi}(r, \xi_l) = \int_0^d \{\xi_l \cos(\xi_l z) + \lambda_0 \sin(\xi_l z)\}\varphi(r, z) dz$. Successive inverse transforms yield

$$\begin{aligned}
\overline{p} = {} & \frac{\pi q(s) e^{-st_0}}{2\phi c_t} \sum_{n=1}^{\infty} \frac{\xi_n^2 \{\lambda J_0(\xi_n b) - \xi_n J_1(\xi_n b)\}^2 \mathcal{V}_{\mathcal{D}0}(\xi_n r_0, a)\mathcal{V}_{\mathcal{D}0}(\xi_n r, a)}{\left\{(\lambda^2 + \xi_n^2) J_0^2(\xi_n a) - \{\lambda J_0(\xi_n b) - \xi_n J_1(\xi_n b)\}^2\right\}} \times \\
& \times \sum_{l=1}^{\infty} \frac{\{\xi_l \cos(\xi_l z_0) + \lambda_0 \sin(\xi_l z_0)\}\{\xi_l \cos(\xi_l z) + \lambda_0 \sin(\xi_l z)\}}{\left\{(\xi_l^2 + \lambda_0^2)\left(d + \frac{\lambda_d}{\xi_l^2 + \lambda_d^2}\right) + \lambda_0\right\}(\eta_r \xi_n^2 + \eta_z \xi_l^2 + s)} - \\
& -2\pi\eta_r \sum_{n=1}^{\infty} \frac{\xi_n^2 \{\lambda J_0(\xi_n b) - \xi_n J_1(\xi_n b)\}^2 \mathcal{V}_{\mathcal{D}0}(\xi_n r, a)}{\left\{(\lambda^2 + \xi_n^2) J_0^2(\xi_n a) - \{\lambda J_0(\xi_n b) - \xi_n J_1(\xi_n b)\}^2\right\}} \times \\
& \times \sum_{l=1}^{\infty} \frac{\overline{\overline{\psi}}_a(\xi_l, s)\{\xi_l \cos(\xi_l z) + \lambda_0 \sin(\xi_l z)\}}{\left\{(\xi_l^2 + \lambda_0^2)\left(d + \frac{\lambda_d}{\xi_l^2 + \lambda_d^2}\right) + \lambda_0\right\}(\eta_r \xi_n^2 + \eta_z \xi_l^2 + s)} - \\
& -\frac{2\pi}{\phi c_t} \sum_{n=1}^{\infty} \frac{\xi_n^2 J_0(\xi_n a)\{\lambda J_0(\xi_n b) - \xi_n J_1(\xi_n b)\}\mathcal{V}_{\mathcal{D}0}(\xi_n r, a)}{\left\{(\lambda^2 + \xi_n^2) J_0^2(\xi_n a) - \{\lambda J_0(\xi_n b) - \xi_n J_1(\xi_n b)\}^2\right\}} \times \\
& \times \sum_{l=1}^{\infty} \frac{\overline{\overline{\psi}}_b(\xi_l, s)\{\xi_l \cos(\xi_l z) + \lambda_0 \sin(\xi_l z)\}}{\left\{(\xi_l^2 + \lambda_0^2)\left(d + \frac{\lambda_d}{\xi_l^2 + \lambda_d^2}\right) + \lambda_0\right\}(\eta_r \xi_n^2 + \eta_z \xi_l^2 + s)} + \\
& +\frac{\pi^2}{\phi c_t} \sum_{n=1}^{\infty} \frac{\xi_n^2 \{\lambda J_0(\xi_n b) - \xi_n J_1(\xi_n b)\}^2 \mathcal{V}_{\mathcal{D}0}(\xi_n r, a)}{\left\{(\lambda^2 + \xi_n^2) J_0^2(\xi_n a) - \{\lambda J_0(\xi_n b) - \xi_n J_1(\xi_n b)\}^2\right\}} \times \\
& \times \sum_{l=1}^{\infty} \frac{\left[\xi_l \overline{\overline{\psi}}_0(\xi_n, s) - \{\xi_l \cos(\xi_l d) + \lambda_0 \sin(\xi_l d)\}\overline{\overline{\psi}}_d(\xi_n, s)\right]\{\xi_l \cos(\xi_l z) + \lambda_0 \sin(\xi_l z)\}}{\left\{(\xi_l^2 + \lambda_0^2)\left(d + \frac{\lambda_d}{\xi_l^2 + \lambda_d^2}\right) + \lambda_0\right\}(\eta_r \xi_n^2 + \eta_z \xi_l^2 + s)} + \\
& +\pi^2 \sum_{n=1}^{\infty} \frac{\xi_n^2 \{\lambda J_0(\xi_n b) - \xi_n J_1(\xi_n b)\}^2 \mathcal{V}_{\mathcal{D}0}(\xi_n r, a)}{\left\{(\lambda^2 + \xi_n^2) J_0^2(\xi_n a) - \{\lambda J_0(\xi_n b) - \xi_n J_1(\xi_n b)\}^2\right\}} \times \\
& \times \sum_{l=1}^{\infty} \frac{\overline{\overline{\varphi}}(\xi_n, \xi_l)\{\xi_l \cos(\xi_l z) + \lambda_0 \sin(\xi_l z)\}}{\left\{(\xi_l^2 + \lambda_0^2)\left(d + \frac{\lambda_d}{\xi_l^2 + \lambda_d^2}\right) + \lambda_0\right\}(\eta_r \xi_n^2 + \eta_z \xi_l^2 + s)}
\end{aligned} \tag{21.102.2}$$

and

$$\begin{aligned}
p = {} & \frac{\pi U(t - t_0)}{2\phi c_t} \sum_{n=1}^{\infty} \frac{\xi_n^2 \{\lambda J_0(\xi_n b) - \xi_n J_1(\xi_n b)\}^2 \mathcal{V}_{\mathcal{D}0}(\xi_n r_0, a)\mathcal{V}_{\mathcal{D}0}(\xi_n r, a)}{\left\{(\lambda^2 + \xi_n^2) J_0^2(\xi_n a) - \{\lambda J_0(\xi_n b) - \xi_n J_1(\xi_n b)\}^2\right\}} \times \\
& \times \sum_{l=1}^{\infty} \frac{\{\xi_l \cos(\xi_l z_0) + \lambda_0 \sin(\xi_l z_0)\}\{\xi_l \cos(\xi_l z) + \lambda_0 \sin(\xi_l z)\} \int_0^{t-t_0} q(t - t_0 - \tau) e^{-(\eta_r \xi_n^2 + \eta_z \xi_l^2)\tau} d\tau}{\left\{(\xi_l^2 + \lambda_0^2)\left(d + \frac{\lambda_d}{\xi_l^2 + \lambda_d^2}\right) + \lambda_0\right\}} - \\
& -2\pi\eta_r \sum_{n=1}^{\infty} \frac{\xi_n^2 \{\lambda J_0(\xi_n b) - \xi_n J_1(\xi_n b)\}^2 \mathcal{V}_{\mathcal{D}0}(\xi_n r, a)}{\left\{(\lambda^2 + \xi_n^2) J_0^2(\xi_n a) - \{\lambda J_0(\xi_n b) - \xi_n J_1(\xi_n b)\}^2\right\}} \times \\
& \times \sum_{l=1}^{\infty} \frac{\{\xi_l \cos(\xi_l z) + \lambda_0 \sin(\xi_l z)\} \int_0^t \overline{\psi}_a(\xi_l, t - \tau) e^{-(\eta_r \xi_n^2 + \eta_z \xi_l^2)\tau} d\tau}{\left\{(\xi_l^2 + \lambda_0^2)\left(d + \frac{\lambda_d}{\xi_l^2 + \lambda_d^2}\right) + \lambda_0\right\}} -
\end{aligned}$$

$$-\frac{2\pi}{\phi c_t}\sum_{n=1}^{\infty}\frac{\xi_n^2 J_0(\xi_n a)\{\lambda J_0(\xi_n b)-\xi_n J_1(\xi_n b)\}\mathcal{V}_{\mathcal{D}0}(\xi_n r,a)}{\left\{(\lambda^2+\xi_n^2)J_0^2(\xi_n a)-\{\lambda J_0(\xi_n b)-\xi_n J_1(\xi_n b)\}^2\right\}}\times$$
$$\times\sum_{l=1}^{\infty}\frac{\{\xi_l\cos(\xi_l z)+\lambda_0\sin(\xi_l z)\}\int_0^t\overline{\psi}_b(\xi_l,t-\tau)e^{-(\eta_r\xi_n^2+\eta_z\xi_l^2)\tau}d\tau}{\left\{(\xi_l^2+\lambda_0^2)\left(d+\frac{\lambda_d}{\xi_l^2+\lambda_d^2}\right)+\lambda_0\right\}}+$$
$$+\frac{\pi^2}{\phi c_t}\sum_{n=1}^{\infty}\frac{\xi_n^2\{\lambda J_0(\xi_n b)-\xi_n J_1(\xi_n b)\}^2\mathcal{V}_{\mathcal{D}0}(\xi_n r,a)}{\left\{(\lambda^2+\xi_n^2)J_0^2(\xi_n a)-\{\lambda J_0(\xi_n b)-\xi_n J_1(\xi_n b)\}^2\right\}}\sum_{l=1}^{\infty}\frac{\{\xi_l\cos(\xi_l z)+\lambda_0\sin(\xi_l z)\}}{\left\{(\xi_l^2+\lambda_0^2)\left(d+\frac{\lambda_d}{\xi_l^2+\lambda_d^2}\right)+\lambda_0\right\}}\times$$
$$\times\int_0^t\left[\xi_l\overline{\psi}_0(\xi_n,t-\tau)-\{\xi_l\cos(\xi_l d)+\lambda_0\sin(\xi_l d)\}\overline{\psi}_d(\xi_n,t-\tau)\right]e^{-(\eta_r\xi_n^2+\eta_z\xi_l^2)\tau}d\tau+$$
$$+\pi^2\sum_{n=1}^{\infty}\frac{\xi_n^2\{\lambda J_0(\xi_n b)-\xi_n J_1(\xi_n b)\}^2\mathcal{V}_{\mathcal{D}0}(\xi_n r,a)e^{-\eta_r\xi_n^2 t}}{\left\{(\lambda^2+\xi_n^2)J_0^2(\xi_n a)-\{\lambda J_0(\xi_n b)-\xi_n J_1(\xi_n b)\}^2\right\}}\times$$
$$\times\sum_{l=1}^{\infty}\frac{\overline{\overline{\varphi}}(\xi_n,\xi_l)\{\xi_l\cos(\xi_l z)+\lambda_0\sin(\xi_l z)\}e^{-\eta_z\xi_l^2 t}}{\left\{(\xi_l^2+\lambda_0^2)\left(d+\frac{\lambda_d}{\xi_l^2+\lambda_d^2}\right)+\lambda_0\right\}}$$

(21.102.3)

21.103

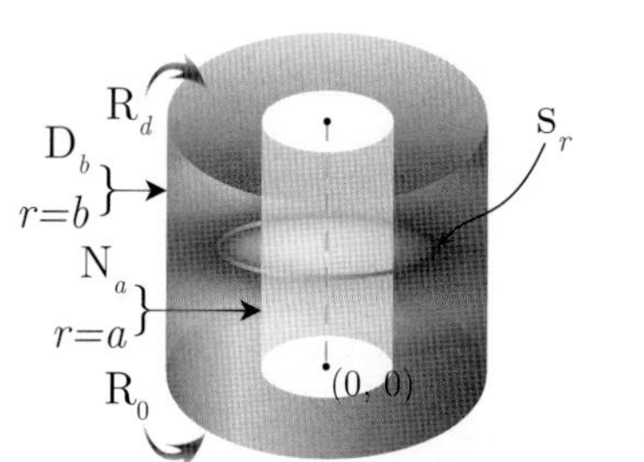

The problem of 21.100, except
$\mathbf{N}_a \equiv \frac{\partial p(a,z,t)}{\partial r} = -\left(\frac{\mu}{k_r}\right)\psi_a(z,t)$,
$\mathbf{D}_b \equiv p(b,z,t) = \psi_b(z,t)$,
$\mathbf{R}_0 \equiv \frac{\partial p(r,0,t)}{\partial z} - \lambda_0 p(r,0,t) = -\left(\frac{\mu}{k_z}\right)\psi_0(r,t)$ **and**
$\mathbf{R}_d \equiv \frac{\partial p(r,d,t)}{\partial z} + \lambda_d p(r,d,t) = -\left(\frac{\mu}{k_z}\right)\psi_d(r,t)$

Successive application of the Laplace, Fourier and finite Hankel transformations to equation (18.1.1) gives

$$\overline{\overline{\overline{p}}} = \frac{q(s)e^{-st_0}\{\xi_l\cos(\xi_l z_0)+\lambda_0\sin(\xi_l z_0)\}\mathcal{V}_{\mathcal{N}0}(\xi_n r_0,a)}{2\pi\phi c_t(\eta_r\xi_n^2+\eta_z\xi_l^2+s)}+\frac{2\overline{\overline{\psi}}_a(\xi_l,s)}{\pi\phi c_t\xi_n(\eta_r\xi_n^2+\eta_z\xi_l^2+s)}-$$
$$-\frac{2\eta_r J_1(\xi_n a)\overline{\overline{\psi}}_b(\xi_l,s)}{\pi J_0(\xi_n b)(\eta_r\xi_n^2+\eta_z\xi_l^2+s)}+\frac{\left[\xi_l\overline{\overline{\psi}}_0(\xi_n,s)-\{\xi_l\cos(\xi_l d)+\lambda_0\sin(\xi_l d)\}\overline{\overline{\psi}}_d(\xi_n,s)\right]}{\phi c_t(\eta_r\xi_n^2+\eta_z\xi_l^2+s)}+$$
$$+\frac{\overline{\overline{\varphi}}(\xi_n,\xi_l)}{(\eta_r\xi_n^2+\eta_z\xi_l^2+s)} \tag{21.103.1}$$

where $\mathcal{V}_{\mathcal{N}0}(\xi_n r,a) = Y_0(\xi_n r)J_1(\xi_n a) - J_0(\xi_n r)Y_1(\xi_n a)$. The eigenvalues $\xi_n, n = 1,2,...,$ are the positive roots of the transcendental equation $\mathcal{V}_{\mathcal{N}0}(\xi_n b,a) = 0$, ξ_l are the positive roots of $\tan(\xi_l d) = \frac{\xi_l(\lambda_0+\lambda_d)}{\xi_l^2-\lambda_0\lambda_d}$, $l = 1,2,....$ $\overline{\overline{\psi}}_0(\xi_n,s) = \int_a^b\overline{\psi}_0(r,s)r\mathcal{V}_{\mathcal{N}0}(\xi_n r,a)dr$, $\overline{\overline{\psi}}_d(\xi_n,s) = \int_a^b\overline{\psi}_d(r,s)r\mathcal{V}_{\mathcal{N}0}(\xi_n r,a)dr$, $\overline{\overline{\psi}}_a(\xi_l,s) = \int_0^d\{\xi_l\cos(\xi_l z)+\lambda_0\sin(\xi_l z)\}\overline{\psi}_a(z,s)dz$, $\overline{\overline{\psi}}_b(\xi_l,s) = \int_0^d\{\xi_l\cos(\xi_l z)+\lambda_0\sin(\xi_l z)\}\overline{\psi}_b(z,s)dz$, $\overline{\overline{\varphi}}(\xi_n,\xi_l) = \int_a^b\overline{\varphi}(r,\xi_l)r\mathcal{V}_{\mathcal{N}0}(\xi_n r,a)dr$ and $\overline{\varphi}(r,\xi_l) = \int_0^\infty\cos(\xi_l u)\varphi(r,u)du$. Successive inverse transforms yield

$$\overline{p} = \frac{\pi q(s)e^{-st_0}}{2\phi c_t}\sum_{n=1}^{\infty}\frac{\xi_n^2 J_0^2(\xi_n b)\mathcal{V}_{\mathcal{N}0}(\xi_n r_0,a)\mathcal{V}_{\mathcal{N}0}(\xi_n r,a)}{\{J_1^2(\xi_n a)-J_0^2(\xi_n b)\}}\times$$
$$\times\sum_{l=1}^{\infty}\frac{\{\xi_l\cos(\xi_l z_0)+\lambda_0\sin(\xi_l z_0)\}\{\xi_l\cos(\xi_l z)+\lambda_0\sin(\xi_l z)\}}{\left\{(\xi_l^2+\lambda_0^2)\left(d+\frac{\lambda_d}{\xi_l^2+\lambda_d^2}\right)+\lambda_0\right\}(\eta_r\xi_n^2+\eta_z\xi_l^2+s)}+$$
$$+\frac{2\pi}{\phi c_t}\sum_{n=1}^{\infty}\frac{\xi_n J_0^2(\xi_n b)\mathcal{V}_{\mathcal{N}0}(\xi_n r,a)}{\{J_1^2(\xi_n a)-J_0^2(\xi_n b)\}}\sum_{l=1}^{\infty}\frac{\overline{\overline{\psi}}_a(\xi_l,s)\{\xi_l\cos(\xi_l z)+\lambda_0\sin(\xi_l z)\}}{\left\{(\xi_l^2+\lambda_0^2)\left(d+\frac{\lambda_d}{\xi_l^2+\lambda_d^2}\right)+\lambda_0\right\}(\eta_r\xi_n^2+\eta_z\xi_l^2+s)}-$$

$$-2\pi\eta_r\sum_{n=1}^{\infty}\frac{\xi_n^2 J_1(\xi_n a) J_0(\xi_n b)\mathcal{V}_{\mathcal{N}0}(\xi_n r,a)}{\{J_1^2(\xi_n a)-J_0^2(\xi_n b)\}}\sum_{l=1}^{\infty}\frac{\overline{\overline{\psi}}_b(\xi_l,s)\{\xi_l\cos(\xi_l z)+\lambda_0\sin(\xi_l z)\}}{\left\{(\xi_l^2+\lambda_0^2)\left(d+\frac{\lambda_d}{\xi_l^2+\lambda_d^2}\right)+\lambda_0\right\}(\eta_r\xi_n^2+\eta_z\xi_l^2+s)}+$$
$$+\frac{\pi^2}{\phi c_t}\sum_{n=1}^{\infty}\frac{\xi_n^2 J_0^2(\xi_n b)\mathcal{V}_{\mathcal{N}0}(\xi_n r,a)}{\{J_1^2(\xi_n a)-J_0^2(\xi_n b)\}}\times$$
$$\times\sum_{l=1}^{\infty}\frac{\left[\xi_l\overline{\overline{\psi}}_0(\xi_n,s)-\{\xi_l\cos(\xi_l d)+\lambda_0\sin(\xi_l d)\}\overline{\overline{\psi}}_d(\xi_n,s)\right]\{\xi_l\cos(\xi_l z)+\lambda_0\sin(\xi_l z)\}}{\left\{(\xi_l^2+\lambda_0^2)\left(d+\frac{\lambda_d}{\xi_l^2+\lambda_d^2}\right)+\lambda_0\right\}(\eta_r\xi_n^2+\eta_z\xi_l^2+s)}+$$
$$+\pi^2\sum_{n=1}^{\infty}\frac{\xi_n^2 J_0^2(\xi_n b)\mathcal{V}_{\mathcal{N}0}(\xi_n r,a)}{\{J_1^2(\xi_n a)-J_0^2(\xi_n b)\}}\sum_{l=1}^{\infty}\frac{\overline{\overline{\varphi}}(\xi_n,\xi_l)\{\xi_l\cos(\xi_l z)+\lambda_0\sin(\xi_l z)\}}{\left\{(\xi_l^2+\lambda_0^2)\left(d+\frac{\lambda_d}{\xi_l^2+\lambda_d^2}\right)+\lambda_0\right\}(\eta_r\xi_n^2+\eta_z\xi_l^2+s)} \quad (21.103.2)$$

and

$$p=\frac{\pi U(t-t_0)}{2\phi c_t}\sum_{n=1}^{\infty}\frac{\xi_n^2 J_0^2(\xi_n b)\mathcal{V}_{\mathcal{N}0}(\xi_n r_0,a)\mathcal{V}_{\mathcal{N}0}(\xi_n r,a)}{\{J_1^2(\xi_n a)-J_0^2(\xi_n b)\}}\times$$
$$\times\sum_{l=1}^{\infty}\frac{\{\xi_l\cos(\xi_l z_0)+\lambda_0\sin(\xi_l z_0)\}\{\xi_l\cos(\xi_l z)+\lambda_0\sin(\xi_l z)\}\int_0^{t-t_0}q(t-t_0-\tau)e^{-(\eta_r\xi_n^2+\eta_z\xi_l^2)\tau}d\tau}{\left\{(\xi_l^2+\lambda_0^2)\left(d+\frac{\lambda_d}{\xi_l^2+\lambda_d^2}\right)+\lambda_0\right\}}+$$
$$+\frac{2\pi}{\phi c_t}\sum_{n=1}^{\infty}\frac{\xi_n J_0^2(\xi_n b)\mathcal{V}_{\mathcal{N}0}(\xi_n r,a)}{\{J_1^2(\xi_n a)-J_0^2(\xi_n b)\}}\sum_{l=1}^{\infty}\frac{\{\xi_l\cos(\xi_l z)+\lambda_0\sin(\xi_l z)\}\int_0^t\overline{\psi}_a(\xi_l,t-\tau)e^{-(\eta_r\xi_n^2+\eta_z\xi_l^2)\tau}d\tau}{\left\{(\xi_l^2+\lambda_0^2)\left(d+\frac{\lambda_d}{\xi_l^2+\lambda_d^2}\right)+\lambda_0\right\}}-$$
$$-2\pi\eta_r\sum_{n=1}^{\infty}\frac{\xi_n^2 J_1(\xi_n a)J_0(\xi_n b)\mathcal{V}_{\mathcal{N}0}(\xi_n r,a)}{\{J_1^2(\xi_n a)-J_0^2(\xi_n b)\}}\sum_{l=1}^{\infty}\frac{\{\xi_l\cos(\xi_l z)+\lambda_0\sin(\xi_l z)\}\int_0^t\overline{\psi}_b(\xi_l,t-\tau)e^{-(\eta_r\xi_n^2+\eta_z\xi_l^2)\tau}d\tau}{\left\{(\xi_l^2+\lambda_0^2)\left(d+\frac{\lambda_d}{\xi_l^2+\lambda_d^2}\right)+\lambda_0\right\}}+$$
$$+\frac{\pi^2}{\phi c_t}\sum_{n=1}^{\infty}\frac{\xi_n^2 J_0^2(\xi_n b)\mathcal{V}_{\mathcal{N}0}(\xi_n r,a)}{\{J_1^2(\xi_n a)-J_0^2(\xi_n b)\}}\sum_{l=1}^{\infty}\frac{\{\xi_l\cos(\xi_l z)+\lambda_0\sin(\xi_l z)\}}{\left\{(\xi_l^2+\lambda_0^2)\left(d+\frac{\lambda_d}{\xi_l^2+\lambda_d^2}\right)+\lambda_0\right\}}\times$$
$$\times\int_0^t\left[\xi_l\overline{\psi}_0(\xi_n,t-\tau)-\{\xi_l\cos(\xi_l d)+\lambda_0\sin(\xi_l d)\}\overline{\psi}_d(\xi_n,t-\tau)\right]e^{-(\eta_r\xi_n^2+\eta_z\xi_l^2)\tau}d\tau+$$
$$+\pi^2\sum_{n=1}^{\infty}\frac{\xi_n^2 J_0^2(\xi_n b)\mathcal{V}_{\mathcal{N}0}(\xi_n r,a)e^{-\eta_r\xi_n^2 t}}{\{J_1^2(\xi_n a)-J_0^2(\xi_n b)\}}\sum_{l=1}^{\infty}\frac{\overline{\overline{\varphi}}(\xi_n,\xi_l)\{\xi_l\cos(\xi_l z)+\lambda_0\sin(\xi_l z)\}e^{-\eta_z\xi_l^2 t}}{\left\{(\xi_l^2+\lambda_0^2)\left(d+\frac{\lambda_d}{\xi_l^2+\lambda_d^2}\right)+\lambda_0\right\}} \quad (21.103.3)$$

21.104 The problem of 21.100, except $\mathbf{N}_a\equiv\frac{\partial p(a,z,t)}{\partial r}=-\left(\frac{\mu}{k_r}\right)\psi_a(z,t)$, $\mathbf{N}_b\equiv\frac{\partial p(b,z,t)}{\partial r}=-\left(\frac{\mu}{k_r}\right)\psi_b(z,t)$, $\mathbf{R}_0\equiv\frac{\partial p(r,0,t)}{\partial z}-\lambda_0 p(r,0,t)=-\left(\frac{\mu}{k_z}\right)\psi_0(r,t)$ and $\mathbf{R}_d\equiv\frac{\partial p(r,d,t)}{\partial z}+\lambda_d p(r,d,t)=-\left(\frac{\mu}{k_z}\right)\psi_d(r,t)$

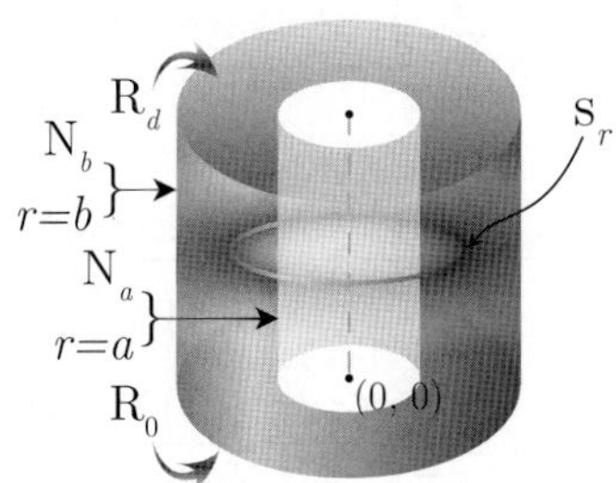

Successive application of the Laplace, Fourier and finite Hankel transformations to equation (18.1.1) gives

$$\overline{\overline{\overline{p}}}=\frac{q(s)e^{-st_0}\{\xi_l\cos(\xi_l z_0)+\lambda_0\sin(\xi_l z_0)\}}{2\pi\phi c_t(\eta_z\xi_l^2+s)}+\frac{q(s)e^{-st_0}\{\xi_l\cos(\xi_l z_0)+\lambda_0\sin(\xi_l z_0)\}\mathcal{V}_{\mathcal{N}0}(\xi_n r_0,a)}{2\pi\phi c_t(\eta_r\xi_n^2+\eta_z\xi_l^2+s)}+$$
$$+\frac{\left\{a\overline{\overline{\psi}}_a(\xi_l,s)-b\overline{\overline{\psi}}_b(\xi_l,s)\right\}}{\phi c_t(\eta_z\xi_l^2+s)}+\frac{2\overline{\overline{\psi}}_a(\xi_l,s)}{\pi\phi c_t\xi_n(\eta_r\xi_n^2+\eta_z\xi_l^2+s)}-\frac{2J_1(\xi_n a)\overline{\overline{\psi}}_b(\xi_l,s)}{\pi\phi c_t\xi_n J_1(\xi_n b)(\eta_r\xi_n^2+\eta_z\xi_l^2+s)}+$$
$$+\frac{\int_a^b\left[\overline{\psi}_0(u,s)-\{\xi_l\cos(\xi_l d)+\lambda_0\sin(\xi_l d)\}\overline{\psi}_d(u,s)\right]udu}{(\eta_z\xi_l^2+s)}+$$

$$+\frac{\left[\xi_l\overline{\overline{\psi}}_0(\xi_n,s)-\{\xi_l\cos(\xi_l d)+\lambda_0\sin(\xi_l d)\}\overline{\overline{\psi}}_d(\xi_n,s)\right]}{\phi c_t(\eta_r\xi_n^2+\eta_z\xi_l^2+s)}+\frac{\int_a^b u\overline{\varphi}(u,\xi_l)\,du}{(\eta_z\xi_l^2+s)}+\frac{\overline{\overline{\varphi}}(\xi_n,\xi_l)}{(\eta_r\xi_n^2+\eta_z\xi_l^2+s)}\quad(21.104.1)$$

where $\mathcal{V}_{\mathcal{N}0}(\xi_n r,a)=Y_0(\xi_n r)J_1(\xi_n a)-J_0(\xi_n r)Y_1(\xi_n a)$. The eigenvalues are $\xi_0=0$ and ξ_n, $n=1,2,...$, which are the positive roots of the transcendental equation $\mathcal{V}'_{\mathcal{N}0}(\xi_n b,a)=0$,* ξ_l are the positive roots of $\tan(\xi_l d)=\frac{\xi_l(\lambda_0+\lambda_d)}{\xi_l^2-\lambda_0\lambda_d}$, $l=1,2,....$ $\overline{\overline{\psi}}_0(\xi_n,s)=\int_a^b\overline{\psi}_0(r,s)\,r\mathcal{V}_{\mathcal{N}0}(\xi_n r,a)\,dr$, $\overline{\overline{\psi}}_d(\xi_n,s)=\int_a^b\overline{\psi}_d(r,s)\,r\mathcal{V}_{\mathcal{N}0}(\xi_n r,a)\,dr$, $\overline{\overline{\psi}}_a(\xi_l,s)=\int_0^d\{\xi_l\cos(\xi_l z)+\lambda_0\sin(\xi_l z)\}\overline{\psi}_a(z,s)dz$, $\overline{\overline{\psi}}_b(\xi_l,s)=\int_0^d\{\xi_l\cos(\xi_l z)+\lambda_0\sin(\xi_l z)\}\overline{\psi}_b(z,s)dz$, $\overline{\overline{\varphi}}(\xi_n,\xi_l)=\int_a^b\overline{\varphi}(r,\xi_l)\,r\mathcal{V}_{\mathcal{N}0}(\xi_n r,a)\,dr$ and $\overline{\varphi}(r,\xi_l)=\int_0^d\{\xi_l\cos(\xi_l z)+\lambda_0\sin(\xi_l z)\}\varphi(r,z)dz$. Successive inverse transforms yield

$$\begin{aligned}
\overline{p}&=\frac{2q(s)e^{-st_0}}{\pi(b^2-a^2)\phi c_t}\sum_{l=1}^{\infty}\frac{\{\xi_l\cos(\xi_l z_0)+\lambda_0\sin(\xi_l z_0)\}\{\xi_l\cos(\xi_l z)+\lambda_0\sin(\xi_l z)\}}{\left\{(\xi_l^2+\lambda_0^2)\left(d+\frac{\lambda_d}{\xi_l^2+\lambda_d^2}\right)+\lambda_0\right\}(\eta_z\xi_l^2+s)}+\\
&+\frac{\pi q(s)e^{-st_0}}{2\phi c_t}\sum_{n=1}^{\infty}\frac{\xi_n^2J_1^2(\xi_n b)\mathcal{V}_{\mathcal{N}0}(\xi_n r_0,a)\mathcal{V}_{\mathcal{N}0}(\xi_n r,a)}{\{J_1^2(\xi_n a)-J_1^2(\xi_n b)\}}\times\\
&\times\sum_{l=1}^{\infty}\frac{\{\xi_l\cos(\xi_l z_0)+\lambda_0\sin(\xi_l z_0)\}\{\xi_l\cos(\xi_l z)+\lambda_0\sin(\xi_l z)\}}{\left\{(\xi_l^2+\lambda_0^2)\left(d+\frac{\lambda_d}{\xi_l^2+\lambda_d^2}\right)+\lambda_0\right\}(\eta_r\xi_n^2+\eta_z\xi_l^2+s)}+\\
&+\frac{4}{(b^2-a^2)\phi c_t}\sum_{l=1}^{\infty}\frac{\left\{a\overline{\overline{\psi}}_a(\xi_l,s)-b\overline{\overline{\psi}}_b(\xi_l,s)\right\}\{\xi_l\cos(\xi_l z)+\lambda_0\sin(\xi_l z)\}}{\left\{(\xi_l^2+\lambda_0^2)\left(d+\frac{\lambda_d}{\xi_l^2+\lambda_d^2}\right)+\lambda_0\right\}(\eta_z\xi_l^2+s)}+\\
&+\frac{2\pi}{\phi c_t}\sum_{n=1}^{\infty}\frac{\xi_nJ_1^2(\xi_n b)\mathcal{V}_{\mathcal{N}0}(\xi_n r,a)}{\{J_1^2(\xi_n a)-J_1^2(\xi_n b)\}}\sum_{l=1}^{\infty}\frac{\overline{\overline{\psi}}_a(\xi_l,s)\{\xi_l\cos(\xi_l z)+\lambda_0\sin(\xi_l z)\}}{\left\{(\xi_l^2+\lambda_0^2)\left(d+\frac{\lambda_d}{\xi_l^2+\lambda_d^2}\right)+\lambda_0\right\}(\eta_r\xi_n^2+\eta_z\xi_l^2+s)}-\\
&-\frac{2\pi}{\phi c_t}\sum_{n=1}^{\infty}\frac{\xi_nJ_1(\xi_n a)J_1(\xi_n b)\mathcal{V}_{\mathcal{N}0}(\xi_n r,a)}{\{J_1^2(\xi_n a)-J_1^2(\xi_n b)\}}\sum_{l=1}^{\infty}\frac{\overline{\overline{\psi}}_b(\xi_l,s)\{\xi_l\cos(\xi_l z)+\lambda_0\sin(\xi_l z)\}}{\left\{(\xi_l^2+\lambda_0^2)\left(d+\frac{\lambda_d}{\xi_l^2+\lambda_d^2}\right)+\lambda_0\right\}(\eta_r\xi_n^2+\eta_z\xi_l^2+s)}+\\
&+\frac{4}{(b^2-a^2)\phi c_t}\sum_{l=1}^{\infty}\frac{\{\xi_l\cos(\xi_l z)+\lambda_0\sin(\xi_l z)\}\int_a^b u\left[\overline{\psi}_0(u,s)-\{\xi_l\cos(\xi_l d)+\lambda_0\sin(\xi_l d)\}\overline{\psi}_d(u,s)\right]du}{\left\{(\xi_l^2+\lambda_0^2)\left(d+\frac{\lambda_d}{\xi_l^2+\lambda_d^2}\right)+\lambda_0\right\}(\eta_z\xi_l^2+s)}+\\
&+\frac{\pi^2}{\phi c_t}\sum_{n=1}^{\infty}\frac{\xi_n^2J_1^2(\xi_n b)\mathcal{V}_{\mathcal{N}0}(\xi_n r,a)}{\{J_1^2(\xi_n a)-J_1^2(\xi_n b)\}}\times\\
&\times\sum_{l=1}^{\infty}\frac{\left[\xi_l\overline{\overline{\psi}}_0(\xi_n,s)-\{\xi_l\cos(\xi_l d)+\lambda_0\sin(\xi_l d)\}\overline{\overline{\psi}}_d(\xi_n,s)\right]\{\xi_l\cos(\xi_l z)+\lambda_0\sin(\xi_l z)\}}{\left\{(\xi_l^2+\lambda_0^2)\left(d+\frac{\lambda_d}{\xi_l^2+\lambda_d^2}\right)+\lambda_0\right\}(\eta_r\xi_n^2+\eta_z\xi_l^2+s)}+\\
&+\frac{4}{(b^2-a^2)}\sum_{l=1}^{\infty}\frac{\{\xi_l\cos(\xi_l z)+\lambda_0\sin(\xi_l z)\}\int_a^b\overline{\varphi}(u,\xi_l)\,udu}{\left\{(\xi_l^2+\lambda_0^2)\left(d+\frac{\lambda_d}{\xi_l^2+\lambda_d^2}\right)+\lambda_0\right\}(\eta_z\xi_l^2+s)}+\\
&+\pi^2\sum_{n=1}^{\infty}\frac{\xi_n^2J_1^2(\xi_n b)\mathcal{V}_{\mathcal{N}0}(\xi_n r,a)}{\{J_1^2(\xi_n a)-J_1^2(\xi_n b)\}}\sum_{l=1}^{\infty}\frac{\overline{\overline{\varphi}}(\xi_n,\xi_l)\{\xi_l\cos(\xi_l z)+\lambda_0\sin(\xi_l z)\}}{\left\{(\xi_l^2+\lambda_0^2)\left(d+\frac{\lambda_d}{\xi_l^2+\lambda_d^2}\right)+\lambda_0\right\}(\eta_r\xi_n^2+\eta_z\xi_l^2+s)}
\end{aligned}\quad(21.104.2)$$

and

$$\begin{aligned}
p&=\frac{2U(t-t_0)}{\pi(b^2-a^2)\phi c_t}\sum_{l=1}^{\infty}\frac{\{\xi_l\cos(\xi_l z_0)+\lambda_0\sin(\xi_l z_0)\}\{\xi_l\cos(\xi_l z)+\lambda_0\sin(\xi_l z)\}\int_0^{t-t_0}q(t-t_0-\tau)e^{-\eta_z\xi_l^2\tau}d\tau}{\left\{(\xi_l^2+\lambda_0^2)\left(d+\frac{\lambda_d}{\xi_l^2+\lambda_d^2}\right)+\lambda_0\right\}}+\\
&+\frac{\pi U(t-t_0)}{2\phi c_t}\sum_{n=1}^{\infty}\frac{\xi_n^2J_1^2(\xi_n b)\mathcal{V}_{\mathcal{N}0}(\xi_n r_0,a)\mathcal{V}_{\mathcal{N}0}(\xi_n r,a)}{\{J_1^2(\xi_n a)-J_1^2(\xi_n b)\}}\times
\end{aligned}$$

*$\mathcal{V}'_{\mathcal{N}0}(\xi_n b,a)=J_1(\xi_n b)Y_1(\xi_n a)-Y_1(\xi_n b)J_1(\xi_n a)$.

$$\times\sum_{l=1}^{\infty}\frac{\{\xi_l\cos(\xi_l z_0)+\lambda_0\sin(\xi_l z_0)\}\{\xi_l\cos(\xi_l z)+\lambda_0\sin(\xi_l z)\}\int_0^{t-t_0}q(t-t_0-\tau)\,e^{-(\eta_r\xi_n^2+\eta_z\xi_l^2)\tau}d\tau}{\left\{(\xi_l^2+\lambda_0^2)\left(d+\frac{\lambda_d}{\xi_l^2+\lambda_d^2}\right)+\lambda_0\right\}}+$$

$$+\frac{4}{(b^2-a^2)\,\phi c_t}\sum_{l=1}^{\infty}\frac{\{\xi_l\cos(\xi_l z)+\lambda_0\sin(\xi_l z)\}\int_0^t\left\{a\overline{\psi}_a(\xi_l,t-\tau)-b\overline{\psi}_b(\xi_l,t-\tau)\right\}e^{-\eta_z\xi_l^2\tau}d\tau}{\left\{(\xi_l^2+\lambda_0^2)\left(d+\frac{\lambda_d}{\xi_l^2+\lambda_d^2}\right)+\lambda_0\right\}}+$$

$$+\frac{2\pi}{\phi c_t}\sum_{n=1}^{\infty}\frac{\xi_n J_1^2(\xi_n b)\,\mathcal{V}_{\mathcal{N}0}(\xi_n r,a)}{\{J_1^2(\xi_n a)-J_1^2(\xi_n b)\}}\sum_{l=1}^{\infty}\frac{\{\xi_l\cos(\xi_l z)+\lambda_0\sin(\xi_l z)\}\int_0^t\overline{\psi}_a(\xi_l,t-\tau)\,e^{-(\eta_r\xi_n^2+\eta_z\xi_l^2)\tau}d\tau}{\left\{(\xi_l^2+\lambda_0^2)\left(d+\frac{\lambda_d}{\xi_l^2+\lambda_d^2}\right)+\lambda_0\right\}}-$$

$$-\frac{2\pi}{\phi c_t}\sum_{n=1}^{\infty}\frac{\xi_n J_1(\xi_n a)\,J_1(\xi_n b)\,\mathcal{V}_{\mathcal{N}0}(\xi_n r,a)}{\{J_1^2(\xi_n a)-J_1^2(\xi_n b)\}}\sum_{l=1}^{\infty}\frac{\{\xi_l\cos(\xi_l z)+\lambda_0\sin(\xi_l z)\}\int_0^t\overline{\psi}_b(\xi_l,t-\tau)\,e^{-(\eta_r\xi_n^2+\eta_z\xi_l^2)\tau}d\tau}{\left\{(\xi_l^2+\lambda_0^2)\left(d+\frac{\lambda_d}{\xi_l^2+\lambda_d^2}\right)+\lambda_0\right\}}+$$

$$+\frac{4}{(b^2-a^2)\,\phi c_t}\sum_{l=1}^{\infty}\frac{\{\xi_l\cos(\xi_l z)+\lambda_0\sin(\xi_l z)\}}{\left\{(\xi_l^2+\lambda_0^2)\left(d+\frac{\lambda_d}{\xi_l^2+\lambda_d^2}\right)+\lambda_0\right\}}\times$$

$$\times\int_0^t e^{-\eta_z\xi_l^2\tau}\int_a^b u\left[\psi_0(u,t-\tau)-\{\xi_l\cos(\xi_l d)+\lambda_0\sin(\xi_l d)\}\,\psi_d(u,t-\tau)\right]du\,d\tau+$$

$$+\frac{\pi^2}{\phi c_t}\sum_{n=1}^{\infty}\frac{\xi_n^2 J_1^2(\xi_n b)\,\mathcal{V}_{\mathcal{N}0}(\xi_n r,a)}{\{J_1^2(\xi_n a)-J_1^2(\xi_n b)\}}\sum_{l=1}^{\infty}\frac{\{\xi_l\cos(\xi_l z)+\lambda_0\sin(\xi_l z)\}}{\left\{(\xi_l^2+\lambda_0^2)\left(d+\frac{\lambda_d}{\xi_l^2+\lambda_d^2}\right)+\lambda_0\right\}}\times$$

$$\times\int_0^t\left[\xi_l\overline{\psi}_0(\xi_n,t-\tau)-\{\xi_l\cos(\xi_l d)+\lambda_0\sin(\xi_l d)\}\,\overline{\psi}_d(\xi_n,t-\tau)\right]e^{-(\eta_r\xi_n^2+\eta_z\xi_l^2)\tau}d\tau+$$

$$+\frac{4}{(b^2-a^2)}\sum_{l=1}^{\infty}\frac{\{\xi_l\cos(\xi_l z)+\lambda_0\sin(\xi_l z)\}e^{-\eta_z\xi_l^2 t}\int_a^b\overline{\varphi}(u,\xi_l)\,u\,du}{\left\{(\xi_l^2+\lambda_0^2)\left(d+\frac{\lambda_d}{\xi_l^2+\lambda_d^2}\right)+\lambda_0\right\}}+$$

$$+\pi^2\sum_{n=1}^{\infty}\frac{\xi_n^2 J_1^2(\xi_n b)\,\mathcal{V}_{\mathcal{N}0}(\xi_n r,a)\,e^{-\eta_r\xi_n^2 t}}{\{J_1^2(\xi_n a)-J_1^2(\xi_n b)\}}\sum_{l=1}^{\infty}\frac{\overline{\overline{\varphi}}(\xi_n,\xi_l)\,\{\xi_l\cos(\xi_l z)+\lambda_0\sin(\xi_l z)\}e^{-\eta_z\xi_l^2 t}}{\left\{(\xi_l^2+\lambda_0^2)\left(d+\frac{\lambda_d}{\xi_l^2+\lambda_d^2}\right)+\lambda_0\right\}} \qquad (21.104.3)$$

21.105 The problem of 21.100, except $\mathbf{N}_a\equiv\frac{\partial p(a,z,t)}{\partial r}=-\left(\frac{\mu}{k_r}\right)\psi_a(z,t)$, $\mathbf{R}_b\equiv\frac{\partial p(b,z,t)}{\partial r}+\lambda p(b,z,t)=-\left(\frac{\mu}{k_r}\right)\psi_b(z,t)$, $\mathbf{R}_0\equiv\frac{\partial p(r,0,t)}{\partial z}-\lambda_0 p(r,0,t)=-\left(\frac{\mu}{k_z}\right)\psi_0(r,t)$ and $\mathbf{R}_d\equiv\frac{\partial p(r,d,t)}{\partial z}+\lambda_d p(r,d,t)=-\left(\frac{\mu}{k_z}\right)\psi_d(r,t)$

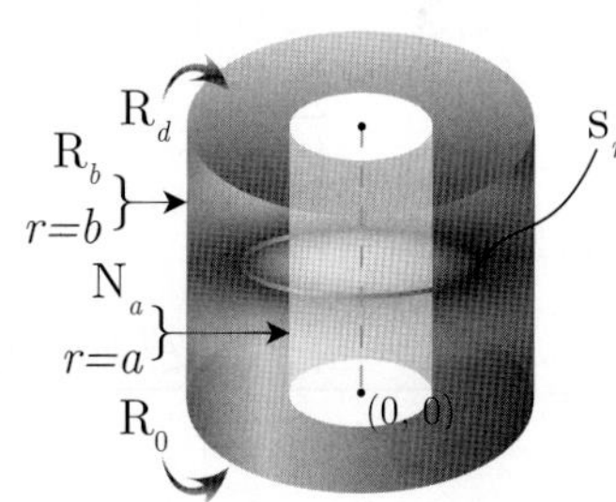

Successive application of the Laplace, Fourier and finite Hankel transformations to equation (18.1.1) gives

$$\overline{\overline{\overline{p}}}=\frac{q(s)\,e^{-st_0}\{\xi_l\cos(\xi_l z_0)+\lambda_0\sin(\xi_l z_0)\}\mathcal{V}_{\mathcal{N}0}(\xi_n r_0,a)}{2\pi\phi c_t\,(\eta_r\xi_n^2+\eta_z\xi_l^2+s)}+\frac{2J_1(\xi_n a)\,\overline{\overline{\psi}}_b(\xi_l,s)}{\pi\phi c_t\,\{\lambda J_0(\xi_n b)-\xi_n J_1(\xi_n b)\}(\eta_r\xi_n^2+\eta_z\xi_l^2+s)}+$$
$$+\frac{2\overline{\overline{\psi}}_a(\xi_l,s)}{\pi\phi c_t\xi_n\,(\eta_r\xi_n^2+\eta_z\xi_l^2+s)}+\frac{\left[\xi_l\overline{\overline{\psi}}_0(\xi_n,s)-\{\xi_l\cos(\xi_l d)+\lambda_0\sin(\xi_l d)\}\,\overline{\overline{\psi}}_d(\xi_n,s)\right]}{\phi c_t\,(\eta_r\xi_n^2+\eta_z\xi_l^2+s)}+\frac{\overline{\overline{\varphi}}(\xi_n,\xi_l)}{(\eta_r\xi_n^2+\eta_z\xi_l^2+s)} \qquad (21.105.1)$$

where $\mathcal{V}_{\mathcal{N}0}(\xi_n r,a)=Y_0(\xi_n r)J_1(\xi_n a)-J_0(\xi_n r)Y_1(\xi_n a)$. The eigenvalues $\xi_n, n=1,2,...$, are the positive roots of the transcendental equation $\xi_n\mathcal{V}'_{\mathcal{N}0}(\xi_n b,a)+\lambda\mathcal{V}_{\mathcal{N}0}(\xi_n b,a)=0$, ξ_l are the positive roots of $\tan(\xi_l d)=\frac{\xi_l(\lambda_0+\lambda_d)}{\xi_l^2-\lambda_0\lambda_d}$, $l=1,2,....$ $\overline{\overline{\psi}}_0(\xi_n,s)=\int_a^b\overline{\psi}_0(r,s)\,r\mathcal{V}_{\mathcal{N}0}(\xi_n r,a)dr$, $\overline{\overline{\psi}}_d(\xi_n,s)=\int_a^b\overline{\psi}_d(r,s)\,r\mathcal{V}_{\mathcal{N}0}(\xi_n r,a)\,dr$, $\overline{\overline{\psi}}_a(\xi_l,s)=\int_0^d\{\xi_l\cos(\xi_l z)+\lambda_0\sin(\xi_l z)\}\overline{\psi}_a(z,s)dz$, $\overline{\overline{\psi}}_b(\xi_l,s)=\int_0^d\{\xi_l\cos(\xi_l z)+\lambda_0\sin(\xi_l z)\}\overline{\psi}_b(z,s)dz$,

$\overline{\overline{\varphi}}(\xi_n,\xi_l)=\int_a^b\overline{\varphi}(r,\xi_l)\,r\mathcal{V}_{\mathcal{N}0}(\xi_n r,a)\,dr$ and $\overline{\varphi}(r,\xi_l)=\int_0^d\{\xi_l\cos(\xi_l z)+\lambda_0\sin(\xi_l z)\}\varphi(r,z)dz$. Successive inverse transforms yield

$$\begin{aligned}
\overline{p} &= \frac{\pi q(s)\,e^{-st_0}}{2\phi c_t}\sum_{n=1}^{\infty}\frac{\xi_n^2\{\lambda J_0(\xi_n b)-\xi_n J_1(\xi_n b)\}^2\mathcal{V}_{\mathcal{N}0}(\xi_n r_0,a)\,\mathcal{V}_{\mathcal{N}0}(\xi_n r,a)}{\left[(\lambda^2+\xi_n^2)J_1^2(\xi_n a)-\{\lambda J_0(\xi_n b)-\xi_n J_1(\xi_n b)\}^2\right]}\times\\
&\times\sum_{l=1}^{\infty}\frac{\{\xi_l\cos(\xi_l z_0)+\lambda_0\sin(\xi_l z_0)\}\{\xi_l\cos(\xi_l z)+\lambda_0\sin(\xi_l z)\}}{\left\{(\xi_l^2+\lambda_0^2)\left(d+\frac{\lambda_d}{\xi_l^2+\lambda_d^2}\right)+\lambda_0\right\}(\eta_r\xi_n^2+\eta_z\xi_l^2+s)}+\\
&+\frac{2\pi}{\phi c_t}\sum_{n=1}^{\infty}\frac{\xi_n\{\lambda J_0(\xi_n b)-\xi_n J_1(\xi_n b)\}^2\mathcal{V}_{\mathcal{N}0}(\xi_n r,a)}{\left[(\lambda^2+\xi_n^2)J_1^2(\xi_n a)-\{\lambda J_0(\xi_n b)-\xi_n J_1(\xi_n b)\}^2\right]}\times\\
&\times\sum_{l=1}^{\infty}\frac{\overline{\overline{\psi}}_a(\xi_l,s)\{\xi_l\cos(\xi_l z)+\lambda_0\sin(\xi_l z)\}}{\left\{(\xi_l^2+\lambda_0^2)\left(d+\frac{\lambda_d}{\xi_l^2+\lambda_d^2}\right)+\lambda_0\right\}(\eta_r\xi_n^2+\eta_z\xi_l^2+s)}+\\
&+\frac{2\pi}{\phi c_t}\sum_{n=1}^{\infty}\frac{\xi_n^2 J_1(\xi_n a)\{\lambda J_0(\xi_n b)-\xi_n J_1(\xi_n b)\}\mathcal{V}_{\mathcal{N}0}(\xi_n r,a)}{\left[(\lambda^2+\xi_n^2)J_1^2(\xi_n a)-\{\lambda J_0(\xi_n b)-\xi_n J_1(\xi_n b)\}^2\right]}\times\\
&\times\sum_{l=1}^{\infty}\frac{\overline{\overline{\psi}}_b(\xi_l,s)\{\xi_l\cos(\xi_l z)+\lambda_0\sin(\xi_l z)\}}{\left\{(\xi_l^2+\lambda_0^2)\left(d+\frac{\lambda_d}{\xi_l^2+\lambda_d^2}\right)+\lambda_0\right\}(\eta_r\xi_n^2+\eta_z\xi_l^2+s)}+\\
&+\frac{\pi^2}{\phi c_t}\sum_{n=1}^{\infty}\frac{\xi_n^2\{\lambda J_0(\xi_n b)-\xi_n J_1(\xi_n b)\}^2\mathcal{V}_{\mathcal{N}0}(\xi_n r,a)}{\left[(\lambda^2+\xi_n^2)J_1^2(\xi_n a)-\{\lambda J_0(\xi_n b)-\xi_n J_1(\xi_n b)\}^2\right]}\times\\
&\times\sum_{l=1}^{\infty}\frac{\left[\xi_l\overline{\overline{\psi}}_0(\xi_n,s)-\{\xi_l\cos(\xi_l d)+\lambda_0\sin(\xi_l d)\}\overline{\overline{\psi}}_d(\xi_n,s)\right]\{\xi_l\cos(\xi_l z)+\lambda_0\sin(\xi_l z)\}}{\left\{(\xi_l^2+\lambda_0^2)\left(d+\frac{\lambda_d}{\xi_l^2+\lambda_d^2}\right)+\lambda_0\right\}(\eta_r\xi_n^2+\eta_z\xi_l^2+s)}+\\
&+\pi^2\sum_{n=1}^{\infty}\frac{\xi_n^2\{\lambda J_0(\xi_n b)-\xi_n J_1(\xi_n b)\}^2\mathcal{V}_{\mathcal{N}0}(\xi_n r,a)}{\left[(\lambda^2+\xi_n^2)J_1^2(\xi_n a)-\{\lambda J_0(\xi_n b)-\xi_n J_1(\xi_n b)\}^2\right]}\times\\
&\times\sum_{l=1}^{\infty}\frac{\overline{\overline{\varphi}}(\xi_n,\xi_l)\{\xi_l\cos(\xi_l z)+\lambda_0\sin(\xi_l z)\}}{\left\{(\xi_l^2+\lambda_0^2)\left(d+\frac{\lambda_d}{\xi_l^2+\lambda_d^2}\right)+\lambda_0\right\}(\eta_r\xi_n^2+\eta_z\xi_l^2+s)}
\end{aligned}\tag{21.105.2}$$

and

$$\begin{aligned}
p &= \frac{\pi U(t-t_0)}{2\phi c_t}\sum_{n=1}^{\infty}\frac{\xi_n^2\{\lambda J_0(\xi_n b)-\xi_n J_1(\xi_n b)\}^2\mathcal{V}_{\mathcal{N}0}(\xi_n r_0,a)\,\mathcal{V}_{\mathcal{N}0}(\xi_n r,a)}{\left[(\lambda^2+\xi_n^2)J_1^2(\xi_n a)-\{\lambda J_0(\xi_n b)-\xi_n J_1(\xi_n b)\}^2\right]}\times\\
&\times\sum_{l=1}^{\infty}\frac{\{\xi_l\cos(\xi_l z_0)+\lambda_0\sin(\xi_l z_0)\}\{\xi_l\cos(\xi_l z)+\lambda_0\sin(\xi_l z)\}\int_0^{t-t_0}q(t-t_0-\tau)\,e^{-\left(\eta_r\xi_n^2+\eta_z\xi_l^2\right)\tau}d\tau}{\left\{(\xi_l^2+\lambda_0^2)\left(d+\frac{\lambda_d}{\xi_l^2+\lambda_d^2}\right)+\lambda_0\right\}}+\\
&+\frac{2\pi}{\phi c_t}\sum_{n=1}^{\infty}\frac{\xi_n\{\lambda J_0(\xi_n b)-\xi_n J_1(\xi_n b)\}^2\mathcal{V}_{\mathcal{N}0}(\xi_n r,a)}{\left[(\lambda^2+\xi_n^2)J_1^2(\xi_n a)-\{\lambda J_0(\xi_n b)-\xi_n J_1(\xi_n b)\}^2\right]}\times\\
&\times\sum_{l=1}^{\infty}\frac{\{\xi_l\cos(\xi_l z)+\lambda_0\sin(\xi_l z)\}\int_0^t\overline{\psi}_a(\xi_l,t-\tau)\,e^{-\left(\eta_r\xi_n^2+\eta_z\xi_l^2\right)\tau}d\tau}{\left\{(\xi_l^2+\lambda_0^2)\left(d+\frac{\lambda_d}{\xi_l^2+\lambda_d^2}\right)+\lambda_0\right\}}+\\
&+\frac{2\pi}{\phi c_t}\sum_{n=1}^{\infty}\frac{\xi_n^2 J_1(\xi_n a)\{\lambda J_0(\xi_n b)-\xi_n J_1(\xi_n b)\}\mathcal{V}_{\mathcal{N}0}(\xi_n r,a)}{\left[(\lambda^2+\xi_n^2)J_1^2(\xi_n a)-\{\lambda J_0(\xi_n b)-\xi_n J_1(\xi_n b)\}^2\right]}\times\\
&\times\sum_{l=1}^{\infty}\frac{\{\xi_l\cos(\xi_l z)+\lambda_0\sin(\xi_l z)\}\int_0^t\overline{\psi}_b(\xi_l,t-\tau)\,e^{-\left(\eta_r\xi_n^2+\eta_z\xi_l^2\right)\tau}d\tau}{\left\{(\xi_l^2+\lambda_0^2)\left(d+\frac{\lambda_d}{\xi_l^2+\lambda_d^2}\right)+\lambda_0\right\}}+
\end{aligned}$$

$$+\frac{\pi^2}{\phi c_t}\sum_{n=1}^{\infty}\frac{\xi_n^2\left\{\lambda J_0(\xi_n b)-\xi_n J_1(\xi_n b)\right\}^2\mathcal{V}_{\mathcal{N}0}(\xi_n r,a)}{\left[(\lambda^2+\xi_n^2)J_1^2(\xi_n a)-\left\{\lambda J_0(\xi_n b)-\xi_n J_1(\xi_n b)\right\}^2\right]}\sum_{l=1}^{\infty}\frac{\left\{\xi_l\cos(\xi_l z)+\lambda_0\sin(\xi_l z)\right\}}{\left\{(\xi_l^2+\lambda_0^2)\left(d+\frac{\lambda_d}{\xi_l^2+\lambda_d^2}\right)+\lambda_0\right\}}\times$$

$$\times\int_0^t\left[\xi_l\overline{\psi}_0(\xi_n,t-\tau)-\left\{\xi_l\cos(\xi_l d)+\lambda_0\sin(\xi_l d)\right\}\overline{\psi}_d(\xi_n,t-\tau)\right]e^{-\left(\eta_r\xi_n^2+\eta_z\xi_l^2\right)\tau}d\tau+$$

$$+\pi^2\sum_{n=1}^{\infty}\frac{\xi_n^2\left\{\lambda J_0(\xi_n b)-\xi_n J_1(\xi_n b)\right\}^2\mathcal{V}_{\mathcal{N}0}(\xi_n r,a)\,e^{-\eta_r\xi_n^2 t}}{\left[(\lambda^2+\xi_n^2)J_1^2(\xi_n a)-\left\{\lambda J_0(\xi_n b)-\xi_n J_1(\xi_n b)\right\}^2\right]}\sum_{l=1}^{\infty}\frac{\overline{\overline{\varphi}}(\xi_n,\xi_l)\left\{\xi_l\cos(\xi_l z)+\lambda_0\sin(\xi_l z)\right\}e^{-\eta_z\xi_l^2 t}}{\left\{(\xi_l^2+\lambda_0^2)\left(d+\frac{\lambda_d}{\xi_l^2+\lambda_d^2}\right)+\lambda_0\right\}}$$

(21.105.3)

21.106 The problem of 21.100, except
$\mathrm{R}_a \equiv \frac{\partial p(a,z,t)}{\partial r}-\lambda p(a,z,t)=-\left(\frac{\mu}{k_r}\right)\psi_a(z,t)$,
$\mathrm{D}_b \equiv p(b,z,t)=\psi_b(z,t)$,
$\mathrm{R}_0 \equiv \frac{\partial p(r,0,t)}{\partial z}-\lambda_0 p(r,0,t)=-\left(\frac{\mu}{k_z}\right)\psi_0(r,t)$ and
$\mathrm{R}_d \equiv \frac{\partial p(r,d,t)}{\partial z}+\lambda_d p(r,d,t)=-\left(\frac{\mu}{k_z}\right)\psi_d(r,t)$

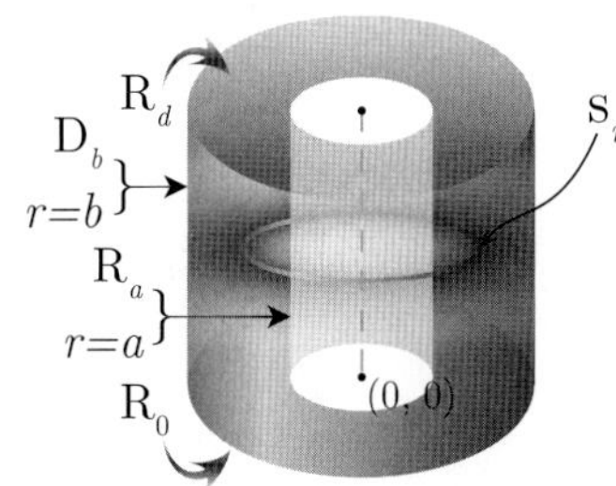

Successive application of the Laplace, Fourier and finite Hankel transformations to equation (18.1.1) gives

$$\overline{\overline{\overline{p}}}=\frac{q(s)\,e^{-st_0}\{\xi_l\cos(\xi_l z_0)+\lambda_0\sin(\xi_l z_0)\}\mathcal{V}_{\mathcal{D}0}(\xi_n r_0,b)}{2\pi\phi c_t(\eta_r\xi_n^2+\eta_z\xi_l^2+s)}-\frac{2J_0(\xi_n b)\,\overline{\overline{\psi}}_a(\xi_l,s)}{\pi\phi c_t(\eta_r\xi_n^2+\eta_z\xi_l^2+s)\{\lambda J_0(\xi_n a)+\xi_n J_1(\xi_n a)\}}+$$

$$+\frac{2\eta_r\overline{\overline{\psi}}_b(\xi_l,s)}{\pi(\eta_r\xi_n^2+\eta_z\xi_l^2+s)}+\frac{\left[\xi_l\overline{\overline{\psi}}_0(\xi_n,s)-\{\xi_l\cos(\xi_l d)+\lambda_0\sin(\xi_l d)\}\overline{\overline{\psi}}_d(\xi_n,s)\right]}{\phi c_t(\eta_r\xi_n^2+\eta_z\xi_l^2+s)}+\frac{\overline{\overline{\varphi}}(\xi_n,\xi_l)}{(\eta_r\xi_n^2+\eta_z\xi_l^2+s)}$$

(21.106.1)

where $\mathcal{V}_{\mathcal{D}0}(\xi_n r,b)=J_0(\xi_n r)Y_0(\xi_n b)-Y_0(\xi_n r)J_0(\xi_n b)$. The eigenvalues $\xi_n, n=1,2,...,$ are the positive roots of the transcendental equation $\lambda\mathcal{V}_{\mathcal{D}0}(\xi_n a,b)-\xi_n\mathcal{V}'_{\mathcal{D}0}(\xi_n a,b)=0$,* ξ_l are the positive roots of $\tan(\xi_l d)=\frac{\xi_l(\lambda_0+\lambda_d)}{\xi_l^2-\lambda_0\lambda_d}$, $l=1,2,....$ $\overline{\overline{\psi}}_0(\xi_n,s)=\int_a^b\overline{\psi}_0(r,s)\,r\mathcal{V}_{\mathcal{D}0}(\xi_n r,b)\,dr$, $\overline{\overline{\psi}}_d(\xi_n,s)=\int_a^b\overline{\psi}_d(r,s)\,r\mathcal{V}_{\mathcal{D}0}(\xi_n r,b)\,dr$, $\overline{\overline{\psi}}_a(\xi_l,s)=\int_0^d\{\xi_l\cos(\xi_l z)+\lambda_0\sin(\xi_l z)\}\overline{\psi}_a(z,s)dz$, $\overline{\overline{\psi}}_b(\xi_l,s)=\int_0^d\{\xi_l\cos(\xi_l z)+\lambda_0\sin(\xi_l z)\}\overline{\psi}_b(z,s)dz$, $\overline{\overline{\varphi}}(\xi_n,\xi_l)=\int_a^b\overline{\varphi}(r,\xi_l)\,r\mathcal{V}_{\mathcal{D}0}(\xi_n r,a)\,dr$ and $\overline{\varphi}(r,\xi_l)=\int_0^d\{\xi_l\cos(\xi_l z)+\lambda_0\sin(\xi_l z)\}\varphi(r,z)dz$. The inverse Fourier and Hankel transforms of equation (21.106.1) yield

$$\overline{p}=\frac{\pi q(s)\,e^{-st_0}}{2\phi c_t}\sum_{n=1}^{\infty}\frac{\xi_n^2\{\lambda J_0(\xi_n a)+\xi_n J_1(\xi_n a)\}^2\mathcal{V}_{\mathcal{D}0}(\xi r_0,b)\,\mathcal{V}_{\mathcal{D}0}(\xi r,b)}{\left[\{\lambda J_0(\xi_n a)+\xi_n J_1(\xi_n a)\}^2-(\lambda^2+\xi_n^2)J_0^2(\xi_n b)\right]}\times$$

$$\times\sum_{l=1}^{\infty}\frac{\{\xi_l\cos(\xi_l z_0)+\lambda_0\sin(\xi_l z_0)\}\{\xi_l\cos(\xi_l z)+\lambda_0\sin(\xi_l z)\}}{\left\{(\xi_l^2+\lambda_0^2)\left(d+\frac{\lambda_d}{\xi_l^2+\lambda_d^2}\right)+\lambda_0\right\}(\eta_r\xi_n^2+\eta_z\xi_l^2+s)}-$$

$$-\frac{2\pi}{\phi c_t}\sum_{n=1}^{\infty}\frac{\xi_n^2 J_0(\xi_n b)\{\lambda J_0(\xi_n a)+\xi_n J_1(\xi_n a)\}\mathcal{V}_{\mathcal{D}0}(\xi r,b)}{\left[\{\lambda J_0(\xi_n a)+\xi_n J_1(\xi_n a)\}^2-(\lambda^2+\xi_n^2)J_0^2(\xi_n b)\right]}\times$$

$$\times\sum_{l=1}^{\infty}\frac{\overline{\overline{\psi}}_a(\xi_l,s)\{\xi_l\cos(\xi_l z)+\lambda_0\sin(\xi_l z)\}}{\left\{(\xi_l^2+\lambda_0^2)\left(d+\frac{\lambda_d}{\xi_l^2+\lambda_d^2}\right)+\lambda_0\right\}(\eta_r\xi_n^2+\eta_z\xi_l^2+s)}+$$

$$+2\pi\eta_r\sum_{n=1}^{\infty}\frac{\xi_n^2\{\lambda J_0(\xi_n a)+\xi_n J_1(\xi_n a)\}^2\mathcal{V}_{\mathcal{D}0}(\xi r,b)}{\left[\{\lambda J_0(\xi_n a)+\xi_n J_1(\xi_n a)\}^2-(\lambda^2+\xi_n^2)J_0^2(\xi_n b)\right]}\times$$

*$\mathcal{V}'_{\mathcal{D}0}(\xi_n r,b)=\{Y_1(\xi_n r)J_0(\xi_n b)-J_1(\xi_n r)Y_0(\xi_n b)\}$.

$$\times \sum_{l=1}^{\infty} \frac{\overline{\overline{\psi}}_b(\xi_l, s)\{\xi_l \cos(\xi_l z) + \lambda_0 \sin(\xi_l z)\}}{\left\{(\xi_l^2 + \lambda_0^2)\left(d + \frac{\lambda_d}{\xi_l^2+\lambda_d^2}\right) + \lambda_0\right\}(\eta_r \xi_n^2 + \eta_z \xi_l^2 + s)} +$$

$$+ \frac{\pi^2}{\phi c_t} \sum_{n=1}^{\infty} \frac{\xi_n^2 \{\lambda J_0(\xi_n a) + \xi_n J_1(\xi_n a)\}^2 \mathcal{V}_{\mathcal{D}0}(\xi r, b)}{\left[\{\lambda J_0(\xi_n a) + \xi_n J_1(\xi_n a)\}^2 - (\lambda^2 + \xi_n^2) J_0^2(\xi_n b)\right]} \times$$

$$\times \sum_{l=1}^{\infty} \frac{\left[\xi_l \overline{\overline{\psi}}_0(\xi_n, s) - \{\xi_l \cos(\xi_l d) + \lambda_0 \sin(\xi_l d)\}\overline{\overline{\psi}}_d(\xi_n, s)\right]\{\xi_l \cos(\xi_l z) + \lambda_0 \sin(\xi_l z)\}}{\left\{(\xi_l^2 + \lambda_0^2)\left(d + \frac{\lambda_d}{\xi_l^2+\lambda_d^2}\right) + \lambda_0\right\}(\eta_r \xi_n^2 + \eta_z \xi_l^2 + s)} +$$

$$+ \pi^2 \sum_{n=1}^{\infty} \frac{\xi_n^2 \{\lambda J_0(\xi_n a) + \xi_n J_1(\xi_n a)\}^2 \mathcal{V}_{\mathcal{D}0}(\xi r, b)}{\left[\{\lambda J_0(\xi_n a) + \xi_n J_1(\xi_n a)\}^2 - (\lambda^2 + \xi_n^2) J_0^2(\xi_n b)\right]} \times$$

$$\times \sum_{l=1}^{\infty} \frac{\overline{\overline{\varphi}}(\xi_n, \xi_l)\{\xi_l \cos(\xi_l z) + \lambda_0 \sin(\xi_l z)\}}{\left\{(\xi_l^2 + \lambda_0^2)\left(d + \frac{\lambda_d}{\xi_l^2+\lambda_d^2}\right) + \lambda_0\right\}(\eta_r \xi_n^2 + \eta_z \xi_l^2 + s)} \tag{21.106.2}$$

and

$$p = \frac{\pi U(t - t_0)}{2\phi c_t} \sum_{n=1}^{\infty} \frac{\xi_n^2 \{\lambda J_0(\xi_n a) + \xi_n J_1(\xi_n a)\}^2 \mathcal{V}_{\mathcal{D}0}(\xi r_0, b)\mathcal{V}_{\mathcal{D}0}(\xi r, b)}{\left[\{\lambda J_0(\xi_n a) + \xi_n J_1(\xi_n a)\}^2 - (\lambda^2 + \xi_n^2) J_0^2(\xi_n b)\right]} \times$$

$$\sum_{l=1}^{\infty} \frac{\{\xi_l \cos(\xi_l z_0) + \lambda_0 \sin(\xi_l z_0)\}\{\xi_l \cos(\xi_l z) + \lambda_0 \sin(\xi_l z)\} \int_0^{t-t_0} q(t - t_0 - \tau) e^{-(\eta_r \xi_n^2 + \eta_z \xi_l^2)\tau} d\tau}{\left\{(\xi_l^2 + \lambda_0^2)\left(d + \frac{\lambda_d}{\xi_l^2+\lambda_d^2}\right) + \lambda_0\right\}} -$$

$$- \frac{2\pi}{\phi c_t} \sum_{n=1}^{\infty} \frac{\xi_n^2 J_0(\xi_n b)\{\lambda J_0(\xi_n a) + \xi_n J_1(\xi_n a)\}\mathcal{V}_{\mathcal{D}0}(\xi r, b)}{\left[\{\lambda J_0(\xi_n a) + \xi_n J_1(\xi_n a)\}^2 - (\lambda^2 + \xi_n^2) J_0^2(\xi_n b)\right]} \times$$

$$\times \sum_{l=1}^{\infty} \frac{\{\xi_l \cos(\xi_l z) + \lambda_0 \sin(\xi_l z)\} \int_0^t \overline{\psi}_a(\xi_l, t - \tau) e^{-(\eta_r \xi_n^2 + \eta_z \xi_l^2)\tau} d\tau}{\left\{(\xi_l^2 + \lambda_0^2)\left(d + \frac{\lambda_d}{\xi_l^2+\lambda_d^2}\right) + \lambda_0\right\}} +$$

$$+ 2\pi\eta_r \sum_{n=1}^{\infty} \frac{\xi_n^2 \{\lambda J_0(\xi_n a) + \xi_n J_1(\xi_n a)\}^2 \mathcal{V}_{\mathcal{D}0}(\xi r, b)}{\left[\{\lambda J_0(\xi_n a) + \xi_n J_1(\xi_n a)\}^2 - (\lambda^2 + \xi_n^2) J_0^2(\xi_n b)\right]} \times$$

$$\times \sum_{l=1}^{\infty} \frac{\{\xi_l \cos(\xi_l z) + \lambda_0 \sin(\xi_l z)\} \int_0^t \overline{\psi}_b(\xi_l, t - \tau) e^{-(\eta_r \xi_n^2 + \eta_z \xi_l^2)\tau} d\tau}{\left\{(\xi_l^2 + \lambda_0^2)\left(d + \frac{\lambda_d}{\xi_l^2+\lambda_d^2}\right) + \lambda_0\right\}} +$$

$$+ \frac{\pi^2}{\phi c_t} \sum_{n=1}^{\infty} \frac{\xi_n^2 \{\lambda J_0(\xi_n a) + \xi_n J_1(\xi_n a)\}^2 \mathcal{V}_{\mathcal{D}0}(\xi r, b)}{\left[\{\lambda J_0(\xi_n a) + \xi_n J_1(\xi_n a)\}^2 - (\lambda^2 + \xi_n^2) J_0^2(\xi_n b)\right]} \sum_{l=1}^{\infty} \frac{\{\xi_l \cos(\xi_l z) + \lambda_0 \sin(\xi_l z)\}}{\left\{(\xi_l^2 + \lambda_0^2)\left(d + \frac{\lambda_d}{\xi_l^2+\lambda_d^2}\right) + \lambda_0\right\}} \times$$

$$\times \int_0^t \left[\xi_l \overline{\psi}_0(\xi_n, t - \tau) - \{\xi_l \cos(\xi_l d) + \lambda_0 \sin(\xi_l d)\}\overline{\psi}_d(\xi_n, t - \tau)\right] e^{-(\eta_r \xi_n^2 + \eta_z \xi_l^2)\tau} d\tau +$$

$$+ \pi^2 \sum_{n=1}^{\infty} \frac{\xi_n^2 \{\lambda J_0(\xi_n a) + \xi_n J_1(\xi_n a)\}^2 \mathcal{V}_{\mathcal{D}0}(\xi r, b) e^{-\eta_r \xi_n^2 t}}{\left[\{\lambda J_0(\xi_n a) + \xi_n J_1(\xi_n a)\}^2 - (\lambda^2 + \xi_n^2) J_0^2(\xi_n b)\right]} \sum_{l=1}^{\infty} \frac{\overline{\overline{\varphi}}(\xi_n, \xi_l)\{\xi_l \cos(\xi_l z) + \lambda_0 \sin(\xi_l z)\} e^{-\eta_z \xi_l^2 t}}{\left\{(\xi_l^2 + \lambda_0^2)\left(d + \frac{\lambda_d}{\xi_l^2+\lambda_d^2}\right) + \lambda_0\right\}} \tag{21.106.3}$$

21.107 **The problem of 21.100, except**
$\mathbf{R}_a \equiv \frac{\partial p(a,z,t)}{\partial r} - \lambda p(a,z,t) = -\left(\frac{\mu}{k_r}\right)\psi_a(z,t),$
$\mathbf{N}_b \equiv \frac{\partial p(b,z,t)}{\partial r} = -\left(\frac{\mu}{k_r}\right)\psi_b(z,t),$
$\mathbf{R}_0 \equiv \frac{\partial p(r,0,t)}{\partial z} - \lambda_0 p(r,0,t) = -\left(\frac{\mu}{k_z}\right)\psi_0(r,t)$ **and**
$\mathbf{R}_d \equiv \frac{\partial p(r,d,t)}{\partial z} + \lambda_d p(r,d,t) = -\left(\frac{\mu}{k_z}\right)\psi_d(r,t)$

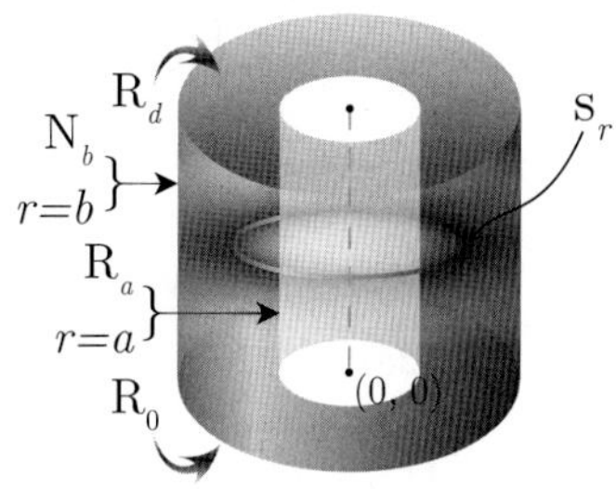

Successive application of the Laplace, Fourier and finite Hankel transformations to equation (18.1.1) gives

$$\overline{\overline{\overline{p}}} = \frac{q(s)\,e^{-st_0}\{\xi_l\cos(\xi_l z_0)+\lambda_0\sin(\xi_l z_0)\}\mathcal{V}_{\mathcal{N}0}(\xi_n r_0,b)}{2\pi\phi c_t(\eta_r\xi_n^2+\eta_z\xi_l^2+s)} + \frac{2J_1(\xi_n b)\,\overline{\overline{\psi}}_a(\xi_l,s)}{\pi\phi c_t(\eta_r\xi_n^2+\eta_z\xi_l^2+s)\{\lambda J_0(\xi_n a)+\xi_n J_1(\xi_n a)\}} - \\ -\frac{2\overline{\overline{\psi}}_b(\xi_l,s)}{\pi\phi c_t\xi_n(\eta_r\xi_n^2+\eta_z\xi_l^2+s)} + \frac{\left[\xi_l\overline{\overline{\psi}}_0(\xi_n,s) - \{\xi_l\cos(\xi_l d)+\lambda_0\sin(\xi_l d)\}\overline{\overline{\psi}}_d(\xi_n,s)\right]}{\phi c_t(\eta_r\xi_n^2+\eta_z\xi_l^2+s)} + \frac{\overline{\overline{\varphi}}(\xi_n,\xi_l)}{(\eta_r\xi_n^2+\eta_z\xi_l^2+s)} \tag{21.107.1}$$

where $\xi_n, n=1,2,...,$ are the positive roots of the transcendental equation
$\lambda\mathcal{V}_{\mathcal{N}0}(\xi_n a,b) - \xi_n\mathcal{V}'_{\mathcal{N}0}(\xi_n a,b)=0$, ξ_l are the positive roots of $\tan(\xi_l d) = \frac{\xi_l(\lambda_0+\lambda_d)}{\xi_l^2-\lambda_0\lambda_d}$, $l=1,2,....$
$\overline{\overline{\psi}}_0(\xi_n,s) = \int_a^b\overline{\psi}_0(r,s)\,r\mathcal{V}_{\mathcal{N}0}(\xi_n r,b)\,dr$, $\overline{\overline{\psi}}_d(\xi_n,s) = \int_a^b\overline{\psi}_d(r,s)\,r\mathcal{V}_{\mathcal{N}0}(\xi_n r,b)\,dr$,
$\overline{\overline{\psi}}_a(\xi_l,s) = \int_0^d\{\xi_l\cos(\xi_l z)+\lambda_0\sin(\xi_l z)\}\overline{\psi}_a(z,s)dz$, $\overline{\overline{\psi}}_b(\xi_l,s) = \int_0^d\{\xi_l\cos(\xi_l z)+\lambda_0\sin(\xi_l z)\}\overline{\psi}_b(z,s)dz$,
$\overline{\overline{\varphi}}(\xi_n,\xi_l) = \int_a^b\overline{\varphi}(r,\xi_l)\,r\mathcal{V}_{\mathcal{N}0}(\xi_n r,a)\,dr$ and
$\overline{\varphi}(r,\xi_l) = \int_0^d\{\xi_l\cos(\xi_l z)+\lambda_0\sin(\xi_l z)\}\varphi(r,z)dz$. Successive inverse transforms yield

$$\overline{p} = \frac{\pi q(s)\,e^{-st_0}}{2\phi c_t}\sum_{n=1}^{\infty}\frac{\xi_n^2\{\lambda J_0(\xi_n a)+\xi_n J_1(\xi_n a)\}^2\mathcal{V}_{\mathcal{N}0}(\xi r_0,b)\,\mathcal{V}_{\mathcal{N}0}(\xi r,b)}{\left[\{\lambda J_0(\xi_n a)+\xi_n J_1(\xi_n a)\}^2-(\lambda^2+\xi_n^2)J_1^2(\xi_n b)\right]}\times \\ \times\sum_{l=1}^{\infty}\frac{\{\xi_l\cos(\xi_l z_0)+\lambda_0\sin(\xi_l z_0)\}\{\xi_l\cos(\xi_l z)+\lambda_0\sin(\xi_l z)\}}{\left\{(\xi_l^2+\lambda_0^2)\left(d+\frac{\lambda_d}{\xi_l^2+\lambda_d^2}\right)+\lambda_0\right\}(\eta_r\xi_n^2+\eta_z\xi_l^2+s)} + \\ +\frac{2\pi}{\phi c_t}\sum_{n=1}^{\infty}\frac{\xi_n^2 J_1(\xi_n b)\{\lambda J_0(\xi_n a)+\xi_n J_1(\xi_n a)\}\mathcal{V}_{\mathcal{N}0}(\xi r,b)}{\left[\{\lambda J_0(\xi_n a)+\xi_n J_1(\xi_n a)\}^2-(\lambda^2+\xi_n^2)J_1^2(\xi_n b)\right]}\times \\ \times\sum_{l=1}^{\infty}\frac{\overline{\overline{\psi}}_a(\xi_l,s)\{\xi_l\cos(\xi_l z)+\lambda_0\sin(\xi_l z)\}}{\left\{(\xi_l^2+\lambda_0^2)\left(d+\frac{\lambda_d}{\xi_l^2+\lambda_d^2}\right)+\lambda_0\right\}(\eta_r\xi_n^2+\eta_z\xi_l^2+s)} - \\ -\frac{2\pi}{\phi c_t}\sum_{n=1}^{\infty}\frac{\xi_n\{\lambda J_0(\xi_n a)+\xi_n J_1(\xi_n a)\}^2\mathcal{V}_{\mathcal{N}0}(\xi r,b)}{\left[\{\lambda J_0(\xi_n a)+\xi_n J_1(\xi_n a)\}^2-(\lambda^2+\xi_n^2)J_1^2(\xi_n b)\right]}\times \\ \times\sum_{l=1}^{\infty}\frac{\overline{\overline{\psi}}_b(\xi_l,s)\{\xi_l\cos(\xi_l z)+\lambda_0\sin(\xi_l z)\}}{\left\{(\xi_l^2+\lambda_0^2)\left(d+\frac{\lambda_d}{\xi_l^2+\lambda_d^2}\right)+\lambda_0\right\}(\eta_r\xi_n^2+\eta_z\xi_l^2+s)} + \\ +\frac{\pi^2}{\phi c_t}\sum_{n=1}^{\infty}\frac{\xi_n^2\{\lambda J_0(\xi_n a)+\xi_n J_1(\xi_n a)\}^2\mathcal{V}_{\mathcal{N}0}(\xi r,b)}{\left[\{\lambda J_0(\xi_n a)+\xi_n J_1(\xi_n a)\}^2-(\lambda^2+\xi_n^2)J_1^2(\xi_n b)\right]}\times \\ \times\sum_{l=1}^{\infty}\frac{\left[\xi_l\overline{\overline{\psi}}_0(\xi_n,s)-\{\xi_l\cos(\xi_l d)+\lambda_0\sin(\xi_l d)\}\overline{\overline{\psi}}_d(\xi_n,s)\right]\{\xi_l\cos(\xi_l z)+\lambda_0\sin(\xi_l z)\}}{\left\{(\xi_l^2+\lambda_0^2)\left(d+\frac{\lambda_d}{\xi_l^2+\lambda_d^2}\right)+\lambda_0\right\}(\eta_r\xi_n^2+\eta_z\xi_l^2+s)} + \\ +\pi^2\sum_{n=1}^{\infty}\frac{\xi_n^2\{\lambda J_0(\xi_n a)+\xi_n J_1(\xi_n a)\}^2\mathcal{V}_{\mathcal{N}0}(\xi r,b)}{\left[\{\lambda J_0(\xi_n a)+\xi_n J_1(\xi_n a)\}^2-(\lambda^2+\xi_n^2)J_1^2(\xi_n b)\right]}\times$$

$$\times \sum_{l=1}^{\infty} \frac{\overline{\overline{\varphi}}(\xi_n, \xi_l)\{\xi_l \cos(\xi_l z) + \lambda_0 \sin(\xi_l z)\}}{\left\{(\xi_l^2 + \lambda_0^2)\left(d + \frac{\lambda_d}{\xi_l^2 + \lambda_d^2}\right) + \lambda_0\right\}(\eta_r \xi_n^2 + \eta_z \xi_l^2 + s)} \tag{21.107.2}$$

and

$$p = \frac{\pi U(t-t_0)}{2\phi c_t} \sum_{n=1}^{\infty} \frac{\xi_n^2 \{\lambda J_0(\xi_n a) + \xi_n J_1(\xi_n a)\}^2 \mathcal{V}_{\mathcal{N}0}(\xi r_0, b)\, \mathcal{V}_{\mathcal{N}0}(\xi r, b)}{\left[\{\lambda J_0(\xi_n a) + \xi_n J_1(\xi_n a)\}^2 - (\lambda^2 + \xi_n^2) J_1^2(\xi_n b)\right]} \times$$

$$\sum_{l=1}^{\infty} \frac{\{\xi_l \cos(\xi_l z_0) + \lambda_0 \sin(\xi_l z_0)\}\{\xi_l \cos(\xi_l z) + \lambda_0 \sin(\xi_l z)\} \int_0^{t-t_0} q(t - t_0 - \tau)\, e^{-(\eta_r \xi_n^2 + \eta_z \xi_l^2)\tau} d\tau}{\left\{(\xi_l^2 + \lambda_0^2)\left(d + \frac{\lambda_d}{\xi_l^2 + \lambda_d^2}\right) + \lambda_0\right\}} +$$

$$+ \frac{2\pi}{\phi c_t} \sum_{n=1}^{\infty} \frac{\xi_n^2 J_1(\xi_n b)\{\lambda J_0(\xi_n a) + \xi_n J_1(\xi_n a)\} \mathcal{V}_{\mathcal{N}0}(\xi r, b)}{\left[\{\lambda J_0(\xi_n a) + \xi_n J_1(\xi_n a)\}^2 - (\lambda^2 + \xi_n^2) J_1^2(\xi_n b)\right]} \times$$

$$\times \sum_{l=1}^{\infty} \frac{\{\xi_l \cos(\xi_l z) + \lambda_0 \sin(\xi_l z)\} \int_0^t \overline{\psi}_a(\xi_l, t-\tau)\, e^{-(\eta_r \xi_n^2 + \eta_z \xi_l^2)\tau} d\tau}{\left\{(\xi_l^2 + \lambda_0^2)\left(d + \frac{\lambda_d}{\xi_l^2 + \lambda_d^2}\right) + \lambda_0\right\}} -$$

$$- \frac{2\pi}{\phi c_t} \sum_{n=1}^{\infty} \frac{\xi_n \{\lambda J_0(\xi_n a) + \xi_n J_1(\xi_n a)\}^2 \mathcal{V}_{\mathcal{N}0}(\xi r, b)}{\left[\{\lambda J_0(\xi_n a) + \xi_n J_1(\xi_n a)\}^2 - (\lambda^2 + \xi_n^2) J_1^2(\xi_n b)\right]} \times$$

$$\times \sum_{l=1}^{\infty} \frac{\{\xi_l \cos(\xi_l z) + \lambda_0 \sin(\xi_l z)\} \int_0^t \overline{\psi}_b(\xi_l, t-\tau)\, e^{-(\eta_r \xi_n^2 + \eta_z \xi_l^2)\tau} d\tau}{\left\{(\xi_l^2 + \lambda_0^2)\left(d + \frac{\lambda_d}{\xi_l^2 + \lambda_d^2}\right) + \lambda_0\right\}} +$$

$$+ \frac{\pi^2}{\phi c_t} \sum_{n=1}^{\infty} \frac{\xi_n^2 \{\lambda J_0(\xi_n a) + \xi_n J_1(\xi_n a)\}^2 \mathcal{V}_{\mathcal{N}0}(\xi r, b)}{\left[\{\lambda J_0(\xi_n a) + \xi_n J_1(\xi_n a)\}^2 - (\lambda^2 + \xi_n^2) J_1^2(\xi_n b)\right]} \sum_{l=1}^{\infty} \frac{\{\xi_l \cos(\xi_l z) + \lambda_0 \sin(\xi_l z)\}}{\left\{(\xi_l^2 + \lambda_0^2)\left(d + \frac{\lambda_d}{\xi_l^2 + \lambda_d^2}\right) + \lambda_0\right\}} \times$$

$$\times \int_0^t \left[\xi_l \overline{\psi}_0(\xi_n, t-\tau) - \{\xi_l \cos(\xi_l d) + \lambda_0 \sin(\xi_l d)\}\overline{\psi}_d(\xi_n, t-\tau)\right] e^{-(\eta_r \xi_n^2 + \eta_z \xi_l^2)\tau} d\tau +$$

$$+ \pi^2 \sum_{n=1}^{\infty} \frac{\xi_n^2 \{\lambda J_0(\xi_n a) + \xi_n J_1(\xi_n a)\}^2 \mathcal{V}_{\mathcal{N}0}(\xi r, b)\, e^{-\eta_r \xi_n^2 t}}{\left[\{\lambda J_0(\xi_n a) + \xi_n J_1(\xi_n a)\}^2 - (\lambda^2 + \xi_n^2) J_1^2(\xi_n b)\right]} \sum_{l=1}^{\infty} \frac{\overline{\overline{\varphi}}(\xi_n, \xi_l)\{\xi_l \cos(\xi_l z) + \lambda_0 \sin(\xi_l z)\} e^{-\eta_z \xi_l^2 t}}{\left\{(\xi_l^2 + \lambda_0^2)\left(d + \frac{\lambda_d}{\xi_l^2 + \lambda_d^2}\right) + \lambda_0\right\}} \tag{21.107.3}$$

21.108

The problem of 21.100, except
$\mathbf{R}_a \equiv \frac{\partial p(a,z,t)}{\partial r} - \lambda p(a,z,t) = -\left(\frac{\mu}{k_r}\right)\psi_a(z,t)$,
$\mathbf{R}_b \equiv \frac{\partial p(b,z,t)}{\partial r} + \lambda_b p(b,z,t) = -\left(\frac{\mu}{k_r}\right)\psi_b(z,t)$,
$\mathbf{R}_0 \equiv \frac{\partial p(r,0,t)}{\partial z} - \lambda_0 p(r,0,t) = -\left(\frac{\mu}{k_z}\right)\psi_0(r,t)$ **and**
$\mathbf{R}_d \equiv \frac{\partial p(r,d,t)}{\partial z} + \lambda_d p(r,d,t) = -\left(\frac{\mu}{k_z}\right)\psi_d(r,t)$

Successive application of the Laplace, Fourier and finite Hankel transformations to equation (18.1.1) gives

$$\overline{\overline{\overline{p}}} = \frac{q(s)\, e^{-st_0}\{\xi_l \cos(\xi_l z_0) + \lambda_0 \sin(\xi_l z_0)\}\{\xi_n \mathcal{V}_{\mathcal{N}0}(\xi_n r_0, a) - \lambda_a \mathcal{V}_{\mathcal{D}0}(\xi_n r_0, a)\}}{2\pi\phi c_t(\eta_r \xi_n^2 + \eta_z \xi_l^2 + s)} +$$

$$+ \frac{2\{\lambda_a J_0(\xi_n a) + \xi_n J_1(\xi_n a)\}\overline{\overline{\psi}}_b(\xi_l, s)}{\pi\phi c_t(\eta_r \xi_n^2 + \eta_z \xi_l^2 + s)\{\lambda_b J_0(\xi_n b) - \xi_n J_1(\xi_n b)\}} + \frac{2\overline{\overline{\psi}}_a(\xi_l, s)}{\pi\phi c_t(\eta_r \xi_n^2 + \eta_z \xi_l^2 + s)} +$$

$$+ \frac{\left[\xi_l \overline{\overline{\psi}}_0(\xi_n, s) - \{\xi_l \cos(\xi_l d) + \lambda_0 \sin(\xi_l d)\}\overline{\overline{\psi}}_d(\xi_n, s)\right]}{\phi c_t(\eta_r \xi_n^2 + \eta_z \xi_l^2 + s)} + \frac{\overline{\overline{\varphi}}(\xi_n, \xi_l)}{(\eta_r \xi_n^2 + \eta_z \xi_l^2 + s)} \tag{21.108.1}$$

where $\xi_n, n = 1, 2, ...,$ are the positive roots of $\lambda_a \{\mathcal{V}'_{\mathcal{D}0}(\xi_n b, a) + \lambda_b \mathcal{V}_{\mathcal{D}0}(\xi_n b, a)\} - \xi_n \{\mathcal{V}'_{\mathcal{N}0}(\xi_n b, a) + \lambda_b \mathcal{V}_{\mathcal{N}0}(\xi_n b, a)\} = 0$, ξ_l are the positive roots of $\tan(\xi_l d) = \frac{\xi_l(\lambda_0+\lambda_d)}{\xi_l^2-\lambda_0\lambda_d}$, $l = 1, 2, ...$ $\overline{\overline{\psi}}_0(\xi_n, s) = \int_a^b \overline{\psi}_0(r, s)\, r \{\xi_n \mathcal{V}_{\mathcal{N}0}(\xi_n r, a) - \lambda_a \mathcal{V}_{\mathcal{D}0}(\xi_n r, a)\}\, dr$, $\overline{\overline{\psi}}_d(\xi_n, s) = \int_a^b \overline{\psi}_d(r, s)\, r \{\xi_n \mathcal{V}_{\mathcal{N}0}(\xi_n r, a) - \lambda_a \mathcal{V}_{\mathcal{D}0}(\xi_n r, a)\}\, dr$, $\overline{\overline{\psi}}_a(\xi_l, s) = \int_0^d \{\xi_l \cos(\xi_l z) + \lambda_0 \sin(\xi_l z)\}\overline{\psi}_a(z, s)dz$, $\overline{\overline{\psi}}_b(\xi_l, s) = \int_0^d \{\xi_l \cos(\xi_l z) + \lambda_0 \sin(\xi_l z)\}\overline{\psi}_b(z, s)dz$, $\overline{\overline{\varphi}}(\xi_n, \xi_l) = \int_a^b \overline{\varphi}(r, \xi_l)\, r \{\xi_n \mathcal{V}_{\mathcal{N}0}(\xi_n r, a) - \lambda_a \mathcal{V}_{\mathcal{D}0}(\xi_n r, a)\}\, dr$ and $\overline{\varphi}(r, \xi_l) = \int_0^d \{\xi_l \cos(\xi_l z) + \lambda_0 \sin(\xi_l z)\}\varphi(r, z)dz$. Successive inverse transforms yield

$$\begin{aligned}
\overline{p} &= \frac{\pi q(s) e^{-st_0}}{2\phi c_t} \sum_{n=1}^{\infty} \xi_n^2 \{\xi_n J_1(\xi_n b) - \lambda_b J_0(\xi_n b)\}^2 \times \\
&\times \frac{\{\xi_n \mathcal{V}_{\mathcal{N}0}(\xi_n r_0, a) - \lambda_a \mathcal{V}_{\mathcal{D}0}(\xi_n r_0, a)\}\{\xi_n \mathcal{V}_{\mathcal{N}0}(\xi_n r, a) - \lambda_a \mathcal{V}_{\mathcal{D}0}(\xi_n r, a)\}}{\left[(\lambda_b^2 + \xi_n^2)\{\lambda_a J_0(\xi_n a) + \xi_n J_1(\xi_n a)\}^2 - (\lambda_a^2 + \xi_n^2)\{\lambda_b J_0(\xi_n b) + \xi_n J_1(\xi_n b)\}^2\right]} \times \\
&\times \sum_{l=1}^{\infty} \frac{\{\xi_l \cos(\xi_l z_0) + \lambda_0 \sin(\xi_l z_0)\}\{\xi_l \cos(\xi_l z) + \lambda_0 \sin(\xi_l z)\}}{\left\{(\xi_l^2 + \lambda_0^2)\left(d + \frac{\lambda_d}{\xi_l^2+\lambda_d^2}\right) + \lambda_0\right\}(\eta_r \xi_n^2 + \eta_z \xi_l^2 + s)} + \\
&+ \frac{2\pi}{\phi c_t} \sum_{n=1}^{\infty} \frac{\xi_n^2 \{\xi_n J_1(\xi_n b) - \lambda_b J_0(\xi_n b)\}^2 \{\xi_n \mathcal{V}_{\mathcal{N}0}(\xi_n r, a) - \lambda_a \mathcal{V}_{\mathcal{D}0}(\xi_n r, a)\}}{\left[(\lambda_b^2 + \xi_n^2)\{\lambda_a J_0(\xi_n a) + \xi_n J_1(\xi_n a)\}^2 - (\lambda_a^2 + \xi_n^2)\{\lambda_b J_0(\xi_n b) + \xi_n J_1(\xi_n b)\}^2\right]} \times \\
&\times \sum_{l=1}^{\infty} \frac{\overline{\overline{\psi}}_a(\xi_l, s)\{\xi_l \cos(\xi_l z) + \lambda_0 \sin(\xi_l z)\}}{\left\{(\xi_l^2 + \lambda_0^2)\left(d + \frac{\lambda_d}{\xi_l^2+\lambda_d^2}\right) + \lambda_0\right\}(\eta_r \xi_n^2 + \eta_z \xi_l^2 + s)} + \\
&+ \frac{2\pi}{\phi c_t} \sum_{n=1}^{\infty} \frac{\xi_n^2 \{\xi_n J_1(\xi_n b) - \lambda_b J_0(\xi_n b)\}\{\xi_n J_1(\xi_n a) + \lambda_a J_0(\xi_n a)\}\{\xi_n \mathcal{V}_{\mathcal{N}0}(\xi_n r, a) - \lambda_a \mathcal{V}_{\mathcal{D}0}(\xi_n r, a)\}}{\left[(\lambda_b^2 + \xi_n^2)\{\lambda_a J_0(\xi_n a) + \xi_n J_1(\xi_n a)\}^2 - (\lambda_a^2 + \xi_n^2)\{\lambda_b J_0(\xi_n b) + \xi_n J_1(\xi_n b)\}^2\right]} \times \\
&\times \sum_{l=1}^{\infty} \frac{\overline{\overline{\psi}}_b(\xi_l, s)\{\xi_l \cos(\xi_l z) + \lambda_0 \sin(\xi_l z)\}}{\left\{(\xi_l^2 + \lambda_0^2)\left(d + \frac{\lambda_d}{\xi_l^2+\lambda_d^2}\right) + \lambda_0\right\}(\eta_r \xi_n^2 + \eta_z \xi_l^2 + s)} + \\
&+ \frac{\pi^2}{\phi c_t} \sum_{n=1}^{\infty} \frac{\xi_n^2 \{\xi_n J_1(\xi_n b) - \lambda_b J_0(\xi_n b)\}^2 \{\xi_n \mathcal{V}_{\mathcal{N}0}(\xi_n r, a) - \lambda_a \mathcal{V}_{\mathcal{D}0}(\xi_n r, a)\}}{\left[(\lambda_b^2 + \xi_n^2)\{\lambda_a J_0(\xi_n a) + \xi_n J_1(\xi_n a)\}^2 - (\lambda_a^2 + \xi_n^2)\{\lambda_b J_0(\xi_n b) + \xi_n J_1(\xi_n b)\}^2\right]} \times \\
&\times \sum_{l=1}^{\infty} \frac{\left[\xi_l \overline{\overline{\psi}}_0(\xi_n, s) - \{\xi_l \cos(\xi_l d) + \lambda_0 \sin(\xi_l d)\}\overline{\overline{\psi}}_d(\xi_n, s)\right]\{\xi_l \cos(\xi_l z) + \lambda_0 \sin(\xi_l z)\}}{\left\{(\xi_l^2 + \lambda_0^2)\left(d + \frac{\lambda_d}{\xi_l^2+\lambda_d^2}\right) + \lambda_0\right\}(\eta_r \xi_n^2 + \eta_z \xi_l^2 + s)} + \\
&+ \pi^2 \sum_{n=1}^{\infty} \frac{\xi_n^2 \{\xi_n J_1(\xi_n b) - \lambda_b J_0(\xi_n b)\}^2 \{\xi_n \mathcal{V}_{\mathcal{N}0}(\xi_n r, a) - \lambda_a \mathcal{V}_{\mathcal{D}0}(\xi_n r, a)\}}{\left[(\lambda_b^2 + \xi_n^2)\{\lambda_a J_0(\xi_n a) + \xi_n J_1(\xi_n a)\}^2 - (\lambda_a^2 + \xi_n^2)\{\lambda_b J_0(\xi_n b) + \xi_n J_1(\xi_n b)\}^2\right]} \times \\
&\times \sum_{l=1}^{\infty} \frac{\overline{\overline{\varphi}}(\xi_n, \xi_l)\{\xi_l \cos(\xi_l z) + \lambda_0 \sin(\xi_l z)\}}{\left\{(\xi_l^2 + \lambda_0^2)\left(d + \frac{\lambda_d}{\xi_l^2+\lambda_d^2}\right) + \lambda_0\right\}(\eta_r \xi_n^2 + \eta_z \xi_l^2 + s)}
\end{aligned} \tag{21.108.2}$$

and

$$\begin{aligned}
p &= \frac{\pi U(t-t_0)}{2\phi c_t} \sum_{n=1}^{\infty} \frac{\xi_n^2 \{\xi_n J_1(\xi_n b) - \lambda_b J_0(\xi_n b)\}^2 \{\xi_n \mathcal{V}_{\mathcal{N}0}(\xi_n r_0, a) - \lambda_a \mathcal{V}_{\mathcal{D}0}(\xi_n r_0, a)\}}{\left[(\lambda_b^2 + \xi_n^2)\{\lambda_a J_0(\xi_n a) + \xi_n J_1(\xi_n a)\}^2 - (\lambda_a^2 + \xi_n^2)\{\lambda_b J_0(\xi_n b) + \xi_n J_1(\xi_n b)\}^2\right]} \times \\
&\times \{\xi_n \mathcal{V}_{\mathcal{N}0}(\xi_n r, a) - \lambda_a \mathcal{V}_{\mathcal{D}0}(\xi_n r, a)\} \times \\
&\times \sum_{l=1}^{\infty} \frac{(\xi_l^2 + \lambda_0^2)\cos\{\xi_l(d - z_0)\}\{\xi_l \cos(\xi_l z) + \lambda_0 \sin(\xi_l z)\}\int_0^{t-t_0} q(t-t_0-\tau)\, e^{-(\eta_r \xi_n^2 + \eta_z \xi_l^2)\tau} d\tau}{\left\{(\xi_l^2 + \lambda_0^2)\left(d + \frac{\lambda_d}{\xi_l^2+\lambda_d^2}\right) + \lambda_0\right\}} + \\
&+ \frac{2\pi}{\phi c_t} \sum_{n=1}^{\infty} \frac{\xi_n^2 \{\xi_n J_1(\xi_n b) - \lambda_b J_0(\xi_n b)\}^2 \{\xi_n \mathcal{V}_{\mathcal{N}0}(\xi_n r, a) - \lambda_a \mathcal{V}_{\mathcal{D}0}(\xi_n r, a)\}}{\left[(\lambda_b^2 + \xi_n^2)\{\lambda_a J_0(\xi_n a) + \xi_n J_1(\xi_n a)\}^2 - (\lambda_a^2 + \xi_n^2)\{\lambda_b J_0(\xi_n b) + \xi_n J_1(\xi_n b)\}^2\right]} \times
\end{aligned}$$

$$\times \sum_{l=1}^{\infty} \frac{\{\xi_l \cos(\xi_l z) + \lambda_0 \sin(\xi_l z)\} \int_0^t \overline{\psi}_a(\xi_l, t-\tau)\, e^{-\left(\eta_r \xi_n^2 + \eta_z \xi_l^2\right)\tau} d\tau}{\left\{\left(\xi_l^2 + \lambda_0^2\right)\left(d + \frac{\lambda_d}{\xi_l^2 + \lambda_d^2}\right) + \lambda_0\right\}} +$$

$$+ \frac{2\pi}{\phi c_t} \sum_{n=1}^{\infty} \frac{\xi_n^2 \{\xi_n J_1(\xi_n b) - \lambda_b J_0(\xi_n b)\}\{\xi_n J_1(\xi_n a) + \lambda_a J_0(\xi_n a)\}\{\xi_n \mathcal{V}_{\mathcal{N}0}(\xi_n r, a) - \lambda_a \mathcal{V}_{\mathcal{D}0}(\xi_n r, a)\}}{\left[\left(\lambda_b^2 + \xi_n^2\right)\{\lambda_a J_0(\xi_n a) + \xi_n J_1(\xi_n a)\}^2 - \left(\lambda_a^2 + \xi_n^2\right)\{\lambda_b J_0(\xi_n b) + \xi_n J_1(\xi_n b)\}^2\right]} \times$$

$$\times \sum_{l=1}^{\infty} \frac{\{\xi_l \cos(\xi_l z) + \lambda_0 \sin(\xi_l z)\} \int_0^t \overline{\psi}_b(\xi_l, t-\tau)\, e^{-\left(\eta_r \xi_n^2 + \eta_z \xi_l^2\right)\tau} d\tau}{\left\{\left(\xi_l^2 + \lambda_0^2\right)\left(d + \frac{\lambda_d}{\xi_l^2 + \lambda_d^2}\right) + \lambda_0\right\}} +$$

$$+ \frac{\pi^2}{\phi c_t} \sum_{n=1}^{\infty} \frac{\xi_n^2 \{\xi_n J_1(\xi_n b) - \lambda_b J_0(\xi_n b)\}^2 \{\xi_n \mathcal{V}_{\mathcal{N}0}(\xi_n r, a) - \lambda_a \mathcal{V}_{\mathcal{D}0}(\xi_n r, a)\}}{\left[\left(\lambda_b^2 + \xi_n^2\right)\{\lambda_a J_0(\xi_n a) + \xi_n J_1(\xi_n a)\}^2 - \left(\lambda_a^2 + \xi_n^2\right)\{\lambda_b J_0(\xi_n b) + \xi_n J_1(\xi_n b)\}^2\right]} \times$$

$$\times \sum_{l=1}^{\infty} \frac{\{\xi_l \cos(\xi_l z) + \lambda_0 \sin(\xi_l z)\}}{\left\{\left(\xi_l^2 + \lambda_0^2\right)\left(d + \frac{\lambda_d}{\xi_l^2 + \lambda_d^2}\right) + \lambda_0\right\}} \times$$

$$\times \int_0^t \left[\xi_l \overline{\psi}_0(\xi_n, t-\tau) - \{\xi_l \cos(\xi_l d) + \lambda_0 \sin(\xi_l d)\}\, \overline{\psi}_d(\xi_n, t-\tau)\right] e^{-\left(\eta_r \xi_n^2 + \eta_z \xi_l^2\right)\tau} d\tau +$$

$$+ \pi^2 \sum_{n=1}^{\infty} \frac{\xi_n^2 \{\xi_n J_1(\xi_n b) - \lambda_b J_0(\xi_n b)\}^2 \{\xi_n \mathcal{V}_{\mathcal{N}0}(\xi_n r, a) - \lambda_a \mathcal{V}_{\mathcal{D}0}(\xi_n r, a)\}\, e^{-\eta_r \xi_n^2 t}}{\left[\left(\lambda_b^2 + \xi_n^2\right)\{\lambda_a J_0(\xi_n a) + \xi_n J_1(\xi_n a)\}^2 - \left(\lambda_a^2 + \xi_n^2\right)\{\lambda_b J_0(\xi_n b) + \xi_n J_1(\xi_n b)\}^2\right]} \times$$

$$\times \sum_{l=1}^{\infty} \frac{\overline{\overline{\varphi}}(\xi_n, \xi_l)\, \{\xi_l \cos(\xi_l z) + \lambda_0 \sin(\xi_l z)\} e^{-\eta_z \xi_l^2 t}}{\left\{\left(\xi_l^2 + \lambda_0^2\right)\left(d + \frac{\lambda_d}{\xi_l^2 + \lambda_d^2}\right) + \lambda_0\right\}} \tag{21.108.3}$$

Chapter 22

Infinite and semi-infinite cylindrical continua. $p(r,\theta,z,t)$ is cyclic around the cylinder with a period 2π. $p(r,\theta,z,t)$ is a function of r, θ, z and t

22.1 **An infinite continuum whose axis is at $r = 0$ and extends to ∞ in the direction of r positive and $-\infty < z < \infty$. $p(r,\theta,z,t)$ is cyclic around the cylinder with a period 2π, $0 \le \theta \le 2\pi$. Point source at $s_p \equiv (r_0, \theta_0, z_0)$ at time $t = t_0$; $0 < r_0 < \infty$, $0 \le \theta_0 \le 2\pi$, $-\infty < z_0 < \infty$, $t_0 \ge 0$. The initial pressure $p(r,\theta,z,0) = \varphi(r,\theta,z)$***

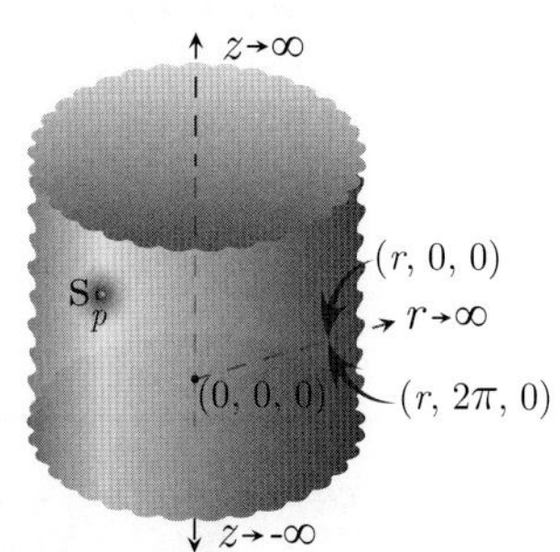

A quantity of fluid is continuously injected at $[r_0, \theta_0, z_0]$ at time t_0, and the resulting pressure disturbance left to diffuse through a semi-infinite homogeneous porous medium.

We find p from the partial differential equation

$$\frac{\partial p}{\partial t} = \eta_r\left(\frac{\partial^2 p}{\partial r^2} + \frac{1}{r}\frac{\partial p}{\partial r}\right) + \frac{\eta_\theta}{r^2}\frac{\partial^2 p}{\partial \theta^2} + \eta_z\frac{\partial^2 p}{\partial z^2} + \frac{U(t-t_0)\,q(t-t_0)}{r\phi c_t}\delta(r-r_0)\,\delta(\theta-\theta_0)\,\delta(z-z_0) \qquad (22.1.1)$$

where $\eta_r = \frac{k_r}{\phi c_t \mu}$, $\eta_\theta = \frac{k_\theta}{\phi c_t \mu}$ and $\eta_z = \frac{k_z}{\phi c_t \mu}$, with the initial condition $p(r,\theta,z,0) = \varphi(r,\theta,z)$ for $r > 0$, $0 \le \theta \le 2\pi$, $-\infty < z < \infty$. Successively applying the Laplace, Fourier and Hankel transformations, we get

$$\overline{\overline{\overline{p}}} = \frac{q(s)\,e^{-st_0}e^{ilz_0}\cos\{m(\theta-\theta_0)\}\,J_{m\dot{o}}(\xi r_0)}{\phi c_t(\eta_r\xi^2 + \eta_z l^2 + s)} + \frac{\overline{\overline{\overline{\varphi}}}(\xi,m,l;\theta)}{(\eta_r\xi^2 + \eta_z l^2 + s)} \qquad (22.1.2)$$

where $\overline{\overline{\overline{\varphi}}}(\xi,m,l;\theta) = \int_0^\infty uJ_{m\dot{o}}(\xi u)\int_0^{2\pi}\cos\{m(\theta-v)\}\int_{-\infty}^\infty \varphi(u,v,z)e^{ilz}dzdvdu$ and $\dot{o} = \sqrt{\frac{\eta_\theta}{\eta_r}}$. It is assumed here that $r\frac{\partial p(r)}{\partial r}$ and $p(r)$ vanish as $r \to 0$ and $\sqrt{r}\frac{\partial p}{\partial r}$ and $\sqrt{r}p(r)$ vanish as $r \to \infty$. The inverse Fourier and Hankel transforms of equation (22.1.2) yield

*The solutions given in this chapter are useful solutions in wireline formation tester applications in the oil and gas industry. See Moran and Finklea (1962), Stewart and Wittman (1979), Sharma and Dussan (1992), Goode and Thambynayagam (1992), Shah and Thambynayagam (1994) and Banerjee, Thambynayagam, and Spath (2005).

$$\overline{p} = \frac{2q(s)e^{-st_0}}{\pi^2\phi c_t\eta_r}\sum_{m=0}^{\infty}\ni_m\cos\{m(\theta-\theta_0)\}\times$$
$$\times\int_0^{\infty}\cos\{l(z-z_0)\}\left\{\begin{array}{ll} I_{m\dot{o}}\left(r\sqrt{\frac{\eta_z l^2+s}{\eta_r}}\right)K_{m\dot{o}}\left(r_0\sqrt{\frac{\eta_z l^2+s}{\eta_r}}\right), & 0<r<r_0 \\ I_{m\dot{o}}\left(r_0\sqrt{\frac{\eta_z l^2+s}{\eta_r}}\right)K_{m\dot{o}}\left(r\sqrt{\frac{\eta_z l^2+s}{\eta_r}}\right), & 0<r_0<r\end{array}\right\}dl+$$
$$+\frac{2}{\pi^2\eta_r}\sum_{m=0}^{\infty}\ni_m\int_{-\infty}^{\infty}\int_0^{\infty}\cos\{l(z-w)\}\times$$
$$\times\left\{\begin{array}{ll} I_{m\dot{o}}\left(r\sqrt{\frac{\eta_z l^2+s}{\eta_r}}\right)\int_0^{\infty}u\int_0^{2\pi}\varphi(u,v,w)\cos\{m(\theta-v)\}dvK_{m\dot{o}}\left(u\sqrt{\frac{\eta_z l^2+s}{\eta_r}}\right)du, & 0<r<u \\ K_{m\dot{o}}\left(r\sqrt{\frac{\eta_z l^2+s}{\eta_r}}\right)\int_0^{\infty}u\int_0^{2\pi}\varphi(u,v,w)\cos\{m(\theta-v)\}dvI_{m\dot{o}}\left(v\sqrt{\frac{\eta_z l^2+s}{\eta_r}}\right)du, & 0<u<r\end{array}\right\}dldw \tag{22.1.3}$$

The inverse Laplace transform of equation (22.1.3) yields

$$p = \frac{U(t-t_0)}{4\phi c_t\eta_r\sqrt{\pi^3\eta_z}}\sum_{m=0}^{\infty}\ni_m\cos\{m(\theta-\theta_0)\}\int_0^{t-t_0}\frac{q(t-t_0-\tau)}{\sqrt{\tau^3}}I_{m\dot{o}}\left(\frac{rr_0}{2\eta_r\tau}\right)e^{-\frac{1}{4\tau}\left\{\frac{(z-z_0)^2}{\eta_z}+\frac{r^2+r_0^2}{\eta_r}\right\}}d\tau+$$
$$+\frac{1}{4\eta_r\sqrt{(\pi t^3)\eta_z}}\sum_{m=0}^{\infty}\ni_m\int_{-\infty}^{\infty}e^{-\frac{(z-w)^2}{4\eta_z t}}\int_0^{\infty}ue^{-\frac{r^2+u^2}{4\eta_r t}}I_{m\dot{o}}\left(\frac{ru}{2\eta_r t}\right)\int_0^{2\pi}\varphi(u,v,w)\cos\{m(\theta-v)\}dvdudw \tag{22.1.4}$$

22.2

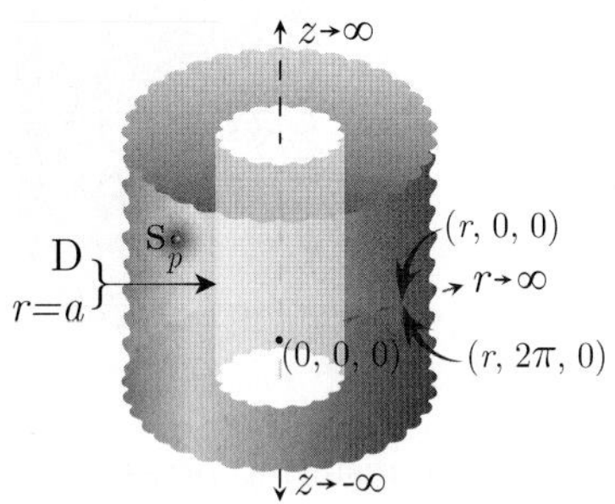

The problem of 22.1, except the continuum is bounded internally at $r = a$ and extends to ∞ in the direction of r positive. Point source at $s_p \equiv (r_0, \theta_0, z_0)$ at time $t = t_0$; $0 < r_0 < \infty$, $0 \leq \theta_0 \leq 2\pi$, $-\infty < z_0 < \infty$, $t_0 \geq 0$. $D \equiv p(a,\theta,z,t) = \psi(\theta,z,t)$. $p(r,\theta,z,0) = \varphi(r,\theta,z)$

Successive application of the Laplace, Fourier and Direchlet-Weber transformations to equation (22.1.1) gives

$$\overline{\overline{\overline{p}}} = \frac{q(s)e^{-st_0}e^{ilz_0}\cos\{m(\theta-\theta_0)\}\mathcal{C}_{m\dot{o}}(\xi r_0)}{\phi c_t(\eta_r\xi^2+\eta_z l^2+s)} - \frac{2\eta_r\overline{\overline{\overline{\psi}}}(m,l,s;\theta)}{\pi(\eta_r\xi^2+\eta_z l^2+s)}+\frac{\overline{\overline{\overline{\varphi}}}(\xi,m,l;\theta)}{(\eta_r\xi^2+\eta_z l^2+s)} \tag{22.2.1}$$

where $\overline{\overline{\overline{\psi}}}(m,l,s;\theta) = \int_0^{2\pi}\cos\{m(\theta-v)\}\int_{-\infty}^{\infty}\overline{\psi}(v,z,s)e^{ilz}dzdv$ and $\overline{\overline{\overline{\varphi}}}(\xi,m,l;\theta) = \int_a^{\infty}u\mathcal{C}_{m\dot{o}}(\xi u)\int_0^{2\pi}\cos\{m(\theta-v)\}\int_{-\infty}^{\infty}\varphi(u,v,z)e^{ilz}dzdvdu$, and $\mathcal{C}_\nu(\xi r) = Y_\nu(\xi a)J_\nu(\xi r) - J_\nu(\xi a)Y_\nu(\xi r)$. Successive inverse transforms yield

$$\overline{p} = \frac{q(s)e^{-st_0}}{2\pi\phi c_t\sqrt{\eta_z}}\sum_{m=0}^{\infty}\ni_m\cos\{m(\theta-\theta_0)\}\int_0^{\infty}\frac{\xi\mathcal{C}_{m\dot{o}}(\xi r_0)\mathcal{C}_{m\dot{o}}(\xi r)e^{-|z-z_0|\sqrt{\frac{\eta_r\xi^2+s}{\eta_z}}}}{\sqrt{\eta_r\xi^2+s}\{J_{m\dot{o}}^2(\xi a)+Y_{m\dot{o}}^2(\xi a)\}}d\xi-$$
$$-\frac{\eta_r}{\pi^2\sqrt{\eta_z}}\sum_{m=0}^{\infty}\ni_m\int_{-\infty}^{\infty}\overline{\overline{\psi}}(m,w,s;\theta)\int_0^{\infty}\frac{\xi C_{m\dot{o}}(\xi r)e^{-|z-w|\sqrt{\frac{\eta_r\xi^2+s}{\eta_z}}}}{\sqrt{(\eta_r\xi^2+s)}\{J_{m\dot{o}}^2(\xi a)+Y_{m\dot{o}}^2(\xi a)\}}d\xi dw+$$
$$+\frac{1}{2\pi\sqrt{\eta_z}}\sum_{m=0}^{\infty}\ni_m\int_0^{\infty}\frac{\xi\mathcal{C}_{m\dot{o}}(\xi r)}{\sqrt{(\eta_r\xi^2+s)}\{J_{m\dot{o}}^2(\xi a)+Y_{m\dot{o}}^2(\xi a)\}}\int_{-\infty}^{\infty}\overline{\overline{\varphi}}(\xi,m,w;\theta)e^{-|z-w|\sqrt{\frac{\eta_r\xi^2+s}{\eta_z}}}dwd\xi \tag{22.2.2}$$

where $\overline{\overline{\psi}}(m,w,s;\theta)=\int_0^{2\pi}\cos\{m(\theta-v)\}\int_0^{\infty}\psi(v,w,\tau)e^{-s\tau}d\tau dv$ and
$\overline{\overline{\varphi}}(\xi,m,w;\theta)=\int_a^{\infty}u\mathcal{C}_{m\dot{o}}(\xi u)\int_0^{2\pi}\cos\{m(\theta-v)\}\varphi(u,v,w)e^{ilz}dvdu$, and

$$p=\frac{U(t-t_0)}{2\phi c_t\sqrt{\pi^3\eta_z}}\sum_{m=0}^{\infty}\ni_m\cos\{m(\theta-\theta_0)\}\int_0^{t-t_0}\frac{q(t-t_0-\tau)e^{-\frac{(z-z_0)^2}{4\eta_z\tau}}}{\sqrt{\tau}}\int_0^{\infty}\frac{\xi\mathcal{C}_{m\dot{o}}(\xi r_0)\mathcal{C}_{m\dot{o}}(\xi r)e^{-\eta_r\xi^2\tau}}{J_{m\dot{o}}^2(\xi a)+Y_{m\dot{o}}^2(\xi a)}d\xi d\tau-$$
$$-\frac{\eta_r}{\sqrt{\pi^5\eta_z}}\sum_{m=0}^{\infty}\ni_m\int_0^{t}\frac{1}{\sqrt{\tau}}\int_{-\infty}^{\infty}\overline{\psi}(m,w,t-\tau;\theta)e^{-\frac{(z-w)^2}{4\eta_z\tau}}\int_0^{\infty}\frac{\xi\mathcal{C}_{m\dot{o}}(\xi r)e^{-\eta_r\xi^2\tau}}{J_{m\dot{o}}^2(\xi a)+Y_{m\dot{o}}^2(\xi a)}d\xi dwd\tau+$$
$$+\frac{1}{2\sqrt{\pi^3\eta_z t}}\sum_{m=0}^{\infty}\ni_m\int_{-\infty}^{\infty}e^{-\frac{(z-w)^2}{4\eta_z t}}\int_0^{\infty}\frac{\xi\overline{\varphi}(\xi,m,w;\theta)\mathcal{C}_{m\dot{o}}(\xi r)e^{-\eta_r\xi^2 t}}{J_{m\dot{o}}^2(\xi a)+Y_{m\dot{o}}^2(\xi a)}d\xi dw \qquad (22.2.3)$$

where $\overline{\psi}(m,w,t;\theta)=\int_0^{2\pi}\cos\{m(\theta-v)\}\psi(v,w,t)dv$.

When $\varphi(r)=p_I$, a constant, the solution is obtained by replacing the terms corresponding to the initial condition (the last term) in equations (22.2.2) and (22.2.3) with those given by equations (14.2.4) and (14.2.5), respectively.

22.3 The problem of 22.2, except $\mathbf{N}\equiv\frac{\partial p(a,\theta,z,t)}{\partial r}=-\left(\frac{\mu}{k_r}\right)\psi(\theta,z,t)$

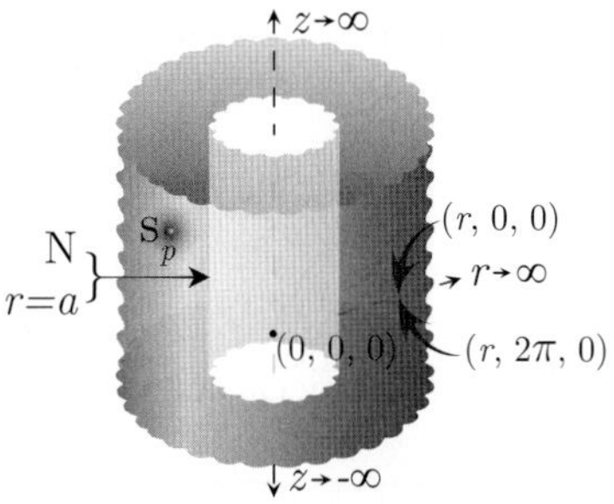

Successive application of the Laplace, Fourier and Neumann-Weber transformations to equation (22.1.1) gives

$$\overline{\overline{\overline{p}}}=\frac{q(s)e^{-st_0}e^{ilz_0}\cos\{m(\theta-\theta_0)\}\mathcal{G}_{m\dot{o}}(\xi r_0)}{\phi c_t(\eta_r\xi^2+\eta_z l^2+s)}+\frac{2\overline{\overline{\psi}}(m,l,s;\theta)}{\pi\phi c_t\xi(\eta_r\xi^2+\eta_z l^2+s)}+\frac{\overline{\overline{\varphi}}(\xi,m,l;\theta)}{(\eta_r\xi^2+\eta_z l^2+s)} \qquad (22.3.1)$$

where $\overline{\overline{\psi}}(m,l,s;\theta)=\int_0^{2\pi}\cos\{m(\theta-v)\}\int_{-\infty}^{\infty}\overline{\psi}(v,z,s)e^{ilz}dzdv$,
$\overline{\overline{\varphi}}(\xi,m,l;\theta)=\int_a^{\infty}u\mathcal{G}_{m\dot{o}}(\xi u)\int_0^{2\pi}\cos\{m(\theta-v)\}\int_{-\infty}^{\infty}\varphi(u,v,z)e^{ilz}dzdvdu$ and
$\mathcal{G}_\nu(\xi r)=Y_\nu'(\xi a)J_\nu(\xi r)-J_\nu'(\xi a)Y_\nu(\xi r)$. Successive inverse transforms yield

$$\overline{p}=\frac{q(s)e^{-st_0}}{2\pi\phi c_t\sqrt{\eta_z}}\sum_{m=0}^{\infty}\ni_m\cos\{m(\theta-\theta_0)\}\int_0^{\infty}\frac{\xi\mathcal{G}_{m\dot{o}}(\xi r_0)\mathcal{G}_{m\dot{o}}(\xi r)e^{-|z-z_0|\sqrt{\frac{\eta_r\xi^2+s}{\eta_z}}}}{\sqrt{\eta_r\xi^2+s}\{J_{m\dot{o}}'^2(\xi a)+Y_{m\dot{o}}'^2(\xi a)\}}d\xi+$$
$$+\frac{1}{\pi^2\phi c_t\sqrt{\eta_z}}\sum_{m=0}^{\infty}\ni_m\int_{-\infty}^{\infty}\overline{\overline{\psi}}(m,w,s;\theta)\int_0^{\infty}\frac{\mathcal{G}_{m\dot{o}}(\xi r)e^{-|z-w|\sqrt{\frac{\eta_r\xi^2+s}{\eta_z}}}}{\sqrt{(\eta_r\xi^2+s)}\{J_{m\dot{o}}'^2(\xi a)+Y_{m\dot{o}}'^2(\xi a)\}}d\xi dw+$$
$$+\frac{1}{2\pi\sqrt{\eta_z}}\sum_{m=0}^{\infty}\ni_m\int_0^{\infty}\frac{\xi\mathcal{G}_{m\dot{o}}(\xi r)}{\sqrt{(\eta_r\xi^2+s)}\{J_{m\dot{o}}^2(\xi a)+Y_{m\dot{o}}^2(\xi a)\}}\int_{-\infty}^{\infty}\overline{\varphi}(\xi,m,w;\theta)e^{-|z-w|\sqrt{\frac{\eta_r\xi^2+s}{\eta_z}}}dwd\xi \qquad (22.3.2)$$

where $\overline{\overline{\psi}}(m,w,s;\theta)=\int_0^{2\pi}\cos\{m(\theta-v)\}\int_0^\infty\psi(v,w,\tau)e^{-s\tau}d\tau dv$ and $\overline{\overline{\varphi}}(\xi,m,w;\theta)=\int_a^\infty u\mathcal{G}_{m\dot{o}}(\xi u)\int_0^{2\pi}\cos\{m(\theta-v)\}\varphi(u,v,w)e^{ilz}dvdu$, and

$$p=\frac{U(t-t_0)}{2\phi c_t\sqrt{\pi^3\eta_z}}\sum_{m=0}^{\infty}\ni_m\cos\{m(\theta-\theta_0)\}\int_0^{t-t_0}\frac{q(t-t_0-\tau)e^{-\frac{(z-z_0)^2}{4\eta_z\tau}}}{\sqrt{\tau}}\int_0^\infty\frac{\xi\mathcal{G}_{m\dot{o}}(\xi r_0)\mathcal{G}_{m\dot{o}}(\xi r)e^{-\eta_r\xi^2\tau}}{J'^2_{m\dot{o}}(\xi a)+Y'^2_{m\dot{o}}(\xi a)}d\xi d\tau+$$
$$+\frac{1}{\pi^{\frac{5}{2}}\phi c_t\sqrt{\eta_z}}\sum_{m=0}^{\infty}\ni_m\int_0^t\frac{1}{\sqrt{\tau}}\int_{-\infty}^{\infty}\overline{\psi}(m,w,t-\tau;\theta)e^{-\frac{(z-w)^2}{4\eta_z\tau}}\int_0^\infty\frac{\mathcal{G}_{m\dot{o}}(\xi r)e^{-\eta_r\xi^2\tau}}{J'^2_{m\dot{o}}(\xi a)+Y'^2_{m\dot{o}}(\xi a)}d\xi dwd\tau+$$
$$+\frac{1}{2\sqrt{\pi^3\eta_z t}}\sum_{m=0}^{\infty}\ni_m\int_{-\infty}^{\infty}e^{-\frac{(z-w)^2}{4\eta_z t}}\int_0^\infty\frac{\xi\overline{\overline{\varphi}}(\xi,m,w;\theta)\mathcal{G}_{m\dot{o}}(\xi r)e^{-\eta_r\xi^2 t}}{\{J'^2_{m\dot{o}}(\xi a)+Y'^2_{m\dot{o}}(\xi a)\}}d\xi dw \tag{22.3.3}$$

where $\overline{\psi}(m,w,t;\theta)=\int_0^{2\pi}\cos\{m(\theta-v)\}\psi(v,w,t)dv$.

When $\frac{\partial p(a,\theta,z,t)}{\partial r}=-\left(\frac{\mu}{k}\right)_a\psi(t)$, a function of time only, and $p(r,\theta,z,0)=\varphi(r,\theta,z)=(p_a-p_I)e^{-\beta(r-a)}+p_I$, the solution is given by

$$\overline{p}=\frac{q(s)e^{-st_0}}{2\pi\phi c_t\sqrt{\eta_z}}\sum_{m=0}^{\infty}\ni_m\cos\{m(\theta-\theta_0)\}\int_0^\infty\frac{\xi\mathcal{G}_{m\dot{o}}(\xi r_0)\mathcal{G}_{m\dot{o}}(\xi r)e^{-|z-z_0|\sqrt{\frac{\eta_r\xi^2+s}{\eta_z}}}}{\sqrt{\eta_r\xi^2+s}\{J'^2_{m\dot{o}}(\xi a)+Y'^2_{m\dot{o}}(\xi a)\}}d\xi+$$
$$+\frac{2\eta_r}{\pi}\left(\frac{\mu}{k}\right)\psi(s)\int_0^\infty\frac{\mathcal{G}_0(\xi r)}{(\eta_r\xi^2+s)\{J'^2_0(\xi a)+Y'^2_0(\xi a)\}}d\xi+$$
$$+(p_a-p_I)e^{\beta a}\int_0^\infty\frac{\xi\mathcal{G}_0(\xi r)\mathcal{V}_0(\xi a)}{(\eta_r\xi^2+s)\{J'^2_0(\xi a)+Y'^2_0(\xi a)\}}d\xi+\frac{p_I}{s} \tag{22.3.4}$$

and

$$p=\frac{U(t-t_0)}{2\pi\phi c_t\sqrt{\pi\eta_z}}\sum_{m=0}^{\infty}\ni_m\cos\{m(\theta-\theta_0)\}\int_0^\infty\frac{\xi\mathcal{G}_{m\dot{o}}(\xi r_0)\mathcal{G}_{m\dot{o}}(\xi r)}{J'^2_{m\dot{o}}(\xi a)+Y'^2_{m\dot{o}}(\xi a)}\int_0^{t-t_0}\frac{q(t-t_0-\tau)e^{-\frac{(z-z_0)^2}{4\eta_z\tau}-\eta_r\xi^2\tau}}{\sqrt{\tau}}d\tau d\xi+$$
$$+\frac{2\eta_r}{\pi}\left(\frac{\mu}{k}\right)\int_0^\infty\int_0^t\frac{\psi(t-\tau)\mathcal{G}_0(\xi r)e^{-\eta_r\xi^2\tau}}{\{J'^2_0(\xi a)+Y'^2_0(\xi a)\}}d\tau d\xi+(p_a-p_I)e^{\beta a}\int_0^\infty\frac{\xi\mathcal{G}_0(\xi r)\mathcal{V}_0(\xi a)e^{-\eta_r\xi^2 t}}{\{J'^2_0(\xi a)+Y'^2_0(\xi a)\}}d\xi+p_I \tag{22.3.5}$$

where $\mathcal{V}_0(\xi a)=\int_a^\infty e^{-\beta v}v\mathcal{G}_0(\xi v)dv$, $p_a=p(a,\theta,z,0)$ and β is a constant.

22.4

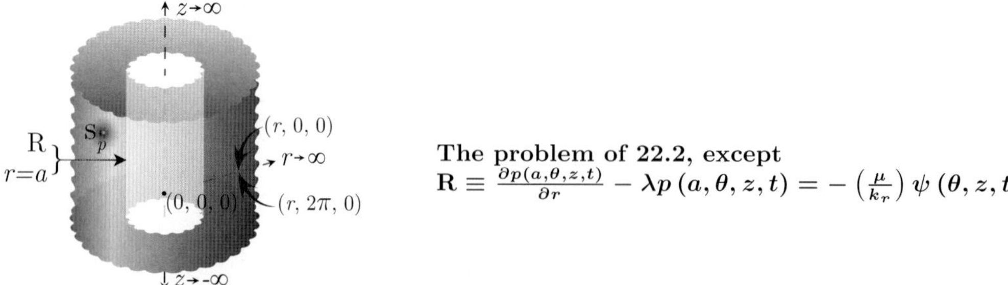

The problem of 22.2, except $\mathbf{R}\equiv\frac{\partial p(a,\theta,z,t)}{\partial r}-\lambda p(a,\theta,z,t)=-\left(\frac{\mu}{k_r}\right)\psi(\theta,z,t)$

Successive application of the Laplace, Fourier and Robin-Weber transformations to equation (22.1.1) gives

$$\overline{\overline{\overline{p}}}=\frac{q(s)e^{-st_0}e^{ilz_0}\cos\{m(\theta-\theta_0)\}\mathcal{D}_{m\dot{o}}(\xi r_0)}{\phi c_t(\eta_r\xi^2+\eta_z l^2+s)}+\frac{2\overline{\overline{\overline{\psi}}}(m,l,s;\theta)}{\pi\phi c_t(\eta_r\xi^2+\eta_z l^2+s)}+\frac{\overline{\overline{\overline{\varphi}}}(\xi,m,l;\theta)}{(\eta_r\xi^2+\eta_z l^2+s)} \tag{22.4.1}$$

where $\overline{\overline{\overline{\psi}}}(m,l,s;\theta) = \int_0^{2\pi} \cos\{m(\theta - v)\} \int_{-\infty}^{\infty} \overline{\psi}(v,z,s)e^{ilz}dzdv$,
$\overline{\overline{\overline{\varphi}}}(\xi,m,l;\theta) = \int_a^{\infty} u\mathcal{D}_{m\dot{o}}(\xi u) \int_0^{2\pi} \cos\{m(\theta - v)\} \int_{-\infty}^{\infty} \varphi(u,v,z)e^{ilz}dzdvdu$ and
$\mathcal{D}_{\nu}(\xi r) = Y_{\nu}(\xi r)\{\lambda J_{\nu}(\xi a) - \xi J_{\nu}'(\xi a)\} - J_{\nu}(\xi r)\{\lambda Y_{\nu}(\xi a) - \xi Y_{\nu}'(\xi a)\}$. Successive inverse transforms yield

$$\begin{aligned}
\overline{p} \;=\; & \frac{q(s)e^{-st_0}}{2\pi\phi c_t\sqrt{\eta_z}} \sum_{m=0}^{\infty} \ni_m \cos\{m(\theta-\theta_0)\} \int_0^{\infty} \frac{\xi\mathcal{D}_{m\dot{o}}(\xi r_0)\mathcal{D}_{m\dot{o}}(\xi r)e^{-|z-z_0|\sqrt{\frac{\eta_r\xi^2+s}{\eta_z}}}}{\sqrt{\eta_r\xi^2+s}\left[\{\lambda J_{m\dot{o}}(\xi a)-\xi J_{m\dot{o}}'(\xi a)\}^2+\{\lambda Y_{m\dot{o}}(\xi a)-\xi Y_{m\dot{o}}'(\xi a)\}^2\right]}d\xi \;+\\
& + \frac{1}{\pi^2\phi c_t\sqrt{\eta_z}} \sum_{m=0}^{\infty} \ni_m \int_{-\infty}^{\infty} \overline{\overline{\psi}}(m,w,s;\theta)\, e^{-|z-w|\sqrt{\frac{\eta_r\xi^2+s}{\eta_z}}} \times\\
& \times \int_0^{\infty} \frac{\xi\mathcal{D}_{m\dot{o}}(\xi r)}{\sqrt{(\eta_r\xi^2+s)}\left[\{\lambda J_{m\dot{o}}(\xi a)-\xi J_{m\dot{o}}'(\xi a)\}^2+\{\lambda Y_{m\dot{o}}(\xi a)-\xi Y_{m\dot{o}}'(\xi a)\}^2\right]}d\xi dw \;+\\
& + \frac{1}{2\pi\sqrt{\eta_z}} \sum_{m=0}^{\infty} \ni_m \int_{-\infty}^{\infty}\int_0^{\infty} \frac{\overline{\overline{\varphi}}(\xi,m,w;\theta)\, e^{-|z-w|\sqrt{\frac{\eta_r\xi^2+s}{\eta_z}}}\,\xi\mathcal{D}_{m\dot{o}}(\xi r)}{\sqrt{(\eta_r\xi^2+s)}\left[\{\lambda J_{m\dot{o}}(\xi a)-\xi J_{m\dot{o}}'(\xi a)\}^2+\{\lambda Y_{m\dot{o}}(\xi a)-\xi Y_{m\dot{o}}'(\xi a)\}^2\right]}d\xi dw
\end{aligned} \tag{22.4.2}$$

where $\overline{\overline{\psi}}(m,w,s;\theta) = \int_0^{2\pi} \cos\{m(\theta - v)\} \int_0^{\infty} \psi(v,w,\tau)e^{-s\tau}d\tau dv$ and
$\overline{\overline{\varphi}}(\xi,m,w;\theta) = \int_a^{\infty} u\mathcal{D}_{m\dot{o}}(\xi u) \int_0^{2\pi} \cos\{m(\theta - v)\}\varphi(u,v,w)e^{ilz}dvdu$, and

$$\begin{aligned}
p \;=\; & \frac{U(t-t_0)}{2\phi c_t\sqrt{\pi^3\eta_z}} \sum_{m=0}^{\infty} \ni_m \cos\{m(\theta-\theta_0)\} \times\times\\
& \int_0^{t-t_0} \frac{q(t-t_0-\tau)\, e^{-\frac{(z-z_0)^2}{4\eta_z\tau}}}{\sqrt{\tau}} \int_0^{\infty} \frac{\xi\mathcal{D}_{m\dot{o}}(\xi r_0)\mathcal{D}_{m\dot{o}}(\xi r)e^{-\eta_r\xi^2\tau}}{\left[\{\lambda J_{m\dot{o}}(\xi a)-\xi J_{m\dot{o}}'(\xi a)\}^2+\{\lambda Y_{m\dot{o}}(\xi a)-\xi Y_{m\dot{o}}'(\xi a)\}^2\right]}d\xi d\tau \;+\\
& + \frac{1}{\phi c_t\sqrt{\pi^5\eta_z}} \sum_{m=0}^{\infty} \ni_m \int_0^t \frac{1}{\sqrt{\tau}} \int_{-\infty}^{\infty} \overline{\psi}(m,w,t-\tau;\theta)\, e^{-\frac{(z-w)^2}{4\eta_z\tau}} \times\\
& \times \int_0^{\infty} \frac{\xi\mathcal{D}_{m\dot{o}}(\xi r)e^{-\eta_r\xi^2\tau}}{\left[\{\lambda J_{m\dot{o}}(\xi a)-\xi J_{m\dot{o}}'(\xi a)\}^2+\{\lambda Y_{m\dot{o}}(\xi a)-\xi Y_{m\dot{o}}'(\xi a)\}^2\right]}d\xi dw \;+\\
& + \frac{1}{2\sqrt{\pi^3\eta_z t}} \sum_{m=0}^{\infty} \ni_m \int_{-\infty}^{\infty} e^{-\frac{(z-w)^2}{4\eta_z t}} \int_0^{\infty} \frac{\overline{\overline{\varphi}}(\xi,m,w;\theta)\,\xi\mathcal{D}_{m\dot{o}}(\xi r)e^{-\eta_r\xi^2\tau}}{\left[\{\lambda J_{m\dot{o}}(\xi a)-\xi J_{m\dot{o}}'(\xi a)\}^2+\{\lambda Y_{m\dot{o}}(\xi a)-\xi Y_{m\dot{o}}'(\xi a)\}^2\right]}d\xi dw
\end{aligned} \tag{22.4.3}$$

where $\overline{\psi}(m,w,t;\theta) = \int_0^{2\pi} \cos\{m(\theta - v)\}\psi(v,w,t)dv$.

When $\varphi(r) = p_I$, a constant, the solution is obtained by replacing the terms corresponding to the initial condition (the last term) in equations (22.4.2) and (22.4.3) with those given by equations (14.4.4) and (14.4.5), respectively.

22.5

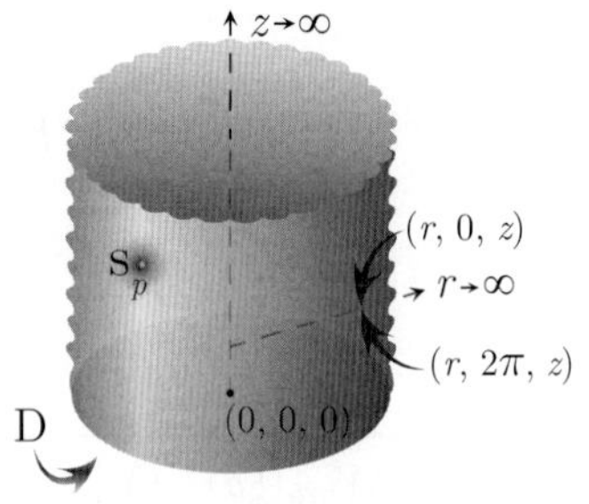

An infinite continuum whose axis is at $r = 0$ and extends to ∞ in the direction of r positive. The medium is semi-infinite in z. $p(r,\theta,z,t)$ is cyclic around the cylinder with a period 2π, $0 \le \theta \le 2\pi$. Point source at $s_p \equiv (r_0, \theta_0, z_0)$ at time $t = t_0$; $0 < r_0 < \infty$, $0 \le \theta_0 \le 2\pi$, $0 < z_0 < \infty$, $t_0 \ge 0$. $D \equiv p(r,\theta,0,t) = \psi(r,\theta,t)$. $p(r,\theta,z,0) = \varphi(r,\theta,z)$

Successive application of the Laplace, Fourier and Hankel transformations to equation (22.1.1) gives

$$\overline{\overline{\overline{p}}} = \frac{q(s)\,e^{-st_0}\cos\{m(\theta-\theta_0)\}\sin(lz_0)\,J_{m\dot{o}}(\xi r_0)}{\phi c_t(\eta_r\xi^2+\eta_z l^2+s)} + \frac{\eta_z l\overline{\overline{\overline{\psi}}}(\xi,m,s;\theta)}{(\eta_r\xi^2+\eta_z l^2+s)} + \frac{\overline{\overline{\overline{\varphi}}}(\xi,m,l;\theta)}{(\eta_r\xi^2+\eta_z l^2+s)} \tag{22.5.1}$$

where $\overline{\overline{\overline{\varphi}}}(\xi,m,l;\theta) = \int_0^\infty uJ_{m\dot{o}}(\xi u)\int_0^{2\pi}\cos\{m(\theta-v)\}\int_0^\infty \varphi(u,v,z)\sin(lz)\,dzdvdu$ and $\overline{\overline{\overline{\psi}}}(\xi,m,s;\theta) = \int_0^{2\pi}\cos\{m(\theta-v)\}\int_0^\infty \overline{\psi}(u,v,s)\,uJ_{m\dot{o}}(\xi u)\,dudv$. Successive inverse transforms yield

$$\begin{aligned}\overline{p} = {} & \frac{q(s)\,e^{-st_0}}{2\pi\phi c_t\sqrt{\eta_z}}\sum_{m=0}^\infty \ni_m\cos\{m(\theta-\theta_0)\}\int_0^\infty \frac{\xi J_{m\dot{o}}(\xi r_0)\,J_{m\dot{o}}(\xi r)}{\sqrt{\eta_r\xi^2+s}}\left\{e^{-|z-z_0|\sqrt{\frac{\eta_r\xi^2+s}{\eta_z}}} - e^{-(z+z_0)\sqrt{\frac{\eta_r\xi^2+s}{\eta_z}}}\right\}d\xi + \\ & +\frac{1}{\pi}\sum_{m=0}^\infty \ni_m\int_0^\infty \overline{\overline{\psi}}(\xi,m,s;\theta)\,\xi J_{m\dot{o}}(\xi r)\,e^{-z\sqrt{\frac{\eta_r\xi^2+s}{\eta_z}}}d\xi + \\ & +\frac{1}{2\pi\sqrt{\eta_z}}\sum_{m=0}^\infty \ni_m\int_0^\infty\int_0^\infty \frac{\xi J_{m\dot{o}}(\xi r)\overline{\overline{\varphi}}(\xi,m,w;\theta)}{\sqrt{\eta_r\xi^2+s}}\left\{e^{-|z-w|\sqrt{\frac{\eta_r\xi^2+s}{\eta_z}}} - e^{-(z+w)\sqrt{\frac{\eta_r\xi^2+s}{\eta_z}}}\right\}dwd\xi\end{aligned} \tag{22.5.2}$$

The inverse Laplace transform of equation (22.5.2) yields

$$\begin{aligned}p = {} & \frac{U(t-t_0)}{4\phi c_t\eta_r\sqrt{\pi^3\eta_z}}\sum_{m=0}^\infty \ni_m\cos\{m(\theta-\theta_0)\}\int_0^t \frac{q(t-t_0-\tau)}{\sqrt{\tau^3}}\left\{e^{-\frac{(z-z_0)^2}{4\eta_z\tau}} - e^{-\frac{(z+z_0)^2}{4\eta_z\tau}}\right\}I_{m\dot{o}}\left(\frac{rr_0}{2\eta_r\tau}\right)e^{-\frac{(r^2+r_0^2)}{4\eta_r\tau}}d\tau + \\ & +\frac{2}{\sqrt{\pi^3}}\sum_{m=0}^\infty \ni_m\int_{\frac{z}{2\sqrt{\eta_z t}}}^\infty e^{-\tau^2}\int_0^\infty \overline{\overline{\psi}}\left(\xi,m,t-\frac{z^2}{4\eta_z\tau^2};\theta\right)\xi J_{m\dot{o}}(\xi r)\,e^{-\frac{\eta_r}{\eta_z}\left(\frac{z\xi}{2\tau}\right)^2}d\xi d\tau + \\ & +\frac{1}{4\eta_r\sqrt{(\pi t)^3}\,\eta_z}\sum_{m=0}^\infty \ni_m\int_0^\infty uI_{m\dot{o}}\left(\frac{ru}{2\eta_r t}\right)e^{-\frac{(r^2+u^2)}{4\eta_r t}}\int_0^\infty \overline{\varphi}(u,m,w;\theta)\left\{e^{-\frac{(z-w)^2}{4\eta_z t}} - e^{-\frac{(z+w)^2}{4\eta_z t}}\right\}dwdu\end{aligned} \tag{22.5.3}$$

where $\overline{\varphi}(\xi,m,w;\theta) = \int_0^\infty uJ_{m\dot{o}}(\xi u)\int_0^{2\pi}\varphi(u,v,w)\cos\{m(\theta-v)\}dvdu$ and $\overline{\overline{\psi}}(\xi,m,\tau;\theta) = \int_0^{2\pi}\cos\{m(\theta-v)\}\int_0^\infty \psi(u,v,\tau)\,uJ_{m\dot{o}}(\xi u)\,dudv$.

When $\varphi(r) = p_I$, a constant, the solution is obtained by replacing the terms corresponding to the initial condition (the last term) in equations (22.5.2) and (22.5.3) with $\frac{p_I}{s}\left\{1-e^{-z\sqrt{\frac{s}{\eta_z}}}\right\}$ and $p_I\,\mathrm{erf}\left(\frac{z}{2\sqrt{\eta_z t}}\right)$, respectively.

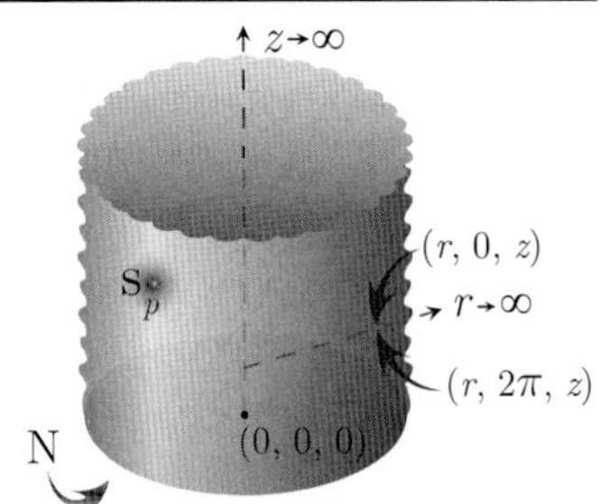

22.6 The problem of 22.5, except $\mathbf{N} \equiv \frac{\partial p(r,\theta,0,t)}{\partial z} = -\left(\frac{\mu}{k_z}\right)\psi(r,\theta,t)$

Successive application of the Laplace, Fourier and Hankel transformations to equation (22.1.1) gives

$$\overline{\overline{\overline{p}}} = \frac{q(s)\,e^{-st_0}\cos\{m(\theta-\theta_0)\}\cos(lz_0)\,J_{m\dot{o}}(\xi r_0)}{\phi c_t\left(\eta_r\xi^2+\eta_z l^2+s\right)} + \frac{\overline{\overline{\overline{\psi}}}(\xi,m,s;\theta)}{\phi c_t\left(\eta_r\xi^2+\eta_z l^2+s\right)} + \frac{\overline{\overline{\overline{\varphi}}}(\xi,m,l;\theta)}{\left(\eta_r\xi^2+\eta_z l^2+s\right)} \tag{22.6.1}$$

where $\overline{\overline{\overline{\varphi}}}(\xi,m,l;\theta) = \int_0^\infty uJ_{m\dot{o}}(\xi u)\int_0^{2\pi}\cos\{m(\theta-v)\}\int_0^\infty \varphi(u,v,z)\cos(lz)\,dzdvdu$ and $\overline{\overline{\overline{\psi}}}(\xi,m,s;\theta) = \int_0^{2\pi}\cos\{m(\theta-v)\}\int_0^\infty \overline{\psi}(u,v,s)\,uJ_{m\dot{o}}(\xi u)\,dudv$. Successive inverse transforms yield

$$\begin{aligned}
\overline{p} = {} & \frac{q(s)\,e^{-st_0}}{2\pi\phi c_t\sqrt{\eta_z}}\sum_{m=0}^{\infty}\ni_m\cos\{m(\theta-\theta_0)\}\int_0^\infty \frac{\xi J_{m\dot{o}}(\xi r_0)\,J_{m\dot{o}}(\xi r)}{\sqrt{\eta_r\xi^2+s}}\left\{e^{-|z-z_0|\sqrt{\frac{\eta_r\xi^2+s}{\eta_z}}}+e^{-(z+z_0)\sqrt{\frac{\eta_r\xi^2+s}{\eta_z}}}\right\}d\xi + \\
& + \frac{1}{\pi\phi c_t\sqrt{\eta_z}}\sum_{m=0}^{\infty}\ni_m\int_0^\infty \frac{\overline{\overline{\psi}}(\xi,m,s;\theta)\,\xi J_{m\dot{o}}(\xi r)\,e^{-z\sqrt{\frac{\eta_r\xi^2+s}{\eta_z}}}}{\sqrt{\eta_r\xi^2+s}}d\xi + \\
& + \frac{1}{2\pi\sqrt{\eta_z}}\sum_{m=0}^{\infty}\ni_m\int_0^\infty\int_0^\infty \frac{\xi J_{m\dot{o}}(\xi r)\,\overline{\overline{\varphi}}(\xi,m,w;\theta)}{\sqrt{\eta_r\xi^2+s}}\left\{e^{-|z-w|\sqrt{\frac{\eta_r\xi^2+s}{\eta_z}}}+e^{-(z+w)\sqrt{\frac{\eta_r\xi^2+s}{\eta_z}}}\right\}dwd\xi
\end{aligned} \tag{22.6.2}$$

The inverse Laplace transform of equation (22.6.2) yields

$$\begin{aligned}
p = {} & \frac{U(t-t_0)}{4\phi c_t\eta_r\sqrt{\pi^3\eta_z}}\sum_{m=0}^{\infty}\ni_m\cos\{m(\theta-\theta_0)\}\int_0^t \frac{q(t-t_0-\tau)}{\sqrt{\tau^3}}\left\{e^{-\frac{(z-z_0)^2}{4\eta_z\tau}}+e^{-\frac{(z+z_0)^2}{4\eta_z\tau}}\right\}I_{m\dot{o}}\left(\frac{rr_0}{2\eta_r\tau}\right)e^{-\frac{\left(r^2+r_0^2\right)}{4\eta_r\tau}}d\tau + \\
& + \frac{1}{\phi c_t\eta_r\sqrt{\pi^3\eta_z}}\sum_{m=0}^{\infty}\ni_m\int_0^t \frac{e^{-\frac{z^2}{4\eta_z\tau}}}{\sqrt{\tau^3}}\int_0^\infty u\overline{\psi}(u,m,t-\tau;\theta)\,I_{m\dot{o}}\left(\frac{ru}{2\eta_r\tau}\right)e^{-\frac{\left(r^2+u^2\right)}{4\eta_r\tau}}dud\tau + \\
& + \frac{1}{4\eta_r\sqrt{(\pi t)^3}\,\eta_z}\sum_{m=0}^{\infty}\ni_m\int_0^\infty\int_0^\infty u\overline{\varphi}(u,m,w;\theta)\,I_{m\dot{o}}\left(\frac{ru}{2\eta_r t}\right)e^{-\frac{\left(r^2+u^2\right)}{4\eta_r t}}\left\{e^{-\frac{(z-w)^2}{4\eta_z t}}+e^{-\frac{(z+w)^2}{4\eta_z t}}\right\}dwdu
\end{aligned} \tag{22.6.3}$$

where $\overline{\overline{\varphi}}(\xi,m,w;\theta) = \int_0^\infty uJ_{m\dot{o}}(\xi u)\int_0^{2\pi}\varphi(u,v,w)\cos\{m(\theta-v)\}dvdu$ and $\overline{\overline{\psi}}(\xi,m,\tau;\theta) = \int_0^{2\pi}\cos\{m(\theta-v)\}\int_0^\infty \psi(u,v,\tau)\,uJ_{m\dot{o}}(\xi u)\,dudv$.

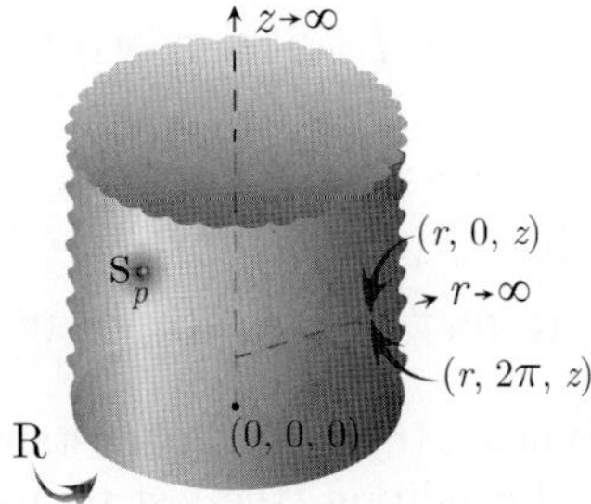

22.7 The problem of 22.5, except

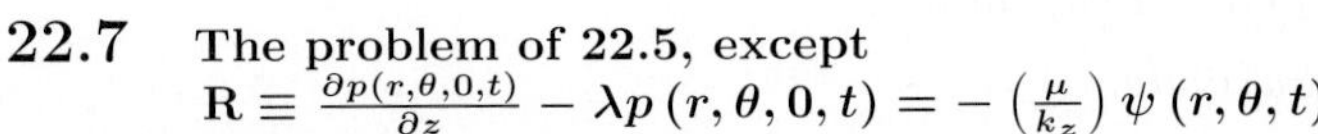
$\mathbf{R} \equiv \frac{\partial p(r,\theta,0,t)}{\partial z} - \lambda p(r,\theta,0,t) = -\left(\frac{\mu}{k_z}\right)\psi(r,\theta,t)$

Successive application of the Laplace, Fourier and Hankel transformations to equation (22.1.1) gives

$$\overline{\overline{\overline{p}}}=\frac{q(s)\,e^{-st_0}\cos\{m(\theta-\theta_0)\}\{l\cos(lz_0)+\lambda\sin(lz_0)\}J_{m\dot{o}}(\xi r_0)}{\phi c_t(\eta_r\xi^2+\eta_z l^2+s)}+\frac{l\overline{\overline{\overline{\psi}}}(\xi,m,s;\theta)}{\phi c_t(\eta_r\xi^2+\eta_z l^2+s)}+\frac{\overline{\overline{\varphi}}(\xi,m,l;\theta)}{(\eta_r\xi^2+\eta_z l^2+s)} \tag{22.7.1}$$

where $\overline{\overline{\varphi}}(\xi,m,l;\theta)=\int_0^\infty uJ_{m\dot{o}}(\xi u)\int_0^{2\pi}\cos\{m(\theta-v)\}\int_0^\infty\varphi(u,v,z)\{l\cos(lz)+\lambda\sin(lz)\}dzdvdu$, and $\overline{\overline{\overline{\psi}}}(\xi,m,s;\theta)=\int_0^{2\pi}\cos\{m(\theta-v)\}\int_0^\infty\overline{\psi}(u,v,s)\,uJ_{m\dot{o}}(\xi u)\,dudv$. Successive inverse transforms yield

$$\begin{aligned}
\overline{p}\;=\;&\frac{q(s)\,e^{-st_0}}{2\pi\phi c_t\sqrt{\eta_z}}\sum_{m=0}^{\infty}\ni_m\cos\{m(\theta-\theta_0)\}\times\\
&\times\int_0^\infty\frac{\xi J_{m\dot{o}}(\xi r_0)\,J_{m\dot{o}}(\xi r)}{\sqrt{\eta_r\xi^2+s}}\left\{e^{-|z-z_0|\sqrt{\frac{\eta_r\xi^2+s}{\eta_z}}}+\left(\frac{\sqrt{\eta_r\xi^2+s}-\lambda\sqrt{\eta_z}}{\sqrt{\eta_r\xi^2+s}+\lambda\sqrt{\eta_z}}\right)e^{-(z+z_0)\sqrt{\frac{\eta_r\xi^2+s}{\eta_z}}}\right\}d\xi+\\
&+\frac{1}{\pi\phi c_t\sqrt{\eta_z}}\sum_{m=0}^{\infty}\ni_m\int_0^\infty\frac{\xi\overline{\overline{\overline{\psi}}}(\xi,m,s;\theta)\,J_{m\dot{o}}(\xi r)\,e^{-z\sqrt{\frac{\eta_r\xi^2+s}{\eta_z}}}}{\left(\lambda\sqrt{\eta_z}+\sqrt{\eta_r\xi^2+s}\right)}d\xi+\\
&+\frac{1}{2\pi\sqrt{\eta_z}}\sum_{m=0}^{\infty}\ni_m\int_0^\infty\int_0^\infty\frac{\xi J_{m\dot{o}}(\xi r)\overline{\overline{\varphi}}(\xi,m,w;\theta)}{\sqrt{\eta_r\xi^2+s}}\left\{e^{-|z-w|\sqrt{\frac{\eta_r\xi^2+s}{\eta_z}}}+\left(\frac{\sqrt{\eta_r\xi^2+s}-\lambda\sqrt{\eta_z}}{\sqrt{\eta_r\xi^2+s}-\lambda\sqrt{\eta_z}}\right)e^{-(z+w)\sqrt{\frac{\eta_r\xi^2+s}{\eta_z}}}\right\}dwd\xi
\end{aligned} \tag{22.7.2}$$

The inverse Laplace transform of equation (22.7.2) yields

$$\begin{aligned}
p\;=\;&\frac{U(t-t_0)}{4\phi c_t\eta_r\sqrt{\pi^3\eta_z}}\sum_{m=0}^{\infty}\ni_m\cos\{m(\theta-\theta_0)\}\int_0^t\frac{q(t-t_0-\tau)}{\sqrt{\tau^3}}\left\{e^{-\frac{(z-z_0)^2}{4\eta_z\tau}}+e^{-\frac{(z+z_0)^2}{4\eta_z\tau}}-\right.\\
&\left.-2\lambda\sqrt{\pi\eta_z\tau}e^{(z+z_0)\lambda+\lambda^2\eta_z\tau}\operatorname{erfc}\left(\lambda\sqrt{\eta_z\tau}+\frac{z+z_0}{2\sqrt{\eta_z\tau}}\right)\right\}I_{m\dot{o}}\left(\frac{rr_0}{2\eta_r\tau}\right)e^{-\frac{\left(r^2+r_0^2\right)}{4\eta_r\tau}}d\tau+\\
&+\frac{1}{\pi\phi c_t\sqrt{\eta_z}}\sum_{m=0}^{\infty}\ni_m\int_0^t\left\{\frac{e^{-\frac{z^2}{4\eta_z\tau}}}{\sqrt{\pi\tau}}-\lambda\sqrt{\eta_z}e^{\lambda z+\lambda^2\eta_z\tau}\operatorname{erfc}\left(\lambda\sqrt{\eta_z\tau}+\frac{z}{2\sqrt{\eta_z\tau}}\right)\right\}\times\\
&\times\int_0^\infty u\overline{\psi}(u,m,t-\tau;\theta)\,I_{m\dot{o}}\left(\frac{ru}{2\eta_r\tau}\right)e^{-\frac{\left(r^2+u^2\right)}{4\eta_r\tau}}dud\tau+\\
&+\frac{1}{2\sqrt{\pi^3\eta_z t}}\sum_{m=0}^{\infty}\ni_m\int_0^\infty\left\{e^{-\frac{(z-w)^2}{4\eta_z t}}+e^{-\frac{(z+w)^2}{4\eta_z t}}-2\lambda\sqrt{\pi\eta_z t}e^{(z+w)\lambda+\lambda^2\eta_z t}\operatorname{erfc}\left(\lambda\sqrt{\eta_z t}+\frac{z+w}{2\sqrt{\eta_z t}}\right)\right\}\times\\
&\times\int_0^\infty u\overline{\varphi}(ui,m,w;\theta)\,I_{m\dot{o}}\left(\frac{ru}{2\eta_r\tau}\right)e^{-\frac{\left(r^2+u^2\right)}{4\eta_r\tau}}dududw
\end{aligned} \tag{22.7.3}$$

where $\overline{\overline{\varphi}}(\xi,m,w;\theta)=\int_0^\infty uJ_{m\dot{o}}(\xi u)\int_0^{2\pi}\varphi(u,v,w)\cos\{m(\theta-v)\}dvdu$ and $\overline{\overline{\psi}}(\xi,m,\tau;\theta)=\int_0^{2\pi}\cos\{m(\theta-v)\}\int_0^\infty\psi(u,v,\tau)\,uJ_{m\dot{o}}(\xi u)\,dudv$.

When $\varphi(r)=p_I$, a constant, the solution is obtained by replacing the terms corresponding to the initial condition (the last term) in equations (22.7.2) and (22.7.3) with those given by equations (3.4.8) and (3.4.9), respectively.

22.8 **A semi-infinite continuum bounded internally at $r = a$ and extending to ∞ in the direction of r positive. The medium is also semi-infinite in z. $p(r,\theta,z,t)$ is cyclic around the cylinder with a period 2π, $0 \le \theta \le 2\pi$. Point source at $s_p \equiv (r_0, \theta_0, z_0)$ at time $t = t_0$; $a < r_0 < \infty$, $0 \le \theta_0 \le 2\pi$, $0 < z_0 < \infty$, $t_0 \ge 0$. $D_a \equiv p(a,\theta,z,t) = \psi_a(\theta,z,t)$ and $D \equiv p(r,\theta,0,t) = \psi(r,\theta,t)$ $p(r,\theta,z,0) = \varphi(r,\theta,z)$**

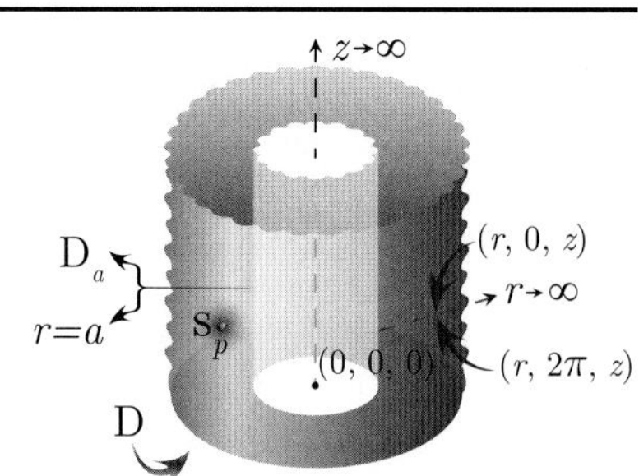

Successive application of the Laplace, Fourier and Hankel transformations to equation (22.1.1) gives

$$\overline{\overline{\overline{p}}} = \frac{q(s)e^{-st_0}\cos\{m(\theta-\theta_0)\}\sin(lz_0)\mathcal{C}_{m\dot{o}}(\xi r_0)}{\phi c_t(\eta_r\xi^2+\eta_z l^2+s)} + \frac{\eta_z l\overline{\overline{\overline{\psi}}}(\xi,m,s;\theta)}{(\eta_r\xi^2+\eta_z l^2+s)} - \frac{2\eta_r\overline{\overline{\overline{\psi}}}_a(m,l,s;\theta)}{\pi(\eta_r\xi^2+\eta_z l^2+s)} + $$
$$+\frac{\overline{\overline{\overline{\varphi}}}(\xi,m,l;\theta)}{(\eta_r\xi^2+\eta_z l^2+s)} \tag{22.8.1}$$

where $\overline{\overline{\overline{\varphi}}}(\xi,m,l;\theta) = \int_a^\infty u\mathcal{C}_{m\dot{o}}(\xi u)\,du\int_0^{2\pi}\cos\{m(\theta-v)\}\int_0^\infty\varphi(u,v,w)\sin(lw)\,dwdvdu$, $\overline{\overline{\overline{\psi}}}_0(\xi,m,s;\theta) = \int_0^{2\pi}\cos\{m(\theta-v)\}\int_a^\infty\overline{\psi}_0(u,v,s)\,u\mathcal{C}_{m\dot{o}}(\xi u)\,dudv$ and $\overline{\overline{\overline{\psi}}}_a(m,l,s;\theta) = \int_0^{2\pi}\cos\{m(\theta-v)\}\int_0^\infty\overline{\psi}_a(v,w,s)\sin(lw)\,dwdv$. Successive inverse transforms yield

$$\overline{p} = \frac{q(s)e^{-st_0}}{2\pi\phi c_t\sqrt{\eta_z}}\sum_{m=0}^{\infty}\ni_m\cos\{m(\theta-\theta_0)\}\times$$
$$\times\int_0^\infty\frac{\xi\mathcal{C}_{m\dot{o}}(\xi r_0)\mathcal{C}_{m\dot{o}}(\xi r)}{\{J_{m\dot{o}}^2(\xi a)+Y_{m\dot{o}}^2(\xi a)\}\sqrt{\eta_r\xi^2+s}}\left\{e^{-|z-z_0|\sqrt{\frac{\eta_r\xi^2+s}{\eta_z}}}-e^{-(z+z_0)\sqrt{\frac{\eta_r\xi^2+s}{\eta_z}}}\right\}d\xi +$$
$$+\frac{1}{\pi}\sum_{m=0}^{\infty}\ni_m\int_0^\infty\frac{\overline{\overline{\overline{\psi}}}(\xi,m,s;\theta)\,\xi\mathcal{C}_{m\dot{o}}(\xi r)\,e^{-z\sqrt{\frac{\eta_r\xi^2+s}{\eta_z}}}}{J_{m\dot{o}}^2(\xi a)+Y_{m\dot{o}}^2(\xi a)}d\xi -$$
$$-\frac{\eta_r}{\pi^2\sqrt{\eta_z}}\sum_{m=0}^{\infty}\ni_m\int_0^\infty\int_0^\infty\frac{\xi\mathcal{C}_{m\dot{o}}(\xi r)\overline{\overline{\psi}}_a(m,u,s;\theta)}{\{J_{m\dot{o}}^2(\xi a)+Y_{m\dot{o}}^2(\xi a)\}\sqrt{\eta_r\xi^2+s}}\left\{e^{-|z-w|\sqrt{\frac{\eta_r\xi^2+s}{\eta_z}}}-e^{-(z+w)\sqrt{\frac{\eta_r\xi^2+s}{\eta_z}}}\right\}dwd\xi +$$
$$+\frac{1}{2\pi\sqrt{\eta_z}}\sum_{m=0}^{\infty}\ni_m\int_0^\infty\int_0^\infty\frac{\xi\mathcal{C}_{m\dot{o}}(\xi r)\overline{\overline{\varphi}}(\xi,m,w;\theta)}{\{J_{m\dot{o}}^2(\xi a)+Y_{m\dot{o}}^2(\xi a)\}\sqrt{\eta_r\xi^2+s}}\left\{e^{-|z-w|\sqrt{\frac{\eta_r\xi^2+s}{\eta_z}}}-e^{-(z+w)\sqrt{\frac{\eta_r\xi^2+s}{\eta_z}}}\right\}dwd\xi \tag{22.8.2}$$

The inverse Laplace transform of equation (22.8.2) yields

$$p = \frac{U(t-t_0)}{2\phi c_t\sqrt{\pi^3\eta_z}}\sum_{m=0}^{\infty}\ni_m\cos\{m(\theta-\theta_0)\}\times$$
$$\times\int_0^t\frac{q(t-t_0-\tau)}{\sqrt{\tau}}\left\{e^{-\frac{(z-z_0)^2}{4\eta_z\tau}}-e^{-\frac{(z+z_0)^2}{4\eta_z\tau}}\right\}\int_0^\infty\frac{\xi\mathcal{C}_{m\dot{o}}(\xi r_0)\mathcal{C}_{m\dot{o}}(\xi r)e^{-\eta_r\xi^2\tau}}{J_{m\dot{o}}^2(\xi a)+Y_{m\dot{o}}^2(\xi a)}d\xi d\tau +$$
$$+\frac{2}{\sqrt{\pi^3}}\sum_{m=0}^{\infty}\ni_m\int_{\frac{z}{2\sqrt{\eta_z t}}}^{\infty}e^{-\tau^2}\int_0^\infty\overline{\overline{\psi}}_0\left(\xi,m,t-\frac{z^2}{4\eta_z\tau^2};\theta\right)\frac{\xi\mathcal{C}_{m\dot{o}}(\xi r)e^{-\frac{\eta_r}{\eta_z}\left(\frac{z\xi}{2\tau}\right)^2}}{J_{m\dot{o}}^2(\xi a)+Y_{m\dot{o}}^2(\xi a)}d\xi d\tau -$$
$$-\frac{\eta_r}{\sqrt{\pi^5\eta_z}}\sum_{m=0}^{\infty}\ni_m\int_0^t\frac{1}{\sqrt{\tau}}\int_0^\infty\int_0^\infty\frac{\xi\mathcal{C}_{m\dot{o}}(\xi r)\overline{\psi}_a(m,w,t-\tau;\theta)}{J_{m\dot{o}}^2(\xi a)+Y_{m\dot{o}}^2(\xi a)}\left\{e^{-\frac{(z-w)^2}{4\eta_z\tau}}-e^{-\frac{(z+w)^2}{4\eta_z\tau}}\right\}dwd\xi\tau +$$
$$+\frac{1}{2\sqrt{\pi^3\eta_z t}}\sum_{m=0}^{\infty}\ni_m\int_0^\infty\int_0^\infty\frac{\overline{\overline{\varphi}}(\xi,m,w;\theta)\,\xi\mathcal{C}_{m\dot{o}}(\xi r)\,e^{-\eta_r\xi^2 t}}{J_{m\dot{o}}^2(\xi a)+Y_{m\dot{o}}^2(\xi a)}\left\{e^{-\frac{(z-w)^2}{4\eta_z t}}-e^{-\frac{(z+w)^2}{4\eta_z t}}\right\}dwd\xi \tag{22.8.3}$$

where $\overline{\overline{\varphi}}(\xi,m,w;\theta)=\int_a^\infty u\mathcal{C}_{m\dot{o}}(\xi u)\int_0^{2\pi}\varphi(u,v,w)\cos\{m(\theta-v)\}dvdu$,
$\overline{\overline{\psi}}_0(\xi,m,\tau;\theta)=\int_0^{2\pi}\cos\{m(\theta-v)\}\int_a^\infty\psi_0(u,v,\tau)u\mathcal{C}_{m\dot{o}}(\xi u)\,dudv$ and
$\overline{\overline{\psi}}_a(m,z,s;\theta)=\int_0^{2\pi}\overline{\psi}_a(v,z,s)\cos\{m(\theta-v)\}\,dv$.

When $\varphi(r)=p_I$, a constant, the solution is obtained by replacing the terms corresponding to the initial condition (the last term) in equations (22.8.2) and (22.8.3) with

$$\overline{p}=\frac{p_I}{s}\left\{1-e^{-z\sqrt{\frac{s}{\eta_z}}}\right\}+\frac{p_I}{s}\left\{1-\frac{K_{0\dot{o}}\left(r\sqrt{\frac{s}{\eta_r}}\right)}{K_{0\dot{o}}\left(a\sqrt{\frac{s}{\eta_r}}\right)}\right\}\tag{22.8.4}$$

and

$$p=p_I\operatorname{erf}\left(\frac{z}{2\sqrt{\eta_z t}}\right)+p_I\left\{1-\left(\frac{a}{r}\right)^{0\dot{o}}\right\}-\frac{2p_I}{\pi}\int_0^\infty\frac{\mathcal{C}_{0\dot{o}}(\xi r)\,e^{-\eta_r\xi^2 t}}{\xi\left\{J_{0\dot{o}}^2(\xi a)+Y_{0\dot{o}}^2(\xi a)\right\}}d\xi\tag{22.8.5}$$

22.9

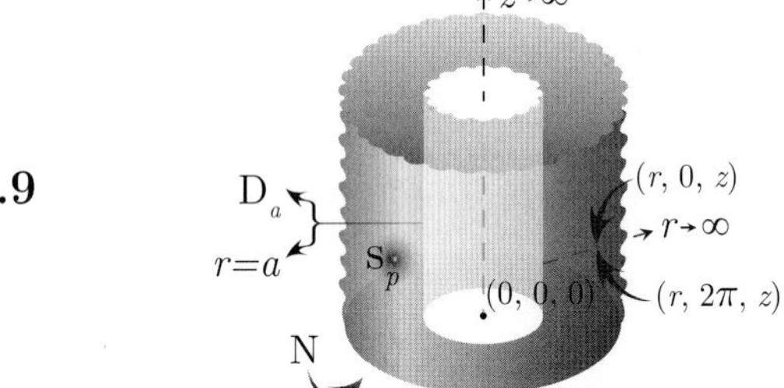

The problem of 22.8, except
$\mathbf{N}\equiv\frac{\partial p(r,\theta,0,t)}{\partial z}=-\left(\frac{\mu}{k_z}\right)\psi(r,\theta,t)$ **and**
$\mathbf{D}_a\equiv p(a,\theta,z,t)=\psi_a(\theta,z,t)$

Successive application of the Laplace, Fourier and Hankel transformations to equation (22.1.1) gives

$$\overline{\overline{\overline{p}}}=\frac{q(s)\,e^{-st_0}\cos\{m(\theta-\theta_0)\}\sin(lz_0)\,\mathcal{C}_{m\dot{o}}(\xi r_0)}{\phi c_t(\eta_r\xi^2+\eta_z l^2+s)}+\frac{\overline{\overline{\overline{\psi}}}(\xi,m,s;\theta)}{\phi c_t(\eta_r\xi^2+\eta_z l^2+s)}-\frac{2\eta_r\overline{\overline{\overline{\psi}}}_a(m,l,s;\theta)}{\pi(\eta_r\xi^2+\eta_z l^2+s)}+$$
$$+\frac{\overline{\overline{\overline{\varphi}}}(\xi,m,l;\theta)}{(\eta_r\xi^2+\eta_z l^2+s)}\tag{22.9.1}$$

where $\overline{\overline{\overline{\varphi}}}(\xi,m,l;\theta)=\int_a^\infty u\mathcal{C}_{m\dot{o}}(\xi u)\int_0^{2\pi}\cos\{m(\theta-v)\}\int_0^\infty\varphi(u,v,w)\cos(lw)\,dwdvdu$,
$\overline{\overline{\psi}}_0(\xi,m,s;\theta)=\int_0^{2\pi}\cos\{m(\theta-v)\}\int_a^\infty\overline{\psi}_0(u,v,s)\,u\mathcal{C}_{m\dot{o}}(\xi u)\,dudv$ and
$\overline{\overline{\psi}}_a(m,l,s;\theta)=\int_0^{2\pi}\cos\{m(\theta-v)\}\int_0^\infty\overline{\psi}_a(u,w,s)\cos(lw)\,dwdv$. Successive inverse transforms yield

$$\begin{aligned}\overline{p}&=\frac{q(s)\,e^{-st_0}}{2\pi\phi c_t\sqrt{\eta_z}}\sum_{m=0}^\infty\ni_m\cos\{m(\theta-\theta_0)\}\times\\&\times\int_0^\infty\frac{\xi\mathcal{C}_{m\dot{o}}(\xi r_0)\,\mathcal{C}_{m\dot{o}}(\xi r)}{\{J_{m\dot{o}}^2(\xi a)+Y_{m\dot{o}}^2(\xi a)\}\sqrt{\eta_r\xi^2+s}}\left\{e^{-|z-z_0|\sqrt{\frac{\eta_r\xi^2+s}{\eta_z}}}+e^{-(z+z_0)\sqrt{\frac{\eta_r\xi^2+s}{\eta_z}}}\right\}d\xi+\\&+\frac{1}{\pi\phi c_t\sqrt{\eta_z}}\sum_{m=0}^\infty\ni_m\int_0^\infty\frac{\overline{\overline{\psi}}(\xi,m,s;\theta)\,\xi\mathcal{C}_{m\dot{o}}(\xi r)\,e^{-z\sqrt{\frac{\eta_r\xi^2+s}{\eta_z}}}}{\{J_{m\dot{o}}^2(\xi a)+Y_{m\dot{o}}^2(\xi a)\}\sqrt{\eta_r\xi^2+s}}d\xi-\\&-\frac{\eta_r}{\pi^2\sqrt{\eta_z}}\sum_{m=0}^\infty\ni_m\int_0^\infty\int_0^\infty\frac{\xi\mathcal{C}_{m\dot{o}}(\xi r)\,\overline{\overline{\psi}}_a(m,u,s;\theta)}{\{J_{m\dot{o}}^2(\xi a)+Y_{m\dot{o}}^2(\xi a)\}\sqrt{\eta_r\xi^2+s}}\left\{e^{-|z-w|\sqrt{\frac{\eta_r\xi^2+s}{\eta_z}}}+e^{-(z+w)\sqrt{\frac{\eta_r\xi^2+s}{\eta_z}}}\right\}dwd\xi+\\&+\frac{1}{2\pi\sqrt{\eta_z}}\sum_{m=0}^\infty\ni_m\int_0^\infty\int_0^\infty\frac{\xi\mathcal{C}_{m\dot{o}}(\xi r)\,\overline{\overline{\varphi}}(\xi,m,w;\theta)}{\{J_{m\dot{o}}^2(\xi a)+Y_{m\dot{o}}^2(\xi a)\}\sqrt{\eta_r\xi^2+s}}\left\{e^{-|z-w|\sqrt{\frac{\eta_r\xi^2+s}{\eta_z}}}+e^{-(z+w)\sqrt{\frac{\eta_r\xi^2+s}{\eta_z}}}\right\}dwd\xi\end{aligned}\tag{22.9.2}$$

The inverse Laplace transform of equation (22.9.2) yields

$$p = \frac{U(t-t_0)}{2\phi c_t\sqrt{\pi^3\eta_z}}\sum_{m=0}^{\infty}\ni_m \cos\{m(\theta-\theta_0)\}\times$$
$$\times\int_0^t \frac{q(t-t_0-\tau)}{\sqrt{\tau}}\left\{e^{-\frac{(z-z_0)^2}{4\eta_z\tau}}+e^{-\frac{(z+z_0)^2}{4\eta_z\tau}}\right\}\int_0^\infty \frac{\xi\mathcal{C}_{m\dot{o}}(\xi r_0)\mathcal{C}_{m\dot{o}}(\xi r)e^{-\eta_r\xi^2\tau}}{J_{m\dot{o}}^2(\xi a)+Y_{m\dot{o}}^2(\xi a)}d\xi d\tau+$$
$$+\frac{1}{\phi c_t\sqrt{\pi^3\eta_z}}\sum_{m=0}^{\infty}\ni_m\int_0^t \frac{e^{-\frac{z^2}{4\eta_z t}}}{\sqrt{\tau}}\int_0^\infty \frac{\overline{\overline{\psi}}(\xi,m,t-\tau;\theta)\xi\mathcal{C}_{m\dot{o}}(\xi r)e^{-\eta_r\xi^2\tau}}{\{J_{m\dot{o}}^2(\xi a)+Y_{m\dot{o}}^2(\xi a)\}}d\xi d\tau-$$
$$-\frac{\eta_r}{\sqrt{\pi^5\eta_z}}\sum_{m=0}^{\infty}\ni_m\int_0^t\frac{1}{\sqrt{\tau}}\int_0^\infty\int_0^\infty\frac{\xi\mathcal{C}_{m\dot{o}}(\xi r)\overline{\overline{\psi}}_a(m,w,t-\tau;\theta)}{J_{m\dot{o}}^2(\xi a)+Y_{m\dot{o}}^2(\xi a)}\left\{e^{-\frac{(z-w)^2}{4\eta_z\tau}}-e^{-\frac{(z+w)^2}{4\eta_z\tau}}\right\}dwd\xi\tau+$$
$$+\frac{1}{2\sqrt{\pi^3\eta_z t}}\sum_{m=0}^{\infty}\ni_m\int_0^\infty\int_0^\infty\frac{\overline{\overline{\varphi}}(\xi,m,w;\theta)\xi\mathcal{C}_{m\dot{o}}(\xi r)e^{-\eta_r\xi^2 t}}{J_{m\dot{o}}^2(\xi a)+Y_{m\dot{o}}^2(\xi a)}\left\{e^{-\frac{(z-w)^2}{4\eta_z t}}+e^{-\frac{(z+w)^2}{4\eta_z t}}\right\}dwd\xi \qquad (22.9.3)$$

where $\overline{\overline{\varphi}}(\xi,m,w;\theta)=\int_a^\infty u\mathcal{C}_{m\dot{o}}(\xi u)\int_0^{2\pi}\varphi(u,v,w)\cos\{m(\theta-v)\}dvdu$, $\overline{\overline{\psi}}_0(\xi,m,\tau;\theta)=\int_0^{2\pi}\cos\{m(\theta-v)\}\int_a^\infty\psi_0(u,v,\tau)u\mathcal{C}_{m\dot{o}}(\xi u)dudv$ and $\overline{\overline{\psi}}_a(m,z,s;\theta)=\int_0^{2\pi}\overline{\psi}_a(v,z,s)\cos\{m(\theta-v)\}dv$.

When $\varphi(r)=p_I$, a constant, the solution is obtained by replacing the terms corresponding to the initial condition (the last term) in equations (22.9.2) and (22.9.3) with those given by equations (14.2.4) and (14.2.5), respectively.

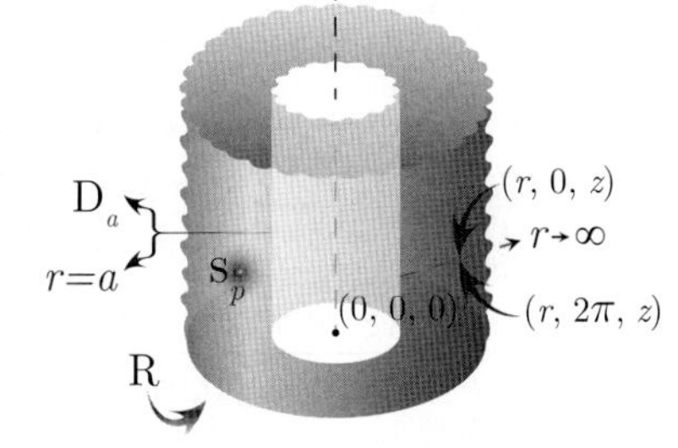

22.10 The problem of 22.8, except

$\mathbf{R}\equiv\frac{\partial p(r,\theta,0,t)}{\partial z}-\lambda p(r,\theta,0,t)=-\left(\frac{\mu}{k_z}\right)\psi(r,\theta,t)$ and
$\mathbf{D}_a\equiv p(a,\theta,z,t)=\psi_a(\theta,z,t)$

Successive application of the Laplace, Fourier and Hankel transformations to equation (22.1.1) gives

$$\overline{\overline{\overline{p}}}=\frac{q(s)e^{-st_0}\cos\{m(\theta-\theta_0)\}\{l\cos(lz_0)+\lambda\sin(lz_0)\}\mathcal{C}_{m\dot{o}}(\xi r_0)}{\phi c_t(\eta_r\xi^2+\eta_z l^2+s)}+\frac{l\overline{\overline{\overline{\psi}}}(\xi,m,s;\theta)}{\phi c_t(\eta_r\xi^2+\eta_z l^2+s)}-$$
$$-\frac{2\eta_r\overline{\overline{\overline{\psi}}}_a(m,l,s;\theta)}{\pi(\eta_r\xi^2+\eta_z l^2+s)}+\frac{\overline{\overline{\overline{\varphi}}}(\xi,m,l;\theta)}{(\eta_r\xi^2+\eta_z l^2+s)} \qquad (22.10.1)$$

where $\overline{\overline{\overline{\varphi}}}(\xi,m,l;\theta)=\int_a^\infty u\mathcal{C}_{m\dot{o}}(\xi u)\int_0^{2\pi}\cos\{m(\theta-v)\}\int_0^\infty\varphi(u,v,w)\{l\cos(lw)+\lambda\sin(lw)\}dwdvdu$, $\overline{\overline{\psi}}(\xi,m,s;\theta)=\int_0^{2\pi}\cos\{m(\theta-v)\}\int_a^\infty\overline{\psi}(u,v,s)u\mathcal{C}_{m\dot{o}}(\xi u)dudv$ and $\overline{\overline{\psi}}_a(m,l,s;\theta)=\int_0^{2\pi}\cos\{m(\theta-v)\}\int_0^\infty\overline{\psi}_a(v,w,s)\{l\cos(lw)+\lambda\sin(lw)\}dwdv$. Successive inverse transforms yield

$$\overline{p}=\frac{q(s)e^{-st_0}}{2\pi\phi c_t\sqrt{\eta_z}}\sum_{m=0}^{\infty}\ni_m\cos\{m(\theta-\theta_0)\}\times$$
$$\times\int_0^\infty\frac{\xi\mathcal{C}_{m\dot{o}}(\xi r_0)\mathcal{C}_{m\dot{o}}(\xi r)}{\{J_{m\dot{o}}^2(\xi a)+Y_{m\dot{o}}^2(\xi a)\}\sqrt{\eta_r\xi^2+s}}\left\{e^{-|z-z_0|\sqrt{\frac{\eta_r\xi^2+s}{\eta_z}}}+\left(\frac{\sqrt{\eta_r\xi^2+s}-\lambda\sqrt{\eta_z}}{\sqrt{\eta_r\xi^2+s}+\lambda\sqrt{\eta_z}}\right)e^{-(z+z_0)\sqrt{\frac{\eta_r\xi^2+s}{\eta_z}}}\right\}d\xi+$$

$$+\frac{1}{\pi\phi c_t\sqrt{\eta_z}}\sum_{m=0}^{\infty}\ni_m\int_0^{\infty}\frac{\xi\mathcal{C}_{m\dot{o}}(\xi r)\overline{\overline{\psi}}(\xi,m,s;\theta)\,e^{-z\sqrt{\frac{\eta_r\xi^2+s}{\eta_z}}}}{\left\{J_{m\dot{o}}^2(\xi a)+Y_{m\dot{o}}^2(\xi a)\right\}\left(\lambda\sqrt{\eta_z}+\sqrt{\eta_r\xi^2+s}\right)}d\xi-$$

$$-\frac{\eta_r}{\pi^2\sqrt{\eta_z}}\sum_{m=0}^{\infty}\ni_m\int_0^{\infty}\int_0^{\infty}\frac{\xi\mathcal{C}_{m\dot{o}}(\xi r)\overline{\overline{\psi}}_a(m,u,s;\theta)}{\left\{J_{m\dot{o}}^2(\xi a)+Y_{m\dot{o}}^2(\xi a)\right\}\sqrt{\eta_r\xi^2+s}}\times$$

$$\times\left\{e^{-|z-w|\sqrt{\frac{\eta_r\xi^2+s}{\eta_z}}}+\left(\frac{\sqrt{\eta_r\xi^2+s}-\lambda\sqrt{\eta_z}}{\sqrt{\eta_r\xi^2+s}+\lambda\sqrt{\eta_z}}\right)e^{-(z+w)\sqrt{\frac{\eta_r\xi^2+s}{\eta_z}}}\right\}dwd\xi+$$

$$+\frac{1}{2\pi\sqrt{\eta_z}}\sum_{m=0}^{\infty}\ni_m\int_0^{\infty}\int_0^{\infty}\frac{\xi\mathcal{C}_{m\dot{o}}(\xi r)\overline{\overline{\varphi}}(\xi,m,w;\theta)}{\left\{J_{m\dot{o}}^2(\xi a)+Y_{m\dot{o}}^2(\xi a)\right\}\sqrt{\eta_r\xi^2+s}}\times$$

$$\times\left\{e^{-|z-w|\sqrt{\frac{\eta_r\xi^2+s}{\eta_z}}}+\left(\frac{\sqrt{\eta_r\xi^2+s}-\lambda\sqrt{\eta_z}}{\sqrt{\eta_r\xi^2+s}+\lambda\sqrt{\eta_z}}\right)e^{-(z+w)\sqrt{\frac{\eta_r\xi^2+s}{\eta_z}}}\right\}dwd\xi \qquad (22.10.2)$$

The inverse Laplace transform of equation (22.10.2) yields

$$p=\frac{U(t-t_0)}{2\phi c_t\sqrt{\pi^3\eta_z}}\sum_{m=0}^{\infty}\ni_m\cos\{m(\theta-\theta_0)\}\int_0^{t}\frac{q(t-t_0-\tau)}{\sqrt{\tau}}\left\{e^{-\frac{(z-z_0)^2}{4\eta_z\tau}}+e^{-\frac{(z+z_0)^2}{4\eta_z\tau}}-\right.$$

$$\left.-2\lambda\sqrt{\pi\eta_z\tau}e^{(z+z_0)\lambda+\lambda^2\eta_z\tau}\operatorname{erfc}\left(\lambda\sqrt{\eta_z\tau}+\frac{z+z_0}{2\sqrt{\eta_z\tau}}\right)\right\}\int_0^{\infty}\frac{\xi\mathcal{C}_{m\dot{o}}(\xi r_0)\mathcal{C}_{m\dot{o}}(\xi r)\,e^{-\eta_r\xi^2\tau}}{J_{m\dot{o}}^2(\xi a)+Y_{m\dot{o}}^2(\xi a)}d\xi d\tau+$$

$$+\frac{1}{\pi\phi c_t\sqrt{\eta_z}}\sum_{m=0}^{\infty}\ni_m\int_0^{t}\left\{\frac{e^{-\frac{z^2}{4\eta_z\tau}}}{\sqrt{\pi\tau}}-\lambda\sqrt{\eta_z}e^{\lambda z+\lambda^2\eta_z\tau}\operatorname{erfc}\left(\lambda\sqrt{\eta_z\tau}+\frac{z}{2\sqrt{\eta_z\tau}}\right)\right\}\times$$

$$\times\int_0^{\infty}\frac{\overline{\overline{\psi}}(\xi,m,t-\tau;\theta)\,\xi\mathcal{C}_{m\dot{o}}(\xi r)\,e^{-\eta_r\xi^2\tau}}{\left\{J_{m\dot{o}}^2(\xi a)+Y_{m\dot{o}}^2(\xi a)\right\}}d\xi d\tau-$$

$$-\frac{\eta_r}{\sqrt{\pi^5\eta_z}}\sum_{m=0}^{\infty}\ni_m\int_0^{t}\frac{1}{\sqrt{\tau}}\int_0^{\infty}\overline{\psi}_a(m,w,t-\tau;\theta)\left\{e^{-\frac{(z-w)^2}{4\eta_z\tau}}+e^{-\frac{(z+w)^2}{4\eta_z\tau}}-\right.$$

$$\left.-2\lambda\sqrt{\pi\eta_z t}e^{(z+w)\lambda+\lambda^2\eta_z\tau}\operatorname{erfc}\left(\lambda\sqrt{\eta_z\tau}+\frac{z+w}{2\sqrt{\eta_z\tau}}\right)\right\}\int_0^{\infty}\frac{\xi\mathcal{C}_{m\dot{o}}(\xi r)\,e^{-\eta_r\xi^2\tau}}{J_{m\dot{o}}^2(\xi a)+Y_{m\dot{o}}^2(\xi a)}d\xi dwd\tau+$$

$$+\frac{1}{2\sqrt{\pi^3\eta_z t}}\sum_{m=0}^{\infty}\ni_m\int_0^{\infty}\left\{e^{-\frac{(z-w)^2}{4\eta_z t}}+e^{-\frac{(z+w)^2}{4\eta_z t}}-2\lambda\sqrt{\pi\eta_z t}e^{(z+w)\lambda+\lambda^2\eta_z t}\operatorname{erfc}\left(\lambda\sqrt{\eta_z t}+\frac{z+w}{2\sqrt{\eta_z t}}\right)\right\}\times$$

$$\times\int_0^{\infty}\frac{\xi\mathcal{C}_{m\dot{o}}(\xi r)\overline{\overline{\varphi}}(\xi,m,w;\theta)\,e^{-\eta_r\xi^2 t}}{J_{m\dot{o}}^2(\xi a)+Y_{m\dot{o}}^2(\xi a)}d\xi dw \qquad (22.10.3)$$

where $\overline{\overline{\varphi}}(\xi,m,w;\theta)=\int_a^{\infty}u\mathcal{C}_{m\dot{o}}(\xi u)\int_0^{2\pi}\varphi(u,v,w)\cos\{m(\theta-v)\}dvdu$, $\overline{\overline{\psi}}(\xi,m,\tau;\theta)=\int_0^{2\pi}\cos\{m(\theta-v)\}\int_a^{\infty}\psi(u,v,\tau)\,u\mathcal{C}_{m\dot{o}}(\xi u)\,dudv$ and $\overline{\overline{\psi}}_a(m,z,s;\theta)=\int_0^{2\pi}\overline{\psi}_a(v,z,s)\cos\{m(\theta-v)\}\,dv$.

When $\varphi(r) = p_I$, a constant, the solution is obtained by replacing the terms corresponding to the initial condition (the last term) in equations (22.10.2) and (22.10.3) with

$$\overline{p} = \frac{p_I}{s}\left\{1 - \frac{\lambda\sqrt{\eta}e^{-x\sqrt{\frac{s}{\eta}}}}{\left(\sqrt{s}+\lambda\sqrt{\eta}\right)}\right\} + \frac{p_I}{s}\left\{1 - \frac{K_{0\dot{o}}\left(r\sqrt{\frac{s}{\eta_r}}\right)}{K_{0\dot{o}}\left(a\sqrt{\frac{s}{\eta_r}}\right)}\right\} \tag{22.10.4}$$

and

$$p = p_I\left[e^{\lambda x+\lambda^2\eta t}\operatorname{erfc}\left\{\frac{x}{2\sqrt{\eta t}}+\lambda\sqrt{\eta t}\right\}+\operatorname{erf}\left(\frac{x}{2\sqrt{\eta t}}\right)\right]+p_I\left\{1-\left(\frac{a}{r}\right)^{0\dot{o}}\right\}-\frac{2p_I}{\pi}\int_0^\infty\frac{\mathcal{C}_{0\dot{o}}(\xi r)\,e^{-\eta_r\xi^2 t}}{\xi\left\{J_{0\dot{o}}^2(\xi a)+Y_{0\dot{o}}^2(\xi a)\right\}}d\xi \tag{22.10.5}$$

22.11 The problem of 22.8, except $\mathbf{D} \equiv p(r,\theta,0,t) = \psi(r,\theta,t)$ and $\mathbf{N}_a \equiv \frac{\partial p(a,\theta,z,t)}{\partial r} = -\left(\frac{\mu}{k_r}\right)\psi_a(\theta,z,t)$

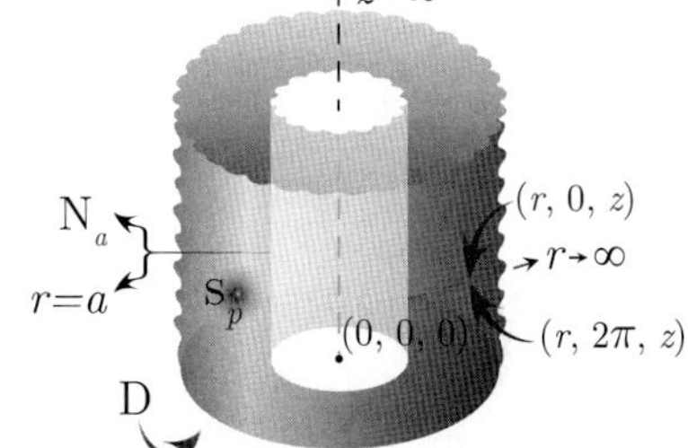

Successive application of the Laplace, Fourier and Hankel transformations to equation (22.1.1) gives

$$\overline{\overline{\overline{p}}} = \frac{q(s)\,e^{-st_0}\cos\{m(\theta-\theta_0)\}\sin(lz_0)\,\mathcal{G}_{m\dot{o}}(\xi r_0)}{\phi c_t\left(\eta_r\xi^2+\eta_z l^2+s\right)} + \frac{\eta_z l\overline{\overline{\psi}}(\xi,m,s;\theta)}{\left(\eta_r\xi^2+\eta_z l^2+s\right)} + \frac{2\overline{\overline{\psi}}_a(m,l,s;\theta)}{\pi\phi c_t\xi\left(\eta_r\xi^2+\eta_z l^2+s\right)} + \\ +\frac{\overline{\overline{\varphi}}(\xi,m,l;\theta)}{\left(\eta_r\xi^2+\eta_z l^2+s\right)} \tag{22.11.1}$$

where $\overline{\overline{\varphi}}(\xi,m,l;\theta) = \int_a^\infty u\mathcal{G}_{m\dot{o}}(\xi u)\int_0^{2\pi}\cos\{m(\theta-v)\}\int_0^\infty\varphi(u,v,z)\sin(lz)\,dzdvdu$, $\overline{\overline{\psi}}_0(\xi,m,s;\theta) = \int_0^{2\pi}\cos\{m(\theta-v)\}\int_a^\infty\overline{\psi}_0(u,v,s)\,u\mathcal{G}_{m\dot{o}}(\xi u)\,dudv$, and $\overline{\overline{\psi}}_a(m,l,s;\theta) = \int_0^{2\pi}\cos\{m(\theta-v)\}\int_0^\infty\overline{\psi}_a(v,w,s)\sin(lw)\,dwdv$. Successive inverse transforms yield

$$\begin{aligned}\overline{p} &= \frac{q(s)\,e^{-st_0}}{2\pi\phi c_t\sqrt{\eta_z}}\sum_{m=0}^\infty\ni_m\cos\{m(\theta-\theta_0)\}\times\\ &\times\int_0^\infty\frac{\xi\mathcal{G}_{m\dot{o}}(\xi r_0)\,\mathcal{G}_{m\dot{o}}(\xi r)}{\left\{J_{m\dot{o}}'^2(\xi a)+Y_{m\dot{o}}'^2(\xi a)\right\}\sqrt{\eta_r\xi^2+s}}\left\{e^{-|z-z_0|\sqrt{\frac{\eta_r\xi^2+s}{\eta_z}}}-e^{-(z+z_0)\sqrt{\frac{\eta_r\xi^2+s}{\eta_z}}}\right\}d\xi+\\ &+\frac{1}{\pi}\sum_{m=0}^\infty\ni_m\int_0^\infty\frac{\overline{\overline{\psi}}(\xi,m,s;\theta)\,\xi\mathcal{G}_{m\dot{o}}(\xi r)\,e^{-z\sqrt{\frac{\eta_r\xi^2+s}{\eta_z}}}}{J_{m\dot{o}}'^2(\xi a)+Y_{m\dot{o}}'^2(\xi a)}d\xi+\\ &+\frac{1}{\pi^2\phi c_t\sqrt{\eta_z}}\sum_{m=0}^\infty\ni_m\int_0^\infty\int_0^\infty\frac{\mathcal{G}_{m\dot{o}}(\xi r)\,\overline{\overline{\psi}}_a(m,u,s;\theta)}{\left\{J_{m\dot{o}}'^2(\xi a)+Y_{m\dot{o}}'^2(\xi a)\right\}\sqrt{\eta_r\xi^2+s}}\left\{e^{-|z-w|\sqrt{\frac{\eta_r\xi^2+s}{\eta_z}}}-e^{-(z+w)\sqrt{\frac{\eta_r\xi^2+s}{\eta_z}}}\right\}dwd\xi+\\ &+\frac{1}{2\pi\sqrt{\eta_z}}\sum_{m=0}^\infty\ni_m\int_0^\infty\int_0^\infty\frac{\xi\mathcal{G}_{m\dot{o}}(\xi r)\,\overline{\overline{\varphi}}(\xi,m,w;\theta)}{\left\{J_{m\dot{o}}'^2(\xi a)+Y_{m\dot{o}}'^2(\xi a)\right\}\sqrt{\eta_r\xi^2+s}}\left\{e^{-|z-w|\sqrt{\frac{\eta_r\xi^2+s}{\eta_z}}}-e^{-(z+w)\sqrt{\frac{\eta_r\xi^2+s}{\eta_z}}}\right\}dwd\xi\end{aligned} \tag{22.11.2}$$

The inverse Laplace transform of equation (22.11.2) yields

$$p = \frac{U(t-t_0)}{2\phi c_t\sqrt{\pi^3\eta_z}} \sum_{m=0}^{\infty} \ni_m \cos\{m(\theta-\theta_0)\} \times$$
$$\times \int_0^t \frac{q(t-t_0-\tau)}{\sqrt{\tau}} \left\{e^{-\frac{(z-z_0)^2}{4\eta_z\tau}} - e^{-\frac{(z+z_0)^2}{4\eta_z\tau}}\right\} \int_0^\infty \frac{\xi \mathcal{G}_{m\dot{o}}(\xi r_0)\mathcal{G}_{m\dot{o}}(\xi r) e^{-\eta_r\xi^2\tau}}{J'^2_{m\dot{o}}(\xi a)+Y'^2_{m\dot{o}}(\xi a)} d\xi d\tau +$$
$$+\frac{2}{\sqrt{\pi^3}} \sum_{m=0}^{\infty} \ni_m \int_{\frac{z}{2\sqrt{\eta_z t}}}^{\infty} e^{-\tau^2} \int_0^\infty \overline{\overline{\psi}}_0\left(\xi, m, t-\frac{z^2}{4\eta_z\tau^2};\theta\right) \frac{\xi\mathcal{G}_{m\dot{o}}(\xi r) e^{-\frac{\eta_r}{\eta_z}\left(\frac{z\xi}{2\tau}\right)^2}}{J'^2_{m\dot{o}}(\xi a)+Y'^2_{m\dot{o}}(\xi a)} d\xi d\tau +$$
$$+\frac{1}{\phi c_t\sqrt{\pi^5\eta_z}} \sum_{m=0}^{\infty} \ni_m \int_0^t \frac{1}{\sqrt{\tau}} \int_0^\infty\int_0^\infty \frac{\mathcal{G}_{m\dot{o}}(\xi r)\overline{\psi}_a(m,w,t-\tau;\theta)}{J'^2_{m\dot{o}}(\xi a)+Y'^2_{m\dot{o}}(\xi a)} \left\{e^{-\frac{(z-w)^2}{4\eta_z\tau}} - e^{-\frac{(z+w)^2}{4\eta_z\tau}}\right\} dw d\xi\tau +$$
$$+\frac{1}{2\sqrt{\pi^3\eta_z t}} \sum_{m=0}^{\infty} \ni_m \int_0^\infty\int_0^\infty \frac{\xi\mathcal{G}_{m\dot{o}}(\xi r)\overline{\overline{\varphi}}(\xi,m,w;\theta) e^{-\eta_r\xi^2 t}}{J'^2_{m\dot{o}}(\xi a)+Y'^2_{m\dot{o}}(\xi a)} \left\{e^{-\frac{(z-w)^2}{4\eta_z t}} - e^{-\frac{(z+w)^2}{4\eta_z t}}\right\} dw d\xi \qquad (22.11.3)$$

where $\overline{\overline{\varphi}}(\xi,m,w;\theta) = \int_a^\infty u\mathcal{G}_{m\dot{o}}(\xi u)\int_0^{2\pi}\varphi(u,v,w)\cos\{m(\theta-v)\}dvdu$,
$\overline{\overline{\psi}}_0(\xi,m,\tau;\theta) = \int_0^{2\pi}\cos\{m(\theta-v)\}\int_a^\infty \overline{\psi}_0(u,v,\tau)\, u\mathcal{G}_{m\dot{o}}(\xi u)\, dudv$ and
$\overline{\overline{\psi}}_a(m,z,s;\theta) = \int_0^{2\pi}\overline{\psi}_a(v,z,s)\cos\{m(\theta-v)\}\, dv$.

When $\varphi(r) = p_I$, a constant, the solution is obtained by replacing the terms corresponding to the initial condition (the last term) in equations (22.11.2) and (22.11.3) with $\frac{p_I}{s}\left\{1-e^{-z\sqrt{\frac{s}{\eta_z}}}\right\}$ and $p_I \operatorname{erf}\left(\frac{z}{2\sqrt{\eta_z t}}\right)$, respectively.

22.12

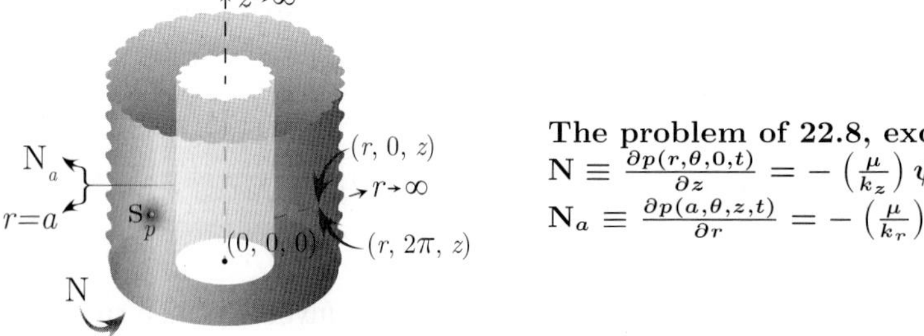

The problem of 22.8, except
$\mathbf{N} \equiv \frac{\partial p(r,\theta,0,t)}{\partial z} = -\left(\frac{\mu}{k_z}\right)\psi(r,\theta,t)$ **and**
$\mathbf{N}_a \equiv \frac{\partial p(a,\theta,z,t)}{\partial r} = -\left(\frac{\mu}{k_r}\right)\psi_a(\theta,z,t)$

Successive application of the Laplace, Fourier and Hankel transformations to equation (22.1.1) gives

$$\overline{\overline{\overline{p}}} = \frac{q(s)e^{-st_0}\cos\{m(\theta-\theta_0)\}\cos(lz_0)\mathcal{G}_{m\dot{o}}(\xi r_0)}{\phi c_t(\eta_r\xi^2+\eta_z l^2+s)} + \frac{\overline{\overline{\overline{\psi}}}(\xi,m,s;\theta)}{\phi c_t(\eta_r\xi^2+\eta_z l^2+s)} + \frac{2\overline{\overline{\overline{\psi}}}_a(m,l,s;\theta)}{\pi\phi c_t\xi(\eta_r\xi^2+\eta_z l^2+s)} +$$
$$+\frac{\overline{\overline{\overline{\varphi}}}(\xi,m,l;\theta)}{(\eta_r\xi^2+\eta_z l^2+s)} \qquad (22.12.1)$$

where $\overline{\overline{\overline{\varphi}}}(\xi,m,l;\theta) = \int_a^\infty u\mathcal{G}_{m\dot{o}}(\xi u)\int_0^{2\pi}\cos\{m(\theta-v)\}\int_0^\infty\varphi(u,v,z)\cos(lz)\,dzdvdu$,
$\overline{\overline{\overline{\psi}}}_0(\xi,m,s;\theta) = \int_0^{2\pi}\cos\{m(\theta-v)\}\int_a^\infty\overline{\psi}_0(r,v,s)\, r\mathcal{G}_{m\dot{o}}(\xi r)\, drdv$ and
$\overline{\overline{\overline{\psi}}}_a(m,l,s;\theta) = \int_0^{2\pi}\cos\{m(\theta-v)\}\int_0^\infty\overline{\psi}_a(v,w,s)\cos(lw)\,dwdv$. Successive inverse transforms yield

$$\overline{p} = \frac{q(s)e^{-st_0}}{2\pi\phi c_t\sqrt{\eta_z}} \sum_{m=0}^{\infty} \ni_m \cos\{m(\theta-\theta_0)\} \times$$
$$\times \int_0^\infty \frac{\xi\mathcal{G}_{m\dot{o}}(\xi r_0)\mathcal{G}_{m\dot{o}}(\xi r)}{\{J'^2_{m\dot{o}}(\xi a)+Y'^2_{m\dot{o}}(\xi a)\}\sqrt{\eta_r\xi^2+s}} \left\{e^{-|z-z_0|\sqrt{\frac{\eta_r\xi^2+s}{\eta_z}}} + e^{-(z+z_0)\sqrt{\frac{\eta_r\xi^2+s}{\eta_z}}}\right\} d\xi +$$

$$+\frac{1}{\pi\phi c_t\sqrt{\eta_z}}\sum_{m=0}^{\infty}\ni_m\int_0^{\infty}\frac{\overline{\overline{\overline{\psi}}}(\xi,m,s;\theta)\,\xi\mathcal{G}_{m\dot{o}}(\xi r)\,e^{-z\sqrt{\frac{\eta_r\xi^2+s}{\eta_z}}}}{\{J'^2_{m\dot{o}}(\xi a)+Y'^2_{m\dot{o}}(\xi a)\}\sqrt{\eta_r\xi^2+s}}d\xi+$$
$$+\frac{1}{\pi^2\phi c_t\sqrt{\eta_z}}\sum_{m=0}^{\infty}\ni_m\int_0^{\infty}\int_0^{\infty}\frac{\mathcal{G}_{m\dot{o}}(\xi r)\,\overline{\overline{\psi}}_a(m,u,s;\theta)}{\{J'^2_{m\dot{o}}(\xi a)+Y'^2_{m\dot{o}}(\xi a)\}\sqrt{\eta_r\xi^2+s}}\left\{e^{-|z-w|\sqrt{\frac{\eta_r\xi^2+s}{\eta_z}}}+e^{-(z+w)\sqrt{\frac{\eta_r\xi^2+s}{\eta_z}}}\right\}dwd\xi+$$
$$+\frac{1}{2\pi\sqrt{\eta_z}}\sum_{m=0}^{\infty}\ni_m\int_0^{\infty}\int_0^{\infty}\frac{\xi\mathcal{G}_{m\dot{o}}(\xi r)\,\overline{\overline{\varphi}}(\xi,m,w;\theta)}{\{J'^2_{m\dot{o}}(\xi a)+Y'^2_{m\dot{o}}(\xi a)\}\sqrt{\eta_r\xi^2+s}}\left\{e^{-|z-w|\sqrt{\frac{\eta_r\xi^2+s}{\eta_z}}}+e^{-(z+w)\sqrt{\frac{\eta_r\xi^2+s}{\eta_z}}}\right\}dwd\xi \tag{22.12.2}$$

The inverse Laplace transform of equation (22.12.2) yields

$$p=\frac{U(t-t_0)}{2\phi c_t\sqrt{\pi^3\eta_z}}\sum_{m=0}^{\infty}\ni_m\cos\{m(\theta-\theta_0)\}\times$$
$$\times\int_0^t\frac{q(t-t_0-\tau)}{\sqrt{\tau}}\left\{e^{-\frac{(z-z_0)^2}{4\eta_z\tau}}+e^{-\frac{(z+z_0)^2}{4\eta_z\tau}}\right\}\int_0^{\infty}\frac{\xi\mathcal{G}_{m\dot{o}}(\xi r_0)\,\mathcal{G}_{m\dot{o}}(\xi r)\,e^{-\eta_r\xi^2\tau}}{J'^2_{m\dot{o}}(\xi a)+Y'^2_{m\dot{o}}(\xi a)}d\xi d\tau+$$
$$+\frac{1}{\phi c_t\sqrt{\pi^3\eta_z}}\sum_{m=0}^{\infty}\ni_m\int_0^t\frac{e^{-\frac{z^2}{4\eta_z t}}}{\sqrt{\tau}}\int_0^{\infty}\frac{\overline{\overline{\psi}}(\xi,m,t-\tau;\theta)\,\xi\mathcal{G}_{m\dot{o}}(\xi r)\,e^{-\eta_r\xi^2\tau}}{\{J'^2_{m\dot{o}}(\xi a)+Y'^2_{m\dot{o}}(\xi a)\}}d\xi d\tau+$$
$$+\frac{1}{\phi c_t\sqrt{\pi^5\eta_z}}\sum_{m=0}^{\infty}\ni_m\int_0^t\frac{1}{\sqrt{\tau}}\int_0^{\infty}\int_0^{\infty}\frac{\mathcal{G}_{m\dot{o}}(\xi r)\,\overline{\psi}_a(m,w,t-\tau;\theta)}{J'^2_{m\dot{o}}(\xi a)+Y'^2_{m\dot{o}}(\xi a)}\left\{e^{-\frac{(z-w)^2}{4\eta_z\tau}}-e^{-\frac{(z+w)^2}{4\eta_z\tau}}\right\}dwd\xi\tau+$$
$$+\frac{1}{2\sqrt{\pi^3\eta_z t}}\sum_{m=0}^{\infty}\ni_m\int_0^{\infty}\int_0^{\infty}\frac{\xi\mathcal{G}_{m\dot{o}}(\xi r)\,\overline{\overline{\varphi}}(\xi,m,w;\theta)\,e^{-\eta_r\xi^2 t}}{J'^2_{m\dot{o}}(\xi a)+Y'^2_{m\dot{o}}(\xi a)}\left\{e^{-\frac{(z-w)^2}{4\eta_z t}}+e^{-\frac{(z+w)^2}{4\eta_z t}}\right\}dwd\xi \tag{22.12.3}$$

where $\overline{\overline{\varphi}}(\xi,m,w;\theta)=\int_a^{\infty}u\mathcal{G}_{m\dot{o}}(\xi u)\int_0^{2\pi}\varphi(u,v,w)\cos\{m(\theta-v)\}dvdu$,
$\overline{\overline{\psi}}_0(\xi,m,\tau;\theta)=\int_0^{2\pi}\cos\{m(\theta-v)\}\int_a^{\infty}\overline{\psi}_0(u,v,\tau)\,u\mathcal{G}_{m\dot{o}}(\xi u)\,dudv$ and
$\overline{\psi}_a(m,z,s;\theta)=\int_0^{2\pi}\overline{\psi}_a(v,z,s)\cos\{m(\theta-v)\}\,dv$.

22.13 The problem of 22.8, except $\mathbf{R}\equiv\frac{\partial p(r,\theta,0,t)}{\partial z}-\lambda p(r,\theta,0,t)=-\left(\frac{\mu}{k_z}\right)\psi(r,\theta,t)$ and $\mathbf{N}_a\equiv\frac{\partial p(a,\theta,z,t)}{\partial r}=-\left(\frac{\mu}{k_r}\right)\psi_a(\theta,z,t)$

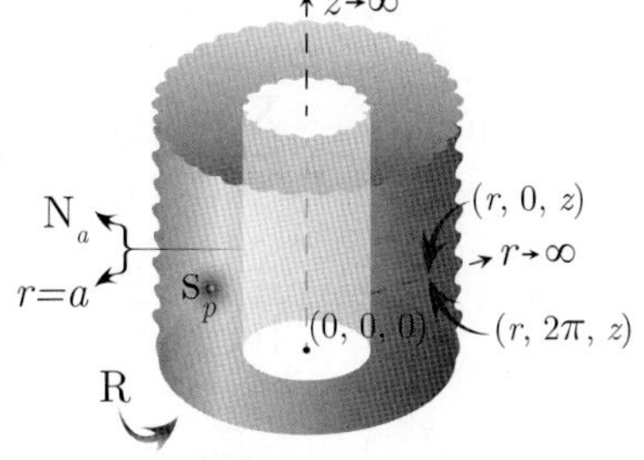

Successive application of the Laplace, Fourier and Hankel transformations to equation (22.1.1) gives

$$\overline{\overline{\overline{p}}}=\frac{q(s)\,e^{-st_0}\cos\{m(\theta-\theta_0)\}\{l\cos(lz_0)+\lambda\sin(lz_0)\}\,\mathcal{G}_{m\dot{o}}(\xi r_0)}{\phi c_t(\eta_r\xi^2+\eta_z l^2+s)}+\frac{l\overline{\overline{\psi}}(\xi,m,s;\theta)}{\phi c_t(\eta_r\xi^2+\eta_z l^2+s)}+$$
$$+\frac{2\overline{\overline{\overline{\psi}}}_a(m,l,s;\theta)}{\pi\phi c_t\xi(\eta_r\xi^2+\eta_z l^2+s)}+\frac{\overline{\overline{\overline{\varphi}}}(\xi,m,l;\theta)}{(\eta_r\xi^2+\eta_z l^2+s)} \tag{22.13.1}$$

where $\overline{\overline{\overline{\varphi}}}(\xi,m,l;\theta)=\int_a^{\infty}u\mathcal{G}_{m\dot{o}}(\xi u)\int_0^{2\pi}\cos\{m(\theta-v)\}\int_0^{\infty}\varphi(u,v,z)\{l\cos(lz)+\lambda\sin(lz)\}dzdvdu$,
$\overline{\overline{\psi}}_0(\xi,m,s;\theta)=\int_0^{2\pi}\cos\{m(\theta-v)\}\int_a^{\infty}\overline{\psi}_0(r,v,s)\,r\mathcal{G}_{m\dot{o}}(\xi r)\,drdv$, and

$\overline{\overline{\overline{\psi}}}_a(m,l,s;\theta) = \int_0^{2\pi} \cos\{m(\theta-v)\}\,du \int_0^{\infty} \overline{\psi}_a(u,z,s)\{l\cos(lz)+\lambda\sin(lz)\}\,dzdu$. Successive inverse transforms yield

$$\begin{aligned}
\overline{p} &= \frac{q(s)\,e^{-st_0}}{2\pi\phi c_t\sqrt{\eta_z}} \sum_{m=0}^{\infty} \ni_m \cos\{m(\theta-\theta_0)\} \times \\
&\times \int_0^{\infty} \frac{\xi \mathcal{G}_{m\dot{o}}(\xi r_0)\,\mathcal{G}_{m\dot{o}}(\xi r)}{\{J'^2_{m\dot{o}}(\xi a)+Y'^2_{m\dot{o}}(\xi a)\}\sqrt{\eta_r\xi^2+s}} \left\{ e^{-|z-z_0|\sqrt{\frac{\eta_r\xi^2+s}{\eta_z}}} + \left(\frac{\sqrt{\eta_r\xi^2+s}-\lambda\sqrt{\eta_z}}{\sqrt{\eta_r\xi^2+s}+\lambda\sqrt{\eta_z}}\right) e^{-(z+z_0)\sqrt{\frac{\eta_r\xi^2+s}{\eta_z}}} \right\} d\xi + \\
&+ \frac{1}{\pi\phi c_t\sqrt{\eta_z}} \sum_{m=0}^{\infty} \ni_m \int_0^{\infty} \frac{\xi \mathcal{G}_{m\dot{o}}(\xi r)\,\overline{\overline{\overline{\psi}}}(\xi,m,s;\theta)\,e^{-z\sqrt{\frac{\eta_r\xi^2+s}{\eta_z}}}}{\{J'^2_{m\dot{o}}(\xi a)+Y'^2_{m\dot{o}}(\xi a)\}\left(\lambda\sqrt{\eta_z}+\sqrt{\eta_r\xi^2+s}\right)} d\xi + \\
&+ \frac{1}{\pi^2\phi c_t\sqrt{\eta_z}} \sum_{m=0}^{\infty} \ni_m \int_0^{\infty}\int_0^{\infty} \frac{\mathcal{G}_{m\dot{o}}(\xi r)\,\overline{\overline{\psi}}_a(m,u,s;\theta)}{\{J'^2_{m\dot{o}}(\xi a)+Y'^2_{m\dot{o}}(\xi a)\}\sqrt{\eta_r\xi^2+s}} \times \\
&\times \left\{ e^{-|z-w|\sqrt{\frac{\eta_r\xi^2+s}{\eta_z}}} + \left(\frac{\sqrt{\eta_r\xi^2+s}-\lambda\sqrt{\eta_z}}{\sqrt{\eta_r\xi^2+s}+\lambda\sqrt{\eta_z}}\right) e^{-(z+w)\sqrt{\frac{\eta_r\xi^2+s}{\eta_z}}} \right\} dwd\xi + \\
&+ \frac{1}{2\pi\sqrt{\eta_z}} \sum_{m=0}^{\infty} \ni_m \int_0^{\infty}\int_0^{\infty} \frac{\xi \mathcal{G}_{m\dot{o}}(\xi r)\,\overline{\overline{\varphi}}(\xi,m,w;\theta)}{\{J'^2_{m\dot{o}}(\xi a)+Y'^2_{m\dot{o}}(\xi a)\}\sqrt{\eta_r\xi^2+s}} \times \\
&\times \left\{ e^{-|z-w|\sqrt{\frac{\eta_r\xi^2+s}{\eta_z}}} + \left(\frac{\sqrt{\eta_r\xi^2+s}-\lambda\sqrt{\eta_z}}{\sqrt{\eta_r\xi^2+s}+\lambda\sqrt{\eta_z}}\right) e^{-(z+w)\sqrt{\frac{\eta_r\xi^2+s}{\eta_z}}} \right\} dwd\xi
\end{aligned} \tag{22.13.2}$$

The inverse Laplace transform of equation (22.13.2) yields

$$\begin{aligned}
p &= \frac{U(t-t_0)}{2\phi c_t\sqrt{\pi^3\eta_z}} \sum_{m=0}^{\infty} \ni_m \cos\{m(\theta-\theta_0)\} \int_0^t \frac{q(t-t_0-\tau)}{\sqrt{\tau}} \left\{ e^{-\frac{(z-z_0)^2}{4\eta_z\tau}} + e^{-\frac{(z+z_0)^2}{4\eta_z\tau}} - \right. \\
&\left. -2\lambda\sqrt{\pi\eta_z\tau}\,e^{(z+z_0)\lambda+\lambda^2\eta_z\tau}\operatorname{erfc}\left(\lambda\sqrt{\eta_z\tau}+\frac{z+z_0}{2\sqrt{\eta_z\tau}}\right)\right\} \int_0^{\infty} \frac{\xi\mathcal{G}_{m\dot{o}}(\xi r_0)\,\mathcal{G}_{m\dot{o}}(\xi r)\,e^{-\eta_r\xi^2\tau}}{J'^2_{m\dot{o}}(\xi a)+Y'^2_{m\dot{o}}(\xi a)} d\xi d\tau + \\
&+ \frac{1}{\pi\phi c_t\sqrt{\eta_z}} \sum_{m=0}^{\infty} \ni_m \int_0^t \left\{ \frac{e^{-\frac{z^2}{4\eta_z\tau}}}{\sqrt{\pi\tau}} - \lambda\sqrt{\eta_z}e^{\lambda z+\lambda^2\eta_z\tau}\operatorname{erfc}\left(\lambda\sqrt{\eta_z\tau}+\frac{z}{2\sqrt{\eta_z\tau}}\right)\right\} \times \\
&\times \int_0^{\infty} \frac{\overline{\overline{\psi}}_0(\xi,m,t-\tau;\theta)\,\xi\mathcal{G}_{m\dot{o}}(\xi r)\,e^{-\eta_r\xi^2\tau}}{\{J'^2_{m\dot{o}}(\xi a)+Y'^2_{m\dot{o}}(\xi a)\}} d\xi d\tau + \\
&+ \frac{1}{\phi c_t\sqrt{\pi^5\eta_z}} \sum_{m=0}^{\infty} \ni_m \int_0^t \frac{1}{\sqrt{\tau}} \int_0^{\infty} \overline{\psi}_a(m,w,t-\tau;\theta) \left\{ e^{-\frac{(z-w)^2}{4\eta_z\tau}} + e^{-\frac{(z+w)^2}{4\eta_z\tau}} - \right. \\
&\left. -2\lambda\sqrt{\pi\eta_z t}\,e^{(z+w)\lambda+\lambda^2\eta_z\tau}\operatorname{erfc}\left(\lambda\sqrt{\eta_z\tau}+\frac{z+w}{2\sqrt{\eta_z\tau}}\right)\right\} \int_0^{\infty} \frac{\mathcal{G}_{m\dot{o}}(\xi r)\,e^{-\eta_r\xi^2\tau}}{J'^2_{m\dot{o}}(\xi a)+Y'^2_{m\dot{o}}(\xi a)} d\xi dwd\tau + \\
&+ \frac{1}{2\sqrt{\pi^3\eta_z t}} \sum_{m=0}^{\infty} \ni_m \int_0^{\infty} \left\{ e^{-\frac{(z-w)^2}{4\eta_z t}} + e^{-\frac{(z+w)^2}{4\eta_z t}} - 2\lambda\sqrt{\pi\eta_z t}\,e^{(z+w)\lambda+\lambda^2\eta_z t}\operatorname{erfc}\left(\lambda\sqrt{\eta_z t}+\frac{z+w}{2\sqrt{\eta_z t}}\right)\right\} \times \\
&\times \int_0^{\infty} \frac{\xi\mathcal{G}_{m\dot{o}}(\xi r)\,\overline{\overline{\varphi}}(\xi,m,w;\theta)\,e^{-\eta_r\xi^2 t}}{J'^2_{m\dot{o}}(\xi a)+Y'^2_{m\dot{o}}(\xi a)} d\xi du
\end{aligned} \tag{22.13.3}$$

where $\overline{\overline{\varphi}}(\xi, m, w; \theta) = \int_a^\infty u\mathcal{G}_{m\dot{o}}(\xi u) \int_0^{2\pi} \varphi(u, v, w)\cos\{m(\theta - v)\}dvdu$,
$\overline{\overline{\psi}}_0(\xi, m, \tau; \theta) = \int_0^{2\pi} \cos\{m(\theta - v)\} \int_a^\infty \overline{\psi}_0(u, v, \tau) u\mathcal{G}_{m\dot{o}}(\xi u)\, dudv$ and
$\overline{\overline{\psi}}_a(m, z, s; \theta) = \int_0^{2\pi} \overline{\psi}_a(v, z, s)\cos\{m(\theta - v)\}\, dv$.

When $\varphi(r) = p_I$, a constant, the solution is obtained by replacing the terms corresponding to the initial condition (the last term) in equations (22.13.2) and (22.13.3) with those given by equations (3.4.8) and (3.4.9), respectively.

22.14 The problem of 22.8, except $\mathbf{D} \equiv p(r, \theta, 0, t) = \psi(r, \theta, t)$ and $\mathbf{R}_a \equiv \frac{\partial p(a,\theta,z,t)}{\partial r} - \lambda p(a, \theta, z, t) = -\left(\frac{\mu}{k_r}\right)\psi_a(\theta, z, t)$

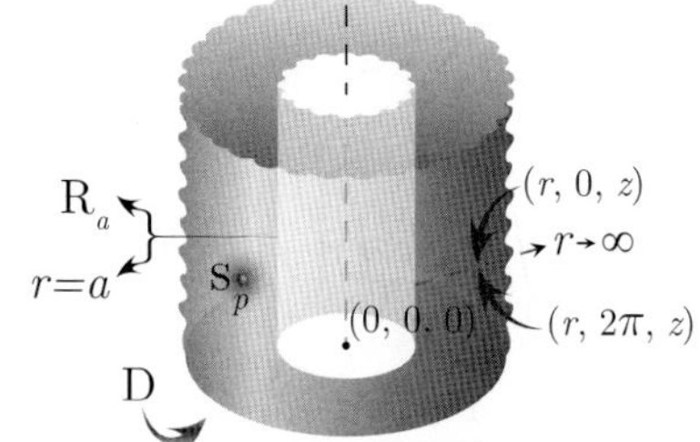

Successive application of the Laplace, Fourier and Hankel transformations to equation (22.1.1) gives

$$\overline{\overline{\overline{p}}} = \frac{q(s)e^{-st_0}\cos\{m(\theta - \theta_0)\}\sin(lz_0)\mathcal{D}_{m\dot{o}}(\xi r_0)}{\phi c_t(\eta_r\xi^2 + \eta_z l^2 + s)} + \frac{\eta_z l\overline{\overline{\psi}}(\xi, m, s; \theta)}{(\eta_r\xi^2 + \eta_z l^2 + s)} + \frac{2\overline{\overline{\psi}}_a(m, l, s; \theta)}{\pi\phi c_t(\eta_r\xi^2 + \eta_z l^2 + s)} + \\ + \frac{\overline{\overline{\overline{\varphi}}}(\xi, m, l; \theta)}{(\eta_r\xi^2 + \eta_z l^2 + s)} \quad (22.14.1)$$

where $\overline{\overline{\overline{\varphi}}}(\xi, m, l; \theta) = \int_a^\infty u\mathcal{D}_{m\dot{o}}(\xi u)\int_0^{2\pi} \cos\{m(\theta - v)\}\int_0^\infty \varphi(u, v, z)\sin(lz)\, dzdvdu$,
$\overline{\overline{\psi}}_0(\xi, m, s; \theta) = \int_0^{2\pi} \cos\{m(\theta - v)\}\int_a^\infty \overline{\psi}_0(r, v, s)\, r\mathcal{D}_{m\dot{o}}(\xi r)\, drdv$, and
$\overline{\overline{\psi}}_a(m, l, s; \theta) = \int_0^{2\pi} \cos\{m(\theta - v)\}\int_0^\infty \overline{\psi}_a(v, w, s)\sin(lw)\, dwdv$. Successive inverse transforms yield

$$\overline{p} = \frac{q(s)e^{-st_0}}{2\pi\phi c_t\sqrt{\eta_z}}\sum_{m=0}^{\infty}\ni_m\cos\{m(\theta - \theta_0)\}\int_0^\infty \frac{\xi\mathcal{D}_{m\dot{o}}(\xi r_0)\mathcal{D}_{m\dot{o}}(\xi r)}{\left[\{\lambda J_{m\dot{o}}(\xi a) - \xi J'_{m\dot{o}}(\xi a)\}^2 + \{\lambda Y_{m\dot{o}}(\xi a) - \xi Y'_{m\dot{o}}(\xi a)\}^2\right]\sqrt{\eta_r\xi^2 + s}} \times \\ \times\left\{e^{-|z-z_0|\sqrt{\frac{\eta_r\xi^2+s}{\eta_z}}} - e^{-(z+z_0)\sqrt{\frac{\eta_r\xi^2+s}{\eta_z}}}\right\}d\xi + \\ + \frac{1}{\pi}\sum_{m=0}^{\infty}\ni_m\int_0^\infty \frac{\overline{\overline{\psi}}(\xi, m, s; \theta)\,\xi\mathcal{D}_{m\dot{o}}(\xi r)\,e^{-z\sqrt{\frac{\eta_r\xi^2+s}{\eta_z}}}}{\{\lambda J_{m\dot{o}}(\xi a) - \xi J'_{m\dot{o}}(\xi a)\}^2 + \{\lambda Y_{m\dot{o}}(\xi a) - \xi Y'_{m\dot{o}}(\xi a)\}^2}d\xi + \\ + \frac{1}{\pi^2\phi c_t\sqrt{\eta_z}}\sum_{m=0}^{\infty}\ni_m\int_0^\infty\int_0^\infty \frac{\xi\mathcal{D}_{m\dot{o}}(\xi r)\overline{\overline{\psi}}_a(m, u, s; \theta)}{\left[\{\lambda J_{m\dot{o}}(\xi a) - \xi J'_{m\dot{o}}(\xi a)\}^2 + \{\lambda Y_{m\dot{o}}(\xi a) - \xi Y'_{m\dot{o}}(\xi a)\}^2\right]\sqrt{\eta_r\xi^2 + s}} \times \\ \times\left\{e^{-|z-w|\sqrt{\frac{\eta_r\xi^2+s}{\eta_z}}} - e^{-(z+w)\sqrt{\frac{\eta_r\xi^2+s}{\eta_z}}}\right\}dwd\xi + \\ + \frac{1}{2\pi\sqrt{\eta_z}}\sum_{m=0}^{\infty}\ni_m\int_0^\infty\int_0^\infty \frac{\xi\mathcal{D}_{m\dot{o}}(\xi r)\overline{\overline{\varphi}}(\xi, m, w; \theta)}{\left[\{\lambda J_{m\dot{o}}(\xi a) - \xi J'_{m\dot{o}}(\xi a)\}^2 + \{\lambda Y_{m\dot{o}}(\xi a) - \xi Y'_{m\dot{o}}(\xi a)\}^2\right]\sqrt{\eta_r\xi^2 + s}} \times \\ \times\left\{e^{-|z-w|\sqrt{\frac{\eta_r\xi^2+s}{\eta_z}}} - e^{-(z+w)\sqrt{\frac{\eta_r\xi^2+s}{\eta_z}}}\right\}dwd\xi \quad (22.14.2)$$

The inverse Laplace transform of equation (22.14.2) yields

$$p = \frac{U(t-t_0)}{2\phi c_t\sqrt{\pi^3\eta_z}}\sum_{m=0}^{\infty}\ni_m \cos\{m(\theta-\theta_0)\}\times$$
$$\times\int_0^t \frac{q(t-t_0-\tau)}{\sqrt{\tau}}\left\{e^{-\frac{(z-z_0)^2}{4\eta_z\tau}}-e^{-\frac{(z+z_0)^2}{4\eta_z\tau}}\right\}\int_0^{\infty}\frac{\xi\mathcal{D}_{m\dot{o}}(\xi r_0)\mathcal{D}_{m\dot{o}}(\xi r)e^{-\eta_r\xi^2\tau}}{\{\lambda J_{m\dot{o}}(\xi a)-\xi J'_{m\dot{o}}(\xi a)\}^2+\{\lambda Y_{m\dot{o}}(\xi a)-\xi Y'_{m\dot{o}}(\xi a)\}^2}d\xi d\tau+$$
$$+\frac{2}{\sqrt{\pi^3}}\sum_{m=0}^{\infty}\ni_m\times$$
$$\times\int_{\frac{z}{2\sqrt{\eta_z t}}}^{\infty}e^{-\tau^2}\int_0^{\infty}\overline{\overline{\psi}}_0\left(\xi,m,t-\frac{z^2}{4\eta_z\tau^2};\theta\right)\frac{\xi\mathcal{D}_{m\dot{o}}(\xi r)e^{-\frac{\eta_r}{\eta_z}\left(\frac{z\xi}{2\tau}\right)^2}}{\{\lambda J_{m\dot{o}}(\xi a)-\xi J'_{m\dot{o}}(\xi a)\}^2+\{\lambda Y_{m\dot{o}}(\xi a)-\xi Y'_{m\dot{o}}(\xi a)\}^2}d\xi d\tau+$$
$$+\frac{1}{\phi c_t\sqrt{\pi^5\eta_z}}\sum_{m=0}^{\infty}\ni_m\times$$
$$\times\int_0^{\infty}\frac{1}{\sqrt{\tau}}\int_0^{\infty}\int_0^{\infty}\frac{\xi\mathcal{D}_{m\dot{o}}(\xi r)\overline{\overline{\psi}}_a(m,w,t-\tau;\theta)}{\{\lambda J_{m\dot{o}}(\xi a)-\xi J'_{m\dot{o}}(\xi a)\}^2+\{\lambda Y_{m\dot{o}}(\xi a)-\xi Y'_{m\dot{o}}(\xi a)\}^2}\left\{e^{-\frac{(z-w)^2}{4\eta_z\tau}}-e^{-\frac{(z+w)^2}{4\eta_z\tau}}\right\}dwd\xi d\tau+$$
$$+\frac{1}{2\sqrt{\pi^3\eta_z t}}\sum_{m=0}^{\infty}\ni_m\int_0^{\infty}\int_0^{\infty}\frac{\xi\mathcal{D}_{m\dot{o}}(\xi r)\overline{\overline{\varphi}}(\xi,m,w;\theta)e^{-\eta_r\xi^2 t}}{\{\lambda J_{m\dot{o}}(\xi a)-\xi J'_{m\dot{o}}(\xi a)\}^2+\{\lambda Y_{m\dot{o}}(\xi a)-\xi Y'_{m\dot{o}}(\xi a)\}^2}\times$$
$$\times\left\{e^{-\frac{(z-w)^2}{4\eta_z t}}-e^{-\frac{(z+w)^2}{4\eta_z t}}\right\}dwd\xi \qquad (22.14.3)$$

where $\overline{\overline{\varphi}}(\xi,m,w;\theta)=\int_a^{\infty}u\mathcal{D}_{m\dot{o}}(\xi u)\int_0^{2\pi}\varphi(u,v,w)\cos\{m(\theta-v)\}dvdu$,
$\overline{\overline{\psi}}_0(\xi,m,\tau;\theta)=\int_0^{2\pi}\cos\{m(\theta-v)\}\int_a^{\infty}\psi_0(r,v,\tau)r\mathcal{D}_{m\dot{o}}(\xi r)drdv$ and
$\overline{\overline{\psi}}_a(m,z,s;\theta)=\int_0^{2\pi}\overline{\psi}_a(v,z,s)\cos\{m(\theta-v)\}dv$.

When $\varphi(r)=p_I$, a constant, the solution is obtained by replacing the terms corresponding to the initial condition (the last term) in equations (22.14.2) and (22.14.3) with

$$\overline{p}=\frac{p_I}{s}\left\{1-e^{-z\sqrt{\frac{s}{\eta_z}}}\right\}+\frac{p_I}{s}\left\{1-\frac{\lambda K_{0\dot{o}}\left(r\sqrt{\frac{s}{\eta}}\right)}{\lambda K_{0\dot{o}}\left(a\sqrt{\frac{s}{\eta}}\right)-\sqrt{\frac{s}{\eta}}K'_{0\dot{o}}\left(a\sqrt{\frac{s}{\eta}}\right)}\right\} \qquad (22.14.4)$$

and

$$p=p_I\,\mathrm{erf}\left(\frac{z}{2\sqrt{\eta_z t}}\right)+\frac{2\lambda p_I}{\pi}\int_0^{\infty}\frac{\mathcal{D}_{0\dot{o}}(\xi r)e^{-\eta\xi^2 t}}{\xi\left[\{\lambda J_{0\dot{o}}(\xi a)-\xi J'_{0\dot{o}}(\xi a)\}^2+\{\lambda Y_{0\dot{o}}(\xi a)-\xi Y'_{0\dot{o}}(\xi a)\}^2\right]}d\xi \qquad (22.14.5)$$

22.15

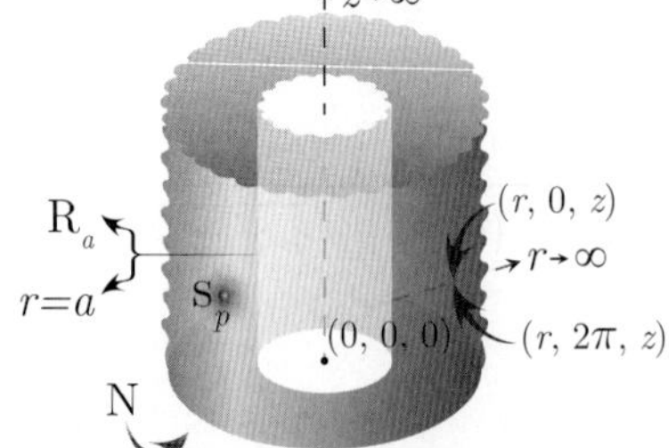

The problem of 22.8, except
$\mathbf{N}\equiv\frac{\partial p(r,\theta,0,t)}{\partial z}=-\left(\frac{\mu}{k_z}\right)\psi(r,\theta,t)$ **and**
$\mathbf{R}_a\equiv\frac{\partial p(a,\theta,z,t)}{\partial r}-\lambda p(a,\theta,z,t)=-\left(\frac{\mu}{k_r}\right)\psi_a(\theta,z,t)$

Successive application of the Laplace, Fourier and Hankel transformations to equation (22.1.1) gives

$$\overline{\overline{\overline{p}}} = \frac{q(s)\,e^{-st_0}\cos\{m(\theta-\theta_0)\}\cos(lz_0)\,\mathcal{D}_{m\dot{o}}(\xi r_0)}{\phi c_t(\eta_r\xi^2+\eta_z l^2+s)} + \frac{\overline{\overline{\overline{\psi}}}(\xi,m,s;\theta)}{\phi c_t(\eta_r\xi^2+\eta_z l^2+s)} + \frac{2\overline{\overline{\psi}}_a(m,l,s;\theta)}{\pi\phi c_t(\eta_r\xi^2+\eta_z l^2+s)} + \\ + \frac{\overline{\overline{\overline{\varphi}}}(\xi,m,l;\theta)}{(\eta_r\xi^2+\eta_z l^2+s)} \tag{22.15.1}$$

where $\overline{\overline{\overline{\varphi}}}(\xi,m,l;\theta) = \int_a^\infty u\mathcal{D}_{m\dot{o}}(\xi u)\int_0^{2\pi}\cos\{m(\theta-v)\}\int_0^\infty \varphi(u,v,z)\cos(lz)\,dzdvdu$,
$\overline{\overline{\psi}}_0(\xi,m,s;\theta) = \int_0^{2\pi}\cos\{m(\theta-v)\}\int_a^\infty \overline{\psi}_0(r,v,s)\,r\mathcal{D}_{m\dot{o}}(\xi r)\,drdv$, and
$\overline{\overline{\psi}}_a(m,l,s;\theta) = \int_0^{2\pi}\cos\{m(\theta-v)\}\int\limits_0^\infty \overline{\psi}_a(u,w,s)\cos(lw)\,dwdv$. Successive inverse transforms yield

$$\overline{p} = \frac{q(s)\,e^{-st_0}}{2\pi\phi c_t\sqrt{\eta_z}}\sum_{m=0}^\infty \ni_m\cos\{m(\theta-\theta_0)\}\int_0^\infty \frac{\xi\mathcal{D}_{m\dot{o}}(\xi r_0)\,\mathcal{D}_{m\dot{o}}(\xi r)}{\left[\{\lambda J_{m\dot{o}}(\xi a)-\xi J'_{m\dot{o}}(\xi a)\}^2+\{\lambda Y_{m\dot{o}}(\xi a)-\xi Y'_{m\dot{o}}(\xi a)\}^2\right]\sqrt{\eta_r\xi^2+s}}\times \\ \times\left\{e^{-|z-z_0|\sqrt{\frac{\eta_r\xi^2+s}{\eta_z}}}+e^{-(z+z_0)\sqrt{\frac{\eta_r\xi^2+s}{\eta_z}}}\right\}d\xi + \\ +\frac{1}{\pi\phi c_t\sqrt{\eta_z}}\sum_{m=0}^\infty\ni_m\int_0^\infty\frac{\overline{\overline{\psi}}(\xi,m,s;\theta)\,\xi\mathcal{D}_{m\dot{o}}(\xi r)\,e^{-z\sqrt{\frac{\eta_r\xi^2+s}{\eta_z}}}}{\left[\{\lambda J_{m\dot{o}}(\xi a)-\xi J'_{m\dot{o}}(\xi a)\}^2+\{\lambda Y_{m\dot{o}}(\xi a)-\xi Y'_{m\dot{o}}(\xi a)\}^2\right]\sqrt{\eta_r\xi^2+s}}d\xi + \\ +\frac{1}{\pi^2\phi c_t\sqrt{\eta_z}}\sum_{m=0}^\infty\ni_m\int_0^\infty\int_0^\infty\frac{\xi\mathcal{D}_{m\dot{o}}(\xi r)\,\overline{\overline{\psi}}_a(m,u,s;\theta)}{\left[\{\lambda J_{m\dot{o}}(\xi a)-\xi J'_{m\dot{o}}(\xi a)\}^2+\{\lambda Y_{m\dot{o}}(\xi a)-\xi Y'_{m\dot{o}}(\xi a)\}^2\right]\sqrt{\eta_r\xi^2+s}}\times \\ \times\left\{e^{-|z-w|\sqrt{\frac{\eta_r\xi^2+s}{\eta_z}}}+e^{-(z+w)\sqrt{\frac{\eta_r\xi^2+s}{\eta_z}}}\right\}dwd\xi + \\ +\frac{1}{2\pi\sqrt{\eta_z}}\sum_{m=0}^\infty\ni_m\int_0^\infty\int_0^\infty\frac{\xi\mathcal{D}_{m\dot{o}}(\xi r)\,\overline{\overline{\varphi}}(\xi,m,w;\theta)}{\left[\{\lambda J_{m\dot{o}}(\xi a)-\xi J'_{m\dot{o}}(\xi a)\}^2+\{\lambda Y_{m\dot{o}}(\xi a)-\xi Y'_{m\dot{o}}(\xi a)\}^2\right]\sqrt{\eta_r\xi^2+s}}\times \\ \times\left\{e^{-|z-w|\sqrt{\frac{\eta_r\xi^2+s}{\eta_z}}}+e^{-(z+w)\sqrt{\frac{\eta_r\xi^2+s}{\eta_z}}}\right\}dwd\xi \tag{22.15.2}$$

The inverse Laplace transform of equation (22.15.2) yields

$$p = \frac{U(t-t_0)}{2\phi c_t\sqrt{\pi^3\eta_z}}\sum_{m=0}^\infty\ni_m\cos\{m(\theta-\theta_0)\}\times \\ \times\int_0^t\frac{q(t-t_0-\tau)}{\sqrt{\tau}}\left\{e^{-\frac{(z-z_0)^2}{4\eta_z\tau}}+e^{-\frac{(z+z_0)^2}{4\eta_z\tau}}\right\}\int_0^\infty\frac{\xi\mathcal{D}_{m\dot{o}}(\xi r_0)\,\mathcal{D}_{m\dot{o}}(\xi r)\,e^{-\eta_r\xi^2\tau}}{\{\lambda J_{m\dot{o}}(\xi a)-\xi J'_{m\dot{o}}(\xi a)\}^2+\{\lambda Y_{m\dot{o}}(\xi a)-\xi Y'_{m\dot{o}}(\xi a)\}^2}d\xi d\tau + \\ +\frac{1}{\phi c_t\sqrt{\pi^3\eta_z}}\sum_{m=0}^\infty\ni_m\int_0^t\frac{e^{-\frac{z^2}{4\eta_z t}}}{\sqrt{\tau}}\int_0^\infty\frac{\overline{\overline{\psi}}(\xi,m,t-\tau;\theta)\,\xi\mathcal{D}_{m\dot{o}}(\xi r)\,e^{-\eta_r\xi^2\tau}}{\left[\{\lambda J_{m\dot{o}}(\xi a)-\xi J'_{m\dot{o}}(\xi a)\}^2+\{\lambda Y_{m\dot{o}}(\xi a)-\xi Y'_{m\dot{o}}(\xi a)\}^2\right]}d\xi d\tau + \\ +\frac{1}{\phi c_t\sqrt{\pi^5\eta_z}}\sum_{m=0}^\infty\ni_m\times \\ \times\int_0^t\frac{1}{\sqrt{\tau}}\int_0^\infty\int_0^\infty\frac{\xi\mathcal{D}_{m\dot{o}}(\xi r)\,\overline{\psi}_a(m,w,t-\tau;\theta)}{\{\lambda J_{m\dot{o}}(\xi a)-\xi J'_{m\dot{o}}(\xi a)\}^2+\{\lambda Y_{m\dot{o}}(\xi a)-\xi Y'_{m\dot{o}}(\xi a)\}^2}\left\{e^{-\frac{(z-w)^2}{4\eta_z\tau}}+e^{-\frac{(z+w)^2}{4\eta_z\tau}}\right\}dwd\xi d\tau +$$

$$+\frac{1}{2\sqrt{\pi^3\eta_z t}}\sum_{m=0}^{\infty}\ni_m\int_0^{\infty}\int_0^{\infty}\frac{\xi\mathcal{D}_{m\dot{o}}(\xi r)\overline{\overline{\varphi}}(\xi,m,w;\theta)\,e^{-\eta_r\xi^2 t}}{\{\lambda J_{m\dot{o}}(\xi a)-\xi J'_{m\dot{o}}(\xi a)\}^2+\{\lambda Y_{m\dot{o}}(\xi a)-\xi Y'_{m\dot{o}}(\xi a)\}^2}\times$$
$$\times\left\{e^{-\frac{(z-w)^2}{4\eta_z t}}+e^{-\frac{(z+w)^2}{4\eta_z t}}\right\}dwd\xi \tag{22.15.3}$$

where $\overline{\overline{\varphi}}(\xi,m,w;\theta)=\int_a^{\infty}u\mathcal{D}_{m\dot{o}}(\xi u)\int_0^{2\pi}\varphi(u,v,w)\cos\{m(\theta-v)\}dvdu$,
$\overline{\overline{\psi}}_0(\xi,m,\tau;\theta)=\int_0^{2\pi}\cos\{m(\theta-v)\}\int_a^{\infty}\psi_0(r,v,\tau)\,r\mathcal{D}_{m\dot{o}}(\xi r)\,drdv$ and
$\overline{\overline{\psi}}_a(m,z,s;\theta)=\int_0^{2\pi}\overline{\psi}_a(v,z,s)\cos\{m(\theta-v)\}\,dv$.

When $\varphi(r)=p_I$, a constant, the solution is obtained by replacing the terms corresponding to the initial condition (the last term) in equations (22.15.2) and (22.15.3) with those given by equations (14.4.4) and (14.4.5), respectively.

22.16

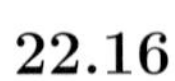

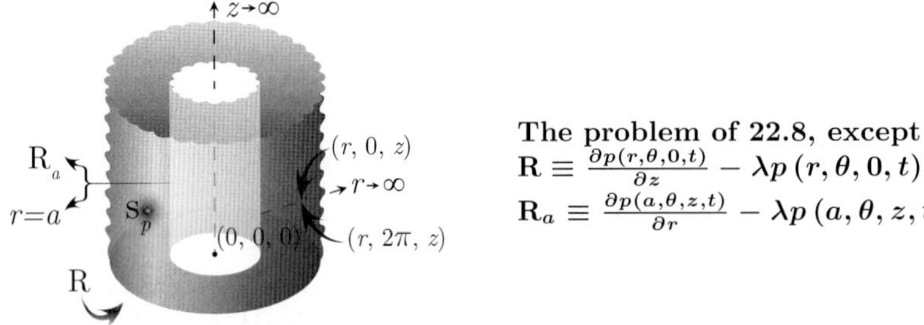

The problem of 22.8, except
$\mathbf{R}\equiv\frac{\partial p(r,\theta,0,t)}{\partial z}-\lambda p(r,\theta,0,t)=-\left(\frac{\mu}{k_z}\right)\psi(r,\theta,t)$ **and**
$\mathbf{R}_a\equiv\frac{\partial p(a,\theta,z,t)}{\partial r}-\lambda p(a,\theta,z,t)=-\left(\frac{\mu}{k_r}\right)\psi_a(\theta,z,t)$

Successive application of the Laplace, Fourier and Hankel transformations to equation (22.1.1) gives

$$\overline{\overline{\overline{p}}}=\frac{q(s)\,e^{-st_0}\cos\{m(\theta-\theta_0)\}\{l\cos(lz_0)+\lambda\sin(lz_0)\}\mathcal{D}_{m\dot{o}}(\xi r_0)}{\phi c_t(\eta_r\xi^2+\eta_z l^2+s)}+\frac{l\overline{\overline{\psi}}(\xi,m,s;\theta)}{\phi c_t(\eta_r\xi^2+\eta_z l^2+s)}+$$
$$+\frac{2\overline{\overline{\overline{\psi}}}_a(m,l,s;\theta)}{\pi\phi c_t(\eta_r\xi^2+\eta_z l^2+s)}+\frac{\overline{\overline{\overline{\varphi}}}(\xi,m,l;\theta)}{(\eta_r\xi^2+\eta_z l^2+s)} \tag{22.16.1}$$

where $\overline{\overline{\overline{\varphi}}}(\xi,m,l;\theta)=\int_a^{\infty}u\mathcal{D}_{m\dot{o}}(\xi u)\int_0^{2\pi}\cos\{m(\theta-v)\}\int_0^{\infty}\varphi(u,v,z)\{l\cos(lz)+\lambda\sin(lz)\}\,dzdvdu$,
$\overline{\overline{\overline{\psi}}}_0(\xi,m,s;\theta)=\int_0^{2\pi}\cos\{m(\theta-v)\}\int_a^{\infty}\overline{\psi}_0(r,v,s)\,r\mathcal{D}_{m\dot{o}}(\xi r)\,drdv$, and
$\overline{\overline{\overline{\psi}}}_a(m,l,s;\theta)=\int_0^{2\pi}\cos\{m(\theta-v)\}\int_0^{\infty}\overline{\psi}_a(u,z,s)\{l\cos(lz)+\lambda\sin(lz)\}\,dzdv$. Successive inverse transforms yield

$$\overline{p}=\frac{q(s)\,e^{-st_0}}{2\pi\phi c_t\sqrt{\eta_z}}\sum_{m=0}^{\infty}\ni_m\cos\{m(\theta-\theta_0)\}\int_0^{\infty}\frac{\xi\mathcal{D}_{m\dot{o}}(\xi r_0)\,\mathcal{D}_{m\dot{o}}(\xi r)}{\left[\{\lambda J_{m\dot{o}}(\xi a)-\xi J'_{m\dot{o}}(\xi a)\}^2+\{\lambda Y_{m\dot{o}}(\xi a)-\xi Y'_{m\dot{o}}(\xi a)\}^2\right]\sqrt{\eta_r\xi^2+s}}\times$$
$$\times\left\{e^{-|z-z_0|\sqrt{\frac{\eta_r\xi^2+s}{\eta_z}}}+\left(\frac{\sqrt{\eta_r\xi^2+s}-\lambda\sqrt{\eta_z}}{\sqrt{\eta_r\xi^2+s}+\lambda\sqrt{\eta_z}}\right)e^{-(z+z_0)\sqrt{\frac{\eta_r\xi^2+s}{\eta_z}}}\right\}d\xi+$$
$$+\frac{1}{\pi\phi c_t\sqrt{\eta_z}}\sum_{m=0}^{\infty}\ni_m\int_0^{\infty}\frac{\xi\mathcal{D}_{m\dot{o}}(\xi r)\overline{\overline{\psi}}(\xi,m,s;\theta)\,e^{-z\sqrt{\frac{\eta_r\xi^2+s}{\eta_z}}}}{\left[\{\lambda J_{m\dot{o}}(\xi a)-\xi J'_{m\dot{o}}(\xi a)\}^2+\{\lambda Y_{m\dot{o}}(\xi a)-\xi Y'_{m\dot{o}}(\xi a)\}^2\right]\left(\lambda\sqrt{\eta_z}+\sqrt{\eta_r\xi^2+s}\right)}d\xi+$$
$$+\frac{1}{\pi^2\phi c_t\sqrt{\eta_z}}\sum_{m=0}^{\infty}\ni_m\int_0^{\infty}\int_0^{\infty}\frac{\xi\mathcal{D}_{m\dot{o}}(\xi r)\overline{\overline{\psi}}_a(m,u,s;\theta)}{\left[\{\lambda J_{m\dot{o}}(\xi a)-\xi J'_{m\dot{o}}(\xi a)\}^2+\{\lambda Y_{m\dot{o}}(\xi a)-\xi Y'_{m\dot{o}}(\xi a)\}^2\right]\sqrt{\eta_r\xi^2+s}}\times$$
$$\times\left\{e^{-|z-w|\sqrt{\frac{\eta_r\xi^2+s}{\eta_z}}}+\left(\frac{\sqrt{\eta_r\xi^2+s}-\lambda\sqrt{\eta_z}}{\sqrt{\eta_r\xi^2+s}+\lambda\sqrt{\eta_z}}\right)e^{-(z+w)\sqrt{\frac{\eta_r\xi^2+s}{\eta_z}}}\right\}dwd\xi+$$

$$+\frac{1}{2\pi\sqrt{\eta_z}}\sum_{m=0}^{\infty}\ni_m\int_0^{\infty}\int_0^{\infty}\frac{\xi\mathcal{D}_{m\dot{o}}(\xi r)\overline{\overline{\varphi}}(\xi,m,w;\theta)}{\left[\{\lambda J_{m\dot{o}}(\xi a)-\xi J'_{m\dot{o}}(\xi a)\}^2+\{\lambda Y_{m\dot{o}}(\xi a)-\xi Y'_{m\dot{o}}(\xi a)\}^2\right]\sqrt{\eta_r\xi^2+s}}\times$$

$$\times\left\{e^{-|z-w|\sqrt{\frac{\eta_r\xi^2+s}{\eta_z}}}+\left(\frac{\sqrt{\eta_r\xi^2+s}-\lambda\sqrt{\eta_z}}{\sqrt{\eta_r\xi^2+s}+\lambda\sqrt{\eta_z}}\right)e^{-(z+w)\sqrt{\frac{\eta_r\xi^2+s}{\eta_z}}}\right\}dwd\xi \qquad (22.16.2)$$

The inverse Laplace transform of equation (22.16.2) yields

$$p=\frac{U(t-t_0)}{2\phi c_t\sqrt{\pi^3\eta_z}}\sum_{m=0}^{\infty}\ni_m\cos\{m(\theta-\theta_0)\}\int_0^t\frac{q(t-t_0-\tau)}{\sqrt{\tau}}\left\{e^{-\frac{(z-z_0)^2}{4\eta_z\tau}}+e^{-\frac{(z+z_0)^2}{4\eta_z\tau}}-\right.$$

$$\left.-2\lambda\sqrt{\pi\eta_z\tau}e^{(z+z_0)\lambda+\lambda^2\eta_z\tau}\operatorname{erfc}\left(\lambda\sqrt{\eta_z\tau}+\frac{z+z_0}{2\sqrt{\eta_z\tau}}\right)\right\}\times$$

$$\times\int_0^{\infty}\frac{\xi\mathcal{D}_{m\dot{o}}(\xi r_0)\mathcal{D}_{m\dot{o}}(\xi r)e^{-\eta_r\xi^2\tau}}{\{\lambda J_{m\dot{o}}(\xi a)-\xi J'_{m\dot{o}}(\xi a)\}^2+\{\lambda Y_{m\dot{o}}(\xi a)-\xi Y'_{m\dot{o}}(\xi a)\}^2}d\xi d\tau+$$

$$+\frac{1}{\pi\phi c_t\sqrt{\eta_z}}\sum_{m=0}^{\infty}\ni_m\int_0^t\left\{\frac{e^{-\frac{z^2}{4\eta_z\tau}}}{\sqrt{\pi\tau}}-\lambda\sqrt{\eta_z}e^{\lambda z+\lambda^2\eta_z\tau}\operatorname{erfc}\left(\lambda\sqrt{\eta_z\tau}+\frac{z}{2\sqrt{\eta_z\tau}}\right)\right\}\times$$

$$\times\int_0^{\infty}\frac{\overline{\overline{\psi}}_0(\xi,m,t-\tau;\theta)\xi\mathcal{D}_{m\dot{o}}(\xi r)e^{-\eta_r\xi^2\tau}}{\left[\{\lambda J_{m\dot{o}}(\xi a)-\xi J'_{m\dot{o}}(\xi a)\}^2+\{\lambda Y_{m\dot{o}}(\xi a)-\xi Y'_{m\dot{o}}(\xi a)\}^2\right]}d\xi d\tau+$$

$$+\frac{1}{\phi c_t\sqrt{\pi^5\eta_z}}\sum_{m=0}^{\infty}\ni_m\int_0^t\frac{1}{\sqrt{\tau}}\int_0^{\infty}\overline{\overline{\psi}}_a(m,w,t-\tau;\theta)\left\{e^{-\frac{(z-w)^2}{4\eta_z\tau}}+e^{-\frac{(z+w)^2}{4\eta_z\tau}}-\right.$$

$$\left.-2\lambda\sqrt{\pi\eta_z t}e^{(z+w)\lambda+\lambda^2\eta_z\tau}\operatorname{erfc}\left(\lambda\sqrt{\eta_z\tau}+\frac{z+w}{2\sqrt{\eta_z\tau}}\right)\right\}\times$$

$$\times\int_0^{\infty}\frac{\xi\mathcal{D}_{m\dot{o}}(\xi r)e^{-\eta_r\xi^2\tau}}{\{\lambda J_{m\dot{o}}(\xi a)-\xi J'_{m\dot{o}}(\xi a)\}^2+\{\lambda Y_{m\dot{o}}(\xi a)-\xi Y'_{m\dot{o}}(\xi a)\}^2}d\xi dwd\tau+$$

$$+\frac{1}{2\sqrt{\pi^3\eta_z t}}\sum_{m=0}^{\infty}\ni_m\int_0^{\infty}\left\{e^{-\frac{(z-w)^2}{4\eta_z t}}+e^{-\frac{(z+w)^2}{4\eta_z t}}-2\lambda\sqrt{\pi\eta_z t}e^{(z+w)\lambda+\lambda^2\eta_z t}\operatorname{erfc}\left(\lambda\sqrt{\eta_z t}+\frac{z+w}{2\sqrt{\eta_z t}}\right)\right\}\times$$

$$\times\int_0^{\infty}\frac{\xi\mathcal{D}_{m\dot{o}}(\xi r)\overline{\overline{\varphi}}(\xi,m,w;\theta)e^{-\eta_r\xi^2 t}}{\{\lambda J_{m\dot{o}}(\xi a)-\xi J'_{m\dot{o}}(\xi a)\}^2+\{\lambda Y_{m\dot{o}}(\xi a)-\xi Y'_{m\dot{o}}(\xi a)\}^2}d\xi du \qquad (22.16.3)$$

where $\overline{\overline{\varphi}}(\xi,m,w;\theta)=\int_a^{\infty}u\mathcal{D}_{m\dot{o}}(\xi u)\int_0^{2\pi}\varphi(u,v,w)\cos\{m(\theta-v)\}dvdu$,
$\overline{\overline{\psi}}_0(\xi,m,\tau;\theta)=\int_0^{2\pi}\cos\{m(\theta-v)\}\int_a^{\infty}\psi_0(r,u,\tau)r\mathcal{D}_{m\dot{o}}(\xi r)\,drdv$ and
$\overline{\overline{\psi}}_a(m,z,s;\theta)=\int_0^{2\pi}\overline{\psi}_a(v,z,s)\cos\{m(\theta-v)\}\,dv$.

When $\varphi(r)=p_I$, a constant, the solution is obtained by replacing the terms corresponding to the initial condition (the last term) in equations (22.16.2) and (22.16.3) with

$$\overline{p}=\frac{p_I}{s}\left\{1-\frac{\lambda\sqrt{\eta}e^{-x\sqrt{\frac{s}{\eta}}}}{(\sqrt{s}+\lambda\sqrt{\eta})}\right\}+\frac{p_I}{s}\left\{1-\frac{\lambda K_{0\dot{o}}\left(r\sqrt{\frac{s}{\eta}}\right)}{\lambda K_{0\dot{o}}\left(a\sqrt{\frac{s}{\eta}}\right)-\sqrt{\frac{s}{\eta}}K'_{0\dot{o}}\left(a\sqrt{\frac{s}{\eta}}\right)}\right\} \qquad (22.16.4)$$

and

$$p = p_I \left[e^{\lambda x + \lambda^2 \eta t} \operatorname{erfc}\left\{ \frac{x}{2\sqrt{\eta t}} + \lambda \sqrt{\eta t} \right\} + \operatorname{erf}\left(\frac{x}{2\sqrt{\eta t}} \right) \right] +$$
$$+ \frac{2\lambda p_I}{\pi} \int_0^\infty \frac{\mathcal{D}_{0\dot{o}}\left(\xi r\right) e^{-\eta \xi^2 t}}{\xi \left[\left\{ \lambda J_{0\dot{o}}\left(\xi a\right) - \xi J'_{0\dot{o}}\left(\xi a\right) \right\}^2 + \left\{ \lambda Y_{0\dot{o}}\left(\xi a\right) - \xi Y'_{0\dot{o}}\left(\xi a\right) \right\}^2 \right]} d\xi \qquad (22.16.5)$$

Chapter 23

Infinite and semi-infinite cylindrical continua bounded by the planes $z = 0$ and $z = d$. $p(r, \theta, z, t)$ is cyclic around the cylinder with a period 2π. $p(r, \theta, z, t)$ is a function of r, θ, z and t

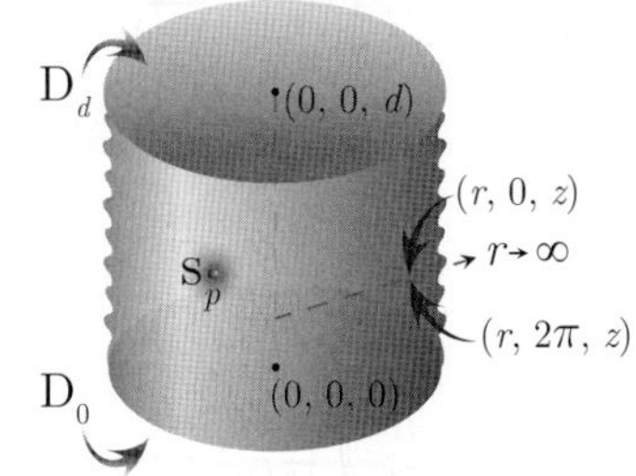

23.1 **An infinite continuum whose axis is at $r = 0$ and extends to ∞ in the direction of r positive. $p(r, \theta, z, t)$ is cyclic around the cylinder with a period 2π, $0 \le \theta \le 2\pi$. Point source at $s_p \equiv (r_0, \theta_0, z_0)$ at time $t = t_0$; $0 < r_0 < \infty$, $0 \le \theta_0 \le 2\pi$, $0 < z_0 < d$, $t_0 \ge 0$. $D_0 \equiv p(r, \theta, 0, t) = \psi_0(r, \theta, t)$ and $D_d \equiv p(r, \theta, d, t) = \psi_d(r, \theta, t)$**

Successive application of the Laplace, Fourier and finite Hankel transformations to equation (22.1.1) gives

$$\bar{\bar{\bar{p}}} = \frac{q(s)\,e^{-st_0}\cos\{m(\theta-\theta_0)\}\sin(\xi_l z_0)\,J_{m\dot{o}}(\xi_n r_0)}{\phi c_t\left(\eta_r\xi^2+\eta_z\xi_l^2+s\right)} + \\ + \frac{\eta_z\xi_l\int_0^\infty J_{m\dot{o}}(\xi u)\,u\left\{\overline{\overline{\psi}}_0(u,m,s;\theta)-(-1)^l\,\overline{\overline{\psi}}_d(u,m,s;\theta)\right\}du}{\left(\eta_r\xi^2+\eta_z\xi_l^2+s\right)} + \frac{\overline{\overline{\overline{\varphi}}}(\xi,m,\xi_l;\theta)}{\left(\eta_r\xi^2+\eta_z\xi_l^2+s\right)} \tag{23.1.1}$$

where ξ_l is a positive root of $\sin(\xi_l d)$, which are $\xi_l = \frac{l\pi}{d}$, $l = 1, 2, ...$, $\overline{\overline{\overline{\varphi}}}(\xi,m,\xi_l;\theta) = \int_0^\infty uJ_{m\dot{o}}(\xi u)\int_0^{2\pi}\cos\{m(\theta-v)\}\int_0^d\varphi(u,v,w)\sin(lw)\,dwdvdu$, $\overline{\overline{\psi}}_0(u,m,s;\theta) = \int_0^{2\pi}\overline{\psi}_0(u,v,s)\cos\{m(\theta-v)\}\,dv$ and $\overline{\overline{\psi}}_d(u,m,s;\theta) = \int_0^{2\pi}\overline{\psi}_d(u,v,s)\cos\{m(\theta-v)\}\,dv$. It is assumed here that $r\frac{\partial p(r)}{\partial r}$ and $p(r)$ vanish as $r \to 0$ and $\sqrt{r}\frac{\partial p}{\partial r}$ and $\sqrt{r}p(r)$ vanish as $r \to \infty$. The inverse Fourier and Hankel transforms of equation (23.1.1) yield

$$\bar{p} = \frac{2q(s)\,e^{-st_0}}{\pi d}\left(\frac{\mu}{k_r}\right)\sum_{m=0}^{\infty}\ni_m\cos\{m(\theta-\theta_0)\}\times \\ \times\sum_{l=1}^{\infty}\sin(\xi_l z_0)\sin(\xi_l z)\begin{Bmatrix} I_{m\dot{o}}\left(r\sqrt{\frac{\eta_z\xi_l^2+s}{\eta_r}}\right)K_{m\dot{o}}\left(r_0\sqrt{\frac{\eta_z\xi_l^2+s}{\eta_r}}\right), & 0<r<r_0 \\ I_{m\dot{o}}\left(r_0\sqrt{\frac{\eta_z\xi_l^2+s}{\eta_r}}\right)K_{m\dot{o}}\left(r\sqrt{\frac{\eta_z\xi_l^2+s}{\eta_r}}\right), & 0<r_0<r \end{Bmatrix} +$$

$$+\frac{2\eta_z}{\pi d\eta_r}\sum_{m=0}^{\infty}\ni_m\sum_{l=1}^{\infty}\xi_l\sin(\xi_l z)\int_0^{\infty}\left\{\begin{array}{ll} I_{m\dot{o}}\left(r\sqrt{\frac{\eta_z\xi_l^2+s}{\eta_r}}\right)K_{m\dot{o}}\left(u\sqrt{\frac{\eta_z\xi_l^2+s}{\eta_r}}\right), & 0<r<u \\ I_{m\dot{o}}\left(u\sqrt{\frac{\eta_z\xi_l^2+s}{\eta_r}}\right)K_{m\dot{o}}\left(r\sqrt{\frac{\eta_z\xi_l^2+s}{\eta_r}}\right), & 0<u<r \end{array}\right\}\times$$

$$\times u\left\{\overline{\overline{\psi}}_0(u,m,s;\theta)-(-1)^l\overline{\overline{\psi}}_d(u,m,s;\theta)\right\}du+$$

$$+\frac{2}{\pi d\eta_r}\sum_{m=0}^{\infty}\ni_m\sum_{l=1}^{\infty}\sin(\xi_l z)\times$$

$$\times\left\{\begin{array}{ll} I_{m\dot{o}}\left(r\sqrt{\frac{\eta_z\xi_l^2+s}{\eta_r}}\right)\int_0^{\infty}uK_{m\dot{o}}\left(u\sqrt{\frac{\eta_z\xi_l^2+s}{\eta_r}}\right)\int_0^d\overline{\varphi}(u,m,w;\theta)\sin(\xi_l w)dwdu, & 0<r<u \\ K_{m\dot{o}}\left(r\sqrt{\frac{\eta_z\xi_l^2+s}{\eta_r}}\right)\int_0^{\infty}uI_{m\dot{o}}\left(u\sqrt{\frac{\eta_z\xi_l^2+s}{\eta_r}}\right)\int_0^d\overline{\varphi}(u,m,w;\theta)\sin(\xi_l w)dwdu, & 0<u<r \end{array}\right\} \quad (23.1.2)$$

The inverse Laplace transform of equation (23.1.2) yields

$$p=\frac{U(t-t_0)}{4\pi d}\left(\frac{\mu}{k_r}\right)\sum_{m=0}^{\infty}\ni_m\cos\{m(\theta-\theta_0)\}\int_0^{t-t_0}\frac{q(t-t_0-\tau)}{\tau}I_{m\dot{o}}\left(\frac{rr_0}{2\eta_r\tau}\right)e^{-\frac{(r^2+r_0^2)}{4\eta_r\tau}}\times$$

$$\times\left[\Theta_3\left\{\frac{\pi(z-z_0)}{2d},e^{-\left(\frac{\pi}{d}\right)\eta_z\tau}\right\}-\Theta_3\left\{\frac{\pi(z+z_0)}{2d},e^{-\left(\frac{\pi}{d}\right)\eta_z\tau}\right\}\right]d\tau+$$

$$+\frac{\eta_z}{4\pi d^2\eta_r}\sum_{m=0}^{\infty}\ni_m\int_0^t\frac{1}{\tau}\int_0^{\infty}I_{m\dot{o}}\left\{\frac{ru}{2\eta_r\tau}\right\}ue^{-\frac{(r^2+u^2)}{4\eta_r\tau}}\times$$

$$\times\left\{\Theta_4'\left(\frac{\pi z}{2d},e^{-\left(\frac{\pi}{d}\right)\eta_z\tau}\right)\overline{\psi}_d(u,m,t-\tau;\theta)-\Theta_3'\left(\frac{\pi z}{2d},e^{-\left(\frac{\pi}{d}\right)\eta_z\tau}\right)\overline{\psi}_0(u,m,t-\tau;\theta)\right\}dud\tau+$$

$$+\frac{1}{4\pi d\eta_r t}\sum_{m=0}^{\infty}\ni_m\int_0^{\infty}ue^{-\frac{(r^2+u^2)}{4\eta_r t}}I_{m\dot{o}}\left(\frac{ru}{2\eta_r t}\right)\times$$

$$\times\int_0^d\overline{\varphi}(u,m,w;\theta)\left[\Theta_3\left\{\frac{\pi(z-w)}{2d},e^{-\left(\frac{\pi}{d}\right)\eta_z t}\right\}-\Theta_3\left\{\frac{\pi(z+w)}{2d},e^{-\left(\frac{\pi}{d}\right)\eta_z t}\right\}\right]dwdu \quad (23.1.3)$$

where $\overline{\psi}_0(u,m,t;\theta)=\int_0^{2\pi}\psi_0(u,v,t)\cos\{m(\theta-v)\}dv$, $\overline{\psi}_d(u,m,t;\theta)=\int_0^{2\pi}\psi_d(u,v,t)\cos\{m(\theta-v)\}dv$ and $\overline{\varphi}(u,m,w;\theta)=\int_0^{2\pi}\varphi(u,v,w)\cos\{m(\theta-v)\}dv$.

23.2

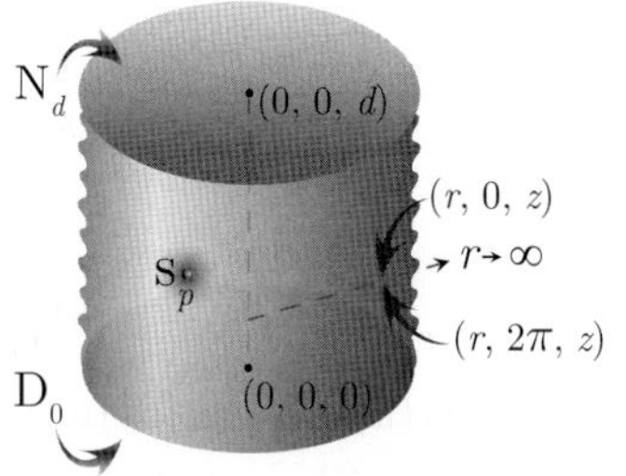

The problem of 23.1, except $\mathbf{D_0\equiv p(r,\theta,0,t)=\psi_0(r,\theta,t)}$ **and** $\mathbf{N_d\equiv\frac{\partial p(r,\theta,d,t)}{\partial z}=-\left(\frac{\mu}{k_z}\right)\psi_d(r,\theta,t)}$

Successive application of the Laplace, Fourier and finite Hankel transformations to equation (22.1.1) gives

$$\overline{\overline{\overline{p}}}=\frac{q(s)e^{-st_0}\cos\{m(\theta-\theta_0)\}\sin(\xi_l z_0)J_{m\dot{o}}(\xi r_0)}{\phi c_t(\eta_r\xi^2+\eta_z\xi_l^2+s)}+$$

$$+\frac{\eta_z\int_0^{\infty}J_{m\dot{o}}(\xi u)u\left\{\xi_l\overline{\overline{\psi}}_0(u,m,s;\theta)+(-1)^l\left(\frac{\mu}{k_z}\right)\overline{\overline{\psi}}_d(u,m,s;\theta)\right\}du}{(\eta_r\xi^2+\eta_z\xi_l^2+s)}+\frac{\overline{\overline{\varphi}}(\xi,m,\xi_l;\theta)}{(\eta_r\xi^2+\eta_z\xi_l^2+s)} \quad (23.2.1)$$

where ξ_l is a positive root of $\cos(\xi_l d)$, which are $\xi_l = \frac{(2l-1)\pi}{2d}$, $l = 1, 2, ...,$
$\overline{\overline{\overline{\varphi}}}(\xi, m, \xi_l; \theta) = \int_0^\infty u J_{m\dot{o}}(\xi u) \int_0^{2\pi} \cos\{m(\theta - v)\} \int_0^d \varphi(u, v, w) \sin(\xi_l w) dw dv du$,
$\overline{\overline{\psi}}_0(u, m, s; \theta) = \int_0^{2\pi} \overline{\psi}_0(u, v, s) \cos\{m(\theta - v)\} dv$ and $\overline{\overline{\psi}}_d(u, m, s; \theta) = \int_0^{2\pi} \overline{\psi}_d(u, v, s) \cos\{m(\theta - v)\} dv$.
Successive inverse transforms yield

$$\begin{aligned}
\overline{p} &= \frac{2q(s)e^{-st_0}}{\pi d}\left(\frac{\mu}{k_r}\right)\sum_{m=0}^{\infty} \ni_m \cos\{m(\theta - \theta_0)\} \sum_{l=1}^{\infty} \sin(\xi_l z_0)\sin(\xi_l z) \times \\
&\times \left\{ \begin{array}{ll} I_{m\dot{o}}\left(r\sqrt{\frac{\eta_z\xi_l^2+s}{\eta_r}}\right) K_{m\dot{o}}\left(r_0\sqrt{\frac{\eta_z\xi_l^2+s}{\eta_r}}\right), & 0 < r < r_0 \\ I_{m\dot{o}}\left(r_0\sqrt{\frac{\eta_z\xi_l^2+s}{\eta_r}}\right) K_{m\dot{o}}\left(r\sqrt{\frac{\eta_z\xi_l^2+s}{\eta_r}}\right), & 0 < r_0 < r \end{array} \right\} + \\
&+ \frac{2\eta_z}{\pi d \eta_r}\sum_{m=0}^{\infty} \ni_m \sum_{l=1}^{\infty} \sin(\xi_l z) \int_0^\infty u \left\{ \begin{array}{ll} I_{m\dot{o}}\left(r\sqrt{\frac{\eta_z\xi_l^2+s}{\eta_r}}\right) K_{m\dot{o}}\left(u\sqrt{\frac{\eta_z\xi_l^2+s}{\eta_r}}\right), & 0 < r < u \\ I_{m\dot{o}}\left(u\sqrt{\frac{\eta_z\xi_l^2+s}{\eta_r}}\right) K_{m\dot{o}}\left(r\sqrt{\frac{\eta_z\xi_l^2+s}{\eta_r}}\right), & 0 < u < r \end{array} \right\} \times \\
&\times \left\{ \xi_l \overline{\overline{\psi}}_0(u, m, s; \theta) + (-1)^l \left(\frac{\mu}{k_z}\right) \overline{\overline{\psi}}_d(u, m, s; \theta) \right\} du + \\
&+ \frac{2}{\pi d \eta_r}\sum_{m=0}^{\infty} \ni_m \sum_{l=1}^{\infty} \sin(\xi_l z) \times \\
&\times \left\{ \begin{array}{ll} I_{m\dot{o}}\left(r\sqrt{\frac{\eta_z\xi_l^2+s}{\eta_r}}\right) \int_0^\infty u K_{m\dot{o}}\left(u\sqrt{\frac{\eta_z\xi_l^2+s}{\eta_r}}\right) \int_0^d \overline{\varphi}(u, m, w; \theta)\sin(\xi_l w) dw du, & 0 < r < u \\ K_{m\dot{o}}\left(r\sqrt{\frac{\eta_z\xi_l^2+s}{\eta_r}}\right) \int_0^\infty u I_{m\dot{o}}\left(u\sqrt{\frac{\eta_z\xi_l^2+s}{\eta_r}}\right) \int_0^d \overline{\varphi}(u, m, w; \theta)\sin(\xi_l w) dw du, & 0 < u < r \end{array} \right\}
\end{aligned} \tag{23.2.2}$$

and

$$\begin{aligned}
p &= \frac{U(t - t_0)}{4\pi d}\left(\frac{\mu}{k_r}\right)\sum_{m=0}^{\infty} \ni_m \cos\{m(\theta - \theta_0)\} \times \\
&\times \int_0^{t-t_0} \frac{q(t - t_0 - \tau)}{\tau} I_{m\dot{o}}\left(\frac{r r_0}{2\eta_r \tau}\right) e^{-\frac{(r^2+r_0^2)}{4\eta_r\tau}} \left[\Theta_2\left\{\frac{\pi(z - z_0)}{2d}, e^{-\left(\frac{\pi}{d}\right)\eta_z\tau}\right\} - \Theta_2\left\{\frac{\pi(z + z_0)}{2d}, e^{-\left(\frac{\pi}{d}\right)\eta_z\tau}\right\}\right] d\tau - \\
&- \frac{1}{2\pi d \eta_r}\sum_{m=0}^{\infty} \ni_m \int_0^t \frac{1}{\tau} \int_0^\infty I_{m\dot{o}}\left\{\frac{ru}{2\eta_r\tau}\right\} u e^{-\frac{(r^2+u^2)}{4\eta_r\tau}} \times \\
&\times \left\{ \left(\frac{1}{\pi\phi c_t}\right)\Theta_1'\left(\frac{\pi z}{2d}, e^{-\left(\frac{\pi}{d}\right)\eta_z\tau}\right)\overline{\psi}_d(u, m, t - \tau; \theta) + \left(\frac{\eta_z}{2d}\right)\Theta_2'\left(\frac{\pi z}{2d}, e^{-\left(\frac{\pi}{d}\right)\eta_z\tau}\right)\overline{\psi}_0(u, m, t - \tau; \theta) \right\} du d\tau + \\
&+ \frac{1}{4\pi d \eta_r t}\sum_{m=0}^{\infty} \ni_m \int_0^\infty u e^{-\frac{(r^2+u^2)}{4\eta_r t}} I_{m\dot{o}}\left(\frac{ru}{2\eta_r t}\right) \times \\
&\times \int_0^d \overline{\varphi}(u, m, w; \theta)\left[\Theta_2\left\{\frac{\pi(z - w)}{2d}, e^{-\left(\frac{\pi}{d}\right)\eta_z t}\right\} - \Theta_2\left\{\frac{\pi(z + w)}{2d}, e^{-\left(\frac{\pi}{d}\right)\eta_z t}\right\}\right] dw du
\end{aligned} \tag{23.2.3}$$

where $\overline{\psi}_0(u, m, t; \theta) = \int_0^{2\pi} \psi_0(u, v, t) \cos\{m(\theta - v)\} dv$, $\overline{\psi}_d(u, m, t; \theta) = \int_0^{2\pi} \psi_d(u, v, t) \cos\{m(\theta - v)\} dv$ and $\overline{\varphi}(u, m, w; \theta) = \int_0^{2\pi} \varphi(u, v, w) \cos\{m(\theta - v)\} dv$.

23.3

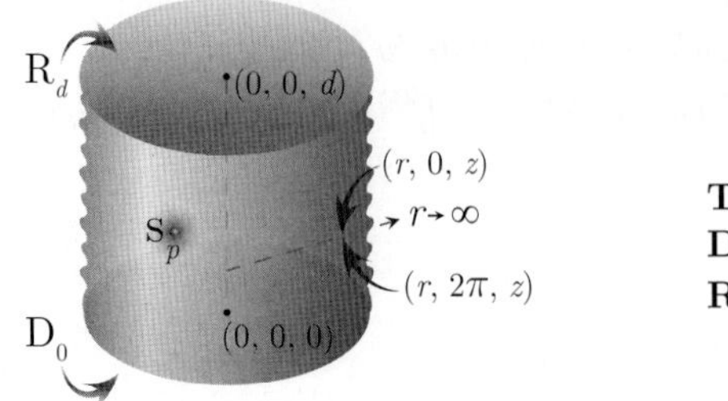

The problem of 23.1, except
$\mathbf{D_0 \equiv p(r,\theta,0,t) = \psi_0(r,\theta,t)}$ **and**
$\mathbf{R_d \equiv \frac{\partial p(r,\theta,d,t)}{\partial z} + \lambda p(r,\theta,d,t) = -\left(\frac{\mu}{k_z}\right)\psi_d(r,\theta,t)}$

Successive application of the Laplace, Fourier and finite Hankel transformations to equation (22.1.1) gives

$$\overline{\overline{\overline{p}}} = \frac{q(s)\,e^{-st_0}\cos\{m(\theta-\theta_0)\}\sin(\xi_l z_0)\,J_{m\dot{o}}(\xi r_0)}{\phi c_t(\eta_r\xi^2+\eta_z\xi_l^2+s)} + \\ + \frac{\eta_z\int_0^\infty J_{m\dot{o}}(\xi u)\,u\left\{\xi_l\overline{\overline{\psi}}_0(u,m,s;\theta) - \left(\frac{\mu}{k_z}\right)\overline{\overline{\psi}}_d(u,m,s;\theta)\sin(\xi_l d)\right\}du}{(\eta_r\xi^2+\eta_z\xi_l^2+s)} + \frac{\overline{\overline{\overline{\varphi}}}(\xi,m,\xi_l;\theta)}{(\eta_r\xi^2+\eta_z\xi_l^2+s)} \tag{23.3.1}$$

where ξ_l is a positive root of $\xi_l\cot(\xi_l d) = -\lambda$, $l = 1, 2, ...$,
$\overline{\overline{\overline{\varphi}}}(\xi,m,\xi_l;\theta) = \int_0^\infty uJ_{m\dot{o}}(\xi u)\int_0^{2\pi}\cos\{m(\theta-v)\}\int_0^d\varphi(u,v,w)\sin(\xi_l w)dwdvdu$,
$\overline{\overline{\psi}}_0(u,m,s;\theta) = \int_0^{2\pi}\overline{\psi}_0(u,v,s)\cos\{m(\theta-v)\}dv$ and $\overline{\overline{\psi}}_d(u,m,s;\theta) = \int_0^{2\pi}\overline{\psi}_d(u,v,s)\cos\{m(\theta-v)\}dv$.
Successive inverse transforms yield

$$\overline{p} = \frac{2q(s)\,e^{-st_0}}{\pi}\left(\frac{\mu}{k_r}\right)\sum_{m=0}^\infty \ni_m\cos\{m(\theta-\theta_0)\}\times \\ \times\sum_{l=1}^\infty\frac{(\xi_l^2+\lambda^2)\sin(\xi_l z_0)\sin(\xi_l z)}{\{d(\xi_l^2+\lambda^2)+\lambda\}}\begin{Bmatrix} I_{m\dot{o}}\left(r\sqrt{\frac{\eta_z\xi_l^2+s}{\eta_r}}\right)K_{m\dot{o}}\left(r_0\sqrt{\frac{\eta_z\xi_l^2+s}{\eta_r}}\right), & 0<r<r_0 \\ I_{m\dot{o}}\left(r_0\sqrt{\frac{\eta_z\xi_l^2+s}{\eta_r}}\right)K_{m\dot{o}}\left(r\sqrt{\frac{\eta_z\xi_l^2+s}{\eta_r}}\right), & 0<r_0<r\end{Bmatrix} + \\ + \frac{2\eta_z}{\pi\eta_r}\sum_{m=0}^\infty\ni_m\sum_{l=1}^\infty\frac{(\xi_l^2+\lambda^2)\sin(\xi_l z)}{\{d(\xi_l^2+\lambda^2)+\lambda\}}\int_0^\infty u\begin{Bmatrix} I_{m\dot{o}}\left(r\sqrt{\frac{\eta_z\xi_l^2+s}{\eta_r}}\right)K_{m\dot{o}}\left(u\sqrt{\frac{\eta_z\xi_l^2+s}{\eta_r}}\right), & 0<r<u \\ I_{m\dot{o}}\left(u\sqrt{\frac{\eta_z\xi_l^2+s}{\eta_r}}\right)K_{m\dot{o}}\left(r\sqrt{\frac{\eta_z\xi_l^2+s}{\eta_r}}\right), & 0<u<r\end{Bmatrix}du\,\times \\ \times\left\{\xi_l\overline{\overline{\psi}}_0(u,m,s;\theta) - \left(\frac{\mu}{k_z}\right)\overline{\overline{\psi}}_d(u,m,s;\theta)\sin(\xi_l d)\right\}du + \\ + \frac{2}{\pi\eta_r}\sum_{m=0}^\infty\ni_m\sum_{l=1}^\infty\frac{(\xi_l^2+\lambda^2)\sin(\xi_l z)}{\{d(\xi_l^2+\lambda^2)+\lambda\}}\times \\ \times\begin{Bmatrix} I_{m\dot{o}}\left(r\sqrt{\frac{\eta_z\xi_l^2+s}{\eta_r}}\right)\int_0^\infty uK_{m\dot{o}}\left(u\sqrt{\frac{\eta_z\xi_l^2+s}{\eta_r}}\right)\int_0^d\overline{\varphi}(u,m,w;\theta)\sin(\xi_l w)dwdu, & 0<r<u \\ K_{m\dot{o}}\left(r\sqrt{\frac{\eta_z\xi_l^2+s}{\eta_r}}\right)\int_0^\infty uI_{m\dot{o}}\left(u\sqrt{\frac{\eta_z\xi_l^2+s}{\eta_r}}\right)\int_0^d\overline{\varphi}(u,m,w;\theta)\sin(\xi_l w)dwdu, & 0<u<r\end{Bmatrix} \tag{23.3.2}$$

and

$$p = \frac{U(t-t_0)}{\pi}\left(\frac{\mu}{k_r}\right)\sum_{m=0}^\infty\ni_m\cos\{m(\theta-\theta_0)\}\sum_{l=1}^\infty\frac{(\xi_l^2+\lambda^2)\sin(\xi_l z_0)\sin(\xi_l z)}{\{d(\xi_l^2+\lambda^2)+\lambda\}}\times \\ \times\int_0^{t-t_0}\frac{q(t-t_0-\tau)}{\tau}I_{m\dot{o}}\left(\frac{rr_0}{2\eta_r\tau}\right)e^{-\frac{(r^2+r_0^2)}{4\eta_r\tau}-\eta_z\xi_l^2\tau}d\tau + \\ + \frac{\eta_z}{\pi\eta_r}\sum_{m=0}^\infty\ni_m\sum_{l=1}^\infty\frac{(\xi_l^2+\lambda^2)\sin(\xi_l z)}{\{d(\xi_l^2+\lambda^2)+\lambda\}}\times$$

$$\times \int_0^t \frac{e^{-\eta_z \xi_l^2 \tau}}{\tau} \int_0^\infty I_{m\dot{o}} \left\{\frac{ru}{2\eta_r \tau}\right\} u e^{-\frac{(r^2+u^2)}{4\eta_r \tau}} \left\{\xi_l \overline{\psi}_0 (u, m, t-\tau; \theta) - \left(\frac{\mu}{k_z}\right) \overline{\psi}_d (u, m, t-\tau; \theta) \sin(\xi_l d)\right\} du d\tau +$$

$$+ \frac{1}{\pi \eta_r t} \sum_{m=0}^\infty \ni_m \sum_{l=1}^\infty \frac{(\xi_l^2 + \lambda^2) \sin(\xi_l z) e^{-\eta_z \xi_l^2 t}}{\{d(\xi_l^2 + \lambda^2) + \lambda\}} \int_0^\infty u e^{-\frac{(r^2+u^2)}{4\eta_r t}} I_{m\dot{o}} \left(\frac{ru}{2\eta_r t}\right) \int_0^d \overline{\varphi}(u, m, w; \theta) \sin(\xi_l w) dw du \tag{23.3.3}$$

where $\overline{\psi}_0 (u, m, t; \theta) = \int_0^{2\pi} \psi_0 (u, v, t) \cos\{m(\theta - v)\} dv$, $\overline{\psi}_d (u, m, t; \theta) = \int_0^{2\pi} \psi_d (u, v, t) \cos\{m(\theta - v)\} dv$ and $\overline{\varphi}(u, m, w; \theta) = \int_0^{2\pi} \varphi(u, v, w) \cos\{m(\theta - v)\} dv$.

23.4 The problem of 23.1, except $\mathbf{N}_0 \equiv \frac{\partial p(r,\theta,0,t)}{\partial z} = -\left(\frac{\mu}{k_z}\right) \psi_0 (r, \theta, t)$ and $\mathbf{D}_d \equiv p(r, \theta, d, t) = \psi_d (r, \theta, t)$

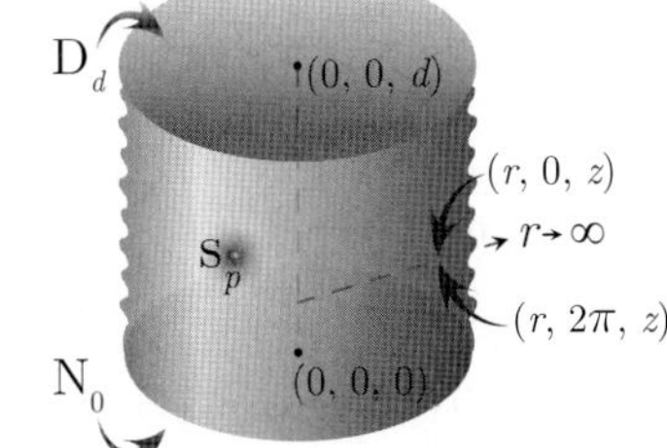

Successive application of the Laplace, Fourier and finite Hankel transformations to equation (22.1.1) gives

$$\overline{\overline{\overline{p}}} = \frac{q(s) e^{-st_0} \cos\{m(\theta - \theta_0)\} \cos(\xi_l z_0) J_{m\dot{o}} (\xi_n r_0)}{\phi c_t (\eta_r \xi^2 + \eta_z \xi_l^2 + s)} +$$

$$+ \frac{\eta_z \int_0^\infty J_{m\dot{o}} (\xi u) u \left\{(-1)^{m+1} \xi_l \overline{\overline{\psi}}_d (u, m, s; \theta) + \left(\frac{\mu}{k_z}\right) \overline{\overline{\psi}}_0 (u, m, s; \theta)\right\} du}{(\eta_r \xi^2 + \eta_z \xi_l^2 + s)} + \frac{\overline{\overline{\overline{\varphi}}}(\xi, m, \xi_l; \theta)}{(\eta_r \xi^2 + \eta_z \xi_l^2 + s)} \tag{23.4.1}$$

where ξ_l is a positive root of $\cos(\xi_l d)$, which are $\xi_l = \frac{(2l-1)\pi}{2d}$, $l = 1, 2, ...$, $\overline{\overline{\overline{\varphi}}}(\xi, m, \xi_l; \theta) = \int_0^\infty u J_{m\dot{o}} (\xi u) \int_0^{2\pi} \cos\{m(\theta - v)\} \int_0^d \varphi(u, v, w) \cos(\xi_l w) dw dv du$, $\overline{\overline{\psi}}_0 (u, m, s; \theta) = \int_0^{2\pi} \overline{\psi}_0 (u, v, s) \cos\{m(\theta - v)\} dv$ and $\overline{\overline{\psi}}_d (u, m, s; \theta) = \int_0^{2\pi} \overline{\psi}_d (u, v, s) \cos\{m(\theta - v)\} dv$. Successive inverse transforms yield

$$\overline{p} = \frac{2q(s) e^{-st_0}}{\pi d} \left(\frac{\mu}{k_r}\right) \sum_{m=0}^\infty \ni_m \cos\{m(\theta - \theta_0)\} \times$$

$$\times \sum_{l=1}^\infty \cos(\xi_l z_0) \cos(\xi_l z) \left\{\begin{array}{ll} I_{m\dot{o}}\left(r\sqrt{\frac{\eta_z \xi_l^2 + s}{\eta_r}}\right) K_{m\dot{o}}\left(r_0\sqrt{\frac{\eta_z \xi_l^2 + s}{\eta_r}}\right), & 0 < r < r_0 \\ I_{m\dot{o}}\left(r_0\sqrt{\frac{\eta_z \xi_l^2 + s}{\eta_r}}\right) K_{m\dot{o}}\left(r\sqrt{\frac{\eta_z \xi_l^2 + s}{\eta_r}}\right), & 0 < r_0 < r \end{array}\right\} +$$

$$+ \frac{2\eta_z}{\pi d \eta_r} \sum_{m=0}^\infty \ni_m \sum_{l=1}^\infty \cos(\xi_l z) \int_0^\infty u \left\{\begin{array}{ll} I_{m\dot{o}}\left(r\sqrt{\frac{\eta_z \xi_l^2 + s}{\eta_r}}\right) K_{m\dot{o}}\left(u\sqrt{\frac{\eta_z \xi_l^2 + s}{\eta_r}}\right), & 0 < r < u \\ I_{m\dot{o}}\left(u\sqrt{\frac{\eta_z \xi_l^2 + s}{\eta_r}}\right) K_{m\dot{o}}\left(r\sqrt{\frac{\eta_z \xi_l^2 + s}{\eta_r}}\right), & 0 < u < r \end{array}\right\} \times$$

$$\times \left\{(-1)^{m+1} \xi_l \overline{\overline{\psi}}_d (u, m, s; \theta) + \left(\frac{\mu}{k_z}\right) \overline{\overline{\psi}}_0 (u, m, s; \theta)\right\} du +$$

$$+ \frac{2}{\pi d \eta_r} \sum_{m=0}^\infty \ni_m \sum_{l=1}^\infty \cos(\xi_l z) \times$$

$$\times \left\{\begin{array}{ll} I_{m\dot{o}}\left(r\sqrt{\frac{\eta_z \xi_l^2 + s}{\eta_r}}\right) \int_0^\infty u K_{m\dot{o}}\left(u\sqrt{\frac{\eta_z \xi_l^2 + s}{\eta_r}}\right) \int_0^d \overline{\varphi}(u, m, w; \theta) \cos(\xi_l w) dw du, & 0 < r < u \\ K_{m\dot{o}}\left(r\sqrt{\frac{\eta_z \xi_l^2 + s}{\eta_r}}\right) \int_0^\infty u I_{m\dot{o}}\left(u\sqrt{\frac{\eta_z \xi_l^2 + s}{\eta_r}}\right) \int_0^d \overline{\varphi}(u, m, w; \theta) \cos(\xi_l w) dw du, & 0 < u < r \end{array}\right\} \tag{23.4.2}$$

and

$$p = \frac{U(t-t_0)}{4\pi d}\left(\frac{\mu}{k_r}\right)\sum_{m=0}^{\infty}\ni_m \cos\{m(\theta-\theta_0)\}\times$$
$$\times\int_0^{t-t_0}\frac{q(t-t_0-\tau)}{\tau}I_{m\dot{o}}\left(\frac{rr_0}{2\eta_r\tau}\right)e^{-\frac{(r^2+r_0^2)}{4\eta_r\tau}}\left[\Theta_2\left\{\frac{\pi(z-z_0)}{2d},e^{-\left(\frac{\pi}{d}\right)\eta_z\tau}\right\}+\Theta_2\left\{\frac{\pi(z+z_0)}{2d},e^{-\left(\frac{\pi}{d}\right)\eta_z\tau}\right\}\right]d\tau+$$
$$+\frac{1}{2\pi d\eta_r}\sum_{m=0}^{\infty}\ni_m\int_0^t\frac{1}{\tau}\int_0^{\infty}I_{m\dot{o}}\left\{\frac{ru}{2\eta_r\tau}\right\}ue^{-\frac{(r^2+u^2)}{4\eta_r\tau}}\times$$
$$\times\left\{\left(\frac{\eta_z}{2d}\right)\Theta_1'\left(\frac{\pi z}{2d},e^{-\left(\frac{\pi}{d}\right)\eta_z\tau}\right)\overline{\psi}_d(u,m,t-\tau;\theta)+\left(\frac{1}{\phi c_t}\right)\Theta_2\left(\frac{\pi z}{2d},e^{-\left(\frac{\pi}{d}\right)\eta_z\tau}\right)\overline{\psi}_0(u,m,t-\tau;\theta)\right\}dud\tau+$$
$$+\frac{1}{4\pi d\eta_r t}\sum_{m=0}^{\infty}\ni_m\int_0^{\infty}ue^{-\frac{(r^2+u^2)}{4\eta_r t}}I_{m\dot{o}}\left(\frac{ru}{2\eta_r t}\right)\times$$
$$\times\int_0^d\overline{\varphi}(u,m,w;\theta)\left[\Theta_2\left\{\frac{\pi(z-w)}{2d},e^{-\left(\frac{\pi}{d}\right)\eta_z t}\right\}+\Theta_2\left\{\frac{\pi(z+w)}{2d},e^{-\left(\frac{\pi}{d}\right)\eta_z t}\right\}\right]dwdu \tag{23.4.3}$$

where $\overline{\psi}_0(u,m,t;\theta) = \int_0^{2\pi}\psi_0(u,v,t)\cos\{m(\theta-v)\}dv$, $\overline{\psi}_d(u,m,t;\theta) = \int_0^{2\pi}\psi_d(u,v,t)\cos\{m(\theta-v)\}dv$ and $\overline{\varphi}(u,m,w;\theta) = \int_0^{2\pi}\varphi(u,v,w)\cos\{m(\theta-v)\}dv$.

23.5

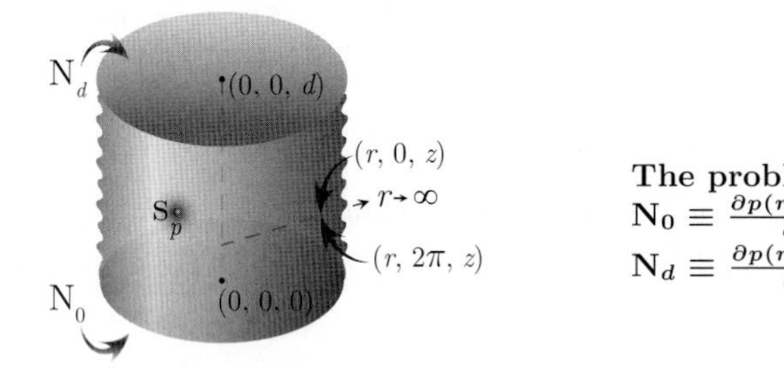

The problem of 23.1, except
$\mathbf{N_0} \equiv \frac{\partial p(r,\theta,0,t)}{\partial z} = -\left(\frac{\mu}{k_z}\right)\psi_0(r,\theta,t)$ **and**
$\mathbf{N_d} \equiv \frac{\partial p(r,\theta,d,t)}{\partial z} = -\left(\frac{\mu}{k_z}\right)\psi_d(r,\theta,t)$

Successive application of the Laplace, Fourier and finite Hankel transformations to equation (22.1.1) gives

$$\overline{\overline{\overline{p}}} = \frac{q(s)e^{-st_0}\cos\{m(\theta-\theta_0)\}\cos(\xi_l z_0)J_{m\dot{o}}(\xi_n r_0)}{\phi c_t(\eta_r\xi^2+\eta_z\xi_l^2+s)}+$$
$$+\frac{\int_0^{\infty}J_{m\dot{o}}(\xi u)u\left\{\overline{\overline{\psi}}_0(u,m,s;\theta)+(-1)^{m+1}\overline{\overline{\psi}}_d(u,m,s;\theta)\right\}du}{\phi c_t(\eta_r\xi^2+\eta_z\xi_l^2+s)}+\frac{\overline{\overline{\overline{\varphi}}}(\xi,m,\xi_l;\theta)}{(\eta_r\xi^2+\eta_z\xi_l^2+s)} \tag{23.5.1}$$

where ξ_l is a positive root of $\sin(\xi_l d)$, which are $\xi_l = \frac{l\pi}{d}$, $l = 1, 2, ...$,
$\overline{\overline{\overline{\varphi}}}(\xi,m,\xi_l;\theta) = \int_0^{\infty}uJ_{m\dot{o}}(\xi u)\int_0^{2\pi}\cos\{m(\theta-v)\}\int_0^d\varphi(u,v,w)\cos(\xi_l w)dwdvdu$,
$\overline{\overline{\psi}}_0(u,m,s;\theta) = \int_0^{2\pi}\overline{\psi}_0(u,v,s)\cos\{m(\theta-v)\}dv$ and $\overline{\overline{\psi}}_d(u,m,s;\theta) = \int_0^{2\pi}\overline{\psi}_d(u,v,s)\cos\{m(\theta-v)\}dv$.
Successive inverse transforms yield

$$\overline{p} = \frac{2q(s)e^{-st_0}}{\pi d}\left(\frac{\mu}{k_r}\right)\sum_{m=0}^{\infty}\ni_m\cos\{m(\theta-\theta_0)\}\times$$
$$\times\sum_{l=0}^{\infty}\ni_l\cos(\xi_l z_0)\cos(\xi_l z)\left\{\begin{array}{ll}I_{m\dot{o}}\left(r\sqrt{\frac{\eta_z\xi_l^2+s}{\eta_r}}\right)K_{m\dot{o}}\left(r_0\sqrt{\frac{\eta_z\xi_l^2+s}{\eta_r}}\right), & 0<r<r_0\\ I_{m\dot{o}}\left(r_0\sqrt{\frac{\eta_z\xi_l^2+s}{\eta_r}}\right)K_{m\dot{o}}\left(r\sqrt{\frac{\eta_z\xi_l^2+s}{\eta_r}}\right), & 0<r_0<r\end{array}\right\}+$$

$$+\frac{2}{\pi d}\left(\frac{\mu}{k_r}\right)\sum_{m=0}^{\infty}\ni_m\sum_{l=0}^{\infty}\ni_l\cos(\xi_l z)\int_0^{\infty}u\begin{Bmatrix}I_{m\dot{o}}\left(r\sqrt{\frac{\eta_z\xi_l^2+s}{\eta_r}}\right)K_{m\dot{o}}\left(u\sqrt{\frac{\eta_z\xi_l^2+s}{\eta_r}}\right), & 0<r<u\\ I_{m\dot{o}}\left(u\sqrt{\frac{\eta_z\xi_l^2+s}{\eta_r}}\right)K_{m\dot{o}}\left(r\sqrt{\frac{\eta_z\xi_l^2+s}{\eta_r}}\right), & 0<u<r\end{Bmatrix}\times$$

$$\times\left\{\overline{\overline{\psi}}_0(u,m,s;\theta)+(-1)^{m+1}\overline{\overline{\psi}}_d(u,m,s;\theta)\right\}du+$$

$$+\frac{2}{\pi d\eta_r}\sum_{m=0}^{\infty}\ni_m\sum_{l=0}^{\infty}\ni_l\cos(\xi_l z)\times$$

$$\times\begin{Bmatrix}I_{m\dot{o}}\left(r\sqrt{\frac{\eta_z\xi_l^2+s}{\eta_r}}\right)\int_0^{\infty}uK_{m\dot{o}}\left(u\sqrt{\frac{\eta_z\xi_l^2+s}{\eta_r}}\right)\int_0^d\overline{\varphi}(u,m,w;\theta)\cos(\xi_l w)dwdu, & 0<r<u\\ K_{m\dot{o}}\left(r\sqrt{\frac{\eta_z\xi_l^2+s}{\eta_r}}\right)\int_0^{\infty}uI_{m\dot{o}}\left(u\sqrt{\frac{\eta_z\xi_l^2+s}{\eta_r}}\right)\int_0^d\overline{\varphi}(u,m,w;\theta)\cos(\xi_l w)dwdu, & 0<u<r\end{Bmatrix}\quad(23.5.2)$$

and

$$p=\frac{U(t-t_0)}{4\pi d}\left(\frac{\mu}{k_r}\right)\sum_{m=0}^{\infty}\ni_m\cos\{m(\theta-\theta_0)\}\times$$

$$\times\int_0^{t-t_0}\frac{q(t-t_0-\tau)}{\tau}I_{m\dot{o}}\left(\frac{rr_0}{2\eta_r\tau}\right)e^{-\frac{(r^2+r_0^2)}{4\eta_r\tau}}\left[\Theta_3\left\{\frac{\pi(z-z_0)}{2d},e^{-\left(\frac{\pi}{d}\right)\eta_z\tau}\right\}+\Theta_3\left\{\frac{\pi(z+z_0)}{2d},e^{-\left(\frac{\pi}{d}\right)\eta_z\tau}\right\}\right]d\tau+$$

$$+\frac{1}{2\pi d\phi c_t}\sum_{m=0}^{\infty}\ni_m\int_0^t\frac{1}{\tau}\int_0^{\infty}I_{m\dot{o}}\left\{\frac{ru}{2\eta_r\tau}\right\}ue^{-\frac{(r^2+u^2)}{4\eta_r\tau}}\times$$

$$\times\left\{\Theta_3\left\{\frac{\pi z}{2d},e^{-\left(\frac{\pi}{d}\right)\eta_z\tau}\right\}\overline{\psi}_0(u,m,t-\tau;\theta)-\Theta_4\left\{\frac{\pi z}{2d},e^{-\left(\frac{\pi}{d}\right)\eta_z\tau}\right\}\overline{\psi}_d(u,m,t-\tau;\theta)\right\}dud\tau+$$

$$+\frac{1}{4\pi d\eta_r t}\sum_{m=0}^{\infty}\ni_m\int_0^{\infty}ue^{-\frac{(r^2+u^2)}{4\eta_r t}}I_{m\dot{o}}\left(\frac{ru}{2\eta_r t}\right)\times$$

$$\times\int_0^d\overline{\varphi}(u,m,w;\theta)\left[\Theta_3\left\{\frac{\pi(z-w)}{2d},e^{-\left(\frac{\pi}{d}\right)\eta_z t}\right\}+\Theta_3\left\{\frac{\pi(z+w)}{2d},e^{-\left(\frac{\pi}{d}\right)\eta_z t}\right\}\right]dwdu\quad(23.5.3)$$

where $\overline{\psi}_0(u,m,t;\theta)=\int_0^{2\pi}\psi_0(u,v,t)\cos\{m(\theta-v)\}dv$, $\overline{\psi}_d(u,m,t;\theta)=\int_0^{2\pi}\psi_d(u,v,t)\cos\{m(\theta-v)\}dv$ and $\overline{\varphi}(u,m,w;\theta)=\int_0^{2\pi}\varphi(u,v,w)\cos\{m(\theta-v)\}dv$.

23.6 The problem of 23.1, except $N_0\equiv\frac{\partial p(r,\theta,0,t)}{\partial z}=-\left(\frac{\mu}{k_z}\right)\psi_0(r,\theta,t)$ and $R_d\equiv\frac{\partial p(r,\theta,d,t)}{\partial z}+\lambda p(r,\theta,d,t)=-\left(\frac{\mu}{k_z}\right)\psi_d(r,\theta,t)$

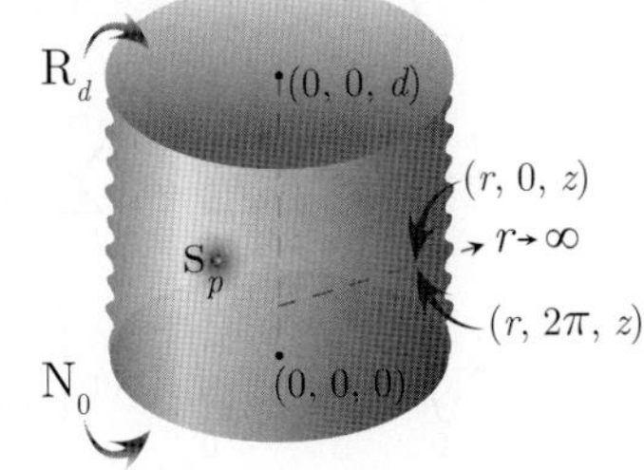

Successive application of the Laplace, Fourier and finite Hankel transformations to equation (22.1.1) gives

$$\overline{\overline{\overline{p}}}=\frac{q(s)e^{-st_0}\cos\{m(\theta-\theta_0)\}\cos(\xi_l z_0)J_{m\dot{o}}(\xi r_0)}{\phi c_t(\eta_r\xi^2+\eta_z\xi_l^2+s)}+$$

$$+\frac{\int_0^{\infty}J_{m\dot{o}}(\xi u)u\left\{\overline{\overline{\psi}}_0(u,m,s;\theta)-\overline{\overline{\psi}}_d(u,m,s;\theta)\cos(\xi_l d)\right\}du}{\phi c_t(\eta_r\xi^2+\eta_z\xi_l^2+s)}+\frac{\overline{\overline{\overline{\varphi}}}(\xi,m,\xi_l;\theta)}{(\eta_r\xi^2+\eta_z\xi_l^2+s)}\quad(23.6.1)$$

where ξ_l is a positive root of $\xi_l \tan(\xi_l d) = \lambda$, $l = 1, 2, ...$,
$\overline{\overline{\overline{\varphi}}}(\xi, m, \xi_l; \theta) = \int_0^\infty u J_{m\dot{o}}(\xi u) \int_0^{2\pi} \cos\{m(\theta - v)\} \int_0^d \varphi(u, v, w) \cos(\xi_l w) dw dv du$,
$\overline{\overline{\psi}}_0(u, m, s; \theta) = \int_0^{2\pi} \overline{\psi}_0(u, v, s) \cos\{m(\theta - v)\} dv$ and $\overline{\overline{\psi}}_d(u, m, s; \theta) = \int_0^{2\pi} \overline{\psi}_d(u, v, s) \cos\{m(\theta - v)\} dv$.
Successive inverse transforms yield

$$
\begin{aligned}
\overline{p} = {} & \frac{2q(s)\, e^{-st_0}}{\pi} \left(\frac{\mu}{k_r}\right) \sum_{m=0}^{\infty} \ni_m \cos\{m(\theta - \theta_0)\} \sum_{l=1}^{\infty} \frac{(\xi_l^2 + \lambda^2) \cos(\xi_l z_0) \cos(\xi_l z)}{\{d(\xi_l^2 + \lambda^2) + \lambda\}} \times \\
& \times \left\{ \begin{array}{ll} I_{m\dot{o}}\left(r\sqrt{\frac{\eta_z \xi_l^2 + s}{\eta_r}}\right) K_{m\dot{o}}\left(r_0\sqrt{\frac{\eta_z \xi_l^2 + s}{\eta_r}}\right), & 0 < r < r_0 \\ I_{m\dot{o}}\left(r_0\sqrt{\frac{\eta_z \xi_l^2 + s}{\eta_r}}\right) K_{m\dot{o}}\left(r\sqrt{\frac{\eta_z \xi_l^2 + s}{\eta_r}}\right), & 0 < r_0 < r \end{array} \right\} + \\
& + \frac{2}{\pi}\left(\frac{\mu}{k_r}\right) \sum_{m=0}^{\infty} \ni_m \sum_{l=1}^{\infty} \frac{(\xi_l^2 + \lambda^2) \cos(\xi_l z)}{\{d(\xi_l^2 + \lambda^2) + \lambda\}} \int_0^\infty u \left\{ \begin{array}{ll} I_{m\dot{o}}\left(r\sqrt{\frac{\eta_z \xi_l^2 + s}{\eta_r}}\right) K_{m\dot{o}}\left(u\sqrt{\frac{\eta_z \xi_l^2 + s}{\eta_r}}\right), & 0 < r < u \\ I_{m\dot{o}}\left(u\sqrt{\frac{\eta_z \xi_l^2 + s}{\eta_r}}\right) K_{m\dot{o}}\left(r\sqrt{\frac{\eta_z \xi_l^2 + s}{\eta_r}}\right), & 0 < u < r \end{array} \right\} du \times \\
& \times \left\{ \overline{\overline{\psi}}_0(u, m, s; \theta) - \overline{\overline{\psi}}_d(u, m, s; \theta) \cos(\xi_l d) \right\} du + \\
& + \frac{2}{\pi \eta_r} \sum_{m=0}^{\infty} \ni_m \sum_{l=1}^{\infty} \frac{(\xi_l^2 + \lambda^2) \cos(\xi_l z)}{\{d(\xi_l^2 + \lambda^2) + \lambda\}} \times \\
& \times \left\{ \begin{array}{ll} I_{m\dot{o}}\left(r\sqrt{\frac{\eta_z \xi_l^2 + s}{\eta_r}}\right) \int_0^\infty u K_{m\dot{o}}\left(u\sqrt{\frac{\eta_z \xi_l^2 + s}{\eta_r}}\right) \int_0^d \overline{\varphi}(u, m, w; \theta) \cos(\xi_l w) dw du, & 0 < r < u \\ K_{m\dot{o}}\left(r\sqrt{\frac{\eta_z \xi_l^2 + s}{\eta_r}}\right) \int_0^\infty u I_{m\dot{o}}\left(u\sqrt{\frac{\eta_z \xi_l^2 + s}{\eta_r}}\right) \int_0^d \overline{\varphi}(u, m, w; \theta) \cos(\xi_l w) dw du, & 0 < u < r \end{array} \right\}
\end{aligned}
\tag{23.6.2}
$$

and

$$
\begin{aligned}
p = {} & \frac{U(t - t_0)}{\pi} \left(\frac{\mu}{k_r}\right) \sum_{m=0}^{\infty} \ni_m \cos\{m(\theta - \theta_0)\} \sum_{l=1}^{\infty} \frac{(\xi_l^2 + \lambda^2) \cos(\xi_l z_0) \cos(\xi_l z)}{\{d(\xi_l^2 + \lambda^2) + \lambda\}} \times \\
& \times \int_0^{t-t_0} \frac{q(t - t_0 - \tau)}{\tau} I_{m\dot{o}}\left(\frac{r r_0}{2\eta_r \tau}\right) e^{-\frac{(r^2 + r_0^2)}{4\eta_r \tau} - \eta_z \xi_l^2 \tau} d\tau + \\
& + \frac{1}{\pi}\left(\frac{\mu}{k_r}\right) \sum_{m=0}^{\infty} \ni_m \sum_{l=1}^{\infty} \frac{(\xi_l^2 + \lambda^2) \cos(\xi_l z)}{\{d(\xi_l^2 + \lambda^2) + \lambda\}} \times \\
& \times \int_0^t \frac{e^{-\eta_z \xi_l^2 \tau}}{\tau} \int_0^\infty I_{m\dot{o}}\left\{\frac{ru}{2\eta_r \tau}\right\} u e^{-\frac{(r^2 + u^2)}{4\eta_r \tau}} \{\overline{\psi}_0(u, m, t - \tau; \theta) - \overline{\psi}_d(u, m, t - \tau; \theta) \cos(\xi_l d)\} du d\tau + \\
& + \frac{1}{\pi \eta_r t} \sum_{m=0}^{\infty} \ni_m \sum_{l=1}^{\infty} \frac{(\xi_l^2 + \lambda^2) \cos(\xi_l z)\, e^{-\eta_z \xi_l^2 t}}{\{d(\xi_l^2 + \lambda^2) + \lambda\}} \int_0^\infty u e^{-\frac{(r^2 + u^2)}{4\eta_r t}} I_{m\dot{o}}\left(\frac{ru}{2\eta_r t}\right) \int_0^d \overline{\varphi}(u, m, w; \theta) \cos(\xi_l u) du dv
\end{aligned}
\tag{23.6.3}
$$

where $\overline{\psi}_0(u, m, t; \theta) = \int_0^{2\pi} \psi_0(u, v, t) \cos\{m(\theta - v)\} dv$, $\overline{\psi}_d(u, m, t; \theta) = \int_0^{2\pi} \psi_d(u, v, t) \cos\{m(\theta - v)\} dv$ and $\overline{\varphi}(u, m, w; \theta) = \int_0^{2\pi} \varphi(u, v, w) \cos\{m(\theta - v)\} dv$.

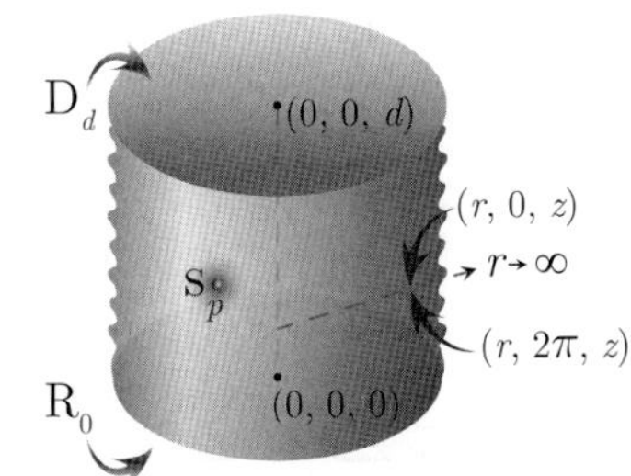

23.7 **The problem of 23.1, except**
$\mathbf{R_0 \equiv \frac{\partial p(r,\theta,0,t)}{\partial z} - \lambda p(r,\theta,0,t) = -\left(\frac{\mu}{k_z}\right)\psi_0(r,\theta,t)}$ **and**
$\mathbf{D_d \equiv p(r,\theta,d,t) = \psi_d(r,\theta,t)}$

Successive application of the Laplace, Fourier and finite Hankel transformations to equation (22.1.1) gives

$$\overline{\overline{\overline{p}}} = \frac{q(s)e^{-st_0}\cos\{m(\theta-\theta_0)\}\sin\{\xi_l(d-z_0)\}J_{m\dot{o}}(\xi_n r_0)}{\phi c_t(\eta_r\xi^2+\eta_z\xi_l^2+s)} + $$
$$+\frac{\eta_z\int_0^\infty J_{m\dot{o}}(\xi u)\,u\left\{\left(\frac{\mu}{k_z}\right)\overline{\overline{\psi}}_0(u,m,s;\theta)\sin(\xi_l d)+\xi_l\overline{\overline{\psi}}_d(u,m,s;\theta)\right\}du}{(\eta_r\xi^2+\eta_z\xi_l^2+s)} + \frac{\overline{\overline{\overline{\varphi}}}(\xi,m,\xi_l;\theta)}{(\eta_r\xi^2+\eta_z\xi_l^2+s)} \quad (23.7.1)$$

where ξ_l is a positive root of $\xi_l\cot(\xi_l d) = -\lambda$, $l = 1, 2, ...,$
$\overline{\overline{\overline{\varphi}}}(\xi,m,\xi_l;\theta) = \int_0^\infty uJ_{m\dot{o}}(\xi u)\int_0^{2\pi}\cos\{m(\theta-v)\}\int_0^d\varphi(u,v,w)\sin\{\xi_l(d-w)\}dwdvdu$,
$\overline{\overline{\psi}}_0(u,m,s;\theta) = \int_0^{2\pi}\overline{\psi}_0(u,v,s)\cos\{m(\theta-v)\}dv$ and $\overline{\overline{\psi}}_d(u,m,s;\theta) = \int_0^{2\pi}\overline{\psi}_d(u,v,s)\cos\{m(\theta-v)\}dv$.
Successive inverse transforms yield

$$\overline{p} = \frac{2q(s)e^{-st_0}}{\pi}\left(\frac{\mu}{k_r}\right)\sum_{m=0}^\infty \ni_m\cos\{m(\theta-\theta_0)\}\sum_{l=1}^\infty\frac{(\xi_l^2+\lambda^2)\sin\{\xi_l(d-z_0)\}\sin\{\xi_l(d-z)\}}{\{d(\xi_l^2+\lambda^2)+\lambda\}}\times$$
$$\times\left\{\begin{array}{ll} I_{m\dot{o}}\left(r\sqrt{\frac{\eta_z\xi_l^2+s}{\eta_r}}\right)K_{m\dot{o}}\left(r_0\sqrt{\frac{\eta_z\xi_l^2+s}{\eta_r}}\right), & 0<r<r_0 \\ I_{m\dot{o}}\left(r_0\sqrt{\frac{\eta_z\xi_l^2+s}{\eta_r}}\right)K_{m\dot{o}}\left(r\sqrt{\frac{\eta_z\xi_l^2+s}{\eta_r}}\right), & 0<r_0<r\end{array}\right\}+$$
$$+\frac{2\eta_z}{\pi\eta_r}\sum_{m=0}^\infty\ni_m\sum_{l=1}^\infty\frac{(\xi_l^2+\lambda^2)\sin\{\xi_l(d-z)\}}{\{d(\xi_l^2+\lambda^2)+\lambda\}}\times$$
$$\times\int_0^\infty u\left\{\begin{array}{ll} I_{m\dot{o}}\left(r\sqrt{\frac{\eta_z\xi_l^2+s}{\eta_r}}\right)K_{m\dot{o}}\left(u\sqrt{\frac{\eta_z\xi_l^2+s}{\eta_r}}\right), & 0<r<u \\ I_{m\dot{o}}\left(u\sqrt{\frac{\eta_z\xi_l^2+s}{\eta_r}}\right)K_{m\dot{o}}\left(r\sqrt{\frac{\eta_z\xi_l^2+s}{\eta_r}}\right), & 0<u<r\end{array}\right\}\times$$
$$\times\left\{\left(\frac{\mu}{k_z}\right)\overline{\overline{\psi}}_0(u,m,s;\theta)\sin(\xi_l d)+\xi_l\overline{\overline{\psi}}_d(u,m,s;\theta)\right\}du+$$
$$+\frac{2}{\pi\eta_r}\sum_{m=0}^\infty\ni_m\sum_{l=1}^\infty\frac{(\xi_l^2+\lambda^2)\sin\{\xi_l(d-z)\}}{\{d(\xi_l^2+\lambda^2)+\lambda\}}\times$$
$$\times\left\{\begin{array}{ll} I_{m\dot{o}}\left(r\sqrt{\frac{\eta_z\xi_l^2+s}{\eta_r}}\right)\int_0^\infty uK_{m\dot{o}}\left(u\sqrt{\frac{\eta_z\xi_l^2+s}{\eta_r}}\right)\int_0^d\overline{\varphi}(u,m,w;\theta)\sin\{\xi_l(d-w)\}dwdu, & 0<r<u \\ K_{m\dot{o}}\left(r\sqrt{\frac{\eta_z\xi_l^2+s}{\eta_r}}\right)\int_0^\infty uI_{m\dot{o}}\left(u\sqrt{\frac{\eta_z\xi_l^2+s}{\eta_r}}\right)\int_0^d\overline{\varphi}(u,m,w;\theta)\sin\{\xi_l(d-w)\}dwdu, & 0<u<r\end{array}\right\}$$
$$(23.7.2)$$

and

$$p = \frac{U(t-t_0)}{\pi}\left(\frac{\mu}{k_r}\right)\sum_{m=0}^\infty\ni_m\cos\{m(\theta-\theta_0)\}\times$$
$$\times\sum_{l=1}^\infty\frac{(\xi_l^2+\lambda^2)\sin\{\xi_l(d-z_0)\}\sin\{\xi_l(d-z)\}}{\{d(\xi_l^2+\lambda^2)+\lambda\}}\int_0^{t-t_0}\frac{q(t-t_0-\tau)e^{-\eta_z\xi_l^2\tau}}{\tau}I_{m\dot{o}}\left(\frac{rr_0}{2\eta_r\tau}\right)e^{-\frac{(r^2+r_0^2)}{4\eta_r\tau}}d\tau+$$

$$+\frac{\eta_z}{\pi\eta_r}\sum_{m=0}^{\infty}\ni_m\sum_{l=1}^{\infty}\frac{\left(\xi_l^2+\lambda^2\right)\sin\left\{\xi_l\left(d-z\right)\right\}}{\left\{d\left(\xi_l^2+\lambda^2\right)+\lambda\right\}}\times$$

$$\times\int_0^t\frac{e^{-\eta_z\xi_l^2\tau}}{\tau}\int_0^{\infty}I_{m\dot{o}}\left\{\frac{ru}{2\eta_r\tau}\right\}ue^{-\frac{\left(r^2+u^2\right)}{4\eta_r\tau}}\left\{\left(\frac{\mu}{k_z}\right)\overline{\psi}_0(u,m,t-\tau;\theta)\sin\left(\xi_l d\right)+\xi_l\overline{\psi}_d\left(u,m,t-\tau;\theta\right)\right\}dud\tau+$$

$$+\frac{1}{\pi\eta_r t}\sum_{m=0}^{\infty}\ni_m\sum_{l=1}^{\infty}\frac{\left(\xi_l^2+\lambda^2\right)\sin\left\{\xi_l\left(d-z\right)\right\}e^{-\eta_z\xi_l^2 t}}{\left\{d\left(\xi_l^2+\lambda^2\right)+\lambda\right\}}\int_0^{\infty}ue^{-\frac{\left(r^2+u^2\right)}{4\eta_r t}}I_{m\dot{o}}\left(\frac{ru}{2\eta_r t}\right)\times$$

$$\times\int_0^d\overline{\varphi}\left(u,m,w;\theta\right)\sin\left\{\xi_l\left(d-w\right)\right\}dwdu \tag{23.7.3}$$

where $\overline{\psi}_0\left(u,m,t;\theta\right)=\int_0^{2\pi}\psi_0\left(u,v,t\right)\cos\left\{m\left(\theta-v\right)\right\}dv$, $\overline{\psi}_d\left(u,m,t;\theta\right)=\int_0^{2\pi}\psi_d\left(u,v,t\right)\cos\left\{m\left(\theta-v\right)\right\}dv$ and $\overline{\varphi}\left(u,m,w;\theta\right)=\int_0^{2\pi}\varphi\left(u,v,w\right)\cos\left\{m\left(\theta-v\right)\right\}dv$.

23.8

The problem of 23.1, except
$\mathbf{R_0}\equiv\frac{\partial p(r,\theta,0,t)}{\partial z}-\lambda p\left(r,\theta,0,t\right)=-\left(\frac{\mu}{k_z}\right)\psi_0\left(r,\theta,t\right)$ **and**
$\mathbf{N_d}\equiv\frac{\partial p(r,\theta,d,t)}{\partial z}=-\left(\frac{\mu}{k_z}\right)\psi_d\left(r,\theta,t\right)$

Successive application of the Laplace, Fourier and finite Hankel transformations to equation (22.1.1) gives

$$\overline{\overline{\overline{p}}}=\frac{q\left(s\right)e^{-st_0}\cos\left\{m\left(\theta-\theta_0\right)\right\}\cos\left\{\xi_l\left(d-z_0\right)\right\}J_{m\dot{o}}\left(\xi_n r_0\right)}{\phi c_t\left(\eta_r\xi^2+\eta_z\xi_l^2+s\right)}+$$

$$+\frac{\int_0^{\infty}J_{m\dot{o}}\left(\xi u\right)u\left\{\overline{\overline{\psi}}_0\left(u,m,s;\theta\right)\cos\left(\xi_l d\right)-\overline{\overline{\psi}}_d\left(u,m,s;\theta\right)\right\}du}{\phi c_t\left(\eta_r\xi^2+\eta_z\xi_l^2+s\right)}+\frac{\overline{\overline{\overline{\varphi}}}\left(\xi,m,\xi_l;\theta\right)}{\left(\eta_r\xi^2+\eta_z\xi_l^2+s\right)} \tag{23.8.1}$$

where ξ_l is a positive root of $\xi_l\tan\left(\xi_l d\right)=\lambda$, $l=1,2,...$,
$\overline{\overline{\overline{\varphi}}}\left(\xi,m,\xi_l;\theta\right)=\int_0^{\infty}uJ_{m\dot{o}}\left(\xi u\right)\int_0^{2\pi}\cos\left\{m\left(\theta-v\right)\right\}\int_0^d\varphi\left(u,v,w\right)\cos\left\{\xi_l\left(d-w\right)\right\}dwdvdu$,
$\overline{\overline{\psi}}_0\left(u,m,s;\theta\right)=\int_0^{2\pi}\overline{\psi}_0\left(u,v,s\right)\cos\left\{m\left(\theta-v\right)\right\}dv$ and $\overline{\overline{\psi}}_d\left(u,m,s;\theta\right)=\int_0^{2\pi}\overline{\psi}_d\left(u,v,s\right)\cos\left\{m\left(\theta-v\right)\right\}dv$.
Successive inverse transforms yield

$$\overline{p}=\frac{2q\left(s\right)e^{-st_0}}{\pi}\left(\frac{\mu}{k_r}\right)\sum_{m=0}^{\infty}\ni_m\cos\left\{m\left(\theta-\theta_0\right)\right\}\times$$

$$\times\sum_{l=1}^{\infty}\frac{\left(\xi_l^2+\lambda^2\right)\cos\{\xi_l\left(d-z_0\right)\}\cos\left\{\xi_l\left(d-z\right)\right\}}{\left\{d\left(\xi_l^2+\lambda^2\right)+\lambda\right\}}\left\{\begin{array}{ll}I_{m\dot{o}}\left(r\sqrt{\frac{\eta_z\xi_l^2+s}{\eta_r}}\right)K_{m\dot{o}}\left(r_0\sqrt{\frac{\eta_z\xi_l^2+s}{\eta_r}}\right), & 0<r<r_0\\ I_{m\dot{o}}\left(r_0\sqrt{\frac{\eta_z\xi_l^2+s}{\eta_r}}\right)K_{m\dot{o}}\left(r\sqrt{\frac{\eta_z\xi_l^2+s}{\eta_r}}\right), & 0<r_0<r\end{array}\right\}+$$

$$+\frac{2}{\pi}\left(\frac{\mu}{k_r}\right)\sum_{m=0}^{\infty}\ni_m\sum_{l=1}^{\infty}\frac{\left(\xi_l^2+\lambda^2\right)\cos\left\{\xi_l\left(d-z\right)\right\}}{\left\{d\left(\xi_l^2+\lambda^2\right)+\lambda\right\}}\times$$

$$\times\int_0^{\infty}u\left\{\begin{array}{ll}I_{m\dot{o}}\left(r\sqrt{\frac{\eta_z\xi_l^2+s}{\eta_r}}\right)K_{m\dot{o}}\left(u\sqrt{\frac{\eta_z\xi_l^2+s}{\eta_r}}\right), & 0<r<u\\ I_{m\dot{o}}\left(u\sqrt{\frac{\eta_z\xi_l^2+s}{\eta_r}}\right)K_{m\dot{o}}\left(r\sqrt{\frac{\eta_z\xi_l^2+s}{\eta_r}}\right), & 0<u<r\end{array}\right\}\left\{\overline{\overline{\psi}}_0\left(u,m,s;\theta\right)\cos\left(\xi_l d\right)-\overline{\overline{\psi}}_d\left(u,m,s;\theta\right)\right\}du+$$

$$+\frac{2}{\pi\eta_r}\sum_{m=0}^{\infty}\ni_m\sum_{l=1}^{\infty}\frac{(\xi_l^2+\lambda^2)\cos\{\xi_l(d-z)\}}{\{d(\xi_l^2+\lambda^2)+\lambda\}}\times$$

$$\times\left\{\begin{array}{ll} I_{m\dot{o}}\left(r\sqrt{\frac{\eta_z\xi_l^2+s}{\eta_r}}\right)\int_0^\infty uK_{m\dot{o}}\left(u\sqrt{\frac{\eta_z\xi_l^2+s}{\eta_r}}\right)\int_0^d\overline{\varphi}(u,m,w;\theta)\cos\{\xi_l(d-w)\}dwdu, & 0<r<u \\ K_{m\dot{o}}\left(r\sqrt{\frac{\eta_z\xi_l^2+s}{\eta_r}}\right)\int_0^\infty uI_{m\dot{o}}\left(u\sqrt{\frac{\eta_z\xi_l^2+s}{\eta_r}}\right)\int_0^d\overline{\varphi}(u,m,w;\theta)\cos\{\xi_l(d-w)\}dwdu, & 0<u<r\end{array}\right\}$$

(23.8.2)

and

$$p = \frac{U(t-t_0)}{\pi}\left(\frac{\mu}{k_r}\right)\sum_{m=0}^{\infty}\ni_m\cos\{m(\theta-\theta_0)\}\times$$

$$\times\sum_{l=1}^{\infty}\frac{(\xi_l^2+\lambda^2)\cos\{\xi_l(d-z_0)\}\cos\{\xi_l(d-z)\}}{\{d(\xi_l^2+\lambda^2)+\lambda\}}\int_0^{t-t_0}\frac{q(t-t_0-\tau)}{\tau}I_{m\dot{o}}\left(\frac{rr_0}{2\eta_r\tau}\right)e^{-\frac{(r^2+r_0^2)}{4\eta_r\tau}-\eta_z\xi_l^2\tau}d\tau+$$

$$+\frac{1}{\pi}\left(\frac{\mu}{k_r}\right)\sum_{m=0}^{\infty}\ni_m\sum_{l=1}^{\infty}\frac{(\xi_l^2+\lambda^2)\cos\{\xi_l(d-z)\}}{\{d(\xi_l^2+\lambda^2)+\lambda\}}\times$$

$$\times\int_0^t\frac{e^{-\eta_z\xi_l^2\tau}}{\tau}\int_0^\infty I_{m\dot{o}}\left\{\frac{ru}{2\eta_r\tau}\right\}ue^{-\frac{(r^2+u^2)}{4\eta_r\tau}}\{\overline{\psi}_0(u,m,t-\tau;\theta)\cos(\xi_l d)-\overline{\psi}_d(u,m,t-\tau;\theta)\}dud\tau+$$

$$+\frac{1}{\pi\eta_r t}\sum_{m=0}^{\infty}\ni_m\sum_{l=1}^{\infty}\frac{(\xi_l^2+\lambda^2)\cos\{\xi_l(d-z)\}e^{-\eta_z\xi_l^2 t}}{\{d(\xi_l^2+\lambda^2)+\lambda\}}\int_0^\infty ue^{-\frac{(r^2+u^2)}{4\eta_r t}}I_{m\dot{o}}\left(\frac{ru}{2\eta_r t}\right)\times$$

$$\times\int_0^d\overline{\varphi}(u,m,w;\theta)\cos\{\xi_l(d-w)\}dwdu \quad (23.8.3)$$

where $\overline{\psi}_0(u,m,t;\theta)=\int_0^{2\pi}\psi_0(u,v,t)\cos\{m(\theta-v)\}dv$, $\overline{\psi}_d(u,m,t;\theta)=\int_0^{2\pi}\psi_d(u,v,t)\cos\{m(\theta-v)\}dv$ and $\overline{\varphi}(u,m,w;\theta)=\int_0^{2\pi}\varphi(u,v,w)\cos\{m(\theta-v)\}dv$.

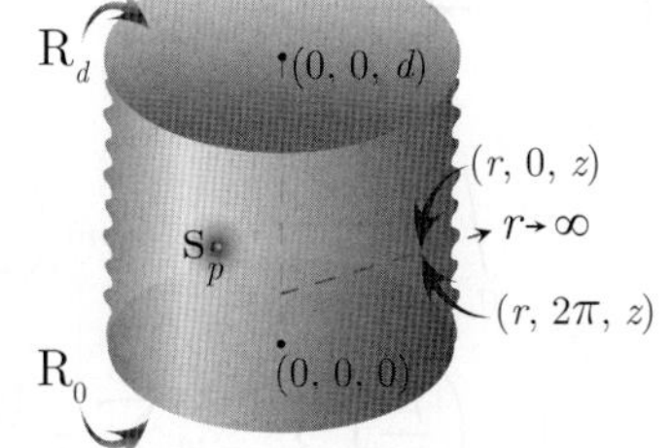

23.9 The problem of 23.1, except $\mathbf{R_0 \equiv \frac{\partial p(r,\theta,0,t)}{\partial z} - \lambda_0 p(r,\theta,0,t) = -\left(\frac{\mu}{k_z}\right)\psi_0(r,\theta,t)}$ and $\mathbf{R_d \equiv \frac{\partial p(r,\theta,d,t)}{\partial z} + \lambda_d p(r,\theta,d,t) = -\left(\frac{\mu}{k_z}\right)\psi_d(r,\theta,t)}$

Successive application of the Laplace, Fourier and finite Hankel transformations to equation (22.1.1) gives

$$\overline{\overline{\overline{p}}} = \frac{q(s)e^{-st_0}\cos\{m(\theta-\theta_0)\}\cos\{\xi_l\cos(\xi_l z_0)+\lambda_0\sin(\xi_l z_0)\}J_{m\dot{o}}(\xi_n r_0)}{\phi c_t(\eta_r\xi^2+\eta_z\xi_l^2+s)}+$$

$$+\frac{\int_0^\infty J_{m\dot{o}}(\xi u)u\left[\xi_l\overline{\overline{\psi}}_0(u,m,s;\theta)-\overline{\overline{\psi}}_d(u,m,s;\theta)\{\xi_l\cos(\xi_l d)+\lambda_0\sin(\xi_l d)\}\right]du}{\phi c_t(\eta_r\xi^2+\eta_z\xi_l^2+s)}+\frac{\overline{\overline{\overline{\varphi}}}(\xi,m,\xi_l;\theta)}{(\eta_r\xi^2+\eta_z\xi_l^2+s)}$$

(23.9.1)

where ξ_l is a positive root of $\tan(\xi_l d)=\frac{\xi_l(\lambda_0+\lambda_d)}{\xi_l^2-\lambda_0\lambda_d}$, $l=1,2,...,$
$\overline{\overline{\overline{\varphi}}}(\xi,m,\xi_l;\theta)=\int_0^\infty uJ_{m\dot{o}}(\xi u)\int_0^{2\pi}\cos\{m(\theta-v)\}\int_0^d\varphi(u,v,w)\{\xi_l\cos(\xi_l w)+\lambda_0\sin(\xi_l w)\}dwdvdu,$

$\overline{\overline{\psi}}_0(u,m,s;\theta) = \int_0^{2\pi} \overline{\psi}_0(u,v,s)\cos\{m(\theta-v)\}\,dv$ and $\overline{\overline{\psi}}_d(u,m,s;\theta) = \int_0^{2\pi} \overline{\psi}_d(u,v,s)\cos\{m(\theta-v)\}\,dv$. Successive inverse transforms yield

$$\overline{p} = \frac{2q(s)\,e^{-st_0}}{\pi}\left(\frac{\mu}{k_r}\right)\sum_{m=0}^{\infty}\ni_m \cos\{m(\theta-\theta_0)\}\sum_{l=1}^{\infty}\frac{\{\xi_l\cos(\xi_l z_0)+\lambda_0\sin(\xi_l z_0)\}\{\xi_l\cos(\xi_l z)+\lambda_0\sin(\xi_l z)\}}{\left\{(\xi_l^2+\lambda_0^2)\left(d+\frac{\lambda_d}{\xi_l^2+\lambda_d^2}\right)+\lambda_0\right\}}\times$$
$$\times\left\{\begin{array}{ll} I_{m\dot{o}}\left(r\sqrt{\frac{\eta_z\xi_l^2+s}{\eta_r}}\right)K_{m\dot{o}}\left(r_0\sqrt{\frac{\eta_z\xi_l^2+s}{\eta_r}}\right), & 0<r<r_0 \\ I_{m\dot{o}}\left(r_0\sqrt{\frac{\eta_z\xi_l^2+s}{\eta_r}}\right)K_{m\dot{o}}\left(r\sqrt{\frac{\eta_z\xi_l^2+s}{\eta_r}}\right), & 0<r_0<r \end{array}\right\}+$$
$$+\frac{2}{\pi}\left(\frac{\mu}{k_r}\right)\sum_{m=0}^{\infty}\ni_m\sum_{l=1}^{\infty}\frac{\{\xi_l\cos(\xi_l z)+\lambda_0\sin(\xi_l z)\}}{\left\{(\xi_l^2+\lambda_0^2)\left(d+\frac{\lambda_d}{\xi_l^2+\lambda_d^2}\right)+\lambda_0\right\}}\int_0^{\infty}u\left\{\begin{array}{ll} I_{m\dot{o}}\left(r\sqrt{\frac{\eta_z\xi_l^2+s}{\eta_r}}\right)K_{m\dot{o}}\left(u\sqrt{\frac{\eta_z\xi_l^2+s}{\eta_r}}\right), & 0<r<u \\ I_{m\dot{o}}\left(u\sqrt{\frac{\eta_z\xi_l^2+s}{\eta_r}}\right)K_{m\dot{o}}\left(r\sqrt{\frac{\eta_z\xi_l^2+s}{\eta_r}}\right), & 0<u<r \end{array}\right\}\times$$
$$\times\left[\xi_l\overline{\overline{\psi}}_0(u,m,s;\theta)-\overline{\overline{\psi}}_d(u,m,s;\theta)\{\xi_l\cos(\xi_l d)+\lambda_0\sin(\xi_l d)\}\right]du+$$
$$+\frac{2}{\pi\eta_r}\sum_{m=0}^{\infty}\ni_m\sum_{l=1}^{\infty}\frac{\{\xi_l\cos(\xi_l z)+\lambda_0\sin(\xi_l z)\}}{\left\{(\xi_l^2+\lambda_0^2)\left(d+\frac{\lambda_d}{\xi_l^2+\lambda_d^2}\right)+\lambda_0\right\}}\times$$
$$\times\left\{\begin{array}{l} I_{m\dot{o}}\left(r\sqrt{\frac{\eta_z\xi_l^2+s}{\eta_r}}\right)\int_0^{\infty}uK_{m\dot{o}}\left(u\sqrt{\frac{\eta_z\xi_l^2+s}{\eta_r}}\right)\int_0^{d}\overline{\varphi}(u,m,w;\theta)\{\xi_l\cos(\xi_l w)+\lambda_0\sin(\xi_l w)\}dwdu,\ 0<r<u \\ K_{m\dot{o}}\left(r\sqrt{\frac{\eta_z\xi_l^2+s}{\eta_r}}\right)\int_0^{\infty}uI_{m\dot{o}}\left(u\sqrt{\frac{\eta_z\xi_l^2+s}{\eta_r}}\right)\int_0^{d}\overline{\varphi}(u,m,w;\theta)\{\xi_l\cos(\xi_l w)+\lambda_0\sin(\xi_l w)\}dwdu,\ 0<u<r \end{array}\right\} \tag{23.9.2}$$

and

$$p = \frac{U(t-t_0)}{\pi}\left(\frac{\mu}{k_r}\right)\sum_{m=0}^{\infty}\ni_m\cos\{m(\theta-\theta_0)\}\sum_{l=1}^{\infty}\frac{\{\xi_l\cos(\xi_l z_0)+\lambda_0\sin(\xi_l z_0)\}\{\xi_l\cos(\xi_l z)+\lambda_0\sin(\xi_l z)\}}{\left\{(\xi_l^2+\lambda_0^2)\left(d+\frac{\lambda_d}{\xi_l^2+\lambda_d^2}\right)+\lambda_0\right\}}\times$$
$$\times\int_0^{t-t_0}\frac{q(t-t_0-\tau)}{\tau}I_{m\dot{o}}\left(\frac{rr_0}{2\eta_r\tau}\right)e^{-\frac{(r^2+r_0^2)}{4\eta_r\tau}-\eta_z\xi_l^2\tau}d\tau+$$
$$+\frac{1}{\pi}\left(\frac{\mu}{k_r}\right)\sum_{m=0}^{\infty}\ni_m\sum_{l=1}^{\infty}\frac{\{\xi_l\cos(\xi_l z)+\lambda_0\sin(\xi_l z)\}}{\left\{(\xi_l^2+\lambda_0^2)\left(d+\frac{\lambda_d}{\xi_l^2+\lambda_d^2}\right)+\lambda_0\right\}}\int_0^{t}\frac{e^{-\eta_z\xi_l^2\tau}}{\tau}\int_0^{\infty}I_{m\dot{o}}\left\{\frac{ru}{2\eta_r\tau}\right\}ue^{-\frac{(r^2+u^2)}{4\eta_r\tau}}\times$$
$$\times\left[\xi_l\overline{\psi}_0(u,m,t-\tau;\theta)-\overline{\psi}_d(u,m,t-\tau;\theta)\{\xi_l\cos(\xi_l d)+\lambda_0\sin(\xi_l d)\}\right]dud\tau+$$
$$+\frac{1}{\pi\eta_r t}\sum_{m=0}^{\infty}\ni_m\sum_{l=1}^{\infty}\frac{\{\xi_l\cos(\xi_l z)+\lambda_0\sin(\xi_l z)\}e^{-\eta_z\xi_l^2 t}}{\left\{(\xi_l^2+\lambda_0^2)\left(d+\frac{\lambda_d}{\xi_l^2+\lambda_d^2}\right)+\lambda_0\right\}}\times$$
$$\times\int_0^{\infty}ue^{-\frac{(r^2+u^2)}{4\eta_r t}}I_{m\dot{o}}\left(\frac{ru}{2\eta_r t}\right)\int_0^{d}\overline{\varphi}(u,m,w;\theta)\,\overline{\varphi}(u,m,w;\theta)\{\xi_l\cos(\xi_l w)+\lambda_0\sin(\xi_l w)\}dwdu \tag{23.9.3}$$

where $\overline{\psi}_0(u,m,t;\theta) = \int_0^{2\pi}\psi_0(u,v,t)\cos\{m(\theta-v)\}\,dv$, $\overline{\psi}_d(u,m,t;\theta) = \int_0^{2\pi}\psi_d(u,v,t)\cos\{m(\theta-v)\}\,dv$ and $\overline{\varphi}(u,m,w;\theta) = \int_0^{2\pi}\varphi(u,v,w)\cos\{m(\theta-v)\}\,dv$.

23.10 **The problem of 23.1, except the continuum is bounded internally at $r = a$ and extends to ∞ in the direction of r positive. Point source at $s_p \equiv (r_0, \theta_0, z_0)$ at time $t = t_0$; $a < r_0 < \infty$, $0 \le \theta_0 \le 2\pi$, $0 < z_0 < d$, $t_0 \ge 0$. $D \equiv p(a,\theta,z,t) = \psi(\theta,z,t)$, $D_0 \equiv p(r,\theta,0,t) = \psi_0(r,\theta,t)$ and $D_d \equiv p(r,\theta,d,t) = \psi_d(r,\theta,t)$. $p(r,\theta,z,0) = \varphi(r,\theta,z)$**

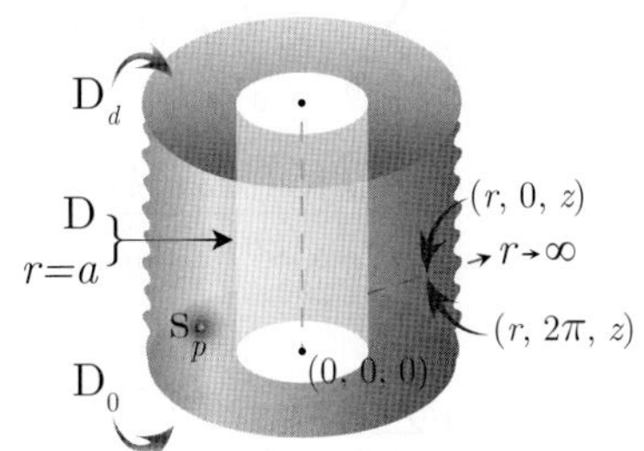

Successive application of the Laplace, Fourier and Dirichlet-Weber transformations to equation (22.1.1) gives

$$\overline{\overline{\overline{p}}} = \frac{q(s)\,e^{-st_0}\cos\{m(\theta-\theta_0)\}\sin(\xi_l z_0)\,\mathcal{C}_{m\dot{o}}(\xi r_0)}{\phi c_t\left(\eta_r\xi^2+\eta_z\xi_l^2+s\right)} - \frac{2\eta_r\overline{\overline{\overline{\psi}}}(m,\xi_l,s;\theta)}{\pi\left(\eta_r\xi^2+\eta_z\xi_l^2+s\right)} + \\ + \frac{\xi_l\eta_z\int_a^\infty u\mathcal{C}_{m\dot{o}}(\xi u)\left\{\overline{\overline{\psi}}_0(u,m,s;\theta)-(-1)^l\,\overline{\overline{\psi}}_d(u,m,s;\theta)\right\}du}{\left(\eta_r\xi^2+\eta_z\xi_l^2+s\right)} + \frac{\overline{\overline{\overline{\varphi}}}(\xi,m,\xi_l;\theta)}{\left(\eta_r\xi^2+\eta_z\xi_l^2+s\right)} \tag{23.10.1}$$

where $\mathcal{C}_\nu(\xi r) = Y_\nu(\xi a)\,J_\nu(\xi r) - J_\nu(\xi a)\,Y_\nu(\xi r)$, ξ_l is a positive root of $\sin(\xi_l d)$, which are $\xi_l = \frac{l\pi}{d}$, $l = 1, 2, \ldots$, $\overline{\overline{\overline{\varphi}}}(\xi,m,\xi_l;\theta) = \int_a^\infty r\mathcal{C}_{m\dot{o}}(\xi r)\int_0^{2\pi}\cos\{m(\theta-v)\}\int_0^d\varphi(u,v,w)\sin(\xi_l w)dwdvdu$, $\overline{\overline{\psi}}_0(u,m,s;\theta) = \int_0^{2\pi}\overline{\psi}_0(u,v,s)\cos\{m(\theta-v)\}\,dv$, $\overline{\overline{\psi}}_d(u,m,s;\theta) = \int_0^{2\pi}\overline{\psi}_d(u,v,s)\cos\{m(\theta-v)\}\,dv$ and $\overline{\overline{\overline{\psi}}}(m,\xi_l,s;\theta) = \int_0^{2\pi}\overline{\psi}(v,w,s)\cos\{m(\theta-v)\}\int_0^d\sin(\xi_l w)dwdv$. Successive inverse transforms yield

$$\overline{p} = \frac{2q(s)\,e^{-st_0}}{\pi d\phi c_t}\sum_{m=0}^\infty \ni_m \cos\{m(\theta-\theta_0)\}\sum_{l=1}^\infty\sin(\xi_l z_0)\sin(\xi_l z)\int_0^\infty\frac{\xi\mathcal{C}_{m\dot{o}}(\xi r_0)\,\mathcal{C}_{m\dot{o}}(\xi r)}{\left(\eta_r\xi^2+\eta_z\xi_l^2+s\right)\left\{J_{m\dot{o}}^2(\xi a)+Y_{m\dot{o}}^2(\xi a)\right\}}d\xi - \\ - \frac{4\eta_r}{d\pi^2}\sum_{m=0}^\infty\ni_m\sum_{l=1}^\infty\overline{\overline{\overline{\psi}}}(m,\xi_l,s;\theta)\sin(\xi_l z)\int_0^\infty\frac{\xi\mathcal{C}_{m\dot{o}}(\xi r)}{\left(\eta_r\xi^2+\eta_z\xi_l^2+s\right)\left\{J_{m\dot{o}}^2(\xi a)+Y_{m\dot{o}}^2(\xi a)\right\}}d\xi + \\ + \frac{2\eta_z}{\pi d}\sum_{m=0}^\infty\ni_m\sum_{l=1}^\infty\xi_l\sin(\xi_l z)\int_a^\infty\int_0^\infty\frac{\xi u\mathcal{C}_{m\dot{o}}(\xi u)\,\mathcal{C}_{m\dot{o}}(\xi r)\left\{\overline{\overline{\psi}}_0(u,m,s;\theta)-(-1)^l\,\overline{\overline{\psi}}_d(u,m,s;\theta)\right\}}{\left(\eta_r\xi^2+\eta_z\xi_l^2+s\right)\left\{J_{m\dot{o}}^2(\xi a)+Y_{m\dot{o}}^2(\xi a)\right\}}d\xi du + \\ + \frac{2}{\pi d}\sum_{m=0}^\infty\ni_m\sum_{l=1}^\infty\sin(\xi_l z)\int_0^\infty\frac{\overline{\overline{\overline{\varphi}}}(\xi,m,\xi_l;\theta)\,\xi\mathcal{C}_{m\dot{o}}(\xi r)}{\left(\eta_r\xi^2+\eta_z\xi_l^2+s\right)\left\{J_{m\dot{o}}^2(\xi a)+Y_{m\dot{o}}^2(\xi a)\right\}}d\xi \tag{23.10.2}$$

and

$$p = \frac{U(t-t_0)}{2\pi d\phi c_t}\sum_{m=0}^\infty\ni_m\cos\{m(\theta-\theta_0)\}\times \\ \times\int_0^{t-t_0}q(t-t_0-\tau)\left\{\Theta_3\left(\frac{\pi(z-z_0)}{2d},e^{-\left(\frac{\pi}{d}\right)^2\eta_z\tau}\right)-\Theta_3\left(\frac{\pi(z+z_0)}{2d},e^{-\left(\frac{\pi}{d}\right)^2\eta_z\tau}\right)\right\}\times \\ \times\int_0^\infty\frac{\xi\mathcal{C}_{m\dot{o}}(\xi r_0)\,\mathcal{C}_{m\dot{o}}(\xi r)\,e^{-\eta_r\xi^2\tau}}{\left\{J_{m\dot{o}}^2(\xi a)+Y_{m\dot{o}}^2(\xi a)\right\}}d\xi d\tau - \\ - \frac{\eta_r}{\pi^2 d}\sum_{m=0}^\infty\ni_m\int_0^t\int_a^\infty\overline{\psi}(m,w,t-\tau;\theta)\left\{\Theta_3\left(\frac{\pi(z-w)}{2d},e^{-\left(\frac{\pi}{d}\right)^2\eta_z\tau}\right)-\Theta_3\left(\frac{\pi(z+w)}{2d},e^{-\left(\frac{\pi}{d}\right)^2\eta_z\tau}\right)\right\}\times \\ \times\int_0^\infty\frac{\xi\mathcal{C}_{m\dot{o}}(\xi r)\,e^{-\eta_r\xi^2\tau}}{\left\{J_{m\dot{o}}^2(\xi a)+Y_{m\dot{o}}^2(\xi a)\right\}}d\xi dw d\tau +$$

$$+\frac{\eta_z}{2\pi d^2}\sum_{m=0}^{\infty}\ni_m\int_0^t\int_a^\infty\left\{\Theta_4'\left(\frac{\pi z}{2d},e^{-\left(\frac{\pi}{d}\right)^2\eta_z\tau}\right)\overline{\psi}_d(u,m,t-\tau;\theta)-\Theta_3'\left(\frac{\pi z}{2d},e^{-\left(\frac{\pi}{d}\right)^2\eta_z\tau}\right)\overline{\psi}_0(u,m,t-\tau;\theta)\right\}\times$$

$$\times\int_0^\infty\frac{\xi u\mathcal{C}_{m\dot{o}}(\xi u)\,\mathcal{C}_{m\dot{o}}(\xi r)\,e^{-\eta_r\xi^2\tau}}{\{J_{m\dot{o}}^2(\xi a)+Y_{m\dot{o}}^2(\xi a)\}}d\xi du d\tau+$$

$$+\frac{1}{2\pi d}\sum_{m=0}^{\infty}\ni_m\int_a^\infty u\int_0^d\overline{\varphi}(u,m,w;\theta)\left\{\Theta_3\left(\frac{\pi(z-w)}{2d},e^{-\left(\frac{\pi}{d}\right)^2\eta_z t}\right)-\Theta_3\left(\frac{\pi(z+w)}{2d},e^{-\left(\frac{\pi}{d}\right)^2\eta_z t}\right)\right\}\times$$

$$\times\int_0^\infty\frac{\xi\mathcal{C}_{m\dot{o}}(\xi u)\,\mathcal{C}_{m\dot{o}}(\xi r)\,e^{-\eta_r\xi^2 t}}{\{J_{m\dot{o}}^2(\xi a)+Y_{m\dot{o}}^2(\xi a)\}}d\xi dw du \qquad (23.10.3)$$

where $\overline{\psi}(m,w,t;\theta)=\int_0^{2\pi}\psi(v,w,t)\cos\{m(\theta-v)\}dv$, $\overline{\psi}_0(u,m,t;\theta)=\int_0^{2\pi}\psi_0(u,v,t)\cos\{m(\theta-v)\}dv$, $\overline{\psi}_d(u,m,t;\theta)=\int_0^{2\pi}\psi_d(u,v,t)\cos\{m(\theta-v)\}dv$ and $\overline{\varphi}(u,m,w;\theta)=\int_0^{2\pi}\varphi(u,v,w)\cos\{m(\theta-v)\}dv$.

23.11

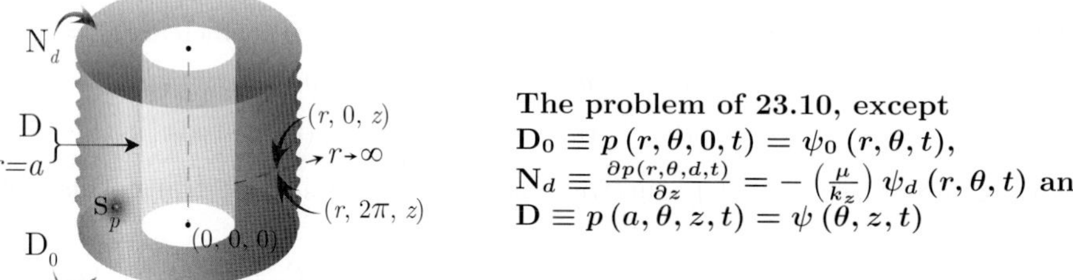

The problem of 23.10, except
$\mathbf{D_0 \equiv p(r,\theta,0,t)=\psi_0(r,\theta,t)}$,
$\mathbf{N_d \equiv \frac{\partial p(r,\theta,d,t)}{\partial z}=-\left(\frac{\mu}{k_z}\right)\psi_d(r,\theta,t)}$ **and**
$\mathbf{D \equiv p(a,\theta,z,t)=\psi(\theta,z,t)}$

Successive application of the Laplace, Fourier and Dirichlet-Weber transformations to equation (22.1.1) gives

$$\overline{\overline{\overline{p}}}=\frac{q(s)e^{-st_0}\cos\{m(\theta-\theta_0)\}\sin(\xi_l z_0)\,\mathcal{C}_{m\dot{o}}(\xi r_0)}{\phi c_t(\eta_r\xi^2+\eta_z\xi_l^2+s)}-\frac{2\eta_r\overline{\overline{\overline{\psi}}}(m,\xi_l,s;\theta)}{\pi(\eta_r\xi^2+\eta_z\xi_l^2+s)}+$$

$$+\frac{\eta_z\int_a^\infty u\mathcal{C}_{m\dot{o}}(\xi u)\left\{\xi_l\overline{\overline{\psi}}_0(u,m,s;\theta)+(-1)^l\left(\frac{\mu}{k_z}\right)\overline{\overline{\psi}}_d(u,m,s;\theta)\right\}du}{(\eta_r\xi^2+\eta_z\xi_l^2+s)}+\frac{\overline{\overline{\varphi}}(\xi,m,\xi_l;\theta)}{(\eta_r\xi^2+\eta_z\xi_l^2+s)} \qquad (23.11.1)$$

where $\mathcal{C}_\nu(\xi r)=Y_\nu(\xi a)J_\nu(\xi r)-J_\nu(\xi a)Y_\nu(\xi r)$, ξ_l is a positive root of $\cos(\xi_l d)$, which are $\xi_l=\frac{(2l-1)\pi}{2d}$, $l=1,2,\ldots$, $\overline{\overline{\varphi}}(\xi,m,\xi_l;\theta)=\int_a^\infty r\mathcal{C}_{m\dot{o}}(\xi r)\int_0^{2\pi}\cos\{m(\theta-v)\}\int_0^d\varphi(u,v,w)\sin(\xi_l w)dwdvdu$,
$\overline{\overline{\psi}}_0(u,m,s;\theta)=\int_0^{2\pi}\overline{\psi}_0(u,v,s)\cos\{m(\theta-v)\}dv$, $\overline{\overline{\psi}}_d(u,m,s;\theta)=\int_0^{2\pi}\overline{\psi}_d(u,v,s)\cos\{m(\theta-v)\}dv$ and
$\overline{\overline{\overline{\psi}}}(m,\xi_l,s;\theta)=\int_0^{2\pi}\overline{\psi}(v,w,s)\cos\{m(\theta-v)\}\int_0^d\sin(\xi_l w)dwdv$. Successive inverse transforms yield

$$\overline{p}=\frac{2q(s)e^{-st_0}}{\pi d\phi c_t}\sum_{m=0}^{\infty}\ni_m\cos\{m(\theta-\theta_0)\}\sum_{l=1}^{\infty}\sin(\xi_l z_0)\sin(\xi_l z)\int_0^\infty\frac{\xi\mathcal{C}_{m\dot{o}}(\xi r_0)\,\mathcal{C}_{m\dot{o}}(\xi r)}{(\eta_r\xi^2+\eta_z\xi_l^2+s)\{J_{m\dot{o}}^2(\xi a)+Y_{m\dot{o}}^2(\xi a)\}}d\xi-$$

$$-\frac{4\eta_r}{\pi^2 d}\sum_{m=0}^{\infty}\ni_m\sum_{l=1}^{\infty}\overline{\overline{\overline{\psi}}}(m,\xi_l,s;\theta)\sin(\xi_l z)\int_0^\infty\frac{\xi\mathcal{C}_{m\dot{o}}(\xi r)}{(\eta_r\xi^2+\eta_z\xi_l^2+s)\{J_{m\dot{o}}^2(\xi a)+Y_{m\dot{o}}^2(\xi a)\}}d\xi+$$

$$+\frac{2\eta_z}{\pi d}\sum_{m=0}^{\infty}\ni_m\sum_{l=1}^{\infty}\sin(\xi_l z)\int_a^\infty\int_0^\infty\frac{\xi u\mathcal{C}_{m\dot{o}}(\xi u)\,\mathcal{C}_{m\dot{o}}(\xi r)\left\{\xi_l\overline{\overline{\psi}}_0(u,m,s;\theta)+(-1)^l\left(\frac{\mu}{k_z}\right)\overline{\overline{\psi}}_d(u,m,s;\theta)\right\}}{(\eta_r\xi^2+\eta_z\xi_l^2+s)\{J_{m\dot{o}}^2(\xi a)+Y_{m\dot{o}}^2(\xi a)\}}d\xi du+$$

$$+\frac{2}{\pi d}\sum_{m=0}^{\infty}\ni_m\sum_{l=1}^{\infty}\sin(\xi_l z)\int_0^\infty\frac{\overline{\overline{\varphi}}(\xi,m,\xi_l;\theta)\,\xi\mathcal{C}_{m\dot{o}}(\xi r)}{(\eta_r\xi^2+\eta_z\xi_l^2+s)\{J_{m\dot{o}}^2(\xi a)+Y_{m\dot{o}}^2(\xi a)\}}d\xi \qquad (23.11.2)$$

and

$$p = \frac{U(t-t_0)}{2\pi d\phi c_t}\sum_{m=0}^{\infty}\ni_m \cos\{m(\theta-\theta_0)\}\times$$
$$\times\int_0^{t-t_0} q(t-t_0-\tau)\left\{\Theta_2\left(\frac{\pi(z-z_0)}{2d}, e^{-\left(\frac{\pi}{d}\right)^2\eta_z\tau}\right)-\Theta_2\left(\frac{\pi(z+z_0)}{2d}, e^{-\left(\frac{\pi}{d}\right)^2\eta_z\tau}\right)\right\}\times$$
$$\times\int_0^{\infty}\frac{\xi\mathcal{C}_{m\dot{o}}(\xi r_0)\,\mathcal{C}_{m\dot{o}}(\xi r)\,e^{-\eta_r\xi^2\tau}}{\{J^2_{m\dot{o}}(\xi a)+Y^2_{m\dot{o}}(\xi a)\}}d\xi d\tau-$$
$$-\frac{\eta_r}{\pi^2 d}\sum_{m=0}^{\infty}\ni_m\int_0^t\int_a^{\infty}\overline{\psi}(m,w,t-\tau;\theta)\left\{\Theta_2\left(\frac{\pi(z-w)}{2d}, e^{-\left(\frac{\pi}{d}\right)^2\eta_z\tau}\right)-\Theta_2\left(\frac{\pi(z+w)}{2d}, e^{-\left(\frac{\pi}{d}\right)^2\eta_z\tau}\right)\right\}\times$$
$$\times\int_0^{\infty}\frac{\xi\mathcal{C}_{m\dot{o}}(\xi r)\,e^{-\eta_r\xi^2\tau}}{\{J^2_{m\dot{o}}(\xi a)+Y^2_{m\dot{o}}(\xi a)\}}d\xi dw d\tau-$$
$$-\frac{1}{\pi d}\sum_{m=0}^{\infty}\ni_m\int_0^t\frac{1}{\tau}\int_0^{\infty}\left\{\left(\frac{\eta_z}{2d}\right)\Theta_2'\left(\frac{\pi z}{2d}, e^{-\left(\frac{\pi}{d}\right)^2\eta_z\tau}\right)\overline{\psi}_0(u,m,t-\tau;\theta)+\right.$$
$$\left.+\left(\frac{1}{\phi c_t}\right)\Theta_1\left(\frac{\pi z}{2d}, e^{-\left(\frac{\pi}{d}\right)^2\eta_z\tau}\right)\overline{\psi}_d(u,m,t-\tau;\theta)\right\}\times$$
$$\times\int_0^{\infty}\frac{\xi u\mathcal{C}_{m\dot{o}}(\xi u)\,\mathcal{C}_{m\dot{o}}(\xi r)\,e^{-\eta_r\xi^2\tau}}{\{J^2_{m\dot{o}}(\xi a)+Y^2_{m\dot{o}}(\xi a)\}}d\xi du d\tau+$$
$$+\frac{1}{2\pi d}\sum_{m=0}^{\infty}\ni_m\int_a^{\infty}u\int_0^d\overline{\varphi}(u,m,w;\theta)\left\{\Theta_2\left(\frac{\pi(z-w)}{2d}, e^{-\left(\frac{\pi}{d}\right)^2\eta_z t}\right)-\Theta_2\left(\frac{\pi(z+w)}{2d}, e^{-\left(\frac{\pi}{d}\right)^2\eta_z t}\right)\right\}\times$$
$$\times\int_0^{\infty}\frac{\xi\mathcal{C}_{m\dot{o}}(\xi u)\,\mathcal{C}_{m\dot{o}}(\xi r)\,e^{-\eta_r\xi^2 t}}{\{J^2_{m\dot{o}}(\xi a)+Y^2_{m\dot{o}}(\xi a)\}}d\xi dw du \qquad (23.11.3)$$

where $\overline{\psi}(m,w,t;\theta) = \int_0^{2\pi}\psi(v,w,t)\cos\{m(\theta-v)\}dv$, $\overline{\psi}_0(u,m,t;\theta) = \int_0^{2\pi}\psi_0(u,v,t)\cos\{m(\theta-v)\}dv$, $\overline{\psi}_d(u,m,t;\theta)=\int_0^{2\pi}\psi_d(u,v,t)\cos\{m(\theta-v)\}dv$ and $\overline{\varphi}(u,m,w;\theta)=\int_0^{2\pi}\varphi(u,v,w)\cos\{m(\theta-v)\}dv$.

23.12 The problem of 23.10, except $\mathbf{D_0 \equiv p(r,\theta,0,t) = \psi_0(r,\theta,t)}$, $\mathbf{R_d \equiv \frac{\partial p(r,\theta,d,t)}{\partial z} + \lambda p(r,\theta,d,t) = -\left(\frac{\mu}{k_z}\right)\psi_d(r,\theta,t)}$ and $\mathbf{D \equiv p(a,\theta,z,t) = \psi(\theta,z,t)}$

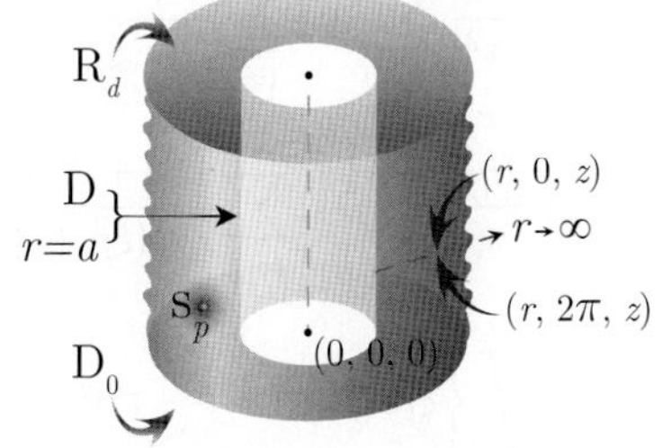

Successive application of the Laplace, Fourier and Dirichlet-Weber transformations to equation (22.1.1) gives

$$\overline{\overline{\overline{p}}} = \frac{q(s)\,e^{-st_0}\cos\{m(\theta-\theta_0)\}\sin(\xi_l z_0)\,\mathcal{C}_{m\dot{o}}(\xi r_0)}{\phi c_t(\eta_r\xi^2+\eta_z\xi_l^2+s)} - \frac{2\eta_r\overline{\overline{\overline{\psi}}}(m,\xi_l,s;\theta)}{\pi(\eta_r\xi^2+\eta_z\xi_l^2+s)}+$$
$$+\frac{\eta_z\int_a^{\infty}u\mathcal{C}_{m\dot{o}}(\xi u)\left\{\xi_l\overline{\overline{\psi}}_0(u,m,s;\theta)-\left(\frac{\mu}{k_z}\right)\overline{\overline{\psi}}_d(u,m,s;\theta)\sin(\xi_l d)\right\}du}{(\eta_r\xi^2+\eta_z\xi_l^2+s)}+\frac{\overline{\overline{\overline{\varphi}}}(\xi,m,\xi_l;\theta)}{(\eta_r\xi^2+\eta_z\xi_l^2+s)} \qquad (23.12.1)$$

where $\mathcal{C}_{\nu}(\xi r) = Y_{\nu}(\xi a) J_{\nu}(\xi r) - J_{\nu}(\xi a) Y_{\nu}(\xi r)$, ξ_l is a positive root of $\xi_l \cot(\xi_l d) = -\lambda$, $l = 1, 2, ...$, $\overline{\overline{\overline{\varphi}}}(\xi, m, \xi_l; \theta) = \int_a^{\infty} r\mathcal{C}_{m\dot{o}}(\xi r) \int_0^{2\pi} \cos\{m(\theta - v)\} \int_0^d \varphi(u, v, w) \sin(\xi_l w) dw dv du$, $\overline{\overline{\psi}}_0(u, m, s; \theta) = \int_0^{2\pi} \overline{\psi}_0(u, v, s) \cos\{m(\theta - v)\} dv$, $\overline{\overline{\psi}}_d(u, m, s; \theta) = \int_0^{2\pi} \overline{\psi}_d(u, v, s) \cos\{m(\theta - v)\} dv$ and $\overline{\overline{\overline{\psi}}}(m, \xi_l, s; \theta) = \int_0^{2\pi} \overline{\psi}(v, w, s) \cos\{m(\theta - v)\} \int_0^d \sin(\xi_l w) dw dv$. Successive inverse transforms yield

$$
\begin{aligned}
\overline{p} = {} & \frac{2q(s) e^{-st_0}}{\pi \phi c_t} \sum_{m=0}^{\infty} \ni_m \cos\{m(\theta - \theta_0)\} \times \\
& \times \sum_{l=1}^{\infty} \frac{(\xi_l^2 + \lambda^2) \sin(\xi_l z_0) \sin(\xi_l z)}{d(\xi_l^2 + \lambda^2) + \lambda} \int_0^{\infty} \frac{\xi \mathcal{C}_{m\dot{o}}(\xi r_0) \mathcal{C}_{m\dot{o}}(\xi r)}{(\eta_r \xi^2 + \eta_z \xi_l^2 + s)\{J_{m\dot{o}}^2(\xi a) + Y_{m\dot{o}}^2(\xi a)\}} d\xi - \\
& - \frac{4\eta_r}{\pi^2} \sum_{m=0}^{\infty} \ni_m \sum_{l=1}^{\infty} \frac{\overline{\overline{\overline{\psi}}}(m, \xi_l, s; \theta)(\xi_l^2 + \lambda^2) \sin(\xi_l z)}{d(\xi_l^2 + \lambda^2) + \lambda} \int_0^{\infty} \frac{\xi \mathcal{C}_{m\dot{o}}(\xi r)}{(\eta_r \xi^2 + \eta_z \xi_l^2 + s)\{J_{m\dot{o}}^2(\xi a) + Y_{m\dot{o}}^2(\xi a)\}} d\xi + \\
& + \frac{2\eta_z}{\pi} \sum_{m=0}^{\infty} \ni_m \sum_{l=1}^{\infty} \frac{(\xi_l^2 + \lambda^2) \sin(\xi_l z)}{d(\xi_l^2 + \lambda^2) + \lambda} \times \\
& \times \int_a^{\infty} \int_0^{\infty} \frac{\xi u \mathcal{C}_{m\dot{o}}(\xi u) \mathcal{C}_{m\dot{o}}(\xi r) \left\{\xi_l \overline{\overline{\psi}}_0(u, m, s; \theta) - \left(\frac{\mu}{k_z}\right) \overline{\overline{\psi}}_d(u, m, s; \theta) \sin(\xi_l d)\right\}}{(\eta_r \xi^2 + \eta_z \xi_l^2 + s)\{J_{m\dot{o}}^2(\xi a) + Y_{m\dot{o}}^2(\xi a)\}} d\xi du + \\
& + \frac{2}{\pi} \sum_{m=0}^{\infty} \ni_m \sum_{l=1}^{\infty} \frac{(\xi_l^2 + \lambda^2) \sin(\xi_l z)}{d(\xi_l^2 + \lambda^2) + \lambda} \int_0^{\infty} \frac{\overline{\overline{\overline{\varphi}}}(\xi, m, \xi_l; \theta) \xi \mathcal{C}_{m\dot{o}}(\xi r)}{(\eta_r \xi^2 + \eta_z \xi_l^2 + s)\{J_{m\dot{o}}^2(\xi a) + Y_{m\dot{o}}^2(\xi a)\}} d\xi
\end{aligned}
\tag{23.12.2}
$$

and

$$
\begin{aligned}
p = {} & \frac{2U(t - t_0)}{\pi \phi c_t} \sum_{m=0}^{\infty} \ni_m \cos\{m(\theta - \theta_0)\} \sum_{l=1}^{\infty} \frac{(\xi_l^2 + \lambda^2) \sin(\xi_l z_0) \sin(\xi_l z)}{d(\xi_l^2 + \lambda^2) + \lambda} \int_0^{\infty} \frac{\xi \mathcal{C}_{m\dot{o}}(\xi r_0) \mathcal{C}_{m\dot{o}}(\xi r)}{\{J_{m\dot{o}}^2(\xi a) + Y_{m\dot{o}}^2(\xi a)\}} \times \\
& \times \int_0^{t - t_0} q(t - t_0 - \tau) e^{-(\eta_r \xi^2 + \eta_z \xi_l^2)\tau} d\tau d\xi - \\
& - \frac{4\eta_r}{\pi^2} \sum_{m=0}^{\infty} \ni_m \sum_{l=1}^{\infty} \frac{(\xi_l^2 + \lambda^2) \sin(\xi_l z)}{d(\xi_l^2 + \lambda^2) + \lambda} \int_0^{\infty} \frac{\xi \mathcal{C}_{m\dot{o}}(\xi r)}{\{J_{m\dot{o}}^2(\xi a) + Y_{m\dot{o}}^2(\xi a)\}} \int_0^t \overline{\overline{\psi}}(m, \xi_l, t - \tau; \theta) e^{-(\eta_r \xi^2 + \eta_z \xi_l^2)\tau} d\tau d\xi + \\
& + \frac{2\eta_z}{\pi} \sum_{m=0}^{\infty} \ni_m \sum_{l=1}^{\infty} \frac{(\xi_l^2 + \lambda^2) \sin(\xi_l z)}{d(\xi_l^2 + \lambda^2) + \lambda} \int_a^{\infty} \int_0^{\infty} \frac{\xi u \mathcal{C}_{m\dot{o}}(\xi u) \mathcal{C}_{m\dot{o}}(\xi r)}{\{J_{m\dot{o}}^2(\xi a) + Y_{m\dot{o}}^2(\xi a)\}} \times \\
& \times \int_0^t \left\{\xi_l \overline{\psi}_0(u, m, t - \tau; \theta) - \left(\frac{\mu}{k_z}\right) \overline{\psi}_d(u, m, t - \tau; \theta) \sin(\xi_l d)\right\} e^{-(\eta_r \xi^2 + \eta_z \xi_l^2)\tau} d\tau d\xi du + \\
& + \frac{2}{\pi} \sum_{m=0}^{\infty} \ni_m \sum_{l=1}^{\infty} \frac{(\xi_l^2 + \lambda^2) \sin(\xi_l z)}{d(\xi_l^2 + \lambda^2) + \lambda} \int_0^{\infty} \frac{\overline{\overline{\overline{\varphi}}}(\xi, m, \xi_l; \theta) \xi \mathcal{C}_{m\dot{o}}(\xi r) e^{-(\eta_r \xi^2 + \eta_z \xi_l^2)t}}{\{J_{m\dot{o}}^2(\xi a) + Y_{m\dot{o}}^2(\xi a)\}} d\xi
\end{aligned}
\tag{23.12.3}
$$

where $\overline{\overline{\psi}}(m, \xi_l, t; \theta) = \int_0^{2\pi} \cos\{m(\theta - v)\} \int_0^d \psi(v, w, t) \sin(\xi_l w) dw dv$, $\overline{\psi}_0(u, m, t; \theta) = \int_0^{2\pi} \psi_0(u, v, t) \cos\{m(\theta - v)\} dv$ and $\overline{\psi}_d(u, m, t; \theta) = \int_0^{2\pi} \psi_d(u, v, t) \cos\{m(\theta - v)\} dv$.

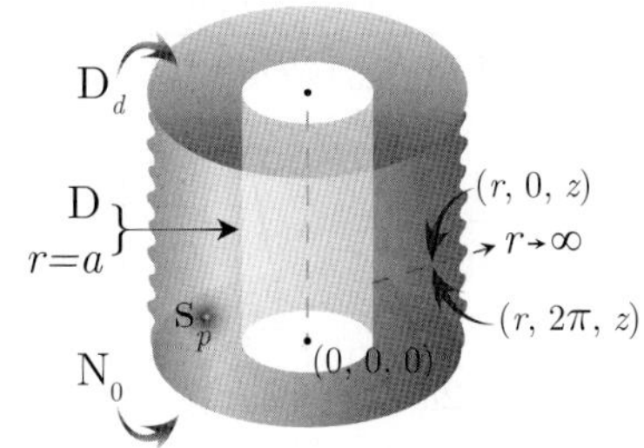

23.13 The problem of 23.10, except $\mathbf{N_0 \equiv \frac{\partial p(r,\theta,0,t)}{\partial z} = -\left(\frac{\mu}{k_z}\right)\psi_0(r,\theta,t)}$, $\mathbf{D_d \equiv p(r,\theta,d,t) = \psi_d(r,\theta,t)}$ and $\mathbf{D \equiv p(a,\theta,z,t) = \psi(\theta,z,t)}$

Successive application of the Laplace, Fourier and Dirichlet-Weber transformations to equation (22.1.1) gives

$$\overline{\overline{\overline{p}}} = \frac{q(s)\,e^{-st_0}\cos\{m(\theta-\theta_0)\}\cos(\xi_l z_0)\,\mathcal{C}_{m\dot{o}}(\xi r_0)}{\phi c_t\left(\eta_r\xi^2+\eta_z\xi_l^2+s\right)} - \frac{2\eta_r\overline{\overline{\overline{\psi}}}(m,\xi_l,s;\theta)}{\pi\left(\eta_r\xi^2+\eta_z\xi_l^2+s\right)} + $$
$$+\frac{\eta_z\int_a^\infty u\mathcal{C}_{m\dot{o}}(\xi u)\left\{(-1)^{m+1}\xi_l\overline{\overline{\psi}}_d(u,m,s;\theta)+\left(\frac{\mu}{k_z}\right)\overline{\overline{\psi}}_0(u,m,s;\theta)\right\}du}{\left(\eta_r\xi^2+\eta_z\xi_l^2+s\right)} + \frac{\overline{\overline{\overline{\varphi}}}(\xi,m,\xi_l;\theta)}{\left(\eta_r\xi^2+\eta_z\xi_l^2+s\right)} \quad (23.13.1)$$

where $\mathcal{C}_\nu(\xi r) = Y_\nu(\xi a)J_\nu(\xi r) - J_\nu(\xi a)Y_\nu(\xi r)$, ξ_l is a positive root of $\cos(\xi_l d)$, which are $\xi_l = \frac{(2l-1)\pi}{2d}$, $l = 1,2,...$, $\overline{\overline{\overline{\varphi}}}(\xi,m,\xi_l;\theta) = \int_a^\infty r\mathcal{C}_{m\dot{o}}(\xi r)\int_0^{2\pi}\cos\{m(\theta-v)\}\int_0^d\varphi(u,v,w)\cos(\xi_l w)dwdvdu$, $\overline{\overline{\psi}}_0(u,m,s;\theta) = \int_0^{2\pi}\overline{\psi}_0(u,v,s)\cos\{m(\theta-v)\}dv$, $\overline{\overline{\psi}}_d(u,m,s;\theta) = \int_0^{2\pi}\overline{\psi}_d(u,v,s)\cos\{m(\theta-v)\}dv$ and $\overline{\overline{\overline{\psi}}}(m,\xi_l,s;\theta) = \int_0^{2\pi}\overline{\psi}(v,w,s)\cos\{m(\theta-v)\}\int_0^d\cos(\xi_l w)dwdv$. Successive inverse transforms yield

$$\overline{p} = \frac{2q(s)\,e^{-st_0}}{\pi d\phi c_t}\sum_{m=0}^\infty \ni_m \cos\{m(\theta-\theta_0)\}\sum_{l=1}^\infty\cos(\xi_l z_0)\cos(\xi_l z)\int_0^\infty\frac{\xi\mathcal{C}_{m\dot{o}}(\xi r_0)\,\mathcal{C}_{m\dot{o}}(\xi r)}{\left(\eta_r\xi^2+\eta_z\xi_l^2+s\right)\{J_{m\dot{o}}^2(\xi a)+Y_{m\dot{o}}^2(\xi a)\}}d\xi-$$
$$-\frac{4\eta_r}{\pi^2 d}\sum_{m=0}^\infty\ni_m\sum_{l=1}^\infty\overline{\overline{\overline{\psi}}}(m,\xi_l,s;\theta)\cos(\xi_l z)\int_0^\infty\frac{\xi\mathcal{C}_{m\dot{o}}(\xi r)}{\left(\eta_r\xi^2+\eta_z\xi_l^2+s\right)\{J_{m\dot{o}}^2(\xi a)+Y_{m\dot{o}}^2(\xi a)\}}d\xi+$$
$$+\frac{2\eta_z}{\pi d}\sum_{m=0}^\infty\ni_m\sum_{l=1}^\infty\xi_l\cos(\xi_l z)\,\times$$
$$\times\int_a^\infty\int_0^\infty\frac{\xi u\mathcal{C}_{m\dot{o}}(\xi u)\,\mathcal{C}_{m\dot{o}}(\xi r)\left\{(-1)^{m+1}\xi_l\overline{\overline{\psi}}_d(u,m,s;\theta)+\left(\frac{\mu}{k_z}\right)\overline{\overline{\psi}}_0(u,m,s;\theta)\right\}}{\left(\eta_r\xi^2+\eta_z\xi_l^2+s\right)\{J_{m\dot{o}}^2(\xi a)+Y_{m\dot{o}}^2(\xi a)\}}d\xi du+$$
$$+\frac{2}{\pi d}\sum_{m=0}^\infty\ni_m\sum_{l=1}^\infty\cos(\xi_l z)\int_0^\infty\frac{\overline{\overline{\overline{\varphi}}}(\xi,m,\xi_l;\theta)\,\xi\mathcal{C}_{m\dot{o}}(\xi r)}{\left(\eta_r\xi^2+\eta_z\xi_l^2+s\right)\{J_{m\dot{o}}^2(\xi a)+Y_{m\dot{o}}^2(\xi a)\}}d\xi \quad (23.13.2)$$

and

$$p = \frac{U(t-t_0)}{2\pi d\phi c_t}\sum_{m=0}^\infty\ni_m\cos\{m(\theta-\theta_0)\}\,\times$$
$$\times\int_0^{t-t_0}q(t-t_0-\tau)\left\{\Theta_2\left(\frac{\pi(z-z_0)}{2d},e^{-\left(\frac{\pi}{d}\right)^2\eta_z\tau}\right)+\Theta_2\left(\frac{\pi(z+z_0)}{2d},e^{-\left(\frac{\pi}{d}\right)^2\eta_z\tau}\right)\right\}\times$$
$$\times\int_0^\infty\frac{\xi\mathcal{C}_{m\dot{o}}(\xi r_0)\,\mathcal{C}_{m\dot{o}}(\xi r)\,e^{-\eta_r\xi^2\tau}}{\{J_{m\dot{o}}^2(\xi a)+Y_{m\dot{o}}^2(\xi a)\}}d\xi d\tau-$$
$$-\frac{\eta_r}{\pi^2 d}\sum_{m=0}^\infty\ni_m\int_0^t\int_a^\infty\overline{\psi}(m,w,t-\tau;\theta)\left\{\Theta_2\left(\frac{\pi(z-w)}{2d},e^{-\left(\frac{\pi}{d}\right)^2\eta_z\tau}\right)+\Theta_2\left(\frac{\pi(z+w)}{2d},e^{-\left(\frac{\pi}{d}\right)^2\eta_z\tau}\right)\right\}\times$$

$$\times \int_0^\infty \frac{\xi \mathcal{C}_{m\dot{o}}(\xi r)\, e^{-\eta_r \xi^2 \tau}}{\{J_{m\dot{o}}^2(\xi a) + Y_{m\dot{o}}^2(\xi a)\}} d\xi dw d\tau +$$

$$+\frac{1}{\pi d}\sum_{m=0}^{\infty} \ni_m \int_0^t \frac{1}{\tau} \int_0^\infty \left\{ \left(\frac{1}{\phi c_t}\right) \Theta_2\left(\frac{\pi z}{2d}, e^{-\left(\frac{\pi}{d}\right)^2 \eta_z \tau}\right) \overline{\psi}_0(u, m, t-\tau; \theta) + \right.$$

$$\left. + \left(\frac{\eta_z}{2d}\right) \Theta_1'\left(\frac{\pi z}{2d}, e^{-\left(\frac{\pi}{d}\right)^2 \eta_z \tau}\right) \overline{\psi}_d(u, m, t-\tau; \theta) \right\} \times$$

$$\times \int_0^\infty \frac{\xi u \mathcal{C}_{m\dot{o}}(\xi u)\, \mathcal{C}_{m\dot{o}}(\xi r)\, e^{-\eta_r \xi^2 \tau}}{\{J_{m\dot{o}}^2(\xi a) + Y_{m\dot{o}}^2(\xi a)\}} d\xi du d\tau +$$

$$+\frac{1}{2\pi d}\sum_{m=0}^{\infty} \ni_m \int_a^\infty u \int_0^d \overline{\varphi}(u, m, w; \theta) \left\{ \Theta_2\left(\frac{\pi(z-w)}{2d}, e^{-\left(\frac{\pi}{d}\right)^2 \eta_z t}\right) + \Theta_2\left(\frac{\pi(z+w)}{2d}, e^{-\left(\frac{\pi}{d}\right)^2 \eta_z t}\right) \right\} \times$$

$$\times \int_0^\infty \frac{\xi \mathcal{C}_{m\dot{o}}(\xi u)\, \mathcal{C}_{m\dot{o}}(\xi r)\, e^{-\eta_r \xi^2 t}}{\{J_{m\dot{o}}^2(\xi a) + Y_{m\dot{o}}^2(\xi a)\}} d\xi dw du \qquad (23.13.3)$$

where $\overline{\psi}(m, w, t; \theta) = \int_0^{2\pi} \psi(v, w, t) \cos\{m(\theta - v)\} dv$, $\overline{\psi}_0(u, m, t; \theta) = \int_0^{2\pi} \psi_0(u, v, t) \cos\{m(\theta - v)\} dv$, $\overline{\psi}_d(u, m, t; \theta) = \int_0^{2\pi} \psi_d(u, v, t) \cos\{m(\theta - v)\} dv$ and $\overline{\varphi}(u, m, w; \theta) = \int_0^{2\pi} \varphi(u, v, w) \cos\{m(\theta - v)\} dv$.

23.14

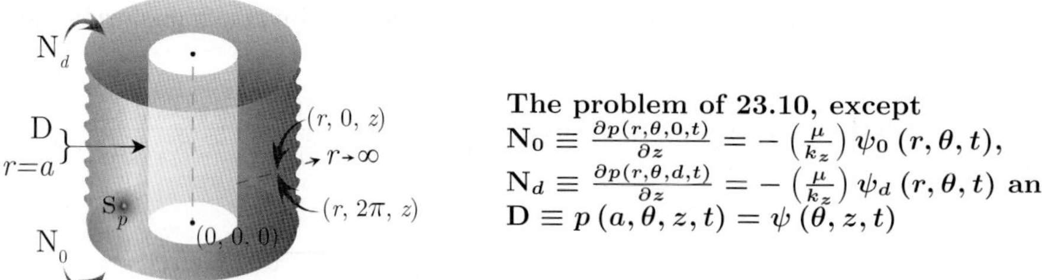

The problem of 23.10, except
$\mathbf{N_0} \equiv \frac{\partial p(r,\theta,0,t)}{\partial z} = -\left(\frac{\mu}{k_z}\right) \psi_0(r, \theta, t)$,
$\mathbf{N_d} \equiv \frac{\partial p(r,\theta,d,t)}{\partial z} = -\left(\frac{\mu}{k_z}\right) \psi_d(r, \theta, t)$ **and**
$\mathbf{D} \equiv p(a, \theta, z, t) = \psi(\theta, z, t)$

Successive application of the Laplace, Fourier and Dirichlet-Weber transformations to equation (22.1.1) gives

$$\overline{\overline{\overline{p}}} = \frac{q(s)\, e^{-st_0} \cos\{m(\theta - \theta_0)\} \cos(\xi_l z_0)\, \mathcal{C}_{m\dot{o}}(\xi r_0)}{\phi c_t (\eta_r \xi^2 + \eta_z \xi_l^2 + s)} - \frac{2\eta_r \overline{\overline{\overline{\psi}}}(m, \xi_l, s; \theta)}{\pi(\eta_r \xi^2 + \eta_z \xi_l^2 + s)} +$$

$$+\frac{\int_a^\infty u \mathcal{C}_{m\dot{o}}(\xi u) \left\{(-1)^{m+1} \overline{\overline{\psi}}_d(u, m, s; \theta) + \overline{\overline{\psi}}_0(u, m, s; \theta)\right\} du}{\phi c_t (\eta_r \xi^2 + \eta_z \xi_l^2 + s)} + \frac{\overline{\overline{\overline{\varphi}}}(\xi, m, \xi_l; \theta)}{(\eta_r \xi^2 + \eta_z \xi_l^2 + s)} \qquad (23.14.1)$$

where $\mathcal{C}_\nu(\xi r) = Y_\nu(\xi a) J_\nu(\xi r) - J_\nu(\xi a) Y_\nu(\xi r)$, ξ_l is a positive root of $\sin(\xi_l d)$, which are $\frac{l\pi}{d}$, $l = 0, 1, ...$, $\overline{\overline{\overline{\varphi}}}(\xi, m, \xi_l; \theta) = \int_a^\infty r \mathcal{C}_{m\dot{o}}(\xi r) \int_0^{2\pi} \cos\{m(\theta - v)\} \int_0^d \varphi(u, v, w) \cos(\xi_l w) dw dv du$, $\overline{\overline{\psi}}_0(u, m, s; \theta) = \int_0^{2\pi} \overline{\psi}_0(u, v, s) \cos\{m(\theta - v)\} dv$, $\overline{\overline{\psi}}_d(u, m, s; \theta) = \int_0^{2\pi} \overline{\psi}_d(u, v, s) \cos\{m(\theta - v)\} dv$ and $\overline{\overline{\overline{\psi}}}(m, \xi_l, s; \theta) = \int_0^{2\pi} \overline{\psi}(v, w, s) \cos\{m(\theta - v)\} \int_0^d \cos(\xi_l w) dw dv$. Successive inverse transforms yield

$$\overline{p} = \frac{2q(s)\, e^{-st_0}}{\pi d \phi c_t} \sum_{m=0}^{\infty} \ni_m \cos\{m(\theta - \theta_0)\} \sum_{l=0}^{\infty} \ni_l \cos(\xi_l z_0) \cos(\xi_l z) \int_0^\infty \frac{\xi \mathcal{C}_{m\dot{o}}(\xi r_0)\, \mathcal{C}_{m\dot{o}}(\xi r)}{(\eta_r \xi^2 + \eta_z \xi_l^2 + s)\{J_{m\dot{o}}^2(\xi a) + Y_{m\dot{o}}^2(\xi a)\}} d\xi -$$

$$-\frac{4\eta_r}{\pi^2 d} \sum_{m=0}^{\infty} \ni_m \sum_{l=0}^{\infty} \ni_l \overline{\overline{\overline{\psi}}}(m, \xi_l, s; \theta) \cos(\xi_l z) \int_0^\infty \frac{\xi \mathcal{C}_{m\dot{o}}(\xi r)}{(\eta_r \xi^2 + \eta_z \xi_l^2 + s)\{J_{m\dot{o}}^2(\xi a) + Y_{m\dot{o}}^2(\xi a)\}} d\xi +$$

$$+\frac{2}{\pi d \phi c_t} \sum_{m=0}^{\infty} \ni_m \sum_{l=0}^{\infty} \ni_l \xi_l \cos(\xi_l z) \times$$

$$\times \int_a^\infty \int_0^\infty \frac{\xi u \mathcal{C}_{m\dot{o}}(\xi u)\, \mathcal{C}_{m\dot{o}}(\xi r) \left\{ (-1)^{m+1} \overline{\overline{\psi}}_d(u,m,s;\theta) + \overline{\overline{\psi}}_0(u,m,s;\theta) \right\}}{\left(\eta_r \xi^2 + \eta_z \xi_l^2 + s\right) \left\{ J_{m\dot{o}}^2(\xi a) + Y_{m\dot{o}}^2(\xi a) \right\}} d\xi du +$$

$$+ \frac{2}{\pi d} \sum_{m=0}^\infty \ni_m \sum_{l=0}^\infty \ni_l \cos(\xi_l z) \int_0^\infty \frac{\overline{\overline{\overline{\varphi}}}(\xi,m,\xi_l;\theta)\, \xi \mathcal{C}_{m\dot{o}}(\xi r)}{\left(\eta_r \xi^2 + \eta_z \xi_l^2 + s\right) \left\{ J_{m\dot{o}}^2(\xi a) + Y_{m\dot{o}}^2(\xi a) \right\}} d\xi \qquad (23.14.2)$$

and

$$p = \frac{U(t-t_0)}{2\pi d \phi c_t} \sum_{m=0}^\infty \ni_m \cos\{m(\theta-\theta_0)\} \times$$

$$\times \int_0^{t-t_0} q(t-t_0-\tau) \left\{ \Theta_3\left(\frac{\pi(z-z_0)}{2d}, e^{-\left(\frac{\pi}{d}\right)^2 \eta_z \tau} \right) + \Theta_3\left(\frac{\pi(z+z_0)}{2d}, e^{-\left(\frac{\pi}{d}\right)^2 \eta_z \tau} \right) \right\} \times$$

$$\times \int_0^\infty \frac{\xi \mathcal{C}_{m\dot{o}}(\xi r_0)\, \mathcal{C}_{m\dot{o}}(\xi r)\, e^{-\eta_r \xi^2 \tau}}{\left\{ J_{m\dot{o}}^2(\xi a) + Y_{m\dot{o}}^2(\xi a) \right\}} d\xi d\tau +$$

$$+ \frac{\eta_r}{\pi^2 d} \sum_{m=0}^\infty \ni_m \int_0^t \int_a^\infty \overline{\psi}(m,w,t-\tau;\theta) \left\{ \Theta_3\left(\frac{\pi(z-w)}{2d}, e^{-\left(\frac{\pi}{d}\right)^2 \eta_z \tau} \right) + \Theta_3\left(\frac{\pi(z+w)}{2d}, e^{-\left(\frac{\pi}{d}\right)^2 \eta_z \tau} \right) \right\} \times$$

$$\times \int_0^\infty \frac{\xi \mathcal{C}_{m\dot{o}}(\xi r)\, e^{-\eta_r \xi^2 \tau}}{\left\{ J_{m\dot{o}}^2(\xi a) + Y_{m\dot{o}}^2(\xi a) \right\}} d\xi dw d\tau +$$

$$+ \frac{1}{\pi d \phi c_t} \sum_{m=0}^\infty \ni_m \int_0^t \int_a^\infty \left\{ \Theta_3\left(\frac{\pi z}{2d}, e^{-\left(\frac{\pi}{d}\right)^2 \eta_z \tau} \right) \overline{\psi}_0(u,m,t-\tau;\theta) - \Theta_4\left(\frac{\pi z}{2d}, e^{-\left(\frac{\pi}{d}\right)^2 \eta_z \tau} \right) \overline{\psi}_d(u,m,t-\tau;\theta) \right\} \times$$

$$\times \int_0^\infty \frac{\xi u \mathcal{C}_{m\dot{o}}(\xi u)\, \mathcal{C}_{m\dot{o}}(\xi r)\, e^{-\eta_r \xi^2 \tau}}{\left\{ J_{m\dot{o}}^2(\xi a) + Y_{m\dot{o}}^2(\xi a) \right\}} d\xi du d\tau +$$

$$+ \frac{1}{2\pi d} \sum_{m=0}^\infty \ni_m \int_a^\infty u \int_0^d \overline{\varphi}(u,m,w;\theta) \left\{ \Theta_3\left(\frac{\pi(z-w)}{2d}, e^{-\left(\frac{\pi}{d}\right)^2 \eta_z t} \right) + \Theta_3\left(\frac{\pi(z+w)}{2d}, e^{-\left(\frac{\pi}{d}\right)^2 \eta_z t} \right) \right\} \times$$

$$\times \int_0^\infty \frac{\xi \mathcal{C}_{m\dot{o}}(\xi u)\, \mathcal{C}_{m\dot{o}}(\xi r)\, e^{-\eta_r \xi^2 t}}{\left\{ J_{m\dot{o}}^2(\xi a) + Y_{m\dot{o}}^2(\xi a) \right\}} d\xi dw du \qquad (23.14.3)$$

where $\overline{\psi}(m,w,t;\theta) = \int_0^{2\pi} \psi(v,w,t)\cos\{m(\theta-v)\}\,dv$, $\overline{\psi}_0(u,m,t;\theta) = \int_0^{2\pi} \psi_0(u,v,t)\cos\{m(\theta-v)\}\,dv$, $\overline{\psi}_d(u,m,t;\theta) = \int_0^{2\pi} \psi_d(u,v,t)\cos\{m(\theta-v)\}\,dv$ and $\overline{\varphi}(u,m,w;\theta) = \int_0^{2\pi} \varphi(u,v,w)\cos\{m(\theta-v)\}\,dv$.

23.15 The problem of 23.10, except $\mathbf{N_0} \equiv \frac{\partial p(r,\theta,0,t)}{\partial z} = -\left(\frac{\mu}{k_z}\right)\psi_0(r,\theta,t)$, $\mathbf{R_d} \equiv \frac{\partial p(r,\theta,d,t)}{\partial z} + \lambda p(r,\theta,d,t) = -\left(\frac{\mu}{k_z}\right)\psi_d(r,\theta,t)$ and $\mathbf{D} \equiv p(a,\theta,z,t) = \psi(\theta,z,t)$

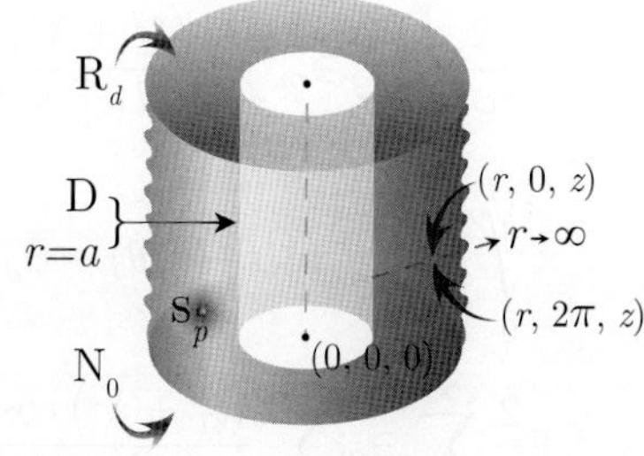

Successive application of the Laplace, Fourier and Dirichlet-Weber transformations to equation (22.1.1) gives

$$\overline{\overline{\overline{p}}} = \frac{q(s)\,e^{-st_0}\cos\{m(\theta-\theta_0)\}\cos(\xi_l z_0)\,\mathcal{C}_{m\dot{o}}(\xi r_0)}{\phi c_t(\eta_r\xi^2+\eta_z\xi_l^2+s)} - \frac{2\eta_r\overline{\overline{\overline{\psi}}}(m,\xi_l,s;\theta)}{\pi(\eta_r\xi^2+\eta_z\xi_l^2+s)} + \\ + \frac{\int_a^\infty u\mathcal{C}_{m\dot{o}}(\xi u)\left\{\overline{\overline{\psi}}_0(u,m,s;\theta)-\overline{\overline{\psi}}_d(u,m,s;\theta)\cos(\xi_l d)\right\}du}{\phi c_t(\eta_r\xi^2+\eta_z\xi_l^2+s)} + \frac{\overline{\overline{\overline{\varphi}}}(\xi,m,\xi_l;\theta)}{(\eta_r\xi^2+\eta_z\xi_l^2+s)} \tag{23.15.1}$$

where $\mathcal{C}_\nu(\xi r) = Y_\nu(\xi a)\,J_\nu(\xi r) - J_\nu(\xi a)\,Y_\nu(\xi r)$, ξ_l is a positive root of $\xi_l\tan(\xi_l d) = \lambda$, $l = 1, 2, ...,$ $\overline{\overline{\overline{\varphi}}}(\xi,m,\xi_l;\theta) = \int_a^\infty r\mathcal{C}_{m\dot{o}}(\xi r)\int_0^{2\pi}\cos\{m(\theta-v)\}\int_0^d\varphi(u,v,w)\cos(\xi_l w)dwdvdu$, $\overline{\overline{\psi}}_0(u,m,s;\theta) = \int_0^{2\pi}\overline{\psi}_0(u,v,s)\cos\{m(\theta-v)\}dv$, $\overline{\overline{\psi}}_d(u,m,s;\theta) = \int_0^{2\pi}\overline{\psi}_d(u,v,s)\cos\{m(\theta-v)\}dv$ and $\overline{\overline{\overline{\psi}}}(m,\xi_l,s;\theta) = \int_0^{2\pi}\overline{\psi}(v,w,s)\cos\{m(\theta-v)\}\int_0^d\cos(\xi_l w)dwdv$. Successive inverse transforms yield

$$\overline{p} = \frac{2q(s)\,e^{-st_0}}{\pi\phi c_t}\sum_{m=0}^{\infty}\ni_m\cos\{m(\theta-\theta_0)\}\times \\ \times\sum_{l=1}^{\infty}\frac{(\xi_l^2+\lambda^2)\cos(\xi_l z_0)\cos(\xi_l z)}{d(\xi_l^2+\lambda^2)+\lambda}\int_0^\infty\frac{\xi\mathcal{C}_{m\dot{o}}(\xi r_0)\,\mathcal{C}_{m\dot{o}}(\xi r)}{(\eta_r\xi^2+\eta_z\xi_l^2+s)\{J_{m\dot{o}}^2(\xi a)+Y_{m\dot{o}}^2(\xi a)\}}d\xi - \\ -\frac{4\eta_r}{\pi^2}\sum_{m=0}^{\infty}\ni_m\sum_{l=1}^{\infty}\frac{\overline{\overline{\overline{\psi}}}(m,\xi_l,s;\theta)(\xi_l^2+\lambda^2)\cos(\xi_l z)}{d(\xi_l^2+\lambda^2)+\lambda}\int_0^\infty\frac{\xi\mathcal{C}_{m\dot{o}}(\xi r)}{(\eta_r\xi^2+\eta_z\xi_l^2+s)\{J_{m\dot{o}}^2(\xi a)+Y_{m\dot{o}}^2(\xi a)\}}d\xi + \\ +\frac{2}{\pi\phi c_t}\sum_{m=0}^{\infty}\ni_m\sum_{l=1}^{\infty}\frac{(\xi_l^2+\lambda^2)\cos(\xi_l z)}{d(\xi_l^2+\lambda^2)+\lambda}\times \\ \times\int_a^\infty\int_0^\infty\frac{\xi u\mathcal{C}_{m\dot{o}}(\xi u)\,\mathcal{C}_{m\dot{o}}(\xi r)\left\{\overline{\overline{\psi}}_0(u,m,s;\theta)-\overline{\overline{\psi}}_d(u,m,s;\theta)\cos(\xi_l d)\right\}}{(\eta_r\xi^2+\eta_z\xi_l^2+s)\{J_{m\dot{o}}^2(\xi a)+Y_{m\dot{o}}^2(\xi a)\}}d\xi du + \\ +\frac{2}{\pi}\sum_{m=0}^{\infty}\ni_m\sum_{l=1}^{\infty}\frac{(\xi_l^2+\lambda^2)\cos(\xi_l z)}{d(\xi_l^2+\lambda^2)+\lambda}\int_0^\infty\frac{\overline{\overline{\overline{\varphi}}}(\xi,m,\xi_l;\theta)\,\xi\mathcal{C}_{m\dot{o}}(\xi r)}{(\eta_r\xi^2+\eta_z\xi_l^2+s)\{J_{m\dot{o}}^2(\xi a)+Y_{m\dot{o}}^2(\xi a)\}}d\xi \tag{23.15.2}$$

and

$$p = \frac{2U(t-t_0)}{\pi\phi c_t}\sum_{m=0}^{\infty}\ni_m\cos\{m(\theta-\theta_0)\}\sum_{l=1}^{\infty}\frac{(\xi_l^2+\lambda^2)\cos(\xi_l z_0)\cos(\xi_l z)}{d(\xi_l^2+\lambda^2)+\lambda}\times \\ \times\int_0^\infty\frac{\xi\mathcal{C}_{m\dot{o}}(\xi r_0)\,\mathcal{C}_{m\dot{o}}(\xi r)\int_0^{t-t_0}q(t-t_0-\tau)\,e^{-(\eta_r\xi^2+\eta_z\xi_l^2)\tau}d\tau}{\{J_{m\dot{o}}^2(\xi a)+Y_{m\dot{o}}^2(\xi a)\}}d\xi - \\ -\frac{4\eta_r}{\pi^2}\sum_{m=0}^{\infty}\ni_m\sum_{l=1}^{\infty}\frac{(\xi_l^2+\lambda^2)\cos(\xi_l z)}{d(\xi_l^2+\lambda^2)+\lambda}\int_0^\infty\frac{\xi\mathcal{C}_{m\dot{o}}(\xi r)}{\{J_{m\dot{o}}^2(\xi a)+Y_{m\dot{o}}^2(\xi a)\}}\int_0^t\overline{\overline{\overline{\psi}}}(m,\xi_l,t-\tau;\theta)\,e^{-(\eta_r\xi^2+\eta_z\xi_l^2)\tau}d\tau d\xi + \\ +\frac{2}{\pi\phi c_t}\sum_{m=0}^{\infty}\ni_m\sum_{l=1}^{\infty}\frac{(\xi_l^2+\lambda^2)\cos(\xi_l z)}{d(\xi_l^2+\lambda^2)+\lambda}\int_a^\infty\int_0^\infty\frac{\xi u\mathcal{C}_{m\dot{o}}(\xi u)\,\mathcal{C}_{m\dot{o}}(\xi r)}{\{J_{m\dot{o}}^2(\xi a)+Y_{m\dot{o}}^2(\xi a)\}}\times \\ \times\int_0^t\left\{\overline{\overline{\psi}}_0(u,m,t-\tau;\theta)-\overline{\overline{\psi}}_d(u,m,t-\tau;\theta)\cos(\xi_l d)\right\}e^{-(\eta_r\xi^2+\eta_z\xi_l^2)\tau}d\tau d\xi du + \\ +\frac{2}{\pi}\sum_{m=0}^{\infty}\ni_m\sum_{l=1}^{\infty}\frac{(\xi_l^2+\lambda^2)\cos(\xi_l z)}{d(\xi_l^2+\lambda^2)+\lambda}\int_0^\infty\frac{\overline{\overline{\overline{\varphi}}}(\xi,m,\xi_l;\theta)\,\xi\mathcal{C}_{m\dot{o}}(\xi r)\,e^{-(\eta_r\xi^2+\eta_z\xi_l^2)t}}{\{J_{m\dot{o}}^2(\xi a)+Y_{m\dot{o}}^2(\xi a)\}}d\xi \tag{23.15.3}$$

where $\overline{\overline{\overline{\psi}}}(m,\xi_l,t;\theta)=\int_0^{2\pi}\cos\{m(\theta-v)\}\int_0^d\psi(v,w,t)\cos(\xi_l w)dwdv$,
$\overline{\psi}_0(u,m,t;\theta)=\int_0^{2\pi}\psi_0(u,v,t)\cos\{m(\theta-v)\}dv$ and $\overline{\psi}_d(u,m,t;\theta)=\int_0^{2\pi}\psi_d(u,v,t)\cos\{m(\theta-v)\}dv$.

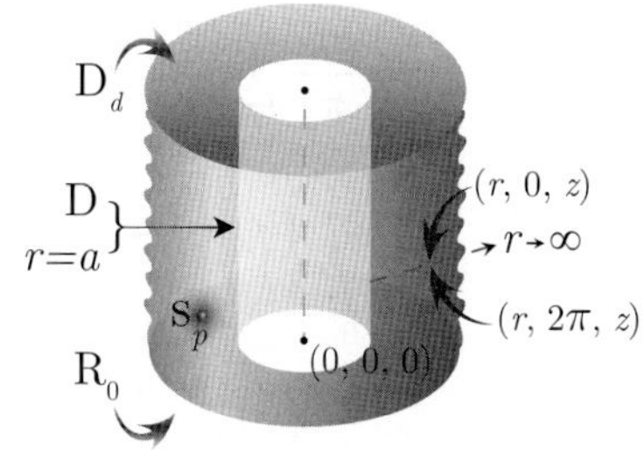

23.16 **The problem of 23.10, except**
$\mathbf{R_0}\equiv\frac{\partial p(r,\theta,0,t)}{\partial z}-\lambda p(r,\theta,0,t)=-\left(\frac{\mu}{k_z}\right)\psi_0(r,\theta,t)$,
$\mathbf{D}_d\equiv p(r,\theta,d,t)=\psi_d(r,\theta,t)$ **and** $\mathbf{D}\equiv p(a,\theta,z,t)=\psi(\theta,z,t)$

Successive application of the Laplace, Fourier and Dirichlet-Weber transformations to equation (22.1.1) gives

$$\overline{\overline{\overline{p}}}=\frac{q(s)e^{-st_0}\cos\{m(\theta-\theta_0)\}\sin\{\xi_l(d-z_0)\}\mathcal{C}_{m\dot{o}}(\xi r_0)}{\phi c_t(\eta_r\xi^2+\eta_z\xi_l^2+s)}-\frac{2\eta_r\overline{\overline{\overline{\psi}}}(m,\xi_l,s;\theta)}{\pi(\eta_r\xi^2+\eta_z\xi_l^2+s)}+$$
$$+\frac{\eta_z\int_a^\infty u\mathcal{C}_{m\dot{o}}(\xi u)\left\{\left(\frac{\mu}{k_z}\right)\overline{\overline{\psi}}_0(u,m,s;\theta)\sin(\xi_l d)+\xi_l\overline{\overline{\psi}}_d(u,m,s;\theta)\right\}du}{(\eta_r\xi^2+\eta_z\xi_l^2+s)}+\frac{\overline{\overline{\overline{\varphi}}}(\xi,m,\xi_l;\theta)}{(\eta_r\xi^2+\eta_z\xi_l^2+s)}\qquad(23.16.1)$$

where $\mathcal{C}_\nu(\xi r)=Y_\nu(\xi a)J_\nu(\xi r)-J_\nu(\xi a)Y_\nu(\xi r)$, ξ_l is a positive root of $\xi_l\cot(\xi_l d)=-\lambda$, $l=1,2,...$,
$\overline{\overline{\overline{\varphi}}}(\xi,m,\xi_l;\theta)=\int_a^\infty r\mathcal{C}_{m\dot{o}}(\xi r)\int_0^{2\pi}\cos\{m(\theta-v)\}\int_0^d\varphi(u,v,w)\sin\{\xi_l(d-w)\}dwdvdr$,
$\overline{\overline{\psi}}_0(u,m,s;\theta)=\int_0^{2\pi}\overline{\psi}_0(u,v,s)\cos\{m(\theta-v)\}dv$, $\overline{\overline{\psi}}_d(u,m,s;\theta)=\int_0^{2\pi}\overline{\psi}_d(u,v,s)\cos\{m(\theta-v)\}dv$ and
$\overline{\overline{\overline{\psi}}}(m,\xi_l,s;\theta)=\int_0^{2\pi}\overline{\psi}(v,w,s)\cos\{m(\theta-v)\}\int_0^d\sin\{\xi_l(d-w)\}dwdv$. Successive inverse transforms yield

$$\overline{p}=\frac{2q(s)e^{-st_0}}{\pi\phi c_t}\sum_{m=0}^{\infty}\ni_m\cos\{m(\theta-\theta_0)\}\sum_{l=1}^{\infty}\frac{(\xi_l^2+\lambda^2)\sin\{\xi_l(d-z_0)\}\sin\{\xi_l(d-z)\}}{d(\xi_l^2+\lambda^2)+\lambda}\times$$
$$\times\int_0^\infty\frac{\xi\mathcal{C}_{m\dot{o}}(\xi r_0)\mathcal{C}_{m\dot{o}}(\xi r)}{(\eta_r\xi^2+\eta_z\xi_l^2+s)\{J_{m\dot{o}}^2(\xi a)+Y_{m\dot{o}}^2(\xi a)\}}d\xi-$$
$$-\frac{4\eta_r}{\pi^2}\sum_{m=0}^{\infty}\ni_m\sum_{l=1}^{\infty}\frac{\overline{\overline{\overline{\psi}}}(m,\xi_l,s;\theta)(\xi_l^2+\lambda^2)\sin\{\xi_l(d-z)\}}{d(\xi_l^2+\lambda^2)+\lambda}\int_0^\infty\frac{\xi\mathcal{C}_{m\dot{o}}(\xi r)}{(\eta_r\xi^2+\eta_z\xi_l^2+s)\{J_{m\dot{o}}^2(\xi a)+Y_{m\dot{o}}^2(\xi a)\}}d\xi+$$
$$+\frac{2\eta_z}{\pi}\sum_{m=0}^{\infty}\ni_m\sum_{l=1}^{\infty}\frac{(\xi_l^2+\lambda^2)\sin\{\xi_l(d-z)\}}{d(\xi_l^2+\lambda^2)+\lambda}\times$$
$$\times\int_a^\infty\int_0^\infty\frac{\xi u\mathcal{C}_{m\dot{o}}(\xi u)\mathcal{C}_{m\dot{o}}(\xi r)\left\{\left(\frac{\mu}{k_z}\right)\overline{\overline{\psi}}_0(u,m,s;\theta)\sin(\xi_l d)+\xi_l\overline{\overline{\psi}}_d(u,m,s;\theta)\right\}}{(\eta_r\xi^2+\eta_z\xi_l^2+s)\{J_{m\dot{o}}^2(\xi a)+Y_{m\dot{o}}^2(\xi a)\}}d\xi du+$$
$$+\frac{2}{\pi}\sum_{m=0}^{\infty}\ni_m\sum_{l=1}^{\infty}\frac{(\xi_l^2+\lambda^2)\sin\{\xi_l(d-z)\}}{d(\xi_l^2+\lambda^2)+\lambda}\int_0^\infty\frac{\overline{\overline{\overline{\varphi}}}(\xi,m,\xi_l;\theta)\xi\mathcal{C}_{m\dot{o}}(\xi r)}{(\eta_r\xi^2+\eta_z\xi_l^2+s)\{J_{m\dot{o}}^2(\xi a)+Y_{m\dot{o}}^2(\xi a)\}}d\xi\qquad(23.16.2)$$

and

$$p=\frac{2U(t-t_0)}{\pi\phi c_t}\sum_{m=0}^{\infty}\ni_m\cos\{m(\theta-\theta_0)\}\sum_{l=1}^{\infty}\frac{(\xi_l^2+\lambda^2)\sin\{\xi_l(d-z_0)\}\sin\{\xi_l(d-z)\}}{d(\xi_l^2+\lambda^2)+\lambda}\times$$
$$\times\int_0^\infty\frac{\xi\mathcal{C}_{m\dot{o}}(\xi r_0)\mathcal{C}_{m\dot{o}}(\xi r)}{\{J_{m\dot{o}}^2(\xi a)+Y_{m\dot{o}}^2(\xi a)\}}\int_0^{t-t_0}q(t-t_0-\tau)e^{-(\eta_r\xi^2+\eta_z\xi_l^2)\tau}d\tau d\xi-$$
$$-\frac{4\eta_r}{\pi^2}\sum_{m=0}^{\infty}\ni_m\sum_{l=1}^{\infty}\frac{(\xi_l^2+\lambda^2)\sin\{\xi_l(d-z)\}}{d(\xi_l^2+\lambda^2)+\lambda}\int_0^\infty\frac{\xi\mathcal{C}_{m\dot{o}}(\xi r)}{\{J_{m\dot{o}}^2(\xi a)+Y_{m\dot{o}}^2(\xi a)\}}\times$$

$$\times \int_0^t \overline{\overline{\psi}}(m, \xi_l, t-\tau; \theta)\, e^{-\left(\eta_r \xi^2 + \eta_z \xi_l^2\right)\tau} d\tau d\xi +$$

$$+\frac{2\eta_z}{\pi} \sum_{m=0}^{\infty} \ni_m \sum_{l=1}^{\infty} \frac{\left(\xi_l^2+\lambda^2\right) \sin\{\xi_l (d-z)\}}{d\left(\xi_l^2+\lambda^2\right)+\lambda} \int_a^\infty \int_0^\infty \frac{\xi u \mathcal{C}_{m\dot{o}}(\xi u)\, \mathcal{C}_{m\dot{o}}(\xi r)}{\{J_{m\dot{o}}^2(\xi a) + Y_{m\dot{o}}^2(\xi a)\}} \times$$

$$\times \int_0^t \left\{ \left(\frac{\mu}{k_z}\right) \overline{\psi}_0(u, m, t-\tau; \theta) \sin(\xi_l d) + \xi_l \overline{\psi}_d(u, m, t-\tau; \theta) \right\} e^{-\left(\eta_r \xi^2 + \eta_z \xi_l^2\right)\tau} d\tau d\xi du +$$

$$+\frac{2}{\pi} \sum_{m=0}^{\infty} \ni_m \sum_{l=1}^{\infty} \frac{\left(\xi_l^2+\lambda^2\right) \sin\{\xi_l (d-z)\}}{d\left(\xi_l^2+\lambda^2\right)+\lambda} \int_0^\infty \frac{\overline{\overline{\overline{\varphi}}}(\xi, m, \xi_l; \theta)\, \xi \mathcal{C}_{m\dot{o}}(\xi r)\, e^{-\left(\eta_r \xi^2 + \eta_z \xi_l^2\right)t}}{\{J_{m\dot{o}}^2(\xi a) + Y_{m\dot{o}}^2(\xi a)\}} d\xi \quad (23.16.3)$$

where $\overline{\overline{\psi}}(m, \xi_l, t; \theta) = \int_0^{2\pi} \cos\{m(\theta - v)\} \int_0^d \psi(v, w, t) \sin\{\xi_l (d-w)\} dw dv$,
$\overline{\psi}_0(u, m, t; \theta) = \int_0^{2\pi} \psi_0(u, v, t) \cos\{m(\theta - v)\}\, dv$ and $\overline{\psi}_d(u, m, t; \theta) = \int_0^{2\pi} \psi_d(u, v, t) \cos\{m(\theta - v)\}\, dv$.

23.17

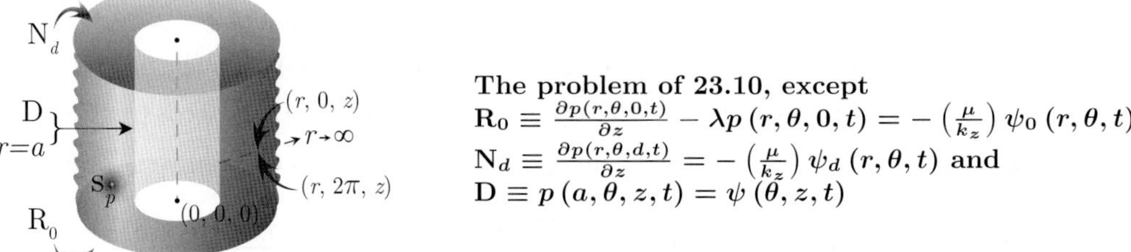

The problem of 23.10, except
$\mathbf{R_0} \equiv \frac{\partial p(r,\theta,0,t)}{\partial z} - \lambda p(r, \theta, 0, t) = -\left(\frac{\mu}{k_z}\right) \psi_0(r, \theta, t)$,
$\mathbf{N_d} \equiv \frac{\partial p(r,\theta,d,t)}{\partial z} = -\left(\frac{\mu}{k_z}\right) \psi_d(r, \theta, t)$ **and**
$\mathbf{D} \equiv p(a, \theta, z, t) = \psi(\theta, z, t)$

Successive application of the Laplace, Fourier and Dirichlet-Weber transformations to equation (22.1.1) gives

$$\overline{\overline{\overline{p}}} = \frac{q(s)\, e^{-st_0} \cos\{m(\theta-\theta_0)\} \cos\{\xi_l (d-z_0)\}\, \mathcal{C}_{m\dot{o}}(\xi r_0)}{\phi c_t \left(\eta_r \xi^2 + \eta_z \xi_l^2 + s\right)} - \frac{2\eta_r \overline{\overline{\overline{\psi}}}(m, \xi_l, s; \theta)}{\pi\left(\eta_r \xi^2 + \eta_z \xi_l^2 + s\right)} +$$
$$+\frac{\int_a^\infty u \mathcal{C}_{m\dot{o}}(\xi u) \left\{ \overline{\overline{\psi}}_0(u, m, s; \theta) \cos(\xi_l d) - \overline{\overline{\psi}}_d(u, m, s; \theta) \right\} du}{\phi c_t \left(\eta_r \xi^2 + \eta_z \xi_l^2 + s\right)} + \frac{\overline{\overline{\overline{\varphi}}}(\xi, m, \xi_l; \theta)}{\left(\eta_r \xi^2 + \eta_z \xi_l^2 + s\right)} \quad (23.17.1)$$

where $\mathcal{C}_\nu(\xi r) = Y_\nu(\xi a) J_\nu(\xi r) - J_\nu(\xi a) Y_\nu(\xi r)$, ξ_l is a positive root of $\xi_l \tan(\xi_l d) = \lambda$, $l = 1, 2, ...$,
$\overline{\overline{\overline{\varphi}}}(\xi, m, \xi_l; \theta) = \int_a^\infty r \mathcal{C}_{m\dot{o}}(\xi r) \int_0^{2\pi} \cos\{m(\theta - v)\} \int_0^d \varphi(u, v, w) \cos\{\xi_l (d-w)\} dw dv dr$,
$\overline{\overline{\psi}}_0(u, m, s; \theta) = \int_0^{2\pi} \overline{\psi}_0(u, v, s) \cos\{m(\theta - v)\}\, dv$, $\overline{\overline{\psi}}_d(u, m, s; \theta) = \int_0^{2\pi} \overline{\psi}_d(u, v, s) \cos\{m(\theta - v)\}\, dv$ and
$\overline{\overline{\overline{\psi}}}(m, \xi_l, s; \theta) = \int_0^{2\pi} \overline{\psi}(v, w, s) \cos\{m(\theta - v)\} \int_0^d \cos\{\xi_l (d-w)\} dw dv$. Successive inverse transforms yield

$$\overline{p} = \frac{2q(s)\, e^{-st_0}}{\pi \phi c_t} \sum_{m=0}^{\infty} \ni_m \cos\{m(\theta-\theta_0)\} \sum_{l=1}^{\infty} \frac{\left(\xi_l^2+\lambda^2\right) \cos\{\xi_l (d-z_0)\} \cos\{\xi_l (d-z)\}}{d\left(\xi_l^2+\lambda^2\right)+\lambda} \times$$

$$\times \int_0^\infty \frac{\xi \mathcal{C}_{m\dot{o}}(\xi r_0)\, \mathcal{C}_{m\dot{o}}(\xi r)}{\left(\eta_r \xi^2 + \eta_z \xi_l^2 + s\right) \{J_{m\dot{o}}^2(\xi a) + Y_{m\dot{o}}^2(\xi a)\}} d\xi -$$

$$-\frac{4\eta_r}{\pi^2} \sum_{m=0}^{\infty} \ni_m \sum_{l=1}^{\infty} \frac{\overline{\overline{\overline{\psi}}}(m, \xi_l, s; \theta) \left(\xi_l^2+\lambda^2\right) \cos\{\xi_l (d-z)\}}{d\left(\xi_l^2+\lambda^2\right)+\lambda} \int_0^\infty \frac{\xi \mathcal{C}_{m\dot{o}}(\xi r)}{\left(\eta_r \xi^2 + \eta_z \xi_l^2 + s\right) \{J_{m\dot{o}}^2(\xi a) + Y_{m\dot{o}}^2(\xi a)\}} d\xi +$$

$$+\frac{2}{\pi \phi c_t} \sum_{m=0}^{\infty} \ni_m \sum_{l=1}^{\infty} \frac{\left(\xi_l^2+\lambda^2\right) \cos\{\xi_l (d-z)\}}{d\left(\xi_l^2+\lambda^2\right)+\lambda} \times$$

$$\times \int_a^\infty \int_0^\infty \frac{\xi u \mathcal{C}_{m\dot{o}}(\xi u)\mathcal{C}_{m\dot{o}}(\xi r)\left\{\overline{\overline{\psi}}_0(u,m,s;\theta)\cos(\xi_l d) - \overline{\overline{\psi}}_d(u,m,s;\theta)\right\}}{(\eta_r\xi^2+\eta_z\xi_l^2+s)\left\{J_{m\dot{o}}^2(\xi a)+Y_{m\dot{o}}^2(\xi a)\right\}} d\xi du +$$

$$+\frac{2}{\pi}\sum_{m=0}^{\infty}\ni_m\sum_{l=1}^{\infty}\frac{(\xi_l^2+\lambda^2)\cos\{\xi_l(d-z)\}}{d(\xi_l^2+\lambda^2)+\lambda}\int_0^\infty\frac{\overline{\overline{\overline{\varphi}}}(\xi,m,\xi_l;\theta)\,\xi\mathcal{C}_{m\dot{o}}(\xi r)}{(\eta_r\xi^2+\eta_z\xi_l^2+s)\left\{J_{m\dot{o}}^2(\xi a)+Y_{m\dot{o}}^2(\xi a)\right\}}d\xi \tag{23.17.2}$$

and

$$p = \frac{2U(t-t_0)}{\pi\phi c_t}\sum_{m=0}^{\infty}\ni_m\cos\{m(\theta-\theta_0)\}\sum_{l=1}^{\infty}\frac{(\xi_l^2+\lambda^2)\cos\{\xi_l(d-z_0)\}\cos\{\xi_l(d-z)\}}{d(\xi_l^2+\lambda^2)+\lambda}\times$$

$$\times\int_0^\infty\frac{\xi\mathcal{C}_{m\dot{o}}(\xi r_0)\mathcal{C}_{m\dot{o}}(\xi r)}{\left\{J_{m\dot{o}}^2(\xi a)+Y_{m\dot{o}}^2(\xi a)\right\}}\int_0^{t-t_0}q(t-t_0-\tau)\,e^{-(\eta_r\xi^2+\eta_z\xi_l^2)\tau}d\tau d\xi -$$

$$-\frac{4\eta_r}{\pi^2}\sum_{m=0}^{\infty}\ni_m\sum_{l=1}^{\infty}\frac{(\xi_l^2+\lambda^2)\cos\{\xi_l(d-z)\}}{d(\xi_l^2+\lambda^2)+\lambda}\int_0^\infty\frac{\xi\mathcal{C}_{m\dot{o}}(\xi r)}{\left\{J_{m\dot{o}}^2(\xi a)+Y_{m\dot{o}}^2(\xi a)\right\}}\times$$

$$\times\int_0^t\overline{\overline{\psi}}(m,\xi_l,t-\tau;\theta)\,e^{-(\eta_r\xi^2+\eta_z\xi_l^2)\tau}d\tau d\xi +$$

$$+\frac{2}{\pi\phi c_t}\sum_{m=0}^{\infty}\ni_m\sum_{l=1}^{\infty}\frac{(\xi_l^2+\lambda^2)\cos\{\xi_l(d-z)\}}{d(\xi_l^2+\lambda^2)+\lambda}\times$$

$$\times\int_a^\infty\int_0^\infty\frac{\xi u\mathcal{C}_{m\dot{o}}(\xi u)\mathcal{C}_{m\dot{o}}(\xi r)}{\left\{J_{m\dot{o}}^2(\xi a)+Y_{m\dot{o}}^2(\xi a)\right\}}\int_0^t\{\overline{\psi}_0(u,m,t-\tau;\theta)\cos(\xi_l d)-\overline{\psi}_d(u,m,t-\tau;\theta)\}e^{-(\eta_r\xi^2+\eta_z\xi_l^2)\tau}d\tau d\xi du +$$

$$+\frac{2}{\pi}\sum_{m=0}^{\infty}\ni_m\sum_{l=1}^{\infty}\frac{(\xi_l^2+\lambda^2)\cos\{\xi_l(d-z)\}}{d(\xi_l^2+\lambda^2)+\lambda}\int_0^\infty\frac{\overline{\overline{\overline{\varphi}}}(\xi,m,\xi_l;\theta)\,\xi\mathcal{C}_{m\dot{o}}(\xi r)\,e^{-(\eta_r\xi^2+\eta_z\xi_l^2)t}}{\left\{J_{m\dot{o}}^2(\xi a)+Y_{m\dot{o}}^2(\xi a)\right\}}d\xi \tag{23.17.3}$$

where $\overline{\overline{\psi}}(m,\xi_l,t;\theta)=\int_0^{2\pi}\cos\{m(\theta-v)\}\int_0^d\psi(v,w,t)\cos\{\xi_l(d-w)\}dwdv$,
$\overline{\psi}_0(u,m,t;\theta)=\int_0^{2\pi}\psi_0(u,v,t)\cos\{m(\theta-v)\}dv$ and $\overline{\psi}_d(u,m,t;\theta)=\int_0^{2\pi}\psi_d(u,v,t)\cos\{m(\theta-v)\}dv$.

23.18 The problem of 23.10, except

$\mathbf{R}_0\equiv\frac{\partial p(r,\theta,0,t)}{\partial z}-\lambda p(r,\theta,0,t)=-\left(\frac{\mu}{k_z}\right)\psi_0(r,\theta,t)$,
$\mathbf{R}_d\equiv\frac{\partial p(r,\theta,d,t)}{\partial z}+\lambda_d p(r,\theta,d,t)=-\left(\frac{\mu}{k_z}\right)\psi_d(r,\theta,t)$ and
$\mathbf{D}\equiv p(a,\theta,z,t)=\psi(\theta,z,t)$

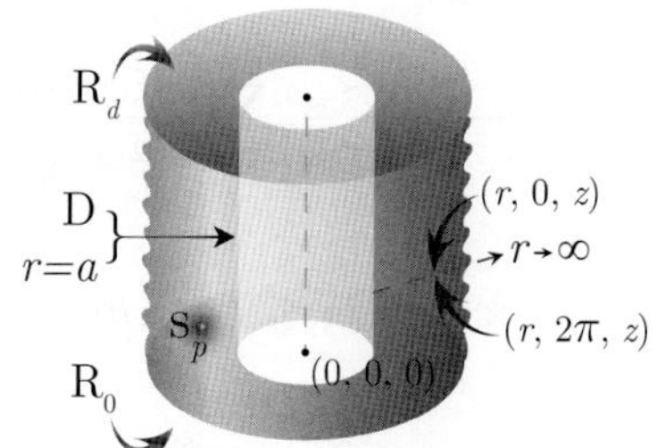

Successive application of the Laplace, Fourier and Dirichlet-Weber transformations to equation (22.1.1) gives

$$\overline{\overline{\overline{p}}} = \frac{q(s)e^{-st_0}\cos\{m(\theta-\theta_0)\}\{\xi_l\cos(\xi_l z_0)+\lambda_0\sin(\xi_l z_0)\}\mathcal{C}_{m\dot{o}}(\xi r_0)}{\phi c_t(\eta_r\xi^2+\eta_z\xi_l^2+s)}-\frac{2\eta_r\overline{\overline{\overline{\psi}}}(m,\xi_l,s;\theta)}{\pi(\eta_r\xi^2+\eta_z\xi_l^2+s)}+$$

$$+\frac{\int_a^\infty u\mathcal{C}_{m\dot{o}}(\xi u)\left[\xi_l\overline{\overline{\psi}}_0(u,m,s;\theta)-\overline{\overline{\psi}}_d(u,m,s;\theta)\{\xi_l\cos(\xi_l d)+\lambda_0\sin(\xi_l d)\}\right]du}{\phi c_t(\eta_r\xi^2+\eta_z\xi_l^2+s)}+\frac{\overline{\overline{\overline{\varphi}}}(\xi,m,\xi_l;\theta)}{(\eta_r\xi^2+\eta_z\xi_l^2+s)} \tag{23.18.1}$$

where $\mathcal{C}_\nu(\xi r)=Y_\nu(\xi a)J_\nu(\xi r)-J_\nu(\xi a)Y_\nu(\xi r)$, ξ_l is a positive root of $\tan(\xi_l d)=\frac{\xi_l(\lambda_0+\lambda_d)}{(\xi_l^2-\lambda_0\lambda_d)}$, $l=1,2,...$,
$\overline{\overline{\overline{\varphi}}}(\xi,m,\xi_l;\theta)=\int_a^\infty r\mathcal{C}_{m\dot{o}}(\xi r)\int_0^{2\pi}\cos\{m(\theta-v)\}\int_0^d\varphi(u,v,w)\{\xi_l\cos(\xi_l w)+\lambda_0\sin(\xi_l w)\}dwdvdr$,

$\overline{\overline{\psi}}_0(u,m,s;\theta) = \int_0^{2\pi} \overline{\psi}_0(u,v,s)\cos\{m(\theta-v)\}\,dv$, $\overline{\overline{\psi}}_d(u,m,s;\theta) = \int_0^{2\pi} \overline{\psi}_d(u,v,s)\cos\{m(\theta-v)\}\,dv$ and $\overline{\overline{\overline{\psi}}}(m,\xi_l,s;\theta) = \int_0^{2\pi} \overline{\psi}(v,w,s)\cos\{m(\theta-v)\}\int_0^d \{\xi_l\cos(\xi_l w)+\lambda_0\sin(\xi_l w)\}dwdv$. Successive inverse transforms yield

$$\begin{aligned}
\overline{p} \;=\; & \frac{2q(s)e^{-st_0}}{\pi\phi c_t}\sum_{m=0}^{\infty}\ni_m\cos\{m(\theta-\theta_0)\}\sum_{l=1}^{\infty}\frac{\{\xi_l\cos(\xi_l z_0)+\lambda_0\sin(\xi_l z_0)\}\{\xi_l\cos(\xi_l z)+\lambda_0\sin(\xi_l z)\}}{(\xi_l^2+\lambda_0^2)\left\{d+\frac{\lambda_d}{\xi_l^2+\lambda_d^2}\right\}+\lambda_0}\times \\
&\times\int_0^{\infty}\frac{\xi\mathcal{C}_{m\dot{o}}(\xi r_0)\mathcal{C}_{m\dot{o}}(\xi r)}{(\eta_r\xi^2+\eta_z\xi_l^2+s)\{J_{m\dot{o}}^2(\xi a)+Y_{m\dot{o}}^2(\xi a)\}}d\xi - \\
&-\frac{4\eta_r}{\pi^2}\sum_{m=0}^{\infty}\ni_m\sum_{l=1}^{\infty}\frac{\overline{\overline{\overline{\psi}}}(m,\xi_l,s;\theta)\{\xi_l\cos(\xi_l z)+\lambda_0\sin(\xi_l z)\}}{(\xi_l^2+\lambda_0^2)\left\{d+\frac{\lambda_d}{\xi_l^2+\lambda_d^2}\right\}+\lambda_0}\int_0^{\infty}\frac{\xi\mathcal{C}_{m\dot{o}}(\xi r)}{(\eta_r\xi^2+\eta_z\xi_l^2+s)\{J_{m\dot{o}}^2(\xi a)+Y_{m\dot{o}}^2(\xi a)\}}d\xi + \\
&+\frac{2}{\pi\phi c_t}\sum_{m=0}^{\infty}\ni_m\sum_{l=1}^{\infty}\frac{\{\xi_l\cos(\xi_l z)+\lambda_0\sin(\xi_l z)\}}{(\xi_l^2+\lambda_0^2)\left\{d+\frac{\lambda_d}{\xi_l^2+\lambda_d^2}\right\}+\lambda_0}\times \\
&\times\int_a^{\infty}\int_0^{\infty}\frac{\xi u\mathcal{C}_{m\dot{o}}(\xi u)\mathcal{C}_{m\dot{o}}(\xi r)\left[\xi_l\overline{\overline{\psi}}_0(u,m,s;\theta)-\overline{\overline{\psi}}_d(u,m,s;\theta)\{\xi_l\cos(\xi_l d)+\lambda_0\sin(\xi_l d)\}\right]}{(\eta_r\xi^2+\eta_z\xi_l^2+s)\{J_{m\dot{o}}^2(\xi a)+Y_{m\dot{o}}^2(\xi a)\}}d\xi du + \\
&+\frac{2}{\pi}\sum_{m=0}^{\infty}\ni_m\sum_{l=1}^{\infty}\frac{\{\xi_l\cos(\xi_l z)+\lambda_0\sin(\xi_l z)\}}{(\xi_l^2+\lambda_0^2)\left\{d+\frac{\lambda_d}{\xi_l^2+\lambda_d^2}\right\}+\lambda_0}\int_0^{\infty}\frac{\overline{\overline{\overline{\varphi}}}(\xi,m,\xi_l;\theta)\,\xi\mathcal{C}_{m\dot{o}}(\xi r)}{(\eta_r\xi^2+\eta_z\xi_l^2+s)\{J_{m\dot{o}}^2(\xi a)+Y_{m\dot{o}}^2(\xi a)\}}d\xi
\end{aligned} \tag{23.18.2}$$

and

$$\begin{aligned}
p \;=\; & \frac{2U(t-t_0)}{\pi\phi c_t}\sum_{m=0}^{\infty}\ni_m\cos\{m(\theta-\theta_0)\}\sum_{l=1}^{\infty}\frac{\{\xi_l\cos(\xi_l z_0)+\lambda_0\sin(\xi_l z_0)\}\{\xi_l\cos(\xi_l z)+\lambda_0\sin(\xi_l z)\}}{(\xi_l^2+\lambda_0^2)\left\{d+\frac{\lambda_d}{\xi_l^2+\lambda_d^2}\right\}+\lambda_0}\times \\
&\times\int_0^{\infty}\frac{\xi\mathcal{C}_{m\dot{o}}(\xi r_0)\mathcal{C}_{m\dot{o}}(\xi r)}{\{J_{m\dot{o}}^2(\xi a)+Y_{m\dot{o}}^2(\xi a)\}}\int_0^{t-t_0}q(t-t_0-\tau)e^{-(\eta_r\xi^2+\eta_z\xi_l^2)\tau}d\tau d\xi - \\
&-\frac{4\eta_r}{\pi^2}\sum_{m=0}^{\infty}\ni_m\sum_{l=1}^{\infty}\frac{\{\xi_l\cos(\xi_l z)+\lambda_0\sin(\xi_l z)\}}{(\xi_l^2+\lambda_0^2)\left\{d+\frac{\lambda_d}{\xi_l^2+\lambda_d^2}\right\}+\lambda_0}\int_0^{\infty}\frac{\xi\mathcal{C}_{m\dot{o}}(\xi r)}{\{J_{m\dot{o}}^2(\xi a)+Y_{m\dot{o}}^2(\xi a)\}}\times \\
&\times\int_0^{t}\overline{\overline{\psi}}(m,\xi_l,t-\tau;\theta)e^{-(\eta_r\xi^2+\eta_z\xi_l^2)\tau}d\tau d\xi + \\
&+\frac{2}{\pi\phi c_t}\sum_{m=0}^{\infty}\ni_m\sum_{l=1}^{\infty}\frac{\{\xi_l\cos(\xi_l z)+\lambda_0\sin(\xi_l z)\}}{(\xi_l^2+\lambda_0^2)\left\{d+\frac{\lambda_d}{\xi_l^2+\lambda_d^2}\right\}+\lambda_0}\int_a^{\infty}\int_0^{\infty}\frac{\xi u\mathcal{C}_{m\dot{o}}(\xi u)\mathcal{C}_{m\dot{o}}(\xi r)}{\{J_{m\dot{o}}^2(\xi a)+Y_{m\dot{o}}^2(\xi a)\}}\times \\
&\times\int_0^{t}\left[\xi_l\overline{\psi}_0(u,m,t-\tau;\theta)-\overline{\psi}_d(u,m,t-\tau;\theta)\{\xi_l\cos(\xi_l d)+\lambda_0\sin(\xi_l d)\}\right]e^{-(\eta_r\xi^2+\eta_z\xi_l^2)\tau}d\tau d\xi du + \\
&+\frac{2}{\pi}\sum_{m=0}^{\infty}\ni_m\sum_{l=1}^{\infty}\frac{\{\xi_l\cos(\xi_l z)+\lambda_0\sin(\xi_l z)\}}{(\xi_l^2+\lambda_0^2)\left\{d+\frac{\lambda_d}{\xi_l^2+\lambda_d^2}\right\}+\lambda_0}\int_0^{\infty}\frac{\overline{\overline{\overline{\varphi}}}(\xi,m,\xi_l;\theta)\,\xi\mathcal{C}_{m\dot{o}}(\xi r)e^{-(\eta_r\xi^2+\eta_z\xi_l^2)t}}{\{J_{m\dot{o}}^2(\xi a)+Y_{m\dot{o}}^2(\xi a)\}}d\xi
\end{aligned} \tag{23.18.3}$$

where $\overline{\overline{\psi}}(m,\xi_l,t;\theta) = \int_0^{2\pi}\cos\{m(\theta-v)\}\int_0^d \psi(v,w,t)\{\xi_l\cos(\xi_l w)+\lambda_0\sin(\xi_l w)\}dwdv$, $\overline{\psi}_0(u,m,t;\theta) = \int_0^{2\pi}\psi_0(u,v,t)\cos\{m(\theta-v)\}\,dv$ and $\overline{\psi}_d(u,m,t;\theta) = \int_0^{2\pi}\psi_d(u,v,t)\cos\{m(\theta-v)\}\,dv$.

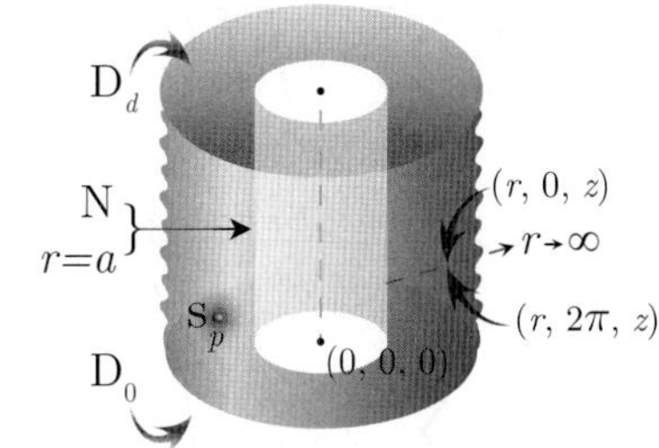

23.19 The problem of 23.10, except D$_0$ $\equiv p(r,\theta,0,t)=\psi_0(r,\theta,t)$, D$_d$ $\equiv p(r,\theta,d,t)=\psi_d(r,\theta,t)$ and N $\equiv \frac{\partial p(a,\theta,z,t)}{\partial r}=-\left(\frac{\mu}{k_r}\right)\psi(z,t)$

Successive application of the Laplace, Fourier and Neumann-Weber transformations to equation (22.1.1) gives

$$\overline{\overline{\overline{p}}} = \frac{q(s)e^{-st_0}\cos\{m(\theta-\theta_0)\}\sin(\xi_l z_0)\mathcal{G}_{m\dot{o}}(\xi r_0)}{\phi c_t(\eta_r\xi^2+\eta_z\xi_l^2+s)}+\frac{2\overline{\overline{\overline{\psi}}}(m,\xi_l,s;\theta)}{\pi\phi c_t\xi(\eta_r\xi^2+\eta_z\xi_l^2+s)}+$$
$$+\frac{\xi_l\eta_z\int_a^\infty u\mathcal{G}_{m\dot{o}}(\xi u)\left\{\overline{\overline{\psi}}_0(u,m,s;\theta)-(-1)^l\overline{\overline{\psi}}_d(u,m,s;\theta)\right\}du}{(\eta_r\xi^2+\eta_z\xi_l^2+s)}+\frac{\overline{\overline{\overline{\varphi}}}(\xi,m,\xi_l;\theta)}{(\eta_r\xi^2+\eta_z\xi_l^2+s)} \tag{23.19.1}$$

where $\mathcal{G}_\nu(\xi r)=Y_\nu'(\xi a)J_\nu(\xi r)-J_\nu'(\xi a)Y_\nu(\xi r)$, ξ_l is a positive root of $\sin(\xi_l d)$, which are $\xi_l=\frac{l\pi}{d}$, $l=1,2,...$, $\overline{\overline{\overline{\varphi}}}(\xi,m,\xi_l;\theta)=\int_a^\infty r\mathcal{G}_{m\dot{o}}(\xi r)\int_0^{2\pi}\cos\{m(\theta-v)\}\int_0^d\varphi(u,v,w)\sin(\xi_l w)dwdvdu$, $\overline{\overline{\psi}}_0(u,m,s;\theta)=\int_0^{2\pi}\overline{\psi}_0(u,v,s)\cos\{m(\theta-v)\}dv$, $\overline{\overline{\psi}}_d(u,m,s;\theta)=\int_0^{2\pi}\overline{\psi}_d(u,v,s)\cos\{m(\theta-v)\}dv$ and $\overline{\overline{\overline{\psi}}}(m,\xi_l,s;\theta)=\int_0^{2\pi}\overline{\psi}(v,w,s)\cos\{m(\theta-v)\}\int_0^d\sin(\xi_l w)dwdv$. Successive inverse transforms yield

$$\overline{p} = \frac{2q(s)e^{-st_0}}{\pi d\phi c_t}\sum_{m=0}^\infty \ni_m\cos\{m(\theta-\theta_0)\}\sum_{l=1}^\infty\sin(\xi_l z_0)\sin(\xi_l z)\int_0^\infty\frac{\xi\mathcal{G}_{m\dot{o}}(\xi r_0)\mathcal{G}_{m\dot{o}}(\xi r)}{(\eta_r\xi^2+\eta_z\xi_l^2+s)\{J_{m\dot{o}}'^2(\xi a)+Y_{m\dot{o}}'^2(\xi a)\}}d\xi+$$
$$+\frac{4}{\pi^2 d\phi c_t}\sum_{m=0}^\infty\ni_m\sum_{l=1}^\infty\overline{\overline{\overline{\psi}}}(m,\xi_l,s;\theta)\sin(\xi_l z)\int_0^\infty\frac{\mathcal{G}_{m\dot{o}}(\xi r)}{(\eta_r\xi^2+\eta_z\xi_l^2+s)\{J_{m\dot{o}}'^2(\xi a)+Y_{m\dot{o}}'^2(\xi a)\}}d\xi+$$
$$+\frac{2\eta_z}{\pi d}\sum_{m=0}^\infty\ni_m\sum_{l=1}^\infty\xi_l\sin(\xi_l z)\int_a^\infty\int_0^\infty\frac{\xi u\mathcal{G}_{m\dot{o}}(\xi u)\mathcal{G}_{m\dot{o}}(\xi r)\left\{\overline{\overline{\psi}}_0(u,m,s;\theta)-(-1)^l\overline{\overline{\psi}}_d(u,m,s;\theta)\right\}}{(\eta_r\xi^2+\eta_z\xi_l^2+s)\{J_{m\dot{o}}'^2(\xi a)+Y_{m\dot{o}}'^2(\xi a)\}}d\xi du+$$
$$+\frac{2}{\pi d}\sum_{m=0}^\infty\ni_m\sum_{l=1}^\infty\sin(\xi_l z)\int_0^\infty\frac{\overline{\overline{\overline{\varphi}}}(\xi,m,\xi_l;\theta)\xi\mathcal{G}_{m\dot{o}}(\xi r)}{(\eta_r\xi^2+\eta_z\xi_l^2+s)\{J_{m\dot{o}}'^2(\xi a)+Y_{m\dot{o}}'^2(\xi a)\}}d\xi \tag{23.19.2}$$

and

$$p = \frac{U(t-t_0)}{2\pi d\phi c_t}\sum_{m=0}^\infty\ni_m\cos\{m(\theta-\theta_0)\}\times$$
$$\times\int_0^{t-t_0}q(t-t_0-\tau)\left\{\Theta_3\left(\frac{\pi(z-z_0)}{2d},e^{-\left(\frac{\pi}{d}\right)^2\eta_z\tau}\right)-\Theta_3\left(\frac{\pi(z+z_0)}{2d},e^{-\left(\frac{\pi}{d}\right)^2\eta_z\tau}\right)\right\}\times$$
$$\times\int_0^\infty\frac{\xi\mathcal{G}_{m\dot{o}}(\xi r_0)\mathcal{G}_{m\dot{o}}(\xi r)e^{-\eta_r\xi^2\tau}}{\{J_{m\dot{o}}'^2(\xi a)+Y_{m\dot{o}}'^2(\xi a)\}}d\xi d\tau+$$
$$+\frac{1}{\pi^2 d\phi c_t}\sum_{m=0}^\infty\ni_m\int_0^t\int_a^\infty\overline{\psi}(m,w,t-\tau;\theta)\left\{\Theta_3\left(\frac{\pi(z-w)}{2d},e^{-\left(\frac{\pi}{d}\right)^2\eta_z\tau}\right)-\Theta_3\left(\frac{\pi(z+w)}{2d},e^{-\left(\frac{\pi}{d}\right)^2\eta_z\tau}\right)\right\}\times$$
$$\times\int_0^\infty\frac{\xi\mathcal{G}_{m\dot{o}}(\xi r)e^{-\eta_r\xi^2\tau}}{\{J_{m\dot{o}}'^2(\xi a)+Y_{m\dot{o}}'^2(\xi a)\}}d\xi dw d\tau+$$

$$+\frac{\eta_z}{2\pi d^2}\sum_{m=0}^{\infty}\ni_m\int_0^t\int_a^\infty\left\{\Theta_4'\left(\frac{\pi z}{2d},e^{-\left(\frac{\pi}{d}\right)^2\eta_z\tau}\right)\overline{\psi}_d(u,m,t-\tau;\theta)-\Theta_3'\left(\frac{\pi z}{2d},e^{-\left(\frac{\pi}{d}\right)^2\eta_z\tau}\right)\overline{\psi}_0(u,m,t-\tau;\theta)\right\}\times$$

$$\times\int_0^\infty\frac{\xi u\mathcal{G}_{m\dot{o}}(\xi u)\,\mathcal{G}_{m\dot{o}}(\xi r)\,e^{-\eta_r\xi^2\tau}}{\{J_{m\dot{o}}'^2(\xi a)+Y_{m\dot{o}}'^2(\xi a)\}}d\xi dud\tau+$$

$$+\frac{1}{2\pi d}\sum_{m=0}^{\infty}\ni_m\int_a^\infty u\int_0^d\overline{\varphi}(u,m,w;\theta)\left\{\Theta_3\left(\frac{\pi(z-w)}{2d},e^{-\left(\frac{\pi}{d}\right)^2\eta_z t}\right)-\Theta_3\left(\frac{\pi(z+w)}{2d},e^{-\left(\frac{\pi}{d}\right)^2\eta_z t}\right)\right\}\times$$

$$\times\int_0^\infty\frac{\xi\mathcal{G}_{m\dot{o}}(\xi v)\,\mathcal{G}_{m\dot{o}}(\xi r)\,e^{-\eta_r\xi^2 t}}{\{J_{m\dot{o}}'^2(\xi a)+Y_{m\dot{o}}'^2(\xi a)\}}d\xi dwdu \tag{23.19.3}$$

where $\overline{\psi}(m,w,t;\theta)=\int_0^{2\pi}\psi(v,w,t)\cos\{m(\theta-v)\}dv$, $\overline{\psi}_0(u,m,t;\theta)=\int_0^{2\pi}\psi_0(u,v,t)\cos\{m(\theta-v)\}dv$, $\overline{\psi}_d(u,m,t;\theta)=\int_0^{2\pi}\psi_d(u,v,t)\cos\{m(\theta-v)\}dv$ and $\overline{\varphi}(u,m,w;\theta)=\int_0^{2\pi}\varphi(u,v,w)\cos\{m(\theta-v)\}dv$.

23.20

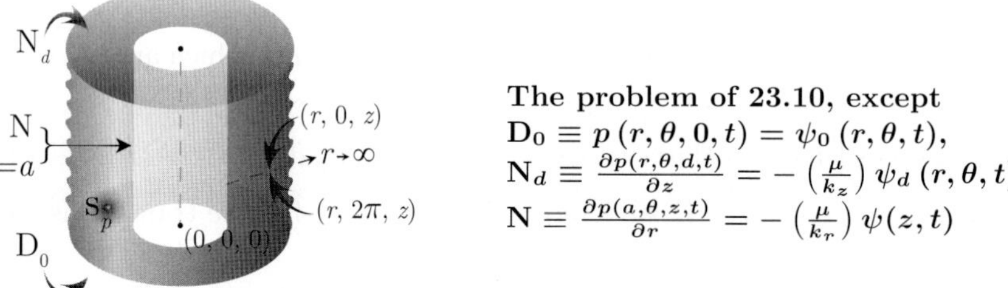

The problem of 23.10, except
$\mathbf{D_0}\equiv p(r,\theta,0,t)=\psi_0(r,\theta,t)$,
$\mathbf{N_d}\equiv\frac{\partial p(r,\theta,d,t)}{\partial z}=-\left(\frac{\mu}{k_z}\right)\psi_d(r,\theta,t)$ **and**
$\mathbf{N}\equiv\frac{\partial p(a,\theta,z,t)}{\partial r}=-\left(\frac{\mu}{k_r}\right)\psi(z,t)$

Successive application of the Laplace, Fourier and Neumann-Weber transformations to equation (22.1.1) gives

$$\overline{\overline{\overline{p}}}=\frac{q(s)\,e^{-st_0}\cos\{m(\theta-\theta_0)\}\sin(\xi_l z_0)\,\mathcal{G}_{m\dot{o}}(\xi r_0)}{\phi c_t(\eta_r\xi^2+\eta_z\xi_l^2+s)}+\frac{2\overline{\overline{\overline{\psi}}}(m,\xi_l,s;\theta)}{\pi\phi c_t\xi(\eta_r\xi^2+\eta_z\xi_l^2+s)}+$$
$$+\frac{\eta_z\int_a^\infty u\mathcal{G}_{m\dot{o}}(\xi u)\left\{\xi_l\overline{\overline{\psi}}_0(u,m,s;\theta)+(-1)^l\left(\frac{\mu}{k_z}\right)\overline{\overline{\psi}}_d(u,m,s;\theta)\right\}du}{(\eta_r\xi^2+\eta_z\xi_l^2+s)}+\frac{\overline{\overline{\overline{\varphi}}}(\xi,m,\xi_l;\theta)}{(\eta_r\xi^2+\eta_z\xi_l^2+s)} \tag{23.20.1}$$

where $\mathcal{G}_\nu(\xi r)=Y_\nu'(\xi a)J_\nu(\xi r)-J_\nu'(\xi a)Y_\nu(\xi r)$, ξ_l is a positive root of $\cos(\xi_l d)$, which are $\xi_l=\frac{(2l-1)\pi}{2d}$, $l=1,2,...,$ $\overline{\overline{\overline{\varphi}}}(\xi,m,\xi_l;\theta)=\int_a^\infty r\mathcal{G}_{m\dot{o}}(\xi r)\int_0^{2\pi}\cos\{m(\theta-v)\}\int_0^d\varphi(u,v,w)\sin(\xi_l w)dwdvdu$, $\overline{\overline{\psi}}_0(u,m,s;\theta)=\int_0^{2\pi}\overline{\psi}_0(u,v,s)\cos\{m(\theta-v)\}dv$, $\overline{\overline{\psi}}_d(u,m,s;\theta)=\int_0^{2\pi}\overline{\psi}_d(u,v,s)\cos\{m(\theta-v)\}dv$ and $\overline{\overline{\overline{\psi}}}(m,\xi_l,s;\theta)=\int_0^{2\pi}\overline{\psi}(v,w,s)\cos\{m(\theta-v)\}\int_0^d\sin(\xi_l w)dwdv$. Successive inverse transforms yield

$$\overline{p}=\frac{2q(s)\,e^{-st_0}}{\pi d\phi c_t}\sum_{m=0}^{\infty}\ni_m\cos\{m(\theta-\theta_0)\}\sum_{l=1}^{\infty}\sin(\xi_l z_0)\sin(\xi_l z)\int_0^\infty\frac{\xi\mathcal{G}_{m\dot{o}}(\xi r_0)\,\mathcal{G}_{m\dot{o}}(\xi r)}{(\eta_r\xi^2+\eta_z\xi_l^2+s)\{J_{m\dot{o}}'^2(\xi a)+Y_{m\dot{o}}'^2(\xi a)\}}d\xi+$$
$$+\frac{4}{\pi^2 d\phi c_t}\sum_{m=0}^{\infty}\ni_m\sum_{l=1}^{\infty}\overline{\overline{\overline{\psi}}}(m,\xi_l,s;\theta)\sin(\xi_l z)\int_0^\infty\frac{\mathcal{G}_{m\dot{o}}(\xi r)}{(\eta_r\xi^2+\eta_z\xi_l^2+s)\{J_{m\dot{o}}'^2(\xi a)+Y_{m\dot{o}}'^2(\xi a)\}}d\xi+$$
$$+\frac{2\eta_z}{\pi d}\sum_{m=0}^{\infty}\ni_m\sum_{l=1}^{\infty}\sin(\xi_l z)\int_a^\infty\int_0^\infty\frac{\xi u\mathcal{G}_{m\dot{o}}(\xi u)\,\mathcal{G}_{m\dot{o}}(\xi r)\left\{\xi_l\overline{\overline{\psi}}_0(u,m,s;\theta)+(-1)^l\left(\frac{\mu}{k_z}\right)\overline{\overline{\psi}}_d(u,m,s;\theta)\right\}}{(\eta_r\xi^2+\eta_z\xi_l^2+s)\{J_{m\dot{o}}'^2(\xi a)+Y_{m\dot{o}}'^2(\xi a)\}}d\xi du+$$
$$+\frac{2}{\pi d}\sum_{m=0}^{\infty}\ni_m\sum_{l=1}^{\infty}\sin(\xi_l z)\int_0^\infty\frac{\overline{\overline{\overline{\varphi}}}(\xi,m,\xi_l;\theta)\,\xi\mathcal{G}_{m\dot{o}}(\xi r)}{(\eta_r\xi^2+\eta_z\xi_l^2+s)\{J_{m\dot{o}}'^2(\xi a)+Y_{m\dot{o}}'^2(\xi a)\}}d\xi \tag{23.20.2}$$

and

$$p = \frac{U(t-t_0)}{2\pi d\phi c_t}\sum_{m=0}^{\infty}\ni_m \cos\{m(\theta-\theta_0)\}\times$$
$$\times\int_0^{t-t_0} q(t-t_0-\tau)\left\{\Theta_2\left(\frac{\pi(z-z_0)}{2d}, e^{-\left(\frac{\pi}{d}\right)^2\eta_z\tau}\right)-\Theta_2\left(\frac{\pi(z+z_0)}{2d}, e^{-\left(\frac{\pi}{d}\right)^2\eta_z\tau}\right)\right\}\times$$
$$\times\int_0^{\infty}\frac{\xi\mathcal{G}_{m\dot{o}}(\xi r_0)\mathcal{G}_{m\dot{o}}(\xi r)e^{-\eta_r\xi^2\tau}}{\{J'^2_{m\dot{o}}(\xi a)+Y'^2_{m\dot{o}}(\xi a)\}}d\xi d\tau +$$
$$+\frac{1}{\pi^2 d\phi c_t}\sum_{m=0}^{\infty}\ni_m\int_0^t\int_a^{\infty}\overline{\psi}(m,w,t-\tau;\theta)\left\{\Theta_2\left(\frac{\pi(z-w)}{2d}, e^{-\left(\frac{\pi}{d}\right)^2\eta_z\tau}\right)-\Theta_2\left(\frac{\pi(z+w)}{2d}, e^{-\left(\frac{\pi}{d}\right)^2\eta_z\tau}\right)\right\}\times$$
$$\times\int_0^{\infty}\frac{\xi\mathcal{G}_{m\dot{o}}(\xi r)e^{-\eta_r\xi^2\tau}}{\{J'^2_{m\dot{o}}(\xi a)+Y'^2_{m\dot{o}}(\xi a)\}}d\xi dw d\tau -$$
$$-\frac{1}{\pi d}\sum_{m=0}^{\infty}\ni_m\int_0^t\frac{1}{\tau}\int_0^{\infty}\left\{\left(\frac{\eta_z}{2d}\right)\Theta_2'\left(\frac{\pi z}{2d}, e^{-\left(\frac{\pi}{d}\right)^2\eta_z\tau}\right)\overline{\psi}_0(u,m,t-\tau;\theta)+\right.$$
$$\left.+\left(\frac{1}{\phi c_t}\right)\Theta_1\left(\frac{\pi z}{2d}, e^{-\left(\frac{\pi}{d}\right)^2\eta_z\tau}\right)\overline{\psi}_d(u,m,t-\tau;\theta)\right\}\int_0^{\infty}\frac{\xi u\mathcal{G}_{m\dot{o}}(\xi u)\mathcal{G}_{m\dot{o}}(\xi r)e^{-\eta_r\xi^2\tau}}{\{J'^2_{m\dot{o}}(\xi a)+Y'^2_{m\dot{o}}(\xi a)\}}d\xi du d\tau +$$
$$+\frac{1}{2\pi d}\sum_{m=0}^{\infty}\ni_m\int_a^{\infty}u\int_0^d\overline{\varphi}(u,m,w;\theta)\left\{\Theta_2\left(\frac{\pi(z-w)}{2d}, e^{-\left(\frac{\pi}{d}\right)^2\eta_z t}\right)-\Theta_2\left(\frac{\pi(z+w)}{2d}, e^{-\left(\frac{\pi}{d}\right)^2\eta_z t}\right)\right\}\times$$
$$\times\int_0^{\infty}\frac{\xi\mathcal{G}_{m\dot{o}}(\xi v)\mathcal{G}_{m\dot{o}}(\xi r)e^{-\eta_r\xi^2 t}}{\{J'^2_{m\dot{o}}(\xi a)+Y'^2_{m\dot{o}}(\xi a)\}}d\xi dw du \tag{23.20.3}$$

where $\overline{\psi}(m,w,t;\theta) = \int_0^{2\pi}\psi(v,w,t)\cos\{m(\theta-v)\}dv$, $\overline{\psi}_0(u,m,t;\theta) = \int_0^{2\pi}\psi_0(u,v,t)\cos\{m(\theta-v)\}dv$, $\overline{\psi}_d(u,m,t;\theta) = \int_0^{2\pi}\psi_d(u,v,t)\cos\{m(\theta-v)\}dv$ and $\overline{\varphi}(u,m,w;\theta) = \int_0^{2\pi}\varphi(u,v,w)\cos\{m(\theta-v)\}dv$.

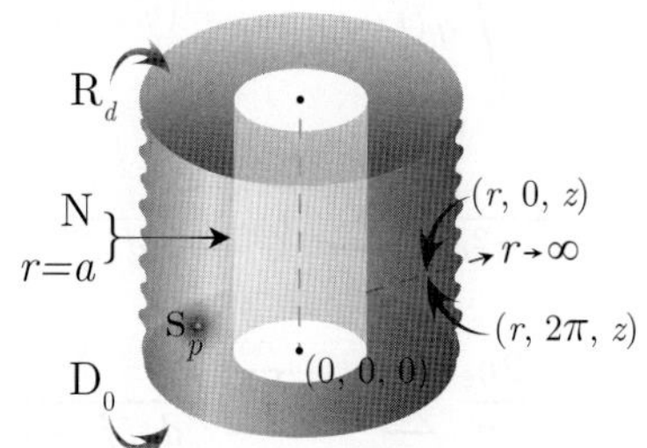

23.21 The problem of 23.10, except $D_0 \equiv p(r,\theta,0,t) = \psi_0(r,\theta,t)$, $R_d \equiv \frac{\partial p(r,\theta,d,t)}{\partial z} + \lambda p(r,\theta,d,t) = -\left(\frac{\mu}{k_z}\right)\psi_d(r,\theta,t)$ and $N \equiv \frac{\partial p(a,\theta,z,t)}{\partial r} = -\left(\frac{\mu}{k_r}\right)\psi(z,t)$

Successive application of the Laplace, Fourier and Neumann-Weber transformations to equation (22.1.1) gives

$$\overline{\overline{\overline{p}}} = \frac{q(s)e^{-st_0}\cos\{m(\theta-\theta_0)\}\sin(\xi_l z_0)\mathcal{G}_{m\dot{o}}(\xi r_0)}{\phi c_t(\eta_r\xi^2+\eta_z\xi_l^2+s)}+\frac{2\overline{\overline{\overline{\psi}}}(m,\xi_l,s;\theta)}{\pi\phi c_t\xi(\eta_r\xi^2+\eta_z\xi_l^2+s)}+$$
$$+\frac{\eta_z\int_a^{\infty}u\mathcal{G}_{m\dot{o}}(\xi u)\left\{\xi_l\overline{\overline{\psi}}_0(u,m,s;\theta)-\left(\frac{\mu}{k_z}\right)\overline{\overline{\psi}}_d(u,m,s;\theta)\sin(\xi_l d)\right\}du}{(\eta_r\xi^2+\eta_z\xi_l^2+s)}+\frac{\overline{\overline{\overline{\varphi}}}(\xi,m,\xi_l;\theta)}{(\eta_r\xi^2+\eta_z\xi_l^2+s)} \tag{23.21.1}$$

where $\mathcal{G}_\nu(\xi r) = Y'_\nu(\xi a)J_\nu(\xi r) - J'_\nu(\xi a)Y_\nu(\xi r)$, ξ_l is a positive root of $\xi_l\cot(\xi_l d) = -\lambda$, $l = 1,2,...$, $\overline{\overline{\overline{\varphi}}}(\xi,m,\xi_l;\theta) = \int_a^{\infty}r\mathcal{G}_{m\dot{o}}(\xi r)\int_0^{2\pi}\cos\{m(\theta-v)\}\int_0^d\varphi(u,v,w)\sin(\xi_l w)dwdvdu$,

$\overline{\overline{\psi}}_0(u,m,s;\theta)=\int_0^{2\pi}\overline{\psi}_0(u,v,s)\cos\{m(\theta-v)\}\,dv$, $\overline{\overline{\psi}}_d(u,m,s;\theta)=\int_0^{2\pi}\overline{\psi}_d(u,v,s)\cos\{m(\theta-v)\}\,dv$ and $\overline{\overline{\overline{\psi}}}(m,\xi_l,s;\theta)=\int_0^{2\pi}\overline{\psi}(v,w,s)\cos\{m(\theta-v)\}\int_0^d\sin(\xi_l w)dwdv$. Successive inverse transforms yield

$$\begin{aligned}\overline{p} &= \frac{2q(s)\,e^{-st_0}}{\pi\phi c_t}\sum_{m=0}^{\infty}\ni_m\cos\{m(\theta-\theta_0)\}\sum_{l=1}^{\infty}\frac{(\xi_l^2+\lambda^2)\sin(\xi_l z_0)\sin(\xi_l z)}{d(\xi_l^2+\lambda^2)+\lambda}\times\\ &\times\int_0^{\infty}\frac{\xi\mathcal{G}_{m\dot{o}}(\xi r_0)\,\mathcal{G}_{m\dot{o}}(\xi r)}{(\eta_r\xi^2+\eta_z\xi_l^2+s)\{J'^2_{m\dot{o}}(\xi a)+Y'^2_{m\dot{o}}(\xi a)\}}d\xi+\\ &+\frac{4}{\pi^2\phi c_t}\sum_{m=0}^{\infty}\ni_m\sum_{l=1}^{\infty}\frac{\overline{\overline{\overline{\psi}}}(m,\xi_l,s;\theta)\,(\xi_l^2+\lambda^2)\sin(\xi_l z)}{d(\xi_l^2+\lambda^2)+\lambda}\int_0^{\infty}\frac{\mathcal{G}_{m\dot{o}}(\xi r)}{(\eta_r\xi^2+\eta_z\xi_l^2+s)\{J'^2_{m\dot{o}}(\xi a)+Y'^2_{m\dot{o}}(\xi a)\}}d\xi+\\ &+\frac{2\eta_z}{\pi}\sum_{m=0}^{\infty}\ni_m\sum_{l=1}^{\infty}\frac{(\xi_l^2+\lambda^2)\sin(\xi_l z)}{d(\xi_l^2+\lambda^2)+\lambda}\times\\ &\times\int_a^{\infty}\int_0^{\infty}\frac{\xi u\mathcal{G}_{m\dot{o}}(\xi u)\,\mathcal{G}_{m\dot{o}}(\xi r)\left\{\xi_l\overline{\overline{\psi}}_0(u,m,s;\theta)-\left(\frac{\mu}{k_z}\right)\overline{\overline{\psi}}_d(u,m,s;\theta)\sin(\xi_l d)\right\}}{(\eta_r\xi^2+\eta_z\xi_l^2+s)\{J'^2_{m\dot{o}}(\xi a)+Y'^2_{m\dot{o}}(\xi a)\}}d\xi du+\\ &+\frac{2}{\pi}\sum_{m=0}^{\infty}\ni_m\sum_{l=1}^{\infty}\frac{(\xi_l^2+\lambda^2)\sin(\xi_l z)}{d(\xi_l^2+\lambda^2)+\lambda}\int_0^{\infty}\frac{\overline{\overline{\overline{\varphi}}}(\xi,m,\xi_l;\theta)\,\xi\mathcal{G}_{m\dot{o}}(\xi r)}{(\eta_r\xi^2+\eta_z\xi_l^2+s)\{J'^2_{m\dot{o}}(\xi a)+Y'^2_{m\dot{o}}(\xi a)\}}d\xi \qquad (23.21.2)\end{aligned}$$

and

$$\begin{aligned}p &= \frac{2U(t-t_0)}{\pi\phi c_t}\sum_{m=0}^{\infty}\ni_m\cos\{m(\theta-\theta_0)\}\sum_{l=1}^{\infty}\frac{(\xi_l^2+\lambda^2)\sin(\xi_l z_0)\sin(\xi_l z)}{d(\xi_l^2+\lambda^2)+\lambda}\int_0^{\infty}\frac{\xi\mathcal{G}_{m\dot{o}}(\xi r_0)\,\mathcal{G}_{m\dot{o}}(\xi r)}{\{J'^2_{m\dot{o}}(\xi a)+Y'^2_{m\dot{o}}(\xi a)\}}\times\\ &\times\int_0^{t-t_0}q(t-t_0-\tau)\,e^{-(\eta_r\xi^2+\eta_z\xi_l^2)\tau}d\tau d\xi+\\ &+\frac{4}{\pi^2\phi c_t}\sum_{m=0}^{\infty}\ni_m\sum_{l=1}^{\infty}\frac{(\xi_l^2+\lambda^2)\sin(\xi_l z)}{d(\xi_l^2+\lambda^2)+\lambda}\int_0^{\infty}\frac{\mathcal{G}_{m\dot{o}}(\xi r)}{\{J'^2_{m\dot{o}}(\xi a)+Y'^2_{m\dot{o}}(\xi a)\}}\int_0^{t}\overline{\overline{\psi}}(m,\xi_l,t-\tau;\theta)\,e^{-(\eta_r\xi^2+\eta_z\xi_l^2)\tau}d\tau d\xi+\\ &+\frac{2\eta_z}{\pi}\sum_{m=0}^{\infty}\ni_m\sum_{l=1}^{\infty}\frac{(\xi_l^2+\lambda^2)\sin(\xi_l z)}{d(\xi_l^2+\lambda^2)+\lambda}\int_a^{\infty}\int_0^{\infty}\frac{\xi\mathcal{G}_{m\dot{o}}(\xi u)\,\mathcal{G}_{m\dot{o}}(\xi r)}{u\{J'^2_{m\dot{o}}(\xi a)+Y'^2_{m\dot{o}}(\xi a)\}}\times\\ &\times\int_0^{t}\left\{\xi_l\overline{\psi}_0(u,m,t-\tau;\theta)-\left(\frac{\mu}{k_z}\right)\overline{\psi}_d(u,m,t-\tau;\theta)\sin(\xi_l d)\right\}d\tau e^{-(\eta_r\xi^2+\eta_z\xi_l^2)\tau}d\xi du+\\ &+\frac{2}{\pi}\sum_{m=0}^{\infty}\ni_m\sum_{l=1}^{\infty}\frac{(\xi_l^2+\lambda^2)\sin(\xi_l z)}{d(\xi_l^2+\lambda^2)+\lambda}\int_0^{\infty}\frac{\overline{\overline{\overline{\varphi}}}(\xi,m,\xi_l;\theta)\,\xi\mathcal{G}_{m\dot{o}}(\xi r)\,e^{-(\eta_r\xi^2+\eta_z\xi_l^2)t}}{\{J'^2_{m\dot{o}}(\xi a)+Y'^2_{m\dot{o}}(\xi a)\}}d\xi \qquad (23.21.3)\end{aligned}$$

where $\overline{\overline{\psi}}(m,\xi_l,t;\theta)=\int_0^{2\pi}\cos\{m(\theta-v)\}\int_0^d\psi(v,w,t)\sin(\xi_l w)dwdv$,
$\overline{\psi}_0(u,m,t;\theta)=\int_0^{2\pi}\psi_0(u,v,t)\cos\{m(\theta-v)\}\,dv$ and $\overline{\psi}_d(u,m,t;\theta)=\int_0^{2\pi}\psi_d(u,v,t)\cos\{m(\theta-v)\}\,dv$.

23.22 The problem of 23.10, except $\mathbf{N_0} \equiv \frac{\partial p(r,\theta,0,t)}{\partial z} = -\left(\frac{\mu}{k_z}\right)\psi_0(r,\theta,t)$, $\mathbf{D_d} \equiv p(r,\theta,d,t) = \psi_d(r,\theta,t)$ and $\mathbf{N} \equiv \frac{\partial p(a,\theta,z,t)}{\partial r} = -\left(\frac{\mu}{k_r}\right)\psi(z,t)$

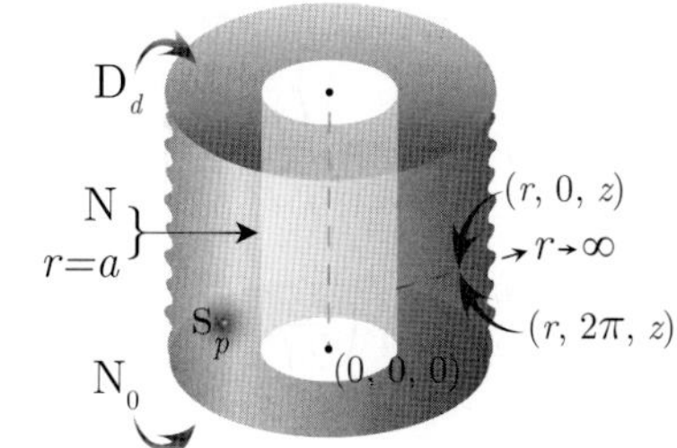

Successive application of the Laplace, Fourier and Neumann-Weber transformations to equation (22.1.1) gives

$$\overline{\overline{\overline{p}}} = \frac{q(s)e^{-st_0}\cos\{m(\theta-\theta_0)\}\cos(\xi_l z_0)\mathcal{G}_{m\dot{o}}(\xi r_0)}{\phi c_t(\eta_r\xi^2+\eta_z\xi_l^2+s)} + \frac{2\overline{\overline{\overline{\psi}}}(m,\xi_l,s;\theta)}{\pi\phi c_t\xi(\eta_r\xi^2+\eta_z\xi_l^2+s)} + \\ +\frac{\eta_z\int_a^\infty u\mathcal{G}_{m\dot{o}}(\xi u)\left\{(-1)^{m+1}\xi_l\overline{\overline{\psi}}_d(u,m,s;\theta)+\left(\frac{\mu}{k_z}\right)\overline{\overline{\psi}}_0(u,m,s;\theta)\right\}du}{(\eta_r\xi^2+\eta_z\xi_l^2+s)} + \frac{\overline{\overline{\overline{\varphi}}}(\xi,m,\xi_l;\theta)}{(\eta_r\xi^2+\eta_z\xi_l^2+s)} \quad (23.22.1)$$

where $\mathcal{G}_\nu(\xi r) = Y_\nu'(\xi a)J_\nu(\xi r) - J_\nu'(\xi a)Y_\nu(\xi r)$, ξ_l is a positive root of $\cos(\xi_l d)$, which are $\xi_l = \frac{(2l-1)\pi}{2d}$, $l = 1, 2, ...$, $\overline{\overline{\overline{\varphi}}}(\xi,m,\xi_l;\theta) = \int_a^\infty r\mathcal{G}_{m\dot{o}}(\xi r)\int_0^{2\pi}\cos\{m(\theta-v)\}\int_0^d\varphi(u,v,w)\cos(\xi_l w)dwdvdu$, $\overline{\overline{\psi}}_0(u,m,s;\theta) = \int_0^{2\pi}\overline{\psi}_0(u,v,s)\cos\{m(\theta-v)\}dv$, $\overline{\overline{\psi}}_d(u,m,s;\theta) = \int_0^{2\pi}\overline{\psi}_d(u,v,s)\cos\{m(\theta-v)\}dv$ and $\overline{\overline{\overline{\psi}}}(m,\xi_l,s;\theta) = \int_0^{2\pi}\overline{\psi}(v,w,s)\cos\{m(\theta-v)\}\int_0^d\cos(\xi_l w)dwdv$. Successive inverse transforms yield

$$\overline{p} = \frac{2q(s)e^{-st_0}}{\pi d\phi c_t}\sum_{m=0}^\infty \ni_m\cos\{m(\theta-\theta_0)\}\sum_{l=1}^\infty\cos(\xi_l z_0)\cos(\xi_l z)\int_0^\infty\frac{\xi\mathcal{G}_{m\dot{o}}(\xi r_0)\mathcal{G}_{m\dot{o}}(\xi r)}{(\eta_r\xi^2+\eta_z\xi_l^2+s)\{J_{m\dot{o}}'^2(\xi a)+Y_{m\dot{o}}'^2(\xi a)\}}d\xi + \\ +\frac{4}{\pi^2 d\phi c_t}\sum_{m=0}^\infty\ni_m\sum_{l=1}^\infty\overline{\overline{\overline{\psi}}}(m,\xi_l,s;\theta)\cos(\xi_l z)\int_0^\infty\frac{\mathcal{G}_{m\dot{o}}(\xi r)}{(\eta_r\xi^2+\eta_z\xi_l^2+s)\{J_{m\dot{o}}'^2(\xi a)+Y_{m\dot{o}}'^2(\xi a)\}}d\xi + \\ +\frac{2\eta_z}{\pi d}\sum_{m=0}^\infty\ni_m\sum_{l=1}^\infty\xi_l\cos(\xi_l z)\times \\ \times\int_a^\infty\int_0^\infty\frac{\xi u\mathcal{G}_{m\dot{o}}(\xi u)\mathcal{G}_{m\dot{o}}(\xi r)\left\{(-1)^{m+1}\xi_l\overline{\overline{\psi}}_d(u,m,s;\theta)+\left(\frac{\mu}{k_z}\right)\overline{\overline{\psi}}_0(u,m,s;\theta)\right\}}{(\eta_r\xi^2+\eta_z\xi_l^2+s)\{J_{m\dot{o}}'^2(\xi a)+Y_{m\dot{o}}'^2(\xi a)\}}d\xi du + \\ +\frac{2}{\pi d}\sum_{m=0}^\infty\ni_m\sum_{l=1}^\infty\cos(\xi_l z)\int_0^\infty\frac{\overline{\overline{\overline{\varphi}}}(\xi,m,\xi_l;\theta)\xi\mathcal{G}_{m\dot{o}}(\xi r)}{(\eta_r\xi^2+\eta_z\xi_l^2+s)\{J_{m\dot{o}}'^2(\xi a)+Y_{m\dot{o}}'^2(\xi a)\}}d\xi \quad (23.22.2)$$

and

$$p = \frac{U(t-t_0)}{2\pi d\phi c_t}\sum_{m=0}^\infty\ni_m\cos\{m(\theta-\theta_0)\}\times \\ \times\int_0^{t-t_0}q(t-t_0-\tau)\left\{\Theta_2\left(\frac{\pi(z-z_0)}{2d},e^{-\left(\frac{\pi}{d}\right)^2\eta_z\tau}\right)+\Theta_2\left(\frac{\pi(z+z_0)}{2d},e^{-\left(\frac{\pi}{d}\right)^2\eta_z\tau}\right)\right\}\times \\ \times\int_0^\infty\frac{\xi\mathcal{G}_{m\dot{o}}(\xi r_0)\mathcal{G}_{m\dot{o}}(\xi r)e^{-\eta_r\xi^2\tau}}{\{J_{m\dot{o}}'^2(\xi a)+Y_{m\dot{o}}'^2(\xi a)\}}d\xi d\tau + \\ +\frac{1}{\pi^2 d\phi c_t}\sum_{m=0}^\infty\ni_m\int_0^t\int_a^\infty\overline{\psi}(m,w,t-\tau;\theta)\left\{\Theta_2\left(\frac{\pi(z-w)}{2d},e^{-\left(\frac{\pi}{d}\right)^2\eta_z\tau}\right)+\Theta_2\left(\frac{\pi(z+w)}{2d},e^{-\left(\frac{\pi}{d}\right)^2\eta_z\tau}\right)\right\}\times \\ \times\int_0^\infty\frac{\xi\mathcal{G}_{m\dot{o}}(\xi r)e^{-\eta_r\xi^2\tau}}{\{J_{m\dot{o}}'^2(\xi a)+Y_{m\dot{o}}'^2(\xi a)\}}d\xi dw d\tau +$$

$$+\frac{1}{\pi d}\sum_{m=0}^{\infty}\ni_m\int_0^t\frac{1}{\tau}\int_0^{\infty}\left\{\left(\frac{1}{\phi c_t}\right)\Theta_2\left(\frac{\pi z}{2d},e^{-\left(\frac{\pi}{d}\right)^2\eta_z\tau}\right)\overline{\psi}_0(u,m,t-\tau;\theta)+\right.$$

$$\left.+\left(\frac{\eta_z}{2d}\right)\Theta_1'\left(\frac{\pi z}{2d},e^{-\left(\frac{\pi}{d}\right)^2\eta_z\tau}\right)\overline{\psi}_d(u,m,t-\tau;\theta)\right\}\int_0^{\infty}\frac{\xi u\mathcal{G}_{m\dot{o}}(\xi u)\,\mathcal{G}_{m\dot{o}}(\xi r)\,e^{-\eta_r\xi^2\tau}}{\{J_{m\dot{o}}'^2(\xi a)+Y_{m\dot{o}}'^2(\xi a)\}}d\xi du d\tau+$$

$$+\frac{1}{2\pi d}\sum_{m=0}^{\infty}\ni_m\int_a^{\infty}u\int_0^d\overline{\varphi}(u,m,w;\theta)\left\{\Theta_2\left(\frac{\pi(z-w)}{2d},e^{-\left(\frac{\pi}{d}\right)^2\eta_z t}\right)+\Theta_2\left(\frac{\pi(z+w)}{2d},e^{-\left(\frac{\pi}{d}\right)^2\eta_z t}\right)\right\}\times$$

$$\times\int_0^{\infty}\frac{\xi\mathcal{G}_{m\dot{o}}(\xi v)\,\mathcal{G}_{m\dot{o}}(\xi r)\,e^{-\eta_r\xi^2 t}}{\{J_{m\dot{o}}'^2(\xi a)+Y_{m\dot{o}}'^2(\xi a)\}}d\xi dw du \qquad (23.22.3)$$

where $\overline{\psi}(m,w,t;\theta)=\int_0^{2\pi}\psi(v,w,t)\cos\{m(\theta-v)\}dv$, $\overline{\psi}_0(u,m,t;\theta)=\int_0^{2\pi}\psi_0(u,v,t)\cos\{m(\theta-v)\}dv$, $\overline{\psi}_d(u,m,t;\theta)=\int_0^{2\pi}\psi_d(u,v,t)\cos\{m(\theta-v)\}dv$ and $\overline{\varphi}(u,m,w;\theta)=\int_0^{2\pi}\varphi(u,v,w)\cos\{m(\theta-v)\}dv$.

23.23

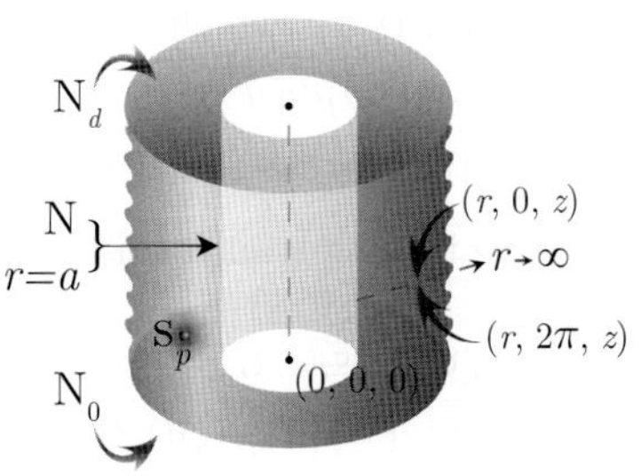

The problem of 23.10, except
$\mathbf{N_0}\equiv\frac{\partial p(r,\theta,0,t)}{\partial z}=-\left(\frac{\mu}{k_z}\right)\psi_0(r,\theta,t)$,
$\mathbf{N_d}\equiv\frac{\partial p(r,\theta,d,t)}{\partial z}=-\left(\frac{\mu}{k_z}\right)\psi_d(r,\theta,t)$ **and**
$\mathbf{N}\equiv\frac{\partial p(a,\theta,z,t)}{\partial r}=-\left(\frac{\mu}{k_r}\right)\psi(z,t)$

Successive application of the Laplace, Fourier and Neumann-Weber transformations to equation (22.1.1) gives

$$\overline{\overline{\overline{p}}}=\frac{q(s)\,e^{-st_0}\cos\{m(\theta-\theta_0)\}\cos(\xi_l z_0)\,\mathcal{G}_{m\dot{o}}(\xi r_0)}{\phi c_t(\eta_r\xi^2+\eta_z\xi_l^2+s)}+\frac{2\overline{\overline{\overline{\psi}}}(m,\xi_l,s;\theta)}{\pi\phi c_t\xi(\eta_r\xi^2+\eta_z\xi_l^2+s)}+$$

$$+\frac{\int_a^{\infty}u\mathcal{G}_{m\dot{o}}(\xi u)\left\{(-1)^{m+1}\overline{\overline{\psi}}_d(u,m,s;\theta)+\overline{\overline{\psi}}_0(u,m,s;\theta)\right\}du}{\phi c_t(\eta_r\xi^2+\eta_z\xi_l^2+s)}+\frac{\overline{\overline{\overline{\varphi}}}(\xi,m,\xi_l;\theta)}{(\eta_r\xi^2+\eta_z\xi_l^2+s)} \qquad (23.23.1)$$

where $\mathcal{G}_\nu(\xi r)=Y_\nu'(\xi a)J_\nu(\xi r)-J_\nu'(\xi a)Y_\nu(\xi r)$, ξ_l is a positive root of $\sin(\xi_l d)$, which are $\frac{l\pi}{d}$, $l=0,1,...$,
$\overline{\overline{\overline{\varphi}}}(\xi,m,\xi_l;\theta)=\int_a^{\infty}r\mathcal{G}_{m\dot{o}}(\xi r)\int_0^{2\pi}\cos\{m(\theta-v)\}\int_0^d\varphi(u,v,w)\cos(\xi_l w)dwdvdu$,
$\overline{\overline{\psi}}_0(u,m,s;\theta)=\int_0^{2\pi}\overline{\psi}_0(u,v,s)\cos\{m(\theta-v)\}dv$, $\overline{\overline{\psi}}_d(u,m,s;\theta)=\int_0^{2\pi}\overline{\psi}_d(u,v,s)\cos\{m(\theta-v)\}dv$ and
$\overline{\overline{\overline{\psi}}}(m,\xi_l,s;\theta)=\int_0^{2\pi}\overline{\psi}(v,w,s)\cos\{m(\theta-v)\}\int_0^d\cos(\xi_l w)dwdv$. Successive inverse transforms yield

$$\overline{p}=\frac{2q(s)\,e^{-st_0}}{\pi d\phi c_t}\sum_{m=0}^{\infty}\ni_m\cos\{m(\theta-\theta_0)\}\sum_{l=0}^{\infty}\ni_l\cos(\xi_l z_0)\cos(\xi_l z)\int_0^{\infty}\frac{\xi\mathcal{G}_{m\dot{o}}(\xi r_0)\,\mathcal{G}_{m\dot{o}}(\xi r)}{(\eta_r\xi^2+\eta_z\xi_l^2+s)\{J_{m\dot{o}}'^2(\xi a)+Y_{m\dot{o}}'^2(\xi a)\}}d\xi+$$

$$+\frac{4}{\pi^2 d\phi c_t}\sum_{m=0}^{\infty}\ni_m\sum_{l=0}^{\infty}\ni_l\overline{\overline{\overline{\psi}}}(m,\xi_l,s;\theta)\cos(\xi_l z)\int_0^{\infty}\frac{\mathcal{G}_{m\dot{o}}(\xi r)}{(\eta_r\xi^2+\eta_z\xi_l^2+s)\{J_{m\dot{o}}'^2(\xi a)+Y_{m\dot{o}}'^2(\xi a)\}}d\xi+$$

$$+\frac{2}{\pi d\phi c_t}\sum_{m=0}^{\infty}\ni_m\sum_{l=0}^{\infty}\ni_l\xi_l\cos(\xi_l z)\int_a^{\infty}\int_0^{\infty}\frac{\xi u\mathcal{G}_{m\dot{o}}(\xi u)\,\mathcal{G}_{m\dot{o}}(\xi r)\left\{(-1)^{m+1}\overline{\overline{\psi}}_d(u,m,s;\theta)+\overline{\overline{\psi}}_0(u,m,s;\theta)\right\}}{(\eta_r\xi^2+\eta_z\xi_l^2+s)\{J_{m\dot{o}}'^2(\xi a)+Y_{m\dot{o}}'^2(\xi a)\}}d\xi du+$$

$$+\frac{2}{\pi d}\sum_{m=0}^{\infty}\ni_m\sum_{l=0}^{\infty}\ni_l\cos(\xi_l z)\int_0^{\infty}\frac{\overline{\overline{\overline{\varphi}}}(\xi,m,\xi_l;\theta)\,\xi\mathcal{G}_{m\dot{o}}(\xi r)}{(\eta_r\xi^2+\eta_z\xi_l^2+s)\{J_{m\dot{o}}'^2(\xi a)+Y_{m\dot{o}}'^2(\xi a)\}}d\xi \qquad (23.23.2)$$

and

$$p = \frac{U(t-t_0)}{2\pi d\phi c_t}\sum_{m=0}^{\infty}\ni_m \cos\{m(\theta-\theta_0)\}\times$$
$$\times\int_0^{t-t_0} q(t-t_0-\tau)\left\{\Theta_3\left(\frac{\pi(z-z_0)}{2d}, e^{-\left(\frac{\pi}{d}\right)^2\eta_z\tau}\right)+\Theta_3\left(\frac{\pi(z+z_0)}{2d}, e^{-\left(\frac{\pi}{d}\right)^2\eta_z\tau}\right)\right\}\times$$
$$\times\int_0^{\infty}\frac{\xi\mathcal{G}_{m\dot{o}}(\xi r_0)\mathcal{G}_{m\dot{o}}(\xi r)e^{-\eta_r\xi^2\tau}}{\{J'^2_{m\dot{o}}(\xi a)+Y'^2_{m\dot{o}}(\xi a)\}}d\xi d\tau+$$
$$+\frac{1}{\pi^2 d\phi c_t}\sum_{m=0}^{\infty}\ni_m\int_0^t\int_a^{\infty}\overline{\psi}(m,w,t-\tau;\theta)\left\{\Theta_3\left(\frac{\pi(z-w)}{2d}, e^{-\left(\frac{\pi}{d}\right)^2\eta_z\tau}\right)+\Theta_3\left(\frac{\pi(z+w)}{2d}, e^{-\left(\frac{\pi}{d}\right)^2\eta_z\tau}\right)\right\}\times$$
$$\times\int_0^{\infty}\frac{\xi\mathcal{G}_{m\dot{o}}(\xi r)e^{-\eta_r\xi^2\tau}}{\{J'^2_{m\dot{o}}(\xi a)+Y'^2_{m\dot{o}}(\xi a)\}}d\xi dw d\tau+$$
$$+\frac{1}{\pi d\phi c_t}\sum_{m=0}^{\infty}\ni_m\int_0^t\int_a^{\infty}\left\{\Theta_3\left(\frac{\pi z}{2d}, e^{-\left(\frac{\pi}{d}\right)^2\eta_z\tau}\right)\overline{\psi}_0(u,m,t-\tau;\theta)-\Theta_4\left(\frac{\pi z}{2d}, e^{-\left(\frac{\pi}{d}\right)^2\eta_z\tau}\right)\overline{\psi}_d(u,m,t-\tau;\theta)\right\}\times$$
$$\times\int_0^{\infty}\frac{\xi u\mathcal{G}_{m\dot{o}}(\xi u)\mathcal{G}_{m\dot{o}}(\xi r)e^{-\eta_r\xi^2\tau}}{\{J'^2_{m\dot{o}}(\xi a)+Y'^2_{m\dot{o}}(\xi a)\}}d\xi du d\tau+$$
$$+\frac{1}{2\pi d}\sum_{m=0}^{\infty}\ni_m\int_a^{\infty}u\int_0^d\overline{\varphi}(u,m,w;\theta)\left\{\Theta_3\left(\frac{\pi(z-w)}{2d}, e^{-\left(\frac{\pi}{d}\right)^2\eta_z t}\right)+\Theta_3\left(\frac{\pi(z+w)}{2d}, e^{-\left(\frac{\pi}{d}\right)^2\eta_z t}\right)\right\}\times$$
$$\times\int_0^{\infty}\frac{\xi\mathcal{G}_{m\dot{o}}(\xi v)\mathcal{G}_{m\dot{o}}(\xi r)e^{-\eta_r\xi^2 t}}{\{J'^2_{m\dot{o}}(\xi a)+Y'^2_{m\dot{o}}(\xi a)\}}d\xi dw du \qquad (23.23.3)$$

where $\overline{\psi}(m,w,t;\theta) = \int_0^{2\pi}\psi(v,w,t)\cos\{m(\theta-v)\}dv$, $\overline{\psi}_0(u,m,t;\theta) = \int_0^{2\pi}\psi_0(u,v,t)\cos\{m(\theta-v)\}dv$, $\overline{\psi}_d(u,m,t;\theta)=\int_0^{2\pi}\psi_d(u,v,t)\cos\{m(\theta-v)\}dv$ and $\overline{\varphi}(u,m,w;\theta)=\int_0^{2\pi}\varphi(u,v,w)\cos\{m(\theta-v)\}dv$.

23.24 The problem of 23.10, except $\mathbf{N_0} \equiv \frac{\partial p(r,\theta,0,t)}{\partial z} = -\left(\frac{\mu}{k_z}\right)\psi_0(r,\theta,t)$, $\mathbf{R_d} \equiv \frac{\partial p(r,\theta,d,t)}{\partial z}+\lambda p(r,\theta,d,t) = -\left(\frac{\mu}{k_z}\right)\psi_d(r,\theta,t)$ and $\mathbf{N} \equiv \frac{\partial p(a,\theta,z,t)}{\partial r} = -\left(\frac{\mu}{k_r}\right)\psi(z,t)$

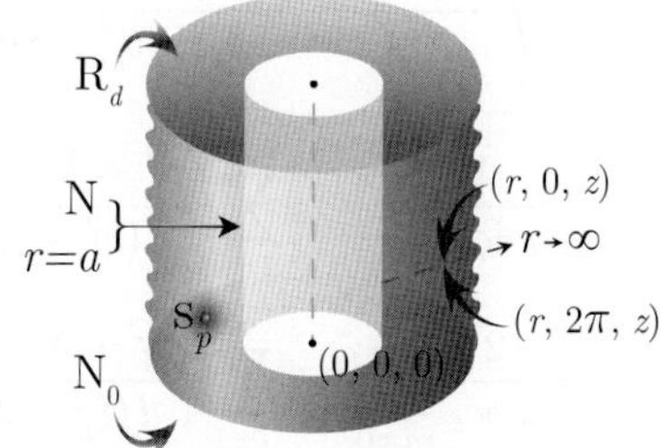

Successive application of the Laplace, Fourier and Neumann-Weber transformations to equation (22.1.1) gives

$$\overline{\overline{\overline{p}}} = \frac{q(s)e^{-st_0}\cos\{m(\theta-\theta_0)\}\cos(\xi_l z_0)\mathcal{G}_{m\dot{o}}(\xi r_0)}{\phi c_t(\eta_r\xi^2+\eta_z\xi_l^2+s)}+\frac{2\overline{\overline{\overline{\psi}}}(m,\xi_l,s;\theta)}{\pi\phi c_t\xi(\eta_r\xi^2+\eta_z\xi_l^2+s)}+$$
$$+\frac{\int_a^{\infty}u\mathcal{G}_{m\dot{o}}(\xi u)\left\{\overline{\overline{\psi}}_0(u,m,s;\theta)-\overline{\overline{\psi}}_d(u,m,s;\theta)\cos(\xi_l d)\right\}du}{\phi c_t(\eta_r\xi^2+\eta_z\xi_l^2+s)}+\frac{\overline{\overline{\overline{\varphi}}}(\xi,m,\xi_l;\theta)}{(\eta_r\xi^2+\eta_z\xi_l^2+s)} \qquad (23.24.1)$$

where $\mathcal{G}_\nu(\xi r) = Y'_\nu(\xi a)J_\nu(\xi r)-J'_\nu(\xi a)Y_\nu(\xi r)$, ξ_l is a positive root of $\xi_l\tan(\xi_l d)=\lambda$, $l=1,2,...$, $\overline{\overline{\overline{\varphi}}}(\xi,m,\xi_l;\theta)=\int_a^{\infty}r\mathcal{G}_{m\dot{o}}(\xi r)\int_0^{2\pi}\cos\{m(\theta-v)\}\int_0^d\varphi(u,v,w)\cos(\xi_l w)dwdvdu$,

$\overline{\overline{\psi}}_0(u,m,s;\theta) = \int_0^{2\pi} \overline{\psi}_0(u,v,s)\cos\{m(\theta-v)\}\,dv$, $\overline{\overline{\psi}}_d(u,m,s;\theta) = \int_0^{2\pi} \overline{\psi}_d(u,v,s)\cos\{m(\theta-v)\}\,dv$ and $\overline{\overline{\overline{\psi}}}(m,\xi_l,s;\theta) = \int_0^{2\pi} \overline{\psi}(v,w,s)\cos\{m(\theta-v)\}\int_0^d \cos(\xi_l w)dwdv$. Successive inverse transforms yield

$$\begin{aligned}
\overline{p} \;=\; & \frac{2q(s)\,e^{-st_0}}{\pi\phi c_t}\sum_{m=0}^{\infty}\ni_m \cos\{m(\theta-\theta_0)\}\sum_{l=1}^{\infty}\frac{(\xi_l^2+\lambda^2)\cos(\xi_l z_0)\cos(\xi_l z)}{d(\xi_l^2+\lambda^2)+\lambda}\times\\
& \times\int_0^{\infty}\frac{\xi\mathcal{G}_{m\dot{o}}(\xi r_0)\,\mathcal{G}_{m\dot{o}}(\xi r)}{(\eta_r\xi^2+\eta_z\xi_l^2+s)\{J'^2_{m\dot{o}}(\xi a)+Y'^2_{m\dot{o}}(\xi a)\}}d\xi+\\
& +\frac{4}{\pi^2\phi c_t}\sum_{m=0}^{\infty}\ni_m\sum_{l=1}^{\infty}\frac{\overline{\overline{\overline{\psi}}}(m,\xi_l,s;\theta)\,(\xi_l^2+\lambda^2)\cos(\xi_l z)}{d(\xi_l^2+\lambda^2)+\lambda}\int_0^{\infty}\frac{\mathcal{G}_{m\dot{o}}(\xi r)}{(\eta_r\xi^2+\eta_z\xi_l^2+s)\{J'^2_{m\dot{o}}(\xi a)+Y'^2_{m\dot{o}}(\xi a)\}}d\xi+\\
& +\frac{2}{\pi\phi c_t}\sum_{m=0}^{\infty}\ni_m\sum_{l=1}^{\infty}\frac{(\xi_l^2+\lambda^2)\cos(\xi_l z)}{d(\xi_l^2+\lambda^2)+\lambda}\times\\
& \times\int_a^{\infty}\int_0^{\infty}\frac{\xi u\mathcal{G}_{m\dot{o}}(\xi u)\,\mathcal{G}_{m\dot{o}}(\xi r)\{\overline{\overline{\psi}}_0(r,s)-\overline{\overline{\psi}}_d(r,s)\cos(\xi_l d)\}}{(\eta_r\xi^2+\eta_z\xi_l^2+s)\{J'^2_{m\dot{o}}(\xi a)+Y'^2_{m\dot{o}}(\xi a)\}}d\xi du+\\
& +\frac{2}{\pi}\sum_{m=0}^{\infty}\ni_m\sum_{l=1}^{\infty}\frac{(\xi_l^2+\lambda^2)\cos(\xi_l z)}{d(\xi_l^2+\lambda^2)+\lambda}\int_0^{\infty}\frac{\overline{\overline{\overline{\varphi}}}(\xi,m,\xi_l;\theta)\,\xi\mathcal{G}_{m\dot{o}}(\xi r)}{(\eta_r\xi^2+\eta_z\xi_l^2+s)\{J'^2_{m\dot{o}}(\xi a)+Y'^2_{m\dot{o}}(\xi a)\}}d\xi
\end{aligned} \tag{23.24.2}$$

and

$$\begin{aligned}
p \;=\; & \frac{2U(t-t_0)}{\pi\phi c_t}\sum_{m=0}^{\infty}\ni_m \cos\{m(\theta-\theta_0)\}\sum_{l=1}^{\infty}\frac{(\xi_l^2+\lambda^2)\cos(\xi_l z_0)\cos(\xi_l z)}{d(\xi_l^2+\lambda^2)+\lambda}\times\\
& \times\int_0^{\infty}\frac{\xi\mathcal{G}_{m\dot{o}}(\xi r_0)\,\mathcal{G}_{m\dot{o}}(\xi r)\int_0^{t-t_0} q(t-t_0-\tau)\,e^{-(\eta_r\xi^2+\eta_z\xi_l^2)\tau}d\tau}{\{J'^2_{m\dot{o}}(\xi a)+Y'^2_{m\dot{o}}(\xi a)\}}d\xi+\\
& +\frac{4}{\pi^2\phi c_t}\sum_{m=0}^{\infty}\ni_m\sum_{l=1}^{\infty}\frac{(\xi_l^2+\lambda^2)\cos(\xi_l z)}{d(\xi_l^2+\lambda^2)+\lambda}\int_0^{\infty}\frac{\mathcal{G}_{m\dot{o}}(\xi r)}{\{J'^2_{m\dot{o}}(\xi a)+Y'^2_{m\dot{o}}(\xi a)\}}\int_0^t \overline{\overline{\psi}}(m,\xi_l,t-\tau;\theta)\,e^{-(\eta_r\xi^2+\eta_z\xi_l^2)\tau}d\tau d\xi+\\
& +\frac{2}{\pi\phi c_t}\sum_{m=0}^{\infty}\ni_m\sum_{l=1}^{\infty}\frac{(\xi_l^2+\lambda^2)\cos(\xi_l z)}{d(\xi_l^2+\lambda^2)+\lambda}\times\\
& \times\int_a^{\infty}\int_0^{\infty}\frac{\xi u\mathcal{G}_{m\dot{o}}(\xi u)\,\mathcal{G}_{m\dot{o}}(\xi r)}{\{J'^2_{m\dot{o}}(\xi a)+Y'^2_{m\dot{o}}(\xi a)\}}\int_0^t\{\overline{\psi}_0(u,m,t-\tau;\theta)-\overline{\psi}_d(u,m,t-\tau;\theta)\cos(\xi_l d)\}e^{-(\eta_r\xi^2+\eta_z\xi_l^2)\tau}d\tau d\xi du+\\
& +\frac{2}{\pi}\sum_{m=0}^{\infty}\ni_m\sum_{l=1}^{\infty}\frac{(\xi_l^2+\lambda^2)\cos(\xi_l z)}{d(\xi_l^2+\lambda^2)+\lambda}\int_0^{\infty}\frac{\overline{\overline{\varphi}}(\xi,m,\xi_l;\theta)\,\xi\mathcal{G}_{m\dot{o}}(\xi r)\,e^{-(\eta_r\xi^2+\eta_z\xi_l^2)t}}{\{J'^2_{m\dot{o}}(\xi a)+Y'^2_{m\dot{o}}(\xi a)\}}d\xi
\end{aligned} \tag{23.24.3}$$

where $\overline{\overline{\psi}}(m,\xi_l,t;\theta) = \int_0^{2\pi}\cos\{m(\theta-v)\}\int_0^d \psi(v,w,t)\cos(\xi_l w)dwdv$,
$\overline{\psi}_0(u,m,t;\theta) = \int_0^{2\pi}\psi_0(u,v,t)\cos\{m(\theta-v)\}\,dv$ and $\overline{\psi}_d(u,m,t;\theta) = \int_0^{2\pi}\psi_d(u,v,t)\cos\{m(\theta-v)\}\,dv$.

23.25 **The problem of 23.10, except**
$\mathbf{R_0} \equiv \frac{\partial p(r,\theta,0,t)}{\partial z} - \lambda p(r,\theta,0,t) = -\left(\frac{\mu}{k_z}\right)\psi_0(r,\theta,t)$,
$\mathbf{D_d} \equiv p(r,\theta,d,t) = \psi_d(r,\theta,t)$ **and**
$\mathbf{N} \equiv \frac{\partial p(a,\theta,z,t)}{\partial r} = -\left(\frac{\mu}{k_r}\right)\psi(z,t)$

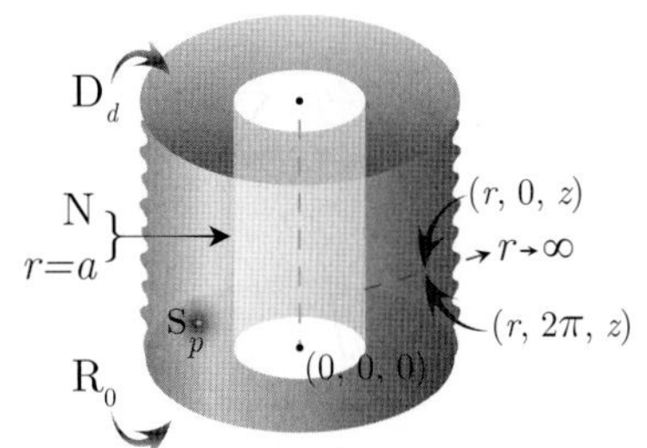

Successive application of the Laplace, Fourier and Neumann-Weber transformations to equation (22.1.1) gives

$$\overline{\overline{\overline{p}}} = \frac{q(s)e^{-st_0}\cos\{m(\theta-\theta_0)\}\sin\{\xi_l(d-z_0)\}\mathcal{G}_{m\dot{o}}(\xi r_0)}{\phi c_t(\eta_r\xi^2+\eta_z\xi_l^2+s)} + \frac{2\overline{\overline{\overline{\psi}}}(m,\xi_l,s;\theta)}{\pi\phi c_t\xi(\eta_r\xi^2+\eta_z\xi_l^2+s)} + $$
$$+\frac{\eta_z\int_a^\infty u\mathcal{G}_{m\dot{o}}(\xi u)\left\{\left(\frac{\mu}{k_z}\right)\overline{\overline{\psi}}_0(u,m,s;\theta)\sin(\xi_l d)+\xi_l\overline{\overline{\psi}}_d(u,m,s;\theta)\right\}du}{(\eta_r\xi^2+\eta_z\xi_l^2+s)} + \frac{\overline{\overline{\overline{\varphi}}}(\xi,m,\xi_l;\theta)}{(\eta_r\xi^2+\eta_z\xi_l^2+s)} \quad (23.25.1)$$

where $\mathcal{G}_\nu(\xi r) = Y_\nu'(\xi a)J_\nu(\xi r) - J_\nu'(\xi a)Y_\nu(\xi r)$, ξ_l is a positive root of $\xi_l\cot(\xi_l d) = -\lambda$, $l = 1, 2, ...,$ $\overline{\overline{\overline{\varphi}}}(\xi,m,\xi_l;\theta) = \int_a^\infty r\mathcal{G}_{m\dot{o}}(\xi r)\int_0^{2\pi}\cos\{m(\theta-v)\}\int_0^d\varphi(u,v,w)\sin\{\xi_l(d-w)\}dwdvdr$, $\overline{\overline{\psi}}_0(u,m,s;\theta) = \int_0^{2\pi}\overline{\psi}_0(u,v,s)\cos\{m(\theta-v)\}dv$, $\overline{\overline{\psi}}_d(u,m,s;\theta) = \int_0^{2\pi}\overline{\psi}_d(u,v,s)\cos\{m(\theta-v)\}dv$ and $\overline{\overline{\overline{\psi}}}(m,\xi_l,s;\theta) = \int_0^{2\pi}\overline{\psi}(v,w,s)\cos\{m(\theta-v)\}\int_0^d\sin\{\xi_l(d-z)\}dzdu$. Successive inverse transforms yield

$$\overline{p} = \frac{2q(s)e^{-st_0}}{\pi\phi c_t}\sum_{m=0}^\infty \ni_m\cos\{m(\theta-\theta_0)\}\sum_{l=1}^\infty\frac{(\xi_l^2+\lambda^2)\sin\{\xi_l(d-z_0)\}\sin\{\xi_l(d-z)\}}{d(\xi_l^2+\lambda^2)+\lambda}\times$$
$$\times\int_0^\infty\frac{\xi\mathcal{G}_{m\dot{o}}(\xi r_0)\mathcal{G}_{m\dot{o}}(\xi r)}{(\eta_r\xi^2+\eta_z\xi_l^2+s)\{J_{m\dot{o}}'^2(\xi a)+Y_{m\dot{o}}'^2(\xi a)\}}d\xi+$$
$$+\frac{4}{\pi^2\phi c_t}\sum_{m=0}^\infty\ni_m\sum_{l=1}^\infty\frac{\overline{\overline{\overline{\psi}}}(m,\xi_l,s;\theta)(\xi_l^2+\lambda^2)\sin\{\xi_l(d-z)\}}{d(\xi_l^2+\lambda^2)+\lambda}\int_0^\infty\frac{\mathcal{G}_{m\dot{o}}(\xi r)}{(\eta_r\xi^2+\eta_z\xi_l^2+s)\{J_{m\dot{o}}'^2(\xi a)+Y_{m\dot{o}}'^2(\xi a)\}}d\xi+$$
$$+\frac{2\eta_z}{\pi}\sum_{m=0}^\infty\ni_m\sum_{l=1}^\infty\frac{(\xi_l^2+\lambda^2)\sin\{\xi_l(d-z)\}}{d(\xi_l^2+\lambda^2)+\lambda}\times$$
$$\times\int_a^\infty\int_0^\infty\frac{\xi u\mathcal{G}_{m\dot{o}}(\xi u)\mathcal{G}_{m\dot{o}}(\xi r)\left\{\left(\frac{\mu}{k_z}\right)\overline{\overline{\psi}}_0(u,m,s;\theta)\sin(\xi_l d)+\xi_l\overline{\overline{\psi}}_d(u,m,s;\theta)\right\}}{(\eta_r\xi^2+\eta_z\xi_l^2+s)\{J_{m\dot{o}}'^2(\xi a)+Y_{m\dot{o}}'^2(\xi a)\}}d\xi du+$$
$$+\frac{2}{\pi}\sum_{m=0}^\infty\ni_m\sum_{l=1}^\infty\frac{(\xi_l^2+\lambda^2)\sin\{\xi_l(d-z)\}}{d(\xi_l^2+\lambda^2)+\lambda}\int_0^\infty\frac{\overline{\overline{\overline{\varphi}}}(\xi,m,\xi_l;\theta)\xi\mathcal{G}_{m\dot{o}}(\xi r)}{(\eta_r\xi^2+\eta_z\xi_l^2+s)\{J_{m\dot{o}}'^2(\xi a)+Y_{m\dot{o}}'^2(\xi a)\}}d\xi \quad (23.25.2)$$

and

$$p = \frac{2U(t-t_0)}{\pi\phi c_t}\sum_{m=0}^\infty\ni_m\cos\{m(\theta-\theta_0)\}\sum_{l=1}^\infty\frac{(\xi_l^2+\lambda^2)\sin\{\xi_l(d-z_0)\}\sin\{\xi_l(d-z)\}}{d(\xi_l^2+\lambda^2)+\lambda}\times$$
$$\times\int_0^\infty\frac{\xi\mathcal{G}_{m\dot{o}}(\xi r_0)\mathcal{G}_{m\dot{o}}(\xi r)}{\{J_{m\dot{o}}'^2(\xi a)+Y_{m\dot{o}}'^2(\xi a)\}}\int_0^{t-t_0}q(t-t_0-\tau)e^{-(\eta_r\xi^2+\eta_z\xi_l^2)\tau}d\tau d\xi+$$
$$+\frac{4}{\pi^2\phi c_t}\sum_{m=0}^\infty\ni_m\sum_{l=1}^\infty\frac{(\xi_l^2+\lambda^2)\sin\{\xi_l(d-z)\}}{d(\xi_l^2+\lambda^2)+\lambda}\int_0^\infty\frac{\mathcal{G}_{m\dot{o}}(\xi r)}{\{J_{m\dot{o}}'^2(\xi a)+Y_{m\dot{o}}'^2(\xi a)\}}\times$$
$$\times\int_0^t\overline{\overline{\psi}}(m,\xi_l,t-\tau;\theta)e^{-(\eta_r\xi^2+\eta_z\xi_l^2)\tau}d\tau d\xi+$$

$$+\frac{2\eta_z}{\pi}\sum_{m=0}^{\infty}\ni_m\sum_{l=1}^{\infty}\frac{\left(\xi_l^2+\lambda^2\right)\sin\left\{\xi_l\left(d-z\right)\right\}}{d\left(\xi_l^2+\lambda^2\right)+\lambda}\int_a^{\infty}\int_0^{\infty}\frac{\xi u\mathcal{G}_{m\dot{o}}\left(\xi u\right)\mathcal{G}_{m\dot{o}}\left(\xi r\right)}{\left\{J_{m\dot{o}}^{\prime 2}\left(\xi a\right)+Y_{m\dot{o}}^{\prime 2}\left(\xi a\right)\right\}}\times$$

$$\times\int_0^t\left\{\left(\frac{\mu}{k_z}\right)\overline{\psi}_0\left(u,m,t-\tau;\theta\right)\sin\left(\xi_l d\right)+\xi_l\overline{\psi}_d\left(u,m,t-\tau;\theta\right)\right\}e^{-\left(\eta_r\xi^2+\eta_z\xi_l^2\right)\tau}d\tau d\xi du+$$

$$+\frac{2}{\pi}\sum_{m=0}^{\infty}\ni_m\sum_{l=1}^{\infty}\frac{\left(\xi_l^2+\lambda^2\right)\sin\left\{\xi_l\left(d-z\right)\right\}}{d\left(\xi_l^2+\lambda^2\right)+\lambda}\int_0^{\infty}\frac{\overline{\overline{\overline{\varphi}}}\left(\xi,m,\xi_l;\theta\right)\xi\mathcal{G}_{m\dot{o}}\left(\xi r\right)e^{-\left(\eta_r\xi^2+\eta_z\xi_l^2\right)t}}{\left\{J_{m\dot{o}}^{\prime 2}\left(\xi a\right)+Y_{m\dot{o}}^{\prime 2}\left(\xi a\right)\right\}}d\xi \quad (23.25.3)$$

where $\overline{\overline{\psi}}\left(m,\xi_l,t;\theta\right)=\int_0^{2\pi}\cos\left\{m\left(\theta-v\right)\right\}\int_0^d\psi\left(v,w,t\right)\sin\left\{\xi_l\left(d-w\right)\right\}dwdv$,
$\overline{\psi}_0\left(u,m,t;\theta\right)=\int_0^{2\pi}\psi_0\left(u,v,t\right)\cos\left\{m\left(\theta-v\right)\right\}dv$ and $\overline{\psi}_d\left(u,m,t;\theta\right)=\int_0^{2\pi}\psi_d\left(u,v,t\right)\cos\left\{m\left(\theta-v\right)\right\}dv$.

23.26

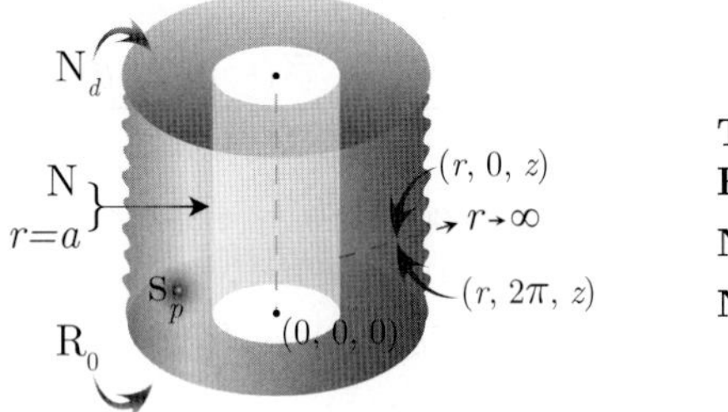

The problem of 23.10, except
$\mathbf{R_0}\equiv\frac{\partial p(r,\theta,0,t)}{\partial z}-\lambda p\left(r,\theta,0,t\right)=-\left(\frac{\mu}{k_z}\right)\psi_0\left(r,\theta,t\right)$,
$\mathbf{N}_d\equiv\frac{\partial p(r,\theta,d,t)}{\partial z}=-\left(\frac{\mu}{k_z}\right)\psi_d\left(r,\theta,t\right)$ **and**
$\mathbf{N}\equiv\frac{\partial p(a,\theta,z,t)}{\partial r}=-\left(\frac{\mu}{k_r}\right)\psi(z,t)$

Successive application of the Laplace, Fourier and Neumann-Weber transformations to equation (22.1.1) gives

$$\overline{\overline{\overline{p}}}=\frac{q\left(s\right)e^{-st_0}\cos\left\{m\left(\theta-\theta_0\right)\right\}\cos\left\{\xi_l\left(d-z_0\right)\right\}\mathcal{G}_{m\dot{o}}\left(\xi r_0\right)}{\phi c_t\left(\eta_r\xi^2+\eta_z\xi_l^2+s\right)}+\frac{2\overline{\overline{\overline{\psi}}}\left(m,\xi_l,s;\theta\right)}{\pi\phi c_t\xi\left(\eta_r\xi^2+\eta_z\xi_l^2+s\right)}+$$

$$+\frac{\int_a^{\infty}u\mathcal{G}_{m\dot{o}}\left(\xi u\right)\left\{\overline{\overline{\psi}}_0\left(u,m,s;\theta\right)\cos\left(\xi_l d\right)-\overline{\overline{\psi}}_d\left(u,m,s;\theta\right)\right\}du}{\phi c_t\left(\eta_r\xi^2+\eta_z\xi_l^2+s\right)}+\frac{\overline{\overline{\overline{\varphi}}}\left(\xi,m,\xi_l;\theta\right)}{\left(\eta_r\xi^2+\eta_z\xi_l^2+s\right)} \quad (23.26.1)$$

where $\mathcal{G}_{\nu}\left(\xi r\right)=Y_{\nu}^{\prime}\left(\xi a\right)J_{\nu}\left(\xi r\right)-J_{\nu}^{\prime}\left(\xi a\right)Y_{\nu}\left(\xi r\right)$, ξ_l is a positive root of $\xi_l\tan\left(\xi_l d\right)=\lambda$, $l=1,2,...$,
$\overline{\overline{\overline{\varphi}}}\left(\xi,m,\xi_l;\theta\right)=\int_a^{\infty}r\mathcal{G}_{m\dot{o}}\left(\xi r\right)\int_0^{2\pi}\cos\left\{m\left(\theta-v\right)\right\}\int_0^d\varphi\left(u,v,w\right)\cos\left\{\xi_l\left(d-w\right)\right\}dwdvdr$,
$\overline{\overline{\psi}}_0\left(u,m,s;\theta\right)=\int_0^{2\pi}\overline{\psi}_0\left(u,v,s\right)\cos\left\{m\left(\theta-v\right)\right\}dv$, $\overline{\overline{\psi}}_d\left(u,m,s;\theta\right)=\int_0^{2\pi}\overline{\psi}_d\left(u,v,s\right)\cos\left\{m\left(\theta-v\right)\right\}dv$ and
$\overline{\overline{\overline{\psi}}}\left(m,\xi_l,s;\theta\right)=\int_0^{2\pi}\overline{\psi}\left(v,w,s\right)\cos\left\{m\left(\theta-v\right)\right\}\int_0^d\cos\left\{\xi_l\left(d-z\right)\right\}dzdu$. Successive inverse transforms yield

$$\overline{p}=\frac{2q\left(s\right)e^{-st_0}}{\pi\phi c_t}\sum_{m=0}^{\infty}\ni_m\cos\left\{m\left(\theta-\theta_0\right)\right\}\sum_{l=1}^{\infty}\frac{\left(\xi_l^2+\lambda^2\right)\cos\left\{\xi_l\left(d-z_0\right)\right\}\cos\left\{\xi_l\left(d-z\right)\right\}}{d\left(\xi_l^2+\lambda^2\right)+\lambda}\times$$

$$\times\int_0^{\infty}\frac{\xi\mathcal{G}_{m\dot{o}}\left(\xi r_0\right)\mathcal{G}_{m\dot{o}}\left(\xi r\right)}{\left(\eta_r\xi^2+\eta_z\xi_l^2+s\right)\left\{J_{m\dot{o}}^{\prime 2}\left(\xi a\right)+Y_{m\dot{o}}^{\prime 2}\left(\xi a\right)\right\}}d\xi+$$

$$+\frac{4}{\pi^2\phi c_t}\sum_{m=0}^{\infty}\ni_m\sum_{l=1}^{\infty}\frac{\overline{\overline{\overline{\psi}}}\left(m,\xi_l,s;\theta\right)\left(\xi_l^2+\lambda^2\right)\cos\left\{\xi_l\left(d-z\right)\right\}}{d\left(\xi_l^2+\lambda^2\right)+\lambda}\int_0^{\infty}\frac{\mathcal{G}_{m\dot{o}}\left(\xi r\right)}{\left(\eta_r\xi^2+\eta_z\xi_l^2+s\right)\left\{J_{m\dot{o}}^{\prime 2}\left(\xi a\right)+Y_{m\dot{o}}^{\prime 2}\left(\xi a\right)\right\}}d\xi+$$

$$+\frac{2}{\pi\phi c_t}\sum_{m=0}^{\infty}\ni_m\sum_{l=1}^{\infty}\frac{\left(\xi_l^2+\lambda^2\right)\cos\left\{\xi_l\left(d-z\right)\right\}}{d\left(\xi_l^2+\lambda^2\right)+\lambda}\times$$

$$\times\int_a^{\infty}\int_0^{\infty}\frac{\xi u\mathcal{G}_{m\dot{o}}\left(\xi u\right)\mathcal{G}_{m\dot{o}}\left(\xi r\right)\left\{\overline{\overline{\psi}}_0\left(u,m,s;\theta\right)\cos\left(\xi_l d\right)-\overline{\overline{\psi}}_d\left(u,m,s;\theta\right)\right\}}{\left(\eta_r\xi^2+\eta_z\xi_l^2+s\right)\left\{J_{m\dot{o}}^{\prime 2}\left(\xi a\right)+Y_{m\dot{o}}^{\prime 2}\left(\xi a\right)\right\}}d\xi du+$$

$$+\frac{2}{\pi}\sum_{m=0}^{\infty}\ni_m\sum_{l=1}^{\infty}\frac{\left(\xi_l^2+\lambda^2\right)\cos\left\{\xi_l\left(d-z\right)\right\}}{d\left(\xi_l^2+\lambda^2\right)+\lambda}\int_0^{\infty}\frac{\overline{\overline{\overline{\varphi}}}\left(\xi,m,\xi_l;\theta\right)\xi\mathcal{G}_{m\dot{o}}\left(\xi r\right)}{\left(\eta_r\xi^2+\eta_z\xi_l^2+s\right)\left\{J_{m\dot{o}}^{\prime 2}\left(\xi a\right)+Y_{m\dot{o}}^{\prime 2}\left(\xi a\right)\right\}}d\xi \quad (23.26.2)$$

and

$$p = \frac{2U(t-t_0)}{\pi\phi c_t}\sum_{m=0}^{\infty}\ni_m \cos\{m(\theta-\theta_0)\}\sum_{l=1}^{\infty}\frac{(\xi_l^2+\lambda^2)\cos\{\xi_l(d-z_0)\}\cos\{\xi_l(d-z)\}}{d(\xi_l^2+\lambda^2)+\lambda}\times$$
$$\times\int_0^{\infty}\frac{\xi\mathcal{G}_{m\dot{o}}(\xi r_0)\,\mathcal{G}_{m\dot{o}}(\xi r)}{\{J'^2_{m\dot{o}}(\xi a)+Y'^2_{m\dot{o}}(\xi a)\}}\int_0^{t-t_0} q(t-t_0-\tau)\,e^{-(\eta_r\xi^2+\eta_z\xi_l^2)\tau}d\tau d\xi +$$
$$+\frac{4}{\pi^2\phi c_t}\sum_{m=0}^{\infty}\ni_m\sum_{l=1}^{\infty}\frac{(\xi_l^2+\lambda^2)\cos\{\xi_l(d-z)\}}{d(\xi_l^2+\lambda^2)+\lambda}\int_0^{\infty}\frac{\mathcal{G}_{m\dot{o}}(\xi r)}{\{J'^2_{m\dot{o}}(\xi a)+Y'^2_{m\dot{o}}(\xi a)\}}\times$$
$$\times\int_0^{t}\overline{\overline{\psi}}(m,\xi_l,t-\tau;\theta)\,e^{-(\eta_r\xi^2+\eta_z\xi_l^2)\tau}d\tau d\xi +$$
$$+\frac{2}{\pi\phi c_t}\sum_{m=0}^{\infty}\ni_m\sum_{l=1}^{\infty}\frac{(\xi_l^2+\lambda^2)\cos\{\xi_l(d-z)\}}{d(\xi_l^2+\lambda^2)+\lambda}\int_a^{\infty}\int_0^{\infty}\frac{\xi u\mathcal{G}_{m\dot{o}}(\xi u)\,\mathcal{G}_{m\dot{o}}(\xi r)}{\{J'^2_{m\dot{o}}(\xi a)+Y'^2_{m\dot{o}}(\xi a)\}}\times$$
$$\times\int_0^{t}\{\overline{\psi}_0(u,m,t-\tau;\theta)\cos(\xi_l d)-\overline{\psi}_d(u,m,t-\tau;\theta)\}e^{-(\eta_r\xi^2+\eta_z\xi_l^2)\tau}d\tau d\xi du +$$
$$+\frac{2}{\pi}\sum_{m=0}^{\infty}\ni_m\sum_{l=1}^{\infty}\frac{(\xi_l^2+\lambda^2)\cos\{\xi_l(d-z)\}}{d(\xi_l^2+\lambda^2)+\lambda}\int_0^{\infty}\frac{\overline{\overline{\varphi}}(\xi,m,\xi_l;\theta)\,\xi\mathcal{G}_{m\dot{o}}(\xi r)\,e^{-(\eta_r\xi^2+\eta_z\xi_l^2)t}}{\{J'^2_{m\dot{o}}(\xi a)+Y'^2_{m\dot{o}}(\xi a)\}}d\xi \qquad (23.26.3)$$

where $\overline{\overline{\psi}}(m,\xi_l,t;\theta)=\int_0^{2\pi}\cos\{m(\theta-v)\}\int_0^d\psi(v,w,t)\cos\{\xi_l(d-w)\}dwdv$,
$\overline{\psi}_0(u,m,t;\theta)=\int_0^{2\pi}\psi_0(u,v,t)\cos\{m(\theta-v)\}\,dv$ and $\overline{\psi}_d(u,m,t;\theta)=\int_0^{2\pi}\psi_d(u,v,t)\cos\{m(\theta-v)\}\,dv$.

23.27 The problem of 23.10, except

$\mathbf{R_0}\equiv\frac{\partial p(r,\theta,0,t)}{\partial z}-\lambda p(r,\theta,0,t)=-\left(\frac{\mu}{k_z}\right)\psi_0(r,\theta,t)$,
$\mathbf{R_d}\equiv\frac{\partial p(r,\theta,d,t)}{\partial z}+\lambda_d p(r,\theta,d,t)=-\left(\frac{\mu}{k_z}\right)\psi_d(r,\theta,t)$ and
$\mathbf{N}\equiv\frac{\partial p(a,\theta,z,t)}{\partial r}=-\left(\frac{\mu}{k_r}\right)\psi(z,t)$

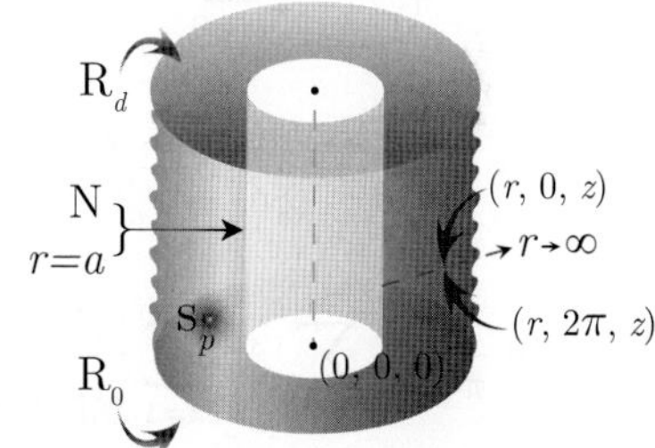

Successive application of the Laplace, Fourier and Neumann-Weber transformations to equation (22.1.1) gives

$$\overline{\overline{\overline{p}}}=\frac{q(s)\,e^{-st_0}\cos\{m(\theta-\theta_0)\}\{\xi_l\cos(\xi_l z_0)+\lambda_0\sin(\xi_l z_0)\}\,\mathcal{G}_{m\dot{o}}(\xi r_0)}{\phi c_t(\eta_r\xi^2+\eta_z\xi_l^2+s)}+\frac{2\overline{\overline{\overline{\psi}}}(m,\xi_l,s;\theta)}{\pi\phi c_t\xi(\eta_r\xi^2+\eta_z\xi_l^2+s)}+$$
$$+\frac{\int_a^{\infty}u\mathcal{G}_{m\dot{o}}(\xi u)\left[\xi_l\overline{\overline{\psi}}_0(u,m,s;\theta)-\overline{\overline{\psi}}_d(u,m,s;\theta)\{\xi_l\cos(\xi_l d)+\lambda_0\sin(\xi_l d)\}\right]du}{\phi c_t(\eta_r\xi^2+\eta_z\xi_l^2+s)}+\frac{\overline{\overline{\overline{\varphi}}}(\xi,m,\xi_l;\theta)}{(\eta_r\xi^2+\eta_z\xi_l^2+s)} \qquad (23.27.1)$$

where $\mathcal{G}_\nu(\xi r)=Y'_\nu(\xi a)\,J_\nu(\xi r)-J'_\nu(\xi a)\,Y_\nu(\xi r)$, ξ_l is a positive root of $\tan(\xi_l d)=\frac{\xi_l(\lambda_0+\lambda_d)}{(\xi_l^2-\lambda_0\lambda_d)}$, $l=1,2,...$,
$\overline{\overline{\overline{\varphi}}}(\xi,m,\xi_l;\theta)=\int_a^{\infty}r\mathcal{G}_{m\dot{o}}(\xi r)\int_0^{2\pi}\cos\{m(\theta-v)\}\int_0^d\varphi(u,v,w)\{\xi_l\cos(\xi_l w)+\lambda_0\sin(\xi_l w)\}dwdvdr$,
$\overline{\overline{\psi}}_0(u,m,s;\theta)=\int_0^{2\pi}\overline{\psi}_0(u,v,s)\cos\{m(\theta-v)\}\,dv$, $\overline{\overline{\psi}}_d(u,m,s;\theta)=\int_0^{2\pi}\overline{\psi}_d(u,v,s)\cos\{m(\theta-v)\}\,dv$ and

$\overline{\overline{\overline{\psi}}}(m,\xi_l,s;\theta)=\int_0^{2\pi}\overline{\psi}(v,w,s)\cos\{m(\theta-v)\}\int_0^d\{\xi_l\cos(\xi_l w)+\lambda_0\sin(\xi_l w)\}dwdv$. Successive inverse transforms yield

$$\begin{aligned}\overline{p} =& \frac{2q(s)e^{-st_0}}{\pi\phi c_t}\sum_{m=0}^{\infty}\ni_m\cos\{m(\theta-\theta_0)\}\sum_{l=1}^{\infty}\frac{\{\xi_l\cos(\xi_l z_0)+\lambda_0\sin(\xi_l z_0)\}\{\xi_l\cos(\xi_l z)+\lambda_0\sin(\xi_l z)\}}{(\xi_l^2+\lambda_0^2)\left\{d+\frac{\lambda_d}{\xi_l^2+\lambda_d^2}\right\}+\lambda_0}\times\\ &\times\int_0^{\infty}\frac{\xi\mathcal{G}_{m\dot{o}}(\xi r_0)\mathcal{G}_{m\dot{o}}(\xi r)}{(\eta_r\xi^2+\eta_z\xi_l^2+s)\{J'^2_{m\dot{o}}(\xi a)+Y'^2_{m\dot{o}}(\xi a)\}}d\xi+\\ &+\frac{4}{\pi^2\phi c_t}\sum_{m=0}^{\infty}\ni_m\sum_{l=1}^{\infty}\frac{\overline{\overline{\overline{\psi}}}(m,\xi_l,s;\theta)\{\xi_l\cos(\xi_l z)+\lambda_0\sin(\xi_l z)\}}{(\xi_l^2+\lambda_0^2)\left\{d+\frac{\lambda_d}{\xi_l^2+\lambda_d^2}\right\}+\lambda_0}\int_0^{\infty}\frac{\mathcal{G}_{m\dot{o}}(\xi r)}{(\eta_r\xi^2+\eta_z\xi_l^2+s)\{J'^2_{m\dot{o}}(\xi a)+Y'^2_{m\dot{o}}(\xi a)\}}d\xi+\\ &+\frac{2}{\pi\phi c_t}\sum_{m=0}^{\infty}\ni_m\sum_{l=1}^{\infty}\frac{\{\xi_l\cos(\xi_l z)+\lambda_0\sin(\xi_l z)\}}{(\xi_l^2+\lambda_0^2)\left\{d+\frac{\lambda_d}{\xi_l^2+\lambda_d^2}\right\}+\lambda_0}\times\\ &\times\int_a^{\infty}\int_0^{\infty}\frac{\xi u\mathcal{G}_{m\dot{o}}(\xi u)\mathcal{G}_{m\dot{o}}(\xi r)\left[\xi_l\overline{\overline{\psi}}_0(u,m,s;\theta)-\overline{\overline{\psi}}_d(u,m,s;\theta)\{\xi_l\cos(\xi_l d)+\lambda_0\sin(\xi_l d)\}\right]}{(\eta_r\xi^2+\eta_z\xi_l^2+s)\{J'^2_{m\dot{o}}(\xi a)+Y'^2_{m\dot{o}}(\xi a)\}}d\xi du+\\ &+\frac{2}{\pi}\sum_{m=0}^{\infty}\ni_m\sum_{l=1}^{\infty}\frac{\{\xi_l\cos(\xi_l z)+\lambda_0\sin(\xi_l z)\}}{(\xi_l^2+\lambda_0^2)\left\{d+\frac{\lambda_d}{\xi_l^2+\lambda_d^2}\right\}+\lambda_0}\int_0^{\infty}\frac{\overline{\overline{\overline{\varphi}}}(\xi,m,\xi_l;\theta)\xi\mathcal{G}_{m\dot{o}}(\xi r)}{(\eta_r\xi^2+\eta_z\xi_l^2+s)\{J'^2_{m\dot{o}}(\xi a)+Y'^2_{m\dot{o}}(\xi a)\}}d\xi\end{aligned}\tag{23.27.2}$$

and

$$\begin{aligned}p =& \frac{2U(t-t_0)}{\pi\phi c_t}\sum_{m=0}^{\infty}\ni_m\cos\{m(\theta-\theta_0)\}\sum_{l=1}^{\infty}\frac{\{\xi_l\cos(\xi_l z_0)+\lambda_0\sin(\xi_l z_0)\}\{\xi_l\cos(\xi_l z)+\lambda_0\sin(\xi_l z)\}}{(\xi_l^2+\lambda_0^2)\left\{d+\frac{\lambda_d}{\xi_l^2+\lambda_d^2}\right\}+\lambda_0}\times\\ &\times\int_0^{\infty}\frac{\xi\mathcal{G}_{m\dot{o}}(\xi r_0)\mathcal{G}_{m\dot{o}}(\xi r)}{\{J'^2_{m\dot{o}}(\xi a)+Y'^2_{m\dot{o}}(\xi a)\}}\int_0^{t-t_0}q(t-t_0-\tau)e^{-(\eta_r\xi^2+\eta_z\xi_l^2)\tau}d\tau d\xi+\\ &+\frac{4}{\pi^2\phi c_t}\sum_{m=0}^{\infty}\ni_m\sum_{l=1}^{\infty}\frac{\{\xi_l\cos(\xi_l z)+\lambda_0\sin(\xi_l z)\}}{(\xi_l^2+\lambda_0^2)\left\{d+\frac{\lambda_d}{\xi_l^2+\lambda_d^2}\right\}+\lambda_0}\int_0^{\infty}\frac{\mathcal{G}_{m\dot{o}}(\xi r)}{\{J'^2_{m\dot{o}}(\xi a)+Y'^2_{m\dot{o}}(\xi a)\}}\times\\ &\times\int_0^{t}\overline{\overline{\overline{\psi}}}(m,\xi_l,t-\tau;\theta)e^{-(\eta_r\xi^2+\eta_z\xi_l^2)\tau}d\tau d\xi+\\ &+\frac{2}{\pi\phi c_t}\sum_{m=0}^{\infty}\ni_m\sum_{l=1}^{\infty}\frac{\{\xi_l\cos(\xi_l z)+\lambda_0\sin(\xi_l z)\}}{(\xi_l^2+\lambda_0^2)\left\{d+\frac{\lambda_d}{\xi_l^2+\lambda_d^2}\right\}+\lambda_0}\int_a^{\infty}\int_0^{\infty}\frac{\xi u\mathcal{G}_{m\dot{o}}(\xi u)\mathcal{G}_{m\dot{o}}(\xi r)}{\{J'^2_{m\dot{o}}(\xi a)+Y'^2_{m\dot{o}}(\xi a)\}}\times\\ &\times\int_0^{t}\left[\xi_l\overline{\psi}_0(u,m,t-\tau;\theta)-\overline{\psi}_d(u,m,t-\tau;\theta)\{\xi_l\cos(\xi_l d)+\lambda_0\sin(\xi_l d)\}\right]e^{-(\eta_r\xi^2+\eta_z\xi_l^2)\tau}d\tau d\xi du+\\ &+\frac{2}{\pi}\sum_{m=0}^{\infty}\ni_m\sum_{l=1}^{\infty}\frac{\{\xi_l\cos(\xi_l z)+\lambda_0\sin(\xi_l z)\}}{(\xi_l^2+\lambda_0^2)\left\{d+\frac{\lambda_d}{\xi_l^2+\lambda_d^2}\right\}+\lambda_0}\int_0^{\infty}\frac{\overline{\overline{\overline{\varphi}}}(\xi,m,\xi_l;\theta)\xi\mathcal{G}_{m\dot{o}}(\xi r)e^{-(\eta_r\xi^2+\eta_z\xi_l^2)t}}{\{J'^2_{m\dot{o}}(\xi a)+Y'^2_{m\dot{o}}(\xi a)\}}d\xi\end{aligned}\tag{23.27.3}$$

where $\overline{\overline{\psi}}(m,\xi_l,t;\theta)=\int_0^{2\pi}\cos\{m(\theta-v)\}\int_0^d\psi(v,w,t)\{\xi_l\cos(\xi_l w)+\lambda_0\sin(\xi_l w)\}dwdv$, $\overline{\psi}_0(u,m,t;\theta)=\int_0^{2\pi}\psi_0(u,v,t)\cos\{m(\theta-v)\}dv$ and $\overline{\psi}_d(u,m,t;\theta)=\int_0^{2\pi}\psi_d(u,v,t)\cos\{m(\theta-v)\}dv$.

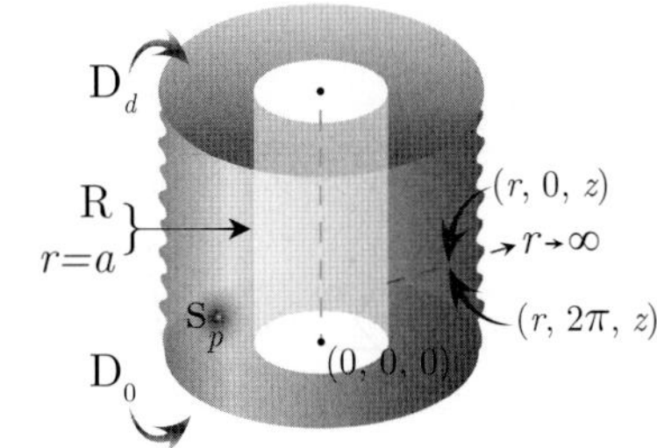

23.28 **The problem of 23.10, except** $\mathbf{D_0 \equiv p(r,\theta,0,t) = \psi_0(r,\theta,t)}$, $\mathbf{D_d \equiv p(r,\theta,d,t) = \psi_d(r,\theta,t)}$ **and** $\mathbf{R \equiv \frac{\partial p(a,\theta,z,t)}{\partial r} - \lambda p(a,\theta,z,t) = -\left(\frac{\mu}{k_r}\right)\psi(\theta,z,t)}$

Successive application of the Laplace, Fourier and Robin-Weber transformations to equation (22.1.1) gives

$$\overline{\overline{\overline{p}}} = \frac{q(s)e^{-st_0}\cos\{m(\theta-\theta_0)\}\sin(\xi_l z_0)\mathcal{D}_{m\dot{o}}(\xi r_0)}{\phi c_t(\eta_r\xi^2+\eta_z\xi_l^2+s)} + \frac{2\overline{\overline{\overline{\psi}}}(m,\xi_l,s;\theta)}{\pi\phi c_t(\eta_r\xi^2+\eta_z\xi_l^2+s)} + \\ + \frac{\xi_l\eta_z\int_a^\infty u\mathcal{D}_{m\dot{o}}(\xi u)\left\{\overline{\overline{\psi}}_0(u,m,s;\theta)-(-1)^l\overline{\overline{\psi}}_d(u,m,s;\theta)\right\}du}{(\eta_r\xi^2+\eta_z\xi_l^2+s)} + \frac{\overline{\overline{\overline{\varphi}}}(\xi,m,\xi_l;\theta)}{(\eta_r\xi^2+\eta_z\xi_l^2+s)} \quad (23.28.1)$$

where $\mathcal{D}_\nu(\xi r) = Y_\nu(\xi r)\{\lambda J_\nu(\xi a)-\xi J'_\nu(\xi a)\} - J_\nu(\xi r)\{\lambda Y_\nu(\xi a)-\xi Y'_\nu(\xi a)\}$, ξ_l is a positive root of $\sin(\xi_l d)$, which are $\xi_l = \frac{l\pi}{d}$, $l = 1,2,...$, $\overline{\overline{\overline{\varphi}}}(\xi,m,\xi_l;\theta) = \int_a^\infty r\mathcal{D}_{m\dot{o}}(\xi r)\int_0^{2\pi}\cos\{m(\theta-v)\}\int_0^d \varphi(u,v,w)\sin(\xi_l w)dwdvdu$, $\overline{\overline{\psi}}_0(u,m,s;\theta) = \int_0^{2\pi}\overline{\psi}_0(u,v,s)\cos\{m(\theta-v)\}dv$, $\overline{\overline{\psi}}_d(u,m,s;\theta) = \int_0^{2\pi}\overline{\psi}_d(u,v,s)\cos\{m(\theta-v)\}dv$ and $\overline{\overline{\overline{\psi}}}(m,\xi_l,s;\theta) = \int_0^{2\pi}\overline{\psi}(v,w,s)\cos\{m(\theta-v)\}\int_0^d\sin(\xi_l w)dwdv$. Successive inverse transforms yield

$$\overline{p} = \frac{2q(s)e^{-st_0}}{\pi d\phi c_t}\sum_{m=0}^\infty \ni_m \cos\{m(\theta-\theta_0)\}\sum_{l=1}^\infty \sin(\xi_l z_0)\sin(\xi_l z)\times \\ \times\int_0^\infty \frac{\xi\mathcal{D}_{m\dot{o}}(\xi r_0)\mathcal{D}_{m\dot{o}}(\xi r)}{(\eta_r\xi^2+\eta_z\xi_l^2+s)\left[\{\lambda J_{m\dot{o}}(\xi a)-\xi J'_{m\dot{o}}(\xi a)\}^2+\{\lambda Y_{m\dot{o}}(\xi a)-\xi Y'_{m\dot{o}}(\xi a)\}^2\right]}d\xi - \\ + \frac{4}{\pi^2 d\phi c_t}\sum_{m=0}^\infty \ni_m\sum_{l=1}^\infty \overline{\overline{\overline{\psi}}}(m,\xi_l,s;\theta)\sin(\xi_l z)\times \\ \times\int_0^\infty \frac{\xi\mathcal{D}_{m\dot{o}}(\xi r)}{(\eta_r\xi^2+\eta_z\xi_l^2+s)\left[\{\lambda J_{m\dot{o}}(\xi a)-\xi J'_{m\dot{o}}(\xi a)\}^2+\{\lambda Y_{m\dot{o}}(\xi a)-\xi Y'_{m\dot{o}}(\xi a)\}^2\right]}d\xi + \\ + \frac{2\eta_z}{\pi d}\sum_{m=0}^\infty \ni_m\sum_{l=1}^\infty \xi_l\sin(\xi_l z)\times \\ \times\int_a^\infty\int_0^\infty \frac{\xi u\mathcal{D}_{m\dot{o}}(\xi u)\mathcal{D}_{m\dot{o}}(\xi r)}{(\eta_r\xi^2+\eta_z\xi_l^2+s)\left[\{\lambda J_{m\dot{o}}(\xi a)-\xi J'_{m\dot{o}}(\xi a)\}^2+\{\lambda Y_{m\dot{o}}(\xi a)-\xi Y'_{m\dot{o}}(\xi a)\}^2\right]}d\xi\times \\ \times\left\{\overline{\overline{\psi}}_0(u,m,s;\theta)-(-1)^l\overline{\overline{\psi}}_d(u,m,s;\theta)\right\}du + \\ + \frac{2}{\pi d}\sum_{m=0}^\infty \ni_m\sum_{l=1}^\infty \sin(\xi_l z)\int_0^\infty \frac{\overline{\overline{\overline{\varphi}}}(\xi,m,\xi_l;\theta)\xi\mathcal{D}_{m\dot{o}}(\xi r)}{(\eta_r\xi^2+\eta_z\xi_l^2+s)\left[\{\lambda J_{m\dot{o}}(\xi a)-\xi J'_{m\dot{o}}(\xi a)\}^2+\{\lambda Y_{m\dot{o}}(\xi a)-\xi Y'_{m\dot{o}}(\xi a)\}^2\right]}d\xi \quad (23.28.2)$$

and

$$p = \frac{U(t-t_0)}{2\pi d\phi c_t}\sum_{m=0}^\infty \ni_m\cos\{m(\theta-\theta_0)\}\times \\ \times\int_0^{t-t_0} q(t-t_0-\tau)\left\{\Theta_3\left(\frac{\pi(z-z_0)}{2d}, e^{-\left(\frac{\pi}{d}\right)^2\eta_z\tau}\right) - \Theta_3\left(\frac{\pi(z+z_0)}{2d}, e^{-\left(\frac{\pi}{d}\right)^2\eta_z\tau}\right)\right\}\times$$

$$\times \int_0^\infty \frac{\xi \mathcal{D}_{m\dot{o}}(\xi r_0)\mathcal{D}_{m\dot{o}}(\xi r)e^{-\eta_r \xi^2 \tau}}{\{\lambda J_{m\dot{o}}(\xi a) - \xi J'_{m\dot{o}}(\xi a)\}^2 + \{\lambda Y_{m\dot{o}}(\xi a) - \xi Y'_{m\dot{o}}(\xi a)\}^2} d\xi d\tau +$$

$$+\frac{1}{\pi^2 d\phi c_t}\sum_{m=0}^{\infty} \ni_m \int_0^t \int_a^\infty \overline{\psi}(m,w,t-\tau;\theta)\left\{\Theta_3\left(\frac{\pi(z-w)}{2d}, e^{-\left(\frac{\pi}{d}\right)^2 \eta_z \tau}\right) - \Theta_3\left(\frac{\pi(z+w)}{2d}, e^{-\left(\frac{\pi}{d}\right)^2 \eta_z \tau}\right)\right\} \times$$

$$\times \int_0^\infty \frac{\xi \mathcal{D}_{m\dot{o}}(\xi r)e^{-\eta_r \xi^2 \tau}}{\{\lambda J_{m\dot{o}}(\xi a) - \xi J'_{m\dot{o}}(\xi a)\}^2 + \{\lambda Y_{m\dot{o}}(\xi a) - \xi Y'_{m\dot{o}}(\xi a)\}^2} d\xi dw d\tau +$$

$$+\frac{\eta_z}{2\pi d^2}\sum_{m=0}^{\infty} \ni_m \int_0^t \int_a^\infty \left\{\Theta'_4\left(\frac{\pi z}{2d}, e^{-\left(\frac{\pi}{d}\right)^2 \eta_z \tau}\right)\overline{\psi}_d(u,m,t-\tau;\theta) - \Theta'_3\left(\frac{\pi z}{2d}, e^{-\left(\frac{\pi}{d}\right)^2 \eta_z \tau}\right)\overline{\psi}_0(u,m,t-\tau;\theta)\right\} \times$$

$$\times \int_0^\infty \frac{\xi u \mathcal{D}_{m\dot{o}}(\xi u)\mathcal{D}_{m\dot{o}}(\xi r)e^{-\eta_r \xi^2 \tau}}{\{\lambda J_{m\dot{o}}(\xi a) - \xi J'_{m\dot{o}}(\xi a)\}^2 + \{\lambda Y_{m\dot{o}}(\xi a) - \xi Y'_{m\dot{o}}(\xi a)\}^2} d\xi du d\tau +$$

$$+\frac{1}{2\pi d}\sum_{m=0}^{\infty} \ni_m \int_a^\infty u \int_0^d \overline{\varphi}(u,m,w;\theta)\left\{\Theta_3\left(\frac{\pi(z-w)}{2d}, e^{-\left(\frac{\pi}{d}\right)^2 \eta_z t}\right) - \Theta_3\left(\frac{\pi(z+w)}{2d}, e^{-\left(\frac{\pi}{d}\right)^2 \eta_z t}\right)\right\} \times$$

$$\times \int_0^\infty \frac{\xi \mathcal{D}_{m\dot{o}}(\xi v)\mathcal{D}_{m\dot{o}}(\xi r)e^{-\eta_r \xi^2 t}}{\{\lambda J_{m\dot{o}}(\xi a) - \xi J'_{m\dot{o}}(\xi a)\}^2 + \{\lambda Y_{m\dot{o}}(\xi a) - \xi Y'_{m\dot{o}}(\xi a)\}^2} d\xi dw du \quad (23.28.3)$$

where $\overline{\psi}(m,w,t;\theta) = \int_0^{2\pi} \psi(v,w,t)\cos\{m(\theta-v)\}dv$, $\overline{\psi}_0(u,m,t;\theta) = \int_0^{2\pi} \psi_0(u,v,t)\cos\{m(\theta-v)\}dv$, $\overline{\psi}_d(u,m,t;\theta) = \int_0^{2\pi} \psi_d(u,v,t)\cos\{m(\theta-v)\}dv$ and $\overline{\varphi}(u,m,w;\theta) = \int_0^{2\pi} \varphi(u,v,w)\cos\{m(\theta-v)\}dv$.

23.29

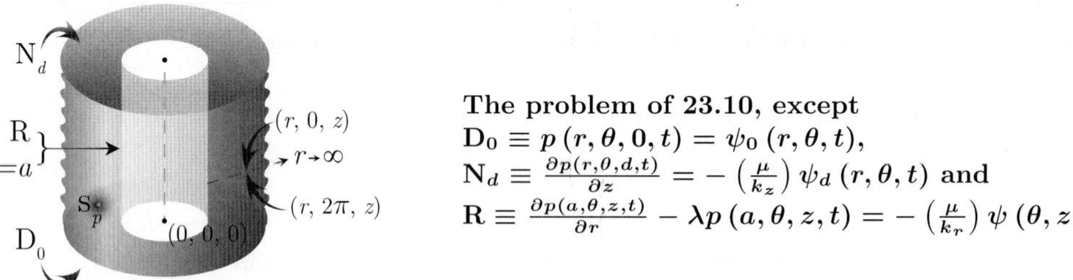

The problem of 23.10, except
$\mathbf{D_0} \equiv p(r,\theta,0,t) = \psi_0(r,\theta,t)$,
$\mathbf{N}_d \equiv \frac{\partial p(r,\theta,d,t)}{\partial z} = -\left(\frac{\mu}{k_z}\right)\psi_d(r,\theta,t)$ **and**
$\mathbf{R} \equiv \frac{\partial p(a,\theta,z,t)}{\partial r} - \lambda p(a,\theta,z,t) = -\left(\frac{\mu}{k_r}\right)\psi(\theta,z,t)$

Successive application of the Laplace, Fourier and Robin-Weber transformations to equation (22.1.1) gives

$$\overline{\overline{\overline{p}}} = \frac{q(s)e^{-st_0}\cos\{m(\theta-\theta_0)\}\sin(\xi_l z_0)\mathcal{D}_{m\dot{o}}(\xi r_0)}{\phi c_t(\eta_r\xi^2 + \eta_z\xi_l^2 + s)} + \frac{2\overline{\overline{\overline{\psi}}}(m,\xi_l,s;\theta)}{\pi\phi c_t(\eta_r\xi^2 + \eta_z\xi_l^2 + s)} +$$
$$+\frac{\eta_z\int_a^\infty u\mathcal{D}_{m\dot{o}}(\xi u)\left\{\xi_l\overline{\overline{\psi}}_0(u,m,s;\theta) + (-1)^l\left(\frac{\mu}{k_z}\right)\overline{\overline{\psi}}_d(u,m,s;\theta)\right\}du}{(\eta_r\xi^2 + \eta_z\xi_l^2 + s)} + \frac{\overline{\overline{\varphi}}(\xi,m,\xi_l;\theta)}{(\eta_r\xi^2 + \eta_z\xi_l^2 + s)} \quad (23.29.1)$$

where $\mathcal{D}_\nu(\xi r) = Y_\nu(\xi r)\{\lambda J_\nu(\xi a) - \xi J'_\nu(\xi a)\} - J_\nu(\xi r)\{\lambda Y_\nu(\xi a) - \xi Y'_\nu(\xi a)\}$, ξ_l is a positive root of $\cos(\xi_l d)$, which are
$\xi_l = \frac{(2l-1)\pi}{2d}$, $l = 1,2,...$, $\overline{\overline{\varphi}}(\xi,m,\xi_l;\theta) = \int_a^\infty r\mathcal{D}_{m\dot{o}}(\xi r)\int_0^{2\pi}\cos\{m(\theta-v)\}\int_0^d \varphi(u,v,w)\sin(\xi_l w)dwdvdu$, $\overline{\overline{\psi}}_0(u,m,s;\theta) = \int_0^{2\pi}\overline{\psi}_0(u,v,s)\cos\{m(\theta-v)\}dv$, $\overline{\overline{\psi}}_d(u,m,s;\theta) = \int_0^{2\pi}\overline{\psi}_d(u,v,s)\cos\{m(\theta-v)\}dv$ and $\overline{\overline{\overline{\psi}}}(m,\xi_l,s;\theta) = \int_0^{2\pi}\overline{\psi}(v,w,s)\cos\{m(\theta-v)\}\int_0^d \sin(\xi_l w)dwdv$. Successive inverse transforms yield

$$\overline{p} = \frac{2q(s)e^{-st_0}}{\pi d\phi c_t}\sum_{m=0}^{\infty}\ni_m\cos\{m(\theta-\theta_0)\}\sum_{l=1}^{\infty}\sin(\xi_l z_0)\sin(\xi_l z) \times$$

$$\times \int_0^\infty \frac{\xi\mathcal{D}_{m\dot{o}}(\xi r_0)\mathcal{D}_{m\dot{o}}(\xi r)}{(\eta_r\xi^2 + \eta_z\xi_l^2 + s)\left[\{\lambda J_{m\dot{o}}(\xi a) - \xi J'_{m\dot{o}}(\xi a)\}^2 + \{\lambda Y_{m\dot{o}}(\xi a) - \xi Y'_{m\dot{o}}(\xi a)\}^2\right]} d\xi +$$

$$+\frac{4}{\pi^2 d\phi c_t}\sum_{m=0}^{\infty}\ni_m\sum_{l=1}^{\infty}\overline{\overline{\overline{\psi}}}(m,\xi_l,s;\theta)\sin(\xi_l z)\times$$
$$\times\int_0^{\infty}\frac{\xi\mathcal{D}_{m\dot{o}}(\xi r)}{(\eta_r\xi^2+\eta_z\xi_l^2+s)\left[\{\lambda J_{m\dot{o}}(\xi a)-\xi J'_{m\dot{o}}(\xi a)\}^2+\{\lambda Y_{m\dot{o}}(\xi a)-\xi Y'_{m\dot{o}}(\xi a)\}^2\right]}d\xi+$$
$$+\frac{2\eta_z}{\pi d}\sum_{m=0}^{\infty}\ni_m\sum_{l=1}^{\infty}\sin(\xi_l z)\int_a^{\infty}\int_0^{\infty}\frac{\xi u\mathcal{D}_{m\dot{o}}(\xi u)\mathcal{D}_{m\dot{o}}(\xi r)}{(\eta_r\xi^2+\eta_z\xi_l^2+s)\left[\{\lambda J_{m\dot{o}}(\xi a)-\xi J'_{m\dot{o}}(\xi a)\}^2+\{\lambda Y_{m\dot{o}}(\xi a)-\xi Y'_{m\dot{o}}(\xi a)\}^2\right]}d\xi\times$$
$$\times\left\{\xi_l\overline{\overline{\psi}}_0(u,m,s;\theta)+(-1)^l\left(\frac{\mu}{k_z}\right)\overline{\overline{\psi}}_d(u,m,s;\theta)\right\}du+$$
$$+\frac{2}{\pi d}\sum_{m=0}^{\infty}\ni_m\sum_{l=1}^{\infty}\sin(\xi_l z)\int_0^{\infty}\frac{\overline{\overline{\overline{\varphi}}}(\xi,m,\xi_l;\theta)\,\xi\mathcal{D}_{m\dot{o}}(\xi r)}{(\eta_r\xi^2+\eta_z\xi_l^2+s)\left[\{\lambda J_{m\dot{o}}(\xi a)-\xi J'_{m\dot{o}}(\xi a)\}^2+\{\lambda Y_{m\dot{o}}(\xi a)-\xi Y'_{m\dot{o}}(\xi a)\}^2\right]}d\xi \tag{23.29.2}$$

and

$$p=\frac{U(t-t_0)}{2\pi d\phi c_t}\sum_{m=0}^{\infty}\ni_m\cos\{m(\theta-\theta_0)\}\times$$
$$\times\int_0^{t-t_0}q(t-t_0-\tau)\left\{\Theta_2\left(\frac{\pi(z-z_0)}{2d},e^{-\left(\frac{\pi}{d}\right)^2\eta_z\tau}\right)-\Theta_2\left(\frac{\pi(z+z_0)}{2d},e^{-\left(\frac{\pi}{d}\right)^2\eta_z\tau}\right)\right\}\times$$
$$\times\int_0^{\infty}\frac{\xi\mathcal{D}_{m\dot{o}}(\xi r_0)\mathcal{D}_{m\dot{o}}(\xi r)e^{-\eta_r\xi^2\tau}}{\{\lambda J_{m\dot{o}}(\xi a)-\xi J'_{m\dot{o}}(\xi a)\}^2+\{\lambda Y_{m\dot{o}}(\xi a)-\xi Y'_{m\dot{o}}(\xi a)\}^2}d\xi d\tau+$$
$$+\frac{1}{\pi^2 d\phi c_t}\sum_{m=0}^{\infty}\ni_m\int_0^t\int_a^{\infty}\overline{\psi}(m,w,t-\tau;\theta)\left\{\Theta_2\left(\frac{\pi(z-w)}{2d},e^{-\left(\frac{\pi}{d}\right)^2\eta_z\tau}\right)-\Theta_2\left(\frac{\pi(z+w)}{2d},e^{-\left(\frac{\pi}{d}\right)^2\eta_z\tau}\right)\right\}\times$$
$$\times\int_0^{\infty}\frac{\xi\mathcal{D}_{m\dot{o}}(\xi r)e^{-\eta_r\xi^2\tau}}{\{\lambda J_{m\dot{o}}(\xi a)-\xi J'_{m\dot{o}}(\xi a)\}^2+\{\lambda Y_{m\dot{o}}(\xi a)-\xi Y'_{m\dot{o}}(\xi a)\}^2}d\xi dw d\tau-$$
$$-\frac{1}{\pi d}\sum_{m=0}^{\infty}\ni_m\int_0^t\frac{1}{\tau}\int_0^{\infty}\left\{\left(\frac{\eta_z}{2d}\right)\Theta_2'\left(\frac{\pi z}{2d},e^{-\left(\frac{\pi}{d}\right)^2\eta_z\tau}\right)\overline{\psi}_0(u,m,t-\tau;\theta)+\right.$$
$$\left.+\left(\frac{1}{\phi c_t}\right)\Theta_1\left(\frac{\pi z}{2d},e^{-\left(\frac{\pi}{d}\right)^2\eta_z\tau}\right)\overline{\psi}_d(u,m,t-\tau;\theta)\right\}\times$$
$$\times\int_0^{\infty}\frac{\xi u\mathcal{D}_{m\dot{o}}(\xi u)\mathcal{D}_{m\dot{o}}(\xi r)e^{-\eta_r\xi^2\tau}}{\{\lambda J_{m\dot{o}}(\xi a)-\xi J'_{m\dot{o}}(\xi a)\}^2+\{\lambda Y_{m\dot{o}}(\xi a)-\xi Y'_{m\dot{o}}(\xi a)\}^2}d\xi du d\tau+$$
$$+\frac{1}{2\pi d}\sum_{m=0}^{\infty}\ni_m\int_a^{\infty}u\int_0^d\overline{\varphi}(u,m,w;\theta)\left\{\Theta_2\left(\frac{\pi(z-w)}{2d},e^{-\left(\frac{\pi}{d}\right)^2\eta_z t}\right)-\Theta_2\left(\frac{\pi(z+w)}{2d},e^{-\left(\frac{\pi}{d}\right)^2\eta_z t}\right)\right\}\times$$
$$\times\int_0^{\infty}\frac{\xi\mathcal{D}_{m\dot{o}}(\xi v)\mathcal{D}_{m\dot{o}}(\xi r)e^{-\eta_r\xi^2 t}}{\{\lambda J_{m\dot{o}}(\xi a)-\xi J'_{m\dot{o}}(\xi a)\}^2+\{\lambda Y_{m\dot{o}}(\xi a)-\xi Y'_{m\dot{o}}(\xi a)\}^2}d\xi dw du \tag{23.29.3}$$

where $\overline{\psi}(m,w,t;\theta)=\int_0^{2\pi}\psi(v,w,t)\cos\{m(\theta-v)\}dv$, $\overline{\psi}_0(u,m,t;\theta)=\int_0^{2\pi}\psi_0(u,v,t)\cos\{m(\theta-v)\}dv$, $\overline{\psi}_d(u,m,t;\theta)=\int_0^{2\pi}\psi_d(u,v,t)\cos\{m(\theta-v)\}dv$ and $\overline{\varphi}(u,m,w;\theta)=\int_0^{2\pi}\varphi(u,v,w)\cos\{m(\theta-v)\}dv$.

23.30

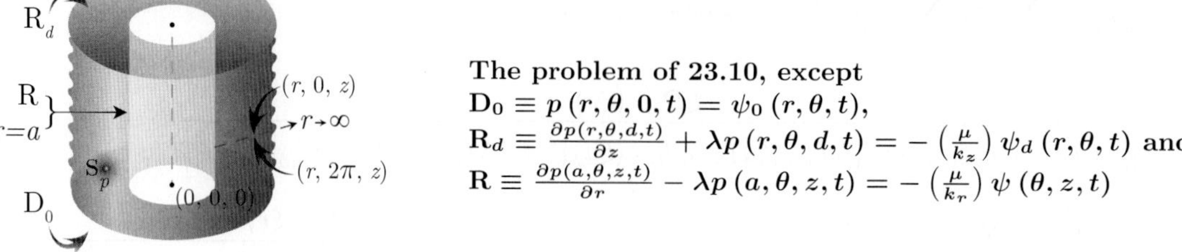

The problem of 23.10, except
$\mathbf{D_0} \equiv p(r,\theta,0,t) = \psi_0(r,\theta,t)$,
$\mathbf{R_d} \equiv \frac{\partial p(r,\theta,d,t)}{\partial z} + \lambda p(r,\theta,d,t) = -\left(\frac{\mu}{k_z}\right)\psi_d(r,\theta,t)$ **and**
$\mathbf{R} \equiv \frac{\partial p(a,\theta,z,t)}{\partial r} - \lambda p(a,\theta,z,t) = -\left(\frac{\mu}{k_r}\right)\psi(\theta,z,t)$

Successive application of the Laplace, Fourier and Robin-Weber transformations to equation (22.1.1) gives

$$\overline{\overline{\overline{p}}} = \frac{q(s)e^{-st_0}\cos\{m(\theta-\theta_0)\}\sin(\xi_l z_0)\mathcal{D}_{m\dot{o}}(\xi r_0)}{\phi c_t(\eta_r\xi^2+\eta_z\xi_l^2+s)} + \frac{2\overline{\overline{\overline{\psi}}}(m,\xi_l,s;\theta)}{\pi\phi c_t(\eta_r\xi^2+\eta_z\xi_l^2+s)} + $$
$$+\frac{\eta_z\int_a^\infty u\mathcal{D}_{m\dot{o}}(\xi u)\left\{\xi_l\overline{\overline{\psi}}_0(u,m,s;\theta)-\left(\frac{\mu}{k_z}\right)\overline{\overline{\psi}}_d(u,m,s;\theta)\sin(\xi_l d)\right\}du}{(\eta_r\xi^2+\eta_z\xi_l^2+s)} + \frac{\overline{\overline{\overline{\varphi}}}(\xi,m,\xi_l;\theta)}{(\eta_r\xi^2+\eta_z\xi_l^2+s)} \quad (23.30.1)$$

where $\mathcal{D}_\nu(\xi r) = Y_\nu(\xi r)\{\lambda J_\nu(\xi a)-\xi J_\nu'(\xi a)\} - J_\nu(\xi r)\{\lambda Y_\nu(\xi a)-\xi Y_\nu'(\xi a)\}$, ξ_l is a positive root of $\xi_l\cot(\xi_l d) = -\lambda$, $l = 1,2,...$, $\overline{\overline{\overline{\varphi}}}(\xi,m,\xi_l;\theta) = \int_a^\infty r\mathcal{D}_{m\dot{o}}(\xi r)\int_0^{2\pi}\cos\{m(\theta-v)\}\int_0^d \varphi(u,v,w)\sin(\xi_l w)dwdvdu$, $\overline{\overline{\psi}}_0(u,m,s;\theta) = \int_0^{2\pi}\overline{\psi}_0(u,v,s)\cos\{m(\theta-v)\}dv$, $\overline{\overline{\psi}}_d(u,m,s;\theta) = \int_0^{2\pi}\overline{\psi}_d(u,v,s)\cos\{m(\theta-v)\}dv$ and $\overline{\overline{\overline{\psi}}}(m,\xi_l,s;\theta) = \int_0^{2\pi}\overline{\psi}(v,w,s)\cos\{m(\theta-v)\}\int_0^d\sin(\xi_l w)dwdv$. Successive inverse transforms yield

$$\overline{p} = \frac{2q(s)e^{-st_0}}{\pi\phi c_t}\sum_{m=0}^\infty \ni_m \cos\{m(\theta-\theta_0)\}\sum_{l=1}^\infty\frac{(\xi_l^2+\lambda^2)\sin(\xi_l z_0)\sin(\xi_l z)}{d(\xi_l^2+\lambda^2)+\lambda}\times$$
$$\times\int_0^\infty\frac{\xi\mathcal{D}_{m\dot{o}}(\xi r_0)\mathcal{D}_{m\dot{o}}(\xi r)}{(\eta_r\xi^2+\eta_z\xi_l^2+s)\left[\{\lambda J_{m\dot{o}}(\xi a)-\xi J_{m\dot{o}}'(\xi a)\}^2+\{\lambda Y_{m\dot{o}}(\xi a)-\xi Y_{m\dot{o}}'(\xi a)\}^2\right]}d\xi +$$
$$+\frac{4}{\pi^2\phi c_t}\sum_{m=0}^\infty\ni_m\sum_{l=1}^\infty\frac{\overline{\overline{\overline{\psi}}}(m,\xi_l,s;\theta)(\xi_l^2+\lambda^2)\sin(\xi_l z)}{d(\xi_l^2+\lambda^2)+\lambda}\times$$
$$\times\int_0^\infty\frac{\xi\mathcal{D}_{m\dot{o}}(\xi r)}{(\eta_r\xi^2+\eta_z\xi_l^2+s)\left[\{\lambda J_{m\dot{o}}(\xi a)-\xi J_{m\dot{o}}'(\xi a)\}^2+\{\lambda Y_{m\dot{o}}(\xi a)-\xi Y_{m\dot{o}}'(\xi a)\}^2\right]}d\xi +$$
$$+\frac{2\eta_z}{\pi}\sum_{m=0}^\infty\ni_m\sum_{l=1}^\infty\frac{(\xi_l^2+\lambda^2)\sin(\xi_l z)}{d(\xi_l^2+\lambda^2)+\lambda}\times$$
$$\times\int_a^\infty\int_0^\infty\frac{\xi u\mathcal{D}_{m\dot{o}}(\xi u)\mathcal{D}_{m\dot{o}}(\xi r)\left\{\xi_l\overline{\overline{\psi}}_0(u,m,s;\theta)-\left(\frac{\mu}{k_z}\right)\overline{\overline{\psi}}_d(u,m,s;\theta)\sin(\xi_l d)\right\}}{(\eta_r\xi^2+\eta_z\xi_l^2+s)\left[\{\lambda J_0(\xi a)+\xi J_1(\xi a)\}^2+\{\lambda Y_0(\xi a)+\xi Y_1(\xi a)\}^2\right]}d\xi du +$$
$$+\frac{2}{\pi}\sum_{m=0}^\infty\ni_m\sum_{l=1}^\infty\frac{(\xi_l^2+\lambda^2)\sin(\xi_l z)}{d(\xi_l^2+\lambda^2)+\lambda}\times$$
$$\times\int_0^\infty\frac{\overline{\overline{\overline{\varphi}}}(\xi,m,\xi_l;\theta)\xi\mathcal{D}_{m\dot{o}}(\xi r)}{(\eta_r\xi^2+\eta_z\xi_l^2+s)\left[\{\lambda J_{m\dot{o}}(\xi a)-\xi J_{m\dot{o}}'(\xi a)\}^2+\{\lambda Y_{m\dot{o}}(\xi a)-\xi Y_{m\dot{o}}'(\xi a)\}^2\right]}d\xi \quad (23.30.2)$$

and

$$p = \frac{2U(t-t_0)}{\pi\phi c_t}\sum_{m=0}^\infty\ni_m\cos\{m(\theta-\theta_0)\}\sum_{l=1}^\infty\frac{(\xi_l^2+\lambda^2)\sin(\xi_l z_0)\sin(\xi_l z)}{d(\xi_l^2+\lambda^2)+\lambda}\times$$
$$\times\int_0^\infty\frac{\xi\mathcal{D}_{m\dot{o}}(\xi r_0)\mathcal{D}_{m\dot{o}}(\xi r)}{\left[\{\lambda J_{m\dot{o}}(\xi a)-\xi J_{m\dot{o}}'(\xi a)\}^2+\{\lambda Y_{m\dot{o}}(\xi a)-\xi Y_{m\dot{o}}'(\xi a)\}^2\right]}\int_0^{t-t_0}q(t-t_0-\tau)e^{-(\eta_r\xi^2+\eta_z\xi_l^2)\tau}d\tau d\xi +$$

$$+\frac{4}{\pi^2\phi c_t}\sum_{m=0}^{\infty}\ni_m\sum_{l=1}^{\infty}\frac{(\xi_l^2+\lambda^2)\sin(\xi_l z)}{d(\xi_l^2+\lambda^2)+\lambda}\times$$

$$\times\int_0^{\infty}\frac{\xi\mathcal{D}_{m\dot{o}}(\xi r)}{\left[\{\lambda J_{m\dot{o}}(\xi a)-\xi J'_{m\dot{o}}(\xi a)\}^2+\{\lambda Y_{m\dot{o}}(\xi a)-\xi Y'_{m\dot{o}}(\xi a)\}^2\right]}\int_0^t\overline{\overline{\psi}}(m,\xi_l,t-\tau;\theta)\,e^{-(\eta_r\xi^2+\eta_z\xi_l^2)\tau}d\tau d\xi+$$

$$+\frac{2\eta_z}{\pi}\sum_{m=0}^{\infty}\ni_m\sum_{l=1}^{\infty}\frac{(\xi_l^2+\lambda^2)\sin(\xi_l z)}{d(\xi_l^2+\lambda^2)+\lambda}\int_a^{\infty}\int_0^{\infty}\frac{\xi u\mathcal{D}_{m\dot{o}}(\xi u)\,\mathcal{D}_{m\dot{o}}(\xi r)}{\left[\{\lambda J_{m\dot{o}}(\xi a)-\xi J'_{m\dot{o}}(\xi a)\}^2+\{\lambda Y_{m\dot{o}}(\xi a)-\xi Y'_{m\dot{o}}(\xi a)\}^2\right]}\times$$

$$\times\int_0^t\left\{\xi_l\overline{\psi}_0(u,m,t-\tau;\theta)-\left(\frac{\mu}{k_z}\right)\overline{\psi}_d(u,m,t-\tau;\theta)\sin(\xi_l d)\right\}d\tau e^{-(\eta_r\xi^2+\eta_z\xi_l^2)\tau}d\xi du+$$

$$+\frac{2}{\pi}\sum_{m=0}^{\infty}\ni_m\sum_{l=1}^{\infty}\frac{(\xi_l^2+\lambda^2)\sin(\xi_l z)}{d(\xi_l^2+\lambda^2)+\lambda}\int_0^{\infty}\frac{\overline{\overline{\overline{\varphi}}}(\xi,m,\xi_l;\theta)\,\xi\mathcal{D}_{m\dot{o}}(\xi r)\,e^{-(\eta_r\xi^2+\eta_z\xi_l^2)t}}{\left[\{\lambda J_{m\dot{o}}(\xi a)-\xi J'_{m\dot{o}}(\xi a)\}^2+\{\lambda Y_{m\dot{o}}(\xi a)-\xi Y'_{m\dot{o}}(\xi a)\}^2\right]}d\xi \tag{23.30.3}$$

where $\overline{\overline{\psi}}(m,\xi_l,t;\theta)=\int_0^{2\pi}\cos\{m(\theta-v)\}\int_0^d\psi(v,w,t)\sin(\xi_l w)dwdv$,
$\overline{\psi}_0(u,m,t;\theta)=\int_0^{2\pi}\psi_0(u,v,t)\cos\{m(\theta-v)\}dv$ and $\overline{\psi}_d(u,m,t;\theta)=\int_0^{2\pi}\psi_d(u,v,t)\cos\{m(\theta-v)\}dv$.

23.31 The problem of 23.28, except $\mathbf{N_0}\equiv\frac{\partial p(r,\theta,0,t)}{\partial z}=-\left(\frac{\mu}{k_z}\right)\psi_0(r,\theta,t)$, $\mathbf{D_d}\equiv p(r,\theta,d,t)=\psi_d(r,\theta,t)$ and $\mathbf{R}\equiv\frac{\partial p(a,\theta,z,t)}{\partial r}-\lambda p(a,\theta,z,t)=-\left(\frac{\mu}{k_r}\right)\psi(\theta,z,t)$

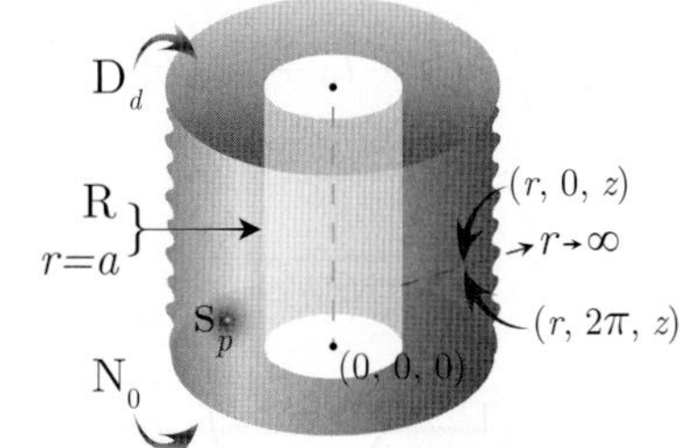

Successive application of the Laplace, Fourier and Robin-Weber transformations to equation (22.1.1) gives

$$\overline{\overline{\overline{p}}}=\frac{q(s)e^{-st_0}\cos\{m(\theta-\theta_0)\}\cos(\xi_l z_0)\,\mathcal{D}_{m\dot{o}}(\xi r_0)}{\phi c_t(\eta_r\xi^2+\eta_z\xi_l^2+s)}+\frac{2\overline{\overline{\psi}}(m,\xi_l,s;\theta)}{\pi\phi c_t(\eta_r\xi^2+\eta_z\xi_l^2+s)}+$$
$$+\frac{\eta_z\int_a^{\infty}u\mathcal{D}_{m\dot{o}}(\xi u)\left\{(-1)^{m+1}\xi_l\overline{\overline{\psi}}_d(u,m,s;\theta)+\left(\frac{\mu}{k_z}\right)\overline{\overline{\psi}}_0(u,m,s;\theta)\right\}du}{(\eta_r\xi^2+\eta_z\xi_l^2+s)}+\frac{\overline{\overline{\overline{\varphi}}}(\xi,m,\xi_l;\theta)}{(\eta_r\xi^2+\eta_z\xi_l^2+s)} \tag{23.31.1}$$

where $\mathcal{D}_\nu(\xi r)=Y_\nu(\xi r)\{\lambda J_\nu(\xi a)-\xi J'_\nu(\xi a)\}-J_\nu(\xi r)\{\lambda Y_\nu(\xi a)-\xi Y'_\nu(\xi a)\}$, ξ_l is a positive root of $\cos(\xi_l d)$, which are
$\xi_l=\frac{(2l-1)\pi}{2d}$, $l=1,2,...$, $\overline{\overline{\overline{\varphi}}}(\xi,m,\xi_l;\theta)=\int_a^{\infty}r\mathcal{D}_{m\dot{o}}(\xi r)\int_0^{2\pi}\cos\{m(\theta-v)\}\int_0^d\varphi(u,v,w)\cos(\xi_l w)dwdvdu$,
$\overline{\overline{\psi}}_0(u,m,s;\theta)=\int_0^{2\pi}\overline{\psi}_0(u,v,s)\cos\{m(\theta-v)\}dv$, $\overline{\overline{\psi}}_d(u,m,s;\theta)=\int_0^{2\pi}\overline{\psi}_d(u,v,s)\cos\{m(\theta-v)\}dv$ and
$\overline{\overline{\overline{\psi}}}(m,\xi_l,s;\theta)=\int_0^{2\pi}\overline{\psi}(v,w,s)\cos\{m(\theta-v)\}\int_0^d\cos(\xi_l w)dwdv$. Successive inverse transforms yield

$$\overline{p}=\frac{2q(s)e^{-st_0}}{\pi d\phi c_t}\sum_{m=0}^{\infty}\ni_m\cos\{m(\theta-\theta_0)\}\sum_{l=1}^{\infty}\cos(\xi_l z_0)\cos(\xi_l z)\times$$

$$\times\int_0^{\infty}\frac{\xi\mathcal{D}_{m\dot{o}}(\xi r_0)\,\mathcal{D}_{m\dot{o}}(\xi r)}{(\eta_r\xi^2+\eta_z\xi_l^2+s)\left[\{\lambda J_{m\dot{o}}(\xi a)-\xi J'_{m\dot{o}}(\xi a)\}^2+\{\lambda Y_{m\dot{o}}(\xi a)-\xi Y'_{m\dot{o}}(\xi a)\}^2\right]}d\xi+$$

$$+\frac{4}{\pi^2 d\phi c_t}\sum_{m=0}^{\infty}\ni_m\sum_{l=1}^{\infty}\overline{\overline{\overline{\psi}}}(m,\xi_l,s;\theta)\cos(\xi_l z)\times$$

$$\times \int_0^\infty \frac{\xi \mathcal{D}_{m\dot{o}}(\xi r)}{(\eta_r \xi^2 + \eta_z \xi_l^2 + s)\left[\{\lambda J_{m\dot{o}}(\xi a) - \xi J'_{m\dot{o}}(\xi a)\}^2 + \{\lambda Y_{m\dot{o}}(\xi a) - \xi Y'_{m\dot{o}}(\xi a)\}^2\right]} d\xi +$$

$$+ \frac{2\eta_z}{\pi d} \sum_{m=0}^\infty \ni_m \sum_{l=1}^\infty \xi_l \cos(\xi_l z) \times$$

$$\times \int_a^\infty \int_0^\infty \frac{\xi u \mathcal{D}_{m\dot{o}}(\xi u) \mathcal{D}_{m\dot{o}}(\xi r)\left\{(-1)^{m+1} \xi_l \overline{\overline{\psi}}_d(u,m,s;\theta) + \left(\frac{\mu}{k_z}\right) \overline{\overline{\psi}}_0(u,m,s;\theta)\right\}}{(\eta_r \xi^2 + \eta_z \xi_l^2 + s)\left[\{\lambda J_{m\dot{o}}(\xi a) - \xi J'_{m\dot{o}}(\xi a)\}^2 + \{\lambda Y_{m\dot{o}}(\xi a) - \xi Y'_{m\dot{o}}(\xi a)\}^2\right]} d\xi du +$$

$$+ \frac{2}{\pi d} \sum_{m=0}^\infty \ni_m \sum_{l=1}^\infty \cos(\xi_l z) \int_0^\infty \frac{\overline{\overline{\varphi}}(\xi, m, \xi_l; \theta) \xi \mathcal{D}_{m\dot{o}}(\xi r)}{(\eta_r \xi^2 + \eta_z \xi_l^2 + s)\left[\{\lambda J_{m\dot{o}}(\xi a) - \xi J'_{m\dot{o}}(\xi a)\}^2 + \{\lambda Y_{m\dot{o}}(\xi a) - \xi Y'_{m\dot{o}}(\xi a)\}^2\right]} d\xi \tag{23.31.2}$$

and

$$p = \frac{U(t-t_0)}{2\pi d \phi c_t} \sum_{m=0}^\infty \ni_m \cos\{m(\theta - \theta_0)\} \times$$

$$\times \int_0^{t-t_0} q(t - t_0 - \tau)\left\{\Theta_2\left(\frac{\pi(z-z_0)}{2d}, e^{-\left(\frac{\pi}{d}\right)^2 \eta_z \tau}\right) + \Theta_2\left(\frac{\pi(z+z_0)}{2d}, e^{-\left(\frac{\pi}{d}\right)^2 \eta_z \tau}\right)\right\} \times$$

$$\times \int_0^\infty \frac{\xi \mathcal{D}_{m\dot{o}}(\xi r_0) \mathcal{D}_{m\dot{o}}(\xi r) e^{-\eta_r \xi^2 \tau}}{\{\lambda J_{m\dot{o}}(\xi a) - \xi J'_{m\dot{o}}(\xi a)\}^2 + \{\lambda Y_{m\dot{o}}(\xi a) - \xi Y'_{m\dot{o}}(\xi a)\}^2} d\xi d\tau +$$

$$+ \frac{1}{\pi^2 d \phi c_t} \sum_{m=0}^\infty \ni_m \int_0^t \int_a^\infty \overline{\psi}(m, w, t-\tau; \theta)\left\{\Theta_2\left(\frac{\pi(z-w)}{2d}, e^{-\left(\frac{\pi}{d}\right)^2 \eta_z \tau}\right) + \Theta_2\left(\frac{\pi(z+w)}{2d}, e^{-\left(\frac{\pi}{d}\right)^2 \eta_z \tau}\right)\right\} \times$$

$$\times \int_0^\infty \frac{\xi \mathcal{D}_{m\dot{o}}(\xi r) e^{-\eta_r \xi^2 \tau}}{\{\lambda J_{m\dot{o}}(\xi a) - \xi J'_{m\dot{o}}(\xi a)\}^2 + \{\lambda Y_{m\dot{o}}(\xi a) - \xi Y'_{m\dot{o}}(\xi a)\}^2} d\xi dw d\tau +$$

$$+ \frac{1}{\pi d} \sum_{m=0}^\infty \ni_m \int_0^t \frac{1}{\tau} \int_0^\infty \left\{\left(\frac{1}{\phi c_t}\right) \Theta_2\left(\frac{\pi z}{2d}, e^{-\left(\frac{\pi}{d}\right)^2 \eta_z \tau}\right) \overline{\psi}_0(u, m, t-\tau; \theta) + \right.$$

$$\left. + \left(\frac{\eta_z}{2d}\right) \Theta'_1\left(\frac{\pi z}{2d}, e^{-\left(\frac{\pi}{d}\right)^2 \eta_z \tau}\right) \overline{\psi}_d(u, m, t-\tau; \theta)\right\} \times$$

$$\times \int_0^\infty \frac{\xi u \mathcal{D}_{m\dot{o}}(\xi u) \mathcal{D}_{m\dot{o}}(\xi r) e^{-\eta_r \xi^2 \tau}}{\{\lambda J_{m\dot{o}}(\xi a) - \xi J'_{m\dot{o}}(\xi a)\}^2 + \{\lambda Y_{m\dot{o}}(\xi a) - \xi Y'_{m\dot{o}}(\xi a)\}^2} d\xi du d\tau +$$

$$+ \frac{1}{2\pi d} \sum_{m=0}^\infty \ni_m \int_a^\infty u \int_0^d \overline{\varphi}(u, m, w; \theta)\left\{\Theta_2\left(\frac{\pi(z-w)}{2d}, e^{-\left(\frac{\pi}{d}\right)^2 \eta_z t}\right) + \Theta_2\left(\frac{\pi(z+w)}{2d}, e^{-\left(\frac{\pi}{d}\right)^2 \eta_z t}\right)\right\} \times$$

$$\times \int_0^\infty \frac{\xi \mathcal{D}_{m\dot{o}}(\xi v) \mathcal{D}_{m\dot{o}}(\xi r) e^{-\eta_r \xi^2 t}}{\{\lambda J_{m\dot{o}}(\xi a) - \xi J'_{m\dot{o}}(\xi a)\}^2 + \{\lambda Y_{m\dot{o}}(\xi a) - \xi Y'_{m\dot{o}}(\xi a)\}^2} d\xi dw du \tag{23.31.3}$$

where $\overline{\psi}(m,w,t;\theta) = \int_0^{2\pi} \psi(v,w,t) \cos\{m(\theta - v)\} dv$, $\overline{\psi}_0(u,m,t;\theta) = \int_0^{2\pi} \psi_0(u,v,t) \cos\{m(\theta - v)\} dv$, $\overline{\psi}_d(u,m,t;\theta) = \int_0^{2\pi} \psi_d(u,v,t) \cos\{m(\theta - v)\} dv$ and $\overline{\varphi}(u,m,w;\theta) = \int_0^{2\pi} \varphi(u,v,w) \cos\{m(\theta - v)\} dv$.

23.32 **The problem of 23.28, except $\mathbf{N}_0 \equiv \frac{\partial p(r,\theta,0,t)}{\partial z} = -\left(\frac{\mu}{k_z}\right)\psi_0(r,\theta,t)$, $\mathbf{N}_d \equiv \frac{\partial p(r,\theta,d,t)}{\partial z} = -\left(\frac{\mu}{k_z}\right)\psi_d(r,\theta,t)$ and $\mathbf{R} \equiv \frac{\partial p(a,\theta,z,t)}{\partial r} - \lambda p(a,\theta,z,t) = -\left(\frac{\mu}{k_r}\right)\psi(\theta,z,t)$**

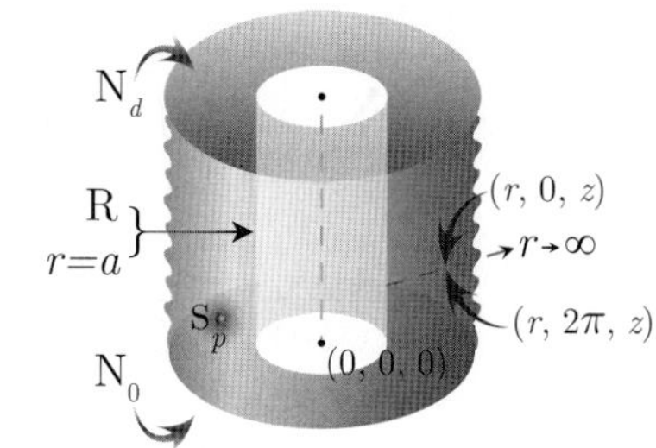

Successive application of the Laplace, Fourier and Robin-Weber transformations to equation (22.1.1) gives

$$\overline{\overline{\overline{p}}} = \frac{q(s)e^{-st_0}\cos\{m(\theta-\theta_0)\}\cos(\xi_l z_0)\mathcal{D}_{m\dot{o}}(\xi r_0)}{\phi c_t(\eta_r\xi^2+\eta_z\xi_l^2+s)} + \frac{2\overline{\overline{\overline{\psi}}}(m,\xi_l,s;\theta)}{\pi\phi c_t(\eta_r\xi^2+\eta_z\xi_l^2+s)} + $$
$$+\frac{\int_a^\infty u\mathcal{D}_{m\dot{o}}(\xi u)\left\{(-1)^{m+1}\overline{\overline{\psi}}_d(u,m,s;\theta)+\overline{\overline{\psi}}_0(u,m,s;\theta)\right\}du}{\phi c_t(\eta_r\xi^2+\eta_z\xi_l^2+s)} + \frac{\overline{\overline{\overline{\varphi}}}(\xi,m,\xi_l;\theta)}{(\eta_r\xi^2+\eta_z\xi_l^2+s)} \tag{23.32.1}$$

where $\mathcal{D}_\nu(\xi r) = Y_\nu(\xi r)\{\lambda J_\nu(\xi a)-\xi J_\nu'(\xi a)\} - J_\nu(\xi r)\{\lambda Y_\nu(\xi a)-\xi Y_\nu'(\xi a)\}$, ξ_l is a positive root of $\sin(\xi_l d)$, which are $\frac{l\pi}{d}$, $l=0,1,...$, $\overline{\overline{\overline{\varphi}}}(\xi,m,\xi_l;\theta) = \int_a^\infty r\mathcal{D}_{m\dot{o}}(\xi r)\int_0^{2\pi}\cos\{m(\theta-v)\}\int_0^d\varphi(u,v,w)\cos(\xi_l w)dwdvdu$, $\overline{\overline{\psi}}_0(u,m,s;\theta) = \int_0^{2\pi}\overline{\psi}_0(u,v,s)\cos\{m(\theta-v)\}dv$, $\overline{\overline{\psi}}_d(u,m,s;\theta) = \int_0^{2\pi}\overline{\psi}_d(u,v,s)\cos\{m(\theta-v)\}dv$ and $\overline{\overline{\overline{\psi}}}(m,\xi_l,s;\theta) = \int_0^{2\pi}\overline{\psi}(v,w,s)\cos\{m(\theta-v)\}\int_0^d\cos(\xi_l w)dwdv$. Successive inverse transforms yield

$$\overline{p} = \frac{2q(s)e^{-st_0}}{\pi d\phi c_t}\sum_{m=0}^{\infty}\ni_m\cos\{m(\theta-\theta_0)\}\sum_{l=0}^{\infty}\ni_l\cos(\xi_l z_0)\cos(\xi_l z)\times$$
$$\times\int_0^\infty\frac{\xi\mathcal{D}_{m\dot{o}}(\xi r_0)\mathcal{D}_{m\dot{o}}(\xi r)}{(\eta_r\xi^2+\eta_z\xi_l^2+s)\left[\{\lambda J_{m\dot{o}}(\xi a)-\xi J_{m\dot{o}}'(\xi a)\}^2+\{\lambda Y_{m\dot{o}}(\xi a)-\xi Y_{m\dot{o}}'(\xi a)\}^2\right]}d\xi +$$
$$+\frac{4}{\pi^2 d\phi c_t}\sum_{m=0}^{\infty}\ni_m\sum_{l=0}^{\infty}\ni_l\overline{\overline{\overline{\psi}}}(m,\xi_l,s;\theta)\cos(\xi_l z)\times$$
$$\times\int_0^\infty\frac{\xi\mathcal{D}_{m\dot{o}}(\xi r)}{(\eta_r\xi^2+\eta_z\xi_l^2+s)\left[\{\lambda J_0(\xi a)+\xi J_1(\xi a)\}^2+\{\lambda Y_0(\xi a)+\xi Y_1(\xi a)\}^2\right]}d\xi +$$
$$+\frac{2}{\pi d\phi c_t}\sum_{m=0}^{\infty}\ni_m\sum_{l=0}^{\infty}\ni_l\xi_l\cos(\xi_l z)\times$$
$$\times\int_a^\infty\int_0^\infty\frac{\xi u\mathcal{D}_{m\dot{o}}(\xi u)\mathcal{D}_{m\dot{o}}(\xi r)\left\{(-1)^{m+1}\overline{\overline{\psi}}_d(u,m,s;\theta)+\overline{\overline{\psi}}_0(u,m,s;\theta)\right\}}{(\eta_r\xi^2+\eta_z\xi_l^2+s)\left[\{\lambda J_{m\dot{o}}(\xi a)-\xi J_{m\dot{o}}'(\xi a)\}^2+\{\lambda Y_{m\dot{o}}(\xi a)-\xi Y_{m\dot{o}}'(\xi a)\}^2\right]}d\xi du +$$
$$+\frac{2}{\pi d}\sum_{m=0}^{\infty}\ni_m\sum_{l=0}^{\infty}\ni_l\cos(\xi_l z)\int_0^\infty\frac{\overline{\overline{\overline{\varphi}}}(\xi,m,\xi_l;\theta)\xi\mathcal{D}_{m\dot{o}}(\xi r)}{(\eta_r\xi^2+\eta_z\xi_l^2+s)\left[\{\lambda J_{m\dot{o}}(\xi a)-\xi J_{m\dot{o}}'(\xi a)\}^2+\{\lambda Y_{m\dot{o}}(\xi a)-\xi Y_{m\dot{o}}'(\xi a)\}^2\right]}d\xi \tag{23.32.2}$$

and

$$p = \frac{U(t-t_0)}{2\pi d\phi c_t}\sum_{m=0}^{\infty}\ni_m\cos\{m(\theta-\theta_0)\}\times$$
$$\times\int_0^{t-t_0}q(t-t_0-\tau)\left\{\Theta_3\left(\frac{\pi(z-z_0)}{2d},e^{-\left(\frac{\pi}{d}\right)^2\eta_z\tau}\right)+\Theta_3\left(\frac{\pi(z+z_0)}{2d},e^{-\left(\frac{\pi}{d}\right)^2\eta_z\tau}\right)\right\}\times$$
$$\times\int_0^\infty\frac{\xi\mathcal{D}_{m\dot{o}}(\xi r_0)\mathcal{D}_{m\dot{o}}(\xi r)e^{-\eta_r\xi^2\tau}}{\{\lambda J_{m\dot{o}}(\xi a)-\xi J_{m\dot{o}}'(\xi a)\}^2+\{\lambda Y_{m\dot{o}}(\xi a)-\xi Y_{m\dot{o}}'(\xi a)\}^2}d\xi d\tau +$$

$$+\frac{1}{\pi^2 d\phi c_t}\sum_{m=0}^{\infty}\ni_m\int_0^t\int_a^\infty\overline{\psi}(m,w,t-\tau;\theta)\left\{\Theta_3\left(\frac{\pi(z-w)}{2d},e^{-\left(\frac{\pi}{d}\right)^2\eta_z\tau}\right)+\Theta_3\left(\frac{\pi(z+w)}{2d},e^{-\left(\frac{\pi}{d}\right)^2\eta_z\tau}\right)\right\}\times$$

$$\times\int_0^\infty\frac{\xi\mathcal{D}_{m\dot{o}}(\xi r)e^{-\eta_r\xi^2\tau}}{\{\lambda J_{m\dot{o}}(\xi a)-\xi J'_{m\dot{o}}(\xi a)\}^2+\{\lambda Y_{m\dot{o}}(\xi a)-\xi Y'_{m\dot{o}}(\xi a)\}^2}d\xi dw d\tau+$$

$$+\frac{1}{\pi d\phi c_t}\sum_{m=0}^{\infty}\ni_m\int_0^t\int_a^\infty\left\{\Theta_3\left(\frac{\pi z}{2d},e^{-\left(\frac{\pi}{d}\right)^2\eta_z\tau}\right)\overline{\psi}_0(u,m,t-\tau;\theta)-\Theta_4\left(\frac{\pi z}{2d},e^{-\left(\frac{\pi}{d}\right)^2\eta_z\tau}\right)\overline{\psi}_d(u,m,t-\tau;\theta)\right\}\times$$

$$\times\int_0^\infty\frac{\xi u\mathcal{D}_{m\dot{o}}(\xi u)\mathcal{D}_{m\dot{o}}(\xi r)e^{-\eta_r\xi^2\tau}}{\{\lambda J_{m\dot{o}}(\xi a)-\xi J'_{m\dot{o}}(\xi a)\}^2+\{\lambda Y_{m\dot{o}}(\xi a)-\xi Y'_{m\dot{o}}(\xi a)\}^2}d\xi du d\tau+$$

$$+\frac{1}{2\pi d}\sum_{m=0}^{\infty}\ni_m\int_a^\infty u\int_0^d\overline{\varphi}(u,m,w;\theta)\left\{\Theta_3\left(\frac{\pi(z-w)}{2d},e^{-\left(\frac{\pi}{d}\right)^2\eta_z t}\right)+\Theta_3\left(\frac{\pi(z+w)}{2d},e^{-\left(\frac{\pi}{d}\right)^2\eta_z t}\right)\right\}\times$$

$$\times\int_0^\infty\frac{\xi\mathcal{D}_{m\dot{o}}(\xi v)\mathcal{D}_{m\dot{o}}(\xi r)e^{-\eta_r\xi^2 t}}{\{\lambda J_{m\dot{o}}(\xi a)-\xi J'_{m\dot{o}}(\xi a)\}^2+\{\lambda Y_{m\dot{o}}(\xi a)-\xi Y'_{m\dot{o}}(\xi a)\}^2}d\xi dw du \tag{23.32.3}$$

where $\overline{\psi}(m,w,t;\theta)=\int_0^{2\pi}\psi(v,w,t)\cos\{m(\theta-v)\}dv$, $\overline{\psi}_0(u,m,t;\theta)=\int_0^{2\pi}\psi_0(u,v,t)\cos\{m(\theta-v)\}dv$, $\overline{\psi}_d(u,m,t;\theta)=\int_0^{2\pi}\psi_d(u,v,t)\cos\{m(\theta-v)\}dv$ and $\overline{\varphi}(u,m,w;\theta)=\int_0^{2\pi}\varphi(u,v,w)\cos\{m(\theta-v)\}dv$.

23.33

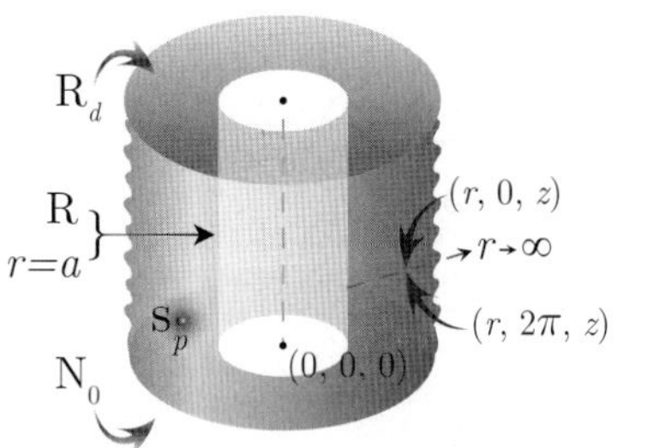

The problem of 23.28, except
$\mathbf{N_0}\equiv\frac{\partial p(r,\theta,0,t)}{\partial z}=-\left(\frac{\mu}{k_z}\right)\psi_0(r,\theta,t)$,
$\mathbf{R}_d\equiv\frac{\partial p(r,\theta,d,t)}{\partial z}+\lambda p(r,\theta,d,t)=-\left(\frac{\mu}{k_z}\right)\psi_d(r,\theta,t)$ **and**
$\mathbf{R}\equiv\frac{\partial p(a,\theta,z,t)}{\partial r}-\lambda p(a,\theta,z,t)=-\left(\frac{\mu}{k_r}\right)\psi(\theta,z,t)$

Successive application of the Laplace, Fourier and Robin-Weber transformations to equation (22.1.1) gives

$$\begin{aligned}\overline{\overline{\overline{p}}} &= \frac{q(s)e^{-st_0}\cos\{m(\theta-\theta_0)\}\cos(\xi_l z_0)\mathcal{D}_{m\dot{o}}(\xi r_0)}{\phi c_t(\eta_r\xi^2+\eta_z\xi_l^2+s)}+\frac{2\overline{\overline{\overline{\psi}}}(m,\xi_l,s;\theta)}{\pi\phi c_t(\eta_r\xi^2+\eta_z\xi_l^2+s)}+\\ &+\frac{\int_a^\infty u\mathcal{D}_{m\dot{o}}(\xi u)\left\{\overline{\overline{\psi}}_0(u,m,s;\theta)-\overline{\overline{\psi}}_d(u,m,s;\theta)\cos(\xi_l d)\right\}du}{\phi c_t(\eta_r\xi^2+\eta_z\xi_l^2+s)}+\frac{\overline{\overline{\overline{\varphi}}}(\xi,m,\xi_l;\theta)}{(\eta_r\xi^2+\eta_z\xi_l^2+s)}\end{aligned} \tag{23.33.1}$$

where $\mathcal{D}_\nu(\xi r)=Y_\nu(\xi r)\{\lambda J_\nu(\xi a)-\xi J'_\nu(\xi a)\}-J_\nu(\xi r)\{\lambda Y_\nu(\xi a)-\xi Y'_\nu(\xi a)\}$, ξ_l is a positive root of $\xi_l\tan(\xi_l d)=\lambda$, $l=1,2,...$, $\overline{\overline{\overline{\varphi}}}(\xi,m,\xi_l;\theta)=\int_a^\infty r\mathcal{D}_{m\dot{o}}(\xi r)\int_0^{2\pi}\cos\{m(\theta-v)\}\int_0^d\varphi(u,v,w)\cos(\xi_l w)dwdvdu$, $\overline{\overline{\psi}}_0(u,m,s;\theta)=\int_0^{2\pi}\overline{\psi}_0(u,v,s)\cos\{m(\theta-v)\}dv$, $\overline{\overline{\psi}}_d(u,m,s;\theta)=\int_0^{2\pi}\overline{\psi}_d(u,v,s)\cos\{m(\theta-v)\}dv$ and $\overline{\overline{\overline{\psi}}}(m,\xi_l,s;\theta)=\int_0^{2\pi}\overline{\psi}(v,w,s)\cos\{m(\theta-v)\}\int_0^d\cos(\xi_l w)dwdv$. Successive inverse transforms yield

$$\overline{p}=\frac{2q(s)e^{-st_0}}{\pi\phi c_t}\sum_{m=0}^{\infty}\ni_m\cos\{m(\theta-\theta_0)\}\sum_{l=1}^{\infty}\frac{(\xi_l^2+\lambda^2)\cos(\xi_l z_0)\cos(\xi_l z)}{d(\xi_l^2+\lambda^2)+\lambda}\times$$

$$\times\int_0^\infty\frac{\xi\mathcal{D}_{m\dot{o}}(\xi r_0)\mathcal{D}_{m\dot{o}}(\xi r)}{(\eta_r\xi^2+\eta_z\xi_l^2+s)\left[\{\lambda J_{m\dot{o}}(\xi a)-\xi J'_{m\dot{o}}(\xi a)\}^2+\{\lambda Y_{m\dot{o}}(\xi a)-\xi Y'_{m\dot{o}}(\xi a)\}^2\right]}d\xi+$$

$$+\frac{4}{\pi^2\phi c_t}\sum_{m=0}^{\infty}\ni_m\sum_{l=1}^{\infty}\frac{\overline{\overline{\overline{\psi}}}(m,\xi_l,s;\theta)(\xi_l^2+\lambda^2)\cos(\xi_l z)}{d(\xi_l^2+\lambda^2)+\lambda}\times$$

$$\times\int_0^\infty \frac{\xi\mathcal{D}_{m\dot{o}}(\xi r)}{(\eta_r\xi^2+\eta_z\xi_l^2+s)\left[\{\lambda J_{m\dot{o}}(\xi a)-\xi J'_{m\dot{o}}(\xi a)\}^2+\{\lambda Y_{m\dot{o}}(\xi a)-\xi Y'_{m\dot{o}}(\xi a)\}^2\right]}d\xi+$$
$$+\frac{2}{\pi\phi c_t}\sum_{m=0}^{\infty}\ni_m\sum_{l=1}^{\infty}\frac{(\xi_l^2+\lambda^2)\cos(\xi_l z)}{d(\xi_l^2+\lambda^2)+\lambda}\times$$
$$\times\int_a^\infty\int_0^\infty \frac{\xi u\mathcal{D}_{m\dot{o}}(\xi u)\mathcal{D}_{m\dot{o}}(\xi r)\{\overline{\psi}_0(r,s)-\overline{\psi}_d(r,s)\cos(\xi_l d)\}}{(\eta_r\xi^2+\eta_z\xi_l^2+s)\left[\{\lambda J_0(\xi a)+\xi J_1(\xi a)\}^2+\{\lambda Y_0(\xi a)+\xi Y_1(\xi a)\}^2\right]}d\xi du+$$
$$+\frac{2}{\pi}\sum_{m=0}^{\infty}\ni_m\sum_{l=1}^{\infty}\frac{(\xi_l^2+\lambda^2)\cos(\xi_l z)}{d(\xi_l^2+\lambda^2)+\lambda}\int_0^\infty\frac{\overline{\overline{\varphi}}(\xi,m,\xi_l;\theta)\,\xi\mathcal{D}_{m\dot{o}}(\xi r)}{(\eta_r\xi^2+\eta_z\xi_l^2+s)\left[\{\lambda J_0(\xi a)+\xi J_1(\xi a)\}^2+\{\lambda Y_0(\xi a)+\xi Y_1(\xi a)\}^2\right]}d\xi$$
(23.33.2)

and

$$p=\frac{2U(t-t_0)}{\pi\phi c_t}\sum_{m=0}^{\infty}\ni_m\cos\{m(\theta-\theta_0)\}\sum_{l=1}^{\infty}\frac{(\xi_l^2+\lambda^2)\cos(\xi_l z_0)\cos(\xi_l z)}{d(\xi_l^2+\lambda^2)+\lambda}\times$$
$$\times\int_0^\infty\frac{\xi\mathcal{D}_{m\dot{o}}(\xi r_0)\mathcal{D}_{m\dot{o}}(\xi r)\int_0^{t-t_0}q(t-t_0-\tau)e^{-(\eta_r\xi^2+\eta_z\xi_l^2)\tau}d\tau}{\left[\{\lambda J_{m\dot{o}}(\xi a)-\xi J'_{m\dot{o}}(\xi a)\}^2+\{\lambda Y_{m\dot{o}}(\xi a)-\xi Y'_{m\dot{o}}(\xi a)\}^2\right]}d\xi+$$
$$+\frac{4}{\pi^2\phi c_t}\sum_{m=0}^{\infty}\ni_m\sum_{l=1}^{\infty}\frac{(\xi_l^2+\lambda^2)\cos(\xi_l z)}{d(\xi_l^2+\lambda^2)+\lambda}\times$$
$$\times\int_0^\infty\frac{\xi\mathcal{D}_{m\dot{o}}(\xi r)}{\left[\{\lambda J_{m\dot{o}}(\xi a)-\xi J'_{m\dot{o}}(\xi a)\}^2+\{\lambda Y_{m\dot{o}}(\xi a)-\xi Y'_{m\dot{o}}(\xi a)\}^2\right]}\int_0^t\overline{\overline{\psi}}(m,\xi_l,t-\tau;\theta)e^{-(\eta_r\xi^2+\eta_z\xi_l^2)\tau}d\tau d\xi+$$
$$+\frac{2}{\pi\phi c_t}\sum_{m=0}^{\infty}\ni_m\sum_{l=1}^{\infty}\frac{(\xi_l^2+\lambda^2)\cos(\xi_l z)}{d(\xi_l^2+\lambda^2)+\lambda}\int_a^\infty\int_0^\infty\frac{\xi u\mathcal{D}_{m\dot{o}}(\xi u)\mathcal{D}_{m\dot{o}}(\xi r)}{\left[\{\lambda J_{m\dot{o}}(\xi a)-\xi J'_{m\dot{o}}(\xi a)\}^2+\{\lambda Y_{m\dot{o}}(\xi a)-\xi Y'_{m\dot{o}}(\xi a)\}^2\right]}\times$$
$$\times\int_0^t\{\overline{\psi}_0(u,m,t-\tau;\theta)-\overline{\psi}_d(u,m,t-\tau;\theta)\cos(\xi_l d)\}e^{-(\eta_r\xi^2+\eta_z\xi_l^2)\tau}d\tau d\xi du+$$
$$+\frac{2}{\pi}\sum_{m=0}^{\infty}\ni_m\sum_{l=1}^{\infty}\frac{(\xi_l^2+\lambda^2)\cos(\xi_l z)}{d(\xi_l^2+\lambda^2)+\lambda}\int_0^\infty\frac{\overline{\overline{\varphi}}(\xi,m,\xi_l;\theta)\,\xi\mathcal{D}_{m\dot{o}}(\xi r)e^{-(\eta_r\xi^2+\eta_z\xi_l^2)t}}{\left[\{\lambda J_{m\dot{o}}(\xi a)-\xi J'_{m\dot{o}}(\xi a)\}^2+\{\lambda Y_{m\dot{o}}(\xi a)-\xi Y'_{m\dot{o}}(\xi a)\}^2\right]}d\xi$$
(23.33.3)

where $\overline{\overline{\psi}}(m,\xi_l,t;\theta)=\int_0^{2\pi}\cos\{m(\theta-v)\}\int_0^d\psi(v,w,t)\cos(\xi_l w)dwdv$,
$\overline{\psi}_0(u,m,t;\theta)=\int_0^{2\pi}\psi_0(u,v,t)\cos\{m(\theta-v)\}dv$ and $\overline{\psi}_d(u,m,t;\theta)=\int_0^{2\pi}\psi_d(u,v,t)\cos\{m(\theta-v)\}dv$.

23.34 **The problem of 23.10, except**
$\mathbf{R_0}\equiv\frac{\partial p(r,\theta,0,t)}{\partial z}-\lambda p(r,\theta,0,t)=-\left(\frac{\mu}{k_z}\right)\psi_0(r,\theta,t)$,
$\mathbf{D_d}\equiv p(r,\theta,d,t)=\psi_d(r,\theta,t)$ **and**
$\mathbf{R}\equiv\frac{\partial p(a,\theta,z,t)}{\partial r}-\lambda p(a,\theta,z,t)=-\left(\frac{\mu}{k_r}\right)\psi(\theta,z,t)$

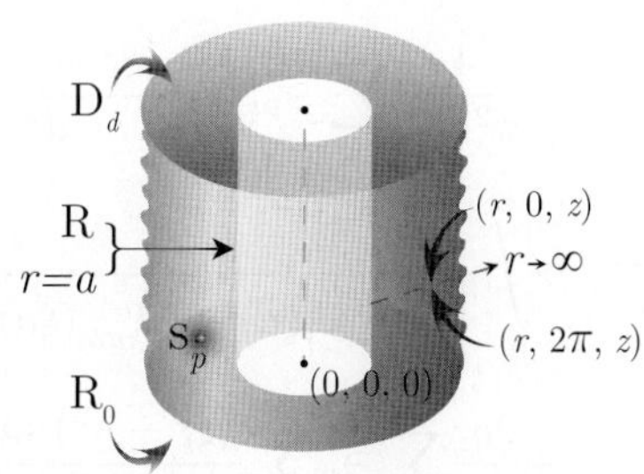

Successive application of the Laplace, Fourier and Robin-Weber transformations to equation (22.1.1) gives

$$\overline{\overline{\overline{p}}} = \frac{q(s)\,e^{-st_0}\cos\{m(\theta-\theta_0)\}\sin\{\xi_l(d-z_0)\}\mathcal{D}_{m\dot{o}}(\xi r_0)}{\phi c_t(\eta_r\xi^2+\eta_z\xi_l^2+s)} + \frac{2\overline{\overline{\overline{\psi}}}(m,\xi_l,s;\theta)}{\pi\phi c_t(\eta_r\xi^2+\eta_z\xi_l^2+s)} + \\ + \frac{\eta_z\int_a^\infty u\mathcal{D}_{m\dot{o}}(\xi u)\left\{\left(\frac{\mu}{k_z}\right)\overline{\overline{\psi}}_0(u,m,s;\theta)\sin(\xi_l d)+\xi_l\overline{\overline{\psi}}_d(u,m,s;\theta)\right\}du}{(\eta_r\xi^2+\eta_z\xi_l^2+s)} + \frac{\overline{\overline{\overline{\varphi}}}(\xi,m,\xi_l;\theta)}{(\eta_r\xi^2+\eta_z\xi_l^2+s)} \tag{23.34.1}$$

where $\mathcal{D}_\nu(\xi r)=Y_\nu(\xi r)\{\lambda J_\nu(\xi a)-\xi J_\nu'(\xi a)\}-J_\nu(\xi r)\{\lambda Y_\nu(\xi a)-\xi Y_\nu'(\xi a)\}$, ξ_l is a positive root of $\xi_l\cot(\xi_l d)=-\lambda,\,l=1,2,...,\overline{\overline{\overline{\varphi}}}(\xi,m,\xi_l;\theta)=\int_a^\infty r\mathcal{D}_{m\dot{o}}(\xi r)\int_0^{2\pi}\cos\{m(\theta-v)\}\int_0^d\varphi(u,v,w)\sin\{\xi_l(d-w)\}dwdvdr$, $\overline{\overline{\psi}}_0(u,m,s;\theta)=\int_0^{2\pi}\overline{\psi}_0(u,v,s)\cos\{m(\theta-v)\}dv$, $\overline{\overline{\psi}}_d(u,m,s;\theta)=\int_0^{2\pi}\overline{\psi}_d(u,v,s)\cos\{m(\theta-v)\}dv$ and $\overline{\overline{\overline{\psi}}}(m,\xi_l,s;\theta)=\int_0^{2\pi}\overline{\psi}(v,w,s)\cos\{m(\theta-v)\}\int_0^d\sin\{\xi_l(d-w)\}dwdv$. Successive inverse transforms yield

$$\overline{p} = \frac{2q(s)\,e^{-st_0}}{\pi\phi c_t}\sum_{m=0}^\infty \ni_m\cos\{m(\theta-\theta_0)\}\sum_{l=1}^\infty\frac{(\xi_l^2+\lambda^2)\sin\{\xi_l(d-z_0)\}\sin\{\xi_l(d-z)\}}{d(\xi_l^2+\lambda^2)+\lambda}\times \\ \times\int_0^\infty\frac{\xi\mathcal{D}_{m\dot{o}}(\xi r_0)\mathcal{D}_{m\dot{o}}(\xi r)}{(\eta_r\xi^2+\eta_z\xi_l^2+s)\left[\{\lambda J_{m\dot{o}}(\xi a)-\xi J_{m\dot{o}}'(\xi a)\}^2+\{\lambda Y_{m\dot{o}}(\xi a)-\xi Y_{m\dot{o}}'(\xi a)\}^2\right]}d\xi + \\ +\frac{4}{\pi^2\phi c_t}\sum_{m=0}^\infty\ni_m\sum_{l=1}^\infty\frac{\overline{\overline{\overline{\psi}}}(m,\xi_l,s;\theta)(\xi_l^2+\lambda^2)\sin\{\xi_l(d-z)\}}{d(\xi_l^2+\lambda^2)+\lambda}\times \\ \times\int_0^\infty\frac{\xi\mathcal{D}_{m\dot{o}}(\xi r)}{(\eta_r\xi^2+\eta_z\xi_l^2+s)\left[\{\lambda J_{m\dot{o}}(\xi a)-\xi J_{m\dot{o}}'(\xi a)\}^2+\{\lambda Y_{m\dot{o}}(\xi a)-\xi Y_{m\dot{o}}'(\xi a)\}^2\right]}d\xi + \\ +\frac{2\eta_z}{\pi}\sum_{m=0}^\infty\ni_m\sum_{l=1}^\infty\frac{(\xi_l^2+\lambda^2)\sin\{\xi_l(d-z)\}}{d(\xi_l^2+\lambda^2)+\lambda}\times \\ \times\int_a^\infty\int_0^\infty\frac{\xi u\mathcal{D}_{m\dot{o}}(\xi u)\mathcal{D}_{m\dot{o}}(\xi r)\left\{\left(\frac{\mu}{k_z}\right)\overline{\overline{\psi}}_0(u,m,s;\theta)\sin(\xi_l d)+\xi_l\overline{\overline{\psi}}_d(u,m,s;\theta)\right\}}{(\eta_r\xi^2+\eta_z\xi_l^2+s)\left[\{\lambda J_{m\dot{o}}(\xi a)-\xi J_{m\dot{o}}'(\xi a)\}^2+\{\lambda Y_{m\dot{o}}(\xi a)-\xi Y_{m\dot{o}}'(\xi a)\}^2\right]}d\xi du + \\ +\frac{2}{\pi}\sum_{m=0}^\infty\ni_m\sum_{l=1}^\infty\frac{(\xi_l^2+\lambda^2)\sin\{\xi_l(d-z)\}}{d(\xi_l^2+\lambda^2)+\lambda}\times \\ \times\int_0^\infty\frac{\overline{\overline{\overline{\varphi}}}(\xi,m,\xi_l;\theta)\,\xi\mathcal{D}_{m\dot{o}}(\xi r)}{(\eta_r\xi^2+\eta_z\xi_l^2+s)\left[\{\lambda J_{m\dot{o}}(\xi a)-\xi J_{m\dot{o}}'(\xi a)\}^2+\{\lambda Y_{m\dot{o}}(\xi a)-\xi Y_{m\dot{o}}'(\xi a)\}^2\right]}d\xi \tag{23.34.2}$$

and

$$p = \frac{2U(t-t_0)}{\pi\phi c_t}\sum_{m=0}^\infty\ni_m\cos\{m(\theta-\theta_0)\}\sum_{l=1}^\infty\frac{(\xi_l^2+\lambda^2)\sin\{\xi_l(d-z_0)\}\sin\{\xi_l(d-z)\}}{d(\xi_l^2+\lambda^2)+\lambda}\times \\ \times\int_0^\infty\frac{\xi\mathcal{D}_{m\dot{o}}(\xi r_0)\mathcal{D}_{m\dot{o}}(\xi r)}{\left[\{\lambda J_{m\dot{o}}(\xi a)-\xi J_{m\dot{o}}'(\xi a)\}^2+\{\lambda Y_{m\dot{o}}(\xi a)-\xi Y_{m\dot{o}}'(\xi a)\}^2\right]}\int_0^{t-t_0}q(t-t_0-\tau)\,e^{-(\eta_r\xi^2+\eta_z\xi_l^2)\tau}d\tau d\xi + \\ +\frac{4}{\pi^2\phi c_t}\sum_{m=0}^\infty\ni_m\sum_{l=1}^\infty\frac{(\xi_l^2+\lambda^2)\sin\{\xi_l(d-z)\}}{d(\xi_l^2+\lambda^2)+\lambda}\times \\ \times\int_0^\infty\frac{\xi\mathcal{D}_{m\dot{o}}(\xi r)}{\left[\{\lambda J_{m\dot{o}}(\xi a)-\xi J_{m\dot{o}}'(\xi a)\}^2+\{\lambda Y_{m\dot{o}}(\xi a)-\xi Y_{m\dot{o}}'(\xi a)\}^2\right]}\int_0^t\overline{\overline{\psi}}(m,\xi_l,t-\tau;\theta)\,e^{-(\eta_r\xi^2+\eta_z\xi_l^2)\tau}d\tau d\xi + \\ +\frac{2\eta_z}{\pi}\sum_{m=0}^\infty\ni_m\sum_{l=1}^\infty\frac{(\xi_l^2+\lambda^2)\sin\{\xi_l(d-z)\}}{d(\xi_l^2+\lambda^2)+\lambda}\int_a^\infty\int_0^\infty\frac{\xi u\mathcal{D}_{m\dot{o}}(\xi u)\mathcal{D}_{m\dot{o}}(\xi r)}{\left[\{\lambda J_{m\dot{o}}(\xi a)-\xi J_{m\dot{o}}'(\xi a)\}^2+\{\lambda Y_{m\dot{o}}(\xi a)-\xi Y_{m\dot{o}}'(\xi a)\}^2\right]}\times$$

$$\times\int_0^t \left\{\left(\frac{\mu}{k_z}\right)\overline{\psi}_0(u,m,t-\tau;\theta)\sin(\xi_l d)+\xi_l\overline{\psi}_d(u,m,t-\tau;\theta)\right\}e^{-\left(\eta_r\xi^2+\eta_z\xi_l^2\right)\tau}d\tau d\xi du+$$

$$+\frac{2}{\pi}\sum_{m=0}^{\infty}\ni_m\sum_{l=1}^{\infty}\frac{\left(\xi_l^2+\lambda^2\right)\sin\{\xi_l(d-z)\}}{d\left(\xi_l^2+\lambda^2\right)+\lambda}\int_0^{\infty}\frac{\overline{\overline{\overline{\varphi}}}(\xi,m,\xi_l;\theta)\,\xi\mathcal{D}_{m\dot{o}}(\xi r)\,e^{-\left(\eta_r\xi^2+\eta_z\xi_l^2\right)t}}{\left[\{\lambda J_{m\dot{o}}(\xi a)-\xi J'_{m\dot{o}}(\xi a)\}^2+\{\lambda Y_{m\dot{o}}(\xi a)-\xi Y'_{m\dot{o}}(\xi a)\}^2\right]}d\xi \tag{23.34.3}$$

where $\overline{\overline{\psi}}(m,\xi_l,t;\theta)=\int_0^{2\pi}\cos\{m(\theta-v)\}\int_0^d\psi(v,w,t)\sin\{\xi_l(d-w)\}dwdv$, $\overline{\psi}_0(u,m,t;\theta)=\int_0^{2\pi}\psi_0(u,v,t)\cos\{m(\theta-v)\}dv$ and $\overline{\psi}_d(u,m,t;\theta)=\int_0^{2\pi}\psi_d(u,v,t)\cos\{m(\theta-v)\}dv$.

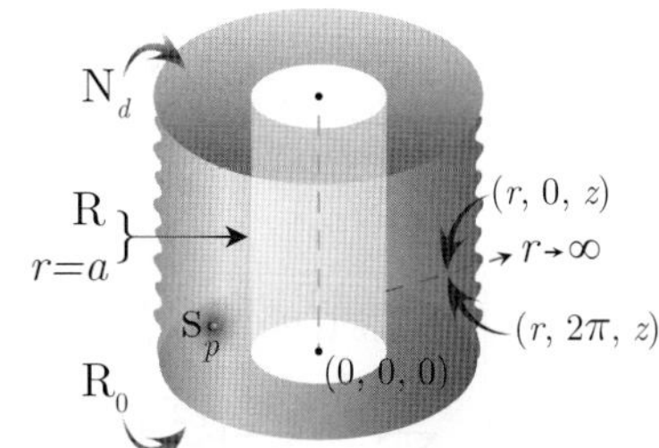

23.35 The problem of 23.28, except

$\mathbf{R_0}\equiv\frac{\partial p(r,\theta,0,t)}{\partial z}-\lambda p(r,\theta,0,t)=-\left(\frac{\mu}{k_z}\right)\psi_0(r,\theta,t)$,
$\mathbf{N_d}\equiv\frac{\partial p(r,\theta,d,t)}{\partial z}=-\left(\frac{\mu}{k_z}\right)\psi_d(r,\theta,t)$ and
$\mathbf{R}\equiv\frac{\partial p(a,\theta,z,t)}{\partial r}-\lambda p(a,\theta,z,t)=-\left(\frac{\mu}{k_r}\right)\psi(\theta,z,t)$

Successive application of the Laplace, Fourier and Robin-Weber transformations to equation (22.1.1) gives

$$\overline{\overline{\overline{p}}}=\frac{q(s)e^{-st_0}\cos\{m(\theta-\theta_0)\}\cos\{\xi_l(d-z_0)\}\mathcal{D}_{m\dot{o}}(\xi r_0)}{\phi c_t\left(\eta_r\xi^2+\eta_z\xi_l^2+s\right)}+\frac{2\overline{\overline{\overline{\psi}}}(m,\xi_l,s;\theta)}{\pi\phi c_t\left(\eta_r\xi^2+\eta_z\xi_l^2+s\right)}+$$
$$+\frac{\int_a^{\infty}u\mathcal{D}_{m\dot{o}}(\xi u)\left\{\overline{\overline{\psi}}_0(u,m,s;\theta)\cos(\xi_l d)-\overline{\overline{\psi}}_d(u,m,s;\theta)\right\}du}{\phi c_t\left(\eta_r\xi^2+\eta_z\xi_l^2+s\right)}+\frac{\overline{\overline{\overline{\varphi}}}(\xi,m,\xi_l;\theta)}{\left(\eta_r\xi^2+\eta_z\xi_l^2+s\right)} \tag{23.35.1}$$

where $\mathcal{D}_\nu(\xi r)=Y_\nu(\xi r)\{\lambda J_\nu(\xi a)-\xi J'_\nu(\xi a)\}-J_\nu(\xi r)\{\lambda Y_\nu(\xi a)-\xi Y'_\nu(\xi a)\}$, ξ_l is a positive root of $\xi_l\tan(\xi_l d)=\lambda$, $l=1,2,...,$ $\overline{\overline{\overline{\varphi}}}(\xi,m,\xi_l;\theta)=\int_a^{\infty}r\mathcal{D}_{m\dot{o}}(\xi r)\int_0^{2\pi}\cos\{m(\theta-v)\}\int_0^d\varphi(u,v,w)\cos\{\xi_l(d-w)\}dwdvdr$, $\overline{\overline{\psi}}_0(u,m,s;\theta)=\int_0^{2\pi}\overline{\psi}_0(u,v,s)\cos\{m(\theta-v)\}dv$, $\overline{\overline{\psi}}_d(u,m,s;\theta)=\int_0^{2\pi}\overline{\psi}_d(u,v,s)\cos\{m(\theta-v)\}dv$ and $\overline{\overline{\overline{\psi}}}(m,\xi_l,s;\theta)=\int_0^{2\pi}\overline{\psi}(v,w,s)\cos\{m(\theta-v)\}\int_0^d\cos\{\xi_l(d-w)\}dwdv$. Successive inverse transforms yield

$$\overline{p}=\frac{2q(s)e^{-st_0}}{\pi\phi c_t}\sum_{m=0}^{\infty}\ni_m\cos\{m(\theta-\theta_0)\}\sum_{l=1}^{\infty}\frac{\left(\xi_l^2+\lambda^2\right)\cos\{\xi_l(d-z_0)\}\cos\{\xi_l(d-z)\}}{d\left(\xi_l^2+\lambda^2\right)+\lambda}\times$$
$$\times\int_0^{\infty}\frac{\xi\mathcal{D}_{m\dot{o}}(\xi r_0)\mathcal{D}_{m\dot{o}}(\xi r)}{\left(\eta_r\xi^2+\eta_z\xi_l^2+s\right)\left[\{\lambda J_{m\dot{o}}(\xi a)-\xi J'_{m\dot{o}}(\xi a)\}^2+\{\lambda Y_{m\dot{o}}(\xi a)-\xi Y'_{m\dot{o}}(\xi a)\}^2\right]}d\xi+$$
$$+\frac{4}{\pi^2\phi c_t}\sum_{m=0}^{\infty}\ni_m\sum_{l=1}^{\infty}\frac{\overline{\overline{\overline{\psi}}}(m,\xi_l,s;\theta)\left(\xi_l^2+\lambda^2\right)\cos\{\xi_l(d-z)\}}{d\left(\xi_l^2+\lambda^2\right)+\lambda}\times$$
$$\times\int_0^{\infty}\frac{\xi\mathcal{D}_{m\dot{o}}(\xi r)}{\left(\eta_r\xi^2+\eta_z\xi_l^2+s\right)\left[\{\lambda J_{m\dot{o}}(\xi a)-\xi J'_{m\dot{o}}(\xi a)\}^2+\{\lambda Y_{m\dot{o}}(\xi a)-\xi Y'_{m\dot{o}}(\xi a)\}^2\right]}d\xi+$$
$$+\frac{2}{\pi\phi c_t}\sum_{m=0}^{\infty}\ni_m\sum_{l=1}^{\infty}\frac{\left(\xi_l^2+\lambda^2\right)\cos\{\xi_l(d-z)\}}{d\left(\xi_l^2+\lambda^2\right)+\lambda}\times$$
$$\times\int_a^{\infty}\int_0^{\infty}\frac{\xi u\mathcal{D}_{m\dot{o}}(\xi u)\mathcal{D}_{m\dot{o}}(\xi r)\left\{\overline{\overline{\psi}}_0(u,m,s;\theta)\cos(\xi_l d)-\overline{\overline{\psi}}_d(u,m,s;\theta)\right\}}{\left(\eta_r\xi^2+\eta_z\xi_l^2+s\right)\left[\{\lambda J_{m\dot{o}}(\xi a)-\xi J'_{m\dot{o}}(\xi a)\}^2+\{\lambda Y_{m\dot{o}}(\xi a)-\xi Y'_{m\dot{o}}(\xi a)\}^2\right]}d\xi du+$$

$$+\frac{2}{\pi}\sum_{m=0}^{\infty}\ni_m\sum_{l=1}^{\infty}\frac{(\xi_l^2+\lambda^2)\cos\{\xi_l(d-z)\}}{d(\xi_l^2+\lambda^2)+\lambda}\times$$
$$\times\int_0^{\infty}\frac{\overline{\overline{\overline{\varphi}}}(\xi,m,\xi_l;\theta)\,\xi\mathcal{D}_{m\dot{o}}(\xi r)}{(\eta_r\xi^2+\eta_z\xi_l^2+s)\left[\{\lambda J_{m\dot{o}}(\xi a)-\xi J'_{m\dot{o}}(\xi a)\}^2+\{\lambda Y_{m\dot{o}}(\xi a)-\xi Y'_{m\dot{o}}(\xi a)\}^2\right]}d\xi \qquad (23.35.2)$$

and

$$p=\frac{2U(t-t_0)}{\pi\phi c_t}\sum_{m=0}^{\infty}\ni_m\cos\{m(\theta-\theta_0)\}\sum_{l=1}^{\infty}\frac{(\xi_l^2+\lambda^2)\cos\{\xi_l(d-z_0)\}\cos\{\xi_l(d-z)\}}{d(\xi_l^2+\lambda^2)+\lambda}\times$$
$$\times\int_0^{\infty}\frac{\xi\mathcal{D}_{m\dot{o}}(\xi r_0)\,\mathcal{D}_{m\dot{o}}(\xi r)}{\left[\{\lambda J_{m\dot{o}}(\xi a)-\xi J'_{m\dot{o}}(\xi a)\}^2+\{\lambda Y_{m\dot{o}}(\xi a)-\xi Y'_{m\dot{o}}(\xi a)\}^2\right]}\int_0^{t-t_0}q(t-t_0-\tau)\,e^{-(\eta_r\xi^2+\eta_z\xi_l^2)\tau}d\tau d\xi+$$
$$+\frac{4}{\pi^2\phi c_t}\sum_{m=0}^{\infty}\ni_m\sum_{l=1}^{\infty}\frac{(\xi_l^2+\lambda^2)\cos\{\xi_l(d-z)\}}{d(\xi_l^2+\lambda^2)+\lambda}\times$$
$$\times\int_0^{\infty}\frac{\xi\mathcal{D}_{m\dot{o}}(\xi r)}{\left[\{\lambda J_{m\dot{o}}(\xi a)-\xi J'_{m\dot{o}}(\xi a)\}^2+\{\lambda Y_{m\dot{o}}(\xi a)-\xi Y'_{m\dot{o}}(\xi a)\}^2\right]}\int_0^{t}\overline{\overline{\psi}}(m,\xi_l,t-\tau;\theta)\,e^{-(\eta_r\xi^2+\eta_z\xi_l^2)\tau}d\tau d\xi+$$
$$+\frac{2}{\pi\phi c_t}\sum_{m=0}^{\infty}\ni_m\sum_{l=1}^{\infty}\frac{(\xi_l^2+\lambda^2)\cos\{\xi_l(d-z)\}}{d(\xi_l^2+\lambda^2)+\lambda}\int_a^{\infty}\int_0^{\infty}\frac{\xi u\mathcal{D}_{m\dot{o}}(\xi u)\,\mathcal{D}_{m\dot{o}}(\xi r)}{\left[\{\lambda J_{m\dot{o}}(\xi a)-\xi J'_{m\dot{o}}(\xi a)\}^2+\{\lambda Y_{m\dot{o}}(\xi a)-\xi Y'_{m\dot{o}}(\xi a)\}^2\right]}\times$$
$$\times\int_0^{t}\{\overline{\psi}_0(u,m,t-\tau;\theta)\cos(\xi_l d)-\overline{\psi}_d(u,m,t-\tau;\theta)\}e^{-(\eta_r\xi^2+\eta_z\xi_l^2)\tau}d\tau d\xi du+$$
$$+\frac{2}{\pi}\sum_{m=0}^{\infty}\ni_m\sum_{l=1}^{\infty}\frac{(\xi_l^2+\lambda^2)\cos\{\xi_l(d-z)\}}{d(\xi_l^2+\lambda^2)+\lambda}\int_0^{\infty}\frac{\overline{\overline{\overline{\varphi}}}(\xi,m,\xi_l;\theta)\,\xi\mathcal{D}_{m\dot{o}}(\xi r)\,e^{-(\eta_r\xi^2+\eta_z\xi_l^2)t}}{\left[\{\lambda J_{m\dot{o}}(\xi a)-\xi J'_{m\dot{o}}(\xi a)\}^2+\{\lambda Y_{m\dot{o}}(\xi a)-\xi Y'_{m\dot{o}}(\xi a)\}^2\right]}d\xi \qquad (23.35.3)$$

where $\overline{\overline{\psi}}(m,\xi_l,t;\theta)=\int_0^{2\pi}\cos\{m(\theta-v)\}\int_0^{d}\psi(v,w,t)\cos\{\xi_l(d-w)\}dwdv$,
$\overline{\psi}_0(u,m,t;\theta)=\int_0^{2\pi}\psi_0(u,v,t)\cos\{m(\theta-v)\}dv$ and $\overline{\psi}_d(u,m,t;\theta)=\int_0^{2\pi}\psi_d(u,v,t)\cos\{m(\theta-v)\}dv$.

23.36

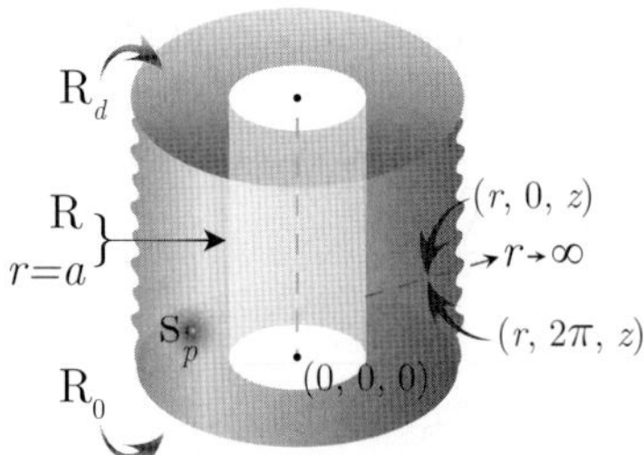

The problem of 23.28, except
$\mathbf{R_0}\equiv\frac{\partial p(r,\theta,0,t)}{\partial z}-\lambda p(r,\theta,0,t)=-\left(\frac{\mu}{k_z}\right)\psi_0(r,\theta,t)$,
$\mathbf{R_d}\equiv\frac{\partial p(r,\theta,d,t)}{\partial z}+\lambda_d p(r,\theta,d,t)=-\left(\frac{\mu}{k_z}\right)\psi_d(r,\theta,t)$ **and**
$\mathbf{R}\equiv\frac{\partial p(a,\theta,z,t)}{\partial r}-\lambda p(a,\theta,z,t)=-\left(\frac{\mu}{k_r}\right)\psi(\theta,z,t)$

Successive application of the Laplace, Fourier and Robin-Weber transformations to equation (22.1.1) gives

$$\overline{\overline{\overline{p}}}=\frac{q(s)\,e^{-st_0}\cos\{m(\theta-\theta_0)\}\{\xi_l\cos(\xi_l z_0)+\lambda_0\sin(\xi_l z_0)\}\mathcal{D}_{m\dot{o}}(\xi r_0)}{\phi c_t(\eta_r\xi^2+\eta_z\xi_l^2+s)}+\frac{2\overline{\overline{\overline{\psi}}}(m,\xi_l,s;\theta)}{\pi\phi c_t(\eta_r\xi^2+\eta_z\xi_l^2+s)}+$$
$$+\frac{\int_a^{\infty}u\mathcal{D}_{m\dot{o}}(\xi u)\left[\xi_l\overline{\overline{\psi}}_0(u,m,s;\theta)-\overline{\overline{\psi}}_d(u,m,s;\theta)\{\xi_l\cos(\xi_l d)+\lambda_0\sin(\xi_l d)\}\right]du}{\phi c_t(\eta_r\xi^2+\eta_z\xi_l^2+s)}+\frac{\overline{\overline{\overline{\varphi}}}(\xi,m,\xi_l;\theta)}{(\eta_r\xi^2+\eta_z\xi_l^2+s)} \qquad (23.36.1)$$

where $\mathcal{D}_\nu(\xi r)=Y_\nu(\xi r)\{\lambda J_\nu(\xi a)-\xi J'_\nu(\xi a)\}-J_\nu(\xi r)\{\lambda Y_\nu(\xi a)-\xi Y'_\nu(\xi a)\}$, ξ_l is a positive root of $\tan(\xi_l d)=\frac{\xi_l(\lambda_0+\lambda_d)}{(\xi_l^2-\lambda_0\lambda_d)}$, $l=1,2,...$,

$\overline{\overline{\overline{\varphi}}}(\xi, m, \xi_l; \theta) = \int_a^\infty r\mathcal{D}_{m\dot{o}}(\xi r)\int_0^{2\pi}\cos\{m(\theta - v)\}\int_0^d \varphi(u, v, w)\{\xi_l\cos(\xi_l w) + \lambda_0\sin(\xi_l w)\}dwdvdr$, $\overline{\overline{\psi}}_0(u, m, s; \theta) = \int_0^{2\pi}\overline{\psi}_0(u, v, s)\cos\{m(\theta - v)\}\,dv$, $\overline{\overline{\psi}}_d(u, m, s; \theta) = \int_0^{2\pi}\overline{\psi}_d(u, v, s)\cos\{m(\theta - v)\}\,dv$ and $\overline{\overline{\overline{\psi}}}(m, \xi_l, s; \theta) = \int_0^{2\pi}\overline{\psi}(v, w, s)\cos\{m(\theta - v)\}\int_0^d\{\xi_l\cos(\xi_l w) + \lambda_0\sin(\xi_l w)\}dwdv$. Successive inverse transforms yield

$$\begin{aligned}
\overline{p} \;=\;& \frac{2q(s)\,e^{-st_0}}{\pi\phi c_t}\sum_{m=0}^{\infty}\ni_m\cos\{m(\theta-\theta_0)\}\sum_{l=1}^{\infty}\frac{\{\xi_l\cos(\xi_l z_0)+\lambda_0\sin(\xi_l z_0)\}\{\xi_l\cos(\xi_l z)+\lambda_0\sin(\xi_l z)\}}{(\xi_l^2+\lambda_0^2)\left\{d+\frac{\lambda_d}{\xi_l^2+\lambda_d^2}\right\}+\lambda_0}\times\\
&\times\int_0^\infty\frac{\xi\mathcal{D}_{m\dot{o}}(\xi r_0)\,\mathcal{D}_{m\dot{o}}(\xi r)}{(\eta_r\xi^2+\eta_z\xi_l^2+s)\left[\{\lambda J_{m\dot{o}}(\xi a)-\xi J'_{m\dot{o}}(\xi a)\}^2+\{\lambda Y_{m\dot{o}}(\xi a)-\xi Y'_{m\dot{o}}(\xi a)\}^2\right]}d\xi+\\
&+\frac{4}{\pi^2\phi c_t}\sum_{m=0}^{\infty}\ni_m\sum_{l=1}^{\infty}\frac{\overline{\overline{\overline{\psi}}}(m,\xi_l,s;\theta)\{\xi_l\cos(\xi_l z)+\lambda_0\sin(\xi_l z)\}}{(\xi_l^2+\lambda_0^2)\left\{d+\frac{\lambda_d}{\xi_l^2+\lambda_d^2}\right\}+\lambda_0}\times\\
&\times\int_0^\infty\frac{\xi\mathcal{D}_{m\dot{o}}(\xi r)}{(\eta_r\xi^2+\eta_z\xi_l^2+s)\left[\{\lambda J_{m\dot{o}}(\xi a)-\xi J'_{m\dot{o}}(\xi a)\}^2+\{\lambda Y_{m\dot{o}}(\xi a)-\xi Y'_{m\dot{o}}(\xi a)\}^2\right]}d\xi+\\
&+\frac{2}{\pi\phi c_t}\sum_{m=0}^{\infty}\ni_m\sum_{l=1}^{\infty}\frac{\{\xi_l\cos(\xi_l z)+\lambda_0\sin(\xi_l z)\}}{(\xi_l^2+\lambda_0^2)\left\{d+\frac{\lambda_d}{\xi_l^2+\lambda_d^2}\right\}+\lambda_0}\times\\
&\times\int_a^\infty\int_0^\infty\frac{\xi u\mathcal{D}_{m\dot{o}}(\xi u)\,\mathcal{D}_{m\dot{o}}(\xi r)}{(\eta_r\xi^2+\eta_z\xi_l^2+s)\left[\{\lambda J_{m\dot{o}}(\xi a)-\xi J'_{m\dot{o}}(\xi a)\}^2+\{\lambda Y_{m\dot{o}}(\xi a)-\xi Y'_{m\dot{o}}(\xi a)\}^2\right]}d\xi\times\\
&\times\left[\xi_l\overline{\overline{\psi}}_0(u,m,s;\theta)-\overline{\overline{\psi}}_d(u,m,s;\theta)\{\xi_l\cos(\xi_l d)+\lambda_0\sin(\xi_l d)\}\right]du+\\
&+\frac{2}{\pi}\sum_{m=0}^{\infty}\ni_m\sum_{l=1}^{\infty}\frac{\{\xi_l\cos(\xi_l z)+\lambda_0\sin(\xi_l z)\}}{(\xi_l^2+\lambda_0^2)\left\{d+\frac{\lambda_d}{\xi_l^2+\lambda_d^2}\right\}+\lambda_0}\times\\
&\times\int_0^\infty\frac{\overline{\overline{\overline{\varphi}}}(\xi,m,\xi_l;\theta)\,\xi\mathcal{D}_{m\dot{o}}(\xi r)}{(\eta_r\xi^2+\eta_z\xi_l^2+s)\left[\{\lambda J_{m\dot{o}}(\xi a)-\xi J'_{m\dot{o}}(\xi a)\}^2+\{\lambda Y_{m\dot{o}}(\xi a)-\xi Y'_{m\dot{o}}(\xi a)\}^2\right]}d\xi
\end{aligned}\tag{23.36.2}$$

and

$$\begin{aligned}
p \;=\;& \frac{2U(t-t_0)}{\pi\phi c_t}\sum_{m=0}^{\infty}\ni_m\cos\{m(\theta-\theta_0)\}\sum_{l=1}^{\infty}\frac{\{\xi_l\cos(\xi_l z_0)+\lambda_0\sin(\xi_l z_0)\}\{\xi_l\cos(\xi_l z)+\lambda_0\sin(\xi_l z)\}}{(\xi_l^2+\lambda_0^2)\left\{d+\frac{\lambda_d}{\xi_l^2+\lambda_d^2}\right\}+\lambda_0}\times\\
&\times\int_0^\infty\frac{\xi\mathcal{D}_{m\dot{o}}(\xi r_0)\,\mathcal{D}_{m\dot{o}}(\xi r)}{\left[\{\lambda J_{m\dot{o}}(\xi a)-\xi J'_{m\dot{o}}(\xi a)\}^2+\{\lambda Y_{m\dot{o}}(\xi a)-\xi Y'_{m\dot{o}}(\xi a)\}^2\right]}\int_0^{t-t_0}q(t-t_0-\tau)\,e^{-\left(\eta_r\xi^2+\eta_z\xi_l^2\right)\tau}d\tau d\xi+\\
&+\frac{4}{\pi^2\phi c_t}\sum_{m=0}^{\infty}\ni_m\sum_{l=1}^{\infty}\frac{\{\xi_l\cos(\xi_l z)+\lambda_0\sin(\xi_l z)\}}{(\xi_l^2+\lambda_0^2)\left\{d+\frac{\lambda_d}{\xi_l^2+\lambda_d^2}\right\}+\lambda_0}\times\\
&\times\int_0^\infty\frac{\xi\mathcal{D}_{m\dot{o}}(\xi r)}{\left[\{\lambda J_{m\dot{o}}(\xi a)-\xi J'_{m\dot{o}}(\xi a)\}^2+\{\lambda Y_{m\dot{o}}(\xi a)-\xi Y'_{m\dot{o}}(\xi a)\}^2\right]}\int_0^t\overline{\overline{\psi}}(m,\xi_l,t-\tau;\theta)\,e^{-\left(\eta_r\xi^2+\eta_z\xi_l^2\right)\tau}d\tau d\xi+\\
&+\frac{2}{\pi\phi c_t}\sum_{m=0}^{\infty}\ni_m\sum_{l=1}^{\infty}\frac{\{\xi_l\cos(\xi_l z)+\lambda_0\sin(\xi_l z)\}}{(\xi_l^2+\lambda_0^2)\left\{d+\frac{\lambda_d}{\xi_l^2+\lambda_d^2}\right\}+\lambda_0}\times\\
&\times\int_a^\infty\int_0^\infty\frac{\xi u\mathcal{D}_{m\dot{o}}(\xi u)\,\mathcal{D}_{m\dot{o}}(\xi r)}{\left[\{\lambda J_{m\dot{o}}(\xi a)-\xi J'_{m\dot{o}}(\xi a)\}^2+\{\lambda Y_{m\dot{o}}(\xi a)-\xi Y'_{m\dot{o}}(\xi a)\}^2\right]}\times
\end{aligned}$$

$$\times \int_0^t \left[\xi_l \overline{\psi}_0 (u,m,t-\tau;\theta) - \overline{\psi}_d (u,m,t-\tau;\theta) \{\xi_l \cos(\xi_l d) + \lambda_0 \sin(\xi_l d)\}\right] e^{-\left(\eta_r \xi^2 + \eta_z \xi_l^2\right)\tau} d\tau d\xi du +$$

$$+\frac{2}{\pi}\sum_{m=0}^{\infty} \ni_m \sum_{l=1}^{\infty} \frac{\{\xi_l \cos(\xi_l z) + \lambda_0 \sin(\xi_l z)\}}{(\xi_l^2+\lambda_0^2)\left\{d+\frac{\lambda_d}{\xi_l^2+\lambda_d^2}\right\}+\lambda_0} \int_0^{\infty} \frac{\overline{\overline{\overline{\varphi}}}(\xi,m,\xi_l;\theta)\,\xi \mathcal{D}_{m\dot{o}}(\xi r)\, e^{-\left(\eta_r \xi^2+\eta_z \xi_l^2\right)t}}{\left[\{\lambda J_{m\dot{o}}(\xi a) - \xi J'_{m\dot{o}}(\xi a)\}^2 + \{\lambda Y_{m\dot{o}}(\xi a) - \xi Y'_{m\dot{o}}(\xi a)\}^2\right]} d\xi \tag{23.36.3}$$

where $\overline{\overline{\psi}}(m,\xi_l,t;\theta) = \int_0^{2\pi} \cos\{m(\theta-v)\} \int_0^d \psi(v,w,t)\{\xi_l \cos(\xi_l w) + \lambda_0 \sin(\xi_l w)\} dw dv$, $\overline{\psi}_0(u,m,t;\theta) = \int_0^{2\pi} \psi_0(u,v,t)\cos\{m(\theta-v)\} dv$ and $\overline{\psi}_d(u,m,t;\theta) = \int_0^{2\pi} \psi_d(u,v,t)\cos\{m(\theta-v)\} dv$.

Chapter 24

Bounded cylindrical continuum. The independent variable z is either infinite or semi-infinite. $p(r,\ \theta,\ z,\ t)$ is cyclic around the cylinder with a period 2π. $p(r,\ \theta,\ z,\ t)$ is a function of r, θ, z and t

---

24.1 **A cylindrical continuum bounded by $0 \le r \le a$. z is unbounded, $-\infty < z < \infty$. Point source at $s_p \equiv (r_0, \theta_0, z_0)$ at time $t = t_0$; $0 < r_0 < a$, $0 \le \theta_0 \le 2\pi$, $-\infty < z_0 < \infty$, $t_0 \ge 0$. $D \equiv p(a, \theta, z, t) = \psi(\theta, z, t)$, an arbitrary function of z, θ and t. The initial pressure $p(r, \theta, z, 0) = \varphi(r, \theta, z)$**

Successive application of the Laplace, Fourier and finite Hankel transformations to equation (22.1.1) gives

$$\overline{\overline{\overline{p}}} = \frac{q(s)\,e^{-st_0}e^{ilz_0}\cos\{m(\theta-\theta_0)\}\,J_{m\dot{o}}(\xi_n r_0)}{\phi c_t\left(\eta_r\xi_n^2+\eta_z l^2+s\right)} - \frac{a\eta_r\xi_n\overline{\overline{\overline{\psi}}}(m,l,s;\theta)\,J'_{m\dot{o}}(\xi_n a)}{\left(\eta_r\xi_n^2+\eta_z l^2+s\right)} + \frac{\overline{\overline{\overline{\varphi}}}(\xi_n,m,l;\theta)}{\left(\eta_r\xi_n^2+\eta_z l^2+s\right)} \qquad (24.1.1)$$

where ξ_n are the positive roots of $J_{m\dot{o}}(\xi_n a) = 0$, $n = 1, 2, ...$, $\dot{o} = \sqrt{\frac{\eta_\theta}{\eta_r}}$,
$\overline{\overline{\overline{\psi}}}(m,l,s;\theta) = \int_0^{2\pi}\cos\{m(\theta-v)\}\int_{-\infty}^{\infty}\overline{\psi}(v,w,s)e^{ilw}dwdv$ and
$\overline{\overline{\overline{\varphi}}}(\xi_n,m,l;\theta) = \int_0^a uJ_{m\dot{o}}(\xi_n u)\int_0^{2\pi}\cos\{m(\theta-v)\}\int_{-\infty}^{\infty}\varphi(u,v,w)e^{ilw}dwdvdu$. Successive inverse transforms yield

$$\begin{aligned}\overline{p} \;=\; & \frac{q(s)\,e^{-st_0}}{\pi a^2\phi c_t\sqrt{\eta_z}}\sum_{m=0}^{\infty}\ni_m\cos\{m(\theta-\theta_0)\}\sum_{n=1}^{\infty}\frac{J_{m\dot{o}}(\xi_n r_0)\,J_{m\dot{o}}(\xi_n r)\,e^{-|z-z_0|\sqrt{\frac{\eta_r\xi_n^2+s}{\eta_z}}}}{J'^2_{m\dot{o}}(\xi_n a)\sqrt{(\eta_r\xi_n^2+s)}} - \\ & -\frac{\eta_r}{\pi a\sqrt{\eta_z}}\sum_{m=0}^{\infty}\ni_m\sum_{n=1}^{\infty}\frac{\xi_n J_{m\dot{o}}(\xi_n r)}{J'_{m\dot{o}}(\xi_n a)\sqrt{\eta_r\xi_n^2+s}}\int_{-\infty}^{\infty}\overline{\overline{\psi}}(m,w,s;\theta)\,e^{-|z-w|\sqrt{\frac{\eta_r\xi_n^2+s}{\eta_z}}}dw + \\ & +\frac{1}{\pi a^2\sqrt{\eta_z}}\sum_{m=0}^{\infty}\ni_m\sum_{n=1}^{\infty}\frac{J_{m\dot{o}}(\xi_n r)}{J'^2_{m\dot{o}}(\xi_n a)\sqrt{\eta_r\xi_n^2+s}}\int_{-\infty}^{\infty}\overline{\overline{\varphi}}(\xi_n,m,w;\theta)\,e^{-|z-w|\sqrt{\frac{\eta_r\xi_n^2+s}{\eta_z}}}dw\end{aligned} \qquad (24.1.2)$$

and

$$
\begin{aligned}
p = {} & \frac{U(t-t_0)}{\pi a^2 \phi c_t \sqrt{\pi \eta_z}} \sum_{m=0}^{\infty} \ni_m \cos\{m(\theta-\theta_0)\} \sum_{n=1}^{\infty} \frac{J_{m\dot{o}}(\xi_n r_0)\, J_{m\dot{o}}(\xi_n r)}{J'^2_{m\dot{o}}(\xi_n a)} \int_0^{t-t_0} \frac{q(t-t_0-\tau)\, e^{-\eta_r \xi_n^2 \tau - \frac{(z-z_0)^2}{4\eta_z \tau}}}{\sqrt{\tau}} d\tau - \\
& - \frac{\eta_r}{a\sqrt{\pi^3 \eta_z}} \sum_{m=0}^{\infty} \ni_m \sum_{n=1}^{\infty} \frac{\xi_n J_{m\dot{o}}(\xi_n r)}{J'_{m\dot{o}}(\xi_n a)} \int_0^{t} \frac{e^{-\eta_r \xi_n^2 \tau}}{\sqrt{\tau}} \int_{-\infty}^{\infty} \overline{\psi}(m,w,t-\tau;\theta)\, e^{-\frac{(z-w)^2}{4\eta_z \tau}} dw d\tau + \\
& + \frac{1}{a^2 \sqrt{\pi^3 \eta_z t}} \sum_{m=0}^{\infty} \ni_m \sum_{n=1}^{\infty} \frac{J_{m\dot{o}}(\xi_n r)\, e^{-\eta_r \xi_n^2 t}}{J'^2_{m\dot{o}}(\xi_n a)} \int_{-\infty}^{\infty} \overline{\overline{\varphi}}(\xi_n, m, w;\theta)\, e^{-\frac{(z-w)^2}{4\eta_z t}} dw
\end{aligned}
\tag{24.1.3}
$$

where $\overline{\overline{\psi}}(m,w,s;\theta) = \int_0^{2\pi} \overline{\psi}(v,w,s)\cos\{m(\theta-v)\}dv$, $\overline{\psi}(m,w,t;\theta) = \int_0^{2\pi} \psi(v,w,t)\cos\{m(\theta-v)\}dv$ and $\overline{\overline{\varphi}}(\xi_n,m,w;\theta) = \int_0^a uJ_{m\dot{o}}(\xi_n u)\int_0^{2\pi}\varphi(u,v,w)\cos\{m(\theta-v)\}dudv$.

24.2 **The problem of 24.1, except** $\mathbf{N} \equiv \frac{\partial p(a,\theta,z,t)}{\partial r} = -\left(\frac{\mu}{k_r}\right)\psi(\theta,z,t)$

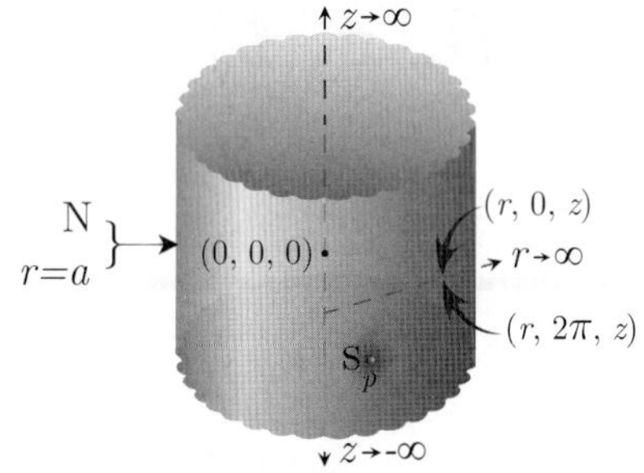

Successive application of the Laplace, Fourier and finite Hankel transformations to equation (22.1.1) gives

$$
\overline{\overline{\overline{p}}} = \frac{q(s)\, e^{-st_0} e^{ilz_0} \cos\{m(\theta-\theta_0)\}\, J_{m\dot{o}}(\xi_n r_0)}{\phi c_t(\eta_r \xi_n^2 + \eta_z l^2 + s)} - \frac{a\overline{\overline{\overline{\psi}}}(m,l,s;\theta)\, J_{m\dot{o}}(\xi_n a)}{\phi c_t(\eta_r \xi_n^2 + \eta_z l^2 + s)} + \frac{\overline{\overline{\overline{\varphi}}}(\xi_n,m,l;\theta)}{(\eta_r \xi_n^2 + \eta_z l^2 + s)} \tag{24.2.1}
$$

where ξ_n are the positive roots of $J'_{m\dot{o}}(\xi_n a) = 0$, $n = 0, 1, ...,$
$\overline{\overline{\overline{\psi}}}(m,l,s;\theta) = \int_0^{2\pi}\cos\{m(\theta-v)\}\int_{-\infty}^{\infty}\overline{\psi}(v,w,s)e^{ilw}dwdv$ and
$\overline{\overline{\overline{\varphi}}}(\xi_n,m,l;\theta) = \int_0^a uJ_{m\dot{o}}(\xi_n u)\int_0^{2\pi}\cos\{m(\theta-v)\}\int_{-\infty}^{\infty}\varphi(u,v,w)e^{ilw}dwdvdu$. Successive inverse transforms yield

$$
\begin{aligned}
\overline{p} = {} & \frac{q(s)\, e^{-st_0}}{\pi a^2 \phi c_t \sqrt{\eta_z}} \sum_{m=0}^{\infty} \ni_m \cos\{m(\theta-\theta_0)\} \sum_{n=0}^{\infty} \frac{J_{m\dot{o}}(\xi_n r_0)\, J_{m\dot{o}}(\xi_n r)\, e^{-|z-z_0|\sqrt{\frac{\eta_r \xi_n^2 + s}{\eta_z}}}}{\left\{1-\left(\frac{m\dot{o}}{\xi_n a}\right)^2\right\} J^2_{m\dot{o}}(\xi_n a)\sqrt{(\eta_r \xi_n^2 + s)}} - \\
& - \frac{1}{\pi a \phi c_t \sqrt{\eta_z}} \sum_{m=0}^{\infty} \ni_m \sum_{n=0}^{\infty} \frac{J_{m\dot{o}}(\xi_n r)}{\left\{1-\left(\frac{m\dot{o}}{\xi_n a}\right)^2\right\} J_{m\dot{o}}(\xi_n a)\sqrt{\eta_r \xi_n^2 + s}} \int_{-\infty}^{\infty} \overline{\overline{\psi}}(m,w,s;\theta)\, e^{-|z-w|\sqrt{\frac{\eta_r \xi_n^2 + s}{\eta_z}}} dw + \\
& + \frac{1}{\pi a^2 \sqrt{\eta_z}} \sum_{m=0}^{\infty} \ni_m \sum_{n=0}^{\infty} \frac{J_{m\dot{o}}(\xi_n r)}{\left\{1-\left(\frac{m\dot{o}}{\xi_n a}\right)^2\right\} J^2_{m\dot{o}}(\xi_n a)\sqrt{\eta_r \xi_n^2 + s}} \int_{-\infty}^{\infty} \overline{\overline{\varphi}}(\xi_n,m,w;\theta)\, e^{-|z-w|\sqrt{\frac{\eta_r \xi_n^2 + s}{\eta_z}}} dw
\end{aligned}
\tag{24.2.2}
$$

and

$$
p = \frac{U(t-t_0)}{\pi a^2 \phi c_t \sqrt{\pi \eta_z}} \sum_{m=0}^{\infty} \ni_m \cos\{m(\theta-\theta_0)\} \sum_{n=0}^{\infty} \frac{J_{m\dot{o}}(\xi_n r_0)\, J_{m\dot{o}}(\xi_n r)}{\left\{1-\left(\frac{m\dot{o}}{\xi_n a}\right)^2\right\} J^2_{m\dot{o}}(\xi_n a)} \int_0^{t-t_0} \frac{q(t-t_0-\tau)\, e^{-\eta_r \xi_n^2 \tau - \frac{(z-z_0)^2}{4\eta_z \tau}}}{\sqrt{\tau}} d\tau -
$$

$$-\frac{1}{a\phi c_t\sqrt{\pi^3\eta_z}}\sum_{m=0}^{\infty}\ni_m\sum_{n=0}^{\infty}\frac{J_{m\dot{o}}(\xi_n r)}{\left\{1-\left(\frac{m\dot{o}}{\xi_n a}\right)^2\right\}J_{m\dot{o}}(\xi_n a)}\int_0^t\frac{e^{-\eta_r\xi_n^2\tau}}{\sqrt{\tau}}\int_{-\infty}^{\infty}\overline{\psi}(m,w,t-\tau;\theta)\,e^{-\frac{(z-w)^2}{4\eta_z\tau}}dwd\tau+$$

$$+\frac{1}{a^2\sqrt{\pi^3\eta_z t}}\sum_{m=0}^{\infty}\ni_m\sum_{n=0}^{\infty}\frac{J_{m\dot{o}}(\xi_n r)\,e^{-\eta_r\xi_n^2 t}}{\left\{1-\left(\frac{m\dot{o}}{\xi_n a}\right)^2\right\}J_{m\dot{o}}^2(\xi_n a)}\int_{-\infty}^{\infty}\overline{\overline{\varphi}}(\xi_n,m,w;\theta)\,e^{-\frac{(z-w)^2}{4\eta_z t}}dw \qquad (24.2.3)$$

where $\overline{\overline{\psi}}(m,w,s;\theta)=\int_0^{2\pi}\overline{\psi}(v,w,s)\cos\{m(\theta-v)\}dv$, $\overline{\psi}(m,w,t;\theta)=\int_0^{2\pi}\psi(v,w,t)\cos\{m(\theta-v)\}dv$ and $\overline{\overline{\varphi}}(\xi_n,m,w;\theta)=\int_0^a uJ_{m\dot{o}}(\xi_n u)\int_0^{2\pi}\varphi(u,v,w)\cos\{m(\theta-v)\}dudv$.

24.3 The problem of 24.1, except $\mathbf{R}\equiv\frac{\partial p(a,\theta,z,t)}{\partial r}+\lambda p(a,\theta,z,t)=-\left(\frac{\mu}{k_r}\right)\psi(\theta,z,t)$

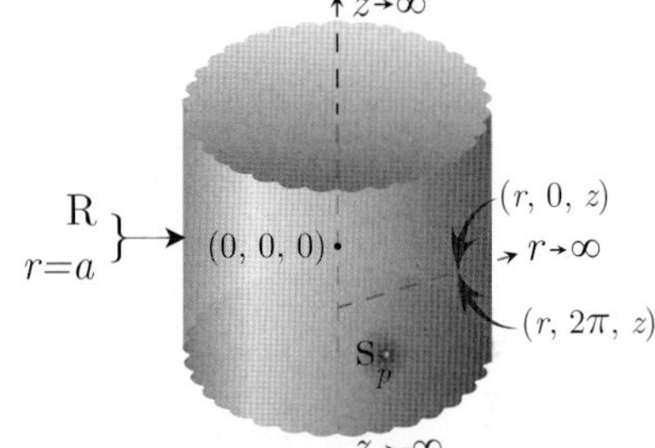

Successive application of the Laplace, Fourier and finite Hankel transformations to equation (22.1.1) gives

$$\overline{\overline{\overline{p}}}=\frac{q(s)\,e^{-st_0}e^{ilz_0}\cos\{m(\theta-\theta_0)\}J_{m\dot{o}}(\xi_n r_0)}{\phi c_t(\eta_r\xi_n^2+\eta_z l^2+s)}-\frac{a\overline{\overline{\psi}}(m,l,s;\theta)J_{m\dot{o}}(\xi_n a)}{\phi c_t(\eta_r\xi_n^2+\eta_z l^2+s)}+\frac{\overline{\overline{\varphi}}(\xi_n,m,l;\theta)}{(\eta_r\xi_n^2+\eta_z l^2+s)} \qquad (24.3.1)$$

where ξ_n are the positive roots of $\xi_n J'_{m\dot{o}}(\xi_n a)+\lambda J_{m\dot{o}}(\xi_n a)=0, n=1,2,...,$
$\overline{\overline{\psi}}(m,l,s;\theta)=\int_0^{2\pi}\cos\{m(\theta-v)\}\int_{-\infty}^{\infty}\overline{\psi}(v,w,s)e^{ilw}dwdv$ and
$\overline{\overline{\varphi}}(\xi_n,m,l;\theta)=\int_0^a uJ_{m\dot{o}}(\xi_n u)\int_0^{2\pi}\cos\{m(\theta-v)\}\int_{-\infty}^{\infty}\varphi(u,v,w)e^{ilw}dwdvdu$. Successive inverse transforms yield

$$\overline{p}=\frac{q(s)\,e^{-st_0}}{\pi a^2\phi c_t\sqrt{\eta_z}}\sum_{m=0}^{\infty}\ni_m\cos\{m(\theta-\theta_0)\}\sum_{n=1}^{\infty}\frac{J_{m\dot{o}}(\xi_n r_0)J_{m\dot{o}}(\xi_n r)\,e^{-|z-z_0|\sqrt{\frac{\eta_r\xi_n^2+s}{\eta_z}}}}{\left[\left\{1-\left(\frac{m\dot{o}}{\xi_n a}\right)^2\right\}J_{m\dot{o}}^2(\xi_n a)+J_{m\dot{o}}'^2(\xi_n a)\right]\sqrt{(\eta_r\xi_n^2+s)}}-$$

$$-\frac{1}{\pi a\phi c_t\sqrt{\eta_z}}\sum_{m=0}^{\infty}\ni_m\sum_{n=1}^{\infty}\frac{J_{m\dot{o}}(\xi_n a)J_{m\dot{o}}(\xi_n r)}{\left[\left\{1-\left(\frac{m\dot{o}}{\xi_n a}\right)^2\right\}J_{m\dot{o}}^2(\xi_n a)+J_{m\dot{o}}'^2(\xi_n a)\right]\sqrt{\eta_r\xi_n^2+s}}\times$$

$$\times\int_{-\infty}^{\infty}\overline{\overline{\psi}}(m,w,s;\theta)\,e^{-|z-w|\sqrt{\frac{\eta_r\xi_n^2+s}{\eta_z}}}dw+$$

$$+\frac{1}{\pi a^2\sqrt{\eta_z}}\sum_{m=0}^{\infty}\ni_m\sum_{n=1}^{\infty}\frac{J_{m\dot{o}}(\xi_n r)}{\left[\left\{1-\left(\frac{m\dot{o}}{\xi_n a}\right)^2\right\}J_{m\dot{o}}^2(\xi_n a)+J_{m\dot{o}}'^2(\xi_n a)\right]\sqrt{\eta_r\xi_n^2+s}}\times$$

$$\times\int_{-\infty}^{\infty}\overline{\overline{\varphi}}(\xi_n,m,w;\theta)\,e^{-|z-w|\sqrt{\frac{\eta_r\xi_n^2+s}{\eta_z}}}dw \qquad (24.3.2)$$

and

$$p=\frac{U(t-t_0)}{\pi a^2\phi c_t\sqrt{\pi\eta_z}}\sum_{m=0}^{\infty}\ni_m\cos\{m(\theta-\theta_0)\}\times$$

$$\times \sum_{n=1}^{\infty} \frac{J_{m\dot{o}}(\xi_n r_0) J_{m\dot{o}}(\xi_n r)}{\left[\left\{1-\left(\frac{m\dot{o}}{\xi_n a}\right)^2\right\} J_{m\dot{o}}^2(\xi_n a) + J_{m\dot{o}}'^2(\xi_n a)\right]} \int_0^{t-t_0} \frac{q(t-t_0-\tau) e^{-\eta_r \xi_n^2 \tau - \frac{(z-z_0)^2}{4\eta_z \tau}}}{\sqrt{\tau}} d\tau -$$

$$-\frac{1}{a\phi c_t \sqrt{\pi^3 \eta_z}} \sum_{m=0}^{\infty} \ni_m \sum_{n=1}^{\infty} \frac{J_{m\dot{o}}(\xi_n a) J_{m\dot{o}}(\xi_n r)}{\left[\left\{1-\left(\frac{m\dot{o}}{\xi_n a}\right)^2\right\} J_{m\dot{o}}^2(\xi_n a) + J_{m\dot{o}}'^2(\xi_n a)\right]} \times$$

$$\times \int_0^t \frac{e^{-\eta_r \xi_n^2 \tau}}{\sqrt{\tau}} \int_{-\infty}^{\infty} \overline{\psi}(m, w, t-\tau; \theta) e^{-\frac{(z-w)^2}{4\eta_z \tau}} dw d\tau +$$

$$+\frac{1}{a^2 \sqrt{\pi^3 \eta_z t}} \sum_{m=0}^{\infty} \ni_m \sum_{n=1}^{\infty} \frac{J_{m\dot{o}}(\xi_n r) e^{-\eta_r \xi_n^2 t}}{\left[\left\{1-\left(\frac{m\dot{o}}{\xi_n a}\right)^2\right\} J_{m\dot{o}}^2(\xi_n a) + J_{m\dot{o}}'^2(\xi_n a)\right]} \int_{-\infty}^{\infty} \overline{\overline{\varphi}}(\xi_n, m, w; \theta) e^{-\frac{(z-w)^2}{4\eta_z t}} dw \quad (24.3.3)$$

where $\overline{\overline{\psi}}(m, w, s; \theta) = \int_0^{2\pi} \overline{\psi}(v, w, s) \cos\{m(\theta - v)\} dv$, $\overline{\psi}(m, w, t; \theta) = \int_0^{2\pi} \psi(v, w, t) \cos\{m(\theta - v)\} dv$ and $\overline{\overline{\varphi}}(\xi_n, m, w; \theta) = \int_0^a u J_{m\dot{o}}(\xi_n u) \int_0^{2\pi} \varphi(u, v, w) \cos\{m(\theta - v)\} du dv$.

24.4

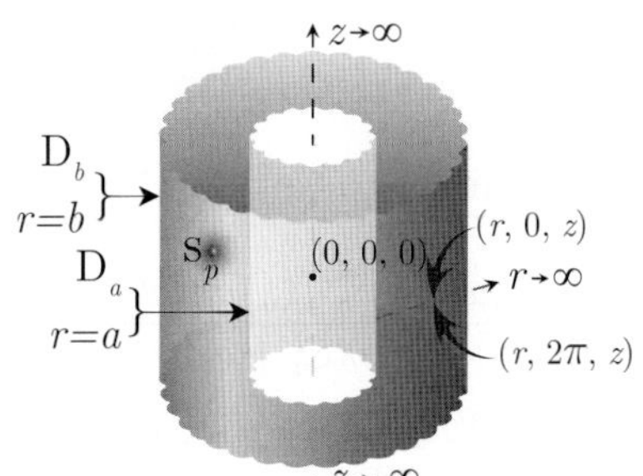

A cylindrical continuum bounded by $a \leq r \leq b$. z is unbounded, $-\infty < z < \infty$. Point source at $s_p \equiv (r_0, \theta_0, z_0)$ at time $t = t_0$; $a < r_0 < b$, $0 \leq \theta_0 \leq 2\pi$, $-\infty < z_0 < \infty$, $t_0 \geq 0$. $D_a \equiv p(a, \theta, z, t) = \psi_a(\theta, z, t)$ and $D_b \equiv p(b, \theta, z, t) = \psi_b(\theta, z, t)$. $p(r, \theta, z, 0) = \varphi(r, \theta, z)$

Successive application of the Laplace, Fourier and finite Hankel transformations to equation (22.1.1) gives

$$\overline{\overline{\overline{p}}} = \frac{q(s) e^{-st_0} e^{ilz_0} \cos\{m(\theta-\theta_0)\} \mathcal{V}_{\mathcal{D}m\dot{o}}(\xi_n r_0, a)}{\phi c_t (\eta_r \xi_n^2 + \eta_z l^2 + s)} - \frac{2\eta_r \overline{\overline{\overline{\psi}}}_a(m, l, s; \theta)}{\pi(\eta_r \xi_n^2 + \eta_z l^2 + s)} + \frac{2\eta_r J_{m\dot{o}}(\xi_n a) \overline{\overline{\overline{\psi}}}_b(m, l, s; \theta)}{\pi J_{m\dot{o}}(\xi_n b)(\eta_r \xi_n^2 + \eta_z l^2 + s)} + $$

$$+\frac{\overline{\overline{\varphi}}(\xi_n, m, l; \theta)}{(\eta_r \xi_n^2 + \eta_z l^2 + s)} \quad (24.4.1)$$

where $\mathcal{V}_{\mathcal{D}m\dot{o}}(\xi_n r, a) = J_{m\dot{o}}(\xi_n r) Y_{m\dot{o}}(\xi_n a) - Y_{m\dot{o}}(\xi_n r) J_{m\dot{o}}(\xi_n a)$ and the eigenvalues $\xi_n, n = 1, 2, ...,$ are the positive roots of the transcendental equation $\mathcal{V}_{\mathcal{D}m\dot{o}}(\xi_n b, a) = 0$.
$\overline{\overline{\overline{\psi}}}_a(m, l, s; \theta) = \int_0^{2\pi} \cos\{m(\theta - v)\} \int_{-\infty}^{\infty} \overline{\psi}_a(v, w, s) e^{ilw} dw dv$,
$\overline{\overline{\overline{\psi}}}_b(m, l, s; \theta) = \int_0^{2\pi} \cos\{m(\theta - v)\} \int_{-\infty}^{\infty} \overline{\psi}_b(v, w, s) e^{ilw} dw dv$ and
$\overline{\overline{\varphi}}(\xi_n, m, l; \theta) = \int_a^b u \mathcal{V}_{\mathcal{D}m\dot{o}}(\xi_n u) \int_0^{2\pi} \cos\{m(\theta - v)\} \int_{-\infty}^{\infty} \varphi(u, v, w) e^{ilw} dw dv du$. Successive inverse transforms yield

$$\overline{p} = \frac{\pi q(s) e^{-st_0}}{4\phi c_t \sqrt{\eta_z}} \sum_{m=0}^{\infty} \ni_m \cos\{m(\theta-\theta_0)\} \sum_{n=1}^{\infty} \frac{\xi_n^2 J_{m\dot{o}}^2(\xi_n b) \mathcal{V}_{\mathcal{D}m\dot{o}}(\xi_n r_0, a) \mathcal{V}_{\mathcal{D}m\dot{o}}(\xi_n r, a) e^{-|z-z_0|\sqrt{\frac{\eta_r \xi_n^2 + s}{\eta_z}}}}{\{J_{m\dot{o}}^2(\xi_n a) - J_{m\dot{o}}^2(\xi_n b)\} \sqrt{(\eta_r \xi_n^2 + s)}} -$$

$$-\frac{\eta_r}{2\sqrt{\eta_z}} \sum_{m=0}^{\infty} \ni_m \sum_{n=1}^{\infty} \frac{\xi_n^2 J_{m\dot{o}}^2(\xi_n b) \mathcal{V}_{\mathcal{D}m\dot{o}}(\xi_n r, a)}{\{J_{m\dot{o}}^2(\xi_n a) - J_{m\dot{o}}^2(\xi_n b)\} \sqrt{\eta_r \xi_n^2 + s}} \int_{-\infty}^{\infty} \overline{\overline{\psi}}_a(m, w, s; \theta) e^{-|z-w|\sqrt{\frac{\eta_r \xi_n^2 + s}{\eta_z}}} dw +$$

$$+\frac{\eta_r}{2\sqrt{\eta_z}} \sum_{m=0}^{\infty} \ni_m \sum_{n=1}^{\infty} \frac{\xi_n^2 J_{m\dot{o}}(\xi_n a) J_{m\dot{o}}(\xi_n b) \mathcal{V}_{\mathcal{D}m\dot{o}}(\xi r, a)}{\{J_{m\dot{o}}^2(\xi_n a) - J_{m\dot{o}}^2(\xi_n b)\} \sqrt{\eta_r \xi_n^2 + s}} \int_{-\infty}^{\infty} \overline{\overline{\psi}}_b(m, w, s; \theta) e^{-|z-w|\sqrt{\frac{\eta_r \xi_n^2 + s}{\eta_z}}} dw +$$

$$+\frac{\pi}{4\sqrt{\eta_z}}\sum_{m=0}^{\infty}\ni_m\sum_{n=1}^{\infty}\frac{\xi_n^2 J_{m\dot{o}}^2(\xi_n b)\,\mathcal{V}_{\mathcal{D}m\dot{o}}(\xi r,a)}{\{J_{m\dot{o}}^2(\xi_n a)-J_{m\dot{o}}^2(\xi_n b)\}\sqrt{\eta_r\xi_n^2+s}}\int_{-\infty}^{\infty}\overline{\overline{\varphi}}(\xi_n,m,w;\theta)\,e^{-|z-w|\sqrt{\frac{\eta_r\xi_n^2+s}{\eta_z}}}dw \quad (24.4.2)$$

and

$$p=\frac{U(t-t_0)}{4\phi c_t}\sqrt{\frac{\pi}{\eta_z}}\sum_{m=0}^{\infty}\ni_m\cos\{m(\theta-\theta_0)\}\sum_{n=1}^{\infty}\frac{\xi_n^2 J_{m\dot{o}}^2(\xi_n b)\,\mathcal{V}_{\mathcal{D}m\dot{o}}(\xi_n r_0,a)\,\mathcal{V}_{\mathcal{D}m\dot{o}}(\xi r,a)}{\{J_{m\dot{o}}^2(\xi_n a)-J_{m\dot{o}}^2(\xi_n b)\}}\times$$

$$\times\int_0^{t-t_0}\frac{q(t-t_0-\tau)\,e^{-\eta_r\xi_n^2\tau-\frac{(z-z_0)^2}{4\eta_z\tau}}}{\sqrt{\tau}}d\tau-$$

$$-\frac{\eta_r}{2\sqrt{\pi\eta_z}}\sum_{m=0}^{\infty}\ni_m\sum_{n=1}^{\infty}\frac{\xi_n^2 J_{m\dot{o}}^2(\xi_n b)\,\mathcal{V}_{\mathcal{D}m\dot{o}}(\xi r,a)}{\{J_{m\dot{o}}^2(\xi_n a)-J_{m\dot{o}}^2(\xi_n b)\}}\int_0^t\frac{e^{-\eta_r\xi_n^2\tau}}{\sqrt{\tau}}\int_{-\infty}^{\infty}\overline{\psi}_a(m,w,t-\tau;\theta)\,e^{-\frac{(z-w)^2}{4\eta_z\tau}}dwd\tau+$$

$$+\frac{\eta_r}{2\sqrt{\pi\eta_z}}\sum_{m=0}^{\infty}\ni_m\sum_{n=1}^{\infty}\frac{\xi_n^2 J_{m\dot{o}}(\xi_n a)\,J_{m\dot{o}}(\xi_n b)\,\mathcal{V}_{\mathcal{D}m\dot{o}}(\xi r,a)}{\{J_{m\dot{o}}^2(\xi_n a)-J_{m\dot{o}}^2(\xi_n b)\}}\int_0^t\frac{e^{-\eta_r\xi_n^2\tau}}{\sqrt{\tau}}\int_{-\infty}^{\infty}\overline{\psi}_b(m,w,t-\tau;\theta)\,e^{-\frac{(z-w)^2}{4\eta_z\tau}}dwd\tau+$$

$$+\frac{1}{4}\sqrt{\frac{\pi}{\eta_z t}}\sum_{m=0}^{\infty}\ni_m\sum_{n=1}^{\infty}\frac{\xi_n^2 J_{m\dot{o}}^2(\xi_n b)\,\mathcal{V}_{\mathcal{D}m\dot{o}}(\xi r,a)\,e^{-\eta_r\xi_n^2 t}}{\{J_{m\dot{o}}^2(\xi_n a)-J_{m\dot{o}}^2(\xi_n b)\}}\int_{-\infty}^{\infty}\overline{\overline{\varphi}}(\xi_n,m,w;\theta)\,e^{-\frac{(z-w)^2}{4\eta_z t}}dw \quad (24.4.3)$$

where $\overline{\overline{\psi}}_a(m,w,s;\theta)=\int_0^{2\pi}\overline{\psi}_a(v,w,s)\cos\{m(\theta-v)\}dv$, $\overline{\psi}_a(m,w,t;\theta)=\int_0^{2\pi}\psi_a(v,w,t)\cos\{m(\theta-v)\}dv$, $\overline{\overline{\psi}}_b(m,w,s;\theta)=\int_0^{2\pi}\overline{\psi}_b(v,w,s)\cos\{m(\theta-v)\}dv$, $\overline{\psi}_b(m,w,t;\theta)=\int_0^{2\pi}\psi_b(v,w,t)\cos\{m(\theta-v)\}dv$ and $\overline{\overline{\varphi}}(\xi_n,m,w;\theta)=\int_a^b u\mathcal{V}_{\mathcal{D}m\dot{o}}(\xi_n u)\int_0^{2\pi}\varphi(u,v,w)\cos\{m(\theta-v)\}dudv$.

24.5 The problem of 24.4, except $\mathbf{D}_a\equiv p(a,\theta,z,t)=\psi_a(\theta,z,t)$ and $\mathbf{N}_b\equiv\frac{\partial p(b,\theta,z,t)}{\partial r}=-\left(\frac{\mu}{k_r}\right)\psi_b(\theta,z,t)$

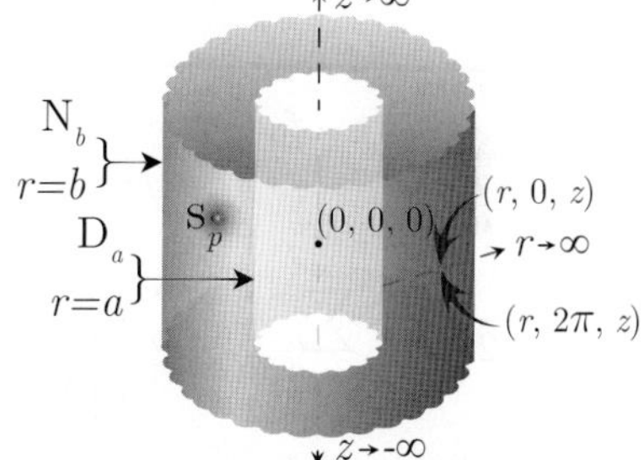

Successive application of the Laplace, Fourier and finite Hankel transformations to equation (22.1.1) gives

$$\overline{\overline{\overline{p}}}=\frac{q(s)\,e^{-st_0}e^{ilz_0}\cos\{m(\theta-\theta_0)\}\mathcal{V}_{\mathcal{D}m\dot{o}}(\xi_n r_0,a)}{\phi c_t(\eta_r\xi_n^2+\eta_z l^2+s)}-\frac{2\eta_r\overline{\overline{\psi}}_a(m,l,s;\theta)}{\pi(\eta_r\xi_n^2+\eta_z l^2+s)}-\frac{2J_{m\dot{o}}(\xi_n a)\,\overline{\overline{\psi}}_b(m,l,s;\theta)}{\pi\phi c_t J'_{m\dot{o}}(\xi_n b)(\eta_r\xi_n^2+\eta_z l^2+s)}+$$

$$+\frac{\overline{\overline{\overline{\varphi}}}(\xi_n,m,l;\theta)}{(\eta_r\xi_n^2+\eta_z l^2+s)} \quad (24.5.1)$$

where $\mathcal{V}_{\mathcal{D}m\dot{o}}(\xi_n r,a)=J_{m\dot{o}}(\xi_n r)\,Y_{m\dot{o}}(\xi_n a)-Y_{m\dot{o}}(\xi_n r)\,J_{m\dot{o}}(\xi_n a)$ and the eigenvalues ξ_n are the positive roots of the transcendental equation $\mathcal{V}'_{\mathcal{D}m\dot{o}}(\xi_n b,a)=0$, $n=1,2,....$,
$\overline{\overline{\overline{\varphi}}}(\xi_n,m,l;\theta)=\int_a^b u\mathcal{V}_{\mathcal{D}m\dot{o}}(\xi_n u)\int_0^{2\pi}\cos\{m(\theta-v)\}\int_{-\infty}^{\infty}\varphi(u,v,w)e^{ilw}dwdvdu$,
$\overline{\overline{\psi}}_a(m,l,s;\theta)=\int_0^{2\pi}\cos\{m(\theta-v)\}\int_{-\infty}^{\infty}\overline{\psi}_a(v,w,s)e^{ilw}dwdv$, and
$\overline{\overline{\psi}}_b(m,l,s;\theta)=\int_0^{2\pi}\cos\{m(\theta-v)\}\int_{-\infty}^{\infty}\overline{\psi}_b(v,w,s)e^{ilw}dwdv$. Successive inverse transforms yield

$$\overline{p}=\frac{\pi q(s)\,e^{-st_0}}{4\phi c_t\sqrt{\eta_z}}\sum_{m=0}^{\infty}\ni_m\cos\{m(\theta-\theta_0)\}\sum_{n=1}^{\infty}\frac{\xi_n^2 J'^2_{m\dot{o}}(\xi_n b)\,\mathcal{V}_{\mathcal{D}m\dot{o}}(\xi_n r_0,a)\,\mathcal{V}_{\mathcal{D}m\dot{o}}(\xi r,a)\,e^{-|z-z_0|\sqrt{\frac{\eta_r\xi_n^2+s}{\eta_z}}}}{\left[\left\{1-\left(\frac{m\dot{o}}{\xi_n b}\right)^2\right\}J_{m\dot{o}}^2(\xi_n a)-J'^2_{m\dot{o}}(\xi_n b)\right]\sqrt{(\eta_r\xi_n^2+s)}}-$$

$$-\frac{\eta_r}{2\sqrt{\eta_z}}\sum_{m=0}^{\infty}\ni_m\sum_{n=1}^{\infty}\frac{\xi_n^2 J_{m\dot{o}}'^2(\xi_n b)\,\mathcal{V}_{\mathcal{D}m\dot{o}}(\xi r, a)}{\left[\left\{1-\left(\frac{m\dot{o}}{\xi_n b}\right)^2\right\}J_{m\dot{o}}^2(\xi_n a)-J_{m\dot{o}}'^2(\xi_n b)\right]\sqrt{\eta_r\xi_n^2+s}}\times$$

$$\times\int_{-\infty}^{\infty}\overline{\overline{\psi}}_a(m,w,s;\theta)\,e^{-|z-w|\sqrt{\frac{\eta_r\xi_n^2+s}{\eta_z}}}dw-$$

$$-\frac{1}{2\phi c_t\sqrt{\eta_z}}\sum_{m=0}^{\infty}\ni_m\sum_{n=1}^{\infty}\frac{\xi_n^2 J_{m\dot{o}}(\xi_n a)\,J_{m\dot{o}}'(\xi_n b)\,\mathcal{V}_{\mathcal{D}m\dot{o}}(\xi r, a)}{\left[\left\{1-\left(\frac{m\dot{o}}{\xi_n b}\right)^2\right\}J_{m\dot{o}}^2(\xi_n a)-J_{m\dot{o}}'^2(\xi_n b)\right]\sqrt{\eta_r\xi_n^2+s}}\times$$

$$\times\int_{-\infty}^{\infty}\overline{\overline{\psi}}_b(m,w,s;\theta)\,e^{-|z-w|\sqrt{\frac{\eta_r\xi_n^2+s}{\eta_z}}}dw+$$

$$+\frac{\pi}{4\sqrt{\eta_z}}\sum_{m=0}^{\infty}\ni_m\sum_{n=1}^{\infty}\frac{\xi_n^2 J_{m\dot{o}}'^2(\xi_n b)\,\mathcal{V}_{\mathcal{D}m\dot{o}}(\xi r, a)}{\left[\left\{1-\left(\frac{m\dot{o}}{\xi_n b}\right)^2\right\}J_{m\dot{o}}^2(\xi_n a)-J_{m\dot{o}}'^2(\xi_n b)\right]\sqrt{\eta_r\xi_n^2+s}}\times$$

$$\times\int_{-\infty}^{\infty}\overline{\overline{\varphi}}(\xi_n,m,w;\theta)\,e^{-|z-w|\sqrt{\frac{\eta_r\xi_n^2+s}{\eta_z}}}dw \qquad (24.5.2)$$

and

$$p=\frac{U(t-t_0)}{4\phi c_t}\sqrt{\frac{\pi}{\eta_z}}\sum_{m=0}^{\infty}\ni_m\cos\{m(\theta-\theta_0)\}\sum_{n=1}^{\infty}\frac{\xi_n^2 J_{m\dot{o}}'^2(\xi_n b)\,\mathcal{V}_{\mathcal{D}m\dot{o}}(\xi_n r_0, a)\,\mathcal{V}_{\mathcal{D}m\dot{o}}(\xi r, a)}{\left[\left\{1-\left(\frac{m\dot{o}}{\xi_n b}\right)^2\right\}J_{m\dot{o}}^2(\xi_n a)-J_{m\dot{o}}'^2(\xi_n b)\right]}\times$$

$$\times\int_0^{t-t_0}\frac{q(t-t_0-\tau)\,e^{-\eta_r\xi_n^2\tau-\frac{(z-z_0)^2}{4\eta_z\tau}}}{\sqrt{\tau}}d\tau-$$

$$-\frac{\eta_r}{2\sqrt{\pi\eta_z}}\sum_{m=0}^{\infty}\ni_m\sum_{n=1}^{\infty}\frac{\xi_n^2 J_{m\dot{o}}'^2(\xi_n b)\,\mathcal{V}_{\mathcal{D}m\dot{o}}(\xi r, a)}{\left[\left\{1-\left(\frac{m\dot{o}}{\xi_n b}\right)^2\right\}J_{m\dot{o}}^2(\xi_n a)-J_{m\dot{o}}'^2(\xi_n b)\right]}\times$$

$$\times\int_0^t\frac{e^{-\eta_r\xi_n^2\tau}}{\sqrt{\tau}}\int_{-\infty}^{\infty}\overline{\psi}_a(m,w,t-\tau;\theta)\,e^{-\frac{(z-w)^2}{4\eta_z\tau}}dw\,d\tau-$$

$$-\frac{1}{2\phi c_t\sqrt{\pi\eta_z}}\sum_{m=0}^{\infty}\ni_m\sum_{n=1}^{\infty}\frac{\xi_n^2 J_{m\dot{o}}(\xi_n a)\,J_{m\dot{o}}'(\xi_n b)\,\mathcal{V}_{\mathcal{D}m\dot{o}}(\xi r, a)}{\left[\left\{1-\left(\frac{m\dot{o}}{\xi_n b}\right)^2\right\}J_{m\dot{o}}^2(\xi_n a)-J_{m\dot{o}}'^2(\xi_n b)\right]}\times$$

$$\times\int_0^t\frac{e^{-\eta_r\xi_n^2\tau}}{\sqrt{\tau}}\int_{-\infty}^{\infty}\overline{\psi}_b(m,w,t-\tau;\theta)\,e^{-\frac{(z-w)^2}{4\eta_z\tau}}dw\,d\tau+$$

$$+\frac{1}{4}\sqrt{\frac{\pi}{\eta_z t}}\sum_{m=0}^{\infty}\ni_m\sum_{n=1}^{\infty}\frac{\xi_n^2 J_{m\dot{o}}'^2(\xi_n b)\,\mathcal{V}_{\mathcal{D}m\dot{o}}(\xi r, a)\,e^{-\eta_r\xi_n^2 t}}{\left[\left\{1-\left(\frac{m\dot{o}}{\xi_n b}\right)^2\right\}J_{m\dot{o}}^2(\xi_n a)-J_{m\dot{o}}'^2(\xi_n b)\right]}\int_{-\infty}^{\infty}\overline{\overline{\varphi}}(\xi_n,m,w;\theta)\,e^{-\frac{(z-w)^2}{4\eta_z t}}dw \qquad (24.5.3)$$

where $\overline{\overline{\psi}}_a(m,w,s;\theta)=\int_0^{2\pi}\overline{\psi}_a(v,w,s)\cos\{m(\theta-v)\}dv$, $\overline{\psi}_a(m,w,t;\theta)=\int_0^{2\pi}\psi_a(v,w,t)\cos\{m(\theta-v)\}dv$, $\overline{\overline{\psi}}_b(m,w,s;\theta)=\int_0^{2\pi}\overline{\psi}_b(v,w,s)\cos\{m(\theta-v)\}dv$, $\overline{\psi}_b(m,w,t;\theta)=\int_0^{2\pi}\psi_b(v,w,t)\cos\{m(\theta-v)\}dv$ and $\overline{\overline{\varphi}}(\xi_n,m,w;\theta)=\int_a^b u\mathcal{V}_{\mathcal{D}m\dot{o}}(\xi_n u)\int_0^{2\pi}\varphi(u,v,w)\cos\{m(\theta-v)\}du\,dv$.

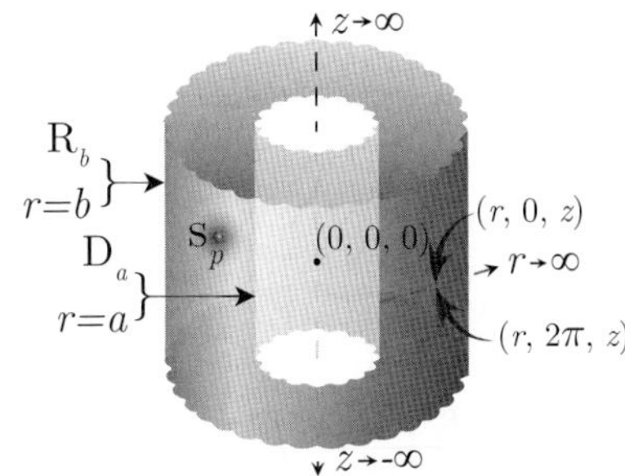

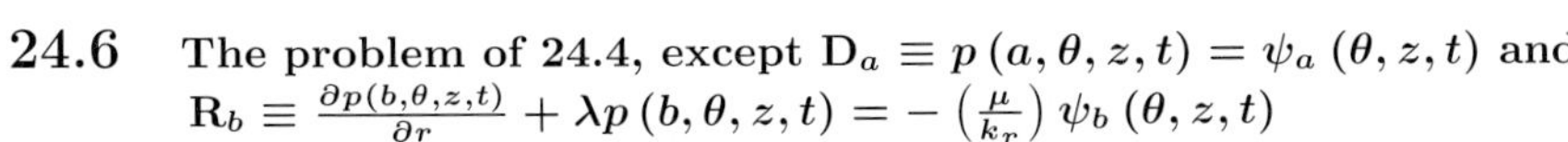

24.6 The problem of 24.4, except $\mathbf{D}_a \equiv p(a,\theta,z,t) = \psi_a(\theta,z,t)$ and $\mathbf{R}_b \equiv \frac{\partial p(b,\theta,z,t)}{\partial r} + \lambda p(b,\theta,z,t) = -\left(\frac{\mu}{k_r}\right)\psi_b(\theta,z,t)$

Successive application of the Laplace, Fourier and finite Hankel transformations to equation (22.1.1) gives

$$\begin{aligned}\overline{\overline{\overline{p}}} &= \frac{q(s)\,e^{-st_0}e^{ilz_0}\cos\{m(\theta-\theta_0)\}\,\mathcal{V}_{\mathcal{D}m\dot{o}}(\xi_n r_0,a)}{\phi c_t\left(\eta_r\xi_n^2+\eta_z l^2+s\right)} - \frac{2\eta_r\overline{\overline{\overline{\psi}}}_a(m,l,s;\theta)}{\pi\left(\eta_r\xi_n^2+\eta_z l^2+s\right)} - \\ &- \frac{2J_{m\dot{o}}(\xi_n a)\,\overline{\overline{\overline{\psi}}}_b(m,l,s;\theta)}{\pi\phi c_t\left\{\lambda J_{m\dot{o}}(\xi_n b)+\xi_n J'_{m\dot{o}}(\xi_n b)\right\}\left(\eta_r\xi_n^2+\eta_z l^2+s\right)} + \frac{\overline{\overline{\overline{\varphi}}}(\xi_n,m,l;\theta)}{\left(\eta_r\xi_n^2+\eta_z l^2+s\right)}\end{aligned} \tag{24.6.1}$$

where $\mathcal{V}_{\mathcal{D}m\dot{o}}(\xi_n r,a) = J_{m\dot{o}}(\xi_n r)\,Y_{m\dot{o}}(\xi_n a) - Y_{m\dot{o}}(\xi_n r)\,J_{m\dot{o}}(\xi_n a)$ and the eigenvalues $\xi_n, n = 1, 2, ...,$ are the positive roots of the transcendental equation $\xi_n\mathcal{V}'_{\mathcal{D}m\dot{o}}(\xi_n b,a)+\lambda\mathcal{V}_{\mathcal{D}m\dot{o}}(\xi_n b,a) = 0$.
$\overline{\overline{\overline{\varphi}}}(\xi_n,m,l;\theta) = \int_a^b u\mathcal{V}_{\mathcal{D}m\dot{o}}(\xi_n u)\int_0^{2\pi}\cos\{m(\theta-v)\}\int_{-\infty}^{\infty}\varphi(u,v,w)e^{ilw}dwdvdu$,
$\overline{\overline{\overline{\psi}}}_a(m,l,s;\theta) = \int_0^{2\pi}\cos\{m(\theta-v)\}\int_{-\infty}^{\infty}\overline{\psi}_a(v,w,s)e^{ilw}dwdv$, and
$\overline{\overline{\overline{\psi}}}_b(m,l,s;\theta) = \int_0^{2\pi}\cos\{m(\theta-v)\}\int_{-\infty}^{\infty}\overline{\psi}_b(v,w,s)e^{ilw}dwdv$. Successive inverse transforms yield

$$\begin{aligned}\overline{p} &= \frac{\pi q(s)\,e^{-st_0}}{4\phi c_t\sqrt{\eta_z}}\sum_{m=0}^{\infty}\ni_m\cos\{m(\theta-\theta_0)\}\times \\ &\times\sum_{n=1}^{\infty}\frac{\xi_n^2\{\xi_n J'_{m\dot{o}}(\xi_n b)+\lambda J_{m\dot{o}}(\xi_n b)\}^2\mathcal{V}_{\mathcal{D}m\dot{o}}(\xi_n r_0,a)\,\mathcal{V}_{\mathcal{D}m\dot{o}}(\xi r,a)\,e^{-|z-z_0|\sqrt{\frac{\eta_r\xi_n^2+s}{\eta_z}}}}{\left[\left\{\xi_n^2+\lambda^2-\left(\frac{m\dot{o}}{b}\right)^2\right\}J^2_{m\dot{o}}(\xi_n a)-\{\xi_n J'_{m\dot{o}}(\xi_n b)+\lambda J_{m\dot{o}}(\xi_n b)\}^2\right]\sqrt{(\eta_r\xi_n^2+s)}} - \\ &-\frac{\eta_r}{2\sqrt{\eta_z}}\sum_{m=0}^{\infty}\ni_m\sum_{n=1}^{\infty}\frac{\xi_n^2\{\xi_n J'_{m\dot{o}}(\xi_n b)+\lambda J_{m\dot{o}}(\xi_n b)\}^2\mathcal{V}_{\mathcal{D}m\dot{o}}(\xi r,a)}{\left[\left\{\xi_n^2+\lambda^2-\left(\frac{m\dot{o}}{b}\right)^2\right\}J^2_{m\dot{o}}(\xi_n a)-\{\xi_n J'_{m\dot{o}}(\xi_n b)+\lambda J_{m\dot{o}}(\xi_n b)\}^2\right]\sqrt{\eta_r\xi_n^2+s}}\times \\ &\times\int_{-\infty}^{\infty}\overline{\overline{\psi}}_a(m,w,s;\theta)\,e^{-|z-w|\sqrt{\frac{\eta_r\xi_n^2+s}{\eta_z}}}dw - \\ &-\frac{1}{2\phi c_t\sqrt{\eta_z}}\sum_{m=0}^{\infty}\ni_m\sum_{n=1}^{\infty}\frac{\xi_n^2 J_{m\dot{o}}(\xi_n a)\{\xi_n J'_{m\dot{o}}(\xi_n b)+\lambda J_{m\dot{o}}(\xi_n b)\}\mathcal{V}_{\mathcal{D}m\dot{o}}(\xi r,a)}{\left[\left\{\xi_n^2+\lambda^2-\left(\frac{m\dot{o}}{b}\right)^2\right\}J^2_{m\dot{o}}(\xi_n a)-\{\xi_n J'_{m\dot{o}}(\xi_n b)+\lambda J_{m\dot{o}}(\xi_n b)\}^2\right]\sqrt{\eta_r\xi_n^2+s}}\times \\ &\times\int_{-\infty}^{\infty}\overline{\overline{\psi}}_b(m,w,s;\theta)\,e^{-|z-w|\sqrt{\frac{\eta_r\xi_n^2+s}{\eta_z}}}dw + \\ &+\frac{\pi}{4\sqrt{\eta_z}}\sum_{m=0}^{\infty}\ni_m\sum_{n=1}^{\infty}\frac{\xi_n^2\{\xi_n J'_{m\dot{o}}(\xi_n b)+\lambda J_{m\dot{o}}(\xi_n b)\}^2\mathcal{V}_{\mathcal{D}m\dot{o}}(\xi r,a)}{\left[\left\{\xi_n^2+\lambda^2-\left(\frac{m\dot{o}}{b}\right)^2\right\}J^2_{m\dot{o}}(\xi_n a)-\{\xi_n J'_{m\dot{o}}(\xi_n b)+\lambda J_{m\dot{o}}(\xi_n b)\}^2\right]\sqrt{\eta_r\xi_n^2+s}}\times \\ &\times\int_{-\infty}^{\infty}\overline{\overline{\varphi}}(\xi_n,m,w;\theta)\,e^{-|z-w|\sqrt{\frac{\eta_r\xi_n^2+s}{\eta_z}}}dw\end{aligned} \tag{24.6.2}$$

and

$$p = \frac{U(t-t_0)}{4\phi c_t}\sqrt{\frac{\pi}{\eta_z}}\sum_{m=0}^{\infty}\ni_m\cos\{m(\theta-\theta_0)\}\times$$

$$\times\sum_{n=1}^{\infty}\frac{\xi_n^2\{\xi_n J'_{m\dot{o}}(\xi_n b)+\lambda J_{m\dot{o}}(\xi_n b)\}^2\mathcal{V}_{\mathcal{D}m\dot{o}}(\xi_n r_0,a)\,\mathcal{V}_{\mathcal{D}m\dot{o}}(\xi r,a)}{\left[\left\{\xi_n^2+\lambda^2-\left(\frac{m\dot{o}}{b}\right)^2\right\}J^2_{m\dot{o}}(\xi_n a)-\{\xi_n J'_{m\dot{o}}(\xi_n b)+\lambda J_{m\dot{o}}(\xi_n b)\}^2\right]}\int_0^{t-t_0}\frac{q\,(t-t_0-\tau)\,e^{-\eta_r\xi_n^2\tau-\frac{(z-z_0)^2}{4\eta_z\tau}}}{\sqrt{\tau}}d\tau\,-$$

$$-\frac{\eta_r}{2\sqrt{\pi\eta_z}}\sum_{m=0}^{\infty}\ni_m\sum_{n=1}^{\infty}\frac{\xi_n^2\{\xi_n J'_{m\dot{o}}(\xi_n b)+\lambda J_{m\dot{o}}(\xi_n b)\}^2\mathcal{V}_{\mathcal{D}m\dot{o}}(\xi r,a)}{\left[\left\{\xi_n^2+\lambda^2-\left(\frac{m\dot{o}}{b}\right)^2\right\}J^2_{m\dot{o}}(\xi_n a)-\{\xi_n J'_{m\dot{o}}(\xi_n b)+\lambda J_{m\dot{o}}(\xi_n b)\}^2\right]}\times$$

$$\times\int_0^t\frac{e^{-\eta_r\xi_n^2\tau}}{\sqrt{\tau}}\int_{-\infty}^{\infty}\overline{\psi}_a(m,w,t-\tau;\theta)\,e^{-\frac{(z-w)^2}{4\eta_z\tau}}dw d\tau\,-$$

$$-\frac{1}{2\phi c_t\sqrt{\pi\eta_z}}\sum_{m=0}^{\infty}\ni_m\sum_{n=1}^{\infty}\frac{\xi_n^2 J_{m\dot{o}}(\xi_n a)\{\xi_n J'_{m\dot{o}}(\xi_n b)+\lambda J_{m\dot{o}}(\xi_n b)\}\mathcal{V}_{\mathcal{D}m\dot{o}}(\xi r,a)}{\left[\left\{\xi_n^2+\lambda^2-\left(\frac{m\dot{o}}{b}\right)^2\right\}J^2_{m\dot{o}}(\xi_n a)-\{\xi_n J'_{m\dot{o}}(\xi_n b)+\lambda J_{m\dot{o}}(\xi_n b)\}^2\right]}\times$$

$$\times\int_0^t\frac{e^{-\eta_r\xi_n^2\tau}}{\sqrt{\tau}}\int_{-\infty}^{\infty}\overline{\psi}_b(m,w,t-\tau;\theta)\,e^{-\frac{(z-w)^2}{4\eta_z\tau}}dw d\tau\,+$$

$$+\frac{1}{4}\sqrt{\frac{\pi}{\eta_z t}}\sum_{m=0}^{\infty}\ni_m\sum_{n=1}^{\infty}\frac{\xi_n^2\{\xi_n J'_{m\dot{o}}(\xi_n b)+\lambda J_{m\dot{o}}(\xi_n b)\}^2\mathcal{V}_{\mathcal{D}m\dot{o}}(\xi r,a)\,e^{-\eta_r\xi_n^2 t}}{\left[\left\{\xi_n^2+\lambda^2-\left(\frac{m\dot{o}}{b}\right)^2\right\}J^2_{m\dot{o}}(\xi_n a)-\{\xi_n J'_{m\dot{o}}(\xi_n b)+\lambda J_{m\dot{o}}(\xi_n b)\}^2\right]}\times$$

$$\times\int_{-\infty}^{\infty}\overline{\overline{\varphi}}(\xi_n,m,w;\theta)\,e^{-\frac{(z-w)^2}{4\eta_z t}}dw \qquad (24.6.3)$$

where $\overline{\overline{\psi}}_a(m,w,s;\theta)=\int_0^{2\pi}\overline{\psi}_a(v,w,s)\cos\{m(\theta-v)\}dv$, $\overline{\psi}_a(m,w,t;\theta)=\int_0^{2\pi}\psi_a(v,w,t)\cos\{m(\theta-v)\}dv$, $\overline{\overline{\psi}}_b(m,w,s;\theta)=\int_0^{2\pi}\overline{\psi}_b(v,w,s)\cos\{m(\theta-v)\}dv$, $\overline{\psi}_b(m,w,t;\theta)=\int_0^{2\pi}\psi_b(v,w,t)\cos\{m(\theta-v)\}dv$ and $\overline{\overline{\varphi}}(\xi_n,m,w;\theta)=\int_a^b u\mathcal{V}_{\mathcal{D}m\dot{o}}(\xi_n u)\int_0^{2\pi}\varphi(u,v,w)\cos\{m(\theta-v)\}dudv$.

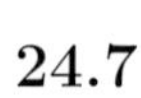

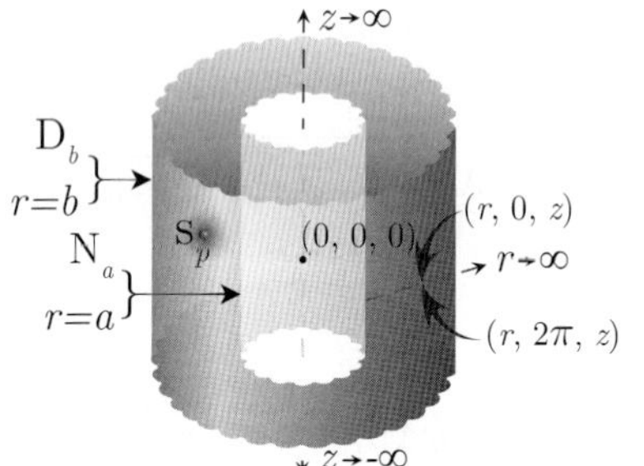

The problem of 24.4, except $\mathbf{N}_a\equiv\frac{\partial p(a,\theta,z,t)}{\partial r}=-\left(\frac{\mu}{k_r}\right)\psi_a(\theta,z,t)$ **and** $\mathbf{D}_b\equiv p(b,\theta,z,t)=\psi_b(\theta,z,t)$

Successive application of the Laplace, Fourier and finite Hankel transformations to equation (22.1.1) gives

$$\overline{\overline{\overline{p}}}=\frac{q(s)\,e^{-st_0}e^{ilz_0}\cos\{m(\theta-\theta_0)\}\,\mathcal{V}_{\mathcal{N}m\dot{o}}(\xi_n r_0,a)}{\phi c_t(\eta_r\xi_n^2+\eta_z l^2+s)}+\frac{2\overline{\overline{\psi}}_a(m,l,s;\theta)}{\pi\phi c_t\xi_n(\eta_r\xi_n^2+\eta_z l^2+s)}+$$

$$+\frac{2\eta_r J'_{m\dot{o}}(\xi_n a)\,\overline{\overline{\psi}}_b(m,l,s;\theta)}{\pi J_{m\dot{o}}(\xi_n b)(\eta_r\xi_n^2+\eta_z l^2+s)}+\frac{\overline{\overline{\overline{\varphi}}}(\xi_n,m,l;\theta)}{(\eta_r\xi_n^2+\eta_z l^2+s)} \qquad (24.7.1)$$

where $\mathcal{V}_{\mathcal{N}m\dot{o}}(\xi_n r,a)=J_{m\dot{o}}(\xi_n r)\,Y'_{m\dot{o}}(\xi_n a)-Y_{m\dot{o}}(\xi_n r)\,J'_{m\dot{o}}(\xi_n a)$ and the eigenvalues $\xi_n, n=1,2,...$, are the positive roots of the transcendental equation $\mathcal{V}_{\mathcal{N}m\dot{o}}(\xi_n b,a)=0$.
$\overline{\overline{\overline{\varphi}}}(\xi_n,m,l;\theta)=\int_a^b u\mathcal{V}_{\mathcal{N}m\dot{o}}(\xi_n u)\int_0^{2\pi}\cos\{m(\theta-v)\}\int_{-\infty}^{\infty}\varphi(u,v,w)e^{ilw}dwdvdu$,
$\overline{\overline{\psi}}_a(m,l,s;\theta)=\int_0^{2\pi}\cos\{m(\theta-v)\}\int_{-\infty}^{\infty}\overline{\psi}_a(v,w,s)e^{ilw}dwdv$, and

$\overline{\overline{\overline{\psi}}}_b(m,l,s;\theta)=\int_0^{2\pi}\cos\{m(\theta-v)\}\int_{-\infty}^{\infty}\overline{\psi}_b(v,w,s)e^{ilw}dwdv$. Successive inverse transforms yield

$$\begin{aligned}\overline{p} \;=\;& \frac{\pi q(s)\,e^{-st_0}}{4\phi c_t\sqrt{\eta_z}}\sum_{m=0}^{\infty}\ni_m\cos\{m(\theta-\theta_0)\}\sum_{n=1}^{\infty}\frac{\xi_n^2J_{m\dot{o}}^2(\xi_nb)\,\mathcal{V}_{\mathcal{N}m\dot{o}}(\xi_nr_0,a)\,\mathcal{V}_{\mathcal{N}m\dot{o}}(\xi r,a)\,e^{-|z-z_0|\sqrt{\frac{\eta_r\xi_n^2+s}{\eta_z}}}}{\left[J_{m\dot{o}}'^2(\xi_na)-\left\{1-\left(\frac{m\dot{o}}{\xi_na}\right)^2\right\}J_{m\dot{o}}^2(\xi_nb)\right]\sqrt{(\eta_r\xi_n^2+s)}}+\\ &+\frac{1}{2\phi c_t\sqrt{\eta_z}}\sum_{m=0}^{\infty}\ni_m\sum_{n=1}^{\infty}\frac{\xi_nJ_{m\dot{o}}^2(\xi_nb)\,\mathcal{V}_{\mathcal{N}m\dot{o}}(\xi r,a)\int_{-\infty}^{\infty}\overline{\overline{\psi}}_a(m,w,s;\theta)\,e^{-|z-w|\sqrt{\frac{\eta_r\xi_n^2+s}{\eta_z}}}dw}{\left[J_{m\dot{o}}'^2(\xi_na)-\left\{1-\left(\frac{m\dot{o}}{\xi_na}\right)^2\right\}J_{m\dot{o}}^2(\xi_nb)\right]\sqrt{\eta_r\xi_n^2+s}}+\\ &+\frac{\eta_r}{2\sqrt{\eta_z}}\sum_{m=0}^{\infty}\ni_m\sum_{n=1}^{\infty}\frac{\xi_n^2J_{m\dot{o}}'(\xi_na)\,J_{m\dot{o}}(\xi_nb)\,\mathcal{V}_{\mathcal{N}m\dot{o}}(\xi r,a)\int_{-\infty}^{\infty}\overline{\overline{\psi}}_b(m,w,s;\theta)\,e^{-|z-w|\sqrt{\frac{\eta_r\xi_n^2+s}{\eta_z}}}dw}{\left[J_{m\dot{o}}'^2(\xi_na)-\left\{1-\left(\frac{m\dot{o}}{\xi_na}\right)^2\right\}J_{m\dot{o}}^2(\xi_nb)\right]\sqrt{\eta_r\xi_n^2+s}}+\\ &+\frac{\pi}{4\sqrt{\eta_z}}\sum_{m=0}^{\infty}\ni_m\sum_{n=1}^{\infty}\frac{\xi_n^2J_{m\dot{o}}^2(\xi_nb)\,\mathcal{V}_{\mathcal{N}m\dot{o}}(\xi r,a)\int_{-\infty}^{\infty}\overline{\overline{\varphi}}(\xi_n,m,w;\theta)\,e^{-|z-w|\sqrt{\frac{\eta_r\xi_n^2+s}{\eta_z}}}dw}{\left[J_{m\dot{o}}'^2(\xi_na)-\left\{1-\left(\frac{m\dot{o}}{\xi_na}\right)^2\right\}J_{m\dot{o}}^2(\xi_nb)\right]\sqrt{\eta_r\xi_n^2+s}}\end{aligned}\tag{24.7.2}$$

and

$$\begin{aligned}p \;=\;& \frac{U(t-t_0)}{4\phi c_t}\sqrt{\frac{\pi}{\eta_z}}\sum_{m=0}^{\infty}\ni_m\cos\{m(\theta-\theta_0)\}\sum_{n=1}^{\infty}\frac{\xi_n^2J_{m\dot{o}}^2(\xi_nb)\,\mathcal{V}_{\mathcal{N}m\dot{o}}(\xi_nr_0,a)\,\mathcal{V}_{\mathcal{N}m\dot{o}}(\xi r,a)}{\left[J_{m\dot{o}}'^2(\xi_na)-\left\{1-\left(\frac{m\dot{o}}{\xi_na}\right)^2\right\}J_{m\dot{o}}^2(\xi_nb)\right]}\times\\ &\times\int_0^{t-t_0}\frac{q(t-t_0-\tau)\,e^{-\eta_r\xi_n^2\tau-\frac{(z-z_0)^2}{4\eta_z\tau}}}{\sqrt{\tau}}d\tau+\\ &+\frac{1}{2\phi c_t\sqrt{\pi\eta_z}}\sum_{m=0}^{\infty}\ni_m\sum_{n=1}^{\infty}\frac{\xi_nJ_{m\dot{o}}^2(\xi_nb)\,\mathcal{V}_{\mathcal{N}m\dot{o}}(\xi r,a)}{\left[J_{m\dot{o}}'^2(\xi_na)-\left\{1-\left(\frac{m\dot{o}}{\xi_na}\right)^2\right\}J_{m\dot{o}}^2(\xi_nb)\right]}\times\\ &\times\int_0^t\frac{e^{-\eta_r\xi_n^2\tau}}{\sqrt{\tau}}\int_{-\infty}^{\infty}\overline{\psi}_a(m,w,t-\tau;\theta)\,e^{-\frac{(z-w)^2}{4\eta_z\tau}}dwd\tau+\\ &+\frac{\eta_r}{2\sqrt{\pi\eta_z}}\sum_{m=0}^{\infty}\ni_m\sum_{n=1}^{\infty}\frac{\xi_n^2J_{m\dot{o}}'(\xi_na)\,J_{m\dot{o}}(\xi_nb)\,\mathcal{V}_{\mathcal{N}m\dot{o}}(\xi r,a)}{\left[J_{m\dot{o}}'^2(\xi_na)-\left\{1-\left(\frac{m\dot{o}}{\xi_na}\right)^2\right\}J_{m\dot{o}}^2(\xi_nb)\right]}\times\\ &\times\int_0^t\frac{e^{-\eta_r\xi_n^2\tau}}{\sqrt{\tau}}\int_{-\infty}^{\infty}\overline{\psi}_b(m,w,t-\tau;\theta)\,e^{-\frac{(z-w)^2}{4\eta_z\tau}}dwd\tau+\\ &+\frac{1}{4}\sqrt{\frac{\pi}{\eta_zt}}\sum_{m=0}^{\infty}\ni_m\sum_{n=1}^{\infty}\frac{\xi_n^2J_{m\dot{o}}^2(\xi_nb)\,\mathcal{V}_{\mathcal{N}m\dot{o}}(\xi r,a)\,e^{-\eta_r\xi_n^2t}}{\left[J_{m\dot{o}}'^2(\xi_na)-\left\{1-\left(\frac{m\dot{o}}{\xi_na}\right)^2\right\}J_{m\dot{o}}^2(\xi_nb)\right]}\int_{-\infty}^{\infty}\overline{\overline{\varphi}}(\xi_n,m,w;\theta)\,e^{-\frac{(z-w)^2}{4\eta_zt}}dw\end{aligned}\tag{24.7.3}$$

where $\overline{\overline{\psi}}_a(m,w,s;\theta)=\int_0^{2\pi}\overline{\psi}_a(v,w,s)\cos\{m(\theta-v)\}dv$, $\overline{\psi}_a(m,w,t;\theta)=\int_0^{2\pi}\psi_a(v,w,t)\cos\{m(\theta-v)\}dv$, $\overline{\overline{\psi}}_b(m,w,s;\theta)=\int_0^{2\pi}\overline{\psi}_b(v,w,s)\cos\{m(\theta-v)\}dv$, $\overline{\psi}_b(m,w,t;\theta)=\int_0^{2\pi}\psi_b(v,w,t)\cos\{m(\theta-v)\}dv$ and $\overline{\overline{\varphi}}(\xi_n,m,w;\theta)=\int_a^b u\mathcal{V}_{\mathcal{N}m\dot{o}}(\xi_nu)\int_0^{2\pi}\varphi(u,v,w)\cos\{m(\theta-v)\}dudv$.

24.8

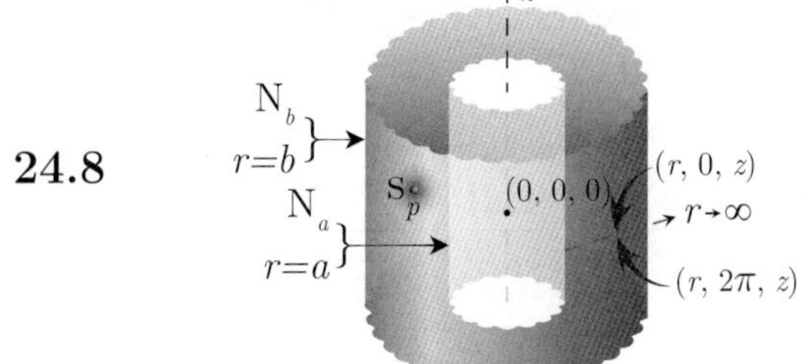

The problem of 24.4, except
$\mathbf{N}_a \equiv \frac{\partial p(a,\theta,z,t)}{\partial r} = -\left(\frac{\mu}{k_r}\right)\psi_a(\theta,z,t)$ **and**
$\mathbf{N}_b \equiv \frac{\partial p(b,\theta,z,t)}{\partial r} = -\left(\frac{\mu}{k_r}\right)\psi_b(\theta,z,t)$

Successive application of the Laplace, Fourier and finite Hankel transformations to equation (22.1.1) gives

$$\overline{\overline{\overline{p}}} = \frac{q(s)e^{-st_0}e^{ilz_0}}{\phi c_t(\eta_z l^2+s)} + \frac{q(s)e^{-st_0}e^{ilz_0}\cos\{m(\theta-\theta_0)\}\mathcal{V}_{\mathcal{N}m\dot{o}}(\xi_n r_0,a)}{\phi c_t(\eta_r\xi_n^2+\eta_z l^2+s)} + \\ +\frac{\left\{a\overline{\overline{\overline{\psi}}}_a(0,l,s;\theta) - b\overline{\overline{\overline{\psi}}}_b(0,l,s;\theta)\right\}}{\phi c_t(\eta_z l^2+s)} + \frac{2\overline{\overline{\overline{\psi}}}_a(m,l,s;\theta)}{\pi\phi c_t\xi_n(\eta_r\xi_n^2+\eta_z l^2+s)} - \frac{2J'_{m\dot{o}}(\xi_n a)\overline{\overline{\overline{\psi}}}_b(m,l,s;\theta)}{\pi\phi c_t\xi_n J'_{m\dot{o}}(\xi_n b)(\eta_r\xi_n^2+\eta_z l^2+s)} + \\ +\frac{\int_a^b u\overline{\overline{\varphi}}(u,0,l;\theta)du}{(\eta_z l^2+s)} + \frac{\overline{\overline{\overline{\varphi}}}(\xi_n,m,l;\theta)}{(\eta_r\xi_n^2+\eta_z l^2+s)} \tag{24.8.1}$$

where $\mathcal{V}_{\mathcal{N}m\dot{o}}(\xi_n r,a) = J_{m\dot{o}}(\xi_n r)Y'_{m\dot{o}}(\xi_n a) - Y_{m\dot{o}}(\xi_n r)J'_{m\dot{o}}(\xi_n a)$. The eigenvalues are $\xi_0 = 0$ and ξ_n. ξ_n, $n = 1, 2, ...,$ are the positive roots of the transcendental equation $\mathcal{V}'_{\mathcal{N}m\dot{o}}(\xi_n b,a) = 0$.
$\overline{\overline{\varphi}}(u,0,l;\theta) = \int_0^{2\pi}\int_{-\infty}^{\infty}\varphi(u,v,w)e^{ilw}dwdv$,
$\overline{\overline{\overline{\varphi}}}(\xi_n,m,l;\theta) = \int_a^b u\mathcal{V}_{\mathcal{N}m\dot{o}}(\xi_n u)\int_0^{2\pi}\cos\{m(\theta-v)\}\int_{-\infty}^{\infty}\varphi(u,v,w)e^{ilw}dwdvdu$,
$\overline{\overline{\overline{\psi}}}_a(m,l,s;\theta) = \int_0^{2\pi}\cos\{m(\theta-v)\}\int_{-\infty}^{\infty}\overline{\psi}_a(v,w,s)e^{ilw}dwdv$, and
$\overline{\overline{\overline{\psi}}}_b(m,l,s;\theta) = \int_0^{2\pi}\cos\{m(\theta-v)\}\int_{-\infty}^{\infty}\overline{\psi}_b(v,w,s)e^{ilw}dwdv$. Successive inverse transforms yield

$$\overline{p} = \frac{q(s)e^{-st_0}e^{-|z-z_0|\sqrt{\frac{s}{\eta_z}}}}{2\pi\phi c_t(b^2-a^2)\sqrt{\eta_z s}} + \frac{\pi q(s)e^{-st_0}}{4\phi c_t\sqrt{\eta_z}}\sum_{m=0}^{\infty}\ni_m\cos\{m(\theta-\theta_0)\}\times \\ \times\sum_{n=1}^{\infty}\frac{\xi_n^2 J'^2_{m\dot{o}}(\xi_n b)\mathcal{V}_{\mathcal{N}m\dot{o}}(\xi_n r_0,a)\mathcal{V}_{\mathcal{N}m\dot{o}}(\xi r,a)e^{-|z-z_0|\sqrt{\frac{\eta_r\xi_n^2+s}{\eta_z}}}}{\left[\left\{1-\left(\frac{m\dot{o}}{\xi_n b}\right)^2\right\}J'^2_{m\dot{o}}(\xi_n a) - \left\{1-\left(\frac{m\dot{o}}{\xi_n a}\right)^2\right\}J'^2_{m\dot{o}}(\xi_n b)\right]\sqrt{(\eta_r\xi_n^2+s)}} + \\ +\frac{1}{2\pi\phi c_t(b^2-a^2)\sqrt{\eta_z s}}\int_{-\infty}^{\infty}\left\{a\overline{\overline{\psi}}_a(0,w,s;\theta) - b\overline{\overline{\psi}}_b(0,w,s;\theta)\right\}e^{-|z-w|\sqrt{\frac{s}{\eta_z}}}dw + \\ +\frac{1}{2\phi c_t\sqrt{\eta_z}}\sum_{m=0}^{\infty}\ni_m\sum_{n=1}^{\infty}\frac{\xi_n J'^2_{m\dot{o}}(\xi_n b)\mathcal{V}_{\mathcal{N}m\dot{o}}(\xi r,a)\int_{-\infty}^{\infty}\overline{\overline{\psi}}_a(m,w,s;\theta)e^{-|z-w|\sqrt{\frac{\eta_r\xi_n^2+s}{\eta_z}}}dw}{\left[\left\{1-\left(\frac{m\dot{o}}{\xi_n b}\right)^2\right\}J'^2_{m\dot{o}}(\xi_n a) - \left\{1-\left(\frac{m\dot{o}}{\xi_n a}\right)^2\right\}J'^2_{m\dot{o}}(\xi_n b)\right]\sqrt{(\eta_r\xi_n^2+s)}} - \\ -\frac{1}{2\phi c_t\sqrt{\eta_z}}\sum_{m=0}^{\infty}\ni_m\sum_{n=1}^{\infty}\frac{\xi_n J'_{m\dot{o}}(\xi_n a)J'_{m\dot{o}}(\xi_n b)\mathcal{V}_{\mathcal{N}m\dot{o}}(\xi r,a)\int_{-\infty}^{\infty}\overline{\overline{\psi}}_b(m,w,s;\theta)e^{-|z-w|\sqrt{\frac{\eta_r\xi_n^2+s}{\eta_z}}}dw}{\left[\left\{1-\left(\frac{m\dot{o}}{\xi_n b}\right)^2\right\}J'^2_{m\dot{o}}(\xi_n a) - \left\{1-\left(\frac{m\dot{o}}{\xi_n a}\right)^2\right\}J'^2_{m\dot{o}}(\xi_n b)\right]\sqrt{(\eta_r\xi_n^2+s)}} + \\ +\frac{1}{2\pi(b^2-a^2)\sqrt{\eta_z s}}\int_{-\infty}^{\infty}e^{-|z-w|\sqrt{\frac{s}{\eta_z}}}\int_a^b u\overline{\varphi}(u,0,w;\theta)dudw + \\ +\frac{\pi}{4\sqrt{\eta_z}}\sum_{m=0}^{\infty}\ni_m\sum_{n=1}^{\infty}\frac{\xi_n^2 J'^2_{m\dot{o}}(\xi_n b)\mathcal{V}_{\mathcal{N}m\dot{o}}(\xi r,a)\int_{-\infty}^{\infty}\overline{\overline{\varphi}}(\xi_n,m,w;\theta)e^{-|z-w|\sqrt{\frac{\eta_r\xi_n^2+s}{\eta_z}}}dw}{\left[\left\{1-\left(\frac{m\dot{o}}{\xi_n b}\right)^2\right\}J'^2_{m\dot{o}}(\xi_n a) - \left\{1-\left(\frac{m\dot{o}}{\xi_n a}\right)^2\right\}J'^2_{m\dot{o}}(\xi_n b)\right]\sqrt{(\eta_r\xi_n^2+s)}} \tag{24.8.2}$$

and

$$p = \frac{U(t-t_0)}{2\pi\phi c_t(b^2-a^2)\sqrt{\pi\eta_z}}\int_0^{t-t_0}\frac{q(t-t_0-\tau)\,e^{-\frac{(z-z_0)^2}{4\eta_z\tau}}}{\sqrt{\tau}}d\tau +$$

$$+\frac{U(t-t_0)}{4\phi c_t}\sqrt{\frac{\pi}{\eta_z}}\sum_{m=0}^{\infty}\ni_m\cos\{m(\theta-\theta_0)\}\times$$

$$\times\sum_{n=1}^{\infty}\frac{\xi_n^2 J'^2_{m\dot{o}}(\xi_n b)\,\mathcal{V}_{\mathcal{N}m\dot{o}}(\xi_n r_0,a)\,\mathcal{V}_{\mathcal{N}m\dot{o}}(\xi r,a)}{\left[\left\{1-\left(\frac{m\dot{o}}{\xi_n b}\right)^2\right\}J'^2_{m\dot{o}}(\xi_n a)-\left\{1-\left(\frac{m\dot{o}}{\xi_n a}\right)^2\right\}J'^2_{m\dot{o}}(\xi_n b)\right]}\int_0^{t-t_0}\frac{q(t-t_0-\tau)\,e^{-\eta_r\xi_n^2\tau-\frac{(z-z_0)^2}{4\eta_z\tau}}}{\sqrt{\tau}}d\tau +$$

$$+\frac{1}{2\phi c_t(b^2-a^2)\sqrt{\pi^3\eta_z}}\int_{-\infty}^{\infty}\int_0^{t}\frac{\{a\overline{\psi}_a(0,w,t-\tau;\theta)-b\overline{\psi}_b(0,w,t-\tau;\theta)\}\,e^{-\frac{(z-w)^2}{4\eta_z\tau}}}{\sqrt{\tau}}d\tau dw +$$

$$+\frac{1}{2\phi c_t\sqrt{\pi\eta_z}}\sum_{m=0}^{\infty}\ni_m\sum_{n=1}^{\infty}\frac{\xi_n J'^2_{m\dot{o}}(\xi_n b)\,\mathcal{V}_{\mathcal{N}m\dot{o}}(\xi r,a)}{\left[\left\{1-\left(\frac{m\dot{o}}{\xi_n b}\right)^2\right\}J'^2_{m\dot{o}}(\xi_n a)-\left\{1-\left(\frac{m\dot{o}}{\xi_n a}\right)^2\right\}J'^2_{m\dot{o}}(\xi_n b)\right]}\times$$

$$\times\int_0^t\frac{e^{-\eta_r\xi_n^2\tau}}{\sqrt{\tau}}\int_{-\infty}^{\infty}\overline{\psi}_a(m,w,t-\tau;\theta)\,e^{-\frac{(z-w)^2}{4\eta_z\tau}}dwd\tau -$$

$$-\frac{1}{2\phi c_t\sqrt{\pi\eta_z}}\sum_{m=0}^{\infty}\ni_m\sum_{n=1}^{\infty}\frac{\xi_n J'_{m\dot{o}}(\xi_n a)\,J'_{m\dot{o}}(\xi_n b)\,\mathcal{V}_{\mathcal{N}m\dot{o}}(\xi r,a)}{\left[\left\{1-\left(\frac{m\dot{o}}{\xi_n b}\right)^2\right\}J'^2_{m\dot{o}}(\xi_n a)-\left\{1-\left(\frac{m\dot{o}}{\xi_n a}\right)^2\right\}J'^2_{m\dot{o}}(\xi_n b)\right]}\times$$

$$\times\int_0^t\frac{e^{-\eta_r\xi_n^2\tau}}{\sqrt{\tau}}\int_{-\infty}^{\infty}\overline{\psi}_b(m,w,t-\tau;\theta)\,e^{-\frac{(z-w)^2}{4\eta_z\tau}}dwd\tau +$$

$$+\frac{1}{2(b^2-a^2)\sqrt{\pi^3\eta_z t}}\int_{-\infty}^{\infty}\int_a^b u\overline{\varphi}(u,0,w;\theta)\,du\,e^{-\frac{(z-w)^2}{4\eta_z t}}dw +$$

$$+\frac{1}{4}\sqrt{\frac{\pi}{\eta_z t}}\sum_{m=0}^{\infty}\ni_m\sum_{n=1}^{\infty}\frac{\xi_n^2 J'^2_{m\dot{o}}(\xi_n b)\,\mathcal{V}_{\mathcal{N}m\dot{o}}(\xi r,a)\,e^{-\eta_r\xi_n^2 t}\int_{-\infty}^{\infty}\overline{\overline{\varphi}}(\xi_n,m,w;\theta)\,e^{-\frac{(z-w)^2}{4\eta_z t}}dw}{\left[\left\{1-\left(\frac{m\dot{o}}{\xi_n b}\right)^2\right\}J'^2_{m\dot{o}}(\xi_n a)-\left\{1-\left(\frac{m\dot{o}}{\xi_n a}\right)^2\right\}J'^2_{m\dot{o}}(\xi_n b)\right]} \qquad (24.8.3)$$

where $\overline{\overline{\psi}}_a(m,w,s;\theta)=\int_0^{2\pi}\overline{\psi}_a(v,w,s)\cos\{m(\theta-v)\}dv$, $\overline{\psi}_a(m,w,t;\theta)=\int_0^{2\pi}\psi_a(v,w,t)\cos\{m(\theta-v)\}dv$, $\overline{\overline{\psi}}_b(m,w,s;\theta)=\int_0^{2\pi}\overline{\psi}_b(v,w,s)\cos\{m(\theta-v)\}dv$, $\overline{\psi}_b(m,w,t;\theta)=\int_0^{2\pi}\psi_b(v,w,t)\cos\{m(\theta-v)\}dv$, $\overline{\varphi}(u,0,w;\theta)=\int_0^{2\pi}\varphi(u,v,w)dv$ and $\overline{\overline{\varphi}}(\xi_n,m,w;\theta)=\int_a^b u\mathcal{V}_{\mathcal{N}m\dot{o}}(\xi_n u)\int_0^{2\pi}\varphi(u,v,w)\cos\{m(\theta-v)\}dudv$.

24.9 The problem of 24.4, except $\mathbf{N}_a\equiv\frac{\partial p(a,\theta,z,t)}{\partial r}=-\left(\frac{\mu}{k_r}\right)\psi_a(\theta,z,t)$ and $\mathbf{R}_b\equiv\frac{\partial p(b,\theta,z,t)}{\partial r}+\lambda p(b,\theta,z,t)=-\left(\frac{\mu}{k_r}\right)\psi_b(\theta,z,t)$

Successive application of the Laplace, Fourier and finite Hankel transformations to equation (22.1.1) gives

$$\overline{\overline{\overline{p}}} = \frac{q(s)\,e^{-st_0}e^{ilz_0}\cos\{m(\theta-\theta_0)\}\,\mathcal{V}_{\mathcal{N}m\dot{o}}(\xi_n r_0,a)}{\phi c_t(\eta_r\xi_n^2+\eta_z l^2+s)}+\frac{2\overline{\overline{\psi}}_a(m,l,s;\theta)}{\pi\phi c_t\xi_n(\eta_r\xi_n^2+\eta_z l^2+s)}-$$

$$-\frac{2J'_{m\dot{o}}(\xi_n a)\overline{\overline{\overline{\psi}}}_b(m,l,s;\theta)}{\pi\phi c_t\left\{\xi_n J'_{m\dot{o}}(\xi_n b)+\lambda J_{m\dot{o}}(\xi_n b)\right\}\left(\eta_r\xi_n^2+\eta_z l^2+s\right)}+\frac{\overline{\overline{\overline{\varphi}}}(\xi_n,m,l;\theta)}{\left(\eta_r\xi_n^2+\eta_z l^2+s\right)} \tag{24.9.1}$$

where $\mathcal{V}_{\mathcal{N}m\dot{o}}(\xi_n r,a)=J_{m\dot{o}}(\xi_n r)Y'_{m\dot{o}}(\xi_n a)-Y_{m\dot{o}}(\xi_n r)J'_{m\dot{o}}(\xi_n a)$ and the eigenvalues $\xi_n, n=1,2,...,$ are the positive roots of the transcendental equation $\xi_n\mathcal{V}'_{\mathcal{N}m\dot{o}}(\xi_n b,a)+\lambda\mathcal{V}_{\mathcal{N}m\dot{o}}(\xi_n b,a)=0$.
$\overline{\overline{\overline{\varphi}}}(\xi_n,m,l;\theta)=\int_a^b u\mathcal{V}_{\mathcal{N}m\dot{o}}(\xi_n u)\int_0^{2\pi}\cos\{m(\theta-v)\}\int_{-\infty}^{\infty}\varphi(u,v,w)e^{ilw}dwdvdu$,
$\overline{\overline{\overline{\psi}}}_a(m,l,s;\theta)=\int_0^{2\pi}\cos\{m(\theta-v)\}\int_{-\infty}^{\infty}\overline{\psi}_a(v,w,s)e^{ilw}dwdv$, and
$\overline{\overline{\overline{\psi}}}_b(m,l,s;\theta)=\int_0^{2\pi}\cos\{m(\theta-v)\}\int_{-\infty}^{\infty}\overline{\psi}_b(v,w,s)e^{ilw}dwdv$. Successive inverse transforms yield

$$\overline{p}=\frac{\pi q(s)e^{-st_0}}{4\phi c_t\sqrt{\eta_z}}\sum_{m=0}^{\infty}\ni_m\cos\{m(\theta-\theta_0)\}\times$$

$$\times\sum_{n=1}^{\infty}\frac{\xi_n^2\left\{\xi_n J'_{m\dot{o}}(\xi_n b)+\lambda J_{m\dot{o}}(\xi_n b)\right\}^2\mathcal{V}_{\mathcal{N}m\dot{o}}(\xi_n r_0,a)\mathcal{V}_{\mathcal{N}m\dot{o}}(\xi r,a)e^{-|z-z_0|\sqrt{\frac{\eta_r\xi_n^2+s}{\eta_z}}}}{\left[\left\{\xi_n^2+\lambda^2-\left(\frac{m\dot{o}}{b}\right)^2\right\}J'^2_{m\dot{o}}(\xi_n a)-\left\{1-\left(\frac{m\dot{o}}{\xi_n a}\right)^2\right\}\left\{\xi_n J'_{m\dot{o}}(\xi_n b)+\lambda J_{m\dot{o}}(\xi_n b)\right\}^2\right]\sqrt{(\eta_r\xi_n^2+s)}}+$$

$$+\frac{1}{2\phi c_t\sqrt{\eta_z}}\sum_{m=0}^{\infty}\ni_m\times$$

$$\times\sum_{n=1}^{\infty}\frac{\xi_n\left\{\xi_n J'_{m\dot{o}}(\xi_n b)+\lambda J_{m\dot{o}}(\xi_n b)\right\}^2\mathcal{V}_{\mathcal{N}m\dot{o}}(\xi r,a)\int_{-\infty}^{\infty}\overline{\overline{\psi}}_a(m,w,s;\theta)e^{-|z-w|\sqrt{\frac{\eta_r\xi_n^2+s}{\eta_z}}}dw}{\left[\left\{\xi_n^2+\lambda^2-\left(\frac{m\dot{o}}{b}\right)^2\right\}J'^2_{m\dot{o}}(\xi_n a)-\left\{1-\left(\frac{m\dot{o}}{\xi_n a}\right)^2\right\}\left\{\xi_n J'_{m\dot{o}}(\xi_n b)+\lambda J_{m\dot{o}}(\xi_n b)\right\}^2\right]\sqrt{\eta_r\xi_n^2+s}}-$$

$$-\frac{1}{2\phi c_t\sqrt{\eta_z}}\sum_{m=0}^{\infty}\ni_m\times$$

$$\times\sum_{n=1}^{\infty}\frac{\xi_n^2 J'_{m\dot{o}}(\xi_n a)\left\{\xi_n J'_{m\dot{o}}(\xi_n b)+\lambda J_{m\dot{o}}(\xi_n b)\right\}\mathcal{V}_{\mathcal{N}m\dot{o}}(\xi r,a)\int_{-\infty}^{\infty}\overline{\overline{\psi}}_b(m,w,s;\theta)e^{-|z-w|\sqrt{\frac{\eta_r\xi_n^2+s}{\eta_z}}}dw}{\left[\left\{\xi_n^2+\lambda^2-\left(\frac{m\dot{o}}{b}\right)^2\right\}J'^2_{m\dot{o}}(\xi_n a)-\left\{1-\left(\frac{m\dot{o}}{\xi_n a}\right)^2\right\}\left\{\xi_n J'_{m\dot{o}}(\xi_n b)+\lambda J_{m\dot{o}}(\xi_n b)\right\}^2\right]\sqrt{\eta_r\xi_n^2+s}}+$$

$$+\frac{\pi}{4\sqrt{\eta_z}}\sum_{m=0}^{\infty}\ni_m\sum_{n=1}^{\infty}\frac{\xi_n^2\left\{\xi_n J'_{m\dot{o}}(\xi_n b)+\lambda J_{m\dot{o}}(\xi_n b)\right\}^2\mathcal{V}_{\mathcal{N}m\dot{o}}(\xi r,a)\int_{-\infty}^{\infty}\overline{\overline{\varphi}}(\xi_n,m,w;\theta)e^{-|z-w|\sqrt{\frac{\eta_r\xi_n^2+s}{\eta_z}}}dw}{\left[\left\{\xi_n^2+\lambda^2-\left(\frac{m\dot{o}}{b}\right)^2\right\}J'^2_{m\dot{o}}(\xi_n a)-\left\{1-\left(\frac{m\dot{o}}{\xi_n a}\right)^2\right\}\left\{\xi_n J'_{m\dot{o}}(\xi_n b)+\lambda J_{m\dot{o}}(\xi_n b)\right\}^2\right]\sqrt{\eta_r\xi_n^2+s}} \tag{24.9.2}$$

and

$$p=\frac{U(t-t_0)}{4\phi c_t}\sqrt{\frac{\pi}{\eta_z}}\sum_{m=0}^{\infty}\ni_m\cos\{m(\theta-\theta_0)\}\times$$

$$\times\sum_{n=1}^{\infty}\frac{\xi_n^2\left\{\xi_n J'_{m\dot{o}}(\xi_n b)+\lambda J_{m\dot{o}}(\xi_n b)\right\}^2\mathcal{V}_{\mathcal{N}m\dot{o}}(\xi_n r_0,a)\mathcal{V}_{\mathcal{N}m\dot{o}}(\xi r,a)}{\left[\left\{\xi_n^2+\lambda^2-\left(\frac{m\dot{o}}{b}\right)^2\right\}J'^2_{m\dot{o}}(\xi_n a)-\left\{1-\left(\frac{m\dot{o}}{\xi_n a}\right)^2\right\}\left\{\xi_n J'_{m\dot{o}}(\xi_n b)+\lambda J_{m\dot{o}}(\xi_n b)\right\}^2\right]}\times$$

$$\times\int_0^{t-t_0}\frac{q(t-t_0-\tau)e^{-\eta_r\xi_n^2\tau-\frac{(z-z_0)^2}{4\eta_z\tau}}}{\sqrt{\tau}}d\tau+$$

$$+\frac{1}{2\phi c_t\sqrt{\pi\eta_z}}\sum_{m=0}^{\infty}\ni_m\sum_{n=1}^{\infty}\frac{\xi_n\left\{\xi_n J'_{m\dot{o}}(\xi_n b)+\lambda J_{m\dot{o}}(\xi_n b)\right\}^2\mathcal{V}_{\mathcal{N}m\dot{o}}(\xi r,a)}{\left[\left\{\xi_n^2+\lambda^2-\left(\frac{m\dot{o}}{b}\right)^2\right\}J'^2_{m\dot{o}}(\xi_n a)-\left\{1-\left(\frac{m\dot{o}}{\xi_n a}\right)^2\right\}\left\{\xi_n J'_{m\dot{o}}(\xi_n b)+\lambda J_{m\dot{o}}(\xi_n b)\right\}^2\right]}\times$$

$$\times\int_0^t\frac{e^{-\eta_r\xi_n^2\tau}}{\sqrt{\tau}}\int_{-\infty}^{\infty}\overline{\psi}_a(m,w,t-\tau;\theta)e^{-\frac{(z-w)^2}{4\eta_z\tau}}dwd\tau-$$

$$-\frac{1}{2\phi c_t\sqrt{\pi\eta_z}}\sum_{m=0}^{\infty}\ni_m\sum_{n=1}^{\infty}\frac{\xi_n^2 J'_{m\dot{o}}(\xi_n a)\{\xi_n J'_{m\dot{o}}(\xi_n b)+\lambda J_{m\dot{o}}(\xi_n b)\}\mathcal{V}_{\mathcal{N}m\dot{o}}(\xi r,a)}{\left[\left\{\xi_n^2+\lambda^2-\left(\frac{m\dot{o}}{b}\right)^2\right\}J'^2_{m\dot{o}}(\xi_n a)-\left\{1-\left(\frac{m\dot{o}}{\xi_n a}\right)^2\right\}\{\xi_n J'_{m\dot{o}}(\xi_n b)+\lambda J_{m\dot{o}}(\xi_n b)\}^2\right]}\times$$

$$\times\int_0^t\frac{e^{-\eta_r\xi_n^2\tau}}{\sqrt{\tau}}\int_{-\infty}^{\infty}\overline{\psi}_b(m,w,t-\tau;\theta)\,e^{-\frac{(z-w)^2}{4\eta_z\tau}}dwd\tau+$$

$$+\frac{1}{4}\sqrt{\frac{\pi}{\eta_z t}}\sum_{m=0}^{\infty}\ni_m\sum_{n=1}^{\infty}\frac{\xi_n^2\{\xi_n J'_{m\dot{o}}(\xi_n b)+\lambda J_{m\dot{o}}(\xi_n b)\}^2\mathcal{V}_{\mathcal{N}m\dot{o}}(\xi r,a)\,e^{-\eta_r\xi_n^2 t}\int_{-\infty}^{\infty}\overline{\overline{\varphi}}(\xi_n,m,w;\theta)\,e^{-\frac{(z-w)^2}{4\eta_z t}}dw}{\left[\left\{\xi_n^2+\lambda^2-\left(\frac{m\dot{o}}{b}\right)^2\right\}J'^2_{m\dot{o}}(\xi_n a)-\left\{1-\left(\frac{m\dot{o}}{\xi_n a}\right)^2\right\}\{\xi_n J'_{m\dot{o}}(\xi_n b)+\lambda J_{m\dot{o}}(\xi_n b)\}^2\right]}$$

(24.9.3)

where $\overline{\overline{\psi}}_a(m,w,s;\theta)=\int_0^{2\pi}\overline{\psi}_a(v,w,s)\cos\{m(\theta-v)\}dv$, $\overline{\psi}_a(m,w,t;\theta)=\int_0^{2\pi}\psi_a(v,w,t)\cos\{m(\theta-v)\}dv$, $\overline{\overline{\psi}}_b(m,w,s;\theta)=\int_0^{2\pi}\overline{\psi}_b(v,w,s)\cos\{m(\theta-v)\}dv$, $\overline{\psi}_b(m,w,t;\theta)=\int_0^{2\pi}\psi_b(v,w,t)\cos\{m(\theta-v)\}dv$ and $\overline{\overline{\varphi}}(\xi_n,m,w;\theta)=\int_a^b u\mathcal{V}_{\mathcal{N}m\dot{o}}(\xi_n u)\int_0^{2\pi}\varphi(u,v,w)\cos\{m(\theta-v)\}dudv$.

24.10 The problem of 24.4, except $\mathbf{R}_a\equiv\frac{\partial p(a,\theta,z,t)}{\partial r}-\lambda p(a,\theta,z,t)=-\left(\frac{\mu}{k_r}\right)\psi_a(\theta,z,t)$ and $\mathbf{D}_b\equiv p(b,\theta,z,t)=\psi_b(\theta,z,t)$

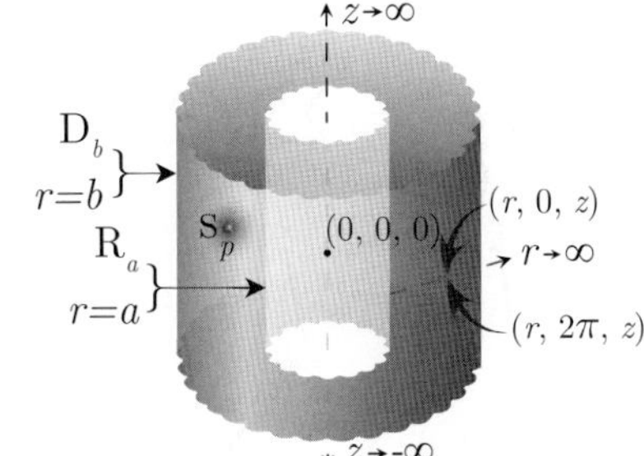

Successive application of the Laplace, Fourier and finite Hankel transformations to equation (22.1.1) gives

$$\overline{\overline{\overline{p}}}=\frac{q(s)e^{-st_0}e^{ilz_0}\cos\{m(\theta-\theta_0)\}\mathcal{V}_{\mathcal{D}m\dot{o}}(\xi_n r_0,b)}{\phi c_t(\eta_r\xi_n^2+\eta_z l^2+s)}+\frac{2J_{m\dot{o}}(\xi_n b)\overline{\overline{\overline{\psi}}}_a(m,l,s;\theta)}{\pi\phi c_t(\eta_r\xi_n^2+\eta_z l^2+s)\{\xi_n J'_{m\dot{o}}(\xi_n a)-\lambda J_{m\dot{o}}(\xi_n a)\}}+$$
$$+\frac{2\eta_r\overline{\overline{\overline{\psi}}}_b(m,l,s;\theta)}{\pi(\eta_r\xi_n^2+\eta_z l^2+s)}+\frac{\overline{\overline{\overline{\varphi}}}(\xi_n,m,l;\theta)}{(\eta_r\xi_n^2+\eta_z l^2+s)}\qquad(24.10.1)$$

where $\mathcal{V}_{\mathcal{D}m\dot{o}}(\xi_n r,b)=J_{m\dot{o}}(\xi_n r)Y_{m\dot{o}}(\xi_n b)-Y_{m\dot{o}}(\xi_n r)J_{m\dot{o}}(\xi_n b)$ and the eigenvalues $\xi_n, n=1,2,...,$ are the positive roots of the transcendental equation $\lambda\mathcal{V}_{\mathcal{D}m\dot{o}}(\xi_n a,b)-\xi_n\mathcal{V}'_{\mathcal{D}m\dot{o}}(\xi_n a,b)=0$.
$\overline{\overline{\overline{\varphi}}}(\xi_n,m,l;\theta)=\int_a^b u\mathcal{V}_{\mathcal{D}m\dot{o}}(\xi_n u)\int_0^{2\pi}\cos\{m(\theta-v)\}\int_{-\infty}^{\infty}\varphi(u,v,w)e^{ilw}dwdvdu$,
$\overline{\overline{\overline{\psi}}}_a(m,l,s;\theta)=\int_0^{2\pi}\cos\{m(\theta-v)\}\int_{-\infty}^{\infty}\overline{\psi}_a(v,w,s)e^{ilw}dwdv$, and
$\overline{\overline{\overline{\psi}}}_b(m,l,s;\theta)=\int_0^{2\pi}\cos\{m(\theta-v)\}\int_{-\infty}^{\infty}\overline{\psi}_b(v,w,s)e^{ilw}dwdv$. Successive inverse transforms yield

$$\overline{p}=\frac{\pi q(s)e^{-st_0}}{4\phi c_t\sqrt{\eta_z}}\sum_{m=0}^{\infty}\ni_m\cos\{m(\theta-\theta_0)\}\times$$

$$\times\sum_{n=1}^{\infty}\frac{\xi_n^2\{\xi_n J'_{m\dot{o}}(\xi_n a)-\lambda J_{m\dot{o}}(\xi_n a)\}^2\mathcal{V}_{\mathcal{D}m\dot{o}}(\xi r_0,b)\mathcal{V}_{\mathcal{D}m\dot{o}}(\xi r,b)\,e^{-|z-z_0|\sqrt{\frac{\eta_r\xi_n^2+s}{\eta_z}}}}{\left[\{\xi_n J'_{m\dot{o}}(\xi_n a)-\lambda J_{m\dot{o}}(\xi_n a)\}^2-\left\{\xi_n^2+\lambda^2-\left(\frac{m\dot{o}}{a}\right)^2\right\}J^2_{m\dot{o}}(\xi_n b)\right]\sqrt{(\eta_r\xi_n^2+s)}}+$$

$$+\frac{1}{2\phi c_t\sqrt{\eta_z}}\sum_{m=0}^{\infty}\ni_m\times$$

$$\times\sum_{n=1}^{\infty}\frac{\xi_n^2 J_{m\dot{o}}(\xi_n b)\{\xi_n J'_{m\dot{o}}(\xi_n a)-\lambda J_{m\dot{o}}(\xi_n a)\}\mathcal{V}_{\mathcal{D}m\dot{o}}(\xi r,b)\int_{-\infty}^{\infty}\overline{\overline{\psi}}_a(m,w,s;\theta)\,e^{-|z-w|\sqrt{\frac{\eta_r\xi_n^2+s}{\eta_z}}}dw}{\left[\{\xi_n J'_{m\dot{o}}(\xi_n a)-\lambda J_{m\dot{o}}(\xi_n a)\}^2-\left\{\xi_n^2+\lambda^2-\left(\frac{m\dot{o}}{a}\right)^2\right\}J^2_{m\dot{o}}(\xi_n b)\right]\sqrt{\eta_r\xi_n^2+s}}+$$

$$+\frac{\eta_r}{2\sqrt{\eta_z}}\sum_{m=0}^{\infty}\ni_m\sum_{n=1}^{\infty}\frac{\xi_n^2\{\xi_n J'_{m\dot{o}}(\xi_n a)-\lambda J_{m\dot{o}}(\xi_n a)\}^2\mathcal{V}_{\mathcal{D}m\dot{o}}(\xi r,b)\int_{-\infty}^{\infty}\overline{\overline{\psi}}_b(m,w,s;\theta)\,e^{-|z-w|\sqrt{\frac{\eta_r\xi_n^2+s}{\eta_z}}}dw}{\left[\{\xi_n J'_{m\dot{o}}(\xi_n a)-\lambda J_{m\dot{o}}(\xi_n a)\}^2-\left\{\xi_n^2+\lambda^2-\left(\frac{m\dot{o}}{a}\right)^2\right\}J^2_{m\dot{o}}(\xi_n b)\right]\sqrt{\eta_r\xi_n^2+s}}+$$

$$+\frac{\pi}{4\sqrt{\eta_z}}\sum_{m=0}^{\infty}\ni_m\sum_{n=1}^{\infty}\frac{\xi_n^2\{\xi_n J'_{m\dot{o}}(\xi_n a)-\lambda J_{m\dot{o}}(\xi_n a)\}^2\mathcal{V}_{\mathcal{D}m\dot{o}}(\xi r,b)\int_{-\infty}^{\infty}\overline{\overline{\varphi}}(\xi_n,m,w;\theta)\,e^{-|z-w|\sqrt{\frac{\eta_r\xi_n^2+s}{\eta_z}}}dw}{\left[\{\xi_n J'_{m\dot{o}}(\xi_n a)-\lambda J_{m\dot{o}}(\xi_n a)\}^2-\left\{\xi_n^2+\lambda^2-\left(\frac{m\dot{o}}{a}\right)^2\right\}J^2_{m\dot{o}}(\xi_n b)\right]\sqrt{\eta_r\xi_n^2+s}} \tag{24.10.2}$$

and

$$p=\frac{U(t-t_0)}{4\phi c_t}\sqrt{\frac{\pi}{\eta_z}}\sum_{m=0}^{\infty}\ni_m\cos\{m(\theta-\theta_0)\}\times$$

$$\times\sum_{n=1}^{\infty}\frac{\xi_n^2\{\lambda J_{m\dot{o}}(\xi_n a)+\xi_n J'_{m\dot{o}}(\xi_n a)\}^2\mathcal{V}_{\mathcal{D}m\dot{o}}(\xi r_0,b)\,\mathcal{V}_{\mathcal{D}m\dot{o}}(\xi r,b)}{\left[\{\xi_n J'_{m\dot{o}}(\xi_n a)-\lambda J_{m\dot{o}}(\xi_n a)\}^2-\left\{\xi_n^2+\lambda^2-\left(\frac{m\dot{o}}{a}\right)^2\right\}J^2_{m\dot{o}}(\xi_n b)\right]}\int_0^{t-t_0}\frac{q(t-t_0-\tau)\,e^{-\eta_r\xi_n^2\tau-\frac{(z-z_0)^2}{4\eta_z\tau}}}{\sqrt{\tau}}d\tau+$$

$$+\frac{1}{2\phi c_t\sqrt{\pi\eta_z}}\sum_{m=0}^{\infty}\ni_m\sum_{n=1}^{\infty}\frac{\xi_n^2 J_{m\dot{o}}(\xi_n b)\{\xi_n J'_{m\dot{o}}(\xi_n a)-\lambda J_{m\dot{o}}(\xi_n a)\}\mathcal{V}_{\mathcal{D}m\dot{o}}(\xi r,b)}{\left[\{\xi_n J'_{m\dot{o}}(\xi_n a)-\lambda J_{m\dot{o}}(\xi_n a)\}^2-\left\{\xi_n^2+\lambda^2-\left(\frac{m\dot{o}}{a}\right)^2\right\}J^2_{m\dot{o}}(\xi_n b)\right]}\times$$

$$\times\int_0^t\frac{e^{-\eta_r\xi_n^2\tau}}{\sqrt{\tau}}\int_{-\infty}^{\infty}\overline{\psi}_a(m,w,t-\tau;\theta)\,e^{-\frac{(z-w)^2}{4\eta_z\tau}}dw\,d\tau+$$

$$+\frac{\eta_r}{2\sqrt{\pi\eta_z}}\sum_{m=0}^{\infty}\ni_m\sum_{n=1}^{\infty}\frac{\xi_n^2\{\xi_n J'_{m\dot{o}}(\xi_n a)-\lambda J_{m\dot{o}}(\xi_n a)\}^2\mathcal{V}_{\mathcal{D}m\dot{o}}(\xi r,b)}{\left[\{\xi_n J'_{m\dot{o}}(\xi_n a)-\lambda J_{m\dot{o}}(\xi_n a)\}^2-\left\{\xi_n^2+\lambda^2-\left(\frac{m\dot{o}}{a}\right)^2\right\}J^2_{m\dot{o}}(\xi_n b)\right]}\times$$

$$\times\int_0^t\frac{e^{-\eta_r\xi_n^2\tau}}{\sqrt{\tau}}\int_{-\infty}^{\infty}\overline{\psi}_b(m,w,t-\tau;\theta)\,e^{-\frac{(z-w)^2}{4\eta_z\tau}}dw\,d\tau+$$

$$+\frac{1}{4}\sqrt{\frac{\pi}{\eta_z t}}\sum_{m=0}^{\infty}\ni_m\sum_{n=1}^{\infty}\frac{\xi_n^2\{\xi_n J'_{m\dot{o}}(\xi_n a)-\lambda J_{m\dot{o}}(\xi_n a)\}^2\mathcal{V}_{\mathcal{D}m\dot{o}}(\xi r,b)\,e^{-\eta_r\xi_n^2 t}\int_{-\infty}^{\infty}\overline{\overline{\varphi}}(\xi_n,m,w;\theta)\,e^{-\frac{(z-w)^2}{4\eta_z t}}dw}{\left[\{\xi_n J'_{m\dot{o}}(\xi_n a)-\lambda J_{m\dot{o}}(\xi_n a)\}^2-\left\{\xi_n^2+\lambda^2-\left(\frac{m\dot{o}}{a}\right)^2\right\}J^2_{m\dot{o}}(\xi_n b)\right]} \tag{24.10.3}$$

where $\overline{\overline{\psi}}_a(m,w,s;\theta)=\int_0^{2\pi}\overline{\psi}_a(v,w,s)\cos\{m(\theta-v)\}dv$, $\overline{\psi}_a(m,w,t;\theta)=\int_0^{2\pi}\psi_a(v,w,t)\cos\{m(\theta-v)\}dv$, $\overline{\overline{\psi}}_b(m,w,s;\theta)=\int_0^{2\pi}\overline{\psi}_b(v,w,s)\cos\{m(\theta-v)\}dv$, $\overline{\psi}_b(m,w,t;\theta)=\int_0^{2\pi}\psi_b(v,w,t)\cos\{m(\theta-v)\}dv$ and $\overline{\overline{\varphi}}(\xi_n,m,w;\theta)=\int_a^b u\mathcal{V}_{\mathcal{D}m\dot{o}}(\xi_n u)\int_0^{2\pi}\varphi(u,v,w)\cos\{m(\theta-v)\}du\,dv$.

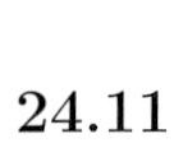
24.11

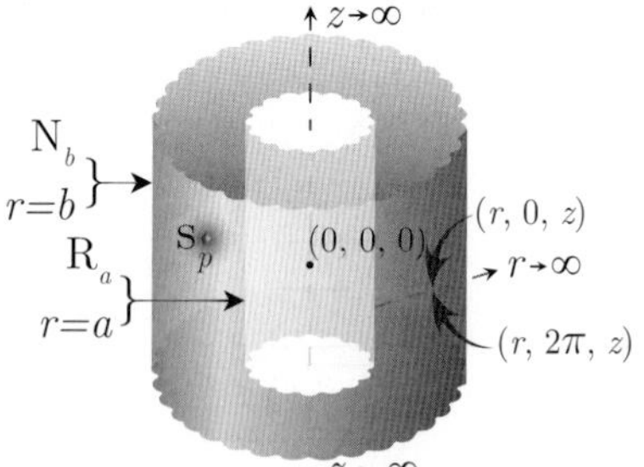

The problem of 24.4, except $\mathbf{R}_a\equiv\frac{\partial p(a,\theta,z,t)}{\partial r}-\lambda p(a,\theta,z,t)=-\left(\frac{\mu}{k_r}\right)\psi_a(\theta,z,t)$ **and** $\mathbf{N}_b\equiv\frac{\partial p(b,\theta,z,t)}{\partial r}=-\left(\frac{\mu}{k_r}\right)\psi_b(\theta,z,t)$

Successive application of the Laplace, Fourier and finite Hankel transformations to equation (22.1.1) gives

$$\overline{\overline{\overline{p}}}=\frac{q(s)\,e^{-st_0}e^{ilz_0}\cos\{m(\theta-\theta_0)\}\mathcal{V}_{\mathcal{N}m\dot{o}}(\xi_n r_0,b)}{\phi c_t(\eta_r\xi_n^2+\eta_z l^2+s)}+\frac{2J'_{m\dot{o}}(\xi_n b)\overline{\overline{\overline{\psi}}}_a(m,l,s;\theta)}{\pi\phi c_t(\eta_r\xi_n^2+\eta_z l^2+s)\{\xi_n J'_{m\dot{o}}(\xi_n a)-\lambda J_{m\dot{o}}(\xi_n a)\}}-$$

$$-\frac{2\overline{\overline{\overline{\psi}}}_b\,(m,l,s;\theta)}{\pi\phi c_t\xi_n\,(\eta_r\xi_n^2+\eta_z l^2+s)}+\frac{\overline{\overline{\overline{\varphi}}}\,(\xi_n,m,l;\theta)}{(\eta_r\xi_n^2+\eta_z l^2+s)} \tag{24.11.1}$$

where $\mathcal{V}_{\mathcal{N}m\dot{o}}\,(\xi_n r,a)=J_{m\dot{o}}\,(\xi_n r)\,Y'_{m\dot{o}}\,(\xi_n a)-Y_{m\dot{o}}\,(\xi_n r)\,J'_{m\dot{o}}\,(\xi_n a)$ and the eigenvalues $\xi_n, n=1,2,...,$ are the positive roots of the transcendental equation $\lambda\mathcal{V}_{\mathcal{N}m\dot{o}}\,(\xi_n a,b)-\xi_n\mathcal{V}'_{\mathcal{N}m\dot{o}}\,(\xi_n a,b)=0$.
$\overline{\overline{\overline{\varphi}}}\,(\xi_n,m,l;\theta)=\int_a^b u\mathcal{V}_{\mathcal{N}m\dot{o}}\,(\xi_n u)\int_0^{2\pi}\cos\{m\,(\theta-v)\}\int_{-\infty}^{\infty}\varphi\,(u,v,w)e^{ilw}dwdvdu$,
$\overline{\overline{\overline{\psi}}}_a\,(m,l,s;\theta)=\int_0^{2\pi}\cos\{m\,(\theta-v)\}\int_{-\infty}^{\infty}\overline{\psi}_a\,(v,w,s)e^{ilw}dwdv$, and
$\overline{\overline{\overline{\psi}}}_b\,(m,l,s;\theta)=\int_0^{2\pi}\cos\{m\,(\theta-v)\}\int_{-\infty}^{\infty}\overline{\psi}_b\,(v,w,s)e^{ilw}dwdv$. Successive inverse transforms yield

$$\begin{aligned}
\overline{p} &= \frac{\pi q\,(s)\,e^{-st_0}}{4\phi c_t\sqrt{\eta_z}}\sum_{m=0}^{\infty}\ni_m\cos\{m\,(\theta-\theta_0)\}\times\\
&\times\sum_{n=1}^{\infty}\frac{\xi_n^2\,\{\xi_n J'_{m\dot{o}}\,(\xi_n a)-\lambda J_{m\dot{o}}\,(\xi_n a)\}^2\,\mathcal{V}_{\mathcal{N}m\dot{o}}\,(\xi r_0,b)\,\mathcal{V}_{\mathcal{N}m\dot{o}}\,(\xi r,b)\,e^{-|z-z_0|\sqrt{\frac{\eta_r\xi_n^2+s}{\eta_z}}}}{\left[\left\{1-\left(\frac{m\dot{o}}{\xi_n b}\right)^2\right\}\{\xi_n J'_{m\dot{o}}\,(\xi_n a)-\lambda J_{m\dot{o}}\,(\xi_n a)\}^2-\left\{\xi_n^2+\lambda^2-\left(\frac{m\dot{o}}{a}\right)^2\right\}J'^2_{m\dot{o}}\,(\xi_n b)\right]\sqrt{(\eta_r\xi_n^2+s)}}+\\
&+\frac{1}{2\phi c_t\sqrt{\eta_z}}\sum_{m=0}^{\infty}\ni_m\times\\
&\times\sum_{n=1}^{\infty}\frac{\xi_n^2 J'_{m\dot{o}}\,(\xi_n b)\,\{\xi_n J'_{m\dot{o}}\,(\xi_n a)-\lambda J_{m\dot{o}}\,(\xi_n a)\}\,\mathcal{V}_{\mathcal{N}m\dot{o}}\,(\xi r,b)\int_{-\infty}^{\infty}\overline{\overline{\overline{\psi}}}_a\,(m,w,s;\theta)\,e^{-|z-w|\sqrt{\frac{\eta_r\xi_n^2+s}{\eta_z}}}dw}{\left[\left\{1-\left(\frac{m\dot{o}}{\xi_n b}\right)^2\right\}\{\xi_n J'_{m\dot{o}}\,(\xi_n a)-\lambda J_{m\dot{o}}\,(\xi_n a)\}^2-\left\{\xi_n^2+\lambda^2-\left(\frac{m\dot{o}}{a}\right)^2\right\}J'^2_{m\dot{o}}\,(\xi_n b)\right]\sqrt{\eta_r\xi_n^2+s}}-\\
&-\frac{1}{2\phi c_t\sqrt{\eta_z}}\sum_{m=0}^{\infty}\ni_m\times\\
&\times\sum_{n=1}^{\infty}\frac{\xi_n\,\{\xi_n J'_{m\dot{o}}\,(\xi_n a)-\lambda J_{m\dot{o}}\,(\xi_n a)\}^2\,\mathcal{V}_{\mathcal{N}m\dot{o}}\,(\xi r,b)\int_{-\infty}^{\infty}\overline{\overline{\overline{\psi}}}_b\,(m,w,s;\theta)\,e^{-|z-w|\sqrt{\frac{\eta_r\xi_n^2+s}{\eta_z}}}dw}{\left[\left\{1-\left(\frac{m\dot{o}}{\xi_n b}\right)^2\right\}\{\xi_n J'_{m\dot{o}}\,(\xi_n a)-\lambda J_{m\dot{o}}\,(\xi_n a)\}^2-\left\{\xi_n^2+\lambda^2-\left(\frac{m\dot{o}}{a}\right)^2\right\}J'^2_{m\dot{o}}\,(\xi_n b)\right]\sqrt{\eta_r\xi_n^2+s}}+\\
&+\frac{\pi}{4\sqrt{\eta_z}}\sum_{m=0}^{\infty}\ni_m\times\\
&\times\sum_{n=1}^{\infty}\frac{\xi_n^2\,\{\xi_n J'_{m\dot{o}}\,(\xi_n a)-\lambda J_{m\dot{o}}\,(\xi_n a)\}^2\,\mathcal{V}_{\mathcal{N}m\dot{o}}\,(\xi r,b)\int_{-\infty}^{\infty}\overline{\overline{\overline{\varphi}}}\,(\xi_n,m,w;\theta)\,e^{-|z-w|\sqrt{\frac{\eta_r\xi_n^2+s}{\eta_z}}}dw}{\left[\left\{1-\left(\frac{m\dot{o}}{\xi_n b}\right)^2\right\}\{\xi_n J'_{m\dot{o}}\,(\xi_n a)-\lambda J_{m\dot{o}}\,(\xi_n a)\}^2-\left\{\xi_n^2+\lambda^2-\left(\frac{m\dot{o}}{a}\right)^2\right\}J'^2_{m\dot{o}}\,(\xi_n b)\right]\sqrt{\eta_r\xi_n^2+s}}
\end{aligned} \tag{24.11.2}$$

and

$$\begin{aligned}
p &= \frac{U\,(t-t_0)}{4\phi c_t}\sqrt{\frac{\pi}{\eta_z}}\sum_{m=0}^{\infty}\ni_m\cos\{m\,(\theta-\theta_0)\}\times\\
&\times\sum_{n=1}^{\infty}\frac{\xi_n^2\,\{\xi_n J'_{m\dot{o}}\,(\xi_n a)-\lambda J_{m\dot{o}}\,(\xi_n a)\}^2\mathcal{V}_{\mathcal{N}m\dot{o}}\,(\xi r_0,b)\,\mathcal{V}_{\mathcal{N}m\dot{o}}\,(\xi r,b)}{\left[\left\{1-\left(\frac{m\dot{o}}{\xi_n b}\right)^2\right\}\{\xi_n J'_{m\dot{o}}\,(\xi_n a)-\lambda J_{m\dot{o}}\,(\xi_n a)\}^2-\left\{\xi_n^2+\lambda^2-\left(\frac{m\dot{o}}{a}\right)^2\right\}J'^2_{m\dot{o}}\,(\xi_n b)\right]}\times\\
&\times\int_0^{t-t_0}\frac{q\,(t-t_0-\tau)\,e^{-\eta_r\xi_n^2\tau-\frac{(z-z_0)^2}{4\eta_z\tau}}}{\sqrt{\tau}}d\tau+\\
&+\frac{1}{2\phi c_t\sqrt{\pi\eta_z}}\sum_{n=1}^{\infty}\frac{\xi_n^2 J'_{m\dot{o}}(\xi_n b)\,\{\xi_n J'_{m\dot{o}}(\xi_n a)-\lambda J_{m\dot{o}}\,(\xi_n a)\}\,\mathcal{V}_{\mathcal{N}m\dot{o}}\,(\xi r,b)}{\left[\left\{1-\left(\frac{m\dot{o}}{\xi_n b}\right)^2\right\}\{\xi_n J'_{m\dot{o}}(\xi_n a)-\lambda J_{m\dot{o}}\,(\xi_n a)\}^2-\left\{\xi_n^2+\lambda^2-\left(\frac{m\dot{o}}{a}\right)^2\right\}J'^2_{m\dot{o}}\,(\xi_n b)\right]}\times
\end{aligned}$$

$$\times \int_0^t \frac{e^{-\eta_r \xi_n^2 \tau}}{\sqrt{\tau}} \int_{-\infty}^{\infty} \overline{\psi}_a(m, w, t-\tau; \theta) e^{-\frac{(z-w)^2}{4\eta_z \tau}} dw d\tau -$$

$$-\frac{1}{2\phi c_t \sqrt{\pi \eta_z}} \sum_{m=0}^{\infty} \ni_m \sum_{n=1}^{\infty} \frac{\xi_n \{\xi_n J'_{m\dot{o}}(\xi_n a) - \lambda J_{m\dot{o}}(\xi_n a)\}^2 \mathcal{V}_{\mathcal{N} m\dot{o}}(\xi r, b)}{\left[\left\{1 - \left(\frac{m\dot{o}}{\xi_n b}\right)^2\right\}\{\xi_n J'_{m\dot{o}}(\xi_n a) - \lambda J_{m\dot{o}}(\xi_n a)\}^2 - \left\{\xi_n^2 + \lambda^2 - \left(\frac{m\dot{o}}{a}\right)^2\right\} J'^2_{m\dot{o}}(\xi_n b)\right]} \times$$

$$\times \int_0^t \frac{e^{-\eta_r \xi_n^2 \tau}}{\sqrt{\tau}} \int_{-\infty}^{\infty} \overline{\psi}_b(m, w, t-\tau; \theta) e^{-\frac{(z-w)^2}{4\eta_z \tau}} dw d\tau +$$

$$+\frac{1}{4}\sqrt{\frac{\pi}{\eta_z t}} \sum_{m=0}^{\infty} \ni_m \sum_{n=1}^{\infty} \frac{\xi_n^2 \{\xi_n J'_{m\dot{o}}(\xi_n a) - \lambda J_{m\dot{o}}(\xi_n a)\}^2 \mathcal{V}_{\mathcal{N} m\dot{o}}(\xi r, b) e^{-\eta_r \xi_n^2 t} \int_{-\infty}^{\infty} \overline{\overline{\varphi}}(\xi_n, m, w; \theta) e^{-\frac{(z-w)^2}{4\eta_z t}} dw}{\left[\left\{1 - \left(\frac{m\dot{o}}{\xi_n b}\right)^2\right\}\{\xi_n J'_{m\dot{o}}(\xi_n a) - \lambda J_{m\dot{o}}(\xi_n a)\}^2 - \left\{\xi_n^2 + \lambda^2 - \left(\frac{m\dot{o}}{a}\right)^2\right\} J'^2_{m\dot{o}}(\xi_n b)\right]}$$

(24.11.3)

where $\overline{\overline{\psi}}_a(m, w, s; \theta) = \int_0^{2\pi} \overline{\psi}_a(v, w, s)\cos\{m(\theta - v)\}dv$, $\overline{\psi}_a(m, w, t; \theta) = \int_0^{2\pi} \psi_a(v, w, t)\cos\{m(\theta - v)\}dv$, $\overline{\overline{\psi}}_b(m, w, s; \theta) = \int_0^{2\pi} \overline{\psi}_b(v, w, s)\cos\{m(\theta - v)\}dv$, $\overline{\psi}_b(m, w, t; \theta) = \int_0^{2\pi} \psi_b(v, w, t)\cos\{m(\theta - v)\}dv$ and $\overline{\overline{\varphi}}(\xi_n, m, w; \theta) = \int_a^b u\mathcal{V}_{\mathcal{N} m\dot{o}}(\xi_n u)\int_0^{2\pi} \varphi(u, v, w)\cos\{m(\theta - v)\}dudv$.

24.12

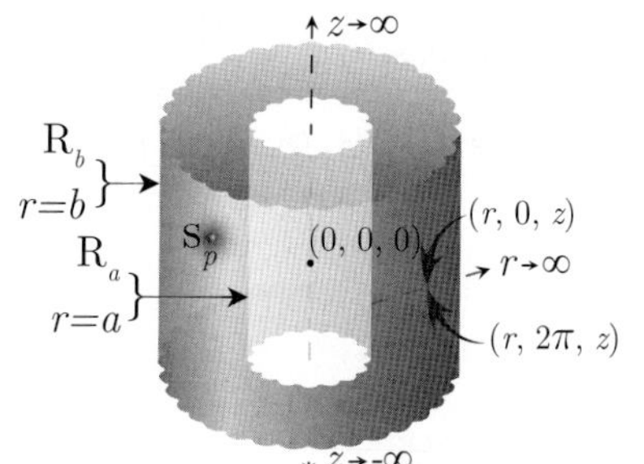

The problem of 24.4, except
$\mathbf{R}_a \equiv \frac{\partial p(a,\theta,z,t)}{\partial r} - \lambda_a p(a, \theta, z, t) = -\left(\frac{\mu}{k_r}\right)\psi_a(\theta, z, t)$ **and**
$\mathbf{R}_b \equiv \frac{\partial p(b,\theta,z,t)}{\partial r} + \lambda_b p(b, \theta, z, t) = -\left(\frac{\mu}{k_r}\right)\psi_b(\theta, z, t)$

Successive application of the Laplace, Fourier and finite Hankel transformations to equation (22.1.1) gives

$$\overline{\overline{\overline{p}}} = \frac{q(s)e^{-st_0}e^{ilz_0}\cos\{m(\theta - \theta_0)\}\{\xi_n \mathcal{V}_{\mathcal{N} m\dot{o}}(\xi_n r_0, a) - \lambda_a \mathcal{V}_{\mathcal{D} m\dot{o}}(\xi_n r_0, a)\}}{\phi c_t(\eta_r \xi_n^2 + \eta_z l^2 + s)} + \frac{2\overline{\overline{\overline{\psi}}}_a(m, l, s; \theta)}{\pi\phi c_t(\eta_r \xi_n^2 + \eta_z l^2 + s)} -$$

$$-\frac{2\{\xi_n J'_{m\dot{o}}(\xi_n a) - \lambda_a J_{m\dot{o}}(\xi_n a)\}\overline{\overline{\overline{\psi}}}_b(m, l, s; \theta)}{\pi\phi c_t(\eta_r \xi_n^2 + \eta_z l^2 + s)\{\xi_n J'_{m\dot{o}}(\xi_n b) + \lambda_b J_{m\dot{o}}(\xi_n b)\}} + \frac{\overline{\overline{\overline{\varphi}}}(\xi_n, m, l; \theta)}{(\eta_r \xi_n^2 + \eta_z l^2 + s)} \quad (24.12.1)$$

where $\overline{p} = \int_a^b pr\{\xi_n \mathcal{V}_{\mathcal{N} m\dot{o}}(\xi_n r, a) - \lambda_a \mathcal{V}_{\mathcal{D} m\dot{o}}(\xi_n r, a)\}dr$ and the eigenvalues $\xi_n, n = 1, 2, ...,$ are the positive roots of $\lambda_a\{\mathcal{V}'_{\mathcal{D} m\dot{o}}(\xi_n b, a) + \lambda_b \mathcal{V}_{\mathcal{D} m\dot{o}}(\xi_n b, a)\} - \xi_n\{\mathcal{V}'_{\mathcal{N} m\dot{o}}(\xi_n b, a) + \lambda_b \mathcal{V}_{\mathcal{N} m\dot{o}}(\xi_n b, a)\} = 0$.
$\overline{\overline{\overline{\varphi}}}(\xi_n, m, l; \theta) = \int_a^b v\{\xi_n \mathcal{V}_{\mathcal{N} m\dot{o}}(\xi_n v, a) - \lambda_a \mathcal{V}_{\mathcal{D} m\dot{o}}(\xi_n v, a)\}\int_0^{2\pi}\cos\{m(\theta - u)\}\int_{-\infty}^{\infty}\varphi(v, u, z)e^{ilz}dzdudv$,
$\overline{\overline{\overline{\psi}}}_a(m, l, s; \theta) = \int_0^{2\pi}\cos\{m(\theta - v)\}\int_{-\infty}^{\infty}\overline{\psi}_a(v, w, s)e^{ilw}dwdv$, and
$\overline{\overline{\overline{\psi}}}_b(m, l, s; \theta) = \int_0^{2\pi}\cos\{m(\theta - v)\}\int_{-\infty}^{\infty}\overline{\psi}_b(v, w, s)e^{ilw}dwdv$. Successive inverse transforms yield

$$\overline{p} = \frac{\pi q(s)e^{-st_0}}{4\phi c_t\sqrt{\eta_z}} \sum_{m=0}^{\infty} \ni_m \cos\{m(\theta - \theta_0)\} \sum_{n=1}^{\infty} \frac{\xi_n^2\{\xi_n J'_{m\dot{o}}(\xi_n b) + \lambda_b J_{m\dot{o}}(\xi_n b)\}^2 e^{-|z-z_0|\sqrt{\frac{\eta_r \xi_n^2 + s}{\eta_z}}}}{\sqrt{(\eta_r \xi_n^2 + s)}} \times$$

$$\times \frac{\{\xi_n \mathcal{V}_{\mathcal{N} m\dot{o}}(\xi_n r_0, a) - \lambda_a \mathcal{V}_{\mathcal{D} m\dot{o}}(\xi_n r_0, a)\}\{\xi_n \mathcal{V}_{\mathcal{N} m\dot{o}}(\xi_n r, a) - \lambda_a \mathcal{V}_{\mathcal{D} m\dot{o}}(\xi_n r, a)\}}{\left[\left\{\xi_n^2 + \lambda_b^2 - \left(\frac{m\dot{o}}{b}\right)^2\right\}\{\xi_n J'_{m\dot{o}}(\xi_n a) - \lambda_a J_{m\dot{o}}(\xi_n a)\}^2 - \left\{\xi_n^2 + \lambda_a^2 - \left(\frac{m\dot{o}}{a}\right)^2\right\}\{\xi_n J'_{m\dot{o}}(\xi_n b) + \lambda J_{m\dot{o}}(\xi_n b)\}^2\right]} +$$

$$+\frac{1}{2\phi c_t\sqrt{\eta_z}} \sum_{m=0}^{\infty} \ni_m \times$$

$$\times\sum_{n=1}^{\infty}\frac{\xi_n^2\{\xi_n J'_{m\dot{o}}(\xi_n b)+\lambda_b J_{m\dot{o}}(\xi_n b)\}^2\{\xi_n\mathcal{V}_{\mathcal{N}m\dot{o}}(\xi_n r,a)-\lambda_a\mathcal{V}_{\mathcal{D}m\dot{o}}(\xi_n r,a)\}}{\left[\left\{\xi_n^2+\lambda_b^2-\left(\frac{m\dot{o}}{b}\right)^2\right\}\{\xi_n J'_{m\dot{o}}(\xi_n a)-\lambda_a J_{m\dot{o}}(\xi_n a)\}^2-\left\{\xi_n^2+\lambda_a^2-\left(\frac{m\dot{o}}{a}\right)^2\right\}\{\xi_n J'_{m\dot{o}}(\xi_n b)+\lambda J_{m\dot{o}}(\xi_n b)\}^2\right]}\times$$

$$\times\frac{\int_{-\infty}^{\infty}\overline{\overline{\psi}}_a(m,w,s;\theta)\,e^{-|z-w|\sqrt{\frac{\eta_r\xi_n^2+s}{\eta_z}}}dw}{\sqrt{\eta_r\xi_n^2+s}}-$$

$$-\frac{1}{2\phi c_t\sqrt{\eta_z}}\sum_{m=0}^{\infty}\ni_m\times$$

$$\times\sum_{n=1}^{\infty}\frac{\xi_n^2\{\xi_n J'_{m\dot{o}}(\xi_n b)+\lambda_b J_{m\dot{o}}(\xi_n b)\}\{\xi_n J'_{m\dot{o}}(\xi_n a)+\lambda_a J_{m\dot{o}}(\xi_n a)\}\{\xi_n\mathcal{V}_{\mathcal{N}m\dot{o}}(\xi_n r,a)-\lambda_a\mathcal{V}_{\mathcal{D}m\dot{o}}(\xi_n r,a)\}}{\left[\left\{\xi_n^2+\lambda_b^2-\left(\frac{m\dot{o}}{b}\right)^2\right\}\{\xi_n J'_{m\dot{o}}(\xi_n a)-\lambda_a J_{m\dot{o}}(\xi_n a)\}^2-\left\{\xi_n^2+\lambda_a^2-\left(\frac{m\dot{o}}{a}\right)^2\right\}\{\xi_n J'_{m\dot{o}}(\xi_n b)+\lambda J_{m\dot{o}}(\xi_n b)\}^2\right]}\times$$

$$\frac{\times\int_{-\infty}^{\infty}\overline{\overline{\psi}}_b(m,w,s;\theta)\,e^{-|z-w|\sqrt{\frac{\eta_r\xi_n^2+s}{\eta_z}}}dw}{\sqrt{\eta_r\xi_n^2+s}}+$$

$$+\frac{\pi}{4\sqrt{\eta_z}}\sum_{m=0}^{\infty}\ni_m\times$$

$$\times\sum_{n=1}^{\infty}\frac{\xi_n^2\{\xi_n J'_{m\dot{o}}(\xi_n b)+\lambda_b J_{m\dot{o}}(\xi_n b)\}^2\{\xi_n\mathcal{V}_{\mathcal{N}m\dot{o}}(\xi_n r,a)-\lambda_a\mathcal{V}_{\mathcal{D}m\dot{o}}(\xi_n r,a)\}}{\left[\left\{\xi_n^2+\lambda_b^2-\left(\frac{m\dot{o}}{b}\right)^2\right\}\{\xi_n J'_{m\dot{o}}(\xi_n a)-\lambda_a J_{m\dot{o}}(\xi_n a)\}^2-\left\{\xi_n^2+\lambda_a^2-\left(\frac{m\dot{o}}{a}\right)^2\right\}\{\xi_n J'_{m\dot{o}}(\xi_n b)+\lambda J_{m\dot{o}}(\xi_n b)\}^2\right]}\times$$

$$\frac{\times\int_{-\infty}^{\infty}\overline{\overline{\varphi}}(\xi_n,m,w;\theta)\,e^{-|z-w|\sqrt{\frac{\eta_r\xi_n^2+s}{\eta_z}}}dw}{\sqrt{\eta_r\xi_n^2+s}} \tag{24.12.2}$$

and

$$p=\frac{U(t-t_0)}{4\phi c_t}\sqrt{\frac{\pi}{\eta_z}}\sum_{m=0}^{\infty}\ni_m\cos\{m(\theta-\theta_0)\}\times$$

$$\times\sum_{n=1}^{\infty}\frac{\xi_n^2\{\xi_n J'_{m\dot{o}}(\xi_n b)+\lambda_b J_{m\dot{o}}(\xi_n b)\}^2\{\xi_n\mathcal{V}_{\mathcal{N}m\dot{o}}(\xi_n r_0,a)-\lambda_a\mathcal{V}_{\mathcal{D}m\dot{o}}(\xi_n r_0,a)\}}{\left[\left\{\xi_n^2+\lambda_b^2-\left(\frac{m\dot{o}}{b}\right)^2\right\}\{\xi_n J'_{m\dot{o}}(\xi_n a)-\lambda_a J_{m\dot{o}}(\xi_n a)\}^2-\left\{\xi_n^2+\lambda_a^2-\left(\frac{m\dot{o}}{a}\right)^2\right\}\{\xi_n J'_{m\dot{o}}(\xi_n b)+\lambda J_{m\dot{o}}(\xi_n b)\}^2\right]}\times$$

$$\times\{\xi_n\mathcal{V}_{\mathcal{N}m\dot{o}}(\xi_n r,a)-\lambda_a\mathcal{V}_{\mathcal{D}m\dot{o}}(\xi_n r,a)\}\int_0^{t-t_0}\frac{q(t-t_0-\tau)\,e^{-\eta_r\xi_n^2\tau-\frac{(z-z_0)^2}{4\eta_z\tau}}}{\sqrt{\tau}}d\tau+$$

$$+\frac{1}{2\phi c_t\sqrt{\pi\eta_z}}\sum_{m=0}^{\infty}\ni_m\times$$

$$\times\sum_{n=1}^{\infty}\frac{\xi_n^2\{\xi_n J'_{m\dot{o}}(\xi_n b)+\lambda_b J_{m\dot{o}}(\xi_n b)\}^2\{\xi_n\mathcal{V}_{\mathcal{N}m\dot{o}}(\xi_n r,a)-\lambda_a\mathcal{V}_{\mathcal{D}m\dot{o}}(\xi_n r,a)\}}{\left[\left\{\xi_n^2+\lambda_b^2-\left(\frac{m\dot{o}}{b}\right)^2\right\}\{\xi_n J'_{m\dot{o}}(\xi_n a)-\lambda_a J_{m\dot{o}}(\xi_n a)\}^2-\left\{\xi_n^2+\lambda_a^2-\left(\frac{m\dot{o}}{a}\right)^2\right\}\{\xi_n J'_{m\dot{o}}(\xi_n b)+\lambda J_{m\dot{o}}(\xi_n b)\}^2\right]}\times$$

$$\times\int_0^t\frac{e^{-\eta_r\xi_n^2\tau}}{\sqrt{\tau}}\int_{-\infty}^{\infty}\overline{\psi}_a(m,w,t-\tau;\theta)\,e^{-\frac{(z-w)^2}{4\eta_z\tau}}dwd\tau-$$

$$-\frac{1}{2\phi c_t\sqrt{\pi\eta_z}}\sum_{m=0}^{\infty}\ni_m\times$$

$$\times\sum_{n=1}^{\infty}\frac{\xi_n^2\{\xi_n J'_{m\dot{o}}(\xi_n b)+\lambda_b J_{m\dot{o}}(\xi_n b)\}\{\xi_n J'_{m\dot{o}}(\xi_n a)+\lambda_a J_{m\dot{o}}(\xi_n a)\}\{\xi_n\mathcal{V}_{\mathcal{N}m\dot{o}}(\xi_n r,a)-\lambda_a\mathcal{V}_{\mathcal{D}m\dot{o}}(\xi_n r,a)\}}{\left[\left\{\xi_n^2+\lambda_b^2-\left(\frac{m\dot{o}}{b}\right)^2\right\}\{\xi_n J'_{m\dot{o}}(\xi_n a)-\lambda_a J_{m\dot{o}}(\xi_n a)\}^2-\left\{\xi_n^2+\lambda_a^2-\left(\frac{m\dot{o}}{a}\right)^2\right\}\{\xi_n J'_{m\dot{o}}(\xi_n b)+\lambda J_{m\dot{o}}(\xi_n b)\}^2\right]}\times$$

$$\times\int_0^t\frac{e^{-\eta_r\xi_n^2\tau}}{\sqrt{\tau}}\int_{-\infty}^{\infty}\overline{\psi}_b(m,w,t-\tau;\theta)\,e^{-\frac{(z-w)^2}{4\eta_z\tau}}dwd\tau+$$

$$+\frac{1}{4}\sqrt{\frac{\pi}{\eta_z t}}\sum_{m=0}^{\infty}\ni_m \times$$
$$\times\sum_{n=1}^{\infty}\frac{\xi_n^2\{\xi_n J'_{m\dot{o}}(\xi_n b)+\lambda_b J_{m\dot{o}}(\xi_n b)\}^2\{\xi_n \mathcal{V}_{\mathcal{N}m\dot{o}}(\xi_n r,a)-\lambda_a \mathcal{V}_{\mathcal{D}m\dot{o}}(\xi_n r,a)\}e^{-\eta_r\xi_n^2 t}\int_{-\infty}^{\infty}\overline{\overline{\varphi}}(\xi_n,m,w;\theta)e^{-\frac{(z-w)^2}{4\eta_z t}}dw}{\left[\left\{\xi_n^2+\lambda_b^2-\left(\frac{m\dot{o}}{b}\right)^2\right\}\{\xi_n J'_{m\dot{o}}(\xi_n a)-\lambda_a J_{m\dot{o}}(\xi_n a)\}^2-\left\{\xi_n^2+\lambda_a^2-\left(\frac{m\dot{o}}{a}\right)^2\right\}\{\xi_n J'_{m\dot{o}}(\xi_n b)+\lambda J_{m\dot{o}}(\xi_n b)\}^2\right]} \tag{24.12.3}$$

where $\overline{\overline{\psi}}_a(m,w,s;\theta)=\int_0^{2\pi}\overline{\psi}_a(v,w,s)\cos\{m(\theta-v)\}dv$, $\overline{\psi}_a(m,w,t;\theta)=\int_0^{2\pi}\psi_a(v,w,t)\cos\{m(\theta-v)\}dv$, $\overline{\overline{\psi}}_b(m,w,s;\theta)=\int_0^{2\pi}\overline{\psi}_b(v,w,s)\cos\{m(\theta-v)\}dv$, $\overline{\psi}_b(m,w,t;\theta)=\int_0^{2\pi}\psi_b(v,w,t)\cos\{m(\theta-v)\}dv$ and $\overline{\overline{\varphi}}(\xi_n,m,w;\theta)=\int_a^b u\{\xi_n\mathcal{V}_{\mathcal{N}m\dot{o}}(\xi_n u,a)-\lambda_a\mathcal{V}_{\mathcal{D}m\dot{o}}(\xi_n u,a)\}\int_0^{2\pi}\varphi(u,v,w)\cos\{m(\theta-v)\}dudv$.

24.13

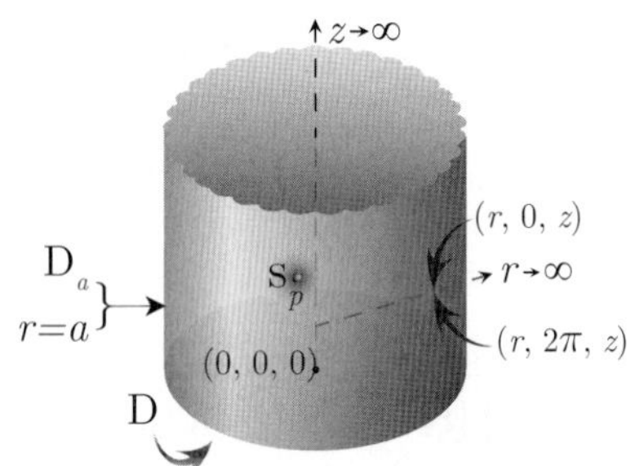

A cylindrical continuum bounded by $0\le r\le a$ and semi-infinite in z. Point source at $s_p\equiv(r_0,\theta_0,z_0)$ at time $t=t_0$; $0<r_0<a$, $0\le\theta_0\le 2\pi$, $0<z_0<\infty$, $t_0\ge 0$. $D_a\equiv p(a,\theta,z,t)=\psi_a(\theta,z,t)$ and $D\equiv p(r,\theta,0,t)=\psi(r,\theta,t)$. $p(r,\theta,z,0)=\varphi(r,\theta,z)$

Successive application of the Laplace, Fourier and finite Hankel transformations to equation (22.1.1) gives

$$\overline{\overline{\overline{p}}}=\frac{q(s)e^{-st_0}\cos\{m(\theta-\theta_0)\}\sin(lz_0)J_{m\dot{o}}(\xi_n r_0)}{\phi c_t(\eta_r\xi_n^2+\eta_z l^2+s)}-\frac{a\eta_r\xi_n\overline{\overline{\psi}}_a(m,l,s;\theta)J'_{m\dot{o}}(\xi_n a)}{(\eta_r\xi_n^2+\eta_z l^2+s)}+\frac{\eta_z l\overline{\overline{\psi}}(\xi_n,m,s;\theta)}{(\eta_r\xi_n^2+\eta_z l^2+s)}+$$
$$+\frac{\overline{\overline{\varphi}}(\xi_n,m,l;\theta)}{(\eta_r\xi_n^2+\eta_z l^2+s)} \tag{24.13.1}$$

where ξ_n are the positive roots of $J_{m\dot{o}}(\xi_n a)=0$, $n=1,2,...$, $\overline{\overline{\psi}}(\xi_n,m,s;\theta)=\int_0^a uJ_{m\dot{o}}(\xi_n u)\int_0^{2\pi}\overline{\psi}(u,v,s)\cos\{m(\theta-v)\}dvdu$, $\overline{\overline{\psi}}_a(m,l,s;\theta)=\int_0^{2\pi}\cos\{m(\theta-v)\}\int_0^{\infty}\overline{\psi}_a(v,w,s)\sin(lw)\,dwdv$ and $\overline{\overline{\varphi}}(\xi_n,m,l;\theta)=\int_0^a uJ_{m\dot{o}}(\xi_n u)\int_0^{2\pi}\cos\{m(\theta-v)\}\int_0^{\infty}\varphi(u,v,w)\sin(lw)\,dwdvdu$. Successive inverse transforms yield

$$\overline{p}=\frac{q(s)e^{-st_0}}{\pi a^2\phi c_t\sqrt{\eta_z}}\sum_{m=0}^{\infty}\ni_m\cos\{m(\theta-\theta_0)\}\sum_{n=1}^{\infty}\frac{J_{m\dot{o}}(\xi_n r_0)J_{m\dot{o}}(\xi_n r)}{J'^2_{m\dot{o}}(\xi_n a)\sqrt{(\eta_r\xi_n^2+s)}}\left\{e^{-|z-z_0|\sqrt{\frac{\eta_r\xi_n^2+s}{\eta_z}}}-e^{-|z+z_0|\sqrt{\frac{\eta_r\xi_n^2+s}{\eta_z}}}\right\}-$$
$$-\frac{\eta_r}{\pi a\sqrt{\eta_z}}\sum_{m=0}^{\infty}\ni_m\sum_{n=1}^{\infty}\frac{\xi_n J_{m\dot{o}}(\xi_n r)}{J'_{m\dot{o}}(\xi_n a)\sqrt{\eta_r\xi_n^2+s}}\int_0^{\infty}\overline{\overline{\psi}}_a(m,w,s;\theta)\left\{e^{-|z-w|\sqrt{\frac{\eta_r\xi_n^2+s}{\eta_z}}}-e^{-|z+w|\sqrt{\frac{\eta_r\xi_n^2+s}{\eta_z}}}\right\}dw+$$
$$+\frac{2}{\pi a^2}\sum_{m=0}^{\infty}\ni_m\sum_{n=1}^{\infty}\frac{\overline{\overline{\psi}}(\xi_n,m,s;\theta)J_{m\dot{o}}(\xi_n r)e^{-z\sqrt{\frac{\eta_r\xi_n^2+s}{\eta_z}}}}{J'^2_{m\dot{o}}(\xi_n a)}+$$
$$+\frac{1}{\pi a^2\sqrt{\eta_z}}\sum_{m=0}^{\infty}\ni_m\sum_{n=1}^{\infty}\frac{J_{m\dot{o}}(\xi_n r)}{J'^2_{m\dot{o}}(\xi_n a)\sqrt{\eta_r\xi_n^2+s}}\int_0^{\infty}\overline{\overline{\varphi}}(\xi_n,m,w;\theta)\left\{e^{-|z-w|\sqrt{\frac{\eta_r\xi_n^2+s}{\eta_z}}}-e^{-|z+w|\sqrt{\frac{\eta_r\xi_n^2+s}{\eta_z}}}\right\}dw \tag{24.13.2}$$

and

$$p=\frac{U(t-t_0)}{a^2\phi c_t\sqrt{\pi^3\eta_z}}\sum_{m=0}^{\infty}\ni_m\cos\{m(\theta-\theta_0)\}\sum_{n=1}^{\infty}\frac{J_{m\dot{o}}(\xi_n r_0)J_{m\dot{o}}(\xi_n r)}{J'^2_{m\dot{o}}(\xi_n a)}\times$$

$$\times \int_0^{t-t_0} \frac{q(t-t_0-\tau)\, e^{-\eta_r \xi_n^2 \tau}}{\sqrt{\tau}} \left\{ e^{-\frac{(z-z_0)^2}{4\eta_z \tau}} - e^{-\frac{(z+z_0)^2}{4\eta_z \tau}} \right\} d\tau -$$

$$-\frac{\eta_r}{a\sqrt{\pi^3 \eta_z}} \sum_{m=0}^{\infty} \ni_m \sum_{n=1}^{\infty} \frac{\xi_n J_{m\dot{o}}(\xi_n r)}{J'_{m\dot{o}}(\xi_n a)} \int_0^t \frac{e^{-\eta_r \xi_n^2 \tau}}{\sqrt{\tau}} \int_0^{\infty} \overline{\psi}_a(m, w, t-\tau; \theta) \left\{ e^{-\frac{(z-w)^2}{4\eta_z \tau}} - e^{-\frac{(z+w)^2}{4\eta_z \tau}} \right\} dw d\tau +$$

$$+\frac{4}{a^2\sqrt{\pi^3}} \sum_{m=0}^{\infty} \ni_m \sum_{n=1}^{\infty} \frac{J_{m\dot{o}}(\xi_n r)}{J'^2_{m\dot{o}}(\xi_n a)} \int_{\frac{z}{2\sqrt{\eta_z t}}}^{\infty} \overline{\overline{\psi}} \left(\xi_n, m, t - \frac{z^2}{4\eta_z \tau^2}; \theta \right) e^{-\eta_r \xi_n^2 \left(\frac{z^2}{4\eta_z \tau^2} \right) - \tau^2} d\tau +$$

$$+\frac{1}{a^2\sqrt{\pi^3 \eta_z t}} \sum_{m=0}^{\infty} \ni_m \sum_{n=1}^{\infty} \frac{J_{m\dot{o}}(\xi_n r)\, e^{-\eta_r \xi_n^2 t}}{J'^2_{m\dot{o}}(\xi_n a)} \int_0^{\infty} \overline{\overline{\varphi}}(\xi_n, m, w; \theta) \left\{ e^{-\frac{(z-w)^2}{4\eta_z t}} - e^{-\frac{(z+w)^2}{4\eta_z t}} \right\} dw \tag{24.13.3}$$

where $\overline{\overline{\overline{\psi}}}(\xi_n, m, s; \theta) = \int_0^a u J_{m\dot{o}}(\xi_n u) \int_0^{2\pi} \overline{\psi}(u, v, s) \cos\{m(\theta - v)\} dv du$,
$\overline{\overline{\psi}}(\xi_n, m, t; \theta) = \int_0^a u J_{m\dot{o}}(\xi_n u) \int_0^{2\pi} \psi(u, v, t) \cos\{m(\theta - v)\} dv du$,
$\overline{\overline{\psi}}_a(m, w, s; \theta) = \int_0^{2\pi} \overline{\psi}_a(v, w, s) \cos\{m(\theta - v)\} dv$, $\overline{\psi}_a(m, w, t; \theta) = \int_0^{2\pi} \psi_a(v, w, t) \cos\{m(\theta - v)\} dv$ and
$\overline{\overline{\varphi}}(\xi_n, m, w; \theta) = \int_0^a u J_{m\dot{o}}(\xi_n u) \int_0^{2\pi} \varphi(u, v, w) \cos\{m(\theta - v)\} dv du$.

24.14 The problem of 24.13, except $\mathbf{N}_a \equiv \frac{\partial p(a,\theta,z,t)}{\partial r} = -\left(\frac{\mu}{k_r}\right) \psi_a(\theta, z, t)$ and $\mathbf{D} \equiv p(r, \theta, 0, t) = \psi(r, \theta, t)$

Successive application of the Laplace, Fourier and finite Hankel transformations to equation (22.1.1) gives

$$\overline{\overline{\overline{p}}} = \frac{q(s)\, e^{-st_0} \cos\{m(\theta-\theta_0)\} \sin(lz_0)\, J_{m\dot{o}}(\xi_n r_0)}{\phi c_t (\eta_r \xi_n^2 + \eta_z l^2 + s)} - \frac{a \overline{\overline{\overline{\psi}}}_a(m, l, s; \theta)\, J_{m\dot{o}}(\xi_n a)}{\phi c_t (\eta_r \xi_n^2 + \eta_z l^2 + s)} + \frac{\eta_z l \overline{\overline{\overline{\psi}}}(\xi_n, m, s; \theta)}{(\eta_r \xi_n^2 + \eta_z l^2 + s)} +$$
$$+ \frac{\overline{\overline{\overline{\varphi}}}(\xi_n, m, l; \theta)}{(\eta_r \xi_n^2 + \eta_z l^2 + s)} \tag{24.14.1}$$

where ξ_n are the positive roots of $J'_{m\dot{o}}(\xi_n a) = 0$, $n = 0, 1, ...,$
$\overline{\overline{\overline{\psi}}}(\xi_n, m, s; \theta) = \int_0^a u J_{m\dot{o}}(\xi_n u) \int_0^{2\pi} \overline{\psi}(u, v, s) \cos\{m(\theta - v)\} dv du$,
$\overline{\overline{\overline{\psi}}}_a(m, l, s; \theta) = \int_0^{2\pi} \cos\{m(\theta - v)\} \int_0^{\infty} \overline{\psi}_a(v, w, s) \sin(lw)\, dw dv$ and
$\overline{\overline{\overline{\varphi}}}(\xi_n, m, l; \theta) = \int_0^a u J_{m\dot{o}}(\xi_n u) \int_0^{2\pi} \cos\{m(\theta - v)\} \int_0^{\infty} \varphi(u, v, w) \sin(lw)\, dw dv du$. Successive inverse transforms yield

$$\overline{p} = \frac{q(s)\, e^{-st_0}}{\pi a^2 \phi c_t \sqrt{\eta_z}} \sum_{m=0}^{\infty} \ni_m \cos\{m(\theta-\theta_0)\} \times$$
$$\times \sum_{n=0}^{\infty} \frac{J_{m\dot{o}}(\xi_n r_0)\, J_{m\dot{o}}(\xi_n r)}{\left\{1 - \left(\frac{m\dot{o}}{\xi_n a}\right)^2\right\} J^2_{m\dot{o}}(\xi_n a) \sqrt{(\eta_r \xi_n^2 + s)}} \left\{ e^{-|z-z_0|\sqrt{\frac{\eta_r \xi_n^2 + s}{\eta_z}}} - e^{-|z+z_0|\sqrt{\frac{\eta_r \xi_n^2 + s}{\eta_z}}} \right\} -$$
$$-\frac{1}{\pi a \phi c_t \sqrt{\eta_z}} \sum_{m=0}^{\infty} \ni_m \sum_{n=0}^{\infty} \frac{J_{m\dot{o}}(\xi_n r)}{\left\{1 - \left(\frac{m\dot{o}}{\xi_n a}\right)^2\right\} J_{m\dot{o}}(\xi_n a) \sqrt{\eta_r \xi_n^2 + s}} \times$$

$$\times \int_0^\infty \overline{\overline{\psi}}_a(m,w,s;\theta)\left\{e^{-|z-w|\sqrt{\frac{\eta_r\xi_n^2+s}{\eta_z}}}-e^{-|z+w|\sqrt{\frac{\eta_r\xi_n^2+s}{\eta_z}}}\right\}dw+$$

$$+\frac{2}{\pi a^2}\sum_{m=0}^\infty \ni_m\sum_{n=1}^\infty \frac{\overline{\overline{\overline{\psi}}}(\xi_n,m,s;\theta)\,J_{m\dot{o}}(\xi_n r)\,e^{-z\sqrt{\frac{\eta_r\xi_n^2+s}{\eta_z}}}}{\left\{1-\left(\frac{m\dot{o}}{\xi_n a}\right)^2\right\}J_{m\dot{o}}^2(\xi_n a)}+$$

$$+\frac{1}{\pi a^2\sqrt{\eta_z}}\sum_{m=0}^\infty \ni_m\sum_{n=0}^\infty \frac{J_{m\dot{o}}(\xi_n r)}{\left\{1-\left(\frac{m\dot{o}}{\xi_n a}\right)^2\right\}J_{m\dot{o}}^2(\xi_n a)\sqrt{\eta_r\xi_n^2+s}}\times$$

$$\times\int_0^\infty \overline{\overline{\varphi}}(\xi_n,m,w;\theta)\left\{e^{-|z-w|\sqrt{\frac{\eta_r\xi_n^2+s}{\eta_z}}}-e^{-|z+w|\sqrt{\frac{\eta_r\xi_n^2+s}{\eta_z}}}\right\}dw \tag{24.14.2}$$

and

$$p=\frac{U(t-t_0)}{a^2\phi c_t\sqrt{\pi^3\eta_z}}\sum_{m=0}^\infty \ni_m\cos\{m(\theta-\theta_0)\}\sum_{n=0}^\infty \frac{J_{m\dot{o}}(\xi_n r_0)\,J_{m\dot{o}}(\xi_n r)}{\left\{1-\left(\frac{m\dot{o}}{\xi_n a}\right)^2\right\}J_{m\dot{o}}^2(\xi_n a)}\times$$

$$\times\int_0^{t-t_0}\frac{q(t-t_0-\tau)\,e^{-\eta_r\xi_n^2\tau}}{\sqrt{\tau}}\left\{e^{-\frac{(z-z_0)^2}{4\eta_z\tau}}-e^{-\frac{(z+z_0)^2}{4\eta_z\tau}}\right\}d\tau-$$

$$-\frac{1}{a\phi c_t\sqrt{\pi^3\eta_z}}\sum_{m=0}^\infty \ni_m\sum_{n=0}^\infty \frac{J_{m\dot{o}}(\xi_n r)}{\left\{1-\left(\frac{m\dot{o}}{\xi_n a}\right)^2\right\}J_{m\dot{o}}(\xi_n a)}\times$$

$$\times\int_0^t\frac{e^{-\eta_r\xi_n^2\tau}}{\sqrt{\tau}}\int_0^\infty \overline{\psi}_a(m,w,t-\tau;\theta)\left\{e^{-\frac{(z-w)^2}{4\eta_z\tau}}-e^{-\frac{(z+w)^2}{4\eta_z\tau}}\right\}dwd\tau+$$

$$+\frac{4}{a^2\sqrt{\pi^3}}\sum_{m=0}^\infty \ni_m\sum_{n=1}^\infty \frac{J_{m\dot{o}}(\xi_n r)}{\left\{1-\left(\frac{m\dot{o}}{\xi_n a}\right)^2\right\}J_{m\dot{o}}^2(\xi_n a)}\int_{\frac{z}{2\sqrt{\eta_z t}}}^\infty \overline{\overline{\psi}}\left(\xi_n,m,t-\frac{z^2}{4\eta_z\tau^2};\theta\right)e^{-\eta_r\xi_n^2\left(\frac{z^2}{4\eta_z\tau^2}\right)-\tau^2}d\tau+$$

$$+\frac{1}{a^2\sqrt{\pi^3\eta_z t}}\sum_{m=0}^\infty \ni_m\sum_{n=0}^\infty \frac{J_{m\dot{o}}(\xi_n r)\,e^{-\eta_r\xi_n^2 t}}{\left\{1-\left(\frac{m\dot{o}}{\xi_n a}\right)^2\right\}J_{m\dot{o}}^2(\xi_n a)}\int_0^\infty \overline{\overline{\varphi}}(\xi_n,m,w;\theta)\left\{e^{-\frac{(z-w)^2}{4\eta_z t}}-e^{-\frac{(z+w)^2}{4\eta_z t}}\right\}dw \tag{24.14.3}$$

where $\overline{\overline{\overline{\psi}}}(\xi_n,m,s;\theta)=\int_0^a uJ_{m\dot{o}}(\xi_n u)\int_0^{2\pi}\overline{\psi}(u,v,s)\cos\{m(\theta-v)\}dvdu$,
$\overline{\overline{\psi}}(\xi_n,m,t;\theta)=\int_0^a uJ_{m\dot{o}}(\xi_n u)\int_0^{2\pi}\psi(u,v,t)\cos\{m(\theta-v)\}dvdu$,
$\overline{\overline{\psi}}_a(m,w,s;\theta)=\int_0^{2\pi}\overline{\psi}_a(v,w,s)\cos\{m(\theta-v)\}dv$, $\overline{\psi}_a(m,w,t;\theta)=\int_0^{2\pi}\psi_a(v,w,t)\cos\{m(\theta-v)\}dv$ and
$\overline{\overline{\varphi}}(\xi_n,m,w;\theta)=\int_0^a uJ_{m\dot{o}}(\xi_n u)\int_0^{2\pi}\varphi(u,v,w)\cos\{m(\theta-v)\}dudv$.

24.15

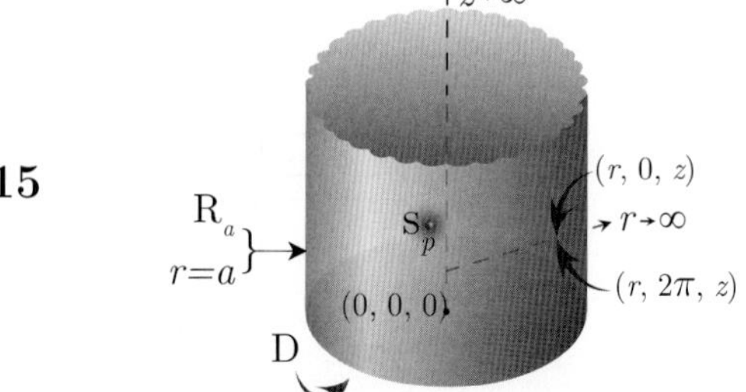

The problem of 24.13, except
$\mathbf{R}_a \equiv \frac{\partial p(a,\theta,z,t)}{\partial r}+\lambda p(a,\theta,z,t)=-\left(\frac{\mu}{k_r}\right)\psi_a(\theta,z,t)$ **and**
$\mathbf{D}\equiv p(r,\theta,0,t)=\psi(r,\theta,t)$

Successive application of the Laplace, Fourier and finite Hankel transformations to equation (22.1.1) gives

$$\overline{\overline{\overline{p}}} = \frac{q(s)\, e^{-st_0} \cos\{m(\theta-\theta_0)\} \sin(lz_0)\, J_{m\dot{o}}(\xi_n r_0)}{\phi c_t (\eta_r \xi_n^2 + \eta_z l^2 + s)} - \frac{a \overline{\overline{\overline{\psi}}}_a (m,l,s;\theta)\, J_{m\dot{o}}(\xi_n a)}{\phi c_t(\eta_r \xi_n^2 + \eta_z l^2 + s)} + \frac{\eta_z l \overline{\overline{\overline{\psi}}}(\xi_n,m,s;\theta)}{(\eta_r \xi_n^2 + \eta_z l^2 + s)} + \\ + \frac{\overline{\overline{\overline{\varphi}}}(\xi_n,m,l;\theta)}{(\eta_r \xi_n^2 + \eta_z l^2 + s)} \tag{24.15.1}$$

where ξ_n are the positive roots of $\xi_n J'_{m\dot{o}}(\xi_n a) + \lambda J_{m\dot{o}}(\xi_n a) = 0, n = 1,2,...,$
$\overline{\overline{\overline{\psi}}}(\xi_n,m,s;\theta) = \int_0^a u J_{m\dot{o}}(\xi_n u) \int_0^{2\pi} \overline{\psi}(u,v,s) \cos\{m(\theta-v)\} dv du,$
$\overline{\overline{\overline{\psi}}}_a(m,l,s;\theta) = \int_0^{2\pi} \cos\{m(\theta-v)\} \int_0^\infty \overline{\psi}_a(v,w,s) \sin(lw)\, dw dv$ and
$\overline{\overline{\overline{\varphi}}}(\xi_n,m,l;\theta) = \int_0^a u J_{m\dot{o}}(\xi_n u) \int_0^{2\pi} \cos\{m(\theta-v)\} \int_0^\infty \varphi(u,v,w) \sin(lw)\, dw dv du$. Successive inverse transforms yield

$$\overline{p} = \frac{q(s)\, e^{-st_0}}{\pi a^2 \phi c_t \sqrt{\eta_z}} \sum_{m=0}^{\infty} \ni_m \cos\{m(\theta-\theta_0)\} \times \\ \times \sum_{n=1}^{\infty} \frac{J_{m\dot{o}}(\xi_n r_0)\, J_{m\dot{o}}(\xi_n r)}{\left[\left\{1-\left(\frac{m\dot{o}}{\xi_n a}\right)^2\right\} J^2_{m\dot{o}}(\xi_n a) + J'^2_{m\dot{o}}(\xi_n a)\right] \sqrt{(\eta_r \xi_n^2 + s)}} \left\{ e^{-|z-z_0|\sqrt{\frac{\eta_r \xi_n^2+s}{\eta_z}}} - e^{-|z+z_0|\sqrt{\frac{\eta_r \xi_n^2+s}{\eta_z}}} \right\} - \\ - \frac{1}{\pi a \phi c_t \sqrt{\eta_z}} \sum_{m=0}^{\infty} \ni_m \sum_{n=1}^{\infty} \frac{J_{m\dot{o}}(\xi_n a)\, J_{m\dot{o}}(\xi_n r)}{\left[\left\{1-\left(\frac{m\dot{o}}{\xi_n a}\right)^2\right\} J^2_{m\dot{o}}(\xi_n a) + J'^2_{m\dot{o}}(\xi_n a)\right] \sqrt{\eta_r \xi_n^2 + s}} \times \\ \times \int_0^\infty \overline{\overline{\psi}}_a(m,w,s;\theta) \left\{ e^{-|z-w|\sqrt{\frac{\eta_r \xi_n^2+s}{\eta_z}}} - e^{-|z+w|\sqrt{\frac{\eta_r \xi_n^2+s}{\eta_z}}} \right\} dw + \\ + \frac{2}{\pi a^2} \sum_{m=0}^{\infty} \ni_m \sum_{n=1}^{\infty} \frac{\overline{\overline{\overline{\psi}}}(\xi_n,m,s;\theta)\, J_{m\dot{o}}(\xi_n r)\, e^{-z\sqrt{\frac{\eta_r \xi_n^2+s}{\eta_z}}}}{\left[\left\{1-\left(\frac{m\dot{o}}{\xi_n a}\right)^2\right\} J^2_{m\dot{o}}(\xi_n a) + J'^2_{m\dot{o}}(\xi_n a)\right]} + \\ + \frac{1}{\pi a^2 \sqrt{\eta_z}} \sum_{m=0}^{\infty} \ni_m \sum_{m=0}^{\infty} \ni_m \sum_{n=1}^{\infty} \frac{J_{m\dot{o}}(\xi_n r)}{\left[\left\{1-\left(\frac{m\dot{o}}{\xi_n a}\right)^2\right\} J^2_{m\dot{o}}(\xi_n a) + J'^2_{m\dot{o}}(\xi_n a)\right] \sqrt{\eta_r \xi_n^2 + s}} \times \\ \times \int_0^\infty \overline{\overline{\varphi}}(\xi_n,m,w;\theta) \left\{ e^{-|z-w|\sqrt{\frac{\eta_r \xi_n^2+s}{\eta_z}}} - e^{-|z+w|\sqrt{\frac{\eta_r \xi_n^2+s}{\eta_z}}} \right\} dw \tag{24.15.2}$$

and

$$p = \frac{U(t-t_0)}{a^2 \phi c_t \sqrt{\pi^3 \eta_z}} \sum_{m=0}^{\infty} \ni_m \cos\{m(\theta-\theta_0)\} \sum_{n=1}^{\infty} \frac{J_{m\dot{o}}(\xi_n r_0)\, J_{m\dot{o}}(\xi_n r)}{\left[\left\{1-\left(\frac{m\dot{o}}{\xi_n a}\right)^2\right\} J^2_{m\dot{o}}(\xi_n a) + J'^2_{m\dot{o}}(\xi_n a)\right]} \times \\ \times \int_0^{t-t_0} \frac{q(t-t_0-\tau)\, e^{-\eta_r \xi_n^2 \tau}}{\sqrt{\tau}} \left\{ e^{-\frac{(z-z_0)^2}{4\eta_z \tau}} - e^{-\frac{(z+z_0)^2}{4\eta_z \tau}} \right\} d\tau - \\ - \frac{1}{a \phi c_t \sqrt{\pi^3 \eta_z}} \sum_{m=0}^{\infty} \ni_m \sum_{n=1}^{\infty} \frac{J_{m\dot{o}}(\xi_n a)\, J_{m\dot{o}}(\xi_n r)}{\left[\left\{1-\left(\frac{m\dot{o}}{\xi_n a}\right)^2\right\} J^2_{m\dot{o}}(\xi_n a) + J'^2_{m\dot{o}}(\xi_n a)\right]} \times \\ \times \int_0^t \frac{e^{-\eta_r \xi_n^2 \tau}}{\sqrt{\tau}} \int_0^\infty \overline{\psi}_a(m,w,t-\tau;\theta) \left\{ e^{-\frac{(z-w)^2}{4\eta_z \tau}} - e^{-\frac{(z+w)^2}{4\eta_z \tau}} \right\} dw d\tau +$$

$$+\frac{4}{a^2\sqrt{\pi^3}}\sum_{m=0}^{\infty}\ni_m\sum_{n=1}^{\infty}\frac{J_{m\dot{o}}(\xi_n r)}{\left[\left\{1-\left(\frac{m\dot{o}}{\xi_n a}\right)^2\right\}J_{m\dot{o}}^2(\xi_n a)+J_{m\dot{o}}'^2(\xi_n a)\right]}\times$$

$$\times\int_{\frac{z}{2\sqrt{\eta_z t}}}^{\infty}\overline{\overline{\psi}}\left(\xi_n,m,t-\frac{z^2}{4\eta_z\tau^2};\theta\right)e^{-\eta_r\xi_n^2\left(\frac{z^2}{4\eta_z\tau^2}\right)-\tau^2}d\tau+$$

$$+\frac{1}{a^2\sqrt{\pi^3\eta_z t}}\sum_{m=0}^{\infty}\ni_m\sum_{n=1}^{\infty}\frac{J_{m\dot{o}}(\xi_n r)e^{-\eta_r\xi_n^2 t}}{\left[\left\{1-\left(\frac{m\dot{o}}{\xi_n a}\right)^2\right\}J_{m\dot{o}}^2(\xi_n a)+J_{m\dot{o}}'^2(\xi_n a)\right]}\times$$

$$\times\int_0^{\infty}\overline{\overline{\varphi}}(\xi_n,m,w;\theta)\left\{e^{-\frac{(z-w)^2}{4\eta_z t}}-e^{-\frac{(z+w)^2}{4\eta_z t}}\right\}dw \quad (24.15.3)$$

where $\overline{\overline{\overline{\psi}}}(\xi_n,m,s;\theta)=\int_0^a uJ_{m\dot{o}}(\xi_n u)\int_0^{2\pi}\overline{\psi}(u,v,s)\cos\{m(\theta-v)\}dvdu$,
$\overline{\overline{\psi}}(\xi_n,m,t;\theta)=\int_0^a uJ_{m\dot{o}}(\xi_n u)\int_0^{2\pi}\psi(u,v,t)\cos\{m(\theta-v)\}dvdu$,
$\overline{\overline{\psi}}_a(m,w,s;\theta)=\int_0^{2\pi}\overline{\psi}_a(v,w,s)\cos\{m(\theta-v)\}dv$, $\overline{\psi}_a(m,w,t;\theta)=\int_0^{2\pi}\psi_a(v,w,t)\cos\{m(\theta-v)\}dv$ and
$\overline{\overline{\varphi}}(\xi_n,m,w;\theta)=\int_0^a uJ_{m\dot{o}}(\xi_n u)\int_0^{2\pi}\varphi(u,v,w)\cos\{m(\theta-v)\}dudv$.

24.16

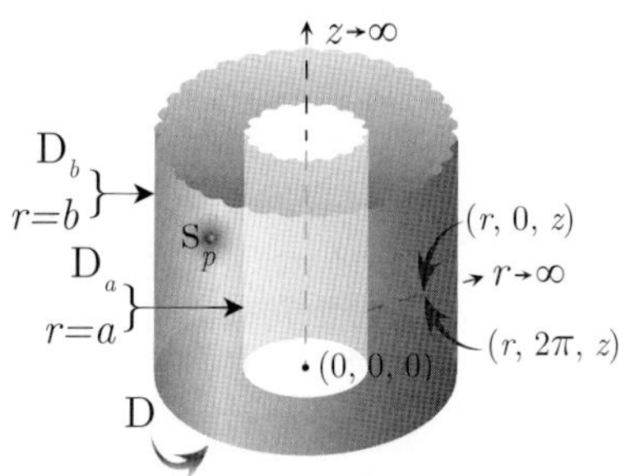

A cylindrical continuum bounded by $a \le r \le b$ and semi-infinite in z. Point source at $s_p \equiv (r_0,\theta_0,z_0)$ at time $t=t_0$; $a<r_0<b$, $0\le\theta_0\le 2\pi$, $0<z_0<\infty$, $t_0\ge 0$. $D\equiv p(r,\theta,0,t)=\psi(r,\theta,t)$, $D_a\equiv p(a,\theta,z,t)=\psi_a(\theta,z,t)$ and $D_b\equiv p(b,\theta,z,t)=\psi_b(\theta,z,t)$. $p(r,\theta,z,0)=\varphi(r,\theta,z)$

Successive application of the Laplace, Fourier and finite Hankel transformations to equation (22.1.1) gives

$$\overline{\overline{\overline{\overline{p}}}}=\frac{q(s)e^{-st_0}\cos\{m(\theta-\theta_0)\}\sin(lz_0)\mathcal{V}_{\mathcal{D}m\dot{o}}(\xi_n r_0,a)}{\phi c_t(\eta_r\xi_n^2+\eta_z l^2+s)}-\frac{2\eta_r\overline{\overline{\overline{\psi}}}_a(m,l,s;\theta)}{\pi(\eta_r\xi_n^2+\eta_z l^2+s)}+\frac{2\eta_r J_{m\dot{o}}(\xi_n a)\overline{\overline{\overline{\psi}}}_b(m,l,s;\theta)}{\pi J_{m\dot{o}}(\xi_n b)(\eta_r\xi_n^2+\eta_z l^2+s)}+$$

$$+\frac{\eta_z l\overline{\overline{\overline{\psi}}}(\xi_n,m,s;\theta)}{(\eta_r\xi_n^2+\eta_z l^2+s)}+\frac{\overline{\overline{\overline{\varphi}}}(\xi_n,m,l;\theta)}{(\eta_r\xi_n^2+\eta_z l^2+s)} \quad (24.16.1)$$

where $\mathcal{V}_{\mathcal{D}m\dot{o}}(\xi_n r,a)=J_{m\dot{o}}(\xi_n r)Y_{m\dot{o}}(\xi_n a)-Y_{m\dot{o}}(\xi_n r)J_{m\dot{o}}(\xi_n a)$ and the eigenvalues $\xi_n, n=1,2,...,$ are the positive roots of the transcendental equation $\mathcal{V}_{\mathcal{D}m\dot{o}}(\xi_n b,a)=0$.
$\overline{\overline{\overline{\psi}}}(\xi_n,m,s;\theta)=\int_0^a u\mathcal{V}_{\mathcal{D}m\dot{o}}(\xi_n u)\int_0^{2\pi}\overline{\psi}(u,v,s)\cos\{m(\theta-v)\}dvdu$,
$\overline{\overline{\overline{\psi}}}_a(m,l,s;\theta)=\int_0^{2\pi}\cos\{m(\theta-v)\}\int_0^{\infty}\overline{\psi}_a(v,w,s)\sin(lw)dwdv$,
$\overline{\overline{\overline{\psi}}}_b(m,l,s;\theta)=\int_0^{2\pi}\cos\{m(\theta-v)\}\int_0^{\infty}\overline{\psi}_b(v,w,s)\sin(lw)dwdv$, and
$\overline{\overline{\overline{\varphi}}}(\xi_n,m,l;\theta)=\int_a^b u\mathcal{V}_{\mathcal{D}m\dot{o}}(\xi_n u)\int_0^{2\pi}\cos\{m(\theta-v)\}\int_0^{\infty}\varphi(u,v,w)\sin(lw)dwdvdu$. Successive inverse transforms yield

$$\overline{p}=\frac{\pi q(s)e^{-st_0}}{4\phi c_t\sqrt{\eta_z}}\sum_{m=0}^{\infty}\ni_m\cos\{m(\theta-\theta_0)\}\times$$

$$\times\sum_{n=1}^{\infty}\frac{\xi_n^2J_{m\dot{o}}^2(\xi_n b)\mathcal{V}_{\mathcal{D}m\dot{o}}(\xi_n r_0,a)\mathcal{V}_{\mathcal{D}m\dot{o}}(\xi r,a)}{\{J_{m\dot{o}}^2(\xi_n a)-J_{m\dot{o}}^2(\xi_n b)\}\sqrt{(\eta_r\xi_n^2+s)}}\left\{e^{-|z-z_0|\sqrt{\frac{\eta_r\xi_n^2+s}{\eta_z}}}-e^{-|z+z_0|\sqrt{\frac{\eta_r\xi_n^2+s}{\eta_z}}}\right\}-$$

$$-\frac{\eta_r}{2\sqrt{\eta_z}}\sum_{m=0}^{\infty}\ni_m\sum_{n=1}^{\infty}\frac{\xi_n^2 J_{m\dot{o}}^2(\xi_n b)\,\mathcal{V}_{\mathcal{D}m\dot{o}}(\xi r,a)}{\{J_{m\dot{o}}^2(\xi_n a)-J_{m\dot{o}}^2(\xi_n b)\}\sqrt{\eta_r\xi_n^2+s}}\times$$
$$\times\int_0^\infty\overline{\overline{\psi}}_a(m,w,s;\theta)\left\{e^{-|z-w|\sqrt{\frac{\eta_r\xi_n^2+s}{\eta_z}}}-e^{-|z+w|\sqrt{\frac{\eta_r\xi_n^2+s}{\eta_z}}}\right\}dw+$$
$$+\frac{\eta_r}{2\sqrt{\eta_z}}\sum_{m=0}^{\infty}\ni_m\sum_{n=1}^{\infty}\frac{\xi_n^2 J_{m\dot{o}}(\xi_n a)\,J_{m\dot{o}}(\xi_n b)\,\mathcal{V}_{\mathcal{D}m\dot{o}}(\xi r,a)}{\{J_{m\dot{o}}^2(\xi_n a)-J_{m\dot{o}}^2(\xi_n b)\}\sqrt{\eta_r\xi_n^2+s}}\times$$
$$\times\int_0^\infty\overline{\overline{\psi}}_b(m,w,s;\theta)\left\{e^{-|z-w|\sqrt{\frac{\eta_r\xi_n^2+s}{\eta_z}}}-e^{-|z+w|\sqrt{\frac{\eta_r\xi_n^2+s}{\eta_z}}}\right\}dw+$$
$$+\frac{\pi}{2}\sum_{m=0}^{\infty}\ni_m\sum_{n=1}^{\infty}\frac{\xi_n^2 J_{m\dot{o}}^2(\xi_n b)\,\mathcal{V}_{\mathcal{D}m\dot{o}}(\xi r,a)\overline{\overline{\overline{\psi}}}(\xi_n,m,s;\theta)\,e^{-z\sqrt{\frac{\eta_r\xi_n^2+s}{\eta_z}}}}{\{J_{m\dot{o}}^2(\xi_n a)-J_{m\dot{o}}^2(\xi_n b)\}}+$$
$$+\frac{\pi}{4\sqrt{\eta_z}}\sum_{m=0}^{\infty}\ni_m\sum_{n=1}^{\infty}\frac{\xi_n^2 J_{m\dot{o}}^2(\xi_n b)\,\mathcal{V}_{\mathcal{D}m\dot{o}}(\xi r,a)}{\{J_{m\dot{o}}^2(\xi_n a)-J_{m\dot{o}}^2(\xi_n b)\}\sqrt{\eta_r\xi_n^2+s}}\times$$
$$\times\int_0^\infty\overline{\overline{\varphi}}(\xi_n,m,w;\theta)\left\{e^{-|z-w|\sqrt{\frac{\eta_r\xi_n^2+s}{\eta_z}}}-e^{-|z+w|\sqrt{\frac{\eta_r\xi_n^2+s}{\eta_z}}}\right\}dw \qquad (24.16.2)$$

and

$$p=\frac{U(t-t_0)}{4\phi c_t}\sqrt{\frac{\pi}{\eta_z}}\sum_{m=0}^{\infty}\ni_m\cos\{m(\theta-\theta_0)\}\sum_{n=1}^{\infty}\frac{\xi_n^2 J_{m\dot{o}}^2(\xi_n b)\,\mathcal{V}_{\mathcal{D}m\dot{o}}(\xi_n r_0,a)\,\mathcal{V}_{\mathcal{D}m\dot{o}}(\xi r,a)}{\{J_{m\dot{o}}^2(\xi_n a)-J_{m\dot{o}}^2(\xi_n b)\}}\times$$
$$\times\int_0^{t-t_0}\frac{q(t-t_0-\tau)\,e^{-\eta_r\xi_n^2\tau}}{\sqrt{\tau}}\left\{e^{-\frac{(z-z_0)^2}{4\eta_z\tau}}-e^{-\frac{(z+z_0)^2}{4\eta_z\tau}}\right\}d\tau-\frac{\eta_r}{2\sqrt{\pi\eta_z}}\sum_{m=0}^{\infty}\ni_m\sum_{n=1}^{\infty}\frac{\xi_n^2 J_{m\dot{o}}^2(\xi_n b)\,\mathcal{V}_{\mathcal{D}m\dot{o}}(\xi r,a)}{\{J_{m\dot{o}}^2(\xi_n a)-J_{m\dot{o}}^2(\xi_n b)\}}\times$$
$$\times\int_0^t\frac{e^{-\eta_r\xi_n^2\tau}}{\sqrt{\tau}}\int_0^\infty\overline{\psi}_a(m,w,t-\tau;\theta)\left\{e^{-\frac{(z-w)^2}{4\eta_z\tau}}-e^{-\frac{(z+w)^2}{4\eta_z\tau}}\right\}dwd\tau+$$
$$+\frac{\eta_r}{2\sqrt{\pi\eta_z}}\sum_{m=0}^{\infty}\ni_m\sum_{n=1}^{\infty}\frac{\xi_n^2 J_{m\dot{o}}(\xi_n a)\,J_{m\dot{o}}(\xi_n b)\,\mathcal{V}_{\mathcal{D}m\dot{o}}(\xi r,a)}{\{J_{m\dot{o}}^2(\xi_n a)-J_{m\dot{o}}^2(\xi_n b)\}}\times$$
$$\times\int_0^t\frac{e^{-\eta_r\xi_n^2\tau}}{\sqrt{\tau}}\int_0^\infty\overline{\psi}_b(m,w,t-\tau;\theta)\left\{e^{-\frac{(z-w)^2}{4\eta_z\tau}}-e^{-\frac{(z+w)^2}{4\eta_z\tau}}\right\}dwd\tau+$$
$$+\sqrt{\pi}\sum_{m=0}^{\infty}\ni_m\sum_{n=1}^{\infty}\frac{\xi_n^2 J_{m\dot{o}}^2(\xi_n b)\,\mathcal{V}_{\mathcal{D}m\dot{o}}(\xi r,a)}{\{J_{m\dot{o}}^2(\xi_n a)-J_{m\dot{o}}^2(\xi_n b)\}}\int_{\frac{z}{2\sqrt{\eta_z t}}}^{\infty}\overline{\overline{\psi}}\left(\xi_n,m,t-\frac{z^2}{4\eta_z\tau^2};\theta\right)e^{-\eta_r\xi_n^2\left(\frac{z^2}{4\eta_z\tau^2}\right)-\tau^2}d\tau+$$
$$+\frac{1}{4}\sqrt{\frac{\pi}{\eta_z t}}\sum_{m=0}^{\infty}\ni_m\sum_{n=1}^{\infty}\frac{\xi_n^2 J_{m\dot{o}}^2(\xi_n b)\,\mathcal{V}_{\mathcal{D}m\dot{o}}(\xi r,a)\,e^{-\eta_r\xi_n^2 t}}{\{J_{m\dot{o}}^2(\xi_n a)-J_{m\dot{o}}^2(\xi_n b)\}}\int_0^\infty\overline{\overline{\varphi}}(\xi_n,m,w;\theta)\left\{e^{-\frac{(z-w)^2}{4\eta_z t}}-e^{-\frac{(z+w)^2}{4\eta_z t}}\right\}dw$$
$$(24.16.3)$$

where $\overline{\overline{\overline{\psi}}}(\xi_n,m,s;\theta)=\int_0^a u\mathcal{V}_{\mathcal{D}m\dot{o}}(\xi_n u)\int_0^{2\pi}\overline{\psi}(u,v,s)\cos\{m(\theta-v)\}dvdu$,
$\overline{\overline{\psi}}(\xi_n,m,t;\theta)=\int_0^a u\mathcal{V}_{\mathcal{D}m\dot{o}}(\xi_n u)\int_0^{2\pi}\psi(u,v,t)\cos\{m(\theta-v)\}dvdu$,
$\overline{\overline{\psi}}_a(m,w,s;\theta)=\int_0^{2\pi}\overline{\psi}_a(v,w,s)\cos\{m(\theta-v)\}dv$, $\overline{\psi}_a(m,w,t;\theta)=\int_0^{2\pi}\psi_a(v,w,t)\cos\{m(\theta-v)\}dv$,
$\overline{\overline{\psi}}_b(m,w,s;\theta)=\int_0^{2\pi}\overline{\psi}_b(v,w,s)\cos\{m(\theta-v)\}dv$, $\overline{\psi}_b(m,w,t;\theta)=\int_0^{2\pi}\psi_b(v,w,t)\cos\{m(\theta-v)\}dv$, and
$\overline{\overline{\varphi}}(\xi_n,m,w;\theta)=\int_0^a u\mathcal{V}_{\mathcal{D}m\dot{o}}(\xi_n u)\int_0^{2\pi}\varphi(u,v,w)\cos\{m(\theta-v)\}dudv$.

24.17

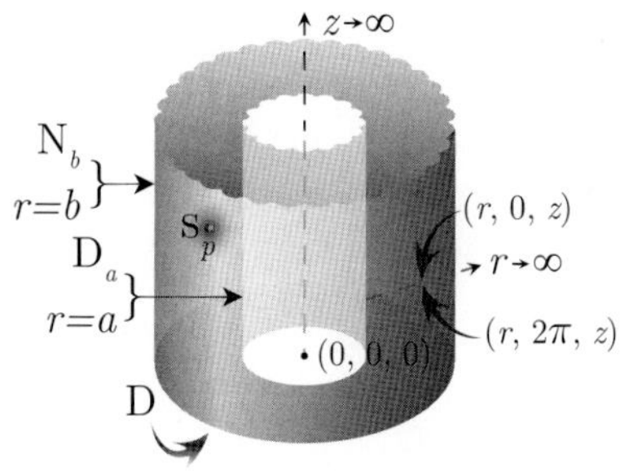

The problem of 24.16, except $\mathbf{D}_a \equiv p(a,\theta,z,t) = \psi_a(\theta,z,t)$, $\mathbf{N}_b \equiv \frac{\partial p(b,\theta,z,t)}{\partial r} = -\left(\frac{\mu}{k_r}\right)\psi_b(\theta,z,t)$ **and** $\mathbf{D} \equiv p(r,\theta,0,t) = \psi(r,\theta,t)$

Successive application of the Laplace, Fourier and finite Hankel transformations to equation (22.1.1) gives

$$\overline{\overline{\overline{p}}} = \frac{q(s)e^{-st_0}\cos\{m(\theta-\theta_0)\}\sin(lz_0)\mathcal{V}_{\mathcal{D}m\dot{o}}(\xi_n r_0,a)}{\phi c_t(\eta_r\xi_n^2+\eta_z l^2+s)} - \frac{2\eta_r\overline{\overline{\overline{\psi}}}_a(m,l,s;\theta)}{\pi(\eta_r\xi_n^2+\eta_z l^2+s)} - \frac{2J_{m\dot{o}}(\xi_n a)\overline{\overline{\overline{\psi}}}_b(m,l,s;\theta)}{\pi\phi c_t J'_{m\dot{o}}(\xi_n b)(\eta_r\xi_n^2+\eta_z l^2+s)} + \\ + \frac{\eta_z l\overline{\overline{\overline{\psi}}}(\xi_n,m,s;\theta)}{(\eta_r\xi_n^2+\eta_z l^2+s)} + \frac{\overline{\overline{\overline{\varphi}}}(\xi_n,m,l;\theta)}{(\eta_r\xi_n^2+\eta_z l^2+s)} \tag{24.17.1}$$

where $\mathcal{V}_{\mathcal{D}m\dot{o}}(\xi_n r,a) = J_{m\dot{o}}(\xi_n r)Y_{m\dot{o}}(\xi_n a) - Y_{m\dot{o}}(\xi_n r)J_{m\dot{o}}(\xi_n a)$ and the eigenvalues ξ_n are the positive roots of the transcendental equation $\mathcal{V}'_{\mathcal{D}m\dot{o}}(\xi_n b,a) = 0$, $n = 1,2,...,$
$\overline{\overline{\overline{\psi}}}(\xi_n,m,s;\theta) = \int_0^a u\mathcal{V}_{\mathcal{D}m\dot{o}}(\xi_n u)\int_0^{2\pi}\overline{\psi}(u,v,s)\cos\{m(\theta-v)\}dvdu$,
$\overline{\overline{\overline{\psi}}}_a(m,l,s;\theta) = \int_0^{2\pi}\cos\{m(\theta-v)\}\int_0^\infty\overline{\psi}_a(v,w,s)\sin(lw)\,dwdv$,
$\overline{\overline{\overline{\psi}}}_b(m,l,s;\theta) = \int_0^{2\pi}\cos\{m(\theta-v)\}\int_0^\infty\overline{\psi}_b(v,w,s)\sin(lw)\,dwdv$, and
$\overline{\overline{\overline{\varphi}}}(\xi_n,m,l;\theta) = \int_a^b u\mathcal{V}_{\mathcal{D}m\dot{o}}(\xi_n u)\int_0^{2\pi}\cos\{m(\theta-v)\}\int_0^\infty\varphi(u,v,w)\sin(lw)\,dwdvdu$. Successive inverse transforms yield

$$\overline{p} = \frac{\pi q(s)e^{-st_0}}{4\phi c_t\sqrt{\eta_z}}\sum_{m=0}^{\infty}\ni_m\cos\{m(\theta-\theta_0)\}\times \\ \times\sum_{n=1}^{\infty}\frac{\xi_n^2 J'^2_{m\dot{o}}(\xi_n b)\mathcal{V}_{\mathcal{D}m\dot{o}}(\xi_n r_0,a)\mathcal{V}_{\mathcal{D}m\dot{o}}(\xi r,a)}{\left[\left\{1-\left(\frac{m\dot{o}}{\xi_n b}\right)^2\right\}J^2_{m\dot{o}}(\xi_n a) - J'^2_{m\dot{o}}(\xi_n b)\right]\sqrt{(\eta_r\xi_n^2+s)}}\left\{e^{-|z-z_0|\sqrt{\frac{\eta_r\xi_n^2+s}{\eta_z}}} - e^{-|z+z_0|\sqrt{\frac{\eta_r\xi_n^2+s}{\eta_z}}}\right\} - \\ -\frac{\eta_r}{2\sqrt{\eta_z}}\sum_{m=0}^{\infty}\ni_m\sum_{n=1}^{\infty}\frac{\xi_n^2 J'^2_{m\dot{o}}(\xi_n b)\mathcal{V}_{\mathcal{D}m\dot{o}}(\xi r,a)}{\left[\left\{1-\left(\frac{m\dot{o}}{\xi_n b}\right)^2\right\}J^2_{m\dot{o}}(\xi_n a) - J'^2_{m\dot{o}}(\xi_n b)\right]\sqrt{\eta_r\xi_n^2+s}}\times \\ \times\int_0^\infty\overline{\overline{\psi}}_a(m,w,s;\theta)\left\{e^{-|z-w|\sqrt{\frac{\eta_r\xi_n^2+s}{\eta_z}}} - e^{-|z+w|\sqrt{\frac{\eta_r\xi_n^2+s}{\eta_z}}}\right\}dw - \\ -\frac{1}{2\phi c_t\sqrt{\eta_z}}\sum_{m=0}^{\infty}\ni_m\sum_{n=1}^{\infty}\frac{\xi_n^2 J_{m\dot{o}}(\xi_n a)J'_{m\dot{o}}(\xi_n b)\mathcal{V}_{\mathcal{D}m\dot{o}}(\xi r,a)}{\left[\left\{1-\left(\frac{m\dot{o}}{\xi_n b}\right)^2\right\}J^2_{m\dot{o}}(\xi_n a) - J'^2_{m\dot{o}}(\xi_n b)\right]\sqrt{\eta_r\xi_n^2+s}}\times \\ \times\int_0^\infty\overline{\overline{\psi}}_b(m,w,s;\theta)\left\{e^{-|z-w|\sqrt{\frac{\eta_r\xi_n^2+s}{\eta_z}}} - e^{-|z+w|\sqrt{\frac{\eta_r\xi_n^2+s}{\eta_z}}}\right\}dw + \\ +\frac{\pi}{2}\sum_{m=0}^{\infty}\ni_m\sum_{n=1}^{\infty}\frac{\xi_n^2 J'^2_{m\dot{o}}(\xi_n b)\mathcal{V}_{\mathcal{D}m\dot{o}}(\xi r,a)\overline{\overline{\overline{\psi}}}(\xi_n,m,s;\theta)e^{-z\sqrt{\frac{\eta_r\xi_n^2+s}{\eta_z}}}}{\left[\left\{1-\left(\frac{m\dot{o}}{\xi_n b}\right)^2\right\}J^2_{m\dot{o}}(\xi_n a) - J'^2_{m\dot{o}}(\xi_n b)\right]} + \\ +\frac{\pi}{4\sqrt{\eta_z}}\sum_{m=0}^{\infty}\ni_m\sum_{n=1}^{\infty}\frac{\xi_n^2 J'^2_{m\dot{o}}(\xi_n b)\mathcal{V}_{\mathcal{D}m\dot{o}}(\xi r,a)}{\left[\left\{1-\left(\frac{m\dot{o}}{\xi_n b}\right)^2\right\}J^2_{m\dot{o}}(\xi_n a) - J'^2_{m\dot{o}}(\xi_n b)\right]\sqrt{\eta_r\xi_n^2+s}}\times$$

$$\times \int_0^\infty \overline{\overline{\varphi}}(\xi_n, m, w; \theta) \left\{ e^{-|z-w|\sqrt{\frac{\eta_r \xi_n^2 + s}{\eta_z}}} - e^{-|z+w|\sqrt{\frac{\eta_r \xi_n^2 + s}{\eta_z}}} \right\} dw \qquad (24.17.2)$$

and

$$p = \frac{U(t-t_0)}{4\phi c_t}\sqrt{\frac{\pi}{\eta_z}} \sum_{m=0}^{\infty} \ni_m \cos\{m(\theta-\theta_0)\} \sum_{n=1}^{\infty} \frac{\xi_n^2 J_{m\dot{o}}'^2(\xi_n b)\, \mathcal{V}_{\mathcal{D}m\dot{o}}(\xi_n r_0, a)\, \mathcal{V}_{\mathcal{D}m\dot{o}}(\xi r, a)}{\left[\left\{1-\left(\frac{m\dot{o}}{\xi_n b}\right)^2\right\} J_{m\dot{o}}^2(\xi_n a) - J_{m\dot{o}}'^2(\xi_n b)\right]} \times$$

$$\times \int_0^{t-t_0} \frac{q(t-t_0-\tau)\, e^{-\eta_r \xi_n^2 \tau}}{\sqrt{\tau}} \left\{ e^{-\frac{(z-z_0)^2}{4\eta_z \tau}} - e^{-\frac{(z+z_0)^2}{4\eta_z \tau}} \right\} d\tau -$$

$$-\frac{\eta_r}{2\sqrt{\pi \eta_z}} \sum_{m=0}^{\infty} \ni_m \sum_{n=1}^{\infty} \frac{\xi_n^2 J_{m\dot{o}}'^2(\xi_n b)\, \mathcal{V}_{\mathcal{D}m\dot{o}}(\xi r, a)}{\left[\left\{1-\left(\frac{m\dot{o}}{\xi_n b}\right)^2\right\} J_{m\dot{o}}^2(\xi_n a) - J_{m\dot{o}}'^2(\xi_n b)\right]} \times$$

$$\times \int_0^t \frac{e^{-\eta_r \xi_n^2 \tau}}{\sqrt{\tau}} \int_0^\infty \overline{\psi}_a(m, w, t-\tau; \theta) \left\{ e^{-\frac{(z-w)^2}{4\eta_z \tau}} - e^{-\frac{(z+w)^2}{4\eta_z \tau}} \right\} dw d\tau -$$

$$-\frac{1}{2\phi c_t \sqrt{\pi \eta_z}} \sum_{m=0}^{\infty} \ni_m \sum_{n=1}^{\infty} \frac{\xi_n^2 J_{m\dot{o}}(\xi_n a)\, J_{m\dot{o}}'(\xi_n b)\, \mathcal{V}_{\mathcal{D}m\dot{o}}(\xi r, a)}{\left[\left\{1-\left(\frac{m\dot{o}}{\xi_n b}\right)^2\right\} J_{m\dot{o}}^2(\xi_n a) - J_{m\dot{o}}'^2(\xi_n b)\right]} \times$$

$$\times \int_0^t \frac{e^{-\eta_r \xi_n^2 \tau}}{\sqrt{\tau}} \int_0^\infty \overline{\psi}_b(m, w, t-\tau; \theta) \left\{ e^{-\frac{(z-w)^2}{4\eta_z \tau}} - e^{-\frac{(z+w)^2}{4\eta_z \tau}} \right\} dw d\tau +$$

$$+\sqrt{\pi} \sum_{m=0}^{\infty} \ni_m \sum_{n=1}^{\infty} \frac{\xi_n^2 J_{m\dot{o}}'^2(\xi_n b)\, \mathcal{V}_{\mathcal{D}m\dot{o}}(\xi r, a)}{\left[\left\{1-\left(\frac{m\dot{o}}{\xi_n b}\right)^2\right\} J_{m\dot{o}}^2(\xi_n a) - J_{m\dot{o}}'^2(\xi_n b)\right]} \times$$

$$\times \int_{\frac{z}{2\sqrt{\eta_z t}}}^\infty \overline{\overline{\psi}}\left(\xi_n, m, t - \frac{z^2}{4\eta_z \tau^2}; \theta\right) e^{-\eta_r \xi_n^2 \left(\frac{z^2}{4\eta_z \tau^2}\right) - \tau^2} d\tau +$$

$$+\frac{1}{4}\sqrt{\frac{\pi}{\eta_z t}} \sum_{m=0}^{\infty} \ni_m \sum_{n=1}^{\infty} \frac{\xi_n^2 J_{m\dot{o}}'^2(\xi_n b)\, \mathcal{V}_{\mathcal{D}m\dot{o}}(\xi r, a)\, e^{-\eta_r \xi_n^2 t}}{\left[\left\{1-\left(\frac{m\dot{o}}{\xi_n b}\right)^2\right\} J_{m\dot{o}}^2(\xi_n a) - J_{m\dot{o}}'^2(\xi_n b)\right]} \times$$

$$\times \int_0^\infty \overline{\overline{\varphi}}(\xi_n, m, w; \theta) \left\{ e^{-\frac{(z-w)^2}{4\eta_z t}} - e^{-\frac{(z+w)^2}{4\eta_z t}} \right\} dw \qquad (24.17.3)$$

where $\overline{\overline{\overline{\psi}}}(\xi_n, m, s; \theta) = \int_0^a u \mathcal{V}_{\mathcal{D}m\dot{o}}(\xi_n u) \int_0^{2\pi} \overline{\psi}(u, v, s) \cos\{m(\theta - v)\} dv du$,
$\overline{\overline{\psi}}(\xi_n, m, t; \theta) = \int_0^a u \mathcal{V}_{\mathcal{D}m\dot{o}}(\xi_n u) \int_0^{2\pi} \psi(u, v, t) \cos\{m(\theta - v)\} dv du$,
$\overline{\overline{\psi}}_a(m, w, s; \theta) = \int_0^{2\pi} \overline{\psi}_a(v, w, s) \cos\{m(\theta - v)\} dv$, $\overline{\psi}_a(m, w, t; \theta) = \int_0^{2\pi} \psi_a(v, w, t) \cos\{m(\theta - v)\} dv$,
$\overline{\overline{\psi}}_b(m, w, s; \theta) = \int_0^{2\pi} \overline{\psi}_b(v, w, s) \cos\{m(\theta - v)\} dv$, $\overline{\psi}_b(m, w, t; \theta) = \int_0^{2\pi} \psi_b(v, w, t) \cos\{m(\theta - v)\} dv$, and
$\overline{\overline{\varphi}}(\xi_n, m, w; \theta) = \int_0^a u \mathcal{V}_{\mathcal{D}m\dot{o}}(\xi_n u) \int_0^{2\pi} \varphi(u, v, w) \cos\{m(\theta - v)\} du dv$.

24.18 The problem of 24.16, except $\mathbf{D}_a \equiv p(a, \theta, z, t) = \psi_a(\theta, z, t)$, $\mathbf{R}_b \equiv \frac{\partial p(b,\theta,z,t)}{\partial r} + \lambda p(b, \theta, z, t) = -\left(\frac{\mu}{k_r}\right) \psi_b(\theta, z, t)$ and $\mathbf{D} \equiv p(r, \theta, 0, t) = \psi(r, \theta, t)$

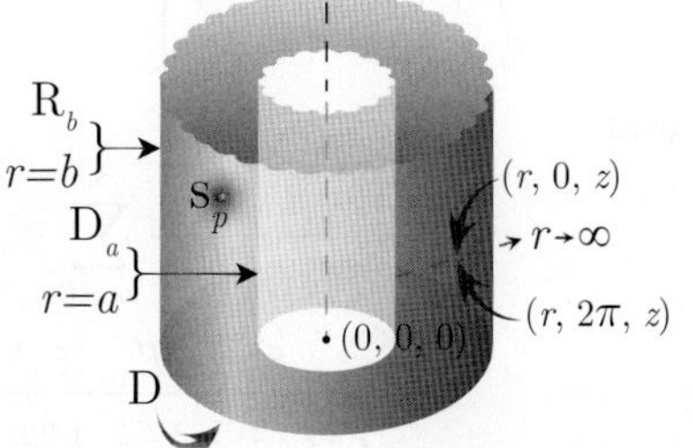

Successive application of the Laplace, Fourier and finite Hankel transformations to equation (22.1.1) gives

$$\overline{\overline{\overline{p}}} = \frac{q(s)\,e^{-st_0}\cos\{m(\theta-\theta_0)\}\sin(lz_0)\,\mathcal{V}_{\mathcal{D}m\dot{o}}(\xi_n r_0,a)}{\phi c_t(\eta_r\xi_n^2+\eta_z l^2+s)} - \frac{2\eta_r\overline{\overline{\overline{\psi}}}_a(m,l,s;\theta)}{\pi(\eta_r\xi_n^2+\eta_z l^2+s)} - \\ -\frac{2J_{m\dot{o}}(\xi_n a)\,\overline{\overline{\overline{\psi}}}_b(m,l,s;\theta)}{\pi\phi c_t\{\xi_n J'_{m\dot{o}}(\xi_n b)+\lambda J_{m\dot{o}}(\xi_n b)\}(\eta_r\xi_n^2+\eta_z l^2+s)} + \frac{\eta_z l\overline{\overline{\overline{\psi}}}(\xi_n,m,s;\theta)}{(\eta_r\xi_n^2+\eta_z l^2+s)} + \frac{\overline{\overline{\overline{\varphi}}}(\xi_n,m,l;\theta)}{(\eta_r\xi_n^2+\eta_z l^2+s)} \quad (24.18.1)$$

where $\mathcal{V}_{\mathcal{D}m\dot{o}}(\xi_n r,a) = J_{m\dot{o}}(\xi_n r)\,Y_{m\dot{o}}(\xi_n a) - Y_{m\dot{o}}(\xi_n r)\,J_{m\dot{o}}(\xi_n a)$ and the eigenvalues $\xi_n, n=1,2,...,$ are the positive roots of the transcendental equation $\xi_n\mathcal{V}'_{\mathcal{D}m\dot{o}}(\xi_n b,a)+\lambda\mathcal{V}_{\mathcal{D}m\dot{o}}(\xi_n b,a)=0$.
$\overline{\overline{\overline{\psi}}}(\xi_n,m,s;\theta) = \int_0^a u\mathcal{V}_{\mathcal{D}m\dot{o}}(\xi_n u)\int_0^{2\pi}\overline{\psi}(u,v,s)\cos\{m(\theta-v)\}dvdu$,
$\overline{\overline{\overline{\psi}}}_a(m,l,s;\theta) = \int_0^{2\pi}\cos\{m(\theta-v)\}\int_0^\infty\overline{\psi}_a(v,w,s)\sin(lw)\,dwdv$,
$\overline{\overline{\overline{\psi}}}_b(m,l,s;\theta) = \int_0^{2\pi}\cos\{m(\theta-v)\}\int_0^\infty\overline{\psi}_b(v,w,s)\sin(lw)\,dwdv$, and
$\overline{\overline{\overline{\varphi}}}(\xi_n,m,l;\theta) = \int_a^b u\mathcal{V}_{\mathcal{D}m\dot{o}}(\xi_n u)\int_0^{2\pi}\cos\{m(\theta-v)\}\int_0^\infty\varphi(u,v,w)\sin(lw)\,dwdvdu$. Successive inverse transforms yield

$$\overline{p} = \frac{\pi q(s)\,e^{-st_0}}{4\phi c_t\sqrt{\eta_z}}\sum_{m=0}^{\infty}\ni_m\cos\{m(\theta-\theta_0)\}\times \\ \times\sum_{n=1}^{\infty}\frac{\xi_n^2\{\xi_n J'_{m\dot{o}}(\xi_n b)+\lambda J_{m\dot{o}}(\xi_n b)\}^2\mathcal{V}_{\mathcal{D}m\dot{o}}(\xi_n r_0,a)\,\mathcal{V}_{\mathcal{D}m\dot{o}}(\xi r,a)}{\left[\left\{\xi_n^2+\lambda^2-\left(\frac{m\dot{o}}{b}\right)^2\right\}J^2_{m\dot{o}}(\xi_n a)-\{\xi_n J'_{m\dot{o}}(\xi_n b)+\lambda J_{m\dot{o}}(\xi_n b)\}^2\right]\sqrt{(\eta_r\xi_n^2+s)}}\times \\ \times\left\{e^{-|z-z_0|\sqrt{\frac{\eta_r\xi_n^2+s}{\eta_z}}}-e^{-|z+z_0|\sqrt{\frac{\eta_r\xi_n^2+s}{\eta_z}}}\right\}- \\ -\frac{\eta_r}{2\sqrt{\eta_z}}\sum_{m=0}^{\infty}\ni_m\sum_{n=1}^{\infty}\frac{\xi_n^2\{\xi_n J'_{m\dot{o}}(\xi_n b)+\lambda J_{m\dot{o}}(\xi_n b)\}^2\mathcal{V}_{\mathcal{D}m\dot{o}}(\xi r,a)}{\left[\left\{\xi_n^2+\lambda^2-\left(\frac{m\dot{o}}{b}\right)^2\right\}J^2_{m\dot{o}}(\xi_n a)-\{\xi_n J'_{m\dot{o}}(\xi_n b)+\lambda J_{m\dot{o}}(\xi_n b)\}^2\right]\sqrt{\eta_r\xi_n^2+s}}\times \\ \times\int_0^\infty\overline{\overline{\psi}}_a(m,w,s;\theta)\left\{e^{-|z-w|\sqrt{\frac{\eta_r\xi_n^2+s}{\eta_z}}}-e^{-|z+w|\sqrt{\frac{\eta_r\xi_n^2+s}{\eta_z}}}\right\}dw- \\ -\frac{1}{2\phi c_t\sqrt{\eta_z}}\sum_{m=0}^{\infty}\ni_m\sum_{n=1}^{\infty}\frac{\xi_n^2 J_{m\dot{o}}(\xi_n a)\{\xi_n J'_{m\dot{o}}(\xi_n b)+\lambda J_{m\dot{o}}(\xi_n b)\}\mathcal{V}_{\mathcal{D}m\dot{o}}(\xi r,a)}{\left[\left\{\xi_n^2+\lambda^2-\left(\frac{m\dot{o}}{b}\right)^2\right\}J^2_{m\dot{o}}(\xi_n a)-\{\xi_n J'_{m\dot{o}}(\xi_n b)+\lambda J_{m\dot{o}}(\xi_n b)\}^2\right]\sqrt{\eta_r\xi_n^2+s}}\times \\ \times\int_0^\infty\overline{\overline{\psi}}_b(m,w,s;\theta)\left\{e^{-|z-w|\sqrt{\frac{\eta_r\xi_n^2+s}{\eta_z}}}-e^{-|z+w|\sqrt{\frac{\eta_r\xi_n^2+s}{\eta_z}}}\right\}dw+ \\ +\frac{\pi}{2}\sum_{m=0}^{\infty}\ni_m\sum_{n=1}^{\infty}\frac{\xi_n^2\{\xi_n J'_{m\dot{o}}(\xi_n b)+\lambda J_{m\dot{o}}(\xi_n b)\}^2\mathcal{V}_{\mathcal{D}m\dot{o}}(\xi r,a)\,\overline{\overline{\overline{\psi}}}(\xi_n,m,s;\theta)\,e^{-z\sqrt{\frac{\eta_r\xi_n^2+s}{\eta_z}}}}{\left[\left\{\xi_n^2+\lambda^2-\left(\frac{m\dot{o}}{b}\right)^2\right\}J^2_{m\dot{o}}(\xi_n a)-\{\xi_n J'_{m\dot{o}}(\xi_n b)+\lambda J_{m\dot{o}}(\xi_n b)\}^2\right]}+ \\ +\frac{\pi}{4\sqrt{\eta_z}}\sum_{m=0}^{\infty}\ni_m\sum_{n=1}^{\infty}\frac{\xi_n^2\{\xi_n J'_{m\dot{o}}(\xi_n b)+\lambda J_{m\dot{o}}(\xi_n b)\}^2\mathcal{V}_{\mathcal{D}m\dot{o}}(\xi r,a)}{\left[\left\{\xi_n^2+\lambda^2-\left(\frac{m\dot{o}}{b}\right)^2\right\}J^2_{m\dot{o}}(\xi_n a)-\{\xi_n J'_{m\dot{o}}(\xi_n b)+\lambda J_{m\dot{o}}(\xi_n b)\}^2\right]\sqrt{\eta_r\xi_n^2+s}}\times \\ \times\int_0^\infty\overline{\overline{\varphi}}(\xi_n,m,w;\theta)\left\{e^{-|z-w|\sqrt{\frac{\eta_r\xi_n^2+s}{\eta_z}}}-e^{-|z+w|\sqrt{\frac{\eta_r\xi_n^2+s}{\eta_z}}}\right\}dw \quad (24.18.2)$$

and

$$p = \frac{U(t-t_0)}{4\phi c_t}\sqrt{\frac{\pi}{\eta_z}}\sum_{m=0}^{\infty}\ni_m\cos\{m(\theta-\theta_0)\}\times \\ \times\sum_{n=1}^{\infty}\frac{\xi_n^2\{\xi_n J'_{m\dot{o}}(\xi_n b)+\lambda J_{m\dot{o}}(\xi_n b)\}^2\mathcal{V}_{\mathcal{D}m\dot{o}}(\xi_n r_0,a)\,\mathcal{V}_{\mathcal{D}m\dot{o}}(\xi r,a)}{\left[\left\{\xi_n^2+\lambda^2-\left(\frac{m\dot{o}}{b}\right)^2\right\}J^2_{m\dot{o}}(\xi_n a)-\{\xi_n J'_{m\dot{o}}(\xi_n b)+\lambda J_{m\dot{o}}(\xi_n b)\}^2\right]}\times$$

$$\times \int_0^{t-t_0} \frac{q(t-t_0-\tau)\, e^{-\eta_r \xi_n^2 \tau}}{\sqrt{\tau}} \left\{ e^{-\frac{(z-z_0)^2}{4\eta_z \tau}} - e^{-\frac{(z+z_0)^2}{4\eta_z \tau}} \right\} d\tau -$$

$$-\frac{\eta_r}{2\sqrt{\pi \eta_z}} \sum_{m=0}^{\infty} \ni_m \sum_{n=1}^{\infty} \frac{\xi_n^2 \{\xi_n J'_{m\dot{o}}(\xi_n b) + \lambda J_{m\dot{o}}(\xi_n b)\}^2 \mathcal{V}_{\mathcal{D}m\dot{o}}(\xi r, a)}{\left[\left\{\xi_n^2 + \lambda^2 - \left(\frac{m\dot{o}}{b}\right)^2\right\} J_{m\dot{o}}^2(\xi_n a) - \{\xi_n J'_{m\dot{o}}(\xi_n b) + \lambda J_{m\dot{o}}(\xi_n b)\}^2\right]} \times$$

$$\times \int_0^t \frac{e^{-\eta_r \xi_n^2 \tau}}{\sqrt{\tau}} \int_0^{\infty} \overline{\psi}_a(m, w, t-\tau; \theta) \left\{ e^{-\frac{(z-w)^2}{4\eta_z \tau}} - e^{-\frac{(z+w)^2}{4\eta_z \tau}} \right\} dw d\tau -$$

$$-\frac{1}{2\phi c_t \sqrt{\pi \eta_z}} \sum_{m=0}^{\infty} \ni_m \sum_{n=1}^{\infty} \frac{\xi_n^2 J_{m\dot{o}}(\xi_n a) \{\xi_n J'_{m\dot{o}}(\xi_n b) + \lambda J_{m\dot{o}}(\xi_n b)\} \mathcal{V}_{\mathcal{D}m\dot{o}}(\xi r, a)}{\left[\left\{\xi_n^2 + \lambda^2 - \left(\frac{m\dot{o}}{b}\right)^2\right\} J_{m\dot{o}}^2(\xi_n a) - \{\xi_n J'_{m\dot{o}}(\xi_n b) + \lambda J_{m\dot{o}}(\xi_n b)\}^2\right]} \times$$

$$\times \int_0^t \frac{e^{-\eta_r \xi_n^2 \tau}}{\sqrt{\tau}} \int_0^{\infty} \overline{\psi}_b(m, w, t-\tau; \theta) \left\{ e^{-\frac{(z-w)^2}{4\eta_z \tau}} - e^{-\frac{(z+w)^2}{4\eta_z \tau}} \right\} dw d\tau +$$

$$+\sqrt{\pi} \sum_{m=0}^{\infty} \ni_m \sum_{n=1}^{\infty} \frac{\xi_n^2 \{\xi_n J'_{m\dot{o}}(\xi_n b) + \lambda J_{m\dot{o}}(\xi_n b)\}^2 \mathcal{V}_{\mathcal{D}m\dot{o}}(\xi r, a)}{\left[\left\{\xi_n^2 + \lambda^2 - \left(\frac{m\dot{o}}{b}\right)^2\right\} J_{m\dot{o}}^2(\xi_n a) - \{\xi_n J'_{m\dot{o}}(\xi_n b) + \lambda J_{m\dot{o}}(\xi_n b)\}^2\right]} \times$$

$$\times \int_{\frac{z}{2\sqrt{\eta_z t}}}^{\infty} \overline{\overline{\psi}}\left(\xi_n, m, t - \frac{z^2}{4\eta_z \tau^2}; \theta\right) e^{-\eta_r \xi_n^2 \left(\frac{z^2}{4\eta_z \tau^2}\right) - \tau^2} d\tau +$$

$$+\frac{1}{4}\sqrt{\frac{\pi}{\eta_z t}} \sum_{m=0}^{\infty} \ni_m \sum_{n=1}^{\infty} \frac{\xi_n^2 \{\xi_n J'_{m\dot{o}}(\xi_n b) + \lambda J_{m\dot{o}}(\xi_n b)\}^2 \mathcal{V}_{\mathcal{D}m\dot{o}}(\xi r, a)\, e^{-\eta_r \xi_n^2 t}}{\left[\left\{\xi_n^2 + \lambda^2 - \left(\frac{m\dot{o}}{b}\right)^2\right\} J_{m\dot{o}}^2(\xi_n a) - \{\xi_n J'_{m\dot{o}}(\xi_n b) + \lambda J_{m\dot{o}}(\xi_n b)\}^2\right]} \times$$

$$\times \int_0^{\infty} \overline{\overline{\varphi}}(\xi_n, m, w; \theta) \left\{ e^{-\frac{(z-w)^2}{4\eta_z t}} - e^{-\frac{(z+w)^2}{4\eta_z t}} \right\} dw \tag{24.18.3}$$

where $\overline{\overline{\overline{\psi}}}(\xi_n, m, s; \theta) = \int_0^a u \mathcal{V}_{\mathcal{D}m\dot{o}}(\xi_n u) \int_0^{2\pi} \overline{\psi}(u, v, s) \cos\{m(\theta - v)\} dv du$,
$\overline{\overline{\psi}}(\xi_n, m, t; \theta) = \int_0^a u \mathcal{V}_{\mathcal{D}m\dot{o}}(\xi_n u) \int_0^{2\pi} \psi(u, v, t) \cos\{m(\theta - v)\} dv du$,
$\overline{\overline{\psi}}_a(m, w, s; \theta) = \int_0^{2\pi} \overline{\psi}_a(v, w, s) \cos\{m(\theta - v)\} dv$, $\overline{\psi}_a(m, w, t; \theta) = \int_0^{2\pi} \psi_a(v, w, t) \cos\{m(\theta - v)\} dv$,
$\overline{\overline{\psi}}_b(m, w, s; \theta) = \int_0^{2\pi} \overline{\psi}_b(v, w, s) \cos\{m(\theta - v)\} dv$, $\overline{\psi}_b(m, w, t; \theta) = \int_0^{2\pi} \psi_b(v, w, t) \cos\{m(\theta - v)\} dv$, and
$\overline{\overline{\varphi}}(\xi_n, m, w; \theta) = \int_0^a u \mathcal{V}_{\mathcal{D}m\dot{o}}(\xi_n u) \int_0^{2\pi} \varphi(u, v, w) \cos\{m(\theta - v)\} du dv$.

24.19 The problem of 24.16, except

$\mathbf{N}_a \equiv \frac{\partial p(a,\theta,z,t)}{\partial r} = -\left(\frac{\mu}{k_r}\right) \psi_a(\theta, z, t)$,
$\mathbf{D}_b \equiv p(b, \theta, z, t) = \psi_b(\theta, z, t)$ and $\mathbf{D} \equiv p(r, \theta, 0, t) = \psi(r, \theta, t)$

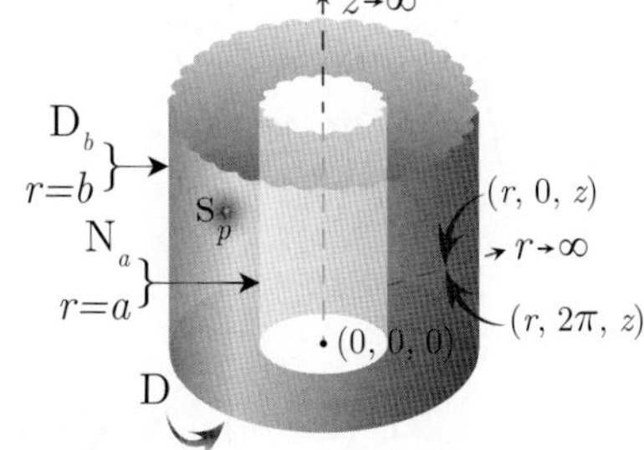

Successive application of the Laplace, Fourier and finite Hankel transformations to equation (22.1.1) gives

$$\overline{\overline{\overline{p}}} = \frac{q(s)\, e^{-st_0} \cos\{m(\theta - \theta_0)\} \sin(lz_0)\, \mathcal{V}_{\mathcal{N}m\dot{o}}(\xi_n r_0, a)}{\phi c_t (\eta_r \xi_n^2 + \eta_z l^2 + s)} + \frac{2\overline{\overline{\overline{\psi}}}_a(m, l, s; \theta)}{\pi \phi c_t \xi_n (\eta_r \xi_n^2 + \eta_z l^2 + s)} +$$
$$+\frac{2\eta_r J'_{m\dot{o}}(\xi_n a)\, \overline{\overline{\overline{\psi}}}_b(m, l, s; \theta)}{\pi J_{m\dot{o}}(\xi_n b)(\eta_r \xi_n^2 + \eta_z l^2 + s)} + \frac{\eta_z l \overline{\overline{\overline{\psi}}}(\xi_n, m, s; \theta)}{(\eta_r \xi_n^2 + \eta_z l^2 + s)} + \frac{\overline{\overline{\overline{\varphi}}}(\xi_n, m, l; \theta)}{(\eta_r \xi_n^2 + \eta_z l^2 + s)} \tag{24.19.1}$$

where $\mathcal{V}_{\mathcal{N}m\dot{o}}(\xi_n r, a) = J_{m\dot{o}}(\xi_n r) Y'_{m\dot{o}}(\xi_n a) - Y_{m\dot{o}}(\xi_n r) J'_{m\dot{o}}(\xi_n a)$ and the eigenvalues $\xi_n, n = 1, 2, ...,$ are the positive roots of the transcendental equation $\mathcal{V}_{\mathcal{N}m\dot{o}}(\xi_n b, a) = 0$.
$\overline{\overline{\overline{\psi}}}(\xi_n, m, s; \theta) = \int_0^a u\mathcal{V}_{\mathcal{N}m\dot{o}}(\xi_n u) \int_0^{2\pi} \overline{\psi}(u, v, s) \cos\{m(\theta - v)\} dvdu$,
$\overline{\overline{\overline{\psi}}}_a(m, l, s; \theta) = \int_0^{2\pi} \cos\{m(\theta - v)\} \int_0^{\infty} \overline{\psi}_a(v, w, s) \sin(lw)\, dwdv$,
$\overline{\overline{\overline{\psi}}}_b(m, l, s; \theta) = \int_0^{2\pi} \cos\{m(\theta - v)\} \int_0^{\infty} \overline{\psi}_b(v, w, s) \sin(lw)\, dwdv$, and
$\overline{\overline{\overline{\varphi}}}(\xi_n, m, l; \theta) = \int_a^b u\mathcal{V}_{\mathcal{N}m\dot{o}}(\xi_n u) \int_0^{2\pi} \cos\{m(\theta - v)\} \int_0^{\infty} \varphi(u, v, w) \sin(lw)\, dwdvdu$. Successive inverse transforms yield

$$
\begin{aligned}
\overline{p} &= \frac{\pi q(s) e^{-st_0}}{4\phi c_t \sqrt{\eta_z}} \sum_{m=0}^{\infty} \ni_m \cos\{m(\theta - \theta_0)\} \times \\
&\times \sum_{n=1}^{\infty} \frac{\xi_n^2 J_{m\dot{o}}^2(\xi_n b) \mathcal{V}_{\mathcal{N}m\dot{o}}(\xi_n r_0, a) \mathcal{V}_{\mathcal{N}m\dot{o}}(\xi r, a)}{\left[J'^2_{m\dot{o}}(\xi_n a) - \left\{1 - \left(\frac{m\dot{o}}{\xi_n a}\right)^2\right\} J_{m\dot{o}}^2(\xi_n b)\right] \sqrt{(\eta_r \xi_n^2 + s)}} \left\{ e^{-|z - z_0|\sqrt{\frac{\eta_r \xi_n^2 + s}{\eta_z}}} - e^{-|z + z_0|\sqrt{\frac{\eta_r \xi_n^2 + s}{\eta_z}}} \right\} + \\
&+ \frac{1}{2\phi c_t \sqrt{\eta_z}} \sum_{m=0}^{\infty} \ni_m \sum_{n=1}^{\infty} \frac{\xi_n J_{m\dot{o}}^2(\xi_n b) \mathcal{V}_{\mathcal{N}m\dot{o}}(\xi r, a)}{\left[J'^2_{m\dot{o}}(\xi_n a) - \left\{1 - \left(\frac{m\dot{o}}{\xi_n a}\right)^2\right\} J_{m\dot{o}}^2(\xi_n b)\right] \sqrt{\eta_r \xi_n^2 + s}} \times \\
&\times \int_0^{\infty} \overline{\overline{\overline{\psi}}}_a(m, w, s; \theta) \left\{ e^{-|z - w|\sqrt{\frac{\eta_r \xi_n^2 + s}{\eta_z}}} - e^{-|z + w|\sqrt{\frac{\eta_r \xi_n^2 + s}{\eta_z}}} \right\} dw + \\
&+ \frac{\eta_r}{2\sqrt{\eta_z}} \sum_{m=0}^{\infty} \ni_m \sum_{n=1}^{\infty} \frac{\xi_n^2 J'_{m\dot{o}}(\xi_n a) J_{m\dot{o}}(\xi_n b) \mathcal{V}_{\mathcal{N}m\dot{o}}(\xi r, a)}{\left[J'^2_{m\dot{o}}(\xi_n a) - \left\{1 - \left(\frac{m\dot{o}}{\xi_n a}\right)^2\right\} J_{m\dot{o}}^2(\xi_n b)\right] \sqrt{\eta_r \xi_n^2 + s}} \times \\
&\times \int_0^{\infty} \overline{\overline{\overline{\psi}}}_b(m, w, s; \theta) \left\{ e^{-|z - w|\sqrt{\frac{\eta_r \xi_n^2 + s}{\eta_z}}} - e^{-|z + w|\sqrt{\frac{\eta_r \xi_n^2 + s}{\eta_z}}} \right\} dw + \\
&+ \frac{\pi}{2} \sum_{m=0}^{\infty} \ni_m \sum_{n=1}^{\infty} \frac{\xi_n^2 J_{m\dot{o}}^2(\xi_n b) \mathcal{V}_{\mathcal{N}m\dot{o}}(\xi r, a) \overline{\overline{\overline{\psi}}}(\xi_n, m, s; \theta) e^{-z\sqrt{\frac{\eta_r \xi_n^2 + s}{\eta_z}}}}{\left[J'^2_{m\dot{o}}(\xi_n a) - \left\{1 - \left(\frac{m\dot{o}}{\xi_n a}\right)^2\right\} J_{m\dot{o}}^2(\xi_n b)\right]} + \\
&+ \frac{\pi}{4\sqrt{\eta_z}} \sum_{m=0}^{\infty} \ni_m \sum_{n=1}^{\infty} \frac{\xi_n^2 J_{m\dot{o}}^2(\xi_n b) \mathcal{V}_{\mathcal{N}m\dot{o}}(\xi r, a)}{\left[J'^2_{m\dot{o}}(\xi_n a) - \left\{1 - \left(\frac{m\dot{o}}{\xi_n a}\right)^2\right\} J_{m\dot{o}}^2(\xi_n b)\right] \sqrt{\eta_r \xi_n^2 + s}} \times \\
&\times \int_0^{\infty} \overline{\overline{\overline{\varphi}}}(\xi_n, m, w; \theta) \left\{ e^{-|z - w|\sqrt{\frac{\eta_r \xi_n^2 + s}{\eta_z}}} - e^{-|z + w|\sqrt{\frac{\eta_r \xi_n^2 + s}{\eta_z}}} \right\} dw
\end{aligned} \tag{24.19.2}
$$

and

$$
\begin{aligned}
p &= \frac{U(t - t_0)}{4\phi c_t} \sqrt{\frac{\pi}{\eta_z}} \sum_{m=0}^{\infty} \ni_m \cos\{m(\theta - \theta_0)\} \sum_{n=1}^{\infty} \frac{\xi_n^2 J_{m\dot{o}}^2(\xi_n b) \mathcal{V}_{\mathcal{N}m\dot{o}}(\xi_n r_0, a) \mathcal{V}_{\mathcal{N}m\dot{o}}(\xi r, a)}{\left[J'^2_{m\dot{o}}(\xi_n a) - \left\{1 - \left(\frac{m\dot{o}}{\xi_n a}\right)^2\right\} J_{m\dot{o}}^2(\xi_n b)\right]} \times \\
&\times \int_0^{t - t_0} \frac{q(t - t_0 - \tau) e^{-\eta_r \xi_n^2 \tau}}{\sqrt{\tau}} \left\{ e^{-\frac{(z - z_0)^2}{4\eta_z \tau}} - e^{-\frac{(z + z_0)^2}{4\eta_z \tau}} \right\} d\tau + \\
&+ \frac{1}{2\phi c_t \sqrt{\pi \eta_z}} \sum_{m=0}^{\infty} \ni_m \sum_{n=1}^{\infty} \frac{\xi_n J_{m\dot{o}}^2(\xi_n b) \mathcal{V}_{\mathcal{N}m\dot{o}}(\xi r, a)}{\left[J'^2_{m\dot{o}}(\xi_n a) - \left\{1 - \left(\frac{m\dot{o}}{\xi_n a}\right)^2\right\} J_{m\dot{o}}^2(\xi_n b)\right]} \times
\end{aligned}
$$

$$\times \int_0^t \frac{e^{-\eta_r \xi_n^2 \tau}}{\sqrt{\tau}} \int_0^\infty \overline{\psi}_a(m, w, t-\tau; \theta) \left\{ e^{-\frac{(z-w)^2}{4\eta_z \tau}} - e^{-\frac{(z+w)^2}{4\eta_z \tau}} \right\} dw d\tau +$$

$$+ \frac{\eta_r}{2\sqrt{\pi \eta_z}} \sum_{m=0}^\infty \ni_m \sum_{n=1}^\infty \frac{\xi_n^2 J'_{m\dot{o}}(\xi_n a) J_{m\dot{o}}(\xi_n b) \mathcal{V}_{\mathcal{N}m\dot{o}}(\xi r, a)}{\left[J'^2_{m\dot{o}}(\xi_n a) - \left\{ 1 - \left(\frac{m\dot{o}}{\xi_n a} \right)^2 \right\} J^2_{m\dot{o}}(\xi_n b) \right]} \times$$

$$\times \int_0^t \frac{e^{-\eta_r \xi_n^2 \tau}}{\sqrt{\tau}} \int_0^\infty \overline{\psi}_b(m, w, t-\tau; \theta) \left\{ e^{-\frac{(z-w)^2}{4\eta_z \tau}} - e^{-\frac{(z+w)^2}{4\eta_z \tau}} \right\} dw d\tau +$$

$$+ \sqrt{\pi} \sum_{m=0}^\infty \ni_m \sum_{n=1}^\infty \frac{\xi_n^2 J^2_{m\dot{o}}(\xi_n b) \mathcal{V}_{\mathcal{N}m\dot{o}}(\xi r, a)}{\left[J'^2_{m\dot{o}}(\xi_n a) - \left\{ 1 - \left(\frac{m\dot{o}}{\xi_n a} \right)^2 \right\} J^2_{m\dot{o}}(\xi_n b) \right]} \times$$

$$\times \int_{\frac{z}{2\sqrt{\eta_z t}}}^\infty \overline{\overline{\psi}} \left(\xi_n, m, t - \frac{z^2}{4\eta_z \tau^2}; \theta \right) e^{-\eta_r \xi_n^2 \left(\frac{z^2}{4\eta_z \tau^2} \right) - \tau^2} d\tau +$$

$$+ \frac{1}{4} \sqrt{\frac{\pi}{\eta_z t}} \sum_{m=0}^\infty \ni_m \sum_{n=1}^\infty \frac{\xi_n^2 J^2_{m\dot{o}}(\xi_n b) \mathcal{V}_{\mathcal{N}m\dot{o}}(\xi r, a) e^{-\eta_r \xi_n^2 t}}{\left[J'^2_{m\dot{o}}(\xi_n a) - \left\{ 1 - \left(\frac{m\dot{o}}{\xi_n a} \right)^2 \right\} J^2_{m\dot{o}}(\xi_n b) \right]} \times$$

$$\times \int_0^\infty \overline{\overline{\varphi}}(\xi_n, m, w; \theta) \left\{ e^{-\frac{(z-w)^2}{4\eta_z t}} - e^{-\frac{(z+w)^2}{4\eta_z t}} \right\} dw \tag{24.19.3}$$

where $\overline{\overline{\overline{\psi}}}(\xi_n, m, s; \theta) = \int_0^a u \mathcal{V}_{\mathcal{N}m\dot{o}}(\xi_n u) \int_0^{2\pi} \overline{\psi}(u, v, s) \cos\{m(\theta - v)\} dv du$,
$\overline{\overline{\psi}}(\xi_n, m, t; \theta) = \int_0^a u \mathcal{V}_{\mathcal{N}m\dot{o}}(\xi_n u) \int_0^{2\pi} \psi(u, v, t) \cos\{m(\theta - v)\} dv du$,
$\overline{\overline{\psi}}_a(m, w, s; \theta) = \int_0^{2\pi} \overline{\psi}_a(v, w, s) \cos\{m(\theta - v)\} dv$, $\overline{\psi}_a(m, w, t; \theta) = \int_0^{2\pi} \psi_a(v, w, t) \cos\{m(\theta - v)\} dv$,
$\overline{\overline{\psi}}_b(m, w, s; \theta) = \int_0^{2\pi} \overline{\psi}_b(v, w, s) \cos\{m(\theta - v)\} dv$, $\overline{\psi}_b(m, w, t; \theta) = \int_0^{2\pi} \psi_b(v, w, t) \cos\{m(\theta - v)\} dv$, and
$\overline{\overline{\varphi}}(\xi_n, m, w; \theta) = \int_0^a u \mathcal{V}_{\mathcal{N}m\dot{o}}(\xi_n u) \int_0^{2\pi} \varphi(u, v, w) \cos\{m(\theta - v)\} dv du$.

24.20 The problem of 24.16, except

$\mathbf{N}_a \equiv \frac{\partial p(a,\theta,z,t)}{\partial r} = -\left(\frac{\mu}{k_r}\right) \psi_a(\theta, z, t)$,
$\mathbf{N}_b \equiv \frac{\partial p(b,\theta,z,t)}{\partial r} = -\left(\frac{\mu}{k_r}\right) \psi_b(\theta, z, t)$ and
$\mathbf{D} \equiv p(r, \theta, 0, t) = \psi(r, \theta, t)$

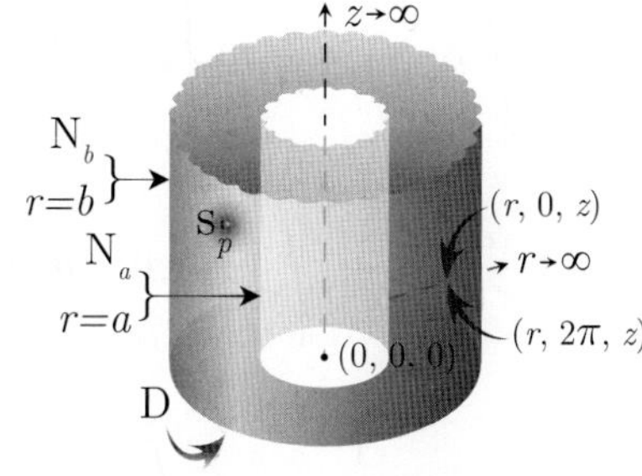

Successive application of the Laplace, Fourier and finite Hankel transformations to equation (22.1.1) gives

$$\overline{\overline{\overline{p}}} = \frac{q(s) e^{-st_0} \sin(lz_0)}{\phi c_t (\eta_z l^2 + s)} + \frac{q(s) e^{-st_0} \cos\{m(\theta - \theta_0)\} \sin(lz_0) \mathcal{V}_{\mathcal{N}m\dot{o}}(\xi_n r_0, a)}{\phi c_t (\eta_r \xi_n^2 + \eta_z l^2 + s)} +$$

$$+ \frac{\left\{ a\overline{\overline{\overline{\psi}}}_a(0, l, s; \theta) - b\overline{\overline{\overline{\psi}}}_b(0, l, s; \theta) \right\}}{\phi c_t (\eta_z l^2 + s)} + \frac{2\overline{\overline{\overline{\psi}}}_a(m, l, s; \theta)}{\pi \phi c_t \xi_n (\eta_r \xi_n^2 + \eta_z l^2 + s)} - \frac{2J'_{m\dot{o}}(\xi_n a) \overline{\overline{\overline{\psi}}}_b(m, l, s; \theta)}{\pi \phi c_t \xi_n J'_{m\dot{o}}(\xi_n b) (\eta_r \xi_n^2 + \eta_z l^2 + s)} +$$

$$+ \frac{\eta_z l \int_a^b u \overline{\overline{\psi}}(u, 0, s; \theta) du}{(\eta_z l^2 + s)} + \frac{\eta_z l \overline{\overline{\overline{\psi}}}(\xi_n, m, s; \theta)}{(\eta_r \xi_n^2 + \eta_z l^2 + s)} + \frac{\int_a^b u \overline{\overline{\varphi}}(u, 0, l; \theta) du}{(\eta_z l^2 + s)} + \frac{\overline{\overline{\overline{\varphi}}}(\xi_n, m, l; \theta)}{(\eta_r \xi_n^2 + \eta_z l^2 + s)} \tag{24.20.1}$$

where $\mathcal{V}_{\mathcal{N}m\dot{o}}(\xi_n r, a) = J_{m\dot{o}}(\xi_n r) Y'_{m\dot{o}}(\xi_n a) - Y_{m\dot{o}}(\xi_n r) J'_{m\dot{o}}(\xi_n a)$. The eigenvalues are $\xi_0 = 0$ and ξ_n. $\xi_n, n = 1, 2, ...$, are the positive roots of the transcendental equation $\mathcal{V}'_{\mathcal{N}m\dot{o}}(\xi_n b, a) = 0$.

$\overline{\overline{\psi}}(u,0,s;\theta)=\int_0^{2\pi}\overline{\psi}(u,v,s)dv$, $\overline{\overline{\overline{\psi}}}(\xi_n,m,s;\theta)=\int_0^{a}u\mathcal{V}_{\mathcal{N}m\dot{o}}(\xi_n u)\int_0^{2\pi}\overline{\psi}(u,v,s)\cos\{m(\theta-v)\}dvdu$,
$\overline{\overline{\overline{\psi}}}_a(m,l,s;\theta)=\int_0^{2\pi}\cos\{m(\theta-v)\}\int_0^{\infty}\overline{\psi}_a(v,w,s)\sin(lw)\,dwdv$,
$\overline{\overline{\overline{\psi}}}_b(m,l,s;\theta)=\int_0^{2\pi}\cos\{m(\theta-v)\}\int_0^{\infty}\overline{\psi}_b(v,w,s)\sin(lw)\,dwdv$,
$\overline{\overline{\varphi}}(u,0,l;\theta)=\int_0^{2\pi}\int_0^{\infty}\varphi(u,v,w)\sin(lw)\,dwdv$ and
$\overline{\overline{\overline{\varphi}}}(\xi_n,m,l;\theta)=\int_a^{b}u\mathcal{V}_{\mathcal{N}m\dot{o}}(\xi_n u)\int_0^{2\pi}\cos\{m(\theta-v)\}\int_0^{\infty}\varphi(u,v,w)\sin(lw)\,dwdvdu$. Successive inverse transforms yield

$$
\begin{aligned}
\overline{p}\;=\;&\frac{q(s)\,e^{-st_0}\left\{e^{-|z-z_0|\sqrt{\frac{s}{\eta_z}}}-e^{-|z+z_0|\sqrt{\frac{s}{\eta_z}}}\right\}}{2\pi\phi c_t\left(b^2-a^2\right)\sqrt{\eta_z s}}+\frac{\pi q(s)\,e^{-st_0}}{4\phi c_t\sqrt{\eta_z}}\sum_{m=0}^{\infty}\ni_m\cos\{m(\theta-\theta_0)\}\times\\
&\times\sum_{n=1}^{\infty}\frac{\xi_n^2J_{m\dot{o}}'^2(\xi_n b)\,\mathcal{V}_{\mathcal{N}m\dot{o}}(\xi_n r_0,a)\,\mathcal{V}_{\mathcal{N}m\dot{o}}(\xi r,a)}{\left[\left\{1-\left(\frac{m\dot{o}}{\xi_n b}\right)^2\right\}J_{m\dot{o}}'^2(\xi_n a)-\left\{1-\left(\frac{m\dot{o}}{\xi_n a}\right)^2\right\}J_{m\dot{o}}'^2(\xi_n b)\right]\sqrt{(\eta_r\xi_n^2+s)}}\times\\
&\times\left\{e^{-|z-z_0|\sqrt{\frac{\eta_r\xi_n^2+s}{\eta_z}}}-e^{-|z+z_0|\sqrt{\frac{\eta_r\xi_n^2+s}{\eta_z}}}\right\}+\\
&+\frac{1}{2\pi\phi c_t\left(b^2-a^2\right)\sqrt{\eta_z s}}\int_0^{\infty}\left\{a\overline{\overline{\psi}}_a(0,w,s;\theta)-b\overline{\overline{\psi}}_b(0,w,s;\theta)\right\}\left\{e^{-|z-w|\sqrt{\frac{s}{\eta_z}}}-e^{-|z+w|\sqrt{\frac{s}{\eta_z}}}\right\}dw+\\
&+\frac{1}{2\phi c_t\sqrt{\eta_z}}\sum_{m=0}^{\infty}\ni_m\sum_{n=1}^{\infty}\frac{\xi_nJ_{m\dot{o}}'^2(\xi_n b)\,\mathcal{V}_{\mathcal{N}m\dot{o}}(\xi r,a)}{\left[\left\{1-\left(\frac{m\dot{o}}{\xi_n b}\right)^2\right\}J_{m\dot{o}}'^2(\xi_n a)-\left\{1-\left(\frac{m\dot{o}}{\xi_n a}\right)^2\right\}J_{m\dot{o}}'^2(\xi_n b)\right]\sqrt{(\eta_r\xi_n^2+s)}}\times\\
&\times\int_0^{\infty}\overline{\overline{\psi}}_a(m,w,s;\theta)\left\{e^{-|z-w|\sqrt{\frac{\eta_r\xi_n^2+s}{\eta_z}}}-e^{-|z+w|\sqrt{\frac{\eta_r\xi_n^2+s}{\eta_z}}}\right\}dw-\\
&-\frac{1}{2\phi c_t\sqrt{\eta_z}}\sum_{m=0}^{\infty}\ni_m\sum_{n=1}^{\infty}\frac{\xi_nJ_{m\dot{o}}'(\xi_n a)\,J_{m\dot{o}}'(\xi_n b)\,\mathcal{V}_{\mathcal{N}m\dot{o}}(\xi r,a)}{\left[\left\{1-\left(\frac{m\dot{o}}{\xi_n b}\right)^2\right\}J_{m\dot{o}}'^2(\xi_n a)-\left\{1-\left(\frac{m\dot{o}}{\xi_n a}\right)^2\right\}J_{m\dot{o}}'^2(\xi_n b)\right]\sqrt{(\eta_r\xi_n^2+s)}}\times\\
&\times\int_0^{\infty}\overline{\overline{\psi}}_b(m,w,s;\theta)\left\{e^{-|z-w|\sqrt{\frac{\eta_r\xi_n^2+s}{\eta_z}}}-e^{-|z+w|\sqrt{\frac{\eta_r\xi_n^2+s}{\eta_z}}}\right\}dw+\\
&+\frac{e^{-z\sqrt{\frac{s}{\eta_z}}}}{\pi\left(b^2-a^2\right)}\int_a^{b}u\overline{\overline{\psi}}(u,0,s;\theta)\,du+\frac{\pi}{2}\sum_{m=0}^{\infty}\ni_m\sum_{n=1}^{\infty}\frac{\xi_n^2J_{m\dot{o}}'^2(\xi_n b)\,\mathcal{V}_{\mathcal{N}m\dot{o}}(\xi r,a)\,\overline{\overline{\overline{\psi}}}(\xi_n,m,s;\theta)\,e^{-z\sqrt{\frac{\eta_r\xi_n^2+s}{\eta_z}}}}{\left[\left\{1-\left(\frac{m\dot{o}}{\xi_n b}\right)^2\right\}J_{m\dot{o}}'^2(\xi_n a)-\left\{1-\left(\frac{m\dot{o}}{\xi_n a}\right)^2\right\}J_{m\dot{o}}'^2(\xi_n b)\right]}+\\
&+\frac{1}{2\pi\left(b^2-a^2\right)\sqrt{\eta_z s}}\int_0^{\infty}\left\{e^{-|z-w|\sqrt{\frac{s}{\eta_z}}}-e^{-|z+w|\sqrt{\frac{s}{\eta_z}}}\right\}\int_a^{b}u\overline{\varphi}(u,0,w;\theta)\,dudw+\\
&+\frac{\pi}{4\sqrt{\eta_z}}\sum_{m=0}^{\infty}\ni_m\sum_{n=1}^{\infty}\frac{\xi_n^2J_{m\dot{o}}'^2(\xi_n b)\,\mathcal{V}_{\mathcal{N}m\dot{o}}(\xi r,a)}{\left[\left\{1-\left(\frac{m\dot{o}}{\xi_n b}\right)^2\right\}J_{m\dot{o}}'^2(\xi_n a)-\left\{1-\left(\frac{m\dot{o}}{\xi_n a}\right)^2\right\}J_{m\dot{o}}'^2(\xi_n b)\right]\sqrt{(\eta_r\xi_n^2+s)}}\times\\
&\times\int_0^{\infty}\overline{\overline{\varphi}}(\xi_n,m,w;\theta)\left\{e^{-|z-w|\sqrt{\frac{\eta_r\xi_n^2+s}{\eta_z}}}-e^{-|z+w|\sqrt{\frac{\eta_r\xi_n^2+s}{\eta_z}}}\right\}dw
\end{aligned}
\tag{24.20.2}
$$

and

$$
p\;=\;\frac{U(t-t_0)}{2\phi c_t\left(b^2-a^2\right)\sqrt{\pi^3\eta_z}}\int_0^{t-t_0}\frac{q(t-t_0-\tau)}{\sqrt{\tau}}\left\{e^{-\frac{(z-z_0)^2}{4\eta_z\tau}}-e^{-\frac{(z+z_0)^2}{4\eta_z\tau}}\right\}d\tau+
$$

$$+\frac{U(t-t_0)}{4\phi c_t}\sqrt{\frac{\pi}{\eta_z}}\sum_{m=0}^{\infty}\ni_m\cos\{m(\theta-\theta_0)\}\sum_{n=1}^{\infty}\frac{\xi_n^2 J'^2_{m\dot{o}}(\xi_n b)\mathcal{V}_{\mathcal{N}m\dot{o}}(\xi_n r_0,a)\mathcal{V}_{\mathcal{N}m\dot{o}}(\xi r,a)}{\left[\left\{1-\left(\frac{m\dot{o}}{\xi_n b}\right)^2\right\}J'^2_{m\dot{o}}(\xi_n a)-\left\{1-\left(\frac{m\dot{o}}{\xi_n a}\right)^2\right\}J'^2_{m\dot{o}}(\xi_n b)\right]}\times$$

$$\times\int_0^{t-t_0}\frac{q(t-t_0-\tau)e^{-\eta_r\xi_n^2\tau}}{\sqrt{\tau}}\left\{e^{-\frac{(z-z_0)^2}{4\eta_z\tau}}-e^{-\frac{(z+z_0)^2}{4\eta_z\tau}}\right\}d\tau+$$

$$+\frac{1}{2\phi c_t(b^2-a^2)\sqrt{\pi^3\eta_z}}\int_0^{\infty}\int_0^{t}\frac{\{a\overline{\psi}_a(0,w,t-\tau;\theta)-b\overline{\psi}_b(0,w,t-\tau;\theta)\}}{\sqrt{\tau}}d\tau\left\{e^{-\frac{(z-w)^2}{4\eta_z t}}-e^{-\frac{(z+w)^2}{4\eta_z t}}\right\}dw+$$

$$+\frac{1}{2\phi c_t\sqrt{\pi\eta_z}}\sum_{m=0}^{\infty}\ni_m\sum_{n=1}^{\infty}\frac{\xi_n J'^2_{m\dot{o}}(\xi_n b)\mathcal{V}_{\mathcal{N}m\dot{o}}(\xi r,a)}{\left[\left\{1-\left(\frac{m\dot{o}}{\xi_n b}\right)^2\right\}J'^2_{m\dot{o}}(\xi_n a)-\left\{1-\left(\frac{m\dot{o}}{\xi_n a}\right)^2\right\}J'^2_{m\dot{o}}(\xi_n b)\right]}\times$$

$$\times\int_0^{t}\frac{e^{-\eta_r\xi_n^2\tau}}{\sqrt{\tau}}\int_0^{\infty}\overline{\overline{\psi}}_a(m,w,t-\tau;\theta)\left\{e^{-\frac{(z-w)^2}{4\eta_z\tau}}-e^{-\frac{(z+w)^2}{4\eta_z\tau}}\right\}dw\,d\tau-$$

$$-\frac{1}{2\phi c_t\sqrt{\pi\eta_z}}\sum_{m=0}^{\infty}\ni_m\sum_{n=1}^{\infty}\frac{\xi_n J'_{m\dot{o}}(\xi_n a)J'_{m\dot{o}}(\xi_n b)\mathcal{V}_{\mathcal{N}m\dot{o}}(\xi r,a)}{\left[\left\{1-\left(\frac{m\dot{o}}{\xi_n b}\right)^2\right\}J'^2_{m\dot{o}}(\xi_n a)-\left\{1-\left(\frac{m\dot{o}}{\xi_n a}\right)^2\right\}J'^2_{m\dot{o}}(\xi_n b)\right]}\times$$

$$\times\int_0^{t}\frac{e^{-\eta_r\xi_n^2\tau}}{\sqrt{\tau}}\int_0^{\infty}\overline{\overline{\psi}}_b(m,w,t-\tau;\theta)\left\{e^{-\frac{(z-w)^2}{4\eta_z\tau}}-e^{-\frac{(z+w)^2}{4\eta_z\tau}}\right\}dw\,d\tau+$$

$$+\frac{2}{(b^2-a^2)\sqrt{\pi^3}}\int_{\frac{z}{2\sqrt{\eta_z t}}}^{\infty}\int_a^b u\overline{\psi}\left(u,0,t-\frac{z^2}{4\eta_z\tau^2};\theta\right)du\,e^{-\tau^2}d\tau+$$

$$+\sqrt{\pi}\sum_{m=0}^{\infty}\ni_m\sum_{n=1}^{\infty}\frac{\xi_n^2 J'^2_{m\dot{o}}(\xi_n b)\mathcal{V}_{\mathcal{N}m\dot{o}}(\xi r,a)}{\left[\left\{1-\left(\frac{m\dot{o}}{\xi_n b}\right)^2\right\}J'^2_{m\dot{o}}(\xi_n a)-\left\{1-\left(\frac{m\dot{o}}{\xi_n a}\right)^2\right\}J'^2_{m\dot{o}}(\xi_n b)\right]}\times$$

$$\times\int_{\frac{z}{2\sqrt{\eta_z t}}}^{\infty}\overline{\overline{\psi}}\left(\xi_n,m,t-\frac{z^2}{4\eta_z\tau^2};\theta\right)e^{-\eta_r\xi_n^2\left(\frac{z^2}{4\eta_z\tau^2}\right)-\tau^2}d\tau+$$

$$+\frac{1}{2(b^2-a^2)\sqrt{\pi^3\eta_z t}}\int_0^{\infty}\int_a^b u\overline{\varphi}(u,0,w;\theta)\,du\left\{e^{-\frac{(z-w)^2}{4\eta_z t}}-e^{-\frac{(z+w)^2}{4\eta_z t}}\right\}dw+$$

$$+\frac{1}{4}\sqrt{\frac{\pi}{\eta_z t}}\sum_{m=0}^{\infty}\ni_m\sum_{n=1}^{\infty}\frac{\xi_n^2 J'^2_{m\dot{o}}(\xi_n b)\mathcal{V}_{\mathcal{N}m\dot{o}}(\xi r,a)e^{-\eta_r\xi_n^2 t}}{\left[\left\{1-\left(\frac{m\dot{o}}{\xi_n b}\right)^2\right\}J'^2_{m\dot{o}}(\xi_n a)-\left\{1-\left(\frac{m\dot{o}}{\xi_n a}\right)^2\right\}J'^2_{m\dot{o}}(\xi_n b)\right]}\times$$

$$\times\int_0^{\infty}\overline{\overline{\varphi}}(\xi_n,m,w;\theta)\left\{e^{-\frac{(z-w)^2}{4\eta_z t}}-e^{-\frac{(z+w)^2}{4\eta_z t}}\right\}dw \qquad (24.20.3)$$

where $\overline{\psi}(u,0,t;\theta)=\int_0^{2\pi}\psi(u,v,t)dv$, $\overline{\overline{\overline{\psi}}}(\xi_n,m,s;\theta)=\int_0^a u\mathcal{V}_{\mathcal{N}m\dot{o}}(\xi_n u)\int_0^{2\pi}\overline{\psi}(u,v,s)\cos\{m(\theta-v)\}dvdu$, $\overline{\overline{\psi}}(\xi_n,m,t;\theta)=\int_0^a u\mathcal{V}_{\mathcal{N}m\dot{o}}(\xi_n u)\int_0^{2\pi}\psi(u,v,t)\cos\{m(\theta-v)\}dvdu$, $\overline{\overline{\overline{\psi}}}_a(m,w,s;\theta)=\int_0^{2\pi}\overline{\psi}_a(v,w,s)\cos\{m(\theta-v)\}dv$, $\overline{\overline{\psi}}_a(m,w,t;\theta)=\int_0^{2\pi}\psi_a(v,w,t)\cos\{m(\theta-v)\}dv$, $\overline{\overline{\overline{\psi}}}_b(m,w,s;\theta)=\int_0^{2\pi}\overline{\psi}_b(v,w,s)\cos\{m(\theta-v)\}dv$, $\overline{\overline{\psi}}_b(m,w,t;\theta)=\int_0^{2\pi}\psi_b(v,w,t)\cos\{m(\theta-v)\}dv$, $\overline{\varphi}(u,0,w;\theta)=\int_0^{2\pi}\varphi(u,v,w)dv$ and $\overline{\overline{\varphi}}(\xi_n,m,w;\theta)=\int_0^a u\mathcal{V}_{\mathcal{N}m\dot{o}}(\xi_n u)\int_0^{2\pi}\varphi(u,v,w)\cos\{m(\theta-v)\}dvdu$.

24.21

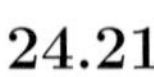

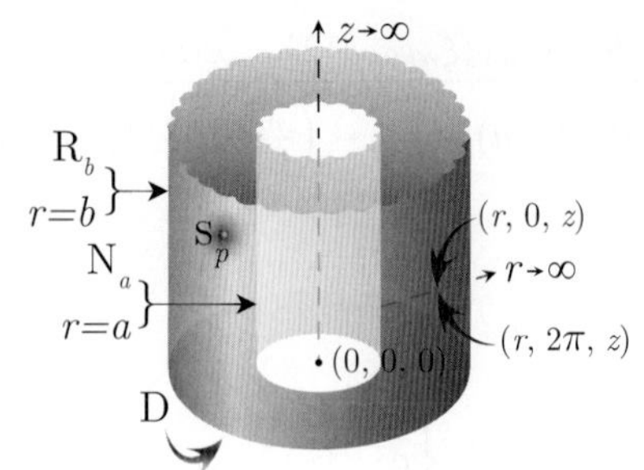

The problem of 24.16, except
$\mathbf{N}_a \equiv \frac{\partial p(a,\theta,z,t)}{\partial r} = -\left(\frac{\mu}{k_r}\right)\psi_a(\theta,z,t)$,
$\mathbf{R}_b \equiv \frac{\partial p(b,\theta,z,t)}{\partial r} + \lambda p(b,\theta,z,t) = -\left(\frac{\mu}{k_r}\right)\psi_b(\theta,z,t)$ **and**
$\mathbf{D} \equiv p(r,\theta,0,t) = \psi(r,\theta,t)$

Successive application of the Laplace, Fourier and finite Hankel transformations to equation (22.1.1) gives

$$\overline{\overline{\overline{\overline{p}}}} = \frac{q(s)\,e^{-st_0}\cos\{m(\theta-\theta_0)\}\sin(lz_0)\,\mathcal{V}_{\mathcal{N}m\dot{o}}(\xi_n r_0,a)}{\phi c_t(\eta_r\xi_n^2+\eta_z l^2+s)} + \frac{2\overline{\overline{\overline{\psi}}}_a(m,l,s;\theta)}{\pi\phi c_t\xi_n(\eta_r\xi_n^2+\eta_z l^2+s)} -$$
$$-\frac{2J'_{m\dot{o}}(\xi_n a)\,\overline{\overline{\overline{\psi}}}_b(m,l,s;\theta)}{\pi\phi c_t\{\xi_n J'_{m\dot{o}}(\xi_n b)+\lambda J_{m\dot{o}}(\xi_n b)\}(\eta_r\xi_n^2+\eta_z l^2+s)} + \frac{\eta_z l\overline{\overline{\overline{\psi}}}(\xi_n,m,s;\theta)}{(\eta_r\xi_n^2+\eta_z l^2+s)} + \frac{\overline{\overline{\overline{\varphi}}}(\xi_n,m,l;\theta)}{(\eta_r\xi_n^2+\eta_z l^2+s)} \quad (24.21.1)$$

where $\mathcal{V}_{\mathcal{N}m\dot{o}}(\xi_n r,a) = J_{m\dot{o}}(\xi_n r)\,Y'_{m\dot{o}}(\xi_n a) - Y_{m\dot{o}}(\xi_n r)\,J'_{m\dot{o}}(\xi_n a)$ and the eigenvalues $\xi_n, n=1,2,...,$ are the positive roots of the transcendental equation $\xi_n\mathcal{V}'_{\mathcal{N}m\dot{o}}(\xi_n b,a)+\lambda\mathcal{V}_{\mathcal{N}m\dot{o}}(\xi_n b,a)=0$.
$\overline{\overline{\overline{\psi}}}(\xi_n,m,s;\theta) = \int_0^a u\mathcal{V}_{\mathcal{N}m\dot{o}}(\xi_n u)\int_0^{2\pi}\overline{\psi}(u,v,s)\cos\{m(\theta-v)\}dvdu$,
$\overline{\overline{\overline{\psi}}}_a(m,l,s;\theta) = \int_0^{2\pi}\cos\{m(\theta-v)\}\int_0^\infty\overline{\psi}_a(v,w,s)\sin(lw)\,dwdv$,
$\overline{\overline{\overline{\psi}}}_b(m,l,s;\theta) = \int_0^{2\pi}\cos\{m(\theta-v)\}\int_0^\infty\overline{\psi}_b(v,w,s)\sin(lw)\,dwdv$, and
$\overline{\overline{\overline{\varphi}}}(\xi_n,m,l;\theta) = \int_a^b u\mathcal{V}_{\mathcal{N}m\dot{o}}(\xi_n u)\int_0^{2\pi}\cos\{m(\theta-v)\}\int_0^\infty\varphi(u,v,w)\sin(lw)\,dwdvdu$. Successive inverse transforms yield

$$\overline{p} = \frac{\pi q(s)\,e^{-st_0}}{4\phi c_t\sqrt{\eta_z}}\sum_{m=0}^\infty \ni_m\cos\{m(\theta-\theta_0)\}\times$$
$$\times\sum_{n=1}^\infty\frac{\xi_n^2\{\xi_n J'_{m\dot{o}}(\xi_n b)+\lambda J_{m\dot{o}}(\xi_n b)\}^2\mathcal{V}_{\mathcal{N}m\dot{o}}(\xi_n r_0,a)\,\mathcal{V}_{\mathcal{N}m\dot{o}}(\xi r,a)}{\left[\left\{\xi_n^2+\lambda^2-\left(\frac{m\dot{o}}{b}\right)^2\right\}J'^2_{m\dot{o}}(\xi_n a)-\left\{1-\left(\frac{m\dot{o}}{\xi_n a}\right)^2\right\}\{\xi_n J'_{m\dot{o}}(\xi_n b)+\lambda J_{m\dot{o}}(\xi_n b)\}^2\right]\sqrt{(\eta_r\xi_n^2+s)}}\times$$
$$\times\left\{e^{-|z-z_0|\sqrt{\frac{\eta_r\xi_n^2+s}{\eta_z}}}-e^{-|z+z_0|\sqrt{\frac{\eta_r\xi_n^2+s}{\eta_z}}}\right\}+$$
$$+\frac{1}{2\phi c_t\sqrt{\eta_z}}\sum_{m=0}^\infty\ni_m\sum_{n=1}^\infty\frac{\xi_n\{\xi_n J'_{m\dot{o}}(\xi_n b)+\lambda J_{m\dot{o}}(\xi_n b)\}^2\mathcal{V}_{\mathcal{N}m\dot{o}}(\xi r,a)}{\left[\left\{\xi_n^2+\lambda^2-\left(\frac{m\dot{o}}{b}\right)^2\right\}J'^2_{m\dot{o}}(\xi_n a)-\left\{1-\left(\frac{m\dot{o}}{\xi_n a}\right)^2\right\}\{\xi_n J'_{m\dot{o}}(\xi_n b)+\lambda J_{m\dot{o}}(\xi_n b)\}^2\right]}\times$$
$$\times\frac{1}{\sqrt{\eta_r\xi_n^2+s}}\int_0^\infty\overline{\overline{\psi}}_a(m,w,s;\theta)\left\{e^{-|z-w|\sqrt{\frac{\eta_r\xi_n^2+s}{\eta_z}}}-e^{-|z+w|\sqrt{\frac{\eta_r\xi_n^2+s}{\eta_z}}}\right\}dw-$$
$$-\frac{1}{2\phi c_t\sqrt{\eta_z}}\sum_{m=0}^\infty\ni_m\sum_{n=1}^\infty\frac{\xi_n^2 J'_{m\dot{o}}(\xi_n a)\{\xi_n J'_{m\dot{o}}(\xi_n b)+\lambda J_{m\dot{o}}(\xi_n b)\}\mathcal{V}_{\mathcal{N}m\dot{o}}(\xi r,a)}{\left[\left\{\xi_n^2+\lambda^2-\left(\frac{m\dot{o}}{b}\right)^2\right\}J'^2_{m\dot{o}}(\xi_n a)-\left\{1-\left(\frac{m\dot{o}}{\xi_n a}\right)^2\right\}\{\xi_n J'_{m\dot{o}}(\xi_n b)+\lambda J_{m\dot{o}}(\xi_n b)\}^2\right]}\times$$
$$\times\frac{1}{\sqrt{\eta_r\xi_n^2+s}}\int_0^\infty\overline{\overline{\psi}}_b(m,w,s;\theta)\left\{e^{-|z-w|\sqrt{\frac{\eta_r\xi_n^2+s}{\eta_z}}}-e^{-|z+w|\sqrt{\frac{\eta_r\xi_n^2+s}{\eta_z}}}\right\}dw+$$
$$+\frac{\pi}{2}\sum_{m=0}^\infty\ni_m\sum_{n=1}^\infty\frac{\xi_n^2\{\xi_n J'_{m\dot{o}}(\xi_n b)+\lambda J_{m\dot{o}}(\xi_n b)\}^2\mathcal{V}_{\mathcal{N}m\dot{o}}(\xi r,a)\,\overline{\overline{\overline{\psi}}}(\xi_n,m,s;\theta)\,e^{-z\sqrt{\frac{\eta_r\xi_n^2+s}{\eta_z}}}}{\left[\left\{\xi_n^2+\lambda^2-\left(\frac{m\dot{o}}{b}\right)^2\right\}J'^2_{m\dot{o}}(\xi_n a)-\left\{1-\left(\frac{m\dot{o}}{\xi_n a}\right)^2\right\}\{\xi_n J'_{m\dot{o}}(\xi_n b)+\lambda J_{m\dot{o}}(\xi_n b)\}^2\right]}+$$

$$+\frac{\pi}{4\sqrt{\eta_z}}\sum_{m=0}^{\infty}\ni_m\sum_{n=1}^{\infty}\frac{\xi_n^2\left\{\xi_n J'_{m\dot{o}}(\xi_n b)+\lambda J_{m\dot{o}}(\xi_n b)\right\}^2\mathcal{V}_{\mathcal{N}m\dot{o}}(\xi r,a)}{\left[\left\{\xi_n^2+\lambda^2-\left(\frac{m\dot{o}}{b}\right)^2\right\}J'^2_{m\dot{o}}(\xi_n a)-\left\{1-\left(\frac{m\dot{o}}{\xi_n a}\right)^2\right\}\left\{\xi_n J'_{m\dot{o}}(\xi_n b)+\lambda J_{m\dot{o}}(\xi_n b)\right\}^2\right]}\times$$

$$\times\frac{1}{\sqrt{\eta_r\xi_n^2+s}}\int_0^{\infty}\overline{\overline{\varphi}}(\xi_n,m,w;\theta)\left\{e^{-|z-w|\sqrt{\frac{\eta_r\xi_n^2+s}{\eta_z}}}-e^{-|z+w|\sqrt{\frac{\eta_r\xi_n^2+s}{\eta_z}}}\right\}dw \qquad (24.21.2)$$

and

$$p=\frac{U(t-t_0)}{4\phi c_t}\sqrt{\frac{\pi}{\eta_z}}\sum_{m=0}^{\infty}\ni_m\cos\left\{m(\theta-\theta_0)\right\}\times$$

$$\times\sum_{n=1}^{\infty}\frac{\xi_n^2\left\{\xi_n J'_{m\dot{o}}(\xi_n b)+\lambda J_{m\dot{o}}(\xi_n b)\right\}^2\mathcal{V}_{\mathcal{N}m\dot{o}}(\xi_n r_0,a)\mathcal{V}_{\mathcal{N}m\dot{o}}(\xi r,a)}{\left[\left\{\xi_n^2+\lambda^2-\left(\frac{m\dot{o}}{b}\right)^2\right\}J'^2_{m\dot{o}}(\xi_n a)-\left\{1-\left(\frac{m\dot{o}}{\xi_n a}\right)^2\right\}\left\{\xi_n J'_{m\dot{o}}(\xi_n b)+\lambda J_{m\dot{o}}(\xi_n b)\right\}^2\right]}\times$$

$$\times\int_0^{t-t_0}\frac{q(t-t_0-\tau)e^{-\eta_r\xi_n^2\tau}}{\sqrt{\tau}}\left\{e^{-\frac{(z-z_0)^2}{4\eta_z\tau}}-e^{-\frac{(z+z_0)^2}{4\eta_z\tau}}\right\}d\tau+$$

$$+\frac{1}{2\phi c_t\sqrt{\pi\eta_z}}\sum_{m=0}^{\infty}\ni_m\sum_{n=1}^{\infty}\frac{\xi_n\left\{\xi_n J'_{m\dot{o}}(\xi_n b)+\lambda J_{m\dot{o}}(\xi_n b)\right\}^2\mathcal{V}_{\mathcal{N}m\dot{o}}(\xi r,a)}{\left[\left\{\xi_n^2+\lambda^2-\left(\frac{m\dot{o}}{b}\right)^2\right\}J'^2_{m\dot{o}}(\xi_n a)-\left\{1-\left(\frac{m\dot{o}}{\xi_n a}\right)^2\right\}\left\{\xi_n J'_{m\dot{o}}(\xi_n b)+\lambda J_{m\dot{o}}(\xi_n b)\right\}^2\right]}\times$$

$$\times\int_0^{t}\frac{e^{-\eta_r\xi_n^2\tau}}{\sqrt{\tau}}\int_0^{\infty}\overline{\psi}_a(m,w,t-\tau;\theta)\left\{e^{-\frac{(z-w)^2}{4\eta_z\tau}}-e^{-\frac{(z+w)^2}{4\eta_z\tau}}\right\}dwd\tau-$$

$$-\frac{1}{2\phi c_t\sqrt{\pi\eta_z}}\sum_{m=0}^{\infty}\ni_m\sum_{n=1}^{\infty}\frac{\xi_n^2 J'_{m\dot{o}}(\xi_n a)\left\{\lambda J_{m\dot{o}}(\xi_n b)-\xi_n J'_{m\dot{o}}(\xi_n b)\right\}\mathcal{V}_{\mathcal{N}m\dot{o}}(\xi r,a)}{\left[\left\{\xi_n^2+\lambda^2-\left(\frac{m\dot{o}}{b}\right)^2\right\}J'^2_{m\dot{o}}(\xi_n a)-\left\{1-\left(\frac{m\dot{o}}{\xi_n a}\right)^2\right\}\left\{\xi_n J'_{m\dot{o}}(\xi_n b)+\lambda J_{m\dot{o}}(\xi_n b)\right\}^2\right]}\times$$

$$\times\int_0^{t}\frac{e^{-\eta_r\xi_n^2\tau}}{\sqrt{\tau}}\int_0^{\infty}\overline{\psi}_b(m,w,t-\tau;\theta)\left\{e^{-\frac{(z-w)^2}{4\eta_z\tau}}-e^{-\frac{(z+w)^2}{4\eta_z\tau}}\right\}dwd\tau+$$

$$+\sqrt{\pi}\sum_{m=0}^{\infty}\ni_m\sum_{n=1}^{\infty}\frac{\xi_n^2\left\{\xi_n J'_{m\dot{o}}(\xi_n b)+\lambda J_{m\dot{o}}(\xi_n b)\right\}^2\mathcal{V}_{\mathcal{N}m\dot{o}}(\xi r,a)}{\left[\left\{\xi_n^2+\lambda^2-\left(\frac{m\dot{o}}{b}\right)^2\right\}J'^2_{m\dot{o}}(\xi_n a)-\left\{1-\left(\frac{m\dot{o}}{\xi_n a}\right)^2\right\}\left\{\xi_n J'_{m\dot{o}}(\xi_n b)+\lambda J_{m\dot{o}}(\xi_n b)\right\}^2\right]}\times$$

$$\times\int_{\frac{z}{2\sqrt{\eta_z t}}}^{\infty}\overline{\overline{\psi}}\left(\xi_n,m,t-\frac{z^2}{4\eta_z\tau^2};\theta\right)e^{-\eta_r\xi_n^2\left(\frac{z^2}{4\eta_z\tau^2}\right)-\tau^2}d\tau+$$

$$+\frac{1}{4}\sqrt{\frac{\pi}{\eta_z t}}\sum_{m=0}^{\infty}\ni_m\sum_{n=1}^{\infty}\frac{\xi_n^2\left\{\xi_n J'_{m\dot{o}}(\xi_n b)+\lambda J_{m\dot{o}}(\xi_n b)\right\}^2\mathcal{V}_{\mathcal{N}m\dot{o}}(\xi r,a)e^{-\eta_r\xi_n^2 t}}{\left[\left\{\xi_n^2+\lambda^2-\left(\frac{m\dot{o}}{b}\right)^2\right\}J'^2_{m\dot{o}}(\xi_n a)-\left\{1-\left(\frac{m\dot{o}}{\xi_n a}\right)^2\right\}\left\{\xi_n J'_{m\dot{o}}(\xi_n b)+\lambda J_{m\dot{o}}(\xi_n b)\right\}^2\right]}\times$$

$$\times\int_0^{\infty}\overline{\overline{\varphi}}(\xi_n,m,w;\theta)\left\{e^{-\frac{(z-w)^2}{4\eta_z t}}-e^{-\frac{(z+w)^2}{4\eta_z t}}\right\}dw \qquad (24.21.3)$$

where $\overline{\overline{\overline{\psi}}}(\xi_n,m,s;\theta)=\int_0^a u\mathcal{V}_{\mathcal{N}m\dot{o}}(\xi_n u)\int_0^{2\pi}\overline{\psi}(u,v,s)\cos\{m(\theta-v)\}dvdu$,
$\overline{\overline{\psi}}(\xi_n,m,t;\theta)=\int_0^a u\mathcal{V}_{\mathcal{N}m\dot{o}}(\xi_n u)\int_0^{2\pi}\psi(u,v,t)\cos\{m(\theta-v)\}dvdu$,
$\overline{\overline{\psi}}_a(m,w,s;\theta)=\int_0^{2\pi}\overline{\psi}_a(v,w,s)\cos\{m(\theta-v)\}dv$, $\overline{\psi}_a(m,w,t;\theta)=\int_0^{2\pi}\psi_a(v,w,t)\cos\{m(\theta-v)\}dv$,
$\overline{\overline{\psi}}_b(m,w,s;\theta)=\int_0^{2\pi}\overline{\psi}_b(v,w,s)\cos\{m(\theta-v)\}dv$, $\overline{\psi}_b(m,w,t;\theta)=\int_0^{2\pi}\psi_b(v,w,t)\cos\{m(\theta-v)\}dv$, and
$\overline{\overline{\varphi}}(\xi_n,m,w;\theta)=\int_0^a u\mathcal{V}_{\mathcal{N}m\dot{o}}(\xi_n u)\int_0^{2\pi}\varphi(u,v,w)\cos\{m(\theta-v)\}dvdu$.

24.22

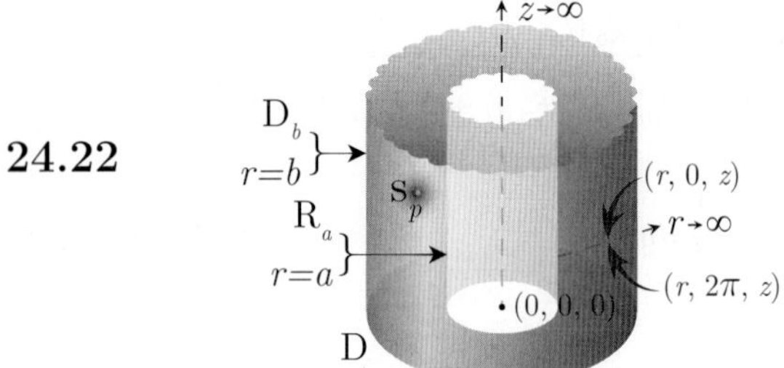

The problem of 24.16, except
$\mathbf{R_a \equiv \frac{\partial p(a,\theta,z,t)}{\partial r} - \lambda p\,(a,\theta,z,t) = -\left(\frac{\mu}{k_r}\right)\psi_a\,(\theta,z,t)}$,
$\mathbf{D_b \equiv p\,(b,\theta,z,t) = \psi_b\,(\theta,z,t)}$ **and**
$\mathbf{D \equiv p\,(r,\theta,0,t) = \psi\,(r,\theta,t)}$

Successive application of the Laplace, Fourier and finite Hankel transformations to equation (22.1.1) gives

$$\overline{\overline{\overline{p}}} = \frac{q(s)\,e^{-st_0}\cos\{m\,(\theta-\theta_0)\}\sin(lz_0)\,\mathcal{V}_{\mathcal{D}m\dot{o}}(\xi_n r_0,b)}{\phi c_t\,(\eta_r\xi_n^2+\eta_z l^2+s)} + \frac{2J_{m\dot{o}}\,(\xi_n b)\,\overline{\overline{\overline{\psi}}}_a\,(m,l,s;\theta)}{\pi\phi c_t(\eta_r\xi_n^2+\eta_z l^2+s)\{\xi_n J'_{m\dot{o}}(\xi_n a)-\lambda J_{m\dot{o}}\,(\xi_n a)\}}+$$
$$+\frac{2\eta_r\overline{\overline{\overline{\psi}}}_b\,(m,l,s;\theta)}{\pi\,(\eta_r\xi_n^2+\eta_z l^2+s)} + \frac{\eta_z l\overline{\overline{\overline{\psi}}}\,(\xi_n,m,s;\theta)}{(\eta_r\xi_n^2+\eta_z l^2+s)} + \frac{\overline{\overline{\overline{\varphi}}}\,(\xi_n,m,l;\theta)}{(\eta_r\xi_n^2+\eta_z l^2+s)} \tag{24.22.1}$$

where $\mathcal{V}_{\mathcal{D}m\dot{o}}\,(\xi_n r,b) = J_{m\dot{o}}\,(\xi_n r)Y_{m\dot{o}}\,(\xi_n b) - Y_{m\dot{o}}\,(\xi_n r)J_{m\dot{o}}\,(\xi_n b)$ and the eigenvalues $\xi_n, n = 1,2,...,$ are the positive roots of the transcendental equation $\lambda\mathcal{V}_{\mathcal{D}m\dot{o}}\,(\xi_n a,b) - \xi_n\mathcal{V}'_{\mathcal{D}m\dot{o}}\,(\xi_n a,b) = 0$.
$\overline{\overline{\overline{\psi}}}\,(\xi_n,m,s;\theta) = \int_0^a u\mathcal{V}_{\mathcal{D}m\dot{o}}\,(\xi_n u)\int_0^{2\pi}\overline{\psi}\,(u,v,s)\cos\{m\,(\theta-v)\}dvdu$,
$\overline{\overline{\overline{\psi}}}_a\,(m,l,s;\theta) = \int_0^{2\pi}\cos\{m\,(\theta-v)\}\int_0^{\infty}\overline{\psi}_a\,(v,w,s)\sin(lw)\,dwdv$,
$\overline{\overline{\overline{\psi}}}_a\,(m,l,s;\theta) = \int_0^{2\pi}\cos\{m\,(\theta-v)\}\int_0^{\infty}\overline{\psi}_a\,(v,w,s)\sin(lw)\,dwdv$,
$\overline{\overline{\overline{\psi}}}_b\,(m,l,s;\theta) = \int_0^{2\pi}\cos\{m\,(\theta-v)\}\int_0^{\infty}\overline{\psi}_b\,(v,w,s)\sin(lw)\,dwdv$, and
$\overline{\overline{\overline{\varphi}}}\,(\xi_n,m,l;\theta) = \int_a^b u\mathcal{V}_{\mathcal{D}m\dot{o}}\,(\xi_n u)\int_0^{2\pi}\cos\{m\,(\theta-v)\}\int_0^{\infty}\varphi\,(u,v,w)\sin(lw)\,dwdvdu$. Successive inverse transforms yield

$$\overline{p} = \frac{\pi q\,(s)\,e^{-st_0}}{4\phi c_t\sqrt{\eta_z}}\sum_{m=0}^{\infty}\ni_m\cos\{m\,(\theta-\theta_0)\}\times$$
$$\times\sum_{n=1}^{\infty}\frac{\xi_n^2\,\{\xi_n J'_{m\dot{o}}\,(\xi_n a)-\lambda J_{m\dot{o}}\,(\xi_n a)\}^2\,\mathcal{V}_{\mathcal{D}m\dot{o}}\,(\xi r_0,b)\,\mathcal{V}_{\mathcal{D}m\dot{o}}\,(\xi r,b)}{\left[\{\xi_n J'_{m\dot{o}}\,(\xi_n a)-\lambda J_{m\dot{o}}\,(\xi_n a)\}^2-\left\{\xi_n^2+\lambda^2-\left(\frac{m\dot{o}}{a}\right)^2\right\}J^2_{m\dot{o}}\,(\xi_n b)\right]\sqrt{(\eta_r\xi_n^2+s)}}\times$$
$$\times\left\{e^{-|z-z_0|\sqrt{\frac{\eta_r\xi_n^2+s}{\eta_z}}}-e^{-|z+z_0|\sqrt{\frac{\eta_r\xi_n^2+s}{\eta_z}}}\right\}+$$
$$+\frac{1}{2\phi c_t\sqrt{\eta_z}}\sum_{m=0}^{\infty}\ni_m\sum_{n=1}^{\infty}\frac{\xi_n^2 J_{m\dot{o}}\,(\xi_n b)\,\{\xi_n J'_{m\dot{o}}\,(\xi_n a)-\lambda J_{m\dot{o}}\,(\xi_n a)\}\,\mathcal{V}_{\mathcal{D}m\dot{o}}\,(\xi r,b)}{\left[\{\xi_n J'_{m\dot{o}}\,(\xi_n a)-\lambda J_{m\dot{o}}\,(\xi_n a)\}^2-\left\{\xi_n^2+\lambda^2-\left(\frac{m\dot{o}}{a}\right)^2\right\}J^2_{m\dot{o}}\,(\xi_n b)\right]\sqrt{\eta_r\xi_n^2+s}}\times$$
$$\times\int_0^{\infty}\overline{\overline{\psi}}_a\,(m,w,s;\theta)\left\{e^{-|z-w|\sqrt{\frac{\eta_r\xi_n^2+s}{\eta_z}}}-e^{-|z+w|\sqrt{\frac{\eta_r\xi_n^2+s}{\eta_z}}}\right\}dw+$$
$$+\frac{\eta_r}{2\sqrt{\eta_z}}\sum_{m=0}^{\infty}\ni_m\sum_{n=1}^{\infty}\frac{\xi_n^2\,\{\xi_n J'_{m\dot{o}}\,(\xi_n a)-\lambda J_{m\dot{o}}\,(\xi_n a)\}^2\,\mathcal{V}_{\mathcal{D}m\dot{o}}\,(\xi r,b)}{\left[\{\xi_n J'_{m\dot{o}}\,(\xi_n a)-\lambda J_{m\dot{o}}\,(\xi_n a)\}^2-\left\{\xi_n^2+\lambda^2-\left(\frac{m\dot{o}}{a}\right)^2\right\}J^2_{m\dot{o}}\,(\xi_n b)\right]\sqrt{\eta_r\xi_n^2+s}}\times$$
$$\times\int_0^{\infty}\overline{\overline{\psi}}_b\,(m,w,s;\theta)\left\{e^{-|z-w|\sqrt{\frac{\eta_r\xi_n^2+s}{\eta_z}}}-e^{-|z+w|\sqrt{\frac{\eta_r\xi_n^2+s}{\eta_z}}}\right\}dw+$$
$$+\frac{\pi}{2}\sum_{m=0}^{\infty}\ni_m\sum_{n=1}^{\infty}\frac{\xi_n^2\,\{\xi_n J'_{m\dot{o}}\,(\xi_n a)-\lambda J_{m\dot{o}}\,(\xi_n a)\}^2\,\mathcal{V}_{\mathcal{D}m\dot{o}}\,(\xi r,b)\,\overline{\overline{\psi}}\,(\xi_n,m,s;\theta)\,e^{-z\sqrt{\frac{\eta_r\xi_n^2+s}{\eta_z}}}}{\left[\{\xi_n J'_{m\dot{o}}\,(\xi_n a)-\lambda J_{m\dot{o}}\,(\xi_n a)\}^2-\left\{\xi_n^2+\lambda^2-\left(\frac{m\dot{o}}{a}\right)^2\right\}J^2_{m\dot{o}}\,(\xi_n b)\right]}+$$

$$+\frac{\pi}{4\sqrt{\eta_z}}\sum_{m=0}^{\infty}\ni_m\sum_{n=1}^{\infty}\frac{\xi_n^2\left\{\xi_n J'_{m\dot{o}}(\xi_n a)-\lambda J_{m\dot{o}}(\xi_n a)\right\}^2\mathcal{V}_{\mathcal{D}m\dot{o}}(\xi r,b)}{\left[\left\{\xi_n J'_{m\dot{o}}(\xi_n a)-\lambda J_{m\dot{o}}(\xi_n a)\right\}^2-\left\{\xi_n^2+\lambda^2-\left(\frac{m\dot{o}}{a}\right)^2\right\}J^2_{m\dot{o}}(\xi_n b)\right]\sqrt{\eta_r\xi_n^2+s}}\times$$
$$\times\int_0^{\infty}\overline{\overline{\varphi}}(\xi_n,m,w;\theta)\left\{e^{-|z-w|\sqrt{\frac{\eta_r\xi_n^2+s}{\eta_z}}}-e^{-|z+w|\sqrt{\frac{\eta_r\xi_n^2+s}{\eta_z}}}\right\}dw \tag{24.22.2}$$

and

$$p=\frac{U(t-t_0)}{4\phi c_t}\sqrt{\frac{\pi}{\eta_z}}\sum_{m=0}^{\infty}\ni_m\cos\{m(\theta-\theta_0)\}\times$$
$$\times\sum_{n=1}^{\infty}\frac{\xi_n^2\left\{\xi_n J'_{m\dot{o}}(\xi_n a)-\lambda J_{m\dot{o}}(\xi_n a)\right\}^2\mathcal{V}_{\mathcal{D}m\dot{o}}(\xi r_0,b)\,\mathcal{V}_{\mathcal{D}m\dot{o}}(\xi r,b)}{\left[\left\{\xi_n J'_{m\dot{o}}(\xi_n a)-\lambda J_{m\dot{o}}(\xi_n a)\right\}^2-\left\{\xi_n^2+\lambda^2-\left(\frac{m\dot{o}}{a}\right)^2\right\}J^2_{m\dot{o}}(\xi_n b)\right]}\times$$
$$\times\int_0^{t-t_0}\frac{q(t-t_0-\tau)\,e^{-\eta_r\xi_n^2\tau}}{\sqrt{\tau}}\left\{e^{-\frac{(z-z_0)^2}{4\eta_z\tau}}-e^{-\frac{(z+z_0)^2}{4\eta_z\tau}}\right\}d\tau+$$
$$+\frac{1}{2\phi c_t\sqrt{\pi\eta_z}}\sum_{n=1}^{\infty}\frac{\xi_n^2 J_{m\dot{o}}(\xi_n b)\left\{\xi_n J'_{m\dot{o}}(\xi_n a)-\lambda J_{m\dot{o}}(\xi_n a)\right\}\mathcal{V}_{\mathcal{D}m\dot{o}}(\xi r,b)}{\left[\left\{\xi_n J'_{m\dot{o}}(\xi_n a)-\lambda J_{m\dot{o}}(\xi_n a)\right\}^2-\left\{\xi_n^2+\lambda^2-\left(\frac{m\dot{o}}{a}\right)^2\right\}J^2_{m\dot{o}}(\xi_n b)\right]}\times$$
$$\times\int_0^{t}\frac{e^{-\eta_r\xi_n^2\tau}}{\sqrt{\tau}}\int_0^{\infty}\overline{\psi}_a(m,w,t-\tau;\theta)\left\{e^{-\frac{(z-w)^2}{4\eta_z\tau}}-e^{-\frac{(z+w)^2}{4\eta_z\tau}}\right\}dw\,d\tau+$$
$$+\frac{\eta_r}{2\sqrt{\pi\eta_z}}\sum_{m=0}^{\infty}\ni_m\sum_{n=1}^{\infty}\frac{\xi_n^2\left\{\xi_n J'_{m\dot{o}}(\xi_n a)-\lambda J_{m\dot{o}}(\xi_n a)\right\}^2\mathcal{V}_{\mathcal{D}m\dot{o}}(\xi r,b)}{\left[\left\{\xi_n J'_{m\dot{o}}(\xi_n a)-\lambda J_{m\dot{o}}(\xi_n a)\right\}^2-\left\{\xi_n^2+\lambda^2-\left(\frac{m\dot{o}}{a}\right)^2\right\}J^2_{m\dot{o}}(\xi_n b)\right]}\times$$
$$\times\int_0^{t}\frac{e^{-\eta_r\xi_n^2\tau}}{\sqrt{\tau}}\int_0^{\infty}\overline{\psi}_b(m,w,t-\tau;\theta)\left\{e^{-\frac{(z-w)^2}{4\eta_z\tau}}-e^{-\frac{(z+w)^2}{4\eta_z\tau}}\right\}dw\,d\tau+$$
$$+\sqrt{\pi}\sum_{m=0}^{\infty}\ni_m\sum_{n=1}^{\infty}\frac{\xi_n^2\left\{\xi_n J'_{m\dot{o}}(\xi_n a)-\lambda J_{m\dot{o}}(\xi_n a)\right\}^2\mathcal{V}_{\mathcal{D}m\dot{o}}(\xi r,b)}{\left[\left\{\xi_n J'_{m\dot{o}}(\xi_n a)-\lambda J_{m\dot{o}}(\xi_n a)\right\}^2-\left\{\xi_n^2+\lambda^2-\left(\frac{m\dot{o}}{a}\right)^2\right\}J^2_{m\dot{o}}(\xi_n b)\right]}\times$$
$$\times\int_{\frac{z}{2\sqrt{\eta_z t}}}^{\infty}\overline{\overline{\psi}}\left(\xi_n,m,t-\frac{z^2}{4\eta_z\tau^2};\theta\right)e^{-\eta_r\xi_n^2\left(\frac{z^2}{4\eta_z\tau^2}\right)-\tau^2}d\tau+$$
$$+\frac{1}{4}\sqrt{\frac{\pi}{\eta_z t}}\sum_{m=0}^{\infty}\ni_m\sum_{n=1}^{\infty}\frac{\xi_n^2\left\{\xi_n J'_{m\dot{o}}(\xi_n a)-\lambda J_{m\dot{o}}(\xi_n a)\right\}^2\mathcal{V}_{\mathcal{D}m\dot{o}}(\xi r,b)}{\left[\left\{\xi_n J'_{m\dot{o}}(\xi_n a)-\lambda J_{m\dot{o}}(\xi_n a)\right\}^2-\left\{\xi_n^2+\lambda^2-\left(\frac{m\dot{o}}{a}\right)^2\right\}J^2_{m\dot{o}}(\xi_n b)\right]}\times$$
$$\times\int_0^{\infty}\overline{\overline{\varphi}}(\xi_n,m,w;\theta)\left\{e^{-\frac{(z-w)^2}{4\eta_z t}}-e^{-\frac{(z+w)^2}{4\eta_z t}}\right\}dw \tag{24.22.3}$$

where $\overline{\overline{\overline{\psi}}}(\xi_n,m,s;\theta)=\int_0^a u\mathcal{V}_{\mathcal{D}m\dot{o}}(\xi_n u)\int_0^{2\pi}\overline{\psi}(u,v,s)\cos\{m(\theta-v)\}dvdu$,
$\overline{\overline{\psi}}(\xi_n,m,t;\theta)=\int_0^a u\mathcal{V}_{\mathcal{D}m\dot{o}}(\xi_n u)\int_0^{2\pi}\psi(u,v,t)\cos\{m(\theta-v)\}dvdu$,
$\overline{\overline{\psi}}_a(m,w,s;\theta)=\int_0^{2\pi}\overline{\psi}_a(v,w,s)\cos\{m(\theta-v)\}dv$, $\overline{\psi}_a(m,w,t;\theta)=\int_0^{2\pi}\psi_a(v,w,t)\cos\{m(\theta-v)\}dv$,
$\overline{\overline{\psi}}_b(m,w,s;\theta)=\int_0^{2\pi}\overline{\psi}_b(v,w,s)\cos\{m(\theta-v)\}dv$, $\overline{\psi}_b(m,w,t;\theta)=\int_0^{2\pi}\psi_b(v,w,t)\cos\{m(\theta-v)\}dv$, and
$\overline{\overline{\varphi}}(\xi_n,m,w;\theta)=\int_0^a u\mathcal{V}_{\mathcal{D}m\dot{o}}(\xi_n u)\int_0^{2\pi}\varphi(u,v,w)\cos\{m(\theta-v)\}dudv$.

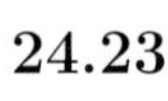

24.23

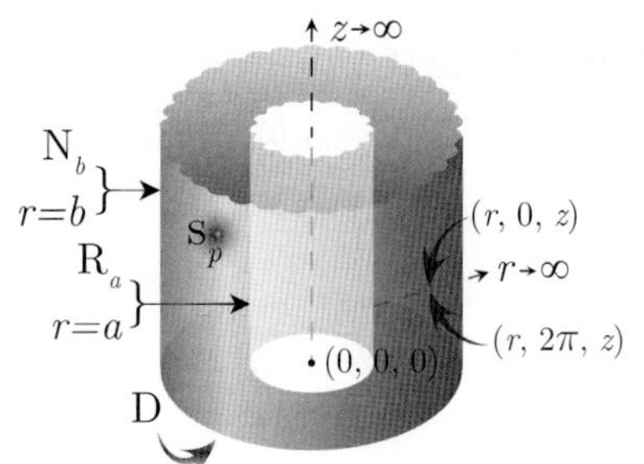

The problem of 24.16, except
$\mathbf{R}_a \equiv \frac{\partial p(a,\theta,z,t)}{\partial r} - \lambda p\,(a,\theta,z,t) = -\left(\frac{\mu}{k_r}\right)\psi_a\,(\theta,z,t),$
$\mathbf{N}_b \equiv \frac{\partial p(b,\theta,z,t)}{\partial r} = -\left(\frac{\mu}{k_r}\right)\psi_b\,(\theta,z,t)$ **and**
$\mathbf{D} \equiv p\,(r,\theta,0,t) = \psi\,(r,\theta,t)$

Successive application of the Laplace, Fourier and finite Hankel transformations to equation (22.1.1) gives

$$\overline{\overline{\overline{p}}} = \frac{q(s)\,e^{-st_0}\cos\{m\,(\theta-\theta_0)\}\sin(lz_0)\mathcal{V}_{\mathcal{N}m\dot{o}}\,(\xi_n r_0, b)}{\phi c_t\,(\eta_r\xi_n^2+\eta_z l^2+s)} - \frac{2J'_{m\dot{o}}\,(\xi_n b)\,\overline{\overline{\overline{\psi}}}_a\,(m,l,s;\theta)}{\pi\phi c_t(\eta_r\xi_n^2+\eta_z l^2+s)\{\xi_n J'_{m\dot{o}}(\xi_n a)-\lambda J_{m\dot{o}}(\xi_n a)\}} -$$

$$-\frac{2\overline{\overline{\overline{\psi}}}_b\,(m,l,s;\theta)}{\pi\phi c_t\xi_n\,(\eta_r\xi_n^2+\eta_z l^2+s)} + \frac{\eta_z l\overline{\overline{\overline{\psi}}}\,(\xi_n,m,s;\theta)}{(\eta_r\xi_n^2+\eta_z l^2+s)} + \frac{\overline{\overline{\overline{\varphi}}}\,(\xi_n,m,l;\theta)}{(\eta_r\xi_n^2+\eta_z l^2+s)} \tag{24.23.1}$$

where $\overline{p} = \int_a^b pr\mathcal{V}_{\mathcal{N}m\dot{o}}\,(\xi_n r, b)\,dr$ and the eigenvalues $\xi_n, n = 1, 2, ...,$ are the positive roots of the transcendental equation $\lambda\mathcal{V}_{\mathcal{N}m\dot{o}}\,(\xi_n a, b) - \xi_n\mathcal{V}'_{\mathcal{N}m\dot{o}}\,(\xi_n a, b) = 0.$
$\overline{\overline{\overline{\psi}}}\,(\xi_n,m,s;\theta) = \int_0^a u\mathcal{V}_{\mathcal{N}m\dot{o}}\,(\xi_n u)\int_0^{2\pi}\overline{\psi}\,(u,v,s)\cos\{m\,(\theta-v)\}dvdu,$
$\overline{\overline{\overline{\psi}}}_a\,(m,l,s;\theta) = \int_0^{2\pi}\cos\{m\,(\theta-v)\}\int_0^\infty\overline{\psi}_a\,(v,w,s)\sin(lw)\,dwdv,$
$\overline{\overline{\overline{\psi}}}_a\,(m,l,s;\theta) = \int_0^{2\pi}\cos\{m\,(\theta-v)\}\int_0^\infty\overline{\psi}_a\,(v,w,s)\sin(lw)\,dwdv,$
$\overline{\overline{\overline{\psi}}}_b\,(m,l,s;\theta) = \int_0^{2\pi}\cos\{m\,(\theta-v)\}\int_0^\infty\overline{\psi}_b\,(v,w,s)\sin(lw)\,dwdv,$ and
$\overline{\overline{\overline{\varphi}}}\,(\xi_n,m,l;\theta) = \int_a^b u\mathcal{V}_{\mathcal{N}m\dot{o}}\,(\xi_n u)\int_0^{2\pi}\cos\{m\,(\theta-v)\}\int_0^\infty\varphi\,(u,v,w)\sin(lw)\,dwdvdu.$ Successive inverse transforms yield

$$\overline{p} = \frac{\pi q\,(s)\,e^{-st_0}}{4\phi c_t\sqrt{\eta_z}}\sum_{m=0}^{\infty}\ni_m\cos\{m\,(\theta-\theta_0)\}\times$$

$$\times\sum_{n=1}^{\infty}\frac{\xi_n^2\{\xi_n J'_{m\dot{o}}\,(\xi_n a)-\lambda J_{m\dot{o}}\,(\xi_n a)\}^2\mathcal{V}_{\mathcal{N}m\dot{o}}\,(\xi r_0,b)\,\mathcal{V}_{\mathcal{N}m\dot{o}}\,(\xi r,b)}{\left[\left\{1-\left(\frac{m\dot{o}}{\xi_n b}\right)^2\right\}\{\xi_n J'_{m\dot{o}}\,(\xi_n a)-\lambda J_{m\dot{o}}\,(\xi_n a)\}^2-\left\{\xi_n^2+\lambda^2-\left(\frac{m\dot{o}}{a}\right)^2\right\}J'^2_{m\dot{o}}\,(\xi_n b)\right]\sqrt{(\eta_r\xi_n^2+s)}}\times$$

$$\times\left\{e^{-|z-z_0|\sqrt{\frac{\eta_r\xi_n^2+s}{\eta_z}}}-e^{-|z+z_0|\sqrt{\frac{\eta_r\xi_n^2+s}{\eta_z}}}\right\}-$$

$$-\frac{1}{2\phi c_t\sqrt{\eta_z}}\sum_{m=0}^{\infty}\ni_m\sum_{n=1}^{\infty}\frac{\xi_n^2 J'_{m\dot{o}}\,(\xi_n b)\,\{\xi_n J'_{m\dot{o}}(\xi_n a)-\lambda J_{m\dot{o}}\,(\xi_n a)\}\,\mathcal{V}_{\mathcal{N}m\dot{o}}\,(\xi r,b)}{\left[\left\{1-\left(\frac{m\dot{o}}{\xi_n b}\right)^2\right\}\{\xi_n J'_{m\dot{o}}\,(\xi_n a)-\lambda J_{m\dot{o}}\,(\xi_n a)\}^2-\left\{\xi_n^2+\lambda^2-\left(\frac{m\dot{o}}{a}\right)^2\right\}J'^2_{m\dot{o}}\,(\xi_n b)\right]}\times$$

$$\times\frac{1}{\sqrt{\eta_r\xi_n^2+s}}\int_0^\infty\overline{\overline{\psi}}_a\,(m,w,s;\theta)\left\{e^{-|z-w|\sqrt{\frac{\eta_r\xi_n^2+s}{\eta_z}}}-e^{-|z+w|\sqrt{\frac{\eta_r\xi_n^2+s}{\eta_z}}}\right\}dw-$$

$$-\frac{1}{2\phi c_t\sqrt{\eta_z}}\sum_{m=0}^{\infty}\ni_m\sum_{n=1}^{\infty}\frac{\xi_n\{\xi_n J'_{m\dot{o}}\,(\xi_n a)-\lambda J_{m\dot{o}}\,(\xi_n a)\}^2\mathcal{V}_{\mathcal{N}m\dot{o}}\,(\xi r,b)}{\left[\left\{1-\left(\frac{m\dot{o}}{\xi_n b}\right)^2\right\}\{\xi_n J'_{m\dot{o}}\,(\xi_n a)-\lambda J_{m\dot{o}}\,(\xi_n a)\}^2-\left\{\xi_n^2+\lambda^2-\left(\frac{m\dot{o}}{a}\right)^2\right\}J'^2_{m\dot{o}}\,(\xi_n b)\right]}\times$$

$$\times\frac{1}{\sqrt{\eta_r\xi_n^2+s}}\int_0^\infty\overline{\overline{\psi}}_b\,(m,w,s;\theta)\left\{e^{-|z-w|\sqrt{\frac{\eta_r\xi_n^2+s}{\eta_z}}}-e^{-|z+w|\sqrt{\frac{\eta_r\xi_n^2+s}{\eta_z}}}\right\}dw+$$

$$+\frac{\pi}{2}\sum_{m=0}^{\infty}\ni_m\sum_{n=1}^{\infty}\frac{\xi_n^2\{\xi_n J'_{m\dot{o}}\,(\xi_n a)-\lambda J_{m\dot{o}}\,(\xi_n a)\}^2\mathcal{V}_{\mathcal{N}m\dot{o}}\,(\xi r,b)\,\overline{\overline{\psi}}\,(\xi_n,m,s;\theta)\,e^{-z\sqrt{\frac{\eta_r\xi_n^2+s}{\eta_z}}}}{\left[\left\{1-\left(\frac{m\dot{o}}{\xi_n b}\right)^2\right\}\{\xi_n J'_{m\dot{o}}\,(\xi_n a)-\lambda J_{m\dot{o}}\,(\xi_n a)\}^2-\left\{\xi_n^2+\lambda^2-\left(\frac{m\dot{o}}{a}\right)^2\right\}J'^2_{m\dot{o}}\,(\xi_n b)\right]}+$$

$$+\frac{\pi}{4\sqrt{\eta_z}}\sum_{m=0}^{\infty}\ni_m\sum_{n=1}^{\infty}\frac{\xi_n^2\left\{\xi_n J'_{m\dot{o}}(\xi_n a)-\lambda J_{m\dot{o}}(\xi_n a)\right\}^2\mathcal{V}_{\mathcal{N}m\dot{o}}(\xi r,b)}{\left[\left\{1-\left(\frac{m\dot{o}}{\xi_n b}\right)^2\right\}\left\{\xi_n J'_{m\dot{o}}(\xi_n a)-\lambda J_{m\dot{o}}(\xi_n a)\right\}^2-\left\{\xi_n^2+\lambda^2-\left(\frac{m\dot{o}}{a}\right)^2\right\}J'^2_{m\dot{o}}(\xi_n b)\right]}\times$$

$$\times\frac{1}{\sqrt{\eta_r\xi_n^2+s}}\int_0^{\infty}\overline{\overline{\varphi}}(\xi_n,m,w;\theta)\left\{e^{-|z-w|\sqrt{\frac{\eta_r\xi_n^2+s}{\eta_z}}}-e^{-|z+w|\sqrt{\frac{\eta_r\xi_n^2+s}{\eta_z}}}\right\}dw \tag{24.23.2}$$

and

$$p=\frac{U(t-t_0)}{4\phi c_t}\sqrt{\frac{\pi}{\eta_z}}\sum_{m=0}^{\infty}\ni_m\cos\{m(\theta-\theta_0)\}\times$$

$$\times\sum_{n=1}^{\infty}\frac{\xi_n^2\left\{\xi_n J'_{m\dot{o}}(\xi_n a)-\lambda J_{m\dot{o}}(\xi_n a)\right\}^2\mathcal{V}_{\mathcal{N}m\dot{o}}(\xi r_0,b)\,\mathcal{V}_{\mathcal{N}m\dot{o}}(\xi r,b)}{\left[\left\{1-\left(\frac{m\dot{o}}{\xi_n b}\right)^2\right\}\left\{\xi_n J'_{m\dot{o}}(\xi_n a)-\lambda J_{m\dot{o}}(\xi_n a)\right\}^2-\left\{\xi_n^2+\lambda^2-\left(\frac{m\dot{o}}{a}\right)^2\right\}J'^2_{m\dot{o}}(\xi_n b)\right]}\times$$

$$\times\int_0^{t-t_0}\frac{q(t-t_0-\tau)\,e^{-\eta_r\xi_n^2\tau}}{\sqrt{\tau}}\left\{e^{-\frac{(z-z_0)^2}{4\eta_z\tau}}-e^{-\frac{(z+z_0)^2}{4\eta_z\tau}}\right\}d\tau-$$

$$-\frac{1}{2\phi c_t\sqrt{\pi\eta_z}}\sum_{m=0}^{\infty}\ni_m\sum_{n=1}^{\infty}\frac{\xi_n^2 J'_{m\dot{o}}(\xi_n b)\left\{\xi_n J'_{m\dot{o}}(\xi_n a)-\lambda J_{m\dot{o}}(\xi_n a)\right\}\mathcal{V}_{\mathcal{N}m\dot{o}}(\xi r,b)}{\left[\left\{1-\left(\frac{m\dot{o}}{\xi_n b}\right)^2\right\}\left\{\xi_n J'_{m\dot{o}}(\xi_n a)-\lambda J_{m\dot{o}}(\xi_n a)\right\}^2-\left\{\xi_n^2+\lambda^2-\left(\frac{m\dot{o}}{a}\right)^2\right\}J'^2_{m\dot{o}}(\xi_n b)\right]}\times$$

$$\times\int_0^{t}\frac{e^{-\eta_r\xi_n^2\tau}}{\sqrt{\tau}}\int_0^{\infty}\overline{\psi}_a(m,w,t-\tau;\theta)\left\{e^{-\frac{(z-w)^2}{4\eta_z\tau}}-e^{-\frac{(z+w)^2}{4\eta_z\tau}}\right\}dw\,d\tau-$$

$$-\frac{1}{2\phi c_t\sqrt{\pi\eta_z}}\sum_{m=0}^{\infty}\ni_m\sum_{n=1}^{\infty}\frac{\xi_n\left\{\xi_n J'_{m\dot{o}}(\xi_n a)-\lambda J_{m\dot{o}}(\xi_n a)\right\}^2\mathcal{V}_{\mathcal{N}m\dot{o}}(\xi r,b)}{\left[\left\{1-\left(\frac{m\dot{o}}{\xi_n b}\right)^2\right\}\left\{\xi_n J'_{m\dot{o}}(\xi_n a)-\lambda J_{m\dot{o}}(\xi_n a)\right\}^2-\left\{\xi_n^2+\lambda^2-\left(\frac{m\dot{o}}{a}\right)^2\right\}J'^2_{m\dot{o}}(\xi_n b)\right]}\times$$

$$\times\int_0^{t}\frac{e^{-\eta_r\xi_n^2\tau}}{\sqrt{\tau}}\int_0^{\infty}\overline{\psi}_b(m,w,t-\tau;\theta)\left\{e^{-\frac{(z-w)^2}{4\eta_z\tau}}-e^{-\frac{(z+w)^2}{4\eta_z\tau}}\right\}dw\,d\tau+$$

$$+\sqrt{\pi}\sum_{m=0}^{\infty}\ni_m\sum_{n=1}^{\infty}\frac{\xi_n^2\left\{\xi_n J'_{m\dot{o}}(\xi_n a)-\lambda J_{m\dot{o}}(\xi_n a)\right\}^2\mathcal{V}_{\mathcal{N}m\dot{o}}(\xi r,b)}{\left[\left\{1-\left(\frac{m\dot{o}}{\xi_n b}\right)^2\right\}\left\{\xi_n J'_{m\dot{o}}(\xi_n a)-\lambda J_{m\dot{o}}(\xi_n a)\right\}^2-\left\{\xi_n^2+\lambda^2-\left(\frac{m\dot{o}}{a}\right)^2\right\}J'^2_{m\dot{o}}(\xi_n b)\right]}\times$$

$$\times\int_{\frac{z}{2\sqrt{\eta_z t}}}^{\infty}\overline{\overline{\psi}}\left(\xi_n,m,t-\frac{z^2}{4\eta_z\tau^2};\theta\right)e^{-\eta_r\xi_n^2\left(\frac{z^2}{4\eta_z\tau^2}\right)-\tau^2}d\tau+$$

$$+\frac{1}{4}\sqrt{\frac{\pi}{\eta_z t}}\sum_{m=0}^{\infty}\ni_m\sum_{n=1}^{\infty}\frac{\xi_n^2\left\{\xi_n J'_{m\dot{o}}(\xi_n a)-\lambda J_{m\dot{o}}(\xi_n a)\right\}^2\mathcal{V}_{\mathcal{N}m\dot{o}}(\xi r,b)}{\left[\left\{1-\left(\frac{m\dot{o}}{\xi_n b}\right)^2\right\}\left\{\xi_n J'_{m\dot{o}}(\xi_n a)-\lambda J_{m\dot{o}}(\xi_n a)\right\}^2-\left\{\xi_n^2+\lambda^2-\left(\frac{m\dot{o}}{a}\right)^2\right\}J'^2_{m\dot{o}}(\xi_n b)\right]}\times$$

$$\times\int_0^{\infty}\overline{\overline{\varphi}}(\xi_n,m,w;\theta)\left\{e^{-\frac{(z-w)^2}{4\eta_z t}}-e^{-\frac{(z+w)^2}{4\eta_z t}}\right\}dw \tag{24.23.3}$$

where $\overline{\overline{\psi}}(\xi_n,m,s;\theta)=\int_0^a u\mathcal{V}_{\mathcal{N}m\dot{o}}(\xi_n u)\int_0^{2\pi}\overline{\psi}(u,v,s)\cos\{m(\theta-v)\}dvdu$,
$\overline{\overline{\psi}}(\xi_n,m,t;\theta)=\int_0^a u\mathcal{V}_{\mathcal{N}m\dot{o}}(\xi_n u)\int_0^{2\pi}\psi(u,v,t)\cos\{m(\theta-v)\}dvdu$,
$\overline{\overline{\psi}}_a(m,w,s;\theta)=\int_0^{2\pi}\overline{\psi}_a(v,w,s)\cos\{m(\theta-v)\}dv$, $\overline{\psi}_a(m,w,t;\theta)=\int_0^{2\pi}\psi_a(v,w,t)\cos\{m(\theta-v)\}dv$,
$\overline{\overline{\psi}}_b(m,w,s;\theta)=\int_0^{2\pi}\overline{\psi}_b(v,w,s)\cos\{m(\theta-v)\}dv$, $\overline{\psi}_b(m,w,t;\theta)=\int_0^{2\pi}\psi_b(v,w,t)\cos\{m(\theta-v)\}dv$, and
$\overline{\overline{\varphi}}(\xi_n,m,w;\theta)=\int_0^a u\mathcal{V}_{\mathcal{N}m\dot{o}}(\xi_n u)\int_0^{2\pi}\varphi(u,v,w)\cos\{m(\theta-v)\}dvdu$.

24.24

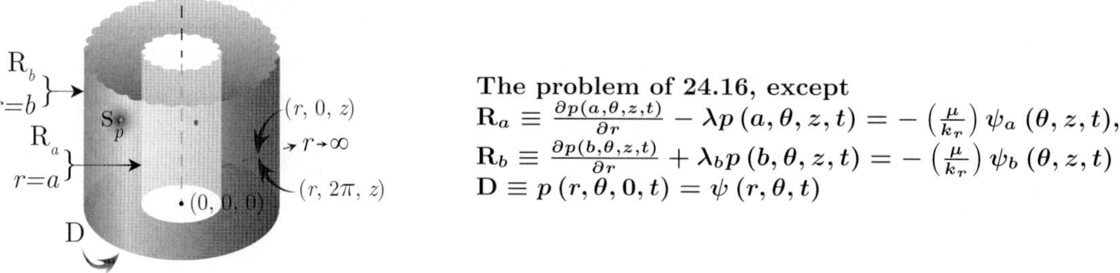

The problem of 24.16, except
$\mathbf{R}_a \equiv \frac{\partial p(a,\theta,z,t)}{\partial r} - \lambda p\,(a,\theta,z,t) = -\left(\frac{\mu}{k_r}\right)\psi_a\,(\theta,z,t)$,
$\mathbf{R}_b \equiv \frac{\partial p(b,\theta,z,t)}{\partial r} + \lambda_b p\,(b,\theta,z,t) = -\left(\frac{\mu}{k_r}\right)\psi_b\,(\theta,z,t)$ **and**
$\mathbf{D} \equiv p\,(r,\theta,0,t) = \psi\,(r,\theta,t)$

Successive application of the Laplace, Fourier and finite Hankel transformations to equation (22.1.1) gives

$$\overline{\overline{\overline{p}}} = \frac{q\,(s)\,e^{-st_0}\cos\{m\,(\theta-\theta_0)\}\sin(lz_0)\,\{\xi_n\mathcal{V}_{\mathcal{N}m\dot{o}}\,(\xi_n r_0,a)-\lambda_a\mathcal{V}_{\mathcal{D}m\dot{o}}\,(\xi_n r_0,a)\}}{\phi c_t\,(\eta_r\xi_n^2+\eta_z l^2+s)}+\frac{2\overline{\overline{\overline{\psi}}}_a\,(m,l,s;\theta)}{\pi\phi c_t\,(\eta_r\xi_n^2+\eta_z l^2+s)}-$$
$$-\frac{2\,\{\xi_n J'_{m\dot{o}}\,(\xi_n a)-\lambda_a J_{m\dot{o}}\,(\xi_n a)\}\,\overline{\overline{\overline{\psi}}}_b\,(m,l,s;\theta)}{\pi\phi c_t\,(\eta_r\xi_n^2+\eta_z l^2+s)\,\{\xi_n J'_{m\dot{o}}\,(\xi_n b)+\lambda_b J_{m\dot{o}}\,(\xi_n b)\}}+\frac{\eta_z l\overline{\overline{\overline{\psi}}}\,(\xi_n,m,s;\theta)}{(\eta_r\xi_n^2+\eta_z l^2+s)}+\frac{\overline{\overline{\overline{\varphi}}}\,(\xi_n,m,l;\theta)}{(\eta_r\xi_n^2+\eta_z l^2+s)} \quad (24.24.1)$$

where $\overline{p}=\int_a^b pr\,\{\xi_n\mathcal{V}_{\mathcal{N}m\dot{o}}\,(\xi_n r,a)-\lambda_a\mathcal{V}_{\mathcal{D}m\dot{o}}\,(\xi_n r,a)\}\,dr$ and the eigenvalues $\xi_n, n=1,2,...$, are the positive roots of $\lambda_a\,\{\mathcal{V}'_{\mathcal{D}m\dot{o}}\,(\xi_n b,a)+\lambda_b\mathcal{V}_{\mathcal{D}m\dot{o}}\,(\xi_n b,a)\}-\xi_n\,\{\mathcal{V}'_{\mathcal{N}m\dot{o}}\,(\xi_n b,a)+\lambda_b\mathcal{V}_{\mathcal{N}m\dot{o}}\,(\xi_n b,a)\}=0$.
$\overline{\overline{\overline{\psi}}}\,(\xi_n,m,s;\theta)=\int_0^a u\,\{\xi_n\mathcal{V}_{\mathcal{N}m\dot{o}}\,(\xi_n u,a)-\lambda_a\mathcal{V}_{\mathcal{D}m\dot{o}}\,(\xi_n u,a)\}\int_0^{2\pi}\overline{\psi}\,(u,v,s)\cos\{m\,(\theta-v)\}dvdu$,
$\overline{\overline{\overline{\psi}}}_a\,(m,l,s;\theta)=\int_0^{2\pi}\cos\{m\,(\theta-v)\}\int_0^\infty\overline{\psi}_a\,(v,w,s)\sin(lw)\,dwdv$,
$\overline{\overline{\overline{\psi}}}_a\,(m,l,s;\theta)=\int_0^{2\pi}\cos\{m\,(\theta-v)\}\int_0^\infty\overline{\psi}_a\,(v,w,s)\sin(lw)\,dwdv$,
$\overline{\overline{\overline{\psi}}}_b\,(m,l,s;\theta)=\int_0^{2\pi}\cos\{m\,(\theta-v)\}\int_0^\infty\overline{\psi}_b\,(v,w,s)\sin(lw)\,dwdv$, and
$\overline{\overline{\overline{\varphi}}}\,(\xi_n,m,l;\theta)=\int_a^b u\,\{\xi_n\mathcal{V}_{\mathcal{N}m\dot{o}}\,(\xi_n u,a)-\lambda_a\mathcal{V}_{\mathcal{D}m\dot{o}}\,(\xi_n u,a)\}\int_0^{2\pi}\cos\{m\,(\theta-v)\}\int_0^\infty\varphi\,(u,v,w)\sin(lw)\,dwdvdu$.
Successive inverse transforms yield

$$\overline{p} = \frac{\pi q\,(s)\,e^{-st_0}}{4\phi c_t\sqrt{\eta_z}}\sum_{m=0}^{\infty}\ni_m\cos\{m\,(\theta-\theta_0)\}\sum_{n=1}^{\infty}\frac{\xi_n^2\,\{\xi_n J'_{m\dot{o}}\,(\xi_n b)+\lambda_b J_{m\dot{o}}\,(\xi_n b)\}^2}{\sqrt{(\eta_r\xi_n^2+s)}}\times$$
$$\times\frac{\{\xi_n\mathcal{V}_{\mathcal{N}m\dot{o}}\,(\xi_n r_0,a)-\lambda_a\mathcal{V}_{\mathcal{D}m\dot{o}}\,(\xi_n r_0,a)\}\,\{\xi_n\mathcal{V}_{\mathcal{N}m\dot{o}}\,(\xi_n r,a)-\lambda_a\mathcal{V}_{\mathcal{D}m\dot{o}}\,(\xi_n r,a)\}}{\left[\left\{\xi_n^2+\lambda_b^2-\left(\frac{m\dot{o}}{b}\right)^2\right\}\{\xi_n J'_{m\dot{o}}\,(\xi_n a)-\lambda_a J_{m\dot{o}}\,(\xi_n a)\}^2-\left\{\xi_n^2+\lambda_a^2-\left(\frac{m\dot{o}}{a}\right)^2\right\}\{\xi_n J'_{m\dot{o}}\,(\xi_n b)+\lambda J_{m\dot{o}}\,(\xi_n b)\}^2\right]}\times$$
$$\times\left\{e^{-|z-z_0|\sqrt{\frac{\eta_r\xi_n^2+s}{\eta_z}}}-e^{-|z+z_0|\sqrt{\frac{\eta_r\xi_n^2+s}{\eta_z}}}\right\}+$$
$$+\frac{1}{2\phi c_t\sqrt{\eta_z}}\sum_{m=0}^{\infty}\ni_m\times$$
$$\times\sum_{n=1}^{\infty}\frac{\xi_n^2\,\{\xi_n J'_{m\dot{o}}\,(\xi_n b)+\lambda_b J_{m\dot{o}}\,(\xi_n b)\}^2\,\{\xi_n\mathcal{V}_{\mathcal{N}m\dot{o}}\,(\xi_n r,a)-\lambda_a\mathcal{V}_{\mathcal{D}m\dot{o}}\,(\xi_n r,a)\}}{\left[\left\{\xi_n^2+\lambda_b^2-\left(\frac{m\dot{o}}{b}\right)^2\right\}\{\xi_n J'_{m\dot{o}}(\xi_n a)-\lambda_a J_{m\dot{o}}\,(\xi_n a)\}^2-\left\{\xi_n^2+\lambda_a^2-\left(\frac{m\dot{o}}{a}\right)^2\right\}\{\xi_n J'_{m\dot{o}}\,(\xi_n b)+\lambda J_{m\dot{o}}\,(\xi_n b)\}^2\right]}\times$$
$$\times\frac{1}{\sqrt{\eta_r\xi_n^2+s}}\int_0^\infty\overline{\psi}_a\,(m,w,s;\theta)\left\{e^{-|z-w|\sqrt{\frac{\eta_r\xi_n^2+s}{\eta_z}}}-e^{-|z+w|\sqrt{\frac{\eta_r\xi_n^2+s}{\eta_z}}}\right\}dw-$$
$$-\frac{1}{2\phi c_t\sqrt{\eta_z}}\sum_{m=0}^{\infty}\ni_m\times$$
$$\times\sum_{n=1}^{\infty}\frac{\xi_n^2\{\xi_n J'_{m\dot{o}}(\xi_n b)+\lambda_b J_{m\dot{o}}(\xi_n b)\}\{\xi_n J'_{m\dot{o}}(\xi_n a)+\lambda_a J_{m\dot{o}}\,(\xi_n a)\}\{\xi_n\mathcal{V}_{\mathcal{N}m\dot{o}}\,(\xi_n r,a)-\lambda_a\mathcal{V}_{\mathcal{D}m\dot{o}}\,(\xi_n r,a)\}}{\left[\left\{\xi_n^2+\lambda_b^2-\left(\frac{m\dot{o}}{b}\right)^2\right\}\{\xi_n J'_{m\dot{o}}(\xi_n a)-\lambda_a J_{m\dot{o}}\,(\xi_n a)\}^2-\left\{\xi_n^2+\lambda_a^2-\left(\frac{m\dot{o}}{a}\right)^2\right\}\{\xi_n J'_{m\dot{o}}(\xi_n b)+\lambda J_{m\dot{o}}\,(\xi_n b)\}^2\right]}\times$$
$$\times\frac{1}{\sqrt{\eta_r\xi_n^2+s}}\int_0^\infty\overline{\psi}_b\,(m,w,s;\theta)\left\{e^{-|z-w|\sqrt{\frac{\eta_r\xi_n^2+s}{\eta_z}}}-e^{-|z+w|\sqrt{\frac{\eta_r\xi_n^2+s}{\eta_z}}}\right\}dw+$$

$$+\frac{\pi}{2}\sum_{m=0}^{\infty}\ni_m \times$$

$$\times\sum_{n=1}^{\infty}\frac{\xi_n^2\left\{\xi_n J'_{m\dot{o}}\left(\xi_n b\right)+\lambda_b J_{m\dot{o}}\left(\xi_n b\right)\right\}^2\left\{\xi_n \mathcal{V}_{\mathcal{N}m\dot{o}}\left(\xi_n r,a\right)-\lambda_a \mathcal{V}_{\mathcal{D}m\dot{o}}\left(\xi_n r,a\right)\right\}\overline{\overline{\overline{\psi}}}\left(\xi_n,m,s;\theta\right)e^{-z\sqrt{\frac{\eta_r\xi_n^2+s}{\eta_z}}}}{\left[\left\{\xi_n^2+\lambda_b^2-\left(\frac{m\dot{o}}{b}\right)^2\right\}\left\{\xi_n J'_{m\dot{o}}(\xi_n a)-\lambda_a J_{m\dot{o}}\left(\xi_n a\right)\right\}^2-\left\{\xi_n^2+\lambda_a^2-\left(\frac{m\dot{o}}{a}\right)^2\right\}\left\{\xi_n J'_{m\dot{o}}(\xi_n b)+\lambda J_{m\dot{o}}\left(\xi_n b\right)\right\}^2\right]}+$$

$$+\frac{\pi}{4\sqrt{\eta_z}}\sum_{m=0}^{\infty}\ni_m \times$$

$$\times\sum_{n=1}^{\infty}\frac{\xi_n^2\left\{\xi_n J'_{m\dot{o}}(\xi_n b)+\lambda_b J_{m\dot{o}}(\xi_n b)\right\}^2\left\{\xi_n \mathcal{V}_{\mathcal{N}m\dot{o}}(\xi_n r,a)-\lambda_a \mathcal{V}_{\mathcal{D}m\dot{o}}\left(\xi_n r,a\right)\right\}}{\left[\left\{\xi_n^2+\lambda_b^2-\left(\frac{m\dot{o}}{b}\right)^2\right\}\left\{\xi_n J'_{m\dot{o}}(\xi_n a)-\lambda_a J_{m\dot{o}}\left(\xi_n a\right)\right\}^2-\left\{\xi_n^2+\lambda_a^2-\left(\frac{m\dot{o}}{a}\right)^2\right\}\left\{\xi_n J'_{m\dot{o}}(\xi_n b)+\lambda J_{m\dot{o}}\left(\xi_n b\right)\right\}^2\right]}\times$$

$$\times\frac{1}{\sqrt{\eta_r\xi_n^2+s}}\int_0^{\infty}\overline{\overline{\varphi}}\left(\xi_n,m,w;\theta\right)\left\{e^{-|z-w|\sqrt{\frac{\eta_r\xi_n^2+s}{\eta_z}}}-e^{-|z+w|\sqrt{\frac{\eta_r\xi_n^2+s}{\eta_z}}}\right\}dw \tag{24.24.2}$$

and

$$p=\frac{U\left(t-t_0\right)}{4\phi c_t}\sqrt{\frac{\pi}{\eta_z}}\sum_{m=0}^{\infty}\ni_m\cos\left\{m\left(\theta-\theta_0\right)\right\}\times$$

$$\times\sum_{n=1}^{\infty}\frac{\xi_n^2\left\{\xi_n J'_{m\dot{o}}\left(\xi_n b\right)+\lambda_b J_{m\dot{o}}\left(\xi_n b\right)\right\}^2\left\{\xi_n \mathcal{V}_{\mathcal{N}m\dot{o}}\left(\xi_n r_0,a\right)-\lambda_a \mathcal{V}_{\mathcal{D}m\dot{o}}\left(\xi_n r_0,a\right)\right\}}{\left[\left\{\xi_n^2+\lambda_b^2-\left(\frac{m\dot{o}}{b}\right)^2\right\}\left\{\xi_n J'_{m\dot{o}}(\xi_n a)-\lambda_a J_{m\dot{o}}\left(\xi_n a\right)\right\}^2-\left\{\xi_n^2+\lambda_a^2-\left(\frac{m\dot{o}}{a}\right)^2\right\}\left\{\xi_n J'_{m\dot{o}}(\xi_n b)+\lambda J_{m\dot{o}}\left(\xi_n b\right)\right\}^2\right]}\times$$

$$\times\left\{\xi_n \mathcal{V}_{\mathcal{N}m\dot{o}}\left(\xi_n r,a\right)-\lambda_a \mathcal{V}_{\mathcal{D}m\dot{o}}\left(\xi_n r,a\right)\right\}\int_0^{t-t_0}\frac{q\left(t-t_0-\tau\right)e^{-\eta_r\xi_n^2\tau}}{\sqrt{\tau}}\left\{e^{-\frac{(z-z_0)^2}{4\eta_z\tau}}-e^{-\frac{(z+z_0)^2}{4\eta_z\tau}}\right\}d\tau+$$

$$+\frac{1}{2\phi c_t\sqrt{\pi\eta_z}}\sum_{m=0}^{\infty}\ni_m\times$$

$$\times\sum_{n=1}^{\infty}\frac{\xi_n^2\left\{\xi_n J'_{m\dot{o}}\left(\xi_n b\right)+\lambda_b J_{m\dot{o}}\left(\xi_n b\right)\right\}^2\left\{\xi_n \mathcal{V}_{\mathcal{N}m\dot{o}}\left(\xi_n r,a\right)-\lambda_a \mathcal{V}_{\mathcal{D}m\dot{o}}\left(\xi_n r,a\right)\right\}}{\left[\left\{\xi_n^2+\lambda_b^2-\left(\frac{m\dot{o}}{b}\right)^2\right\}\left\{\xi_n J'_{m\dot{o}}(\xi_n a)-\lambda_a J_{m\dot{o}}\left(\xi_n a\right)\right\}^2-\left\{\xi_n^2+\lambda_a^2-\left(\frac{m\dot{o}}{a}\right)^2\right\}\left\{\xi_n J'_{m\dot{o}}(\xi_n b)+\lambda J_{m\dot{o}}\left(\xi_n b\right)\right\}^2\right]}\times$$

$$\times\int_0^{t}\frac{e^{-\eta_r\xi_n^2\tau}}{\sqrt{\tau}}\int_0^{\infty}\overline{\psi}_a\left(m,w,t-\tau;\theta\right)\left\{e^{-\frac{(z-w)^2}{4\eta_z\tau}}-e^{-\frac{(z+w)^2}{4\eta_z\tau}}\right\}dwd\tau-$$

$$-\frac{1}{2\phi c_t\sqrt{\pi\eta_z}}\sum_{m=0}^{\infty}\ni_m\times$$

$$\times\sum_{n=1}^{\infty}\frac{\xi_n^2\left\{\xi_n J'_{m\dot{o}}\left(\xi_n b\right)+\lambda_b J_{m\dot{o}}(\xi_n b)\right\}\left\{\xi_n J'_{m\dot{o}}(\xi_n a)+\lambda_a J_{m\dot{o}}\left(\xi_n a\right)\right\}\left\{\xi_n \mathcal{V}_{\mathcal{N}m\dot{o}}\left(\xi_n r,a\right)-\lambda_a \mathcal{V}_{\mathcal{D}m\dot{o}}\left(\xi_n r,a\right)\right\}}{\left[\left\{\xi_n^2+\lambda_b^2-\left(\frac{m\dot{o}}{b}\right)^2\right\}\left\{\xi_n J'_{m\dot{o}}(\xi_n a)-\lambda_a J_{m\dot{o}}\left(\xi_n a\right)\right\}^2-\left\{\xi_n^2+\lambda_a^2-\left(\frac{m\dot{o}}{a}\right)^2\right\}\left\{\xi_n J'_{m\dot{o}}(\xi_n b)+\lambda J_{m\dot{o}}\left(\xi_n b\right)\right\}^2\right]}\times$$

$$\times\int_0^{t}\frac{e^{-\eta_r\xi_n^2\tau}}{\sqrt{\tau}}\int_0^{\infty}\overline{\psi}_b\left(m,w,t-\tau;\theta\right)\left\{e^{-\frac{(z-w)^2}{4\eta_z\tau}}-e^{-\frac{(z+w)^2}{4\eta_z\tau}}\right\}dwd\tau+$$

$$+\sqrt{\pi}\sum_{m=0}^{\infty}\ni_m\times$$

$$\times\sum_{n=1}^{\infty}\frac{\xi_n^2\left\{\xi_n J'_{m\dot{o}}\left(\xi_n b\right)+\lambda_b J_{m\dot{o}}\left(\xi_n b\right)\right\}^2\left\{\xi_n \mathcal{V}_{\mathcal{N}m\dot{o}}\left(\xi_n r,a\right)-\lambda_a \mathcal{V}_{\mathcal{D}m\dot{o}}\left(\xi_n r,a\right)\right\}}{\left[\left\{\xi_n^2+\lambda_b^2-\left(\frac{m\dot{o}}{b}\right)^2\right\}\left\{\xi_n J'_{m\dot{o}}(\xi_n a)-\lambda_a J_{m\dot{o}}(\xi_n a)\right\}^2-\left\{\xi_n^2+\lambda_a^2-\left(\frac{m\dot{o}}{a}\right)^2\right\}\left\{\xi_n J'_{m\dot{o}}(\xi_n b)+\lambda J_{m\dot{o}}\left(\xi_n b\right)\right\}^2\right]}\times$$

$$\times\int_{\frac{z}{2\sqrt{\eta_z t}}}^{\infty}\overline{\overline{\psi}}\left(\xi_n,m,t-\frac{z^2}{4\eta_z\tau^2};\theta\right)e^{-\eta_r\xi_n^2\left(\frac{z^2}{4\eta_z\tau^2}\right)-\tau^2}d\tau+$$

$$+\frac{1}{4}\sqrt{\frac{\pi}{\eta_z t}}\sum_{m=0}^{\infty}\ni_m \times$$

$$\times\sum_{n=1}^{\infty}\frac{\xi_n^2\left\{\xi_n J'_{m\dot{o}}(\xi_n b)+\lambda_b J_{m\dot{o}}(\xi_n b)\right\}^2\left\{\xi_n \mathcal{V}_{\mathcal{N}m\dot{o}}(\xi_n r,a)-\lambda_a \mathcal{V}_{\mathcal{D}m\dot{o}}(\xi_n r,a)\right\}}{\left[\left\{\xi_n^2+\lambda_b^2-\left(\frac{m\dot{o}}{b}\right)^2\right\}\left\{\xi_n J'_{m\dot{o}}(\xi_n a)-\lambda_a J_{m\dot{o}}(\xi_n a)\right\}^2-\left\{\xi_n^2+\lambda_a^2-\left(\frac{m\dot{o}}{a}\right)^2\right\}\left\{\xi_n J'_{m\dot{o}}(\xi_n b)+\lambda J_{m\dot{o}}(\xi_n b)\right\}^2\right]}\times$$

$$\times\int_0^{\infty}\overline{\overline{\varphi}}(\xi_n,m,w;\theta)\left\{e^{-\frac{(z-w)^2}{4\eta_z t}}-e^{-\frac{(z+w)^2}{4\eta_z t}}\right\}dw \qquad (24.24.3)$$

where $\overline{\overline{\overline{\psi}}}(\xi_n,m,s;\theta)=\int_0^a u\left\{\xi_n\mathcal{V}_{\mathcal{N}m\dot{o}}(\xi_n u,a)-\lambda_a\mathcal{V}_{\mathcal{D}m\dot{o}}(\xi_n u,a)\right\}\int_0^{2\pi}\overline{\psi}(u,v,s)\cos\{m(\theta-v)\}dvdu$,
$\overline{\overline{\psi}}(\xi_n,m,t;\theta)=\int_0^a u\left\{\xi_n\mathcal{V}_{\mathcal{N}m\dot{o}}(\xi_n u,a)-\lambda_a\mathcal{V}_{\mathcal{D}m\dot{o}}(\xi_n u,a)\right\}\int_0^{2\pi}\psi(u,v,t)\cos\{m(\theta-v)\}dvdu$,
$\overline{\overline{\psi}}_a(m,w,s;\theta)=\int_0^{2\pi}\overline{\psi}_a(v,w,s)\cos\{m(\theta-v)\}dv$, $\overline{\psi}_a(m,w,t;\theta)=\int_0^{2\pi}\psi_a(v,w,t)\cos\{m(\theta-v)\}dv$,
$\overline{\overline{\psi}}_b(m,w,s;\theta)=\int_0^{2\pi}\overline{\psi}_b(v,w,s)\cos\{m(\theta-v)\}dv$, $\overline{\psi}_b(m,w,t;\theta)=\int_0^{2\pi}\psi_b(v,w,t)\cos\{m(\theta-v)\}dv$, and
$\overline{\overline{\varphi}}(\xi_n,m,u;\theta)=\int_0^a u\left\{\xi_n\mathcal{V}_{\mathcal{N}m\dot{o}}(\xi_n u,a)-\lambda_a\mathcal{V}_{\mathcal{D}m\dot{o}}(\xi_n u,a)\right\}\int_0^{2\pi}\varphi(u,v,w)\cos\{m(\theta-v)\}dvdu$.

24.25

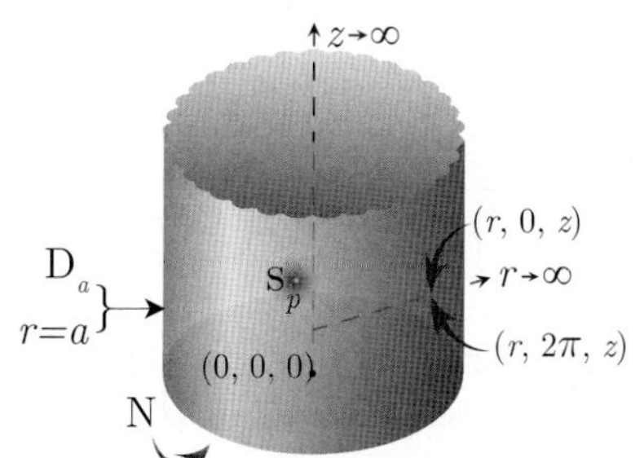

A cylindrical continuum bounded by $0 \le r \le a$ and semi-infinite in z. Point source at $s_p \equiv (r_0, \theta_0, z_0)$ at time $t = t_0$; $0 < r_0 < a$, $0 \le \theta_0 \le 2\pi$, $0 < z_0 < \infty$, $t_0 \ge 0$.
$N \equiv \frac{\partial p(r,\theta,0,t)}{\partial z} = -\left(\frac{\mu}{k_z}\right)\psi(r,\theta,t)$ and
$D_a \equiv p(a,\theta,z,t) = \psi_a(\theta,z,t)$.
$p(r,\theta,z,0) = \varphi(r,\theta,z)$

Successive application of the Laplace, Fourier and finite Hankel transformations to equation (22.1.1) gives

$$\overline{\overline{\overline{p}}}=\frac{q(s)\,e^{-st_0}\cos\{m(\theta-\theta_0)\}\cos(lz_0)\,J_{m\dot{o}}(\xi_n r_0)}{\phi c_t\left(\eta_r\xi_n^2+\eta_z l^2+s\right)}-\frac{a\eta_r\xi_n\overline{\overline{\overline{\psi}}}_a(m,l,s;\theta)J'_{m\dot{o}}(\xi_n a)}{\left(\eta_r\xi_n^2+\eta_z l^2+s\right)}+\frac{\overline{\overline{\overline{\psi}}}(\xi_n,m,s;\theta)}{\phi c_t(\eta_r\xi_n^2+\eta_z l^2+s)}+$$
$$+\frac{\overline{\overline{\overline{\varphi}}}(\xi_n,m,l;\theta)}{\left(\eta_r\xi_n^2+\eta_z l^2+s\right)} \qquad (24.25.1)$$

where ξ_n are the positive roots of $J_{m\dot{o}}(\xi_n a)=0$, $n=1,2,\ldots$,
$\overline{\overline{\overline{\psi}}}(\xi_n,m,s;\theta)=\int_0^a uJ_{m\dot{o}}(\xi_n u)\int_0^{2\pi}\overline{\psi}(u,v,s)\cos\{m(\theta-\ldots)\}dvdu$,
$\overline{\overline{\overline{\psi}}}_a(m,l,s;\theta)=\int_0^{2\pi}\cos\{m(\theta-v)\}\int_0^{\infty}\overline{\psi}_a(v,w,s)\cos(lw)\,dwdv$ and
$\overline{\overline{\overline{\varphi}}}(\xi_n,m,l;\theta)=\int_0^a uJ_{m\dot{o}}(\xi_n u)\int_0^{2\pi}\cos\{m(\theta-v)\}\int_0^{\infty}\varphi(u,v,w)\cos(lw)\,dwdvdu$. Successive inverse transforms yield

$$\overline{p}=\frac{q(s)\,e^{-st_0}}{\pi a^2\phi c_t\sqrt{\eta_z}}\sum_{m=0}^{\infty}\ni_m\cos\{m(\theta-\theta_0)\}\sum_{n=1}^{\infty}\frac{J_{m\dot{o}}(\xi_n r_0)\,J_{m\dot{o}}(\xi_n r)}{J'^2_{m\dot{o}}(\xi_n a)\,\sqrt{(\eta_r\xi_n^2+s)}}\left\{e^{-|z-z_0|\sqrt{\frac{\eta_r\xi_n^2+s}{\eta_z}}}+e^{-|z+z_0|\sqrt{\frac{\eta_r\xi_n^2+s}{\eta_z}}}\right\}-$$

$$-\frac{\eta_r}{\pi a\sqrt{\eta_z}}\sum_{m=0}^{\infty}\ni_m\sum_{n=1}^{\infty}\frac{\xi_n J_{m\dot{o}}(\xi_n r)}{J'_{m\dot{o}}(\xi_n a)\,\sqrt{\eta_r\xi_n^2+s}}\int_0^{\infty}\overline{\overline{\psi}}_a(m,w,s;\theta)\left\{e^{-|z-w|\sqrt{\frac{\eta_r\xi_n^2+s}{\eta_z}}}+e^{-|z+w|\sqrt{\frac{\eta_r\xi_n^2+s}{\eta_z}}}\right\}dw+$$

$$+\frac{2}{\pi a^2\phi c_t\sqrt{\eta_z}}\sum_{m=0}^{\infty}\ni_m\sum_{n=1}^{\infty}\frac{\overline{\overline{\psi}}(\xi_n,m,s;\theta)\,J_{m\dot{o}}(\xi_n r)\,e^{-z\sqrt{\frac{\eta_r\xi_n^2+s}{\eta_z}}}}{J'^2_{m\dot{o}}(\xi_n a)\,\sqrt{(\eta_r\xi_n^2+s)}}+$$

$$+\frac{1}{\pi a^2\sqrt{\eta_z}}\sum_{m=0}^{\infty}\ni_m\sum_{n=1}^{\infty}\frac{J_{m\dot{o}}(\xi_n r)}{J_{m\dot{o}}^{\prime 2}(\xi_n a)\sqrt{\eta_r\xi_n^2+s}}\int_0^{\infty}\overline{\overline{\varphi}}(\xi_n,m,w;\theta)\left\{e^{-|z-w|\sqrt{\frac{\eta_r\xi_n^2+s}{\eta_z}}}+e^{-|z+w|\sqrt{\frac{\eta_r\xi_n^2+s}{\eta_z}}}\right\}dw \tag{24.25.2}$$

and

$$p=\frac{U(t-t_0)}{a^2\phi c_t\sqrt{\pi^3\eta_z}}\sum_{m=0}^{\infty}\ni_m\cos\{m(\theta-\theta_0)\}\sum_{n=1}^{\infty}\frac{J_{m\dot{o}}(\xi_n r_0)J_{m\dot{o}}(\xi_n r)}{J_{m\dot{o}}^{\prime 2}(\xi_n a)}\times$$
$$\times\int_0^{t-t_0}\frac{q(t-t_0-\tau)e^{-\eta_r\xi_n^2\tau}}{\sqrt{\tau}}\left\{e^{-\frac{(z-z_0)^2}{4\eta_z\tau}}+e^{-\frac{(z+z_0)^2}{4\eta_z\tau}}\right\}d\tau-$$
$$-\frac{\eta_r}{a\sqrt{\pi^3\eta_z}}\sum_{m=0}^{\infty}\ni_m\sum_{n=1}^{\infty}\frac{\xi_n J_{m\dot{o}}(\xi_n r)}{J'_{m\dot{o}}(\xi_n a)}\int_0^{t}\frac{e^{-\eta_r\xi_n^2\tau}}{\sqrt{\tau}}\int_0^{\infty}\overline{\psi}_a(m,w,t-\tau;\theta)\left\{e^{-\frac{(z-w)^2}{4\eta_z\tau}}+e^{-\frac{(z+w)^2}{4\eta_z\tau}}\right\}dwd\tau+$$
$$+\frac{2}{a^2\phi c_t\sqrt{\pi^3\eta_z}}\sum_{m=0}^{\infty}\ni_m\sum_{n=1}^{\infty}\frac{J_{m\dot{o}}(\xi_n r)}{J_{m\dot{o}}^{\prime 2}(\xi_n a)}\int_0^{t}\frac{\overline{\overline{\psi}}(\xi_n,m,t-\tau;\theta)e^{-\eta_r\xi_n^2\tau-\frac{z^2}{4\eta_z\tau}}}{\sqrt{\tau}}d\tau+$$
$$+\frac{1}{a^2\sqrt{\pi^3\eta_z t}}\sum_{m=0}^{\infty}\ni_m\sum_{n=1}^{\infty}\frac{J_{m\dot{o}}(\xi_n r)e^{-\eta_r\xi_n^2 t}}{J_{m\dot{o}}^{\prime 2}(\xi_n a)}\int_0^{\infty}\overline{\overline{\varphi}}(\xi_n,m,w;\theta)\left\{e^{-\frac{(z-w)^2}{4\eta_z t}}+e^{-\frac{(z+w)^2}{4\eta_z t}}\right\}dw \tag{24.25.3}$$

where $\overline{\overline{\overline{\psi}}}(\xi_n,m,s;\theta)=\int_0^a uJ_{m\dot{o}}(\xi_n u)\int_0^{2\pi}\overline{\psi}(u,v,s)\cos\{m(\theta-v)\}dvdu$,
$\overline{\overline{\psi}}(\xi_n,m,t;\theta)=\int_0^a uJ_{m\dot{o}}(\xi_n u)\int_0^{2\pi}\psi(u,v,t)\cos\{m(\theta-v)\}dvdu$,
$\overline{\overline{\psi}}_a(m,w,s;\theta)=\int_0^{2\pi}\overline{\psi}_a(v,w,s)\cos\{m(\theta-v)\}dv$, $\overline{\psi}_a(m,w,t;\theta)=\int_0^{2\pi}\psi_a(v,w,t)\cos\{m(\theta-v)\}dv$ and
$\overline{\overline{\varphi}}(\xi_n,m,w;\theta)=\int_0^a uJ_{m\dot{o}}(\xi_n u)\int_0^{2\pi}\varphi(u,v,w)\cos\{m(\theta-v)\}dudv$.

24.26 The problem of 24.25, except $\mathbf{N_a}\equiv\frac{\partial p(a,\theta,z,t)}{\partial r}=-\left(\frac{\mu}{k_r}\right)\psi_a(\theta,z,t)$ and $\mathbf{N}\equiv\frac{\partial p(r,\theta,0,t)}{\partial z}=-\left(\frac{\mu}{k_z}\right)\psi(r,\theta,t)$

Successive application of the Laplace, Fourier and finite Hankel transformations to equation (22.1.1) gives

$$\overline{\overline{\overline{\overline{p}}}}=\frac{q(s)e^{-st_0}\cos\{m(\theta-\theta_0)\}\cos(lz_0)J_{m\dot{o}}(\xi_n r_0)}{\phi c_t(\eta_r\xi_n^2+\eta_z l^2+s)}-\frac{a\overline{\overline{\overline{\psi}}}_a(m,l,s;\theta)J_{m\dot{o}}(\xi_n a)}{\phi c_t(\eta_r\xi_n^2+\eta_z l^2+s)}+\frac{\overline{\overline{\overline{\psi}}}(\xi_n,m,s;\theta)}{\phi c_t(\eta_r\xi_n^2+\eta_z l^2+s)}+$$
$$+\frac{\overline{\overline{\overline{\varphi}}}(\xi_n,m,l;\theta)}{(\eta_r\xi_n^2+\eta_z l^2+s)} \tag{24.26.1}$$

where ξ_n are the positive roots of $J'_{m\dot{o}}(\xi_n a)=0$, $n=0,1,...,$
$\overline{\overline{\overline{\psi}}}(\xi_n,m,s;\theta)=\int_0^a uJ_{m\dot{o}}(\xi_n u)\int_0^{2\pi}\overline{\psi}(u,v,s)\cos\{m(\theta-v)\}dvdu$,
$\overline{\overline{\overline{\psi}}}_a(m,l,s;\theta)=\int_0^{2\pi}\cos\{m(\theta-v)\}\int_0^{\infty}\overline{\psi}_a(v,w,s)\cos(lw)dwdv$ and
$\overline{\overline{\overline{\varphi}}}(\xi_n,m,l;\theta)=\int_0^a uJ_{m\dot{o}}(\xi_n u)\int_0^{2\pi}\cos\{m(\theta-v)\}\int_0^{\infty}\varphi(u,v,w)\cos(lw)dwdvdu$. Successive inverse transforms yield

$$\overline{p}=\frac{q(s)e^{-st_0}}{\pi a^2\phi c_t\sqrt{\eta_z}}\sum_{m=0}^{\infty}\ni_m\cos\{m(\theta-\theta_0)\}\times$$

$$\times \sum_{n=0}^{\infty} \frac{J_{m\dot{o}}(\xi_n r_0) J_{m\dot{o}}(\xi_n r)}{\left\{1 - \left(\frac{m\dot{o}}{\xi_n a}\right)^2\right\} J_{m\dot{o}}^2(\xi_n a)\sqrt{(\eta_r \xi_n^2 + s)}} \left\{ e^{-|z-z_0|\sqrt{\frac{\eta_r \xi_n^2 + s}{\eta_z}}} + e^{-|z+z_0|\sqrt{\frac{\eta_r \xi_n^2 + s}{\eta_z}}} \right\} -$$

$$-\frac{1}{\pi a \phi c_t \sqrt{\eta_z}} \sum_{m=0}^{\infty} \ni_m \sum_{n=0}^{\infty} \frac{J_{m\dot{o}}(\xi_n r)}{\left\{1 - \left(\frac{m\dot{o}}{\xi_n a}\right)^2\right\} J_{m\dot{o}}(\xi_n a)\sqrt{\eta_r \xi_n^2 + s}} \times$$

$$\times \int_0^{\infty} \overline{\overline{\psi}}_a(m, w, s; \theta) \left\{ e^{-|z-w|\sqrt{\frac{\eta_r \xi_n^2 + s}{\eta_z}}} + e^{-|z+w|\sqrt{\frac{\eta_r \xi_n^2 + s}{\eta_z}}} \right\} dw +$$

$$+\frac{2}{\pi a^2 \phi c_t \sqrt{\eta_z}} \sum_{m=0}^{\infty} \ni_m \sum_{n=0}^{\infty} \frac{\overline{\overline{\overline{\psi}}}(\xi_n, m, s; \theta) J_{m\dot{o}}(\xi_n r) e^{-z\sqrt{\frac{\eta_r \xi_n^2 + s}{\eta_z}}}}{\left\{1 - \left(\frac{m\dot{o}}{\xi_n a}\right)^2\right\} J_{m\dot{o}}^2(\xi_n a)\sqrt{(\eta_r \xi_n^2 + s)}} +$$

$$+\frac{1}{\pi a^2 \sqrt{\eta_z}} \sum_{m=0}^{\infty} \ni_m \sum_{n=0}^{\infty} \frac{J_{m\dot{o}}(\xi_n r)}{\left\{1 - \left(\frac{m\dot{o}}{\xi_n a}\right)^2\right\} J_{m\dot{o}}^2(\xi_n a)\sqrt{\eta_r \xi_n^2 + s}} \times$$

$$\times \int_0^{\infty} \overline{\overline{\varphi}}(\xi_n, m, w; \theta) \left\{ e^{-|z-w|\sqrt{\frac{\eta_r \xi_n^2 + s}{\eta_z}}} + e^{-|z+w|\sqrt{\frac{\eta_r \xi_n^2 + s}{\eta_z}}} \right\} dw \qquad (24.26.2)$$

and

$$p = \frac{U(t - t_0)}{a^2 \phi c_t \sqrt{\pi^3 \eta_z}} \sum_{m=0}^{\infty} \ni_m \cos\{m(\theta - \theta_0)\} \sum_{n=0}^{\infty} \frac{J_{m\dot{o}}(\xi_n r_0) J_{m\dot{o}}(\xi_n r)}{\left\{1 - \left(\frac{m\dot{o}}{\xi_n a}\right)^2\right\} J_{m\dot{o}}^2(\xi_n a)} \times$$

$$\times \int_0^{t-t_0} \frac{q(t - t_0 - \tau) e^{-\eta_r \xi_n^2 \tau}}{\sqrt{\tau}} \left\{ e^{-\frac{(z-z_0)^2}{4\eta_z \tau}} + e^{-\frac{(z+z_0)^2}{4\eta_z \tau}} \right\} d\tau -$$

$$-\frac{1}{a \phi c_t \sqrt{\pi^3 \eta_z}} \sum_{m=0}^{\infty} \ni_m \sum_{n=0}^{\infty} \frac{J_{m\dot{o}}(\xi_n r)}{\left\{1 - \left(\frac{m\dot{o}}{\xi_n a}\right)^2\right\} J_{m\dot{o}}(\xi_n a)} \times$$

$$\times \int_0^{t} \frac{e^{-\eta_r \xi_n^2 \tau}}{\sqrt{\tau}} \int_0^{\infty} \overline{\psi}_a(m, w, t - \tau; \theta) \left\{ e^{-\frac{(z-w)^2}{4\eta_z \tau}} + e^{-\frac{(z+w)^2}{4\eta_z \tau}} \right\} dw d\tau +$$

$$+\frac{2}{a^2 \phi c_t \sqrt{\pi^3 \eta_z}} \sum_{m=0}^{\infty} \ni_m \sum_{n=0}^{\infty} \frac{J_{m\dot{o}}(\xi_n r)}{\left\{1 - \left(\frac{m\dot{o}}{\xi_n a}\right)^2\right\} J_{m\dot{o}}^2(\xi_n a)} \int_0^{t} \frac{\overline{\overline{\psi}}(\xi_n, m, t - \tau; \theta) e^{-\eta_r \xi_n^2 \tau - \frac{z^2}{4\eta_z \tau}}}{\sqrt{\tau}} d\tau +$$

$$+\frac{1}{a^2 \sqrt{\pi^3 \eta_z t}} \sum_{m=0}^{\infty} \ni_m \sum_{n=0}^{\infty} \frac{J_{m\dot{o}}(\xi_n r) e^{-\eta_r \xi_n^2 t}}{\left\{1 - \left(\frac{m\dot{o}}{\xi_n a}\right)^2\right\} J_{m\dot{o}}^2(\xi_n a)} \int_0^{\infty} \overline{\overline{\varphi}}(\xi_n, m, w; \theta) \left\{ e^{-\frac{(z-w)^2}{4\eta_z t}} + e^{-\frac{(z+w)^2}{4\eta_z t}} \right\} dw \quad (24.26.3)$$

where $\overline{\overline{\overline{\psi}}}(\xi_n, m, s; \theta) = \int_0^a u J_{m\dot{o}}(\xi_n u) \int_0^{2\pi} \overline{\psi}(u, v, s) \cos\{m(\theta - v)\} dv du$,
$\overline{\overline{\psi}}(\xi_n, m, t; \theta) = \int_0^a u J_{m\dot{o}}(\xi_n u) \int_0^{2\pi} \psi(u, v, t) \cos\{m(\theta - v)\} dv du$,
$\overline{\overline{\psi}}_a(m, w, s; \theta) = \int_0^{2\pi} \overline{\psi}_a(v, w, s) \cos\{m(\theta - v)\} dv$, $\overline{\psi}_a(m, w, t; \theta) = \int_0^{2\pi} \psi_a(v, w, t) \cos\{m(\theta - v)\} dv$ and
$\overline{\overline{\varphi}}(\xi_n, m, w; \theta) = \int_0^a u J_{m\dot{o}}(\xi_n u) \int_0^{2\pi} \varphi(u, v, w) \cos\{m(\theta - v)\} du dv$.

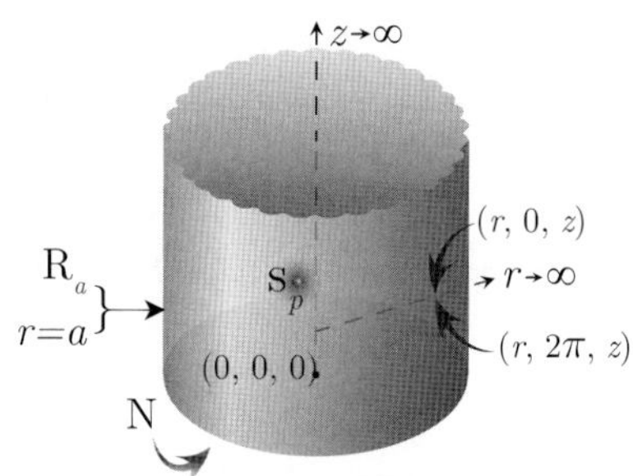

24.27 The problem of 24.25, except $\mathbf{R}_a \equiv \frac{\partial p(a,\theta,z,t)}{\partial r} + \lambda p(a,\theta,z,t) = -\left(\frac{\mu}{k_r}\right)\psi_a(\theta,z,t)$ **and** $\mathbf{N} \equiv \frac{\partial p(r,\theta,0,t)}{\partial z} = -\left(\frac{\mu}{k_z}\right)\psi(r,\theta,t)$

Successive application of the Laplace, Fourier and finite Hankel transformations to equation (22.1.1) gives

$$\overline{\overline{\overline{p}}} = \frac{q(s)e^{-st_0}\cos\{m(\theta-\theta_0)\}\cos(lz_0)J_{m\dot{o}}(\xi_n r_0)}{\phi c_t(\eta_r\xi_n^2+\eta_z l^2+s)} - \frac{a\overline{\overline{\psi}}_a(m,l,s;\theta)J_{m\dot{o}}(\xi_n a)}{\phi c_t(\eta_r\xi_n^2+\eta_z l^2+s)} + \frac{\overline{\overline{\psi}}(\xi_n,m,s;\theta)}{\phi c_t(\eta_r\xi_n^2+\eta_z l^2+s)} + \\ + \frac{\overline{\overline{\overline{\varphi}}}(\xi_n,m,l;\theta)}{(\eta_r\xi_n^2+\eta_z l^2+s)} \tag{24.27.1}$$

where ξ_n are the positive roots of $\xi_n J'_{m\dot{o}}(\xi_n a)+\lambda J_{m\dot{o}}(\xi_n a)=0, n=1,2,...,$
$\overline{\overline{\psi}}(\xi_n,m,s;\theta)=\int_0^a uJ_{m\dot{o}}(\xi_n u)\int_0^{2\pi}\overline{\psi}(u,v,s)\cos\{m(\theta-v)\}dvdu,$
$\overline{\overline{\psi}}_a(m,l,s;\theta)=\int_0^{2\pi}\cos\{m(\theta-v)\}\int_0^\infty\overline{\psi}_a(v,w,s)\cos(lw)\,dwdv$ and
$\overline{\overline{\overline{\varphi}}}(\xi_n,m,l;\theta)=\int_0^a uJ_{m\dot{o}}(\xi_n u)\int_0^{2\pi}\cos\{m(\theta-v)\}\int_0^\infty\varphi(u,v,w)\cos(lw)\,dwdvdu$. Successive inverse transforms yield

$$\begin{aligned}\overline{p} &= \frac{q(s)e^{-st_0}}{\pi a^2\phi c_t\sqrt{\eta_z}}\sum_{m=0}^\infty \ni_m\cos\{m(\theta-\theta_0)\}\times\\ &\times\sum_{n=1}^\infty\frac{J_{m\dot{o}}(\xi_n r_0)J_{m\dot{o}}(\xi_n r)}{\left[\left\{1-\left(\frac{m\dot{o}}{\xi_n a}\right)^2\right\}J^2_{m\dot{o}}(\xi_n a)+J'^2_{m\dot{o}}(\xi_n a)\right]\sqrt{(\eta_r\xi_n^2+s)}}\left\{e^{-|z-z_0|\sqrt{\frac{\eta_r\xi_n^2+s}{\eta_z}}}+e^{-|z+z_0|\sqrt{\frac{\eta_r\xi_n^2+s}{\eta_z}}}\right\}-\\ &-\frac{1}{a\phi c_t\sqrt{\eta_z}}\sum_{m=0}^\infty\ni_m\sum_{n=1}^\infty\frac{J_{m\dot{o}}(\xi_n a)J_{m\dot{o}}(\xi_n r)}{\left[\left\{1-\left(\frac{m\dot{o}}{\xi_n a}\right)^2\right\}J^2_{m\dot{o}}(\xi_n a)+J'^2_{m\dot{o}}(\xi_n a)\right]\sqrt{\eta_r\xi_n^2+s}}\times\\ &\times\int_0^\infty\overline{\overline{\psi}}_a(m,w,s;\theta)\left\{e^{-|z-w|\sqrt{\frac{\eta_r\xi_n^2+s}{\eta_z}}}+e^{-|z+w|\sqrt{\frac{\eta_r\xi_n^2+s}{\eta_z}}}\right\}dw+\\ &+\frac{2}{a^2\phi c_t\sqrt{\eta_z}}\sum_{m=0}^\infty\ni_m\sum_{n=1}^\infty\frac{\overline{\overline{\psi}}(\xi_n,m,s;\theta)J_{m\dot{o}}(\xi_n r)e^{-z\sqrt{\frac{\eta_r\xi_n^2+s}{\eta_z}}}}{\left[\left\{1-\left(\frac{m\dot{o}}{\xi_n a}\right)^2\right\}J^2_{m\dot{o}}(\xi_n a)+J'^2_{m\dot{o}}(\xi_n a)\right]\sqrt{(\eta_r\xi_n^2+s)}}+\\ &+\frac{1}{a^2\sqrt{\eta_z}}\sum_{m=0}^\infty\ni_m\sum_{n=1}^\infty\frac{J_{m\dot{o}}(\xi_n r)}{\left[\left\{1-\left(\frac{m\dot{o}}{\xi_n a}\right)^2\right\}J^2_{m\dot{o}}(\xi_n a)+J'^2_{m\dot{o}}(\xi_n a)\right]\sqrt{\eta_r\xi_n^2+s}}\times\\ &\times\int_0^\infty\overline{\overline{\varphi}}(\xi_n,m,w;\theta)\left\{e^{-|z-w|\sqrt{\frac{\eta_r\xi_n^2+s}{\eta_z}}}+e^{-|z+w|\sqrt{\frac{\eta_r\xi_n^2+s}{\eta_z}}}\right\}dw\end{aligned} \tag{24.27.2}$$

and

$$p = \frac{U(t-t_0)}{2\pi a^2\phi c_t\sqrt{\pi\eta_z}}\sum_{m=0}^\infty\ni_m\cos\{m(\theta-\theta_0)\}\sum_{n=1}^\infty\frac{J_{m\dot{o}}(\xi_n r_0)J_{m\dot{o}}(\xi_n r)}{\left[\left\{1-\left(\frac{m\dot{o}}{\xi_n a}\right)^2\right\}J^2_{m\dot{o}}(\xi_n a)+J'^2_{m\dot{o}}(\xi_n a)\right]}\times$$

$$\times \int_0^{t-t_0} \frac{q(t-t_0-\tau)\, e^{-\eta_r \xi_n^2 \tau}}{\sqrt{\tau}} \left\{ e^{-\frac{(z-z_0)^2}{4\eta_z \tau}} + e^{-\frac{(z+z_0)^2}{4\eta_z \tau}} \right\} d\tau -$$

$$-\frac{1}{a\phi c_t \sqrt{\pi \eta_z}} \sum_{m=0}^{\infty} \ni_m \sum_{n=1}^{\infty} \frac{J_{m\dot{o}}(\xi_n a)\, J_{m\dot{o}}(\xi_n r)}{\left[\left\{1-\left(\frac{m\dot{o}}{\xi_n a}\right)^2\right\} J_{m\dot{o}}^2(\xi_n a) + J_{m\dot{o}}'^2(\xi_n a)\right]} \times$$

$$\times \int_0^t \frac{e^{-\eta_r \xi_n^2 \tau}}{\sqrt{\tau}} \int_0^{\infty} \overline{\overline{\psi}}_a(m, w, t-\tau; \theta) \left\{ e^{-\frac{(z-w)^2}{4\eta_z \tau}} + e^{-\frac{(z+w)^2}{4\eta_z \tau}} \right\} dw d\tau +$$

$$+\frac{2}{a^2 \phi c_t \sqrt{\pi \eta_z}} \sum_{m=0}^{\infty} \ni_m \sum_{n=1}^{\infty} \frac{J_{m\dot{o}}(\xi_n r)}{\left[\left\{1-\left(\frac{m\dot{o}}{\xi_n a}\right)^2\right\} J_{m\dot{o}}^2(\xi_n a) + J_{m\dot{o}}'^2(\xi_n a)\right]} \int_0^t \frac{\overline{\overline{\psi}}(\xi_n, m, t-\tau; \theta)\, e^{-\eta_r \xi_n^2 \tau - \frac{z^2}{4\eta_z \tau}}}{\sqrt{\tau}} d\tau +$$

$$+\frac{1}{a^2 \sqrt{\pi \eta_z t}} \sum_{m=0}^{\infty} \ni_m \sum_{n=1}^{\infty} \frac{J_{m\dot{o}}(\xi_n r)\, e^{-\eta_r \xi_n^2 t}}{\left[\left\{1-\left(\frac{m\dot{o}}{\xi_n a}\right)^2\right\} J_{m\dot{o}}^2(\xi_n a) + J_{m\dot{o}}'^2(\xi_n a)\right]} \int_0^{\infty} \overline{\overline{\varphi}}(\xi_n, m, w; \theta) \left\{ e^{-\frac{(z-w)^2}{4\eta_z t}} + e^{-\frac{(z+w)^2}{4\eta_z t}} \right\} dw \quad (24.27.3)$$

where $\overline{\overline{\overline{\psi}}}(\xi_n, m, s; \theta) = \int_0^a u J_{m\dot{o}}(\xi_n u) \int_0^{2\pi} \overline{\psi}(u, v, s) \cos\{m(\theta - v)\} dv du$,
$\overline{\overline{\psi}}(\xi_n, m, t; \theta) = \int_0^a u J_{m\dot{o}}(\xi_n u) \int_0^{2\pi} \psi(u, v, t) \cos\{m(\theta - v)\} dv du$,
$\overline{\overline{\psi}}_a(m, w, s; \theta) = \int_0^{2\pi} \overline{\psi}_a(v, w, s) \cos\{m(\theta - v)\} dv$, $\overline{\psi}_a(m, w, t; \theta) = \int_0^{2\pi} \psi_a(v, w, t) \cos\{m(\theta - v)\} dv$ and
$\overline{\overline{\varphi}}(\xi_n, m, w; \theta) = \int_0^a u J_{m\dot{o}}(\xi_n u) \int_0^{2\pi} \varphi(u, v, w) \cos\{m(\theta - v)\} du dv$.

24.28

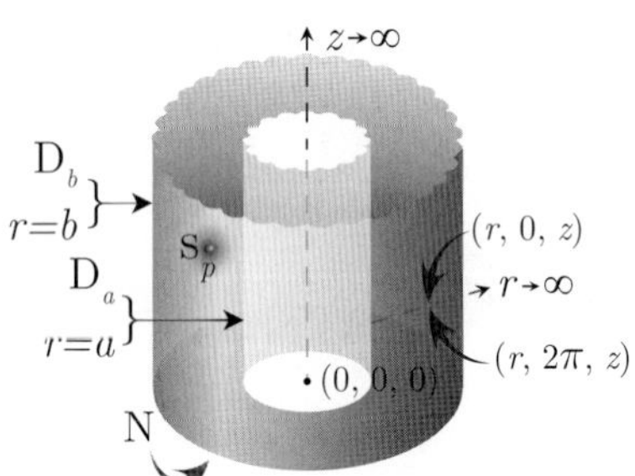

A cylindrical continuum bounded by $a \le r \le b$ and semi-infinite in z. Point source at $s_p \equiv (r_0, \theta_0, z_0)$ at time $t = t_0$; $a < r_0 < b$, $0 \le \theta_0 \le 2\pi$, $0 < z_0 < \infty$, $t_0 \ge 0$. $\mathbf{N} \equiv \frac{\partial p(r,\theta,0,t)}{\partial z} = -\left(\frac{\mu}{k_z}\right) \psi(r, \theta, t)$, $\mathbf{D}_a \equiv p(a, \theta, z, t) = \psi_a(\theta, z, t)$ and $\mathbf{D}_b \equiv p(b, \theta, z, t) = \psi_b(\theta, z, t)$. $p(r, \theta, z, 0) = \varphi(r, \theta, z)$

Successive application of the Laplace, Fourier and finite Hankel transformations to equation (22.1.1) gives

$$\overline{\overline{\overline{\overline{p}}}} = \frac{q(s)\, e^{-st_0} \cos\{m(\theta-\theta_0)\} \cos(l z_0)\, \mathcal{V}_{\mathcal{D}m\dot{o}}(\xi_n r_0, a)}{\phi c_t (\eta_r \xi_n^2 + \eta_z l^2 + s)} - \frac{2\eta_r \overline{\overline{\overline{\psi}}}_a(m, l, s; \theta)}{\pi(\eta_r \xi_n^2 + \eta_z l^2 + s)} + \frac{2\eta_r J_{m\dot{o}}(\xi_n a)\, \overline{\overline{\overline{\psi}}}_b(m, l, s; \theta)}{\pi J_{m\dot{o}}(\xi_n b)(\eta_r \xi_n^2 + \eta_z l^2 + s)} +$$

$$+\frac{\overline{\overline{\overline{\psi}}}(\xi_n, m, s; \theta)}{\phi c_t (\eta_r \xi_n^2 + \eta_z l^2 + s)} + \frac{\overline{\overline{\overline{\varphi}}}(\xi_n, m, l; \theta)}{(\eta_r \xi_n^2 + \eta_z l^2 + s)} \quad (24.28.1)$$

where $\mathcal{V}_{\mathcal{D}m\dot{o}}(\xi_n r, a) = J_{m\dot{o}}(\xi_n r)\, Y_{m\dot{o}}(\xi_n a) - Y_{m\dot{o}}(\xi_n r)\, J_{m\dot{o}}(\xi_n a)$ and the eigenvalues $\xi_n, n = 1, 2, ...,$ are the positive roots of the transcendental equation $\mathcal{V}_{\mathcal{D}m\dot{o}}(\xi_n b, a) = 0$.
$\overline{\overline{\overline{\psi}}}(\xi_n, m, s; \theta) = \int_0^a u \mathcal{V}_{\mathcal{D}m\dot{o}}(\xi_n u) \int_0^{2\pi} \overline{\psi}(u, v, s) \cos\{m(\theta - v)\} dv du$,
$\overline{\overline{\overline{\psi}}}_a(m, l, s; \theta) = \int_0^{2\pi} \cos\{m(\theta - v)\} \int_0^{\infty} \overline{\psi}_a(v, w, s) \cos(lw)\, dw dv$,
$\overline{\overline{\overline{\psi}}}_b(m, l, s; \theta) = \int_0^{2\pi} \cos\{m(\theta - v)\} \int_0^{\infty} \overline{\psi}_b(v, w, s) \cos(lw)\, dw dv$, and
$\overline{\overline{\overline{\varphi}}}(\xi_n, m, l; \theta) = \int_a^b u \mathcal{V}_{\mathcal{D}m\dot{o}}(\xi_n u) \int_0^{2\pi} \cos\{m(\theta - v)\} \int_0^{\infty} \varphi(u, v, w) \cos(lw)\, dw dv du$.

Successive inverse transforms yield

$$\begin{aligned}
\overline{p} \;=\; & \frac{\pi q(s)\, e^{-st_0}}{4\phi c_t\sqrt{\eta_z}} \sum_{m=0}^{\infty} \ni_m \cos\{m(\theta-\theta_0)\} \times \\
& \times \sum_{n=1}^{\infty} \frac{\xi_n^2 J_{m\dot{o}}^2(\xi_n b)\, \mathcal{V}_{\mathcal{D}m\dot{o}}(\xi_n r_0, a)\, \mathcal{V}_{\mathcal{D}m\dot{o}}(\xi r, a)}{\{J_{m\dot{o}}^2(\xi_n a) - J_{m\dot{o}}^2(\xi_n b)\}\sqrt{(\eta_r \xi_n^2 + s)}} \left\{ e^{-|z-z_0|\sqrt{\frac{\eta_r\xi_n^2+s}{\eta_z}}} + e^{-|z+z_0|\sqrt{\frac{\eta_r\xi_n^2+s}{\eta_z}}} \right\} - \\
& - \frac{\eta_r}{2\sqrt{\eta_z}} \sum_{m=0}^{\infty} \ni_m \sum_{n=1}^{\infty} \frac{\xi_n^2 J_{m\dot{o}}^2(\xi_n b)\, \mathcal{V}_{\mathcal{D}m\dot{o}}(\xi r, a)}{\{J_{m\dot{o}}^2(\xi_n a) - J_{m\dot{o}}^2(\xi_n b)\}\sqrt{\eta_r \xi_n^2 + s}} \times \\
& \times \int_0^{\infty} \overline{\overline{\psi}}_a(m, w, s; \theta) \left\{ e^{-|z-w|\sqrt{\frac{\eta_r\xi_n^2+s}{\eta_z}}} + e^{-|z+w|\sqrt{\frac{\eta_r\xi_n^2+s}{\eta_z}}} \right\} dw + \\
& + \frac{\eta_r}{2\sqrt{\eta_z}} \sum_{m=0}^{\infty} \ni_m \sum_{m=0}^{\infty} \ni_m \sum_{n=1}^{\infty} \frac{\xi_n^2 J_{m\dot{o}}(\xi_n a)\, J_{m\dot{o}}(\xi_n b)\, \mathcal{V}_{\mathcal{D}m\dot{o}}(\xi r, a)}{\{J_{m\dot{o}}^2(\xi_n a) - J_{m\dot{o}}^2(\xi_n b)\}\sqrt{\eta_r \xi_n^2 + s}} \times \\
& \times \int_0^{\infty} \overline{\overline{\psi}}_b(m, w, s; \theta) \left\{ e^{-|z-w|\sqrt{\frac{\eta_r\xi_n^2+s}{\eta_z}}} + e^{-|z+w|\sqrt{\frac{\eta_r\xi_n^2+s}{\eta_z}}} \right\} dw + \\
& + \frac{\pi}{2\phi c_t\sqrt{\eta_z}} \sum_{n=1}^{\infty} \frac{\xi_n^2 J_{m\dot{o}}^2(\xi_n b)\, \mathcal{V}_{\mathcal{D}m\dot{o}}(\xi r, a)\overline{\overline{\overline{\psi}}}(\xi_n, m, s; \theta)\, e^{-z\sqrt{\frac{\eta_r\xi_n^2+s}{\eta_z}}}}{\{J_{m\dot{o}}^2(\xi_n a) - J_{m\dot{o}}^2(\xi_n b)\}\sqrt{(\eta_r \xi_n^2 + s)}} + \\
& + \frac{\pi}{4\sqrt{\eta_z}} \sum_{m=0}^{\infty} \ni_m \sum_{n=1}^{\infty} \frac{\xi_n^2 J_{m\dot{o}}^2(\xi_n b)\, \mathcal{V}_{\mathcal{D}m\dot{o}}(\xi r, a)}{\{J_{m\dot{o}}^2(\xi_n a) - J_{m\dot{o}}^2(\xi_n b)\}\sqrt{\eta_r \xi_n^2 + s}} \times \\
& \times \int_0^{\infty} \overline{\overline{\varphi}}(\xi_n, m, w; \theta) \left\{ e^{-|z-w|\sqrt{\frac{\eta_r\xi_n^2+s}{\eta_z}}} + e^{-|z+w|\sqrt{\frac{\eta_r\xi_n^2+s}{\eta_z}}} \right\} dw
\end{aligned} \tag{24.28.2}$$

and

$$\begin{aligned}
p \;=\; & \frac{U(t-t_0)}{4\phi c_t}\sqrt{\frac{\pi}{\eta_z}} \sum_{m=0}^{\infty} \ni_m \cos\{m(\theta-\theta_0)\} \sum_{n=1}^{\infty} \frac{\xi_n^2 J_{m\dot{o}}^2(\xi_n b)\, \mathcal{V}_{\mathcal{D}m\dot{o}}(\xi_n r_0, a)\, \mathcal{V}_{\mathcal{D}m\dot{o}}(\xi r, a)}{\{J_{m\dot{o}}^2(\xi_n a) - J_{m\dot{o}}^2(\xi_n b)\}} \times \\
& \times \int_0^{t-t_0} \frac{q(t-t_0-\tau)\, e^{-\eta_r\xi_n^2\tau}}{\sqrt{\tau}} \left\{ e^{-\frac{(z-z_0)^2}{4\eta_z\tau}} + e^{-\frac{(z+z_0)^2}{4\eta_z\tau}} \right\} d\tau - \\
& - \frac{\eta_r}{2\sqrt{\pi\eta_z}} \sum_{m=0}^{\infty} \ni_m \sum_{n=1}^{\infty} \frac{\xi_n^2 J_{m\dot{o}}^2(\xi_n b)\, \mathcal{V}_{\mathcal{D}m\dot{o}}(\xi r, a)}{\{J_{m\dot{o}}^2(\xi_n a) - J_{m\dot{o}}^2(\xi_n b)\}} \int_0^{t} \frac{e^{-\eta_r\xi_n^2\tau}}{\sqrt{\tau}} \int_0^{\infty} \overline{\psi}_a(m, w, t-\tau; \theta) \left\{ e^{-\frac{(z-w)^2}{4\eta_z\tau}} + e^{-\frac{(z+w)^2}{4\eta_z\tau}} \right\} dw d\tau + \\
& + \frac{\eta_r}{2\sqrt{\pi\eta_z}} \sum_{m=0}^{\infty} \ni_m \sum_{n=1}^{\infty} \frac{\xi_n^2 J_{m\dot{o}}(\xi_n a)\, J_{m\dot{o}}(\xi_n b)\, \mathcal{V}_{\mathcal{D}m\dot{o}}(\xi r, a)}{\{J_{m\dot{o}}^2(\xi_n a) - J_{m\dot{o}}^2(\xi_n b)\}} \times \\
& \times \int_0^{t} \frac{e^{-\eta_r\xi_n^2\tau}}{\sqrt{\tau}} \int_0^{\infty} \overline{\psi}_b(m, w, t-\tau; \theta) \left\{ e^{-\frac{(z-w)^2}{4\eta_z\tau}} + e^{-\frac{(z+w)^2}{4\eta_z\tau}} \right\} dw d\tau + \\
& + \frac{1}{2\phi c_t}\sqrt{\frac{\pi}{\eta_z}} \sum_{m=0}^{\infty} \ni_m \sum_{n=1}^{\infty} \frac{\xi_n^2 J_{m\dot{o}}^2(\xi_n b)\, \mathcal{V}_{\mathcal{D}m\dot{o}}(\xi r, a)}{\{J_{m\dot{o}}^2(\xi_n a) - J_{m\dot{o}}^2(\xi_n b)\}} \int_0^{t} \frac{\overline{\overline{\psi}}(\xi_n, m, t-\tau; \theta)\, e^{-\eta_r\xi_n^2\tau - \frac{z^2}{4\eta_z\tau}}}{\sqrt{\tau}} d\tau + \\
& + \frac{1}{4}\sqrt{\frac{\pi}{\eta_z t}} \sum_{m=0}^{\infty} \ni_m \sum_{n=1}^{\infty} \frac{\xi_n^2 J_{m\dot{o}}^2(\xi_n b)\, \mathcal{V}_{\mathcal{D}m\dot{o}}(\xi r, a)\, e^{-\eta_r\xi_n^2 t}}{\{J_{m\dot{o}}^2(\xi_n a) - J_{m\dot{o}}^2(\xi_n b)\}} \int_0^{\infty} \overline{\overline{\varphi}}(\xi_n, m, w; \theta) \left\{ e^{-\frac{(z-w)^2}{4\eta_z t}} + e^{-\frac{(z+w)^2}{4\eta_z t}} \right\} dw
\end{aligned} \tag{24.28.3}$$

where $\overline{\overline{\overline{\psi}}}(\xi_n, m, s; \theta) = \int_0^a u\mathcal{V}_{\mathcal{D}m\dot{o}}(\xi_n u) \int_0^{2\pi} \overline{\psi}(u, v, s) \cos\{m(\theta - v)\} dvdu$,
$\overline{\overline{\psi}}(\xi_n, m, t; \theta) = \int_0^a u\mathcal{V}_{\mathcal{D}m\dot{o}}(\xi_n u) \int_0^{2\pi} \psi(u, v, t) \cos\{m(\theta - v)\} dvdu$,
$\overline{\overline{\psi}}_a(m, w, s; \theta) = \int_0^{2\pi} \overline{\psi}_a(v, w, s) \cos\{m(\theta - v)\} dv$, $\overline{\psi}_a(m, w, t; \theta) = \int_0^{2\pi} \psi_a(v, w, t) \cos\{m(\theta - v)\} dv$,
$\overline{\overline{\psi}}_b(m, w, s; \theta) = \int_0^{2\pi} \overline{\psi}_b(v, w, s) \cos\{m(\theta - v)\} dv$, $\overline{\psi}_b(m, w, t; \theta) = \int_0^{2\pi} \psi_b(v, w, t) \cos\{m(\theta - v)\} dv$, and
$\overline{\overline{\varphi}}(\xi_n, m, w; \theta) = \int_0^a u\mathcal{V}_{\mathcal{D}m\dot{o}}(\xi_n u) \int_0^{2\pi} \varphi(u, v, w) \cos\{m(\theta - v)\} dudv$.

24.29

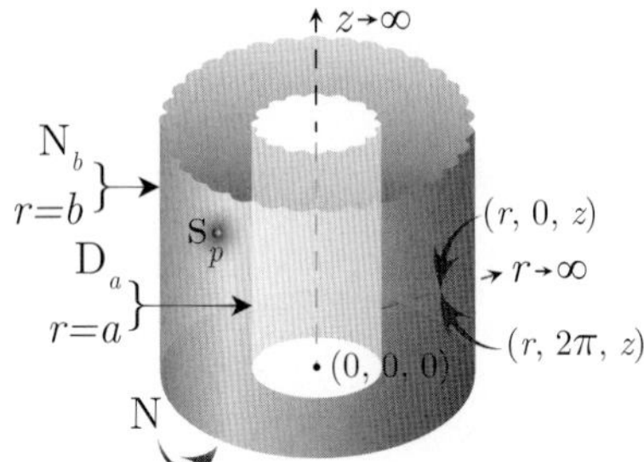

The problem of 24.28, except
$\mathbf{D}_a \equiv p(a, \theta, z, t) = \psi_a(\theta, z, t)$,
$\mathbf{N}_b \equiv \frac{\partial p(b,\theta,z,t)}{\partial r} = -\left(\frac{\mu}{k_r}\right) \psi_b(\theta, z, t)$ **and**
$\mathbf{N} \equiv \frac{\partial p(r,\theta,0,t)}{\partial z} = -\left(\frac{\mu}{k_z}\right) \psi(r, \theta, t)$

Successive application of the Laplace, Fourier and finite Hankel transformations to equation (22.1.1) gives

$$\overline{\overline{\overline{p}}} = \frac{q(s)\, e^{-st_0} \cos\{m(\theta - \theta_0)\} \cos(lz_0) \mathcal{V}_{\mathcal{D}m\dot{o}}(\xi_n r_0, a)}{\phi c_t (\eta_r \xi_n^2 + \eta_z l^2 + s)} - \frac{2\eta_r \overline{\overline{\overline{\psi}}}_a(m, l, s; \theta)}{\pi(\eta_r \xi_n^2 + \eta_z l^2 + s)} - \frac{2J_{m\dot{o}}(\xi_n a) \overline{\overline{\overline{\psi}}}_b(m, l, s; \theta)}{\pi \phi c_t J'_{m\dot{o}}(\xi_n b)(\eta_r \xi_n^2 + \eta_z l^2 + s)} + $$
$$+ \frac{\overline{\overline{\overline{\psi}}}(\xi_n, m, s; \theta)}{\phi c_t (\eta_r \xi_n^2 + \eta_z l^2 + s)} + \frac{\overline{\overline{\overline{\varphi}}}(\xi_n, m, l; \theta)}{(\eta_r \xi_n^2 + \eta_z l^2 + s)} \tag{24.29.1}$$

where $\mathcal{V}_{\mathcal{D}m\dot{o}}(\xi_n r, a) = J_{m\dot{o}}(\xi_n r) Y_{m\dot{o}}(\xi_n a) - Y_{m\dot{o}}(\xi_n r) J_{m\dot{o}}(\xi_n a)$ and the eigenvalues ξ_n are the positive roots of the transcendental equation $\mathcal{V}'_{\mathcal{D}m\dot{o}}(\xi_n b, a) = 0$, $n = 1, 2, ...,$
$\overline{\overline{\overline{\psi}}}(\xi_n, m, s; \theta) = \int_0^a u\mathcal{V}_{\mathcal{D}m\dot{o}}(\xi_n u) \int_0^{2\pi} \overline{\psi}(u, v, s) \cos\{m(\theta - v)\} dvdu$,
$\overline{\overline{\overline{\psi}}}_a(m, l, s; \theta) = \int_0^{2\pi} \cos\{m(\theta - v)\} \int_0^\infty \overline{\psi}_a(v, w, s) \cos(lw)\, dwdv$,
$\overline{\overline{\overline{\psi}}}_b(m, l, s; \theta) = \int_0^{2\pi} \cos\{m(\theta - v)\} \int_0^\infty \overline{\psi}_b(v, w, s) \cos(lw)\, dwdv$, and
$\overline{\overline{\overline{\varphi}}}(\xi_n, m, l; \theta) = \int_a^b u\mathcal{V}_{\mathcal{D}m\dot{o}}(\xi_n u) \int_0^{2\pi} \cos\{m(\theta - v)\} \int_0^\infty \varphi(u, v, w) \cos(lw)\, dwdvdu$. Successive inverse transforms yield

$$\overline{p} = \frac{\pi q(s)\, e^{-st_0}}{4\phi c_t \sqrt{\eta_z}} \sum_{m=0}^{\infty} \ni_m \cos\{m(\theta - \theta_0)\} \times$$
$$\times \sum_{n=1}^{\infty} \frac{\xi_n^2 J'^2_{m\dot{o}}(\xi_n b) \mathcal{V}_{\mathcal{D}m\dot{o}}(\xi_n r_0, a) \mathcal{V}_{\mathcal{D}m\dot{o}}(\xi r, a)}{\left[\left\{1 - \left(\frac{m\dot{o}}{\xi_n b}\right)^2\right\} J^2_{m\dot{o}}(\xi_n a) - J'^2_{m\dot{o}}(\xi_n b)\right] \sqrt{(\eta_r \xi_n^2 + s)}} \left\{ e^{-|z - z_0|\sqrt{\frac{\eta_r \xi_n^2 + s}{\eta_z}}} + e^{-|z + z_0|\sqrt{\frac{\eta_r \xi_n^2 + s}{\eta_z}}} \right\} -$$
$$- \frac{\eta_r}{2\sqrt{\eta_z}} \sum_{m=0}^{\infty} \ni_m \sum_{n=1}^{\infty} \frac{\xi_n^2 J'^2_{m\dot{o}}(\xi_n b) \mathcal{V}_{\mathcal{D}m\dot{o}}(\xi r, a)}{\left[\left\{1 - \left(\frac{m\dot{o}}{\xi_n b}\right)^2\right\} J^2_{m\dot{o}}(\xi_n a) - J'^2_{m\dot{o}}(\xi_n b)\right] \sqrt{\eta_r \xi_n^2 + s}} \times$$
$$\times \int_0^\infty \overline{\overline{\psi}}_a(m, w, s; \theta) \left\{ e^{-|z - w|\sqrt{\frac{\eta_r \xi_n^2 + s}{\eta_z}}} + e^{-|z + w|\sqrt{\frac{\eta_r \xi_n^2 + s}{\eta_z}}} \right\} dw -$$
$$- \frac{1}{2\phi c_t \sqrt{\eta_z}} \sum_{m=0}^{\infty} \ni_m \sum_{n=1}^{\infty} \frac{\xi_n^2 J_{m\dot{o}}(\xi_n a) J'_{m\dot{o}}(\xi_n b) \mathcal{V}_{\mathcal{D}m\dot{o}}(\xi r, a)}{\left[\left\{1 - \left(\frac{m\dot{o}}{\xi_n b}\right)^2\right\} J^2_{m\dot{o}}(\xi_n a) - J'^2_{m\dot{o}}(\xi_n b)\right] \sqrt{\eta_r \xi_n^2 + s}} \times$$
$$\times \int_0^\infty \overline{\overline{\psi}}_b(m, w, s; \theta) \left\{ e^{-|z - w|\sqrt{\frac{\eta_r \xi_n^2 + s}{\eta_z}}} + e^{-|z + w|\sqrt{\frac{\eta_r \xi_n^2 + s}{\eta_z}}} \right\} dw +$$

$$+\frac{\pi}{2\phi c_t\sqrt{\eta_z}}\sum_{m=0}^{\infty}\ni_m\sum_{n=1}^{\infty}\frac{\xi_n^2 J_{m\dot{o}}'^2(\xi_n b)\,\mathcal{V}_{\mathcal{D}m\dot{o}}(\xi r,a)\,\overline{\overline{\overline{\psi}}}(\xi_n,m,s;\theta)\,e^{-z\sqrt{\frac{\eta_r\xi_n^2+s}{\eta_z}}}}{\left[\left\{1-\left(\frac{m\dot{o}}{\xi_n b}\right)^2\right\}J_{m\dot{o}}^2(\xi_n a)-J_{m\dot{o}}'^2(\xi_n b)\right]\sqrt{(\eta_r\xi_n^2+s)}}+$$

$$+\frac{\pi}{4\sqrt{\eta_z}}\sum_{m=0}^{\infty}\ni_m\sum_{n=1}^{\infty}\frac{\xi_n^2 J_{m\dot{o}}'^2(\xi_n b)\,\mathcal{V}_{\mathcal{D}m\dot{o}}(\xi r,a)}{\left[\left\{1-\left(\frac{m\dot{o}}{\xi_n b}\right)^2\right\}J_{m\dot{o}}^2(\xi_n a)-J_{m\dot{o}}'^2(\xi_n b)\right]\sqrt{\eta_r\xi_n^2+s}}\times$$

$$\times\int_0^{\infty}\overline{\overline{\varphi}}(\xi_n,m,w;\theta)\left\{e^{-|z-w|\sqrt{\frac{\eta_r\xi_n^2+s}{\eta_z}}}+e^{-|z+w|\sqrt{\frac{\eta_r\xi_n^2+s}{\eta_z}}}\right\}dw \tag{24.29.2}$$

and

$$p=\frac{U(t-t_0)}{4\phi c_t}\sqrt{\frac{\pi}{\eta_z}}\sum_{m=0}^{\infty}\ni_m\cos\{m(\theta-\theta_0)\}\sum_{n=1}^{\infty}\frac{\xi_n^2 J_{m\dot{o}}'^2(\xi_n b)\,\mathcal{V}_{\mathcal{D}m\dot{o}}(\xi_n r_0,a)\,\mathcal{V}_{\mathcal{D}m\dot{o}}(\xi r,a)}{\left[\left\{1-\left(\frac{m\dot{o}}{\xi_n b}\right)^2\right\}J_{m\dot{o}}^2(\xi_n a)-J_{m\dot{o}}'^2(\xi_n b)\right]}\times$$

$$\times\int_0^{t-t_0}\frac{q(t-t_0-\tau)\,e^{-\eta_r\xi_n^2\tau}}{\sqrt{\tau}}\left\{e^{-\frac{(z-z_0)^2}{4\eta_z\tau}}+e^{-\frac{(z+z_0)^2}{4\eta_z\tau}}\right\}d\tau-$$

$$-\frac{\eta_r}{2\sqrt{\pi\eta_z}}\sum_{m=0}^{\infty}\ni_m\sum_{n=1}^{\infty}\frac{\xi_n^2 J_{m\dot{o}}'^2(\xi_n b)\,\mathcal{V}_{\mathcal{D}m\dot{o}}(\xi r,a)}{\left[\left\{1-\left(\frac{m\dot{o}}{\xi_n b}\right)^2\right\}J_{m\dot{o}}^2(\xi_n a)-J_{m\dot{o}}'^2(\xi_n b)\right]}\times$$

$$\times\int_0^{t}\frac{e^{-\eta_r\xi_n^2\tau}}{\sqrt{\tau}}\int_0^{\infty}\overline{\psi}_a(m,w,t-\tau;\theta)\left\{e^{-\frac{(z-w)^2}{4\eta_z\tau}}+e^{-\frac{(z+w)^2}{4\eta_z\tau}}\right\}dw\,d\tau-$$

$$-\frac{1}{2\phi c_t\sqrt{\pi\eta_z}}\sum_{m=0}^{\infty}\ni_m\sum_{n=1}^{\infty}\frac{\xi_n^2 J_{m\dot{o}}(\xi_n a)\,J_{m\dot{o}}'(\xi_n b)\,\mathcal{V}_{\mathcal{D}m\dot{o}}(\xi r,a)}{\left[\left\{1-\left(\frac{m\dot{o}}{\xi_n b}\right)^2\right\}J_{m\dot{o}}^2(\xi_n a)-J_{m\dot{o}}'^2(\xi_n b)\right]}\times$$

$$\times\int_0^{t}\frac{e^{-\eta_r\xi_n^2\tau}}{\sqrt{\tau}}\int_0^{\infty}\overline{\psi}_b(m,w,t-\tau;\theta)\left\{e^{-\frac{(z-w)^2}{4\eta_z\tau}}+e^{-\frac{(z+w)^2}{4\eta_z\tau}}\right\}dw\,d\tau+$$

$$+\frac{1}{2\phi c_t}\sqrt{\frac{\pi}{\eta_z}}\sum_{m=0}^{\infty}\ni_m\sum_{n=1}^{\infty}\frac{\xi_n^2 J_{m\dot{o}}'^2(\xi_n b)\,\mathcal{V}_{\mathcal{D}m\dot{o}}(\xi r,a)}{\left[\left\{1-\left(\frac{m\dot{o}}{\xi_n b}\right)^2\right\}J_{m\dot{o}}^2(\xi_n a)-J_{m\dot{o}}'^2(\xi_n b)\right]}\int_0^{t}\frac{\overline{\overline{\psi}}(\xi_n,m,t-\tau;\theta)\,e^{-\eta_r\xi_n^2\tau-\frac{z^2}{4\eta_z\tau}}}{\sqrt{\tau}}d\tau+$$

$$+\frac{1}{4}\sqrt{\frac{\pi}{\eta_z t}}\sum_{m=0}^{\infty}\ni_m\sum_{n=1}^{\infty}\frac{\xi_n^2 J_{m\dot{o}}'^2(\xi_n b)\,\mathcal{V}_{\mathcal{D}m\dot{o}}(\xi r,a)\,e^{-\eta_r\xi_n^2 t}}{\left[\left\{1-\left(\frac{m\dot{o}}{\xi_n b}\right)^2\right\}J_{m\dot{o}}^2(\xi_n a)-J_{m\dot{o}}'^2(\xi_n b)\right]}\times$$

$$\times\int_0^{\infty}\overline{\overline{\varphi}}(\xi_n,m,w;\theta)\left\{e^{-\frac{(z-w)^2}{4\eta_z t}}+e^{-\frac{(z+w)^2}{4\eta_z t}}\right\}dw \tag{24.29.3}$$

where $\overline{\overline{\overline{\psi}}}(\xi_n,m,s;\theta)=\int_0^a u\mathcal{V}_{\mathcal{D}m\dot{o}}(\xi_n u)\int_0^{2\pi}\overline{\psi}(u,v,s)\cos\{m(\theta-v)\}dvdu$, $\overline{\overline{\psi}}(\xi_n,m,t;\theta)=\int_0^a u\mathcal{V}_{\mathcal{D}m\dot{o}}(\xi_n u)\int_0^{2\pi}\psi(u,v,t)\cos\{m(\theta-v)\}dvdu$, $\overline{\overline{\psi}}_a(m,w,s;\theta)=\int_0^{2\pi}\overline{\psi}_a(v,w,s)\cos\{m(\theta-v)\}dv$, $\overline{\psi}_a(m,w,t;\theta)=\int_0^{2\pi}\psi_a(v,w,t)\cos\{m(\theta-v)\}dv$, $\overline{\overline{\psi}}_b(m,w,s;\theta)=\int_0^{2\pi}\overline{\psi}_b(v,w,s)\cos\{m(\theta-v)\}dv$, $\overline{\psi}_b(m,w,t;\theta)=\int_0^{2\pi}\psi_b(v,w,t)\cos\{m(\theta-v)\}dv$, and $\overline{\overline{\varphi}}(\xi_n,m,w;\theta)=\int_0^a u\mathcal{V}_{\mathcal{D}m\dot{o}}(\xi_n u)\int_0^{2\pi}\varphi(u,v,w)\cos\{m(\theta-v)\}dudv$.

24.30

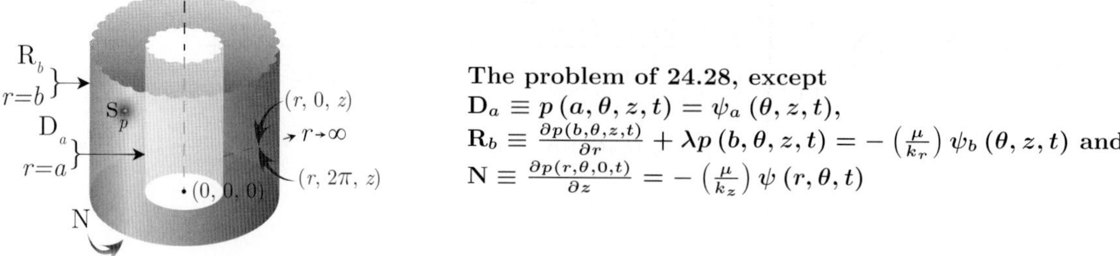

The problem of 24.28, except
$\mathbf{D}_a \equiv p(a,\theta,z,t) = \psi_a(\theta,z,t)$,
$\mathbf{R}_b \equiv \frac{\partial p(b,\theta,z,t)}{\partial r} + \lambda p(b,\theta,z,t) = -\left(\frac{\mu}{k_r}\right)\psi_b(\theta,z,t)$ **and**
$\mathbf{N} \equiv \frac{\partial p(r,\theta,0,t)}{\partial z} = -\left(\frac{\mu}{k_z}\right)\psi(r,\theta,t)$

Successive application of the Laplace, Fourier and finite Hankel transformations to equation (22.1.1) gives

$$\overline{\overline{\overline{p}}} = \frac{q(s)\,e^{-st_0}\cos\{m(\theta-\theta_0)\}\cos(lz_0)\,\mathcal{V}_{\mathcal{D}m\dot{o}}(\xi_n r_0,a)}{\phi c_t(\eta_r\xi_n^2+\eta_z l^2+s)} - \frac{2\eta_r\overline{\overline{\overline{\psi}}}_a(m,l,s;\theta)}{\pi(\eta_r\xi_n^2+\eta_z l^2+s)} - $$
$$-\frac{2J_{m\dot{o}}(\xi_n a)\overline{\overline{\overline{\psi}}}_b(m,l,s;\theta)}{\pi\phi c_t\{\xi_n J'_{m\dot{o}}(\xi_n b)+\lambda J_{m\dot{o}}(\xi_n b)\}(\eta_r\xi_n^2+\eta_z l^2+s)} + \frac{\overline{\overline{\overline{\psi}}}(\xi_n,m,s;\theta)}{\phi c_t(\eta_r\xi_n^2+\eta_z l^2+s)} + \frac{\overline{\overline{\overline{\varphi}}}(\xi_n,m,l;\theta)}{(\eta_r\xi_n^2+\eta_z l^2+s)} \quad (24.30.1)$$

where $\mathcal{V}_{\mathcal{D}m\dot{o}}(\xi_n r,a) = J_{m\dot{o}}(\xi_n r)\,Y_{m\dot{o}}(\xi_n a) - Y_{m\dot{o}}(\xi_n r)\,J_{m\dot{o}}(\xi_n a)$ and the eigenvalues $\xi_n, n=1,2,...,$ are the positive roots of the transcendental equation $\xi_n\mathcal{V}'_{\mathcal{D}m\dot{o}}(\xi_n b,a)+\lambda\mathcal{V}_{\mathcal{D}m\dot{o}}(\xi_n b,a)=0$.
$\overline{\overline{\overline{\psi}}}(\xi_n,m,s;\theta) = \int_0^a u\mathcal{V}_{\mathcal{D}m\dot{o}}(\xi_n u)\int_0^{2\pi}\overline{\psi}(u,v,s)\cos\{m(\theta-v)\}dvdu$,
$\overline{\overline{\overline{\psi}}}_a(m,l,s;\theta) = \int_0^{2\pi}\cos\{m(\theta-v)\}\int_0^\infty\overline{\psi}_a(v,w,s)\cos(lw)\,dwdv$,
$\overline{\overline{\overline{\psi}}}_b(m,l,s;\theta) = \int_0^{2\pi}\cos\{m(\theta-v)\}\int_0^\infty\overline{\psi}_b(v,w,s)\cos(lw)\,dwdv$, and
$\overline{\overline{\overline{\varphi}}}(\xi_n,m,l;\theta) = \int_a^b u\mathcal{V}_{\mathcal{D}m\dot{o}}(\xi_n u)\int_0^{2\pi}\cos\{m(\theta-v)\}\int_0^\infty\varphi(u,v,w)\cos(lw)\,dwdvdu$. Successive inverse transforms yield

$$\overline{p} = \frac{\pi q(s)\,e^{-st_0}}{4\phi c_t\sqrt{\eta_z}}\sum_{m=0}^{\infty}\ni_m\cos\{m(\theta-\theta_0)\}\times$$
$$\times\sum_{n=1}^{\infty}\frac{\xi_n^2\{\xi_n J'_{m\dot{o}}(\xi_n b)+\lambda J_{m\dot{o}}(\xi_n b)\}^2\mathcal{V}_{\mathcal{D}m\dot{o}}(\xi_n r_0,a)\,\mathcal{V}_{\mathcal{D}m\dot{o}}(\xi r,a)}{\left[\left\{\xi_n^2+\lambda^2-\left(\frac{m\dot{o}}{b}\right)^2\right\}J^2_{m\dot{o}}(\xi_n a)-\{\xi_n J'_{m\dot{o}}(\xi_n b)+\lambda J_{m\dot{o}}(\xi_n b)\}^2\right]\sqrt{(\eta_r\xi_n^2+s)}}\times$$
$$\times\left\{e^{-|z-z_0|\sqrt{\frac{\eta_r\xi_n^2+s}{\eta_z}}}+e^{-|z+z_0|\sqrt{\frac{\eta_r\xi_n^2+s}{\eta_z}}}\right\}-$$
$$-\frac{\eta_r}{2\sqrt{\eta_z}}\sum_{m=0}^{\infty}\ni_m\sum_{n=1}^{\infty}\frac{\xi_n^2\{\xi_n J'_{m\dot{o}}(\xi_n b)+\lambda J_{m\dot{o}}(\xi_n b)\}^2\mathcal{V}_{\mathcal{D}m\dot{o}}(\xi r,a)}{\left[\left\{\xi_n^2+\lambda^2-\left(\frac{m\dot{o}}{b}\right)^2\right\}J^2_{m\dot{o}}(\xi_n a)-\{\xi_n J'_{m\dot{o}}(\xi_n b)+\lambda J_{m\dot{o}}(\xi_n b)\}^2\right]\sqrt{\eta_r\xi_n^2+s}}\times$$
$$\times\int_0^\infty\overline{\overline{\psi}}_a(m,w,s;\theta)\left\{e^{-|z-w|\sqrt{\frac{\eta_r\xi_n^2+s}{\eta_z}}}+e^{-|z+w|\sqrt{\frac{\eta_r\xi_n^2+s}{\eta_z}}}\right\}dw-$$
$$-\frac{1}{2\phi c_t\sqrt{\eta_z}}\sum_{m=0}^{\infty}\ni_m\sum_{n=1}^{\infty}\frac{\xi_n^2 J_{m\dot{o}}(\xi_n a)\{\xi_n J'_{m\dot{o}}(\xi_n b)+\lambda J_{m\dot{o}}(\xi_n b)\}\mathcal{V}_{\mathcal{D}m\dot{o}}(\xi r,a)}{\left[\left\{\xi_n^2+\lambda^2-\left(\frac{m\dot{o}}{b}\right)^2\right\}J^2_{m\dot{o}}(\xi_n a)-\{\xi_n J'_{m\dot{o}}(\xi_n b)+\lambda J_{m\dot{o}}(\xi_n b)\}^2\right]\sqrt{\eta_r\xi_n^2+s}}\times$$
$$\times\int_0^\infty\overline{\overline{\psi}}_b(m,w,s;\theta)\left\{e^{-|z-w|\sqrt{\frac{\eta_r\xi_n^2+s}{\eta_z}}}+e^{-|z+w|\sqrt{\frac{\eta_r\xi_n^2+s}{\eta_z}}}\right\}dw+$$
$$+\frac{\pi}{2\phi c_t\sqrt{\eta_z}}\sum_{m=0}^{\infty}\ni_m\sum_{n=1}^{\infty}\frac{\xi_n^2\{\xi_n J'_{m\dot{o}}(\xi_n b)+\lambda J_{m\dot{o}}(\xi_n b)\}^2\mathcal{V}_{\mathcal{D}m\dot{o}}(\xi r,a)\,\overline{\overline{\overline{\psi}}}(\xi_n,m,s;\theta)\,e^{-z\sqrt{\frac{\eta_r\xi_n^2+s}{\eta_z}}}}{\left[\left\{\xi_n^2+\lambda^2-\left(\frac{m\dot{o}}{b}\right)^2\right\}J^2_{m\dot{o}}(\xi_n a)-\{\xi_n J'_{m\dot{o}}(\xi_n b)+\lambda J_{m\dot{o}}(\xi_n b)\}^2\right]\sqrt{(\eta_r\xi_n^2+s)}}+$$
$$+\frac{\pi}{4\sqrt{\eta_z}}\sum_{m=0}^{\infty}\ni_m\sum_{m=0}^{\infty}\ni_m\sum_{n=1}^{\infty}\frac{\xi_n^2\{\xi_n J'_{m\dot{o}}(\xi_n b)+\lambda J_{m\dot{o}}(\xi_n b)\}^2\mathcal{V}_{\mathcal{D}m\dot{o}}(\xi r,a)}{\left[\left\{\xi_n^2+\lambda^2-\left(\frac{m\dot{o}}{b}\right)^2\right\}J^2_{m\dot{o}}(\xi_n a)-\{\xi_n J'_{m\dot{o}}(\xi_n b)+\lambda J_{m\dot{o}}(\xi_n b)\}^2\right]\sqrt{\eta_r\xi_n^2+s}}\times$$

$$\times \int_0^\infty \overline{\overline{\varphi}}(\xi_n, m, w; \theta) \left\{ e^{-|z-w|\sqrt{\frac{\eta_r \xi_n^2 + s}{\eta_z}}} + e^{-|z+w|\sqrt{\frac{\eta_r \xi_n^2 + s}{\eta_z}}} \right\} dw \qquad (24.30.2)$$

and

$$p = \frac{U(t-t_0)}{4\phi c_t} \sqrt{\frac{\pi}{\eta_z}} \sum_{m=0}^{\infty} \ni_m \cos\{m(\theta - \theta_0)\} \times$$
$$\times \sum_{n=1}^{\infty} \frac{\xi_n^2 \{\xi_n J'_{m\dot{o}}(\xi_n b) + \lambda J_{m\dot{o}}(\xi_n b)\}^2 \mathcal{V}_{\mathcal{D}m\dot{o}}(\xi_n r_0, a)\, \mathcal{V}_{\mathcal{D}m\dot{o}}(\xi r, a)}{\left[\left\{\xi_n^2 + \lambda^2 - \left(\frac{m\dot{o}}{b}\right)^2\right\} J_{m\dot{o}}^2(\xi_n a) - \{\xi_n J'_{m\dot{o}}(\xi_n b) + \lambda J_{m\dot{o}}(\xi_n b)\}^2\right]} \times$$
$$\times \int_0^{t-t_0} \frac{q(t-t_0-\tau)\, e^{-\eta_r \xi_n^2 \tau}}{\sqrt{\tau}} \left\{ e^{-\frac{(z-z_0)^2}{4\eta_z \tau}} + e^{-\frac{(z+z_0)^2}{4\eta_z \tau}} \right\} d\tau -$$
$$- \frac{\eta_r}{2\sqrt{\pi \eta_z}} \sum_{m=0}^{\infty} \ni_m \sum_{n=1}^{\infty} \frac{\xi_n^2 \{\xi_n J'_{m\dot{o}}(\xi_n b) + \lambda J_{m\dot{o}}(\xi_n b)\}^2 \mathcal{V}_{\mathcal{D}m\dot{o}}(\xi r, a)}{\left[\left\{\xi_n^2 + \lambda^2 - \left(\frac{m\dot{o}}{b}\right)^2\right\} J_{m\dot{o}}^2(\xi_n a) - \{\xi_n J'_{m\dot{o}}(\xi_n b) + \lambda J_{m\dot{o}}(\xi_n b)\}^2\right]} \times$$
$$\times \int_0^t \frac{e^{-\eta_r \xi_n^2 \tau}}{\sqrt{\tau}} \int_0^\infty \overline{\psi}_a(m, w, t-\tau; \theta) \left\{ e^{-\frac{(z-w)^2}{4\eta_z \tau}} + e^{-\frac{(z+w)^2}{4\eta_z \tau}} \right\} dw d\tau -$$
$$- \frac{1}{2\phi c_t \sqrt{\pi \eta_z}} \sum_{m=0}^{\infty} \ni_m \sum_{n=1}^{\infty} \frac{\xi_n^2 J_{m\dot{o}}(\xi_n a) \{\xi_n J'_{m\dot{o}}(\xi_n b) + \lambda J_{m\dot{o}}(\xi_n b)\} \mathcal{V}_{\mathcal{D}m\dot{o}}(\xi r, a)}{\left[\left\{\xi_n^2 + \lambda^2 - \left(\frac{m\dot{o}}{b}\right)^2\right\} J_{m\dot{o}}^2(\xi_n a) - \{\xi_n J'_{m\dot{o}}(\xi_n b) + \lambda J_{m\dot{o}}(\xi_n b)\}^2\right]} \times$$
$$\times \int_0^t \frac{e^{-\eta_r \xi_n^2 \tau}}{\sqrt{\tau}} \int_0^\infty \overline{\psi}_b(m, w, t-\tau; \theta) \left\{ e^{-\frac{(z-w)^2}{4\eta_z \tau}} + e^{-\frac{(z+w)^2}{4\eta_z \tau}} \right\} dw d\tau +$$
$$+ \frac{1}{2\phi c_t} \sqrt{\frac{\pi}{\eta_z}} \sum_{m=0}^{\infty} \ni_m \sum_{n=1}^{\infty} \frac{\xi_n^2 \{\xi_n J'_{m\dot{o}}(\xi_n b) + \lambda J_{m\dot{o}}(\xi_n b)\}^2 \mathcal{V}_{\mathcal{D}m\dot{o}}(\xi r, a)}{\left[\left\{\xi_n^2 + \lambda^2 - \left(\frac{m\dot{o}}{b}\right)^2\right\} J_{m\dot{o}}^2(\xi_n a) - \{\xi_n J'_{m\dot{o}}(\xi_n b) + \lambda J_{m\dot{o}}(\xi_n b)\}^2\right]} \times$$
$$\times \int_0^t \frac{\overline{\overline{\psi}}(\xi_n, m, t-\tau; \theta)\, e^{-\eta_r \xi_n^2 \tau - \frac{z^2}{4\eta_z \tau}}}{\sqrt{\tau}} d\tau +$$
$$+ \frac{1}{4} \sqrt{\frac{\pi}{\eta_z t}} \sum_{m=0}^{\infty} \ni_m \sum_{n=1}^{\infty} \frac{\xi_n^2 \{\xi_n J'_{m\dot{o}}(\xi_n b) + \lambda J_{m\dot{o}}(\xi_n b)\}^2 \mathcal{V}_{\mathcal{D}m\dot{o}}(\xi r, a)\, e^{-\eta_r \xi_n^2 t}}{\left[\left\{\xi_n^2 + \lambda^2 - \left(\frac{m\dot{o}}{b}\right)^2\right\} J_{m\dot{o}}^2(\xi_n a) - \{\xi_n J'_{m\dot{o}}(\xi_n b) + \lambda J_{m\dot{o}}(\xi_n b)\}^2\right]} \times$$
$$\times \int_0^\infty \overline{\overline{\varphi}}(\xi_n, m, w; \theta) \left\{ e^{-\frac{(z-w)^2}{4\eta_z t}} + e^{-\frac{(z+w)^2}{4\eta_z t}} \right\} dw \qquad (24.30.3)$$

where $\overline{\overline{\overline{\psi}}}(\xi_n, m, s; \theta) = \int_0^a u\mathcal{V}_{\mathcal{D}m\dot{o}}(\xi_n u) \int_0^{2\pi} \overline{\psi}(u, v, s) \cos\{m(\theta - v)\} dv du$,
$\overline{\overline{\psi}}(\xi_n, m, t; \theta) = \int_0^a u\mathcal{V}_{\mathcal{D}m\dot{o}}(\xi_n u) \int_0^{2\pi} \psi(u, v, t) \cos\{m(\theta - v)\} dv du$,
$\overline{\overline{\psi}}_a(m, w, s; \theta) = \int_0^{2\pi} \overline{\psi}_a(v, w, s) \cos\{m(\theta - v)\} dv$, $\overline{\psi}_a(m, w, t; \theta) = \int_0^{2\pi} \psi_a(v, w, t) \cos\{m(\theta - v)\} dv$,
$\overline{\overline{\psi}}_b(m, w, s; \theta) = \int_0^{2\pi} \overline{\psi}_b(v, w, s) \cos\{m(\theta - v)\} dv$, $\overline{\psi}_b(m, w, t; \theta) = \int_0^{2\pi} \psi_b(v, w, t) \cos\{m(\theta - v)\} dv$, and
$\overline{\overline{\varphi}}(\xi_n, m, w; \theta) = \int_0^a u\mathcal{V}_{\mathcal{D}m\dot{o}}(\xi_n u) \int_0^{2\pi} \varphi(u, v, w) \cos\{m(\theta - v)\} du dv$.

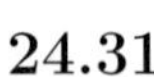
24.31

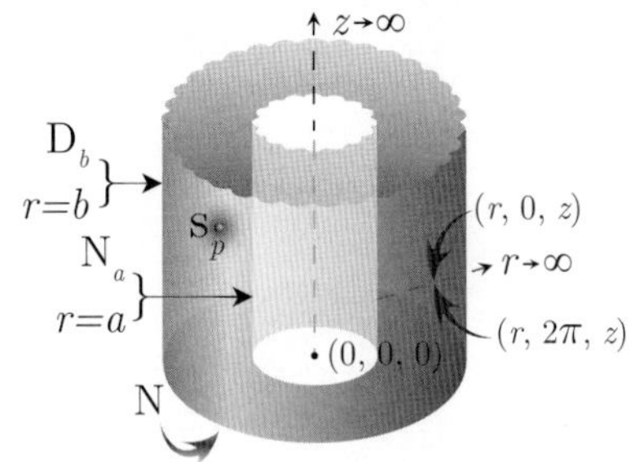

The problem of 24.28, except $\mathbf{N}_a \equiv \frac{\partial p(a,\theta,z,t)}{\partial r} = -\left(\frac{\mu}{k_r}\right)\psi_a(\theta,z,t)$, $\mathbf{D}_b \equiv p(b,\theta,z,t) = \psi_b(\theta,z,t)$ **and** $\mathbf{N} \equiv \frac{\partial p(r,\theta,0,t)}{\partial z} = -\left(\frac{\mu}{k_z}\right)\psi(r,\theta,t)$

Successive application of the Laplace, Fourier and finite Hankel transformations to equation (22.1.1) gives

$$\overline{\overline{\overline{p}}} = \frac{q(s)\,e^{-st_0}\cos\{m(\theta-\theta_0)\}\cos(lz_0)\,\mathcal{V}_{\mathcal{N}m\dot{o}}(\xi_n r_0,a)}{\phi c_t\left(\eta_r\xi_n^2+\eta_z l^2+s\right)} + \frac{2\overline{\overline{\overline{\psi}}}_a(m,l,s;\theta)}{\pi\phi c_t\xi_n\left(\eta_r\xi_n^2+\eta_z l^2+s\right)} + $$
$$+\frac{2\eta_r J'_{m\dot{o}}(\xi_n a)\,\overline{\overline{\overline{\psi}}}_b(m,l,s;\theta)}{\pi J_{m\dot{o}}(\xi_n b)\left(\eta_r\xi_n^2+\eta_z l^2+s\right)} + \frac{\overline{\overline{\overline{\psi}}}(\xi_n,m,s;\theta)}{\phi c_t\left(\eta_r\xi_n^2+\eta_z l^2+s\right)} + \frac{\overline{\overline{\overline{\varphi}}}(\xi_n,m,l;\theta)}{\left(\eta_r\xi_n^2+\eta_z l^2+s\right)} \tag{24.31.1}$$

where $\mathcal{V}_{\mathcal{N}m\dot{o}}(\xi_n r,a) = J_{m\dot{o}}(\xi_n r)\,Y'_{m\dot{o}}(\xi_n a) - Y_{m\dot{o}}(\xi_n r)\,J'_{m\dot{o}}(\xi_n a)$ and the eigenvalues $\xi_n, n=1,2,...$, are the positive roots of the transcendental equation $\mathcal{V}_{\mathcal{N}m\dot{o}}(\xi_n b,a)=0$.
$\overline{\overline{\overline{\psi}}}(\xi_n,m,s;\theta) = \int_0^a u\mathcal{V}_{\mathcal{N}m\dot{o}}(\xi_n u)\int_0^{2\pi}\overline{\psi}(u,v,s)\cos\{m(\theta-v)\}dvdu$,
$\overline{\overline{\overline{\psi}}}_a(m,l,s;\theta) = \int_0^{2\pi}\cos\{m(\theta-v)\}\int_0^\infty\overline{\psi}_a(v,w,s)\cos(lw)\,dwdv$,
$\overline{\overline{\overline{\psi}}}_b(m,l,s;\theta) = \int_0^{2\pi}\cos\{m(\theta-v)\}\int_0^\infty\overline{\psi}_b(v,w,s)\cos(lw)\,dwdv$ and
$\overline{\overline{\overline{\varphi}}}(\xi_n,m,l;\theta) = \int_a^b u\mathcal{V}_{\mathcal{N}m\dot{o}}(\xi_n u)\int_0^{2\pi}\cos\{m(\theta-v)\}\int_0^\infty\varphi(u,v,w)\cos(lw)\,dwdvdu$. Successive inverse transforms yield

$$\overline{p} = \frac{\pi q(s)\,e^{-st_0}}{4\phi c_t\sqrt{\eta_z}}\sum_{m=0}^{\infty}\ni_m\cos\{m(\theta-\theta_0)\}\times$$
$$\times\sum_{n=1}^{\infty}\frac{\xi_n^2 J_{m\dot{o}}^2(\xi_n b)\,\mathcal{V}_{\mathcal{N}m\dot{o}}(\xi_n r_0,a)\,\mathcal{V}_{\mathcal{N}m\dot{o}}(\xi r,a)}{\left[J'^2_{m\dot{o}}(\xi_n a)-\left\{1-\left(\frac{m\dot{o}}{\xi_n a}\right)^2\right\}J^2_{m\dot{o}}(\xi_n b)\right]\sqrt{(\eta_r\xi_n^2+s)}}\left\{e^{-|z-z_0|\sqrt{\frac{\eta_r\xi_n^2+s}{\eta_z}}}+e^{-|z+z_0|\sqrt{\frac{\eta_r\xi_n^2+s}{\eta_z}}}\right\}+$$
$$+\frac{1}{2\phi c_t\sqrt{\eta_z}}\sum_{m=0}^{\infty}\ni_m\sum_{n=1}^{\infty}\frac{\xi_n J^2_{m\dot{o}}(\xi_n b)\,\mathcal{V}_{\mathcal{N}m\dot{o}}(\xi r,a)}{\left[J'^2_{m\dot{o}}(\xi_n a)-\left\{1-\left(\frac{m\dot{o}}{\xi_n a}\right)^2\right\}J^2_{m\dot{o}}(\xi_n b)\right]\sqrt{\eta_r\xi_n^2+s}}\times$$
$$\times\int_0^\infty\overline{\overline{\psi}}_a(m,w,s;\theta)\left\{e^{-|z-w|\sqrt{\frac{\eta_r\xi_n^2+s}{\eta_z}}}+e^{-|z+w|\sqrt{\frac{\eta_r\xi_n^2+s}{\eta_z}}}\right\}dw+$$
$$+\frac{\eta_r}{2\sqrt{\eta_z}}\sum_{m=0}^{\infty}\ni_m\sum_{n=1}^{\infty}\frac{\xi_n^2 J'_{m\dot{o}}(\xi_n a)\,J_{m\dot{o}}(\xi_n b)\,\mathcal{V}_{\mathcal{N}m\dot{o}}(\xi r,a)}{\left[J'^2_{m\dot{o}}(\xi_n a)-\left\{1-\left(\frac{m\dot{o}}{\xi_n a}\right)^2\right\}J^2_{m\dot{o}}(\xi_n b)\right]\sqrt{\eta_r\xi_n^2+s}}\times$$
$$\times\int_0^\infty\overline{\overline{\psi}}_b(m,w,s;\theta)\left\{e^{-|z-w|\sqrt{\frac{\eta_r\xi_n^2+s}{\eta_z}}}+e^{-|z+w|\sqrt{\frac{\eta_r\xi_n^2+s}{\eta_z}}}\right\}dw+$$
$$+\frac{\pi}{2\phi c_t\sqrt{\eta_z}}\sum_{m=0}^{\infty}\ni_m\sum_{n=1}^{\infty}\frac{\xi_n^2 J^2_{m\dot{o}}(\xi_n b)\,\mathcal{V}_{\mathcal{N}m\dot{o}}(\xi r,a)\,\overline{\overline{\overline{\psi}}}(\xi_n,m,s;\theta)\,e^{-z\sqrt{\frac{\eta_r\xi_n^2+s}{\eta_z}}}}{\left[J'^2_{m\dot{o}}(\xi_n a)-\left\{1-\left(\frac{m\dot{o}}{\xi_n a}\right)^2\right\}J^2_{m\dot{o}}(\xi_n b)\right]\sqrt{(\eta_r\xi_n^2+s)}}+$$
$$+\frac{\pi}{4\sqrt{\eta_z}}\sum_{m=0}^{\infty}\ni_m\sum_{n=1}^{\infty}\frac{\xi_n^2 J^2_{m\dot{o}}(\xi_n b)\,\mathcal{V}_{\mathcal{N}m\dot{o}}(\xi r,a)}{\left[J'^2_{m\dot{o}}(\xi_n a)-\left\{1-\left(\frac{m\dot{o}}{\xi_n a}\right)^2\right\}J^2_{m\dot{o}}(\xi_n b)\right]\sqrt{\eta_r\xi_n^2+s}}\times$$

$$\times \int_0^{\infty} \overline{\overline{\varphi}}(\xi_n, m, w; \theta) \left\{ e^{-|z-w|\sqrt{\frac{\eta_r \xi_n^2 + s}{\eta_z}}} + e^{-|z+w|\sqrt{\frac{\eta_r \xi_n^2 + s}{\eta_z}}} \right\} dw \qquad (24.31.2)$$

and

$$\begin{aligned}
p \; = \; & \frac{U(t-t_0)}{4\phi c_t}\sqrt{\frac{\pi}{\eta_z}} \sum_{m=0}^{\infty} \ni_m \cos\{m(\theta-\theta_0)\} \sum_{n=1}^{\infty} \frac{\xi_n^2 J_{m\dot{o}}^2(\xi_n b)\, \mathcal{V}_{\mathcal{N}m\dot{o}}(\xi_n r_0, a)\, \mathcal{V}_{\mathcal{N}m\dot{o}}(\xi r, a)}{\left[J'^2_{m\dot{o}}(\xi_n a) - \left\{1 - \left(\frac{m\dot{o}}{\xi_n a}\right)^2\right\} J_{m\dot{o}}^2(\xi_n b)\right]} \times \\
& \times \int_0^{t-t_0} \frac{q(t-t_0-\tau)\, e^{-\eta_r \xi_n^2 \tau}}{\sqrt{\tau}} \left\{ e^{-\frac{(z-z_0)^2}{4\eta_z \tau}} + e^{-\frac{(z+z_0)^2}{4\eta_z \tau}} \right\} d\tau + \\
& + \frac{1}{2\phi c_t \sqrt{\pi \eta_z}} \sum_{m=0}^{\infty} \ni_m \sum_{n=1}^{\infty} \frac{\xi_n J_{m\dot{o}}^2(\xi_n b)\, \mathcal{V}_{\mathcal{N}m\dot{o}}(\xi r, a)}{\left[J'^2_{m\dot{o}}(\xi_n a) - \left\{1 - \left(\frac{m\dot{o}}{\xi_n a}\right)^2\right\} J_{m\dot{o}}^2(\xi_n b)\right]} \times \\
& \times \int_0^{t} \frac{e^{-\eta_r \xi_n^2 \tau}}{\sqrt{\tau}} \int_0^{\infty} \overline{\psi}_a(m, w, t-\tau; \theta) \left\{ e^{-\frac{(z-w)^2}{4\eta_z \tau}} + e^{-\frac{(z+w)^2}{4\eta_z \tau}} \right\} dw d\tau + \\
& + \frac{\eta_r}{2\sqrt{\pi \eta_z}} \sum_{m=0}^{\infty} \ni_m \sum_{n=1}^{\infty} \frac{\xi_n^2 J'_{m\dot{o}}(\xi_n a)\, J_{m\dot{o}}(\xi_n b)\, \mathcal{V}_{\mathcal{N}m\dot{o}}(\xi r, a)}{\left[J'^2_{m\dot{o}}(\xi_n a) - \left\{1 - \left(\frac{m\dot{o}}{\xi_n a}\right)^2\right\} J_{m\dot{o}}^2(\xi_n b)\right]} \times \\
& \times \int_0^{t} \frac{e^{-\eta_r \xi_n^2 \tau}}{\sqrt{\tau}} \int_0^{\infty} \overline{\psi}_b(m, w, t-\tau; \theta) \left\{ e^{-\frac{(z-w)^2}{4\eta_z \tau}} + e^{-\frac{(z+w)^2}{4\eta_z \tau}} \right\} dw d\tau + \\
& + \frac{1}{2\phi c_t}\sqrt{\frac{\pi}{\eta_z}} \sum_{m=0}^{\infty} \ni_m \sum_{n=1}^{\infty} \frac{\xi_n^2 J_{m\dot{o}}^2(\xi_n b)\, \mathcal{V}_{\mathcal{N}m\dot{o}}(\xi r, a)}{\left[J'^2_{m\dot{o}}(\xi_n a) - \left\{1 - \left(\frac{m\dot{o}}{\xi_n a}\right)^2\right\} J_{m\dot{o}}^2(\xi_n b)\right]} \int_0^{t} \frac{\overline{\overline{\psi}}(\xi_n, m, t-\tau; \theta)\, e^{-\eta_r \xi_n^2 \tau - \frac{z^2}{4\eta_z \tau}}}{\sqrt{\tau}} d\tau + \\
& + \frac{1}{4}\sqrt{\frac{\pi}{\eta_z t}} \sum_{m=0}^{\infty} \ni_m \sum_{n=1}^{\infty} \frac{\xi_n^2 J_{m\dot{o}}^2(\xi_n b)\, \mathcal{V}_{\mathcal{N}m\dot{o}}(\xi r, a)\, e^{-\eta_r \xi_n^2 t}}{\left[J'^2_{m\dot{o}}(\xi_n a) - \left\{1 - \left(\frac{m\dot{o}}{\xi_n a}\right)^2\right\} J_{m\dot{o}}^2(\xi_n b)\right]} \times \\
& \times \int_0^{\infty} \overline{\overline{\varphi}}(\xi_n, m, w; \theta) \left\{ e^{-\frac{(z-w)^2}{4\eta_z t}} + e^{-\frac{(z+w)^2}{4\eta_z t}} \right\} dw \qquad (24.31.3)
\end{aligned}$$

where $\overline{\overline{\overline{\psi}}}(\xi_n, m, s; \theta) = \int_0^a u \mathcal{V}_{\mathcal{N}m\dot{o}}(\xi_n u) \int_0^{2\pi} \overline{\psi}(u, v, s) \cos\{m(\theta - v)\} dv du$,
$\overline{\overline{\psi}}(\xi_n, m, t; \theta) = \int_0^a u \mathcal{V}_{\mathcal{N}m\dot{o}}(\xi_n u) \int_0^{2\pi} \psi(u, v, t) \cos\{m(\theta - v)\} dv du$,
$\overline{\overline{\psi}}_a(m, w, s; \theta) = \int_0^{2\pi} \overline{\psi}_a(v, w, s) \cos\{m(\theta - v)\} dv$, $\overline{\psi}_a(m, w, t; \theta) = \int_0^{2\pi} \psi_a(v, w, t) \cos\{m(\theta - v)\} dv$,
$\overline{\overline{\psi}}_b(m, w, s; \theta) = \int_0^{2\pi} \overline{\psi}_b(v, w, s) \cos\{m(\theta - v)\} dv$, $\overline{\psi}_b(m, w, t; \theta) = \int_0^{2\pi} \psi_b(v, w, t) \cos\{m(\theta - v)\} dv$, and
$\overline{\overline{\varphi}}(\xi_n, m, w; \theta) = \int_0^a u \mathcal{V}_{\mathcal{N}m\dot{o}}(\xi_n u) \int_0^{2\pi} \varphi(u, v, w) \cos\{m(\theta - v)\} dv du$.

24.32

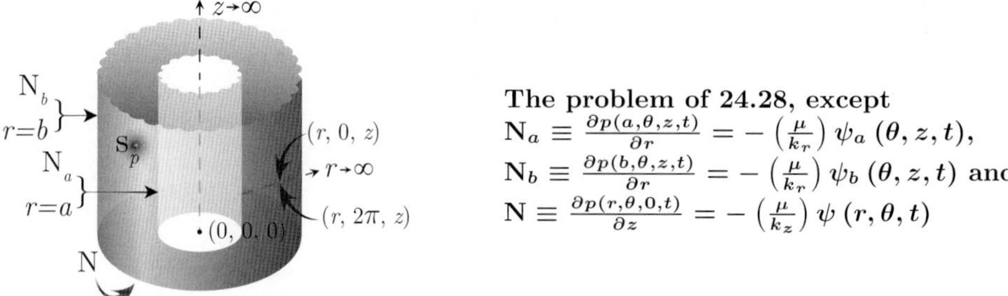

The problem of 24.28, except
$\mathbf{N}_a \equiv \frac{\partial p(a,\theta,z,t)}{\partial r} = -\left(\frac{\mu}{k_r}\right)\psi_a(\theta,z,t)$,
$\mathbf{N}_b \equiv \frac{\partial p(b,\theta,z,t)}{\partial r} = -\left(\frac{\mu}{k_r}\right)\psi_b(\theta,z,t)$ **and**
$\mathbf{N} \equiv \frac{\partial p(r,\theta,0,t)}{\partial z} = -\left(\frac{\mu}{k_z}\right)\psi(r,\theta,t)$

Successive application of the Laplace, Fourier and finite Hankel transformations to equation (22.1.1) gives

$$\overline{\overline{\overline{p}}} = \frac{q(s)e^{-st_0}\cos(lz_0)}{\phi c_t(\eta_z l^2+s)} + \frac{q(s)e^{-st_0}\cos\{m(\theta-\theta_0)\}\cos(lz_0)\mathcal{V}_{\mathcal{N}m\dot{o}}(\xi_n r_0,a)}{\phi c_t(\eta_r\xi_n^2+\eta_z l^2+s)} +$$
$$+\frac{\left\{a\overline{\overline{\overline{\psi}}}_a(0,l,s;\theta) - b\overline{\overline{\overline{\psi}}}_b(0,l,s;\theta)\right\}}{\phi c_t(\eta_z l^2+s)} + \frac{2\overline{\overline{\overline{\psi}}}_a(m,l,s;\theta)}{\pi\phi c_t\xi_n(\eta_r\xi_n^2+\eta_z l^2+s)} - \frac{2J'_{m\dot{o}}(\xi_n a)\overline{\overline{\overline{\psi}}}_b(m,l,s;\theta)}{\pi\phi c_t\xi_n J'_{m\dot{o}}(\xi_n b)(\eta_r\xi_n^2+\eta_z l^2+s)} +$$
$$+\frac{\int_a^b u\overline{\overline{\psi}}(u,0,s;\theta)\,du}{\phi c_t(\eta_z l^2+s)} + \frac{\overline{\overline{\overline{\psi}}}(\xi_n,m,s;\theta)}{\phi c_t(\eta_r\xi_n^2+\eta_z l^2+s)} + \frac{\int_a^b u\overline{\overline{\varphi}}(u,0,l;\theta)du}{(\eta_z l^2+s)} + \frac{\overline{\overline{\varphi}}(\xi_n,m,l;\theta)}{(\eta_r\xi_n^2+\eta_z l^2+s)} \tag{24.32.1}$$

where $\mathcal{V}_{\mathcal{N}m\dot{o}}(\xi_n r,a) = J_{m\dot{o}}(\xi_n r)Y'_{m\dot{o}}(\xi_n a) - Y_{m\dot{o}}(\xi_n r)J'_{m\dot{o}}(\xi_n a)$. The eigenvalues are $\xi_0 = 0$ and ξ_n. $\xi_n, n=1,2,...$, are the positive roots of the transcendental equation $\mathcal{V}'_{\mathcal{N}m\dot{o}}(\xi_n b,a)=0$.
$\overline{\overline{\psi}}(u,0,s;\theta) = \int_0^{2\pi}\overline{\psi}(u,v,s)dv$, $\overline{\overline{\overline{\psi}}}(\xi_n,m,s;\theta) = \int_0^a u\mathcal{V}_{\mathcal{N}m\dot{o}}(\xi_n u)\int_0^{2\pi}\overline{\psi}(u,v,s)\cos\{m(\theta-v)\}dvdu$,
$\overline{\overline{\overline{\psi}}}_a(m,l,s;\theta) = \int_0^{2\pi}\cos\{m(\theta-v)\}\int_0^\infty\overline{\psi}_a(v,w,s)\cos(lw)\,dwdv$,
$\overline{\overline{\overline{\psi}}}_b(m,l,s;\theta) = \int_0^{2\pi}\cos\{m(\theta-v)\}\int_0^\infty\overline{\psi}_b(v,w,s)\cos(lw)\,dwdv$,
$\overline{\overline{\varphi}}(u,0,l;\theta) = \int_0^{2\pi}\int_0^\infty\varphi(u,v,w)\cos(lw)\,dwdv$ and
$\overline{\overline{\overline{\varphi}}}(\xi_n,m,l;\theta) = \int_a^b u\mathcal{V}_{\mathcal{N}m\dot{o}}(\xi_n u)\int_0^{2\pi}\cos\{m(\theta-v)\}\int_0^\infty\varphi(u,v,w)\cos(lw)\,dwdvdu$. Successive inverse transforms yield

$$\overline{p} = \frac{q(s)e^{-st_0}\left\{e^{-|z-z_0|\sqrt{\frac{s}{\eta_z}}} + e^{-|z+z_0|\sqrt{\frac{s}{\eta_z}}}\right\}}{2\pi\phi c_t(b^2-a^2)\sqrt{\eta_z s}} + \frac{\pi q(s)e^{-st_0}}{4\phi c_t\sqrt{\eta_z}}\sum_{m=0}^\infty \ni_m\cos\{m(\theta-\theta_0)\}\times$$
$$\times\sum_{n=1}^\infty\frac{\xi_n^2 J'^2_{m\dot{o}}(\xi_n b)\mathcal{V}_{\mathcal{N}m\dot{o}}(\xi_n r_0,a)\mathcal{V}_{\mathcal{N}m\dot{o}}(\xi r,a)}{\left[\left\{1-\left(\frac{m\dot{o}}{\xi_n b}\right)^2\right\}J'^2_{m\dot{o}}(\xi_n a) - \left\{1-\left(\frac{m\dot{o}}{\xi_n a}\right)^2\right\}J'^2_{m\dot{o}}(\xi_n b)\right]\sqrt{(\eta_r\xi_n^2+s)}}\times$$
$$\times\left\{e^{-|z-z_0|\sqrt{\frac{\eta_r\xi_n^2+s}{\eta_z}}} + e^{-|z+z_0|\sqrt{\frac{\eta_r\xi_n^2+s}{\eta_z}}}\right\}+$$
$$+\frac{1}{2\pi\phi c_t(b^2-a^2)\sqrt{\eta_z s}}\int_0^\infty\left\{a\overline{\overline{\psi}}_a(0,w,s;\theta) - b\overline{\overline{\psi}}_b(0,w,s;\theta)\right\}\left\{e^{-|z-w|\sqrt{\frac{s}{\eta_z}}} + e^{-|z+w|\sqrt{\frac{s}{\eta_z}}}\right\}dw +$$
$$+\frac{1}{2\phi c_t\sqrt{\eta_z}}\sum_{m=0}^\infty\ni_m\sum_{n=1}^\infty\frac{\xi_n J'^2_{m\dot{o}}(\xi_n b)\mathcal{V}_{\mathcal{N}m\dot{o}}(\xi r,a)}{\left[\left\{1-\left(\frac{m\dot{o}}{\xi_n b}\right)^2\right\}J'^2_{m\dot{o}}(\xi_n a) - \left\{1-\left(\frac{m\dot{o}}{\xi_n a}\right)^2\right\}J'^2_{m\dot{o}}(\xi_n b)\right]\sqrt{(\eta_r\xi_n^2+s)}}\times$$
$$\times\int_0^\infty\overline{\overline{\psi}}_a(m,w,s;\theta)\left\{e^{-|z-w|\sqrt{\frac{\eta_r\xi_n^2+s}{\eta_z}}} + e^{-|z+w|\sqrt{\frac{\eta_r\xi_n^2+s}{\eta_z}}}\right\}dw -$$
$$-\frac{1}{2\phi c_t\sqrt{\eta_z}}\sum_{m=0}^\infty\ni_m\sum_{n=1}^\infty\frac{\xi_n J'_{m\dot{o}}(\xi_n a)J'_{m\dot{o}}(\xi_n b)\mathcal{V}_{\mathcal{N}m\dot{o}}(\xi r,a)}{\left[\left\{1-\left(\frac{m\dot{o}}{\xi_n b}\right)^2\right\}J'^2_{m\dot{o}}(\xi_n a) - \left\{1-\left(\frac{m\dot{o}}{\xi_n a}\right)^2\right\}J'^2_{m\dot{o}}(\xi_n b)\right]\sqrt{(\eta_r\xi_n^2+s)}}\times$$

$$\times \int_0^\infty \overline{\overline{\psi}}_b\left(m,w,s;\theta\right)\left\{e^{-|z-w|\sqrt{\frac{\eta_r\xi_n^2+s}{\eta_z}}}+e^{-|z+w|\sqrt{\frac{\eta_r\xi_n^2+s}{\eta_z}}}\right\}dw +$$

$$+\frac{e^{-z\sqrt{\frac{s}{\eta_z}}}}{\pi\left(b^2-a^2\right)\phi c_t\sqrt{\eta_z s}}\int_a^b u\overline{\overline{\psi}}\left(u,0,s;\theta\right)du +$$

$$+\frac{\pi}{2\phi c_t\sqrt{\eta_z}}\sum_{m=0}^{\infty}\ni_m\sum_{n=1}^{\infty}\frac{\xi_n^2 J_{m\dot{o}}'^2\left(\xi_n b\right)\mathcal{V}_{\mathcal{N}m\dot{o}}\left(\xi r,a\right)\overline{\overline{\overline{\psi}}}\left(\xi_n,m,s;\theta\right)e^{-z\sqrt{\frac{\eta_r\xi_n^2+s}{\eta_z}}}}{\left[\left\{1-\left(\frac{m\dot{o}}{\xi_n b}\right)^2\right\}J_{m\dot{o}}'^2\left(\xi_n a\right)-\left\{1-\left(\frac{m\dot{o}}{\xi_n a}\right)^2\right\}J_{m\dot{o}}'^2\left(\xi_n b\right)\right]\sqrt{\left(\eta_r\xi_n^2+s\right)}}+$$

$$+\frac{1}{2\pi\left(b^2-a^2\right)\sqrt{\eta_z s}}\int_0^\infty\left\{e^{-|z-w|\sqrt{\frac{s}{\eta_z}}}+e^{-|z+w|\sqrt{\frac{s}{\eta_z}}}\right\}\int_a^b u\overline{\varphi}\left(u,0,w;\theta\right)du\,dw +$$

$$+\frac{\pi}{4\sqrt{\eta_z}}\sum_{m=0}^{\infty}\ni_m\sum_{n=1}^{\infty}\frac{\xi_n^2 J_{m\dot{o}}'^2\left(\xi_n b\right)\mathcal{V}_{\mathcal{N}m\dot{o}}\left(\xi r,a\right)}{\left[\left\{1-\left(\frac{m\dot{o}}{\xi_n b}\right)^2\right\}J_{m\dot{o}}'^2\left(\xi_n a\right)-\left\{1-\left(\frac{m\dot{o}}{\xi_n a}\right)^2\right\}J_{m\dot{o}}'^2\left(\xi_n b\right)\right]\sqrt{\left(\eta_r\xi_n^2+s\right)}}\times$$

$$\times\int_0^\infty\overline{\overline{\varphi}}\left(\xi_n,m,w;\theta\right)\left\{e^{-|z-w|\sqrt{\frac{\eta_r\xi_n^2+s}{\eta_z}}}+e^{-|z+w|\sqrt{\frac{\eta_r\xi_n^2+s}{\eta_z}}}\right\}dw \qquad (24.32.2)$$

and

$$p = \frac{U\left(t-t_0\right)}{2\pi\phi c_t\left(b^2-a^2\right)\sqrt{\pi\eta_z}}\int_0^{t-t_0}\frac{q\left(t-t_0-\tau\right)}{\sqrt{\tau}}\left\{e^{-\frac{(z-z_0)^2}{4\eta_z\tau}}+e^{-\frac{(z+z_0)^2}{4\eta_z\tau}}\right\}d\tau +$$

$$+\frac{U\left(t-t_0\right)}{4\phi c_t}\sqrt{\frac{\pi}{\eta_z}}\sum_{m=0}^{\infty}\ni_m\cos\left\{m\left(\theta-\theta_0\right)\right\}\sum_{n=1}^{\infty}\frac{\xi_n^2 J_{m\dot{o}}'^2\left(\xi_n b\right)\mathcal{V}_{\mathcal{N}m\dot{o}}\left(\xi_n r_0,a\right)\mathcal{V}_{\mathcal{N}m\dot{o}}\left(\xi r,a\right)}{\left[\left\{1-\left(\frac{m\dot{o}}{\xi_n b}\right)^2\right\}J_{m\dot{o}}'^2\left(\xi_n a\right)-\left\{1-\left(\frac{m\dot{o}}{\xi_n a}\right)^2\right\}J_{m\dot{o}}'^2\left(\xi_n b\right)\right]}\times$$

$$\times\int_0^{t-t_0}\frac{q\left(t-t_0-\tau\right)e^{-\eta_r\xi_n^2\tau}}{\sqrt{\tau}}\left\{e^{-\frac{(z-z_0)^2}{4\eta_z\tau}}+e^{-\frac{(z+z_0)^2}{4\eta_z\tau}}\right\}d\tau +$$

$$+\frac{1}{2\pi\phi c_t\left(b^2-a^2\right)\sqrt{\pi\eta_z}}\int_0^\infty\int_0^t\frac{\left\{a\overline{\psi}_a\left(0,w,t-\tau;\theta\right)-b\overline{\psi}_b\left(0,w,t-\tau;\theta\right)\right\}}{\sqrt{\tau}}\left\{e^{-\frac{(z-w)^2}{4\eta_z\tau}}+e^{-\frac{(z+w)^2}{4\eta_z\tau}}\right\}d\tau dw +$$

$$+\frac{1}{2\phi c_t\sqrt{\pi\eta_z}}\sum_{m=0}^{\infty}\ni_m\sum_{n=1}^{\infty}\frac{\xi_n J_{m\dot{o}}'^2\left(\xi_n b\right)\mathcal{V}_{\mathcal{N}m\dot{o}}\left(\xi r,a\right)}{\left[\left\{1-\left(\frac{m\dot{o}}{\xi_n b}\right)^2\right\}J_{m\dot{o}}'^2\left(\xi_n a\right)-\left\{1-\left(\frac{m\dot{o}}{\xi_n a}\right)^2\right\}J_{m\dot{o}}'^2\left(\xi_n b\right)\right]}\times$$

$$\times\int_0^t\frac{e^{-\eta_r\xi_n^2\tau}}{\sqrt{\tau}}\int_0^\infty\overline{\psi}_a\left(m,w,t-\tau;\theta\right)\left\{e^{-\frac{(z-w)^2}{4\eta_z\tau}}+e^{-\frac{(z+w)^2}{4\eta_z\tau}}\right\}dw d\tau -$$

$$-\frac{1}{2\phi c_t\sqrt{\pi\eta_z}}\sum_{m=0}^{\infty}\ni_m\sum_{n=1}^{\infty}\frac{\xi_n J_{m\dot{o}}'\left(\xi_n a\right)J_{m\dot{o}}'\left(\xi_n b\right)\mathcal{V}_{\mathcal{N}m\dot{o}}\left(\xi r,a\right)}{\left[\left\{1-\left(\frac{m\dot{o}}{\xi_n b}\right)^2\right\}J_{m\dot{o}}'^2\left(\xi_n a\right)-\left\{1-\left(\frac{m\dot{o}}{\xi_n a}\right)^2\right\}J_{m\dot{o}}'^2\left(\xi_n b\right)\right]}\times$$

$$\times\int_0^t\frac{e^{-\eta_r\xi_n^2\tau}}{\sqrt{\tau}}\int_0^\infty\overline{\psi}_b\left(m,w,t-\tau;\theta\right)\left\{e^{-\frac{(z-w)^2}{4\eta_z\tau}}+e^{-\frac{(z+w)^2}{4\eta_z\tau}}\right\}dw d\tau +$$

$$+\frac{1}{\left(b^2-a^2\right)\phi c_t\sqrt{\pi^3\eta_z}}\int_0^t\frac{e^{-\frac{z^2}{4\eta_z\tau}}\int_a^b u\overline{\psi}\left(u,0,t-\tau;\theta\right)du}{\sqrt{\tau}}d\tau +$$

$$+\frac{1}{2\phi c_t}\sqrt{\frac{\pi}{\eta_z}}\sum_{m=0}^{\infty}\ni_m\sum_{n=1}^{\infty}\frac{\xi_n^2 J_{m\dot{o}}'^2(\xi_n b)\mathcal{V}_{\mathcal{N}m\dot{o}}(\xi r,a)}{\left[\left\{1-\left(\frac{m\dot{o}}{\xi_n b}\right)^2\right\}J_{m\dot{o}}'^2(\xi_n a)-\left\{1-\left(\frac{m\dot{o}}{\xi_n a}\right)^2\right\}J_{m\dot{o}}'^2(\xi_n b)\right]}\times$$

$$\times\int_0^t\frac{\overline{\overline{\psi}}(\xi_n,m,t-\tau;\theta)\,e^{-\eta_r\xi_n^2\tau-\frac{z^2}{4\eta_z\tau}}}{\sqrt{\tau}}d\tau+$$

$$+\frac{1}{2(b^2-a^2)\sqrt{\pi^3\eta_z t}}\int_0^{\infty}\int_a^b u\overline{\varphi}(u,0,w;\theta)\,du\left\{e^{-\frac{(z-w)^2}{4\eta_z\tau}}+e^{-\frac{(z+w)^2}{4\eta_z\tau}}\right\}dwd\tau+$$

$$+\frac{1}{4}\sqrt{\frac{\pi}{\eta_z t}}\sum_{m=0}^{\infty}\ni_m\sum_{n=1}^{\infty}\frac{\xi_n^2 J_{m\dot{o}}'^2(\xi_n b)\mathcal{V}_{\mathcal{N}m\dot{o}}(\xi r,a)\,e^{-\eta_r\xi_n^2 t}}{\left[\left\{1-\left(\frac{m\dot{o}}{\xi_n b}\right)^2\right\}J_{m\dot{o}}'^2(\xi_n a)-\left\{1-\left(\frac{m\dot{o}}{\xi_n a}\right)^2\right\}J_{m\dot{o}}'^2(\xi_n b)\right]}\times$$

$$\times\int_0^{\infty}\overline{\overline{\varphi}}(\xi_n,m,w;\theta)\left\{e^{-\frac{(z-w)^2}{4\eta_z t}}+e^{-\frac{(z+w)^2}{4\eta_z t}}\right\}dw \qquad (24.32.3)$$

where $\overline{\psi}(u,0,t;\theta)=\int_0^{2\pi}\psi(u,v,t)dv$, $\overline{\overline{\overline{\psi}}}(\xi_n,m,s;\theta)=\int_0^a u\mathcal{V}_{\mathcal{N}m\dot{o}}(\xi_n u)\int_0^{2\pi}\overline{\psi}(u,v,s)\cos\{m(\theta-v)\}dvdu$,
$\overline{\overline{\psi}}(\xi_n,m,t;\theta)=\int_0^a u\mathcal{V}_{\mathcal{N}m\dot{o}}(\xi_n u)\int_0^{2\pi}\psi(u,v,t)\cos\{m(\theta-v)\}dvdu$,
$\overline{\overline{\psi}}_a(m,w,s;\theta)=\int_0^{2\pi}\overline{\psi}_a(v,w,s)\cos\{m(\theta-v)\}dv$, $\overline{\psi}_a(m,w,t;\theta)=\int_0^{2\pi}\psi_a(v,w,t)\cos\{m(\theta-v)\}dv$,
$\overline{\overline{\psi}}_b(m,w,s;\theta)=\int_0^{2\pi}\overline{\psi}_b(v,w,s)\cos\{m(\theta-v)\}dv$, $\overline{\psi}_b(m,w,t;\theta)=\int_0^{2\pi}\psi_b(v,w,t)\cos\{m(\theta-v)\}dv$,
$\overline{\varphi}(u,0,w;\theta)=\int_0^{2\pi}\varphi(u,v,w)dv$ and $\overline{\overline{\varphi}}(\xi_n,m,w;\theta)=\int_0^a u\mathcal{V}_{\mathcal{N}m\dot{o}}(\xi_n u)\int_0^{2\pi}\varphi(u,v,w)\cos\{m(\theta-v)\}dvdu$.

24.33

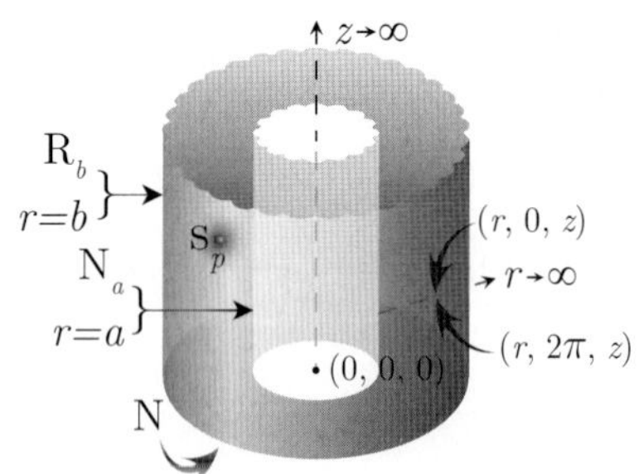

The problem of 24.28, except
$\mathbf{N}_a\equiv\frac{\partial p(a,\theta,z,t)}{\partial r}=-\left(\frac{\mu}{k_r}\right)\psi_a(\theta,z,t)$,
$\mathbf{R}_b\equiv\frac{\partial p(b,\theta,z,t)}{\partial r}+\lambda p(b,\theta,z,t)=-\left(\frac{\mu}{k_r}\right)\psi_b(\theta,z,t)$ **and**
$\mathbf{N}\equiv\frac{\partial p(r,\theta,0,t)}{\partial z}=-\left(\frac{\mu}{k_z}\right)\psi(r,\theta,t)$

Successive application of the Laplace, Fourier and finite Hankel transformations to equation (22.1.1) gives

$$\overline{\overline{\overline{p}}}=\frac{q(s)e^{-st_0}\cos\{m(\theta-\theta_0)\}\cos(lz_0)\mathcal{V}_{\mathcal{N}m\dot{o}}(\xi_n r_0,a)}{\phi c_t(\eta_r\xi_n^2+\eta_z l^2+s)}+\frac{2\overline{\overline{\overline{\psi}}}_a(m,l,s;\theta)}{\pi\phi c_t\xi_n(\eta_r\xi_n^2+\eta_z l^2+s)}-$$
$$-\frac{2J_{m\dot{o}}'(\xi_n a)\overline{\overline{\overline{\psi}}}_b(m,l,s;\theta)}{\pi\phi c_t\{\xi_n J_{m\dot{o}}'(\xi_n b)+\lambda J_{m\dot{o}}(\xi_n b)\}(\eta_r\xi_n^2+\eta_z l^2+s)}+\frac{\overline{\overline{\overline{\psi}}}(\xi_n,m,s;\theta)}{\phi c_t(\eta_r\xi_n^2+\eta_z l^2+s)}+\frac{\overline{\overline{\overline{\varphi}}}(\xi_n,m,l;\theta)}{(\eta_r\xi_n^2+\eta_z l^2+s)} \qquad (24.33.1)$$

where $\mathcal{V}_{\mathcal{N}m\dot{o}}(\xi_n r,a)=J_{m\dot{o}}(\xi_n r)Y_{m\dot{o}}'(\xi_n a)-Y_{m\dot{o}}(\xi_n r)J_{m\dot{o}}'(\xi_n a)$ and the eigenvalues $\xi_n, n=1,2,...$, are the positive roots of the transcendental equation $\xi_n\mathcal{V}_{\mathcal{N}m\dot{o}}'(\xi_n b,a)+\lambda\mathcal{V}_{\mathcal{N}m\dot{o}}(\xi_n b,a)=0$.
$\overline{\overline{\overline{\psi}}}(\xi_n,m,s;\theta)=\int_0^a u\mathcal{V}_{\mathcal{N}m\dot{o}}(\xi_n u)\int_0^{2\pi}\overline{\psi}(u,v,s)\cos\{m(\theta-v)\}dvdu$,
$\overline{\overline{\overline{\psi}}}_a(m,l,s;\theta)=\int_0^{2\pi}\cos\{m(\theta-v)\}\int_0^{\infty}\overline{\psi}_a(v,w,s)\cos(lw)\,dwdv$,
$\overline{\overline{\overline{\psi}}}_b(m,l,s;\theta)=\int_0^{2\pi}\cos\{m(\theta-v)\}\int_0^{\infty}\overline{\psi}_b(v,w,s)\cos(lw)\,dwdv$, and
$\overline{\overline{\overline{\varphi}}}(\xi_n,m,l;\theta)=\int_a^b u\mathcal{V}_{\mathcal{N}m\dot{o}}(\xi_n u)\int_0^{2\pi}\cos\{m(\theta-v)\}\int_0^{\infty}\varphi(u,v,w)\cos(lw)\,dwdvdu$. Successive inverse transforms yield

$$\overline{p}=\frac{\pi q(s)e^{-st_0}}{4\phi c_t\sqrt{\eta_z}}\sum_{m=0}^{\infty}\ni_m\cos\{m(\theta-\theta_0)\}\times$$

$$\times\sum_{n=1}^{\infty}\frac{\xi_n^2\left\{\xi_n J'_{m\dot{o}}(\xi_n b)+\lambda J_{m\dot{o}}(\xi_n b)\right\}^2\mathcal{V}_{\mathcal{N}m\dot{o}}(\xi_n r_0,a)\,\mathcal{V}_{\mathcal{N}m\dot{o}}(\xi r,a)}{\left[\left\{\xi_n^2+\lambda^2-\left(\frac{m\dot{o}}{b}\right)^2\right\}J'^2_{m\dot{o}}(\xi_n a)-\left\{1-\left(\frac{m\dot{o}}{\xi_n a}\right)^2\right\}\left\{\xi_n J'_{m\dot{o}}(\xi_n b)+\lambda J_{m\dot{o}}(\xi_n b)\right\}^2\right]\sqrt{(\eta_r\xi_n^2+s)}}\times$$

$$\times\left\{e^{-|z-z_0|\sqrt{\frac{\eta_r\xi_n^2+s}{\eta_z}}}+e^{-|z+z_0|\sqrt{\frac{\eta_r\xi_n^2+s}{\eta_z}}}\right\}+$$

$$+\frac{1}{2\phi c_t\sqrt{\eta_z}}\sum_{m=0}^{\infty}\ni_m\sum_{n=1}^{\infty}\frac{\xi_n\left\{\xi_n J'_{m\dot{o}}(\xi_n b)+\lambda J_{m\dot{o}}(\xi_n b)\right\}^2\mathcal{V}_{\mathcal{N}m\dot{o}}(\xi r,a)}{\left[\left\{\xi_n^2+\lambda^2-\left(\frac{m\dot{o}}{b}\right)^2\right\}J'^2_{m\dot{o}}(\xi_n a)-\left\{1-\left(\frac{m\dot{o}}{\xi_n a}\right)^2\right\}\left\{\xi_n J'_{m\dot{o}}(\xi_n b)+\lambda J_{m\dot{o}}(\xi_n b)\right\}^2\right]}\times$$

$$\times\frac{1}{\sqrt{\eta_r\xi_n^2+s}}\int_0^{\infty}\overline{\overline{\psi}}_a(m,w,s;\theta)\left\{e^{-|z-w|\sqrt{\frac{\eta_r\xi_n^2+s}{\eta_z}}}+e^{-|z+w|\sqrt{\frac{\eta_r\xi_n^2+s}{\eta_z}}}\right\}dw-$$

$$-\frac{1}{2\phi c_t\sqrt{\eta_z}}\sum_{m=0}^{\infty}\ni_m\sum_{n=1}^{\infty}\frac{\xi_n^2 J'_{m\dot{o}}(\xi_n a)\left\{\xi_n J'_{m\dot{o}}(\xi_n b)+\lambda J_{m\dot{o}}(\xi_n b)\right\}\mathcal{V}_{\mathcal{N}m\dot{o}}(\xi r,a)}{\left[\left\{\xi_n^2+\lambda^2-\left(\frac{m\dot{o}}{b}\right)^2\right\}J'^2_{m\dot{o}}(\xi_n a)-\left\{1-\left(\frac{m\dot{o}}{\xi_n a}\right)^2\right\}\left\{\xi_n J'_{m\dot{o}}(\xi_n b)+\lambda J_{m\dot{o}}(\xi_n b)\right\}^2\right]}\times$$

$$\times\frac{1}{\sqrt{\eta_r\xi_n^2+s}}\int_0^{\infty}\overline{\overline{\psi}}_b(m,w,s;\theta)\left\{e^{-|z-w|\sqrt{\frac{\eta_r\xi_n^2+s}{\eta_z}}}+e^{-|z+w|\sqrt{\frac{\eta_r\xi_n^2+s}{\eta_z}}}\right\}dw+$$

$$+\frac{\pi}{2\phi c_t\sqrt{\eta_z}}\sum_{m=0}^{\infty}\ni_m\times$$

$$\times\sum_{n=1}^{\infty}\frac{\xi_n^2\left\{\xi_n J'_{m\dot{o}}(\xi_n b)+\lambda J_{m\dot{o}}(\xi_n b)\right\}^2\mathcal{V}_{\mathcal{N}m\dot{o}}(\xi r,a)\,\overline{\overline{\overline{\psi}}}(\xi_n,m,s;\theta)\,e^{-z\sqrt{\frac{\eta_r\xi_n^2+s}{\eta_z}}}}{\left[\left\{\xi_n^2+\lambda^2-\left(\frac{m\dot{o}}{b}\right)^2\right\}J'^2_{m\dot{o}}(\xi_n a)-\left\{1-\left(\frac{m\dot{o}}{\xi_n a}\right)^2\right\}\left\{\xi_n J'_{m\dot{o}}(\xi_n b)+\lambda J_{m\dot{o}}(\xi_n b)\right\}^2\right]\sqrt{(\eta_r\xi_n^2+s)}}+$$

$$+\frac{\pi}{4\sqrt{\eta_z}}\sum_{m=0}^{\infty}\ni_m\sum_{n=1}^{\infty}\frac{\xi_n^2\left\{\xi_n J'_{m\dot{o}}(\xi_n b)+\lambda J_{m\dot{o}}(\xi_n b)\right\}^2\mathcal{V}_{\mathcal{N}m\dot{o}}(\xi r,a)}{\left[\left\{\xi_n^2+\lambda^2-\left(\frac{m\dot{o}}{b}\right)^2\right\}J'^2_{m\dot{o}}(\xi_n a)-\left\{1-\left(\frac{m\dot{o}}{\xi_n a}\right)^2\right\}\left\{\xi_n J'_{m\dot{o}}(\xi_n b)+\lambda J_{m\dot{o}}(\xi_n b)\right\}^2\right]}\times$$

$$\times\frac{1}{\sqrt{\eta_r\xi_n^2+s}}\int_0^{\infty}\overline{\overline{\varphi}}(\xi_n,m,w;\theta)\left\{e^{-|z-w|\sqrt{\frac{\eta_r\xi_n^2+s}{\eta_z}}}+e^{-|z+w|\sqrt{\frac{\eta_r\xi_n^2+s}{\eta_z}}}\right\}dw \qquad (24.33.2)$$

and

$$p=\frac{U(t-t_0)}{4\phi c_t}\sqrt{\frac{\pi}{\eta_z}}\sum_{m=0}^{\infty}\ni_m\cos\{m(\theta-\theta_0)\}\times$$

$$\times\sum_{n=1}^{\infty}\frac{\xi_n^2\left\{\xi_n J'_{m\dot{o}}(\xi_n b)+\lambda J_{m\dot{o}}(\xi_n b)\right\}^2\mathcal{V}_{\mathcal{N}m\dot{o}}(\xi_n r_0,a)\,\mathcal{V}_{\mathcal{N}m\dot{o}}(\xi r,a)}{\left[\left\{\xi_n^2+\lambda^2-\left(\frac{m\dot{o}}{b}\right)^2\right\}J'^2_{m\dot{o}}(\xi_n a)-\left\{1-\left(\frac{m\dot{o}}{\xi_n a}\right)^2\right\}\left\{\xi_n J'_{m\dot{o}}(\xi_n b)+\lambda J_{m\dot{o}}(\xi_n b)\right\}^2\right]}\times$$

$$\times\int_0^{t-t_0}\frac{q(t-t_0-\tau)\,e^{-\eta_r\xi_n^2\tau}}{\sqrt{\tau}}\left\{e^{-\frac{(z-z_0)^2}{4\eta_z\tau}}+e^{-\frac{(z+z_0)^2}{4\eta_z\tau}}\right\}d\tau+$$

$$+\frac{1}{2\phi c_t\sqrt{\pi\eta_z}}\sum_{m=0}^{\infty}\ni_m\sum_{n=1}^{\infty}\frac{\xi_n\left\{\xi_n J'_{m\dot{o}}(\xi_n b)+\lambda J_{m\dot{o}}(\xi_n b)\right\}^2\mathcal{V}_{\mathcal{N}m\dot{o}}(\xi r,a)}{\left[\left\{\xi_n^2+\lambda^2-\left(\frac{m\dot{o}}{b}\right)^2\right\}J'^2_{m\dot{o}}(\xi_n a)-\left\{1-\left(\frac{m\dot{o}}{\xi_n a}\right)^2\right\}\left\{\xi_n J'_{m\dot{o}}(\xi_n b)+\lambda J_{m\dot{o}}(\xi_n b)\right\}^2\right]}\times$$

$$\times\int_0^{t}\frac{e^{-\eta_r\xi_n^2\tau}}{\sqrt{\tau}}\int_0^{\infty}\overline{\psi}_a(m,w,t-\tau;\theta)\left\{e^{-\frac{(z-w)^2}{4\eta_z\tau}}+e^{-\frac{(z+w)^2}{4\eta_z\tau}}\right\}dw\,d\tau+$$

$$+\frac{1}{2\phi c_t\sqrt{\pi\eta_z}}\sum_{m=0}^{\infty}\ni_m\sum_{n=1}^{\infty}\frac{\xi_n^2 J'_{m\dot{o}}(\xi_n a)\{\lambda J_{m\dot{o}}(\xi_n b)-\xi_n J'_{m\dot{o}}(\xi_n b)\}\mathcal{V}_{\mathcal{N}m\dot{o}}(\xi r,a)}{\left[\left\{\xi_n^2+\lambda^2-\left(\frac{m\dot{o}}{b}\right)^2\right\}J'^2_{m\dot{o}}(\xi_n a)-\left\{1-\left(\frac{m\dot{o}}{\xi_n a}\right)^2\right\}\{\xi_n J'_{m\dot{o}}(\xi_n b)+\lambda J_{m\dot{o}}(\xi_n b)\}^2\right]}\times$$

$$\times\int_0^t\frac{e^{-\eta_r\xi_n^2\tau}}{\sqrt{\tau}}\int_0^{\infty}\overline{\psi}_b(m,w,t-\tau;\theta)\left\{e^{-\frac{(z-w)^2}{4\eta_z\tau}}+e^{-\frac{(z+w)^2}{4\eta_z\tau}}\right\}dwd\tau-$$

$$-\frac{1}{2\phi c_t}\sqrt{\frac{\pi}{\eta_z}}\sum_{m=0}^{\infty}\ni_m\sum_{n=1}^{\infty}\frac{\xi_n^2\{\xi_n J'_{m\dot{o}}(\xi_n b)+\lambda J_{m\dot{o}}(\xi_n b)\}^2\mathcal{V}_{\mathcal{N}m\dot{o}}(\xi r,a)}{\left[\left\{\xi_n^2+\lambda^2-\left(\frac{m\dot{o}}{b}\right)^2\right\}J'^2_{m\dot{o}}(\xi_n a)-\left\{1-\left(\frac{m\dot{o}}{\xi_n a}\right)^2\right\}\{\xi_n J'_{m\dot{o}}(\xi_n b)+\lambda J_{m\dot{o}}(\xi_n b)\}^2\right]}\times$$

$$\times\int_0^t\frac{\overline{\overline{\psi}}(\xi_n,m,t-\tau;\theta)\,e^{-\eta_r\xi_n^2\tau-\frac{z^2}{4\eta_z\tau}}}{\sqrt{\tau}}d\tau+$$

$$+\frac{1}{4}\sqrt{\frac{\pi}{\eta_z t}}\sum_{m=0}^{\infty}\ni_m\sum_{n=1}^{\infty}\frac{\xi_n^2\{\xi_n J'_{m\dot{o}}(\xi_n b)+\lambda J_{m\dot{o}}(\xi_n b)\}^2\mathcal{V}_{\mathcal{N}m\dot{o}}(\xi r,a)\,e^{-\eta_r\xi_n^2 t}}{\left[\left\{\xi_n^2+\lambda^2-\left(\frac{m\dot{o}}{b}\right)^2\right\}J'^2_{m\dot{o}}(\xi_n a)-\left\{1-\left(\frac{m\dot{o}}{\xi_n a}\right)^2\right\}\{\xi_n J'_{m\dot{o}}(\xi_n b)+\lambda J_{m\dot{o}}(\xi_n b)\}^2\right]}\times$$

$$\times\int_0^{\infty}\overline{\overline{\varphi}}(\xi_n,m,w;\theta)\left\{e^{-\frac{(z-w)^2}{4\eta_z t}}+e^{-\frac{(z+w)^2}{4\eta_z t}}\right\}dw \tag{24.33.3}$$

where $\overline{\overline{\overline{\psi}}}(\xi_n,m,s;\theta)=\int_0^a u\mathcal{V}_{\mathcal{N}m\dot{o}}(\xi_n u)\int_0^{2\pi}\overline{\psi}(u,v,s)\cos\{m(\theta-v)\}dvdu$,
$\overline{\overline{\psi}}(\xi_n,m,t;\theta)=\int_0^a u\mathcal{V}_{\mathcal{N}m\dot{o}}(\xi_n u)\int_0^{2\pi}\psi(u,v,t)\cos\{m(\theta-v)\}dvdu$,
$\overline{\overline{\psi}}_a(m,w,s;\theta)=\int_0^{2\pi}\overline{\psi}_a(v,w,s)\cos\{m(\theta-v)\}dv$, $\overline{\psi}_a(m,w,t;\theta)=\int_0^{2\pi}\psi_a(v,w,t)\cos\{m(\theta-v)\}dv$,
$\overline{\overline{\psi}}_b(m,w,s;\theta)=\int_0^{2\pi}\overline{\psi}_b(v,w,s)\cos\{m(\theta-v)\}dv$, $\overline{\psi}_b(m,w,t;\theta)=\int_0^{2\pi}\psi_b(v,w,t)\cos\{m(\theta-v)\}dv$, and
$\overline{\overline{\varphi}}(\xi_n,m,w;\theta)=\int_0^a u\mathcal{V}_{\mathcal{N}m\dot{o}}(\xi_n u)\int_0^{2\pi}\varphi(u,v,w)\cos\{m(\theta-v)\}dvdu$.

24.34

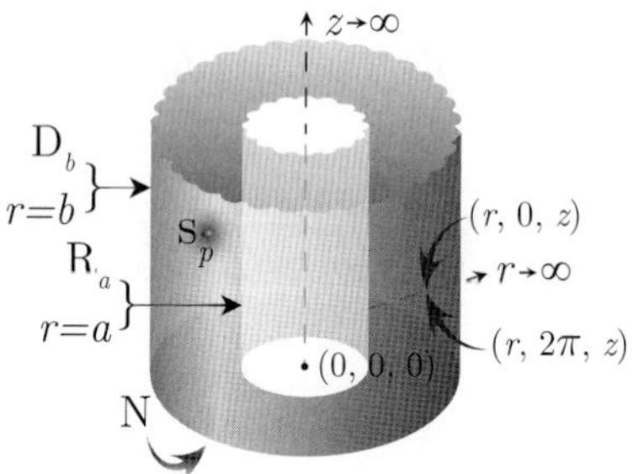

The problem of 24.28, except
$\mathbf{R_a}\equiv\frac{\partial p(a,\theta,z,t)}{\partial r}-\lambda p(a,\theta,z,t)=-\left(\frac{\mu}{k_r}\right)\psi_a(\theta,z,t)$,
$\mathbf{D_b}\equiv p(b,\theta,z,t)=\psi_b(\theta,z,t)$ **and**
$\mathbf{N}\equiv\frac{\partial p(r,\theta,0,t)}{\partial z}=-\left(\frac{\mu}{k_z}\right)\psi(r,\theta,t)$

Successive application of the Laplace, Fourier and finite Hankel transformations to equation (22.1.1) gives

$$\overline{\overline{\overline{p}}}=\frac{q(s)\,e^{-st_0}\cos\{m(\theta-\theta_0)\}\cos(lz_0)\,\mathcal{V}_{\mathcal{D}m\dot{o}}(\xi_n r_0,b)}{\phi c_t\,(\eta_r\xi_n^2+\eta_z l^2+s)}+\frac{2J_{m\dot{o}}(\xi_n b)\,\overline{\overline{\overline{\psi}}}_a(m,l,s;\theta)}{\pi\phi c_t(\eta_r\xi_n^2+\eta_z l^2+s)\{\xi_n J'_{m\dot{o}}(\xi_n a)-\lambda J_{m\dot{o}}(\xi_n a)\}}+$$

$$+\frac{2\eta_r\overline{\overline{\overline{\psi}}}_b(m,l,s;\theta)}{\pi\,(\eta_r\xi_n^2+\eta_z l^2+s)}+\frac{\overline{\overline{\overline{\psi}}}(\xi_n,m,s;\theta)}{\phi c_t\,(\eta_r\xi_n^2+\eta_z l^2+s)}+\frac{\overline{\overline{\overline{\varphi}}}(\xi_n,m,l;\theta)}{(\eta_r\xi_n^2+\eta_z l^2+s)} \tag{24.34.1}$$

where $\mathcal{V}_{\mathcal{D}m\dot{o}}(\xi_n r,b)=J_{m\dot{o}}(\xi_n r)Y_{m\dot{o}}(\xi_n b)-Y_{m\dot{o}}(\xi_n r)J_{m\dot{o}}(\xi_n b)$ and the eigenvalues $\xi_n, n=1,2,...$, are the positive roots of the transcendental equation $\lambda\mathcal{V}_{\mathcal{D}m\dot{o}}(\xi_n a,b)-\xi_n\mathcal{V}'_{\mathcal{D}m\dot{o}}(\xi_n a,b)=0$.
$\overline{\overline{\overline{\psi}}}(\xi_n,m,s;\theta)=\int_0^a u\mathcal{V}_{\mathcal{D}m\dot{o}}(\xi_n u)\int_0^{2\pi}\overline{\psi}(u,v,s)\cos\{m(\theta-v)\}dvdu$,
$\overline{\overline{\overline{\psi}}}_a(m,l,s;\theta)=\int_0^{2\pi}\cos\{m(\theta-v)\}\int_0^{\infty}\overline{\psi}_a(v,w,s)\cos(lw)\,dwdv$,
$\overline{\overline{\overline{\psi}}}_a(m,l,s;\theta)=\int_0^{2\pi}\cos\{m(\theta-v)\}\int_0^{\infty}\overline{\psi}_a(v,w,s)\cos(lw)\,dwdv$,
$\overline{\overline{\overline{\psi}}}_b(m,l,s;\theta)=\int_0^{2\pi}\cos\{m(\theta-v)\}\int_0^{\infty}\overline{\psi}_b(v,w,s)\cos(lw)\,dwdv$, and

$\overline{\overline{\overline{\varphi}}}(\xi_n, m, l;\theta) = \int_a^b u\mathcal{V}_{\mathcal{D}m\dot{o}}(\xi_n u) \int_0^{2\pi} \cos\{m(\theta - v)\} \int_0^\infty \varphi(u, v, w) \cos(lw)\, dw dv du$. Successive inverse transforms yield

$$
\begin{aligned}
\overline{p} &= \frac{\pi q(s) e^{-st_0}}{4\phi c_t \sqrt{\eta_z}} \sum_{m=0}^{\infty} \ni_m \cos\{m(\theta - \theta_0)\} \times \\
&\times \sum_{n=1}^{\infty} \frac{\xi_n^2 \{\xi_n J'_{m\dot{o}}(\xi_n a) - \lambda J_{m\dot{o}}(\xi_n a)\}^2 \mathcal{V}_{\mathcal{D}m\dot{o}}(\xi r_0, b)\, \mathcal{V}_{\mathcal{D}m\dot{o}}(\xi r, b)}{\left[\{\xi_n J'_{m\dot{o}}(\xi_n a) - \lambda J_{m\dot{o}}(\xi_n a)\}^2 - \left\{\xi_n^2 + \lambda^2 - \left(\frac{m\dot{o}}{a}\right)^2\right\} J_{m\dot{o}}^2(\xi_n b)\right] \sqrt{(\eta_r \xi_n^2 + s)}} \times \\
&\times \left\{ e^{-|z-z_0|\sqrt{\frac{\eta_r \xi_n^2 + s}{\eta_z}}} + e^{-|z+z_0|\sqrt{\frac{\eta_r \xi_n^2 + s}{\eta_z}}} \right\} + \\
&\frac{1}{2\phi c_t \sqrt{\eta_z}} \sum_{m=0}^{\infty} \ni_m \sum_{n=1}^{\infty} \frac{\xi_n^2 J_{m\dot{o}}(\xi_n b) \{\xi_n J'_{m\dot{o}}(\xi_n a) - \lambda J_{m\dot{o}}(\xi_n a)\} \mathcal{V}_{\mathcal{D}m\dot{o}}(\xi r, b)}{\left[\{\xi_n J'_{m\dot{o}}(\xi_n a) - \lambda J_{m\dot{o}}(\xi_n a)\}^2 - \left\{\xi_n^2 + \lambda^2 - \left(\frac{m\dot{o}}{a}\right)^2\right\} J_{m\dot{o}}^2(\xi_n b)\right] \sqrt{\eta_r \xi_n^2 + s}} \times \\
&\times \int_0^\infty \overline{\overline{\psi}}_a(m, w, s;\theta) \left\{ e^{-|z-w|\sqrt{\frac{\eta_r \xi_n^2 + s}{\eta_z}}} + e^{-|z+w|\sqrt{\frac{\eta_r \xi_n^2 + s}{\eta_z}}} \right\} dw + \\
&+ \frac{\eta_r}{2\sqrt{\eta_z}} \sum_{m=0}^{\infty} \ni_m \sum_{n=1}^{\infty} \frac{\xi_n^2 \{\xi_n J'_{m\dot{o}}(\xi_n a) - \lambda J_{m\dot{o}}(\xi_n a)\}^2 \mathcal{V}_{\mathcal{D}m\dot{o}}(\xi r, b)}{\left[\{\xi_n J'_{m\dot{o}}(\xi_n a) - \lambda J_{m\dot{o}}(\xi_n a)\}^2 - \left\{\xi_n^2 + \lambda^2 - \left(\frac{m\dot{o}}{a}\right)^2\right\} J_{m\dot{o}}^2(\xi_n b)\right] \sqrt{\eta_r \xi_n^2 + s}} \times \\
&\times \int_0^\infty \overline{\overline{\psi}}_b(m, w, s;\theta) \left\{ e^{-|z-w|\sqrt{\frac{\eta_r \xi_n^2 + s}{\eta_z}}} + e^{-|z+w|\sqrt{\frac{\eta_r \xi_n^2 + s}{\eta_z}}} \right\} dw + \\
&+ \frac{\pi}{2\phi c_t \sqrt{\eta_z}} \sum_{n=1}^{\infty} \frac{\xi_n^2 \{\xi_n J'_{m\dot{o}}(\xi_n a) - \lambda J_{m\dot{o}}(\xi_n a)\}^2 \mathcal{V}_{\mathcal{D}m\dot{o}}(\xi r, b)\, \overline{\overline{\overline{\psi}}}(\xi_n, m, s;\theta)\, e^{-z\sqrt{\frac{\eta_r \xi_n^2 + s}{\eta_z}}}}{\left[\{\xi_n J'_{m\dot{o}}(\xi_n a) - \lambda J_{m\dot{o}}(\xi_n a)\}^2 - \left\{\xi_n^2 + \lambda^2 - \left(\frac{m\dot{o}}{a}\right)^2\right\} J_{m\dot{o}}^2(\xi_n b)\right] \sqrt{(\eta_r \xi_n^2 + s)}} + \\
&+ \frac{\pi}{4\sqrt{\eta_z}} \sum_{m=0}^{\infty} \ni_m \sum_{n=1}^{\infty} \frac{\xi_n^2 \{\xi_n J'_{m\dot{o}}(\xi_n a) - \lambda J_{m\dot{o}}(\xi_n a)\}^2 \mathcal{V}_{\mathcal{D}m\dot{o}}(\xi r, b)}{\left[\{\xi_n J'_{m\dot{o}}(\xi_n a) - \lambda J_{m\dot{o}}(\xi_n a)\}^2 - \left\{\xi_n^2 + \lambda^2 - \left(\frac{m\dot{o}}{a}\right)^2\right\} J_{m\dot{o}}^2(\xi_n b)\right] \sqrt{\eta_r \xi_n^2 + s}} \times \\
&\times \int_0^\infty \overline{\overline{\varphi}}(\xi_n, m, w;\theta) \left\{ e^{-|z-w|\sqrt{\frac{\eta_r \xi_n^2 + s}{\eta_z}}} + e^{-|z+w|\sqrt{\frac{\eta_r \xi_n^2 + s}{\eta_z}}} \right\} dw
\end{aligned}
\tag{24.34.2}
$$

and

$$
\begin{aligned}
p &= \frac{U(t - t_0)}{4\phi c_t} \sqrt{\frac{\pi}{\eta_z}} \sum_{m=0}^{\infty} \ni_m \cos\{m(\theta - \theta_0)\} \times \\
&\times \sum_{n=1}^{\infty} \frac{\xi_n^2 \{\xi_n J'_{m\dot{o}}(\xi_n a) - \lambda J_{m\dot{o}}(\xi_n a)\}^2 \mathcal{V}_{\mathcal{D}m\dot{o}}(\xi r_0, b)\, \mathcal{V}_{\mathcal{D}m\dot{o}}(\xi r, b)}{\left[\{\xi_n J'_{m\dot{o}}(\xi_n a) - \lambda J_{m\dot{o}}(\xi_n a)\}^2 - \left\{\xi_n^2 + \lambda^2 - \left(\frac{m\dot{o}}{a}\right)^2\right\} J_{m\dot{o}}^2(\xi_n b)\right]} \times \\
&\times \int_0^{t-t_0} \frac{q(t - t_0 - \tau)\, e^{-\eta_r \xi_n^2 \tau}}{\sqrt{\tau}} \left\{ e^{-\frac{(z-z_0)^2}{4\eta_z \tau}} + e^{-\frac{(z+z_0)^2}{4\eta_z \tau}} \right\} d\tau + \\
&+ \frac{1}{2\phi c_t \sqrt{\eta_z}} \sum_{n=1}^{\infty} \frac{\xi_n^2 J_{m\dot{o}}(\xi_n b) \{\xi_n J'_{m\dot{o}}(\xi_n a) - \lambda J_{m\dot{o}}(\xi_n a)\} \mathcal{V}_{\mathcal{D}m\dot{o}}(\xi r, b)}{\left[\{\xi_n J'_{m\dot{o}}(\xi_n a) - \lambda J_{m\dot{o}}(\xi_n a)\}^2 - \left\{\xi_n^2 + \lambda^2 - \left(\frac{m\dot{o}}{a}\right)^2\right\} J_{m\dot{o}}^2(\xi_n b)\right]} \times \\
&\times \int_0^t \frac{e^{-\eta_r \xi_n^2 \tau}}{\sqrt{\tau}} \int_0^\infty \overline{\psi}_a(m, w, t - \tau;\theta) \left\{ e^{-\frac{(z-w)^2}{4\eta_z \tau}} + e^{-\frac{(z+w)^2}{4\eta_z \tau}} \right\} dw d\tau + \\
&+ \frac{\eta_r}{2\sqrt{\pi \eta_z}} \sum_{m=0}^{\infty} \ni_m \sum_{n=1}^{\infty} \frac{\xi_n^2 \{\xi_n J'_{m\dot{o}}(\xi_n a) - \lambda J_{m\dot{o}}(\xi_n a)\}^2 \mathcal{V}_{\mathcal{D}m\dot{o}}(\xi r, b)}{\left[\{\xi_n J'_{m\dot{o}}(\xi_n a) - \lambda J_{m\dot{o}}(\xi_n a)\}^2 - \left\{\xi_n^2 + \lambda^2 - \left(\frac{m\dot{o}}{a}\right)^2\right\} J_{m\dot{o}}^2(\xi_n b)\right]} \times
\end{aligned}
$$

$$\times \int_0^t \frac{e^{-\eta_r \xi_n^2 \tau}}{\sqrt{\tau}} \int_0^\infty \overline{\psi}_b(m, w, t-\tau; \theta) \left\{ e^{-\frac{(z-w)^2}{4\eta_z \tau}} + e^{-\frac{(z+w)^2}{4\eta_z \tau}} \right\} dw d\tau +$$

$$+ \frac{1}{2\phi c_t} \sqrt{\frac{\pi}{\eta_z}} \sum_{n=1}^\infty \frac{\xi_n^2 \{\xi_n J'_{m\dot{o}}(\xi_n a) - \lambda J_{m\dot{o}}(\xi_n a)\}^2 \mathcal{V}_{\mathcal{D}m\dot{o}}(\xi r, b)}{\left[\{\xi_n J'_{m\dot{o}}(\xi_n a) - \lambda J_{m\dot{o}}(\xi_n a)\}^2 - \left\{\xi_n^2 + \lambda^2 - \left(\frac{m\dot{o}}{a}\right)^2\right\} J^2_{m\dot{o}}(\xi_n b)\right]} \times$$

$$\times \int_0^t \frac{\overline{\overline{\psi}}(\xi_n, m, t-\tau; \theta) e^{-\eta_r \xi_n^2 \tau - \frac{z^2}{4\eta_z \tau}}}{\sqrt{\tau}} d\tau +$$

$$+ \frac{1}{4} \sqrt{\frac{\pi}{\eta_z t}} \sum_{m=0}^\infty \ni_m \sum_{n=1}^\infty \frac{\xi_n^2 \{\xi_n J'_{m\dot{o}}(\xi_n a) - \lambda J_{m\dot{o}}(\xi_n a)\}^2 \mathcal{V}_{\mathcal{D}m\dot{o}}(\xi r, b)}{\left[\{\xi_n J'_{m\dot{o}}(\xi_n a) - \lambda J_{m\dot{o}}(\xi_n a)\}^2 - \left\{\xi_n^2 + \lambda^2 - \left(\frac{m\dot{o}}{a}\right)^2\right\} J^2_{m\dot{o}}(\xi_n b)\right]} \times$$

$$\times \int_0^\infty \overline{\overline{\varphi}}(\xi_n, m, w; \theta) \left\{ e^{-\frac{(z-w)^2}{4\eta_z t}} + e^{-\frac{(z+w)^2}{4\eta_z t}} \right\} dw \qquad (24.34.3)$$

where $\overline{\overline{\overline{\psi}}}(\xi_n, m, s; \theta) = \int_0^a u\mathcal{V}_{\mathcal{D}m\dot{o}}(\xi_n u) \int_0^{2\pi} \overline{\psi}(u, v, s) \cos\{m(\theta - v)\} dv du$,
$\overline{\overline{\psi}}(\xi_n, m, t; \theta) = \int_0^a u\mathcal{V}_{\mathcal{D}m\dot{o}}(\xi_n u) \int_0^{2\pi} \psi(u, v, t) \cos\{m(\theta - v)\} dv du$,
$\overline{\overline{\psi}}_a(m, w, s; \theta) = \int_0^{2\pi} \overline{\psi}_a(v, w, s) \cos\{m(\theta - v)\} dv$, $\overline{\psi}_a(m, w, t; \theta) = \int_0^{2\pi} \psi_a(v, w, t) \cos\{m(\theta - v)\} dv$,
$\overline{\overline{\psi}}_b(m, w, s; \theta) = \int_0^{2\pi} \overline{\psi}_b(v, w, s) \cos\{m(\theta - v)\} dv$, $\overline{\psi}_b(m, w, t; \theta) = \int_0^{2\pi} \psi_b(v, w, t) \cos\{m(\theta - v)\} dv$, and
$\overline{\overline{\varphi}}(\xi_n, m, w; \theta) = \int_0^a u\mathcal{V}_{\mathcal{D}m\dot{o}}(\xi_n u) \int_0^{2\pi} \varphi(u, v, w) \cos\{m(\theta - v)\} du dv$.

24.35

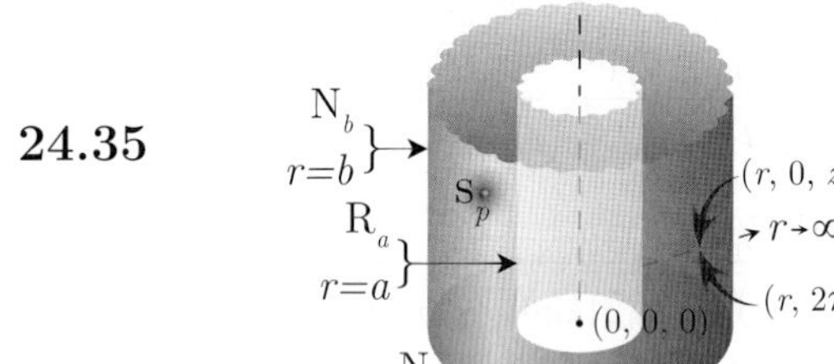

The problem of 24.28, except
$\mathbf{R}_a \equiv \frac{\partial p(a,\theta,z,t)}{\partial r} - \lambda p(a, \theta, z, t) = -\left(\frac{\mu}{k_r}\right) \psi_a(\theta, z, t)$,
$\mathbf{N}_b \equiv \frac{\partial p(b,\theta,z,t)}{\partial r} = -\left(\frac{\mu}{k_r}\right) \psi_b(\theta, z, t)$ **and**
$\mathbf{N} \equiv \frac{\partial p(r,\theta,0,t)}{\partial z} = -\left(\frac{\mu}{k_z}\right) \psi(r, \theta, t)$

Successive application of the Laplace, Fourier and finite Hankel transformations to equation (22.1.1) gives

$$\overline{\overline{\overline{\overline{p}}}} = \frac{q(s) e^{-st_0} \cos\{m(\theta - \theta_0)\} \cos(lz_0) \mathcal{V}_{\mathcal{N}m\dot{o}}(\xi_n r_0, b)}{\phi c_t(\eta_r \xi_n^2 + \eta_z l^2 + s)} + \frac{2J'_{m\dot{o}}(\xi_n b) \overline{\overline{\overline{\psi}}}_a(m, l, s; \theta)}{\pi \phi c_t(\eta_r \xi_n^2 + \eta_z l^2 + s)\{\xi_n J'_{m\dot{o}}(\xi_n a) - \lambda J_{m\dot{o}}(\xi_n a)\}} -$$

$$- \frac{2\overline{\overline{\overline{\psi}}}_b(m, l, s; \theta)}{\pi \phi c_t \xi_n (\eta_r \xi_n^2 + \eta_z l^2 + s)} + \frac{\overline{\overline{\overline{\psi}}}(\xi_n, m, s; \theta)}{\phi c_t(\eta_r \xi_n^2 + \eta_z l^2 + s)} + \frac{\overline{\overline{\overline{\varphi}}}(\xi_n, m, l; \theta)}{(\eta_r \xi_n^2 + \eta_z l^2 + s)} \qquad (24.35.1)$$

where $\overline{p} = \int_a^b pr\mathcal{V}_{\mathcal{N}m\dot{o}}(\xi_n r, b) dr$ and the eigenvalues $\xi_n, n = 1, 2, ...,$ are the positive roots of the transcendental equation $\lambda \mathcal{V}_{\mathcal{N}m\dot{o}}(\xi_n a, b) - \xi_n \mathcal{V}'_{\mathcal{N}m\dot{o}}(\xi_n a, b) = 0$.
$\overline{\overline{\overline{\psi}}}(\xi_n, m, s; \theta) = \int_0^a u\mathcal{V}_{\mathcal{N}m\dot{o}}(\xi_n u) \int_0^{2\pi} \overline{\psi}(u, v, s) \cos\{m(\theta - v)\} dv du$,
$\overline{\overline{\overline{\psi}}}_a(m, l, s; \theta) = \int_0^{2\pi} \cos\{m(\theta - v)\} \int_0^\infty \overline{\psi}_a(v, w, s) \cos(lw) dw dv$,
$\overline{\overline{\overline{\psi}}}_a(m, l, s; \theta) = \int_0^{2\pi} \cos\{m(\theta - v)\} \int_0^\infty \overline{\psi}_a(v, w, s) \cos(lw) dw dv$,
$\overline{\overline{\overline{\psi}}}_b(m, l, s; \theta) = \int_0^{2\pi} \cos\{m(\theta - v)\} \int_0^\infty \overline{\psi}_b(v, w, s) \cos(lw) dw dv$, and
$\overline{\overline{\overline{\varphi}}}(\xi_n, m, l; \theta) = \int_a^b u\mathcal{V}_{\mathcal{N}m\dot{o}}(\xi_n u) \int_0^{2\pi} \cos\{m(\theta - v)\} \int_0^\infty \varphi(u, v, w) \cos(lw) dw dv du$. Successive inverse transforms yield

$$\overline{p} = \frac{\pi q(s) e^{-st_0}}{4\phi c_t \sqrt{\eta_z}} \sum_{m=0}^\infty \ni_m \cos\{m(\theta - \theta_0)\} \times$$

$$\times \sum_{n=1}^{\infty} \frac{\xi_n^2 \left\{\xi_n J'_{m\dot{o}}(\xi_n a) - \lambda J_{m\dot{o}}(\xi_n a)\right\}^2 \mathcal{V}_{\mathcal{N}m\dot{o}}(\xi r_0, b)\, \mathcal{V}_{\mathcal{N}m\dot{o}}(\xi r, b)}{\left[\left\{1-\left(\frac{m\dot{o}}{\xi_n b}\right)^2\right\}\left\{\xi_n J'_{m\dot{o}}(\xi_n a) - \lambda J_{m\dot{o}}(\xi_n a)\right\}^2 - \left\{\xi_n^2 + \lambda^2 - \left(\frac{m\dot{o}}{a}\right)^2\right\} J'^2_{m\dot{o}}(\xi_n b)\right] \sqrt{(\eta_r \xi_n^2 + s)}} \times$$

$$\times \left\{ e^{-|z-z_0|\sqrt{\frac{\eta_r \xi_n^2 + s}{\eta_z}}} + e^{-|z+z_0|\sqrt{\frac{\eta_r \xi_n^2 + s}{\eta_z}}} \right\} +$$

$$+ \frac{1}{2\phi c_t \sqrt{\pi \eta_z}} \sum_{m=0}^{\infty} \ni_m \sum_{n=1}^{\infty} \frac{\xi_n^2 J'_{m\dot{o}}(\xi_n b) \left\{\xi_n J'_{m\dot{o}}(\xi_n a) - \lambda J_{m\dot{o}}(\xi_n a)\right\} \mathcal{V}_{\mathcal{N}m\dot{o}}(\xi r, b)}{\left[\left\{1-\left(\frac{m\dot{o}}{\xi_n b}\right)^2\right\}\left\{\xi_n J'_{m\dot{o}}(\xi_n a) - \lambda J_{m\dot{o}}(\xi_n a)\right\}^2 - \left\{\xi_n^2 + \lambda^2 - \left(\frac{m\dot{o}}{a}\right)^2\right\} J'^2_{m\dot{o}}(\xi_n b)\right]} \times$$

$$\times \frac{1}{\sqrt{\eta_r \xi_n^2 + s}} \int_0^{\infty} \overline{\overline{\psi}}_a(m, w, s; \theta) \left\{ e^{-|z-w|\sqrt{\frac{\eta_r \xi_n^2 + s}{\eta_z}}} + e^{-|z+w|\sqrt{\frac{\eta_r \xi_n^2 + s}{\eta_z}}} \right\} dw -$$

$$- \frac{1}{2\phi c_t \sqrt{\pi \eta_z}} \sum_{m=0}^{\infty} \ni_m \sum_{n=1}^{\infty} \frac{\xi_n \left\{\xi_n J'_{m\dot{o}}(\xi_n a) - \lambda J_{m\dot{o}}(\xi_n a)\right\}^2 \mathcal{V}_{\mathcal{N}m\dot{o}}(\xi r, b)}{\left[\left\{1-\left(\frac{m\dot{o}}{\xi_n b}\right)^2\right\}\left\{\xi_n J'_{m\dot{o}}(\xi_n a) - \lambda J_{m\dot{o}}(\xi_n a)\right\}^2 - \left\{\xi_n^2 + \lambda^2 - \left(\frac{m\dot{o}}{a}\right)^2\right\} J'^2_{m\dot{o}}(\xi_n b)\right]} \times$$

$$\times \frac{1}{\sqrt{\eta_r \xi_n^2 + s}} \int_0^{\infty} \overline{\overline{\psi}}_b(m, w, s; \theta) \left\{ e^{-|z-w|\sqrt{\frac{\eta_r \xi_n^2 + s}{\eta_z}}} + e^{-|z+w|\sqrt{\frac{\eta_r \xi_n^2 + s}{\eta_z}}} \right\} dw +$$

$$+ \frac{\pi}{2\phi c_t \sqrt{\eta_z}} \sum_{m=0}^{\infty} \ni_m \times$$

$$\times \sum_{n=1}^{\infty} \frac{\xi_n^2 \left\{\xi_n J'_{m\dot{o}}(\xi_n a) - \lambda J_{m\dot{o}}(\xi_n a)\right\}^2 \mathcal{V}_{\mathcal{N}m\dot{o}}(\xi r, b)\, \overline{\overline{\overline{\psi}}}(\xi_n, m, s; \theta)\, e^{-z\sqrt{\frac{\eta_r \xi_n^2 + s}{\eta_z}}}}{\left[\left\{1-\left(\frac{m\dot{o}}{\xi_n b}\right)^2\right\}\left\{\xi_n J'_{m\dot{o}}(\xi_n a) - \lambda J_{m\dot{o}}(\xi_n a)\right\}^2 - \left\{\xi_n^2 + \lambda^2 - \left(\frac{m\dot{o}}{a}\right)^2\right\} J'^2_{m\dot{o}}(\xi_n b)\right] \sqrt{(\eta_r \xi_n^2 + s)}} +$$

$$+ \frac{\pi}{4\sqrt{\eta_z}} \sum_{m=0}^{\infty} \ni_m \sum_{n=1}^{\infty} \frac{\xi_n^2 \left\{\xi_n J'_{m\dot{o}}(\xi_n a) - \lambda J_{m\dot{o}}(\xi_n a)\right\}^2 \mathcal{V}_{\mathcal{N}m\dot{o}}(\xi r, b)}{\left[\left\{1-\left(\frac{m\dot{o}}{\xi_n b}\right)^2\right\}\left\{\xi_n J'_{m\dot{o}}(\xi_n a) - \lambda J_{m\dot{o}}(\xi_n a)\right\}^2 - \left\{\xi_n^2 + \lambda^2 - \left(\frac{m\dot{o}}{a}\right)^2\right\} J'^2_{m\dot{o}}(\xi_n b)\right] \sqrt{\eta_r \xi_n^2 + s}} \times$$

$$\times \int_0^{\infty} \overline{\overline{\varphi}}(\xi_n, m, w; \theta) \left\{ e^{-|z-w|\sqrt{\frac{\eta_r \xi_n^2 + s}{\eta_z}}} + e^{-|z+w|\sqrt{\frac{\eta_r \xi_n^2 + s}{\eta_z}}} \right\} dw \qquad (24.35.2)$$

and

$$p = \frac{U(t-t_0)}{4\phi c_t} \sqrt{\frac{\pi}{\eta_z}} \sum_{m=0}^{\infty} \ni_m \cos\{m(\theta-\theta_0)\} \times$$

$$\times \sum_{n=1}^{\infty} \frac{\xi_n^2 \left\{\xi_n J'_{m\dot{o}}(\xi_n a) - \lambda J_{m\dot{o}}(\xi_n a)\right\}^2 \mathcal{V}_{\mathcal{N}m\dot{o}}(\xi r_0, b)\, \mathcal{V}_{\mathcal{N}m\dot{o}}(\xi r, b)}{\left[\left\{1-\left(\frac{m\dot{o}}{\xi_n b}\right)^2\right\}\left\{\xi_n J'_{m\dot{o}}(\xi_n a) - \lambda J_{m\dot{o}}(\xi_n a)\right\}^2 - \left\{\xi_n^2 + \lambda^2 - \left(\frac{m\dot{o}}{a}\right)^2\right\} J'^2_{m\dot{o}}(\xi_n b)\right]} \times$$

$$\times \int_0^{t-t_0} \frac{q(t-t_0-\tau)\, e^{-\eta_r \xi_n^2 \tau}}{\sqrt{\tau}} \left\{ e^{-\frac{(z-z_0)^2}{4\eta_z \tau}} + e^{-\frac{(z+z_0)^2}{4\eta_z \tau}} \right\} d\tau +$$

$$+ \frac{1}{2\phi c_t \sqrt{\pi \eta_z}} \sum_{m=0}^{\infty} \ni_m \sum_{n=1}^{\infty} \frac{\xi_n^2 J'_{m\dot{o}}(\xi_n b) \left\{\xi_n J'_{m\dot{o}}(\xi_n a) - \lambda J_{m\dot{o}}(\xi_n a)\right\} \mathcal{V}_{\mathcal{N}m\dot{o}}(\xi r, b)}{\left[\left\{1-\left(\frac{m\dot{o}}{\xi_n b}\right)^2\right\}\left\{\xi_n J'_{m\dot{o}}(\xi_n a) - \lambda J_{m\dot{o}}(\xi_n a)\right\}^2 - \left\{\xi_n^2 + \lambda^2 - \left(\frac{m\dot{o}}{a}\right)^2\right\} J'^2_{m\dot{o}}(\xi_n b)\right]} \times$$

$$\times \int_0^{t} \frac{e^{-\eta_r \xi_n^2 \tau}}{\sqrt{\tau}} \int_0^{\infty} \overline{\psi}_a(m, w, t-\tau; \theta) \left\{ e^{-\frac{(z-w)^2}{4\eta_z \tau}} + e^{-\frac{(z+w)^2}{4\eta_z \tau}} \right\} dw d\tau -$$

$$-\frac{1}{2\phi c_t\sqrt{\pi\eta_z}}\sum_{m=0}^{\infty}\ni_m\sum_{n=1}^{\infty}\frac{\xi_n\left\{\xi_n J'_{m\dot{o}}(\xi_n a)-\lambda J_{m\dot{o}}(\xi_n a)\right\}^2\mathcal{V}_{\mathcal{N}m\dot{o}}(\xi r,b)}{\left[\left\{1-\left(\frac{m\dot{o}}{\xi_n b}\right)^2\right\}\left\{\xi_n J'_{m\dot{o}}(\xi_n a)-\lambda J_{m\dot{o}}(\xi_n a)\right\}^2-\left\{\xi_n^2+\lambda^2-\left(\frac{m\dot{o}}{a}\right)^2\right\}J'^2_{m\dot{o}}(\xi_n b)\right]}\times$$

$$\times\int_0^t\frac{e^{-\eta_r\xi_n^2\tau}}{\sqrt{\tau}}\int_0^\infty\overline{\psi}_b(m,w,t-\tau;\theta)\left\{e^{-\frac{(z-w)^2}{4\eta_z\tau}}+e^{-\frac{(z+w)^2}{4\eta_z\tau}}\right\}dwd\tau+$$

$$+\frac{1}{2\phi c_t}\sqrt{\frac{\pi}{\eta_z}}\sum_{m=0}^{\infty}\ni_m\sum_{n=1}^{\infty}\frac{\xi_n^2\left\{\xi_n J'_{m\dot{o}}(\xi_n a)-\lambda J_{m\dot{o}}(\xi_n a)\right\}^2\mathcal{V}_{\mathcal{N}m\dot{o}}(\xi r,b)}{\left[\left\{1-\left(\frac{m\dot{o}}{\xi_n b}\right)^2\right\}\left\{\xi_n J'_{m\dot{o}}(\xi_n a)-\lambda J_{m\dot{o}}(\xi_n a)\right\}^2-\left\{\xi_n^2+\lambda^2-\left(\frac{m\dot{o}}{a}\right)^2\right\}J'^2_{m\dot{o}}(\xi_n b)\right]}\times$$

$$\times\int_0^t\frac{\overline{\overline{\psi}}(\xi_n,m,t-\tau;\theta)\,e^{-\eta_r\xi_n^2\tau-\frac{z^2}{4\eta_z\tau}}}{\sqrt{\tau}}d\tau+$$

$$+\frac{1}{4}\sqrt{\frac{\pi}{\eta_z t}}\sum_{m=0}^{\infty}\ni_m\sum_{n=1}^{\infty}\frac{\xi_n^2\left\{\xi_n J'_{m\dot{o}}(\xi_n a)-\lambda J_{m\dot{o}}(\xi_n a)\right\}^2\mathcal{V}_{\mathcal{N}m\dot{o}}(\xi r,b)}{\left[\left\{1-\left(\frac{m\dot{o}}{\xi_n b}\right)^2\right\}\left\{\xi_n J'_{m\dot{o}}(\xi_n a)-\lambda J_{m\dot{o}}(\xi_n a)\right\}^2-\left\{\xi_n^2+\lambda^2-\left(\frac{m\dot{o}}{a}\right)^2\right\}J'^2_{m\dot{o}}(\xi_n b)\right]}\times$$

$$\times\int_0^\infty\overline{\overline{\varphi}}(\xi_n,m,w;\theta)\left\{e^{-\frac{(z-w)^2}{4\eta_z t}}+e^{-\frac{(z+w)^2}{4\eta_z t}}\right\}dw \tag{24.35.3}$$

where $\overline{\overline{\overline{\psi}}}(\xi_n,m,s;\theta)=\int_0^a u\mathcal{V}_{\mathcal{N}m\dot{o}}(\xi_n u)\int_0^{2\pi}\overline{\psi}(u,v,s)\cos\{m(\theta-v)\}dvdu$,
$\overline{\overline{\psi}}(\xi_n,m,t;\theta)=\int_0^a u\mathcal{V}_{\mathcal{N}m\dot{o}}(\xi_n u)\int_0^{2\pi}\psi(u,v,t)\cos\{m(\theta-v)\}dvdu$,
$\overline{\overline{\psi}}_a(m,w,s;\theta)=\int_0^{2\pi}\overline{\psi}_a(v,w,s)\cos\{m(\theta-v)\}dv$, $\overline{\psi}_a(m,w,t;\theta)=\int_0^{2\pi}\psi_a(v,w,t)\cos\{m(\theta-v)\}dv$,
$\overline{\overline{\psi}}_b(m,w,s;\theta)=\int_0^{2\pi}\overline{\psi}_b(v,w,s)\cos\{m(\theta-v)\}dv$, $\overline{\psi}_b(m,w,t;\theta)=\int_0^{2\pi}\psi_b(v,w,t)\cos\{m(\theta-v)\}dv$, and
$\overline{\overline{\varphi}}(\xi_n,m,w;\theta)=\int_0^a u\mathcal{V}_{\mathcal{N}m\dot{o}}(\xi_n u)\int_0^{2\pi}\varphi(u,v,w)\cos\{m(\theta-v)\}dvdu$.

24.36

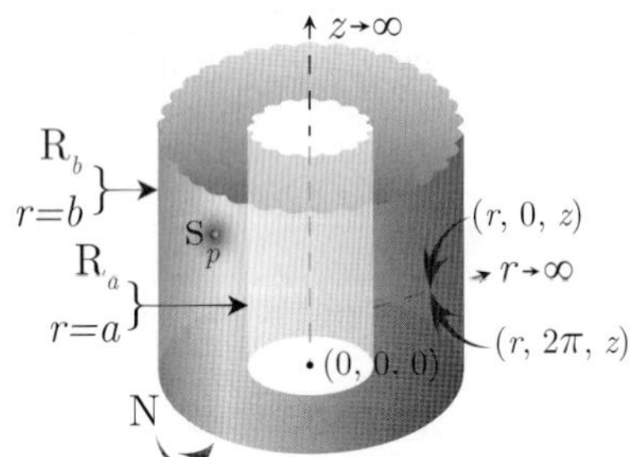

The problem of 24.28, except
$\mathbf{R_a}\equiv\frac{\partial p(a,\theta,z,t)}{\partial r}-\lambda_a p(a,\theta,z,t)=-\left(\frac{\mu}{k_r}\right)\psi_a(\theta,z,t)$,
$\mathbf{R_b}\equiv\frac{\partial p(b,\theta,z,t)}{\partial r}+\lambda_b p(b,\theta,z,t)=-\left(\frac{\mu}{k_r}\right)\psi_b(\theta,z,t)$ **and**
$\mathbf{N}\equiv\frac{\partial p(r,\theta,0,t)}{\partial z}=-\left(\frac{\mu}{k_z}\right)\psi(r,\theta,t)$

Successive application of the Laplace, Fourier and finite Hankel transformations to equation (22.1.1) gives

$$\overline{\overline{\overline{p}}}=\frac{q(s)e^{-st_0}\cos\{m(\theta-\theta_0)\}\cos(lz_0)\{\xi_n\mathcal{V}_{\mathcal{N}m\dot{o}}(\xi_n r_0,a)-\lambda_a\mathcal{V}_{\mathcal{D}m\dot{o}}(\xi_n r_0,a)\}}{\phi c_t(\eta_r\xi_n^2+\eta_z l^2+s)}+\frac{2\overline{\overline{\overline{\psi}}}_a(m,l,s;\theta)}{\pi\phi c_t(\eta_r\xi_n^2+\eta_z l^2+s)}-$$
$$-\frac{2\{\xi_n J'_{m\dot{o}}(\xi_n a)-\lambda_a J_{m\dot{o}}(\xi_n a)\}\overline{\overline{\overline{\psi}}}_b(m,l,s;\theta)}{\pi\phi c_t(\eta_r\xi_n^2+\eta_z l^2+s)\{\xi_n J'_{m\dot{o}}(\xi_n b)+\lambda_b J_{m\dot{o}}(\xi_n b)\}}+\frac{\overline{\overline{\overline{\psi}}}(\xi_n,m,s;\theta)}{\phi c_t(\eta_r\xi_n^2+\eta_z l^2+s)}+\frac{\overline{\overline{\overline{\varphi}}}(\xi_n,m,l;\theta)}{(\eta_r\xi_n^2+\eta_z l^2+s)} \tag{24.36.1}$$

where $\overline{p}=\int_a^b pr\{\xi_n\mathcal{V}_{\mathcal{N}m\dot{o}}(\xi_n r,a)-\lambda_a\mathcal{V}_{\mathcal{D}m\dot{o}}(\xi_n r,a)\}dr$ and the eigenvalues $\xi_n, n=1,2,...$, are the positive roots of $\lambda_a\{\mathcal{V}'_{\mathcal{D}m\dot{o}}(\xi_n b,a)+\lambda_b\mathcal{V}_{\mathcal{D}m\dot{o}}(\xi_n b,a)\}-\xi_n\{\mathcal{V}'_{\mathcal{N}m\dot{o}}(\xi_n b,a)+\lambda_b\mathcal{V}_{\mathcal{N}m\dot{o}}(\xi_n b,a)\}=0$.
$\overline{\overline{\overline{\psi}}}(\xi_n,m,s;\theta)=\int_0^a u\{\xi_n\mathcal{V}_{\mathcal{N}m\dot{o}}(\xi_n u,a)-\lambda_a\mathcal{V}_{\mathcal{D}m\dot{o}}(\xi_n u,a)\}\int_0^{2\pi}\overline{\psi}(u,v,s)\cos\{m(\theta-v)\}dvdu$,
$\overline{\overline{\overline{\psi}}}_a(m,l,s;\theta)=\int_0^{2\pi}\cos\{m(\theta-v)\}\int_0^\infty\overline{\psi}_a(v,w,s)\cos(lw)\,dwdv$,
$\overline{\overline{\overline{\psi}}}_a(m,l,s;\theta)=\int_0^{2\pi}\cos\{m(\theta-v)\}\int_0^\infty\overline{\psi}_a(v,w,s)\cos(lw)\,dwdv$,
$\overline{\overline{\overline{\psi}}}_b(m,l,s;\theta)=\int_0^{2\pi}\cos\{m(\theta-v)\}\int_0^\infty\overline{\psi}_b(v,w,s)\cos(lw)\,dwdv$, and

$\overline{\overline{\overline{\varphi}}}(\xi_n, m, l; \theta) = \int_a^b u\{\xi_n \mathcal{V}_{\mathcal{N}m\dot{o}}(\xi_n u, a) - \lambda_a \mathcal{V}_{\mathcal{D}m\dot{o}}(\xi_n u, a)\} \int_0^{2\pi} \cos\{m(\theta - v)\} \int_0^\infty \varphi(u, v, w) \cos(lw)\, dwdvdu.$
Successive inverse transforms yield

$$\begin{aligned}
\overline{p} \;=\; & \frac{\pi q(s) e^{-st_0}}{4\phi c_t \sqrt{\eta_z}} \sum_{m=0}^{\infty} \ni_m \cos\{m(\theta-\theta_0)\} \sum_{n=1}^{\infty} \frac{\xi_n^2 \{\xi_n J'_{m\dot{o}}(\xi_n b) + \lambda_b J_{m\dot{o}}(\xi_n b)\}^2}{\sqrt{(\eta_r \xi_n^2 + s)}} \times \\
& \times \frac{\{\xi_n \mathcal{V}_{\mathcal{N}m\dot{o}}(\xi_n r_0, a) - \lambda_a \mathcal{V}_{\mathcal{D}m\dot{o}}(\xi_n r_0, a)\}\{\xi_n \mathcal{V}_{\mathcal{N}m\dot{o}}(\xi_n r, a) - \lambda_a \mathcal{V}_{\mathcal{D}m\dot{o}}(\xi_n r, a)\}}{\left[\left\{\xi_n^2 + \lambda_b^2 - \left(\frac{m\dot{o}}{b}\right)^2\right\}\{\xi_n J'_{m\dot{o}}(\xi_n a) - \lambda_a J_{m\dot{o}}(\xi_n a)\}^2 - \left\{\xi_n^2 + \lambda_a^2 - \left(\frac{m\dot{o}}{a}\right)^2\right\}\{\xi_n J'_{m\dot{o}}(\xi_n b) + \lambda J_{m\dot{o}}(\xi_n b)\}^2\right]} \times \\
& \times \left\{ e^{-|z-z_0|\sqrt{\frac{\eta_r \xi_n^2 + s}{\eta_z}}} + e^{-|z+z_0|\sqrt{\frac{\eta_r \xi_n^2 + s}{\eta_z}}} \right\} + \\
& + \frac{1}{2\phi c_t \sqrt{\eta_z}} \sum_{m=0}^{\infty} \ni_m \times \\
& \times \sum_{n=1}^{\infty} \frac{\xi_n^2 \{\xi_n J'_{m\dot{o}}(\xi_n b) + \lambda_b J_{m\dot{o}}(\xi_n b)\}^2 \{\xi_n \mathcal{V}_{\mathcal{N}m\dot{o}}(\xi_n r, a) - \lambda_a \mathcal{V}_{\mathcal{D}m\dot{o}}(\xi_n r, a)\}}{\left[\left\{\xi_n^2 + \lambda_b^2 - \left(\frac{m\dot{o}}{b}\right)^2\right\}\{\xi_n J'_{m\dot{o}}(\xi_n a) - \lambda_a J_{m\dot{o}}(\xi_n a)\}^2 - \left\{\xi_n^2 + \lambda_a^2 - \left(\frac{m\dot{o}}{a}\right)^2\right\}\{\xi_n J'_{m\dot{o}}(\xi_n b) + \lambda J_{m\dot{o}}(\xi_n b)\}^2\right]} \times \\
& \times \frac{1}{\sqrt{\eta_r \xi_n^2 + s}} \int_0^\infty \overline{\overline{\psi}}_a(m, w, s; \theta) \left\{ e^{-|z-w|\sqrt{\frac{\eta_r \xi_n^2 + s}{\eta_z}}} + e^{-|z+w|\sqrt{\frac{\eta_r \xi_n^2 + s}{\eta_z}}} \right\} dw - \\
& - \frac{1}{2\phi c_t \sqrt{\eta_z}} \sum_{m=0}^{\infty} \ni_m \times \\
& \times \sum_{n=1}^{\infty} \frac{\xi_n^2 \{\xi_n J'_{m\dot{o}}(\xi_n b) + \lambda_b J_{m\dot{o}}(\xi_n b)\}\{\xi_n J'_{m\dot{o}}(\xi_n a) + \lambda_a J_{m\dot{o}}(\xi_n a)\}\{\xi_n \mathcal{V}_{\mathcal{N}m\dot{o}}(\xi_n r, a) - \lambda_a \mathcal{V}_{\mathcal{D}m\dot{o}}(\xi_n r, a)\}}{\left[\left\{\xi_n^2 + \lambda_b^2 - \left(\frac{m\dot{o}}{b}\right)^2\right\}\{\xi_n J'_{m\dot{o}}(\xi_n a) - \lambda_a J_{m\dot{o}}(\xi_n a)\}^2 - \left\{\xi_n^2 + \lambda_a^2 - \left(\frac{m\dot{o}}{a}\right)^2\right\}\{\xi_n J'_{m\dot{o}}(\xi_n b) + \lambda J_{m\dot{o}}(\xi_n b)\}^2\right]} \times \\
& \times \frac{1}{\sqrt{\eta_r \xi_n^2 + s}} \int_0^\infty \overline{\overline{\psi}}_b(m, w, s; \theta) \left\{ e^{-|z-w|\sqrt{\frac{\eta_r \xi_n^2 + s}{\eta_z}}} + e^{-|z+w|\sqrt{\frac{\eta_r \xi_n^2 + s}{\eta_z}}} \right\} dw + \\
& + \frac{\pi}{2\phi c_t \sqrt{\eta_z}} \sum_{m=0}^{\infty} \ni_m \sum_{n=1}^{\infty} \frac{\overline{\overline{\overline{\psi}}}(\xi_n, m, s; \theta)}{\sqrt{(\eta_r \xi_n^2 + s)}} \times \\
& \times \frac{\xi_n^2 \{\xi_n J'_{m\dot{o}}(\xi_n b) + \lambda_b J_{m\dot{o}}(\xi_n b)\}^2 \{\xi_n \mathcal{V}_{\mathcal{N}m\dot{o}}(\xi_n r, a) - \lambda_a \mathcal{V}_{\mathcal{D}m\dot{o}}(\xi_n r, a)\} e^{-z\sqrt{\frac{\eta_r \xi_n^2 + s}{\eta_z}}}}{\left[\left\{\xi_n^2 + \lambda_b^2 - \left(\frac{m\dot{o}}{b}\right)^2\right\}\{\xi_n J'_{m\dot{o}}(\xi_n a) - \lambda_a J_{m\dot{o}}(\xi_n a)\}^2 - \left\{\xi_n^2 + \lambda_a^2 - \left(\frac{m\dot{o}}{a}\right)^2\right\}\{\xi_n J'_{m\dot{o}}(\xi_n b) + \lambda J_{m\dot{o}}(\xi_n b)\}^2\right]} + \\
& + \frac{\pi}{4\sqrt{\eta_z}} \sum_{m=0}^{\infty} \ni_m \times \\
& \times \sum_{n=1}^{\infty} \frac{\xi_n^2 \{\xi_n J'_{m\dot{o}}(\xi_n b) + \lambda_b J_{m\dot{o}}(\xi_n b)\}^2 \{\xi_n \mathcal{V}_{\mathcal{N}m\dot{o}}(\xi_n r, a) - \lambda_a \mathcal{V}_{\mathcal{D}m\dot{o}}(\xi_n r, a)\}}{\left[\left\{\xi_n^2 + \lambda_b^2 - \left(\frac{m\dot{o}}{b}\right)^2\right\}\{\xi_n J'_{m\dot{o}}(\xi_n a) - \lambda_a J_{m\dot{o}}(\xi_n a)\}^2 - \left\{\xi_n^2 + \lambda_a^2 - \left(\frac{m\dot{o}}{a}\right)^2\right\}\{\xi_n J'_{m\dot{o}}(\xi_n b) + \lambda J_{m\dot{o}}(\xi_n b)\}^2\right]} \times \\
& \times \frac{1}{\sqrt{\eta_r \xi_n^2 + s}} \int_0^\infty \overline{\overline{\varphi}}(\xi_n, m, w; \theta) \left\{ e^{-|z-w|\sqrt{\frac{\eta_r \xi_n^2 + s}{\eta_z}}} + e^{-|z+w|\sqrt{\frac{\eta_r \xi_n^2 + s}{\eta_z}}} \right\} dw
\end{aligned} \tag{24.36.2}$$

and

$$\begin{aligned}
p \;=\; & \frac{U(t-t_0)}{4\phi c_t} \sqrt{\frac{\pi}{\eta_z}} \sum_{m=0}^{\infty} \ni_m \cos\{m(\theta-\theta_0)\} \times \\
& \times \sum_{n=1}^{\infty} \frac{\xi_n^2 \{\xi_n J'_{m\dot{o}}(\xi_n b) + \lambda_b J_{m\dot{o}}(\xi_n b)\}^2 \{\xi_n \mathcal{V}_{\mathcal{N}m\dot{o}}(\xi_n r_0, a) - \lambda_a \mathcal{V}_{\mathcal{D}m\dot{o}}(\xi_n r_0, a)\}}{\left[\left\{\xi_n^2 + \lambda_b^2 - \left(\frac{m\dot{o}}{b}\right)^2\right\}\{\xi_n J'_{m\dot{o}}(\xi_n a) - \lambda_a J_{m\dot{o}}(\xi_n a)\}^2 - \left\{\xi_n^2 + \lambda_a^2 - \left(\frac{m\dot{o}}{a}\right)^2\right\}\{\xi_n J'_{m\dot{o}}(\xi_n b) + \lambda J_{m\dot{o}}(\xi_n b)\}^2\right]} \times
\end{aligned}$$

$$\times\left\{\xi_n\mathcal{V}_{\mathcal{N}m\dot{o}}\left(\xi_n r,a\right)-\lambda_a\mathcal{V}_{\mathcal{D}m\dot{o}}\left(\xi_n r,a\right)\right\}\int\limits_0^{t-t_0}\frac{q\left(t-t_0-\tau\right)e^{-\eta_r\xi_n^2\tau}}{\sqrt{\tau}}\left\{e^{-\frac{(z-z_0)^2}{4\eta_z\tau}}+e^{-\frac{(z+z_0)^2}{4\eta_z\tau}}\right\}d\tau+$$

$$+\frac{1}{2\phi c_t\sqrt{\pi\eta_z}}\sum_{m=0}^{\infty}\ni_m\times$$

$$\times\sum_{n=1}^{\infty}\frac{\xi_n^2\left\{\xi_n J'_{m\dot{o}}\left(\xi_n b\right)+\lambda_b J_{m\dot{o}}\left(\xi_n b\right)\right\}^2\left\{\xi_n\mathcal{V}_{\mathcal{N}m\dot{o}}\left(\xi_n r,a\right)-\lambda_a\mathcal{V}_{\mathcal{D}m\dot{o}}\left(\xi_n r,a\right)\right\}}{\left[\left\{\xi_n^2+\lambda_b^2-\left(\frac{m\dot{o}}{b}\right)^2\right\}\left\{\xi_n J'_{m\dot{o}}(\xi_n a)-\lambda_a J_{m\dot{o}}\left(\xi_n a\right)\right\}^2-\left\{\xi_n^2+\lambda_a^2-\left(\frac{m\dot{o}}{a}\right)^2\right\}\left\{\xi_n J'_{m\dot{o}}(\xi_n b)+\lambda J_{m\dot{o}}\left(\xi_n b\right)\right\}^2\right]}\times$$

$$\times\int\limits_0^t\frac{e^{-\eta_r\xi_n^2\tau}}{\sqrt{\tau}}\int\limits_0^{\infty}\overline{\psi}_a\left(m,w,t-\tau;\theta\right)\left\{e^{-\frac{(z-w)^2}{4\eta_z\tau}}+e^{-\frac{(z+w)^2}{4\eta_z\tau}}\right\}dwd\tau-$$

$$-\frac{1}{2\phi c_t\sqrt{\pi\eta_z}}\sum_{m=0}^{\infty}\ni_m\times$$

$$\times\sum_{n=1}^{\infty}\frac{\xi_n^2\left\{\xi_n J'_{m\dot{o}}(\xi_n b)+\lambda_b J_{m\dot{o}}(\xi_n b)\right\}\left\{\xi_n J'_{m\dot{o}}(\xi_n a)+\lambda_a J_{m\dot{o}}\left(\xi_n a\right)\right\}\left\{\xi_n\mathcal{V}_{\mathcal{N}m\dot{o}}\left(\xi_n r,a\right)-\lambda_a\mathcal{V}_{\mathcal{D}m\dot{o}}\left(\xi_n r,a\right)\right\}}{\left[\left\{\xi_n^2+\lambda_b^2-\left(\frac{m\dot{o}}{b}\right)^2\right\}\left\{\xi_n J'_{m\dot{o}}(\xi_n a)-\lambda_a J_{m\dot{o}}\left(\xi_n a\right)\right\}^2-\left\{\xi_n^2+\lambda_a^2-\left(\frac{m\dot{o}}{a}\right)^2\right\}\left\{\xi_n J'_{m\dot{o}}(\xi_n b)+\lambda J_{m\dot{o}}\left(\xi_n b\right)\right\}^2\right]}\times$$

$$\times\int\limits_0^t\frac{e^{-\eta_r\xi_n^2\tau}}{\sqrt{\tau}}\int\limits_0^{\infty}\overline{\psi}_b\left(m,w,t-\tau;\theta\right)\left\{e^{-\frac{(z-w)^2}{4\eta_z\tau}}+e^{-\frac{(z+w)^2}{4\eta_z\tau}}\right\}dwd\tau+$$

$$+\frac{1}{2\phi c_t}\sqrt{\frac{\pi}{\eta_z}}\sum_{m=0}^{\infty}\ni_m\times$$

$$\times\sum_{n=1}^{\infty}\frac{\xi_n^2\left\{\xi_n J'_{m\dot{o}}\left(\xi_n b\right)+\lambda_b J_{m\dot{o}}\left(\xi_n b\right)\right\}^2\left\{\xi_n\mathcal{V}_{\mathcal{N}m\dot{o}}\left(\xi_n r,a\right)-\lambda_a\mathcal{V}_{\mathcal{D}m\dot{o}}\left(\xi_n r,a\right)\right\}}{\left[\left\{\xi_n^2+\lambda_b^2-\left(\frac{m\dot{o}}{b}\right)^2\right\}\left\{\xi_n J'_{m\dot{o}}(\xi_n a)-\lambda_a J_{m\dot{o}}(\xi_n a)\right\}^2-\left\{\xi_n^2+\lambda_a^2-\left(\frac{m\dot{o}}{a}\right)^2\right\}\left\{\xi_n J'_{m\dot{o}}(\xi_n b)+\lambda J_{m\dot{o}}\left(\xi_n b\right)\right\}^2\right]}\times$$

$$\times\int\limits_0^t\frac{\overline{\overline{\psi}}\left(\xi_n,m,t-\tau;\theta\right)e^{-\eta_r\xi_n^2\tau-\frac{z^2}{4\eta_z\tau}}}{\sqrt{\tau}}d\tau+$$

$$+\frac{1}{4}\sqrt{\frac{\pi}{\eta_z t}}\sum_{m=0}^{\infty}\ni_m\times$$

$$\times\sum_{n=1}^{\infty}\frac{\xi_n^2\left\{\xi_n J'_{m\dot{o}}\left(\xi_n b\right)+\lambda_b J_{m\dot{o}}\left(\xi_n b\right)\right\}^2\left\{\xi_n\mathcal{V}_{\mathcal{N}m\dot{o}}\left(\xi_n r,a\right)-\lambda_a\mathcal{V}_{\mathcal{D}m\dot{o}}\left(\xi_n r,a\right)\right\}}{\left[\left\{\xi_n^2+\lambda_b^2-\left(\frac{m\dot{o}}{b}\right)^2\right\}\left\{\xi_n J'_{m\dot{o}}(\xi_n a)-\lambda_a J_{m\dot{o}}\left(\xi_n a\right)\right\}^2-\left\{\xi_n^2+\lambda_a^2-\left(\frac{m\dot{o}}{a}\right)^2\right\}\left\{\xi_n J'_{m\dot{o}}(\xi_n b)+\lambda J_{m\dot{o}}(\xi_n b)\right\}^2\right]}\times$$

$$\times\int\limits_0^{\infty}\overline{\overline{\varphi}}\left(\xi_n,m,w;\theta\right)\left\{e^{-\frac{(z-w)^2}{4\eta_z t}}+e^{-\frac{(z+w)^2}{4\eta_z t}}\right\}dw \qquad (24.36.3)$$

where $\overline{\overline{\overline{\psi}}}\left(\xi_n,m,s;\theta\right)=\int_0^a u\left\{\xi_n\mathcal{V}_{\mathcal{N}m\dot{o}}\left(\xi_n u,a\right)-\lambda_a\mathcal{V}_{\mathcal{D}m\dot{o}}\left(\xi_n u,a\right)\right\}\int_0^{2\pi}\overline{\psi}\left(u,v,s\right)\cos\left\{m\left(\theta-v\right)\right\}dvdu$,
$\overline{\overline{\psi}}\left(\xi_n,m,t;\theta\right)=\int_0^a u\left\{\xi_n\mathcal{V}_{\mathcal{N}m\dot{o}}\left(\xi_n u,a\right)-\lambda_a\mathcal{V}_{\mathcal{D}m\dot{o}}\left(\xi_n u,a\right)\right\}\int_0^{2\pi}\psi\left(u,v,t\right)\cos\left\{m\left(\theta-v\right)\right\}dvdu$,
$\overline{\overline{\psi}}_a\left(m,w,s;\theta\right)=\int_0^{2\pi}\overline{\psi}_a\left(v,w,s\right)\cos\left\{m\left(\theta-v\right)\right\}dv$, $\overline{\psi}_a\left(m,w,t;\theta\right)=\int_0^{2\pi}\psi_a\left(v,w,t\right)\cos\left\{m\left(\theta-v\right)\right\}dv$,
$\overline{\overline{\psi}}_b\left(m,w,s;\theta\right)=\int_0^{2\pi}\overline{\psi}_b\left(v,w,s\right)\cos\left\{m\left(\theta-v\right)\right\}dv$, $\overline{\psi}_b\left(m,w,t;\theta\right)=\int_0^{2\pi}\psi_b\left(v,w,t\right)\cos\left\{m\left(\theta-v\right)\right\}dv$, and
$\overline{\overline{\varphi}}\left(\xi_n,m,u;\theta\right)=\int_0^a u\left\{\xi_n\mathcal{V}_{\mathcal{N}m\dot{o}}\left(\xi_n u,a\right)-\lambda_a\mathcal{V}_{\mathcal{D}m\dot{o}}\left(\xi_n u,a\right)\right\}\int_0^{2\pi}\varphi\left(u,v,w\right)\cos\left\{m\left(\theta-v\right)\right\}dvdu$.

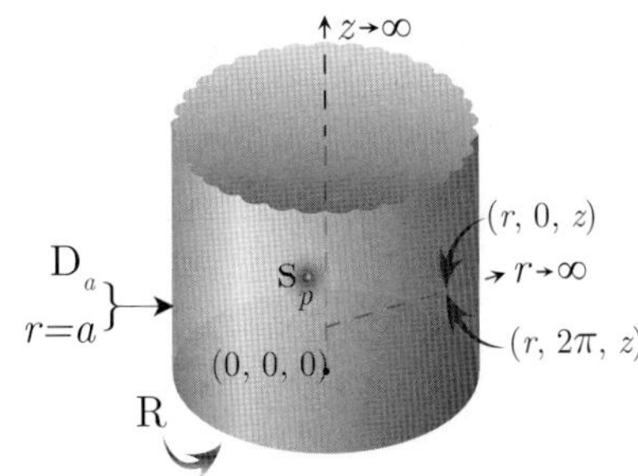

24.37 **A cylindrical continuum bounded by $0 \le r \le a$ and semi-infinite in z. Point source at $s_p \equiv (r_0, \theta_0, z_0)$ at time $t = t_0$; $0 < r_0 < a$, $0 \le \theta_0 \le 2\pi$, $0 < z_0 < \infty$, $t_0 \ge 0$. $R \equiv \frac{\partial p(r,\theta,0,t)}{\partial z} - \lambda p(r,\theta,0,t) = -\left(\frac{\mu}{k_z}\right)\psi(r,\theta,t)$ and $D_a \equiv p(a,\theta,z,t) = \psi_a(\theta,z,t)$. $p(r,\theta,z,0) = \varphi(r,\theta,z)$**

Successive application of the Laplace, Fourier and finite Hankel transformations to equation (22.1.1) gives

$$\bar{\bar{\bar{p}}} = \frac{q(s)\,e^{-st_0}\cos\{m(\theta-\theta_0)\}\{m\cos(lz_0)+\lambda\sin(lz_0)\}\,J_{m\dot{o}}(\xi_n r_0)}{\phi c_t\left(\eta_r\xi_n^2+\eta_z l^2+s\right)} - \frac{a\eta_r\xi_n\bar{\bar{\bar{\psi}}}_a(m,l,s;\theta)\,J'_{m\dot{o}}(\xi_n a)}{\left(\eta_r\xi_n^2+\eta_z l^2+s\right)} + $$
$$+\frac{m\bar{\bar{\bar{\psi}}}(\xi_n,m,s;\theta)}{\phi c_t\left(\eta_r\xi_n^2+\eta_z l^2+s\right)} + \frac{\bar{\bar{\bar{\varphi}}}(\xi_n,m,l;\theta)}{\left(\eta_r\xi_n^2+\eta_z l^2+s\right)} \tag{24.37.1}$$

where ξ_n are the positive roots of $J_{m\dot{o}}(\xi_n a) = 0$, $n = 1, 2, \ldots$,
$\bar{\bar{\bar{\psi}}}(\xi_n,m,s;\theta) = \int_0^a uJ_{m\dot{o}}(\xi_n u)\int_0^{2\pi}\bar{\psi}(u,v,s)\cos\{m(\theta-v)\}dvdu$,
$\bar{\bar{\bar{\psi}}}_a(m,l,s;\theta) = \int_0^{2\pi}\cos\{m(\theta-v)\}\int_0^\infty\bar{\psi}_a(v,w,s)\{l\cos(lw)+\lambda\sin(lw)\}\,dwdv$ and
$\bar{\bar{\bar{\varphi}}}(\xi_n,m,l;\theta) = \int_0^a uJ_{m\dot{o}}(\xi_n u)\int_0^{2\pi}\cos\{m(\theta-v)\}\int_0^\infty\varphi(u,v,w)\{l\cos(lw)+\lambda\sin(lw)\}\,dwdvdu$. Successive inverse transforms yield

$$\bar{p} = \frac{q(s)\,e^{-st_0}}{\pi a^2\phi c_t\sqrt{\eta_z}}\sum_{m=0}^{\infty}\ni_m\cos\{m(\theta-\theta_0)\}\times$$
$$\times\sum_{n=1}^{\infty}\frac{J_{m\dot{o}}(\xi_n r_0)\,J_{m\dot{o}}(\xi_n r)}{J'^2_{m\dot{o}}(\xi_n a)\sqrt{(\eta_r\xi_n^2+s)}}\left\{e^{-|z-z_0|\sqrt{\frac{\eta_r\xi_n^2+s}{\eta_z}}} + \left(\frac{\sqrt{\eta_r\xi_n^2+s}-\lambda\sqrt{\eta_z}}{\sqrt{\eta_r\xi_n^2+s}-\lambda\sqrt{\eta_z}}\right)e^{-|z+z_0|\sqrt{\frac{\eta_r\xi_n^2+s}{\eta_z}}}\right\} +$$
$$-\frac{\eta_r}{\pi a\sqrt{\eta_z}}\sum_{m=0}^{\infty}\ni_m\sum_{n=1}^{\infty}\frac{\xi_n J_{m\dot{o}}(\xi_n r)}{J'_{m\dot{o}}(\xi_n a)\sqrt{\eta_r\xi_n^2+s}}\times$$
$$\times\int_0^\infty\bar{\bar{\psi}}_a(m,w,s;\theta)\left\{e^{-|z-w|\sqrt{\frac{\eta_r\xi_n^2+s}{\eta_z}}} + \left(\frac{\sqrt{\eta_r\xi_n^2+s}-\lambda\sqrt{\eta_z}}{\sqrt{\eta_r\xi_n^2+s}+\lambda\sqrt{\eta_z}}\right)e^{-|z+w|\sqrt{\frac{\eta_r\xi_n^2+s}{\eta_z}}}\right\}dw +$$
$$+\frac{2}{\pi a^2\phi c_t\sqrt{\eta_z}}\sum_{m=0}^{\infty}\ni_m\sum_{n=1}^{\infty}\frac{\bar{\bar{\bar{\psi}}}(\xi_n,m,s;\theta)\,J_{m\dot{o}}(\xi_n r)\,e^{-z\sqrt{\frac{\eta_r\xi_n^2+s}{\eta_z}}}}{J'^2_{m\dot{o}}(\xi_n a)\left(\sqrt{\eta_r\xi_n^2+s}+\lambda\sqrt{\eta_z}\right)} +$$
$$+\frac{1}{\pi a^2\sqrt{\eta_z}}\sum_{m=0}^{\infty}\ni_m\sum_{n=1}^{\infty}\frac{J_{m\dot{o}}(\xi_n r)}{J'^2_{m\dot{o}}(\xi_n a)\sqrt{\eta_r\xi_n^2+s}}\times$$
$$\times\int_0^\infty\bar{\bar{\varphi}}(\xi_n,m,w;\theta)\left\{e^{-|z-w|\sqrt{\frac{\eta_r\xi_n^2+s}{\eta_z}}} + \left(\frac{\sqrt{\eta_r\xi_n^2+s}-\lambda\sqrt{\eta_z}}{\sqrt{\eta_r\xi_n^2+s}+\lambda\sqrt{\eta_z}}\right)e^{-|z+w|\sqrt{\frac{\eta_r\xi_n^2+s}{\eta_z}}}\right\}dw \tag{24.37.2}$$

and

$$p = \frac{U(t-t_0)}{a^2\phi c_t\sqrt{\pi^3\eta_z}}\sum_{m=0}^{\infty}\ni_m\cos\{m(\theta-\theta_0)\}\sum_{n=1}^{\infty}\frac{J_{m\dot{o}}(\xi_n r_0)\,J_{m\dot{o}}(\xi_n r)}{J'^2_{m\dot{o}}(\xi_n a)}\times$$
$$\times\int_0^{t-t_0}\frac{q(t-t_0-\tau)\,e^{-\eta_r\xi_n^2\tau}}{\sqrt{\tau}}\left\{e^{-\frac{(z-z_0)^2}{4\eta_z\tau}} + e^{-\frac{(z+z_0)^2}{4\eta_z\tau}} - 2\left(\lambda\sqrt{\pi\eta_z\tau}\right)e^{(z+z_0)\lambda+\lambda^2\eta_z\tau}\,\mathrm{erfc}\left(\lambda\sqrt{\eta_z\tau}+\frac{z+z_0}{2\sqrt{\eta_z\tau}}\right)\right\}d\tau -$$

$$-\frac{\eta_r}{a\sqrt{\pi^3\eta_z}}\sum_{m=0}^{\infty}\ni_m\sum_{n=1}^{\infty}\frac{\xi_n J_{m\dot{o}}(\xi_n r)}{J'_{m\dot{o}}(\xi_n a)}\int_0^t\frac{e^{-\eta_r\xi_n^2\tau}}{\sqrt{\tau}}\int_0^{\infty}\overline{\overline{\psi}}_a(m,w,t-\tau;\theta)\times$$

$$\times\left\{e^{-\frac{(z-w)^2}{4\eta_z\tau}}+e^{-\frac{(z+w)^2}{4\eta_z\tau}}-2\left(\lambda\sqrt{\pi\eta_z\tau}\right)e^{(z+w)\lambda+\lambda^2\eta_z\tau}\operatorname{erfc}\left(\lambda\sqrt{\eta_z\tau}+\frac{z+w}{2\sqrt{\eta_z\tau}}\right)\right\}dwd\tau+$$

$$+\frac{2}{\pi a^2\phi c_t\sqrt{\eta_z}}\sum_{m=0}^{\infty}\ni_m\times$$

$$\times\sum_{n=1}^{\infty}\frac{J_{m\dot{o}}(\xi_n r)}{J'^2_{m\dot{o}}(\xi_n a)}\int_0^t\overline{\overline{\psi}}(\xi_n,m,t-\tau;\theta)\,e^{-\eta_r\xi_n^2\tau}\left\{\frac{e^{-\frac{z^2}{4\eta_z\tau}}}{\sqrt{\pi\tau}}-\lambda\sqrt{\eta_z}e^{z\lambda+\lambda^2\eta_z\tau}\operatorname{erfc}\left(\lambda\sqrt{\eta_z\tau}+\frac{z}{2\sqrt{\eta_z\tau}}\right)\right\}d\tau+$$

$$+\frac{1}{a^2\sqrt{\pi^3\eta_z t}}\sum_{m=0}^{\infty}\ni_m\sum_{n=1}^{\infty}\frac{J_{m\dot{o}}(\xi_n r)\,e^{-\eta_r\xi_n^2 t}}{J'^2_{m\dot{o}}(\xi_n a)}\times$$

$$\times\int_0^{\infty}\overline{\overline{\varphi}}(\xi_n,m,w;\theta)\left\{e^{-\frac{(z-w)^2}{4\eta_z\tau}}+e^{-\frac{(z+w)^2}{4\eta_z\tau}}-2\left(\lambda\sqrt{\pi\eta_z\tau}\right)e^{(z+w)\lambda+\lambda^2\eta_z\tau}\operatorname{erfc}\left(\lambda\sqrt{\eta_z\tau}+\frac{z+w}{2\sqrt{\eta_z\tau}}\right)\right\}dw$$

(24.37.3)

where $\overline{\overline{\overline{\psi}}}(\xi_n,m,s;\theta)=\int_0^a uJ_{m\dot{o}}(\xi_n u)\int_0^{2\pi}\overline{\psi}(u,v,s)\cos\{m(\theta-v)\}dvdu$,
$\overline{\overline{\psi}}(\xi_n,m,t;\theta)=\int_0^a uJ_{m\dot{o}}(\xi_n u)\int_0^{2\pi}\psi(u,v,t)\cos\{m(\theta-v)\}dvdu$,
$\overline{\overline{\psi}}_a(m,w,s;\theta)=\int_0^{2\pi}\overline{\psi}_a(v,w,s)\cos\{m(\theta-v)\}dv$, $\overline{\psi}_a(m,w,t;\theta)=\int_0^{2\pi}\psi_a(v,w,t)\cos\{m(\theta-v)\}dv$ and
$\overline{\overline{\varphi}}(\xi_n,m,w;\theta)=\int_0^a uJ_{m\dot{o}}(\xi_n u)\int_0^{2\pi}\varphi(u,v,w)\cos\{m(\theta-v)\}dudv$.

24.38

The problem of 24.37, except
$\mathbf{N}_a\equiv\frac{\partial p(a,\theta,z,t)}{\partial r}=-\left(\frac{\mu}{k_r}\right)\psi_a(\theta,z,t)$ **and**
$\mathbf{R}\equiv\frac{\partial p(r,\theta,0,t)}{\partial z}-\lambda p(r,\theta,0,t)=-\left(\frac{\mu}{k_z}\right)\psi(r,\theta,t)$

Successive application of the Laplace, Fourier and finite Hankel transformations to equation (22.1.1) gives

$$\overline{\overline{\overline{\overline{p}}}}=\frac{q(s)\,e^{-st_0}\cos\{m(\theta-\theta_0)\}\{m\cos(lz_0)+\lambda\sin(lz_0)\}J_{m\dot{o}}(\xi_n r_0)}{\phi c_t(\eta_r\xi_n^2+\eta_z l^2+s)}-\frac{a\overline{\overline{\overline{\psi}}}_a(m,l,s;\theta)\,J_{m\dot{o}}(\xi_n a)}{\phi c_t(\eta_r\xi_n^2+\eta_z l^2+s)}+$$
$$+\frac{l\overline{\overline{\overline{\psi}}}(\xi_n,m,s;\theta)}{\phi c_t(\eta_r\xi_n^2+\eta_z l^2+s)}+\frac{\overline{\overline{\overline{\varphi}}}(\xi_n,m,l;\theta)}{(\eta_r\xi_n^2+\eta_z l^2+s)}\qquad(24.38.1)$$

where ξ_n are the positive roots of $J'_{m\dot{o}}(\xi_n a)=0$, $n=0,1,...$,
$\overline{\overline{\overline{\psi}}}(\xi_n,m,s;\theta)=\int_0^a uJ_{m\dot{o}}(\xi_n u)\int_0^{2\pi}\overline{\psi}(u,v,s)\cos\{m(\theta-v)\}dvdu$,
$\overline{\overline{\overline{\psi}}}_a(m,l,s;\theta)=\int_0^{2\pi}\cos\{m(\theta-v)\}\int_0^{\infty}\overline{\psi}_a(v,w,s)\{l\cos(lw)+\lambda\sin(lw)\}dwdv$ and
$\overline{\overline{\overline{\varphi}}}(\xi_n,m,l;\theta)=\int_0^a uJ_{m\dot{o}}(\xi_n u)\int_0^{2\pi}\cos\{m(\theta-v)\}\int_0^{\infty}\varphi(u,v,w)\{l\cos(lw)+\lambda\sin(lw)\}dwdvdu$. Successive

inverse transforms yield

$$\begin{aligned}
\overline{p} &= \frac{q(s)\, e^{-st_0}}{\pi a^2 \phi c_t \sqrt{\eta_z}} \sum_{m=0}^{\infty} \ni_m \cos\{m(\theta-\theta_0)\} \times \\
&\times \sum_{n=0}^{\infty} \frac{J_{m\dot{o}}(\xi_n r_0)\, J_{m\dot{o}}(\xi_n r)}{\left\{1-\left(\frac{m\dot{o}}{\xi_n a}\right)^2\right\} J^2_{m\dot{o}}(\xi_n a)\, \sqrt{(\eta_r \xi_n^2 + s)}} \left\{ e^{-|z-z_0|\sqrt{\frac{\eta_r \xi_n^2+s}{\eta_z}}} + \left(\frac{\sqrt{\eta_r \xi_n^2+s}-\lambda\sqrt{\eta_z}}{\sqrt{\eta_r \xi_n^2+s}+\lambda\sqrt{\eta_z}}\right) e^{-|z+z_0|\sqrt{\frac{\eta_r \xi_n^2+s}{\eta_z}}} \right\} - \\
&- \frac{1}{\pi a \phi c_t \sqrt{\eta_z}} \sum_{m=0}^{\infty} \ni_m \sum_{n=0}^{\infty} \frac{J_{m\dot{o}}(\xi_n r)}{\left\{1-\left(\frac{m\dot{o}}{\xi_n a}\right)^2\right\} J_{m\dot{o}}(\xi_n a)\, \sqrt{\eta_r \xi_n^2 + s}} \times \\
&\times \int_0^{\infty} \overline{\overline{\psi}}_a(m, w, s; \theta) \left\{ e^{-|z-w|\sqrt{\frac{\eta_r \xi_n^2+s}{\eta_z}}} + \left(\frac{\sqrt{\eta_r \xi_n^2+s}-\lambda\sqrt{\eta_z}}{\sqrt{\eta_r \xi_n^2+s}+\lambda\sqrt{\eta_z}}\right) e^{-|z+w|\sqrt{\frac{\eta_r \xi_n^2+s}{\eta_z}}} \right\} dw + \\
&+ \frac{2}{\pi a^2 \phi c_t \sqrt{\eta_z}} \sum_{m=0}^{\infty} \ni_m \sum_{n=1}^{\infty} \frac{\overline{\overline{\psi}}(\xi_n, m, s; \theta)\, J_{m\dot{o}}(\xi_n r)\, e^{-z\sqrt{\frac{\eta_r \xi_n^2+s}{\eta_z}}}}{\left\{1-\left(\frac{m\dot{o}}{\xi_n a}\right)^2\right\} J^2_{m\dot{o}}(\xi_n a) \left(\sqrt{\eta_r \xi_n^2+s}+\lambda\sqrt{\eta_z}\right)} + \\
&+ \frac{1}{\pi a^2 \sqrt{\eta_z}} \sum_{m=0}^{\infty} \ni_m \sum_{n=0}^{\infty} \frac{J_{m\dot{o}}(\xi_n r)}{\left\{1-\left(\frac{m\dot{o}}{\xi_n a}\right)^2\right\} J^2_{m\dot{o}}(\xi_n a)\, \sqrt{\eta_r \xi_n^2 + s}} \times \\
&\times \int_0^{\infty} \overline{\overline{\varphi}}(\xi_n, m, w; \theta) \left\{ e^{-|z-w|\sqrt{\frac{\eta_r \xi_n^2+s}{\eta_z}}} + \left(\frac{\sqrt{\eta_r \xi_n^2+s}-\lambda\sqrt{\eta_z}}{\sqrt{\eta_r \xi_n^2+s}+\lambda\sqrt{\eta_z}}\right) e^{-|z+w|\sqrt{\frac{\eta_r \xi_n^2+s}{\eta_z}}} \right\} dw
\end{aligned} \tag{24.38.2}$$

and

$$\begin{aligned}
p &= \frac{U(t-t_0)}{a^2 \phi c_t \sqrt{\pi^3 \eta_z}} \sum_{m=0}^{\infty} \ni_m \cos\{m(\theta-\theta_0)\} \sum_{n=0}^{\infty} \frac{J_{m\dot{o}}(\xi_n r_0)\, J_{m\dot{o}}(\xi_n r)}{\left\{1-\left(\frac{m\dot{o}}{\xi_n a}\right)^2\right\} J^2_{m\dot{o}}(\xi_n a)} \times \\
&\times \int_0^{t-t_0} \frac{q(t-t_0-\tau)\, e^{-\eta_r \xi_n^2 \tau}}{\sqrt{\tau}} \left\{ e^{-\frac{(z-z_0)^2}{4\eta_z \tau}} + e^{-\frac{(z+z_0)^2}{4\eta_z \tau}} - 2\left(\lambda\sqrt{\pi \eta_z \tau}\right) e^{(z+z_0)\lambda + \lambda^2 \eta_z \tau} \operatorname{erfc}\left(\lambda\sqrt{\eta_z \tau} + \frac{z+z_0}{2\sqrt{\eta_z \tau}}\right) \right\} d\tau - \\
&- \frac{1}{a \phi c_t \sqrt{\pi^3 \eta_z}} \sum_{m=0}^{\infty} \ni_m \sum_{n=0}^{\infty} \frac{J_{m\dot{o}}(\xi_n r)}{\left\{1-\left(\frac{m\dot{o}}{\xi_n a}\right)^2\right\} J_{m\dot{o}}(\xi_n a)} \times \\
&\times \int_0^{t} \frac{e^{-\eta_r \xi_n^2 \tau}}{\sqrt{\tau}} \int_0^{\infty} \overline{\psi}_a(m, w, t-\tau; \theta) \times \\
&\times \left\{ e^{-\frac{(z-w)^2}{4\eta_z \tau}} + e^{-\frac{(z+w)^2}{4\eta_z \tau}} - 2\left(\lambda\sqrt{\pi \eta_z \tau}\right) e^{(z+w)\lambda + \lambda^2 \eta_z \tau} \operatorname{erfc}\left(\lambda\sqrt{\eta_z \tau} + \frac{z+w}{2\sqrt{\eta_z \tau}}\right) \right\} dw d\tau + \\
&+ \frac{2}{\pi a^2 \phi c_t \sqrt{\eta_z}} \sum_{m=0}^{\infty} \ni_m \sum_{n=1}^{\infty} \frac{J_{m\dot{o}}(\xi_n r)}{\left\{1-\left(\frac{m\dot{o}}{\xi_n a}\right)^2\right\} J^2_{m\dot{o}}(\xi_n a)} \times \\
&\times \int_0^{t} \overline{\overline{\psi}}(\xi_n, m, t-\tau; \theta)\, e^{-\eta_r \xi_n^2 \tau} \left\{ \frac{e^{-\frac{z^2}{4\eta_z \tau}}}{\sqrt{\pi \tau}} - \lambda\sqrt{\eta_z} e^{z\lambda + \lambda^2 \eta_z \tau} \operatorname{erfc}\left(\lambda\sqrt{\eta_z \tau} + \frac{z}{2\sqrt{\eta_z \tau}}\right) \right\} d\tau + \\
&+ \frac{1}{a^2 \sqrt{\pi^3 \eta_z t}} \sum_{m=0}^{\infty} \ni_m \sum_{n=0}^{\infty} \frac{J_{m\dot{o}}(\xi_n r)\, e^{-\eta_r \xi_n^2 t}}{\left\{1-\left(\frac{m\dot{o}}{\xi_n a}\right)^2\right\} J^2_{m\dot{o}}(\xi_n a)} \times
\end{aligned}$$

$$\times \int_0^\infty \overline{\overline{\varphi}}(\xi_n, m, w; \theta) \left\{ e^{-\frac{(z-w)^2}{4\eta_z \tau}} + e^{-\frac{(z+w)^2}{4\eta_z \tau}} - 2\left(\lambda\sqrt{\pi \eta_z \tau}\right) e^{(z+w)\lambda + \lambda^2 \eta_z \tau} \operatorname{erfc}\left(\lambda\sqrt{\eta_z \tau} + \frac{z+w}{2\sqrt{\eta_z \tau}}\right)\right\} dw \tag{24.38.3}$$

where $\overline{\overline{\overline{\psi}}}(\xi_n, m, s; \theta) = \int_0^a u J_{m\dot{o}}(\xi_n u) \int_0^{2\pi} \overline{\psi}(u, v, s) \cos\{m(\theta - v)\} dv du$,
$\overline{\overline{\psi}}(\xi_n, m, t; \theta) = \int_0^a u J_{m\dot{o}}(\xi_n u) \int_0^{2\pi} \psi(u, v, t) \cos\{m(\theta - v)\} dv du$,
$\overline{\overline{\psi}}_a(m, w, s; \theta) = \int_0^{2\pi} \overline{\psi}_a(v, w, s) \cos\{m(\theta - v)\} dv$, $\overline{\psi}_a(m, w, t; \theta) = \int_0^{2\pi} \psi_a(v, w, t) \cos\{m(\theta - v)\} dv$ and
$\overline{\overline{\varphi}}(\xi_n, m, w; \theta) = \int_0^a u J_{m\dot{o}}(\xi_n u) \int_0^{2\pi} \varphi(u, v, w) \cos\{m(\theta - v)\} du dv$.

24.39

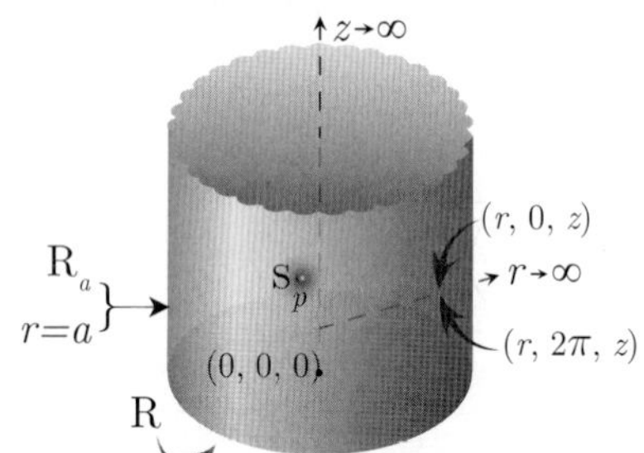

The problem of 24.37, except
$\mathbf{R}_a \equiv \frac{\partial p(a,\theta,z,t)}{\partial r} + \lambda_a p(a, \theta, z, t) = -\left(\frac{\mu}{k_r}\right) \psi_a(\theta, z, t)$ **and**
$\mathbf{R} \equiv \frac{\partial p(r,\theta,0,t)}{\partial z} - \lambda p(r, \theta, 0, t) = -\left(\frac{\mu}{k_z}\right) \psi(r, \theta, t)$

Successive application of the Laplace, Fourier and finite Hankel transformations to equation (22.1.1) gives

$$\overline{\overline{\overline{\overline{p}}}} = \frac{q(s) e^{-st_0} \cos\{m(\theta - \theta_0)\} \{m \cos(lz_0) + \lambda \sin(lz_0)\} J_{m\dot{o}}(\xi_n r_0)}{\phi c_t (\eta_r \xi_n^2 + \eta_z l^2 + s)} - \frac{a\overline{\overline{\overline{\psi}}}_a(m, l, s; \theta) J_{m\dot{o}}(\xi_n a)}{\phi c_t (\eta_r \xi_n^2 + \eta_z l^2 + s)} + \\ + \frac{l\overline{\overline{\overline{\psi}}}(\xi_n, m, s; \theta)}{\phi c_t (\eta_r \xi_n^2 + \eta_z l^2 + s)} + \frac{\overline{\overline{\overline{\varphi}}}(\xi_n, m, l; \theta)}{(\eta_r \xi_n^2 + \eta_z l^2 + s)} \tag{24.39.1}$$

where ξ_n are the positive roots of $\xi_n J'_{m\dot{o}}(\xi_n a) + \lambda J_{m\dot{o}}(\xi_n a) = 0, n = 1, 2, ...,$
$\overline{\overline{\overline{\psi}}}(\xi_n, m, s; \theta) = \int_0^a u J_{m\dot{o}}(\xi_n u) \int_0^{2\pi} \overline{\psi}(u, v, s) \cos\{m(\theta - v)\} dv du$,
$\overline{\overline{\overline{\psi}}}_a(m, l, s; \theta) = \int_0^{2\pi} \cos\{m(\theta - v)\} \int_0^\infty \overline{\psi}_a(v, w, s) \{l \cos(lw) + \lambda \sin(lw)\} dw dv$ and
$\overline{\overline{\overline{\varphi}}}(\xi_n, m, l; \theta) = \int_0^a u J_{m\dot{o}}(\xi_n u) \int_0^{2\pi} \cos\{m(\theta - v)\} \int_0^\infty \varphi(u, v, w) \{l \cos(lw) + \lambda \sin(lw)\} dw dv du$. Successive inverse transforms yield

$$\overline{p} = \frac{q(s) e^{-st_0}}{\pi a^2 \phi c_t \sqrt{\eta_z}} \sum_{m=0}^\infty \ni_m \cos\{m(\theta - \theta_0)\} \sum_{n=1}^\infty \frac{J_{m\dot{o}}(\xi_n r_0) J_{m\dot{o}}(\xi_n r)}{\left[\left\{1 - \left(\frac{m\dot{o}}{\xi_n a}\right)^2\right\} J^2_{m\dot{o}}(\xi_n a) + J'^2_{m\dot{o}}(\xi_n a)\right] \sqrt{(\eta_r \xi_n^2 + s)}} \times \\ \times \left\{ e^{-|z-z_0|\sqrt{\frac{\eta_r \xi_n^2 + s}{\eta_z}}} + \left(\frac{\sqrt{\eta_r \xi_n^2 + s} - \lambda\sqrt{\eta_z}}{\sqrt{\eta_r \xi_n^2 + s} + \lambda\sqrt{\eta_z}}\right) e^{-|z+z_0|\sqrt{\frac{\eta_r \xi_n^2 + s}{\eta_z}}} \right\} - \\ - \frac{1}{\pi a \phi c_t \sqrt{\eta_z}} \sum_{m=0}^\infty \ni_m \sum_{n=1}^\infty \frac{J_{m\dot{o}}(\xi_n a) J_{m\dot{o}}(\xi_n r)}{\left[\left\{1 - \left(\frac{m\dot{o}}{\xi_n a}\right)^2\right\} J^2_{m\dot{o}}(\xi_n a) + J'^2_{m\dot{o}}(\xi_n a)\right] \sqrt{\eta_r \xi_n^2 + s}} \times \\ \times \int_0^\infty \overline{\overline{\psi}}_a(m, w, s; \theta) \left\{ e^{-|z-w|\sqrt{\frac{\eta_r \xi_n^2 + s}{\eta_z}}} + \left(\frac{\sqrt{\eta_r \xi_n^2 + s} - \lambda\sqrt{\eta_z}}{\sqrt{\eta_r \xi_n^2 + s} + \lambda\sqrt{\eta_z}}\right) e^{-|z+w|\sqrt{\frac{\eta_r \xi_n^2 + s}{\eta_z}}} \right\} dw + \\ + \frac{2}{\pi a^2 \phi c_t \sqrt{\eta_z}} \sum_{m=0}^\infty \ni_m \sum_{n=1}^\infty \frac{\overline{\overline{\overline{\psi}}}(\xi_n, m, s; \theta) J_{m\dot{o}}(\xi_n r) e^{-z\sqrt{\frac{\eta_r \xi_n^2 + s}{\eta_z}}}}{\left[\left\{1 - \left(\frac{m\dot{o}}{\xi_n a}\right)^2\right\} J^2_{m\dot{o}}(\xi_n a) + J'^2_{m\dot{o}}(\xi_n a)\right] \left(\sqrt{\eta_r \xi_n^2 + s} + \lambda\sqrt{\eta_z}\right)} +$$

$$+\frac{1}{\pi a^2\sqrt{\eta_z}}\sum_{m=0}^{\infty}\ni_m\sum_{n=1}^{\infty}\frac{J_{m\dot{o}}(\xi_n r)}{\left[\left\{1-\left(\frac{m\dot{o}}{\xi_n a}\right)^2\right\}J^2_{m\dot{o}}(\xi_n a)+J'^2_{m\dot{o}}(\xi_n a)\right]\sqrt{\eta_r\xi_n^2+s}}\times$$
$$\times\int_0^{\infty}\overline{\overline{\varphi}}(\xi_n,m,w;\theta)\left\{e^{-|z-w|\sqrt{\frac{\eta_r\xi_n^2+s}{\eta_z}}}+\left(\frac{\sqrt{\eta_r\xi_n^2+s}-\lambda\sqrt{\eta_z}}{\sqrt{\eta_r\xi_n^2+s}+\lambda\sqrt{\eta_z}}\right)e^{-|z+w|\sqrt{\frac{\eta_r\xi_n^2+s}{\eta_z}}}\right\}dw \tag{24.39.2}$$

and

$$p=\frac{U(t-t_0)}{a^2\phi c_t\sqrt{\pi^3\eta_z}}\sum_{m=0}^{\infty}\ni_m\cos\{m(\theta-\theta_0)\}\sum_{n=1}^{\infty}\frac{J_{m\dot{o}}(\xi_n r_0)\,J_{m\dot{o}}(\xi_n r)}{\left[\left\{1-\left(\frac{m\dot{o}}{\xi_n a}\right)^2\right\}J^2_{m\dot{o}}(\xi_n a)+J'^2_{m\dot{o}}(\xi_n a)\right]}\times$$
$$\times\int_0^{t-t_0}\frac{q(t-t_0-\tau)\,e^{-\eta_r\xi_n^2\tau}}{\sqrt{\tau}}\left\{e^{-\frac{(z-z_0)^2}{4\eta_z\tau}}+e^{-\frac{(z+z_0)^2}{4\eta_z\tau}}-2\left(\lambda\sqrt{\pi\eta_z\tau}\right)e^{(z+z_0)\lambda+\lambda^2\eta_z\tau}\operatorname{erfc}\left(\lambda\sqrt{\eta_z\tau}+\frac{z+z_0}{2\sqrt{\eta_z\tau}}\right)\right\}d\tau-$$
$$-\frac{1}{a\phi c_t\sqrt{\pi^3\eta_z}}\sum_{m=0}^{\infty}\ni_m\sum_{n=1}^{\infty}\frac{J_{m\dot{o}}(\xi_n a)\,J_{m\dot{o}}(\xi_n r)}{\left[\left\{1-\left(\frac{m\dot{o}}{\xi_n a}\right)^2\right\}J^2_{m\dot{o}}(\xi_n a)+J'^2_{m\dot{o}}(\xi_n a)\right]}\times$$
$$\times\int_0^{t}\frac{e^{-\eta_r\xi_n^2\tau}}{\sqrt{\tau}}\int_0^{\infty}\overline{\psi}_a(m,w,t-\tau;\theta)\times$$
$$\times\left\{e^{-\frac{(z-w)^2}{4\eta_z\tau}}+e^{-\frac{(z+w)^2}{4\eta_z\tau}}-2\left(\lambda\sqrt{\pi\eta_z\tau}\right)e^{(z+w)\lambda+\lambda^2\eta_z\tau}\operatorname{erfc}\left(\lambda\sqrt{\eta_z\tau}+\frac{z+w}{2\sqrt{\eta_z\tau}}\right)\right\}dwd\tau+$$
$$+\frac{2}{\pi a^2\phi c_t\sqrt{\eta_z}}\sum_{m=0}^{\infty}\ni_m\sum_{n=1}^{\infty}\frac{J_{m\dot{o}}(\xi_n r)}{\left[\left\{1-\left(\frac{m\dot{o}}{\xi_n a}\right)^2\right\}J^2_{m\dot{o}}(\xi_n a)+J'^2_{m\dot{o}}(\xi_n a)\right]}\times$$
$$\times\int_0^{t}\overline{\overline{\psi}}(\xi_n,m,t-\tau;\theta)\,e^{-\eta_r\xi_n^2\tau}\left\{\frac{e^{-\frac{z^2}{4\eta_z\tau}}}{\sqrt{\pi\tau}}-\lambda\sqrt{\eta_z}e^{z\lambda+\lambda^2\eta_z\tau}\operatorname{erfc}\left(\lambda\sqrt{\eta_z\tau}+\frac{z}{2\sqrt{\eta_z\tau}}\right)\right\}d\tau+$$
$$+\frac{1}{a^2\sqrt{\pi^3\eta_z t}}\sum_{m=0}^{\infty}\ni_m\sum_{n=1}^{\infty}\frac{J_{m\dot{o}}(\xi_n r)\,e^{-\eta_r\xi_n^2 t}}{\left[\left\{1-\left(\frac{m\dot{o}}{\xi_n a}\right)^2\right\}J^2_{m\dot{o}}(\xi_n a)+J'^2_{m\dot{o}}(\xi_n a)\right]}\times$$
$$\times\int_0^{\infty}\overline{\overline{\varphi}}(\xi_n,m,w;\theta)\left\{e^{-\frac{(z-w)^2}{4\eta_z\tau}}+e^{-\frac{(z+w)^2}{4\eta_z\tau}}-2\left(\lambda\sqrt{\pi\eta_z\tau}\right)e^{(z+w)\lambda+\lambda^2\eta_z\tau}\operatorname{erfc}\left(\lambda\sqrt{\eta_z\tau}+\frac{z+w}{2\sqrt{\eta_z\tau}}\right)\right\}dw \tag{24.39.3}$$

where $\overline{\overline{\overline{\psi}}}(\xi_n,m,s;\theta)=\int_0^a uJ_{m\dot{o}}(\xi_n u)\int_0^{2\pi}\overline{\psi}(u,v,s)\cos\{m(\theta-v)\}dvdu$,
$\overline{\overline{\psi}}(\xi_n,m,t;\theta)=\int_0^a uJ_{m\dot{o}}(\xi_n u)\int_0^{2\pi}\psi(u,v,t)\cos\{m(\theta-v)\}dvdu$,
$\overline{\overline{\psi}}_a(m,w,s;\theta)=\int_0^{2\pi}\overline{\psi}_a(v,w,s)\cos\{m(\theta-v)\}dv$, $\overline{\psi}_a(m,w,t;\theta)=\int_0^{2\pi}\psi_a(v,w,t)\cos\{m(\theta-v)\}dv$ and $\overline{\overline{\varphi}}(\xi_n,m,w;\theta)=\int_0^a uJ_{m\dot{o}}(\xi_n u)\int_0^{2\pi}\varphi(u,v,w)\cos\{m(\theta-v)\}dudv$.

24.40

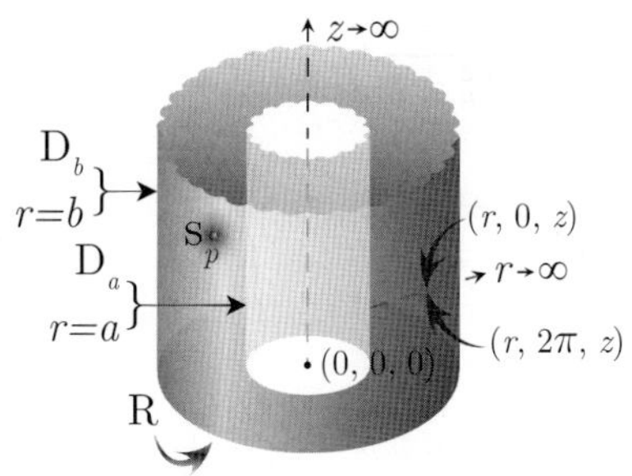

A cylindrical continuum bounded by $a \leq r \leq b$ and semi-infinite in z. Point source at $s_p \equiv (r_0, \theta_0, z_0)$ at time $t = t_0$; $a < r_0 < b$, $0 \leq \theta_0 \leq 2\pi$, $0 < z_0 < \infty$, $t_0 \geq 0$. $R \equiv \frac{\partial p(r,\theta,0,t)}{\partial z} - \lambda p(r,\theta,0,t) = -\left(\frac{\mu}{k_z}\right)\psi(r,\theta,t)$, $D_a \equiv p(a,\theta,z,t) = \psi_a(\theta,z,t)$, and $D_b \equiv p(b,\theta,z,t) = \psi_b(\theta,z,t)$. $p(r,\theta,z,0) = \varphi(r,\theta,z)$

Successive application of the Laplace, Fourier and finite Hankel transformations to equation (22.1.1) gives

$$\overline{\overline{\overline{p}}} = \frac{q(s)e^{-st_0}\cos\{m(\theta-\theta_0)\}\{m\cos(lz_0)+\lambda\sin(lz_0)\}\mathcal{V}_{\mathcal{D}m\dot{o}}(\xi_n r_0, a)}{\phi c_t(\eta_r\xi_n^2+\eta_z l^2+s)} - \frac{2\eta_r\overline{\overline{\overline{\psi}}}_a(m,l,s;\theta)}{\pi(\eta_r\xi_n^2+\eta_z l^2+s)} + $$
$$+ \frac{2\eta_r J_{m\dot{o}}(\xi_n a)\overline{\overline{\overline{\psi}}}_b(m,l,s;\theta)}{\pi J_{m\dot{o}}(\xi_n b)(\eta_r\xi_n^2+\eta_z l^2+s)} + \frac{m\overline{\overline{\overline{\psi}}}(\xi_n,m,s;\theta)}{\phi c_t(\eta_r\xi_n^2+\eta_z l^2+s)} + \frac{\overline{\overline{\overline{\varphi}}}(\xi_n,m,l;\theta)}{(\eta_r\xi_n^2+\eta_z l^2+s)} \quad (24.40.1)$$

where $\mathcal{V}_{\mathcal{D}m\dot{o}}(\xi_n r, a) = J_{m\dot{o}}(\xi_n r)Y_{m\dot{o}}(\xi_n a) - Y_{m\dot{o}}(\xi_n r)J_{m\dot{o}}(\xi_n a)$ and the eigenvalues $\xi_n, n = 1, 2, ...,$ are the positive roots of the transcendental equation $\mathcal{V}_{\mathcal{D}m\dot{o}}(\xi_n b, a) = 0$.
$\overline{\overline{\overline{\psi}}}(\xi_n,m,s;\theta) = \int_0^a u\mathcal{V}_{\mathcal{D}m\dot{o}}(\xi_n u)\int_0^{2\pi}\overline{\psi}(u,v,s)\cos\{m(\theta-v)\}dvdu$,
$\overline{\overline{\overline{\psi}}}_a(m,l,s;\theta) = \int_0^{2\pi}\cos\{m(\theta-v)\}\int_0^\infty\overline{\psi}_a(v,w,s)\{l\cos(lw)+\lambda\sin(lw)\}dwdv$,
$\overline{\overline{\overline{\psi}}}_b(m,l,s;\theta) = \int_0^{2\pi}\cos\{m(\theta-v)\}\int_0^\infty\overline{\psi}_b(v,w,s)\{l\cos(lw)+\lambda\sin(lw)\}dwdv$, and
$\overline{\overline{\overline{\varphi}}}(\xi_n,m,l;\theta) = \int_a^b u\mathcal{V}_{\mathcal{D}m\dot{o}}(\xi_n u)\int_0^{2\pi}\cos\{m(\theta-v)\}\int_0^\infty\varphi(u,v,w)\{l\cos(lw)+\lambda\sin(lw)\}dwdvdu$. Successive inverse transforms yield

$$\overline{p} = \frac{\pi q(s)e^{-st_0}}{4\phi c_t\sqrt{\eta_z}}\sum_{m=0}^{\infty}\ni_m\cos\{m(\theta-\theta_0)\}\sum_{n=1}^{\infty}\frac{\xi_n^2 J_{m\dot{o}}^2(\xi_n b)\mathcal{V}_{\mathcal{D}m\dot{o}}(\xi_n r_0,a)\mathcal{V}_{\mathcal{D}m\dot{o}}(\xi r,a)}{\{J_{m\dot{o}}^2(\xi_n a)-J_{m\dot{o}}^2(\xi_n b)\}\sqrt{(\eta_r\xi_n^2+s)}} \times$$
$$\times\left\{e^{-|z-z_0|\sqrt{\frac{\eta_r\xi_n^2+s}{\eta_z}}} + \left(\frac{\sqrt{\eta_r\xi_n^2+s}-\lambda\sqrt{\eta_z}}{\sqrt{\eta_r\xi_n^2+s}+\lambda\sqrt{\eta_z}}\right)e^{-|z+z_0|\sqrt{\frac{\eta_r\xi_n^2+s}{\eta_z}}}\right\} -$$
$$-\frac{\eta_r}{2\sqrt{\eta_z}}\sum_{m=0}^{\infty}\ni_m\sum_{n=1}^{\infty}\frac{\xi_n^2 J_{m\dot{o}}^2(\xi_n b)\mathcal{V}_{\mathcal{D}m\dot{o}}(\xi r,a)}{\{J_{m\dot{o}}^2(\xi_n a)-J_{m\dot{o}}^2(\xi_n b)\}\sqrt{\eta_r\xi_n^2+s}} \times$$
$$\times\int_0^\infty\overline{\overline{\psi}}_a(m,w,s;\theta)\left\{e^{-|z-w|\sqrt{\frac{\eta_r\xi_n^2+s}{\eta_z}}} + \left(\frac{\sqrt{\eta_r\xi_n^2+s}-\lambda\sqrt{\eta_z}}{\sqrt{\eta_r\xi_n^2+s}+\lambda\sqrt{\eta_z}}\right)e^{-|z+w|\sqrt{\frac{\eta_r\xi_n^2+s}{\eta_z}}}\right\}dw +$$
$$+\frac{\eta_r}{2\sqrt{\eta_z}}\sum_{m=0}^{\infty}\ni_m\sum_{n=1}^{\infty}\frac{\xi_n^2 J_{m\dot{o}}(\xi_n a)J_{m\dot{o}}(\xi_n b)\mathcal{V}_{\mathcal{D}m\dot{o}}(\xi r,a)}{\{J_{m\dot{o}}^2(\xi_n a)-J_{m\dot{o}}^2(\xi_n b)\}\sqrt{\eta_r\xi_n^2+s}} \times$$
$$\times\int_0^\infty\overline{\overline{\psi}}_b(m,w,s;\theta)\left\{e^{-|z-w|\sqrt{\frac{\eta_r\xi_n^2+s}{\eta_z}}} + \left(\frac{\sqrt{\eta_r\xi_n^2+s}-\lambda\sqrt{\eta_z}}{\sqrt{\eta_r\xi_n^2+s}+\lambda\sqrt{\eta_z}}\right)e^{-|z+w|\sqrt{\frac{\eta_r\xi_n^2+s}{\eta_z}}}\right\}dw +$$
$$+\frac{\pi}{2\phi c_t\sqrt{\eta_z}}\sum_{m=0}^{\infty}\ni_m\sum_{n=1}^{\infty}\frac{\xi_n^2 J_{m\dot{o}}^2(\xi_n b)\mathcal{V}_{\mathcal{D}m\dot{o}}(\xi r,a)\overline{\overline{\psi}}(\xi_n,m,s;\theta)e^{-z\sqrt{\frac{\eta_r\xi_n^2+s}{\eta_z}}}}{\{J_{m\dot{o}}^2(\xi_n a)-J_{m\dot{o}}^2(\xi_n b)\}\left(\sqrt{\eta_r\xi_n^2+s}+\lambda\sqrt{\eta_z}\right)} +$$
$$+\frac{\pi}{4\sqrt{\eta_z}}\sum_{m=0}^{\infty}\ni_m\sum_{n=1}^{\infty}\frac{\xi_n^2 J_{m\dot{o}}^2(\xi_n b)\mathcal{V}_{\mathcal{D}m\dot{o}}(\xi r,a)}{\{J_{m\dot{o}}^2(\xi_n a)-J_{m\dot{o}}^2(\xi_n b)\}\sqrt{\eta_r\xi_n^2+s}} \times$$
$$\times\int_0^\infty\overline{\overline{\varphi}}(\xi_n,m,w;\theta)\left\{e^{-|z-w|\sqrt{\frac{\eta_r\xi_n^2+s}{\eta_z}}} + \left(\frac{\sqrt{\eta_r\xi_n^2+s}-\lambda\sqrt{\eta_z}}{\sqrt{\eta_r\xi_n^2+s}+\lambda\sqrt{\eta_z}}\right)e^{-|z+w|\sqrt{\frac{\eta_r\xi_n^2+s}{\eta_z}}}\right\}dw \quad (24.40.2)$$

and

$$p = \frac{U(t-t_0)}{4\phi c_t}\sqrt{\frac{\pi}{\eta_z}}\sum_{m=0}^{\infty}\ni_m \cos\{m(\theta-\theta_0)\}\sum_{n=1}^{\infty}\frac{\xi_n^2 J_{m\dot{o}}^2(\xi_n b)\,\mathcal{V}_{\mathcal{D}m\dot{o}}(\xi_n r_0, a)\,\mathcal{V}_{\mathcal{D}m\dot{o}}(\xi r, a)}{\{J_{m\dot{o}}^2(\xi_n a)-J_{m\dot{o}}^2(\xi_n b)\}}\times$$
$$\times\int_0^{t-t_0}\frac{q(t-t_0-\tau)\,e^{-\eta_r\xi_n^2\tau}}{\sqrt{\tau}}\left\{e^{-\frac{(z-z_0)^2}{4\eta_z\tau}}+e^{-\frac{(z+z_0)^2}{4\eta_z\tau}}-2\left(\lambda\sqrt{\pi\eta_z\tau}\right)e^{(z+z_0)\lambda+\lambda^2\eta_z\tau}\operatorname{erfc}\left(\lambda\sqrt{\eta_z\tau}+\frac{z+z_0}{2\sqrt{\eta_z\tau}}\right)\right\}d\tau-$$
$$-\frac{\eta_r}{2\sqrt{\pi\eta_z}}\sum_{m=0}^{\infty}\ni_m\sum_{n=1}^{\infty}\frac{\xi_n^2 J_{m\dot{o}}^2(\xi_n b)\,\mathcal{V}_{\mathcal{D}m\dot{o}}(\xi r, a)}{\{J_{m\dot{o}}^2(\xi_n a)-J_{m\dot{o}}^2(\xi_n b)\}}\times$$
$$\times\int_0^{t}\frac{e^{-\eta_r\xi_n^2\tau}}{\sqrt{\tau}}\int_0^{\infty}\overline{\overline{\psi}}_a(m,w,t-\tau;\theta)\times$$
$$\times\left\{e^{-\frac{(z-w)^2}{4\eta_z\tau}}+e^{-\frac{(z+w)^2}{4\eta_z\tau}}-2\left(\lambda\sqrt{\pi\eta_z\tau}\right)e^{(z+w)\lambda+\lambda^2\eta_z\tau}\operatorname{erfc}\left(\lambda\sqrt{\eta_z\tau}+\frac{z+w}{2\sqrt{\eta_z\tau}}\right)\right\}dw\,d\tau+$$
$$+\frac{\eta_r}{2\sqrt{\pi\eta_z}}\sum_{m=0}^{\infty}\ni_m\sum_{n=1}^{\infty}\frac{\xi_n^2 J_{m\dot{o}}(\xi_n a)\,J_{m\dot{o}}(\xi_n b)\,\mathcal{V}_{\mathcal{D}m\dot{o}}(\xi r, a)}{\{J_{m\dot{o}}^2(\xi_n a)-J_{m\dot{o}}^2(\xi_n b)\}}\times$$
$$\times\int_0^{t}\frac{e^{-\eta_r\xi_n^2\tau}}{\sqrt{\tau}}\int_0^{\infty}\overline{\overline{\psi}}_b(m,w,t-\tau;\theta)\times$$
$$\times\left\{e^{-\frac{(z-w)^2}{4\eta_z\tau}}+e^{-\frac{(z+w)^2}{4\eta_z\tau}}-2\left(\lambda\sqrt{\pi\eta_z\tau}\right)e^{(z+w)\lambda+\lambda^2\eta_z\tau}\operatorname{erfc}\left(\lambda\sqrt{\eta_z\tau}+\frac{z+w}{2\sqrt{\eta_z\tau}}\right)\right\}dw\,d\tau+$$
$$+\frac{\pi}{2\phi c_t\sqrt{\eta_z}}\sum_{m=0}^{\infty}\ni_m\sum_{n=1}^{\infty}\frac{\xi_n^2 J_{m\dot{o}}^2(\xi_n b)\,\mathcal{V}_{\mathcal{D}m\dot{o}}(\xi r, a)}{\{J_{m\dot{o}}^2(\xi_n a)-J_{m\dot{o}}^2(\xi_n b)\}}\times$$
$$\times\int_0^{t}\overline{\overline{\psi}}(\xi_n,m,t-\tau;\theta)\,e^{-\eta_r\xi_n^2\tau}\left\{\frac{e^{-\frac{z^2}{4\eta_z\tau}}}{\sqrt{\pi\tau}}-\lambda\sqrt{\eta_z}e^{z\lambda+\lambda^2\eta_z\tau}\operatorname{erfc}\left(\lambda\sqrt{\eta_z\tau}+\frac{z}{2\sqrt{\eta_z\tau}}\right)\right\}d\tau+$$
$$+\frac{1}{4}\sqrt{\frac{\pi}{\eta_z t}}\sum_{m=0}^{\infty}\ni_m\sum_{n=1}^{\infty}\frac{\xi_n^2 J_{m\dot{o}}^2(\xi_n b)\,\mathcal{V}_{\mathcal{D}m\dot{o}}(\xi r, a)\,e^{-\eta_r\xi_n^2 t}}{\{J_{m\dot{o}}^2(\xi_n a)-J_{m\dot{o}}^2(\xi_n b)\}}\times$$
$$\times\int_0^{\infty}\overline{\overline{\varphi}}(\xi_n,m,w;\theta)\left\{e^{-\frac{(z-w)^2}{4\eta_z\tau}}+e^{-\frac{(z+w)^2}{4\eta_z\tau}}-2\left(\lambda\sqrt{\pi\eta_z\tau}\right)e^{(z+w)\lambda+\lambda^2\eta_z\tau}\operatorname{erfc}\left(\lambda\sqrt{\eta_z\tau}+\frac{z+w}{2\sqrt{\eta_z\tau}}\right)\right\}dw$$

(24.40.3)

where $\overline{\overline{\overline{\psi}}}(\xi_n,m,s;\theta)=\int_0^a u\mathcal{V}_{\mathcal{D}m\dot{o}}(\xi_n u)\int_0^{2\pi}\overline{\psi}(u,v,s)\cos\{m(\theta-v)\}dvdu$,
$\overline{\overline{\psi}}(\xi_n,m,t;\theta)=\int_0^a u\mathcal{V}_{\mathcal{D}m\dot{o}}(\xi_n u)\int_0^{2\pi}\psi(u,v,t)\cos\{m(\theta-v)\}dvdu$,
$\overline{\overline{\overline{\psi}}}_a(m,w,s;\theta)=\int_0^{2\pi}\overline{\psi}_a(v,w,s)\cos\{m(\theta-v)\}dv$, $\overline{\overline{\psi}}_a(m,w,t;\theta)=\int_0^{2\pi}\psi_a(v,w,t)\cos\{m(\theta-v)\}dv$,
$\overline{\overline{\overline{\psi}}}_b(m,w,s;\theta)=\int_0^{2\pi}\overline{\psi}_b(v,w,s)\cos\{m(\theta-v)\}dv$, $\overline{\overline{\psi}}_b(m,w,t;\theta)=\int_0^{2\pi}\psi_b(v,w,t)\cos\{m(\theta-v)\}dv$, and
$\overline{\overline{\varphi}}(\xi_n,m,w;\theta)=\int_0^a u\mathcal{V}_{\mathcal{D}m\dot{o}}(\xi_n u)\int_0^{2\pi}\varphi(u,v,w)\cos\{m(\theta-v)\}dudv$.

24.41 **The problem of 24.40, except $\mathbf{D}_a\equiv p(a,\theta,z,t)=\psi_a(\theta,z,t)$,**
$\mathbf{N}_b\equiv\frac{\partial p(b,\theta,z,t)}{\partial r}=-\left(\frac{\mu}{k_r}\right)\psi_b(\theta,z,t)$ and
$\mathbf{R}\equiv\frac{\partial p(r,\theta,0,t)}{\partial z}-\lambda p(r,\theta,0,t)=-\left(\frac{\mu}{k_z}\right)\psi(r,\theta,t)$

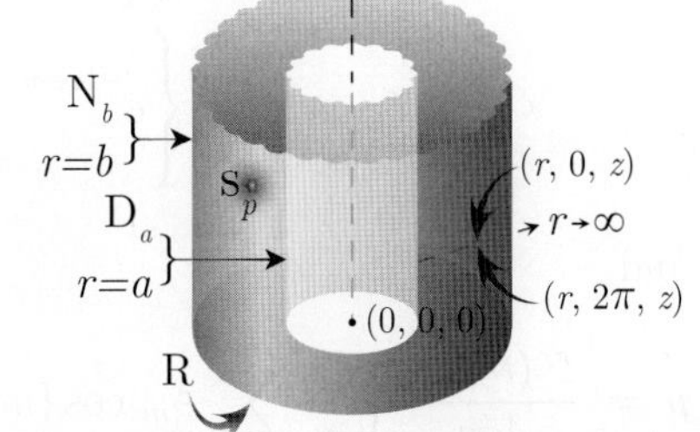

Successive application of the Laplace, Fourier and finite Hankel transformations to equation (22.1.1) gives

$$\overline{\overline{\overline{p}}} = \frac{q(s)\,e^{-st_0}\cos\{m(\theta-\theta_0)\}\{m\cos(lz_0)+\lambda\sin(lz_0)\}\mathcal{V}_{\mathcal{D}m\dot{o}}(\xi_n r_0,a)}{\phi c_t(\eta_r\xi_n^2+\eta_z l^2+s)} - \frac{2\eta_r\overline{\overline{\overline{\psi}}}_a(m,l,s;\theta)}{\pi(\eta_r\xi_n^2+\eta_z l^2+s)} -$$

$$- \frac{2J_{m\dot{o}}(\xi_n a)\overline{\overline{\overline{\psi}}}_b(m,l,s;\theta)}{\pi\phi c_t J'_{m\dot{o}}(\xi_n b)(\eta_r\xi_n^2+\eta_z l^2+s)} + \frac{m\overline{\overline{\overline{\psi}}}(\xi_n,m,s;\theta)}{\phi c_t(\eta_r\xi_n^2+\eta_z l^2+s)} + \frac{\overline{\overline{\overline{\varphi}}}(\xi_n,m,l;\theta)}{(\eta_r\xi_n^2+\eta_z l^2+s)} \tag{24.41.1}$$

where $\mathcal{V}_{\mathcal{D}m\dot{o}}(\xi_n r,a) = J_{m\dot{o}}(\xi_n r)Y_{m\dot{o}}(\xi_n a) - Y_{m\dot{o}}(\xi_n r)J_{m\dot{o}}(\xi_n a)$ and the eigenvalues ξ_n are the positive roots of the transcendental equation $\mathcal{V}'_{\mathcal{D}m\dot{o}}(\xi_n b,a)=0$, $n=1,2,...$,
$\overline{\overline{\overline{\psi}}}(\xi_n,m,s;\theta) = \int_0^a u\mathcal{V}_{\mathcal{D}m\dot{o}}(\xi_n u)\int_0^{2\pi}\overline{\psi}(u,v,s)\cos\{m(\theta-v)\}dvdu$,
$\overline{\overline{\overline{\psi}}}_a(m,l,s;\theta) = \int_0^{2\pi}\cos\{m(\theta-v)\}\int_0^\infty\overline{\psi}_a(v,w,s)\{l\cos(lw)+\lambda\sin(lw)\}\,dwdv$,
$\overline{\overline{\overline{\psi}}}_b(m,l,s;\theta) = \int_0^{2\pi}\cos\{m(\theta-v)\}\int_0^\infty\overline{\psi}_b(v,w,s)\{l\cos(lw)+\lambda\sin(lw)\}\,dwdv$, and
$\overline{\overline{\overline{\varphi}}}(\xi_n,m,l;\theta) = \int_a^b u\mathcal{V}_{\mathcal{D}m\dot{o}}(\xi_n u)\int_0^{2\pi}\cos\{m(\theta-v)\}\int_0^\infty\varphi(u,v,w)\{l\cos(lw)+\lambda\sin(lw)\}\,dwdvdu$. Successive inverse transforms yield

$$\overline{p} = \frac{\pi q(s)\,e^{-st_0}}{4\phi c_t\sqrt{\eta_z}}\sum_{m=0}^\infty \ni_m \cos\{m(\theta-\theta_0)\}\sum_{n=1}^\infty \frac{\xi_n^2 J'^2_{m\dot{o}}(\xi_n b)\mathcal{V}_{\mathcal{D}m\dot{o}}(\xi_n r_0,a)\mathcal{V}_{\mathcal{D}m\dot{o}}(\xi r,a)}{\left[\left\{1-\left(\frac{m\dot{o}}{\xi_n b}\right)^2\right\}J^2_{m\dot{o}}(\xi_n a) - J'^2_{m\dot{o}}(\xi_n b)\right]\sqrt{(\eta_r\xi_n^2+s)}} \times$$

$$\times\left\{e^{-|z-z_0|\sqrt{\frac{\eta_r\xi_n^2+s}{\eta_z}}} + \left(\frac{\sqrt{\eta_r\xi_n^2+s}-\lambda\sqrt{\eta_z}}{\sqrt{\eta_r\xi_n^2+s}+\lambda\sqrt{\eta_z}}\right)e^{-|z+z_0|\sqrt{\frac{\eta_r\xi_n^2+s}{\eta_z}}}\right\} -$$

$$-\frac{\eta_r}{2\sqrt{\eta_z}}\sum_{m=0}^\infty \ni_m \sum_{n=1}^\infty \frac{\xi_n^2 J'^2_{m\dot{o}}(\xi_n b)\mathcal{V}_{\mathcal{D}m\dot{o}}(\xi r,a)}{\left[\left\{1-\left(\frac{m\dot{o}}{\xi_n b}\right)^2\right\}J^2_{m\dot{o}}(\xi_n a) - J'^2_{m\dot{o}}(\xi_n b)\right]\sqrt{\eta_r\xi_n^2+s}} \times$$

$$\times\int_0^\infty \overline{\overline{\psi}}_a(m,w,s;\theta)\left\{e^{-|z-w|\sqrt{\frac{\eta_r\xi_n^2+s}{\eta_z}}} + \left(\frac{\sqrt{\eta_r\xi_n^2+s}-\lambda\sqrt{\eta_z}}{\sqrt{\eta_r\xi_n^2+s}+\lambda\sqrt{\eta_z}}\right)e^{-|z+w|\sqrt{\frac{\eta_r\xi_n^2+s}{\eta_z}}}\right\}dw -$$

$$-\frac{1}{2\phi c_t\sqrt{\eta_z}}\sum_{m=0}^\infty \ni_m \sum_{n=1}^\infty \frac{\xi_n^2 J_{m\dot{o}}(\xi_n a)J'_{m\dot{o}}(\xi_n b)\mathcal{V}_{\mathcal{D}m\dot{o}}(\xi r,a)}{\left[\left\{1-\left(\frac{m\dot{o}}{\xi_n b}\right)^2\right\}J^2_{m\dot{o}}(\xi_n a) - J'^2_{m\dot{o}}(\xi_n b)\right]\sqrt{\eta_r\xi_n^2+s}} \times$$

$$\times\int_0^\infty \overline{\overline{\psi}}_b(m,w,s;\theta)\left\{e^{-|z-w|\sqrt{\frac{\eta_r\xi_n^2+s}{\eta_z}}} + \left(\frac{\sqrt{\eta_r\xi_n^2+s}-\lambda\sqrt{\eta_z}}{\sqrt{\eta_r\xi_n^2+s}+\lambda\sqrt{\eta_z}}\right)e^{-|z+w|\sqrt{\frac{\eta_r\xi_n^2+s}{\eta_z}}}\right\}dw +$$

$$+\frac{\pi}{2\phi c_t\sqrt{\eta_z}}\sum_{m=0}^\infty \ni_m \sum_{n=1}^\infty \frac{\xi_n^2 J'^2_{m\dot{o}}(\xi_n b)\mathcal{V}_{\mathcal{D}m\dot{o}}(\xi r,a)\overline{\overline{\overline{\psi}}}(\xi_n,m,s;\theta)\,e^{-z\sqrt{\frac{\eta_r\xi_n^2+s}{\eta_z}}}}{\left[\left\{1-\left(\frac{m\dot{o}}{\xi_n b}\right)^2\right\}J^2_{m\dot{o}}(\xi_n a) - J'^2_{m\dot{o}}(\xi_n b)\right]\left(\sqrt{\eta_r\xi_n^2+s}+\lambda\sqrt{\eta_z}\right)} +$$

$$+\frac{\pi}{4\sqrt{\eta_z}}\sum_{m=0}^\infty \ni_m \sum_{n=1}^\infty \frac{\xi_n^2 J'^2_{m\dot{o}}(\xi_n b)\mathcal{V}_{\mathcal{D}m\dot{o}}(\xi r,a)}{\left[\left\{1-\left(\frac{m\dot{o}}{\xi_n b}\right)^2\right\}J^2_{m\dot{o}}(\xi_n a) - J'^2_{m\dot{o}}(\xi_n b)\right]\sqrt{\eta_r\xi_n^2+s}} \times$$

$$\times\int_0^\infty \overline{\overline{\varphi}}(\xi_n,m,w;\theta)\left\{e^{-|z-w|\sqrt{\frac{\eta_r\xi_n^2+s}{\eta_z}}} + \left(\frac{\sqrt{\eta_r\xi_n^2+s}-\lambda\sqrt{\eta_z}}{\sqrt{\eta_r\xi_n^2+s}+\lambda\sqrt{\eta_z}}\right)e^{-|z+w|\sqrt{\frac{\eta_r\xi_n^2+s}{\eta_z}}}\right\}dw \tag{24.41.2}$$

and

$$p = \frac{U(t-t_0)}{4\phi c_t}\sqrt{\frac{\pi}{\eta_z}}\sum_{m=0}^\infty \ni_m \cos\{m(\theta-\theta_0)\}\sum_{n=1}^\infty \frac{\xi_n^2 J'^2_{m\dot{o}}(\xi_n b)\mathcal{V}_{\mathcal{D}m\dot{o}}(\xi_n r_0,a)\mathcal{V}_{\mathcal{D}m\dot{o}}(\xi r,a)}{\left[\left\{1-\left(\frac{m\dot{o}}{\xi_n b}\right)^2\right\}J^2_{m\dot{o}}(\xi_n a) - J'^2_{m\dot{o}}(\xi_n b)\right]} \times$$

$$\times \int_0^{t-t_0} \frac{q(t-t_0-\tau)\, e^{-\eta_r \xi_n^2 \tau}}{\sqrt{\tau}} \left\{ e^{-\frac{(z-z_0)^2}{4\eta_z \tau}} + e^{-\frac{(z+z_0)^2}{4\eta_z \tau}} - 2\left(\lambda\sqrt{\pi\eta_z \tau}\right) e^{(z+z_0)\lambda + \lambda^2 \eta_z \tau} \operatorname{erfc}\left(\lambda\sqrt{\eta_z \tau} + \frac{z+z_0}{2\sqrt{\eta_z \tau}}\right)\right\} d\tau -$$

$$-\frac{\eta_r}{2\sqrt{\pi\eta_z}} \sum_{m=0}^{\infty} \ni_m \sum_{n=1}^{\infty} \frac{\xi_n^2 J'^2_{m\dot{o}}(\xi_n b)\, \mathcal{V}_{\mathcal{D}m\dot{o}}(\xi r, a)}{\left[\left\{1-\left(\frac{m\dot{o}}{\xi_n b}\right)^2\right\} J^2_{m\dot{o}}(\xi_n a) - J'^2_{m\dot{o}}(\xi_n b)\right]} \times$$

$$\times \int_0^t \frac{e^{-\eta_r \xi_n^2 \tau}}{\sqrt{\tau}} \int_0^\infty \overline{\psi}_a(m, w, t-\tau; \theta) \times$$

$$\times \left\{ e^{-\frac{(z-w)^2}{4\eta_z \tau}} + e^{-\frac{(z+w)^2}{4\eta_z \tau}} - 2\left(\lambda\sqrt{\pi\eta_z \tau}\right) e^{(z+w)\lambda + \lambda^2 \eta_z \tau} \operatorname{erfc}\left(\lambda\sqrt{\eta_z \tau} + \frac{z+w}{2\sqrt{\eta_z \tau}}\right)\right\} dw d\tau -$$

$$-\frac{1}{2\phi c_t \sqrt{\pi\eta_z}} \sum_{m=0}^{\infty} \ni_m \sum_{n=1}^{\infty} \frac{\xi_n^2 J_{m\dot{o}}(\xi_n a)\, J'_{m\dot{o}}(\xi_n b)\, \mathcal{V}_{\mathcal{D}m\dot{o}}(\xi r, a)}{\left[\left\{1-\left(\frac{m\dot{o}}{\xi_n b}\right)^2\right\} J^2_{m\dot{o}}(\xi_n a) - J'^2_{m\dot{o}}(\xi_n b)\right]} \times$$

$$\times \int_0^t \frac{e^{-\eta_r \xi_n^2 \tau}}{\sqrt{\tau}} \int_0^\infty \overline{\psi}_b(m, w, t-\tau; \theta) \times$$

$$\times \left\{ e^{-\frac{(z-w)^2}{4\eta_z \tau}} + e^{-\frac{(z+w)^2}{4\eta_z \tau}} - 2\left(\lambda\sqrt{\pi\eta_z \tau}\right) e^{(z+w)\lambda + \lambda^2 \eta_z \tau} \operatorname{erfc}\left(\lambda\sqrt{\eta_z \tau} + \frac{z+w}{2\sqrt{\eta_z \tau}}\right)\right\} dw d\tau +$$

$$+\frac{\pi}{2\phi c_t \sqrt{\eta_z}} \sum_{m=0}^{\infty} \ni_m \sum_{n=1}^{\infty} \frac{\xi_n^2 J'^2_{m\dot{o}}(\xi_n b)\, \mathcal{V}_{\mathcal{D}m\dot{o}}(\xi r, a)}{\left[\left\{1-\left(\frac{m\dot{o}}{\xi_n b}\right)^2\right\} J^2_{m\dot{o}}(\xi_n a) - J'^2_{m\dot{o}}(\xi_n b)\right]} \times$$

$$\times \int_0^t \overline{\overline{\psi}}(\xi_n, m, t-\tau; \theta)\, e^{-\eta_r \xi_n^2 \tau} \left\{ \frac{e^{-\frac{z^2}{4\eta_z \tau}}}{\sqrt{\pi\tau}} - \lambda\sqrt{\eta_z} e^{z\lambda + \lambda^2 \eta_z \tau} \operatorname{erfc}\left(\lambda\sqrt{\eta_z \tau} + \frac{z}{2\sqrt{\eta_z \tau}}\right)\right\} d\tau +$$

$$+\frac{1}{4}\sqrt{\frac{\pi}{\eta_z t}} \sum_{m=0}^{\infty} \ni_m \sum_{n=1}^{\infty} \frac{\xi_n^2 J'^2_{m\dot{o}}(\xi_n b)\, \mathcal{V}_{\mathcal{D}m\dot{o}}(\xi r, a)\, e^{-\eta_r \xi_n^2 t}}{\left[\left\{1-\left(\frac{m\dot{o}}{\xi_n b}\right)^2\right\} J^2_{m\dot{o}}(\xi_n a) - J'^2_{m\dot{o}}(\xi_n b)\right]} \times$$

$$\times \int_0^\infty \overline{\overline{\varphi}}(\xi_n, m, w; \theta) \left\{ e^{-\frac{(z-w)^2}{4\eta_z \tau}} + e^{-\frac{(z+w)^2}{4\eta_z \tau}} - 2\left(\lambda\sqrt{\pi\eta_z \tau}\right) e^{(z+w)\lambda + \lambda^2 \eta_z \tau} \operatorname{erfc}\left(\lambda\sqrt{\eta_z \tau} + \frac{z+w}{2\sqrt{\eta_z \tau}}\right)\right\} dw \tag{24.41.3}$$

where $\overline{\overline{\overline{\psi}}}(\xi_n, m, s; \theta) = \int_0^a u\mathcal{V}_{\mathcal{D}m\dot{o}}(\xi_n u) \int_0^{2\pi} \overline{\psi}(u, v, s) \cos\{m(\theta - v)\} dv du$,
$\overline{\overline{\psi}}(\xi_n, m, t; \theta) = \int_0^a u\mathcal{V}_{\mathcal{D}m\dot{o}}(\xi_n u) \int_0^{2\pi} \psi(u, v, t) \cos\{m(\theta - v)\} dv du$,
$\overline{\overline{\psi}}_a(m, w, s; \theta) = \int_0^{2\pi} \overline{\psi}_a(v, w, s) \cos\{m(\theta - v)\} dv$, $\overline{\psi}_a(m, w, t; \theta) = \int_0^{2\pi} \psi_a(v, w, t) \cos\{m(\theta - v)\} dv$,
$\overline{\overline{\psi}}_b(m, w, s; \theta) = \int_0^{2\pi} \overline{\psi}_b(v, w, s) \cos\{m(\theta - v)\} dv$, $\overline{\psi}_b(m, w, t; \theta) = \int_0^{2\pi} \psi_b(v, w, t) \cos\{m(\theta - v)\} dv$, and
$\overline{\overline{\varphi}}(\xi_n, m, w; \theta) = \int_0^a u\mathcal{V}_{\mathcal{D}m\dot{o}}(\xi_n u) \int_0^{2\pi} \varphi(u, v, w) \cos\{m(\theta - v)\} du dv$.

24.42 The problem of 24.40, except $\mathbf{D}_a \equiv p(a, \theta, z, t) = \psi_a(\theta, z, t)$, $\mathbf{R}_b \equiv \frac{\partial p(b,\theta,z,t)}{\partial r} + \lambda_b p(b, \theta, z, t) = -\left(\frac{\mu}{k_r}\right) \psi_b(\theta, z, t)$ and $\mathbf{R} \equiv \frac{\partial p(r,\theta,0,t)}{\partial z} - \lambda p(r, \theta, 0, t) = -\left(\frac{\mu}{k_z}\right) \psi(r, \theta, t)$

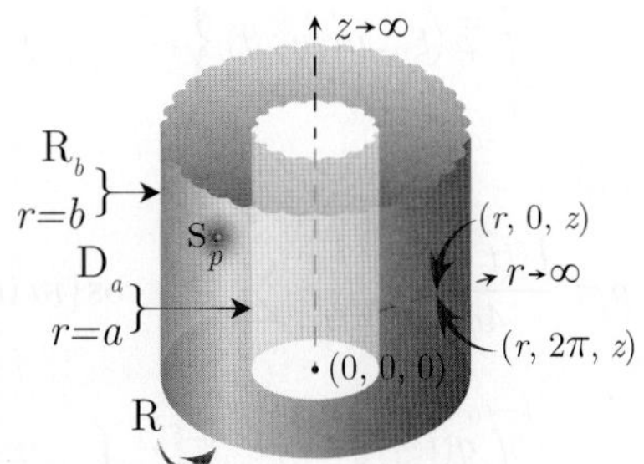

Successive application of the Laplace, Fourier and finite Hankel transformations to equation (22.1.1) gives

$$\overline{\overline{\overline{p}}} = \frac{q(s)\, e^{-st_0} \cos\{m(\theta-\theta_0)\}\{m\cos(lz_0)+\lambda\sin(lz_0)\}\mathcal{V}_{\mathcal{D}m\dot{o}}(\xi_n r_0, a)}{\phi c_t(\eta_r\xi_n^2+\eta_z l^2+s)} - \frac{2\eta_r \overline{\overline{\psi}}_a(m,l,s;\theta)}{\pi(\eta_r\xi_n^2+\eta_z l^2+s)} - $$
$$-\frac{2J_{m\dot{o}}(\xi_n a)\overline{\overline{\psi}}_b(m,l,s;\theta)}{\pi\phi c_t\{\lambda_b J_{m\dot{o}}(\xi_n b)-\xi_n J'_{m\dot{o}}(\xi_n b)\}(\eta_r\xi_n^2+\eta_z l^2+s)} + \frac{m\overline{\overline{\psi}}(\xi_n,m,s;\theta)}{\phi c_t(\eta_r\xi_n^2+\eta_z l^2+s)} + \frac{\overline{\overline{\varphi}}(\xi_n,m,l;\theta)}{(\eta_r\xi_n^2+\eta_z l^2+s)} \tag{24.42.1}$$

where $\mathcal{V}_{\mathcal{D}m\dot{o}}(\xi_n r, a) = J_{m\dot{o}}(\xi_n r)Y_{m\dot{o}}(\xi_n a) - Y_{m\dot{o}}(\xi_n r)J_{m\dot{o}}(\xi_n a)$ and the eigenvalues $\xi_n, n=1,2,...$, are the positive roots of the transcendental equation $\xi_n\mathcal{V}'_{\mathcal{D}m\dot{o}}(\xi_n b, a)+\lambda_b\mathcal{V}_{\mathcal{D}m\dot{o}}(\xi_n b, a)=0$.
$\overline{\overline{\overline{\psi}}}(\xi_n,m,s;\theta) = \int_0^a u\mathcal{V}_{\mathcal{D}m\dot{o}}(\xi_n u)\int_0^{2\pi}\overline{\psi}(u,v,s)\cos\{m(\theta-v)\}dvdu$,
$\overline{\overline{\psi}}_a(m,l,s;\theta) = \int_0^{2\pi}\cos\{m(\theta-v)\}\int_0^\infty \overline{\psi}_a(v,w,s)\{l\cos(lw)+\lambda\sin(lw)\}dwdv$,
$\overline{\overline{\psi}}_b(m,l,s;\theta) = \int_0^{2\pi}\cos\{m(\theta-v)\}\int_0^\infty \overline{\psi}_b(v,w,s)\{l\cos(lw)+\lambda\sin(lw)\}dwdv$, and
$\overline{\overline{\overline{\varphi}}}(\xi_n,m,l;\theta) = \int_a^b u\mathcal{V}_{\mathcal{D}m\dot{o}}(\xi_n u)\int_0^{2\pi}\cos\{m(\theta-v)\}\int_0^\infty\varphi(u,v,w)\{l\cos(lw)+\lambda\sin(lw)\}dwdvdu$. Successive inverse transforms yield

$$\overline{p} = \frac{\pi q(s)\, e^{-st_0}}{4\phi c_t\sqrt{\eta_z}}\sum_{m=0}^\infty \ni_m \cos\{m(\theta-\theta_0)\}\sum_{n=1}^\infty \frac{\xi_n^2\{\lambda_b J_{m\dot{o}}(\xi_n b)-\xi_n J'_{m\dot{o}}(\xi_n b)\}^2\mathcal{V}_{\mathcal{D}m\dot{o}}(\xi_n r_0,a)\,\mathcal{V}_{\mathcal{D}m\dot{o}}(\xi r,a)}{\left[\left\{\xi_n^2+\lambda^2-\left(\frac{m\dot{o}}{b}\right)^2\right\}J^2_{m\dot{o}}(\xi_n a)-\{\xi_n J'_{m\dot{o}}(\xi_n b)+\lambda J_{m\dot{o}}(\xi_n b)\}^2\right]}\times$$
$$\times\frac{1}{\sqrt{\eta_r\xi_n^2+s}}\left\{c^{-|z-z_0|\sqrt{\frac{\eta_r\xi_n^2+s}{\eta_z}}}+\left(\frac{\sqrt{\eta_r\xi_n^2+s}-\lambda\sqrt{\eta_z}}{\sqrt{\eta_r\xi_n^2+s}+\lambda\sqrt{\eta_z}}\right)e^{-|z+z_0|\sqrt{\frac{\eta_r\xi_n^2+s}{\eta_z}}}\right\}-$$
$$-\frac{\eta_r}{2\sqrt{\eta_z}}\sum_{m=0}^\infty\ni_m\sum_{n=1}^\infty\frac{\xi_n^2\{\lambda_b J_{m\dot{o}}(\xi_n b)-\xi_n J'_{m\dot{o}}(\xi_n b)\}^2\mathcal{V}_{\mathcal{D}m\dot{o}}(\xi r,a)}{\left[\left\{\xi_n^2+\lambda^2-\left(\frac{m\dot{o}}{b}\right)^2\right\}J^2_{m\dot{o}}(\xi_n a)-\{\xi_n J'_{m\dot{o}}(\xi_n b)+\lambda J_{m\dot{o}}(\xi_n b)\}^2\right]\sqrt{\eta_r\xi_n^2+s}}\times$$
$$\times\int_0^\infty\overline{\overline{\psi}}_a(m,w,s;\theta)\left\{e^{-|z-w|\sqrt{\frac{\eta_r\xi_n^2+s}{\eta_z}}}+\left(\frac{\sqrt{\eta_r\xi_n^2+s}-\lambda\sqrt{\eta_z}}{\sqrt{\eta_r\xi_n^2+s}+\lambda\sqrt{\eta_z}}\right)e^{-|z+w|\sqrt{\frac{\eta_r\xi_n^2+s}{\eta_z}}}\right\}dw-$$
$$-\frac{1}{2\phi c_t\sqrt{\eta_z}}\sum_{m=0}^\infty\ni_m\sum_{n=1}^\infty\frac{\xi_n^2 J_{m\dot{o}}(\xi_n a)\{\lambda_b J_{m\dot{o}}(\xi_n b)-\xi_n J'_{m\dot{o}}(\xi_n b)\}\mathcal{V}_{\mathcal{D}m\dot{o}}(\xi r,a)}{\left[\left\{\xi_n^2+\lambda^2-\left(\frac{m\dot{o}}{b}\right)^2\right\}J^2_{m\dot{o}}(\xi_n a)-\{\xi_n J'_{m\dot{o}}(\xi_n b)+\lambda J_{m\dot{o}}(\xi_n b)\}^2\right]\sqrt{\eta_r\xi_n^2+s}}\times$$
$$\times\int_0^\infty\overline{\overline{\psi}}_b(m,w,s;\theta)\left\{e^{-|z-w|\sqrt{\frac{\eta_r\xi_n^2+s}{\eta_z}}}+\left(\frac{\sqrt{\eta_r\xi_n^2+s}-\lambda\sqrt{\eta_z}}{\sqrt{\eta_r\xi_n^2+s}+\lambda\sqrt{\eta_z}}\right)e^{-|z+w|\sqrt{\frac{\eta_r\xi_n^2+s}{\eta_z}}}\right\}dw+$$
$$+\frac{\pi}{2\phi c_t\sqrt{\eta_z}}\sum_{m=0}^\infty\ni_m\sum_{n=1}^\infty\frac{\xi_n^2\{\lambda_b J_{m\dot{o}}(\xi_n b)-\xi_n J'_{m\dot{o}}(\xi_n b)\}^2\mathcal{V}_{\mathcal{D}m\dot{o}}(\xi r,a)\overline{\overline{\overline{\psi}}}(\xi_n,m,s;\theta)\,e^{-z\sqrt{\frac{\eta_r\xi_n^2+s}{\eta_z}}}}{\left[\left\{\xi_n^2+\lambda^2-\left(\frac{m\dot{o}}{b}\right)^2\right\}J^2_{m\dot{o}}(\xi_n a)-\{\xi_n J'_{m\dot{o}}(\xi_n b)+\lambda J_{m\dot{o}}(\xi_n b)\}^2\right]\left(\sqrt{\eta_r\xi_n^2+s}+\lambda\sqrt{\eta_z}\right)}+$$
$$+\frac{\pi}{4\sqrt{\eta_z}}\sum_{m=0}^\infty\ni_m\sum_{n=1}^\infty\frac{\xi_n^2\{\lambda_b J_{m\dot{o}}(\xi_n b)-\xi_n J'_{m\dot{o}}(\xi_n b)\}^2\mathcal{V}_{\mathcal{D}m\dot{o}}(\xi r,a)}{\left[\left\{\xi_n^2+\lambda^2-\left(\frac{m\dot{o}}{b}\right)^2\right\}J^2_{m\dot{o}}(\xi_n a)-\{\xi_n J'_{m\dot{o}}(\xi_n b)+\lambda J_{m\dot{o}}(\xi_n b)\}^2\right]\sqrt{\eta_r\xi_n^2+s}}\times$$
$$\times\int_0^\infty\overline{\overline{\varphi}}(\xi_n,m,w;\theta)\left\{e^{-|z-w|\sqrt{\frac{\eta_r\xi_n^2+s}{\eta_z}}}+\left(\frac{\sqrt{\eta_r\xi_n^2+s}-\lambda\sqrt{\eta_z}}{\sqrt{\eta_r\xi_n^2+s}+\lambda\sqrt{\eta_z}}\right)e^{-|z+w|\sqrt{\frac{\eta_r\xi_n^2+s}{\eta_z}}}\right\}dw \tag{24.42.2}$$

and

$$p = \frac{U(t-t_0)}{4\phi c_t}\sqrt{\frac{\pi}{\eta_z}}\sum_{m=0}^\infty\ni_m\cos\{m(\theta-\theta_0)\}\sum_{n=1}^\infty\frac{\xi_n^2\{\lambda_b J_{m\dot{o}}(\xi_n b)-\xi_n J'_{m\dot{o}}(\xi_n b)\}^2\mathcal{V}_{\mathcal{D}m\dot{o}}(\xi_n r_0,a)\,\mathcal{V}_{\mathcal{D}m\dot{o}}(\xi r,a)}{\left[\left\{\xi_n^2+\lambda^2-\left(\frac{m\dot{o}}{b}\right)^2\right\}J^2_{m\dot{o}}(\xi_n a)-\{\xi_n J'_{m\dot{o}}(\xi_n b)+\lambda J_{m\dot{o}}(\xi_n b)\}^2\right]}\times$$
$$\times\int_0^{t-t_0}\frac{q(t-t_0-\tau)\,e^{-\eta_r\xi_n^2\tau}}{\sqrt{\tau}}\left\{e^{-\frac{(z-z_0)^2}{4\eta_z\tau}}+e^{-\frac{(z+z_0)^2}{4\eta_z\tau}}-2\left(\lambda\sqrt{\pi\eta_z\tau}\right)e^{(z+z_0)\lambda+\lambda^2\eta_z\tau}\operatorname{erfc}\left(\lambda\sqrt{\eta_z\tau}+\frac{z+z_0}{2\sqrt{\eta_z\tau}}\right)\right\}d\tau-$$

$$-\frac{\eta_r}{2\sqrt{\pi\eta_z}}\sum_{m=0}^{\infty}\ni_m\sum_{n=1}^{\infty}\frac{\xi_n^2\{\lambda_b J_{m\dot{o}}(\xi_n b)-\xi_n J'_{m\dot{o}}(\xi_n b)\}^2\mathcal{V}_{\mathcal{D}m\dot{o}}(\xi r,a)}{\left[\left\{\xi_n^2+\lambda^2-\left(\frac{m\dot{o}}{b}\right)^2\right\}J^2_{m\dot{o}}(\xi_n a)-\{\xi_n J'_{m\dot{o}}(\xi_n b)+\lambda J_{m\dot{o}}(\xi_n b)\}^2\right]}\times$$
$$\times\int_0^t\frac{e^{-\eta_r\xi_n^2\tau}}{\sqrt{\tau}}\int_0^\infty\overline{\psi}_a(m,w,t-\tau;\theta)\times$$
$$\times\left\{e^{-\frac{(z-w)^2}{4\eta_z\tau}}+e^{-\frac{(z+w)^2}{4\eta_z\tau}}-2\left(\lambda\sqrt{\pi\eta_z\tau}\right)e^{(z+w)\lambda+\lambda^2\eta_z\tau}\operatorname{erfc}\left(\lambda\sqrt{\eta_z\tau}+\frac{z+w}{2\sqrt{\eta_z\tau}}\right)\right\}dwd\tau+$$
$$-\frac{1}{2\phi c_t\sqrt{\pi\eta_z}}\sum_{m=0}^{\infty}\ni_m\sum_{n=1}^{\infty}\frac{\xi_n^2 J_{m\dot{o}}(\xi_n a)\{\lambda_b J_{m\dot{o}}(\xi_n b)-\xi_n J'_{m\dot{o}}(\xi_n b)\}\mathcal{V}_{\mathcal{D}m\dot{o}}(\xi r,a)}{\left[\left\{\xi_n^2+\lambda^2-\left(\frac{m\dot{o}}{b}\right)^2\right\}J^2_{m\dot{o}}(\xi_n a)-\{\xi_n J'_{m\dot{o}}(\xi_n b)+\lambda J_{m\dot{o}}(\xi_n b)\}^2\right]}\times$$
$$\times\int_0^t\frac{e^{-\eta_r\xi_n^2\tau}}{\sqrt{\tau}}\int_0^\infty\overline{\psi}_b(m,w,t-\tau;\theta)\times$$
$$\times\left\{e^{-\frac{(z-w)^2}{4\eta_z\tau}}+e^{-\frac{(z+w)^2}{4\eta_z\tau}}-2\left(\lambda\sqrt{\pi\eta_z\tau}\right)e^{(z+w)\lambda+\lambda^2\eta_z\tau}\operatorname{erfc}\left(\lambda\sqrt{\eta_z\tau}+\frac{z+w}{2\sqrt{\eta_z\tau}}\right)\right\}dwd\tau+$$
$$+\frac{\pi}{2\phi c_t\sqrt{\eta_z}}\sum_{m=0}^{\infty}\ni_m\sum_{n=1}^{\infty}\frac{\xi_n^2\{\lambda_b J_{m\dot{o}}(\xi_n b)-\xi_n J'_{m\dot{o}}(\xi_n b)\}^2\mathcal{V}_{\mathcal{D}m\dot{o}}(\xi r,a)}{\left[\left\{\xi_n^2+\lambda^2-\left(\frac{m\dot{o}}{b}\right)^2\right\}J^2_{m\dot{o}}(\xi_n a)-\{\xi_n J'_{m\dot{o}}(\xi_n b)+\lambda J_{m\dot{o}}(\xi_n b)\}^2\right]}\times$$
$$\times\int_0^t\overline{\overline{\psi}}(\xi_n,m,t-\tau;\theta)\,e^{-\eta_r\xi_n^2\tau}\left\{\frac{e^{-\frac{z^2}{4\eta_z\tau}}}{\sqrt{\pi\tau}}-\lambda\sqrt{\eta_z}e^{z\lambda+\lambda^2\eta_z\tau}\operatorname{erfc}\left(\lambda\sqrt{\eta_z\tau}+\frac{z}{2\sqrt{\eta_z\tau}}\right)\right\}d\tau+$$
$$+\frac{1}{4}\sqrt{\frac{\pi}{\eta_z t}}\sum_{m=0}^{\infty}\ni_m\sum_{n=1}^{\infty}\frac{\xi_n^2\{\lambda_b J_{m\dot{o}}(\xi_n b)-\xi_n J'_{m\dot{o}}(\xi_n b)\}^2\mathcal{V}_{\mathcal{D}m\dot{o}}(\xi r,a)\,e^{-\eta_r\xi_n^2 t}}{\left[\left\{\xi_n^2+\lambda^2-\left(\frac{m\dot{o}}{b}\right)^2\right\}J^2_{m\dot{o}}(\xi_n a)-\{\xi_n J'_{m\dot{o}}(\xi_n b)+\lambda J_{m\dot{o}}(\xi_n b)\}^2\right]}\times$$
$$\times\int_0^\infty\overline{\overline{\varphi}}(\xi_n,m,w;\theta)\left\{e^{-\frac{(z-w)^2}{4\eta_z\tau}}+e^{-\frac{(z+w)^2}{4\eta_z\tau}}-2\left(\lambda\sqrt{\pi\eta_z\tau}\right)e^{(z+w)\lambda+\lambda^2\eta_z\tau}\operatorname{erfc}\left(\lambda\sqrt{\eta_z\tau}+\frac{z+w}{2\sqrt{\eta_z\tau}}\right)\right\}dw$$
$$(24.42.3)$$

where $\overline{\overline{\overline{\psi}}}(\xi_n,m,s;\theta)=\int_0^a u\mathcal{V}_{\mathcal{D}m\dot{o}}(\xi_n u)\int_0^{2\pi}\overline{\psi}(u,v,s)\cos\{m(\theta-v)\}dvdu$,
$\overline{\overline{\psi}}(\xi_n,m,t;\theta)=\int_0^a u\mathcal{V}_{\mathcal{D}m\dot{o}}(\xi_n u)\int_0^{2\pi}\psi(u,v,t)\cos\{m(\theta-v)\}dvdu$,
$\overline{\overline{\psi}}_a(m,w,s;\theta)=\int_0^{2\pi}\overline{\psi}_a(v,w,s)\cos\{m(\theta-v)\}dv$, $\overline{\psi}_a(m,w,t;\theta)=\int_0^{2\pi}\psi_a(v,w,t)\cos\{m(\theta-v)\}dv$,
$\overline{\overline{\psi}}_b(m,w,s;\theta)=\int_0^{2\pi}\overline{\psi}_b(v,w,s)\cos\{m(\theta-v)\}dv$, $\overline{\psi}_b(m,w,t;\theta)=\int_0^{2\pi}\psi_b(v,w,t)\cos\{m(\theta-v)\}dv$, and
$\overline{\overline{\varphi}}(\xi_n,m,w;\theta)=\int_0^a u\mathcal{V}_{\mathcal{D}m\dot{o}}(\xi_n u)\int_0^{2\pi}\varphi(u,v,w)\cos\{m(\theta-v)\}dudv$.

24.43 The problem of 24.40, except

$\mathbf{N}_a\equiv\frac{\partial p(a,\theta,z,t)}{\partial r}=-\left(\frac{\mu}{k_r}\right)\psi_a(\theta,z,t)$,
$\mathbf{D}_b\equiv p(b,\theta,z,t)=\psi_b(\theta,z,t)$ and
$\mathbf{R}\equiv\frac{\partial p(r,\theta,0,t)}{\partial z}-\lambda p(r,\theta,0,t)=-\left(\frac{\mu}{k_z}\right)\psi(r,\theta,t)$

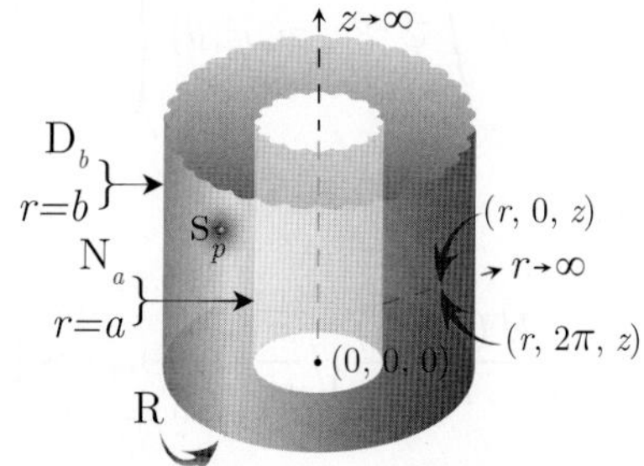

Successive application of the Laplace, Fourier and finite Hankel transformations to equation (22.1.1) gives

$$\overline{\overline{\overline{p}}}=\frac{q(s)e^{-st_0}\cos\{m(\theta-\theta_0)\}\{m\cos(lz_0)+\lambda\sin(lz_0)\}\mathcal{V}_{\mathcal{N}m\dot{o}}(\xi_n r_0,a)}{\phi c_t(\eta_r\xi_n^2+\eta_z l^2+s)}+\frac{2\overline{\overline{\psi}}_a(m,l,s;\theta)}{\pi\phi c_t\xi_n(\eta_r\xi_n^2+\eta_z l^2+s)}+$$
$$+\frac{2\eta_r J'_{m\dot{o}}(\xi_n a)\overline{\overline{\psi}}_b(m,l,s;\theta)}{\pi J_{m\dot{o}}(\xi_n b)(\eta_r\xi_n^2+\eta_z l^2+s)}+\frac{m\overline{\overline{\psi}}(\xi_n,m,s;\theta)}{\phi c_t(\eta_r\xi_n^2+\eta_z l^2+s)}+\frac{\overline{\overline{\varphi}}(\xi_n,m,l;\theta)}{(\eta_r\xi_n^2+\eta_z l^2+s)}\qquad(24.43.1)$$

where $\mathcal{V}_{\mathcal{N}m\dot{o}}(\xi_n r, a) = J_{m\dot{o}}(\xi_n r) Y'_{m\dot{o}}(\xi_n a) - Y_{m\dot{o}}(\xi_n r) J'_{m\dot{o}}(\xi_n a)$ and the eigenvalues $\xi_n, n = 1, 2, ...,$ are the positive roots of the transcendental equation $\mathcal{V}_{\mathcal{N}m\dot{o}}(\xi_n b, a) = 0$.
$\overline{\overline{\overline{\psi}}}(\xi_n, m, s; \theta) = \int_0^a u\mathcal{V}_{\mathcal{N}m\dot{o}}(\xi_n u) \int_0^{2\pi} \overline{\psi}(u, v, s) \cos\{m(\theta - v)\} dv du$,
$\overline{\overline{\overline{\psi}}}_a(m, l, s; \theta) = \int_0^{2\pi} \cos\{m(\theta - v)\} \int_0^\infty \overline{\psi}_a(v, w, s) \{l\cos(lw) + \lambda \sin(lw)\} dw dv$,
$\overline{\overline{\overline{\psi}}}_b(m, l, s; \theta) = \int_0^{2\pi} \cos\{m(\theta - v)\} \int_0^\infty \overline{\psi}_b(v, w, s) \{l\cos(lw) + \lambda \sin(lw)\} dw dv$, and
$\overline{\overline{\overline{\varphi}}}(\xi_n, m, l; \theta) = \int_a^b u\mathcal{V}_{\mathcal{N}m\dot{o}}(\xi_n u) \int_0^{2\pi} \cos\{m(\theta - v)\} \int_0^\infty \varphi(u, v, w) \{l\cos(lw) + \lambda \sin(lw)\} dw dv du$. Successive inverse transforms yield

$$\begin{aligned}
\overline{p} = {} & \frac{\pi q(s) e^{-st_0}}{4\phi c_t \sqrt{\eta_z}} \sum_{m=0}^{\infty} \ni_m \cos\{m(\theta - \theta_0)\} \sum_{n=1}^{\infty} \frac{\xi_n^2 J_{m\dot{o}}^2(\xi_n b) \mathcal{V}_{\mathcal{N}m\dot{o}}(\xi_n r_0, a) \mathcal{V}_{\mathcal{N}m\dot{o}}(\xi r, a)}{\left[J'^2_{m\dot{o}}(\xi_n a) - \left\{1 - \left(\frac{m\dot{o}}{\xi_n a}\right)^2\right\} J_{m\dot{o}}^2(\xi_n b)\right] \sqrt{(\eta_r \xi_n^2 + s)}} \times \\
& \times \left\{ e^{-|z-z_0|\sqrt{\frac{\eta_r \xi_n^2 + s}{\eta_z}}} + \left(\frac{\sqrt{\eta_r \xi_n^2 + s} - \lambda\sqrt{\eta_z}}{\sqrt{\eta_r \xi_n^2 + s} + \lambda\sqrt{\eta_z}} \right) e^{-|z+z_0|\sqrt{\frac{\eta_r \xi_n^2 + s}{\eta_z}}} \right\} + \\
& + \frac{1}{2\phi c_t \sqrt{\eta_z}} \sum_{m=0}^{\infty} \ni_m \sum_{n=1}^{\infty} \frac{\xi_n J_{m\dot{o}}^2(\xi_n b) \mathcal{V}_{\mathcal{N}m\dot{o}}(\xi r, a)}{\left[J'^2_{m\dot{o}}(\xi_n a) - \left\{1 - \left(\frac{m\dot{o}}{\xi_n a}\right)^2\right\} J_{m\dot{o}}^2(\xi_n b)\right] \sqrt{\eta_r \xi_n^2 + s}} \times \\
& \times \int_0^\infty \overline{\overline{\overline{\psi}}}_a(m, w, s; \theta) \left\{ e^{-|z-w|\sqrt{\frac{\eta_r \xi_n^2 + s}{\eta_z}}} + \left(\frac{\sqrt{\eta_r \xi_n^2 + s} - \lambda\sqrt{\eta_z}}{\sqrt{\eta_r \xi_n^2 + s} + \lambda\sqrt{\eta_z}} \right) e^{-|z+w|\sqrt{\frac{\eta_r \xi_n^2 + s}{\eta_z}}} \right\} dw + \\
& + \frac{\eta_r}{2\sqrt{\eta_z}} \sum_{m=0}^{\infty} \ni_m \sum_{n=1}^{\infty} \frac{\xi_n^2 J'_{m\dot{o}}(\xi_n a) J_{m\dot{o}}(\xi_n b) \mathcal{V}_{\mathcal{N}m\dot{o}}(\xi r, a)}{\left[J'^2_{m\dot{o}}(\xi_n a) - \left\{1 - \left(\frac{m\dot{o}}{\xi_n a}\right)^2\right\} J_{m\dot{o}}^2(\xi_n b)\right] \sqrt{\eta_r \xi_n^2 + s}} \times \\
& \times \int_0^\infty \overline{\overline{\overline{\psi}}}_b(m, w, s; \theta) \left\{ e^{-|z-w|\sqrt{\frac{\eta_r \xi_n^2 + s}{\eta_z}}} + \left(\frac{\sqrt{\eta_r \xi_n^2 + s} - \lambda\sqrt{\eta_z}}{\sqrt{\eta_r \xi_n^2 + s} + \lambda\sqrt{\eta_z}} \right) e^{-|z+w|\sqrt{\frac{\eta_r \xi_n^2 + s}{\eta_z}}} \right\} dw + \\
& + \frac{\pi}{2\phi c_t \sqrt{\eta_z}} \sum_{m=0}^{\infty} \ni_m \sum_{n=1}^{\infty} \frac{\xi_n^2 J_{m\dot{o}}^2(\xi_n b) \mathcal{V}_{\mathcal{N}m\dot{o}}(\xi r, a) \overline{\overline{\overline{\psi}}}(\xi_n, m, s; \theta) e^{-z\sqrt{\frac{\eta_r \xi_n^2 + s}{\eta_z}}}}{\left[J'^2_{m\dot{o}}(\xi_n a) - \left\{1 - \left(\frac{m\dot{o}}{\xi_n a}\right)^2\right\} J_{m\dot{o}}^2(\xi_n b)\right] \left(\sqrt{\eta_r \xi_n^2 + s} + \lambda\sqrt{\eta_z}\right)} + \\
& + \frac{\pi}{4\sqrt{\eta_z}} \sum_{m=0}^{\infty} \ni_m \sum_{n=1}^{\infty} \frac{\xi_n^2 J_{m\dot{o}}^2(\xi_n b) \mathcal{V}_{\mathcal{N}m\dot{o}}(\xi r, a)}{\left[J'^2_{m\dot{o}}(\xi_n a) - \left\{1 - \left(\frac{m\dot{o}}{\xi_n a}\right)^2\right\} J_{m\dot{o}}^2(\xi_n b)\right] \sqrt{\eta_r \xi_n^2 + s}} \times \\
& \times \int_0^\infty \overline{\overline{\overline{\varphi}}}(\xi_n, m, w; \theta) \left\{ e^{-|z-w|\sqrt{\frac{\eta_r \xi_n^2 + s}{\eta_z}}} + \left(\frac{\sqrt{\eta_r \xi_n^2 + s} - \lambda\sqrt{\eta_z}}{\sqrt{\eta_r \xi_n^2 + s} + \lambda\sqrt{\eta_z}} \right) e^{-|z+w|\sqrt{\frac{\eta_r \xi_n^2 + s}{\eta_z}}} \right\} dw
\end{aligned} \tag{24.43.2}$$

and

$$\begin{aligned}
p = {} & \frac{U(t - t_0)}{4\phi c_t} \sqrt{\frac{\pi}{\eta_z}} \sum_{m=0}^{\infty} \ni_m \cos\{m(\theta - \theta_0)\} \sum_{n=1}^{\infty} \frac{\xi_n^2 J_{m\dot{o}}^2(\xi_n b) \mathcal{V}_{\mathcal{N}m\dot{o}}(\xi_n r_0, a) \mathcal{V}_{\mathcal{N}m\dot{o}}(\xi r, a)}{\left[J'^2_{m\dot{o}}(\xi_n a) - \left\{1 - \left(\frac{m\dot{o}}{\xi_n a}\right)^2\right\} J_{m\dot{o}}^2(\xi_n b)\right]} \times \\
& \times \int_0^{t-t_0} \frac{q(t - t_0 - \tau) e^{-\eta_r \xi_n^2 \tau}}{\sqrt{\tau}} \left\{ e^{-\frac{(z-z_0)^2}{4\eta_z \tau}} + e^{-\frac{(z+z_0)^2}{4\eta_z \tau}} - 2\left(\lambda\sqrt{\pi\eta_z\tau}\right) e^{(z+z_0)\lambda + \lambda^2 \eta_z \tau} \operatorname{erfc}\left(\lambda\sqrt{\eta_z \tau} + \frac{z + z_0}{2\sqrt{\eta_z \tau}}\right) \right\} d\tau + \\
& + \frac{1}{2\phi c_t \sqrt{\pi\eta_z}} \sum_{m=0}^{\infty} \ni_m \sum_{n=1}^{\infty} \frac{\xi_n J_{m\dot{o}}^2(\xi_n b) \mathcal{V}_{\mathcal{N}m\dot{o}}(\xi r, a)}{\left[J'^2_{m\dot{o}}(\xi_n a) - \left\{1 - \left(\frac{m\dot{o}}{\xi_n a}\right)^2\right\} J_{m\dot{o}}^2(\xi_n b)\right]} \times
\end{aligned}$$

$$\times \int_0^t \frac{e^{-\eta_r \xi_n^2 \tau}}{\sqrt{\tau}} \int_0^\infty \overline{\psi}_a (m, w, t-\tau; \theta) \times$$

$$\times \left\{ e^{-\frac{(z-w)^2}{4\eta_z \tau}} + e^{-\frac{(z+w)^2}{4\eta_z \tau}} - 2\left(\lambda\sqrt{\pi\eta_z\tau}\right) e^{(z+w)\lambda+\lambda^2\eta_z\tau} \operatorname{erfc}\left(\lambda\sqrt{\eta_z\tau} + \frac{z+w}{2\sqrt{\eta_z\tau}}\right)\right\} dw d\tau +$$

$$+ \frac{\eta_r}{2\sqrt{\pi\eta_z}} \sum_{m=0}^{\infty} \ni_m \sum_{n=1}^{\infty} \frac{\xi_n^2 J'_{m\dot{o}}(\xi_n a) J_{m\dot{o}}(\xi_n b) \mathcal{V}_{\mathcal{N}m\dot{o}}(\xi r, a)}{\left[J'^2_{m\dot{o}}(\xi_n a) - \left\{1 - \left(\frac{m\dot{o}}{\xi_n a}\right)^2\right\} J^2_{m\dot{o}}(\xi_n b)\right]} \times$$

$$\times \int_0^t \frac{e^{-\eta_r \xi_n^2 \tau}}{\sqrt{\tau}} \int_0^\infty \overline{\psi}_b (m, w, t-\tau; \theta) \times$$

$$\times \left\{ e^{-\frac{(z-w)^2}{4\eta_z \tau}} + e^{-\frac{(z+w)^2}{4\eta_z \tau}} - 2\left(\lambda\sqrt{\pi\eta_z\tau}\right) e^{(z+w)\lambda+\lambda^2\eta_z\tau} \operatorname{erfc}\left(\lambda\sqrt{\eta_z\tau} + \frac{z+w}{2\sqrt{\eta_z\tau}}\right)\right\} dw d\tau +$$

$$+ \frac{\pi}{2\phi c_t \sqrt{\eta_z}} \sum_{m=0}^{\infty} \ni_m \sum_{n=1}^{\infty} \frac{\xi_n^2 J^2_{m\dot{o}}(\xi_n b) \mathcal{V}_{\mathcal{N}m\dot{o}}(\xi r, a)}{\left[J'^2_{m\dot{o}}(\xi_n a) - \left\{1 - \left(\frac{m\dot{o}}{\xi_n a}\right)^2\right\} J^2_{m\dot{o}}(\xi_n b)\right]} \times$$

$$\times \int_0^t \overline{\overline{\psi}} (\xi_n, m, t-\tau; \theta) e^{-\eta_r \xi_n^2 \tau} \left\{ \frac{e^{-\frac{z^2}{4\eta_z \tau}}}{\sqrt{\pi\tau}} - \lambda\sqrt{\eta_z} e^{z\lambda+\lambda^2\eta_z\tau} \operatorname{erfc}\left(\lambda\sqrt{\eta_z\tau} + \frac{z}{2\sqrt{\eta_z\tau}}\right)\right\} d\tau +$$

$$+ \frac{1}{4}\sqrt{\frac{\pi}{\eta_z t}} \sum_{m=0}^{\infty} \ni_m \sum_{n=1}^{\infty} \frac{\xi_n^2 J^2_{m\dot{o}}(\xi_n b) \mathcal{V}_{\mathcal{N}m\dot{o}}(\xi r, a) e^{-\eta_r \xi_n^2 t}}{\left[J'^2_{m\dot{o}}(\xi_n a) - \left\{1 - \left(\frac{m\dot{o}}{\xi_n a}\right)^2\right\} J^2_{m\dot{o}}(\xi_n b)\right]} \times$$

$$\times \int_0^\infty \overline{\overline{\varphi}} (\xi_n, m, w; \theta) \left\{ e^{-\frac{(z-w)^2}{4\eta_z \tau}} + e^{-\frac{(z+w)^2}{4\eta_z \tau}} - 2\left(\lambda\sqrt{\pi\eta_z\tau}\right) e^{(z+w)\lambda+\lambda^2\eta_z\tau} \operatorname{erfc}\left(\lambda\sqrt{\eta_z\tau} + \frac{z+w}{2\sqrt{\eta_z\tau}}\right)\right\} dw \tag{24.43.3}$$

where $\overline{\overline{\overline{\psi}}} (\xi_n, m, s; \theta) = \int_0^a u\mathcal{V}_{\mathcal{N}m\dot{o}}(\xi_n u) \int_0^{2\pi} \overline{\psi} (u, v, s) \cos\{m(\theta - v)\} dv du$,
$\overline{\overline{\psi}} (\xi_n, m, t; \theta) = \int_0^a u\mathcal{V}_{\mathcal{N}m\dot{o}}(\xi_n u) \int_0^{2\pi} \psi (u, v, t) \cos\{m(\theta - v)\} dv du$,
$\overline{\overline{\psi}}_a (m, w, s; \theta) = \int_0^{2\pi} \overline{\psi}_a (v, w, s) \cos\{m(\theta - v)\} dv$, $\overline{\psi}_a (m, w, t; \theta) = \int_0^{2\pi} \psi_a (v, w, t) \cos\{m(\theta - v)\} dv$,
$\overline{\overline{\psi}}_b (m, w, s; \theta) = \int_0^{2\pi} \overline{\psi}_b (v, w, s) \cos\{m(\theta - v)\} dv$, $\overline{\psi}_b (m, w, t; \theta) = \int_0^{2\pi} \psi_b (v, w, t) \cos\{m(\theta - v)\} dv$, and
$\overline{\overline{\varphi}} (\xi_n, m, w; \theta) = \int_0^a u\mathcal{V}_{\mathcal{N}m\dot{o}}(\xi_n u) \int_0^{2\pi} \varphi (u, v, w) \cos\{m(\theta - v)\} dv du$.

24.44 The problem of 24.40, except

$\mathbf{N}_a \equiv \frac{\partial p(a,\theta,z,t)}{\partial r} = -\left(\frac{\mu}{k_r}\right) \psi_a(\theta, z, t)$,
$\mathbf{N}_b \equiv \frac{\partial p(b,\theta,z,t)}{\partial r} = -\left(\frac{\mu}{k_r}\right) \psi_b(\theta, z, t)$ **and**
$\mathbf{R} \equiv \frac{\partial p(r,\theta,0,t)}{\partial z} - \lambda p(r, \theta, 0, t) = -\left(\frac{\mu}{k_z}\right) \psi(r, \theta, t)$

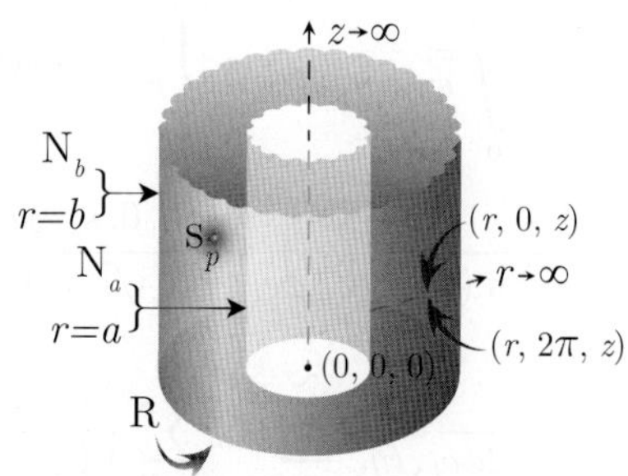

Successive application of the Laplace, Fourier and finite Hankel transformations to equation (22.1.1) gives

$$\overline{\overline{\overline{p}}} = \frac{q(s)\, e^{-st_0} \{l\cos(lz_0) + \lambda\sin(lz_0)\}}{\phi c_t (\eta_z l^2 + s)} + \frac{q(s)\, e^{-st_0} \cos\{m(\theta-\theta_0)\} \{l\cos(lz_0) + \lambda\sin(lz_0)\} \mathcal{V}_{\mathcal{N}m\dot{o}}(\xi_n r_0, a)}{\phi c_t (\eta_r \xi_n^2 + \eta_z l^2 + s)} +$$

$$+ \frac{\left\{a\overline{\overline{\overline{\psi}}}_a (0, l, s; \theta) - b\overline{\overline{\overline{\psi}}}_b (0, l, s; \theta)\right\}}{\phi c_t (\eta_z l^2 + s)} + \frac{2\overline{\overline{\overline{\psi}}}_a (m, l, s; \theta)}{\pi\phi c_t \xi_n (\eta_r \xi_n^2 + \eta_z l^2 + s)} - \frac{2J'_{m\dot{o}}(\xi_n a) \overline{\overline{\overline{\psi}}}_b (m, l, s; \theta)}{\pi\phi c_t \xi_n J'_{m\dot{o}}(\xi_n b) (\eta_r \xi_n^2 + \eta_z l^2 + s)} +$$

$$+\frac{l\int_a^b u\overline{\overline{\psi}}(u,0,s;\theta)\,du}{\phi c_t\left(\eta_z l^2+s\right)}+\frac{l\overline{\overline{\overline{\psi}}}(\xi_n,m,s;\theta)}{\phi c_t\left(\eta_r\xi_n^2+\eta_z l^2+s\right)}+\frac{\int_a^b u\overline{\overline{\varphi}}(u,0,l;\theta)du}{\left(\eta_z l^2+s\right)}+\frac{\overline{\overline{\overline{\varphi}}}(\xi_n,m,l;\theta)}{\left(\eta_r\xi_n^2+\eta_z l^2+s\right)} \qquad (24.44.1)$$

where $\mathcal{V}_{\mathcal{N}m\dot{o}}(\xi_n r,a)=J_{m\dot{o}}(\xi_n r)Y'_{m\dot{o}}(\xi_n a)-Y_{m\dot{o}}(\xi_n r)J'_{m\dot{o}}(\xi_n a)$. The eigenvalues are $\xi_0=0$ and ξ_n. $\xi_n, n=1,2,...,$ are the positive roots of the transcendental equation $\mathcal{V}'_{\mathcal{N}m\dot{o}}(\xi_n b,a)=0$.
$\overline{\overline{\psi}}(u,0,s;\theta)=\int_0^{2\pi}\overline{\psi}(u,v,s)dv$, $\overline{\overline{\overline{\psi}}}(\xi_n,m,s;\theta)=\int_0^a u\mathcal{V}_{\mathcal{N}m\dot{o}}(\xi_n u)\int_0^{2\pi}\overline{\psi}(u,v,s)\cos\{m(\theta-v)\}dvdu$,
$\overline{\overline{\overline{\psi}}}_a(m,l,s;\theta)=\int_0^{2\pi}\cos\{m(\theta-v)\}\int_0^\infty\overline{\psi}_a(v,w,s)\{l\cos(lw)+\lambda\sin(lw)\}dwdv$,
$\overline{\overline{\overline{\psi}}}_b(m,l,s;\theta)=\int_0^{2\pi}\cos\{m(\theta-v)\}\int_0^\infty\overline{\psi}_b(v,w,s)\{l\cos(lw)+\lambda\sin(lw)\}dwdv$,
$\overline{\overline{\varphi}}(u,0,l;\theta)=\int_0^{2\pi}\int_0^\infty\varphi(u,v,w)\{l\cos(lw)+\lambda\sin(lw)\}dwdv$ and
$\overline{\overline{\overline{\varphi}}}(\xi_n,m,l;\theta)=\int_a^b u\mathcal{V}_{\mathcal{N}m\dot{o}}(\xi_n u)\int_0^{2\pi}\cos\{m(\theta-v)\}\int_0^\infty\varphi(u,v,w)\{l\cos(lw)+\lambda\sin(lw)\}dwdvdu$. Successive inverse transforms yield

$$\overline{p}=\frac{q(s)e^{-st_0}\left\{e^{-|z-z_0|\sqrt{\frac{s}{\eta_z}}}+\left(\frac{\sqrt{s}-\lambda\sqrt{\eta_z}}{\sqrt{s}+\lambda\sqrt{\eta_z}}\right)e^{-|z+z_0|\sqrt{\frac{s}{\eta_z}}}\right\}}{2\pi\phi c_t\left(b^2-a^2\right)\sqrt{\eta_z s}}+$$

$$+\frac{\pi q(s)e^{-st_0}}{4\phi c_t\sqrt{\eta_z}}\sum_{m=0}^{\infty}\ni_m\cos\{m(\theta-\theta_0)\}\sum_{n=1}^{\infty}\frac{\xi_n^2 J'^2_{m\dot{o}}(\xi_n b)\mathcal{V}_{\mathcal{N}m\dot{o}}(\xi_n r_0,a)\mathcal{V}_{\mathcal{N}m\dot{o}}(\xi r,a)}{\left[\left\{1-\left(\frac{m\dot{o}}{\xi_n b}\right)^2\right\}J'^2_{m\dot{o}}(\xi_n a)-\left\{1-\left(\frac{m\dot{o}}{\xi_n a}\right)^2\right\}J'^2_{m\dot{o}}(\xi_n b)\right]}\times$$

$$\frac{1}{\sqrt{\eta_r\xi_n^2+s}}\times\left\{e^{-|z-z_0|\sqrt{\frac{\eta_r\xi_n^2+s}{\eta_z}}}+\left(\frac{\sqrt{\eta_r\xi_n^2+s}-\lambda\sqrt{\eta_z}}{\sqrt{\eta_r\xi_n^2+s}+\lambda\sqrt{\eta_z}}\right)e^{-|z+z_0|\sqrt{\frac{\eta_r\xi_n^2+s}{\eta_z}}}\right\}+$$

$$+\frac{1}{2\pi\phi c_t\left(b^2-a^2\right)\sqrt{\eta_z s}}\int_0^\infty\left\{a\overline{\overline{\psi}}_a(0,w,s;\theta)-b\overline{\psi}_b(0,w,s;\theta)\right\}\left\{e^{-|z-w|\sqrt{\frac{s}{\eta_z}}}+\left(\frac{\sqrt{s}-\lambda\sqrt{\eta_z}}{\sqrt{s}+\lambda\sqrt{\eta_z}}\right)e^{-|z+w|\sqrt{\frac{s}{\eta_z}}}\right\}dw+$$

$$+\frac{1}{2\phi c_t\sqrt{\eta_z}}\sum_{m=0}^{\infty}\ni_m\sum_{n=1}^{\infty}\frac{\xi_n J'^2_{m\dot{o}}(\xi_n b)\mathcal{V}_{\mathcal{N}m\dot{o}}(\xi r,a)}{\left[\left\{1-\left(\frac{m\dot{o}}{\xi_n b}\right)^2\right\}J'^2_{m\dot{o}}(\xi_n a)-\left\{1-\left(\frac{m\dot{o}}{\xi_n a}\right)^2\right\}J'^2_{m\dot{o}}(\xi_n b)\right]\sqrt{\left(\eta_r\xi_n^2+s\right)}}\times$$

$$\times\int_0^\infty\overline{\overline{\psi}}_a(m,w,s;\theta)\left\{e^{-|z-w|\sqrt{\frac{\eta_r\xi_n^2+s}{\eta_z}}}+\left(\frac{\sqrt{\eta_r\xi_n^2+s}-\lambda\sqrt{\eta_z}}{\sqrt{\eta_r\xi_n^2+s}+\lambda\sqrt{\eta_z}}\right)e^{-|z+w|\sqrt{\frac{\eta_r\xi_n^2+s}{\eta_z}}}\right\}dw-$$

$$-\frac{1}{2\phi c_t\sqrt{\eta_z}}\sum_{m=0}^{\infty}\ni_m\sum_{n=1}^{\infty}\frac{\xi_n J'_{m\dot{o}}(\xi_n a)J'_{m\dot{o}}(\xi_n b)\mathcal{V}_{\mathcal{N}m\dot{o}}(\xi r,a)}{\left[\left\{1-\left(\frac{m\dot{o}}{\xi_n b}\right)^2\right\}J'^2_{m\dot{o}}(\xi_n a)-\left\{1-\left(\frac{m\dot{o}}{\xi_n a}\right)^2\right\}J'^2_{m\dot{o}}(\xi_n b)\right]\sqrt{\left(\eta_r\xi_n^2+s\right)}}\times$$

$$\times\int_0^\infty\overline{\overline{\psi}}_b(m,w,s;\theta)\left\{e^{-|z-w|\sqrt{\frac{\eta_r\xi_n^2+s}{\eta_z}}}+\left(\frac{\sqrt{\eta_r\xi_n^2+s}-\lambda\sqrt{\eta_z}}{\sqrt{\eta_r\xi_n^2+s}+\lambda\sqrt{\eta_z}}\right)e^{-|z+w|\sqrt{\frac{\eta_r\xi_n^2+s}{\eta_z}}}\right\}dw+$$

$$+\frac{e^{-z\sqrt{\frac{s}{\eta_z}}}\int_a^b u\overline{\overline{\psi}}(u,0,s;\theta)\,du}{\pi\left(b^2-a^2\right)\phi c_t\sqrt{\eta_z}\left(\sqrt{s}+\lambda\sqrt{\eta_z}\right)}+$$

$$+\frac{\pi}{2\phi c_t\sqrt{\eta_z}}\sum_{m=0}^{\infty}\ni_m\sum_{n=1}^{\infty}\frac{\xi_n^2 J'^2_{m\dot{o}}(\xi_n b)V_{N0}(\xi r,a)\overline{\overline{\overline{\psi}}}(\xi_n,m,s;\theta)e^{-z\sqrt{\frac{\eta_r\xi_n^2+s}{\eta_z}}}}{\left[\left\{1-\left(\frac{m\dot{o}}{\xi_n b}\right)^2\right\}J'^2_{m\dot{o}}(\xi_n a)-\left\{1-\left(\frac{m\dot{o}}{\xi_n a}\right)^2\right\}J'^2_{m\dot{o}}(\xi_n b)\right]\left(\sqrt{\eta_r\xi_n^2+s}+\lambda\sqrt{\eta_z}\right)}+$$

$$+\frac{1}{2\pi\left(b^2-a^2\right)\sqrt{\eta_z s}}\int_0^\infty\left\{e^{-|z-w|\sqrt{\frac{s}{\eta_z}}}+\left(\frac{\sqrt{s}-\lambda\sqrt{\eta_z}}{\sqrt{s}+\lambda\sqrt{\eta_z}}\right)e^{-|z+w|\sqrt{\frac{s}{\eta_z}}}\right\}\int_a^b u\overline{\varphi}(u,0,w;\theta)\,dudw+$$

$$+\frac{\pi}{4\sqrt{\eta_z}}\sum_{m=0}^{\infty}\ni_m\sum_{n=1}^{\infty}\frac{\xi_n^2 J'^2_{m\dot{o}}(\xi_n b)V_{N0}(\xi r,a)}{\left[\left\{1-\left(\frac{m\dot{o}}{\xi_n b}\right)^2\right\}J'^2_{m\dot{o}}(\xi_n a)-\left\{1-\left(\frac{m\dot{o}}{\xi_n a}\right)^2\right\}J'^2_{m\dot{o}}(\xi_n b)\right]\sqrt{\left(\eta_r\xi_n^2+s\right)}}\times$$

$$\times \int_0^\infty \overline{\overline{\varphi}}\left(\xi_n, m, w; \theta\right) \left\{ e^{-|z-w|\sqrt{\frac{\eta_r \xi_n^2 + s}{\eta_z}}} + \left(\frac{\sqrt{\eta_r \xi_n^2 + s} - \lambda\sqrt{\eta_z}}{\sqrt{\eta_r \xi_n^2 + s} + \lambda\sqrt{\eta_z}} \right) e^{-|z+w|\sqrt{\frac{\eta_r \xi_n^2 + s}{\eta_z}}} \right\} dw \tag{24.44.2}$$

and

$$p = \frac{U(t-t_0)}{2\pi\phi c_t \left(b^2 - a^2\right)\sqrt{\pi\eta_z}} \times$$

$$\times \int_0^{t-t_0} \frac{q(t-t_0-\tau)}{\sqrt{\tau}} \left\{ e^{-\frac{(z-z_0)^2}{4\eta_z\tau}} + e^{-\frac{(z+z_0)^2}{4\eta_z\tau}} - 2\left(\lambda\sqrt{\pi\eta_z\tau}\right) e^{(z+z_0)\lambda + \lambda^2\eta_z\tau} \operatorname{erfc}\left(\lambda\sqrt{\eta_z\tau} + \frac{z+z_0}{2\sqrt{\eta_z\tau}} \right) \right\} d\tau +$$

$$+ \frac{U(t-t_0)}{4\phi c_t}\sqrt{\frac{\pi}{\eta_z}} \sum_{m=0}^\infty \ni_m \cos\left\{m\left(\theta - \theta_0\right)\right\} \sum_{n=1}^\infty \frac{\xi_n^2 J'^2_{m\dot{o}}\left(\xi_n b\right) \mathcal{V}_{\mathcal{N}m\dot{o}}\left(\xi_n r_0, a\right) \mathcal{V}_{\mathcal{N}m\dot{o}}\left(\xi r, a\right)}{\left[\left\{1 - \left(\frac{m\dot{o}}{\xi_n b}\right)^2\right\} J'^2_{m\dot{o}}\left(\xi_n a\right) - \left\{1 - \left(\frac{m\dot{o}}{\xi_n a}\right)^2\right\} J'^2_{m\dot{o}}\left(\xi_n b\right) \right]} \times$$

$$\times \int_0^{t-t_0} \frac{q(t-t_0-\tau)\, e^{-\eta_r\xi_n^2\tau}}{\sqrt{\tau}} \left\{ e^{-\frac{(z-z_0)^2}{4\eta_z\tau}} + e^{-\frac{(z+z_0)^2}{4\eta_z\tau}} - 2\left(\lambda\sqrt{\pi\eta_z\tau}\right) e^{(z+z_0)\lambda + \lambda^2\eta_z\tau} \operatorname{erfc}\left(\lambda\sqrt{\eta_z\tau} + \frac{z+z_0}{2\sqrt{\eta_z\tau}} \right) \right\} d\tau +$$

$$+ \frac{1}{2\phi c_t \left(b^2 - a^2\right)\sqrt{\pi^3\eta_z}} \int_0^\infty \int_0^t \frac{\left\{ a\overline{\psi}_a\left(0, w, t-\tau; \theta\right) - b\overline{\psi}_b\left(0, w, t-\tau; \theta\right) \right\}}{\sqrt{\tau}} d\tau \times$$

$$\times \left\{ e^{-\frac{(z-w)^2}{4\eta_z\tau}} + e^{-\frac{(z+w)^2}{4\eta_z\tau}} - 2\left(\lambda\sqrt{\pi\eta_z\tau}\right) e^{(z+w)\lambda + \lambda^2\eta_z\tau} \operatorname{erfc}\left(\lambda\sqrt{\eta_z\tau} + \frac{z+w}{2\sqrt{\eta_z\tau}} \right) \right\} dw +$$

$$+ \frac{1}{2\phi c_t \sqrt{\pi\eta_z}} \sum_{m=0}^\infty \ni_m \times$$

$$\times \sum_{n=1}^\infty \frac{\xi_n J'^2_{m\dot{o}}\left(\xi_n b\right) \mathcal{V}_{\mathcal{N}m\dot{o}}\left(\xi r, a\right)}{\left[\left\{1 - \left(\frac{m\dot{o}}{\xi_n b}\right)^2\right\} J'^2_{m\dot{o}}\left(\xi_n a\right) - \left\{1 - \left(\frac{m\dot{o}}{\xi_n a}\right)^2\right\} J'^2_{m\dot{o}}\left(\xi_n b\right) \right]} \int_0^t \frac{e^{-\eta_r\xi_n^2\tau}}{\sqrt{\tau}} \int_0^\infty \overline{\psi}_a\left(m, w, t-\tau; \theta\right) \times$$

$$\times \left\{ e^{-\frac{(z-w)^2}{4\eta_z\tau}} + e^{-\frac{(z+w)^2}{4\eta_z\tau}} - 2\left(\lambda\sqrt{\pi\eta_z\tau}\right) e^{(z+w)\lambda + \lambda^2\eta_z\tau} \operatorname{erfc}\left(\lambda\sqrt{\eta_z\tau} + \frac{z+w}{2\sqrt{\eta_z\tau}} \right) \right\} dw d\tau +$$

$$- \frac{1}{2\phi c_t \sqrt{\pi\eta_z}} \sum_{m=0}^\infty \ni_m \times$$

$$\times \sum_{n=1}^\infty \frac{\xi_n J'_{m\dot{o}}\left(\xi_n a\right) J'_{m\dot{o}}\left(\xi_n b\right) \mathcal{V}_{\mathcal{N}m\dot{o}}\left(\xi r, a\right)}{\left[\left\{1 - \left(\frac{m\dot{o}}{\xi_n b}\right)^2\right\} J'^2_{m\dot{o}}\left(\xi_n a\right) - \left\{1 - \left(\frac{m\dot{o}}{\xi_n a}\right)^2\right\} J'^2_{m\dot{o}}\left(\xi_n b\right) \right]} \int_0^t \frac{e^{-\eta_r\xi_n^2\tau}}{\sqrt{\tau}} \int_0^\infty \overline{\psi}_b\left(m, w, t-\tau; \theta\right) \times$$

$$\times \left\{ e^{-\frac{(z-w)^2}{4\eta_z\tau}} + e^{-\frac{(z+w)^2}{4\eta_z\tau}} - 2\left(\lambda\sqrt{\pi\eta_z\tau}\right) e^{(z+w)\lambda + \lambda^2\eta_z\tau} \operatorname{erfc}\left(\lambda\sqrt{\eta_z\tau} + \frac{z+w}{2\sqrt{\eta_z\tau}} \right) \right\} dw d\tau +$$

$$+ \frac{1}{\pi\left(b^2 - a^2\right)\phi c_t} \int_0^t \left\{ \frac{e^{-\frac{z^2}{4\eta_z\tau}}}{\sqrt{\pi\tau}} - \lambda\sqrt{\eta_z} e^{z\lambda + \lambda^2\eta_z t} \operatorname{erfc}\left(\lambda\sqrt{\eta_z\tau} + \frac{z}{2\sqrt{\eta_z\tau}} \right) \right\} \int_a^b u\overline{\psi}\left(u, 0, t-\tau; \theta\right) du d\tau +$$

$$+ \frac{\pi}{2\phi c_t \sqrt{\eta_z}} \sum_{m=0}^\infty \ni_m \sum_{n=1}^\infty \frac{\xi_n^2 J'^2_{m\dot{o}}\left(\xi_n b\right) V_{N0}\left(\xi r, a\right)}{\left[\left\{1 - \left(\frac{m\dot{o}}{\xi_n b}\right)^2\right\} J'^2_{m\dot{o}}\left(\xi_n a\right) - \left\{1 - \left(\frac{m\dot{o}}{\xi_n a}\right)^2\right\} J'^2_{m\dot{o}}\left(\xi_n b\right) \right]} \times$$

$$\times \int_0^t \overline{\overline{\psi}}\left(\xi_n, m, t-\tau; \theta\right) e^{-\eta_r\xi_n^2\tau} \left\{ \frac{e^{-\frac{z^2}{4\eta_z\tau}}}{\sqrt{\pi\tau}} - \lambda\sqrt{\eta_z} e^{z\lambda + \lambda^2\eta_z t} \operatorname{erfc}\left(\lambda\sqrt{\eta_z\tau} + \frac{z}{2\sqrt{\eta_z\tau}} \right) \right\} d\tau +$$

$$+ \frac{1}{2\left(b^2 - a^2\right)\sqrt{\pi^3\eta_z t}} \times$$

$$\times \int_0^\infty \int_a^b u\overline{\varphi}(u,0,w;\theta)\,du\left\{e^{-\frac{(z-w)^2}{4\eta_z\tau}} + e^{-\frac{(z+w)^2}{4\eta_z\tau}} - 2\left(\lambda\sqrt{\pi\eta_z\tau}\right)e^{(z+w)\lambda+\lambda^2\eta_z\tau}\operatorname{erfc}\left(\lambda\sqrt{\eta_z\tau}+\frac{z+w}{2\sqrt{\eta_z\tau}}\right)\right\}dw +$$

$$+\frac{1}{4}\sqrt{\frac{\pi}{\eta_z t}}\sum_{m=0}^{\infty}\ni_m\sum_{n=1}^{\infty}\frac{\xi_n^2 J'^2_{m\dot{o}}(\xi_n b)\,\mathcal{V}_{\mathcal{N}m\dot{o}}(\xi r,a)\,e^{-\eta_r\xi_n^2 t}}{\left[\left\{1-\left(\frac{m\dot{o}}{\xi_n b}\right)^2\right\}J'^2_{m\dot{o}}(\xi_n a)-\left\{1-\left(\frac{m\dot{o}}{\xi_n a}\right)^2\right\}J'^2_{m\dot{o}}(\xi_n b)\right]}\times$$

$$\times\int_0^\infty\overline{\overline{\varphi}}(\xi_n,m,w;\theta)\left\{e^{-\frac{(z-w)^2}{4\eta_z\tau}}+e^{-\frac{(z+w)^2}{4\eta_z\tau}}-2\left(\lambda\sqrt{\pi\eta_z\tau}\right)e^{(z+w)\lambda+\lambda^2\eta_z\tau}\operatorname{erfc}\left(\lambda\sqrt{\eta_z\tau}+\frac{z+w}{2\sqrt{\eta_z\tau}}\right)\right\}du \tag{24.44.3}$$

where $\overline{\psi}(u,0,t;\theta)=\int_0^{2\pi}\psi(u,v,t)dv$, $\overline{\overline{\overline{\psi}}}(\xi_n,m,s;\theta)=\int_0^a u\mathcal{V}_{\mathcal{N}m\dot{o}}(\xi_n u)\int_0^{2\pi}\overline{\psi}(u,v,s)\cos\{m(\theta-v)\}dvdu$,
$\overline{\overline{\psi}}(\xi_n,m,t;\theta)=\int_0^a u\mathcal{V}_{\mathcal{N}m\dot{o}}(\xi_n u)\int_0^{2\pi}\psi(u,v,t)\cos\{m(\theta-v)\}dvdu$,
$\overline{\overline{\psi}}_a(m,w,s;\theta)=\int_0^{2\pi}\overline{\psi}_a(v,w,s)\cos\{m(\theta-v)\}dv$, $\overline{\psi}_a(m,w,t;\theta)=\int_0^{2\pi}\psi_a(v,w,t)\cos\{m(\theta-v)\}dv$,
$\overline{\overline{\psi}}_b(m,w,s;\theta)=\int_0^{2\pi}\overline{\psi}_b(v,w,s)\cos\{m(\theta-v)\}dv$, $\overline{\psi}_b(m,w,t;\theta)=\int_0^{2\pi}\psi_b(v,w,t)\cos\{m(\theta-v)\}dv$,
$\overline{\varphi}(u,0,w;\theta)=\int_0^{2\pi}\varphi(u,v,w)dv$ and $\overline{\overline{\varphi}}(\xi_n,m,w;\theta)=\int_0^a u\mathcal{V}_{\mathcal{N}m\dot{o}}(\xi_n u)\int_0^{2\pi}\varphi(u,v,w)\cos\{m(\theta-v)\}dvdu$.

24.45

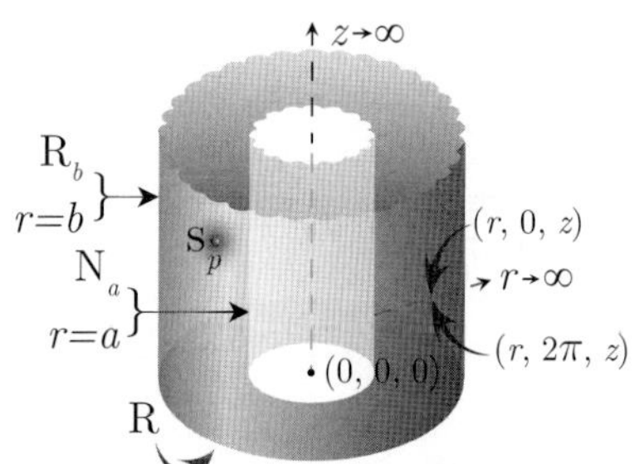

The problem of 24.40, except
$\mathbf{N}_a \equiv \frac{\partial p(a,\theta,z,t)}{\partial r} = -\left(\frac{\mu}{k_r}\right)\psi_a(\theta,z,t)$,
$\mathbf{R}_a \equiv \frac{\partial p(b,\theta,z,t)}{\partial r} + \lambda_a p(b,\theta,z,t) = -\left(\frac{\mu}{k_r}\right)\psi_b(\theta,z,t)$ **and**
$\mathbf{R} \equiv \frac{\partial p(r,\theta,0,t)}{\partial z} - \lambda p(r,\theta,0,t) = -\left(\frac{\mu}{k_z}\right)\psi(r,0,t)$

Successive application of the Laplace, Fourier and finite Hankel transformations to equation (22.1.1) gives

$$\overline{\overline{\overline{p}}} = \frac{q(s)e^{-st_0}\cos\{m(\theta-\theta_0)\}\{m\cos(lz_0)+\lambda\sin(lz_0)\}\mathcal{V}_{\mathcal{N}m\dot{o}}(\xi_n r_0,a)}{\phi c_t(\eta_r\xi_n^2+\eta_z l^2+s)}+\frac{2\overline{\overline{\overline{\psi}}}_a(m,l,s;\theta)}{\pi\phi c_t\xi_n(\eta_r\xi_n^2+\eta_z l^2+s)}-$$
$$-\frac{2J'_{m\dot{o}}(\xi_n a)\overline{\overline{\overline{\psi}}}_b(m,l,s;\theta)}{\pi\phi c_t\{\lambda_a J_{m\dot{o}}(\xi_n b)-\xi_n J'_{m\dot{o}}(\xi_n b)\}(\eta_r\xi_n^2+\eta_z l^2+s)}+\frac{m\overline{\overline{\overline{\psi}}}(\xi_n,m,s;\theta)}{\phi c_t(\eta_r\xi_n^2+\eta_z l^2+s)}+\frac{\overline{\overline{\overline{\varphi}}}(\xi_n,m,l;\theta)}{(\eta_r\xi_n^2+\eta_z l^2+s)} \tag{24.45.1}$$

where $\mathcal{V}_{\mathcal{N}m\dot{o}}(\xi_n r,a)=J_{m\dot{o}}(\xi_n r)Y'_{m\dot{o}}(\xi_n a)-Y_{m\dot{o}}(\xi_n r)J'_{m\dot{o}}(\xi_n a)$ and the eigenvalues $\xi_n, n=1,2,...$, are the positive roots of the transcendental equation $\xi_n\mathcal{V}'_{\mathcal{N}m\dot{o}}(\xi_n b,a)+\lambda_a\mathcal{V}_{\mathcal{N}m\dot{o}}(\xi_n b,a)=0$.
$\overline{\overline{\overline{\psi}}}(\xi_n,m,s;\theta)=\int_0^a u\mathcal{V}_{\mathcal{N}m\dot{o}}(\xi_n u)\int_0^{2\pi}\overline{\psi}(u,v,s)\cos\{m(\theta-v)\}dvdu$,
$\overline{\overline{\overline{\psi}}}_a(m,l,s;\theta)=\int_0^{2\pi}\cos\{m(\theta-v)\}\int_0^\infty\overline{\psi}_a(v,w,s)\{l\cos(lw)+\lambda\sin(lw)\}dwdv$,
$\overline{\overline{\overline{\psi}}}_b(m,l,s;\theta)=\int_0^{2\pi}\cos\{m(\theta-v)\}\int_0^\infty\overline{\psi}_b(v,w,s)\{l\cos(lw)+\lambda\sin(lw)\}dwdv$, and
$\overline{\overline{\overline{\varphi}}}(\xi_n,m,l;\theta)=\int_a^b u\mathcal{V}_{\mathcal{N}m\dot{o}}(\xi_n u)\int_0^{2\pi}\cos\{m(\theta-v)\}\int_0^\infty\varphi(u,v,w)\{l\cos(lw)+\lambda\sin(lw)\}dwdvdu$. Successive inverse transforms yield

$$\overline{p}=\frac{\pi q(s)e^{-st_0}}{4\phi c_t\sqrt{\eta_z}}\sum_{m=0}^{\infty}\ni_m\cos\{m(\theta-\theta_0)\}\times$$
$$\times\sum_{n=1}^{\infty}\frac{\xi_n^2\{\lambda_a J_{m\dot{o}}(\xi_n b)-\xi_n J'_{m\dot{o}}(\xi_n b)\}^2\mathcal{V}_{\mathcal{N}m\dot{o}}(\xi_n r_0,a)\mathcal{V}_{\mathcal{N}m\dot{o}}(\xi r,a)}{\left[\left\{\xi_n^2+\lambda^2-\left(\frac{m\dot{o}}{b}\right)^2\right\}J'^2_{m\dot{o}}(\xi_n a)-\left\{1-\left(\frac{m\dot{o}}{\xi_n a}\right)^2\right\}\{\xi_n J'_{m\dot{o}}(\xi_n b)+\lambda J_{m\dot{o}}(\xi_n b)\}^2\right]\sqrt{(\eta_r\xi_n^2+s)}}\times$$
$$\times\left\{e^{-|z-z_0|\sqrt{\frac{\eta_r\xi_n^2+s}{\eta_z}}}+\left(\frac{\sqrt{\eta_r\xi_n^2+s}-\lambda\sqrt{\eta_z}}{\sqrt{\eta_r\xi_n^2+s}+\lambda\sqrt{\eta_z}}\right)e^{-|z+z_0|\sqrt{\frac{\eta_r\xi_n^2+s}{\eta_z}}}\right\}+$$

$$
+\frac{1}{2\phi c_t\sqrt{\eta_z}}\sum_{m=0}^{\infty}\ni_m\sum_{n=1}^{\infty}\frac{\xi_n\left\{\lambda_a J_{m\dot{o}}(\xi_n b)-\xi_n J'_{m\dot{o}}(\xi_n b)\right\}^2\mathcal{V}_{\mathcal{N}m\dot{o}}(\xi r,a)}{\left[\left\{\xi_n^2+\lambda^2-\left(\frac{m\dot{o}}{b}\right)^2\right\}J'^2_{m\dot{o}}(\xi_n a)-\left\{1-\left(\frac{m\dot{o}}{\xi_n a}\right)^2\right\}\left\{\xi_n J'_{m\dot{o}}(\xi_n b)+\lambda J_{m\dot{o}}(\xi_n b)\right\}^2\right]}\times
$$

$$
\times\frac{1}{\sqrt{\eta_r\xi_n^2+s}}\int_0^{\infty}\overline{\overline{\psi}}_a(m,w,s;\theta)\left\{e^{-|z-w|\sqrt{\frac{\eta_r\xi_n^2+s}{\eta_z}}}+\left(\frac{\sqrt{\eta_r\xi_n^2+s}-\lambda\sqrt{\eta_z}}{\sqrt{\eta_r\xi_n^2+s}+\lambda\sqrt{\eta_z}}\right)e^{-|z+w|\sqrt{\frac{\eta_r\xi_n^2+s}{\eta_z}}}\right\}dw-
$$

$$
-\frac{1}{2\phi c_t\sqrt{\eta_z}}\sum_{m=0}^{\infty}\ni_m\sum_{n=1}^{\infty}\frac{\xi_n^2 J'_{m\dot{o}}(\xi_n a)\left\{\lambda_a J_{m\dot{o}}(\xi_n b)-\xi_n J'_{m\dot{o}}(\xi_n b)\right\}\mathcal{V}_{\mathcal{N}m\dot{o}}(\xi r,a)}{\left[\left\{\xi_n^2+\lambda^2-\left(\frac{m\dot{o}}{b}\right)^2\right\}J'^2_{m\dot{o}}(\xi_n a)-\left\{1-\left(\frac{m\dot{o}}{\xi_n a}\right)^2\right\}\left\{\xi_n J'_{m\dot{o}}(\xi_n b)+\lambda J_{m\dot{o}}(\xi_n b)\right\}^2\right]}\times
$$

$$
\times\frac{1}{\sqrt{\eta_r\xi_n^2+s}}\int_0^{\infty}\overline{\overline{\psi}}_b(m,w,s;\theta)\left\{e^{-|z-w|\sqrt{\frac{\eta_r\xi_n^2+s}{\eta_z}}}+\left(\frac{\sqrt{\eta_r\xi_n^2+s}-\lambda\sqrt{\eta_z}}{\sqrt{\eta_r\xi_n^2+s}+\lambda\sqrt{\eta_z}}\right)e^{-|z+w|\sqrt{\frac{\eta_r\xi_n^2+s}{\eta_z}}}\right\}dw+
$$

$$
+\frac{\pi}{2\phi c_t\sqrt{\eta_z}}\sum_{m=0}^{\infty}\ni_m\times
$$

$$
\times\sum_{n=1}^{\infty}\frac{\xi_n^2\{\lambda_a J_{m\dot{o}}(\xi_n b)-\xi_n J'_{m\dot{o}}(\xi_n b)\}^2\mathcal{V}_{\mathcal{N}m\dot{o}}(\xi r,a)\,\overline{\overline{\overline{\psi}}}(\xi_n,m,s;\theta)\,e^{-z\sqrt{\frac{\eta_r\xi_n^2+s}{\eta_z}}}}{\left[\left\{\xi_n^2+\lambda^2-\left(\frac{m\dot{o}}{b}\right)^2\right\}J'^2_{m\dot{o}}(\xi_n a)-\left\{1-\left(\frac{m\dot{o}}{\xi_n a}\right)^2\right\}\{\xi_n J'_{m\dot{o}}(\xi_n b)+\lambda J_{m\dot{o}}(\xi_n b)\}^2\right]\left(\sqrt{\eta_r\xi_n^2+s}+\lambda\sqrt{\eta_z}\right)}+
$$

$$
+\frac{\pi}{4\sqrt{\eta_z}}\sum_{m=0}^{\infty}\ni_m\sum_{m=0}^{\infty}\ni_m\sum_{n=1}^{\infty}\frac{\xi_n^2\left\{\lambda_a J_{m\dot{o}}(\xi_n b)-\xi_n J'_{m\dot{o}}(\xi_n b)\right\}^2\mathcal{V}_{\mathcal{N}m\dot{o}}(\xi r,a)}{\left[\left\{\xi_n^2+\lambda^2-\left(\frac{m\dot{o}}{b}\right)^2\right\}J'^2_{m\dot{o}}(\xi_n a)-\left\{1-\left(\frac{m\dot{o}}{\xi_n a}\right)^2\right\}\{\xi_n J'_{m\dot{o}}(\xi_n b)+\lambda J_{m\dot{o}}(\xi_n b)\}^2\right]}\times
$$

$$
\times\frac{1}{\sqrt{\eta_r\xi_n^2+s}}\int_0^{\infty}\overline{\overline{\varphi}}(\xi_n,m,w;\theta)\left\{e^{-|z-w|\sqrt{\frac{\eta_r\xi_n^2+s}{\eta_z}}}+\left(\frac{\sqrt{\eta_r\xi_n^2+s}-\lambda\sqrt{\eta_z}}{\sqrt{\eta_r\xi_n^2+s}+\lambda\sqrt{\eta_z}}\right)e^{-|z+w|\sqrt{\frac{\eta_r\xi_n^2+s}{\eta_z}}}\right\}dw
$$

(24.45.2)

and

$$
p=\frac{U(t-t_0)}{4\phi c_t}\sqrt{\frac{\pi}{\eta_z}}\sum_{m=0}^{\infty}\ni_m\cos\{m(\theta-\theta_0)\}\times
$$

$$
\times\sum_{n=1}^{\infty}\frac{\xi_n^2\left\{\lambda_a J_{m\dot{o}}(\xi_n b)-\xi_n J'_{m\dot{o}}(\xi_n b)\right\}^2\mathcal{V}_{\mathcal{N}m\dot{o}}(\xi_n r_0,a)\,\mathcal{V}_{\mathcal{N}m\dot{o}}(\xi_n r,a)}{\left[\left\{\xi_n^2+\lambda^2-\left(\frac{m\dot{o}}{b}\right)^2\right\}J'^2_{m\dot{o}}(\xi_n a)-\left\{1-\left(\frac{m\dot{o}}{\xi_n a}\right)^2\right\}\left\{\xi_n J'_{m\dot{o}}(\xi_n b)+\lambda J_{m\dot{o}}(\xi_n b)\right\}^2\right]}\times
$$

$$
\times\int_0^{t-t_0}\frac{q(t-t_0-\tau)\,e^{-\eta_r\xi_n^2\tau}}{\sqrt{\tau}}\left\{e^{-\frac{(z-z_0)^2}{4\eta_z\tau}}+e^{-\frac{(z+z_0)^2}{4\eta_z\tau}}-2\left(\lambda\sqrt{\pi\eta_z\tau}\right)e^{(z+z_0)\lambda+\lambda^2\eta_z\tau}\operatorname{erfc}\left(\lambda\sqrt{\eta_z\tau}+\frac{z+z_0}{2\sqrt{\eta_z\tau}}\right)\right\}d\tau+
$$

$$
+\frac{1}{2\phi c_t\sqrt{\pi\eta_z}}\sum_{m=0}^{\infty}\ni_m\sum_{n=1}^{\infty}\frac{\xi_n\left\{\lambda_a J_{m\dot{o}}(\xi_n b)-\xi_n J'_{m\dot{o}}(\xi_n b)\right\}^2\mathcal{V}_{\mathcal{N}m\dot{o}}(\xi_n r,a)}{\left[\left\{\xi_n^2+\lambda^2-\left(\frac{m\dot{o}}{b}\right)^2\right\}J'^2_{m\dot{o}}(\xi_n a)-\left\{1-\left(\frac{m\dot{o}}{\xi_n a}\right)^2\right\}\{\xi_n J'_{m\dot{o}}(\xi_n b)+\lambda J_{m\dot{o}}(\xi_n b)\}^2\right]}\times
$$

$$
\times\int_0^{t}\frac{e^{-\eta_r\xi_n^2\tau}}{\sqrt{\tau}}\int_0^{\infty}\overline{\psi}_a(m,w,t-\tau;\theta)\times
$$

$$
\times\left\{e^{-\frac{(z-w)^2}{4\eta_z\tau}}+e^{-\frac{(z+w)^2}{4\eta_z\tau}}-2\left(\lambda\sqrt{\pi\eta_z\tau}\right)e^{(z+w)\lambda+\lambda^2\eta_z\tau}\operatorname{erfc}\left(\lambda\sqrt{\eta_z\tau}+\frac{z+w}{2\sqrt{\eta_z\tau}}\right)\right\}dw\,d\tau-
$$

$$
-\frac{1}{2\phi c_t\sqrt{\pi\eta_z}}\sum_{m=0}^{\infty}\ni_m\sum_{n=1}^{\infty}\frac{\xi_n^2 J'_{m\dot{o}}(\xi_n a)\left\{\lambda_a J_{m\dot{o}}(\xi_n b)-\xi_n J'_{m\dot{o}}(\xi_n b)\right\}\mathcal{V}_{\mathcal{N}m\dot{o}}(\xi_n r,a)}{\left[\left\{\xi_n^2+\lambda^2-\left(\frac{m\dot{o}}{b}\right)^2\right\}J'^2_{m\dot{o}}(\xi_n a)-\left\{1-\left(\frac{m\dot{o}}{\xi_n a}\right)^2\right\}\{\xi_n J'_{m\dot{o}}(\xi_n b)+\lambda J_{m\dot{o}}(\xi_n b)\}^2\right]}\times
$$

$$
\times\int_0^{t}\frac{e^{-\eta_r\xi_n^2\tau}}{\sqrt{\tau}}\int_0^{\infty}\overline{\psi}_b(m,w,t-\tau;\theta)\times
$$

$$\times\left\{e^{-\frac{(z-w)^2}{4\eta_z\tau}}+e^{-\frac{(z+w)^2}{4\eta_z\tau}}-2\left(\lambda\sqrt{\pi\eta_z\tau}\right)e^{(z+w)\lambda+\lambda^2\eta_z\tau}\operatorname{erfc}\left(\lambda\sqrt{\eta_z\tau}+\frac{z+w}{2\sqrt{\eta_z\tau}}\right)\right\}dwd\tau+$$

$$+\frac{\pi}{2\phi c_t\sqrt{\eta_z}}\sum_{m=0}^{\infty}\ni_m\sum_{n=1}^{\infty}\frac{\xi_n^2\left\{\lambda_a J_{m\dot{o}}(\xi_n b)-\xi_n J'_{m\dot{o}}(\xi_n b)\right\}^2\mathcal{V}_{\mathcal{N}m\dot{o}}(\xi_n r,a)}{\left[\left\{\xi_n^2+\lambda^2-\left(\frac{m\dot{o}}{b}\right)^2\right\}J'^2_{m\dot{o}}(\xi_n a)-\left\{1-\left(\frac{m\dot{o}}{\xi_n a}\right)^2\right\}\left\{\xi_n J'_{m\dot{o}}(\xi_n b)+\lambda J_{m\dot{o}}(\xi_n b)\right\}^2\right]}\times$$

$$\times\int_0^t\overline{\overline{\psi}}(\xi_n,m,t-\tau;\theta)\,e^{-\eta_r\xi_n^2\tau}\left\{\frac{e^{-\frac{z^2}{4\eta_z\tau}}}{\sqrt{\pi\tau}}-\lambda\sqrt{\eta_z}e^{z\lambda+\lambda^2\eta_z\tau}\operatorname{erfc}\left(\lambda\sqrt{\eta_z\tau}+\frac{z}{2\sqrt{\eta_z\tau}}\right)\right\}d\tau+$$

$$+\frac{1}{4}\sqrt{\frac{\pi}{\eta_z t}}\sum_{m=0}^{\infty}\ni_m\sum_{n=1}^{\infty}\frac{\xi_n^2\left\{\lambda_a J_{m\dot{o}}(\xi_n b)-\xi_n J'_{m\dot{o}}(\xi_n b)\right\}^2\mathcal{V}_{\mathcal{N}m\dot{o}}(\xi_n r,a)\,e^{-\eta_r\xi_n^2 t}}{\left[\left\{\xi_n^2+\lambda^2-\left(\frac{m\dot{o}}{b}\right)^2\right\}J'^2_{m\dot{o}}(\xi_n a)-\left\{1-\left(\frac{m\dot{o}}{\xi_n a}\right)^2\right\}\left\{\xi_n J'_{m\dot{o}}(\xi_n b)+\lambda J_{m\dot{o}}(\xi_n b)\right\}^2\right]}\times$$

$$\times\int_0^\infty\overline{\overline{\varphi}}(\xi_n,m,w;\theta)\left\{e^{-\frac{(z-w)^2}{4\eta_z\tau}}+e^{-\frac{(z+w)^2}{4\eta_z\tau}}-2\left(\lambda\sqrt{\pi\eta_z\tau}\right)e^{(z+w)\lambda+\lambda^2\eta_z\tau}\operatorname{erfc}\left(\lambda\sqrt{\eta_z\tau}+\frac{z+w}{2\sqrt{\eta_z\tau}}\right)\right\}dw \tag{24.45.3}$$

where $\overline{\overline{\overline{\psi}}}(\xi_n,m,s;\theta)=\int_0^a u\mathcal{V}_{\mathcal{N}m\dot{o}}(\xi_n u)\int_0^{2\pi}\overline{\psi}(u,v,s)\cos\{m(\theta-v)\}dvdu$,
$\overline{\overline{\psi}}(\xi_n,m,t;\theta)=\int_0^a u\mathcal{V}_{\mathcal{N}m\dot{o}}(\xi_n u)\int_0^{2\pi}\psi(u,v,t)\cos\{m(\theta-v)\}dvdu$,
$\overline{\overline{\psi}}_a(m,w,s;\theta)=\int_0^{2\pi}\overline{\psi}_a(v,w,s)\cos\{m(\theta-v)\}dv$, $\overline{\psi}_a(m,w,t;\theta)=\int_0^{2\pi}\psi_a(v,w,t)\cos\{m(\theta-v)\}dv$,
$\overline{\overline{\psi}}_b(m,w,s;\theta)=\int_0^{2\pi}\overline{\psi}_b(v,w,s)\cos\{m(\theta-v)\}dv$, $\overline{\psi}_b(m,w,t;\theta)=\int_0^{2\pi}\psi_b(v,w,t)\cos\{m(\theta-v)\}dv$, and
$\overline{\overline{\varphi}}(\xi_n,m,w;\theta)=\int_0^a u\mathcal{V}_{\mathcal{N}m\dot{o}}(\xi_n u)\int_0^{2\pi}\varphi(u,v,w)\cos\{m(\theta-v)\}dvdu$.

24.46

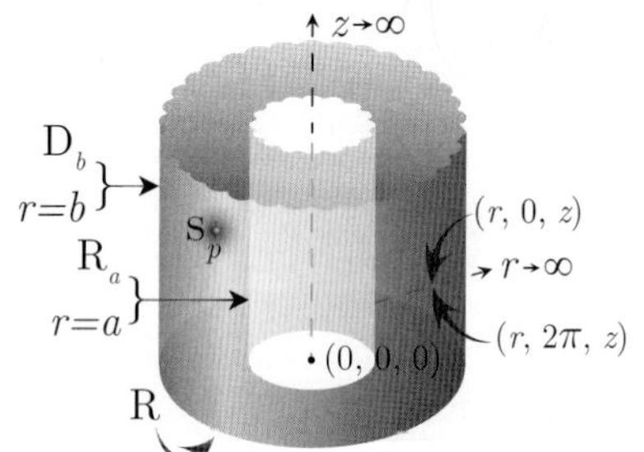

The problem of 24.40, except
$\mathbf{R_a}\equiv\frac{\partial p(a,\theta,z,t)}{\partial r}-\lambda_a p(a,\theta,z,t)=-\left(\frac{\mu}{k_r}\right)\psi_a(\theta,z,t)$,
$\mathbf{D_b}\equiv p(b,\theta,z,t)=\psi_b(\theta,z,t)$ **and**
$\mathbf{R}\equiv\frac{\partial p(r,\theta,0,t)}{\partial z}-\lambda p(r,\theta,0,t)=-\left(\frac{\mu}{k_z}\right)\psi(r,\theta,t)$

Successive application of the Laplace, Fourier and finite Hankel transformations to equation (22.1.1) gives

$$\begin{aligned}\overline{\overline{\overline{p}}}&=\frac{q(s)\,e^{-st_0}\cos\{m(\theta-\theta_0)\}\{m\cos(lz_0)+\lambda\sin(lz_0)\}\mathcal{V}_{\mathcal{D}m\dot{o}}(\xi_n r_0,b)}{\phi c_t(\eta_r\xi_n^2+\eta_z l^2+s)}+\\&+\frac{2J_{m\dot{o}}(\xi_n b)\overline{\overline{\psi}}_a(m,l,s;\theta)}{\pi\phi c_t(\eta_r\xi_n^2+\eta_z l^2+s)\{\lambda_a J_{m\dot{o}}(\xi_n a)+\xi_n J'_{m\dot{o}}(\xi_n a)\}}+\\&+\frac{2\eta_r\overline{\overline{\psi}}_b(m,l,s;\theta)}{\pi(\eta_r\xi_n^2+\eta_z l^2+s)}+\frac{m\overline{\overline{\psi}}(\xi_n,m,s;\theta)}{\phi c_t(\eta_r\xi_n^2+\eta_z l^2+s)}+\frac{\overline{\overline{\varphi}}(\xi_n,m,l;\theta)}{(\eta_r\xi_n^2+\eta_z l^2+s)}\end{aligned}\tag{24.46.1}$$

where $\mathcal{V}_{\mathcal{D}m\dot{o}}(\xi_n r,b)=J_{m\dot{o}}(\xi_n r)Y_{m\dot{o}}(\xi_n b)-Y_{m\dot{o}}(\xi_n r)J_{m\dot{o}}(\xi_n b)$ and the eigenvalues $\xi_n, n=1,2,...,$ are the positive roots of the transcendental equation $\lambda_a\mathcal{V}_{\mathcal{D}m\dot{o}}(\xi_n a,b)-\xi_n\mathcal{V}'_{\mathcal{D}m\dot{o}}(\xi_n a,b)=0$.
$\overline{\overline{\psi}}(\xi_n,m,s;\theta)=\int_0^a u\mathcal{V}_{\mathcal{D}m\dot{o}}(\xi_n u)\int_0^{2\pi}\overline{\psi}(u,v,s)\cos\{m(\theta-v)\}dvdu$,
$\overline{\overline{\psi}}_a(m,l,s;\theta)=\int_0^{2\pi}\cos\{m(\theta-v)\}\int_0^\infty\overline{\psi}_a(v,w,s)\{l\cos(lw)+\lambda\sin(lw)\}dwdv$,
$\overline{\overline{\psi}}_b(m,l,s;\theta)=\int_0^{2\pi}\cos\{m(\theta-v)\}\int_0^\infty\overline{\psi}_b(v,w,s)\{l\cos(lw)+\lambda\sin(lw)\}dwdv$, and
$\overline{\overline{\varphi}}(\xi_n,m,l;\theta)=\int_a^b u\mathcal{V}_{\mathcal{D}m\dot{o}}(\xi_n u)\int_0^{2\pi}\cos\{m(\theta-v)\}\int_0^\infty\varphi(u,v,w)\{l\cos(lw)+\lambda\sin(lw)\}dwdvdu$.

Successive inverse transforms yield

$$\begin{aligned}
\overline{p} \;=\; & \frac{\pi q(s)\, e^{-st_0}}{4\phi c_t\sqrt{\eta_z}} \sum_{m=0}^{\infty} \ni_m \cos\{m(\theta-\theta_0)\} \sum_{n=1}^{\infty} \frac{\xi_n^2 \{\lambda_a J_{m\dot{o}}(\xi_n a)+\xi_n J'_{m\dot{o}}(\xi_n a)\}^2 \mathcal{V}_{\mathcal{D}m\dot{o}}(\xi r_0,b)\,\mathcal{V}_{\mathcal{D}m\dot{o}}(\xi r,b)}{\left[\{\lambda_a J_{m\dot{o}}(\xi_n a)+\xi_n J'_{m\dot{o}}(\xi_n a)\}^2-(\lambda_a^2+\xi_n^2)\,J_{m\dot{o}}^2(\xi_n b)\right]} \times \\
& \times \frac{1}{\sqrt{\eta_r\xi_n^2+s}} \left\{ e^{-|z-z_0|\sqrt{\frac{\eta_r\xi_n^2+s}{\eta_z}}} + \left(\frac{\sqrt{\eta_r\xi_n^2+s}-\lambda\sqrt{\eta_z}}{\sqrt{\eta_r\xi_n^2+s}+\lambda\sqrt{\eta_z}}\right) e^{-|z+z_0|\sqrt{\frac{\eta_r\xi_n^2+s}{\eta_z}}} \right\} + \\
& + \frac{1}{2\phi c_t\sqrt{\eta_z}} \sum_{m=0}^{\infty} \ni_m \sum_{n=1}^{\infty} \frac{\xi_n^2 J_{m\dot{o}}(\xi_n b)\{\lambda_a J_{m\dot{o}}(\xi_n a)+\xi_n J'_{m\dot{o}}(\xi_n a)\}\mathcal{V}_{\mathcal{D}m\dot{o}}(\xi r,b)}{\left[\{\lambda_a J_{m\dot{o}}(\xi_n a)+\xi_n J'_{m\dot{o}}(\xi_n a)\}^2-(\lambda^2+\xi_n^2)\,J_{m\dot{o}}^2(\xi_n b)\right]\sqrt{\eta_r\xi_n^2+s}} \times \\
& \times \int_0^{\infty} \overline{\overline{\psi}}_a(m,w,s;\theta) \left\{ e^{-|z-w|\sqrt{\frac{\eta_r\xi_n^2+s}{\eta_z}}} + \left(\frac{\sqrt{\eta_r\xi_n^2+s}-\lambda\sqrt{\eta_z}}{\sqrt{\eta_r\xi_n^2+s}+\lambda\sqrt{\eta_z}}\right) e^{-|z+w|\sqrt{\frac{\eta_r\xi_n^2+s}{\eta_z}}} \right\} dw + \\
& + \frac{\eta_r}{2\sqrt{\eta_z}} \sum_{m=0}^{\infty} \ni_m \sum_{n=1}^{\infty} \frac{\xi_n^2 \{\lambda_a J_{m\dot{o}}(\xi_n a)+\xi_n J'_{m\dot{o}}(\xi_n a)\}^2 \mathcal{V}_{\mathcal{D}m\dot{o}}(\xi r,b)}{\left[\{\lambda_a J_{m\dot{o}}(\xi_n a)+\xi_n J'_{m\dot{o}}(\xi_n a)\}^2-(\lambda_a^2+\xi_n^2)\,J_{m\dot{o}}^2(\xi_n b)\right]\sqrt{\eta_r\xi_n^2+s}} \times \\
& \times \int_0^{\infty} \overline{\overline{\psi}}_b(m,w,s;\theta) \left\{ e^{-|z-w|\sqrt{\frac{\eta_r\xi_n^2+s}{\eta_z}}} + \left(\frac{\sqrt{\eta_r\xi_n^2+s}-\lambda\sqrt{\eta_z}}{\sqrt{\eta_r\xi_n^2+s}+\lambda\sqrt{\eta_z}}\right) e^{-|z+w|\sqrt{\frac{\eta_r\xi_n^2+s}{\eta_z}}} \right\} dw + \\
& + \frac{\pi}{2\phi c_t\sqrt{\eta_z}} \sum_{m=0}^{\infty} \ni_m \sum_{n=1}^{\infty} \frac{\xi_n^2 \{\lambda_a J_{m\dot{o}}(\xi_n a)+\xi_n J'_{m\dot{o}}(\xi_n a)\}^2 \mathcal{V}_{\mathcal{D}m\dot{o}}(\xi r,b)\,\overline{\overline{\overline{\psi}}}(\xi_n,m,s;\theta)\, e^{-z\sqrt{\frac{\eta_r\xi_n^2+s}{\eta_z}}}}{\left[\{\lambda_a J_{m\dot{o}}(\xi_n a)+\xi_n J'_{m\dot{o}}(\xi_n a)\}^2-(\lambda_a^2+\xi_n^2)\,J_{m\dot{o}}^2(\xi_n b)\right]\left(\sqrt{\eta_r\xi_n^2+s}+\lambda\sqrt{\eta_z}\right)} + \\
& + \frac{\pi}{4\sqrt{\eta_z}} \sum_{m=0}^{\infty} \ni_m \sum_{n=1}^{\infty} \frac{\xi_n^2 \{\lambda_a J_{m\dot{o}}(\xi_n a)+\xi_n J'_{m\dot{o}}(\xi_n a)\}^2 \mathcal{V}_{\mathcal{D}m\dot{o}}(\xi r,b)}{\left[\{\lambda_a J_{m\dot{o}}(\xi_n a)+\xi_n J'_{m\dot{o}}(\xi_n a)\}^2-(\lambda_a^2+\xi_n^2)\,J_{m\dot{o}}^2(\xi_n b)\right]\sqrt{\eta_r\xi_n^2+s}} \times \\
& \times \int_0^{\infty} \overline{\overline{\varphi}}(\xi_n,m,w;\theta) \left\{ e^{-|z-w|\sqrt{\frac{\eta_r\xi_n^2+s}{\eta_z}}} + \left(\frac{\sqrt{\eta_r\xi_n^2+s}-\lambda\sqrt{\eta_z}}{\sqrt{\eta_r\xi_n^2+s}+\lambda\sqrt{\eta_z}}\right) e^{-|z+w|\sqrt{\frac{\eta_r\xi_n^2+s}{\eta_z}}} \right\} dw \qquad (24.46.2)
\end{aligned}$$

and

$$\begin{aligned}
p \;=\; & \frac{U(t-t_0)}{4\phi c_t}\sqrt{\frac{\pi}{\eta_z}} \sum_{m=0}^{\infty} \ni_m \cos\{m(\theta-\theta_0)\} \sum_{n=1}^{\infty} \frac{\xi_n^2 \{\lambda_a J_{m\dot{o}}(\xi_n a)+\xi_n J'_{m\dot{o}}(\xi_n a)\}^2 \mathcal{V}_{\mathcal{D}m\dot{o}}(\xi r_0,b)\,\mathcal{V}_{\mathcal{D}m\dot{o}}(\xi r,b)}{\left[\{\lambda_a J_{m\dot{o}}(\xi_n a)+\xi_n J'_{m\dot{o}}(\xi_n a)\}^2-(\lambda_a^2+\xi_n^2)\,J_{m\dot{o}}^2(\xi_n b)\right]} \times \\
& \times \int_0^{t-t_0} \frac{q(t-t_0-\tau)\, e^{-\eta_r\xi_n^2\tau}}{\sqrt{\tau}} \left\{ e^{-\frac{(z-z_0)^2}{4\eta_z\tau}} + e^{-\frac{(z+z_0)^2}{4\eta_z\tau}} - 2(\lambda\sqrt{\pi\eta_z\tau})\, e^{(z+z_0)\lambda+\lambda^2\eta_z\tau} \operatorname{erfc}\left(\lambda\sqrt{\eta_z\tau}+\frac{z+z_0}{2\sqrt{\eta_z\tau}}\right)\right\} d\tau + \\
& + \frac{1}{2\phi c_t\sqrt{\eta_z}} \sum_{m=0}^{\infty} \ni_m \sum_{n=1}^{\infty} \frac{\xi_n^2 J_{m\dot{o}}(\xi_n b)\{\lambda_a J_{m\dot{o}}(\xi_n a)+\xi_n J'_{m\dot{o}}(\xi_n a)\}\mathcal{V}_{\mathcal{D}m\dot{o}}(\xi r,b)}{\left[\{\lambda_a J_{m\dot{o}}(\xi_n a)+\xi_n J'_{m\dot{o}}(\xi_n a)\}^2-(\lambda^2+\xi_n^2)\,J_{m\dot{o}}^2(\xi_n b)\right]} \times \\
& \times \int_0^{t} \frac{e^{-\eta_r\xi_n^2\tau}}{\sqrt{\tau}} \int_0^{\infty} \overline{\psi}_a(m,w,t-\tau;\theta) \times \\
& \times \left\{ e^{-\frac{(z-w)^2}{4\eta_z\tau}} + e^{-\frac{(z+w)^2}{4\eta_z\tau}} - 2(\lambda\sqrt{\pi\eta_z\tau})\, e^{(z+w)\lambda+\lambda^2\eta_z\tau} \operatorname{erfc}\left(\lambda\sqrt{\eta_z\tau}+\frac{z+w}{2\sqrt{\eta_z\tau}}\right)\right\} dw\, d\tau + \\
& + \frac{\eta_r}{2\sqrt{\pi\eta_z}} \sum_{m=0}^{\infty} \ni_m \sum_{n=1}^{\infty} \frac{\xi_n^2 \{\lambda_a J_{m\dot{o}}(\xi_n a)+\xi_n J'_{m\dot{o}}(\xi_n a)\}^2 \mathcal{V}_{\mathcal{D}m\dot{o}}(\xi r,b)}{\left[\{\lambda_a J_{m\dot{o}}(\xi_n a)+\xi_n J'_{m\dot{o}}(\xi_n a)\}^2-(\lambda_a^2+\xi_n^2)\,J_{m\dot{o}}^2(\xi_n b)\right]} \times \\
& \times \int_0^{t} \frac{e^{-\eta_r\xi_n^2\tau}}{\sqrt{\tau}} \int_0^{\infty} \overline{\psi}_b(m,w,t-\tau;\theta) \times
\end{aligned}$$

$$\times\left\{e^{-\frac{(z-w)^2}{4\eta_z\tau}}+e^{-\frac{(z+w)^2}{4\eta_z\tau}}-2\left(\lambda\sqrt{\pi\eta_z\tau}\right)e^{(z+w)\lambda+\lambda^2\eta_z\tau}\operatorname{erfc}\left(\lambda\sqrt{\eta_z\tau}+\frac{z+w}{2\sqrt{\eta_z\tau}}\right)\right\}dwd\tau+$$

$$+\frac{\pi}{2\phi c_t\sqrt{\eta_z}}\sum_{m=0}^{\infty}\ni_m\sum_{n=1}^{\infty}\frac{\xi_n^2\left\{\lambda_a J_{m\dot{o}}(\xi_n a)+\xi_n J'_{m\dot{o}}(\xi_n a)\right\}^2\mathcal{V}_{\mathcal{D}m\dot{o}}(\xi r,b)}{\left[\left\{\lambda_a J_{m\dot{o}}(\xi_n a)+\xi_n J'_{m\dot{o}}(\xi_n a)\right\}^2-\left(\lambda_a^2+\xi_n^2\right)J^2_{m\dot{o}}(\xi_n b)\right]}\times$$

$$\times\int_0^t\overline{\overline{\psi}}(\xi_n,m,t-\tau;\theta)\,e^{-\eta_r\xi_n^2\tau}\left\{\frac{e^{-\frac{z^2}{4\eta_z\tau}}}{\sqrt{\pi\tau}}-\lambda\sqrt{\eta_z}e^{z\lambda+\lambda^2\eta_z\tau}\operatorname{erfc}\left(\lambda\sqrt{\eta_z\tau}+\frac{z}{2\sqrt{\eta_z\tau}}\right)\right\}d\tau+$$

$$+\frac{1}{4}\sqrt{\frac{\pi}{\eta_z t}}\sum_{m=0}^{\infty}\ni_m\sum_{n=1}^{\infty}\frac{\xi_n^2\left\{\lambda_a J_{m\dot{o}}(\xi_n a)+\xi_n J'_{m\dot{o}}(\xi_n a)\right\}^2\mathcal{V}_{\mathcal{D}m\dot{o}}(\xi r,b)}{\left[\left\{\lambda_a J_{m\dot{o}}(\xi_n a)+\xi_n J'_{m\dot{o}}(\xi_n a)\right\}^2-\left(\lambda_a^2+\xi_n^2\right)J^2_{m\dot{o}}(\xi_n b)\right]}\times$$

$$\times\int_0^\infty\overline{\overline{\varphi}}(\xi_n,m,w;\theta)\left\{e^{-\frac{(z-w)^2}{4\eta_z\tau}}+e^{-\frac{(z+w)^2}{4\eta_z\tau}}-2\left(\lambda\sqrt{\pi\eta_z\tau}\right)e^{(z+w)\lambda+\lambda^2\eta_z\tau}\operatorname{erfc}\left(\lambda\sqrt{\eta_z\tau}+\frac{z+w}{2\sqrt{\eta_z\tau}}\right)\right\}dw \tag{24.46.3}$$

where $\overline{\overline{\overline{\psi}}}(\xi_n,m,s;\theta)=\int_0^a u\mathcal{V}_{\mathcal{D}m\dot{o}}(\xi_n u)\int_0^{2\pi}\overline{\psi}(u,v,s)\cos\{m(\theta-v)\}dvdu$,
$\overline{\overline{\psi}}(\xi_n,m,t;\theta)=\int_0^a u\mathcal{V}_{\mathcal{D}m\dot{o}}(\xi_n u)\int_0^{2\pi}\psi(u,v,t)\cos\{m(\theta-v)\}dvdu$,
$\overline{\overline{\psi}}_a(m,w,s;\theta)=\int_0^{2\pi}\overline{\psi}_a(v,w,s)\cos\{m(\theta-v)\}dv$, $\overline{\psi}_a(m,w,t;\theta)=\int_0^{2\pi}\psi_a(v,w,t)\cos\{m(\theta-v)\}dv$,
$\overline{\overline{\psi}}_b(m,w,s;\theta)=\int_0^{2\pi}\overline{\psi}_b(v,w,s)\cos\{m(\theta-v)\}dv$, $\overline{\psi}_b(m,w,t;\theta)=\int_0^{2\pi}\psi_b(v,w,t)\cos\{m(\theta-v)\}dv$, and
$\overline{\overline{\varphi}}(\xi_n,m,w;\theta)=\int_0^a u\mathcal{V}_{\mathcal{D}m\dot{o}}(\xi_n u)\int_0^{2\pi}\varphi(u,v,w)\cos\{m(\theta-v)\}dudv$.

24.47

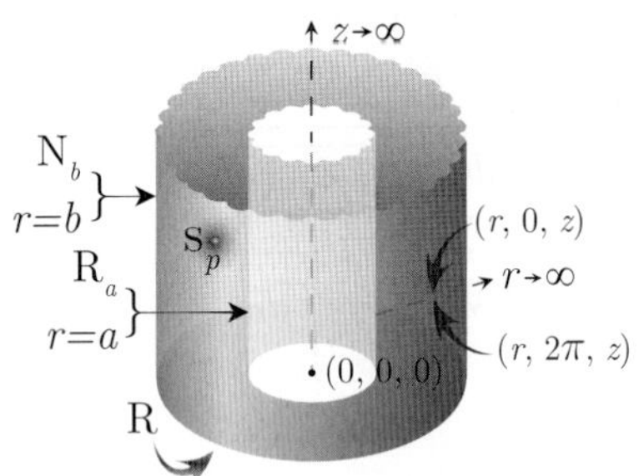

The problem of 24.40, except
$\mathbf{R}_a\equiv\frac{\partial p(a,\theta,z,t)}{\partial r}-\lambda_a p(a,\theta,z,t)=-\left(\frac{\mu}{k_r}\right)\psi_a(\theta,z,t)$,
$\mathbf{N}_b\equiv\frac{\partial p(b,\theta,z,t)}{\partial r}=-\left(\frac{\mu}{k_r}\right)\psi_b(\theta,z,t)$ **and**
$\mathbf{R}\equiv\frac{\partial p(r,\theta,0,t)}{\partial z}-\lambda p(r,\theta,0,t)=-\left(\frac{\mu}{k_z}\right)\psi(r,\theta,t)$

Successive application of the Laplace, Fourier and finite Hankel transformations to equation (22.1.1) gives

$$\overline{\overline{\overline{p}}}=\frac{q(s)e^{-st_0}\cos\{m(\theta-\theta_0)\}\{m\cos(lz_0)+\lambda\sin(lz_0)\}\mathcal{V}_{\mathcal{N}m\dot{o}}(\xi_n r_0,b)}{\phi c_t\left(\eta_r\xi_n^2+\eta_z l^2+s\right)}+$$
$$+\frac{2J'_{m\dot{o}}(\xi_n b)\overline{\overline{\overline{\psi}}}_a(m,l,s;\theta)}{\pi\phi c_t\left(\eta_r\xi_n^2+\eta_z l^2+s\right)\left\{\lambda_a J_{m\dot{o}}(\xi_n a)+\xi_n J'_{m\dot{o}}(\xi_n a)\right\}}-$$
$$-\frac{2\overline{\overline{\overline{\psi}}}_b(m,l,s;\theta)}{\pi\phi c_t\xi_n\left(\eta_r\xi_n^2+\eta_z l^2+s\right)}+\frac{m\overline{\overline{\overline{\psi}}}(\xi_n,m,s;\theta)}{\phi c_t\left(\eta_r\xi_n^2+\eta_z l^2+s\right)}+\frac{\overline{\overline{\overline{\varphi}}}(\xi_n,m,l;\theta)}{\left(\eta_r\xi_n^2+\eta_z l^2+s\right)} \tag{24.47.1}$$

where $\overline{\overline{p}}=\int_a^b\overline{p}r\mathcal{V}_{\mathcal{N}m\dot{o}}(\xi_n r,b)\,dr$ and the eigenvalues $\xi_n, n=1,2,...,$ are the positive roots of the transcendental equation $\lambda_a\mathcal{V}_{\mathcal{N}m\dot{o}}(\xi_n a,b)-\xi_n\mathcal{V}'_{\mathcal{N}m\dot{o}}(\xi_n a,b)=0$.
$\overline{\overline{\overline{\psi}}}(\xi_n,m,s;\theta)=\int_0^a u\mathcal{V}_{\mathcal{N}m\dot{o}}(\xi_n u)\int_0^{2\pi}\overline{\psi}(u,v,s)\cos\{m(\theta-v)\}dvdu$,
$\overline{\overline{\overline{\psi}}}_a(m,l,s;\theta)=\int_0^{2\pi}\cos\{m(\theta-v)\}\int_0^\infty\overline{\psi}_a(v,w,s)\{l\cos(lw)+\lambda\sin(lw)\}\,dwdv$,
$\overline{\overline{\overline{\psi}}}_b(m,l,s;\theta)=\int_0^{2\pi}\cos\{m(\theta-v)\}\int_0^\infty\overline{\psi}_b(v,w,s)\{l\cos(lw)+\lambda\sin(lw)\}\,dwdv$, and
$\overline{\overline{\overline{\varphi}}}(\xi_n,m,l;\theta)=\int_a^b u\mathcal{V}_{\mathcal{N}m\dot{o}}(\xi_n u)\int_0^{2\pi}\cos\{m(\theta-v)\}\int_0^\infty\varphi(u,v,w)\{l\cos(lw)+\lambda\sin(lw)\}\,dwdvdu$. Successive inverse transforms yield

$$\overline{p}=\frac{\pi q(s)e^{-st_0}}{4\phi c_t\sqrt{\eta_z}}\sum_{m=0}^{\infty}\ni_m\cos\{m(\theta-\theta_0)\}\times$$

$$\times\sum_{n=1}^{\infty}\frac{\xi_n^2\left\{\lambda_a J_{m\dot{o}}(\xi_n a)+\xi_n J'_{m\dot{o}}(\xi_n a)\right\}^2\mathcal{V}_{\mathcal{N}m\dot{o}}(\xi r_0,b)\,\mathcal{V}_{\mathcal{N}m\dot{o}}(\xi r,b)}{\left[\left\{1-\left(\frac{m\dot{o}}{\xi_n b}\right)^2\right\}\left\{\xi_n J'_{m\dot{o}}(\xi_n a)-\lambda J_{m\dot{o}}(\xi_n a)\right\}^2-\left\{\xi_n^2+\lambda^2-\left(\frac{m\dot{o}}{a}\right)^2\right\}J'^2_{m\dot{o}}(\xi_n b)\right]\sqrt{(\eta_r\xi_n^2+s)}}\times$$

$$\times\left\{e^{-|z-z_0|\sqrt{\frac{\eta_r\xi_n^2+s}{\eta_z}}}+\left(\frac{\sqrt{\eta_r\xi_n^2+s}-\lambda\sqrt{\eta_z}}{\sqrt{\eta_r\xi_n^2+s}+\lambda\sqrt{\eta_z}}\right)e^{-|z+z_0|\sqrt{\frac{\eta_r\xi_n^2+s}{\eta_z}}}\right\}+$$

$$+\frac{1}{2\phi c_t\sqrt{\pi\eta_z}}\sum_{m=0}^{\infty}\ni_m\sum_{n=1}^{\infty}\frac{\xi_n^2 J'_{m\dot{o}}(\xi_n b)\left\{\lambda_a J_{m\dot{o}}(\xi_n a)+\xi_n J'_{m\dot{o}}(\xi_n a)\right\}\mathcal{V}_{\mathcal{N}m\dot{o}}(\xi r,b)}{\left[\left\{1-\left(\frac{m\dot{o}}{\xi_n b}\right)^2\right\}\left\{\xi_n J'_{m\dot{o}}(\xi_n a)-\lambda J_{m\dot{o}}(\xi_n a)\right\}^2-\left\{\xi_n^2+\lambda^2-\left(\frac{m\dot{o}}{a}\right)^2\right\}J'^2_{m\dot{o}}(\xi_n b)\right]}\times$$

$$\times\frac{1}{\sqrt{\eta_r\xi_n^2+s}}\int_0^{\infty}\overline{\overline{\psi}}_a(m,w,s;\theta)\left\{e^{-|z-w|\sqrt{\frac{\eta_r\xi_n^2+s}{\eta_z}}}+\left(\frac{\sqrt{\eta_r\xi_n^2+s}-\lambda\sqrt{\eta_z}}{\sqrt{\eta_r\xi_n^2+s}+\lambda\sqrt{\eta_z}}\right)e^{-|z+w|\sqrt{\frac{\eta_r\xi_n^2+s}{\eta_z}}}\right\}dw-$$

$$-\frac{1}{2\phi c_t\sqrt{\pi\eta_z}}\sum_{m=0}^{\infty}\ni_m\sum_{n=1}^{\infty}\frac{\xi_n\left\{\lambda_a J_{m\dot{o}}(\xi_n a)+\xi_n J'_{m\dot{o}}(\xi_n a)\right\}^2\mathcal{V}_{\mathcal{N}m\dot{o}}(\xi r,b)}{\left[\left\{1-\left(\frac{m\dot{o}}{\xi_n b}\right)^2\right\}\left\{\xi_n J'_{m\dot{o}}(\xi_n a)-\lambda J_{m\dot{o}}(\xi_n a)\right\}^2-\left\{\xi_n^2+\lambda^2-\left(\frac{m\dot{o}}{a}\right)^2\right\}J'^2_{m\dot{o}}(\xi_n b)\right]}\times$$

$$\times\frac{1}{\sqrt{\eta_r\xi_n^2+s}}\int_0^{\infty}\overline{\overline{\psi}}_b(m,w,s;\theta)\left\{e^{-|z-w|\sqrt{\frac{\eta_r\xi_n^2+s}{\eta_z}}}+\left(\frac{\sqrt{\eta_r\xi_n^2+s}-\lambda\sqrt{\eta_z}}{\sqrt{\eta_r\xi_n^2+s}+\lambda\sqrt{\eta_z}}\right)e^{-|z+w|\sqrt{\frac{\eta_r\xi_n^2+s}{\eta_z}}}\right\}dw+$$

$$+\frac{\pi}{2\phi c_t\sqrt{\eta_z}}\sum_{m=0}^{\infty}\ni_m\times$$

$$\times\sum_{n=1}^{\infty}\frac{\xi_n^2\left\{\lambda_a J_{m\dot{o}}(\xi_n a)+\xi_n J'_{m\dot{o}}(\xi_n a)\right\}^2\mathcal{V}_{\mathcal{N}m\dot{o}}(\xi r,b)\,\overline{\overline{\overline{\psi}}}(\xi_n,m,s;\theta)\,e^{-z\sqrt{\frac{\eta_r\xi_n^2+s}{\eta_z}}}}{\left[\left\{1-\left(\frac{m\dot{o}}{\xi_n b}\right)^2\right\}\left\{\xi_n J'_{m\dot{o}}(\xi_n a)-\lambda J_{m\dot{o}}(\xi_n a)\right\}^2-\left\{\xi_n^2+\lambda^2-\left(\frac{m\dot{o}}{a}\right)^2\right\}J'^2_{m\dot{o}}(\xi_n b)\right]\left(\sqrt{\eta_r\xi_n^2+s}+\lambda\sqrt{\eta_z}\right)}+$$

$$+\frac{\pi}{4\sqrt{\eta_z}}\sum_{m=0}^{\infty}\ni_m\sum_{n=1}^{\infty}\frac{\xi_n^2\left\{\lambda_a J_{m\dot{o}}(\xi_n a)+\xi_n J'_{m\dot{o}}(\xi_n a)\right\}^2\mathcal{V}_{\mathcal{N}m\dot{o}}(\xi r,b)}{\left[\left\{1-\left(\frac{m\dot{o}}{\xi_n b}\right)^2\right\}\left\{\xi_n J'_{m\dot{o}}(\xi_n a)-\lambda J_{m\dot{o}}(\xi_n a)\right\}^2-\left\{\xi_n^2+\lambda^2-\left(\frac{m\dot{o}}{a}\right)^2\right\}J'^2_{m\dot{o}}(\xi_n b)\right]}\times$$

$$\times\frac{1}{\sqrt{\eta_r\xi_n^2+s}}\int_0^{\infty}\overline{\overline{\varphi}}(\xi_n,m,w;\theta)\left\{e^{-|z-w|\sqrt{\frac{\eta_r\xi_n^2+s}{\eta_z}}}+\left(\frac{\sqrt{\eta_r\xi_n^2+s}-\lambda\sqrt{\eta_z}}{\sqrt{\eta_r\xi_n^2+s}+\lambda\sqrt{\eta_z}}\right)e^{-|z+w|\sqrt{\frac{\eta_r\xi_n^2+s}{\eta_z}}}\right\}dw$$

(24.47.2)

and

$$p=\frac{U(t-t_0)}{4\phi c_t}\sqrt{\frac{\pi}{\eta_z}}\sum_{m=0}^{\infty}\ni_m\cos\{m(\theta-\theta_0)\}\times$$

$$\times\sum_{n=1}^{\infty}\frac{\xi_n^2\left\{\lambda_a J_{m\dot{o}}(\xi_n a)+\xi_n J'_{m\dot{o}}(\xi_n a)\right\}^2\mathcal{V}_{\mathcal{N}m\dot{o}}(\xi r_0,b)\,\mathcal{V}_{\mathcal{N}m\dot{o}}(\xi r,b)}{\left[\left\{1-\left(\frac{m\dot{o}}{\xi_n b}\right)^2\right\}\left\{\xi_n J'_{m\dot{o}}(\xi_n a)-\lambda J_{m\dot{o}}(\xi_n a)\right\}^2-\left\{\xi_n^2+\lambda^2-\left(\frac{m\dot{o}}{a}\right)^2\right\}J'^2_{m\dot{o}}(\xi_n b)\right]}\times$$

$$\times\int_0^{t-t_0}\frac{q(t-t_0-\tau)\,e^{-\eta_r\xi_n^2\tau}}{\sqrt{\tau}}\left\{e^{-\frac{(z-z_0)^2}{4\eta_z\tau}}+e^{-\frac{(z+z_0)^2}{4\eta_z\tau}}-2\left(\lambda\sqrt{\pi\eta_z\tau}\right)e^{(z+z_0)\lambda+\lambda^2\eta_z\tau}\operatorname{erfc}\left(\lambda\sqrt{\eta_z\tau}+\frac{z+z_0}{2\sqrt{\eta_z\tau}}\right)\right\}d\tau+$$

$$+\frac{1}{2\phi c_t\sqrt{\pi\eta_z}}\sum_{m=0}^{\infty}\ni_m\sum_{n=1}^{\infty}\frac{\xi_n^2 J'_{m\dot{o}}(\xi_n b)\left\{\lambda_a J_{m\dot{o}}(\xi_n a)+\xi_n J'_{m\dot{o}}(\xi_n a)\right\}\mathcal{V}_{\mathcal{N}m\dot{o}}(\xi r,b)}{\left[\left\{1-\left(\frac{m\dot{o}}{\xi_n b}\right)^2\right\}\left\{\xi_n J'_{m\dot{o}}(\xi_n a)-\lambda J_{m\dot{o}}(\xi_n a)\right\}^2-\left\{\xi_n^2+\lambda^2-\left(\frac{m\dot{o}}{a}\right)^2\right\}J'^2_{m\dot{o}}(\xi_n b)\right]}\times$$

$$\times\int_0^{t}\frac{e^{-\eta_r\xi_n^2\tau}}{\sqrt{\tau}}\int_0^{\infty}\overline{\psi}_a(m,w,t-\tau;\theta)\times$$

$$\times\left\{e^{-\frac{(z-w)^2}{4\eta_z\tau}}+e^{-\frac{(z+w)^2}{4\eta_z\tau}}-2\left(\lambda\sqrt{\pi\eta_z\tau}\right)e^{(z+w)\lambda+\lambda^2\eta_z\tau}\operatorname{erfc}\left(\lambda\sqrt{\eta_z\tau}+\frac{z+w}{2\sqrt{\eta_z\tau}}\right)\right\}dwd\tau+$$

$$-\frac{1}{2\phi c_t\sqrt{\pi\eta_z}}\sum_{m=0}^{\infty}\ni_m\sum_{n=1}^{\infty}\frac{\xi_n\left\{\lambda_a J_{m\dot{o}}(\xi_n a)+\xi_n J'_{m\dot{o}}(\xi_n a)\right\}^2\mathcal{V}_{\mathcal{N}m\dot{o}}(\xi r,b)}{\left[\left\{1-\left(\frac{m\dot{o}}{\xi_n b}\right)^2\right\}\{\xi_n J'_{m\dot{o}}(\xi_n a)-\lambda J_{m\dot{o}}(\xi_n a)\}^2-\left\{\xi_n^2+\lambda^2-\left(\frac{m\dot{o}}{a}\right)^2\right\}J'^2_{m\dot{o}}(\xi_n b)\right]}\times$$

$$\times\int_0^t\frac{e^{-\eta_r\xi_n^2\tau}}{\sqrt{\tau}}\int_0^\infty\overline{\psi}_b(m,w,t-\tau;\theta)\times$$

$$\times\left\{e^{-\frac{(z-w)^2}{4\eta_z\tau}}+e^{-\frac{(z+w)^2}{4\eta_z\tau}}-2\left(\lambda\sqrt{\pi\eta_z\tau}\right)e^{(z+w)\lambda+\lambda^2\eta_z\tau}\operatorname{erfc}\left(\lambda\sqrt{\eta_z\tau}+\frac{z+w}{2\sqrt{\eta_z\tau}}\right)\right\}dwd\tau+$$

$$+\frac{\pi}{2\phi c_t\sqrt{\eta_z}}\sum_{m=0}^{\infty}\ni_m\sum_{n=1}^{\infty}\frac{\xi_n^2\left\{\lambda_a J_{m\dot{o}}(\xi_n a)+\xi_n J'_{m\dot{o}}(\xi_n a)\right\}^2\mathcal{V}_{\mathcal{N}m\dot{o}}(\xi r,b)}{\left[\left\{1-\left(\frac{m\dot{o}}{\xi_n b}\right)^2\right\}\{\xi_n J'_{m\dot{o}}(\xi_n a)-\lambda J_{m\dot{o}}(\xi_n a)\}^2-\left\{\xi_n^2+\lambda^2-\left(\frac{m\dot{o}}{a}\right)^2\right\}J'^2_{m\dot{o}}(\xi_n b)\right]}\times$$

$$\times\int_0^t\overline{\overline{\psi}}(\xi_n,m,t-\tau;\theta)\,e^{-\eta_r\xi_n^2\tau}\left\{\frac{e^{-\frac{z^2}{4\eta_z\tau}}}{\sqrt{\pi\tau}}-\lambda\sqrt{\eta_z}e^{z\lambda+\lambda^2\eta_z\tau}\operatorname{erfc}\left(\lambda\sqrt{\eta_z\tau}+\frac{z}{2\sqrt{\eta_z\tau}}\right)\right\}d\tau+$$

$$+\frac{1}{4}\sqrt{\frac{\pi}{\eta_z t}}\sum_{m=0}^{\infty}\ni_m\sum_{n=1}^{\infty}\frac{\xi_n^2\left\{\lambda_a J_{m\dot{o}}(\xi_n a)+\xi_n J'_{m\dot{o}}(\xi_n a)\right\}^2\mathcal{V}_{\mathcal{N}m\dot{o}}(\xi r,b)}{\left[\left\{1-\left(\frac{m\dot{o}}{\xi_n b}\right)^2\right\}\{\xi_n J'_{m\dot{o}}(\xi_n a)-\lambda J_{m\dot{o}}(\xi_n a)\}^2-\left\{\xi_n^2+\lambda^2-\left(\frac{m\dot{o}}{a}\right)^2\right\}J'^2_{m\dot{o}}(\xi_n b)\right]}\times$$

$$\times\int_0^\infty\overline{\overline{\varphi}}(\xi_n,m,w;\theta)\left\{e^{-\frac{(z-w)^2}{4\eta_z\tau}}+e^{-\frac{(z+w)^2}{4\eta_z\tau}}-2\left(\lambda\sqrt{\pi\eta_z\tau}\right)e^{(z+w)\lambda+\lambda^2\eta_z\tau}\operatorname{erfc}\left(\lambda\sqrt{\eta_z\tau}+\frac{z+w}{2\sqrt{\eta_z\tau}}\right)\right\}dw$$

(24.47.3)

where $\overline{\overline{\overline{\psi}}}(\xi_n,m,s;\theta)=\int_0^a u\mathcal{V}_{\mathcal{N}m\dot{o}}(\xi_n u)\int_0^{2\pi}\overline{\psi}(u,v,s)\cos\{m(\theta-v)\}dvdu$,
$\overline{\overline{\psi}}(\xi_n,m,t;\theta)=\int_0^a u\mathcal{V}_{\mathcal{N}m\dot{o}}(\xi_n u)\int_0^{2\pi}\psi(u,v,t)\cos\{m(\theta-v)\}dvdu$,
$\overline{\overline{\psi}}_a(m,w,s;\theta)=\int_0^{2\pi}\overline{\psi}_a(v,w,s)\cos\{m(\theta-v)\}dv$, $\overline{\psi}_a(m,w,t;\theta)=\int_0^{2\pi}\psi_a(v,w,t)\cos\{m(\theta-v)\}dv$,
$\overline{\overline{\psi}}_b(m,w,s;\theta)=\int_0^{2\pi}\overline{\psi}_b(v,w,s)\cos\{m(\theta-v)\}dv$, $\overline{\psi}_b(m,w,t;\theta)=\int_0^{2\pi}\psi_b(v,w,t)\cos\{m(\theta-v)\}dv$, and
$\overline{\overline{\varphi}}(\xi_n,m,w;\theta)=\int_0^a u\mathcal{V}_{\mathcal{N}m\dot{o}}(\xi_n u)\int_0^{2\pi}\varphi(u,v,w)\cos\{m(\theta-v)\}dvdu$.

24.48

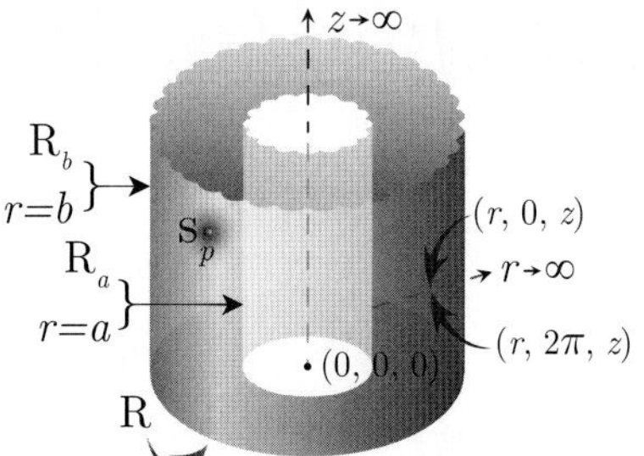

The problem of 24.40, except
$\mathbf{R}_a\equiv\frac{\partial p(a,\theta,z,t)}{\partial r}-\lambda_a p(a,\theta,z,t)=-\left(\frac{\mu}{k_r}\right)\psi_a(\theta,z,t)$,
$\mathbf{R}_b\equiv\frac{\partial p(b,\theta,z,t)}{\partial r}+\lambda_b p(b,\theta,z,t)=-\left(\frac{\mu}{k_r}\right)\psi_b(\theta,z,t)$ **and**
$\mathbf{R}\equiv\frac{\partial p(r,\theta,0,t)}{\partial z}-\lambda p(r,\theta,0,t)=-\left(\frac{\mu}{k_z}\right)\psi(r,\theta,t)$

Successive application of the Laplace, Fourier and finite Hankel transformations to equation (22.1.1) gives

$$\overline{\overline{\overline{p}}}=\frac{q(s)\,e^{-st_0}\cos\{m(\theta-\theta_0)\}\{m\cos(lz_0)+\lambda\sin(lz_0)\}\{\xi_n\mathcal{V}_{\mathcal{N}m\dot{o}}(\xi_n r_0,a)-\lambda_a\mathcal{V}_{\mathcal{D}m\dot{o}}(\xi_n r_0,a)\}}{\phi c_t\left(\eta_r\xi_n^2+\eta_z l^2+s\right)}+$$
$$+\frac{2\overline{\overline{\overline{\psi}}}_a(m,l,s;\theta)}{\pi\phi c_t\left(\eta_r\xi_n^2+\eta_z l^2+s\right)}-\frac{2\{\xi_n J'_{m\dot{o}}(\xi_n a)-\lambda_a J_{m\dot{o}}(\xi_n a)\}\overline{\overline{\overline{\psi}}}_b(m,l,s;\theta)}{\pi\phi c_t\left(\eta_r\xi_n^2+\eta_z l^2+s\right)\{\xi_n J'_{m\dot{o}}(\xi_n b)+\lambda_b J_{m\dot{o}}(\xi_n b)\}}+$$
$$+\frac{l\overline{\overline{\overline{\psi}}}(\xi_n,m,s;\theta)}{\phi c_t\left(\eta_r\xi_n^2+\eta_z l^2+s\right)}+\frac{\overline{\overline{\overline{\varphi}}}(\xi_n,m,l;\theta)}{\left(\eta_r\xi_n^2+\eta_z l^2+s\right)}\tag{24.48.1}$$

where $\overline{\overline{p}}=\int_a^b\overline{p}r\{\xi_n\mathcal{V}_{\mathcal{N}m\dot{o}}(\xi_n r,a)-\lambda_a\mathcal{V}_{\mathcal{D}m\dot{o}}(\xi_n r,a)\}\,dr$ and the eigenvalues $\xi_n, n=1,2,...,$ are the positive roots of $\lambda_a\{\mathcal{V}'_{\mathcal{D}m\dot{o}}(\xi_n b,a)+\lambda_b\mathcal{V}_{\mathcal{D}m\dot{o}}(\xi_n b,a)\}-\xi_n\{\mathcal{V}'_{\mathcal{N}m\dot{o}}(\xi_n b,a)+\lambda_b\mathcal{V}_{\mathcal{N}m\dot{o}}(\xi_n b,a)\}=0$.

$\overline{\overline{\overline{\psi}}}(\xi_n, m, s; \theta) = \int_0^a u\{\xi_n \mathcal{V}_{\mathcal{N}m\dot{o}}(\xi_n u, a) - \lambda_a \mathcal{V}_{\mathcal{D}m\dot{o}}(\xi_n u, a)\} \int_0^{2\pi} \overline{\psi}(u, v, s)\cos\{m(\theta - v)\}dvdu$,
$\overline{\overline{\overline{\psi}}}_a(m, l, s; \theta) = \int_0^{2\pi} \cos\{m(\theta - v)\} \int_0^\infty \overline{\psi}_a(v, w, s)\{l\cos(lw) + \lambda\sin(lw)\}dwdv$,
$\overline{\overline{\overline{\psi}}}_b(m, l, s; \theta) = \int_0^{2\pi} \cos\{m(\theta - v)\} \int_0^\infty \overline{\psi}_b(v, w, s)\{l\cos(lw) + \lambda\sin(lw)\}dwdv$, and
$\overline{\overline{\overline{\varphi}}}(\xi_n, m, l; \theta) = \int_a^b u\{\xi_n \mathcal{V}_{\mathcal{N}m\dot{o}}(\xi_n u, a) - \lambda_a \mathcal{V}_{\mathcal{D}m\dot{o}}(\xi_n u, a)\} \times$
$\times \int_0^{2\pi} \cos\{m(\theta - v)\} \int_0^\infty \varphi(u, v, w)\{l\cos(lw) + \lambda\sin(lw)\}dwdvdu$. Successive inverse transforms yield

$$\begin{aligned}
\overline{p} &= \frac{\pi q(s)e^{-st_0}}{4\phi c_t\sqrt{\eta_z}} \sum_{m=0}^{\infty} \ni_m \cos\{m(\theta - \theta_0)\} \sum_{n=1}^{\infty} \frac{\xi_n^2\{\xi_n J'_{m\dot{o}}(\xi_n b) + \lambda_b J_{m\dot{o}}(\xi_n b)\}^2}{\sqrt{(\eta_r\xi_n^2 + s)}} \times \\
&\times \frac{\{\xi_n \mathcal{V}_{\mathcal{N}m\dot{o}}(\xi_n r_0, a) - \lambda_a \mathcal{V}_{\mathcal{D}m\dot{o}}(\xi_n r_0, a)\}\{\xi_n \mathcal{V}_{\mathcal{N}m\dot{o}}(\xi_n r, a) - \lambda_a \mathcal{V}_{\mathcal{D}m\dot{o}}(\xi_n r, a)\}}{g_{m\dot{o}}(\xi_n; a, b)} \times \\
&\times \left\{ e^{-|z-z_0|\sqrt{\frac{\eta_r\xi_n^2+s}{\eta_z}}} + \left(\frac{\sqrt{\eta_r\xi_n^2 + s} - \lambda\sqrt{\eta_z}}{\sqrt{\eta_r\xi_n^2 + s} + \lambda\sqrt{\eta_z}}\right) e^{-|z+z_0|\sqrt{\frac{\eta_r\xi_n^2+s}{\eta_z}}} \right\} + \\
&+ \frac{1}{2\phi c_t\sqrt{\eta_z}} \sum_{m=0}^{\infty} \ni_m \sum_{n=1}^{\infty} \frac{\xi_n^2\{\xi_n J'_{m\dot{o}}(\xi_n b) + \lambda_b J_{m\dot{o}}(\xi_n b)\}^2\{\xi_n \mathcal{V}_{\mathcal{N}m\dot{o}}(\xi_n r, a) - \lambda_a \mathcal{V}_{\mathcal{D}m\dot{o}}(\xi_n r, a)\}}{g_{m\dot{o}}(\xi_n; a, b)} \times \\
&\times \frac{1}{\sqrt{\eta_r\xi_n^2 + s}} \int_0^\infty \overline{\overline{\overline{\psi}}}_a(m, w, s; \theta) \left\{ e^{-|z-w|\sqrt{\frac{\eta_r\xi_n^2+s}{\eta_z}}} + \left(\frac{\sqrt{\eta_r\xi_n^2 + s} - \lambda\sqrt{\eta_z}}{\sqrt{\eta_r\xi_n^2 + s} + \lambda\sqrt{\eta_z}}\right) e^{-|z+w|\sqrt{\frac{\eta_r\xi_n^2+s}{\eta_z}}} \right\} dw - \\
&- \frac{1}{2\phi c_t\sqrt{\eta_z}} \sum_{m=0}^{\infty} \ni_m \times \\
&\times \sum_{n=1}^{\infty} \frac{\xi_n^2\{\xi_n J'_{m\dot{o}}(\xi_n b) + \lambda_b J_{m\dot{o}}(\xi_n b)\}\{\xi_n J'_{m\dot{o}}(\xi_n a) + \lambda_a J_{m\dot{o}}(\xi_n a)\}\{\xi_n \mathcal{V}_{\mathcal{N}m\dot{o}}(\xi_n r, a) - \lambda_a \mathcal{V}_{\mathcal{D}m\dot{o}}(\xi_n r, a)\}}{g_{m\dot{o}}(\xi_n; a, b)} \times \\
&\times \frac{1}{\sqrt{\eta_r\xi_n^2 + s}} \int_0^\infty \overline{\overline{\overline{\psi}}}_b(m, w, s; \theta) \left\{ e^{-|z-w|\sqrt{\frac{\eta_r\xi_n^2+s}{\eta_z}}} + \left(\frac{\sqrt{\eta_r\xi_n^2 + s} - \lambda\sqrt{\eta_z}}{\sqrt{\eta_r\xi_n^2 + s} + \lambda\sqrt{\eta_z}}\right) e^{-|z+w|\sqrt{\frac{\eta_r\xi_n^2+s}{\eta_z}}} \right\} dw + \\
&+ \frac{\pi}{2\phi c_t\sqrt{\eta_z}} \sum_{m=0}^{\infty} \ni_m \sum_{n=1}^{\infty} \frac{\overline{\overline{\overline{\psi}}}(\xi_n, m, s; \theta)}{\left(\sqrt{\eta_r\xi_n^2 + s} + \lambda\sqrt{\eta_z}\right)} \times \\
&\times \frac{\xi_n^2\{\xi_n J'_{m\dot{o}}(\xi_n b) + \lambda_b J_{m\dot{o}}(\xi_n b)\}^2\{\xi_n \mathcal{V}_{\mathcal{N}m\dot{o}}(\xi_n r, a) - \lambda_a \mathcal{V}_{\mathcal{D}m\dot{o}}(\xi_n r, a)\} e^{-z\sqrt{\frac{\eta_r\xi_n^2+s}{\eta_z}}}}{g_{m\dot{o}}(\xi_n; a, b)} + \\
&+ \frac{\pi}{4\sqrt{\eta_z}} \sum_{m=0}^{\infty} \ni_m \sum_{n=1}^{\infty} \frac{\xi_n^2\{\xi_n J'_{m\dot{o}}(\xi_n b) + \lambda_b J_{m\dot{o}}(\xi_n b)\}^2\{\xi_n \mathcal{V}_{\mathcal{N}m\dot{o}}(\xi_n r, a) - \lambda_a \mathcal{V}_{\mathcal{D}m\dot{o}}(\xi_n r, a)\}}{g_{m\dot{o}}(\xi_n; a, b)} \times \\
&\times \frac{1}{\sqrt{\eta_r\xi_n^2 + s}} \int_0^\infty \overline{\overline{\overline{\varphi}}}(\xi_n, m, w; \theta) \left\{ e^{-|z-w|\sqrt{\frac{\eta_r\xi_n^2+s}{\eta_z}}} + \left(\frac{\sqrt{\eta_r\xi_n^2 + s} - \lambda\sqrt{\eta_z}}{\sqrt{\eta_r\xi_n^2 + s} + \lambda\sqrt{\eta_z}}\right) e^{-|z+w|\sqrt{\frac{\eta_r\xi_n^2+s}{\eta_z}}} \right\} dw
\end{aligned} \tag{24.48.2}$$

where
$g_{m\dot{o}}(\xi_n; a, b) = \left[\left\{\xi_n^2 + \lambda_b^2 - \left(\frac{m\dot{o}}{b}\right)^2\right\}\{\xi_n J'_{m\dot{o}}(\xi_n a) - \lambda_a J_{m\dot{o}}(\xi_n a)\}^2 - \left\{\xi_n^2 + \lambda_a^2 - \left(\frac{m\dot{o}}{a}\right)^2\right\}\{\xi_n J'_{m\dot{o}}(\xi_n b) + \lambda J_{m\dot{o}}(\xi_n b)\}^2\right]$

$$\begin{aligned}
p &= \frac{U(t - t_0)}{4\phi c_t}\sqrt{\frac{\pi}{\eta_z}} \sum_{m=0}^{\infty} \ni_m \cos\{m(\theta - \theta_0)\} \times \\
&\times \sum_{n=1}^{\infty} \frac{\xi_n^2\{\xi_n J'_{m\dot{o}}(\xi_n b) + \lambda_b J_{m\dot{o}}(\xi_n b)\}^2\{\xi_n \mathcal{V}_{\mathcal{N}m\dot{o}}(\xi_n r_0, a) - \lambda_a \mathcal{V}_{\mathcal{D}m\dot{o}}(\xi_n r_0, a)\}}{g_{m\dot{o}}(\xi_n; a, b)} \times \\
&\times \{\xi_n \mathcal{V}_{\mathcal{N}m\dot{o}}(\xi_n r, a) - \lambda_a \mathcal{V}_{\mathcal{D}m\dot{o}}(\xi_n r, a)\} \times
\end{aligned}$$

$$\times \int_0^{t-t_0} \frac{q(t-t_0-\tau)\, e^{-\eta_r \xi_n^2 \tau}}{\sqrt{\tau}} \left\{ e^{-\frac{(z-z_0)^2}{4\eta_z \tau}} + e^{-\frac{(z+z_0)^2}{4\eta_z \tau}} - 2\left(\lambda\sqrt{\pi\eta_z \tau}\right) e^{(z+z_0)\lambda + \lambda^2 \eta_z \tau} \operatorname{erfc}\left(\lambda\sqrt{\eta_z \tau} + \frac{z+z_0}{2\sqrt{\eta_z \tau}}\right)\right\} d\tau +$$

$$+ \frac{1}{2\phi c_t \sqrt{\pi\eta_z}} \sum_{m=0}^{\infty} \ni_m \sum_{n=1}^{\infty} \frac{\xi_n^2 \left\{\xi_n J'_{m\dot{o}}(\xi_n b) + \lambda_b J_{m\dot{o}}(\xi_n b)\right\}^2 \left\{\xi_n \mathcal{V}_{\mathcal{N}m\dot{o}}(\xi_n r, a) - \lambda_a \mathcal{V}_{\mathcal{D}m\dot{o}}(\xi_n r, a)\right\}}{g_{m\dot{o}}(\xi_n; a, b)} \times$$

$$\times \int_0^t \frac{e^{-\eta_r \xi_n^2 \tau}}{\sqrt{\tau}} \int_0^{\infty} \overline{\psi}_a(m, w, t-\tau; \theta) \times$$

$$\times \left\{ e^{-\frac{(z-w)^2}{4\eta_z \tau}} + e^{-\frac{(z+w)^2}{4\eta_z \tau}} - 2\left(\lambda\sqrt{\pi\eta_z \tau}\right) e^{(z+w)\lambda + \lambda^2 \eta_z \tau} \operatorname{erfc}\left(\lambda\sqrt{\eta_z \tau} + \frac{z+w}{2\sqrt{\eta_z \tau}}\right)\right\} dw d\tau -$$

$$- \frac{1}{2\phi c_t \sqrt{\pi\eta_z}} \sum_{m=0}^{\infty} \ni_m \sum_{n=1}^{\infty} \frac{\xi_n^2 \left\{\xi_n J'_{m\dot{o}}(\xi_n b) + \lambda_b J_{m\dot{o}}(\xi_n b)\right\} \left\{\xi_n J'_{m\dot{o}}(\xi_n a) + \lambda_a J_{m\dot{o}}(\xi_n a)\right\}}{g_{m\dot{o}}(\xi_n; a, b)} \times$$

$$\times \left\{\xi_n \mathcal{V}_{\mathcal{N}m\dot{o}}(\xi_n r, a) - \lambda_a \mathcal{V}_{\mathcal{D}m\dot{o}}(\xi_n r, a)\right\} \int_0^t \frac{e^{-\eta_r \xi_n^2 \tau}}{\sqrt{\tau}} \int_0^{\infty} \overline{\psi}_b(m, w, t-\tau; \theta) \times$$

$$\times \left\{ e^{-\frac{(z-w)^2}{4\eta_z \tau}} + e^{-\frac{(z+w)^2}{4\eta_z \tau}} - 2\left(\lambda\sqrt{\pi\eta_z \tau}\right) e^{(z+w)\lambda + \lambda^2 \eta_z \tau} \operatorname{erfc}\left(\lambda\sqrt{\eta_z \tau} + \frac{z+w}{2\sqrt{\eta_z \tau}}\right)\right\} dw d\tau +$$

$$+ \frac{\pi}{2\phi c_t \sqrt{\eta_z}} \sum_{m=0}^{\infty} \ni_m \sum_{n=1}^{\infty} \frac{\xi_n^2 \left\{\xi_n J'_{m\dot{o}}(\xi_n b) + \lambda_b J_{m\dot{o}}(\xi_n b)\right\}^2 \left\{\xi_n \mathcal{V}_{\mathcal{N}m\dot{o}}(\xi_n r, a) - \lambda_a \mathcal{V}_{\mathcal{D}m\dot{o}}(\xi_n r, a)\right\}}{g_{m\dot{o}}(\xi_n; a, b)} \times$$

$$\times \int_0^t \overline{\overline{\psi}}(\xi_n, m, t-\tau; \theta)\, e^{-\eta_r \xi_n^2 \tau} \left\{ \frac{e^{-\frac{z^2}{4\eta_z \tau}}}{\sqrt{\pi\tau}} - \lambda\sqrt{\eta_z} e^{z\lambda + \lambda^2 \eta_z \tau} \operatorname{erfc}\left(\lambda\sqrt{\eta_z \tau} + \frac{z}{2\sqrt{\eta_z \tau}}\right)\right\} d\tau +$$

$$+ \frac{1}{4}\sqrt{\frac{\pi}{\eta_z t}} \sum_{m=0}^{\infty} \ni_m \sum_{n=1}^{\infty} \frac{\xi_n^2 \left\{\xi_n J'_{m\dot{o}}(\xi_n b) + \lambda_b J_{m\dot{o}}(\xi_n b)\right\}^2 \left\{\xi_n \mathcal{V}_{\mathcal{N}m\dot{o}}(\xi_n r, a) - \lambda_a \mathcal{V}_{\mathcal{D}m\dot{o}}(\xi_n r, a)\right\}}{g_{m\dot{o}}(\xi_n; a, b)} \times$$

$$\times \int_0^{\infty} \overline{\overline{\varphi}}(\xi_n, m, w; \theta) \left\{ e^{-\frac{(z-w)^2}{4\eta_z \tau}} + e^{-\frac{(z+w)^2}{4\eta_z \tau}} - 2\left(\lambda\sqrt{\pi\eta_z \tau}\right) e^{(z+w)\lambda + \lambda^2 \eta_z \tau} \operatorname{erfc}\left(\lambda\sqrt{\eta_z \tau} + \frac{z+w}{2\sqrt{\eta_z \tau}}\right)\right\} dw \tag{24.48.3}$$

where $\overline{\overline{\overline{\psi}}}(\xi_n, m, s; \theta) = \int_0^a u\left\{\xi_n \mathcal{V}_{\mathcal{N}m\dot{o}}(\xi_n u, a) - \lambda_a \mathcal{V}_{\mathcal{D}m\dot{o}}(\xi_n u, a)\right\} \int_0^{2\pi} \overline{\psi}(u, v, s) \cos\{m(\theta - v)\} dv du$, $\overline{\overline{\psi}}(\xi_n, m, t; \theta) = \int_0^a u\left\{\xi_n \mathcal{V}_{\mathcal{N}m\dot{o}}(\xi_n u, a) - \lambda_a \mathcal{V}_{\mathcal{D}m\dot{o}}(\xi_n u, a)\right\} \int_0^{2\pi} \psi(u, v, t) \cos\{m(\theta - v)\} dv du$, $\overline{\overline{\psi}}_a(m, w, s; \theta) = \int_0^{2\pi} \overline{\psi}_a(v, w, s) \cos\{m(\theta - v)\} dv$, $\overline{\psi}_a(m, w, t; \theta) = \int_0^{2\pi} \psi_a(v, w, t) \cos\{m(\theta - v)\} dv$, $\overline{\overline{\psi}}_b(m, w, s; \theta) = \int_0^{2\pi} \overline{\psi}_b(v, w, s) \cos\{m(\theta - v)\} dv$, $\overline{\psi}_b(m, w, t; \theta) = \int_0^{2\pi} \psi_b(v, w, t) \cos\{m(\theta - v)\} dv$, and $\overline{\overline{\varphi}}(\xi_n, m, u; \theta) = \int_0^a u\left\{\xi_n \mathcal{V}_{\mathcal{N}m\dot{o}}(\xi_n u, a) - \lambda_a \mathcal{V}_{\mathcal{D}m\dot{o}}(\xi_n u, a)\right\} \int_0^{2\pi} \varphi(u, v, w) \cos\{m(\theta - v)\} dv du$.

Chapter 25

Bounded cylindrical continuum. The continuum is also bounded by the planes $z = 0$ and $z = d$. $p(r, \theta, z, t)$ is cyclic around the cylinder with a period 2π. $p(r, \theta, z, t)$ is a function of r, θ, z and t

25.1 **A cylindrical continuum bounded by $0 \le r \le a$ and $0 \le z \le d$. Point source at $s_p \equiv (r_0, \theta_0, z_0)$ at time $t = t_0$; $0 < r_0 < a$, $0 \le \theta_0 \le 2\pi$, $0 < z_0 < d$, $t_0 \ge 0$. $D_0 \equiv p(r, \theta, 0, t) = \psi_0(r, \theta, t)$, $D_d \equiv p(r, \theta, d, t) = \psi_d(r, \theta, t)$ and $D_a \equiv p(a, \theta, z, t) = \psi_a(\theta, z, t)$. The initial pressure $p(r, \theta, z, 0) = \varphi(r, \theta, z)$**

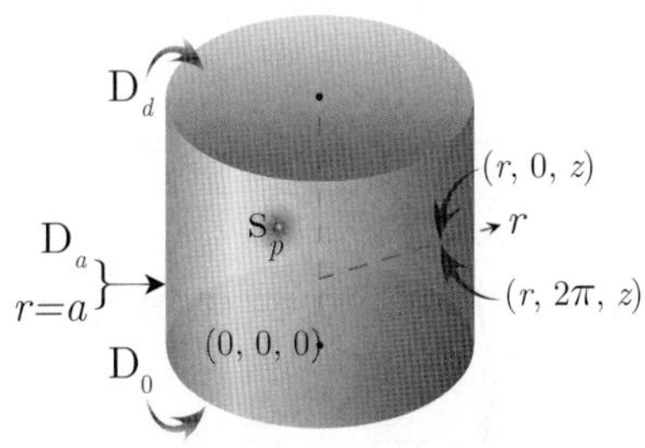

Successive application of the Laplace, Fourier and finite Hankel transformations to equation (22.1.1) gives

$$\overline{\overline{\overline{p}}} = \frac{q(s)\,e^{-st_0}\sin(\xi_l z_0)\cos\{m(\theta-\theta_0)\}\,J_{m\dot{o}}(\xi_n r_0)}{\phi c_t\left(\eta_r\xi_n^2+\eta_z\xi_l^2+s\right)} - \frac{a\eta_r\xi_n\overline{\overline{\psi}}_a(m,\xi_l,s;\theta)\,J'_{m\dot{o}}(\xi_n a)}{\left(\eta_r\xi_n^2+\eta_z\xi_l^2+s\right)} + \\ + \frac{\eta_z\xi_l\left\{(-1)^{l+1}\overline{\overline{\psi}}_d(\xi_n,m,s;\theta)+\overline{\overline{\psi}}_0(\xi_n,m,s;\theta)\right\}}{\left(\eta_r\xi_n^2+\eta_z\xi_l^2+s\right)} + \frac{\overline{\overline{\varphi}}(\xi_n,m,\xi_l;\theta)}{\left(\eta_r\xi_n^2+\eta_z\xi_l^2+s\right)} \tag{25.1.1}$$

where ξ_n are the positive roots of $J_{m\dot{o}}(\xi_n a) = 0$, $n = 1, 2, ...$, $\xi_l = \frac{l\pi}{d}$, $l = 1, 2, ...$, and $\dot{o} = \sqrt{\frac{\eta_\theta}{\eta_r}}$.
$\overline{\overline{\psi}}_0(\xi_n,m,s;\theta) = \int_0^a uJ_{m\dot{o}}(\xi_n u)\int_0^{2\pi}\overline{\psi}_0(u,v,s)\cos\{m(\theta-v)\}dvdu$,
$\overline{\overline{\psi}}_d(\xi_n,m,s;\theta) = \int_0^a uJ_{m\dot{o}}(\xi_n u)\int_0^{2\pi}\overline{\psi}_d(u,v,s)\cos\{m(\theta-v)\}dvdu$,
$\overline{\overline{\psi}}_a(m,\xi_l,s;\theta) = \int_0^{2\pi}\cos\{m(\theta-v)\}\int_0^d\overline{\psi}_a(v,w,s)\sin(\xi_l w)\,dwdv$, and
$\overline{\overline{\varphi}}(\xi_n,m,\xi_l;\theta) = \int_0^a uJ_{m\dot{o}}(\xi_n u)\int_0^{2\pi}\cos\{m(\theta-v)\}\int_0^d\varphi(u,v,w)\sin(\xi_l w)\,dwdvdu$. Successive inverse transforms yield

$$\overline{p} = \frac{q(s)\,e^{-st_0}}{\pi a^2\phi c_t\sqrt{\eta_z}}\sum_{m=0}^{\infty}\ni_m\cos\{m(\theta-\theta_0)\}\sum_{n=1}^{\infty}\frac{J_{m\dot{o}}(\xi_n r_0)\,J_{m\dot{o}}(\xi_n r)\,\mathrm{csch}\left(d\sqrt{\frac{\eta_r\xi_n^2+s}{\eta_z}}\right)}{J'^2_{m\dot{o}}(\xi_n a)\sqrt{\left(\eta_r\xi_n^2+s\right)}} \times \\ \times\left[\cosh\left\{(d-|z-z_0|)\sqrt{\frac{\eta_r\xi_n^2+s}{\eta_z}}\right\} - \cosh\left\{(d-z-z_0)\sqrt{\frac{\eta_r\xi_n^2+s}{\eta_z}}\right\}\right] -$$

$$-\frac{\eta_r}{\pi a\sqrt{\eta_z}}\sum_{m=0}^{\infty}\ni_m\sum_{n=1}^{\infty}\frac{\xi_n J_{m\dot{o}}(\xi_n r)\operatorname{csch}\left(d\sqrt{\frac{\eta_r\xi_n^2+s}{\eta_z}}\right)}{J'_{m\dot{o}}(\xi_n a)\sqrt{\eta_r\xi_n^2+s}}\times$$

$$\times\int_0^d\overline{\overline{\psi}}_a(m,w,s;\theta)\left[\cosh\left\{(d-|z-w|)\sqrt{\frac{\eta_r\xi_n^2+s}{\eta_z}}\right\}-\cosh\left\{(d-z-w)\sqrt{\frac{\eta_r\xi_n^2+s}{\eta_z}}\right\}\right]dw+$$

$$+\frac{2}{\pi a^2}\sum_{m=0}^{\infty}\ni_m\sum_{n=1}^{\infty}\frac{J_{m\dot{o}}(\xi_n r)\operatorname{csch}\left(d\sqrt{\frac{\eta_r\xi_n^2+s}{\eta_z}}\right)}{J'^2_{m\dot{o}}(\xi_n a)}\times$$

$$\times\left[\overline{\overline{\overline{\psi}}}_0(\xi_n,m,s;\theta)\sinh\left\{(d-z)\sqrt{\frac{\eta_r\xi_n^2+s}{\eta_z}}\right\}+\overline{\overline{\overline{\psi}}}_d(\xi_n,m,s;\theta)\sinh\left\{z\sqrt{\frac{\eta_r\xi_n^2+s}{\eta_z}}\right\}\right]+$$

$$+\frac{1}{\pi a^2\sqrt{\eta_z}}\sum_{m=0}^{\infty}\ni_m\sum_{n=1}^{\infty}\frac{J_{m\dot{o}}(\xi_n r)\operatorname{csch}\left(d\sqrt{\frac{\eta_r\xi_n^2+s}{\eta_z}}\right)}{J'^2_{m\dot{o}}(\xi_n a)\sqrt{\eta_r\xi_n^2+s}}\times$$

$$\times\int_0^d\overline{\overline{\varphi}}(\xi_n,m,w;\theta)\left[\cosh\left\{(d-|z-w|)\sqrt{\frac{\eta_r\xi_n^2+s}{\eta_z}}\right\}-\cosh\left\{(d-z-w)\sqrt{\frac{\eta_r\xi_n^2+s}{\eta_z}}\right\}\right]dw\qquad(25.1.2)$$

and

$$p=\frac{U(t-t_0)}{\pi a^2 d\phi c_t}\sum_{m=0}^{\infty}\ni_m\cos\{m(\theta-\theta_0)\}\sum_{n=1}^{\infty}\frac{J_{m\dot{o}}(\xi_n r_0)J_{m\dot{o}}(\xi_n r)}{J'^2_{m\dot{o}}(\xi_n a)}\times$$

$$\times\int_0^{t-t_0}q(t-t_0-\tau)\left[\Theta_3\left\{\frac{\pi(z-z_0)}{2d},e^{-\left(\frac{\pi}{d}\right)^2\eta_z\tau}\right\}-\Theta_3\left\{\frac{\pi(z+z_0)}{2d},e^{-\left(\frac{\pi}{d}\right)^2\eta_z\tau}\right\}\right]e^{-\eta_r\xi_n^2\tau}d\tau-$$

$$-\frac{\eta_r}{\pi ad}\sum_{m=0}^{\infty}\ni_m\sum_{n=1}^{\infty}\frac{\xi_n J_{m\dot{o}}(\xi_n r)}{J'_{m\dot{o}}(\xi_n a)}\times$$

$$\times\int_0^t e^{-\eta_r\xi_n^2\tau}\int_0^d\overline{\psi}_a(m,w,t-\tau;\theta)\left[\Theta_3\left\{\frac{\pi(z-w)}{2d},e^{-\left(\frac{\pi}{d}\right)^2\eta_z\tau}\right\}-\Theta_3\left\{\frac{\pi(z+w)}{2d},e^{-\left(\frac{\pi}{d}\right)^2\eta_z\tau}\right\}\right]dwd\tau+$$

$$+\frac{\eta_z}{\pi(ad)^2}\sum_{m=0}^{\infty}\ni_m\sum_{n=1}^{\infty}\frac{J_{m\dot{o}}(\xi_n r)}{J'^2_{m\dot{o}}(\xi_n a)}\times$$

$$\times\int_0^t\left\{\Theta'_4\left(\frac{\pi z}{2d},e^{-\left(\frac{\pi}{d}\right)^2\eta_z\tau}\right)\overline{\overline{\psi}}_d(\xi_n,m,t-\tau;\theta)-\Theta'_3\left(\frac{\pi z}{2d},e^{-\left(\frac{\pi}{d}\right)^2\eta_z\tau}\right)\overline{\overline{\psi}}_0(\xi_n,m,t-\tau;\theta)\right\}e^{-\eta_r\xi_n^2\tau}d\tau+$$

$$+\frac{1}{\pi a^2 d}\sum_{m=0}^{\infty}\ni_m\sum_{n=1}^{\infty}\frac{J_{m\dot{o}}(\xi_n r)e^{-\eta_r\xi_n^2 t}}{J'^2_{m\dot{o}}(\xi_n a)}\times$$

$$\times\int_0^d\overline{\overline{\varphi}}(\xi_n,m,w;\theta)\left[\Theta_3\left\{\frac{\pi(z-w)}{2d},e^{-\left(\frac{\pi}{d}\right)^2\eta_z t}\right\}-\Theta_3\left\{\frac{\pi(z+w)}{2d},e^{-\left(\frac{\pi}{d}\right)^2\eta_z t}\right\}\right]dw\qquad(25.1.3)$$

where $\overline{\psi}_a(m,w,t;\theta)=\int_0^{2\pi}\psi_a(v,w,t)\cos\{m(\theta-v)\}dv$, $\overline{\overline{\psi}}_a(m,w,s;\theta)=\int_0^{2\pi}\overline{\psi}_a(v,w,s)\cos\{m(\theta-v)\}dv$,
$\overline{\overline{\psi}}_0(\xi_n,m,t;\theta)=\int_0^a uJ_{m\dot{o}}(\xi_n u)\int_0^{2\pi}\psi_0(u,v,t)\cos\{m(\theta-v)\}dvdu$,
$\overline{\overline{\psi}}_d(\xi_n,m,t;\theta)=\int_0^a uJ_{m\dot{o}}(\xi_n u)\int_0^{2\pi}\psi_d(u,v,t)\cos\{m(\theta-v)\}dvdu$, and
$\overline{\overline{\varphi}}(\xi_n,m,w;\theta)=\int_0^a uJ_{m\dot{o}}(\xi_n u)\int_0^{2\pi}\varphi(u,v,w)\cos\{m(\theta-v)\}dvdu$.

25.2 **The problem of 25.1, except** $\mathbf{N}_a \equiv \frac{\partial p(a,\theta,z,t)}{\partial r} = -\left(\frac{\mu}{k_r}\right)\psi_a(\theta,z,t)$, $\mathbf{D}_0 \equiv p(r,\theta,0,t) = \psi_0(r,\theta,t)$ **and** $\mathbf{D}_d \equiv p(r,\theta,d,t) = \psi_d(r,\theta,t)$

$$
\begin{aligned}
\overline{p} = {} & \frac{q(s)\,e^{-st_0}}{\pi a^2 \phi c_t \sqrt{\eta_z}} \sum_{m=0}^{\infty} \ni_m \cos\{m(\theta-\theta_0)\} \sum_{n=0}^{\infty} \frac{J_{m\dot{o}}(\xi_n r_0)\, J_{m\dot{o}}(\xi_n r) \operatorname{csch}\left(d\sqrt{\frac{\eta_r\xi_n^2+s}{\eta_z}}\right)}{\left\{1-\left(\frac{m\dot{o}}{\xi_n a}\right)^2\right\} J_{m\dot{o}}^2(\xi_n a)\sqrt{(\eta_r\xi_n^2+s)}} \times \\
& \times\left[\cosh\left\{(d-|z-z_0|)\sqrt{\frac{\eta_r\xi_n^2+s}{\eta_z}}\right\} - \cosh\left\{(d-z-z_0)\sqrt{\frac{\eta_r\xi_n^2+s}{\eta_z}}\right\}\right] - \\
& -\frac{1}{\pi a \phi c_t \sqrt{\eta_z}} \sum_{m=0}^{\infty} \ni_m \sum_{n=0}^{\infty} \frac{J_{m\dot{o}}(\xi_n r) \operatorname{csch}\left(d\sqrt{\frac{\eta_r\xi_n^2+s}{\eta_z}}\right)}{\left\{1-\left(\frac{m\dot{o}}{\xi_n a}\right)^2\right\} J_{m\dot{o}}(\xi_n a)\sqrt{\eta_r\xi_n^2+s}} \times \\
& \times \int_0^d \overline{\overline{\psi}}_a(m,w,s;\theta)\left[\cosh\left\{(d-|z-w|)\sqrt{\frac{\eta_r\xi_n^2+s}{\eta_z}}\right\} - \cosh\left\{(d-z-w)\sqrt{\frac{\eta_r\xi_n^2+s}{\eta_z}}\right\}\right] dw + \\
& +\frac{2}{\pi a^2} \sum_{m=0}^{\infty} \ni_m \sum_{n=0}^{\infty} \frac{J_{m\dot{o}}(\xi_n r) \operatorname{csch}\left(d\sqrt{\frac{\eta_r\xi_n^2+s}{\eta_z}}\right)}{\left\{1-\left(\frac{m\dot{o}}{\xi_n a}\right)^2\right\} J_{m\dot{o}}^2(\xi_n a)} \times \\
& \times\left[\overline{\overline{\overline{\psi}}}_0(\xi_n,m,s;\theta)\sinh\left\{(d-z)\sqrt{\frac{\eta_r\xi_n^2+s}{\eta_z}}\right\} + \overline{\overline{\overline{\psi}}}_d(\xi_n,m,s;\theta)\sinh\left\{z\sqrt{\frac{\eta_r\xi_n^2+s}{\eta_z}}\right\}\right] + \\
& +\frac{1}{\pi a^2 \sqrt{\eta_z}} \sum_{m=0}^{\infty} \ni_m \sum_{n=0}^{\infty} \frac{J_{m\dot{o}}(\xi_n r) \operatorname{csch}\left(d\sqrt{\frac{\eta_r\xi_n^2+s}{\eta_z}}\right)}{\left\{1-\left(\frac{m\dot{o}}{\xi_n a}\right)^2\right\} J_{m\dot{o}}^2(\xi_n a)\sqrt{\eta_r\xi_n^2+s}} \times \\
& \times \int_0^d \overline{\overline{\varphi}}(\xi_n,m,w;\theta)\left[\cosh\left\{(d-|z-w|)\sqrt{\frac{\eta_r\xi_n^2+s}{\eta_z}}\right\} - \cosh\left\{(d-z-w)\sqrt{\frac{\eta_r\xi_n^2+s}{\eta_z}}\right\}\right] dw \quad (25.2.1)
\end{aligned}
$$

where ξ_n are the positive roots of $J'_{m\dot{o}}(\xi_n a) = 0$, $n = 0, 1, \ldots$,
$\overline{\overline{\overline{\psi}}}_0(\xi_n,m,s;\theta) = \int_0^a uJ_{m\dot{o}}(\xi_n u)\int_0^{2\pi}\overline{\psi}_0(u,v,s)\cos\{m(\theta-v)\}dvdu$,
$\overline{\overline{\overline{\psi}}}_d(\xi_n,m,s;\theta) = \int_0^a uJ_{m\dot{o}}(\xi_n u)\int_0^{2\pi}\overline{\psi}_d(u,v,s)\cos\{m(\theta-v)\}dvdu$,
$\overline{\overline{\psi}}_a(m,w,s;\theta) = \int_0^{2\pi}\overline{\psi}_a(v,w,s)\cos\{m(\theta-v)\}dv$, and
$\overline{\overline{\varphi}}(\xi_n,m,w;\theta) = \int_0^a uJ_{m\dot{o}}(\xi_n u)\int_0^{2\pi}\varphi(u,v,w)\cos\{m(\theta-v)\}dvdu$.

$$
\begin{aligned}
p = {} & \frac{U(t-t_0)}{\pi a^2 d \phi c_t} \sum_{m=0}^{\infty} \ni_m \cos\{m(\theta-\theta_0)\} \sum_{n=0}^{\infty} \frac{J_{m\dot{o}}(\xi_n r_0)\, J_{m\dot{o}}(\xi_n r)}{\left\{1-\left(\frac{m\dot{o}}{\xi_n a}\right)^2\right\} J_{m\dot{o}}^2(\xi_n a)} \times \\
& \times \int_0^{t-t_0} q(t-t_0-\tau)\left[\Theta_3\left\{\frac{\pi(z-z_0)}{2d}, e^{-\left(\frac{\pi}{d}\right)^2\eta_z\tau}\right\} - \Theta_3\left\{\frac{\pi(z+z_0)}{2d}, e^{-\left(\frac{\pi}{d}\right)^2\eta_z\tau}\right\}\right] e^{-\eta_r\xi_n^2\tau}d\tau -
\end{aligned}
$$

$$-\frac{1}{\pi a d \phi c_t}\sum_{m=0}^{\infty}\ni_m\sum_{n=0}^{\infty}\frac{J_{m\dot{o}}(\xi_n r)}{\left\{1-\left(\frac{m\dot{o}}{\xi_n a}\right)^2\right\}J_{m\dot{o}}(\xi_n a)}\times$$

$$\times\int_0^t e^{-\eta_r\xi_n^2\tau}\int_0^d \overline{\psi}_a(m,w,t-\tau;\theta)\left[\Theta_3\left\{\frac{\pi(z-w)}{2d},e^{-\left(\frac{\pi}{d}\right)^2\eta_z\tau}\right\}-\Theta_3\left\{\frac{\pi(z+w)}{2d},e^{-\left(\frac{\pi}{d}\right)^2\eta_z\tau}\right\}\right]dwd\tau+$$

$$+\frac{\eta_z}{\pi(ad)^2}\sum_{m=0}^{\infty}\ni_m\sum_{n=0}^{\infty}\frac{J_{m\dot{o}}(\xi_n r)}{\left\{1-\left(\frac{m\dot{o}}{\xi_n a}\right)^2\right\}J_{m\dot{o}}^2(\xi_n a)}\times$$

$$\times\int_0^t\left\{\Theta_4'\left(\frac{\pi z}{2d},e^{-\left(\frac{\pi}{d}\right)^2\eta_z\tau}\right)\overline{\overline{\psi}}_d(\xi_n,m,t-\tau;\theta)-\Theta_3'\left(\frac{\pi z}{2d},e^{-\left(\frac{\pi}{d}\right)^2\eta_z\tau}\right)\overline{\overline{\psi}}_0(\xi_n,m,t-\tau;\theta)\right\}e^{-\eta_r\xi_n^2\tau}d\tau+$$

$$+\frac{1}{\pi a^2 d}\sum_{m=0}^{\infty}\ni_m\sum_{n=0}^{\infty}\frac{J_{m\dot{o}}(\xi_n r)\,e^{-\eta_r\xi_n^2 t}}{\left\{1-\left(\frac{m\dot{o}}{\xi_n a}\right)^2\right\}J_{m\dot{o}}^2(\xi_n a)}\times$$

$$\times\int_0^d\overline{\overline{\varphi}}(\xi_n,m,w;\theta)\left[\Theta_3\left\{\frac{\pi(z-w)}{2d},e^{-\left(\frac{\pi}{d}\right)^2\eta_z t}\right\}-\Theta_3\left\{\frac{\pi(z+w)}{2d},e^{-\left(\frac{\pi}{d}\right)^2\eta_z t}\right\}\right]dw \qquad (25.2.2)$$

where $\overline{\psi}_a(m,w,t;\theta)=\int_0^{2\pi}\psi_a(v,w,t)\cos\{m(\theta-v)\}dv$,
$\overline{\overline{\psi}}_0(\xi_n,m,t;\theta)=\int_0^a uJ_{m\dot{o}}(\xi_n u)\int_0^{2\pi}\psi_0(u,v,t)\cos\{m(\theta-v)\}dvdu$, and
$\overline{\overline{\psi}}_d(\xi_n,m,t;\theta)=\int_0^a uJ_{m\dot{o}}(\xi_n u)\int_0^{2\pi}\psi_d(u,v,t)\cos\{m(\theta-v)\}dvdu$.

25.3

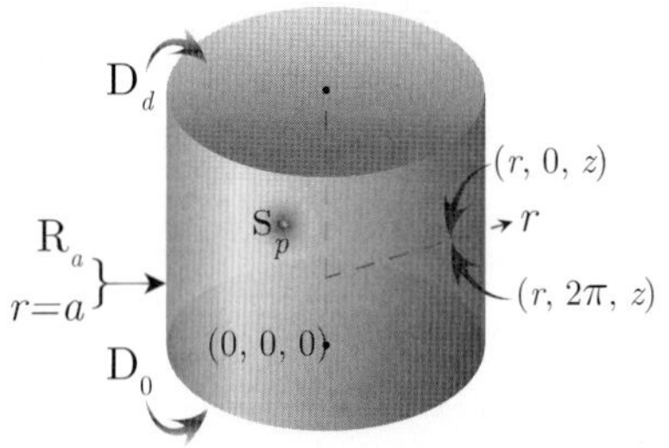

The problem of 25.1, except
$\mathbf{R}_a\equiv\frac{\partial p(a,\theta,z,t)}{\partial r}+\lambda p(a,\theta,z,t)=-\left(\frac{\mu}{k_r}\right)\psi_a(\theta,z,t)$,
$\mathbf{D}_0\equiv p(r,\theta,0,t)=\psi_0(r,\theta,t)$ **and**
$\mathbf{D}_d\equiv p(r,\theta,d,t)=\psi_d(r,\theta,t)$

$$\overline{p}=\frac{q(s)e^{-st_0}}{\pi a^2\phi c_t\sqrt{\eta_z}}\sum_{m=0}^{\infty}\ni_m\cos\{m(\theta-\theta_0)\}\sum_{n=1}^{\infty}\frac{J_{m\dot{o}}(\xi_n r_0)J_{m\dot{o}}(\xi_n r)\operatorname{csch}\left(d\sqrt{\frac{\eta_r\xi_n^2+s}{\eta_z}}\right)}{\left[\left\{1-\left(\frac{m\dot{o}}{\xi_n a}\right)^2\right\}J_{m\dot{o}}^2(\xi_n a)+J_{m\dot{o}}'^2(\xi_n a)\right]\sqrt{(\eta_r\xi_n^2+s)}}\times$$

$$\times\left[\cosh\left\{(d-|z-z_0|)\sqrt{\frac{\eta_r\xi_n^2+s}{\eta_z}}\right\}-\cosh\left\{(d-z-z_0)\sqrt{\frac{\eta_r\xi_n^2+s}{\eta_z}}\right\}\right]-$$

$$-\frac{1}{\pi a\phi c_t\sqrt{\eta_z}}\sum_{m=0}^{\infty}\ni_m\sum_{n=1}^{\infty}\frac{J_{m\dot{o}}(\xi_n r)\operatorname{csch}\left(d\sqrt{\frac{\eta_r\xi_n^2+s}{\eta_z}}\right)}{\left[\left\{1-\left(\frac{m\dot{o}}{\xi_n a}\right)^2\right\}J_{m\dot{o}}^2(\xi_n a)+J_{m\dot{o}}'^2(\xi_n a)\right]\sqrt{\eta_r\xi_n^2+s}}\times$$

$$\times\int_0^d\overline{\overline{\psi}}_a(m,w,s;\theta)\left[\cosh\left\{(d-|z-w|)\sqrt{\frac{\eta_r\xi_n^2+s}{\eta_z}}\right\}-\cosh\left\{(d-z-w)\sqrt{\frac{\eta_r\xi_n^2+s}{\eta_z}}\right\}\right]dw+$$

$$+\frac{2}{\pi a^2}\sum_{m=0}^{\infty}\ni_m\sum_{n=1}^{\infty}\frac{J_{m\dot{o}}(\xi_n r)\operatorname{csch}\left(d\sqrt{\frac{\eta_r\xi_n^2+s}{\eta_z}}\right)}{\left[\left\{1-\left(\frac{m\dot{o}}{\xi_n a}\right)^2\right\}J_{m\dot{o}}^2(\xi_n a)+J_{m\dot{o}}'^2(\xi_n a)\right]}\times$$

$$\times\left[\overline{\overline{\overline{\psi}}}_0(\xi_n,m,s;\theta)\sinh\left\{(d-z)\sqrt{\frac{\eta_r\xi_n^2+s}{\eta_z}}\right\}+\overline{\overline{\overline{\psi}}}_d(\xi_n,m,s;\theta)\sinh\left\{z\sqrt{\frac{\eta_r\xi_n^2+s}{\eta_z}}\right\}\right]+$$

$$+\frac{1}{\pi a^2\sqrt{\eta_z}}\sum_{m=0}^{\infty}\ni_m\sum_{n=1}^{\infty}\frac{J_{m\dot{o}}(\xi_n r)\operatorname{csch}\left(d\sqrt{\frac{\eta_r\xi_n^2+s}{\eta_z}}\right)}{\left[\left\{1-\left(\frac{m\dot{o}}{\xi_n a}\right)^2\right\}J_{m\dot{o}}^2(\xi_n a)+J_{m\dot{o}}'^2(\xi_n a)\right]\sqrt{\eta_r\xi_n^2+s}}\times$$

$$\times\int_0^d\overline{\overline{\varphi}}(\xi_n,m,w;\theta)\left[\cosh\left\{(d-|z-w|)\sqrt{\frac{\eta_r\xi_n^2+s}{\eta_z}}\right\}-\cosh\left\{(d-z-w)\sqrt{\frac{\eta_r\xi_n^2+s}{\eta_z}}\right\}\right]dw \quad (25.3.1)$$

where ξ_n are the positive roots of $\xi_n J_{m\dot{o}}'(\xi_n a)+\lambda J_{m\dot{o}}(\xi_n a)=0$, $n=1,2,...,$
$\overline{\overline{\overline{\psi}}}_0(\xi_n,m,s;\theta)=\int_0^a uJ_{m\dot{o}}(\xi_n u)\int_0^{2\pi}\overline{\psi}_0(u,v,s)\cos\{m(\theta-v)\}dvdu,$
$\overline{\overline{\overline{\psi}}}_d(\xi_n,m,s;\theta)=\int_0^a uJ_{m\dot{o}}(\xi_n u)\int_0^{2\pi}\overline{\psi}_d(u,v,s)\cos\{m(\theta-v)\}dvdu,$
$\overline{\overline{\psi}}_a(m,w,s;\theta)=\int_0^{2\pi}\overline{\psi}_a(v,w,s)\cos\{m(\theta-v)\}dv$, and
$\overline{\overline{\varphi}}(\xi_n,m,w;\theta)=\int_0^a uJ_{m\dot{o}}(\xi_n u)\int_0^{2\pi}\varphi(u,v,w)\cos\{m(\theta-v)\}dvdu.$

$$p=\frac{U(t-t_0)}{\pi a^2 d\phi c_t}\sum_{m=0}^{\infty}\ni_m\cos\{m(\theta-\theta_0)\}\sum_{n=1}^{\infty}\frac{J_{m\dot{o}}(\xi_n r_0)J_{m\dot{o}}(\xi_n r)}{\left[\left\{1-\left(\frac{m\dot{o}}{\xi_n a}\right)^2\right\}J_{m\dot{o}}^2(\xi_n a)+J_{m\dot{o}}'^2(\xi_n a)\right]}\times$$

$$\times\int_0^{t-t_0}q(t-t_0-\tau)\left[\Theta_3\left\{\frac{\pi(z-z_0)}{2d},e^{-\left(\frac{\pi}{d}\right)^2\eta_z\tau}\right\}-\Theta_3\left\{\frac{\pi(z+z_0)}{2d},e^{-\left(\frac{\pi}{d}\right)^2\eta_z\tau}\right\}\right]e^{-\eta_r\xi_n^2\tau}d\tau-$$

$$-\frac{1}{\pi ad\phi c_t}\sum_{m=0}^{\infty}\ni_m\sum_{n=1}^{\infty}\frac{J_{m\dot{o}}(\xi_n r)}{\left[\left\{1-\left(\frac{m\dot{o}}{\xi_n a}\right)^2\right\}J_{m\dot{o}}^2(\xi_n a)+J_{m\dot{o}}'^2(\xi_n a)\right]}\times$$

$$\times\int_0^t e^{-\eta_r\xi_n^2\tau}\int_0^d\overline{\psi}_a(m,w,t-\tau;\theta)\left[\Theta_3\left\{\frac{\pi(z-w)}{2d},e^{-\left(\frac{\pi}{d}\right)^2\eta_z\tau}\right\}-\Theta_3\left\{\frac{\pi(z+w)}{2d},e^{-\left(\frac{\pi}{d}\right)^2\eta_z\tau}\right\}\right]dwd\tau+$$

$$+\frac{\eta_z}{\pi(ad)^2}\sum_{m=0}^{\infty}\ni_m\sum_{n=1}^{\infty}\frac{J_{m\dot{o}}(\xi_n r)}{\left[\left\{1-\left(\frac{m\dot{o}}{\xi_n a}\right)^2\right\}J_{m\dot{o}}^2(\xi_n a)+J_{m\dot{o}}'^2(\xi_n a)\right]}\times$$

$$\times\int_0^t\left\{\Theta_4'\left(\frac{\pi z}{2d},e^{-\left(\frac{\pi}{d}\right)^2\eta_z\tau}\right)\overline{\overline{\psi}}_d(\xi_n,m,t-\tau;\theta)-\Theta_3'\left(\frac{\pi z}{2d},e^{-\left(\frac{\pi}{d}\right)^2\eta_z\tau}\right)\overline{\overline{\psi}}_0(\xi_n,m,t-\tau;\theta)\right\}e^{-\eta_r\xi_n^2\tau}d\tau+$$

$$+\frac{1}{\pi a^2 d}\sum_{m=0}^{\infty}\ni_m\sum_{n=1}^{\infty}\frac{J_{m\dot{o}}(\xi_n r)e^{-\eta_r\xi_n^2 t}}{\left[\left\{1-\left(\frac{m\dot{o}}{\xi_n a}\right)^2\right\}J_{m\dot{o}}^2(\xi_n a)+J_{m\dot{o}}'^2(\xi_n a)\right]}\times$$

$$\times\int_0^d\overline{\overline{\varphi}}(\xi_n,m,w;\theta)\left[\Theta_3\left\{\frac{\pi(z-w)}{2d},e^{-\left(\frac{\pi}{d}\right)^2\eta_z t}\right\}-\Theta_3\left\{\frac{\pi(z+w)}{2d},e^{-\left(\frac{\pi}{d}\right)^2\eta_z t}\right\}\right]dw \quad (25.3.2)$$

where $\overline{\psi}_a(m,w,t;\theta)=\int_0^{2\pi}\psi_a(v,w,t)\cos\{m(\theta-v)\}dv,$
$\overline{\overline{\psi}}_0(\xi_n,m,t;\theta)=\int_0^a uJ_{m\dot{o}}(\xi_n u)\int_0^{2\pi}\psi_0(u,v,t)\cos\{m(\theta-v)\}dvdu$, and
$\overline{\overline{\psi}}_d(\xi_n,m,t;\theta)=\int_0^a uJ_{m\dot{o}}(\xi_n u)\int_0^{2\pi}\psi_d(u,v,t)\cos\{m(\theta-v)\}dvdu.$

25.4

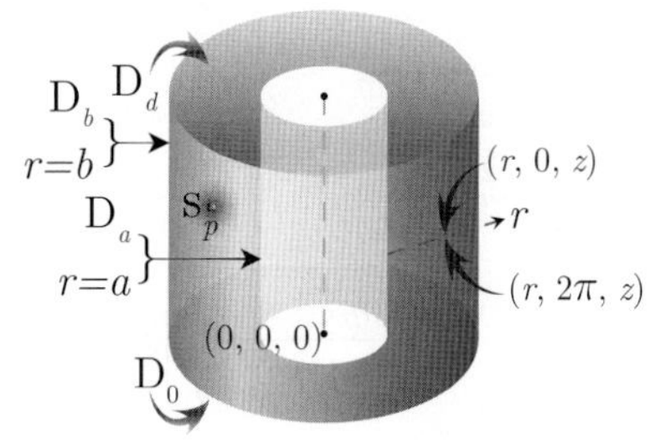

A cylindrical continuum bounded by $a \le r \le b$ and $0 \le z \le d$. Point source at $s_p \equiv (r_0, \theta_0, z_0)$ at time $t = t_0$; $a < r_0 < b$, $0 \le \theta_0 \le 2\pi$, $0 < z_0 < d$, $t_0 \ge 0$. $D_0 \equiv p(r, \theta, 0, t) = \psi_0(r, \theta, t)$, $D_d \equiv p(r, \theta, d, t) = \psi_d(r, \theta, t)$, $D_a \equiv p(a, \theta, z, t) = \psi_a(\theta, z, t)$ and $D_b \equiv p(b, \theta, z, t) = \psi_b(\theta, z, t)$. $p(r, \theta, z, 0) = \varphi(r, \theta, z)$

$$
\begin{aligned}
\overline{p} \;=\; & \frac{\pi q(s)\, e^{-st_0}}{4\phi c_t \sqrt{\eta_z}} \sum_{m=0}^{\infty} \ni_m \cos\{m(\theta-\theta_0)\} \sum_{n=1}^{\infty} \frac{\xi_n^2 J_{m\dot{o}}^2(\xi_n b)\, \mathcal{V}_{\mathcal{D}m\dot{o}}(\xi r_0, a)\, \mathcal{V}_{\mathcal{D}m\dot{o}}(\xi r, a) \operatorname{csch}\left(d\sqrt{\frac{\eta_r \xi_n^2+s}{\eta_z}}\right)}{\{J_{m\dot{o}}^2(\xi_n a) - J_{m\dot{o}}^2(\xi_n b)\}\sqrt{(\eta_r \xi_n^2+s)}} \times \\
& \times \left[\cosh\left\{(d-|z-z_0|)\sqrt{\frac{\eta_r \xi_n^2+s}{\eta_z}}\right\} - \cosh\left\{(d-z-z_0)\sqrt{\frac{\eta_r \xi_n^2+s}{\eta_z}}\right\}\right] - \\
& - \frac{\eta_r}{2\sqrt{\eta_z}} \sum_{m=0}^{\infty} \ni_m \sum_{n=1}^{\infty} \frac{\xi_n^2 J_{m\dot{o}}^2(\xi_n b)\, \mathcal{V}_{\mathcal{D}m\dot{o}}(\xi r, a) \operatorname{csch}\left(d\sqrt{\frac{\eta_r \xi_n^2+s}{\eta_z}}\right)}{\{J_{m\dot{o}}^2(\xi_n a) - J_{m\dot{o}}^2(\xi_n b)\}\sqrt{\eta_r \xi_n^2+s}} \times \\
& \times \int_0^d \overline{\overline{\psi}}_a(m, w, s; \theta) \left[\cosh\left\{(d-|z-w|)\sqrt{\frac{\eta_r \xi_n^2+s}{\eta_z}}\right\} - \cosh\left\{(d-z-w)\sqrt{\frac{\eta_r \xi_n^2+s}{\eta_z}}\right\}\right] dw + \\
& + \frac{\eta_r}{2\sqrt{\eta_z}} \sum_{m=0}^{\infty} \ni_m \sum_{n=1}^{\infty} \frac{\xi_n^2 J_{m\dot{o}}(\xi_n a)\, J_{m\dot{o}}(\xi_n b)\, \mathcal{V}_{\mathcal{D}m\dot{o}}(\xi r, a) \operatorname{csch}\left(d\sqrt{\frac{\eta_r \xi_n^2+s}{\eta_z}}\right)}{\{J_{m\dot{o}}^2(\xi_n a) - J_{m\dot{o}}^2(\xi_n b)\}\sqrt{\eta_r \xi_n^2+s}} \times \\
& \times \int_0^d \overline{\overline{\psi}}_b(m, w, s; \theta) \left[\cosh\left\{(d-|z-w|)\sqrt{\frac{\eta_r \xi_n^2+s}{\eta_z}}\right\} - \cosh\left\{(d-z-w)\sqrt{\frac{\eta_r \xi_n^2+s}{\eta_z}}\right\}\right] dw + \\
& + \frac{\pi}{2} \sum_{m=0}^{\infty} \ni_m \sum_{n=1}^{\infty} \frac{\xi_n^2 J_{m\dot{o}}^2(\xi_n b)\, \mathcal{V}_{\mathcal{D}m\dot{o}}(\xi r, a) \operatorname{csch}\left(d\sqrt{\frac{\eta_r \xi_n^2+s}{\eta_z}}\right)}{\{J_{m\dot{o}}^2(\xi_n a) - J_{m\dot{o}}^2(\xi_n b)\}} \times \\
& \times \left[\overline{\overline{\overline{\psi}}}_0(\xi_n, m, s; \theta) \sinh\left\{(d-z)\sqrt{\frac{\eta_r \xi_n^2+s}{\eta_z}}\right\} + \overline{\overline{\overline{\psi}}}_d(\xi_n, m, s; \theta) \sinh\left\{z\sqrt{\frac{\eta_r \xi_n^2+s}{\eta_z}}\right\}\right] + \\
& + \frac{\pi}{4\sqrt{\eta_z}} \sum_{m=0}^{\infty} \ni_m \sum_{n=1}^{\infty} \frac{\xi_n^2 J_{m\dot{o}}^2(\xi_n b)\, \mathcal{V}_{\mathcal{D}m\dot{o}}(\xi r, a) \operatorname{csch}\left(d\sqrt{\frac{\eta_r \xi_n^2+s}{\eta_z}}\right)}{\{J_{m\dot{o}}^2(\xi_n a) - J_{m\dot{o}}^2(\xi_n b)\}\sqrt{\eta_r \xi_n^2+s}} \times \\
& \times \int_0^d \overline{\overline{\varphi}}(\xi_n, m, w; \theta) \left[\cosh\left\{(d-|z-w|)\sqrt{\frac{\eta_r \xi_n^2+s}{\eta_z}}\right\} - \cosh\left\{(d-z-w)\sqrt{\frac{\eta_r \xi_n^2+s}{\eta_z}}\right\}\right] dw \qquad (25.4.1)
\end{aligned}
$$

where $\mathcal{V}_{\mathcal{D}m\dot{o}}(\xi_n r, a) = J_{m\dot{o}}(\xi_n r)\, Y_{m\dot{o}}(\xi_n a) - Y_{m\dot{o}}(\xi_n r)\, J_{m\dot{o}}(\xi_n a)$, and the eigenvalues $\xi_n, n = 1, 2, ...,$ are the positive roots of the transcendental equation $\mathcal{V}_{\mathcal{D}m\dot{o}}(\xi_n b, a) = 0$.
$\overline{\overline{\overline{\psi}}}_0(\xi_n, m, s; \theta) = \int_a^b u\mathcal{V}_{\mathcal{D}m\dot{o}}(\xi_n u, a) \int_0^{2\pi} \overline{\psi}_0(u, v, s) \cos\{m(\theta - v)\} dvdu$,
$\overline{\overline{\overline{\psi}}}_d(\xi_n, m, s; \theta) = \int_a^b u\mathcal{V}_{\mathcal{D}m\dot{o}}(\xi_n u, a) \int_0^{2\pi} \overline{\psi}_d(u, v, s) \cos\{m(\theta - v)\} dvdu$,
$\overline{\overline{\psi}}_a(m, w, s; \theta) = \int_0^{2\pi} \overline{\psi}_a(v, w, s) \cos\{m(\theta - v)\} dv$, $\overline{\overline{\psi}}_b(m, w, s; \theta) = \int_0^{2\pi} \overline{\psi}_b(v, w, s) \cos\{m(\theta - v)\} dv$, and

$\overline{\overline{\varphi}}(\xi_n, m, w; \theta) = \int_a^b u\mathcal{V}_{\mathcal{D}m\dot{o}}(\xi_n u, a) \int_0^{2\pi} \varphi(u, v, w) \cos\{m(\theta - v)\}dvdu.$

$$p = \frac{U(t-t_0)\pi}{4\phi c_t d} \sum_{m=0}^{\infty} \ni_m \cos\{m(\theta-\theta_0)\} \sum_{n=1}^{\infty} \frac{\xi_n^2 J_{m\dot{o}}^2(\xi_n b)\mathcal{V}_{\mathcal{D}m\dot{o}}(\xi r_0, a)\mathcal{V}_{\mathcal{D}m\dot{o}}(\xi r, a)}{\{J_{m\dot{o}}^2(\xi_n a) - J_{m\dot{o}}^2(\xi_n b)\}} \times$$
$$\times \int_0^{t-t_0} q(t-t_0-\tau)\left[\Theta_3\left\{\frac{\pi(z-z_0)}{2d}, e^{-\left(\frac{\pi}{d}\right)^2\eta_z\tau}\right\} - \Theta_3\left\{\frac{\pi(z+z_0)}{2d}, e^{-\left(\frac{\pi}{d}\right)^2\eta_z\tau}\right\}\right] e^{-\eta_r\xi_n^2\tau}d\tau -$$
$$-\frac{\eta_r}{2d}\sum_{m=0}^{\infty}\ni_m\sum_{n=1}^{\infty}\frac{\xi_n^2 J_{m\dot{o}}^2(\xi_n b)\mathcal{V}_{\mathcal{D}m\dot{o}}(\xi r, a)}{\{J_{m\dot{o}}^2(\xi_n a) - J_{m\dot{o}}^2(\xi_n b)\}} \times$$
$$\times \int_0^t e^{-\eta_r\xi_n^2\tau}\int_0^d \overline{\psi}_a(m, w, t-\tau; \theta)\left[\Theta_3\left\{\frac{\pi(z-w)}{2d}, e^{-\left(\frac{\pi}{d}\right)^2\eta_z\tau}\right\} - \Theta_3\left\{\frac{\pi(z+w)}{2d}, e^{-\left(\frac{\pi}{d}\right)^2\eta_z\tau}\right\}\right] dwd\tau +$$
$$+\frac{\eta_r}{2d}\sum_{m=0}^{\infty}\ni_m\sum_{n=1}^{\infty}\frac{\xi_n^2 J_{m\dot{o}}(\xi_n a) J_{m\dot{o}}(\xi_n b)\mathcal{V}_{\mathcal{D}m\dot{o}}(\xi r, a)}{\{J_{m\dot{o}}^2(\xi_n a) - J_{m\dot{o}}^2(\xi_n b)\}} \times$$
$$\times \int_0^t e^{-\eta_r\xi_n^2\tau}\int_0^d \overline{\psi}_b(m, w, t-\tau; \theta)\left[\Theta_3\left\{\frac{\pi(z-w)}{2d}, e^{-\left(\frac{\pi}{d}\right)^2\eta_z\tau}\right\} - \Theta_3\left\{\frac{\pi(z+w)}{2d}, e^{-\left(\frac{\pi}{d}\right)^2\eta_z\tau}\right\}\right] dwd\tau +$$
$$+\frac{\pi\eta_z}{4d^2}\sum_{m=0}^{\infty}\ni_m\sum_{n=1}^{\infty}\frac{\xi_n^2 J_{m\dot{o}}^2(\xi_n b)\mathcal{V}_{\mathcal{D}m\dot{o}}(\xi r, a)}{\{J_{m\dot{o}}^2(\xi_n a) - J_{m\dot{o}}^2(\xi_n b)\}} \times$$
$$\times \int_0^t \left\{\Theta_4'\left(\frac{\pi z}{2d}, e^{-\left(\frac{\pi}{d}\right)^2\eta_z\tau}\right)\overline{\overline{\psi}}_d(\xi_n, m, t-\tau; \theta) - \Theta_3'\left(\frac{\pi z}{2d}, e^{-\left(\frac{\pi}{d}\right)^2\eta_z\tau}\right)\overline{\overline{\psi}}_0(\xi_n, m, t-\tau; \theta)\right\} e^{-\eta_r\xi_n^2\tau}d\tau +$$
$$+\frac{\pi}{4d}\sum_{m=0}^{\infty}\ni_m\sum_{n=1}^{\infty}\frac{\xi_n^2 J_{m\dot{o}}^2(\xi_n b)\mathcal{V}_{\mathcal{D}m\dot{o}}(\xi r, a)e^{-\eta_r\xi_n^2 t}}{\{J_{m\dot{o}}^2(\xi_n a) - J_{m\dot{o}}^2(\xi_n b)\}} \times$$
$$\times \int_0^d \overline{\overline{\varphi}}(\xi_n, m, w; \theta)\left[\Theta_3\left\{\frac{\pi(z-w)}{2d}, e^{-\left(\frac{\pi}{d}\right)^2\eta_z t}\right\} - \Theta_3\left\{\frac{\pi(z+w)}{2d}, e^{-\left(\frac{\pi}{d}\right)^2\eta_z t}\right\}\right] dw \qquad (25.4.2)$$

where $\overline{\psi}_a(m, w, t; \theta) = \int_0^{2\pi} \psi_a(v, w, t)\cos\{m(\theta - v)\}dv$, $\overline{\psi}_b(m, w, t; \theta) = \int_0^{2\pi} \psi_b(v, w, t)\cos\{m(\theta - v)\}dv$,
$\overline{\overline{\psi}}_0(\xi_n, m, t; \theta) = \int_a^b u\mathcal{V}_{\mathcal{D}m\dot{o}}(\xi_n u, a)\int_0^{2\pi}\psi_0(u, v, t)\cos\{m(\theta - v)\}dvdu$, and
$\overline{\overline{\psi}}_d(\xi_n, m, t; \theta) = \int_a^b u\mathcal{V}_{\mathcal{D}m\dot{o}}(\xi_n u, a)\int_0^{2\pi}\psi_d(u, v, t)\cos\{m(\theta - v)\}dvdu$.

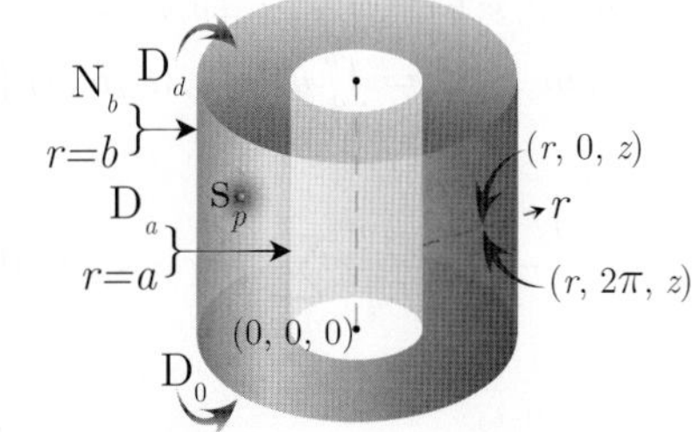

25.5 The problem of 25.4, except $\mathbf{D}_a \equiv p(a, \theta, z, t) = \psi_a(\theta, z, t)$, $\mathbf{N}_b \equiv \frac{\partial p(b,\theta,z,t)}{\partial r} = -\left(\frac{\mu}{k_r}\right)\psi_b(\theta, z, t)$, $\mathbf{D}_0 \equiv p(r, \theta, 0, t) = \psi_0(r, \theta, t)$ and $\mathbf{D}_d \equiv p(r, \theta, d, t) = \psi_d(r, \theta, t)$

$$\overline{p} = \frac{\pi q(s)e^{-st_0}}{4\phi c_t\sqrt{\eta_z}}\sum_{m=0}^{\infty}\ni_m\cos\{m(\theta-\theta_0)\}\sum_{n=1}^{\infty}\frac{\xi_n^2 J_{m\dot{o}}'^2(\xi_n b)\mathcal{V}_{\mathcal{D}m\dot{o}}(\xi r_0, a)\mathcal{V}_{\mathcal{D}m\dot{o}}(\xi r, a)\operatorname{csch}\left(d\sqrt{\frac{\eta_r\xi_n^2+s}{\eta_z}}\right)}{\left[\left\{1-\left(\frac{m\dot{o}}{\xi_n b}\right)^2\right\}J_{m\dot{o}}^2(\xi_n a) - J_{m\dot{o}}'^2(\xi_n b)\right]\sqrt{(\eta_r\xi_n^2+s)}} \times$$
$$\times\left[\cosh\left\{(d-|z-z_0|)\sqrt{\frac{\eta_r\xi_n^2+s}{\eta_z}}\right\} - \cosh\left\{(d-z-z_0)\sqrt{\frac{\eta_r\xi_n^2+s}{\eta_z}}\right\}\right] -$$

$$-\frac{\eta_r}{2\sqrt{\eta_z}}\sum_{m=0}^{\infty}\ni_m\sum_{n=1}^{\infty}\frac{\xi_n^2 J'^2_{m\dot{o}}(\xi_n b)\mathcal{V}_{\mathcal{D}m\dot{o}}(\xi r,a)\operatorname{csch}\left(d\sqrt{\frac{\eta_r\xi_n^2+s}{\eta_z}}\right)}{\left[\left\{1-\left(\frac{m\dot{o}}{\xi_n b}\right)^2\right\}J^2_{m\dot{o}}(\xi_n a)-J'^2_{m\dot{o}}(\xi_n b)\right]\sqrt{\eta_r\xi_n^2+s}}\times$$

$$\times\int_0^d\overline{\overline{\psi}}_a(m,w,s;\theta)\left[\cosh\left\{(d-|z-w|)\sqrt{\frac{\eta_r\xi_n^2+s}{\eta_z}}\right\}-\cosh\left\{(d-z-w)\sqrt{\frac{\eta_r\xi_n^2+s}{\eta_z}}\right\}\right]dw-$$

$$-\frac{1}{2\phi c_t\sqrt{\eta_z}}\sum_{m=0}^{\infty}\ni_m\sum_{n=1}^{\infty}\frac{\xi_n^2 J_{m\dot{o}}(\xi_n a)J'_{m\dot{o}}(\xi_n b)\mathcal{V}_{\mathcal{D}m\dot{o}}(\xi r,a)\operatorname{csch}\left(d\sqrt{\frac{\eta_r\xi_n^2+s}{\eta_z}}\right)}{\left[\left\{1-\left(\frac{m\dot{o}}{\xi_n b}\right)^2\right\}J^2_{m\dot{o}}(\xi_n a)-J'^2_{m\dot{o}}(\xi_n b)\right]\sqrt{\eta_r\xi_n^2+s}}\times$$

$$\times\int_0^d\overline{\overline{\psi}}_b(m,w,s;\theta)\left[\cosh\left\{(d-|z-w|)\sqrt{\frac{\eta_r\xi_n^2+s}{\eta_z}}\right\}-\cosh\left\{(d-z-w)\sqrt{\frac{\eta_r\xi_n^2+s}{\eta_z}}\right\}\right]dw+$$

$$+\frac{\pi}{2}\sum_{m=0}^{\infty}\ni_m\sum_{n=1}^{\infty}\frac{\xi_n^2 J'^2_{m\dot{o}}(\xi_n b)\mathcal{V}_{\mathcal{D}m\dot{o}}(\xi r,a)\operatorname{csch}\left(d\sqrt{\frac{\eta_r\xi_n^2+s}{\eta_z}}\right)}{\left[\left\{1-\left(\frac{m\dot{o}}{\xi_n b}\right)^2\right\}J^2_{m\dot{o}}(\xi_n a)-J'^2_{m\dot{o}}(\xi_n b)\right]}\times$$

$$\times\left[\overline{\overline{\overline{\psi}}}_0(\xi_n,m,s;\theta)\sinh\left\{(d-z)\sqrt{\frac{\eta_r\xi_n^2+s}{\eta_z}}\right\}+\overline{\overline{\overline{\psi}}}_d(\xi_n,m,s;\theta)\sinh\left\{z\sqrt{\frac{\eta_r\xi_n^2+s}{\eta_z}}\right\}\right]+$$

$$+\frac{\pi}{4\sqrt{\eta_z}}\sum_{m=0}^{\infty}\ni_m\sum_{n=1}^{\infty}\frac{\xi_n^2 J'^2_{m\dot{o}}(\xi_n b)\mathcal{V}_{\mathcal{D}m\dot{o}}(\xi r,a)\operatorname{csch}\left(d\sqrt{\frac{\eta_r\xi_n^2+s}{\eta_z}}\right)}{\left[\left\{1-\left(\frac{m\dot{o}}{\xi_n b}\right)^2\right\}J^2_{m\dot{o}}(\xi_n a)-J'^2_{m\dot{o}}(\xi_n b)\right]\sqrt{\eta_r\xi_n^2+s}}\times$$

$$\times\int_0^d\overline{\overline{\varphi}}(\xi_n,m,w;\theta)\left[\cosh\left\{(d-|z-w|)\sqrt{\frac{\eta_r\xi_n^2+s}{\eta_z}}\right\}-\cosh\left\{(d-z-w)\sqrt{\frac{\eta_r\xi_n^2+s}{\eta_z}}\right\}\right]dw \qquad (25.5.1)$$

where $\mathcal{V}_{\mathcal{D}m\dot{o}}(\xi_n r,a)=J_{m\dot{o}}(\xi_n r)Y_{m\dot{o}}(\xi_n a)-Y_{m\dot{o}}(\xi_n r)J_{m\dot{o}}(\xi_n a)$, and the eigenvalues ξ_n are the positive roots of the transcendental equation $\mathcal{V}'_{\mathcal{D}m\dot{o}}(\xi_n b,a)=0$, $n=1,2,....,$
$\overline{\overline{\overline{\psi}}}_0(\xi_n,m,s;\theta)=\int_a^b u\mathcal{V}_{\mathcal{D}m\dot{o}}(\xi_n u,a)\int_0^{2\pi}\overline{\psi}_0(u,v,s)\cos\{m(\theta-v)\}dvdu$,
$\overline{\overline{\overline{\psi}}}_d(\xi_n,m,s;\theta)=\int_a^b u\mathcal{V}_{\mathcal{D}m\dot{o}}(\xi_n u,a)\int_0^{2\pi}\overline{\psi}_d(u,v,s)\cos\{m(\theta-v)\}dvdu$,
$\overline{\overline{\psi}}_a(m,w,s;\theta)=\int_0^{2\pi}\overline{\psi}_a(v,w,s)\cos\{m(\theta-v)\}dv$, $\overline{\overline{\psi}}_b(m,w,s;\theta)=\int_0^{2\pi}\overline{\psi}_b(v,w,s)\cos\{m(\theta-v)\}dv$, and
$\overline{\overline{\varphi}}(\xi_n,m,w;\theta)=\int_a^b u\mathcal{V}_{\mathcal{D}m\dot{o}}(\xi_n u,a)\int_0^{2\pi}\varphi(u,v,w)\cos\{m(\theta-v)\}dvdu$.

$$p=\frac{U(t-t_0)\pi}{4\phi c_t d}\sum_{m=0}^{\infty}\ni_m\cos\{m(\theta-\theta_0)\}\sum_{n=1}^{\infty}\frac{\xi_n^2 J'^2_{m\dot{o}}(\xi_n b)\mathcal{V}_{\mathcal{D}m\dot{o}}(\xi r_0,a)\mathcal{V}_{\mathcal{D}m\dot{o}}(\xi r,a)}{\left[\left\{1-\left(\frac{m\dot{o}}{\xi_n b}\right)^2\right\}J^2_{m\dot{o}}(\xi_n a)-J'^2_{m\dot{o}}(\xi_n b)\right]}\times$$

$$\times\int_0^{t-t_0}q(t-t_0-\tau)\left[\Theta_3\left\{\frac{\pi(z-z_0)}{2d},e^{-\left(\frac{\pi}{d}\right)^2\eta_z\tau}\right\}-\Theta_3\left\{\frac{\pi(z+z_0)}{2d},e^{-\left(\frac{\pi}{d}\right)^2\eta_z\tau}\right\}\right]e^{-\eta_r\xi_n^2\tau}d\tau-$$

$$-\frac{\eta_r}{2d}\sum_{m=0}^{\infty}\ni_m\sum_{n=1}^{\infty}\frac{\xi_n^2 J'^2_{m\dot{o}}(\xi_n b)\mathcal{V}_{\mathcal{D}m\dot{o}}(\xi r,a)}{\left[\left\{1-\left(\frac{m\dot{o}}{\xi_n b}\right)^2\right\}J^2_{m\dot{o}}(\xi_n a)-J'^2_{m\dot{o}}(\xi_n b)\right]}\times$$

$$\times\int_0^t e^{-\eta_r\xi_n^2\tau}\int_0^d\overline{\psi}_a(m,w,t-\tau;\theta)\left[\Theta_3\left\{\frac{\pi(z-w)}{2d},e^{-\left(\frac{\pi}{d}\right)^2\eta_z\tau}\right\}-\Theta_3\left\{\frac{\pi(z+w)}{2d},e^{-\left(\frac{\pi}{d}\right)^2\eta_z\tau}\right\}\right]dwd\tau-$$

$$-\frac{1}{2\phi c_t d}\sum_{m=0}^{\infty}\ni_m\sum_{n=1}^{\infty}\frac{\xi_n^2 J_{m\dot{o}}(\xi_n a)\,J'_{m\dot{o}}(\xi_n b)\,\mathcal{V}_{\mathcal{D}m\dot{o}}(\xi r,a)}{\left[\left\{1-\left(\frac{m\dot{o}}{\xi_n b}\right)^2\right\}J^2_{m\dot{o}}(\xi_n a)-J'^2_{m\dot{o}}(\xi_n b)\right]}\times$$

$$\times\int_0^t e^{-\eta_r\xi_n^2\tau}\int_0^d\overline{\psi}_b(m,w,t-\tau;\theta)\left[\Theta_3\left\{\frac{\pi(z-w)}{2d},e^{-\left(\frac{\pi}{d}\right)^2\eta_z\tau}\right\}-\Theta_3\left\{\frac{\pi(z+w)}{2d},e^{-\left(\frac{\pi}{d}\right)^2\eta_z\tau}\right\}\right]dwd\tau+$$

$$+\frac{\pi\eta_z}{4d^2}\sum_{m=0}^{\infty}\ni_m\sum_{n=1}^{\infty}\frac{\xi_n^2 J'^2_{m\dot{o}}(\xi_n b)\,\mathcal{V}_{\mathcal{D}m\dot{o}}(\xi r,a)}{\left[\left\{1-\left(\frac{m\dot{o}}{\xi_n b}\right)^2\right\}J^2_{m\dot{o}}(\xi_n a)-J'^2_{m\dot{o}}(\xi_n b)\right]}\times$$

$$\times\int_0^t\left\{\Theta'_4\left(\frac{\pi z}{2d},e^{-\left(\frac{\pi}{d}\right)^2\eta_z\tau}\right)\overline{\overline{\psi}}_d(\xi_n,m,t-\tau;\theta)-\Theta'_3\left(\frac{\pi z}{2d},e^{-\left(\frac{\pi}{d}\right)^2\eta_z\tau}\right)\overline{\overline{\psi}}_0(\xi_n,m,t-\tau;\theta)\right\}e^{-\eta_r\xi_n^2\tau}d\tau+$$

$$+\frac{\pi}{4d}\sum_{m=0}^{\infty}\ni_m\sum_{n=1}^{\infty}\frac{\xi_n^2 J'^2_{m\dot{o}}(\xi_n b)\,\mathcal{V}_{\mathcal{D}m\dot{o}}(\xi r,a)\,e^{-\eta_r\xi_n^2 t}}{\left[\left\{1-\left(\frac{m\dot{o}}{\xi_n b}\right)^2\right\}J^2_{m\dot{o}}(\xi_n a)-J'^2_{m\dot{o}}(\xi_n b)\right]}\times$$

$$\times\int_0^d\overline{\overline{\varphi}}(\xi_n,m,w;\theta)\left[\Theta_3\left\{\frac{\pi(z-w)}{2d},e^{-\left(\frac{\pi}{d}\right)^2\eta_z t}\right\}-\Theta_3\left\{\frac{\pi(z+w)}{2d},e^{-\left(\frac{\pi}{d}\right)^2\eta_z t}\right\}\right]dw \qquad (25.5.2)$$

where $\overline{\psi}_a(m,w,t;\theta)=\int_0^{2\pi}\psi_a(v,w,t)\cos\{m(\theta-v)\}dv$, $\overline{\psi}_b(m,w,t;\theta)=\int_0^{2\pi}\psi_b(v,w,t)\cos\{m(\theta-v)\}dv$,
$\overline{\overline{\psi}}_0(\xi_n,m,t;\theta)=\int_a^b u\mathcal{V}_{\mathcal{D}m\dot{o}}(\xi_n u,a)\int_0^{2\pi}\psi_0(u,v,t)\cos\{m(\theta-v)\}dvdu$, and
$\overline{\overline{\psi}}_d(\xi_n,m,t;\theta)=\int_a^b u\mathcal{V}_{\mathcal{D}m\dot{o}}(\xi_n u,a)\int_0^{2\pi}\psi_d(u,v,t)\cos\{m(\theta-v)\}dvdu$.

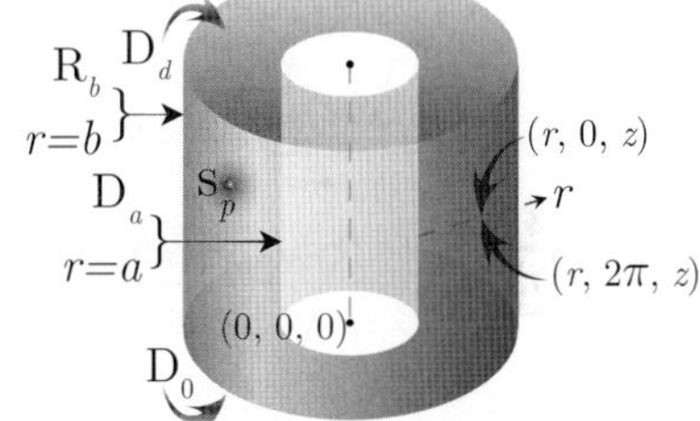

25.6 The problem of 25.4, except $\mathbf{D_a} \equiv p(a,\theta,z,t)=\psi_a(\theta,z,t)$, $\mathbf{R_b}\equiv\frac{\partial p(b,\theta,z,t)}{\partial r}+\lambda p(b,\theta,z,t)=-\left(\frac{\mu}{k_r}\right)\psi_b(\theta,z,t)$, $\mathbf{D_0}\equiv p(r,\theta,0,t)=\psi_0(r,\theta,t)$ and $\mathbf{D_d}\equiv p(r,\theta,d,t)=\psi_d(r,\theta,t)$

$$\overline{p} = \frac{\pi q(s)\,e^{-st_0}}{4\phi c_t\sqrt{\eta_z}}\sum_{m=0}^{\infty}\ni_m\cos\{m(\theta-\theta_0)\}\times$$

$$\times\sum_{n=1}^{\infty}\frac{\xi_n^2\{\xi_n J'_{m\dot{o}}(\xi_n b)+\lambda J_{m\dot{o}}(\xi_n b)\}^2\mathcal{V}_{\mathcal{D}m\dot{o}}(\xi r_0,a)\,\mathcal{V}_{\mathcal{D}m\dot{o}}(\xi r,a)\,\mathrm{csch}\left(d\sqrt{\frac{\eta_r\xi_n^2+s}{\eta_z}}\right)}{\left[\left\{\xi_n^2+\lambda^2-\left(\frac{m\dot{o}}{b}\right)^2\right\}J^2_{m\dot{o}}(\xi_n a)-\{\xi_n J'_{m\dot{o}}(\xi_n b)+\lambda J_{m\dot{o}}(\xi_n b)\}^2\right]\sqrt{(\eta_r\xi_n^2+s)}}\times$$

$$\times\left[\cosh\left\{(d-|z-z_0|)\sqrt{\frac{\eta_r\xi_n^2+s}{\eta_z}}\right\}-\cosh\left\{(d-z-z_0)\sqrt{\frac{\eta_r\xi_n^2+s}{\eta_z}}\right\}\right]-$$

$$-\frac{\eta_r}{2\sqrt{\eta_z}}\sum_{m=0}^{\infty}\ni_m\sum_{n=1}^{\infty}\frac{\xi_n^2\{\xi_n J'_{m\dot{o}}(\xi_n b)+\lambda J_{m\dot{o}}(\xi_n b)\}^2\mathcal{V}_{\mathcal{D}m\dot{o}}(\xi r,a)\,\mathrm{csch}\left(d\sqrt{\frac{\eta_r\xi_n^2+s}{\eta_z}}\right)}{\left[\left\{\xi_n^2+\lambda^2-\left(\frac{m\dot{o}}{b}\right)^2\right\}J^2_{m\dot{o}}(\xi_n a)-\{\xi_n J'_{m\dot{o}}(\xi_n b)+\lambda J_{m\dot{o}}(\xi_n b)\}^2\right]\sqrt{\eta_r\xi_n^2+s}}\times$$

$$\times\int_0^d\overline{\overline{\psi}}_a(m,w,s;\theta)\left[\cosh\left\{(d-|z-w|)\sqrt{\frac{\eta_r\xi_n^2+s}{\eta_z}}\right\}-\cosh\left\{(d-z-w)\sqrt{\frac{\eta_r\xi_n^2+s}{\eta_z}}\right\}\right]dw-$$

$$-\frac{1}{2\phi c_t\sqrt{\eta_z}}\sum_{m=0}^{\infty}\ni_m\sum_{n=1}^{\infty}\frac{\xi_n^2 J_{m\dot{o}}(\xi_n a)\{\xi_n J'_{m\dot{o}}(\xi_n b)+\lambda J_{m\dot{o}}(\xi_n b)\}\mathcal{V}_{\mathcal{D}m\dot{o}}(\xi r,a)\,\mathrm{csch}\left(d\sqrt{\frac{\eta_r\xi_n^2+s}{\eta_z}}\right)}{\left[\left\{\xi_n^2+\lambda^2-\left(\frac{m\dot{o}}{b}\right)^2\right\}J^2_{m\dot{o}}(\xi_n a)-\{\xi_n J'_{m\dot{o}}(\xi_n b)+\lambda J_{m\dot{o}}(\xi_n b)\}^2\right]\sqrt{\eta_r\xi_n^2+s}}\times$$

$$\times \int_0^d \overline{\overline{\psi}}_b(m,w,s;\theta)\left[\cosh\left\{(d-|z-w|)\sqrt{\frac{\eta_r\xi_n^2+s}{\eta_z}}\right\}-\cosh\left\{(d-z-w)\sqrt{\frac{\eta_r\xi_n^2+s}{\eta_z}}\right\}\right]dw+$$

$$+\frac{\pi}{2}\sum_{m=0}^{\infty}\ni_m\sum_{n=1}^{\infty}\frac{\xi_n^2\{\xi_nJ'_{m\dot{o}}(\xi_nb)+\lambda J_{m\dot{o}}(\xi_nb)\}^2\mathcal{V}_{\mathcal{D}m\dot{o}}(\xi r,a)\operatorname{csch}\left(d\sqrt{\frac{\eta_r\xi_n^2+s}{\eta_z}}\right)}{\left[\left\{\xi_n^2+\lambda^2-\left(\frac{m\dot{o}}{b}\right)^2\right\}J_{m\dot{o}}^2(\xi_na)-\{\xi_nJ'_{m\dot{o}}(\xi_nb)+\lambda J_{m\dot{o}}(\xi_nb)\}^2\right]}\times$$

$$\times\left[\overline{\overline{\overline{\psi}}}_0(\xi_n,m,s;\theta)\sinh\left\{(d-z)\sqrt{\frac{\eta_r\xi_n^2+s}{\eta_z}}\right\}+\overline{\overline{\overline{\psi}}}_d(\xi_n,m,s;\theta)\sinh\left\{z\sqrt{\frac{\eta_r\xi_n^2+s}{\eta_z}}\right\}\right]+$$

$$+\frac{\pi}{4\sqrt{\eta_z}}\sum_{m=0}^{\infty}\ni_m\sum_{n=1}^{\infty}\frac{\xi_n^2\{\xi_nJ'_{m\dot{o}}(\xi_nb)+\lambda J_{m\dot{o}}(\xi_nb)\}^2\mathcal{V}_{\mathcal{D}m\dot{o}}(\xi r,a)\operatorname{csch}\left(d\sqrt{\frac{\eta_r\xi_n^2+s}{\eta_z}}\right)}{\left[\left\{\xi_n^2+\lambda^2-\left(\frac{m\dot{o}}{b}\right)^2\right\}J_{m\dot{o}}^2(\xi_na)-\{\xi_nJ'_{m\dot{o}}(\xi_nb)+\lambda J_{m\dot{o}}(\xi_nb)\}^2\right]\sqrt{\eta_r\xi_n^2+s}}\times$$

$$\times\int_0^d\overline{\overline{\varphi}}(\xi_n,m,w;\theta)\left[\cosh\left\{(d-|z-w|)\sqrt{\frac{\eta_r\xi_n^2+s}{\eta_z}}\right\}-\cosh\left\{(d-z-w)\sqrt{\frac{\eta_r\xi_n^2+s}{\eta_z}}\right\}\right]dw \qquad (25.6.1)$$

where $\mathcal{V}_{\mathcal{D}m\dot{o}}(\xi_nr,a)=J_{m\dot{o}}(\xi_nr)Y_{m\dot{o}}(\xi_na)-Y_{m\dot{o}}(\xi_nr)J_{m\dot{o}}(\xi_na)$, and the eigenvalues $\xi_n, n=1,2,....,$ are the positive roots of the transcendental equation $\xi_n\mathcal{V}'_{\mathcal{D}m\dot{o}}(\xi_nb,a)+\lambda\mathcal{V}_{\mathcal{D}m\dot{o}}(\xi_nb,a)=0$,
$\overline{\overline{\overline{\psi}}}_0(\xi_n,m,s;\theta)=\int_a^b u\mathcal{V}_{\mathcal{D}m\dot{o}}(\xi_nu,a)\int_0^{2\pi}\overline{\psi}_0(u,v,s)\cos\{m(\theta-v)\}dvdu$,
$\overline{\overline{\overline{\psi}}}_d(\xi_n,m,s;\theta)=\int_a^b u\mathcal{V}_{\mathcal{D}m\dot{o}}(\xi_nu,a)\int_0^{2\pi}\overline{\psi}_d(u,v,s)\cos\{m(\theta-v)\}dvdu$,
$\overline{\overline{\psi}}_a(m,w,s;\theta)=\int_0^{2\pi}\overline{\psi}_a(v,w,s)\cos\{m(\theta-v)\}dv$, $\overline{\overline{\psi}}_b(m,w,s;\theta)=\int_0^{2\pi}\overline{\psi}_b(v,w,s)\cos\{m(\theta-v)\}dv$, and $\overline{\overline{\varphi}}(\xi_n,m,w;\theta)=\int_a^b u\mathcal{V}_{\mathcal{D}m\dot{o}}(\xi_nu,a)\int_0^{2\pi}\varphi(u,v,w)\cos\{m(\theta-v)\}dvdu$.

$$p=\frac{U(t-t_0)\pi}{4\phi c_td}\sum_{m=0}^{\infty}\ni_m\cos\{m(\theta-\theta_0)\}\times$$

$$\times\sum_{n=1}^{\infty}\frac{\xi_n^2\{\xi_nJ'_{m\dot{o}}(\xi_nb)+\lambda J_{m\dot{o}}(\xi_nb)\}^2\mathcal{V}_{\mathcal{D}m\dot{o}}(\xi r_0,a)\mathcal{V}_{\mathcal{D}m\dot{o}}(\xi r,a)}{\left[\left\{\xi_n^2+\lambda^2-\left(\frac{m\dot{o}}{b}\right)^2\right\}J_{m\dot{o}}^2(\xi_na)-\{\xi_nJ'_{m\dot{o}}(\xi_nb)+\lambda J_{m\dot{o}}(\xi_nb)\}^2\right]}\times$$

$$\times\int_0^{t-t_0}q(t-t_0-\tau)\left[\Theta_3\left\{\frac{\pi(z-z_0)}{2d},e^{-\left(\frac{\pi}{d}\right)^2\eta_z\tau}\right\}-\Theta_3\left\{\frac{\pi(z+z_0)}{2d},e^{-\left(\frac{\pi}{d}\right)^2\eta_z\tau}\right\}\right]e^{-\eta_r\xi_n^2\tau}d\tau-$$

$$-\frac{\eta_r}{2d}\sum_{m=0}^{\infty}\ni_m\sum_{n=1}^{\infty}\frac{\xi_n^2\{\xi_nJ'_{m\dot{o}}(\xi_nb)+\lambda J_{m\dot{o}}(\xi_nb)\}^2\mathcal{V}_{\mathcal{D}m\dot{o}}(\xi r,a)}{\left[\left\{\xi_n^2+\lambda^2-\left(\frac{m\dot{o}}{b}\right)^2\right\}J_{m\dot{o}}^2(\xi_na)-\{\xi_nJ'_{m\dot{o}}(\xi_nb)+\lambda J_{m\dot{o}}(\xi_nb)\}^2\right]}\times$$

$$\times\int_0^t e^{-\eta_r\xi_n^2\tau}\int_0^d\overline{\psi}_a(m,w,t-\tau;\theta)\left[\Theta_3\left\{\frac{\pi(z-w)}{2d},e^{-\left(\frac{\pi}{d}\right)^2\eta_z\tau}\right\}-\Theta_3\left\{\frac{\pi(z+w)}{2d},e^{-\left(\frac{\pi}{d}\right)^2\eta_z\tau}\right\}\right]dwd\tau-$$

$$-\frac{1}{2\phi c_td}\sum_{m=0}^{\infty}\ni_m\sum_{n=1}^{\infty}\frac{\xi_n^2J_{m\dot{o}}(\xi_na)\{\xi_nJ'_{m\dot{o}}(\xi_nb)+\lambda J_{m\dot{o}}(\xi_nb)\}\mathcal{V}_{\mathcal{D}m\dot{o}}(\xi r,a)}{\left[\left\{\xi_n^2+\lambda^2-\left(\frac{m\dot{o}}{b}\right)^2\right\}J_{m\dot{o}}^2(\xi_na)-\{\xi_nJ'_{m\dot{o}}(\xi_nb)+\lambda J_{m\dot{o}}(\xi_nb)\}^2\right]}\times$$

$$\times\int_0^t e^{-\eta_r\xi_n^2\tau}\int_0^d\overline{\psi}_b(m,w,t-\tau;\theta)\left[\Theta_3\left\{\frac{\pi(z-w)}{2d},e^{-\left(\frac{\pi}{d}\right)^2\eta_z\tau}\right\}-\Theta_3\left\{\frac{\pi(z+w)}{2d},e^{-\left(\frac{\pi}{d}\right)^2\eta_z\tau}\right\}\right]dwd\tau+$$

$$+\frac{\pi\eta_z}{4d^2}\sum_{m=0}^{\infty}\ni_m\sum_{n=1}^{\infty}\frac{\xi_n^2\{\xi_nJ'_{m\dot{o}}(\xi_nb)+\lambda J_{m\dot{o}}(\xi_nb)\}^2\mathcal{V}_{\mathcal{D}m\dot{o}}(\xi r,a)}{\left[\left\{\xi_n^2+\lambda^2-\left(\frac{m\dot{o}}{b}\right)^2\right\}J_{m\dot{o}}^2(\xi_na)-\{\xi_nJ'_{m\dot{o}}(\xi_nb)+\lambda J_{m\dot{o}}(\xi_nb)\}^2\right]}\times$$

$$\times\int_0^t\left\{\Theta_4'\left(\frac{\pi z}{2d},e^{-\left(\frac{\pi}{d}\right)^2\eta_z\tau}\right)\overline{\overline{\psi}}_d(\xi_n,m,t-\tau;\theta)-\Theta_3'\left(\frac{\pi z}{2d},e^{-\left(\frac{\pi}{d}\right)^2\eta_z\tau}\right)\overline{\overline{\psi}}_0(\xi_n,m,t-\tau;\theta)\right\}e^{-\eta_r\xi_n^2\tau}d\tau+$$

$$+\frac{\pi}{4d}\sum_{m=0}^{\infty}\ni_m\sum_{n=1}^{\infty}\frac{\xi_n^2\{\xi_n J'_{m\dot{o}}(\xi_n b)+\lambda J_{m\dot{o}}(\xi_n b)\}^2\mathcal{V}_{\mathcal{D}m\dot{o}}(\xi r,a)\,e^{-\eta_r\xi_n^2 t}}{\left[\left\{\xi_n^2+\lambda^2-\left(\frac{m\dot{o}}{b}\right)^2\right\}J^2_{m\dot{o}}(\xi_n a)-\{\xi_n J'_{m\dot{o}}(\xi_n b)+\lambda J_{m\dot{o}}(\xi_n b)\}^2\right]}\times$$

$$\times\int_0^d\overline{\overline{\varphi}}(\xi_n,m,w;\theta)\left[\Theta_3\left\{\frac{\pi(z-w)}{2d},e^{-\left(\frac{\pi}{d}\right)^2\eta_z t}\right\}-\Theta_3\left\{\frac{\pi(z+w)}{2d},e^{-\left(\frac{\pi}{d}\right)^2\eta_z t}\right\}\right]dw \tag{25.6.2}$$

where $\overline{\psi}_a(m,w,t;\theta)=\int_0^{2\pi}\psi_a(v,w,t)\cos\{m(\theta-v)\}dv$, $\overline{\psi}_b(m,w,t;\theta)=\int_0^{2\pi}\psi_b(v,w,t)\cos\{m(\theta-v)\}dv$, $\overline{\overline{\psi}}_0(\xi_n,m,t;\theta)=\int_a^b u\mathcal{V}_{\mathcal{D}m\dot{o}}(\xi_n u,a)\int_0^{2\pi}\psi_0(u,v,t)\cos\{m(\theta-v)\}dvdu$, and $\overline{\overline{\psi}}_d(\xi_n,m,t;\theta)=\int_a^b u\mathcal{V}_{\mathcal{D}m\dot{o}}(\xi_n u,a)\int_0^{2\pi}\psi_d(u,v,t)\cos\{m(\theta-v)\}dvdu$.

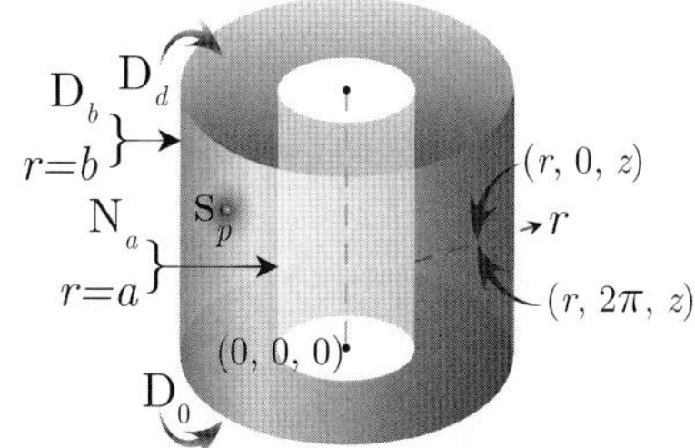

25.7 The problem of 25.4, except $\mathbf{N}_a\equiv\frac{\partial p(a,\theta,z,t)}{\partial r}=-\left(\frac{\mu}{k_r}\right)\psi_a(\theta,z,t)$, $\mathbf{D}_b\equiv p(b,\theta,z,t)=\psi_b(\theta,z,t)$, $\mathbf{D}_0\equiv p(r,\theta,0,t)=\psi_0(r,\theta,t)$ and $\mathbf{D}_d\equiv p(r,\theta,d,t)=\psi_d(r,\theta,t)$

$$\overline{p}=\frac{\pi q(s)e^{-st_0}}{4\phi c_t\sqrt{\eta_z}}\sum_{m=0}^{\infty}\ni_m\cos\{m(\theta-\theta_0)\}\sum_{n=1}^{\infty}\frac{\xi_n^2 J^2_{m\dot{o}}(\xi_n b)\mathcal{V}_{\mathcal{N}m\dot{o}}(\xi r_0,a)\mathcal{V}_{\mathcal{N}m\dot{o}}(\xi r,a)\operatorname{csch}\left(d\sqrt{\frac{\eta_r\xi_n^2+s}{\eta_z}}\right)}{\left[J'^2_{m\dot{o}}(\xi_n a)-\left\{1-\left(\frac{m\dot{o}}{\xi_n a}\right)^2\right\}J^2_{m\dot{o}}(\xi_n b)\right]\sqrt{(\eta_r\xi_n^2+s)}}\times$$

$$\times\left[\cosh\left\{(d-|z-z_0|)\sqrt{\frac{\eta_r\xi_n^2+s}{\eta_z}}\right\}-\cosh\left\{(d-z-z_0)\sqrt{\frac{\eta_r\xi_n^2+s}{\eta_z}}\right\}\right]+$$

$$+\frac{1}{2\phi c_t\sqrt{\eta_z}}\sum_{m=0}^{\infty}\ni_m\sum_{n=1}^{\infty}\frac{\xi_n J^2_{m\dot{o}}(\xi_n b)\mathcal{V}_{\mathcal{N}m\dot{o}}(\xi r,a)\operatorname{csch}\left(d\sqrt{\frac{\eta_r\xi_n^2+s}{\eta_z}}\right)}{\left[J'^2_{m\dot{o}}(\xi_n a)-\left\{1-\left(\frac{m\dot{o}}{\xi_n a}\right)^2\right\}J^2_{m\dot{o}}(\xi_n b)\right]\sqrt{\eta_r\xi_n^2+s}}\times$$

$$\times\int_0^d\overline{\overline{\psi}}_a(m,w,s;\theta)\left[\cosh\left\{(d-|z-w|)\sqrt{\frac{\eta_r\xi_n^2+s}{\eta_z}}\right\}-\cosh\left\{(d-z-w)\sqrt{\frac{\eta_r\xi_n^2+s}{\eta_z}}\right\}\right]dw+$$

$$+\frac{\eta_r}{2\sqrt{\eta_z}}\sum_{m=0}^{\infty}\ni_m\sum_{n=1}^{\infty}\frac{\xi_n^2 J'_{m\dot{o}}(\xi_n a)J_{m\dot{o}}(\xi_n b)\mathcal{V}_{\mathcal{N}m\dot{o}}(\xi r,a)\operatorname{csch}\left(d\sqrt{\frac{\eta_r\xi_n^2+s}{\eta_z}}\right)}{\left[J'^2_{m\dot{o}}(\xi_n a)-\left\{1-\left(\frac{m\dot{o}}{\xi_n a}\right)^2\right\}J^2_{m\dot{o}}(\xi_n b)\right]\sqrt{\eta_r\xi_n^2+s}}\times$$

$$\times\int_0^d\overline{\overline{\psi}}_b(m,w,s;\theta)\left[\cosh\left\{(d-|z-w|)\sqrt{\frac{\eta_r\xi_n^2+s}{\eta_z}}\right\}-\cosh\left\{(d-z-w)\sqrt{\frac{\eta_r\xi_n^2+s}{\eta_z}}\right\}\right]dw+$$

$$+\frac{\pi}{2}\sum_{m=0}^{\infty}\ni_m\sum_{n=1}^{\infty}\frac{\xi_n^2 J^2_{m\dot{o}}(\xi_n b)\mathcal{V}_{\mathcal{N}m\dot{o}}(\xi r,a)\operatorname{csch}\left(d\sqrt{\frac{\eta_r\xi_n^2+s}{\eta_z}}\right)}{\left[J'^2_{m\dot{o}}(\xi_n a)-\left\{1-\left(\frac{m\dot{o}}{\xi_n a}\right)^2\right\}J^2_{m\dot{o}}(\xi_n b)\right]}\times$$

$$\times\left[\overline{\overline{\overline{\psi}}}_0(\xi_n,m,s;\theta)\sinh\left\{(d-z)\sqrt{\frac{\eta_r\xi_n^2+s}{\eta_z}}\right\}+\overline{\overline{\overline{\psi}}}_d(\xi_n,m,s;\theta)\sinh\left\{z\sqrt{\frac{\eta_r\xi_n^2+s}{\eta_z}}\right\}\right]+$$

$$+\frac{\pi}{4\sqrt{\eta_z}}\sum_{m=0}^{\infty}\ni_m\sum_{n=1}^{\infty}\frac{\xi_n^2 J^2_{m\dot{o}}(\xi_n b)\mathcal{V}_{\mathcal{N}m\dot{o}}(\xi r,a)\operatorname{csch}\left(d\sqrt{\frac{\eta_r\xi_n^2+s}{\eta_z}}\right)}{\left[J'^2_{m\dot{o}}(\xi_n a)-\left\{1-\left(\frac{m\dot{o}}{\xi_n a}\right)^2\right\}J^2_{m\dot{o}}(\xi_n b)\right]\sqrt{\eta_r\xi_n^2+s}}\times$$

$$\times \int_0^d \overline{\overline{\varphi}}(\xi_n, m, w; \theta)\left[\cosh\left\{(d-|z-w|)\sqrt{\frac{\eta_r\xi_n^2+s}{\eta_z}}\right\} - \cosh\left\{(d-z-w)\sqrt{\frac{\eta_r\xi_n^2+s}{\eta_z}}\right\}\right] dw \qquad (25.7.1)$$

where $\mathcal{V}_{\mathcal{N}m\dot{o}}(\xi_n r, a) = J_{m\dot{o}}(\xi_n r)\, Y'_{m\dot{o}}(\xi_n a) - Y_{m\dot{o}}(\xi_n r)\, J'_{m\dot{o}}(\xi_n a)$, and the eigenvalues $\xi_n, n = 1, 2, ...,$ are the positive roots of the transcendental equation $\mathcal{V}_{\mathcal{N}m\dot{o}}(\xi_n b, a) = 0$,
$\overline{\overline{\overline{\psi}}}_0(\xi_n, m, s; \theta) = \int_a^b u\mathcal{V}_{\mathcal{N}m\dot{o}}(\xi_n u, a)\int_0^{2\pi}\overline{\psi}_0(u, v, s)\cos\{m(\theta - v)\}dvdu$,
$\overline{\overline{\overline{\psi}}}_d(\xi_n, m, s; \theta) = \int_a^b u\mathcal{V}_{\mathcal{N}m\dot{o}}(\xi_n u, a)\int_0^{2\pi}\overline{\psi}_d(u, v, s)\cos\{m(\theta - v)\}dvdu$,
$\overline{\overline{\psi}}_a(m, w, s; \theta) = \int_0^{2\pi}\overline{\psi}_a(v, w, s)\cos\{m(\theta - v)\}dv$, $\overline{\overline{\psi}}_b(m, w, s; \theta) = \int_0^{2\pi}\overline{\psi}_b(v, w, s)\cos\{m(\theta - v)\}dv$, and
$\overline{\overline{\varphi}}(\xi_n, m, w; \theta) = \int_a^b u\mathcal{V}_{\mathcal{N}m\dot{o}}(\xi_n u, a)\int_0^{2\pi}\varphi(u, v, w)\cos\{m(\theta - v)\}dvdu$.

$$p = \frac{U(t-t_0)\pi}{4\phi c_t d}\sum_{m=0}^{\infty}\ni_m \cos\{m(\theta-\theta_0)\}\sum_{n=1}^{\infty}\frac{\xi_n^2 J_{m\dot{o}}^2(\xi_n b)\,\mathcal{V}_{\mathcal{N}m\dot{o}}(\xi r_0, a)\,\mathcal{V}_{\mathcal{N}m\dot{o}}(\xi r, a)}{\left[J'^2_{m\dot{o}}(\xi_n a) - \left\{1-\left(\frac{m\dot{o}}{\xi_n a}\right)^2\right\}J^2_{m\dot{o}}(\xi_n b)\right]} \times$$

$$\times \int_0^{t-t_0} q(t-t_0-\tau)\left[\Theta_3\left\{\frac{\pi(z-z_0)}{2d}, e^{-\left(\frac{\pi}{d}\right)^2\eta_z\tau}\right\} - \Theta_3\left\{\frac{\pi(z+z_0)}{2d}, e^{-\left(\frac{\pi}{d}\right)^2\eta_z\tau}\right\}\right] e^{-\eta_r\xi_n^2\tau}d\tau +$$

$$+\frac{1}{2\phi c_t d}\sum_{m=0}^{\infty}\ni_m\sum_{n=1}^{\infty}\frac{\xi_n J^2_{m\dot{o}}(\xi_n b)\,\mathcal{V}_{\mathcal{N}m\dot{o}}(\xi r, a)}{\left[J'^2_{m\dot{o}}(\xi_n a) - \left\{1-\left(\frac{m\dot{o}}{\xi_n a}\right)^2\right\}J^2_{m\dot{o}}(\xi_n b)\right]} \times$$

$$\times \int_0^t e^{-\eta_r\xi_n^2\tau}\int_0^d \overline{\psi}_a(m, w, t-\tau; \theta)\left[\Theta_3\left\{\frac{\pi(z-w)}{2d}, e^{-\left(\frac{\pi}{d}\right)^2\eta_z\tau}\right\} - \Theta_3\left\{\frac{\pi(z+w)}{2d}, e^{-\left(\frac{\pi}{d}\right)^2\eta_z\tau}\right\}\right] dwd\tau +$$

$$+\frac{\eta_r}{2d}\sum_{m=0}^{\infty}\ni_m\sum_{n=1}^{\infty}\frac{\xi_n^2 J'_{m\dot{o}}(\xi_n a)\, J_{m\dot{o}}(\xi_n b)\,\mathcal{V}_{\mathcal{N}m\dot{o}}(\xi r, a)}{\left[J'^2_{m\dot{o}}(\xi_n a) - \left\{1-\left(\frac{m\dot{o}}{\xi_n a}\right)^2\right\}J^2_{m\dot{o}}(\xi_n b)\right]} \times$$

$$\times \int_0^t e^{-\eta_r\xi_n^2\tau}\int_0^d \overline{\psi}_b(m, w, t-\tau; \theta)\left[\Theta_3\left\{\frac{\pi(z-w)}{2d}, e^{-\left(\frac{\pi}{d}\right)^2\eta_z\tau}\right\} - \Theta_3\left\{\frac{\pi(z+w)}{2d}, e^{-\left(\frac{\pi}{d}\right)^2\eta_z\tau}\right\}\right] dwd\tau +$$

$$+\frac{\pi\eta_z}{4d^2}\sum_{m=0}^{\infty}\ni_m\sum_{n=1}^{\infty}\frac{\xi_n^2 J^2_{m\dot{o}}(\xi_n b)\,\mathcal{V}_{\mathcal{N}m\dot{o}}(\xi r, a)}{\left[J'^2_{m\dot{o}}(\xi_n a) - \left\{1-\left(\frac{m\dot{o}}{\xi_n a}\right)^2\right\}J^2_{m\dot{o}}(\xi_n b)\right]} \times$$

$$\times \int_0^t \left\{\Theta'_4\left(\frac{\pi z}{2d}, e^{-\left(\frac{\pi}{d}\right)^2\eta_z\tau}\right)\overline{\overline{\overline{\psi}}}_d(\xi_n, m, t-\tau; \theta) - \Theta'_3\left(\frac{\pi z}{2d}, e^{-\left(\frac{\pi}{d}\right)^2\eta_z\tau}\right)\overline{\overline{\overline{\psi}}}_0(\xi_n, m, t-\tau; \theta)\right\} e^{-\eta_r\xi_n^2\tau}d\tau +$$

$$+\frac{\pi}{4d}\sum_{m=0}^{\infty}\ni_m\sum_{n=1}^{\infty}\frac{\xi_n^2 J^2_{m\dot{o}}(\xi_n b)\,\mathcal{V}_{\mathcal{N}m\dot{o}}(\xi r, a)\, e^{-\eta_r\xi_n^2 t}}{\left[J'^2_{m\dot{o}}(\xi_n a) - \left\{1-\left(\frac{m\dot{o}}{\xi_n a}\right)^2\right\}J^2_{m\dot{o}}(\xi_n b)\right]} \times$$

$$\times \int_0^d \overline{\overline{\varphi}}(\xi_n, m, w; \theta)\left[\Theta_3\left\{\frac{\pi(z-w)}{2d}, e^{-\left(\frac{\pi}{d}\right)^2\eta_z t}\right\} - \Theta_3\left\{\frac{\pi(z+w)}{2d}, e^{-\left(\frac{\pi}{d}\right)^2\eta_z t}\right\}\right] dw \qquad (25.7.2)$$

where $\overline{\psi}_a(m, w, t; \theta) = \int_0^{2\pi}\psi_a(v, w, t)\cos\{m(\theta - v)\}dv$, $\overline{\psi}_b(m, w, t; \theta) = \int_0^{2\pi}\psi_b(v, w, t)\cos\{m(\theta - v)\}dv$,
$\overline{\overline{\psi}}_0(\xi_n, m, t; \theta) = \int_a^b u\mathcal{V}_{\mathcal{N}m\dot{o}}(\xi_n u, a)\int_0^{2\pi}\psi_0(u, v, t)\cos\{m(\theta - v)\}dvdu$, and
$\overline{\overline{\psi}}_d(\xi_n, m, t; \theta) = \int_a^b u\mathcal{V}_{\mathcal{N}m\dot{o}}(\xi_n u, a)\int_0^{2\pi}\psi_d(u, v, t)\cos\{m(\theta - v)\}dvdu$.

25.8 **The problem of 25.4, except $N_a \equiv \frac{\partial p(a,\theta,z,t)}{\partial r} = -\left(\frac{\mu}{k_r}\right)\psi_a(\theta,z,t)$, $N_b \equiv \frac{\partial p(b,\theta,z,t)}{\partial r} = -\left(\frac{\mu}{k_r}\right)\psi_b(\theta,z,t)$, $D_0 \equiv p(r,\theta,0,t) = \psi_0(r,\theta,t)$ and $D_d \equiv p(r,\theta,d,t) = \psi_d(r,\theta,t)$**

N_b D_d $r=b$ N_a S_p $r=a$ $(0, 0, 0)$ D_0 $(r, 0, z)$ r $(r, 2\pi, z)$

Successive application of the Laplace, Fourier and finite Hankel transformations to equation (22.1.1) gives

$$\overline{\overline{\overline{p}}} = \frac{q(s)e^{-st_0}\sin(\xi_l z_0)}{\phi c_t(\eta_z\xi_l^2+s)} + \frac{q(s)e^{-st_0}\sin(\xi_l z_0)\cos\{m(\theta-\theta_0)\}\mathcal{V}_{\mathcal{N}m\dot{o}}(\xi_n r_0,a)}{\phi c_t(\eta_r\xi_n^2+\eta_z\xi_l^2+s)} + \frac{\left\{a\overline{\overline{\psi}}_a(m,\xi_l,s;\theta) - b\overline{\overline{\psi}}_b(m,\xi_l,s;\theta)\right\}}{\phi c_t(\eta_z\xi_l^2+s)} + \frac{2\overline{\overline{\psi}}_a(m,\xi_l,s;\theta)}{\pi\phi c_t\xi_n(\eta_r\xi_n^2+\eta_z\xi_l^2+s)} - \frac{2J'_{m\dot{o}}(\xi_n a)\overline{\overline{\psi}}_b(m,\xi_l,s;\theta)}{\pi\phi c_t\xi_n J'_{m\dot{o}}(\xi_n b)(\eta_r\xi_n^2+\eta_z\xi_l^2+s)} + \frac{\eta_z\xi_l\int_a^b\left\{(-1)^{l+1}\overline{\overline{\psi}}_d(u,0,s;\theta)+\overline{\overline{\psi}}_0(u,0,s;\theta)\right\}u\,du}{(\eta_z\xi_l^2+s)} + \frac{\eta_z\xi_l\left\{(-1)^{l+1}\overline{\overline{\overline{\psi}}}_d(\xi_n,m,s;\theta)+\overline{\overline{\overline{\psi}}}_0(\xi_n,m,s;\theta)\right\}}{(\eta_r\xi_n^2+\eta_z\xi_l^2+s)} + \frac{\int_a^b u\overline{\overline{\varphi}}(u,0,\xi_l;\theta)\,du}{(\eta_z\xi_l^2+s)} + \frac{\overline{\overline{\overline{\varphi}}}(\xi_n,m,\xi_l;\theta)}{(\eta_r\xi_n^2+\eta_z\xi_l^2+s)} \tag{25.8.1}$$

where $\mathcal{V}_{\mathcal{N}m\dot{o}}(\xi_n r,a) = J_{m\dot{o}}(\xi_n r)Y'_{m\dot{o}}(\xi_n a) - Y_{m\dot{o}}(\xi_n r)J'_{m\dot{o}}(\xi_n a)$. The eigenvalues are $\xi_0 = 0$, and ξ_n. ξ_n are the positive roots of the transcendental equation $\mathcal{V}'_{\mathcal{N}m\dot{o}}(\xi_n b,a) = 0$, $n = 1,2,....$, and $\xi_l = \frac{l\pi}{d}$, $l = 1,2,...$, $\overline{\overline{\overline{\psi}}}_0(\xi_n,m,s;\theta) = \int_a^b u\mathcal{V}_{\mathcal{N}m\dot{o}}(\xi_n u,a)\int_0^{2\pi}\overline{\psi}_0(u,v,s)\cos\{m(\theta-v)\}dvdu$, $\overline{\overline{\overline{\psi}}}_d(\xi_n,m,s;\theta) = \int_a^b u\mathcal{V}_{\mathcal{N}m\dot{o}}(\xi_n u,a)\int_0^{2\pi}\overline{\psi}_d(u,v,s)\cos\{m(\theta-v)\}dvdu$, $\overline{\overline{\overline{\psi}}}_a(m,\xi_l,s;\theta) = \int_0^{2\pi}\cos\{m(\theta-v)\}\int_0^d\overline{\psi}_a(v,w,s)\sin(\xi_l w)\,dwdv$, and $\overline{\overline{\overline{\varphi}}}(\xi_n,m,\xi_l;\theta) = \int_a^b u\mathcal{V}_{\mathcal{N}m\dot{o}}(\xi_n u,a)\int_0^{2\pi}\cos\{m(\theta-v)\}\int_0^d\varphi(u,v,w)\sin(\xi_l w)\,dwdvdu$. The inverse Fourier and Hankel transforms of equation (25.8.1) yield

$$\overline{p} = \frac{q(s)e^{-st_0}\operatorname{csch}\left(d\sqrt{\frac{s}{\eta_z}}\right)}{2\pi(b^2-a^2)\phi c_t\sqrt{\eta_z s}}\left[\cosh\left\{(d-|z-z_0|)\sqrt{\frac{s}{\eta_z}}\right\} - \cosh\left\{(d-z-z_0)\sqrt{\frac{s}{\eta_z}}\right\}\right] + \frac{\pi q(s)e^{-st_0}}{4\phi c_t\sqrt{\eta_z}}\sum_{m=0}^{\infty}\ni_m\cos\{m(\theta-\theta_0)\}\times$$
$$\times\sum_{n=1}^{\infty}\frac{\xi_n^2 J'^2_{m\dot{o}}(\xi_n b)\mathcal{V}_{\mathcal{N}m\dot{o}}(\xi r_0,a)\mathcal{V}_{\mathcal{N}m\dot{o}}(\xi r,a)\operatorname{csch}\left(d\sqrt{\frac{\eta_r\xi_n^2+s}{\eta_z}}\right)}{\left[\left\{1-\left(\frac{m\dot{o}}{\xi_n b}\right)^2\right\}J'^2_{m\dot{o}}(\xi_n a) - \left\{1-\left(\frac{m\dot{o}}{\xi_n a}\right)^2\right\}J'^2_{m\dot{o}}(\xi_n b)\right]\sqrt{(\eta_r\xi_n^2+s)}}\times$$
$$\times\left[\cosh\left\{(d-|z-z_0|)\sqrt{\frac{\eta_r\xi_n^2+s}{\eta_z}}\right\} - \cosh\left\{(d-z-z_0)\sqrt{\frac{\eta_r\xi_n^2+s}{\eta_z}}\right\}\right] + \frac{\operatorname{csch}\left(d\sqrt{\frac{s}{\eta_z}}\right)}{2\pi(b^2-a^2)\phi c_t\sqrt{\eta_z s}}\times$$
$$\times\int_0^d\left\{a\overline{\overline{\psi}}_a(0,w,s;\theta) - b\overline{\overline{\psi}}_b(0,w,s;\theta)\right\}\left[\cosh\left\{(d-|z-w|)\sqrt{\frac{s}{\eta_z}}\right\} - \cosh\left\{(d-z-w)\sqrt{\frac{s}{\eta_z}}\right\}\right]dw +$$
$$+\frac{1}{2\phi c_t\sqrt{\eta_z}}\sum_{m=0}^{\infty}\ni_m\sum_{n=1}^{\infty}\frac{\xi_n J'^2_{m\dot{o}}(\xi_n b)\mathcal{V}_{\mathcal{N}m\dot{o}}(\xi r,a)\operatorname{csch}\left(d\sqrt{\frac{\eta_r\xi_n^2+s}{\eta_z}}\right)}{\left[\left\{1-\left(\frac{m\dot{o}}{\xi_n b}\right)^2\right\}J'^2_{m\dot{o}}(\xi_n a) - \left\{1-\left(\frac{m\dot{o}}{\xi_n a}\right)^2\right\}J'^2_{m\dot{o}}(\xi_n b)\right]\sqrt{(\eta_r\xi_n^2+s)}}\times$$

$$\times \int_0^d \overline{\overline{\psi}}_a(m,w,s;\theta)\left[\cosh\left\{(d-|z-w|)\sqrt{\frac{\eta_r\xi_n^2+s}{\eta_z}}\right\}-\cosh\left\{(d-z-w)\sqrt{\frac{\eta_r\xi_n^2+s}{\eta_z}}\right\}\right]dw-$$

$$-\frac{1}{2\phi c_t\sqrt{\eta_z}}\sum_{m=0}^{\infty}\ni_m\sum_{n=1}^{\infty}\frac{\xi_n J'_{m\dot{o}}(\xi_n a)\,J'_{m\dot{o}}(\xi_n b)\,\mathcal{V}_{\mathcal{N}m\dot{o}}(\xi r,a)\,\operatorname{csch}\left(d\sqrt{\frac{\eta_r\xi_n^2+s}{\eta_z}}\right)}{\left[\left\{1-\left(\frac{m\dot{o}}{\xi_n b}\right)^2\right\}J'^2_{m\dot{o}}(\xi_n a)-\left\{1-\left(\frac{m\dot{o}}{\xi_n a}\right)^2\right\}J'^2_{m\dot{o}}(\xi_n b)\right]\sqrt{(\eta_r\xi_n^2+s)}}\times$$

$$\times \int_0^d \overline{\overline{\psi}}_b(m,w,s;\theta)\left[\cosh\left\{(d-|z-w|)\sqrt{\frac{\eta_r\xi_n^2+s}{\eta_z}}\right\}-\cosh\left\{(d-z-w)\sqrt{\frac{\eta_r\xi_n^2+s}{\eta_z}}\right\}\right]dw+$$

$$+\frac{\operatorname{csch}\left(d\sqrt{\frac{s}{\eta_z}}\right)}{\pi(b^2-a^2)}\int_a^b u\left[\overline{\overline{\psi}}_0(u,0,s;\theta)\sinh\left\{(d-z)\sqrt{\frac{s}{\eta_z}}\right\}+\overline{\overline{\psi}}_d(u,0,s;\theta)\sinh\left\{z\sqrt{\frac{s}{\eta_z}}\right\}\right]du+$$

$$+\frac{\pi}{2}\sum_{m=0}^{\infty}\ni_m\sum_{n=1}^{\infty}\frac{\xi_n^2 J'^2_{m\dot{o}}(\xi_n b)\,\mathcal{V}_{\mathcal{N}m\dot{o}}(\xi r,a)\,\operatorname{csch}\left(d\sqrt{\frac{\eta_r\xi_n^2+s}{\eta_z}}\right)}{\left[\left\{1-\left(\frac{m\dot{o}}{\xi_n b}\right)^2\right\}J'^2_{m\dot{o}}(\xi_n a)-\left\{1-\left(\frac{m\dot{o}}{\xi_n a}\right)^2\right\}J'^2_{m\dot{o}}(\xi_n b)\right]}\times$$

$$\times\left[\overline{\overline{\overline{\psi}}}_0(\xi_n,m,s;\theta)\sinh\left\{(d-z)\sqrt{\frac{\eta_r\xi_n^2+s}{\eta_z}}\right\}+\overline{\overline{\overline{\psi}}}_d(\xi_n,m,s;\theta)\sinh\left\{z\sqrt{\frac{\eta_r\xi_n^2+s}{\eta_z}}\right\}\right]+$$

$$+\frac{\operatorname{csch}\left(d\sqrt{\frac{s}{\eta_z}}\right)}{2\pi(b^2-a^2)\sqrt{\eta_z s}}\int_0^d\left[\cosh\left\{(d-|z-w|)\sqrt{\frac{s}{\eta_z}}\right\}-\cosh\left\{(d-z-w)\sqrt{\frac{s}{\eta_z}}\right\}\right]\int_a^b u\overline{\varphi}(u,0,w;\theta)\,du\,dw+$$

$$+\frac{\pi}{4\sqrt{\eta_z}}\sum_{m=0}^{\infty}\ni_m\sum_{n=1}^{\infty}\frac{\xi_n^2 J'^2_{m\dot{o}}(\xi_n b)\,\mathcal{V}_{\mathcal{N}m\dot{o}}(\xi r,a)\,\operatorname{csch}\left(d\sqrt{\frac{\eta_r\xi_n^2+s}{\eta_z}}\right)}{\left[\left\{1-\left(\frac{m\dot{o}}{\xi_n b}\right)^2\right\}J'^2_{m\dot{o}}(\xi_n a)-\left\{1-\left(\frac{m\dot{o}}{\xi_n a}\right)^2\right\}J'^2_{m\dot{o}}(\xi_n b)\right]\sqrt{(\eta_r\xi_n^2+s)}}\times$$

$$\times\int_0^d\overline{\overline{\varphi}}(\xi_n,m,w;\theta)\left[\cosh\left\{(d-|z-w|)\sqrt{\frac{\eta_r\xi_n^2+s}{\eta_z}}\right\}-\cosh\left\{(d-z-w)\sqrt{\frac{\eta_r\xi_n^2+s}{\eta_z}}\right\}\right]dw \qquad (25.8.2)$$

and

$$p = \frac{U(t-t_0)}{2\pi\phi c_t d(b^2-a^2)}\int_0^{t-t_0}q(t-t_0-\tau)\left[\Theta_3\left\{\frac{\pi(z-z_0)}{2d},e^{-\left(\frac{\pi}{d}\right)^2\eta_z\tau}\right\}-\Theta_3\left\{\frac{\pi(z+z_0)}{2d},e^{-\left(\frac{\pi}{d}\right)^2\eta_z\tau}\right\}\right]d\tau+$$

$$+\frac{U(t-t_0)\pi}{4\phi c_t d}\sum_{m=0}^{\infty}\ni_m\cos\{m(\theta-\theta_0)\}\sum_{n=1}^{\infty}\frac{\xi_n^2 J'^2_{m\dot{o}}(\xi_n b)\,\mathcal{V}_{\mathcal{N}m\dot{o}}(\xi r_0,a)\,\mathcal{V}_{\mathcal{N}m\dot{o}}(\xi r,a)}{\left[\left\{1-\left(\frac{m\dot{o}}{\xi_n b}\right)^2\right\}J'^2_{m\dot{o}}(\xi_n a)-\left\{1-\left(\frac{m\dot{o}}{\xi_n a}\right)^2\right\}J'^2_{m\dot{o}}(\xi_n b)\right]}\times$$

$$\times\int_0^{t-t_0}q(t-t_0-\tau)\left[\Theta_3\left\{\frac{\pi(z-z_0)}{2d},e^{-\left(\frac{\pi}{d}\right)^2\eta_z\tau}\right\}-\Theta_3\left\{\frac{\pi(z+z_0)}{2d},e^{-\left(\frac{\pi}{d}\right)^2\eta_z\tau}\right\}\right]e^{-\eta_r\xi_n^2\tau}d\tau+$$

$$+\frac{1}{2\pi\phi c_t(b^2-a^2)d}\int_0^t\int_0^d\left\{a\overline{\psi}_a(0,w,t-\tau;\theta)-b\overline{\psi}_b(0,w,t-\tau;\theta)\right\}\times$$

$$\times\left[\Theta_3\left\{\frac{\pi(z-w)}{2d},e^{-\left(\frac{\pi}{d}\right)^2\eta_z\tau}\right\}-\Theta_3\left\{\frac{\pi(z+w)}{2d},e^{-\left(\frac{\pi}{d}\right)^2\eta_z\tau}\right\}\right]dwd\tau+$$

$$+\frac{1}{2\phi c_t d}\sum_{m=0}^{\infty}\ni_m\sum_{n=1}^{\infty}\frac{\xi_n J'^2_{m\dot{o}}(\xi_n b)\,\mathcal{V}_{\mathcal{N}m\dot{o}}(\xi r,a)}{\left[\left\{1-\left(\frac{m\dot{o}}{\xi_n b}\right)^2\right\}J'^2_{m\dot{o}}(\xi_n a)-\left\{1-\left(\frac{m\dot{o}}{\xi_n a}\right)^2\right\}J'^2_{m\dot{o}}(\xi_n b)\right]}\times$$

$$\times \int_0^t e^{-\eta_r \xi_n^2 \tau} \int_0^d \overline{\psi}_a(m,w,t-\tau;\theta)\left[\Theta_3\left\{\frac{\pi(z-w)}{2d}, e^{-\left(\frac{\pi}{d}\right)^2 \eta_z \tau}\right\} - \Theta_3\left\{\frac{\pi(z+w)}{2d}, e^{-\left(\frac{\pi}{d}\right)^2 \eta_z \tau}\right\}\right] dw d\tau -$$

$$-\frac{1}{2\phi c_t d}\sum_{m=0}^{\infty} \ni_m \sum_{n=1}^{\infty} \frac{\xi_n J'_{m\dot{o}}(\xi_n a) J'_{m\dot{o}}(\xi_n b)\mathcal{V}_{\mathcal{N}m\dot{o}}(\xi r, a)}{\left[\left\{1-\left(\frac{m\dot{o}}{\xi_n b}\right)^2\right\} J'^2_{m\dot{o}}(\xi_n a) - \left\{1-\left(\frac{m\dot{o}}{\xi_n a}\right)^2\right\} J'^2_{m\dot{o}}(\xi_n b)\right]} \times$$

$$\times \int_0^t e^{-\eta_r \xi_n^2 \tau} \int_0^d \overline{\psi}_b(m,w,t-\tau;\theta)\left[\Theta_3\left\{\frac{\pi(z-w)}{2d}, e^{-\left(\frac{\pi}{d}\right)^2 \eta_z \tau}\right\} - \Theta_3\left\{\frac{\pi(z+w)}{2d}, e^{-\left(\frac{\pi}{d}\right)^2 \eta_z \tau}\right\}\right] dw d\tau +$$

$$+\frac{\eta_z}{2\pi(b^2-a^2)d^2} \times$$

$$\times \int_0^t \int_a^b u\left\{\Theta'_4\left(\frac{\pi z}{2d}, e^{-\left(\frac{\pi}{d}\right)^2 \eta_z \tau}\right)\overline{\psi}_d(u,0,t-\tau;\theta) - \Theta'_3\left(\frac{\pi z}{2d}, e^{-\left(\frac{\pi}{d}\right)^2 \eta_z \tau}\right)\overline{\psi}_0(u,0,t-\tau;\theta)\right\} du d\tau +$$

$$+\frac{\pi\eta_z}{4d^2}\sum_{m=0}^{\infty} \ni_m \sum_{n=1}^{\infty} \frac{\xi_n^2 J'^2_{m\dot{o}}(\xi_n b)\mathcal{V}_{\mathcal{N}m\dot{o}}(\xi r, a)}{\left[\left\{1-\left(\frac{m\dot{o}}{\xi_n b}\right)^2\right\} J'^2_{m\dot{o}}(\xi_n a) - \left\{1-\left(\frac{m\dot{o}}{\xi_n a}\right)^2\right\} J'^2_{m\dot{o}}(\xi_n b)\right]} \times$$

$$\times \int_0^t \left\{\Theta'_4\left(\frac{\pi z}{2d}, e^{-\left(\frac{\pi}{d}\right)^2 \eta_z \tau}\right)\overline{\overline{\psi}}_d(\xi_n,m,t-\tau;\theta) - \Theta'_3\left(\frac{\pi z}{2d}, e^{-\left(\frac{\pi}{d}\right)^2 \eta_z \tau}\right)\overline{\overline{\psi}}_0(\xi_n,m,t-\tau;\theta)\right\} e^{-\eta_r \xi_n^2 \tau} d\tau +$$

$$+\frac{1}{2\pi(b^2-a^2)d}\int_0^d \int_a^b u\overline{\varphi}(u,0,w;\theta)\left[\Theta_3\left\{\frac{\pi(z-w)}{2d}, e^{-\left(\frac{\pi}{d}\right)^2 \eta_z t}\right\} - \Theta_3\left\{\frac{\pi(z+w)}{2d}, e^{-\left(\frac{\pi}{d}\right)^2 \eta_z t}\right\}\right] du dw +$$

$$+\frac{\pi}{4d}\sum_{m=0}^{\infty} \ni_m \sum_{n=1}^{\infty} \frac{\xi_n^2 J'^2_{m\dot{o}}(\xi_n b)\mathcal{V}_{\mathcal{N}m\dot{o}}(\xi r, a) e^{-\eta_r \xi_n^2 t}}{\left[\left\{1-\left(\frac{m\dot{o}}{\xi_n b}\right)^2\right\} J'^2_{m\dot{o}}(\xi_n a) - \left\{1-\left(\frac{m\dot{o}}{\xi_n a}\right)^2\right\} J'^2_{m\dot{o}}(\xi_n b)\right]} \times$$

$$\times \int_0^d \overline{\overline{\varphi}}(\xi_n,m,w;\theta)\left[\Theta_3\left\{\frac{\pi(z-w)}{2d}, e^{-\left(\frac{\pi}{d}\right)^2 \eta_z t}\right\} - \Theta_3\left\{\frac{\pi(z+w)}{2d}, e^{-\left(\frac{\pi}{d}\right)^2 \eta_z t}\right\}\right] dw \quad (25.8.3)$$

where $\overline{\psi}_a(m,w,t;\theta) = \int_0^{2\pi} \psi_a(v,w,t)\cos\{m(\theta-v)\}dv$, $\overline{\overline{\psi}}_a(m,w,s;\theta) = \int_0^{2\pi} \overline{\psi}_a(v,w,s)\cos\{m(\theta-v)\}dv$, $\overline{\psi}_b(m,w,t;\theta) = \int_0^{2\pi} \psi_b(v,w,t)\cos\{m(\theta-v)\}dv$, $\overline{\overline{\psi}}_b(m,w,s;\theta) = \int_0^{2\pi} \overline{\psi}_b(v,w,s)\cos\{m(\theta-v)\}dv$, $\overline{\overline{\psi}}_0(u,0,s;\theta) = \int_0^{2\pi} \overline{\psi}_0(u,v,s)dv$, $\overline{\psi}_0(u,0,t;\theta) = \int_0^{2\pi} \psi_0(u,v,t)dv$, $\overline{\overline{\psi}}_d(u,0,s;\theta) = \int_0^{2\pi} \overline{\psi}_d(u,v,s)dv$, $\overline{\psi}_d(u,0,t;\theta) = \int_0^{2\pi} \psi_d(u,v,t)dv$, $\overline{\overline{\psi}}_0(\xi_n,m,t;\theta) = \int_a^b u\mathcal{V}_{\mathcal{N}m\dot{o}}(\xi_n u,a)\int_0^{2\pi} \psi_0(u,v,t)\cos\{m(\theta-v)\}dvdu$, $\overline{\overline{\psi}}_d(\xi_n,m,t;\theta) = \int_a^b u\mathcal{V}_{\mathcal{N}m\dot{o}}(\xi_n u,a)\int_0^{2\pi} \psi_d(u,v,t)\cos\{m(\theta-v)\}dvdu$, $\overline{\varphi}(u,0,w;\theta) = \int_0^{2\pi} \varphi(u,v,w)dv$, and $\overline{\overline{\varphi}}(\xi_n,m,w;\theta) = \int_a^b u\mathcal{V}_{\mathcal{N}m\dot{o}}(\xi_n u,a)\int_0^{2\pi} \varphi(u,v,w)\cos\{m(\theta-v)\}dvdu$.

25.9 The problem of 25.4, except $\mathbf{N}_a \equiv \frac{\partial p(a,\theta,z,t)}{\partial r} = -\left(\frac{\mu}{k_r}\right)\psi_a(\theta,z,t)$, $\mathbf{R}_b \equiv \frac{\partial p(b,\theta,z,t)}{\partial r} + \lambda p(b,\theta,z,t) = -\left(\frac{\mu}{k_r}\right)\psi_b(\theta,z,t)$, $\mathbf{D}_0 \equiv p(r,\theta,0,t) = \psi_0(r,\theta,t)$ and $\mathbf{D}_d \equiv p(r,\theta,d,t) = \psi_d(r,\theta,t)$

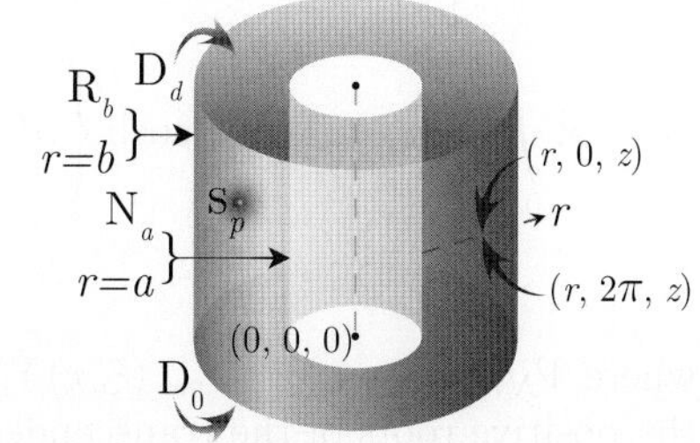

$$\overline{p} = \frac{\pi q(s) e^{-st_0}}{4\phi c_t \sqrt{\eta_z}} \sum_{m=0}^{\infty} \ni_m \cos\{m(\theta-\theta_0)\} \times$$

$$\times \sum_{n=1}^{\infty} \frac{\xi_n^2 \left\{\xi_n J'_{m\dot{o}}(\xi_n b) + \lambda J_{m\dot{o}}(\xi_n b)\right\}^2 \mathcal{V}_{\mathcal{N}m\dot{o}}(\xi r_0, a)\, \mathcal{V}_{\mathcal{N}m\dot{o}}(\xi r, a) \operatorname{csch}\left(d\sqrt{\frac{\eta_r \xi_n^2 + s}{\eta_z}}\right)}{\left[\left\{\xi_n^2 + \lambda^2 - \left(\frac{m\dot{o}}{b}\right)^2\right\} J'^2_{m\dot{o}}(\xi_n a) - \left\{1 - \left(\frac{m\dot{o}}{\xi_n a}\right)^2\right\} \left\{\xi_n J'_{m\dot{o}}(\xi_n b) + \lambda J_{m\dot{o}}(\xi_n b)\right\}^2\right] \sqrt{(\eta_r \xi_n^2 + s)}} \times$$

$$\times \left[\cosh\left\{(d - |z - z_0|)\sqrt{\frac{\eta_r \xi_n^2 + s}{\eta_z}}\right\} - \cosh\left\{(d - z - z_0)\sqrt{\frac{\eta_r \xi_n^2 + s}{\eta_z}}\right\}\right] +$$

$$+ \frac{1}{2\phi c_t \sqrt{\eta_z}} \sum_{m=0}^{\infty} \ni_m \times$$

$$\times \sum_{n=1}^{\infty} \frac{\xi_n \left\{\xi_n J'_{m\dot{o}}(\xi_n b) + \lambda J_{m\dot{o}}(\xi_n b)\right\}^2 \mathcal{V}_{\mathcal{N}m\dot{o}}(\xi r, a) \operatorname{csch}\left(d\sqrt{\frac{\eta_r \xi_n^2 + s}{\eta_z}}\right)}{\left[\left\{\xi_n^2 + \lambda^2 - \left(\frac{m\dot{o}}{b}\right)^2\right\} J'^2_{m\dot{o}}(\xi_n a) - \left\{1 - \left(\frac{m\dot{o}}{\xi_n a}\right)^2\right\} \left\{\xi_n J'_{m\dot{o}}(\xi_n b) + \lambda J_{m\dot{o}}(\xi_n b)\right\}^2\right] \sqrt{\eta_r \xi_n^2 + s}} \times$$

$$\times \int_0^d \overline{\overline{\psi}}_a(m, w, s; \theta) \left[\cosh\left\{(d - |z - w|)\sqrt{\frac{\eta_r \xi_n^2 + s}{\eta_z}}\right\} - \cosh\left\{(d - z - w)\sqrt{\frac{\eta_r \xi_n^2 + s}{\eta_z}}\right\}\right] dw -$$

$$- \frac{1}{2\phi c_t \sqrt{\eta_z}} \sum_{m=0}^{\infty} \ni_m \times$$

$$\times \sum_{n=1}^{\infty} \frac{\xi_n^2 J'_{m\dot{o}}(\xi_n a) \left\{\xi_n J'_{m\dot{o}}(\xi_n b) + \lambda J_{m\dot{o}}(\xi_n b)\right\} \mathcal{V}_{\mathcal{N}m\dot{o}}(\xi r, a) \operatorname{csch}\left(d\sqrt{\frac{\eta_r \xi_n^2 + s}{\eta_z}}\right)}{\left[\left\{\xi_n^2 + \lambda^2 - \left(\frac{m\dot{o}}{b}\right)^2\right\} J'^2_{m\dot{o}}(\xi_n a) - \left\{1 - \left(\frac{m\dot{o}}{\xi_n a}\right)^2\right\} \left\{\xi_n J'_{m\dot{o}}(\xi_n b) + \lambda J_{m\dot{o}}(\xi_n b)\right\}^2\right] \sqrt{\eta_r \xi_n^2 + s}} \times$$

$$\times \int_0^d \overline{\overline{\psi}}_b(m, w, s; \theta) \left[\cosh\left\{(d - |z - w|)\sqrt{\frac{\eta_r \xi_n^2 + s}{\eta_z}}\right\} - \cosh\left\{(d - z - w)\sqrt{\frac{\eta_r \xi_n^2 + s}{\eta_z}}\right\}\right] dw +$$

$$+ \frac{\pi}{2} \sum_{m=0}^{\infty} \ni_m \sum_{n=1}^{\infty} \frac{\xi_n^2 \left\{\xi_n J'_{m\dot{o}}(\xi_n b) + \lambda J_{m\dot{o}}(\xi_n b)\right\}^2 \mathcal{V}_{\mathcal{N}m\dot{o}}(\xi r, a) \operatorname{csch}\left(d\sqrt{\frac{\eta_r \xi_n^2 + s}{\eta_z}}\right)}{\left[\left\{\xi_n^2 + \lambda^2 - \left(\frac{m\dot{o}}{b}\right)^2\right\} J'^2_{m\dot{o}}(\xi_n a) - \left\{1 - \left(\frac{m\dot{o}}{\xi_n a}\right)^2\right\} \left\{\xi_n J'_{m\dot{o}}(\xi_n b) + \lambda J_{m\dot{o}}(\xi_n b)\right\}^2\right]} \times$$

$$\times \left[\overline{\overline{\overline{\psi}}}_0(\xi_n, m, s; \theta) \sinh\left\{(d - z)\sqrt{\frac{\eta_r \xi_n^2 + s}{\eta_z}}\right\} + \overline{\overline{\overline{\psi}}}_d(\xi_n, m, s; \theta) \sinh\left\{z\sqrt{\frac{\eta_r \xi_n^2 + s}{\eta_z}}\right\}\right] +$$

$$+ \frac{\pi}{4\sqrt{\eta_z}} \sum_{m=0}^{\infty} \ni_m \times$$

$$\times \sum_{n=1}^{\infty} \frac{\xi_n^2 \left\{\xi_n J'_{m\dot{o}}(\xi_n b) + \lambda J_{m\dot{o}}(\xi_n b)\right\}^2 \mathcal{V}_{\mathcal{N}m\dot{o}}(\xi r, a) \operatorname{csch}\left(d\sqrt{\frac{\eta_r \xi_n^2 + s}{\eta_z}}\right)}{\left[\left\{\xi_n^2 + \lambda^2 - \left(\frac{m\dot{o}}{b}\right)^2\right\} J'^2_{m\dot{o}}(\xi_n a) - \left\{1 - \left(\frac{m\dot{o}}{\xi_n a}\right)^2\right\} \left\{\xi_n J'_{m\dot{o}}(\xi_n b) + \lambda J_{m\dot{o}}(\xi_n b)\right\}^2\right] \sqrt{\eta_r \xi_n^2 + s}} \times$$

$$\times \int_0^d \overline{\overline{\varphi}}(\xi_n, m, w; \theta) \left[\cosh\left\{(d - |z - w|)\sqrt{\frac{\eta_r \xi_n^2 + s}{\eta_z}}\right\} - \cosh\left\{(d - z - w)\sqrt{\frac{\eta_r \xi_n^2 + s}{\eta_z}}\right\}\right] dw \quad (25.9.1)$$

where $\mathcal{V}_{\mathcal{N}m\dot{o}}(\xi_n r, a) = J_{m\dot{o}}(\xi_n r)\, Y'_{m\dot{o}}(\xi_n a) - Y_{m\dot{o}}(\xi_n r)\, J'_{m\dot{o}}(\xi_n a)$, and the eigenvalues $\xi_n, n = 1, 2, ...,$ are the positive roots of the transcendental equation $\xi_n \mathcal{V}'_{\mathcal{N}m\dot{o}}(\xi_n b, a) + \lambda \mathcal{V}_{\mathcal{N}m\dot{o}}(\xi_n b, a) = 0$,
$\overline{\overline{\overline{\psi}}}_0(\xi_n, m, s; \theta) = \int_a^b u \mathcal{V}_{\mathcal{N}m\dot{o}}(\xi_n u, a) \int_0^{2\pi} \overline{\psi}_0(u, v, s) \cos\{m(\theta - v)\} dv du$,
$\overline{\overline{\overline{\psi}}}_d(\xi_n, m, s; \theta) = \int_a^b u \mathcal{V}_{\mathcal{N}m\dot{o}}(\xi_n u, a) \int_0^{2\pi} \overline{\psi}_d(u, v, s) \cos\{m(\theta - v)\} dv du$,
$\overline{\overline{\psi}}_a(m, w, s; \theta) = \int_0^{2\pi} \overline{\psi}_a(v, w, s) \cos\{m(\theta - v)\} dv$, $\overline{\overline{\psi}}_b(m, w, s; \theta) = \int_0^{2\pi} \overline{\psi}_b(v, w, s) \cos\{m(\theta - v)\} dv$, and

$\overline{\overline{\varphi}}(\xi_n, m, w; \theta) = \int_a^b u\mathcal{V}_{\mathcal{N}m\dot{o}}(\xi_n u, a) \int_0^{2\pi} \varphi(u, v, w) \cos\{m(\theta - v)\} dv du.$

$$
\begin{aligned}
p =& \frac{U(t-t_0)\pi}{4\phi c_t d} \sum_{m=0}^{\infty} \ni_m \cos\{m(\theta-\theta_0)\} \times \\
&\times \sum_{n=1}^{\infty} \frac{\xi_n^2 \{\xi_n J'_{m\dot{o}}(\xi_n b) + \lambda J_{m\dot{o}}(\xi_n b)\}^2 \mathcal{V}_{\mathcal{N}m\dot{o}}(\xi r_0, a) \mathcal{V}_{\mathcal{N}m\dot{o}}(\xi r, a)}{\left[\left\{\xi_n^2 + \lambda^2 - \left(\frac{m\dot{o}}{b}\right)^2\right\} J'^2_{m\dot{o}}(\xi_n a) - \left\{1 - \left(\frac{m\dot{o}}{\xi_n a}\right)^2\right\} \{\xi_n J'_{m\dot{o}}(\xi_n b) + \lambda J_{m\dot{o}}(\xi_n b)\}^2\right]} \times \\
&\times \int_0^{t-t_0} q(t-t_0-\tau) \left[\Theta_3\left\{\frac{\pi(z-z_0)}{2d}, e^{-\left(\frac{\pi}{d}\right)^2 \eta_z \tau}\right\} - \Theta_3\left\{\frac{\pi(z+z_0)}{2d}, e^{-\left(\frac{\pi}{d}\right)^2 \eta_z \tau}\right\}\right] e^{-\eta_r \xi_n^2 \tau} d\tau + \\
&+ \frac{1}{2\phi c_t d} \sum_{m=0}^{\infty} \ni_m \sum_{n=1}^{\infty} \frac{\xi_n \{\xi_n J'_{m\dot{o}}(\xi_n b) + \lambda J_{m\dot{o}}(\xi_n b)\}^2 \mathcal{V}_{\mathcal{N}m\dot{o}}(\xi r, a)}{\left[\left\{\xi_n^2 + \lambda^2 - \left(\frac{m\dot{o}}{b}\right)^2\right\} J'^2_{m\dot{o}}(\xi_n a) - \left\{1 - \left(\frac{m\dot{o}}{\xi_n a}\right)^2\right\} \{\xi_n J'_{m\dot{o}}(\xi_n b) + \lambda J_{m\dot{o}}(\xi_n b)\}^2\right]} \times \\
&\times \int_0^t e^{-\eta_r \xi_n^2 \tau} \int_0^d \overline{\psi}_a(m, w, t-\tau; \theta) \left[\Theta_3\left\{\frac{\pi(z-w)}{2d}, e^{-\left(\frac{\pi}{d}\right)^2 \eta_z \tau}\right\} - \Theta_3\left\{\frac{\pi(z+w)}{2d}, e^{-\left(\frac{\pi}{d}\right)^2 \eta_z \tau}\right\}\right] dw d\tau - \\
&- \frac{1}{2\phi c_t d} \sum_{m=0}^{\infty} \ni_m \sum_{n=1}^{\infty} \frac{\xi_n^2 J'_{m\dot{o}}(\xi_n a) \{\lambda J_{m\dot{o}}(\xi_n b) - \xi_n J'_{m\dot{o}}(\xi_n b)\} \mathcal{V}_{\mathcal{N}m\dot{o}}(\xi r, a)}{\left[\left\{\xi_n^2 + \lambda^2 - \left(\frac{m\dot{o}}{b}\right)^2\right\} J'^2_{m\dot{o}}(\xi_n a) - \left\{1 - \left(\frac{m\dot{o}}{\xi_n a}\right)^2\right\} \{\xi_n J'_{m\dot{o}}(\xi_n b) + \lambda J_{m\dot{o}}(\xi_n b)\}^2\right]} \times \\
&\times \int_0^t e^{-\eta_r \xi_n^2 \tau} \int_0^d \overline{\psi}_b(m, w, t-\tau; \theta) \left[\Theta_3\left\{\frac{\pi(z-w)}{2d}, e^{-\left(\frac{\pi}{d}\right)^2 \eta_z \tau}\right\} - \Theta_3\left\{\frac{\pi(z+w)}{2d}, e^{-\left(\frac{\pi}{d}\right)^2 \eta_z \tau}\right\}\right] dw d\tau + \\
&+ \frac{\pi \eta_z}{4d^2} \sum_{m=0}^{\infty} \ni_m \sum_{n=1}^{\infty} \frac{\xi_n^2 \{\xi_n J'_{m\dot{o}}(\xi_n b) + \lambda J_{m\dot{o}}(\xi_n b)\}^2 \mathcal{V}_{\mathcal{N}m\dot{o}}(\xi r, a)}{\left[\left\{\xi_n^2 + \lambda^2 - \left(\frac{m\dot{o}}{b}\right)^2\right\} J'^2_{m\dot{o}}(\xi_n a) - \left\{1 - \left(\frac{m\dot{o}}{\xi_n a}\right)^2\right\} \{\xi_n J'_{m\dot{o}}(\xi_n b) + \lambda J_{m\dot{o}}(\xi_n b)\}^2\right]} \times \\
&\times \int_0^t \left\{\Theta'_4\left(\frac{\pi z}{2d}, e^{-\left(\frac{\pi}{d}\right)^2 \eta_z \tau}\right) \overline{\overline{\psi}}_d(\xi_n, m, t-\tau; \theta) - \Theta'_3\left(\frac{\pi z}{2d}, e^{-\left(\frac{\pi}{d}\right)^2 \eta_z \tau}\right) \overline{\overline{\psi}}_0(\xi_n, m, t-\tau; \theta)\right\} e^{-\eta_r \xi_n^2 \tau} d\tau + \\
&+ \frac{\pi}{4d} \sum_{m=0}^{\infty} \ni_m \sum_{n=1}^{\infty} \frac{\xi_n^2 \{\xi_n J'_{m\dot{o}}(\xi_n b) + \lambda J_{m\dot{o}}(\xi_n b)\}^2 \mathcal{V}_{\mathcal{N}m\dot{o}}(\xi r, a) e^{-\eta_r \xi_n^2 t}}{\left[\left\{\xi_n^2 + \lambda^2 - \left(\frac{m\dot{o}}{b}\right)^2\right\} J'^2_{m\dot{o}}(\xi_n a) - \left\{1 - \left(\frac{m\dot{o}}{\xi_n a}\right)^2\right\} \{\xi_n J'_{m\dot{o}}(\xi_n b) + \lambda J_{m\dot{o}}(\xi_n b)\}^2\right]} \times \\
&\times \int_0^d \overline{\overline{\varphi}}(\xi_n, m, w; \theta) \left[\Theta_3\left\{\frac{\pi(z-w)}{2d}, e^{-\left(\frac{\pi}{d}\right)^2 \eta_z t}\right\} - \Theta_3\left\{\frac{\pi(z+w)}{2d}, e^{-\left(\frac{\pi}{d}\right)^2 \eta_z t}\right\}\right] dw
\end{aligned} \tag{25.9.2}
$$

where $\overline{\psi}_a(m, w, t; \theta) = \int_0^{2\pi} \psi_a(v, w, t) \cos\{m(\theta - v)\} dv$, $\overline{\psi}_b(m, w, t; \theta) = \int_0^{2\pi} \psi_b(v, w, t) \cos\{m(\theta - v)\} dv$, $\overline{\overline{\psi}}_0(\xi_n, m, t; \theta) = \int_a^b u\mathcal{V}_{\mathcal{N}m\dot{o}}(\xi_n u, a) \int_0^{2\pi} \psi_0(u, v, t) \cos\{m(\theta - v)\} dv du$, and $\overline{\overline{\psi}}_d(\xi_n, m, t; \theta) = \int_a^b u\mathcal{V}_{\mathcal{N}m\dot{o}}(\xi_n u, a) \int_0^{2\pi} \psi_d(u, v, t) \cos\{m(\theta - v)\} dv du$.

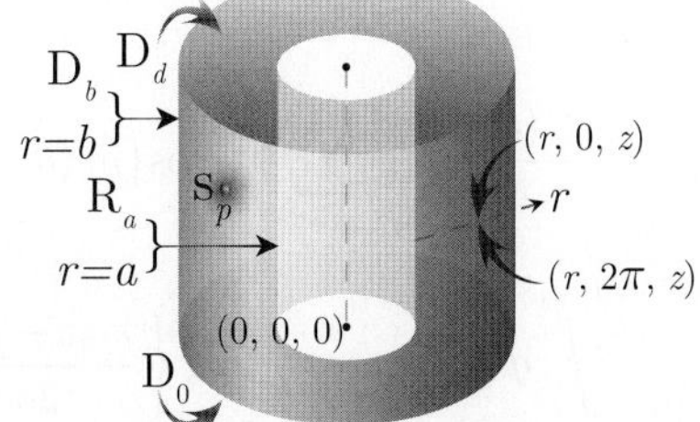

25.10 The problem of 25.4, except

$R_a \equiv \frac{\partial p(a,\theta,z,t)}{\partial r} - \lambda p(a, \theta, z, t) = -\left(\frac{\mu}{k_r}\right) \psi_a(\theta, z, t)$, $D_b \equiv p(b, \theta, z, t) = \psi_b(\theta, z, t)$, $D_0 \equiv p(r, \theta, 0, t) = \psi_0(r, \theta, t)$ and $D_d \equiv p(r, \theta, d, t) = \psi_d(r, \theta, t)$

$$
\overline{p} = \frac{\pi q(s) e^{-st_0}}{4\phi c_t \sqrt{\eta_z}} \sum_{m=0}^{\infty} \ni_m \cos\{m(\theta - \theta_0)\} \times
$$

$$\times \sum_{n=1}^{\infty} \frac{\xi_n^2 \left\{\xi_n J'_{m\dot{o}}(\xi_n a) - \lambda J_{m\dot{o}}(\xi_n a)\right\}^2 \mathcal{V}_{\mathcal{D}m\dot{o}}(\xi r_0, b)\, \mathcal{V}_{\mathcal{D}m\dot{o}}(\xi r, b) \operatorname{csch}\left(d\sqrt{\frac{\eta_r \xi_n^2 + s}{\eta_z}}\right)}{\left[\left\{\xi_n J'_{m\dot{o}}(\xi_n a) - \lambda J_{m\dot{o}}(\xi_n a)\right\}^2 - \left\{\xi_n^2 + \lambda^2 - \left(\frac{m\dot{o}}{a}\right)^2\right\} J^2_{m\dot{o}}(\xi_n b)\right] \sqrt{(\eta_r \xi_n^2 + s)}} \times$$

$$\times \left[\cosh\left\{(d - |z - z_0|)\sqrt{\frac{\eta_r \xi_n^2 + s}{\eta_z}}\right\} - \cosh\left\{(d - z - z_0)\sqrt{\frac{\eta_r \xi_n^2 + s}{\eta_z}}\right\}\right] +$$

$$+ \frac{1}{2\phi c_t \sqrt{\eta_z}} \sum_{m=0}^{\infty} \ni_m \sum_{n=1}^{\infty} \frac{\xi_n^2 J_{m\dot{o}}(\xi_n b) \left\{\xi_n J'_{m\dot{o}}(\xi_n a) - \lambda J_{m\dot{o}}(\xi_n a)\right\} \mathcal{V}_{\mathcal{D}m\dot{o}}(\xi r, b) \operatorname{csch}\left(d\sqrt{\frac{\eta_r \xi_n^2 + s}{\eta_z}}\right)}{\left[\left\{\xi_n J'_{m\dot{o}}(\xi_n a) - \lambda J_{m\dot{o}}(\xi_n a)\right\}^2 - \left\{\xi_n^2 + \lambda^2 - \left(\frac{m\dot{o}}{a}\right)^2\right\} J^2_{m\dot{o}}(\xi_n b)\right] \sqrt{\eta_r \xi_n^2 + s}} \times$$

$$\times \int_0^d \overline{\overline{\psi}}_a(m, w, s; \theta) \left[\cosh\left\{(d - |z - w|)\sqrt{\frac{\eta_r \xi_n^2 + s}{\eta_z}}\right\} - \cosh\left\{(d - z - w)\sqrt{\frac{\eta_r \xi_n^2 + s}{\eta_z}}\right\}\right] dw +$$

$$+ \frac{\eta_r}{2\sqrt{\eta_z}} \sum_{m=0}^{\infty} \ni_m \sum_{n=1}^{\infty} \frac{\xi_n^2 \left\{\xi_n J'_{m\dot{o}}(\xi_n a) - \lambda J_{m\dot{o}}(\xi_n a)\right\}^2 \mathcal{V}_{\mathcal{D}m\dot{o}}(\xi r, b) \operatorname{csch}\left(d\sqrt{\frac{\eta_r \xi_n^2 + s}{\eta_z}}\right)}{\left[\left\{\xi_n J'_{m\dot{o}}(\xi_n a) - \lambda J_{m\dot{o}}(\xi_n a)\right\}^2 - \left\{\xi_n^2 + \lambda^2 - \left(\frac{m\dot{o}}{a}\right)^2\right\} J^2_{m\dot{o}}(\xi_n b)\right] \sqrt{\eta_r \xi_n^2 + s}} \times$$

$$\times \int_0^d \overline{\overline{\psi}}_b(m, w, s; \theta) \left[\cosh\left\{(d - |z - w|)\sqrt{\frac{\eta_r \xi_n^2 + s}{\eta_z}}\right\} - \cosh\left\{(d - z - w)\sqrt{\frac{\eta_r \xi_n^2 + s}{\eta_z}}\right\}\right] dw +$$

$$+ \frac{\pi}{2} \sum_{m=0}^{\infty} \ni_m \sum_{n=1}^{\infty} \frac{\xi_n^2 \left\{\xi_n J'_{m\dot{o}}(\xi_n a) - \lambda J_{m\dot{o}}(\xi_n a)\right\}^2 \mathcal{V}_{\mathcal{D}m\dot{o}}(\xi r, b) \operatorname{csch}\left(d\sqrt{\frac{\eta_r \xi_n^2 + s}{\eta_z}}\right)}{\left[\left\{\xi_n J'_{m\dot{o}}(\xi_n a) - \lambda J_{m\dot{o}}(\xi_n a)\right\}^2 - \left\{\xi_n^2 + \lambda^2 - \left(\frac{m\dot{o}}{a}\right)^2\right\} J^2_{m\dot{o}}(\xi_n b)\right]} \times$$

$$\times \left[\overline{\overline{\overline{\psi}}}_0(\xi_n, m, s; \theta) \sinh\left\{(d - z)\sqrt{\frac{\eta_r \xi_n^2 + s}{\eta_z}}\right\} + \overline{\overline{\overline{\psi}}}_d(\xi_n, m, s; \theta) \sinh\left\{z\sqrt{\frac{\eta_r \xi_n^2 + s}{\eta_z}}\right\}\right] +$$

$$+ \frac{\pi}{4\sqrt{\eta_z}} \sum_{m=0}^{\infty} \ni_m \sum_{n=1}^{\infty} \frac{\xi_n^2 \left\{\xi_n J'_{m\dot{o}}(\xi_n a) - \lambda J_{m\dot{o}}(\xi_n a)\right\}^2 \mathcal{V}_{\mathcal{D}m\dot{o}}(\xi r, b) \operatorname{csch}\left(d\sqrt{\frac{\eta_r \xi_n^2 + s}{\eta_z}}\right)}{\left[\left\{\xi_n J'_{m\dot{o}}(\xi_n a) - \lambda J_{m\dot{o}}(\xi_n a)\right\}^2 - \left\{\xi_n^2 + \lambda^2 - \left(\frac{m\dot{o}}{a}\right)^2\right\} J^2_{m\dot{o}}(\xi_n b)\right] \sqrt{\eta_r \xi_n^2 + s}} \times$$

$$\times \int_0^d \overline{\overline{\varphi}}(\xi_n, m, w; \theta) \left[\cosh\left\{(d - |z - w|)\sqrt{\frac{\eta_r \xi_n^2 + s}{\eta_z}}\right\} - \cosh\left\{(d - z - w)\sqrt{\frac{\eta_r \xi_n^2 + s}{\eta_z}}\right\}\right] dw \qquad (25.10.1)$$

where $\mathcal{V}_{\mathcal{D}m\dot{o}}(\xi_n r, b) = J_{m\dot{o}}(\xi_n r) Y_{m\dot{o}}(\xi_n b) - Y_{m\dot{o}}(\xi_n r) J_{m\dot{o}}(\xi_n b)$, and the eigenvalues $\xi_n, n = 1, 2, ...,$ are the positive roots of the transcendental equation $\lambda \mathcal{V}_{\mathcal{D}m\dot{o}}(\xi_n a, b) - \xi_n \mathcal{V}'_{\mathcal{D}m\dot{o}}(\xi_n a, b) = 0$,
$\overline{\overline{\overline{\psi}}}_0(\xi_n, m, s; \theta) = \int_a^b u \mathcal{V}_{\mathcal{D}m\dot{o}}(\xi_n u, a) \int_0^{2\pi} \overline{\psi}_0(u, v, s) \cos\{m(\theta - v)\} dv du$,
$\overline{\overline{\overline{\psi}}}_d(\xi_n, m, s; \theta) = \int_a^b u \mathcal{V}_{\mathcal{D}m\dot{o}}(\xi_n u, a) \int_0^{2\pi} \overline{\psi}_d(u, v, s) \cos\{m(\theta - v)\} dv du$,
$\overline{\overline{\psi}}_a(m, w, s; \theta) = \int_0^{2\pi} \overline{\psi}_a(v, w, s) \cos\{m(\theta - v)\} dv$, $\overline{\overline{\psi}}_b(m, w, s; \theta) = \int_0^{2\pi} \overline{\psi}_b(v, w, s) \cos\{m(\theta - v)\} dv$, and
$\overline{\overline{\varphi}}(\xi_n, m, w; \theta) = \int_a^b u \mathcal{V}_{\mathcal{D}m\dot{o}}(\xi_n u, a) \int_0^{2\pi} \varphi(u, v, w) \cos\{m(\theta - v)\} dv du$.

$$p = \frac{U(t - t_0)\pi}{4\phi c_t d} \sum_{m=0}^{\infty} \ni_m \cos\{m(\theta - \theta_0)\} \sum_{n=1}^{\infty} \frac{\xi_n^2 \left\{\lambda J_{m\dot{o}}(\xi_n a) + \xi_n J'_{m\dot{o}}(\xi_n a)\right\}^2 \mathcal{V}_{\mathcal{D}m\dot{o}}(\xi r_0, b)\, \mathcal{V}_{\mathcal{D}m\dot{o}}(\xi r, b)}{\left[\left\{\xi_n J'_{m\dot{o}}(\xi_n a) - \lambda J_{m\dot{o}}(\xi_n a)\right\}^2 - \left\{\xi_n^2 + \lambda^2 - \left(\frac{m\dot{o}}{a}\right)^2\right\} J^2_{m\dot{o}}(\xi_n b)\right]} \times$$

$$\int_0^{t - t_0} q(t - t_0 - \tau) \left[\Theta_3\left\{\frac{\pi(z - z_0)}{2d}, e^{-\left(\frac{\pi}{d}\right)^2 \eta_z \tau}\right\} - \Theta_3\left\{\frac{\pi(z + z_0)}{2d}, e^{-\left(\frac{\pi}{d}\right)^2 \eta_z \tau}\right\}\right] e^{-\eta_r \xi_n^2 \tau} d\tau +$$

$$+ \frac{1}{2\phi c_t d} \sum_{m=0}^{\infty} \ni_m \sum_{n=1}^{\infty} \frac{\xi_n^2 J_{m\dot{o}}(\xi_n b) \left\{\xi_n J'_{m\dot{o}}(\xi_n a) - \lambda J_{m\dot{o}}(\xi_n a)\right\} \mathcal{V}_{\mathcal{D}m\dot{o}}(\xi r, b)}{\left[\left\{\xi_n J'_{m\dot{o}}(\xi_n a) - \lambda J_{m\dot{o}}(\xi_n a)\right\}^2 - \left\{\xi_n^2 + \lambda^2 - \left(\frac{m\dot{o}}{a}\right)^2\right\} J^2_{m\dot{o}}(\xi_n b)\right]} \times$$

$$\times\int_0^t e^{-\eta_r\xi_n^2\tau}\int_0^d\overline{\psi}_a(m,w,t-\tau;\theta)\left[\Theta_3\left\{\frac{\pi(z-w)}{2d},e^{-\left(\frac{\pi}{d}\right)^2\eta_z\tau}\right\}-\Theta_3\left\{\frac{\pi(z+w)}{2d},e^{-\left(\frac{\pi}{d}\right)^2\eta_z\tau}\right\}\right]dwd\tau+$$

$$+\frac{\eta_r}{2d}\sum_{m=0}^{\infty}\ni_m\sum_{n=1}^{\infty}\frac{\xi_n^2\left\{\xi_nJ'_{m\dot{o}}(\xi_na)-\lambda J_{m\dot{o}}(\xi_na)\right\}^2\mathcal{V}_{\mathcal{D}m\dot{o}}(\xi r,b)}{\left[\left\{\xi_nJ'_{m\dot{o}}(\xi_na)-\lambda J_{m\dot{o}}(\xi_na)\right\}^2-\left\{\xi_n^2+\lambda^2-\left(\frac{m\dot{o}}{a}\right)^2\right\}J^2_{m\dot{o}}(\xi_nb)\right]}\times$$

$$\times\int_0^t e^{-\eta_r\xi_n^2\tau}\int_0^d\overline{\psi}_b(m,w,t-\tau;\theta)\left[\Theta_3\left\{\frac{\pi(z-w)}{2d},e^{-\left(\frac{\pi}{d}\right)^2\eta_z\tau}\right\}-\Theta_3\left\{\frac{\pi(z+w)}{2d},e^{-\left(\frac{\pi}{d}\right)^2\eta_z\tau}\right\}\right]dwd\tau+$$

$$+\frac{\pi\eta_z}{4d^2}\sum_{m=0}^{\infty}\ni_m\sum_{n=1}^{\infty}\frac{\xi_n^2\left\{\xi_nJ'_{m\dot{o}}(\xi_na)-\lambda J_{m\dot{o}}(\xi_na)\right\}^2\mathcal{V}_{\mathcal{D}m\dot{o}}(\xi r,b)}{\left[\left\{\xi_nJ'_{m\dot{o}}(\xi_na)-\lambda J_{m\dot{o}}(\xi_na)\right\}^2-\left\{\xi_n^2+\lambda^2-\left(\frac{m\dot{o}}{a}\right)^2\right\}J^2_{m\dot{o}}(\xi_nb)\right]}\times$$

$$\times\int_0^t\left\{\Theta'_4\left(\frac{\pi z}{2d},e^{-\left(\frac{\pi}{d}\right)^2\eta_z\tau}\right)\overline{\overline{\psi}}_d(\xi_n,m,t-\tau;\theta)-\Theta'_3\left(\frac{\pi z}{2d},e^{-\left(\frac{\pi}{d}\right)^2\eta_z\tau}\right)\overline{\overline{\psi}}_0(\xi_n,m,t-\tau;\theta)\right\}e^{-\eta_r\xi_n^2\tau}d\tau+$$

$$+\frac{\pi}{4d}\sum_{m=0}^{\infty}\ni_m\sum_{n=1}^{\infty}\frac{\xi_n^2\left\{\xi_nJ'_{m\dot{o}}(\xi_na)-\lambda J_{m\dot{o}}(\xi_na)\right\}^2\mathcal{V}_{\mathcal{D}m\dot{o}}(\xi r,b)}{\left[\left\{\xi_nJ'_{m\dot{o}}(\xi_na)-\lambda J_{m\dot{o}}(\xi_na)\right\}^2-\left\{\xi_n^2+\lambda^2-\left(\frac{m\dot{o}}{a}\right)^2\right\}J^2_{m\dot{o}}(\xi_nb)\right]}\times$$

$$\times\int_0^d\overline{\overline{\varphi}}(\xi_n,m,w;\theta)\left[\Theta_3\left\{\frac{\pi(z-w)}{2d},e^{-\left(\frac{\pi}{d}\right)^2\eta_zt}\right\}-\Theta_3\left\{\frac{\pi(z+w)}{2d},e^{-\left(\frac{\pi}{d}\right)^2\eta_zt}\right\}\right]dw\qquad(25.10.2)$$

where $\overline{\psi}_a(m,w,t;\theta)=\int_0^{2\pi}\psi_a(v,w,t)\cos\{m(\theta-v)\}dv$, $\overline{\psi}_b(m,w,t;\theta)=\int_0^{2\pi}\psi_b(v,w,t)\cos\{m(\theta-v)\}dv$, $\overline{\overline{\psi}}_0(\xi_n,m,t;\theta)=\int_a^b u\mathcal{V}_{\mathcal{D}m\dot{o}}(\xi_nu,a)\int_0^{2\pi}\psi_0(u,v,t)\cos\{m(\theta-v)\}dvdu$, and $\overline{\overline{\psi}}_d(\xi_n,m,t;\theta)=\int_a^b u\mathcal{V}_{\mathcal{D}m\dot{o}}(\xi_nu,a)\int_0^{2\pi}\psi_d(u,v,t)\cos\{m(\theta-v)\}dvdu$.

25.11 The problem of 25.4, except

$\mathbf{R}_a\equiv\frac{\partial p(a,\theta,z,t)}{\partial r}-\lambda p(a,\theta,z,t)=-\left(\frac{\mu}{k_r}\right)\psi_a(\theta,z,t)$,
$\mathbf{N}_b\equiv\frac{\partial p(b,\theta,z,t)}{\partial r}=-\left(\frac{\mu}{k_r}\right)\psi_b(\theta,z,t)$,
$\mathbf{D}_0\equiv p(r,\theta,0,t)=\psi_0(r,\theta,t)$ **and** $\mathbf{D}_d\equiv p(r,\theta,d,t)=\psi_d(r,\theta,t)$

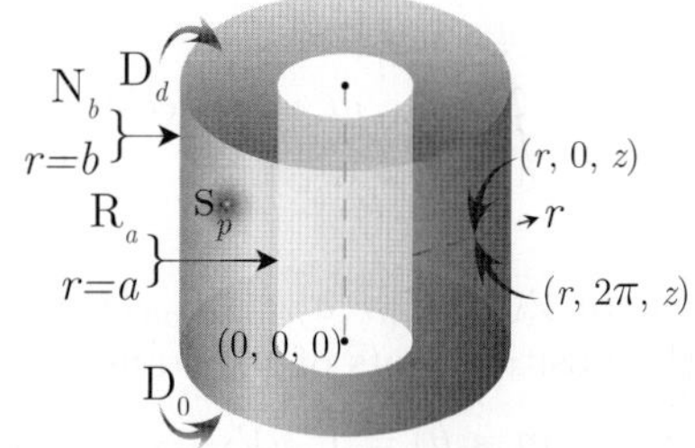

$$\overline{p}=\frac{\pi q(s)e^{-st_0}}{4\phi c_t\sqrt{\eta_z}}\sum_{m=0}^{\infty}\ni_m\cos\{m(\theta-\theta_0)\}\times$$

$$\times\sum_{n=1}^{\infty}\frac{\xi_n^2\left\{\xi_nJ'_{m\dot{o}}(\xi_na)-\lambda J_{m\dot{o}}(\xi_na)\right\}^2\mathcal{V}_{\mathcal{N}m\dot{o}}(\xi r_0,b)\mathcal{V}_{\mathcal{N}m\dot{o}}(\xi r,b)\operatorname{csch}\left(d\sqrt{\frac{\eta_r\xi_n^2+s}{\eta_z}}\right)}{\left[\left\{1-\left(\frac{m\dot{o}}{\xi_nb}\right)^2\right\}\left\{\xi_nJ'_{m\dot{o}}(\xi_na)-\lambda J_{m\dot{o}}(\xi_na)\right\}^2-\left\{\xi_n^2+\lambda^2-\left(\frac{m\dot{o}}{a}\right)^2\right\}J'^2_{m\dot{o}}(\xi_nb)\right]\sqrt{(\eta_r\xi_n^2+s)}}\times$$

$$\times\left[\cosh\left\{(d-|z-z_0|)\sqrt{\frac{\eta_r\xi_n^2+s}{\eta_z}}\right\}-\cosh\left\{(d-z-z_0)\sqrt{\frac{\eta_r\xi_n^2+s}{\eta_z}}\right\}\right]+$$

$$+\frac{1}{2\phi c_t\sqrt{\eta_z}}\sum_{m=0}^{\infty}\ni_m\times$$

$$\times\sum_{n=1}^{\infty}\frac{\xi_n^2J'_{m\dot{o}}(\xi_nb)\left\{\xi_nJ'_{m\dot{o}}(\xi_na)-\lambda J_{m\dot{o}}(\xi_na)\right\}\mathcal{V}_{\mathcal{N}m\dot{o}}(\xi r,b)\operatorname{csch}\left(d\sqrt{\frac{\eta_r\xi_n^2+s}{\eta_z}}\right)}{\left[\left\{1-\left(\frac{m\dot{o}}{\xi_nb}\right)^2\right\}\left\{\xi_nJ'_{m\dot{o}}(\xi_na)-\lambda J_{m\dot{o}}(\xi_na)\right\}^2-\left\{\xi_n^2+\lambda^2-\left(\frac{m\dot{o}}{a}\right)^2\right\}J'^2_{m\dot{o}}(\xi_nb)\right]\sqrt{\eta_r\xi_n^2+s}}\times$$

$$\times \int_0^d \overline{\overline{\psi}}_a(m,w,s;\theta)\left[\cosh\left\{(d-|z-w|)\sqrt{\frac{\eta_r\xi_n^2+s}{\eta_z}}\right\}-\cosh\left\{(d-z-w)\sqrt{\frac{\eta_r\xi_n^2+s}{\eta_z}}\right\}\right]dw-$$

$$-\frac{1}{2\phi c_t\sqrt{\eta_z}}\sum_{m=0}^{\infty}\ni_m\times$$

$$\times\sum_{n=1}^{\infty}\frac{\xi_n\left\{\xi_n J'_{m\dot{o}}(\xi_n a)-\lambda J_{m\dot{o}}(\xi_n a)\right\}^2\mathcal{V}_{\mathcal{N}m\dot{o}}(\xi r,b)\operatorname{csch}\left(d\sqrt{\frac{\eta_r\xi_n^2+s}{\eta_z}}\right)}{\left[\left\{1-\left(\frac{m\dot{o}}{\xi_n b}\right)^2\right\}\left\{\xi_n J'_{m\dot{o}}(\xi_n a)-\lambda J_{m\dot{o}}(\xi_n a)\right\}^2-\left\{\xi_n^2+\lambda^2-\left(\frac{m\dot{o}}{a}\right)^2\right\}J'^2_{m\dot{o}}(\xi_n b)\right]\sqrt{\eta_r\xi_n^2+s}}\times$$

$$\times \int_0^d \overline{\overline{\psi}}_b(m,w,s;\theta)\left[\cosh\left\{(d-|z-w|)\sqrt{\frac{\eta_r\xi_n^2+s}{\eta_z}}\right\}-\cosh\left\{(d-z-w)\sqrt{\frac{\eta_r\xi_n^2+s}{\eta_z}}\right\}\right]dw+$$

$$+\frac{\pi}{2}\sum_{m=0}^{\infty}\ni_m\sum_{n=1}^{\infty}\frac{\xi_n^2\left\{\xi_n J'_{m\dot{o}}(\xi_n a)-\lambda J_{m\dot{o}}(\xi_n a)\right\}^2\mathcal{V}_{\mathcal{N}m\dot{o}}(\xi r,b)\operatorname{csch}\left(d\sqrt{\frac{\eta_r\xi_n^2+s}{\eta_z}}\right)}{\left[\left\{1-\left(\frac{m\dot{o}}{\xi_n b}\right)^2\right\}\left\{\xi_n J'_{m\dot{o}}(\xi_n a)-\lambda J_{m\dot{o}}(\xi_n a)\right\}^2-\left\{\xi_n^2+\lambda^2-\left(\frac{m\dot{o}}{a}\right)^2\right\}J'^2_{m\dot{o}}(\xi_n b)\right]}\times$$

$$\times\left[\overline{\overline{\overline{\psi}}}_0(\xi_n,m,s;\theta)\sinh\left\{(d-z)\sqrt{\frac{\eta_r\xi_n^2+s}{\eta_z}}\right\}+\overline{\overline{\overline{\psi}}}_d(\xi_n,m,s;\theta)\sinh\left\{z\sqrt{\frac{\eta_r\xi_n^2+s}{\eta_z}}\right\}\right]+$$

$$+\frac{\pi}{4\sqrt{\eta_z}}\sum_{m=0}^{\infty}\ni_m\times$$

$$\times\sum_{n=1}^{\infty}\frac{\xi_n^2\left\{\xi_n J'_{m\dot{o}}(\xi_n a)-\lambda J_{m\dot{o}}(\xi_n a)\right\}^2\mathcal{V}_{\mathcal{N}m\dot{o}}(\xi r,b)\operatorname{csch}\left(d\sqrt{\frac{\eta_r\xi_n^2+s}{\eta_z}}\right)}{\left[\left\{1-\left(\frac{m\dot{o}}{\xi_n b}\right)^2\right\}\left\{\xi_n J'_{m\dot{o}}(\xi_n a)-\lambda J_{m\dot{o}}(\xi_n a)\right\}^2-\left\{\xi_n^2+\lambda^2-\left(\frac{m\dot{o}}{a}\right)^2\right\}J'^2_{m\dot{o}}(\xi_n b)\right]\sqrt{\eta_r\xi_n^2+s}}\times$$

$$\times \int_0^d \overline{\overline{\varphi}}(\xi_n,m,w;\theta)\left[\cosh\left\{(d-|z-w|)\sqrt{\frac{\eta_r\xi_n^2+s}{\eta_z}}\right\}-\cosh\left\{(d-z-w)\sqrt{\frac{\eta_r\xi_n^2+s}{\eta_z}}\right\}\right]dw \quad (25.11.1)$$

where $\mathcal{V}_{\mathcal{N}m\dot{o}}(\xi_n r,a)=J_{m\dot{o}}(\xi_n r)Y'_{m\dot{o}}(\xi_n a)-Y_{m\dot{o}}(\xi_n r)J'_{m\dot{o}}(\xi_n a)$, and the eigenvalues $\xi_n, n=1,2,...,$ are the positive roots of the transcendental equation $\lambda\mathcal{V}_{\mathcal{N}m\dot{o}}(\xi_n a,b)-\xi_n\mathcal{V}'_{\mathcal{N}m\dot{o}}(\xi_n a,b)=0$,
$\overline{\overline{\overline{\psi}}}_0(\xi_n,m,s;\theta)=\int_a^b u\mathcal{V}_{\mathcal{N}m\dot{o}}(\xi_n u,a)\int_0^{2\pi}\overline{\psi}_0(u,v,s)\cos\{m(\theta-v)\}dvdu$,
$\overline{\overline{\overline{\psi}}}_d(\xi_n,m,s;\theta)=\int_a^b u\mathcal{V}_{\mathcal{N}m\dot{o}}(\xi_n u,a)\int_0^{2\pi}\overline{\psi}_d(u,v,s)\cos\{m(\theta-v)\}dvdu$,
$\overline{\overline{\psi}}_a(m,w,s;\theta)=\int_0^{2\pi}\overline{\psi}_a(v,w,s)\cos\{m(\theta-v)\}dv$, $\overline{\overline{\psi}}_b(m,w,s;\theta)=\int_0^{2\pi}\overline{\psi}_b(v,w,s)\cos\{m(\theta-v)\}dv$, and
$\overline{\overline{\varphi}}(\xi_n,m,w;\theta)=\int_a^b u\mathcal{V}_{\mathcal{N}m\dot{o}}(\xi_n u,a)\int_0^{2\pi}\varphi(u,v,w)\cos\{m(\theta-v)\}dvdu$.

$$p=\frac{U(t-t_0)\pi}{4\phi c_t d}\sum_{m=0}^{\infty}\ni_m\cos\{m(\theta-\theta_0)\}\times$$

$$\times\sum_{n=1}^{\infty}\frac{\xi_n^2\left\{\xi_n J'_{m\dot{o}}(\xi_n a)-\lambda J_{m\dot{o}}(\xi_n a)\right\}^2\mathcal{V}_{\mathcal{N}m\dot{o}}(\xi r_0,b)\mathcal{V}_{\mathcal{N}m\dot{o}}(\xi r,b)}{\left[\left\{1-\left(\frac{m\dot{o}}{\xi_n b}\right)^2\right\}\left\{\xi_n J'_{m\dot{o}}(\xi_n a)-\lambda J_{m\dot{o}}(\xi_n a)\right\}^2-\left\{\xi_n^2+\lambda^2-\left(\frac{m\dot{o}}{a}\right)^2\right\}J'^2_{m\dot{o}}(\xi_n b)\right]}\times$$

$$\int_0^{t-t_0}q(t-t_0-\tau)\left[\Theta_3\left\{\frac{\pi(z-z_0)}{2d},e^{-\left(\frac{\pi}{d}\right)^2\eta_z\tau}\right\}-\Theta_3\left\{\frac{\pi(z+z_0)}{2d},e^{-\left(\frac{\pi}{d}\right)^2\eta_z\tau}\right\}\right]e^{-\eta_r\xi_n^2\tau}d\tau+$$

$$+\frac{1}{2\phi c_t d}\sum_{m=0}^{\infty}\ni_m\sum_{n=1}^{\infty}\frac{\xi_n^2 J'_{m\dot{o}}(\xi_n b)\left\{\xi_n J'_{m\dot{o}}(\xi_n a)-\lambda J_{m\dot{o}}(\xi_n a)\right\}\mathcal{V}_{\mathcal{N}m\dot{o}}(\xi r,b)}{\left[\left\{1-\left(\frac{m\dot{o}}{\xi_n b}\right)^2\right\}\left\{\xi_n J'_{m\dot{o}}(\xi_n a)-\lambda J_{m\dot{o}}(\xi_n a)\right\}^2-\left\{\xi_n^2+\lambda^2-\left(\frac{m\dot{o}}{a}\right)^2\right\}J'^2_{m\dot{o}}(\xi_n b)\right]}\times$$

$$\times\int_0^t e^{-\eta_r\xi_n^2\tau}\int_0^d \overline{\psi}_a(m,w,t-\tau;\theta)\left[\Theta_3\left\{\frac{\pi(z-w)}{2d},e^{-\left(\frac{\pi}{d}\right)^2\eta_z\tau}\right\}-\Theta_3\left\{\frac{\pi(z+w)}{2d},e^{-\left(\frac{\pi}{d}\right)^2\eta_z\tau}\right\}\right]dwd\tau-$$

$$-\frac{1}{2\phi c_t d}\sum_{m=0}^{\infty}\ni_m\sum_{n=1}^{\infty}\frac{\xi_n\left\{\xi_n J'_{m\dot{o}}(\xi_n a)-\lambda J_{m\dot{o}}(\xi_n a)\right\}^2\mathcal{V}_{\mathcal{N}m\dot{o}}(\xi r,b)}{\left[\left\{1-\left(\frac{m\dot{o}}{\xi_n b}\right)^2\right\}\left\{\xi_n J'_{m\dot{o}}(\xi_n a)-\lambda J_{m\dot{o}}(\xi_n a)\right\}^2-\left\{\xi_n^2+\lambda^2-\left(\frac{m\dot{o}}{a}\right)^2\right\}J'^2_{m\dot{o}}(\xi_n b)\right]}\times$$

$$\times\int_0^t e^{-\eta_r\xi_n^2\tau}\int_0^d \overline{\psi}_b(m,w,t-\tau;\theta)\left[\Theta_3\left\{\frac{\pi(z-w)}{2d},e^{-\left(\frac{\pi}{d}\right)^2\eta_z\tau}\right\}-\Theta_3\left\{\frac{\pi(z+w)}{2d},e^{-\left(\frac{\pi}{d}\right)^2\eta_z\tau}\right\}\right]dwd\tau+$$

$$+\frac{\pi\eta_z}{4d^2}\sum_{m=0}^{\infty}\ni_m\sum_{n=1}^{\infty}\frac{\xi_n^2\left\{\xi_n J'_{m\dot{o}}(\xi_n a)-\lambda J_{m\dot{o}}(\xi_n a)\right\}^2\mathcal{V}_{\mathcal{N}m\dot{o}}(\xi r,b)}{\left[\left\{1-\left(\frac{m\dot{o}}{\xi_n b}\right)^2\right\}\left\{\xi_n J'_{m\dot{o}}(\xi_n a)-\lambda J_{m\dot{o}}(\xi_n a)\right\}^2-\left\{\xi_n^2+\lambda^2-\left(\frac{m\dot{o}}{a}\right)^2\right\}J'^2_{m\dot{o}}(\xi_n b)\right]}\times$$

$$\times\int_0^t\left\{\Theta_4'\left(\frac{\pi z}{2d},e^{-\left(\frac{\pi}{d}\right)^2\eta_z\tau}\right)\overline{\overline{\psi}}_d(\xi_n,m,t-\tau;\theta)-\Theta_3'\left(\frac{\pi z}{2d},e^{-\left(\frac{\pi}{d}\right)^2\eta_z\tau}\right)\overline{\overline{\psi}}_0(\xi_n,m,t-\tau;\theta)\right\}e^{-\eta_r\xi_n^2\tau}d\tau+$$

$$+\frac{\pi}{4d}\sum_{m=0}^{\infty}\ni_m\sum_{n=1}^{\infty}\frac{\xi_n^2\left\{\xi_n J'_{m\dot{o}}(\xi_n a)-\lambda J_{m\dot{o}}(\xi_n a)\right\}^2\mathcal{V}_{\mathcal{N}m\dot{o}}(\xi r,b)}{\left[\left\{1-\left(\frac{m\dot{o}}{\xi_n b}\right)^2\right\}\left\{\xi_n J'_{m\dot{o}}(\xi_n a)-\lambda J_{m\dot{o}}(\xi_n a)\right\}^2-\left\{\xi_n^2+\lambda^2-\left(\frac{m\dot{o}}{a}\right)^2\right\}J'^2_{m\dot{o}}(\xi_n b)\right]}\times$$

$$\times\int_0^d\overline{\overline{\varphi}}(\xi_n,m,w;\theta)\left[\Theta_3\left\{\frac{\pi(z-w)}{2d},e^{-\left(\frac{\pi}{d}\right)^2\eta_z t}\right\}-\Theta_3\left\{\frac{\pi(z+w)}{2d},e^{-\left(\frac{\pi}{d}\right)^2\eta_z t}\right\}\right]dw \tag{25.11.2}$$

where $\overline{\psi}_a(m,w,t;\theta)=\int_0^{2\pi}\psi_a(v,w,t)\cos\{m(\theta-v)\}dv$, $\overline{\psi}_b(m,w,t;\theta)=\int_0^{2\pi}\psi_b(v,w,t)\cos\{m(\theta-v)\}dv$, $\overline{\overline{\psi}}_0(\xi_n,m,t;\theta)=\int_a^b u\mathcal{V}_{\mathcal{N}m\dot{o}}(\xi_n u,a)\int_0^{2\pi}\psi_0(u,v,t)\cos\{m(\theta-v)\}dvdu$, and $\overline{\overline{\psi}}_d(\xi_n,m,t;\theta)=\int_a^b u\mathcal{V}_{\mathcal{N}m\dot{o}}(\xi_n u,a)\int_0^{2\pi}\psi_d(u,v,t)\cos\{m(\theta-v)\}dvdu$.

25.12 The problem of 25.4, except

$\mathbf{R}_a\equiv\frac{\partial p(a,\theta,z,t)}{\partial r}-\lambda p(a,\theta,z,t)=-\left(\frac{\mu}{k_r}\right)\psi_a(\theta,z,t)$,
$\mathbf{R}_b\equiv\frac{\partial p(b,\theta,z,t)}{\partial r}+\lambda_b p(b,\theta,z,t)=-\left(\frac{\mu}{k_r}\right)\psi_b(\theta,z,t)$,
$\mathbf{D}_0\equiv p(r,\theta,0,t)=\psi_0(r,\theta,t)$ and $\mathbf{D}_d\equiv p(r,\theta,d,t)=\psi_d(r,\theta,t)$

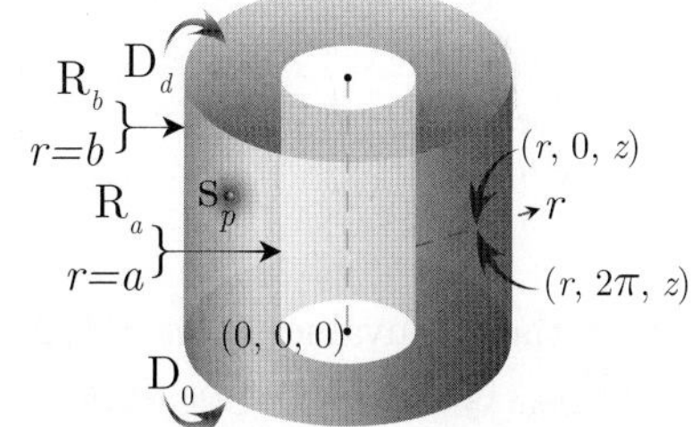

$$\overline{p}=\frac{\pi q(s)e^{-st_0}}{4\phi c_t\sqrt{\eta_z}}\sum_{m=0}^{\infty}\ni_m\cos\{m(\theta-\theta_0)\}\sum_{n=1}^{\infty}\frac{\xi_n^2\left\{\xi_n J'_{m\dot{o}}(\xi_n b)+\lambda_b J_{m\dot{o}}(\xi_n b)\right\}^2}{\sqrt{(\eta_r\xi_n^2+s)}}\times$$

$$\times\frac{\left\{\xi_n\mathcal{V}_{\mathcal{N}m\dot{o}}(\xi_n r_0,a)-\lambda_a\mathcal{V}_{\mathcal{D}m\dot{o}}(\xi_n r_0,a)\right\}\left\{\xi_n\mathcal{V}_{\mathcal{N}m\dot{o}}(\xi_n r,a)-\lambda_a\mathcal{V}_{\mathcal{D}m\dot{o}}(\xi_n r,a)\right\}\operatorname{csch}\left(d\sqrt{\frac{\eta_r\xi_n^2+s}{\eta_z}}\right)}{\left[\left\{\xi_n^2+\lambda_b^2-\left(\frac{m\dot{o}}{b}\right)^2\right\}\left\{\xi_n J'_{m\dot{o}}(\xi_n a)-\lambda_a J_{m\dot{o}}(\xi_n a)\right\}^2-\left\{\xi_n^2+\lambda_a^2-\left(\frac{m\dot{o}}{a}\right)^2\right\}\left\{\xi_n J'_{m\dot{o}}(\xi_n b)+\lambda J_{m\dot{o}}(\xi_n b)\right\}^2\right]}\times$$

$$\times\left[\cosh\left\{(d-|z-z_0|)\sqrt{\frac{\eta_r\xi_n^2+s}{\eta_z}}\right\}-\cosh\left\{(d-z-z_0)\sqrt{\frac{\eta_r\xi_n^2+s}{\eta_z}}\right\}\right]+$$

$$+\frac{1}{2\phi c_t\sqrt{\eta_z}}\sum_{m=0}^{\infty}\ni_m\times$$

$$\times\sum_{n=1}^{\infty}\frac{\xi_n^2\left\{\xi_n J'_{m\dot{o}}(\xi_n b)+\lambda_b J_{m\dot{o}}(\xi_n b)\right\}^2\left\{\xi_n\mathcal{V}_{\mathcal{N}m\dot{o}}(\xi_n r,a)-\lambda_a\mathcal{V}_{\mathcal{D}m\dot{o}}(\xi_n r,a)\right\}\operatorname{csch}\left(d\sqrt{\frac{\eta_r\xi_n^2+s}{\eta_z}}\right)}{\left[\left\{\xi_n^2+\lambda_b^2-\left(\frac{m\dot{o}}{b}\right)^2\right\}\left\{\xi_n J'_{m\dot{o}}(\xi_n a)-\lambda_a J_{m\dot{o}}(\xi_n a)\right\}^2-\left\{\xi_n^2+\lambda_a^2-\left(\frac{m\dot{o}}{a}\right)^2\right\}\left\{\xi_n J'_{m\dot{o}}(\xi_n b)+\lambda J_{m\dot{o}}(\xi_n b)\right\}^2\right]}\times$$

$$\times\frac{1}{\sqrt{\eta_r\xi_n^2+s}}\int_0^d\overline{\overline{\psi}}_a(m,w,s;\theta)\left[\cosh\left\{(d-|z-w|)\sqrt{\frac{\eta_r\xi_n^2+s}{\eta_z}}\right\}-\cosh\left\{(d-z-w)\sqrt{\frac{\eta_r\xi_n^2+s}{\eta_z}}\right\}\right]dw+$$

$$+\frac{1}{2\phi c_t\sqrt{\eta_z}}\sum_{m=0}^{\infty}\ni_m\times$$

$$\times\sum_{n=1}^{\infty}\frac{\xi_n^2\{\xi_n J'_{m\dot{o}}(\xi_n b)+\lambda_b J_{m\dot{o}}(\xi_n b)\}\{\xi_n J'_{m\dot{o}}(\xi_n a)+\lambda_a J_{m\dot{o}}(\xi_n a)\}\{\xi_n\mathcal{V}_{\mathcal{N}m\dot{o}}(\xi_n r,a)-\lambda_a\mathcal{V}_{\mathcal{D}m\dot{o}}(\xi_n r,a)\}}{\left[\left\{\xi_n^2+\lambda_b^2-\left(\frac{m\dot{o}}{b}\right)^2\right\}\{\xi_n J'_{m\dot{o}}(\xi_n a)-\lambda_a J_{m\dot{o}}(\xi_n a)\}^2-\left\{\xi_n^2+\lambda_a^2-\left(\frac{m\dot{o}}{a}\right)^2\right\}\{\xi_n J'_{m\dot{o}}(\xi_n b)+\lambda J_{m\dot{o}}(\xi_n b)\}^2\right]}\times$$

$$\times\frac{\operatorname{csch}\left(d\sqrt{\frac{\eta_r\xi_n^2+s}{\eta_z}}\right)}{\sqrt{\eta_r\xi_n^2+s}}\int_0^d\overline{\overline{\psi}}_b(m,w,s;\theta)\left[\cosh\left\{(d-|z-w|)\sqrt{\frac{\eta_r\xi_n^2+s}{\eta_z}}\right\}-\cosh\left\{(d-z-w)\sqrt{\frac{\eta_r\xi_n^2+s}{\eta_z}}\right\}\right]dw+$$

$$+\frac{\pi}{2}\sum_{m=0}^{\infty}\ni_m\times$$

$$\times\sum_{n=1}^{\infty}\frac{\xi_n^2\{\xi_n J'_{m\dot{o}}(\xi_n b)+\lambda_b J_{m\dot{o}}(\xi_n b)\}^2\{\xi_n\mathcal{V}_{\mathcal{N}m\dot{o}}(\xi_n r,a)-\lambda_a\mathcal{V}_{\mathcal{D}m\dot{o}}(\xi_n r,a)\}\operatorname{csch}\left(d\sqrt{\frac{\eta_r\xi_n^2+s}{\eta_z}}\right)}{\left[\left\{\xi_n^2+\lambda_b^2-\left(\frac{m\dot{o}}{b}\right)^2\right\}\{\xi_n J'_{m\dot{o}}(\xi_n a)-\lambda_a J_{m\dot{o}}(\xi_n a)\}^2-\left\{\xi_n^2+\lambda_a^2-\left(\frac{m\dot{o}}{a}\right)^2\right\}\{\xi_n J'_{m\dot{o}}(\xi_n b)+\lambda J_{m\dot{o}}(\xi_n b)\}^2\right]}\times$$

$$\times\left[\overline{\overline{\overline{\psi}}}_0(\xi_n,m,s;\theta)\sinh\left\{(d-z)\sqrt{\frac{\eta_r\xi_n^2+s}{\eta_z}}\right\}+\overline{\overline{\overline{\psi}}}_d(\xi_n,m,s;\theta)\sinh\left\{z\sqrt{\frac{\eta_r\xi_n^2+s}{\eta_z}}\right\}\right]+$$

$$+\frac{\pi}{4\sqrt{\eta_z}}\sum_{m=0}^{\infty}\ni_m\times$$

$$\times\sum_{n=1}^{\infty}\frac{\xi_n^2\{\xi_n J'_{m\dot{o}}(\xi_n b)+\lambda_b J_{m\dot{o}}(\xi_n b)\}^2\{\xi_n\mathcal{V}_{\mathcal{N}m\dot{o}}(\xi_n r,a)-\lambda_a\mathcal{V}_{\mathcal{D}m\dot{o}}(\xi_n r,a)\}\operatorname{csch}\left(d\sqrt{\frac{\eta_r\xi_n^2+s}{\eta_z}}\right)}{\left[\left\{\xi_n^2+\lambda_b^2-\left(\frac{m\dot{o}}{b}\right)^2\right\}\{\xi_n J'_{m\dot{o}}(\xi_n a)-\lambda_a J_{m\dot{o}}(\xi_n a)\}^2-\left\{\xi_n^2+\lambda_a^2-\left(\frac{m\dot{o}}{a}\right)^2\right\}\{\xi_n J'_{m\dot{o}}(\xi_n b)+\lambda J_{m\dot{o}}(\xi_n b)\}^2\right]}\times$$

$$\times\frac{1}{\sqrt{\eta_r\xi_n^2+s}}\int_0^d\overline{\overline{\varphi}}(\xi_n,m,w;\theta)\left[\cosh\left\{(d-|z-w|)\sqrt{\frac{\eta_r\xi_n^2+s}{\eta_z}}\right\}-\cosh\left\{(d-z-w)\sqrt{\frac{\eta_r\xi_n^2+s}{\eta_z}}\right\}\right]dw \tag{25.12.1}$$

where the eigenvalues $\xi_n, n=1,2,...$, are the positive roots of
$\lambda_a\{\mathcal{V}'_{\mathcal{D}m\dot{o}}(\xi_n b,a)+\lambda_b\mathcal{V}_{\mathcal{D}m\dot{o}}(\xi_n b,a)\}-\xi_n\{\mathcal{V}'_{\mathcal{N}m\dot{o}}(\xi_n b,a)+\lambda_b\mathcal{V}_{\mathcal{N}m\dot{o}}(\xi_n b,a)\}=0$,
$\overline{\overline{\overline{\psi}}}_0(\xi_n,m,s;\theta)=\int_a^b u\{\xi_n\mathcal{V}_{\mathcal{N}m\dot{o}}(\xi_n u,a)-\lambda_a\mathcal{V}_{\mathcal{D}m\dot{o}}(\xi_n u,a)\}\int_0^{2\pi}\overline{\psi}_0(u,v,s)\cos\{m(\theta-v)\}dvdu$,
$\overline{\overline{\overline{\psi}}}_d(\xi_n,m,s;\theta)=\int_a^b u\{\xi_n\mathcal{V}_{\mathcal{N}m\dot{o}}(\xi_n u,a)-\lambda_a\mathcal{V}_{\mathcal{D}m\dot{o}}(\xi_n u,a)\}\int_0^{2\pi}\overline{\psi}_d(u,v,s)\cos\{m(\theta-v)\}dvdu$,
$\overline{\overline{\psi}}_a(m,w,s;\theta)=\int_0^{2\pi}\overline{\psi}_a(v,w,s)\cos\{m(\theta-v)\}dv$, $\overline{\overline{\psi}}_b(m,w,s;\theta)=\int_0^{2\pi}\overline{\psi}_b(v,w,s)\cos\{m(\theta-v)\}dv$, and
$\overline{\overline{\varphi}}(\xi_n,m,w;\theta)=\int_a^b u\{\xi_n\mathcal{V}_{\mathcal{N}m\dot{o}}(\xi_n u,a)-\lambda_a\mathcal{V}_{\mathcal{D}m\dot{o}}(\xi_n u,a)\}\int_0^{2\pi}\varphi(u,v,w)\cos\{m(\theta-v)\}dvdu$.

$$p=\frac{U(t-t_0)\pi}{4\phi c_t d}\sum_{m=0}^{\infty}\ni_m\cos\{m(\theta-\theta_0)\}\times$$

$$\times\sum_{n=1}^{\infty}\frac{\xi_n^2\{\xi_n J'_{m\dot{o}}(\xi_n b)+\lambda_b J_{m\dot{o}}(\xi_n b)\}^2\{\xi_n\mathcal{V}_{\mathcal{N}m\dot{o}}(\xi_n r_0,a)-\lambda_a\mathcal{V}_{\mathcal{D}m\dot{o}}(\xi_n r_0,a)\}}{\left[\left\{\xi_n^2+\lambda_b^2-\left(\frac{m\dot{o}}{b}\right)^2\right\}\{\xi_n J'_{m\dot{o}}(\xi_n a)-\lambda_a J_{m\dot{o}}(\xi_n a)\}^2-\left\{\xi_n^2+\lambda_a^2-\left(\frac{m\dot{o}}{a}\right)^2\right\}\{\xi_n J'_{m\dot{o}}(\xi_n b)+\lambda J_{m\dot{o}}(\xi_n b)\}^2\right]}\times$$

$$\times\{\xi_n\mathcal{V}_{\mathcal{N}m\dot{o}}(\xi_n r,a)-\lambda_a\mathcal{V}_{\mathcal{D}m\dot{o}}(\xi_n r,a)\}\times$$

$$\times\int_0^{t-t_0}q(t-t_0-\tau)\left[\Theta_3\left\{\frac{\pi(z-z_0)}{2d},e^{-\left(\frac{\pi}{d}\right)^2\eta_z\tau}\right\}-\Theta_3\left\{\frac{\pi(z+z_0)}{2d},e^{-\left(\frac{\pi}{d}\right)^2\eta_z\tau}\right\}\right]e^{-\eta_r\xi_n^2\tau}d\tau+$$

$$+\frac{1}{2\phi c_t d}\sum_{m=0}^{\infty}\ni_m\times$$

$$\times\sum_{n=1}^{\infty}\frac{\xi_n^2\left\{\xi_n J'_{m\dot{o}}\left(\xi_n b\right)+\lambda_b J_{m\dot{o}}\left(\xi_n b\right)\right\}^2\left\{\xi_n \mathcal{V}_{\mathcal{N}m\dot{o}}\left(\xi_n r,a\right)-\lambda_a \mathcal{V}_{\mathcal{D}m\dot{o}}\left(\xi_n r,a\right)\right\}}{\left[\left\{\xi_n^2+\lambda_b^2-\left(\frac{m\dot{o}}{b}\right)^2\right\}\left\{\xi_n J'_{m\dot{o}}(\xi_n a)-\lambda_a J_{m\dot{o}}(\xi_n a)\right\}^2-\left\{\xi_n^2+\lambda_a^2-\left(\frac{m\dot{o}}{a}\right)^2\right\}\left\{\xi_n J'_{m\dot{o}}(\xi_n b)+\lambda J_{m\dot{o}}(\xi_n b)\right\}^2\right]}\times$$

$$\times\int_0^t e^{-\eta_r\xi_n^2\tau}\int_0^d \overline{\psi}_a\left(m,w,t-\tau;\theta\right)\left[\Theta_3\left\{\frac{\pi\left(z-w\right)}{2d},e^{-\left(\frac{\pi}{d}\right)^2\eta_z\tau}\right\}-\Theta_3\left\{\frac{\pi\left(z+w\right)}{2d},e^{-\left(\frac{\pi}{d}\right)^2\eta_z\tau}\right\}\right]dwd\tau+$$

$$+\frac{1}{2\phi c_t d}\sum_{m=0}^{\infty}\ni_m\times$$

$$\times\sum_{n=1}^{\infty}\frac{\xi_n^2\{\xi_n J'_{m\dot{o}}(\xi_n b)+\lambda_b J_{m\dot{o}}(\xi_n b)\}\{\xi_n J'_{m\dot{o}}(\xi_n a)+\lambda_a J_{m\dot{o}}(\xi_n a)\}\{\xi_n \mathcal{V}_{\mathcal{N}m\dot{o}}(\xi_n r,a)-\lambda_a \mathcal{V}_{\mathcal{D}m\dot{o}}(\xi_n r,a)\}}{\left[\left\{\xi_n^2+\lambda_b^2-\left(\frac{m\dot{o}}{b}\right)^2\right\}\left\{\xi_n J'_{m\dot{o}}(\xi_n a)-\lambda_a J_{m\dot{o}}\left(\xi_n a\right)\right\}^2-\left\{\xi_n^2+\lambda_a^2-\left(\frac{m\dot{o}}{a}\right)^2\right\}\left\{\xi_n J'_{m\dot{o}}(\xi_n b)+\lambda J_{m\dot{o}}(\xi_n b)\right\}^2\right]}\times$$

$$\times\int_0^t e^{-\eta_r\xi_n^2\tau}\int_0^d \overline{\psi}_b\left(m,w,t-\tau;\theta\right)\left[\Theta_3\left\{\frac{\pi\left(z-w\right)}{2d},e^{-\left(\frac{\pi}{d}\right)^2\eta_z\tau}\right\}-\Theta_3\left\{\frac{\pi\left(z+w\right)}{2d},e^{-\left(\frac{\pi}{d}\right)^2\eta_z\tau}\right\}\right]dwd\tau+$$

$$+\frac{\pi\eta_z}{4d^2}\sum_{m=0}^{\infty}\ni_m\times$$

$$\times\sum_{n=1}^{\infty}\frac{\xi_n^2\left\{\xi_n J'_{m\dot{o}}\left(\xi_n b\right)+\lambda_b J_{m\dot{o}}\left(\xi_n b\right)\right\}^2\left\{\xi_n \mathcal{V}_{\mathcal{N}m\dot{o}}\left(\xi_n r,a\right)-\lambda_a \mathcal{V}_{\mathcal{D}m\dot{o}}\left(\xi_n r,a\right)\right\}}{\left[\left\{\xi_n^2+\lambda_b^2-\left(\frac{m\dot{o}}{b}\right)^2\right\}\left\{\xi_n J'_{m\dot{o}}(\xi_n a)-\lambda_a J_{m\dot{o}}(\xi_n a)\right\}^2-\left\{\xi_n^2+\lambda_a^2-\left(\frac{m\dot{o}}{a}\right)^2\right\}\left\{\xi_n J'_{m\dot{o}}(\xi_n b)+\lambda J_{m\dot{o}}(\xi_n b)\right\}^2\right]}\times$$

$$\times\int_0^t\left\{\Theta_4'\left(\frac{\pi z}{2d},e^{-\left(\frac{\pi}{d}\right)^2\eta_z\tau}\right)\overline{\overline{\psi}}_d\left(\xi_n,m,t-\tau;\theta\right)-\Theta_3'\left(\frac{\pi z}{2d},e^{-\left(\frac{\pi}{d}\right)^2\eta_z\tau}\right)\overline{\overline{\psi}}_0\left(\xi_n,m,t-\tau;\theta\right)\right\}e^{-\eta_r\xi_n^2\tau}d\tau+$$

$$+\frac{\pi}{4d}\sum_{m=0}^{\infty}\ni_m\times$$

$$\times\sum_{n=1}^{\infty}\frac{\xi_n^2\left\{\xi_n J'_{m\dot{o}}\left(\xi_n b\right)+\lambda_b J_{m\dot{o}}\left(\xi_n b\right)\right\}^2\left\{\xi_n \mathcal{V}_{\mathcal{N}m\dot{o}}\left(\xi_n r,a\right)-\lambda_a \mathcal{V}_{\mathcal{D}m\dot{o}}\left(\xi_n r,a\right)\right\}}{\left[\left\{\xi_n^2+\lambda_b^2-\left(\frac{m\dot{o}}{b}\right)^2\right\}\left\{\xi_n J'_{m\dot{o}}(\xi_n a)-\lambda_a J_{m\dot{o}}(\xi_n a)\right\}^2-\left\{\xi_n^2+\lambda_a^2-\left(\frac{m\dot{o}}{a}\right)^2\right\}\left\{\xi_n J'_{m\dot{o}}(\xi_n b)+\lambda J_{m\dot{o}}(\xi_n b)\right\}^2\right]}\times$$

$$\times\int_0^d \overline{\overline{\varphi}}\left(\xi_n,m,w;\theta\right)\left[\Theta_3\left\{\frac{\pi\left(z-w\right)}{2d},e^{-\left(\frac{\pi}{d}\right)^2\eta_z t}\right\}-\Theta_3\left\{\frac{\pi\left(z+w\right)}{2d},e^{-\left(\frac{\pi}{d}\right)^2\eta_z t}\right\}\right]dw \qquad (25.12.2)$$

where $\overline{\psi}_a\left(m,w,t;\theta\right)=\int_0^{2\pi}\psi_a\left(v,w,t\right)\cos\left\{m\left(\theta-v\right)\right\}dv$, $\overline{\psi}_b\left(m,w,t;\theta\right)=\int_0^{2\pi}\psi_b\left(v,w,t\right)\cos\left\{m\left(\theta-v\right)\right\}dv$, $\overline{\overline{\psi}}_0\left(\xi_n,m,t;\theta\right)=\int_a^b u\left\{\xi_n\mathcal{V}_{\mathcal{N}m\dot{o}}\left(\xi_n u,a\right)-\lambda_a\mathcal{V}_{\mathcal{D}m\dot{o}}\left(\xi_n u,a\right)\right\}\int_0^{2\pi}\psi_0\left(u,v,t\right)\cos\left\{m\left(\theta-v\right)\right\}dvdu$, and $\overline{\overline{\psi}}_d\left(\xi_n,m,t;\theta\right)=\int_a^b u\left\{\xi_n\mathcal{V}_{\mathcal{N}m\dot{o}}\left(\xi_n u,a\right)-\lambda_a\mathcal{V}_{\mathcal{D}m\dot{o}}\left(\xi_n u,a\right)\right\}\int_0^{2\pi}\psi_d\left(u,v,t\right)\cos\left\{m\left(\theta-v\right)\right\}dvdu$.

25.13 A cylindrical continuum bounded by $0\le r\le a$ and $0\le z\le d$.

Point source at $s_p\equiv(r_0,\theta_0,z_0)$ at time $t=t_0$; $0<r_0<a$, $0\le\theta_0\le 2\pi$, $0<z_0<d$, $t_0\ge 0$. $D_0\equiv p\left(r,\theta,0,t\right)=\psi_0\left(r,\theta,t\right)$, $N_d\equiv\frac{\partial p(r,\theta,d,t)}{\partial z}=-\left(\frac{\mu}{k_z}\right)\psi_d\left(r,\theta,t\right)$ and $D_a\equiv p\left(a,\theta,z,t\right)=\psi_a\left(\theta,z,t\right)$. $p(r,\theta,z,0)=\varphi(r,\theta,z)$

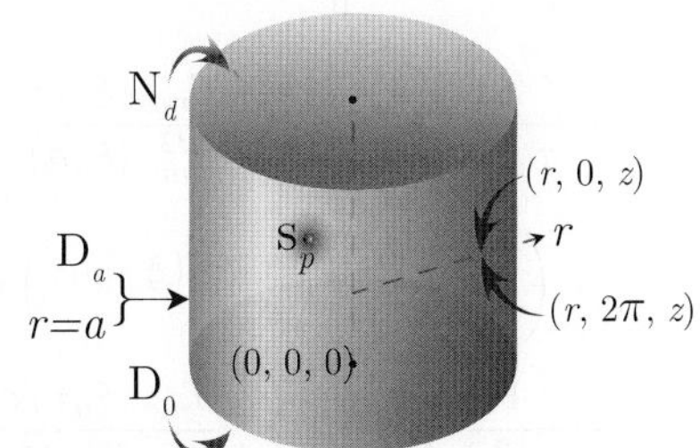

$$\overline{p}=\frac{q\left(s\right)e^{-st_0}}{\pi a^2\phi c_t\sqrt{\eta_z}}\sum_{m=0}^{\infty}\ni_m\cos\left\{m\left(\theta-\theta_0\right)\right\}\sum_{n=1}^{\infty}\frac{J_{m\dot{o}}\left(\xi_n r_0\right)J_{m\dot{o}}\left(\xi_n r\right)\operatorname{sech}\left(d\sqrt{\frac{\eta_r\xi_n^2+s}{\eta_z}}\right)}{J'^2_{m\dot{o}}\left(\xi_n a\right)\sqrt{\left(\eta_r\xi_n^2+s\right)}}\times$$

$$\times\left[\sinh\left\{\left(d-\left|z-z_0\right|\right)\sqrt{\frac{\eta_r\xi_n^2+s}{\eta_z}}\right\}-\sinh\left\{\left(d-z-z_0\right)\sqrt{\frac{\eta_r\xi_n^2+s}{\eta_z}}\right\}\right]-$$

$$-\frac{\eta_r}{\pi a\sqrt{\eta_z}}\sum_{m=0}^{\infty}\ni_m\sum_{n=1}^{\infty}\frac{\xi_n J_{m\dot{o}}(\xi_n r)\,\mathrm{sech}\left(d\sqrt{\frac{\eta_r\xi_n^2+s}{\eta_z}}\right)}{J'_{m\dot{o}}(\xi_n a)\sqrt{\eta_r\xi_n^2+s}}\times$$

$$\times\int_0^d\overline{\overline{\psi}}_a(m,w,s;\theta)\left[\sinh\left\{(d-|z-w|)\sqrt{\frac{\eta_r\xi_n^2+s}{\eta_z}}\right\}-\sinh\left\{(d-z-w)\sqrt{\frac{\eta_r\xi_n^2+s}{\eta_z}}\right\}\right]dw+$$

$$+\frac{2}{\pi a^2}\sum_{m=0}^{\infty}\ni_m\sum_{n=1}^{\infty}\frac{J_{m\dot{o}}(\xi_n r)\,\mathrm{sech}\left(d\sqrt{\frac{\eta_r\xi_n^2+s}{\eta_z}}\right)}{J'^2_{m\dot{o}}(\xi_n a)}\times$$

$$\times\left[\overline{\overline{\overline{\psi}}}_0(\xi_n,m,s;\theta)\cosh\left\{(d-z)\sqrt{\frac{\eta_r\xi_n^2+s}{\eta_z}}\right\}+\frac{\overline{\overline{\overline{\psi}}}_d(\xi_n,m,s;\theta)}{\phi c_t\sqrt{\eta_z(\eta_r\xi_n^2+s)}}\sinh\left\{z\sqrt{\frac{\eta_r\xi_n^2+s}{\eta_z}}\right\}\right]+$$

$$+\frac{1}{\pi a^2\sqrt{\eta_z}}\sum_{m=0}^{\infty}\ni_m\sum_{n=1}^{\infty}\frac{J_{m\dot{o}}(\xi_n r)\,\mathrm{sech}\left(d\sqrt{\frac{\eta_r\xi_n^2+s}{\eta_z}}\right)}{J'^2_{m\dot{o}}(\xi_n a)\sqrt{\eta_r\xi_n^2+s}}\times$$

$$\times\int_0^d\overline{\overline{\varphi}}(\xi_n,m,w;\theta)\left[\sinh\left\{(d-|z-w|)\sqrt{\frac{\eta_r\xi_n^2+s}{\eta_z}}\right\}-\sinh\left\{(d-z-w)\sqrt{\frac{\eta_r\xi_n^2+s}{\eta_z}}\right\}\right]dw\quad(25.13.1)$$

where ξ_n are the positive roots of $J_{m\dot{o}}(\xi_n a)=0$, $n=1,2,...,$
$\overline{\overline{\overline{\psi}}}_0(\xi_n,m,s;\theta)=\int_0^a uJ_{m\dot{o}}(\xi_n u)\int_0^{2\pi}\overline{\psi}_0(u,v,s)\cos\{m(\theta-v)\}dvdu,$
$\overline{\overline{\overline{\psi}}}_d(\xi_n,m,s;\theta)=\int_0^a uJ_{m\dot{o}}(\xi_n u)\int_0^{2\pi}\overline{\psi}_d(u,v,s)\cos\{m(\theta-v)\}dvdu,$
$\overline{\overline{\psi}}_a(m,w,s;\theta)=\int_0^{2\pi}\overline{\psi}_a(v,w,s)\cos\{m(\theta-v)\}dv$, and
$\overline{\overline{\varphi}}(\xi_n,m,w;\theta)=\int_0^a uJ_{m\dot{o}}(\xi_n u)\int_0^{2\pi}\varphi(u,v,w)\cos\{m(\theta-v)\}dvdu.$

$$p=\frac{U(t-t_0)}{\pi a^2 d\phi c_t}\sum_{m=0}^{\infty}\ni_m\cos\{m(\theta-\theta_0)\}\sum_{n=1}^{\infty}\frac{J_{m\dot{o}}(\xi_n r_0)J_{m\dot{o}}(\xi_n r)}{J'^2_{m\dot{o}}(\xi_n a)}\times$$

$$\times\int_0^{t-t_0}q(t-t_0-\tau)\left[\Theta_2\left\{\frac{\pi(z-z_0)}{2d},e^{-\left(\frac{\pi}{d}\right)^2\eta_z\tau}\right\}-\Theta_2\left\{\frac{\pi(z+z_0)}{2d},e^{-\left(\frac{\pi}{d}\right)^2\eta_z\tau}\right\}\right]e^{-\eta_r\xi_n^2\tau}d\tau-$$

$$-\frac{\eta_r}{\pi ad}\sum_{m=0}^{\infty}\ni_m\sum_{n=1}^{\infty}\frac{\xi_n J_{m\dot{o}}(\xi_n r)}{J'_{m\dot{o}}(\xi_n a)}\times$$

$$\times\int_0^t e^{-\eta_r\xi_n^2\tau}\int_0^d\overline{\psi}_a(m,w,t-\tau;\theta)\left[\Theta_2\left\{\frac{\pi(z-w)}{2d},e^{-\left(\frac{\pi}{d}\right)^2\eta_z\tau}\right\}-\Theta_2\left\{\frac{\pi(z+w)}{2d},e^{-\left(\frac{\pi}{d}\right)^2\eta_z\tau}\right\}\right]dwd\tau-$$

$$-\frac{2}{\pi a^2 d}\sum_{m=0}^{\infty}\ni_m\sum_{n=1}^{\infty}\frac{J_{m\dot{o}}(\xi_n r)}{J'^2_{m\dot{o}}(\xi_n a)}\int_0^t\left\{\left(\frac{\eta_z}{2d}\right)\Theta'_2\left(\frac{\pi z}{2d},e^{-\left(\frac{\pi}{d}\right)^2\eta_z\tau}\right)\overline{\overline{\psi}}_0(\xi_n,m,t-\tau;\theta)+\right.$$

$$\left.+\left(\frac{1}{\phi c_t}\right)\Theta_1\left(\frac{\pi z}{2d},e^{-\left(\frac{\pi}{d}\right)^2\eta_z\tau}\right)\overline{\overline{\psi}}_d(\xi_n,m,t-\tau;\theta)\right\}e^{-\eta_r\xi_n^2\tau}d\tau+$$

$$+\frac{1}{\pi a^2 d}\sum_{m=0}^{\infty}\ni_m\sum_{n=1}^{\infty}\frac{J_{m\dot{o}}(\xi_n r)e^{-\eta_r\xi_n^2 t}}{J'^2_{m\dot{o}}(\xi_n a)}\times$$

$$\times\int_0^d\overline{\overline{\varphi}}(\xi_n,m,w;\theta)\left[\Theta_2\left\{\frac{\pi(z-w)}{2d},e^{-\left(\frac{\pi}{d}\right)^2\eta_z t}\right\}-\Theta_2\left\{\frac{\pi(z+w)}{2d},e^{-\left(\frac{\pi}{d}\right)^2\eta_z t}\right\}\right]dw\qquad(25.13.2)$$

where $\overline{\psi}_a(m,w,t;\theta)=\int_0^{2\pi}\psi_a(v,w,t)\cos\{m(\theta-v)\}dv,$
$\overline{\overline{\psi}}_0(\xi_n,m,t;\theta)=\int_0^a uJ_{m\dot{o}}(\xi_n u)\int_0^{2\pi}\psi_0(u,v,t)\cos\{m(\theta-v)\}dvdu$, and
$\overline{\overline{\psi}}_d(\xi_n,m,t;\theta)=\int_0^a uJ_{m\dot{o}}(\xi_n u)\int_0^{2\pi}\psi_d(u,v,t)\cos\{m(\theta-v)\}dvdu.$

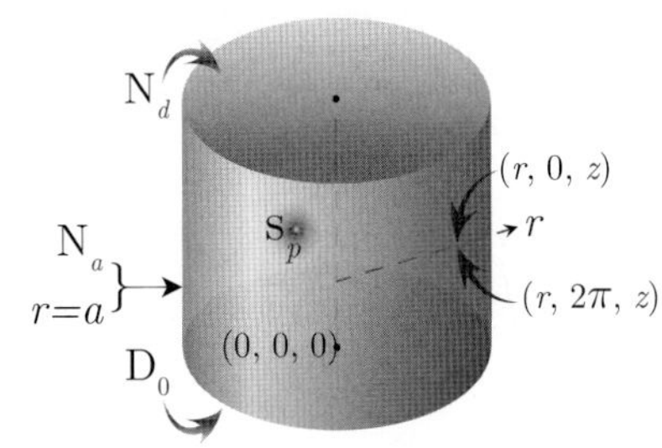

25.14 **The problem of 25.13, except**
$\mathbf{N_a} \equiv \frac{\partial p(a,\theta,z,t)}{\partial r} = -\left(\frac{\mu}{k_r}\right)\psi_a(\theta,z,t)$,
$\mathbf{D_0} \equiv p(r,\theta,0,t) = \psi_0(r,\theta,t)$ **and**
$\mathbf{N_d} \equiv \frac{\partial p(r,\theta,d,t)}{\partial z} = -\left(\frac{\mu}{k_z}\right)\psi_d(r,\theta,t)$

$$\begin{aligned}
\overline{p} &= \frac{q(s)\,e^{-st_0}}{\pi a^2\phi c_t\sqrt{\eta_z}}\sum_{m=0}^{\infty}\ni_m\cos\{m(\theta-\theta_0)\}\sum_{n=0}^{\infty}\frac{J_{m\dot{o}}(\xi_n r_0)\,J_{m\dot{o}}(\xi_n r)\,\text{sech}\left(d\sqrt{\frac{\eta_r\xi_n^2+s}{\eta_z}}\right)}{\left\{1-\left(\frac{m\dot{o}}{\xi_n a}\right)^2\right\}J_{m\dot{o}}^2(\xi_n a)\sqrt{(\eta_r\xi_n^2+s)}}\times\\
&\times\left[\sinh\left\{(d-|z-z_0|)\sqrt{\frac{\eta_r\xi_n^2+s}{\eta_z}}\right\}-\sinh\left\{(d-z-z_0)\sqrt{\frac{\eta_r\xi_n^2+s}{\eta_z}}\right\}\right]-\\
&-\frac{1}{\pi a\phi c_t\sqrt{\eta_z}}\sum_{m=0}^{\infty}\ni_m\sum_{n=0}^{\infty}\frac{J_{m\dot{o}}(\xi_n r)\,\text{sech}\left(d\sqrt{\frac{\eta_r\xi_n^2+s}{\eta_z}}\right)}{\left\{1-\left(\frac{m\dot{o}}{\xi_n a}\right)^2\right\}J_{m\dot{o}}(\xi_n a)\sqrt{\eta_r\xi_n^2+s}}\times\\
&\times\int_0^d\overline{\overline{\psi}}_a(m,w,s;\theta)\left[\sinh\left\{(d-|z-w|)\sqrt{\frac{\eta_r\xi_n^2+s}{\eta_z}}\right\}-\sinh\left\{(d-z-w)\sqrt{\frac{\eta_r\xi_n^2+s}{\eta_z}}\right\}\right]dw+\\
&+\frac{2}{\pi a^2}\sum_{m=0}^{\infty}\ni_m\sum_{n=0}^{\infty}\frac{J_{m\dot{o}}(\xi_n r)\,\text{sech}\left(d\sqrt{\frac{\eta_r\xi_n^2+s}{\eta_z}}\right)}{\left\{1-\left(\frac{m\dot{o}}{\xi_n a}\right)^2\right\}J_{m\dot{o}}^2(\xi_n a)}\times\\
&\times\left[\overline{\overline{\psi}}_0(\xi_n,m,s;\theta)\cosh\left\{(d-z)\sqrt{\frac{\eta_r\xi_n^2+s}{\eta_z}}\right\}+\frac{\overline{\overline{\psi}}_d(\xi_n,m,s;\theta)}{\phi c_t\sqrt{\eta_z(\eta_r\xi_n^2+s)}}\sinh\left\{z\sqrt{\frac{\eta_r\xi_n^2+s}{\eta_z}}\right\}\right]+\\
&+\frac{1}{\pi a^2\sqrt{\eta_z}}\sum_{m=0}^{\infty}\ni_m\sum_{n=0}^{\infty}\frac{J_{m\dot{o}}(\xi_n r)\,\text{sech}\left(d\sqrt{\frac{\eta_r\xi_n^2+s}{\eta_z}}\right)}{\left\{1-\left(\frac{m\dot{o}}{\xi_n a}\right)^2\right\}J_{m\dot{o}}^2(\xi_n a)\sqrt{\eta_r\xi_n^2+s}}\times\\
&\times\int_0^d\overline{\overline{\varphi}}(\xi_n,m,w;\theta)\left[\sinh\left\{(d-|z-w|)\sqrt{\frac{\eta_r\xi_n^2+s}{\eta_z}}\right\}-\sinh\left\{(d-z-w)\sqrt{\frac{\eta_r\xi_n^2+s}{\eta_z}}\right\}\right]dw \qquad (25.14.1)
\end{aligned}$$

where ξ_n are the positive roots of $J'_{m\dot{o}}(\xi_n a)=0$, $n=1,2,...,$
$\overline{\overline{\psi}}_0(\xi_n,m,s;\theta)=\int_0^a uJ_{m\dot{o}}(\xi_n u)\int_0^{2\pi}\overline{\psi}_0(u,v,s)\cos\{m(\theta-v)\}dvdu$,
$\overline{\overline{\psi}}_d(\xi_n,m,s;\theta)=\int_0^a uJ_{m\dot{o}}(\xi_n u)\int_0^{2\pi}\overline{\psi}_d(u,v,s)\cos\{m(\theta-v)\}dvdu$,
$\overline{\overline{\psi}}_a(m,w,s;\theta)=\int_0^{2\pi}\overline{\psi}_a(v,w,s)\cos\{m(\theta-v)\}dv$,
and $\overline{\overline{\varphi}}(\xi_n,m,w;\theta)=\int_0^a uJ_{m\dot{o}}(\xi_n u)\int_0^{2\pi}\varphi(u,v,w)\cos\{m(\theta-v)\}dvdu$.

$$\begin{aligned}
p &= \frac{U(t-t_0)}{\pi a^2 d\phi c_t}\sum_{m=0}^{\infty}\ni_m\cos\{m(\theta-\theta_0)\}\sum_{n=0}^{\infty}\frac{J_{m\dot{o}}(\xi_n r_0)\,J_{m\dot{o}}(\xi_n r)}{\left\{1-\left(\frac{m\dot{o}}{\xi_n a}\right)^2\right\}J_{m\dot{o}}^2(\xi_n a)}\times\\
&\times\int_0^{t-t_0}q(t-t_0-\tau)\left[\Theta_2\left\{\frac{\pi(z-z_0)}{2d},e^{-\left(\frac{\pi}{d}\right)^2\eta_z\tau}\right\}-\Theta_2\left\{\frac{\pi(z+z_0)}{2d},e^{-\left(\frac{\pi}{d}\right)^2\eta_z\tau}\right\}\right]e^{-\eta_r\xi_n^2\tau}d\tau-
\end{aligned}$$

$$-\frac{1}{\pi a d \phi c_t}\sum_{m=0}^{\infty}\ni_m\sum_{n=0}^{\infty}\frac{J_{m\dot{o}}(\xi_n r)}{\left\{1-\left(\frac{m\dot{o}}{\xi_n a}\right)^2\right\}J_{m\dot{o}}(\xi_n a)}\times$$

$$\times\int_0^t e^{-\eta_r\xi_n^2\tau}\int_0^d\overline{\psi}_a(m,w,t-\tau;\theta)\left[\Theta_2\left\{\frac{\pi(z-w)}{2d},e^{-\left(\frac{\pi}{d}\right)^2\eta_z\tau}\right\}-\Theta_2\left\{\frac{\pi(z+w)}{2d},e^{-\left(\frac{\pi}{d}\right)^2\eta_z\tau}\right\}\right]dwd\tau-$$

$$-\frac{2}{\pi a^2 d}\sum_{m=0}^{\infty}\ni_m\sum_{n=0}^{\infty}\frac{J_{m\dot{o}}(\xi_n r)}{\left\{1-\left(\frac{m\dot{o}}{\xi_n a}\right)^2\right\}J_{m\dot{o}}^2(\xi_n a)}\int_0^t\left\{\left(\frac{\eta_z}{2d}\right)\Theta_2'\left(\frac{\pi z}{2d},e^{-\left(\frac{\pi}{d}\right)^2\eta_z\tau}\right)\overline{\overline{\psi}}_0(\xi_n,m,t-\tau;\theta)+\right.$$

$$\left.+\left(\frac{1}{\phi c_t}\right)\Theta_1\left(\frac{\pi z}{2d},e^{-\left(\frac{\pi}{d}\right)^2\eta_z\tau}\right)\overline{\overline{\psi}}_d(\xi_n,m,t-\tau;\theta)\right\}e^{-\eta_r\xi_n^2\tau}d\tau+$$

$$+\frac{1}{\pi a^2 d}\sum_{m=0}^{\infty}\ni_m\sum_{n=0}^{\infty}\frac{J_{m\dot{o}}(\xi_n r)\,e^{-\eta_r\xi_n^2 t}}{\left\{1-\left(\frac{m\dot{o}}{\xi_n a}\right)^2\right\}J_{m\dot{o}}^2(\xi_n a)}\times$$

$$\times\int_0^d\overline{\overline{\varphi}}(\xi_n,m,w;\theta)\left[\Theta_2\left\{\frac{\pi(z-w)}{2d},e^{-\left(\frac{\pi}{d}\right)^2\eta_z t}\right\}-\Theta_2\left\{\frac{\pi(z+w)}{2d},e^{-\left(\frac{\pi}{d}\right)^2\eta_z t}\right\}\right]dw \qquad (25.14.2)$$

where $\overline{\psi}_a(m,w,t;\theta)=\int_0^{2\pi}\psi_a(v,w,t)\cos\{m(\theta-v)\}dv$,
$\overline{\overline{\psi}}_0(\xi_n,m,t;\theta)=\int_0^a uJ_{m\dot{o}}(\xi_n u)\int_0^{2\pi}\psi_0(u,v,t)\cos\{m(\theta-v)\}dvdu$, and
$\overline{\overline{\psi}}_d(\xi_n,m,t;\theta)=\int_0^a uJ_{m\dot{o}}(\xi_n u)\int_0^{2\pi}\psi_d(u,v,t)\cos\{m(\theta-v)\}dvdu$.

25.15

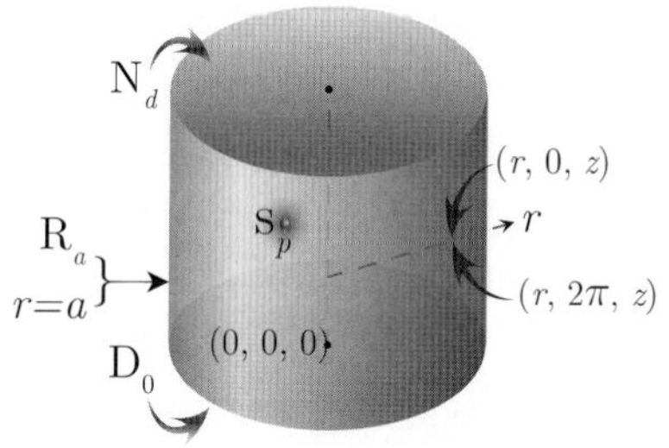

The problem of 25.13, except
$\mathbf{R_a}\equiv\frac{\partial p(a,\theta,z,t)}{\partial r}+\lambda p(a,\theta,z,t)=-\left(\frac{\mu}{k_r}\right)\psi_a(\theta,z,t)$,
$\mathbf{D_0}\equiv p(r,\theta,0,t)=\psi_0(r,\theta,t)$ **and**
$\mathbf{N_d}\equiv\frac{\partial p(r,\theta,d,t)}{\partial z}=-\left(\frac{\mu}{k_z}\right)\psi_d(r,\theta,t)$

$$\overline{p}=\frac{q(s)\,e^{-st_0}}{\pi a^2\phi c_t\sqrt{\eta_z}}\sum_{m=0}^{\infty}\ni_m\cos\{m(\theta-\theta_0)\}\sum_{n=1}^{\infty}\frac{J_{m\dot{o}}(\xi_n r_0)\,J_{m\dot{o}}(\xi_n r)\operatorname{sech}\left(d\sqrt{\frac{\eta_r\xi_n^2+s}{\eta_z}}\right)}{\left[\left\{1-\left(\frac{m\dot{o}}{\xi_n a}\right)^2\right\}J_{m\dot{o}}^2(\xi_n a)+J_{m\dot{o}}'^2(\xi_n a)\right]\sqrt{(\eta_r\xi_n^2+s)}}\times$$

$$\times\left[\sinh\left\{(d-|z-z_0|)\sqrt{\frac{\eta_r\xi_n^2+s}{\eta_z}}\right\}-\sinh\left\{(d-z-z_0)\sqrt{\frac{\eta_r\xi_n^2+s}{\eta_z}}\right\}\right]-$$

$$-\frac{1}{\pi a\phi c_t\sqrt{\eta_z}}\sum_{m=0}^{\infty}\ni_m\sum_{n=1}^{\infty}\frac{J_{m\dot{o}}(\xi_n r)\operatorname{sech}\left(d\sqrt{\frac{\eta_r\xi_n^2+s}{\eta_z}}\right)}{\left[\left\{1-\left(\frac{m\dot{o}}{\xi_n a}\right)^2\right\}J_{m\dot{o}}^2(\xi_n a)+J_{m\dot{o}}'^2(\xi_n a)\right]\sqrt{\eta_r\xi_n^2+s}}\times$$

$$\times\int_0^d\overline{\overline{\psi}}_a(m,w,s;\theta)\left[\sinh\left\{(d-|z-w|)\sqrt{\frac{\eta_r\xi_n^2+s}{\eta_z}}\right\}-\sinh\left\{(d-z-w)\sqrt{\frac{\eta_r\xi_n^2+s}{\eta_z}}\right\}\right]dw+$$

$$+\frac{2}{\pi a^2}\sum_{m=0}^{\infty}\ni_m\sum_{n=1}^{\infty}\frac{J_{m\dot{o}}(\xi_n r)\operatorname{sech}\left(d\sqrt{\frac{\eta_r\xi_n^2+s}{\eta_z}}\right)}{\left[\left\{1-\left(\frac{m\dot{o}}{\xi_n a}\right)^2\right\}J_{m\dot{o}}^2(\xi_n a)+J_{m\dot{o}}'^2(\xi_n a)\right]}\times$$

$$\times\left[\overline{\overline{\overline{\psi}}}_0(\xi_n,m,s;\theta)\cosh\left\{(d-z)\sqrt{\frac{\eta_r\xi_n^2+s}{\eta_z}}\right\}+\frac{\overline{\overline{\overline{\psi}}}_d(\xi_n,m,s;\theta)}{\phi c_t\sqrt{\eta_z\left(\eta_r\xi_n^2+s\right)}}\sinh\left\{z\sqrt{\frac{\eta_r\xi_n^2+s}{\eta_z}}\right\}\right]+$$

$$+\frac{1}{\pi a^2\sqrt{\eta_z}}\sum_{m=0}^{\infty}\ni_m\sum_{n=1}^{\infty}\frac{J_{m\dot{o}}(\xi_n r)\operatorname{sech}\left(d\sqrt{\frac{\eta_r\xi_n^2+s}{\eta_z}}\right)}{\left[\left\{1-\left(\frac{m\dot{o}}{\xi_n a}\right)^2\right\}J_{m\dot{o}}^2(\xi_n a)+J_{m\dot{o}}'^2(\xi_n a)\right]\sqrt{\eta_r\xi_n^2+s}}\times$$

$$\times\int_0^d\overline{\overline{\varphi}}(\xi_n,m,w;\theta)\left[\sinh\left\{(d-|z-w|)\sqrt{\frac{\eta_r\xi_n^2+s}{\eta_z}}\right\}-\sinh\left\{(d-z-w)\sqrt{\frac{\eta_r\xi_n^2+s}{\eta_z}}\right\}\right]dw \quad (25.15.1)$$

where ξ_n are the positive roots of $\xi_n J_{m\dot{o}}'(\xi_n a)+\lambda J_{m\dot{o}}(\xi_n a)=0$, $n=1,2,...$,
$\overline{\overline{\overline{\psi}}}_0(\xi_n,m,s;\theta)=\int_0^a uJ_{m\dot{o}}(\xi_n u)\int_0^{2\pi}\overline{\psi}_0(u,v,s)\cos\{m(\theta-v)\}dvdu$,
$\overline{\overline{\overline{\psi}}}_d(\xi_n,m,s;\theta)=\int_0^a uJ_{m\dot{o}}(\xi_n u)\int_0^{2\pi}\overline{\psi}_d(u,v,s)\cos\{m(\theta-v)\}dvdu$,
$\overline{\overline{\psi}}_a(m,w,s;\theta)=\int_0^{2\pi}\overline{\psi}_a(v,w,s)\cos\{m(\theta-v)\}dv$, and
$\overline{\overline{\varphi}}(\xi_n,m,w;\theta)=\int_0^a uJ_{m\dot{o}}(\xi_n u)\int_0^{2\pi}\varphi(u,v,w)\cos\{m(\theta-v)\}dvdu$.

$$p=\frac{U(t-t_0)}{\pi a^2 d\phi c_t}\sum_{m=0}^{\infty}\ni_m\cos\{m(\theta-\theta_0)\}\sum_{n=1}^{\infty}\frac{J_{m\dot{o}}(\xi_n r_0)J_{m\dot{o}}(\xi_n r)}{\left[\left\{1-\left(\frac{m\dot{o}}{\xi_n a}\right)^2\right\}J_{m\dot{o}}^2(\xi_n a)+J_{m\dot{o}}'^2(\xi_n a)\right]}\times$$

$$\times\int_0^{t-t_0}q(t-t_0-\tau)\left[\Theta_2\left\{\frac{\pi(z-z_0)}{2d},e^{-\left(\frac{\pi}{d}\right)^2\eta_z\tau}\right\}-\Theta_2\left\{\frac{\pi(z+z_0)}{2d},e^{-\left(\frac{\pi}{d}\right)^2\eta_z\tau}\right\}\right]e^{-\eta_r\xi_n^2\tau}d\tau-$$

$$-\frac{1}{\pi a d\phi c_t}\sum_{m=0}^{\infty}\ni_m\sum_{n=1}^{\infty}\frac{J_{m\dot{o}}(\xi_n r)}{\left[\left\{1-\left(\frac{m\dot{o}}{\xi_n a}\right)^2\right\}J_{m\dot{o}}^2(\xi_n a)+J_{m\dot{o}}'^2(\xi_n a)\right]}\times$$

$$\times\int_0^t e^{-\eta_r\xi_n^2\tau}\int_0^d\overline{\psi}_a(m,w,t-\tau;\theta)\left[\Theta_2\left\{\frac{\pi(z-w)}{2d},e^{-\left(\frac{\pi}{d}\right)^2\eta_z\tau}\right\}-\Theta_2\left\{\frac{\pi(z+w)}{2d},e^{-\left(\frac{\pi}{d}\right)^2\eta_z\tau}\right\}\right]dwd\tau-$$

$$-\frac{2}{\pi a^2 d}\sum_{m=0}^{\infty}\ni_m\sum_{n=1}^{\infty}\frac{J_{m\dot{o}}(\xi_n r)}{\left[\left\{1-\left(\frac{m\dot{o}}{\xi_n a}\right)^2\right\}J_{m\dot{o}}^2(\xi_n a)+J_{m\dot{o}}'^2(\xi_n a)\right]}\int_0^t\left\{\left(\frac{\eta_z}{2d}\right)\Theta_2'\left(\frac{\pi z}{2d},e^{-\left(\frac{\pi}{d}\right)^2\eta_z\tau}\right)\overline{\overline{\psi}}_0(\xi_n,m,t-\tau;\theta)+\right.$$

$$\left.+\left(\frac{1}{\phi c_t}\right)\Theta_1\left(\frac{\pi z}{2d},e^{-\left(\frac{\pi}{d}\right)^2\eta_z\tau}\right)\overline{\overline{\psi}}_d(\xi_n,m,t-\tau;\theta)\right\}e^{-\eta_r\xi_n^2\tau}d\tau+$$

$$+\frac{1}{\pi a^2 d}\sum_{m=0}^{\infty}\ni_m\sum_{n=1}^{\infty}\frac{J_{m\dot{o}}(\xi_n r)e^{-\eta_r\xi_n^2 t}}{\left[\left\{1-\left(\frac{m\dot{o}}{\xi_n a}\right)^2\right\}J_{m\dot{o}}^2(\xi_n a)+J_{m\dot{o}}'^2(\xi_n a)\right]}\times$$

$$\times\int_0^d\overline{\overline{\varphi}}(\xi_n,m,w;\theta)\left[\Theta_2\left\{\frac{\pi(z-w)}{2d},e^{-\left(\frac{\pi}{d}\right)^2\eta_z t}\right\}-\Theta_2\left\{\frac{\pi(z+w)}{2d},e^{-\left(\frac{\pi}{d}\right)^2\eta_z t}\right\}\right]dw \quad (25.15.2)$$

where $\overline{\psi}_a(m,w,t;\theta)=\int_0^{2\pi}\psi_a(v,w,t)\cos\{m(\theta-v)\}dv$,
$\overline{\overline{\psi}}_0(\xi_n,m,t;\theta)=\int_0^a uJ_{m\dot{o}}(\xi_n u)\int_0^{2\pi}\psi_0(u,v,t)\cos\{m(\theta-v)\}dvdu$, and
$\overline{\overline{\psi}}_d(\xi_n,m,t;\theta)=\int_0^a uJ_{m\dot{o}}(\xi_n u)\int_0^{2\pi}\psi_d(u,v,t)\cos\{m(\theta-v)\}dvdu$.

25.16

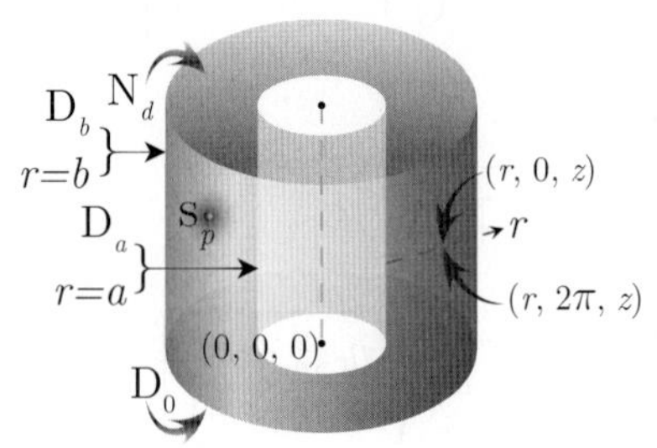

A cylindrical continuum bounded by $a \le r \le b$ and $0 \le z \le d$. Point source at $s_p \equiv (r_0, \theta_0, z_0)$ at time $t = t_0$; $a < r_0 < b$, $0 \le \theta_0 \le 2\pi$, $0 < z_0 < d$, $t_0 \ge 0$. $D_0 \equiv p(r,\theta,0,t) = \psi_0(r,\theta,t)$, $N_d \equiv \frac{\partial p(r,\theta,d,t)}{\partial z} = -\left(\frac{\mu}{k_z}\right)\psi_d(r,\theta,t)$, $D_a \equiv p(a,\theta,z,t) = \psi_a(\theta,z,t)$ and $D_b \equiv p(b,\theta,z,t) = \psi_b(\theta,z,t)$. $p(r,\theta,z,0) = \varphi(r,\theta,z)$

$$
\begin{aligned}
\overline{p} = {} & \frac{\pi q(s)\, e^{-st_0}}{4\phi c_t\sqrt{\eta_z}} \sum_{m=0}^{\infty} \ni_m \cos\{m(\theta-\theta_0)\} \sum_{n=1}^{\infty} \frac{\xi_n^2 J_{m\dot{o}}^2(\xi_n b)\, \mathcal{V}_{\mathcal{D}m\dot{o}}(\xi r_0, a)\, \mathcal{V}_{\mathcal{D}m\dot{o}}(\xi r, a) \operatorname{sech}\left(d\sqrt{\frac{\eta_r\xi_n^2+s}{\eta_z}}\right)}{\{J_{m\dot{o}}^2(\xi_n a) - J_{m\dot{o}}^2(\xi_n b)\}\sqrt{(\eta_r\xi_n^2+s)}} \times \\
& \times \left[\sinh\left\{(d-|z-z_0|)\sqrt{\frac{\eta_r\xi_n^2+s}{\eta_z}}\right\} - \sinh\left\{(d-z-z_0)\sqrt{\frac{\eta_r\xi_n^2+s}{\eta_z}}\right\}\right] - \\
& - \frac{\eta_r}{2\sqrt{\eta_z}} \sum_{m=0}^{\infty} \ni_m \sum_{n=1}^{\infty} \frac{\xi_n^2 J_{m\dot{o}}^2(\xi_n b)\, \mathcal{V}_{\mathcal{D}m\dot{o}}(\xi r, a) \operatorname{sech}\left(d\sqrt{\frac{\eta_r\xi_n^2+s}{\eta_z}}\right)}{\{J_{m\dot{o}}^2(\xi_n a) - J_{m\dot{o}}^2(\xi_n b)\}\sqrt{\eta_r\xi_n^2+s}} \times \\
& \times \int_0^d \overline{\overline{\psi}}_a(m,w,s;\theta) \left[\sinh\left\{(d-|z-w|)\sqrt{\frac{\eta_r\xi_n^2+s}{\eta_z}}\right\} - \sinh\left\{(d-z-w)\sqrt{\frac{\eta_r\xi_n^2+s}{\eta_z}}\right\}\right] dw + \\
& + \frac{\eta_r}{2\sqrt{\eta_z}} \sum_{m=0}^{\infty} \ni_m \sum_{n=1}^{\infty} \frac{\xi_n^2 J_{m\dot{o}}(\xi_n a)\, J_{m\dot{o}}(\xi_n b)\, \mathcal{V}_{\mathcal{D}m\dot{o}}(\xi r, a) \operatorname{sech}\left(d\sqrt{\frac{\eta_r\xi_n^2+s}{\eta_z}}\right)}{\{J_{m\dot{o}}^2(\xi_n a) - J_{m\dot{o}}^2(\xi_n b)\}\sqrt{\eta_r\xi_n^2+s}} \times \\
& \times \int_0^d \overline{\overline{\psi}}_b(m,w,s;\theta) \left[\sinh\left\{(d-|z-w|)\sqrt{\frac{\eta_r\xi_n^2+s}{\eta_z}}\right\} - \sinh\left\{(d-z-w)\sqrt{\frac{\eta_r\xi_n^2+s}{\eta_z}}\right\}\right] dw + \\
& + \frac{\pi}{2} \sum_{m=0}^{\infty} \ni_m \sum_{n=1}^{\infty} \frac{\xi_n^2 J_{m\dot{o}}^2(\xi_n b)\, \mathcal{V}_{\mathcal{D}m\dot{o}}(\xi r, a) \operatorname{sech}\left(d\sqrt{\frac{\eta_r\xi_n^2+s}{\eta_z}}\right)}{\{J_{m\dot{o}}^2(\xi_n a) - J_{m\dot{o}}^2(\xi_n b)\}} \times \\
& \times \left[\overline{\overline{\overline{\psi}}}_0(\xi_n,m,s;\theta) \cosh\left\{(d-z)\sqrt{\frac{\eta_r\xi_n^2+s}{\eta_z}}\right\} + \frac{\overline{\overline{\overline{\psi}}}_d(\xi_n,m,s;\theta)}{\phi c_t\sqrt{\eta_z(\eta_r\xi_n^2+s)}} \sinh\left\{z\sqrt{\frac{\eta_r\xi_n^2+s}{\eta_z}}\right\}\right] + \\
& + \frac{\pi}{4\sqrt{\eta_z}} \sum_{m=0}^{\infty} \ni_m \sum_{n=1}^{\infty} \frac{\xi_n^2 J_{m\dot{o}}^2(\xi_n b)\, \mathcal{V}_{\mathcal{D}m\dot{o}}(\xi r, a) \operatorname{sech}\left(d\sqrt{\frac{\eta_r\xi_n^2+s}{\eta_z}}\right)}{\{J_{m\dot{o}}^2(\xi_n a) - J_{m\dot{o}}^2(\xi_n b)\}\sqrt{\eta_r\xi_n^2+s}} \times \\
& \times \int_0^d \overline{\overline{\varphi}}(\xi_n,m,w;\theta) \left[\sinh\left\{(d-|z-w|)\sqrt{\frac{\eta_r\xi_n^2+s}{\eta_z}}\right\} - \sinh\left\{(d-z-w)\sqrt{\frac{\eta_r\xi_n^2+s}{\eta_z}}\right\}\right] dw \qquad (25.16.1)
\end{aligned}
$$

where $\mathcal{V}_{\mathcal{D}m\dot{o}}(\xi_n r, a) = J_{m\dot{o}}(\xi_n r)\, Y_{m\dot{o}}(\xi_n a) - Y_{m\dot{o}}(\xi_n r)\, J_{m\dot{o}}(\xi_n a)$, and the eigenvalues $\xi_n, n = 1, 2, ...$, are the positive roots of the transcendental equation $\mathcal{V}_{\mathcal{D}m\dot{o}}(\xi_n b, a) = 0$,
$\overline{\overline{\overline{\psi}}}_0(\xi_n,m,s;\theta) = \int_a^b u\mathcal{V}_{\mathcal{D}m\dot{o}}(\xi_n u, a) \int_0^{2\pi} \overline{\psi}_0(u,v,s) \cos\{m(\theta-v)\} dv du$,
$\overline{\overline{\overline{\psi}}}_d(\xi_n,m,s;\theta) = \int_a^b u\mathcal{V}_{\mathcal{D}m\dot{o}}(\xi_n u, a) \int_0^{2\pi} \overline{\psi}_d(u,v,s) \cos\{m(\theta-v)\} dv du$,
$\overline{\overline{\psi}}_a(m,w,s;\theta) = \int_0^{2\pi} \overline{\psi}_a(v,w,s) \cos\{m(\theta-v)\} dv$, $\overline{\overline{\psi}}_b(m,w,s;\theta) = \int_0^{2\pi} \overline{\psi}_b(v,w,s) \cos\{m(\theta-v)\} dv$, and

$\overline{\overline{\varphi}}(\xi_n, m, w; \theta) = \int_a^b u\mathcal{V}_{\mathcal{D}m\dot{o}}(\xi_n u, a) \int_0^{2\pi} \varphi(u, v, w) \cos\{m(\theta - v)\} dv du.$

$$p = \frac{U(t-t_0)\pi}{4\phi c_t d} \sum_{m=0}^{\infty} \ni_m \cos\{m(\theta-\theta_0)\} \sum_{n=1}^{\infty} \frac{\xi_n^2 J_{m\dot{o}}^2(\xi_n b) \mathcal{V}_{\mathcal{D}m\dot{o}}(\xi r_0, a) \mathcal{V}_{\mathcal{D}m\dot{o}}(\xi r, a)}{\{J_{m\dot{o}}^2(\xi_n a) - J_{m\dot{o}}^2(\xi_n b)\}} \times$$

$$\times \int_0^{t-t_0} q(t-t_0-\tau) \left[\Theta_2\left\{\frac{\pi(z-z_0)}{2d}, e^{-\left(\frac{\pi}{d}\right)^2 \eta_z \tau}\right\} - \Theta_2\left\{\frac{\pi(z+z_0)}{2d}, e^{-\left(\frac{\pi}{d}\right)^2 \eta_z \tau}\right\}\right] e^{-\eta_r \xi_n^2 \tau} d\tau -$$

$$-\frac{\eta_r}{2d} \sum_{m=0}^{\infty} \ni_m \sum_{n=1}^{\infty} \frac{\xi_n^2 J_{m\dot{o}}^2(\xi_n b) \mathcal{V}_{\mathcal{D}m\dot{o}}(\xi r, a)}{\{J_{m\dot{o}}^2(\xi_n a) - J_{m\dot{o}}^2(\xi_n b)\}} \times$$

$$\times \int_0^t e^{-\eta_r \xi_n^2 \tau} \int_0^d \overline{\psi}_a(m, w, t-\tau; \theta) \left[\Theta_2\left\{\frac{\pi(z-w)}{2d}, e^{-\left(\frac{\pi}{d}\right)^2 \eta_z \tau}\right\} - \Theta_2\left\{\frac{\pi(z+w)}{2d}, e^{-\left(\frac{\pi}{d}\right)^2 \eta_z \tau}\right\}\right] dw d\tau +$$

$$+\frac{\eta_r}{2d} \sum_{m=0}^{\infty} \ni_m \sum_{n=1}^{\infty} \frac{\xi_n^2 J_{m\dot{o}}(\xi_n a) J_{m\dot{o}}(\xi_n b) \mathcal{V}_{\mathcal{D}m\dot{o}}(\xi r, a)}{\{J_{m\dot{o}}^2(\xi_n a) - J_{m\dot{o}}^2(\xi_n b)\}} \times$$

$$\times \int_0^t e^{-\eta_r \xi_n^2 \tau} \int_0^d \overline{\psi}_b(m, w, t-\tau; \theta) \left[\Theta_2\left\{\frac{\pi(z-w)}{2d}, e^{-\left(\frac{\pi}{d}\right)^2 \eta_z \tau}\right\} - \Theta_2\left\{\frac{\pi(z+w)}{2d}, e^{-\left(\frac{\pi}{d}\right)^2 \eta_z \tau}\right\}\right] dw d\tau -$$

$$-\frac{\pi}{2d} \sum_{m=0}^{\infty} \ni_m \sum_{n=1}^{\infty} \frac{\xi_n^2 J_{m\dot{o}}^2(\xi_n b) \mathcal{V}_{\mathcal{D}m\dot{o}}(\xi r, a)}{\{J_{m\dot{o}}^2(\xi_n a) - J_{m\dot{o}}^2(\xi_n b)\}} \int_0^t \left\{\left(\frac{\eta_z}{2d}\right) \Theta_2'\left(\frac{\pi z}{2d}, e^{-\left(\frac{\pi}{d}\right)^2 \eta_z \tau}\right) \overline{\overline{\psi}}_0(\xi_n, m, t-\tau; \theta) + \right.$$

$$\left. + \left(\frac{1}{\phi c_t}\right) \Theta_1\left(\frac{\pi z}{2d}, e^{-\left(\frac{\pi}{d}\right)^2 \eta_z \tau}\right) \overline{\overline{\psi}}_d(\xi_n, m, t-\tau; \theta)\right\} e^{-\eta_r \xi_n^2 \tau} d\tau +$$

$$+\frac{\pi}{4d} \sum_{m=0}^{\infty} \ni_m \sum_{n=1}^{\infty} \frac{\xi_n^2 J_{m\dot{o}}^2(\xi_n b) \mathcal{V}_{\mathcal{D}m\dot{o}}(\xi r, a) e^{-\eta_r \xi_n^2 t}}{\{J_{m\dot{o}}^2(\xi_n a) - J_{m\dot{o}}^2(\xi_n b)\}} \times$$

$$\times \int_0^d \overline{\overline{\varphi}}(\xi_n, m, w; \theta) \left[\Theta_2\left\{\frac{\pi(z-w)}{2d}, e^{-\left(\frac{\pi}{d}\right)^2 \eta_z t}\right\} - \Theta_2\left\{\frac{\pi(z+w)}{2d}, e^{-\left(\frac{\pi}{d}\right)^2 \eta_z t}\right\}\right] dw \quad (25.16.2)$$

where $\overline{\psi}_a(m, w, t; \theta) = \int_0^{2\pi} \psi_a(v, w, t) \cos\{m(\theta - v)\} dv$, $\overline{\psi}_b(m, w, t; \theta) = \int_0^{2\pi} \psi_b(v, w, t) \cos\{m(\theta - v)\} dv$, $\overline{\overline{\psi}}_0(\xi_n, m, t; \theta) = \int_a^b u\mathcal{V}_{\mathcal{D}m\dot{o}}(\xi_n u, a) \int_0^{2\pi} \psi_0(u, v, t) \cos\{m(\theta - v)\} dv du$, and $\overline{\overline{\psi}}_d(\xi_n, m, t; \theta) = \int_a^b u\mathcal{V}_{\mathcal{D}m\dot{o}}(\xi_n u, a) \int_0^{2\pi} \psi_d(u, v, t) \cos\{m(\theta - v)\} dv du$.

25.17 The problem of 25.16, except $\mathbf{D}_a \equiv p(a, \theta, z, t) = \psi_a(\theta, z, t)$, $\mathbf{N}_b \equiv \frac{\partial p(b,\theta,z,t)}{\partial r} = -\left(\frac{\mu}{k_r}\right) \psi_b(\theta, z, t)$, $\mathbf{D}_0 \equiv p(r, \theta, 0, t) = \psi_0(r, \theta, t)$ and $\mathbf{N}_d \equiv \frac{\partial p(r,\theta,d,t)}{\partial z} = -\left(\frac{\mu}{k_z}\right) \psi_d(r, \theta, t)$

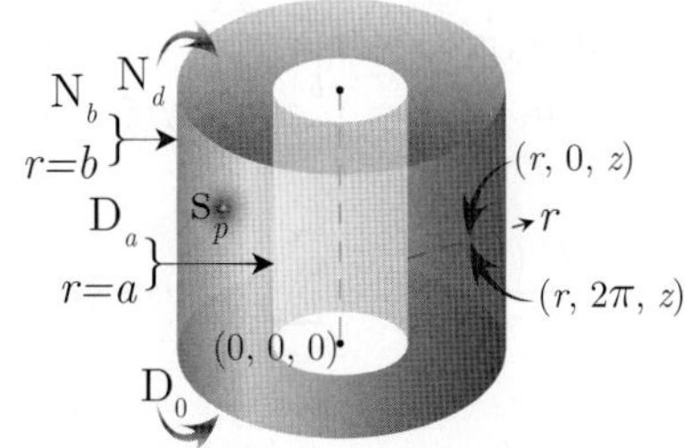

$$\overline{p} = \frac{\pi q(s) e^{-st_0}}{4\phi c_t \sqrt{\eta_z}} \sum_{m=0}^{\infty} \ni_m \cos\{m(\theta-\theta_0)\} \sum_{n=1}^{\infty} \frac{\xi_n^2 J_{m\dot{o}}'^2(\xi_n b) \mathcal{V}_{\mathcal{D}m\dot{o}}(\xi r_0, a) \mathcal{V}_{\mathcal{D}m\dot{o}}(\xi r, a) \operatorname{sech}\left(d\sqrt{\frac{\eta_r \xi_n^2 + s}{\eta_z}}\right)}{\left[\left\{1 - \left(\frac{m\dot{o}}{\xi_n b}\right)^2\right\} J_{m\dot{o}}^2(\xi_n a) - J_{m\dot{o}}'^2(\xi_n b)\right] \sqrt{(\eta_r \xi_n^2 + s)}} \times$$

$$\times \left[\sinh\left\{(d - |z - z_0|)\sqrt{\frac{\eta_r \xi_n^2 + s}{\eta_z}}\right\} - \sinh\left\{(d - z - z_0)\sqrt{\frac{\eta_r \xi_n^2 + s}{\eta_z}}\right\}\right] -$$

$$-\frac{\eta_r}{2\sqrt{\eta_z}}\sum_{m=0}^{\infty}\ni_m\sum_{n=1}^{\infty}\frac{\xi_n^2 J_{m\dot{o}}'^2(\xi_n b)\,\mathcal{V}_{\mathcal{D}m\dot{o}}(\xi r,a)\,\mathrm{sech}\left(d\sqrt{\frac{\eta_r\xi_n^2+s}{\eta_z}}\right)}{\left[\left\{1-\left(\frac{m\dot{o}}{\xi_n b}\right)^2\right\}J_{m\dot{o}}^2(\xi_n a)-J_{m\dot{o}}'^2(\xi_n b)\right]\sqrt{\eta_r\xi_n^2+s}}\times$$

$$\times\int_0^d\overline{\overline{\psi}}_a(m,w,s;\theta)\left[\sinh\left\{(d-|z-w|)\sqrt{\frac{\eta_r\xi_n^2+s}{\eta_z}}\right\}-\sinh\left\{(d-z-w)\sqrt{\frac{\eta_r\xi_n^2+s}{\eta_z}}\right\}\right]dw-$$

$$-\frac{1}{2\phi c_t\sqrt{\eta_z}}\sum_{m=0}^{\infty}\ni_m\sum_{n=1}^{\infty}\frac{\xi_n^2 J_{m\dot{o}}(\xi_n a)\,J_{m\dot{o}}'(\xi_n b)\,\mathcal{V}_{\mathcal{D}m\dot{o}}(\xi r,a)\,\mathrm{sech}\left(d\sqrt{\frac{\eta_r\xi_n^2+s}{\eta_z}}\right)}{\left[\left\{1-\left(\frac{m\dot{o}}{\xi_n b}\right)^2\right\}J_{m\dot{o}}^2(\xi_n a)-J_{m\dot{o}}'^2(\xi_n b)\right]\sqrt{\eta_r\xi_n^2+s}}\times$$

$$\times\int_0^d\overline{\overline{\psi}}_b(m,w,s;\theta)\left[\sinh\left\{(d-|z-w|)\sqrt{\frac{\eta_r\xi_n^2+s}{\eta_z}}\right\}-\sinh\left\{(d-z-w)\sqrt{\frac{\eta_r\xi_n^2+s}{\eta_z}}\right\}\right]dw+$$

$$+\frac{\pi}{2}\sum_{m=0}^{\infty}\ni_m\sum_{n=1}^{\infty}\frac{\xi_n^2 J_{m\dot{o}}'^2(\xi_n b)\,\mathcal{V}_{\mathcal{D}m\dot{o}}(\xi r,a)\,\mathrm{sech}\left(d\sqrt{\frac{\eta_r\xi_n^2+s}{\eta_z}}\right)}{\left[\left\{1-\left(\frac{m\dot{o}}{\xi_n b}\right)^2\right\}J_{m\dot{o}}^2(\xi_n a)-J_{m\dot{o}}'^2(\xi_n b)\right]}\times$$

$$\times\left[\overline{\overline{\overline{\psi}}}_0(\xi_n,m,s;\theta)\cosh\left\{(d-z)\sqrt{\frac{\eta_r\xi_n^2+s}{\eta_z}}\right\}+\frac{\overline{\overline{\overline{\psi}}}_d(\xi_n,m,s;\theta)}{\phi c_t\sqrt{\eta_z}\,(\eta_r\xi_n^2+s)}\sinh\left\{z\sqrt{\frac{\eta_r\xi_n^2+s}{\eta_z}}\right\}\right]+$$

$$+\frac{\pi}{4\sqrt{\eta_z}}\sum_{m=0}^{\infty}\ni_m\sum_{n=1}^{\infty}\frac{\xi_n^2 J_{m\dot{o}}'^2(\xi_n b)\,\mathcal{V}_{\mathcal{D}m\dot{o}}(\xi r,a)\,\mathrm{sech}\left(d\sqrt{\frac{\eta_r\xi_n^2+s}{\eta_z}}\right)}{\left[\left\{1-\left(\frac{m\dot{o}}{\xi_n b}\right)^2\right\}J_{m\dot{o}}^2(\xi_n a)-J_{m\dot{o}}'^2(\xi_n b)\right]\sqrt{\eta_r\xi_n^2+s}}\times$$

$$\times\int_0^d\overline{\overline{\varphi}}(\xi_n,m,w;\theta)\left[\sinh\left\{(d-|z-w|)\sqrt{\frac{\eta_r\xi_n^2+s}{\eta_z}}\right\}-\sinh\left\{(d-z-w)\sqrt{\frac{\eta_r\xi_n^2+s}{\eta_z}}\right\}\right]dw \quad (25.17.1)$$

where $\mathcal{V}_{\mathcal{D}m\dot{o}}(\xi_n r,a)=J_{m\dot{o}}(\xi_n r)\,Y_{m\dot{o}}(\xi_n a)-Y_{m\dot{o}}(\xi_n r)\,J_{m\dot{o}}(\xi_n a)$, and the eigenvalues are ξ_n the positive roots of the transcendental equation $\mathcal{V}_{\mathcal{D}m\dot{o}}'(\xi_n b,a)=0$, $n=1,2,...,$
$\overline{\overline{\overline{\psi}}}_0(\xi_n,m,s;\theta)=\int_a^b u\mathcal{V}_{\mathcal{D}m\dot{o}}(\xi_n u,a)\int_0^{2\pi}\overline{\psi}_0(u,v,s)\cos\{m(\theta-v)\}dvdu$,
$\overline{\overline{\overline{\psi}}}_d(\xi_n,m,s;\theta)=\int_a^b u\mathcal{V}_{\mathcal{D}m\dot{o}}(\xi_n u,a)\int_0^{2\pi}\overline{\psi}_d(u,v,s)\cos\{m(\theta-v)\}dvdu$,
$\overline{\overline{\psi}}_a(m,w,s;\theta)=\int_0^{2\pi}\overline{\psi}_a(v,w,s)\cos\{m(\theta-v)\}dv$, $\overline{\overline{\psi}}_b(m,w,s;\theta)=\int_0^{2\pi}\overline{\psi}_b(v,w,s)\cos\{m(\theta-v)\}dv$, and
$\overline{\overline{\varphi}}(\xi_n,m,w;\theta)=\int_a^b u\mathcal{V}_{\mathcal{D}m\dot{o}}(\xi_n u,a)\int_0^{2\pi}\varphi(u,v,w)\cos\{m(\theta-v)\}dvdu$.

$$p=\frac{U(t-t_0)\,\pi}{4\phi c_t d}\sum_{m=0}^{\infty}\ni_m\cos\{m(\theta-\theta_0)\}\sum_{n=1}^{\infty}\frac{\xi_n^2 J_{m\dot{o}}'^2(\xi_n b)\,\mathcal{V}_{\mathcal{D}m\dot{o}}(\xi r_0,a)\,\mathcal{V}_{\mathcal{D}m\dot{o}}(\xi r,a)}{\left[\left\{1-\left(\frac{m\dot{o}}{\xi_n b}\right)^2\right\}J_{m\dot{o}}^2(\xi_n a)-J_{m\dot{o}}'^2(\xi_n b)\right]}\times$$

$$\times\int_0^{t-t_0}q(t-t_0-\tau)\left[\Theta_2\left\{\frac{\pi(z-z_0)}{2d},e^{-\left(\frac{\pi}{d}\right)^2\eta_z\tau}\right\}-\Theta_2\left\{\frac{\pi(z+z_0)}{2d},e^{-\left(\frac{\pi}{d}\right)^2\eta_z\tau}\right\}\right]e^{-\eta_r\xi_n^2\tau}d\tau-$$

$$-\frac{\eta_r}{2d}\sum_{m=0}^{\infty}\ni_m\sum_{n=1}^{\infty}\frac{\xi_n^2 J_{m\dot{o}}'^2(\xi_n b)\,\mathcal{V}_{\mathcal{D}m\dot{o}}(\xi r,a)}{\left[\left\{1-\left(\frac{m\dot{o}}{\xi_n b}\right)^2\right\}J_{m\dot{o}}^2(\xi_n a)-J_{m\dot{o}}'^2(\xi_n b)\right]}\times$$

$$\times\int_0^t e^{-\eta_r\xi_n^2\tau}\int_0^d\overline{\psi}_a(m,w,t-\tau;\theta)\left[\Theta_2\left\{\frac{\pi(z-w)}{2d},e^{-\left(\frac{\pi}{d}\right)^2\eta_z\tau}\right\}-\Theta_2\left\{\frac{\pi(z+w)}{2d},e^{-\left(\frac{\pi}{d}\right)^2\eta_z\tau}\right\}\right]dwd\tau-$$

$$-\frac{1}{2\phi c_t d}\sum_{m=0}^{\infty}\ni_m\sum_{n=1}^{\infty}\frac{\xi_n^2 J_{m\dot{o}}(\xi_n a)\, J'_{m\dot{o}}(\xi_n b)\,\mathcal{V}_{\mathcal{D}m\dot{o}}(\xi r,a)}{\left[\left\{1-\left(\frac{m\dot{o}}{\xi_n b}\right)^2\right\}J^2_{m\dot{o}}(\xi_n a)-J'^2_{m\dot{o}}(\xi_n b)\right]}\times$$

$$\times\int_0^t e^{-\eta_r\xi_n^2\tau}\int_0^d \overline{\psi}_b(m,w,t-\tau;\theta)\left[\Theta_2\left\{\frac{\pi(z-w)}{2d},e^{-\left(\frac{\pi}{d}\right)^2\eta_z\tau}\right\}-\Theta_2\left\{\frac{\pi(z+w)}{2d},e^{-\left(\frac{\pi}{d}\right)^2\eta_z\tau}\right\}\right]dwd\tau-$$

$$-\frac{\pi}{2d}\sum_{m=0}^{\infty}\ni_m\sum_{n=1}^{\infty}\frac{\xi_n^2 J'^2_{m\dot{o}}(\xi_n b)\,\mathcal{V}_{\mathcal{D}m\dot{o}}(\xi r,a)}{\left[\left\{1-\left(\frac{m\dot{o}}{\xi_n b}\right)^2\right\}J^2_{m\dot{o}}(\xi_n a)-J'^2_{m\dot{o}}(\xi_n b)\right]}\int_0^t\left\{\left(\frac{\eta_z}{2d}\right)\Theta_2'\left(\frac{\pi z}{2d},e^{-\left(\frac{\pi}{d}\right)^2\eta_z\tau}\right)\overline{\overline{\psi}}_0(\xi_n,m,t-\tau;\theta)+\right.$$

$$\left.+\left(\frac{1}{\phi c_t}\right)\Theta_1\left(\frac{\pi z}{2d},e^{-\left(\frac{\pi}{d}\right)^2\eta_z\tau}\right)\overline{\overline{\psi}}_d(\xi_n,m,t-\tau;\theta)\right\}e^{-\eta_r\xi_n^2\tau}d\tau+$$

$$+\frac{\pi}{4d}\sum_{m=0}^{\infty}\ni_m\sum_{n=1}^{\infty}\frac{\xi_n^2 J'^2_{m\dot{o}}(\xi_n b)\,\mathcal{V}_{\mathcal{D}m\dot{o}}(\xi r,a)\,e^{-\eta_r\xi_n^2 t}}{\left[\left\{1-\left(\frac{m\dot{o}}{\xi_n b}\right)^2\right\}J^2_{m\dot{o}}(\xi_n a)-J'^2_{m\dot{o}}(\xi_n b)\right]}\times$$

$$\times\int_0^d\overline{\overline{\varphi}}(\xi_n,m,w;\theta)\left[\Theta_2\left\{\frac{\pi(z-w)}{2d},e^{-\left(\frac{\pi}{d}\right)^2\eta_z t}\right\}-\Theta_2\left\{\frac{\pi(z+w)}{2d},e^{-\left(\frac{\pi}{d}\right)^2\eta_z t}\right\}\right]dw \qquad (25.17.2)$$

where $\overline{\psi}_a(m,w,t;\theta)=\int_0^{2\pi}\psi_a(v,w,t)\cos\{m(\theta-v)\}dv$, $\overline{\psi}_b(m,w,t;\theta)=\int_0^{2\pi}\psi_b(v,w,t)\cos\{m(\theta-v)\}dv$, $\overline{\overline{\psi}}_0(\xi_n,m,t;\theta)=\int_a^b u\mathcal{V}_{\mathcal{D}m\dot{o}}(\xi_n u,a)\int_0^{2\pi}\psi_0(u,v,t)\cos\{m(\theta-v)\}dvdu$, and $\overline{\overline{\psi}}_d(\xi_n,m,t;\theta)=\int_a^b u\mathcal{V}_{\mathcal{D}m\dot{o}}(\xi_n u,a)\int_0^{2\pi}\psi_d(u,v,t)\cos\{m(\theta-v)\}dvdu$.

25.18 **The problem of 25.16, except $\mathbf{D}_a\equiv p(a,\theta,z,t)=\psi_a(\theta,z,t)$, $\mathbf{R}_b\equiv\frac{\partial p(b,\theta,z,t)}{\partial r}+\lambda p(b,\theta,z,t)=-\left(\frac{\mu}{k_r}\right)\psi_b(\theta,z,t)$, $\mathbf{D}_0\equiv p(r,\theta,0,t)=\psi_0(r,\theta,t)$ and $\mathbf{N}_d\equiv\frac{\partial p(r,\theta,d,t)}{\partial z}=-\left(\frac{\mu}{k_z}\right)\psi_d(r,\theta,t)$**

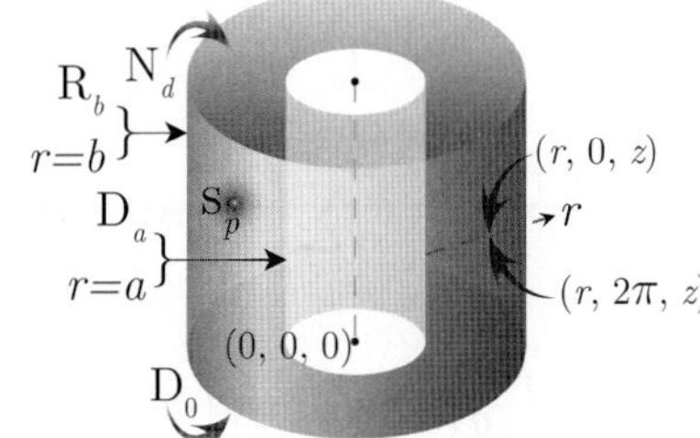

$$\overline{p}=\frac{\pi q(s)\,e^{-st_0}}{4\phi c_t\sqrt{\eta_z}}\sum_{m=0}^{\infty}\ni_m\cos\{m(\theta-\theta_0)\}\times$$

$$\times\sum_{n=1}^{\infty}\frac{\xi_n^2\{\xi_n J'_{m\dot{o}}(\xi_n b)+\lambda J_{m\dot{o}}(\xi_n b)\}^2\mathcal{V}_{\mathcal{D}m\dot{o}}(\xi r_0,a)\,\mathcal{V}_{\mathcal{D}m\dot{o}}(\xi r,a)\,\mathrm{sech}\left(d\sqrt{\frac{\eta_r\xi_n^2+s}{\eta_z}}\right)}{\left[\left\{\xi_n^2+\lambda^2-\left(\frac{m\dot{o}}{b}\right)^2\right\}J^2_{m\dot{o}}(\xi_n a)-\{\xi_n J'_{m\dot{o}}(\xi_n b)+\lambda J_{m\dot{o}}(\xi_n b)\}^2\right]\sqrt{(\eta_r\xi_n^2+s)}}\times$$

$$\times\left[\sinh\left\{(d-|z-z_0|)\sqrt{\frac{\eta_r\xi_n^2+s}{\eta_z}}\right\}-\sinh\left\{(d-z-z_0)\sqrt{\frac{\eta_r\xi_n^2+s}{\eta_z}}\right\}\right]-$$

$$-\frac{\eta_r}{2\sqrt{\eta_z}}\sum_{m=0}^{\infty}\ni_m\sum_{n=1}^{\infty}\frac{\xi_n^2\{\xi_n J'_{m\dot{o}}(\xi_n b)+\lambda J_{m\dot{o}}(\xi_n b)\}^2\mathcal{V}_{\mathcal{D}m\dot{o}}(\xi r,a)\,\mathrm{sech}\left(d\sqrt{\frac{\eta_r\xi_n^2+s}{\eta_z}}\right)}{\left[\left\{\xi_n^2+\lambda^2-\left(\frac{m\dot{o}}{b}\right)^2\right\}J^2_{m\dot{o}}(\xi_n a)-\{\xi_n J'_{m\dot{o}}(\xi_n b)+\lambda J_{m\dot{o}}(\xi_n b)\}^2\right]\sqrt{\eta_r\xi_n^2+s}}\times$$

$$\times\int_0^d\overline{\overline{\psi}}_a(m,w,s;\theta)\left[\sinh\left\{(d-|z-w|)\sqrt{\frac{\eta_r\xi_n^2+s}{\eta_z}}\right\}-\sinh\left\{(d-z-w)\sqrt{\frac{\eta_r\xi_n^2+s}{\eta_z}}\right\}\right]dw-$$

$$-\frac{1}{2\phi c_t\sqrt{\eta_z}}\sum_{m=0}^{\infty}\ni_m\sum_{n=1}^{\infty}\frac{\xi_n^2 J_{m\dot{o}}(\xi_n a)\{\xi_n J'_{m\dot{o}}(\xi_n b)+\lambda J_{m\dot{o}}(\xi_n b)\}\mathcal{V}_{\mathcal{D}m\dot{o}}(\xi r,a)\,\mathrm{sech}\left(d\sqrt{\frac{\eta_r\xi_n^2+s}{\eta_z}}\right)}{\left[\left\{\xi_n^2+\lambda^2-\left(\frac{m\dot{o}}{b}\right)^2\right\}J^2_{m\dot{o}}(\xi_n a)-\{\xi_n J'_{m\dot{o}}(\xi_n b)+\lambda J_{m\dot{o}}(\xi_n b)\}^2\right]\sqrt{\eta_r\xi_n^2+s}}\times$$

$$\times \int_0^d \overline{\overline{\psi}}_b(m,w,s;\theta)\left[\sinh\left\{(d-|z-w|)\sqrt{\frac{\eta_r\xi_n^2+s}{\eta_z}}\right\}-\sinh\left\{(d-z-w)\sqrt{\frac{\eta_r\xi_n^2+s}{\eta_z}}\right\}\right]dw+$$

$$+\frac{\pi}{2}\sum_{m=0}^{\infty}\ni_m\sum_{n=1}^{\infty}\frac{\xi_n^2\{\xi_n J'_{m\dot{o}}(\xi_n b)+\lambda J_{m\dot{o}}(\xi_n b)\}^2\mathcal{V}_{\mathcal{D}m\dot{o}}(\xi r,a)\operatorname{sech}\left(d\sqrt{\frac{\eta_r\xi_n^2+s}{\eta_z}}\right)}{\left[\left\{\xi_n^2+\lambda^2-\left(\frac{m\dot{o}}{b}\right)^2\right\}J^2_{m\dot{o}}(\xi_n a)-\{\xi_n J'_{m\dot{o}}(\xi_n b)+\lambda J_{m\dot{o}}(\xi_n b)\}^2\right]}\times$$

$$\times\left[\overline{\overline{\overline{\psi}}}_0(\xi_n,m,s;\theta)\cosh\left\{(d-z)\sqrt{\frac{\eta_r\xi_n^2+s}{\eta_z}}\right\}+\frac{\overline{\overline{\overline{\psi}}}_d(\xi_n,m,s;\theta)}{\phi c_t\sqrt{\eta_z(\eta_r\xi_n^2+s)}}\sinh\left\{z\sqrt{\frac{\eta_r\xi_n^2+s}{\eta_z}}\right\}\right]+$$

$$+\frac{\pi}{4\sqrt{\eta_z}}\sum_{m=0}^{\infty}\ni_m\sum_{n=1}^{\infty}\frac{\xi_n^2\{\xi_n J'_{m\dot{o}}(\xi_n b)+\lambda J_{m\dot{o}}(\xi_n b)\}^2\mathcal{V}_{\mathcal{D}m\dot{o}}(\xi r,a)\operatorname{sech}\left(d\sqrt{\frac{\eta_r\xi_n^2+s}{\eta_z}}\right)}{\left[\left\{\xi_n^2+\lambda^2-\left(\frac{m\dot{o}}{b}\right)^2\right\}J^2_{m\dot{o}}(\xi_n a)-\{\xi_n J'_{m\dot{o}}(\xi_n b)+\lambda J_{m\dot{o}}(\xi_n b)\}^2\right]\sqrt{\eta_r\xi_n^2+s}}\times$$

$$\times\int_0^d\overline{\overline{\varphi}}(\xi_n,m,w;\theta)\left[\sinh\left\{(d-|z-w|)\sqrt{\frac{\eta_r\xi_n^2+s}{\eta_z}}\right\}-\sinh\left\{(d-z-w)\sqrt{\frac{\eta_r\xi_n^2+s}{\eta_z}}\right\}\right]dw \quad (25.18.1)$$

where $\mathcal{V}_{\mathcal{D}m\dot{o}}(\xi_n r,a)=J_{m\dot{o}}(\xi_n r)Y_{m\dot{o}}(\xi_n a)-Y_{m\dot{o}}(\xi_n r)J_{m\dot{o}}(\xi_n a)$, and the eigenvalues $\xi_n, n=1,2,....$, are the positive roots of the transcendental equation $\xi_n\mathcal{V}'_{\mathcal{D}m\dot{o}}(\xi_n b,a)+\lambda\mathcal{V}_{\mathcal{D}m\dot{o}}(\xi_n b,a)=0$,
$\overline{\overline{\overline{\psi}}}_0(\xi_n,m,s;\theta)=\int_a^b u\mathcal{V}_{\mathcal{D}m\dot{o}}(\xi_n u,a)\int_0^{2\pi}\overline{\psi}_0(u,v,s)\cos\{m(\theta-v)\}dvdu$,
$\overline{\overline{\overline{\psi}}}_d(\xi_n,m,s;\theta)=\int_a^b u\mathcal{V}_{\mathcal{D}m\dot{o}}(\xi_n u,a)\int_0^{2\pi}\overline{\psi}_d(u,v,s)\cos\{m(\theta-v)\}dvdu$,
$\overline{\overline{\psi}}_a(m,w,s;\theta)=\int_0^{2\pi}\overline{\psi}_a(v,w,s)\cos\{m(\theta-v)\}dv$, $\overline{\overline{\psi}}_b(m,w,s;\theta)=\int_0^{2\pi}\overline{\psi}_b(v,w,s)\cos\{m(\theta-v)\}dv$, and
$\overline{\overline{\varphi}}(\xi_n,m,w;\theta)=\int_a^b u\mathcal{V}_{\mathcal{D}m\dot{o}}(\xi_n u,a)\int_0^{2\pi}\varphi(u,v,w)\cos\{m(\theta-v)\}dvdu$.

$$p=\frac{U(t-t_0)\pi}{4\phi c_t d}\sum_{m=0}^{\infty}\ni_m\cos\{m(\theta-\theta_0)\}\sum_{n=1}^{\infty}\frac{\xi_n^2\{\xi_n J'_{m\dot{o}}(\xi_n b)+\lambda J_{m\dot{o}}(\xi_n b)\}^2\mathcal{V}_{\mathcal{D}m\dot{o}}(\xi r_0,a)\mathcal{V}_{\mathcal{D}m\dot{o}}(\xi r,a)}{\left[\left\{\xi_n^2+\lambda^2-\left(\frac{m\dot{o}}{b}\right)^2\right\}J^2_{m\dot{o}}(\xi_n a)-\{\xi_n J'_{m\dot{o}}(\xi_n b)+\lambda J_{m\dot{o}}(\xi_n b)\}^2\right]}\times$$

$$\times\int_0^{t-t_0}q(t-t_0-\tau)\left[\Theta_2\left\{\frac{\pi(z-z_0)}{2d},e^{-\left(\frac{\pi}{d}\right)^2\eta_z\tau}\right\}-\Theta_2\left\{\frac{\pi(z+z_0)}{2d},e^{-\left(\frac{\pi}{d}\right)^2\eta_z\tau}\right\}\right]e^{-\eta_r\xi_n^2\tau}d\tau-$$

$$-\frac{\eta_r}{2d}\sum_{m=0}^{\infty}\ni_m\sum_{n=1}^{\infty}\frac{\xi_n^2\{\xi_n J'_{m\dot{o}}(\xi_n b)+\lambda J_{m\dot{o}}(\xi_n b)\}^2\mathcal{V}_{\mathcal{D}m\dot{o}}(\xi r,a)}{\left[\left\{\xi_n^2+\lambda^2-\left(\frac{m\dot{o}}{b}\right)^2\right\}J^2_{m\dot{o}}(\xi_n a)-\{\xi_n J'_{m\dot{o}}(\xi_n b)+\lambda J_{m\dot{o}}(\xi_n b)\}^2\right]}\times$$

$$\times\int_0^t e^{-\eta_r\xi_n^2\tau}\int_0^d\overline{\psi}_a(m,w,t-\tau;\theta)\left[\Theta_2\left\{\frac{\pi(z-w)}{2d},e^{-\left(\frac{\pi}{d}\right)^2\eta_z\tau}\right\}-\Theta_2\left\{\frac{\pi(z+w)}{2d},e^{-\left(\frac{\pi}{d}\right)^2\eta_z\tau}\right\}\right]dwd\tau-$$

$$-\frac{1}{2\phi c_t d}\sum_{m=0}^{\infty}\ni_m\sum_{n=1}^{\infty}\frac{\xi_n^2 J_{m\dot{o}}(\xi_n a)\{\xi_n J'_{m\dot{o}}(\xi_n b)+\lambda J_{m\dot{o}}(\xi_n b)\}\mathcal{V}_{\mathcal{D}m\dot{o}}(\xi r,a)}{\left[\left\{\xi_n^2+\lambda^2-\left(\frac{m\dot{o}}{b}\right)^2\right\}J^2_{m\dot{o}}(\xi_n a)-\{\xi_n J'_{m\dot{o}}(\xi_n b)+\lambda J_{m\dot{o}}(\xi_n b)\}^2\right]}\times$$

$$\times\int_0^t e^{-\eta_r\xi_n^2\tau}\int_0^d\overline{\psi}_b(m,w,t-\tau;\theta)\left[\Theta_2\left\{\frac{\pi(z-w)}{2d},e^{-\left(\frac{\pi}{d}\right)^2\eta_z\tau}\right\}-\Theta_2\left\{\frac{\pi(z+w)}{2d},e^{-\left(\frac{\pi}{d}\right)^2\eta_z\tau}\right\}\right]dwd\tau-$$

$$-\frac{\pi}{2d}\sum_{m=0}^{\infty}\ni_m\sum_{n=1}^{\infty}\frac{\xi_n^2\{\xi_n J'_{m\dot{o}}(\xi_n b)+\lambda J_{m\dot{o}}(\xi_n b)\}^2\mathcal{V}_{\mathcal{D}m\dot{o}}(\xi r,a)}{\left[\left\{\xi_n^2+\lambda^2-\left(\frac{m\dot{o}}{b}\right)^2\right\}J^2_{m\dot{o}}(\xi_n a)-\{\xi_n J'_{m\dot{o}}(\xi_n b)+\lambda J_{m\dot{o}}(\xi_n b)\}^2\right]}\times$$

$$\times\int_0^t\left\{\left(\frac{\eta_z}{2d}\right)\Theta'_2\left(\frac{\pi z}{2d},e^{-\left(\frac{\pi}{d}\right)^2\eta_z\tau}\right)\overline{\overline{\psi}}_0(\xi_n,m,t-\tau;\theta)+\right.$$

$$\left.+\left(\frac{1}{\phi c_t}\right)\Theta_1\left(\frac{\pi z}{2d},e^{-\left(\frac{\pi}{d}\right)^2\eta_z\tau}\right)\overline{\overline{\psi}}_d(\xi_n,m,t-\tau;\theta)\right\}e^{-\eta_r\xi_n^2\tau}d\tau+$$

$$+\frac{\pi}{4d}\sum_{m=0}^{\infty}\ni_m\sum_{n=1}^{\infty}\frac{\xi_n^2\{\xi_n J'_{m\dot{o}}(\xi_n b)+\lambda J_{m\dot{o}}(\xi_n b)\}^2\mathcal{V}_{\mathcal{D}m\dot{o}}(\xi r,a)\,e^{-\eta_r\xi_n^2 t}}{\left[\left\{\xi_n^2+\lambda^2-\left(\frac{m\dot{o}}{b}\right)^2\right\}J_{m\dot{o}}^2(\xi_n a)-\{\xi_n J'_{m\dot{o}}(\xi_n b)+\lambda J_{m\dot{o}}(\xi_n b)\}^2\right]}\times$$

$$\times\int_0^d\overline{\overline{\varphi}}(\xi_n,m,w;\theta)\left[\Theta_2\left\{\frac{\pi(z-w)}{2d},e^{-\left(\frac{\pi}{d}\right)^2\eta_z t}\right\}-\Theta_2\left\{\frac{\pi(z+w)}{2d},e^{-\left(\frac{\pi}{d}\right)^2\eta_z t}\right\}\right]dw \qquad (25.18.2)$$

where $\overline{\psi}_a(m,w,t;\theta)=\int_0^{2\pi}\psi_a(v,w,t)\cos\{m(\theta-v)\}dv$, $\overline{\psi}_b(m,w,t;\theta)=\int_0^{2\pi}\psi_b(v,w,t)\cos\{m(\theta-v)\}dv$, $\overline{\overline{\psi}}_0(\xi_n,m,t;\theta)=\int_a^b u\mathcal{V}_{\mathcal{D}m\dot{o}}(\xi_n u,a)\int_0^{2\pi}\psi_0(u,v,t)\cos\{m(\theta-v)\}dvdu$, and $\overline{\overline{\psi}}_d(\xi_n,m,t;\theta)=\int_a^b u\mathcal{V}_{\mathcal{D}m\dot{o}}(\xi_n u,a)\int_0^{2\pi}\psi_d(u,v,t)\cos\{m(\theta-v)\}dvdu$.

25.19 The problem of 25.16, except

$\mathbf{N}_a\equiv\frac{\partial p(a,\theta,z,t)}{\partial r}=-\left(\frac{\mu}{k_r}\right)\psi_a(\theta,z,t)$,
$\mathbf{D}_b\equiv p(b,\theta,z,t)=\psi_b(\theta,z,t)$, $\mathbf{D}_0\equiv p(r,\theta,0,t)=\psi_0(r,\theta,t)$ and
$\mathbf{N}_d\equiv\frac{\partial p(r,\theta,d,t)}{\partial z}=-\left(\frac{\mu}{k_z}\right)\psi_d(r,\theta,t)$

$$\overline{p}=\frac{\pi q(s)e^{-st_0}}{4\phi c_t\sqrt{\eta_z}}\sum_{m=0}^{\infty}\ni_m\cos\{m(\theta-\theta_0)\}\sum_{n=1}^{\infty}\frac{\xi_n^2 J_{m\dot{o}}^2(\xi_n b)\mathcal{V}_{\mathcal{N}m\dot{o}}(\xi r_0,a)\mathcal{V}_{\mathcal{N}m\dot{o}}(\xi r,a)\operatorname{sech}\left(d\sqrt{\frac{\eta_r\xi_n^2+s}{\eta_z}}\right)}{\left[J'^2_{m\dot{o}}(\xi_n a)-\left\{1-\left(\frac{m\dot{o}}{\xi_n a}\right)^2\right\}J_{m\dot{o}}^2(\xi_n b)\right]\sqrt{(\eta_r\xi_n^2+s)}}\times$$

$$\times\left[\sinh\left\{(d-|z-z_0|)\sqrt{\frac{\eta_r\xi_n^2+s}{\eta_z}}\right\}-\sinh\left\{(d-z-z_0)\sqrt{\frac{\eta_r\xi_n^2+s}{\eta_z}}\right\}\right]+$$

$$+\frac{1}{2\phi c_t\sqrt{\eta_z}}\sum_{m=0}^{\infty}\ni_m\sum_{n=1}^{\infty}\frac{\xi_n J_{m\dot{o}}^2(\xi_n b)\mathcal{V}_{\mathcal{N}m\dot{o}}(\xi r,a)\operatorname{sech}\left(d\sqrt{\frac{\eta_r\xi_n^2+s}{\eta_z}}\right)}{\left[J'^2_{m\dot{o}}(\xi_n a)-\left\{1-\left(\frac{m\dot{o}}{\xi_n a}\right)^2\right\}J_{m\dot{o}}^2(\xi_n b)\right]\sqrt{\eta_r\xi_n^2+s}}\times$$

$$\times\int_0^d\overline{\overline{\psi}}_a(m,w,s;\theta)\left[\sinh\left\{(d-|z-w|)\sqrt{\frac{\eta_r\xi_n^2+s}{\eta_z}}\right\}-\sinh\left\{(d-z-w)\sqrt{\frac{\eta_r\xi_n^2+s}{\eta_z}}\right\}\right]dw+$$

$$+\frac{\eta_r}{2\sqrt{\eta_z}}\sum_{m=0}^{\infty}\ni_m\sum_{n=1}^{\infty}\frac{\xi_n^2 J'_{m\dot{o}}(\xi_n a)J_{m\dot{o}}(\xi_n b)\mathcal{V}_{\mathcal{N}m\dot{o}}(\xi r,a)\operatorname{sech}\left(d\sqrt{\frac{\eta_r\xi_n^2+s}{\eta_z}}\right)}{\left[J'^2_{m\dot{o}}(\xi_n a)-\left\{1-\left(\frac{m\dot{o}}{\xi_n a}\right)^2\right\}J_{m\dot{o}}^2(\xi_n b)\right]\sqrt{\eta_r\xi_n^2+s}}\times$$

$$\times\int_0^d\overline{\overline{\psi}}_b(m,w,s;\theta)\left[\sinh\left\{(d-|z-w|)\sqrt{\frac{\eta_r\xi_n^2+s}{\eta_z}}\right\}-\sinh\left\{(d-z-w)\sqrt{\frac{\eta_r\xi_n^2+s}{\eta_z}}\right\}\right]dw+$$

$$+\frac{\pi}{2}\sum_{m=0}^{\infty}\ni_m\sum_{n=1}^{\infty}\frac{\xi_n^2 J_{m\dot{o}}^2(\xi_n b)\mathcal{V}_{\mathcal{N}m\dot{o}}(\xi r,a)\operatorname{sech}\left(d\sqrt{\frac{\eta_r\xi_n^2+s}{\eta_z}}\right)}{\left[J'^2_{m\dot{o}}(\xi_n a)-\left\{1-\left(\frac{m\dot{o}}{\xi_n a}\right)^2\right\}J_{m\dot{o}}^2(\xi_n b)\right]}\times$$

$$\times\left[\overline{\overline{\psi}}_0(\xi_n,m,s;\theta)\cosh\left\{(d-z)\sqrt{\frac{\eta_r\xi_n^2+s}{\eta_z}}\right\}+\frac{\overline{\overline{\psi}}_d(\xi_n,m,s;\theta)}{\phi c_t\sqrt{\eta_z}(\eta_r\xi_n^2+s)}\sinh\left\{z\sqrt{\frac{\eta_r\xi_n^2+s}{\eta_z}}\right\}\right]+$$

$$+\frac{\pi}{4\sqrt{\eta_z}}\sum_{m=0}^{\infty}\ni_m\sum_{n=1}^{\infty}\frac{\xi_n^2 J_{m\dot{o}}^2(\xi_n b)\,\mathcal{V}_{\mathcal{N}m\dot{o}}(\xi r,a)\,\mathrm{sech}\left(d\sqrt{\frac{\eta_r\xi_n^2+s}{\eta_z}}\right)}{\left[J_{m\dot{o}}'^2(\xi_n a)-\left\{1-\left(\frac{m\dot{o}}{\xi_n a}\right)^2\right\}J_{m\dot{o}}^2(\xi_n b)\right]\sqrt{\eta_r\xi_n^2+s}}\times$$

$$\times\int_0^d\overline{\overline{\varphi}}(\xi_n,m,w;\theta)\left[\sinh\left\{(d-|z-w|)\sqrt{\frac{\eta_r\xi_n^2+s}{\eta_z}}\right\}-\sinh\left\{(d-z-w)\sqrt{\frac{\eta_r\xi_n^2+s}{\eta_z}}\right\}\right]dw \quad (25.19.1)$$

where $\mathcal{V}_{\mathcal{N}m\dot{o}}(\xi_n r,a)=J_{m\dot{o}}(\xi_n r)\,Y_{m\dot{o}}'(\xi_n a)-Y_{m\dot{o}}(\xi_n r)\,J_{m\dot{o}}'(\xi_n a)$, and the eigenvalues $\xi_n, n=1,2,...,$ are the positive roots of the transcendental equation $\mathcal{V}_{\mathcal{N}m\dot{o}}(\xi_n b,a)=0$,
$\overline{\overline{\overline{\psi}}}_0(\xi_n,m,s;\theta)=\int_a^b u\mathcal{V}_{\mathcal{N}m\dot{o}}(\xi_n u,a)\int_0^{2\pi}\overline{\psi}_0(u,v,s)\cos\{m(\theta-v)\}dvdu$,
$\overline{\overline{\overline{\psi}}}_d(\xi_n,m,s;\theta)=\int_a^b u\mathcal{V}_{\mathcal{N}m\dot{o}}(\xi_n u,a)\int_0^{2\pi}\overline{\psi}_d(u,v,s)\cos\{m(\theta-v)\}dvdu$,
$\overline{\overline{\psi}}_a(m,w,s;\theta)=\int_0^{2\pi}\overline{\psi}_a(v,w,s)\cos\{m(\theta-v)\}dv$, $\overline{\overline{\psi}}_b(m,w,s;\theta)=\int_0^{2\pi}\overline{\psi}_b(v,w,s)\cos\{m(\theta-v)\}dv$, and
$\overline{\overline{\varphi}}(\xi_n,m,w;\theta)=\int_a^b u\mathcal{V}_{\mathcal{N}m\dot{o}}(\xi_n u,a)\int_0^{2\pi}\varphi(u,v,w)\cos\{m(\theta-v)\}dvdu$.

$$p=\frac{U(t-t_0)\pi}{4\phi c_t d}\sum_{m=0}^{\infty}\ni_m\cos\{m(\theta-\theta_0)\}\sum_{n=1}^{\infty}\frac{\xi_n^2 J_{m\dot{o}}^2(\xi_n b)\,\mathcal{V}_{\mathcal{N}m\dot{o}}(\xi r_0,a)\,\mathcal{V}_{\mathcal{N}m\dot{o}}(\xi r,a)}{\left[J_{m\dot{o}}'^2(\xi_n a)-\left\{1-\left(\frac{m\dot{o}}{\xi_n a}\right)^2\right\}J_{m\dot{o}}^2(\xi_n b)\right]}\times$$

$$\times\int_0^{t-t_0}q(t-t_0-\tau)\left[\Theta_2\left\{\frac{\pi(z-z_0)}{2d},e^{-\left(\frac{\pi}{d}\right)^2\eta_z\tau}\right\}-\Theta_2\left\{\frac{\pi(z+z_0)}{2d},e^{-\left(\frac{\pi}{d}\right)^2\eta_z\tau}\right\}\right]e^{-\eta_r\xi_n^2\tau}d\tau+$$

$$+\frac{1}{2\phi c_t d}\sum_{m=0}^{\infty}\ni_m\sum_{n=1}^{\infty}\frac{\xi_n J_{m\dot{o}}^2(\xi_n b)\,\mathcal{V}_{\mathcal{N}m\dot{o}}(\xi r,a)}{\left[J_{m\dot{o}}'^2(\xi_n a)-\left\{1-\left(\frac{m\dot{o}}{\xi_n a}\right)^2\right\}J_{m\dot{o}}^2(\xi_n b)\right]}\times$$

$$\times\int_0^t e^{-\eta_r\xi_n^2\tau}\int_0^d\overline{\psi}_a(m,w,t-\tau;\theta)\left[\Theta_2\left\{\frac{\pi(z-w)}{2d},e^{-\left(\frac{\pi}{d}\right)^2\eta_z\tau}\right\}-\Theta_2\left\{\frac{\pi(z+w)}{2d},e^{-\left(\frac{\pi}{d}\right)^2\eta_z\tau}\right\}\right]dwd\tau+$$

$$+\frac{\eta_r}{2d}\sum_{m=0}^{\infty}\ni_m\sum_{n=1}^{\infty}\frac{\xi_n^2 J_{m\dot{o}}'(\xi_n a)\,J_{m\dot{o}}(\xi_n b)\,\mathcal{V}_{\mathcal{N}m\dot{o}}(\xi r,a)}{\left[J_{m\dot{o}}'^2(\xi_n a)-\left\{1-\left(\frac{m\dot{o}}{\xi_n a}\right)^2\right\}J_{m\dot{o}}^2(\xi_n b)\right]}\times$$

$$\times\int_0^t e^{-\eta_r\xi_n^2\tau}\int_0^d\overline{\psi}_b(m,w,t-\tau;\theta)\left[\Theta_2\left\{\frac{\pi(z-w)}{2d},e^{-\left(\frac{\pi}{d}\right)^2\eta_z\tau}\right\}-\Theta_2\left\{\frac{\pi(z+w)}{2d},e^{-\left(\frac{\pi}{d}\right)^2\eta_z\tau}\right\}\right]dwd\tau-$$

$$-\frac{\pi}{2d}\sum_{m=0}^{\infty}\ni_m\sum_{n=1}^{\infty}\frac{\xi_n^2 J_{m\dot{o}}^2(\xi_n b)\,\mathcal{V}_{\mathcal{N}m\dot{o}}(\xi r,a)}{\left[J_{m\dot{o}}'^2(\xi_n a)-\left\{1-\left(\frac{m\dot{o}}{\xi_n a}\right)^2\right\}J_{m\dot{o}}^2(\xi_n b)\right]}\int_0^t\left\{\left(\frac{\eta_z}{2d}\right)\Theta_2'\left(\frac{\pi z}{2d},e^{-\left(\frac{\pi}{d}\right)^2\eta_z\tau}\right)\overline{\overline{\overline{\psi}}}_0(\xi_n,m,t-\tau;\theta)+\right.$$

$$\left.+\left(\frac{1}{\phi c_t}\right)\Theta_1\left(\frac{\pi z}{2d},e^{-\left(\frac{\pi}{d}\right)^2\eta_z\tau}\right)\overline{\overline{\overline{\psi}}}_d(\xi_n,m,t-\tau;\theta)\right\}e^{-\eta_r\xi_n^2\tau}d\tau+$$

$$+\frac{\pi}{4d}\sum_{m=0}^{\infty}\ni_m\sum_{n=1}^{\infty}\frac{\xi_n^2 J_{m\dot{o}}^2(\xi_n b)\,\mathcal{V}_{\mathcal{N}m\dot{o}}(\xi r,a)\,e^{-\eta_r\xi_n^2 t}}{\left[J_{m\dot{o}}'^2(\xi_n a)-\left\{1-\left(\frac{m\dot{o}}{\xi_n a}\right)^2\right\}J_{m\dot{o}}^2(\xi_n b)\right]}\times$$

$$\times\int_0^d\overline{\overline{\varphi}}(\xi_n,m,w;\theta)\left[\Theta_2\left\{\frac{\pi(z-w)}{2d},e^{-\left(\frac{\pi}{d}\right)^2\eta_z t}\right\}-\Theta_2\left\{\frac{\pi(z+w)}{2d},e^{-\left(\frac{\pi}{d}\right)^2\eta_z t}\right\}\right]dw \quad (25.19.2)$$

where $\overline{\psi}_a(m,w,t;\theta)=\int_0^{2\pi}\psi_a(v,w,t)\cos\{m(\theta-v)\}dv$, $\overline{\psi}_b(m,w,t;\theta)=\int_0^{2\pi}\psi_b(v,w,t)\cos\{m(\theta-v)\}dv$,
$\overline{\overline{\psi}}_0(\xi_n,m,t;\theta)=\int_a^b u\mathcal{V}_{\mathcal{N}m\dot{o}}(\xi_n u,a)\int_0^{2\pi}\psi_0(u,v,t)\cos\{m(\theta-v)\}dvdu$ and
$\overline{\overline{\psi}}_d(\xi_n,m,t;\theta)=\int_a^b u\mathcal{V}_{\mathcal{N}m\dot{o}}(\xi_n u,a)\int_0^{2\pi}\psi_d(u,v,t)\cos\{m(\theta-v)\}dvdu$.

25.20 **The problem of 25.16, except**
$\mathbf{N}_a \equiv \frac{\partial p(a,\theta,z,t)}{\partial r} = -\left(\frac{\mu}{k_r}\right)\psi_a(\theta,z,t)$,
$\mathbf{N}_b \equiv \frac{\partial p(b,\theta,z,t)}{\partial r} = -\left(\frac{\mu}{k_r}\right)\psi_b(\theta,z,t)$,
$\mathbf{D}_0 \equiv p(r,\theta,0,t) = \psi_0(r,\theta,t)$ **and**
$\mathbf{N}_d \equiv \frac{\partial p(r,\theta,d,t)}{\partial z} = -\left(\frac{\mu}{k_z}\right)\psi_d(r,\theta,t)$

$$
\begin{aligned}
\overline{p} = {} & \frac{q(s)\,e^{-st_0}\operatorname{sech}\left(d\sqrt{\frac{s}{\eta_z}}\right)}{2\pi\left(b^2-a^2\right)\phi c_t\sqrt{\eta_z s}}\left[\sinh\left\{\left(d-|z-z_0|\right)\sqrt{\frac{s}{\eta_z}}\right\}-\sinh\left\{\left(d-z-z_0\right)\sqrt{\frac{s}{\eta_z}}\right\}\right]+ \\
& +\frac{\pi q(s)\,e^{-st_0}}{4\phi c_t\sqrt{\eta_z}}\sum_{m=0}^{\infty}\ni_m\cos\left\{m\left(\theta-\theta_0\right)\right\}\times \\
& \times\sum_{n=1}^{\infty}\frac{\xi_n^2 J'^2_{m\dot{o}}(\xi_n b)\,\mathcal{V}_{\mathcal{N}m\dot{o}}(\xi r_0,a)\,\mathcal{V}_{\mathcal{N}m\dot{o}}(\xi r,a)\operatorname{sech}\left(d\sqrt{\frac{\eta_r\xi_n^2+s}{\eta_z}}\right)}{\left[\left\{1-\left(\frac{m\dot{o}}{\xi_n b}\right)^2\right\}J'^2_{m\dot{o}}(\xi_n a)-\left\{1-\left(\frac{m\dot{o}}{\xi_n a}\right)^2\right\}J'^2_{m\dot{o}}(\xi_n b)\right]\sqrt{\left(\eta_r\xi_n^2+s\right)}}\times \\
& \times\left[\sinh\left\{\left(d-|z-z_0|\right)\sqrt{\frac{\eta_r\xi_n^2+s}{\eta_z}}\right\}-\sinh\left\{\left(d-z-z_0\right)\sqrt{\frac{\eta_r\xi_n^2+s}{\eta_z}}\right\}\right]+ \\
& +\frac{\operatorname{sech}\left(d\sqrt{\frac{s}{\eta_z}}\right)}{2\pi\left(b^2-a^2\right)\phi c_t\sqrt{\eta_z s}}\times \\
& \times\int_0^d\left\{a\overline{\overline{\psi}}_a(0,w,s;\theta)-b\overline{\overline{\psi}}_b(0,w,s;\theta)\right\}\left[\sinh\left\{\left(d-|z-w|\right)\sqrt{\frac{s}{\eta_z}}\right\}-\sinh\left\{\left(d-z-w\right)\sqrt{\frac{s}{\eta_z}}\right\}\right]dw+ \\
& +\frac{1}{2\phi c_t\sqrt{\eta_z}}\sum_{m=0}^{\infty}\ni_m\sum_{n=1}^{\infty}\frac{\xi_n J'^2_{m\dot{o}}(\xi_n b)\,\mathcal{V}_{\mathcal{N}m\dot{o}}(\xi r,a)\operatorname{sech}\left(d\sqrt{\frac{\eta_r\xi_n^2+s}{\eta_z}}\right)}{\left[\left\{1-\left(\frac{m\dot{o}}{\xi_n b}\right)^2\right\}J'^2_{m\dot{o}}(\xi_n a)-\left\{1-\left(\frac{m\dot{o}}{\xi_n a}\right)^2\right\}J'^2_{m\dot{o}}(\xi_n b)\right]\sqrt{\left(\eta_r\xi_n^2+s\right)}}\times \\
& \times\int_0^d\overline{\overline{\psi}}_a(m,w,s;\theta)\left[\sinh\left\{\left(d-|z-w|\right)\sqrt{\frac{\eta_r\xi_n^2+s}{\eta_z}}\right\}-\sinh\left\{\left(d-z-w\right)\sqrt{\frac{\eta_r\xi_n^2+s}{\eta_z}}\right\}\right]dw- \\
& -\frac{1}{2\phi c_t\sqrt{\eta_z}}\sum_{m=0}^{\infty}\ni_m\sum_{n=1}^{\infty}\frac{\xi_n J'_{m\dot{o}}(\xi_n a)\,J'_{m\dot{o}}(\xi_n b)\,\mathcal{V}_{\mathcal{N}m\dot{o}}(\xi r,a)\operatorname{sech}\left(d\sqrt{\frac{\eta_r\xi_n^2+s}{\eta_z}}\right)}{\left[\left\{1-\left(\frac{m\dot{o}}{\xi_n b}\right)^2\right\}J'^2_{m\dot{o}}(\xi_n a)-\left\{1-\left(\frac{m\dot{o}}{\xi_n a}\right)^2\right\}J'^2_{m\dot{o}}(\xi_n b)\right]\sqrt{\left(\eta_r\xi_n^2+s\right)}}\times \\
& \times\int_0^d\overline{\overline{\psi}}_b(m,w,s;\theta)\left[\sinh\left\{\left(d-|z-w|\right)\sqrt{\frac{\eta_r\xi_n^2+s}{\eta_z}}\right\}-\sinh\left\{\left(d-z-w\right)\sqrt{\frac{\eta_r\xi_n^2+s}{\eta_z}}\right\}\right]dw+ \\
& +\frac{\operatorname{sech}\left(d\sqrt{\frac{s}{\eta_z}}\right)}{\pi\left(b^2-a^2\right)}\int_a^b u\left[\overline{\overline{\psi}}_0(u,0,s;\theta)\cosh\left\{\left(d-z\right)\sqrt{\frac{s}{\eta_z}}\right\}+\frac{\overline{\overline{\psi}}_d(u,0,s;\theta)}{\phi c_t\sqrt{\eta_z s}}\sinh\left\{z\sqrt{\frac{s}{\eta_z}}\right\}\right]du+ \\
& +\frac{\pi}{2}\sum_{m=0}^{\infty}\ni_m\sum_{n=1}^{\infty}\frac{\xi_n^2 J'^2_{m\dot{o}}(\xi_n b)\,\mathcal{V}_{\mathcal{N}m\dot{o}}(\xi r,a)\operatorname{sech}\left(d\sqrt{\frac{\eta_r\xi_n^2+s}{\eta_z}}\right)}{\left[\left\{1-\left(\frac{m\dot{o}}{\xi_n b}\right)^2\right\}J'^2_{m\dot{o}}(\xi_n a)-\left\{1-\left(\frac{m\dot{o}}{\xi_n a}\right)^2\right\}J'^2_{m\dot{o}}(\xi_n b)\right]}\times
\end{aligned}
$$

$$\times\left[\overline{\overline{\overline{\psi}}}_0(\xi_n,m,s;\theta)\cosh\left\{(d-z)\sqrt{\frac{\eta_r\xi_n^2+s}{\eta_z}}\right\}+\frac{\overline{\overline{\overline{\psi}}}_d(\xi_n,m,s;\theta)}{\phi c_t\sqrt{\eta_z(\eta_r\xi_n^2+s)}}\sinh\left\{z\sqrt{\frac{\eta_r\xi_n^2+s}{\eta_z}}\right\}\right]+$$

$$+\frac{\operatorname{sech}\left(d\sqrt{\frac{s}{\eta_z}}\right)}{2\pi(b^2-a^2)\sqrt{\eta_z s}}\int_0^d\left[\sinh\left\{(d-|z-w|)\sqrt{\frac{s}{\eta_z}}\right\}-\sinh\left\{(d-z-w)\sqrt{\frac{s}{\eta_z}}\right\}\right]\int_a^b\overline{\varphi}(u,0,w;\theta)\,ududw+$$

$$+\frac{\pi}{4\sqrt{\eta_z}}\sum_{m=0}^{\infty}\ni_m\sum_{n=1}^{\infty}\frac{\xi_n^2J_{m\dot{o}}'^2(\xi_nb)\,\mathcal{V}_{\mathcal{N}m\dot{o}}(\xi r,a)\operatorname{sech}\left(d\sqrt{\frac{\eta_r\xi_n^2+s}{\eta_z}}\right)}{\left[\left\{1-\left(\frac{m\dot{o}}{\xi_nb}\right)^2\right\}J_{m\dot{o}}'^2(\xi_na)-\left\{1-\left(\frac{m\dot{o}}{\xi_na}\right)^2\right\}J_{m\dot{o}}'^2(\xi_nb)\right]\sqrt{(\eta_r\xi_n^2+s)}}\times$$

$$\times\int_0^d\overline{\overline{\varphi}}(\xi_n,m,w;\theta)\left[\sinh\left\{(d-|z-w|)\sqrt{\frac{\eta_r\xi_n^2+s}{\eta_z}}\right\}-\sinh\left\{(d-z-w)\sqrt{\frac{\eta_r\xi_n^2+s}{\eta_z}}\right\}\right]dw \quad (25.20.1)$$

where $\mathcal{V}_{\mathcal{N}m\dot{o}}(\xi_nr,a)=J_{m\dot{o}}(\xi_nr)\,Y_{m\dot{o}}'(\xi_na)-Y_{m\dot{o}}(\xi_nr)\,J_{m\dot{o}}'(\xi_na)$. The eigenvalues are $\xi_0=0$, and ξ_n. ξ_n are the positive roots of the transcendental equation $\mathcal{V}_{\mathcal{N}m\dot{o}}'(\xi_nb,a)=0$, $n=1,2,...$, $\overline{\overline{\psi}}_0(u,0,s;\theta)=\int_0^{2\pi}\overline{\psi}_0(u,v,s)dv$, $\overline{\overline{\overline{\psi}}}_0(\xi_n,m,s;\theta)=\int_a^b u\mathcal{V}_{\mathcal{N}m\dot{o}}(\xi_nu,a)\int_0^{2\pi}\overline{\psi}_0(u,v,s)\cos\{m(\theta-v)\}dvdu$, $\overline{\overline{\psi}}_d(u,0,s;\theta)=\int_0^{2\pi}\overline{\psi}_d(u,v,s)dv$, $\overline{\overline{\overline{\psi}}}_d(\xi_n,m,s;\theta)=\int_a^b u\mathcal{V}_{\mathcal{N}m\dot{o}}(\xi_nu,a)\int_0^{2\pi}\overline{\psi}_d(u,v,s)\cos\{m(\theta-v)\}dvdu$, $\overline{\overline{\psi}}_a(m,w,s;\theta)=\int_0^{2\pi}\overline{\psi}_a(v,w,s)\cos\{m(\theta-v)\}dv$, $\overline{\overline{\psi}}_b(m,w,s;\theta)=\int_0^{2\pi}\overline{\psi}_b(v,w,s)\cos\{m(\theta-v)\}dv$, $\overline{\varphi}(u,0,w;\theta)=\int_0^{2\pi}\varphi(u,v,w)dv$, and $\overline{\overline{\varphi}}(\xi_n,m,w;\theta)=\int_a^b u\mathcal{V}_{\mathcal{N}m\dot{o}}(\xi_nu,a)\int_0^{2\pi}\varphi(u,v,w)\cos\{m(\theta-v)\}dvdu$.

$$p=\frac{U(t-t_0)}{2\pi\phi c_td(b^2-a^2)}\int_0^{t-t_0}q(t-t_0-\tau)\left[\Theta_2\left\{\frac{\pi(z-z_0)}{2d},e^{-\left(\frac{\pi}{d}\right)^2\eta_z\tau}\right\}-\Theta_2\left\{\frac{\pi(z+z_0)}{2d},e^{-\left(\frac{\pi}{d}\right)^2\eta_z\tau}\right\}\right]d\tau+$$

$$+\frac{U(t-t_0)\pi}{4\phi c_td}\sum_{m=0}^{\infty}\ni_m\cos\{m(\theta-\theta_0)\}\sum_{n=1}^{\infty}\frac{\xi_n^2J_{m\dot{o}}'^2(\xi_nb)\,\mathcal{V}_{\mathcal{N}m\dot{o}}(\xi r_0,a)\,\mathcal{V}_{\mathcal{N}m\dot{o}}(\xi r,a)}{\left[\left\{1-\left(\frac{m\dot{o}}{\xi_nb}\right)^2\right\}J_{m\dot{o}}'^2(\xi_na)-\left\{1-\left(\frac{m\dot{o}}{\xi_na}\right)^2\right\}J_{m\dot{o}}'^2(\xi_nb)\right]}\times$$

$$\times\int_0^{t-t_0}q(t-t_0-\tau)\left[\Theta_2\left\{\frac{\pi(z-z_0)}{2d},e^{-\left(\frac{\pi}{d}\right)^2\eta_z\tau}\right\}-\Theta_2\left\{\frac{\pi(z+z_0)}{2d},e^{-\left(\frac{\pi}{d}\right)^2\eta_z\tau}\right\}\right]e^{-\eta_r\xi_n^2\tau}d\tau+$$

$$+\frac{1}{2\pi\phi c_t(b^2-a^2)d}\int_0^t\int_0^d\{a\overline{\psi}_a(0,w,t-\tau;\theta)-b\overline{\psi}_b(0,w,t-\tau;\theta)\}\times$$

$$\times\left[\Theta_2\left\{\frac{\pi(z-w)}{2d},e^{-\left(\frac{\pi}{d}\right)^2\eta_z\tau}\right\}-\Theta_2\left\{\frac{\pi(z+w)}{2d},e^{-\left(\frac{\pi}{d}\right)^2\eta_z\tau}\right\}\right]dwd\tau+$$

$$+\frac{1}{2\phi c_td}\sum_{m=0}^{\infty}\ni_m\sum_{n=1}^{\infty}\frac{\xi_nJ_{m\dot{o}}'^2(\xi_nb)\,\mathcal{V}_{\mathcal{N}m\dot{o}}(\xi r,a)}{\left[\left\{1-\left(\frac{m\dot{o}}{\xi_nb}\right)^2\right\}J_{m\dot{o}}'^2(\xi_na)-\left\{1-\left(\frac{m\dot{o}}{\xi_na}\right)^2\right\}J_{m\dot{o}}'^2(\xi_nb)\right]}\times$$

$$\times\int_0^te^{-\eta_r\xi_n^2\tau}\int_0^d\overline{\psi}_a(m,w,t-\tau;\theta)\left[\Theta_2\left\{\frac{\pi(z-w)}{2d},e^{-\left(\frac{\pi}{d}\right)^2\eta_z\tau}\right\}-\Theta_2\left\{\frac{\pi(z+w)}{2d},e^{-\left(\frac{\pi}{d}\right)^2\eta_z\tau}\right\}\right]dwd\tau-$$

$$-\frac{1}{2\phi c_td}\sum_{m=0}^{\infty}\ni_m\sum_{n=1}^{\infty}\frac{\xi_nJ_{m\dot{o}}'(\xi_na)\,J_{m\dot{o}}'(\xi_nb)\,\mathcal{V}_{\mathcal{N}m\dot{o}}(\xi r,a)}{\left[\left\{1-\left(\frac{m\dot{o}}{\xi_nb}\right)^2\right\}J_{m\dot{o}}'^2(\xi_na)-\left\{1-\left(\frac{m\dot{o}}{\xi_na}\right)^2\right\}J_{m\dot{o}}'^2(\xi_nb)\right]}\times$$

$$\times\int_0^te^{-\eta_r\xi_n^2\tau}\int_0^d\overline{\psi}_b(m,w,t-\tau;\theta)\left[\Theta_2\left\{\frac{\pi(z-w)}{2d},e^{-\left(\frac{\pi}{d}\right)^2\eta_z\tau}\right\}-\Theta_2\left\{\frac{\pi(z+w)}{2d},e^{-\left(\frac{\pi}{d}\right)^2\eta_z\tau}\right\}\right]dwd\tau-$$

$$-\frac{1}{\pi(b^2-a^2)d}\times$$

$$\times \int_0^t \int_a^b u\left\{\left(\frac{\eta_z}{2d}\right)\Theta_2'\left(\frac{\pi z}{2d}, e^{-\left(\frac{\pi}{d}\right)^2 \eta_z \tau}\right)\overline{\psi}_0(u,0,t-\tau;\theta)+\left(\frac{1}{\phi c_t}\right)\Theta_1\left(\frac{\pi z}{2d}, e^{-\left(\frac{\pi}{d}\right)^2 \eta_z \tau}\right)\overline{\psi}_d(u,0,t-\tau;\theta)\right\}dud\tau -$$

$$-\frac{\pi}{2d}\sum_{m=0}^{\infty}\ni_m \sum_{n=1}^{\infty}\frac{\xi_n^2 J_{m\dot{o}}'^2(\xi_n b)\,\mathcal{V}_{\mathcal{N}m\dot{o}}(\xi r,a)}{\left[\left\{1-\left(\frac{m\dot{o}}{\xi_n b}\right)^2\right\} J_{m\dot{o}}'^2(\xi_n a)-\left\{1-\left(\frac{m\dot{o}}{\xi_n a}\right)^2\right\} J_{m\dot{o}}'^2(\xi_n b)\right]}\times$$

$$\times \int_0^t \left\{\left(\frac{\eta_z}{2d}\right)\Theta_2'\left(\frac{\pi z}{2d}, e^{-\left(\frac{\pi}{d}\right)^2 \eta_z \tau}\right)\overline{\overline{\psi}}_0(\xi_n, m, t-\tau;\theta)+\right.$$

$$\left.+\left(\frac{1}{\phi c_t}\right)\Theta_1\left(\frac{\pi z}{2d}, e^{-\left(\frac{\pi}{d}\right)^2 \eta_z \tau}\right)\overline{\overline{\psi}}_d(\xi_n, m, t-\tau;\theta)\right\} e^{-\eta_r \xi_n^2 \tau} d\tau +$$

$$+\frac{1}{2\pi(b^2-a^2)d}\int_0^d \int_a^b u\overline{\varphi}(u,0,w;\theta)\,du\left[\Theta_2\left\{\frac{\pi(z-w)}{2d}, e^{-\left(\frac{\pi}{d}\right)^2 \eta_z t}\right\}-\Theta_2\left\{\frac{\pi(z+w)}{2d}, e^{-\left(\frac{\pi}{d}\right)^2 \eta_z t}\right\}\right]dw +$$

$$+\frac{\pi}{4d}\sum_{m=0}^{\infty}\ni_m \sum_{n=1}^{\infty}\frac{\xi_n^2 J_{m\dot{o}}'^2(\xi_n b)\,\mathcal{V}_{\mathcal{N}m\dot{o}}(\xi r,a)\,e^{-\eta_r \xi_n^2 t}}{\left[\left\{1-\left(\frac{m\dot{o}}{\xi_n b}\right)^2\right\} J_{m\dot{o}}'^2(\xi_n a)-\left\{1-\left(\frac{m\dot{o}}{\xi_n a}\right)^2\right\} J_{m\dot{o}}'^2(\xi_n b)\right]}\times$$

$$\times \int_0^d \overline{\overline{\varphi}}(\xi_n, m, w;\theta)\left[\Theta_2\left\{\frac{\pi(z-w)}{2d}, e^{-\left(\frac{\pi}{d}\right)^2 \eta_z t}\right\}-\Theta_2\left\{\frac{\pi(z+w)}{2d}, e^{-\left(\frac{\pi}{d}\right)^2 \eta_z t}\right\}\right]dw \qquad (25.20.2)$$

where $\overline{\psi}_a(m,w,t;\theta)=\int_0^{2\pi}\psi_a(v,w,t)\cos\{m(\theta-v)\}dv$, $\overline{\psi}_b(m,w,t;\theta)=\int_0^{2\pi}\psi_b(v,w,t)\cos\{m(\theta-v)\}dv$, $\overline{\psi}_0(u,0,t;\theta)=\int_0^{2\pi}\psi_0(u,v,t)dv$, $\overline{\overline{\psi}}_0(\xi_n,m,t;\theta)=\int_a^b u\mathcal{V}_{\mathcal{N}m\dot{o}}(\xi_n u,a)\int_0^{2\pi}\psi_0(u,v,t)\cos\{m(\theta-v)\}dvdu$, $\overline{\psi}_d(u,0,t;\theta)=\int_0^{2\pi}\psi_d(u,v,t)dv$, and $\overline{\overline{\psi}}_d(\xi_n,m,t;\theta)=\int_a^b u\mathcal{V}_{\mathcal{N}m\dot{o}}(\xi_n u,a)\int_0^{2\pi}\psi_d(u,v,t)\cos\{m(\theta-v)\}dvdu$.

25.21 The problem of 25.16, except

$\mathbf{N}_a \equiv \frac{\partial p(a,\theta,z,t)}{\partial r} = -\left(\frac{\mu}{k_r}\right)\psi_a(\theta,z,t)$,
$\mathbf{R}_b \equiv \frac{\partial p(b,\theta,z,t)}{\partial r} + \lambda p(b,\theta,z,t) = -\left(\frac{\mu}{k_r}\right)\psi_b(\theta,z,t)$,
$\mathbf{D}_0 \equiv p(r,\theta,0,t) = \psi_0(r,\theta,t)$ and
$\mathbf{N}_d \equiv \frac{\partial p(r,\theta,d,t)}{\partial z} = -\left(\frac{\mu}{k_z}\right)\psi_d(r,\theta,t)$

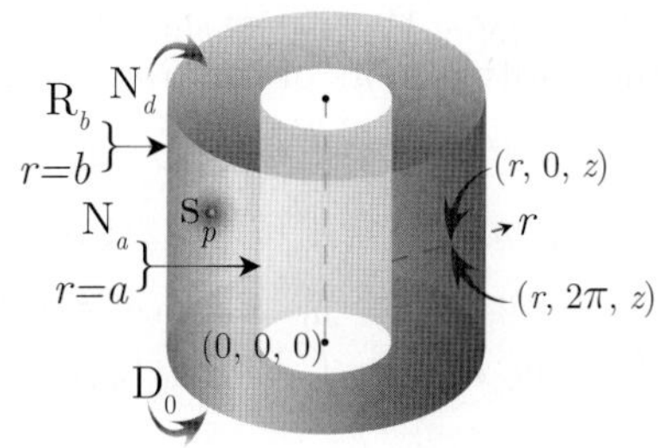

$$\overline{p} = \frac{\pi q(s)\,e^{-st_0}}{4\phi c_t\sqrt{\eta_z}}\sum_{m=0}^{\infty}\ni_m\cos\{m(\theta-\theta_0)\}\times$$

$$\times\sum_{n=1}^{\infty}\frac{\xi_n^2\{\xi_n J_{m\dot{o}}'(\xi_n b)+\lambda J_{m\dot{o}}(\xi_n b)\}^2\,\mathcal{V}_{\mathcal{N}m\dot{o}}(\xi r_0,a)\,\mathcal{V}_{\mathcal{N}m\dot{o}}(\xi r,a)\operatorname{sech}\left(d\sqrt{\frac{\eta_r\xi_n^2+s}{\eta_z}}\right)}{\left[\left\{\xi_n^2+\lambda^2-\left(\frac{m\dot{o}}{b}\right)^2\right\}J_{m\dot{o}}'^2(\xi_n a)-\left\{1-\left(\frac{m\dot{o}}{\xi_n a}\right)^2\right\}\{\xi_n J_{m\dot{o}}'(\xi_n b)+\lambda J_{m\dot{o}}(\xi_n b)\}^2\right]\sqrt{(\eta_r\xi_n^2+s)}}\times$$

$$\times\left[\sinh\left\{(d-|z-z_0|)\sqrt{\frac{\eta_r\xi_n^2+s}{\eta_z}}\right\}-\sinh\left\{(d-z-z_0)\sqrt{\frac{\eta_r\xi_n^2+s}{\eta_z}}\right\}\right]+$$

$$+\frac{1}{2\phi c_t\sqrt{\eta_z}}\sum_{m=0}^{\infty}\ni_m\sum_{n=1}^{\infty}\frac{\xi_n\{\xi_n J_{m\dot{o}}'(\xi_n b)+\lambda J_{m\dot{o}}(\xi_n b)\}^2\,\mathcal{V}_{\mathcal{N}m\dot{o}}(\xi r,a)\operatorname{sech}\left(d\sqrt{\frac{\eta_r\xi_n^2+s}{\eta_z}}\right)}{\left[\left\{\xi_n^2+\lambda^2-\left(\frac{m\dot{o}}{b}\right)^2\right\}J_{m\dot{o}}'^2(\xi_n a)-\left\{1-\left(\frac{m\dot{o}}{\xi_n a}\right)^2\right\}\{\xi_n J_{m\dot{o}}'(\xi_n b)+\lambda J_{m\dot{o}}(\xi_n b)\}^2\right]}\times$$

$$\times \frac{1}{\sqrt{\eta_r \xi_n^2 + s}} \int_0^d \overline{\overline{\psi}}_a(m,w,s;\theta) \left[\sinh\left\{(d-|z-w|)\sqrt{\frac{\eta_r\xi_n^2+s}{\eta_z}}\right\} - \sinh\left\{(d-z-w)\sqrt{\frac{\eta_r\xi_n^2+s}{\eta_z}}\right\}\right] dw -$$

$$-\frac{1}{2\phi c_t\sqrt{\eta_z}} \sum_{m=0}^{\infty} \ni_m \sum_{n=1}^{\infty} \frac{\xi_n^2 J'_{m\dot{o}}(\xi_n a)\left\{\xi_n J'_{m\dot{o}}(\xi_n b)+\lambda J_{m\dot{o}}(\xi_n b)\right\} \mathcal{V}_{\mathcal{N}m\dot{o}}(\xi r,a)\,\mathrm{sech}\left(d\sqrt{\frac{\eta_r\xi_n^2+s}{\eta_z}}\right)}{\left[\left\{\xi_n^2+\lambda^2-\left(\frac{m\dot{o}}{b}\right)^2\right\} J'^2_{m\dot{o}}(\xi_n a) - \left\{1-\left(\frac{m\dot{o}}{\xi_n a}\right)^2\right\}\left\{\xi_n J'_{m\dot{o}}(\xi_n b)+\lambda J_{m\dot{o}}(\xi_n b)\right\}^2\right]} \times$$

$$\times \frac{1}{\sqrt{\eta_r \xi_n^2 + s}} \int_0^d \overline{\overline{\psi}}_b(m,w,s;\theta) \left[\sinh\left\{(d-|z-w|)\sqrt{\frac{\eta_r\xi_n^2+s}{\eta_z}}\right\} - \sinh\left\{(d-z-w)\sqrt{\frac{\eta_r\xi_n^2+s}{\eta_z}}\right\}\right] dw +$$

$$+\frac{\pi}{2} \sum_{m=0}^{\infty} \ni_m \sum_{n=1}^{\infty} \frac{\xi_n^2 \left\{\xi_n J'_{m\dot{o}}(\xi_n b)+\lambda J_{m\dot{o}}(\xi_n b)\right\}^2 \mathcal{V}_{\mathcal{N}m\dot{o}}(\xi r,a)\,\mathrm{sech}\left(d\sqrt{\frac{\eta_r\xi_n^2+s}{\eta_z}}\right)}{\left[\left\{\xi_n^2+\lambda^2-\left(\frac{m\dot{o}}{b}\right)^2\right\} J'^2_{m\dot{o}}(\xi_n a) - \left\{1-\left(\frac{m\dot{o}}{\xi_n a}\right)^2\right\}\left\{\xi_n J'_{m\dot{o}}(\xi_n b)+\lambda J_{m\dot{o}}(\xi_n b)\right\}^2\right]} \times$$

$$\times \left[\overline{\overline{\overline{\psi}}}_0(\xi_n,m,s;\theta)\cosh\left\{(d-z)\sqrt{\frac{\eta_r\xi_n^2+s}{\eta_z}}\right\} + \frac{\overline{\overline{\overline{\psi}}}_d(\xi_n,m,s;\theta)}{\phi c_t\sqrt{\eta_z(\eta_r\xi_n^2+s)}}\sinh\left\{z\sqrt{\frac{\eta_r\xi_n^2+s}{\eta_z}}\right\}\right] +$$

$$+\frac{\pi}{4\sqrt{\eta_z}} \sum_{m=0}^{\infty} \ni_m \sum_{n=1}^{\infty} \frac{\xi_n^2 \left\{\xi_n J'_{m\dot{o}}(\xi_n b)+\lambda J_{m\dot{o}}(\xi_n b)\right\}^2 \mathcal{V}_{\mathcal{N}m\dot{o}}(\xi r,a)\,\mathrm{sech}\left(d\sqrt{\frac{\eta_r\xi_n^2+s}{\eta_z}}\right)}{\left[\left\{\xi_n^2+\lambda^2-\left(\frac{m\dot{o}}{b}\right)^2\right\} J'^2_{m\dot{o}}(\xi_n a) - \left\{1-\left(\frac{m\dot{o}}{\xi_n a}\right)^2\right\}\left\{\xi_n J'_{m\dot{o}}(\xi_n b)+\lambda J_{m\dot{o}}(\xi_n b)\right\}^2\right]} \times$$

$$\times \frac{1}{\sqrt{\eta_r \xi_n^2 + s}} \int_0^d \overline{\overline{\varphi}}(\xi_n,m,w;\theta) \left[\sinh\left\{(d-|z-w|)\sqrt{\frac{\eta_r\xi_n^2+s}{\eta_z}}\right\} - \sinh\left\{(d-z-w)\sqrt{\frac{\eta_r\xi_n^2+s}{\eta_z}}\right\}\right] dw \tag{25.21.1}$$

where $\mathcal{V}_{\mathcal{N}m\dot{o}}(\xi_n r,a) = J_{m\dot{o}}(\xi_n r)\,Y'_{m\dot{o}}(\xi_n a) - Y_{m\dot{o}}(\xi_n r)\,J'_{m\dot{o}}(\xi_n a)$, and the eigenvalues $\xi_n, n=1,2,...,$ are the positive roots of the transcendental equation $\xi_n\mathcal{V}'_{\mathcal{N}m\dot{o}}(\xi_n b,a)+\lambda\mathcal{V}_{\mathcal{N}m\dot{o}}(\xi_n b,a)=0$.
$\overline{\overline{\overline{\psi}}}_0(\xi_n,m,s;\theta) = \int_a^b u\mathcal{V}_{\mathcal{N}m\dot{o}}(\xi_n u,a)\int_0^{2\pi}\overline{\psi}_0(u,v,s)\cos\{m(\theta-v)\}dvdu$,
$\overline{\overline{\overline{\psi}}}_d(\xi_n,m,s;\theta) = \int_a^b u\mathcal{V}_{\mathcal{N}m\dot{o}}(\xi_n u,a)\int_0^{2\pi}\overline{\psi}_d(u,v,s)\cos\{m(\theta-v)\}dvdu$,
$\overline{\overline{\psi}}_a(m,w,s;\theta) = \int_0^{2\pi}\overline{\psi}_a(v,w,s)\cos\{m(\theta-v)\}dv$, $\overline{\overline{\psi}}_b(m,w,s;\theta) = \int_0^{2\pi}\overline{\psi}_b(v,w,s)\cos\{m(\theta-v)\}dv$, and
$\overline{\overline{\varphi}}(\xi_n,m,w;\theta) = \int_a^b u\mathcal{V}_{\mathcal{N}m\dot{o}}(\xi_n u,a)\int_0^{2\pi}\varphi(u,v,w)\cos\{m(\theta-v)\}dvdu$.

$$p = \frac{U(t-t_0)\pi}{4\phi c_t d}\sum_{m=0}^{\infty}\ni_m\cos\{m(\theta-\theta_0)\}\times$$

$$\times\sum_{n=1}^{\infty}\frac{\xi_n^2\left\{\xi_n J'_{m\dot{o}}(\xi_n b)+\lambda J_{m\dot{o}}(\xi_n b)\right\}^2\mathcal{V}_{\mathcal{N}m\dot{o}}(\xi r_0,a)\,\mathcal{V}_{\mathcal{N}m\dot{o}}(\xi r,a)}{\left[\left\{\xi_n^2+\lambda^2-\left(\frac{m\dot{o}}{b}\right)^2\right\} J'^2_{m\dot{o}}(\xi_n a) - \left\{1-\left(\frac{m\dot{o}}{\xi_n a}\right)^2\right\}\left\{\xi_n J'_{m\dot{o}}(\xi_n b)+\lambda J_{m\dot{o}}(\xi_n b)\right\}^2\right]}\times$$

$$\times\int_0^{t-t_0} q(t-t_0-\tau)\left[\Theta_2\left\{\frac{\pi(z-z_0)}{2d},e^{-\left(\frac{\pi}{d}\right)^2\eta_z\tau}\right\}-\Theta_2\left\{\frac{\pi(z+z_0)}{2d},e^{-\left(\frac{\pi}{d}\right)^2\eta_z\tau}\right\}\right]e^{-\eta_r\xi_n^2\tau}d\tau +$$

$$+\frac{1}{2\phi c_t d}\sum_{m=0}^{\infty}\ni_m\sum_{n=1}^{\infty}\frac{\xi_n\left\{\xi_n J'_{m\dot{o}}(\xi_n b)+\lambda J_{m\dot{o}}(\xi_n b)\right\}^2\mathcal{V}_{\mathcal{N}m\dot{o}}(\xi r,a)}{\left[\left\{\xi_n^2+\lambda^2-\left(\frac{m\dot{o}}{b}\right)^2\right\} J'^2_{m\dot{o}}(\xi_n a) - \left\{1-\left(\frac{m\dot{o}}{\xi_n a}\right)^2\right\}\left\{\xi_n J'_{m\dot{o}}(\xi_n b)+\lambda J_{m\dot{o}}(\xi_n b)\right\}^2\right]}\times$$

$$\times\int_0^t e^{-\eta_r\xi_n^2\tau}\int_0^d\overline{\psi}_a(m,w,t-\tau;\theta)\left[\Theta_2\left\{\frac{\pi(z-w)}{2d},e^{-\left(\frac{\pi}{d}\right)^2\eta_z\tau}\right\}-\Theta_2\left\{\frac{\pi(z+w)}{2d},e^{-\left(\frac{\pi}{d}\right)^2\eta_z\tau}\right\}\right]dwd\tau +$$

$$+\frac{1}{2\phi c_t d}\sum_{m=0}^{\infty}\ni_m\sum_{n=1}^{\infty}\frac{\xi_n^2 J'_{m\dot{o}}(\xi_n a)\{\lambda J_{m\dot{o}}(\xi_n b)-\xi_n J'_{m\dot{o}}(\xi_n b)\}\mathcal{V}_{\mathcal{N}m\dot{o}}(\xi r,a)}{\left[\left\{\xi_n^2+\lambda^2-\left(\frac{m\dot{o}}{b}\right)^2\right\}J'^2_{m\dot{o}}(\xi_n a)-\left\{1-\left(\frac{m\dot{o}}{\xi_n a}\right)^2\right\}\{\xi_n J'_{m\dot{o}}(\xi_n b)+\lambda J_{m\dot{o}}(\xi_n b)\}^2\right]}\times$$

$$\times\int_0^t e^{-\eta_r\xi_n^2\tau}\int_0^d\overline{\psi}_b(m,w,t-\tau;\theta)\left[\Theta_2\left\{\frac{\pi(z-w)}{2d},e^{-\left(\frac{\pi}{d}\right)^2\eta_z\tau}\right\}-\Theta_2\left\{\frac{\pi(z+w)}{2d},e^{-\left(\frac{\pi}{d}\right)^2\eta_z\tau}\right\}\right]dwd\tau-$$

$$-\frac{\pi}{2d}\sum_{m=0}^{\infty}\ni_m\sum_{n=1}^{\infty}\frac{\xi_n^2\{\xi_n J'_{m\dot{o}}(\xi_n b)+\lambda J_{m\dot{o}}(\xi_n b)\}^2\mathcal{V}_{\mathcal{N}m\dot{o}}(\xi r,a)}{\left[\left\{\xi_n^2+\lambda^2-\left(\frac{m\dot{o}}{b}\right)^2\right\}J'^2_{m\dot{o}}(\xi_n a)-\left\{1-\left(\frac{m\dot{o}}{\xi_n a}\right)^2\right\}\{\xi_n J'_{m\dot{o}}(\xi_n b)+\lambda J_{m\dot{o}}(\xi_n b)\}^2\right]}\times$$

$$\times\int_0^t\left\{\left(\frac{\eta_z}{2d}\right)\Theta'_2\left(\frac{\pi z}{2d},e^{-\left(\frac{\pi}{d}\right)^2\eta_z\tau}\right)\overline{\overline{\psi}}_0(\xi_n,m,t-\tau;\theta)+\right.$$

$$\left.+\left(\frac{1}{\phi c_t}\right)\Theta_1\left(\frac{\pi z}{2d},e^{-\left(\frac{\pi}{d}\right)^2\eta_z\tau}\right)\overline{\overline{\psi}}_d(\xi_n,m,t-\tau;\theta)\right\}e^{-\eta_r\xi_n^2\tau}d\tau+$$

$$+\frac{\pi}{4d}\sum_{m=0}^{\infty}\ni_m\sum_{n=1}^{\infty}\frac{\xi_n^2\{\xi_n J'_{m\dot{o}}(\xi_n b)+\lambda J_{m\dot{o}}(\xi_n b)\}^2\mathcal{V}_{\mathcal{N}m\dot{o}}(\xi r,a)e^{-\eta_r\xi_n^2 t}}{\left[\left\{\xi_n^2+\lambda^2-\left(\frac{m\dot{o}}{b}\right)^2\right\}J'^2_{m\dot{o}}(\xi_n a)-\left\{1-\left(\frac{m\dot{o}}{\xi_n a}\right)^2\right\}\{\xi_n J'_{m\dot{o}}(\xi_n b)+\lambda J_{m\dot{o}}(\xi_n b)\}^2\right]}\times$$

$$\times\int_0^d\overline{\overline{\varphi}}(\xi_n,m,w;\theta)\left[\Theta_2\left\{\frac{\pi(z-w)}{2d},e^{-\left(\frac{\pi}{d}\right)^2\eta_z t}\right\}-\Theta_2\left\{\frac{\pi(z+w)}{2d},e^{-\left(\frac{\pi}{d}\right)^2\eta_z t}\right\}\right]dw \qquad (25.21.2)$$

where $\overline{\psi}_a(m,w,t;\theta)=\int_0^{2\pi}\psi_a(v,w,t)\cos\{m(\theta-v)\}dv$, $\overline{\psi}_b(m,w,t;\theta)=\int_0^{2\pi}\psi_b(v,w,t)\cos\{m(\theta-v)\}dv$, $\overline{\overline{\psi}}_0(\xi_n,m,t;\theta)=\int_a^b u\mathcal{V}_{\mathcal{N}m\dot{o}}(\xi_n u,a)\int_0^{2\pi}\psi_0(u,v,t)\cos\{m(\theta-v)\}dvdu$, and $\overline{\overline{\psi}}_d(\xi_n,m,t;\theta)=\int_a^b u\mathcal{V}_{\mathcal{N}m\dot{o}}(\xi_n u,a)\int_0^{2\pi}\psi_d(u,v,t)\cos\{m(\theta-v)\}dvdu$.

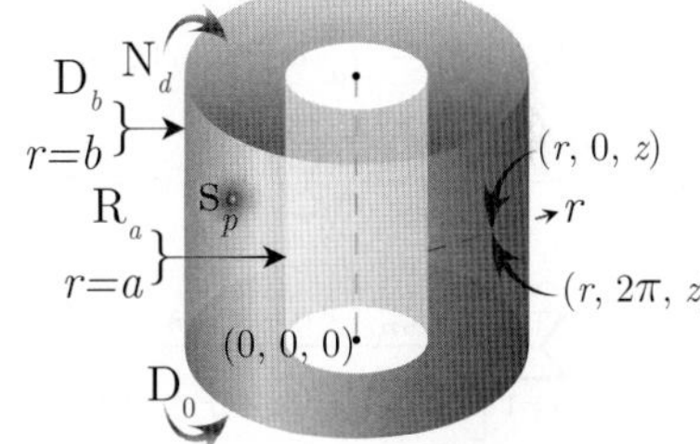

25.22 The problem of 25.16, except $\mathbf{R}_a\equiv\frac{\partial p(a,\theta,z,t)}{\partial r}-\lambda p(a,\theta,z,t)=-\left(\frac{\mu}{k_r}\right)\psi_a(\theta,z,t)$, $\mathbf{D}_b\equiv p(b,\theta,z,t)=\psi_b(\theta,z,t)$, $\mathbf{D}_0\equiv p(r,\theta,0,t)=\psi_0(r,\theta,t)$ and $\mathbf{N}_d\equiv\frac{\partial p(r,\theta,d,t)}{\partial z}=-\left(\frac{\mu}{k_z}\right)\psi_d(r,\theta,t)$

$$\overline{p}=\frac{\pi q(s)e^{-st_0}}{4\phi c_t\sqrt{\eta_z}}\sum_{m=0}^{\infty}\ni_m\cos\{m(\theta-\theta_0)\}\times$$

$$\times\sum_{n=1}^{\infty}\frac{\xi_n^2\{\xi_n J'_{m\dot{o}}(\xi_n a)-\lambda J_{m\dot{o}}(\xi_n a)\}^2\mathcal{V}_{\mathcal{D}m\dot{o}}(\xi r_0,b)\mathcal{V}_{\mathcal{D}m\dot{o}}(\xi r,b)\operatorname{sech}\left(d\sqrt{\frac{\eta_r\xi_n^2+s}{\eta_z}}\right)}{\left[\{\xi_n J'_{m\dot{o}}(\xi_n a)-\lambda J_{m\dot{o}}(\xi_n a)\}^2-\left\{\xi_n^2+\lambda^2-\left(\frac{m\dot{o}}{a}\right)^2\right\}J^2_{m\dot{o}}(\xi_n b)\right]\sqrt{(\eta_r\xi_n^2+s)}}\times$$

$$\times\left[\sinh\left\{(d-|z-z_0|)\sqrt{\frac{\eta_r\xi_n^2+s}{\eta_z}}\right\}-\sinh\left\{(d-z-z_0)\sqrt{\frac{\eta_r\xi_n^2+s}{\eta_z}}\right\}\right]-$$

$$-\frac{1}{2\phi c_t\sqrt{\eta_z}}\sum_{m=0}^{\infty}\ni_m\sum_{n=1}^{\infty}\frac{\xi_n^2 J_{m\dot{o}}(\xi_n b)\{\xi_n J'_{m\dot{o}}(\xi_n a)-\lambda J_{m\dot{o}}(\xi_n a)\}\mathcal{V}_{\mathcal{D}m\dot{o}}(\xi r,b)\operatorname{sech}\left(d\sqrt{\frac{\eta_r\xi_n^2+s}{\eta_z}}\right)}{\left[\{\xi_n J'_{m\dot{o}}(\xi_n a)-\lambda J_{m\dot{o}}(\xi_n a)\}^2-\left\{\xi_n^2+\lambda^2-\left(\frac{m\dot{o}}{a}\right)^2\right\}J^2_{m\dot{o}}(\xi_n b)\right]\sqrt{\eta_r\xi_n^2+s}}\times$$

$$\times\int_0^d\overline{\overline{\psi}}_a(m,w,s;\theta)\left[\sinh\left\{(d-|z-w|)\sqrt{\frac{\eta_r\xi_n^2+s}{\eta_z}}\right\}-\sinh\left\{(d-z-w)\sqrt{\frac{\eta_r\xi_n^2+s}{\eta_z}}\right\}\right]dw+$$

$$+\frac{\eta_r}{2\sqrt{\eta_z}}\sum_{m=0}^{\infty}\ni_m\sum_{n=1}^{\infty}\frac{\xi_n^2\left\{\xi_n J'_{m\dot{o}}(\xi_n a)-\lambda J_{m\dot{o}}(\xi_n a)\right\}^2\mathcal{V}_{\mathcal{D}m\dot{o}}(\xi r,b)\,\mathrm{sech}\left(d\sqrt{\frac{\eta_r\xi_n^2+s}{\eta_z}}\right)}{\left[\left\{\xi_n J'_{m\dot{o}}(\xi_n a)-\lambda J_{m\dot{o}}(\xi_n a)\right\}^2-\left\{\xi_n^2+\lambda^2-\left(\frac{m\dot{o}}{a}\right)^2\right\}J_{m\dot{o}}^2(\xi_n b)\right]\sqrt{\eta_r\xi_n^2+s}}\times$$

$$\times\int_0^d\overline{\overline{\psi}}_b(m,w,s;\theta)\left[\sinh\left\{(d-|z-w|)\sqrt{\frac{\eta_r\xi_n^2+s}{\eta_z}}\right\}-\sinh\left\{(d-z-w)\sqrt{\frac{\eta_r\xi_n^2+s}{\eta_z}}\right\}\right]dw+$$

$$+\frac{\pi}{2}\sum_{m=0}^{\infty}\ni_m\sum_{n=1}^{\infty}\frac{\xi_n^2\left\{\xi_n J'_{m\dot{o}}(\xi_n a)-\lambda J_{m\dot{o}}(\xi_n a)\right\}^2\mathcal{V}_{\mathcal{D}m\dot{o}}(\xi r,b)\,\mathrm{sech}\left(d\sqrt{\frac{\eta_r\xi_n^2+s}{\eta_z}}\right)}{\left[\left\{\xi_n J'_{m\dot{o}}(\xi_n a)-\lambda J_{m\dot{o}}(\xi_n a)\right\}^2-\left\{\xi_n^2+\lambda^2-\left(\frac{m\dot{o}}{a}\right)^2\right\}J_{m\dot{o}}^2(\xi_n b)\right]}\times$$

$$\times\left[\overline{\overline{\overline{\psi}}}_0(\xi_n,m,s;\theta)\cosh\left\{(d-z)\sqrt{\frac{\eta_r\xi_n^2+s}{\eta_z}}\right\}+\frac{\overline{\overline{\overline{\psi}}}_d(\xi_n,m,s;\theta)}{\phi c_t\sqrt{\eta_z(\eta_r\xi_n^2+s)}}\sinh\left\{z\sqrt{\frac{\eta_r\xi_n^2+s}{\eta_z}}\right\}\right]+$$

$$+\frac{\pi}{4\sqrt{\eta_z}}\sum_{m=0}^{\infty}\ni_m\sum_{n=1}^{\infty}\frac{\xi_n^2\left\{\xi_n J'_{m\dot{o}}(\xi_n a)-\lambda J_{m\dot{o}}(\xi_n a)\right\}^2\mathcal{V}_{\mathcal{D}m\dot{o}}(\xi r,b)\,\mathrm{sech}\left(d\sqrt{\frac{\eta_r\xi_n^2+s}{\eta_z}}\right)}{\left[\left\{\xi_n J'_{m\dot{o}}(\xi_n a)-\lambda J_{m\dot{o}}(\xi_n a)\right\}^2-\left\{\xi_n^2+\lambda^2-\left(\frac{m\dot{o}}{a}\right)^2\right\}J_{m\dot{o}}^2(\xi_n b)\right]\sqrt{\eta_r\xi_n^2+s}}\times$$

$$\times\int_0^d\overline{\overline{\varphi}}(\xi_n,m,w;\theta)\left[\sinh\left\{(d-|z-w|)\sqrt{\frac{\eta_r\xi_n^2+s}{\eta_z}}\right\}-\sinh\left\{(d-z-w)\sqrt{\frac{\eta_r\xi_n^2+s}{\eta_z}}\right\}\right]dw \quad (25.22.1)$$

where $\mathcal{V}_{\mathcal{D}m\dot{o}}(\xi_n r,b)=J_{m\dot{o}}(\xi_n r)Y_{m\dot{o}}(\xi_n b)-Y_{m\dot{o}}(\xi_n r)J_{m\dot{o}}(\xi_n b)$, and the eigenvalues $\xi_n, n=1,2,...$, are the positive roots of the transcendental equation $\lambda\mathcal{V}_{\mathcal{D}m\dot{o}}(\xi_n a,b)-\xi_n\mathcal{V}'_{\mathcal{D}m\dot{o}}(\xi_n a,b)=0$.
$\overline{\overline{\overline{\psi}}}_0(\xi_n,m,s;\theta)=\int_a^b u\mathcal{V}_{\mathcal{D}m\dot{o}}(\xi_n u,a)\int_0^{2\pi}\overline{\psi}_0(u,v,s)\cos\{m(\theta-v)\}dvdu$,
$\overline{\overline{\overline{\psi}}}_d(\xi_n,m,s;\theta)=\int_a^b u\mathcal{V}_{\mathcal{D}m\dot{o}}(\xi_n u,a)\int_0^{2\pi}\overline{\psi}_d(u,v,s)\cos\{m(\theta-v)\}dvdu$,
$\overline{\overline{\psi}}_a(m,w,s;\theta)=\int_0^{2\pi}\overline{\psi}_a(v,w,s)\cos\{m(\theta-v)\}dv$, $\overline{\overline{\psi}}_b(m,w,s;\theta)=\int_0^{2\pi}\overline{\psi}_b(v,w,s)\cos\{m(\theta-v)\}dv$, and
$\overline{\overline{\varphi}}(\xi_n,m,w;\theta)=\int_a^b u\mathcal{V}_{\mathcal{D}m\dot{o}}(\xi_n u,a)\int_0^{2\pi}\varphi(u,v,w)\cos\{m(\theta-v)\}dvdu$.

$$p=\frac{U(t-t_0)\pi}{4\phi c_t d}\sum_{m=0}^{\infty}\ni_m\cos\{m(\theta-\theta_0)\}\times$$

$$\times\sum_{n=1}^{\infty}\frac{\xi_n^2\left\{\lambda J_{m\dot{o}}(\xi_n a)+\xi_n J'_{m\dot{o}}(\xi_n a)\right\}^2\mathcal{V}_{\mathcal{D}m\dot{o}}(\xi r_0,b)\,\mathcal{V}_{\mathcal{D}m\dot{o}}(\xi r,b)}{\left[\left\{\xi_n J'_{m\dot{o}}(\xi_n a)-\lambda J_{m\dot{o}}(\xi_n a)\right\}^2-\left\{\xi_n^2+\lambda^2-\left(\frac{m\dot{o}}{a}\right)^2\right\}J_{m\dot{o}}^2(\xi_n b)\right]}\times$$

$$\int_0^{t-t_0}q(t-t_0-\tau)\left[\Theta_2\left\{\frac{\pi(z-z_0)}{2d},e^{-\left(\frac{\pi}{d}\right)^2\eta_z\tau}\right\}-\Theta_2\left\{\frac{\pi(z+z_0)}{2d},e^{-\left(\frac{\pi}{d}\right)^2\eta_z\tau}\right\}\right]e^{-\eta_r\xi_n^2\tau}d\tau-$$

$$-\frac{1}{2\phi c_t d}\sum_{m=0}^{\infty}\ni_m\sum_{n=1}^{\infty}\frac{\xi_n^2 J_{m\dot{o}}(\xi_n b)\left\{\xi_n J'_{m\dot{o}}(\xi_n a)-\lambda J_{m\dot{o}}(\xi_n a)\right\}\mathcal{V}_{\mathcal{D}m\dot{o}}(\xi r,b)}{\left[\left\{\xi_n J'_{m\dot{o}}(\xi_n a)-\lambda J_{m\dot{o}}(\xi_n a)\right\}^2-\left\{\xi_n^2+\lambda^2-\left(\frac{m\dot{o}}{a}\right)^2\right\}J_{m\dot{o}}^2(\xi_n b)\right]}\times$$

$$\times\int_0^t e^{-\eta_r\xi_n^2\tau}\int_0^d\overline{\psi}_a(m,w,t-\tau;\theta)\left[\Theta_2\left\{\frac{\pi(z-w)}{2d},e^{-\left(\frac{\pi}{d}\right)^2\eta_z\tau}\right\}-\Theta_2\left\{\frac{\pi(z+w)}{2d},e^{-\left(\frac{\pi}{d}\right)^2\eta_z\tau}\right\}\right]dwd\tau+$$

$$+\frac{\eta_r}{2d}\sum_{m=0}^{\infty}\ni_m\sum_{n=1}^{\infty}\frac{\xi_n^2\left\{\xi_n J'_{m\dot{o}}(\xi_n a)-\lambda J_{m\dot{o}}(\xi_n a)\right\}^2\mathcal{V}_{\mathcal{D}m\dot{o}}(\xi r,b)}{\left[\left\{\xi_n J'_{m\dot{o}}(\xi_n a)-\lambda J_{m\dot{o}}(\xi_n a)\right\}^2-\left\{\xi_n^2+\lambda^2-\left(\frac{m\dot{o}}{a}\right)^2\right\}J_{m\dot{o}}^2(\xi_n b)\right]}\times$$

$$\times\int_0^t e^{-\eta_r\xi_n^2\tau}\int_0^d\overline{\psi}_b(m,w,t-\tau;\theta)\left[\Theta_2\left\{\frac{\pi(z-w)}{2d},e^{-\left(\frac{\pi}{d}\right)^2\eta_z\tau}\right\}-\Theta_2\left\{\frac{\pi(z+w)}{2d},e^{-\left(\frac{\pi}{d}\right)^2\eta_z\tau}\right\}\right]dwd\tau-$$

$$-\frac{\pi}{2d}\sum_{m=0}^{\infty}\ni_m\sum_{n=1}^{\infty}\frac{\xi_n^2\left\{\xi_n J'_{m\dot{o}}(\xi_n a)-\lambda J_{m\dot{o}}(\xi_n a)\right\}^2\mathcal{V}_{\mathcal{D}m\dot{o}}(\xi r,b)}{\left[\left\{\xi_n J'_{m\dot{o}}(\xi_n a)-\lambda J_{m\dot{o}}(\xi_n a)\right\}^2-\left\{\xi_n^2+\lambda^2-\left(\frac{m\dot{o}}{a}\right)^2\right\}J_{m\dot{o}}^2(\xi_n b)\right]}\times$$

$$\times \int_0^t \left\{ \left(\frac{\eta_z}{2d}\right) \Theta_2' \left(\frac{\pi z}{2d}, e^{-\left(\frac{\pi}{d}\right)^2 \eta_z \tau}\right) \overline{\overline{\psi}}_0 \left(\xi_n, m, t-\tau; \theta\right) + \right.$$

$$\left. + \left(\frac{1}{\phi c_t}\right) \Theta_1 \left(\frac{\pi z}{2d}, e^{-\left(\frac{\pi}{d}\right)^2 \eta_z \tau}\right) \overline{\overline{\psi}}_d \left(\xi_n, m, t-\tau; \theta\right) \right\} e^{-\eta_r \xi_n^2 \tau} d\tau +$$

$$+ \frac{\pi}{4d} \sum_{m=0}^{\infty} \ni_m \sum_{n=1}^{\infty} \frac{\xi_n^2 \left\{\xi_n J_{m\dot{o}}'(\xi_n a) - \lambda J_{m\dot{o}}(\xi_n a)\right\}^2 \mathcal{V}_{\mathcal{D}m\dot{o}}(\xi r, b)}{\left[\left\{\xi_n J_{m\dot{o}}'(\xi_n a) - \lambda J_{m\dot{o}}(\xi_n a)\right\}^2 - \left\{\xi_n^2 + \lambda^2 - \left(\frac{m\dot{o}}{a}\right)^2\right\} J_{m\dot{o}}^2(\xi_n b)\right]} \times$$

$$\times \int_0^d \overline{\overline{\varphi}} \left(\xi_n, m, w; \theta\right) \left[\Theta_2 \left\{\frac{\pi (z-w)}{2d}, e^{-\left(\frac{\pi}{d}\right)^2 \eta_z t}\right\} - \Theta_2 \left\{\frac{\pi (z+w)}{2d}, e^{-\left(\frac{\pi}{d}\right)^2 \eta_z t}\right\}\right] dw \qquad (25.22.2)$$

where $\overline{\psi}_a(m, w, t; \theta) = \int_0^{2\pi} \psi_a(v, w, t) \cos\{m(\theta - v)\} dv$, $\overline{\psi}_b(m, w, t; \theta) = \int_0^{2\pi} \psi_b(v, w, t) \cos\{m(\theta - v)\} dv$, $\overline{\overline{\psi}}_0(\xi_n, m, t; \theta) = \int_a^b u \mathcal{V}_{\mathcal{D}m\dot{o}}(\xi_n u, a) \int_0^{2\pi} \psi_0(u, v, t) \cos\{m(\theta - v)\} dv du$, and $\overline{\overline{\psi}}_d(\xi_n, m, t; \theta) = \int_a^b u \mathcal{V}_{\mathcal{D}m\dot{o}}(\xi_n u, a) \int_0^{2\pi} \psi_d(u, v, t) \cos\{m(\theta - v)\} dv du$.

25.23 The problem of 25.16, except

$\mathbf{R}_a \equiv \frac{\partial p(a,\theta,z,t)}{\partial r} - \lambda p(a, \theta, z, t) = -\left(\frac{\mu}{k_r}\right) \psi_a(\theta, z, t)$,
$\mathbf{N}_b \equiv \frac{\partial p(b,\theta,z,t)}{\partial r} = -\left(\frac{\mu}{k_r}\right) \psi_b(\theta, z, t)$,
$\mathbf{D}_0 \equiv p(r, \theta, 0, t) = \psi_0(r, \theta, t)$ and
$\mathbf{N}_d \equiv \frac{\partial p(r,\theta,d,t)}{\partial z} = -\left(\frac{\mu}{k_z}\right) \psi_d(r, \theta, t)$

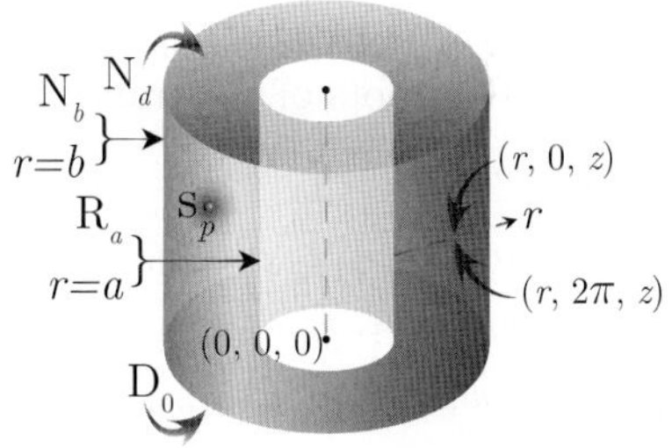

$$\overline{p} = \frac{\pi q(s) e^{-s t_0}}{4 \phi c_t \sqrt{\eta_z}} \sum_{m=0}^{\infty} \ni_m \cos\{m(\theta - \theta_0)\} \times$$

$$\times \sum_{n=1}^{\infty} \frac{\xi_n^2 \left\{\xi_n J_{m\dot{o}}'(\xi_n a) - \lambda J_{m\dot{o}}(\xi_n a)\right\}^2 \mathcal{V}_{\mathcal{N}m\dot{o}}(\xi r_0, b) \mathcal{V}_{\mathcal{N}m\dot{o}}(\xi r, b) \operatorname{sech}\left(d\sqrt{\frac{\eta_r \xi_n^2 + s}{\eta_z}}\right)}{\left[\left\{1 - \left(\frac{m\dot{o}}{\xi_n b}\right)^2\right\} \left\{\xi_n J_{m\dot{o}}'(\xi_n a) - \lambda J_{m\dot{o}}(\xi_n a)\right\}^2 - \left\{\xi_n^2 + \lambda^2 - \left(\frac{m\dot{o}}{a}\right)^2\right\} J_{m\dot{o}}'^2(\xi_n b)\right] \sqrt{(\eta_r \xi_n^2 + s)}} \times$$

$$\times \left[\sinh\left\{(d - |z - z_0|) \sqrt{\frac{\eta_r \xi_n^2 + s}{\eta_z}}\right\} - \sinh\left\{(d - z - z_0) \sqrt{\frac{\eta_r \xi_n^2 + s}{\eta_z}}\right\}\right] -$$

$$- \frac{1}{2 \phi c_t \sqrt{\eta_z}} \sum_{m=0}^{\infty} \ni_m \sum_{n=1}^{\infty} \frac{\xi_n^2 J_{m\dot{o}}'(\xi_n b) \left\{\xi_n J_{m\dot{o}}'(\xi_n a) - \lambda J_{m\dot{o}}(\xi_n a)\right\} \mathcal{V}_{\mathcal{N}m\dot{o}}(\xi r, b) \operatorname{sech}\left(d\sqrt{\frac{\eta_r \xi_n^2 + s}{\eta_z}}\right)}{\left[\left\{1 - \left(\frac{m\dot{o}}{\xi_n b}\right)^2\right\} \left\{\xi_n J_{m\dot{o}}'(\xi_n a) - \lambda J_{m\dot{o}}(\xi_n a)\right\}^2 - \left\{\xi_n^2 + \lambda^2 - \left(\frac{m\dot{o}}{a}\right)^2\right\} J_{m\dot{o}}'^2(\xi_n b)\right]} \times$$

$$\times \frac{1}{\sqrt{\eta_r \xi_n^2 + s}} \int_0^d \overline{\overline{\psi}}_a(m, w, s; \theta) \left[\sinh\left\{(d - |z - w|) \sqrt{\frac{\eta_r \xi_n^2 + s}{\eta_z}}\right\} - \sinh\left\{(d - z - w) \sqrt{\frac{\eta_r \xi_n^2 + s}{\eta_z}}\right\}\right] dw -$$

$$- \frac{1}{2 \phi c_t \sqrt{\eta_z}} \sum_{m=0}^{\infty} \ni_m \sum_{n=1}^{\infty} \frac{\xi_n \left\{\xi_n J_{m\dot{o}}'(\xi_n a) - \lambda J_{m\dot{o}}(\xi_n a)\right\}^2 \mathcal{V}_{\mathcal{N}m\dot{o}}(\xi r, b) \operatorname{sech}\left(d\sqrt{\frac{\eta_r \xi_n^2 + s}{\eta_z}}\right)}{\left[\left\{1 - \left(\frac{m\dot{o}}{\xi_n b}\right)^2\right\} \left\{\xi_n J_{m\dot{o}}'(\xi_n a) - \lambda J_{m\dot{o}}(\xi_n a)\right\}^2 - \left\{\xi_n^2 + \lambda^2 - \left(\frac{m\dot{o}}{a}\right)^2\right\} J_{m\dot{o}}'^2(\xi_n b)\right]} \times$$

$$\times \frac{1}{\sqrt{\eta_r \xi_n^2 + s}} \int_0^d \overline{\overline{\psi}}_b(m, w, s; \theta) \left[\sinh\left\{(d - |z - w|) \sqrt{\frac{\eta_r \xi_n^2 + s}{\eta_z}}\right\} - \sinh\left\{(d - z - w) \sqrt{\frac{\eta_r \xi_n^2 + s}{\eta_z}}\right\}\right] dw +$$

$$+\frac{\pi}{2}\sum_{m=0}^{\infty}\ni_m\sum_{n=1}^{\infty}\frac{\xi_n^2\left\{\xi_n J'_{m\dot{o}}(\xi_n a)-\lambda J_{m\dot{o}}(\xi_n a)\right\}^2\mathcal{V}_{\mathcal{N}m\dot{o}}(\xi r,b)\,\mathrm{sech}\left(d\sqrt{\frac{\eta_r\xi_n^2+s}{\eta_z}}\right)}{\left[\left\{1-\left(\frac{m\dot{o}}{\xi_n b}\right)^2\right\}\left\{\xi_n J'_{m\dot{o}}(\xi_n a)-\lambda J_{m\dot{o}}(\xi_n a)\right\}^2-\left\{\xi_n^2+\lambda^2-\left(\frac{m\dot{o}}{a}\right)^2\right\}J'^2_{m\dot{o}}(\xi_n b)\right]}\times$$

$$\times\left[\overline{\overline{\overline{\psi}}}_0(\xi_n,m,s;\theta)\cosh\left\{(d-z)\sqrt{\frac{\eta_r\xi_n^2+s}{\eta_z}}\right\}+\frac{\overline{\overline{\overline{\psi}}}_d(\xi_n,m,s;\theta)}{\phi c_t\sqrt{\eta_z(\eta_r\xi_n^2+s)}}\sinh\left\{z\sqrt{\frac{\eta_r\xi_n^2+s}{\eta_z}}\right\}\right]+$$

$$+\frac{\pi}{4\sqrt{\eta_z}}\sum_{m=0}^{\infty}\ni_m\sum_{n=1}^{\infty}\frac{\xi_n^2\left\{\xi_n J'_{m\dot{o}}(\xi_n a)-\lambda J_{m\dot{o}}(\xi_n a)\right\}^2\mathcal{V}_{\mathcal{N}m\dot{o}}(\xi r,b)\,\mathrm{sech}\left(d\sqrt{\frac{\eta_r\xi_n^2+s}{\eta_z}}\right)}{\left[\left\{1-\left(\frac{m\dot{o}}{\xi_n b}\right)^2\right\}\left\{\xi_n J'_{m\dot{o}}(\xi_n a)-\lambda J_{m\dot{o}}(\xi_n a)\right\}^2-\left\{\xi_n^2+\lambda^2-\left(\frac{m\dot{o}}{a}\right)^2\right\}J'^2_{m\dot{o}}(\xi_n b)\right]}\times$$

$$\times\frac{1}{\sqrt{\eta_r\xi_n^2+s}}\int_0^d\overline{\overline{\varphi}}(\xi_n,m,w;\theta)\left[\sinh\left\{(d-|z-w|)\sqrt{\frac{\eta_r\xi_n^2+s}{\eta_z}}\right\}-\sinh\left\{(d-z-w)\sqrt{\frac{\eta_r\xi_n^2+s}{\eta_z}}\right\}\right]dw \tag{25.23.1}$$

where $\mathcal{V}_{\mathcal{N}m\dot{o}}(\xi_n r,a)=J_{m\dot{o}}(\xi_n r)Y'_{m\dot{o}}(\xi_n a)-Y_{m\dot{o}}(\xi_n r)J'_{m\dot{o}}(\xi_n a)$, and the eigenvalues $\xi_n, n=1,2,....,$ are the positive roots of the transcendental equation $\lambda\mathcal{V}_{\mathcal{N}m\dot{o}}(\xi_n a,b)-\xi_n\mathcal{V}'_{\mathcal{N}m\dot{o}}(\xi_n a,b)=0$,
$\overline{\overline{\overline{\psi}}}_0(\xi_n,m,s;\theta)=\int_a^b u\mathcal{V}_{\mathcal{N}m\dot{o}}(\xi_n u,a)\int_0^{2\pi}\overline{\psi}_0(u,v,s)\cos\{m(\theta-v)\}dvdu$,
$\overline{\overline{\overline{\psi}}}_d(\xi_n,m,s;\theta)=\int_a^b u\mathcal{V}_{\mathcal{N}m\dot{o}}(\xi_n u,a)\int_0^{2\pi}\overline{\psi}_d(u,v,s)\cos\{m(\theta-v)\}dvdu$,
$\overline{\overline{\psi}}_a(m,w,s;\theta)=\int_0^{2\pi}\overline{\psi}_a(v,w,s)\cos\{m(\theta-v)\}dv$, $\overline{\overline{\psi}}_b(m,w,s;\theta)=\int_0^{2\pi}\overline{\psi}_b(v,w,s)\cos\{m(\theta-v)\}dv$, and
$\overline{\overline{\varphi}}(\xi_n,m,w;\theta)=\int_a^b u\mathcal{V}_{\mathcal{N}m\dot{o}}(\xi_n u,a)\int_0^{2\pi}\varphi(u,v,w)\cos\{m(\theta-v)\}dvdu$.

$$p=\frac{U(t-t_0)\pi}{4\phi c_t d}\sum_{m=0}^{\infty}\ni_m\cos\{m(\theta-\theta_0)\}\times$$

$$\times\sum_{n=1}^{\infty}\frac{\xi_n^2\left\{\xi_n J'_{m\dot{o}}(\xi_n a)-\lambda J_{m\dot{o}}(\xi_n a)\right\}^2\mathcal{V}_{\mathcal{N}m\dot{o}}(\xi r_0,b)\,\mathcal{V}_{\mathcal{N}m\dot{o}}(\xi r,b)}{\left[\left\{1-\left(\frac{m\dot{o}}{\xi_n b}\right)^2\right\}\left\{\xi_n J'_{m\dot{o}}(\xi_n a)-\lambda J_{m\dot{o}}(\xi_n a)\right\}^2-\left\{\xi_n^2+\lambda^2-\left(\frac{m\dot{o}}{a}\right)^2\right\}J'^2_{m\dot{o}}(\xi_n b)\right]}\times$$

$$\int_0^{t-t_0}q(t-t_0-\tau)\left[\Theta_2\left\{\frac{\pi(z-z_0)}{2d},e^{-\left(\frac{\pi}{d}\right)^2\eta_z\tau}\right\}-\Theta_2\left\{\frac{\pi(z+z_0)}{2d},e^{-\left(\frac{\pi}{d}\right)^2\eta_z\tau}\right\}\right]e^{-\eta_r\xi_n^2\tau}d\tau-$$

$$-\frac{1}{2\phi c_t d}\sum_{m=0}^{\infty}\ni_m\sum_{n=1}^{\infty}\frac{\xi_n^2 J'_{m\dot{o}}(\xi_n b)\left\{\xi_n J'_{m\dot{o}}(\xi_n a)-\lambda J_{m\dot{o}}(\xi_n a)\right\}\mathcal{V}_{\mathcal{N}m\dot{o}}(\xi r,b)}{\left[\left\{1-\left(\frac{m\dot{o}}{\xi_n b}\right)^2\right\}\left\{\xi_n J'_{m\dot{o}}(\xi_n a)-\lambda J_{m\dot{o}}(\xi_n a)\right\}^2-\left\{\xi_n^2+\lambda^2-\left(\frac{m\dot{o}}{a}\right)^2\right\}J'^2_{m\dot{o}}(\xi_n b)\right]}\times$$

$$\times\int_0^t e^{-\eta_r\xi_n^2\tau}\int_0^d\overline{\psi}_a(m,w,t-\tau;\theta)\left[\Theta_2\left\{\frac{\pi(z-w)}{2d},e^{-\left(\frac{\pi}{d}\right)^2\eta_z\tau}\right\}-\Theta_2\left\{\frac{\pi(z+w)}{2d},e^{-\left(\frac{\pi}{d}\right)^2\eta_z\tau}\right\}\right]dwd\tau-$$

$$-\frac{1}{2\phi c_t d}\sum_{m=0}^{\infty}\ni_m\sum_{n=1}^{\infty}\frac{\xi_n\left\{\xi_n J'_{m\dot{o}}(\xi_n a)-\lambda J_{m\dot{o}}(\xi_n a)\right\}^2\mathcal{V}_{\mathcal{N}m\dot{o}}(\xi r,b)}{\left[\left\{1-\left(\frac{m\dot{o}}{\xi_n b}\right)^2\right\}\left\{\xi_n J'_{m\dot{o}}(\xi_n a)-\lambda J_{m\dot{o}}(\xi_n a)\right\}^2-\left\{\xi_n^2+\lambda^2-\left(\frac{m\dot{o}}{a}\right)^2\right\}J'^2_{m\dot{o}}(\xi_n b)\right]}\times$$

$$\times\int_0^t e^{-\eta_r\xi_n^2\tau}\int_0^d\overline{\psi}_b(m,w,t-\tau;\theta)\left[\Theta_2\left\{\frac{\pi(z-w)}{2d},e^{-\left(\frac{\pi}{d}\right)^2\eta_z\tau}\right\}-\Theta_2\left\{\frac{\pi(z+w)}{2d},e^{-\left(\frac{\pi}{d}\right)^2\eta_z\tau}\right\}\right]dwd\tau-$$

$$-\frac{\pi}{2d}\sum_{m=0}^{\infty}\ni_m\sum_{n=1}^{\infty}\frac{\xi_n^2\left\{\xi_n J'_{m\dot{o}}(\xi_n a)-\lambda J_{m\dot{o}}(\xi_n a)\right\}^2\mathcal{V}_{\mathcal{N}m\dot{o}}(\xi r,b)}{\left[\left\{1-\left(\frac{m\dot{o}}{\xi_n b}\right)^2\right\}\left\{\xi_n J'_{m\dot{o}}(\xi_n a)-\lambda J_{m\dot{o}}(\xi_n a)\right\}^2-\left\{\xi_n^2+\lambda^2-\left(\frac{m\dot{o}}{a}\right)^2\right\}J'^2_{m\dot{o}}(\xi_n b)\right]}\times$$

$$\times \int_0^t \left\{ \left(\frac{\eta_z}{2d}\right) \Theta_2' \left(\frac{\pi z}{2d}, e^{-\left(\frac{\pi}{d}\right)^2 \eta_z \tau}\right) \overline{\overline{\psi}}_0 (\xi_n, m, t-\tau; \theta) + \right.$$

$$\left. + \left(\frac{1}{\phi c_t}\right) \Theta_1 \left(\frac{\pi z}{2d}, e^{-\left(\frac{\pi}{d}\right)^2 \eta_z \tau}\right) \overline{\overline{\psi}}_d (\xi_n, m, t-\tau; \theta) \right\} e^{-\eta_r \xi_n^2 \tau} d\tau +$$

$$+ \frac{\pi}{4d} \sum_{m=0}^{\infty} \ni_m \sum_{n=1}^{\infty} \frac{\xi_n^2 \left\{\xi_n J_{m\dot{o}}' (\xi_n a) - \lambda J_{m\dot{o}} (\xi_n a)\right\}^2 \mathcal{V}_{\mathcal{N}m\dot{o}} (\xi r, b)}{\left[\left\{1 - \left(\frac{m\dot{o}}{\xi_n b}\right)^2\right\} \left\{\xi_n J_{m\dot{o}}' (\xi_n a) - \lambda J_{m\dot{o}} (\xi_n a)\right\}^2 - \left\{\xi_n^2 + \lambda^2 - \left(\frac{m\dot{o}}{a}\right)^2\right\} J_{m\dot{o}}'^2 (\xi_n b)\right]} \times$$

$$\times \int_0^d \overline{\overline{\varphi}} (\xi_n, m, w; \theta) \left[\Theta_2 \left\{\frac{\pi (z-w)}{2d}, e^{-\left(\frac{\pi}{d}\right)^2 \eta_z t}\right\} - \Theta_2 \left\{\frac{\pi (z+w)}{2d}, e^{-\left(\frac{\pi}{d}\right)^2 \eta_z t}\right\}\right] dw \qquad (25.23.2)$$

where $\overline{\psi}_a (m, w, t; \theta) = \int_0^{2\pi} \psi_a (v, w, t) \cos\{m(\theta - v)\} dv$, $\overline{\psi}_b (m, w, t; \theta) = \int_0^{2\pi} \psi_b (v, w, t) \cos\{m(\theta - v)\} dv$, $\overline{\overline{\psi}}_0 (\xi_n, m, t; \theta) = \int_a^b u \mathcal{V}_{\mathcal{N}m\dot{o}} (\xi_n u, a) \int_0^{2\pi} \psi_0 (u, v, t) \cos\{m(\theta - v)\} dv du$, and $\overline{\overline{\psi}}_d (\xi_n, m, t; \theta) = \int_a^b u \mathcal{V}_{\mathcal{N}m\dot{o}} (\xi_n u, a) \int_0^{2\pi} \psi_d (u, v, t) \cos\{m(\theta - v)\} dv du$.

25.24 The problem of 25.16, except

$\mathbf{R}_a \equiv \frac{\partial p(a,\theta,z,t)}{\partial r} - \lambda p(a,\theta,z,t) = -\left(\frac{\mu}{k_r}\right) \psi_a (\theta, z, t)$,
$\mathbf{R}_b \equiv \frac{\partial p(b,\theta,z,t)}{\partial r} + \lambda_b p(b,\theta,z,t) = -\left(\frac{\mu}{k_r}\right) \psi_b (\theta, z, t)$,
$\mathbf{D}_0 \equiv p(r,\theta,0,t) = \psi_0 (r,\theta,t)$ **and**
$\mathbf{N}_d \equiv \frac{\partial p(r,\theta,d,t)}{\partial z} = -\left(\frac{\mu}{k_z}\right) \psi_d (r,\theta,t)$

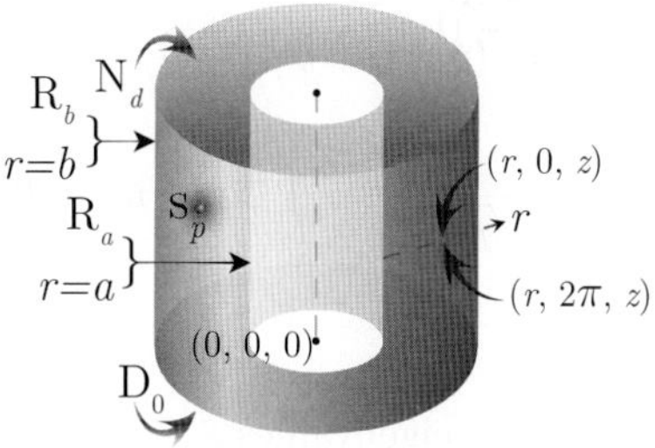

$$\overline{p} = \frac{\pi q(s) e^{-s t_0}}{4\phi c_t \sqrt{\eta_z}} \sum_{m=0}^{\infty} \ni_m \cos\{m(\theta - \theta_0)\} \sum_{n=1}^{\infty} \frac{\xi_n^2 \left\{\xi_n J_{m\dot{o}}' (\xi_n b) + \lambda_b J_{m\dot{o}} (\xi_n b)\right\}^2}{\sqrt{(\eta_r \xi_n^2 + s)}} \times$$

$$\times \frac{\left\{\xi_n \mathcal{V}_{\mathcal{N}m\dot{o}} (\xi_n r_0, a) - \lambda_a \mathcal{V}_{\mathcal{D}m\dot{o}} (\xi_n r_0, a)\right\} \left\{\xi_n \mathcal{V}_{\mathcal{N}m\dot{o}} (\xi_n r, a) - \lambda_a \mathcal{V}_{\mathcal{D}m\dot{o}} (\xi_n r, a)\right\} \operatorname{sech}\left(d\sqrt{\frac{\eta_r \xi_n^2 + s}{\eta_z}}\right)}{\left[\left\{\xi_n^2 + \lambda_b^2 - \left(\frac{m\dot{o}}{b}\right)^2\right\} \left\{\xi_n J_{m\dot{o}}' (\xi_n a) - \lambda_a J_{m\dot{o}} (\xi_n a)\right\}^2 - \left\{\xi_n^2 + \lambda_a^2 - \left(\frac{m\dot{o}}{a}\right)^2\right\} \left\{\xi_n J_{m\dot{o}}' (\xi_n b) + \lambda J_{m\dot{o}} (\xi_n b)\right\}^2\right]} \times$$

$$\times \left[\sinh\left\{(d - |z - z_0|) \sqrt{\frac{\eta_r \xi_n^2 + s}{\eta_z}}\right\} - \sinh\left\{(d - z - z_0) \sqrt{\frac{\eta_r \xi_n^2 + s}{\eta_z}}\right\}\right] +$$

$$+ \frac{1}{2\phi c_t \sqrt{\eta_z}} \sum_{m=0}^{\infty} \ni_m \times$$

$$\times \sum_{n=1}^{\infty} \frac{\xi_n^2 \left\{\xi_n J_{m\dot{o}}' (\xi_n b) + \lambda_b J_{m\dot{o}} (\xi_n b)\right\}^2 \left\{\xi_n \mathcal{V}_{\mathcal{N}m\dot{o}} (\xi_n r, a) - \lambda_a \mathcal{V}_{\mathcal{D}m\dot{o}} (\xi_n r, a)\right\} \operatorname{sech}\left(d\sqrt{\frac{\eta_r \xi_n^2 + s}{\eta_z}}\right)}{\left[\left\{\xi_n^2 + \lambda_b^2 - \left(\frac{m\dot{o}}{b}\right)^2\right\} \left\{\xi_n J_{m\dot{o}}' (\xi_n a) - \lambda_a J_{m\dot{o}} (\xi_n a)\right\}^2 - \left\{\xi_n^2 + \lambda_a^2 - \left(\frac{m\dot{o}}{a}\right)^2\right\} \left\{\xi_n J_{m\dot{o}}' (\xi_n b) + \lambda J_{m\dot{o}} (\xi_n b)\right\}^2\right]} \times$$

$$\times \frac{1}{\sqrt{\eta_r \xi_n^2 + s}} \int_0^d \overline{\overline{\psi}}_a (m, w, s; \theta) \left[\sinh\left\{(d - |z - w|) \sqrt{\frac{\eta_r \xi_n^2 + s}{\eta_z}}\right\} - \sinh\left\{(d - z - w) \sqrt{\frac{\eta_r \xi_n^2 + s}{\eta_z}}\right\}\right] dw -$$

$$- \frac{1}{2\phi c_t \sqrt{\eta_z}} \sum_{m=0}^{\infty} \ni_m \times$$

$$\times \sum_{n=1}^{\infty} \frac{\xi_n^2 \{\xi_n J_{m\dot{o}}'(\xi_n b) + \lambda_b J_{m\dot{o}}(\xi_n b)\} \{\xi_n J_{m\dot{o}}'(\xi_n a) + \lambda_a J_{m\dot{o}}(\xi_n a)\} \{\xi_n \mathcal{V}_{\mathcal{N}m\dot{o}}(\xi_n r, a) - \lambda_a \mathcal{V}_{\mathcal{D}m\dot{o}}(\xi_n r, a)\}}{\left[\left\{\xi_n^2 + \lambda_b^2 - \left(\frac{m\dot{o}}{b}\right)^2\right\} \{\xi_n J_{m\dot{o}}'(\xi_n a) - \lambda_a J_{m\dot{o}}(\xi_n a)\}^2 - \left\{\xi_n^2 + \lambda_a^2 - \left(\frac{m\dot{o}}{a}\right)^2\right\} \{\xi_n J_{m\dot{o}}'(\xi_n b) + \lambda J_{m\dot{o}}(\xi_n b)\}^2\right]} \times$$

$$\times\frac{\operatorname{sech}\left(d\sqrt{\frac{\eta_r\xi_n^2+s}{\eta_z}}\right)}{\sqrt{\eta_r\xi_n^2+s}}\int_0^d\overline{\overline{\psi}}_b(m,w,s;\theta)\left[\sinh\left\{(d-|z-w|)\sqrt{\frac{\eta_r\xi_n^2+s}{\eta_z}}\right\}-\sinh\left\{(d-z-w)\sqrt{\frac{\eta_r\xi_n^2+s}{\eta_z}}\right\}\right]dw+$$

$$+\frac{\pi}{2}\sum_{m=0}^{\infty}\ni_m\times$$

$$\times\sum_{n=1}^{\infty}\frac{\xi_n^2\{\xi_nJ'_{m\dot{o}}(\xi_nb)+\lambda_bJ_{m\dot{o}}(\xi_nb)\}^2\{\xi_n\mathcal{V}_{\mathcal{N}m\dot{o}}(\xi_nr,a)-\lambda_a\mathcal{V}_{\mathcal{D}m\dot{o}}(\xi_nr,a)\}\operatorname{sech}\left(d\sqrt{\frac{\eta_r\xi_n^2+s}{\eta_z}}\right)}{\left[\left\{\xi_n^2+\lambda_b^2-\left(\frac{m\dot{o}}{b}\right)^2\right\}\{\xi_nJ'_{m\dot{o}}(\xi_na)-\lambda_aJ_{m\dot{o}}(\xi_na)\}^2-\left\{\xi_n^2+\lambda_a^2-\left(\frac{m\dot{o}}{a}\right)^2\right\}\{\xi_nJ'_{m\dot{o}}(\xi_nb)+\lambda J_{m\dot{o}}(\xi_nb)\}^2\right]}\times$$

$$\times\left[\overline{\overline{\overline{\psi}}}_0(\xi_n,m,s;\theta)\cosh\left\{(d-z)\sqrt{\frac{\eta_r\xi_n^2+s}{\eta_z}}\right\}+\frac{\overline{\overline{\overline{\psi}}}_d(\xi_n,m,s;\theta)}{\phi c_t\sqrt{\eta_z(\eta_r\xi_n^2+s)}}\sinh\left\{z\sqrt{\frac{\eta_r\xi_n^2+s}{\eta_z}}\right\}\right]+$$

$$+\frac{\pi}{4\sqrt{\eta_z}}\sum_{m=0}^{\infty}\ni_m\times$$

$$\times\sum_{n=1}^{\infty}\frac{\xi_n^2\{\xi_nJ'_{m\dot{o}}(\xi_nb)+\lambda_bJ_{m\dot{o}}(\xi_nb)\}^2\{\xi_n\mathcal{V}_{\mathcal{N}m\dot{o}}(\xi_nr,a)-\lambda_a\mathcal{V}_{\mathcal{D}m\dot{o}}(\xi_nr,a)\}\operatorname{sech}\left(d\sqrt{\frac{\eta_r\xi_n^2+s}{\eta_z}}\right)}{\left[\left\{\xi_n^2+\lambda_b^2-\left(\frac{m\dot{o}}{b}\right)^2\right\}\{\xi_nJ'_{m\dot{o}}(\xi_na)-\lambda_aJ_{m\dot{o}}(\xi_na)\}^2-\left\{\xi_n^2+\lambda_a^2-\left(\frac{m\dot{o}}{a}\right)^2\right\}\{\xi_nJ'_{m\dot{o}}(\xi_nb)+\lambda J_{m\dot{o}}(\xi_nb)\}^2\right]}\times$$

$$\times\frac{1}{\sqrt{\eta_r\xi_n^2+s}}\int_0^d\overline{\overline{\varphi}}(\xi_n,m,w;\theta)\left[\sinh\left\{(d-|z-w|)\sqrt{\frac{\eta_r\xi_n^2+s}{\eta_z}}\right\}-\sinh\left\{(d-z-w)\sqrt{\frac{\eta_r\xi_n^2+s}{\eta_z}}\right\}\right]dw \tag{25.24.1}$$

where the eigenvalues $\xi_n, n=1,2,...,$ are the positive roots of
$\lambda_a\{\mathcal{V}'_{\mathcal{D}m\dot{o}}(\xi_nb,a)+\lambda_b\mathcal{V}_{\mathcal{D}m\dot{o}}(\xi_nb,a)\}-\xi_n\{\mathcal{V}'_{\mathcal{N}m\dot{o}}(\xi_nb,a)+\lambda_b\mathcal{V}_{\mathcal{N}m\dot{o}}(\xi_nb,a)\}=0$,
$\overline{\overline{\overline{\psi}}}_0(\xi_n,m,s;\theta)=\int_a^b u\{\xi_n\mathcal{V}_{\mathcal{N}m\dot{o}}(\xi_nu,a)-\lambda_a\mathcal{V}_{\mathcal{D}m\dot{o}}(\xi_nu,a)\}\int_0^{2\pi}\overline{\psi}_0(u,v,s)\cos\{m(\theta-v)\}dvdu$,
$\overline{\overline{\overline{\psi}}}_d(\xi_n,m,s;\theta)=\int_a^b u\{\xi_n\mathcal{V}_{\mathcal{N}m\dot{o}}(\xi_nu,a)-\lambda_a\mathcal{V}_{\mathcal{D}m\dot{o}}(\xi_nu,a)\}\int_0^{2\pi}\overline{\psi}_d(u,v,s)\cos\{m(\theta-v)\}dvdu$,
$\overline{\overline{\psi}}_a(m,w,s;\theta)=\int_0^{2\pi}\overline{\psi}_a(v,w,s)\cos\{m(\theta-v)\}dv$, $\overline{\overline{\psi}}_b(m,w,s;\theta)=\int_0^{2\pi}\overline{\psi}_b(v,w,s)\cos\{m(\theta-v)\}dv$, and
$\overline{\overline{\varphi}}(\xi_n,m,w;\theta)=\int_a^b u\{\xi_n\mathcal{V}_{\mathcal{N}m\dot{o}}(\xi_nu,a)-\lambda_a\mathcal{V}_{\mathcal{D}m\dot{o}}(\xi_nu,a)\}\int_0^{2\pi}\varphi(u,v,w)\cos\{m(\theta-v)\}dvdu$.

$$p=\frac{U(t-t_0)\pi}{4\phi c_t d}\sum_{m=0}^{\infty}\ni_m\cos\{m(\theta-\theta_0)\}\times$$

$$\times\sum_{n=1}^{\infty}\frac{\xi_n^2\{\xi_nJ'_{m\dot{o}}(\xi_nb)+\lambda_bJ_{m\dot{o}}(\xi_nb)\}^2\{\xi_n\mathcal{V}_{\mathcal{N}m\dot{o}}(\xi_nr_0,a)-\lambda_a\mathcal{V}_{\mathcal{D}m\dot{o}}(\xi_nr_0,a)\}}{\left[\left\{\xi_n^2+\lambda_b^2-\left(\frac{m\dot{o}}{b}\right)^2\right\}\{\xi_nJ'_{m\dot{o}}(\xi_na)-\lambda_aJ_{m\dot{o}}(\xi_na)\}^2-\left\{\xi_n^2+\lambda_a^2-\left(\frac{m\dot{o}}{a}\right)^2\right\}\{\xi_nJ'_{m\dot{o}}(\xi_nb)+\lambda J_{m\dot{o}}(\xi_nb)\}^2\right]}\times$$

$$\times\{\xi_n\mathcal{V}_{\mathcal{N}m\dot{o}}(\xi_nr,a)-\lambda_a\mathcal{V}_{\mathcal{D}m\dot{o}}(\xi_nr,a)\}\times$$

$$\times\int_0^{t-t_0}q(t-t_0-\tau)\left[\Theta_2\left\{\frac{\pi(z-z_0)}{2d},e^{-\left(\frac{\pi}{d}\right)^2\eta_z\tau}\right\}-\Theta_2\left\{\frac{\pi(z+z_0)}{2d},e^{-\left(\frac{\pi}{d}\right)^2\eta_z\tau}\right\}\right]e^{-\eta_r\xi_n^2\tau}d\tau+$$

$$+\frac{1}{2\phi c_t d}\sum_{m=0}^{\infty}\ni_m\times$$

$$\times\sum_{n=1}^{\infty}\frac{\xi_n^2\{\xi_nJ'_{m\dot{o}}(\xi_nb)+\lambda_bJ_{m\dot{o}}(\xi_nb)\}^2\{\xi_n\mathcal{V}_{\mathcal{N}m\dot{o}}(\xi_nr,a)-\lambda_a\mathcal{V}_{\mathcal{D}m\dot{o}}(\xi_nr,a)\}}{\left[\left\{\xi_n^2+\lambda_b^2-\left(\frac{m\dot{o}}{b}\right)^2\right\}\{\xi_nJ'_{m\dot{o}}(\xi_na)-\lambda_aJ_{m\dot{o}}(\xi_na)\}^2-\left\{\xi_n^2+\lambda_a^2-\left(\frac{m\dot{o}}{a}\right)^2\right\}\{\xi_nJ'_{m\dot{o}}(\xi_nb)+\lambda J_{m\dot{o}}(\xi_nb)\}^2\right]}\times$$

$$\times\int_0^t e^{-\eta_r\xi_n^2\tau}\int_0^d\overline{\psi}_a(m,w,t-\tau;\theta)\left[\Theta_2\left\{\frac{\pi(z-w)}{2d},e^{-\left(\frac{\pi}{d}\right)^2\eta_z\tau}\right\}-\Theta_2\left\{\frac{\pi(z+w)}{2d},e^{-\left(\frac{\pi}{d}\right)^2\eta_z\tau}\right\}\right]dwd\tau-$$

$$-\frac{1}{2\phi c_t d}\sum_{m=0}^{\infty}\ni_m\times$$

$$\times\sum_{n=1}^{\infty}\frac{\xi_n^2\left\{\xi_n J'_{m\dot{o}}(\xi_n b)+\lambda_b J_{m\dot{o}}(\xi_n b)\right\}\left\{\xi_n J'_{m\dot{o}}(\xi_n a)+\lambda_a J_{m\dot{o}}(\xi_n a)\right\}\left\{\xi_n \mathcal{V}_{\mathcal{N}m\dot{o}}(\xi_n r,a)-\lambda_a \mathcal{V}_{\mathcal{D}m\dot{o}}(\xi_n r,a)\right\}}{\left[\left\{\xi_n^2+\lambda_b^2-\left(\frac{m\dot{o}}{b}\right)^2\right\}\left\{\xi_n J'_{m\dot{o}}(\xi_n a)-\lambda_a J_{m\dot{o}}(\xi_n a)\right\}^2-\left\{\xi_n^2+\lambda_a^2-\left(\frac{m\dot{o}}{a}\right)^2\right\}\left\{\xi_n J'_{m\dot{o}}(\xi_n b)+\lambda J_{m\dot{o}}(\xi_n b)\right\}^2\right]}\times$$

$$\times\int_0^t e^{-\eta_r\xi_n^2\tau}\int_0^d \overline{\psi}_b(m,w,t-\tau;\theta)\left[\Theta_2\left\{\frac{\pi(z-w)}{2d},e^{-\left(\frac{\pi}{d}\right)^2\eta_z\tau}\right\}-\Theta_2\left\{\frac{\pi(z+w)}{2d},e^{-\left(\frac{\pi}{d}\right)^2\eta_z\tau}\right\}\right]dwd\tau-$$

$$-\frac{\pi}{2d}\sum_{m=0}^{\infty}\ni_m\times$$

$$\times\sum_{n=1}^{\infty}\frac{\xi_n^2\left\{\xi_n J'_{m\dot{o}}(\xi_n b)+\lambda_b J_{m\dot{o}}(\xi_n b)\right\}^2\left\{\xi_n \mathcal{V}_{\mathcal{N}m\dot{o}}(\xi_n r,a)-\lambda_a \mathcal{V}_{\mathcal{D}m\dot{o}}(\xi_n r,a)\right\}}{\left[\left\{\xi_n^2+\lambda_b^2-\left(\frac{m\dot{o}}{b}\right)^2\right\}\left\{\xi_n J'_{m\dot{o}}(\xi_n a)-\lambda_a J_{m\dot{o}}(\xi_n a)\right\}^2-\left\{\xi_n^2+\lambda_a^2-\left(\frac{m\dot{o}}{a}\right)^2\right\}\left\{\xi_n J'_{m\dot{o}}(\xi_n b)+\lambda J_{m\dot{o}}(\xi_n b)\right\}^2\right]}\times$$

$$\times\int_0^t\left\{\left(\frac{\eta_z}{2d}\right)\Theta_2'\left(\frac{\pi z}{2d},e^{-\left(\frac{\pi}{d}\right)^2\eta_z\tau}\right)\overline{\overline{\psi}}_0(\xi_n,m,t-\tau;\theta)+\right.$$

$$\left.+\left(\frac{1}{\phi c_t}\right)\Theta_1\left(\frac{\pi z}{2d},e^{-\left(\frac{\pi}{d}\right)^2\eta_z\tau}\right)\overline{\overline{\psi}}_d(\xi_n,m,t-\tau;\theta)\right\}e^{-\eta_r\xi_n^2\tau}d\tau+$$

$$+\frac{\pi}{4d}\sum_{m=0}^{\infty}\ni_m\times$$

$$\times\sum_{n=1}^{\infty}\frac{\xi_n^2\left\{\xi_n J'_{m\dot{o}}(\xi_n b)+\lambda_b J_{m\dot{o}}(\xi_n b)\right\}^2\left\{\xi_n \mathcal{V}_{\mathcal{N}m\dot{o}}(\xi_n r,a)-\lambda_a \mathcal{V}_{\mathcal{D}m\dot{o}}(\xi_n r,a)\right\}}{\left[\left\{\xi_n^2+\lambda_b^2-\left(\frac{m\dot{o}}{b}\right)^2\right\}\left\{\xi_n J'_{m\dot{o}}(\xi_n a)-\lambda_a J_{m\dot{o}}(\xi_n a)\right\}^2-\left\{\xi_n^2+\lambda_a^2-\left(\frac{m\dot{o}}{a}\right)^2\right\}\left\{\xi_n J'_{m\dot{o}}(\xi_n b)+\lambda J_{m\dot{o}}(\xi_n b)\right\}^2\right]}\times$$

$$\times\int_0^d \overline{\overline{\varphi}}(\xi_n,m,w;\theta)\left[\Theta_2\left\{\frac{\pi(z-w)}{2d},e^{-\left(\frac{\pi}{d}\right)^2\eta_z t}\right\}-\Theta_2\left\{\frac{\pi(z+w)}{2d},e^{-\left(\frac{\pi}{d}\right)^2\eta_z t}\right\}\right]dw \qquad (25.24.2)$$

where $\overline{\psi}_a(m,w,t;\theta)=\int_0^{2\pi}\psi_a(v,w,t)\cos\{m(\theta-v)\}dv$, $\overline{\psi}_b(m,w,t;\theta)=\int_0^{2\pi}\psi_b(v,w,t)\cos\{m(\theta-v)\}dv$, $\overline{\overline{\psi}}_0(\xi_n,m,t;\theta)=\int_a^b r\{\xi_n\mathcal{V}_{\mathcal{N}m\dot{o}}(\xi_n u,a)-\lambda_a\mathcal{V}_{\mathcal{D}m\dot{o}}(\xi_n u,a)\}\int_0^{2\pi}\psi_0(u,v,t)\cos\{m(\theta-v)\}dudv$, and $\overline{\overline{\psi}}_d(\xi_n,m,t;\theta)=\int_a^b u\{\xi_n\mathcal{V}_{\mathcal{N}m\dot{o}}(\xi_n u,a)-\lambda_a\mathcal{V}_{\mathcal{D}m\dot{o}}(\xi_n u,a)\}\int_0^{2\pi}\psi_d(u,v,t)\cos\{m(\theta-v)\}dvdu$.

25.25 **A cylindrical continuum bounded by $0\le r\le a$ and $0\le z\le d$. Point source at $s_p\equiv(r_0,\theta_0,z_0)$ at time $t=t_0$; $0<r_0<a$, $0\le\theta_0\le 2\pi$, $0<z_0<d$, $t_0\ge 0$. $D_0\equiv p(r,\theta,0,t)=\psi_0(r,\theta,t)$, $R_d\equiv\frac{\partial p(r,\theta,d,t)}{\partial z}+\lambda_d p(r,\theta,d,t)=-\left(\frac{\mu}{k_z}\right)\psi_d(r,\theta,t)$ and $D_a\equiv p(a,\theta,z,t)=\psi_a(\theta,z,t)$. $p(r,\theta,z,0)=\varphi(r,\theta,z)$**

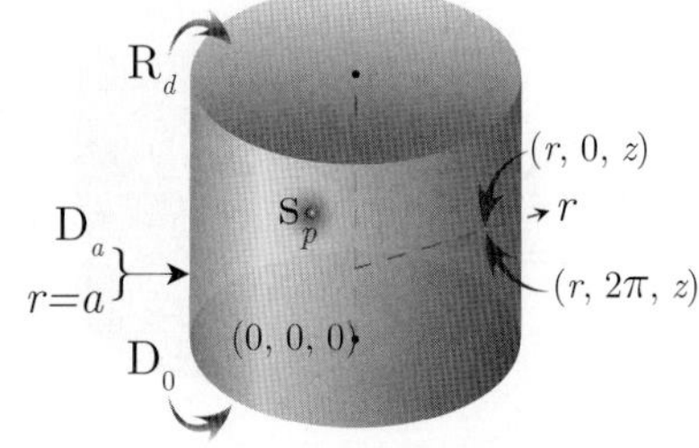

$$\overline{p}=\frac{4q(s)e^{-st_0}}{\pi a^2\phi c_t}\sum_{m=0}^{\infty}\ni_m\cos\{m(\theta-\theta_0)\}\sum_{n=1}^{\infty}\frac{J_{m\dot{o}}(\xi_n r_0)J_{m\dot{o}}(\xi_n r)}{J'^2_{m\dot{o}}(\xi_n a)}\sum_{l=1}^{\infty}\frac{(\xi_l^2+\lambda_d^2)\sin(\xi_l z_0)\sin(\xi_l z)}{\{d(\xi_l^2+\lambda_d^2)+\lambda_d\}(\eta_r\xi_n^2+\eta_z\xi_l^2+s)}-$$

$$-\frac{4\eta_r}{\pi a}\sum_{m=0}^{\infty}\ni_m\sum_{n=1}^{\infty}\frac{\xi_n J_{m\dot{o}}(\xi_n r)}{J'_{m\dot{o}}(\xi_n a)}\sum_{l=1}^{\infty}\frac{\overline{\overline{\psi}}_a(m,\xi_l,s;\theta)(\xi_l^2+\lambda_d^2)\sin(\xi_l z)}{\{d(\xi_l^2+\lambda_d^2)+\lambda_d\}(\eta_r\xi_n^2+\eta_z\xi_l^2+s)}+$$

$$+\frac{4}{\pi a^2}\sum_{m=0}^{\infty}\ni_m\sum_{n=1}^{\infty}\frac{J_{m\dot{o}}(\xi_n r)}{J'^2_{m\dot{o}}(\xi_n a)}\sum_{l=1}^{\infty}\frac{(\xi_l^2+\lambda_d^2)\left\{\eta_z\xi_l\overline{\overline{\psi}}_0(\xi_n,m,s;\theta)-\frac{\sin(\xi_l d)}{\phi c_t}\overline{\overline{\psi}}_d(\xi_n,m,s;\theta)\right\}\sin(\xi_l z)}{\{d(\xi_l^2+\lambda_d^2)+\lambda_d\}(\eta_r\xi_n^2+\eta_z\xi_l^2+s)}+$$

$$+\frac{4}{\pi a^2}\sum_{m=0}^{\infty}\ni_m\sum_{n=1}^{\infty}\frac{J_{m\dot{o}}(\xi_n r)}{J'^2_{m\dot{o}}(\xi_n a)}\sum_{l=1}^{\infty}\frac{\overline{\overline{\varphi}}(\xi_n,m,\xi_l;\theta)(\xi_l^2+\lambda_d^2)\sin(\xi_l z)}{\{d(\xi_l^2+\lambda_d^2)+\lambda_d\}(\eta_r\xi_n^2+\eta_z\xi_l^2+s)} \qquad (25.25.1)$$

where ξ_n are the positive roots of $J_{m\dot{o}}(\xi_n a)=0$, $n=1,2,...$, and ξ_l are the positive roots of $\xi_l\cot(\xi_l d)=-\lambda_d$,

$l = 1, 2, ..., \overline{\overline{\overline{\psi}}}_0(\xi_n, m, s; \theta) = \int_0^a uJ_{m\dot{o}}(\xi_n u)\int_0^{2\pi} \overline{\psi}_0(u, v, s)\cos\{m(\theta - v)\}dvdu,$
$\overline{\overline{\overline{\psi}}}_d(\xi_n, m, s; \theta) = \int_0^a uJ_{m\dot{o}}(\xi_n u)\int_0^{2\pi} \overline{\psi}_d(u, v, s)\cos\{m(\theta - v)\}dvdu,$
$\overline{\overline{\overline{\psi}}}_a(m, \xi_l, s; \theta) = \int_0^{2\pi}\cos\{m(\theta - v)\}\int_0^d \overline{\psi}_a(v, w, s)\sin(\xi_l w)\,dwdv$, and
$\overline{\overline{\overline{\varphi}}}(\xi_n, m, \xi_l; \theta) = \int_0^a uJ_{m\dot{o}}(\xi_n u)\int_0^{2\pi}\cos\{m(\theta - v)\}\int_0^d \varphi(u, v, w)\sin(\xi_l w)\,dwdvdu.$

$$
\begin{aligned}
p = {} & \frac{4U(t-t_0)}{\pi a^2\phi c_t}\sum_{m=0}^{\infty}\ni_m \cos\{m(\theta-\theta_0)\}\sum_{n=1}^{\infty}\frac{J_{m\dot{o}}(\xi_n r_0)\,J_{m\dot{o}}(\xi_n r)}{J'^2_{m\dot{o}}(\xi_n a)}\times \\
& \times\sum_{l=1}^{\infty}\frac{\left(\xi_l^2+\lambda_d^2\right)\sin(\xi_l z_0)\sin(\xi_l z)\int_0^{t-t_0} q(t-t_0-\tau)\,e^{-\left(\eta_r\xi_n^2+\eta_z\xi_l^2\right)\tau}d\tau}{\left\{d\left(\xi_l^2+\lambda_d^2\right)+\lambda_d\right\}} - \\
& -\frac{4\eta_r}{\pi a}\sum_{m=0}^{\infty}\ni_m\sum_{n=1}^{\infty}\frac{\xi_n J_{m\dot{o}}(\xi_n r)}{J'_{m\dot{o}}(\xi_n a)}\sum_{l=1}^{\infty}\frac{\left(\xi_l^2+\lambda_d^2\right)\sin(\xi_l z)\int_0^t \overline{\overline{\psi}}_a(m,\xi_l,t-\tau;\theta)\,e^{-\left(\eta_r\xi_n^2+\eta_z\xi_l^2\right)\tau}d\tau}{\left\{d\left(\xi_l^2+\lambda_d^2\right)+\lambda_d\right\}} + \\
& +\frac{4}{\pi a^2}\sum_{m=0}^{\infty}\ni_m\sum_{n=1}^{\infty}\frac{J_{m\dot{o}}(\xi_n r)}{J'^2_{m\dot{o}}(\xi_n a)}\times \\
& \times\sum_{l=1}^{\infty}\frac{\left(\xi_l^2+\lambda_d^2\right)\sin(\xi_l z)\int_0^t\left\{\eta_z\xi_l\overline{\overline{\psi}}_0(\xi_n,m,t-\tau;\theta)-\frac{\sin(\xi_l d)}{\phi c_t}\overline{\overline{\psi}}_d(\xi_n,m,t-\tau;\theta)\right\}e^{-\left(\eta_r\xi_n^2+\eta_z\xi_l^2\right)\tau}d\tau}{\left\{d\left(\xi_l^2+\lambda_d^2\right)+\lambda_d\right\}} + \\
& +\frac{4}{\pi a^2}\sum_{m=0}^{\infty}\ni_m\sum_{n=1}^{\infty}\frac{J_{m\dot{o}}(\xi_n r)\,e^{-\eta_r\xi_n^2 t}}{J'^2_{m\dot{o}}(\xi_n a)}\sum_{l=1}^{\infty}\frac{\overline{\overline{\overline{\varphi}}}(\xi_n,m,\xi_l;\theta)\left(\xi_l^2+\lambda_d^2\right)\sin(\xi_l z)\,e^{-\eta_z\xi_l^2 t}}{\left\{d\left(\xi_l^2+\lambda_d^2\right)+\lambda_d\right\}}
\end{aligned}
\tag{25.25.2}
$$

where $\overline{\overline{\psi}}_a(m, \xi_l, t; \theta) = \int_0^{2\pi}\cos\{m(\theta - u)\}\int_0^d \psi_a(u, z, t)\sin(\xi_l z)\,dzdu,$
$\overline{\overline{\psi}}_0(\xi_n, m, t; \theta) = \int_0^a uJ_{m\dot{o}}(\xi_n u)\int_0^{2\pi}\psi_0(u, v, t)\cos\{m(\theta - v)\}dvdu$, and
$\overline{\overline{\psi}}_d(\xi_n, m, t; \theta) = \int_0^a uJ_{m\dot{o}}(\xi_n u)\int_0^{2\pi}\psi_d(u, v, t)\cos\{m(\theta - v)\}dvdu.$

25.26

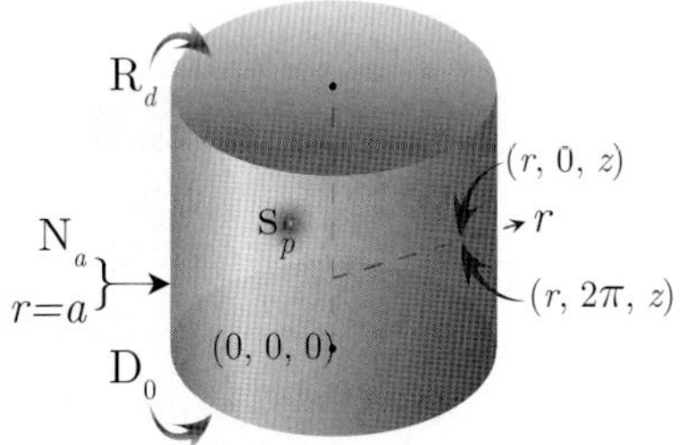

The problem of 25.25, except
$\mathbf{N}_a \equiv \frac{\partial p(a,\theta,z,t)}{\partial r} = -\left(\frac{\mu}{k_r}\right)\psi_a(\theta, z, t),$
$\mathbf{D}_0 \equiv p(r, \theta, 0, t) = \psi_0(r, \theta, t)$ **and**
$\mathbf{R}_d \equiv \frac{\partial p(r,\theta,d,t)}{\partial z} + \lambda_d p(r, \theta, d, t) = -\left(\frac{\mu}{k_z}\right)\psi_d(r, \theta, t)$

$$
\begin{aligned}
\overline{p} = {} & \frac{4q(s)\,e^{-st_0}}{\pi a^2\phi c_t}\sum_{m=0}^{\infty}\ni_m\cos\{m(\theta-\theta_0)\}\times \\
& \times\sum_{n=0}^{\infty}\frac{J_{m\dot{o}}(\xi_n r_0)\,J_{m\dot{o}}(\xi_n r)}{\left\{1-\left(\frac{m\dot{o}}{\xi_n a}\right)^2\right\}J^2_{m\dot{o}}(\xi_n a)}\sum_{l=1}^{\infty}\frac{\left(\xi_l^2+\lambda_d^2\right)\sin(\xi_l z_0)\sin(\xi_l z)}{\left\{d\left(\xi_l^2+\lambda_d^2\right)+\lambda_d\right\}\left(\eta_r\xi_n^2+\eta_z\xi_l^2+s\right)} - \\
& -\frac{4}{\pi a\phi c_t}\sum_{m=0}^{\infty}\ni_m\sum_{n=0}^{\infty}\frac{J_{m\dot{o}}(\xi_n r)}{\left\{1-\left(\frac{m\dot{o}}{\xi_n a}\right)^2\right\}J_{m\dot{o}}(\xi_n a)}\sum_{l=1}^{\infty}\frac{\overline{\overline{\overline{\psi}}}_a(m,\xi_l,s;\theta)\left(\xi_l^2+\lambda_d^2\right)\sin(\xi_l z)}{\left\{d\left(\xi_l^2+\lambda_d^2\right)+\lambda_d\right\}\left(\eta_r\xi_n^2+\eta_z\xi_l^2+s\right)} + \\
& +\frac{4}{\pi a^2}\sum_{m=0}^{\infty}\ni_m\sum_{n=0}^{\infty}\frac{J_{m\dot{o}}(\xi_n r)}{\left\{1-\left(\frac{m\dot{o}}{\xi_n a}\right)^2\right\}J^2_{m\dot{o}}(\xi_n a)}\times
\end{aligned}
$$

$$\times\sum_{l=1}^{\infty}\frac{\left(\xi_l^2+\lambda_d^2\right)\left\{\eta_z\xi_l\overline{\overline{\psi}}_0\left(\xi_n,m,s;\theta\right)-\frac{\sin(\xi_l d)}{\phi c_t}\overline{\overline{\psi}}_d\left(\xi_n,m,s;\theta\right)\right\}\sin\left(\xi_l z\right)}{\left\{d\left(\xi_l^2+\lambda_d^2\right)+\lambda_d\right\}\left(\eta_r\xi_n^2+\eta_z\xi_l^2+s\right)}+$$

$$+\frac{4}{\pi a^2}\sum_{m=0}^{\infty}\ni_m\sum_{n=0}^{\infty}\frac{J_{m\dot{o}}\left(\xi_n r\right)}{\left\{1-\left(\frac{m\dot{o}}{\xi_n a}\right)^2\right\}J^2_{m\dot{o}}\left(\xi_n a\right)}\sum_{l=1}^{\infty}\frac{\overline{\overline{\overline{\varphi}}}\left(\xi_n,m,\xi_l;\theta\right)\left(\xi_l^2+\lambda_d^2\right)\sin\left(\xi_l z\right)}{\left\{d\left(\xi_l^2+\lambda_d^2\right)+\lambda_d\right\}\left(\eta_r\xi_n^2+\eta_z\xi_l^2+s\right)} \quad (25.26.1)$$

where ξ_n are the positive roots of $J'_{m\dot{o}}\left(\xi_n a\right)=0$, $n=1,2,...$, and ξ_l are the positive roots of $\xi_l\cot\left(\xi_l d\right)=-\lambda_d$, $l=1,2,...$, $\overline{\overline{\psi}}_0\left(\xi_n,m,s;\theta\right)=\int_0^a uJ_{m\dot{o}}\left(\xi_n u\right)\int_0^{2\pi}\overline{\psi}_0\left(u,v,s\right)\cos\left\{m\left(\theta-v\right)\right\}dvdu$,
$\overline{\overline{\psi}}_d\left(\xi_n,m,s;\theta\right)=\int_0^a uJ_{m\dot{o}}\left(\xi_n u\right)\int_0^{2\pi}\overline{\psi}_d\left(u,v,s\right)\cos\left\{m\left(\theta-v\right)\right\}dvdu$,
$\overline{\overline{\psi}}_a\left(m,\xi_l,s;\theta\right)=\int_0^{2\pi}\cos\left\{m\left(\theta-v\right)\right\}\int_0^d\overline{\psi}_a\left(v,w,s\right)\sin\left(\xi_l w\right)dwdv$, and
$\overline{\overline{\overline{\varphi}}}\left(\xi_n,m,\xi_l;\theta\right)=\int_0^a uJ_{m\dot{o}}\left(\xi_n u\right)\int_0^{2\pi}\cos\left\{m\left(\theta-v\right)\right\}\int_0^d\varphi\left(u,v,w\right)\sin\left(\xi_l w\right)dwdvdu$.

$$p=\frac{4U\left(t-t_0\right)}{\pi a^2\phi c_t}\sum_{m=0}^{\infty}\ni_m\cos\left\{m\left(\theta-\theta_0\right)\right\}\sum_{n=0}^{\infty}\frac{J_{m\dot{o}}\left(\xi_n r_0\right)J_{m\dot{o}}\left(\xi_n r\right)}{\left\{1-\left(\frac{m\dot{o}}{\xi_n a}\right)^2\right\}J^2_{m\dot{o}}\left(\xi_n a\right)}\times$$

$$\times\sum_{l=1}^{\infty}\frac{\left(\xi_l^2+\lambda_d^2\right)\sin\left(\xi_l z_0\right)\sin\left(\xi_l z\right)\int_0^{t-t_0}q\left(t-t_0-\tau\right)e^{-\left(\eta_r\xi_n^2+\eta_z\xi_l^2\right)\tau}d\tau}{\left\{d\left(\xi_l^2+\lambda_d^2\right)+\lambda_d\right\}}-$$

$$-\frac{4}{\pi a\phi c_t}\sum_{m=0}^{\infty}\ni_m\sum_{n=0}^{\infty}\frac{J_{m\dot{o}}\left(\xi_n r\right)}{\left\{1-\left(\frac{m\dot{o}}{\xi_n a}\right)^2\right\}J_{m\dot{o}}(\xi_n a)}\sum_{l=1}^{\infty}\frac{\left(\xi_l^2+\lambda_d^2\right)\sin(\xi_l z)\int_0^t\overline{\psi}_a(m,\xi_l,t-\tau;\theta)e^{-\left(\eta_r\xi_n^2+\eta_z\xi_l^2\right)\tau}d\tau}{\left\{d\left(\xi_l^2+\lambda_d^2\right)+\lambda_d\right\}}+$$

$$+\frac{4}{\pi a^2}\sum_{m=0}^{\infty}\ni_m\sum_{n=0}^{\infty}\frac{J_{m\dot{o}}\left(\xi_n r\right)}{\left\{1-\left(\frac{m\dot{o}}{\xi_n a}\right)^2\right\}J^2_{m\dot{o}}\left(\xi_n a\right)}\times$$

$$\times\sum_{l=1}^{\infty}\frac{\left(\xi_l^2+\lambda_d^2\right)\sin\left(\xi_l z\right)\int_0^t\left\{\eta_z\xi_l\overline{\psi}_0\left(\xi_n,m,t-\tau;\theta\right)-\frac{\sin(\xi_l d)}{\phi c_t}\overline{\psi}_d\left(\xi_n,m,t-\tau;\theta\right)\right\}e^{-\left(\eta_r\xi_n^2+\eta_z\xi_l^2\right)\tau}d\tau}{\left\{d\left(\xi_l^2+\lambda_d^2\right)+\lambda_d\right\}}+$$

$$+\frac{4}{\pi a^2}\sum_{m=0}^{\infty}\ni_m\sum_{n=0}^{\infty}\frac{J_{m\dot{o}}\left(\xi_n r\right)e^{-\eta_r\xi_n^2 t}}{\left\{1-\left(\frac{m\dot{o}}{\xi_n a}\right)^2\right\}J^2_{m\dot{o}}\left(\xi_n a\right)}\sum_{l=1}^{\infty}\frac{\overline{\overline{\overline{\varphi}}}\left(\xi_n,m,\xi_l;\theta\right)\left(\xi_l^2+\lambda_d^2\right)\sin\left(\xi_l z\right)e^{-\eta_z\xi_l^2 t}}{\left\{d\left(\xi_l^2+\lambda_d^2\right)+\lambda_d\right\}} \quad (25.26.2)$$

where $\overline{\psi}_a\left(m,\xi_l,t;\theta\right)=\int_0^{2\pi}\cos\left\{m\left(\theta-v\right)\right\}\int_0^d\psi_a\left(v,w,t\right)\sin\left(\xi_l w\right)dwdv$,
$\overline{\psi}_0\left(\xi_n,m,t;\theta\right)=\int_0^a uJ_{m\dot{o}}\left(\xi_n u\right)\int_0^{2\pi}\psi_0\left(u,v,t\right)\cos\left\{m\left(\theta-v\right)\right\}dvdu$, and
$\overline{\psi}_d\left(\xi_n,m,t;\theta\right)=\int_0^a uJ_{m\dot{o}}\left(\xi_n u\right)\int_0^{2\pi}\psi_d\left(u,v,t\right)\cos\left\{m\left(\theta-v\right)\right\}dvdu$.

25.27 The problem of 25.25, except

$R_a\equiv\frac{\partial p(a,\theta,z,t)}{\partial r}+\lambda p\left(a,\theta,z,t\right)=-\left(\frac{\mu}{k_r}\right)\psi_a\left(\theta,z,t\right)$,
$D_0\equiv p\left(r,\theta,0,t\right)=\psi_0\left(r,\theta,t\right)$ and
$R_d\equiv\frac{\partial p(r,\theta,d,t)}{\partial z}+\lambda_d p\left(r,\theta,d,t\right)=-\left(\frac{\mu}{k_z}\right)\psi_d\left(r,\theta,t\right)$

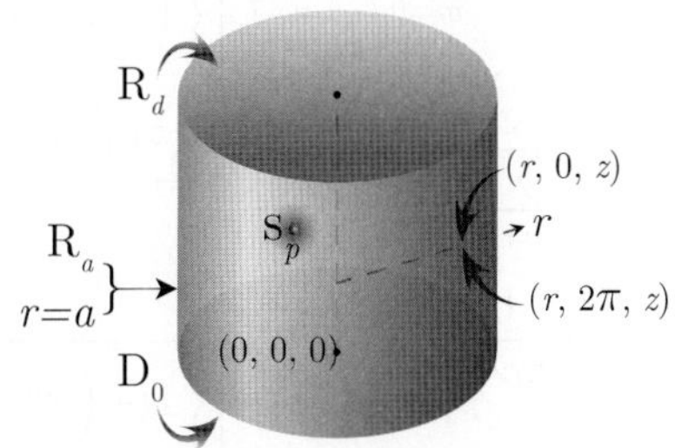

$$\overline{p}=\frac{4q\left(s\right)e^{-st_0}}{\pi a^2\phi c_t}\sum_{m=0}^{\infty}\ni_m\cos\left\{m\left(\theta-\theta_0\right)\right\}\times$$

$$\times\sum_{n=1}^{\infty}\frac{J_{m\dot{o}}\left(\xi_n r_0\right)J_{m\dot{o}}\left(\xi_n r\right)}{\left[\left\{1-\left(\frac{m\dot{o}}{\xi_n a}\right)^2\right\}J^2_{m\dot{o}}\left(\xi_n a\right)+J'^2_{m\dot{o}}\left(\xi_n a\right)\right]}\sum_{l=1}^{\infty}\frac{\left(\xi_l^2+\lambda_d^2\right)\sin\left(\xi_l z_0\right)\sin\left(\xi_l z\right)}{\left\{d\left(\xi_l^2+\lambda_d^2\right)+\lambda_d\right\}\left(\eta_r\xi_n^2+\eta_z\xi_l^2+s\right)}-$$

$$-\frac{4}{\pi a\phi c_t}\sum_{m=0}^{\infty}\ni_m\sum_{n=1}^{\infty}\frac{J_{m\dot{o}}(\xi_n r)}{\left[\left\{1-\left(\frac{m\dot{o}}{\xi_n a}\right)^2\right\}J_{m\dot{o}}^2(\xi_n a)+J_{m\dot{o}}'^2(\xi_n a)\right]}\sum_{l=1}^{\infty}\frac{\overline{\overline{\overline{\psi}}}_a(m,\xi_l,s;\theta)\left(\xi_l^2+\lambda_d^2\right)\sin(\xi_l z)}{\left\{d\left(\xi_l^2+\lambda_d^2\right)+\lambda_d\right\}\left(\eta_r\xi_n^2+\eta_z\xi_l^2+s\right)}+$$

$$+\frac{4}{\pi a^2}\sum_{m=0}^{\infty}\ni_m\sum_{n=1}^{\infty}\frac{J_{m\dot{o}}(\xi_n r)}{\left[\left\{1-\left(\frac{m\dot{o}}{\xi_n a}\right)^2\right\}J_{m\dot{o}}^2(\xi_n a)+J_{m\dot{o}}'^2(\xi_n a)\right]}\times$$

$$\times\sum_{l=1}^{\infty}\frac{\left(\xi_l^2+\lambda_d^2\right)\left\{\eta_z\xi_l\overline{\overline{\overline{\psi}}}_0(\xi_n,m,s;\theta)-\frac{\sin(\xi_l d)}{\phi c_t}\overline{\overline{\overline{\psi}}}_d(\xi_n,m,s;\theta)\right\}\sin(\xi_l z)}{\left\{d\left(\xi_l^2+\lambda_d^2\right)+\lambda_d\right\}\left(\eta_r\xi_n^2+\eta_z\xi_l^2+s\right)}+$$

$$+\frac{4}{\pi a^2}\sum_{m=0}^{\infty}\ni_m\sum_{n=1}^{\infty}\frac{J_{m\dot{o}}(\xi_n r)}{\left[\left\{1-\left(\frac{m\dot{o}}{\xi_n a}\right)^2\right\}J_{m\dot{o}}^2(\xi_n a)+J_{m\dot{o}}'^2(\xi_n a)\right]}\sum_{l=1}^{\infty}\frac{\overline{\overline{\overline{\varphi}}}(\xi_n,m,\xi_l;\theta)\left(\xi_l^2+\lambda_d^2\right)\sin(\xi_l z)}{\left\{d\left(\xi_l^2+\lambda_d^2\right)+\lambda_d\right\}\left(\eta_r\xi_n^2+\eta_z\xi_l^2+s\right)}$$

(25.27.1)

where ξ_n are the positive roots of $\xi_n J_{m\dot{o}}'(\xi_n a)+\lambda J_{m\dot{o}}(\xi_n a)=0$, $n=1,2,...,$ and ξ_l are the positive roots of $\xi_l\cot(\xi_l d)=-\lambda_d$, $l=1,2,...,$ $\overline{\overline{\overline{\psi}}}_0(\xi_n,m,s;\theta)=\int_0^a uJ_{m\dot{o}}(\xi_n u)\int_0^{2\pi}\overline{\psi}_0(u,v,s)\cos\{m(\theta-v)\}dvdu$,
$\overline{\overline{\overline{\psi}}}_d(\xi_n,m,s;\theta)=\int_0^a uJ_{m\dot{o}}(\xi_n u)\int_0^{2\pi}\overline{\psi}_d(u,v,s)\cos\{m(\theta-v)\}dvdu$,
$\overline{\overline{\overline{\psi}}}_a(m,\xi_l,s;\theta)=\int_0^{2\pi}\cos\{m(\theta-v)\}\int_0^d\overline{\psi}_a(v,w,s)\sin(\xi_l w)\,dwdv$, and
$\overline{\overline{\overline{\varphi}}}(\xi_n,m,\xi_l;\theta)=\int_0^a uJ_{m\dot{o}}(\xi_n u)\int_0^{2\pi}\cos\{m(\theta-v)\}\int_0^d\varphi(u,v,w)\sin(\xi_l w)\,dwdvdu$.

$$p=\frac{4U(t-t_0)}{\pi a^2\phi c_t}\sum_{m=0}^{\infty}\ni_m\cos\{m(\theta-\theta_0)\}\sum_{n=1}^{\infty}\frac{J_{m\dot{o}}(\xi_n r_0)J_{m\dot{o}}(\xi_n r)}{\left[\left\{1-\left(\frac{m\dot{o}}{\xi_n a}\right)^2\right\}J_{m\dot{o}}^2(\xi_n a)+J_{m\dot{o}}'^2(\xi_n a)\right]}\times$$

$$\times\sum_{l=1}^{\infty}\frac{\left(\xi_l^2+\lambda_d^2\right)\sin(\xi_l z_0)\sin(\xi_l z)\int_0^{t-t_0}q(t-t_0-\tau)e^{-\left(\eta_r\xi_n^2+\eta_z\xi_l^2\right)\tau}d\tau}{\left\{d\left(\xi_l^2+\lambda_d^2\right)+\lambda_d\right\}}-$$

$$-\frac{4}{\pi a\phi c_t}\sum_{m=0}^{\infty}\ni_m\sum_{n=1}^{\infty}\frac{J_{m\dot{o}}(\xi_n r)}{\left[\left\{1-\left(\frac{m\dot{o}}{\xi_n a}\right)^2\right\}J_{m\dot{o}}^2(\xi_n a)+J_{m\dot{o}}'^2(\xi_n a)\right]}\times$$

$$\times\sum_{l=1}^{\infty}\frac{\left(\xi_l^2+\lambda_d^2\right)\sin(\xi_l z)\int_0^t\overline{\overline{\psi}}_a(m,\xi_l,t-\tau;\theta)e^{-\left(\eta_r\xi_n^2+\eta_z\xi_l^2\right)\tau}d\tau}{\left\{d\left(\xi_l^2+\lambda_d^2\right)+\lambda_d\right\}}+$$

$$+\frac{4}{\pi a^2}\sum_{m=0}^{\infty}\ni_m\sum_{n=1}^{\infty}\frac{J_{m\dot{o}}(\xi_n r)}{\left[\left\{1-\left(\frac{m\dot{o}}{\xi_n a}\right)^2\right\}J_{m\dot{o}}^2(\xi_n a)+J_{m\dot{o}}'^2(\xi_n a)\right]}\times$$

$$\times\sum_{l=1}^{\infty}\frac{\left(\xi_l^2+\lambda_d^2\right)\sin(\xi_l z)\int_0^t\left\{\eta_z\xi_l\overline{\overline{\psi}}_0(\xi_n,m,t-\tau;\theta)-\frac{\sin(\xi_l d)}{\phi c_t}\overline{\overline{\psi}}_d(\xi_n,m,t-\tau;\theta)\right\}e^{-\left(\eta_r\xi_n^2+\eta_z\xi_l^2\right)\tau}d\tau}{\left\{d\left(\xi_l^2+\lambda_d^2\right)+\lambda_d\right\}}+$$

$$+\frac{4}{\pi a^2}\sum_{m=0}^{\infty}\ni_m\sum_{n=1}^{\infty}\frac{J_{m\dot{o}}(\xi_n r)e^{-\eta_r\xi_n^2 t}}{\left[\left\{1-\left(\frac{m\dot{o}}{\xi_n a}\right)^2\right\}J_{m\dot{o}}^2(\xi_n a)+J_{m\dot{o}}'^2(\xi_n a)\right]}\sum_{l=1}^{\infty}\frac{\overline{\overline{\overline{\varphi}}}(\xi_n,m,\xi_l;\theta)\left(\xi_l^2+\lambda_d^2\right)\sin(\xi_l z)e^{-\eta_z\xi_l^2 t}}{\left\{d\left(\xi_l^2+\lambda_d^2\right)+\lambda_d\right\}}$$

(25.27.2)

where $\overline{\overline{\psi}}_a(m,\xi_l,t;\theta)=\int_0^{2\pi}\cos\{m(\theta-v)\}\int_0^d\psi_a(v,w,t)\sin(\xi_l w)\,dwdv$,
$\overline{\overline{\psi}}_0(\xi_n,m,t;\theta)=\int_0^a uJ_{m\dot{o}}(\xi_n u)\int_0^{2\pi}\psi_0(u,v,t)\cos\{m(\theta-v)\}dvdu$, and
$\overline{\overline{\psi}}_d(\xi_n,m,t;\theta)=\int_0^a uJ_{m\dot{o}}(\xi_n u)\int_0^{2\pi}\psi_d(u,v,t)\cos\{m(\theta-v)\}dvdu$.

25.28 A cylindrical continuum bounded by $a \leq r \leq b$ and $0 \leq z \leq d$. Point source at $s_p \equiv (r_0, \theta_0, z_0)$ at time $t = t_0$; $a < r_0 < b$, $0 \leq \theta_0 \leq 2\pi$, $0 < z_0 < d$, $t_0 \geq 0$. $D_0 \equiv p(r, \theta, 0, t) = \psi_0(r, \theta, t)$, $R_d \equiv \frac{\partial p(r,\theta,d,t)}{\partial z} + \lambda_d p(r, \theta, d, t) = -\left(\frac{\mu}{k_z}\right)\psi_d(r, \theta, t)$, $D_a \equiv p(a, \theta, z, t) = \psi_a(\theta, z, t)$ and $D_b \equiv p(b, \theta, z, t) = \psi_b(\theta, z, t)$. $p(r, \theta, z, 0) = \varphi(r, \theta, z)$

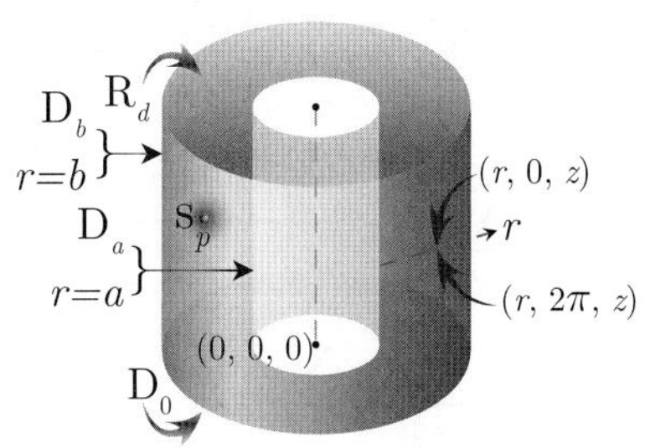

$$
\begin{aligned}
\overline{p} &= \frac{\pi q(s) e^{-st_0}}{\phi c_t} \sum_{m=0}^{\infty} \ni_m \cos\{m(\theta - \theta_0)\} \sum_{n=1}^{\infty} \frac{\xi_n^2 J_{m\dot{o}}^2(\xi_n b)\, \mathcal{V}_{\mathcal{D}m\dot{o}}(\xi r_0, a)\, \mathcal{V}_{\mathcal{D}m\dot{o}}(\xi r, a)}{\{J_{m\dot{o}}^2(\xi_n a) - J_{m\dot{o}}^2(\xi_n b)\}} \times \\
&\times \sum_{l=1}^{\infty} \frac{(\xi_l^2 + \lambda_d^2) \sin(\xi_l z_0) \sin(\xi_l z)}{\{d(\xi_l^2 + \lambda_d^2) + \lambda_d\}(\eta_r \xi_n^2 + \eta_z \xi_l^2 + s)} - \\
&-2\eta_r \sum_{m=0}^{\infty} \ni_m \sum_{n=1}^{\infty} \frac{\xi_n^2 J_{m\dot{o}}^2(\xi_n b)\, \mathcal{V}_{\mathcal{D}m\dot{o}}(\xi r, a)}{\{J_{m\dot{o}}^2(\xi_n a) - J_{m\dot{o}}^2(\xi_n b)\}} \sum_{l=1}^{\infty} \frac{\overline{\overline{\overline{\psi}}}_a(m, \xi_l, s; \theta)(\xi_l^2 + \lambda_d^2) \sin(\xi_l z)}{\{d(\xi_l^2 + \lambda_d^2) + \lambda_d\}(\eta_r \xi_n^2 + \eta_z \xi_l^2 + s)} + \\
&+2\eta_r \sum_{m=0}^{\infty} \ni_m \sum_{n=1}^{\infty} \frac{\xi_n^2 J_{m\dot{o}}(\xi_n a) J_{m\dot{o}}(\xi_n b)\, \mathcal{V}_{\mathcal{D}m\dot{o}}(\xi r, a)}{\{J_{m\dot{o}}^2(\xi_n a) - J_{m\dot{o}}^2(\xi_n b)\}} \sum_{l=1}^{\infty} \frac{\overline{\overline{\overline{\psi}}}_b(m, \xi_l, s; \theta)(\xi_l^2 + \lambda_d^2) \sin(\xi_l z)}{\{d(\xi_l^2 + \lambda_d^2) + \lambda_d\}(\eta_r \xi_n^2 + \eta_z \xi_l^2 + s)} + \\
&+\pi \sum_{m=0}^{\infty} \ni_m \sum_{n=1}^{\infty} \frac{\xi_n^2 J_{m\dot{o}}^2(\xi_n b)\, \mathcal{V}_{\mathcal{D}m\dot{o}}(\xi r, a)}{\{J_{m\dot{o}}^2(\xi_n a) - J_{m\dot{o}}^2(\xi_n b)\}} \times \\
&\times \sum_{l=1}^{\infty} \frac{(\xi_l^2 + \lambda_d^2) \left\{\eta_z \xi_l \overline{\overline{\overline{\psi}}}_0(\xi_n, m, s; \theta) - \frac{\sin(\xi_l d)}{\phi c_t} \overline{\overline{\overline{\psi}}}_d(\xi_n, m, s; \theta)\right\} \sin(\xi_l z)}{\{d(\xi_l^2 + \lambda_d^2) + \lambda_d\}(\eta_r \xi_n^2 + \eta_z \xi_l^2 + s)} + \\
&+\pi \sum_{m=0}^{\infty} \ni_m \sum_{n=1}^{\infty} \frac{\xi_n^2 J_{m\dot{o}}^2(\xi_n b)\, \mathcal{V}_{\mathcal{D}m\dot{o}}(\xi r, a)}{\{J_{m\dot{o}}^2(\xi_n a) - J_{m\dot{o}}^2(\xi_n b)\}} \sum_{l=1}^{\infty} \frac{\overline{\overline{\overline{\varphi}}}(\xi_n, m, \xi_l; \theta)(\xi_l^2 + \lambda_d^2) \sin(\xi_l z)}{\{d(\xi_l^2 + \lambda_d^2) + \lambda_d\}(\eta_r \xi_n^2 + \eta_z \xi_l^2 + s)}
\end{aligned}
\tag{25.28.1}
$$

where $\mathcal{V}_{\mathcal{D}m\dot{o}}(\xi_n r, a) = J_{m\dot{o}}(\xi_n r) Y_{m\dot{o}}(\xi_n a) - Y_{m\dot{o}}(\xi_n r) J_{m\dot{o}}(\xi_n a)$, and the eigenvalues $\xi_n, n = 1, 2, ...,$ are the positive roots of the transcendental equation $\mathcal{V}_{\mathcal{D}m\dot{o}}(\xi_n b, a) = 0$, and ξ_l are the positive roots of $\xi_l \cot(\xi_l d) = -\lambda_d$, $l = 1, 2, ...,$ $\overline{\overline{\overline{\psi}}}_0(\xi_n, m, s; \theta) = \int_a^b u \mathcal{V}_{\mathcal{D}m\dot{o}}(\xi_n u, a) \int_0^{2\pi} \overline{\psi}_0(u, v, s) \cos\{m(\theta - v)\} dv du$,
$\overline{\overline{\overline{\psi}}}_d(\xi_n, m, s; \theta) = \int_a^b u \mathcal{V}_{\mathcal{D}m\dot{o}}(\xi_n u, a) \int_0^{2\pi} \overline{\psi}_d(u, v, s) \cos\{m(\theta - v)\} dv du$,
$\overline{\overline{\overline{\psi}}}_a(m, \xi_l, s; \theta) = \int_0^{2\pi} \cos\{m(\theta - v)\} \int_0^d \overline{\psi}_a(v, w, s) \sin(\xi_l w) dw dv$,
$\overline{\overline{\overline{\psi}}}_b(m, \xi_l, s; \theta) = \int_0^{2\pi} \cos\{m(\theta - v)\} \int_0^d \overline{\psi}_b(v, w, s) \sin(\xi_l w) dw dv$, and
$\overline{\overline{\overline{\varphi}}}(\xi_n, m, \xi_l; \theta) = \int_a^b u \mathcal{V}_{\mathcal{D}m\dot{o}}(\xi_n u, a) \int_0^{2\pi} \cos\{m(\theta - v)\} \int_0^d \varphi(u, v, w) \sin(\xi_l w) dw dv du$.

$$
\begin{aligned}
p &= \frac{\pi U(t - t_0)}{\phi c_t} \sum_{m=0}^{\infty} \ni_m \cos\{m(\theta - \theta_0)\} \sum_{n=1}^{\infty} \frac{\xi_n^2 J_{m\dot{o}}^2(\xi_n b)\, \mathcal{V}_{\mathcal{D}m\dot{o}}(\xi r_0, a)\, \mathcal{V}_{\mathcal{D}m\dot{o}}(\xi r, a)}{\{J_{m\dot{o}}^2(\xi_n a) - J_{m\dot{o}}^2(\xi_n b)\}} \times \\
&\times \sum_{l=1}^{\infty} \frac{(\xi_l^2 + \lambda_d^2) \sin(\xi_l z_0) \sin(\xi_l z) \int_0^{t-t_0} q(t - t_0 - \tau) e^{-(\eta_r \xi_n^2 + \eta_z \xi_l^2)\tau} d\tau}{\{d(\xi_l^2 + \lambda_d^2) + \lambda_d\}} - \\
&-2\eta_r \sum_{m=0}^{\infty} \ni_m \sum_{n=1}^{\infty} \frac{\xi_n^2 J_{m\dot{o}}^2(\xi_n b)\, \mathcal{V}_{\mathcal{D}m\dot{o}}(\xi r, a)}{\{J_{m\dot{o}}^2(\xi_n a) - J_{m\dot{o}}^2(\xi_n b)\}} \sum_{l=1}^{\infty} \frac{(\xi_l^2 + \lambda_d^2) \sin(\xi_l z) \int_0^t \overline{\overline{\psi}}_a(m, \xi_l, t - \tau; \theta) e^{-(\eta_r \xi_n^2 + \eta_z \xi_l^2)\tau} d\tau}{\{d(\xi_l^2 + \lambda_d^2) + \lambda_d\}} + \\
&+2\eta_r \sum_{m=0}^{\infty} \ni_m \sum_{n=1}^{\infty} \frac{\xi_n^2 J_{m\dot{o}}(\xi_n a) J_{m\dot{o}}(\xi_n b)\, \mathcal{V}_{\mathcal{D}m\dot{o}}(\xi r, a)}{\{J_{m\dot{o}}^2(\xi_n a) - J_{m\dot{o}}^2(\xi_n b)\}} \times \\
&\times \sum_{l=1}^{\infty} \frac{(\xi_l^2 + \lambda_d^2) \sin(\xi_l z) \int_0^t \overline{\overline{\psi}}_b(m, \xi_l, t - \tau; \theta) e^{-(\eta_r \xi_n^2 + \eta_z \xi_l^2)\tau} d\tau}{\{d(\xi_l^2 + \lambda_d^2) + \lambda_d\}} +
\end{aligned}
$$

$$+\pi\sum_{m=0}^{\infty}\ni_m\sum_{n=1}^{\infty}\frac{\xi_n^2 J_{m\dot{o}}^2(\xi_n b)\,\mathcal{V}_{\mathcal{D}m\dot{o}}(\xi r,a)}{\{J_{m\dot{o}}^2(\xi_n a)-J_{m\dot{o}}^2(\xi_n b)\}}\times$$

$$\times\sum_{l=1}^{\infty}\frac{(\xi_l^2+\lambda_d^2)\sin(\xi_l z)\int_0^t\left\{\eta_z\xi_l\overline{\overline{\psi}}_0(\xi_n,m,t-\tau;\theta)-\frac{\sin(\xi_l d)}{\phi c_t}\overline{\overline{\psi}}_d(\xi_n,m,t-\tau;\theta)\right\}e^{-(\eta_r\xi_n^2+\eta_z\xi_l^2)\tau}d\tau}{\{d(\xi_l^2+\lambda_d^2)+\lambda_d\}}+$$

$$+\pi\sum_{m=0}^{\infty}\ni_m\sum_{n=1}^{\infty}\frac{\xi_n^2 J_{m\dot{o}}^2(\xi_n b)\,\mathcal{V}_{\mathcal{D}m\dot{o}}(\xi r,a)\,e^{-\eta_r\xi_n^2 t}}{\{J_{m\dot{o}}^2(\xi_n a)-J_{m\dot{o}}^2(\xi_n b)\}}\sum_{l=1}^{\infty}\frac{\overline{\overline{\overline{\varphi}}}(\xi_n,m,\xi_l;\theta)\,(\xi_l^2+\lambda_d^2)\sin(\xi_l z)\,e^{-\eta_z\xi_l^2 t}}{\{d(\xi_l^2+\lambda_d^2)+\lambda_d\}}\qquad(25.28.2)$$

where $\overline{\overline{\psi}}_a(m,\xi_l,t;\theta)=\int_0^{2\pi}\cos\{m(\theta-v)\}\int_0^d\psi_a(v,w,t)\sin(\xi_l w)\,dw dv$,
$\overline{\overline{\psi}}_b(m,\xi_l,t;\theta)=\int_0^{2\pi}\cos\{m(\theta-v)\}\int_0^d\psi_b(v,w,t)\sin(\xi_l w)\,dw dv$,
$\overline{\overline{\psi}}_0(\xi_n,m,t;\theta)=\int_a^b u\mathcal{V}_{\mathcal{D}m\dot{o}}(\xi_n u,a)\int_0^{2\pi}\psi_0(u,v,t)\cos\{m(\theta-v)\}dv du$, and
$\overline{\overline{\psi}}_d(\xi_n,m,t;\theta)=\int_a^b u\mathcal{V}_{\mathcal{D}m\dot{o}}(\xi_n u,a)\int_0^{2\pi}\psi_d(u,v,t)\cos\{m(\theta-v)\}dv du$.

25.29

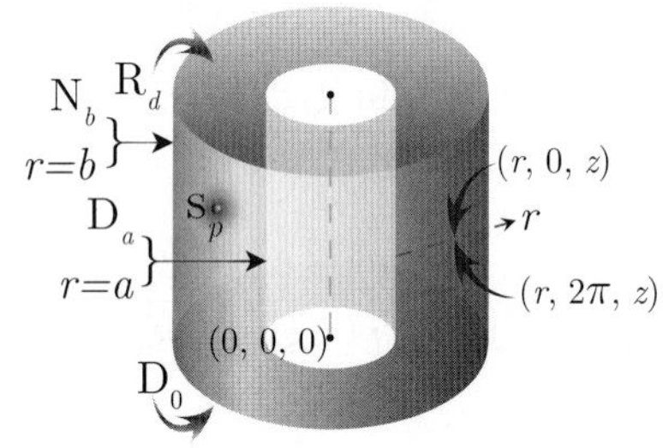

The problem of 25.28 except
$\mathbf{D}_a\equiv p(a,\theta,z,t)=\psi_a(\theta,z,t)$,
$\mathbf{N}_b\equiv\frac{\partial p(b,\theta,z,t)}{\partial r}=-\left(\frac{\mu}{k_r}\right)\psi_b(\theta,z,t)$,
$\mathbf{D}_0\equiv p(r,\theta,0,t)=\psi_0(r,\theta,t)$ **and**
$\mathbf{R}_d\equiv\frac{\partial p(r,\theta,d,t)}{\partial z}+\lambda_d p(r,\theta,d,t)=-\left(\frac{\mu}{k_z}\right)\psi_d(r,\theta,t)$

$$\overline{p}=\frac{\pi q(s)e^{-st_0}}{\phi c_t}\sum_{m=0}^{\infty}\ni_m\cos\{m(\theta-\theta_0)\}\sum_{n=1}^{\infty}\frac{\xi_n^2 J_{m\dot{o}}'^2(\xi_n b)\,\mathcal{V}_{\mathcal{D}m\dot{o}}(\xi r_0,a)\,\mathcal{V}_{\mathcal{D}m\dot{o}}(\xi r,a)}{\left[\left\{1-\left(\frac{m\dot{o}}{\xi_n b}\right)^2\right\}J_{m\dot{o}}^2(\xi_n a)-J_{m\dot{o}}'^2(\xi_n b)\right]}\times$$

$$\times\sum_{l=1}^{\infty}\frac{(\xi_l^2+\lambda_d^2)\sin(\xi_l z_0)\sin(\xi_l z)}{\{d(\xi_l^2+\lambda_d^2)+\lambda_d\}(\eta_r\xi_n^2+\eta_z\xi_l^2+s)}-$$

$$-2\eta_r\sum_{m=0}^{\infty}\ni_m\sum_{n=1}^{\infty}\frac{\xi_n^2 J_{m\dot{o}}'^2(\xi_n b)\,\mathcal{V}_{\mathcal{D}m\dot{o}}(\xi r,a)}{\left[\left\{1-\left(\frac{m\dot{o}}{\xi_n b}\right)^2\right\}J_{m\dot{o}}^2(\xi_n a)-J_{m\dot{o}}'^2(\xi_n b)\right]}\sum_{l=1}^{\infty}\frac{\overline{\overline{\overline{\psi}}}_a(m,\xi_l,s;\theta)\,(\xi_l^2+\lambda_d^2)\sin(\xi_l z)}{\{d(\xi_l^2+\lambda_d^2)+\lambda_d\}(\eta_r\xi_n^2+\eta_z\xi_l^2+s)}-$$

$$-\frac{2}{\phi c_t}\sum_{m=0}^{\infty}\ni_m\sum_{n=1}^{\infty}\frac{\xi_n^2 J_{m\dot{o}}(\xi_n a)\,J_{m\dot{o}}'(\xi_n b)\,\mathcal{V}_{\mathcal{D}m\dot{o}}(\xi r,a)}{\left[\left\{1-\left(\frac{m\dot{o}}{\xi_n b}\right)^2\right\}J_{m\dot{o}}^2(\xi_n a)-J_{m\dot{o}}'^2(\xi_n b)\right]}\sum_{l=1}^{\infty}\frac{\overline{\overline{\overline{\psi}}}_b(m,\xi_l,s;\theta)\,(\xi_l^2+\lambda_d^2)\sin(\xi_l z)}{\{d(\xi_l^2+\lambda_d^2)+\lambda_d\}(\eta_r\xi_n^2+\eta_z\xi_l^2+s)}+$$

$$+\pi\sum_{m=0}^{\infty}\ni_m\sum_{n=1}^{\infty}\frac{\xi_n^2 J_{m\dot{o}}'^2(\xi_n b)\,\mathcal{V}_{\mathcal{D}m\dot{o}}(\xi r,a)}{\left[\left\{1-\left(\frac{m\dot{o}}{\xi_n b}\right)^2\right\}J_{m\dot{o}}^2(\xi_n a)-J_{m\dot{o}}'^2(\xi_n b)\right]}\times$$

$$\times\sum_{l=1}^{\infty}\frac{(\xi_l^2+\lambda_d^2)\left\{\eta_z\xi_l\overline{\overline{\overline{\psi}}}_0(\xi_n,m,s;\theta)-\frac{\sin(\xi_l d)}{\phi c_t}\overline{\overline{\overline{\psi}}}_d(\xi_n,m,s;\theta)\right\}\sin(\xi_l z)}{\{d(\xi_l^2+\lambda_d^2)+\lambda_d\}(\eta_r\xi_n^2+\eta_z\xi_l^2+s)}+$$

$$+\pi\sum_{m=0}^{\infty}\ni_m\sum_{n=1}^{\infty}\frac{\xi_n^2 J_{m\dot{o}}'^2(\xi_n b)\,\mathcal{V}_{\mathcal{D}m\dot{o}}(\xi r,a)}{\left[\left\{1-\left(\frac{m\dot{o}}{\xi_n b}\right)^2\right\}J_{m\dot{o}}^2(\xi_n a)-J_{m\dot{o}}'^2(\xi_n b)\right]}\sum_{l=1}^{\infty}\frac{\overline{\overline{\overline{\varphi}}}(\xi_n,m,\xi_l;\theta)\,(\xi_l^2+\lambda_d^2)\sin(\xi_l z)}{\{d(\xi_l^2+\lambda_d^2)+\lambda_d\}(\eta_r\xi_n^2+\eta_z\xi_l^2+s)}\qquad(25.29.1)$$

where $\mathcal{V}_{\mathcal{D}m\dot{o}}(\xi_n r,a)=J_{m\dot{o}}(\xi_n r)Y_{m\dot{o}}(\xi_n a)-Y_{m\dot{o}}(\xi_n r)J_{m\dot{o}}(\xi_n a)$, and the eigenvalues are the positive roots of the transcendental equation $\mathcal{V}_{\mathcal{D}m\dot{o}}'(\xi_n b,a)=0$, $\xi_n, n=1,2,...$, and ξ_l are the positive roots of $\xi_l\cot(\xi_l d)=-\lambda_d$, $l=1,2,...$, $\overline{\overline{\overline{\psi}}}_0(\xi_n,m,s;\theta)=\int_a^b u\mathcal{V}_{\mathcal{D}m\dot{o}}(\xi_n u,a)\int_0^{2\pi}\overline{\psi}_0(u,v,s)\cos\{m(\theta-v)\}dv du$,
$\overline{\overline{\overline{\psi}}}_d(\xi_n,m,s;\theta)=\int_a^b u\mathcal{V}_{\mathcal{D}m\dot{o}}(\xi_n u,a)\int_0^{2\pi}\overline{\psi}_d(u,v,s)\cos\{m(\theta-v)\}dv du$,

$\overline{\overline{\overline{\psi}}}_a(m,\xi_l,s;\theta)=\int_0^{2\pi}\cos\{m(\theta-v)\}\int_0^d\overline{\psi}_a(v,w,s)\sin(\xi_l w)\,dwdv,$
$\overline{\overline{\overline{\psi}}}_b(m,\xi_l,s;\theta)=\int_0^{2\pi}\cos\{m(\theta-v)\}\int_0^d\overline{\psi}_b(v,w,s)\sin(\xi_l w)\,dwdv,$ and
$\overline{\overline{\overline{\varphi}}}(\xi_n,m,\xi_l;\theta)=\int_a^b u\mathcal{V}_{\mathcal{D}m\dot{o}}(\xi_n u,a)\int_0^{2\pi}\cos\{m(\theta-v)\}\int_0^d\varphi(u,v,w)\sin(\xi_l w)\,dwdvdu.$

$$p=\frac{\pi U(t-t_0)}{\phi c_t}\sum_{m=0}^{\infty}\ni_m\cos\{m(\theta-\theta_0)\}\sum_{n=1}^{\infty}\frac{\xi_n^2J_{m\dot{o}}'^2(\xi_nb)\,\mathcal{V}_{\mathcal{D}m\dot{o}}(\xi r_0,a)\,\mathcal{V}_{\mathcal{D}m\dot{o}}(\xi r,a)}{\left[\left\{1-\left(\frac{m\dot{o}}{\xi_nb}\right)^2\right\}J_{m\dot{o}}^2(\xi_na)-J_{m\dot{o}}'^2(\xi_nb)\right]}\times$$
$$\times\sum_{l=1}^{\infty}\frac{(\xi_l^2+\lambda_d^2)\sin(\xi_lz_0)\sin(\xi_lz)\int_0^{t-t_0}q(t-t_0-\tau)\,e^{-(\eta_r\xi_n^2+\eta_z\xi_l^2)\tau}d\tau}{\{d(\xi_l^2+\lambda_d^2)+\lambda_d\}}-$$
$$-2\eta_r\sum_{m=0}^{\infty}\ni_m\sum_{n=1}^{\infty}\frac{\xi_n^2J_{m\dot{o}}'^2(\xi_nb)\,\mathcal{V}_{\mathcal{D}m\dot{o}}(\xi r,a)}{\left[\left\{1-\left(\frac{m\dot{o}}{\xi_nb}\right)^2\right\}J_{m\dot{o}}^2(\xi_na)-J_{m\dot{o}}'^2(\xi_nb)\right]}\times$$
$$\times\sum_{l=1}^{\infty}\frac{(\xi_l^2+\lambda_d^2)\sin(\xi_lz)\int_0^t\overline{\overline{\psi}}_a(m,\xi_l,t-\tau;\theta)\,e^{-(\eta_r\xi_n^2+\eta_z\xi_l^2)\tau}d\tau}{\{d(\xi_l^2+\lambda_d^2)+\lambda_d\}}-$$
$$-\frac{2}{\phi c_t}\sum_{m=0}^{\infty}\ni_m\sum_{n=1}^{\infty}\frac{\xi_n^2J_{m\dot{o}}(\xi_na)\,J_{m\dot{o}}'(\xi_nb)\,\mathcal{V}_{\mathcal{D}m\dot{o}}(\xi r,a)}{\left[\left\{1-\left(\frac{m\dot{o}}{\xi_nb}\right)^2\right\}J_{m\dot{o}}^2(\xi_na)-J_{m\dot{o}}'^2(\xi_nb)\right]}\times$$
$$\times\sum_{l=1}^{\infty}\frac{(\xi_l^2+\lambda_d^2)\sin(\xi_lz)\int_0^t\overline{\overline{\psi}}_b(m,\xi_l,t-\tau;\theta)\,e^{-(\eta_r\xi_n^2+\eta_z\xi_l^2)\tau}d\tau}{\{d(\xi_l^2+\lambda_d^2)+\lambda_d\}}+$$
$$+\pi\sum_{m=0}^{\infty}\ni_m\sum_{n=1}^{\infty}\frac{\xi_n^2J_{m\dot{o}}'^2(\xi_nb)\,\mathcal{V}_{\mathcal{D}m\dot{o}}(\xi r,a)}{\left[\left\{1-\left(\frac{m\dot{o}}{\xi_nb}\right)^2\right\}J_{m\dot{o}}^2(\xi_na)-J_{m\dot{o}}'^2(\xi_nb)\right]}\times$$
$$\times\sum_{l=1}^{\infty}\frac{(\xi_l^2+\lambda_d^2)\sin(\xi_lz)\int_0^t\left\{\eta_z\xi_l\overline{\overline{\psi}}_0(\xi_n,m,t-\tau;\theta)-\frac{\sin(\xi_ld)}{\phi c_t}\overline{\overline{\psi}}_d(\xi_n,m,t-\tau;\theta)\right\}e^{-(\eta_r\xi_n^2+\eta_z\xi_l^2)\tau}d\tau}{\{d(\xi_l^2+\lambda_d^2)+\lambda_d\}}+$$
$$+\pi\sum_{m=0}^{\infty}\ni_m\sum_{n=1}^{\infty}\frac{\xi_n^2J_{m\dot{o}}'^2(\xi_nb)\,\mathcal{V}_{\mathcal{D}m\dot{o}}(\xi r,a)\,e^{-\eta_r\xi_n^2t}}{\left[\left\{1-\left(\frac{m\dot{o}}{\xi_nb}\right)^2\right\}J_{m\dot{o}}^2(\xi_na)-J_{m\dot{o}}'^2(\xi_nb)\right]}\sum_{l=1}^{\infty}\frac{\overline{\overline{\overline{\varphi}}}(\xi_n,m,\xi_l;\theta)\,(\xi_l^2+\lambda_d^2)\sin(\xi_lz)\,e^{-\eta_z\xi_l^2t}}{\{d(\xi_l^2+\lambda_d^2)+\lambda_d\}}$$

(25.29.2)

where $\overline{\overline{\psi}}_a(m,\xi_l,t;\theta)=\int_0^{2\pi}\cos\{m(\theta-v)\}\int_0^d\psi_a(v,w,t)\sin(\xi_lw)\,dwdv,$
$\overline{\overline{\psi}}_b(m,\xi_l,t;\theta)=\int_0^{2\pi}\cos\{m(\theta-v)\}\int_0^d\psi_b(v,w,t)\sin(\xi_lw)\,dwdv,$
$\overline{\overline{\psi}}_0(\xi_n,m,t;\theta)=\int_a^b u\mathcal{V}_{\mathcal{D}m\dot{o}}(\xi_nu,a)\int_0^{2\pi}\psi_0(u,v,t)\cos\{m(\theta-v)\}dvdu,$ and
$\overline{\overline{\psi}}_d(\xi_n,m,t;\theta)=\int_a^b u\mathcal{V}_{\mathcal{D}m\dot{o}}(\xi_nu,a)\int_0^{2\pi}\psi_d(u,v,t)\cos\{m(\theta-v)\}dvdu.$

25.30 The problem of 25.28 except $\mathbf{D}_a\equiv p(a,\theta,z,t)=\psi_a(\theta,z,t)$, $\mathbf{R}_b\equiv\frac{\partial p(b,\theta,z,t)}{\partial r}+\lambda p(b,\theta,z,t)=-\left(\frac{\mu}{k_r}\right)\psi_b(\theta,z,t)$, $\mathbf{D}_0\equiv p(r,\theta,0,t)=\psi_0(r,\theta,t)$ and $\mathbf{R}_d\equiv\frac{\partial p(r,\theta,d,t)}{\partial z}+\lambda_d p(r,\theta,d,t)=-\left(\frac{\mu}{k_z}\right)\psi_d(r,\theta,t)$

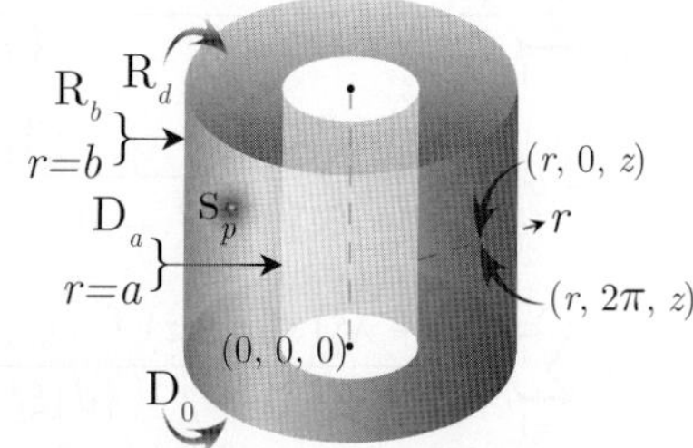

$$\overline{p}=\frac{\pi q(s)e^{-st_0}}{\phi c_t}\sum_{m=0}^{\infty}\ni_m\cos\{m(\theta-\theta_0)\}\sum_{n=1}^{\infty}\frac{\xi_n^2\{\xi_nJ_{m\dot{o}}'(\xi_nb)+\lambda J_{m\dot{o}}(\xi_nb)\}^2\mathcal{V}_{\mathcal{D}m\dot{o}}(\xi r_0,a)\,\mathcal{V}_{\mathcal{D}m\dot{o}}(\xi r,a)}{\left[\left\{\xi_n^2+\lambda^2-\left(\frac{m\dot{o}}{b}\right)^2\right\}J_{m\dot{o}}^2(\xi_na)-\{\xi_nJ_{m\dot{o}}'(\xi_nb)+\lambda J_{m\dot{o}}(\xi_nb)\}^2\right]}\times$$
$$\times\sum_{l=1}^{\infty}\frac{(\xi_l^2+\lambda_d^2)\sin(\xi_lz_0)\sin(\xi_lz)}{\{d(\xi_l^2+\lambda_d^2)+\lambda_d\}(\eta_r\xi_n^2+\eta_z\xi_l^2+s)}-$$

$$-2\eta_r \sum_{m=0}^{\infty} \ni_m \sum_{n=1}^{\infty} \frac{\xi_n^2 \{\xi_n J'_{m\dot{o}}(\xi_n b) + \lambda J_{m\dot{o}}(\xi_n b)\}^2 \mathcal{V}_{\mathcal{D}m\dot{o}}(\xi r, a)}{\left[\left\{\xi_n^2 + \lambda^2 - \left(\frac{m\dot{o}}{b}\right)^2\right\} J^2_{m\dot{o}}(\xi_n a) - \{\xi_n J'_{m\dot{o}}(\xi_n b) + \lambda J_{m\dot{o}}(\xi_n b)\}^2\right]} \times$$
$$\times \sum_{l=1}^{\infty} \frac{\overline{\overline{\overline{\psi}}}_a (m, \xi_l, s; \theta)\left(\xi_l^2 + \lambda_d^2\right) \sin(\xi_l z)}{\{d(\xi_l^2 + \lambda_d^2) + \lambda_d\}(\eta_r \xi_n^2 + \eta_z \xi_l^2 + s)} -$$
$$-\frac{2}{\phi c_t} \sum_{m=0}^{\infty} \ni_m \sum_{n=1}^{\infty} \frac{\xi_n^2 J_{m\dot{o}}(\xi_n a)\{\xi_n J'_{m\dot{o}}(\xi_n b) + \lambda J_{m\dot{o}}(\xi_n b)\} \mathcal{V}_{\mathcal{D}m\dot{o}}(\xi r, a)}{\left[\left\{\xi_n^2 + \lambda^2 - \left(\frac{m\dot{o}}{b}\right)^2\right\} J^2_{m\dot{o}}(\xi_n a) - \{\xi_n J'_{m\dot{o}}(\xi_n b) + \lambda J_{m\dot{o}}(\xi_n b)\}^2\right]} \times$$
$$\times \sum_{l=1}^{\infty} \frac{\overline{\overline{\overline{\psi}}}_b (m, \xi_l, s; \theta)\left(\xi_l^2 + \lambda_d^2\right) \sin(\xi_l z)}{\{d(\xi_l^2 + \lambda_d^2) + \lambda_d\}(\eta_r \xi_n^2 + \eta_z \xi_l^2 + s)} +$$
$$+\pi \sum_{m=0}^{\infty} \ni_m \sum_{n=1}^{\infty} \frac{\xi_n^2 \{\xi_n J'_{m\dot{o}}(\xi_n b) + \lambda J_{m\dot{o}}(\xi_n b)\}^2 \mathcal{V}_{\mathcal{D}m\dot{o}}(\xi r, a)}{\left[\left\{\xi_n^2 + \lambda^2 - \left(\frac{m\dot{o}}{b}\right)^2\right\} J^2_{m\dot{o}}(\xi_n a) - \{\xi_n J'_{m\dot{o}}(\xi_n b) + \lambda J_{m\dot{o}}(\xi_n b)\}^2\right]} \times$$
$$\times \sum_{l=1}^{\infty} \frac{\left(\xi_l^2 + \lambda_d^2\right)\left\{\eta_z \xi_l \overline{\overline{\overline{\psi}}}_0(\xi_n, m, s; \theta) - \frac{\sin(\xi_l d)}{\phi c_t} \overline{\overline{\overline{\psi}}}_d(\xi_n, m, s; \theta)\right\} \sin(\xi_l z)}{\{d(\xi_l^2 + \lambda_d^2) + \lambda_d\}(\eta_r \xi_n^2 + \eta_z \xi_l^2 + s)} +$$
$$+\pi \sum_{m=0}^{\infty} \ni_m \sum_{n=1}^{\infty} \frac{\xi_n^2 \{\xi_n J'_{m\dot{o}}(\xi_n b) + \lambda J_{m\dot{o}}(\xi_n b)\}^2 \mathcal{V}_{\mathcal{D}m\dot{o}}(\xi r, a)}{\left[\left\{\xi_n^2 + \lambda^2 - \left(\frac{m\dot{o}}{b}\right)^2\right\} J^2_{m\dot{o}}(\xi_n a) - \{\xi_n J'_{m\dot{o}}(\xi_n b) + \lambda J_{m\dot{o}}(\xi_n b)\}^2\right]} \times$$
$$\times \sum_{l=1}^{\infty} \frac{\overline{\overline{\overline{\varphi}}}(\xi_n, m, \xi_l; \theta)\left(\xi_l^2 + \lambda_d^2\right) \sin(\xi_l z)}{\{d(\xi_l^2 + \lambda_d^2) + \lambda_d\}(\eta_r \xi_n^2 + \eta_z \xi_l^2 + s)} \tag{25.30.1}$$

where $\mathcal{V}_{\mathcal{D}m\dot{o}}(\xi_n r, a) = J_{m\dot{o}}(\xi_n r) Y_{m\dot{o}}(\xi_n a) - Y_{m\dot{o}}(\xi_n r) J_{m\dot{o}}(\xi_n a)$, and the eigenvalues $\xi_n, n = 1, 2, ...$, are the positive roots of the transcendental equation $\xi_n \mathcal{V}'_{\mathcal{D}m\dot{o}}(\xi_n b, a) + \lambda \mathcal{V}_{\mathcal{D}m\dot{o}}(\xi_n b, a) = 0$, and ξ_l are the positive roots of $\xi_l \cot(\xi_l d) = -\lambda_d$, $l = 1, 2, ...$, $\overline{\overline{\overline{\psi}}}_0(\xi_n, m, s; \theta) = \int_a^b u \mathcal{V}_{\mathcal{D}m\dot{o}}(\xi_n u, a) \int_0^{2\pi} \overline{\psi}_0(u, v, s) \cos\{m(\theta - v)\} dv du$,
$\overline{\overline{\overline{\psi}}}_d(\xi_n, m, s; \theta) = \int_a^b u \mathcal{V}_{\mathcal{D}m\dot{o}}(\xi_n u, a) \int_0^{2\pi} \overline{\psi}_d(u, v, s) \cos\{m(\theta - v)\} dv du$,
$\overline{\overline{\overline{\psi}}}_a(m, \xi_l, s; \theta) = \int_0^{2\pi} \cos\{m(\theta - v)\} \int_0^d \overline{\psi}_a(v, w, s) \sin(\xi_l w)\, dw dv$,
$\overline{\overline{\overline{\psi}}}_b(m, \xi_l, s; \theta) = \int_0^{2\pi} \cos\{m(\theta - v)\} \int_0^d \overline{\psi}_b(v, w, s) \sin(\xi_l w)\, dw dv$, and
$\overline{\overline{\overline{\varphi}}}(\xi_n, m, \xi_l; \theta) = \int_a^b u \mathcal{V}_{\mathcal{D}m\dot{o}}(\xi_n u, a) \int_0^{2\pi} \cos\{m(\theta - v)\} \int_0^d \varphi(u, v, w) \sin(\xi_l w)\, dw dv du$.

$$p = \frac{\pi U(t - t_0)}{\phi c_t} \sum_{m=0}^{\infty} \ni_m \cos\{m(\theta - \theta_0)\} \sum_{n=1}^{\infty} \frac{\xi_n^2 \{\xi_n J'_{m\dot{o}}(\xi_n b) + \lambda J_{m\dot{o}}(\xi_n b)\}^2 \mathcal{V}_{\mathcal{D}m\dot{o}}(\xi r_0, a)\, \mathcal{V}_{\mathcal{D}m\dot{o}}(\xi r, a)}{\left[\left\{\xi_n^2 + \lambda^2 - \left(\frac{m\dot{o}}{b}\right)^2\right\} J^2_{m\dot{o}}(\xi_n a) - \{\xi_n J'_{m\dot{o}}(\xi_n b) + \lambda J_{m\dot{o}}(\xi_n b)\}^2\right]} \times$$
$$\times \sum_{l=1}^{\infty} \frac{\left(\xi_l^2 + \lambda_d^2\right) \sin(\xi_l z_0) \sin(\xi_l z) \int_0^{t - t_0} q(t - t_0 - \tau)\, e^{-\left(\eta_r \xi_n^2 + \eta_z \xi_l^2\right)\tau} d\tau}{\{d(\xi_l^2 + \lambda_d^2) + \lambda_d\}} -$$
$$-2\eta_r \sum_{m=0}^{\infty} \ni_m \sum_{n=1}^{\infty} \frac{\xi_n^2 \{\xi_n J'_{m\dot{o}}(\xi_n b) + \lambda J_{m\dot{o}}(\xi_n b)\}^2 \mathcal{V}_{\mathcal{D}m\dot{o}}(\xi r, a)}{\left[\left\{\xi_n^2 + \lambda^2 - \left(\frac{m\dot{o}}{b}\right)^2\right\} J^2_{m\dot{o}}(\xi_n a) - \{\xi_n J'_{m\dot{o}}(\xi_n b) + \lambda J_{m\dot{o}}(\xi_n b)\}^2\right]} \times$$
$$\times \sum_{l=1}^{\infty} \frac{\left(\xi_l^2 + \lambda_d^2\right) \sin(\xi_l z) \int_0^t \overline{\overline{\psi}}_a(m, \xi_l, t - \tau; \theta)\, e^{-\left(\eta_r \xi_n^2 + \eta_z \xi_l^2\right)\tau} d\tau}{\{d(\xi_l^2 + \lambda_d^2) + \lambda_d\}} -$$
$$-\frac{2}{\phi c_t} \sum_{m=0}^{\infty} \ni_m \sum_{n=1}^{\infty} \frac{\xi_n^2 J_{m\dot{o}}(\xi_n a)\{\xi_n J'_{m\dot{o}}(\xi_n b) + \lambda J_{m\dot{o}}(\xi_n b)\} \mathcal{V}_{\mathcal{D}m\dot{o}}(\xi r, a)}{\left[\left\{\xi_n^2 + \lambda^2 - \left(\frac{m\dot{o}}{b}\right)^2\right\} J^2_{m\dot{o}}(\xi_n a) - \{\xi_n J'_{m\dot{o}}(\xi_n b) + \lambda J_{m\dot{o}}(\xi_n b)\}^2\right]} \times$$
$$\times \sum_{l=1}^{\infty} \frac{\left(\xi_l^2 + \lambda_d^2\right) \sin(\xi_l z) \int_0^t \overline{\overline{\psi}}_b(m, \xi_l, t - \tau; \theta)\, e^{-\left(\eta_r \xi_n^2 + \eta_z \xi_l^2\right)\tau} d\tau}{\{d(\xi_l^2 + \lambda_d^2) + \lambda_d\}} +$$

$$+\pi \sum_{m=0}^{\infty} \ni_m \sum_{n=1}^{\infty} \frac{\xi_n^2 \{\xi_n J'_{m\dot{o}}(\xi_n b) + \lambda J_{m\dot{o}}(\xi_n b)\}^2 \mathcal{V}_{\mathcal{D}m\dot{o}}(\xi r, a)}{\left[\left\{\xi_n^2 + \lambda^2 - \left(\frac{m\dot{o}}{b}\right)^2\right\} J_{m\dot{o}}^2(\xi_n a) - \{\xi_n J'_{m\dot{o}}(\xi_n b) + \lambda J_{m\dot{o}}(\xi_n b)\}^2\right]} \times$$

$$\times \sum_{l=1}^{\infty} \frac{(\xi_l^2 + \lambda_d^2) \sin(\xi_l z) \int_0^t \left\{\eta_z \xi_l \overline{\overline{\psi}}_0(\xi_n, m, t-\tau; \theta) - \frac{\sin(\xi_l d)}{\phi c_t} \overline{\overline{\psi}}_d(\xi_n, m, t-\tau; \theta)\right\} e^{-(\eta_r \xi_n^2 + \eta_z \xi_l^2)\tau} d\tau}{\{d(\xi_l^2 + \lambda_d^2) + \lambda_d\}} +$$

$$+\pi \sum_{m=0}^{\infty} \ni_m \sum_{n=1}^{\infty} \frac{\xi_n^2 \{\xi_n J'_{m\dot{o}}(\xi_n b) + \lambda J_{m\dot{o}}(\xi_n b)\}^2 \mathcal{V}_{\mathcal{D}m\dot{o}}(\xi r, a)\, e^{-\eta_r \xi_n^2 t}}{\left[\left\{\xi_n^2 + \lambda^2 - \left(\frac{m\dot{o}}{b}\right)^2\right\} J_{m\dot{o}}^2(\xi_n a) - \{\xi_n J'_{m\dot{o}}(\xi_n b) + \lambda J_{m\dot{o}}(\xi_n b)\}^2\right]} \times$$

$$\times \sum_{l=1}^{\infty} \frac{\overline{\overline{\overline{\varphi}}}(\xi_n, m, \xi_l; \theta)\,(\xi_l^2 + \lambda_d^2) \sin(\xi_l z)\, e^{-\eta_z \xi_l^2 t}}{\{d(\xi_l^2 + \lambda_d^2) + \lambda_d\}} \tag{25.30.2}$$

where $\overline{\overline{\psi}}_a(m, \xi_l, t; \theta) = \int_0^{2\pi} \cos\{m(\theta - v)\} \int_0^d \psi_a(v, w, t) \sin(\xi_l w)\, dw dv$,
$\overline{\overline{\psi}}_b(m, \xi_l, t; \theta) = \int_0^{2\pi} \cos\{m(\theta - v)\} \int_0^d \psi_b(v, w, t) \sin(\xi_l w)\, dw dv$,
$\overline{\overline{\psi}}_0(\xi_n, m, t; \theta) = \int_a^b u \mathcal{V}_{\mathcal{D}m\dot{o}}(\xi_n u, a) \int_0^{2\pi} \psi_0(u, v, t) \cos\{m(\theta - v)\} dv du$, and
$\overline{\overline{\psi}}_d(\xi_n, m, t; \theta) = \int_a^b u \mathcal{V}_{\mathcal{D}m\dot{o}}(\xi_n u, a) \int_0^{2\pi} \psi_d(u, v, t) \cos\{m(\theta - v)\} dv du$.

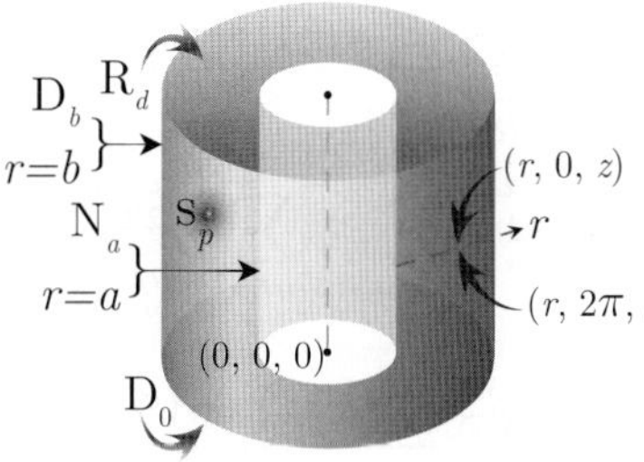

25.31 **The problem of 25.28 except $\mathbf{N}_a \equiv \frac{\partial p(a,\theta,z,t)}{\partial r} = -\left(\frac{\mu}{k_r}\right)\psi_a(\theta, z, t)$, $\mathbf{D}_b \equiv p(b, \theta, z, t) = \psi_b(\theta, z, t)$, $\mathbf{D}_0 \equiv p(r, \theta, 0, t) = \psi_0(r, \theta, t)$ and $\mathbf{R}_d \equiv \frac{\partial p(r,\theta,d,t)}{\partial z} + \lambda_d p(r, \theta, d, t) = -\left(\frac{\mu}{k_z}\right)\psi_d(r, \theta, t)$**

$$\overline{p} = \frac{\pi q(s) e^{-s t_0}}{\phi c_t} \sum_{m=0}^{\infty} \ni_m \cos\{m(\theta - \theta_0)\} \sum_{n=1}^{\infty} \frac{\xi_n^2 J_{m\dot{o}}^2(\xi_n b)\, \mathcal{V}_{\mathcal{N}m\dot{o}}(\xi r_0, a)\, \mathcal{V}_{\mathcal{N}m\dot{o}}(\xi r, a)}{\left[J'^2_{m\dot{o}}(\xi_n a) - \left\{1 - \left(\frac{m\dot{o}}{\xi_n a}\right)^2\right\} J_{m\dot{o}}^2(\xi_n b)\right]} \times$$

$$\times \sum_{l=1}^{\infty} \frac{(\xi_l^2 + \lambda_d^2) \sin(\xi_l z_0) \sin(\xi_l z)}{\{d(\xi_l^2 + \lambda_d^2) + \lambda_d\}(\eta_r \xi_n^2 + \eta_z \xi_l^2 + s)} +$$

$$+\frac{2}{\phi c_t} \sum_{m=0}^{\infty} \ni_m \sum_{n=1}^{\infty} \frac{\xi_n J_{m\dot{o}}^2(\xi_n b)\, \mathcal{V}_{\mathcal{N}m\dot{o}}(\xi r, a)}{\left[J'^2_{m\dot{o}}(\xi_n a) - \left\{1 - \left(\frac{m\dot{o}}{\xi_n a}\right)^2\right\} J_{m\dot{o}}^2(\xi_n b)\right]} \sum_{l=1}^{\infty} \frac{\overline{\overline{\overline{\psi}}}_a(m, \xi_l, s; \theta)(\xi_l^2 + \lambda_d^2) \sin(\xi_l z)}{\{d(\xi_l^2 + \lambda_d^2) + \lambda_d\}(\eta_r \xi_n^2 + \eta_z \xi_l^2 + s)} +$$

$$+2\eta_r \sum_{m=0}^{\infty} \ni_m \sum_{n=1}^{\infty} \frac{\xi_n^2 J'_{m\dot{o}}(\xi_n a) J_{m\dot{o}}(\xi_n b)\, \mathcal{V}_{\mathcal{N}m\dot{o}}(\xi r, a)}{\left[J'^2_{m\dot{o}}(\xi_n a) - \left\{1 - \left(\frac{m\dot{o}}{\xi_n a}\right)^2\right\} J_{m\dot{o}}^2(\xi_n b)\right]} \sum_{l=1}^{\infty} \frac{\overline{\overline{\overline{\psi}}}_b(m, \xi_l, s; \theta)(\xi_l^2 + \lambda_d^2) \sin(\xi_l z)}{\{d(\xi_l^2 + \lambda_d^2) + \lambda_d\}(\eta_r \xi_n^2 + \eta_z \xi_l^2 + s)} +$$

$$+\pi \sum_{m=0}^{\infty} \ni_m \sum_{n=1}^{\infty} \frac{\xi_n^2 J_{m\dot{o}}^2(\xi_n b)\, \mathcal{V}_{\mathcal{N}m\dot{o}}(\xi r, a)}{\left[J'^2_{m\dot{o}}(\xi_n a) - \left\{1 - \left(\frac{m\dot{o}}{\xi_n a}\right)^2\right\} J_{m\dot{o}}^2(\xi_n b)\right]} \times$$

$$\times \sum_{l=1}^{\infty} \frac{(\xi_l^2 + \lambda_d^2) \left\{\eta_z \xi_l \overline{\overline{\psi}}_0(\xi_n, m, s; \theta) - \frac{\sin(\xi_l d)}{\phi c_t} \overline{\overline{\psi}}_d(\xi_n, m, s; \theta)\right\} \sin(\xi_l z)}{\{d(\xi_l^2 + \lambda_d^2) + \lambda_d\}(\eta_r \xi_n^2 + \eta_z \xi_l^2 + s)} +$$

$$+\pi \sum_{m=0}^{\infty} \ni_m \sum_{n=1}^{\infty} \frac{\xi_n^2 J_{m\dot{o}}^2(\xi_n b)\, \mathcal{V}_{\mathcal{N}m\dot{o}}(\xi r, a)}{\left[J'^2_{m\dot{o}}(\xi_n a) - \left\{1 - \left(\frac{m\dot{o}}{\xi_n a}\right)^2\right\} J_{m\dot{o}}^2(\xi_n b)\right]} \sum_{l=1}^{\infty} \frac{\overline{\overline{\overline{\varphi}}}(\xi_n, m, \xi_l; \theta)(\xi_l^2 + \lambda_d^2) \sin(\xi_l z)}{\{d(\xi_l^2 + \lambda_d^2) + \lambda_d\}(\eta_r \xi_n^2 + \eta_z \xi_l^2 + s)} \tag{25.31.1}$$

where $\mathcal{V}_{\mathcal{N}m\dot{o}}(\xi_n r, a) = J_{m\dot{o}}(\xi_n r) Y'_{m\dot{o}}(\xi_n a) - Y_{m\dot{o}}(\xi_n r) J'_{m\dot{o}}(\xi_n a)$, and the eigenvalues $\xi_n, n = 1, 2, ...,$ are the positive roots of the transcendental equation $\mathcal{V}_{\mathcal{N}m\dot{o}}(\xi_n b, a) = 0$, and ξ_l are the positive roots of $\xi_l \cot(\xi_l d) = -\lambda_d$, $l = 1, 2, ...,$ $\overline{\overline{\overline{\psi}}}_0(\xi_n, m, s; \theta) = \int_a^b u \mathcal{V}_{\mathcal{N}m\dot{o}}(\xi_n u, a) \int_0^{2\pi} \overline{\psi}_0(u, v, s) \cos\{m(\theta - v)\} dv du$,

$\overline{\overline{\overline{\psi}}}_d(\xi_n, m, s; \theta) = \int_a^b u\mathcal{V}_{\mathcal{N}m\dot{o}}(\xi_n u, a) \int_0^{2\pi} \overline{\psi}_d(u, v, s) \cos\{m(\theta - v)\} dvdu,$
$\overline{\overline{\overline{\psi}}}_a(m, \xi_l, s; \theta) = \int_0^{2\pi} \cos\{m(\theta - v)\} \int_0^d \overline{\psi}_a(v, w, s) \sin(\xi_l w)\, dwdv,$
$\overline{\overline{\overline{\psi}}}_b(m, \xi_l, s; \theta) = \int_0^{2\pi} \cos\{m(\theta - v)\} \int_0^d \overline{\psi}_b(v, w, s) \sin(\xi_l w)\, dwdv,$ and
$\overline{\overline{\overline{\varphi}}}(\xi_n, m, \xi_l; \theta) = \int_a^b u\mathcal{V}_{\mathcal{N}m\dot{o}}(\xi_n u, a) \int_0^{2\pi} \cos\{m(\theta - v)\} \int_0^d \varphi(u, v, w) \sin(\xi_l w)\, dwdvdu.$

$$
\begin{aligned}
p = {} & \frac{\pi U(t - t_0)}{\phi c_t} \sum_{m=0}^{\infty} \ni_m \cos\{m(\theta - \theta_0)\} \sum_{n=1}^{\infty} \frac{\xi_n^2 J_{m\dot{o}}^2(\xi_n b)\, \mathcal{V}_{\mathcal{N}m\dot{o}}(\xi r_0, a)\, \mathcal{V}_{\mathcal{N}m\dot{o}}(\xi r, a)}{\left[J_{m\dot{o}}'^2(\xi_n a) - \left\{1 - \left(\frac{m\dot{o}}{\xi_n a}\right)^2\right\} J_{m\dot{o}}^2(\xi_n b)\right]} \times \\
& \times \sum_{l=1}^{\infty} \frac{(\xi_l^2 + \lambda_d^2) \sin(\xi_l z_0) \sin(\xi_l z) \int_0^{t - t_0} q(t - t_0 - \tau)\, e^{-(\eta_r \xi_n^2 + \eta_z \xi_l^2)\tau} d\tau}{\{d(\xi_l^2 + \lambda_d^2) + \lambda_d\}} + \\
& + \frac{2}{\phi c_t} \sum_{m=0}^{\infty} \ni_m \sum_{n=1}^{\infty} \frac{\xi_n J_{m\dot{o}}^2(\xi_n b)\, \mathcal{V}_{\mathcal{N}m\dot{o}}(\xi r, a)}{\left[J_{m\dot{o}}'^2(\xi_n a) - \left\{1 - \left(\frac{m\dot{o}}{\xi_n a}\right)^2\right\} J_{m\dot{o}}^2(\xi_n b)\right]} \times \\
& \times \sum_{l=1}^{\infty} \frac{(\xi_l^2 + \lambda_d^2) \sin(\xi_l z) \int_0^t \overline{\overline{\psi}}_a(m, \xi_l, t - \tau; \theta)\, e^{-(\eta_r \xi_n^2 + \eta_z \xi_l^2)\tau} d\tau}{\{d(\xi_l^2 + \lambda_d^2) + \lambda_d\}} + \\
& + 2\eta_r \sum_{m=0}^{\infty} \ni_m \sum_{n=1}^{\infty} \frac{\xi_n^2 J'_{m\dot{o}}(\xi_n a)\, J_{m\dot{o}}(\xi_n b)\, \mathcal{V}_{\mathcal{N}m\dot{o}}(\xi r, a)}{\left[J_{m\dot{o}}'^2(\xi_n a) - \left\{1 - \left(\frac{m\dot{o}}{\xi_n a}\right)^2\right\} J_{m\dot{o}}^2(\xi_n b)\right]} \times \\
& \times \sum_{l=1}^{\infty} \frac{(\xi_l^2 + \lambda_d^2) \sin(\xi_l z) \int_0^t \overline{\overline{\psi}}_b(m, \xi_l, t - \tau; \theta)\, e^{-(\eta_r \xi_n^2 + \eta_z \xi_l^2)\tau} d\tau}{\{d(\xi_l^2 + \lambda_d^2) + \lambda_d\}} + \\
& + \pi \sum_{m=0}^{\infty} \ni_m \sum_{n=1}^{\infty} \frac{\xi_n^2 J_{m\dot{o}}^2(\xi_n b)\, \mathcal{V}_{\mathcal{N}m\dot{o}}(\xi r, a)}{\left[J_{m\dot{o}}'^2(\xi_n a) - \left\{1 - \left(\frac{m\dot{o}}{\xi_n a}\right)^2\right\} J_{m\dot{o}}^2(\xi_n b)\right]} \times \\
& \times \sum_{l=1}^{\infty} \frac{(\xi_l^2 + \lambda_d^2) \sin(\xi_l z) \int_0^t \left\{\eta_z \xi_l \overline{\overline{\psi}}_0(\xi_n, m, t - \tau; \theta) - \frac{\sin(\xi_l d)}{\phi c_t} \overline{\overline{\psi}}_d(\xi_n, m, t - \tau; \theta)\right\} e^{-(\eta_r \xi_n^2 + \eta_z \xi_l^2)\tau} d\tau}{\{d(\xi_l^2 + \lambda_d^2) + \lambda_d\}} + \\
& + \pi \sum_{m=0}^{\infty} \ni_m \sum_{n=1}^{\infty} \frac{\xi_n^2 J_{m\dot{o}}^2(\xi_n b)\, \mathcal{V}_{\mathcal{N}m\dot{o}}(\xi r, a)\, e^{-\eta_r \xi_n^2 t}}{\left[J_{m\dot{o}}'^2(\xi_n a) - \left\{1 - \left(\frac{m\dot{o}}{\xi_n a}\right)^2\right\} J_{m\dot{o}}^2(\xi_n b)\right]} \sum_{l=1}^{\infty} \frac{\overline{\overline{\overline{\varphi}}}(\xi_n, m, \xi_l; \theta)\, (\xi_l^2 + \lambda_d^2) \sin(\xi_l z)\, e^{-\eta_z \xi_l^2 t}}{\{d(\xi_l^2 + \lambda_d^2) + \lambda_d\}}
\end{aligned}
\tag{25.31.2}
$$

where $\overline{\overline{\psi}}_a(m, \xi_l, t; \theta) = \int_0^{2\pi} \cos\{m(\theta - v)\} \int_0^d \psi_a(v, w, t) \sin(\xi_l w)\, dwdv,$
$\overline{\overline{\psi}}_b(m, \xi_l, t; \theta) = \int_0^{2\pi} \cos\{m(\theta - v)\} \int_0^d \psi_b(v, w, t) \sin(\xi_l w)\, dwdv,$
$\overline{\overline{\psi}}_0(\xi_n, m, t; \theta) = \int_a^b u\mathcal{V}_{\mathcal{N}m\dot{o}}(\xi_n u, a) \int_0^{2\pi} \psi_0(u, v, t) \cos\{m(\theta - v)\} dvdu,$ and
$\overline{\overline{\psi}}_d(\xi_n, m, t; \theta) = \int_a^b u\mathcal{V}_{\mathcal{N}m\dot{o}}(\xi_n u, a) \int_0^{2\pi} \psi_d(u, v, t) \cos\{m(\theta - v)\} dvdu.$

25.32

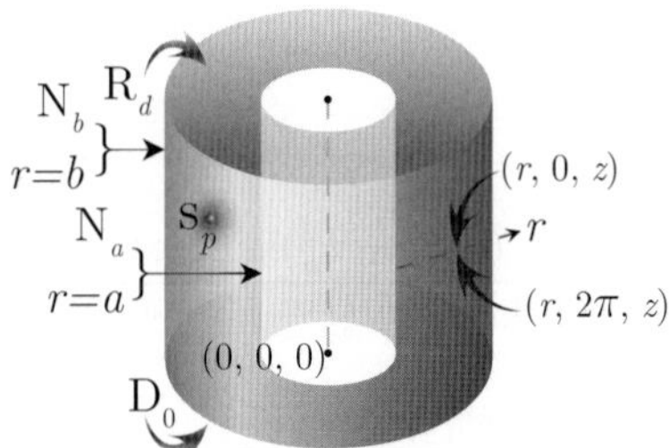

The problem of 25.28 except
$\mathbf{N}_a \equiv \frac{\partial p(a,\theta,z,t)}{\partial r} = -\left(\frac{\mu}{k_r}\right) \psi_a(\theta, z, t),$
$\mathbf{N}_b \equiv \frac{\partial p(b,\theta,z,t)}{\partial r} = -\left(\frac{\mu}{k_r}\right) \psi_b(\theta, z, t),$
$\mathbf{D}_0 \equiv p(r, \theta, 0, t) = \psi_0(r, \theta, t)$ **and**
$\mathbf{R}_d \equiv \frac{\partial p(r,\theta,d,t)}{\partial z} + \lambda_d p(r, \theta, d, t) = -\left(\frac{\mu}{k_z}\right) \psi_d(r, \theta, t)$

$$
\overline{p} = \frac{2q(s)\, e^{-st_0}}{\pi(b^2 - a^2)\phi c_t} \sum_{l=1}^{\infty} \frac{(\xi_l^2 + \lambda_d^2) \sin(\xi_l z_0) \sin(\xi_l z)}{\{d(\xi_l^2 + \lambda_d^2) + \lambda_d\}(\eta_z \xi_l^2 + s)} +
$$

$$+\frac{\pi q(s)e^{-st_0}}{\phi c_t}\sum_{m=0}^{\infty}\ni_m\cos\{m(\theta-\theta_0)\}\sum_{n=1}^{\infty}\frac{\xi_n^2J_{m\dot{o}}'^2(\xi_nb)\mathcal{V}_{\mathcal{N}m\dot{o}}(\xi r_0,a)\mathcal{V}_{\mathcal{N}m\dot{o}}(\xi r,a)}{\left[\left\{1-\left(\frac{m\dot{o}}{\xi_nb}\right)^2\right\}J_{m\dot{o}}'^2(\xi_na)-\left\{1-\left(\frac{m\dot{o}}{\xi_na}\right)^2\right\}J_{m\dot{o}}'^2(\xi_nb)\right]}\times$$

$$\times\sum_{l=1}^{\infty}\frac{(\xi_l^2+\lambda_d^2)\sin(\xi_lz_0)\sin(\xi_lz)}{\{d(\xi_l^2+\lambda_d^2)+\lambda_d\}(\eta_r\xi_n^2+\eta_z\xi_l^2+s)}+$$

$$+\frac{2}{\pi(b^2-a^2)\phi c_t}\sum_{l=1}^{\infty}\frac{\left\{a\overline{\overline{\overline{\psi}}}_a(0,\xi_l,s;\theta)-b\overline{\overline{\overline{\psi}}}_b(0,\xi_l,s;\theta)\right\}(\xi_l^2+\lambda_d^2)\sin(\xi_lz)}{\{d(\xi_l^2+\lambda_d^2)+\lambda_d\}(\eta_z\xi_l^2+s)}+$$

$$+\frac{2}{\phi c_t}\sum_{m=0}^{\infty}\ni_m\sum_{n=1}^{\infty}\frac{\xi_nJ_{m\dot{o}}'^2(\xi_nb)\mathcal{V}_{\mathcal{N}m\dot{o}}(\xi r,a)}{\left[\left\{1-\left(\frac{m\dot{o}}{\xi_nb}\right)^2\right\}J_{m\dot{o}}'^2(\xi_na)-\left\{1-\left(\frac{m\dot{o}}{\xi_na}\right)^2\right\}J_{m\dot{o}}'^2(\xi_nb)\right]}\times$$

$$\times\sum_{l=1}^{\infty}\frac{\overline{\overline{\overline{\psi}}}_a(m,\xi_l,s;\theta)(\xi_l^2+\lambda_d^2)\sin(\xi_lz)}{\{d(\xi_l^2+\lambda_d^2)+\lambda_d\}(\eta_r\xi_n^2+\eta_z\xi_l^2+s)}-$$

$$-\frac{2}{\phi c_t}\sum_{m=0}^{\infty}\ni_m\sum_{n=1}^{\infty}\frac{\xi_nJ_{m\dot{o}}'(\xi_na)J_{m\dot{o}}'(\xi_nb)\mathcal{V}_{\mathcal{N}m\dot{o}}(\xi r,a)}{\left[\left\{1-\left(\frac{m\dot{o}}{\xi_nb}\right)^2\right\}J_{m\dot{o}}'^2(\xi_na)-\left\{1-\left(\frac{m\dot{o}}{\xi_na}\right)^2\right\}J_{m\dot{o}}'^2(\xi_nb)\right]}\times$$

$$\times\sum_{l=1}^{\infty}\frac{\overline{\overline{\overline{\psi}}}_b(m,\xi_l,s;\theta)(\xi_l^2+\lambda_d^2)\sin(\xi_lz)}{\{d(\xi_l^2+\lambda_d^2)+\lambda_d\}(\eta_r\xi_n^2+\eta_z\xi_l^2+s)}+$$

$$+\frac{2}{\pi(b^2-a^2)}\sum_{l=1}^{\infty}\frac{(\xi_l^2+\lambda_d^2)\sin(\xi_lz)\int_a^bu\left\{\eta_z\xi_l\overline{\overline{\psi}}_0(u,0,s;\theta)-\frac{\sin(\xi_ld)}{\phi c_t}\overline{\overline{\psi}}_d(u,0,s;\theta)\right\}du}{\{d(\xi_l^2+\lambda_d^2)+\lambda_d\}(\eta_z\xi_l^2+s)}+$$

$$+\pi\sum_{m=0}^{\infty}\ni_m\sum_{n=1}^{\infty}\frac{\xi_n^2J_{m\dot{o}}'^2(\xi_nb)\mathcal{V}_{\mathcal{N}m\dot{o}}(\xi r,a)}{\left[\left\{1-\left(\frac{m\dot{o}}{\xi_nb}\right)^2\right\}J_{m\dot{o}}'^2(\xi_na)-\left\{1-\left(\frac{m\dot{o}}{\xi_na}\right)^2\right\}J_{m\dot{o}}'^2(\xi_nb)\right]}\times$$

$$\times\sum_{l=1}^{\infty}\frac{(\xi_l^2+\lambda_d^2)\left\{\eta_z\xi_l\overline{\overline{\overline{\psi}}}_0(\xi_n,m,s;\theta)-\frac{\sin(\xi_ld)}{\phi c_t}\overline{\overline{\overline{\psi}}}_d(\xi_n,m,s;\theta)\right\}\sin(\xi_lz)}{\{d(\xi_l^2+\lambda_d^2)+\lambda_d\}(\eta_r\xi_n^2+\eta_z\xi_l^2+s)}+$$

$$+\frac{2}{\pi(b^2-a^2)}\sum_{l=1}^{\infty}\frac{(\xi_l^2+\lambda_d^2)\sin(\xi_lz)\int_a^b\overline{\overline{\varphi}}(u,0,\xi_l;\theta)udu}{\{d(\xi_l^2+\lambda_d^2)+\lambda_d\}(\eta_z\xi_l^2+s)}+$$

$$+\pi\sum_{m=0}^{\infty}\ni_m\sum_{n=1}^{\infty}\frac{\xi_n^2J_{m\dot{o}}'^2(\xi_nb)\mathcal{V}_{\mathcal{N}m\dot{o}}(\xi r,a)}{\left[\left\{1-\left(\frac{m\dot{o}}{\xi_nb}\right)^2\right\}J_{m\dot{o}}'^2(\xi_na)-\left\{1-\left(\frac{m\dot{o}}{\xi_na}\right)^2\right\}J_{m\dot{o}}'^2(\xi_nb)\right]}\times$$

$$\times\sum_{l=1}^{\infty}\frac{\overline{\overline{\overline{\varphi}}}(\xi_n,m,\xi_l;\theta)(\xi_l^2+\lambda_d^2)\sin(\xi_lz)}{\{d(\xi_l^2+\lambda_d^2)+\lambda_d\}(\eta_r\xi_n^2+\eta_z\xi_l^2+s)} \tag{25.32.1}$$

where $\mathcal{V}_{\mathcal{N}m\dot{o}}(\xi_nr,a)=J_{m\dot{o}}(\xi_nr)Y_{m\dot{o}}'(\xi_na)-Y_{m\dot{o}}(\xi_nr)J_{m\dot{o}}'(\xi_na)$. The eigenvalues are $\xi_0=0$, and ξ_n. ξ_n are the positive roots of the transcendental equation $\mathcal{V}_{\mathcal{N}m\dot{o}}'(\xi_nb,a)=0$, $n=1,2,....$, and ξ_l are the positive roots of $\xi_l\cot(\xi_ld)=-\lambda_d$, $l=1,2,....$ $\overline{\overline{\psi}}_0(u,0,s;\theta)=\int_0^{2\pi}\overline{\psi}_0(u,v,s)dv$, $\overline{\overline{\psi}}_d(u,0,s;\theta)=\int_0^{2\pi}\overline{\psi}_d(u,v,s)dv$,
$\overline{\overline{\overline{\psi}}}_0(\xi_n,m,s;\theta)=\int_a^bu\mathcal{V}_{\mathcal{N}m\dot{o}}(\xi_nu,a)\int_0^{2\pi}\overline{\psi}_0(u,v,s)\cos\{m(\theta-v)\}dvdu$,
$\overline{\overline{\overline{\psi}}}_d(\xi_n,m,s;\theta)=\int_a^bu\mathcal{V}_{\mathcal{N}m\dot{o}}(\xi_nu,a)\int_0^{2\pi}\overline{\psi}_d(u,v,s)\cos\{m(\theta-v)\}dvdu$,
$\overline{\overline{\overline{\psi}}}_a(m,\xi_l,s;\theta)=\int_0^{2\pi}\cos\{m(\theta-v)\}\int_0^d\overline{\psi}_a(v,w,s)\sin(\xi_lw)dwdv$,
$\overline{\overline{\overline{\psi}}}_b(m,\xi_l,s;\theta)=\int_0^{2\pi}\cos\{m(\theta-v)\}\int_0^d\overline{\psi}_b(v,w,s)\sin(\xi_lw)dwdv$,
$\overline{\overline{\varphi}}(u,0,\xi_l;\theta)=\int_0^{2\pi}\int_0^d\varphi(u,v,w)\sin(\xi_lw)dvdw$, and

$\overline{\overline{\overline{\varphi}}}(\xi_n, m, \xi_l; \theta) = \int_a^b u\mathcal{V}_{\mathcal{N}m\dot{o}}(\xi_n u, a) \int_0^{2\pi} \cos\{m(\theta - v)\} \int_0^d \varphi(u, v, w) \sin(\xi_l w)\, dwdvdu.$

$$
\begin{aligned}
p =\; & \frac{2U(t-t_0)}{\pi(b^2-a^2)\phi c_t} \sum_{l=1}^{\infty} \frac{(\xi_l^2+\lambda_d^2)\sin(\xi_l z_0)\sin(\xi_l z)\int_0^{t-t_0} q(t-t_0-\tau)\, e^{-\eta_z \xi_l^2 \tau} d\tau}{\{d(\xi_l^2+\lambda_d^2)+\lambda_d\}} + \\
& + \frac{\pi U(t-t_0)}{\phi c_t} \sum_{m=0}^{\infty} \ni_m \cos\{m(\theta-\theta_0)\} \sum_{n=1}^{\infty} \frac{\xi_n^2 J'^2_{m\dot{o}}(\xi_n b)\, \mathcal{V}_{\mathcal{N}m\dot{o}}(\xi r_0, a)\, \mathcal{V}_{\mathcal{N}m\dot{o}}(\xi r, a)}{\left[\left\{1-\left(\frac{m\dot{o}}{\xi_n b}\right)^2\right\} J'^2_{m\dot{o}}(\xi_n a) - \left\{1-\left(\frac{m\dot{o}}{\xi_n a}\right)^2\right\} J'^2_{m\dot{o}}(\xi_n b)\right]} \times \\
& \times \sum_{l=1}^{\infty} \frac{(\xi_l^2+\lambda_d^2)\sin(\xi_l z_0)\sin(\xi_l z)\int_0^{t-t_0} q(t-t_0-\tau)\, e^{-(\eta_r \xi_n^2+\eta_z \xi_l^2)\tau} d\tau}{\{d(\xi_l^2+\lambda_d^2)+\lambda_d\}} + \\
& + \frac{2}{\pi(b^2-a^2)\phi c_t} \sum_{l=1}^{\infty} \frac{(\xi_l^2+\lambda_d^2)\sin(\xi_l z)\int_0^t \left\{a\overline{\overline{\psi}}_a(0,\xi_l,t-\tau;\theta) - b\overline{\overline{\psi}}_b(0,\xi_l,t-\tau;\theta)\right\} e^{-\eta_z \xi_l^2 \tau} d\tau}{\{d(\xi_l^2+\lambda_d^2)+\lambda_d\}} + \\
& + \frac{2}{\phi c_t} \sum_{m=0}^{\infty} \ni_m \sum_{n=1}^{\infty} \frac{\xi_n J'^2_{m\dot{o}}(\xi_n b)\, \mathcal{V}_{\mathcal{N}m\dot{o}}(\xi r, a)}{\left[\left\{1-\left(\frac{m\dot{o}}{\xi_n b}\right)^2\right\} J'^2_{m\dot{o}}(\xi_n a) - \left\{1-\left(\frac{m\dot{o}}{\xi_n a}\right)^2\right\} J'^2_{m\dot{o}}(\xi_n b)\right]} \times \\
& \times \sum_{l=1}^{\infty} \frac{(\xi_l^2+\lambda_d^2)\sin(\xi_l z)\int_0^t \overline{\overline{\psi}}_a(m,\xi_l,t-\tau;\theta)\, e^{-(\eta_r \xi_n^2+\eta_z \xi_l^2)\tau} d\tau}{\{d(\xi_l^2+\lambda_d^2)+\lambda_d\}} - \\
& - \frac{2}{\phi c_t} \sum_{m=0}^{\infty} \ni_m \sum_{n=1}^{\infty} \frac{\xi_n J'_{m\dot{o}}(\xi_n a)\, J'_{m\dot{o}}(\xi_n b)\, \mathcal{V}_{\mathcal{N}m\dot{o}}(\xi r, a)}{\left[\left\{1-\left(\frac{m\dot{o}}{\xi_n b}\right)^2\right\} J'^2_{m\dot{o}}(\xi_n a) - \left\{1-\left(\frac{m\dot{o}}{\xi_n a}\right)^2\right\} J'^2_{m\dot{o}}(\xi_n b)\right]} \times \\
& \times \sum_{l=1}^{\infty} \frac{(\xi_l^2+\lambda_d^2)\sin(\xi_l z)\int_0^t \overline{\overline{\psi}}_b(m,\xi_l,t-\tau;\theta)\, e^{-(\eta_r \xi_n^2+\eta_z \xi_l^2)\tau} d\tau}{\{d(\xi_l^2+\lambda_d^2)+\lambda_d\}} + \\
& + \frac{2}{\pi(b^2-a^2)} \sum_{l=1}^{\infty} \frac{(\xi_l^2+\lambda_d^2)\sin(\xi_l z)\int_0^t e^{-\eta_z \xi_l^2 \tau} \int_a^b u\left\{\eta_z \xi_l \overline{\psi}_0(u,0,t-\tau;\theta) - \frac{\sin(\xi_l d)}{\phi c_t}\overline{\psi}_d(u,0,t-\tau;\theta)\right\} du d\tau}{\{d(\xi_l^2+\lambda_d^2)+\lambda_d\}} + \\
& + \pi \sum_{m=0}^{\infty} \ni_m \sum_{n=1}^{\infty} \frac{\xi_n^2 J'^2_{m\dot{o}}(\xi_n b)\, \mathcal{V}_{\mathcal{N}m\dot{o}}(\xi r, a)}{\left[\left\{1-\left(\frac{m\dot{o}}{\xi_n b}\right)^2\right\} J'^2_{m\dot{o}}(\xi_n a) - \left\{1-\left(\frac{m\dot{o}}{\xi_n a}\right)^2\right\} J'^2_{m\dot{o}}(\xi_n b)\right]} \times \\
& \times \sum_{l=1}^{\infty} \frac{(\xi_l^2+\lambda_d^2)\sin(\xi_l z)\int_0^t \left\{\eta_z \xi_l \overline{\overline{\psi}}_0(\xi_n,m,t-\tau;\theta) - \frac{\sin(\xi_l d)}{\phi c_t}\overline{\overline{\psi}}_d(\xi_n,m,t-\tau;\theta)\right\} e^{-(\eta_r \xi_n^2+\eta_z \xi_l^2)\tau} d\tau}{\{d(\xi_l^2+\lambda_d^2)+\lambda_d\}} + \\
& + \frac{2}{\pi(b^2-a^2)} \sum_{l=1}^{\infty} \frac{(\xi_l^2+\lambda_d^2)\sin(\xi_l z)\, e^{-\eta_z \xi_l^2 t}\int_a^b \overline{\overline{\varphi}}(u,0,\xi_l;\theta)\, u du}{\{d(\xi_l^2+\lambda_d^2)+\lambda_d\}} + \\
& + \pi \sum_{m=0}^{\infty} \ni_m \sum_{n=1}^{\infty} \frac{\xi_n^2 J'^2_{m\dot{o}}(\xi_n b)\, \mathcal{V}_{\mathcal{N}m\dot{o}}(\xi r, a)\, e^{-\eta_r \xi_n^2 t}}{\left[\left\{1-\left(\frac{m\dot{o}}{\xi_n b}\right)^2\right\} J'^2_{m\dot{o}}(\xi_n a) - \left\{1-\left(\frac{m\dot{o}}{\xi_n a}\right)^2\right\} J'^2_{m\dot{o}}(\xi_n b)\right]} \times \\
& \times \sum_{l=1}^{\infty} \frac{\overline{\overline{\overline{\varphi}}}(\xi_n,m,\xi_l;\theta)\,(\xi_l^2+\lambda_d^2)\sin(\xi_l z)\, e^{-\eta_z \xi_l^2 t}}{\{d(\xi_l^2+\lambda_d^2)+\lambda_d\}} \qquad (25.32.2)
\end{aligned}
$$

where $\overline{\overline{\psi}}_a(m, \xi_l, t; \theta) = \int_0^{2\pi} \cos\{m(\theta - v)\} \int_0^d \psi_a(v, w, t) \sin(\xi_l w)\, dwdv$, $\overline{\overline{\psi}}_b(m, \xi_l, t; \theta) = \int_0^{2\pi} \cos\{m(\theta - v)\} \int_0^d \psi_b(v, w, t) \sin(\xi_l w)\, dwdv$, $\overline{\psi}_0(u, 0, t; \theta) = \int_0^{2\pi} \psi_0(u, v, t)dv$, $\overline{\psi}_d(u, 0, t; \theta) = \int_0^{2\pi} \psi_d(u, v, t)dv$, $\overline{\overline{\psi}}_0(\xi_n, m, t; \theta) = \int_a^b u\mathcal{V}_{\mathcal{N}m\dot{o}}(\xi_n u, a) \int_0^{2\pi} \psi_0(u, v, t) \cos\{m(\theta - v)\}dvdu$, and $\overline{\overline{\psi}}_d(\xi_n, m, t; \theta) = \int_a^b u\mathcal{V}_{\mathcal{N}m\dot{o}}(\xi_n u, a) \int_0^{2\pi} \psi_d(u, v, t) \cos\{m(\theta - v)\}dvdu$.

25.33 **The problem of 25.28 except** $\mathbf{N}_a \equiv \frac{\partial p(a,\theta,z,t)}{\partial r} = -\left(\frac{\mu}{k_r}\right)\psi_a(\theta,z,t)$, $\mathbf{R}_b \equiv \frac{\partial p(b,\theta,z,t)}{\partial r} + \lambda p(b,\theta,z,t) = -\left(\frac{\mu}{k_r}\right)\psi_b(\theta,z,t)$, $\mathbf{D}_0 \equiv p(r,\theta,0,t) = \psi_0(r,\theta,t)$ **and** $\mathbf{R}_d \equiv \frac{\partial p(r,\theta,d,t)}{\partial z} + \lambda_d p(r,\theta,d,t) = -\left(\frac{\mu}{k_z}\right)\psi_d(r,\theta,t)$

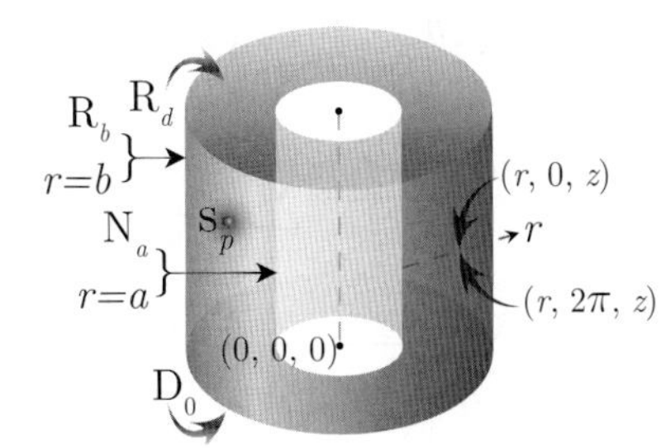

$$
\begin{aligned}
\overline{p} &= \frac{\pi q(s)\, e^{-st_0}}{\phi c_t}\sum_{m=0}^{\infty} \ni_m \cos\{m(\theta-\theta_0)\} \times \\
&\times \sum_{n=1}^{\infty} \frac{\xi_n^2\{\xi_n J'_{m\dot{o}}(\xi_n b)+\lambda J_{m\dot{o}}(\xi_n b)\}^2 \mathcal{V}_{\mathcal{N}m\dot{o}}(\xi r_0,a)\,\mathcal{V}_{\mathcal{N}m\dot{o}}(\xi r,a)}{\left[\left\{\xi_n^2+\lambda^2-\left(\frac{m\dot{o}}{b}\right)^2\right\} J'^2_{m\dot{o}}(\xi_n a) - \left\{1-\left(\frac{m\dot{o}}{\xi_n a}\right)^2\right\}\{\xi_n J'_{m\dot{o}}(\xi_n b)+\lambda J_{m\dot{o}}(\xi_n b)\}^2\right]} \times \\
&\times \sum_{l=1}^{\infty} \frac{(\xi_l^2+\lambda_d^2)\sin(\xi_l z_0)\sin(\xi_l z)}{\{d(\xi_l^2+\lambda_d^2)+\lambda_d\}(\eta_r\xi_n^2+\eta_z\xi_l^2+s)} + \\
&+ \frac{2}{\phi c_t}\sum_{m=0}^{\infty} \ni_m \sum_{n=1}^{\infty} \frac{\xi_n\{\xi_n J'_{m\dot{o}}(\xi_n b)+\lambda J_{m\dot{o}}(\xi_n b)\}^2 \mathcal{V}_{\mathcal{N}m\dot{o}}(\xi r,a)}{\left[\left\{\xi_n^2+\lambda^2-\left(\frac{m\dot{o}}{b}\right)^2\right\} J'^2_{m\dot{o}}(\xi_n a) - \left\{1-\left(\frac{m\dot{o}}{\xi_n a}\right)^2\right\}\{\xi_n J'_{m\dot{o}}(\xi_n b)+\lambda J_{m\dot{o}}(\xi_n b)\}^2\right]} \times \\
&\times \sum_{l=1}^{\infty} \frac{\overline{\overline{\overline{\psi}}}_a(m,\xi_l,s;\theta)(\xi_l^2+\lambda_d^2)\sin(\xi_l z)}{\{d(\xi_l^2+\lambda_d^2)+\lambda_d\}(\eta_r\xi_n^2+\eta_z\xi_l^2+s)} - \\
&- \frac{2}{\phi c_t}\sum_{m=0}^{\infty} \ni_m \sum_{n=1}^{\infty} \frac{\xi_n^2 J'_{m\dot{o}}(\xi_n a)\{\xi_n J'_{m\dot{o}}(\xi_n b)+\lambda J_{m\dot{o}}(\xi_n b)\} \mathcal{V}_{\mathcal{N}m\dot{o}}(\xi r,a)}{\left[\left\{\xi_n^2+\lambda^2-\left(\frac{m\dot{o}}{b}\right)^2\right\} J'^2_{m\dot{o}}(\xi_n a) - \left\{1-\left(\frac{m\dot{o}}{\xi_n a}\right)^2\right\}\{\xi_n J'_{m\dot{o}}(\xi_n b)+\lambda J_{m\dot{o}}(\xi_n b)\}^2\right]} \times \\
&\times \sum_{l=1}^{\infty} \frac{\overline{\overline{\overline{\psi}}}_b(m,\xi_l,s;\theta)(\xi_l^2+\lambda_d^2)\sin(\xi_l z)}{\{d(\xi_l^2+\lambda_d^2)+\lambda_d\}(\eta_r\xi_n^2+\eta_z\xi_l^2+s)} + \\
&+ \pi\sum_{m=0}^{\infty} \ni_m \sum_{n=1}^{\infty} \frac{\xi_n^2\{\xi_n J'_{m\dot{o}}(\xi_n b)+\lambda J_{m\dot{o}}(\xi_n b)\}^2 \mathcal{V}_{\mathcal{N}m\dot{o}}(\xi r,a)}{\left[\left\{\xi_n^2+\lambda^2-\left(\frac{m\dot{o}}{b}\right)^2\right\} J'^2_{m\dot{o}}(\xi_n a) - \left\{1-\left(\frac{m\dot{o}}{\xi_n a}\right)^2\right\}\{\xi_n J'_{m\dot{o}}(\xi_n b)+\lambda J_{m\dot{o}}(\xi_n b)\}^2\right]} \times \\
&\times \sum_{l=1}^{\infty} \frac{(\xi_l^2+\lambda_d^2)\left\{\eta_z\xi_l\overline{\overline{\overline{\psi}}}_0(\xi_n,m,s;\theta) - \frac{\sin(\xi_l d)}{\phi c_t}\overline{\overline{\overline{\psi}}}_d(\xi_n,m,s;\theta)\right\}\sin(\xi_l z)}{\{d(\xi_l^2+\lambda_d^2)+\lambda_d\}(\eta_r\xi_n^2+\eta_z\xi_l^2+s)} + \\
&+ \pi\sum_{m=0}^{\infty} \ni_m \sum_{n=1}^{\infty} \frac{\xi_n^2\{\xi_n J'_{m\dot{o}}(\xi_n b)+\lambda J_{m\dot{o}}(\xi_n b)\}^2 \mathcal{V}_{\mathcal{N}m\dot{o}}(\xi r,a)}{\left[\left\{\xi_n^2+\lambda^2-\left(\frac{m\dot{o}}{b}\right)^2\right\} J'^2_{m\dot{o}}(\xi_n a) - \left\{1-\left(\frac{m\dot{o}}{\xi_n a}\right)^2\right\}\{\xi_n J'_{m\dot{o}}(\xi_n b)+\lambda J_{m\dot{o}}(\xi_n b)\}^2\right]} \times \\
&\times \sum_{l=1}^{\infty} \frac{\overline{\overline{\overline{\varphi}}}(\xi_n,m,\xi_l;\theta)(\xi_l^2+\lambda_d^2)\sin(\xi_l z)}{\{d(\xi_l^2+\lambda_d^2)+\lambda_d\}(\eta_r\xi_n^2+\eta_z\xi_l^2+s)}
\end{aligned} \tag{25.33.1}
$$

where $\mathcal{V}_{\mathcal{N}m\dot{o}}(\xi_n r,a) = J_{m\dot{o}}(\xi_n r)Y'_{m\dot{o}}(\xi_n a) - Y_{m\dot{o}}(\xi_n r)J'_{m\dot{o}}(\xi_n a)$, and the eigenvalues $\xi_n, n = 1,2,...$, are the positive roots of the transcendental equation $\xi_n\mathcal{V}'_{\mathcal{N}m\dot{o}}(\xi_n b,a) + \lambda\mathcal{V}_{\mathcal{N}m\dot{o}}(\xi_n b,a) = 0$, and ξ_l are the positive roots of $\xi_l\cot(\xi_l d) = -\lambda_d, l = 1,2,....$ $\overline{\overline{\overline{\psi}}}_0(\xi_n,m,s;\theta) = \int_a^b u\mathcal{V}_{\mathcal{N}m\dot{o}}(\xi_n u,a)\int_0^{2\pi}\overline{\psi}_0(u,v,s)\cos\{m(\theta-v)\}dvdu$,
$\overline{\overline{\overline{\psi}}}_d(\xi_n,m,s;\theta) = \int_a^b u\mathcal{V}_{\mathcal{N}m\dot{o}}(\xi_n u,a)\int_0^{2\pi}\overline{\psi}_d(u,v,s)\cos\{m(\theta-v)\}dvdu$,
$\overline{\overline{\overline{\psi}}}_a(m,\xi_l,s;\theta) = \int_0^{2\pi}\cos\{m(\theta-v)\}\int_0^d\overline{\psi}_a(v,w,s)\sin(\xi_l w)\,dwdv$,
$\overline{\overline{\overline{\psi}}}_b(m,\xi_l,s;\theta) = \int_0^{2\pi}\cos\{m(\theta-v)\}\int_0^d\overline{\psi}_b(v,w,s)\sin(\xi_l w)\,dwdv$, and

$\overline{\overline{\overline{\varphi}}}(\xi_n, m, \xi_l; \theta) = \int_a^b u\mathcal{V}_{\mathcal{N}m\dot{o}}(\xi_n u, a) \int_0^{2\pi} \cos\{m(\theta - v)\} \int_0^d \varphi(u, v, w) \sin(\xi_l w)\, dwdvdu.$

$$p = \frac{\pi U(t-t_0)}{\phi c_t} \sum_{m=0}^{\infty} \ni_m \cos\{m(\theta-\theta_0)\} \times$$
$$\times \sum_{n=1}^{\infty} \frac{\xi_n^2 \{\xi_n J'_{m\dot{o}}(\xi_n b) + \lambda J_{m\dot{o}}(\xi_n b)\}^2 \mathcal{V}_{\mathcal{N}m\dot{o}}(\xi r_0, a) \mathcal{V}_{\mathcal{N}m\dot{o}}(\xi r, a)}{\left[\left\{\xi_n^2 + \lambda^2 - \left(\frac{m\dot{o}}{b}\right)^2\right\} J'^2_{m\dot{o}}(\xi_n a) - \left\{1 - \left(\frac{m\dot{o}}{\xi_n a}\right)^2\right\} \{\xi_n J'_{m\dot{o}}(\xi_n b) + \lambda J_{m\dot{o}}(\xi_n b)\}^2\right]} \times$$
$$\times \sum_{l=1}^{\infty} \frac{(\xi_l^2 + \lambda_d^2) \sin(\xi_l z_0) \sin(\xi_l z) \int_0^{t-t_0} q(t-t_0-\tau) e^{-(\eta_r \xi_n^2 + \eta_z \xi_l^2)\tau} d\tau}{\{d(\xi_l^2 + \lambda_d^2) + \lambda_d\}} +$$
$$+ \frac{2}{\phi c_t} \sum_{m=0}^{\infty} \ni_m \sum_{n=1}^{\infty} \frac{\xi_n \{\xi_n J'_{m\dot{o}}(\xi_n b) + \lambda J_{m\dot{o}}(\xi_n b)\}^2 \mathcal{V}_{\mathcal{N}m\dot{o}}(\xi r, a)}{\left[\left\{\xi_n^2 + \lambda^2 - \left(\frac{m\dot{o}}{b}\right)^2\right\} J'^2_{m\dot{o}}(\xi_n a) - \left\{1 - \left(\frac{m\dot{o}}{\xi_n a}\right)^2\right\} \{\xi_n J'_{m\dot{o}}(\xi_n b) + \lambda J_{m\dot{o}}(\xi_n b)\}^2\right]} \times$$
$$\times \sum_{l=1}^{\infty} \frac{(\xi_l^2 + \lambda_d^2) \sin(\xi_l z) \int_0^t \overline{\overline{\psi}}_a(m, \xi_l, t-\tau; \theta) e^{-(\eta_r \xi_n^2 + \eta_z \xi_l^2)\tau} d\tau}{\{d(\xi_l^2 + \lambda_d^2) + \lambda_d\}} -$$
$$- \frac{2}{\phi c_t} \sum_{m=0}^{\infty} \ni_m \sum_{n=1}^{\infty} \frac{\xi_n^2 J'_{m\dot{o}}(\xi_n a) \{\lambda J_{m\dot{o}}(\xi_n b) - \xi_n J'_{m\dot{o}}(\xi_n b)\} \mathcal{V}_{\mathcal{N}m\dot{o}}(\xi r, a)}{\left[\left\{\xi_n^2 + \lambda^2 - \left(\frac{m\dot{o}}{b}\right)^2\right\} J'^2_{m\dot{o}}(\xi_n a) - \left\{1 - \left(\frac{m\dot{o}}{\xi_n a}\right)^2\right\} \{\xi_n J'_{m\dot{o}}(\xi_n b) + \lambda J_{m\dot{o}}(\xi_n b)\}^2\right]} \times$$
$$\times \sum_{l=1}^{\infty} \frac{(\xi_l^2 + \lambda_d^2) \sin(\xi_l z) \int_0^t \overline{\overline{\psi}}_b(m, \xi_l, t-\tau; \theta) e^{-(\eta_r \xi_n^2 + \eta_z \xi_l^2)\tau} d\tau}{\{d(\xi_l^2 + \lambda_d^2) + \lambda_d\}} +$$
$$+ \pi \sum_{m=0}^{\infty} \ni_m \sum_{n=1}^{\infty} \frac{\xi_n^2 \{\xi_n J'_{m\dot{o}}(\xi_n b) + \lambda J_{m\dot{o}}(\xi_n b)\}^2 \mathcal{V}_{\mathcal{N}m\dot{o}}(\xi r, a)}{\left[\left\{\xi_n^2 + \lambda^2 - \left(\frac{m\dot{o}}{b}\right)^2\right\} J'^2_{m\dot{o}}(\xi_n a) - \left\{1 - \left(\frac{m\dot{o}}{\xi_n a}\right)^2\right\} \{\xi_n J'_{m\dot{o}}(\xi_n b) + \lambda J_{m\dot{o}}(\xi_n b)\}^2\right]} \times$$
$$\times \sum_{l=1}^{\infty} \frac{(\xi_l^2 + \lambda_d^2) \sin(\xi_l z) \int_0^t \left\{\eta_z \xi_l \overline{\overline{\psi}}_0(\xi_n, m, t-\tau; \theta) - \frac{\sin(\xi_l d)}{\phi c_t} \overline{\overline{\psi}}_d(\xi_n, m, t-\tau; \theta)\right\} e^{-(\eta_r \xi_n^2 + \eta_z \xi_l^2)\tau} d\tau}{\{d(\xi_l^2 + \lambda_d^2) + \lambda_d\}} +$$
$$+ \pi \sum_{m=0}^{\infty} \ni_m \sum_{n=1}^{\infty} \frac{\xi_n^2 \{\xi_n J'_{m\dot{o}}(\xi_n b) + \lambda J_{m\dot{o}}(\xi_n b)\}^2 \mathcal{V}_{\mathcal{N}m\dot{o}}(\xi r, a) e^{-\eta_r \xi_n^2 t}}{\left[\left\{\xi_n^2 + \lambda^2 - \left(\frac{m\dot{o}}{b}\right)^2\right\} J'^2_{m\dot{o}}(\xi_n a) - \left\{1 - \left(\frac{m\dot{o}}{\xi_n a}\right)^2\right\} \{\xi_n J'_{m\dot{o}}(\xi_n b) + \lambda J_{m\dot{o}}(\xi_n b)\}^2\right]} \times$$
$$\times \sum_{l=1}^{\infty} \frac{\overline{\overline{\overline{\varphi}}}(\xi_n, m, \xi_l; \theta) (\xi_l^2 + \lambda_d^2) \sin(\xi_l z) e^{-\eta_z \xi_l^2 t}}{\{d(\xi_l^2 + \lambda_d^2) + \lambda_d\}} \tag{25.33.2}$$

where $\overline{\overline{\psi}}_a(m, \xi_l, t; \theta) = \int_0^{2\pi} \cos\{m(\theta - v)\} \int_0^d \psi_a(v, w, t) \sin(\xi_l w)\, dwdv$,
$\overline{\overline{\psi}}_b(m, \xi_l, t; \theta) = \int_0^{2\pi} \cos\{m(\theta - v)\} \int_0^d \psi_b(v, w, t) \sin(\xi_l w)\, dwdv$,
$\overline{\overline{\psi}}_0(\xi_n, m, t; \theta) = \int_a^b u\mathcal{V}_{\mathcal{N}m\dot{o}}(\xi_n u, a) \int_0^{2\pi} \psi_0(u, v, t) \cos\{m(\theta - v)\} dvdu$, and
$\overline{\overline{\psi}}_d(\xi_n, m, t; \theta) = \int_a^b u\mathcal{V}_{\mathcal{N}m\dot{o}}(\xi_n u, a) \int_0^{2\pi} \psi_d(u, v, t) \cos\{m(\theta - v)\} dvdu$.

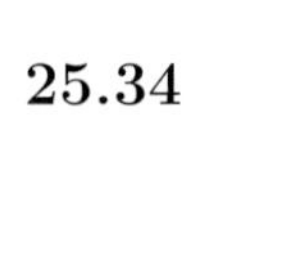
25.34

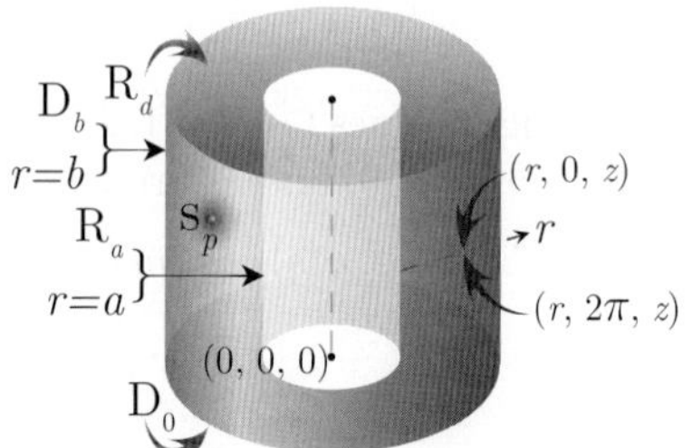

The problem of 25.28 except
$\mathbf{R}_a \equiv \frac{\partial p(a,\theta,z,t)}{\partial r} - \lambda p(a,\theta,z,t) = -\left(\frac{\mu}{k_r}\right)\psi_a(\theta,z,t)$,
$\mathbf{D}_b \equiv p(b,\theta,z,t) = \psi_b(\theta,z,t)$,
$\mathbf{D}_0 \equiv p(r,\theta,0,t) = \psi_0(r,\theta,t)$ **and**
$\mathbf{R}_d \equiv \frac{\partial p(r,\theta,d,t)}{\partial z} + \lambda_d p(r,\theta,d,t) = -\left(\frac{\mu}{k_z}\right)\psi_d(r,\theta,t)$

$$\overline{p} = \frac{\pi q(s)e^{-st_0}}{\phi c_t}\sum_{m=0}^{\infty}\ni_m \cos\{m(\theta-\theta_0)\}\sum_{n=1}^{\infty}\frac{\xi_n^2\{\xi_n J'_{m\dot{o}}(\xi_n a)-\lambda J_{m\dot{o}}(\xi_n a)\}^2\mathcal{V}_{\mathcal{D}m\dot{o}}(\xi r_0,b)\,\mathcal{V}_{\mathcal{D}m\dot{o}}(\xi r,b)}{\left[\{\xi_n J'_{m\dot{o}}(\xi_n a)-\lambda J_{m\dot{o}}(\xi_n a)\}^2-\left\{\xi_n^2+\lambda^2-\left(\frac{m\dot{o}}{a}\right)^2\right\}J^2_{m\dot{o}}(\xi_n b)\right]}\times$$
$$\times\sum_{l=1}^{\infty}\frac{\left(\xi_l^2+\lambda_d^2\right)\sin(\xi_l z_0)\sin(\xi_l z)}{\{d(\xi_l^2+\lambda_d^2)+\lambda_d\}(\eta_r\xi_n^2+\eta_z\xi_l^2+s)}+$$
$$+\frac{2}{\phi c_t}\sum_{m=0}^{\infty}\ni_m\sum_{n=1}^{\infty}\frac{\xi_n^2 J_{m\dot{o}}(\xi_n b)\{\xi_n J'_{m\dot{o}}(\xi_n a)-\lambda J_{m\dot{o}}(\xi_n a)\}\mathcal{V}_{\mathcal{D}m\dot{o}}(\xi r,b)}{\left[\{\xi_n J'_{m\dot{o}}(\xi_n a)-\lambda J_{m\dot{o}}(\xi_n a)\}^2-\left\{\xi_n^2+\lambda^2-\left(\frac{m\dot{o}}{a}\right)^2\right\}J^2_{m\dot{o}}(\xi_n b)\right]}\times$$
$$\times\sum_{l=1}^{\infty}\frac{\overline{\overline{\overline{\psi}}}_a(m,\xi_l,s;\theta)\left(\xi_l^2+\lambda_d^2\right)\sin(\xi_l z)}{\{d(\xi_l^2+\lambda_d^2)+\lambda_d\}(\eta_r\xi_n^2+\eta_z\xi_l^2+s)}+$$
$$+2\eta_r\sum_{m=0}^{\infty}\ni_m\sum_{n=1}^{\infty}\frac{\xi_n^2\{\xi_n J'_{m\dot{o}}(\xi_n a)-\lambda J_{m\dot{o}}(\xi_n a)\}^2\mathcal{V}_{\mathcal{D}m\dot{o}}(\xi r,b)}{\left[\{\xi_n J'_{m\dot{o}}(\xi_n a)-\lambda J_{m\dot{o}}(\xi_n a)\}^2-\left\{\xi_n^2+\lambda^2-\left(\frac{m\dot{o}}{a}\right)^2\right\}J^2_{m\dot{o}}(\xi_n b)\right]}\times$$
$$\times\sum_{l=1}^{\infty}\frac{\overline{\overline{\overline{\psi}}}_b(m,\xi_l,s;\theta)\left(\xi_l^2+\lambda_d^2\right)\sin(\xi_l z)}{\{d(\xi_l^2+\lambda_d^2)+\lambda_d\}(\eta_r\xi_n^2+\eta_z\xi_l^2+s)}+$$
$$+\pi\sum_{m=0}^{\infty}\ni_m\sum_{n=1}^{\infty}\frac{\xi_n^2\{\xi_n J'_{m\dot{o}}(\xi_n a)-\lambda J_{m\dot{o}}(\xi_n a)\}^2\mathcal{V}_{\mathcal{D}m\dot{o}}(\xi r,b)}{\left[\{\xi_n J'_{m\dot{o}}(\xi_n a)-\lambda J_{m\dot{o}}(\xi_n a)\}^2-\left\{\xi_n^2+\lambda^2-\left(\frac{m\dot{o}}{a}\right)^2\right\}J^2_{m\dot{o}}(\xi_n b)\right]}\times$$
$$\times\sum_{l=1}^{\infty}\frac{\left(\xi_l^2+\lambda_d^2\right)\left\{\eta_z\xi_l\overline{\overline{\overline{\psi}}}_0(\xi_n,m,s;\theta)-\frac{\sin(\xi_l d)}{\phi c_t}\overline{\overline{\overline{\psi}}}_d(\xi_n,m,s;\theta)\right\}\sin(\xi_l z)}{\{d(\xi_l^2+\lambda_d^2)+\lambda_d\}(\eta_r\xi_n^2+\eta_z\xi_l^2+s)}+$$
$$+\pi\sum_{m=0}^{\infty}\ni_m\sum_{n=1}^{\infty}\frac{\xi_n^2\{\xi_n J'_{m\dot{o}}(\xi_n a)-\lambda J_{m\dot{o}}(\xi_n a)\}^2\mathcal{V}_{\mathcal{D}m\dot{o}}(\xi r,b)}{\left[\{\xi_n J'_{m\dot{o}}(\xi_n a)-\lambda J_{m\dot{o}}(\xi_n a)\}^2-\left\{\xi_n^2+\lambda^2-\left(\frac{m\dot{o}}{a}\right)^2\right\}J^2_{m\dot{o}}(\xi_n b)\right]}\times$$
$$\times\sum_{l=1}^{\infty}\frac{\overline{\overline{\overline{\varphi}}}(\xi_n,m,\xi_l;\theta)\left(\xi_l^2+\lambda_d^2\right)\sin(\xi_l z)}{\{d(\xi_l^2+\lambda_d^2)+\lambda_d\}(\eta_r\xi_n^2+\eta_z\xi_l^2+s)} \tag{25.34.1}$$

where $\mathcal{V}_{\mathcal{D}m\dot{o}}(\xi_n r,b)=J_{m\dot{o}}(\xi_n r)Y_{m\dot{o}}(\xi_n b)-Y_{m\dot{o}}(\xi_n r)J_{m\dot{o}}(\xi_n b)$, and the eigenvalues $\xi_n, n=1,2,...$, are the positive roots of the transcendental equation $\lambda\mathcal{V}_{\mathcal{D}m\dot{o}}(\xi_n a,b)-\xi_n\mathcal{V}'_{\mathcal{D}m\dot{o}}(\xi_n a,b)=0$, and ξ_l are the positive roots of $\xi_l\cot(\xi_l d)=-\lambda_d, l=1,2,....$ $\overline{\overline{\overline{\psi}}}_0(\xi_n,m,s;\theta)=\int_a^b u\mathcal{V}_{\mathcal{D}m\dot{o}}(\xi_n u,a)\int_0^{2\pi}\overline{\psi}_0(u,v,s)\cos\{m(\theta-v)\}dvdu$,
$\overline{\overline{\overline{\psi}}}_d(\xi_n,m,s;\theta)=\int_a^b u\mathcal{V}_{\mathcal{D}m\dot{o}}(\xi_n u,a)\int_0^{2\pi}\overline{\psi}_d(u,v,s)\cos\{m(\theta-v)\}dvdu$,
$\overline{\overline{\overline{\psi}}}_a(m,\xi_l,s;\theta)=\int_0^{2\pi}\cos\{m(\theta-v)\}\int_0^d\overline{\psi}_a(v,w,s)\sin(\xi_l w)\,dwdv$,
$\overline{\overline{\overline{\psi}}}_b(m,\xi_l,s;\theta)=\int_0^{2\pi}\cos\{m(\theta-v)\}\int_0^d\overline{\psi}_b(v,w,s)\sin(\xi_l w)\,dwdv$, and
$\overline{\overline{\overline{\varphi}}}(\xi_n,m,\xi_l;\theta)=\int_a^b u\mathcal{V}_{\mathcal{D}m\dot{o}}(\xi_n u,a)\int_0^{2\pi}\cos\{m(\theta-v)\}\int_0^d\varphi(u,v,w)\sin(\xi_l w)\,dwdvdu$.

$$p = \frac{\pi U(t-t_0)}{\phi c_t}\sum_{m=0}^{\infty}\ni_m\cos\{m(\theta-\theta_0)\}\sum_{n=1}^{\infty}\frac{\xi_n^2\{\lambda J_{m\dot{o}}(\xi_n a)+\xi_n J'_{m\dot{o}}(\xi_n a)\}^2\mathcal{V}_{\mathcal{D}m\dot{o}}(\xi r_0,b)\,\mathcal{V}_{\mathcal{D}m\dot{o}}(\xi r,b)}{\left[\{\xi_n J'_{m\dot{o}}(\xi_n a)-\lambda J_{m\dot{o}}(\xi_n a)\}^2-\left\{\xi_n^2+\lambda^2-\left(\frac{m\dot{o}}{a}\right)^2\right\}J^2_{m\dot{o}}(\xi_n b)\right]}\times$$
$$\times\sum_{l=1}^{\infty}\frac{\left(\xi_l^2+\lambda_d^2\right)\sin(\xi_l z_0)\sin(\xi_l z)\int_0^{t-t_0}q(t-t_0-\tau)\,e^{-\left(\eta_r\xi_n^2+\eta_z\xi_l^2\right)\tau}d\tau}{\{d(\xi_l^2+\lambda_d^2)+\lambda_d\}}+$$
$$+\frac{2}{\phi c_t}\sum_{m=0}^{\infty}\ni_m\sum_{n=1}^{\infty}\frac{\xi_n^2 J_{m\dot{o}}(\xi_n b)\{\xi_n J'_{m\dot{o}}(\xi_n a)-\lambda J_{m\dot{o}}(\xi_n a)\}\mathcal{V}_{\mathcal{D}m\dot{o}}(\xi r,b)}{\left[\{\xi_n J'_{m\dot{o}}(\xi_n a)-\lambda J_{m\dot{o}}(\xi_n a)\}^2-\left\{\xi_n^2+\lambda^2-\left(\frac{m\dot{o}}{a}\right)^2\right\}J^2_{m\dot{o}}(\xi_n b)\right]}\times$$
$$\times\sum_{l=1}^{\infty}\frac{\left(\xi_l^2+\lambda_d^2\right)\sin(\xi_l z)\int_0^t\overline{\overline{\psi}}_a(m,\xi_l,t-\tau;\theta)\,e^{-\left(\eta_r\xi_n^2+\eta_z\xi_l^2\right)\tau}d\tau}{\{d(\xi_l^2+\lambda_d^2)+\lambda_d\}}+$$

$$+2\eta_r \sum_{m=0}^{\infty} \ni_m \sum_{n=1}^{\infty} \frac{\xi_n^2 \left\{\xi_n J'_{m\dot{o}}(\xi_n a) - \lambda J_{m\dot{o}}(\xi_n a)\right\}^2 \mathcal{V}_{\mathcal{D}m\dot{o}}(\xi r, b)}{\left[\left\{\xi_n J'_{m\dot{o}}(\xi_n a) - \lambda J_{m\dot{o}}(\xi_n a)\right\}^2 - \left\{\xi_n^2 + \lambda^2 - \left(\frac{m\dot{o}}{a}\right)^2\right\} J_{m\dot{o}}^2(\xi_n b)\right]} \times$$
$$\times \sum_{l=1}^{\infty} \frac{\left(\xi_l^2 + \lambda_d^2\right) \sin(\xi_l z) \int_0^t \overline{\overline{\psi}}_b(m, \xi_l, t-\tau; \theta)\, e^{-\left(\eta_r \xi_n^2 + \eta_z \xi_l^2\right)\tau} d\tau}{\left\{d\left(\xi_l^2 + \lambda_d^2\right) + \lambda_d\right\}} +$$
$$+\pi \sum_{m=0}^{\infty} \ni_m \sum_{n=1}^{\infty} \frac{\xi_n^2 \left\{\xi_n J'_{m\dot{o}}(\xi_n a) - \lambda J_{m\dot{o}}(\xi_n a)\right\}^2 \mathcal{V}_{\mathcal{D}m\dot{o}}(\xi r, b)}{\left[\left\{\xi_n J'_{m\dot{o}}(\xi_n a) - \lambda J_{m\dot{o}}(\xi_n a)\right\}^2 - \left\{\xi_n^2 + \lambda^2 - \left(\frac{m\dot{o}}{a}\right)^2\right\} J_{m\dot{o}}^2(\xi_n b)\right]} \times$$
$$\times \sum_{l=1}^{\infty} \frac{\left(\xi_l^2 + \lambda_d^2\right) \sin(\xi_l z) \int_0^t \left\{\eta_z \xi_l \overline{\overline{\psi}}_0(\xi_n, m, t-\tau; \theta) - \frac{\sin(\xi_l d)}{\phi c_t} \overline{\overline{\psi}}_d(\xi_n, m, t-\tau; \theta)\right\} e^{-\left(\eta_r \xi_n^2 + \eta_z \xi_l^2\right)\tau} d\tau}{\left\{d\left(\xi_l^2 + \lambda_d^2\right) + \lambda_d\right\}} +$$
$$+\pi \sum_{m=0}^{\infty} \ni_m \sum_{n=1}^{\infty} \frac{\xi_n^2 \left\{\xi_n J'_{m\dot{o}}(\xi_n a) - \lambda J_{m\dot{o}}(\xi_n a)\right\}^2 \mathcal{V}_{\mathcal{D}m\dot{o}}(\xi r, b)}{\left[\left\{\xi_n J'_{m\dot{o}}(\xi_n a) - \lambda J_{m\dot{o}}(\xi_n a)\right\}^2 - \left\{\xi_n^2 + \lambda^2 - \left(\frac{m\dot{o}}{a}\right)^2\right\} J_{m\dot{o}}^2(\xi_n b)\right]} \times$$
$$\times \sum_{l=1}^{\infty} \frac{\overline{\overline{\overline{\varphi}}}(\xi_n, m, \xi_l; \theta) \left(\xi_l^2 + \lambda_d^2\right) \sin(\xi_l z)\, e^{-\eta_z \xi_l^2 t}}{\left\{d\left(\xi_l^2 + \lambda_d^2\right) + \lambda_d\right\}} \qquad (25.34.2)$$

where $\overline{\overline{\psi}}_a(m, \xi_l, t; \theta) = \int_0^{2\pi} \cos\{m(\theta - v)\} \int_0^d \psi_a(v, w, t) \sin(\xi_l w)\, dw dv$,
$\overline{\overline{\psi}}_b(m, \xi_l, t; \theta) = \int_0^{2\pi} \cos\{m(\theta - v)\} \int_0^d \psi_b(v, w, t) \sin(\xi_l w)\, dw dv$,
$\overline{\overline{\psi}}_0(\xi_n, m, t; \theta) = \int_a^b u \mathcal{V}_{\mathcal{D}m\dot{o}}(\xi_n u, a) \int_0^{2\pi} \psi_0(u, v, t) \cos\{m(\theta - v)\} dv du$, and
$\overline{\overline{\psi}}_d(\xi_n, m, t; \theta) = \int_a^b u \mathcal{V}_{\mathcal{D}m\dot{o}}(\xi_n u, a) \int_0^{2\pi} \psi_d(u, v, t) \cos\{m(\theta - v)\} dv du$.

25.35

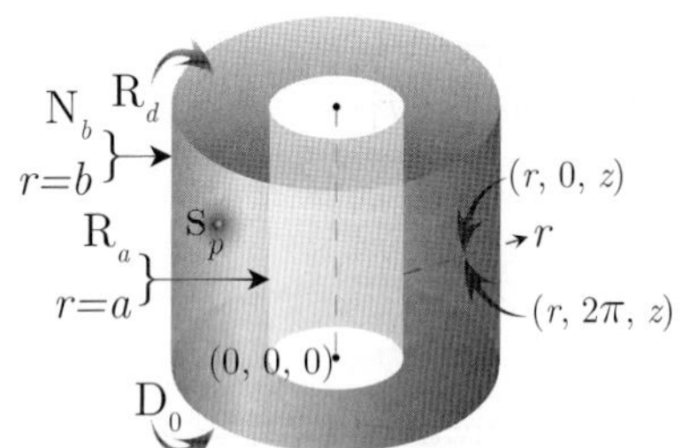

The problem of 25.28 except
$\mathbf{R}_a \equiv \frac{\partial p(a,\theta,z,t)}{\partial r} - \lambda p(a, \theta, z, t) = -\left(\frac{\mu}{k_r}\right) \psi_a(\theta, z, t)$,
$\mathbf{N}_b \equiv \frac{\partial p(b,\theta,z,t)}{\partial r} = -\left(\frac{\mu}{k_r}\right) \psi_b(\theta, z, t)$,
$\mathbf{D}_0 \equiv p(r, \theta, 0, t) = \psi_0(r, \theta, t)$ **and**
$\mathbf{R}_d \equiv \frac{\partial p(r,\theta,d,t)}{\partial z} + \lambda_d p(r, \theta, d, t) = -\left(\frac{\mu}{k_z}\right) \psi_d(r, \theta, t)$

$$\overline{p} = \frac{\pi q(s)\, e^{-s t_0}}{\phi c_t} \sum_{m=0}^{\infty} \ni_m \cos\{m(\theta - \theta_0)\} \times$$
$$\times \sum_{n=1}^{\infty} \frac{\xi_n^2 \left\{\xi_n J'_{m\dot{o}}(\xi_n a) - \lambda J_{m\dot{o}}(\xi_n a)\right\}^2 \mathcal{V}_{\mathcal{N}m\dot{o}}(\xi r_0, b)\, \mathcal{V}_{\mathcal{N}m\dot{o}}(\xi r, b)}{\left[\left\{1 - \left(\frac{m\dot{o}}{\xi_n b}\right)^2\right\} \left\{\xi_n J'_{m\dot{o}}(\xi_n a) - \lambda J_{m\dot{o}}(\xi_n a)\right\}^2 - \left\{\xi_n^2 + \lambda^2 - \left(\frac{m\dot{o}}{a}\right)^2\right\} J'^2_{m\dot{o}}(\xi_n b)\right]} \times$$
$$\times \sum_{l=1}^{\infty} \frac{\left(\xi_l^2 + \lambda_d^2\right) \sin(\xi_l z_0) \sin(\xi_l z)}{\left\{d\left(\xi_l^2 + \lambda_d^2\right) + \lambda_d\right\} \left(\eta_r \xi_n^2 + \eta_z \xi_l^2 + s\right)} -$$
$$-\frac{2}{\phi c_t} \sum_{m=0}^{\infty} \ni_m \sum_{n=1}^{\infty} \frac{\xi_n^2 J'_{m\dot{o}}(\xi_n b) \left\{\xi_n J'_{m\dot{o}}(\xi_n a) - \lambda J_{m\dot{o}}(\xi_n a)\right\} \mathcal{V}_{\mathcal{N}m\dot{o}}(\xi r, b)}{\left[\left\{1 - \left(\frac{m\dot{o}}{\xi_n b}\right)^2\right\} \left\{\xi_n J'_{m\dot{o}}(\xi_n a) - \lambda J_{m\dot{o}}(\xi_n a)\right\}^2 - \left\{\xi_n^2 + \lambda^2 - \left(\frac{m\dot{o}}{a}\right)^2\right\} J'^2_{m\dot{o}}(\xi_n b)\right]} \times$$
$$\times \sum_{l=1}^{\infty} \frac{\overline{\overline{\overline{\psi}}}_a(m, \xi_l, s; \theta) \left(\xi_l^2 + \lambda_d^2\right) \sin(\xi_l z)}{\left\{d\left(\xi_l^2 + \lambda_d^2\right) + \lambda_d\right\} \left(\eta_r \xi_n^2 + \eta_z \xi_l^2 + s\right)} -$$
$$-\frac{2}{\phi c_t} \sum_{m=0}^{\infty} \ni_m \sum_{n=1}^{\infty} \frac{\xi_n \left\{\xi_n J'_{m\dot{o}}(\xi_n a) - \lambda J_{m\dot{o}}(\xi_n a)\right\}^2 \mathcal{V}_{\mathcal{N}m\dot{o}}(\xi r, b)}{\left[\left\{1 - \left(\frac{m\dot{o}}{\xi_n b}\right)^2\right\} \left\{\xi_n J'_{m\dot{o}}(\xi_n a) - \lambda J_{m\dot{o}}(\xi_n a)\right\}^2 - \left\{\xi_n^2 + \lambda^2 - \left(\frac{m\dot{o}}{a}\right)^2\right\} J'^2_{m\dot{o}}(\xi_n b)\right]} \times$$

$$\times \sum_{l=1}^{\infty} \frac{\overline{\overline{\overline{\psi}}}_b (m, \xi_l, s; \theta) \left(\xi_l^2 + \lambda_d^2\right) \sin(\xi_l z)}{\left\{d\left(\xi_l^2 + \lambda_d^2\right) + \lambda_d\right\} \left(\eta_r \xi_n^2 + \eta_z \xi_l^2 + s\right)} +$$

$$+\pi \sum_{m=0}^{\infty} \ni_m \sum_{n=1}^{\infty} \frac{\xi_n^2 \left\{\xi_n J'_{m\dot{o}}(\xi_n a) - \lambda J_{m\dot{o}}(\xi_n a)\right\}^2 \mathcal{V}_{\mathcal{N}m\dot{o}}(\xi r, b)}{\left[\left\{1 - \left(\frac{m\dot{o}}{\xi_n b}\right)^2\right\} \left\{\xi_n J'_{m\dot{o}}(\xi_n a) - \lambda J_{m\dot{o}}(\xi_n a)\right\}^2 - \left\{\xi_n^2 + \lambda^2 - \left(\frac{m\dot{o}}{a}\right)^2\right\} J'^2_{m\dot{o}}(\xi_n b)\right]} \times$$

$$\times \sum_{l=1}^{\infty} \frac{\left(\xi_l^2 + \lambda_d^2\right) \left\{\eta_z \xi_l \overline{\overline{\overline{\psi}}}_0 (\xi_n, m, s; \theta) - \frac{\sin(\xi_l d)}{\phi c_t} \overline{\overline{\overline{\psi}}}_d (\xi_n, m, s; \theta)\right\} \sin(\xi_l z)}{\left\{d\left(\xi_l^2 + \lambda_d^2\right) + \lambda_d\right\} \left(\eta_r \xi_n^2 + \eta_z \xi_l^2 + s\right)} +$$

$$+\pi \sum_{m=0}^{\infty} \ni_m \sum_{n=1}^{\infty} \frac{\xi_n^2 \left\{\xi_n J'_{m\dot{o}}(\xi_n a) - \lambda J_{m\dot{o}}(\xi_n a)\right\}^2 \mathcal{V}_{\mathcal{N}m\dot{o}}(\xi r, b)}{\left[\left\{1 - \left(\frac{m\dot{o}}{\xi_n b}\right)^2\right\} \left\{\xi_n J'_{m\dot{o}}(\xi_n a) - \lambda J_{m\dot{o}}(\xi_n a)\right\}^2 - \left\{\xi_n^2 + \lambda^2 - \left(\frac{m\dot{o}}{a}\right)^2\right\} J'^2_{m\dot{o}}(\xi_n b)\right]} \times$$

$$\times \sum_{l=1}^{\infty} \frac{\overline{\overline{\overline{\varphi}}} (\xi_n, m, \xi_l; \theta) \left(\xi_l^2 + \lambda_d^2\right) \sin(\xi_l z)}{\left\{d\left(\xi_l^2 + \lambda_d^2\right) + \lambda_d\right\} \left(\eta_r \xi_n^2 + \eta_z \xi_l^2 + s\right)} \tag{25.35.1}$$

where $\mathcal{V}_{\mathcal{N}m\dot{o}}(\xi_n r, a) = J_{m\dot{o}}(\xi_n r) Y'_{m\dot{o}}(\xi_n a) - Y_{m\dot{o}}(\xi_n r) J'_{m\dot{o}}(\xi_n a)$, and the eigenvalues $\xi_n, n = 1, 2, ...$, are the positive roots of the transcendental equation $\lambda \mathcal{V}_{\mathcal{N}m\dot{o}}(\xi_n a, b) - \xi_n \mathcal{V}'_{\mathcal{N}m\dot{o}}(\xi_n a, b) = 0$, and ξ_l are the positive roots of $\xi_l \cot(\xi_l d) = -\lambda_d$, $l = 1, 2, ...$ $\overline{\overline{\overline{\psi}}}_0(\xi_n, m, s; \theta) = \int_a^b u \mathcal{V}_{\mathcal{N}m\dot{o}}(\xi_n u, a) \int_0^{2\pi} \overline{\psi}_0(u, v, s) \cos\{m(\theta - v)\} dv du$,
$\overline{\overline{\overline{\psi}}}_d (\xi_n, m, s; \theta) = \int_a^b u \mathcal{V}_{\mathcal{N}m\dot{o}}(\xi_n u, a) \int_0^{2\pi} \overline{\psi}_d (u, v, s) \cos\{m(\theta - v)\} dv du$,
$\overline{\overline{\overline{\psi}}}_a (m, \xi_l, s; \theta) = \int_0^{2\pi} \cos\{m(\theta - v)\} \int_0^d \overline{\psi}_a (v, w, s) \sin(\xi_l w) dw dv$,
$\overline{\overline{\overline{\psi}}}_b (m, \xi_l, s; \theta) = \int_0^{2\pi} \cos\{m(\theta - v)\} \int_0^d \overline{\psi}_b (v, w, s) \sin(\xi_l w) dw dv$, and
$\overline{\overline{\overline{\varphi}}} (\xi_n, m, \xi_l; \theta) = \int_a^b u \mathcal{V}_{\mathcal{N}m\dot{o}}(\xi_n u, a) \int_0^{2\pi} \cos\{m(\theta - v)\} \int_0^d \varphi(u, v, w) \sin(\xi_l w) dw dv du$.

$$p = \frac{\pi U(t - t_0)}{\phi c_t} \sum_{m=0}^{\infty} \ni_m \cos\{m(\theta - \theta_0)\} \times$$

$$\times \sum_{n=1}^{\infty} \frac{\xi_n^2 \left\{\xi_n J'_{m\dot{o}}(\xi_n a) - \lambda J_{m\dot{o}}(\xi_n a)\right\}^2 \mathcal{V}_{\mathcal{N}m\dot{o}}(\xi r_0, b) \mathcal{V}_{\mathcal{N}m\dot{o}}(\xi r, b)}{\left[\left\{1 - \left(\frac{m\dot{o}}{\xi_n b}\right)^2\right\} \left\{\xi_n J'_{m\dot{o}}(\xi_n a) - \lambda J_{m\dot{o}}(\xi_n a)\right\}^2 - \left\{\xi_n^2 + \lambda^2 - \left(\frac{m\dot{o}}{a}\right)^2\right\} J'^2_{m\dot{o}}(\xi_n b)\right]} \times$$

$$\times \sum_{l=1}^{\infty} \frac{\left(\xi_l^2 + \lambda_d^2\right) \sin(\xi_l z_0) \sin(\xi_l z) \int_0^{t - t_0} q(t - t_0 - \tau) e^{-\left(\eta_r \xi_n^2 + \eta_z \xi_l^2\right)\tau} d\tau}{\left\{d\left(\xi_l^2 + \lambda_d^2\right) + \lambda_d\right\}} -$$

$$-\frac{2}{\phi c_t} \sum_{m=0}^{\infty} \ni_m \sum_{n=1}^{\infty} \frac{\xi_n^2 J'_{m\dot{o}}(\xi_n b) \left\{\xi_n J'_{m\dot{o}}(\xi_n a) - \lambda J_{m\dot{o}}(\xi_n a)\right\} \mathcal{V}_{\mathcal{N}m\dot{o}}(\xi r, b)}{\left[\left\{1 - \left(\frac{m\dot{o}}{\xi_n b}\right)^2\right\} \left\{\xi_n J'_{m\dot{o}}(\xi_n a) - \lambda J_{m\dot{o}}(\xi_n a)\right\}^2 - \left\{\xi_n^2 + \lambda^2 - \left(\frac{m\dot{o}}{a}\right)^2\right\} J'^2_{m\dot{o}}(\xi_n b)\right]} \times$$

$$\times \sum_{l=1}^{\infty} \frac{\left(\xi_l^2 + \lambda_d^2\right) \sin(\xi_l z) \int_0^t \overline{\overline{\psi}}_a (m, \xi_l, t - \tau; \theta) e^{-\left(\eta_r \xi_n^2 + \eta_z \xi_l^2\right)\tau} d\tau}{\left\{d\left(\xi_l^2 + \lambda_d^2\right) + \lambda_d\right\}} -$$

$$-\frac{2}{\phi c_t} \sum_{m=0}^{\infty} \ni_m \sum_{n=1}^{\infty} \frac{\xi_n \left\{\xi_n J'_{m\dot{o}}(\xi_n a) - \lambda J_{m\dot{o}}(\xi_n a)\right\}^2 \mathcal{V}_{\mathcal{N}m\dot{o}}(\xi r, b)}{\left[\left\{1 - \left(\frac{m\dot{o}}{\xi_n b}\right)^2\right\} \left\{\xi_n J'_{m\dot{o}}(\xi_n a) - \lambda J_{m\dot{o}}(\xi_n a)\right\}^2 - \left\{\xi_n^2 + \lambda^2 - \left(\frac{m\dot{o}}{a}\right)^2\right\} J'^2_{m\dot{o}}(\xi_n b)\right]} \times$$

$$\times \sum_{l=1}^{\infty} \frac{\left(\xi_l^2 + \lambda_d^2\right) \sin(\xi_l z) \int_0^t \overline{\overline{\psi}}_b (m, \xi_l, t - \tau; \theta) e^{-\left(\eta_r \xi_n^2 + \eta_z \xi_l^2\right)\tau} d\tau}{\left\{d\left(\xi_l^2 + \lambda_d^2\right) + \lambda_d\right\}} +$$

$$+\pi \sum_{m=0}^{\infty} \ni_m \sum_{n=1}^{\infty} \frac{\xi_n^2 \left\{\xi_n J'_{m\dot{o}}(\xi_n a) - \lambda J_{m\dot{o}}(\xi_n a)\right\}^2 \mathcal{V}_{\mathcal{N}m\dot{o}}(\xi r, b)}{\left[\left\{1 - \left(\frac{m\dot{o}}{\xi_n b}\right)^2\right\} \left\{\xi_n J'_{m\dot{o}}(\xi_n a) - \lambda J_{m\dot{o}}(\xi_n a)\right\}^2 - \left\{\xi_n^2 + \lambda^2 - \left(\frac{m\dot{o}}{a}\right)^2\right\} J'^2_{m\dot{o}}(\xi_n b)\right]} \times$$

$$\times\sum_{l=1}^{\infty}\frac{\left(\xi_l^2+\lambda_d^2\right)\sin\left(\xi_l z\right)\int_0^t\left\{\eta_z\xi_l\overline{\overline{\psi}}_0\left(\xi_n,m,t-\tau;\theta\right)-\frac{\sin(\xi_l d)}{\phi c_t}\overline{\overline{\psi}}_d\left(\xi_n,m,t-\tau;\theta\right)\right\}e^{-\left(\eta_r\xi_n^2+\eta_z\xi_l^2\right)\tau}d\tau}{\left\{d\left(\xi_l^2+\lambda_d^2\right)+\lambda_d\right\}}+$$

$$+\pi\sum_{m=0}^{\infty}\ni_m\sum_{n=1}^{\infty}\frac{\xi_n^2\left\{\xi_n J'_{m\dot{o}}\left(\xi_n a\right)-\lambda J_{m\dot{o}}\left(\xi_n a\right)\right\}^2\mathcal{V}_{\mathcal{N}m\dot{o}}\left(\xi r,b\right)}{\left[\left\{1-\left(\frac{m\dot{o}}{\xi_n b}\right)^2\right\}\left\{\xi_n J'_{m\dot{o}}\left(\xi_n a\right)-\lambda J_{m\dot{o}}\left(\xi_n a\right)\right\}^2-\left\{\xi_n^2+\lambda^2-\left(\frac{m\dot{o}}{a}\right)^2\right\}J'^2_{m\dot{o}}\left(\xi_n b\right)\right]}\times$$

$$\times\sum_{l=1}^{\infty}\frac{\overline{\overline{\overline{\varphi}}}\left(\xi_n,m,\xi_l;\theta\right)\left(\xi_l^2+\lambda_d^2\right)\sin\left(\xi_l z\right)e^{-\eta_z\xi_l^2 t}}{\left\{d\left(\xi_l^2+\lambda_d^2\right)+\lambda_d\right\}} \qquad (25.35.2)$$

where $\overline{\overline{\psi}}_a\left(m,\xi_l,t;\theta\right)=\int_0^{2\pi}\cos\left\{m\left(\theta-v\right)\right\}\int_0^d\psi_a\left(v,w,t\right)\sin\left(\xi_l w\right)dwdv$,
$\overline{\overline{\psi}}_b\left(m,\xi_l,t;\theta\right)=\int_0^{2\pi}\cos\left\{m\left(\theta-v\right)\right\}\int_0^d\psi_b\left(v,w,t\right)\sin\left(\xi_l w\right)dwdv$,
$\overline{\overline{\psi}}_0\left(\xi_n,m,t;\theta\right)=\int_a^b u\mathcal{V}_{\mathcal{N}m\dot{o}}\left(\xi_n u,a\right)\int_0^{2\pi}\psi_0\left(u,v,t\right)\cos\left\{m\left(\theta-v\right)\right\}dvdu$, and
$\overline{\overline{\psi}}_d\left(\xi_n,m,t;\theta\right)=\int_a^b u\mathcal{V}_{\mathcal{N}m\dot{o}}\left(\xi_n u,a\right)\int_0^{2\pi}\psi_d\left(u,v,t\right)\cos\left\{m\left(\theta-v\right)\right\}dvdu$.

25.36

The problem of 25.28 except
$\mathbf{R_a}\equiv\frac{\partial p(a,\theta,z,t)}{\partial r}-\lambda_a p\left(a,\theta,z,t\right)=-\left(\frac{\mu}{k_r}\right)\psi_a\left(\theta,z,t\right)$,
$\mathbf{R_b}\equiv\frac{\partial p(b,\theta,z,t)}{\partial r}+\lambda_b p\left(b,\theta,z,t\right)=-\left(\frac{\mu}{k_r}\right)\psi_b\left(\theta,z,t\right)$,
$\mathbf{D_0}\equiv p\left(r,\theta,0,t\right)=\psi_0\left(r,\theta,t\right)$ **and**
$\mathbf{R_d}\equiv\frac{\partial p(r,\theta,d,t)}{\partial z}+\lambda_d p\left(r,\theta,d,t\right)=-\left(\frac{\mu}{k_z}\right)\psi_d\left(r,\theta,t\right)$

$$\overline{p}=\frac{\pi q\left(s\right)e^{-st_0}}{\phi c_t}\sum_{m=0}^{\infty}\ni_m\cos\left\{m\left(\theta-\theta_0\right)\right\}\sum_{n=1}^{\infty}\xi_n^2\left\{\xi_n J'_{m\dot{o}}\left(\xi_n b\right)+\lambda_b J_{m\dot{o}}\left(\xi_n b\right)\right\}^2\times$$

$$\times\frac{\left\{\xi_n\mathcal{V}_{\mathcal{N}m\dot{o}}\left(\xi_n r_0,a\right)-\lambda_a\mathcal{V}_{\mathcal{D}m\dot{o}}\left(\xi_n r_0,a\right)\right\}\left\{\xi_n\mathcal{V}_{\mathcal{N}m\dot{o}}\left(\xi_n r,a\right)-\lambda_a\mathcal{V}_{\mathcal{D}m\dot{o}}\left(\xi_n r,a\right)\right\}}{\left[\left\{\xi_n^2+\lambda_b^2-\left(\frac{m\dot{o}}{b}\right)^2\right\}\left\{\xi_n J'_{m\dot{o}}\left(\xi_n a\right)-\lambda_a J_{m\dot{o}}\left(\xi_n a\right)\right\}^2-\left\{\xi_n^2+\lambda_a^2-\left(\frac{m\dot{o}}{a}\right)^2\right\}\left\{\xi_n J'_{m\dot{o}}\left(\xi_n b\right)+\lambda J_{m\dot{o}}\left(\xi_n b\right)\right\}^2\right]}\times$$

$$\times\sum_{l=1}^{\infty}\frac{\left(\xi_l^2+\lambda_d^2\right)\sin\left(\xi_l z_0\right)\sin\left(\xi_l z\right)}{\left\{d\left(\xi_l^2+\lambda_d^2\right)+\lambda_d\right\}\left(\eta_r\xi_n^2+\eta_z\xi_l^2+s\right)}+$$

$$+\frac{2}{\phi c_t}\sum_{m=0}^{\infty}\ni_m\times$$

$$\times\sum_{n=1}^{\infty}\frac{\xi_n^2\left\{\xi_n J'_{m\dot{o}}(\xi_n b)+\lambda_b J_{m\dot{o}}\left(\xi_n b\right)\right\}^2\left\{\xi_n\mathcal{V}_{\mathcal{N}m\dot{o}}\left(\xi_n r,a\right)-\lambda_a\mathcal{V}_{\mathcal{D}m\dot{o}}\left(\xi_n r,a\right)\right\}}{\left[\left\{\xi_n^2+\lambda_b^2-\left(\frac{m\dot{o}}{b}\right)^2\right\}\left\{\xi_n J'_{m\dot{o}}(\xi_n a)-\lambda_a J_{m\dot{o}}(\xi_n a)\right\}^2-\left\{\xi_n^2+\lambda_a^2-\left(\frac{m\dot{o}}{a}\right)^2\right\}\left\{\xi_n J'_{m\dot{o}}(\xi_n b)+\lambda J_{m\dot{o}}(\xi_n b)\right\}^2\right]}\times$$

$$\times\sum_{l=1}^{\infty}\frac{\overline{\overline{\psi}}_a\left(m,\xi_l,s;\theta\right)\left(\xi_l^2+\lambda_d^2\right)\sin\left(\xi_l z\right)}{\left\{d\left(\xi_l^2+\lambda_d^2\right)+\lambda_d\right\}\left(\eta_r\xi_n^2+\eta_z\xi_l^2+s\right)}-$$

$$-\frac{2}{\phi c_t}\sum_{m=0}^{\infty}\ni_m\times$$

$$\times\sum_{n=1}^{\infty}\frac{\xi_n^2\left\{\xi_n J'_{m\dot{o}}(\xi_n b)+\lambda_b J_{m\dot{o}}(\xi_n b)\right\}\left\{\xi_n J'_{m\dot{o}}(\xi_n a)+\lambda_a J_{m\dot{o}}(\xi_n a)\right\}\left\{\xi_n\mathcal{V}_{\mathcal{N}m\dot{o}}(\xi_n r,a)-\lambda_a\mathcal{V}_{\mathcal{D}m\dot{o}}(\xi_n r,a)\right\}}{\left[\left\{\xi_n^2+\lambda_b^2-\left(\frac{m\dot{o}}{b}\right)^2\right\}\left\{\xi_n J'_{m\dot{o}}(\xi_n a)-\lambda_a J_{m\dot{o}}(\xi_n a)\right\}^2-\left\{\xi_n^2+\lambda_a^2-\left(\frac{m\dot{o}}{a}\right)^2\right\}\left\{\xi_n J'_{m\dot{o}}(\xi_n b)+\lambda J_{m\dot{o}}(\xi_n b)\right\}^2\right]}\times$$

$$\times\sum_{l=1}^{\infty}\frac{\overline{\overline{\psi}}_b\left(m,\xi_l,s;\theta\right)\left(\xi_l^2+\lambda_d^2\right)\sin\left(\xi_l z\right)}{\left\{d\left(\xi_l^2+\lambda_d^2\right)+\lambda_d\right\}\left(\eta_r\xi_n^2+\eta_z\xi_l^2+s\right)}+$$

$$+\pi\sum_{m=0}^{\infty}\ni_m\times$$

$$\times\sum_{n=1}^{\infty}\frac{\xi_n^2\left\{\xi_n J'_{m\dot{o}}(\xi_n b)+\lambda_b J_{m\dot{o}}(\xi_n b)\right\}^2\left\{\xi_n \mathcal{V}_{\mathcal{N}m\dot{o}}(\xi_n r,a)-\lambda_a \mathcal{V}_{\mathcal{D}m\dot{o}}(\xi_n r,a)\right\}}{\left[\left\{\xi_n^2+\lambda_b^2-\left(\frac{m\dot{o}}{b}\right)^2\right\}\left\{\xi_n J'_{m\dot{o}}(\xi_n a)-\lambda_a J_{m\dot{o}}(\xi_n a)\right\}^2-\left\{\xi_n^2+\lambda_a^2-\left(\frac{m\dot{o}}{a}\right)^2\right\}\left\{\xi_n J'_{m\dot{o}}(\xi_n b)+\lambda J_{m\dot{o}}(\xi_n b)\right\}^2\right]}\times$$

$$\times\sum_{l=1}^{\infty}\frac{\left(\xi_l^2+\lambda_d^2\right)\left\{\eta_z\xi_l\overline{\overline{\overline{\psi}}}_0(\xi_n,m,s;\theta)-\frac{\sin(\xi_l d)}{\phi c_t}\overline{\overline{\overline{\psi}}}_d(\xi_n,m,s;\theta)\right\}\sin(\xi_l z)}{\left\{d\left(\xi_l^2+\lambda_d^2\right)+\lambda_d\right\}\left(\eta_r\xi_n^2+\eta_z\xi_l^2+s\right)}+$$

$$+\pi\sum_{m=0}^{\infty}\ni_m\times$$

$$\times\sum_{n=1}^{\infty}\frac{\xi_n^2\left\{\xi_n J'_{m\dot{o}}(\xi_n b)+\lambda_b J_{m\dot{o}}(\xi_n b)\right\}^2\left\{\xi_n \mathcal{V}_{\mathcal{N}m\dot{o}}(\xi_n r,a)-\lambda_a \mathcal{V}_{\mathcal{D}m\dot{o}}(\xi_n r,a)\right\}}{\left[\left\{\xi_n^2+\lambda_b^2-\left(\frac{m\dot{o}}{b}\right)^2\right\}\left\{\xi_n J'_{m\dot{o}}(\xi_n a)-\lambda_a J_{m\dot{o}}(\xi_n a)\right\}^2-\left\{\xi_n^2+\lambda_a^2-\left(\frac{m\dot{o}}{a}\right)^2\right\}\left\{\xi_n J'_{m\dot{o}}(\xi_n b)+\lambda J_{m\dot{o}}(\xi_n b)\right\}^2\right]}\times$$

$$\times\sum_{l=1}^{\infty}\frac{\overline{\overline{\overline{\varphi}}}(\xi_n,m,\xi_l;\theta)\left(\xi_l^2+\lambda_d^2\right)\sin(\xi_l z)}{\left\{d\left(\xi_l^2+\lambda_d^2\right)+\lambda_d\right\}\left(\eta_r\xi_n^2+\eta_z\xi_l^2+s\right)} \qquad (25.36.1)$$

where the eigenvalues $\xi_n, n=1,2,...,$ are the positive roots of $\lambda_a\left\{\mathcal{V}'_{\mathcal{D}m\dot{o}}(\xi_n b,a)+\lambda_b\mathcal{V}_{\mathcal{D}m\dot{o}}(\xi_n b,a)\right\}-\xi_n\left\{\mathcal{V}'_{\mathcal{N}m\dot{o}}(\xi_n b,a)+\lambda_b\mathcal{V}_{\mathcal{N}m\dot{o}}(\xi_n b,a)\right\}=0$, and ξ_l are the positive roots of $\xi_l\cot(\xi_l d)=-\lambda_d$, $l=1,2,....$
$\overline{\overline{\overline{\psi}}}_0(\xi_n,m,s;\theta)=\int_a^b u\left\{\xi_n\mathcal{V}_{\mathcal{N}m\dot{o}}(\xi_n u,a)-\lambda_a\mathcal{V}_{\mathcal{D}m\dot{o}}(\xi_n u,a)\right\}\int_0^{2\pi}\overline{\psi}_0(u,v,s)\cos\{m(\theta-v)\}dvdu$,
$\overline{\overline{\overline{\psi}}}_d(\xi_n,m,s;\theta)=\int_a^b u\left\{\xi_n\mathcal{V}_{\mathcal{N}m\dot{o}}(\xi_n u,a)-\lambda_a\mathcal{V}_{\mathcal{D}m\dot{o}}(\xi_n u,a)\right\}\int_0^{2\pi}\overline{\psi}_d(u,v,s)\cos\{m(\theta-v)\}dvdu$,
$\overline{\overline{\overline{\psi}}}_a(m,\xi_l,s;\theta)=\int_0^{2\pi}\cos\{m(\theta-v)\}\int_0^d\overline{\psi}_a(v,w,s)\sin(\xi_l w)\,dwdv$,
$\overline{\overline{\overline{\psi}}}_b(m,\xi_l,s;\theta)=\int_0^{2\pi}\cos\{m(\theta-v)\}\int_0^d\overline{\psi}_b(v,w,s)\sin(\xi_l w)\,dwdv$, and
$\overline{\overline{\overline{\varphi}}}(\xi_n,m,\xi_l;\theta)=\int_a^b u\left\{\xi_n\mathcal{V}_{\mathcal{N}m\dot{o}}(\xi_n u,a)-\lambda_a\mathcal{V}_{\mathcal{D}m\dot{o}}(\xi_n u,a)\right\}\int_0^{2\pi}\cos\{m(\theta-v)\}\int_0^d\varphi(u,v,w)\sin(\xi_l w)\,dwdvdu$.

$$p=\frac{\pi U(t-t_0)}{\phi c_t}\sum_{m=0}^{\infty}\ni_m\cos\{m(\theta-\theta_0)\}\times$$

$$\times\sum_{n=1}^{\infty}\frac{\xi_n^2\left\{\xi_n J'_{m\dot{o}}(\xi_n b)+\lambda_b J_{m\dot{o}}(\xi_n b)\right\}^2\left\{\xi_n \mathcal{V}_{\mathcal{N}m\dot{o}}(\xi_n r_0,a)-\lambda_a \mathcal{V}_{\mathcal{D}m\dot{o}}(\xi_n r_0,a)\right\}}{\left[\left\{\xi_n^2+\lambda_b^2-\left(\frac{m\dot{o}}{b}\right)^2\right\}\left\{\xi_n J'_{m\dot{o}}(\xi_n a)-\lambda_a J_{m\dot{o}}(\xi_n a)\right\}^2-\left\{\xi_n^2+\lambda_a^2-\left(\frac{m\dot{o}}{a}\right)^2\right\}\left\{\xi_n J'_{m\dot{o}}(\xi_n b)+\lambda J_{m\dot{o}}(\xi_n b)\right\}^2\right]}\times$$

$$\times\left\{\xi_n \mathcal{V}_{\mathcal{N}m\dot{o}}(\xi_n r,a)-\lambda_a \mathcal{V}_{\mathcal{D}m\dot{o}}(\xi_n r,a)\right\}\times$$

$$\times\sum_{l=1}^{\infty}\frac{\left(\xi_l^2+\lambda_d^2\right)\sin(\xi_l z_0)\sin(\xi_l z)\int_0^{t-t_0}q(t-t_0-\tau)\,e^{-\left(\eta_r\xi_n^2+\eta_z\xi_l^2\right)\tau}d\tau}{\left\{d\left(\xi_l^2+\lambda_d^2\right)+\lambda_d\right\}}+$$

$$+\frac{2}{\phi c_t}\sum_{m=0}^{\infty}\ni_m\times$$

$$\times\sum_{n=1}^{\infty}\frac{\xi_n^2\left\{\xi_n J'_{m\dot{o}}(\xi_n b)+\lambda_b J_{m\dot{o}}(\xi_n b)\right\}^2\left\{\xi_n \mathcal{V}_{\mathcal{N}m\dot{o}}(\xi_n r,a)-\lambda_a \mathcal{V}_{\mathcal{D}m\dot{o}}(\xi_n r,a)\right\}}{\left[\left\{\xi_n^2+\lambda_b^2-\left(\frac{m\dot{o}}{b}\right)^2\right\}\left\{\xi_n J'_{m\dot{o}}(\xi_n a)-\lambda_a J_{m\dot{o}}(\xi_n a)\right\}^2-\left\{\xi_n^2+\lambda_a^2-\left(\frac{m\dot{o}}{a}\right)^2\right\}\left\{\xi_n J'_{m\dot{o}}(\xi_n b)+\lambda J_{m\dot{o}}(\xi_n b)\right\}^2\right]}\times$$

$$\times\sum_{l=1}^{\infty}\frac{\left(\xi_l^2+\lambda_d^2\right)\sin(\xi_l z)\int_0^t\overline{\overline{\psi}}_a(m,\xi_l,t-\tau;\theta)\,e^{-\left(\eta_r\xi_n^2+\eta_z\xi_l^2\right)\tau}d\tau}{\left\{d\left(\xi_l^2+\lambda_d^2\right)+\lambda_d\right\}}+$$

$$+\frac{2}{\phi c_t}\sum_{m=0}^{\infty}\ni_m\times$$

$$\times\sum_{n=1}^{\infty}\frac{\xi_n^2\left\{\xi_n J'_{m\dot{o}}(\xi_n b)+\lambda_b J_{m\dot{o}}(\xi_n b)\right\}\left\{\xi_n J'_{m\dot{o}}(\xi_n a)+\lambda_a J_{m\dot{o}}(\xi_n a)\right\}\left\{\xi_n \mathcal{V}_{\mathcal{N}m\dot{o}}(\xi_n r,a)-\lambda_a \mathcal{V}_{\mathcal{D}m\dot{o}}(\xi_n r,a)\right\}}{\left[\left\{\xi_n^2+\lambda_b^2-\left(\frac{m\dot{o}}{b}\right)^2\right\}\left\{\xi_n J'_{m\dot{o}}(\xi_n a)-\lambda_a J_{m\dot{o}}(\xi_n a)\right\}^2-\left\{\xi_n^2+\lambda_a^2-\left(\frac{m\dot{o}}{a}\right)^2\right\}\left\{\xi_n J'_{m\dot{o}}(\xi_n b)+\lambda J_{m\dot{o}}(\xi_n b)\right\}^2\right]}\times$$

$$\times\sum_{l=1}^{\infty}\frac{\left(\xi_l^2+\lambda_d^2\right)\sin(\xi_l z)\int_0^t\overline{\overline{\psi}}_b(m,\xi_l,t-\tau;\theta)\,e^{-\left(\eta_r\xi_n^2+\eta_z\xi_l^2\right)\tau}d\tau}{\left\{d\left(\xi_l^2+\lambda_d^2\right)+\lambda_d\right\}}+$$

$$+\pi\sum_{m=0}^{\infty}\ni_m\times$$
$$\times\sum_{n=1}^{\infty}\frac{\xi_n^2\{\xi_n J'_{m\dot{o}}(\xi_n b)+\lambda_b J_{m\dot{o}}(\xi_n b)\}^2\{\xi_n\mathcal{V}_{\mathcal{N}m\dot{o}}(\xi_n r,a)-\lambda_a\mathcal{V}_{\mathcal{D}m\dot{o}}(\xi_n r,a)\}}{\left[\left\{\xi_n^2+\lambda_b^2-\left(\frac{m\dot{o}}{b}\right)^2\right\}\{\xi_n J'_{m\dot{o}}(\xi_n a)-\lambda_a J_{m\dot{o}}(\xi_n a)\}^2-\left\{\xi_n^2+\lambda_a^2-\left(\frac{m\dot{o}}{a}\right)^2\right\}\{\xi_n J'_{m\dot{o}}(\xi_n b)+\lambda J_{m\dot{o}}(\xi_n b)\}^2\right]}\times$$
$$\times\sum_{l=1}^{\infty}\frac{(\xi_l^2+\lambda_d^2)\sin(\xi_l z)\int_0^t\left\{\eta_z\xi_l\overline{\overline{\psi}}_0(\xi_n,m,t-\tau;\theta)-\frac{\sin(\xi_l d)}{\phi c_t}\overline{\overline{\psi}}_d(\xi_n,m,t-\tau;\theta)\right\}e^{-(\eta_r\xi_n^2+\eta_z\xi_l^2)\tau}d\tau}{\{d(\xi_l^2+\lambda_d^2)+\lambda_d\}}+$$
$$+\pi\sum_{m=0}^{\infty}\ni_m\times$$
$$\times\sum_{n=1}^{\infty}\frac{\xi_n^2\{\xi_n J'_{m\dot{o}}(\xi_n b)+\lambda_b J_{m\dot{o}}(\xi_n b)\}^2\{\xi_n\mathcal{V}_{\mathcal{N}m\dot{o}}(\xi_n r,a)-\lambda_a\mathcal{V}_{\mathcal{D}m\dot{o}}(\xi_n r,a)\}}{\left[\left\{\xi_n^2+\lambda_b^2-\left(\frac{m\dot{o}}{b}\right)^2\right\}\{\xi_n J'_{m\dot{o}}(\xi_n a)-\lambda_a J_{m\dot{o}}(\xi_n a)\}^2-\left\{\xi_n^2+\lambda_a^2-\left(\frac{m\dot{o}}{a}\right)^2\right\}\{\xi_n J'_{m\dot{o}}(\xi_n b)+\lambda J_{m\dot{o}}(\xi_n b)\}^2\right]}\times$$
$$\times\sum_{l=1}^{\infty}\frac{\overline{\overline{\overline{\varphi}}}(\xi_n,m,\xi_l;\theta)(\xi_l^2+\lambda_d^2)\sin(\xi_l z)e^{-\eta_z\xi_l^2 t}}{\{d(\xi_l^2+\lambda_d^2)+\lambda_d\}}\tag{25.36.2}$$

where $\overline{\overline{\psi}}_a(m,\xi_l,t;\theta)=\int_0^{2\pi}\cos\{m(\theta-v)\}\int_0^d\psi_a(v,w,t)\sin(\xi_l w)\,dwdv$,
$\overline{\overline{\psi}}_b(m,\xi_l,t;\theta)=\int_0^{2\pi}\cos\{m(\theta-v)\}\int_0^d\psi_b(v,w,t)\sin(\xi_l w)\,dwdv$,
$\overline{\overline{\psi}}_0(\xi_n,m,t;\theta)=\int_a^b r\{\xi_n\mathcal{V}_{\mathcal{N}m\dot{o}}(\xi_n u,a)-\lambda_a\mathcal{V}_{\mathcal{D}m\dot{o}}(\xi_n u,a)\}\int_0^{2\pi}\psi_0(u,v,t)\cos\{m(\theta-v)\}dudv$, and
$\overline{\overline{\psi}}_d(\xi_n,m,t;\theta)=\int_a^b u\{\xi_n\mathcal{V}_{\mathcal{N}m\dot{o}}(\xi_n u,a)-\lambda_a\mathcal{V}_{\mathcal{D}m\dot{o}}(\xi_n u,a)\}\int_0^{2\pi}\psi_d(u,v,t)\cos\{m(\theta-v)\}dvdu$.

25.37

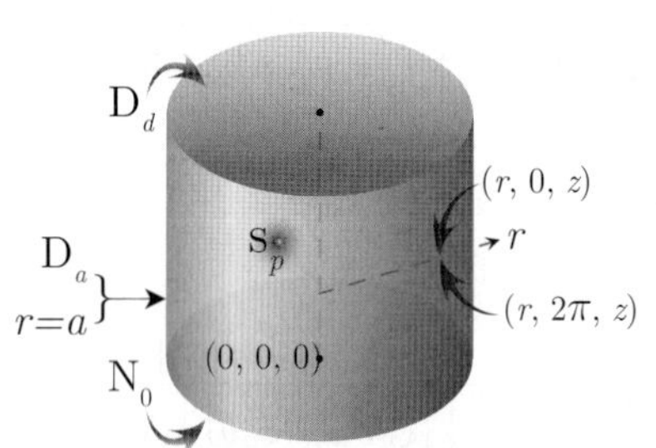

A cylindrical continuum bounded by $0\le r\le a$ and $0\le z\le d$. Point source at $s_p\equiv(r_0,\theta_0,z_0)$ at time $t=t_0$; $0<r_0<a$, $0\le\theta_0\le 2\pi$, $0<z_0<d$, $t_0\ge 0$. $N_0\equiv\frac{\partial p(r,\theta,0,t)}{\partial z}=-\left(\frac{\mu}{k_z}\right)\psi_0(r,\theta,t)$, $D_d\equiv p(r,\theta,d,t)=\psi_d(r,\theta,t)$ and $D_a\equiv p(a,\theta,z,t)=\psi_a(\theta,z,t)$. $p(r,\theta,z,0)=\varphi(r,\theta,z)$

$$\overline{p}=\frac{q(s)e^{-st_0}}{\pi a^2\phi c_t\sqrt{\eta_z}}\sum_{m=0}^{\infty}\ni_m\cos\{m(\theta-\theta_0)\}\sum_{n=1}^{\infty}\frac{J_{m\dot{o}}(\xi_n r_0)J_{m\dot{o}}(\xi_n r)\operatorname{sech}\left(d\sqrt{\frac{\eta_r\xi_n^2+s}{\eta_z}}\right)}{J'^2_{m\dot{o}}(\xi_n a)\sqrt{(\eta_r\xi_n^2+s)}}\times$$
$$\times\left[\sinh\left\{(d-|z-z_0|)\sqrt{\frac{\eta_r\xi_n^2+s}{\eta_z}}\right\}+\sinh\left\{(d-z-z_0)\sqrt{\frac{\eta_r\xi_n^2+s}{\eta_z}}\right\}\right]-$$
$$-\frac{\eta_r}{\pi a\sqrt{\eta_z}}\sum_{m=0}^{\infty}\ni_m\sum_{n=1}^{\infty}\frac{\xi_n J_{m\dot{o}}(\xi_n r)\operatorname{sech}\left(d\sqrt{\frac{\eta_r\xi_n^2+s}{\eta_z}}\right)}{J'_{m\dot{o}}(\xi_n a)\sqrt{\eta_r\xi_n^2+s}}\times$$
$$\times\int_0^d\overline{\overline{\psi}}_a(m,w,s;\theta)\left[\sinh\left\{(d-|z-w|)\sqrt{\frac{\eta_r\xi_n^2+s}{\eta_z}}\right\}+\sinh\left\{(d-z-w)\sqrt{\frac{\eta_r\xi_n^2+s}{\eta_z}}\right\}\right]dw+$$
$$+\frac{2}{\pi a^2}\sum_{m=0}^{\infty}\ni_m\sum_{n=1}^{\infty}\frac{J_{m\dot{o}}(\xi_n r)\operatorname{sech}\left(d\sqrt{\frac{\eta_r\xi_n^2+s}{\eta_z}}\right)}{J'^2_{m\dot{o}}(\xi_n a)}\times$$
$$\times\left[\frac{\overline{\overline{\overline{\psi}}}_0(\xi_n,m,s;\theta)}{\phi c_t\sqrt{\eta_z}(\eta_r\xi_n^2+s)}\sinh\left\{(d-z)\sqrt{\frac{\eta_r\xi_n^2+s}{\eta_z}}\right\}+\overline{\overline{\overline{\psi}}}_d(\xi_n,m,s;\theta)\cosh\left\{z\sqrt{\frac{\eta_r\xi_n^2+s}{\eta_z}}\right\}\right]+$$

$$+\frac{1}{\pi a^2\sqrt{\eta_z}}\sum_{m=0}^{\infty}\ni_m\sum_{n=1}^{\infty}\frac{J_{m\dot{o}}(\xi_n r)\operatorname{sech}\left(d\sqrt{\frac{\eta_r\xi_n^2+s}{\eta_z}}\right)}{J_{m\dot{o}}'^2(\xi_n a)\sqrt{\eta_r\xi_n^2+s}}\times$$

$$\times\int_0^d\overline{\overline{\varphi}}(\xi_n,m,w;\theta)\left[\sinh\left\{(d-|z-w|)\sqrt{\frac{\eta_r\xi_n^2+s}{\eta_z}}\right\}+\sinh\left\{(d-z-w)\sqrt{\frac{\eta_r\xi_n^2+s}{\eta_z}}\right\}\right]dw \quad (25.37.1)$$

where ξ_n are the positive roots of $J_{m\dot{o}}(\xi_n a)=0$, $n=1,2,...,$
$\overline{\overline{\overline{\psi}}}_0(\xi_n,m,s;\theta)=\int_0^a uJ_{m\dot{o}}(\xi_n u)\int_0^{2\pi}\overline{\psi}_0(u,v,s)\cos\{m(\theta-v)\}dvdu,$
$\overline{\overline{\overline{\psi}}}_d(\xi_n,m,s;\theta)=\int_0^a uJ_{m\dot{o}}(\xi_n u)\int_0^{2\pi}\overline{\psi}_d(u,v,s)\cos\{m(\theta-v)\}dvdu,$
$\overline{\overline{\psi}}_a(m,w,s;\theta)=\int_0^{2\pi}\overline{\psi}_a(v,w,s)\cos\{m(\theta-v)\}dv$, and
$\overline{\overline{\varphi}}(\xi_n,m,w;\theta)=\int_0^a uJ_{m\dot{o}}(\xi_n u)\int_0^{2\pi}\varphi(u,v,w)\cos\{m(\theta-v)\}dvdu.$

$$p=\frac{U(t-t_0)}{\pi a^2 d\phi c_t}\sum_{m=0}^{\infty}\ni_m\cos\{m(\theta-\theta_0)\}\sum_{n=1}^{\infty}\frac{J_{m\dot{o}}(\xi_n r_0)J_{m\dot{o}}(\xi_n r)}{J_{m\dot{o}}'^2(\xi_n a)}\times$$

$$\times\int_0^{t-t_0}q(t-t_0-\tau)\left[\Theta_2\left\{\frac{\pi(z-z_0)}{2d},e^{-\left(\frac{\pi}{d}\right)^2\eta_z\tau}\right\}+\Theta_2\left\{\frac{\pi(z+z_0)}{2d},e^{-\left(\frac{\pi}{d}\right)^2\eta_z\tau}\right\}\right]e^{-\eta_r\xi_n^2\tau}d\tau-$$

$$-\frac{\eta_r}{\pi ad}\sum_{m=0}^{\infty}\ni_m\sum_{n=1}^{\infty}\frac{\xi_n J_{m\dot{o}}(\xi_n r)}{J_{m\dot{o}}'(\xi_n a)}\times$$

$$\times\int_0^t e^{-\eta_r\xi_n^2\tau}\int_0^d\overline{\overline{\psi}}_a(m,w,t-\tau;\theta)\left[\Theta_2\left\{\frac{\pi(z-w)}{2d},e^{-\left(\frac{\pi}{d}\right)^2\eta_z\tau}\right\}+\Theta_2\left\{\frac{\pi(z+w)}{2d},e^{-\left(\frac{\pi}{d}\right)^2\eta_z\tau}\right\}\right]dwd\tau+$$

$$+\frac{2}{\pi a^2 d}\sum_{m=0}^{\infty}\ni_m\sum_{n=1}^{\infty}\frac{J_{m\dot{o}}(\xi_n r)}{J_{m\dot{o}}'^2(\xi_n a)}\int_0^t\left\{\left(\frac{1}{\phi c_t}\right)\Theta_2\left(\frac{\pi z}{2d},e^{-\left(\frac{\pi}{d}\right)^2\eta_z\tau}\right)\overline{\overline{\psi}}_0(\xi_n,m,t-\tau;\theta)+\right.$$

$$\left.+\left(\frac{\eta_z}{2d}\right)\Theta_1'\left(\frac{\pi z}{2d},e^{-\left(\frac{\pi}{d}\right)^2\eta_z\tau}\right)\overline{\overline{\psi}}_d(\xi_n,m,t-\tau;\theta)\right\}e^{-\eta_r\xi_n^2\tau}d\tau+$$

$$+\frac{1}{\pi a^2 d}\sum_{m=0}^{\infty}\ni_m\sum_{n=1}^{\infty}\frac{J_{m\dot{o}}(\xi_n r)e^{-\eta_r\xi_n^2 t}}{J_{m\dot{o}}'^2(\xi_n a)}\times$$

$$\times\int_0^d\overline{\overline{\varphi}}(\xi_n,m,w;\theta)\left[\Theta_2\left\{\frac{\pi(z-w)}{2d},e^{-\left(\frac{\pi}{d}\right)^2\eta_z t}\right\}+\Theta_2\left\{\frac{\pi(z+w)}{2d},e^{-\left(\frac{\pi}{d}\right)^2\eta_z t}\right\}\right]dw \quad (25.37.2)$$

where $\overline{\psi}_a(m,w,t;\theta)=\int_0^{2\pi}\psi_a(v,w,t)\cos\{m(\theta-v)\}dv,$
$\overline{\overline{\psi}}_0(\xi_n,m,t;\theta)=\int_0^a uJ_{m\dot{o}}(\xi_n u)\int_0^{2\pi}\psi_0(u,v,t)\cos\{m(\theta-v)\}dvdu$, and
$\overline{\overline{\psi}}_d(\xi_n,m,t;\theta)=\int_0^a uJ_{m\dot{o}}(\xi_n u)\int_0^{2\pi}\psi_d(u,v,t)\cos\{m(\theta-v)\}dvdu.$

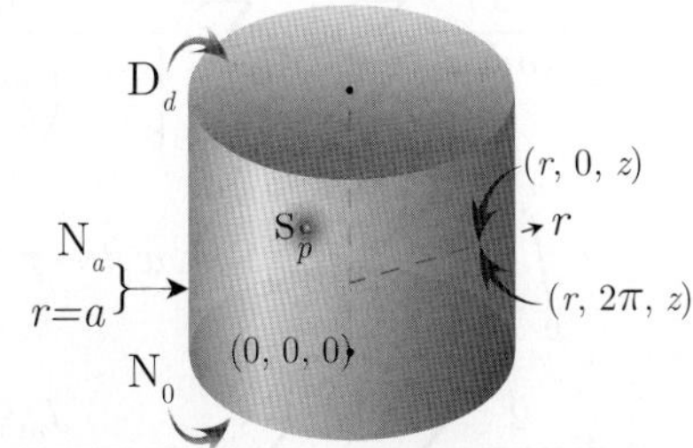

25.38 The problem of 25.37, except
$\mathbf{N_a}\equiv\frac{\partial p(a,\theta,z,t)}{\partial r}=-\left(\frac{\mu}{k_r}\right)\psi_a(\theta,z,t),$
$\mathbf{N_0}\equiv\frac{\partial p(r,\theta,0,t)}{\partial z}=-\left(\frac{\mu}{k_z}\right)\psi_0(r,\theta,t)$ **and**
$\mathbf{D_d}\equiv p(r,\theta,d,t)=\psi_d(r,\theta,t)$

$$\overline{p}=\frac{q(s)e^{-st_0}}{\pi a^2\phi c_t\sqrt{\eta_z}}\sum_{m=0}^{\infty}\ni_m\cos\{m(\theta-\theta_0)\}\sum_{n=0}^{\infty}\frac{J_{m\dot{o}}(\xi_n r_0)J_{m\dot{o}}(\xi_n r)\operatorname{sech}\left(d\sqrt{\frac{\eta_r\xi_n^2+s}{\eta_z}}\right)}{\left\{1-\left(\frac{m\dot{o}}{\xi_n a}\right)^2\right\}J_{m\dot{o}}^2(\xi_n a)\sqrt{(\eta_r\xi_n^2+s)}}\times$$

$$\times\left[\sinh\left\{(d-|z-z_0|)\sqrt{\frac{\eta_r\xi_n^2+s}{\eta_z}}\right\}+\sinh\left\{(d-z-z_0)\sqrt{\frac{\eta_r\xi_n^2+s}{\eta_z}}\right\}\right]-$$

$$-\frac{1}{\pi a\phi c_t\sqrt{\eta_z}}\sum_{m=0}^{\infty}\ni_m\sum_{n=0}^{\infty}\frac{J_{m\dot{o}}(\xi_n r)\,\mathrm{sech}\left(d\sqrt{\frac{\eta_r\xi_n^2+s}{\eta_z}}\right)}{\left\{1-\left(\frac{m\dot{o}}{\xi_n a}\right)^2\right\}J_{m\dot{o}}(\xi_n a)\sqrt{\eta_r\xi_n^2+s}}\times$$

$$\times\int_0^d\overline{\overline{\psi}}_a(m,w,s;\theta)\left[\sinh\left\{(d-|z-w|)\sqrt{\frac{\eta_r\xi_n^2+s}{\eta_z}}\right\}+\sinh\left\{(d-z-w)\sqrt{\frac{\eta_r\xi_n^2+s}{\eta_z}}\right\}\right]dw+$$

$$+\frac{2}{\pi a^2}\sum_{m=0}^{\infty}\ni_m\sum_{n=0}^{\infty}\frac{J_{m\dot{o}}(\xi_n r)\,\mathrm{sech}\left(d\sqrt{\frac{\eta_r\xi_n^2+s}{\eta_z}}\right)}{\left\{1-\left(\frac{m\dot{o}}{\xi_n a}\right)^2\right\}J_{m\dot{o}}^2(\xi_n a)}\times$$

$$\times\left[\frac{\overline{\overline{\overline{\psi}}}_0(\xi_n,m,s;\theta)}{\phi c_t\sqrt{\eta_z}(\eta_r\xi_n^2+s)}\sinh\left\{(d-z)\sqrt{\frac{\eta_r\xi_n^2+s}{\eta_z}}\right\}+\overline{\overline{\overline{\psi}}}_d(\xi_n,m,s;\theta)\cosh\left\{z\sqrt{\frac{\eta_r\xi_n^2+s}{\eta_z}}\right\}\right]+$$

$$+\frac{1}{\pi a^2\sqrt{\eta_z}}\sum_{m=0}^{\infty}\ni_m\sum_{n=0}^{\infty}\frac{J_{m\dot{o}}(\xi_n r)\,\mathrm{sech}\left(d\sqrt{\frac{\eta_r\xi_n^2+s}{\eta_z}}\right)}{\left\{1-\left(\frac{m\dot{o}}{\xi_n a}\right)^2\right\}J_{m\dot{o}}^2(\xi_n a)\sqrt{\eta_r\xi_n^2+s}}\times$$

$$\times\int_0^d\overline{\overline{\varphi}}(\xi_n,m,w;\theta)\left[\sinh\left\{(d-|z-w|)\sqrt{\frac{\eta_r\xi_n^2+s}{\eta_z}}\right\}+\sinh\left\{(d-z-w)\sqrt{\frac{\eta_r\xi_n^2+s}{\eta_z}}\right\}\right]dw \quad (25.38.1)$$

where ξ_n are the positive roots of $J'_{m\dot{o}}(\xi_n a)=0$, $n=1,2,...$, ξ_n are the positive roots of $J'_{m\dot{o}}(\xi_n a)=0$, $n=1,2,....$ $\overline{\overline{\overline{\psi}}}_0(\xi_n,m,s;\theta)=\int_0^a uJ_{m\dot{o}}(\xi_n u)\int_0^{2\pi}\overline{\psi}_0(u,v,s)\cos\{m(\theta-v)\}dvdu$,
$\overline{\overline{\overline{\psi}}}_d(\xi_n,m,s;\theta)=\int_0^a uJ_{m\dot{o}}(\xi_n u)\int_0^{2\pi}\overline{\psi}_d(u,v,s)\cos\{m(\theta-v)\}dvdu$,
$\overline{\overline{\psi}}_a(m,w,s;\theta)=\int_0^{2\pi}\overline{\psi}_a(v,w,s)\cos\{m(\theta-v)\}dv$, and
$\overline{\overline{\varphi}}(\xi_n,m,w;\theta)=\int_0^a uJ_{m\dot{o}}(\xi_n u)\int_0^{2\pi}\varphi(u,v,w)\cos\{m(\theta-v)\}dvdu$.

$$p=\frac{U(t-t_0)}{\pi a^2 d\phi c_t}\sum_{m=0}^{\infty}\ni_m\cos\{m(\theta-\theta_0)\}\sum_{n=0}^{\infty}\frac{J_{m\dot{o}}(\xi_n r_0)J_{m\dot{o}}(\xi_n r)}{\left\{1-\left(\frac{m\dot{o}}{\xi_n a}\right)^2\right\}J_{m\dot{o}}^2(\xi_n a)}\times$$

$$\times\int_0^{t-t_0}q(t-t_0-\tau)\left[\Theta_2\left\{\frac{\pi(z-z_0)}{2d},e^{-\left(\frac{\pi}{d}\right)^2\eta_z\tau}\right\}+\Theta_2\left\{\frac{\pi(z+z_0)}{2d},e^{-\left(\frac{\pi}{d}\right)^2\eta_z\tau}\right\}\right]e^{-\eta_r\xi_n^2\tau}d\tau-$$

$$-\frac{1}{\pi a d\phi c_t}\sum_{m=0}^{\infty}\ni_m\sum_{n=0}^{\infty}\frac{J_{m\dot{o}}(\xi_n r)}{\left\{1-\left(\frac{m\dot{o}}{\xi_n a}\right)^2\right\}J_{m\dot{o}}(\xi_n a)}\times$$

$$\times\int_0^t e^{-\eta_r\xi_n^2\tau}\int_0^d\overline{\psi}_a(m,w,t-\tau;\theta)\left[\Theta_2\left\{\frac{\pi(z-w)}{2d},e^{-\left(\frac{\pi}{d}\right)^2\eta_z\tau}\right\}+\Theta_2\left\{\frac{\pi(z+w)}{2d},e^{-\left(\frac{\pi}{d}\right)^2\eta_z\tau}\right\}\right]dwd\tau+$$

$$+\frac{2}{\pi a^2 d}\sum_{m=0}^{\infty}\ni_m\sum_{n=0}^{\infty}\frac{J_{m\dot{o}}(\xi_n r)}{\left\{1-\left(\frac{m\dot{o}}{\xi_n a}\right)^2\right\}J_{m\dot{o}}^2(\xi_n a)}\int_0^t\left\{\left(\frac{1}{\phi c_t}\right)\Theta_2\left(\frac{\pi z}{2d},e^{-\left(\frac{\pi}{d}\right)^2\eta_z\tau}\right)\overline{\overline{\psi}}_0(\xi_n,m,t-\tau;\theta)+\right.$$

$$\left.+\left(\frac{\eta_z}{2d}\right)\Theta_1'\left(\frac{\pi z}{2d},e^{-\left(\frac{\pi}{d}\right)^2\eta_z\tau}\right)\overline{\overline{\psi}}_d(\xi_n,m,t-\tau;\theta)\right\}e^{-\eta_r\xi_n^2\tau}d\tau+$$

$$+\frac{1}{\pi a^2 d}\sum_{m=0}^{\infty}\ni_m\sum_{n=0}^{\infty}\frac{J_{m\dot{o}}(\xi_n r)\,e^{-\eta_r\xi_n^2 t}}{\left\{1-\left(\frac{m\dot{o}}{\xi_n a}\right)^2\right\}J_{m\dot{o}}^2(\xi_n a)}\times$$

$$\times\int_0^d\overline{\overline{\varphi}}(\xi_n,m,w;\theta)\left[\Theta_2\left\{\frac{\pi(z-w)}{2d},e^{-\left(\frac{\pi}{d}\right)^2\eta_z t}\right\}+\Theta_2\left\{\frac{\pi(z+w)}{2d},e^{-\left(\frac{\pi}{d}\right)^2\eta_z t}\right\}\right]dw \qquad (25.38.2)$$

where $\overline{\psi}_a(m,w,t;\theta)=\int_0^{2\pi}\psi_a(v,w,t)\cos\{m(\theta-v)\}dv$,
$\overline{\overline{\psi}}_0(\xi_n,m,t;\theta)=\int_0^a uJ_{m\dot{o}}(\xi_n u)\int_0^{2\pi}\psi_0(u,v,t)\cos\{m(\theta-v)\}dvdu$, and
$\overline{\overline{\psi}}_d(\xi_n,m,t;\theta)=\int_0^a uJ_{m\dot{o}}(\xi_n u)\int_0^{2\pi}\psi_d(u,v,t)\cos\{m(\theta-v)\}dvdu$.

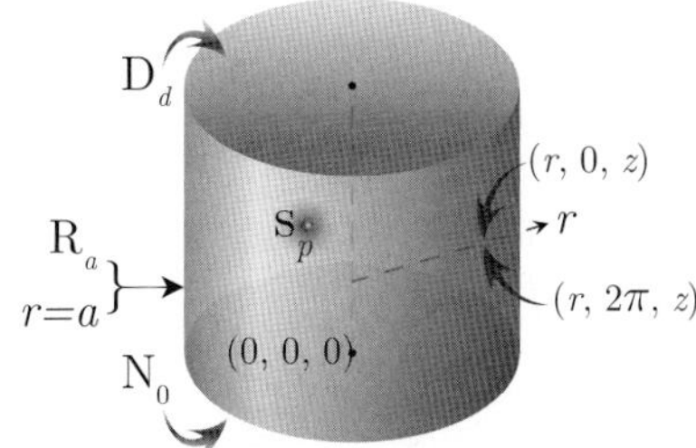

25.39 **The problem of 25.37, except**
$\mathbf{R}_a\equiv\frac{\partial p(a,\theta,z,t)}{\partial r}+\lambda p(a,\theta,z,t)=-\left(\frac{\mu}{k_r}\right)\psi_a(\theta,z,t)$,
$\mathbf{N}_0\equiv\frac{\partial p(r,\theta,0,t)}{\partial z}=-\left(\frac{\mu}{k_z}\right)\psi_0(r,\theta,t)$ **and**
$\mathbf{D}_d\equiv p(r,\theta,d,t)=\psi_d(r,\theta,t)$

$$\overline{p}=\frac{q(s)\,e^{-st_0}}{\pi a^2\phi c_t\sqrt{\eta_z}}\sum_{m=0}^{\infty}\ni_m\cos\{m(\theta-\theta_0)\}\sum_{n=1}^{\infty}\frac{J_{m\dot{o}}(\xi_n r_0)\,J_{m\dot{o}}(\xi_n r)\,\mathrm{sech}\left(d\sqrt{\frac{\eta_r\xi_n^2+s}{\eta_z}}\right)}{\left[\left\{1-\left(\frac{m\dot{o}}{\xi_n a}\right)^2\right\}J_{m\dot{o}}^2(\xi_n a)+J_{m\dot{o}}'^2(\xi_n a)\right]\sqrt{(\eta_r\xi_n^2+s)}}\times$$

$$\times\left[\sinh\left\{(d-|z-z_0|)\sqrt{\frac{\eta_r\xi_n^2+s}{\eta_z}}\right\}+\sinh\left\{(d-z-z_0)\sqrt{\frac{\eta_r\xi_n^2+s}{\eta_z}}\right\}\right]-$$

$$-\frac{1}{\pi a\phi c_t\sqrt{\eta_z}}\sum_{m=0}^{\infty}\ni_m\sum_{n=1}^{\infty}\frac{J_{m\dot{o}}(\xi_n r)\,\mathrm{sech}\left(d\sqrt{\frac{\eta_r\xi_n^2+s}{\eta_z}}\right)}{\left[\left\{1-\left(\frac{m\dot{o}}{\xi_n a}\right)^2\right\}J_{m\dot{o}}^2(\xi_n a)+J_{m\dot{o}}'^2(\xi_n a)\right]\sqrt{\eta_r\xi_n^2+s}}\times$$

$$\times\int_0^d\overline{\overline{\psi}}_a(m,w,s;\theta)\left[\sinh\left\{(d-|z-w|)\sqrt{\frac{\eta_r\xi_n^2+s}{\eta_z}}\right\}+\sinh\left\{(d-z-w)\sqrt{\frac{\eta_r\xi_n^2+s}{\eta_z}}\right\}\right]dw+$$

$$+\frac{2}{\pi a^2}\sum_{m=0}^{\infty}\ni_m\sum_{n=1}^{\infty}\frac{J_{m\dot{o}}(\xi_n r)\,\mathrm{sech}\left(d\sqrt{\frac{\eta_r\xi_n^2+s}{\eta_z}}\right)}{\left[\left\{1-\left(\frac{m\dot{o}}{\xi_n a}\right)^2\right\}J_{m\dot{o}}^2(\xi_n a)+J_{m\dot{o}}'^2(\xi_n a)\right]}\times$$

$$\times\left[\frac{\overline{\overline{\overline{\psi}}}_0(\xi_n,m,s;\theta)}{\phi c_t\sqrt{\eta_z(\eta_r\xi_n^2+s)}}\sinh\left\{(d-z)\sqrt{\frac{\eta_r\xi_n^2+s}{\eta_z}}\right\}+\overline{\overline{\overline{\psi}}}_d(\xi_n,m,s;\theta)\cosh\left\{z\sqrt{\frac{\eta_r\xi_n^2+s}{\eta_z}}\right\}\right]+$$

$$+\frac{1}{\pi a^2\sqrt{\eta_z}}\sum_{m=0}^{\infty}\ni_m\sum_{n=1}^{\infty}\frac{J_{m\dot{o}}(\xi_n r)\,\mathrm{sech}\left(d\sqrt{\frac{\eta_r\xi_n^2+s}{\eta_z}}\right)}{\left[\left\{1-\left(\frac{m\dot{o}}{\xi_n a}\right)^2\right\}J_{m\dot{o}}^2(\xi_n a)+J_{m\dot{o}}'^2(\xi_n a)\right]\sqrt{\eta_r\xi_n^2+s}}\times$$

$$\times\int_0^d\overline{\overline{\varphi}}(\xi_n,m,w;\theta)\left[\sinh\left\{(d-|z-w|)\sqrt{\frac{\eta_r\xi_n^2+s}{\eta_z}}\right\}+\sinh\left\{(d-z-w)\sqrt{\frac{\eta_r\xi_n^2+s}{\eta_z}}\right\}\right]dw \qquad (25.39.1)$$

where ξ_n are the positive roots of $\xi_n J_{m\dot{o}}'(\xi_n a)+\lambda J_{m\dot{o}}(\xi_n a)=0$, $n=1,2,\ldots$.
$\overline{\overline{\overline{\psi}}}_0(\xi_n,m,s;\theta)=\int_0^a uJ_{m\dot{o}}(\xi_n u)\int_0^{2\pi}\overline{\psi}_0(u,v,s)\cos\{m(\theta-v)\}dvdu$,

$\overline{\overline{\psi}}_d(\xi_n, m, s; \theta) = \int_0^a uJ_{m\dot{o}}(\xi_n u) \int_0^{2\pi} \overline{\psi}_d(u, v, s) \cos\{m(\theta - v)\} dvdu$,
$\overline{\overline{\psi}}_a(m, w, s; \theta) = \int_0^{2\pi} \overline{\psi}_a(v, w, s) \cos\{m(\theta - v)\} dv$, and
$\overline{\overline{\varphi}}(\xi_n, m, w; \theta) = \int_0^a uJ_{m\dot{o}}(\xi_n u) \int_0^{2\pi} \varphi(u, v, w) \cos\{m(\theta - v)\} dvdu$.

$$p = \frac{U(t-t_0)}{\pi a^2 d\phi c_t} \sum_{m=0}^{\infty} \ni_m \cos\{m(\theta - \theta_0)\} \sum_{n=1}^{\infty} \frac{J_{m\dot{o}}(\xi_n r_0) J_{m\dot{o}}(\xi_n r)}{\left[\left\{1 - \left(\frac{m\dot{o}}{\xi_n a}\right)^2\right\} J_{m\dot{o}}^2(\xi_n a) + J_{m\dot{o}}'^2(\xi_n a)\right]} \times$$
$$\times \int_0^{t-t_0} q(t - t_0 - \tau) \left[\Theta_2\left\{\frac{\pi(z - z_0)}{2d}, e^{-\left(\frac{\pi}{d}\right)^2 \eta_z \tau}\right\} + \Theta_2\left\{\frac{\pi(z + z_0)}{2d}, e^{-\left(\frac{\pi}{d}\right)^2 \eta_z \tau}\right\}\right] e^{-\eta_r \xi_n^2 \tau} d\tau -$$
$$-\frac{1}{\pi a d\phi c_t} \sum_{m=0}^{\infty} \ni_m \sum_{n=1}^{\infty} \frac{J_{m\dot{o}}(\xi_n r)}{\left[\left\{1 - \left(\frac{m\dot{o}}{\xi_n a}\right)^2\right\} J_{m\dot{o}}^2(\xi_n a) + J_{m\dot{o}}'^2(\xi_n a)\right]} \times$$
$$\times \int_0^t e^{-\eta_r \xi_n^2 \tau} \int_0^d \overline{\psi}_a(m, w, t - \tau; \theta) \left[\Theta_2\left\{\frac{\pi(z - w)}{2d}, e^{-\left(\frac{\pi}{d}\right)^2 \eta_z \tau}\right\} + \Theta_2\left\{\frac{\pi(z + w)}{2d}, e^{-\left(\frac{\pi}{d}\right)^2 \eta_z \tau}\right\}\right] dwd\tau +$$
$$+\frac{2}{\pi a^2 d} \sum_{m=0}^{\infty} \ni_m \sum_{n=1}^{\infty} \frac{J_{m\dot{o}}(\xi_n r)}{\left[\left\{1 - \left(\frac{m\dot{o}}{\xi_n a}\right)^2\right\} J_{m\dot{o}}^2(\xi_n a) + J_{m\dot{o}}'^2(\xi_n a)\right]} \times$$
$$\times \int_0^t \left\{\left(\frac{1}{\phi c_t}\right) \Theta_2\left(\frac{\pi z}{2d}, e^{-\left(\frac{\pi}{d}\right)^2 \eta_z \tau}\right) \overline{\overline{\psi}}_0(\xi_n, m, t - \tau; \theta) +\right.$$
$$\left. + \left(\frac{\eta_z}{2d}\right) \Theta_1'\left(\frac{\pi z}{2d}, e^{-\left(\frac{\pi}{d}\right)^2 \eta_z \tau}\right) \overline{\overline{\psi}}_d(\xi_n, m, t - \tau; \theta)\right\} e^{-\eta_r \xi_n^2 \tau} d\tau +$$
$$+\frac{1}{\pi a^2 d} \sum_{m=0}^{\infty} \ni_m \sum_{n=1}^{\infty} \frac{J_{m\dot{o}}(\xi_n r) e^{-\eta_r \xi_n^2 t}}{\left[\left\{1 - \left(\frac{m\dot{o}}{\xi_n a}\right)^2\right\} J_{m\dot{o}}^2(\xi_n a) + J_{m\dot{o}}'^2(\xi_n a)\right]} \times$$
$$\times \int_0^d \overline{\overline{\varphi}}(\xi_n, m, w; \theta) \left[\Theta_2\left\{\frac{\pi(z - w)}{2d}, e^{-\left(\frac{\pi}{d}\right)^2 \eta_z t}\right\} + \Theta_2\left\{\frac{\pi(z + w)}{2d}, e^{-\left(\frac{\pi}{d}\right)^2 \eta_z t}\right\}\right] dw \qquad (25.39.2)$$

where $\overline{\psi}_a(m, w, t; \theta) = \int_0^{2\pi} \psi_a(v, w, t) \cos\{m(\theta - v)\} dv$,
$\overline{\overline{\psi}}_0(\xi_n, m, t; \theta) = \int_0^a uJ_{m\dot{o}}(\xi_n u) \int_0^{2\pi} \psi_0(u, v, t) \cos\{m(\theta - v)\} dvdu$, and
$\overline{\overline{\psi}}_d(\xi_n, m, t; \theta) = \int_0^a uJ_{m\dot{o}}(\xi_n u) \int_0^{2\pi} \psi_d(u, v, t) \cos\{m(\theta - v)\} dvdu$.

25.40

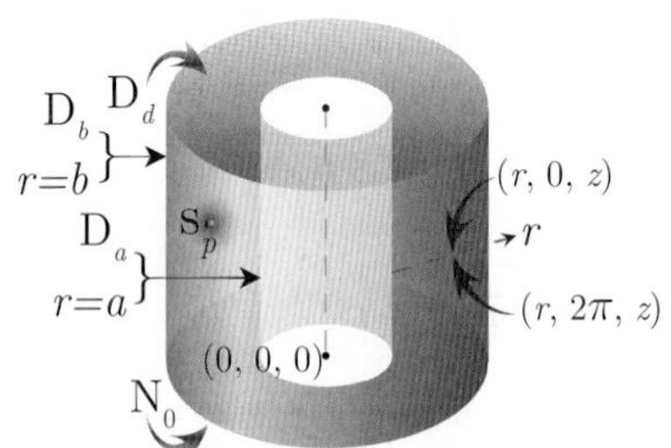

A cylindrical continuum bounded by $a \le r \le b$ and $0 \le z \le d$. Point source at $s_p \equiv (r_0, \theta_0, z_0)$ at time $t = t_0$; $a < r_0 < b$, $0 \le \theta_0 \le 2\pi$, $0 < z_0 < d$, $t_0 \ge 0$.
$N_0 \equiv \frac{\partial p(r,\theta,0,t)}{\partial z} = -\left(\frac{\mu}{k_z}\right) \psi_0(r, \theta, t)$,
$D_d \equiv p(r, \theta, d, t) = \psi_d(r, \theta, t)$,
$D_a \equiv p(a, \theta, z, t) = \psi_a(\theta, z, t)$ and
$D_b \equiv p(b, \theta, z, t) = \psi_b(\theta, z, t)$. $p(r, \theta, z, 0) = \varphi(r, \theta, z)$

$$\overline{p} = \frac{\pi q(s) e^{-st_0}}{4\phi c_t \sqrt{\eta_z}} \sum_{m=0}^{\infty} \ni_m \cos\{m(\theta - \theta_0)\} \sum_{n=1}^{\infty} \frac{\xi_n^2 J_{m\dot{o}}^2(\xi_n b) \mathcal{V}_{\mathcal{D}m\dot{o}}(\xi r_0, a) \mathcal{V}_{\mathcal{D}m\dot{o}}(\xi r, a) \operatorname{sech}\left(d\sqrt{\frac{\eta_r \xi_n^2 + s}{\eta_z}}\right)}{\{J_{m\dot{o}}^2(\xi_n a) - J_{m\dot{o}}^2(\xi_n b)\} \sqrt{(\eta_r \xi_n^2 + s)}} \times$$

$$\times\left[\sinh\left\{(d-|z-z_0|)\sqrt{\frac{\eta_r\xi_n^2+s}{\eta_z}}\right\}+\sinh\left\{(d-z-z_0)\sqrt{\frac{\eta_r\xi_n^2+s}{\eta_z}}\right\}\right]-$$

$$-\frac{\eta_r}{2\sqrt{\eta_z}}\sum_{m=0}^{\infty}\ni_m\sum_{n=1}^{\infty}\frac{\xi_n^2J_{m\dot{o}}^2(\xi_nb)\,\mathcal{V}_{\mathcal{D}m\dot{o}}(\xi r,a)\,\mathrm{sech}\left(d\sqrt{\frac{\eta_r\xi_n^2+s}{\eta_z}}\right)}{\{J_{m\dot{o}}^2(\xi_na)-J_{m\dot{o}}^2(\xi_nb)\}\sqrt{\eta_r\xi_n^2+s}}\times$$

$$\times\int_0^d\overline{\overline{\psi}}_a(m,w,s;\theta)\left[\sinh\left\{(d-|z-w|)\sqrt{\frac{\eta_r\xi_n^2+s}{\eta_z}}\right\}+\sinh\left\{(d-z-w)\sqrt{\frac{\eta_r\xi_n^2+s}{\eta_z}}\right\}\right]dw+$$

$$+\frac{\eta_r}{2\sqrt{\eta_z}}\sum_{m=0}^{\infty}\ni_m\sum_{n=1}^{\infty}\frac{\xi_n^2J_{m\dot{o}}(\xi_na)\,J_{m\dot{o}}(\xi_nb)\,\mathcal{V}_{\mathcal{D}m\dot{o}}(\xi r,a)\,\mathrm{sech}\left(d\sqrt{\frac{\eta_r\xi_n^2+s}{\eta_z}}\right)}{\{J_{m\dot{o}}^2(\xi_na)-J_{m\dot{o}}^2(\xi_nb)\}\sqrt{\eta_r\xi_n^2+s}}\times$$

$$\times\int_0^d\overline{\overline{\psi}}_b(m,w,s;\theta)\left[\sinh\left\{(d-|z-w|)\sqrt{\frac{\eta_r\xi_n^2+s}{\eta_z}}\right\}+\sinh\left\{(d-z-w)\sqrt{\frac{\eta_r\xi_n^2+s}{\eta_z}}\right\}\right]dw+$$

$$+\frac{\pi}{2}\sum_{m=0}^{\infty}\ni_m\sum_{n=1}^{\infty}\frac{\xi_n^2J_{m\dot{o}}^2(\xi_nb)\,\mathcal{V}_{\mathcal{D}m\dot{o}}(\xi r,a)\,\mathrm{sech}\left(d\sqrt{\frac{\eta_r\xi_n^2+s}{\eta_z}}\right)}{\{J_{m\dot{o}}^2(\xi_na)-J_{m\dot{o}}^2(\xi_nb)\}}\times$$

$$\times\left[\frac{\overline{\overline{\overline{\psi}}}_0(\xi_n,m,s;\theta)}{\phi c_t\sqrt{\eta_z}\,(\eta_r\xi_n^2+s)}\sinh\left\{(d-z)\sqrt{\frac{\eta_r\xi_n^2+s}{\eta_z}}\right\}+\overline{\overline{\overline{\psi}}}_d(\xi_n,m,s;\theta)\cosh\left\{z\sqrt{\frac{\eta_r\xi_n^2+s}{\eta_z}}\right\}\right]+$$

$$+\frac{\pi}{4\sqrt{\eta_z}}\sum_{m=0}^{\infty}\ni_m\sum_{n=1}^{\infty}\frac{\xi_n^2J_{m\dot{o}}^2(\xi_nb)\,\mathcal{V}_{\mathcal{D}m\dot{o}}(\xi r,a)\,\mathrm{sech}\left(d\sqrt{\frac{\eta_r\xi_n^2+s}{\eta_z}}\right)}{\{J_{m\dot{o}}^2(\xi_na)-J_{m\dot{o}}^2(\xi_nb)\}\sqrt{\eta_r\xi_n^2+s}}\times$$

$$\times\int_0^d\overline{\overline{\varphi}}(\xi_n,m,w;\theta)\left[\sinh\left\{(d-|z-w|)\sqrt{\frac{\eta_r\xi_n^2+s}{\eta_z}}\right\}+\sinh\left\{(d-z-w)\sqrt{\frac{\eta_r\xi_n^2+s}{\eta_z}}\right\}\right]dw \quad (25.40.1)$$

where $\mathcal{V}_{\mathcal{D}m\dot{o}}(\xi_nr,a)=J_{m\dot{o}}(\xi_nr)\,Y_{m\dot{o}}(\xi_na)-Y_{m\dot{o}}(\xi_nr)\,J_{m\dot{o}}(\xi_na)$, and the eigenvalues $\xi_n, n=1,2,...$, are the positive roots of the transcendental equation $\mathcal{V}_{\mathcal{D}m\dot{o}}(\xi_nb,a)=0$.
$\overline{\overline{\overline{\psi}}}_0(\xi_n,m,s;\theta)=\int_a^b u\mathcal{V}_{\mathcal{D}m\dot{o}}(\xi_nu,a)\int_0^{2\pi}\overline{\psi}_0(u,v,s)\cos\{m(\theta-v)\}dvdu$,
$\overline{\overline{\overline{\psi}}}_d(\xi_n,m,s;\theta)=\int_a^b u\mathcal{V}_{\mathcal{D}m\dot{o}}(\xi_nu,a)\int_0^{2\pi}\overline{\psi}_d(u,v,s)\cos\{m(\theta-v)\}dvdu$,
$\overline{\overline{\psi}}_a(m,w,s;\theta)=\int_0^{2\pi}\overline{\psi}_a(v,w,s)\cos\{m(\theta-v)\}dv$,
$\overline{\overline{\psi}}_b(m,w,s;\theta)=\int_0^{2\pi}\overline{\psi}_b(v,w,s)\cos\{m(\theta-v)\}dv$ and
$\overline{\overline{\varphi}}(\xi_n,m,w;\theta)=\int_a^b u\mathcal{V}_{\mathcal{D}m\dot{o}}(\xi_nu,a)\int_0^{2\pi}\varphi(u,v,w)\cos\{m(\theta-v)\}dvdu$.

$$p=\frac{U(t-t_0)\,\pi}{4\phi c_td}\sum_{m=0}^{\infty}\ni_m\cos\{m(\theta-\theta_0)\}\sum_{n=1}^{\infty}\frac{\xi_n^2J_{m\dot{o}}^2(\xi_nb)\,\mathcal{V}_{\mathcal{D}m\dot{o}}(\xi r_0,a)\,\mathcal{V}_{\mathcal{D}m\dot{o}}(\xi r,a)}{\{J_{m\dot{o}}^2(\xi_na)-J_{m\dot{o}}^2(\xi_nb)\}}\times$$

$$\times\int_0^{t-t_0}q(t-t_0-\tau)\left[\Theta_2\left\{\frac{\pi(z-z_0)}{2d},e^{-\left(\frac{\pi}{d}\right)^2\eta_z\tau}\right\}+\Theta_2\left\{\frac{\pi(z+z_0)}{2d},e^{-\left(\frac{\pi}{d}\right)^2\eta_z\tau}\right\}\right]e^{-\eta_r\xi_n^2\tau}d\tau-$$

$$-\frac{\eta_r}{2d}\sum_{m=0}^{\infty}\ni_m\sum_{n=1}^{\infty}\frac{\xi_n^2J_{m\dot{o}}^2(\xi_nb)\,\mathcal{V}_{\mathcal{D}m\dot{o}}(\xi r,a)}{\{J_{m\dot{o}}^2(\xi_na)-J_{m\dot{o}}^2(\xi_nb)\}}\times$$

$$\times\int_0^t e^{-\eta_r\xi_n^2\tau}\int_0^d\overline{\psi}_a(m,w,t-\tau;\theta)\left[\Theta_2\left\{\frac{\pi(z-w)}{2d},e^{-\left(\frac{\pi}{d}\right)^2\eta_z\tau}\right\}+\Theta_2\left\{\frac{\pi(z+w)}{2d},e^{-\left(\frac{\pi}{d}\right)^2\eta_z\tau}\right\}\right]dwd\tau+$$

$$+\frac{\eta_r}{2d}\sum_{m=0}^{\infty}\ni_m\sum_{n=1}^{\infty}\frac{\xi_n^2J_{m\dot{o}}(\xi_na)\,J_{m\dot{o}}(\xi_nb)\,\mathcal{V}_{\mathcal{D}m\dot{o}}(\xi r,a)}{\{J_{m\dot{o}}^2(\xi_na)-J_{m\dot{o}}^2(\xi_nb)\}}\times$$

$$\times \int_0^t e^{-\eta_r \xi_n^2 \tau} \int_0^d \overline{\psi}_b (m, w, t-\tau; \theta) \left[\Theta_2 \left\{ \frac{\pi (z-w)}{2d}, e^{-\left(\frac{\pi}{d}\right)^2 \eta_z \tau} \right\} + \Theta_2 \left\{ \frac{\pi (z+w)}{2d}, e^{-\left(\frac{\pi}{d}\right)^2 \eta_z \tau} \right\} \right] dw d\tau +$$

$$+ \frac{\pi}{2d} \sum_{m=0}^{\infty} \ni_m \sum_{n=1}^{\infty} \frac{\xi_n^2 J_{m\dot{o}}^2 (\xi_n b) \mathcal{V}_{\mathcal{D}m\dot{o}} (\xi r, a)}{\{J_{m\dot{o}}^2 (\xi_n a) - J_{m\dot{o}}^2 (\xi_n b)\}} \int_0^t \left\{ \left(\frac{1}{\phi c_t} \right) \Theta_2 \left(\frac{\pi z}{2d}, e^{-\left(\frac{\pi}{d}\right)^2 \eta_z \tau} \right) \overline{\overline{\psi}}_0 (\xi_n, m, t-\tau; \theta) + \right.$$

$$\left. + \left(\frac{\eta_z}{2d} \right) \Theta_1' \left(\frac{\pi z}{2d}, e^{-\left(\frac{\pi}{d}\right)^2 \eta_z \tau} \right) \overline{\overline{\psi}}_d (\xi_n, m, t-\tau; \theta) \right\} e^{-\eta_r \xi_n^2 \tau} d\tau +$$

$$+ \frac{\pi}{4d} \sum_{m=0}^{\infty} \ni_m \sum_{n=1}^{\infty} \frac{\xi_n^2 J_{m\dot{o}}^2 (\xi_n b) \mathcal{V}_{\mathcal{D}m\dot{o}} (\xi r, a) e^{-\eta_r \xi_n^2 t}}{\{J_{m\dot{o}}^2 (\xi_n a) - J_{m\dot{o}}^2 (\xi_n b)\}} \times$$

$$\times \int_0^d \overline{\overline{\varphi}} (\xi_n, m, w; \theta) \left[\Theta_2 \left\{ \frac{\pi (z-w)}{2d}, e^{-\left(\frac{\pi}{d}\right)^2 \eta_z t} \right\} + \Theta_2 \left\{ \frac{\pi (z+w)}{2d}, e^{-\left(\frac{\pi}{d}\right)^2 \eta_z t} \right\} \right] dw \qquad (25.40.2)$$

where $\overline{\psi}_a (m, w, t; \theta) = \int_0^{2\pi} \psi_a (v, w, t) \cos\{m(\theta - v)\} dv$, $\overline{\psi}_b (m, w, t; \theta) = \int_0^{2\pi} \psi_b (v, w, t) \cos\{m(\theta - v)\} dv$, $\overline{\overline{\psi}}_0 (\xi_n, m, t; \theta) = \int_a^b u \mathcal{V}_{\mathcal{D}m\dot{o}} (\xi_n u, a) \int_0^{2\pi} \psi_0 (u, v, t) \cos\{m(\theta - v)\} dv du$ and $\overline{\overline{\psi}}_d (\xi_n, m, t; \theta) = \int_a^b u \mathcal{V}_{\mathcal{D}m\dot{o}} (\xi_n u, a) \int_0^{2\pi} \psi_d (u, v, t) \cos\{m(\theta - v)\} dv du$.

25.41

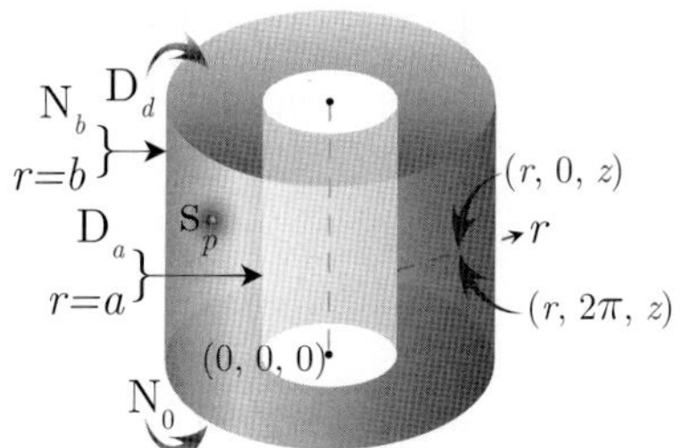

The problem of 25.40, except
$\mathbf{D}_a \equiv p(a, \theta, z, t) = \psi_a(\theta, z, t)$,
$\mathbf{N}_b \equiv \frac{\partial p(b,\theta,z,t)}{\partial r} = -\left(\frac{\mu}{k_r}\right) \psi_b(\theta, z, t)$,
$\mathbf{N}_0 \equiv \frac{\partial p(r,\theta,0,t)}{\partial z} = -\left(\frac{\mu}{k_z}\right) \psi_0(r, \theta, t)$ **and**
$\mathbf{D}_d \equiv p(r, \theta, d, t) = \psi_d(r, \theta, t)$

$$\overline{p} - \frac{\pi q(s) e^{-s t_0}}{4\phi c_t \sqrt{\eta_z}} \sum_{m=0}^{\infty} \ni_m \cos\{m(\theta - \theta_0)\} \sum_{n=1}^{\infty} \frac{\xi_n^2 J_{m\dot{o}}'^2 (\xi_n b) \mathcal{V}_{\mathcal{D}m\dot{o}} (\xi r_0, a) \mathcal{V}_{\mathcal{D}m\dot{o}} (\xi r, a) \operatorname{sech}\left(d \sqrt{\frac{\eta_r \xi_n^2 + s}{\eta_z}} \right)}{\left[\left\{ 1 - \left(\frac{m\dot{o}}{\xi_n b} \right)^2 \right\} J_{m\dot{o}}^2 (\xi_n a) - J_{m\dot{o}}'^2 (\xi_n b) \right] \sqrt{(\eta_r \xi_n^2 + s)}} \times$$

$$\times \left[\sinh\left\{ (d - |z - z_0|) \sqrt{\frac{\eta_r \xi_n^2 + s}{\eta_z}} \right\} + \sinh\left\{ (d - z - z_0) \sqrt{\frac{\eta_r \xi_n^2 + s}{\eta_z}} \right\} \right] -$$

$$- \frac{\eta_r}{2\sqrt{\eta_z}} \sum_{m=0}^{\infty} \ni_m \sum_{n=1}^{\infty} \frac{\xi_n^2 J_{m\dot{o}}'^2 (\xi_n b) \mathcal{V}_{\mathcal{D}m\dot{o}} (\xi r, a) \operatorname{sech}\left(d \sqrt{\frac{\eta_r \xi_n^2 + s}{\eta_z}} \right)}{\left[\left\{ 1 - \left(\frac{m\dot{o}}{\xi_n b} \right)^2 \right\} J_{m\dot{o}}^2 (\xi_n a) - J_{m\dot{o}}'^2 (\xi_n b) \right] \sqrt{\eta_r \xi_n^2 + s}} \times$$

$$\times \int_0^d \overline{\overline{\psi}}_a (m, w, s; \theta) \left[\sinh\left\{ (d - |z - w|) \sqrt{\frac{\eta_r \xi_n^2 + s}{\eta_z}} \right\} + \sinh\left\{ (d - z - w) \sqrt{\frac{\eta_r \xi_n^2 + s}{\eta_z}} \right\} \right] dw -$$

$$- \frac{1}{2\phi c_t \sqrt{\eta_z}} \sum_{m=0}^{\infty} \ni_m \sum_{n=1}^{\infty} \frac{\xi_n^2 J_{m\dot{o}} (\xi_n a) J_{m\dot{o}}' (\xi_n b) \mathcal{V}_{\mathcal{D}m\dot{o}} (\xi r, a) \operatorname{sech}\left(d \sqrt{\frac{\eta_r \xi_n^2 + s}{\eta_z}} \right)}{\left[\left\{ 1 - \left(\frac{m\dot{o}}{\xi_n b} \right)^2 \right\} J_{m\dot{o}}^2 (\xi_n a) - J_{m\dot{o}}'^2 (\xi_n b) \right] \sqrt{\eta_r \xi_n^2 + s}} \times$$

$$\times \int_0^d \overline{\overline{\psi}}_b (m, w, s; \theta) \left[\sinh\left\{ (d - |z - w|) \sqrt{\frac{\eta_r \xi_n^2 + s}{\eta_z}} \right\} + \sinh\left\{ (d - z - w) \sqrt{\frac{\eta_r \xi_n^2 + s}{\eta_z}} \right\} \right] dw +$$

$$+\frac{\pi}{2}\sum_{m=0}^{\infty}\ni_m\sum_{n=1}^{\infty}\frac{\xi_n^2 J_{m\dot{o}}'^2(\xi_n b)\,\mathcal{V}_{\mathcal{D}m\dot{o}}(\xi r,a)\,\mathrm{sech}\left(d\sqrt{\frac{\eta_r\xi_n^2+s}{\eta_z}}\right)}{\left[\left\{1-\left(\frac{m\dot{o}}{\xi_n b}\right)^2\right\}J_{m\dot{o}}^2(\xi_n a)-J_{m\dot{o}}'^2(\xi_n b)\right]}\times$$

$$\times\left[\frac{\overline{\overline{\overline{\psi}}}_0(\xi_n,m,s;\theta)}{\phi c_t\sqrt{\eta_z}\left(\eta_r\xi_n^2+s\right)}\sinh\left\{(d-z)\sqrt{\frac{\eta_r\xi_n^2+s}{\eta_z}}\right\}+\overline{\overline{\overline{\psi}}}_d(\xi_n,m,s;\theta)\cosh\left\{z\sqrt{\frac{\eta_r\xi_n^2+s}{\eta_z}}\right\}\right]+$$

$$+\frac{\pi}{4\sqrt{\eta_z}}\sum_{m=0}^{\infty}\ni_m\sum_{n=1}^{\infty}\frac{\xi_n^2 J_{m\dot{o}}'^2(\xi_n b)\,\mathcal{V}_{\mathcal{D}m\dot{o}}(\xi r,a)\,\mathrm{sech}\left(d\sqrt{\frac{\eta_r\xi_n^2+s}{\eta_z}}\right)}{\left[\left\{1-\left(\frac{m\dot{o}}{\xi_n b}\right)^2\right\}J_{m\dot{o}}^2(\xi_n a)-J_{m\dot{o}}'^2(\xi_n b)\right]\sqrt{\eta_r\xi_n^2+s}}\times$$

$$\times\int_0^d\overline{\overline{\varphi}}(\xi_n,m,w;\theta)\left[\sinh\left\{(d-|z-w|)\sqrt{\frac{\eta_r\xi_n^2+s}{\eta_z}}\right\}+\sinh\left\{(d-z-w)\sqrt{\frac{\eta_r\xi_n^2+s}{\eta_z}}\right\}\right]dw \quad (25.41.1)$$

where $\mathcal{V}_{\mathcal{D}m\dot{o}}(\xi_n r,a)=J_{m\dot{o}}(\xi_n r)\,Y_{m\dot{o}}(\xi_n a)-Y_{m\dot{o}}(\xi_n r)\,J_{m\dot{o}}(\xi_n a)$, and the eigenvalues are the positive roots of the transcendental equation $\mathcal{V}_{\mathcal{D}m\dot{o}}'(\xi_n b,a)=0$, $\xi_n, n=1,2,...$,
$\overline{\overline{\overline{\psi}}}_0(\xi_n,m,s;\theta)=\int_a^b u\mathcal{V}_{\mathcal{D}m\dot{o}}(\xi_n u,a)\int_0^{2\pi}\overline{\psi}_0(u,v,s)\cos\{m(\theta-v)\}dvdu$,
$\overline{\overline{\overline{\psi}}}_d(\xi_n,m,s;\theta)=\int_a^b u\mathcal{V}_{\mathcal{D}m\dot{o}}(\xi_n u,a)\int_0^{2\pi}\overline{\psi}_d(u,v,s)\cos\{m(\theta-v)\}dvdu$,
$\overline{\overline{\psi}}_a(m,w,s;\theta)=\int_0^{2\pi}\overline{\psi}_a(v,w,s)\cos\{m(\theta-v)\}dv$, $\overline{\overline{\psi}}_b(m,w,s;\theta)=\int_0^{2\pi}\overline{\psi}_b(v,w,s)\cos\{m(\theta-v)\}dv$, and
$\overline{\overline{\varphi}}(\xi_n,m,w;\theta)=\int_a^b u\mathcal{V}_{\mathcal{D}m\dot{o}}(\xi_n u,a)\int_0^{2\pi}\varphi(u,v,w)\cos\{m(\theta-v)\}dvdu$.

$$p=\frac{U(t-t_0)\,\pi}{4\phi c_t d}\sum_{m=0}^{\infty}\ni_m\cos\{m(\theta-\theta_0)\}\sum_{n=1}^{\infty}\frac{\xi_n^2 J_{m\dot{o}}'^2(\xi_n b)\,\mathcal{V}_{\mathcal{D}m\dot{o}}(\xi r_0,a)\,\mathcal{V}_{\mathcal{D}m\dot{o}}(\xi r,a)}{\left[\left\{1-\left(\frac{m\dot{o}}{\xi_n b}\right)^2\right\}J_{m\dot{o}}^2(\xi_n a)-J_{m\dot{o}}'^2(\xi_n b)\right]}\times$$

$$\times\int_0^{t-t_0}q(t-t_0-\tau)\left[\Theta_2\left\{\frac{\pi(z-z_0)}{2d},e^{-\left(\frac{\pi}{d}\right)^2\eta_z\tau}\right\}+\Theta_2\left\{\frac{\pi(z+z_0)}{2d},e^{-\left(\frac{\pi}{d}\right)^2\eta_z\tau}\right\}\right]e^{-\eta_r\xi_n^2\tau}d\tau-$$

$$-\frac{\eta_r}{2d}\sum_{m=0}^{\infty}\ni_m\sum_{n=1}^{\infty}\frac{\xi_n^2 J_{m\dot{o}}'^2(\xi_n b)\,\mathcal{V}_{\mathcal{D}m\dot{o}}(\xi r,a)}{\left[\left\{1-\left(\frac{m\dot{o}}{\xi_n b}\right)^2\right\}J_{m\dot{o}}^2(\xi_n a)-J_{m\dot{o}}'^2(\xi_n b)\right]}\times$$

$$\times\int_0^t e^{-\eta_r\xi_n^2\tau}\int_0^d\overline{\psi}_a(m,w,t-\tau;\theta)\left[\Theta_2\left\{\frac{\pi(z-w)}{2d},e^{-\left(\frac{\pi}{d}\right)^2\eta_z\tau}\right\}+\Theta_2\left\{\frac{\pi(z+w)}{2d},e^{-\left(\frac{\pi}{d}\right)^2\eta_z\tau}\right\}\right]dwd\tau+$$

$$+\frac{1}{2\phi c_t d}\sum_{m=0}^{\infty}\ni_m\sum_{n=1}^{\infty}\frac{\xi_n^2 J_{m\dot{o}}(\xi_n a)\,J_{m\dot{o}}'(\xi_n b)\,\mathcal{V}_{\mathcal{D}m\dot{o}}(\xi r,a)}{\left[\left\{1-\left(\frac{m\dot{o}}{\xi_n b}\right)^2\right\}J_{m\dot{o}}^2(\xi_n a)-J_{m\dot{o}}'^2(\xi_n b)\right]}\times$$

$$\times\int_0^t e^{-\eta_r\xi_n^2\tau}\int_0^d\overline{\psi}_b(m,w,t-\tau;\theta)\left[\Theta_2\left\{\frac{\pi(z-w)}{2d},e^{-\left(\frac{\pi}{d}\right)^2\eta_z\tau}\right\}+\Theta_2\left\{\frac{\pi(z+w)}{2d},e^{-\left(\frac{\pi}{d}\right)^2\eta_z\tau}\right\}\right]dwd\tau+$$

$$+\frac{\pi}{2d}\sum_{m=0}^{\infty}\ni_m\sum_{n=1}^{\infty}\frac{\xi_n^2 J_{m\dot{o}}'^2(\xi_n b)\,\mathcal{V}_{\mathcal{D}m\dot{o}}(\xi r,a)}{\left[\left\{1-\left(\frac{m\dot{o}}{\xi_n b}\right)^2\right\}J_{m\dot{o}}^2(\xi_n a)-J_{m\dot{o}}'^2(\xi_n b)\right]}\times$$

$$\times\int_0^t\left\{\left(\frac{1}{\phi c_t}\right)\Theta_2\left(\frac{\pi z}{2d},e^{-\left(\frac{\pi}{d}\right)^2\eta_z\tau}\right)\overline{\overline{\psi}}_0(\xi_n,m,t-\tau;\theta)+\right.$$

$$\left.+\left(\frac{\eta_z}{2d}\right)\Theta_1'\left(\frac{\pi z}{2d},e^{-\left(\frac{\pi}{d}\right)^2\eta_z\tau}\right)\overline{\overline{\psi}}_d(\xi_n,m,t-\tau;\theta)\right\}e^{-\eta_r\xi_n^2\tau}d\tau+$$

$$+\frac{\pi}{4d}\sum_{m=0}^{\infty}\ni_m\sum_{n=1}^{\infty}\frac{\xi_n^2 J'^2_{m\dot{o}}(\xi_n b)\,\mathcal{V}_{\mathcal{D}m\dot{o}}(\xi r,a)\,e^{-\eta_r\xi_n^2 t}}{\left[\left\{1-\left(\frac{m\dot{o}}{\xi_n b}\right)^2\right\}J^2_{m\dot{o}}(\xi_n a)-J'^2_{m\dot{o}}(\xi_n b)\right]}\times$$

$$\times\int_0^d\overline{\overline{\varphi}}(\xi_n,m,w;\theta)\left[\Theta_2\left\{\frac{\pi(z-w)}{2d},e^{-\left(\frac{\pi}{d}\right)^2\eta_z t}\right\}+\Theta_2\left\{\frac{\pi(z+w)}{2d},e^{-\left(\frac{\pi}{d}\right)^2\eta_z t}\right\}\right]dw \qquad (25.41.2)$$

where $\overline{\psi}_a(m,w,t;\theta)=\int_0^{2\pi}\psi_a(v,w,t)\cos\{m(\theta-v)\}dv$, $\overline{\psi}_b(m,w,t;\theta)=\int_0^{2\pi}\psi_b(v,w,t)\cos\{m(\theta-v)\}dv$, $\overline{\overline{\psi}}_0(\xi_n,m,t;\theta)=\int_a^b u\mathcal{V}_{\mathcal{D}m\dot{o}}(\xi_n u,a)\int_0^{2\pi}\psi_0(u,v,t)\cos\{m(\theta-v)\}dvdu$, and $\overline{\overline{\psi}}_d(\xi_n,m,t;\theta)=\int_a^b u\mathcal{V}_{\mathcal{D}m\dot{o}}(\xi_n u,a)\int_0^{2\pi}\psi_d(u,v,t)\cos\{m(\theta-v)\}dvdu$.

25.42

The problem of 25.40, except
$\mathbf{D}_a\equiv p(a,\theta,z,t)=\psi_a(\theta,z,t)$,
$\mathbf{R}_b\equiv\frac{\partial p(b,\theta,z,t)}{\partial r}+\lambda p(b,\theta,z,t)=-\left(\frac{\mu}{k_r}\right)\psi_b(\theta,z,t)$,
$\mathbf{N}_0\equiv\frac{\partial p(r,\theta,0,t)}{\partial z}=-\left(\frac{\mu}{k_z}\right)\psi_0(r,\theta,t)$ **and**
$\mathbf{D}_d\equiv p(r,\theta,d,t)=\psi_d(r,\theta,t)$

$$\overline{p}=\frac{\pi q(s)e^{-st_0}}{4\phi c_t\sqrt{\eta_z}}\sum_{m=0}^{\infty}\ni_m\cos\{m(\theta-\theta_0)\}\times$$

$$\times\sum_{n=1}^{\infty}\frac{\xi_n^2\{\xi_n J'_{m\dot{o}}(\xi_n b)+\lambda J_{m\dot{o}}(\xi_n b)\}^2\mathcal{V}_{\mathcal{D}m\dot{o}}(\xi r_0,a)\,\mathcal{V}_{\mathcal{D}m\dot{o}}(\xi r,a)\,\mathrm{sech}\left(d\sqrt{\frac{\eta_r\xi_n^2+s}{\eta_z}}\right)}{\left[\left\{\xi_n^2+\lambda^2-\left(\frac{m\dot{o}}{b}\right)^2\right\}J^2_{m\dot{o}}(\xi_n a)-\{\xi_n J'_{m\dot{o}}(\xi_n b)+\lambda J_{m\dot{o}}(\xi_n b)\}^2\right]\sqrt{(\eta_r\xi_n^2+s)}}\times$$

$$\times\left[\sinh\left\{(d-|z-z_0|)\sqrt{\frac{\eta_r\xi_n^2+s}{\eta_z}}\right\}+\sinh\left\{(d-z-z_0)\sqrt{\frac{\eta_r\xi_n^2+s}{\eta_z}}\right\}\right]-$$

$$-\frac{\eta_r}{2\sqrt{\eta_z}}\sum_{m=0}^{\infty}\ni_m\sum_{n=1}^{\infty}\frac{\xi_n^2\{\xi_n J'_{m\dot{o}}(\xi_n b)+\lambda J_{m\dot{o}}(\xi_n b)\}^2\mathcal{V}_{\mathcal{D}m\dot{o}}(\xi r,a)\,\mathrm{sech}\left(d\sqrt{\frac{\eta_r\xi_n^2+s}{\eta_z}}\right)}{\left[\left\{\xi_n^2+\lambda^2-\left(\frac{m\dot{o}}{b}\right)^2\right\}J^2_{m\dot{o}}(\xi_n a)-\{\xi_n J'_{m\dot{o}}(\xi_n b)+\lambda J_{m\dot{o}}(\xi_n b)\}^2\right]\sqrt{\eta_r\xi_n^2+s}}\times$$

$$\times\int_0^d\overline{\overline{\psi}}_a(m,w,s;\theta)\left[\sinh\left\{(d-|z-w|)\sqrt{\frac{\eta_r\xi_n^2+s}{\eta_z}}\right\}+\sinh\left\{(d-z-w)\sqrt{\frac{\eta_r\xi_n^2+s}{\eta_z}}\right\}\right]dw-$$

$$-\frac{1}{2\phi c_t\sqrt{\eta_z}}\sum_{m=0}^{\infty}\ni_m\sum_{n=1}^{\infty}\frac{\xi_n^2 J_{m\dot{o}}(\xi_n a)\{\xi_n J'_{m\dot{o}}(\xi_n b)+\lambda J_{m\dot{o}}(\xi_n b)\}\mathcal{V}_{\mathcal{D}m\dot{o}}(\xi r,a)\,\mathrm{sech}\left(d\sqrt{\frac{\eta_r\xi_n^2+s}{\eta_z}}\right)}{\left[\left\{\xi_n^2+\lambda^2-\left(\frac{m\dot{o}}{b}\right)^2\right\}J^2_{m\dot{o}}(\xi_n a)-\{\xi_n J'_{m\dot{o}}(\xi_n b)+\lambda J_{m\dot{o}}(\xi_n b)\}^2\right]\sqrt{\eta_r\xi_n^2+s}}\times$$

$$\times\int_0^d\overline{\overline{\psi}}_b(m,w,s;\theta)\left[\sinh\left\{(d-|z-w|)\sqrt{\frac{\eta_r\xi_n^2+s}{\eta_z}}\right\}+\sinh\left\{(d-z-w)\sqrt{\frac{\eta_r\xi_n^2+s}{\eta_z}}\right\}\right]dw+$$

$$+\frac{\pi}{2}\sum_{m=0}^{\infty}\ni_m\sum_{n=1}^{\infty}\frac{\xi_n^2\{\xi_n J'_{m\dot{o}}(\xi_n b)+\lambda J_{m\dot{o}}(\xi_n b)\}^2\mathcal{V}_{\mathcal{D}m\dot{o}}(\xi r,a)\,\mathrm{sech}\left(d\sqrt{\frac{\eta_r\xi_n^2+s}{\eta_z}}\right)}{\left[\left\{\xi_n^2+\lambda^2-\left(\frac{m\dot{o}}{b}\right)^2\right\}J^2_{m\dot{o}}(\xi_n a)-\{\xi_n J'_{m\dot{o}}(\xi_n b)+\lambda J_{m\dot{o}}(\xi_n b)\}^2\right]}\times$$

$$\times\left[\frac{\overline{\overline{\overline{\psi}}}_0(\xi_n,m,s;\theta)}{\phi c_t\sqrt{\eta_z}(\eta_r\xi_n^2+s)}\sinh\left\{(d-z)\sqrt{\frac{\eta_r\xi_n^2+s}{\eta_z}}\right\}+\overline{\overline{\overline{\psi}}}_d(\xi_n,m,s;\theta)\cosh\left\{z\sqrt{\frac{\eta_r\xi_n^2+s}{\eta_z}}\right\}\right]+$$

$$+\frac{\pi}{4\sqrt{\eta_z}}\sum_{m=0}^{\infty}\ni_m\sum_{n=1}^{\infty}\frac{\xi_n^2\{\xi_n J'_{m\dot{o}}(\xi_n b)+\lambda J_{m\dot{o}}(\xi_n b)\}^2\mathcal{V}_{\mathcal{D}m\dot{o}}(\xi r,a)\operatorname{sech}\left(d\sqrt{\frac{\eta_r\xi_n^2+s}{\eta_z}}\right)}{\left[\left\{\xi_n^2+\lambda^2-\left(\frac{m\dot{o}}{b}\right)^2\right\}J_{m\dot{o}}^2(\xi_n a)-\{\xi_n J'_{m\dot{o}}(\xi_n b)+\lambda J_{m\dot{o}}(\xi_n b)\}^2\right]\sqrt{\eta_r\xi_n^2+s}}\times$$

$$\times\int_0^d\overline{\overline{\varphi}}(\xi_n,m,w;\theta)\left[\sinh\left\{(d-|z-w|)\sqrt{\frac{\eta_r\xi_n^2+s}{\eta_z}}\right\}+\sinh\left\{(d-z-w)\sqrt{\frac{\eta_r\xi_n^2+s}{\eta_z}}\right\}\right]dw \quad (25.42.1)$$

where $\mathcal{V}_{\mathcal{D}m\dot{o}}(\xi_n r,a)=J_{m\dot{o}}(\xi_n r)Y_{m\dot{o}}(\xi_n a)-Y_{m\dot{o}}(\xi_n r)J_{m\dot{o}}(\xi_n a)$, and the eigenvalues $\xi_n, n=1,2,....,$ are the positive roots of the transcendental equation $\xi_n\mathcal{V}'_{\mathcal{D}m\dot{o}}(\xi_n b,a)+\lambda\mathcal{V}_{\mathcal{D}m\dot{o}}(\xi_n b,a)=0$.
$\overline{\overline{\overline{\psi}}}_0(\xi_n,m,s;\theta)=\int_a^b u\mathcal{V}_{\mathcal{D}m\dot{o}}(\xi_n u,a)\int_0^{2\pi}\overline{\psi}_0(u,v,s)\cos\{m(\theta-v)\}dvdu$,
$\overline{\overline{\overline{\psi}}}_d(\xi_n,m,s;\theta)=\int_a^b u\mathcal{V}_{\mathcal{D}m\dot{o}}(\xi_n u,a)\int_0^{2\pi}\overline{\psi}_d(u,v,s)\cos\{m(\theta-v)\}dvdu$,
$\overline{\overline{\psi}}_a(m,w,s;\theta)=\int_0^{2\pi}\overline{\psi}_a(v,w,s)\cos\{m(\theta-v)\}dv$, $\overline{\overline{\psi}}_b(m,w,s;\theta)=\int_0^{2\pi}\overline{\psi}_b(v,w,s)\cos\{m(\theta-v)\}dv$, and
$\overline{\overline{\varphi}}(\xi_n,m,w;\theta)=\int_a^b u\mathcal{V}_{\mathcal{D}m\dot{o}}(\xi_n u,a)\int_0^{2\pi}\varphi(u,v,w)\cos\{m(\theta-v)\}dvdu$.

$$p=\frac{U(t-t_0)\pi}{4\phi c_t d}\sum_{m=0}^{\infty}\ni_m\cos\{m(\theta-\theta_0)\}\times$$

$$\times\sum_{n=1}^{\infty}\frac{\xi_n^2\{\xi_n J'_{m\dot{o}}(\xi_n b)+\lambda J_{m\dot{o}}(\xi_n b)\}^2\mathcal{V}_{\mathcal{D}m\dot{o}}(\xi r_0,a)\mathcal{V}_{\mathcal{D}m\dot{o}}(\xi r,a)}{\left[\left\{\xi_n^2+\lambda^2-\left(\frac{m\dot{o}}{b}\right)^2\right\}J_{m\dot{o}}^2(\xi_n a)-\{\xi_n J'_{m\dot{o}}(\xi_n b)+\lambda J_{m\dot{o}}(\xi_n b)\}^2\right]}\times$$

$$\times\int_0^{t-t_0}q(t-t_0-\tau)\left[\Theta_2\left\{\frac{\pi(z-z_0)}{2d},e^{-\left(\frac{\pi}{d}\right)^2\eta_z\tau}\right\}+\Theta_2\left\{\frac{\pi(z+z_0)}{2d},e^{-\left(\frac{\pi}{d}\right)^2\eta_z\tau}\right\}\right]e^{-\eta_r\xi_n^2\tau}d\tau-$$

$$-\frac{\eta_r}{2d}\sum_{m=0}^{\infty}\ni_m\sum_{n=1}^{\infty}\frac{\xi_n^2\{\xi_n J'_{m\dot{o}}(\xi_n b)+\lambda J_{m\dot{o}}(\xi_n b)\}^2\mathcal{V}_{\mathcal{D}m\dot{o}}(\xi r,a)}{\left[\left\{\xi_n^2+\lambda^2-\left(\frac{m\dot{o}}{b}\right)^2\right\}J_{m\dot{o}}^2(\xi_n a)-\{\xi_n J'_{m\dot{o}}(\xi_n b)+\lambda J_{m\dot{o}}(\xi_n b)\}^2\right]}\times$$

$$\times\int_0^t e^{-\eta_r\xi_n^2\tau}\int_0^d\overline{\psi}_a(m,w,t-\tau;\theta)\left[\Theta_2\left\{\frac{\pi(z-w)}{2d},e^{-\left(\frac{\pi}{d}\right)^2\eta_z\tau}\right\}+\Theta_2\left\{\frac{\pi(z+w)}{2d},e^{-\left(\frac{\pi}{d}\right)^2\eta_z\tau}\right\}\right]dwd\tau-$$

$$-\frac{1}{2\phi c_t d}\sum_{m=0}^{\infty}\ni_m\sum_{n=1}^{\infty}\frac{\xi_n^2 J_{m\dot{o}}(\xi_n a)\{\xi_n J'_{m\dot{o}}(\xi_n b)+\lambda J_{m\dot{o}}(\xi_n b)\}\mathcal{V}_{\mathcal{D}m\dot{o}}(\xi r,a)}{\left[\left\{\xi_n^2+\lambda^2-\left(\frac{m\dot{o}}{b}\right)^2\right\}J_{m\dot{o}}^2(\xi_n a)-\{\xi_n J'_{m\dot{o}}(\xi_n b)+\lambda J_{m\dot{o}}(\xi_n b)\}^2\right]}\times$$

$$\times\int_0^t e^{-\eta_r\xi_n^2\tau}\int_0^d\overline{\psi}_b(m,w,t-\tau;\theta)\left[\Theta_2\left\{\frac{\pi(z-w)}{2d},e^{-\left(\frac{\pi}{d}\right)^2\eta_z\tau}\right\}+\Theta_2\left\{\frac{\pi(z+w)}{2d},e^{-\left(\frac{\pi}{d}\right)^2\eta_z\tau}\right\}\right]dwd\tau+$$

$$+\frac{\pi}{2d}\sum_{m=0}^{\infty}\ni_m\sum_{n=1}^{\infty}\frac{\xi_n^2\{\xi_n J'_{m\dot{o}}(\xi_n b)+\lambda J_{m\dot{o}}(\xi_n b)\}^2\mathcal{V}_{\mathcal{D}m\dot{o}}(\xi r,a)}{\left[\left\{\xi_n^2+\lambda^2-\left(\frac{m\dot{o}}{b}\right)^2\right\}J_{m\dot{o}}^2(\xi_n a)-\{\xi_n J'_{m\dot{o}}(\xi_n b)+\lambda J_{m\dot{o}}(\xi_n b)\}^2\right]}\times$$

$$\times\int_0^t\left\{\left(\frac{1}{\phi c_t}\right)\Theta_2\left(\frac{\pi z}{2d},e^{-\left(\frac{\pi}{d}\right)^2\eta_z\tau}\right)\overline{\overline{\overline{\psi}}}_0(\xi_n,m,t-\tau;\theta)+\right.$$

$$\left.+\left(\frac{\eta_z}{2d}\right)\Theta'_1\left(\frac{\pi z}{2d},e^{-\left(\frac{\pi}{d}\right)^2\eta_z\tau}\right)\overline{\overline{\overline{\psi}}}_d(\xi_n,m,t-\tau;\theta)\right\}e^{-\eta_r\xi_n^2\tau}d\tau+$$

$$+\frac{\pi}{4d}\sum_{m=0}^{\infty}\ni_m\sum_{n=1}^{\infty}\frac{\xi_n^2\{\xi_n J'_{m\dot{o}}(\xi_n b)+\lambda J_{m\dot{o}}(\xi_n b)\}^2\mathcal{V}_{\mathcal{D}m\dot{o}}(\xi r,a)e^{-\eta_r\xi_n^2 t}}{\left[\left\{\xi_n^2+\lambda^2-\left(\frac{m\dot{o}}{b}\right)^2\right\}J_{m\dot{o}}^2(\xi_n a)-\{\xi_n J'_{m\dot{o}}(\xi_n b)+\lambda J_{m\dot{o}}(\xi_n b)\}^2\right]}\times$$

$$\times\int_0^d\overline{\overline{\varphi}}(\xi_n,m,w;\theta)\left[\Theta_2\left\{\frac{\pi(z-w)}{2d},e^{-\left(\frac{\pi}{d}\right)^2\eta_z t}\right\}+\Theta_2\left\{\frac{\pi(z+w)}{2d},e^{-\left(\frac{\pi}{d}\right)^2\eta_z t}\right\}\right]dw \quad (25.42.2)$$

where $\overline{\psi}_a(m,w,t;\theta)=\int_0^{2\pi}\psi_a(v,w,t)\cos\{m(\theta-v)\}dv$, $\overline{\psi}_b(m,w,t;\theta)=\int_0^{2\pi}\psi_b(v,w,t)\cos\{m(\theta-v)\}dv$,

$\overline{\overline{\psi}}_0\left(\xi_n,m,t;\theta\right)=\int_a^b u\mathcal{V}_{\mathcal{D}m\dot{o}}\left(\xi_n u,a\right)\int_0^{2\pi}\psi_0\left(u,v,t\right)\cos\left\{m\left(\theta-v\right)\right\}dvdu$, and
$\overline{\overline{\psi}}_d\left(\xi_n,m,t;\theta\right)=\int_a^b u\mathcal{V}_{\mathcal{D}m\dot{o}}\left(\xi_n u,a\right)\int_0^{2\pi}\psi_d\left(u,v,t\right)\cos\left\{m\left(\theta-v\right)\right\}dvdu.$

25.43 **The problem of 25.40, except**
$\mathbf{N_a}\equiv\frac{\partial p(a,\theta,z,t)}{\partial r}=-\left(\frac{\mu}{k_r}\right)\psi_a\left(\theta,z,t\right),$
$\mathbf{D_b}\equiv p\left(b,\theta,z,t\right)=\psi_b\left(\theta,z,t\right),$
$\mathbf{N_0}\equiv\frac{\partial p(r,\theta,0,t)}{\partial z}=-\left(\frac{\mu}{k_z}\right)\psi_0\left(r,\theta,t\right)$ **and**
$\mathbf{D_d}\equiv p\left(r,\theta,d,t\right)=\psi_d\left(r,\theta,t\right)$

$$\begin{aligned}
\overline{p}\;=\;&\frac{\pi q\left(s\right)e^{-st_0}}{4\phi c_t\sqrt{\eta_z}}\sum_{m=0}^{\infty}\ni_m\cos\left\{m\left(\theta-\theta_0\right)\right\}\sum_{n=1}^{\infty}\frac{\xi_n^2J_{m\dot{o}}^2\left(\xi_nb\right)\mathcal{V}_{\mathcal{N}m\dot{o}}\left(\xi r_0,a\right)\mathcal{V}_{\mathcal{N}m\dot{o}}\left(\xi r,a\right)\operatorname{sech}\left(d\sqrt{\frac{\eta_r\xi_n^2+s}{\eta_z}}\right)}{\left[J_{m\dot{o}}'^2\left(\xi_na\right)-\left\{1-\left(\frac{m\dot{o}}{\xi_na}\right)^2\right\}J_{m\dot{o}}^2\left(\xi_nb\right)\right]\sqrt{\left(\eta_r\xi_n^2+s\right)}}\times\\
&\times\left[\sinh\left\{\left(d-\left|z-z_0\right|\right)\sqrt{\frac{\eta_r\xi_n^2+s}{\eta_z}}\right\}+\sinh\left\{\left(d-z-z_0\right)\sqrt{\frac{\eta_r\xi_n^2+s}{\eta_z}}\right\}\right]+\\
&+\frac{1}{2\phi c_t\sqrt{\eta_z}}\sum_{m=0}^{\infty}\ni_m\sum_{n=1}^{\infty}\frac{\xi_nJ_{m\dot{o}}^2\left(\xi_nb\right)\mathcal{V}_{\mathcal{N}m\dot{o}}\left(\xi r,a\right)\operatorname{sech}\left(d\sqrt{\frac{\eta_r\xi_n^2+s}{\eta_z}}\right)}{\left[J_{m\dot{o}}'^2\left(\xi_na\right)-\left\{1-\left(\frac{m\dot{o}}{\xi_na}\right)^2\right\}J_{m\dot{o}}^2\left(\xi_nb\right)\right]\sqrt{\eta_r\xi_n^2+s}}\times\\
&\times\int_0^d\overline{\overline{\psi}}_a\left(m,w,s;\theta\right)\left[\sinh\left\{\left(d-\left|z-w\right|\right)\sqrt{\frac{\eta_r\xi_n^2+s}{\eta_z}}\right\}+\sinh\left\{\left(d-z-w\right)\sqrt{\frac{\eta_r\xi_n^2+s}{\eta_z}}\right\}\right]dw+\\
&+\frac{\eta_r}{2\sqrt{\eta_z}}\sum_{m=0}^{\infty}\ni_m\sum_{n=1}^{\infty}\frac{\xi_n^2J_{m\dot{o}}'\left(\xi_na\right)J_{m\dot{o}}\left(\xi_nb\right)\mathcal{V}_{\mathcal{N}m\dot{o}}\left(\xi r,a\right)\operatorname{sech}\left(d\sqrt{\frac{\eta_r\xi_n^2+s}{\eta_z}}\right)}{\left[J_{m\dot{o}}'^2\left(\xi_na\right)-\left\{1-\left(\frac{m\dot{o}}{\xi_na}\right)^2\right\}J_{m\dot{o}}^2\left(\xi_nb\right)\right]\sqrt{\eta_r\xi_n^2+s}}\times\\
&\times\int_0^d\overline{\overline{\psi}}_b\left(m,w,s;\theta\right)\left[\sinh\left\{\left(d-\left|z-w\right|\right)\sqrt{\frac{\eta_r\xi_n^2+s}{\eta_z}}\right\}+\sinh\left\{\left(d-z-w\right)\sqrt{\frac{\eta_r\xi_n^2+s}{\eta_z}}\right\}\right]dw+\\
&+\frac{\pi}{2}\sum_{m=0}^{\infty}\ni_m\sum_{n=1}^{\infty}\frac{\xi_n^2J_{m\dot{o}}^2\left(\xi_nb\right)\mathcal{V}_{\mathcal{N}m\dot{o}}\left(\xi r,a\right)\operatorname{sech}\left(d\sqrt{\frac{\eta_r\xi_n^2+s}{\eta_z}}\right)}{\left[J_{m\dot{o}}'^2\left(\xi_na\right)-\left\{1-\left(\frac{m\dot{o}}{\xi_na}\right)^2\right\}J_{m\dot{o}}^2\left(\xi_nb\right)\right]}\times\\
&\times\left[\frac{\overline{\overline{\overline{\psi}}}_0\left(\xi_n,m,s;\theta\right)}{\phi c_t\sqrt{\eta_z\left(\eta_r\xi_n^2+s\right)}}\sinh\left\{\left(d-z\right)\sqrt{\frac{\eta_r\xi_n^2+s}{\eta_z}}\right\}+\overline{\overline{\overline{\psi}}}_d\left(\xi_n,m,s;\theta\right)\cosh\left\{z\sqrt{\frac{\eta_r\xi_n^2+s}{\eta_z}}\right\}\right]+\\
&+\frac{\pi}{4\sqrt{\eta_z}}\sum_{m=0}^{\infty}\ni_m\sum_{n=1}^{\infty}\frac{\xi_n^2J_{m\dot{o}}^2\left(\xi_nb\right)\mathcal{V}_{\mathcal{N}m\dot{o}}\left(\xi r,a\right)\operatorname{sech}\left(d\sqrt{\frac{\eta_r\xi_n^2+s}{\eta_z}}\right)}{\left[J_{m\dot{o}}'^2\left(\xi_na\right)-\left\{1-\left(\frac{m\dot{o}}{\xi_na}\right)^2\right\}J_{m\dot{o}}^2\left(\xi_nb\right)\right]\sqrt{\eta_r\xi_n^2+s}}\times\\
&\times\int_0^d\overline{\overline{\varphi}}\left(\xi_n,m,w;\theta\right)\left[\sinh\left\{\left(d-\left|z-w\right|\right)\sqrt{\frac{\eta_r\xi_n^2+s}{\eta_z}}\right\}+\sinh\left\{\left(d-z-w\right)\sqrt{\frac{\eta_r\xi_n^2+s}{\eta_z}}\right\}\right]dw
\end{aligned}\tag{25.43.1}$$

where $\mathcal{V}_{\mathcal{N}m\dot{o}}\left(\xi_nr,a\right)=J_{m\dot{o}}\left(\xi_nr\right)Y_{m\dot{o}}'\left(\xi_na\right)-Y_{m\dot{o}}\left(\xi_nr\right)J_{m\dot{o}}'\left(\xi_na\right)$, and the eigenvalues $\xi_n,n=1,2,....$, are the positive roots of the transcendental equation $\mathcal{V}_{\mathcal{N}m\dot{o}}\left(\xi_nb,a\right)=0$.

$\overline{\overline{\overline{\psi}}}_0(\xi_n, m, s; \theta) = \int_a^b u\mathcal{V}_{\mathcal{N}m\dot{o}}(\xi_n u, a) \int_0^{2\pi} \overline{\psi}_0(u, v, s) \cos\{m(\theta - v)\} dv du$,
$\overline{\overline{\overline{\psi}}}_d(\xi_n, m, s; \theta) = \int_a^b u\mathcal{V}_{\mathcal{N}m\dot{o}}(\xi_n u, a) \int_0^{2\pi} \overline{\psi}_d(u, v, s) \cos\{m(\theta - v)\} dv du$,
$\overline{\overline{\psi}}_a(m, w, s; \theta) = \int_0^{2\pi} \overline{\psi}_a(v, w, s) \cos\{m(\theta - v)\} dv$, $\overline{\overline{\psi}}_b(m, w, s; \theta) = \int_0^{2\pi} \overline{\psi}_b(v, w, s) \cos\{m(\theta - v)\} dv$, and
$\overline{\overline{\varphi}}(\xi_n, m, w; \theta) = \int_a^b u\mathcal{V}_{\mathcal{N}m\dot{o}}(\xi_n u, a) \int_0^{2\pi} \varphi(u, v, w) \cos\{m(\theta - v)\} dv du$.

$$
\begin{aligned}
p = {} & \frac{U(t-t_0)\pi}{4\phi c_t d} \sum_{m=0}^{\infty} \ni_m \cos\{m(\theta - \theta_0)\} \sum_{n=1}^{\infty} \frac{\xi_n^2 J_{m\dot{o}}^2(\xi_n b) \mathcal{V}_{\mathcal{N}m\dot{o}}(\xi r_0, a) \mathcal{V}_{\mathcal{N}m\dot{o}}(\xi r, a)}{\left[J_{m\dot{o}}'^2(\xi_n a) - \left\{1 - \left(\frac{m\dot{o}}{\xi_n a}\right)^2\right\} J_{m\dot{o}}^2(\xi_n b)\right]} \times \\
& \times \int_0^{t-t_0} q(t - t_0 - \tau) \left[\Theta_2\left\{\frac{\pi(z - z_0)}{2d}, e^{-\left(\frac{\pi}{d}\right)^2 \eta_z \tau}\right\} + \Theta_2\left\{\frac{\pi(z + z_0)}{2d}, e^{-\left(\frac{\pi}{d}\right)^2 \eta_z \tau}\right\}\right] e^{-\eta_r \xi_n^2 \tau} d\tau + \\
& + \frac{1}{2\phi c_t d} \sum_{m=0}^{\infty} \ni_m \sum_{n=1}^{\infty} \frac{\xi_n J_{m\dot{o}}^2(\xi_n b) \mathcal{V}_{\mathcal{N}m\dot{o}}(\xi r, a)}{\left[J_{m\dot{o}}'^2(\xi_n a) - \left\{1 - \left(\frac{m\dot{o}}{\xi_n a}\right)^2\right\} J_{m\dot{o}}^2(\xi_n b)\right]} \times \\
& \times \int_0^t e^{-\eta_r \xi_n^2 \tau} \int_0^d \overline{\psi}_a(m, w, t - \tau; \theta) \left[\Theta_2\left\{\frac{\pi(z - w)}{2d}, e^{-\left(\frac{\pi}{d}\right)^2 \eta_z \tau}\right\} + \Theta_2\left\{\frac{\pi(z + w)}{2d}, e^{-\left(\frac{\pi}{d}\right)^2 \eta_z \tau}\right\}\right] dw d\tau + \\
& + \frac{\eta_r}{2d} \sum_{m=0}^{\infty} \ni_m \sum_{n=1}^{\infty} \frac{\xi_n^2 J_{m\dot{o}}'(\xi_n a) J_{m\dot{o}}(\xi_n b) \mathcal{V}_{\mathcal{N}m\dot{o}}(\xi r, a)}{\left[J_{m\dot{o}}'^2(\xi_n a) - \left\{1 - \left(\frac{m\dot{o}}{\xi_n a}\right)^2\right\} J_{m\dot{o}}^2(\xi_n b)\right]} \times \\
& \times \int_0^t e^{-\eta_r \xi_n^2 \tau} \int_0^d \overline{\psi}_b(m, w, t - \tau; \theta) \left[\Theta_2\left\{\frac{\pi(z - w)}{2d}, e^{-\left(\frac{\pi}{d}\right)^2 \eta_z \tau}\right\} + \Theta_2\left\{\frac{\pi(z + w)}{2d}, e^{-\left(\frac{\pi}{d}\right)^2 \eta_z \tau}\right\}\right] dw d\tau + \\
& + \frac{\pi}{2d} \sum_{m=0}^{\infty} \ni_m \sum_{n=1}^{\infty} \frac{\xi_n^2 J_{m\dot{o}}^2(\xi_n b) \mathcal{V}_{\mathcal{N}m\dot{o}}(\xi r, a)}{\left[J_{m\dot{o}}'^2(\xi_n a) - \left\{1 - \left(\frac{m\dot{o}}{\xi_n a}\right)^2\right\} J_{m\dot{o}}^2(\xi_n b)\right]} \times \\
& \times \int_0^t \left\{\left(\frac{1}{\phi c_t}\right) \Theta_2\left(\frac{\pi z}{2d}, e^{-\left(\frac{\pi}{d}\right)^2 \eta_z \tau}\right) \overline{\overline{\overline{\psi}}}_0(\xi_n, m, t - \tau; \theta) + \right. \\
& \left. + \left(\frac{\eta_z}{2d}\right) \Theta_1'\left(\frac{\pi z}{2d}, e^{-\left(\frac{\pi}{d}\right)^2 \eta_z \tau}\right) \overline{\overline{\overline{\psi}}}_d(\xi_n, m, t - \tau; \theta)\right\} e^{-\eta_r \xi_n^2 \tau} d\tau + \\
& + \frac{\pi}{4d} \sum_{m=0}^{\infty} \ni_m \sum_{n=1}^{\infty} \frac{\xi_n^2 J_{m\dot{o}}^2(\xi_n b) \mathcal{V}_{\mathcal{N}m\dot{o}}(\xi r, a) e^{-\eta_r \xi_n^2 t}}{\left[J_{m\dot{o}}'^2(\xi_n a) - \left\{1 - \left(\frac{m\dot{o}}{\xi_n a}\right)^2\right\} J_{m\dot{o}}^2(\xi_n b)\right]} \times \\
& \times \int_0^d \overline{\overline{\varphi}}(\xi_n, m, w; \theta) \left[\Theta_2\left\{\frac{\pi(z - w)}{2d}, e^{-\left(\frac{\pi}{d}\right)^2 \eta_z t}\right\} + \Theta_2\left\{\frac{\pi(z + w)}{2d}, e^{-\left(\frac{\pi}{d}\right)^2 \eta_z t}\right\}\right] dw
\end{aligned} \tag{25.43.2}
$$

where $\overline{\psi}_a(m, w, t; \theta) = \int_0^{2\pi} \psi_a(v, w, t) \cos\{m(\theta - v)\} dv$, $\overline{\psi}_b(m, w, t; \theta) = \int_0^{2\pi} \psi_b(v, w, t) \cos\{m(\theta - v)\} dv$,
$\overline{\overline{\psi}}_0(\xi_n, m, t; \theta) = \int_a^b u\mathcal{V}_{\mathcal{N}m\dot{o}}(\xi_n u, a) \int_0^{2\pi} \psi_0(u, v, t) \cos\{m(\theta - v)\} dv du$, and
$\overline{\overline{\psi}}_d(\xi_n, m, t; \theta) = \int_a^b u\mathcal{V}_{\mathcal{N}m\dot{o}}(\xi_n u, a) \int_0^{2\pi} \psi_d(u, v, t) \cos\{m(\theta - v)\} dv du$.

25.44

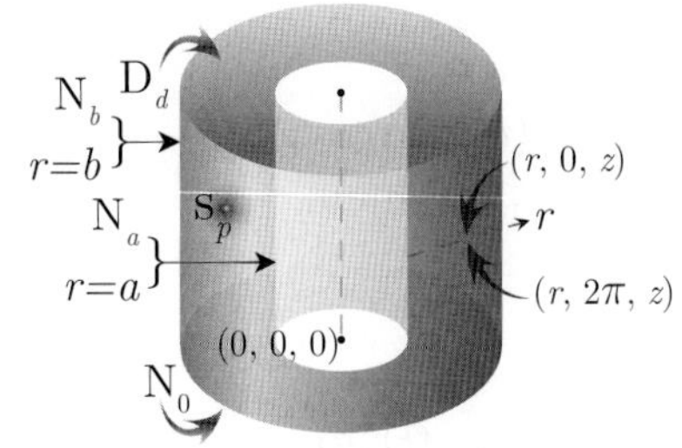

The problem of 25.40, except
$\mathbf{N}_a \equiv \frac{\partial p(a,\theta,z,t)}{\partial r} = -\left(\frac{\mu}{k_r}\right)\psi_a(\theta,z,t),$
$\mathbf{N}_b \equiv \frac{\partial p(b,\theta,z,t)}{\partial r} = -\left(\frac{\mu}{k_r}\right)\psi_b(\theta,z,t),$
$\mathbf{N}_0 \equiv \frac{\partial p(r,\theta,0,t)}{\partial z} = -\left(\frac{\mu}{k_z}\right)\psi_0(r,\theta,t)$ **and**
$\mathbf{D}_d \equiv p(r,\theta,d,t) = \psi_d(r,\theta,t)$

$$\overline{p} = \frac{q(s)e^{-st_0}\operatorname{sech}\left(d\sqrt{\frac{s}{\eta_z}}\right)}{2\pi(b^2-a^2)\phi c_t\sqrt{\eta_z s}}\left[\sinh\left\{(d-|z-z_0|)\sqrt{\frac{s}{\eta_z}}\right\}+\sinh\left\{(d-z-z_0)\sqrt{\frac{s}{\eta_z}}\right\}\right]+$$

$$+\frac{\pi q(s)e^{-st_0}}{4\phi c_t\sqrt{\eta_z}}\sum_{m=0}^{\infty}\ni_m\cos\{m(\theta-\theta_0)\}\times$$

$$\times\sum_{n=1}^{\infty}\frac{\xi_n^2 J'^2_{m\dot{o}}(\xi_n b)\mathcal{V}_{\mathcal{N}m\dot{o}}(\xi r_0,a)\mathcal{V}_{\mathcal{N}m\dot{o}}(\xi r,a)\operatorname{sech}\left(d\sqrt{\frac{\eta_r\xi_n^2+s}{\eta_z}}\right)}{\left[\left\{1-\left(\frac{m\dot{o}}{\xi_n b}\right)^2\right\}J'^2_{m\dot{o}}(\xi_n a)-\left\{1-\left(\frac{m\dot{o}}{\xi_n a}\right)^2\right\}J'^2_{m\dot{o}}(\xi_n b)\right]\sqrt{(\eta_r\xi_n^2+s)}}\times$$

$$\times\left[\sinh\left\{(d-|z-z_0|)\sqrt{\frac{\eta_r\xi_n^2+s}{\eta_z}}\right\}+\sinh\left\{(d-z-z_0)\sqrt{\frac{\eta_r\xi_n^2+s}{\eta_z}}\right\}\right]+$$

$$+\frac{\operatorname{sech}\left(d\sqrt{\frac{s}{\eta_z}}\right)}{2\pi(b^2-a^2)\phi c_t\sqrt{\eta_z s}}\times$$

$$\times\int_0^d\left\{a\overline{\overline{\psi}}_a(0,w,s;\theta)-b\overline{\overline{\psi}}_b(0,w,s;\theta)\right\}\left[\sinh\left\{(d-|z-w|)\sqrt{\frac{s}{\eta_z}}\right\}+\sinh\left\{(d-z-w)\sqrt{\frac{s}{\eta_z}}\right\}\right]dw+$$

$$+\frac{1}{2\phi c_t\sqrt{\eta_z}}\sum_{m=0}^{\infty}\ni_m\sum_{n=1}^{\infty}\frac{\xi_n J'^2_{m\dot{o}}(\xi_n b)\mathcal{V}_{\mathcal{N}m\dot{o}}(\xi r,a)\operatorname{sech}\left(d\sqrt{\frac{\eta_r\xi_n^2+s}{\eta_z}}\right)}{\left[\left\{1-\left(\frac{m\dot{o}}{\xi_n b}\right)^2\right\}J'^2_{m\dot{o}}(\xi_n a)-\left\{1-\left(\frac{m\dot{o}}{\xi_n a}\right)^2\right\}J'^2_{m\dot{o}}(\xi_n b)\right]\sqrt{(\eta_r\xi_n^2+s)}}\times$$

$$\times\int_0^d\overline{\overline{\psi}}_a(m,w,s;\theta)\left[\sinh\left\{(d-|z-w|)\sqrt{\frac{\eta_r\xi_n^2+s}{\eta_z}}\right\}+\sinh\left\{(d-z-w)\sqrt{\frac{\eta_r\xi_n^2+s}{\eta_z}}\right\}\right]dw-$$

$$-\frac{1}{2\phi c_t\sqrt{\eta_z}}\sum_{m=0}^{\infty}\ni_m\sum_{n=1}^{\infty}\frac{\xi_n J'_{m\dot{o}}(\xi_n a)J'_{m\dot{o}}(\xi_n b)\mathcal{V}_{\mathcal{N}m\dot{o}}(\xi r,a)\operatorname{sech}\left(d\sqrt{\frac{\eta_r\xi_n^2+s}{\eta_z}}\right)}{\left[\left\{1-\left(\frac{m\dot{o}}{\xi_n b}\right)^2\right\}J'^2_{m\dot{o}}(\xi_n a)-\left\{1-\left(\frac{m\dot{o}}{\xi_n a}\right)^2\right\}J'^2_{m\dot{o}}(\xi_n b)\right]\sqrt{(\eta_r\xi_n^2+s)}}\times$$

$$\times\int_0^d\overline{\overline{\psi}}_b(m,w,s;\theta)\left[\sinh\left\{(d-|z-w|)\sqrt{\frac{\eta_r\xi_n^2+s}{\eta_z}}\right\}+\sinh\left\{(d-z-w)\sqrt{\frac{\eta_r\xi_n^2+s}{\eta_z}}\right\}\right]dw+$$

$$+\frac{\operatorname{sech}\left(d\sqrt{\frac{s}{\eta_z}}\right)}{\pi(b^2-a^2)}\int_a^b u\left[\frac{\overline{\overline{\psi}}_0(u,0,s;\theta)}{\phi c_t\sqrt{\eta_z s}}\sinh\left\{(d-z)\sqrt{\frac{s}{\eta_z}}\right\}+\overline{\overline{\psi}}_d(u,0,s;\theta)\cosh\left\{z\sqrt{\frac{s}{\eta_z}}\right\}\right]du+$$

$$+\frac{\pi}{2}\sum_{m=0}^{\infty}\ni_m\sum_{n=1}^{\infty}\frac{\xi_n^2 J'^2_{m\dot{o}}(\xi_n b)\mathcal{V}_{\mathcal{N}m\dot{o}}(\xi r,a)\operatorname{sech}\left(d\sqrt{\frac{\eta_r\xi_n^2+s}{\eta_z}}\right)}{\left[\left\{1-\left(\frac{m\dot{o}}{\xi_n b}\right)^2\right\}J'^2_{m\dot{o}}(\xi_n a)-\left\{1-\left(\frac{m\dot{o}}{\xi_n a}\right)^2\right\}J'^2_{m\dot{o}}(\xi_n b)\right]}\times$$

$$\times\left[\frac{\overline{\overline{\overline{\psi}}}_0\left(\xi_n,m,s;\theta\right)}{\phi c_t\sqrt{\eta_z}\left(\eta_r\xi_n^2+s\right)}\sinh\left\{(d-z)\sqrt{\frac{\eta_r\xi_n^2+s}{\eta_z}}\right\}+\overline{\overline{\overline{\psi}}}_d\left(\xi_n,m,s;\theta\right)\cosh\left\{z\sqrt{\frac{\eta_r\xi_n^2+s}{\eta_z}}\right\}\right]+$$

$$+\frac{\operatorname{sech}\left(d\sqrt{\frac{s}{\eta_z}}\right)}{2\pi(b^2-a^2)\sqrt{\eta_z s}}\int\limits_0^d\left[\sinh\left\{(d-|z-w|)\sqrt{\frac{s}{\eta_z}}\right\}+\sinh\left\{(d-z-w)\sqrt{\frac{s}{\eta_z}}\right\}\right]\int_a^b\overline{\varphi}\left(u,0,w;\theta\right)ududw+$$

$$+\frac{\pi}{4\sqrt{\eta_z}}\sum_{m=0}^{\infty}\ni_m\sum_{n=1}^{\infty}\frac{\xi_n^2J_{m\dot{o}}'^2\left(\xi_nb\right)\mathcal{V}_{\mathcal{N}m\dot{o}}\left(\xi r,a\right)\operatorname{sech}\left(d\sqrt{\frac{\eta_r\xi_n^2+s}{\eta_z}}\right)}{\left[\left\{1-\left(\frac{m\dot{o}}{\xi_nb}\right)^2\right\}J_{m\dot{o}}'^2\left(\xi_na\right)-\left\{1-\left(\frac{m\dot{o}}{\xi_na}\right)^2\right\}J_{m\dot{o}}'^2\left(\xi_nb\right)\right]\sqrt{\left(\eta_r\xi_n^2+s\right)}}\times$$

$$\times\int\limits_0^d\overline{\overline{\varphi}}\left(\xi_n,m,w;\theta\right)\left[\sinh\left\{(d-|z-w|)\sqrt{\frac{\eta_r\xi_n^2+s}{\eta_z}}\right\}+\sinh\left\{(d-z-w)\sqrt{\frac{\eta_r\xi_n^2+s}{\eta_z}}\right\}\right]dw\quad(25.44.1)$$

where $\mathcal{V}_{\mathcal{N}m\dot{o}}\left(\xi_nr,a\right)=J_{m\dot{o}}\left(\xi_nr\right)Y_{m\dot{o}}'\left(\xi_na\right)-Y_{m\dot{o}}\left(\xi_nr\right)J_{m\dot{o}}'\left(\xi_na\right)$. The eigenvalues are $\xi_0=0$, and ξ_n. ξ_n are the positive roots of the transcendental equation $\mathcal{V}_{\mathcal{N}m\dot{o}}'\left(\xi_nb,a\right)=0$, $n=1,2,....$
$\overline{\overline{\psi}}_0\left(u,0,s;\theta\right)=\int_0^{2\pi}\overline{\psi}_0\left(u,v,s\right)dv$, $\overline{\overline{\psi}}_d\left(u,0,s;\theta\right)=\int_0^{2\pi}\overline{\psi}_d\left(u,v,s\right)dv$,
$\overline{\overline{\overline{\psi}}}_0\left(\xi_n,m,s;\theta\right)=\int_a^bu\mathcal{V}_{\mathcal{N}m\dot{o}}\left(\xi_nu,a\right)\int_0^{2\pi}\overline{\psi}_0\left(u,v,s\right)\cos\left\{m\left(\theta-v\right)\right\}dvdu$,
$\overline{\overline{\overline{\psi}}}_d\left(\xi_n,m,s;\theta\right)=\int_a^bu\mathcal{V}_{\mathcal{N}m\dot{o}}\left(\xi_nu,a\right)\int_0^{2\pi}\overline{\psi}_d\left(u,v,s\right)\cos\left\{m\left(\theta-v\right)\right\}dvdu$,
$\overline{\overline{\psi}}_a\left(m,w,s;\theta\right)=\int_0^{2\pi}\overline{\psi}_a\left(v,w,s\right)\cos\left\{m\left(\theta-v\right)\right\}dv$, $\overline{\overline{\psi}}_b\left(m,w,s;\theta\right)=\int_0^{2\pi}\overline{\psi}_b\left(v,w,s\right)\cos\left\{m\left(\theta-v\right)\right\}dv$,
$\overline{\varphi}\left(u,0,w;\theta\right)=\int_0^{2\pi}\varphi\left(u,v,w\right)dv$, and $\overline{\overline{\varphi}}\left(\xi_n,m,w;\theta\right)=\int_a^bu\mathcal{V}_{\mathcal{N}m\dot{o}}\left(\xi_nu,a\right)\int_0^{2\pi}\varphi\left(u,v,w\right)\cos\left\{m\left(\theta-v\right)\right\}dvdu$.

$$p=\frac{U\left(t-t_0\right)}{2\pi\phi c_td\left(b^2-a^2\right)}\int\limits_0^{t-t_0}q\left(t-t_0-\tau\right)\left[\Theta_2\left\{\frac{\pi\left(z-z_0\right)}{2d},e^{-\left(\frac{\pi}{d}\right)^2\eta_z\tau}\right\}+\Theta_2\left\{\frac{\pi\left(z+z_0\right)}{2d},e^{-\left(\frac{\pi}{d}\right)^2\eta_z\tau}\right\}\right]d\tau+$$

$$+\frac{U\left(t-t_0\right)\pi}{4\phi c_td}\sum_{m=0}^{\infty}\ni_m\cos\left\{m\left(\theta-\theta_0\right)\right\}\sum_{n=1}^{\infty}\frac{\xi_n^2J_{m\dot{o}}'^2\left(\xi_nb\right)\mathcal{V}_{\mathcal{N}m\dot{o}}\left(\xi r_0,a\right)\mathcal{V}_{\mathcal{N}m\dot{o}}\left(\xi r,a\right)}{\left[\left\{1-\left(\frac{m\dot{o}}{\xi_nb}\right)^2\right\}J_{m\dot{o}}'^2\left(\xi_na\right)-\left\{1-\left(\frac{m\dot{o}}{\xi_na}\right)^2\right\}J_{m\dot{o}}'^2\left(\xi_nb\right)\right]}\times$$

$$\times\int\limits_0^{t-t_0}q\left(t-t_0-\tau\right)\left[\Theta_2\left\{\frac{\pi\left(z-z_0\right)}{2d},e^{-\left(\frac{\pi}{d}\right)^2\eta_z\tau}\right\}+\Theta_2\left\{\frac{\pi\left(z+z_0\right)}{2d},e^{-\left(\frac{\pi}{d}\right)^2\eta_z\tau}\right\}\right]e^{-\eta_r\xi_n^2\tau}d\tau+$$

$$+\frac{1}{2\pi\phi c_t\left(b^2-a^2\right)d}\int\limits_0^t\int\limits_0^d\left\{a\overline{\psi}_a\left(0,w,t-\tau;\theta\right)-b\overline{\psi}_b\left(0,w,t-\tau;\theta\right)\right\}\times$$

$$\times\left[\Theta_2\left\{\frac{\pi\left(z-w\right)}{2d},e^{-\left(\frac{\pi}{d}\right)^2\eta_z\tau}\right\}+\Theta_2\left\{\frac{\pi\left(z+w\right)}{2d},e^{-\left(\frac{\pi}{d}\right)^2\eta_z\tau}\right\}\right]dwd\tau+$$

$$+\frac{1}{2\phi c_td}\sum_{m=0}^{\infty}\ni_m\sum_{n=1}^{\infty}\frac{\xi_nJ_{m\dot{o}}'^2\left(\xi_nb\right)\mathcal{V}_{\mathcal{N}m\dot{o}}\left(\xi r,a\right)}{\left[\left\{1-\left(\frac{m\dot{o}}{\xi_nb}\right)^2\right\}J_{m\dot{o}}'^2\left(\xi_na\right)-\left\{1-\left(\frac{m\dot{o}}{\xi_na}\right)^2\right\}J_{m\dot{o}}'^2\left(\xi_nb\right)\right]}\times$$

$$\times\int\limits_0^te^{-\eta_r\xi_n^2\tau}\int\limits_0^d\overline{\psi}_a\left(m,w,t-\tau;\theta\right)\left[\Theta_2\left\{\frac{\pi\left(z-w\right)}{2d},e^{-\left(\frac{\pi}{d}\right)^2\eta_z\tau}\right\}+\Theta_2\left\{\frac{\pi\left(z+w\right)}{2d},e^{-\left(\frac{\pi}{d}\right)^2\eta_z\tau}\right\}\right]dwd\tau-$$

$$-\frac{1}{2\phi c_td}\sum_{m=0}^{\infty}\ni_m\sum_{n=1}^{\infty}\frac{\xi_nJ_{m\dot{o}}'\left(\xi_na\right)J_{m\dot{o}}'\left(\xi_nb\right)\mathcal{V}_{\mathcal{N}m\dot{o}}\left(\xi r,a\right)}{\left[\left\{1-\left(\frac{m\dot{o}}{\xi_nb}\right)^2\right\}J_{m\dot{o}}'^2\left(\xi_na\right)-\left\{1-\left(\frac{m\dot{o}}{\xi_na}\right)^2\right\}J_{m\dot{o}}'^2\left(\xi_nb\right)\right]}\times$$

$$\times\int\limits_0^te^{-\eta_r\xi_n^2\tau}\int\limits_0^d\overline{\psi}_b\left(m,w,t-\tau;\theta\right)\left[\Theta_2\left\{\frac{\pi\left(z-w\right)}{2d},e^{-\left(\frac{\pi}{d}\right)^2\eta_z\tau}\right\}+\Theta_2\left\{\frac{\pi\left(z+w\right)}{2d},e^{-\left(\frac{\pi}{d}\right)^2\eta_z\tau}\right\}\right]dwd\tau+$$

$$+\frac{1}{\pi\left(b^2-a^2\right)d}\times$$

$$\times\int_0^t\int_a^b u\left\{\left(\frac{1}{\phi c_t}\right)\Theta_2\left(\frac{\pi z}{2d},e^{-\left(\frac{\pi}{d}\right)^2\eta_z\tau}\right)\overline{\psi}_0\left(u,0,t-\tau;\theta\right)+\left(\frac{\eta_z}{2d}\right)\Theta_1'\left(\frac{\pi z}{2d},e^{-\left(\frac{\pi}{d}\right)^2\eta_z\tau}\right)\overline{\psi}_d\left(u,0,t-\tau;\theta\right)\right\}dud\tau+$$

$$+\frac{\pi}{2d}\sum_{m=0}^{\infty}\ni_m\sum_{n=1}^{\infty}\frac{\xi_n^2 J_{m\dot{o}}'^2\left(\xi_n b\right)\mathcal{V}_{\mathcal{N}m\dot{o}}\left(\xi r,a\right)}{\left[\left\{1-\left(\frac{m\dot{o}}{\xi_n b}\right)^2\right\}J_{m\dot{o}}'^2\left(\xi_n a\right)-\left\{1-\left(\frac{m\dot{o}}{\xi_n a}\right)^2\right\}J_{m\dot{o}}'^2\left(\xi_n b\right)\right]}\times$$

$$\times\int_0^t\left\{\left(\frac{1}{\phi c_t}\right)\Theta_2\left(\frac{\pi z}{2d},e^{-\left(\frac{\pi}{d}\right)^2\eta_z\tau}\right)\overline{\overline{\psi}}_0\left(\xi_n,m,t-\tau;\theta\right)+\right.$$

$$\left.+\left(\frac{\eta_z}{2d}\right)\Theta_1'\left(\frac{\pi z}{2d},e^{-\left(\frac{\pi}{d}\right)^2\eta_z\tau}\right)\overline{\overline{\psi}}_d\left(\xi_n,m,t-\tau;\theta\right)\right\}e^{-\eta_r\xi_n^2\tau}d\tau+$$

$$+\frac{1}{2\pi\left(b^2-a^2\right)d}\int_0^d\int_a^b u\overline{\varphi}\left(u,0,w;\theta\right)du\left[\Theta_2\left\{\frac{\pi\left(z-w\right)}{2d},e^{-\left(\frac{\pi}{d}\right)^2\eta_z t}\right\}+\Theta_2\left\{\frac{\pi\left(z+w\right)}{2d},e^{-\left(\frac{\pi}{d}\right)^2\eta_z t}\right\}\right]dw+$$

$$+\frac{\pi}{4d}\sum_{m=0}^{\infty}\ni_m\sum_{n=1}^{\infty}\frac{\xi_n^2 J_{m\dot{o}}'^2\left(\xi_n b\right)\mathcal{V}_{\mathcal{N}m\dot{o}}\left(\xi r,a\right)e^{-\eta_r\xi_n^2 t}}{\left[\left\{1-\left(\frac{m\dot{o}}{\xi_n b}\right)^2\right\}J_{m\dot{o}}'^2\left(\xi_n a\right)-\left\{1-\left(\frac{m\dot{o}}{\xi_n a}\right)^2\right\}J_{m\dot{o}}'^2\left(\xi_n b\right)\right]}\times$$

$$\times\int_0^d\overline{\overline{\varphi}}\left(\xi_n,m,w;\theta\right)\left[\Theta_2\left\{\frac{\pi\left(z-w\right)}{2d},e^{-\left(\frac{\pi}{d}\right)^2\eta_z t}\right\}+\Theta_2\left\{\frac{\pi\left(z+w\right)}{2d},e^{-\left(\frac{\pi}{d}\right)^2\eta_z t}\right\}\right]dw \qquad (25.44.2)$$

where $\overline{\psi}_a\left(m,w,t;\theta\right)=\int_0^{2\pi}\psi_a\left(v,w,t\right)\cos\left\{m\left(\theta-v\right)\right\}dv$, $\overline{\psi}_b\left(m,w,t;\theta\right)=\int_0^{2\pi}\psi_b\left(v,w,t\right)\cos\left\{m\left(\theta-v\right)\right\}dv$, $\overline{\psi}_0\left(u,0,t;\theta\right)=\int_0^{2\pi}\psi_0\left(u,v,t\right)dv$, $\overline{\psi}_d\left(u,0,t;\theta\right)=\int_0^{2\pi}\psi_d\left(u,v,t\right)dv$, $\overline{\overline{\psi}}_0\left(\xi_n,m,t;\theta\right)=\int_a^b u\mathcal{V}_{\mathcal{N}m\dot{o}}\left(\xi_n u,a\right)\int_0^{2\pi}\psi_0\left(u,v,t\right)\cos\left\{m\left(\theta-v\right)\right\}dvdu$, and $\overline{\overline{\psi}}_d\left(\xi_n,m,t;\theta\right)=\int_a^b u\mathcal{V}_{\mathcal{N}m\dot{o}}\left(\xi_n u,a\right)\int_0^{2\pi}\psi_d\left(u,v,t\right)\cos\left\{m\left(\theta-v\right)\right\}dvdu$.

25.45

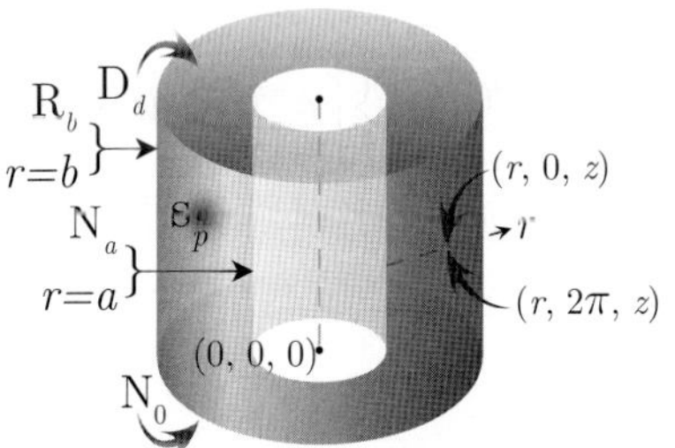

The problem of 25.40, except
$\mathbf{N_a}\equiv\frac{\partial p(a,\theta,z,t)}{\partial r}=-\left(\frac{\mu}{k_r}\right)\psi_a\left(\theta,z,t\right)$,
$\mathbf{R_b}\equiv\frac{\partial p(b,\theta,z,t)}{\partial r}+\lambda p\left(b,\theta,z,t\right)=-\left(\frac{\mu}{k_r}\right)\psi_b\left(0,z,t\right)$,
$\mathbf{N_0}\equiv\frac{\partial p(r,\theta,0,t)}{\partial z}=-\left(\frac{\mu}{k_z}\right)\psi_0\left(r,\theta,t\right)$ **and**
$\mathbf{D_d}\equiv p\left(r,\theta,d,t\right)=\psi_d\left(r,\theta,t\right)$

$$\overline{p}=\frac{\pi q\left(s\right)e^{-st_0}}{4\phi c_t\sqrt{\eta_z}}\sum_{m=0}^{\infty}\ni_m\cos\left\{m\left(\theta-\theta_0\right)\right\}\times$$

$$\times\sum_{n=1}^{\infty}\frac{\xi_n^2\left\{\xi_n J_{m\dot{o}}'\left(\xi_n b\right)+\lambda J_{m\dot{o}}\left(\xi_n b\right)\right\}^2\mathcal{V}_{\mathcal{N}m\dot{o}}\left(\xi r_0,a\right)\mathcal{V}_{\mathcal{N}m\dot{o}}\left(\xi r,a\right)\operatorname{sech}\left(d\sqrt{\frac{\eta_r\xi_n^2+s}{\eta_z}}\right)}{\left[\left\{\xi_n^2+\lambda^2-\left(\frac{m\dot{o}}{b}\right)^2\right\}J_{m\dot{o}}'^2\left(\xi_n a\right)-\left\{1-\left(\frac{m\dot{o}}{\xi_n a}\right)^2\right\}\left\{\xi_n J_{m\dot{o}}'\left(\xi_n b\right)+\lambda J_{m\dot{o}}\left(\xi_n b\right)\right\}^2\right]\sqrt{\left(\eta_r\xi_n^2+s\right)}}\times$$

$$\times\left[\sinh\left\{\left(d-\left|z-z_0\right|\right)\sqrt{\frac{\eta_r\xi_n^2+s}{\eta_z}}\right\}+\sinh\left\{\left(d-z-z_0\right)\sqrt{\frac{\eta_r\xi_n^2+s}{\eta_z}}\right\}\right]+$$

$$+\frac{1}{2\phi c_t\sqrt{\eta_z}}\sum_{m=0}^{\infty}\ni_m\times$$

$$\times \sum_{n=1}^{\infty} \frac{\xi_n \left\{\xi_n J'_{m\dot{o}}(\xi_n b) + \lambda J_{m\dot{o}}(\xi_n b)\right\}^2 \mathcal{V}_{\mathcal{N}m\dot{o}}(\xi r, a) \operatorname{sech}\left(d\sqrt{\frac{\eta_r \xi_n^2 + s}{\eta_z}}\right)}{\left[\left\{\xi_n^2 + \lambda^2 - \left(\frac{m\dot{o}}{b}\right)^2\right\} J'^2_{m\dot{o}}(\xi_n a) - \left\{1 - \left(\frac{m\dot{o}}{\xi_n a}\right)^2\right\} \left\{\xi_n J'_{m\dot{o}}(\xi_n b) + \lambda J_{m\dot{o}}(\xi_n b)\right\}^2\right] \sqrt{\eta_r \xi_n^2 + s}} \times$$

$$\times \int_0^d \overline{\overline{\psi}}_a(m, w, s; \theta) \left[\sinh\left\{(d - |z - w|)\sqrt{\frac{\eta_r \xi_n^2 + s}{\eta_z}}\right\} + \sinh\left\{(d - z - w)\sqrt{\frac{\eta_r \xi_n^2 + s}{\eta_z}}\right\}\right] dw -$$

$$-\frac{1}{2\phi c_t \sqrt{\eta_z}} \sum_{m=0}^{\infty} \ni_m \times$$

$$\times \sum_{n=1}^{\infty} \frac{\xi_n^2 J'_{m\dot{o}}(\xi_n a) \left\{\xi_n J'_{m\dot{o}}(\xi_n b) + \lambda J_{m\dot{o}}(\xi_n b)\right\} \mathcal{V}_{\mathcal{N}m\dot{o}}(\xi r, a) \operatorname{sech}\left(d\sqrt{\frac{\eta_r \xi_n^2 + s}{\eta_z}}\right)}{\left[\left\{\xi_n^2 + \lambda^2 - \left(\frac{m\dot{o}}{b}\right)^2\right\} J'^2_{m\dot{o}}(\xi_n a) - \left\{1 - \left(\frac{m\dot{o}}{\xi_n a}\right)^2\right\} \left\{\xi_n J'_{m\dot{o}}(\xi_n b) + \lambda J_{m\dot{o}}(\xi_n b)\right\}^2\right] \sqrt{\eta_r \xi_n^2 + s}} \times$$

$$\times \int_0^d \overline{\overline{\psi}}_b(m, w, s; \theta) \left[\sinh\left\{(d - |z - w|)\sqrt{\frac{\eta_r \xi_n^2 + s}{\eta_z}}\right\} + \sinh\left\{(d - z - w)\sqrt{\frac{\eta_r \xi_n^2 + s}{\eta_z}}\right\}\right] dw +$$

$$+\frac{\pi}{2} \sum_{m=0}^{\infty} \ni_m \sum_{n=1}^{\infty} \frac{\xi_n^2 \left\{\xi_n J'_{m\dot{o}}(\xi_n b) + \lambda J_{m\dot{o}}(\xi_n b)\right\}^2 \mathcal{V}_{\mathcal{N}m\dot{o}}(\xi r, a) \operatorname{sech}\left(d\sqrt{\frac{\eta_r \xi_n^2 + s}{\eta_z}}\right)}{\left[\left\{\xi_n^2 + \lambda^2 - \left(\frac{m\dot{o}}{b}\right)^2\right\} J'^2_{m\dot{o}}(\xi_n a) - \left\{1 - \left(\frac{m\dot{o}}{\xi_n a}\right)^2\right\} \left\{\xi_n J'_{m\dot{o}}(\xi_n b) + \lambda J_{m\dot{o}}(\xi_n b)\right\}^2\right]} \times$$

$$\times \left[\frac{\overline{\overline{\overline{\psi}}}_0(\xi_n, m, s; \theta)}{\phi c_t \sqrt{\eta_z(\eta_r \xi_n^2 + s)}} \sinh\left\{(d - z)\sqrt{\frac{\eta_r \xi_n^2 + s}{\eta_z}}\right\} + \overline{\overline{\overline{\psi}}}_d(\xi_n, m, s; \theta) \cosh\left\{z\sqrt{\frac{\eta_r \xi_n^2 + s}{\eta_z}}\right\}\right] +$$

$$+\frac{\pi}{4\sqrt{\eta_z}} \sum_{m=0}^{\infty} \ni_m \times$$

$$\times \sum_{n=1}^{\infty} \frac{\xi_n^2 \left\{\xi_n J'_{m\dot{o}}(\xi_n b) + \lambda J_{m\dot{o}}(\xi_n b)\right\}^2 \mathcal{V}_{\mathcal{N}m\dot{o}}(\xi r, a) \operatorname{sech}\left(d\sqrt{\frac{\eta_r \xi_n^2 + s}{\eta_z}}\right)}{\left[\left\{\xi_n^2 + \lambda^2 - \left(\frac{m\dot{o}}{b}\right)^2\right\} J'^2_{m\dot{o}}(\xi_n a) - \left\{1 - \left(\frac{m\dot{o}}{\xi_n a}\right)^2\right\} \left\{\xi_n J'_{m\dot{o}}(\xi_n b) + \lambda J_{m\dot{o}}(\xi_n b)\right\}^2\right] \sqrt{\eta_r \xi_n^2 + s}} \times$$

$$\times \int_0^d \overline{\overline{\varphi}}(\xi_n, m, w; \theta) \left[\sinh\left\{(d - |z - w|)\sqrt{\frac{\eta_r \xi_n^2 + s}{\eta_z}}\right\} + \sinh\left\{(d - z - w)\sqrt{\frac{\eta_r \xi_n^2 + s}{\eta_z}}\right\}\right] dw \quad (25.45.1)$$

where $\mathcal{V}_{\mathcal{N}m\dot{o}}(\xi_n r, a) = J_{m\dot{o}}(\xi_n r) Y'_{m\dot{o}}(\xi_n a) - Y_{m\dot{o}}(\xi_n r) J'_{m\dot{o}}(\xi_n a)$, and the eigenvalues $\xi_n, n = 1, 2, ...,$ are the positive roots of the transcendental equation $\xi_n \mathcal{V}'_{\mathcal{N}m\dot{o}}(\xi_n b, a) + \lambda \mathcal{V}_{\mathcal{N}m\dot{o}}(\xi_n b, a) = 0$.
$\overline{\overline{\overline{\psi}}}_0(\xi_n, m, s; \theta) = \int_a^b u \mathcal{V}_{\mathcal{N}m\dot{o}}(\xi_n u, a) \int_0^{2\pi} \overline{\psi}_0(u, v, s) \cos\{m(\theta - v)\} dv du$,
$\overline{\overline{\overline{\psi}}}_d(\xi_n, m, s; \theta) = \int_a^b u \mathcal{V}_{\mathcal{N}m\dot{o}}(\xi_n u, a) \int_0^{2\pi} \overline{\psi}_d(u, v, s) \cos\{m(\theta - v)\} dv du$,
$\overline{\overline{\psi}}_a(m, w, s; \theta) = \int_0^{2\pi} \overline{\psi}_a(v, w, s) \cos\{m(\theta - v)\} dv$, $\overline{\overline{\psi}}_b(m, w, s; \theta) = \int_0^{2\pi} \overline{\psi}_b(v, w, s) \cos\{m(\theta - v)\} dv$, and
$\overline{\overline{\varphi}}(\xi_n, m, w; \theta) = \int_a^b u \mathcal{V}_{\mathcal{N}m\dot{o}}(\xi_n u, a) \int_0^{2\pi} \varphi(u, v, w) \cos\{m(\theta - v)\} dv du$.

$$p = \frac{U(t - t_0)\pi}{4\phi c_t d} \sum_{m=0}^{\infty} \ni_m \cos\{m(\theta - \theta_0)\} \times$$

$$\times \sum_{n=1}^{\infty} \frac{\xi_n^2 \left\{\xi_n J'_{m\dot{o}}(\xi_n b) + \lambda J_{m\dot{o}}(\xi_n b)\right\}^2 \mathcal{V}_{\mathcal{N}m\dot{o}}(\xi r_0, a) \mathcal{V}_{\mathcal{N}m\dot{o}}(\xi r, a)}{\left[\left\{\xi_n^2 + \lambda^2 - \left(\frac{m\dot{o}}{b}\right)^2\right\} J'^2_{m\dot{o}}(\xi_n a) - \left\{1 - \left(\frac{m\dot{o}}{\xi_n a}\right)^2\right\} \left\{\xi_n J'_{m\dot{o}}(\xi_n b) + \lambda J_{m\dot{o}}(\xi_n b)\right\}^2\right]} \times$$

$$\times \int_0^{t - t_0} q(t - t_0 - \tau) \left[\Theta_2\left\{\frac{\pi(z - z_0)}{2d}, e^{-\left(\frac{\pi}{d}\right)^2 \eta_z \tau}\right\} + \Theta_2\left\{\frac{\pi(z + z_0)}{2d}, e^{-\left(\frac{\pi}{d}\right)^2 \eta_z \tau}\right\}\right] e^{-\eta_r \xi_n^2 \tau} d\tau +$$

$$+\frac{1}{2\phi c_t d}\sum_{m=0}^{\infty}\ni_m\sum_{n=1}^{\infty}\frac{\xi_n\left\{\xi_n J'_{m\dot{o}}(\xi_n b)+\lambda J_{m\dot{o}}(\xi_n b)\right\}^2\mathcal{V}_{\mathcal{N}m\dot{o}}(\xi r,a)}{\left[\left\{\xi_n^2+\lambda^2-\left(\frac{m\dot{o}}{b}\right)^2\right\}J'^2_{m\dot{o}}(\xi_n a)-\left\{1-\left(\frac{m\dot{o}}{\xi_n a}\right)^2\right\}\left\{\xi_n J'_{m\dot{o}}(\xi_n b)+\lambda J_{m\dot{o}}(\xi_n b)\right\}^2\right]}\times$$

$$\times\int_0^t e^{-\eta_r\xi_n^2\tau}\int_0^d\overline{\psi}_a(m,w,t-\tau;\theta)\left[\Theta_2\left\{\frac{\pi(z-w)}{2d},e^{-\left(\frac{\pi}{d}\right)^2\eta_z\tau}\right\}+\Theta_2\left\{\frac{\pi(z+w)}{2d},e^{-\left(\frac{\pi}{d}\right)^2\eta_z\tau}\right\}\right]dwd\tau-$$

$$-\frac{1}{2\phi c_t d}\sum_{m=0}^{\infty}\ni_m\sum_{n=1}^{\infty}\frac{\xi_n^2 J'_{m\dot{o}}(\xi_n a)\left\{\lambda J_{m\dot{o}}(\xi_n b)-\xi_n J'_{m\dot{o}}(\xi_n b)\right\}\mathcal{V}_{\mathcal{N}m\dot{o}}(\xi r,a)}{\left[\left\{\xi_n^2+\lambda^2-\left(\frac{m\dot{o}}{b}\right)^2\right\}J'^2_{m\dot{o}}(\xi_n a)-\left\{1-\left(\frac{m\dot{o}}{\xi_n a}\right)^2\right\}\left\{\xi_n J'_{m\dot{o}}(\xi_n b)+\lambda J_{m\dot{o}}(\xi_n b)\right\}^2\right]}\times$$

$$\times\int_0^t e^{-\eta_r\xi_n^2\tau}\int_0^d\overline{\psi}_b(m,w,t-\tau;\theta)\left[\Theta_2\left\{\frac{\pi(z-w)}{2d},e^{-\left(\frac{\pi}{d}\right)^2\eta_z\tau}\right\}+\Theta_2\left\{\frac{\pi(z+w)}{2d},e^{-\left(\frac{\pi}{d}\right)^2\eta_z\tau}\right\}\right]dwd\tau+$$

$$+\frac{\pi}{2d}\sum_{m=0}^{\infty}\ni_m\sum_{n=1}^{\infty}\frac{\xi_n^2\left\{\xi_n J'_{m\dot{o}}(\xi_n b)+\lambda J_{m\dot{o}}(\xi_n b)\right\}^2\mathcal{V}_{\mathcal{N}m\dot{o}}(\xi r,a)}{\left[\left\{\xi_n^2+\lambda^2-\left(\frac{m\dot{o}}{b}\right)^2\right\}J'^2_{m\dot{o}}(\xi_n a)-\left\{1-\left(\frac{m\dot{o}}{\xi_n a}\right)^2\right\}\left\{\xi_n J'_{m\dot{o}}(\xi_n b)+\lambda J_{m\dot{o}}(\xi_n b)\right\}^2\right]}\times$$

$$\times\int_0^t\left\{\left(\frac{1}{\phi c_t}\right)\Theta_2\left(\frac{\pi z}{2d},e^{-\left(\frac{\pi}{d}\right)^2\eta_z\tau}\right)\overline{\overline{\psi}}_0(\xi_n,m,t-\tau;\theta)+\right.$$

$$\left.+\left(\frac{\eta_z}{2d}\right)\Theta'_1\left(\frac{\pi z}{2d},e^{-\left(\frac{\pi}{d}\right)^2\eta_z\tau}\right)\overline{\overline{\psi}}_d(\xi_n,m,t-\tau;\theta)\right\}e^{-\eta_r\xi_n^2\tau}d\tau+$$

$$+\frac{\pi}{4d}\sum_{m=0}^{\infty}\ni_m\sum_{n=1}^{\infty}\frac{\xi_n^2\left\{\xi_n J'_{m\dot{o}}(\xi_n b)+\lambda J_{m\dot{o}}(\xi_n b)\right\}^2\mathcal{V}_{\mathcal{N}m\dot{o}}(\xi r,a)e^{-\eta_r\xi_n^2 t}}{\left[\left\{\xi_n^2+\lambda^2-\left(\frac{m\dot{o}}{b}\right)^2\right\}J'^2_{m\dot{o}}(\xi_n a)-\left\{1-\left(\frac{m\dot{o}}{\xi_n a}\right)^2\right\}\left\{\xi_n J'_{m\dot{o}}(\xi_n b)+\lambda J_{m\dot{o}}(\xi_n b)\right\}^2\right]}\times$$

$$\times\int_0^d\overline{\overline{\varphi}}(\xi_n,m,w;\theta)\left[\Theta_2\left\{\frac{\pi(z-w)}{2d},e^{-\left(\frac{\pi}{d}\right)^2\eta_z t}\right\}+\Theta_2\left\{\frac{\pi(z+w)}{2d},e^{-\left(\frac{\pi}{d}\right)^2\eta_z t}\right\}\right]dw \qquad (25.45.2)$$

where $\overline{\psi}_a(m,w,t;\theta)=\int_0^{2\pi}\psi_a(v,w,t)\cos\{m(\theta-v)\}dv$, $\overline{\psi}_b(m,w,t;\theta)=\int_0^{2\pi}\psi_b(v,w,t)\cos\{m(\theta-v)\}dv$, $\overline{\overline{\psi}}_0(\xi_n,m,t;\theta)=\int_a^b u\mathcal{V}_{\mathcal{N}m\dot{o}}(\xi_n u,a)\int_0^{2\pi}\psi_0(u,v,t)\cos\{m(\theta-v)\}dvdu$, and $\overline{\overline{\psi}}_d(\xi_n,m,t;\theta)=\int_a^b u\mathcal{V}_{\mathcal{N}m\dot{o}}(\xi_n u,a)\int_0^{2\pi}\psi_d(u,v,t)\cos\{m(\theta-v)\}dvdu$.

25.46

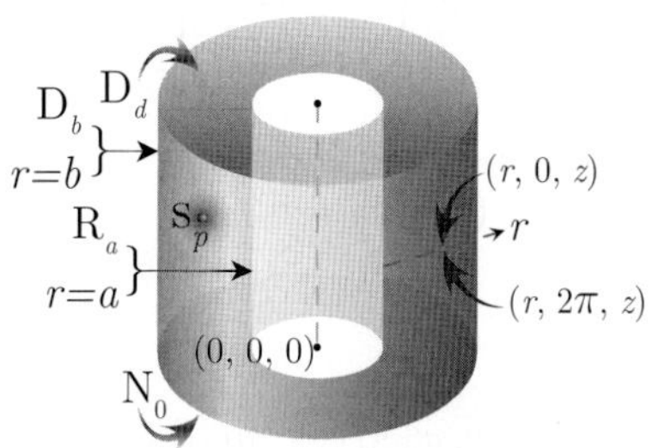

The problem of 25.40, except
$\mathbf{R}_a\equiv\frac{\partial p(a,\theta,z,t)}{\partial r}-\lambda p(a,\theta,z,t)=-\left(\frac{\mu}{k_r}\right)\psi_a(\theta,z,t)$,
$\mathbf{D}_b\equiv p(b,\theta,z,t)=\psi_b(\theta,z,t)$,
$\mathbf{N}_0\equiv\frac{\partial p(r,\theta,0,t)}{\partial z}=-\left(\frac{\mu}{k_z}\right)\psi_0(r,\theta,t)$ **and**
$\mathbf{D}_d\equiv p(r,\theta,d,t)=\psi_d(r,\theta,t)$

$$\overline{p}=\frac{\pi q(s)e^{-st_0}}{4\phi c_t\sqrt{\eta_z}}\sum_{m=0}^{\infty}\ni_m\cos\{m(\theta-\theta_0)\}\times$$

$$\times\sum_{n=1}^{\infty}\frac{\xi_n^2\left\{\xi_n J'_{m\dot{o}}(\xi_n a)-\lambda J_{m\dot{o}}(\xi_n a)\right\}^2\mathcal{V}_{\mathcal{D}m\dot{o}}(\xi r_0,b)\mathcal{V}_{\mathcal{D}m\dot{o}}(\xi r,b)\operatorname{sech}\left(d\sqrt{\frac{\eta_r\xi_n^2+s}{\eta_z}}\right)}{\left[\left\{\xi_n J'_{m\dot{o}}(\xi_n a)-\lambda J_{m\dot{o}}(\xi_n a)\right\}^2-\left\{\xi_n^2+\lambda^2-\left(\frac{m\dot{o}}{a}\right)^2\right\}J^2_{m\dot{o}}(\xi_n b)\right]\sqrt{(\eta_r\xi_n^2+s)}}\times$$

$$\times\left[\sinh\left\{(d-|z-z_0|)\sqrt{\frac{\eta_r\xi_n^2+s}{\eta_z}}\right\}+\sinh\left\{(d-z-z_0)\sqrt{\frac{\eta_r\xi_n^2+s}{\eta_z}}\right\}\right]+$$

$$+\frac{1}{2\phi c_t\sqrt{\eta_z}}\sum_{m=0}^{\infty}\ni_m\sum_{n=1}^{\infty}\frac{\xi_n^2 J_{m\dot{o}}(\xi_n b)\{\xi_n J'_{m\dot{o}}(\xi_n a)-\lambda J_{m\dot{o}}(\xi_n a)\}\mathcal{V}_{\mathcal{D}m\dot{o}}(\xi r,b)\,\mathrm{sech}\left(d\sqrt{\frac{\eta_r\xi_n^2+s}{\eta_z}}\right)}{\left[\{\xi_n J'_{m\dot{o}}(\xi_n a)-\lambda J_{m\dot{o}}(\xi_n a)\}^2-\left\{\xi_n^2+\lambda^2-\left(\frac{m\dot{o}}{a}\right)^2\right\}J_{m\dot{o}}^2(\xi_n b)\right]\sqrt{\eta_r\xi_n^2+s}}\times$$

$$\times\int_0^d\overline{\overline{\psi}}_a(m,w,s;\theta)\left[\sinh\left\{(d-|z-w|)\sqrt{\frac{\eta_r\xi_n^2+s}{\eta_z}}\right\}+\sinh\left\{(d-z-w)\sqrt{\frac{\eta_r\xi_n^2+s}{\eta_z}}\right\}\right]dw+$$

$$+\frac{\eta_r}{2\sqrt{\eta_z}}\sum_{m=0}^{\infty}\ni_m\sum_{n=1}^{\infty}\frac{\xi_n^2\{\xi_n J'_{m\dot{o}}(\xi_n a)-\lambda J_{m\dot{o}}(\xi_n a)\}^2\mathcal{V}_{\mathcal{D}m\dot{o}}(\xi r,b)\,\mathrm{sech}\left(d\sqrt{\frac{\eta_r\xi_n^2+s}{\eta_z}}\right)}{\left[\{\xi_n J'_{m\dot{o}}(\xi_n a)-\lambda J_{m\dot{o}}(\xi_n a)\}^2-\left\{\xi_n^2+\lambda^2-\left(\frac{m\dot{o}}{a}\right)^2\right\}J_{m\dot{o}}^2(\xi_n b)\right]\sqrt{\eta_r\xi_n^2+s}}\times$$

$$\times\int_0^d\overline{\overline{\psi}}_b(m,w,s;\theta)\left[\sinh\left\{(d-|z-w|)\sqrt{\frac{\eta_r\xi_n^2+s}{\eta_z}}\right\}+\sinh\left\{(d-z-w)\sqrt{\frac{\eta_r\xi_n^2+s}{\eta_z}}\right\}\right]dw+$$

$$+\frac{\pi}{2}\sum_{m=0}^{\infty}\ni_m\sum_{n=1}^{\infty}\frac{\xi_n^2\{\xi_n J'_{m\dot{o}}(\xi_n a)-\lambda J_{m\dot{o}}(\xi_n a)\}^2\mathcal{V}_{\mathcal{D}m\dot{o}}(\xi r,b)\,\mathrm{sech}\left(d\sqrt{\frac{\eta_r\xi_n^2+s}{\eta_z}}\right)}{\left[\{\xi_n J'_{m\dot{o}}(\xi_n a)-\lambda J_{m\dot{o}}(\xi_n a)\}^2-\left\{\xi_n^2+\lambda^2-\left(\frac{m\dot{o}}{a}\right)^2\right\}J_{m\dot{o}}^2(\xi_n b)\right]}\times$$

$$\times\left[\frac{\overline{\overline{\overline{\psi}}}_0(\xi_n,m,s;\theta)}{\phi c_t\sqrt{\eta_z(\eta_r\xi_n^2+s)}}\sinh\left\{(d-z)\sqrt{\frac{\eta_r\xi_n^2+s}{\eta_z}}\right\}+\overline{\overline{\overline{\psi}}}_d(\xi_n,m,s;\theta)\cosh\left\{z\sqrt{\frac{\eta_r\xi_n^2+s}{\eta_z}}\right\}\right]+$$

$$+\frac{\pi}{4\sqrt{\eta_z}}\sum_{m=0}^{\infty}\ni_m\sum_{n=1}^{\infty}\frac{\xi_n^2\{\xi_n J'_{m\dot{o}}(\xi_n a)-\lambda J_{m\dot{o}}(\xi_n a)\}^2\mathcal{V}_{\mathcal{D}m\dot{o}}(\xi r,b)\,\mathrm{sech}\left(d\sqrt{\frac{\eta_r\xi_n^2+s}{\eta_z}}\right)}{\left[\{\xi_n J'_{m\dot{o}}(\xi_n a)-\lambda J_{m\dot{o}}(\xi_n a)\}^2-\left\{\xi_n^2+\lambda^2-\left(\frac{m\dot{o}}{a}\right)^2\right\}J_{m\dot{o}}^2(\xi_n b)\right]\sqrt{\eta_r\xi_n^2+s}}\times$$

$$\times\int_0^d\overline{\overline{\varphi}}(\xi_n,m,w;\theta)\left[\sinh\left\{(d-|z-w|)\sqrt{\frac{\eta_r\xi_n^2+s}{\eta_z}}\right\}+\sinh\left\{(d-z-w)\sqrt{\frac{\eta_r\xi_n^2+s}{\eta_z}}\right\}\right]dw \quad (25.46.1)$$

where $\mathcal{V}_{\mathcal{D}m\dot{o}}(\xi_n r,b)=J_{m\dot{o}}(\xi_n r)Y_{m\dot{o}}(\xi_n b)-Y_{m\dot{o}}(\xi_n r)J_{m\dot{o}}(\xi_n b)$, and the eigenvalues $\xi_n, n=1,2,...$, are the positive roots of the transcendental equation $\lambda\mathcal{V}_{\mathcal{D}m\dot{o}}(\xi_n a,b)-\xi_n\mathcal{V}'_{\mathcal{D}m\dot{o}}(\xi_n a,b)=0$.
$\overline{\overline{\overline{\psi}}}_0(\xi_n,m,s;\theta)=\int_a^b u\mathcal{V}_{\mathcal{D}m\dot{o}}(\xi_n u,a)\int_0^{2\pi}\overline{\psi}_0(u,v,s)\cos\{m(\theta-v)\}dvdu$,
$\overline{\overline{\overline{\psi}}}_d(\xi_n,m,s;\theta)=\int_a^b u\mathcal{V}_{\mathcal{D}m\dot{o}}(\xi_n u,a)\int_0^{2\pi}\overline{\psi}_d(u,v,s)\cos\{m(\theta-v)\}dvdu$,
$\overline{\overline{\psi}}_a(m,w,s;\theta)=\int_0^{2\pi}\overline{\psi}_a(v,w,s)\cos\{m(\theta-v)\}dv$, $\overline{\overline{\psi}}_b(m,w,s;\theta)=\int_0^{2\pi}\overline{\psi}_b(v,w,s)\cos\{m(\theta-v)\}dv$, and
$\overline{\overline{\varphi}}(\xi_n,m,w;\theta)=\int_a^b u\mathcal{V}_{\mathcal{D}m\dot{o}}(\xi_n u,a)\int_0^{2\pi}\varphi(u,v,w)\cos\{m(\theta-v)\}dvdu$.

$$p=\frac{U(t-t_0)\pi}{4\phi c_t d}\sum_{m=0}^{\infty}\ni_m\sum_{n=1}^{\infty}\frac{\xi_n^2\{\lambda J_{m\dot{o}}(\xi_n a)+\xi_n J'_{m\dot{o}}(\xi_n a)\}^2\mathcal{V}_{\mathcal{D}m\dot{o}}(\xi r_0,b)\mathcal{V}_{\mathcal{D}m\dot{o}}(\xi r,b)}{\left[\{\xi_n J'_{m\dot{o}}(\xi_n a)-\lambda J_{m\dot{o}}(\xi_n a)\}^2-\left\{\xi_n^2+\lambda^2-\left(\frac{m\dot{o}}{a}\right)^2\right\}J_{m\dot{o}}^2(\xi_n b)\right]}\times$$

$$\int_0^{t-t_0}q(t-t_0-\tau)\left[\Theta_2\left\{\frac{\pi(z-z_0)}{2d},e^{-\left(\frac{\pi}{d}\right)^2\eta_z\tau}\right\}+\Theta_2\left\{\frac{\pi(z+z_0)}{2d},e^{-\left(\frac{\pi}{d}\right)^2\eta_z\tau}\right\}\right]e^{-\eta_r\xi_n^2\tau}d\tau+$$

$$+\frac{1}{2\phi c_t d}\sum_{m=0}^{\infty}\ni_m\cos\{m(\theta-\theta_0)\}\sum_{n=1}^{\infty}\frac{\xi_n^2 J_{m\dot{o}}(\xi_n b)\{\xi_n J'_{m\dot{o}}(\xi_n a)-\lambda J_{m\dot{o}}(\xi_n a)\}\mathcal{V}_{\mathcal{D}m\dot{o}}(\xi r,b)}{\left[\{\xi_n J'_{m\dot{o}}(\xi_n a)-\lambda J_{m\dot{o}}(\xi_n a)\}^2-\left\{\xi_n^2+\lambda^2-\left(\frac{m\dot{o}}{a}\right)^2\right\}J_{m\dot{o}}^2(\xi_n b)\right]}\times$$

$$\times\int_0^t e^{-\eta_r\xi_n^2\tau}\int_0^d\overline{\psi}_a(m,w,t-\tau;\theta)\left[\Theta_2\left\{\frac{\pi(z-w)}{2d},e^{-\left(\frac{\pi}{d}\right)^2\eta_z\tau}\right\}+\Theta_2\left\{\frac{\pi(z+w)}{2d},e^{-\left(\frac{\pi}{d}\right)^2\eta_z\tau}\right\}\right]dwd\tau+$$

$$+\frac{\eta_r}{2d}\sum_{m=0}^{\infty}\ni_m\sum_{n=1}^{\infty}\frac{\xi_n^2\{\xi_n J'_{m\dot{o}}(\xi_n a)-\lambda J_{m\dot{o}}(\xi_n a)\}^2\mathcal{V}_{\mathcal{D}m\dot{o}}(\xi r,b)}{\left[\{\xi_n J'_{m\dot{o}}(\xi_n a)-\lambda J_{m\dot{o}}(\xi_n a)\}^2-\left\{\xi_n^2+\lambda^2-\left(\frac{m\dot{o}}{a}\right)^2\right\}J_{m\dot{o}}^2(\xi_n b)\right]}\times$$

$$\times \int_0^t e^{-\eta_r \xi_n^2 \tau} \int_0^d \overline{\psi}_b (m, w, t-\tau; \theta) \left[\Theta_2 \left\{ \frac{\pi (z-w)}{2d}, e^{-\left(\frac{\pi}{d}\right)^2 \eta_z \tau} \right\} + \Theta_2 \left\{ \frac{\pi (z+w)}{2d}, e^{-\left(\frac{\pi}{d}\right)^2 \eta_z \tau} \right\} \right] dw d\tau +$$

$$+ \frac{\pi}{2d} \sum_{m=0}^{\infty} \ni_m \sum_{n=1}^{\infty} \frac{\xi_n^2 \left\{ \xi_n J'_{m\dot{o}} (\xi_n a) - \lambda J_{m\dot{o}} (\xi_n a) \right\}^2 \mathcal{V}_{\mathcal{D}m\dot{o}} (\xi r, b)}{\left[\left\{ \xi_n J'_{m\dot{o}} (\xi_n a) - \lambda J_{m\dot{o}} (\xi_n a) \right\}^2 - \left\{ \xi_n^2 + \lambda^2 - \left(\frac{m\dot{o}}{a} \right)^2 \right\} J_{m\dot{o}}^2 (\xi_n b) \right]} \times$$

$$\times \int_0^t \left\{ \left(\frac{1}{\phi c_t} \right) \Theta_2 \left(\frac{\pi z}{2d}, e^{-\left(\frac{\pi}{d}\right)^2 \eta_z \tau} \right) \overline{\overline{\psi}}_0 (\xi_n, m, t-\tau; \theta) + \right.$$

$$\left. + \left(\frac{\eta_z}{2d} \right) \Theta'_1 \left(\frac{\pi z}{2d}, e^{-\left(\frac{\pi}{d}\right)^2 \eta_z \tau} \right) \overline{\overline{\psi}}_d (\xi_n, m, t-\tau; \theta) \right\} e^{-\eta_r \xi_n^2 \tau} d\tau +$$

$$+ \frac{\pi}{4d} \sum_{m=0}^{\infty} \ni_m \sum_{n=1}^{\infty} \frac{\xi_n^2 \left\{ \xi_n J'_{m\dot{o}} (\xi_n a) - \lambda J_{m\dot{o}} (\xi_n a) \right\}^2 \mathcal{V}_{\mathcal{D}m\dot{o}} (\xi r, b)}{\left[\left\{ \xi_n J'_{m\dot{o}} (\xi_n a) - \lambda J_{m\dot{o}} (\xi_n a) \right\}^2 - \left\{ \xi_n^2 + \lambda^2 - \left(\frac{m\dot{o}}{a} \right)^2 \right\} J_{m\dot{o}}^2 (\xi_n b) \right]} \times$$

$$\times \int_0^d \overline{\overline{\varphi}} (\xi_n, m, w; \theta) \left[\Theta_2 \left\{ \frac{\pi (z-w)}{2d}, e^{-\left(\frac{\pi}{d}\right)^2 \eta_z t} \right\} + \Theta_2 \left\{ \frac{\pi (z+w)}{2d}, e^{-\left(\frac{\pi}{d}\right)^2 \eta_z t} \right\} \right] dw \qquad (25.46.2)$$

where $\overline{\psi}_a (m, w, t; \theta) = \int_0^{2\pi} \psi_a (v, w, t) \cos \{m (\theta - v)\} dv$, $\overline{\psi}_b (m, w, t; \theta) = \int_0^{2\pi} \psi_b (v, w, t) \cos \{m (\theta - v)\} dv$, $\overline{\overline{\psi}}_0 (\xi_n, m, t; \theta) = \int_a^b u \mathcal{V}_{\mathcal{D}m\dot{o}} (\xi_n u, a) \int_0^{2\pi} \psi_0 (u, v, t) \cos \{m (\theta - v)\} dv du$, and $\overline{\overline{\psi}}_d (\xi_n, m, t; \theta) = \int_a^b u \mathcal{V}_{\mathcal{D}m\dot{o}} (\xi_n u, a) \int_0^{2\pi} \psi_d (u, v, t) \cos \{m (\theta - v)\} dv du$.

25.47

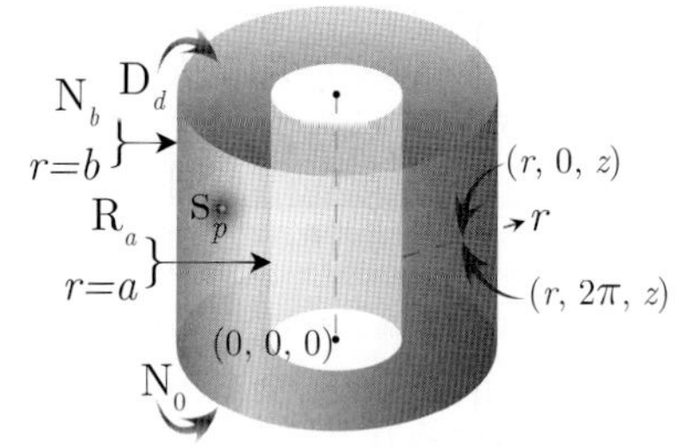

The problem of 25.40, except
$\mathbf{R}_a \equiv \frac{\partial p(a,\theta,z,t)}{\partial r} - \lambda p (a, \theta, z, t) = - \left(\frac{\mu}{k_r} \right) \psi_a (\theta, z, t)$,
$\mathbf{N}_b \equiv \frac{\partial p(b,\theta,z,t)}{\partial r} = - \left(\frac{\mu}{k_r} \right) \psi_b (\theta, z, t)$,
$\mathbf{N}_0 \equiv \frac{\partial p(r,\theta,0,t)}{\partial z} = - \left(\frac{\mu}{k_z} \right) \psi_0 (r, \theta, t)$ **and**
$\mathbf{D}_d \equiv p (r, \theta, d, t) = \psi_d (r, \theta, t)$

$$\overline{p} = \frac{\pi q (s) e^{-s t_0}}{4 \phi c_t \sqrt{\eta_z}} \sum_{m=0}^{\infty} \ni_m \cos \{m (\theta - \theta_0)\} \times$$

$$\times \sum_{n=1}^{\infty} \frac{\xi_n^2 \left\{ \xi_n J'_{m\dot{o}} (\xi_n a) - \lambda J_{m\dot{o}} (\xi_n a) \right\}^2 \mathcal{V}_{\mathcal{N}m\dot{o}} (\xi r_0, b) \mathcal{V}_{\mathcal{N}m\dot{o}} (\xi r, b) \operatorname{sech} \left(d \sqrt{\frac{\eta_r \xi_n^2 + s}{\eta_z}} \right)}{\left[\left\{ 1 - \left(\frac{m\dot{o}}{\xi_n b} \right)^2 \right\} \left\{ \xi_n J'_{m\dot{o}} (\xi_n a) - \lambda J_{m\dot{o}} (\xi_n a) \right\}^2 - \left\{ \xi_n^2 + \lambda^2 - \left(\frac{m\dot{o}}{a} \right)^2 \right\} J'^2_{m\dot{o}} (\xi_n b) \right] \sqrt{(\eta_r \xi_n^2 + s)}} \times$$

$$\times \left[\sinh \left\{ (d - |z - z_0|) \sqrt{\frac{\eta_r \xi_n^2 + s}{\eta_z}} \right\} + \sinh \left\{ (d - z - z_0) \sqrt{\frac{\eta_r \xi_n^2 + s}{\eta_z}} \right\} \right] +$$

$$+ \frac{1}{2 \phi c_t \sqrt{\eta_z}} \sum_{m=0}^{\infty} \ni_m \times$$

$$\times \sum_{n=1}^{\infty} \frac{\xi_n^2 J'_{m\dot{o}} (\xi_n b) \left\{ \xi_n J'_{m\dot{o}} (\xi_n a) - \lambda J_{m\dot{o}} (\xi_n a) \right\} \mathcal{V}_{\mathcal{N}m\dot{o}} (\xi r, b) \operatorname{sech} \left(d \sqrt{\frac{\eta_r \xi_n^2 + s}{\eta_z}} \right)}{\left[\left\{ 1 - \left(\frac{m\dot{o}}{\xi_n b} \right)^2 \right\} \left\{ \xi_n J'_{m\dot{o}} (\xi_n a) - \lambda J_{m\dot{o}} (\xi_n a) \right\}^2 - \left\{ \xi_n^2 + \lambda^2 - \left(\frac{m\dot{o}}{a} \right)^2 \right\} J'^2_{m\dot{o}} (\xi_n b) \right] \sqrt{\eta_r \xi_n^2 + s}} \times$$

$$\times \int_0^d \overline{\psi}_a (m, w, s; \theta) \left[\sinh \left\{ (d - |z - w|) \sqrt{\frac{\eta_r \xi_n^2 + s}{\eta_z}} \right\} + \sinh \left\{ (d - z - w) \sqrt{\frac{\eta_r \xi_n^2 + s}{\eta_z}} \right\} \right] dw -$$

$$
-\frac{1}{2\phi c_t\sqrt{\eta_z}}\sum_{m=0}^{\infty}\ni_m \times
$$

$$
\times\sum_{n=1}^{\infty}\frac{\xi_n\left\{\xi_n J'_{m\dot{o}}\left(\xi_n a\right)-\lambda J_{m\dot{o}}\left(\xi_n a\right)\right\}^2\mathcal{V}_{\mathcal{N}m\dot{o}}\left(\xi r,b\right)\operatorname{sech}\left(d\sqrt{\frac{\eta_r\xi_n^2+s}{\eta_z}}\right)}{\left[\left\{1-\left(\frac{m\dot{o}}{\xi_n b}\right)^2\right\}\left\{\xi_n J'_{m\dot{o}}\left(\xi_n a\right)-\lambda J_{m\dot{o}}\left(\xi_n a\right)\right\}^2-\left\{\xi_n^2+\lambda^2-\left(\frac{m\dot{o}}{a}\right)^2\right\}J'^2_{m\dot{o}}\left(\xi_n b\right)\right]\sqrt{\eta_r\xi_n^2+s}}\times
$$

$$
\times\int_0^d\overline{\overline{\psi}}_b\left(m,w,s;\theta\right)\left[\sinh\left\{\left(d-\left|z-w\right|\right)\sqrt{\frac{\eta_r\xi_n^2+s}{\eta_z}}\right\}+\sinh\left\{\left(d-z-w\right)\sqrt{\frac{\eta_r\xi_n^2+s}{\eta_z}}\right\}\right]dw+
$$

$$
+\frac{\pi}{2}\sum_{m=0}^{\infty}\ni_m\sum_{n=1}^{\infty}\frac{\xi_n^2\left\{\xi_n J'_{m\dot{o}}\left(\xi_n a\right)-\lambda J_{m\dot{o}}\left(\xi_n a\right)\right\}^2\mathcal{V}_{\mathcal{N}m\dot{o}}\left(\xi r,b\right)\operatorname{sech}\left(d\sqrt{\frac{\eta_r\xi_n^2+s}{\eta_z}}\right)}{\left[\left\{1-\left(\frac{m\dot{o}}{\xi_n b}\right)^2\right\}\left\{\xi_n J'_{m\dot{o}}\left(\xi_n a\right)-\lambda J_{m\dot{o}}\left(\xi_n a\right)\right\}^2-\left\{\xi_n^2+\lambda^2-\left(\frac{m\dot{o}}{a}\right)^2\right\}J'^2_{m\dot{o}}\left(\xi_n b\right)\right]}\times
$$

$$
\times\left[\frac{\overline{\overline{\overline{\psi}}}_0\left(\xi_n,m,s;\theta\right)}{\phi c_t\sqrt{\eta_z}\left(\eta_r\xi_n^2+s\right)}\sinh\left\{\left(d-z\right)\sqrt{\frac{\eta_r\xi_n^2+s}{\eta_z}}\right\}+\overline{\overline{\overline{\psi}}}_d\left(\xi_n,m,s;\theta\right)\cosh\left\{z\sqrt{\frac{\eta_r\xi_n^2+s}{\eta_z}}\right\}\right]+
$$

$$
+\frac{\pi}{4\sqrt{\eta_z}}\sum_{m=0}^{\infty}\ni_m \times
$$

$$
\times\sum_{n=1}^{\infty}\frac{\xi_n^2\left\{\xi_n J'_{m\dot{o}}\left(\xi_n a\right)-\lambda J_{m\dot{o}}\left(\xi_n a\right)\right\}^2\mathcal{V}_{\mathcal{N}m\dot{o}}\left(\xi r,b\right)\operatorname{sech}\left(d\sqrt{\frac{\eta_r\xi_n^2+s}{\eta_z}}\right)}{\left[\left\{1-\left(\frac{m\dot{o}}{\xi_n b}\right)^2\right\}\left\{\xi_n J'_{m\dot{o}}\left(\xi_n a\right)-\lambda J_{m\dot{o}}\left(\xi_n a\right)\right\}^2-\left\{\xi_n^2+\lambda^2-\left(\frac{m\dot{o}}{a}\right)^2\right\}J'^2_{m\dot{o}}\left(\xi_n b\right)\right]\sqrt{\eta_r\xi_n^2+s}}\times
$$

$$
\times\int_0^d\overline{\overline{\varphi}}\left(\xi_n,m,w;\theta\right)\left[\sinh\left\{\left(d-\left|z-w\right|\right)\sqrt{\frac{\eta_r\xi_n^2+s}{\eta_z}}\right\}+\sinh\left\{\left(d-z-w\right)\sqrt{\frac{\eta_r\xi_n^2+s}{\eta_z}}\right\}\right]dw \quad (25.47.1)
$$

where $\mathcal{V}_{\mathcal{N}m\dot{o}}\left(\xi_n r,a\right)=J_{m\dot{o}}\left(\xi_n r\right)Y'_{m\dot{o}}\left(\xi_n a\right)-Y_{m\dot{o}}\left(\xi_n r\right)J'_{m\dot{o}}\left(\xi_n a\right)$, and the eigenvalues $\xi_n, n=1,2,...,$ are the positive roots of the transcendental equation $\lambda\mathcal{V}_{\mathcal{N}m\dot{o}}\left(\xi_n a,b\right)-\xi_n\mathcal{V}'_{\mathcal{N}m\dot{o}}\left(\xi_n a,b\right)=0$.
$\overline{\overline{\overline{\psi}}}_0\left(\xi_n,m,s;\theta\right)=\int_a^b u\mathcal{V}_{\mathcal{N}m\dot{o}}\left(\xi_n u,a\right)\int_0^{2\pi}\overline{\psi}_0\left(u,v,s\right)\cos\left\{m\left(\theta-v\right)\right\}dvdu$,
$\overline{\overline{\overline{\psi}}}_d\left(\xi_n,m,s;\theta\right)=\int_a^b u\mathcal{V}_{\mathcal{N}m\dot{o}}\left(\xi_n u,a\right)\int_0^{2\pi}\overline{\psi}_d\left(u,v,s\right)\cos\left\{m\left(\theta-v\right)\right\}dvdu$,
$\overline{\overline{\psi}}_a\left(m,w,s;\theta\right)=\int_0^{2\pi}\overline{\psi}_a\left(v,w,s\right)\cos\left\{m\left(\theta-v\right)\right\}dv$, $\overline{\overline{\psi}}_b\left(m,w,s;\theta\right)=\int_0^{2\pi}\overline{\psi}_b\left(v,w,s\right)\cos\left\{m\left(\theta-v\right)\right\}dv$, and
$\overline{\overline{\varphi}}\left(\xi_n,m,w;\theta\right)=\int_a^b u\mathcal{V}_{\mathcal{N}m\dot{o}}\left(\xi_n u,a\right)\int_0^{2\pi}\varphi\left(u,v,w\right)\cos\left\{m\left(\theta-v\right)\right\}dvdu$.

$$
p=\frac{U\left(t-t_0\right)\pi}{4\phi c_t d}\sum_{m=0}^{\infty}\ni_m\cos\left\{m\left(\theta-\theta_0\right)\right\}\times
$$

$$
\times\sum_{n=1}^{\infty}\frac{\xi_n^2\left\{\xi_n J'_{m\dot{o}}\left(\xi_n a\right)-\lambda J_{m\dot{o}}\left(\xi_n a\right)\right\}^2\mathcal{V}_{\mathcal{N}m\dot{o}}\left(\xi r_0,b\right)\mathcal{V}_{\mathcal{N}m\dot{o}}\left(\xi r,b\right)}{\left[\left\{1-\left(\frac{m\dot{o}}{\xi_n b}\right)^2\right\}\left\{\xi_n J'_{m\dot{o}}\left(\xi_n a\right)-\lambda J_{m\dot{o}}\left(\xi_n a\right)\right\}^2-\left\{\xi_n^2+\lambda^2-\left(\frac{m\dot{o}}{a}\right)^2\right\}J'^2_{m\dot{o}}\left(\xi_n b\right)\right]}\times
$$

$$
\int_0^{t-t_0}q\left(t-t_0-\tau\right)\left[\Theta_2\left\{\frac{\pi\left(z-z_0\right)}{2d},e^{-\left(\frac{\pi}{d}\right)^2\eta_z\tau}\right\}+\Theta_2\left\{\frac{\pi\left(z+z_0\right)}{2d},e^{-\left(\frac{\pi}{d}\right)^2\eta_z\tau}\right\}\right]e^{-\eta_r\xi_n^2\tau}d\tau+
$$

$$
+\frac{1}{2\phi c_t d}\sum_{m=0}^{\infty}\ni_m\sum_{n=1}^{\infty}\frac{\xi_n^2 J'_{m\dot{o}}\left(\xi_n b\right)\left\{\xi_n J'_{m\dot{o}}\left(\xi_n a\right)-\lambda J_{m\dot{o}}\left(\xi_n a\right)\right\}\mathcal{V}_{\mathcal{N}m\dot{o}}\left(\xi r,b\right)}{\left[\left\{1-\left(\frac{m\dot{o}}{\xi_n b}\right)^2\right\}\left\{\xi_n J'_{m\dot{o}}\left(\xi_n a\right)-\lambda J_{m\dot{o}}\left(\xi_n a\right)\right\}^2-\left\{\xi_n^2+\lambda^2-\left(\frac{m\dot{o}}{a}\right)^2\right\}J'^2_{m\dot{o}}\left(\xi_n b\right)\right]}\times
$$

$$
\times\int_0^t e^{-\eta_r\xi_n^2\tau}\int_0^d\overline{\psi}_a\left(m,w,t-\tau;\theta\right)\left[\Theta_2\left\{\frac{\pi\left(z-w\right)}{2d},e^{-\left(\frac{\pi}{d}\right)^2\eta_z\tau}\right\}+\Theta_2\left\{\frac{\pi\left(z+w\right)}{2d},e^{-\left(\frac{\pi}{d}\right)^2\eta_z\tau}\right\}\right]dwd\tau-
$$

$$-\frac{1}{2\phi c_t d}\sum_{m=0}^{\infty}\ni_m\sum_{n=1}^{\infty}\frac{\xi_n\left\{\xi_n J'_{m\dot{o}}(\xi_n a)-\lambda J_{m\dot{o}}(\xi_n a)\right\}^2\mathcal{V}_{\mathcal{N}m\dot{o}}(\xi r,b)}{\left[\left\{1-\left(\frac{m\dot{o}}{\xi_n b}\right)^2\right\}\left\{\xi_n J'_{m\dot{o}}(\xi_n a)-\lambda J_{m\dot{o}}(\xi_n a)\right\}^2-\left\{\xi_n^2+\lambda^2-\left(\frac{m\dot{o}}{a}\right)^2\right\}J'^2_{m\dot{o}}(\xi_n b)\right]}\times$$

$$\times\int_0^t e^{-\eta_r\xi_n^2\tau}\int_0^d\overline{\psi}_b(m,w,t-\tau;\theta)\left[\Theta_2\left\{\frac{\pi(z-w)}{2d},e^{-\left(\frac{\pi}{d}\right)^2\eta_z\tau}\right\}+\Theta_2\left\{\frac{\pi(z+w)}{2d},e^{-\left(\frac{\pi}{d}\right)^2\eta_z\tau}\right\}\right]dwd\tau+$$

$$+\frac{\pi}{2d}\sum_{m=0}^{\infty}\ni_m\sum_{n=1}^{\infty}\frac{\xi_n^2\left\{\xi_n J'_{m\dot{o}}(\xi_n a)-\lambda J_{m\dot{o}}(\xi_n a)\right\}^2\mathcal{V}_{\mathcal{N}m\dot{o}}(\xi r,b)}{\left[\left\{1-\left(\frac{m\dot{o}}{\xi_n b}\right)^2\right\}\left\{\xi_n J'_{m\dot{o}}(\xi_n a)-\lambda J_{m\dot{o}}(\xi_n a)\right\}^2-\left\{\xi_n^2+\lambda^2-\left(\frac{m\dot{o}}{a}\right)^2\right\}J'^2_{m\dot{o}}(\xi_n b)\right]}\times$$

$$\times\int_0^t\left\{\left(\frac{1}{\phi c_t}\right)\Theta_2\left(\frac{\pi z}{2d},e^{-\left(\frac{\pi}{d}\right)^2\eta_z\tau}\right)\overline{\overline{\psi}}_0(\xi_n,m,t-\tau;\theta)+\right.$$

$$\left.+\left(\frac{\eta_z}{2d}\right)\Theta'_1\left(\frac{\pi z}{2d},e^{-\left(\frac{\pi}{d}\right)^2\eta_z\tau}\right)\overline{\overline{\psi}}_d(\xi_n,m,t-\tau;\theta)\right\}e^{-\eta_r\xi_n^2\tau}d\tau+$$

$$+\frac{\pi}{4d}\sum_{m=0}^{\infty}\ni_m\sum_{n=1}^{\infty}\frac{\xi_n^2\left\{\xi_n J'_{m\dot{o}}(\xi_n a)-\lambda J_{m\dot{o}}(\xi_n a)\right\}^2\mathcal{V}_{\mathcal{N}m\dot{o}}(\xi r,b)}{\left[\left\{1-\left(\frac{m\dot{o}}{\xi_n b}\right)^2\right\}\left\{\xi_n J'_{m\dot{o}}(\xi_n a)-\lambda J_{m\dot{o}}(\xi_n a)\right\}^2-\left\{\xi_n^2+\lambda^2-\left(\frac{m\dot{o}}{a}\right)^2\right\}J'^2_{m\dot{o}}(\xi_n b)\right]}\times$$

$$\times\int_0^d\overline{\overline{\varphi}}(\xi_n,m,w;\theta)\left[\Theta_2\left\{\frac{\pi(z-w)}{2d},e^{-\left(\frac{\pi}{d}\right)^2\eta_z t}\right\}+\Theta_2\left\{\frac{\pi(z+w)}{2d},e^{-\left(\frac{\pi}{d}\right)^2\eta_z t}\right\}\right]dw \qquad (25.47.2)$$

where $\overline{\psi}_a(m,w,t;\theta)=\int_0^{2\pi}\psi_a(v,w,t)\cos\{m(\theta-v)\}dv$, $\overline{\psi}_b(m,w,t;\theta)=\int_0^{2\pi}\psi_b(v,w,t)\cos\{m(\theta-v)\}dv$, $\overline{\overline{\psi}}_0(\xi_n,m,t;\theta)=\int_a^b u\mathcal{V}_{\mathcal{N}m\dot{o}}(\xi_n u,a)\int_0^{2\pi}\psi_0(u,v,t)\cos\{m(\theta-v)\}dvdu$, and $\overline{\overline{\psi}}_d(\xi_n,m,t;\theta)=\int_a^b u\mathcal{V}_{\mathcal{N}m\dot{o}}(\xi_n u,a)\int_0^{2\pi}\psi_d(u,v,t)\cos\{m(\theta-v)\}dvdu$.

25.48

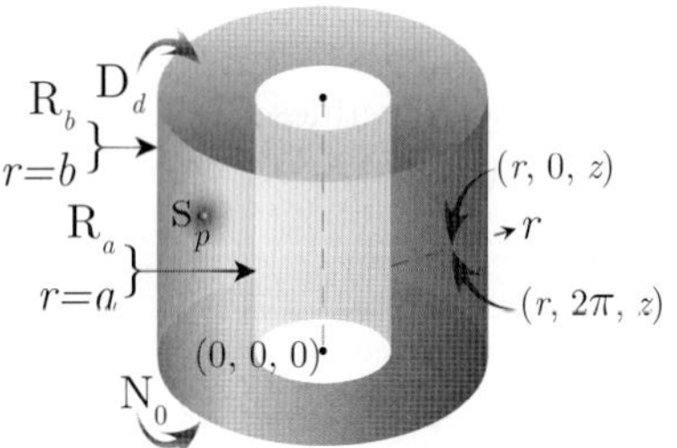

The problem of 25.40, except
$\mathbf{R_a}\equiv\frac{\partial p(a,\theta,z,t)}{\partial r}-\lambda p(a,\theta,z,t)=-\left(\frac{\mu}{k_r}\right)\psi_a(\theta,z,t)$,
$\mathbf{R_b}\equiv\frac{\partial p(b,\theta,z,t)}{\partial r}+\lambda_b p(b,\theta,z,t)=-\left(\frac{\mu}{k_r}\right)\psi_b(\theta,z,t)$,
$\mathbf{N_0}\equiv\frac{\partial p(r,\theta,0,t)}{\partial z}=-\left(\frac{\mu}{k_z}\right)\psi_0(r,\theta,t)$ **and**
$\mathbf{D_d}\equiv p(r,\theta,d,t)=\psi_d(r,\theta,t)$

$$\overline{p}=\frac{\pi q(s)e^{-st_0}}{4\phi c_t\sqrt{\eta_z}}\sum_{m=0}^{\infty}\ni_m\cos\{m(\theta-\theta_0)\}\sum_{n=1}^{\infty}\frac{\xi_n^2\left\{\xi_n J'_{m\dot{o}}(\xi_n b)+\lambda_b J_{m\dot{o}}(\xi_n b)\right\}^2}{\sqrt{(\eta_r\xi_n^2+s)}}\times$$

$$\times\frac{\left\{\xi_n\mathcal{V}_{\mathcal{N}m\dot{o}}(\xi_n r_0,a)-\lambda_a\mathcal{V}_{\mathcal{D}m\dot{o}}(\xi_n r_0,a)\right\}\left\{\xi_n\mathcal{V}_{\mathcal{N}m\dot{o}}(\xi_n r,a)-\lambda_a\mathcal{V}_{\mathcal{D}m\dot{o}}(\xi_n r,a)\right\}\operatorname{sech}\left(d\sqrt{\frac{\eta_r\xi_n^2+s}{\eta_z}}\right)}{\left[\left\{\xi_n^2+\lambda_b^2-\left(\frac{m\dot{o}}{b}\right)^2\right\}\left\{\xi_n J'_{m\dot{o}}(\xi_n a)-\lambda_a J_{m\dot{o}}(\xi_n a)\right\}^2-\left\{\xi_n^2+\lambda_a^2-\left(\frac{m\dot{o}}{a}\right)^2\right\}\left\{\xi_n J'_{m\dot{o}}(\xi_n b)+\lambda J_{m\dot{o}}(\xi_n b)\right\}^2\right]}\times$$

$$\times\left[\sinh\left\{(d-|z-z_0|)\sqrt{\frac{\eta_r\xi_n^2+s}{\eta_z}}\right\}+\sinh\left\{(d-z-z_0)\sqrt{\frac{\eta_r\xi_n^2+s}{\eta_z}}\right\}\right]+$$

$$+\frac{1}{2\phi c_t\sqrt{\eta_z}}\sum_{m=0}^{\infty}\ni_m\times$$

$$\times\sum_{n=1}^{\infty}\frac{\xi_n^2\left\{\xi_n J'_{m\dot{o}}(\xi_n b)+\lambda_b J_{m\dot{o}}(\xi_n b)\right\}^2\left\{\xi_n\mathcal{V}_{\mathcal{N}m\dot{o}}(\xi_n r,a)-\lambda_a\mathcal{V}_{\mathcal{D}m\dot{o}}(\xi_n r,a)\right\}\operatorname{sech}\left(d\sqrt{\frac{\eta_r\xi_n^2+s}{\eta_z}}\right)}{\left[\left\{\xi_n^2+\lambda_b^2-\left(\frac{m\dot{o}}{b}\right)^2\right\}\left\{\xi_n J'_{m\dot{o}}(\xi_n a)-\lambda_a J_{m\dot{o}}(\xi_n a)\right\}^2-\left\{\xi_n^2+\lambda_a^2-\left(\frac{m\dot{o}}{a}\right)^2\right\}\left\{\xi_n J'_{m\dot{o}}(\xi_n b)+\lambda J_{m\dot{o}}(\xi_n b)\right\}^2\right]}\times$$

$$\times \frac{1}{\sqrt{\eta_r \xi_n^2 + s}} \int_0^d \overline{\overline{\psi}}_a(m,w,s;\theta) \left[\sinh\left\{(d-|z-w|)\sqrt{\frac{\eta_r\xi_n^2+s}{\eta_z}}\right\} + \sinh\left\{(d-z-w)\sqrt{\frac{\eta_r\xi_n^2+s}{\eta_z}}\right\}\right] dw -$$

$$-\frac{1}{2\phi c_t\sqrt{\eta_z}} \sum_{m=0}^{\infty} \ni_m \times$$

$$\times \sum_{n=1}^{\infty} \frac{\xi_n^2 \{\xi_n J'_{m\dot{o}}(\xi_n b) + \lambda_b J_{m\dot{o}}(\xi_n b)\}\{\xi_n J'_{m\dot{o}}(\xi_n a) + \lambda_a J_{m\dot{o}}(\xi_n a)\}\{\xi_n \mathcal{V}_{\mathcal{N}m\dot{o}}(\xi_n r, a) - \lambda_a \mathcal{V}_{\mathcal{D}m\dot{o}}(\xi_n r, a)\}}{\left[\left\{\xi_n^2+\lambda_b^2-\left(\frac{m\dot{o}}{b}\right)^2\right\}\{\xi_n J'_{m\dot{o}}(\xi_n a)-\lambda_a J_{m\dot{o}}(\xi_n a)\}^2-\left\{\xi_n^2+\lambda_a^2-\left(\frac{m\dot{o}}{a}\right)^2\right\}\{\xi_n J'_{m\dot{o}}(\xi_n b)+\lambda J_{m\dot{o}}(\xi_n b)\}^2\right]} \times$$

$$\times \frac{\operatorname{sech}\left(d\sqrt{\frac{\eta_r\xi_n^2+s}{\eta_z}}\right)}{\sqrt{\eta_r\xi_n^2+s}} \int_0^d \overline{\overline{\psi}}_b(m,w,s;\theta) \left[\sinh\left\{(d-|z-w|)\sqrt{\frac{\eta_r\xi_n^2+s}{\eta_z}}\right\} + \sinh\left\{(d-z-w)\sqrt{\frac{\eta_r\xi_n^2+s}{\eta_z}}\right\}\right] dw +$$

$$+\frac{\pi}{2} \sum_{m=0}^{\infty} \ni_m \times$$

$$\times \sum_{n=1}^{\infty} \frac{\xi_n^2 \{\xi_n J'_{m\dot{o}}(\xi_n b) + \lambda_b J_{m\dot{o}}(\xi_n b)\}^2 \{\xi_n \mathcal{V}_{\mathcal{N}m\dot{o}}(\xi_n r, a) - \lambda_a \mathcal{V}_{\mathcal{D}m\dot{o}}(\xi_n r, a)\} \operatorname{sech}\left(d\sqrt{\frac{\eta_r\xi_n^2+s}{\eta_z}}\right)}{\left[\left\{\xi_n^2+\lambda_b^2-\left(\frac{m\dot{o}}{b}\right)^2\right\}\{\xi_n J'_{m\dot{o}}(\xi_n a)-\lambda_a J_{m\dot{o}}(\xi_n a)\}^2-\left\{\xi_n^2+\lambda_a^2-\left(\frac{m\dot{o}}{a}\right)^2\right\}\{\xi_n J'_{m\dot{o}}(\xi_n b)+\lambda J_{m\dot{o}}(\xi_n b)\}^2\right]} \times$$

$$\times \left[\frac{\overline{\overline{\overline{\psi}}}_0(\xi_n,m,s;\theta)}{\phi c_t \sqrt{\eta_z}(\eta_r\xi_n^2+s)} \sinh\left\{(d-z)\sqrt{\frac{\eta_r\xi_n^2+s}{\eta_z}}\right\} + \overline{\overline{\overline{\psi}}}_d(\xi_n,m,s;\theta)\cosh\left\{z\sqrt{\frac{\eta_r\xi_n^2+s}{\eta_z}}\right\}\right] +$$

$$+\frac{\pi}{4\sqrt{\eta_z}} \sum_{m=0}^{\infty} \ni_m \times$$

$$\times \sum_{n=1}^{\infty} \frac{\xi_n^2 \{\xi_n J'_{m\dot{o}}(\xi_n b) + \lambda_b J_{m\dot{o}}(\xi_n b)\}^2 \{\xi_n \mathcal{V}_{\mathcal{N}m\dot{o}}(\xi_n r, a) - \lambda_a \mathcal{V}_{\mathcal{D}m\dot{o}}(\xi_n r, a)\} \operatorname{sech}\left(d\sqrt{\frac{\eta_r\xi_n^2+s}{\eta_z}}\right)}{\left[\left\{\xi_n^2+\lambda_b^2-\left(\frac{m\dot{o}}{b}\right)^2\right\}\{\xi_n J'_{m\dot{o}}(\xi_n a)-\lambda_a J_{m\dot{o}}(\xi_n a)\}^2-\left\{\xi_n^2+\lambda_a^2-\left(\frac{m\dot{o}}{a}\right)^2\right\}\{\xi_n J'_{m\dot{o}}(\xi_n b)+\lambda J_{m\dot{o}}(\xi_n b)\}^2\right]} \times$$

$$\times \frac{1}{\sqrt{\eta_r\xi_n^2+s}} \int_0^d \overline{\overline{\varphi}}(\xi_n,m,w;\theta) \left[\sinh\left\{(d-|z-w|)\sqrt{\frac{\eta_r\xi_n^2+s}{\eta_z}}\right\} + \sinh\left\{(d-z-w)\sqrt{\frac{\eta_r\xi_n^2+s}{\eta_z}}\right\}\right] dw \tag{25.48.1}$$

where the eigenvalues $\xi_n, n = 1, 2, ...,$ are the positive roots of
$\lambda_a \{\mathcal{V}'_{\mathcal{D}m\dot{o}}(\xi_n b, a) + \lambda_b \mathcal{V}_{\mathcal{D}m\dot{o}}(\xi_n b, a)\} - \xi_n \{\mathcal{V}'_{\mathcal{N}m\dot{o}}(\xi_n b, a) + \lambda_b \mathcal{V}_{\mathcal{N}m\dot{o}}(\xi_n b, a)\} = 0.$
$\overline{\overline{\overline{\psi}}}_0(\xi_n,m,s;\theta) = \int_a^b u\{\xi_n \mathcal{V}_{\mathcal{N}m\dot{o}}(\xi_n u, a) - \lambda_a \mathcal{V}_{\mathcal{D}m\dot{o}}(\xi_n u, a)\} \int_0^{2\pi} \overline{\psi}_0(u,v,s)\cos\{m(\theta-v)\}dvdu,$
$\overline{\overline{\overline{\psi}}}_d(\xi_n,m,s;\theta) = \int_a^b u\{\xi_n \mathcal{V}_{\mathcal{N}m\dot{o}}(\xi_n u, a) - \lambda_a \mathcal{V}_{\mathcal{D}m\dot{o}}(\xi_n u, a)\} \int_0^{2\pi} \overline{\psi}_d(u,v,s)\cos\{m(\theta-v)\}dvdu,$
$\overline{\overline{\psi}}_a(m,w,s;\theta) = \int_0^{2\pi} \overline{\psi}_a(v,w,s)\cos\{m(\theta-v)\}dv$, $\overline{\overline{\psi}}_b(m,w,s;\theta) = \int_0^{2\pi} \overline{\psi}_b(v,w,s)\cos\{m(\theta-v)\}dv$, and
$\overline{\overline{\varphi}}(\xi_n,m,w;\theta) = \int_a^b u\{\xi_n \mathcal{V}_{\mathcal{N}m\dot{o}}(\xi_n u, a) - \lambda_a \mathcal{V}_{\mathcal{D}m\dot{o}}(\xi_n u, a)\} \int_0^{2\pi} \varphi(u,v,w)\cos\{m(\theta-v)\}dvdu.$

$$p = \frac{U(t-t_0)\pi}{4\phi c_t d} \sum_{m=0}^{\infty} \ni_m \cos\{m(\theta-\theta_0)\} \times$$

$$\times \sum_{n=1}^{\infty} \frac{\xi_n^2 \{\xi_n J'_{m\dot{o}}(\xi_n b) + \lambda_b J_{m\dot{o}}(\xi_n b)\}^2 \{\xi_n \mathcal{V}_{\mathcal{N}m\dot{o}}(\xi_n r_0, a) - \lambda_a \mathcal{V}_{\mathcal{D}m\dot{o}}(\xi_n r_0, a)\}}{\left[\left\{\xi_n^2+\lambda_b^2-\left(\frac{m\dot{o}}{b}\right)^2\right\}\{\xi_n J'_{m\dot{o}}(\xi_n a)-\lambda_a J_{m\dot{o}}(\xi_n a)\}^2-\left\{\xi_n^2+\lambda_a^2-\left(\frac{m\dot{o}}{a}\right)^2\right\}\{\xi_n J'_{m\dot{o}}(\xi_n b)+\lambda J_{m\dot{o}}(\xi_n b)\}^2\right]} \times$$

$$\times \{\xi_n \mathcal{V}_{\mathcal{N}m\dot{o}}(\xi_n r, a) - \lambda_a \mathcal{V}_{\mathcal{D}m\dot{o}}(\xi_n r, a)\} \times$$

$$\times \int_0^{t-t_0} q(t-t_0-\tau)\left[\Theta_2\left\{\frac{\pi(z-z_0)}{2d}, e^{-\left(\frac{\pi}{d}\right)^2\eta_z\tau}\right\} + \Theta_2\left\{\frac{\pi(z+z_0)}{2d}, e^{-\left(\frac{\pi}{d}\right)^2\eta_z\tau}\right\}\right] e^{-\eta_r\xi_n^2\tau} d\tau +$$

$$+\frac{1}{2\phi c_t d} \sum_{m=0}^{\infty} \ni_m \times$$

$$\times\sum_{n=1}^{\infty}\frac{\xi_n^2\left\{\xi_n J'_{m\dot{o}}\left(\xi_n b\right)+\lambda_b J_{m\dot{o}}\left(\xi_n b\right)\right\}^2\left\{\xi_n \mathcal{V}_{\mathcal{N}m\dot{o}}\left(\xi_n r,a\right)-\lambda_a\mathcal{V}_{\mathcal{D}m\dot{o}}\left(\xi_n r,a\right)\right\}}{\left[\left\{\xi_n^2+\lambda_b^2-\left(\frac{m\dot{o}}{b}\right)^2\right\}\left\{\xi_n J'_{m\dot{o}}(\xi_n a)-\lambda_a J_{m\dot{o}}(\xi_n a)\right\}^2-\left\{\xi_n^2+\lambda_a^2-\left(\frac{m\dot{o}}{a}\right)^2\right\}\left\{\xi_n J'_{m\dot{o}}(\xi_n b)+\lambda J_{m\dot{o}}(\xi_n b)\right\}^2\right]}\times$$

$$\times\int_0^t e^{-\eta_r\xi_n^2\tau}\int_0^d\overline{\psi}_a\left(m,w,t-\tau;\theta\right)\left[\Theta_2\left\{\frac{\pi\left(z-w\right)}{2d},e^{-\left(\frac{\pi}{d}\right)^2\eta_z\tau}\right\}+\Theta_2\left\{\frac{\pi\left(z+w\right)}{2d},e^{-\left(\frac{\pi}{d}\right)^2\eta_z\tau}\right\}\right]dwd\tau-$$

$$-\frac{1}{2\phi c_t d}\sum_{m=0}^{\infty}\ni_m\times$$

$$\times\sum_{n=1}^{\infty}\frac{\xi_n^2\{\xi_n J'_{m\dot{o}}(\xi_n b)+\lambda_b J_{m\dot{o}}(\xi_n b)\}\{\xi_n J'_{m\dot{o}}(\xi_n a)+\lambda_a J_{m\dot{o}}(\xi_n a)\}\{\xi_n\mathcal{V}_{\mathcal{N}m\dot{o}}(\xi_n r,a)-\lambda_a\mathcal{V}_{\mathcal{D}m\dot{o}}(\xi_n r,a)\}}{\left[\left\{\xi_n^2+\lambda_b^2-\left(\frac{m\dot{o}}{b}\right)^2\right\}\left\{\xi_n J'_{m\dot{o}}(\xi_n a)-\lambda_a J_{m\dot{o}}(\xi_n a)\right\}^2-\left\{\xi_n^2+\lambda_a^2-\left(\frac{m\dot{o}}{a}\right)^2\right\}\left\{\xi_n J'_{m\dot{o}}(\xi_n b)+\lambda J_{m\dot{o}}(\xi_n b)\right\}^2\right]}\times$$

$$\times\int_0^t e^{-\eta_r\xi_n^2\tau}\int_0^d\overline{\psi}_b\left(m,w,t-\tau;\theta\right)\left[\Theta_2\left\{\frac{\pi\left(z-w\right)}{2d},e^{-\left(\frac{\pi}{d}\right)^2\eta_z\tau}\right\}+\Theta_2\left\{\frac{\pi\left(z+w\right)}{2d},e^{-\left(\frac{\pi}{d}\right)^2\eta_z\tau}\right\}\right]dwd\tau+$$

$$+\frac{\pi}{2d}\sum_{m=0}^{\infty}\ni_m\times$$

$$\times\sum_{n=1}^{\infty}\frac{\xi_n^2\{\xi_n J'_{m\dot{o}}(\xi_n b)+\lambda_b J_{m\dot{o}}(\xi_n b)\}^2\left\{\xi_n\mathcal{V}_{\mathcal{N}m\dot{o}}(\xi_n r,a)-\lambda_a\mathcal{V}_{\mathcal{D}m\dot{o}}(\xi_n r,a)\right\}}{\left[\left\{\xi_n^2+\lambda_b^2-\left(\frac{m\dot{o}}{b}\right)^2\right\}\left\{\xi_n J'_{m\dot{o}}(\xi_n a)-\lambda_a J_{m\dot{o}}(\xi_n a)\right\}^2-\left\{\xi_n^2+\lambda_a^2-\left(\frac{m\dot{o}}{a}\right)^2\right\}\left\{\xi_n J'_{m\dot{o}}(\xi_n b)+\lambda J_{m\dot{o}}(\xi_n b)\right\}^2\right]}\times$$

$$\times\int_0^t\left\{\left(\frac{1}{\phi c_t}\right)\Theta_2\left(\frac{\pi z}{2d},e^{-\left(\frac{\pi}{d}\right)^2\eta_z\tau}\right)\overline{\overline{\psi}}_0\left(\xi_n,m,t-\tau;\theta\right)+\right.$$

$$\left.+\left(\frac{\eta_z}{2d}\right)\Theta_1'\left(\frac{\pi z}{2d},e^{-\left(\frac{\pi}{d}\right)^2\eta_z\tau}\right)\overline{\overline{\psi}}_d\left(\xi_n,m,t-\tau;\theta\right)\right\}e^{-\eta_r\xi_n^2\tau}d\tau+$$

$$+\frac{\pi}{4d}\sum_{m=0}^{\infty}\ni_m\times$$

$$\times\sum_{n=1}^{\infty}\frac{\xi_n^2\left\{\xi_n J'_{m\dot{o}}\left(\xi_n b\right)+\lambda_b J_{m\dot{o}}\left(\xi_n b\right)\right\}^2\left\{\xi_n\mathcal{V}_{\mathcal{N}m\dot{o}}(\xi_n r,a)-\lambda_a\mathcal{V}_{\mathcal{D}m\dot{o}}(\xi_n r,a)\right\}}{\left[\left\{\xi_n^2+\lambda_b^2-\left(\frac{m\dot{o}}{b}\right)^2\right\}\left\{\xi_n J'_{m\dot{o}}(\xi_n a)-\lambda_a J_{m\dot{o}}(\xi_n a)\right\}^2-\left\{\xi_n^2+\lambda_a^2-\left(\frac{m\dot{o}}{a}\right)^2\right\}\left\{\xi_n J'_{m\dot{o}}(\xi_n b)+\lambda J_{m\dot{o}}(\xi_n b)\right\}^2\right]}\times$$

$$\times\int_0^d\overline{\overline{\varphi}}\left(\xi_n,m,w;\theta\right)\left[\Theta_2\left\{\frac{\pi\left(z-w\right)}{2d},e^{-\left(\frac{\pi}{d}\right)^2\eta_z t}\right\}+\Theta_2\left\{\frac{\pi\left(z+w\right)}{2d},e^{-\left(\frac{\pi}{d}\right)^2\eta_z t}\right\}\right]dw \qquad (25.48.2)$$

where $\overline{\psi}_a\left(m,w,t;\theta\right)=\int_0^{2\pi}\psi_a\left(v,w,t\right)\cos\left\{m\left(\theta-v\right)\right\}dv$, $\overline{\psi}_b\left(m,w,t;\theta\right)=\int_0^{2\pi}\psi_b\left(v,w,t\right)\cos\left\{m\left(\theta-v\right)\right\}dv$, $\overline{\overline{\psi}}_0\left(\xi_n,m,t;\theta\right)=\int_a^b r\left\{\xi_n\mathcal{V}_{\mathcal{N}m\dot{o}}\left(\xi_n u,a\right)-\lambda_a\mathcal{V}_{\mathcal{D}m\dot{o}}\left(\xi_n u,a\right)\right\}\int_0^{2\pi}\psi_0\left(u,v,t\right)\cos\left\{m\left(\theta-v\right)\right\}dudv$, and $\overline{\overline{\psi}}_d\left(\xi_n,m,t;\theta\right)=\int_a^b u\left\{\xi_n\mathcal{V}_{\mathcal{N}m\dot{o}}\left(\xi_n u,a\right)-\lambda_a\mathcal{V}_{\mathcal{D}m\dot{o}}\left(\xi_n u,a\right)\right\}\int_0^{2\pi}\psi_d\left(u,v,t\right)\cos\left\{m\left(\theta-v\right)\right\}dvdu$.

25.49

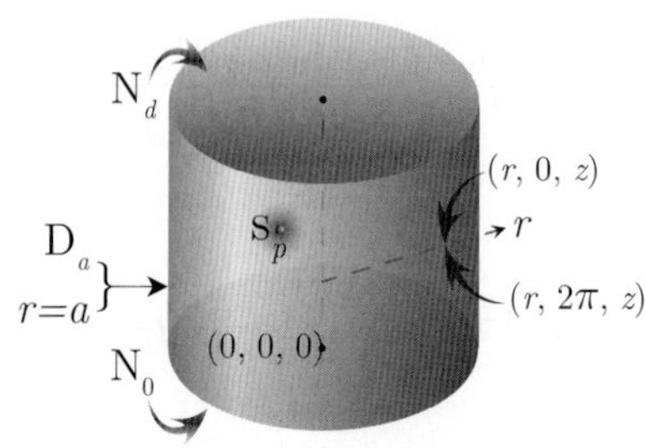

A cylindrical continuum bounded by $0 \leq r \leq a$ and $0 \leq z \leq d$. Point source at $s_p \equiv (r_0, \theta_0, z_0)$ at time $t = t_0$; $0 < r_0 < a$, $0 \leq \theta_0 \leq 2\pi$, $0 < z_0 < d$, $t_0 \geq 0$. $N_0 \equiv \frac{\partial p(r,\theta,0,t)}{\partial z} = -\left(\frac{\mu}{k_z}\right)\psi_0(r,\theta,t)$, $N_d \equiv \frac{\partial p(r,\theta,d,t)}{\partial z} = -\left(\frac{\mu}{k_z}\right)\psi_d(r,\theta,t)$ and $D_a \equiv p(a,\theta,z,t) = \psi_a(\theta,z,t)$. $p(r,\theta,z,0) = \varphi(r,\theta,z)$

$$\overline{p} = \frac{q(s)\,e^{-st_0}}{\pi a^2 \phi c_t \sqrt{\eta_z}} \sum_{m=0}^{\infty} \ni_m \cos\{m(\theta-\theta_0)\} \sum_{n=1}^{\infty} \frac{J_{m\dot{o}}(\xi_n r_0)\, J_{m\dot{o}}(\xi_n r) \operatorname{csch}\left(d\sqrt{\frac{\eta_r\xi_n^2+s}{\eta_z}}\right)}{J'^2_{m\dot{o}}(\xi_n a)\sqrt{(\eta_r\xi_n^2+s)}} \times$$
$$\times \left[\cosh\left\{(d-|z-z_0|)\sqrt{\frac{\eta_r\xi_n^2+s}{\eta_z}}\right\} + \cosh\left\{(d-z-z_0)\sqrt{\frac{\eta_r\xi_n^2+s}{\eta_z}}\right\}\right] -$$
$$-\frac{\eta_r}{\pi a\sqrt{\eta_z}} \sum_{m=0}^{\infty} \ni_m \cos\{m(\theta-\theta_0)\} \sum_{n=1}^{\infty} \frac{\xi_n J_{m\dot{o}}(\xi_n r) \operatorname{csch}\left(d\sqrt{\frac{\eta_r\xi_n^2+s}{\eta_z}}\right)}{J'_{m\dot{o}}(\xi_n a)\sqrt{\eta_r\xi_n^2+s}} \times$$
$$\times \int_0^d \overline{\overline{\psi}}_a(m,w,s;\theta) \left[\cosh\left\{(d-|z-w|)\sqrt{\frac{\eta_r\xi_n^2+s}{\eta_z}}\right\} + \cosh\left\{(d-z-w)\sqrt{\frac{\eta_r\xi_n^2+s}{\eta_z}}\right\}\right] dw +$$
$$+\frac{2}{\pi a^2 \phi c_t \sqrt{\eta_z}} \sum_{m=0}^{\infty} \ni_m \cos\{m(\theta-\theta_0)\} \sum_{n=1}^{\infty} \frac{J_{m\dot{o}}(\xi_n r) \operatorname{csch}\left(d\sqrt{\frac{\eta_r\xi_n^2+s}{\eta_z}}\right)}{J'^2_{m\dot{o}}(\xi_n a)\sqrt{(\eta_r\xi_n^2+s)}} \times$$
$$\times \left[\overline{\overline{\overline{\psi}}}_0(\xi_n,m,s;\theta) \cosh\left\{(d-z)\sqrt{\frac{\eta_r\xi_n^2+s}{\eta_z}}\right\} - \overline{\overline{\overline{\psi}}}_d(\xi_n,m,s;\theta) \cosh\left\{z\sqrt{\frac{\eta_r\xi_n^2+s}{\eta_z}}\right\}\right] +$$
$$+\frac{1}{\pi a^2 \sqrt{\eta_z}} \sum_{m=0}^{\infty} \ni_m \cos\{m(\theta-\theta_0)\} \sum_{n=1}^{\infty} \frac{J_{m\dot{o}}(\xi_n r) \operatorname{csch}\left(d\sqrt{\frac{\eta_r\xi_n^2+s}{\eta_z}}\right)}{J'^2_{m\dot{o}}(\xi_n a)\sqrt{\eta_r\xi_n^2+s}} \times$$
$$\times \int_0^d \overline{\overline{\varphi}}(\xi_n,m,w;\theta) \left[\cosh\left\{(d-|z-w|)\sqrt{\frac{\eta_r\xi_n^2+s}{\eta_z}}\right\} + \cosh\left\{(d-z-w)\sqrt{\frac{\eta_r\xi_n^2+s}{\eta_z}}\right\}\right] dw \quad (25.49.1)$$

where ξ_n are the positive roots of $J_{m\dot{o}}(\xi_n a) = 0$, $n = 1, 2, ...,$
$\overline{\overline{\overline{\psi}}}_0(\xi_n,m,s;\theta) = \int_0^a u J_{m\dot{o}}(\xi_n u) \int_0^{2\pi} \overline{\psi}_0(u,v,s) \cos\{m(\theta-v)\} dv du,$
$\overline{\overline{\overline{\psi}}}_d(\xi_n,m,s;\theta) = \int_0^a u J_{m\dot{o}}(\xi_n u) \int_0^{2\pi} \overline{\psi}_d(u,v,s) \cos\{m(\theta-v)\} dv du,$
$\overline{\overline{\psi}}_a(m,w,s;\theta) = \int_0^{2\pi} \overline{\psi}_a(v,w,s) \cos\{m(\theta-v)\} dv$, and
$\overline{\overline{\varphi}}(\xi_n,m,w;\theta) = \int_0^a u J_{m\dot{o}}(\xi_n u) \int_0^{2\pi} \varphi(u,v,w) \cos\{m(\theta-v)\} dv du.$

$$p = \frac{U(t-t_0)}{\pi a^2 d \phi c_t} \sum_{m=0}^{\infty} \ni_m \cos\{m(\theta-\theta_0)\} \sum_{n=1}^{\infty} \frac{J_{m\dot{o}}(\xi_n r_0)\, J_{m\dot{o}}(\xi_n r)}{J'^2_{m\dot{o}}(\xi_n a)} \times$$
$$\times \int_0^{t-t_0} q(t-t_0-\tau) \left[\Theta_3\left\{\frac{\pi(z-z_0)}{2d}, e^{-\left(\frac{\pi}{d}\right)^2\eta_z\tau}\right\} + \Theta_3\left\{\frac{\pi(z+z_0)}{2d}, e^{-\left(\frac{\pi}{d}\right)^2\eta_z\tau}\right\}\right] e^{-\eta_r\xi_n^2\tau} d\tau -$$
$$-\frac{\eta_r}{\pi a d} \sum_{m=0}^{\infty} \ni_m \cos\{m(\theta-\theta_0)\} \sum_{n=1}^{\infty} \frac{\xi_n J_{m\dot{o}}(\xi_n r)}{J'_{m\dot{o}}(\xi_n a)} \times$$
$$\times \int_0^t e^{-\eta_r\xi_n^2\tau} \int_0^d \overline{\psi}_a(m,w,t-\tau;\theta) \left[\Theta_3\left\{\frac{\pi(z-w)}{2d}, e^{-\left(\frac{\pi}{d}\right)^2\eta_z\tau}\right\} + \Theta_3\left\{\frac{\pi(z+w)}{2d}, e^{-\left(\frac{\pi}{d}\right)^2\eta_z\tau}\right\}\right] dw d\tau -$$
$$-\frac{2}{\pi a^2 d \phi c_t} \sum_{m=0}^{\infty} \ni_m \cos\{m(\theta-\theta_0)\} \sum_{n=1}^{\infty} \frac{J_{m\dot{o}}(\xi_n r)}{J'^2_{m\dot{o}}(\xi_n a)} \times$$
$$\times \int_0^t \left\{\Theta_3\left(\frac{\pi z}{2d}, e^{-\left(\frac{\pi}{d}\right)^2\eta_z\tau}\right) \overline{\overline{\psi}}_0(\xi_n,m,t-\tau;\theta) - \Theta_4\left(\frac{\pi z}{2d}, e^{-\left(\frac{\pi}{d}\right)^2\eta_z\tau}\right) \overline{\overline{\psi}}_d(\xi_n,m,t-\tau;\theta)\right\} e^{-\eta_r\xi_n^2\tau} d\tau +$$
$$+\frac{1}{\pi a^2 d} \sum_{m=0}^{\infty} \ni_m \cos\{m(\theta-\theta_0)\} \sum_{n=1}^{\infty} \frac{J_{m\dot{o}}(\xi_n r)\, e^{-\eta_r\xi_n^2 t}}{J'^2_{m\dot{o}}(\xi_n a)} \times$$

$$\times \int_0^d \overline{\overline{\varphi}}(\xi_n, m, w; \theta)\left[\Theta_3\left\{\frac{\pi(z-w)}{2d}, e^{-\left(\frac{\pi}{d}\right)^2\eta_z t}\right\} + \Theta_3\left\{\frac{\pi(z+w)}{2d}, e^{-\left(\frac{\pi}{d}\right)^2\eta_z t}\right\}\right]dw \qquad (25.49.2)$$

where $\overline{\psi}_a(m, w, t; \theta) = \int_0^{2\pi} \psi_a(v, w, t)\cos\{m(\theta - v)\}dv$,
$\overline{\overline{\psi}}_0(\xi_n, m, t; \theta) = \int_0^a uJ_{m\dot{o}}(\xi_n u)\int_0^{2\pi} \psi_0(u, v, t)\cos\{m(\theta - v)\}dvdu$, and
$\overline{\overline{\psi}}_d(\xi_n, m, t; \theta) = \int_0^a uJ_{m\dot{o}}(\xi_n u)\int_0^{2\pi} \psi_d(u, v, t)\cos\{m(\theta - v)\}dvdu$.

25.50 **The problem of 25.49, except**
$\mathbf{N}_a \equiv \frac{\partial p(a,\theta,z,t)}{\partial r} = -\left(\frac{\mu}{k_r}\right)\psi_a(\theta, z, t)$,
$\mathbf{N}_0 \equiv \frac{\partial p(r,\theta,0,t)}{\partial z} = -\left(\frac{\mu}{k_z}\right)\psi_0(r, \theta, t)$ **and**
$\mathbf{N}_d \equiv \frac{\partial p(r,\theta,d,t)}{\partial z} = -\left(\frac{\mu}{k_z}\right)\psi_d(r, \theta, t)$

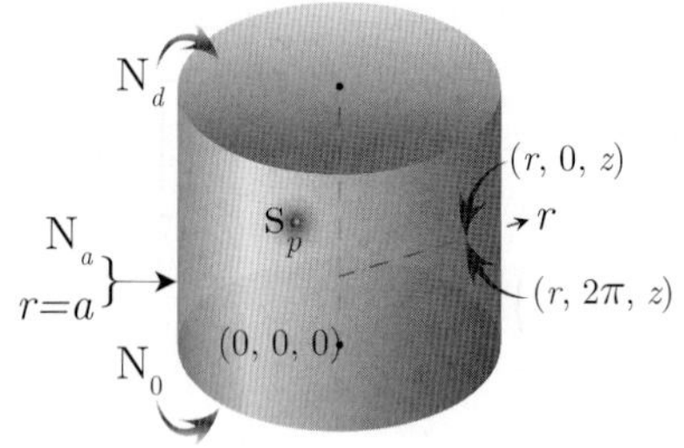

$$\overline{p} = \frac{q(s)e^{-st_0}}{\pi a^2\phi c_t\sqrt{\eta_z}}\sum_{m=0}^{\infty}\ni_m\cos\{m(\theta-\theta_0)\}\sum_{n=0}^{\infty}\frac{J_{m\dot{o}}(\xi_n r_0)J_{m\dot{o}}(\xi_n r)\operatorname{csch}\left(d\sqrt{\frac{\eta_r\xi_n^2+s}{\eta_z}}\right)}{\left\{1-\left(\frac{m\dot{o}}{\xi_n a}\right)^2\right\}J_{m\dot{o}}^2(\xi_n a)\sqrt{(\eta_r\xi_n^2+s)}}\times$$

$$\times\left[\cosh\left\{(d-|z-z_0|)\sqrt{\frac{\eta_r\xi_n^2+s}{\eta_z}}\right\}+\cosh\left\{(d-z-z_0)\sqrt{\frac{\eta_r\xi_n^2+s}{\eta_z}}\right\}\right]-$$

$$-\frac{1}{\pi a\phi c_t\sqrt{\eta_z}}\sum_{m=0}^{\infty}\ni_m\cos\{m(\theta-\theta_0)\}\sum_{n=0}^{\infty}\frac{J_{m\dot{o}}(\xi_n r)\operatorname{csch}\left(d\sqrt{\frac{\eta_r\xi_n^2+s}{\eta_z}}\right)}{\left\{1-\left(\frac{m\dot{o}}{\xi_n a}\right)^2\right\}J_{m\dot{o}}(\xi_n a)\sqrt{\eta_r\xi_n^2+s}}\times$$

$$\times\int_0^d\overline{\overline{\psi}}_a(m,w,s;\theta)\left[\cosh\left\{(d-|z-w|)\sqrt{\frac{\eta_r\xi_n^2+s}{\eta_z}}\right\}+\cosh\left\{(d-z-w)\sqrt{\frac{\eta_r\xi_n^2+s}{\eta_z}}\right\}\right]dw+$$

$$+\frac{2}{\pi a^2\phi c_t\sqrt{\eta_z}}\sum_{m=0}^{\infty}\ni_m\cos\{m(\theta-\theta_0)\}\sum_{n=0}^{\infty}\frac{J_{m\dot{o}}(\xi_n r)\operatorname{csch}\left(d\sqrt{\frac{\eta_r\xi_n^2+s}{\eta_z}}\right)}{\left\{1-\left(\frac{m\dot{o}}{\xi_n a}\right)^2\right\}J_{m\dot{o}}(\xi_n a)\sqrt{\eta_r\xi_n^2+s}}\times$$

$$\times\left[\overline{\overline{\overline{\psi}}}_0(\xi_n,m,s;\theta)\cosh\left\{(d-z)\sqrt{\frac{\eta_r\xi_n^2+s}{\eta_z}}\right\}-\overline{\overline{\overline{\psi}}}_d(\xi_n,m,s;\theta)\cosh\left\{z\sqrt{\frac{\eta_r\xi_n^2+s}{\eta_z}}\right\}\right]+$$

$$+\frac{1}{\pi a^2\sqrt{\eta_z}}\sum_{m=0}^{\infty}\ni_m\cos\{m(\theta-\theta_0)\}\sum_{n=0}^{\infty}\frac{J_{m\dot{o}}(\xi_n r)\operatorname{csch}\left(d\sqrt{\frac{\eta_r\xi_n^2+s}{\eta_z}}\right)}{\left\{1-\left(\frac{m\dot{o}}{\xi_n a}\right)^2\right\}J_{m\dot{o}}^2(\xi_n a)\sqrt{\eta_r\xi_n^2+s}}\times$$

$$\times\int_0^d\overline{\overline{\varphi}}(\xi_n,m,w;\theta)\left[\cosh\left\{(d-|z-w|)\sqrt{\frac{\eta_r\xi_n^2+s}{\eta_z}}\right\}+\cosh\left\{(d-z-w)\sqrt{\frac{\eta_r\xi_n^2+s}{\eta_z}}\right\}\right]dw \qquad (25.50.1)$$

where ξ_n are the positive roots of $J'_{m\dot{o}}(\xi_n a) = 0$, $n = 1, 2, ...$, ξ_n are the positive roots of $J'_{m\dot{o}}(\xi_n a) = 0$, $n = 1, 2, ...$ $\overline{\overline{\overline{\psi}}}_0(\xi_n, m, s; \theta) = \int_0^a uJ_{m\dot{o}}(\xi_n u)\int_0^{2\pi}\overline{\psi}_0(u, v, s)\cos\{m(\theta - v)\}dvdu$,
$\overline{\overline{\overline{\psi}}}_d(\xi_n, m, s; \theta) = \int_0^a uJ_{m\dot{o}}(\xi_n u)\int_0^{2\pi}\overline{\psi}_d(u, v, s)\cos\{m(\theta - v)\}dvdu$,
$\overline{\overline{\psi}}_a(m, w, s; \theta) = \int_0^{2\pi}\overline{\psi}_a(v, w, s)\cos\{m(\theta - v)\}dv$, and

$\overline{\overline{\varphi}}(\xi_n, m, w; \theta) = \int_0^a u J_{m\dot{o}}(\xi_n u) \int_0^{2\pi} \varphi(u, v, w) \cos\{m(\theta - v)\} dv du.$

$$p = \frac{U(t-t_0)}{\pi a^2 d\phi c_t} \sum_{m=0}^{\infty} \ni_m \cos\{m(\theta-\theta_0)\} \sum_{n=0}^{\infty} \frac{J_{m\dot{o}}(\xi_n r_0) J_{m\dot{o}}(\xi_n r)}{\left\{1 - \left(\frac{m\dot{o}}{\xi_n a}\right)^2\right\} J^2_{m\dot{o}}(\xi_n a)} \times$$

$$\times \int_0^{t-t_0} q(t-t_0-\tau) \left[\Theta_3\left\{\frac{\pi(z-z_0)}{2d}, e^{-\left(\frac{\pi}{d}\right)^2 \eta_z \tau}\right\} + \Theta_3\left\{\frac{\pi(z+z_0)}{2d}, e^{-\left(\frac{\pi}{d}\right)^2 \eta_z \tau}\right\}\right] e^{-\eta_r \xi_n^2 \tau} d\tau -$$

$$-\frac{1}{\pi a d\phi c_t} \sum_{m=0}^{\infty} \ni_m \cos\{m(\theta-\theta_0)\} \sum_{n=0}^{\infty} \frac{J_{m\dot{o}}(\xi_n r)}{\left\{1 - \left(\frac{m\dot{o}}{\xi_n a}\right)^2\right\} J_{m\dot{o}}(\xi_n a)} \times$$

$$\times \int_0^t e^{-\eta_r \xi_n^2 \tau} \int_0^d \overline{\psi}_a(m, w, t-\tau; \theta) \left[\Theta_3\left\{\frac{\pi(z-w)}{2d}, e^{-\left(\frac{\pi}{d}\right)^2 \eta_z \tau}\right\} + \Theta_3\left\{\frac{\pi(z+w)}{2d}, e^{-\left(\frac{\pi}{d}\right)^2 \eta_z \tau}\right\}\right] dw d\tau -$$

$$-\frac{2}{\pi a^2 d\phi c_t} \sum_{m=0}^{\infty} \ni_m \cos\{m(\theta-\theta_0)\} \sum_{n=0}^{\infty} \frac{J_{m\dot{o}}(\xi_n r)}{\left\{1 - \left(\frac{m\dot{o}}{\xi_n a}\right)^2\right\} J^2_{m\dot{o}}(\xi_n a)} \times$$

$$\times \int_0^t \left\{\Theta_3\left(\frac{\pi z}{2d}, e^{-\left(\frac{\pi}{d}\right)^2 \eta_z \tau}\right) \overline{\overline{\psi}}_0(\xi_n, m, t-\tau; \theta) - \Theta_4\left(\frac{\pi z}{2d}, e^{-\left(\frac{\pi}{d}\right)^2 \eta_z \tau}\right) \overline{\overline{\psi}}_d(\xi_n, m, t-\tau; \theta)\right\} e^{-\eta_r \xi_n^2 \tau} d\tau +$$

$$+\frac{1}{\pi a^2 d} \sum_{m=0}^{\infty} \ni_m \cos\{m(\theta-\theta_0)\} \sum_{n=0}^{\infty} \frac{J_{m\dot{o}}(\xi_n r) e^{-\eta_r \xi_n^2 t}}{\left\{1 - \left(\frac{m\dot{o}}{\xi_n a}\right)^2\right\} J^2_{m\dot{o}}(\xi_n a)} \times$$

$$\times \int_0^d \overline{\overline{\varphi}}(\xi_n, m, w; \theta) \left[\Theta_3\left\{\frac{\pi(z-w)}{2d}, e^{-\left(\frac{\pi}{d}\right)^2 \eta_z t}\right\} + \Theta_3\left\{\frac{\pi(z+w)}{2d}, e^{-\left(\frac{\pi}{d}\right)^2 \eta_z t}\right\}\right] dw \quad (25.50.2)$$

where $\overline{\psi}_a(m, w, t; \theta) = \int_0^{2\pi} \psi_a(v, w, t) \cos\{m(\theta - v)\} dv$,
$\overline{\overline{\psi}}_0(\xi_n, m, t; \theta) = \int_0^a u J_{m\dot{o}}(\xi_n u) \int_0^{2\pi} \psi_0(u, v, t) \cos\{m(\theta - v)\} dv du$, and
$\overline{\overline{\psi}}_d(\xi_n, m, t; \theta) = \int_0^a u J_{m\dot{o}}(\xi_n u) \int_0^{2\pi} \psi_d(u, v, t) \cos\{m(\theta - v)\} dv du.$

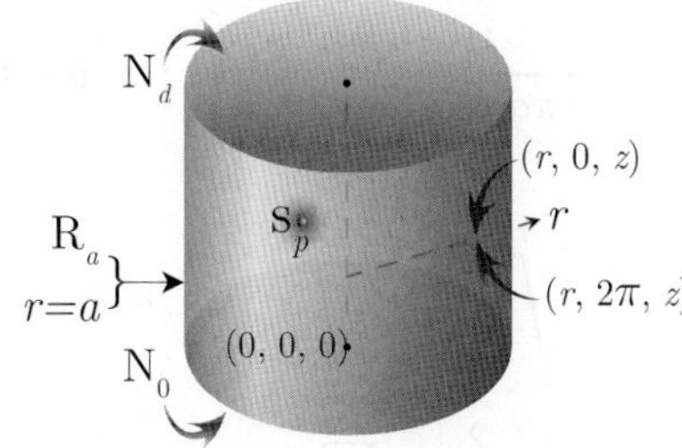

25.51 The problem of 25.49, except
$\mathbf{R}_a \equiv \frac{\partial p(a,\theta,z,t)}{\partial r} + \lambda p(a, \theta, z, t) = -\left(\frac{\mu}{k_r}\right) \psi_a(\theta, z, t)$,
$\mathbf{N}_0 \equiv \frac{\partial p(r,\theta,0,t)}{\partial z} = -\left(\frac{\mu}{k_z}\right) \psi_0(r, \theta, t)$ **and**
$\mathbf{N}_d \equiv \frac{\partial p(r,\theta,d,t)}{\partial z} = -\left(\frac{\mu}{k_z}\right) \psi_d(r, \theta, t)$

$$\overline{p} = \frac{q(s) e^{-st_0}}{\pi a^2 \phi c_t \sqrt{\eta_z}} \sum_{m=0}^{\infty} \ni_m \cos\{m(\theta-\theta_0)\} \sum_{n=1}^{\infty} \frac{J_{m\dot{o}}(\xi_n r_0) J_{m\dot{o}}(\xi_n r) \operatorname{csch}\left(d\sqrt{\frac{\eta_r \xi_n^2 + s}{\eta_z}}\right)}{\left[\left\{1 - \left(\frac{m\dot{o}}{\xi_n a}\right)^2\right\} J^2_{m\dot{o}}(\xi_n a) + J'^2_{m\dot{o}}(\xi_n a)\right] \sqrt{(\eta_r \xi_n^2 + s)}} \times$$

$$\times \left[\cosh\left\{(d - |z-z_0|)\sqrt{\frac{\eta_r \xi_n^2 + s}{\eta_z}}\right\} + \cosh\left\{(d - z - z_0)\sqrt{\frac{\eta_r \xi_n^2 + s}{\eta_z}}\right\}\right] -$$

$$-\frac{1}{\pi a \phi c_t \sqrt{\eta_z}} \sum_{m=0}^{\infty} \ni_m \cos\{m(\theta-\theta_0)\} \sum_{n=1}^{\infty} \frac{J_{m\dot{o}}(\xi_n r) \operatorname{csch}\left(d\sqrt{\frac{\eta_r \xi_n^2 + s}{\eta_z}}\right)}{\left[\left\{1 - \left(\frac{m\dot{o}}{\xi_n a}\right)^2\right\} J^2_{m\dot{o}}(\xi_n a) + J'^2_{m\dot{o}}(\xi_n a)\right] \sqrt{\eta_r \xi_n^2 + s}} \times$$

$$\times \int_0^d \overline{\overline{\psi}}_a (m, w, s; \theta) \left[\cosh \left\{ (d - |z - w|) \sqrt{\frac{\eta_r \xi_n^2 + s}{\eta_z}} \right\} + \cosh \left\{ (d - z - w) \sqrt{\frac{\eta_r \xi_n^2 + s}{\eta_z}} \right\} \right] dw +$$

$$+ \frac{2}{\pi a^2 \phi c_t \sqrt{\eta_z}} \sum_{m=0}^{\infty} \ni_m \cos \{m (\theta - \theta_0)\} \sum_{n=1}^{\infty} \frac{J_{m\dot{o}} (\xi_n r) \operatorname{csch} \left(d \sqrt{\frac{\eta_r \xi_n^2 + s}{\eta_z}} \right)}{\left[\left\{ 1 - \left(\frac{m\dot{o}}{\xi_n a} \right)^2 \right\} J_{m\dot{o}}^2 (\xi_n a) + J_{m\dot{o}}'^2 (\xi_n a) \right] \sqrt{(\eta_r \xi_n^2 + s)}} \times$$

$$\times \left[\overline{\overline{\overline{\psi}}}_0 (\xi_n, m, s; \theta) \cosh \left\{ (d - z) \sqrt{\frac{\eta_r \xi_n^2 + s}{\eta_z}} \right\} - \overline{\overline{\overline{\psi}}}_d (\xi_n, m, s; \theta) \cosh \left\{ z \sqrt{\frac{\eta_r \xi_n^2 + s}{\eta_z}} \right\} \right] +$$

$$+ \frac{1}{\pi a^2 \sqrt{\eta_z}} \sum_{m=0}^{\infty} \ni_m \cos \{m (\theta - \theta_0)\} \sum_{n=1}^{\infty} \frac{J_{m\dot{o}} (\xi_n r) \operatorname{csch} \left(d \sqrt{\frac{\eta_r \xi_n^2 + s}{\eta_z}} \right)}{\left[\left\{ 1 - \left(\frac{m\dot{o}}{\xi_n a} \right)^2 \right\} J_{m\dot{o}}^2 (\xi_n a) + J_{m\dot{o}}'^2 (\xi_n a) \right] \sqrt{\eta_r \xi_n^2 + s}} \times$$

$$\times \int_0^d \overline{\overline{\varphi}} (\xi_n, m, w; \theta) \left[\cosh \left\{ (d - |z - w|) \sqrt{\frac{\eta_r \xi_n^2 + s}{\eta_z}} \right\} + \cosh \left\{ (d - z - w) \sqrt{\frac{\eta_r \xi_n^2 + s}{\eta_z}} \right\} \right] dw \tag{25.51.1}$$

where ξ_n are the positive roots of $\xi_n J_{m\dot{o}}' (\xi_n a) + \lambda J_{m\dot{o}} (\xi_n a) = 0$, $n = 1, 2, ...$,
$\overline{\overline{\overline{\psi}}}_0 (\xi_n, m, s; \theta) = \int_0^a u J_{m\dot{o}} (\xi_n u) \int_0^{2\pi} \overline{\psi}_0 (u, v, s) \cos \{m (\theta - v)\} dv du$,
$\overline{\overline{\overline{\psi}}}_d (\xi_n, m, s; \theta) = \int_0^a u J_{m\dot{o}} (\xi_n u) \int_0^{2\pi} \overline{\psi}_d (u, v, s) \cos \{m (\theta - v)\} dv du$,
$\overline{\overline{\psi}}_a (m, w, s; \theta) = \int_0^{2\pi} \overline{\psi}_a (v, w, s) \cos \{m (\theta - v)\} dv$, and
$\overline{\overline{\varphi}} (\xi_n, m, w; \theta) = \int_0^a u J_{m\dot{o}} (\xi_n u) \int_0^{2\pi} \varphi (u, v, w) \cos \{m (\theta - v)\} dv du$.

$$p = \frac{U (t - t_0)}{\pi a^2 d \phi c_t} \sum_{m=0}^{\infty} \ni_m \cos \{m (\theta - \theta_0)\} \sum_{n=1}^{\infty} \frac{J_{m\dot{o}} (\xi_n r_0) J_{m\dot{o}} (\xi_n r)}{\left[\left\{ 1 - \left(\frac{m\dot{o}}{\xi_n a} \right)^2 \right\} J_{m\dot{o}}^2 (\xi_n a) + J_{m\dot{o}}'^2 (\xi_n a) \right]} \times$$

$$\times \int_0^{t-t_0} q (t - t_0 - \tau) \left[\Theta_3 \left\{ \frac{\pi (z - z_0)}{2d}, e^{-\left(\frac{\pi}{d}\right)^2 \eta_z \tau} \right\} + \Theta_3 \left\{ \frac{\pi (z + z_0)}{2d}, e^{-\left(\frac{\pi}{d}\right)^2 \eta_z \tau} \right\} \right] e^{-\eta_r \xi_n^2 \tau} d\tau -$$

$$- \frac{1}{\pi a d \phi c_t} \sum_{m=0}^{\infty} \ni_m \cos \{m (\theta - \theta_0)\} \sum_{n=1}^{\infty} \frac{J_{m\dot{o}} (\xi_n r)}{\left[\left\{ 1 - \left(\frac{m\dot{o}}{\xi_n a} \right)^2 \right\} J_{m\dot{o}}^2 (\xi_n a) + J_{m\dot{o}}'^2 (\xi_n a) \right]} \times$$

$$\times \int_0^t e^{-\eta_r \xi_n^2 \tau} \int_0^d \overline{\psi}_a (m, w, t - \tau; \theta) \left[\Theta_3 \left\{ \frac{\pi (z - w)}{2d}, e^{-\left(\frac{\pi}{d}\right)^2 \eta_z \tau} \right\} + \Theta_3 \left\{ \frac{\pi (z + w)}{2d}, e^{-\left(\frac{\pi}{d}\right)^2 \eta_z \tau} \right\} \right] dw d\tau -$$

$$- \frac{2}{\pi a^2 d \phi c_t} \sum_{m=0}^{\infty} \ni_m \cos \{m (\theta - \theta_0)\} \sum_{n=1}^{\infty} \frac{J_{m\dot{o}} (\xi_n r)}{\left[\left\{ 1 - \left(\frac{m\dot{o}}{\xi_n a} \right)^2 \right\} J_{m\dot{o}}^2 (\xi_n a) + J_{m\dot{o}}'^2 (\xi_n a) \right]} \times$$

$$\times \int_0^t \left\{ \Theta_3 \left(\frac{\pi z}{2d}, e^{-\left(\frac{\pi}{d}\right)^2 \eta_z \tau} \right) \overline{\overline{\psi}}_0 (\xi_n, m, t - \tau; \theta) - \Theta_4 \left(\frac{\pi z}{2d}, e^{-\left(\frac{\pi}{d}\right)^2 \eta_z \tau} \right) \overline{\overline{\psi}}_d (\xi_n, m, t - \tau; \theta) \right\} e^{-\eta_r \xi_n^2 \tau} d\tau +$$

$$+ \frac{1}{\pi a^2 d} \sum_{m=0}^{\infty} \ni_m \cos \{m (\theta - \theta_0)\} \sum_{n=1}^{\infty} \frac{J_{m\dot{o}} (\xi_n r) e^{-\eta_r \xi_n^2 t}}{\left[\left\{ 1 - \left(\frac{m\dot{o}}{\xi_n a} \right)^2 \right\} J_{m\dot{o}}^2 (\xi_n a) + J_{m\dot{o}}'^2 (\xi_n a) \right]} \times$$

$$\times \int_0^d \overline{\overline{\varphi}} (\xi_n, m, w; \theta) \left[\Theta_3 \left\{ \frac{\pi (z - w)}{2d}, e^{-\left(\frac{\pi}{d}\right)^2 \eta_z t} \right\} + \Theta_3 \left\{ \frac{\pi (z + w)}{2d}, e^{-\left(\frac{\pi}{d}\right)^2 \eta_z t} \right\} \right] dw \tag{25.51.2}$$

where $\overline{\psi}_a (m, w, t; \theta) = \int_0^{2\pi} \psi_a (v, w, t) \cos \{m (\theta - v)\} dv$,

$\overline{\overline{\psi}}_0(\xi_n, m, t; \theta) = \int_0^a u J_{m\dot{o}}(\xi_n u) \int_0^{2\pi} \psi_0(u, v, t) \cos\{m(\theta - v)\} dv du$, and
$\overline{\overline{\psi}}_d(\xi_n, m, t; \theta) = \int_0^a u J_{m\dot{o}}(\xi_n u) \int_0^{2\pi} \psi_d(u, v, t) \cos\{m(\theta - v)\} dv du$.

25.52 A cylindrical continuum bounded by $a \le r \le b$ and $0 \le z \le d$. Point source at $s_p \equiv (r_0, \theta_0, z_0)$ at time $t = t_0$; $a < r_0 < b$, $0 \le \theta_0 \le 2\pi$, $0 < z_0 < d$, $t_0 \ge 0$.
$N_0 \equiv \frac{\partial p(r,\theta,0,t)}{\partial z} = -\left(\frac{\mu}{k_z}\right)\psi_0(r, \theta, t)$,
$N_d \equiv \frac{\partial p(r,\theta,d,t)}{\partial z} = -\left(\frac{\mu}{k_z}\right)\psi_d(r, \theta, t)$,
$D_a \equiv p(a, \theta, z, t) = \psi_a(\theta, z, t)$ and
$D_b \equiv p(b, \theta, z, t) = \psi_b(\theta, z, t)$. $p(r, \theta, z, 0) = \varphi(r, \theta, z)$

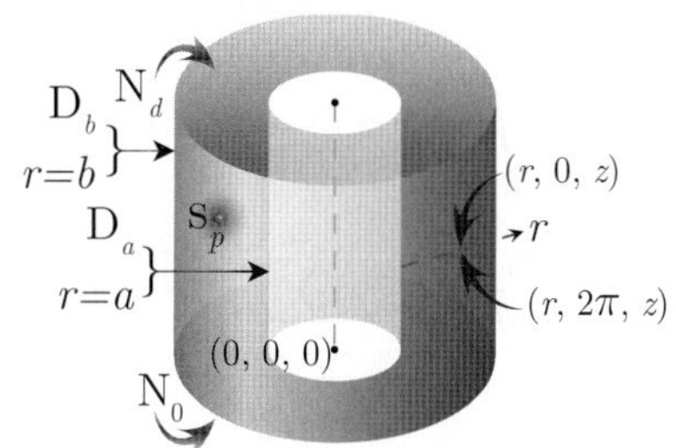

$$\begin{aligned}
\overline{p} &= \frac{\pi q(s) e^{-st_0}}{4\phi c_t \sqrt{\eta_z}} \sum_{m=0}^{\infty} \ni_m \cos\{m(\theta - \theta_0)\} \sum_{n=1}^{\infty} \frac{\xi_n^2 J_{m\dot{o}}^2(\xi_n b) \mathcal{V}_{Dm\dot{o}}(\xi r_0, a) \mathcal{V}_{Dm\dot{o}}(\xi r, a) \operatorname{csch}\left(d\sqrt{\frac{\eta_r \xi_n^2 + s}{\eta_z}}\right)}{\{J_{m\dot{o}}^2(\xi_n a) - J_{m\dot{o}}^2(\xi_n b)\} \sqrt{(\eta_r \xi_n^2 + s)}} \times \\
&\times \left[\cosh\left\{(d - |z - z_0|)\sqrt{\frac{\eta_r \xi_n^2 + s}{\eta_z}}\right\} + \cosh\left\{(d - z - z_0)\sqrt{\frac{\eta_r \xi_n^2 + s}{\eta_z}}\right\}\right] - \\
&- \frac{\eta_r}{2\sqrt{\eta_z}} \sum_{m=0}^{\infty} \ni_m \cos\{m(\theta - \theta_0)\} \sum_{n=1}^{\infty} \frac{\xi_n^2 J_{m\dot{o}}^2(\xi_n b) \mathcal{V}_{Dm\dot{o}}(\xi r, a) \operatorname{csch}\left(d\sqrt{\frac{\eta_r \xi_n^2 + s}{\eta_z}}\right)}{\{J_{m\dot{o}}^2(\xi_n a) - J_{m\dot{o}}^2(\xi_n b)\} \sqrt{\eta_r \xi_n^2 + s}} \times \\
&\times \int_0^d \overline{\overline{\psi}}_a(m, w, s; \theta) \left[\cosh\left\{(d - |z - w|)\sqrt{\frac{\eta_r \xi_n^2 + s}{\eta_z}}\right\} + \cosh\left\{(d - z - w)\sqrt{\frac{\eta_r \xi_n^2 + s}{\eta_z}}\right\}\right] dw + \\
&+ \frac{\eta_r}{2\sqrt{\eta_z}} \sum_{m=0}^{\infty} \ni_m \cos\{m(\theta - \theta_0)\} \sum_{n=1}^{\infty} \frac{\xi_n^2 J_{m\dot{o}}(\xi_n a) J_{m\dot{o}}(\xi_n b) \mathcal{V}_{Dm\dot{o}}(\xi r, a) \operatorname{csch}\left(d\sqrt{\frac{\eta_r \xi_n^2 + s}{\eta_z}}\right)}{\{J_{m\dot{o}}^2(\xi_n a) - J_{m\dot{o}}^2(\xi_n b)\} \sqrt{\eta_r \xi_n^2 + s}} \times \\
&\times \int_0^d \overline{\overline{\psi}}_b(m, w, s; \theta) \left[\cosh\left\{(d - |z - w|)\sqrt{\frac{\eta_r \xi_n^2 + s}{\eta_z}}\right\} + \cosh\left\{(d - z - w)\sqrt{\frac{\eta_r \xi_n^2 + s}{\eta_z}}\right\}\right] dw + \\
&+ \frac{\pi}{2\phi c_t \sqrt{\eta_z}} \sum_{m=0}^{\infty} \ni_m \cos\{m(\theta - \theta_0)\} \sum_{n=1}^{\infty} \frac{\xi_n^2 J_{m\dot{o}}^2(\xi_n b) \mathcal{V}_{Dm\dot{o}}(\xi r, a) \operatorname{csch}\left(d\sqrt{\frac{\eta_r \xi_n^2 + s}{\eta_z}}\right)}{\{J_{m\dot{o}}^2(\xi_n a) - J_{m\dot{o}}^2(\xi_n b)\} \sqrt{(\eta_r \xi_n^2 + s)}} \times \\
&\times \left[\overline{\overline{\psi}}_0(\xi_n, m, s; \theta) \cosh\left\{(d - z)\sqrt{\frac{\eta_r \xi_n^2 + s}{\eta_z}}\right\} - \overline{\overline{\psi}}_d(\xi_n, m, s; \theta) \cosh\left\{z\sqrt{\frac{\eta_r \xi_n^2 + s}{\eta_z}}\right\}\right] + \\
&+ \frac{\pi}{4\sqrt{\eta_z}} \sum_{m=0}^{\infty} \ni_m \sum_{n=1}^{\infty} \frac{\xi_n^2 J_{m\dot{o}}^2(\xi_n b) \mathcal{V}_{Dm\dot{o}}(\xi r, a) \operatorname{csch}\left(d\sqrt{\frac{\eta_r \xi_n^2 + s}{\eta_z}}\right)}{\{J_{m\dot{o}}^2(\xi_n a) - J_{m\dot{o}}^2(\xi_n b)\} \sqrt{\eta_r \xi_n^2 + s}} \times \\
&\times \int_0^d \overline{\overline{\varphi}}(\xi_n, m, w; \theta) \left[\cosh\left\{(d - |z - w|)\sqrt{\frac{\eta_r \xi_n^2 + s}{\eta_z}}\right\} + \cosh\left\{(d - z - w)\sqrt{\frac{\eta_r \xi_n^2 + s}{\eta_z}}\right\}\right] dw \quad (25.52.1)
\end{aligned}$$

where $\overline{\overline{p}} = \int_a^b \overline{p} r \mathcal{V}_{Dm\dot{o}}(\xi_n r, a) dr$; $\mathcal{V}_{Dm\dot{o}}(\xi_n r, a) = J_{m\dot{o}}(\xi_n r) Y_{m\dot{o}}(\xi_n a) - Y_{m\dot{o}}(\xi_n r) J_{m\dot{o}}(\xi_n a)$, and the eigenvalues $\xi_n, n = 1, 2, ...$, are the positive roots of the transcendental equation $\mathcal{V}_{Dm\dot{o}}(\xi_n b, a) = 0$.
$\overline{\overline{\psi}}_0(\xi_n, m, s; \theta) = \int_a^b u \mathcal{V}_{Dm\dot{o}}(\xi_n u, a) \int_0^{2\pi} \overline{\psi}_0(u, v, s) \cos\{m(\theta - v)\} dv du$,
$\overline{\overline{\psi}}_d(\xi_n, m, s; \theta) = \int_a^b u \mathcal{V}_{Dm\dot{o}}(\xi_n u, a) \int_0^{2\pi} \overline{\psi}_d(u, v, s) \cos\{m(\theta - v)\} dv du$,

$\overline{\overline{\psi}}_a(m,w,s;\theta)=\int_0^{2\pi}\overline{\psi}_a(v,w,s)\cos\{m(\theta-v)\}dv$, $\overline{\overline{\psi}}_b(m,w,s;\theta)=\int_0^{2\pi}\overline{\psi}_b(v,w,s)\cos\{m(\theta-v)\}dv$, and $\overline{\overline{\varphi}}(\xi_n,m,w;\theta)=\int_a^b u\mathcal{V}_{\mathcal{D}m\dot{o}}(\xi_n u,a)\int_0^{2\pi}\varphi(u,v,w)\cos\{m(\theta-v)\}dvdu$.

$$p = \frac{U(t-t_0)\pi}{4\phi c_t d}\sum_{m=0}^{\infty}\ni_m\cos\{m(\theta-\theta_0)\}\sum_{n=1}^{\infty}\frac{\xi_n^2 J_{m\dot{o}}^2(\xi_n b)\mathcal{V}_{\mathcal{D}m\dot{o}}(\xi r_0,a)\mathcal{V}_{\mathcal{D}m\dot{o}}(\xi r,a)}{\{J_{m\dot{o}}^2(\xi_n a)-J_{m\dot{o}}^2(\xi_n b)\}}\times$$
$$\times\int_0^{t-t_0} q(t-t_0-\tau)\left[\Theta_3\left\{\frac{\pi(z-z_0)}{2d},e^{-\left(\frac{\pi}{d}\right)^2\eta_z\tau}\right\}+\Theta_3\left\{\frac{\pi(z+z_0)}{2d},e^{-\left(\frac{\pi}{d}\right)^2\eta_z\tau}\right\}\right]e^{-\eta_r\xi_n^2\tau}d\tau-$$
$$-\frac{\eta_r}{2d}\sum_{m=0}^{\infty}\ni_m\sum_{n=1}^{\infty}\frac{\xi_n^2 J_{m\dot{o}}^2(\xi_n b)\mathcal{V}_{\mathcal{D}m\dot{o}}(\xi r,a)}{\{J_{m\dot{o}}^2(\xi_n a)-J_{m\dot{o}}^2(\xi_n b)\}}\times$$
$$\times\int_0^t e^{-\eta_r\xi_n^2\tau}\int_0^d\overline{\psi}_a(m,w,t-\tau;\theta)\left[\Theta_3\left\{\frac{\pi(z-w)}{2d},e^{-\left(\frac{\pi}{d}\right)^2\eta_z\tau}\right\}+\Theta_3\left\{\frac{\pi(z+w)}{2d},e^{-\left(\frac{\pi}{d}\right)^2\eta_z\tau}\right\}\right]dwd\tau+$$
$$+\frac{\eta_r}{2d}\sum_{m=0}^{\infty}\ni_m\sum_{n=1}^{\infty}\frac{\xi_n^2 J_{m\dot{o}}(\xi_n a)J_{m\dot{o}}(\xi_n b)\mathcal{V}_{\mathcal{D}m\dot{o}}(\xi r,a)}{\{J_{m\dot{o}}^2(\xi_n a)-J_{m\dot{o}}^2(\xi_n b)\}}\times$$
$$\times\int_0^t e^{-\eta_r\xi_n^2\tau}\int_0^d\overline{\psi}_b(m,w,t-\tau;\theta)\left[\Theta_3\left\{\frac{\pi(z-w)}{2d},e^{-\left(\frac{\pi}{d}\right)^2\eta_z\tau}\right\}+\Theta_3\left\{\frac{\pi(z+w)}{2d},e^{-\left(\frac{\pi}{d}\right)^2\eta_z\tau}\right\}\right]dwd\tau-$$
$$-\frac{\pi}{2d\phi c_t}\sum_{m=0}^{\infty}\ni_m\cos\{m(\theta-\theta_0)\}\sum_{n=1}^{\infty}\frac{\xi_n^2 J_{m\dot{o}}^2(\xi_n b)\mathcal{V}_{\mathcal{D}m\dot{o}}(\xi r,a)}{\{J_{m\dot{o}}^2(\xi_n a)-J_{m\dot{o}}^2(\xi_n b)\}}\times$$
$$\times\int_0^t\left\{\Theta_3\left(\frac{\pi z}{2d},e^{-\left(\frac{\pi}{d}\right)^2\eta_z\tau}\right)\overline{\overline{\psi}}_0(\xi_n,m,t-\tau;\theta)-\Theta_4\left(\frac{\pi z}{2d},e^{-\left(\frac{\pi}{d}\right)^2\eta_z\tau}\right)\overline{\overline{\psi}}_d(\xi_n,m,t-\tau;\theta)\right\}e^{-\eta_r\xi_n^2\tau}d\tau+$$
$$+\frac{\pi}{4d}\sum_{m=0}^{\infty}\ni_m\cos\{m(\theta-\theta_0)\}\sum_{n=1}^{\infty}\frac{\xi_n^2 J_{m\dot{o}}^2(\xi_n b)\mathcal{V}_{\mathcal{D}m\dot{o}}(\xi r,a)e^{-\eta_r\xi_n^2 t}}{\{J_{m\dot{o}}^2(\xi_n a)-J_{m\dot{o}}^2(\xi_n b)\}}\times$$
$$\times\int_0^d\overline{\overline{\varphi}}(\xi_n,m,w;\theta)\left[\Theta_3\left\{\frac{\pi(z-w)}{2d},e^{-\left(\frac{\pi}{d}\right)^2\eta_z t}\right\}+\Theta_3\left\{\frac{\pi(z+w)}{2d},e^{-\left(\frac{\pi}{d}\right)^2\eta_z t}\right\}\right]dw \quad (25.52.2)$$

where $\overline{\psi}_a(m,w,t;\theta)=\int_0^{2\pi}\psi_a(v,w,t)\cos\{m(\theta-v)\}dv$, $\overline{\psi}_b(m,w,t;\theta)=\int_0^{2\pi}\psi_b(v,w,t)\cos\{m(\theta-v)\}dv$, $\overline{\overline{\psi}}_0(\xi_n,m,t;\theta)=\int_a^b u\mathcal{V}_{\mathcal{D}m\dot{o}}(\xi_n u,a)\int_0^{2\pi}\psi_0(u,v,t)\cos\{m(\theta-v)\}dvdu$, and $\overline{\overline{\psi}}_d(\xi_n,m,t;\theta)=\int_a^b u\mathcal{V}_{\mathcal{D}m\dot{o}}(\xi_n u,a)\int_0^{2\pi}\psi_d(u,v,t)\cos\{m(\theta-v)\}dvdu$.

25.53

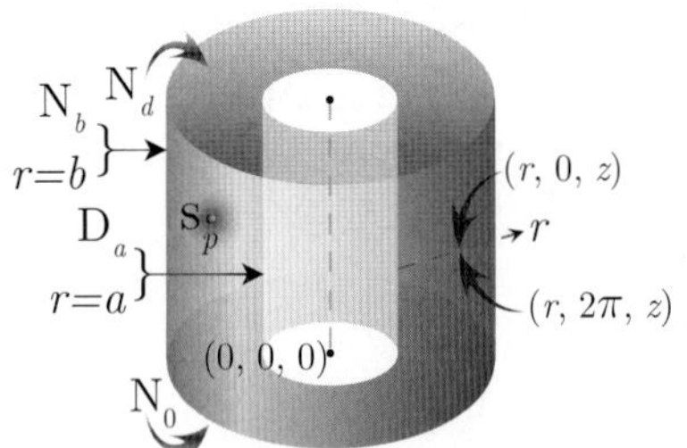

The problem of 25.52, except
$\mathbf{D}_a \equiv p(a,\theta,z,t)=\psi_a(\theta,z,t)$,
$\mathbf{N}_b \equiv \frac{\partial p(b,\theta,z,t)}{\partial r}=-\left(\frac{\mu}{k_r}\right)\psi_b(\theta,z,t)$,
$\mathbf{N}_0 \equiv \frac{\partial p(r,\theta,0,t)}{\partial z}=-\left(\frac{\mu}{k_z}\right)\psi_0(r,\theta,t)$ and
$\mathbf{N}_d \equiv \frac{\partial p(r,\theta,d,t)}{\partial z}=-\left(\frac{\mu}{k_z}\right)\psi_d(r,\theta,t)$

$$\overline{p} = \frac{\pi q(s)e^{-st_0}}{4\phi c_t\sqrt{\eta_z}}\sum_{m=0}^{\infty}\ni_m\cos\{m(\theta-\theta_0)\}\sum_{n=1}^{\infty}\frac{\xi_n^2 J_{m\dot{o}}'^2(\xi_n b)\mathcal{V}_{\mathcal{D}m\dot{o}}(\xi r_0,a)\mathcal{V}_{\mathcal{D}m\dot{o}}(\xi r,a)\operatorname{csch}\left(d\sqrt{\frac{\eta_r\xi_n^2+s}{\eta_z}}\right)}{\left[\left\{1-\left(\frac{m\dot{o}}{\xi_n b}\right)^2\right\}J_{m\dot{o}}^2(\xi_n a)-J_{m\dot{o}}'^2(\xi_n b)\right]\sqrt{(\eta_r\xi_n^2+s)}}\times$$
$$\times\left[\cosh\left\{(d-|z-z_0|)\sqrt{\frac{\eta_r\xi_n^2+s}{\eta_z}}\right\}+\cosh\left\{(d-z-z_0)\sqrt{\frac{\eta_r\xi_n^2+s}{\eta_z}}\right\}\right]-$$

$$-\frac{\eta_r}{2\sqrt{\eta_z}}\sum_{m=0}^{\infty}\ni_m\cos\{m(\theta-\theta_0)\}\sum_{n=1}^{\infty}\frac{\xi_n^2 J_{m\dot{o}}'^2(\xi_n b)\,\mathcal{V}_{\mathcal{D}m\dot{o}}(\xi r,a)\,\mathrm{csch}\left(d\sqrt{\frac{\eta_r\xi_n^2+s}{\eta_z}}\right)}{\left[\left\{1-\left(\frac{m\dot{o}}{\xi_n b}\right)^2\right\}J_{m\dot{o}}^2(\xi_n a)-J_{m\dot{o}}'^2(\xi_n b)\right]\sqrt{\eta_r\xi_n^2+s}}\times$$

$$\times\int_0^d\overline{\overline{\psi}}_a(m,w,s;\theta)\left[\cosh\left\{(d-|z-w|)\sqrt{\frac{\eta_r\xi_n^2+s}{\eta_z}}\right\}+\cosh\left\{(d-z-w)\sqrt{\frac{\eta_r\xi_n^2+s}{\eta_z}}\right\}\right]dw-$$

$$-\frac{1}{2\phi c_t\sqrt{\eta_z}}\sum_{m=0}^{\infty}\ni_m\cos\{m(\theta-\theta_0)\}\sum_{n=1}^{\infty}\frac{\xi_n^2 J_{m\dot{o}}(\xi_n a)\,J_{m\dot{o}}'(\xi_n b)\,\mathcal{V}_{\mathcal{D}m\dot{o}}(\xi r,a)\,\mathrm{csch}\left(d\sqrt{\frac{\eta_r\xi_n^2+s}{\eta_z}}\right)}{\left[\left\{1-\left(\frac{m\dot{o}}{\xi_n b}\right)^2\right\}J_{m\dot{o}}^2(\xi_n a)-J_{m\dot{o}}'^2(\xi_n b)\right]\sqrt{\eta_r\xi_n^2+s}}\times$$

$$\times\int_0^d\overline{\overline{\psi}}_b(m,w,s;\theta)\left[\cosh\left\{(d-|z-w|)\sqrt{\frac{\eta_r\xi_n^2+s}{\eta_z}}\right\}+\cosh\left\{(d-z-w)\sqrt{\frac{\eta_r\xi_n^2+s}{\eta_z}}\right\}\right]dw+$$

$$+\frac{\pi}{2\phi c_t\sqrt{\eta_z}}\sum_{m=0}^{\infty}\ni_m\cos\{m(\theta-\theta_0)\}\sum_{n=1}^{\infty}\frac{\xi_n^2 J_{m\dot{o}}'^2(\xi_n b)\,\mathcal{V}_{\mathcal{D}m\dot{o}}(\xi r,a)\,\mathrm{csch}\left(d\sqrt{\frac{\eta_r\xi_n^2+s}{\eta_z}}\right)}{\left[\left\{1-\left(\frac{m\dot{o}}{\xi_n b}\right)^2\right\}J_{m\dot{o}}^2(\xi_n a)-J_{m\dot{o}}'^2(\xi_n b)\right]\sqrt{(\eta_r\xi_n^2+s)}}\times$$

$$\times\left[\overline{\overline{\overline{\psi}}}_0(\xi_n,m,s;\theta)\cosh\left\{(d-z)\sqrt{\frac{\eta_r\xi_n^2+s}{\eta_z}}\right\}-\overline{\overline{\overline{\psi}}}_d(\xi_n,m,s;\theta)\cosh\left\{z\sqrt{\frac{\eta_r\xi_n^2+s}{\eta_z}}\right\}\right]+$$

$$+\frac{\pi}{4\sqrt{\eta_z}}\sum_{m=0}^{\infty}\ni_m\cos\{m(\theta-\theta_0)\}\sum_{n=1}^{\infty}\frac{\xi_n^2 J_{m\dot{o}}'^2(\xi_n b)\,\mathcal{V}_{\mathcal{D}m\dot{o}}(\xi r,a)\,\mathrm{csch}\left(d\sqrt{\frac{\eta_r\xi_n^2+s}{\eta_z}}\right)}{\left[\left\{1-\left(\frac{m\dot{o}}{\xi_n b}\right)^2\right\}J_{m\dot{o}}^2(\xi_n a)-J_{m\dot{o}}'^2(\xi_n b)\right]\sqrt{\eta_r\xi_n^2+s}}\times$$

$$\times\int_0^d\overline{\overline{\varphi}}(\xi_n,m,w;\theta)\left[\cosh\left\{(d-|z-w|)\sqrt{\frac{\eta_r\xi_n^2+s}{\eta_z}}\right\}+\cosh\left\{(d-z-w)\sqrt{\frac{\eta_r\xi_n^2+s}{\eta_z}}\right\}\right]dw\quad(25.53.1)$$

where $\overline{\overline{p}}=\int_a^b\overline{p}r\mathcal{V}_{\mathcal{D}m\dot{o}}(\xi_n r,a)\,dr$; $\mathcal{V}_{\mathcal{D}m\dot{o}}(\xi_n r,a)=J_{m\dot{o}}(\xi_n r)\,Y_{m\dot{o}}(\xi_n a)-Y_{m\dot{o}}(\xi_n r)\,J_{m\dot{o}}(\xi_n a)$, and the eigenvalues are the positive roots of the transcendental equation $\mathcal{V}_{\mathcal{D}m\dot{o}}'(\xi_n b,a)=0$, $\xi_n, n=1,2,...,$
$\overline{\overline{\overline{\psi}}}_0(\xi_n,m,s;\theta)=\int_a^b u\mathcal{V}_{\mathcal{D}m\dot{o}}(\xi_n u,a)\int_0^{2\pi}\overline{\psi}_0(u,v,s)\cos\{m(\theta-v)\}dvdu$,
$\overline{\overline{\overline{\psi}}}_d(\xi_n,m,s;\theta)=\int_a^b u\mathcal{V}_{\mathcal{D}m\dot{o}}(\xi_n u,a)\int_0^{2\pi}\overline{\psi}_d(u,v,s)\cos\{m(\theta-v)\}dvdu$,
$\overline{\overline{\psi}}_a(m,w,s;\theta)=\int_0^{2\pi}\overline{\psi}_a(v,w,s)\cos\{m(\theta-v)\}dv$, $\overline{\overline{\psi}}_b(m,w,s;\theta)=\int_0^{2\pi}\overline{\psi}_b(v,w,s)\cos\{m(\theta-v)\}dv$, and
$\overline{\overline{\varphi}}(\xi_n,m,w;\theta)=\int_a^b u\mathcal{V}_{\mathcal{D}m\dot{o}}(\xi_n u,a)\int_0^{2\pi}\varphi(u,v,w)\cos\{m(\theta-v)\}dvdu$.

$$p=\frac{U(t-t_0)\pi}{4\phi c_t d}\sum_{m=0}^{\infty}\ni_m\cos\{m(\theta-\theta_0)\}\sum_{n=1}^{\infty}\frac{\xi_n^2 J_{m\dot{o}}'^2(\xi_n b)\,\mathcal{V}_{\mathcal{D}m\dot{o}}(\xi r_0,a)\,\mathcal{V}_{\mathcal{D}m\dot{o}}(\xi r,a)}{\left[\left\{1-\left(\frac{m\dot{o}}{\xi_n b}\right)^2\right\}J_{m\dot{o}}^2(\xi_n a)-J_{m\dot{o}}'^2(\xi_n b)\right]}\times$$

$$\times\int_0^{t-t_0}q(t-t_0-\tau)\left[\Theta_3\left\{\frac{\pi(z-z_0)}{2d},e^{-\left(\frac{\pi}{d}\right)^2\eta_z\tau}\right\}+\Theta_3\left\{\frac{\pi(z+z_0)}{2d},e^{-\left(\frac{\pi}{d}\right)^2\eta_z\tau}\right\}\right]e^{-\eta_r\xi_n^2\tau}d\tau-$$

$$-\frac{\eta_r}{2d}\sum_{m=0}^{\infty}\ni_m\sum_{n=1}^{\infty}\frac{\xi_n^2 J_{m\dot{o}}'^2(\xi_n b)\,\mathcal{V}_{\mathcal{D}m\dot{o}}(\xi r,a)}{\left[\left\{1-\left(\frac{m\dot{o}}{\xi_n b}\right)^2\right\}J_{m\dot{o}}^2(\xi_n a)-J_{m\dot{o}}'^2(\xi_n b)\right]}\times$$

$$\times\int_0^t e^{-\eta_r\xi_n^2\tau}\int_0^d\overline{\psi}_a(m,w,t-\tau;\theta)\left[\Theta_3\left\{\frac{\pi(z-w)}{2d},e^{-\left(\frac{\pi}{d}\right)^2\eta_z\tau}\right\}+\Theta_3\left\{\frac{\pi(z+w)}{2d},e^{-\left(\frac{\pi}{d}\right)^2\eta_z\tau}\right\}\right]dwd\tau-$$

$$-\frac{1}{2\phi c_t d}\sum_{m=0}^{\infty}\ni_m \cos\{m(\theta-\theta_0)\}\sum_{n=1}^{\infty}\frac{\xi_n^2 J_{m\dot{o}}(\xi_n a)\, J'_{m\dot{o}}(\xi_n b)\, \mathcal{V}_{\mathcal{D}m\dot{o}}(\xi r, a)}{\left[\left\{1-\left(\frac{m\dot{o}}{\xi_n b}\right)^2\right\} J^2_{m\dot{o}}(\xi_n a) - J'^2_{m\dot{o}}(\xi_n b)\right]}\times$$

$$\times\int_0^t e^{-\eta_r\xi_n^2\tau}\int_0^d \overline{\psi}_b(m, w, t-\tau;\theta)\left[\Theta_3\left\{\frac{\pi(z-w)}{2d}, e^{-\left(\frac{\pi}{d}\right)^2\eta_z\tau}\right\}+\Theta_3\left\{\frac{\pi(z+w)}{2d}, e^{-\left(\frac{\pi}{d}\right)^2\eta_z\tau}\right\}\right]dwd\tau -$$

$$-\frac{\pi}{2d\phi c_t}\sum_{m=0}^{\infty}\ni_m \cos\{m(\theta-\theta_0)\}\sum_{n=1}^{\infty}\frac{\xi_n^2 J'^2_{m\dot{o}}(\xi_n b)\, \mathcal{V}_{\mathcal{D}m\dot{o}}(\xi r, a)}{\left[\left\{1-\left(\frac{m\dot{o}}{\xi_n b}\right)^2\right\} J^2_{m\dot{o}}(\xi_n a) - J'^2_{m\dot{o}}(\xi_n b)\right]}\times$$

$$\times\int_0^t \left\{\Theta_3\left(\frac{\pi z}{2d}, e^{-\left(\frac{\pi}{d}\right)^2\eta_z\tau}\right)\overline{\overline{\psi}}_0(\xi_n, m, t-\tau;\theta)-\Theta_4\left(\frac{\pi z}{2d}, e^{-\left(\frac{\pi}{d}\right)^2\eta_z\tau}\right)\overline{\overline{\psi}}_d(\xi_n, m, t-\tau;\theta)\right\}e^{-\eta_r\xi_n^2\tau}d\tau +$$

$$+\frac{\pi}{4d}\sum_{m=0}^{\infty}\ni_m \cos\{m(\theta-\theta_0)\}\sum_{n=1}^{\infty}\frac{\xi_n^2 J'^2_{m\dot{o}}(\xi_n b)\, \mathcal{V}_{\mathcal{D}m\dot{o}}(\xi r, a)\, e^{-\eta_r\xi_n^2 t}}{\left[\left\{1-\left(\frac{m\dot{o}}{\xi_n b}\right)^2\right\} J^2_{m\dot{o}}(\xi_n a) - J'^2_{m\dot{o}}(\xi_n b)\right]}\times$$

$$\times\int_0^d \overline{\overline{\varphi}}(\xi_n, m, w;\theta)\left[\Theta_3\left\{\frac{\pi(z-w)}{2d}, e^{-\left(\frac{\pi}{d}\right)^2\eta_z t}\right\}+\Theta_3\left\{\frac{\pi(z+w)}{2d}, e^{-\left(\frac{\pi}{d}\right)^2\eta_z t}\right\}\right]dw \qquad (25.53.2)$$

where $\overline{\psi}_a(m, w, t;\theta) = \int_0^{2\pi}\psi_a(v, w, t)\cos\{m(\theta-v)\}dv$, $\overline{\psi}_b(m, w, t;\theta) = \int_0^{2\pi}\psi_b(v, w, t)\cos\{m(\theta-v)\}dv$, $\overline{\overline{\psi}}_0(\xi_n, m, t;\theta) = \int_a^b u\mathcal{V}_{\mathcal{D}m\dot{o}}(\xi_n u, a)\int_0^{2\pi}\psi_0(u, v, t)\cos\{m(\theta-v)\}dvdu$, and $\overline{\overline{\psi}}_d(\xi_n, m, t;\theta) = \int_a^b u\mathcal{V}_{\mathcal{D}m\dot{o}}(\xi_n u, a)\int_0^{2\pi}\psi_d(u, v, t)\cos\{m(\theta-v)\}dvdu$.

25.54

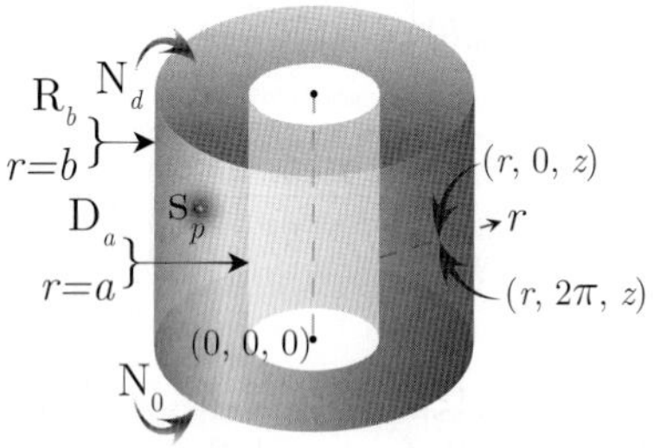

The problem of 25.52, except
$\mathbf{D}_a \equiv p(a, \theta, z, t) = \psi_a(\theta, z, t)$,
$\mathbf{R}_b \equiv \frac{\partial p(b,\theta,z,t)}{\partial r} + \lambda p(b, \theta, z, t) = -\left(\frac{\mu}{k_r}\right)\psi_b(\theta, z, t)$,
$\mathbf{N}_0 \equiv \frac{\partial p(r,\theta,0,t)}{\partial z} = -\left(\frac{\mu}{k_z}\right)\psi_0(r, \theta, t)$ **and**
$\mathbf{N}_d \equiv \frac{\partial p(r,\theta,d,t)}{\partial z} = -\left(\frac{\mu}{k_z}\right)\psi_d(r, \theta, t)$

$$\overline{p} = \frac{\pi q(s)\, e^{-st_0}}{4\phi c_t\sqrt{\eta_z}}\sum_{m=0}^{\infty}\ni_m\cos\{m(\theta-\theta_0)\}\times$$

$$\times\sum_{n=1}^{\infty}\frac{\xi_n^2\{\xi_n J'_{m\dot{o}}(\xi_n b)+\lambda J_{m\dot{o}}(\xi_n b)\}^2\mathcal{V}_{\mathcal{D}m\dot{o}}(\xi r_0, a)\,\mathcal{V}_{\mathcal{D}m\dot{o}}(\xi r, a)\,\mathrm{csch}\left(d\sqrt{\frac{\eta_r\xi_n^2+s}{\eta_z}}\right)}{\left[\left\{\xi_n^2+\lambda^2-\left(\frac{m\dot{o}}{b}\right)^2\right\}J^2_{m\dot{o}}(\xi_n a)-\{\xi_n J'_{m\dot{o}}(\xi_n b)+\lambda J_{m\dot{o}}(\xi_n b)\}^2\right]\sqrt{(\eta_r\xi_n^2+s)}}\times$$

$$\times\left[\cosh\left\{(d-|z-z_0|)\sqrt{\frac{\eta_r\xi_n^2+s}{\eta_z}}\right\}+\cosh\left\{(d-z-z_0)\sqrt{\frac{\eta_r\xi_n^2+s}{\eta_z}}\right\}\right]-$$

$$-\frac{\eta_r}{2\sqrt{\eta_z}}\sum_{m=0}^{\infty}\ni_m\cos\{m(\theta-\theta_0)\}\times$$

$$\times\sum_{n=1}^{\infty}\frac{\xi_n^2\{\xi_n J'_{m\dot{o}}(\xi_n b)+\lambda J_{m\dot{o}}(\xi_n b)\}^2\mathcal{V}_{\mathcal{D}m\dot{o}}(\xi r, a)\,\mathrm{csch}\left(d\sqrt{\frac{\eta_r\xi_n^2+s}{\eta_z}}\right)}{\left[\left\{\xi_n^2+\lambda^2-\left(\frac{m\dot{o}}{b}\right)^2\right\}J^2_{m\dot{o}}(\xi_n a)-\{\xi_n J'_{m\dot{o}}(\xi_n b)+\lambda J_{m\dot{o}}(\xi_n b)\}^2\right]\sqrt{\eta_r\xi_n^2+s}}\times$$

$$\times\int_0^d\overline{\psi}_a(m, w, s;\theta)\left[\cosh\left\{(d-|z-w|)\sqrt{\frac{\eta_r\xi_n^2+s}{\eta_z}}\right\}+\cosh\left\{(d-z-w)\sqrt{\frac{\eta_r\xi_n^2+s}{\eta_z}}\right\}\right]dw -$$

$$-\frac{1}{2\phi c_t\sqrt{\eta_z}}\sum_{m=0}^{\infty}\ni_m\cos\{m(\theta-\theta_0)\}\times$$

$$\times\sum_{n=1}^{\infty}\frac{\xi_n^2 J_{m\dot{o}}(\xi_n a)\{\xi_n J'_{m\dot{o}}(\xi_n b)+\lambda J_{m\dot{o}}(\xi_n b)\}\mathcal{V}_{\mathcal{D}m\dot{o}}(\xi r,a)\operatorname{csch}\left(d\sqrt{\frac{\eta_r\xi_n^2+s}{\eta_z}}\right)}{\left[\left\{\xi_n^2+\lambda^2-\left(\frac{m\dot{o}}{b}\right)^2\right\}J_{m\dot{o}}^2(\xi_n a)-\{\xi_n J'_{m\dot{o}}(\xi_n b)+\lambda J_{m\dot{o}}(\xi_n b)\}^2\right]\sqrt{\eta_r\xi_n^2+s}}\times$$

$$\times\int_0^d\overline{\overline{\psi}}_b(m,w,s;\theta)\left[\cosh\left\{(d-|z-w|)\sqrt{\frac{\eta_r\xi_n^2+s}{\eta_z}}\right\}+\cosh\left\{(d-z-w)\sqrt{\frac{\eta_r\xi_n^2+s}{\eta_z}}\right\}\right]dw+$$

$$+\frac{\pi}{2\phi c_t\sqrt{\eta_z}}\sum_{m=0}^{\infty}\ni_m\cos\{m(\theta-\theta_0)\}\times$$

$$\times\sum_{n=1}^{\infty}\frac{\xi_n^2\{\xi_n J'_{m\dot{o}}(\xi_n b)+\lambda J_{m\dot{o}}(\xi_n b)\}^2\mathcal{V}_{\mathcal{D}m\dot{o}}(\xi r,a)\operatorname{csch}\left(d\sqrt{\frac{\eta_r\xi_n^2+s}{\eta_z}}\right)}{\left[\left\{\xi_n^2+\lambda^2-\left(\frac{m\dot{o}}{b}\right)^2\right\}J_{m\dot{o}}^2(\xi_n a)-\{\xi_n J'_{m\dot{o}}(\xi_n b)+\lambda J_{m\dot{o}}(\xi_n b)\}^2\right]\sqrt{(\eta_r\xi_n^2+s)}}\times$$

$$\times\left[\overline{\overline{\overline{\psi}}}_0(\xi_n,m,s;\theta)\cosh\left\{(d-z)\sqrt{\frac{\eta_r\xi_n^2+s}{\eta_z}}\right\}-\overline{\overline{\overline{\psi}}}_d(\xi_n,m,s;\theta)\cosh\left\{z\sqrt{\frac{\eta_r\xi_n^2+s}{\eta_z}}\right\}\right]+$$

$$+\frac{\pi}{4\sqrt{\eta_z}}\sum_{m=0}^{\infty}\ni_m\sum_{n=1}^{\infty}\frac{\xi_n^2\{\xi_n J'_{m\dot{o}}(\xi_n b)+\lambda J_{m\dot{o}}(\xi_n b)\}^2\mathcal{V}_{\mathcal{D}m\dot{o}}(\xi r,a)\operatorname{csch}\left(d\sqrt{\frac{\eta_r\xi_n^2+s}{\eta_z}}\right)}{\left[\left\{\xi_n^2+\lambda^2-\left(\frac{m\dot{o}}{b}\right)^2\right\}J_{m\dot{o}}^2(\xi_n a)-\{\xi_n J'_{m\dot{o}}(\xi_n b)+\lambda J_{m\dot{o}}(\xi_n b)\}^2\right]\sqrt{\eta_r\xi_n^2+s}}\times$$

$$\times\int_0^d\overline{\overline{\varphi}}(\xi_n,m,w;\theta)\left[\cosh\left\{(d-|z-w|)\sqrt{\frac{\eta_r\xi_n^2+s}{\eta_z}}\right\}+\cosh\left\{(d-z-w)\sqrt{\frac{\eta_r\xi_n^2+s}{\eta_z}}\right\}\right]dw\quad(25.54.1)$$

where $\overline{\overline{p}}=\int_a^b \overline{p}r\mathcal{V}_{\mathcal{D}m\dot{o}}(\xi_n r,a)\,dr$; $\mathcal{V}_{\mathcal{D}m\dot{o}}(\xi_n r,a)=J_{m\dot{o}}(\xi_n r)Y_{m\dot{o}}(\xi_n a)-Y_{m\dot{o}}(\xi_n r)J_{m\dot{o}}(\xi_n a)$, and the eigenvalues $\xi_n, n=1,2,...$, are the positive roots of the transcendental equation $\xi_n\mathcal{V}'_{\mathcal{D}m\dot{o}}(\xi_n b,a)+\lambda\mathcal{V}_{\mathcal{D}m\dot{o}}(\xi_n b,a)=0$.
$\overline{\overline{\overline{\psi}}}_0(\xi_n,m,s;\theta)=\int_a^b u\mathcal{V}_{\mathcal{D}m\dot{o}}(\xi_n u,a)\int_0^{2\pi}\overline{\psi}_0(u,v,s)\cos\{m(\theta-v)\}dvdu$,
$\overline{\overline{\overline{\psi}}}_d(\xi_n,m,s;\theta)=\int_a^b u\mathcal{V}_{\mathcal{D}m\dot{o}}(\xi_n u,a)\int_0^{2\pi}\overline{\psi}_d(u,v,s)\cos\{m(\theta-v)\}dvdu$,
$\overline{\overline{\psi}}_a(m,w,s;\theta)=\int_0^{2\pi}\overline{\psi}_a(v,w,s)\cos\{m(\theta-v)\}dv$, $\overline{\overline{\psi}}_b(m,w,s;\theta)=\int_0^{2\pi}\overline{\psi}_b(v,w,s)\cos\{m(\theta-v)\}dv$, and
$\overline{\overline{\varphi}}(\xi_n,m,w;\theta)=\int_a^b u\mathcal{V}_{\mathcal{D}m\dot{o}}(\xi_n u,a)\int_0^{2\pi}\varphi(u,v,w)\cos\{m(\theta-v)\}dvdu$.

$$p=\frac{U(t-t_0)\pi}{4\phi c_t d}\sum_{m=0}^{\infty}\ni_m\cos\{m(\theta-\theta_0)\}\sum_{n=1}^{\infty}\frac{\xi_n^2\{\xi_n J'_{m\dot{o}}(\xi_n b)+\lambda J_{m\dot{o}}(\xi_n b)\}^2\mathcal{V}_{\mathcal{D}m\dot{o}}(\xi r_0,a)\,\mathcal{V}_{\mathcal{D}m\dot{o}}(\xi r,a)}{\left[\left\{\xi_n^2+\lambda^2-\left(\frac{m\dot{o}}{b}\right)^2\right\}J_{m\dot{o}}^2(\xi_n a)-\{\xi_n J'_{m\dot{o}}(\xi_n b)+\lambda J_{m\dot{o}}(\xi_n b)\}^2\right]}\times$$

$$\times\int_0^{t-t_0}q(t-t_0-\tau)\left[\Theta_3\left\{\frac{\pi(z-z_0)}{2d},e^{-\left(\frac{\pi}{d}\right)^2\eta_z\tau}\right\}+\Theta_3\left\{\frac{\pi(z+z_0)}{2d},e^{-\left(\frac{\pi}{d}\right)^2\eta_z\tau}\right\}\right]e^{-\eta_r\xi_n^2\tau}d\tau-$$

$$-\frac{\eta_r}{2d}\sum_{m=0}^{\infty}\ni_m\sum_{n=1}^{\infty}\frac{\xi_n^2\{\xi_n J'_{m\dot{o}}(\xi_n b)+\lambda J_{m\dot{o}}(\xi_n b)\}^2\mathcal{V}_{\mathcal{D}m\dot{o}}(\xi r,a)}{\left[\left\{\xi_n^2+\lambda^2-\left(\frac{m\dot{o}}{b}\right)^2\right\}J_{m\dot{o}}^2(\xi_n a)-\{\xi_n J'_{m\dot{o}}(\xi_n b)+\lambda J_{m\dot{o}}(\xi_n b)\}^2\right]}\times$$

$$\times\int_0^t e^{-\eta_r\xi_n^2\tau}\int_0^d\overline{\psi}_a(m,w,t-\tau;\theta)\left[\Theta_3\left\{\frac{\pi(z-w)}{2d},e^{-\left(\frac{\pi}{d}\right)^2\eta_z\tau}\right\}+\Theta_3\left\{\frac{\pi(z+w)}{2d},e^{-\left(\frac{\pi}{d}\right)^2\eta_z\tau}\right\}\right]dwd\tau-$$

$$-\frac{1}{2\phi c_t d}\sum_{m=0}^{\infty}\ni_m\cos\{m(\theta-\theta_0)\}\sum_{n=1}^{\infty}\frac{\xi_n^2 J_{m\dot{o}}(\xi_n a)\{\xi_n J'_{m\dot{o}}(\xi_n b)+\lambda J_{m\dot{o}}(\xi_n b)\}\mathcal{V}_{\mathcal{D}m\dot{o}}(\xi r,a)}{\left[\left\{\xi_n^2+\lambda^2-\left(\frac{m\dot{o}}{b}\right)^2\right\}J_{m\dot{o}}^2(\xi_n a)-\{\xi_n J'_{m\dot{o}}(\xi_n b)+\lambda J_{m\dot{o}}(\xi_n b)\}^2\right]}\times$$

$$\times\int_0^t e^{-\eta_r\xi_n^2\tau}\int_0^d\overline{\psi}_b(m,w,t-\tau;\theta)\left[\Theta_3\left\{\frac{\pi(z-w)}{2d},e^{-\left(\frac{\pi}{d}\right)^2\eta_z\tau}\right\}+\Theta_3\left\{\frac{\pi(z+w)}{2d},e^{-\left(\frac{\pi}{d}\right)^2\eta_z\tau}\right\}\right]dwd\tau-$$

$$-\frac{\pi}{2d\phi c_t}\sum_{m=0}^{\infty}\ni_m\cos\{m(\theta-\theta_0)\}\sum_{n=1}^{\infty}\frac{\xi_n^2\{\xi_n J'_{m\dot{o}}(\xi_n b)+\lambda J_{m\dot{o}}(\xi_n b)\}^2\mathcal{V}_{\mathcal{D}m\dot{o}}(\xi r,a)}{\left[\left\{\xi_n^2+\lambda^2-\left(\frac{m\dot{o}}{b}\right)^2\right\}J^2_{m\dot{o}}(\xi_n a)-\{\xi_n J'_{m\dot{o}}(\xi_n b)+\lambda J_{m\dot{o}}(\xi_n b)\}^2\right]}\times$$

$$\times\int_0^t\left\{\Theta_3\left(\frac{\pi z}{2d},e^{-\left(\frac{\pi}{d}\right)^2\eta_z\tau}\right)\overline{\overline{\psi}}_0(\xi_n,m,t-\tau;\theta)-\Theta_4\left(\frac{\pi z}{2d},e^{-\left(\frac{\pi}{d}\right)^2\eta_z\tau}\right)\overline{\overline{\psi}}_d(\xi_n,m,t-\tau;\theta)\right\}e^{-\eta_r\xi_n^2\tau}d\tau+$$

$$+\frac{\pi}{4d}\sum_{m=0}^{\infty}\ni_m\cos\{m(\theta-\theta_0)\}\sum_{n=1}^{\infty}\frac{\xi_n^2\{\xi_n J'_{m\dot{o}}(\xi_n b)+\lambda J_{m\dot{o}}(\xi_n b)\}^2\mathcal{V}_{\mathcal{D}m\dot{o}}(\xi r,a)\,e^{-\eta_r\xi_n^2 t}}{\left[\left\{\xi_n^2+\lambda^2-\left(\frac{m\dot{o}}{b}\right)^2\right\}J^2_{m\dot{o}}(\xi_n a)-\{\xi_n J'_{m\dot{o}}(\xi_n b)+\lambda J_{m\dot{o}}(\xi_n b)\}^2\right]}\times$$

$$\times\int_0^d\overline{\overline{\varphi}}(\xi_n,m,w;\theta)\left[\Theta_3\left\{\frac{\pi(z-w)}{2d},e^{-\left(\frac{\pi}{d}\right)^2\eta_z t}\right\}+\Theta_3\left\{\frac{\pi(z+w)}{2d},e^{-\left(\frac{\pi}{d}\right)^2\eta_z t}\right\}\right]dw \tag{25.54.2}$$

where $\overline{\psi}_a(m,w,t;\theta)=\int_0^{2\pi}\psi_a(v,w,t)\cos\{m(\theta-v)\}dv$, $\overline{\psi}_b(m,w,t;\theta)=\int_0^{2\pi}\psi_b(v,w,t)\cos\{m(\theta-v)\}dv$, $\overline{\overline{\psi}}_0(\xi_n,m,t;\theta)=\int_a^b u\mathcal{V}_{\mathcal{D}m\dot{o}}(\xi_n u,a)\int_0^{2\pi}\psi_0(u,v,t)\cos\{m(\theta-v)\}dvdu$, and $\overline{\overline{\psi}}_d(\xi_n,m,t;\theta)=\int_a^b u\mathcal{V}_{\mathcal{D}m\dot{o}}(\xi_n u,a)\int_0^{2\pi}\psi_d(u,v,t)\cos\{m(\theta-v)\}dvdu$.

25.55

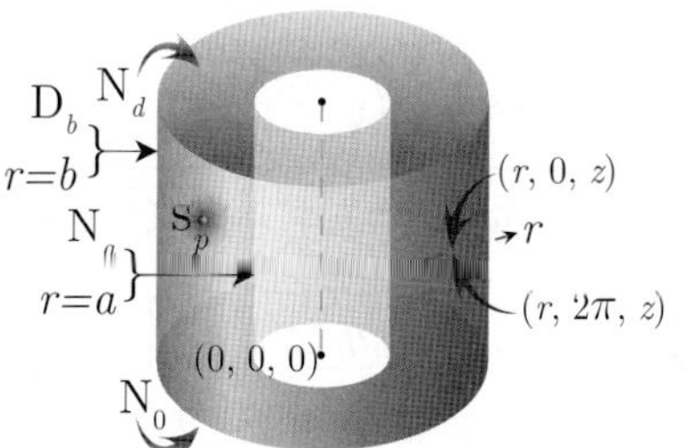

The problem of 25.52, except
$\mathbf{N}_a\equiv\frac{\partial p(a,\theta,z,t)}{\partial r}=-\left(\frac{\mu}{k_r}\right)\psi_a(\theta,z,t)$,
$\mathbf{D}_b\equiv p(b,\theta,z,t)=\psi_b(\theta,z,t)$,
$\mathbf{N}_0\equiv\frac{\partial p(r,\theta,0,t)}{\partial z}=-\left(\frac{\mu}{k_z}\right)\psi_0(r,\theta,t)$ **and**
$\mathbf{N}_d\equiv\frac{\partial p(r,\theta,d,t)}{\partial z}=-\left(\frac{\mu}{k_z}\right)\psi_d(r,\theta,t)$

$$\overline{p}=\frac{\pi q(s)e^{-st_0}}{4\phi c_t\sqrt{\eta_z}}\sum_{m=0}^{\infty}\ni_m\cos\{m(\theta-\theta_0)\}\sum_{n=1}^{\infty}\frac{\xi_n^2J^2_{m\dot{o}}(\xi_n b)\mathcal{V}_{\mathcal{N}m\dot{o}}(\xi r_0,a)\mathcal{V}_{\mathcal{N}m\dot{o}}(\xi r,a)\operatorname{csch}\left(d\sqrt{\frac{\eta_r\xi_n^2+s}{\eta_z}}\right)}{\left[J'^2_{m\dot{o}}(\xi_n a)-\left\{1-\left(\frac{m\dot{o}}{\xi_n a}\right)^2\right\}J^2_{m\dot{o}}(\xi_n b)\right]\sqrt{(\eta_r\xi_n^2+s)}}\times$$

$$\times\left[\cosh\left\{(d-|z-z_0|)\sqrt{\frac{\eta_r\xi_n^2+s}{\eta_z}}\right\}+\cosh\left\{(d-z-z_0)\sqrt{\frac{\eta_r\xi_n^2+s}{\eta_z}}\right\}\right]+$$

$$+\frac{1}{2\phi c_t\sqrt{\eta_z}}\sum_{m=0}^{\infty}\ni_m\cos\{m(\theta-\theta_0)\}\sum_{n=1}^{\infty}\frac{\xi_nJ^2_{m\dot{o}}(\xi_n b)\mathcal{V}_{\mathcal{N}m\dot{o}}(\xi r,a)\operatorname{csch}\left(d\sqrt{\frac{\eta_r\xi_n^2+s}{\eta_z}}\right)}{\left[J'^2_{m\dot{o}}(\xi_n a)-\left\{1-\left(\frac{m\dot{o}}{\xi_n a}\right)^2\right\}J^2_{m\dot{o}}(\xi_n b)\right]\sqrt{\eta_r\xi_n^2+s}}\times$$

$$\times\int_0^d\overline{\overline{\psi}}_a(m,w,s;\theta)\left[\cosh\left\{(d-|z-w|)\sqrt{\frac{\eta_r\xi_n^2+s}{\eta_z}}\right\}+\cosh\left\{(d-z-w)\sqrt{\frac{\eta_r\xi_n^2+s}{\eta_z}}\right\}\right]dw+$$

$$+\frac{\eta_r}{2\sqrt{\eta_z}}\sum_{m=0}^{\infty}\ni_m\cos\{m(\theta-\theta_0)\}\sum_{n=1}^{\infty}\frac{\xi_n^2J'_{m\dot{o}}(\xi_n a)J_{m\dot{o}}(\xi_n b)\mathcal{V}_{\mathcal{N}m\dot{o}}(\xi r,a)\operatorname{csch}\left(d\sqrt{\frac{\eta_r\xi_n^2+s}{\eta_z}}\right)}{\left[J'^2_{m\dot{o}}(\xi_n a)-\left\{1-\left(\frac{m\dot{o}}{\xi_n a}\right)^2\right\}J^2_{m\dot{o}}(\xi_n b)\right]\sqrt{\eta_r\xi_n^2+s}}\times$$

$$\times\int_0^d\overline{\overline{\psi}}_b(m,w,s;\theta)\left[\cosh\left\{(d-|z-w|)\sqrt{\frac{\eta_r\xi_n^2+s}{\eta_z}}\right\}+\cosh\left\{(d-z-w)\sqrt{\frac{\eta_r\xi_n^2+s}{\eta_z}}\right\}\right]dw+$$

$$+\frac{\pi}{2\phi c_t\sqrt{\eta_z}}\sum_{m=0}^{\infty}\ni_m\cos\{m(\theta-\theta_0)\}\sum_{n=1}^{\infty}\frac{\xi_n^2J^2_{m\dot{o}}(\xi_n b)\mathcal{V}_{\mathcal{N}m\dot{o}}(\xi r,a)\operatorname{csch}\left(d\sqrt{\frac{\eta_r\xi_n^2+s}{\eta_z}}\right)}{\left[J'^2_{m\dot{o}}(\xi_n a)-\left\{1-\left(\frac{m\dot{o}}{\xi_n a}\right)^2\right\}J^2_{m\dot{o}}(\xi_n b)\right]\sqrt{(\eta_r\xi_n^2+s)}}\times$$

$$\times\left[\overline{\overline{\overline{\psi}}}_0(\xi_n,m,s;\theta)\cosh\left\{(d-z)\sqrt{\frac{\eta_r\xi_n^2+s}{\eta_z}}\right\}-\overline{\overline{\overline{\psi}}}_d(\xi_n,m,s;\theta)\cosh\left\{z\sqrt{\frac{\eta_r\xi_n^2+s}{\eta_z}}\right\}\right]+$$

$$+\frac{\pi}{4\sqrt{\eta_z}}\sum_{m=0}^{\infty}\ni_m\cos\{m(\theta-\theta_0)\}\sum_{n=1}^{\infty}\frac{\xi_n^2J_{m\dot{o}}^2(\xi_nb)\mathcal{V}_{\mathcal{N}m\dot{o}}(\xi r,a)\operatorname{csch}\left(d\sqrt{\frac{\eta_r\xi_n^2+s}{\eta_z}}\right)}{\left[J_{m\dot{o}}'^2(\xi_na)-\left\{1-\left(\frac{m\dot{o}}{\xi_na}\right)^2\right\}J_{m\dot{o}}^2(\xi_nb)\right]\sqrt{\eta_r\xi_n^2+s}}\times$$

$$\times\int_0^d\overline{\overline{\varphi}}(\xi_n,m,w;\theta)\left[\cosh\left\{(d-|z-w|)\sqrt{\frac{\eta_r\xi_n^2+s}{\eta_z}}\right\}+\cosh\left\{(d-z-w)\sqrt{\frac{\eta_r\xi_n^2+s}{\eta_z}}\right\}\right]dw \quad (25.55.1)$$

where $\mathcal{V}_{\mathcal{N}m\dot{o}}(\xi_nr,a)=J_{m\dot{o}}(\xi_nr)Y_{m\dot{o}}'(\xi_na)-Y_{m\dot{o}}(\xi_nr)J_{m\dot{o}}'(\xi_na)$, and the eigenvalues $\xi_n, n=1,2,...$, are the positive roots of the transcendental equation $\mathcal{V}_{\mathcal{N}m\dot{o}}(\xi_nb,a)=0$.
$\overline{\overline{\overline{\psi}}}_0(\xi_n,m,s;\theta)=\int_a^b u\mathcal{V}_{\mathcal{N}m\dot{o}}(\xi_nu,a)\int_0^{2\pi}\overline{\psi}_0(u,v,s)\cos\{m(\theta-v)\}dvdu$,
$\overline{\overline{\overline{\psi}}}_d(\xi_n,m,s;\theta)=\int_a^b u\mathcal{V}_{\mathcal{N}m\dot{o}}(\xi_nu,a)\int_0^{2\pi}\overline{\psi}_d(u,v,s)\cos\{m(\theta-v)\}dvdu$,
$\overline{\overline{\psi}}_a(m,w,s;\theta)=\int_0^{2\pi}\overline{\psi}_a(v,w,s)\cos\{m(\theta-v)\}dv$, $\overline{\overline{\psi}}_b(m,w,s;\theta)=\int_0^{2\pi}\overline{\psi}_b(v,w,s)\cos\{m(\theta-v)\}dv$, and
$\overline{\overline{\varphi}}(\xi_n,m,w;\theta)=\int_a^b u\mathcal{V}_{\mathcal{N}m\dot{o}}(\xi_nu,a)\int_0^{2\pi}\varphi(u,v,w)\cos\{m(\theta-v)\}dvdu$.

$$p=\frac{U(t-t_0)\pi}{4\phi c_td}\sum_{m=0}^{\infty}\ni_m\cos\{m(\theta-\theta_0)\}\sum_{n=1}^{\infty}\frac{\xi_n^2J_{m\dot{o}}^2(\xi_nb)\mathcal{V}_{\mathcal{N}m\dot{o}}(\xi r_0,a)\mathcal{V}_{\mathcal{N}m\dot{o}}(\xi r,a)}{\left[J_{m\dot{o}}'^2(\xi_na)-\left\{1-\left(\frac{m\dot{o}}{\xi_na}\right)^2\right\}J_{m\dot{o}}^2(\xi_nb)\right]}\times$$

$$\times\int_0^{t-t_0}q(t-t_0-\tau)\left[\Theta_3\left\{\frac{\pi(z-z_0)}{2d},e^{-\left(\frac{\pi}{d}\right)^2\eta_z\tau}\right\}+\Theta_3\left\{\frac{\pi(z+z_0)}{2d},e^{-\left(\frac{\pi}{d}\right)^2\eta_z\tau}\right\}\right]e^{-\eta_r\xi_n^2\tau}d\tau+$$

$$+\frac{1}{2\phi c_td}\sum_{m=0}^{\infty}\ni_m\cos\{m(\theta-\theta_0)\}\sum_{n=1}^{\infty}\frac{\xi_nJ_{m\dot{o}}^2(\xi_nb)\mathcal{V}_{\mathcal{N}m\dot{o}}(\xi r,a)}{\left[J_{m\dot{o}}'^2(\xi_na)-\left\{1-\left(\frac{m\dot{o}}{\xi_na}\right)^2\right\}J_{m\dot{o}}^2(\xi_nb)\right]}\times$$

$$\times\int_0^t e^{-\eta_r\xi_n^2\tau}\int_0^d\overline{\psi}_a(m,w,t-\tau;\theta)\left[\Theta_3\left\{\frac{\pi(z-w)}{2d},e^{-\left(\frac{\pi}{d}\right)^2\eta_z\tau}\right\}+\Theta_3\left\{\frac{\pi(z+w)}{2d},e^{-\left(\frac{\pi}{d}\right)^2\eta_z\tau}\right\}\right]dwd\tau+$$

$$+\frac{\eta_r}{2d}\sum_{m=0}^{\infty}\ni_m\cos\{m(\theta-\theta_0)\}\sum_{n=1}^{\infty}\frac{\xi_n^2J_{m\dot{o}}'(\xi_na)J_{m\dot{o}}(\xi_nb)\mathcal{V}_{\mathcal{N}m\dot{o}}(\xi r,a)}{\left[J_{m\dot{o}}'^2(\xi_na)-\left\{1-\left(\frac{m\dot{o}}{\xi_na}\right)^2\right\}J_{m\dot{o}}^2(\xi_nb)\right]}\times$$

$$\times\int_0^t e^{-\eta_r\xi_n^2\tau}\int_0^d\overline{\psi}_b(m,w,t-\tau;\theta)\left[\Theta_3\left\{\frac{\pi(z-w)}{2d},e^{-\left(\frac{\pi}{d}\right)^2\eta_z\tau}\right\}+\Theta_3\left\{\frac{\pi(z+w)}{2d},e^{-\left(\frac{\pi}{d}\right)^2\eta_z\tau}\right\}\right]dwd\tau-$$

$$-\frac{\pi}{2d\phi c_t}\sum_{m=0}^{\infty}\ni_m\cos\{m(\theta-\theta_0)\}\sum_{n=1}^{\infty}\frac{\xi_n^2J_{m\dot{o}}^2(\xi_nb)\mathcal{V}_{\mathcal{N}m\dot{o}}(\xi r,a)}{\left[J_{m\dot{o}}'^2(\xi_na)-\left\{1-\left(\frac{m\dot{o}}{\xi_na}\right)^2\right\}J_{m\dot{o}}^2(\xi_nb)\right]}\times$$

$$\times\int_0^t\left\{\Theta_3\left(\frac{\pi z}{2d},e^{-\left(\frac{\pi}{d}\right)^2\eta_z\tau}\right)\overline{\overline{\overline{\psi}}}_0(\xi_n,m,t-\tau;\theta)-\Theta_4\left(\frac{\pi z}{2d},e^{-\left(\frac{\pi}{d}\right)^2\eta_z\tau}\right)\overline{\overline{\overline{\psi}}}_d(\xi_n,m,t-\tau;\theta)\right\}e^{-\eta_r\xi_n^2\tau}d\tau+$$

$$+\frac{\pi}{4d}\sum_{m=0}^{\infty}\ni_m\cos\{m(\theta-\theta_0)\}\sum_{n=1}^{\infty}\frac{\xi_n^2J_{m\dot{o}}^2(\xi_nb)\mathcal{V}_{\mathcal{N}m\dot{o}}(\xi r,a)e^{-\eta_r\xi_n^2t}}{\left[J_{m\dot{o}}'^2(\xi_na)-\left\{1-\left(\frac{m\dot{o}}{\xi_na}\right)^2\right\}J_{m\dot{o}}^2(\xi_nb)\right]}\times$$

$$\times\int_0^d\overline{\overline{\varphi}}(\xi_n,m,w;\theta)\left[\Theta_3\left\{\frac{\pi(z-w)}{2d},e^{-\left(\frac{\pi}{d}\right)^2\eta_zt}\right\}+\Theta_3\left\{\frac{\pi(z+w)}{2d},e^{-\left(\frac{\pi}{d}\right)^2\eta_zt}\right\}\right]dw \quad (25.55.2)$$

where $\overline{\psi}_a(m,w,t;\theta)=\int_0^{2\pi}\psi_a(v,w,t)\cos\{m(\theta-v)\}dv$, $\overline{\psi}_b(m,w,t;\theta)=\int_0^{2\pi}\psi_b(v,w,t)\cos\{m(\theta-v)\}dv$,

$\overline{\overline{\psi}}_0(\xi_n,m,t;\theta)=\int_a^b u\mathcal{V}_{\mathcal{N}m\dot{o}}(\xi_n u,a)\int_0^{2\pi}\psi_0(u,v,t)\cos\{m(\theta-v)\}dvdu$, and
$\overline{\overline{\psi}}_d(\xi_n,m,t;\theta)=\int_a^b u\mathcal{V}_{\mathcal{N}m\dot{o}}(\xi_n u,a)\int_0^{2\pi}\psi_d(u,v,t)\cos\{m(\theta-v)\}dvdu$.

25.56

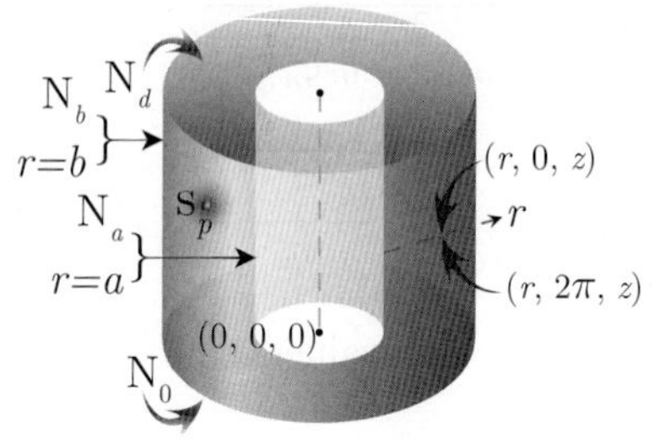

The problem of 25.52, except
$\mathbf{N}_a\equiv\frac{\partial p(a,\theta,z,t)}{\partial r}=-\left(\frac{\mu}{k_r}\right)\psi_a(\theta,z,t)$,
$\mathbf{N}_b\equiv\frac{\partial p(b,\theta,z,t)}{\partial r}=-\left(\frac{\mu}{k_r}\right)\psi_b(\theta,z,t)$,
$\mathbf{N}_0\equiv\frac{\partial p(r,\theta,0,t)}{\partial z}=-\left(\frac{\mu}{k_z}\right)\psi_0(r,\theta,t)$ **and**
$\mathbf{N}_d\equiv\frac{\partial p(r,\theta,d,t)}{\partial z}=-\left(\frac{\mu}{k_z}\right)\psi_d(r,\theta,t)$

$$
\begin{aligned}
\overline{p} \;=\; & \frac{q(s)\,e^{-st_0}\operatorname{csch}\left(d\sqrt{\frac{s}{\eta_z}}\right)}{2\pi\left(b^2-a^2\right)\phi c_t\sqrt{\eta_z s}}\left[\cosh\left\{(d-|z-z_0|)\sqrt{\frac{s}{\eta_z}}\right\}+\cosh\left\{(d-z-z_0)\sqrt{\frac{s}{\eta_z}}\right\}\right]+\\
&+\frac{\pi q(s)\,e^{-st_0}}{4\phi c_t\sqrt{\eta_z}}\sum_{m=0}^{\infty}\ni_m\cos\{m(\theta-\theta_0)\}\times\\
&\times\sum_{n=1}^{\infty}\frac{\xi_n^2 J'^2_{m\dot{o}}(\xi_n b)\,\mathcal{V}_{\mathcal{N}m\dot{o}}(\xi r_0,a)\,\mathcal{V}_{\mathcal{N}m\dot{o}}(\xi r,a)\operatorname{csch}\left(d\sqrt{\frac{\eta_r\xi_n^2+s}{\eta_z}}\right)}{\left[\left\{1-\left(\frac{m\dot{o}}{\xi_n b}\right)^2\right\}J'^2_{m\dot{o}}(\xi_n a)-\left\{1-\left(\frac{m\dot{o}}{\xi_n a}\right)^2\right\}J'^2_{m\dot{o}}(\xi_n b)\right]\sqrt{(\eta_r\xi_n^2+s)}}\times\\
&\times\left[\cosh\left\{(d-|z-z_0|)\sqrt{\frac{\eta_r\xi_n^2+s}{\eta_z}}\right\}+\cosh\left\{(d-z-z_0)\sqrt{\frac{\eta_r\xi_n^2+s}{\eta_z}}\right\}\right]+\\
&+\frac{\operatorname{csch}\left(d\sqrt{\frac{s}{\eta_z}}\right)}{2\pi\left(b^2-a^2\right)\phi c_t\sqrt{\eta_z s}}\times\\
&\times\int_0^d\left\{a\overline{\overline{\psi}}_a(0,w,s;\theta)-b\overline{\overline{\psi}}_b(0,w,s;\theta)\right\}\left[\cosh\left\{(d-|z-w|)\sqrt{\frac{s}{\eta_z}}\right\}+\cosh\left\{(d-z-w)\sqrt{\frac{s}{\eta_z}}\right\}\right]dw+\\
&+\frac{1}{2\phi c_t\sqrt{\eta_z}}\sum_{m=0}^{\infty}\ni_m\cos\{m(\theta-\theta_0)\}\sum_{n=1}^{\infty}\frac{\xi_n J'^2_{m\dot{o}}(\xi_n b)\,\mathcal{V}_{\mathcal{N}m\dot{o}}(\xi r,a)\operatorname{csch}\left(d\sqrt{\frac{\eta_r\xi_n^2+s}{\eta_z}}\right)}{\left[\left\{1-\left(\frac{m\dot{o}}{\xi_n b}\right)^2\right\}J'^2_{m\dot{o}}(\xi_n a)-\left\{1-\left(\frac{m\dot{o}}{\xi_n a}\right)^2\right\}J'^2_{m\dot{o}}(\xi_n b)\right]\sqrt{(\eta_r\xi_n^2+s)}}\times\\
&\times\int_0^d\overline{\overline{\psi}}_a(m,w,s;\theta)\left[\cosh\left\{(d-|z-w|)\sqrt{\frac{\eta_r\xi_n^2+s}{\eta_z}}\right\}+\cosh\left\{(d-z-w)\sqrt{\frac{\eta_r\xi_n^2+s}{\eta_z}}\right\}\right]dw-\\
&-\frac{1}{2\phi c_t\sqrt{\eta_z}}\sum_{m=0}^{\infty}\ni_m\cos\{m(\theta-\theta_0)\}\sum_{n=1}^{\infty}\frac{\xi_n J'_{m\dot{o}}(\xi_n a)\,J'_{m\dot{o}}(\xi_n b)\,\mathcal{V}_{\mathcal{N}m\dot{o}}(\xi r,a)\operatorname{csch}\left(d\sqrt{\frac{\eta_r\xi_n^2+s}{\eta_z}}\right)}{\left[\left\{1-\left(\frac{m\dot{o}}{\xi_n b}\right)^2\right\}J'^2_{m\dot{o}}(\xi_n a)-\left\{1-\left(\frac{m\dot{o}}{\xi_n a}\right)^2\right\}J'^2_{m\dot{o}}(\xi_n b)\right]\sqrt{(\eta_r\xi_n^2+s)}}\times\\
&\times\int_0^d\overline{\overline{\psi}}_b(m,w,s;\theta)\left[\cosh\left\{(d-|z-w|)\sqrt{\frac{\eta_r\xi_n^2+s}{\eta_z}}\right\}+\cosh\left\{(d-z-w)\sqrt{\frac{\eta_r\xi_n^2+s}{\eta_z}}\right\}\right]dw+\\
&+\frac{\operatorname{csch}\left(d\sqrt{\frac{s}{\eta_z}}\right)}{\pi\left(b^2-a^2\right)\phi c_t\sqrt{\eta_z}}\int_a^b u\left[\overline{\overline{\psi}}_0(u,0,s;\theta)\cosh\left\{(d-z)\sqrt{\frac{s}{\eta_z}}\right\}-\overline{\overline{\psi}}_d(u,0,s;\theta)\cosh\left\{z\sqrt{\frac{s}{\eta_z}}\right\}\right]du+
\end{aligned}
$$

$$+\frac{\pi}{2\phi c_t\sqrt{\eta_z}}\sum_{m=0}^{\infty}\ni_m\cos\{m(\theta-\theta_0)\}\sum_{n=1}^{\infty}\frac{\xi_n^2 J'^2_{m\dot{o}}(\xi_n b)\,\mathcal{V}_{\mathcal{N}m\dot{o}}(\xi r,a)\operatorname{csch}\left(d\sqrt{\frac{\eta_r\xi_n^2+s}{\eta_z}}\right)}{\left[\left\{1-\left(\frac{m\dot{o}}{\xi_n b}\right)^2\right\}J'^2_{m\dot{o}}(\xi_n a)-\left\{1-\left(\frac{m\dot{o}}{\xi_n a}\right)^2\right\}J'^2_{m\dot{o}}(\xi_n b)\right]\sqrt{(\eta_r\xi_n^2+s)}}\times$$

$$\times\left[\overline{\overline{\overline{\psi}}}_0(\xi_n,m,s;\theta)\cosh\left\{(d-z)\sqrt{\frac{\eta_r\xi_n^2+s}{\eta_z}}\right\}-\overline{\overline{\overline{\psi}}}_d(\xi_n,m,s;\theta)\cosh\left\{z\sqrt{\frac{\eta_r\xi_n^2+s}{\eta_z}}\right\}\right]+$$

$$+\frac{\operatorname{csch}\left(d\sqrt{\frac{s}{\eta_z}}\right)}{2\pi(b^2-a^2)\sqrt{\eta_z s}}\int_0^d\left[\cosh\left\{(d-|z-w|)\sqrt{\frac{s}{\eta_z}}\right\}+\cosh\left\{(d-z-w)\sqrt{\frac{s}{\eta_z}}\right\}\right]\int_a^b u\overline{\varphi}(u,0,w;\theta)\,dudw+$$

$$+\frac{\pi}{4\sqrt{\eta_z}}\sum_{m=0}^{\infty}\ni_m\cos\{m(\theta-\theta_0)\}\sum_{n=1}^{\infty}\frac{\xi_n^2 J'^2_{m\dot{o}}(\xi_n b)\,\mathcal{V}_{\mathcal{N}m\dot{o}}(\xi r,a)\operatorname{csch}\left(d\sqrt{\frac{\eta_r\xi_n^2+s}{\eta_z}}\right)}{\left[\left\{1-\left(\frac{m\dot{o}}{\xi_n b}\right)^2\right\}J'^2_{m\dot{o}}(\xi_n a)-\left\{1-\left(\frac{m\dot{o}}{\xi_n a}\right)^2\right\}J'^2_{m\dot{o}}(\xi_n b)\right]\sqrt{(\eta_r\xi_n^2+s)}}\times$$

$$\times\int_0^d\overline{\overline{\varphi}}(\xi_n,m,w;\theta)\left[\cosh\left\{(d-|z-w|)\sqrt{\frac{\eta_r\xi_n^2+s}{\eta_z}}\right\}+\cosh\left\{(d-z-w)\sqrt{\frac{\eta_r\xi_n^2+s}{\eta_z}}\right\}\right]dw \qquad (25.56.1)$$

where $\mathcal{V}_{\mathcal{N}m\dot{o}}(\xi_n r,a)=J_{m\dot{o}}(\xi_n r)\,Y'_{m\dot{o}}(\xi_n a)-Y_{m\dot{o}}(\xi_n r)\,J'_{m\dot{o}}(\xi_n a)$. The eigenvalues are $\xi_0=0$, and ξ_n. ξ_n are the positive roots of the transcendental equation $\mathcal{V}'_{\mathcal{N}m\dot{o}}(\xi_n b,a)=0$, $n=1,2,...$,
$\overline{\overline{\psi}}_0(u,0,s;\theta)=\int_0^{2\pi}\overline{\psi}_0(u,v,s)dv$, $\overline{\overline{\psi}}_d(u,0,s;\theta)=\int_0^{2\pi}\overline{\psi}_d(u,v,s)dv$,
$\overline{\overline{\overline{\psi}}}_0(\xi_n,m,s;\theta)=\int_a^b u\mathcal{V}_{\mathcal{N}m\dot{o}}(\xi_n u,a)\int_0^{2\pi}\overline{\psi}_0(u,v,s)\cos\{m(\theta-v)\}dvdu$,
$\overline{\overline{\overline{\psi}}}_d(\xi_n,m,s;\theta)=\int_a^b u\mathcal{V}_{\mathcal{N}m\dot{o}}(\xi_n u,a)\int_0^{2\pi}\overline{\psi}_d(u,v,s)\cos\{m(\theta-v)\}dvdu$,
$\overline{\overline{\psi}}_a(m,w,s;\theta)=\int_0^{2\pi}\overline{\psi}_a(v,w,s)\cos\{m(\theta-v)\}dv$, $\overline{\overline{\psi}}_b(m,w,s;\theta)=\int_0^{2\pi}\overline{\psi}_b(v,w,s)\cos\{m(\theta-v)\}dv$,
$\overline{\varphi}(u,0,w;\theta)=\int_0^{2\pi}\varphi(u,v,w)dv$, and $\overline{\overline{\varphi}}(\xi_n,m,w;\theta)=\int_a^b u\mathcal{V}_{\mathcal{N}m\dot{o}}(\xi_n u,a)\int_0^{2\pi}\varphi(u,v,w)\cos\{m(\theta-v)\}dvdu$.

$$p=\frac{U(t-t_0)}{2\pi\phi c_t d(b^2-a^2)}\int_0^{t-t_0}q(t-t_0-\tau)\left[\Theta_3\left\{\frac{\pi(z-z_0)}{2d},e^{-\left(\frac{\pi}{d}\right)^2\eta_z\tau}\right\}+\Theta_3\left\{\frac{\pi(z+z_0)}{2d},e^{-\left(\frac{\pi}{d}\right)^2\eta_z\tau}\right\}\right]d\tau+$$

$$+\frac{U(t-t_0)\pi}{4\phi c_t d}\sum_{m=0}^{\infty}\ni_m\cos\{m(\theta-\theta_0)\}\sum_{n=1}^{\infty}\frac{\xi_n^2 J'^2_{m\dot{o}}(\xi_n b)\,\mathcal{V}_{\mathcal{N}m\dot{o}}(\xi r_0,a)\,\mathcal{V}_{\mathcal{N}m\dot{o}}(\xi r,a)}{\left[\left\{1-\left(\frac{m\dot{o}}{\xi_n b}\right)^2\right\}J'^2_{m\dot{o}}(\xi_n a)-\left\{1-\left(\frac{m\dot{o}}{\xi_n a}\right)^2\right\}J'^2_{m\dot{o}}(\xi_n b)\right]}\times$$

$$\times\int_0^{t-t_0}q(t-t_0-\tau)\left[\Theta_3\left\{\frac{\pi(z-z_0)}{2d},e^{-\left(\frac{\pi}{d}\right)^2\eta_z\tau}\right\}+\Theta_3\left\{\frac{\pi(z+z_0)}{2d},e^{-\left(\frac{\pi}{d}\right)^2\eta_z\tau}\right\}\right]e^{-\eta_r\xi_n^2\tau}d\tau+$$

$$+\frac{1}{2\pi\phi c_t(b^2-a^2)d}\int_0^t\int_0^d\left\{a\overline{\psi}_a(0,w,t-\tau;\theta)-b\overline{\psi}_b(0,w,t-\tau;\theta)\right\}\times$$

$$\times\left[\Theta_3\left\{\frac{\pi(z-w)}{2d},e^{-\left(\frac{\pi}{d}\right)^2\eta_z\tau}\right\}+\Theta_3\left\{\frac{\pi(z+w)}{2d},e^{-\left(\frac{\pi}{d}\right)^2\eta_z\tau}\right\}\right]dwd\tau+$$

$$+\frac{1}{2\phi c_t d}\sum_{m=0}^{\infty}\ni_m\cos\{m(\theta-\theta_0)\}\sum_{n=1}^{\infty}\frac{\xi_n J'^2_{m\dot{o}}(\xi_n b)\,\mathcal{V}_{\mathcal{N}m\dot{o}}(\xi r,a)}{\left[\left\{1-\left(\frac{m\dot{o}}{\xi_n b}\right)^2\right\}J'^2_{m\dot{o}}(\xi_n a)-\left\{1-\left(\frac{m\dot{o}}{\xi_n a}\right)^2\right\}J'^2_{m\dot{o}}(\xi_n b)\right]}\times$$

$$\times\int_0^t e^{-\eta_r\xi_n^2\tau}\int_0^d\overline{\psi}_a(m,w,t-\tau;\theta)\left[\Theta_3\left\{\frac{\pi(z-w)}{2d},e^{-\left(\frac{\pi}{d}\right)^2\eta_z\tau}\right\}+\Theta_3\left\{\frac{\pi(z+w)}{2d},e^{-\left(\frac{\pi}{d}\right)^2\eta_z\tau}\right\}\right]dwd\tau-$$

$$-\frac{1}{2\phi c_t d}\sum_{m=0}^{\infty}\ni_m\cos\{m(\theta-\theta_0)\}\sum_{n=1}^{\infty}\frac{\xi_n J'_{m\dot{o}}(\xi_n a)\,J'_{m\dot{o}}(\xi_n b)\,\mathcal{V}_{\mathcal{N}m\dot{o}}(\xi r,a)}{\left[\left\{1-\left(\frac{m\dot{o}}{\xi_n b}\right)^2\right\}J'^2_{m\dot{o}}(\xi_n a)-\left\{1-\left(\frac{m\dot{o}}{\xi_n a}\right)^2\right\}J'^2_{m\dot{o}}(\xi_n b)\right]}\times$$

$$\times \int_0^t e^{-\eta_r \xi_n^2 \tau} \int_0^d \overline{\psi}_b(m,w,t-\tau;\theta) \left[\Theta_3 \left\{ \frac{\pi(z-w)}{2d}, e^{-\left(\frac{\pi}{d}\right)^2 \eta_z \tau} \right\} + \Theta_3 \left\{ \frac{\pi(z+w)}{2d}, e^{-\left(\frac{\pi}{d}\right)^2 \eta_z \tau} \right\} \right] dw d\tau -$$

$$-\frac{1}{\pi(b^2-a^2)\, d\phi c_t} \times$$

$$\times \int_0^t \int_a^b u \Big\{ \Theta_3 \left(\frac{\pi z}{2d}, e^{-\left(\frac{\pi}{d}\right)^2 \eta_z \tau} \right) \overline{\psi}_0(u,0,t-\tau;\theta) - \Theta_4 \left(\frac{\pi z}{2d}, e^{-\left(\frac{\pi}{d}\right)^2 \eta_z \tau} \right) \overline{\psi}_d(u,0,t-\tau;\theta) \Big\} du d\tau -$$

$$-\frac{\pi}{2d\phi c_t} \sum_{m=0}^{\infty} \ni_m \cos\{m(\theta-\theta_0)\} \sum_{n=1}^{\infty} \frac{\xi_n^2 J_{m\dot{o}}'^2(\xi_n b)\, \mathcal{V}_{\mathcal{N}m\dot{o}}(\xi r, a)}{\left[\left\{ 1 - \left(\frac{m\dot{o}}{\xi_n b} \right)^2 \right\} J_{m\dot{o}}'^2(\xi_n a) - \left\{ 1 - \left(\frac{m\dot{o}}{\xi_n a} \right)^2 \right\} J_{m\dot{o}}'^2(\xi_n b) \right]} \times$$

$$\times \int_0^t \Big\{ \Theta_3 \left(\frac{\pi z}{2d}, e^{-\left(\frac{\pi}{d}\right)^2 \eta_z \tau} \right) \overline{\overline{\psi}}_0(\xi_n, m, t-\tau;\theta) - \Theta_4 \left(\frac{\pi z}{2d}, e^{-\left(\frac{\pi}{d}\right)^2 \eta_z \tau} \right) \overline{\overline{\psi}}_d(\xi_n, m, t-\tau;\theta) \Big\} e^{-\eta_r \xi_n^2 \tau} d\tau +$$

$$+\frac{1}{2\pi(b^2-a^2)\, d} \int_0^d \int_a^b u \overline{\varphi}(u,0,w;\theta) \left[\Theta_3 \left\{ \frac{\pi(z-w)}{2d}, e^{-\left(\frac{\pi}{d}\right)^2 \eta_z t} \right\} + \Theta_3 \left\{ \frac{\pi(z+w)}{2d}, e^{-\left(\frac{\pi}{d}\right)^2 \eta_z t} \right\} \right] du dw +$$

$$+\frac{\pi}{4d} \sum_{m=0}^{\infty} \ni_m \cos\{m(\theta-\theta_0)\} \sum_{n=1}^{\infty} \frac{\xi_n^2 J_{m\dot{o}}'^2(\xi_n b)\, \mathcal{V}_{\mathcal{N}m\dot{o}}(\xi r, a)\, e^{-\eta_r \xi_n^2 t}}{\left[\left\{ 1 - \left(\frac{m\dot{o}}{\xi_n b} \right)^2 \right\} J_{m\dot{o}}'^2(\xi_n a) - \left\{ 1 - \left(\frac{m\dot{o}}{\xi_n a} \right)^2 \right\} J_{m\dot{o}}'^2(\xi_n b) \right]} \times$$

$$\times \int_0^d \overline{\overline{\varphi}}(\xi_n, m, w;\theta) \left[\Theta_3 \left\{ \frac{\pi(z-w)}{2d}, e^{-\left(\frac{\pi}{d}\right)^2 \eta_z t} \right\} + \Theta_3 \left\{ \frac{\pi(z+w)}{2d}, e^{-\left(\frac{\pi}{d}\right)^2 \eta_z t} \right\} \right] dw \qquad (25.56.2)$$

where $\overline{\psi}_a(m,w,t;\theta) = \int_0^{2\pi} \psi_a(v,w,t) \cos\{m(\theta-v)\} dv$, $\overline{\psi}_b(m,w,t;\theta) = \int_0^{2\pi} \psi_b(v,w,t) \cos\{m(\theta-v)\} dv$, $\overline{\psi}_0(u,0,t;\theta) = \int_0^{2\pi} \psi_0(u,v,t) dv$, $\overline{\psi}_d(u,0,t;\theta) = \int_0^{2\pi} \psi_d(u,v,t) dv$, $\overline{\overline{\psi}}_0(\xi_n,m,t;\theta) = \int_a^b u \mathcal{V}_{\mathcal{N}m\dot{o}}(\xi_n u, a) \int_0^{2\pi} \psi_0(u,v,t) \cos\{m(\theta-v)\} dv du$, and $\overline{\overline{\psi}}_d(\xi_n,m,t;\theta) = \int_a^b u \mathcal{V}_{\mathcal{N}m\dot{o}}(\xi_n u, a) \int_0^{2\pi} \psi_d(u,v,t) \cos\{m(\theta-v)\} dv du$.

25.57

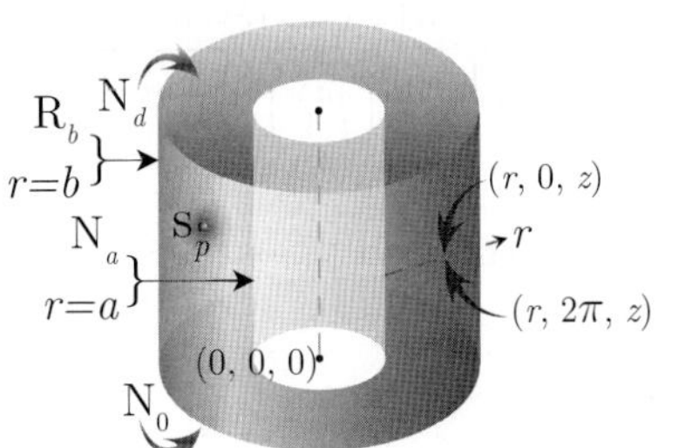

The problem of 25.52, except
$\mathbf{N}_a \equiv \frac{\partial p(a,\theta,z,t)}{\partial r} = -\left(\frac{\mu}{k_r}\right) \psi_a(\theta,z,t)$,
$\mathbf{R}_b \equiv \frac{\partial p(b,\theta,z,t)}{\partial r} + \lambda p(b,\theta,z,t) = -\left(\frac{\mu}{k_r}\right) \psi_b(\theta,z,t)$,
$\mathbf{N}_0 \equiv \frac{\partial p(r,\theta,0,t)}{\partial z} = -\left(\frac{\mu}{k_z}\right) \psi_0(r,\theta,t)$ **and**
$\mathbf{N}_d \equiv \frac{\partial p(r,\theta,d,t)}{\partial z} = -\left(\frac{\mu}{k_z}\right) \psi_d(r,\theta,t)$

$$\overline{p} = \frac{\pi q(s) e^{-st_0}}{4\phi c_t \sqrt{\eta_z}} \sum_{m=0}^{\infty} \ni_m \cos\{m(\theta-\theta_0)\} \times$$

$$\times \sum_{n=1}^{\infty} \frac{\xi_n^2 \{\xi_n J_{m\dot{o}}'(\xi_n b) + \lambda J_{m\dot{o}}(\xi_n b)\}^2 \mathcal{V}_{\mathcal{N}m\dot{o}}(\xi r_0, a)\, \mathcal{V}_{\mathcal{N}m\dot{o}}(\xi r, a) \operatorname{csch}\left(d\sqrt{\frac{\eta_r \xi_n^2 + s}{\eta_z}} \right)}{\left[\left\{ \xi_n^2 + \lambda^2 - \left(\frac{m\dot{o}}{b}\right)^2 \right\} J_{m\dot{o}}'^2(\xi_n a) - \left\{ 1 - \left(\frac{m\dot{o}}{\xi_n a}\right)^2 \right\} \{\xi_n J_{m\dot{o}}'(\xi_n b) + \lambda J_{m\dot{o}}(\xi_n b)\}^2 \right] \sqrt{(\eta_r \xi_n^2 + s)}} \times$$

$$\times \left[\cosh\left\{ (d - |z - z_0|) \sqrt{\frac{\eta_r \xi_n^2 + s}{\eta_z}} \right\} + \cosh\left\{ (d - z - z_0) \sqrt{\frac{\eta_r \xi_n^2 + s}{\eta_z}} \right\} \right] +$$

$$+\frac{1}{2\phi c_t \sqrt{\eta_z}} \sum_{m=0}^{\infty} \ni_m \cos\{m(\theta-\theta_0)\} \times$$

$$\times\sum_{n=1}^{\infty}\frac{\xi_n\left\{\xi_n J'_{m\dot{o}}(\xi_n b)+\lambda J_{m\dot{o}}(\xi_n b)\right\}^2\mathcal{V}_{\mathcal{N}m\dot{o}}(\xi r,a)\operatorname{csch}\left(d\sqrt{\frac{\eta_r\xi_n^2+s}{\eta_z}}\right)}{\left[\left\{\xi_n^2+\lambda^2-\left(\frac{m\dot{o}}{b}\right)^2\right\}J'^2_{m\dot{o}}(\xi_n a)-\left\{1-\left(\frac{m\dot{o}}{\xi_n a}\right)^2\right\}\left\{\xi_n J'_{m\dot{o}}(\xi_n b)+\lambda J_{m\dot{o}}(\xi_n b)\right\}^2\right]\sqrt{\eta_r\xi_n^2+s}}\times$$

$$\times\int_0^d\overline{\overline{\psi}}_a(m,w,s;\theta)\left[\cosh\left\{(d-|z-w|)\sqrt{\frac{\eta_r\xi_n^2+s}{\eta_z}}\right\}+\cosh\left\{(d-z-w)\sqrt{\frac{\eta_r\xi_n^2+s}{\eta_z}}\right\}\right]dw-$$

$$-\frac{1}{2\phi c_t\sqrt{\eta_z}}\sum_{m=0}^{\infty}\ni_m\cos\{m(\theta-\theta_0)\}\times$$

$$\times\sum_{n=1}^{\infty}\frac{\xi_n^2 J'_{m\dot{o}}(\xi_n a)\left\{\xi_n J'_{m\dot{o}}(\xi_n b)+\lambda J_{m\dot{o}}(\xi_n b)\right\}\mathcal{V}_{\mathcal{N}m\dot{o}}(\xi r,a)\operatorname{csch}\left(d\sqrt{\frac{\eta_r\xi_n^2+s}{\eta_z}}\right)}{\left[\left\{\xi_n^2+\lambda^2-\left(\frac{m\dot{o}}{b}\right)^2\right\}J'^2_{m\dot{o}}(\xi_n a)-\left\{1-\left(\frac{m\dot{o}}{\xi_n a}\right)^2\right\}\left\{\xi_n J'_{m\dot{o}}(\xi_n b)+\lambda J_{m\dot{o}}(\xi_n b)\right\}^2\right]\sqrt{\eta_r\xi_n^2+s}}\times$$

$$\times\int_0^d\overline{\overline{\psi}}_b(m,w,s;\theta)\left[\cosh\left\{(d-|z-w|)\sqrt{\frac{\eta_r\xi_n^2+s}{\eta_z}}\right\}+\cosh\left\{(d-z-w)\sqrt{\frac{\eta_r\xi_n^2+s}{\eta_z}}\right\}\right]dw+$$

$$+\frac{\pi}{2\phi c_t\sqrt{\eta_z}}\sum_{m=0}^{\infty}\ni_m\cos\{m(\theta-\theta_0)\}\times$$

$$\times\sum_{n=1}^{\infty}\frac{\xi_n^2\left\{\xi_n J'_{m\dot{o}}(\xi_n b)+\lambda J_{m\dot{o}}(\xi_n b)\right\}^2\mathcal{V}_{\mathcal{N}m\dot{o}}(\xi r,a)\operatorname{csch}\left(d\sqrt{\frac{\eta_r\xi_n^2+s}{\eta_z}}\right)}{\left[\left\{\xi_n^2+\lambda^2-\left(\frac{m\dot{o}}{b}\right)^2\right\}J'^2_{m\dot{o}}(\xi_n a)-\left\{1-\left(\frac{m\dot{o}}{\xi_n a}\right)^2\right\}\left\{\xi_n J'_{m\dot{o}}(\xi_n b)+\lambda J_{m\dot{o}}(\xi_n b)\right\}^2\right]\sqrt{(\eta_r\xi_n^2+s)}}\times$$

$$\times\left[\overline{\overline{\overline{\psi}}}_0(\xi_n,m,s;\theta)\cosh\left\{(d-z)\sqrt{\frac{\eta_r\xi_n^2+s}{\eta_z}}\right\}-\overline{\overline{\overline{\psi}}}_d(\xi_n,m,s;\theta)\cosh\left\{z\sqrt{\frac{\eta_r\xi_n^2+s}{\eta_z}}\right\}\right]+$$

$$+\frac{\pi}{4\sqrt{\eta_z}}\sum_{m=0}^{\infty}\ni_m\sum_{n=1}^{\infty}\frac{\xi_n^2\left\{\xi_n J'_{m\dot{o}}(\xi_n b)+\lambda J_{m\dot{o}}(\xi_n b)\right\}^2\mathcal{V}_{\mathcal{N}m\dot{o}}(\xi r,a)\operatorname{csch}\left(d\sqrt{\frac{\eta_r\xi_n^2+s}{\eta_z}}\right)}{\left[\left\{\xi_n^2+\lambda^2-\left(\frac{m\dot{o}}{b}\right)^2\right\}J'^2_{m\dot{o}}(\xi_n a)-\left\{1-\left(\frac{m\dot{o}}{\xi_n a}\right)^2\right\}\left\{\xi_n J'_{m\dot{o}}(\xi_n b)+\lambda J_{m\dot{o}}(\xi_n b)\right\}^2\right]}\times$$

$$\times\frac{1}{\sqrt{\eta_r\xi_n^2+s}}\int_0^d\overline{\overline{\varphi}}(\xi_n,m,w;\theta)\left[\cosh\left\{(d-|z-w|)\sqrt{\frac{\eta_r\xi_n^2+s}{\eta_z}}\right\}+\cosh\left\{(d-z-w)\sqrt{\frac{\eta_r\xi_n^2+s}{\eta_z}}\right\}\right]dw \tag{25.57.1}$$

where $\mathcal{V}_{\mathcal{N}m\dot{o}}(\xi_n r,a)=J_{m\dot{o}}(\xi_n r)Y'_{m\dot{o}}(\xi_n a)-Y_{m\dot{o}}(\xi_n r)J'_{m\dot{o}}(\xi_n a)$, and the eigenvalues $\xi_n, n=1,2,...,$ are the positive roots of the transcendental equation $\xi_n\mathcal{V}'_{\mathcal{N}m\dot{o}}(\xi_n b,a)+\lambda\mathcal{V}_{\mathcal{N}m\dot{o}}(\xi_n b,a)=0$.
$\overline{\overline{\overline{\psi}}}_0(\xi_n,m,s;\theta)=\int_a^b u\mathcal{V}_{\mathcal{N}m\dot{o}}(\xi_n u,a)\int_0^{2\pi}\overline{\psi}_0(u,v,s)\cos\{m(\theta-v)\}dvdu$,
$\overline{\overline{\overline{\psi}}}_d(\xi_n,m,s;\theta)=\int_a^b u\mathcal{V}_{\mathcal{N}m\dot{o}}(\xi_n u,a)\int_0^{2\pi}\overline{\psi}_d(u,v,s)\cos\{m(\theta-v)\}dvdu$,
$\overline{\overline{\psi}}_a(m,w,s;\theta)=\int_0^{2\pi}\overline{\psi}_a(v,w,s)\cos\{m(\theta-v)\}dv$, $\overline{\overline{\psi}}_b(m,w,s;\theta)=\int_0^{2\pi}\overline{\psi}_b(v,w,s)\cos\{m(\theta-v)\}dv$, and
$\overline{\overline{\varphi}}(\xi_n,m,w;\theta)=\int_a^b u\mathcal{V}_{\mathcal{N}m\dot{o}}(\xi_n u,a)\int_0^{2\pi}\varphi(u,v,w)\cos\{m(\theta-v)\}dvdu$.

$$p=\frac{U(t-t_0)\pi}{4\phi c_t d}\sum_{m=0}^{\infty}\ni_m\cos\{m(\theta-\theta_0)\}\times$$

$$\times\sum_{n=1}^{\infty}\frac{\xi_n^2\left\{\xi_n J'_{m\dot{o}}(\xi_n b)+\lambda J_{m\dot{o}}(\xi_n b)\right\}^2\mathcal{V}_{\mathcal{N}m\dot{o}}(\xi r_0,a)\mathcal{V}_{\mathcal{N}m\dot{o}}(\xi r,a)}{\left[\left\{\xi_n^2+\lambda^2-\left(\frac{m\dot{o}}{b}\right)^2\right\}J'^2_{m\dot{o}}(\xi_n a)-\left\{1-\left(\frac{m\dot{o}}{\xi_n a}\right)^2\right\}\left\{\xi_n J'_{m\dot{o}}(\xi_n b)+\lambda J_{m\dot{o}}(\xi_n b)\right\}^2\right]}\times$$

$$\times\int_0^{t-t_0} q(t-t_0-\tau)\left[\Theta_3\left\{\frac{\pi(z-z_0)}{2d},e^{-\left(\frac{\pi}{d}\right)^2\eta_z\tau}\right\}+\Theta_3\left\{\frac{\pi(z+z_0)}{2d},e^{-\left(\frac{\pi}{d}\right)^2\eta_z\tau}\right\}\right]e^{-\eta_r\xi_n^2\tau}d\tau+$$

$$+\frac{1}{2\phi c_t d}\sum_{m=0}^{\infty}\ni_m\cos\{m(\theta-\theta_0)\}\times$$

$$\times\sum_{n=1}^{\infty}\frac{\xi_n\{\xi_n J'_{m\dot{o}}(\xi_n b)+\lambda J_{m\dot{o}}(\xi_n b)\}^2\mathcal{V}_{\mathcal{N}m\dot{o}}(\xi r,a)}{\left[\left\{\xi_n^2+\lambda^2-\left(\frac{m\dot{o}}{b}\right)^2\right\}J'^2_{m\dot{o}}(\xi_n a)-\left\{1-\left(\frac{m\dot{o}}{\xi_n a}\right)^2\right\}\{\xi_n J'_{m\dot{o}}(\xi_n b)+\lambda J_{m\dot{o}}(\xi_n b)\}^2\right]}\times$$

$$\times\int_0^t e^{-\eta_r\xi_n^2\tau}\int_0^d\overline{\psi}_a(m,w,t-\tau;\theta)\left[\Theta_3\left\{\frac{\pi(z-w)}{2d},e^{-\left(\frac{\pi}{d}\right)^2\eta_z\tau}\right\}+\Theta_3\left\{\frac{\pi(z+w)}{2d},e^{-\left(\frac{\pi}{d}\right)^2\eta_z\tau}\right\}\right]dwd\tau-$$

$$-\frac{1}{2\phi c_t d}\sum_{m=0}^{\infty}\ni_m\cos\{m(\theta-\theta_0)\}\times$$

$$\times\sum_{n=1}^{\infty}\frac{\xi_n^2 J'_{m\dot{o}}(\xi_n a)\{\lambda J_{m\dot{o}}(\xi_n b)-\xi_n J'_{m\dot{o}}(\xi_n b)\}\mathcal{V}_{\mathcal{N}m\dot{o}}(\xi r,a)}{\left[\left\{\xi_n^2+\lambda^2-\left(\frac{m\dot{o}}{b}\right)^2\right\}J'^2_{m\dot{o}}(\xi_n a)-\left\{1-\left(\frac{m\dot{o}}{\xi_n a}\right)^2\right\}\{\xi_n J'_{m\dot{o}}(\xi_n b)+\lambda J_{m\dot{o}}(\xi_n b)\}^2\right]}\times$$

$$\times\int_0^t e^{-\eta_r\xi_n^2\tau}\int_0^d\overline{\psi}_b(m,w,t-\tau;\theta)\left[\Theta_3\left\{\frac{\pi(z-w)}{2d},e^{-\left(\frac{\pi}{d}\right)^2\eta_z\tau}\right\}+\Theta_3\left\{\frac{\pi(z+w)}{2d},e^{-\left(\frac{\pi}{d}\right)^2\eta_z\tau}\right\}\right]dwd\tau-$$

$$-\frac{\pi}{2d\phi c_t}\sum_{m=0}^{\infty}\ni_m\cos\{m(\theta-\theta_0)\}\times$$

$$\times\sum_{n=1}^{\infty}\frac{\xi_n^2\{\xi_n J'_{m\dot{o}}(\xi_n b)+\lambda J_{m\dot{o}}(\xi_n b)\}^2\mathcal{V}_{\mathcal{N}m\dot{o}}(\xi r,a)}{\left[\left\{\xi_n^2+\lambda^2-\left(\frac{m\dot{o}}{b}\right)^2\right\}J'^2_{m\dot{o}}(\xi_n a)-\left\{1-\left(\frac{m\dot{o}}{\xi_n a}\right)^2\right\}\{\xi_n J'_{m\dot{o}}(\xi_n b)+\lambda J_{m\dot{o}}(\xi_n b)\}^2\right]}\times$$

$$\times\int_0^t\left\{\Theta_3\left(\frac{\pi z}{2d},e^{-\left(\frac{\pi}{d}\right)^2\eta_z\tau}\right)\overline{\overline{\psi}}_0(\xi_n,m,t-\tau;\theta)-\Theta_4\left(\frac{\pi z}{2d},e^{-\left(\frac{\pi}{d}\right)^2\eta_z\tau}\right)\overline{\overline{\psi}}_d(\xi_n,m,t-\tau;\theta)\right\}e^{-\eta_r\xi_n^2\tau}d\tau+$$

$$+\frac{\pi}{4d}\sum_{m=0}^{\infty}\ni_m\cos\{m(\theta-\theta_0)\}\times$$

$$\times\sum_{n=1}^{\infty}\frac{\xi_n^2\{\xi_n J'_{m\dot{o}}(\xi_n b)+\lambda J_{m\dot{o}}(\xi_n b)\}^2\mathcal{V}_{\mathcal{N}m\dot{o}}(\xi r,a)e^{-\eta_r\xi_n^2 t}}{\left[\left\{\xi_n^2+\lambda^2-\left(\frac{m\dot{o}}{b}\right)^2\right\}J'^2_{m\dot{o}}(\xi_n a)-\left\{1-\left(\frac{m\dot{o}}{\xi_n a}\right)^2\right\}\{\xi_n J'_{m\dot{o}}(\xi_n b)+\lambda J_{m\dot{o}}(\xi_n b)\}^2\right]}\times$$

$$\times\int_0^d\overline{\overline{\varphi}}(\xi_n,m,w;\theta)\left[\Theta_3\left\{\frac{\pi(z-w)}{2d},e^{-\left(\frac{\pi}{d}\right)^2\eta_z t}\right\}+\Theta_3\left\{\frac{\pi(z+w)}{2d},e^{-\left(\frac{\pi}{d}\right)^2\eta_z t}\right\}\right]dw \qquad (25.57.2)$$

where $\overline{\psi}_a(m,w,t;\theta)=\int_0^{2\pi}\psi_a(v,w,t)\cos\{m(\theta-v)\}dv$, $\overline{\psi}_b(m,w,t;\theta)=\int_0^{2\pi}\psi_b(v,w,t)\cos\{m(\theta-v)\}dv$, $\overline{\overline{\psi}}_0(\xi_n,m,t;\theta)=\int_a^b u\mathcal{V}_{\mathcal{N}m\dot{o}}(\xi_n u,a)\int_0^{2\pi}\psi_0(u,v,t)\cos\{m(\theta-v)\}dvdu$, and
$\overline{\overline{\psi}}_d(\xi_n,m,t;\theta)=\int_a^b u\mathcal{V}_{\mathcal{N}m\dot{o}}(\xi_n u,a)\int_0^{2\pi}\psi_d(u,v,t)\cos\{m(\theta-v)\}dvdu$.

25.58 **The problem of 25.52, except**
$\mathbf{R}_a \equiv \frac{\partial p(a,\theta,z,t)}{\partial r} - \lambda p(a,\theta,z,t) = -\left(\frac{\mu}{k_r}\right)\psi_a(\theta,z,t)$,
$\mathbf{D}_b \equiv p(b,\theta,z,t) = \psi_b(\theta,z,t)$,
$\mathbf{N}_0 \equiv \frac{\partial p(r,\theta,0,t)}{\partial z} = -\left(\frac{\mu}{k_z}\right)\psi_0(r,\theta,t)$ **and**
$\mathbf{N}_d \equiv \frac{\partial p(r,\theta,d,t)}{\partial z} = -\left(\frac{\mu}{k_z}\right)\psi_d(r,\theta,t)$

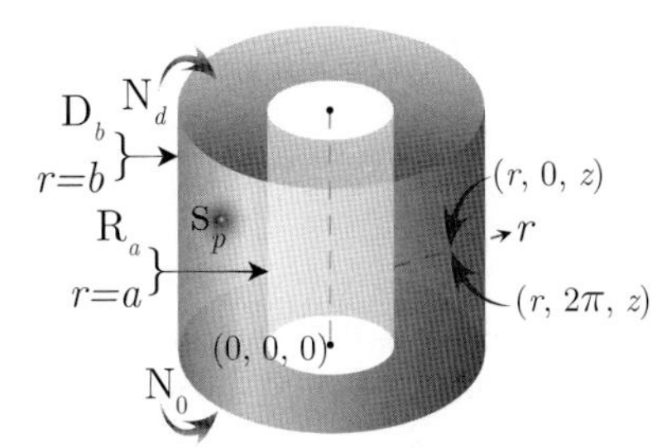

$$\overline{p} = \frac{\pi q(s)\,e^{-st_0}}{4\phi c_t\sqrt{\eta_z}}\sum_{m=0}^{\infty}\ni_m\cos\{m(\theta-\theta_0)\}\times$$

$$\times\sum_{n=1}^{\infty}\frac{\xi_n^2\{\xi_n J'_{m\dot{o}}(\xi_n a)-\lambda J_{m\dot{o}}(\xi_n a)\}^2\,\mathcal{V}_{\mathcal{D}m\dot{o}}(\xi r_0,b)\,\mathcal{V}_{\mathcal{D}m\dot{o}}(\xi r,b)\,\mathrm{csch}\left(d\sqrt{\frac{\eta_r\xi_n^2+s}{\eta_z}}\right)}{\left[\{\xi_n J'_{m\dot{o}}(\xi_n a)-\lambda J_{m\dot{o}}(\xi_n a)\}^2-\left\{\xi_n^2+\lambda^2-\left(\frac{m\dot{o}}{a}\right)^2\right\}J^2_{m\dot{o}}(\xi_n b)\right]\sqrt{(\eta_r\xi_n^2+s)}}\times$$

$$\times\left[\cosh\left\{(d-|z-z_0|)\sqrt{\frac{\eta_r\xi_n^2+s}{\eta_z}}\right\}+\cosh\left\{(d-z-z_0)\sqrt{\frac{\eta_r\xi_n^2+s}{\eta_z}}\right\}\right]+$$

$$+\frac{1}{2\phi c_t\sqrt{\eta_z}}\sum_{m=0}^{\infty}\ni_m\cos\{m(\theta-\theta_0)\}\times$$

$$\times\sum_{n=1}^{\infty}\frac{\xi_n^2 J_{m\dot{o}}(\xi_n b)\{\xi_n J'_{m\dot{o}}(\xi_n a)-\lambda J_{m\dot{o}}(\xi_n a)\}\,\mathcal{V}_{\mathcal{D}m\dot{o}}(\xi r,b)\,\mathrm{csch}\left(d\sqrt{\frac{\eta_r\xi_n^2+s}{\eta_z}}\right)}{\left[\{\xi_n J'_{m\dot{o}}(\xi_n a)-\lambda J_{m\dot{o}}(\xi_n a)\}^2-\left\{\xi_n^2+\lambda^2-\left(\frac{m\dot{o}}{a}\right)^2\right\}J^2_{m\dot{o}}(\xi_n b)\right]\sqrt{\eta_r\xi_n^2+s}}\times$$

$$\times\int_0^d\overline{\overline{\psi}}_a(m,w,s;\theta)\left[\cosh\left\{(d-|z-w|)\sqrt{\frac{\eta_r\xi_n^2+s}{\eta_z}}\right\}+\cosh\left\{(d-z-w)\sqrt{\frac{\eta_r\xi_n^2+s}{\eta_z}}\right\}\right]dw+$$

$$+\frac{\eta_r}{2\sqrt{\eta_z}}\sum_{m=0}^{\infty}\ni_m\cos\{m(\theta-\theta_0)\}\times$$

$$\times\sum_{n=1}^{\infty}\frac{\xi_n^2\{\xi_n J'_{m\dot{o}}(\xi_n a)-\lambda J_{m\dot{o}}(\xi_n a)\}^2\,\mathcal{V}_{\mathcal{D}m\dot{o}}(\xi r,b)\,\mathrm{csch}\left(d\sqrt{\frac{\eta_r\xi_n^2+s}{\eta_z}}\right)}{\left[\{\xi_n J'_{m\dot{o}}(\xi_n a)-\lambda J_{m\dot{o}}(\xi_n a)\}^2-\left\{\xi_n^2+\lambda^2-\left(\frac{m\dot{o}}{a}\right)^2\right\}J^2_{m\dot{o}}(\xi_n b)\right]\sqrt{\eta_r\xi_n^2+s}}\times$$

$$\times\int_0^d\overline{\overline{\psi}}_b(m,w,s;\theta)\left[\cosh\left\{(d-|z-w|)\sqrt{\frac{\eta_r\xi_n^2+s}{\eta_z}}\right\}+\cosh\left\{(d-z-w)\sqrt{\frac{\eta_r\xi_n^2+s}{\eta_z}}\right\}\right]dw+$$

$$+\frac{\pi}{2\phi c_t\sqrt{\eta_z}}\sum_{m=0}^{\infty}\ni_m\cos\{m(\theta-\theta_0)\}\times$$

$$\times\sum_{n=1}^{\infty}\frac{\xi_n^2\{\xi_n J'_{m\dot{o}}(\xi_n a)-\lambda J_{m\dot{o}}(\xi_n a)\}^2\,\mathcal{V}_{\mathcal{D}m\dot{o}}(\xi r,b)\,\mathrm{csch}\left(d\sqrt{\frac{\eta_r\xi_n^2+s}{\eta_z}}\right)}{\left[\{\xi_n J'_{m\dot{o}}(\xi_n a)-\lambda J_{m\dot{o}}(\xi_n a)\}^2-\left\{\xi_n^2+\lambda^2-\left(\frac{m\dot{o}}{a}\right)^2\right\}J^2_{m\dot{o}}(\xi_n b)\right]\sqrt{(\eta_r\xi_n^2+s)}}\times$$

$$\times\left[\overline{\overline{\overline{\psi}}}_0(\xi_n,m,s;\theta)\cosh\left\{(d-z)\sqrt{\frac{\eta_r\xi_n^2+s}{\eta_z}}\right\}-\overline{\overline{\overline{\psi}}}_d(\xi_n,m,s;\theta)\cosh\left\{z\sqrt{\frac{\eta_r\xi_n^2+s}{\eta_z}}\right\}\right]+$$

$$+\frac{\pi}{4\sqrt{\eta_z}}\sum_{m=0}^{\infty}\ni_m\sum_{n=1}^{\infty}\frac{\xi_n^2\{\xi_n J'_{m\dot{o}}(\xi_n a)-\lambda J_{m\dot{o}}(\xi_n a)\}^2\,\mathcal{V}_{\mathcal{D}m\dot{o}}(\xi r,b)\,\mathrm{csch}\left(d\sqrt{\frac{\eta_r\xi_n^2+s}{\eta_z}}\right)}{\left[\{\xi_n J'_{m\dot{o}}(\xi_n a)-\lambda J_{m\dot{o}}(\xi_n a)\}^2-\left\{\xi_n^2+\lambda^2-\left(\frac{m\dot{o}}{a}\right)^2\right\}J^2_{m\dot{o}}(\xi_n b)\right]\sqrt{\eta_r\xi_n^2+s}}\times$$

$$\times \int_0^d \overline{\overline{\varphi}}(\xi_n, m, w; \theta) \left[\cosh\left\{(d - |z-w|)\sqrt{\frac{\eta_r \xi_n^2 + s}{\eta_z}}\right\} + \cosh\left\{(d - z - w)\sqrt{\frac{\eta_r \xi_n^2 + s}{\eta_z}}\right\}\right] dw \tag{25.58.1}$$

where $\mathcal{V}_{\mathcal{D}m\dot{o}}(\xi_n r, b) = J_{m\dot{o}}(\xi_n r) Y_{m\dot{o}}(\xi_n b) - Y_{m\dot{o}}(\xi_n r) J_{m\dot{o}}(\xi_n b)$, and the eigenvalues $\xi_n, n = 1, 2, ...$, are the positive roots of the transcendental equation $\lambda \mathcal{V}_{\mathcal{D}m\dot{o}}(\xi_n a, b) - \xi_n \mathcal{V}'_{\mathcal{D}m\dot{o}}(\xi_n a, b) = 0$.
$\overline{\overline{\overline{\psi}}}_0(\xi_n, m, s; \theta) = \int_a^b u \mathcal{V}_{\mathcal{D}m\dot{o}}(\xi_n u, a) \int_0^{2\pi} \overline{\psi}_0(u, v, s) \cos\{m(\theta - v)\} dv du$,
$\overline{\overline{\overline{\psi}}}_d(\xi_n, m, s; \theta) = \int_a^b u \mathcal{V}_{\mathcal{D}m\dot{o}}(\xi_n u, a) \int_0^{2\pi} \overline{\psi}_d(u, v, s) \cos\{m(\theta - v)\} dv du$,
$\overline{\overline{\psi}}_a(m, w, s; \theta) = \int_0^{2\pi} \overline{\psi}_a(v, w, s) \cos\{m(\theta - v)\} dv$, $\overline{\overline{\psi}}_b(m, w, s; \theta) = \int_0^{2\pi} \overline{\psi}_b(v, w, s) \cos\{m(\theta - v)\} dv$, and
$\overline{\overline{\varphi}}(\xi_n, m, w; \theta) = \int_a^b u \mathcal{V}_{\mathcal{D}m\dot{o}}(\xi_n u, a) \int_0^{2\pi} \varphi(u, v, w) \cos\{m(\theta - v)\} dv du$.

$$p = \frac{U(t-t_0)\pi}{4\phi c_t d} \sum_{m=0}^{\infty} \ni_m \cos\{m(\theta - \theta_0)\} \sum_{n=1}^{\infty} \frac{\xi_n^2 \{\lambda J_{m\dot{o}}(\xi_n a) + \xi_n J'_{m\dot{o}}(\xi_n a)\}^2 \mathcal{V}_{\mathcal{D}m\dot{o}}(\xi r_0, b) \mathcal{V}_{\mathcal{D}m\dot{o}}(\xi r, b)}{\left[\{\xi_n J'_{m\dot{o}}(\xi_n a) - \lambda J_{m\dot{o}}(\xi_n a)\}^2 - \left\{\xi_n^2 + \lambda^2 - \left(\frac{m\dot{o}}{a}\right)^2\right\} J^2_{m\dot{o}}(\xi_n b)\right]} \times$$

$$\int_0^{t-t_0} q(t - t_0 - \tau) \left[\Theta_3\left\{\frac{\pi(z - z_0)}{2d}, e^{-\left(\frac{\pi}{d}\right)^2 \eta_z \tau}\right\} + \Theta_3\left\{\frac{\pi(z + z_0)}{2d}, e^{-\left(\frac{\pi}{d}\right)^2 \eta_z \tau}\right\}\right] e^{-\eta_r \xi_n^2 \tau} d\tau +$$

$$+ \frac{1}{2\phi c_t d} \sum_{m=0}^{\infty} \ni_m \cos\{m(\theta - \theta_0)\} \sum_{n=1}^{\infty} \frac{\xi_n^2 J_{m\dot{o}}(\xi_n b) \{\xi_n J'_{m\dot{o}}(\xi_n a) - \lambda J_{m\dot{o}}(\xi_n a)\} \mathcal{V}_{\mathcal{D}m\dot{o}}(\xi r, b)}{\left[\{\xi_n J'_{m\dot{o}}(\xi_n a) - \lambda J_{m\dot{o}}(\xi_n a)\}^2 - \left\{\xi_n^2 + \lambda^2 - \left(\frac{m\dot{o}}{a}\right)^2\right\} J^2_{m\dot{o}}(\xi_n b)\right]} \times$$

$$\times \int_0^t e^{-\eta_r \xi_n^2 \tau} \int_0^d \overline{\psi}_a(m, w, t - \tau; \theta) \left[\Theta_3\left\{\frac{\pi(z - w)}{2d}, e^{-\left(\frac{\pi}{d}\right)^2 \eta_z \tau}\right\} + \Theta_3\left\{\frac{\pi(z + w)}{2d}, e^{-\left(\frac{\pi}{d}\right)^2 \eta_z \tau}\right\}\right] dw d\tau +$$

$$+ \frac{\eta_r}{2d} \sum_{m=0}^{\infty} \ni_m \cos\{m(\theta - \theta_0)\} \sum_{n=1}^{\infty} \frac{\xi_n^2 \{\xi_n J'_{m\dot{o}}(\xi_n a) - \lambda J_{m\dot{o}}(\xi_n a)\}^2 \mathcal{V}_{\mathcal{D}m\dot{o}}(\xi r, b)}{\left[\{\xi_n J'_{m\dot{o}}(\xi_n a) - \lambda J_{m\dot{o}}(\xi_n a)\}^2 - \left\{\xi_n^2 + \lambda^2 - \left(\frac{m\dot{o}}{a}\right)^2\right\} J^2_{m\dot{o}}(\xi_n b)\right]} \times$$

$$\times \int_0^t e^{-\eta_r \xi_n^2 \tau} \int_0^d \overline{\psi}_b(m, w, t - \tau; \theta) \left[\Theta_3\left\{\frac{\pi(z - w)}{2d}, e^{-\left(\frac{\pi}{d}\right)^2 \eta_z \tau}\right\} + \Theta_3\left\{\frac{\pi(z + w)}{2d}, e^{-\left(\frac{\pi}{d}\right)^2 \eta_z \tau}\right\}\right] dw d\tau -$$

$$- \frac{\pi}{2d\phi c_t} \sum_{m=0}^{\infty} \ni_m \cos\{m(\theta - \theta_0)\} \sum_{n=1}^{\infty} \frac{\xi_n^2 \{\xi_n J'_{m\dot{o}}(\xi_n a) - \lambda J_{m\dot{o}}(\xi_n a)\}^2 \mathcal{V}_{\mathcal{D}m\dot{o}}(\xi r, b)}{\left[\{\xi_n J'_{m\dot{o}}(\xi_n a) - \lambda J_{m\dot{o}}(\xi_n a)\}^2 - \left\{\xi_n^2 + \lambda^2 - \left(\frac{m\dot{o}}{a}\right)^2\right\} J^2_{m\dot{o}}(\xi_n b)\right]} \times$$

$$\times \int_0^t \left\{\Theta_3\left(\frac{\pi z}{2d}, e^{-\left(\frac{\pi}{d}\right)^2 \eta_z \tau}\right) \overline{\overline{\psi}}_0(\xi_n, m, t - \tau; \theta) - \Theta_4\left(\frac{\pi z}{2d}, e^{-\left(\frac{\pi}{d}\right)^2 \eta_z \tau}\right) \overline{\overline{\psi}}_d(\xi_n, m, t - \tau; \theta)\right\} e^{-\eta_r \xi_n^2 \tau} d\tau +$$

$$+ \frac{\pi}{4d} \sum_{m=0}^{\infty} \ni_m \cos\{m(\theta - \theta_0)\} \sum_{n=1}^{\infty} \frac{\xi_n^2 \{\xi_n J'_{m\dot{o}}(\xi_n a) - \lambda J_{m\dot{o}}(\xi_n a)\}^2 \mathcal{V}_{\mathcal{D}m\dot{o}}(\xi r, b)}{\left[\{\xi_n J'_{m\dot{o}}(\xi_n a) - \lambda J_{m\dot{o}}(\xi_n a)\}^2 - \left\{\xi_n^2 + \lambda^2 - \left(\frac{m\dot{o}}{a}\right)^2\right\} J^2_{m\dot{o}}(\xi_n b)\right]} \times$$

$$\times \int_0^d \overline{\overline{\varphi}}(\xi_n, m, w; \theta) \left[\Theta_3\left\{\frac{\pi(z - w)}{2d}, e^{-\left(\frac{\pi}{d}\right)^2 \eta_z t}\right\} + \Theta_3\left\{\frac{\pi(z + w)}{2d}, e^{-\left(\frac{\pi}{d}\right)^2 \eta_z t}\right\}\right] dw \tag{25.58.2}$$

where $\overline{\psi}_a(m, w, t; \theta) = \int_0^{2\pi} \psi_a(v, w, t) \cos\{m(\theta - v)\} dv$, $\overline{\psi}_b(m, w, t; \theta) = \int_0^{2\pi} \psi_b(v, w, t) \cos\{m(\theta - v)\} dv$,
$\overline{\overline{\psi}}_0(\xi_n, m, t; \theta) = \int_a^b u \mathcal{V}_{\mathcal{D}m\dot{o}}(\xi_n u, a) \int_0^{2\pi} \psi_0(u, v, t) \cos\{m(\theta - v)\} dv du$, and
$\overline{\overline{\psi}}_d(\xi_n, m, t; \theta) = \int_a^b u \mathcal{V}_{\mathcal{D}m\dot{o}}(\xi_n u, a) \int_0^{2\pi} \psi_d(u, v, t) \cos\{m(\theta - v)\} dv du$.

25.59 **The problem of 25.52, except**
$\mathbf{R}_a \equiv \frac{\partial p(a,\theta,z,t)}{\partial r} - \lambda p(a,\theta,z,t) = -\left(\frac{\mu}{k_r}\right)\psi_a(\theta,z,t)$,
$\mathbf{N}_b \equiv \frac{\partial p(b,\theta,z,t)}{\partial r} = -\left(\frac{\mu}{k_r}\right)\psi_b(\theta,z,t)$,
$\mathbf{N}_0 \equiv \frac{\partial p(r,\theta,0,t)}{\partial z} = -\left(\frac{\mu}{k_z}\right)\psi_0(r,\theta,t)$ **and**
$\mathbf{N}_d \equiv \frac{\partial p(r,\theta,d,t)}{\partial z} = -\left(\frac{\mu}{k_z}\right)\psi_d(r,\theta,t)$

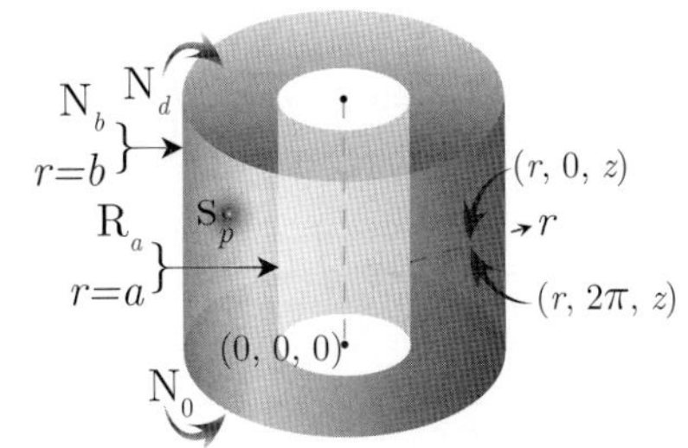

$$
\begin{aligned}
\overline{p} = {} & \frac{\pi q(s)\, e^{-st_0}}{4\phi c_t\sqrt{\eta_z}} \sum_{m=0}^{\infty} \ni_m \cos\{m(\theta-\theta_0)\} \times \\
& \times \sum_{n=1}^{\infty} \frac{\xi_n^2 \{\xi_n J'_{m\dot{o}}(\xi_n a) - \lambda J_{m\dot{o}}(\xi_n a)\}^2 \mathcal{V}_{\mathcal{N}m\dot{o}}(\xi r_0, b)\, \mathcal{V}_{\mathcal{N}m\dot{o}}(\xi r, b) \operatorname{csch}\left(d\sqrt{\frac{\eta_r\xi_n^2+s}{\eta_z}}\right)}{\left[\left\{1-\left(\frac{m\dot{o}}{\xi_n b}\right)^2\right\}\{\xi_n J'_{m\dot{o}}(\xi_n a) - \lambda J_{m\dot{o}}(\xi_n a)\}^2 - \left\{\xi_n^2+\lambda^2-\left(\frac{m\dot{o}}{a}\right)^2\right\} J'^2_{m\dot{o}}(\xi_n b)\right]\sqrt{(\eta_r\xi_n^2+s)}} \times \\
& \times \left[\cosh\left\{(d-|z-z_0|)\sqrt{\frac{\eta_r\xi_n^2+s}{\eta_z}}\right\} + \cosh\left\{(d-z-z_0)\sqrt{\frac{\eta_r\xi_n^2+s}{\eta_z}}\right\}\right] + \\
& + \frac{1}{2\phi c_t\sqrt{\eta_z}} \sum_{m=0}^{\infty} \ni_m \cos\{m(\theta-\theta_0)\} \times \\
& \times \sum_{n=1}^{\infty} \frac{\xi_n^2 J'_{m\dot{o}}(\xi_n b)\{\xi_n J'_{m\dot{o}}(\xi_n a) - \lambda J_{m\dot{o}}(\xi_n a)\} \mathcal{V}_{\mathcal{N}m\dot{o}}(\xi r, b) \operatorname{csch}\left(d\sqrt{\frac{\eta_r\xi_n^2+s}{\eta_z}}\right)}{\left[\left\{1-\left(\frac{m\dot{o}}{\xi_n b}\right)^2\right\}\{\xi_n J'_{m\dot{o}}(\xi_n a) - \lambda J_{m\dot{o}}(\xi_n a)\}^2 - \left\{\xi_n^2+\lambda^2-\left(\frac{m\dot{o}}{a}\right)^2\right\} J'^2_{m\dot{o}}(\xi_n b)\right]\sqrt{\eta_r\xi_n^2+s}} \times \\
& \times \int_0^d \overline{\overline{\psi}}_a(m,w,s;\theta)\left[\cosh\left\{(d-|z-w|)\sqrt{\frac{\eta_r\xi_n^2+s}{\eta_z}}\right\} + \cosh\left\{(d-z-w)\sqrt{\frac{\eta_r\xi_n^2+s}{\eta_z}}\right\}\right] dw - \\
& - \frac{1}{2\phi c_t\sqrt{\eta_z}} \sum_{m=0}^{\infty} \ni_m \cos\{m(\theta-\theta_0)\} \times \\
& \times \sum_{n=1}^{\infty} \frac{\xi_n \{\xi_n J'_{m\dot{o}}(\xi_n a) - \lambda J_{m\dot{o}}(\xi_n a)\}^2 \mathcal{V}_{\mathcal{N}m\dot{o}}(\xi r, b) \operatorname{csch}\left(d\sqrt{\frac{\eta_r\xi_n^2+s}{\eta_z}}\right)}{\left[\left\{1-\left(\frac{m\dot{o}}{\xi_n b}\right)^2\right\}\{\xi_n J'_{m\dot{o}}(\xi_n a) - \lambda J_{m\dot{o}}(\xi_n a)\}^2 - \left\{\xi_n^2+\lambda^2-\left(\frac{m\dot{o}}{a}\right)^2\right\} J'^2_{m\dot{o}}(\xi_n b)\right]\sqrt{\eta_r\xi_n^2+s}} \times \\
& \times \int_0^d \overline{\overline{\psi}}_b(m,w,s;\theta)\left[\cosh\left\{(d-|z-w|)\sqrt{\frac{\eta_r\xi_n^2+s}{\eta_z}}\right\} + \cosh\left\{(d-z-w)\sqrt{\frac{\eta_r\xi_n^2+s}{\eta_z}}\right\}\right] dw + \\
& + \frac{\pi}{2\phi c_t\sqrt{\eta_z}} \sum_{m=0}^{\infty} \ni_m \cos\{m(\theta-\theta_0)\} \times \\
& \times \sum_{n=1}^{\infty} \frac{\xi_n^2 \{\xi_n J'_{m\dot{o}}(\xi_n a) - \lambda J_{m\dot{o}}(\xi_n a)\}^2 \mathcal{V}_{\mathcal{N}m\dot{o}}(\xi r, b) \operatorname{csch}\left(d\sqrt{\frac{\eta_r\xi_n^2+s}{\eta_z}}\right)}{\left[\left\{1-\left(\frac{m\dot{o}}{\xi_n b}\right)^2\right\}\{\xi_n J'_{m\dot{o}}(\xi_n a) - \lambda J_{m\dot{o}}(\xi_n a)\}^2 - \left\{\xi_n^2+\lambda^2-\left(\frac{m\dot{o}}{a}\right)^2\right\} J'^2_{m\dot{o}}(\xi_n b)\right]\sqrt{(\eta_r\xi_n^2+s)}} \times \\
& \times \left[\overline{\overline{\overline{\psi}}}_0(\xi_n,m,s;\theta)\cosh\left\{(d-z)\sqrt{\frac{\eta_r\xi_n^2+s}{\eta_z}}\right\} - \overline{\overline{\overline{\psi}}}_d(\xi_n,m,s;\theta)\cosh\left\{z\sqrt{\frac{\eta_r\xi_n^2+s}{\eta_z}}\right\}\right] +
\end{aligned}
$$

$$+\frac{\pi}{4\sqrt{\eta_z}}\sum_{m=0}^{\infty}\ni_m\sum_{n=1}^{\infty}\frac{\xi_n^2\left\{\xi_n J'_{m\dot{o}}(\xi_n a)-\lambda J_{m\dot{o}}(\xi_n a)\right\}^2\mathcal{V}_{\mathcal{N}m\dot{o}}(\xi r,b)\operatorname{csch}\left(d\sqrt{\frac{\eta_r\xi_n^2+s}{\eta_z}}\right)}{\left[\left\{1-\left(\frac{m\dot{o}}{\xi_n b}\right)^2\right\}\left\{\xi_n J'_{m\dot{o}}(\xi_n a)-\lambda J_{m\dot{o}}(\xi_n a)\right\}^2-\left\{\xi_n^2+\lambda^2-\left(\frac{m\dot{o}}{a}\right)^2\right\}J'^2_{m\dot{o}}(\xi_n b)\right]}\times$$

$$\times\frac{1}{\sqrt{\eta_r\xi_n^2+s}}\int_0^d\overline{\overline{\varphi}}(\xi_n,m,w;\theta)\left[\cosh\left\{(d-|z-w|)\sqrt{\frac{\eta_r\xi_n^2+s}{\eta_z}}\right\}+\cosh\left\{(d-z-w)\sqrt{\frac{\eta_r\xi_n^2+s}{\eta_z}}\right\}\right]dw$$

(25.59.1)

where $\mathcal{V}_{\mathcal{N}m\dot{o}}(\xi_n r,a)=J_{m\dot{o}}(\xi_n r)\,Y'_{m\dot{o}}(\xi_n a)-Y_{m\dot{o}}(\xi_n r)\,J'_{m\dot{o}}(\xi_n a)$, and the eigenvalues $\xi_n, n=1,2,...,$ are the positive roots of the transcendental equation $\lambda\mathcal{V}_{\mathcal{N}m\dot{o}}(\xi_n a,b)-\xi_n\mathcal{V}'_{\mathcal{N}m\dot{o}}(\xi_n a,b)=0$.
$\overline{\overline{\overline{\psi}}}_0(\xi_n,m,s;\theta)=\int_a^b u\mathcal{V}_{\mathcal{N}m\dot{o}}(\xi_n u,a)\int_0^{2\pi}\overline{\psi}_0(u,v,s)\cos\{m(\theta-v)\}dvdu$,
$\overline{\overline{\overline{\psi}}}_d(\xi_n,m,s;\theta)=\int_a^b u\mathcal{V}_{\mathcal{N}m\dot{o}}(\xi_n u,a)\int_0^{2\pi}\overline{\psi}_d(u,v,s)\cos\{m(\theta-v)\}dvdu$,
$\overline{\overline{\psi}}_a(m,w,s;\theta)=\int_0^{2\pi}\overline{\psi}_a(v,w,s)\cos\{m(\theta-v)\}dv$, $\overline{\overline{\psi}}_b(m,w,s;\theta)=\int_0^{2\pi}\overline{\psi}_b(v,w,s)\cos\{m(\theta-v)\}dv$, and
$\overline{\overline{\varphi}}(\xi_n,m,w;\theta)=\int_a^b u\mathcal{V}_{\mathcal{N}m\dot{o}}(\xi_n u,a)\int_0^{2\pi}\varphi(u,v,w)\cos\{m(\theta-v)\}dvdu$.

$$p=\frac{U(t-t_0)\pi}{4\phi c_t d}\sum_{m=0}^{\infty}\ni_m\cos\{m(\theta-\theta_0)\}\times$$

$$\times\sum_{n=1}^{\infty}\frac{\xi_n^2\left\{\xi_n J'_{m\dot{o}}(\xi_n a)-\lambda J_{m\dot{o}}(\xi_n a)\right\}^2\mathcal{V}_{\mathcal{N}m\dot{o}}(\xi r_0,b)\,\mathcal{V}_{\mathcal{N}m\dot{o}}(\xi r,b)}{\left[\left\{1-\left(\frac{m\dot{o}}{\xi_n b}\right)^2\right\}\left\{\xi_n J'_{m\dot{o}}(\xi_n a)-\lambda J_{m\dot{o}}(\xi_n a)\right\}^2-\left\{\xi_n^2+\lambda^2-\left(\frac{m\dot{o}}{a}\right)^2\right\}J'^2_{m\dot{o}}(\xi_n b)\right]}\times$$

$$\int_0^{t-t_0}q(t-t_0-\tau)\left[\Theta_3\left\{\frac{\pi(z-z_0)}{2d},e^{-\left(\frac{\pi}{d}\right)^2\eta_z\tau}\right\}+\Theta_3\left\{\frac{\pi(z+z_0)}{2d},e^{-\left(\frac{\pi}{d}\right)^2\eta_z\tau}\right\}\right]e^{-\eta_r\xi_n^2\tau}d\tau+$$

$$+\frac{1}{2\phi c_t d}\sum_{m=0}^{\infty}\ni_m\cos\{m(\theta-\theta_0)\}\times$$

$$\times\sum_{n=1}^{\infty}\frac{\xi_n^2 J'_{m\dot{o}}(\xi_n b)\left\{\xi_n J'_{m\dot{o}}(\xi_n a)-\lambda J_{m\dot{o}}(\xi_n a)\right\}\mathcal{V}_{\mathcal{N}m\dot{o}}(\xi r,b)}{\left[\left\{1-\left(\frac{m\dot{o}}{\xi_n b}\right)^2\right\}\left\{\xi_n J'_{m\dot{o}}(\xi_n a)-\lambda J_{m\dot{o}}(\xi_n a)\right\}^2-\left\{\xi_n^2+\lambda^2-\left(\frac{m\dot{o}}{a}\right)^2\right\}J'^2_{m\dot{o}}(\xi_n b)\right]}\times$$

$$\times\int_0^t e^{-\eta_r\xi_n^2\tau}\int_0^d\overline{\psi}_a(m,w,t-\tau;\theta)\left[\Theta_3\left\{\frac{\pi(z-w)}{2d},e^{-\left(\frac{\pi}{d}\right)^2\eta_z\tau}\right\}+\Theta_3\left\{\frac{\pi(z+w)}{2d},e^{-\left(\frac{\pi}{d}\right)^2\eta_z\tau}\right\}\right]dwd\tau-$$

$$-\frac{1}{2\phi c_t d}\sum_{m=0}^{\infty}\ni_m\cos\{m(\theta-\theta_0)\}\times$$

$$\times\sum_{n=1}^{\infty}\frac{\xi_n\left\{\xi_n J'_{m\dot{o}}(\xi_n a)-\lambda J_{m\dot{o}}(\xi_n a)\right\}^2\mathcal{V}_{\mathcal{N}m\dot{o}}(\xi r,b)}{\left[\left\{1-\left(\frac{m\dot{o}}{\xi_n b}\right)^2\right\}\left\{\xi_n J'_{m\dot{o}}(\xi_n a)-\lambda J_{m\dot{o}}(\xi_n a)\right\}^2-\left\{\xi_n^2+\lambda^2-\left(\frac{m\dot{o}}{a}\right)^2\right\}J'^2_{m\dot{o}}(\xi_n b)\right]}\times$$

$$\times\int_0^t e^{-\eta_r\xi_n^2\tau}\int_0^d\overline{\psi}_b(m,w,t-\tau;\theta)\left[\Theta_3\left\{\frac{\pi(z-w)}{2d},e^{-\left(\frac{\pi}{d}\right)^2\eta_z\tau}\right\}+\Theta_3\left\{\frac{\pi(z+w)}{2d},e^{-\left(\frac{\pi}{d}\right)^2\eta_z\tau}\right\}\right]dwd\tau-$$

$$-\frac{\pi}{2d\phi c_t}\sum_{m=0}^{\infty}\ni_m\cos\{m(\theta-\theta_0)\}\times$$

$$\times\sum_{n=1}^{\infty}\frac{\xi_n^2\left\{\xi_n J'_{m\dot{o}}(\xi_n a)-\lambda J_{m\dot{o}}(\xi_n a)\right\}^2\mathcal{V}_{\mathcal{N}m\dot{o}}(\xi r,b)}{\left[\left\{1-\left(\frac{m\dot{o}}{\xi_n b}\right)^2\right\}\left\{\xi_n J'_{m\dot{o}}(\xi_n a)-\lambda J_{m\dot{o}}(\xi_n a)\right\}^2-\left\{\xi_n^2+\lambda^2-\left(\frac{m\dot{o}}{a}\right)^2\right\}J'^2_{m\dot{o}}(\xi_n b)\right]}\times$$

$$\times \int_0^t \left\{ \Theta_3 \left(\frac{\pi z}{2d}, e^{-\left(\frac{\pi}{d}\right)^2 \eta_z \tau} \right) \overline{\overline{\psi}}_0 (\xi_n, m, t-\tau; \theta) - \Theta_4 \left(\frac{\pi z}{2d}, e^{-\left(\frac{\pi}{d}\right)^2 \eta_z \tau} \right) \overline{\overline{\psi}}_d (\xi_n, m, t-\tau; \theta) \right\} e^{-\eta_r \xi_n^2 \tau} d\tau +$$

$$+ \frac{\pi}{4d} \sum_{m=0}^{\infty} \ni_m \cos\{m(\theta - \theta_0)\} \times$$

$$\times \sum_{n=1}^{\infty} \frac{\xi_n^2 \{\xi_n J'_{m\dot{o}}(\xi_n a) - \lambda J_{m\dot{o}}(\xi_n a)\}^2 \mathcal{V}_{\mathcal{N}m\dot{o}}(\xi r, b)}{\left[\left\{ 1 - \left(\frac{m\dot{o}}{\xi_n b}\right)^2 \right\} \{\xi_n J'_{m\dot{o}}(\xi_n a) - \lambda J_{m\dot{o}}(\xi_n a)\}^2 - \left\{ \xi_n^2 + \lambda^2 - \left(\frac{m\dot{o}}{a}\right)^2 \right\} J'^2_{m\dot{o}}(\xi_n b) \right]} \times$$

$$\times \int_0^d \overline{\overline{\varphi}}(\xi_n, m, w; \theta) \left[\Theta_3 \left\{ \frac{\pi(z-w)}{2d}, e^{-\left(\frac{\pi}{d}\right)^2 \eta_z t} \right\} + \Theta_3 \left\{ \frac{\pi(z+w)}{2d}, e^{-\left(\frac{\pi}{d}\right)^2 \eta_z t} \right\} \right] dw \qquad (25.59.2)$$

where $\overline{\psi}_a(m, w, t; \theta) = \int_0^{2\pi} \psi_a(v, w, t) \cos\{m(\theta - v)\} dv$, $\overline{\psi}_b(m, w, t; \theta) = \int_0^{2\pi} \psi_b(v, w, t) \cos\{m(\theta - v)\} dv$, $\overline{\overline{\psi}}_0(\xi_n, m, t; \theta) = \int_a^b u \mathcal{V}_{\mathcal{N}m\dot{o}}(\xi_n u, a) \int_0^{2\pi} \psi_0(u, v, t) \cos\{m(\theta - v)\} dv du$, and $\overline{\overline{\psi}}_d(\xi_n, m, t; \theta) = \int_a^b u \mathcal{V}_{\mathcal{N}m\dot{o}}(\xi_n u, a) \int_0^{2\pi} \psi_d(u, v, t) \cos\{m(\theta - v)\} dv du$.

25.60 The problem of 25.52, except

$\mathbf{R}_a \equiv \frac{\partial p(a,\theta,z,t)}{\partial r} - \lambda p(a, \theta, z, t) = -\left(\frac{\mu}{k_r}\right) \psi_a(\theta, z, t)$,
$\mathbf{R}_b \equiv \frac{\partial p(b,\theta,z,t)}{\partial r} + \lambda_b p(b, \theta, z, t) = -\left(\frac{\mu}{k_r}\right) \psi_b(\theta, z, t)$,
$\mathbf{N}_0 \equiv \frac{\partial p(r,\theta,0,t)}{\partial z} = -\left(\frac{\mu}{k_z}\right) \psi_0(r, \theta, t)$ **and**
$\mathbf{N}_d \equiv \frac{\partial p(r,\theta,d,t)}{\partial z} = -\left(\frac{\mu}{k_z}\right) \psi_d(r, \theta, t)$

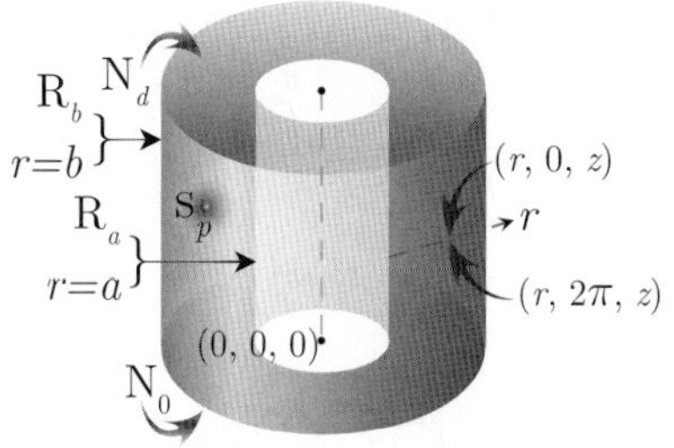

$$\overline{p} = \frac{\pi q(s) e^{-st_0}}{4\phi c_t \sqrt{\eta_z}} \sum_{m=0}^{\infty} \ni_m \cos\{m(\theta - \theta_0)\} \sum_{n=1}^{\infty} \frac{\xi_n^2 \{\xi_n J'_{m\dot{o}}(\xi_n b) + \lambda_b J_{m\dot{o}}(\xi_n b)\}^2}{\sqrt{(\eta_r \xi_n^2 + s)}} \times$$

$$\times \frac{\{\xi_n \mathcal{V}_{\mathcal{N}m\dot{o}}(\xi_n r_0, a) - \lambda_a \mathcal{V}_{\mathcal{D}m\dot{o}}(\xi_n r_0, a)\} \{\xi_n \mathcal{V}_{\mathcal{N}m\dot{o}}(\xi_n r, a) - \lambda_a \mathcal{V}_{\mathcal{D}m\dot{o}}(\xi_n r, a)\} \operatorname{csch}\left(d\sqrt{\frac{\eta_r \xi_n^2 + s}{\eta_z}}\right)}{\left[\left\{ \xi_n^2 + \lambda_b^2 - \left(\frac{m\dot{o}}{b}\right)^2 \right\} \{\xi_n J'_{m\dot{o}}(\xi_n a) - \lambda_a J_{m\dot{o}}(\xi_n a)\}^2 - \left\{ \xi_n^2 + \lambda_a^2 - \left(\frac{m\dot{o}}{a}\right)^2 \right\} \{\xi_n J'_{m\dot{o}}(\xi_n b) + \lambda J_{m\dot{o}}(\xi_n b)\}^2 \right]} \times$$

$$\times \left[\cosh\left\{ (d - |z - z_0|) \sqrt{\frac{\eta_r \xi_n^2 + s}{\eta_z}} \right\} + \cosh\left\{ (d - z - z_0) \sqrt{\frac{\eta_r \xi_n^2 + s}{\eta_z}} \right\} \right] +$$

$$+ \frac{1}{2\phi c_t \sqrt{\eta_z}} \sum_{m=0}^{\infty} \ni_m \cos\{m(\theta - \theta_0)\} \times$$

$$\times \sum_{n=1}^{\infty} \frac{\xi_n^2 \{\xi_n J'_{m\dot{o}}(\xi_n b) + \lambda_b J_{m\dot{o}}(\xi_n b)\}^2 \{\xi_n \mathcal{V}_{\mathcal{N}m\dot{o}}(\xi_n r, a) - \lambda_a \mathcal{V}_{\mathcal{D}m\dot{o}}(\xi_n r, a)\} \operatorname{csch}\left(d\sqrt{\frac{\eta_r \xi_n^2 + s}{\eta_z}}\right)}{\left[\left\{ \xi_n^2 + \lambda_b^2 - \left(\frac{m\dot{o}}{b}\right)^2 \right\} \{\xi_n J'_{m\dot{o}}(\xi_n a) - \lambda_a J_{m\dot{o}}(\xi_n a)\}^2 - \left\{ \xi_n^2 + \lambda_a^2 - \left(\frac{m\dot{o}}{a}\right)^2 \right\} \{\xi_n J'_{m\dot{o}}(\xi_n b) + \lambda J_{m\dot{o}}(\xi_n b)\}^2 \right]} \times$$

$$\times \frac{1}{\sqrt{\eta_r \xi_n^2 + s}} \int_0^d \overline{\overline{\psi}}_a(m, w, s; \theta) \left[\cosh\left\{ (d - |z - w|) \sqrt{\frac{\eta_r \xi_n^2 + s}{\eta_z}} \right\} + \cosh\left\{ (d - z - w) \sqrt{\frac{\eta_r \xi_n^2 + s}{\eta_z}} \right\} \right] dw -$$

$$- \frac{1}{2\phi c_t \sqrt{\eta_z}} \sum_{m=0}^{\infty} \ni_m \cos\{m(\theta - \theta_0)\} \times$$

$$\times \sum_{n=1}^{\infty} \frac{\xi_n^2 \{\xi_n J'_{m\dot{o}}(\xi_n b) + \lambda_b J_{m\dot{o}}(\xi_n b)\} \{\xi_n J'_{m\dot{o}}(\xi_n a) + \lambda_a J_{m\dot{o}}(\xi_n a)\} \{\xi_n \mathcal{V}_{\mathcal{N}m\dot{o}}(\xi_n r, a) - \lambda_a \mathcal{V}_{\mathcal{D}m\dot{o}}(\xi_n r, a)\}}{\left[\left\{ \xi_n^2 + \lambda_b^2 - \left(\frac{m\dot{o}}{b}\right)^2 \right\} \{\xi_n J'_{m\dot{o}}(\xi_n a) - \lambda_a J_{m\dot{o}}(\xi_n a)\}^2 - \left\{ \xi_n^2 + \lambda_a^2 - \left(\frac{m\dot{o}}{a}\right)^2 \right\} \{\xi_n J'_{m\dot{o}}(\xi_n b) + \lambda J_{m\dot{o}}(\xi_n b)\}^2 \right]} \times$$

$$\times\frac{\operatorname{csch}\left(d\sqrt{\frac{\eta_r\xi_n^2+s}{\eta_z}}\right)}{\sqrt{\eta_r\xi_n^2+s}}\int_0^d\overline{\overline{\psi}}_b(m,w,s;\theta)\left[\cosh\left\{(d-|z-w|)\sqrt{\frac{\eta_r\xi_n^2+s}{\eta_z}}\right\}+\cosh\left\{(d-z-w)\sqrt{\frac{\eta_r\xi_n^2+s}{\eta_z}}\right\}\right]dw+$$

$$+\frac{\pi}{2\phi c_t\sqrt{\eta_z}}\sum_{m=0}^{\infty}\ni_m\cos\{m(\theta-\theta_0)\}\times$$

$$\times\sum_{n=1}^{\infty}\frac{\xi_n^2\{\xi_nJ'_{m\dot{o}}(\xi_nb)+\lambda_bJ_{m\dot{o}}(\xi_nb)\}^2\{\xi_n\mathcal{V}_{\mathcal{N}m\dot{o}}(\xi_nr,a)-\lambda_a\mathcal{V}_{\mathcal{D}m\dot{o}}(\xi_nr,a)\}\operatorname{csch}\left(d\sqrt{\frac{\eta_r\xi_n^2+s}{\eta_z}}\right)}{\left[\left\{\xi_n^2+\lambda_b^2-\left(\frac{m\dot{o}}{b}\right)^2\right\}\{\xi_nJ'_{m\dot{o}}(\xi_na)-\lambda_aJ_{m\dot{o}}(\xi_na)\}^2-\left\{\xi_n^2+\lambda_a^2-\left(\frac{m\dot{o}}{a}\right)^2\right\}\{\xi_nJ'_{m\dot{o}}(\xi_nb)+\lambda J_{m\dot{o}}(\xi_nb)\}^2\right]}\times$$

$$\times\frac{1}{\sqrt{\eta_r\xi_n^2+s}}\left[\overline{\overline{\overline{\psi}}}_0(\xi_n,m,s;\theta)\cosh\left\{(d-z)\sqrt{\frac{\eta_r\xi_n^2+s}{\eta_z}}\right\}-\overline{\overline{\overline{\psi}}}_d(\xi_n,m,s;\theta)\cosh\left\{z\sqrt{\frac{\eta_r\xi_n^2+s}{\eta_z}}\right\}\right]+$$

$$+\frac{\pi}{4\sqrt{\eta_z}}\sum_{m=0}^{\infty}\ni_m\times$$

$$\times\sum_{n=1}^{\infty}\frac{\xi_n^2\{\xi_nJ'_{m\dot{o}}(\xi_nb)+\lambda_bJ_{m\dot{o}}(\xi_nb)\}^2\{\xi_n\mathcal{V}_{\mathcal{N}m\dot{o}}(\xi_nr,a)-\lambda_a\mathcal{V}_{\mathcal{D}m\dot{o}}(\xi_nr,a)\}\operatorname{csch}\left(d\sqrt{\frac{\eta_r\xi_n^2+s}{\eta_z}}\right)}{\left[\left\{\xi_n^2+\lambda_b^2-\left(\frac{m\dot{o}}{b}\right)^2\right\}\{\xi_nJ'_{m\dot{o}}(\xi_na)-\lambda_aJ_{m\dot{o}}(\xi_na)\}^2-\left\{\xi_n^2+\lambda_a^2-\left(\frac{m\dot{o}}{a}\right)^2\right\}\{\xi_nJ'_{m\dot{o}}(\xi_nb)+\lambda J_{m\dot{o}}(\xi_nb)\}^2\right]}\times$$

$$\times\frac{1}{\sqrt{\eta_r\xi_n^2+s}}\int_0^d\overline{\overline{\varphi}}(\xi_n,m,w;\theta)\left[\cosh\left\{(d-|z-w|)\sqrt{\frac{\eta_r\xi_n^2+s}{\eta_z}}\right\}+\cosh\left\{(d-z-w)\sqrt{\frac{\eta_r\xi_n^2+s}{\eta_z}}\right\}\right]dw \tag{25.60.1}$$

where $\overline{\overline{p}}=\int_a^b\overline{p}r\{\xi_n\mathcal{V}_{\mathcal{N}m\dot{o}}(\xi_nr,a)-\lambda_a\mathcal{V}_{\mathcal{D}m\dot{o}}(\xi_nr,a)\}dr$, $\overline{p}=\int_0^\infty pe^{-st}dt$, and the eigenvalues $\xi_n, n=1,2,...$, are the positive roots of $\lambda_a\{\mathcal{V}'_{\mathcal{D}m\dot{o}}(\xi_nb,a)+\lambda_b\mathcal{V}_{\mathcal{D}m\dot{o}}(\xi_nb,a)\}-\xi_n\{\mathcal{V}'_{\mathcal{N}m\dot{o}}(\xi_nb,a)+\lambda_b\mathcal{V}_{\mathcal{N}m\dot{o}}(\xi_nb,a)\}=0$.
$\overline{\overline{\overline{\psi}}}_0(\xi_n,m,s;\theta)=\int_a^bu\{\xi_n\mathcal{V}_{\mathcal{N}m\dot{o}}(\xi_nu,a)-\lambda_a\mathcal{V}_{\mathcal{D}m\dot{o}}(\xi_nu,a)\}\int_0^{2\pi}\overline{\psi}_0(u,v,s)\cos\{m(\theta-v)\}dvdu$,
$\overline{\overline{\overline{\psi}}}_d(\xi_n,m,s;\theta)=\int_a^bu\{\xi_n\mathcal{V}_{\mathcal{N}m\dot{o}}(\xi_nu,a)-\lambda_a\mathcal{V}_{\mathcal{D}m\dot{o}}(\xi_nu,a)\}\int_0^{2\pi}\overline{\psi}_d(u,v,s)\cos\{m(\theta-v)\}dvdu$,
$\overline{\overline{\psi}}_a(m,w,s;\theta)=\int_0^{2\pi}\overline{\psi}_a(v,w,s)\cos\{m(\theta-v)\}dv$, $\overline{\overline{\psi}}_b(m,w,s;\theta)=\int_0^{2\pi}\overline{\psi}_b(v,w,s)\cos\{m(\theta-v)\}dv$, and
$\overline{\overline{\varphi}}(\xi_n,m,w;\theta)=\int_a^bu\{\xi_n\mathcal{V}_{\mathcal{N}m\dot{o}}(\xi_nu,a)-\lambda_a\mathcal{V}_{\mathcal{D}m\dot{o}}(\xi_nu,a)\}\int_0^{2\pi}\varphi(u,v,w)\cos\{m(\theta-v)\}dvdu$.

$$p=\frac{U(t-t_0)\pi}{4\phi c_td}\sum_{m=0}^{\infty}\ni_m\cos\{m(\theta-\theta_0)\}\times$$

$$\times\sum_{n=1}^{\infty}\frac{\xi_n^2\{\xi_nJ'_{m\dot{o}}(\xi_nb)+\lambda_bJ_{m\dot{o}}(\xi_nb)\}^2\{\xi_n\mathcal{V}_{\mathcal{N}m\dot{o}}(\xi_nr_0,a)-\lambda_a\mathcal{V}_{\mathcal{D}m\dot{o}}(\xi_nr_0,a)\}}{\left[\left\{\xi_n^2+\lambda_b^2-\left(\frac{m\dot{o}}{b}\right)^2\right\}\{\xi_nJ'_{m\dot{o}}(\xi_na)-\lambda_aJ_{m\dot{o}}(\xi_na)\}^2-\left\{\xi_n^2+\lambda_a^2-\left(\frac{m\dot{o}}{a}\right)^2\right\}\{\xi_nJ'_{m\dot{o}}(\xi_nb)+\lambda J_{m\dot{o}}(\xi_nb)\}^2\right]}\times$$

$$\times\{\xi_n\mathcal{V}_{\mathcal{N}m\dot{o}}(\xi_nr,a)-\lambda_a\mathcal{V}_{\mathcal{D}m\dot{o}}(\xi_nr,a)\}\times$$

$$\times\int_0^{t-t_0}q(t-t_0-\tau)\left[\Theta_3\left\{\frac{\pi(z-z_0)}{2d},e^{-\left(\frac{\pi}{d}\right)^2\eta_z\tau}\right\}+\Theta_3\left\{\frac{\pi(z+z_0)}{2d},e^{-\left(\frac{\pi}{d}\right)^2\eta_z\tau}\right\}\right]e^{-\eta_r\xi_n^2\tau}d\tau+$$

$$+\frac{1}{2\phi c_td}\sum_{m=0}^{\infty}\ni_m\cos\{m(\theta-\theta_0)\}\times$$

$$\times\sum_{n=1}^{\infty}\frac{\xi_n^2\{\xi_nJ'_{m\dot{o}}(\xi_nb)+\lambda_bJ_{m\dot{o}}(\xi_nb)\}^2\{\xi_n\mathcal{V}_{\mathcal{N}m\dot{o}}(\xi_nr,a)-\lambda_a\mathcal{V}_{\mathcal{D}m\dot{o}}(\xi_nr,a)\}}{\left[\left\{\xi_n^2+\lambda_b^2-\left(\frac{m\dot{o}}{b}\right)^2\right\}\{\xi_nJ'_{m\dot{o}}(\xi_na)-\lambda_aJ_{m\dot{o}}(\xi_na)\}^2-\left\{\xi_n^2+\lambda_a^2-\left(\frac{m\dot{o}}{a}\right)^2\right\}\{\xi_nJ'_{m\dot{o}}(\xi_nb)+\lambda J_{m\dot{o}}(\xi_nb)\}^2\right]}\times$$

$$\times\int_0^te^{-\eta_r\xi_n^2\tau}\int_0^d\overline{\overline{\psi}}_a(m,w,t-\tau;\theta)\left[\Theta_3\left\{\frac{\pi(z-w)}{2d},e^{-\left(\frac{\pi}{d}\right)^2\eta_z\tau}\right\}+\Theta_3\left\{\frac{\pi(z+w)}{2d},e^{-\left(\frac{\pi}{d}\right)^2\eta_z\tau}\right\}\right]dwd\tau-$$

$$-\frac{1}{2\phi c_t d}\sum_{m=0}^{\infty}\ni_m \cos\{m(\theta-\theta_0)\}\times$$

$$\times\sum_{n=1}^{\infty}\frac{\xi_n^2\{\xi_n J'_{m\dot{o}}(\xi_n b)+\lambda_b J_{m\dot{o}}(\xi_n b)\}\{\xi_n J'_{m\dot{o}}(\xi_n a)+\lambda_a J_{m\dot{o}}(\xi_n a)\}\{\xi_n \mathcal{V}_{\mathcal{N}m\dot{o}}(\xi_n r,a)-\lambda_a \mathcal{V}_{\mathcal{D}m\dot{o}}(\xi_n r,a)\}}{\left[\left\{\xi_n^2+\lambda_b^2-\left(\frac{m\dot{o}}{b}\right)^2\right\}\{\xi_n J'_{m\dot{o}}(\xi_n a)-\lambda_a J_{m\dot{o}}(\xi_n a)\}^2-\left\{\xi_n^2+\lambda_a^2-\left(\frac{m\dot{o}}{a}\right)^2\right\}\{\xi_n J'_{m\dot{o}}(\xi_n b)+\lambda J_{m\dot{o}}(\xi_n b)\}^2\right]}\times$$

$$\times\int_0^t e^{-\eta_r\xi_n^2\tau}\int_0^d \overline{\psi}_b(m,w,t-\tau;\theta)\left[\Theta_3\left\{\frac{\pi(z-w)}{2d},e^{-\left(\frac{\pi}{d}\right)^2\eta_z\tau}\right\}+\Theta_3\left\{\frac{\pi(z+w)}{2d},e^{-\left(\frac{\pi}{d}\right)^2\eta_z\tau}\right\}\right]dwd\tau-$$

$$-\frac{\pi}{2d\phi c_t}\sum_{m=0}^{\infty}\ni_m \cos\{m(\theta-\theta_0)\}\times$$

$$\times\sum_{n=1}^{\infty}\frac{\xi_n^2\{\xi_n J'_{m\dot{o}}(\xi_n b)+\lambda_b J_{m\dot{o}}(\xi_n b)\}^2\{\xi_n \mathcal{V}_{\mathcal{N}m\dot{o}}(\xi_n r,a)-\lambda_a \mathcal{V}_{\mathcal{D}m\dot{o}}(\xi_n r,a)\}}{\left[\left\{\xi_n^2+\lambda_b^2-\left(\frac{m\dot{o}}{b}\right)^2\right\}\{\xi_n J'_{m\dot{o}}(\xi_n a)-\lambda_a J_{m\dot{o}}(\xi_n a)\}^2-\left\{\xi_n^2+\lambda_a^2-\left(\frac{m\dot{o}}{a}\right)^2\right\}\{\xi_n J'_{m\dot{o}}(\xi_n b)+\lambda J_{m\dot{o}}(\xi_n b)\}^2\right]}\times$$

$$\times\int_0^t\left\{\Theta_3\left(\frac{\pi z}{2d},e^{-\left(\frac{\pi}{d}\right)^2\eta_z\tau}\right)\overline{\overline{\psi}}_0(\xi_n,m,t-\tau;\theta)-\Theta_4\left(\frac{\pi z}{2d},e^{-\left(\frac{\pi}{d}\right)^2\eta_z\tau}\right)\overline{\overline{\psi}}_d(\xi_n,m,t-\tau;\theta)\right\}e^{-\eta_r\xi_n^2\tau}d\tau+$$

$$+\frac{\pi}{4d}\sum_{m=0}^{\infty}\ni_m \cos\{m(\theta-\theta_0)\}\times$$

$$\times\sum_{n=1}^{\infty}\frac{\xi_n^2\{\xi_n J'_{m\dot{o}}(\xi_n b)+\lambda_b J_{m\dot{o}}(\xi_n b)\}^2\{\xi_n \mathcal{V}_{\mathcal{N}m\dot{o}}(\xi_n r,a)-\lambda_a \mathcal{V}_{\mathcal{D}m\dot{o}}(\xi_n r,a)\}}{\left[\left\{\xi_n^2+\lambda_b^2-\left(\frac{m\dot{o}}{b}\right)^2\right\}\{\xi_n J'_{m\dot{o}}(\xi_n a)-\lambda_a J_{m\dot{o}}(\xi_n a)\}^2-\left\{\xi_n^2+\lambda_a^2-\left(\frac{m\dot{o}}{a}\right)^2\right\}\{\xi_n J'_{m\dot{o}}(\xi_n b)+\lambda J_{m\dot{o}}(\xi_n b)\}^2\right]}\times$$

$$\times\int_0^d \overline{\overline{\varphi}}(\xi_n,m,w;\theta)\left[\Theta_3\left\{\frac{\pi(z-w)}{2d},e^{-\left(\frac{\pi}{d}\right)^2\eta_z t}\right\}+\Theta_3\left\{\frac{\pi(z+w)}{2d},e^{-\left(\frac{\pi}{d}\right)^2\eta_z t}\right\}\right]dw \qquad (25.60.2)$$

where $\overline{\psi}_a(m,w,t;\theta)=\int_0^{2\pi}\psi_a(v,w,t)\cos\{m(\theta-v)\}dv$, $\overline{\psi}_b(m,w,t;\theta)=\int_0^{2\pi}\psi_b(v,w,t)\cos\{m(\theta-v)\}dv$, $\overline{\overline{\psi}}_0(\xi_n,m,t;\theta)=\int_a^b r\{\xi_n\mathcal{V}_{\mathcal{N}m\dot{o}}(\xi_n u,a)-\lambda_a\mathcal{V}_{\mathcal{D}m\dot{o}}(\xi_n u,a)\}\int_0^{2\pi}\psi_0(u,v,t)\cos\{m(\theta-v)\}dudv$, and $\overline{\overline{\psi}}_d(\xi_n,m,t;\theta)=\int_a^b u\{\xi_n\mathcal{V}_{\mathcal{N}m\dot{o}}(\xi_n u,a)-\lambda_a\mathcal{V}_{\mathcal{D}m\dot{o}}(\xi_n u,a)\}\int_0^{2\pi}\psi_d(u,v,t)\cos\{m(\theta-v)\}dvdu$.

25.61 A cylindrical continuum bounded by $0\le r\le a$ and $0\le z\le d$. Point source at $s_p\equiv(r_0,\theta_0,z_0)$ at time $t=t_0$; $0<r_0<a$, $0\le\theta_0\le 2\pi$, $0<z_0<d$, $t_0\ge 0$. $N_0\equiv\frac{\partial p(r,\theta,0,t)}{\partial z}=-\left(\frac{\mu}{k_z}\right)\psi_0(r,\theta,t)$, $R_d\equiv\frac{\partial p(r,\theta,d,t)}{\partial z}+\lambda_d p(r,\theta,d,t)=-\left(\frac{\mu}{k_z}\right)\psi_d(r,\theta,t)$ and $D_a\equiv p(a,\theta,z,t)=\psi_a(\theta,z,t)$. $p(r,\theta,z,0)=\varphi(r,\theta,z)$

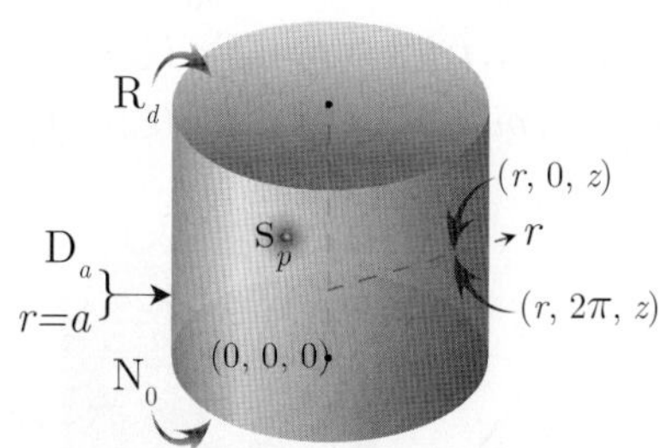

$$\overline{p} = \frac{4q(s)e^{-st_0}}{\pi a^2\phi c_t}\sum_{m=0}^{\infty}\ni_m\cos\{m(\theta-\theta_0)\}\sum_{n=1}^{\infty}\frac{J_{m\dot{o}}(\xi_n r_0)\,J_{m\dot{o}}(\xi_n r)}{J'^2_{m\dot{o}}(\xi_n a)}\sum_{l=1}^{\infty}\frac{(\xi_l^2+\lambda_d^2)\cos(\xi_l z_0)\cos(\xi_l z)}{\{d(\xi_l^2+\lambda_d^2)+\lambda_d\}(\eta_r\xi_n^2+\eta_z\xi_l^2+s)}-$$

$$-\frac{4\eta_r}{\pi a}\sum_{m=0}^{\infty}\ni_m\cos\{m(\theta-\theta_0)\}\sum_{n=1}^{\infty}\frac{\xi_n J_{m\dot{o}}(\xi_n r)}{J'_{m\dot{o}}(\xi_n a)}\sum_{l=1}^{\infty}\frac{\overline{\overline{\overline{\psi}}}_a(m,\xi_l,s;\theta)(\xi_l^2+\lambda_d^2)\cos(\xi_l z)}{\{d(\xi_l^2+\lambda_d^2)+\lambda_d\}(\eta_r\xi_n^2+\eta_z\xi_l^2+s)}+$$

$$+\frac{4}{\pi a^2\phi c_t}\sum_{m=0}^{\infty}\ni_m\cos\{m(\theta-\theta_0)\}\times$$

$$\times\sum_{n=1}^{\infty}\frac{J_{m\dot{o}}(\xi_n r)}{J'^2_{m\dot{o}}(\xi_n a)}\sum_{l=1}^{\infty}\frac{(\xi_l^2+\lambda_d^2)\left\{\overline{\overline{\overline{\psi}}}_0(\xi_n,m,s;\theta)-\cos(\xi_l d)\overline{\overline{\overline{\psi}}}_d(\xi_n,m,s;\theta)\right\}\cos(\xi_l z)}{\{d(\xi_l^2+\lambda_d^2)+\lambda_d\}(\eta_r\xi_n^2+\eta_z\xi_l^2+s)}+$$

$$+\frac{4}{\pi a^2}\sum_{m=0}^{\infty}\ni_m \cos\{m(\theta-\theta_0)\}\sum_{n=1}^{\infty}\frac{J_{m\dot{o}}(\xi_n r)}{J'^2_{m\dot{o}}(\xi_n a)}\sum_{l=1}^{\infty}\frac{\overline{\overline{\overline{\varphi}}}(\xi_n,m,\xi_l;\theta)\left(\xi_l^2+\lambda_d^2\right)\cos(\xi_l z)}{\{d(\xi_l^2+\lambda_d^2)+\lambda_d\}(\eta_r\xi_n^2+\eta_z\xi_l^2+s)} \quad (25.61.1)$$

where ξ_n are the positive roots of $J_{m\dot{o}}(\xi_n a)=0$, $n=1,2,...$, and ξ_l are the positive roots of $\xi_l\tan(\xi_l d)=-\lambda_d$, $l=1,2,....$ $\overline{\overline{\overline{\psi}}}_0(\xi_n,m,s;\theta)=\int_0^a uJ_{m\dot{o}}(\xi_n u)\int_0^{2\pi}\overline{\psi}_0(u,v,s)\cos\{m(\theta-v)\}dvdu$,
$\overline{\overline{\overline{\psi}}}_d(\xi_n,m,s;\theta)=\int_0^a uJ_{m\dot{o}}(\xi_n u)\int_0^{2\pi}\overline{\psi}_d(u,v,s)\cos\{m(\theta-v)\}dvdu$,
$\overline{\overline{\overline{\psi}}}_a(m,\xi_l,s;\theta)=\int_0^{2\pi}\cos\{m(\theta-v)\}\int_0^d\overline{\psi}_a(v,w,s)\cos(\xi_l w)\,dwdv$, and
$\overline{\overline{\overline{\varphi}}}(\xi_n,m,\xi_l;\theta)=\int_0^a uJ_{m\dot{o}}(\xi_n u)\int_0^{2\pi}\cos\{m(\theta-v)\}\int_0^d\varphi(u,v,w)\cos(\xi_l w)\,dwdvdu$.

$$\begin{aligned}
p &= \frac{4U(t-t_0)}{\pi a^2\phi c_t}\sum_{m=0}^{\infty}\ni_m\cos\{m(\theta-\theta_0)\}\sum_{n=1}^{\infty}\frac{J_{m\dot{o}}(\xi_n r_0)J_{m\dot{o}}(\xi_n r)}{J'^2_{m\dot{o}}(\xi_n a)}\times\\
&\times\sum_{l=1}^{\infty}\frac{(\xi_l^2+\lambda_d^2)\cos(\xi_l z_0)\cos(\xi_l z)\int_0^{t-t_0}q(t-t_0-\tau)e^{-(\eta_r\xi_n^2+\eta_z\xi_l^2)\tau}d\tau}{\{d(\xi_l^2+\lambda_d^2)+\lambda_d\}}-\\
&-\frac{4\eta_r}{\pi a}\sum_{m=0}^{\infty}\ni_m\cos\{m(\theta-\theta_0)\}\times\\
&\times\sum_{n=1}^{\infty}\frac{\xi_n J_{m\dot{o}}(\xi_n r)}{J'_{m\dot{o}}(\xi_n a)}\sum_{l=1}^{\infty}\frac{(\xi_l^2+\lambda_d^2)\cos(\xi_l z)\int_0^t\overline{\overline{\psi}}_a(m,\xi_l,t-\tau;\theta)e^{-(\eta_r\xi_n^2+\eta_z\xi_l^2)\tau}d\tau}{\{d(\xi_l^2+\lambda_d^2)+\lambda_d\}}+\\
&+\frac{4}{\pi a^2\phi c_t}\sum_{m=0}^{\infty}\ni_m\cos\{m(\theta-\theta_0)\}\sum_{n=1}^{\infty}\frac{J_{m\dot{o}}(\xi_n r)}{J'^2_{m\dot{o}}(\xi_n a)}\times\\
&\times\sum_{l=1}^{\infty}\frac{(\xi_l^2+\lambda_d^2)\cos(\xi_l z)\int_0^t\left\{\overline{\overline{\psi}}_0(\xi_n,m,t-\tau;\theta)-\cos(\xi_l d)\overline{\overline{\psi}}_d(\xi_n,m,t-\tau;\theta)\right\}e^{-(\eta_r\xi_n^2+\eta_z\xi_l^2)\tau}d\tau}{\{d(\xi_l^2+\lambda_d^2)+\lambda_d\}}+\\
&+\frac{4}{\pi a^2}\sum_{m=0}^{\infty}\ni_m\cos\{m(\theta-\theta_0)\}\sum_{n=1}^{\infty}\frac{J_{m\dot{o}}(\xi_n r)e^{-\eta_r\xi_n^2 t}}{J'^2_{m\dot{o}}(\xi_n a)}\sum_{l=1}^{\infty}\frac{\overline{\overline{\overline{\varphi}}}(\xi_n,m,\xi_l;\theta)(\xi_l^2+\lambda_d^2)\cos(\xi_l z)e^{-\eta_z\xi_l^2 t}}{\{d(\xi_l^2+\lambda_d^2)+\lambda_d\}}
\end{aligned} \quad (25.61.2)$$

where $\overline{\psi}_a(m,w,t;\theta)=\int_0^{2\pi}\psi_a(v,w,t)\cos\{m(\theta-v)\}dv$,
$\overline{\overline{\psi}}_0(\xi_n,m,t;\theta)=\int_0^a uJ_{m\dot{o}}(\xi_n u)\int_0^{2\pi}\psi_0(u,v,t)\cos\{m(\theta-v)\}dvdu$, and
$\overline{\overline{\psi}}_d(\xi_n,m,t;\theta)=\int_0^a uJ_{m\dot{o}}(\xi_n u)\int_0^{2\pi}\psi_d(u,v,t)\cos\{m(\theta-v)\}dvdu$.

25.62

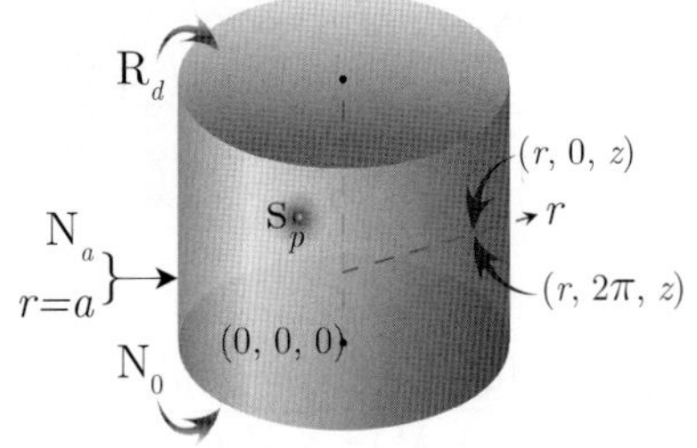

The problem of 25.61, except
$\mathbf{N}_a \equiv \frac{\partial p(a,\theta,z,t)}{\partial r} = -\left(\frac{\mu}{k_r}\right)\psi_a(\theta,z,t)$,
$\mathbf{N}_0 \equiv \frac{\partial p(r,\theta,0,t)}{\partial z} = -\left(\frac{\mu}{k_z}\right)\psi_0(r,\theta,t)$ **and**
$\mathbf{R}_d \equiv \frac{\partial p(r,\theta,d,t)}{\partial z}+\lambda_d p(r,\theta,d,t) = -\left(\frac{\mu}{k_z}\right)\psi_d(r,\theta,t)$

$$\begin{aligned}
\overline{p} &= \frac{4q(s)e^{-st_0}}{\pi a^2\phi c_t}\sum_{m=0}^{\infty}\ni_m\cos\{m(\theta-\theta_0)\}\sum_{n=0}^{\infty}\frac{J_{m\dot{o}}(\xi_n r_0)J_{m\dot{o}}(\xi_n r)}{\left\{1-\left(\frac{m\dot{o}}{\xi_n a}\right)^2\right\}J^2_{m\dot{o}}(\xi_n a)}\sum_{l=1}^{\infty}\frac{(\xi_l^2+\lambda_d^2)\cos(\xi_l z_0)\cos(\xi_l z)}{\{d(\xi_l^2+\lambda_d^2)+\lambda_d\}(\eta_r\xi_n^2+\eta_z\xi_l^2+s)}-\\
&-\frac{4}{\pi a\phi c_t}\sum_{m=0}^{\infty}\ni_m\cos\{m(\theta-\theta_0)\}\sum_{n=0}^{\infty}\frac{J_{m\dot{o}}(\xi_n r)}{\left\{1-\left(\frac{m\dot{o}}{\xi_n a}\right)^2\right\}J_{m\dot{o}}(\xi_n a)}\sum_{l=1}^{\infty}\frac{\overline{\overline{\overline{\psi}}}_a(m,\xi_l,s;\theta)(\xi_l^2+\lambda_d^2)\cos(\xi_l z)}{\{d(\xi_l^2+\lambda_d^2)+\lambda_d\}(\eta_r\xi_n^2+\eta_z\xi_l^2+s)}+\\
&+\frac{4}{\pi a^2\phi c_t}\sum_{m=0}^{\infty}\ni_m\cos\{m(\theta-\theta_0)\}\times
\end{aligned}$$

$$\times \sum_{n=0}^{\infty} \frac{J_{m\dot{o}}(\xi_n r)}{\left\{1 - \left(\frac{m\dot{o}}{\xi_n a}\right)^2\right\} J_{m\dot{o}}^2(\xi_n a)} \sum_{l=1}^{\infty} \frac{\left(\xi_l^2 + \lambda_d^2\right)\left\{\overline{\overline{\overline{\psi}}}_0(\xi_n, m, s; \theta) - \cos(\xi_l d)\,\overline{\overline{\overline{\psi}}}_d(\xi_n, m, s; \theta)\right\}\cos(\xi_l z)}{\left\{d\left(\xi_l^2 + \lambda_d^2\right) + \lambda_d\right\}\left(\eta_r \xi_n^2 + \eta_z \xi_l^2 + s\right)} +$$

$$+ \frac{4}{\pi a^2} \sum_{m=0}^{\infty} \ni_m \cos\{m(\theta - \theta_0)\} \sum_{n=0}^{\infty} \frac{J_{m\dot{o}}(\xi_n r)}{\left\{1 - \left(\frac{m\dot{o}}{\xi_n a}\right)^2\right\} J_{m\dot{o}}^2(\xi_n a)} \sum_{l=1}^{\infty} \frac{\overline{\overline{\overline{\varphi}}}(\xi_n, m, \xi_l; \theta)\left(\xi_l^2 + \lambda_d^2\right)\cos(\xi_l z)}{\left\{d\left(\xi_l^2 + \lambda_d^2\right) + \lambda_d\right\}\left(\eta_r \xi_n^2 + \eta_z \xi_l^2 + s\right)}$$

(25.62.1)

where ξ_n are the positive roots of $J'_{m\dot{o}}(\xi_n a) = 0$, $n = 1, 2, ...$, ξ_n are the positive roots of $J'_{m\dot{o}}(\xi_n a) = 0$, $n = 1, 2, ...$, and ξ_l are the positive roots of $\xi_l \tan(\xi_l d) = -\lambda_d$, $l = 1, 2, ...$

$\overline{\overline{\overline{\psi}}}_0(\xi_n, m, s; \theta) = \int_0^a u J_{m\dot{o}}(\xi_n u) \int_0^{2\pi} \overline{\psi}_0(u, v, s) \cos\{m(\theta - v)\} dv du$,

$\overline{\overline{\overline{\psi}}}_d(\xi_n, m, s; \theta) = \int_0^a u J_{m\dot{o}}(\xi_n u) \int_0^{2\pi} \overline{\psi}_d(u, v, s) \cos\{m(\theta - v)\} dv du$,

$\overline{\overline{\overline{\psi}}}_a(m, \xi_l, s; \theta) = \int_0^{2\pi} \cos\{m(\theta - v)\} \int_0^d \overline{\psi}_a(v, w, s) \cos(\xi_l w)\, dw dv$, and

$\overline{\overline{\overline{\varphi}}}(\xi_n, m, \xi_l; \theta) = \int_0^a u J_{m\dot{o}}(\xi_n u) \int_0^{2\pi} \cos\{m(\theta - v)\} \int_0^d \varphi(u, v, w) \cos(\xi_l w)\, dw dv du$.

$$p = \frac{4U(t - t_0)}{\pi a^2 \phi c_t} \sum_{m=0}^{\infty} \ni_m \cos\{m(\theta - \theta_0)\} \sum_{n=0}^{\infty} \frac{J_{m\dot{o}}(\xi_n r_0) J_{m\dot{o}}(\xi_n r)}{\left\{1 - \left(\frac{m\dot{o}}{\xi_n a}\right)^2\right\} J_{m\dot{o}}^2(\xi_n a)} \times$$

$$\times \sum_{l=1}^{\infty} \frac{\left(\xi_l^2 + \lambda_d^2\right)\cos(\xi_l z_0)\cos(\xi_l z)\int_0^{t - t_0} q(t - t_0 - \tau)\, e^{-\left(\eta_r \xi_n^2 + \eta_z \xi_l^2\right)\tau} d\tau}{\left\{d\left(\xi_l^2 + \lambda_d^2\right) + \lambda_d\right\}} -$$

$$- \frac{4}{\pi a \phi c_t} \sum_{m=0}^{\infty} \ni_m \cos\{m(\theta - \theta_0)\} \times$$

$$\times \sum_{n=0}^{\infty} \frac{J_{m\dot{o}}(\xi_n r)}{\left\{1 - \left(\frac{m\dot{o}}{\xi_n a}\right)^2\right\} J_{m\dot{o}}(\xi_n a)} \sum_{l=1}^{\infty} \frac{\left(\xi_l^2 + \lambda_d^2\right)\cos(\xi_l z)\int_0^t \overline{\overline{\psi}}_a(m, \xi_l, t - \tau; \theta)\, e^{-\left(\eta_r \xi_n^2 + \eta_z \xi_l^2\right)\tau} d\tau}{\left\{d\left(\xi_l^2 + \lambda_d^2\right) + \lambda_d\right\}} +$$

$$+ \frac{4}{\pi a^2 \phi c_t} \sum_{m=0}^{\infty} \ni_m \cos\{m(\theta - \theta_0)\} \sum_{n=0}^{\infty} \frac{J_{m\dot{o}}(\xi_n r)}{\left\{1 - \left(\frac{m\dot{o}}{\xi_n a}\right)^2\right\} J_{m\dot{o}}^2(\xi_n a)} \times$$

$$\times \sum_{l=1}^{\infty} \frac{\left(\xi_l^2 + \lambda_d^2\right)\cos(\xi_l z)\int_0^t \left\{\overline{\overline{\psi}}_0(\xi_n, m, t - \tau; \theta) - \cos(\xi_l d)\,\overline{\overline{\psi}}_d(\xi_n, m, t - \tau; \theta)\right\} e^{-\left(\eta_r \xi_n^2 + \eta_z \xi_l^2\right)\tau} d\tau}{\left\{d\left(\xi_l^2 + \lambda_d^2\right) + \lambda_d\right\}} +$$

$$+ \frac{4}{\pi a^2} \sum_{m=0}^{\infty} \ni_m \cos\{m(\theta - \theta_0)\} \sum_{n=0}^{\infty} \frac{J_{m\dot{o}}(\xi_n r)\, e^{-\eta_r \xi_n^2 t}}{\left\{1 - \left(\frac{m\dot{o}}{\xi_n a}\right)^2\right\} J_{m\dot{o}}^2(\xi_n a)} \sum_{l=1}^{\infty} \frac{\overline{\overline{\overline{\varphi}}}(\xi_n, m, \xi_l; \theta)\left(\xi_l^2 + \lambda_d^2\right)\cos(\xi_l z)\, e^{-\eta_z \xi_l^2 t}}{\left\{d\left(\xi_l^2 + \lambda_d^2\right) + \lambda_d\right\}}$$

(25.62.2)

where $\overline{\psi}_a(m, w, t; \theta) = \int_0^{2\pi} \psi_a(v, w, t) \cos\{m(\theta - v)\} dv$,

$\overline{\overline{\psi}}_0(\xi_n, m, t; \theta) = \int_0^a u J_{m\dot{o}}(\xi_n u) \int_0^{2\pi} \psi_0(u, v, t) \cos\{m(\theta - v)\} dv du$, and

$\overline{\overline{\psi}}_d(\xi_n, m, t; \theta) = \int_0^a u J_{m\dot{o}}(\xi_n u) \int_0^{2\pi} \psi_d(u, v, t) \cos\{m(\theta - v)\} dv du$.

25.63

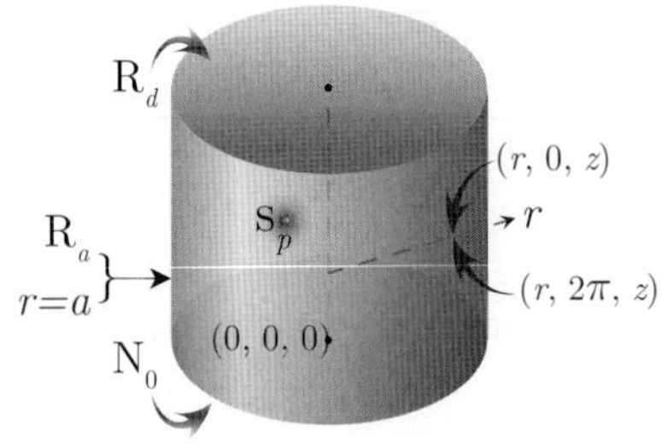

The problem of 25.61, except
$\mathbf{R}_a \equiv \frac{\partial p(a,\theta,z,t)}{\partial r} + \lambda p(a,\theta,z,t) = -\left(\frac{\mu}{k_r}\right)\psi_a(\theta,z,t)$,
$\mathbf{N}_0 \equiv \frac{\partial p(r,\theta,0,t)}{\partial z} = -\left(\frac{\mu}{k_z}\right)\psi_0(r,\theta,t)$ and
$\mathbf{R}_d \equiv \frac{\partial p(r,\theta,d,t)}{\partial z} + \lambda_d p(r,\theta,d,t) = -\left(\frac{\mu}{k_z}\right)\psi_d(r,\theta,t)$

$$\begin{aligned}
\overline{p} = {} & \frac{4q(s)e^{-st_0}}{\pi a^2\phi c_t}\sum_{m=0}^{\infty}\ni_m \cos\{m(\theta-\theta_0)\}\times \\
& \times\sum_{n=1}^{\infty}\frac{J_{m\dot{o}}(\xi_n r_0)J_{m\dot{o}}(\xi_n r)}{\left[\left\{1-\left(\frac{m\dot{o}}{\xi_n a}\right)^2\right\}J_{m\dot{o}}^2(\xi_n a)+J_{m\dot{o}}'^2(\xi_n a)\right]}\sum_{l=1}^{\infty}\frac{(\xi_l^2+\lambda_d^2)\cos(\xi_l z_0)\cos(\xi_l z)}{\{d(\xi_l^2+\lambda_d^2)+\lambda_d\}(\eta_r\xi_n^2+\eta_z\xi_l^2+s)} - \\
& -\frac{4}{\pi a\phi c_t}\sum_{m=0}^{\infty}\ni_m\cos\{m(\theta-\theta_0)\}\times \\
& \times\sum_{n=1}^{\infty}\frac{J_{m\dot{o}}(\xi_n r)}{\left[\left\{1-\left(\frac{m\dot{o}}{\xi_n a}\right)^2\right\}J_{m\dot{o}}^2(\xi_n a)+J_{m\dot{o}}'^2(\xi_n a)\right]}\sum_{l=1}^{\infty}\frac{\overline{\overline{\overline{\psi}}}_a(m,\xi_l,s;\theta)(\xi_l^2+\lambda_d^2)\cos(\xi_l z)}{\{d(\xi_l^2+\lambda_d^2)+\lambda_d\}(\eta_r\xi_n^2+\eta_z\xi_l^2+s)} + \\
& +\frac{4}{\pi a^2\phi c_t}\sum_{m=0}^{\infty}\ni_m\cos\{m(\theta-\theta_0)\}\sum_{n=1}^{\infty}\frac{J_{m\dot{o}}(\xi_n r)}{\left[\left\{1-\left(\frac{m\dot{o}}{\xi_n a}\right)^2\right\}J_{m\dot{o}}^2(\xi_n a)+J_{m\dot{o}}'^2(\xi_n a)\right]}\times \\
& \times\sum_{l=1}^{\infty}\frac{(\xi_l^2+\lambda_d^2)\left\{\overline{\overline{\overline{\psi}}}_0(\xi_n,m,s;\theta)-\cos(\xi_l d)\overline{\overline{\overline{\psi}}}_d(\xi_n,m,s;\theta)\right\}\cos(\xi_l z)}{\{d(\xi_l^2+\lambda_d^2)+\lambda_d\}(\eta_r\xi_n^2+\eta_z\xi_l^2+s)} + \\
& +\frac{4}{\pi a^2}\sum_{m=0}^{\infty}\ni_m\cos\{m(\theta-\theta_0)\}\times \\
& \times\sum_{n=1}^{\infty}\frac{J_{m\dot{o}}(\xi_n r)}{\left[\left\{1-\left(\frac{m\dot{o}}{\xi_n a}\right)^2\right\}J_{m\dot{o}}^2(\xi_n a)+J_{m\dot{o}}'^2(\xi_n a)\right]}\sum_{l=1}^{\infty}\frac{\overline{\overline{\overline{\varphi}}}(\xi_n,m,\xi_l;\theta)(\xi_l^2+\lambda_d^2)\cos(\xi_l z)}{\{d(\xi_l^2+\lambda_d^2)+\lambda_d\}(\eta_r\xi_n^2+\eta_z\xi_l^2+s)}
\end{aligned} \quad (25.63.1)$$

where ξ_n are the positive roots of $\xi_n J_{m\dot{o}}'(\xi_n a)+\lambda J_{m\dot{o}}(\xi_n a)=0$, $n=1,2,...$, and ξ_l are the positive roots of $\xi_l\tan(\xi_l d)=-\lambda_d$, $l=1,2,....$ $\overline{\overline{\overline{\psi}}}_0(\xi_n,m,s;\theta)=\int_0^a uJ_{m\dot{o}}(\xi_n u)\int_0^{2\pi}\overline{\psi}_0(u,v,s)\cos\{m(\theta-v)\}dvdu$,
$\overline{\overline{\overline{\psi}}}_d(\xi_n,m,s;\theta)=\int_0^a uJ_{m\dot{o}}(\xi_n u)\int_0^{2\pi}\overline{\psi}_d(u,v,s)\cos\{m(\theta-v)\}dvdu$,
$\overline{\overline{\overline{\psi}}}_a(m,\xi_l,s;\theta)=\int_0^{2\pi}\cos\{m(\theta-v)\}\int_0^d\overline{\psi}_a(v,w,s)\cos(\xi_l w)\,dwdv$, and
$\overline{\overline{\overline{\varphi}}}(\xi_n,m,\xi_l;\theta)=\int_0^a uJ_{m\dot{o}}(\xi_n u)\int_0^{2\pi}\cos\{m(\theta-v)\}\int_0^d\varphi(u,v,w)\cos(\xi_l w)\,dwdvdu$.

$$\begin{aligned}
p = {} & \frac{4U(t-t_0)}{\pi a^2\phi c_t}\sum_{m=0}^{\infty}\ni_m\cos\{m(\theta-\theta_0)\}\sum_{n=1}^{\infty}\frac{J_{m\dot{o}}(\xi_n r_0)J_{m\dot{o}}(\xi_n r)}{\left[\left\{1-\left(\frac{m\dot{o}}{\xi_n a}\right)^2\right\}J_{m\dot{o}}^2(\xi_n a)+J_{m\dot{o}}'^2(\xi_n a)\right]}\times \\
& \times\sum_{l=1}^{\infty}\frac{(\xi_l^2+\lambda_d^2)\cos(\xi_l z_0)\cos(\xi_l z)\int_0^{t-t_0}q(t-t_0-\tau)e^{-(\eta_r\xi_n^2+\eta_z\xi_l^2)\tau}d\tau}{\{d(\xi_l^2+\lambda_d^2)+\lambda_d\}} - \\
& -\frac{4}{\pi a\phi c_t}\sum_{m=0}^{\infty}\ni_m\cos\{m(\theta-\theta_0)\}\sum_{n=1}^{\infty}\frac{J_{m\dot{o}}(\xi_n r)}{\left[\left\{1-\left(\frac{m\dot{o}}{\xi_n a}\right)^2\right\}J_{m\dot{o}}^2(\xi_n a)+J_{m\dot{o}}'^2(\xi_n a)\right]}\times
\end{aligned}$$

$$\times\sum_{l=1}^{\infty}\frac{\left(\xi_l^2+\lambda_d^2\right)\cos\left(\xi_l z\right)\int_0^t\overline{\overline{\psi}}_a\left(m,\xi_l,t-\tau;\theta\right)e^{-\left(\eta_r\xi_n^2+\eta_z\xi_l^2\right)\tau}d\tau}{\left\{d\left(\xi_l^2+\lambda_d^2\right)+\lambda_d\right\}}+$$

$$+\frac{4}{\pi a^2\phi c_t}\sum_{m=0}^{\infty}\ni_m\cos\left\{m\left(\theta-\theta_0\right)\right\}\sum_{n=1}^{\infty}\frac{J_{m\dot{o}}\left(\xi_n r\right)}{\left[\left\{1-\left(\frac{m\dot{o}}{\xi_n a}\right)^2\right\}J_{m\dot{o}}^2\left(\xi_n a\right)+J_{m\dot{o}}'^2\left(\xi_n a\right)\right]}\times$$

$$\times\sum_{l=1}^{\infty}\frac{\left(\xi_l^2+\lambda_d^2\right)\cos\left(\xi_l z\right)\int_0^t\left\{\overline{\overline{\psi}}_0\left(\xi_n,m,t-\tau;\theta\right)-\cos\left(\xi_l d\right)\overline{\overline{\psi}}_d\left(\xi_n,m,t-\tau;\theta\right)\right\}e^{-\left(\eta_r\xi_n^2+\eta_z\xi_l^2\right)\tau}d\tau}{\left\{d\left(\xi_l^2+\lambda_d^2\right)+\lambda_d\right\}}+$$

$$+\frac{4}{\pi a^2}\sum_{m=0}^{\infty}\ni_m\cos\left\{m\left(\theta-\theta_0\right)\right\}\sum_{n=1}^{\infty}\frac{J_{m\dot{o}}\left(\xi_n r\right)e^{-\eta_r\xi_n^2 t}}{\left[\left\{1-\left(\frac{m\dot{o}}{\xi_n a}\right)^2\right\}J_{m\dot{o}}^2\left(\xi_n a\right)+J_{m\dot{o}}'^2\left(\xi_n a\right)\right]}\times$$

$$\times\sum_{l=1}^{\infty}\frac{\overline{\overline{\overline{\varphi}}}\left(\xi_n,m,\xi_l;\theta\right)\left(\xi_l^2+\lambda_d^2\right)\cos\left(\xi_l z\right)e^{-\eta_z\xi_l^2 t}}{\left\{d\left(\xi_l^2+\lambda_d^2\right)+\lambda_d\right\}} \qquad (25.63.2)$$

where $\overline{\psi}_a\left(m,w,t;\theta\right)=\int_0^{2\pi}\psi_a\left(v,w,t\right)\cos\left\{m\left(\theta-v\right)\right\}dv$,
$\overline{\overline{\psi}}_0\left(\xi_n,m,t;\theta\right)=\int_0^a uJ_{m\dot{o}}\left(\xi_n u\right)\int_0^{2\pi}\psi_0\left(u,v,t\right)\cos\left\{m\left(\theta-v\right)\right\}dvdu$, and
$\overline{\overline{\psi}}_d\left(\xi_n,m,t;\theta\right)=\int_0^a uJ_{m\dot{o}}\left(\xi_n u\right)\int_0^{2\pi}\psi_d\left(u,v,t\right)\cos\left\{m\left(\theta-v\right)\right\}dvdu$.

25.64 A cylindrical continuum bounded by $a \le r \le b$ and $0 \le z \le d$.

Point source at $s_p \equiv (r_0, \theta_0, z_0)$ at time $t = t_0$; $a < r_0 < b$, $0 \le \theta_0 \le 2\pi$, $0 < z_0 < d$, $t_0 \ge 0$.
$N_0 \equiv \frac{\partial p(r,\theta,0,t)}{\partial z} = -\left(\frac{\mu}{k_z}\right)\psi_0(r,\theta,t)$,
$R_d \equiv \frac{\partial p(r,\theta,d,t)}{\partial z} + \lambda_d p(r,\theta,d,t) = -\left(\frac{\mu}{k_z}\right)\psi_d(r,\theta,t)$,
$D_a \equiv p(a,\theta,z,t) = \psi_a(\theta,z,t)$ and
$D_b \equiv p(b,\theta,z,t) = \psi_b(\theta,z,t)$. $p(r,\theta,z,0) = \varphi(r,\theta,z)$

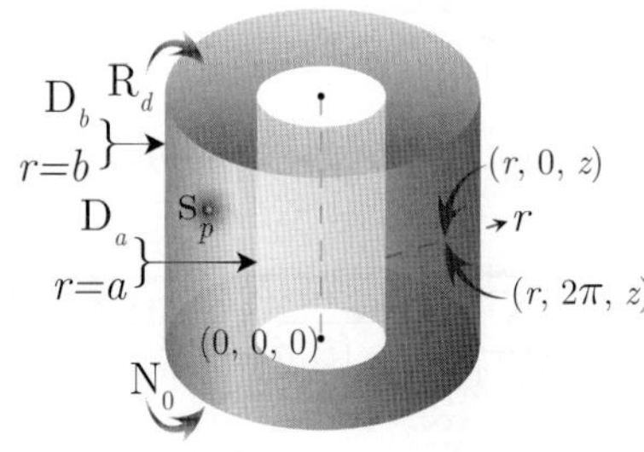

$$\overline{p} = \frac{\pi q(s)e^{-st_0}}{\phi c_t}\sum_{m=0}^{\infty}\ni_m\cos\left\{m\left(\theta-\theta_0\right)\right\}\sum_{n=1}^{\infty}\frac{\xi_n^2 J_{m\dot{o}}^2\left(\xi_n b\right)\mathcal{V}_{\mathcal{D}m\dot{o}}\left(\xi r_0,a\right)\mathcal{V}_{\mathcal{D}m\dot{o}}\left(\xi r,a\right)}{\left\{J_{m\dot{o}}^2\left(\xi_n a\right)-J_{m\dot{o}}^2\left(\xi_n b\right)\right\}}\times$$

$$\times\sum_{l=1}^{\infty}\frac{\left(\xi_l^2+\lambda_d^2\right)\cos\left(\xi_l z_0\right)\cos\left(\xi_l z\right)}{\left\{d\left(\xi_l^2+\lambda_d^2\right)+\lambda_d\right\}\left(\eta_r\xi_n^2+\eta_z\xi_l^2+s\right)}-$$

$$-2\eta_r\sum_{m=0}^{\infty}\ni_m\cos\left\{m\left(\theta-\theta_0\right)\right\}\sum_{n=1}^{\infty}\frac{\xi_n^2 J_{m\dot{o}}^2\left(\xi_n b\right)\mathcal{V}_{\mathcal{D}m\dot{o}}\left(\xi r,a\right)}{\left\{J_{m\dot{o}}^2\left(\xi_n a\right)-J_{m\dot{o}}^2\left(\xi_n b\right)\right\}}\sum_{l=1}^{\infty}\frac{\overline{\overline{\psi}}_a\left(m,\xi_l,s;\theta\right)\left(\xi_l^2+\lambda_d^2\right)\cos\left(\xi_l z\right)}{\left\{d\left(\xi_l^2+\lambda_d^2\right)+\lambda_d\right\}\left(\eta_r\xi_n^2+\eta_z\xi_l^2+s\right)}+$$

$$+2\eta_r\sum_{m=0}^{\infty}\ni_m\cos\left\{m\left(\theta-\theta_0\right)\right\}\times$$

$$\times\sum_{n=1}^{\infty}\frac{\xi_n^2 J_{m\dot{o}}\left(\xi_n a\right)J_{m\dot{o}}\left(\xi_n b\right)\mathcal{V}_{\mathcal{D}m\dot{o}}\left(\xi r,a\right)}{\left\{J_{m\dot{o}}^2\left(\xi_n a\right)-J_{m\dot{o}}^2\left(\xi_n b\right)\right\}}\sum_{l=1}^{\infty}\frac{\overline{\overline{\psi}}_b\left(m,\xi_l,s;\theta\right)\left(\xi_l^2+\lambda_d^2\right)\cos\left(\xi_l z\right)}{\left\{d\left(\xi_l^2+\lambda_d^2\right)+\lambda_d\right\}\left(\eta_r\xi_n^2+\eta_z\xi_l^2+s\right)}+$$

$$+\frac{\pi}{\phi c_t}\sum_{m=0}^{\infty}\ni_m\cos\left\{m\left(\theta-\theta_0\right)\right\}\times$$

$$\times\sum_{n=1}^{\infty}\frac{\xi_n^2 J_{m\dot{o}}^2\left(\xi_n b\right)\mathcal{V}_{\mathcal{D}m\dot{o}}\left(\xi r,a\right)}{\left\{J_{m\dot{o}}^2\left(\xi_n a\right)-J_{m\dot{o}}^2\left(\xi_n b\right)\right\}}\sum_{l=1}^{\infty}\frac{\left(\xi_l^2+\lambda_d^2\right)\left\{\overline{\overline{\psi}}_0\left(\xi_n,m,s;\theta\right)-\cos\left(\xi_l d\right)\overline{\overline{\psi}}_d\left(\xi_n,m,s;\theta\right)\right\}\cos\left(\xi_l z\right)}{\left\{d\left(\xi_l^2+\lambda_d^2\right)+\lambda_d\right\}\left(\eta_r\xi_n^2+\eta_z\xi_l^2+s\right)}+$$

$$+\pi \sum_{m=0}^{\infty} \ni_m \cos\{m(\theta-\theta_0)\} \sum_{n=1}^{\infty} \frac{\xi_n^2 J_{m\dot{o}}^2(\xi_n b)\, \mathcal{V}_{\mathcal{D}m\dot{o}}(\xi r, a)}{\{J_{m\dot{o}}^2(\xi_n a) - J_{m\dot{o}}^2(\xi_n b)\}} \sum_{l=1}^{\infty} \frac{\overline{\overline{\overline{\varphi}}}(\xi_n, m, \xi_l; \theta)\left(\xi_l^2+\lambda_d^2\right)\cos(\xi_l z)}{\{d(\xi_l^2+\lambda_d^2)+\lambda_d\}(\eta_r\xi_n^2+\eta_z\xi_l^2+s)} \tag{25.64.1}$$

where $\mathcal{V}_{\mathcal{D}m\dot{o}}(\xi_n r, a) = J_{m\dot{o}}(\xi_n r) Y_{m\dot{o}}(\xi_n a) - Y_{m\dot{o}}(\xi_n r) J_{m\dot{o}}(\xi_n a)$, and the eigenvalues $\xi_n, n = 1, 2, ...$, are the positive roots of the transcendental equation $\mathcal{V}_{\mathcal{D}m\dot{o}}(\xi_n b, a) = 0$, and ξ_l are the positive roots of $\xi_l \tan(\xi_l d) = -\lambda_d$, $l = 1, 2, ...$ $\overline{\overline{\overline{\psi}}}_0(\xi_n, m, s; \theta) = \int_a^b u\mathcal{V}_{\mathcal{D}m\dot{o}}(\xi_n u, a) \int_0^{2\pi} \overline{\psi}_0(u, v, s)\cos\{m(\theta - v)\}dvdu$,
$\overline{\overline{\overline{\psi}}}_d(\xi_n, m, s; \theta) = \int_a^b u\mathcal{V}_{\mathcal{D}m\dot{o}}(\xi_n u, a) \int_0^{2\pi} \overline{\psi}_d(u, v, s)\cos\{m(\theta - v)\}dvdu$,
$\overline{\overline{\overline{\psi}}}_a(m, \xi_l, s; \theta) = \int_0^{2\pi} \cos\{m(\theta - v)\} \int_0^d \overline{\psi}_a(v, w, s)\cos(\xi_l w)\, dwdv$,
$\overline{\overline{\overline{\psi}}}_b(m, \xi_l, s; \theta) = \int_0^{2\pi} \cos\{m(\theta - v)\} \int_0^d \overline{\psi}_b(v, w, s)\cos(\xi_l w)\, dwdv$, and
$\overline{\overline{\overline{\varphi}}}(\xi_n, m, \xi_l; \theta) = \int_a^b u\mathcal{V}_{\mathcal{D}m\dot{o}}(\xi_n u, a) \int_0^{2\pi} \cos\{m(\theta - v)\} \int_0^d \varphi(u, v, w)\cos(\xi_l w)\, dwdvdu$.

$$\begin{aligned}
p =\; & \frac{\pi U(t-t_0)}{\phi c_t} \sum_{m=0}^{\infty} \ni_m \cos\{m(\theta-\theta_0)\} \sum_{n=1}^{\infty} \frac{\xi_n^2 J_{m\dot{o}}^2(\xi_n b)\, \mathcal{V}_{\mathcal{D}m\dot{o}}(\xi r_0, a)\, \mathcal{V}_{\mathcal{D}m\dot{o}}(\xi r, a)}{\{J_{m\dot{o}}^2(\xi_n a) - J_{m\dot{o}}^2(\xi_n b)\}} \times \\
& \times \sum_{l=1}^{\infty} \frac{\left(\xi_l^2+\lambda_d^2\right)\cos(\xi_l z_0)\cos(\xi_l z) \int_0^{t-t_0} q(t-t_0-\tau)\, e^{-\left(\eta_r\xi_n^2+\eta_z\xi_l^2\right)\tau} d\tau}{\{d(\xi_l^2+\lambda_d^2)+\lambda_d\}} - \\
& -2\eta_r \sum_{m=0}^{\infty} \ni_m \cos\{m(\theta-\theta_0)\} \times \\
& \times \sum_{n=1}^{\infty} \frac{\xi_n^2 J_{m\dot{o}}^2(\xi_n b)\, \mathcal{V}_{\mathcal{D}m\dot{o}}(\xi r, a)}{\{J_{m\dot{o}}^2(\xi_n a) - J_{m\dot{o}}^2(\xi_n b)\}} \sum_{l=1}^{\infty} \frac{\left(\xi_l^2+\lambda_d^2\right)\cos(\xi_l z) \int_0^t \overline{\overline{\psi}}_a(m, \xi_l, t-\tau; \theta)\, e^{-\left(\eta_r\xi_n^2+\eta_z\xi_l^2\right)\tau} d\tau}{\{d(\xi_l^2+\lambda_d^2)+\lambda_d\}} + \\
& +2\eta_r \sum_{m=0}^{\infty} \ni_m \cos\{m(\theta-\theta_0)\} \times \\
& \times \sum_{n=1}^{\infty} \frac{\xi_n^2 J_{m\dot{o}}(\xi_n a) J_{m\dot{o}}(\xi_n b)\, \mathcal{V}_{\mathcal{D}m\dot{o}}(\xi r, a)}{\{J_{m\dot{o}}^2(\xi_n a) - J_{m\dot{o}}^2(\xi_n b)\}} \sum_{l=1}^{\infty} \frac{\left(\xi_l^2+\lambda_d^2\right)\cos(\xi_l z) \int_0^t \overline{\overline{\psi}}_b(m, \xi_l, t-\tau; \theta)\, e^{-\left(\eta_r\xi_n^2+\eta_z\xi_l^2\right)\tau} d\tau}{\{d(\xi_l^2+\lambda_d^2)+\lambda_d\}} + \\
& +\frac{\pi}{\phi c_t} \sum_{m=0}^{\infty} \ni_m \cos\{m(\theta-\theta_0)\} \sum_{n=1}^{\infty} \frac{\xi_n^2 J_{m\dot{o}}^2(\xi_n b)\, \mathcal{V}_{\mathcal{D}m\dot{o}}(\xi r, a)}{\{J_{m\dot{o}}^2(\xi_n a) - J_{m\dot{o}}^2(\xi_n b)\}} \times \\
& \times \sum_{l=1}^{\infty} \frac{\left(\xi_l^2+\lambda_d^2\right)\cos(\xi_l z) \int_0^t \left\{\overline{\overline{\psi}}_0(\xi_n, m, t-\tau; \theta) - \cos(\xi_l d)\, \overline{\overline{\psi}}_d(\xi_n, m, t-\tau; \theta)\right\} e^{-\left(\eta_r\xi_n^2+\eta_z\xi_l^2\right)\tau} d\tau}{\{d(\xi_l^2+\lambda_d^2)+\lambda_d\}} + \\
& +\pi \sum_{m=0}^{\infty} \ni_m \cos\{m(\theta-\theta_0)\} \sum_{n=1}^{\infty} \frac{\xi_n^2 J_{m\dot{o}}^2(\xi_n b)\, \mathcal{V}_{\mathcal{D}m\dot{o}}(\xi r, a) e^{-\eta_r\xi_n^2 t}}{\{J_{m\dot{o}}^2(\xi_n a) - J_{m\dot{o}}^2(\xi_n b)\}} \sum_{l=1}^{\infty} \frac{\overline{\overline{\overline{\varphi}}}(\xi_n, m, \xi_l; \theta)\left(\xi_l^2+\lambda_d^2\right)\cos(\xi_l z)\, e^{-\eta_z\xi_l^2 t}}{\{d(\xi_l^2+\lambda_d^2)+\lambda_d\}}
\end{aligned} \tag{25.64.2}$$

where $\overline{\overline{\psi}}_a(m, \xi_l, t; \theta) = \int_0^{2\pi} \cos\{m(\theta - v)\} \int_0^d \psi_a(v, w, t)\cos(\xi_l w)\, dwdv$,
$\overline{\overline{\psi}}_b(m, \xi_l, t; \theta) = \int_0^{2\pi} \cos\{m(\theta - v)\} \int_0^d \psi_b(v, w, t)\cos(\xi_l w)\, dwdv$,
$\overline{\overline{\psi}}_0(\xi_n, m, t; \theta) = \int_a^b u\mathcal{V}_{\mathcal{D}m\dot{o}}(\xi_n u, a) \int_0^{2\pi} \psi_0(u, v, t)\cos\{m(\theta - v)\}dvdu$, and
$\overline{\overline{\psi}}_d(\xi_n, m, t; \theta) = \int_a^b u\mathcal{V}_{\mathcal{D}m\dot{o}}(\xi_n u, a) \int_0^{2\pi} \psi_d(u, v, t)\cos\{m(\theta - v)\}dvdu$.

25.65 **The problem of 25.64, except** $\mathbf{D}_a \equiv p(a,\theta,z,t) = \psi_a(\theta,z,t)$, $\mathbf{N}_b \equiv \frac{\partial p(b,\theta,z,t)}{\partial r} = -\left(\frac{\mu}{k_r}\right)\psi_b(\theta,z,t)$, $\mathbf{N}_0 \equiv \frac{\partial p(r,\theta,0,t)}{\partial z} = -\left(\frac{\mu}{k_z}\right)\psi_0(r,\theta,t)$ **and** $\mathbf{R}_d \equiv \frac{\partial p(r,\theta,d,t)}{\partial z} + \lambda_d p(r,\theta,d,t) = -\left(\frac{\mu}{k_z}\right)\psi_d(r,\theta,t)$

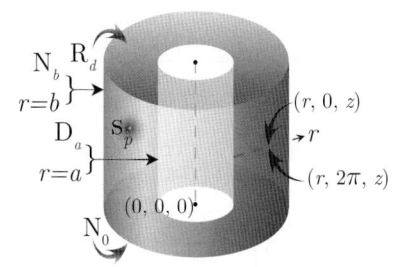

$$\begin{aligned}
\overline{p} &= \frac{\pi q(s)e^{-st_0}}{\phi c_t}\sum_{m=0}^{\infty}\ni_m\cos\{m(\theta-\theta_0)\}\times \\
&\times\sum_{n=1}^{\infty}\frac{\xi_n^2 J'^2_{m\dot{o}}(\xi_n b)\mathcal{V}_{\mathcal{D}m\dot{o}}(\xi r_0,a)\mathcal{V}_{\mathcal{D}m\dot{o}}(\xi r,a)}{\left[\left\{1-\left(\frac{m\dot{o}}{\xi_n b}\right)^2\right\}J^2_{m\dot{o}}(\xi_n a)-J'^2_{m\dot{o}}(\xi_n b)\right]}\sum_{l=1}^{\infty}\frac{(\xi_l^2+\lambda_d^2)\cos(\xi_l z_0)\cos(\xi_l z)}{\{d(\xi_l^2+\lambda_d^2)+\lambda_d\}(\eta_r\xi_n^2+\eta_z\xi_l^2+s)}- \\
&-2\eta_r\sum_{m=0}^{\infty}\ni_m\cos\{m(\theta-\theta_0)\}\times \\
&\times\sum_{n=1}^{\infty}\frac{\xi_n^2 J'^2_{m\dot{o}}(\xi_n b)\mathcal{V}_{\mathcal{D}m\dot{o}}(\xi r,a)}{\left[\left\{1-\left(\frac{m\dot{o}}{\xi_n b}\right)^2\right\}J^2_{m\dot{o}}(\xi_n a)-J'^2_{m\dot{o}}(\xi_n b)\right]}\sum_{l=1}^{\infty}\frac{\overline{\overline{\overline{\psi}}}_a(m,\xi_l,s;\theta)(\xi_l^2+\lambda_d^2)\cos(\xi_l z)}{\{d(\xi_l^2+\lambda_d^2)+\lambda_d\}(\eta_r\xi_n^2+\eta_z\xi_l^2+s)}- \\
&-\frac{2}{\phi c_t}\sum_{m=0}^{\infty}\ni_m\cos\{m(\theta-\theta_0)\}\times \\
&\times\sum_{n=1}^{\infty}\frac{\xi_n^2 J_{m\dot{o}}(\xi_n a)J'_{m\dot{o}}(\xi_n b)\mathcal{V}_{\mathcal{D}m\dot{o}}(\xi r,a)}{\left[\left\{1-\left(\frac{m\dot{o}}{\xi_n b}\right)^2\right\}J^2_{m\dot{o}}(\xi_n a)-J'^2_{m\dot{o}}(\xi_n b)\right]}\sum_{l=1}^{\infty}\frac{\overline{\overline{\overline{\psi}}}_b(m,\xi_l,s;\theta)(\xi_l^2+\lambda_d^2)\cos(\xi_l z)}{\{d(\xi_l^2+\lambda_d^2)+\lambda_d\}(\eta_r\xi_n^2+\eta_z\xi_l^2+s)}+ \\
&+\frac{\pi}{\phi c_t}\sum_{m=0}^{\infty}\ni_m\cos\{m(\theta-\theta_0)\}\sum_{n=1}^{\infty}\frac{\xi_n^2 J'^2_{m\dot{o}}(\xi_n b)\mathcal{V}_{\mathcal{D}m\dot{o}}(\xi r,a)}{\left[\left\{1-\left(\frac{m\dot{o}}{\xi_n b}\right)^2\right\}J^2_{m\dot{o}}(\xi_n a)-J'^2_{m\dot{o}}(\xi_n b)\right]}\times \\
&\times\sum_{l=1}^{\infty}\frac{(\xi_l^2+\lambda_d^2)\left\{\overline{\overline{\overline{\psi}}}_0(\xi_n,m,s;\theta)-\cos(\xi_l d)\overline{\overline{\overline{\psi}}}_d(\xi_n,m,s;\theta)\right\}\cos(\xi_l z)}{\{d(\xi_l^2+\lambda_d^2)+\lambda_d\}(\eta_r\xi_n^2+\eta_z\xi_l^2+s)}+ \\
&+\pi\sum_{m=0}^{\infty}\ni_m\cos\{m(\theta-\theta_0)\}\sum_{n=1}^{\infty}\frac{\xi_n^2 J'^2_{m\dot{o}}(\xi_n b)\mathcal{V}_{\mathcal{D}m\dot{o}}(\xi r,a)}{\left[\left\{1-\left(\frac{m\dot{o}}{\xi_n b}\right)^2\right\}J^2_{m\dot{o}}(\xi_n a)-J'^2_{m\dot{o}}(\xi_n b)\right]}\sum_{l=1}^{\infty}\frac{\overline{\overline{\overline{\varphi}}}(\xi_n,m,\xi_l;\theta)(\xi_l^2+\lambda_d^2)\cos(\xi_l z)}{\{d(\xi_l^2+\lambda_d^2)+\lambda_d\}(\eta_r\xi_n^2+\eta_z\xi_l^2+s)}
\end{aligned} \tag{25.65.1}$$

where $\mathcal{V}_{\mathcal{D}m\dot{o}}(\xi_n r,a) = J_{m\dot{o}}(\xi_n r)Y_{m\dot{o}}(\xi_n a) - Y_{m\dot{o}}(\xi_n r)J_{m\dot{o}}(\xi_n a)$, and the eigenvalues are the positive roots of the transcendental equation $\mathcal{V}'_{\mathcal{D}m\dot{o}}(\xi_n b,a) = 0$, $\xi_n, n = 1,2,....$, and ξ_l are the positive roots of $\xi_l\tan(\xi_l d) = -\lambda_d$, $l = 1,2,....$ $\overline{\overline{\overline{\psi}}}_0(\xi_n,m,s;\theta) = \int_a^b u\mathcal{V}_{\mathcal{D}m\dot{o}}(\xi_n u,a)\int_0^{2\pi}\overline{\psi}_0(u,v,s)\cos\{m(\theta-v)\}dvdu$,
$\overline{\overline{\overline{\psi}}}_d(\xi_n,m,s;\theta) = \int_a^b u\mathcal{V}_{\mathcal{D}m\dot{o}}(\xi_n u,a)\int_0^{2\pi}\overline{\psi}_d(u,v,s)\cos\{m(\theta-v)\}dvdu$,
$\overline{\overline{\overline{\psi}}}_a(m,\xi_l,s;\theta) = \int_0^{2\pi}\cos\{m(\theta-v)\}\int_0^d\overline{\psi}_a(v,w,s)\cos(\xi_l w)\,dwdv$,
$\overline{\overline{\overline{\psi}}}_b(m,\xi_l,s;\theta) = \int_0^{2\pi}\cos\{m(\theta-v)\}\int_0^d\overline{\psi}_b(v,w,s)\cos(\xi_l w)\,dwdv$, and
$\overline{\overline{\overline{\varphi}}}(\xi_n,m,\xi_l;\theta) = \int_a^b u\mathcal{V}_{\mathcal{D}m\dot{o}}(\xi_n u,a)\int_0^{2\pi}\cos\{m(\theta-v)\}\int_0^d\varphi(u,v,w)\cos(\xi_l w)\,dwdvdu$.

$$p = \frac{\pi U(t-t_0)}{\phi c_t}\sum_{m=0}^{\infty}\ni_m\cos\{m(\theta-\theta_0)\}\sum_{n=1}^{\infty}\frac{\xi_n^2 J'^2_{m\dot{o}}(\xi_n b)\mathcal{V}_{\mathcal{D}m\dot{o}}(\xi r_0,a)\mathcal{V}_{\mathcal{D}m\dot{o}}(\xi r,a)}{\left[\left\{1-\left(\frac{m\dot{o}}{\xi_n b}\right)^2\right\}J^2_{m\dot{o}}(\xi_n a)-J'^2_{m\dot{o}}(\xi_n b)\right]}\times$$

$$\times \sum_{l=1}^{\infty} \frac{\left(\xi_l^2+\lambda_d^2\right)\cos\left(\xi_l z_0\right)\cos\left(\xi_l z\right)\int_0^{t-t_0} q\left(t-t_0-\tau\right)e^{-\left(\eta_r\xi_n^2+\eta_z\xi_l^2\right)\tau}d\tau}{\left\{d\left(\xi_l^2+\lambda_d^2\right)+\lambda_d\right\}} -$$

$$-2\eta_r \sum_{m=0}^{\infty} \ni_m \cos\left\{m\left(\theta-\theta_0\right)\right\} \times$$

$$\times \sum_{n=1}^{\infty} \frac{\xi_n^2 J_{m\dot{o}}'^2\left(\xi_n b\right)\mathcal{V}_{\mathcal{D}m\dot{o}}\left(\xi r,a\right)}{\left[\left\{1-\left(\frac{m\dot{o}}{\xi_n b}\right)^2\right\}J_{m\dot{o}}^2(\xi_n a)-J_{m\dot{o}}'^2(\xi_n b)\right]} \sum_{l=1}^{\infty} \frac{(\xi_l^2+\lambda_d^2)\cos(\xi_l z)\int_0^t \overline{\overline{\psi}}_a(m,\xi_l,t-\tau;\theta)e^{-\left(\eta_r\xi_n^2+\eta_z\xi_l^2\right)\tau}d\tau}{\left\{d\left(\xi_l^2+\lambda_d^2\right)+\lambda_d\right\}} -$$

$$-\frac{2}{\phi c_t} \sum_{m=0}^{\infty} \ni_m \cos\left\{m\left(\theta-\theta_0\right)\right\} \times$$

$$\times \sum_{n=1}^{\infty} \frac{\xi_n^2 J_{m\dot{o}}\left(\xi_n a\right)J_{m\dot{o}}'\left(\xi_n b\right)\mathcal{V}_{\mathcal{D}m\dot{o}}(\xi r,a)}{\left[\left\{1-\left(\frac{m\dot{o}}{\xi_n b}\right)^2\right\}J_{m\dot{o}}^2(\xi_n a)-J_{m\dot{o}}'^2(\xi_n b)\right]} \sum_{l=1}^{\infty} \frac{(\xi_l^2+\lambda_d^2)\cos(\xi_l z)\int_0^t \overline{\overline{\psi}}_b(m,\xi_l,t-\tau;\theta)e^{-\left(\eta_r\xi_n^2+\eta_z\xi_l^2\right)\tau}d\tau}{\left\{d\left(\xi_l^2+\lambda_d^2\right)+\lambda_d\right\}} +$$

$$+\frac{\pi}{\phi c_t} \sum_{m=0}^{\infty} \ni_m \cos\left\{m\left(\theta-\theta_0\right)\right\} \sum_{n=1}^{\infty} \frac{\xi_n^2 J_{m\dot{o}}'^2\left(\xi_n b\right)\mathcal{V}_{\mathcal{D}m\dot{o}}\left(\xi r,a\right)}{\left[\left\{1-\left(\frac{m\dot{o}}{\xi_n b}\right)^2\right\}J_{m\dot{o}}^2\left(\xi_n a\right)-J_{m\dot{o}}'^2\left(\xi_n b\right)\right]} \times$$

$$\times \sum_{l=1}^{\infty} \frac{\left(\xi_l^2+\lambda_d^2\right)\cos\left(\xi_l z\right)\int_0^t \left\{\overline{\overline{\psi}}_0\left(\xi_n,m,t-\tau;\theta\right)-\cos\left(\xi_l d\right)\overline{\overline{\psi}}_d\left(\xi_n,m,t-\tau;\theta\right)\right\}e^{-\left(\eta_r\xi_n^2+\eta_z\xi_l^2\right)\tau}d\tau}{\left\{d\left(\xi_l^2+\lambda_d^2\right)+\lambda_d\right\}} +$$

$$+\pi \sum_{m=0}^{\infty} \ni_m \cos\left\{m\left(\theta-\theta_0\right)\right\} \times$$

$$\times \sum_{n=1}^{\infty} \frac{\xi_n^2 J_{m\dot{o}}'^2\left(\xi_n b\right)\mathcal{V}_{\mathcal{D}m\dot{o}}\left(\xi r,a\right)e^{-\eta_r\xi_n^2 t}}{\left[\left\{1-\left(\frac{m\dot{o}}{\xi_n b}\right)^2\right\}J_{m\dot{o}}^2\left(\xi_n a\right)-J_{m\dot{o}}'^2\left(\xi_n b\right)\right]} \sum_{l=1}^{\infty} \frac{\overline{\overline{\overline{\varphi}}}\left(\xi_n,m,\xi_l;\theta\right)\left(\xi_l^2+\lambda_d^2\right)\cos\left(\xi_l z\right)e^{-\eta_z\xi_l^2 t}}{\left\{d\left(\xi_l^2+\lambda_d^2\right)+\lambda_d\right\}} \quad (25.65.2)$$

where $\overline{\overline{\psi}}_a\left(m,\xi_l,t;\theta\right)=\int_0^{2\pi}\cos\left\{m\left(\theta-v\right)\right\}\int_0^d \psi_a\left(v,w,t\right)\cos\left(\xi_l w\right)dwdv$,
$\overline{\overline{\psi}}_b\left(m,\xi_l,t;\theta\right)=\int_0^{2\pi}\cos\left\{m\left(\theta-v\right)\right\}\int_0^d \psi_b\left(v,w,t\right)\cos\left(\xi_l w\right)dwdv$,
$\overline{\overline{\psi}}_0\left(\xi_n,m,t;\theta\right)=\int_a^b u\mathcal{V}_{\mathcal{D}m\dot{o}}\left(\xi_n u,a\right)\int_0^{2\pi}\psi_0\left(u,v,t\right)\cos\left\{m\left(\theta-v\right)\right\}dvdu$, and
$\overline{\overline{\psi}}_d\left(\xi_n,m,t;\theta\right)=\int_a^b u\mathcal{V}_{\mathcal{D}m\dot{o}}\left(\xi_n u,a\right)\int_0^{2\pi}\psi_d\left(u,v,t\right)\cos\left\{m\left(\theta-v\right)\right\}dvdu$.

25.66

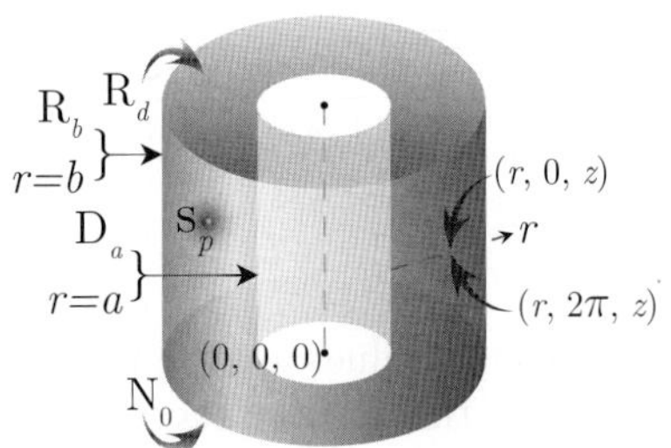

The problem of 25.64, except$\mathbf{D}_a \equiv p\left(a,\theta,z,t\right)=\psi_a\left(\theta,z,t\right)$,
$\mathbf{R}_b \equiv \frac{\partial p(b,\theta,z,t)}{\partial r}+\lambda p\left(b,\theta,z,t\right)=-\left(\frac{\mu}{k_r}\right)\psi_b\left(\theta,z,t\right)$,
$\mathbf{N}_0 \equiv \frac{\partial p(r,\theta,0,t)}{\partial z}=-\left(\frac{\mu}{k_z}\right)\psi_0\left(r,\theta,t\right)$ **and**
$\mathbf{R}_d \equiv \frac{\partial p(r,\theta,d,t)}{\partial z}+\lambda_d p\left(r,\theta,d,t\right)=-\left(\frac{\mu}{k_z}\right)\psi_d\left(r,\theta,t\right)$

$$\overline{p} = \frac{\pi q(s)e^{-st_0}}{\phi c_t} \sum_{m=0}^{\infty} \ni_m \cos\{m\left(\theta-\theta_0\right)\} \sum_{n=1}^{\infty} \frac{\xi_n^2\{\xi_n J_{m\dot{o}}'\left(\xi_n b\right)+\lambda J_{m\dot{o}}\left(\xi_n b\right)\}^2\mathcal{V}_{\mathcal{D}m\dot{o}}(\xi r_0,a)\mathcal{V}_{\mathcal{D}m\dot{o}}(\xi r,a)}{\left[\left\{\xi_n^2+\lambda^2-\left(\frac{m\dot{o}}{b}\right)^2\right\}J_{m\dot{o}}^2(\xi_n a)-\{\xi_n J_{m\dot{o}}'(\xi_n b)+\lambda J_{m\dot{o}}(\xi_n b)\}^2\right]} \times$$

$$\times \sum_{l=1}^{\infty} \frac{\left(\xi_l^2+\lambda_d^2\right)\cos\left(\xi_l z_0\right)\cos\left(\xi_l z\right)}{\left\{d\left(\xi_l^2+\lambda_d^2\right)+\lambda_d\right\}\left(\eta_r\xi_n^2+\eta_z\xi_l^2+s\right)} -$$

$$-2\eta_r \sum_{m=0}^{\infty} \ni_m \cos\left\{m\left(\theta-\theta_0\right)\right\} \sum_{n=1}^{\infty} \frac{\xi_n^2\{\xi_n J_{m\dot{o}}'\left(\xi_n b\right)+\lambda J_{m\dot{o}}\left(\xi_n b\right)\}^2\mathcal{V}_{\mathcal{D}m\dot{o}}\left(\xi r,a\right)}{\left[\left\{\xi_n^2+\lambda^2-\left(\frac{m\dot{o}}{b}\right)^2\right\}J_{m\dot{o}}^2\left(\xi_n a\right)-\left\{\xi_n J_{m\dot{o}}'\left(\xi_n b\right)+\lambda J_{m\dot{o}}\left(\xi_n b\right)\right\}^2\right]} \times$$

$$\times \sum_{l=1}^{\infty} \frac{\overline{\overline{\overline{\psi}}}_a (m, \xi_l, s; \theta) \left(\xi_l^2 + \lambda_d^2\right) \cos(\xi_l z)}{\{d (\xi_l^2 + \lambda_d^2) + \lambda_d\} (\eta_r \xi_n^2 + \eta_z \xi_l^2 + s)} -$$

$$- \frac{2}{\phi c_t} \sum_{m=0}^{\infty} \ni_m \cos\{m(\theta - \theta_0)\} \sum_{n=1}^{\infty} \frac{\xi_n^2 J_{m\dot{o}}(\xi_n a) \{\xi_n J'_{m\dot{o}}(\xi_n b) + \lambda J_{m\dot{o}}(\xi_n b)\} \mathcal{V}_{\mathcal{D}m\dot{o}}(\xi r, a)}{\left[\left\{\xi_n^2 + \lambda^2 - \left(\frac{m\dot{o}}{b}\right)^2\right\} J_{m\dot{o}}^2(\xi_n a) - \{\xi_n J'_{m\dot{o}}(\xi_n b) + \lambda J_{m\dot{o}}(\xi_n b)\}^2\right]} \times$$

$$\times \sum_{l=1}^{\infty} \frac{\overline{\overline{\overline{\psi}}}_b (m, \xi_l, s; \theta) \left(\xi_l^2 + \lambda_d^2\right) \cos(\xi_l z)}{\{d (\xi_l^2 + \lambda_d^2) + \lambda_d\} (\eta_r \xi_n^2 + \eta_z \xi_l^2 + s)} +$$

$$+ \frac{\pi}{\phi c_t} \sum_{m=0}^{\infty} \ni_m \cos\{m(\theta - \theta_0)\} \sum_{n=1}^{\infty} \frac{\xi_n^2 \{\xi_n J'_{m\dot{o}}(\xi_n b) + \lambda J_{m\dot{o}}(\xi_n b)\}^2 \mathcal{V}_{\mathcal{D}m\dot{o}}(\xi r, a)}{\left[\left\{\xi_n^2 + \lambda^2 - \left(\frac{m\dot{o}}{b}\right)^2\right\} J_{m\dot{o}}^2(\xi_n a) - \{\xi_n J'_{m\dot{o}}(\xi_n b) + \lambda J_{m\dot{o}}(\xi_n b)\}^2\right]} \times$$

$$\times \sum_{l=1}^{\infty} \frac{\left(\xi_l^2 + \lambda_d^2\right) \left\{\overline{\overline{\overline{\psi}}}_0 (\xi_n, m, s; \theta) - \cos(\xi_l d) \overline{\overline{\overline{\psi}}}_d (\xi_n, m, s; \theta)\right\} \cos(\xi_l z)}{\{d (\xi_l^2 + \lambda_d^2) + \lambda_d\} (\eta_r \xi_n^2 + \eta_z \xi_l^2 + s)} +$$

$$+ \pi \sum_{m=0}^{\infty} \ni_m \cos\{m(\theta - \theta_0)\} \sum_{n=1}^{\infty} \frac{\xi_n^2 \{\xi_n J'_{m\dot{o}}(\xi_n b) + \lambda J_{m\dot{o}}(\xi_n b)\}^2 \mathcal{V}_{\mathcal{D}m\dot{o}}(\xi r, a)}{\left[\left\{\xi_n^2 + \lambda^2 - \left(\frac{m\dot{o}}{b}\right)^2\right\} J_{m\dot{o}}^2(\xi_n a) - \{\xi_n J'_{m\dot{o}}(\xi_n b) + \lambda J_{m\dot{o}}(\xi_n b)\}^2\right]} \times$$

$$\times \sum_{l=1}^{\infty} \frac{\overline{\overline{\overline{\varphi}}} (\xi_n, m, \xi_l; \theta) \left(\xi_l^2 + \lambda_d^2\right) \cos(\xi_l z)}{\{d (\xi_l^2 + \lambda_d^2) + \lambda_d\} (\eta_r \xi_n^2 + \eta_z \xi_l^2 + s)} \qquad (25.66.1)$$

where $\mathcal{V}_{\mathcal{D}m\dot{o}}(\xi_n r, a) = J_{m\dot{o}}(\xi_n r) Y_{m\dot{o}}(\xi_n a) - Y_{m\dot{o}}(\xi_n r) J_{m\dot{o}}(\xi_n a)$, and the eigenvalues $\xi_n, n = 1, 2, ...$, are the positive roots of the transcendental equation $\xi_n \mathcal{V}'_{\mathcal{D}m\dot{o}}(\xi_n b, a) + \lambda \mathcal{V}_{\mathcal{D}m\dot{o}}(\xi_n b, a) = 0$, and ξ_l are the positive roots of $\xi_l \tan(\xi_l d) = -\lambda_d$, $l = 1, 2, ...$ $\overline{\overline{\overline{\psi}}}_0 (\xi_n, m, s; \theta) = \int_a^b u \mathcal{V}_{\mathcal{D}m\dot{o}}(\xi_n u, a) \int_0^{2\pi} \overline{\psi}_0 (u, v, s) \cos\{m(\theta - v)\} dv du$,
$\overline{\overline{\overline{\psi}}}_d (\xi_n, m, s; \theta) = \int_a^b u \mathcal{V}_{\mathcal{D}m\dot{o}}(\xi_n u, a) \int_0^{2\pi} \overline{\psi}_d (u, v, s) \cos\{m(\theta - v)\} dv du$,
$\overline{\overline{\overline{\psi}}}_a (m, \xi_l, s; \theta) = \int_0^{2\pi} \cos\{m(\theta - v)\} \int_0^d \overline{\psi}_a (v, w, s) \cos(\xi_l w) dw dv$,
$\overline{\overline{\overline{\psi}}}_b (m, \xi_l, s; \theta) = \int_0^{2\pi} \cos\{m(\theta - v)\} \int_0^d \overline{\psi}_b (v, w, s) \cos(\xi_l w) dw dv$, and
$\overline{\overline{\overline{\varphi}}} (\xi_n, m, \xi_l; \theta) = \int_a^b u \mathcal{V}_{\mathcal{D}m\dot{o}}(\xi_n u, a) \int_0^{2\pi} \cos\{m(\theta - v)\} \int_0^d \varphi(u, v, w) \cos(\xi_l w) dw dv du$.

$$p = \frac{\pi U(t - t_0)}{\phi c_t} \sum_{m=0}^{\infty} \ni_m \cos\{m(\theta - \theta_0)\} \sum_{n=1}^{\infty} \frac{\xi_n^2 \{\xi_n J'_{m\dot{o}}(\xi_n b) + \lambda J_{m\dot{o}}(\xi_n b)\}^2 \mathcal{V}_{\mathcal{D}m\dot{o}}(\xi r_0, a) \mathcal{V}_{\mathcal{D}m\dot{o}}(\xi r, a)}{\left[\left\{\xi_n^2 + \lambda^2 - \left(\frac{m\dot{o}}{b}\right)^2\right\} J_{m\dot{o}}^2(\xi_n a) - \{\xi_n J'_{m\dot{o}}(\xi_n b) + \lambda J_{m\dot{o}}(\xi_n b)\}^2\right]} \times$$

$$\times \sum_{l=1}^{\infty} \frac{\left(\xi_l^2 + \lambda_d^2\right) \cos(\xi_l z_0) \cos(\xi_l z) \int_0^{t - t_0} q(t - t_0 - \tau) e^{-\left(\eta_r \xi_n^2 + \eta_z \xi_l^2\right)\tau} d\tau}{\{d (\xi_l^2 + \lambda_d^2) + \lambda_d\}} -$$

$$-2\eta_r \sum_{m=0}^{\infty} \ni_m \cos\{m(\theta - \theta_0)\} \sum_{n=1}^{\infty} \frac{\xi_n^2 \{\xi_n J'_{m\dot{o}}(\xi_n b) + \lambda J_{m\dot{o}}(\xi_n b)\}^2 \mathcal{V}_{\mathcal{D}m\dot{o}}(\xi r, a)}{\left[\left\{\xi_n^2 + \lambda^2 - \left(\frac{m\dot{o}}{b}\right)^2\right\} J_{m\dot{o}}^2(\xi_n a) - \{\xi_n J'_{m\dot{o}}(\xi_n b) + \lambda J_{m\dot{o}}(\xi_n b)\}^2\right]} \times$$

$$\times \sum_{l=1}^{\infty} \frac{\left(\xi_l^2 + \lambda_d^2\right) \cos(\xi_l z) \int_0^t \overline{\overline{\psi}}_a (m, \xi_l, t - \tau; \theta) e^{-\left(\eta_r \xi_n^2 + \eta_z \xi_l^2\right)\tau} d\tau}{\{d (\xi_l^2 + \lambda_d^2) + \lambda_d\}} -$$

$$- \frac{2}{\phi c_t} \sum_{m=0}^{\infty} \ni_m \cos\{m(\theta - \theta_0)\} \sum_{n=1}^{\infty} \frac{\xi_n^2 J_{m\dot{o}}(\xi_n a) \{\xi_n J'_{m\dot{o}}(\xi_n b) + \lambda J_{m\dot{o}}(\xi_n b)\} \mathcal{V}_{\mathcal{D}m\dot{o}}(\xi r, a)}{\left[\left\{\xi_n^2 + \lambda^2 - \left(\frac{m\dot{o}}{b}\right)^2\right\} J_{m\dot{o}}^2(\xi_n a) - \{\xi_n J'_{m\dot{o}}(\xi_n b) + \lambda J_{m\dot{o}}(\xi_n b)\}^2\right]} \times$$

$$\times \sum_{l=1}^{\infty} \frac{\left(\xi_l^2 + \lambda_d^2\right) \cos(\xi_l z) \int_0^t \overline{\overline{\psi}}_b (m, \xi_l, t - \tau; \theta) e^{-\left(\eta_r \xi_n^2 + \eta_z \xi_l^2\right)\tau} d\tau}{\{d (\xi_l^2 + \lambda_d^2) + \lambda_d\}} +$$

$$+ \frac{\pi}{\phi c_t} \sum_{m=0}^{\infty} \ni_m \cos\{m(\theta - \theta_0)\} \sum_{n=1}^{\infty} \frac{\xi_n^2 \{\xi_n J'_{m\dot{o}}(\xi_n b) + \lambda J_{m\dot{o}}(\xi_n b)\}^2 \mathcal{V}_{\mathcal{D}m\dot{o}}(\xi r, a)}{\left[\left\{\xi_n^2 + \lambda^2 - \left(\frac{m\dot{o}}{b}\right)^2\right\} J_{m\dot{o}}^2(\xi_n a) - \{\xi_n J'_{m\dot{o}}(\xi_n b) + \lambda J_{m\dot{o}}(\xi_n b)\}^2\right]} \times$$

$$\times \sum_{l=1}^{\infty} \frac{\left(\xi_l^2+\lambda_d^2\right)\cos\left(\xi_l z\right)\int_0^t \left\{\overline{\overline{\psi}}_0\left(\xi_n, m, t-\tau; \theta\right) - \cos\left(\xi_l d\right)\overline{\overline{\psi}}_d\left(\xi_n, m, t-\tau; \theta\right)\right\} e^{-\left(\eta_r \xi_n^2+\eta_z \xi_l^2\right)\tau} d\tau}{\left\{d\left(\xi_l^2+\lambda_d^2\right)+\lambda_d\right\}} +$$

$$+\pi \sum_{m=0}^{\infty} \ni_m \cos\left\{m\left(\theta-\theta_0\right)\right\} \sum_{n=1}^{\infty} \frac{\xi_n^2 \left\{\xi_n J'_{m\dot{o}}\left(\xi_n b\right)+\lambda J_{m\dot{o}}\left(\xi_n b\right)\right\}^2 \mathcal{V}_{\mathcal{D}m\dot{o}}\left(\xi r, a\right) e^{-\eta_r \xi_n^2 t}}{\left[\left\{\xi_n^2+\lambda^2-\left(\frac{m\dot{o}}{b}\right)^2\right\} J_{m\dot{o}}^2\left(\xi_n a\right) - \left\{\xi_n J'_{m\dot{o}}\left(\xi_n b\right)+\lambda J_{m\dot{o}}\left(\xi_n b\right)\right\}^2\right]} \times$$

$$\times \sum_{l=1}^{\infty} \frac{\overline{\overline{\overline{\varphi}}}\left(\xi_n, m, \xi_l; \theta\right)\left(\xi_l^2+\lambda_d^2\right)\cos\left(\xi_l z\right) e^{-\eta_z \xi_l^2 t}}{\left\{d\left(\xi_l^2+\lambda_d^2\right)+\lambda_d\right\}} \qquad (25.66.2)$$

where $\overline{\overline{\psi}}_a\left(m, \xi_l, t; \theta\right) = \int_0^{2\pi} \cos\left\{m\left(\theta-v\right)\right\} \int_0^d \psi_a\left(v, w, t\right)\cos\left(\xi_l w\right) dw dv$,
$\overline{\overline{\psi}}_b\left(m, \xi_l, t; \theta\right) = \int_0^{2\pi} \cos\left\{m\left(\theta-v\right)\right\} \int_0^d \psi_b\left(v, w, t\right)\cos\left(\xi_l w\right) dw dv$,
$\overline{\overline{\psi}}_0\left(\xi_n, m, t; \theta\right) = \int_a^b u\mathcal{V}_{\mathcal{D}m\dot{o}}\left(\xi_n u, a\right)\int_0^{2\pi} \psi_0\left(u, v, t\right)\cos\left\{m\left(\theta-v\right)\right\} dv du$, and
$\overline{\overline{\psi}}_d\left(\xi_n, m, t; \theta\right) = \int_a^b u\mathcal{V}_{\mathcal{D}m\dot{o}}\left(\xi_n u, a\right)\int_0^{2\pi} \psi_d\left(u, v, t\right)\cos\left\{m\left(\theta-v\right)\right\} dv du$.

25.67

D$_b$ R$_d$ $r=b$ N$_a$ S$_p$ $r=a$ N$_0$ $(r, 0, z)$ r $(r, 2\pi, z)$ $(0, 0, 0)$

The problem of 25.64,
except $\mathbf{N}_a \equiv \frac{\partial p(a,\theta,z,t)}{\partial r} = -\left(\frac{\mu}{k_r}\right)\psi_a\left(\theta, z, t\right)$,
$\mathbf{D}_b \equiv p\left(b, \theta, z, t\right) = \psi_b\left(\theta, z, t\right)$,
$\mathbf{N}_0 \equiv \frac{\partial p(r,\theta,0,t)}{\partial z} = -\left(\frac{\mu}{k_z}\right)\psi_0\left(r, \theta, t\right)$ **and**
$\mathbf{R}_d \equiv \frac{\partial p(r,\theta,d,t)}{\partial z} + \lambda_d p\left(r, \theta, d, t\right) = -\left(\frac{\mu}{k_z}\right)\psi_d\left(r, \theta, t\right)$

$$\overline{p} = \frac{\pi q\left(s\right) e^{-st_0}}{\phi c_t} \sum_{m=0}^{\infty} \ni_m \cos\left\{m\left(\theta-\theta_0\right)\right\} \times$$

$$\times \sum_{n=1}^{\infty} \frac{\xi_n^2 J_{m\dot{o}}^2\left(\xi_n b\right)\mathcal{V}_{\mathcal{N}m\dot{o}}\left(\xi r_0, a\right)\mathcal{V}_{\mathcal{N}m\dot{o}}\left(\xi r, a\right)}{\left[J'^2_{m\dot{o}}\left(\xi_n a\right) - \left\{1-\left(\frac{m\dot{o}}{\xi_n a}\right)^2\right\} J_{m\dot{o}}^2\left(\xi_n b\right)\right]} \sum_{l=1}^{\infty} \frac{\left(\xi_l^2+\lambda_d^2\right)\cos\left(\xi_l z_0\right)\cos\left(\xi_l z\right)}{\left\{d\left(\xi_l^2+\lambda_d^2\right)+\lambda_d\right\}\left(\eta_r \xi_n^2+\eta_z \xi_l^2+s\right)} +$$

$$+\frac{2}{\phi c_t} \sum_{m=0}^{\infty} \ni_m \cos\left\{m\left(\theta-\theta_0\right)\right\} \times$$

$$\times \sum_{n=1}^{\infty} \frac{\xi_n J_{m\dot{o}}^2\left(\xi_n b\right)\mathcal{V}_{\mathcal{N}m\dot{o}}\left(\xi r, a\right)}{\left[J'^2_{m\dot{o}}\left(\xi_n a\right) - \left\{1-\left(\frac{m\dot{o}}{\xi_n a}\right)^2\right\} J_{m\dot{o}}^2\left(\xi_n b\right)\right]} \sum_{l=1}^{\infty} \frac{\overline{\overline{\overline{\psi}}}_a\left(m, \xi_l, s; \theta\right)\left(\xi_l^2+\lambda_d^2\right)\cos\left(\xi_l z\right)}{\left\{d\left(\xi_l^2+\lambda_d^2\right)+\lambda_d\right\}\left(\eta_r \xi_n^2+\eta_z \xi_l^2+s\right)} +$$

$$+2\eta_r \sum_{m=0}^{\infty} \ni_m \cos\left\{m\left(\theta-\theta_0\right)\right\} \times$$

$$\times \sum_{n=1}^{\infty} \frac{\xi_n^2 J'_{m\dot{o}}\left(\xi_n a\right) J_{m\dot{o}}\left(\xi_n b\right)\mathcal{V}_{\mathcal{N}m\dot{o}}\left(\xi r, a\right)}{\left[J'^2_{m\dot{o}}\left(\xi_n a\right) - \left\{1-\left(\frac{m\dot{o}}{\xi_n a}\right)^2\right\} J_{m\dot{o}}^2\left(\xi_n b\right)\right]} \sum_{l=1}^{\infty} \frac{\overline{\overline{\overline{\psi}}}_b\left(m, \xi_l, s; \theta\right)\left(\xi_l^2+\lambda_d^2\right)\cos\left(\xi_l z\right)}{\left\{d\left(\xi_l^2+\lambda_d^2\right)+\lambda_d\right\}\left(\eta_r \xi_n^2+\eta_z \xi_l^2+s\right)} +$$

$$+\frac{\pi}{\phi c_t} \sum_{m=0}^{\infty} \ni_m \cos\left\{m\left(\theta-\theta_0\right)\right\} \sum_{n=1}^{\infty} \frac{\xi_n^2 J_{m\dot{o}}^2\left(\xi_n b\right)\mathcal{V}_{\mathcal{N}m\dot{o}}\left(\xi r, a\right)}{\left[J'^2_{m\dot{o}}\left(\xi_n a\right) - \left\{1-\left(\frac{m\dot{o}}{\xi_n a}\right)^2\right\} J_{m\dot{o}}^2\left(\xi_n b\right)\right]} \times$$

$$\times \sum_{l=1}^{\infty} \frac{\left(\xi_l^2+\lambda_d^2\right)\left\{\overline{\overline{\psi}}_0\left(\xi_n, m, s; \theta\right) - \cos\left(\xi_l d\right)\overline{\overline{\psi}}_d\left(\xi_n, m, s; \theta\right)\right\}\cos\left(\xi_l z\right)}{\left\{d\left(\xi_l^2+\lambda_d^2\right)+\lambda_d\right\}\left(\eta_r \xi_n^2+\eta_z \xi_l^2+s\right)} +$$

$$+\pi \sum_{m=0}^{\infty} \ni_m \cos\left\{m\left(\theta-\theta_0\right)\right\} \times$$

$$\times \sum_{n=1}^{\infty} \frac{\xi_n^2 J_{m\dot{o}}^2(\xi_n b) \mathcal{V}_{\mathcal{N}m\dot{o}}(\xi r, a)}{\left[J_{m\dot{o}}'^2(\xi_n a) - \left\{ 1 - \left(\frac{m\dot{o}}{\xi_n a} \right)^2 \right\} J_{m\dot{o}}^2(\xi_n b) \right]} \sum_{l=1}^{\infty} \frac{\overline{\overline{\overline{\varphi}}}(\xi_n, m, \xi_l; \theta) \left(\xi_l^2 + \lambda_d^2 \right) \cos(\xi_l z)}{\left\{ d\left(\xi_l^2 + \lambda_d^2 \right) + \lambda_d \right\} \left(\eta_r \xi_n^2 + \eta_z \xi_l^2 + s \right)} \tag{25.67.1}$$

where $\mathcal{V}_{\mathcal{N}m\dot{o}}(\xi_n r, a) = J_{m\dot{o}}(\xi_n r) Y_{m\dot{o}}'(\xi_n a) - Y_{m\dot{o}}(\xi_n r) J_{m\dot{o}}'(\xi_n a)$, and the eigenvalues $\xi_n, n = 1, 2, ...$, are the positive roots of the transcendental equation $\mathcal{V}_{\mathcal{N}m\dot{o}}(\xi_n b, a) = 0$, and ξ_l are the positive roots of $\xi_l \tan(\xi_l d) = -\lambda_d$, $l = 1, 2, ...$ $\overline{\overline{\overline{\psi}}}_0(\xi_n, m, s; \theta) = \int_a^b u \mathcal{V}_{\mathcal{N}m\dot{o}}(\xi_n u, a) \int_0^{2\pi} \overline{\psi}_0(u, v, s) \cos\{m(\theta - v)\} dv du$,
$\overline{\overline{\overline{\psi}}}_d(\xi_n, m, s; \theta) = \int_a^b u \mathcal{V}_{\mathcal{N}m\dot{o}}(\xi_n u, a) \int_0^{2\pi} \overline{\psi}_d(u, v, s) \cos\{m(\theta - v)\} dv du$,
$\overline{\overline{\overline{\psi}}}_a(m, \xi_l, s; \theta) = \int_0^{2\pi} \cos\{m(\theta - v)\} \int_0^d \overline{\psi}_a(v, w, s) \cos(\xi_l w) \, dw dv$,
$\overline{\overline{\overline{\psi}}}_b(m, \xi_l, s; \theta) = \int_0^{2\pi} \cos\{m(\theta - v)\} \int_0^d \overline{\psi}_b(v, w, s) \cos(\xi_l w) \, dw dv$, and
$\overline{\overline{\overline{\varphi}}}(\xi_n, m, \xi_l; \theta) = \int_a^b u \mathcal{V}_{\mathcal{N}m\dot{o}}(\xi_n u, a) \int_0^{2\pi} \cos\{m(\theta - v)\} \int_0^d \varphi(u, v, w) \cos(\xi_l w) \, dw dv du$.

$$\begin{aligned}
p = {} & \frac{\pi U(t - t_0)}{\phi c_t} \sum_{m=0}^{\infty} \ni_m \cos\{m(\theta - \theta_0)\} \sum_{n=1}^{\infty} \frac{\xi_n^2 J_{m\dot{o}}^2(\xi_n b) \mathcal{V}_{\mathcal{N}m\dot{o}}(\xi r_0, a) \mathcal{V}_{\mathcal{N}m\dot{o}}(\xi r, a)}{\left[J_{m\dot{o}}'^2(\xi_n a) - \left\{ 1 - \left(\frac{m\dot{o}}{\xi_n a} \right)^2 \right\} J_{m\dot{o}}^2(\xi_n b) \right]} \times \\
& \times \sum_{l=1}^{\infty} \frac{\left(\xi_l^2 + \lambda_d^2 \right) \cos(\xi_l z_0) \cos(\xi_l z) \int_0^{t - t_0} q(t - t_0 - \tau) e^{-\left(\eta_r \xi_n^2 + \eta_z \xi_l^2 \right) \tau} d\tau}{\left\{ d\left(\xi_l^2 + \lambda_d^2 \right) + \lambda_d \right\}} + \\
& + \frac{2}{\phi c_t} \sum_{m=0}^{\infty} \ni_m \cos\{m(\theta - \theta_0)\} \times \\
& \times \sum_{n=1}^{\infty} \frac{\xi_n J_{m\dot{o}}^2(\xi_n b) \mathcal{V}_{\mathcal{N}m\dot{o}}(\xi r, a)}{\left[J_{m\dot{o}}'^2(\xi_n a) - \left\{ 1 - \left(\frac{m\dot{o}}{\xi_n a} \right)^2 \right\} J_{m\dot{o}}^2(\xi_n b) \right]} \sum_{l=1}^{\infty} \frac{\left(\xi_l^2 + \lambda_d^2 \right) \cos(\xi_l z) \int_0^t \overline{\overline{\psi}}_a(m, \xi_l, t - \tau; \theta) e^{-\left(\eta_r \xi_n^2 + \eta_z \xi_l^2 \right) \tau} d\tau}{\left\{ d\left(\xi_l^2 + \lambda_d^2 \right) + \lambda_d \right\}} + \\
& + 2\eta_r \sum_{m=0}^{\infty} \ni_m \cos\{m(\theta - \theta_0)\} \times \\
& \times \sum_{n=1}^{\infty} \frac{\xi_n^2 J_{m\dot{o}}'(\xi_n a) J_{m\dot{o}}(\xi_n b) \mathcal{V}_{\mathcal{N}m\dot{o}}(\xi r, a)}{\left[J_{m\dot{o}}'^2(\xi_n a) - \left\{ 1 - \left(\frac{m\dot{o}}{\xi_n a} \right)^2 \right\} J_{m\dot{o}}^2(\xi_n b) \right]} \sum_{l=1}^{\infty} \frac{\left(\xi_l^2 + \lambda_d^2 \right) \cos(\xi_l z) \int_0^t \overline{\overline{\psi}}_b(m, \xi_l, t - \tau; \theta) e^{-\left(\eta_r \xi_n^2 + \eta_z \xi_l^2 \right) \tau} d\tau}{\left\{ d\left(\xi_l^2 + \lambda_d^2 \right) + \lambda_d \right\}} + \\
& + \frac{\pi}{\phi c_t} \sum_{m=0}^{\infty} \ni_m \cos\{m(\theta - \theta_0)\} \sum_{n=1}^{\infty} \frac{\xi_n^2 J_{m\dot{o}}^2(\xi_n b) \mathcal{V}_{\mathcal{N}m\dot{o}}(\xi r, a)}{\left[J_{m\dot{o}}'^2(\xi_n a) - \left\{ 1 - \left(\frac{m\dot{o}}{\xi_n a} \right)^2 \right\} J_{m\dot{o}}^2(\xi_n b) \right]} \times \\
& \times \sum_{l=1}^{\infty} \frac{\left(\xi_l^2 + \lambda_d^2 \right) \cos(\xi_l z) \int_0^t \left\{ \overline{\overline{\psi}}_0(\xi_n, m, t - \tau; \theta) - \cos(\xi_l d) \overline{\overline{\psi}}_d(\xi_n, m, t - \tau; \theta) \right\} e^{-\left(\eta_r \xi_n^2 + \eta_z \xi_l^2 \right) \tau} d\tau}{\left\{ d\left(\xi_l^2 + \lambda_d^2 \right) + \lambda_d \right\}} + \\
& + \pi \sum_{m=0}^{\infty} \ni_m \cos\{m(\theta - \theta_0)\} \times \\
& \times \sum_{n=1}^{\infty} \frac{\xi_n^2 J_{m\dot{o}}^2(\xi_n b) \mathcal{V}_{\mathcal{N}m\dot{o}}(\xi r, a) e^{-\eta_r \xi_n^2 t}}{\left[J_{m\dot{o}}'^2(\xi_n a) - \left\{ 1 - \left(\frac{m\dot{o}}{\xi_n a} \right)^2 \right\} J_{m\dot{o}}^2(\xi_n b) \right]} \sum_{l=1}^{\infty} \frac{\overline{\overline{\overline{\varphi}}}(\xi_n, m, \xi_l; \theta) \left(\xi_l^2 + \lambda_d^2 \right) \cos(\xi_l z) e^{-\eta_z \xi_l^2 t}}{\left\{ d\left(\xi_l^2 + \lambda_d^2 \right) + \lambda_d \right\}}
\end{aligned} \tag{25.67.2}$$

where $\overline{\overline{\psi}}_a(m, \xi_l, t; \theta) = \int_0^{2\pi} \cos\{m(\theta - v)\} \int_0^d \psi_a(v, w, t) \cos(\xi_l w) \, dw dv$,
$\overline{\overline{\psi}}_b(m, \xi_l, t; \theta) = \int_0^{2\pi} \cos\{m(\theta - v)\} \int_0^d \psi_b(v, w, t) \cos(\xi_l w) \, dw dv$,
$\overline{\overline{\psi}}_0(\xi_n, m, t; \theta) = \int_a^b u \mathcal{V}_{\mathcal{N}m\dot{o}}(\xi_n u, a) \int_0^{2\pi} \psi_0(u, v, t) \cos\{m(\theta - v)\} dv du$, and
$\overline{\overline{\psi}}_d(\xi_n, m, t; \theta) = \int_a^b u \mathcal{V}_{\mathcal{N}m\dot{o}}(\xi_n u, a) \int_0^{2\pi} \psi_d(u, v, t) \cos\{m(\theta - v)\} dv du$.

25.68

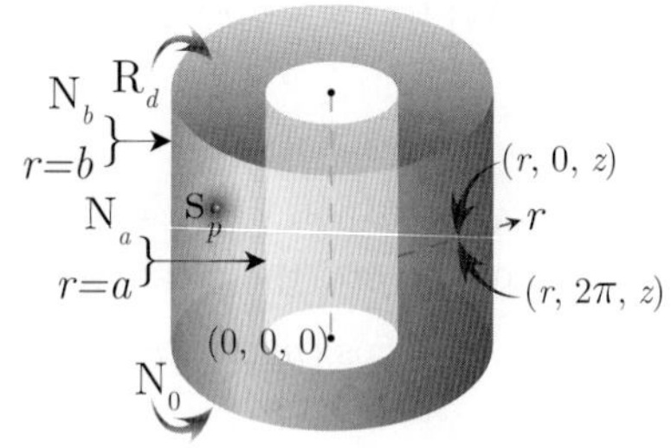

The problem of 25.64, except $\mathbf{N}_a \equiv \frac{\partial p(a,\theta,z,t)}{\partial r} = -\left(\frac{\mu}{k_r}\right)\psi_a(\theta,z,t)$,
$\mathbf{N}_b \equiv \frac{\partial p(b,\theta,z,t)}{\partial r} = -\left(\frac{\mu}{k_r}\right)\psi_b(\theta,z,t)$,
$\mathbf{N}_0 \equiv \frac{\partial p(r,\theta,0,t)}{\partial z} = -\left(\frac{\mu}{k_z}\right)\psi_0(r,\theta,t)$ **and**
$\mathbf{R}_d \equiv \frac{\partial p(r,\theta,d,t)}{\partial z} + \lambda_d p(r,\theta,d,t) = -\left(\frac{\mu}{k_z}\right)\psi_d(r,\theta,t)$

$$
\begin{aligned}
\overline{p} = {} & \frac{2q(s)\,e^{-st_0}}{\pi\left(b^2-a^2\right)\phi c_t}\sum_{l=1}^{\infty}\frac{\left(\xi_l^2+\lambda_d^2\right)\cos\left(\xi_l z_0\right)\cos\left(\xi_l z\right)}{\left\{d\left(\xi_l^2+\lambda_d^2\right)+\lambda_d\right\}\left(\eta_z\xi_l^2+s\right)}+\\
& +\frac{\pi q(s)\,e^{-st_0}}{\phi c_t}\sum_{m=0}^{\infty}\ni_m\cos\left\{m\left(\theta-\theta_0\right)\right\}\times\\
& \times\sum_{n=1}^{\infty}\frac{\xi_n^2 J_{m\dot{o}}^{\prime 2}\left(\xi_n b\right)\mathcal{V}_{\mathcal{N}m\dot{o}}\left(\xi r_0,a\right)\mathcal{V}_{\mathcal{N}m\dot{o}}\left(\xi r,a\right)}{\left[\left\{1-\left(\frac{m\dot{o}}{\xi_n b}\right)^2\right\}J_{m\dot{o}}^{\prime 2}\left(\xi_n a\right)-\left\{1-\left(\frac{m\dot{o}}{\xi_n a}\right)^2\right\}J_{m\dot{o}}^{\prime 2}\left(\xi_n b\right)\right]}\sum_{l=1}^{\infty}\frac{\left(\xi_l^2+\lambda_d^2\right)\cos\left(\xi_l z_0\right)\cos\left(\xi_l z\right)}{\left\{d\left(\xi_l^2+\lambda_d^2\right)+\lambda_d\right\}\left(\eta_r\xi_n^2+\eta_z\xi_l^2+s\right)}+\\
& +\frac{2}{\pi\left(b^2-a^2\right)\phi c_t}\sum_{l=1}^{\infty}\frac{\left\{a\overline{\overline{\overline{\psi}}}_a\left(0,\xi_l,s;\theta\right)-b\overline{\overline{\overline{\psi}}}_b\left(0,\xi_l,s;\theta\right)\right\}\left(\xi_l^2+\lambda_d^2\right)\cos\left(\xi_l z\right)}{\left\{d\left(\xi_l^2+\lambda_d^2\right)+\lambda_d\right\}\left(\eta_z\xi_l^2+s\right)}+\\
& +\frac{2}{\phi c_t}\sum_{m=0}^{\infty}\ni_m\cos\left\{m\left(\theta-\theta_0\right)\right\}\times\\
& \times\sum_{n=1}^{\infty}\frac{\xi_n J_{m\dot{o}}^{\prime 2}\left(\xi_n b\right)\mathcal{V}_{\mathcal{N}m\dot{o}}\left(\xi r,a\right)}{\left[\left\{1-\left(\frac{m\dot{o}}{\xi_n b}\right)^2\right\}J_{m\dot{o}}^{\prime 2}\left(\xi_n a\right)-\left\{1-\left(\frac{m\dot{o}}{\xi_n a}\right)^2\right\}J_{m\dot{o}}^{\prime 2}\left(\xi_n b\right)\right]}\sum_{l=1}^{\infty}\frac{\overline{\overline{\overline{\psi}}}_a\left(m,\xi_l,s;\theta\right)\left(\xi_l^2+\lambda_d^2\right)\cos\left(\xi_l z\right)}{\left\{d\left(\xi_l^2+\lambda_d^2\right)+\lambda_d\right\}\left(\eta_r\xi_n^2+\eta_z\xi_l^2+s\right)}-\\
& -\frac{2}{\phi c_t}\sum_{m=0}^{\infty}\ni_m\cos\left\{m\left(\theta-\theta_0\right)\right\}\times\\
& \times\sum_{n=1}^{\infty}\frac{\xi_n J_{m\dot{o}}^{\prime}\left(\xi_n a\right)J_{m\dot{o}}^{\prime}\left(\xi_n b\right)\mathcal{V}_{\mathcal{N}m\dot{o}}\left(\xi r,a\right)}{\left[\left\{1-\left(\frac{m\dot{o}}{\xi_n b}\right)^2\right\}J_{m\dot{o}}^{\prime 2}\left(\xi_n a\right)-\left\{1-\left(\frac{m\dot{o}}{\xi_n a}\right)^2\right\}J_{m\dot{o}}^{\prime 2}\left(\xi_n b\right)\right]}\sum_{l=1}^{\infty}\frac{\overline{\overline{\overline{\psi}}}_b\left(m,\xi_l,s;\theta\right)\left(\xi_l^2+\lambda_d^2\right)\cos\left(\xi_l z\right)}{\left\{d\left(\xi_l^2+\lambda_d^2\right)+\lambda_d\right\}\left(\eta_r\xi_n^2+\eta_z\xi_l^2+s\right)}+\\
& +\frac{2}{\pi\left(b^2-a^2\right)\phi c_t}\sum_{l=1}^{\infty}\frac{\left(\xi_l^2+\lambda_d^2\right)\cos\left(\xi_l z\right)\int_a^b u\left\{\overline{\overline{\psi}}_0\left(u,0,s;\theta\right)-\cos\left(\xi_l d\right)\overline{\overline{\psi}}_d\left(u,0,s;\theta\right)\right\}du}{\left\{d\left(\xi_l^2+\lambda_d^2\right)+\lambda_d\right\}\left(\eta_z\xi_l^2+s\right)}+\\
& +\frac{\pi}{\phi c_t}\sum_{m=0}^{\infty}\ni_m\cos\left\{m\left(\theta-\theta_0\right)\right\}\sum_{n=1}^{\infty}\frac{\xi_n^2 J_{m\dot{o}}^{\prime 2}\left(\xi_n b\right)\mathcal{V}_{\mathcal{N}m\dot{o}}\left(\xi r,a\right)}{\left[\left\{1-\left(\frac{m\dot{o}}{\xi_n b}\right)^2\right\}J_{m\dot{o}}^{\prime 2}\left(\xi_n a\right)-\left\{1-\left(\frac{m\dot{o}}{\xi_n a}\right)^2\right\}J_{m\dot{o}}^{\prime 2}\left(\xi_n b\right)\right]}\times\\
& \times\sum_{l=1}^{\infty}\frac{\left(\xi_l^2+\lambda_d^2\right)\left\{\overline{\overline{\overline{\psi}}}_0\left(\xi_n,m,s;\theta\right)-\cos\left(\xi_l d\right)\overline{\overline{\overline{\psi}}}_d\left(\xi_n,m,s;\theta\right)\right\}\cos\left(\xi_l z\right)}{\left\{d\left(\xi_l^2+\lambda_d^2\right)+\lambda_d\right\}\left(\eta_r\xi_n^2+\eta_z\xi_l^2+s\right)}+\\
& +\frac{2}{\pi\left(b^2-a^2\right)}\sum_{l=1}^{\infty}\frac{\left(\xi_l^2+\lambda_d^2\right)\cos\left(\xi_l z\right)\int_a^b\overline{\overline{\varphi}}\left(u,0,\xi_l;\theta\right)u\,du}{\left\{d\left(\xi_l^2+\lambda_d^2\right)+\lambda_d\right\}\left(\eta_z\xi_l^2+s\right)}+\\
& +\pi\sum_{m=0}^{\infty}\ni_m\cos\left\{m\left(\theta-\theta_0\right)\right\}\sum_{n=1}^{\infty}\frac{\xi_n^2 J_{m\dot{o}}^{\prime 2}\left(\xi_n b\right)\mathcal{V}_{\mathcal{N}m\dot{o}}\left(\xi r,a\right)}{\left[\left\{1-\left(\frac{m\dot{o}}{\xi_n b}\right)^2\right\}J_{m\dot{o}}^{\prime 2}\left(\xi_n a\right)-\left\{1-\left(\frac{m\dot{o}}{\xi_n a}\right)^2\right\}J_{m\dot{o}}^{\prime 2}\left(\xi_n b\right)\right]}\times
\end{aligned}
$$

$$\times \sum_{l=1}^{\infty} \frac{\overline{\overline{\overline{\varphi}}}(\xi_n, m, \xi_l; \theta) \left(\xi_l^2 + \lambda_d^2\right) \cos(\xi_l z)}{\left\{d\left(\xi_l^2 + \lambda_d^2\right) + \lambda_d\right\} \left(\eta_r \xi_n^2 + \eta_z \xi_l^2 + s\right)} \tag{25.68.1}$$

where $\mathcal{V}_{\mathcal{N}m\dot{o}}(\xi_n r, a) = J_{m\dot{o}}(\xi_n r) Y'_{m\dot{o}}(\xi_n a) - Y_{m\dot{o}}(\xi_n r) J'_{m\dot{o}}(\xi_n a)$. The eigenvalues are $\xi_0 = 0$, and ξ_n. ξ_n are the positive roots of the transcendental equation $\mathcal{V}'_{\mathcal{N}m\dot{o}}(\xi_n b, a) = 0$, $n = 1, 2, ...$, and ξ_l are the positive roots of $\xi_l \tan(\xi_l d) = -\lambda_d$, $l = 1, 2, ...$, $\overline{\overline{\psi}}_0(u, 0, s; \theta) = \int_0^{2\pi} \overline{\psi}_0(u, v, s) dv$,
$\overline{\overline{\psi}}_d(u, 0, s; \theta) = \int_0^{2\pi} \overline{\psi}_d(u, v, s) dv$. $\overline{\overline{\overline{\psi}}}_0(\xi_n, m, s; \theta) = \int_a^b u \mathcal{V}_{\mathcal{N}m\dot{o}}(\xi_n u, a) \int_0^{2\pi} \overline{\psi}_0(u, v, s) \cos\{m(\theta - v)\} dv du$,
$\overline{\overline{\overline{\psi}}}_d(\xi_n, m, s; \theta) = \int_a^b u \mathcal{V}_{\mathcal{N}m\dot{o}}(\xi_n u, a) \int_0^{2\pi} \overline{\psi}_d(u, v, s) \cos\{m(\theta - v)\} dv du$,
$\overline{\overline{\overline{\psi}}}_a(m, \xi_l, s; \theta) = \int_0^{2\pi} \cos\{m(\theta - v)\} \int_0^d \overline{\psi}_a(v, w, s) \cos(\xi_l w) dw dv$,
$\overline{\overline{\overline{\psi}}}_b(m, \xi_l, s; \theta) = \int_0^{2\pi} \cos\{m(\theta - v)\} \int_0^d \overline{\psi}_b(v, w, s) \cos(\xi_l w) dw dv$,
$\overline{\overline{\varphi}}(u, 0, \xi_l; \theta) = \int_0^{2\pi} \int_0^d \varphi(u, v, w) \cos(\xi_l w) dv dw$, and
$\overline{\overline{\overline{\varphi}}}(\xi_n, m, \xi_l; \theta) = \int_a^b u \mathcal{V}_{\mathcal{N}m\dot{o}}(\xi_n u, a) \int_0^{2\pi} \cos\{m(\theta - v)\} \int_0^d \varphi(u, v, w) \cos(\xi_l w) dw dv du$.

$$\begin{aligned}
p = {} & \frac{2U(t - t_0)}{\pi(b^2 - a^2)\phi c_t} \sum_{l=1}^{\infty} \frac{\left(\xi_l^2 + \lambda_d^2\right) \cos(\xi_l z_0) \cos(\xi_l z) \int_0^{t-t_0} q(t - t_0 - \tau) e^{-\eta_z \xi_l^2 \tau} d\tau}{\left\{d\left(\xi_l^2 + \lambda_d^2\right) + \lambda_d\right\}} + \\
& + \frac{\pi U(t - t_0)}{\phi c_t} \sum_{m=0}^{\infty} \ni_m \cos\{m(\theta - \theta_0)\} \sum_{n=1}^{\infty} \frac{\xi_n^2 J'^2_{m\dot{o}}(\xi_n b) \mathcal{V}_{\mathcal{N}m\dot{o}}(\xi r_0, a) \mathcal{V}_{\mathcal{N}m\dot{o}}(\xi r, a)}{\left[\left\{1 - \left(\frac{m\dot{o}}{\xi_n b}\right)^2\right\} J'^2_{m\dot{o}}(\xi_n a) - \left\{1 - \left(\frac{m\dot{o}}{\xi_n a}\right)^2\right\} J'^2_{m\dot{o}}(\xi_n b)\right]} \times \\
& \times \sum_{l=1}^{\infty} \frac{\left(\xi_l^2 + \lambda_d^2\right) \cos(\xi_l z_0) \cos(\xi_l z) \int_0^{t-t_0} q(t - t_0 - \tau) e^{-\left(\eta_r \xi_n^2 + \eta_z \xi_l^2\right)\tau} d\tau}{\left\{d\left(\xi_l^2 + \lambda_d^2\right) + \lambda_d\right\}} + \\
& + \frac{2}{\pi(b^2 - a^2)\phi c_t} \sum_{l=1}^{\infty} \frac{\left(\xi_l^2 + \lambda_d^2\right) \cos(\xi_l z) \int_0^t \left\{a \overline{\overline{\psi}}_a(0, \xi_l, t - \tau; \theta) - b \overline{\overline{\psi}}_b(0, \xi_l, t - \tau; \theta)\right\} e^{-\eta_z \xi_l^2 \tau} d\tau}{\left\{d\left(\xi_l^2 + \lambda_d^2\right) + \lambda_d\right\}} - \\
& - \frac{2}{\phi c_t} \sum_{m=0}^{\infty} \ni_m \cos\{m(\theta - \theta_0)\} \sum_{n=1}^{\infty} \frac{\xi_n J'^2_{m\dot{o}}(\xi_n b) \mathcal{V}_{\mathcal{N}m\dot{o}}(\xi r, a)}{\left[\left\{1 - \left(\frac{m\dot{o}}{\xi_n b}\right)^2\right\} J'^2_{m\dot{o}}(\xi_n a) - \left\{1 - \left(\frac{m\dot{o}}{\xi_n a}\right)^2\right\} J'^2_{m\dot{o}}(\xi_n b)\right]} \times \\
& \times \sum_{l=1}^{\infty} \frac{\left(\xi_l^2 + \lambda_d^2\right) \cos(\xi_l z) \int_0^t \overline{\overline{\overline{\psi}}}_a(m, \xi_l, t - \tau; \theta) e^{-\left(\eta_r \xi_n^2 + \eta_z \xi_l^2\right)\tau} d\tau}{\left\{d\left(\xi_l^2 + \lambda_d^2\right) + \lambda_d\right\}} - \\
& - \frac{2}{\phi c_t} \sum_{m=0}^{\infty} \ni_m \cos\{m(\theta - \theta_0)\} \sum_{n=1}^{\infty} \frac{\xi_n J'_{m\dot{o}}(\xi_n a) J'_{m\dot{o}}(\xi_n b) \mathcal{V}_{\mathcal{N}m\dot{o}}(\xi r, a)}{\left[\left\{1 - \left(\frac{m\dot{o}}{\xi_n b}\right)^2\right\} J'^2_{m\dot{o}}(\xi_n a) - \left\{1 - \left(\frac{m\dot{o}}{\xi_n a}\right)^2\right\} J'^2_{m\dot{o}}(\xi_n b)\right]} \times \\
& \times \sum_{l=1}^{\infty} \frac{\left(\xi_l^2 + \lambda_d^2\right) \cos(\xi_l z) \int_0^t \overline{\overline{\overline{\psi}}}_b(m, \xi_l, t - \tau; \theta) e^{-\left(\eta_r \xi_n^2 + \eta_z \xi_l^2\right)\tau} d\tau}{\left\{d\left(\xi_l^2 + \lambda_d^2\right) + \lambda_d\right\}} + \\
& + \frac{2}{\pi(b^2 - a^2)\phi c_t} \sum_{l=1}^{\infty} \frac{\left(\xi_l^2 + \lambda_d^2\right) \cos(\xi_l z) \int_0^t e^{-\eta_z \xi_l^2 \tau} \int_a^b u\{\overline{\overline{\psi}}_0(u, 0, t - \tau; \theta) - \cos(\xi_l d) \overline{\overline{\psi}}_d(u, 0, t - \tau; \theta)\} du d\tau}{\left\{d\left(\xi_l^2 + \lambda_d^2\right) + \lambda_d\right\}} + \\
& + \frac{\pi}{\phi c_t} \sum_{m=0}^{\infty} \ni_m \cos\{m(\theta - \theta_0)\} \sum_{n=1}^{\infty} \frac{\xi_n^2 J'^2_{m\dot{o}}(\xi_n b) \mathcal{V}_{\mathcal{N}m\dot{o}}(\xi r, a)}{\left[\left\{1 - \left(\frac{m\dot{o}}{\xi_n b}\right)^2\right\} J'^2_{m\dot{o}}(\xi_n a) - \left\{1 - \left(\frac{m\dot{o}}{\xi_n a}\right)^2\right\} J'^2_{m\dot{o}}(\xi_n b)\right]} \times \\
& \times \sum_{l=1}^{\infty} \frac{\left(\xi_l^2 + \lambda_d^2\right) \cos(\xi_l z) \int_0^t \left\{\overline{\overline{\overline{\psi}}}_0(\xi_n, m, t - \tau; \theta) - \cos(\xi_l d) \overline{\overline{\overline{\psi}}}_d(\xi_n, m, t - \tau; \theta)\right\} e^{-\left(\eta_r \xi_n^2 + \eta_z \xi_l^2\right)\tau} d\tau}{\left\{d\left(\xi_l^2 + \lambda_d^2\right) + \lambda_d\right\}} + \\
& + \frac{2}{\pi(b^2 - a^2)} \sum_{l=1}^{\infty} \frac{\left(\xi_l^2 + \lambda_d^2\right) \cos(\xi_l z) e^{-\eta_z \xi_l^2 t} \int_a^b \overline{\overline{\varphi}}(u, 0, \xi_l; \theta) u du}{\left\{d\left(\xi_l^2 + \lambda_d^2\right) + \lambda_d\right\}} +
\end{aligned}$$

$$+\pi\sum_{m=0}^{\infty}\ni_m\cos\{m(\theta-\theta_0)\}\sum_{n=1}^{\infty}\frac{\xi_n^2 J_{m\dot{o}}'^2(\xi_n b)\,\mathcal{V}_{\mathcal{N}m\dot{o}}(\xi r,a)\,e^{-\eta_r\xi_n^2 t}}{\left[\left\{1-\left(\frac{m\dot{o}}{\xi_n b}\right)^2\right\}J_{m\dot{o}}'^2(\xi_n a)-\left\{1-\left(\frac{m\dot{o}}{\xi_n a}\right)^2\right\}J_{m\dot{o}}'^2(\xi_n b)\right]}\times$$

$$\times\sum_{l=1}^{\infty}\frac{\overline{\overline{\varphi}}(\xi_n,m,\xi_l;\theta)\left(\xi_l^2+\lambda_d^2\right)\cos(\xi_l z)\,e^{-\eta_z\xi_l^2 t}}{\left\{d\left(\xi_l^2+\lambda_d^2\right)+\lambda_d\right\}}\qquad(25.68.2)$$

where $\overline{\overline{\psi}}_a(m,\xi_l,t;\theta)=\int_0^{2\pi}\cos\{m(\theta-v)\}\int_0^d\psi_a(v,w,t)\cos(\xi_l w)\,dwdv$, $\overline{\overline{\psi}}_b(m,\xi_l,t;\theta)=\int_0^{2\pi}\cos\{m(\theta-v)\}\int_0^d\psi_b(v,w,t)\cos(\xi_l w)\,dwdv$, $\overline{\psi}_0(u,0,t;\theta)=\int_0^{2\pi}\psi_0(u,v,t)dv$, $\overline{\psi}_d(u,0,t;\theta)=\int_0^{2\pi}\psi_d(u,v,t)dv$, $\overline{\overline{\psi}}_0(\xi_n,m,t;\theta)=\int_a^b u\mathcal{V}_{\mathcal{N}m\dot{o}}(\xi_n u,a)\int_0^{2\pi}\psi_0(u,v,t)\cos\{m(\theta-v)\}dvdu$, and $\overline{\overline{\psi}}_d(\xi_n,m,t;\theta)=\int_a^b u\mathcal{V}_{\mathcal{N}m\dot{o}}(\xi_n u,a)\int_0^{2\pi}\psi_d(u,v,t)\cos\{m(\theta-v)\}dvdu$.

25.69

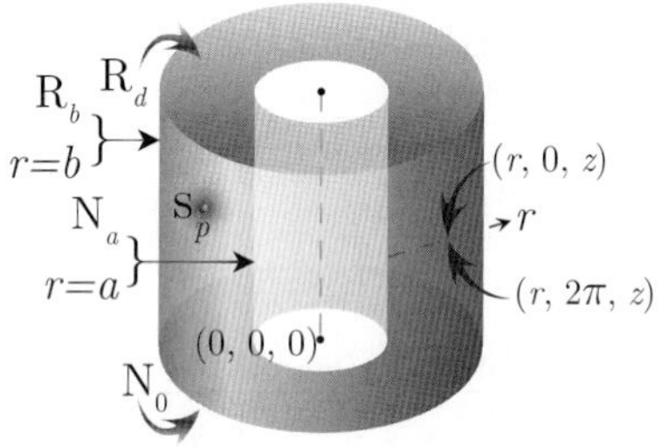

The problem of 25.64, except $\mathbf{N}_a\equiv\frac{\partial p(a,\theta,z,t)}{\partial r}=-\left(\frac{\mu}{k_r}\right)\psi_a(\theta,z,t)$,
$\mathbf{R}_b\equiv\frac{\partial p(b,\theta,z,t)}{\partial r}+\lambda p(b,\theta,z,t)=-\left(\frac{\mu}{k_r}\right)\psi_b(\theta,z,t)$,
$\mathbf{N}_0\equiv\frac{\partial p(r,\theta,0,t)}{\partial z}=-\left(\frac{\mu}{k_z}\right)\psi_0(r,\theta,t)$ **and**
$\mathbf{R}_d\equiv\frac{\partial p(r,\theta,d,t)}{\partial z}+\lambda_d p(r,\theta,d,t)=-\left(\frac{\mu}{k_z}\right)\psi_d(r,\theta,t)$

$$\overline{p}=\frac{\pi q(s)e^{-st_0}}{\phi c_t}\sum_{m=0}^{\infty}\ni_m\cos\{m(\theta-\theta_0)\}\times$$

$$\times\sum_{n=1}^{\infty}\frac{\xi_n^2\left\{\xi_n J_{m\dot{o}}'(\xi_n b)+\lambda J_{m\dot{o}}(\xi_n b)\right\}^2\mathcal{V}_{\mathcal{N}m\dot{o}}(\xi r_0,a)\,\mathcal{V}_{\mathcal{N}m\dot{o}}(\xi r,a)}{\left[\left\{\xi_n^2+\lambda^2-\left(\frac{m\dot{o}}{b}\right)^2\right\}J_{m\dot{o}}'^2(\xi_n a)-\left\{1-\left(\frac{m\dot{o}}{\xi_n a}\right)^2\right\}\left\{\xi_n J_{m\dot{o}}'(\xi_n b)+\lambda J_{m\dot{o}}(\xi_n b)\right\}^2\right]}\times$$

$$\times\sum_{l=1}^{\infty}\frac{\left(\xi_l^2+\lambda_d^2\right)\cos(\xi_l z_0)\cos(\xi_l z)}{\left\{d\left(\xi_l^2+\lambda_d^2\right)+\lambda_d\right\}\left(\eta_r\xi_n^2+\eta_z\xi_l^2+s\right)}+$$

$$+\frac{2}{\phi c_t}\sum_{m=0}^{\infty}\ni_m\cos\{m(\theta-\theta_0)\}\times$$

$$\times\sum_{n=1}^{\infty}\frac{\xi_n\left\{\xi_n J_{m\dot{o}}'(\xi_n b)+\lambda J_{m\dot{o}}(\xi_n b)\right\}^2\mathcal{V}_{\mathcal{N}m\dot{o}}(\xi r,a)}{\left[\left\{\xi_n^2+\lambda^2-\left(\frac{m\dot{o}}{b}\right)^2\right\}J_{m\dot{o}}'^2(\xi_n a)-\left\{1-\left(\frac{m\dot{o}}{\xi_n a}\right)^2\right\}\left\{\xi_n J_{m\dot{o}}'(\xi_n b)+\lambda J_{m\dot{o}}(\xi_n b)\right\}^2\right]}\times$$

$$\times\sum_{l=1}^{\infty}\frac{\overline{\overline{\psi}}_a(m,\xi_l,s;\theta)\left(\xi_l^2+\lambda_d^2\right)\cos(\xi_l z)}{\left\{d\left(\xi_l^2+\lambda_d^2\right)+\lambda_d\right\}\left(\eta_r\xi_n^2+\eta_z\xi_l^2+s\right)}-$$

$$-\frac{2}{\phi c_t}\sum_{m=0}^{\infty}\ni_m\cos\{m(\theta-\theta_0)\}\times$$

$$\times\sum_{n=1}^{\infty}\frac{\xi_n^2 J_{m\dot{o}}'(\xi_n a)\left\{\xi_n J_{m\dot{o}}'(\xi_n b)+\lambda J_{m\dot{o}}(\xi_n b)\right\}\mathcal{V}_{\mathcal{N}m\dot{o}}(\xi r,a)}{\left[\left\{\xi_n^2+\lambda^2-\left(\frac{m\dot{o}}{b}\right)^2\right\}J_{m\dot{o}}'^2(\xi_n a)-\left\{1-\left(\frac{m\dot{o}}{\xi_n a}\right)^2\right\}\left\{\xi_n J_{m\dot{o}}'(\xi_n b)+\lambda J_{m\dot{o}}(\xi_n b)\right\}^2\right]}\times$$

$$\times\sum_{l=1}^{\infty}\frac{\overline{\overline{\psi}}_b(m,\xi_l,s;\theta)\left(\xi_l^2+\lambda_d^2\right)\cos(\xi_l z)}{\left\{d\left(\xi_l^2+\lambda_d^2\right)+\lambda_d\right\}\left(\eta_r\xi_n^2+\eta_z\xi_l^2+s\right)}+$$

$$+\frac{\pi}{\phi c_t}\sum_{m=0}^{\infty}\ni_m\cos\{m(\theta-\theta_0)\}\times$$

$$\times \sum_{n=1}^{\infty} \frac{\xi_n^2 \left\{\xi_n J'_{m\dot{o}}(\xi_n b) + \lambda J_{m\dot{o}}(\xi_n b)\right\}^2 \mathcal{V}_{\mathcal{N}m\dot{o}}(\xi r, a)}{\left[\left\{\xi_n^2 + \lambda^2 - \left(\frac{m\dot{o}}{b}\right)^2\right\} J'^2_{m\dot{o}}(\xi_n a) - \left\{1 - \left(\frac{m\dot{o}}{\xi_n a}\right)^2\right\} \left\{\xi_n J'_{m\dot{o}}(\xi_n b) + \lambda J_{m\dot{o}}(\xi_n b)\right\}^2\right]} \times$$

$$\times \sum_{l=1}^{\infty} \frac{\left(\xi_l^2 + \lambda_d^2\right) \left\{\overline{\overline{\overline{\psi}}}_0(\xi_n, m, s; \theta) - \cos(\xi_l d)\, \overline{\overline{\overline{\psi}}}_d(\xi_n, m, s; \theta)\right\} \cos(\xi_l z)}{\left\{d\left(\xi_l^2 + \lambda_d^2\right) + \lambda_d\right\}\left(\eta_r \xi_n^2 + \eta_z \xi_l^2 + s\right)} +$$

$$+\pi \sum_{m=0}^{\infty} \ni_m \cos\{m(\theta - \theta_0)\} \times$$

$$\times \sum_{n=1}^{\infty} \frac{\xi_n^2 \left\{\xi_n J'_{m\dot{o}}(\xi_n b) + \lambda J_{m\dot{o}}(\xi_n b)\right\}^2 \mathcal{V}_{\mathcal{N}m\dot{o}}(\xi r, a)}{\left[\left\{\xi_n^2 + \lambda^2 - \left(\frac{m\dot{o}}{b}\right)^2\right\} J'^2_{m\dot{o}}(\xi_n a) - \left\{1 - \left(\frac{m\dot{o}}{\xi_n a}\right)^2\right\} \left\{\xi_n J'_{m\dot{o}}(\xi_n b) + \lambda J_{m\dot{o}}(\xi_n b)\right\}^2\right]} \times$$

$$\times \sum_{l=1}^{\infty} \frac{\overline{\overline{\overline{\varphi}}}(\xi_n, m, \xi_l; \theta)\left(\xi_l^2 + \lambda_d^2\right) \cos(\xi_l z)}{\left\{d\left(\xi_l^2 + \lambda_d^2\right) + \lambda_d\right\}\left(\eta_r \xi_n^2 + \eta_z \xi_l^2 + s\right)} \tag{25.69.1}$$

where $\mathcal{V}_{\mathcal{N}m\dot{o}}(\xi_n r, a) = J_{m\dot{o}}(\xi_n r) Y'_{m\dot{o}}(\xi_n a) - Y_{m\dot{o}}(\xi_n r) J'_{m\dot{o}}(\xi_n a)$, and the eigenvalues $\xi_n, n = 1, 2, ...,$ are the positive roots of the transcendental equation $\xi_n \mathcal{V}'_{\mathcal{N}m\dot{o}}(\xi_n b, a) + \lambda \mathcal{V}_{\mathcal{N}m\dot{o}}(\xi_n b, a) = 0$, and ξ_l are the positive roots of $\xi_l \tan(\xi_l d) = -\lambda_d, l = 1, 2, ...$ $\overline{\overline{\overline{\psi}}}_0(\xi_n, m, s; \theta) = \int_a^b u \mathcal{V}_{\mathcal{N}m\dot{o}}(\xi_n u, a) \int_0^{2\pi} \overline{\psi}_0(u, v, s) \cos\{m(\theta - v)\} dv du$,
$\overline{\overline{\overline{\psi}}}_d(\xi_n, m, s; \theta) = \int_a^b u \mathcal{V}_{\mathcal{N}m\dot{o}}(\xi_n u, a) \int_0^{2\pi} \overline{\psi}_d(u, v, s) \cos\{m(\theta - v)\} dv du$,
$\overline{\overline{\overline{\psi}}}_a(m, \xi_l, s; \theta) = \int_0^{2\pi} \cos\{m(\theta - v)\} \int_0^d \overline{\psi}_a(v, w, s) \cos(\xi_l w)\, dw dv$,
$\overline{\overline{\overline{\psi}}}_b(m, \xi_l, s; \theta) = \int_0^{2\pi} \cos\{m(\theta - v)\} \int_0^d \overline{\psi}_b(v, w, s) \cos(\xi_l w)\, dw dv$, and
$\overline{\overline{\overline{\varphi}}}(\xi_n, m, \xi_l; \theta) = \int_a^b u \mathcal{V}_{\mathcal{N}m\dot{o}}(\xi_n u, a) \int_0^{2\pi} \cos\{m(\theta - v)\} \int_0^d \varphi(u, v, w) \cos(\xi_l w)\, dw dv du$.

$$p = \frac{\pi U(t - t_0)}{\phi c_t} \sum_{m=0}^{\infty} \ni_m \cos\{m(\theta - \theta_0)\} \times$$

$$\times \sum_{n=1}^{\infty} \frac{\xi_n^2 \left\{\xi_n J'_{m\dot{o}}(\xi_n b) + \lambda J_{m\dot{o}}(\xi_n b)\right\}^2 \mathcal{V}_{\mathcal{N}m\dot{o}}(\xi r_0, a) \mathcal{V}_{\mathcal{N}m\dot{o}}(\xi r, a)}{\left[\left\{\xi_n^2 + \lambda^2 - \left(\frac{m\dot{o}}{b}\right)^2\right\} J'^2_{m\dot{o}}(\xi_n a) - \left\{1 - \left(\frac{m\dot{o}}{\xi_n a}\right)^2\right\} \left\{\xi_n J'_{m\dot{o}}(\xi_n b) + \lambda J_{m\dot{o}}(\xi_n b)\right\}^2\right]} \times$$

$$\times \sum_{l=1}^{\infty} \frac{\left(\xi_l^2 + \lambda_d^2\right) \cos(\xi_l z_0) \cos(\xi_l z) \int_0^{t - t_0} q(t - t_0 - \tau)\, e^{-\left(\eta_r \xi_n^2 + \eta_z \xi_l^2\right)\tau} d\tau}{\left\{d\left(\xi_l^2 + \lambda_d^2\right) + \lambda_d\right\}} +$$

$$+\frac{2}{\phi c_t} \sum_{m=0}^{\infty} \ni_m \cos\{m(\theta - \theta_0)\} \times$$

$$\times \sum_{n=1}^{\infty} \frac{\xi_n \left\{\xi_n J'_{m\dot{o}}(\xi_n b) + \lambda J_{m\dot{o}}(\xi_n b)\right\}^2 \mathcal{V}_{\mathcal{N}m\dot{o}}(\xi r, a)}{\left[\left\{\xi_n^2 + \lambda^2 - \left(\frac{m\dot{o}}{b}\right)^2\right\} J'^2_{m\dot{o}}(\xi_n a) - \left\{1 - \left(\frac{m\dot{o}}{\xi_n a}\right)^2\right\} \left\{\xi_n J'_{m\dot{o}}(\xi_n b) + \lambda J_{m\dot{o}}(\xi_n b)\right\}^2\right]} \times$$

$$\times \sum_{l=1}^{\infty} \frac{\left(\xi_l^2 + \lambda_d^2\right) \cos(\xi_l z) \int_0^t \overline{\overline{\psi}}_a(m, \xi_l, t - \tau; \theta)\, e^{-\left(\eta_r \xi_n^2 + \eta_z \xi_l^2\right)\tau} d\tau}{\left\{d\left(\xi_l^2 + \lambda_d^2\right) + \lambda_d\right\}} -$$

$$-\frac{2}{\phi c_t} \sum_{m=0}^{\infty} \ni_m \cos\{m(\theta - \theta_0)\} \times$$

$$\times \sum_{n=1}^{\infty} \frac{\xi_n^2 J'_{m\dot{o}}(\xi_n a) \left\{\lambda J_{m\dot{o}}(\xi_n b) - \xi_n J'_{m\dot{o}}(\xi_n b)\right\} \mathcal{V}_{\mathcal{N}m\dot{o}}(\xi r, a)}{\left[\left\{\xi_n^2 + \lambda^2 - \left(\frac{m\dot{o}}{b}\right)^2\right\} J'^2_{m\dot{o}}(\xi_n a) - \left\{1 - \left(\frac{m\dot{o}}{\xi_n a}\right)^2\right\} \left\{\xi_n J'_{m\dot{o}}(\xi_n b) + \lambda J_{m\dot{o}}(\xi_n b)\right\}^2\right]} \times$$

$$\times \sum_{l=1}^{\infty} \frac{\left(\xi_l^2 + \lambda_d^2\right) \cos(\xi_l z) \int_0^t \overline{\overline{\psi}}_b(m, \xi_l, t - \tau; \theta)\, e^{-\left(\eta_r \xi_n^2 + \eta_z \xi_l^2\right)\tau} d\tau}{\left\{d\left(\xi_l^2 + \lambda_d^2\right) + \lambda_d\right\}} +$$

$$
\begin{aligned}
&+\frac{\pi}{\phi c_t}\sum_{m=0}^{\infty}\ni_m \cos\{m(\theta-\theta_0)\}\times\\
&\times\sum_{n=1}^{\infty}\frac{\xi_n^2\{\xi_n J'_{m\dot{o}}(\xi_n b)+\lambda J_{m\dot{o}}(\xi_n b)\}^2\mathcal{V}_{\mathcal{N}m\dot{o}}(\xi r,a)}{\left[\left\{\xi_n^2+\lambda^2-\left(\frac{m\dot{o}}{b}\right)^2\right\}J'^2_{m\dot{o}}(\xi_n a)-\left\{1-\left(\frac{m\dot{o}}{\xi_n a}\right)^2\right\}\{\xi_n J'_{m\dot{o}}(\xi_n b)+\lambda J_{m\dot{o}}(\xi_n b)\}^2\right]}\times\\
&\times\sum_{l=1}^{\infty}\frac{\left(\xi_l^2+\lambda_d^2\right)\cos(\xi_l z)\int_0^t\left\{\overline{\overline{\psi}}_0(\xi_n,m,t-\tau;\theta)-\cos(\xi_l d)\overline{\overline{\psi}}_d(\xi_n,m,t-\tau;\theta)\right\}e^{-\left(\eta_r\xi_n^2+\eta_z\xi_l^2\right)\tau}d\tau}{\left\{d\left(\xi_l^2+\lambda_d^2\right)+\lambda_d\right\}}+\\
&+\pi\sum_{m=0}^{\infty}\ni_m \cos\{m(\theta-\theta_0)\}\times\\
&\times\sum_{n=1}^{\infty}\frac{\xi_n^2\{\xi_n J'_{m\dot{o}}(\xi_n b)+\lambda J_{m\dot{o}}(\xi_n b)\}^2\mathcal{V}_{\mathcal{N}m\dot{o}}(\xi r,a)\,e^{-\eta_r\xi_n^2 t}}{\left[\left\{\xi_n^2+\lambda^2-\left(\frac{m\dot{o}}{b}\right)^2\right\}J'^2_{m\dot{o}}(\xi_n a)-\left\{1-\left(\frac{m\dot{o}}{\xi_n a}\right)^2\right\}\{\xi_n J'_{m\dot{o}}(\xi_n b)+\lambda J_{m\dot{o}}(\xi_n b)\}^2\right]}\times\\
&\times\sum_{l=1}^{\infty}\frac{\overline{\overline{\varphi}}(\xi_n,m,\xi_l;\theta)\left(\xi_l^2+\lambda_d^2\right)\cos(\xi_l z)\,e^{-\eta_z\xi_l^2 t}}{\left\{d\left(\xi_l^2+\lambda_d^2\right)+\lambda_d\right\}}
\end{aligned}
\tag{25.69.2}
$$

where $\overline{\overline{\psi}}_a(m,\xi_l,t;\theta)=\int_0^{2\pi}\cos\{m(\theta-v)\}\int_0^d\psi_a(v,w,t)\cos(\xi_l w)\,dwdv$,
$\overline{\overline{\psi}}_b(m,\xi_l,t;\theta)=\int_0^{2\pi}\cos\{m(\theta-v)\}\int_0^d\psi_b(v,w,t)\cos(\xi_l w)\,dwdv$,
$\overline{\overline{\psi}}_0(\xi_n,m,t;\theta)=\int_a^b u\mathcal{V}_{\mathcal{N}m\dot{o}}(\xi_n u,a)\int_0^{2\pi}\psi_0(u,v,t)\cos\{m(\theta-v)\}dvdu$, and
$\overline{\overline{\psi}}_d(\xi_n,m,t;\theta)=\int_a^b u\mathcal{V}_{\mathcal{N}m\dot{o}}(\xi_n u,a)\int_0^{2\pi}\psi_d(u,v,t)\cos\{m(\theta-v)\}dvdu$.

25.70

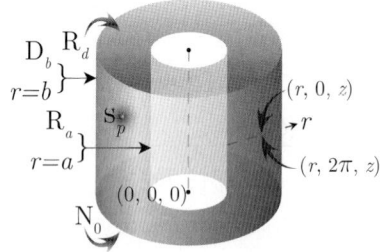

The problem of 25.64, except
$\mathbf{R_a}\equiv\frac{\partial p(a,\theta,z,t)}{\partial r}-\lambda p(a,\theta,z,t)=-\left(\frac{\mu}{k_r}\right)\psi_a(\theta,z,t)$,
$\mathbf{D_b}\equiv p(b,\theta,z,t)=\psi_b(\theta,z,t)$,
$\mathbf{N_0}\equiv\frac{\partial p(r,\theta,0,t)}{\partial z}=-\left(\frac{\mu}{k_z}\right)\psi_0(r,\theta,t)$ **and**
$\mathbf{R_d}\equiv\frac{\partial p(r,\theta,d,t)}{\partial z}+\lambda_d p(r,\theta,d,t)=-\left(\frac{\mu}{k_z}\right)\psi_d(r,\theta,t)$

$$
\begin{aligned}
\overline{p}=&\frac{\pi q(s)e^{-st_0}}{\phi c_t}\sum_{m=0}^{\infty}\ni_m\cos\{m(\theta-\theta_0)\}\sum_{n=1}^{\infty}\frac{\xi_n^2\{\xi_n J'_{m\dot{o}}(\xi_n a)-\lambda J_{m\dot{o}}(\xi_n a)\}^2\mathcal{V}_{\mathcal{D}m\dot{o}}(\xi r_0,b)\mathcal{V}_{\mathcal{D}m\dot{o}}(\xi r,b)}{\left[\{\xi_n J'_{m\dot{o}}(\xi_n a)-\lambda J_{m\dot{o}}(\xi_n a)\}^2-\left\{\xi_n^2+\lambda^2-\left(\frac{m\dot{o}}{a}\right)^2\right\}J^2_{m\dot{o}}(\xi_n b)\right]}\times\\
&\times\sum_{l=1}^{\infty}\frac{\left(\xi_l^2+\lambda_d^2\right)\cos(\xi_l z_0)\cos(\xi_l z)}{\left\{d\left(\xi_l^2+\lambda_d^2\right)+\lambda_d\right\}\left(\eta_r\xi_n^2+\eta_z\xi_l^2+s\right)}+\\
&+\frac{2}{\phi c_t}\sum_{m=0}^{\infty}\ni_m\cos\{m(\theta-\theta_0)\}\sum_{n=1}^{\infty}\frac{\xi_n^2 J_{m\dot{o}}(\xi_n b)\{\xi_n J'_{m\dot{o}}(\xi_n a)-\lambda J_{m\dot{o}}(\xi_n a)\}\mathcal{V}_{\mathcal{D}m\dot{o}}(\xi r,b)}{\left[\{\xi_n J'_{m\dot{o}}(\xi_n a)-\lambda J_{m\dot{o}}(\xi_n a)\}^2-\left\{\xi_n^2+\lambda^2-\left(\frac{m\dot{o}}{a}\right)^2\right\}J^2_{m\dot{o}}(\xi_n b)\right]}\times\\
&\times\sum_{l=1}^{\infty}\frac{\overline{\overline{\psi}}_a(m,\xi_l,s;\theta)\left(\xi_l^2+\lambda_d^2\right)\cos(\xi_l z)}{\left\{d\left(\xi_l^2+\lambda_d^2\right)+\lambda_d\right\}\left(\eta_r\xi_n^2+\eta_z\xi_l^2+s\right)}+\\
&+2\eta_r\sum_{m=0}^{\infty}\ni_m\cos\{m(\theta-\theta_0)\}\sum_{n=1}^{\infty}\frac{\xi_n^2\{\xi_n J'_{m\dot{o}}(\xi_n a)-\lambda J_{m\dot{o}}(\xi_n a)\}^2\mathcal{V}_{\mathcal{D}m\dot{o}}(\xi r,b)}{\left[\{\xi_n J'_{m\dot{o}}(\xi_n a)-\lambda J_{m\dot{o}}(\xi_n a)\}^2-\left\{\xi_n^2+\lambda^2-\left(\frac{m\dot{o}}{a}\right)^2\right\}J^2_{m\dot{o}}(\xi_n b)\right]}\times\\
&\times\sum_{l=1}^{\infty}\frac{\overline{\overline{\psi}}_b(m,\xi_l,s;\theta)\left(\xi_l^2+\lambda_d^2\right)\cos(\xi_l z)}{\left\{d\left(\xi_l^2+\lambda_d^2\right)+\lambda_d\right\}\left(\eta_r\xi_n^2+\eta_z\xi_l^2+s\right)}+
\end{aligned}
$$

$$+\frac{\pi}{\phi c_t}\sum_{m=0}^{\infty}\ni_m\cos\{m(\theta-\theta_0)\}\sum_{n=1}^{\infty}\frac{\xi_n^2\{\xi_n J'_{m\dot o}(\xi_n a)-\lambda J_{m\dot o}(\xi_n a)\}^2\mathcal{V}_{\mathcal{D}m\dot o}(\xi r,b)}{\left[\{\xi_n J'_{m\dot o}(\xi_n a)-\lambda J_{m\dot o}(\xi_n a)\}^2-\left\{\xi_n^2+\lambda^2-\left(\frac{m\dot o}{a}\right)^2\right\}J^2_{m\dot o}(\xi_n b)\right]}\times$$

$$\times\sum_{l=1}^{\infty}\frac{(\xi_l^2+\lambda_d^2)\left\{\overline{\overline{\overline{\psi}}}_0(\xi_n,m,s;\theta)-\cos(\xi_l d)\overline{\overline{\overline{\psi}}}_d(\xi_n,m,s;\theta)\right\}\cos(\xi_l z)}{\{d(\xi_l^2+\lambda_d^2)+\lambda_d\}(\eta_r\xi_n^2+\eta_z\xi_l^2+s)}+$$

$$+\pi\sum_{m=0}^{\infty}\ni_m\cos\{m(\theta-\theta_0)\}\sum_{n=1}^{\infty}\frac{\xi_n^2\{\xi_n J'_{m\dot o}(\xi_n a)-\lambda J_{m\dot o}(\xi_n a)\}^2\mathcal{V}_{\mathcal{D}m\dot o}(\xi r,b)}{\left[\{\xi_n J'_{m\dot o}(\xi_n a)-\lambda J_{m\dot o}(\xi_n a)\}^2-\left\{\xi_n^2+\lambda^2-\left(\frac{m\dot o}{a}\right)^2\right\}J^2_{m\dot o}(\xi_n b)\right]}\times$$

$$\times\sum_{l=1}^{\infty}\frac{\overline{\overline{\overline{\varphi}}}(\xi_n,m,\xi_l;\theta)(\xi_l^2+\lambda_d^2)\cos(\xi_l z)}{\{d(\xi_l^2+\lambda_d^2)+\lambda_d\}(\eta_r\xi_n^2+\eta_z\xi_l^2+s)} \tag{25.70.1}$$

where $\mathcal{V}_{\mathcal{D}m\dot o}(\xi_n r,b)=J_{m\dot o}(\xi_n r)Y_{m\dot o}(\xi_n b)-Y_{m\dot o}(\xi_n r)J_{m\dot o}(\xi_n b)$, and the eigenvalues $\xi_n, n=1,2,...,$ are the positive roots of the transcendental equation $\lambda\mathcal{V}_{\mathcal{D}m\dot o}(\xi_n a,b)-\xi_n\mathcal{V}'_{\mathcal{D}m\dot o}(\xi_n a,b)=0$, and ξ_l are the positive roots of $\xi_l\tan(\xi_l d)=-\lambda_d, l=1,2,....$ $\overline{\overline{\overline{\psi}}}_0(\xi_n,m,s;\theta)=\int_a^b u\mathcal{V}_{\mathcal{D}m\dot o}(\xi_n u,a)\int_0^{2\pi}\overline{\psi}_0(u,v,s)\cos\{m(\theta-v)\}dvdu$,
$\overline{\overline{\overline{\psi}}}_d(\xi_n,m,s;\theta)=\int_a^b u\mathcal{V}_{\mathcal{D}m\dot o}(\xi_n u,a)\int_0^{2\pi}\overline{\psi}_d(u,v,s)\cos\{m(\theta-v)\}dvdu$,
$\overline{\overline{\overline{\psi}}}_a(m,\xi_l,s;\theta)=\int_0^{2\pi}\cos\{m(\theta-v)\}\int_0^d\overline{\psi}_a(v,w,s)\cos(\xi_l w)\,dwdv$,
$\overline{\overline{\overline{\psi}}}_b(m,\xi_l,s;\theta)=\int_0^{2\pi}\cos\{m(\theta-v)\}\int_0^d\overline{\psi}_b(v,w,s)\cos(\xi_l w)\,dwdv$, and
$\overline{\overline{\overline{\varphi}}}(\xi_n,m,\xi_l;\theta)=\int_a^b u\mathcal{V}_{\mathcal{D}m\dot o}(\xi_n u,a)\int_0^{2\pi}\cos\{m(\theta-v)\}\int_0^d\varphi(u,v,w)\cos(\xi_l w)\,dwdvdu$.

$$p=\frac{\pi U(t-t_0)}{\phi c_t}\sum_{m=0}^{\infty}\ni_m\cos\{m(\theta-\theta_0)\}\sum_{n=1}^{\infty}\frac{\xi_n^2\{\lambda J_{m\dot o}(\xi_n a)+\xi_n J'_{m\dot o}(\xi_n a)\}^2\mathcal{V}_{\mathcal{D}m\dot o}(\xi r_0,b)\mathcal{V}_{\mathcal{D}m\dot o}(\xi r,b)}{\left[\{\xi_n J'_{m\dot o}(\xi_n a)-\lambda J_{m\dot o}(\xi_n a)\}^2-\left\{\xi_n^2+\lambda^2-\left(\frac{m\dot o}{a}\right)^2\right\}J^2_{m\dot o}(\xi_n b)\right]}\times$$

$$\times\sum_{l=1}^{\infty}\frac{(\xi_l^2+\lambda_d^2)\cos(\xi_l z_0)\cos(\xi_l z)\int_0^{t-t_0}q(t-t_0-\tau)e^{-(\eta_r\xi_n^2+\eta_z\xi_l^2)\tau}d\tau}{\{d(\xi_l^2+\lambda_d^2)+\lambda_d\}}+$$

$$+\frac{2}{\phi c_t}\sum_{m=0}^{\infty}\ni_m\cos\{m(\theta-\theta_0)\}\sum_{n=1}^{\infty}\frac{\xi_n^2 J_{m\dot o}(\xi_n b)\{\xi_n J'_{m\dot o}(\xi_n a)-\lambda J_{m\dot o}(\xi_n a)\}\mathcal{V}_{\mathcal{D}m\dot o}(\xi r,b)}{\left[\{\xi_n J'_{m\dot o}(\xi_n a)-\lambda J_{m\dot o}(\xi_n a)\}^2-\left\{\xi_n^2+\lambda^2-\left(\frac{m\dot o}{a}\right)^2\right\}J^2_{m\dot o}(\xi_n b)\right]}\times$$

$$\times\sum_{l=1}^{\infty}\frac{(\xi_l^2+\lambda_d^2)\cos(\xi_l z)\int_0^t\overline{\overline{\psi}}_a(m,\xi_l,t-\tau;\theta)e^{-(\eta_r\xi_n^2+\eta_z\xi_l^2)\tau}d\tau}{\{d(\xi_l^2+\lambda_d^2)+\lambda_d\}}+$$

$$+2\eta_r\sum_{m=0}^{\infty}\ni_m\cos\{m(\theta-\theta_0)\}\sum_{n=1}^{\infty}\frac{\xi_n^2\{\xi_n J'_{m\dot o}(\xi_n a)-\lambda J_{m\dot o}(\xi_n a)\}^2\mathcal{V}_{\mathcal{D}m\dot o}(\xi r,b)}{\left[\{\xi_n J'_{m\dot o}(\xi_n a)-\lambda J_{m\dot o}(\xi_n a)\}^2-\left\{\xi_n^2+\lambda^2-\left(\frac{m\dot o}{a}\right)^2\right\}J^2_{m\dot o}(\xi_n b)\right]}\times$$

$$\times\sum_{l=1}^{\infty}\frac{(\xi_l^2+\lambda_d^2)\cos(\xi_l z)\int_0^t\overline{\overline{\psi}}_b(m,\xi_l,t-\tau;\theta)e^{-(\eta_r\xi_n^2+\eta_z\xi_l^2)\tau}d\tau}{\{d(\xi_l^2+\lambda_d^2)+\lambda_d\}}+$$

$$+\frac{\pi}{\phi c_t}\sum_{m=0}^{\infty}\ni_m\cos\{m(\theta-\theta_0)\}\sum_{n=1}^{\infty}\frac{\xi_n^2\{\xi_n J'_{m\dot o}(\xi_n a)-\lambda J_{m\dot o}(\xi_n a)\}^2\mathcal{V}_{\mathcal{D}m\dot o}(\xi r,b)}{\left[\{\xi_n J'_{m\dot o}(\xi_n a)-\lambda J_{m\dot o}(\xi_n a)\}^2-\left\{\xi_n^2+\lambda^2-\left(\frac{m\dot o}{a}\right)^2\right\}J^2_{m\dot o}(\xi_n b)\right]}\times$$

$$\times\sum_{l=1}^{\infty}\frac{(\xi_l^2+\lambda_d^2)\cos(\xi_l z)\int_0^t\left\{\overline{\overline{\psi}}_0(\xi_n,m,t-\tau;\theta)-\cos(\xi_l d)\overline{\overline{\psi}}_d(\xi_n,m,t-\tau;\theta)\right\}e^{-(\eta_r\xi_n^2+\eta_z\xi_l^2)\tau}d\tau}{\{d(\xi_l^2+\lambda_d^2)+\lambda_d\}}+$$

$$+\pi\sum_{m=0}^{\infty}\ni_m\cos\{m(\theta-\theta_0)\}\sum_{n=1}^{\infty}\frac{\xi_n^2\{\xi_n J'_{m\dot o}(\xi_n a)-\lambda J_{m\dot o}(\xi_n a)\}^2\mathcal{V}_{\mathcal{D}m\dot o}(\xi r,b)}{\left[\{\xi_n J'_{m\dot o}(\xi_n a)-\lambda J_{m\dot o}(\xi_n a)\}^2-\left\{\xi_n^2+\lambda^2-\left(\frac{m\dot o}{a}\right)^2\right\}J^2_{m\dot o}(\xi_n b)\right]}\times$$

$$\times\sum_{l=1}^{\infty}\frac{\overline{\overline{\overline{\varphi}}}(\xi_n,m,\xi_l;\theta)(\xi_l^2+\lambda_d^2)\cos(\xi_l z)e^{-\eta_z\xi_l^2 t}}{\{d(\xi_l^2+\lambda_d^2)+\lambda_d\}} \tag{25.70.2}$$

where $\overline{\overline{\psi}}_a(m,\xi_l,t;\theta)=\int_0^{2\pi}\cos\{m(\theta-v)\}\int_0^d\psi_a(v,w,t)\cos(\xi_l w)\,dwdv$,

$\overline{\overline{\psi}}_b(m,\xi_l,t;\theta)=\int_0^{2\pi}\cos\{m(\theta-v)\}\int_0^d\psi_b(v,w,t)\cos(\xi_l w)\,dwdv$,
$\overline{\overline{\psi}}_0(\xi_n,m,t;\theta)=\int_a^b u\mathcal{V}_{\mathcal{D}m\dot{o}}(\xi_n u,a)\int_0^{2\pi}\psi_0(u,v,t)\cos\{m(\theta-v)\}dvdu$, and
$\overline{\overline{\psi}}_d(\xi_n,m,t;\theta)=\int_a^b u\mathcal{V}_{\mathcal{D}m\dot{o}}(\xi_n u,a)\int_0^{2\pi}\psi_d(u,v,t)\cos\{m(\theta-v)\}dvdu$.

25.71

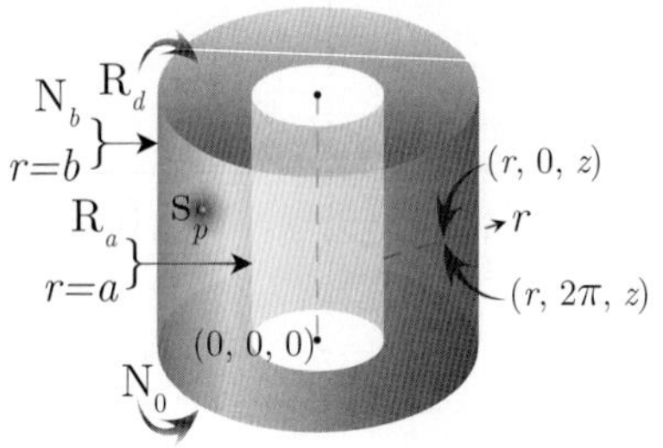

The problem of 25.64, except
$\mathbf{R_a}\equiv\frac{\partial p(a,\theta,z,t)}{\partial r}-\lambda p(a,\theta,z,t)=-\left(\frac{\mu}{k_r}\right)\psi_a(\theta,z,t)$,
$\mathbf{N_b}\equiv\frac{\partial p(b,\theta,z,t)}{\partial r}=-\left(\frac{\mu}{k_r}\right)\psi_b(\theta,z,t)$,
$\mathbf{N_0}\equiv\frac{\partial p(r,\theta,0,t)}{\partial z}=-\left(\frac{\mu}{k_z}\right)\psi_0(r,\theta,t)$ **and**
$\mathbf{R_d}\equiv\frac{\partial p(r,\theta,d,t)}{\partial z}+\lambda_d p(r,\theta,d,t)=-\left(\frac{\mu}{k_z}\right)\psi_d(r,\theta,t)$

$$
\begin{aligned}
\overline{p} &= \frac{\pi q(s)e^{-st_0}}{\phi c_t}\sum_{m=0}^{\infty}\ni_m\cos\{m(\theta-\theta_0)\}\times\\
&\times\sum_{n=1}^{\infty}\frac{\xi_n^2\{\xi_n J'_{m\dot{o}}(\xi_n a)-\lambda J_{m\dot{o}}(\xi_n a)\}^2\mathcal{V}_{\mathcal{N}m\dot{o}}(\xi r_0,b)\mathcal{V}_{\mathcal{N}m\dot{o}}(\xi r,b)}{\left[\left\{1-\left(\frac{m\dot{o}}{\xi_n b}\right)^2\right\}\{\xi_n J'_{m\dot{o}}(\xi_n a)-\lambda J_{m\dot{o}}(\xi_n a)\}^2-\left\{\xi_n^2+\lambda^2-\left(\frac{m\dot{o}}{a}\right)^2\right\}J'^2_{m\dot{o}}(\xi_n b)\right]}\times\\
&\times\sum_{l=1}^{\infty}\frac{(\xi_l^2+\lambda_d^2)\cos(\xi_l z_0)\cos(\xi_l z)}{\{d(\xi_l^2+\lambda_d^2)+\lambda_d\}(\eta_r\xi_n^2+\eta_z\xi_l^2+s)}+\\
&+\frac{2}{\phi c_t}\sum_{m=0}^{\infty}\ni_m\cos\{m(\theta-\theta_0)\}\times\\
&\times\sum_{n=1}^{\infty}\frac{\xi_n^2 J'_{m\dot{o}}(\xi_n b)\{\xi_n J'_{m\dot{o}}(\xi_n a)-\lambda J_{m\dot{o}}(\xi_n a)\}\mathcal{V}_{\mathcal{N}m\dot{o}}(\xi r,b)}{\left[\left\{1-\left(\frac{m\dot{o}}{\xi_n b}\right)^2\right\}\{\xi_n J'_{m\dot{o}}(\xi_n a)-\lambda J_{m\dot{o}}(\xi_n a)\}^2-\left\{\xi_n^2+\lambda^2-\left(\frac{m\dot{o}}{a}\right)^2\right\}J'^2_{m\dot{o}}(\xi_n b)\right]}\times\\
&\times\sum_{l=1}^{\infty}\frac{\overline{\overline{\overline{\psi}}}_a(m,\xi_l,s;\theta)(\xi_l^2+\lambda_d^2)\cos(\xi_l z)}{\{d(\xi_l^2+\lambda_d^2)+\lambda_d\}(\eta_r\xi_n^2+\eta_z\xi_l^2+s)}-\\
&-\frac{2}{\phi c_t}\sum_{m=0}^{\infty}\ni_m\cos\{m(\theta-\theta_0)\}\times\\
&\times\sum_{n=1}^{\infty}\frac{\xi_n\{\xi_n J'_{m\dot{o}}(\xi_n a)-\lambda J_{m\dot{o}}(\xi_n a)\}^2\mathcal{V}_{\mathcal{N}m\dot{o}}(\xi r,b)}{\left[\left\{1-\left(\frac{m\dot{o}}{\xi_n b}\right)^2\right\}\{\xi_n J'_{m\dot{o}}(\xi_n a)-\lambda J_{m\dot{o}}(\xi_n a)\}^2-\left\{\xi_n^2+\lambda^2-\left(\frac{m\dot{o}}{a}\right)^2\right\}J'^2_{m\dot{o}}(\xi_n b)\right]}\times\\
&\times\sum_{l=1}^{\infty}\frac{\overline{\overline{\overline{\psi}}}_b(m,\xi_l,s;\theta)(\xi_l^2+\lambda_d^2)\cos(\xi_l z)}{\{d(\xi_l^2+\lambda_d^2)+\lambda_d\}(\eta_r\xi_n^2+\eta_z\xi_l^2+s)}+\\
&+\frac{\pi}{\phi c_t}\sum_{m=0}^{\infty}\ni_m\cos\{m(\theta-\theta_0)\}\times\\
&\times\sum_{n=1}^{\infty}\frac{\xi_n^2\{\xi_n J'_{m\dot{o}}(\xi_n a)-\lambda J_{m\dot{o}}(\xi_n a)\}^2\mathcal{V}_{\mathcal{N}m\dot{o}}(\xi r,b)}{\left[\left\{1-\left(\frac{m\dot{o}}{\xi_n b}\right)^2\right\}\{\xi_n J'_{m\dot{o}}(\xi_n a)-\lambda J_{m\dot{o}}(\xi_n a)\}^2-\left\{\xi_n^2+\lambda^2-\left(\frac{m\dot{o}}{a}\right)^2\right\}J'^2_{m\dot{o}}(\xi_n b)\right]}\times\\
&\times\sum_{l=1}^{\infty}\frac{(\xi_l^2+\lambda_d^2)\left\{\overline{\overline{\overline{\psi}}}_0(\xi_n,m,s;\theta)-\cos(\xi_l d)\overline{\overline{\overline{\psi}}}_d(\xi_n,m,s;\theta)\right\}\cos(\xi_l z)}{\{d(\xi_l^2+\lambda_d^2)+\lambda_d\}(\eta_r\xi_n^2+\eta_z\xi_l^2+s)}+\\
&+\pi\sum_{m=0}^{\infty}\ni_m\cos\{m(\theta-\theta_0)\}\times
\end{aligned}
$$

$$\times \sum_{n=1}^{\infty} \frac{\xi_n^2 \left\{\xi_n J'_{m\dot{o}}(\xi_n a) - \lambda J_{m\dot{o}}(\xi_n a)\right\}^2 \mathcal{V}_{\mathcal{N}m\dot{o}}(\xi r, b)}{\left[\left\{1 - \left(\frac{m\dot{o}}{\xi_n b}\right)^2\right\}\left\{\xi_n J'_{m\dot{o}}(\xi_n a) - \lambda J_{m\dot{o}}(\xi_n a)\right\}^2 - \left\{\xi_n^2 + \lambda^2 - \left(\frac{m\dot{o}}{a}\right)^2\right\} J'^2_{m\dot{o}}(\xi_n b)\right]} \times$$
$$\times \sum_{l=1}^{\infty} \frac{\overline{\overline{\overline{\varphi}}}(\xi_n, m, \xi_l; \theta)\left(\xi_l^2 + \lambda_d^2\right)\cos(\xi_l z)}{\left\{d\left(\xi_l^2 + \lambda_d^2\right) + \lambda_d\right\}\left(\eta_r \xi_n^2 + \eta_z \xi_l^2 + s\right)} \tag{25.71.1}$$

where $\mathcal{V}_{\mathcal{N}m\dot{o}}(\xi_n r, a) = J_{m\dot{o}}(\xi_n r) Y'_{m\dot{o}}(\xi_n a) - Y_{m\dot{o}}(\xi_n r) J'_{m\dot{o}}(\xi_n a)$, and the eigenvalues $\xi_n, n = 1, 2, ...$, are the positive roots of the transcendental equation $\lambda \mathcal{V}_{\mathcal{N}m\dot{o}}(\xi_n a, b) - \xi_n \mathcal{V}'_{\mathcal{N}m\dot{o}}(\xi_n a, b) = 0$, and ξ_l are the positive roots of $\xi_l \tan(\xi_l d) = -\lambda_d$, $l = 1, 2, ...$ $\overline{\overline{\psi}}_0(\xi_n, m, s; \theta) = \int_a^b u\mathcal{V}_{\mathcal{N}m\dot{o}}(\xi_n u, a)\int_0^{2\pi} \overline{\psi}_0(u, v, s)\cos\{m(\theta - v)\}dvdu$,
$\overline{\overline{\psi}}_d(\xi_n, m, s; \theta) = \int_a^b u\mathcal{V}_{\mathcal{N}m\dot{o}}(\xi_n u, a)\int_0^{2\pi} \overline{\psi}_d(u, v, s)\cos\{m(\theta - v)\}dvdu$,
$\overline{\overline{\psi}}_a(m, \xi_l, s; \theta) = \int_0^{2\pi}\cos\{m(\theta - v)\}\int_0^d \overline{\psi}_a(v, w, s)\cos(\xi_l w)\,dwdv$,
$\overline{\overline{\psi}}_b(m, \xi_l, s; \theta) = \int_0^{2\pi}\cos\{m(\theta - v)\}\int_0^d \overline{\psi}_b(v, w, s)\cos(\xi_l w)\,dwdv$, and
$\overline{\overline{\overline{\varphi}}}(\xi_n, m, \xi_l; \theta) = \int_a^b u\mathcal{V}_{\mathcal{N}m\dot{o}}(\xi_n u, a)\int_0^{2\pi}\cos\{m(\theta - v)\}\int_0^d \varphi(u, v, w)\cos(\xi_l w)\,dwdvdu$.

$$p = \frac{\pi U(t - t_0)}{\phi c_t}\sum_{m=0}^{\infty} \ni_m \cos\{m(\theta - \theta_0)\} \times$$
$$\times \sum_{n=1}^{\infty} \frac{\xi_n^2 \left\{\xi_n J'_{m\dot{o}}(\xi_n a) - \lambda J_{m\dot{o}}(\xi_n a)\right\}^2 \mathcal{V}_{\mathcal{N}m\dot{o}}(\xi r_0, b)\,\mathcal{V}_{\mathcal{N}m\dot{o}}(\xi r, b)}{\left[\left\{1 - \left(\frac{m\dot{o}}{\xi_n b}\right)^2\right\}\left\{\xi_n J'_{m\dot{o}}(\xi_n a) - \lambda J_{m\dot{o}}(\xi_n a)\right\}^2 - \left\{\xi_n^2 + \lambda^2 - \left(\frac{m\dot{o}}{a}\right)^2\right\} J'^2_{m\dot{o}}(\xi_n b)\right]} \times$$
$$\times \sum_{l=1}^{\infty} \frac{\left(\xi_l^2 + \lambda_d^2\right)\cos(\xi_l z_0)\cos(\xi_l z)\int_0^{t-t_0} q(t - t_0 - \tau)\,e^{-\left(\eta_r \xi_n^2 + \eta_z \xi_l^2\right)\tau}d\tau}{\left\{d\left(\xi_l^2 + \lambda_d^2\right) + \lambda_d\right\}} +$$
$$+ \frac{2}{\phi c_t}\sum_{m=0}^{\infty} \ni_m \cos\{m(\theta - \theta_0)\} \times$$
$$\times \sum_{n=1}^{\infty} \frac{\xi_n^2 J'_{m\dot{o}}(\xi_n b)\left\{\xi_n J'_{m\dot{o}}(\xi_n a) - \lambda J_{m\dot{o}}(\xi_n a)\right\}\mathcal{V}_{\mathcal{N}m\dot{o}}(\xi r, b)}{\left[\left\{1 - \left(\frac{m\dot{o}}{\xi_n b}\right)^2\right\}\left\{\xi_n J'_{m\dot{o}}(\xi_n a) - \lambda J_{m\dot{o}}(\xi_n a)\right\}^2 - \left\{\xi_n^2 + \lambda^2 - \left(\frac{m\dot{o}}{a}\right)^2\right\} J'^2_{m\dot{o}}(\xi_n b)\right]} \times$$
$$\times \sum_{l=1}^{\infty} \frac{\left(\xi_l^2 + \lambda_d^2\right)\cos(\xi_l z)\int_0^t \overline{\overline{\psi}}_a(m, \xi_l, t - \tau; \theta)\,e^{-\left(\eta_r \xi_n^2 + \eta_z \xi_l^2\right)\tau}d\tau}{\left\{d\left(\xi_l^2 + \lambda_d^2\right) + \lambda_d\right\}} -$$
$$- \frac{2}{\phi c_t}\sum_{m=0}^{\infty} \ni_m \cos\{m(\theta - \theta_0)\} \times$$
$$\times \sum_{n=1}^{\infty} \frac{\xi_n \left\{\xi_n J'_{m\dot{o}}(\xi_n a) - \lambda J_{m\dot{o}}(\xi_n a)\right\}^2 \mathcal{V}_{\mathcal{N}m\dot{o}}(\xi r, b)}{\left[\left\{1 - \left(\frac{m\dot{o}}{\xi_n b}\right)^2\right\}\left\{\xi_n J'_{m\dot{o}}(\xi_n a) - \lambda J_{m\dot{o}}(\xi_n a)\right\}^2 - \left\{\xi_n^2 + \lambda^2 - \left(\frac{m\dot{o}}{a}\right)^2\right\} J'^2_{m\dot{o}}(\xi_n b)\right]} \times$$
$$\times \sum_{l=1}^{\infty} \frac{\left(\xi_l^2 + \lambda_d^2\right)\cos(\xi_l z)\int_0^t \overline{\overline{\psi}}_b(m, \xi_l, t - \tau; \theta)\,e^{-\left(\eta_r \xi_n^2 + \eta_z \xi_l^2\right)\tau}d\tau}{\left\{d\left(\xi_l^2 + \lambda_d^2\right) + \lambda_d\right\}} +$$
$$+ \frac{\pi}{\phi c_t}\sum_{m=0}^{\infty} \ni_m \cos\{m(\theta - \theta_0)\} \times$$
$$\times \sum_{n=1}^{\infty} \frac{\xi_n^2 \left\{\xi_n J'_{m\dot{o}}(\xi_n a) - \lambda J_{m\dot{o}}(\xi_n a)\right\}^2 \mathcal{V}_{\mathcal{N}m\dot{o}}(\xi r, b)}{\left[\left\{1 - \left(\frac{m\dot{o}}{\xi_n b}\right)^2\right\}\left\{\xi_n J'_{m\dot{o}}(\xi_n a) - \lambda J_{m\dot{o}}(\xi_n a)\right\}^2 - \left\{\xi_n^2 + \lambda^2 - \left(\frac{m\dot{o}}{a}\right)^2\right\} J'^2_{m\dot{o}}(\xi_n b)\right]} \times$$
$$\times \sum_{l=1}^{\infty} \frac{\left(\xi_l^2 + \lambda_d^2\right)\cos(\xi_l z)\int_0^t \left\{\overline{\overline{\psi}}_0(\xi_n, m, t - \tau; \theta) - \cos(\xi_l d)\,\overline{\overline{\psi}}_d(\xi_n, m, t - \tau; \theta)\right\}e^{-\left(\eta_r \xi_n^2 + \eta_z \xi_l^2\right)\tau}d\tau}{\left\{d\left(\xi_l^2 + \lambda_d^2\right) + \lambda_d\right\}} +$$

$$+\pi \sum_{m=0}^{\infty} \ni_m \cos\{m(\theta-\theta_0)\} \times$$

$$\times \sum_{n=1}^{\infty} \frac{\xi_n^2 \{\xi_n J'_{m\dot{o}}(\xi_n a) - \lambda J_{m\dot{o}}(\xi_n a)\}^2 \mathcal{V}_{\mathcal{N}m\dot{o}}(\xi r, b)}{\left[\left\{1-\left(\frac{m\dot{o}}{\xi_n b}\right)^2\right\}\{\xi_n J'_{m\dot{o}}(\xi_n a) - \lambda J_{m\dot{o}}(\xi_n a)\}^2 - \left\{\xi_n^2+\lambda^2-\left(\frac{m\dot{o}}{a}\right)^2\right\} J'^2_{m\dot{o}}(\xi_n b)\right]} \times$$

$$\times \sum_{l=1}^{\infty} \frac{\overline{\overline{\overline{\varphi}}}(\xi_n, m, \xi_l; \theta)\left(\xi_l^2+\lambda_d^2\right)\cos(\xi_l z)\, e^{-\eta_z \xi_l^2 t}}{\{d(\xi_l^2+\lambda_d^2)+\lambda_d\}} \tag{25.71.2}$$

where $\overline{\overline{\psi}}_a(m, \xi_l, t; \theta) = \int_0^{2\pi} \cos\{m(\theta-v)\} \int_0^d \psi_a(v, w, t)\cos(\xi_l w)\, dw dv$,
$\overline{\overline{\psi}}_b(m, \xi_l, t; \theta) = \int_0^{2\pi} \cos\{m(\theta-v)\} \int_0^d \psi_b(v, w, t)\cos(\xi_l w)\, dw dv$,
$\overline{\overline{\psi}}_0(\xi_n, m, t; \theta) = \int_a^b u \mathcal{V}_{\mathcal{N}m\dot{o}}(\xi_n u, a) \int_0^{2\pi} \psi_0(u, v, t)\cos\{m(\theta-v)\} dv du$, and
$\overline{\overline{\psi}}_d(\xi_n, m, t; \theta) = \int_a^b u \mathcal{V}_{\mathcal{N}m\dot{o}}(\xi_n u, a) \int_0^{2\pi} \psi_d(u, v, t)\cos\{m(\theta-v)\} dv du$.

25.72

The problem of 25.64, except
$\mathbf{R_a} \equiv \frac{\partial p(a,\theta,z,t)}{\partial r} - \lambda p(a, \theta, z, t) = -\left(\frac{\mu}{k_r}\right)\psi_a(\theta, z, t)$,
$\mathbf{R_b} \equiv \frac{\partial p(b,\theta,z,t)}{\partial r} + \lambda_b p(b, \theta, z, t) = -\left(\frac{\mu}{k_r}\right)\psi_b(\theta, z, t)$,
$\mathbf{N_0} \equiv \frac{\partial p(r,\theta,0,t)}{\partial z} = -\left(\frac{\mu}{k_z}\right)\psi_0(r, \theta, t)$ **and**
$\mathbf{R_d} \equiv \frac{\partial p(r,\theta,d,t)}{\partial z} + \lambda_d p(r, \theta, d, t) = -\left(\frac{\mu}{k_z}\right)\psi_d(r, \theta, t)$

$$\overline{p} = \frac{\pi q(s)e^{-st_0}}{\phi c_t} \sum_{m=0}^{\infty} \ni_m \cos\{m(\theta-\theta_0)\} \sum_{n=1}^{\infty} \xi_n^2 \{\xi_n J'_{m\dot{o}}(\xi_n b) + \lambda_b J_{m\dot{o}}(\xi_n b)\}^2 \times$$

$$\times \frac{\{\xi_n \mathcal{V}_{\mathcal{N}m\dot{o}}(\xi_n r_0, a) - \lambda_a \mathcal{V}_{\mathcal{D}m\dot{o}}(\xi_n r_0, a)\}\{\xi_n \mathcal{V}_{\mathcal{N}m\dot{o}}(\xi_n r, a) - \lambda_a \mathcal{V}_{\mathcal{D}m\dot{o}}(\xi_n r, a)\}}{\left[\left\{\xi_n^2+\lambda_b^2-\left(\frac{m\dot{o}}{b}\right)^2\right\}\{\xi_n J'_{m\dot{o}}(\xi_n a) - \lambda_a J_{m\dot{o}}(\xi_n a)\}^2 - \left\{\xi_n^2+\lambda_a^2-\left(\frac{m\dot{o}}{a}\right)^2\right\}\{\xi_n J'_{m\dot{o}}(\xi_n b) + \lambda J_{m\dot{o}}(\xi_n b)\}^2\right]} \times$$

$$\times \sum_{l=1}^{\infty} \frac{\left(\xi_l^2+\lambda_d^2\right)\cos(\xi_l z_0)\cos(\xi_l z)}{\{d(\xi_l^2+\lambda_d^2)+\lambda_d\}(\eta_r \xi_n^2 + \eta_z \xi_l^2 + s)} +$$

$$+\frac{2}{\phi c_t} \sum_{m=0}^{\infty} \ni_m \cos\{m(\theta-\theta_0)\} \times$$

$$\times \sum_{n=1}^{\infty} \frac{\xi_n^2 \{\xi_n J'_{m\dot{o}}(\xi_n b) + \lambda_b J_{m\dot{o}}(\xi_n b)\}^2 \{\xi_n \mathcal{V}_{\mathcal{N}m\dot{o}}(\xi_n r, a) - \lambda_a \mathcal{V}_{\mathcal{D}m\dot{o}}(\xi_n r, a)\}}{\left[\left\{\xi_n^2+\lambda_b^2-\left(\frac{m\dot{o}}{b}\right)^2\right\}\{\xi_n J'_{m\dot{o}}(\xi_n a) - \lambda_a J_{m\dot{o}}(\xi_n a)\}^2 - \left\{\xi_n^2+\lambda_a^2-\left(\frac{m\dot{o}}{a}\right)^2\right\}\{\xi_n J'_{m\dot{o}}(\xi_n b) + \lambda J_{m\dot{o}}(\xi_n b)\}^2\right]} \times$$

$$\times \sum_{l=1}^{\infty} \frac{\overline{\overline{\psi}}_a(m, \xi_l, s; \theta)\left(\xi_l^2+\lambda_d^2\right)\cos(\xi_l z)}{\{d(\xi_l^2+\lambda_d^2)+\lambda_d\}(\eta_r \xi_n^2 + \eta_z \xi_l^2 + s)} -$$

$$-\frac{2}{\phi c_t} \sum_{m=0}^{\infty} \ni_m \cos\{m(\theta-\theta_0)\} \times$$

$$\times \sum_{n=1}^{\infty} \frac{\xi_n^2 \{\xi_n J'_{m\dot{o}}(\xi_n b) + \lambda_b J_{m\dot{o}}(\xi_n b)\}\{\xi_n J'_{m\dot{o}}(\xi_n a) + \lambda_a J_{m\dot{o}}(\xi_n a)\}\{\xi_n \mathcal{V}_{\mathcal{N}m\dot{o}}(\xi_n r, a) - \lambda_a \mathcal{V}_{\mathcal{D}m\dot{o}}(\xi_n r, a)\}}{\left[\left\{\xi_n^2+\lambda_b^2-\left(\frac{m\dot{o}}{b}\right)^2\right\}\{\xi_n J'_{m\dot{o}}(\xi_n a) - \lambda_a J_{m\dot{o}}(\xi_n a)\}^2 - \left\{\xi_n^2+\lambda_a^2-\left(\frac{m\dot{o}}{a}\right)^2\right\}\{\xi_n J'_{m\dot{o}}(\xi_n b) + \lambda J_{m\dot{o}}(\xi_n b)\}^2\right]} \times$$

$$\times \sum_{l=1}^{\infty} \frac{\overline{\overline{\psi}}_b(m, \xi_l, s; \theta)\left(\xi_l^2+\lambda_d^2\right)\cos(\xi_l z)}{\{d(\xi_l^2+\lambda_d^2)+\lambda_d\}(\eta_r \xi_n^2 + \eta_z \xi_l^2 + s)} +$$

$$+\frac{\pi}{\phi c_t} \sum_{m=0}^{\infty} \ni_m \cos\{m(\theta-\theta_0)\} \times$$

$$\times \sum_{n=1}^{\infty} \frac{\xi_n^2 \left\{\xi_n J'_{m\dot{o}}(\xi_n b) + \lambda_b J_{m\dot{o}}(\xi_n b)\right\}^2 \left\{\xi_n \mathcal{V}_{\mathcal{N}m\dot{o}}(\xi_n r, a) - \lambda_a \mathcal{V}_{\mathcal{D}m\dot{o}}(\xi_n r, a)\right\}}{\left[\left\{\xi_n^2 + \lambda_b^2 - \left(\frac{m\dot{o}}{b}\right)^2\right\}\left\{\xi_n J'_{m\dot{o}}(\xi_n a) - \lambda_a J_{m\dot{o}}(\xi_n a)\right\}^2 - \left\{\xi_n^2 + \lambda_a^2 - \left(\frac{m\dot{o}}{a}\right)^2\right\}\left\{\xi_n J'_{m\dot{o}}(\xi_n b) + \lambda J_{m\dot{o}}(\xi_n b)\right\}^2\right]} \times$$

$$\times \sum_{l=1}^{\infty} \frac{\left(\xi_l^2 + \lambda_d^2\right)\left\{\overline{\overline{\overline{\psi}}}_0(\xi_n, m, s; \theta) - \cos(\xi_l d)\, \overline{\overline{\overline{\psi}}}_d(\xi_n, m, s; \theta)\right\}\cos(\xi_l z)}{\left\{d\left(\xi_l^2 + \lambda_d^2\right) + \lambda_d\right\}\left(\eta_r \xi_n^2 + \eta_z \xi_l^2 + s\right)} +$$

$$+\pi \sum_{m=0}^{\infty} \ni_m \cos\left\{m(\theta - \theta_0)\right\} \times$$

$$\times \sum_{n=1}^{\infty} \frac{\xi_n^2 \left\{\xi_n J'_{m\dot{o}}(\xi_n b) + \lambda_b J_{m\dot{o}}(\xi_n b)\right\}^2 \left\{\xi_n \mathcal{V}_{\mathcal{N}m\dot{o}}(\xi_n r, a) - \lambda_a \mathcal{V}_{\mathcal{D}m\dot{o}}(\xi_n r, a)\right\}}{\left[\left\{\xi_n^2 + \lambda_b^2 - \left(\frac{m\dot{o}}{b}\right)^2\right\}\left\{\xi_n J'_{m\dot{o}}(\xi_n a) - \lambda_a J_{m\dot{o}}(\xi_n a)\right\}^2 - \left\{\xi_n^2 + \lambda_a^2 - \left(\frac{m\dot{o}}{a}\right)^2\right\}\left\{\xi_n J'_{m\dot{o}}(\xi_n b) + \lambda J_{m\dot{o}}(\xi_n b)\right\}^2\right]} \times$$

$$\times \sum_{l=1}^{\infty} \frac{\overline{\overline{\overline{\varphi}}}(\xi_n, m, \xi_l; \theta)\left(\xi_l^2 + \lambda_d^2\right)\cos(\xi_l z)}{\left\{d\left(\xi_l^2 + \lambda_d^2\right) + \lambda_d\right\}\left(\eta_r \xi_n^2 + \eta_z \xi_l^2 + s\right)} \tag{25.72.1}$$

where the eigenvalues $\xi_n, n = 1, 2, ...,$ are the positive roots of $\lambda_a \left\{\mathcal{V}'_{\mathcal{D}m\dot{o}}(\xi_n b, a) + \lambda_b \mathcal{V}_{\mathcal{D}m\dot{o}}(\xi_n b, a)\right\} - \xi_n \left\{\mathcal{V}'_{\mathcal{N}m\dot{o}}(\xi_n b, a) + \lambda_b \mathcal{V}_{\mathcal{N}m\dot{o}}(\xi_n b, a)\right\} = 0$, and ξ_l are the positive roots of $\xi_l \tan(\xi_l d) = -\lambda_d$, $l = 1, 2, ...$
$\overline{\overline{\overline{\psi}}}_0(\xi_n, m, s; \theta) = \int_a^b u\left\{\xi_n \mathcal{V}_{\mathcal{N}m\dot{o}}(\xi_n u, a) - \lambda_a \mathcal{V}_{\mathcal{D}m\dot{o}}(\xi_n u, a)\right\}\int_0^{2\pi} \overline{\psi}_0(u, v, s)\cos\left\{m(\theta - v)\right\}dvdu$,
$\overline{\overline{\overline{\psi}}}_d(\xi_n, m, s; \theta) = \int_a^b u\left\{\xi_n \mathcal{V}_{\mathcal{N}m\dot{o}}(\xi_n u, a) - \lambda_a \mathcal{V}_{\mathcal{D}m\dot{o}}(\xi_n u, a)\right\}\int_0^{2\pi} \overline{\psi}_d(u, v, s)\cos\left\{m(\theta - v)\right\}dvdu$,
$\overline{\overline{\overline{\psi}}}_a(m, \xi_l, s; \theta) = \int_0^{2\pi} \cos\left\{m(\theta - v)\right\}\int_0^d \overline{\psi}_a(v, w, s)\cos(\xi_l w)\, dwdv$,
$\overline{\overline{\overline{\psi}}}_b(m, \xi_l, s; \theta) = \int_0^{2\pi} \cos\left\{m(\theta - v)\right\}\int_0^d \overline{\psi}_b(v, w, s)\cos(\xi_l w)\, dwdv$, and
$\overline{\overline{\overline{\varphi}}}(\xi_n, m, \xi_l; \theta) = \int_a^b v\left\{\xi_n \mathcal{V}_{\mathcal{N}m\dot{o}}(\xi_n v, a) - \lambda_a \mathcal{V}_{\mathcal{D}m\dot{o}}(\xi_n v, a)\right\}\int_0^{2\pi} \cos\left\{m(\theta - u)\right\}\int_0^d \varphi(v, u, z)\cos(\xi_l z)\, dzdudv$.

$$p = \frac{\pi U(t - t_0)}{\phi c_t} \sum_{m=0}^{\infty} \ni_m \cos\left\{m(\theta - \theta_0)\right\}$$

$$\sum_{n=1}^{\infty} \frac{\xi_n^2 \left\{\xi_n J'_{m\dot{o}}(\xi_n b) + \lambda_b J_{m\dot{o}}(\xi_n b)\right\}^2 \left\{\xi_n \mathcal{V}_{\mathcal{N}m\dot{o}}(\xi_n r_0, a) - \lambda_a \mathcal{V}_{\mathcal{D}m\dot{o}}(\xi_n r_0, a)\right\}}{\left[\left\{\xi_n^2 + \lambda_b^2 - \left(\frac{m\dot{o}}{b}\right)^2\right\}\left\{\xi_n J'_{m\dot{o}}(\xi_n a) - \lambda_a J_{m\dot{o}}(\xi_n a)\right\}^2 - \left\{\xi_n^2 + \lambda_a^2 - \left(\frac{m\dot{o}}{a}\right)^2\right\}\left\{\xi_n J'_{m\dot{o}}(\xi_n b) + \lambda J_{m\dot{o}}(\xi_n b)\right\}^2\right]} \times$$

$$\times \left\{\xi_n \mathcal{V}_{\mathcal{N}m\dot{o}}(\xi_n r, a) - \lambda_a \mathcal{V}_{\mathcal{D}m\dot{o}}(\xi_n r, a)\right\} \times$$

$$\times \sum_{l=1}^{\infty} \frac{\left(\xi_l^2 + \lambda_d^2\right)\cos(\xi_l z_0)\cos(\xi_l z)\int_0^{t - t_0} q(t - t_0 - \tau)\, e^{-\left(\eta_r \xi_n^2 + \eta_z \xi_l^2\right)\tau} d\tau}{\left\{d\left(\xi_l^2 + \lambda_d^2\right) + \lambda_d\right\}} +$$

$$+\frac{2}{\phi c_t} \sum_{m=0}^{\infty} \ni_m \cos\left\{m(\theta - \theta_0)\right\} \times$$

$$\times \sum_{n=1}^{\infty} \frac{\xi_n^2 \left\{\xi_n J'_{m\dot{o}}(\xi_n b) + \lambda_b J_{m\dot{o}}(\xi_n b)\right\}^2 \left\{\xi_n \mathcal{V}_{\mathcal{N}m\dot{o}}(\xi_n r, a) - \lambda_a \mathcal{V}_{\mathcal{D}m\dot{o}}(\xi_n r, a)\right\}}{\left[\left\{\xi_n^2 + \lambda_b^2 - \left(\frac{m\dot{o}}{b}\right)^2\right\}\left\{\xi_n J'_{m\dot{o}}(\xi_n a) - \lambda_a J_{m\dot{o}}(\xi_n a)\right\}^2 - \left\{\xi_n^2 + \lambda_a^2 - \left(\frac{m\dot{o}}{a}\right)^2\right\}\left\{\xi_n J'_{m\dot{o}}(\xi_n b) + \lambda J_{m\dot{o}}(\xi_n b)\right\}^2\right]} \times$$

$$\times \sum_{l=1}^{\infty} \frac{\left(\xi_l^2 + \lambda_d^2\right)\cos(\xi_l z)\int_0^t \overline{\overline{\overline{\psi}}}_a(m, \xi_l, t - \tau; \theta)\, e^{-\left(\eta_r \xi_n^2 + \eta_z \xi_l^2\right)\tau} d\tau}{\left\{d\left(\xi_l^2 + \lambda_d^2\right) + \lambda_d\right\}} -$$

$$-\frac{2}{\phi c_t} \sum_{m=0}^{\infty} \ni_m \cos\left\{m(\theta - \theta_0)\right\} \times$$

$$\times \sum_{n=1}^{\infty} \frac{\xi_n^2 \left\{\xi_n J'_{m\dot{o}}(\xi_n b) + \lambda_b J_{m\dot{o}}(\xi_n b)\right\}\left\{\xi_n J'_{m\dot{o}}(\xi_n a) + \lambda_a J_{m\dot{o}}(\xi_n a)\right\}\left\{\xi_n \mathcal{V}_{\mathcal{N}m\dot{o}}(\xi_n r, a) - \lambda_a \mathcal{V}_{\mathcal{D}m\dot{o}}(\xi_n r, a)\right\}}{\left[\left\{\xi_n^2 + \lambda_b^2 - \left(\frac{m\dot{o}}{b}\right)^2\right\}\left\{\xi_n J'_{m\dot{o}}(\xi_n a) - \lambda_a J_{m\dot{o}}(\xi_n a)\right\}^2 - \left\{\xi_n^2 + \lambda_a^2 - \left(\frac{m\dot{o}}{a}\right)^2\right\}\left\{\xi_n J'_{m\dot{o}}(\xi_n b) + \lambda J_{m\dot{o}}(\xi_n b)\right\}^2\right]} \times$$

$$\times \sum_{l=1}^{\infty} \frac{\left(\xi_l^2 + \lambda_d^2\right)\cos(\xi_l z)\int_0^t \overline{\overline{\overline{\psi}}}_b(m, \xi_l, t - \tau; \theta)\, e^{-\left(\eta_r \xi_n^2 + \eta_z \xi_l^2\right)\tau} d\tau}{\left\{d\left(\xi_l^2 + \lambda_d^2\right) + \lambda_d\right\}} +$$

$$+\frac{\pi}{\phi c_t}\sum_{m=0}^{\infty}\ni_m \cos\{m(\theta-\theta_0)\}\times$$

$$\times\sum_{n=1}^{\infty}\frac{\xi_n^2\{\xi_n J'_{m\dot{o}}(\xi_n b)+\lambda_b J_{m\dot{o}}(\xi_n b)\}^2\{\xi_n \mathcal{V}_{\mathcal{N}m\dot{o}}(\xi_n r,a)-\lambda_a \mathcal{V}_{\mathcal{D}m\dot{o}}(\xi_n r,a)\}}{\left[\left\{\xi_n^2+\lambda_b^2-\left(\frac{m\dot{o}}{b}\right)^2\right\}\{\xi_n J'_{m\dot{o}}(\xi_n a)-\lambda_a J_{m\dot{o}}(\xi_n a)\}^2-\left\{\xi_n^2+\lambda_a^2-\left(\frac{m\dot{o}}{a}\right)^2\right\}\{\xi_n J'_{m\dot{o}}(\xi_n b)+\lambda J_{m\dot{o}}(\xi_n b)\}^2\right]}\times$$

$$\times\sum_{l=1}^{\infty}\frac{(\xi_l^2+\lambda_d^2)\cos(\xi_l z)\int_0^t\left\{\overline{\overline{\psi}}_0(\xi_n,m,t-\tau;\theta)-\cos(\xi_l d)\,\overline{\overline{\psi}}_d(\xi_n,m,t-\tau;\theta)\right\}e^{-(\eta_r\xi_n^2+\eta_z\xi_l^2)\tau}d\tau}{\{d(\xi_l^2+\lambda_d^2)+\lambda_d\}}+$$

$$+\pi\sum_{m=0}^{\infty}\ni_m\cos\{m(\theta-\theta_0)\}\times$$

$$\times\sum_{n=1}^{\infty}\frac{\xi_n^2\{\xi_n J'_{m\dot{o}}(\xi_n b)+\lambda_b J_{m\dot{o}}(\xi_n b)\}^2\{\xi_n \mathcal{V}_{\mathcal{N}m\dot{o}}(\xi_n r,a)-\lambda_a \mathcal{V}_{\mathcal{D}m\dot{o}}(\xi_n r,a)\}}{\left[\left\{\xi_n^2+\lambda_b^2-\left(\frac{m\dot{o}}{b}\right)^2\right\}\{\xi_n J'_{m\dot{o}}(\xi_n a)-\lambda_a J_{m\dot{o}}(\xi_n a)\}^2-\left\{\xi_n^2+\lambda_a^2-\left(\frac{m\dot{o}}{a}\right)^2\right\}\{\xi_n J'_{m\dot{o}}(\xi_n b)+\lambda J_{m\dot{o}}(\xi_n b)\}^2\right]}\times$$

$$\times\sum_{l=1}^{\infty}\frac{\overline{\overline{\varphi}}(\xi_n,m,\xi_l;\theta)(\xi_l^2+\lambda_d^2)\cos(\xi_l z)\,e^{-\eta_z\xi_l^2 t}}{\{d(\xi_l^2+\lambda_d^2)+\lambda_d\}} \qquad (25.72.2)$$

where $\overline{\overline{\psi}}_a(m,\xi_l,t;\theta)=\int_0^{2\pi}\cos\{m(\theta-v)\}\int_0^d\psi_a(v,w,t)\cos(\xi_l w)\,dwdv$,
$\overline{\overline{\psi}}_b(m,\xi_l,t;\theta)=\int_0^{2\pi}\cos\{m(\theta-v)\}\int_0^d\psi_b(v,w,t)\cos(\xi_l w)\,dwdv$,
$\overline{\overline{\psi}}_0(\xi_n,m,t;\theta)=\int_a^b r\{\xi_n\mathcal{V}_{\mathcal{N}m\dot{o}}(\xi_n u,a)-\lambda_a\mathcal{V}_{\mathcal{D}m\dot{o}}(\xi_n u,a)\}\int_0^{2\pi}\psi_0(u,v,t)\cos\{m(\theta-v)\}dudv$, and
$\overline{\overline{\psi}}_d(\xi_n,m,t;\theta)=\int_a^b u\{\xi_n\mathcal{V}_{\mathcal{N}m\dot{o}}(\xi_n u,a)-\lambda_a\mathcal{V}_{\mathcal{D}m\dot{o}}(\xi_n u,a)\}\int_0^{2\pi}\psi_d(u,v,t)\cos\{m(\theta-v)\}dvdu$.

25.73

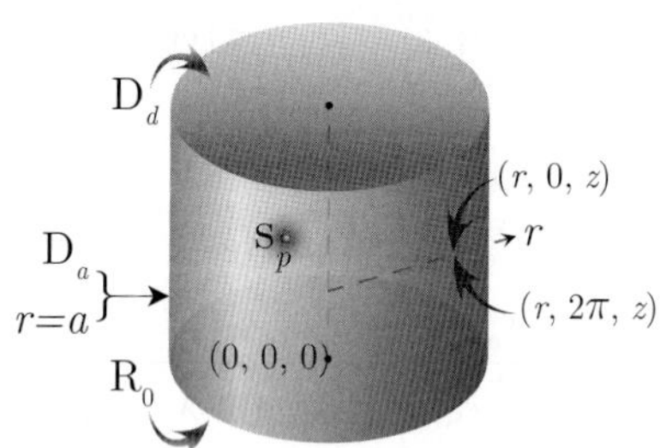

A cylindrical continuum bounded by $0 \le r \le a$ and $0 \le z \le d$. Point source at $s_p \equiv (r_0, \theta_0, z_0)$ at time $t = t_0$; $0 < r_0 < a$, $0 \le \theta_0 \le 2\pi$, $0 < z_0 < d$, $t_0 \ge 0$.
$R_0 \equiv \frac{\partial p(r,\theta,0,t)}{\partial z} - \lambda_0 p(r,\theta,0,t) = -\left(\frac{\mu}{k_z}\right)\psi_0(r,\theta,t)$,
$D_d \equiv p(r,\theta,d,t) = \psi_d(r,\theta,t)$ and
$D_a \equiv p(a,\theta,z,t) = \psi_a(\theta,z,t)$. $p(r,\theta,z,0) = \varphi(r,\theta,z)$

$$\overline{p} = \frac{4q(s)e^{-st_0}}{\pi a^2\phi c_t}\sum_{m=0}^{\infty}\ni_m\cos\{m(\theta-\theta_0)\}\times$$

$$\times\sum_{n=1}^{\infty}\frac{J_{m\dot{o}}(\xi_n r_0)J_{m\dot{o}}(\xi_n r)}{J'^2_{m\dot{o}}(\xi_n a)}\sum_{l=1}^{\infty}\frac{(\xi_l^2+\lambda_0^2)\sin\{\xi_l(d-z_0)\}\sin\{\xi_l(d-z)\}}{\{d(\xi_l^2+\lambda_0^2)+\lambda_0\}(\eta_r\xi_n^2+\eta_z\xi_l^2+s)}-$$

$$-\frac{4\eta_r}{\pi a}\sum_{m=0}^{\infty}\ni_m\cos\{m(\theta-\theta_0)\}\sum_{n=1}^{\infty}\frac{\xi_n J_{m\dot{o}}(\xi_n r)}{J'_{m\dot{o}}(\xi_n a)}\sum_{l=1}^{\infty}\frac{\overline{\overline{\psi}}_a(m,\xi_l,s;\theta)(\xi_l^2+\lambda_0^2)\sin\{\xi_l(d-z)\}}{\{d(\xi_l^2+\lambda_0^2)+\lambda_0\}(\eta_r\xi_n^2+\eta_z\xi_l^2+s)}+$$

$$+\frac{4}{\pi a^2}\sum_{m=0}^{\infty}\ni_m\cos\{m(\theta-\theta_0)\}\times$$

$$\times\sum_{n=1}^{\infty}\frac{J_{m\dot{o}}(\xi_n r)}{J'^2_{m\dot{o}}(\xi_n a)}\sum_{l=1}^{\infty}\frac{(\xi_l^2+\lambda_0^2)\left\{\frac{\sin(\xi_l d)}{\phi c_t}\overline{\overline{\psi}}_0(\xi_n,m,s;\theta)+\eta_z\xi_l\overline{\overline{\psi}}_d(\xi_n,m,s;\theta)\right\}\sin\{\xi_l(d-z)\}}{\{d(\xi_l^2+\lambda_0^2)+\lambda_0\}(\eta_r\xi_n^2+\eta_z\xi_l^2+s)}+$$

$$+\frac{4}{\pi a^2}\sum_{m=0}^{\infty}\ni_m\cos\{m(\theta-\theta_0)\}\sum_{n=1}^{\infty}\frac{J_{m\dot{o}}(\xi_n r)}{J'^2_{m\dot{o}}(\xi_n a)}\sum_{l=1}^{\infty}\frac{\overline{\overline{\varphi}}(\xi_n,m,\xi_l;\theta)(\xi_l^2+\lambda_0^2)\sin\{\xi_l(d-z)\}}{\{d(\xi_l^2+\lambda_0^2)+\lambda_0\}(\eta_r\xi_n^2+\eta_z\xi_l^2+s)} \qquad (25.73.1)$$

where ξ_n are the positive roots of $J_{m\dot{o}}(\xi_n a)=0$, $n=1,2,...$, and ξ_l are the positive roots of $\xi_l\cot(\xi_l d)=-\lambda_0$,

$l=1,2,\ldots\ \overline{\overline{\overline{\psi}}}_0(\xi_n,m,s;\theta)=\int_0^a uJ_{m\dot{o}}(\xi_n u)\int_0^{2\pi}\overline{\psi}_0(u,v,s)\cos\{m(\theta-v)\}dvdu$,
$\overline{\overline{\overline{\psi}}}_d(\xi_n,m,s;\theta)=\int_0^a uJ_{m\dot{o}}(\xi_n u)\int_0^{2\pi}\overline{\psi}_d(u,v,s)\cos\{m(\theta-v)\}dvdu$,
$\overline{\overline{\overline{\psi}}}_a(m,\xi_l,s;\theta)=\int_0^{2\pi}\cos\{m(\theta-v)\}\int_0^d\overline{\psi}_a(v,w,s)\sin\{\xi_l(d-w)\}dwdv$, and
$\overline{\overline{\overline{\varphi}}}(\xi_n,m,\xi_l;\theta)=\int_0^a uJ_{m\dot{o}}(\xi_n u)\int_0^{2\pi}\cos\{m(\theta-v)\}\int_0^d\varphi(u,v,w)\cos(\xi_l w)\,dwdvdu$.

$$
\begin{aligned}
p\ =\ &\frac{4U(t-t_0)}{\pi a^2\phi c_t}\sum_{m=0}^{\infty}\ni_m\cos\{m(\theta-\theta_0)\}\sum_{n=1}^{\infty}\frac{J_{m\dot{o}}(\xi_n r_0)\,J_{m\dot{o}}(\xi_n r)}{J'^2_{m\dot{o}}(\xi_n a)}\times\\
&\times\sum_{l=1}^{\infty}\frac{(\xi_l^2+\lambda_0^2)\sin\{\xi_l(d-z_0)\}\sin\{\xi_l(d-z)\}\int_0^{t-t_0}q(t-t_0-\tau)\,e^{-(\eta_r\xi_n^2+\eta_z\xi_l^2)\tau}d\tau}{\{d(\xi_l^2+\lambda_0^2)+\lambda_0\}}-\\
&-\frac{4\eta_r}{\pi a}\sum_{m=0}^{\infty}\ni_m\cos\{m(\theta-\theta_0)\}\times\\
&\times\sum_{n=1}^{\infty}\frac{\xi_n J_{m\dot{o}}(\xi_n r)}{J'_{m\dot{o}}(\xi_n a)}\sum_{l=1}^{\infty}\frac{(\xi_l^2+\lambda_0^2)\sin\{\xi_l(d-z)\}\int_0^t\overline{\overline{\psi}}_a(m,\xi_l,t-\tau;\theta)\,e^{-(\eta_r\xi_n^2+\eta_z\xi_l^2)\tau}d\tau}{\{d(\xi_l^2+\lambda_0^2)+\lambda_0\}}+\\
&+\frac{4}{\pi a^2}\sum_{m=0}^{\infty}\ni_m\cos\{m(\theta-\theta_0)\}\sum_{n=1}^{\infty}\frac{J_{m\dot{o}}(\xi_n r)}{J'^2_{m\dot{o}}(\xi_n a)}\times\\
&\times\sum_{l=1}^{\infty}\frac{(\xi_l^2+\lambda_0^2)\sin\{\xi_l(d-z)\}\int_0^t\left\{\frac{\sin(\xi_l d)}{\phi c_t}\overline{\overline{\psi}}_0(\xi_n,m,t-\tau;\theta)+\eta_z\xi_l\overline{\overline{\psi}}_d(\xi_n,m,t-\tau;\theta)\right\}e^{-(\eta_r\xi_n^2+\eta_z\xi_l^2)\tau}d\tau}{\{d(\xi_l^2+\lambda_0^2)+\lambda_0\}}+\\
&+\frac{4}{\pi a^2}\sum_{m=0}^{\infty}\ni_m\cos\{m(\theta-\theta_0)\}\sum_{n=1}^{\infty}\frac{J_{m\dot{o}}(\xi_n r)\,e^{-\eta_r\xi_n^2 t}}{J'^2_{m\dot{o}}(\xi_n a)}\sum_{l=1}^{\infty}\frac{\overline{\overline{\overline{\varphi}}}(\xi_n,m,\xi_l;\theta)\,(\xi_l^2+\lambda_0^2)\sin\{\xi_l(d-z)\}\,e^{-\eta_z\xi_l^2 t}}{\{d(\xi_l^2+\lambda_0^2)+\lambda_0\}}
\end{aligned}
\tag{25.73.2}
$$

where $\overline{\overline{\psi}}_a(m,\xi_l,t;\theta)=\int_0^{2\pi}\cos\{m(\theta-v)\}\int_0^d\psi_a(v,w,t)\sin\{\xi_l(d-w)\}dwdv$,
$\overline{\overline{\psi}}_0(\xi_n,m,t;\theta)=\int_0^a uJ_{m\dot{o}}(\xi_n u)\int_0^{2\pi}\psi_0(u,v,t)\cos\{m(\theta-v)\}dvdu$, and
$\overline{\overline{\psi}}_d(\xi_n,m,t;\theta)=\int_0^a uJ_{m\dot{o}}(\xi_n u)\int_0^{2\pi}\psi_d(u,v,t)\cos\{m(\theta-v)\}dvdu$.

25.74 **The problem of 25.73, except**
$\mathbf{N}_a\equiv\frac{\partial p(a,\theta,z,t)}{\partial r}=-\left(\frac{\mu}{k_r}\right)\psi_a(\theta,z,t)$,
$\mathbf{R}_0\equiv\frac{\partial p(r,\theta,0,t)}{\partial z}-\lambda_0 p(r,\theta,0,t)=-\left(\frac{\mu}{k_z}\right)\psi_0(r,\theta,t)$ **and**
$\mathbf{D}_d\equiv p(r,\theta,d,t)=\psi_d(r,\theta,t)$

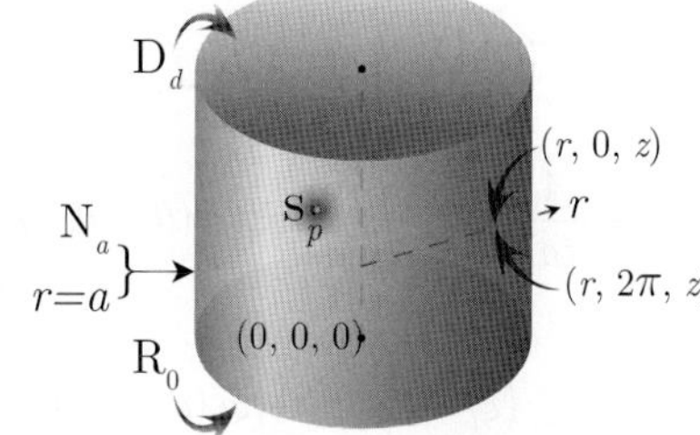

$$
\begin{aligned}
\overline{p}\ =\ &\frac{4q(s)\,e^{-st_0}}{\pi a^2\phi c_t}\sum_{m=0}^{\infty}\ni_m\cos\{m(\theta-\theta_0)\}\times\\
&\times\sum_{n=0}^{\infty}\frac{J_{m\dot{o}}(\xi_n r_0)\,J_{m\dot{o}}(\xi_n r)}{\left\{1-\left(\frac{m\dot{o}}{\xi_n a}\right)^2\right\}J^2_{m\dot{o}}(\xi_n a)}\sum_{l=1}^{\infty}\frac{(\xi_l^2+\lambda_0^2)\sin\{\xi_l(d-z_0)\}\sin\{\xi_l(d-z)\}}{\{d(\xi_l^2+\lambda_0^2)+\lambda_0\}(\eta_r\xi_n^2+\eta_z\xi_l^2+s)}-\\
&-\frac{4}{\pi a\phi c_t}\sum_{m=0}^{\infty}\ni_m\cos\{m(\theta-\theta_0)\}\sum_{n=0}^{\infty}\frac{J_{m\dot{o}}(\xi_n r)}{\left\{1-\left(\frac{m\dot{o}}{\xi_n a}\right)^2\right\}J_{m\dot{o}}(\xi_n a)}\sum_{l=1}^{\infty}\frac{\overline{\overline{\overline{\psi}}}_a(m,\xi_l,s;\theta)\,(\xi_l^2+\lambda_0^2)\sin\{\xi_l(d-z)\}}{\{d(\xi_l^2+\lambda_0^2)+\lambda_0\}(\eta_r\xi_n^2+\eta_z\xi_l^2+s)}+\\
&+\frac{4}{\pi a^2}\sum_{m=0}^{\infty}\ni_m\cos\{m(\theta-\theta_0)\}\times
\end{aligned}
$$

$$\times\sum_{n=0}^{\infty}\frac{J_{m\dot{o}}\left(\xi_n r\right)}{\left\{1-\left(\frac{m\dot{o}}{\xi_n a}\right)^2\right\}J_{m\dot{o}}^2(\xi_n a)}\sum_{l=1}^{\infty}\frac{\left(\xi_l^2+\lambda_0^2\right)\left\{\frac{\sin(\xi_l d)}{\phi c_t}\overline{\overline{\overline{\psi}}}_0(\xi_n,m,s;\theta)+\eta_z\xi_l\overline{\overline{\overline{\psi}}}_d(\xi_n,m,s;\theta)\right\}\sin\{\xi_l\left(d-z\right)\}}{\left\{d\left(\xi_l^2+\lambda_0^2\right)+\lambda_0\right\}\left(\eta_r\xi_n^2+\eta_z\xi_l^2+s\right)}+$$

$$+\frac{4}{\pi a^2}\sum_{m=0}^{\infty}\ni_m\cos\{m\left(\theta-\theta_0\right)\}\sum_{n=0}^{\infty}\frac{J_{m\dot{o}}\left(\xi_n r\right)}{\left\{1-\left(\frac{m\dot{o}}{\xi_n a}\right)^2\right\}J_{m\dot{o}}^2\left(\xi_n a\right)}\sum_{l=1}^{\infty}\frac{\overline{\overline{\overline{\varphi}}}\left(\xi_n,m,\xi_l;\theta\right)\left(\xi_l^2+\lambda_0^2\right)\sin\left\{\xi_l\left(d-z\right)\right\}}{\left\{d\left(\xi_l^2+\lambda_0^2\right)+\lambda_0\right\}\left(\eta_r\xi_n^2+\eta_z\xi_l^2+s\right)}\tag{25.74.1}$$

where ξ_n are the positive roots of $J'_{m\dot{o}}\left(\xi_n a\right)=0$, $n=1,2,...$, ξ_n are the positive roots of $J'_{m\dot{o}}\left(\xi_n a\right)=0$, $n=1,2,...$, ξ_l are the positive roots of $\xi_l\cot\left(\xi_l d\right)=-\lambda_0$, $l=1,2,....$
$\overline{\overline{\overline{\psi}}}_0\left(\xi_n,m,s;\theta\right)=\int_0^a uJ_{m\dot{o}}\left(\xi_n u\right)\int_0^{2\pi}\overline{\psi}_0\left(u,v,s\right)\cos\left\{m\left(\theta-v\right)\right\}dvdu$,
$\overline{\overline{\overline{\psi}}}_d\left(\xi_n,m,s;\theta\right)=\int_0^a uJ_{m\dot{o}}\left(\xi_n u\right)\int_0^{2\pi}\overline{\psi}_d\left(u,v,s\right)\cos\left\{m\left(\theta-v\right)\right\}dvdu$,
$\overline{\overline{\overline{\psi}}}_a\left(m,\xi_l,s;\theta\right)=\int_0^{2\pi}\cos\left\{m\left(\theta-v\right)\right\}\int_0^d\overline{\psi}_a\left(v,w,s\right)\sin\left\{\xi_l\left(d-w\right)\right\}dwdv$, and
$\overline{\overline{\overline{\varphi}}}\left(\xi_n,m,\xi_l;\theta\right)=\int_0^a uJ_{m\dot{o}}\left(\xi_n u\right)\int_0^{2\pi}\cos\left\{m\left(\theta-v\right)\right\}\int_0^d\varphi\left(u,v,w\right)\sin\left\{\xi_l\left(d-w\right)\right\}dwdvdu.$

$$\begin{aligned}
p\ =\ &\frac{4U\left(t-t_0\right)}{\pi a^2\phi c_t}\sum_{m=0}^{\infty}\ni_m\cos\left\{m\left(\theta-\theta_0\right)\right\}\sum_{n=0}^{\infty}\frac{J_{m\dot{o}}\left(\xi_n r_0\right)J_{m\dot{o}}\left(\xi_n r\right)}{\left\{1-\left(\frac{m\dot{o}}{\xi_n a}\right)^2\right\}J_{m\dot{o}}^2\left(\xi_n a\right)}\times\\
&\times\sum_{l=1}^{\infty}\frac{\left(\xi_l^2+\lambda_0^2\right)\sin\left\{\xi_l\left(d-z_0\right)\right\}\sin\left\{\xi_l\left(d-z\right)\right\}\int_0^{t-t_0}q\left(t-t_0-\tau\right)e^{-\left(\eta_r\xi_n^2+\eta_z\xi_l^2\right)\tau}d\tau}{\left\{d\left(\xi_l^2+\lambda_0^2\right)+\lambda_0\right\}}-\\
&-\frac{4}{\pi a\phi c_t}\sum_{m=0}^{\infty}\ni_m\cos\left\{m\left(\theta-\theta_0\right)\right\}\times\\
&\times\sum_{n=0}^{\infty}\frac{J_{m\dot{o}}\left(\xi_n r\right)}{\left\{1-\left(\frac{m\dot{o}}{\xi_n a}\right)^2\right\}J_{m\dot{o}}\left(\xi_n a\right)}\sum_{l=1}^{\infty}\frac{\left(\xi_l^2+\lambda_0^2\right)\sin\left\{\xi_l\left(d-z\right)\right\}\int_0^t\overline{\overline{\psi}}_a\left(m,\xi_l,t-\tau;\theta\right)e^{-\left(\eta_r\xi_n^2+\eta_z\xi_l^2\right)\tau}d\tau}{\left\{d\left(\xi_l^2+\lambda_0^2\right)+\lambda_0\right\}}+\\
&+\frac{4}{\pi a^2}\sum_{m=0}^{\infty}\ni_m\cos\left\{m\left(\theta-\theta_0\right)\right\}\sum_{n=0}^{\infty}\frac{J_{m\dot{o}}\left(\xi_n r\right)}{\left\{1-\left(\frac{m\dot{o}}{\xi_n a}\right)^2\right\}J_{m\dot{o}}^2\left(\xi_n a\right)}\times\\
&\times\sum_{l=1}^{\infty}\frac{\left(\xi_l^2+\lambda_0^2\right)\sin\{\xi_l\left(d-z\right)\}\int_0^t\left\{\frac{\sin(\xi_l d)}{\phi c_t}\overline{\overline{\psi}}_0(\xi_n,m,t-\tau;\theta)+\eta_z\xi_l\overline{\overline{\psi}}_d(\xi_n,m,t-\tau;\theta)\right\}e^{-\left(\eta_r\xi_n^2+\eta_z\xi_l^2\right)\tau}d\tau}{\left\{d\left(\xi_l^2+\lambda_0^2\right)+\lambda_0\right\}}+\\
&+\frac{4}{\pi a^2}\sum_{m=0}^{\infty}\ni_m\cos\left\{m\left(\theta-\theta_0\right)\right\}\times\\
&\times\sum_{n=0}^{\infty}\frac{J_{m\dot{o}}\left(\xi_n r\right)e^{-\eta_r\xi_n^2 t}}{\left\{1-\left(\frac{m\dot{o}}{\xi_n a}\right)^2\right\}J_{m\dot{o}}^2\left(\xi_n a\right)}\sum_{l=1}^{\infty}\frac{\overline{\overline{\overline{\varphi}}}\left(\xi_n,m,\xi_l;\theta\right)\left(\xi_l^2+\lambda_0^2\right)\sin\left\{\xi_l\left(d-z\right)\right\}e^{-\eta_z\xi_l^2 t}}{\left\{d\left(\xi_l^2+\lambda_0^2\right)+\lambda_0\right\}}
\end{aligned}\tag{25.74.2}$$

where $\overline{\overline{\psi}}_a\left(m,\xi_l,t;\theta\right)=\int_0^{2\pi}\cos\left\{m\left(\theta-v\right)\right\}\int_0^d\psi_a\left(v,w,t\right)\sin\left\{\xi_l\left(d-w\right)\right\}dwdv$,
$\overline{\overline{\psi}}_0\left(\xi_n,m,t;\theta\right)=\int_0^a uJ_{m\dot{o}}\left(\xi_n u\right)\int_0^{2\pi}\psi_0\left(u,v,t\right)\cos\left\{m\left(\theta-v\right)\right\}dvdu$, and
$\overline{\overline{\psi}}_d\left(\xi_n,m,t;\theta\right)=\int_0^a uJ_{m\dot{o}}\left(\xi_n u\right)\int_0^{2\pi}\psi_d\left(u,v,t\right)\cos\left\{m\left(\theta-v\right)\right\}dvdu.$

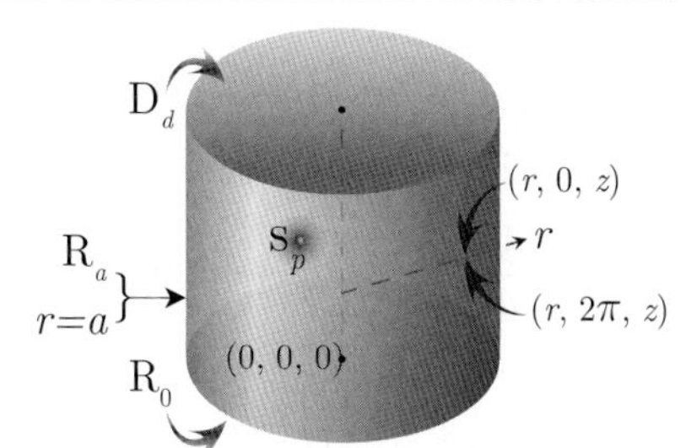

25.75 **The problem of 25.73, except**
$\mathbf{R}_a \equiv \frac{\partial p(a,\theta,z,t)}{\partial r} + \lambda p(a,\theta,z,t) = -\left(\frac{\mu}{k_r}\right)\psi_a(\theta,z,t)$,
$\mathbf{R}_0 \equiv \frac{\partial p(r,\theta,0,t)}{\partial z} - \lambda_0 p(r,\theta,0,t) = -\left(\frac{\mu}{k_z}\right)\psi_0(r,\theta,t)$ **and**
$\mathbf{D}_d \equiv p(r,\theta,d,t) = \psi_d(r,\theta,t)$

$$\begin{aligned}
\overline{p} &= \frac{4q(s)\,e^{-st_0}}{\pi a^2\phi c_t}\sum_{m=0}^{\infty}\ni_m\cos\{m(\theta-\theta_0)\}\sum_{n=1}^{\infty}\frac{J_{m\dot{o}}(\xi_n r_0)\,J_{m\dot{o}}(\xi_n r)}{\left[\left\{1-\left(\frac{m\dot{o}}{\xi_n a}\right)^2\right\}J^2_{m\dot{o}}(\xi_n a)+J'^2_{m\dot{o}}(\xi_n a)\right]}\times\\
&\times\sum_{l=1}^{\infty}\frac{(\xi_l^2+\lambda_0^2)\sin\{\xi_l(d-z_0)\}\sin\{\xi_l(d-z)\}}{\{d(\xi_l^2+\lambda_0^2)+\lambda_0\}(\eta_r\xi_n^2+\eta_z\xi_l^2+s)}-\\
&-\frac{4}{\pi a\phi c_t}\sum_{m=0}^{\infty}\ni_m\cos\{m(\theta-\theta_0)\}\sum_{n=1}^{\infty}\frac{J_{m\dot{o}}(\xi_n r)}{\left[\left\{1-\left(\frac{m\dot{o}}{\xi_n a}\right)^2\right\}J^2_{m\dot{o}}(\xi_n a)+J'^2_{m\dot{o}}(\xi_n a)\right]}\times\\
&\times\sum_{l=1}^{\infty}\frac{\overline{\overline{\overline{\psi}}}_a(m,\xi_l,s;\theta)\,(\xi_l^2+\lambda_0^2)\sin\{\xi_l(d-z)\}}{\{d(\xi_l^2+\lambda_0^2)+\lambda_0\}(\eta_r\xi_n^2+\eta_z\xi_l^2+s)}+\\
&+\frac{4}{\pi a^2}\sum_{m=0}^{\infty}\ni_m\cos\{m(\theta-\theta_0)\}\sum_{n=1}^{\infty}\frac{J_{m\dot{o}}(\xi_n r)}{\left[\left\{1-\left(\frac{m\dot{o}}{\xi_n a}\right)^2\right\}J^2_{m\dot{o}}(\xi_n a)+J'^2_{m\dot{o}}(\xi_n a)\right]}\times\\
&\times\sum_{l=1}^{\infty}\frac{(\xi_l^2+\lambda_0^2)\left\{\frac{\sin(\xi_l d)}{\phi c_t}\overline{\overline{\overline{\psi}}}_0(\xi_n,m,s;\theta)+\eta_z\xi_l\overline{\overline{\overline{\psi}}}_d(\xi_n,m,s;\theta)\right\}\sin\{\xi_l(d-z)\}}{\{d(\xi_l^2+\lambda_0^2)+\lambda_0\}(\eta_r\xi_n^2+\eta_z\xi_l^2+s)}+\\
&+\frac{4}{\pi a^2}\sum_{m=0}^{\infty}\ni_m\cos\{m(\theta-\theta_0)\}\sum_{n=1}^{\infty}\frac{J_{m\dot{o}}(\xi_n r)}{\left[\left\{1-\left(\frac{m\dot{o}}{\xi_n a}\right)^2\right\}J^2_{m\dot{o}}(\xi_n a)+J'^2_{m\dot{o}}(\xi_n a)\right]}\times\\
&\times\sum_{l=1}^{\infty}\frac{\overline{\overline{\overline{\varphi}}}(\xi_n,m,\xi_l;\theta)\,(\xi_l^2+\lambda_0^2)\sin\{\xi_l(d-z)\}}{\{d(\xi_l^2+\lambda_0^2)+\lambda_0\}(\eta_r\xi_n^2+\eta_z\xi_l^2+s)}
\end{aligned}\tag{25.75.1}$$

where ξ_n are the positive roots of $\xi_n J'_{m\dot{o}}(\xi_n a)+\lambda J_{m\dot{o}}(\xi_n a)=0$, and ξ_l are the positive roots of $\xi_l\cot(\xi_l d)=-\lambda_0$, $l=1,2,\ldots$. $\overline{\overline{\overline{\psi}}}_0(\xi_n,m,s;\theta)=\int_0^a uJ_{m\dot{o}}(\xi_n u)\int_0^{2\pi}\overline{\psi}_0(u,v,s)\cos\{m(\theta-v)\}dvdu$,
$\overline{\overline{\overline{\psi}}}_d(\xi_n,m,s;\theta)=\int_0^a uJ_{m\dot{o}}(\xi_n u)\int_0^{2\pi}\overline{\psi}_d(u,v,s)\cos\{m(\theta-v)\}dvdu$,
$\overline{\overline{\overline{\psi}}}_a(m,\xi_l,s;\theta)=\int_0^{2\pi}\cos\{m(\theta-v)\}\int_0^d\overline{\psi}_a(v,w,s)\sin\{\xi_l(d-w)\}\,dwdv$, and
$\overline{\overline{\overline{\varphi}}}(\xi_n,m,\xi_l;\theta)=\int_0^a uJ_{m\dot{o}}(\xi_n u)\int_0^{2\pi}\cos\{m(\theta-v)\}\int_0^d\varphi(u,v,w)\sin\{\xi_l(d-w)\}\,dwdvdu$.

$$\begin{aligned}
p &= \frac{4U(t-t_0)}{\pi a^2\phi c_t}\sum_{m=0}^{\infty}\ni_m\cos\{m(\theta-\theta_0)\}\sum_{n=1}^{\infty}\frac{J_{m\dot{o}}(\xi_n r_0)\,J_{m\dot{o}}(\xi_n r)}{\left[\left\{1-\left(\frac{m\dot{o}}{\xi_n a}\right)^2\right\}J^2_{m\dot{o}}(\xi_n a)+J'^2_{m\dot{o}}(\xi_n a)\right]}\times\\
&\times\sum_{l=1}^{\infty}\frac{(\xi_l^2+\lambda_0^2)\sin\{\xi_l(d-z_0)\}\sin\{\xi_l(d-z)\}\int_0^{t-t_0}q(t-t_0-\tau)\,e^{-(\eta_r\xi_n^2+\eta_z\xi_l^2)\tau}d\tau}{\{d(\xi_l^2+\lambda_0^2)+\lambda_0\}}-\\
&-\frac{4}{\pi a\phi c_t}\sum_{m=0}^{\infty}\ni_m\cos\{m(\theta-\theta_0)\}\sum_{n=1}^{\infty}\frac{J_{m\dot{o}}(\xi_n r)}{\left[\left\{1-\left(\frac{m\dot{o}}{\xi_n a}\right)^2\right\}J^2_{m\dot{o}}(\xi_n a)+J'^2_{m\dot{o}}(\xi_n a)\right]}\times
\end{aligned}$$

$$\times\sum_{l=1}^{\infty}\frac{\left(\xi_l^2+\lambda_0^2\right)\sin\{\xi_l(d-z)\}\int_0^t\overline{\overline{\psi}}_a(m,\xi_l,t-\tau;\theta)\,e^{-\left(\eta_r\xi_n^2+\eta_z\xi_l^2\right)\tau}d\tau}{\{d(\xi_l^2+\lambda_0^2)+\lambda_0\}}+$$

$$+\frac{4}{\pi a^2}\sum_{m=0}^{\infty}\ni_m\cos\{m(\theta-\theta_0)\}\sum_{n=1}^{\infty}\frac{J_{m\dot{o}}(\xi_n r)}{\left[\left\{1-\left(\frac{m\dot{o}}{\xi_n a}\right)^2\right\}J_{m\dot{o}}^2(\xi_n a)+J_{m\dot{o}}'^2(\xi_n a)\right]}\times$$

$$\times\sum_{l=1}^{\infty}\frac{(\xi_l^2+\lambda_0^2)\sin\{\xi_l(d-z)\}\int_0^t\left\{\frac{\sin(\xi_l d)}{\phi c_t}\overline{\overline{\psi}}_0(\xi_n,m,t-\tau;\theta)+\eta_z\xi_l\overline{\overline{\psi}}_d(\xi_n,m,t-\tau;\theta)\right\}e^{-\left(\eta_r\xi_n^2+\eta_z\xi_l^2\right)\tau}d\tau}{\{d(\xi_l^2+\lambda_0^2)+\lambda_0\}}+$$

$$+\frac{4}{\pi a^2}\sum_{m=0}^{\infty}\ni_m\cos\{m(\theta-\theta_0)\}\sum_{n=1}^{\infty}\frac{J_{m\dot{o}}(\xi_n r)\,e^{-\eta_r\xi_n^2 t}}{\left[\left\{1-\left(\frac{m\dot{o}}{\xi_n a}\right)^2\right\}J_{m\dot{o}}^2(\xi_n a)+J_{m\dot{o}}'^2(\xi_n a)\right]}\times$$

$$\times\sum_{l=1}^{\infty}\frac{\overline{\overline{\overline{\varphi}}}(\xi_n,m,\xi_l;\theta)\left(\xi_l^2+\lambda_0^2\right)\sin\{\xi_l(d-z)\}\,e^{-\eta_z\xi_l^2 t}}{\{d(\xi_l^2+\lambda_0^2)+\lambda_0\}} \qquad (25.75.2)$$

where $\overline{\overline{\psi}}_a(m,\xi_l,t;\theta)=\int_0^{2\pi}\cos\{m(\theta-v)\}\int_0^d\psi_a(v,w,t)\sin\{\xi_l(d-w)\}\,dwdv$,
$\overline{\overline{\psi}}_0(\xi_n,m,t;\theta)=\int_0^a uJ_{m\dot{o}}(\xi_n u)\int_0^{2\pi}\psi_0(u,v,t)\cos\{m(\theta-v)\}dvdu$, and
$\overline{\overline{\psi}}_d(\xi_n,m,t;\theta)=\int_0^a uJ_{m\dot{o}}(\xi_n u)\int_0^{2\pi}\psi_d(u,v,t)\cos\{m(\theta-v)\}dvdu$.

25.76

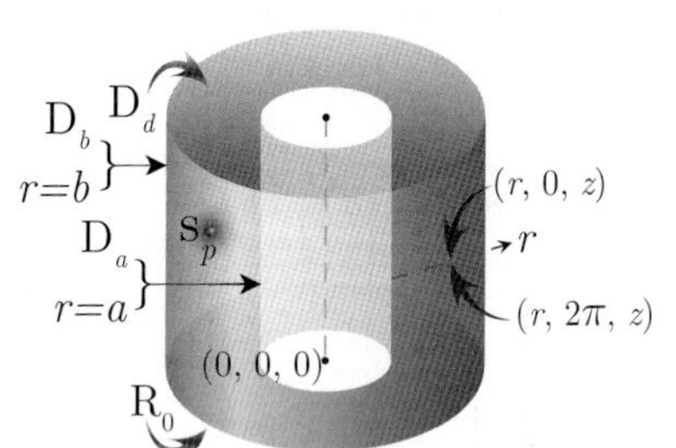

A cylindrical continuum bounded by $a \le r \le b$ and $0 \le z \le d$. Point source at $s_p \equiv (r_0, \theta_0, z_0)$ at time $t = t_0$; $0 < r_0 < a$, $0 \le \theta_0 \le 2\pi$, $0 < z_0 < d$, $t_0 \ge 0$.
$R_0 \equiv \frac{\partial p(r,\theta,0,t)}{\partial z} - \lambda_0 p(r,\theta,0,t) = -\left(\frac{\mu}{k_z}\right)\psi_0(r,\theta,t)$,
$D_d \equiv p(r,\theta,d,t) = \psi_d(r,\theta,t)$,
$D_a \equiv p(a,\theta,z,t) = \psi_a(\theta,z,t)$ and
$D_b \equiv p(b,\theta,z,t) = \psi_b(\theta,z,t)$. $p(r,\theta,z,0) = \varphi(r,\theta,z)$

$$\overline{p}=\frac{\pi q(s)\,e^{-st_0}}{\phi c_t}\sum_{m=0}^{\infty}\ni_m\cos\{m(\theta-\theta_0)\}\sum_{n=1}^{\infty}\frac{\xi_n^2 J_{m\dot{o}}^2(\xi_n b)\,\mathcal{V}_{\mathcal{D}m\dot{o}}(\xi r_0,a)\,\mathcal{V}_{\mathcal{D}m\dot{o}}(\xi r,a)}{\{J_{m\dot{o}}^2(\xi_n a)-J_{m\dot{o}}^2(\xi_n b)\}}\times$$

$$\times\sum_{l=1}^{\infty}\frac{\left(\xi_l^2+\lambda_0^2\right)\sin\{\xi_l(d-z_0)\}\sin\{\xi_l(d-z)\}}{\{d(\xi_l^2+\lambda_0^2)+\lambda_0\}\left(\eta_r\xi_n^2+\eta_z\xi_l^2+s\right)}-$$

$$-2\eta_r\sum_{m=0}^{\infty}\ni_m\cos\{m(\theta-\theta_0)\}\sum_{n=1}^{\infty}\frac{\xi_n^2 J_{m\dot{o}}^2(\xi_n b)\,\mathcal{V}_{\mathcal{D}m\dot{o}}(\xi r,a)}{\{J_{m\dot{o}}^2(\xi_n a)-J_{m\dot{o}}^2(\xi_n b)\}}\sum_{l=1}^{\infty}\frac{\overline{\overline{\psi}}_a(m,\xi_l,s;\theta)\left(\xi_l^2+\lambda_0^2\right)\sin\{\xi_l(d-z)\}}{\{d(\xi_l^2+\lambda_0^2)+\lambda_0\}\left(\eta_r\xi_n^2+\eta_z\xi_l^2+s\right)}+$$

$$+2\eta_r\sum_{m=0}^{\infty}\ni_m\cos\{m(\theta-\theta_0)\}\sum_{n=1}^{\infty}\frac{\xi_n^2 J_{m\dot{o}}(\xi_n a)\,J_{m\dot{o}}(\xi_n b)\,\mathcal{V}_{\mathcal{D}m\dot{o}}(\xi r,a)}{\{J_{m\dot{o}}^2(\xi_n a)-J_{m\dot{o}}^2(\xi_n b)\}}\times$$

$$\times\sum_{l=1}^{\infty}\frac{\overline{\overline{\psi}}_b(m,\xi_l,s;\theta)\left(\xi_l^2+\lambda_0^2\right)\sin\{\xi_l(d-z)\}}{\{d(\xi_l^2+\lambda_0^2)+\lambda_0\}\left(\eta_r\xi_n^2+\eta_z\xi_l^2+s\right)}+$$

$$+\pi\sum_{m=0}^{\infty}\ni_m\cos\{m(\theta-\theta_0)\}\sum_{n=1}^{\infty}\frac{\xi_n^2 J_{m\dot{o}}^2(\xi_n b)\,\mathcal{V}_{\mathcal{D}m\dot{o}}(\xi r,a)}{\{J_{m\dot{o}}^2(\xi_n a)-J_{m\dot{o}}^2(\xi_n b)\}}\times$$

$$\times\sum_{l=1}^{\infty}\frac{\left(\xi_l^2+\lambda_0^2\right)\left\{\frac{\sin(\xi_l d)}{\phi c_t}\overline{\overline{\psi}}_0(\xi_n,m,s;\theta)+\eta_z\xi_l\overline{\overline{\psi}}_d(\xi_n,m,s;\theta)\right\}\sin\{\xi_l(d-z)\}}{\{d(\xi_l^2+\lambda_0^2)+\lambda_0\}\left(\eta_r\xi_n^2+\eta_z\xi_l^2+s\right)}+$$

$$+\pi\sum_{m=0}^{\infty}\ni_m\cos\{m(\theta-\theta_0)\}\sum_{n=1}^{\infty}\frac{\xi_n^2J_{m\dot{o}}^2(\xi_nb)\mathcal{V}_{\mathcal{D}m\dot{o}}(\xi r,a)}{\{J_{m\dot{o}}^2(\xi_na)-J_{m\dot{o}}^2(\xi_nb)\}}\sum_{l=1}^{\infty}\frac{\overline{\overline{\overline{\varphi}}}(\xi_n,m,\xi_l;\theta)\left(\xi_l^2+\lambda_0^2\right)\sin\{\xi_l(d-z)\}}{\{d(\xi_l^2+\lambda_0^2)+\lambda_0\}\left(\eta_r\xi_n^2+\eta_z\xi_l^2+s\right)}$$
(25.76.1)

where $\mathcal{V}_{\mathcal{D}m\dot{o}}(\xi_nr,a)=J_{m\dot{o}}(\xi_nr)Y_{m\dot{o}}(\xi_na)-Y_{m\dot{o}}(\xi_nr)J_{m\dot{o}}(\xi_na)$, and the eigenvalues $\xi_n, n=1,2,....$, are the positive roots of the transcendental equation $\mathcal{V}_{\mathcal{D}m\dot{o}}(\xi_nb,a)=0$, and ξ_l are the positive roots of $\xi_l\cot(\xi_ld)=-\lambda_0$, $l=1,2,....$ $\overline{\overline{\overline{\psi}}}_0(\xi_n,m,s;\theta)=\int_a^b u\mathcal{V}_{\mathcal{D}m\dot{o}}(\xi_nu,a)\int_0^{2\pi}\overline{\psi}_0(u,v,s)\cos\{m(\theta-v)\}dvdu$,
$\overline{\overline{\overline{\psi}}}_d(\xi_n,m,s;\theta)=\int_a^b u\mathcal{V}_{\mathcal{D}m\dot{o}}(\xi_nu,a)\int_0^{2\pi}\overline{\psi}_d(u,v,s)\cos\{m(\theta-v)\}dvdu$,
$\overline{\overline{\overline{\psi}}}_a(m,\xi_l,s;\theta)=\int_0^{2\pi}\cos\{m(\theta-v)\}\int_0^d\overline{\psi}_a(v,w,s)\sin\{\xi_l(d-w)\}dwdv$,
$\overline{\overline{\overline{\psi}}}_b(m,\xi_l,s;\theta)=\int_0^{2\pi}\cos\{m(\theta-v)\}\int_0^d\overline{\psi}_b(v,w,s)\sin\{\xi_l(d-w)\}dwdv$, and
$\overline{\overline{\overline{\varphi}}}(\xi_n,m,\xi_l;\theta)=\int_a^b u\mathcal{V}_{\mathcal{D}m\dot{o}}(\xi_nu,a)\int_0^{2\pi}\cos\{m(\theta-v)\}\int_0^d\varphi(u,v,w)\sin\{\xi_l(d-w)\}dwdvdu$.

$$\begin{aligned}
p=&\frac{\pi U(t-t_0)}{\phi c_t}\sum_{m=0}^{\infty}\ni_m\cos\{m(\theta-\theta_0)\}\sum_{n=1}^{\infty}\frac{\xi_n^2J_{m\dot{o}}^2(\xi_nb)\mathcal{V}_{\mathcal{D}m\dot{o}}(\xi r_0,a)\mathcal{V}_{\mathcal{D}m\dot{o}}(\xi r,a)}{\{J_{m\dot{o}}^2(\xi_na)-J_{m\dot{o}}^2(\xi_nb)\}}\times\\
&\times\sum_{l=1}^{\infty}\frac{\left(\xi_l^2+\lambda_0^2\right)\sin\{\xi_l(d-z_0)\}\sin\{\xi_l(d-z)\}\int_0^{t-t_0}q(t-t_0-\tau)e^{-\left(\eta_r\xi_n^2+\eta_z\xi_l^2\right)\tau}d\tau}{\{d(\xi_l^2+\lambda_0^2)+\lambda_0\}}-\\
&-2\eta_r\sum_{m=0}^{\infty}\ni_m\cos\{m(\theta-\theta_0)\}\sum_{n=1}^{\infty}\frac{\xi_n^2J_{m\dot{o}}^2(\xi_nb)\mathcal{V}_{\mathcal{D}m\dot{o}}(\xi r,a)}{\{J_{m\dot{o}}^2(\xi_na)-J_{m\dot{o}}^2(\xi_nb)\}}\times\\
&\times\sum_{l=1}^{\infty}\frac{\left(\xi_l^2+\lambda_0^2\right)\sin\{\xi_l(d-z)\}\int_0^t\overline{\overline{\psi}}_a(m,\xi_l,t-\tau;\theta)e^{-\left(\eta_r\xi_n^2+\eta_z\xi_l^2\right)\tau}d\tau}{\{d(\xi_l^2+\lambda_0^2)+\lambda_0\}}+\\
&+2\eta_r\sum_{m=0}^{\infty}\ni_m\cos\{m(\theta-\theta_0)\}\sum_{n=1}^{\infty}\frac{\xi_n^2J_{m\dot{o}}(\xi_na)J_{m\dot{o}}(\xi_nb)\mathcal{V}_{\mathcal{D}m\dot{o}}(\xi r,a)}{\{J_{m\dot{o}}^2(\xi_na)-J_{m\dot{o}}^2(\xi_nb)\}}\times\\
&\times\sum_{l=1}^{\infty}\frac{\left(\xi_l^2+\lambda_0^2\right)\sin\{\xi_l(d-z)\}\int_0^t\overline{\overline{\psi}}_b(m,\xi_l,t-\tau;\theta)e^{-\left(\eta_r\xi_n^2+\eta_z\xi_l^2\right)\tau}d\tau}{\{d(\xi_l^2+\lambda_0^2)+\lambda_0\}}+\\
&+\pi\sum_{m=0}^{\infty}\ni_m\cos\{m(\theta-\theta_0)\}\sum_{n=1}^{\infty}\frac{\xi_n^2J_{m\dot{o}}^2(\xi_nb)\mathcal{V}_{\mathcal{D}m\dot{o}}(\xi r,a)}{\{J_{m\dot{o}}^2(\xi_na)-J_{m\dot{o}}^2(\xi_nb)\}}\times\\
&\times\sum_{l=1}^{\infty}\frac{\left(\xi_l^2+\lambda_0^2\right)\sin\{\xi_l(d-z)\}\int_0^t\left\{\frac{\sin(\xi_ld)}{\phi c_t}\overline{\overline{\psi}}_0(\xi_n,m,t-\tau;\theta)+\eta_z\xi_l\overline{\overline{\psi}}_d(\xi_n,m,t-\tau;\theta)\right\}e^{-\left(\eta_r\xi_n^2+\eta_z\xi_l^2\right)\tau}d\tau}{\{d(\xi_l^2+\lambda_0^2)+\lambda_0\}}+\\
&+\pi\sum_{m=0}^{\infty}\ni_m\cos\{m(\theta-\theta_0)\}\sum_{n=1}^{\infty}\frac{\xi_n^2J_{m\dot{o}}^2(\xi_nb)\mathcal{V}_{\mathcal{D}m\dot{o}}(\xi r,a)e^{-\eta_r\xi_n^2t}}{\{J_{m\dot{o}}^2(\xi_na)-J_{m\dot{o}}^2(\xi_nb)\}}\times\\
&\times\sum_{l=1}^{\infty}\frac{\overline{\overline{\overline{\varphi}}}(\xi_n,m,\xi_l;\theta)\left(\xi_l^2+\lambda_0^2\right)\sin\{\xi_l(d-z)\}e^{-\eta_z\xi_l^2t}}{\{d(\xi_l^2+\lambda_0^2)+\lambda_0\}}
\end{aligned}$$
(25.76.2)

where $\overline{\overline{\psi}}_a(m,\xi_l,t;\theta)=\int_0^{2\pi}\cos\{m(\theta-v)\}\int_0^d\psi_a(v,w,t)\sin\{\xi_l(d-w)\}dwdv$,
$\overline{\overline{\psi}}_b(m,\xi_l,t;\theta)=\int_0^{2\pi}\cos\{m(\theta-v)\}\int_0^d\psi_b(v,w,t)\sin\{\xi_l(d-w)\}dwdv$,
$\overline{\overline{\psi}}_0(\xi_n,m,t;\theta)=\int_a^b u\mathcal{V}_{\mathcal{D}m\dot{o}}(\xi_nu,a)\int_0^{2\pi}\psi_0(u,v,t)\cos\{m(\theta-v)\}dvdu$, and
$\overline{\overline{\psi}}_d(\xi_n,m,t;\theta)=\int_a^b u\mathcal{V}_{\mathcal{D}m\dot{o}}(\xi_nu,a)\int_0^{2\pi}\psi_d(u,v,t)\cos\{m(\theta-v)\}dvdu$.

25.77

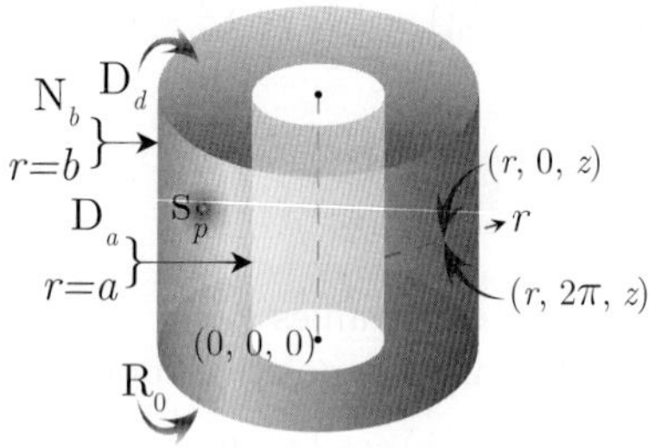

The problem of 25.76, except
$\mathbf{D_a} \equiv p(a,\theta,z,t) = \psi_a(\theta,z,t)$,
$\mathbf{N_b} \equiv \frac{\partial p(b,\theta,z,t)}{\partial r} = -\left(\frac{\mu}{k_r}\right)\psi_b(\theta,z,t)$,
$\mathbf{R_0} \equiv \frac{\partial p(r,\theta,0,t)}{\partial z} - \lambda_0 p(r,\theta,0,t) = -\left(\frac{\mu}{k_z}\right)\psi_0(r,\theta,t)$ **and**
$\mathbf{D_d} \equiv p(r,\theta,d,t) = \psi_d(r,\theta,t)$

$$
\begin{aligned}
\overline{p} \;=\;& \frac{\pi q(s)\, e^{-st_0}}{\phi c_t} \sum_{m=0}^{\infty} \ni_m \cos\{m(\theta-\theta_0)\} \sum_{n=1}^{\infty} \frac{\xi_n^2 J_{m\dot{o}}'^2(\xi_n b)\, \mathcal{V}_{\mathcal{D}m\dot{o}}(\xi r_0, a)\, \mathcal{V}_{\mathcal{D}m\dot{o}}(\xi r, a)}{\left[\left\{1-\left(\frac{m\dot{o}}{\xi_n b}\right)^2\right\} J_{m\dot{o}}^2(\xi_n a) - J_{m\dot{o}}'^2(\xi_n b)\right]} \times \\
&\times \sum_{l=1}^{\infty} \frac{\left(\xi_l^2+\lambda_0^2\right)\sin\{\xi_l(d-z_0)\}\sin\{\xi_l(d-z)\}}{\{d(\xi_l^2+\lambda_0^2)+\lambda_0\}(\eta_r\xi_n^2+\eta_z\xi_l^2+s)} - \\
&-2\eta_r \sum_{m=0}^{\infty} \ni_m \cos\{m(\theta-\theta_0)\} \sum_{n=1}^{\infty} \frac{\xi_n^2 J_{m\dot{o}}'^2(\xi_n b)\, \mathcal{V}_{\mathcal{D}m\dot{o}}(\xi r, a)}{\left[\left\{1-\left(\frac{m\dot{o}}{\xi_n b}\right)^2\right\} J_{m\dot{o}}^2(\xi_n a) - J_{m\dot{o}}'^2(\xi_n b)\right]} \times \\
&\times \sum_{l=1}^{\infty} \frac{\overline{\overline{\overline{\psi}}}_a(m,\xi_l,s;\theta)\left(\xi_l^2+\lambda_0^2\right)\sin\{\xi_l(d-z)\}}{\{d(\xi_l^2+\lambda_0^2)+\lambda_0\}(\eta_r\xi_n^2+\eta_z\xi_l^2+s)} - \\
&-\frac{2}{\phi c_t} \sum_{m=0}^{\infty} \ni_m \cos\{m(\theta-\theta_0)\} \sum_{n=1}^{\infty} \frac{\xi_n^2 J_{m\dot{o}}(\xi_n a)\, J_{m\dot{o}}'(\xi_n b)\, \mathcal{V}_{\mathcal{D}m\dot{o}}(\xi r, a)}{\left[\left\{1-\left(\frac{m\dot{o}}{\xi_n b}\right)^2\right\} J_{m\dot{o}}^2(\xi_n a) - J_{m\dot{o}}'^2(\xi_n b)\right]} \times \\
&\times \sum_{l=1}^{\infty} \frac{\overline{\overline{\overline{\psi}}}_b(m,\xi_l,s;\theta)\left(\xi_l^2+\lambda_0^2\right)\sin\{\xi_l(d-z)\}}{\{d(\xi_l^2+\lambda_0^2)+\lambda_0\}(\eta_r\xi_n^2+\eta_z\xi_l^2+s)} + \\
&+\pi \sum_{m=0}^{\infty} \ni_m \cos\{m(\theta-\theta_0)\} \sum_{n=1}^{\infty} \frac{\xi_n^2 J_{m\dot{o}}'^2(\xi_n b)\, \mathcal{V}_{\mathcal{D}m\dot{o}}(\xi r, a)}{\left[\left\{1-\left(\frac{m\dot{o}}{\xi_n b}\right)^2\right\} J_{m\dot{o}}^2(\xi_n a) - J_{m\dot{o}}'^2(\xi_n b)\right]} \times \\
&\times \sum_{l=1}^{\infty} \frac{\left(\xi_l^2+\lambda_0^2\right)\left\{\frac{\sin(\xi_l d)}{\phi c_t}\overline{\overline{\overline{\psi}}}_0(\xi_n,m,s;\theta) + \eta_z\xi_l\overline{\overline{\overline{\psi}}}_d(\xi_n,m,s;\theta)\right\}\sin\{\xi_l(d-z)\}}{\{d(\xi_l^2+\lambda_0^2)+\lambda_0\}(\eta_r\xi_n^2+\eta_z\xi_l^2+s)} + \\
&+\pi \sum_{m=0}^{\infty} \ni_m \cos\{m(\theta-\theta_0)\} \sum_{n=1}^{\infty} \frac{\xi_n^2 J_{m\dot{o}}'^2(\xi_n b)\, \mathcal{V}_{\mathcal{D}m\dot{o}}(\xi r, a)}{\left[\left\{1-\left(\frac{m\dot{o}}{\xi_n b}\right)^2\right\} J_{m\dot{o}}^2(\xi_n a) - J_{m\dot{o}}'^2(\xi_n b)\right]} \times \\
&\times \sum_{l=1}^{\infty} \frac{\overline{\overline{\overline{\varphi}}}(\xi_n,m,\xi_l;\theta)\left(\xi_l^2+\lambda_0^2\right)\sin\{\xi_l(d-z)\}}{\{d(\xi_l^2+\lambda_0^2)+\lambda_0\}(\eta_r\xi_n^2+\eta_z\xi_l^2+s)}
\end{aligned}
\tag{25.77.1}
$$

where $\mathcal{V}_{\mathcal{D}m\dot{o}}(\xi_n r, a) = J_{m\dot{o}}(\xi_n r)\, Y_{m\dot{o}}(\xi_n a) - Y_{m\dot{o}}(\xi_n r)\, J_{m\dot{o}}(\xi_n a)$, and the eigenvalues are the positive roots of the transcendental equation $\mathcal{V}_{\mathcal{D}m\dot{o}}'(\xi_n b, a) = 0$, $\xi_n, n = 1, 2, ...$, and ξ_l are the positive roots of $\xi_l \cot(\xi_l d) = -\lambda_0$, $l = 1, 2, ...$ $\overline{\overline{\overline{\psi}}}_0(\xi_n, m, s; \theta) = \int_a^b u\mathcal{V}_{\mathcal{D}m\dot{o}}(\xi_n u, a) \int_0^{2\pi} \overline{\psi}_0(u, v, s) \cos\{m(\theta - v)\} dvdu$,
$\overline{\overline{\overline{\psi}}}_d(\xi_n, m, s; \theta) = \int_a^b u\mathcal{V}_{\mathcal{D}m\dot{o}}(\xi_n u, a) \int_0^{2\pi} \overline{\psi}_d(u, v, s) \cos\{m(\theta - v)\} dvdu$,
$\overline{\overline{\overline{\psi}}}_a(m, \xi_l, s; \theta) = \int_0^{2\pi} \cos\{m(\theta - v)\} \int_0^d \overline{\psi}_a(v, w, s) \sin\{\xi_l(d - w)\}\, dwdv$,
$\overline{\overline{\overline{\psi}}}_b(m, \xi_l, s; \theta) = \int_0^{2\pi} \cos\{m(\theta - v)\} \int_0^d \overline{\psi}_b(v, w, s) \sin\{\xi_l(d - w)\}\, dwdv$, and

$\overline{\overline{\overline{\varphi}}}(\xi_n, m, \xi_l; \theta) = \int_a^b u\mathcal{V}_{\mathcal{D}m\dot{o}}(\xi_n u, a) \int_0^{2\pi} \cos\{m(\theta - v)\} \int_0^d \varphi(u, v, w) \sin\{\xi_l(d - w)\}\, dwdvdu.$

$$p = \frac{\pi U(t-t_0)}{\phi c_t} \sum_{m=0}^{\infty} \ni_m \cos\{m(\theta-\theta_0)\} \sum_{n=1}^{\infty} \frac{\xi_n^2 J'^2_{m\dot{o}}(\xi_n b)\,\mathcal{V}_{\mathcal{D}m\dot{o}}(\xi r_0, a)\,\mathcal{V}_{\mathcal{D}m\dot{o}}(\xi r, a)}{\left[\left\{1-\left(\frac{m\dot{o}}{\xi_n b}\right)^2\right\} J^2_{m\dot{o}}(\xi_n a) - J'^2_{m\dot{o}}(\xi_n b)\right]} \times$$
$$\times \sum_{l=1}^{\infty} \frac{(\xi_l^2+\lambda_0^2)\sin\{\xi_l(d-z_0)\}\sin\{\xi_l(d-z)\}\int_0^{t-t_0} q(t-t_0-\tau)\, e^{-(\eta_r\xi_n^2+\eta_z\xi_l^2)\tau}d\tau}{\{d(\xi_l^2+\lambda_0^2)+\lambda_0\}} -$$
$$-2\eta_r \sum_{m=0}^{\infty} \ni_m \cos\{m(\theta-\theta_0)\} \sum_{n=1}^{\infty} \frac{\xi_n^2 J'^2_{m\dot{o}}(\xi_n b)\,\mathcal{V}_{\mathcal{D}m\dot{o}}(\xi r, a)}{\left[\left\{1-\left(\frac{m\dot{o}}{\xi_n b}\right)^2\right\} J^2_{m\dot{o}}(\xi_n a) - J'^2_{m\dot{o}}(\xi_n b)\right]} \times$$
$$\times \sum_{l=1}^{\infty} \frac{(\xi_l^2+\lambda_0^2)\sin\{\xi_l(d-z)\}\int_0^t \overline{\overline{\psi}}_a(m, \xi_l, t-\tau; \theta)\, e^{-(\eta_r\xi_n^2+\eta_z\xi_l^2)\tau}d\tau}{\{d(\xi_l^2+\lambda_0^2)+\lambda_0\}} -$$
$$-\frac{2}{\phi c_t} \sum_{m=0}^{\infty} \ni_m \cos\{m(\theta-\theta_0)\} \sum_{n=1}^{\infty} \frac{\xi_n^2 J_{m\dot{o}}(\xi_n a)\, J'_{m\dot{o}}(\xi_n b)\,\mathcal{V}_{\mathcal{D}m\dot{o}}(\xi r, a)}{\left[\left\{1-\left(\frac{m\dot{o}}{\xi_n b}\right)^2\right\} J^2_{m\dot{o}}(\xi_n a) - J'^2_{m\dot{o}}(\xi_n b)\right]} \times$$
$$\times \sum_{l=1}^{\infty} \frac{(\xi_l^2+\lambda_0^2)\sin\{\xi_l(d-z)\}\int_0^t \overline{\overline{\psi}}_b(m, \xi_l, t-\tau; \theta)\, e^{-(\eta_r\xi_n^2+\eta_z\xi_l^2)\tau}d\tau}{\{d(\xi_l^2+\lambda_0^2)+\lambda_0\}} +$$
$$+\pi \sum_{m=0}^{\infty} \ni_m \cos\{m(\theta-\theta_0)\} \sum_{n=1}^{\infty} \frac{\xi_n^2 J'^2_{m\dot{o}}(\xi_n b)\,\mathcal{V}_{\mathcal{D}m\dot{o}}(\xi r, a)}{\left[\left\{1-\left(\frac{m\dot{o}}{\xi_n b}\right)^2\right\} J^2_{m\dot{o}}(\xi_n a) - J'^2_{m\dot{o}}(\xi_n b)\right]} \times$$
$$\times \sum_{l=1}^{\infty} \frac{(\xi_l^2+\lambda_0^2)\sin\{\xi_l(d-z)\}\int_0^t\left\{\frac{\sin(\xi_l d)}{\phi c_t}\overline{\overline{\psi}}_0(\xi_n, m, t-\tau; \theta) + \eta_z\xi_l\overline{\overline{\psi}}_d(\xi_n, m, t-\tau; \theta)\right\}e^{-(\eta_r\xi_n^2+\eta_z\xi_l^2)\tau}d\tau}{\{d(\xi_l^2+\lambda_0^2)+\lambda_0\}} +$$
$$+\pi \sum_{m=0}^{\infty} \ni_m \cos\{m(\theta-\theta_0)\} \sum_{n=1}^{\infty} \frac{\xi_n^2 J'^2_{m\dot{o}}(\xi_n b)\,\mathcal{V}_{\mathcal{D}m\dot{o}}(\xi r, a)\, e^{-\eta_r\xi_n^2 t}}{\left[\left\{1-\left(\frac{m\dot{o}}{\xi_n b}\right)^2\right\} J^2_{m\dot{o}}(\xi_n a) - J'^2_{m\dot{o}}(\xi_n b)\right]} \times$$
$$\times \sum_{l=1}^{\infty} \frac{\overline{\overline{\overline{\varphi}}}(\xi_n, m, \xi_l; \theta)\,(\xi_l^2+\lambda_0^2)\sin\{\xi_l(d-z)\}\, e^{-\eta_z\xi_l^2 t}}{\{d(\xi_l^2+\lambda_0^2)+\lambda_0\}} \tag{25.77.2}$$

where $\overline{\overline{\psi}}_a(m, \xi_l, t; \theta) = \int_0^{2\pi} \cos\{m(\theta - v)\} \int_0^d \psi_a(v, w, t) \sin\{\xi_l(d - w)\}\, dwdv$,
$\overline{\overline{\psi}}_b(m, \xi_l, t; \theta) = \int_0^{2\pi} \cos\{m(\theta - v)\} \int_0^d \psi_b(v, w, t) \sin\{\xi_l(d - w)\}\, dwdv$,
$\overline{\overline{\psi}}_0(\xi_n, m, t; \theta) = \int_a^b u\mathcal{V}_{\mathcal{D}m\dot{o}}(\xi_n u, a) \int_0^{2\pi} \psi_0(u, v, t) \cos\{m(\theta - v)\}dvdu$, and
$\overline{\overline{\psi}}_d(\xi_n, m, t; \theta) = \int_a^b u\mathcal{V}_{\mathcal{D}m\dot{o}}(\xi_n u, a) \int_0^{2\pi} \psi_d(u, v, t) \cos\{m(\theta - v)\}dvdu$.

25.78 The problem of 25.76, except $\mathbf{D}_a \equiv p(a, \theta, z, t) = \psi_a(\theta, z, t)$, $\mathbf{R}_b \equiv \frac{\partial p(b,\theta,z,t)}{\partial r} + \lambda p(b, \theta, z, t) = -\left(\frac{\mu}{k_r}\right)\psi_b(\theta, z, t)$, $\mathbf{R}_0 \equiv \frac{\partial p(r,\theta,0,t)}{\partial z} - \lambda_0 p(r, \theta, 0, t) = -\left(\frac{\mu}{k_z}\right)\psi_0(r, \theta, t)$ and $\mathbf{D}_d \equiv p(r, \theta, d, t) = \psi_d(r, \theta, t)$

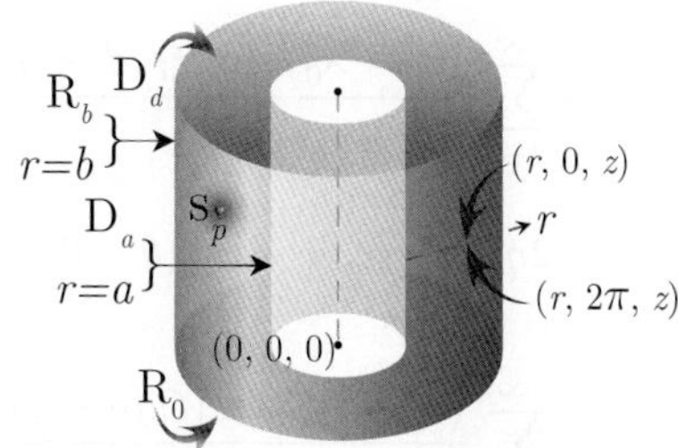

$$\overline{p} = \frac{\pi q(s)e^{-st_0}}{\phi c_t} \sum_{m=0}^{\infty} \ni_m \cos\{m(\theta-\theta_0)\} \sum_{n=1}^{\infty} \frac{\xi_n^2\{\xi_n J'_{m\dot{o}}(\xi_n b) + \lambda J_{m\dot{o}}(\xi_n b)\}^2 \mathcal{V}_{\mathcal{D}m\dot{o}}(\xi r_0, a)\,\mathcal{V}_{\mathcal{D}m\dot{o}}(\xi r, a)}{\left[\left\{\xi_n^2+\lambda^2-\left(\frac{m\dot{o}}{b}\right)^2\right\} J^2_{m\dot{o}}(\xi_n a) - \{\xi_n J'_{m\dot{o}}(\xi_n b) + \lambda J_{m\dot{o}}(\xi_n b)\}^2\right]} \times$$
$$\times \sum_{l=1}^{\infty} \frac{(\xi_l^2+\lambda_0^2)\sin\{\xi_l(d-z_0)\}\sin\{\xi_l(d-z)\}}{\{d(\xi_l^2+\lambda_0^2)+\lambda_0\}(\eta_r\xi_n^2+\eta_z\xi_l^2+s)} -$$

$$-2\eta_r \sum_{m=0}^{\infty} \ni_m \cos\{m(\theta-\theta_0)\} \sum_{n=1}^{\infty} \frac{\xi_n^2 \{\xi_n J'_{m\dot{o}}(\xi_n b) + \lambda J_{m\dot{o}}(\xi_n b)\}^2 \mathcal{V}_{\mathcal{D}m\dot{o}}(\xi r, a)}{\left[\left\{\xi_n^2 + \lambda^2 - \left(\frac{m\dot{o}}{b}\right)^2\right\} J_{m\dot{o}}^2(\xi_n a) - \{\xi_n J'_{m\dot{o}}(\xi_n b) + \lambda J_{m\dot{o}}(\xi_n b)\}^2\right]} \times$$

$$\times \sum_{l=1}^{\infty} \frac{\overline{\overline{\overline{\psi}}}_a(m, \xi_l, s; \theta)(\xi_l^2 + \lambda_0^2) \sin\{\xi_l(d-z)\}}{\{d(\xi_l^2 + \lambda_0^2) + \lambda_0\}(\eta_r \xi_n^2 + \eta_z \xi_l^2 + s)} -$$

$$-\frac{2}{\phi c_t} \sum_{m=0}^{\infty} \ni_m \cos\{m(\theta-\theta_0)\} \sum_{n=1}^{\infty} \frac{\xi_n^2 J_{m\dot{o}}(\xi_n a)\{\xi_n J'_{m\dot{o}}(\xi_n b) + \lambda J_{m\dot{o}}(\xi_n b)\} \mathcal{V}_{\mathcal{D}m\dot{o}}(\xi r, a)}{\left[\left\{\xi_n^2 + \lambda^2 - \left(\frac{m\dot{o}}{b}\right)^2\right\} J_{m\dot{o}}^2(\xi_n a) - \{\xi_n J'_{m\dot{o}}(\xi_n b) + \lambda J_{m\dot{o}}(\xi_n b)\}^2\right]} \times$$

$$\times \sum_{l=1}^{\infty} \frac{\overline{\overline{\overline{\psi}}}_b(m, \xi_l, s; \theta)(\xi_l^2 + \lambda_0^2) \sin\{\xi_l(d-z)\}}{\{d(\xi_l^2 + \lambda_0^2) + \lambda_0\}(\eta_r \xi_n^2 + \eta_z \xi_l^2 + s)} +$$

$$+\pi \sum_{m=0}^{\infty} \ni_m \cos\{m(\theta-\theta_0)\} \sum_{n=1}^{\infty} \frac{\xi_n^2 \{\xi_n J'_{m\dot{o}}(\xi_n b) + \lambda J_{m\dot{o}}(\xi_n b)\}^2 \mathcal{V}_{\mathcal{D}m\dot{o}}(\xi r, a)}{\left[\left\{\xi_n^2 + \lambda^2 - \left(\frac{m\dot{o}}{b}\right)^2\right\} J_{m\dot{o}}^2(\xi_n a) - \{\xi_n J'_{m\dot{o}}(\xi_n b) + \lambda J_{m\dot{o}}(\xi_n b)\}^2\right]} \times$$

$$\times \sum_{l=1}^{\infty} \frac{(\xi_l^2 + \lambda_0^2)\left\{\frac{\sin(\xi_l d)}{\phi c_t}\overline{\overline{\overline{\psi}}}_0(\xi_n, m, s; \theta) + \eta_z \xi_l \overline{\overline{\overline{\psi}}}_d(\xi_n, m, s; \theta)\right\} \sin\{\xi_l(d-z)\}}{\{d(\xi_l^2 + \lambda_0^2) + \lambda_0\}(\eta_r \xi_n^2 + \eta_z \xi_l^2 + s)} +$$

$$+\pi \sum_{m=0}^{\infty} \ni_m \cos\{m(\theta-\theta_0)\} \sum_{n=1}^{\infty} \frac{\xi_n^2 \{\xi_n J'_{m\dot{o}}(\xi_n b) + \lambda J_{m\dot{o}}(\xi_n b)\}^2 \mathcal{V}_{\mathcal{D}m\dot{o}}(\xi r, a)}{\left[\left\{\xi_n^2 + \lambda^2 - \left(\frac{m\dot{o}}{b}\right)^2\right\} J_{m\dot{o}}^2(\xi_n a) - \{\xi_n J'_{m\dot{o}}(\xi_n b) + \lambda J_{m\dot{o}}(\xi_n b)\}^2\right]} \times$$

$$\times \sum_{l=1}^{\infty} \frac{\overline{\overline{\overline{\varphi}}}(\xi_n, m, \xi_l; \theta)(\xi_l^2 + \lambda_0^2) \sin\{\xi_l(d-z)\}}{\{d(\xi_l^2 + \lambda_0^2) + \lambda_0\}(\eta_r \xi_n^2 + \eta_z \xi_l^2 + s)} \tag{25.78.1}$$

where $\mathcal{V}_{\mathcal{D}m\dot{o}}(\xi_n r, a) = J_{m\dot{o}}(\xi_n r) Y_{m\dot{o}}(\xi_n a) - Y_{m\dot{o}}(\xi_n r) J_{m\dot{o}}(\xi_n a)$, and the eigenvalues $\xi_n, n = 1, 2, ...$, are the positive roots of the transcendental equation $\xi_n \mathcal{V}'_{\mathcal{D}m\dot{o}}(\xi_n b, a) + \lambda \mathcal{V}_{\mathcal{D}m\dot{o}}(\xi_n b, a) = 0$, and ξ_l are the positive roots of $\xi_l \cot(\xi_l d) = -\lambda_0$, $l = 1, 2, ...$ $\overline{\overline{\overline{\psi}}}_0(\xi_n, m, s; \theta) = \int_a^b u \mathcal{V}_{\mathcal{D}m\dot{o}}(\xi_n u, a) \int_0^{2\pi} \overline{\psi}_0(u, v, s) \cos\{m(\theta - v)\} dv du$,
$\overline{\overline{\overline{\psi}}}_d(\xi_n, m, s; \theta) = \int_a^b u \mathcal{V}_{\mathcal{D}m\dot{o}}(\xi_n u, a) \int_0^{2\pi} \overline{\psi}_d(u, v, s) \cos\{m(\theta - v)\} dv du$,
$\overline{\overline{\overline{\psi}}}_a(m, \xi_l, s; \theta) = \int_0^{2\pi} \cos\{m(\theta - v)\} \int_0^d \overline{\psi}_a(v, w, s) \sin\{\xi_l(d - w)\} dw dv$,
$\overline{\overline{\overline{\psi}}}_b(m, \xi_l, s; \theta) = \int_0^{2\pi} \cos\{m(\theta - v)\} \int_0^d \overline{\psi}_b(v, w, s) \sin\{\xi_l(d - w)\} dw dv$, and
$\overline{\overline{\overline{\varphi}}}(\xi_n, m, \xi_l; \theta) = \int_a^b u \mathcal{V}_{\mathcal{D}m\dot{o}}(\xi_n u, a) \int_0^{2\pi} \cos\{m(\theta - v)\} \int_0^d \varphi(u, v, w) \sin\{\xi_l(d - w)\} dw dv du$.

$$p = \frac{\pi U(t-t_0)}{\phi c_t} \sum_{m=0}^{\infty} \ni_m \cos\{m(\theta-\theta_0)\} \sum_{n=1}^{\infty} \frac{\xi_n^2 \{\xi_n J'_{m\dot{o}}(\xi_n b) + \lambda J_{m\dot{o}}(\xi_n b)\}^2 \mathcal{V}_{\mathcal{D}m\dot{o}}(\xi r_0, a) \mathcal{V}_{\mathcal{D}m\dot{o}}(\xi r, a)}{\left[\left\{\xi_n^2 + \lambda^2 - \left(\frac{m\dot{o}}{b}\right)^2\right\} J_{m\dot{o}}^2(\xi_n a) - \{\xi_n J'_{m\dot{o}}(\xi_n b) + \lambda J_{m\dot{o}}(\xi_n b)\}^2\right]} \times$$

$$\times \sum_{l=1}^{\infty} \frac{(\xi_l^2 + \lambda_0^2) \sin\{\xi_l(d-z_0)\} \sin\{\xi_l(d-z)\} \int_0^{t-t_0} q(t-t_0-\tau) e^{-(\eta_r \xi_n^2 + \eta_z \xi_l^2)\tau} d\tau}{\{d(\xi_l^2 + \lambda_0^2) + \lambda_0\}} -$$

$$-2\eta_r \sum_{m=0}^{\infty} \ni_m \cos\{m(\theta-\theta_0)\} \sum_{n=1}^{\infty} \frac{\xi_n^2 \{\xi_n J'_{m\dot{o}}(\xi_n b) + \lambda J_{m\dot{o}}(\xi_n b)\}^2 \mathcal{V}_{\mathcal{D}m\dot{o}}(\xi r, a)}{\left[\left\{\xi_n^2 + \lambda^2 - \left(\frac{m\dot{o}}{b}\right)^2\right\} J_{m\dot{o}}^2(\xi_n a) - \{\xi_n J'_{m\dot{o}}(\xi_n b) + \lambda J_{m\dot{o}}(\xi_n b)\}^2\right]} \times$$

$$\times \sum_{l=1}^{\infty} \frac{(\xi_l^2 + \lambda_0^2) \sin\{\xi_l(d-z)\} \int_0^t \overline{\overline{\psi}}_a(m, \xi_l, t-\tau; \theta) e^{-(\eta_r \xi_n^2 + \eta_z \xi_l^2)\tau} d\tau}{\{d(\xi_l^2 + \lambda_0^2) + \lambda_0\}} -$$

$$-\frac{2}{\phi c_t} \sum_{m=0}^{\infty} \ni_m \cos\{m(\theta-\theta_0)\} \sum_{n=1}^{\infty} \frac{\xi_n^2 J_{m\dot{o}}(\xi_n a)\{\xi_n J'_{m\dot{o}}(\xi_n b) + \lambda J_{m\dot{o}}(\xi_n b)\} \mathcal{V}_{\mathcal{D}m\dot{o}}(\xi r, a)}{\left[\left\{\xi_n^2 + \lambda^2 - \left(\frac{m\dot{o}}{b}\right)^2\right\} J_{m\dot{o}}^2(\xi_n a) - \{\xi_n J'_{m\dot{o}}(\xi_n b) + \lambda J_{m\dot{o}}(\xi_n b)\}^2\right]} \times$$

$$\times \sum_{l=1}^{\infty} \frac{(\xi_l^2 + \lambda_0^2) \sin\{\xi_l(d-z)\} \int_0^t \overline{\overline{\psi}}_b(m, \xi_l, t-\tau; \theta) e^{-(\eta_r \xi_n^2 + \eta_z \xi_l^2)\tau} d\tau}{\{d(\xi_l^2 + \lambda_0^2) + \lambda_0\}} +$$

$$+\pi\sum_{m=0}^{\infty}\ni_m\cos\{m(\theta-\theta_0)\}\sum_{n=1}^{\infty}\frac{\xi_n^2\{\xi_n J'_{m\dot{o}}(\xi_n b)+\lambda J_{m\dot{o}}(\xi_n b)\}^2\mathcal{V}_{\mathcal{D}m\dot{o}}(\xi r,a)}{\left[\left\{\xi_n^2+\lambda^2-\left(\frac{m\dot{o}}{b}\right)^2\right\}J_{m\dot{o}}^2(\xi_n a)-\{\xi_n J'_{m\dot{o}}(\xi_n b)+\lambda J_{m\dot{o}}(\xi_n b)\}^2\right]}\times$$

$$\times\sum_{l=1}^{\infty}\frac{(\xi_l^2+\lambda_0^2)\sin\{\xi_l(d-z)\}\int_0^t\left\{\frac{\sin(\xi_l d)}{\phi c_t}\overline{\overline{\psi}}_0(\xi_n,m,t-\tau;\theta)+\eta_z\xi_l\overline{\overline{\psi}}_d(\xi_n,m,t-\tau;\theta)\right\}e^{-(\eta_r\xi_n^2+\eta_z\xi_l^2)\tau}d\tau}{\{d(\xi_l^2+\lambda_0^2)+\lambda_0\}}+$$

$$+\pi\sum_{m=0}^{\infty}\ni_m\cos\{m(\theta-\theta_0)\}\sum_{n=1}^{\infty}\frac{\xi_n^2\{\xi_n J'_{m\dot{o}}(\xi_n b)+\lambda J_{m\dot{o}}(\xi_n b)\}^2\mathcal{V}_{\mathcal{D}m\dot{o}}(\xi r,a)\,e^{-\eta_r\xi_n^2 t}}{\left[\left\{\xi_n^2+\lambda^2-\left(\frac{m\dot{o}}{b}\right)^2\right\}J_{m\dot{o}}^2(\xi_n a)-\{\xi_n J'_{m\dot{o}}(\xi_n b)+\lambda J_{m\dot{o}}(\xi_n b)\}^2\right]}\times$$

$$\times\sum_{l=1}^{\infty}\frac{\overline{\overline{\overline{\varphi}}}(\xi_n,m,\xi_l;\theta)\,(\xi_l^2+\lambda_0^2)\sin\{\xi_l(d-z)\}\,e^{-\eta_z\xi_l^2 t}}{\{d(\xi_l^2+\lambda_0^2)+\lambda_0\}} \qquad (25.78.2)$$

where $\overline{\overline{\psi}}_a(m,\xi_l,t;\theta)=\int_0^{2\pi}\cos\{m(\theta-v)\}\int_0^d\psi_a(v,w,t)\sin\{\xi_l(d-w)\}\,dwdv$,
$\overline{\overline{\psi}}_b(m,\xi_l,t;\theta)=\int_0^{2\pi}\cos\{m(\theta-v)\}\int_0^d\psi_b(v,w,t)\sin\{\xi_l(d-w)\}\,dwdv$,
$\overline{\overline{\psi}}_0(\xi_n,m,t;\theta)=\int_a^b u\mathcal{V}_{\mathcal{D}m\dot{o}}(\xi_n u,a)\int_0^{2\pi}\psi_0(u,v,t)\cos\{m(\theta-v)\}dvdu$, and
$\overline{\overline{\psi}}_d(\xi_n,m,t;\theta)=\int_a^b u\mathcal{V}_{\mathcal{D}m\dot{o}}(\xi_n u,a)\int_0^{2\pi}\psi_d(u,v,t)\cos\{m(\theta-v)\}dvdu$.

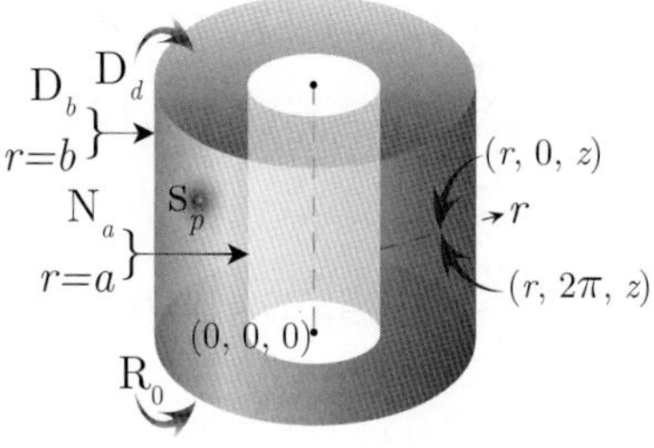

25.79 The problem of 25.76, except

$\mathbf{N_a}\equiv\frac{\partial p(a,\theta,z,t)}{\partial r}=-\left(\frac{\mu}{k_r}\right)\psi_a(\theta,z,t)$,
$\mathbf{D_b}\equiv p(b,\theta,z,t)=\psi_b(\theta,z,t)$,
$\mathbf{R_0}\equiv\frac{\partial p(r,\theta,0,t)}{\partial z}-\lambda_0 p(r,\theta,0,t)=-\left(\frac{\mu}{k_z}\right)\psi_0(r,\theta,t)$ and
$\mathbf{D_d}\equiv p(r,\theta,d,t)=\psi_d(r,\theta,t)$

$$\overline{p}=\frac{\pi q(s)e^{-st_0}}{\phi c_t}\sum_{m=0}^{\infty}\ni_m\cos\{m(\theta-\theta_0)\}\sum_{n=1}^{\infty}\frac{\xi_n^2 J_{m\dot{o}}^2(\xi_n b)\,\mathcal{V}_{\mathcal{N}m\dot{o}}(\xi r_0,a)\,\mathcal{V}_{\mathcal{N}m\dot{o}}(\xi r,a)}{\left[J'^2_{m\dot{o}}(\xi_n a)-\left\{1-\left(\frac{m\dot{o}}{\xi_n a}\right)^2\right\}J_{m\dot{o}}^2(\xi_n b)\right]}\times$$

$$\times\sum_{l=1}^{\infty}\frac{(\xi_l^2+\lambda_0^2)\sin\{\xi_l(d-z_0)\}\sin\{\xi_l(d-z)\}}{\{d(\xi_l^2+\lambda_0^2)+\lambda_0\}(\eta_r\xi_n^2+\eta_z\xi_l^2+s)}+$$

$$+\frac{2}{\phi c_t}\sum_{m=0}^{\infty}\ni_m\cos\{m(\theta-\theta_0)\}\sum_{n=1}^{\infty}\frac{\xi_n J_{m\dot{o}}^2(\xi_n b)\,\mathcal{V}_{\mathcal{N}m\dot{o}}(\xi r,a)}{\left[J'^2_{m\dot{o}}(\xi_n a)-\left\{1-\left(\frac{m\dot{o}}{\xi_n a}\right)^2\right\}J_{m\dot{o}}^2(\xi_n b)\right]}\times$$

$$\times\sum_{l=1}^{\infty}\frac{\overline{\overline{\overline{\psi}}}_a(m,\xi_l,s;\theta)\,(\xi_l^2+\lambda_0^2)\sin\{\xi_l(d-z)\}}{\{d(\xi_l^2+\lambda_0^2)+\lambda_0\}(\eta_r\xi_n^2+\eta_z\xi_l^2+s)}+$$

$$+2\eta_r\sum_{m=0}^{\infty}\ni_m\cos\{m(\theta-\theta_0)\}\sum_{n=1}^{\infty}\frac{\xi_n^2 J'_{m\dot{o}}(\xi_n a)\,J_{m\dot{o}}(\xi_n b)\,\mathcal{V}_{\mathcal{N}m\dot{o}}(\xi r,a)}{\left[J'^2_{m\dot{o}}(\xi_n a)-\left\{1-\left(\frac{m\dot{o}}{\xi_n a}\right)^2\right\}J_{m\dot{o}}^2(\xi_n b)\right]}\times$$

$$\times\sum_{l=1}^{\infty}\frac{\overline{\overline{\overline{\psi}}}_b(m,\xi_l,s;\theta)\,(\xi_l^2+\lambda_0^2)\sin\{\xi_l(d-z)\}}{\{d(\xi_l^2+\lambda_0^2)+\lambda_0\}(\eta_r\xi_n^2+\eta_z\xi_l^2+s)}+$$

$$+\pi\sum_{m=0}^{\infty}\ni_m\cos\{m(\theta-\theta_0)\}\sum_{n=1}^{\infty}\frac{\xi_n^2 J_{m\dot{o}}^2(\xi_n b)\,\mathcal{V}_{\mathcal{N}m\dot{o}}(\xi r,a)}{\left[J'^2_{m\dot{o}}(\xi_n a)-\left\{1-\left(\frac{m\dot{o}}{\xi_n a}\right)^2\right\}J_{m\dot{o}}^2(\xi_n b)\right]}\times$$

$$\times\sum_{l=1}^{\infty}\frac{(\xi_l^2+\lambda_0^2)\left\{\frac{\sin(\xi_l d)}{\phi c_t}\overline{\overline{\overline{\psi}}}_0(\xi_n,m,s;\theta)+\eta_z\xi_l\overline{\overline{\overline{\psi}}}_d(\xi_n,m,s;\theta)\right\}\sin\{\xi_l(d-z)\}}{\{d(\xi_l^2+\lambda_0^2)+\lambda_0\}(\eta_r\xi_n^2+\eta_z\xi_l^2+s)}+$$

$$+\pi \sum_{m=0}^{\infty} \ni_m \cos\{m(\theta-\theta_0)\} \sum_{n=1}^{\infty} \frac{\xi_n^2 J_{m\dot{o}}^2(\xi_n b)\, \mathcal{V}_{\mathcal{N}m\dot{o}}(\xi r, a)}{\left[J_{m\dot{o}}'^2(\xi_n a) - \left\{1-\left(\frac{m\dot{o}}{\xi_n a}\right)^2\right\} J_{m\dot{o}}^2(\xi_n b)\right]} \times$$

$$\times \sum_{l=1}^{\infty} \frac{\overline{\overline{\overline{\varphi}}}(\xi_n, m, \xi_l; \theta)\left(\xi_l^2+\lambda_0^2\right) \sin\{\xi_l(d-z)\}}{\{d(\xi_l^2+\lambda_0^2)+\lambda_0\}\left(\eta_r\xi_n^2+\eta_z\xi_l^2+s\right)} \tag{25.79.1}$$

where $\mathcal{V}_{\mathcal{N}m\dot{o}}(\xi_n r, a) = J_{m\dot{o}}(\xi_n r)\, Y_{m\dot{o}}'(\xi_n a) - Y_{m\dot{o}}(\xi_n r)\, J_{m\dot{o}}'(\xi_n a)$, and the eigenvalues $\xi_n, n=1,2,....,$ are the positive roots of the transcendental equation $\mathcal{V}_{\mathcal{N}m\dot{o}}(\xi_n b, a) = 0$, and ξ_l are the positive roots of $\xi_l \cot(\xi_l d) = -\lambda_0$, $l = 1, 2, ...$ $\overline{\overline{\psi}}_0(\xi_n, m, s; \theta) = \int_a^b u\mathcal{V}_{\mathcal{N}m\dot{o}}(\xi_n u, a) \int_0^{2\pi} \overline{\psi}_0(u, v, s) \cos\{m(\theta-v)\} dv du$,
$\overline{\overline{\psi}}_d(\xi_n, m, s; \theta) = \int_a^b u\mathcal{V}_{\mathcal{N}m\dot{o}}(\xi_n u, a) \int_0^{2\pi} \overline{\psi}_d(u, v, s) \cos\{m(\theta-v)\} dv du$,
$\overline{\overline{\psi}}_a(m, \xi_l, s; \theta) = \int_0^{2\pi} \cos\{m(\theta-v)\} \int_0^d \overline{\psi}_a(v, w, s) \sin\{\xi_l(d-w)\}\, dw dv$,
$\overline{\overline{\psi}}_b(m, \xi_l, s; \theta) = \int_0^{2\pi} \cos\{m(\theta-v)\} \int_0^d \overline{\psi}_b(v, w, s) \sin\{\xi_l(d-w)\}\, dw dv$, and
$\overline{\overline{\overline{\varphi}}}(\xi_n, m, \xi_l; \theta) = \int_a^b u\mathcal{V}_{\mathcal{N}m\dot{o}}(\xi_n u, a) \int_0^{2\pi} \cos\{m(\theta-v)\} \int_0^d \varphi(u, v, w) \sin\{\xi_l(d-w)\}\, dw dv du$.

$$p = \frac{\pi U(t-t_0)}{\phi c_t} \sum_{m=0}^{\infty} \ni_m \cos\{m(\theta-\theta_0)\} \sum_{n=1}^{\infty} \frac{\xi_n^2 J_{m\dot{o}}^2(\xi_n b)\, \mathcal{V}_{\mathcal{N}m\dot{o}}(\xi r_0, a)\, \mathcal{V}_{\mathcal{N}m\dot{o}}(\xi r, a)}{\left[J_{m\dot{o}}'^2(\xi_n a) - \left\{1-\left(\frac{m\dot{o}}{\xi_n a}\right)^2\right\} J_{m\dot{o}}^2(\xi_n b)\right]} \times$$

$$\times \sum_{l=1}^{\infty} \frac{\left(\xi_l^2+\lambda_0^2\right) \sin\{\xi_l(d-z_0)\} \sin\{\xi_l(d-z)\} \int_0^{t-t_0} q(t-t_0-\tau)\, e^{-\left(\eta_r\xi_n^2+\eta_z\xi_l^2\right)\tau} d\tau}{\{d(\xi_l^2+\lambda_0^2)+\lambda_0\}} +$$

$$+\frac{2}{\phi c_t} \sum_{m=0}^{\infty} \ni_m \cos\{m(\theta-\theta_0)\} \sum_{n=1}^{\infty} \frac{\xi_n J_{m\dot{o}}^2(\xi_n b)\, \mathcal{V}_{\mathcal{N}m\dot{o}}(\xi r, a)}{\left[J_{m\dot{o}}'^2(\xi_n a) - \left\{1-\left(\frac{m\dot{o}}{\xi_n a}\right)^2\right\} J_{m\dot{o}}^2(\xi_n b)\right]} \times$$

$$\times \sum_{l=1}^{\infty} \frac{\left(\xi_l^2+\lambda_0^2\right) \sin\{\xi_l(d-z)\} \int_0^t \overline{\overline{\psi}}_a(m, \xi_l, t-\tau; \theta)\, e^{-\left(\eta_r\xi_n^2+\eta_z\xi_l^2\right)\tau} d\tau}{\{d(\xi_l^2+\lambda_0^2)+\lambda_0\}} +$$

$$+2\eta_r \sum_{m=0}^{\infty} \ni_m \cos\{m(\theta-\theta_0)\} \sum_{n=1}^{\infty} \frac{\xi_n^2 J_{m\dot{o}}'(\xi_n a)\, J_{m\dot{o}}(\xi_n b)\, \mathcal{V}_{\mathcal{N}m\dot{o}}(\xi r, a)}{\left[J_{m\dot{o}}'^2(\xi_n a) - \left\{1-\left(\frac{m\dot{o}}{\xi_n a}\right)^2\right\} J_{m\dot{o}}^2(\xi_n b)\right]} \times$$

$$\times \sum_{l=1}^{\infty} \frac{\left(\xi_l^2+\lambda_0^2\right) \sin\{\xi_l(d-z)\} \int_0^t \overline{\overline{\psi}}_b(m, \xi_l, t-\tau; \theta)\, e^{-\left(\eta_r\xi_n^2+\eta_z\xi_l^2\right)\tau} d\tau}{\{d(\xi_l^2+\lambda_0^2)+\lambda_0\}} +$$

$$+\pi \sum_{m=0}^{\infty} \ni_m \cos\{m(\theta-\theta_0)\} \sum_{n=1}^{\infty} \frac{\xi_n^2 J_{m\dot{o}}^2(\xi_n b)\, \mathcal{V}_{\mathcal{N}m\dot{o}}(\xi r, a)}{\left[J_{m\dot{o}}'^2(\xi_n a) - \left\{1-\left(\frac{m\dot{o}}{\xi_n a}\right)^2\right\} J_{m\dot{o}}^2(\xi_n b)\right]} \times$$

$$\times \sum_{l=1}^{\infty} \frac{\left(\xi_l^2+\lambda_0^2\right) \sin\{\xi_l(d-z)\} \int_0^t \left\{\frac{\sin(\xi_l d)}{\phi c_t} \overline{\overline{\psi}}_0(\xi_n, m, t-\tau; \theta) + \eta_z \xi_l \overline{\overline{\psi}}_d(\xi_n, m, t-\tau; \theta)\right\} e^{-\left(\eta_r\xi_n^2+\eta_z\xi_l^2\right)\tau} d\tau}{\{d(\xi_l^2+\lambda_0^2)+\lambda_0\}} +$$

$$+\pi \sum_{m=0}^{\infty} \ni_m \cos\{m(\theta-\theta_0)\} \sum_{n=1}^{\infty} \frac{\xi_n^2 J_{m\dot{o}}^2(\xi_n b)\, \mathcal{V}_{\mathcal{N}m\dot{o}}(\xi r, a)\, e^{-\eta_r \xi_n^2 t}}{\left[J_{m\dot{o}}'^2(\xi_n a) - \left\{1-\left(\frac{m\dot{o}}{\xi_n a}\right)^2\right\} J_{m\dot{o}}^2(\xi_n b)\right]} \times$$

$$\times \sum_{l=1}^{\infty} \frac{\overline{\overline{\overline{\varphi}}}(\xi_n, m, \xi_l; \theta)\left(\xi_l^2+\lambda_0^2\right) \sin\{\xi_l(d-z)\}\, e^{-\eta_z \xi_l^2 t}}{\{d(\xi_l^2+\lambda_0^2)+\lambda_0\}} \tag{25.79.2}$$

where $\overline{\overline{\psi}}_a(m, \xi_l, t; \theta) = \int_0^{2\pi} \cos\{m(\theta-v)\} \int_0^d \psi_a(v, w, t) \sin\{\xi_l(d-w)\}\, dw dv$,
$\overline{\overline{\psi}}_b(m, \xi_l, t; \theta) = \int_0^{2\pi} \cos\{m(\theta-v)\} \int_0^d \psi_b(v, w, t) \sin\{\xi_l(d-w)\}\, dw dv$,
$\overline{\overline{\psi}}_0(\xi_n, m, t; \theta) = \int_a^b u\mathcal{V}_{\mathcal{N}m\dot{o}}(\xi_n u, a) \int_0^{2\pi} \psi_0(u, v, t) \cos\{m(\theta-v)\} dv du$, and
$\overline{\overline{\psi}}_d(\xi_n, m, t; \theta) = \int_a^b u\mathcal{V}_{\mathcal{N}m\dot{o}}(\xi_n u, a) \int_0^{2\pi} \psi_d(u, v, t) \cos\{m(\theta-v)\} dv du$.

25.80 **The problem of 25.76, except**
$\mathbf{N}_a \equiv \frac{\partial p(a,\theta,z,t)}{\partial r} = -\left(\frac{\mu}{k_r}\right)\psi_a(\theta,z,t)$,
$\mathbf{N}_b \equiv \frac{\partial p(b,\theta,z,t)}{\partial r} = -\left(\frac{\mu}{k_r}\right)\psi_b(\theta,z,t)$,
$\mathbf{R}_0 \equiv \frac{\partial p(r,\theta,0,t)}{\partial z} - \lambda_0 p(r,\theta,0,t) = -\left(\frac{\mu}{k_z}\right)\psi_0(r,\theta,t)$ **and**
$\mathbf{D}_d \equiv p(r,\theta,d,t) = \psi_d(r,\theta,t)$

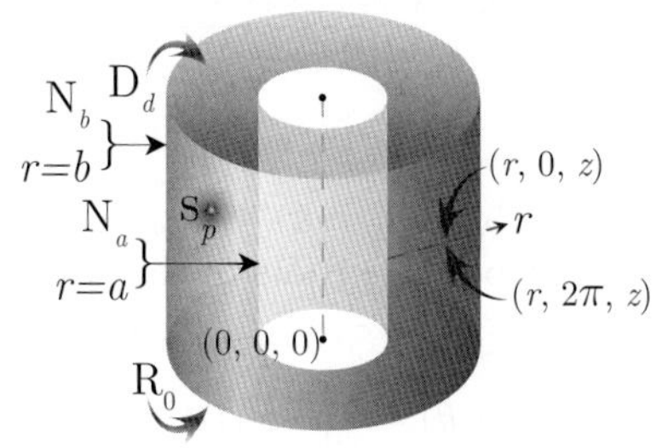

$$
\begin{aligned}
\overline{p} = {} & \frac{2q(s)e^{-st_0}}{\pi(b^2-a^2)\phi c_t}\sum_{l=1}^{\infty}\frac{(\xi_l^2+\lambda_0^2)\sin\{\xi_l(d-z_0)\}\sin\{\xi_l(d-z)\}}{\{d(\xi_l^2+\lambda_0^2)+\lambda_0\}(\eta_z\xi_l^2+s)}+ \\
& +\frac{\pi q(s)e^{-st_0}}{\phi c_t}\sum_{m=0}^{\infty}\ni_m\cos\{m(\theta-\theta_0)\}\sum_{n=1}^{\infty}\frac{\xi_n^2 J_{m\dot{o}}'^2(\xi_n b)\mathcal{V}_{\mathcal{N}m\dot{o}}(\xi r_0,a)\mathcal{V}_{\mathcal{N}m\dot{o}}(\xi r,a)}{\left[\left\{1-\left(\frac{m\dot{o}}{\xi_n b}\right)^2\right\}J_{m\dot{o}}'^2(\xi_n a)-\left\{1-\left(\frac{m\dot{o}}{\xi_n a}\right)^2\right\}J_{m\dot{o}}'^2(\xi_n b)\right]}\times \\
& \times\sum_{l=1}^{\infty}\frac{(\xi_l^2+\lambda_0^2)\sin\{\xi_l(d-z_0)\}\sin\{\xi_l(d-z)\}}{\{d(\xi_l^2+\lambda_0^2)+\lambda_0\}(\eta_r\xi_n^2+\eta_z\xi_l^2+s)}+ \\
& +\frac{2}{\pi(b^2-a^2)\phi c_t}\sum_{l=1}^{\infty}\frac{\left\{a\overline{\overline{\psi}}_a(0,\xi_l,s;\theta)-b\overline{\overline{\psi}}_b(0,\xi_l,s;\theta)\right\}(\xi_l^2+\lambda_0^2)\sin\{\xi_l(d-z)\}}{\{d(\xi_l^2+\lambda_0^2)+\lambda_0\}(\eta_z\xi_l^2+s)}+ \\
& +\frac{2}{\phi c_t}\sum_{m=0}^{\infty}\ni_m\cos\{m(\theta-\theta_0)\}\sum_{n=1}^{\infty}\frac{\xi_n J_{m\dot{o}}'^2(\xi_n b)\mathcal{V}_{\mathcal{N}m\dot{o}}(\xi r,a)}{\left[\left\{1-\left(\frac{m\dot{o}}{\xi_n b}\right)^2\right\}J_{m\dot{o}}'^2(\xi_n a)-\left\{1-\left(\frac{m\dot{o}}{\xi_n a}\right)^2\right\}J_{m\dot{o}}'^2(\xi_n b)\right]}\times \\
& \times\sum_{l=1}^{\infty}\frac{\overline{\overline{\psi}}_a(m,\xi_l,s;\theta)(\xi_l^2+\lambda_0^2)\sin\{\xi_l(d-z)\}}{\{d(\xi_l^2+\lambda_0^2)+\lambda_0\}(\eta_r\xi_n^2+\eta_z\xi_l^2+s)}- \\
& -\frac{2}{\phi c_t}\sum_{m=0}^{\infty}\ni_m\cos\{m(\theta-\theta_0)\}\sum_{n=1}^{\infty}\frac{\xi_n J_{m\dot{o}}'(\xi_n a)J_{m\dot{o}}'(\xi_n b)\mathcal{V}_{\mathcal{N}m\dot{o}}(\xi r,a)}{\left[\left\{1-\left(\frac{m\dot{o}}{\xi_n b}\right)^2\right\}J_{m\dot{o}}'^2(\xi_n a)-\left\{1-\left(\frac{m\dot{o}}{\xi_n a}\right)^2\right\}J_{m\dot{o}}'^2(\xi_n b)\right]}\times \\
& \times\sum_{l=1}^{\infty}\frac{\overline{\overline{\psi}}_b(m,\xi_l,s;\theta)(\xi_l^2+\lambda_0^2)\sin\{\xi_l(d-z)\}}{\{d(\xi_l^2+\lambda_0^2)+\lambda_0\}(\eta_r\xi_n^2+\eta_z\xi_l^2+s)}+ \\
& +\frac{2}{\pi(b^2-a^2)}\sum_{l=1}^{\infty}\frac{(\xi_l^2+\lambda_0^2)\sin\{\xi_l(d-z)\}\int_a^b u\left\{\frac{\sin(\xi_l d)}{\phi c_t}\overline{\overline{\psi}}_0(u,0,s;\theta)+\eta_z\xi_l\overline{\overline{\psi}}_d(u,0,s;\theta)\right\}du}{\{d(\xi_l^2+\lambda_0^2)+\lambda_0\}(\eta_z\xi_l^2+s)}+ \\
& +\pi\sum_{m=0}^{\infty}\ni_m\cos\{m(\theta-\theta_0)\}\sum_{n=1}^{\infty}\frac{\xi_n^2 J_{m\dot{o}}'^2(\xi_n b)\mathcal{V}_{\mathcal{N}m\dot{o}}(\xi r,a)}{\left[\left\{1-\left(\frac{m\dot{o}}{\xi_n b}\right)^2\right\}J_{m\dot{o}}'^2(\xi_n a)-\left\{1-\left(\frac{m\dot{o}}{\xi_n a}\right)^2\right\}J_{m\dot{o}}'^2(\xi_n b)\right]}\times \\
& \times\sum_{l=1}^{\infty}\frac{(\xi_l^2+\lambda_0^2)\left\{\frac{\sin(\xi_l d)}{\phi c_t}\overline{\overline{\psi}}_0(\xi_n,m,s;\theta)+\eta_z\xi_l\overline{\overline{\psi}}_d(\xi_n,m,s;\theta)\right\}\sin\{\xi_l(d-z)\}}{\{d(\xi_l^2+\lambda_0^2)+\lambda_0\}(\eta_r\xi_n^2+\eta_z\xi_l^2+s)}+ \\
& +\frac{2}{\pi(b^2-a^2)}\sum_{l=1}^{\infty}\frac{(\xi_l^2+\lambda_0^2)\sin\{\xi_l(d-z)\}\int_a^b\overline{\overline{\varphi}}(u,0,\xi_l;\theta)\,udu}{\{d(\xi_l^2+\lambda_0^2)+\lambda_0\}(\eta_z\xi_l^2+s)}+ \\
& +\pi\sum_{m=0}^{\infty}\ni_m\cos\{m(\theta-\theta_0)\}\sum_{n=1}^{\infty}\frac{\xi_n^2 J_{m\dot{o}}'^2(\xi_n b)\mathcal{V}_{\mathcal{N}m\dot{o}}(\xi r,a)}{\left[\left\{1-\left(\frac{m\dot{o}}{\xi_n b}\right)^2\right\}J_{m\dot{o}}'^2(\xi_n a)-\left\{1-\left(\frac{m\dot{o}}{\xi_n a}\right)^2\right\}J_{m\dot{o}}'^2(\xi_n b)\right]}\times
\end{aligned}
$$

$$\times \sum_{l=1}^{\infty} \frac{\overline{\overline{\overline{\varphi}}}(\xi_n, m, \xi_l; \theta) \left(\xi_l^2 + \lambda_0^2\right) \sin\{\xi_l (d-z)\}}{\{d(\xi_l^2 + \lambda_0^2) + \lambda_0\} (\eta_r \xi_n^2 + \eta_z \xi_l^2 + s)} \tag{25.80.1}$$

where $\mathcal{V}_{\mathcal{N}m\dot{o}}(\xi_n r, a) = J_{m\dot{o}}(\xi_n r) Y'_{m\dot{o}}(\xi_n a) - Y_{m\dot{o}}(\xi_n r) J'_{m\dot{o}}(\xi_n a)$. The eigenvalues are $\xi_0 = 0$, and ξ_n. ξ_n are the positive roots of the transcendental equation $\mathcal{V}'_{\mathcal{N}m\dot{o}}(\xi_n b, a) = 0$, $n = 1, 2, ...$, and ξ_l are the positive roots of $\xi_l \cot(\xi_l d) = -\lambda_0$, $l = 1, 2, ...$ $\overline{\overline{\psi}}_0(u, 0, s; \theta) = \int_0^{2\pi} \overline{\psi}_0(u, v, s) dv$,
$\overline{\overline{\psi}}_d(u, 0, s; \theta) = \int_0^{2\pi} \overline{\psi}_d(u, v, s) dv$. $\overline{\overline{\overline{\psi}}}_0(\xi_n, m, s; \theta) = \int_a^b u \mathcal{V}_{\mathcal{N}m\dot{o}}(\xi_n u, a) \int_0^{2\pi} \overline{\psi}_0(u, v, s) \cos\{m(\theta - v)\} dvdu$,
$\overline{\overline{\overline{\psi}}}_d(\xi_n, m, s; \theta) = \int_a^b u \mathcal{V}_{\mathcal{N}m\dot{o}}(\xi_n u, a) \int_0^{2\pi} \overline{\psi}_d(u, v, s) \cos\{m(\theta - v)\} dvdu$,
$\overline{\overline{\overline{\psi}}}_a(m, \xi_l, s; \theta) = \int_0^{2\pi} \cos\{m(\theta - v)\} \int_0^d \overline{\psi}_a(v, w, s) \sin\{\xi_l(d - w)\} dwdv$,
$\overline{\overline{\overline{\psi}}}_b(m, \xi_l, s; \theta) = \int_0^{2\pi} \cos\{m(\theta - v)\} \int_0^d \overline{\psi}_b(v, w, s) \sin\{\xi_l(d - w)\} dwdv$,
$\overline{\overline{\varphi}}(u, 0, \xi_l; \theta) = \int_0^{2\pi} \int_0^d \varphi(u, v, w) \sin\{\xi_l(d - w)\} dvdw$, and
$\overline{\overline{\overline{\varphi}}}(\xi_n, m, \xi_l; \theta) = \int_a^b u \mathcal{V}_{\mathcal{N}m\dot{o}}(\xi_n u, a) \int_0^{2\pi} \cos\{m(\theta - v)\} \int_0^d \varphi(u, v, w) \sin\{\xi_l(d - w)\} dwdvdu$.

$$p = \frac{2U(t-t_0)}{\pi(b^2-a^2)\phi c_t} \sum_{l=1}^{\infty} \frac{\left(\xi_l^2 + \lambda_0^2\right) \sin\{\xi_l(d-z_0)\} \sin\{\xi_l(d-z)\} \int_0^{t-t_0} q(t-t_0-\tau) e^{-\eta_z \xi_l^2 \tau} d\tau}{\{d(\xi_l^2+\lambda_0^2)+\lambda_0\}} +$$

$$+\frac{\pi U(t-t_0)}{\phi c_t} \sum_{m=0}^{\infty} \ni_m \cos\{m(\theta-\theta_0)\} \sum_{n=1}^{\infty} \frac{\xi_n^2 J'^2_{m\dot{o}}(\xi_n b) \mathcal{V}_{\mathcal{N}m\dot{o}}(\xi r_0, a) \mathcal{V}_{\mathcal{N}m\dot{o}}(\xi r, a)}{\left[\left\{1 - \left(\frac{m\dot{o}}{\xi_n b}\right)^2\right\} J'^2_{m\dot{o}}(\xi_n a) - \left\{1 - \left(\frac{m\dot{o}}{\xi_n a}\right)^2\right\} J'^2_{m\dot{o}}(\xi_n b)\right]} \times$$

$$\times \sum_{l=1}^{\infty} \frac{\left(\xi_l^2 + \lambda_0^2\right) \sin\{\xi_l(d-z_0)\} \sin\{\xi_l(d-z)\} \int_0^{t-t_0} q(t-t_0-\tau) e^{-\left(\eta_r \xi_n^2 + \eta_z \xi_l^2\right)\tau} d\tau}{\{d(\xi_l^2+\lambda_0^2)+\lambda_0\}} +$$

$$+\frac{2}{\pi(b^2-a^2)\phi c_t} \sum_{l=1}^{\infty} \frac{\left(\xi_l^2 + \lambda_0^2\right) \sin\{\xi_l(d-z)\} \int_0^t \left\{a\overline{\overline{\psi}}_a(0, \xi_l, t-\tau; \theta) - b\overline{\overline{\psi}}_b(0, \xi_l, t-\tau; \theta)\right\} e^{-\eta_z \xi_l^2 \tau} d\tau}{\{d(\xi_l^2+\lambda_0^2)+\lambda_0\}} +$$

$$+\frac{2}{\phi c_t} \sum_{m=0}^{\infty} \ni_m \cos\{m(\theta-\theta_0)\} \sum_{n=1}^{\infty} \frac{\xi_n J'^2_{m\dot{o}}(\xi_n b) \mathcal{V}_{\mathcal{N}m\dot{o}}(\xi r, a)}{\left[\left\{1 - \left(\frac{m\dot{o}}{\xi_n b}\right)^2\right\} J'^2_{m\dot{o}}(\xi_n a) - \left\{1 - \left(\frac{m\dot{o}}{\xi_n a}\right)^2\right\} J'^2_{m\dot{o}}(\xi_n b)\right]} \times$$

$$\times \sum_{l=1}^{\infty} \frac{\left(\xi_l^2 + \lambda_0^2\right) \sin\{\xi_l(d-z)\} \int_0^t \overline{\overline{\overline{\psi}}}_a(m, \xi_l, t-\tau; \theta) e^{-\left(\eta_r \xi_n^2 + \eta_z \xi_l^2\right)\tau} d\tau}{\{d(\xi_l^2+\lambda_0^2)+\lambda_0\}} -$$

$$-\frac{2}{\phi c_t} \sum_{m=0}^{\infty} \ni_m \cos\{m(\theta-\theta_0)\} \sum_{n=1}^{\infty} \frac{\xi_n J'_{m\dot{o}}(\xi_n a) J'_{m\dot{o}}(\xi_n b) \mathcal{V}_{\mathcal{N}m\dot{o}}(\xi r, a)}{\left[\left\{1 - \left(\frac{m\dot{o}}{\xi_n b}\right)^2\right\} J'^2_{m\dot{o}}(\xi_n a) - \left\{1 - \left(\frac{m\dot{o}}{\xi_n a}\right)^2\right\} J'^2_{m\dot{o}}(\xi_n b)\right]} \times$$

$$\times \sum_{l=1}^{\infty} \frac{\left(\xi_l^2 + \lambda_0^2\right) \sin\{\xi_l(d-z)\} \int_0^t \overline{\overline{\overline{\psi}}}_b(m, \xi_l, t-\tau; \theta) e^{-\left(\eta_r \xi_n^2 + \eta_z \xi_l^2\right)\tau} d\tau}{\{d(\xi_l^2+\lambda_0^2)+\lambda_0\}} +$$

$$+\frac{2}{\pi(b^2-a^2)} \times$$

$$\times \sum_{l=1}^{\infty} \frac{\left(\xi_l^2 + \lambda_0^2\right) \sin\{\xi_l(d-z)\} \int_0^t e^{-\eta_z \xi_l^2 \tau} \int_a^b u \left\{\frac{\sin(\xi_l d)}{\phi c_t} \overline{\overline{\psi}}_0(u, 0, t-\tau; \theta) + \eta_z \xi_l \overline{\overline{\psi}}_d(u, 0, t-\tau; \theta)\right\} dud\tau}{\{d(\xi_l^2+\lambda_0^2)+\lambda_0\}} +$$

$$+\pi \sum_{m=0}^{\infty} \ni_m \cos\{m(\theta-\theta_0)\} \sum_{n=1}^{\infty} \frac{\xi_n^2 J'^2_{m\dot{o}}(\xi_n b) \mathcal{V}_{\mathcal{N}m\dot{o}}(\xi r, a)}{\left[\left\{1 - \left(\frac{m\dot{o}}{\xi_n b}\right)^2\right\} J'^2_{m\dot{o}}(\xi_n a) - \left\{1 - \left(\frac{m\dot{o}}{\xi_n a}\right)^2\right\} J'^2_{m\dot{o}}(\xi_n b)\right]} \times$$

$$\times \sum_{l=1}^{\infty} \frac{\left(\xi_l^2 + \lambda_0^2\right) \sin\{\xi_l(d-z)\} \int_0^t \left\{\frac{\sin(\xi_l d)}{\phi c_t} \overline{\overline{\overline{\psi}}}_0(\xi_n, m, t-\tau; \theta) + \eta_z \xi_l \overline{\overline{\overline{\psi}}}_d(\xi_n, m, t-\tau; \theta)\right\} e^{-\left(\eta_r \xi_n^2 + \eta_z \xi_l^2\right)\tau} d\tau}{\{d(\xi_l^2+\lambda_0^2)+\lambda_0\}} +$$

$$+\frac{2}{\pi\left(b^2-a^2\right)}\sum_{l=1}^{\infty}\frac{\left(\xi_l^2+\lambda_0^2\right)\sin\left\{\xi_l\left(d-z\right)\right\}e^{-\eta_z\xi_l^2t}\int_a^b\overline{\overline{\varphi}}\left(u,0,\xi_l;\theta\right)udu}{\left\{d\left(\xi_l^2+\lambda_0^2\right)+\lambda_0\right\}}+$$

$$+\pi\sum_{m=0}^{\infty}\ni_m\cos\left\{m\left(\theta-\theta_0\right)\right\}\sum_{n=1}^{\infty}\frac{\xi_n^2J_{m\dot{o}}'^2\left(\xi_nb\right)\mathcal{V}_{\mathcal{N}m\dot{o}}\left(\xi r,a\right)e^{-\eta_r\xi_n^2t}}{\left[\left\{1-\left(\frac{m\dot{o}}{\xi_nb}\right)^2\right\}J_{m\dot{o}}'^2\left(\xi_na\right)-\left\{1-\left(\frac{m\dot{o}}{\xi_na}\right)^2\right\}J_{m\dot{o}}'^2\left(\xi_nb\right)\right]}\times$$

$$\times\sum_{l=1}^{\infty}\frac{\overline{\overline{\overline{\varphi}}}\left(\xi_n,m,\xi_l;\theta\right)\left(\xi_l^2+\lambda_0^2\right)\sin\left\{\xi_l\left(d-z\right)\right\}e^{-\eta_z\xi_l^2t}}{\left\{d\left(\xi_l^2+\lambda_0^2\right)+\lambda_0\right\}}\tag{25.80.2}$$

where $\overline{\overline{\psi}}_a\left(m,\xi_l,t;\theta\right)=\int_0^{2\pi}\cos\left\{m\left(\theta-v\right)\right\}\int_0^d\psi_a\left(v,w,t\right)\sin\left\{\xi_l\left(d-w\right)\right\}dwdv$, $\overline{\overline{\psi}}_b\left(m,\xi_l,t;\theta\right)=\int_0^{2\pi}\cos\left\{m\left(\theta-v\right)\right\}\int_0^d\psi_b\left(v,w,t\right)\sin\left\{\xi_l\left(d-w\right)\right\}dwdv$, $\overline{\psi}_0\left(u,0,t;\theta\right)=\int_0^{2\pi}\psi_0\left(u,v,t\right)dv$, $\overline{\psi}_d\left(u,0,t;\theta\right)=\int_0^{2\pi}\psi_d\left(u,v,t\right)dv$, $\overline{\overline{\psi}}_0\left(\xi_n,m,t;\theta\right)=\int_a^bu\mathcal{V}_{\mathcal{N}m\dot{o}}\left(\xi_nu,a\right)\int_0^{2\pi}\psi_0\left(u,v,t\right)\cos\left\{m\left(\theta-v\right)\right\}dvdu$, and $\overline{\overline{\psi}}_d\left(\xi_n,m,t;\theta\right)=\int_a^bu\mathcal{V}_{\mathcal{N}m\dot{o}}\left(\xi_nu,a\right)\int_0^{2\pi}\psi_d\left(u,v,t\right)\cos\left\{m\left(\theta-v\right)\right\}dvdu$.

25.81 **The problem of 25.76, except**
$\mathbf{N}_a\equiv\frac{\partial p(a,\theta,z,t)}{\partial r}=-\left(\frac{\mu}{k_r}\right)\psi_a\left(\theta,z,t\right)$,
$\mathbf{R}_b\equiv\frac{\partial p(b,\theta,z,t)}{\partial r}+\lambda p\left(b,\theta,z,t\right)=-\left(\frac{\mu}{k_r}\right)\psi_b\left(\theta,z,t\right)$,
$\mathbf{R}_0\equiv\frac{\partial p(r,\theta,0,t)}{\partial z}-\lambda_0p\left(r,\theta,0,t\right)=-\left(\frac{\mu}{k_z}\right)\psi_0\left(r,\theta,t\right)$ **and**
$\mathbf{D}_d\equiv p\left(r,\theta,d,t\right)=\psi_d\left(r,\theta,t\right)$

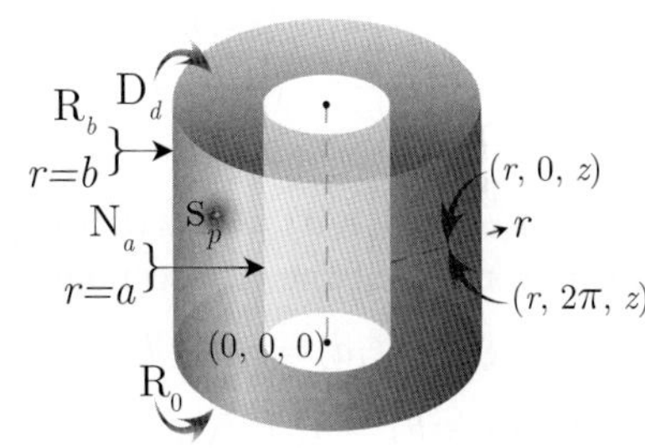

$$\overline{p}=\frac{\pi q\left(s\right)e^{-st_0}}{\phi c_t}\sum_{m=0}^{\infty}\ni_m\cos\left\{m\left(\theta-\theta_0\right)\right\}\times$$

$$\times\sum_{n=1}^{\infty}\frac{\xi_n^2\left\{\xi_nJ_{m\dot{o}}'\left(\xi_nb\right)+\lambda J_{m\dot{o}}\left(\xi_nb\right)\right\}^2\mathcal{V}_{\mathcal{N}m\dot{o}}\left(\xi r_0,a\right)\mathcal{V}_{\mathcal{N}m\dot{o}}\left(\xi r,a\right)}{\left[\left\{\xi_n^2+\lambda^2-\left(\frac{m\dot{o}}{b}\right)^2\right\}J_{m\dot{o}}'^2\left(\xi_na\right)-\left\{1-\left(\frac{m\dot{o}}{\xi_na}\right)^2\right\}\left\{\xi_nJ_{m\dot{o}}'\left(\xi_nb\right)+\lambda J_{m\dot{o}}\left(\xi_nb\right)\right\}^2\right]}\times$$

$$\times\sum_{l=1}^{\infty}\frac{\left(\xi_l^2+\lambda_0^2\right)\sin\left\{\xi_l\left(d-z_0\right)\right\}\sin\left\{\xi_l\left(d-z\right)\right\}}{\left\{d\left(\xi_l^2+\lambda_0^2\right)+\lambda_0\right\}\left(\eta_r\xi_n^2+\eta_z\xi_l^2+s\right)}+$$

$$+\frac{2}{\phi c_t}\sum_{m=0}^{\infty}\ni_m\cos\left\{m\left(\theta-\theta_0\right)\right\}\times$$

$$\times\sum_{n=1}^{\infty}\frac{\xi_n\left\{\xi_nJ_{m\dot{o}}'\left(\xi_nb\right)+\lambda J_{m\dot{o}}\left(\xi_nb\right)\right\}^2\mathcal{V}_{\mathcal{N}m\dot{o}}\left(\xi r,a\right)}{\left[\left\{\xi_n^2+\lambda^2-\left(\frac{m\dot{o}}{b}\right)^2\right\}J_{m\dot{o}}'^2\left(\xi_na\right)-\left\{1-\left(\frac{m\dot{o}}{\xi_na}\right)^2\right\}\left\{\xi_nJ_{m\dot{o}}'\left(\xi_nb\right)+\lambda J_{m\dot{o}}\left(\xi_nb\right)\right\}^2\right]}\times$$

$$\times\sum_{l=1}^{\infty}\frac{\overline{\overline{\overline{\psi}}}_a\left(m,\xi_l,s;\theta\right)\left(\xi_l^2+\lambda_0^2\right)\sin\left\{\xi_l\left(d-z\right)\right\}}{\left\{d\left(\xi_l^2+\lambda_0^2\right)+\lambda_0\right\}\left(\eta_r\xi_n^2+\eta_z\xi_l^2+s\right)}-$$

$$-\frac{2}{\phi c_t}\sum_{m=0}^{\infty}\ni_m\cos\left\{m\left(\theta-\theta_0\right)\right\}\times$$

$$\times\sum_{n=1}^{\infty}\frac{\xi_n^2J_{m\dot{o}}'\left(\xi_na\right)\left\{\xi_nJ_{m\dot{o}}'\left(\xi_nb\right)+\lambda J_{m\dot{o}}\left(\xi_nb\right)\right\}\mathcal{V}_{\mathcal{N}m\dot{o}}\left(\xi r,a\right)}{\left[\left\{\xi_n^2+\lambda^2-\left(\frac{m\dot{o}}{b}\right)^2\right\}J_{m\dot{o}}'^2\left(\xi_na\right)-\left\{1-\left(\frac{m\dot{o}}{\xi_na}\right)^2\right\}\left\{\xi_nJ_{m\dot{o}}'\left(\xi_nb\right)+\lambda J_{m\dot{o}}\left(\xi_nb\right)\right\}^2\right]}\times$$

$$\times\sum_{l=1}^{\infty}\frac{\overline{\overline{\overline{\psi}}}_b\left(m,\xi_l,s;\theta\right)\left(\xi_l^2+\lambda_0^2\right)\sin\left\{\xi_l\left(d-z\right)\right\}}{\left\{d\left(\xi_l^2+\lambda_0^2\right)+\lambda_0\right\}\left(\eta_r\xi_n^2+\eta_z\xi_l^2+s\right)}+$$

$$+\pi\sum_{m=0}^{\infty}\ni_m\cos\{m(\theta-\theta_0)\}\times$$
$$\times\sum_{n=1}^{\infty}\frac{\xi_n^2\{\xi_nJ'_{m\dot{o}}(\xi_nb)+\lambda J_{m\dot{o}}(\xi_nb)\}^2\mathcal{V}_{\mathcal{N}m\dot{o}}(\xi r,a)}{\left[\left\{\xi_n^2+\lambda^2-\left(\frac{m\dot{o}}{b}\right)^2\right\}J'^2_{m\dot{o}}(\xi_na)-\left\{1-\left(\frac{m\dot{o}}{\xi_na}\right)^2\right\}\{\xi_nJ'_{m\dot{o}}(\xi_nb)+\lambda J_{m\dot{o}}(\xi_nb)\}^2\right]}\times$$
$$\times\sum_{l=1}^{\infty}\frac{(\xi_l^2+\lambda_0^2)\left\{\frac{\sin(\xi_ld)}{\phi c_t}\overline{\overline{\overline{\psi}}}_0(\xi_n,m,s;\theta)+\eta_z\xi_l\overline{\overline{\overline{\psi}}}_d(\xi_n,m,s;\theta)\right\}\sin\{\xi_l(d-z)\}}{\{d(\xi_l^2+\lambda_0^2)+\lambda_0\}(\eta_r\xi_n^2+\eta_z\xi_l^2+s)}+$$
$$+\pi\sum_{m=0}^{\infty}\ni_m\cos\{m(\theta-\theta_0)\}\times$$
$$\times\sum_{n=1}^{\infty}\frac{\xi_n^2\{\xi_nJ'_{m\dot{o}}(\xi_nb)+\lambda J_{m\dot{o}}(\xi_nb)\}^2\mathcal{V}_{\mathcal{N}m\dot{o}}(\xi r,a)}{\left[\left\{\xi_n^2+\lambda^2-\left(\frac{m\dot{o}}{b}\right)^2\right\}J'^2_{m\dot{o}}(\xi_na)-\left\{1-\left(\frac{m\dot{o}}{\xi_na}\right)^2\right\}\{\xi_nJ'_{m\dot{o}}(\xi_nb)+\lambda J_{m\dot{o}}(\xi_nb)\}^2\right]}\times$$
$$\times\sum_{l=1}^{\infty}\frac{\overline{\overline{\overline{\varphi}}}(\xi_n,m,\xi_l;\theta)(\xi_l^2+\lambda_0^2)\sin\{\xi_l(d-z)\}}{\{d(\xi_l^2+\lambda_0^2)+\lambda_0\}(\eta_r\xi_n^2+\eta_z\xi_l^2+s)}\qquad(25.81.1)$$

where $\mathcal{V}_{\mathcal{N}m\dot{o}}(\xi_nr,a)=J_{m\dot{o}}(\xi_nr)Y'_{m\dot{o}}(\xi_na)-Y_{m\dot{o}}(\xi_nr)J'_{m\dot{o}}(\xi_na)$, and the eigenvalues $\xi_n, n=1,2,...$, are the positive roots of the transcendental equation $\xi_n\mathcal{V}'_{\mathcal{N}m\dot{o}}(\xi_nb,a)+\lambda\mathcal{V}_{\mathcal{N}m\dot{o}}(\xi_nb,a)=0$, and ξ_l are the positive roots of $\xi_l\cot(\xi_ld)=-\lambda_0$, $l=1,2,....$ $\overline{\overline{\overline{\psi}}}_0(\xi_n,m,s;\theta)=\int_a^b u\mathcal{V}_{\mathcal{N}m\dot{o}}(\xi_nu,a)\int_0^{2\pi}\overline{\psi}_0(u,v,s)\cos\{m(\theta-v)\}dvdu$, $\overline{\overline{\overline{\psi}}}_d(\xi_n,m,s;\theta)=\int_a^b u\mathcal{V}_{\mathcal{N}m\dot{o}}(\xi_nu,a)\int_0^{2\pi}\overline{\psi}_d(u,v,s)\cos\{m(\theta-v)\}dvdu$, $\overline{\overline{\overline{\psi}}}_a(m,\xi_l,s;\theta)=\int_0^{2\pi}\cos\{m(\theta-v)\}\int_0^d\overline{\psi}_a(v,w,s)\sin\{\xi_l(d-w)\}dwdv$, $\overline{\overline{\overline{\psi}}}_b(m,\xi_l,s;\theta)=\int_0^{2\pi}\cos\{m(\theta-v)\}\int_0^d\overline{\psi}_b(v,w,s)\sin\{\xi_l(d-w)\}dwdv$, and $\overline{\overline{\overline{\varphi}}}(\xi_n,m,\xi_l;\theta)=\int_a^b u\mathcal{V}_{\mathcal{N}m\dot{o}}(\xi_nu,a)\int_0^{2\pi}\cos\{m(\theta-v)\}\int_0^d\varphi(u,v,w)\sin\{\xi_l(d-w)\}dwdvdu$.

$$p=\frac{\pi U(t-t_0)}{\phi c_t}\sum_{m=0}^{\infty}\ni_m\cos\{m(\theta-\theta_0)\}\times$$
$$\times\sum_{n=1}^{\infty}\frac{\xi_n^2\{\xi_nJ'_{m\dot{o}}(\xi_nb)+\lambda J_{m\dot{o}}(\xi_nb)\}^2\mathcal{V}_{\mathcal{N}m\dot{o}}(\xi r_0,a)\mathcal{V}_{\mathcal{N}m\dot{o}}(\xi r,a)}{\left[\left\{\xi_n^2+\lambda^2-\left(\frac{m\dot{o}}{b}\right)^2\right\}J'^2_{m\dot{o}}(\xi_na)-\left\{1-\left(\frac{m\dot{o}}{\xi_na}\right)^2\right\}\{\xi_nJ'_{m\dot{o}}(\xi_nb)+\lambda J_{m\dot{o}}(\xi_nb)\}^2\right]}\times$$
$$\times\sum_{l=1}^{\infty}\frac{(\xi_l^2+\lambda_0^2)\sin\{\xi_l(d-z_0)\}\sin\{\xi_l(d-z)\}\int_0^{t-t_0}q(t-t_0-\tau)e^{-(\eta_r\xi_n^2+\eta_z\xi_l^2)\tau}d\tau}{\{d(\xi_l^2+\lambda_0^2)+\lambda_0\}}+$$
$$+\frac{2}{\phi c_t}\sum_{m=0}^{\infty}\ni_m\cos\{m(\theta-\theta_0)\}\times$$
$$\times\sum_{n=1}^{\infty}\frac{\xi_n\{\xi_nJ'_{m\dot{o}}(\xi_nb)+\lambda J_{m\dot{o}}(\xi_nb)\}^2\mathcal{V}_{\mathcal{N}m\dot{o}}(\xi r,a)}{\left[\left\{\xi_n^2+\lambda^2-\left(\frac{m\dot{o}}{b}\right)^2\right\}J'^2_{m\dot{o}}(\xi_na)-\left\{1-\left(\frac{m\dot{o}}{\xi_na}\right)^2\right\}\{\xi_nJ'_{m\dot{o}}(\xi_nb)+\lambda J_{m\dot{o}}(\xi_nb)\}^2\right]}\times$$
$$\times\sum_{l=1}^{\infty}\frac{(\xi_l^2+\lambda_0^2)\sin\{\xi_l(d-z)\}\int_0^t\overline{\overline{\overline{\psi}}}_a(m,\xi_l,t-\tau;\theta)e^{-(\eta_r\xi_n^2+\eta_z\xi_l^2)\tau}d\tau}{\{d(\xi_l^2+\lambda_0^2)+\lambda_0\}}-$$
$$-\frac{2}{\phi c_t}\sum_{m=0}^{\infty}\ni_m\cos\{m(\theta-\theta_0)\}\times$$
$$\times\sum_{n=1}^{\infty}\frac{\xi_n^2J'_{m\dot{o}}(\xi_na)\{\lambda J_{m\dot{o}}(\xi_nb)-\xi_nJ'_{m\dot{o}}(\xi_nb)\}\mathcal{V}_{\mathcal{N}m\dot{o}}(\xi r,a)}{\left[\left\{\xi_n^2+\lambda^2-\left(\frac{m\dot{o}}{b}\right)^2\right\}J'^2_{m\dot{o}}(\xi_na)-\left\{1-\left(\frac{m\dot{o}}{\xi_na}\right)^2\right\}\{\xi_nJ'_{m\dot{o}}(\xi_nb)+\lambda J_{m\dot{o}}(\xi_nb)\}^2\right]}\times$$

$$\times\sum_{l=1}^{\infty}\frac{\left(\xi_l^2+\lambda_0^2\right)\sin\left\{\xi_l\left(d-z\right)\right\}\int_0^t\overline{\overline{\psi}}_b\left(m,\xi_l,t-\tau;\theta\right)e^{-\left(\eta_r\xi_n^2+\eta_z\xi_l^2\right)\tau}d\tau}{\left\{d\left(\xi_l^2+\lambda_0^2\right)+\lambda_0\right\}}+$$

$$+\pi\sum_{m=0}^{\infty}\ni_m\cos\left\{m\left(\theta-\theta_0\right)\right\}\times$$

$$\times\sum_{n=1}^{\infty}\frac{\xi_n^2\left\{\xi_nJ'_{m\dot{o}}\left(\xi_nb\right)+\lambda J_{m\dot{o}}\left(\xi_nb\right)\right\}^2\mathcal{V}_{\mathcal{N}m\dot{o}}\left(\xi r,a\right)}{\left[\left\{\xi_n^2+\lambda^2-\left(\frac{m\dot{o}}{b}\right)^2\right\}J'^2_{m\dot{o}}\left(\xi_na\right)-\left\{1-\left(\frac{m\dot{o}}{\xi_na}\right)^2\right\}\left\{\xi_nJ'_{m\dot{o}}\left(\xi_nb\right)+\lambda J_{m\dot{o}}\left(\xi_nb\right)\right\}^2\right]}\times$$

$$\times\sum_{l=1}^{\infty}\frac{\left(\xi_l^2+\lambda_0^2\right)\sin\{\xi_l\left(d-z\right)\}\int_0^t\left\{\frac{\sin(\xi_ld)}{\phi c_t}\overline{\overline{\psi}}_0(\xi_n,m,t-\tau;\theta)+\eta_z\xi_l\overline{\overline{\psi}}_d(\xi_n,m,t-\tau;\theta)\right\}e^{-\left(\eta_r\xi_n^2+\eta_z\xi_l^2\right)\tau}d\tau}{\left\{d\left(\xi_l^2+\lambda_0^2\right)+\lambda_0\right\}}+$$

$$+\pi\sum_{m=0}^{\infty}\ni_m\cos\left\{m\left(\theta-\theta_0\right)\right\}\times$$

$$\times\sum_{n=1}^{\infty}\frac{\xi_n^2\left\{\xi_nJ'_{m\dot{o}}\left(\xi_nb\right)+\lambda J_{m\dot{o}}\left(\xi_nb\right)\right\}^2\mathcal{V}_{\mathcal{N}m\dot{o}}\left(\xi r,a\right)e^{-\eta_r\xi_n^2t}}{\left[\left\{\xi_n^2+\lambda^2-\left(\frac{m\dot{o}}{b}\right)^2\right\}J'^2_{m\dot{o}}\left(\xi_na\right)-\left\{1-\left(\frac{m\dot{o}}{\xi_na}\right)^2\right\}\left\{\xi_nJ'_{m\dot{o}}\left(\xi_nb\right)+\lambda J_{m\dot{o}}\left(\xi_nb\right)\right\}^2\right]}\times$$

$$\times\sum_{l=1}^{\infty}\frac{\overline{\overline{\overline{\varphi}}}\left(\xi_n,m,\xi_l;\theta\right)\left(\xi_l^2+\lambda_0^2\right)\sin\left\{\xi_l\left(d-z\right)\right\}e^{-\eta_z\xi_l^2t}}{\left\{d\left(\xi_l^2+\lambda_0^2\right)+\lambda_0\right\}} \qquad (25.81.2)$$

where $\overline{\overline{\psi}}_a\left(m,\xi_l,t;\theta\right)=\int_0^{2\pi}\cos\left\{m\left(\theta-v\right)\right\}\int_0^d\psi_a\left(v,w,t\right)\sin\left\{\xi_l\left(d-w\right)\right\}dwdv$,
$\overline{\overline{\psi}}_b\left(m,\xi_l,t;\theta\right)=\int_0^{2\pi}\cos\left\{m\left(\theta-v\right)\right\}\int_0^d\psi_b\left(v,w,t\right)\sin\left\{\xi_l\left(d-w\right)\right\}dwdv$,
$\overline{\overline{\psi}}_0\left(\xi_n,m,t;\theta\right)=\int_a^b u\mathcal{V}_{\mathcal{N}m\dot{o}}\left(\xi_nu,a\right)\int_0^{2\pi}\psi_0\left(u,v,t\right)\cos\left\{m\left(\theta-v\right)\right\}dvdu$, and
$\overline{\overline{\psi}}_d\left(\xi_n,m,t;\theta\right)=\int_a^b u\mathcal{V}_{\mathcal{N}m\dot{o}}\left(\xi_nu,a\right)\int_0^{2\pi}\psi_d\left(u,v,t\right)\cos\left\{m\left(\theta-v\right)\right\}dvdu$.

25.82 The problem of 25.76, except

$\mathbf{R}_a\equiv\frac{\partial p(a,\theta,z,t)}{\partial r}-\lambda p\left(a,\theta,z,t\right)=-\left(\frac{\mu}{k_r}\right)\psi_a\left(\theta,z,t\right)$,
$\mathbf{D}_b\equiv p\left(b,\theta,z,t\right)=\psi_b\left(\theta,z,t\right)$,
$\mathbf{R}_0\equiv\frac{\partial p(r,\theta,0,t)}{\partial z}-\lambda_0p\left(r,\theta,0,t\right)=-\left(\frac{\mu}{k_z}\right)\psi_0\left(r,\theta,t\right)$ and
$\mathbf{D}_d\equiv p\left(r,\theta,d,t\right)=\psi_d\left(r,\theta,t\right)$

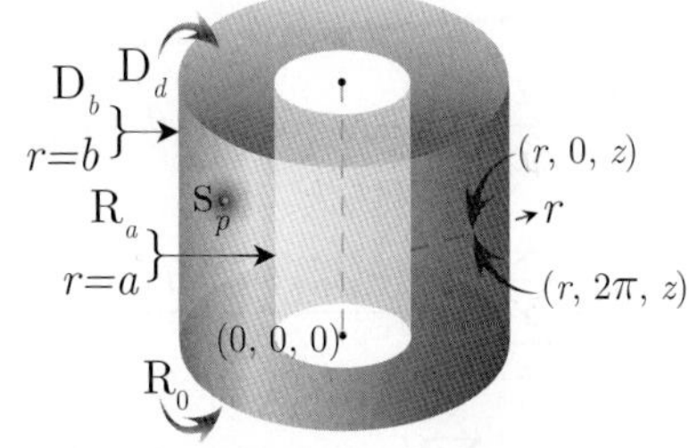

$$\overline{p}\;=\;\frac{\pi q(s)e^{-st_0}}{\phi c_t}\sum_{m=0}^{\infty}\ni_m\cos\{m\left(\theta-\theta_0\right)\}\sum_{n=1}^{\infty}\frac{\xi_n^2\left\{\xi_nJ'_{m\dot{o}}\left(\xi_na\right)-\lambda J_{m\dot{o}}\left(\xi_na\right)\right\}^2\mathcal{V}_{\mathcal{D}m\dot{o}}\left(\xi r_0,b\right)\mathcal{V}_{\mathcal{D}m\dot{o}}\left(\xi r,b\right)}{\left[\left\{\xi_nJ'_{m\dot{o}}(\xi_na)-\lambda J_{m\dot{o}}(\xi_na)\right\}^2-\left\{\xi_n^2+\lambda^2-\left(\frac{m\dot{o}}{a}\right)^2\right\}J^2_{m\dot{o}}(\xi_nb)\right]}\times$$

$$\times\sum_{l=1}^{\infty}\frac{\left(\xi_l^2+\lambda_0^2\right)\sin\left\{\xi_l\left(d-z_0\right)\right\}\sin\left\{\xi_l\left(d-z\right)\right\}}{\left\{d\left(\xi_l^2+\lambda_0^2\right)+\lambda_0\right\}\left(\eta_r\xi_n^2+\eta_z\xi_l^2+s\right)}+$$

$$+\frac{2}{\phi c_t}\sum_{m=0}^{\infty}\ni_m\cos\left\{m\left(\theta-\theta_0\right)\right\}\sum_{n=1}^{\infty}\frac{\xi_n^2J_{m\dot{o}}\left(\xi_nb\right)\left\{\xi_nJ'_{m\dot{o}}\left(\xi_na\right)-\lambda J_{m\dot{o}}\left(\xi_na\right)\right\}\mathcal{V}_{\mathcal{D}m\dot{o}}\left(\xi r,b\right)}{\left[\left\{\xi_nJ'_{m\dot{o}}\left(\xi_na\right)-\lambda J_{m\dot{o}}\left(\xi_na\right)\right\}^2-\left\{\xi_n^2+\lambda^2-\left(\frac{m\dot{o}}{a}\right)^2\right\}J^2_{m\dot{o}}\left(\xi_nb\right)\right]}\times$$

$$\times\sum_{l=1}^{\infty}\frac{\overline{\overline{\overline{\psi}}}_a\left(m,\xi_l,s;\theta\right)\left(\xi_l^2+\lambda_0^2\right)\sin\left\{\xi_l\left(d-z\right)\right\}}{\left\{d\left(\xi_l^2+\lambda_0^2\right)+\lambda_0\right\}\left(\eta_r\xi_n^2+\eta_z\xi_l^2+s\right)}+$$

$$+2\eta_r\sum_{m=0}^{\infty}\ni_m\cos\left\{m\left(\theta-\theta_0\right)\right\}\sum_{n=1}^{\infty}\frac{\xi_n^2\left\{\xi_nJ'_{m\dot{o}}\left(\xi_na\right)-\lambda J_{m\dot{o}}\left(\xi_na\right)\right\}^2\mathcal{V}_{\mathcal{D}m\dot{o}}\left(\xi r,b\right)}{\left[\left\{\xi_nJ'_{m\dot{o}}\left(\xi_na\right)-\lambda J_{m\dot{o}}\left(\xi_na\right)\right\}^2-\left\{\xi_n^2+\lambda^2-\left(\frac{m\dot{o}}{a}\right)^2\right\}J^2_{m\dot{o}}\left(\xi_nb\right)\right]}\times$$

$$\times\sum_{l=1}^{\infty}\frac{\overline{\overline{\overline{\psi}}}_b\left(m,\xi_l,s;\theta\right)\left(\xi_l^2+\lambda_0^2\right)\sin\left\{\xi_l\left(d-z\right)\right\}}{\left\{d\left(\xi_l^2+\lambda_0^2\right)+\lambda_0\right\}\left(\eta_r\xi_n^2+\eta_z\xi_l^2+s\right)}+$$

$$+\pi\sum_{m=0}^{\infty}\ni_m\cos\{m(\theta-\theta_0)\}\sum_{n=1}^{\infty}\frac{\xi_n^2\{\xi_nJ'_{m\dot{o}}(\xi_na)-\lambda J_{m\dot{o}}(\xi_na)\}^2\mathcal{V}_{\mathcal{D}m\dot{o}}(\xi r,b)}{\left[\{\xi_nJ'_{m\dot{o}}(\xi_na)-\lambda J_{m\dot{o}}(\xi_na)\}^2-\left\{\xi_n^2+\lambda^2-\left(\frac{m\dot{o}}{a}\right)^2\right\}J_{m\dot{o}}^2(\xi_nb)\right]}\times$$
$$\times\sum_{l=1}^{\infty}\frac{(\xi_l^2+\lambda_0^2)\left\{\frac{\sin(\xi_ld)}{\phi c_t}\overline{\overline{\overline{\psi}}}_0(\xi_n,m,s;\theta)+\eta_z\xi_l\overline{\overline{\overline{\psi}}}_d(\xi_n,m,s;\theta)\right\}\sin\{\xi_l(d-z)\}}{\{d(\xi_l^2+\lambda_0^2)+\lambda_0\}(\eta_r\xi_n^2+\eta_z\xi_l^2+s)}+$$
$$+\pi\sum_{m=0}^{\infty}\ni_m\cos\{m(\theta-\theta_0)\}\sum_{n=1}^{\infty}\frac{\xi_n^2\{\xi_nJ'_{m\dot{o}}(\xi_na)-\lambda J_{m\dot{o}}(\xi_na)\}^2\mathcal{V}_{\mathcal{D}m\dot{o}}(\xi r,b)}{\left[\{\xi_nJ'_{m\dot{o}}(\xi_na)-\lambda J_{m\dot{o}}(\xi_na)\}^2-\left\{\xi_n^2+\lambda^2-\left(\frac{m\dot{o}}{a}\right)^2\right\}J_{m\dot{o}}^2(\xi_nb)\right]}\times$$
$$\times\sum_{l=1}^{\infty}\frac{\overline{\overline{\overline{\varphi}}}(\xi_n,m,\xi_l;\theta)(\xi_l^2+\lambda_0^2)\sin\{\xi_l(d-z)\}}{\{d(\xi_l^2+\lambda_0^2)+\lambda_0\}(\eta_r\xi_n^2+\eta_z\xi_l^2+s)} \tag{25.82.1}$$

where $\mathcal{V}_{\mathcal{D}m\dot{o}}(\xi_nr,b)=J_{m\dot{o}}(\xi_nr)Y_{m\dot{o}}(\xi_nb)-Y_{m\dot{o}}(\xi_nr)J_{m\dot{o}}(\xi_nb)$, and the eigenvalues $\xi_n, n=1,2,...$, are the positive roots of the transcendental equation $\lambda\mathcal{V}_{\mathcal{D}m\dot{o}}(\xi_na,b)-\xi_n\mathcal{V}'_{\mathcal{D}m\dot{o}}(\xi_na,b)=0$, and ξ_l are the positive roots of $\xi_l\cot(\xi_ld)=-\lambda_0, l=1,2,....$ $\overline{\overline{\overline{\psi}}}_0(\xi_n,m,s;\theta)=\int_a^b u\mathcal{V}_{\mathcal{D}m\dot{o}}(\xi_nu,a)\int_0^{2\pi}\overline{\psi}_0(u,v,s)\cos\{m(\theta-v)\}dvdu$, $\overline{\overline{\overline{\psi}}}_d(\xi_n,m,s;\theta)=\int_a^b u\mathcal{V}_{\mathcal{D}m\dot{o}}(\xi_nu,a)\int_0^{2\pi}\overline{\psi}_d(u,v,s)\cos\{m(\theta-v)\}dvdu$, $\overline{\overline{\overline{\psi}}}_a(m,\xi_l,s;\theta)=\int_0^{2\pi}\cos\{m(\theta-v)\}\int_0^d\overline{\psi}_a(v,w,s)\sin\{\xi_l(d-w)\}dwdv$, $\overline{\overline{\overline{\psi}}}_b(m,\xi_l,s;\theta)=\int_0^{2\pi}\cos\{m(\theta-v)\}\int_0^d\overline{\psi}_b(v,w,s)\sin\{\xi_l(d-w)\}dwdv$, and $\overline{\overline{\overline{\varphi}}}(\xi_n,m,\xi_l;\theta)=\int_a^b u\mathcal{V}_{\mathcal{D}m\dot{o}}(\xi_nu,a)\int_0^{2\pi}\cos\{m(\theta-v)\}\int_0^d\varphi(u,v,w)\sin\{\xi_l(d-w)\}dwdvdu$.

$$p=\frac{\pi U(t-t_0)}{\phi c_t}\sum_{m=0}^{\infty}\ni_m\cos\{m(\theta-\theta_0)\}\sum_{n=1}^{\infty}\frac{\xi_n^2\{\lambda J_{m\dot{o}}(\xi_na)+\xi_nJ'_{m\dot{o}}(\xi_na)\}^2\mathcal{V}_{\mathcal{D}m\dot{o}}(\xi r_0,b)\mathcal{V}_{\mathcal{D}m\dot{o}}(\xi r,b)}{\left[\{\xi_nJ'_{m\dot{o}}(\xi_na)-\lambda J_{m\dot{o}}(\xi_na)\}^2-\left\{\xi_n^2+\lambda^2-\left(\frac{m\dot{o}}{a}\right)^2\right\}J_{m\dot{o}}^2(\xi_nb)\right]}\times$$
$$\times\sum_{l=1}^{\infty}\frac{(\xi_l^2+\lambda_0^2)\sin\{\xi_l(d-z_0)\}\sin\{\xi_l(d-z)\}\int_0^{t-t_0}q(t-t_0-\tau)e^{-(\eta_r\xi_n^2+\eta_z\xi_l^2)\tau}d\tau}{\{d(\xi_l^2+\lambda_0^2)+\lambda_0\}}+$$
$$+\frac{2}{\phi c_t}\sum_{m=0}^{\infty}\ni_m\cos\{m(\theta-\theta_0)\}\sum_{n=1}^{\infty}\frac{\xi_n^2J_{m\dot{o}}(\xi_nb)\{\xi_nJ'_{m\dot{o}}(\xi_na)-\lambda J_{m\dot{o}}(\xi_na)\}\mathcal{V}_{\mathcal{D}m\dot{o}}(\xi r,b)}{\left[\{\xi_nJ'_{m\dot{o}}(\xi_na)-\lambda J_{m\dot{o}}(\xi_na)\}^2-\left\{\xi_n^2+\lambda^2-\left(\frac{m\dot{o}}{a}\right)^2\right\}J_{m\dot{o}}^2(\xi_nb)\right]}\times$$
$$\times\sum_{l=1}^{\infty}\frac{(\xi_l^2+\lambda_0^2)\sin\{\xi_l(d-z)\}\int_0^t\overline{\overline{\psi}}_a(m,\xi_l,t-\tau;\theta)e^{-(\eta_r\xi_n^2+\eta_z\xi_l^2)\tau}d\tau}{\{d(\xi_l^2+\lambda_0^2)+\lambda_0\}}+$$
$$+2\eta_r\sum_{m=0}^{\infty}\ni_m\cos\{m(\theta-\theta_0)\}\sum_{n=1}^{\infty}\frac{\xi_n^2\{\xi_nJ'_{m\dot{o}}(\xi_na)-\lambda J_{m\dot{o}}(\xi_na)\}^2\mathcal{V}_{\mathcal{D}m\dot{o}}(\xi r,b)}{\left[\{\xi_nJ'_{m\dot{o}}(\xi_na)-\lambda J_{m\dot{o}}(\xi_na)\}^2-\left\{\xi_n^2+\lambda^2-\left(\frac{m\dot{o}}{a}\right)^2\right\}J_{m\dot{o}}^2(\xi_nb)\right]}\times$$
$$\times\sum_{l=1}^{\infty}\frac{(\xi_l^2+\lambda_0^2)\sin\{\xi_l(d-z)\}\int_0^t\overline{\overline{\psi}}_b(m,\xi_l,t-\tau;\theta)e^{-(\eta_r\xi_n^2+\eta_z\xi_l^2)\tau}d\tau}{\{d(\xi_l^2+\lambda_0^2)+\lambda_0\}}+$$
$$+\pi\sum_{m=0}^{\infty}\ni_m\cos\{m(\theta-\theta_0)\}\sum_{n=1}^{\infty}\frac{\xi_n^2\{\xi_nJ'_{m\dot{o}}(\xi_na)-\lambda J_{m\dot{o}}(\xi_na)\}^2\mathcal{V}_{\mathcal{D}m\dot{o}}(\xi r,b)}{\left[\{\xi_nJ'_{m\dot{o}}(\xi_na)-\lambda J_{m\dot{o}}(\xi_na)\}^2-\left\{\xi_n^2+\lambda^2-\left(\frac{m\dot{o}}{a}\right)^2\right\}J_{m\dot{o}}^2(\xi_nb)\right]}\times$$
$$\times\sum_{l=1}^{\infty}\frac{(\xi_l^2+\lambda_0^2)\sin\{\xi_l(d-z)\}\int_0^t\left\{\frac{\sin(\xi_ld)}{\phi c_t}\overline{\overline{\psi}}_0(\xi_n,m,t-\tau;\theta)+\eta_z\xi_l\overline{\overline{\psi}}_d(\xi_n,m,t-\tau;\theta)\right\}e^{-(\eta_r\xi_n^2+\eta_z\xi_l^2)\tau}d\tau}{\{d(\xi_l^2+\lambda_0^2)+\lambda_0\}}+$$
$$+\pi\sum_{m=0}^{\infty}\ni_m\cos\{m(\theta-\theta_0)\}\sum_{n=1}^{\infty}\frac{\xi_n^2\{\xi_nJ'_{m\dot{o}}(\xi_na)-\lambda J_{m\dot{o}}(\xi_na)\}^2\mathcal{V}_{\mathcal{D}m\dot{o}}(\xi r,b)}{\left[\{\xi_nJ'_{m\dot{o}}(\xi_na)-\lambda J_{m\dot{o}}(\xi_na)\}^2-\left\{\xi_n^2+\lambda^2-\left(\frac{m\dot{o}}{a}\right)^2\right\}J_{m\dot{o}}^2(\xi_nb)\right]}\times$$
$$\times\sum_{l=1}^{\infty}\frac{\overline{\overline{\overline{\varphi}}}(\xi_n,m,\xi_l;\theta)(\xi_l^2+\lambda_0^2)\sin\{\xi_l(d-z)\}e^{-\eta_z\xi_l^2t}}{\{d(\xi_l^2+\lambda_0^2)+\lambda_0\}} \tag{25.82.2}$$

where $\overline{\overline{\psi}}_a(m,\xi_l,t;\theta)=\int_0^{2\pi}\cos\{m(\theta-v)\}\int_0^d\psi_a(v,w,t)\sin\{\xi_l(d-w)\}dwdv$,

$\overline{\overline{\psi}}_b(m,\xi_l,t;\theta) = \int_0^{2\pi}\cos\{m(\theta-v)\}\int_0^d \psi_b(v,w,t)\sin\{\xi_l(d-w)\}\,dwdv,$
$\overline{\overline{\psi}}_0(\xi_n,m,t;\theta) = \int_a^b u\mathcal{V}_{\mathcal{D}m\dot{o}}(\xi_n u,a)\int_0^{2\pi}\psi_0(u,v,t)\cos\{m(\theta-v)\}dvdu,$ and
$\overline{\overline{\psi}}_d(\xi_n,m,t;\theta) = \int_a^b u\mathcal{V}_{\mathcal{D}m\dot{o}}(\xi_n u,a)\int_0^{2\pi}\psi_d(u,v,t)\cos\{m(\theta-v)\}dvdu.$

25.83 **The problem of 25.76, except**
$\mathbf{R}_a \equiv \frac{\partial p(a,\theta,z,t)}{\partial r} - \lambda p(a,\theta,z,t) = -\left(\frac{\mu}{k_r}\right)\psi_a(\theta,z,t),$
$\mathbf{N}_b \equiv \frac{\partial p(b,\theta,z,t)}{\partial r} = -\left(\frac{\mu}{k_r}\right)\psi_b(\theta,z,t),$
$\mathbf{R}_0 \equiv \frac{\partial p(r,\theta,0,t)}{\partial z} - \lambda_0 p(r,\theta,0,t) = -\left(\frac{\mu}{k_z}\right)\psi_0(r,\theta,t)$ **and**
$\mathbf{D}_d \equiv p(r,\theta,d,t) = \psi_d(r,\theta,t)$

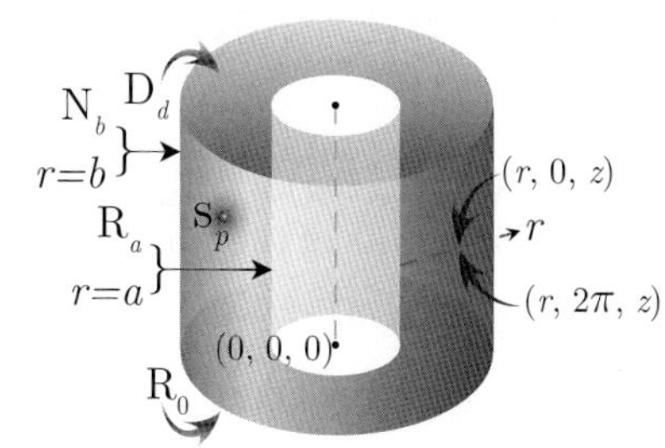

$$\begin{aligned}
\overline{p} \;=\; & \frac{\pi q(s)e^{-st_0}}{\phi c_t}\sum_{m=0}^{\infty}\ni_m\cos\{m(\theta-\theta_0)\}\times \\
&\times\sum_{n=1}^{\infty}\frac{\xi_n^2\{\xi_n J'_{m\dot{o}}(\xi_n a)-\lambda J_{m\dot{o}}(\xi_n a)\}^2\mathcal{V}_{\mathcal{N}m\dot{o}}(\xi r_0,b)\mathcal{V}_{\mathcal{N}m\dot{o}}(\xi r,b)}{\left[\left\{1-\left(\frac{m\dot{o}}{\xi_n b}\right)^2\right\}\{\xi_n J'_{m\dot{o}}(\xi_n a)-\lambda J_{m\dot{o}}(\xi_n a)\}^2-\left\{\xi_n^2+\lambda^2-\left(\frac{m\dot{o}}{a}\right)^2\right\}J'^2_{m\dot{o}}(\xi_n b)\right]}\times \\
&\times\sum_{l=1}^{\infty}\frac{(\xi_l^2+\lambda_0^2)\sin\{\xi_l(d-z_0)\}\sin\{\xi_l(d-z)\}}{\{d(\xi_l^2+\lambda_0^2)+\lambda_0\}(\eta_r\xi_n^2+\eta_z\xi_l^2+s)}+ \\
&+\frac{2}{\phi c_t}\sum_{m=0}^{\infty}\ni_m\cos\{m(\theta-\theta_0)\}\times \\
&\times\sum_{n=1}^{\infty}\frac{\xi_n^2 J'_{m\dot{o}}(\xi_n b)\{\xi_n J'_{m\dot{o}}(\xi_n a)-\lambda J_{m\dot{o}}(\xi_n a)\}\mathcal{V}_{\mathcal{N}m\dot{o}}(\xi r,b)}{\left[\left\{1-\left(\frac{m\dot{o}}{\xi_n b}\right)^2\right\}\{\xi_n J'_{m\dot{o}}(\xi_n a)-\lambda J_{m\dot{o}}(\xi_n a)\}^2-\left\{\xi_n^2+\lambda^2-\left(\frac{m\dot{o}}{a}\right)^2\right\}J'^2_{m\dot{o}}(\xi_n b)\right]}\times \\
&\times\sum_{l=1}^{\infty}\frac{\overline{\overline{\psi}}_a(m,\xi_l,s;\theta)(\xi_l^2+\lambda_0^2)\sin\{\xi_l(d-z)\}}{\{d(\xi_l^2+\lambda_0^2)+\lambda_0\}(\eta_r\xi_n^2+\eta_z\xi_l^2+s)}- \\
&-\frac{2}{\phi c_t}\sum_{m=0}^{\infty}\ni_m\cos\{m(\theta-\theta_0)\}\times \\
&\times\sum_{n=1}^{\infty}\frac{\xi_n\{\xi_n J'_{m\dot{o}}(\xi_n a)-\lambda J_{m\dot{o}}(\xi_n a)\}^2\mathcal{V}_{\mathcal{N}m\dot{o}}(\xi r,b)}{\left[\left\{1-\left(\frac{m\dot{o}}{\xi_n b}\right)^2\right\}\{\xi_n J'_{m\dot{o}}(\xi_n a)-\lambda J_{m\dot{o}}(\xi_n a)\}^2-\left\{\xi_n^2+\lambda^2-\left(\frac{m\dot{o}}{a}\right)^2\right\}J'^2_{m\dot{o}}(\xi_n b)\right]}\times \\
&\times\sum_{l=1}^{\infty}\frac{\overline{\overline{\psi}}_b(m,\xi_l,s;\theta)(\xi_l^2+\lambda_0^2)\sin\{\xi_l(d-z)\}}{\{d(\xi_l^2+\lambda_0^2)+\lambda_0\}(\eta_r\xi_n^2+\eta_z\xi_l^2+s)}+ \\
&+\pi\sum_{m=0}^{\infty}\ni_m\cos\{m(\theta-\theta_0)\}\times \\
&\times\sum_{n=1}^{\infty}\frac{\xi_n^2\{\xi_n J'_{m\dot{o}}(\xi_n a)-\lambda J_{m\dot{o}}(\xi_n a)\}^2\mathcal{V}_{\mathcal{N}m\dot{o}}(\xi r,b)}{\left[\left\{1-\left(\frac{m\dot{o}}{\xi_n b}\right)^2\right\}\{\xi_n J'_{m\dot{o}}(\xi_n a)-\lambda J_{m\dot{o}}(\xi_n a)\}^2-\left\{\xi_n^2+\lambda^2-\left(\frac{m\dot{o}}{a}\right)^2\right\}J'^2_{m\dot{o}}(\xi_n b)\right]}\times \\
&\times\sum_{l=1}^{\infty}\frac{(\xi_l^2+\lambda_0^2)\left\{\frac{\sin(\xi_l d)}{\phi c_t}\overline{\overline{\psi}}_0(\xi_n,m,s;\theta)+\eta_z\xi_l\overline{\overline{\psi}}_d(\xi_n,m,s;\theta)\right\}\sin\{\xi_l(d-z)\}}{\{d(\xi_l^2+\lambda_0^2)+\lambda_0\}(\eta_r\xi_n^2+\eta_z\xi_l^2+s)}+ \\
&+\pi\sum_{m=0}^{\infty}\ni_m\cos\{m(\theta-\theta_0)\}\times
\end{aligned}$$

$$\times \sum_{n=1}^{\infty} \frac{\xi_n^2 \left\{\xi_n J'_{m\dot{o}}(\xi_n a) - \lambda J_{m\dot{o}}(\xi_n a)\right\}^2 \mathcal{V}_{\mathcal{N}m\dot{o}}(\xi r, b)}{\left[\left\{1 - \left(\frac{m\dot{o}}{\xi_n b}\right)^2\right\}\left\{\xi_n J'_{m\dot{o}}(\xi_n a) - \lambda J_{m\dot{o}}(\xi_n a)\right\}^2 - \left\{\xi_n^2 + \lambda^2 - \left(\frac{m\dot{o}}{a}\right)^2\right\} J'^2_{m\dot{o}}(\xi_n b)\right]} \times$$

$$\times \sum_{l=1}^{\infty} \frac{\overline{\overline{\overline{\varphi}}}(\xi_n, m, \xi_l; \theta)\left(\xi_l^2 + \lambda_0^2\right) \sin\left\{\xi_l (d - z)\right\}}{\left\{d\left(\xi_l^2 + \lambda_0^2\right) + \lambda_0\right\}\left(\eta_r \xi_n^2 + \eta_z \xi_l^2 + s\right)} \tag{25.83.1}$$

where $\mathcal{V}_{\mathcal{N}m\dot{o}}(\xi_n r, a) = J_{m\dot{o}}(\xi_n r) Y'_{m\dot{o}}(\xi_n a) - Y_{m\dot{o}}(\xi_n r) J'_{m\dot{o}}(\xi_n a)$, and the eigenvalues $\xi_n, n = 1, 2, ...$, are the positive roots of the transcendental equation $\lambda \mathcal{V}_{\mathcal{N}m\dot{o}}(\xi_n a, b) - \xi_n \mathcal{V}'_{\mathcal{N}m\dot{o}}(\xi_n a, b) = 0$, and ξ_l are the positive roots of $\xi_l \cot(\xi_l d) = -\lambda_0$, $l = 1, 2, ...$ $\overline{\overline{\overline{\psi}}}_0(\xi_n, m, s; \theta) = \int_a^b u \mathcal{V}_{\mathcal{N}m\dot{o}}(\xi_n u, a) \int_0^{2\pi} \overline{\psi}_0(u, v, s) \cos\{m(\theta - v)\} dv du$,
$\overline{\overline{\overline{\psi}}}_d(\xi_n, m, s; \theta) = \int_a^b u \mathcal{V}_{\mathcal{N}m\dot{o}}(\xi_n u, a) \int_0^{2\pi} \overline{\psi}_d(u, v, s) \cos\{m(\theta - v)\} dv du$,
$\overline{\overline{\overline{\psi}}}_a(m, \xi_l, s; \theta) = \int_0^{2\pi} \cos\{m(\theta - v)\} \int_0^d \overline{\psi}_a(v, w, s) \sin\{\xi_l(d - w)\} dw dv$,
$\overline{\overline{\overline{\psi}}}_b(m, \xi_l, s; \theta) = \int_0^{2\pi} \cos\{m(\theta - v)\} \int_0^d \overline{\psi}_b(v, w, s) \sin\{\xi_l(d - w)\} dw dv$, and
$\overline{\overline{\overline{\varphi}}}(\xi_n, m, \xi_l; \theta) = \int_a^b u \mathcal{V}_{\mathcal{N}m\dot{o}}(\xi_n u, a) \int_0^{2\pi} \cos\{m(\theta - v)\} \int_0^d \varphi(u, v, w) \sin\{\xi_l(d - w)\} dw dv du$.

$$p = \frac{\pi U(t - t_0)}{\phi c_t} \sum_{m=0}^{\infty} \ni_m \cos\{m(\theta - \theta_0)\} \times$$

$$\times \sum_{n=1}^{\infty} \frac{\xi_n^2 \left\{\xi_n J'_{m\dot{o}}(\xi_n a) - \lambda J_{m\dot{o}}(\xi_n a)\right\}^2 \mathcal{V}_{\mathcal{N}m\dot{o}}(\xi r_0, b) \mathcal{V}_{\mathcal{N}m\dot{o}}(\xi r, b)}{\left[\left\{1 - \left(\frac{m\dot{o}}{\xi_n b}\right)^2\right\}\left\{\xi_n J'_{m\dot{o}}(\xi_n a) - \lambda J_{m\dot{o}}(\xi_n a)\right\}^2 - \left\{\xi_n^2 + \lambda^2 - \left(\frac{m\dot{o}}{a}\right)^2\right\} J'^2_{m\dot{o}}(\xi_n b)\right]} \times$$

$$\times \sum_{l=1}^{\infty} \frac{\left(\xi_l^2 + \lambda_0^2\right) \sin\left\{\xi_l(d - z_0)\right\} \sin\left\{\xi_l(d - z)\right\} \int_0^{t - t_0} q(t - t_0 - \tau) e^{-\left(\eta_r \xi_n^2 + \eta_z \xi_l^2\right)\tau} d\tau}{\left\{d\left(\xi_l^2 + \lambda_0^2\right) + \lambda_0\right\}} +$$

$$+ \frac{2}{\phi c_t} \sum_{m=0}^{\infty} \ni_m \cos\{m(\theta - \theta_0)\} \times$$

$$\times \sum_{n=1}^{\infty} \frac{\xi_n^2 J'_{m\dot{o}}(\xi_n b) \left\{\xi_n J'_{m\dot{o}}(\xi_n a) - \lambda J_{m\dot{o}}(\xi_n a)\right\} \mathcal{V}_{\mathcal{N}m\dot{o}}(\xi r, b)}{\left[\left\{1 - \left(\frac{m\dot{o}}{\xi_n b}\right)^2\right\}\left\{\xi_n J'_{m\dot{o}}(\xi_n a) - \lambda J_{m\dot{o}}(\xi_n a)\right\}^2 - \left\{\xi_n^2 + \lambda^2 - \left(\frac{m\dot{o}}{a}\right)^2\right\} J'^2_{m\dot{o}}(\xi_n b)\right]} \times$$

$$\times \sum_{l=1}^{\infty} \frac{\left(\xi_l^2 + \lambda_0^2\right) \sin\left\{\xi_l(d - z)\right\} \int_0^t \overline{\overline{\psi}}_a(m, \xi_l, t - \tau; \theta) e^{-\left(\eta_r \xi_n^2 + \eta_z \xi_l^2\right)\tau} d\tau}{\left\{d\left(\xi_l^2 + \lambda_0^2\right) + \lambda_0\right\}} -$$

$$- \frac{2}{\phi c_t} \sum_{m=0}^{\infty} \ni_m \cos\{m(\theta - \theta_0)\} \times$$

$$\times \sum_{n=1}^{\infty} \frac{\xi_n \left\{\xi_n J'_{m\dot{o}}(\xi_n a) - \lambda J_{m\dot{o}}(\xi_n a)\right\}^2 \mathcal{V}_{\mathcal{N}m\dot{o}}(\xi r, b)}{\left[\left\{1 - \left(\frac{m\dot{o}}{\xi_n b}\right)^2\right\}\left\{\xi_n J'_{m\dot{o}}(\xi_n a) - \lambda J_{m\dot{o}}(\xi_n a)\right\}^2 - \left\{\xi_n^2 + \lambda^2 - \left(\frac{m\dot{o}}{a}\right)^2\right\} J'^2_{m\dot{o}}(\xi_n b)\right]} \times$$

$$\times \sum_{l=1}^{\infty} \frac{\left(\xi_l^2 + \lambda_0^2\right) \sin\left\{\xi_l(d - z)\right\} \int_0^t \overline{\overline{\psi}}_b(m, \xi_l, t - \tau; \theta) e^{-\left(\eta_r \xi_n^2 + \eta_z \xi_l^2\right)\tau} d\tau}{\left\{d\left(\xi_l^2 + \lambda_0^2\right) + \lambda_0\right\}} +$$

$$+ \pi \sum_{m=0}^{\infty} \ni_m \cos\{m(\theta - \theta_0)\} \times$$

$$\times \sum_{n=1}^{\infty} \frac{\xi_n^2 \left\{\xi_n J'_{m\dot{o}}(\xi_n a) - \lambda J_{m\dot{o}}(\xi_n a)\right\}^2 \mathcal{V}_{\mathcal{N}m\dot{o}}(\xi r, b)}{\left[\left\{1 - \left(\frac{m\dot{o}}{\xi_n b}\right)^2\right\}\left\{\xi_n J'_{m\dot{o}}(\xi_n a) - \lambda J_{m\dot{o}}(\xi_n a)\right\}^2 - \left\{\xi_n^2 + \lambda^2 - \left(\frac{m\dot{o}}{a}\right)^2\right\} J'^2_{m\dot{o}}(\xi_n b)\right]} \times$$

$$\times \sum_{l=1}^{\infty} \frac{\left(\xi_l^2 + \lambda_0^2\right) \sin\left\{\xi_l(d - z)\right\} \int_0^t \left\{\frac{\sin(\xi_l d)}{\phi c_t} \overline{\overline{\psi}}_0(\xi_n, m, t - \tau; \theta) + \eta_z \xi_l \overline{\overline{\psi}}_d(\xi_n, m, t - \tau; \theta)\right\} e^{-\left(\eta_r \xi_n^2 + \eta_z \xi_l^2\right)\tau} d\tau}{\left\{d\left(\xi_l^2 + \lambda_0^2\right) + \lambda_0\right\}} +$$

$$+\pi\sum_{m=0}^{\infty}\ni_m\cos\{m(\theta-\theta_0)\}\times$$

$$\times\sum_{n=1}^{\infty}\frac{\xi_n^2\{\xi_nJ'_{m\dot{o}}(\xi_na)-\lambda J_{m\dot{o}}(\xi_na)\}^2\mathcal{V}_{\mathcal{N}m\dot{o}}(\xi r,b)}{\left[\left\{1-\left(\frac{m\dot{o}}{\xi_nb}\right)^2\right\}\{\xi_nJ'_{m\dot{o}}(\xi_na)-\lambda J_{m\dot{o}}(\xi_na)\}^2-\left\{\xi_n^2+\lambda^2-\left(\frac{m\dot{o}}{a}\right)^2\right\}J'^2_{m\dot{o}}(\xi_nb)\right]}\times$$

$$\times\sum_{l=1}^{\infty}\frac{\overline{\overline{\overline{\varphi}}}(\xi_n,m,\xi_l;\theta)\left(\xi_l^2+\lambda_0^2\right)\sin\{\xi_l(d-z)\}e^{-\eta_z\xi_l^2t}}{\{d(\xi_l^2+\lambda_0^2)+\lambda_0\}}\tag{25.83.2}$$

where $\overline{\overline{\psi}}_a(m,\xi_l,t;\theta)=\int_0^{2\pi}\cos\{m(\theta-v)\}\int_0^d\psi_a(v,w,t)\sin\{\xi_l(d-w)\}\,dwdv$,
$\overline{\overline{\psi}}_b(m,\xi_l,t;\theta)=\int_0^{2\pi}\cos\{m(\theta-v)\}\int_0^d\psi_b(v,w,t)\sin\{\xi_l(d-w)\}\,dwdv$,
$\overline{\overline{\psi}}_0(\xi_n,m,t;\theta)=\int_a^b u\mathcal{V}_{\mathcal{N}m\dot{o}}(\xi_nu,a)\int_0^{2\pi}\psi_0(u,v,t)\cos\{m(\theta-v)\}dvdu$, and
$\overline{\overline{\psi}}_d(\xi_n,m,t;\theta)=\int_a^b u\mathcal{V}_{\mathcal{N}m\dot{o}}(\xi_nu,a)\int_0^{2\pi}\psi_d(u,v,t)\cos\{m(\theta-v)\}dvdu$.

25.84 **The problem of 25.76, except**
$\mathbf{R}_a\equiv\frac{\partial p(a,\theta,z,t)}{\partial r}-\lambda p(a,\theta,z,t)=-\left(\frac{\mu}{k_r}\right)\psi_a(\theta,z,t)$,
$\mathbf{R}_b\equiv\frac{\partial p(b,\theta,z,t)}{\partial r}+\lambda_bp(b,\theta,z,t)=-\left(\frac{\mu}{k_r}\right)\psi_b(\theta,z,t)$,
$\mathbf{R}_0\equiv\frac{\partial p(r,\theta,0,t)}{\partial z}-\lambda_0p(r,\theta,0,t)=-\left(\frac{\mu}{k_z}\right)\psi_0(r,\theta,t)$ **and**
$\mathbf{D}_d\equiv p(r,\theta,d,t)=\psi_d(r,\theta,t)$

$$\overline{p}=\frac{\pi q(s)e^{-st_0}}{\phi c_t}\sum_{m=0}^{\infty}\ni_m\cos\{m(\theta-\theta_0)\}\sum_{n=1}^{\infty}\xi_n^2\{\xi_nJ'_{m\dot{o}}(\xi_nb)+\lambda_bJ_{m\dot{o}}(\xi_nb)\}^2\times$$

$$\times\frac{\{\xi_n\mathcal{V}_{\mathcal{N}m\dot{o}}(\xi_nr_0,a)-\lambda_a\mathcal{V}_{\mathcal{D}m\dot{o}}(\xi_nr_0,a)\}\{\xi_n\mathcal{V}_{\mathcal{N}m\dot{o}}(\xi_nr,a)-\lambda_a\mathcal{V}_{\mathcal{D}m\dot{o}}(\xi_nr,a)\}}{\left[\left\{\xi_n^2+\lambda_b^2-\left(\frac{m\dot{o}}{b}\right)^2\right\}\{\xi_nJ'_{m\dot{o}}(\xi_na)-\lambda_aJ_{m\dot{o}}(\xi_na)\}^2-\left\{\xi_n^2+\lambda_a^2-\left(\frac{m\dot{o}}{a}\right)^2\right\}\{\xi_nJ'_{m\dot{o}}(\xi_nb)+\lambda J_{m\dot{o}}(\xi_nb)\}^2\right]}\times$$

$$\times\sum_{l=1}^{\infty}\frac{\left(\xi_l^2+\lambda_0^2\right)\sin\{\xi_l(d-z_0)\}\sin\{\xi_l(d-z)\}}{\{d(\xi_l^2+\lambda_0^2)+\lambda_0\}(\eta_r\xi_n^2+\eta_z\xi_l^2+s)}+$$

$$+\frac{2}{\phi c_t}\sum_{m=0}^{\infty}\ni_m\cos\{m(\theta-\theta_0)\}\times$$

$$\times\sum_{n=1}^{\infty}\frac{\xi_n^2\{\xi_nJ'_{m\dot{o}}(\xi_nb)+\lambda_bJ_{m\dot{o}}(\xi_nb)\}^2\{\xi_n\mathcal{V}_{\mathcal{N}m\dot{o}}(\xi_nr,a)-\lambda_a\mathcal{V}_{\mathcal{D}m\dot{o}}(\xi_nr,a)\}}{\left[\left\{\xi_n^2+\lambda_b^2-\left(\frac{m\dot{o}}{b}\right)^2\right\}\{\xi_nJ'_{m\dot{o}}(\xi_na)-\lambda_aJ_{m\dot{o}}(\xi_na)\}^2-\left\{\xi_n^2+\lambda_a^2-\left(\frac{m\dot{o}}{a}\right)^2\right\}\{\xi_nJ'_{m\dot{o}}(\xi_nb)+\lambda J_{m\dot{o}}(\xi_nb)\}^2\right]}\times$$

$$\times\sum_{l=1}^{\infty}\frac{\overline{\overline{\overline{\psi}}}_a(m,\xi_l,s;\theta)\left(\xi_l^2+\lambda_0^2\right)\sin\{\xi_l(d-z)\}}{\{d(\xi_l^2+\lambda_0^2)+\lambda_0\}(\eta_r\xi_n^2+\eta_z\xi_l^2+s)}-$$

$$-\frac{2}{\phi c_t}\sum_{m=0}^{\infty}\ni_m\cos\{m(\theta-\theta_0)\}\times$$

$$\times\sum_{n=1}^{\infty}\frac{\xi_n^2\{\xi_nJ'_{m\dot{o}}(\xi_nb)+\lambda_bJ_{m\dot{o}}(\xi_nb)\}\{\xi_nJ'_{m\dot{o}}(\xi_na)+\lambda_aJ_{m\dot{o}}(\xi_na)\}\{\xi_n\mathcal{V}_{\mathcal{N}m\dot{o}}(\xi_nr,a)-\lambda_a\mathcal{V}_{\mathcal{D}m\dot{o}}(\xi_nr,a)\}}{\left[\left\{\xi_n^2+\lambda_b^2-\left(\frac{m\dot{o}}{b}\right)^2\right\}\{\xi_nJ'_{m\dot{o}}(\xi_na)-\lambda_aJ_{m\dot{o}}(\xi_na)\}^2-\left\{\xi_n^2+\lambda_a^2-\left(\frac{m\dot{o}}{a}\right)^2\right\}\{\xi_nJ'_{m\dot{o}}(\xi_nb)+\lambda J_{m\dot{o}}(\xi_nb)\}^2\right]}\times$$

$$\times\sum_{l=1}^{\infty}\frac{\overline{\overline{\overline{\psi}}}_b(m,\xi_l,s;\theta)\left(\xi_l^2+\lambda_0^2\right)\sin\{\xi_l(d-z)\}}{\{d(\xi_l^2+\lambda_0^2)+\lambda_0\}(\eta_r\xi_n^2+\eta_z\xi_l^2+s)}+$$

$$+\pi\sum_{m=0}^{\infty}\ni_m\cos\{m(\theta-\theta_0)\}\times$$

$$\times\sum_{n=1}^{\infty}\frac{\xi_n^2\left\{\xi_n J'_{m\dot{o}}(\xi_n b)+\lambda_b J_{m\dot{o}}(\xi_n b)\right\}^2\left\{\xi_n \mathcal{V}_{\mathcal{N}m\dot{o}}(\xi_n r,a)-\lambda_a \mathcal{V}_{\mathcal{D}m\dot{o}}(\xi_n r,a)\right\}}{\left[\left\{\xi_n^2+\lambda_b^2-\left(\frac{m\dot{o}}{b}\right)^2\right\}\left\{\xi_n J'_{m\dot{o}}(\xi_n a)-\lambda_a J_{m\dot{o}}(\xi_n a)\right\}^2-\left\{\xi_n^2+\lambda_a^2-\left(\frac{m\dot{o}}{a}\right)^2\right\}\left\{\xi_n J'_{m\dot{o}}(\xi_n b)+\lambda J_{m\dot{o}}(\xi_n b)\right\}^2\right]}\times$$

$$\times\sum_{l=1}^{\infty}\frac{\left(\xi_l^2+\lambda_0^2\right)\left\{\frac{\sin(\xi_l d)}{\phi c_t}\overline{\overline{\overline{\psi}}}_0(\xi_n,m,s;\theta)+\eta_z\xi_l\overline{\overline{\overline{\psi}}}_d(\xi_n,m,s;\theta)\right\}\sin\left\{\xi_l(d-z)\right\}}{\left\{d\left(\xi_l^2+\lambda_0^2\right)+\lambda_0\right\}\left(\eta_r\xi_n^2+\eta_z\xi_l^2+s\right)}+$$

$$+\pi\sum_{m=0}^{\infty}\ni_m\cos\left\{m(\theta-\theta_0)\right\}\times$$

$$\times\sum_{n=1}^{\infty}\frac{\xi_n^2\left\{\xi_n J'_{m\dot{o}}(\xi_n b)+\lambda_b J_{m\dot{o}}(\xi_n b)\right\}^2\left\{\xi_n \mathcal{V}_{\mathcal{N}m\dot{o}}(\xi_n r,a)-\lambda_a \mathcal{V}_{\mathcal{D}m\dot{o}}(\xi_n r,a)\right\}}{\left[\left\{\xi_n^2+\lambda_b^2-\left(\frac{m\dot{o}}{b}\right)^2\right\}\left\{\xi_n J'_{m\dot{o}}(\xi_n a)-\lambda_a J_{m\dot{o}}(\xi_n a)\right\}^2-\left\{\xi_n^2+\lambda_a^2-\left(\frac{m\dot{o}}{a}\right)^2\right\}\left\{\xi_n J'_{m\dot{o}}(\xi_n b)+\lambda J_{m\dot{o}}(\xi_n b)\right\}^2\right]}\times$$

$$\times\sum_{l=1}^{\infty}\frac{\overline{\overline{\overline{\varphi}}}(\xi_n,m,\xi_l;\theta)\left(\xi_l^2+\lambda_0^2\right)\sin\left\{\xi_l(d-z)\right\}}{\left\{d\left(\xi_l^2+\lambda_0^2\right)+\lambda_0\right\}\left(\eta_r\xi_n^2+\eta_z\xi_l^2+s\right)} \qquad (25.84.1)$$

where the eigenvalues $\xi_n, n=1,2,...,$ are the positive roots of $\lambda_a\left\{\mathcal{V}'_{\mathcal{D}m\dot{o}}(\xi_n b,a)+\lambda_b\mathcal{V}_{\mathcal{D}m\dot{o}}(\xi_n b,a)\right\}-\xi_n\left\{\mathcal{V}'_{\mathcal{N}m\dot{o}}(\xi_n b,a)+\lambda_b\mathcal{V}_{\mathcal{N}m\dot{o}}(\xi_n b,a)\right\}=0$, and ξ_l are the positive roots of $\xi_l\cot(\xi_l d)=-\lambda_0,\ l=1,2,....$

$\overline{\overline{\overline{\psi}}}_0(\xi_n,m,s;\theta)=\int_a^b u\left\{\xi_n\mathcal{V}_{\mathcal{N}m\dot{o}}(\xi_n u,a)-\lambda_a\mathcal{V}_{\mathcal{D}m\dot{o}}(\xi_n u,a)\right\}\int_0^{2\pi}\overline{\psi}_0(u,v,s)\cos\{m(\theta-v)\}dvdu,$

$\overline{\overline{\overline{\psi}}}_d(\xi_n,m,s;\theta)=\int_a^b u\left\{\xi_n\mathcal{V}_{\mathcal{N}m\dot{o}}(\xi_n u,a)-\lambda_a\mathcal{V}_{\mathcal{D}m\dot{o}}(\xi_n u,a)\right\}\int_0^{2\pi}\overline{\psi}_d(u,v,s)\cos\{m(\theta-v)\}dvdu,$

$\overline{\overline{\psi}}_a(m,\xi_l,s;\theta)=\int_0^{2\pi}\cos\left\{m(\theta-v)\right\}\int_0^d\overline{\psi}_a(v,w,s)\sin\left\{\xi_l(d-w)\right\}dwdv,$

$\overline{\overline{\psi}}_b(m,\xi_l,s;\theta)=\int_0^{2\pi}\cos\left\{m(\theta-v)\right\}\int_0^d\overline{\psi}_b(v,w,s)\sin\left\{\xi_l(d-w)\right\}dwdv,$ and

$\overline{\overline{\overline{\varphi}}}(\xi_n,m,\xi_l;\theta)=\int_a^b u\{\xi_n\mathcal{V}_{\mathcal{N}m\dot{o}}(\xi_n u,a)-\lambda_a\mathcal{V}_{\mathcal{D}m\dot{o}}(\xi_n u,a)\}\int_0^{2\pi}\cos\{m(\theta-v)\}\int_0^d\varphi(u,v,w)\sin\{\xi_l(d-w)\}dwdvdu.$

$$p=\frac{\pi U(t-t_0)}{\phi c_t}\sum_{m=0}^{\infty}\ni_m\cos\left\{m(\theta-\theta_0)\right\}\times$$

$$\times\sum_{n=1}^{\infty}\frac{\xi_n^2\left\{\xi_n J'_{m\dot{o}}(\xi_n b)+\lambda_b J_{m\dot{o}}(\xi_n b)\right\}^2\left\{\xi_n \mathcal{V}_{\mathcal{N}m\dot{o}}(\xi_n r_0,a)-\lambda_a \mathcal{V}_{\mathcal{D}m\dot{o}}(\xi_n r_0,a)\right\}}{\left[\left\{\xi_n^2+\lambda_b^2-\left(\frac{m\dot{o}}{b}\right)^2\right\}\left\{\xi_n J'_{m\dot{o}}(\xi_n a)-\lambda_a J_{m\dot{o}}(\xi_n a)\right\}^2-\left\{\xi_n^2+\lambda_a^2-\left(\frac{m\dot{o}}{a}\right)^2\right\}\left\{\xi_n J'_{m\dot{o}}(\xi_n b)+\lambda J_{m\dot{o}}(\xi_n b)\right\}^2\right]}\times$$

$$\times\left\{\xi_n\mathcal{V}_{\mathcal{N}m\dot{o}}(\xi_n r,a)-\lambda_a\mathcal{V}_{\mathcal{D}m\dot{o}}(\xi_n r,a)\right\}\times$$

$$\times\sum_{l=1}^{\infty}\frac{\left(\xi_l^2+\lambda_0^2\right)\sin\left\{\xi_l(d-z_0)\right\}\sin\left\{\xi_l(d-z)\right\}\int_0^{t-t_0}q(t-t_0-\tau)e^{-\left(\eta_r\xi_n^2+\eta_z\xi_l^2\right)\tau}d\tau}{\left\{d\left(\xi_l^2+\lambda_0^2\right)+\lambda_0\right\}}+$$

$$+\frac{2}{\phi c_t}\sum_{m=0}^{\infty}\ni_m\cos\left\{m(\theta-\theta_0)\right\}\times$$

$$\times\sum_{n=1}^{\infty}\frac{\xi_n^2\left\{\xi_n J'_{m\dot{o}}(\xi_n b)+\lambda_b J_{m\dot{o}}(\xi_n b)\right\}^2\left\{\xi_n \mathcal{V}_{\mathcal{N}m\dot{o}}(\xi_n r,a)-\lambda_a \mathcal{V}_{\mathcal{D}m\dot{o}}(\xi_n r,a)\right\}}{\left[\left\{\xi_n^2+\lambda_b^2-\left(\frac{m\dot{o}}{b}\right)^2\right\}\left\{\xi_n J'_{m\dot{o}}(\xi_n a)-\lambda_a J_{m\dot{o}}(\xi_n a)\right\}^2-\left\{\xi_n^2+\lambda_a^2-\left(\frac{m\dot{o}}{a}\right)^2\right\}\left\{\xi_n J'_{m\dot{o}}(\xi_n b)+\lambda J_{m\dot{o}}(\xi_n b)\right\}^2\right]}\times$$

$$\times\sum_{l=1}^{\infty}\frac{\left(\xi_l^2+\lambda_0^2\right)\sin\left\{\xi_l(d-z)\right\}\int_0^t\overline{\overline{\psi}}_a(m,\xi_l,t-\tau;\theta)e^{-\left(\eta_r\xi_n^2+\eta_z\xi_l^2\right)\tau}d\tau}{\left\{d\left(\xi_l^2+\lambda_0^2\right)+\lambda_0\right\}}-$$

$$-\frac{2}{\phi c_t}\sum_{m=0}^{\infty}\ni_m\cos\left\{m(\theta-\theta_0)\right\}\times$$

$$\times\sum_{n=1}^{\infty}\frac{\xi_n^2\left\{\xi_n J'_{m\dot{o}}(\xi_n b)+\lambda_b J_{m\dot{o}}(\xi_n b)\right\}\left\{\xi_n J'_{m\dot{o}}(\xi_n a)+\lambda_a J_{m\dot{o}}(\xi_n a)\right\}\left\{\xi_n \mathcal{V}_{\mathcal{N}m\dot{o}}(\xi_n r,a)-\lambda_a \mathcal{V}_{\mathcal{D}m\dot{o}}(\xi_n r,a)\right\}}{\left[\left\{\xi_n^2+\lambda_b^2-\left(\frac{m\dot{o}}{b}\right)^2\right\}\left\{\xi_n J'_{m\dot{o}}(\xi_n a)-\lambda_a J_{m\dot{o}}(\xi_n a)\right\}^2-\left\{\xi_n^2+\lambda_a^2-\left(\frac{m\dot{o}}{a}\right)^2\right\}\left\{\xi_n J'_{m\dot{o}}(\xi_n b)+\lambda J_{m\dot{o}}(\xi_n b)\right\}^2\right]}\times$$

$$\times\sum_{l=1}^{\infty}\frac{\left(\xi_l^2+\lambda_0^2\right)\sin\left\{\xi_l(d-z)\right\}\int_0^t\overline{\overline{\psi}}_b(m,\xi_l,t-\tau;\theta)e^{-\left(\eta_r\xi_n^2+\eta_z\xi_l^2\right)\tau}d\tau}{\left\{d\left(\xi_l^2+\lambda_0^2\right)+\lambda_0\right\}}+$$

$$+\pi\sum_{m=0}^{\infty}\ni_m\cos\{m(\theta-\theta_0)\}\times$$

$$\times\sum_{n=1}^{\infty}\frac{\xi_n^2\{\xi_n J'_{m\dot{o}}(\xi_n b)+\lambda_b J_{m\dot{o}}(\xi_n b)\}^2\{\xi_n\mathcal{V}_{\mathcal{N}m\dot{o}}(\xi_n r,a)-\lambda_a\mathcal{V}_{\mathcal{D}m\dot{o}}(\xi_n r,a)\}}{\left[\left\{\xi_n^2+\lambda_b^2-\left(\frac{m\dot{o}}{b}\right)^2\right\}\{\xi_n J'_{m\dot{o}}(\xi_n a)-\lambda_a J_{m\dot{o}}(\xi_n a)\}^2-\left\{\xi_n^2+\lambda_a^2-\left(\frac{m\dot{o}}{a}\right)^2\right\}\{\xi_n J'_{m\dot{o}}(\xi_n b)+\lambda J_{m\dot{o}}(\xi_n b)\}^2\right]}\times$$

$$\times\sum_{l=1}^{\infty}\frac{(\xi_l^2+\lambda_0^2)\sin\{\xi_l(d-z)\}\int_0^t\left\{\frac{\sin(\xi_l d)}{\phi c_t}\overline{\overline{\psi}}_0(\xi_n,m,t-\tau;\theta)+\eta_z\xi_l\overline{\overline{\psi}}_d(\xi_n,m,t-\tau;\theta)\right\}e^{-(\eta_r\xi_n^2+\eta_z\xi_l^2)\tau}d\tau}{\{d(\xi_l^2+\lambda_0^2)+\lambda_0\}}+$$

$$+\pi\sum_{m=0}^{\infty}\ni_m\cos\{m(\theta-\theta_0)\}\times$$

$$\times\sum_{n=1}^{\infty}\frac{\xi_n^2\{\xi_n J'_{m\dot{o}}(\xi_n b)+\lambda_b J_{m\dot{o}}(\xi_n b)\}^2\{\xi_n\mathcal{V}_{\mathcal{N}m\dot{o}}(\xi_n r,a)-\lambda_a\mathcal{V}_{\mathcal{D}m\dot{o}}(\xi_n r,a)\}}{\left[\left\{\xi_n^2+\lambda_b^2-\left(\frac{m\dot{o}}{b}\right)^2\right\}\{\xi_n J'_{m\dot{o}}(\xi_n a)-\lambda_a J_{m\dot{o}}(\xi_n a)\}^2-\left\{\xi_n^2+\lambda_a^2-\left(\frac{m\dot{o}}{a}\right)^2\right\}\{\xi_n J'_{m\dot{o}}(\xi_n b)+\lambda J_{m\dot{o}}(\xi_n b)\}^2\right]}\times$$

$$\times\sum_{l=1}^{\infty}\frac{\overline{\overline{\overline{\varphi}}}(\xi_n,m,\xi_l;\theta)(\xi_l^2+\lambda_0^2)\sin\{\xi_l(d-z)\}e^{-\eta_z\xi_l^2 t}}{\{d(\xi_l^2+\lambda_0^2)+\lambda_0\}}\qquad(25.84.2)$$

where $\overline{\overline{\psi}}_a(m,\xi_l,t;\theta)=\int_0^{2\pi}\cos\{m(\theta-v)\}\int_0^d\psi_a(v,w,t)\sin\{\xi_l(d-w)\}dwdv$,
$\overline{\overline{\psi}}_b(m,\xi_l,t;\theta)=\int_0^{2\pi}\cos\{m(\theta-v)\}\int_0^d\psi_b(v,w,t)\sin\{\xi_l(d-w)\}dwdv$,
$\overline{\overline{\psi}}_0(\xi_n,m,t;\theta)=\int_a^b r\{\xi_n\mathcal{V}_{\mathcal{N}m\dot{o}}(\xi_n u,a)-\lambda_a\mathcal{V}_{\mathcal{D}m\dot{o}}(\xi_n u,a)\}\int_0^{2\pi}\psi_0(u,v,t)\cos\{m(\theta-v)\}dudv$, and
$\overline{\overline{\psi}}_d(\xi_n,m,t;\theta)=\int_a^b u\{\xi_n\mathcal{V}_{\mathcal{N}m\dot{o}}(\xi_n u,a)-\lambda_a\mathcal{V}_{\mathcal{D}m\dot{o}}(\xi_n u,a)\}\int_0^{2\pi}\psi_d(u,v,t)\cos\{m(\theta-v)\}dvdu$.

25.85 A cylindrical continuum bounded by $0\le r\le a$ and $0\le z\le d$. Point source at $s_p\equiv(r_0,\theta_0,z_0)$ at time $t=t_0$; $0<r_0<a$, $0\le\theta_0\le 2\pi$, $0<z_0<d$, $t_0\ge 0$.
$R_0\equiv\frac{\partial p(r,\theta,0,t)}{\partial z}-\lambda_0 p(r,\theta,0,t)=-\left(\frac{\mu}{k_z}\right)\psi_0(r,\theta,t)$,
$N_d\equiv\frac{\partial p(r,\theta,d,t)}{\partial z}=-\left(\frac{\mu}{k_z}\right)\psi_d(r,\theta,t)$ and
$D_a\equiv p(a,\theta,z,t)=\psi_a(\theta,z,t)$. $p(r,\theta,z,0)=\varphi(r,\theta,z)$

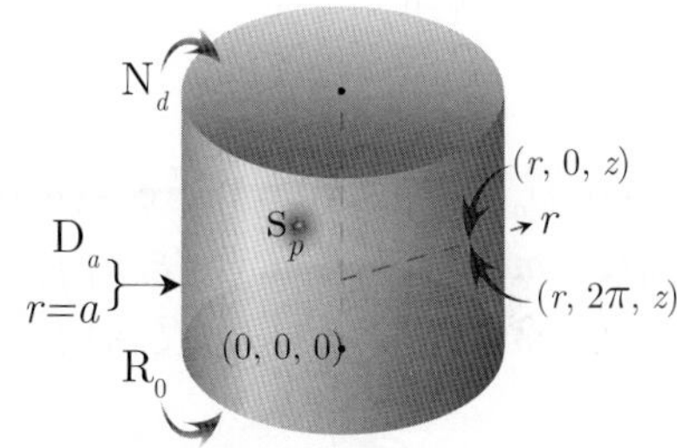

$$\overline{p}=\frac{4q(s)e^{-st_0}}{\pi a^2\phi c_t}\sum_{m=0}^{\infty}\ni_m\cos\{m(\theta-\theta_0)\}\times$$

$$\times\sum_{n=1}^{\infty}\frac{J_{m\dot{o}}(\xi_n r_0)J_{m\dot{o}}(\xi_n r)}{J'^2_{m\dot{o}}(\xi_n a)}\sum_{l=1}^{\infty}\frac{(\xi_l^2+\lambda_0^2)\cos\{\xi_l(d-z_0)\}\cos\{\xi_l(d-z)\}}{\{d(\xi_l^2+\lambda_0^2)+\lambda_0\}(\eta_r\xi_n^2+\eta_z\xi_l^2+s)}-$$

$$-\frac{4\eta_r}{\pi a}\sum_{m=0}^{\infty}\ni_m\cos\{m(\theta-\theta_0)\}\sum_{n=1}^{\infty}\frac{\xi_n J_{m\dot{o}}(\xi_n r)}{J'_{m\dot{o}}(\xi_n a)}\sum_{l=1}^{\infty}\frac{\overline{\overline{\overline{\psi}}}_a(m,\xi_l,s;\theta)(\xi_l^2+\lambda_0^2)\cos\{\xi_l(d-z)\}}{\{d(\xi_l^2+\lambda_0^2)+\lambda_0\}(\eta_r\xi_n^2+\eta_z\xi_l^2+s)}+$$

$$+\frac{4}{\pi a^2\phi c_t}\sum_{m=0}^{\infty}\ni_m\cos\{m(\theta-\theta_0)\}\times$$

$$\times\sum_{n=1}^{\infty}\frac{J_{m\dot{o}}(\xi_n r)}{J'^2_{m\dot{o}}(\xi_n a)}\sum_{l=1}^{\infty}\frac{(\xi_l^2+\lambda_0^2)\left\{\cos(\xi_l d)\overline{\overline{\overline{\psi}}}_0(\xi_n,m,s;\theta)-\overline{\overline{\overline{\psi}}}_d(\xi_n,m,s;\theta)\right\}\cos\{\xi_l(d-z)\}}{\{d(\xi_l^2+\lambda_0^2)+\lambda_0\}(\eta_r\xi_n^2+\eta_z\xi_l^2+s)}+$$

$$+\frac{4}{\pi a^2}\sum_{m=0}^{\infty}\ni_m\cos\{m(\theta-\theta_0)\}\sum_{n=1}^{\infty}\frac{J_{m\dot{o}}(\xi_n r)}{J'^2_{m\dot{o}}(\xi_n a)}\sum_{l=1}^{\infty}\frac{\overline{\overline{\overline{\varphi}}}(\xi_n,m,\xi_l;\theta)(\xi_l^2+\lambda_0^2)\cos\{\xi_l(d-z)\}}{\{d(\xi_l^2+\lambda_0^2)+\lambda_0\}(\eta_r\xi_n^2+\eta_z\xi_l^2+s)}\qquad(25.85.1)$$

where ξ_n are the positive roots of $J_{m\dot{o}}(\xi_n a)=0$, $n=1,2,...$, and ξ_l are the positive roots of $\xi_l\tan(\xi_l d)=\lambda_0$, $l=1,2,....$ $\overline{\overline{\overline{\psi}}}_0(\xi_n,m,s;\theta)=\int_0^a uJ_{m\dot{o}}(\xi_n u)\int_0^{2\pi}\overline{\psi}_0(u,v,s)\cos\{m(\theta-v)\}dvdu$,

$\overline{\overline{\overline{\psi}}}_d(\xi_n, m, s; \theta) = \int_0^a uJ_{m\dot{o}}(\xi_n u) \int_0^{2\pi} \overline{\psi}_d(u, v, s) \cos\{m(\theta - v)\} dvdu,$
$\overline{\overline{\overline{\psi}}}_a(m, \xi_l, s; \theta) = \int_0^{2\pi} \cos\{m(\theta - v)\} \int_0^d \overline{\psi}_a(v, w, s) \cos\{\xi_l(d - w)\} dwdv,$ and
$\overline{\overline{\overline{\varphi}}}(\xi_n, m, \xi_l; \theta) = \int_0^a uJ_{m\dot{o}}(\xi_n u) \int_0^{2\pi} \cos\{m(\theta - v)\} \int_0^d \varphi(u, v, w) \cos\{\xi_l(d - w)\} dwdvdu.$

$$
\begin{aligned}
p \; = \; & \frac{4U(t-t_0)}{\pi a^2 \phi c_t} \sum_{m=0}^{\infty} \ni_m \cos\{m(\theta-\theta_0)\} \sum_{n=1}^{\infty} \frac{J_{m\dot{o}}(\xi_n r_0) J_{m\dot{o}}(\xi_n r)}{J'^2_{m\dot{o}}(\xi_n a)} \times \\
& \times \sum_{l=1}^{\infty} \frac{(\xi_l^2+\lambda_0^2)\cos\{\xi_l(d-z_0)\}\cos\{\xi_l(d-z)\} \int_0^{t-t_0} q(t-t_0-\tau)\, e^{-(\eta_r \xi_n^2+\eta_z \xi_l^2)\tau} d\tau}{\{d(\xi_l^2+\lambda_0^2)+\lambda_0\}} - \\
& - \frac{4\eta_r}{\pi a} \sum_{m=0}^{\infty} \ni_m \cos\{m(\theta-\theta_0)\} \times \\
& \times \sum_{n=1}^{\infty} \frac{\xi_n J_{m\dot{o}}(\xi_n r)}{J'_{m\dot{o}}(\xi_n a)} \sum_{l=1}^{\infty} \frac{(\xi_l^2+\lambda_0^2)\cos\{\xi_l(d-z)\} \int_0^t \overline{\overline{\psi}}_a(m,\xi_l,t-\tau;\theta)\, e^{-(\eta_r \xi_n^2+\eta_z \xi_l^2)\tau} d\tau}{\{d(\xi_l^2+\lambda_0^2)+\lambda_0\}} + \\
& + \frac{4}{\pi a^2 \phi c_t} \sum_{m=0}^{\infty} \ni_m \cos\{m(\theta-\theta_0)\} \sum_{n=1}^{\infty} \frac{J_{m\dot{o}}(\xi_n r)}{J'^2_{m\dot{o}}(\xi_n a)} \times \\
& \times \sum_{l=1}^{\infty} \frac{(\xi_l^2+\lambda_0^2)\cos\{\xi_l(d-z)\} \int_0^t \left\{\cos(\xi_l d)\, \overline{\overline{\psi}}_0(\xi_n,m,t-\tau;\theta) - \overline{\overline{\psi}}_d(\xi_n,m,t-\tau;\theta)\right\} e^{-(\eta_r \xi_n^2+\eta_z \xi_l^2)\tau} d\tau}{\{d(\xi_l^2+\lambda_0^2)+\lambda_0\}} + \\
& + \frac{4}{\pi a^2} \sum_{m=0}^{\infty} \ni_m \cos\{m(\theta-\theta_0)\} \sum_{n=1}^{\infty} \frac{J_{m\dot{o}}(\xi_n r) e^{-\eta_r \xi_n^2 t}}{J'^2_{m\dot{o}}(\xi_n a)} \sum_{l=1}^{\infty} \frac{\overline{\overline{\overline{\varphi}}}(\xi_n,m,\xi_l;\theta)(\xi_l^2+\lambda_0^2)\cos\{\xi_l(d-z)\}\, e^{-\eta_z \xi_l^2 t}}{\{d(\xi_l^2+\lambda_0^2)+\lambda_0\}}
\end{aligned}
\tag{25.85.2}
$$

where $\overline{\overline{\psi}}_a(m, \xi_l, t; \theta) = \int_0^{2\pi} \cos\{m(\theta - v)\} \int_0^d \psi_a(v, w, t) \cos\{\xi_l(d - w)\} dwdv,$
$\overline{\overline{\psi}}_0(\xi_n, m, t; \theta) = \int_0^a uJ_{m\dot{o}}(\xi_n u) \int_0^{2\pi} \psi_0(u, v, t) \cos\{m(\theta - v)\} dvdu,$ and
$\overline{\overline{\psi}}_d(\xi_n, m, t; \theta) = \int_0^a uJ_{m\dot{o}}(\xi_n u) \int_0^{2\pi} \psi_d(u, v, t) \cos\{m(\theta - v)\} dvdu.$

25.86

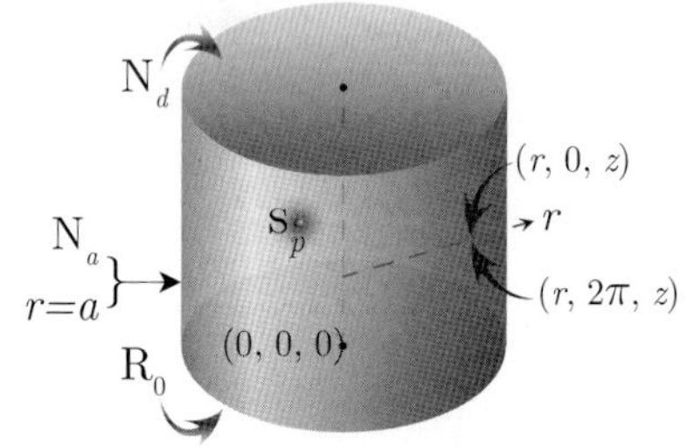

The problem of 25.85, except
$\mathbf{N}_a \equiv \frac{\partial p(a,\theta,z,t)}{\partial r} = -\left(\frac{\mu}{k_r}\right) \psi_a(\theta, z, t),$
$\mathbf{R}_0 \equiv \frac{\partial p(r,\theta,0,t)}{\partial z} - \lambda_0 p(r, \theta, 0, t) = -\left(\frac{\mu}{k_z}\right) \psi_0(r, \theta, t)$ **and**
$\mathbf{N}_d \equiv \frac{\partial p(r,\theta,d,t)}{\partial z} = -\left(\frac{\mu}{k_z}\right) \psi_d(r, \theta, t)$

$$
\begin{aligned}
\overline{p} \; = \; & \frac{4q(s)e^{-st_0}}{\pi a^2 \phi c_t} \sum_{m=0}^{\infty} \ni_m \cos\{m(\theta-\theta_0)\} \times \\
& \times \sum_{n=0}^{\infty} \frac{J_{m\dot{o}}(\xi_n r_0) J_{m\dot{o}}(\xi_n r)}{\left\{1-\left(\frac{m\dot{o}}{\xi_n a}\right)^2\right\} J^2_{m\dot{o}}(\xi_n a)} \sum_{l=1}^{\infty} \frac{(\xi_l^2+\lambda_0^2)\cos\{\xi_l(d-z_0)\}\cos\{\xi_l(d-z)\}}{\{d(\xi_l^2+\lambda_0^2)+\lambda_0\}(\eta_r \xi_n^2+\eta_z \xi_l^2+s)} - \\
& - \frac{4}{\pi a \phi c_t} \sum_{m=0}^{\infty} \ni_m \cos\{m(\theta-\theta_0)\} \sum_{n=0}^{\infty} \frac{J_{m\dot{o}}(\xi_n r)}{\left\{1-\left(\frac{m\dot{o}}{\xi_n a}\right)^2\right\} J_{m\dot{o}}(\xi_n a)} \sum_{l=1}^{\infty} \frac{\overline{\overline{\overline{\psi}}}_a(m,\xi_l,s;\theta)(\xi_l^2+\lambda_0^2)\cos\{\xi_l(d-z)\}}{\{d(\xi_l^2+\lambda_0^2)+\lambda_0\}(\eta_r \xi_n^2+\eta_z \xi_l^2+s)} + \\
& + \frac{4}{\pi a^2 \phi c_t} \sum_{m=0}^{\infty} \ni_m \cos\{m(\theta-\theta_0)\} \times
\end{aligned}
$$

$$\times\sum_{n=0}^{\infty}\frac{J_{m\dot{o}}(\xi_n r)}{\left\{1-\left(\frac{m\dot{o}}{\xi_n a}\right)^2\right\}J^2_{m\dot{o}}(\xi_n a)}\sum_{l=1}^{\infty}\frac{(\xi_l^2+\lambda_0^2)\left\{\cos(\xi_l d)\,\overline{\overline{\psi}}_0(\xi_n,m,s;\theta)-\overline{\overline{\psi}}_d(\xi_n,m,s;\theta)\right\}\cos\{\xi_l\,(d-z)\}}{\{d\,(\xi_l^2+\lambda_0^2)+\lambda_0\}\,(\eta_r\xi_n^2+\eta_z\xi_l^2+s)}+$$

$$+\frac{4}{\pi a^2}\sum_{m=0}^{\infty}\ni_m\cos\{m\,(\theta-\theta_0)\}\sum_{n=0}^{\infty}\frac{J_{m\dot{o}}\,(\xi_n r)}{\left\{1-\left(\frac{m\dot{o}}{\xi_n a}\right)^2\right\}J^2_{m\dot{o}}(\xi_n a)}\sum_{l=1}^{\infty}\frac{\overline{\overline{\overline{\varphi}}}\,(\xi_n,m,\xi_l;\theta)\,(\xi_l^2+\lambda_0^2)\cos\{\xi_l\,(d-z)\}}{\{d\,(\xi_l^2+\lambda_0^2)+\lambda_0\}\,(\eta_r\xi_n^2+\eta_z\xi_l^2+s)}$$

(25.86.1)

where ξ_n are the positive roots of $J'_{m\dot{o}}\,(\xi_n a)=0$, $n=1,2,...$, ξ_n are the positive roots of $J'_{m\dot{o}}\,(\xi_n a)=0$, $n=1,2,...$, and ξ_l are the positive roots of $\xi_l\tan(\xi_l d)=\lambda_0$, $l=1,2,....$

$\overline{\overline{\psi}}_0\,(\xi_n,m,s;\theta)=\int_0^a uJ_{m\dot{o}}\,(\xi_n u)\int_0^{2\pi}\overline{\psi}_0\,(u,v,s)\cos\{m\,(\theta-v)\}dvdu,$

$\overline{\overline{\psi}}_d\,(\xi_n,m,s;\theta)=\int_0^a uJ_{m\dot{o}}\,(\xi_n u)\int_0^{2\pi}\overline{\psi}_d\,(u,v,s)\cos\{m\,(\theta-v)\}dvdu,$

$\overline{\overline{\psi}}_a\,(m,\xi_l,s;\theta)=\int_0^{2\pi}\cos\{m\,(\theta-v)\}\int_0^d\overline{\psi}_a\,(v,w,s)\cos\{\xi_l\,(d-w)\}\,dwdv$, and

$\overline{\overline{\overline{\varphi}}}\,(\xi_n,m,\xi_l;\theta)=\int_0^a uJ_{m\dot{o}}\,(\xi_n u)\int_0^{2\pi}\cos\{m\,(\theta-v)\}\int_0^d\varphi\,(u,v,w)\cos\{\xi_l\,(d-w)\}\,dwdvdu.$

$$p=\frac{4U\,(t-t_0)}{\pi a^2\phi c_t}\sum_{m=0}^{\infty}\ni_m\cos\{m\,(\theta-\theta_0)\}\sum_{n=0}^{\infty}\frac{J_{m\dot{o}}\,(\xi_n r_0)\,J_{m\dot{o}}\,(\xi_n r)}{\left\{1-\left(\frac{m\dot{o}}{\xi_n a}\right)^2\right\}J^2_{m\dot{o}}\,(\xi_n a)}\times$$

$$\times\sum_{l=1}^{\infty}\frac{(\xi_l^2+\lambda_0^2)\cos\{\xi_l\,(d-z_0)\}\cos\{\xi_l\,(d-z)\}\int_0^{t-t_0}q\,(t-t_0-\tau)\,e^{-(\eta_r\xi_n^2+\eta_z\xi_l^2)\tau}d\tau}{\{d\,(\xi_l^2+\lambda_0^2)+\lambda_0\}}-$$

$$-\frac{4}{\pi a\phi c_t}\sum_{m=0}^{\infty}\ni_m\cos\{m\,(\theta-\theta_0)\}\times$$

$$\times\sum_{n=0}^{\infty}\frac{J_{m\dot{o}}\,(\xi_n r)}{\left\{1-\left(\frac{m\dot{o}}{\xi_n a}\right)^2\right\}J_{m\dot{o}}\,(\xi_n a)}\sum_{l=1}^{\infty}\frac{(\xi_l^2+\lambda_0^2)\cos\{\xi_l\,(d-z)\}\int_0^t\overline{\overline{\psi}}_a\,(m,\xi_l,t-\tau;\theta)\,e^{-(\eta_r\xi_n^2+\eta_z\xi_l^2)\tau}d\tau}{\{d\,(\xi_l^2+\lambda_0^2)+\lambda_0\}}+$$

$$+\frac{4}{\pi a^2\phi c_t}\sum_{m=0}^{\infty}\ni_m\cos\{m\,(\theta-\theta_0)\}\sum_{n=0}^{\infty}\frac{J_{m\dot{o}}\,(\xi_n r)}{\left\{1-\left(\frac{m\dot{o}}{\xi_n a}\right)^2\right\}J^2_{m\dot{o}}\,(\xi_n a)}\times$$

$$\times\sum_{l=1}^{\infty}\frac{(\xi_l^2+\lambda_0^2)\cos\{\xi_l\,(d-z)\}\int_0^t\left\{\cos(\xi_l d)\,\overline{\overline{\psi}}_0\,(\xi_n,m,t-\tau;\theta)-\overline{\overline{\psi}}_d\,(\xi_n,m,t-\tau;\theta)\right\}e^{-(\eta_r\xi_n^2+\eta_z\xi_l^2)\tau}d\tau}{\{d\,(\xi_l^2+\lambda_0^2)+\lambda_0\}}+$$

$$+\frac{4}{\pi a^2}\sum_{m=0}^{\infty}\ni_m\cos\{m\,(\theta-\theta_0)\}\sum_{n=0}^{\infty}\frac{J_{m\dot{o}}(\xi_n r)e^{-\eta_r\xi_n^2 t}}{\left\{1-\left(\frac{m\dot{o}}{\xi_n a}\right)^2\right\}J^2_{m\dot{o}}(\xi_n a)}\sum_{l=1}^{\infty}\frac{\overline{\overline{\overline{\varphi}}}\,(\xi_n,m,\xi_l;\theta)(\xi_l^2+\lambda_0^2)\cos\{\xi_l\,(d-z)\}e^{-\eta_z\xi_l^2 t}}{\{d\,(\xi_l^2+\lambda_0^2)+\lambda_0\}}$$

(25.86.2)

where $\overline{\overline{\psi}}_a\,(m,\xi_l,t;\theta)=\int_0^{2\pi}\cos\{m\,(\theta-v)\}\int_0^d\psi_a\,(v,w,t)\cos\{\xi_l\,(d-w)\}\,dwdv,$

$\overline{\overline{\psi}}_0\,(\xi_n,m,t;\theta)=\int_0^a uJ_{m\dot{o}}\,(\xi_n u)\int_0^{2\pi}\psi_0\,(u,v,t)\cos\{m\,(\theta-v)\}dvdu$, and

$\overline{\overline{\psi}}_d\,(\xi_n,m,t;\theta)=\int_0^a uJ_{m\dot{o}}\,(\xi_n u)\int_0^{2\pi}\psi_d\,(u,v,t)\cos\{m\,(\theta-v)\}dvdu.$

25.87

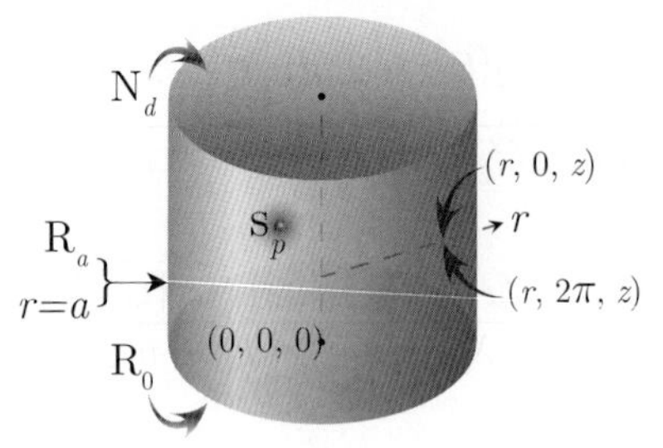

The problem of 25.85, except
$\mathbf{R}_a \equiv \frac{\partial p(a,\theta,z,t)}{\partial r} + \lambda p\left(a,\theta,z,t\right) = -\left(\frac{\mu}{k_r}\right)\psi_a\left(\theta,z,t\right),$
$\mathbf{R}_0 \equiv \frac{\partial p(r,\theta,0,t)}{\partial z} - \lambda_0 p\left(r,\theta,0,t\right) = -\left(\frac{\mu}{k_z}\right)\psi_0\left(r,\theta,t\right)$ **and**
$\mathbf{N}_d \equiv \frac{\partial p(r,\theta,d,t)}{\partial z} = -\left(\frac{\mu}{k_z}\right)\psi_d\left(r,\theta,t\right)$

$$\begin{aligned}
\overline{p} &= \frac{4q(s)\,e^{-st_0}}{\pi a^2\phi c_t}\sum_{m=0}^{\infty}\ni_m\cos\{m(\theta-\theta_0)\}\sum_{n=1}^{\infty}\frac{J_{m\dot{o}}(\xi_n r_0)\,J_{m\dot{o}}(\xi_n r)}{\left[\left\{1-\left(\frac{m\dot{o}}{\xi_n a}\right)^2\right\}J_{m\dot{o}}^2(\xi_n a)+J_{m\dot{o}}'^2(\xi_n a)\right]}\times\\
&\times\sum_{l=1}^{\infty}\frac{\left(\xi_l^2+\lambda_0^2\right)\cos\{\xi_l(d-z_0)\}\cos\{\xi_l(d-z)\}}{\{d(\xi_l^2+\lambda_0^2)+\lambda_0\}\left(\eta_r\xi_n^2+\eta_z\xi_l^2+s\right)}-\\
&-\frac{4}{\pi a\phi c_t}\sum_{m=0}^{\infty}\ni_m\cos\{m(\theta-\theta_0)\}\sum_{n=1}^{\infty}\frac{J_{m\dot{o}}(\xi_n r)}{\left[\left\{1-\left(\frac{m\dot{o}}{\xi_n a}\right)^2\right\}J_{m\dot{o}}^2(\xi_n a)+J_{m\dot{o}}'^2(\xi_n a)\right]}\times\\
&\times\sum_{l=1}^{\infty}\frac{\overline{\overline{\overline{\psi}}}_a(m,\xi_l,s;\theta)\left(\xi_l^2+\lambda_0^2\right)\cos\{\xi_l(d-z)\}}{\{d(\xi_l^2+\lambda_0^2)+\lambda_0\}\left(\eta_r\xi_n^2+\eta_z\xi_l^2+s\right)}+\\
&+\frac{4}{\pi a^2\phi c_t}\sum_{m=0}^{\infty}\ni_m\cos\{m(\theta-\theta_0)\}\sum_{n=1}^{\infty}\frac{J_{m\dot{o}}(\xi_n r)}{\left[\left\{1-\left(\frac{m\dot{o}}{\xi_n a}\right)^2\right\}J_{m\dot{o}}^2(\xi_n a)+J_{m\dot{o}}'^2(\xi_n a)\right]}\times\\
&\times\sum_{l=1}^{\infty}\frac{\left(\xi_l^2+\lambda_0^2\right)\left\{\cos(\xi_l d)\,\overline{\overline{\overline{\psi}}}_0(\xi_n,m,s;\theta)-\overline{\overline{\overline{\psi}}}_d(\xi_n,m,s;\theta)\right\}\cos\{\xi_l(d-z)\}}{\{d(\xi_l^2+\lambda_0^2)+\lambda_0\}\left(\eta_r\xi_n^2+\eta_z\xi_l^2+s\right)}+\\
&+\frac{4}{\pi a^2}\sum_{m=0}^{\infty}\ni_m\cos\{m(\theta-\theta_0)\}\sum_{n=1}^{\infty}\frac{J_{m\dot{o}}(\xi_n r)}{\left[\left\{1-\left(\frac{m\dot{o}}{\xi_n a}\right)^2\right\}J_{m\dot{o}}^2(\xi_n a)+J_{m\dot{o}}'^2(\xi_n a)\right]}\times\\
&\times\sum_{l=1}^{\infty}\frac{\overline{\overline{\overline{\varphi}}}(\xi_n,m,\xi_l;\theta)\left(\xi_l^2+\lambda_0^2\right)\cos\{\xi_l(d-z)\}}{\{d(\xi_l^2+\lambda_0^2)+\lambda_0\}\left(\eta_r\xi_n^2+\eta_z\xi_l^2+s\right)}
\end{aligned} \tag{25.87.1}$$

where ξ_n are the positive roots of $\xi_n J_{m\dot{o}}'(\xi_n a)+\lambda J_{m\dot{o}}(\xi_n a)=0$, and ξ_l are the positive roots of $\xi_l\tan(\xi_l d)=\lambda_0$, $l=1,2,\ldots$. $\overline{\overline{\overline{\psi}}}_0(\xi_n,m,s;\theta)=\int_0^a uJ_{m\dot{o}}(\xi_n u)\int_0^{2\pi}\overline{\psi}_0(u,v,s)\cos\{m(\theta-v)\}dvdu$,
$\overline{\overline{\overline{\psi}}}_d(\xi_n,m,s;\theta)=\int_0^a uJ_{m\dot{o}}(\xi_n u)\int_0^{2\pi}\overline{\psi}_d(u,v,s)\cos\{m(\theta-v)\}dvdu$,
$\overline{\overline{\overline{\psi}}}_a(m,\xi_l,s;\theta)=\int_0^{2\pi}\cos\{m(\theta-v)\}\int_0^d\overline{\psi}_a(v,w,s)\cos\{\xi_l(d-w)\}\,dwdv$, and
$\overline{\overline{\overline{\varphi}}}(\xi_n,m,\xi_l;\theta)=\int_0^a uJ_{m\dot{o}}(\xi_n u)\int_0^{2\pi}\cos\{m(\theta-v)\}\int_0^d\varphi(u,v,w)\cos\{\xi_l(d-w)\}\,dwdvdu$.

$$\begin{aligned}
p &= \frac{4U(t-t_0)}{\pi a^2\phi c_t}\sum_{m=0}^{\infty}\ni_m\cos\{m(\theta-\theta_0)\}\sum_{n=1}^{\infty}\frac{J_{m\dot{o}}(\xi_n r_0)\,J_{m\dot{o}}(\xi_n r)}{\left[\left\{1-\left(\frac{m\dot{o}}{\xi_n a}\right)^2\right\}J_{m\dot{o}}^2(\xi_n a)+J_{m\dot{o}}'^2(\xi_n a)\right]}\times\\
&\times\sum_{l=1}^{\infty}\frac{\left(\xi_l^2+\lambda_0^2\right)\cos\{\xi_l(d-z_0)\}\cos\{\xi_l(d-z)\}\int_0^{t-t_0}q(t-t_0-\tau)\,e^{-\left(\eta_r\xi_n^2+\eta_z\xi_l^2\right)\tau}d\tau}{\{d(\xi_l^2+\lambda_0^2)+\lambda_0\}}-\\
&-\frac{4}{\pi a\phi c_t}\sum_{m=0}^{\infty}\ni_m\cos\{m(\theta-\theta_0)\}\sum_{n=1}^{\infty}\frac{J_{m\dot{o}}(\xi_n r)}{\left[\left\{1-\left(\frac{m\dot{o}}{\xi_n a}\right)^2\right\}J_{m\dot{o}}^2(\xi_n a)+J_{m\dot{o}}'^2(\xi_n a)\right]}\times
\end{aligned}$$

$$\times \sum_{i=1}^{\infty} \frac{\left(\xi_l^2+\lambda_0^2\right) \cos\left\{\xi_l\left(d-z\right)\right\} \int_0^t \overline{\overline{\psi}}_a\left(m, \xi_l, t-\tau; \theta\right) e^{-\left(\eta_r \xi_n^2+\eta_z \xi_l^2\right) \tau} d\tau}{\left\{d\left(\xi_l^2+\lambda_0^2\right)+\lambda_0\right\}} +$$

$$+\frac{4}{\pi a^2 \phi c_t} \sum_{m=0}^{\infty} \ni_m \cos\left\{m\left(\theta-\theta_0\right)\right\} \sum_{n=1}^{\infty} \frac{J_{m\dot{o}}\left(\xi_n r\right)}{\left[\left\{1-\left(\frac{m\dot{o}}{\xi_n a}\right)^2\right\} J_{m\dot{o}}^2\left(\xi_n a\right)+J_{m\dot{o}}'^2\left(\xi_n a\right)\right]} \times$$

$$\times \sum_{l=1}^{\infty} \frac{\left(\xi_l^2+\lambda_0^2\right) \cos\{\xi_l\left(d-z\right)\} \int_0^t \left\{\cos(\xi_l d) \overline{\overline{\psi}}_0\left(\xi_n, m, t-\tau; \theta\right)-\overline{\overline{\psi}}_d\left(\xi_n, m, t-\tau; \theta\right)\right\} e^{-\left(\eta_r \xi_n^2+\eta_z \xi_l^2\right) \tau} d\tau}{\left\{d\left(\xi_l^2+\lambda_0^2\right)+\lambda_0\right\}} +$$

$$+\frac{4}{\pi a^2} \sum_{m=0}^{\infty} \ni_m \cos\left\{m\left(\theta-\theta_0\right)\right\} \sum_{n=1}^{\infty} \frac{J_{m\dot{o}}\left(\xi_n r\right) e^{-\eta_r \xi_n^2 t}}{\left[\left\{1-\left(\frac{m\dot{o}}{\xi_n a}\right)^2\right\} J_{m\dot{o}}^2\left(\xi_n a\right)+J_{m\dot{o}}'^2\left(\xi_n a\right)\right]} \times$$

$$\times \sum_{i=1}^{\infty} \frac{\overline{\overline{\varphi}}\left(\xi_n, m, \xi_l; \theta\right)\left(\xi_l^2+\lambda_0^2\right) \cos\left\{\xi_l\left(d-z\right)\right\} e^{-\eta_z \xi_l^2 t}}{\left\{d\left(\xi_l^2+\lambda_0^2\right)+\lambda_0\right\}} \tag{25.87.2}$$

where $\overline{\overline{\psi}}_a\left(m, \xi_l, t; \theta\right)=\int_0^{2\pi} \cos\left\{m\left(\theta-v\right)\right\} \int_0^d \psi_a\left(v, w, t\right) \cos\left\{\xi_l\left(d-w\right)\right\} dw dv$,
$\overline{\overline{\psi}}_0\left(\xi_n, m, t; \theta\right)=\int_0^a u J_{m\dot{o}}\left(\xi_n u\right) \int_0^{2\pi} \psi_0\left(u, v, t\right) \cos\left\{m\left(\theta-v\right)\right\} dv du$, and
$\overline{\overline{\psi}}_d\left(\xi_n, m, t; \theta\right)=\int_0^a u J_{m\dot{o}}\left(\xi_n u\right) \int_0^{2\pi} \psi_d\left(u, v, t\right) \cos\left\{m\left(\theta-v\right)\right\} dv du$.

25.88 A cylindrical continuum bounded by $a \le r \le b$ and $0 \le z \le d$. Point source at $s_p \equiv (r_0, \theta_0, z_0)$ at time $t = t_0$; $a < r_0 < b$, $0 \le \theta_0 \le 2\pi$, $0 < z_0 < d$, $t_0 \ge 0$.

$R_0 \equiv \frac{\partial p(r,\theta,0,t)}{\partial z} - \lambda_0 p(r,\theta,0,t) = -\left(\frac{\mu}{k_z}\right)\psi_0(r,\theta,t)$,
$N_d \equiv \frac{\partial p(r,\theta,d,t)}{\partial z} = -\left(\frac{\mu}{k_z}\right)\psi_d(r,\theta,t)$,
$D_a \equiv p(a,\theta,z,t) = \psi_a(\theta,z,t)$ and
$D_b \equiv p(b,\theta,z,t) = \psi_b(\theta,z,t)$. $p(r,\theta,z,0) = \varphi(r,\theta,z)$

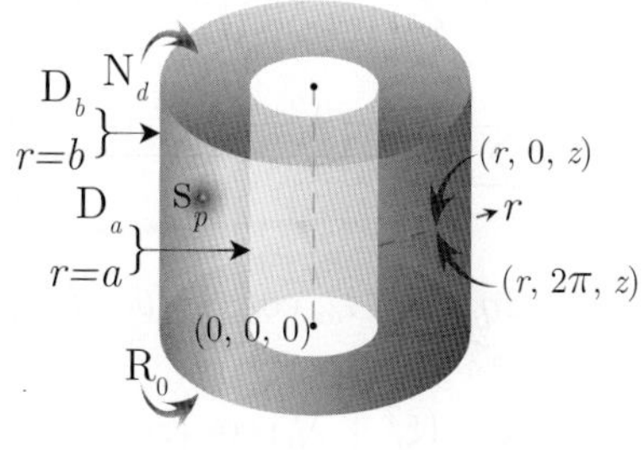

$$\overline{p} = \frac{\pi q\left(s\right) e^{-s t_0}}{\phi c_t} \sum_{m=0}^{\infty} \ni_m \cos\left\{m\left(\theta-\theta_0\right)\right\} \sum_{n=1}^{\infty} \frac{\xi_n^2 J_{m\dot{o}}^2\left(\xi_n b\right) \mathcal{V}_{\mathcal{D}m\dot{o}}\left(\xi r_0, a\right) \mathcal{V}_{\mathcal{D}m\dot{o}}\left(\xi r, a\right)}{\left\{J_{m\dot{o}}^2\left(\xi_n a\right)-J_{m\dot{o}}^2\left(\xi_n b\right)\right\}} \times$$

$$\times \sum_{l=1}^{\infty} \frac{\left(\xi_l^2+\lambda_0^2\right) \cos\left\{\xi_l\left(d-z_0\right)\right\} \cos\left\{\xi_l\left(d-z\right)\right\}}{\left\{d\left(\xi_l^2+\lambda_0^2\right)+\lambda_0\right\}\left(\eta_r \xi_n^2+\eta_z \xi_l^2+s\right)} -$$

$$-2\eta_r \sum_{m=0}^{\infty} \ni_m \cos\{m\left(\theta-\theta_0\right)\} \sum_{n=1}^{\infty} \frac{\xi_n^2 J_{m\dot{o}}^2(\xi_n b) \mathcal{V}_{\mathcal{D}m\dot{o}}\left(\xi r, a\right)}{\{J_{m\dot{o}}^2(\xi_n a)-J_{m\dot{o}}^2(\xi_n b)\}} \sum_{l=1}^{\infty} \frac{\overline{\overline{\psi}}_a(m, \xi_l, s; \theta)\left(\xi_l^2+\lambda_0^2\right) \cos\left\{\xi_l\left(d-z\right)\right\}}{\left\{d\left(\xi_l^2+\lambda_0^2\right)+\lambda_0\right\}\left(\eta_r \xi_n^2+\eta_z \xi_l^2+s\right)} +$$

$$+2\eta_r \sum_{m=0}^{\infty} \ni_m \cos\left\{m\left(\theta-\theta_0\right)\right\} \sum_{n=1}^{\infty} \frac{\xi_n^2 J_{m\dot{o}}\left(\xi_n a\right) J_{m\dot{o}}\left(\xi_n b\right) \mathcal{V}_{\mathcal{D}m\dot{o}}\left(\xi r, a\right)}{\left\{J_{m\dot{o}}^2\left(\xi_n a\right)-J_{m\dot{o}}^2\left(\xi_n b\right)\right\}} \times$$

$$\times \sum_{l=1}^{\infty} \frac{\overline{\overline{\psi}}_b\left(m, \xi_l, s; \theta\right)\left(\xi_l^2+\lambda_0^2\right) \cos\left\{\xi_l\left(d-z\right)\right\}}{\left\{d\left(\xi_l^2+\lambda_0^2\right)+\lambda_0\right\}\left(\eta_r \xi_n^2+\eta_z \xi_l^2+s\right)} +$$

$$+\frac{\pi}{\phi c_t} \sum_{m=0}^{\infty} \ni_m \cos\left\{m\left(\theta-\theta_0\right)\right\} \sum_{n=1}^{\infty} \frac{\xi_n^2 J_{m\dot{o}}^2\left(\xi_n b\right) \mathcal{V}_{\mathcal{D}m\dot{o}}\left(\xi r, a\right)}{\left\{J_{m\dot{o}}^2\left(\xi_n a\right)-J_{m\dot{o}}^2\left(\xi_n b\right)\right\}} \times$$

$$\times \sum_{l=1}^{\infty} \frac{\left(\xi_l^2+\lambda_0^2\right)\left\{\cos\left(\xi_l d\right) \overline{\overline{\psi}}_0\left(\xi_n, m, s; \theta\right)-\overline{\overline{\psi}}_d\left(\xi_n, m, s; \theta\right)\right\} \cos\left\{\xi_l\left(d-z\right)\right\}}{\left\{d\left(\xi_l^2+\lambda_0^2\right)+\lambda_0\right\}\left(\eta_r \xi_n^2+\eta_z \xi_l^2+s\right)} +$$

$$+\pi \sum_{m=0}^{\infty} \ni_m \cos\{m(\theta-\theta_0)\} \sum_{n=1}^{\infty} \frac{\xi_n^2 J_{m\dot{o}}^2(\xi_n b)\,\mathcal{V}_{\mathcal{D}m\dot{o}}(\xi r,a)}{\{J_{m\dot{o}}^2(\xi_n a)-J_{m\dot{o}}^2(\xi_n b)\}} \sum_{l=1}^{\infty} \frac{\overline{\overline{\overline{\varphi}}}(\xi_n,m,\xi_l;\theta)\left(\xi_l^2+\lambda_0^2\right)\cos\{\xi_l(d-z)\}}{\{d(\xi_l^2+\lambda_0^2)+\lambda_0\}\left(\eta_r\xi_n^2+\eta_z\xi_l^2+s\right)} \tag{25.88.1}$$

where $\mathcal{V}_{\mathcal{D}m\dot{o}}(\xi_n r,a)=J_{m\dot{o}}(\xi_n r)Y_{m\dot{o}}(\xi_n a)-Y_{m\dot{o}}(\xi_n r)J_{m\dot{o}}(\xi_n a)$, and the eigenvalues $\xi_n, n=1,2,....$, are the positive roots of the transcendental equation $\mathcal{V}_{\mathcal{D}m\dot{o}}(\xi_n b,a)=0$, and ξ_l are the positive roots of $\xi_l\tan(\xi_l d)=\lambda_0$, $l=1,2,....$ $\overline{\overline{\overline{\psi}}}_0(\xi_n,m,s;\theta)=\int_a^b u\mathcal{V}_{\mathcal{D}m\dot{o}}(\xi_n u,a)\int_0^{2\pi}\overline{\psi}_0(u,v,s)\cos\{m(\theta-v)\}dvdu$,
$\overline{\overline{\overline{\psi}}}_d(\xi_n,m,s;\theta)=\int_a^b u\mathcal{V}_{\mathcal{D}m\dot{o}}(\xi_n u,a)\int_0^{2\pi}\overline{\psi}_d(u,v,s)\cos\{m(\theta-v)\}dvdu$,
$\overline{\overline{\overline{\psi}}}_a(m,\xi_l,s;\theta)=\int_0^{2\pi}\cos\{m(\theta-v)\}\int_0^d\overline{\psi}_a(v,w,s)\cos\{\xi_l(d-w)\}\,dwdv$,
$\overline{\overline{\overline{\psi}}}_b(m,\xi_l,s;\theta)=\int_0^{2\pi}\cos\{m(\theta-v)\}\int_0^d\overline{\psi}_b(v,w,s)\cos\{\xi_l(d-w)\}\,dwdv$, and
$\overline{\overline{\overline{\varphi}}}(\xi_n,m,\xi_l;\theta)=\int_a^b u\mathcal{V}_{\mathcal{D}m\dot{o}}(\xi_n u,a)\int_0^{2\pi}\cos\{m(\theta-v)\}\int_0^d\varphi(u,v,w)\cos\{\xi_l(d-w)\}\,dwdvdu$.

$$\begin{aligned}
p &= \frac{\pi U(t-t_0)}{\phi c_t}\sum_{m=0}^{\infty}\ni_m\cos\{m(\theta-\theta_0)\}\sum_{n=1}^{\infty}\frac{\xi_n^2 J_{m\dot{o}}^2(\xi_n b)\,\mathcal{V}_{\mathcal{D}m\dot{o}}(\xi r_0,a)\,\mathcal{V}_{\mathcal{D}m\dot{o}}(\xi r,a)}{\{J_{m\dot{o}}^2(\xi_n a)-J_{m\dot{o}}^2(\xi_n b)\}}\times\\
&\times\sum_{l=1}^{\infty}\frac{\left(\xi_l^2+\lambda_0^2\right)\cos\{\xi_l(d-z_0)\}\cos\{\xi_l(d-z)\}\int_0^{t-t_0}q(t-t_0-\tau)\,e^{-\left(\eta_r\xi_n^2+\eta_z\xi_l^2\right)\tau}d\tau}{\{d(\xi_l^2+\lambda_0^2)+\lambda_0\}}-\\
&-2\eta_r\sum_{m=0}^{\infty}\ni_m\cos\{m(\theta-\theta_0)\}\sum_{n=1}^{\infty}\frac{\xi_n^2 J_{m\dot{o}}^2(\xi_n b)\,\mathcal{V}_{\mathcal{D}m\dot{o}}(\xi r,a)}{\{J_{m\dot{o}}^2(\xi_n a)-J_{m\dot{o}}^2(\xi_n b)\}}\times\\
&\times\sum_{l=1}^{\infty}\frac{\left(\xi_l^2+\lambda_0^2\right)\cos\{\xi_l(d-z)\}\int_0^t\overline{\overline{\psi}}_a(m,\xi_l,t-\tau;\theta)\,e^{-\left(\eta_r\xi_n^2+\eta_z\xi_l^2\right)\tau}d\tau}{\{d(\xi_l^2+\lambda_0^2)+\lambda_0\}}+\\
&+2\eta_r\sum_{m=0}^{\infty}\ni_m\cos\{m(\theta-\theta_0)\}\sum_{n=1}^{\infty}\frac{\xi_n^2 J_{m\dot{o}}(\xi_n a)\,J_{m\dot{o}}(\xi_n b)\,\mathcal{V}_{\mathcal{D}m\dot{o}}(\xi r,a)}{\{J_{m\dot{o}}^2(\xi_n a)-J_{m\dot{o}}^2(\xi_n b)\}}\times\\
&\times\sum_{l=1}^{\infty}\frac{\left(\xi_l^2+\lambda_0^2\right)\cos\{\xi_l(d-z)\}\int_0^t\overline{\overline{\psi}}_b(m,\xi_l,t-\tau;\theta)\,e^{-\left(\eta_r\xi_n^2+\eta_z\xi_l^2\right)\tau}d\tau}{\{d(\xi_l^2+\lambda_0^2)+\lambda_0\}}+\\
&+\frac{\pi}{\phi c_t}\sum_{m=0}^{\infty}\ni_m\cos\{m(\theta-\theta_0)\}\sum_{n=1}^{\infty}\frac{\xi_n^2 J_{m\dot{o}}^2(\xi_n b)\,\mathcal{V}_{\mathcal{D}m\dot{o}}(\xi r,a)}{\{J_{m\dot{o}}^2(\xi_n a)-J_{m\dot{o}}^2(\xi_n b)\}}\times\\
&\times\sum_{l=1}^{\infty}\frac{(\xi_l^2+\lambda_0^2)\cos\{\xi_l(d-z)\}\int_0^t\left\{\cos(\xi_l d)\,\overline{\overline{\psi}}_0(\xi_n,m,t-\tau;\theta)-\overline{\overline{\psi}}_d(\xi_n,m,t-\tau;\theta)\right\}e^{-\left(\eta_r\xi_n^2+\eta_z\xi_l^2\right)\tau}d\tau}{\{d(\xi_l^2+\lambda_0^2)+\lambda_0\}}+\\
&+\pi\sum_{m=0}^{\infty}\ni_m\cos\{m(\theta-\theta_0)\}\sum_{n=1}^{\infty}\frac{\xi_n^2 J_{m\dot{o}}^2(\xi_n b)\,\mathcal{V}_{\mathcal{D}m\dot{o}}(\xi r,a)\,e^{-\eta_r\xi_n^2 t}}{\{J_{m\dot{o}}^2(\xi_n a)-J_{m\dot{o}}^2(\xi_n b)\}}\times\\
&\times\sum_{l=1}^{\infty}\frac{\overline{\overline{\overline{\varphi}}}(\xi_n,m,\xi_l;\theta)\left(\xi_l^2+\lambda_0^2\right)\cos\{\xi_l(d-z)\}\,e^{-\eta_z\xi_l^2 t}}{\{d(\xi_l^2+\lambda_0^2)+\lambda_0\}}
\end{aligned} \tag{25.88.2}$$

where $\overline{\overline{\psi}}_a(m,\xi_l,t;\theta)=\int_0^{2\pi}\cos\{m(\theta-v)\}\int_0^d\psi_a(v,w,t)\cos\{\xi_l(d-w)\}\,dwdv$,
$\overline{\overline{\psi}}_b(m,\xi_l,t;\theta)=\int_0^{2\pi}\cos\{m(\theta-v)\}\int_0^d\psi_b(v,w,t)\cos\{\xi_l(d-w)\}\,dwdv$,
$\overline{\overline{\psi}}_0(\xi_n,m,t;\theta)=\int_a^b u\mathcal{V}_{\mathcal{D}m\dot{o}}(\xi_n u,a)\int_0^{2\pi}\psi_0(u,v,t)\cos\{m(\theta-v)\}dvdu$, and
$\overline{\overline{\psi}}_d(\xi_n,m,t;\theta)=\int_a^b u\mathcal{V}_{\mathcal{D}m\dot{o}}(\xi_n u,a)\int_0^{2\pi}\psi_d(u,v,t)\cos\{m(\theta-v)\}dvdu$.

25.89 **The problem of 25.88, except** $\mathbf{D}_a \equiv p(a,\theta,z,t) = \psi_a(\theta,z,t)$, $\mathbf{N}_b \equiv \frac{\partial p(b,\theta,z,t)}{\partial r} = -\left(\frac{\mu}{k_r}\right)\psi_b(\theta,z,t)$, $\mathbf{R}_0 \equiv \frac{\partial p(r,\theta,0,t)}{\partial z} - \lambda_0 p(r,\theta,0,t) = -\left(\frac{\mu}{k_z}\right)\psi_0(r,\theta,t)$ **and** $\mathbf{N}_d \equiv \frac{\partial p(r,\theta,d,t)}{\partial z} = -\left(\frac{\mu}{k_z}\right)\psi_d(r,\theta,t)$

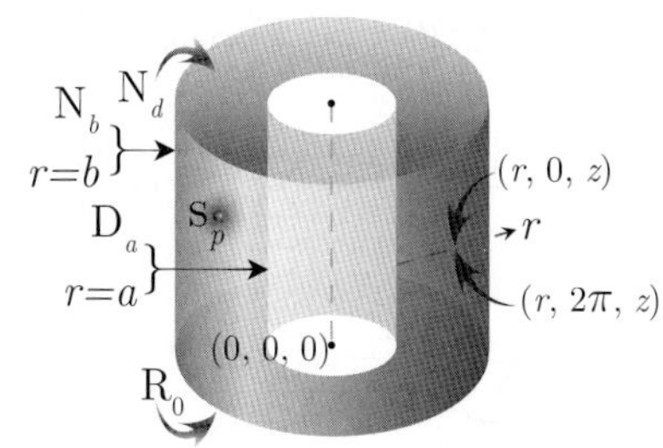

$$
\begin{aligned}
\overline{p} = {} & \frac{\pi q(s)e^{-st_0}}{\phi c_t}\sum_{m=0}^{\infty}\ni_m\cos\{m(\theta-\theta_0)\}\sum_{n=1}^{\infty}\frac{\xi_n^2 J'^2_{m\dot{o}}(\xi_n b)\mathcal{V}_{\mathcal{D}m\dot{o}}(\xi r_0,a)\mathcal{V}_{\mathcal{D}m\dot{o}}(\xi r,a)}{\left[\left\{1-\left(\frac{m\dot{o}}{\xi_n b}\right)^2\right\}J^2_{m\dot{o}}(\xi_n a)-J'^2_{m\dot{o}}(\xi_n b)\right]}\times \\
& \times\sum_{l=1}^{\infty}\frac{(\xi_l^2+\lambda_0^2)\cos\{\xi_l(d-z_0)\}\cos\{\xi_l(d-z)\}}{\{d(\xi_l^2+\lambda_0^2)+\lambda_0\}(\eta_r\xi_n^2+\eta_z\xi_l^2+s)}- \\
& -2\eta_r\sum_{m=0}^{\infty}\ni_m\cos\{m(\theta-\theta_0)\}\sum_{n=1}^{\infty}\frac{\xi_n^2 J'^2_{m\dot{o}}(\xi_n b)\mathcal{V}_{\mathcal{D}m\dot{o}}(\xi r,a)}{\left[\left\{1-\left(\frac{m\dot{o}}{\xi_n b}\right)^2\right\}J^2_{m\dot{o}}(\xi_n a)-J'^2_{m\dot{o}}(\xi_n b)\right]}\times \\
& \times\sum_{l=1}^{\infty}\frac{\overline{\overline{\overline{\psi}}}_a(m,\xi_l,s;\theta)(\xi_l^2+\lambda_0^2)\cos\{\xi_l(d-z)\}}{\{d(\xi_l^2+\lambda_0^2)+\lambda_0\}(\eta_r\xi_n^2+\eta_z\xi_l^2+s)}- \\
& -\frac{2}{\phi c_t}\sum_{m=0}^{\infty}\ni_m\cos\{m(\theta-\theta_0)\}\sum_{n=1}^{\infty}\frac{\xi_n^2 J_{m\dot{o}}(\xi_n a)J'_{m\dot{o}}(\xi_n b)\mathcal{V}_{\mathcal{D}m\dot{o}}(\xi r,a)}{\left[\left\{1-\left(\frac{m\dot{o}}{\xi_n b}\right)^2\right\}J^2_{m\dot{o}}(\xi_n a)-J'^2_{m\dot{o}}(\xi_n b)\right]}\times \\
& \times\sum_{l=1}^{\infty}\frac{\overline{\overline{\overline{\psi}}}_b(m,\xi_l,s;\theta)(\xi_l^2+\lambda_0^2)\cos\{\xi_l(d-z)\}}{\{d(\xi_l^2+\lambda_0^2)+\lambda_0\}(\eta_r\xi_n^2+\eta_z\xi_l^2+s)}+ \\
& +\frac{\pi}{\phi c_t}\sum_{m=0}^{\infty}\ni_m\cos\{m(\theta-\theta_0)\}\sum_{n=1}^{\infty}\frac{\xi_n^2 J'^2_{m\dot{o}}(\xi_n b)\mathcal{V}_{\mathcal{D}m\dot{o}}(\xi r,a)}{\left[\left\{1-\left(\frac{m\dot{o}}{\xi_n b}\right)^2\right\}J^2_{m\dot{o}}(\xi_n a)-J'^2_{m\dot{o}}(\xi_n b)\right]}\times \\
& \times\sum_{l=1}^{\infty}\frac{(\xi_l^2+\lambda_0^2)\left\{\cos(\xi_l d)\overline{\overline{\overline{\psi}}}_0(\xi_n,m,s;\theta)-\overline{\overline{\overline{\psi}}}_d(\xi_n,m,s;\theta)\right\}\cos\{\xi_l(d-z)\}}{\{d(\xi_l^2+\lambda_0^2)+\lambda_0\}(\eta_r\xi_n^2+\eta_z\xi_l^2+s)}+ \\
& +\pi\sum_{m=0}^{\infty}\ni_m\cos\{m(\theta-\theta_0)\}\sum_{n=1}^{\infty}\frac{\xi_n^2 J'^2_{m\dot{o}}(\xi_n b)\mathcal{V}_{\mathcal{D}m\dot{o}}(\xi r,a)}{\left[\left\{1-\left(\frac{m\dot{o}}{\xi_n b}\right)^2\right\}J^2_{m\dot{o}}(\xi_n a)-J'^2_{m\dot{o}}(\xi_n b)\right]}\times \\
& \times\sum_{l=1}^{\infty}\frac{\overline{\overline{\overline{\varphi}}}(\xi_n,m,\xi_l;\theta)(\xi_l^2+\lambda_0^2)\cos\{\xi_l(d-z)\}}{\{d(\xi_l^2+\lambda_0^2)+\lambda_0\}(\eta_r\xi_n^2+\eta_z\xi_l^2+s)} \qquad (25.89.1)
\end{aligned}
$$

where $\mathcal{V}_{\mathcal{D}m\dot{o}}(\xi_n r,a) = J_{m\dot{o}}(\xi_n r)Y_{m\dot{o}}(\xi_n a) - Y_{m\dot{o}}(\xi_n r)J_{m\dot{o}}(\xi_n a)$, and the eigenvalues are the positive roots of the transcendental equation $\mathcal{V}'_{\mathcal{D}m\dot{o}}(\xi_n b,a) = 0$, $\xi_n, n = 1,2,...$, and ξ_l are the positive roots of $\xi_l\tan(\xi_l d) = \lambda_0$, $l = 1,2,....$ $\overline{\overline{\overline{\psi}}}_0(\xi_n,m,s;\theta) = \int_a^b u\mathcal{V}_{\mathcal{D}m\dot{o}}(\xi_n u,a)\int_0^{2\pi}\overline{\psi}_0(u,v,s)\cos\{m(\theta-v)\}dvdu$,
$\overline{\overline{\overline{\psi}}}_d(\xi_n,m,s;\theta) = \int_a^b u\mathcal{V}_{\mathcal{D}m\dot{o}}(\xi_n u,a)\int_0^{2\pi}\overline{\psi}_d(u,v,s)\cos\{m(\theta-v)\}dvdu$,
$\overline{\overline{\overline{\psi}}}_a(m,\xi_l,s;\theta) = \int_0^{2\pi}\cos\{m(\theta-v)\}\int_0^d\overline{\psi}_a(v,w,s)\cos\{\xi_l(d-w)\}dwdv$,
$\overline{\overline{\overline{\psi}}}_b(m,\xi_l,s;\theta) = \int_0^{2\pi}\cos\{m(\theta-v)\}\int_0^d\overline{\psi}_b(v,w,s)\cos\{\xi_l(d-w)\}dwdv$, and

$\overline{\overline{\overline{\varphi}}}(\xi_n, m, \xi_l; \theta) = \int_a^b u\mathcal{V}_{\mathcal{D}m\dot{o}}(\xi_n u, a) \int_0^{2\pi} \cos\{m(\theta - v)\} \int_0^d \varphi(u, v, w) \cos\{\xi_l(d - w)\}\, dwdvdu.$

$$
\begin{aligned}
p =\; & \frac{\pi U(t-t_0)}{\phi c_t} \sum_{m=0}^{\infty} \ni_m \cos\{m(\theta-\theta_0)\} \sum_{n=1}^{\infty} \frac{\xi_n^2 J'^2_{m\dot{o}}(\xi_n b)\, \mathcal{V}_{\mathcal{D}m\dot{o}}(\xi r_0, a)\, \mathcal{V}_{\mathcal{D}m\dot{o}}(\xi r, a)}{\left[\left\{1 - \left(\frac{m\dot{o}}{\xi_n b}\right)^2\right\} J^2_{m\dot{o}}(\xi_n a) - J'^2_{m\dot{o}}(\xi_n b)\right]} \times \\
& \times \sum_{l=1}^{\infty} \frac{(\xi_l^2 + \lambda_0^2) \cos\{\xi_l(d - z_0)\} \cos\{\xi_l(d - z)\} \int_0^{t-t_0} q(t - t_0 - \tau)\, e^{-(\eta_r \xi_n^2 + \eta_z \xi_l^2)\tau} d\tau}{\{d(\xi_l^2 + \lambda_0^2) + \lambda_0\}} - \\
& -2\eta_r \sum_{m=0}^{\infty} \ni_m \cos\{m(\theta-\theta_0)\} \sum_{n=1}^{\infty} \frac{\xi_n^2 J'^2_{m\dot{o}}(\xi_n b)\, \mathcal{V}_{\mathcal{D}m\dot{o}}(\xi r, a)}{\left[\left\{1 - \left(\frac{m\dot{o}}{\xi_n b}\right)^2\right\} J^2_{m\dot{o}}(\xi_n a) - J'^2_{m\dot{o}}(\xi_n b)\right]} \times \\
& \times \sum_{l=1}^{\infty} \frac{(\xi_l^2 + \lambda_0^2) \cos\{\xi_l(d - z)\} \int_0^t \overline{\overline{\psi}}_a(m, \xi_l, t-\tau; \theta)\, e^{-(\eta_r \xi_n^2 + \eta_z \xi_l^2)\tau} d\tau}{\{d(\xi_l^2 + \lambda_0^2) + \lambda_0\}} - \\
& -\frac{2}{\phi c_t} \sum_{m=0}^{\infty} \ni_m \cos\{m(\theta-\theta_0)\} \sum_{n=1}^{\infty} \frac{\xi_n^2 J_{m\dot{o}}(\xi_n a)\, J'_{m\dot{o}}(\xi_n b)\, \mathcal{V}_{\mathcal{D}m\dot{o}}(\xi r, a)}{\left[\left\{1 - \left(\frac{m\dot{o}}{\xi_n b}\right)^2\right\} J^2_{m\dot{o}}(\xi_n a) - J'^2_{m\dot{o}}(\xi_n b)\right]} \times \\
& \times \sum_{l=1}^{\infty} \frac{(\xi_l^2 + \lambda_0^2) \cos\{\xi_l(d - z)\} \int_0^t \overline{\overline{\psi}}_b(m, \xi_l, t-\tau; \theta)\, e^{-(\eta_r \xi_n^2 + \eta_z \xi_l^2)\tau} d\tau}{\{d(\xi_l^2 + \lambda_0^2) + \lambda_0\}} + \\
& +\frac{\pi}{\phi c_t} \sum_{m=0}^{\infty} \ni_m \cos\{m(\theta-\theta_0)\} \sum_{n=1}^{\infty} \frac{\xi_n^2 J'^2_{m\dot{o}}(\xi_n b)\, \mathcal{V}_{\mathcal{D}m\dot{o}}(\xi r, a)}{\left[\left\{1 - \left(\frac{m\dot{o}}{\xi_n b}\right)^2\right\} J^2_{m\dot{o}}(\xi_n a) - J'^2_{m\dot{o}}(\xi_n b)\right]} \times \\
& \times \sum_{l=1}^{\infty} \frac{(\xi_l^2 + \lambda_0^2) \cos\{\xi_l(d - z)\} \int_0^t \left\{\cos(\xi_l d)\, \overline{\overline{\psi}}_0(\xi_n, m, t-\tau; \theta) - \overline{\overline{\psi}}_d(\xi_n, m, t-\tau; \theta)\right\} e^{-(\eta_r \xi_n^2 + \eta_z \xi_l^2)\tau} d\tau}{\{d(\xi_l^2 + \lambda_0^2) + \lambda_0\}} + \\
& +\pi \sum_{m=0}^{\infty} \ni_m \cos\{m(\theta-\theta_0)\} \sum_{n=1}^{\infty} \frac{\xi_n^2 J'^2_{m\dot{o}}(\xi_n b)\, \mathcal{V}_{\mathcal{D}m\dot{o}}(\xi r, a)\, e^{-\eta_r \xi_n^2 t}}{\left[\left\{1 - \left(\frac{m\dot{o}}{\xi_n b}\right)^2\right\} J^2_{m\dot{o}}(\xi_n a) - J'^2_{m\dot{o}}(\xi_n b)\right]} \times \\
& \times \sum_{l=1}^{\infty} \frac{\overline{\overline{\overline{\varphi}}}(\xi_n, m, \xi_l; \theta)\, (\xi_l^2 + \lambda_0^2) \cos\{\xi_l(d - z)\}\, e^{-\eta_z \xi_l^2 t}}{\{d(\xi_l^2 + \lambda_0^2) + \lambda_0\}}
\end{aligned}
\tag{25.89.2}
$$

where $\overline{\overline{\psi}}_a(m, \xi_l, t; \theta) = \int_0^{2\pi} \cos\{m(\theta - v)\} \int_0^d \psi_a(v, w, t) \cos\{\xi_l(d - w)\}\, dwdv,$
$\overline{\overline{\psi}}_b(m, \xi_l, t; \theta) = \int_0^{2\pi} \cos\{m(\theta - v)\} \int_0^d \psi_b(v, w, t) \cos\{\xi_l(d - w)\}\, dwdv,$
$\overline{\overline{\psi}}_0(\xi_n, m, t; \theta) = \int_a^b u\mathcal{V}_{\mathcal{D}m\dot{o}}(\xi_n u, a) \int_0^{2\pi} \psi_0(u, v, t) \cos\{m(\theta - v)\} dvdu,$ and
$\overline{\overline{\psi}}_d(\xi_n, m, t; \theta) = \int_a^b u\mathcal{V}_{\mathcal{D}m\dot{o}}(\xi_n u, a) \int_0^{2\pi} \psi_d(u, v, t) \cos\{m(\theta - v)\} dvdu.$

25.90

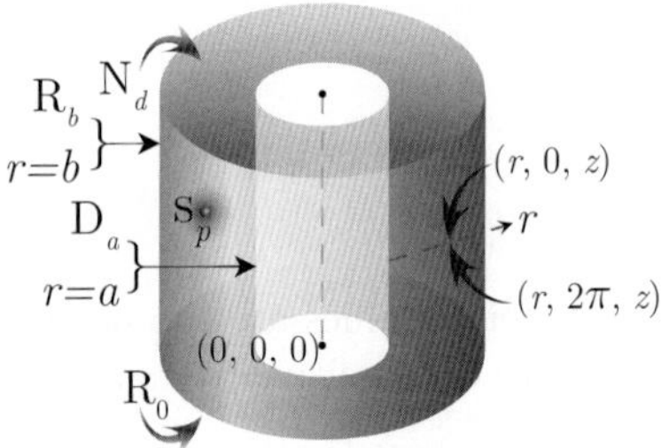

The problem of 25.88, except
$\mathbf{D}_a \equiv p(a, \theta, z, t) = \psi_a(\theta, z, t),$
$\mathbf{R}_b \equiv \frac{\partial p(b,\theta,z,t)}{\partial r} + \lambda p(b, \theta, z, t) = -\left(\frac{\mu}{k_r}\right) \psi_b(\theta, z, t),$
$\mathbf{R}_0 \equiv \frac{\partial p(r,\theta,0,t)}{\partial z} - \lambda_0 p(r, \theta, 0, t) = -\left(\frac{\mu}{k_z}\right) \psi_0(r, \theta, t)$ **and**
$\mathbf{N}_d \equiv \frac{\partial p(r,\theta,d,t)}{\partial z} = -\left(\frac{\mu}{k_z}\right) \psi_d(r, \theta, t)$

$$
\overline{p} = \frac{\pi q(s) e^{-st_0}}{\phi c_t} \sum_{m=0}^{\infty} \ni_m \cos\{m(\theta-\theta_0)\} \sum_{n=1}^{\infty} \frac{\xi_n^2 \{\xi_n J'_{m\dot{o}}(\xi_n b) + \lambda J_{m\dot{o}}(\xi_n b)\}^2 \mathcal{V}_{\mathcal{D}m\dot{o}}(\xi r_0, a)\, \mathcal{V}_{\mathcal{D}m\dot{o}}(\xi r, a)}{\left[\left\{\xi_n^2 + \lambda^2 - \left(\frac{m\dot{o}}{b}\right)^2\right\} J^2_{m\dot{o}}(\xi_n a) - \{\xi_n J'_{m\dot{o}}(\xi_n b) + \lambda J_{m\dot{o}}(\xi_n b)\}^2\right]} \times
$$

$$\times \sum_{l=1}^{\infty} \frac{\left(\xi_l^2+\lambda_0^2\right) \cos\left\{\xi_l\left(d-z_0\right)\right\} \cos\left\{\xi_l\left(d-z\right)\right\}}{\left\{d\left(\xi_l^2+\lambda_0^2\right)+\lambda_0\right\}\left(\eta_r \xi_n^2+\eta_z \xi_l^2+s\right)} -$$

$$-2\eta_r \sum_{m=0}^{\infty} \ni_m \cos\left\{m\left(\theta-\theta_0\right)\right\} \sum_{n=1}^{\infty} \frac{\xi_n^2 \left\{\xi_n J_{m\dot{o}}'\left(\xi_n b\right)+\lambda J_{m\dot{o}}\left(\xi_n b\right)\right\}^2 \mathcal{V}_{\mathcal{D}m\dot{o}}\left(\xi r, a\right)}{\left[\left\{\xi_n^2+\lambda^2-\left(\frac{m\dot{o}}{b}\right)^2\right\} J_{m\dot{o}}^2\left(\xi_n a\right)-\left\{\xi_n J_{m\dot{o}}'\left(\xi_n b\right)+\lambda J_{m\dot{o}}\left(\xi_n b\right)\right\}^2\right]} \times$$

$$\times \sum_{l=1}^{\infty} \frac{\overline{\overline{\overline{\psi}}}_a\left(m, \xi_l, s; \theta\right)\left(\xi_l^2+\lambda_0^2\right) \cos\left\{\xi_l\left(d-z\right)\right\}}{\left\{d\left(\xi_l^2+\lambda_0^2\right)+\lambda_0\right\}\left(\eta_r \xi_n^2+\eta_z \xi_l^2+s\right)} -$$

$$-\frac{2}{\phi c_t} \sum_{m=0}^{\infty} \ni_m \cos\left\{m\left(\theta-\theta_0\right)\right\} \sum_{n=1}^{\infty} \frac{\xi_n^2 J_{m\dot{o}}\left(\xi_n a\right)\left\{\xi_n J_{m\dot{o}}'\left(\xi_n b\right)+\lambda J_{m\dot{o}}\left(\xi_n b\right)\right\} \mathcal{V}_{\mathcal{D}m\dot{o}}\left(\xi r, a\right)}{\left[\left\{\xi_n^2+\lambda^2-\left(\frac{m\dot{o}}{b}\right)^2\right\} J_{m\dot{o}}^2\left(\xi_n a\right)-\left\{\xi_n J_{m\dot{o}}'\left(\xi_n b\right)+\lambda J_{m\dot{o}}\left(\xi_n b\right)\right\}^2\right]} \times$$

$$\times \sum_{l=1}^{\infty} \frac{\overline{\overline{\overline{\psi}}}_b\left(m, \xi_l, s; \theta\right)\left(\xi_l^2+\lambda_0^2\right) \cos\left\{\xi_l\left(d-z\right)\right\}}{\left\{d\left(\xi_l^2+\lambda_0^2\right)+\lambda_0\right\}\left(\eta_r \xi_n^2+\eta_z \xi_l^2+s\right)} +$$

$$+\frac{\pi}{\phi c_t} \sum_{m=0}^{\infty} \ni_m \cos\left\{m\left(\theta-\theta_0\right)\right\} \sum_{n=1}^{\infty} \frac{\xi_n^2 \left\{\xi_n J_{m\dot{o}}'\left(\xi_n b\right)+\lambda J_{m\dot{o}}\left(\xi_n b\right)\right\}^2 \mathcal{V}_{\mathcal{D}m\dot{o}}\left(\xi r, a\right)}{\left[\left\{\xi_n^2+\lambda^2-\left(\frac{m\dot{o}}{b}\right)^2\right\} J_{m\dot{o}}^2\left(\xi_n a\right)-\left\{\xi_n J_{m\dot{o}}'\left(\xi_n b\right)+\lambda J_{m\dot{o}}\left(\xi_n b\right)\right\}^2\right]} \times$$

$$\times \sum_{l=1}^{\infty} \frac{\left(\xi_l^2+\lambda_0^2\right)\left\{\cos\left(\xi_l d\right) \overline{\overline{\overline{\psi}}}_0\left(\xi_n, m, s; \theta\right)-\overline{\overline{\overline{\psi}}}_d\left(\xi_n, m, s; \theta\right)\right\} \cos\left\{\xi_l\left(d-z\right)\right\}}{\left\{d\left(\xi_l^2+\lambda_0^2\right)+\lambda_0\right\}\left(\eta_r \xi_n^2+\eta_z \xi_l^2+s\right)} +$$

$$+\pi \sum_{m=0}^{\infty} \ni_m \cos\left\{m\left(\theta-\theta_0\right)\right\} \sum_{n=1}^{\infty} \frac{\xi_n^2 \left\{\xi_n J_{m\dot{o}}'\left(\xi_n b\right)+\lambda J_{m\dot{o}}\left(\xi_n b\right)\right\}^2 \mathcal{V}_{\mathcal{D}m\dot{o}}\left(\xi r, a\right)}{\left[\left\{\xi_n^2+\lambda^2-\left(\frac{m\dot{o}}{b}\right)^2\right\} J_{m\dot{o}}^2\left(\xi_n a\right)-\left\{\xi_n J_{m\dot{o}}'\left(\xi_n b\right)+\lambda J_{m\dot{o}}\left(\xi_n b\right)\right\}^2\right]} \times$$

$$\times \sum_{l=1}^{\infty} \frac{\overline{\overline{\overline{\varphi}}}\left(\xi_n, m, \xi_l; \theta\right)\left(\xi_l^2+\lambda_0^2\right) \cos\left\{\xi_l\left(d-z\right)\right\}}{\left\{d\left(\xi_l^2+\lambda_0^2\right)+\lambda_0\right\}\left(\eta_r \xi_n^2+\eta_z \xi_l^2+s\right)} \tag{25.90.1}$$

where $\mathcal{V}_{\mathcal{D}m\dot{o}}\left(\xi_n r, a\right) = J_{m\dot{o}}\left(\xi_n r\right) Y_{m\dot{o}}\left(\xi_n a\right) - Y_{m\dot{o}}\left(\xi_n r\right) J_{m\dot{o}}\left(\xi_n a\right)$, and the eigenvalues $\xi_n, n = 1, 2, ...,$ are the positive roots of the transcendental equation $\xi_n \mathcal{V}_{\mathcal{D}m\dot{o}}'\left(\xi_n b, a\right)+\lambda \mathcal{V}_{\mathcal{D}m\dot{o}}\left(\xi_n b, a\right) = 0$, and ξ_l are the positive roots of $\xi_l \tan\left(\xi_l d\right) = \lambda_0$, $l = 1, 2, ...$ $\overline{\overline{\overline{\psi}}}_0\left(\xi_n, m, s; \theta\right) = \int_a^b u \mathcal{V}_{\mathcal{D}m\dot{o}}\left(\xi_n u, a\right) \int_0^{2\pi} \overline{\psi}_0\left(u, v, s\right) \cos\left\{m\left(\theta-v\right)\right\} dvdu$,
$\overline{\overline{\overline{\psi}}}_d\left(\xi_n, m, s; \theta\right) = \int_a^b u \mathcal{V}_{\mathcal{D}m\dot{o}}\left(\xi_n u, a\right) \int_0^{2\pi} \overline{\psi}_d\left(u, v, s\right) \cos\left\{m\left(\theta-v\right)\right\} dvdu$,
$\overline{\overline{\overline{\psi}}}_a\left(m, \xi_l, s; \theta\right) = \int_0^{2\pi} \cos\left\{m\left(\theta-v\right)\right\} \int_0^d \overline{\psi}_a\left(v, w, s\right) \cos\left\{\xi_l\left(d-w\right)\right\} dwdv$,
$\overline{\overline{\overline{\psi}}}_b\left(m, \xi_l, s; \theta\right) = \int_0^{2\pi} \cos\left\{m\left(\theta-v\right)\right\} \int_0^d \overline{\psi}_b\left(v, w, s\right) \cos\left\{\xi_l\left(d-w\right)\right\} dwdv$, and
$\overline{\overline{\overline{\varphi}}}\left(\xi_n, m, \xi_l; \theta\right) = \int_a^b u \mathcal{V}_{\mathcal{D}m\dot{o}}\left(\xi_n u, a\right) \int_0^{2\pi} \cos\left\{m\left(\theta-v\right)\right\} \int_0^d \varphi\left(u, v, w\right) \cos\left\{\xi_l\left(d-w\right)\right\} dwdvdu$.

$$p = \frac{\pi U(t-t_0)}{\phi c_t} \sum_{m=0}^{\infty} \ni_m \cos\{m\left(\theta-\theta_0\right)\} \sum_{n=1}^{\infty} \frac{\xi_n^2 \left\{\xi_n J_{m\dot{o}}'\left(\xi_n b\right)+\lambda J_{m\dot{o}}\left(\xi_n b\right)\right\}^2 \mathcal{V}_{\mathcal{D}m\dot{o}}\left(\xi r_0, a\right) \mathcal{V}_{\mathcal{D}m\dot{o}}\left(\xi r, a\right)}{\left[\left\{\xi_n^2+\lambda^2-\left(\frac{m\dot{o}}{b}\right)^2\right\} J_{m\dot{o}}^2\left(\xi_n a\right)-\left\{\xi_n J_{m\dot{o}}'\left(\xi_n b\right)+\lambda J_{m\dot{o}}\left(\xi_n b\right)\right\}^2\right]} \times$$

$$\times \sum_{l=1}^{\infty} \frac{\left(\xi_l^2+\lambda_0^2\right) \cos\left\{\xi_l\left(d-z_0\right)\right\} \cos\left\{\xi_l\left(d-z\right)\right\} \int_0^{t-t_0} q\left(t-t_0-\tau\right) e^{-\left(\eta_r \xi_n^2+\eta_z \xi_l^2\right)\tau} d\tau}{\left\{d\left(\xi_l^2+\lambda_0^2\right)+\lambda_0\right\}} -$$

$$-2\eta_r \sum_{m=0}^{\infty} \ni_m \cos\left\{m\left(\theta-\theta_0\right)\right\} \sum_{n=1}^{\infty} \frac{\xi_n^2 \left\{\xi_n J_{m\dot{o}}'\left(\xi_n b\right)+\lambda J_{m\dot{o}}\left(\xi_n b\right)\right\}^2 \mathcal{V}_{\mathcal{D}m\dot{o}}\left(\xi r, a\right)}{\left[\left\{\xi_n^2+\lambda^2-\left(\frac{m\dot{o}}{b}\right)^2\right\} J_{m\dot{o}}^2\left(\xi_n a\right)-\left\{\xi_n J_{m\dot{o}}'\left(\xi_n b\right)+\lambda J_{m\dot{o}}\left(\xi_n b\right)\right\}^2\right]} \times$$

$$\times \sum_{l=1}^{\infty} \frac{\left(\xi_l^2+\lambda_0^2\right) \cos\left\{\xi_l\left(d-z\right)\right\} \int_0^t \overline{\psi}_a\left(m, \xi_l, t-\tau; \theta\right) e^{-\left(\eta_r \xi_n^2+\eta_z \xi_l^2\right)\tau} d\tau}{\left\{d\left(\xi_l^2+\lambda_0^2\right)+\lambda_0\right\}} -$$

$$-\frac{2}{\phi c_t} \sum_{m=0}^{\infty} \ni_m \cos\left\{m\left(\theta-\theta_0\right)\right\} \sum_{n=1}^{\infty} \frac{\xi_n^2 J_{m\dot{o}}\left(\xi_n a\right)\left\{\xi_n J_{m\dot{o}}'\left(\xi_n b\right)+\lambda J_{m\dot{o}}\left(\xi_n b\right)\right\} \mathcal{V}_{\mathcal{D}m\dot{o}}\left(\xi r, a\right)}{\left[\left\{\xi_n^2+\lambda^2-\left(\frac{m\dot{o}}{b}\right)^2\right\} J_{m\dot{o}}^2\left(\xi_n a\right)-\left\{\xi_n J_{m\dot{o}}'\left(\xi_n b\right)+\lambda J_{m\dot{o}}\left(\xi_n b\right)\right\}^2\right]} \times$$

$$\times\sum_{l=1}^{\infty}\frac{\left(\xi_l^2+\lambda_0^2\right)\cos\left\{\xi_l\left(d-z\right)\right\}\int_0^t\overline{\overline{\psi}}_b\left(m,\xi_l,t-\tau;\theta\right)e^{-\left(\eta_r\xi_n^2+\eta_z\xi_l^2\right)\tau}d\tau}{\left\{d\left(\xi_l^2+\lambda_0^2\right)+\lambda_0\right\}}+$$

$$+\frac{\pi}{\phi c_t}\sum_{m=0}^{\infty}\ni_m\cos\left\{m\left(\theta-\theta_0\right)\right\}\sum_{n=1}^{\infty}\frac{\xi_n^2\left\{\xi_nJ'_{m\dot{o}}\left(\xi_nb\right)+\lambda J_{m\dot{o}}\left(\xi_nb\right)\right\}^2\mathcal{V}_{\mathcal{D}m\dot{o}}\left(\xi r,a\right)}{\left[\left\{\xi_n^2+\lambda^2-\left(\frac{m\dot{o}}{b}\right)^2\right\}J_{m\dot{o}}^2\left(\xi_na\right)-\left\{\xi_nJ'_{m\dot{o}}\left(\xi_nb\right)+\lambda J_{m\dot{o}}\left(\xi_nb\right)\right\}^2\right]}\times$$

$$\times\sum_{l=1}^{\infty}\frac{\left(\xi_l^2+\lambda_0^2\right)\cos\{\xi_l\left(d-z\right)\}\int_0^t\left\{\cos(\xi_ld)\,\overline{\overline{\psi}}_0\left(\xi_n,m,t-\tau;\theta\right)-\overline{\overline{\psi}}_d(\xi_n,m,t-\tau;\theta)\right\}e^{-\left(\eta_r\xi_n^2+\eta_z\xi_l^2\right)\tau}d\tau}{\left\{d\left(\xi_l^2+\lambda_0^2\right)+\lambda_0\right\}}+$$

$$+\pi\sum_{m=0}^{\infty}\ni_m\cos\left\{m\left(\theta-\theta_0\right)\right\}\sum_{n=1}^{\infty}\frac{\xi_n^2\left\{\xi_nJ'_{m\dot{o}}\left(\xi_nb\right)+\lambda J_{m\dot{o}}\left(\xi_nb\right)\right\}^2\mathcal{V}_{\mathcal{D}m\dot{o}}\left(\xi r,a\right)e^{-\eta_r\xi_n^2t}}{\left[\left\{\xi_n^2+\lambda^2-\left(\frac{m\dot{o}}{b}\right)^2\right\}J_{m\dot{o}}^2\left(\xi_na\right)-\left\{\xi_nJ'_{m\dot{o}}\left(\xi_nb\right)+\lambda J_{m\dot{o}}\left(\xi_nb\right)\right\}^2\right]}\times$$

$$\times\sum_{l=1}^{\infty}\frac{\overline{\overline{\overline{\varphi}}}\left(\xi_n,m,\xi_l;\theta\right)\left(\xi_l^2+\lambda_0^2\right)\cos\left\{\xi_l\left(d-z\right)\right\}e^{-\eta_z\xi_l^2t}}{\left\{d\left(\xi_l^2+\lambda_0^2\right)+\lambda_0\right\}}\qquad(25.90.2)$$

where $\overline{\overline{\psi}}_a\left(m,\xi_l,t;\theta\right)=\int_0^{2\pi}\cos\left\{m\left(\theta-v\right)\right\}\int_0^d\psi_a\left(v,w,t\right)\cos\left\{\xi_l\left(d-w\right)\right\}dwdv$,
$\overline{\overline{\psi}}_b\left(m,\xi_l,t;\theta\right)=\int_0^{2\pi}\cos\left\{m\left(\theta-v\right)\right\}\int_0^d\psi_b\left(v,w,t\right)\cos\left\{\xi_l\left(d-w\right)\right\}dwdv$,
$\overline{\overline{\psi}}_0\left(\xi_n,m,t;\theta\right)=\int_a^bu\mathcal{V}_{\mathcal{D}m\dot{o}}\left(\xi_nu,a\right)\int_0^{2\pi}\psi_0\left(u,v,t\right)\cos\left\{m\left(\theta-v\right)\right\}dvdu$, and
$\overline{\overline{\psi}}_d\left(\xi_n,m,t;\theta\right)=\int_a^bu\mathcal{V}_{\mathcal{D}m\dot{o}}\left(\xi_nu,a\right)\int_0^{2\pi}\psi_d\left(u,v,t\right)\cos\left\{m\left(\theta-v\right)\right\}dvdu$.

25.91

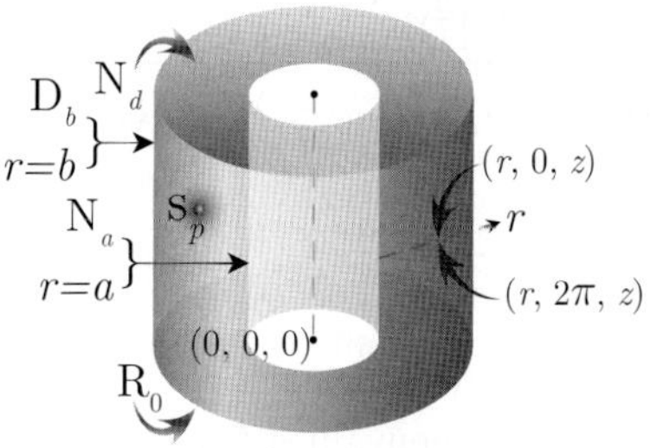

The problem of 25.88, except
$\mathbf{N}_a\equiv\frac{\partial p(a,\theta,z,t)}{\partial r}=-\left(\frac{\mu}{k_r}\right)\psi_a\left(\theta,z,t\right)$,
$\mathbf{D}_b\equiv p\left(b,\theta,z,t\right)=\psi_b\left(\theta,z,t\right)$,
$\mathbf{R}_0\equiv\frac{\partial p(r,\theta,0,t)}{\partial z}-\lambda_0p\left(r,\theta,0,t\right)=-\left(\frac{\mu}{k_z}\right)\psi_0\left(r,\theta,t\right)$ **and**
$\mathbf{N}_d\equiv\frac{\partial p(r,\theta,d,t)}{\partial z}=-\left(\frac{\mu}{k_z}\right)\psi_d\left(r,\theta,t\right)$

$$\overline{p}=\frac{\pi q\left(s\right)e^{-st_0}}{\phi c_t}\sum_{m=0}^{\infty}\ni_m\cos\left\{m\left(\theta-\theta_0\right)\right\}\sum_{n=1}^{\infty}\frac{\xi_n^2J_{m\dot{o}}^2\left(\xi_nb\right)\mathcal{V}_{\mathcal{N}m\dot{o}}\left(\xi r_0,a\right)\mathcal{V}_{\mathcal{N}m\dot{o}}\left(\xi r,a\right)}{\left[J'^2_{m\dot{o}}\left(\xi_na\right)-\left\{1-\left(\frac{m\dot{o}}{\xi_na}\right)^2\right\}J_{m\dot{o}}^2\left(\xi_nb\right)\right]}\times$$

$$\times\sum_{l=1}^{\infty}\frac{\left(\xi_l^2+\lambda_0^2\right)\cos\left\{\xi_l\left(d-z_0\right)\right\}\cos\left\{\xi_l\left(d-z\right)\right\}}{\left\{d\left(\xi_l^2+\lambda_0^2\right)+\lambda_0\right\}\left(\eta_r\xi_n^2+\eta_z\xi_l^2+s\right)}+$$

$$+\frac{2}{\phi c_t}\sum_{m=0}^{\infty}\ni_m\cos\left\{m\left(\theta-\theta_0\right)\right\}\sum_{n=1}^{\infty}\frac{\xi_nJ_{m\dot{o}}^2\left(\xi_nb\right)\mathcal{V}_{\mathcal{N}m\dot{o}}\left(\xi r,a\right)}{\left[J'^2_{m\dot{o}}\left(\xi_na\right)-\left\{1-\left(\frac{m\dot{o}}{\xi_na}\right)^2\right\}J_{m\dot{o}}^2\left(\xi_nb\right)\right]}\times$$

$$\times\sum_{l=1}^{\infty}\frac{\overline{\overline{\overline{\psi}}}_a\left(m,\xi_l,s;\theta\right)\left(\xi_l^2+\lambda_0^2\right)\cos\left\{\xi_l\left(d-z\right)\right\}}{\left\{d\left(\xi_l^2+\lambda_0^2\right)+\lambda_0\right\}\left(\eta_r\xi_n^2+\eta_z\xi_l^2+s\right)}+$$

$$+2\eta_r\sum_{m=0}^{\infty}\ni_m\cos\left\{m\left(\theta-\theta_0\right)\right\}\sum_{n=1}^{\infty}\frac{\xi_n^2J'_{m\dot{o}}\left(\xi_na\right)J_{m\dot{o}}\left(\xi_nb\right)\mathcal{V}_{\mathcal{N}m\dot{o}}\left(\xi r,a\right)}{\left[J'^2_{m\dot{o}}\left(\xi_na\right)-\left\{1-\left(\frac{m\dot{o}}{\xi_na}\right)^2\right\}J_{m\dot{o}}^2\left(\xi_nb\right)\right]}\times$$

$$\times\sum_{l=1}^{\infty}\frac{\overline{\overline{\overline{\psi}}}_b\left(m,\xi_l,s;\theta\right)\left(\xi_l^2+\lambda_0^2\right)\cos\left\{\xi_l\left(d-z\right)\right\}}{\left\{d\left(\xi_l^2+\lambda_0^2\right)+\lambda_0\right\}\left(\eta_r\xi_n^2+\eta_z\xi_l^2+s\right)}+$$

$$+\frac{\pi}{\phi c_t}\sum_{m=0}^{\infty}\ni_m\cos\left\{m\left(\theta-\theta_0\right)\right\}\sum_{n=1}^{\infty}\frac{\xi_n^2J_{m\dot{o}}^2\left(\xi_nb\right)\mathcal{V}_{\mathcal{N}m\dot{o}}\left(\xi r,a\right)}{\left[J'^2_{m\dot{o}}\left(\xi_na\right)-\left\{1-\left(\frac{m\dot{o}}{\xi_na}\right)^2\right\}J_{m\dot{o}}^2\left(\xi_nb\right)\right]}\times$$

$$\times\sum_{l=1}^{\infty}\frac{\left(\xi_l^2+\lambda_0^2\right)\left\{\cos\left(\xi_l d\right)\overline{\overline{\overline{\psi}}}_0\left(\xi_n,m,s;\theta\right)-\overline{\overline{\overline{\psi}}}_d\left(\xi_n,m,s;\theta\right)\right\}\cos\left\{\xi_l\left(d-z\right)\right\}}{\left\{d\left(\xi_l^2+\lambda_0^2\right)+\lambda_0\right\}\left(\eta_r\xi_n^2+\eta_z\xi_l^2+s\right)}+$$
$$+\pi\sum_{m=0}^{\infty}\ni_m\cos\left\{m\left(\theta-\theta_0\right)\right\}\sum_{n=1}^{\infty}\frac{\xi_n^2J_{m\dot{o}}^2\left(\xi_nb\right)\mathcal{V}_{\mathcal{N}m\dot{o}}\left(\xi r,a\right)}{\left[J_{m\dot{o}}'^2\left(\xi_na\right)-\left\{1-\left(\frac{m\dot{o}}{\xi_na}\right)^2\right\}J_{m\dot{o}}^2\left(\xi_nb\right)\right]}\times$$
$$\times\sum_{l=1}^{\infty}\frac{\overline{\overline{\overline{\varphi}}}\left(\xi_n,m,\xi_l;\theta\right)\left(\xi_l^2+\lambda_0^2\right)\cos\left\{\xi_l\left(d-z\right)\right\}}{\left\{d\left(\xi_l^2+\lambda_0^2\right)+\lambda_0\right\}\left(\eta_r\xi_n^2+\eta_z\xi_l^2+s\right)} \qquad (25.91.1)$$

where $\mathcal{V}_{\mathcal{N}m\dot{o}}\left(\xi_nr,a\right)=J_{m\dot{o}}\left(\xi_nr\right)Y_{m\dot{o}}'\left(\xi_na\right)-Y_{m\dot{o}}\left(\xi_nr\right)J_{m\dot{o}}'\left(\xi_na\right)$, and the eigenvalues $\xi_n, n=1,2,....$, are the positive roots of the transcendental equation $\mathcal{V}_{\mathcal{N}m\dot{o}}\left(\xi_nb,a\right)=0$, and ξ_l are the positive roots of $\xi_l\tan\left(\xi_ld\right)=\lambda_0$, $l=1,2,....$ $\overline{\overline{\overline{\psi}}}_0\left(\xi_n,m,s;\theta\right)=\int_a^b u\mathcal{V}_{\mathcal{N}m\dot{o}}\left(\xi_nu,a\right)\int_0^{2\pi}\overline{\psi}_0\left(u,v,s\right)\cos\left\{m\left(\theta-v\right)\right\}dvdu$,
$\overline{\overline{\overline{\psi}}}_d\left(\xi_n,m,s;\theta\right)=\int_a^b u\mathcal{V}_{\mathcal{N}m\dot{o}}\left(\xi_nu,a\right)\int_0^{2\pi}\overline{\psi}_d\left(u,v,s\right)\cos\left\{m\left(\theta-v\right)\right\}dvdu$,
$\overline{\overline{\overline{\psi}}}_a\left(m,\xi_l,s;\theta\right)=\int_0^{2\pi}\cos\left\{m\left(\theta-v\right)\right\}\int_0^d\overline{\psi}_a\left(v,w,s\right)\cos\left\{\xi_l\left(d-w\right)\right\}dwdv$,
$\overline{\overline{\overline{\psi}}}_b\left(m,\xi_l,s;\theta\right)=\int_0^{2\pi}\cos\left\{m\left(\theta-v\right)\right\}\int_0^d\overline{\psi}_b\left(v,w,s\right)\cos\left\{\xi_l\left(d-w\right)\right\}dwdv$, and
$\overline{\overline{\overline{\varphi}}}\left(\xi_n,m,\xi_l;\theta\right)=\int_a^b u\mathcal{V}_{\mathcal{N}m\dot{o}}\left(\xi_nu,a\right)\int_0^{2\pi}\cos\left\{m\left(\theta-v\right)\right\}\int_0^d\varphi\left(u,v,w\right)\cos\left\{\xi_l\left(d-w\right)\right\}dwdvdu$.

$$p=\frac{\pi U\left(t-t_0\right)}{\phi c_t}\sum_{m=0}^{\infty}\ni_m\cos\left\{m\left(\theta-\theta_0\right)\right\}\sum_{n=1}^{\infty}\frac{\xi_n^2J_{m\dot{o}}^2\left(\xi_nb\right)\mathcal{V}_{\mathcal{N}m\dot{o}}\left(\xi r_0,a\right)\mathcal{V}_{\mathcal{N}m\dot{o}}\left(\xi r,a\right)}{\left[J_{m\dot{o}}'^2\left(\xi_na\right)-\left\{1-\left(\frac{m\dot{o}}{\xi_na}\right)^2\right\}J_{m\dot{o}}^2\left(\xi_nb\right)\right]}\times$$
$$\times\sum_{l=1}^{\infty}\frac{\left(\xi_l^2+\lambda_0^2\right)\cos\left\{\xi_l\left(d-z_0\right)\right\}\cos\left\{\xi_l\left(d-z\right)\right\}\int_0^{t-t_0}q\left(t-t_0-\tau\right)e^{-\left(\eta_r\xi_n^2+\eta_z\xi_l^2\right)\tau}d\tau}{\left\{d\left(\xi_l^2+\lambda_0^2\right)+\lambda_0\right\}}+$$
$$+\frac{2}{\phi c_t}\sum_{m=0}^{\infty}\ni_m\cos\left\{m\left(\theta-\theta_0\right)\right\}\sum_{n=1}^{\infty}\frac{\xi_nJ_{m\dot{o}}^2\left(\xi_nb\right)\mathcal{V}_{\mathcal{N}m\dot{o}}\left(\xi r,a\right)}{\left[J_{m\dot{o}}'^2\left(\xi_na\right)-\left\{1-\left(\frac{m\dot{o}}{\xi_na}\right)^2\right\}J_{m\dot{o}}^2\left(\xi_nb\right)\right]}\times$$
$$\times\sum_{l=1}^{\infty}\frac{\left(\xi_l^2+\lambda_0^2\right)\cos\left\{\xi_l\left(d-z\right)\right\}\int_0^t\overline{\overline{\psi}}_a\left(m,\xi_l,t-\tau;\theta\right)e^{-\left(\eta_r\xi_n^2+\eta_z\xi_l^2\right)\tau}d\tau}{\left\{d\left(\xi_l^2+\lambda_0^2\right)+\lambda_0\right\}}+$$
$$+2\eta_r\sum_{m=0}^{\infty}\ni_m\cos\left\{m\left(\theta-\theta_0\right)\right\}\sum_{n=1}^{\infty}\frac{\xi_n^2J_{m\dot{o}}'\left(\xi_na\right)J_{m\dot{o}}\left(\xi_nb\right)\mathcal{V}_{\mathcal{N}m\dot{o}}\left(\xi r,a\right)}{\left[J_{m\dot{o}}'^2\left(\xi_na\right)-\left\{1-\left(\frac{m\dot{o}}{\xi_na}\right)^2\right\}J_{m\dot{o}}^2\left(\xi_nb\right)\right]}\times$$
$$\times\sum_{l=1}^{\infty}\frac{\left(\xi_l^2+\lambda_0^2\right)\cos\left\{\xi_l\left(d-z\right)\right\}\int_0^t\overline{\overline{\psi}}_b\left(m,\xi_l,t-\tau;\theta\right)e^{-\left(\eta_r\xi_n^2+\eta_z\xi_l^2\right)\tau}d\tau}{\left\{d\left(\xi_l^2+\lambda_0^2\right)+\lambda_0\right\}}+$$
$$+\frac{\pi}{\phi c_t}\sum_{m=0}^{\infty}\ni_m\cos\left\{m\left(\theta-\theta_0\right)\right\}\sum_{n=1}^{\infty}\frac{\xi_n^2J_{m\dot{o}}^2\left(\xi_nb\right)\mathcal{V}_{\mathcal{N}m\dot{o}}\left(\xi r,a\right)}{\left[J_{m\dot{o}}'^2\left(\xi_na\right)-\left\{1-\left(\frac{m\dot{o}}{\xi_na}\right)^2\right\}J_{m\dot{o}}^2\left(\xi_nb\right)\right]}\times$$
$$\times\sum_{l=1}^{\infty}\frac{\left(\xi_l^2+\lambda_0^2\right)\cos\{\xi_l\left(d-z\right)\}\int_0^t\left\{\cos\left(\xi_ld\right)\overline{\overline{\psi}}_0(\xi_n,m,t-\tau;\theta)-\overline{\overline{\psi}}_d(\xi_n,m,t-\tau;\theta)\right\}e^{-\left(\eta_r\xi_n^2+\eta_z\xi_l^2\right)\tau}d\tau}{\left\{d\left(\xi_l^2+\lambda_0^2\right)+\lambda_0\right\}}+$$
$$+\pi\sum_{m=0}^{\infty}\ni_m\cos\left\{m\left(\theta-\theta_0\right)\right\}\sum_{n=1}^{\infty}\frac{\xi_n^2J_{m\dot{o}}^2\left(\xi_nb\right)\mathcal{V}_{\mathcal{N}m\dot{o}}\left(\xi r,a\right)e^{-\eta_r\xi_n^2t}}{\left[J_{m\dot{o}}'^2\left(\xi_na\right)-\left\{1-\left(\frac{m\dot{o}}{\xi_na}\right)^2\right\}J_{m\dot{o}}^2\left(\xi_nb\right)\right]}\times$$
$$\times\sum_{l=1}^{\infty}\frac{\overline{\overline{\overline{\varphi}}}\left(\xi_n,m,\xi_l;\theta\right)\left(\xi_l^2+\lambda_0^2\right)\cos\left\{\xi_l\left(d-z\right)\right\}e^{-\eta_z\xi_l^2t}}{\left\{d\left(\xi_l^2+\lambda_0^2\right)+\lambda_0\right\}} \qquad (25.91.2)$$

where $\overline{\overline{\psi}}_a\left(m,\xi_l,t;\theta\right)=\int_0^{2\pi}\cos\left\{m\left(\theta-v\right)\right\}\int_0^d\psi_a\left(v,w,t\right)\cos\left\{\xi_l\left(d-w\right)\right\}dwdv$,

$\overline{\overline{\psi}}_b(m,\xi_l,t;\theta)=\int_0^{2\pi}\cos\{m(\theta-v)\}\int_0^d\psi_b(v,w,t)\cos\{\xi_l(d-w)\}\,dwdv,$
$\overline{\overline{\psi}}_0(\xi_n,m,t;\theta)=\int_a^b u\mathcal{V}_{\mathcal{N}m\dot{o}}(\xi_n u,a)\int_0^{2\pi}\psi_0(u,v,t)\cos\{m(\theta-v)\}dvdu,$ and
$\overline{\overline{\psi}}_d(\xi_n,m,t;\theta)=\int_a^b u\mathcal{V}_{\mathcal{N}m\dot{o}}(\xi_n u,a)\int_0^{2\pi}\psi_d(u,v,t)\cos\{m(\theta-v)\}dvdu.$

25.92

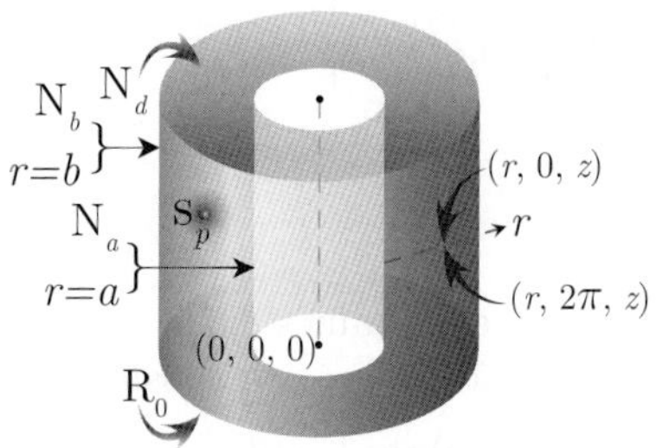

The problem of 25.88, except
$\mathbf{N}_a\equiv\frac{\partial p(a,\theta,z,t)}{\partial r}=-\left(\frac{\mu}{k_r}\right)\psi_a(\theta,z,t),$
$\mathbf{N}_b\equiv\frac{\partial p(b,\theta,z,t)}{\partial r}=-\left(\frac{\mu}{k_r}\right)\psi_b(\theta,z,t),$
$\mathbf{R}_0\equiv\frac{\partial p(r,\theta,0,t)}{\partial z}-\lambda_0 p(r,\theta,0,t)=-\left(\frac{\mu}{k_z}\right)\psi_0(r,\theta,t)$ **and**
$\mathbf{N}_d\equiv\frac{\partial p(r,\theta,d,t)}{\partial z}=-\left(\frac{\mu}{k_z}\right)\psi_d(r,\theta,t)$

$$\begin{aligned}
\overline{p} &= \frac{2q(s)e^{-st_0}}{\pi(b^2-a^2)\phi c_t}\sum_{l=1}^{\infty}\frac{(\xi_l^2+\lambda_0^2)\cos\{\xi_l(d-z_0)\}\cos\{\xi_l(d-z)\}}{\{d(\xi_l^2+\lambda_0^2)+\lambda_0\}(\eta_z\xi_l^2+s)}+\\
&+\frac{\pi q(s)e^{-st_0}}{\phi c_t}\sum_{m=0}^{\infty}\ni_m\cos\{m(\theta-\theta_0)\}\sum_{n=1}^{\infty}\frac{\xi_n^2 J'^2_{m\dot{o}}(\xi_n b)\mathcal{V}_{\mathcal{N}m\dot{o}}(\xi r_0,a)\mathcal{V}_{\mathcal{N}m\dot{o}}(\xi r,a)}{\left[\left\{1-\left(\frac{m\dot{o}}{\xi_n b}\right)^2\right\}J'^2_{m\dot{o}}(\xi_n a)-\left\{1-\left(\frac{m\dot{o}}{\xi_n a}\right)^2\right\}J'^2_{m\dot{o}}(\xi_n b)\right]}\times\\
&\times\sum_{l=1}^{\infty}\frac{(\xi_l^2+\lambda_0^2)\cos\{\xi_l(d-z_0)\}\cos\{\xi_l(d-z)\}}{\{d(\xi_l^2+\lambda_0^2)+\lambda_0\}(\eta_r\xi_n^2+\eta_z\xi_l^2+s)}+\\
&+\frac{2}{\pi(b^2-a^2)\phi c_t}\sum_{l=1}^{\infty}\frac{\left\{a\overline{\overline{\psi}}_a(0,\xi_l,s;\theta)-b\overline{\overline{\psi}}_b(0,\xi_l,s;\theta)\right\}(\xi_l^2+\lambda_0^2)\cos\{\xi_l(d-z)\}}{\{d(\xi_l^2+\lambda_0^2)+\lambda_0\}(\eta_z\xi_l^2+s)}+\\
&+\frac{2}{\phi c_t}\sum_{m=0}^{\infty}\ni_m\cos\{m(\theta-\theta_0)\}\sum_{n=1}^{\infty}\frac{\xi_n J'^2_{m\dot{o}}(\xi_n b)\mathcal{V}_{\mathcal{N}m\dot{o}}(\xi r,a)}{\left[\left\{1-\left(\frac{m\dot{o}}{\xi_n b}\right)^2\right\}J'^2_{m\dot{o}}(\xi_n a)-\left\{1-\left(\frac{m\dot{o}}{\xi_n a}\right)^2\right\}J'^2_{m\dot{o}}(\xi_n b)\right]}\times\\
&\times\sum_{l=1}^{\infty}\frac{\overline{\overline{\psi}}_a(m,\xi_l,s;\theta)(\xi_l^2+\lambda_0^2)\cos\{\xi_l(d-z)\}}{\{d(\xi_l^2+\lambda_0^2)+\lambda_0\}(\eta_r\xi_n^2+\eta_z\xi_l^2+s)}-\\
&-\frac{2}{\phi c_t}\sum_{m=0}^{\infty}\ni_m\cos\{m(\theta-\theta_0)\}\sum_{n=1}^{\infty}\frac{\xi_n J'_{m\dot{o}}(\xi_n a)J'_{m\dot{o}}(\xi_n b)\mathcal{V}_{\mathcal{N}m\dot{o}}(\xi r,a)}{\left[\left\{1-\left(\frac{m\dot{o}}{\xi_n b}\right)^2\right\}J'^2_{m\dot{o}}(\xi_n a)-\left\{1-\left(\frac{m\dot{o}}{\xi_n a}\right)^2\right\}J'^2_{m\dot{o}}(\xi_n b)\right]}\times\\
&\times\sum_{l=1}^{\infty}\frac{\overline{\overline{\psi}}_b(m,\xi_l,s;\theta)(\xi_l^2+\lambda_0^2)\cos\{\xi_l(d-z)\}}{\{d(\xi_l^2+\lambda_0^2)+\lambda_0\}(\eta_r\xi_n^2+\eta_z\xi_l^2+s)}+\\
&+\frac{2}{\pi(b^2-a^2)\phi c_t}\sum_{l=1}^{\infty}\frac{(\xi_l^2+\lambda_0^2)\cos\{\xi_l(d-z)\}\int_a^b u\left\{\cos(\xi_l d)\overline{\overline{\psi}}_0(u,0,s;\theta)-\overline{\overline{\psi}}_d(u,0,s;\theta)\right\}du}{\{d(\xi_l^2+\lambda_0^2)+\lambda_0\}(\eta_z\xi_l^2+s)}+\\
&+\frac{\pi}{\phi c_t}\sum_{m=0}^{\infty}\ni_m\cos\{m(\theta-\theta_0)\}\sum_{n=1}^{\infty}\frac{\xi_n^2 J'^2_{m\dot{o}}(\xi_n b)\mathcal{V}_{\mathcal{N}m\dot{o}}(\xi r,a)}{\left[\left\{1-\left(\frac{m\dot{o}}{\xi_n b}\right)^2\right\}J'^2_{m\dot{o}}(\xi_n a)-\left\{1-\left(\frac{m\dot{o}}{\xi_n a}\right)^2\right\}J'^2_{m\dot{o}}(\xi_n b)\right]}\times\\
&\times\sum_{l=1}^{\infty}\frac{(\xi_l^2+\lambda_0^2)\left\{\cos(\xi_l d)\overline{\overline{\psi}}_0(\xi_n,m,s;\theta)-\overline{\overline{\psi}}_d(\xi_n,m,s;\theta)\right\}\cos\{\xi_l(d-z)\}}{\{d(\xi_l^2+\lambda_0^2)+\lambda_0\}(\eta_r\xi_n^2+\eta_z\xi_l^2+s)}+\\
&+\frac{2}{\pi(b^2-a^2)}\sum_{l=1}^{\infty}\frac{(\xi_l^2+\lambda_0^2)\cos\{\xi_l(d-z)\}\int_a^b\overline{\overline{\varphi}}(u,0,\xi_l;\theta)\,udu}{\{d(\xi_l^2+\lambda_0^2)+\lambda_0\}(\eta_z\xi_l^2+s)}+
\end{aligned}$$

$$+\pi\sum_{m=0}^{\infty}\ni_m\cos\{m(\theta-\theta_0)\}\sum_{n=1}^{\infty}\frac{\xi_n^2J_{m\dot{o}}'^2(\xi_nb)\mathcal{V}_{\mathcal{N}m\dot{o}}(\xi r,a)}{\left[\left\{1-\left(\frac{m\dot{o}}{\xi_nb}\right)^2\right\}J_{m\dot{o}}'^2(\xi_na)-\left\{1-\left(\frac{m\dot{o}}{\xi_na}\right)^2\right\}J_{m\dot{o}}'^2(\xi_nb)\right]}\times$$
$$\times\sum_{l=1}^{\infty}\frac{\overline{\overline{\overline{\varphi}}}(\xi_n,m,\xi_l;\theta)\left(\xi_l^2+\lambda_0^2\right)\cos\{\xi_l(d-z)\}}{\{d(\xi_l^2+\lambda_0^2)+\lambda_0\}(\eta_r\xi_n^2+\eta_z\xi_l^2+s)} \tag{25.92.1}$$

where $\mathcal{V}_{\mathcal{N}m\dot{o}}(\xi_nr,a)=J_{m\dot{o}}(\xi_nr)Y_{m\dot{o}}'(\xi_na)-Y_{m\dot{o}}(\xi_nr)J_{m\dot{o}}'(\xi_na)$. The eigenvalues are $\xi_0=0$, and ξ_n. ξ_n are the positive roots of the transcendental equation $\mathcal{V}_{\mathcal{N}m\dot{o}}'(\xi_nb,a)=0$, $n=1,2,...$, and ξ_l are the positive roots of $\xi_l\tan(\xi_ld)=\lambda_0$, $l=1,2,....$ $\overline{\overline{\psi}}_0(u,0,s;\theta)=\int_0^{2\pi}\overline{\psi}_0(u,v,s)dv$,
$\overline{\overline{\psi}}_d(u,0,s;\theta)=\int_0^{2\pi}\overline{\psi}_d(u,v,s)dv$. $\overline{\overline{\overline{\psi}}}_0(\xi_n,m,s;\theta)=\int_a^bu\mathcal{V}_{\mathcal{N}m\dot{o}}(\xi_nu,a)\int_0^{2\pi}\overline{\psi}_0(u,v,s)\cos\{m(\theta-v)\}dvdu$,
$\overline{\overline{\overline{\psi}}}_d(\xi_n,m,s;\theta)=\int_a^bu\mathcal{V}_{\mathcal{N}m\dot{o}}(\xi_nu,a)\int_0^{2\pi}\overline{\psi}_d(u,v,s)\cos\{m(\theta-v)\}dvdu$,
$\overline{\overline{\overline{\psi}}}_a(m,\xi_l,s;\theta)=\int_0^{2\pi}\cos\{m(\theta-v)\}\int_0^d\overline{\psi}_a(v,w,s)\cos\{\xi_l(d-w)\}dwdv$,
$\overline{\overline{\overline{\psi}}}_b(m,\xi_l,s;\theta)=\int_0^{2\pi}\cos\{m(\theta-v)\}\int_0^d\overline{\psi}_b(v,w,s)\cos\{\xi_l(d-w)\}dwdv$,
$\overline{\overline{\varphi}}(u,0,\xi_l;\theta)=\int_0^{2\pi}\int_0^d\varphi(u,v,w)\cos\{\xi_l(d-w)\}dvdw$, and
$\overline{\overline{\overline{\varphi}}}(\xi_n,m,\xi_l;\theta)=\int_a^bu\mathcal{V}_{\mathcal{N}m\dot{o}}(\xi_nu,a)\int_0^{2\pi}\cos\{m(\theta-v)\}\int_0^d\varphi(u,v,w)\cos\{\xi_l(d-w)\}dwdvdu$.

$$p=\frac{2U(t-t_0)}{\pi(b^2-a^2)\phi c_t}\sum_{l=1}^{\infty}\frac{\left(\xi_l^2+\lambda_0^2\right)\cos\{\xi_l(d-z_0)\}\cos\{\xi_l(d-z)\}\int_0^{t-t_0}q(t-t_0-\tau)e^{-\eta_z\xi_l^2\tau}d\tau}{\{d(\xi_l^2+\lambda_0^2)+\lambda_0\}}+$$
$$+\frac{\pi U(t-t_0)}{\phi c_t}\sum_{m=0}^{\infty}\ni_m\cos\{m(\theta-\theta_0)\}\sum_{n=1}^{\infty}\frac{\xi_n^2J_{m\dot{o}}'^2(\xi_nb)\mathcal{V}_{\mathcal{N}m\dot{o}}(\xi r_0,a)\mathcal{V}_{\mathcal{N}m\dot{o}}(\xi r,a)}{\left[\left\{1-\left(\frac{m\dot{o}}{\xi_nb}\right)^2\right\}J_{m\dot{o}}'^2(\xi_na)-\left\{1-\left(\frac{m\dot{o}}{\xi_na}\right)^2\right\}J_{m\dot{o}}'^2(\xi_nb)\right]}\times$$
$$\times\sum_{l=1}^{\infty}\frac{\left(\xi_l^2+\lambda_0^2\right)\cos\{\xi_l(d-z_0)\}\cos\{\xi_l(d-z)\}\int_0^{t-t_0}q(t-t_0-\tau)e^{-\left(\eta_r\xi_n^2+\eta_z\xi_l^2\right)\tau}d\tau}{\{d(\xi_l^2+\lambda_0^2)+\lambda_0\}}+$$
$$+\frac{2}{\pi(b^2-a^2)\phi c_t}\sum_{l=1}^{\infty}\frac{\left(\xi_l^2+\lambda_0^2\right)\cos\{\xi_l(d-z)\}\int_0^t\left\{a\overline{\overline{\psi}}_a(0,\xi_l,t-\tau;\theta)-b\overline{\overline{\psi}}_b(0,\xi_l,t-\tau;\theta)\right\}e^{-\eta_z\xi_l^2\tau}d\tau}{\{d(\xi_l^2+\lambda_0^2)+\lambda_0\}}+$$
$$+\frac{2}{\phi c_t}\sum_{m=0}^{\infty}\ni_m\cos\{m(\theta-\theta_0)\}\sum_{n=1}^{\infty}\frac{\xi_nJ_{m\dot{o}}'^2(\xi_nb)\mathcal{V}_{\mathcal{N}m\dot{o}}(\xi r,a)}{\left[\left\{1-\left(\frac{m\dot{o}}{\xi_nb}\right)^2\right\}J_{m\dot{o}}'^2(\xi_na)-\left\{1-\left(\frac{m\dot{o}}{\xi_na}\right)^2\right\}J_{m\dot{o}}'^2(\xi_nb)\right]}\times$$
$$\times\sum_{l=1}^{\infty}\frac{\left(\xi_l^2+\lambda_0^2\right)\cos\{\xi_l(d-z)\}\int_0^t\overline{\overline{\psi}}_a(m,\xi_l,t-\tau;\theta)e^{-\left(\eta_r\xi_n^2+\eta_z\xi_l^2\right)\tau}d\tau}{\{d(\xi_l^2+\lambda_0^2)+\lambda_0\}}-$$
$$-\frac{2}{\phi c_t}\sum_{m=0}^{\infty}\ni_m\cos\{m(\theta-\theta_0)\}\sum_{n=1}^{\infty}\frac{\xi_nJ_{m\dot{o}}'(\xi_na)J_{m\dot{o}}'(\xi_nb)\mathcal{V}_{\mathcal{N}m\dot{o}}(\xi r,a)}{\left[\left\{1-\left(\frac{m\dot{o}}{\xi_nb}\right)^2\right\}J_{m\dot{o}}'^2(\xi_na)-\left\{1-\left(\frac{m\dot{o}}{\xi_na}\right)^2\right\}J_{m\dot{o}}'^2(\xi_nb)\right]}\times$$
$$\times\sum_{l=1}^{\infty}\frac{\left(\xi_l^2+\lambda_0^2\right)\cos\{\xi_l(d-z)\}\int_0^t\overline{\overline{\psi}}_b(m,\xi_l,t-\tau;\theta)e^{-\left(\eta_r\xi_n^2+\eta_z\xi_l^2\right)\tau}d\tau}{\{d(\xi_l^2+\lambda_0^2)+\lambda_0\}}+$$
$$+\frac{2}{\pi(b^2-a^2)\phi c_t}\times$$
$$\times\sum_{l=1}^{\infty}\frac{\left(\xi_l^2+\lambda_0^2\right)\cos\{\xi_l(d-z)\}\int_0^te^{-\eta_z\xi_l^2\tau}\int_a^bu\left\{\cos(\xi_ld)\overline{\psi}_0(u,0,t-\tau;\theta)-\overline{\psi}_d(u,0,t-\tau;\theta)\right\}dud\tau}{\{d(\xi_l^2+\lambda_0^2)+\lambda_0\}}+$$
$$+\frac{\pi}{\phi c_t}\sum_{m=0}^{\infty}\ni_m\cos\{m(\theta-\theta_0)\}\sum_{n=1}^{\infty}\frac{\xi_n^2J_{m\dot{o}}'^2(\xi_nb)\mathcal{V}_{\mathcal{N}m\dot{o}}(\xi r,a)}{\left[\left\{1-\left(\frac{m\dot{o}}{\xi_nb}\right)^2\right\}J_{m\dot{o}}'^2(\xi_na)-\left\{1-\left(\frac{m\dot{o}}{\xi_na}\right)^2\right\}J_{m\dot{o}}'^2(\xi_nb)\right]}\times$$

$$\times\sum_{l=1}^{\infty}\frac{\left(\xi_l^2+\lambda_0^2\right)\cos\{\xi_l\,(d-z)\}\int_0^t\left\{\cos(\xi_l d)\,\overline{\overline{\psi}}_0(\xi_n,m,t-\tau;\theta)-\overline{\overline{\psi}}_d(\xi_n,m,t-\tau;\theta)\right\}e^{-\left(\eta_r\xi_n^2+\eta_z\xi_l^2\right)\tau}d\tau}{\left\{d\left(\xi_l^2+\lambda_0^2\right)+\lambda_0\right\}}+$$

$$+\frac{2}{\pi\left(b^2-a^2\right)}\sum_{l=1}^{\infty}\frac{\left(\xi_l^2+\lambda_0^2\right)\cos\{\xi_l\,(d-z)\}\,e^{-\eta_z\xi_l^2 t}\int_a^b\overline{\overline{\varphi}}\,(u,0,\xi_l;\theta)\,udu}{\left\{d\left(\xi_l^2+\lambda_0^2\right)+\lambda_0\right\}}+$$

$$+\pi\sum_{m=0}^{\infty}\ni_m\cos\{m\,(\theta-\theta_0)\}\sum_{n=1}^{\infty}\frac{\xi_n^2 J_{m\dot{o}}'^2(\xi_n b)\,\mathcal{V}_{\mathcal{N}m\dot{o}}(\xi r,a)\,e^{-\eta_r\xi_n^2 t}}{\left[\left\{1-\left(\frac{m\dot{o}}{\xi_n b}\right)^2\right\}J_{m\dot{o}}'^2(\xi_n a)-\left\{1-\left(\frac{m\dot{o}}{\xi_n a}\right)^2\right\}J_{m\dot{o}}'^2(\xi_n b)\right]}\times$$

$$\times\sum_{l=1}^{\infty}\frac{\overline{\overline{\overline{\varphi}}}\,(\xi_n,m,\xi_l;\theta)\left(\xi_l^2+\lambda_0^2\right)\cos\{\xi_l\,(d-z)\}\,e^{-\eta_z\xi_l^2 t}}{\left\{d\left(\xi_l^2+\lambda_0^2\right)+\lambda_0\right\}}\qquad(25.92.2)$$

where $\overline{\overline{\psi}}_a(m,\xi_l,t;\theta)=\int_0^{2\pi}\cos\{m\,(\theta-v)\}\int_0^d\psi_a(v,w,t)\cos\{\xi_l\,(d-w)\}\,dwdv$, $\overline{\overline{\psi}}_b(m,\xi_l,t;\theta)=\int_0^{2\pi}\cos\{m\,(\theta-v)\}\int_0^d\psi_b(v,w,t)\cos\{\xi_l\,(d-w)\}\,dwdv$, $\overline{\psi}_0(u,0,t;\theta)=\int_0^{2\pi}\psi_0(u,v,t)dv$, $\overline{\psi}_d(u,0,t;\theta)=\int_0^{2\pi}\psi_d(u,v,t)dv$, $\overline{\overline{\psi}}_0(\xi_n,m,t;\theta)=\int_a^b u\mathcal{V}_{\mathcal{N}m\dot{o}}(\xi_n u,a)\int_0^{2\pi}\psi_0(u,v,t)\cos\{m\,(\theta-v)\}dvdu$, and
$\overline{\overline{\psi}}_d(\xi_n,m,t;\theta)=\int_a^b u\mathcal{V}_{\mathcal{N}m\dot{o}}(\xi_n u,a)\int_0^{2\pi}\psi_d(u,v,t)\cos\{m\,(\theta-v)\}dvdu$.

25.93

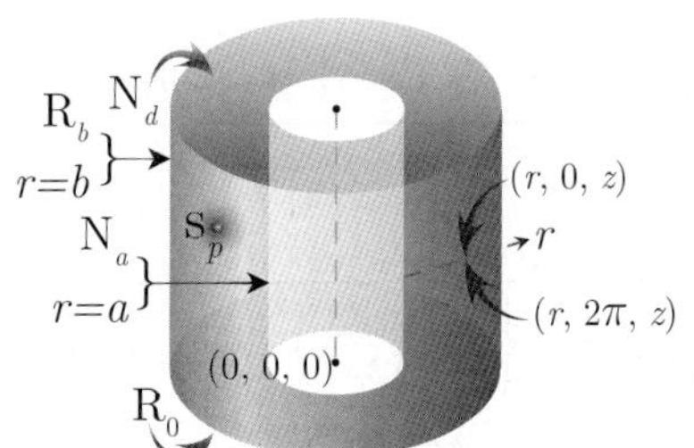

The problem of 25.88, except
$\mathbf{N}_a\equiv\frac{\partial p(a,\theta,z,t)}{\partial r}=-\left(\frac{\mu}{k_r}\right)\psi_a(\theta,z,t)$,
$\mathbf{R}_b\equiv\frac{\partial p(b,\theta,z,t)}{\partial r}+\lambda p\,(b,\theta,z,t)=-\left(\frac{\mu}{k_r}\right)\psi_b(\theta,z,t)$,
$\mathbf{R}_0\equiv\frac{\partial p(r,\theta,0,t)}{\partial z}-\lambda_0 p\,(r,\theta,0,t)=-\left(\frac{\mu}{k_z}\right)\psi_0(r,\theta,t)$ **and**
$\mathbf{N}_d\equiv\frac{\partial p(r,\theta,d,t)}{\partial z}=-\left(\frac{\mu}{k_z}\right)\psi_d(r,\theta,t)$

$$\overline{p}=\frac{\pi q\,(s)\,e^{-st_0}}{\phi c_t}\sum_{m=0}^{\infty}\ni_m\cos\{m\,(\theta-\theta_0)\}\times$$

$$\times\sum_{n=1}^{\infty}\frac{\xi_n^2\left\{\xi_n J_{m\dot{o}}'(\xi_n b)+\lambda J_{m\dot{o}}(\xi_n b)\right\}^2\mathcal{V}_{\mathcal{N}m\dot{o}}(\xi r_0,a)\,\mathcal{V}_{\mathcal{N}m\dot{o}}(\xi r,a)}{\left[\left\{\xi_n^2+\lambda^2-\left(\frac{m\dot{o}}{b}\right)^2\right\}J_{m\dot{o}}'^2(\xi_n a)-\left\{1-\left(\frac{m\dot{o}}{\xi_n a}\right)^2\right\}\left\{\xi_n J_{m\dot{o}}'(\xi_n b)+\lambda J_{m\dot{o}}(\xi_n b)\right\}^2\right]}\times$$

$$\times\sum_{l=1}^{\infty}\frac{\left(\xi_l^2+\lambda_0^2\right)\cos\{\xi_l\,(d-z_0)\}\cos\{\xi_l\,(d-z)\}}{\left\{d\left(\xi_l^2+\lambda_0^2\right)+\lambda_0\right\}\left(\eta_r\xi_n^2+\eta_z\xi_l^2+s\right)}+$$

$$+\frac{2}{\phi c_t}\sum_{m=0}^{\infty}\ni_m\cos\{m\,(\theta-\theta_0)\}\times$$

$$\times\sum_{n=1}^{\infty}\frac{\xi_n\left\{\xi_n J_{m\dot{o}}'(\xi_n b)+\lambda J_{m\dot{o}}(\xi_n b)\right\}^2\mathcal{V}_{\mathcal{N}m\dot{o}}(\xi r,a)}{\left[\left\{\xi_n^2+\lambda^2-\left(\frac{m\dot{o}}{b}\right)^2\right\}J_{m\dot{o}}'^2(\xi_n a)-\left\{1-\left(\frac{m\dot{o}}{\xi_n a}\right)^2\right\}\left\{\xi_n J_{m\dot{o}}'(\xi_n b)+\lambda J_{m\dot{o}}(\xi_n b)\right\}^2\right]}\times$$

$$\times\sum_{l=1}^{\infty}\frac{\overline{\overline{\overline{\psi}}}_a(m,\xi_l,s;\theta)\left(\xi_l^2+\lambda_0^2\right)\cos\{\xi_l\,(d-z)\}}{\left\{d\left(\xi_l^2+\lambda_0^2\right)+\lambda_0\right\}\left(\eta_r\xi_n^2+\eta_z\xi_l^2+s\right)}-$$

$$-\frac{2}{\phi c_t}\sum_{m=0}^{\infty}\ni_m\cos\{m\,(\theta-\theta_0)\}\times$$

$$\times\sum_{n=1}^{\infty}\frac{\xi_n^2 J_{m\dot{o}}'(\xi_n a)\left\{\xi_n J_{m\dot{o}}'(\xi_n b)+\lambda J_{m\dot{o}}(\xi_n b)\right\}\mathcal{V}_{\mathcal{N}m\dot{o}}(\xi r,a)}{\left[\left\{\xi_n^2+\lambda^2-\left(\frac{m\dot{o}}{b}\right)^2\right\}J_{m\dot{o}}'^2(\xi_n a)-\left\{1-\left(\frac{m\dot{o}}{\xi_n a}\right)^2\right\}\left\{\xi_n J_{m\dot{o}}'(\xi_n b)+\lambda J_{m\dot{o}}(\xi_n b)\right\}^2\right]}\times$$

$$\times \sum_{l=1}^{\infty} \frac{\overline{\overline{\overline{\psi}}}_b (m, \xi_l, s; \theta) \left(\xi_l^2 + \lambda_0^2\right) \cos\{\xi_l (d-z)\}}{\{d (\xi_l^2 + \lambda_0^2) + \lambda_0\} (\eta_r \xi_n^2 + \eta_z \xi_l^2 + s)} +$$

$$+ \frac{\pi}{\phi c_t} \sum_{m=0}^{\infty} \ni_m \cos\{m (\theta - \theta_0)\} \times$$

$$\times \sum_{n=1}^{\infty} \frac{\xi_n^2 \{\xi_n J'_{m\dot{o}} (\xi_n b) + \lambda J_{m\dot{o}} (\xi_n b)\}^2 \mathcal{V}_{\mathcal{N}m\dot{o}} (\xi r, a)}{\left[\left\{\xi_n^2 + \lambda^2 - \left(\frac{m\dot{o}}{b}\right)^2\right\} J'^2_{m\dot{o}} (\xi_n a) - \left\{1 - \left(\frac{m\dot{o}}{\xi_n a}\right)^2\right\} \{\xi_n J'_{m\dot{o}} (\xi_n b) + \lambda J_{m\dot{o}} (\xi_n b)\}^2\right]} \times$$

$$\times \sum_{l=1}^{\infty} \frac{\left(\xi_l^2 + \lambda_0^2\right) \left\{\cos(\xi_l d)\, \overline{\overline{\overline{\psi}}}_0 (\xi_n, m, s; \theta) - \overline{\overline{\overline{\psi}}}_d (\xi_n, m, s; \theta)\right\} \cos\{\xi_l (d-z)\}}{\{d (\xi_l^2 + \lambda_0^2) + \lambda_0\} (\eta_r \xi_n^2 + \eta_z \xi_l^2 + s)} +$$

$$+ \pi \sum_{m=0}^{\infty} \ni_m \cos\{m (\theta - \theta_0)\} \times$$

$$\times \sum_{n=1}^{\infty} \frac{\xi_n^2 \{\xi_n J'_{m\dot{o}} (\xi_n b) + \lambda J_{m\dot{o}} (\xi_n b)\}^2 \mathcal{V}_{\mathcal{N}m\dot{o}} (\xi r, a)}{\left[\left\{\xi_n^2 + \lambda^2 - \left(\frac{m\dot{o}}{b}\right)^2\right\} J'^2_{m\dot{o}} (\xi_n a) - \left\{1 - \left(\frac{m\dot{o}}{\xi_n a}\right)^2\right\} \{\xi_n J'_{m\dot{o}} (\xi_n b) + \lambda J_{m\dot{o}} (\xi_n b)\}^2\right]} \times$$

$$\times \sum_{l=1}^{\infty} \frac{\overline{\overline{\overline{\varphi}}} (\xi_n, m, \xi_l; \theta) \left(\xi_l^2 + \lambda_0^2\right) \cos\{\xi_l (d-z)\}}{\{d (\xi_l^2 + \lambda_0^2) + \lambda_0\} (\eta_r \xi_n^2 + \eta_z \xi_l^2 + s)} \tag{25.93.1}$$

where $\mathcal{V}_{\mathcal{N}m\dot{o}} (\xi_n r, a) = J_{m\dot{o}} (\xi_n r) Y'_{m\dot{o}} (\xi_n a) - Y_{m\dot{o}} (\xi_n r) J'_{m\dot{o}} (\xi_n a)$, and the eigenvalues $\xi_n, n = 1, 2, ...$, are the positive roots of the transcendental equation $\xi_n \mathcal{V}'_{\mathcal{N}m\dot{o}} (\xi_n b, a) + \lambda \mathcal{V}_{\mathcal{N}m\dot{o}} (\xi_n b, a) = 0$, and ξ_l are the positive roots of $\xi_l \tan(\xi_l d) = \lambda_0, l = 1, 2, ...$ $\overline{\overline{\overline{\psi}}}_0 (\xi_n, m, s; \theta) = \int_a^b u \mathcal{V}_{\mathcal{N}m\dot{o}} (\xi_n u, a) \int_0^{2\pi} \overline{\psi}_0 (u, v, s) \cos\{m (\theta - v)\} dv du$,
$\overline{\overline{\overline{\psi}}}_d (\xi_n, m, s; \theta) = \int_a^b u \mathcal{V}_{\mathcal{N}m\dot{o}} (\xi_n u, a) \int_0^{2\pi} \overline{\psi}_d (u, v, s) \cos\{m (\theta - v)\} dv du$,
$\overline{\overline{\overline{\psi}}}_a (m, \xi_l, s; \theta) = \int_0^{2\pi} \cos\{m (\theta - v)\} \int_0^d \overline{\psi}_a (v, w, s) \cos\{\xi_l (d - w)\} dw dv$,
$\overline{\overline{\overline{\psi}}}_b (m, \xi_l, s; \theta) = \int_0^{2\pi} \cos\{m (\theta - v)\} \int_0^d \overline{\psi}_b (v, w, s) \cos\{\xi_l (d - w)\} dw dv$, and
$\overline{\overline{\overline{\varphi}}} (\xi_n, m, \xi_l; \theta) = \int_a^b u \mathcal{V}_{\mathcal{N}m\dot{o}} (\xi_n u, a) \int_0^{2\pi} \cos\{m (\theta - v)\} \int_0^d \varphi (u, v, w) \cos\{\xi_l (d - w)\} dw dv du$.

$$p = \frac{\pi U (t - t_0)}{\phi c_t} \sum_{m=0}^{\infty} \ni_m \cos\{m (\theta - \theta_0)\} \times$$

$$\times \sum_{n=1}^{\infty} \frac{\xi_n^2 \{\xi_n J'_{m\dot{o}} (\xi_n b) + \lambda J_{m\dot{o}} (\xi_n b)\}^2 \mathcal{V}_{\mathcal{N}m\dot{o}} (\xi r_0, a) \mathcal{V}_{\mathcal{N}m\dot{o}} (\xi r, a)}{\left[\left\{\xi_n^2 + \lambda^2 - \left(\frac{m\dot{o}}{b}\right)^2\right\} J'^2_{m\dot{o}} (\xi_n a) - \left\{1 - \left(\frac{m\dot{o}}{\xi_n a}\right)^2\right\} \{\xi_n J'_{m\dot{o}} (\xi_n b) + \lambda J_{m\dot{o}} (\xi_n b)\}^2\right]} \times$$

$$\times \sum_{l=1}^{\infty} \frac{\left(\xi_l^2 + \lambda_0^2\right) \cos\{\xi_l (d - z_0)\} \cos\{\xi_l (d-z)\} \int_0^{t-t_0} q (t - t_0 - \tau) e^{-\left(\eta_r \xi_n^2 + \eta_z \xi_l^2\right)\tau} d\tau}{\{d (\xi_l^2 + \lambda_0^2) + \lambda_0\}} +$$

$$+ \frac{2}{\phi c_t} \sum_{m=0}^{\infty} \ni_m \cos\{m (\theta - \theta_0)\} \times$$

$$\times \sum_{n=1}^{\infty} \frac{\xi_n \{\xi_n J'_{m\dot{o}} (\xi_n b) + \lambda J_{m\dot{o}} (\xi_n b)\}^2 \mathcal{V}_{\mathcal{N}m\dot{o}} (\xi r, a)}{\left[\left\{\xi_n^2 + \lambda^2 - \left(\frac{m\dot{o}}{b}\right)^2\right\} J'^2_{m\dot{o}} (\xi_n a) - \left\{1 - \left(\frac{m\dot{o}}{\xi_n a}\right)^2\right\} \{\xi_n J'_{m\dot{o}} (\xi_n b) + \lambda J_{m\dot{o}} (\xi_n b)\}^2\right]} \times$$

$$\times \sum_{l=1}^{\infty} \frac{\left(\xi_l^2 + \lambda_0^2\right) \cos\{\xi_l (d-z)\} \int_0^t \overline{\overline{\psi}}_a (m, \xi_l, t - \tau; \theta) e^{-\left(\eta_r \xi_n^2 + \eta_z \xi_l^2\right)\tau} d\tau}{\{d (\xi_l^2 + \lambda_0^2) + \lambda_0\}} -$$

$$- \frac{2}{\phi c_t} \sum_{m=0}^{\infty} \ni_m \cos\{m (\theta - \theta_0)\} \times$$

$$\times \sum_{n=1}^{\infty} \frac{\xi_n^2 J'_{m\dot{o}}(\xi_n a)\left\{\lambda J_{m\dot{o}}(\xi_n b) - \xi_n J'_{m\dot{o}}(\xi_n b)\right\} \mathcal{V}_{\mathcal{N}m\dot{o}}(\xi r, a)}{\left[\left\{\xi_n^2 + \lambda^2 - \left(\frac{m\dot{o}}{b}\right)^2\right\} J'^2_{m\dot{o}}(\xi_n a) - \left\{1 - \left(\frac{m\dot{o}}{\xi_n a}\right)^2\right\}\left\{\xi_n J'_{m\dot{o}}(\xi_n b) + \lambda J_{m\dot{o}}(\xi_n b)\right\}^2\right]} \times$$

$$\times \sum_{l=1}^{\infty} \frac{\left(\xi_l^2 + \lambda_0^2\right)\cos\left\{\xi_l (d - z)\right\} \int_0^t \overline{\overline{\psi}}_b(m, \xi_l, t - \tau; \theta)\, e^{-\left(\eta_r \xi_n^2 + \eta_z \xi_l^2\right)\tau} d\tau}{\left\{d\left(\xi_l^2 + \lambda_0^2\right) + \lambda_0\right\}} +$$

$$+ \frac{\pi}{\phi c_t} \sum_{m=0}^{\infty} \ni_m \cos\left\{m(\theta - \theta_0)\right\} \times$$

$$\times \sum_{n=1}^{\infty} \frac{\xi_n^2 \left\{\xi_n J'_{m\dot{o}}(\xi_n b) + \lambda J_{m\dot{o}}(\xi_n b)\right\}^2 \mathcal{V}_{\mathcal{N}m\dot{o}}(\xi r, a)}{\left[\left\{\xi_n^2 + \lambda^2 - \left(\frac{m\dot{o}}{b}\right)^2\right\} J'^2_{m\dot{o}}(\xi_n a) - \left\{1 - \left(\frac{m\dot{o}}{\xi_n a}\right)^2\right\}\left\{\xi_n J'_{m\dot{o}}(\xi_n b) + \lambda J_{m\dot{o}}(\xi_n b)\right\}^2\right]} \times$$

$$\times \sum_{l=1}^{\infty} \frac{\left(\xi_l^2 + \lambda_0^2\right)\cos\{\xi_l (d - z)\} \int_0^t \left\{\cos(\xi_l d)\, \overline{\overline{\psi}}_0(\xi_n, m, t - \tau; \theta) - \overline{\overline{\psi}}_d(\xi_n, m, t - \tau; \theta)\right\} e^{-\left(\eta_r \xi_n^2 + \eta_z \xi_l^2\right)\tau} d\tau}{\left\{d\left(\xi_l^2 + \lambda_0^2\right) + \lambda_0\right\}} +$$

$$+ \pi \sum_{m=0}^{\infty} \ni_m \cos\left\{m(\theta - \theta_0)\right\} \times$$

$$\times \sum_{n=1}^{\infty} \frac{\xi_n^2 \left\{\xi_n J'_{m\dot{o}}(\xi_n b) + \lambda J_{m\dot{o}}(\xi_n b)\right\}^2 \mathcal{V}_{\mathcal{N}m\dot{o}}(\xi r, a)\, e^{-\eta_r \xi_n^2 t}}{\left[\left\{\xi_n^2 + \lambda^2 - \left(\frac{m\dot{o}}{b}\right)^2\right\} J'^2_{m\dot{o}}(\xi_n a) - \left\{1 - \left(\frac{m\dot{o}}{\xi_n a}\right)^2\right\}\left\{\xi_n J'_{m\dot{o}}(\xi_n b) + \lambda J_{m\dot{o}}(\xi_n b)\right\}^2\right]} \times$$

$$\times \sum_{l=1}^{\infty} \frac{\overline{\overline{\overline{\varphi}}}(\xi_n, m, \xi_l; \theta)\left(\xi_l^2 + \lambda_0^2\right)\cos\left\{\xi_l (d - z)\right\} e^{-\eta_z \xi_l^2 t}}{\left\{d\left(\xi_l^2 + \lambda_0^2\right) + \lambda_0\right\}} \qquad (25.93.2)$$

where $\overline{\overline{\psi}}_a(m, \xi_l, t; \theta) = \int_0^{2\pi} \cos\{m(\theta - v)\} \int_0^d \psi_a(v, w, t) \cos\{\xi_l (d - w)\}\, dw dv$,
$\overline{\overline{\psi}}_b(m, \xi_l, t; \theta) = \int_0^{2\pi} \cos\{m(\theta - v)\} \int_0^d \psi_b(v, w, t) \cos\{\xi_l (d - w)\}\, dw dv$,
$\overline{\overline{\psi}}_0(\xi_n, m, t; \theta) = \int_a^b u \mathcal{V}_{\mathcal{N}m\dot{o}}(\xi_n u, a) \int_0^{2\pi} \psi_0(u, v, t) \cos\{m(\theta - v)\} dv du$, and
$\overline{\overline{\psi}}_d(\xi_n, m, t; \theta) = \int_a^b u \mathcal{V}_{\mathcal{N}m\dot{o}}(\xi_n u, a) \int_0^{2\pi} \psi_d(u, v, t) \cos\{m(\theta - v)\} dv du$.

25.94

The problem of 25.88, except
$\mathbf{R}_a \equiv \frac{\partial p(a, \theta, z, t)}{\partial r} - \lambda p(a, \theta, z, t) = -\left(\frac{\mu}{k_r}\right)\psi_a(\theta, z, t)$,
$\mathbf{D}_b \equiv p(b, \theta, z, t) = \psi_b(\theta, z, t)$,
$\mathbf{R}_0 \equiv \frac{\partial p(r, \theta, 0, t)}{\partial z} - \lambda_0 p(r, \theta, 0, t) = -\left(\frac{\mu}{k_z}\right)\psi_0(r, \theta, t)$ **and**
$\mathbf{N}_d \equiv \frac{\partial p(r, \theta, d, t)}{\partial z} = -\left(\frac{\mu}{k_z}\right)\psi_d(r, \theta, t)$

$$\overline{p} = \frac{\pi q(s) e^{-s t_0}}{\phi c_t} \sum_{m=0}^{\infty} \ni_m \cos\{m(\theta - \theta_0)\} \sum_{n=1}^{\infty} \frac{\xi_n^2 \left\{\xi_n J'_{m\dot{o}}(\xi_n a) - \lambda J_{m\dot{o}}(\xi_n a)\right\}^2 \mathcal{V}_{\mathcal{D}m\dot{o}}(\xi r_0, b)\, \mathcal{V}_{\mathcal{D}m\dot{o}}(\xi r, b)}{\left[\left\{\xi_n J'_{m\dot{o}}(\xi_n a) - \lambda J_{m\dot{o}}(\xi_n a)\right\}^2 - \left\{\xi_n^2 + \lambda^2 - \left(\frac{m\dot{o}}{a}\right)^2\right\} J^2_{m\dot{o}}(\xi_n b)\right]} \times$$

$$\times \sum_{l=1}^{\infty} \frac{\left(\xi_l^2 + \lambda_0^2\right)\cos\left\{\xi_l (d - z_0)\right\}\cos\left\{\xi_l (d - z)\right\}}{\left\{d\left(\xi_l^2 + \lambda_0^2\right) + \lambda_0\right\}\left(\eta_r \xi_n^2 + \eta_z \xi_l^2 + s\right)} +$$

$$+ \frac{2}{\phi c_t} \sum_{m=0}^{\infty} \ni_m \cos\left\{m(\theta - \theta_0)\right\} \sum_{n=1}^{\infty} \frac{\xi_n^2 J_{m\dot{o}}(\xi_n b)\left\{\xi_n J'_{m\dot{o}}(\xi_n a) - \lambda J_{m\dot{o}}(\xi_n a)\right\} \mathcal{V}_{\mathcal{D}m\dot{o}}(\xi r, b)}{\left[\left\{\xi_n J'_{m\dot{o}}(\xi_n a) - \lambda J_{m\dot{o}}(\xi_n a)\right\}^2 - \left\{\xi_n^2 + \lambda^2 - \left(\frac{m\dot{o}}{a}\right)^2\right\} J^2_{m\dot{o}}(\xi_n b)\right]} \times$$

$$\times \sum_{l=1}^{\infty} \frac{\overline{\overline{\psi}}_a(m, \xi_l, s; \theta)\left(\xi_l^2 + \lambda_0^2\right)\cos\left\{\xi_l (d - z)\right\}}{\left\{d\left(\xi_l^2 + \lambda_0^2\right) + \lambda_0\right\}\left(\eta_r \xi_n^2 + \eta_z \xi_l^2 + s\right)} +$$

$$+2\eta_r \sum_{m=0}^{\infty} \ni_m \cos\{m(\theta-\theta_0)\} \sum_{n=1}^{\infty} \frac{\xi_n^2 \{\xi_n J'_{m\dot{o}}(\xi_n a) - \lambda J_{m\dot{o}}(\xi_n a)\}^2 \mathcal{V}_{\mathcal{D}m\dot{o}}(\xi r, b)}{\left[\{\xi_n J'_{m\dot{o}}(\xi_n a) - \lambda J_{m\dot{o}}(\xi_n a)\}^2 - \left\{\xi_n^2 + \lambda^2 - \left(\frac{m\dot{o}}{a}\right)^2\right\} J^2_{m\dot{o}}(\xi_n b)\right]} \times$$
$$\times \sum_{l=1}^{\infty} \frac{\overline{\overline{\overline{\psi}}}_b(m, \xi_l, s; \theta)\left(\xi_l^2 + \lambda_0^2\right) \cos\{\xi_l(d-z)\}}{\{d(\xi_l^2 + \lambda_0^2) + \lambda_0\}(\eta_r \xi_n^2 + \eta_z \xi_l^2 + s)} +$$
$$+\frac{\pi}{\phi c_t} \sum_{m=0}^{\infty} \ni_m \cos\{m(\theta-\theta_0)\} \sum_{n=1}^{\infty} \frac{\xi_n^2 \{\xi_n J'_{m\dot{o}}(\xi_n a) - \lambda J_{m\dot{o}}(\xi_n a)\}^2 \mathcal{V}_{\mathcal{D}m\dot{o}}(\xi r, b)}{\left[\{\xi_n J'_{m\dot{o}}(\xi_n a) - \lambda J_{m\dot{o}}(\xi_n a)\}^2 - \left\{\xi_n^2 + \lambda^2 - \left(\frac{m\dot{o}}{a}\right)^2\right\} J^2_{m\dot{o}}(\xi_n b)\right]} \times$$
$$\times \sum_{l=1}^{\infty} \frac{\left(\xi_l^2 + \lambda_0^2\right)\left\{\cos(\xi_l d)\overline{\overline{\overline{\psi}}}_0(\xi_n, m, s; \theta) - \overline{\overline{\overline{\psi}}}_d(\xi_n, m, s; \theta)\right\}\cos\{\xi_l(d-z)\}}{\{d(\xi_l^2 + \lambda_0^2) + \lambda_0\}(\eta_r \xi_n^2 + \eta_z \xi_l^2 + s)} +$$
$$+\pi \sum_{m=0}^{\infty} \ni_m \cos\{m(\theta-\theta_0)\} \sum_{n=1}^{\infty} \frac{\xi_n^2 \{\xi_n J'_{m\dot{o}}(\xi_n a) - \lambda J_{m\dot{o}}(\xi_n a)\}^2 \mathcal{V}_{\mathcal{D}m\dot{o}}(\xi r, b)}{\left[\{\xi_n J'_{m\dot{o}}(\xi_n a) - \lambda J_{m\dot{o}}(\xi_n a)\}^2 - \left\{\xi_n^2 + \lambda^2 - \left(\frac{m\dot{o}}{a}\right)^2\right\} J^2_{m\dot{o}}(\xi_n b)\right]} \times$$
$$\times \sum_{l=1}^{\infty} \frac{\overline{\overline{\overline{\varphi}}}(\xi_n, m, \xi_l; \theta)\left(\xi_l^2 + \lambda_0^2\right) \cos\{\xi_l(d-z)\}}{\{d(\xi_l^2 + \lambda_0^2) + \lambda_0\}(\eta_r \xi_n^2 + \eta_z \xi_l^2 + s)} \qquad (25.94.1)$$

where $\mathcal{V}_{\mathcal{D}m\dot{o}}(\xi_n r, b) = J_{m\dot{o}}(\xi_n r) Y_{m\dot{o}}(\xi_n b) - Y_{m\dot{o}}(\xi_n r) J_{m\dot{o}}(\xi_n b)$, and the eigenvalues $\xi_n, n = 1, 2, ...$, are the positive roots of the transcendental equation $\lambda \mathcal{V}_{\mathcal{D}m\dot{o}}(\xi_n a, b) - \xi_n \mathcal{V}'_{\mathcal{D}m\dot{o}}(\xi_n a, b) = 0$, and ξ_l are the positive roots of $\xi_l \tan(\xi_l d) = \lambda_0$, $l = 1, 2, ...$ $\overline{\overline{\overline{\psi}}}_0(\xi_n, m, s; \theta) = \int_a^b u \mathcal{V}_{\mathcal{D}m\dot{o}}(\xi_n u, a) \int_0^{2\pi} \overline{\psi}_0(u, v, s) \cos\{m(\theta - v)\} dv du$,
$\overline{\overline{\overline{\psi}}}_d(\xi_n, m, s; \theta) = \int_a^b u \mathcal{V}_{\mathcal{D}m\dot{o}}(\xi_n u, a) \int_0^{2\pi} \overline{\psi}_d(u, v, s) \cos\{m(\theta - v)\} dv du$,
$\overline{\overline{\overline{\psi}}}_a(m, \xi_l, s; \theta) = \int_0^{2\pi} \cos\{m(\theta - v)\} \int_0^d \overline{\psi}_a(v, w, s) \cos\{\xi_l(d - w)\} dw dv$,
$\overline{\overline{\overline{\psi}}}_b(m, \xi_l, s; \theta) = \int_0^{2\pi} \cos\{m(\theta - v)\} \int_0^d \overline{\psi}_b(v, w, s) \cos\{\xi_l(d - w)\} dw dv$, and
$\overline{\overline{\overline{\varphi}}}(\xi_n, m, \xi_l; \theta) = \int_a^b u \mathcal{V}_{\mathcal{D}m\dot{o}}(\xi_n u, a) \int_0^{2\pi} \cos\{m(\theta - v)\} \int_0^d \varphi(u, v, w) \cos\{\xi_l(d - w)\} dw dv du$.

$$p = \frac{\pi U(t-t_0)}{\phi c_t} \sum_{m=0}^{\infty} \ni_m \cos\{m(\theta-\theta_0)\} \sum_{n=1}^{\infty} \frac{\xi_n^2 \{\lambda J_{m\dot{o}}(\xi_n a) + \xi_n J'_{m\dot{o}}(\xi_n a)\}^2 \mathcal{V}_{\mathcal{D}m\dot{o}}(\xi r_0, b)\, \mathcal{V}_{\mathcal{D}m\dot{o}}(\xi r, b)}{\left[\{\xi_n J'_{m\dot{o}}(\xi_n a) - \lambda J_{m\dot{o}}(\xi_n a)\}^2 - \left\{\xi_n^2 + \lambda^2 - \left(\frac{m\dot{o}}{a}\right)^2\right\} J^2_{m\dot{o}}(\xi_n b)\right]} \times$$
$$\times \sum_{l=1}^{\infty} \frac{\left(\xi_l^2 + \lambda_0^2\right) \cos\{\xi_l(d-z_0)\} \cos\{\xi_l(d-z)\} \int_0^{t-t_0} q(t - t_0 - \tau) e^{-(\eta_r \xi_n^2 + \eta_z \xi_l^2)\tau} d\tau}{\{d(\xi_l^2 + \lambda_0^2) + \lambda_0\}} +$$
$$+\frac{2}{\phi c_t} \sum_{m=0}^{\infty} \ni_m \cos\{m(\theta-\theta_0)\} \sum_{n=1}^{\infty} \frac{\xi_n^2 J_{m\dot{o}}(\xi_n b) \{\xi_n J'_{m\dot{o}}(\xi_n a) - \lambda J_{m\dot{o}}(\xi_n a)\} \mathcal{V}_{\mathcal{D}m\dot{o}}(\xi r, b)}{\left[\{\xi_n J'_{m\dot{o}}(\xi_n a) - \lambda J_{m\dot{o}}(\xi_n a)\}^2 - \left\{\xi_n^2 + \lambda^2 - \left(\frac{m\dot{o}}{a}\right)^2\right\} J^2_{m\dot{o}}(\xi_n b)\right]} \times$$
$$\times \sum_{l=1}^{\infty} \frac{\left(\xi_l^2 + \lambda_0^2\right) \cos\{\xi_l(d-z)\} \int_0^t \overline{\overline{\psi}}_a(m, \xi_l, t-\tau; \theta) e^{-(\eta_r \xi_n^2 + \eta_z \xi_l^2)\tau} d\tau}{\{d(\xi_l^2 + \lambda_0^2) + \lambda_0\}} +$$
$$+2\eta_r \sum_{m=0}^{\infty} \ni_m \cos\{m(\theta-\theta_0)\} \sum_{n=1}^{\infty} \frac{\xi_n^2 \{\xi_n J'_{m\dot{o}}(\xi_n a) - \lambda J_{m\dot{o}}(\xi_n a)\}^2 \mathcal{V}_{\mathcal{D}m\dot{o}}(\xi r, b)}{\left[\{\xi_n J'_{m\dot{o}}(\xi_n a) - \lambda J_{m\dot{o}}(\xi_n a)\}^2 - \left\{\xi_n^2 + \lambda^2 - \left(\frac{m\dot{o}}{a}\right)^2\right\} J^2_{m\dot{o}}(\xi_n b)\right]} \times$$
$$\times \sum_{l=1}^{\infty} \frac{\left(\xi_l^2 + \lambda_0^2\right) \cos\{\xi_l(d-z)\} \int_0^t \overline{\overline{\psi}}_b(m, \xi_l, t-\tau; \theta) e^{-(\eta_r \xi_n^2 + \eta_z \xi_l^2)\tau} d\tau}{\{d(\xi_l^2 + \lambda_0^2) + \lambda_0\}} +$$
$$+\frac{\pi}{\phi c_t} \sum_{m=0}^{\infty} \ni_m \cos\{m(\theta-\theta_0)\} \sum_{n=1}^{\infty} \frac{\xi_n^2 \{\xi_n J'_{m\dot{o}}(\xi_n a) - \lambda J_{m\dot{o}}(\xi_n a)\}^2 \mathcal{V}_{\mathcal{D}m\dot{o}}(\xi r, b)}{\left[\{\xi_n J'_{m\dot{o}}(\xi_n a) - \lambda J_{m\dot{o}}(\xi_n a)\}^2 - \left\{\xi_n^2 + \lambda^2 - \left(\frac{m\dot{o}}{a}\right)^2\right\} J^2_{m\dot{o}}(\xi_n b)\right]} \times$$
$$\times \sum_{l=1}^{\infty} \frac{\left(\xi_l^2 + \lambda_0^2\right) \cos\{\xi_l(d-z)\} \int_0^t \left\{\cos(\xi_l d)\overline{\overline{\psi}}_0(\xi_n, m, t-\tau; \theta) - \overline{\overline{\psi}}_d(\xi_n, m, t-\tau; \theta)\right\} e^{-(\eta_r \xi_n^2 + \eta_z \xi_l^2)\tau} d\tau}{\{d(\xi_l^2 + \lambda_0^2) + \lambda_0\}} +$$

$$+\pi \sum_{m=0}^{\infty} \ni_m \cos\{m(\theta-\theta_0)\} \sum_{n=1}^{\infty} \frac{\xi_n^2 \{\xi_n J'_{m\dot{o}}(\xi_n a) - \lambda J_{m\dot{o}}(\xi_n a)\}^2 \mathcal{V}_{\mathcal{D}m\dot{o}}(\xi r, b)}{\left[\{\xi_n J'_{m\dot{o}}(\xi_n a) - \lambda J_{m\dot{o}}(\xi_n a)\}^2 - \left\{\xi_n^2 + \lambda^2 - \left(\frac{m\dot{o}}{a}\right)^2\right\} J^2_{m\dot{o}}(\xi_n b)\right]} \times$$
$$\times \sum_{l=1}^{\infty} \frac{\overline{\overline{\varphi}}(\xi_n, m, \xi_l; \theta)(\xi_l^2 + \lambda_0^2)\cos\{\xi_l(d-z)\} e^{-\eta_z \xi_l^2 t}}{\{d(\xi_l^2 + \lambda_0^2) + \lambda_0\}} \quad (25.94.2)$$

where $\overline{\overline{\psi}}_a(m, \xi_l, t; \theta) = \int_0^{2\pi} \cos\{m(\theta - v)\} \int_0^d \psi_a(v, w, t) \cos\{\xi_l(d-w)\} dw dv$,
$\overline{\overline{\psi}}_b(m, \xi_l, t; \theta) = \int_0^{2\pi} \cos\{m(\theta - v)\} \int_0^d \psi_b(v, w, t) \cos\{\xi_l(d-w)\} dw dv$,
$\overline{\overline{\psi}}_0(\xi_n, m, t; \theta) = \int_a^b u \mathcal{V}_{\mathcal{D}m\dot{o}}(\xi_n u, a) \int_0^{2\pi} \psi_0(u, v, t) \cos\{m(\theta - v)\} dv du$, and
$\overline{\overline{\psi}}_d(\xi_n, m, t; \theta) = \int_a^b u \mathcal{V}_{\mathcal{D}m\dot{o}}(\xi_n u, a) \int_0^{2\pi} \psi_d(u, v, t) \cos\{m(\theta - v)\} dv du$.

25.95

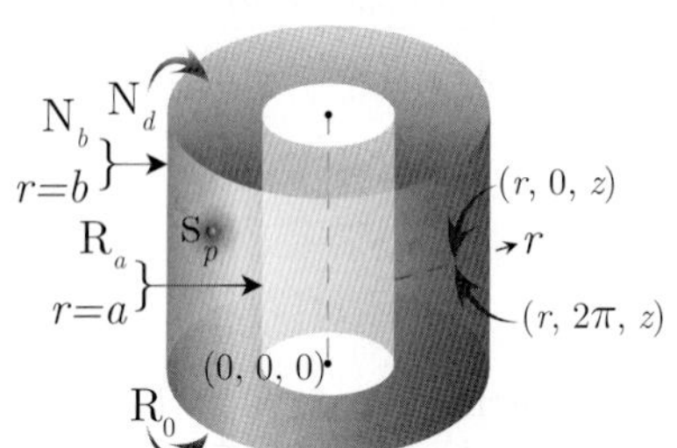

The problem of 25.88, except
$\mathbf{R}_a \equiv \frac{\partial p(a,\theta,z,t)}{\partial r} - \lambda p(a,\theta,z,t) = -\left(\frac{\mu}{k_r}\right)\psi_a(\theta,z,t)$,
$\mathbf{N}_b \equiv \frac{\partial p(b,\theta,z,t)}{\partial r} = -\left(\frac{\mu}{k_r}\right)\psi_b(\theta,z,t)$,
$\mathbf{R}_0 \equiv \frac{\partial p(r,\theta,0,t)}{\partial z} - \lambda_0 p(r,\theta,0,t) = -\left(\frac{\mu}{k_z}\right)\psi_0(r,\theta,t)$ **and**
$\mathbf{N}_d \equiv \frac{\partial p(r,\theta,d,t)}{\partial z} = -\left(\frac{\mu}{k_z}\right)\psi_d(r,\theta,t)$

$$\overline{p} = \frac{\pi q(s) e^{-st_0}}{\phi c_t} \sum_{m=0}^{\infty} \ni_m \cos\{m(\theta-\theta_0)\} \times$$
$$\times \sum_{n=1}^{\infty} \frac{\xi_n^2 \{\xi_n J'_{m\dot{o}}(\xi_n a) - \lambda J_{m\dot{o}}(\xi_n a)\}^2 \mathcal{V}_{\mathcal{N}m\dot{o}}(\xi r_0, b)\mathcal{V}_{\mathcal{N}m\dot{o}}(\xi r, b)}{\left[\left\{1 - \left(\frac{m\dot{o}}{\xi_n b}\right)^2\right\}\{\xi_n J'_{m\dot{o}}(\xi_n a) - \lambda J_{m\dot{o}}(\xi_n a)\}^2 - \left\{\xi_n^2 + \lambda^2 - \left(\frac{m\dot{o}}{a}\right)^2\right\} J'^2_{m\dot{o}}(\xi_n b)\right]} \times$$
$$\times \sum_{l=1}^{\infty} \frac{(\xi_l^2 + \lambda_0^2)\cos\{\xi_l(d-z_0)\}\cos\{\xi_l(d-z)\}}{\{d(\xi_l^2+\lambda_0^2)+\lambda_0\}(\eta_r \xi_n^2 + \eta_z \xi_l^2 + s)} +$$
$$+\frac{2}{\phi c_t} \sum_{m=0}^{\infty} \ni_m \cos\{m(\theta-\theta_0)\} \times$$
$$\times \sum_{n=1}^{\infty} \frac{\xi_n^2 J'_{m\dot{o}}(\xi_n b) \{\xi_n J'_{m\dot{o}}(\xi_n a) - \lambda J_{m\dot{o}}(\xi_n a)\} \mathcal{V}_{\mathcal{N}m\dot{o}}(\xi r, b)}{\left[\left\{1 - \left(\frac{m\dot{o}}{\xi_n b}\right)^2\right\}\{\xi_n J'_{m\dot{o}}(\xi_n a) - \lambda J_{m\dot{o}}(\xi_n a)\}^2 - \left\{\xi_n^2 + \lambda^2 - \left(\frac{m\dot{o}}{a}\right)^2\right\} J'^2_{m\dot{o}}(\xi_n b)\right]} \times$$
$$\times \sum_{l=1}^{\infty} \frac{\overline{\overline{\overline{\psi}}}_a(m, \xi_l, s; \theta)(\xi_l^2 + \lambda_0^2)\cos\{\xi_l(d-z)\}}{\{d(\xi_l^2+\lambda_0^2)+\lambda_0\}(\eta_r \xi_n^2 + \eta_z \xi_l^2 + s)} -$$
$$-\frac{2}{\phi c_t} \sum_{m=0}^{\infty} \ni_m \cos\{m(\theta-\theta_0)\} \times$$
$$\times \sum_{n=1}^{\infty} \frac{\xi_n \{\xi_n J'_{m\dot{o}}(\xi_n a) - \lambda J_{m\dot{o}}(\xi_n a)\}^2 \mathcal{V}_{\mathcal{N}m\dot{o}}(\xi r, b)}{\left[\left\{1 - \left(\frac{m\dot{o}}{\xi_n b}\right)^2\right\}\{\xi_n J'_{m\dot{o}}(\xi_n a) - \lambda J_{m\dot{o}}(\xi_n a)\}^2 - \left\{\xi_n^2 + \lambda^2 - \left(\frac{m\dot{o}}{a}\right)^2\right\} J'^2_{m\dot{o}}(\xi_n b)\right]} \times$$
$$\times \sum_{l=1}^{\infty} \frac{\overline{\overline{\overline{\psi}}}_b(m, \xi_l, s; \theta)(\xi_l^2 + \lambda_0^2)\cos\{\xi_l(d-z)\}}{\{d(\xi_l^2+\lambda_0^2)+\lambda_0\}(\eta_r \xi_n^2 + \eta_z \xi_l^2 + s)} +$$
$$+\frac{\pi}{\phi c_t} \sum_{m=0}^{\infty} \ni_m \cos\{m(\theta-\theta_0)\} \times$$

$$\times \sum_{n=1}^{\infty} \frac{\xi_n^2 \left\{\xi_n J'_{m\dot{o}}(\xi_n a) - \lambda J_{m\dot{o}}(\xi_n a)\right\}^2 \mathcal{V}_{\mathcal{N}m\dot{o}}(\xi r, b)}{\left[\left\{1 - \left(\frac{m\dot{o}}{\xi_n b}\right)^2\right\}\left\{\xi_n J'_{m\dot{o}}(\xi_n a) - \lambda J_{m\dot{o}}(\xi_n a)\right\}^2 - \left\{\xi_n^2 + \lambda^2 - \left(\frac{m\dot{o}}{a}\right)^2\right\} J'^2_{m\dot{o}}(\xi_n b)\right]} \times$$

$$\times \sum_{l=1}^{\infty} \frac{\left(\xi_l^2 + \lambda_0^2\right)\left\{\cos(\xi_l d)\,\overline{\overline{\overline{\psi}}}_0(\xi_n, m, s; \theta) - \overline{\overline{\overline{\psi}}}_d(\xi_n, m, s; \theta)\right\}\cos\left\{\xi_l (d - z)\right\}}{\left\{d\left(\xi_l^2 + \lambda_0^2\right) + \lambda_0\right\}\left(\eta_r \xi_n^2 + \eta_z \xi_l^2 + s\right)} +$$

$$+\pi \sum_{m=0}^{\infty} \ni_m \cos\left\{m(\theta - \theta_0)\right\} \times$$

$$\times \sum_{n=1}^{\infty} \frac{\xi_n^2 \left\{\xi_n J'_{m\dot{o}}(\xi_n a) - \lambda J_{m\dot{o}}(\xi_n a)\right\}^2 \mathcal{V}_{\mathcal{N}m\dot{o}}(\xi r, b)}{\left[\left\{1 - \left(\frac{m\dot{o}}{\xi_n b}\right)^2\right\}\left\{\xi_n J'_{m\dot{o}}(\xi_n a) - \lambda J_{m\dot{o}}(\xi_n a)\right\}^2 - \left\{\xi_n^2 + \lambda^2 - \left(\frac{m\dot{o}}{a}\right)^2\right\} J'^2_{m\dot{o}}(\xi_n b)\right]} \times$$

$$\times \sum_{l=1}^{\infty} \frac{\overline{\overline{\overline{\varphi}}}(\xi_n, m, \xi_l; \theta)\left(\xi_l^2 + \lambda_0^2\right)\cos\left\{\xi_l (d - z)\right\}}{\left\{d\left(\xi_l^2 + \lambda_0^2\right) + \lambda_0\right\}\left(\eta_r \xi_n^2 + \eta_z \xi_l^2 + s\right)} \qquad (25.95.1)$$

where $\mathcal{V}_{\mathcal{N}m\dot{o}}(\xi_n r, a) = J_{m\dot{o}}(\xi_n r) Y'_{m\dot{o}}(\xi_n a) - Y_{m\dot{o}}(\xi_n r) J'_{m\dot{o}}(\xi_n a)$, and the eigenvalues $\xi_n, n = 1, 2, ...$, are the positive roots of the transcendental equation $\lambda \mathcal{V}_{\mathcal{N}m\dot{o}}(\xi_n a, b) - \xi_n \mathcal{V}'_{\mathcal{N}m\dot{o}}(\xi_n a, b) = 0$, and ξ_l are the positive roots of $\xi_l \tan(\xi_l d) = \lambda_0$, $l = 1, 2, ...$ $\overline{\overline{\overline{\psi}}}_0(\xi_n, m, s; \theta) = \int_a^b u \mathcal{V}_{\mathcal{N}m\dot{o}}(\xi_n u, a) \int_0^{2\pi} \overline{\psi}_0(u, v, s) \cos\left\{m(\theta - v)\right\} dv du$,
$\overline{\overline{\overline{\psi}}}_d(\xi_n, m, s; \theta) = \int_a^b u \mathcal{V}_{\mathcal{N}m\dot{o}}(\xi_n u, a) \int_0^{2\pi} \overline{\psi}_d(u, v, s) \cos\left\{m(\theta - v)\right\} dv du$,
$\overline{\overline{\overline{\psi}}}_a(m, \xi_l, s; \theta) = \int_0^{2\pi} \cos\left\{m(\theta - v)\right\} \int_0^d \overline{\psi}_a(v, w, s) \cos\left\{\xi_l (d - w)\right\} dw dv$,
$\overline{\overline{\overline{\psi}}}_b(m, \xi_l, s; \theta) = \int_0^{2\pi} \cos\left\{m(\theta - v)\right\} \int_0^d \overline{\psi}_b(v, w, s) \cos\left\{\xi_l (d - w)\right\} dw dv$, and
$\overline{\overline{\overline{\varphi}}}(\xi_n, m, \xi_l; \theta) = \int_a^b u \mathcal{V}_{\mathcal{N}m\dot{o}}(\xi_n u, a) \int_0^{2\pi} \cos\left\{m(\theta - v)\right\} \int_0^d \varphi(u, v, w) \cos\left\{\xi_l (d - w)\right\} dw dv du$.

$$p = \frac{\pi U(t - t_0)}{\phi c_t} \sum_{m=0}^{\infty} \ni_m \cos\left\{m(\theta - \theta_0)\right\} \times$$

$$\times \sum_{n=1}^{\infty} \frac{\xi_n^2 \left\{\xi_n J'_{m\dot{o}}(\xi_n a) - \lambda J_{m\dot{o}}(\xi_n a)\right\}^2 \mathcal{V}_{\mathcal{N}m\dot{o}}(\xi r_0, b)\, \mathcal{V}_{\mathcal{N}m\dot{o}}(\xi r, b)}{\left[\left\{1 - \left(\frac{m\dot{o}}{\xi_n b}\right)^2\right\}\left\{\xi_n J'_{m\dot{o}}(\xi_n a) - \lambda J_{m\dot{o}}(\xi_n a)\right\}^2 - \left\{\xi_n^2 + \lambda^2 - \left(\frac{m\dot{o}}{a}\right)^2\right\} J'^2_{m\dot{o}}(\xi_n b)\right]} \times$$

$$\times \sum_{l=1}^{\infty} \frac{\left(\xi_l^2 + \lambda_0^2\right)\cos\left\{\xi_l (d - z_0)\right\}\cos\left\{\xi_l (d - z)\right\}\int_0^{t - t_0} q(t - t_0 - \tau)\, e^{-\left(\eta_r \xi_n^2 + \eta_z \xi_l^2\right)\tau} d\tau}{\left\{d\left(\xi_l^2 + \lambda_0^2\right) + \lambda_0\right\}} +$$

$$+\frac{2}{\phi c_t} \sum_{m=0}^{\infty} \ni_m \cos\left\{m(\theta - \theta_0)\right\} \times$$

$$\times \sum_{n=1}^{\infty} \frac{\xi_n^2 J'_{m\dot{o}}(\xi_n b)\left\{\xi_n J'_{m\dot{o}}(\xi_n a) - \lambda J_{m\dot{o}}(\xi_n a)\right\} \mathcal{V}_{\mathcal{N}m\dot{o}}(\xi r, b)}{\left[\left\{1 - \left(\frac{m\dot{o}}{\xi_n b}\right)^2\right\}\left\{\xi_n J'_{m\dot{o}}(\xi_n a) - \lambda J_{m\dot{o}}(\xi_n a)\right\}^2 - \left\{\xi_n^2 + \lambda^2 - \left(\frac{m\dot{o}}{a}\right)^2\right\} J'^2_{m\dot{o}}(\xi_n b)\right]} \times$$

$$\times \sum_{l=1}^{\infty} \frac{\left(\xi_l^2 + \lambda_0^2\right)\cos\left\{\xi_l (d - z)\right\}\int_0^t \overline{\overline{\psi}}_a(m, \xi_l, t - \tau; \theta)\, e^{-\left(\eta_r \xi_n^2 + \eta_z \xi_l^2\right)\tau} d\tau}{\left\{d\left(\xi_l^2 + \lambda_0^2\right) + \lambda_0\right\}} -$$

$$-\frac{2}{\phi c_t} \sum_{m=0}^{\infty} \ni_m \cos\left\{m(\theta - \theta_0)\right\} \times$$

$$\times \sum_{n=1}^{\infty} \frac{\xi_n \left\{\xi_n J'_{m\dot{o}}(\xi_n a) - \lambda J_{m\dot{o}}(\xi_n a)\right\}^2 \mathcal{V}_{\mathcal{N}m\dot{o}}(\xi r, b)}{\left[\left\{1 - \left(\frac{m\dot{o}}{\xi_n b}\right)^2\right\}\left\{\xi_n J'_{m\dot{o}}(\xi_n a) - \lambda J_{m\dot{o}}(\xi_n a)\right\}^2 - \left\{\xi_n^2 + \lambda^2 - \left(\frac{m\dot{o}}{a}\right)^2\right\} J'^2_{m\dot{o}}(\xi_n b)\right]} \times$$

$$\times \sum_{l=1}^{\infty} \frac{\left(\xi_l^2 + \lambda_0^2\right)\cos\left\{\xi_l (d - z)\right\}\int_0^t \overline{\overline{\psi}}_b(m, \xi_l, t - \tau; \theta)\, e^{-\left(\eta_r \xi_n^2 + \eta_z \xi_l^2\right)\tau} d\tau}{\left\{d\left(\xi_l^2 + \lambda_0^2\right) + \lambda_0\right\}} +$$

$$
+\frac{\pi}{\phi c_t}\sum_{m=0}^{\infty}\ni_m\cos\{m(\theta-\theta_0)\}\times
$$

$$
\times\sum_{n=1}^{\infty}\frac{\xi_n^2\{\xi_nJ'_{m\dot{o}}(\xi_na)-\lambda J_{m\dot{o}}(\xi_na)\}^2\mathcal{V}_{\mathcal{N}m\dot{o}}(\xi r,b)}{\left[\left\{1-\left(\frac{m\dot{o}}{\xi_nb}\right)^2\right\}\{\xi_nJ'_{m\dot{o}}(\xi_na)-\lambda J_{m\dot{o}}(\xi_na)\}^2-\left\{\xi_n^2+\lambda^2-\left(\frac{m\dot{o}}{a}\right)^2\right\}J'^2_{m\dot{o}}(\xi_nb)\right]}\times
$$

$$
\times\sum_{l=1}^{\infty}\frac{(\xi_l^2+\lambda_0^2)\cos\{\xi_l(d-z)\}\int_0^t\left\{\cos(\xi_ld)\,\overline{\overline{\psi}}_0(\xi_n,m,t-\tau;\theta)-\overline{\overline{\psi}}_d(\xi_n,m,t-\tau;\theta)\right\}e^{-(\eta_r\xi_n^2+\eta_z\xi_l^2)\tau}d\tau}{\{d(\xi_l^2+\lambda_0^2)+\lambda_0\}}+
$$

$$
+\pi\sum_{m=0}^{\infty}\ni_m\cos\{m(\theta-\theta_0)\}\times
$$

$$
\times\sum_{n=1}^{\infty}\frac{\xi_n^2\{\xi_nJ'_{m\dot{o}}(\xi_na)-\lambda J_{m\dot{o}}(\xi_na)\}^2\mathcal{V}_{\mathcal{N}m\dot{o}}(\xi r,b)}{\left[\left\{1-\left(\frac{m\dot{o}}{\xi_nb}\right)^2\right\}\{\xi_nJ'_{m\dot{o}}(\xi_na)-\lambda J_{m\dot{o}}(\xi_na)\}^2-\left\{\xi_n^2+\lambda^2-\left(\frac{m\dot{o}}{a}\right)^2\right\}J'^2_{m\dot{o}}(\xi_nb)\right]}\times
$$

$$
\times\sum_{l=1}^{\infty}\frac{\overline{\overline{\varphi}}(\xi_n,m,\xi_l;\theta)\left(\xi_l^2+\lambda_0^2\right)\cos\{\xi_l(d-z)\}e^{-\eta_z\xi_l^2t}}{\{d(\xi_l^2+\lambda_0^2)+\lambda_0\}} \tag{25.95.2}
$$

where $\overline{\overline{\psi}}_a(m,\xi_l,t;\theta)=\int_0^{2\pi}\cos\{m(\theta-v)\}\int_0^d\psi_a(v,w,t)\cos\{\xi_l(d-w)\}\,dwdv$,
$\overline{\overline{\psi}}_b(m,\xi_l,t;\theta)=\int_0^{2\pi}\cos\{m(\theta-v)\}\int_0^d\psi_b(v,w,t)\cos\{\xi_l(d-w)\}\,dwdv$,
$\overline{\overline{\psi}}_0(\xi_n,m,t;\theta)=\int_a^b u\mathcal{V}_{\mathcal{N}m\dot{o}}(\xi_nu,a)\int_0^{2\pi}\psi_0(u,v,t)\cos\{m(\theta-v)\}dvdu$, and
$\overline{\overline{\psi}}_d(\xi_n,m,t;\theta)=\int_a^b u\mathcal{V}_{\mathcal{N}m\dot{o}}(\xi_nu,a)\int_0^{2\pi}\psi_d(u,v,t)\cos\{m(\theta-v)\}dvdu$.

25.96

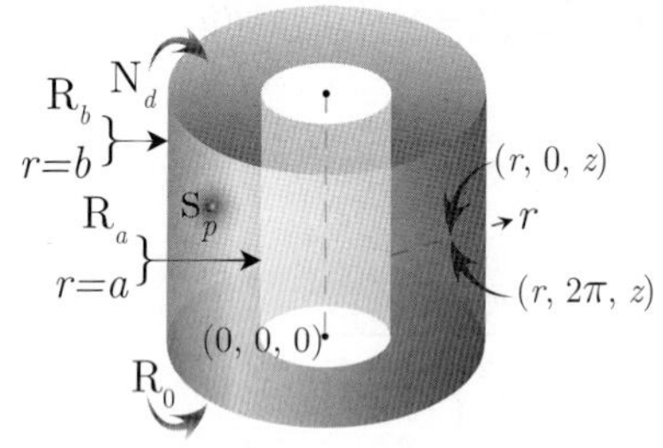

The problem of 25.88, except
$\mathbf{R_a}\equiv\frac{\partial p(a,\theta,z,t)}{\partial r}-\lambda p(a,\theta,z,t)=-\left(\frac{\mu}{k_r}\right)\psi_a(\theta,z,t)$,
$\mathbf{R_b}\equiv\frac{\partial p(b,\theta,z,t)}{\partial r}+\lambda_b p(b,\theta,z,t)=-\left(\frac{\mu}{k_r}\right)\psi_b(\theta,z,t)$,
$\mathbf{R_0}\equiv\frac{\partial p(r,\theta,0,t)}{\partial z}-\lambda_0 p(r,\theta,0,t)=-\left(\frac{\mu}{k_z}\right)\psi_0(r,\theta,t)$ **and**
$\mathbf{N_d}\equiv\frac{\partial p(r,\theta,d,t)}{\partial z}=-\left(\frac{\mu}{k_z}\right)\psi_d(r,\theta,t)$

$$
\overline{p}=\frac{\pi q(s)e^{-st_0}}{\phi c_t}\sum_{m=0}^{\infty}\ni_m\cos\{m(\theta-\theta_0)\}\sum_{n=1}^{\infty}\xi_n^2\{\xi_nJ'_{m\dot{o}}(\xi_nb)+\lambda_bJ_{m\dot{o}}(\xi_nb)\}^2\times
$$

$$
\times\frac{\{\xi_n\mathcal{V}_{\mathcal{N}m\dot{o}}(\xi_nr_0,a)-\lambda_a\mathcal{V}_{\mathcal{D}m\dot{o}}(\xi_nr_0,a)\}\{\xi_n\mathcal{V}_{\mathcal{N}m\dot{o}}(\xi_nr,a)-\lambda_a\mathcal{V}_{\mathcal{D}m\dot{o}}(\xi_nr,a)\}}{\left[\left\{\xi_n^2+\lambda_b^2-\left(\frac{m\dot{o}}{b}\right)^2\right\}\{\xi_nJ'_{m\dot{o}}(\xi_na)-\lambda_aJ_{m\dot{o}}(\xi_na)\}^2-\left\{\xi_n^2+\lambda_a^2-\left(\frac{m\dot{o}}{a}\right)^2\right\}\{\xi_nJ'_{m\dot{o}}(\xi_nb)+\lambda J_{m\dot{o}}(\xi_nb)\}^2\right]}\times
$$

$$
\times\sum_{l=1}^{\infty}\frac{\left(\xi_l^2+\lambda_0^2\right)\cos\{\xi_l(d-z_0)\}\cos\{\xi_l(d-z)\}}{\{d(\xi_l^2+\lambda_0^2)+\lambda_0\}(\eta_r\xi_n^2+\eta_z\xi_l^2+s)}+
$$

$$
+\frac{2}{\phi c_t}\sum_{m=0}^{\infty}\ni_m\cos\{m(\theta-\theta_0)\}\times
$$

$$
\times\sum_{n=1}^{\infty}\frac{\xi_n^2\{\xi_nJ'_{m\dot{o}}(\xi_nb)+\lambda_bJ_{m\dot{o}}(\xi_nb)\}^2\{\xi_n\mathcal{V}_{\mathcal{N}m\dot{o}}(\xi_nr,a)-\lambda_a\mathcal{V}_{\mathcal{D}m\dot{o}}(\xi_nr,a)\}}{\left[\left\{\xi_n^2+\lambda_b^2-\left(\frac{m\dot{o}}{b}\right)^2\right\}\{\xi_nJ'_{m\dot{o}}(\xi_na)-\lambda_aJ_{m\dot{o}}(\xi_na)\}^2-\left\{\xi_n^2+\lambda_a^2-\left(\frac{m\dot{o}}{a}\right)^2\right\}\{\xi_nJ'_{m\dot{o}}(\xi_nb)+\lambda J_{m\dot{o}}(\xi_nb)\}^2\right]}\times
$$

$$
\times\sum_{l=1}^{\infty}\frac{\overline{\overline{\psi}}_a(m,\xi_l,s;\theta)\left(\xi_l^2+\lambda_0^2\right)\cos\{\xi_l(d-z)\}}{\{d(\xi_l^2+\lambda_0^2)+\lambda_0\}(\eta_r\xi_n^2+\eta_z\xi_l^2+s)}-
$$

$$
-\frac{2}{\phi c_t}\sum_{m=0}^{\infty}\ni_m\cos\{m(\theta-\theta_0)\}\times
$$

$$\times\sum_{n=1}^{\infty}\frac{\xi_n^2\left\{\xi_n J'_{m\dot{o}}(\xi_n b)+\lambda_b J_{m\dot{o}}(\xi_n b)\right\}\left\{\xi_n J'_{m\dot{o}}(\xi_n a)+\lambda_a J_{m\dot{o}}(\xi_n a)\right\}\left\{\xi_n \mathcal{V}_{\mathcal{N}m\dot{o}}(\xi_n r,a)-\lambda_a \mathcal{V}_{\mathcal{D}m\dot{o}}(\xi_n r,a)\right\}}{\left[\left\{\xi_n^2+\lambda_b^2-\left(\frac{m\dot{o}}{b}\right)^2\right\}\left\{\xi_n J'_{m\dot{o}}(\xi_n a)-\lambda_a J_{m\dot{o}}(\xi_n a)\right\}^2-\left\{\xi_n^2+\lambda_a^2-\left(\frac{m\dot{o}}{a}\right)^2\right\}\left\{\xi_n J'_{m\dot{o}}(\xi_n b)+\lambda J_{m\dot{o}}(\xi_n b)\right\}^2\right]}\times$$

$$\times\sum_{l=1}^{\infty}\frac{\overline{\overline{\overline{\psi}}}_b(m,\xi_l,s;\theta)\left(\xi_l^2+\lambda_0^2\right)\cos\left\{\xi_l(d-z)\right\}}{\left\{d\left(\xi_l^2+\lambda_0^2\right)+\lambda_0\right\}\left(\eta_r\xi_n^2+\eta_z\xi_l^2+s\right)}+$$

$$+\frac{\pi}{\phi c_t}\sum_{m=0}^{\infty}\ni_m\cos\left\{m(\theta-\theta_0)\right\}\times$$

$$\times\sum_{n=1}^{\infty}\frac{\xi_n^2\left\{\xi_n J'_{m\dot{o}}(\xi_n b)+\lambda_b J_{m\dot{o}}(\xi_n b)\right\}^2\left\{\xi_n \mathcal{V}_{\mathcal{N}m\dot{o}}(\xi_n r,a)-\lambda_a \mathcal{V}_{\mathcal{D}m\dot{o}}(\xi_n r,a)\right\}}{\left[\left\{\xi_n^2+\lambda_b^2-\left(\frac{m\dot{o}}{b}\right)^2\right\}\left\{\xi_n J'_{m\dot{o}}(\xi_n a)-\lambda_a J_{m\dot{o}}(\xi_n a)\right\}^2-\left\{\xi_n^2+\lambda_a^2-\left(\frac{m\dot{o}}{a}\right)^2\right\}\left\{\xi_n J'_{m\dot{o}}(\xi_n b)+\lambda J_{m\dot{o}}(\xi_n b)\right\}^2\right]}\times$$

$$\times\sum_{l=1}^{\infty}\frac{\left(\xi_l^2+\lambda_0^2\right)\left\{\cos(\xi_l d)\overline{\overline{\overline{\psi}}}_0(\xi_n,m,s;\theta)-\overline{\overline{\overline{\psi}}}_d(\xi_n,m,s;\theta)\right\}\cos\left\{\xi_l(d-z)\right\}}{\left\{d\left(\xi_l^2+\lambda_0^2\right)+\lambda_0\right\}\left(\eta_r\xi_n^2+\eta_z\xi_l^2+s\right)}+$$

$$+\pi\sum_{m=0}^{\infty}\ni_m\cos\left\{m(\theta-\theta_0)\right\}\times$$

$$\times\sum_{n=1}^{\infty}\frac{\xi_n^2\left\{\xi_n J'_{m\dot{o}}(\xi_n b)+\lambda_b J_{m\dot{o}}(\xi_n b)\right\}^2\left\{\xi_n \mathcal{V}_{\mathcal{N}m\dot{o}}(\xi_n r,a)-\lambda_a \mathcal{V}_{\mathcal{D}m\dot{o}}(\xi_n r,a)\right\}}{\left[\left\{\xi_n^2+\lambda_b^2-\left(\frac{m\dot{o}}{b}\right)^2\right\}\left\{\xi_n J'_{m\dot{o}}(\xi_n a)-\lambda_a J_{m\dot{o}}(\xi_n a)\right\}^2-\left\{\xi_n^2+\lambda_a^2-\left(\frac{m\dot{o}}{a}\right)^2\right\}\left\{\xi_n J'_{m\dot{o}}(\xi_n b)+\lambda J_{m\dot{o}}(\xi_n b)\right\}^2\right]}\times$$

$$\times\sum_{l=1}^{\infty}\frac{\overline{\overline{\overline{\varphi}}}(\xi_n,m,\xi_l;\theta)\left(\xi_l^2+\lambda_0^2\right)\cos\left\{\xi_l(d-z)\right\}}{\left\{d\left(\xi_l^2+\lambda_0^2\right)+\lambda_0\right\}\left(\eta_r\xi_n^2+\eta_z\xi_l^2+s\right)} \qquad (25.96.1)$$

where the eigenvalues $\xi_n, n=1,2,...,$ are the positive roots of $\lambda_a\left\{\mathcal{V}'_{\mathcal{D}m\dot{o}}(\xi_n b,a)+\lambda_b\mathcal{V}_{\mathcal{D}m\dot{o}}(\xi_n b,a)\right\}-\xi_n\left\{\mathcal{V}'_{\mathcal{N}m\dot{o}}(\xi_n b,a)+\lambda_b\mathcal{V}_{\mathcal{N}m\dot{o}}(\xi_n b,a)\right\}=0$, and ξ_l are the positive roots of $\xi_l\tan(\xi_l d)=\lambda_0$, $l=1,2,....$

$\overline{\overline{\overline{\psi}}}_0(\xi_n,m,s;\theta)=\int_a^b u\left\{\xi_n\mathcal{V}_{\mathcal{N}m\dot{o}}(\xi_n u,a)-\lambda_a\mathcal{V}_{\mathcal{D}m\dot{o}}(\xi_n u,a)\right\}\int_0^{2\pi}\overline{\psi}_0(u,v,s)\cos\left\{m(\theta-v)\right\}dvdu$,

$\overline{\overline{\overline{\psi}}}_d(\xi_n,m,s;\theta)=\int_a^b u\left\{\xi_n\mathcal{V}_{\mathcal{N}m\dot{o}}(\xi_n u,a)-\lambda_a\mathcal{V}_{\mathcal{D}m\dot{o}}(\xi_n u,a)\right\}\int_0^{2\pi}\overline{\psi}_d(u,v,s)\cos\left\{m(\theta-v)\right\}dvdu$,

$\overline{\overline{\overline{\psi}}}_a(m,\xi_l,s;\theta)=\int_0^{2\pi}\cos\left\{m(\theta-v)\right\}\int_0^d\overline{\psi}_a(v,w,s)\cos\left\{\xi_l(d-w)\right\}dwdv$,

$\overline{\overline{\overline{\psi}}}_b(m,\xi_l,s;\theta)=\int_0^{2\pi}\cos\left\{m(\theta-v)\right\}\int_0^d\overline{\psi}_b(v,w,s)\cos\left\{\xi_l(d-w)\right\}dwdv$, and

$\overline{\overline{\overline{\varphi}}}(\xi_n,m,\xi_l;\theta)=\int_a^b u\{\xi_n\mathcal{V}_{\mathcal{N}m\dot{o}}(\xi_n u,a)-\lambda_a\mathcal{V}_{\mathcal{D}m\dot{o}}(\xi_n u,a)\}\int_0^{2\pi}\cos\{m(\theta-v)\}\int_0^d\varphi(u,v,w)\cos\{\xi_l(d-w)\}\,dwdvdu$.

$$p=\frac{\pi U(t-t_0)}{\phi c_t}\sum_{m=0}^{\infty}\ni_m\cos\left\{m(\theta-\theta_0)\right\}\times$$

$$\times\sum_{n=1}^{\infty}\frac{\xi_n^2\left\{\xi_n J'_{m\dot{o}}(\xi_n b)+\lambda_b J_{m\dot{o}}(\xi_n b)\right\}^2\left\{\xi_n \mathcal{V}_{\mathcal{N}m\dot{o}}(\xi_n r_0,a)-\lambda_a \mathcal{V}_{\mathcal{D}m\dot{o}}(\xi_n r_0,a)\right\}}{\left[\left\{\xi_n^2+\lambda_b^2-\left(\frac{m\dot{o}}{b}\right)^2\right\}\left\{\xi_n J'_{m\dot{o}}(\xi_n a)-\lambda_a J_{m\dot{o}}(\xi_n a)\right\}^2-\left\{\xi_n^2+\lambda_a^2-\left(\frac{m\dot{o}}{a}\right)^2\right\}\left\{\xi_n J'_{m\dot{o}}(\xi_n b)+\lambda J_{m\dot{o}}(\xi_n b)\right\}^2\right]}\times$$

$$\times\left\{\xi_n\mathcal{V}_{\mathcal{N}m\dot{o}}(\xi_n r,a)-\lambda_a\mathcal{V}_{\mathcal{D}m\dot{o}}(\xi_n r,a)\right\}\times$$

$$\times\sum_{l=1}^{\infty}\frac{\left(\xi_l^2+\lambda_0^2\right)\cos\left\{\xi_l(d-z_0)\right\}\cos\left\{\xi_l(d-z)\right\}\int_0^{t-t_0}q(t-t_0-\tau)e^{-\left(\eta_r\xi_n^2+\eta_z\xi_l^2\right)\tau}d\tau}{\left\{d\left(\xi_l^2+\lambda_0^2\right)+\lambda_0\right\}}+$$

$$+\frac{2}{\phi c_t}\sum_{m=0}^{\infty}\ni_m\cos\left\{m(\theta-\theta_0)\right\}\times$$

$$\times\sum_{n=1}^{\infty}\frac{\xi_n^2\left\{\xi_n J'_{m\dot{o}}(\xi_n b)+\lambda_b J_{m\dot{o}}(\xi_n b)\right\}^2\left\{\xi_n \mathcal{V}_{\mathcal{N}m\dot{o}}(\xi_n r,a)-\lambda_a \mathcal{V}_{\mathcal{D}m\dot{o}}(\xi_n r,a)\right\}}{\left[\left\{\xi_n^2+\lambda_b^2-\left(\frac{m\dot{o}}{b}\right)^2\right\}\left\{\xi_n J'_{m\dot{o}}(\xi_n a)-\lambda_a J_{m\dot{o}}(\xi_n a)\right\}^2-\left\{\xi_n^2+\lambda_a^2-\left(\frac{m\dot{o}}{a}\right)^2\right\}\left\{\xi_n J'_{m\dot{o}}(\xi_n b)+\lambda J_{m\dot{o}}(\xi_n b)\right\}^2\right]}\times$$

$$\times\sum_{l=1}^{\infty}\frac{\left(\xi_l^2+\lambda_0^2\right)\cos\left\{\xi_l(d-z)\right\}\int_0^t\overline{\overline{\psi}}_a(m,\xi_l,t-\tau;\theta)e^{-\left(\eta_r\xi_n^2+\eta_z\xi_l^2\right)\tau}d\tau}{\left\{d\left(\xi_l^2+\lambda_0^2\right)+\lambda_0\right\}}-$$

$$-\frac{2}{\phi c_t}\sum_{m=0}^{\infty}\ni_m \cos\{m(\theta-\theta_0)\}\times$$

$$\times\sum_{n=1}^{\infty}\frac{\xi_n^2\{\xi_n J'_{m\dot{o}}(\xi_n b)+\lambda_b J_{m\dot{o}}(\xi_n b)\}\{\xi_n J'_{m\dot{o}}(\xi_n a)+\lambda_a J_{m\dot{o}}(\xi_n a)\}\{\xi_n \mathcal{V}_{\mathcal{N}m\dot{o}}(\xi_n r,a)-\lambda_a\mathcal{V}_{\mathcal{D}m\dot{o}}(\xi_n r,a)\}}{\left[\left\{\xi_n^2+\lambda_b^2-\left(\frac{m\dot{o}}{b}\right)^2\right\}\{\xi_n J'_{m\dot{o}}(\xi_n a)-\lambda_a J_{m\dot{o}}(\xi_n a)\}^2-\left\{\xi_n^2+\lambda_a^2-\left(\frac{m\dot{o}}{a}\right)^2\right\}\{\xi_n J'_{m\dot{o}}(\xi_n b)+\lambda J_{m\dot{o}}(\xi_n b)\}^2\right]}\times$$

$$\times\sum_{l=1}^{\infty}\frac{(\xi_l^2+\lambda_0^2)\cos\{\xi_l(d-z)\}\int_0^t\overline{\overline{\psi}}_b(m,\xi_l,t-\tau;\theta)\,e^{-(\eta_r\xi_n^2+\eta_z\xi_l^2)\tau}d\tau}{\{d(\xi_l^2+\lambda_0^2)+\lambda_0\}}+$$

$$+\frac{\pi}{\phi c_t}\sum_{m=0}^{\infty}\ni_m \cos\{m(\theta-\theta_0)\}\times$$

$$\times\sum_{n=1}^{\infty}\frac{\xi_n^2\{\xi_n J'_{m\dot{o}}(\xi_n b)+\lambda_b J_{m\dot{o}}(\xi_n b)\}^2\{\xi_n \mathcal{V}_{\mathcal{N}m\dot{o}}(\xi_n r,a)-\lambda_a\mathcal{V}_{\mathcal{D}m\dot{o}}(\xi_n r,a)\}}{\left[\left\{\xi_n^2+\lambda_b^2-\left(\frac{m\dot{o}}{b}\right)^2\right\}\{\xi_n J'_{m\dot{o}}(\xi_n a)-\lambda_a J_{m\dot{o}}(\xi_n a)\}^2-\left\{\xi_n^2+\lambda_a^2-\left(\frac{m\dot{o}}{a}\right)^2\right\}\{\xi_n J'_{m\dot{o}}(\xi_n b)+\lambda J_{m\dot{o}}(\xi_n b)\}^2\right]}\times$$

$$\times\sum_{l=1}^{\infty}\frac{(\xi_l^2+\lambda_0^2)\cos\{\xi_l(d-z)\}\int_0^t\left\{\cos(\xi_l d)\,\overline{\overline{\psi}}_0(\xi_n,m,t-\tau;\theta)-\overline{\overline{\psi}}_d(\xi_n,m,t-\tau;\theta)\right\}e^{-(\eta_r\xi_n^2+\eta_z\xi_l^2)\tau}d\tau}{\{d(\xi_l^2+\lambda_0^2)+\lambda_0\}}+$$

$$+\pi\sum_{m=0}^{\infty}\ni_m \cos\{m(\theta-\theta_0)\}\times$$

$$\times\sum_{n=1}^{\infty}\frac{\xi_n^2\{\xi_n J'_{m\dot{o}}(\xi_n b)+\lambda_b J_{m\dot{o}}(\xi_n b)\}^2\{\xi_n \mathcal{V}_{\mathcal{N}m\dot{o}}(\xi_n r,a)-\lambda_a\mathcal{V}_{\mathcal{D}m\dot{o}}(\xi_n r,a)\}}{\left[\left\{\xi_n^2+\lambda_b^2-\left(\frac{m\dot{o}}{b}\right)^2\right\}\{\xi_n J'_{m\dot{o}}(\xi_n a)-\lambda_a J_{m\dot{o}}(\xi_n a)\}^2-\left\{\xi_n^2+\lambda_a^2-\left(\frac{m\dot{o}}{a}\right)^2\right\}\{\xi_n J'_{m\dot{o}}(\xi_n b)+\lambda J_{m\dot{o}}(\xi_n b)\}^2\right]}\times$$

$$\times\sum_{l=1}^{\infty}\frac{\overline{\overline{\varphi}}(\xi_n,m,\xi_l;\theta)(\xi_l^2+\lambda_0^2)\cos\{\xi_l(d-z)\}\,e^{-\eta_z\xi_l^2 t}}{\{d(\xi_l^2+\lambda_0^2)+\lambda_0\}} \tag{25.96.2}$$

where $\overline{\overline{\psi}}_a(m,\xi_l,t;\theta)=\int_0^{2\pi}\cos\{m(\theta-v)\}\int_0^d\psi_a(v,w,t)\cos\{\xi_l(d-w)\}\,dwdv$,
$\overline{\overline{\psi}}_b(m,\xi_l,t;\theta)=\int_0^{2\pi}\cos\{m(\theta-v)\}\int_0^d\psi_b(v,w,t)\cos\{\xi_l(d-w)\}\,dwdv$,
$\overline{\overline{\psi}}_0(\xi_n,m,t;\theta)=\int_a^b r\{\xi_n\mathcal{V}_{\mathcal{N}m\dot{o}}(\xi_n u,a)-\lambda_a\mathcal{V}_{\mathcal{D}m\dot{o}}(\xi_n u,a)\}\int_0^{2\pi}\psi_0(u,v,t)\cos\{m(\theta-v)\}dudv$, and
$\overline{\overline{\psi}}_d(\xi_n,m,t;\theta)=\int_a^b u\{\xi_n\mathcal{V}_{\mathcal{N}m\dot{o}}(\xi_n u,a)-\lambda_a\mathcal{V}_{\mathcal{D}m\dot{o}}(\xi_n u,a)\}\int_0^{2\pi}\psi_d(u,v,t)\cos\{m(\theta-v)\}dvdu$.

25.97

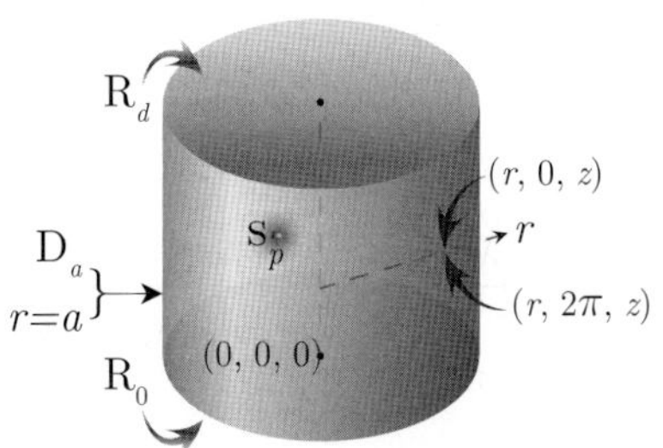

A cylindrical continuum bounded by $0 \le r \le a$ and $0 \le z \le d$. Point source at $s_p \equiv (r_0,\theta_0,z_0)$ at time $t=t_0$; $0<r_0<a$, $0\le\theta_0\le 2\pi$, $0<z_0<d$, $t_0\ge 0$.
$R_0 \equiv \frac{\partial p(r,\theta,0,t)}{\partial z}-\lambda_0 p(r,\theta,0,t)=-\left(\frac{\mu}{k_z}\right)\psi_0(r,\theta,t)$,
$R_d \equiv \frac{\partial p(r,\theta,d,t)}{\partial z}+\lambda_d p(r,\theta,d,t)=-\left(\frac{\mu}{k_z}\right)\psi_d(r,\theta,t)$ and
$D_a \equiv p(a,\theta,z,t)=\psi_a(\theta,z,t)$.
$p(r,\theta,z,0)=\varphi(r,\theta,z)$

$$\overline{p} = \frac{4q(s)e^{-st_0}}{\pi a^2\phi c_t}\sum_{m=0}^{\infty}\ni_m\cos\{m(\theta-\theta_0)\}\sum_{n=1}^{\infty}\frac{J_{m\dot{o}}(\xi_n r_0)J_{m\dot{o}}(\xi_n r)}{J'^2_{m\dot{o}}(\xi_n a)}\times$$

$$\times\sum_{l=1}^{\infty}\frac{\{\xi_l\cos(\xi_l z_0)+\lambda_0\sin(\xi_l z_0)\}\{\xi_l\cos(\xi_l z)+\lambda_0\sin(\xi_l z)\}}{\left\{(\xi_l^2+\lambda_0^2)\left(d+\frac{\lambda_d}{\xi_l^2+\lambda_d^2}\right)+\lambda_0\right\}(\eta_r\xi_n^2+\eta_z\xi_l^2+s)}-$$

$$-\frac{4\eta_r}{\pi a}\sum_{m=0}^{\infty}\ni_m\cos\{m(\theta-\theta_0)\}\sum_{n=1}^{\infty}\frac{\xi_n J_{m\dot{o}}(\xi_n r)}{J'_{m\dot{o}}(\xi_n a)}\sum_{l=1}^{\infty}\frac{\overline{\overline{\psi}}_a(m,\xi_l,s;\theta)\{\xi_l\cos(\xi_l z)+\lambda_0\sin(\xi_l z)\}}{\left\{(\xi_l^2+\lambda_0^2)\left(d+\frac{\lambda_d}{\xi_l^2+\lambda_d^2}\right)+\lambda_0\right\}(\eta_r\xi_n^2+\eta_z\xi_l^2+s)}+$$

$$+\frac{4}{\pi a^2\phi c_t}\sum_{m=0}^{\infty}\ni_m\cos\{m(\theta-\theta_0)\}\sum_{n=1}^{\infty}\frac{J_{m\dot{o}}(\xi_n r)}{J'^2_{m\dot{o}}(\xi_n a)}\times$$

$$\times\sum_{l=1}^{\infty}\frac{\left[\xi_l\overline{\overline{\overline{\psi}}}_0(\xi_n,m,s;\theta)-\{\xi_l\cos(\xi_l d)+\lambda_0\sin(\xi_l d)\}\overline{\overline{\overline{\psi}}}_d(\xi_n,m,s;\theta)\right]\{\xi_l\cos(\xi_l z)+\lambda_0\sin(\xi_l z)\}}{\left\{(\xi_l^2+\lambda_0^2)\left(d+\frac{\lambda_d}{\xi_l^2+\lambda_d^2}\right)+\lambda_0\right\}(\eta_r\xi_n^2+\eta_z\xi_l^2+s)}+$$

$$+\frac{4}{\pi a^2}\sum_{m=0}^{\infty}\ni_m\cos\{m(\theta-\theta_0)\}\sum_{n=1}^{\infty}\frac{J_{m\dot{o}}(\xi_n r)}{J'^2_{m\dot{o}}(\xi_n a)}\sum_{l=1}^{\infty}\frac{\overline{\overline{\overline{\varphi}}}(\xi_n,m,\xi_l;\theta)\{\xi_l\cos(\xi_l z)+\lambda_0\sin(\xi_l z)\}}{\left\{(\xi_l^2+\lambda_0^2)\left(d+\frac{\lambda_d}{\xi_l^2+\lambda_d^2}\right)+\lambda_0\right\}(\eta_r\xi_n^2+\eta_z\xi_l^2+s)}$$

(25.97.1)

where ξ_n are the positive roots of $J_{m\dot{o}}(\xi_n a)=0$, $n=1,2,...$, and ξ_l are the positive roots of $\tan(\xi_l d)=\frac{\xi_l(\lambda_0+\lambda_d)}{\xi_l^2-\lambda_0\lambda_d}$, $l=1,2,....$ $\overline{\overline{\overline{\psi}}}_0(\xi_n,m,s;\theta)=\int_0^a uJ_{m\dot{o}}(\xi_n u)\int_0^{2\pi}\overline{\psi}_0(u,v,s)\cos\{m(\theta-v)\}dvdu$, $\overline{\overline{\overline{\psi}}}_d(\xi_n,m,s;\theta)=\int_0^a uJ_{m\dot{o}}(\xi_n u)\int_0^{2\pi}\overline{\psi}_d(u,v,s)\cos\{m(\theta-v)\}dvdu$, $\overline{\overline{\overline{\psi}}}_a(m,\xi_l,s;\theta)=\int_0^{2\pi}\cos\{m(\theta-v)\}\int_0^d\overline{\psi}_a(v,w,s)\{\xi_l\cos(\xi_l w)+\lambda_0\sin(\xi_l w)\}dwdv$, and $\overline{\overline{\overline{\varphi}}}(\xi_n,m,\xi_l;\theta)=\int_0^a uJ_{m\dot{o}}(\xi_n u)\int_0^{2\pi}\cos\{m(\theta-v)\}\int_0^d\varphi(u,v,w)\{\xi_l\cos(\xi_l w)+\lambda_0\sin(\xi_l w)\}dwdvdu$.

$$p=\frac{4U(t-t_0)}{\pi a^2\phi c_t}\sum_{m=0}^{\infty}\ni_m\cos\{m(\theta-\theta_0)\}\sum_{n=1}^{\infty}\frac{J_{m\dot{o}}(\xi_n r_0)J_{m\dot{o}}(\xi_n r)}{J'^2_{m\dot{o}}(\xi_n a)}\times$$

$$\times\sum_{l=1}^{\infty}\frac{\{\xi_l\cos(\xi_l z_0)+\lambda_0\sin(\xi_l z_0)\}\{\xi_l\cos(\xi_l z)+\lambda_0\sin(\xi_l z)\}\int_0^{t-t_0}q(t-t_0-\tau)e^{-(\eta_r\xi_n^2+\eta_z\xi_l^2)\tau}d\tau}{\left\{(\xi_l^2+\lambda_0^2)\left(d+\frac{\lambda_d}{\xi_l^2+\lambda_d^2}\right)+\lambda_0\right\}}-$$

$$-\frac{4\eta_r}{\pi a}\sum_{m=0}^{\infty}\ni_m\cos\{m(\theta-\theta_0)\}\sum_{n=1}^{\infty}\frac{\xi_n J_{m\dot{o}}(\xi_n r)}{J'_{m\dot{o}}(\xi_n a)}\times$$

$$\times\sum_{l=1}^{\infty}\frac{\{\xi_l\cos(\xi_l z)+\lambda_0\sin(\xi_l z)\}\int_0^t\overline{\overline{\psi}}_a(m,\xi_l,t-\tau;\theta)e^{-(\eta_r\xi_n^2+\eta_z\xi_l^2)\tau}d\tau}{\left\{(\xi_l^2+\lambda_0^2)\left(d+\frac{\lambda_d}{\xi_l^2+\lambda_d^2}\right)+\lambda_0\right\}}+$$

$$+\frac{4}{\pi a^2\phi c_t}\sum_{m=0}^{\infty}\ni_m\cos\{m(\theta-\theta_0)\}\sum_{n=1}^{\infty}\frac{J_{m\dot{o}}(\xi_n r)}{J'^2_{m\dot{o}}(\xi_n a)}\sum_{l=1}^{\infty}\frac{\{\xi_l\cos(\xi_l z)+\lambda_0\sin(\xi_l z)\}}{\left\{(\xi_l^2+\lambda_0^2)\left(d+\frac{\lambda_d}{\xi_l^2+\lambda_d^2}\right)+\lambda_0\right\}}\times$$

$$\times\int_0^t\left[\xi_l\overline{\overline{\psi}}_0(\xi_n,m,t-\tau;\theta)-\{\xi_l\cos(\xi_l d)+\lambda_0\sin(\xi_l d)\}\overline{\overline{\psi}}_d(\xi_n,m,t-\tau;\theta)\right]e^{-(\eta_r\xi_n^2+\eta_z\xi_l^2)\tau}d\tau+$$

$$+\frac{4}{\pi a^2}\sum_{m=0}^{\infty}\ni_m\cos\{m(\theta-\theta_0)\}\sum_{n=1}^{\infty}\frac{J_{m\dot{o}}(\xi_n r)e^{-\eta_r\xi_n^2 t}}{J'^2_{m\dot{o}}(\xi_n a)}\sum_{l=1}^{\infty}\frac{\overline{\overline{\overline{\varphi}}}(\xi_n,m,\xi_l;\theta)\{\xi_l\cos(\xi_l z)+\lambda_0\sin(\xi_l z)\}e^{-\eta_z\xi_l^2 t}}{\left\{(\xi_l^2+\lambda_0^2)\left(d+\frac{\lambda_d}{\xi_l^2+\lambda_d^2}\right)+\lambda_0\right\}}$$

(25.97.2)

where $\overline{\overline{\psi}}_a(m,\xi_l,t;\theta)=\int_0^{2\pi}\cos\{m(\theta-v)\}\int_0^d\psi_a(v,w,t)\{\xi_l\cos(\xi_l w)+\lambda_0\sin(\xi_l w)\}dwdv$, $\overline{\overline{\psi}}_0(\xi_n,m,t;\theta)=\int_0^a uJ_{m\dot{o}}(\xi_n u)\int_0^{2\pi}\psi_0(u,v,t)\cos\{m(\theta-v)\}dvdu$, and $\overline{\overline{\psi}}_d(\xi_n,m,t;\theta)=\int_0^a uJ_{m\dot{o}}(\xi_n u)\int_0^{2\pi}\psi_d(u,v,t)\cos\{m(\theta-v)\}dvdu$.

25.98 **The problem of 25.97, except**
$\mathbf{N_a} \equiv \frac{\partial p(a,\theta,z,t)}{\partial r} = -\left(\frac{\mu}{k_r}\right)\psi_a(\theta,z,t)$,
$\mathbf{R_0} \equiv \frac{\partial p(r,\theta,0,t)}{\partial z} - \lambda_0 p(r,\theta,0,t) = -\left(\frac{\mu}{k_z}\right)\psi_0(r,\theta,t)$ **and**
$\mathbf{R_d} \equiv \frac{\partial p(r,\theta,d,t)}{\partial z} + \lambda_d p(r,\theta,d,t) = -\left(\frac{\mu}{k_z}\right)\psi_d(r,\theta,t)$

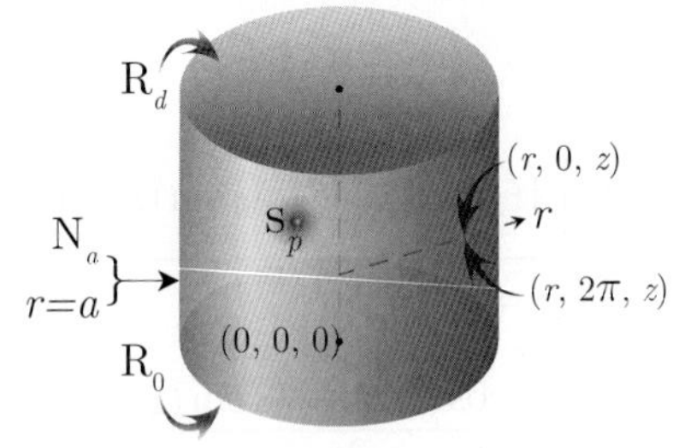

$$\overline{p} = \frac{4q(s)e^{-st_0}}{\pi a^2\phi c_t}\sum_{m=0}^{\infty}\ni_m \cos\{m(\theta-\theta_0)\}\sum_{n=0}^{\infty}\frac{J_{m\dot{o}}(\xi_n r_0)J_{m\dot{o}}(\xi_n r)}{\left\{1-\left(\frac{m\dot{o}}{\xi_n a}\right)^2\right\}J_{m\dot{o}}^2(\xi_n a)}\times$$
$$\times\sum_{l=1}^{\infty}\frac{\{\xi_l\cos(\xi_l z_0)+\lambda_0\sin(\xi_l z_0)\}\{\xi_l\cos(\xi_l z)+\lambda_0\sin(\xi_l z)\}}{\left\{(\xi_l^2+\lambda_0^2)\left(d+\frac{\lambda_d}{\xi_l^2+\lambda_d^2}\right)+\lambda_0\right\}(\eta_r\xi_n^2+\eta_z\xi_l^2+s)}-$$
$$-\frac{4}{\pi a\phi c_t}\sum_{m=0}^{\infty}\ni_m\cos\{m(\theta-\theta_0)\}\sum_{n=0}^{\infty}\frac{J_{m\dot{o}}(\xi_n r)}{\left\{1-\left(\frac{m\dot{o}}{\xi_n a}\right)^2\right\}J_{m\dot{o}}(\xi_n a)}\times$$
$$\times\sum_{l=1}^{\infty}\frac{\overline{\overline{\overline{\psi}}}_a(m,\xi_l,s;\theta)\{\xi_l\cos(\xi_l z)+\lambda_0\sin(\xi_l z)\}}{\left\{(\xi_l^2+\lambda_0^2)\left(d+\frac{\lambda_d}{\xi_l^2+\lambda_d^2}\right)+\lambda_0\right\}(\eta_r\xi_n^2+\eta_z\xi_l^2+s)}+$$
$$+\frac{4}{\pi a^2\phi c_t}\sum_{m=0}^{\infty}\ni_m\cos\{m(\theta-\theta_0)\}\sum_{n=0}^{\infty}\frac{J_{m\dot{o}}(\xi_n r)}{\left\{1-\left(\frac{m\dot{o}}{\xi_n a}\right)^2\right\}J_{m\dot{o}}(\xi_n a)}\times$$
$$\times\sum_{l=1}^{\infty}\frac{\left[\xi_l\overline{\overline{\overline{\psi}}}_0(\xi_n,m,s;\theta)-\{\xi_l\cos(\xi_l d)+\lambda_0\sin(\xi_l d)\}\overline{\overline{\overline{\psi}}}_d(\xi_n,m,s;\theta)\right]\{\xi_l\cos(\xi_l z)+\lambda_0\sin(\xi_l z)\}}{\left\{(\xi_l^2+\lambda_0^2)\left(d+\frac{\lambda_d}{\xi_l^2+\lambda_d^2}\right)+\lambda_0\right\}(\eta_r\xi_n^2+\eta_z\xi_l^2+s)}+$$
$$+\frac{4}{\pi a^2}\sum_{m=0}^{\infty}\ni_m\cos\{m(\theta-\theta_0)\}\sum_{n=0}^{\infty}\frac{J_{m\dot{o}}(\xi_n r)}{\left\{1-\left(\frac{m\dot{o}}{\xi_n a}\right)^2\right\}J_{m\dot{o}}^2(\xi_n a)}\times$$
$$\times\sum_{l=1}^{\infty}\frac{\overline{\overline{\overline{\varphi}}}(\xi_n,m,\xi_l;\theta)\{\xi_l\cos(\xi_l z)+\lambda_0\sin(\xi_l z)\}}{\left\{(\xi_l^2+\lambda_0^2)\left(d+\frac{\lambda_d}{\xi_l^2+\lambda_d^2}\right)+\lambda_0\right\}(\eta_r\xi_n^2+\eta_z\xi_l^2+s)} \tag{25.98.1}$$

where ξ_n are the positive roots of $J'_{m\dot{o}}(\xi_n a)=0$, $n=1,2,...$, ξ_n are the positive roots of $J'_{m\dot{o}}(\xi_n a)=0$, $n=1,2,...$, and ξ_l are the positive roots of $\tan(\xi_l d)=\frac{\xi_l(\lambda_0+\lambda_d)}{\xi_l^2-\lambda_0\lambda_d}$, $l=1,2,....$
$\overline{\overline{\overline{\psi}}}_0(\xi_n,m,s;\theta)=\int_0^a uJ_{m\dot{o}}(\xi_n u)\int_0^{2\pi}\overline{\psi}_0(u,v,s)\cos\{m(\theta-v)\}dvdu$,
$\overline{\overline{\overline{\psi}}}_d(\xi_n,m,s;\theta)=\int_0^a uJ_{m\dot{o}}(\xi_n u)\int_0^{2\pi}\overline{\psi}_d(u,v,s)\cos\{m(\theta-v)\}dvdu$,
$\overline{\overline{\overline{\psi}}}_a(m,\xi_l,s;\theta)=\int_0^{2\pi}\cos\{m(\theta-v)\}\int_0^d\overline{\psi}_a(v,w,s)\{\xi_l\cos(\xi_l w)+\lambda_0\sin(\xi_l w)\}dwdv$, and
$\overline{\overline{\overline{\varphi}}}(\xi_n,m,\xi_l;\theta)=\int_0^a uJ_{m\dot{o}}(\xi_n u)\int_0^{2\pi}\cos\{m(\theta-v)\}\int_0^d\varphi(u,v,w)\{\xi_l\cos(\xi_l w)+\lambda_0\sin(\xi_l w)\}dwdvdu$.

$$p=\frac{4U(t-t_0)}{\pi a^2\phi c_t}\sum_{m=0}^{\infty}\ni_m\cos\{m(\theta-\theta_0)\}\sum_{n=0}^{\infty}\frac{J_{m\dot{o}}(\xi_n r_0)J_{m\dot{o}}(\xi_n r)}{\left\{1-\left(\frac{m\dot{o}}{\xi_n a}\right)^2\right\}J_{m\dot{o}}^2(\xi_n a)}\times$$
$$\times\sum_{l=1}^{\infty}\frac{\{\xi_l\cos(\xi_l z_0)+\lambda_0\sin(\xi_l z_0)\}\{\xi_l\cos(\xi_l z)+\lambda_0\sin(\xi_l z)\}\int_0^{t-t_0}q(t-t_0-\tau)e^{-(\eta_r\xi_n^2+\eta_z\xi_l^2)\tau}d\tau}{\left\{(\xi_l^2+\lambda_0^2)\left(d+\frac{\lambda_d}{\xi_l^2+\lambda_d^2}\right)+\lambda_0\right\}}-$$

$$-\frac{4}{\pi a\phi c_t}\sum_{m=0}^{\infty}\ni_m\cos\{m(\theta-\theta_0)\}\sum_{n=0}^{\infty}\frac{J_{m\dot{o}}(\xi_n r)}{\left\{1-\left(\frac{m\dot{o}}{\xi_n a}\right)^2\right\}J_{m\dot{o}}(\xi_n a)}\times$$

$$\times\sum_{l=1}^{\infty}\frac{\{\xi_l\cos(\xi_l z)+\lambda_0\sin(\xi_l z)\}\int_0^t\overline{\overline{\psi}}_a(m,\xi_l,t-\tau;\theta)\,e^{-(\eta_r\xi_n^2+\eta_z\xi_l^2)\tau}d\tau}{\left\{(\xi_l^2+\lambda_0^2)\left(d+\frac{\lambda_d}{\xi_l^2+\lambda_d^2}\right)+\lambda_0\right\}}+$$

$$+\frac{4}{\pi a^2\phi c_t}\sum_{m=0}^{\infty}\ni_m\cos\{m(\theta-\theta_0)\}\sum_{n=0}^{\infty}\frac{J_{m\dot{o}}(\xi_n r)}{\left\{1-\left(\frac{m\dot{o}}{\xi_n a}\right)^2\right\}J_{m\dot{o}}^2(\xi_n a)}\sum_{l=1}^{\infty}\frac{\{\xi_l\cos(\xi_l z)+\lambda_0\sin(\xi_l z)\}}{\left\{(\xi_l^2+\lambda_0^2)\left(d+\frac{\lambda_d}{\xi_l^2+\lambda_d^2}\right)+\lambda_0\right\}}\times$$

$$\times\int_0^t\left[\xi_l\overline{\overline{\psi}}_0(\xi_n,m,t-\tau;\theta)-\{\xi_l\cos(\xi_l d)+\lambda_0\sin(\xi_l d)\}\overline{\overline{\psi}}_d(\xi_n,m,t-\tau;\theta)\right]e^{-(\eta_r\xi_n^2+\eta_z\xi_l^2)\tau}d\tau+$$

$$+\frac{4}{\pi a^2}\sum_{m=0}^{\infty}\ni_m\cos\{m(\theta-\theta_0)\}\sum_{n=0}^{\infty}\frac{J_{m\dot{o}}(\xi_n r)\,e^{-\eta_r\xi_n^2 t}}{\left\{1-\left(\frac{m\dot{o}}{\xi_n a}\right)^2\right\}J_{m\dot{o}}^2(\xi_n a)}\times$$

$$\times\sum_{l=1}^{\infty}\frac{\overline{\overline{\overline{\varphi}}}(\xi_n,m,\xi_l;\theta)\{\xi_l\cos(\xi_l z)+\lambda_0\sin(\xi_l z)\}e^{-\eta_z\xi_l^2 t}}{\left\{(\xi_l^2+\lambda_0^2)\left(d+\frac{\lambda_d}{\xi_l^2+\lambda_d^2}\right)+\lambda_0\right\}}\qquad(25.98.2)$$

where $\overline{\overline{\psi}}_a(m,\xi_l,t;\theta)=\int_0^{2\pi}\cos\{m(\theta-v)\}\int_0^d\psi_a(v,w,t)\{\xi_l\cos(\xi_l w)+\lambda_0\sin(\xi_l w)\}\,dwdv$,
$\overline{\overline{\psi}}_0(\xi_n,m,t;\theta)=\int_0^a uJ_{m\dot{o}}(\xi_n u)\int_0^{2\pi}\psi_0(u,v,t)\cos\{m(\theta-v)\}dvdu$, and
$\overline{\overline{\psi}}_d(\xi_n,m,t;\theta)=\int_0^a uJ_{m\dot{o}}(\xi_n u)\int_0^{2\pi}\psi_d(u,v,t)\cos\{m(\theta-v)\}dvdu$.

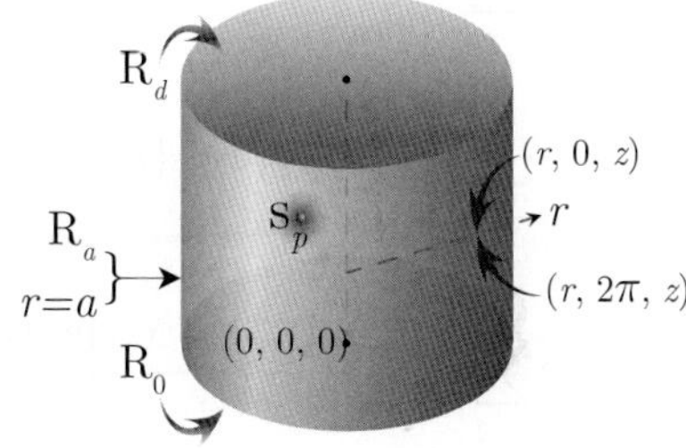

25.99 **The problem of 25.97, except**
$\mathbf{R}_a\equiv\frac{\partial p(a,\theta,z,t)}{\partial r}+\lambda p(a,\theta,z,t)=-\left(\frac{\mu}{k_r}\right)\psi_a(\theta,z,t)$,
$\mathbf{R}_0\equiv\frac{\partial p(r,\theta,0,t)}{\partial z}-\lambda_0 p(r,\theta,0,t)=-\left(\frac{\mu}{k_z}\right)\psi_0(r,\theta,t)$ **and**
$\mathbf{R}_d\equiv\frac{\partial p(r,\theta,d,t)}{\partial z}+\lambda_d p(r,\theta,d,t)=-\left(\frac{\mu}{k_z}\right)\psi_d(r,\theta,t)$

$$\overline{p}=\frac{4q(s)\,e^{-st_0}}{\pi a^2\phi c_t}\sum_{m=0}^{\infty}\ni_m\cos\{m(\theta-\theta_0)\}\sum_{n=1}^{\infty}\frac{J_{m\dot{o}}(\xi_n r_0)\,J_{m\dot{o}}(\xi_n r)}{\left[\left\{1-\left(\frac{m\dot{o}}{\xi_n a}\right)^2\right\}J_{m\dot{o}}^2(\xi_n a)+J_{m\dot{o}}'^2(\xi_n a)\right]}\times$$

$$\times\sum_{l=1}^{\infty}\frac{\{\xi_l\cos(\xi_l z_0)+\lambda_0\sin(\xi_l z_0)\}\{\xi_l\cos(\xi_l z)+\lambda_0\sin(\xi_l z)\}}{\left\{(\xi_l^2+\lambda_0^2)\left(d+\frac{\lambda_d}{\xi_l^2+\lambda_d^2}\right)+\lambda_0\right\}(\eta_r\xi_n^2+\eta_z\xi_l^2+s)}-$$

$$-\frac{4}{\pi a\phi c_t}\sum_{m=0}^{\infty}\ni_m\cos\{m(\theta-\theta_0)\}\sum_{n=1}^{\infty}\frac{J_{m\dot{o}}(\xi_n r)}{\left[\left\{1-\left(\frac{m\dot{o}}{\xi_n a}\right)^2\right\}J_{m\dot{o}}^2(\xi_n a)+J_{m\dot{o}}'^2(\xi_n a)\right]}\times$$

$$\times\sum_{l=1}^{\infty}\frac{\overline{\overline{\overline{\psi}}}_a(m,\xi_l,s;\theta)\{\xi_l\cos(\xi_l z)+\lambda_0\sin(\xi_l z)\}}{\left\{(\xi_l^2+\lambda_0^2)\left(d+\frac{\lambda_d}{\xi_l^2+\lambda_d^2}\right)+\lambda_0\right\}(\eta_r\xi_n^2+\eta_z\xi_l^2+s)}+$$

$$+\frac{4}{\pi a^2\phi c_t}\sum_{m=0}^{\infty}\ni_m\cos\{m(\theta-\theta_0)\}\sum_{n=1}^{\infty}\frac{J_{m\dot{o}}(\xi_n r)}{\left[\left\{1-\left(\frac{m\dot{o}}{\xi_n a}\right)^2\right\}J_{m\dot{o}}^2(\xi_n a)+J_{m\dot{o}}'^2(\xi_n a)\right]}\times$$

$$\times\sum_{l=1}^{\infty}\frac{\left[\xi_l\overline{\overline{\overline{\psi}}}_0(\xi_n,m,s;\theta)-\{\xi_l\cos(\xi_l d)+\lambda_0\sin(\xi_l d)\}\overline{\overline{\overline{\psi}}}_d(\xi_n,m,s;\theta)\right]\{\xi_l\cos(\xi_l z)+\lambda_0\sin(\xi_l z)\}}{\left\{(\xi_l^2+\lambda_0^2)\left(d+\frac{\lambda_d}{\xi_l^2+\lambda_d^2}\right)+\lambda_0\right\}(\eta_r\xi_n^2+\eta_z\xi_l^2+s)}+$$

$$+\frac{4}{\pi a^2}\sum_{m=0}^{\infty}\ni_m \cos\{m(\theta-\theta_0)\}\sum_{n=1}^{\infty}\frac{J_{m\dot{o}}(\xi_n r)}{\left[\left\{1-\left(\frac{m\dot{o}}{\xi_n a}\right)^2\right\}J_{m\dot{o}}^2(\xi_n a)+J_{m\dot{o}}'^2(\xi_n a)\right]}\times$$
$$\times\sum_{l=1}^{\infty}\frac{\overline{\overline{\overline{\varphi}}}(\xi_n,m,\xi_l;\theta)\{\xi_l\cos(\xi_l z)+\lambda_0\sin(\xi_l z)\}}{\left\{(\xi_l^2+\lambda_0^2)\left(d+\frac{\lambda_d}{\xi_l^2+\lambda_d^2}\right)+\lambda_0\right\}(\eta_r\xi_n^2+\eta_z\xi_l^2+s)} \qquad (25.99.1)$$

where ξ_n are the positive roots of $\xi_n J'_{m\dot{o}}(\xi_n a)+\lambda J_{m\dot{o}}(\xi_n a)=0$, $n=1,2,...$, and ξ_l are the positive roots of $\tan(\xi_l d)=\frac{\xi_l(\lambda_0+\lambda_d)}{\xi_l^2-\lambda_0\lambda_d}$, $l=1,2,....$ $\overline{\overline{\overline{\psi}}}_0(\xi_n,m,s;\theta)=\int_0^a uJ_{m\dot{o}}(\xi_n u)\int_0^{2\pi}\overline{\psi}_0(u,v,s)\cos\{m(\theta-v)\}dvdu$, $\overline{\overline{\overline{\psi}}}_d(\xi_n,m,s;\theta)=\int_0^a uJ_{m\dot{o}}(\xi_n u)\int_0^{2\pi}\overline{\psi}_d(u,v,s)\cos\{m(\theta-v)\}dvdu$, $\overline{\overline{\overline{\psi}}}_a(m,\xi_l,s;\theta)=\int_0^{2\pi}\cos\{m(\theta-v)\}\int_0^d\overline{\psi}_a(v,w,s)\{\xi_l\cos(\xi_l w)+\lambda_0\sin(\xi_l w)\}dwdv$, and $\overline{\overline{\overline{\varphi}}}(\xi_n,m,\xi_l;\theta)=\int_0^a uJ_{m\dot{o}}(\xi_n u)\int_0^{2\pi}\cos\{m(\theta-v)\}\int_0^d\varphi(u,v,w)\{\xi_l\cos(\xi_l w)+\lambda_0\sin(\xi_l w)\}dwdvdu$.

$$p=\frac{4U(t-t_0)}{\pi a^2\phi c_t}\sum_{m=0}^{\infty}\ni_m\cos\{m(\theta-\theta_0)\}\sum_{n=1}^{\infty}\frac{J_{m\dot{o}}(\xi_n r_0)J_{m\dot{o}}(\xi_n r)}{\left[\left\{1-\left(\frac{m\dot{o}}{\xi_n a}\right)^2\right\}J_{m\dot{o}}^2(\xi_n a)+J_{m\dot{o}}'^2(\xi_n a)\right]}\times$$
$$\times\sum_{l=1}^{\infty}\frac{\{\xi_l\cos(\xi_l z_0)+\lambda_0\sin(\xi_l z_0)\}\{\xi_l\cos(\xi_l z)+\lambda_0\sin(\xi_l z)\}\int_0^{t-t_0}q(t-t_0-\tau)e^{-(\eta_r\xi_n^2+\eta_z\xi_l^2)\tau}d\tau}{\left\{(\xi_l^2+\lambda_0^2)\left(d+\frac{\lambda_d}{\xi_l^2+\lambda_d^2}\right)+\lambda_0\right\}}-$$
$$-\frac{4}{\pi a\phi c_t}\sum_{m=0}^{\infty}\ni_m\cos\{m(\theta-\theta_0)\}\sum_{n=1}^{\infty}\frac{J_{m\dot{o}}(\xi_n r)}{\left[\left\{1-\left(\frac{m\dot{o}}{\xi_n a}\right)^2\right\}J_{m\dot{o}}^2(\xi_n a)+J_{m\dot{o}}'^2(\xi_n a)\right]}\times$$
$$\times\sum_{l=1}^{\infty}\frac{\{\xi_l\cos(\xi_l z)+\lambda_0\sin(\xi_l z)\}\int_0^t\overline{\overline{\psi}}_a(m,\xi_l,t-\tau;\theta)e^{-(\eta_r\xi_n^2+\eta_z\xi_l^2)\tau}d\tau}{\left\{(\xi_l^2+\lambda_0^2)\left(d+\frac{\lambda_d}{\xi_l^2+\lambda_d^2}\right)+\lambda_0\right\}}+$$
$$+\frac{4}{\pi a^2\phi c_t}\sum_{m=0}^{\infty}\ni_m\cos\{m(\theta-\theta_0)\}\sum_{n=1}^{\infty}\frac{J_{m\dot{o}}(\xi_n r)}{\left[\left\{1-\left(\frac{m\dot{o}}{\xi_n a}\right)^2\right\}J_{m\dot{o}}^2(\xi_n a)+J_{m\dot{o}}'^2(\xi_n a)\right]}\times$$
$$\times\sum_{l=1}^{\infty}\frac{\{\xi_l\cos(\xi_l z)+\lambda_0\sin(\xi_l z)\}}{\left\{(\xi_l^2+\lambda_0^2)\left(d+\frac{\lambda_d}{\xi_l^2+\lambda_d^2}\right)+\lambda_0\right\}}\times$$
$$\times\int_0^t\left[\xi_l\overline{\overline{\psi}}_0(\xi_n,m,t-\tau;\theta)-\{\xi_l\cos(\xi_l d)+\lambda_0\sin(\xi_l d)\}\overline{\overline{\psi}}_d(\xi_n,m,t-\tau;\theta)\right]e^{-(\eta_r\xi_n^2+\eta_z\xi_l^2)\tau}d\tau+$$
$$+\frac{4}{\pi a^2}\sum_{m=0}^{\infty}\ni_m\cos\{m(\theta-\theta_0)\}\sum_{n=1}^{\infty}\frac{J_{m\dot{o}}(\xi_n r)e^{-\eta_r\xi_n^2 t}}{\left[\left\{1-\left(\frac{m\dot{o}}{\xi_n a}\right)^2\right\}J_{m\dot{o}}^2(\xi_n a)+J_{m\dot{o}}'^2(\xi_n a)\right]}\times$$
$$\times\sum_{l=1}^{\infty}\frac{\overline{\overline{\overline{\varphi}}}(\xi_n,m,\xi_l;\theta)\{\xi_l\cos(\xi_l z)+\lambda_0\sin(\xi_l z)\}e^{-\eta_z\xi_l^2 t}}{\left\{(\xi_l^2+\lambda_0^2)\left(d+\frac{\lambda_d}{\xi_l^2+\lambda_d^2}\right)+\lambda_0\right\}} \qquad (25.99.2)$$

where $\overline{\overline{\psi}}_a(m,\xi_l,t;\theta)=\int_0^{2\pi}\cos\{m(\theta-v)\}\int_0^d\psi_a(v,w,t)\{\xi_l\cos(\xi_l w)+\lambda_0\sin(\xi_l w)\}dwdv$, $\overline{\overline{\psi}}_0(\xi_n,m,t;\theta)=\int_0^a uJ_{m\dot{o}}(\xi_n u)\int_0^{2\pi}\psi_0(u,v,t)\cos\{m(\theta-v)\}dvdu$, and $\overline{\overline{\psi}}_d(\xi_n,m,t;\theta)=\int_0^a uJ_{m\dot{o}}(\xi_n u)\int_0^{2\pi}\psi_d(u,v,t)\cos\{m(\theta-v)\}dvdu$.

25.100 **A cylindrical continuum bounded by $a \leq r \leq b$ and $0 \leq z \leq d$. Point source at $s_p \equiv (r_0, \theta_0, z_0)$ at time $t = t_0$; $a < r_0 < b$, $0 \leq \theta_0 \leq 2\pi$, $0 < z_0 < d$, $t_0 \geq 0$.**
$R_0 \equiv \frac{\partial p(r,\theta,0,t)}{\partial z} - \lambda_0 p(r,\theta,0,t) = -\left(\frac{\mu}{k_z}\right)\psi_0(r,\theta,t)$,
$R_d \equiv \frac{\partial p(r,\theta,d,t)}{\partial z} + \lambda_d p(r,\theta,d,t) = -\left(\frac{\mu}{k_z}\right)\psi_d(r,\theta,t)$,
$D_a \equiv p(a,\theta,z,t) = \psi_a(\theta,z,t)$ and
$D_b \equiv p(b,\theta,z,t) = \psi_b(\theta,z,t)$. $p(r,\theta,z,0) = \varphi(r,\theta,z)$

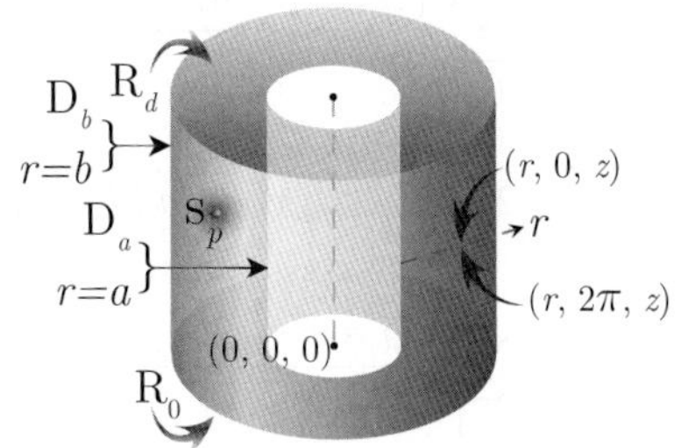

$$\begin{aligned}
\overline{p} &= \frac{\pi q(s) e^{-st_0}}{\phi c_t} \sum_{m=0}^{\infty} \ni_m \cos\{m(\theta-\theta_0)\} \sum_{n=1}^{\infty} \frac{\xi_n^2 J_{m\dot{o}}^2(\xi_n b)\mathcal{V}_{\mathcal{D}m\dot{o}}(\xi r_0,a)\mathcal{V}_{\mathcal{D}m\dot{o}}(\xi r,a)}{\{J_{m\dot{o}}^2(\xi_n a) - J_{m\dot{o}}^2(\xi_n b)\}} \times \\
&\times \sum_{l=1}^{\infty} \frac{\{\xi_l \cos(\xi_l z_0) + \lambda_0 \sin(\xi_l z_0)\}\{\xi_l \cos(\xi_l z) + \lambda_0 \sin(\xi_l z)\}}{\left\{(\xi_l^2+\lambda_0^2)\left(d+\frac{\lambda_d}{\xi_l^2+\lambda_d^2}\right)+\lambda_0\right\}(\eta_r\xi_n^2+\eta_z\xi_l^2+s)} - \\
&-2\eta_r \sum_{m=0}^{\infty} \ni_m \cos\{m(\theta-\theta_0)\} \sum_{n=1}^{\infty} \frac{\xi_n^2 J_{m\dot{o}}^2(\xi_n b)\mathcal{V}_{\mathcal{D}m\dot{o}}(\xi r,a)}{\{J_{m\dot{o}}^2(\xi_n a) - J_{m\dot{o}}^2(\xi_n b)\}} \times \\
&\times \sum_{l=1}^{\infty} \frac{\overline{\overline{\overline{\psi}}}_a(m,\xi_l,s;\theta)\{\xi_l \cos(\xi_l z) + \lambda_0 \sin(\xi_l z)\}}{\left\{(\xi_l^2+\lambda_0^2)\left(d+\frac{\lambda_d}{\xi_l^2+\lambda_d^2}\right)+\lambda_0\right\}(\eta_r\xi_n^2+\eta_z\xi_l^2+s)} + \\
&+2\eta_r \sum_{m=0}^{\infty} \ni_m \cos\{m(\theta-\theta_0)\} \sum_{n=1}^{\infty} \frac{\xi_n^2 J_{m\dot{o}}(\xi_n a) J_{m\dot{o}}(\xi_n b)\mathcal{V}_{\mathcal{D}m\dot{o}}(\xi r,a)}{\{J_{m\dot{o}}^2(\xi_n a) - J_{m\dot{o}}^2(\xi_n b)\}} \times \\
&\times \sum_{l=1}^{\infty} \frac{\overline{\overline{\overline{\psi}}}_b(m,\xi_l,s;\theta)\{\xi_l \cos(\xi_l z) + \lambda_0 \sin(\xi_l z)\}}{\left\{(\xi_l^2+\lambda_0^2)\left(d+\frac{\lambda_d}{\xi_l^2+\lambda_d^2}\right)+\lambda_0\right\}(\eta_r\xi_n^2+\eta_z\xi_l^2+s)} + \\
&+\frac{\pi}{\phi c_t} \sum_{m=0}^{\infty} \ni_m \cos\{m(\theta-\theta_0)\} \sum_{n=1}^{\infty} \frac{\xi_n^2 J_{m\dot{o}}^2(\xi_n b)\mathcal{V}_{\mathcal{D}m\dot{o}}(\xi r,a)}{\{J_{m\dot{o}}^2(\xi_n a) - J_{m\dot{o}}^2(\xi_n b)\}} \times \\
&\times \sum_{l=1}^{\infty} \frac{\left[\xi_l \overline{\overline{\overline{\psi}}}_0(\xi_n,m,s;\theta) - \{\xi_l \cos(\xi_l d) + \lambda_0 \sin(\xi_l d)\}\overline{\overline{\overline{\psi}}}_d(\xi_n,m,s;\theta)\right]\{\xi_l \cos(\xi_l z) + \lambda_0 \sin(\xi_l z)\}}{\left\{(\xi_l^2+\lambda_0^2)\left(d+\frac{\lambda_d}{\xi_l^2+\lambda_d^2}\right)+\lambda_0\right\}(\eta_r\xi_n^2+\eta_z\xi_l^2+s)} + \\
&+\pi \sum_{m=0}^{\infty} \ni_m \cos\{m(\theta-\theta_0)\} \sum_{n=1}^{\infty} \frac{\xi_n^2 J_{m\dot{o}}^2(\xi_n b)\mathcal{V}_{\mathcal{D}m\dot{o}}(\xi r,a)}{\{J_{m\dot{o}}^2(\xi_n a) - J_{m\dot{o}}^2(\xi_n b)\}} \times \\
&\times \sum_{l=1}^{\infty} \frac{\overline{\overline{\overline{\varphi}}}(\xi_n,m,\xi_l;\theta)\{\xi_l \cos(\xi_l z) + \lambda_0 \sin(\xi_l z)\}}{\left\{(\xi_l^2+\lambda_0^2)\left(d+\frac{\lambda_d}{\xi_l^2+\lambda_d^2}\right)+\lambda_0\right\}(\eta_r\xi_n^2+\eta_z\xi_l^2+s)}
\end{aligned} \tag{25.100.1}$$

where $\mathcal{V}_{\mathcal{D}m\dot{o}}(\xi_n r,a) = J_{m\dot{o}}(\xi_n r) Y_{m\dot{o}}(\xi_n a) - Y_{m\dot{o}}(\xi_n r) J_{m\dot{o}}(\xi_n a)$, and the eigenvalues $\xi_n, n = 1,2,....$, are the positive roots of the transcendental equation $\mathcal{V}_{\mathcal{D}m\dot{o}}(\xi_n b,a) = 0$, and ξ_l are the positive roots of $\tan(\xi_l d) = \frac{\xi_l(\lambda_0+\lambda_d)}{\xi_l^2-\lambda_0\lambda_d}$, $l = 1,2,....$ $\overline{\overline{\overline{\psi}}}_0(\xi_n,m,s;\theta) = \int_a^b u\mathcal{V}_{\mathcal{D}m\dot{o}}(\xi_n u,a)\int_0^{2\pi}\overline{\psi}_0(u,v,s)\cos\{m(\theta-v)\}dvdu$,
$\overline{\overline{\overline{\psi}}}_d(\xi_n,m,s;\theta) = \int_a^b u\mathcal{V}_{\mathcal{D}m\dot{o}}(\xi_n u,a)\int_0^{2\pi}\overline{\psi}_d(u,v,s)\cos\{m(\theta-v)\}dvdu$,
$\overline{\overline{\overline{\psi}}}_a(m,\xi_l,s;\theta) = \int_0^{2\pi}\cos\{m(\theta-v)\}\int_0^d\overline{\psi}_a(v,w,s)\{\xi_l\cos(\xi_l w)+\lambda_0\sin(\xi_l w)\}dwdv$,
$\overline{\overline{\overline{\psi}}}_b(m,\xi_l,s;\theta) = \int_0^{2\pi}\cos\{m(\theta-v)\}\int_0^d\overline{\psi}_b(v,w,s)\{\xi_l\cos(\xi_l w)+\lambda_0\sin(\xi_l w)\}dwdv$, and
$\overline{\overline{\overline{\varphi}}}(\xi_n,m,\xi_l;\theta) = \int_a^b u\mathcal{V}_{\mathcal{D}m\dot{o}}(\xi_n u,a)\int_0^{2\pi}\cos\{m(\theta-v)\}\int_0^d\varphi(u,v,w)\{\xi_l\cos(\xi_l w)+\lambda_0\sin(\xi_l w)\}dwdvdu$.

$$p = \frac{\pi U(t-t_0)}{\phi c_t} \sum_{m=0}^{\infty} \ni_m \cos\{m(\theta-\theta_0)\} \sum_{n=1}^{\infty} \frac{\xi_n^2 J_{m\dot{o}}^2(\xi_n b)\mathcal{V}_{\mathcal{D}m\dot{o}}(\xi r_0,a)\mathcal{V}_{\mathcal{D}m\dot{o}}(\xi r,a)}{\{J_{m\dot{o}}^2(\xi_n a) - J_{m\dot{o}}^2(\xi_n b)\}} \times$$

$$\times\sum_{l=1}^{\infty}\frac{\{\xi_l\cos(\xi_l z_0)+\lambda_0\sin(\xi_l z_0)\}\{\xi_l\cos(\xi_l z)+\lambda_0\sin(\xi_l z)\}\int_0^{t-t_0}q(t-t_0-\tau)\,e^{-\left(\eta_r\xi_n^2+\eta_z\xi_l^2\right)\tau}d\tau}{\left\{\left(\xi_l^2+\lambda_0^2\right)\left(d+\frac{\lambda_d}{\xi_l^2+\lambda_d^2}\right)+\lambda_0\right\}}-$$

$$-2\eta_r\sum_{m=0}^{\infty}\ni_m\cos\{m(\theta-\theta_0)\}\sum_{n=1}^{\infty}\frac{\xi_n^2J_{m\dot{o}}^2(\xi_n b)\,\mathcal{V}_{\mathcal{D}m\dot{o}}(\xi r,a)}{\{J_{m\dot{o}}^2(\xi_n a)-J_{m\dot{o}}^2(\xi_n b)\}}\times$$

$$\times\sum_{l=1}^{\infty}\frac{\{\xi_l\cos(\xi_l z)+\lambda_0\sin(\xi_l z)\}\int_0^t\overline{\overline{\psi}}_a(m,\xi_l,t-\tau;\theta)\,e^{-\left(\eta_r\xi_n^2+\eta_z\xi_l^2\right)\tau}d\tau}{\left\{\left(\xi_l^2+\lambda_0^2\right)\left(d+\frac{\lambda_d}{\xi_l^2+\lambda_d^2}\right)+\lambda_0\right\}}+$$

$$+2\eta_r\sum_{m=0}^{\infty}\ni_m\cos\{m(\theta-\theta_0)\}\sum_{n=1}^{\infty}\frac{\xi_n^2J_{m\dot{o}}(\xi_n a)\,J_{m\dot{o}}(\xi_n b)\,\mathcal{V}_{\mathcal{D}m\dot{o}}(\xi r,a)}{\{J_{m\dot{o}}^2(\xi_n a)-J_{m\dot{o}}^2(\xi_n b)\}}\times$$

$$\times\sum_{l=1}^{\infty}\frac{\{\xi_l\cos(\xi_l z)+\lambda_0\sin(\xi_l z)\}\int_0^t\overline{\overline{\psi}}_b(m,\xi_l,t-\tau;\theta)\,e^{-\left(\eta_r\xi_n^2+\eta_z\xi_l^2\right)\tau}d\tau}{\left\{\left(\xi_l^2+\lambda_0^2\right)\left(d+\frac{\lambda_d}{\xi_l^2+\lambda_d^2}\right)+\lambda_0\right\}}+$$

$$+\frac{\pi}{\phi c_t}\sum_{m=0}^{\infty}\ni_m\cos\{m(\theta-\theta_0)\}\sum_{n=1}^{\infty}\frac{\xi_n^2J_{m\dot{o}}^2(\xi_n b)\,\mathcal{V}_{\mathcal{D}m\dot{o}}(\xi r,a)}{\{J_{m\dot{o}}^2(\xi_n a)-J_{m\dot{o}}^2(\xi_n b)\}}\sum_{l=1}^{\infty}\frac{\{\xi_l\cos(\xi_l z)+\lambda_0\sin(\xi_l z)\}}{\left\{\left(\xi_l^2+\lambda_0^2\right)\left(d+\frac{\lambda_d}{\xi_l^2+\lambda_d^2}\right)+\lambda_0\right\}}\times$$

$$\times\int_0^t\left[\xi_l\overline{\overline{\psi}}_0(\xi_n,m,t-\tau;\theta)-\{\xi_l\cos(\xi_l d)+\lambda_0\sin(\xi_l d)\}\,\overline{\overline{\psi}}_d(\xi_n,m,t-\tau;\theta)\right]e^{-\left(\eta_r\xi_n^2+\eta_z\xi_l^2\right)\tau}d\tau+$$

$$+\pi\sum_{m=0}^{\infty}\ni_m\cos\{m(\theta-\theta_0)\}\sum_{n=1}^{\infty}\frac{\xi_n^2J_{m\dot{o}}^2(\xi_n b)\,\mathcal{V}_{\mathcal{D}m\dot{o}}(\xi r,a)\,e^{-\eta_r\xi_n^2 t}}{\{J_{m\dot{o}}^2(\xi_n a)-J_{m\dot{o}}^2(\xi_n b)\}}\times$$

$$\times\sum_{l=1}^{\infty}\frac{\overline{\overline{\overline{\varphi}}}(\xi_n,m,\xi_l;\theta)\,\{\xi_l\cos(\xi_l z)+\lambda_0\sin(\xi_l z)\}e^{-\eta_z\xi_l^2 t}}{\left\{\left(\xi_l^2+\lambda_0^2\right)\left(d+\frac{\lambda_d}{\xi_l^2+\lambda_d^2}\right)+\lambda_0\right\}}\qquad(25.100.2)$$

where $\overline{\overline{\psi}}_a(m,\xi_l,t;\theta)=\int_0^{2\pi}\cos\{m(\theta-v)\}\int_0^d\psi_a(v,w,t)\{\xi_l\cos(\xi_l w)+\lambda_0\sin(\xi_l w)\}\,dwdv$,
$\overline{\overline{\psi}}_b(m,\xi_l,t;\theta)=\int_0^{2\pi}\cos\{m(\theta-v)\}\int_0^d\psi_b(v,w,t)\{\xi_l\cos(\xi_l w)+\lambda_0\sin(\xi_l w)\}\,dwdv$,
$\overline{\overline{\psi}}_0(\xi_n,m,t;\theta)=\int_a^b u\mathcal{V}_{\mathcal{D}m\dot{o}}(\xi_n u,a)\int_0^{2\pi}\psi_0(u,v,t)\cos\{m(\theta-v)\}dvdu$, and
$\overline{\overline{\psi}}_d(\xi_n,m,t;\theta)=\int_a^b u\mathcal{V}_{\mathcal{D}m\dot{o}}(\xi_n u,a)\int_0^{2\pi}\psi_d(u,v,t)\cos\{m(\theta-v)\}dvdu$.

25.101

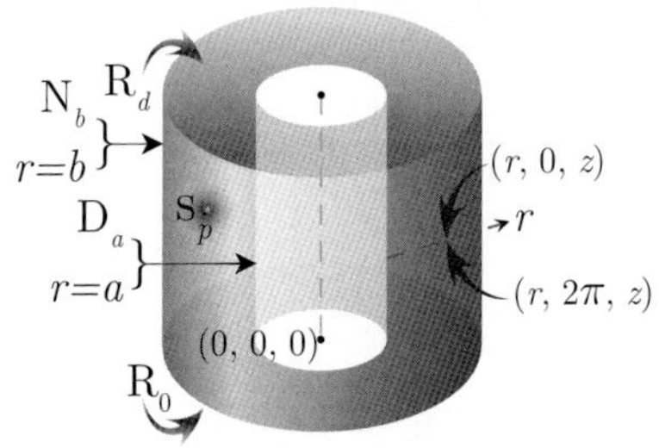

The problem of 25.100, except
$\mathbf{D}_a\equiv p(a,\theta,z,t)=\psi_a(\theta,z,t)$,
$\mathbf{N}_b\equiv\frac{\partial p(b,\theta,z,t)}{\partial r}=-\left(\frac{\mu}{k_r}\right)\psi_b(\theta,z,t)$,
$\mathbf{R}_0\equiv\frac{\partial p(r,\theta,0,t)}{\partial z}-\lambda_0 p(r,\theta,0,t)=-\left(\frac{\mu}{k_z}\right)\psi_0(r,\theta,t)$ **and**
$\mathbf{R}_d\equiv\frac{\partial p(r,\theta,d,t)}{\partial z}+\lambda_d p(r,\theta,d,t)=-\left(\frac{\mu}{k_z}\right)\psi_d(r,\theta,t)$

$$\overline{p}=\frac{\pi q(s)\,e^{-st_0}}{\phi c_t}\sum_{m=0}^{\infty}\ni_m\cos\{m(\theta-\theta_0)\}\sum_{n=1}^{\infty}\frac{\xi_n^2J_{m\dot{o}}'^2(\xi_n b)\,\mathcal{V}_{\mathcal{D}m\dot{o}}(\xi r_0,a)\,\mathcal{V}_{\mathcal{D}m\dot{o}}(\xi r,a)}{\left[\left\{1-\left(\frac{m\dot{o}}{\xi_n b}\right)^2\right\}J_{m\dot{o}}^2(\xi_n a)-J_{m\dot{o}}'^2(\xi_n b)\right]}\times$$

$$\times\sum_{l=1}^{\infty}\frac{\{\xi_l\cos(\xi_l z_0)+\lambda_0\sin(\xi_l z_0)\}\{\xi_l\cos(\xi_l z)+\lambda_0\sin(\xi_l z)\}}{\left\{\left(\xi_l^2+\lambda_0^2\right)\left(d+\frac{\lambda_d}{\xi_l^2+\lambda_d^2}\right)+\lambda_0\right\}\left(\eta_r\xi_n^2+\eta_z\xi_l^2+s\right)}-$$

$$-2\eta_r\sum_{m=0}^{\infty}\ni_m\cos\{m(\theta-\theta_0)\}\sum_{n=1}^{\infty}\frac{\xi_n^2J_{m\dot{o}}'^2(\xi_n b)\,\mathcal{V}_{\mathcal{D}m\dot{o}}(\xi r,a)}{\left[\left\{1-\left(\frac{m\dot{o}}{\xi_n b}\right)^2\right\}J_{m\dot{o}}^2(\xi_n a)-J_{m\dot{o}}'^2(\xi_n b)\right]}\times$$

$$\times \sum_{l=1}^{\infty} \frac{\overline{\overline{\overline{\psi}}}_a (m, \xi_l, s; \theta) \{\xi_l \cos(\xi_l z) + \lambda_0 \sin(\xi_l z)\}}{\left\{(\xi_l^2 + \lambda_0^2)\left(d + \frac{\lambda_d}{\xi_l^2 + \lambda_d^2}\right) + \lambda_0\right\}(\eta_r \xi_n^2 + \eta_z \xi_l^2 + s)} -$$

$$-\frac{2}{\phi c_t} \sum_{m=0}^{\infty} \ni_m \cos\{m(\theta - \theta_0)\} \sum_{n=1}^{\infty} \frac{\xi_n^2 J_{m\dot{o}}(\xi_n a) J'_{m\dot{o}}(\xi_n b) \mathcal{V}_{\mathcal{D}m\dot{o}}(\xi r, a)}{\left[\left\{1 - \left(\frac{m\dot{o}}{\xi_n b}\right)^2\right\} J_{m\dot{o}}^2(\xi_n a) - J_{m\dot{o}}'^2(\xi_n b)\right]} \times$$

$$\times \sum_{l=1}^{\infty} \frac{\overline{\overline{\overline{\psi}}}_b (m, \xi_l, s; \theta) \{\xi_l \cos(\xi_l z) + \lambda_0 \sin(\xi_l z)\}}{\left\{(\xi_l^2 + \lambda_0^2)\left(d + \frac{\lambda_d}{\xi_l^2 + \lambda_d^2}\right) + \lambda_0\right\}(\eta_r \xi_n^2 + \eta_z \xi_l^2 + s)} +$$

$$+\frac{\pi}{\phi c_t} \sum_{m=0}^{\infty} \ni_m \cos\{m(\theta - \theta_0)\} \sum_{n=1}^{\infty} \frac{\xi_n^2 J_{m\dot{o}}'^2(\xi_n b) \mathcal{V}_{\mathcal{D}m\dot{o}}(\xi r, a)}{\left[\left\{1 - \left(\frac{m\dot{o}}{\xi_n b}\right)^2\right\} J_{m\dot{o}}^2(\xi_n a) - J_{m\dot{o}}'^2(\xi_n b)\right]} \times$$

$$\times \sum_{l=1}^{\infty} \frac{\left[\xi_l \overline{\overline{\overline{\psi}}}_0 (\xi_n, m, s; \theta) - \{\xi_l \cos(\xi_l d) + \lambda_0 \sin(\xi_l d)\} \overline{\overline{\overline{\psi}}}_d (\xi_n, m, s; \theta)\right] \{\xi_l \cos(\xi_l z) + \lambda_0 \sin(\xi_l z)\}}{\left\{(\xi_l^2 + \lambda_0^2)\left(d + \frac{\lambda_d}{\xi_l^2 + \lambda_d^2}\right) + \lambda_0\right\}(\eta_r \xi_n^2 + \eta_z \xi_l^2 + s)} +$$

$$+\pi \sum_{m=0}^{\infty} \ni_m \cos\{m(\theta - \theta_0)\} \sum_{n=1}^{\infty} \frac{\xi_n^2 J_{m\dot{o}}'^2(\xi_n b) \mathcal{V}_{\mathcal{D}m\dot{o}}(\xi r, a)}{\left[\left\{1 - \left(\frac{m\dot{o}}{\xi_n b}\right)^2\right\} J_{m\dot{o}}^2(\xi_n a) - J_{m\dot{o}}'^2(\xi_n b)\right]} \times$$

$$\times \sum_{l=1}^{\infty} \frac{\overline{\overline{\overline{\varphi}}} (\xi_n, m, \xi_l; \theta) \{\xi_l \cos(\xi_l z) + \lambda_0 \sin(\xi_l z)\}}{\left\{(\xi_l^2 + \lambda_0^2)\left(d + \frac{\lambda_d}{\xi_l^2 + \lambda_d^2}\right) + \lambda_0\right\}(\eta_r \xi_n^2 + \eta_z \xi_l^2 + s)} \qquad (25.101.1)$$

where $\mathcal{V}_{\mathcal{D}m\dot{o}}(\xi_n r, a) = J_{m\dot{o}}(\xi_n r) Y_{m\dot{o}}(\xi_n a) - Y_{m\dot{o}}(\xi_n r) J_{m\dot{o}}(\xi_n a)$, and the eigenvalues are the positive roots of the transcendental equation $\mathcal{V}'_{\mathcal{D}m\dot{o}}(\xi_n b, a) = 0$, $\xi_n, n = 1, 2, ...$, and ξ_l are the positive roots of $\tan(\xi_l d) = \frac{\xi_l(\lambda_0 + \lambda_d)}{\xi_l^2 - \lambda_0 \lambda_d}$, $l = 1, 2, ...$ $\overline{\overline{\overline{\psi}}}_0 (\xi_n, m, s; \theta) = \int_a^b u \mathcal{V}_{\mathcal{D}m\dot{o}}(\xi_n u, a) \int_0^{2\pi} \overline{\psi}_0 (u, v, s) \cos\{m(\theta - v)\} dv du$,
$\overline{\overline{\overline{\psi}}}_d (\xi_n, m, s; \theta) = \int_a^b u \mathcal{V}_{\mathcal{D}m\dot{o}}(\xi_n u, a) \int_0^{2\pi} \overline{\psi}_d (u, v, s) \cos\{m(\theta - v)\} dv du$,
$\overline{\overline{\overline{\psi}}}_a (m, \xi_l, s; \theta) = \int_0^{2\pi} \cos\{m(\theta - v)\} \int_0^d \overline{\psi}_a (v, w, s) \{\xi_l \cos(\xi_l w) + \lambda_0 \sin(\xi_l w)\} dw dv$,
$\overline{\overline{\overline{\psi}}}_b (m, \xi_l, s; \theta) = \int_0^{2\pi} \cos\{m(\theta - v)\} \int_0^d \overline{\psi}_b (v, w, s) \{\xi_l \cos(\xi_l w) + \lambda_0 \sin(\xi_l w)\} dw dv$, and
$\overline{\overline{\overline{\varphi}}} (\xi_n, m, \xi_l; \theta) = \int_a^b u \mathcal{V}_{\mathcal{D}m\dot{o}}(\xi_n u, a) \int_0^{2\pi} \cos\{m(\theta - v)\} \int_0^d \varphi(u, v, w) \{\xi_l \cos(\xi_l w) + \lambda_0 \sin(\xi_l w)\} dw dv du$.

$$p = \frac{\pi U(t - t_0)}{\phi c_t} \sum_{m=0}^{\infty} \ni_m \cos\{m(\theta - \theta_0)\} \sum_{n=1}^{\infty} \frac{\xi_n^2 J_{m\dot{o}}'^2(\xi_n b) \mathcal{V}_{\mathcal{D}m\dot{o}}(\xi r_0, a) \mathcal{V}_{\mathcal{D}m\dot{o}}(\xi r, a)}{\left[\left\{1 - \left(\frac{m\dot{o}}{\xi_n b}\right)^2\right\} J_{m\dot{o}}^2(\xi_n a) - J_{m\dot{o}}'^2(\xi_n b)\right]} \times$$

$$\times \sum_{l=1}^{\infty} \frac{\{\xi_l \cos(\xi_l z_0) + \lambda_0 \sin(\xi_l z_0)\}\{\xi_l \cos(\xi_l z) + \lambda_0 \sin(\xi_l z)\} \int_0^{t - t_0} q(t - t_0 - \tau) e^{-(\eta_r \xi_n^2 + \eta_z \xi_l^2)\tau} d\tau}{\left\{(\xi_l^2 + \lambda_0^2)\left(d + \frac{\lambda_d}{\xi_l^2 + \lambda_d^2}\right) + \lambda_0\right\}} -$$

$$-2\eta_r \sum_{m=0}^{\infty} \ni_m \cos\{m(\theta - \theta_0)\} \sum_{n=1}^{\infty} \frac{\xi_n^2 J_{m\dot{o}}'^2(\xi_n b) \mathcal{V}_{\mathcal{D}m\dot{o}}(\xi r, a)}{\left[\left\{1 - \left(\frac{m\dot{o}}{\xi_n b}\right)^2\right\} J_{m\dot{o}}^2(\xi_n a) - J_{m\dot{o}}'^2(\xi_n b)\right]} \times$$

$$\times \sum_{l=1}^{\infty} \frac{\{\xi_l \cos(\xi_l z) + \lambda_0 \sin(\xi_l z)\} \int_0^t \overline{\overline{\overline{\psi}}}_a (m, \xi_l, t - \tau; \theta) e^{-(\eta_r \xi_n^2 + \eta_z \xi_l^2)\tau} d\tau}{\left\{(\xi_l^2 + \lambda_0^2)\left(d + \frac{\lambda_d}{\xi_l^2 + \lambda_d^2}\right) + \lambda_0\right\}} -$$

$$-\frac{2}{\phi c_t} \sum_{m=0}^{\infty} \ni_m \cos\{m(\theta - \theta_0)\} \sum_{n=1}^{\infty} \frac{\xi_n^2 J_{m\dot{o}}(\xi_n a) J'_{m\dot{o}}(\xi_n b) \mathcal{V}_{\mathcal{D}m\dot{o}}(\xi r, a)}{\left[\left\{1 - \left(\frac{m\dot{o}}{\xi_n b}\right)^2\right\} J_{m\dot{o}}^2(\xi_n a) - J_{m\dot{o}}'^2(\xi_n b)\right]} \times$$

$$\times \sum_{l=1}^{\infty} \frac{\{\xi_l \cos(\xi_l z) + \lambda_0 \sin(\xi_l z)\} \int_0^t \overline{\overline{\overline{\psi}}}_b (m, \xi_l, t - \tau; \theta) e^{-(\eta_r \xi_n^2 + \eta_z \xi_l^2)\tau} d\tau}{\left\{(\xi_l^2 + \lambda_0^2)\left(d + \frac{\lambda_d}{\xi_l^2 + \lambda_d^2}\right) + \lambda_0\right\}} +$$

$$+\frac{\pi}{\phi c_t}\sum_{m=0}^{\infty}\ni_m\cos\{m(\theta-\theta_0)\}\sum_{n=1}^{\infty}\frac{\xi_n^2 J_{m\dot{o}}'^2(\xi_n b)\,\mathcal{V}_{\mathcal{D}m\dot{o}}(\xi r,a)}{\left[\left\{1-\left(\frac{m\dot{o}}{\xi_n b}\right)^2\right\}J_{m\dot{o}}^2(\xi_n a)-J_{m\dot{o}}'^2(\xi_n b)\right]}\times$$

$$\times\sum_{l=1}^{\infty}\frac{\{\xi_l\cos(\xi_l z)+\lambda_0\sin(\xi_l z)\}}{\left\{(\xi_l^2+\lambda_0^2)\left(d+\frac{\lambda_d}{\xi_l^2+\lambda_d^2}\right)+\lambda_0\right\}}\times$$

$$\times\int_0^t\left[\xi_l\overline{\overline{\psi}}_0(\xi_n,m,t-\tau;\theta)-\{\xi_l\cos(\xi_l d)+\lambda_0\sin(\xi_l d)\}\overline{\overline{\psi}}_d(\xi_n,m,t-\tau;\theta)\right]e^{-\left(\eta_r\xi_n^2+\eta_z\xi_l^2\right)\tau}d\tau+$$

$$+\pi\sum_{m=0}^{\infty}\ni_m\cos\{m(\theta-\theta_0)\}\sum_{n=1}^{\infty}\frac{\xi_n^2 J_{m\dot{o}}'^2(\xi_n b)\,\mathcal{V}_{\mathcal{D}m\dot{o}}(\xi r,a)\,e^{-\eta_r\xi_n^2 t}}{\left[\left\{1-\left(\frac{m\dot{o}}{\xi_n b}\right)^2\right\}J_{m\dot{o}}^2(\xi_n a)-J_{m\dot{o}}'^2(\xi_n b)\right]}\times$$

$$\times\sum_{l=1}^{\infty}\frac{\overline{\overline{\overline{\varphi}}}(\xi_n,m,\xi_l;\theta)\{\xi_l\cos(\xi_l z)+\lambda_0\sin(\xi_l z)\}e^{-\eta_z\xi_l^2 t}}{\left\{(\xi_l^2+\lambda_0^2)\left(d+\frac{\lambda_d}{\xi_l^2+\lambda_d^2}\right)+\lambda_0\right\}}\qquad(25.101.2)$$

where $\overline{\overline{\psi}}_a(m,\xi_l,t;\theta)=\int_0^{2\pi}\cos\{m(\theta-v)\}\int_0^d\psi_a(v,w,t)\{\xi_l\cos(\xi_l w)+\lambda_0\sin(\xi_l w)\}\,dwdv$,
$\overline{\overline{\psi}}_b(m,\xi_l,t;\theta)=\int_0^{2\pi}\cos\{m(\theta-v)\}\int_0^d\psi_b(v,w,t)\{\xi_l\cos(\xi_l w)+\lambda_0\sin(\xi_l w)\}\,dwdv$,
$\overline{\overline{\psi}}_0(\xi_n,m,t;\theta)=\int_a^b u\mathcal{V}_{\mathcal{D}m\dot{o}}(\xi_n u,a)\int_0^{2\pi}\psi_0(u,v,t)\cos\{m(\theta-v)\}dvdu$, and
$\overline{\overline{\psi}}_d(\xi_n,m,t;\theta)=\int_a^b u\mathcal{V}_{\mathcal{D}m\dot{o}}(\xi_n u,a)\int_0^{2\pi}\psi_d(u,v,t)\cos\{m(\theta-v)\}dvdu$.

25.102

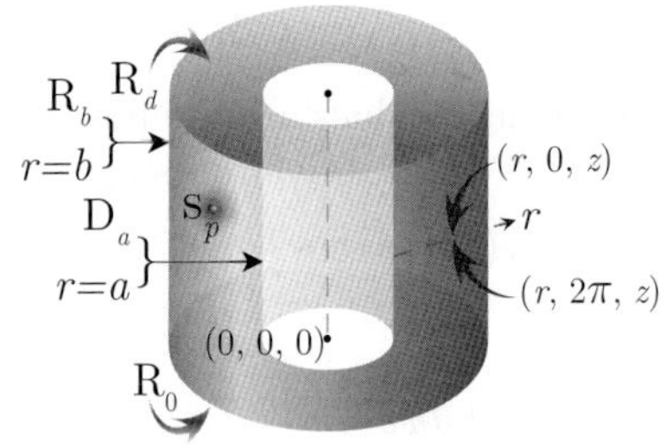

The problem of 25.100, except
$\mathbf{D}_a\equiv p(a,\theta,z,t)=\psi_a(\theta,z,t)$,
$\mathbf{R}_b\equiv\frac{\partial p(b,\theta,z,t)}{\partial r}+\lambda p(b,\theta,z,t)=-\left(\frac{\mu}{k_r}\right)\psi_b(\theta,z,t)$,
$\mathbf{R}_0\equiv\frac{\partial p(r,\theta,0,t)}{\partial z}-\lambda_0 p(r,\theta,0,t)=-\left(\frac{\mu}{k_z}\right)\psi_0(r,\theta,t)$ **and**
$\mathbf{R}_d\equiv\frac{\partial p(r,\theta,d,t)}{\partial z}+\lambda_d p(r,\theta,d,t)=-\left(\frac{\mu}{k_z}\right)\psi_d(r,\theta,t)$

$$\overline{p}=\frac{\pi q(s)e^{-st_0}}{\phi c_t}\sum_{m=0}^{\infty}\ni_m\cos\{m(\theta-\theta_0)\}\sum_{n=1}^{\infty}\frac{\xi_n^2\{\xi_n J_{m\dot{o}}'(\xi_n b)+\lambda J_{m\dot{o}}(\xi_n b)\}^2\mathcal{V}_{\mathcal{D}m\dot{o}}(\xi r_0,a)\,\mathcal{V}_{\mathcal{D}m\dot{o}}(\xi r,a)}{\left[\left\{\xi_n^2+\lambda^2-\left(\frac{m\dot{o}}{b}\right)^2\right\}J_{m\dot{o}}^2(\xi_n a)-\{\xi_n J_{m\dot{o}}'(\xi_n b)+\lambda J_{m\dot{o}}(\xi_n b)\}^2\right]}\times$$

$$\times\sum_{l=1}^{\infty}\frac{\{\xi_l\cos(\xi_l z_0)+\lambda_0\sin(\xi_l z_0)\}\{\xi_l\cos(\xi_l z)+\lambda_0\sin(\xi_l z)\}}{\left\{(\xi_l^2+\lambda_0^2)\left(d+\frac{\lambda_d}{\xi_l^2+\lambda_d^2}\right)+\lambda_0\right\}(\eta_r\xi_n^2+\eta_z\xi_l^2+s)}-$$

$$-2\eta_r\sum_{m=0}^{\infty}\ni_m\cos\{m(\theta-\theta_0)\}\sum_{n=1}^{\infty}\frac{\xi_n^2\{\xi_n J_{m\dot{o}}'(\xi_n b)+\lambda J_{m\dot{o}}(\xi_n b)\}^2\mathcal{V}_{\mathcal{D}m\dot{o}}(\xi r,a)}{\left[\left\{\xi_n^2+\lambda^2-\left(\frac{m\dot{o}}{b}\right)^2\right\}J_{m\dot{o}}^2(\xi_n a)-\{\xi_n J_{m\dot{o}}'(\xi_n b)+\lambda J_{m\dot{o}}(\xi_n b)\}^2\right]}\times$$

$$\times\sum_{l=1}^{\infty}\frac{\overline{\overline{\overline{\psi}}}_a(m,\xi_l,s;\theta)\{\xi_l\cos(\xi_l z)+\lambda_0\sin(\xi_l z)\}}{\left\{(\xi_l^2+\lambda_0^2)\left(d+\frac{\lambda_d}{\xi_l^2+\lambda_d^2}\right)+\lambda_0\right\}(\eta_r\xi_n^2+\eta_z\xi_l^2+s)}-$$

$$-\frac{2}{\phi c_t}\sum_{m=0}^{\infty}\ni_m\cos\{m(\theta-\theta_0)\}\sum_{n=1}^{\infty}\frac{\xi_n^2 J_{m\dot{o}}(\xi_n a)\{\xi_n J_{m\dot{o}}'(\xi_n b)+\lambda J_{m\dot{o}}(\xi_n b)\}\mathcal{V}_{\mathcal{D}m\dot{o}}(\xi r,a)}{\left[\left\{\xi_n^2+\lambda^2-\left(\frac{m\dot{o}}{b}\right)^2\right\}J_{m\dot{o}}^2(\xi_n a)-\{\xi_n J_{m\dot{o}}'(\xi_n b)+\lambda J_{m\dot{o}}(\xi_n b)\}^2\right]}\times$$

$$\times\sum_{l=1}^{\infty}\frac{\overline{\overline{\overline{\psi}}}_b(m,\xi_l,s;\theta)\{\xi_l\cos(\xi_l z)+\lambda_0\sin(\xi_l z)\}}{\left\{(\xi_l^2+\lambda_0^2)\left(d+\frac{\lambda_d}{\xi_l^2+\lambda_d^2}\right)+\lambda_0\right\}(\eta_r\xi_n^2+\eta_z\xi_l^2+s)}+$$

$$+\frac{\pi}{\phi c_t}\sum_{m=0}^{\infty}\ni_m\cos\{m(\theta-\theta_0)\}\sum_{n=1}^{\infty}\frac{\xi_n^2\{\xi_n J_{m\dot{o}}'(\xi_n b)+\lambda J_{m\dot{o}}(\xi_n b)\}^2\mathcal{V}_{\mathcal{D}m\dot{o}}(\xi r,a)}{\left[\left\{\xi_n^2+\lambda^2-\left(\frac{m\dot{o}}{b}\right)^2\right\}J_{m\dot{o}}^2(\xi_n a)-\{\xi_n J_{m\dot{o}}'(\xi_n b)+\lambda J_{m\dot{o}}(\xi_n b)\}^2\right]}\times$$

$$\times\sum_{l=1}^{\infty}\frac{\left[\xi_l\overline{\overline{\overline{\psi}}}_0(\xi_n,m,s;\theta)-\{\xi_l\cos(\xi_l d)+\lambda_0\sin(\xi_l d)\}\overline{\overline{\overline{\psi}}}_d(\xi_n,m,s;\theta)\right]\{\xi_l\cos(\xi_l z)+\lambda_0\sin(\xi_l z)\}}{\left\{(\xi_l^2+\lambda_0^2)\left(d+\frac{\lambda_d}{\xi_l^2+\lambda_d^2}\right)+\lambda_0\right\}(\eta_r\xi_n^2+\eta_z\xi_l^2+s)}+$$

$$+\pi\sum_{m=0}^{\infty}\ni_m\cos\{m(\theta-\theta_0)\}\sum_{n=1}^{\infty}\frac{\xi_n^2\{\xi_nJ'_{m\dot{o}}(\xi_nb)+\lambda J_{m\dot{o}}(\xi_nb)\}^2\mathcal{V}_{\mathcal{D}m\dot{o}}(\xi r,a)}{\left[\left\{\xi_n^2+\lambda^2-\left(\frac{m\dot{o}}{b}\right)^2\right\}J_{m\dot{o}}^2(\xi_na)-\{\xi_nJ'_{m\dot{o}}(\xi_nb)+\lambda J_{m\dot{o}}(\xi_nb)\}^2\right]}\times$$

$$\times\sum_{l=1}^{\infty}\frac{\overline{\overline{\overline{\varphi}}}(\xi_n,m,\xi_l;\theta)\{\xi_l\cos(\xi_l z)+\lambda_0\sin(\xi_l z)\}}{\left\{(\xi_l^2+\lambda_0^2)\left(d+\frac{\lambda_d}{\xi_l^2+\lambda_d^2}\right)+\lambda_0\right\}(\eta_r\xi_n^2+\eta_z\xi_l^2+s)} \tag{25.102.1}$$

where $\mathcal{V}_{\mathcal{D}m\dot{o}}(\xi_nr,a)=J_{m\dot{o}}(\xi_nr)Y_{m\dot{o}}(\xi_na)-Y_{m\dot{o}}(\xi_nr)J_{m\dot{o}}(\xi_na)$, and the eigenvalues $\xi_n, n=1,2,....$, are the positive roots of the transcendental equation $\xi_n\mathcal{V}'_{\mathcal{D}m\dot{o}}(\xi_nb,a)+\lambda\mathcal{V}_{\mathcal{D}m\dot{o}}(\xi_nb,a)=0$, and ξ_l are the positive roots of $\tan(\xi_l d)=\frac{\xi_l(\lambda_0+\lambda_d)}{\xi_l^2-\lambda_0\lambda_d}$, $l=1,2,....$ $\overline{\overline{\overline{\psi}}}_0(\xi_n,m,s;\theta)=\int_a^b u\mathcal{V}_{\mathcal{D}m\dot{o}}(\xi_nu,a)\int_0^{2\pi}\overline{\psi}_0(u,v,s)\cos\{m(\theta-v)\}dvdu$,
$\overline{\overline{\overline{\psi}}}_d(\xi_n,m,s;\theta)=\int_a^b u\mathcal{V}_{\mathcal{D}m\dot{o}}(\xi_nu,a)\int_0^{2\pi}\overline{\psi}_d(u,v,s)\cos\{m(\theta-v)\}dvdu$,
$\overline{\overline{\overline{\psi}}}_a(m,\xi_l,s;\theta)=\int_0^{2\pi}\cos\{m(\theta-v)\}\int_0^d\overline{\psi}_a(v,w,s)\{\xi_l\cos(\xi_lw)+\lambda_0\sin(\xi_lw)\}dwdv$,
$\overline{\overline{\overline{\psi}}}_b(m,\xi_l,s;\theta)=\int_0^{2\pi}\cos\{m(\theta-v)\}\int_0^d\overline{\psi}_b(v,w,s)\{\xi_l\cos(\xi_lw)+\lambda_0\sin(\xi_lw)\}dwdv$, and
$\overline{\overline{\overline{\varphi}}}(\xi_n,m,\xi_l;\theta)=\int_a^b u\mathcal{V}_{\mathcal{D}m\dot{o}}(\xi_nu,a)\int_0^{2\pi}\cos\{m(\theta-v)\}\int_0^d\varphi(u,v,w)\{\xi_l\cos(\xi_lw)+\lambda_0\sin(\xi_lw)\}dwdvdu$.

$$p=\frac{\pi U(t-t_0)}{\phi c_t}\sum_{m=0}^{\infty}\ni_m\cos\{m(\theta-\theta_0)\}\sum_{n=1}^{\infty}\frac{\xi_n^2\{\xi_nJ'_{m\dot{o}}(\xi_nb)+\lambda J_{m\dot{o}}(\xi_nb)\}^2\mathcal{V}_{\mathcal{D}m\dot{o}}(\xi r_0,a)\,\mathcal{V}_{\mathcal{D}m\dot{o}}(\xi r,a)}{\left[\left\{\xi_n^2+\lambda^2-\left(\frac{m\dot{o}}{b}\right)^2\right\}J_{m\dot{o}}^2(\xi_na)-\{\xi_nJ'_{m\dot{o}}(\xi_nb)+\lambda J_{m\dot{o}}(\xi_nb)\}^2\right]}\times$$

$$\times\sum_{l=1}^{\infty}\frac{\{\xi_l\cos(\xi_lz_0)+\lambda_0\sin(\xi_lz_0)\}\{\xi_l\cos(\xi_lz)+\lambda_0\sin(\xi_lz)\}\int_0^{t-t_0}q(t-t_0-\tau)e^{-(\eta_r\xi_n^2+\eta_z\xi_l^2)\tau}d\tau}{\left\{(\xi_l^2+\lambda_0^2)\left(d+\frac{\lambda_d}{\xi_l^2+\lambda_d^2}\right)+\lambda_0\right\}}-$$

$$-2\eta_r\sum_{m=0}^{\infty}\ni_m\cos\{m(\theta-\theta_0)\}\sum_{n=1}^{\infty}\frac{\xi_n^2\{\xi_nJ'_{m\dot{o}}(\xi_nb)+\lambda J_{m\dot{o}}(\xi_nb)\}^2\mathcal{V}_{\mathcal{D}m\dot{o}}(\xi r,a)}{\left[\left\{\xi_n^2+\lambda^2-\left(\frac{m\dot{o}}{b}\right)^2\right\}J_{m\dot{o}}^2(\xi_na)-\{\xi_nJ'_{m\dot{o}}(\xi_nb)+\lambda J_{m\dot{o}}(\xi_nb)\}^2\right]}\times$$

$$\times\sum_{l=1}^{\infty}\frac{\{\xi_l\cos(\xi_lz)+\lambda_0\sin(\xi_lz)\}\int_0^t\overline{\overline{\psi}}_a(m,\xi_l,t-\tau;\theta)e^{-(\eta_r\xi_n^2+\eta_z\xi_l^2)\tau}d\tau}{\left\{(\xi_l^2+\lambda_0^2)\left(d+\frac{\lambda_d}{\xi_l^2+\lambda_d^2}\right)+\lambda_0\right\}}-$$

$$-\frac{2}{\phi c_t}\sum_{m=0}^{\infty}\ni_m\cos\{m(\theta-\theta_0)\}\sum_{n=1}^{\infty}\frac{\xi_n^2J_{m\dot{o}}(\xi_na)\{\xi_nJ'_{m\dot{o}}(\xi_nb)+\lambda J_{m\dot{o}}(\xi_nb)\}\mathcal{V}_{\mathcal{D}m\dot{o}}(\xi r,a)}{\left[\left\{\xi_n^2+\lambda^2-\left(\frac{m\dot{o}}{b}\right)^2\right\}J_{m\dot{o}}^2(\xi_na)-\{\xi_nJ'_{m\dot{o}}(\xi_nb)+\lambda J_{m\dot{o}}(\xi_nb)\}^2\right]}\times$$

$$\times\sum_{l=1}^{\infty}\frac{\{\xi_l\cos(\xi_lz)+\lambda_0\sin(\xi_lz)\}\int_0^t\overline{\overline{\psi}}_b(m,\xi_l,t-\tau;\theta)e^{-(\eta_r\xi_n^2+\eta_z\xi_l^2)\tau}d\tau}{\left\{(\xi_l^2+\lambda_0^2)\left(d+\frac{\lambda_d}{\xi_l^2+\lambda_d^2}\right)+\lambda_0\right\}}+$$

$$+\frac{\pi}{\phi c_t}\sum_{m=0}^{\infty}\ni_m\cos\{m(\theta-\theta_0)\}\sum_{n=1}^{\infty}\frac{\xi_n^2\{\xi_nJ'_{m\dot{o}}(\xi_nb)+\lambda J_{m\dot{o}}(\xi_nb)\}^2\mathcal{V}_{\mathcal{D}m\dot{o}}(\xi r,a)}{\left[\left\{\xi_n^2+\lambda^2-\left(\frac{m\dot{o}}{b}\right)^2\right\}J_{m\dot{o}}^2(\xi_na)-\{\xi_nJ'_{m\dot{o}}(\xi_nb)+\lambda J_{m\dot{o}}(\xi_nb)\}^2\right]}\times$$

$$\times\sum_{l=1}^{\infty}\frac{\{\xi_l\cos(\xi_lz)+\lambda_0\sin(\xi_lz)\}}{\left\{(\xi_l^2+\lambda_0^2)\left(d+\frac{\lambda_d}{\xi_l^2+\lambda_d^2}\right)+\lambda_0\right\}}\times$$

$$\times\int_0^t\left[\xi_l\overline{\overline{\psi}}_0(\xi_n,m,t-\tau;\theta)-\{\xi_l\cos(\xi_ld)+\lambda_0\sin(\xi_ld)\}\overline{\overline{\psi}}_d(\xi_n,m,t-\tau;\theta)\right]e^{-(\eta_r\xi_n^2+\eta_z\xi_l^2)\tau}d\tau+$$

$$+\pi\sum_{m=0}^{\infty}\ni_m\cos\{m(\theta-\theta_0)\}\sum_{n=1}^{\infty}\frac{\xi_n^2\{\xi_nJ'_{m\dot{o}}(\xi_nb)+\lambda J_{m\dot{o}}(\xi_nb)\}^2\mathcal{V}_{\mathcal{D}m\dot{o}}(\xi r,a)e^{-\eta_r\xi_n^2t}}{\left[\left\{\xi_n^2+\lambda^2-\left(\frac{m\dot{o}}{b}\right)^2\right\}J_{m\dot{o}}^2(\xi_na)-\{\xi_nJ'_{m\dot{o}}(\xi_nb)+\lambda J_{m\dot{o}}(\xi_nb)\}^2\right]}\times$$

$$\times\sum_{l=1}^{\infty}\frac{\overline{\overline{\overline{\varphi}}}(\xi_n,m,\xi_l;\theta)\{\xi_l\cos(\xi_lz)+\lambda_0\sin(\xi_lz)\}e^{-\eta_z\xi_l^2t}}{\left\{(\xi_l^2+\lambda_0^2)\left(d+\frac{\lambda_d}{\xi_l^2+\lambda_d^2}\right)+\lambda_0\right\}} \tag{25.102.2}$$

where $\overline{\overline{\overline{\psi}}}_a(m,\xi_l,t;\theta)=\int_0^{2\pi}\cos\{m(\theta-v)\}\int_0^d \psi_a(v,w,t)\{\xi_l\cos(\xi_l w)+\lambda_0\sin(\xi_l w)\}\,dwdv$,
$\overline{\overline{\overline{\psi}}}_b(m,\xi_l,t;\theta)=\int_0^{2\pi}\cos\{m(\theta-v)\}\int_0^d \psi_b(v,w,t)\{\xi_l\cos(\xi_l w)+\lambda_0\sin(\xi_l w)\}\,dwdv$,
$\overline{\overline{\psi}}_0(\xi_n,m,t;\theta)=\int_a^b u\mathcal{V}_{\mathcal{D}m\dot{o}}(\xi_n u,a)\int_0^{2\pi}\psi_0(u,v,t)\cos\{m(\theta-v)\}dvdu$, and
$\overline{\overline{\psi}}_d(\xi_n,m,t;\theta)=\int_a^b u\mathcal{V}_{\mathcal{D}m\dot{o}}(\xi_n u,a)\int_0^{2\pi}\psi_d(u,v,t)\cos\{m(\theta-v)\}dvdu$.

25.103

D$_b$ R$_d$ $r=b$ (r, 0, z) N$_a$ S$_p$ r $r=a$ (r, 2π, z) (0, 0, 0) R$_0$

The problem of 25.100, except
$\mathbf{N}_a\equiv\frac{\partial p(a,\theta,z,t)}{\partial r}=-\left(\frac{\mu}{k_r}\right)\psi_a(\theta,z,t)$,
$\mathbf{D}_b\equiv p(b,\theta,z,t)=\psi_b(\theta,z,t)$,
$\mathbf{R}_0\equiv\frac{\partial p(r,\theta,0,t)}{\partial z}-\lambda_0 p(r,\theta,0,t)=-\left(\frac{\mu}{k_z}\right)\psi_0(r,\theta,t)$ and
$\mathbf{R}_d\equiv\frac{\partial p(r,\theta,d,t)}{\partial z}+\lambda_d p(r,\theta,d,t)=-\left(\frac{\mu}{k_z}\right)\psi_d(r,\theta,t)$

$$
\begin{aligned}
\overline{p} \;=\; & \frac{\pi q(s)e^{-st_0}}{\phi c_t}\sum_{m=0}^{\infty}\ni_m\cos\{m(\theta-\theta_0)\}\sum_{n=1}^{\infty}\frac{\xi_n^2 J_{m\dot{o}}^2(\xi_n b)\mathcal{V}_{\mathcal{N}m\dot{o}}(\xi r_0,a)\mathcal{V}_{\mathcal{N}m\dot{o}}(\xi r,a)}{\left[J_{m\dot{o}}'^2(\xi_n a)-\left\{1-\left(\frac{m\dot{o}}{\xi_n a}\right)^2\right\}J_{m\dot{o}}^2(\xi_n b)\right]}\times\\
&\times\sum_{l=1}^{\infty}\frac{\{\xi_l\cos(\xi_l z_0)+\lambda_0\sin(\xi_l z_0)\}\{\xi_l\cos(\xi_l z)+\lambda_0\sin(\xi_l z)\}}{\left\{(\xi_l^2+\lambda_0^2)\left(d+\frac{\lambda_d}{\xi_l^2+\lambda_d^2}\right)+\lambda_0\right\}(\eta_r\xi_n^2+\eta_z\xi_l^2+s)}+\\
&+\frac{2}{\phi c_t}\sum_{m=0}^{\infty}\ni_m\cos\{m(\theta-\theta_0)\}\sum_{n=1}^{\infty}\frac{\xi_n J_{m\dot{o}}^2(\xi_n b)\mathcal{V}_{\mathcal{N}m\dot{o}}(\xi r,a)}{\left[J_{m\dot{o}}'^2(\xi_n a)-\left\{1-\left(\frac{m\dot{o}}{\xi_n a}\right)^2\right\}J_{m\dot{o}}^2(\xi_n b)\right]}\times\\
&\times\sum_{l=1}^{\infty}\frac{\overline{\overline{\overline{\psi}}}_a(m,\xi_l,s;\theta)\{\xi_l\cos(\xi_l z)+\lambda_0\sin(\xi_l z)\}}{\left\{(\xi_l^2+\lambda_0^2)\left(d+\frac{\lambda_d}{\xi_l^2+\lambda_d^2}\right)+\lambda_0\right\}(\eta_r\xi_n^2+\eta_z\xi_l^2+s)}+\\
&+2\eta_r\sum_{m=0}^{\infty}\ni_m\cos\{m(\theta-\theta_0)\}\sum_{n=1}^{\infty}\frac{\xi_n^2 J_{m\dot{o}}'(\xi_n a)J_{m\dot{o}}(\xi_n b)\mathcal{V}_{\mathcal{N}m\dot{o}}(\xi r,a)}{\left[J_{m\dot{o}}'^2(\xi_n a)-\left\{1-\left(\frac{m\dot{o}}{\xi_n a}\right)^2\right\}J_{m\dot{o}}^2(\xi_n b)\right]}\times\\
&\times\sum_{l=1}^{\infty}\frac{\overline{\overline{\overline{\psi}}}_b(m,\xi_l,s;\theta)\{\xi_l\cos(\xi_l z)+\lambda_0\sin(\xi_l z)\}}{\left\{(\xi_l^2+\lambda_0^2)\left(d+\frac{\lambda_d}{\xi_l^2+\lambda_d^2}\right)+\lambda_0\right\}(\eta_r\xi_n^2+\eta_z\xi_l^2+s)}+\\
&+\frac{\pi}{\phi c_t}\sum_{m=0}^{\infty}\ni_m\cos\{m(\theta-\theta_0)\}\sum_{n=1}^{\infty}\frac{\xi_n^2 J_{m\dot{o}}^2(\xi_n b)\mathcal{V}_{\mathcal{N}m\dot{o}}(\xi r,a)}{\left[J_{m\dot{o}}'^2(\xi_n a)-\left\{1-\left(\frac{m\dot{o}}{\xi_n a}\right)^2\right\}J_{m\dot{o}}^2(\xi_n b)\right]}\times\\
&\times\sum_{l=1}^{\infty}\frac{\left[\xi_l\overline{\overline{\overline{\psi}}}_0(\xi_n,m,s;\theta)-\{\xi_l\cos(\xi_l d)+\lambda_0\sin(\xi_l d)\}\overline{\overline{\overline{\psi}}}_d(\xi_n,m,s;\theta)\right]\{\xi_l\cos(\xi_l z)+\lambda_0\sin(\xi_l z)\}}{\left\{(\xi_l^2+\lambda_0^2)\left(d+\frac{\lambda_d}{\xi_l^2+\lambda_d^2}\right)+\lambda_0\right\}(\eta_r\xi_n^2+\eta_z\xi_l^2+s)}+\\
&+\pi\sum_{m=0}^{\infty}\ni_m\cos\{m(\theta-\theta_0)\}\sum_{n=1}^{\infty}\frac{\xi_n^2 J_{m\dot{o}}^2(\xi_n b)\mathcal{V}_{\mathcal{N}m\dot{o}}(\xi r,a)}{\left[J_{m\dot{o}}'^2(\xi_n a)-\left\{1-\left(\frac{m\dot{o}}{\xi_n a}\right)^2\right\}J_{m\dot{o}}^2(\xi_n b)\right]}\times\\
&\times\sum_{l=1}^{\infty}\frac{\overline{\overline{\overline{\varphi}}}(\xi_n,m,\xi_l;\theta)\{\xi_l\cos(\xi_l z)+\lambda_0\sin(\xi_l z)\}}{\left\{(\xi_l^2+\lambda_0^2)\left(d+\frac{\lambda_d}{\xi_l^2+\lambda_d^2}\right)+\lambda_0\right\}(\eta_r\xi_n^2+\eta_z\xi_l^2+s)}
\end{aligned}
\tag{25.103.1}
$$

where $\mathcal{V}_{\mathcal{N}m\dot{o}}(\xi_n r,a)=J_{m\dot{o}}(\xi_n r)Y_{m\dot{o}}'(\xi_n a)-Y_{m\dot{o}}(\xi_n r)J_{m\dot{o}}'(\xi_n a)$, and the eigenvalues $\xi_n, n=1,2,....$, are the positive roots of the transcendental equation $\mathcal{V}_{\mathcal{N}m\dot{o}}(\xi_n b,a)=0$, and ξ_l are the positive roots of $\tan(\xi_l d)=\frac{\xi_l(\lambda_0+\lambda_d)}{\xi_l^2-\lambda_0\lambda_d}$, $l=1,2,....$ $\overline{\overline{\overline{\psi}}}_0(\xi_n,m,s;\theta)=\int_a^b u\mathcal{V}_{\mathcal{N}m\dot{o}}(\xi_n u,a)\int_0^{2\pi}\overline{\psi}_0(u,v,s)\cos\{m(\theta-v)\}dvdu$,

$\overline{\overline{\overline{\psi}}}_d(\xi_n, m, s; \theta) = \int_a^b u\mathcal{V}_{\mathcal{N}m\dot{o}}(\xi_n u, a) \int_0^{2\pi} \overline{\psi}_d(u, v, s)\cos\{m(\theta - v)\}dvdu,$
$\overline{\overline{\overline{\psi}}}_a(m, \xi_l, s; \theta) = \int_0^{2\pi} \cos\{m(\theta - v)\} \int_0^d \overline{\psi}_a(v, w, s)\{\xi_l \cos(\xi_l w) + \lambda_0 \sin(\xi_l w)\} dwdv,$
$\overline{\overline{\overline{\psi}}}_b(m, \xi_l, s; \theta) = \int_0^{2\pi} \cos\{m(\theta - v)\} \int_0^d \overline{\psi}_b(v, w, s)\{\xi_l \cos(\xi_l w) + \lambda_0 \sin(\xi_l w)\} dwdv,$ and
$\overline{\overline{\overline{\varphi}}}(\xi_n, m, \xi_l; \theta) = \int_a^b u\mathcal{V}_{\mathcal{N}m\dot{o}}(\xi_n u, a) \int_0^{2\pi} \cos\{m(\theta - v)\} \int_0^d \varphi(u, v, w)\{\xi_l \cos(\xi_l w) + \lambda_0 \sin(\xi_l w)\} dwdvdu.$

$$\begin{aligned}
p \;=\; & \frac{\pi U(t-t_0)}{\phi c_t} \sum_{m=0}^{\infty} \ni_m \cos\{m(\theta-\theta_0)\} \sum_{n=1}^{\infty} \frac{\xi_n^2 J_{m\dot{o}}^2(\xi_n b)\mathcal{V}_{\mathcal{N}m\dot{o}}(\xi r_0, a)\mathcal{V}_{\mathcal{N}m\dot{o}}(\xi r, a)}{\left[J_{m\dot{o}}'^2(\xi_n a) - \left\{1 - \left(\frac{m\dot{o}}{\xi_n a}\right)^2\right\} J_{m\dot{o}}^2(\xi_n b)\right]} \times \\
& \times \sum_{l=1}^{\infty} \frac{\{\xi_l \cos(\xi_l z_0) + \lambda_0 \sin(\xi_l z_0)\}\{\xi_l \cos(\xi_l z) + \lambda_0 \sin(\xi_l z)\} \int_0^{t-t_0} q(t-t_0-\tau) e^{-\left(\eta_r \xi_n^2 + \eta_z \xi_l^2\right)\tau} d\tau}{\left\{(\xi_l^2 + \lambda_0^2)\left(d + \frac{\lambda_d}{\xi_l^2 + \lambda_d^2}\right) + \lambda_0\right\}} + \\
& + \frac{2}{\phi c_t} \sum_{m=0}^{\infty} \ni_m \cos\{m(\theta-\theta_0)\} \sum_{n=1}^{\infty} \frac{\xi_n J_{m\dot{o}}^2(\xi_n b)\mathcal{V}_{\mathcal{N}m\dot{o}}(\xi r, a)}{\left[J_{m\dot{o}}'^2(\xi_n a) - \left\{1 - \left(\frac{m\dot{o}}{\xi_n a}\right)^2\right\} J_{m\dot{o}}^2(\xi_n b)\right]} \times \\
& \times \sum_{l=1}^{\infty} \frac{\{\xi_l \cos(\xi_l z) + \lambda_0 \sin(\xi_l z)\} \int_0^{t} \overline{\overline{\psi}}_a(m, \xi_l, t-\tau; \theta) e^{-\left(\eta_r \xi_n^2 + \eta_z \xi_l^2\right)\tau} d\tau}{\left\{(\xi_l^2 + \lambda_0^2)\left(d + \frac{\lambda_d}{\xi_l^2 + \lambda_d^2}\right) + \lambda_0\right\}} + \\
& + 2\eta_r \sum_{m=0}^{\infty} \ni_m \cos\{m(\theta-\theta_0)\} \sum_{n=1}^{\infty} \frac{\xi_n^2 J_{m\dot{o}}'(\xi_n a) J_{m\dot{o}}(\xi_n b)\mathcal{V}_{\mathcal{N}m\dot{o}}(\xi r, a)}{\left[J_{m\dot{o}}'^2(\xi_n a) - \left\{1 - \left(\frac{m\dot{o}}{\xi_n a}\right)^2\right\} J_{m\dot{o}}^2(\xi_n b)\right]} \times \\
& \times \sum_{l=1}^{\infty} \frac{\{\xi_l \cos(\xi_l z) + \lambda_0 \sin(\xi_l z)\} \int_0^{t} \overline{\overline{\psi}}_b(m, \xi_l, t-\tau; \theta) e^{-\left(\eta_r \xi_n^2 + \eta_z \xi_l^2\right)\tau} d\tau}{\left\{(\xi_l^2 + \lambda_0^2)\left(d + \frac{\lambda_d}{\xi_l^2 + \lambda_d^2}\right) + \lambda_0\right\}} + \\
& + \frac{\pi}{\phi c_t} \sum_{m=0}^{\infty} \ni_m \cos\{m(\theta-\theta_0)\} \sum_{n=1}^{\infty} \frac{\xi_n^2 J_{m\dot{o}}^2(\xi_n b)\mathcal{V}_{\mathcal{N}m\dot{o}}(\xi r, a)}{\left[J_{m\dot{o}}'^2(\xi_n a) - \left\{1 - \left(\frac{m\dot{o}}{\xi_n a}\right)^2\right\} J_{m\dot{o}}^2(\xi_n b)\right]} \times \\
& \times \sum_{l=1}^{\infty} \frac{\{\xi_l \cos(\xi_l z) + \lambda_0 \sin(\xi_l z)\}}{\left\{(\xi_l^2 + \lambda_0^2)\left(d + \frac{\lambda_d}{\xi_l^2 + \lambda_d^2}\right) + \lambda_0\right\}} \times \\
& \times \int_0^t \left[\xi_l \overline{\overline{\psi}}_0(\xi_n, m, t-\tau; \theta) - \{\xi_l \cos(\xi_l d) + \lambda_0 \sin(\xi_l d)\} \overline{\overline{\psi}}_d(\xi_n, m, t-\tau; \theta)\right] e^{-\left(\eta_r \xi_n^2 + \eta_z \xi_l^2\right)\tau} d\tau + \\
& + \pi \sum_{m=0}^{\infty} \ni_m \cos\{m(\theta-\theta_0)\} \sum_{n=1}^{\infty} \frac{\xi_n^2 J_{m\dot{o}}^2(\xi_n b)\mathcal{V}_{\mathcal{N}m\dot{o}}(\xi r, a) e^{-\eta_r \xi_n^2 t}}{\left[J_{m\dot{o}}'^2(\xi_n a) - \left\{1 - \left(\frac{m\dot{o}}{\xi_n a}\right)^2\right\} J_{m\dot{o}}^2(\xi_n b)\right]} \times \\
& \times \sum_{l=1}^{\infty} \frac{\overline{\overline{\overline{\varphi}}}(\xi_n, m, \xi_l; \theta)\{\xi_l \cos(\xi_l z) + \lambda_0 \sin(\xi_l z)\} e^{-\eta_z \xi_l^2 t}}{\left\{(\xi_l^2 + \lambda_0^2)\left(d + \frac{\lambda_d}{\xi_l^2 + \lambda_d^2}\right) + \lambda_0\right\}}
\end{aligned} \tag{25.103.2}$$

where $\overline{\overline{\psi}}_a(m, \xi_l, t; \theta) = \int_0^{2\pi} \cos\{m(\theta - v)\} \int_0^d \psi_a(v, w, t)\{\xi_l \cos(\xi_l w) + \lambda_0 \sin(\xi_l w)\} dwdv,$
$\overline{\overline{\psi}}_b(m, \xi_l, t; \theta) = \int_0^{2\pi} \cos\{m(\theta - v)\} \int_0^d \psi_b(v, w, t)\{\xi_l \cos(\xi_l w) + \lambda_0 \sin(\xi_l w)\} dwdv,$
$\overline{\overline{\psi}}_0(\xi_n, m, t; \theta) = \int_a^b u\mathcal{V}_{\mathcal{N}m\dot{o}}(\xi_n u, a) \int_0^{2\pi} \psi_0(u, v, t)\cos\{m(\theta - v)\}dvdu,$ and
$\overline{\overline{\psi}}_d(\xi_n, m, t; \theta) = \int_a^b u\mathcal{V}_{\mathcal{N}m\dot{o}}(\xi_n u, a) \int_0^{2\pi} \psi_d(u, v, t)\cos\{m(\theta - v)\}dvdu.$

25.104

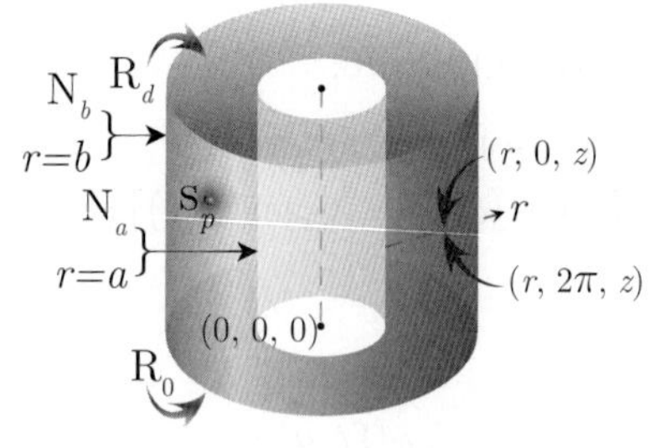

The problem of 25.100, except
$\mathbf{N}_a \equiv \frac{\partial p(a,\theta,z,t)}{\partial r} = -\left(\frac{\mu}{k_r}\right)\psi_a\left(\theta, z, t\right)$,
$\mathbf{N}_b \equiv \frac{\partial p(b,\theta,z,t)}{\partial r} = -\left(\frac{\mu}{k_r}\right)\psi_b\left(\theta, z, t\right)$,
$\mathbf{R}_0 \equiv \frac{\partial p(r,\theta,0,t)}{\partial z} - \lambda_0 p\left(r,\theta,0,t\right) = -\left(\frac{\mu}{k_z}\right)\psi_0\left(r,\theta,t\right)$ **and**
$\mathbf{R}_d \equiv \frac{\partial p(r,\theta,d,t)}{\partial z} + \lambda_d p\left(r,\theta,d,t\right) = -\left(\frac{\mu}{k_z}\right)\psi_d\left(r,\theta,t\right)$

$$
\begin{aligned}
\overline{p} = {} & \frac{2q\left(s\right)e^{-st_0}}{\pi\left(b^2-a^2\right)\phi c_t}\sum_{l=1}^{\infty}\frac{\left\{\xi_l\cos\left(\xi_l z_0\right)+\lambda_0\sin\left(\xi_l z_0\right)\right\}\left\{\xi_l\cos\left(\xi_l z\right)+\lambda_0\sin\left(\xi_l z\right)\right\}}{\left\{\left(\xi_l^2+\lambda_0^2\right)\left(d+\frac{\lambda_d}{\xi_l^2+\lambda_d^2}\right)+\lambda_0\right\}\left(\eta_z\xi_l^2+s\right)}+ \\
& +\frac{\pi q\left(s\right)e^{-st_0}}{\phi c_t}\sum_{m=0}^{\infty}\ni_m\cos\left\{m\left(\theta-\theta_0\right)\right\}\sum_{n=1}^{\infty}\frac{\xi_n^2 J_{m\dot{o}}'^2\left(\xi_n b\right)\mathcal{V}_{\mathcal{N}m\dot{o}}\left(\xi r_0,a\right)\mathcal{V}_{\mathcal{N}m\dot{o}}\left(\xi r,a\right)}{\left[\left\{1-\left(\frac{m\dot{o}}{\xi_n b}\right)^2\right\}J_{m\dot{o}}'^2\left(\xi_n a\right)-\left\{1-\left(\frac{m\dot{o}}{\xi_n a}\right)^2\right\}J_{m\dot{o}}'^2\left(\xi_n b\right)\right]}\times \\
& \times\sum_{l=1}^{\infty}\frac{\left\{\xi_l\cos\left(\xi_l z_0\right)+\lambda_0\sin\left(\xi_l z_0\right)\right\}\left\{\xi_l\cos\left(\xi_l z\right)+\lambda_0\sin\left(\xi_l z\right)\right\}}{\left\{\left(\xi_l^2+\lambda_0^2\right)\left(d+\frac{\lambda_d}{\xi_l^2+\lambda_d^2}\right)+\lambda_0\right\}\left(\eta_r\xi_n^2+\eta_z\xi_l^2+s\right)}+ \\
& +\frac{2}{\pi\left(b^2-a^2\right)\phi c_t}\sum_{l=1}^{\infty}\frac{\left\{a\overline{\overline{\overline{\psi}}}_a\left(0,\xi_l,s;\theta\right)-b\overline{\overline{\overline{\psi}}}_b\left(0,\xi_l,s;\theta\right)\right\}\left\{\xi_l\cos\left(\xi_l z\right)+\lambda_0\sin\left(\xi_l z\right)\right\}}{\left\{\left(\xi_l^2+\lambda_0^2\right)\left(d+\frac{\lambda_d}{\xi_l^2+\lambda_d^2}\right)+\lambda_0\right\}\left(\eta_z\xi_l^2+s\right)}+ \\
& +\frac{2}{\phi c_t}\sum_{m=0}^{\infty}\ni_m\cos\left\{m\left(\theta-\theta_0\right)\right\}\sum_{n=1}^{\infty}\frac{\xi_n J_{m\dot{o}}'^2\left(\xi_n b\right)\mathcal{V}_{\mathcal{N}m\dot{o}}\left(\xi r,a\right)}{\left[\left\{1-\left(\frac{m\dot{o}}{\xi_n b}\right)^2\right\}J_{m\dot{o}}'^2\left(\xi_n a\right)-\left\{1-\left(\frac{m\dot{o}}{\xi_n a}\right)^2\right\}J_{m\dot{o}}'^2\left(\xi_n b\right)\right]}\times \\
& \times\sum_{l=1}^{\infty}\frac{\overline{\overline{\overline{\psi}}}_a\left(m,\xi_l,s;\theta\right)\left\{\xi_l\cos\left(\xi_l z\right)+\lambda_0\sin\left(\xi_l z\right)\right\}}{\left\{\left(\xi_l^2+\lambda_0^2\right)\left(d+\frac{\lambda_d}{\xi_l^2+\lambda_d^2}\right)+\lambda_0\right\}\left(\eta_r\xi_n^2+\eta_z\xi_l^2+s\right)}- \\
& -\frac{2}{\phi c_t}\sum_{m=0}^{\infty}\ni_m\cos\left\{m\left(\theta-\theta_0\right)\right\}\sum_{n=1}^{\infty}\frac{\xi_n J_{m\dot{o}}'\left(\xi_n a\right)J_{m\dot{o}}'\left(\xi_n b\right)\mathcal{V}_{\mathcal{N}m\dot{o}}\left(\xi r,a\right)}{\left[\left\{1-\left(\frac{m\dot{o}}{\xi_n b}\right)^2\right\}J_{m\dot{o}}'^2\left(\xi_n a\right)-\left\{1-\left(\frac{m\dot{o}}{\xi_n a}\right)^2\right\}J_{m\dot{o}}'^2\left(\xi_n b\right)\right]}\times \\
& \times\sum_{l=1}^{\infty}\frac{\overline{\overline{\overline{\psi}}}_b\left(m,\xi_l,s;\theta\right)\left\{\xi_l\cos\left(\xi_l z\right)+\lambda_0\sin\left(\xi_l z\right)\right\}}{\left\{\left(\xi_l^2+\lambda_0^2\right)\left(d+\frac{\lambda_d}{\xi_l^2+\lambda_d^2}\right)+\lambda_0\right\}\left(\eta_r\xi_n^2+\eta_z\xi_l^2+s\right)}+ \\
& +\frac{2}{\pi\left(b^2-a^2\right)\phi c_t}\times \\
& \times\sum_{l=1}^{\infty}\frac{\left\{\xi_l\cos\left(\xi_l z\right)+\lambda_0\sin\left(\xi_l z\right)\right\}\int_a^b u\left[\overline{\overline{\psi}}_0\left(u,0,s;\theta\right)-\left\{\xi_l\cos\left(\xi_l d\right)+\lambda_0\sin\left(\xi_l d\right)\right\}\overline{\overline{\psi}}_d\left(u,0,s;\theta\right)\right]du}{\left\{\left(\xi_l^2+\lambda_0^2\right)\left(d+\frac{\lambda_d}{\xi_l^2+\lambda_d^2}\right)+\lambda_0\right\}\left(\eta_z\xi_l^2+s\right)}+ \\
& +\frac{\pi}{\phi c_t}\sum_{m=0}^{\infty}\ni_m\cos\left\{m\left(\theta-\theta_0\right)\right\}\sum_{n=1}^{\infty}\frac{\xi_n^2 J_{m\dot{o}}'^2\left(\xi_n b\right)\mathcal{V}_{\mathcal{N}m\dot{o}}\left(\xi r,a\right)}{\left[\left\{1-\left(\frac{m\dot{o}}{\xi_n b}\right)^2\right\}J_{m\dot{o}}'^2\left(\xi_n a\right)-\left\{1-\left(\frac{m\dot{o}}{\xi_n a}\right)^2\right\}J_{m\dot{o}}'^2\left(\xi_n b\right)\right]}\times \\
& \times\sum_{l=1}^{\infty}\frac{\left[\xi_l\overline{\overline{\overline{\psi}}}_0\left(\xi_n,m,s;\theta\right)-\left\{\xi_l\cos\left(\xi_l d\right)+\lambda_0\sin\left(\xi_l d\right)\right\}\overline{\overline{\overline{\psi}}}_d\left(\xi_n,m,s;\theta\right)\right]\left\{\xi_l\cos\left(\xi_l z\right)+\lambda_0\sin\left(\xi_l z\right)\right\}}{\left\{\left(\xi_l^2+\lambda_0^2\right)\left(d+\frac{\lambda_d}{\xi_l^2+\lambda_d^2}\right)+\lambda_0\right\}\left(\eta_r\xi_n^2+\eta_z\xi_l^2+s\right)}+ \\
& +\frac{2}{\pi\left(b^2-a^2\right)}\sum_{l=1}^{\infty}\frac{\left\{\xi_l\cos\left(\xi_l z\right)+\lambda_0\sin\left(\xi_l z\right)\right\}\int_a^b\overline{\overline{\varphi}}\left(u,0,\xi_l;\theta\right)u\,du}{\left\{\left(\xi_l^2+\lambda_0^2\right)\left(d+\frac{\lambda_d}{\xi_l^2+\lambda_d^2}\right)+\lambda_0\right\}\left(\eta_z\xi_l^2+s\right)}+
\end{aligned}
$$

$$+\pi\sum_{m=0}^{\infty}\ni_m\cos\{m(\theta-\theta_0)\}\sum_{n=1}^{\infty}\frac{\xi_n^2 J'^2_{m\dot{o}}(\xi_n b)\,\mathcal{V}_{\mathcal{N}m\dot{o}}(\xi r,a)}{\left[\left\{1-\left(\frac{m\dot{o}}{\xi_n b}\right)^2\right\}J'^2_{m\dot{o}}(\xi_n a)-\left\{1-\left(\frac{m\dot{o}}{\xi_n a}\right)^2\right\}J'^2_{m\dot{o}}(\xi_n b)\right]}\times$$

$$\times\sum_{l=1}^{\infty}\frac{\overline{\overline{\overline{\varphi}}}(\xi_n,m,\xi_l;\theta)\{\xi_l\cos(\xi_l z)+\lambda_0\sin(\xi_l z)\}}{\left\{(\xi_l^2+\lambda_0^2)\left(d+\frac{\lambda_d}{\xi_l^2+\lambda_d^2}\right)+\lambda_0\right\}(\eta_r\xi_n^2+\eta_z\xi_l^2+s)} \tag{25.104.1}$$

where $\mathcal{V}_{\mathcal{N}m\dot{o}}(\xi_n r,a)=J_{m\dot{o}}(\xi_n r)\,Y'_{m\dot{o}}(\xi_n a)-Y_{m\dot{o}}(\xi_n r)\,J'_{m\dot{o}}(\xi_n a)$. The eigenvalues are $\xi_0=0$, and ξ_n. ξ_n are the positive roots of the transcendental equation $\mathcal{V}'_{\mathcal{N}m\dot{o}}(\xi_n b,a)=0$, $n=1,2,...$, and ξ_l are the positive roots of $\tan(\xi_l d)=\frac{\xi_l(\lambda_0+\lambda_d)}{\xi_l^2-\lambda_0\lambda_d}$, $l=1,2,....$ $\overline{\overline{\psi}}_0(u,0,s;\theta)=\int_0^{2\pi}\overline{\psi}_0(u,v,s)dv$,
$\overline{\overline{\psi}}_d(u,0,s;\theta)=\int_0^{2\pi}\overline{\psi}_d(u,v,s)dv$. $\overline{\overline{\overline{\psi}}}_0(\xi_n,m,s;\theta)=\int_a^b u\mathcal{V}_{\mathcal{N}m\dot{o}}(\xi_n u,a)\int_0^{2\pi}\overline{\psi}_0(u,v,s)\cos\{m(\theta-v)\}dvdu$,
$\overline{\overline{\overline{\psi}}}_d(\xi_n,m,s;\theta)=\int_a^b u\mathcal{V}_{\mathcal{N}m\dot{o}}(\xi_n u,a)\int_0^{2\pi}\overline{\psi}_d(u,v,s)\cos\{m(\theta-v)\}dvdu$,
$\overline{\overline{\overline{\psi}}}_a(m,\xi_l,s;\theta)=\int_0^{2\pi}\cos\{m(\theta-v)\}\int_0^d\overline{\psi}_a(v,w,s)\{\xi_l\cos(\xi_l w)+\lambda_0\sin(\xi_l w)\}dwdv$,
$\overline{\overline{\overline{\psi}}}_b(m,\xi_l,s;\theta)=\int_0^{2\pi}\cos\{m(\theta-v)\}\int_0^d\overline{\psi}_b(v,w,s)\{\xi_l\cos(\xi_l w)+\lambda_0\sin(\xi_l w)\}dwdv$,
$\overline{\overline{\varphi}}(u,0,\xi_l;\theta)=\int_0^{2\pi}\int_0^d\varphi(u,v,w)\{\xi_l\cos(\xi_l w)+\lambda_0\sin(\xi_l w)\}dvdw$, and
$\overline{\overline{\overline{\varphi}}}(\xi_n,m,\xi_l;\theta)=\int_a^b u\mathcal{V}_{\mathcal{N}m\dot{o}}(\xi_n u,a)\int_0^{2\pi}\cos\{m(\theta-v)\}\int_0^d\varphi(u,v,w)\{\xi_l\cos(\xi_l w)+\lambda_0\sin(\xi_l w)\}dwdvdu$.

$$p=\frac{2U(t-t_0)}{\pi(b^2-a^2)\phi c_t}\sum_{l=1}^{\infty}\frac{\{\xi_l\cos(\xi_l z_0)+\lambda_0\sin(\xi_l z_0)\}\{\xi_l\cos(\xi_l z)+\lambda_0\sin(\xi_l z)\}\int_0^{t-t_0}q(t-t_0-\tau)\,e^{-\eta_z\xi_l^2\tau}d\tau}{\left\{(\xi_l^2+\lambda_0^2)\left(d+\frac{\lambda_d}{\xi_l^2+\lambda_d^2}\right)+\lambda_0\right\}}+$$

$$+\frac{\pi U(t-t_0)}{\phi c_t}\sum_{m=0}^{\infty}\ni_m\cos\{m(\theta-\theta_0)\}\sum_{n=1}^{\infty}\frac{\xi_n^2 J'^2_{m\dot{o}}(\xi_n b)\,\mathcal{V}_{\mathcal{N}m\dot{o}}(\xi r_0,a)\,\mathcal{V}_{\mathcal{N}m\dot{o}}(\xi r,a)}{\left[\left\{1-\left(\frac{m\dot{o}}{\xi_n b}\right)^2\right\}J'^2_{m\dot{o}}(\xi_n a)-\left\{1-\left(\frac{m\dot{o}}{\xi_n a}\right)^2\right\}J'^2_{m\dot{o}}(\xi_n b)\right]}\times$$

$$\times\sum_{l=1}^{\infty}\frac{\{\xi_l\cos(\xi_l z_0)+\lambda_0\sin(\xi_l z_0)\}\{\xi_l\cos(\xi_l z)+\lambda_0\sin(\xi_l z)\}\int_0^{t-t_0}q(t-t_0-\tau)\,e^{-(\eta_r\xi_n^2+\eta_z\xi_l^2)\tau}d\tau}{\left\{(\xi_l^2+\lambda_0^2)\left(d+\frac{\lambda_d}{\xi_l^2+\lambda_d^2}\right)+\lambda_0\right\}}+$$

$$+\frac{2}{\pi(b^2-a^2)\phi c_t}\sum_{l=1}^{\infty}\frac{\{\xi_l\cos(\xi_l z)+\lambda_0\sin(\xi_l z)\}\int_0^t\left\{a\overline{\overline{\psi}}_a(0,\xi_l,t-\tau;\theta)-b\overline{\overline{\psi}}_b(0,\xi_l,t-\tau;\theta)\right\}e^{-\eta_z\xi_l^2\tau}d\tau}{\left\{(\xi_l^2+\lambda_0^2)\left(d+\frac{\lambda_d}{\xi_l^2+\lambda_d^2}\right)+\lambda_0\right\}}+$$

$$+\frac{2}{\phi c_t}\sum_{m=0}^{\infty}\ni_m\cos\{m(\theta-\theta_0)\}\sum_{n=1}^{\infty}\frac{\xi_n J'^2_{m\dot{o}}(\xi_n b)\,\mathcal{V}_{\mathcal{N}m\dot{o}}(\xi r,a)}{\left[\left\{1-\left(\frac{m\dot{o}}{\xi_n b}\right)^2\right\}J'^2_{m\dot{o}}(\xi_n a)-\left\{1-\left(\frac{m\dot{o}}{\xi_n a}\right)^2\right\}J'^2_{m\dot{o}}(\xi_n b)\right]}\times$$

$$\times\sum_{l=1}^{\infty}\frac{\{\xi_l\cos(\xi_l z)+\lambda_0\sin(\xi_l z)\}\int_0^t\overline{\overline{\psi}}_a(m,\xi_l,t-\tau;\theta)\,e^{-(\eta_r\xi_n^2+\eta_z\xi_l^2)\tau}d\tau}{\left\{(\xi_l^2+\lambda_0^2)\left(d+\frac{\lambda_d}{\xi_l^2+\lambda_d^2}\right)+\lambda_0\right\}}-$$

$$-\frac{2}{\phi c_t}\sum_{m=0}^{\infty}\ni_m\cos\{m(\theta-\theta_0)\}\sum_{n=1}^{\infty}\frac{\xi_n J'_{m\dot{o}}(\xi_n a)\,J'_{m\dot{o}}(\xi_n b)\,\mathcal{V}_{\mathcal{N}m\dot{o}}(\xi r,a)}{\left[\left\{1-\left(\frac{m\dot{o}}{\xi_n b}\right)^2\right\}J'^2_{m\dot{o}}(\xi_n a)-\left\{1-\left(\frac{m\dot{o}}{\xi_n a}\right)^2\right\}J'^2_{m\dot{o}}(\xi_n b)\right]}\times$$

$$\times\sum_{l=1}^{\infty}\frac{\{\xi_l\cos(\xi_l z)+\lambda_0\sin(\xi_l z)\}\int_0^t\overline{\overline{\psi}}_b(m,\xi_l,t-\tau;\theta)\,e^{-(\eta_r\xi_n^2+\eta_z\xi_l^2)\tau}d\tau}{\left\{(\xi_l^2+\lambda_0^2)\left(d+\frac{\lambda_d}{\xi_l^2+\lambda_d^2}\right)+\lambda_0\right\}}+$$

$$+\frac{2}{\pi(b^2-a^2)\phi c_t}\sum_{l=1}^{\infty}\frac{\{\xi_l\cos(\xi_l z)+\lambda_0\sin(\xi_l z)\}}{\left\{(\xi_l^2+\lambda_0^2)\left(d+\frac{\lambda_d}{\xi_l^2+\lambda_d^2}\right)+\lambda_0\right\}}\times$$

$$\times\int_0^t e^{-\eta_z\xi_l^2\tau}\int_a^b u\left[\overline{\psi}_0(u,0,t-\tau;\theta)-\{\xi_l\cos(\xi_l d)+\lambda_0\sin(\xi_l d)\}\overline{\psi}_d(u,0,t-\tau;\theta)\right]dud\tau+$$

$$+\frac{\pi}{\phi c_t}\sum_{m=0}^{\infty}\ni_m\cos\{m(\theta-\theta_0)\}\sum_{n=1}^{\infty}\frac{\xi_n^2 J'^2_{m\dot{o}}(\xi_n b)\,\mathcal{V}_{\mathcal{N}m\dot{o}}(\xi r,a)}{\left[\left\{1-\left(\frac{m\dot{o}}{\xi_n b}\right)^2\right\}J'^2_{m\dot{o}}(\xi_n a)-\left\{1-\left(\frac{m\dot{o}}{\xi_n a}\right)^2\right\}J'^2_{m\dot{o}}(\xi_n b)\right]}\times$$

$$\times \sum_{l=1}^{\infty} \frac{\{\xi_l \cos(\xi_l z) + \lambda_0 \sin(\xi_l z)\}}{\left\{(\xi_l^2 + \lambda_0^2)\left(d + \frac{\lambda_d}{\xi_l^2+\lambda_d^2}\right) + \lambda_0\right\}} \times$$

$$\times \int_0^t \left[\xi_l \overline{\overline{\psi}}_0(\xi_n, m, t-\tau;\theta) - \{\xi_l \cos(\xi_l d) + \lambda_0 \sin(\xi_l d)\} \overline{\overline{\psi}}_d(\xi_n, m, t-\tau;\theta)\right] e^{-\left(\eta_r \xi_n^2 + \eta_z \xi_l^2\right)\tau} d\tau +$$

$$+ \frac{2}{\pi(b^2-a^2)} \sum_{l=1}^{\infty} \frac{\{\xi_l \cos(\xi_l z) + \lambda_0 \sin(\xi_l z)\} e^{-\eta_z \xi_l^2 t} \int_a^b \overline{\overline{\varphi}}(u, 0, \xi_l;\theta)\, u du}{\left\{(\xi_l^2 + \lambda_0^2)\left(d + \frac{\lambda_d}{\xi_l^2+\lambda_d^2}\right) + \lambda_0\right\}} +$$

$$+ \pi \sum_{m=0}^{\infty} \ni_m \cos\{m(\theta-\theta_0)\} \sum_{n=1}^{\infty} \frac{\xi_n^2 J'^2_{m\dot{o}}(\xi_n b)\, \mathcal{V}_{\mathcal{N}m\dot{o}}(\xi r, a)\, e^{-\eta_r \xi_n^2 t}}{\left[\left\{1 - \left(\frac{m\dot{o}}{\xi_n b}\right)^2\right\} J'^2_{m\dot{o}}(\xi_n a) - \left\{1 - \left(\frac{m\dot{o}}{\xi_n a}\right)^2\right\} J'^2_{m\dot{o}}(\xi_n b)\right]} \times$$

$$\times \sum_{l=1}^{\infty} \frac{\overline{\overline{\overline{\varphi}}}(\xi_n, m, \xi_l;\theta)\{\xi_l \cos(\xi_l z) + \lambda_0 \sin(\xi_l z)\} e^{-\eta_z \xi_l^2 t}}{\left\{(\xi_l^2 + \lambda_0^2)\left(d + \frac{\lambda_d}{\xi_l^2+\lambda_d^2}\right) + \lambda_0\right\}} \qquad (25.104.2)$$

where $\overline{\overline{\psi}}_a(m, \xi_l, t;\theta) = \int_0^{2\pi} \cos\{m(\theta - v)\} \int_0^d \psi_a(v, w, t)\{\xi_l \cos(\xi_l w) + \lambda_0 \sin(\xi_l w)\} dwdv$,
$\overline{\overline{\psi}}_b(m, \xi_l, t;\theta) = \int_0^{2\pi} \cos\{m(\theta - v)\} \int_0^d \psi_b(v, w, t)\{\xi_l \cos(\xi_l w) + \lambda_0 \sin(\xi_l w)\} dwdv$,
$\overline{\psi}_0(u, 0, t;\theta) = \int_0^{2\pi} \psi_0(u, v, t) dv$, $\overline{\psi}_d(u, 0, t;\theta) = \int_0^{2\pi} \psi_d(u, v, t) dv$,
$\overline{\overline{\psi}}_0(\xi_n, m, t;\theta) = \int_a^b u \mathcal{V}_{\mathcal{N}m\dot{o}}(\xi_n u, a) \int_0^{2\pi} \psi_0(u, v, t) \cos\{m(\theta - v)\} dvdu$, and
$\overline{\overline{\psi}}_d(\xi_n, m, t;\theta) = \int_a^b u \mathcal{V}_{\mathcal{N}m\dot{o}}(\xi_n u, a) \int_0^{2\pi} \psi_d(u, v, t) \cos\{m(\theta - v)\} dvdu$.

25.105

The problem of 25.100, except
$\mathbf{N}_a \equiv \frac{\partial p(a,\theta,z,t)}{\partial r} = -\left(\frac{\mu}{k_r}\right) \psi_a(\theta, z, t)$,
$\mathbf{R}_b \equiv \frac{\partial p(b,\theta,z,t)}{\partial r} + \lambda p(b, \theta, z, t) = -\left(\frac{\mu}{k_r}\right) \psi_b(\theta, z, t)$,
$\mathbf{R}_0 \equiv \frac{\partial p(r,\theta,0,t)}{\partial z} - \lambda_0 p(r, \theta, 0, t) = -\left(\frac{\mu}{k_z}\right) \psi_0(r, \theta, t)$ **and**
$\mathbf{R}_d \equiv \frac{\partial p(r,\theta,d,t)}{\partial z} + \lambda_d p(r, \theta, d, t) = -\left(\frac{\mu}{k_z}\right) \psi_d(r, \theta, t)$

$$\overline{p} = \frac{\pi q(s) e^{-st_0}}{\phi c_t} \sum_{m=0}^{\infty} \ni_m \cos\{m(\theta-\theta_0)\} \times$$

$$\times \sum_{n=1}^{\infty} \frac{\xi_n^2 \{\xi_n J'_{m\dot{o}}(\xi_n b) + \lambda J_{m\dot{o}}(\xi_n b)\}^2 \mathcal{V}_{\mathcal{N}m\dot{o}}(\xi r_0, a)\, \mathcal{V}_{\mathcal{N}m\dot{o}}(\xi r, a)}{\left[\left\{\xi_n^2 + \lambda^2 - \left(\frac{m\dot{o}}{b}\right)^2\right\} J'^2_{m\dot{o}}(\xi_n a) - \left\{1 - \left(\frac{m\dot{o}}{\xi_n a}\right)^2\right\}\{\xi_n J'_{m\dot{o}}(\xi_n b) + \lambda J_{m\dot{o}}(\xi_n b)\}^2\right]} \times$$

$$\times \sum_{l=1}^{\infty} \frac{\{\xi_l \cos(\xi_l z_0) + \lambda_0 \sin(\xi_l z_0)\}\{\xi_l \cos(\xi_l z) + \lambda_0 \sin(\xi_l z)\}}{\left\{(\xi_l^2 + \lambda_0^2)\left(d + \frac{\lambda_d}{\xi_l^2+\lambda_d^2}\right) + \lambda_0\right\}(\eta_r \xi_n^2 + \eta_z \xi_l^2 + s)} +$$

$$+ \frac{2}{\phi c_t} \sum_{m=0}^{\infty} \ni_m \cos\{m(\theta-\theta_0)\} \times$$

$$\times \sum_{n=1}^{\infty} \frac{\xi_n \{\xi_n J'_{m\dot{o}}(\xi_n b) + \lambda J_{m\dot{o}}(\xi_n b)\}^2 \mathcal{V}_{\mathcal{N}m\dot{o}}(\xi r, a)}{\left[\left\{\xi_n^2 + \lambda^2 - \left(\frac{m\dot{o}}{b}\right)^2\right\} J'^2_{m\dot{o}}(\xi_n a) - \left\{1 - \left(\frac{m\dot{o}}{\xi_n a}\right)^2\right\}\{\xi_n J'_{m\dot{o}}(\xi_n b) + \lambda J_{m\dot{o}}(\xi_n b)\}^2\right]} \times$$

$$\times \sum_{l=1}^{\infty} \frac{\overline{\overline{\overline{\psi}}}_a(m, \xi_l, s;\theta)\{\xi_l \cos(\xi_l z) + \lambda_0 \sin(\xi_l z)\}}{\left\{(\xi_l^2 + \lambda_0^2)\left(d + \frac{\lambda_d}{\xi_l^2+\lambda_d^2}\right) + \lambda_0\right\}(\eta_r \xi_n^2 + \eta_z \xi_l^2 + s)} -$$

$$- \frac{2}{\phi c_t} \sum_{m=0}^{\infty} \ni_m \cos\{m(\theta-\theta_0)\} \times$$

$$\times \sum_{n=1}^{\infty} \frac{\xi_n^2 J'_{m\dot{o}}(\xi_n a)\{\xi_n J'_{m\dot{o}}(\xi_n b) + \lambda J_{m\dot{o}}(\xi_n b)\} \mathcal{V}_{\mathcal{N}m\dot{o}}(\xi r, a)}{\left[\left\{\xi_n^2 + \lambda^2 - \left(\frac{m\dot{o}}{b}\right)^2\right\} J'^2_{m\dot{o}}(\xi_n a) - \left\{1 - \left(\frac{m\dot{o}}{\xi_n a}\right)^2\right\}\{\xi_n J'_{m\dot{o}}(\xi_n b) + \lambda J_{m\dot{o}}(\xi_n b)\}^2\right]} \times$$

$$\times \sum_{l=1}^{\infty} \frac{\overline{\overline{\overline{\psi}}}_b(m, \xi_l, s; \theta)\{\xi_l \cos(\xi_l z) + \lambda_0 \sin(\xi_l z)\}}{\left\{(\xi_l^2 + \lambda_0^2)\left(d + \frac{\lambda_d}{\xi_l^2 + \lambda_d^2}\right) + \lambda_0\right\}(\eta_r \xi_n^2 + \eta_z \xi_l^2 + s)} +$$

$$+ \frac{\pi}{\phi c_t} \sum_{m=0}^{\infty} \ni_m \cos\{m(\theta - \theta_0)\} \times$$

$$\times \sum_{n=1}^{\infty} \frac{\xi_n^2 \{\xi_n J'_{m\dot{o}}(\xi_n b) + \lambda J_{m\dot{o}}(\xi_n b)\}^2 \mathcal{V}_{\mathcal{N}m\dot{o}}(\xi r, a)}{\left[\left\{\xi_n^2 + \lambda^2 - \left(\frac{m\dot{o}}{b}\right)^2\right\} J'^2_{m\dot{o}}(\xi_n a) - \left\{1 - \left(\frac{m\dot{o}}{\xi_n a}\right)^2\right\}\{\xi_n J'_{m\dot{o}}(\xi_n b) + \lambda J_{m\dot{o}}(\xi_n b)\}^2\right]} \times$$

$$\times \sum_{l=1}^{\infty} \frac{\left[\xi_l \overline{\overline{\overline{\psi}}}_0(\xi_n, m, s; \theta) - \{\xi_l \cos(\xi_l d) + \lambda_0 \sin(\xi_l d)\} \overline{\overline{\overline{\psi}}}_d(\xi_n, m, s; \theta)\right]\{\xi_l \cos(\xi_l z) + \lambda_0 \sin(\xi_l z)\}}{\left\{(\xi_l^2 + \lambda_0^2)\left(d + \frac{\lambda_d}{\xi_l^2 + \lambda_d^2}\right) + \lambda_0\right\}(\eta_r \xi_n^2 + \eta_z \xi_l^2 + s)} +$$

$$+ \pi \sum_{m=0}^{\infty} \ni_m \cos\{m(\theta - \theta_0)\} \times$$

$$\times \sum_{n=1}^{\infty} \frac{\xi_n^2 \{\xi_n J'_{m\dot{o}}(\xi_n b) + \lambda J_{m\dot{o}}(\xi_n b)\}^2 \mathcal{V}_{\mathcal{N}m\dot{o}}(\xi r, a)}{\left[\left\{\xi_n^2 + \lambda^2 - \left(\frac{m\dot{o}}{b}\right)^2\right\} J'^2_{m\dot{o}}(\xi_n a) - \left\{1 - \left(\frac{m\dot{o}}{\xi_n a}\right)^2\right\}\{\xi_n J'_{m\dot{o}}(\xi_n b) + \lambda J_{m\dot{o}}(\xi_n b)\}^2\right]} \times$$

$$\times \sum_{l=1}^{\infty} \frac{\overline{\overline{\overline{\varphi}}}(\xi_n, m, \xi_l; \theta)\{\xi_l \cos(\xi_l z) + \lambda_0 \sin(\xi_l z)\}}{\left\{(\xi_l^2 + \lambda_0^2)\left(d + \frac{\lambda_d}{\xi_l^2 + \lambda_d^2}\right) + \lambda_0\right\}(\eta_r \xi_n^2 + \eta_z \xi_l^2 + s)} \tag{25.105.1}$$

where $\mathcal{V}_{\mathcal{N}m\dot{o}}(\xi_n r, a) = J_{m\dot{o}}(\xi_n r) Y'_{m\dot{o}}(\xi_n a) - Y_{m\dot{o}}(\xi_n r) J'_{m\dot{o}}(\xi_n a)$, and the eigenvalues $\xi_n, n = 1, 2, ...,$ are the positive roots of the transcendental equation $\xi_n \mathcal{V}'_{\mathcal{N}m\dot{o}}(\xi_n b, a) + \lambda \mathcal{V}_{\mathcal{N}m\dot{o}}(\xi_n b, a) = 0$, and ξ_l are the positive roots of $\tan(\xi_l d) = \frac{\xi_l(\lambda_0 + \lambda_d)}{\xi_l^2 - \lambda_0 \lambda_d}$, $l = 1, 2, ...$

$\overline{\overline{\overline{\psi}}}_0(\xi_n, m, s; \theta) = \int_a^b u \mathcal{V}_{\mathcal{N}m\dot{o}}(\xi_n u, a) \int_0^{2\pi} \overline{\psi}_0(u, v, s) \cos\{m(\theta - v)\} dv du,$

$\overline{\overline{\overline{\psi}}}_d(\xi_n, m, s; \theta) = \int_a^b u \mathcal{V}_{\mathcal{N}m\dot{o}}(\xi_n u, a) \int_0^{2\pi} \overline{\psi}_d(u, v, s) \cos\{m(\theta - v)\} dv du,$

$\overline{\overline{\overline{\psi}}}_a(m, \xi_l, s; \theta) = \int_0^{2\pi} \cos\{m(\theta - v)\} \int_0^d \overline{\psi}_a(v, w, s)\{\xi_l \cos(\xi_l w) + \lambda_0 \sin(\xi_l w)\} dw dv,$

$\overline{\overline{\overline{\psi}}}_b(m, \xi_l, s; \theta) = \int_0^{2\pi} \cos\{m(\theta - v)\} \int_0^d \overline{\psi}_b(v, w, s)\{\xi_l \cos(\xi_l w) + \lambda_0 \sin(\xi_l w)\} dw dv$

$\overline{\overline{\overline{\varphi}}}(\xi_n, m, \xi_l; \theta) = \int_a^b u \mathcal{V}_{\mathcal{N}m\dot{o}}(\xi_n u, a) \int_0^{2\pi} \cos\{m(\theta - v)\} \int_0^d \varphi(u, v, w)\{\xi_l \cos(\xi_l w) + \lambda_0 \sin(\xi_l w)\} dw dv du.$

$$p = \frac{\pi U(t - t_0)}{\phi c_t} \sum_{m=0}^{\infty} \ni_m \cos\{m(\theta - \theta_0)\} \times$$

$$\times \sum_{n=1}^{\infty} \frac{\xi_n^2 \{\xi_n J'_{m\dot{o}}(\xi_n b) + \lambda J_{m\dot{o}}(\xi_n b)\}^2 \mathcal{V}_{\mathcal{N}m\dot{o}}(\xi r_0, a) \mathcal{V}_{\mathcal{N}m\dot{o}}(\xi r, a)}{\left[\left\{\xi_n^2 + \lambda^2 - \left(\frac{m\dot{o}}{b}\right)^2\right\} J'^2_{m\dot{o}}(\xi_n a) - \left\{1 - \left(\frac{m\dot{o}}{\xi_n a}\right)^2\right\}\{\xi_n J'_{m\dot{o}}(\xi_n b) + \lambda J_{m\dot{o}}(\xi_n b)\}^2\right]} \times$$

$$\times \sum_{l=1}^{\infty} \frac{\{\xi_l \cos(\xi_l z_0) + \lambda_0 \sin(\xi_l z_0)\}\{\xi_l \cos(\xi_l z) + \lambda_0 \sin(\xi_l z)\} \int_0^{t - t_0} q(t - t_0 - \tau) e^{-(\eta_r \xi_n^2 + \eta_z \xi_l^2)\tau} d\tau}{\left\{(\xi_l^2 + \lambda_0^2)\left(d + \frac{\lambda_d}{\xi_l^2 + \lambda_d^2}\right) + \lambda_0\right\}} +$$

$$+ \frac{2}{\phi c_t} \sum_{m=0}^{\infty} \ni_m \cos\{m(\theta - \theta_0)\} \times$$

$$\times \sum_{n=1}^{\infty} \frac{\xi_n \{\xi_n J'_{m\dot{o}}(\xi_n b) + \lambda J_{m\dot{o}}(\xi_n b)\}^2 \mathcal{V}_{\mathcal{N}m\dot{o}}(\xi r, a)}{\left[\left\{\xi_n^2 + \lambda^2 - \left(\frac{m\dot{o}}{b}\right)^2\right\} J'^2_{m\dot{o}}(\xi_n a) - \left\{1 - \left(\frac{m\dot{o}}{\xi_n a}\right)^2\right\}\{\xi_n J'_{m\dot{o}}(\xi_n b) + \lambda J_{m\dot{o}}(\xi_n b)\}^2\right]} \times$$

$$\times\sum_{l=1}^{\infty}\frac{\{\xi_l\cos(\xi_l z)+\lambda_0\sin(\xi_l z)\}\int_0^t\overline{\overline{\psi}}_a(m,\xi_l,t-\tau;\theta)\,e^{-\left(\eta_r\xi_n^2+\eta_z\xi_l^2\right)\tau}d\tau}{\left\{\left(\xi_l^2+\lambda_0^2\right)\left(d+\frac{\lambda_d}{\xi_l^2+\lambda_d^2}\right)+\lambda_0\right\}}-$$

$$-\frac{2}{\phi c_t}\sum_{m=0}^{\infty}\ni_m\cos\{m(\theta-\theta_0)\}\times$$

$$\times\sum_{n=1}^{\infty}\frac{\xi_n^2J'_{m\dot{o}}(\xi_n a)\{\lambda J_{m\dot{o}}(\xi_n b)-\xi_nJ'_{m\dot{o}}(\xi_n b)\}\mathcal{V}_{\mathcal{N}m\dot{o}}(\xi r,a)}{\left[\left\{\xi_n^2+\lambda^2-\left(\frac{m\dot{o}}{b}\right)^2\right\}J'^2_{m\dot{o}}(\xi_n a)-\left\{1-\left(\frac{m\dot{o}}{\xi_n a}\right)^2\right\}\{\xi_nJ'_{m\dot{o}}(\xi_n b)+\lambda J_{m\dot{o}}(\xi_n b)\}^2\right]}\times$$

$$\times\sum_{l=1}^{\infty}\frac{\{\xi_l\cos(\xi_l z)+\lambda_0\sin(\xi_l z)\}\int_0^t\overline{\overline{\psi}}_b(m,\xi_l,t-\tau;\theta)\,e^{-\left(\eta_r\xi_n^2+\eta_z\xi_l^2\right)\tau}d\tau}{\left\{\left(\xi_l^2+\lambda_0^2\right)\left(d+\frac{\lambda_d}{\xi_l^2+\lambda_d^2}\right)+\lambda_0\right\}}+$$

$$+\frac{\pi}{\phi c_t}\sum_{m=0}^{\infty}\ni_m\cos\{m(\theta-\theta_0)\}\times$$

$$\times\sum_{n=1}^{\infty}\frac{\xi_n^2\{\xi_nJ'_{m\dot{o}}(\xi_n b)+\lambda J_{m\dot{o}}(\xi_n b)\}^2\mathcal{V}_{\mathcal{N}m\dot{o}}(\xi r,a)}{\left[\left\{\xi_n^2+\lambda^2-\left(\frac{m\dot{o}}{b}\right)^2\right\}J'^2_{m\dot{o}}(\xi_n a)-\left\{1-\left(\frac{m\dot{o}}{\xi_n a}\right)^2\right\}\{\xi_nJ'_{m\dot{o}}(\xi_n b)+\lambda J_{m\dot{o}}(\xi_n b)\}^2\right]}\times$$

$$\times\sum_{l=1}^{\infty}\frac{\{\xi_l\cos(\xi_l z)+\lambda_0\sin(\xi_l z)\}}{\left\{\left(\xi_l^2+\lambda_0^2\right)\left(d+\frac{\lambda_d}{\xi_l^2+\lambda_d^2}\right)+\lambda_0\right\}}\times$$

$$\times\int_0^t\left[\xi_l\overline{\overline{\psi}}_0(\xi_n,m,t-\tau;\theta)-\{\xi_l\cos(\xi_l d)+\lambda_0\sin(\xi_l d)\}\overline{\overline{\psi}}_d(\xi_n,m,t-\tau;\theta)\right]e^{-\left(\eta_r\xi_n^2+\eta_z\xi_l^2\right)\tau}d\tau+$$

$$+\pi\sum_{m=0}^{\infty}\ni_m\cos\{m(\theta-\theta_0)\}\times$$

$$\times\sum_{n=1}^{\infty}\frac{\xi_n^2\{\xi_nJ'_{m\dot{o}}(\xi_n b)+\lambda J_{m\dot{o}}(\xi_n b)\}^2\mathcal{V}_{\mathcal{N}m\dot{o}}(\xi r,a)\,e^{-\eta_r\xi_n^2t}}{\left[\left\{\xi_n^2+\lambda^2-\left(\frac{m\dot{o}}{b}\right)^2\right\}J'^2_{m\dot{o}}(\xi_n a)-\left\{1-\left(\frac{m\dot{o}}{\xi_n a}\right)^2\right\}\{\xi_nJ'_{m\dot{o}}(\xi_n b)+\lambda J_{m\dot{o}}(\xi_n b)\}^2\right]}\times$$

$$\times\sum_{l=1}^{\infty}\frac{\overline{\overline{\overline{\varphi}}}(\xi_n,m,\xi_l;\theta)\{\xi_l\cos(\xi_l z)+\lambda_0\sin(\xi_l z)\}e^{-\eta_z\xi_l^2t}}{\left\{\left(\xi_l^2+\lambda_0^2\right)\left(d+\frac{\lambda_d}{\xi_l^2+\lambda_d^2}\right)+\lambda_0\right\}}\qquad(25.105.2)$$

where $\overline{\overline{\psi}}_a(m,\xi_l,t;\theta)=\int_0^{2\pi}\cos\{m(\theta-v)\}\int_0^d\psi_a(v,w,t)\{\xi_l\cos(\xi_l w)+\lambda_0\sin(\xi_l w)\}\,dwdv$,
$\overline{\overline{\psi}}_b(m,\xi_l,t;\theta)=\int_0^{2\pi}\cos\{m(\theta-v)\}\int_0^d\psi_b(v,w,t)\{\xi_l\cos(\xi_l w)+\lambda_0\sin(\xi_l w)\}\,dwdv$,
$\overline{\overline{\psi}}_0(\xi_n,m,t;\theta)=\int_a^b u\mathcal{V}_{\mathcal{N}m\dot{o}}(\xi_n u,a)\int_0^{2\pi}\psi_0(u,v,t)\cos\{m(\theta-v)\}dvdu$, and
$\overline{\overline{\psi}}_d(\xi_n,m,t;\theta)=\int_a^b u\mathcal{V}_{\mathcal{N}m\dot{o}}(\xi_n u,a)\int_0^{2\pi}\psi_d(u,v,t)\cos\{m(\theta-v)\}dvdu$.

25.106

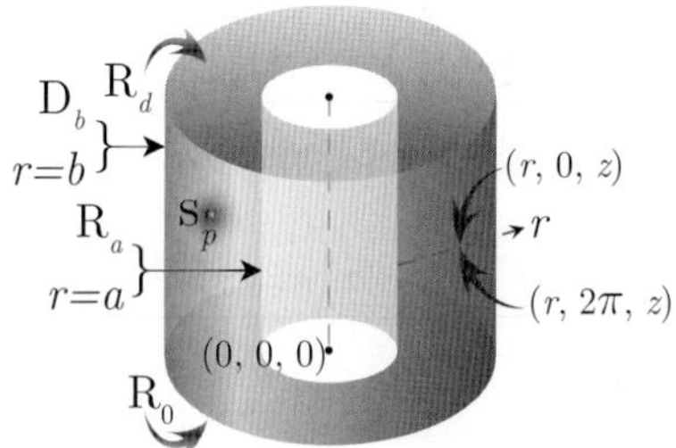

The problem of 25.100, except
$\mathbf{R}_a\equiv\frac{\partial p(a,\theta,z,t)}{\partial r}-\lambda p(a,\theta,z,t)=-\left(\frac{\mu}{k_r}\right)\psi_a(\theta,z,t)$,
$\mathbf{D}_b\equiv p(b,\theta,z,t)=\psi_b(\theta,z,t)$,
$\mathbf{R}_0\equiv\frac{\partial p(r,\theta,0,t)}{\partial z}-\lambda_0 p(r,\theta,0,t)=-\left(\frac{\mu}{k_z}\right)\psi_0(r,\theta,t)$ **and**
$\mathbf{R}_d\equiv\frac{\partial p(r,\theta,d,t)}{\partial z}+\lambda_d p(r,\theta,d,t)=-\left(\frac{\mu}{k_z}\right)\psi_d(r,\theta,t)$

$$\overline{p}=\frac{\pi q(s)e^{-st_0}}{\phi c_t}\sum_{m=0}^{\infty}\ni_m\cos\{m(\theta-\theta_0)\}\sum_{n=1}^{\infty}\frac{\xi_n^2\{\xi_nJ'_{m\dot{o}}(\xi_n a)-\lambda J_{m\dot{o}}(\xi_n a)\}^2\mathcal{V}_{\mathcal{D}m\dot{o}}(\xi r_0,b)\,\mathcal{V}_{\mathcal{D}m\dot{o}}(\xi r,b)}{\left[\{\xi_nJ'_{m\dot{o}}(\xi_n a)-\lambda J_{m\dot{o}}(\xi_n a)\}^2-\left\{\xi_n^2+\lambda^2-\left(\frac{m\dot{o}}{a}\right)^2\right\}J^2_{m\dot{o}}(\xi_n b)\right]}\times$$

$$\times\sum_{l=1}^{\infty}\frac{\{\xi_l\cos(\xi_l z_0)+\lambda_0\sin(\xi_l z_0)\}\{\xi_l\cos(\xi_l z)+\lambda_0\sin(\xi_l z)\}}{\left\{(\xi_l^2+\lambda_0^2)\left(d+\frac{\lambda_d}{\xi_l^2+\lambda_d^2}\right)+\lambda_0\right\}(\eta_r\xi_n^2+\eta_z\xi_l^2+s)}+$$

$$+\frac{2}{\phi c_t}\sum_{m=0}^{\infty}\ni_m\cos\{m(\theta-\theta_0)\}\sum_{n=1}^{\infty}\frac{\xi_n^2 J_{m\dot{o}}(\xi_n b)\{\xi_n J'_{m\dot{o}}(\xi_n a)-\lambda J_{m\dot{o}}(\xi_n a)\}\mathcal{V}_{\mathcal{D}m\dot{o}}(\xi r,b)}{\left[\{\xi_n J'_{m\dot{o}}(\xi_n a)-\lambda J_{m\dot{o}}(\xi_n a)\}^2-\left\{\xi_n^2+\lambda^2-\left(\frac{m\dot{o}}{a}\right)^2\right\}J_{m\dot{o}}^2(\xi_n b)\right]}\times$$

$$\times\sum_{l=1}^{\infty}\frac{\overline{\overline{\overline{\psi}}}_a(m,\xi_l,s;\theta)\{\xi_l\cos(\xi_l z)+\lambda_0\sin(\xi_l z)\}}{\left\{(\xi_l^2+\lambda_0^2)\left(d+\frac{\lambda_d}{\xi_l^2+\lambda_d^2}\right)+\lambda_0\right\}(\eta_r\xi_n^2+\eta_z\xi_l^2+s)}+$$

$$+2\eta_r\sum_{m=0}^{\infty}\ni_m\cos\{m(\theta-\theta_0)\}\sum_{n=1}^{\infty}\frac{\xi_n^2\{\xi_n J'_{m\dot{o}}(\xi_n a)-\lambda J_{m\dot{o}}(\xi_n a)\}^2\mathcal{V}_{\mathcal{D}m\dot{o}}(\xi r,b)}{\left[\{\xi_n J'_{m\dot{o}}(\xi_n a)-\lambda J_{m\dot{o}}(\xi_n a)\}^2-\left\{\xi_n^2+\lambda^2-\left(\frac{m\dot{o}}{a}\right)^2\right\}J_{m\dot{o}}^2(\xi_n b)\right]}\times$$

$$\times\sum_{l=1}^{\infty}\frac{\overline{\overline{\overline{\psi}}}_b(m,\xi_l,s;\theta)\{\xi_l\cos(\xi_l z)+\lambda_0\sin(\xi_l z)\}}{\left\{(\xi_l^2+\lambda_0^2)\left(d+\frac{\lambda_d}{\xi_l^2+\lambda_d^2}\right)+\lambda_0\right\}(\eta_r\xi_n^2+\eta_z\xi_l^2+s)}+$$

$$+\frac{\pi}{\phi c_t}\sum_{m=0}^{\infty}\ni_m\cos\{m(\theta-\theta_0)\}\sum_{n=1}^{\infty}\frac{\xi_n^2\{\xi_n J'_{m\dot{o}}(\xi_n a)-\lambda J_{m\dot{o}}(\xi_n a)\}^2\mathcal{V}_{\mathcal{D}m\dot{o}}(\xi r,b)}{\left[\{\xi_n J'_{m\dot{o}}(\xi_n a)-\lambda J_{m\dot{o}}(\xi_n a)\}^2-\left\{\xi_n^2+\lambda^2-\left(\frac{m\dot{o}}{a}\right)^2\right\}J_{m\dot{o}}^2(\xi_n b)\right]}\times$$

$$\times\sum_{l=1}^{\infty}\frac{\left[\xi_l\overline{\overline{\overline{\psi}}}_0(\xi_n,m,s;\theta)-\{\xi_l\cos(\xi_l d)+\lambda_0\sin(\xi_l d)\}\overline{\overline{\overline{\psi}}}_d(\xi_n,m,s;\theta)\right]\{\xi_l\cos(\xi_l z)+\lambda_0\sin(\xi_l z)\}}{\left\{(\xi_l^2+\lambda_0^2)\left(d+\frac{\lambda_d}{\xi_l^2+\lambda_d^2}\right)+\lambda_0\right\}(\eta_r\xi_n^2+\eta_z\xi_l^2+s)}+$$

$$+\pi\sum_{m=0}^{\infty}\ni_m\cos\{m(\theta-\theta_0)\}\sum_{n=1}^{\infty}\frac{\xi_n^2\{\xi_n J'_{m\dot{o}}(\xi_n a)-\lambda J_{m\dot{o}}(\xi_n a)\}^2\mathcal{V}_{\mathcal{D}m\dot{o}}(\xi r,b)}{\left[\{\xi_n J'_{m\dot{o}}(\xi_n a)-\lambda J_{m\dot{o}}(\xi_n a)\}^2-\left\{\xi_n^2+\lambda^2-\left(\frac{m\dot{o}}{a}\right)^2\right\}J_{m\dot{o}}^2(\xi_n b)\right]}\times$$

$$\times\sum_{l=1}^{\infty}\frac{\overline{\overline{\overline{\varphi}}}(\xi_n,m,\xi_l;\theta)\{\xi_l\cos(\xi_l z)+\lambda_0\sin(\xi_l z)\}}{\left\{(\xi_l^2+\lambda_0^2)\left(d+\frac{\lambda_d}{\xi_l^2+\lambda_d^2}\right)+\lambda_0\right\}(\eta_r\xi_n^2+\eta_z\xi_l^2+s)}\tag{25.106.1}$$

where $\mathcal{V}_{\mathcal{D}m\dot{o}}(\xi_n r,b)=J_{m\dot{o}}(\xi_n r)Y_{m\dot{o}}(\xi_n b)-Y_{m\dot{o}}(\xi_n r)J_{m\dot{o}}(\xi_n b)$, and the eigenvalues $\xi_n, n=1,2,...$, are the positive roots of the transcendental equation $\lambda\mathcal{V}_{\mathcal{D}m\dot{o}}(\xi_n a,b)-\xi_n\mathcal{V}'_{\mathcal{D}m\dot{o}}(\xi_n a,b)=0$, and ξ_l are the positive roots of $\tan(\xi_l d)=\frac{\xi_l(\lambda_0+\lambda_d)}{\xi_l^2-\lambda_0\lambda_d}$, $l=1,2,....$ $\overline{\overline{\overline{\psi}}}_0(\xi_n,m,s;\theta)=\int_a^b u\mathcal{V}_{\mathcal{D}m\dot{o}}(\xi_n u,a)\int_0^{2\pi}\overline{\psi}_0(u,v,s)\cos\{m(\theta-v)\}dvdu$,
$\overline{\overline{\overline{\psi}}}_d(\xi_n,m,s;\theta)=\int_a^b u\mathcal{V}_{\mathcal{D}m\dot{o}}(\xi_n u,a)\int_0^{2\pi}\overline{\psi}_d(u,v,s)\cos\{m(\theta-v)\}dvdu$,
$\overline{\overline{\overline{\psi}}}_a(m,\xi_l,s;\theta)=\int_0^{2\pi}\cos\{m(\theta-v)\}\int_0^d\overline{\psi}_a(v,w,s)\{\xi_l\cos(\xi_l w)+\lambda_0\sin(\xi_l w)\}dwdv$,
$\overline{\overline{\overline{\psi}}}_b(m,\xi_l,s;\theta)=\int_0^{2\pi}\cos\{m(\theta-v)\}\int_0^d\overline{\psi}_b(v,w,s)\{\xi_l\cos(\xi_l w)+\lambda_0\sin(\xi_l w)\}dwdv$
$\overline{\overline{\overline{\varphi}}}(\xi_n,m,\xi_l;\theta)=\int_a^b u\mathcal{V}_{\mathcal{D}m\dot{o}}(\xi_n u,a)\int_0^{2\pi}\cos\{m(\theta-v)\}\int_0^d\varphi(u,v,w)\{\xi_l\cos(\xi_l w)+\lambda_0\sin(\xi_l w)\}dwdvdu$.

$$p=\frac{\pi U(t-t_0)}{\phi c_t}\sum_{m=0}^{\infty}\ni_m\cos\{m(\theta-\theta_0)\}\sum_{n=1}^{\infty}\frac{\xi_n^2\{\lambda J_{m\dot{o}}(\xi_n a)+\xi_n J'_{m\dot{o}}(\xi_n a)\}^2\mathcal{V}_{\mathcal{D}m\dot{o}}(\xi r_0,b)\mathcal{V}_{\mathcal{D}m\dot{o}}(\xi r,b)}{\left[\{\xi_n J'_{m\dot{o}}(\xi_n a)-\lambda J_{m\dot{o}}(\xi_n a)\}^2-\left\{\xi_n^2+\lambda^2-\left(\frac{m\dot{o}}{a}\right)^2\right\}J_{m\dot{o}}^2(\xi_n b)\right]}\times$$

$$\times\sum_{l=1}^{\infty}\frac{\{\xi_l\cos(\xi_l z_0)+\lambda_0\sin(\xi_l z_0)\}\{\xi_l\cos(\xi_l z)+\lambda_0\sin(\xi_l z)\}\int_0^{t-t_0}q(t-t_0-\tau)e^{-(\eta_r\xi_n^2+\eta_z\xi_l^2)\tau}d\tau}{\left\{(\xi_l^2+\lambda_0^2)\left(d+\frac{\lambda_d}{\xi_l^2+\lambda_d^2}\right)+\lambda_0\right\}}+$$

$$+\frac{2}{\phi c_t}\sum_{m=0}^{\infty}\ni_m\cos\{m(\theta-\theta_0)\}\sum_{n=1}^{\infty}\frac{\xi_n^2 J_{m\dot{o}}(\xi_n b)\{\xi_n J'_{m\dot{o}}(\xi_n a)-\lambda J_{m\dot{o}}(\xi_n a)\}\mathcal{V}_{\mathcal{D}m\dot{o}}(\xi r,b)}{\left[\{\xi_n J'_{m\dot{o}}(\xi_n a)-\lambda J_{m\dot{o}}(\xi_n a)\}^2-\left\{\xi_n^2+\lambda^2-\left(\frac{m\dot{o}}{a}\right)^2\right\}J_{m\dot{o}}^2(\xi_n b)\right]}\times$$

$$\times\sum_{l=1}^{\infty}\frac{\{\xi_l\cos(\xi_l z)+\lambda_0\sin(\xi_l z)\}\int_0^t\overline{\overline{\psi}}_a(m,\xi_l,t-\tau;\theta)e^{-(\eta_r\xi_n^2+\eta_z\xi_l^2)\tau}d\tau}{\left\{(\xi_l^2+\lambda_0^2)\left(d+\frac{\lambda_d}{\xi_l^2+\lambda_d^2}\right)+\lambda_0\right\}}+$$

$$+2\eta_r\sum_{m=0}^{\infty}\ni_m\cos\{m(\theta-\theta_0)\}\sum_{n=1}^{\infty}\frac{\xi_n^2\{\xi_n J'_{m\dot{o}}(\xi_n a)-\lambda J_{m\dot{o}}(\xi_n a)\}^2\mathcal{V}_{\mathcal{D}m\dot{o}}(\xi r,b)}{\left[\{\xi_n J'_{m\dot{o}}(\xi_n a)-\lambda J_{m\dot{o}}(\xi_n a)\}^2-\left\{\xi_n^2+\lambda^2-\left(\frac{m\dot{o}}{a}\right)^2\right\}J_{m\dot{o}}^2(\xi_n b)\right]}\times$$

$$\times \sum_{l=1}^{\infty} \frac{\{\xi_l \cos(\xi_l z) + \lambda_0 \sin(\xi_l z)\} \int_0^t \overline{\overline{\psi}}_b (m, \xi_l, t-\tau; \theta)\, e^{-(\eta_r \xi_n^2 + \eta_z \xi_l^2)\tau} d\tau}{\left\{(\xi_l^2 + \lambda_0^2)\left(d + \frac{\lambda_d}{\xi_l^2 + \lambda_d^2}\right) + \lambda_0\right\}} +$$

$$+\frac{\pi}{\phi c_t} \sum_{m=0}^{\infty} \ni_m \cos\{m(\theta - \theta_0)\} \sum_{n=1}^{\infty} \frac{\xi_n^2 \{\xi_n J'_{m\dot{o}}(\xi_n a) - \lambda J_{m\dot{o}}(\xi_n a)\}^2 \mathcal{V}_{\mathcal{D}m\dot{o}}(\xi r, b)}{\left[\{\xi_n J'_{m\dot{o}}(\xi_n a) - \lambda J_{m\dot{o}}(\xi_n a)\}^2 - \left\{\xi_n^2 + \lambda^2 - \left(\frac{m\dot{o}}{a}\right)^2\right\} J_{m\dot{o}}^2(\xi_n b)\right]} \times$$

$$\times \sum_{l=1}^{\infty} \frac{\{\xi_l \cos(\xi_l z) + \lambda_0 \sin(\xi_l z)\}}{\left\{(\xi_l^2 + \lambda_0^2)\left(d + \frac{\lambda_d}{\xi_l^2 + \lambda_d^2}\right) + \lambda_0\right\}} \times$$

$$\times \int_0^t \left[\xi_l \overline{\overline{\psi}}_0 (\xi_n, m, t-\tau; \theta) - \{\xi_l \cos(\xi_l d) + \lambda_0 \sin(\xi_l d)\} \overline{\overline{\psi}}_d (\xi_n, m, t-\tau; \theta)\right] e^{-(\eta_r \xi_n^2 + \eta_z \xi_l^2)\tau} d\tau +$$

$$+\pi \sum_{m=0}^{\infty} \ni_m \cos\{m(\theta - \theta_0)\} \sum_{n=1}^{\infty} \frac{\xi_n^2 \{\xi_n J'_{m\dot{o}}(\xi_n a) - \lambda J_{m\dot{o}}(\xi_n a)\}^2 \mathcal{V}_{\mathcal{D}m\dot{o}}(\xi r, b)}{\left[\{\xi_n J'_{m\dot{o}}(\xi_n a) - \lambda J_{m\dot{o}}(\xi_n a)\}^2 - \left\{\xi_n^2 + \lambda^2 - \left(\frac{m\dot{o}}{a}\right)^2\right\} J_{m\dot{o}}^2(\xi_n b)\right]} \times$$

$$\times \sum_{l=1}^{\infty} \frac{\overline{\overline{\overline{\varphi}}} (\xi_n, m, \xi_l; \theta) \{\xi_l \cos(\xi_l z) + \lambda_0 \sin(\xi_l z)\} e^{-\eta_z \xi_l^2 t}}{\left\{(\xi_l^2 + \lambda_0^2)\left(d + \frac{\lambda_d}{\xi_l^2 + \lambda_d^2}\right) + \lambda_0\right\}} \qquad (25.106.2)$$

where $\overline{\overline{\psi}}_a (m, \xi_l, t; \theta) = \int_0^{2\pi} \cos\{m(\theta - v)\} \int_0^d \psi_a (v, w, t) \{\xi_l \cos(\xi_l w) + \lambda_0 \sin(\xi_l w)\}\, dw dv$,
$\overline{\overline{\psi}}_b (m, \xi_l, t; \theta) = \int_0^{2\pi} \cos\{m(\theta - v)\} \int_0^d \psi_b (v, w, t) \{\xi_l \cos(\xi_l w) + \lambda_0 \sin(\xi_l w)\}\, dw dv$,
$\overline{\overline{\psi}}_0 (\xi_n, m, t; \theta) = \int_a^b u \mathcal{V}_{\mathcal{D}m\dot{o}} (\xi_n u, a) \int_0^{2\pi} \psi_0 (u, v, t) \cos\{m(\theta - v)\} dv du$, and
$\overline{\overline{\psi}}_d (\xi_n, m, t; \theta) = \int_a^b u \mathcal{V}_{\mathcal{D}m\dot{o}} (\xi_n u, a) \int_0^{2\pi} \psi_d (u, v, t) \cos\{m(\theta - v)\} dv du$.

25.107

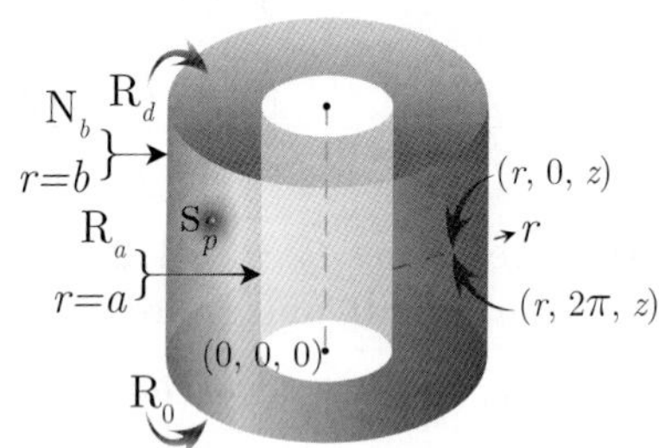

The problem of 25.100, except
$\mathbf{R}_a \equiv \frac{\partial p(a,\theta,z,t)}{\partial r} - \lambda p(a, \theta, z, t) = -\left(\frac{\mu}{k_r}\right) \psi_a(\theta, z, t)$,
$\mathbf{N}_b \equiv \frac{\partial p(b,\theta,z,t)}{\partial r} = -\left(\frac{\mu}{k_r}\right) \psi_b(\theta, z, t)$,
$\mathbf{R}_0 \equiv \frac{\partial p(r,\theta,0,t)}{\partial z} - \lambda_0 p(r, \theta, 0, t) = -\left(\frac{\mu}{k_z}\right) \psi_0(r, \theta, t)$ **and**
$\mathbf{R}_d \equiv \frac{\partial p(r,\theta,d,t)}{\partial z} + \lambda_d p(r, \theta, d, t) = -\left(\frac{\mu}{k_z}\right) \psi_d(r, \theta, t)$

$$\overline{p} = \frac{\pi q(s) e^{-st_0}}{\phi c_t} \sum_{m=0}^{\infty} \ni_m \cos\{m(\theta - \theta_0)\} \times$$

$$\times \sum_{n=1}^{\infty} \frac{\xi_n^2 \{\xi_n J'_{m\dot{o}}(\xi_n a) - \lambda J_{m\dot{o}}(\xi_n a)\}^2 \mathcal{V}_{\mathcal{N}m\dot{o}}(\xi r_0, b)\, \mathcal{V}_{\mathcal{N}m\dot{o}}(\xi r, b)}{\left[\left\{1 - \left(\frac{m\dot{o}}{\xi_n b}\right)^2\right\} \{\xi_n J'_{m\dot{o}}(\xi_n a) - \lambda J_{m\dot{o}}(\xi_n a)\}^2 - \left\{\xi_n^2 + \lambda^2 - \left(\frac{m\dot{o}}{a}\right)^2\right\} J'^2_{m\dot{o}}(\xi_n b)\right]} \times$$

$$\times \sum_{l=1}^{\infty} \frac{\{\xi_l \cos(\xi_l z_0) + \lambda_0 \sin(\xi_l z_0)\}\{\xi_l \cos(\xi_l z) + \lambda_0 \sin(\xi_l z)\}}{\left\{(\xi_l^2 + \lambda_0^2)\left(d + \frac{\lambda_d}{\xi_l^2 + \lambda_d^2}\right) + \lambda_0\right\} (\eta_r \xi_n^2 + \eta_z \xi_l^2 + s)} +$$

$$+\frac{2}{\phi c_t} \sum_{m=0}^{\infty} \ni_m \cos\{m(\theta - \theta_0)\} \times$$

$$\times \sum_{n=1}^{\infty} \frac{\xi_n^2 J'_{m\dot{o}}(\xi_n b) \{\xi_n J'_{m\dot{o}}(\xi_n a) - \lambda J_{m\dot{o}}(\xi_n a)\} \mathcal{V}_{\mathcal{N}m\dot{o}}(\xi r, b)}{\left[\left\{1 - \left(\frac{m\dot{o}}{\xi_n b}\right)^2\right\} \{\xi_n J'_{m\dot{o}}(\xi_n a) - \lambda J_{m\dot{o}}(\xi_n a)\}^2 - \left\{\xi_n^2 + \lambda^2 - \left(\frac{m\dot{o}}{a}\right)^2\right\} J'^2_{m\dot{o}}(\xi_n b)\right]} \times$$

$$\times \sum_{l=1}^{\infty} \frac{\overline{\overline{\psi}}_a (m, \xi_l, s; \theta) \{\xi_l \cos(\xi_l z) + \lambda_0 \sin(\xi_l z)\}}{\left\{(\xi_l^2 + \lambda_0^2)\left(d + \frac{\lambda_d}{\xi_l^2 + \lambda_d^2}\right) + \lambda_0\right\} (\eta_r \xi_n^2 + \eta_z \xi_l^2 + s)} -$$

$$-\frac{2}{\phi c_t}\sum_{m=0}^{\infty}\ni_m \cos\{m(\theta-\theta_0)\}\times$$

$$\times\sum_{n=1}^{\infty}\frac{\xi_n\{\xi_n J'_{m\dot{o}}(\xi_n a)-\lambda J_{m\dot{o}}(\xi_n a)\}^2\mathcal{V}_{\mathcal{N}m\dot{o}}(\xi r,b)}{\left[\left\{1-\left(\frac{m\dot{o}}{\xi_n b}\right)^2\right\}\{\xi_n J'_{m\dot{o}}(\xi_n a)-\lambda J_{m\dot{o}}(\xi_n a)\}^2-\left\{\xi_n^2+\lambda^2-\left(\frac{m\dot{o}}{a}\right)^2\right\}J'^2_{m\dot{o}}(\xi_n b)\right]}\times$$

$$\times\sum_{l=1}^{\infty}\frac{\overline{\overline{\overline{\psi}}}_b(m,\xi_l,s;\theta)\{\xi_l\cos(\xi_l z)+\lambda_0\sin(\xi_l z)\}}{\left\{(\xi_l^2+\lambda_0^2)\left(d+\frac{\lambda_d}{\xi_l^2+\lambda_d^2}\right)+\lambda_0\right\}(\eta_r\xi_n^2+\eta_z\xi_l^2+s)}+$$

$$+\frac{\pi}{\phi c_t}\sum_{m=0}^{\infty}\ni_m \cos\{m(\theta-\theta_0)\}\times$$

$$\times\sum_{n=1}^{\infty}\frac{\xi_n^2\{\xi_n J'_{m\dot{o}}(\xi_n a)-\lambda J_{m\dot{o}}(\xi_n a)\}^2\mathcal{V}_{\mathcal{N}m\dot{o}}(\xi r,b)}{\left[\left\{1-\left(\frac{m\dot{o}}{\xi_n b}\right)^2\right\}\{\xi_n J'_{m\dot{o}}(\xi_n a)-\lambda J_{m\dot{o}}(\xi_n a)\}^2-\left\{\xi_n^2+\lambda^2-\left(\frac{m\dot{o}}{a}\right)^2\right\}J'^2_{m\dot{o}}(\xi_n b)\right]}\times$$

$$\times\sum_{l=1}^{\infty}\frac{\left[\xi_l\overline{\overline{\overline{\psi}}}_0(\xi_n,m,s;\theta)-\{\xi_l\cos(\xi_l d)+\lambda_0\sin(\xi_l d)\}\overline{\overline{\overline{\psi}}}_d(\xi_n,m,s;\theta)\right]\{\xi_l\cos(\xi_l z)+\lambda_0\sin(\xi_l z)\}}{\left\{(\xi_l^2+\lambda_0^2)\left(d+\frac{\lambda_d}{\xi_l^2+\lambda_d^2}\right)+\lambda_0\right\}(\eta_r\xi_n^2+\eta_z\xi_l^2+s)}+$$

$$+\pi\sum_{m=0}^{\infty}\ni_m \cos\{m(\theta-\theta_0)\}\times$$

$$\times\sum_{n=1}^{\infty}\frac{\xi_n^2\{\xi_n J'_{m\dot{o}}(\xi_n a)-\lambda J_{m\dot{o}}(\xi_n a)\}^2\mathcal{V}_{\mathcal{N}m\dot{o}}(\xi r,b)}{\left[\left\{1-\left(\frac{m\dot{o}}{\xi_n b}\right)^2\right\}\{\xi_n J'_{m\dot{o}}(\xi_n a)-\lambda J_{m\dot{o}}(\xi_n a)\}^2-\left\{\xi_n^2+\lambda^2-\left(\frac{m\dot{o}}{a}\right)^2\right\}J'^2_{m\dot{o}}(\xi_n b)\right]}\times$$

$$\times\sum_{l=1}^{\infty}\frac{\overline{\overline{\overline{\varphi}}}(\xi_n,m,\xi_l;\theta)\{\xi_l\cos(\xi_l z)+\lambda_0\sin(\xi_l z)\}}{\left\{(\xi_l^2+\lambda_0^2)\left(d+\frac{\lambda_d}{\xi_l^2+\lambda_d^2}\right)+\lambda_0\right\}(\eta_r\xi_n^2+\eta_z\xi_l^2+s)} \quad (25.107.1)$$

where $\mathcal{V}_{\mathcal{N}m\dot{o}}(\xi_n r,a)=J_{m\dot{o}}(\xi_n r)Y'_{m\dot{o}}(\xi_n a)-Y_{m\dot{o}}(\xi_n r)J'_{m\dot{o}}(\xi_n a)$, and the eigenvalues $\xi_n, n=1,2,....$, are the positive roots of the transcendental equation $\lambda\mathcal{V}_{\mathcal{N}m\dot{o}}(\xi_n a,b)-\xi_n\mathcal{V}'_{\mathcal{N}m\dot{o}}(\xi_n a,b)=0$, and ξ_l are the positive roots of $\tan(\xi_l d)=\frac{\xi_l(\lambda_0+\lambda_d)}{\xi_l^2-\lambda_0\lambda_d}$, $l=1,2,....$
$\overline{\overline{\overline{\psi}}}_0(\xi_n,m,s;\theta)=\int_a^b u\mathcal{V}_{\mathcal{N}m\dot{o}}(\xi_n u,a)\int_0^{2\pi}\overline{\psi}_0(u,v,s)\cos\{m(\theta-v)\}dvdu$,
$\overline{\overline{\overline{\psi}}}_d(\xi_n,m,s;\theta)=\int_a^b u\mathcal{V}_{\mathcal{N}m\dot{o}}(\xi_n u,a)\int_0^{2\pi}\overline{\psi}_d(u,v,s)\cos\{m(\theta-v)\}dvdu$,
$\overline{\overline{\overline{\psi}}}_a(m,\xi_l,s;\theta)=\int_0^{2\pi}\cos\{m(\theta-v)\}\int_0^d\overline{\psi}_a(v,w,s)\{\xi_l\cos(\xi_l w)+\lambda_0\sin(\xi_l w)\}dwdv$,
$\overline{\overline{\overline{\psi}}}_b(m,\xi_l,s;\theta)=\int_0^{2\pi}\cos\{m(\theta-v)\}\int_0^d\overline{\psi}_b(v,w,s)\{\xi_l\cos(\xi_l w)+\lambda_0\sin(\xi_l w)\}dwdv$, and
$\overline{\overline{\overline{\varphi}}}(\xi_n,m,\xi_l;\theta)=\int_a^b u\mathcal{V}_{\mathcal{N}m\dot{o}}(\xi_n u,a)\int_0^{2\pi}\cos\{m(\theta-v)\}\int_0^d\varphi(u,v,w)\{\xi_l\cos(\xi_l w)+\lambda_0\sin(\xi_l w)\}dwdvdu$.

$$p=\frac{\pi U(t-t_0)}{\phi c_t}\sum_{m=0}^{\infty}\ni_m \cos\{m(\theta-\theta_0)\}\times$$

$$\times\sum_{n=1}^{\infty}\frac{\xi_n^2\{\xi_n J'_{m\dot{o}}(\xi_n a)-\lambda J_{m\dot{o}}(\xi_n a)\}^2\mathcal{V}_{\mathcal{N}m\dot{o}}(\xi r_0,b)\mathcal{V}_{\mathcal{N}m\dot{o}}(\xi r,b)}{\left[\left\{1-\left(\frac{m\dot{o}}{\xi_n b}\right)^2\right\}\{\xi_n J'_{m\dot{o}}(\xi_n a)-\lambda J_{m\dot{o}}(\xi_n a)\}^2-\left\{\xi_n^2+\lambda^2-\left(\frac{m\dot{o}}{a}\right)^2\right\}J'^2_{m\dot{o}}(\xi_n b)\right]}\times$$

$$\times\sum_{l=1}^{\infty}\frac{\{\xi_l\cos(\xi_l z_0)+\lambda_0\sin(\xi_l z_0)\}\{\xi_l\cos(\xi_l z)+\lambda_0\sin(\xi_l z)\}\int_0^{t-t_0}q(t-t_0-\tau)e^{-(\eta_r\xi_n^2+\eta_z\xi_l^2)\tau}d\tau}{\left\{(\xi_l^2+\lambda_0^2)\left(d+\frac{\lambda_d}{\xi_l^2+\lambda_d^2}\right)+\lambda_0\right\}}+$$

$$+\frac{2}{\phi c_t}\sum_{m=0}^{\infty}\ni_m \cos\{m(\theta-\theta_0)\}\times$$

$$\times \sum_{n=1}^{\infty} \frac{\xi_n^2 J'_{m\dot{o}}(\xi_n b)\left\{\xi_n J'_{m\dot{o}}(\xi_n a) - \lambda J_{m\dot{o}}(\xi_n a)\right\} \mathcal{V}_{\mathcal{N}m\dot{o}}(\xi r, b)}{\left[\left\{1 - \left(\frac{m\dot{o}}{\xi_n b}\right)^2\right\}\left\{\xi_n J'_{m\dot{o}}(\xi_n a) - \lambda J_{m\dot{o}}(\xi_n a)\right\}^2 - \left\{\xi_n^2 + \lambda^2 - \left(\frac{m\dot{o}}{a}\right)^2\right\} J'^2_{m\dot{o}}(\xi_n b)\right]} \times$$

$$\times \sum_{l=1}^{\infty} \frac{\left\{\xi_l \cos(\xi_l z) + \lambda_0 \sin(\xi_l z)\right\} \int_0^t \overline{\overline{\psi}}_a(m, \xi_l, t-\tau; \theta)\, e^{-\left(\eta_r \xi_n^2 + \eta_z \xi_l^2\right)\tau} d\tau}{\left\{\left(\xi_l^2 + \lambda_0^2\right)\left(d + \frac{\lambda_d}{\xi_l^2 + \lambda_d^2}\right) + \lambda_0\right\}} -$$

$$-\frac{2}{\phi c_t} \sum_{m=0}^{\infty} \ni_m \cos\left\{m(\theta - \theta_0)\right\} \times$$

$$\times \sum_{n=1}^{\infty} \frac{\xi_n \left\{\xi_n J'_{m\dot{o}}(\xi_n a) - \lambda J_{m\dot{o}}(\xi_n a)\right\}^2 \mathcal{V}_{\mathcal{N}m\dot{o}}(\xi r, b)}{\left[\left\{1 - \left(\frac{m\dot{o}}{\xi_n b}\right)^2\right\}\left\{\xi_n J'_{m\dot{o}}(\xi_n a) - \lambda J_{m\dot{o}}(\xi_n a)\right\}^2 - \left\{\xi_n^2 + \lambda^2 - \left(\frac{m\dot{o}}{a}\right)^2\right\} J'^2_{m\dot{o}}(\xi_n b)\right]} \times$$

$$\times \sum_{l=1}^{\infty} \frac{\left\{\xi_l \cos(\xi_l z) + \lambda_0 \sin(\xi_l z)\right\} \int_0^t \overline{\overline{\psi}}_b(m, \xi_l, t-\tau; \theta)\, e^{-\left(\eta_r \xi_n^2 + \eta_z \xi_l^2\right)\tau} d\tau}{\left\{\left(\xi_l^2 + \lambda_0^2\right)\left(d + \frac{\lambda_d}{\xi_l^2 + \lambda_d^2}\right) + \lambda_0\right\}} +$$

$$+\frac{\pi}{\phi c_t} \sum_{m=0}^{\infty} \ni_m \cos\left\{m(\theta - \theta_0)\right\} \times$$

$$\times \sum_{n=1}^{\infty} \frac{\xi_n^2 \left\{\xi_n J'_{m\dot{o}}(\xi_n a) - \lambda J_{m\dot{o}}(\xi_n a)\right\}^2 \mathcal{V}_{\mathcal{N}m\dot{o}}(\xi r, b)}{\left[\left\{1 - \left(\frac{m\dot{o}}{\xi_n b}\right)^2\right\}\left\{\xi_n J'_{m\dot{o}}(\xi_n a) - \lambda J_{m\dot{o}}(\xi_n a)\right\}^2 - \left\{\xi_n^2 + \lambda^2 - \left(\frac{m\dot{o}}{a}\right)^2\right\} J'^2_{m\dot{o}}(\xi_n b)\right]} \times$$

$$\times \sum_{l=1}^{\infty} \frac{\left\{\xi_l \cos(\xi_l z) + \lambda_0 \sin(\xi_l z)\right\}}{\left\{\left(\xi_l^2 + \lambda_0^2\right)\left(d + \frac{\lambda_d}{\xi_l^2 + \lambda_d^2}\right) + \lambda_0\right\}} \times$$

$$\times \int_0^t \left[\xi_l \overline{\overline{\psi}}_0(\xi_n, m, t-\tau; \theta) - \left\{\xi_l \cos(\xi_l d) + \lambda_0 \sin(\xi_l d)\right\} \overline{\overline{\psi}}_d(\xi_n, m, t-\tau; \theta)\right] e^{-\left(\eta_r \xi_n^2 + \eta_z \xi_l^2\right)\tau} d\tau +$$

$$+\pi \sum_{m=0}^{\infty} \ni_m \cos\left\{m(\theta - \theta_0)\right\} \times$$

$$\times \sum_{n=1}^{\infty} \frac{\xi_n^2 \left\{\xi_n J'_{m\dot{o}}(\xi_n a) - \lambda J_{m\dot{o}}(\xi_n a)\right\}^2 \mathcal{V}_{\mathcal{N}m\dot{o}}(\xi r, b)}{\left[\left\{1 - \left(\frac{m\dot{o}}{\xi_n b}\right)^2\right\}\left\{\xi_n J'_{m\dot{o}}(\xi_n a) - \lambda J_{m\dot{o}}(\xi_n a)\right\}^2 - \left\{\xi_n^2 + \lambda^2 - \left(\frac{m\dot{o}}{a}\right)^2\right\} J'^2_{m\dot{o}}(\xi_n b)\right]} \times$$

$$\times \sum_{l=1}^{\infty} \frac{\overline{\overline{\varphi}}(\xi_n, m, \xi_l; \theta)\left\{\xi_l \cos(\xi_l z) + \lambda_0 \sin(\xi_l z)\right\} e^{-\eta_z \xi_l^2 t}}{\left\{\left(\xi_l^2 + \lambda_0^2\right)\left(d + \frac{\lambda_d}{\xi_l^2 + \lambda_d^2}\right) + \lambda_0\right\}} \tag{25.107.2}$$

where $\overline{\overline{\psi}}_a(m, \xi_l, t; \theta) = \int_0^{2\pi} \cos\{m(\theta - v)\} \int_0^d \psi_a(v, w, t)\{\xi_l \cos(\xi_l w) + \lambda_0 \sin(\xi_l w)\}\, dw dv$,
$\overline{\overline{\psi}}_b(m, \xi_l, t; \theta) = \int_0^{2\pi} \cos\{m(\theta - v)\} \int_0^d \psi_b(v, w, t)\{\xi_l \cos(\xi_l w) + \lambda_0 \sin(\xi_l w)\}\, dw dv$,
$\overline{\overline{\psi}}_0(\xi_n, m, t; \theta) = \int_a^b u \mathcal{V}_{\mathcal{N}m\dot{o}}(\xi_n u, a) \int_0^{2\pi} \psi_0(u, v, t) \cos\{m(\theta - v)\} dv du$, and
$\overline{\overline{\psi}}_d(\xi_n, m, t; \theta) = \int_a^b u \mathcal{V}_{\mathcal{N}m\dot{o}}(\xi_n u, a) \int_0^{2\pi} \psi_d(u, v, t) \cos\{m(\theta - v)\} dv du$.

25.108

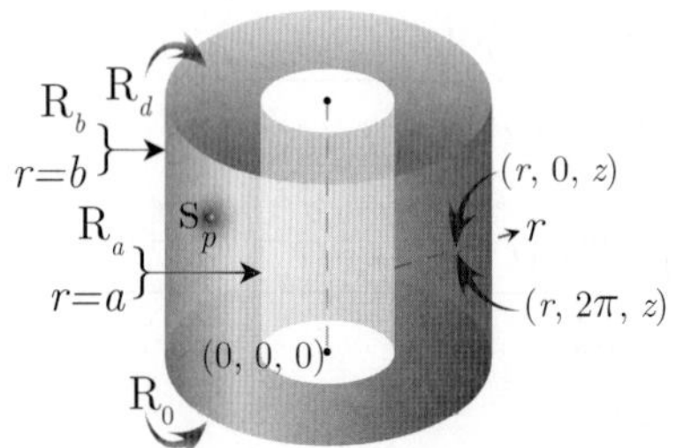

The problem of 25.100, except
$\mathbf{R_a} \equiv \frac{\partial p(a,\theta,z,t)}{\partial r} - \lambda_a p(a, \theta, z, t) = -\left(\frac{\mu}{k_r}\right) \psi_a(\theta, z, t)$,
$\mathbf{R_b} \equiv \frac{\partial p(b,\theta,z,t)}{\partial r} + \lambda_b p(b, \theta, z, t) = -\left(\frac{\mu}{k_r}\right) \psi_b(\theta, z, t)$,
$\mathbf{R_0} \equiv \frac{\partial p(r,\theta,0,t)}{\partial z} - \lambda_0 p(r, \theta, 0, t) = -\left(\frac{\mu}{k_z}\right) \psi_0(r, \theta, t)$ **and**
$\mathbf{R_d} \equiv \frac{\partial p(r,\theta,d,t)}{\partial z} + \lambda_d p(r, \theta, d, t) = -\left(\frac{\mu}{k_z}\right) \psi_d(r, \theta, t)$

$$\overline{p} = \frac{\pi q(s)e^{-st_0}}{\phi c_t}\sum_{m=0}^{\infty}\ni_m \cos\{m(\theta-\theta_0)\}\sum_{n=1}^{\infty}\xi_n^2\{\xi_n J'_{m\dot{o}}(\xi_n b)+\lambda_b J_{m\dot{o}}(\xi_n b)\}^2 \times$$
$$\times\frac{\{\xi_n\mathcal{V}_{\mathcal{N}m\dot{o}}(\xi_n r_0,a)-\lambda_a\mathcal{V}_{\mathcal{D}m\dot{o}}(\xi_n r_0,a)\}\{\xi_n\mathcal{V}_{\mathcal{N}m\dot{o}}(\xi_n r,a)-\lambda_a\mathcal{V}_{\mathcal{D}m\dot{o}}(\xi_n r,a)\}}{\left[\left\{\xi_n^2+\lambda_b^2-\left(\frac{m\dot{o}}{b}\right)^2\right\}\{\xi_n J'_{m\dot{o}}(\xi_n a)-\lambda_a J_{m\dot{o}}(\xi_n a)\}^2-\left\{\xi_n^2+\lambda_a^2-\left(\frac{m\dot{o}}{a}\right)^2\right\}\{\xi_n J'_{m\dot{o}}(\xi_n b)+\lambda J_{m\dot{o}}(\xi_n b)\}^2\right]}\times$$
$$\times\sum_{l=1}^{\infty}\frac{\{\xi_l\cos(\xi_l z_0)+\lambda_0\sin(\xi_l z_0)\}\{\xi_l\cos(\xi_l z)+\lambda_0\sin(\xi_l z)\}}{\left\{(\xi_l^2+\lambda_0^2)\left(d+\frac{\lambda_d}{\xi_l^2+\lambda_d^2}\right)+\lambda_0\right\}(\eta_r\xi_n^2+\eta_z\xi_l^2+s)}+$$
$$+\frac{2}{\phi c_t}\sum_{m=0}^{\infty}\ni_m\cos\{m(\theta-\theta_0)\}\times$$
$$\times\sum_{n=1}^{\infty}\frac{\xi_n^2\{\xi_n J'_{m\dot{o}}(\xi_n b)+\lambda_b J_{m\dot{o}}(\xi_n b)\}^2\{\xi_n\mathcal{V}_{\mathcal{N}m\dot{o}}(\xi_n r,a)-\lambda_a\mathcal{V}_{\mathcal{D}m\dot{o}}(\xi_n r,a)\}}{\left[\left\{\xi_n^2+\lambda_b^2-\left(\frac{m\dot{o}}{b}\right)^2\right\}\{\xi_n J'_{m\dot{o}}(\xi_n a)-\lambda_a J_{m\dot{o}}(\xi_n a)\}^2-\left\{\xi_n^2+\lambda_a^2-\left(\frac{m\dot{o}}{a}\right)^2\right\}\{\xi_n J'_{m\dot{o}}(\xi_n b)+\lambda J_{m\dot{o}}(\xi_n b)\}^2\right]}\times$$
$$\times\sum_{l=1}^{\infty}\frac{\overline{\overline{\overline{\psi}}}_a(m,\xi_l,s;\theta)\{\xi_l\cos(\xi_l z)+\lambda_0\sin(\xi_l z)\}}{\left\{(\xi_l^2+\lambda_0^2)\left(d+\frac{\lambda_d}{\xi_l^2+\lambda_d^2}\right)+\lambda_0\right\}(\eta_r\xi_n^2+\eta_z\xi_l^2+s)}-$$
$$-\frac{2}{\phi c_t}\sum_{m=0}^{\infty}\ni_m\cos\{m(\theta-\theta_0)\}\times$$
$$\times\sum_{n=1}^{\infty}\frac{\xi_n^2\{\xi_n J'_{m\dot{o}}(\xi_n b)+\lambda_b J_{m\dot{o}}(\xi_n b)\}\{\xi_n J'_{m\dot{o}}(\xi_n a)+\lambda_a J_{m\dot{o}}(\xi_n a)\}\{\xi_n\mathcal{V}_{\mathcal{N}m\dot{o}}(\xi_n r,a)-\lambda_a\mathcal{V}_{\mathcal{D}m\dot{o}}(\xi_n r,a)\}}{\left[\left\{\xi_n^2+\lambda_b^2-\left(\frac{m\dot{o}}{b}\right)^2\right\}\{\xi_n J'_{m\dot{o}}(\xi_n a)-\lambda_a J_{m\dot{o}}(\xi_n a)\}^2-\left\{\xi_n^2+\lambda_a^2-\left(\frac{m\dot{o}}{a}\right)^2\right\}\{\xi_n J'_{m\dot{o}}(\xi_n b)+\lambda J_{m\dot{o}}(\xi_n b)\}^2\right]}\times$$
$$\times\sum_{l=1}^{\infty}\frac{\overline{\overline{\overline{\psi}}}_b(m,\xi_l,s;\theta)\{\xi_l\cos(\xi_l z)+\lambda_0\sin(\xi_l z)\}}{\left\{(\xi_l^2+\lambda_0^2)\left(d+\frac{\lambda_d}{\xi_l^2+\lambda_d^2}\right)+\lambda_0\right\}(\eta_r\xi_n^2+\eta_z\xi_l^2+s)}+$$
$$+\frac{\pi}{\phi c_t}\sum_{m=0}^{\infty}\ni_m\cos\{m(\theta-\theta_0)\}\times$$
$$\times\sum_{n=1}^{\infty}\frac{\xi_n^2\{\xi_n J'_{m\dot{o}}(\xi_n b)+\lambda_b J_{m\dot{o}}(\xi_n b)\}^2\{\xi_n\mathcal{V}_{\mathcal{N}m\dot{o}}(\xi_n r,a)-\lambda_a\mathcal{V}_{\mathcal{D}m\dot{o}}(\xi_n r,a)\}}{\left[\left\{\xi_n^2+\lambda_b^2-\left(\frac{m\dot{o}}{b}\right)^2\right\}\{\xi_n J'_{m\dot{o}}(\xi_n a)-\lambda_a J_{m\dot{o}}(\xi_n a)\}^2-\left\{\xi_n^2+\lambda_a^2-\left(\frac{m\dot{o}}{a}\right)^2\right\}\{\xi_n J'_{m\dot{o}}(\xi_n b)+\lambda J_{m\dot{o}}(\xi_n b)\}^2\right]}\times$$
$$\times\sum_{l=1}^{\infty}\frac{\left[\xi_l\overline{\overline{\overline{\psi}}}_0(\xi_n,m,s;\theta)-\{\xi_l\cos(\xi_l d)+\lambda_0\sin(\xi_l d)\}\overline{\overline{\overline{\psi}}}_d(\xi_n,m,s;\theta)\right]\{\xi_l\cos(\xi_l z)+\lambda_0\sin(\xi_l z)\}}{\left\{(\xi_l^2+\lambda_0^2)\left(d+\frac{\lambda_d}{\xi_l^2+\lambda_d^2}\right)+\lambda_0\right\}(\eta_r\xi_n^2+\eta_z\xi_l^2+s)}+$$
$$+\pi\sum_{m=0}^{\infty}\ni_m\cos\{m(\theta-\theta_0)\}\times$$
$$\times\sum_{n=1}^{\infty}\frac{\xi_n^2\{\xi_n J'_{m\dot{o}}(\xi_n b)+\lambda_b J_{m\dot{o}}(\xi_n b)\}^2\{\xi_n\mathcal{V}_{\mathcal{N}m\dot{o}}(\xi_n r,a)-\lambda_a\mathcal{V}_{\mathcal{D}m\dot{o}}(\xi_n r,a)\}}{\left[\left\{\xi_n^2+\lambda_b^2-\left(\frac{m\dot{o}}{b}\right)^2\right\}\{\xi_n J'_{m\dot{o}}(\xi_n a)-\lambda_a J_{m\dot{o}}(\xi_n a)\}^2-\left\{\xi_n^2+\lambda_a^2-\left(\frac{m\dot{o}}{a}\right)^2\right\}\{\xi_n J'_{m\dot{o}}(\xi_n b)+\lambda J_{m\dot{o}}(\xi_n b)\}^2\right]}\times$$
$$\times\sum_{l=1}^{\infty}\frac{\overline{\overline{\overline{\varphi}}}(\xi_n,m,\xi_l;\theta)\{\xi_l\cos(\xi_l z)+\lambda_0\sin(\xi_l z)\}}{\left\{(\xi_l^2+\lambda_0^2)\left(d+\frac{\lambda_d}{\xi_l^2+\lambda_d^2}\right)+\lambda_0\right\}(\eta_r\xi_n^2+\eta_z\xi_l^2+s)} \quad (25.108.1)$$

where the eigenvalues $\xi_n, n=1,2,...,$ are the positive roots of $\lambda_a\{\mathcal{V}'_{\mathcal{D}m\dot{o}}(\xi_n b,a)+\lambda_b\mathcal{V}_{\mathcal{D}m\dot{o}}(\xi_n b,a)\}-\xi_n\{\mathcal{V}'_{\mathcal{N}m\dot{o}}(\xi_n b,a)+\lambda_b\mathcal{V}_{\mathcal{N}m\dot{o}}(\xi_n b,a)\}=0$, and ξ_l are the positive roots of $\tan(\xi_l d)=\frac{\xi_l(\lambda_0+\lambda_d)}{\xi_l^2-\lambda_0\lambda_d}$, $l=1,2,....$

$\overline{\overline{\overline{\psi}}}_0(\xi_n,m,s;\theta)=\int_a^b u\{\xi_n\mathcal{V}_{\mathcal{N}m\dot{o}}(\xi_n u,a)-\lambda_a\mathcal{V}_{\mathcal{D}m\dot{o}}(\xi_n u,a)\}\int_0^{2\pi}\overline{\psi}_0(u,v,s)\cos\{m(\theta-v)\}dvdu,$
$\overline{\overline{\overline{\psi}}}_d(\xi_n,m,s;\theta)=\int_a^b u\{\xi_n\mathcal{V}_{\mathcal{N}m\dot{o}}(\xi_n u,a)-\lambda_a\mathcal{V}_{\mathcal{D}m\dot{o}}(\xi_n u,a)\}\int_0^{2\pi}\overline{\psi}_d(u,v,s)\cos\{m(\theta-v)\}dvdu,$
$\overline{\overline{\overline{\psi}}}_a(m,\xi_l,s;\theta)=\int_0^{2\pi}\cos\{m(\theta-v)\}\int_0^d\overline{\psi}_a(v,w,s)\{\xi_l\cos(\xi_l w)+\lambda_0\sin(\xi_l w)\}dwdv,$

$\overline{\overline{\overline{\psi}}}_b(m, \xi_l, s; \theta) = \int_0^{2\pi} \cos\{m(\theta - v)\} \int_0^d \overline{\psi}_b(v, w, s) \{\xi_l \cos(\xi_l w) + \lambda_0 \sin(\xi_l w)\} \, dwdv$, and
$\overline{\overline{\overline{\varphi}}}(\xi_n, m, \xi_l; \theta) = \int_a^b v \{\xi_n \mathcal{V}_{\mathcal{N}m\dot{o}}(\xi_n v, a) - \lambda_a \mathcal{V}_{\mathcal{D}m\dot{o}}(\xi_n v, a)\} \int_0^{2\pi} \cos\{m(\theta - u)\} \times$
$\times \int_0^d \varphi(v, u, z) \{\xi_l \cos(\xi_l z) + \lambda_0 \sin(\xi_l z)\} \, dzdudv$.

$$
\begin{aligned}
p &= \frac{\pi U(t - t_0)}{\phi c_t} \sum_{m=0}^{\infty} \ni_m \cos\{m(\theta - \theta_0)\} \times \\
&\times \sum_{n=1}^{\infty} \frac{\xi_n^2 \{\xi_n J'_{m\dot{o}}(\xi_n b) + \lambda_b J_{m\dot{o}}(\xi_n b)\}^2 \{\xi_n \mathcal{V}_{\mathcal{N}m\dot{o}}(\xi_n r_0, a) - \lambda_a \mathcal{V}_{\mathcal{D}m\dot{o}}(\xi_n r_0, a)\}}{\left[\left\{\xi_n^2 + \lambda_b^2 - \left(\frac{m\dot{o}}{b}\right)^2\right\}\{\xi_n J'_{m\dot{o}}(\xi_n a) - \lambda_a J_{m\dot{o}}(\xi_n a)\}^2 - \left\{\xi_n^2 + \lambda_a^2 - \left(\frac{m\dot{o}}{a}\right)^2\right\}\{\xi_n J'_{m\dot{o}}(\xi_n b) + \lambda J_{m\dot{o}}(\xi_n b)\}^2\right]} \times \\
&\times \{\xi_n \mathcal{V}_{\mathcal{N}m\dot{o}}(\xi_n r, a) - \lambda_a \mathcal{V}_{\mathcal{D}m\dot{o}}(\xi_n r, a)\} \times \\
&\times \sum_{l=1}^{\infty} \frac{(\xi_l^2 + \lambda_0^2) \cos\{\xi_l(d - z_0)\} \{\xi_l \cos(\xi_l z) + \lambda_0 \sin(\xi_l z)\} \int_0^{t-t_0} q(t - t_0 - \tau) e^{-(\eta_r \xi_n^2 + \eta_z \xi_l^2)\tau} d\tau}{\left\{(\xi_l^2 + \lambda_0^2)\left(d + \frac{\lambda_d}{\xi_l^2 + \lambda_d^2}\right) + \lambda_0\right\}} + \\
&+ \frac{2}{\phi c_t} \sum_{m=0}^{\infty} \ni_m \cos\{m(\theta - \theta_0)\} \times \\
&\times \sum_{n=1}^{\infty} \frac{\xi_n^2 \{\xi_n J'_{m\dot{o}}(\xi_n b) + \lambda_b J_{m\dot{o}}(\xi_n b)\}^2 \{\xi_n \mathcal{V}_{\mathcal{N}m\dot{o}}(\xi_n r, a) - \lambda_a \mathcal{V}_{\mathcal{D}m\dot{o}}(\xi_n r, a)\}}{\left[\left\{\xi_n^2 + \lambda_b^2 - \left(\frac{m\dot{o}}{b}\right)^2\right\}\{\xi_n J'_{m\dot{o}}(\xi_n a) - \lambda_a J_{m\dot{o}}(\xi_n a)\}^2 - \left\{\xi_n^2 + \lambda_a^2 - \left(\frac{m\dot{o}}{a}\right)^2\right\}\{\xi_n J'_{m\dot{o}}(\xi_n b) + \lambda J_{m\dot{o}}(\xi_n b)\}^2\right]} \times \\
&\times \sum_{l=1}^{\infty} \frac{\{\xi_l \cos(\xi_l z) + \lambda_0 \sin(\xi_l z)\} \int_0^t \overline{\overline{\overline{\psi}}}_a(m, \xi_l, t - \tau; \theta) e^{-(\eta_r \xi_n^2 + \eta_z \xi_l^2)\tau} d\tau}{\left\{(\xi_l^2 + \lambda_0^2)\left(d + \frac{\lambda_d}{\xi_l^2 + \lambda_d^2}\right) + \lambda_0\right\}} - \\
&- \frac{2}{\phi c_t} \sum_{m=0}^{\infty} \ni_m \cos\{m(\theta - \theta_0)\} \times \\
&\times \sum_{n=1}^{\infty} \frac{\xi_n^2 \{\xi_n J'_{m\dot{o}}(\xi_n b) + \lambda_b J_{m\dot{o}}(\xi_n b)\} \{\xi_n J'_{m\dot{o}}(\xi_n a) + \lambda_a J_{m\dot{o}}(\xi_n a)\} \{\xi_n \mathcal{V}_{\mathcal{N}m\dot{o}}(\xi_n r, a) - \lambda_a \mathcal{V}_{\mathcal{D}m\dot{o}}(\xi_n r, a)\}}{\left[\left\{\xi_n^2 + \lambda_b^2 - \left(\frac{m\dot{o}}{b}\right)^2\right\}\{\xi_n J'_{m\dot{o}}(\xi_n a) - \lambda_a J_{m\dot{o}}(\xi_n a)\}^2 - \left\{\xi_n^2 + \lambda_a^2 - \left(\frac{m\dot{o}}{a}\right)^2\right\}\{\xi_n J'_{m\dot{o}}(\xi_n b) + \lambda J_{m\dot{o}}(\xi_n b)\}^2\right]} \times \\
&\times \sum_{l=1}^{\infty} \frac{\{\xi_l \cos(\xi_l z) + \lambda_0 \sin(\xi_l z)\} \int_0^t \overline{\overline{\overline{\psi}}}_b(m, \xi_l, t - \tau; \theta) e^{-(\eta_r \xi_n^2 + \eta_z \xi_l^2)\tau} d\tau}{\left\{(\xi_l^2 + \lambda_0^2)\left(d + \frac{\lambda_d}{\xi_l^2 + \lambda_d^2}\right) + \lambda_0\right\}} + \\
&+ \frac{\pi}{\phi c_t} \sum_{m=0}^{\infty} \ni_m \cos\{m(\theta - \theta_0)\} \times \\
&\times \sum_{n=1}^{\infty} \frac{\xi_n^2 \{\xi_n J'_{m\dot{o}}(\xi_n b) + \lambda_b J_{m\dot{o}}(\xi_n b)\}^2 \{\xi_n \mathcal{V}_{\mathcal{N}m\dot{o}}(\xi_n r, a) - \lambda_a \mathcal{V}_{\mathcal{D}m\dot{o}}(\xi_n r, a)\}}{\left[\left\{\xi_n^2 + \lambda_b^2 - \left(\frac{m\dot{o}}{b}\right)^2\right\}\{\xi_n J'_{m\dot{o}}(\xi_n a) - \lambda_a J_{m\dot{o}}(\xi_n a)\}^2 - \left\{\xi_n^2 + \lambda_a^2 - \left(\frac{m\dot{o}}{a}\right)^2\right\}\{\xi_n J'_{m\dot{o}}(\xi_n b) + \lambda J_{m\dot{o}}(\xi_n b)\}^2\right]} \times \\
&\times \sum_{l=1}^{\infty} \frac{\{\xi_l \cos(\xi_l z) + \lambda_0 \sin(\xi_l z)\}}{\left\{(\xi_l^2 + \lambda_0^2)\left(d + \frac{\lambda_d}{\xi_l^2 + \lambda_d^2}\right) + \lambda_0\right\}} \times \\
&\times \int_0^t \left[\xi_l \overline{\overline{\psi}}_0(\xi_n, m, t - \tau; \theta) - \{\xi_l \cos(\xi_l d) + \lambda_0 \sin(\xi_l d)\} \overline{\overline{\psi}}_d(\xi_n, m, t - \tau; \theta)\right] e^{-(\eta_r \xi_n^2 + \eta_z \xi_l^2)\tau} d\tau + \\
&+ \pi \sum_{m=0}^{\infty} \ni_m \cos\{m(\theta - \theta_0)\} \times \\
&\times \sum_{n=1}^{\infty} \frac{\xi_n^2 \{\xi_n J'_{m\dot{o}}(\xi_n b) + \lambda_b J_{m\dot{o}}(\xi_n b)\}^2 \{\xi_n \mathcal{V}_{\mathcal{N}m\dot{o}}(\xi_n r, a) - \lambda_a \mathcal{V}_{\mathcal{D}m\dot{o}}(\xi_n r, a)\}}{\left[\left\{\xi_n^2 + \lambda_b^2 - \left(\frac{m\dot{o}}{b}\right)^2\right\}\{\xi_n J'_{m\dot{o}}(\xi_n a) - \lambda_a J_{m\dot{o}}(\xi_n a)\}^2 - \left\{\xi_n^2 + \lambda_a^2 - \left(\frac{m\dot{o}}{a}\right)^2\right\}\{\xi_n J'_{m\dot{o}}(\xi_n b) + \lambda J_{m\dot{o}}(\xi_n b)\}^2\right]} \times \\
&\times \sum_{l=1}^{\infty} \frac{\overline{\overline{\overline{\varphi}}}(\xi_n, m, \xi_l; \theta) \{\xi_l \cos(\xi_l z) + \lambda_0 \sin(\xi_l z)\} e^{-\eta_z \xi_l^2 t}}{\left\{(\xi_l^2 + \lambda_0^2)\left(d + \frac{\lambda_d}{\xi_l^2 + \lambda_d^2}\right) + \lambda_0\right\}}
\end{aligned}
\tag{25.108.2}
$$

where $\overline{\overline{\overline{\psi}}}_a(m, \xi_l, t; \theta) = \int_0^{2\pi} \cos\{m(\theta - v)\} \int_0^d \psi_a(v, w, t) \{\xi_l \cos(\xi_l w) + \lambda_0 \sin(\xi_l w)\} \, dwdv$,

$$\overline{\overline{\psi}}_b\left(m,\xi_l,t;\theta\right)=\int_0^{2\pi}\cos\left\{m\left(\theta-v\right)\right\}\int_0^d\psi_b\left(v,w,t\right)\left\{\xi_l\cos\left(\xi_lw\right)+\lambda_0\sin\left(\xi_lw\right)\right\}dwdv,$$
$$\overline{\overline{\psi}}_0\left(\xi_n,m,t;\theta\right)=\int_a^b r\left\{\xi_n\mathcal{V}_{\mathcal{N}m\dot{o}}\left(\xi_nu,a\right)-\lambda_a\mathcal{V}_{\mathcal{D}m\dot{o}}\left(\xi_nu,a\right)\right\}\int_0^{2\pi}\psi_0\left(u,v,t\right)\cos\left\{m\left(\theta-v\right)\right\}dudv,$$
$$\overline{\overline{\psi}}_d\left(\xi_n,m,t;\theta\right)=\int_a^b u\left\{\xi_n\mathcal{V}_{\mathcal{N}m\dot{o}}\left(\xi_nu,a\right)-\lambda_a\mathcal{V}_{\mathcal{D}m\dot{o}}\left(\xi_nu,a\right)\right\}\int_0^{2\pi}\psi_d\left(u,v,t\right)\cos\left\{m\left(\theta-v\right)\right\}dvdu.$$

Chapter 26

Wedge-shaped infinite and semi-infinite continua. The range of the variable θ is a portion of the circle; that is, $0 \le \theta \le \vartheta$, where $\vartheta < 2\pi$. $p(r, \theta, z, t)$ is a function of r, θ, z and t

26.1 **An infinite continuum whose axis is at $r = 0$ and extends to ∞ in the direction of r positive. $-\infty < z < \infty$ and $0 \le \theta \le \vartheta$; $\vartheta < 2\pi$. Point source at $s_p \equiv (r_0, \theta_0, z_0)$ at time $t = t_0$; $0 < r_0 < \infty$, $0 \le \theta_0 \le \vartheta$, $-\infty < z_0 < \infty$, $t_0 \ge 0$. $D_0 \equiv p(r, 0, z, t) = \psi_0(r, z, t)$ and $D_\vartheta \equiv p(r, \vartheta, z, t) = \psi_\vartheta(r, z, t)$. The initial pressure $p(r, \theta, z, 0) = \varphi(r, \theta, z)$**

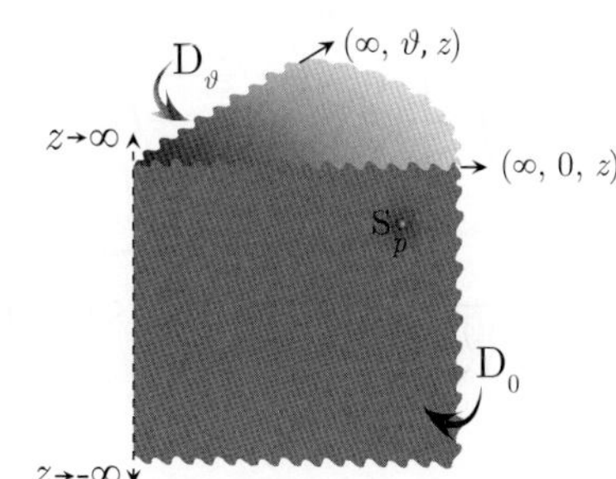

Successive application of the Laplace, Fourier and Hankel transformations to equation (22.1.1) gives

$$\overline{\overline{\overline{p}}} = \frac{q(s)\, e^{-st_0} e^{ilz_0} \sin(\xi_m \theta_0)\, J_{\mathcal{M}}(\xi r_0)}{\phi c_t \left(\eta_r \xi^2 + \eta_z l^2 + s\right)} + \frac{\xi_m \eta_\theta \int_0^\infty \frac{J_{\mathcal{M}}(\xi u)}{u} \left\{\overline{\overline{\psi}}_0(u,l,s) - (-1)^m \overline{\overline{\psi}}_\vartheta(u,l,s)\right\} du}{\left(\eta_r \xi^2 + \eta_z l^2 + s\right)} + \frac{\overline{\overline{\overline{\varphi}}}(\xi, \xi_m, l)}{\left(\eta_r \xi^2 + \eta_z l^2 + s\right)} \tag{26.1.1}$$

where ξ_m are the positive roots of $\sin(\xi_m \vartheta)$, which are $\xi_m = \frac{m\pi}{\vartheta}$, $m = 1, 2, ...$, $\mathcal{M} = \xi_m \dot{o}$, $\dot{o} = \sqrt{\frac{\eta_\theta}{\eta_r}}$, $\overline{\overline{\overline{\varphi}}}(\xi, \xi_m, l) = \int_0^\infty u J_{\mathcal{M}}(\xi u) \int_0^\vartheta \sin(\xi_m v) \int_{-\infty}^\infty \varphi(u, v, z) e^{ilz} dz dv du$, $\overline{\overline{\psi}}_0(u,l,s) = \int_{-\infty}^\infty e^{ilz} \int_0^\infty \psi_0(u,z,t)\, e^{-st} dt dz$, and $\overline{\overline{\psi}}_\vartheta(u,l,s) = \int_{-\infty}^\infty e^{ilz} \int_0^\infty \psi_\vartheta(u,z,t)\, e^{-st} dt dz$. Successive inverse transforms yield

$$\overline{p} = \frac{4q(s)\, e^{-st_0}}{\pi\vartheta} \left(\frac{\mu}{k_r}\right) \sum_{m=1}^\infty \sin(\xi_m \theta_0) \sin(\xi_m \theta) \times$$

$$\times \int_0^\infty \cos\{l(z - z_0)\} \left\{ \begin{array}{ll} I_{\mathcal{M}}\left(r\sqrt{\frac{\eta_z l^2 + s}{\eta_r}}\right) K_{\mathcal{M}}\left(r_0\sqrt{\frac{\eta_z l^2 + s}{\eta_r}}\right), & 0 < r < r_0 \\ I_{\mathcal{M}}\left(r_0\sqrt{\frac{\eta_z l^2 + s}{\eta_r}}\right) K_{\mathcal{M}}\left(r\sqrt{\frac{\eta_z l^2 + s}{\eta_r}}\right), & 0 < r_0 < r \end{array} \right\} dl +$$

$$+\frac{4\dot{o}^2}{\pi\vartheta}\sum_{m=1}^{\infty}\xi_m\sin(\xi_m\theta)\int_{-\infty}^{\infty}\int_{0}^{\infty}\cos\{l(z-w)\}\times$$

$$\times\left\{\begin{array}{ll}I_{\mathcal{M}}\left(r\sqrt{\frac{\eta_z l^2+s}{\eta_r}}\right)\int\limits_0^{\infty}K_{\mathcal{M}}\left(u\sqrt{\frac{\eta_z l^2+s}{\eta_r}}\right)g(u,w,s)\,du, & 0<r<u\\ K_{\mathcal{M}}\left(r\sqrt{\frac{\eta_z l^2+s}{\eta_r}}\right)\int\limits_0^{\infty}I_{\mathcal{M}}\left(u\sqrt{\frac{\eta_z l^2+s}{\eta_r}}\right)g(u,w,s)\,du, & 0<u<r\end{array}\right\}dldw+$$

$$+\frac{4}{\pi\eta_r\vartheta}\sum_{m=1}^{\infty}\sin(\xi_m\theta)\int_{-\infty}^{\infty}\int_{0}^{\infty}\cos\{l(z-w)\}\times$$

$$\times\left\{\begin{array}{ll}I_{\mathcal{M}}\left(r\sqrt{\frac{\eta_z l^2+s}{\eta_r}}\right)\int\limits_0^{\infty}uK_{\mathcal{M}}\left(u\sqrt{\frac{\eta_z l^2+s}{\eta_r}}\right)\int_0^{\vartheta}\varphi(u,v,w)\sin(\xi_m\vartheta)dvdu, & 0<r<u\\ K_{\mathcal{M}}\left(r\sqrt{\frac{\eta_z l^2+s}{\eta_r}}\right)\int\limits_0^{\infty}uI_{\mathcal{M}}\left(u\sqrt{\frac{\eta_z l^2+s}{\eta_r}}\right)\int_0^{\vartheta}\varphi(u,v,w)\sin(\xi_m\vartheta)dvdu, & 0<u<r\end{array}\right\}dldw \quad (26.1.2)$$

where $g(u,w,s)=\frac{1}{u}\left\{\overline{\psi}_0(u,w,s)-(-1)^m\,\overline{\psi}_\vartheta(u,w,s)\right\}$. The inverse Laplace transform of equation (26.1.2) yields

$$p=\frac{U(t-t_0)}{2\vartheta\sqrt{\pi\eta_z}}\left(\frac{\mu}{k_r}\right)\sum_{m=1}^{\infty}\sin(\xi_m\theta_0)\sin(\xi_m\theta)\int_0^{t-t_0}\frac{q(t-t_0-\tau)}{\tau^{\frac{3}{2}}}I_{\mathcal{M}}\left(\frac{rr_0}{2\eta_r\tau}\right)e^{-\frac{1}{4\tau}\left\{\frac{(z-z_0)^2}{\eta_z}+\frac{r^2+r_0^2}{\eta_r}\right\}}d\tau+$$

$$+\frac{\dot{o}^2}{2\vartheta\sqrt{\pi\eta_z}}\sum_{m=1}^{\infty}\xi_m\sin(\xi_m\theta)\times$$

$$\times\int_0^t\frac{1}{\tau^{\frac{3}{2}}}\int_0^{\infty}\frac{e^{-\frac{r^2+u^2}{4\eta_r\tau}}}{u}I_{\mathcal{M}}\left(\frac{ru}{2\eta_r\tau}\right)\int_{-\infty}^{\infty}\left\{\psi_0(u,w,t-\tau)-(-1)^m\psi_\vartheta(u,w,t-\tau)\right\}e^{-\frac{(z-w)^2}{4\eta_z\tau}}dwdud\tau+$$

$$+\frac{1}{2\vartheta\eta_r t^{\frac{3}{2}}\sqrt{\pi\eta_z}}\sum_{m=1}^{\infty}\sin(\xi_m\theta)\int_0^{\infty}uI_{\mathcal{M}}\left(\frac{ru}{2\eta_r t}\right)e^{-\frac{r^2+u^2}{4\eta_r t}}\int_{-\infty}^{\infty}e^{-\frac{(z-w)^2}{4\eta_z t}}\int_0^{\vartheta}\varphi(u,v,w)\sin(\xi_m v)dvdwdu \quad (26.1.3)$$

26.2

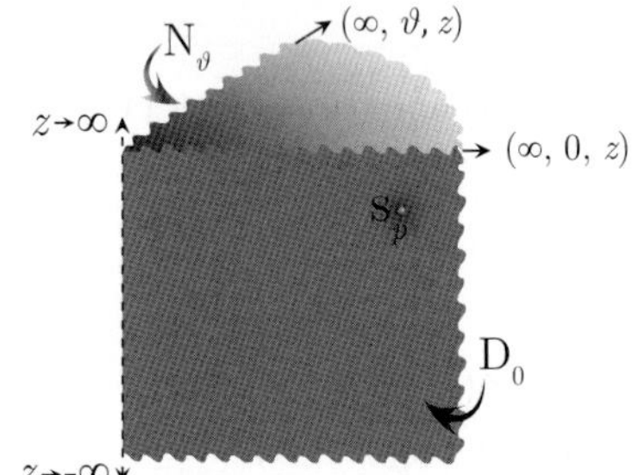

The problem of 26.1, except
$D_0\equiv p(r,0,z,t)=\psi_0(r,z,t)$ and
$N_\vartheta\equiv\frac{\partial p(r,\vartheta,z,t)}{\partial\theta}=-\left(\frac{\mu}{k_\theta}\right)\psi_\vartheta(r,z,t)$

Successive application of the Laplace, Fourier and Hankel transformations to equation (22.1.1) gives

$$\overline{\overline{\overline{p}}}=\frac{q(s)\,e^{-st_0}e^{ilz_0}\sin(\xi_m\theta_0)\,J_{\mathcal{M}}(\xi r_0)}{\phi c_t\left(\eta_r\xi^2+\eta_z l^2+s\right)}+$$

$$+\frac{\eta_\theta\int_0^{\infty}\frac{J_{\mathcal{M}}(\xi u)}{u}\left\{\xi_m\overline{\overline{\psi}}_0(u,l,s)+(-1)^m\left(\frac{\mu}{k_\theta}\right)\overline{\overline{\psi}}_\vartheta(u,l,s)\right\}du}{\left(\eta_r\xi^2+\eta_z l^2+s\right)}+\frac{\overline{\overline{\overline{\varphi}}}(\xi,\xi_m,l)}{\left(\eta_r\xi^2+\eta_z l^2+s\right)} \quad (26.2.1)$$

where ξ_m are the positive roots of $\cos(\xi_m\vartheta)$, which are $\xi_m=\frac{(2m-1)\pi}{2\vartheta}$, $m=1,2,...,$
$\overline{\overline{\overline{\varphi}}}(\xi,\xi_m,l)=\int_0^{\infty}uJ_{\mathcal{M}}(\xi u)\int_0^{\vartheta}\sin(\xi_m v)\int_{-\infty}^{\infty}\varphi(u,v,z)e^{ilz}dzdvdu$,
$\overline{\overline{\psi}}_0(u,l,s)=\int_{-\infty}^{\infty}e^{ilz}\int_0^{\infty}\psi_0(u,z,t)\,e^{-st}dtdz$, and $\overline{\overline{\psi}}_\vartheta(u,l,s)=\int_{-\infty}^{\infty}e^{ilz}\int_0^{\infty}\psi_\vartheta(u,z,t)\,e^{-st}dtdz$. Successive

inverse transforms yield

$$\overline{p} = \frac{4q(s)e^{-st_0}}{\pi\vartheta}\left(\frac{\mu}{k_r}\right)\sum_{m=1}^{\infty}\sin(\xi_m\theta_0)\sin(\xi_m\theta)\times$$
$$\times\int_0^\infty \cos\{l(z-z_0)\}\begin{Bmatrix} I_{\mathcal{M}}\left(r\sqrt{\frac{\eta_z l^2+s}{\eta_r}}\right)K_{\mathcal{M}}\left(r_0\sqrt{\frac{\eta_z l^2+s}{\eta_r}}\right), & 0<r<r_0 \\ I_{\mathcal{M}}\left(r_0\sqrt{\frac{\eta_z l^2+s}{\eta_r}}\right)K_{\mathcal{M}}\left(r\sqrt{\frac{\eta_z l^2+s}{\eta_r}}\right), & 0<r_0<r\end{Bmatrix}dl+$$
$$+\frac{4\dot{o}^2}{\pi\vartheta}\sum_{m=1}^{\infty}\sin(\xi_m\theta)\int_{-\infty}^{\infty}\int_0^{\infty}\cos\{l(z-w)\}\times$$
$$\times\begin{Bmatrix} I_{\mathcal{M}}\left(r\sqrt{\frac{\eta_z l^2+s}{\eta_r}}\right)\int_0^\infty K_{\mathcal{M}}\left(u\sqrt{\frac{\eta_z l^2+s}{\eta_r}}\right)g(u,w,s)\,du, & 0<r<u \\ K_{\mathcal{M}}\left(r\sqrt{\frac{\eta_z l^2+s}{\eta_r}}\right)\int_0^\infty I_{\mathcal{M}}\left(u\sqrt{\frac{\eta_z l^2+s}{\eta_r}}\right)g(u,w,s)\,du, & 0<u<r\end{Bmatrix}dldw+$$
$$+\frac{4}{\pi\eta_r\vartheta}\sum_{m=1}^{\infty}\sin(\xi_m\theta)\int_{-\infty}^{\infty}\int_0^{\infty}\cos\{l(z-w)\}\times$$
$$\times\begin{Bmatrix} I_{\mathcal{M}}\left(r\sqrt{\frac{\eta_z l^2+s}{\eta_r}}\right)\int_0^\infty uK_{\mathcal{M}}\left(u\sqrt{\frac{\eta_z l^2+s}{\eta_r}}\right)\int_0^\vartheta\varphi(u,v,w)\sin(\xi_m\vartheta)dvdu, & 0<r<u \\ K_{\mathcal{M}}\left(r\sqrt{\frac{\eta_z l^2+s}{\eta_r}}\right)\int_0^\infty uI_{\mathcal{M}}\left(u\sqrt{\frac{\eta_z l^2+s}{\eta_r}}\right)\int_0^\vartheta\varphi(u,v,w)\sin(\xi_m\vartheta)dvdu, & 0<u<r\end{Bmatrix}dldw \quad (26.2.2)$$

where $g(u,w,s)=\frac{1}{u}\left\{\xi_m\overline{\psi}_0(u,w,s)+(-1)^m\left(\frac{\mu}{k_\theta}\right)\overline{\psi}_\vartheta(u,w,s)\right\}$. The inverse Laplace transform of equation (26.2.2) yields

$$p = \frac{U(t-t_0)}{2\vartheta\sqrt{\pi\eta_z}}\left(\frac{\mu}{k_r}\right)\sum_{m=1}^{\infty}\sin(\xi_m\theta_0)\sin(\xi_m\theta)\int_0^{t-t_0}\frac{q(t-t_0-\tau)}{\tau^{\frac{3}{2}}}I_{\mathcal{M}}\left(\frac{rr_0}{2\eta_r\tau}\right)e^{-\frac{1}{4\tau}\left\{\frac{(z-z_0)^2}{\eta_z}+\frac{r^2+r_0^2}{\eta_r}\right\}}d\tau+$$
$$+\frac{\dot{o}^2}{2\vartheta\sqrt{\pi\eta_z}}\sum_{m=1}^{\infty}\sin(\xi_m\theta)\int_0^t\frac{1}{\tau^{\frac{3}{2}}}\int_0^\infty\frac{e^{-\frac{r^2+u^2}{4\eta_r\tau}}}{u}I_{\mathcal{M}}\left(\frac{ru}{2\eta_r\tau}\right)\times$$
$$\times\int_{-\infty}^{\infty}\left\{\xi_m\psi_0(u,w,t-\tau)+(-1)^m\left(\frac{\mu}{k_\theta}\right)\psi_\vartheta(u,w,t-\tau)\right\}e^{-\frac{(z-w)^2}{4\eta_z\tau}}dwdud\tau+$$
$$+\frac{1}{2\vartheta\eta_r t^{\frac{3}{2}}\sqrt{\pi\eta_z}}\sum_{m=1}^{\infty}\sin(\xi_m\theta)\int_0^\infty uI_{\mathcal{M}}\left(\frac{ru}{2\eta_r t}\right)e^{-\frac{r^2+u^2}{4\eta_r t}}\int_{-\infty}^{\infty}e^{-\frac{(z-w)^2}{4\eta_z t}}\int_0^\vartheta\varphi(u,v,w)\sin(\xi_m v)dvdwdu \quad (26.2.3)$$

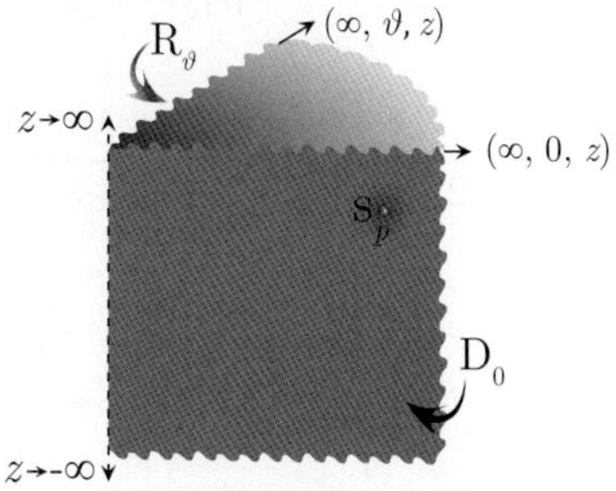

26.3 The problem of 26.1, except $\mathbf{D_0} \equiv p(r,0,z,t)=\psi_0(r,z,t)$ and $\mathbf{R_\vartheta} \equiv \frac{\partial p(r,\vartheta,z,t)}{\partial\theta}+\lambda p(r,\vartheta,z,t)=-\left(\frac{\mu}{k_\theta}\right)\psi_\vartheta(r,z,t)$

Successive application of the Laplace, Fourier and Hankel transformations to equation (22.1.1) gives

$$\overline{\overline{\overline{p}}} = \frac{q(s)e^{-st_0}e^{ilz_0}\sin(\xi_m\theta_0)J_{\mathcal{M}}(\xi r_0)}{\phi c_t(\eta_r\xi^2+\eta_z l^2+s)}+$$
$$+\frac{\eta_\theta\int_0^\infty\frac{J_{\mathcal{M}}(\xi u)}{u}\left\{\xi_m\overline{\overline{\psi}}_0(u,l,s)-\left(\frac{\mu}{k_\theta}\right)\overline{\overline{\psi}}_\vartheta(r,l,s)\sin(\xi_m\vartheta)\right\}du}{(\eta_r\xi^2+\eta_z l^2+s)}+\frac{\overline{\overline{\overline{\varphi}}}(\xi,\xi_m,l)}{(\eta_r\xi^2+\eta_z l^2+s)} \quad (26.3.1)$$

where ξ_m are the positive roots of $\xi_m \cot(\xi_m \vartheta) = -\lambda$, $m = 1, 2, ...$,
$\overline{\overline{\overline{\varphi}}}(\xi, \xi_m, l) = \int_0^\infty u J_{\mathcal{M}}(\xi u) \int_0^\vartheta \sin(\xi_m v) \int_{-\infty}^\infty \varphi(u, v, z) e^{ilz} dz dv du$,
$\overline{\overline{\psi}}_0(u, l, s) = \int_{-\infty}^\infty e^{ilz} \int_0^\infty \psi_0(u, z, t) e^{-st} dt dz$, and $\overline{\overline{\psi}}_\vartheta(u, l, s) = \int_{-\infty}^\infty e^{ilz} \int_0^\infty \psi_\vartheta(u, z, t) e^{-st} dt dz$. Successive inverse transforms yield

$$\begin{aligned}
\overline{p} &= \frac{4q(s)e^{-st_0}}{\pi}\left(\frac{\mu}{k_r}\right)\sum_{m=1}^{\infty}\frac{(\xi_m^2+\lambda^2)\sin(\xi_m\theta_0)\sin(\xi_m\theta)}{\vartheta(\xi_m^2+\lambda^2)+\lambda}\times\\
&\times\int_0^\infty \cos\{l(z-z_0)\}\left\{\begin{array}{ll} I_{\mathcal{M}}\left(r\sqrt{\frac{\eta_z l^2+s}{\eta_r}}\right)K_{\mathcal{M}}\left(r_0\sqrt{\frac{\eta_z l^2+s}{\eta_r}}\right), & 0<r<r_0\\ I_{\mathcal{M}}\left(r_0\sqrt{\frac{\eta_z l^2+s}{\eta_r}}\right)K_{\mathcal{M}}\left(r\sqrt{\frac{\eta_z l^2+s}{\eta_r}}\right), & 0<r_0<r\end{array}\right\}dl+\\
&+\frac{4\dot{o}^2}{\pi}\sum_{m=1}^{\infty}\frac{(\xi_m^2+\lambda^2)\sin(\xi_m\theta)}{\vartheta(\xi_m^2+\lambda^2)+\lambda}\int_{-\infty}^{\infty}\int_0^\infty\cos\{l(z-w)\}\times\\
&\times\left\{\begin{array}{ll} I_{\mathcal{M}}\left(r\sqrt{\frac{\eta_z l^2+s}{\eta_r}}\right)\int_0^\infty K_{\mathcal{M}}\left(u\sqrt{\frac{\eta_z l^2+s}{\eta_r}}\right)g(u,w,s)\,du, & 0<r<u\\ K_{\mathcal{M}}\left(r\sqrt{\frac{\eta_z l^2+s}{\eta_r}}\right)\int_0^\infty I_{\mathcal{M}}\left(u\sqrt{\frac{\eta_z l^2+s}{\eta_r}}\right)g(u,w,s)\,du, & 0<u<r\end{array}\right\}dldw+\\
&+\frac{4}{\pi\eta_r}\sum_{m=1}^{\infty}\frac{(\xi_m^2+\lambda^2)\sin(\xi_m\theta)}{\vartheta(\xi_m^2+\lambda^2)+\lambda}\int_{-\infty}^{\infty}\int_0^\infty\cos\{l(z-w)\}\times\\
&\times\left\{\begin{array}{ll} I_{\mathcal{M}}\left(r\sqrt{\frac{\eta_z l^2+s}{\eta_r}}\right)\int_0^\infty uK_{\mathcal{M}}\left(u\sqrt{\frac{\eta_z l^2+s}{\eta_r}}\right)\int_0^\vartheta\varphi(u,v,w)\sin(\xi_m\vartheta)dvdu, & 0<r<u\\ K_{\mathcal{M}}\left(r\sqrt{\frac{\eta_z l^2+s}{\eta_r}}\right)\int_0^\infty uI_{\mathcal{M}}\left(u\sqrt{\frac{\eta_z l^2+s}{\eta_r}}\right)\int_0^\vartheta\varphi(u,v,w)\sin(\xi_m\vartheta)dvdu, & 0<u<r\end{array}\right\}dldw
\end{aligned} \quad (26.3.2)$$

where $g(u, w, s) = \frac{1}{u}\left\{\xi_m \overline{\psi}_0(u, w, s) - \left(\frac{\mu}{k_\theta}\right)\overline{\psi}_\vartheta(u, w, s)\sin(\xi_m\vartheta)\right\}$. The inverse Laplace transform of equation (26.3.2) yields

$$\begin{aligned}
p &= \frac{U(t-t_0)}{2\sqrt{\pi\eta_z}}\left(\frac{\mu}{k_r}\right)\times\\
&\times\sum_{m=1}^{\infty}\frac{(\xi_m^2+\lambda^2)\sin(\xi_m\theta_0)\sin(\xi_m\theta)}{\vartheta(\xi_m^2+\lambda^2)+\lambda}\int_0^{t-t_0}\frac{q(t-t_0-\tau)}{\tau^{\frac{3}{2}}}I_{\mathcal{M}}\left(\frac{rr_0}{2\eta_r\tau}\right)e^{-\frac{1}{4\tau}\left\{\frac{(z-z_0)^2}{\eta_z}+\frac{r^2+r_0^2}{\eta_r}\right\}}d\tau+\\
&+\frac{\dot{o}^2}{2\sqrt{\pi\eta_z}}\sum_{m=1}^{\infty}\frac{(\xi_m^2+\lambda^2)\sin(\xi_m\theta)}{\vartheta(\xi_m^2+\lambda^2)+\lambda}\int_0^t\frac{1}{\tau^{\frac{3}{2}}}\int_0^\infty\frac{e^{-\frac{r^2+u^2}{4\eta_r\tau}}}{u}I_{\mathcal{M}}\left(\frac{ru}{2\eta_r\tau}\right)\times\\
&\times\int_{-\infty}^{\infty}\left\{\xi_m\psi_0(u,w,t-\tau)-\left(\frac{\mu}{k_\theta}\right)\psi_\vartheta(u,w,t-\tau)\sin(\xi_m\vartheta)\right\}e^{-\frac{(z-w)^2}{4\eta_z\tau}}dwdud\tau+\\
&+\frac{1}{2\eta_r t^{\frac{3}{2}}\sqrt{\pi\eta_z}}\times\\
&\times\sum_{m=1}^{\infty}\frac{(\xi_m^2+\lambda^2)\sin(\xi_m\theta)}{\vartheta(\xi_m^2+\lambda^2)+\lambda}\int_0^\infty uI_{\mathcal{M}}\left(\frac{ru}{2\eta_r t}\right)e^{-\frac{r^2+u^2}{4\eta_r t}}\int_{-\infty}^{\infty}e^{-\frac{(z-w)^2}{4\eta_z t}}\int_0^\vartheta\varphi(u,v,w)\sin(\xi_m v)dvdwdu
\end{aligned} \quad (26.3.3)$$

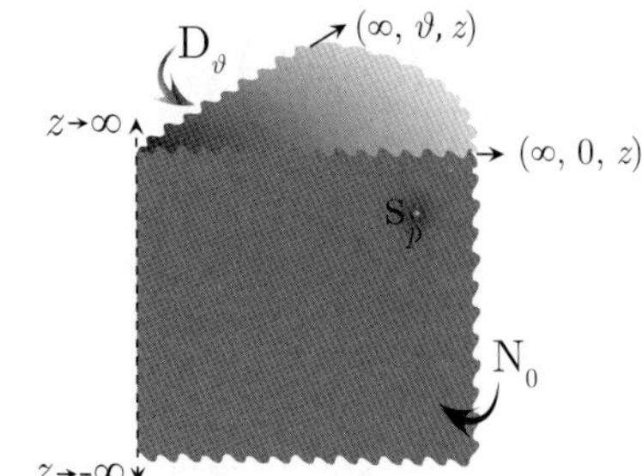

26.4 The problem of 26.1, except $N_0 \equiv \frac{\partial p(r,0,z,t)}{\partial\theta} = -\left(\frac{\mu}{k_\theta}\right)\psi_0(r,z,t)$ and $D_\vartheta \equiv p(r,\vartheta,z,t) = \psi_\vartheta(r,z,t)$

Successive application of the Laplace, Fourier and Hankel transformations to equation (22.1.1) gives

$$\overline{\overline{\overline{\overline{p}}}} = \frac{q(s)\,e^{-st_0}e^{ilz_0}\cos(\xi_m\theta_0)\,J_{\mathcal{M}}(\xi r_0)}{\phi c_t(\eta_r\xi^2+\eta_z l^2+s)} + \\ + \frac{\eta_\theta\int_0^\infty \frac{J_{\mathcal{M}}(\xi u)}{u}\left\{\left(\frac{\mu}{k_\theta}\right)\overline{\overline{\psi}}_0(u,l,s)+(-1)^{m+1}\xi_m\overline{\overline{\psi}}_\vartheta(u,l,s)\right\}du}{(\eta_r\xi^2+\eta_z l^2+s)} + \frac{\overline{\overline{\overline{\varphi}}}(\xi,\xi_m,l)}{(\eta_r\xi^2+\eta_z l^2+s)} \tag{26.4.1}$$

where ξ_m are the positive roots of $\cos(\xi_m\vartheta)$, which are $\xi_m = \frac{(2m-1)\pi}{2\vartheta}$, $m = 1, 2, ...$, $\overline{\overline{\overline{\varphi}}}(\xi,\xi_m,l) = \int_0^\infty uJ_{\mathcal{M}}(\xi u)\int_0^\vartheta\cos(\xi_m v)\int_{-\infty}^\infty\varphi(u,v,z)e^{ilz}dzdvdu$, $\overline{\overline{\psi}}_0(u,l,s) = \int_{-\infty}^\infty e^{ilz}\int_0^\infty\psi_0(u,z,t)\,e^{-st}dtdz$, and $\overline{\overline{\psi}}_\vartheta(u,l,s) = \int_{-\infty}^\infty e^{ilz}\int_0^\infty\psi_\vartheta(u,z,t)\,e^{-st}dtdz$. Successive inverse transforms yield

$$\overline{p} = \frac{4q(s)\,e^{-st_0}}{\pi\vartheta}\left(\frac{\mu}{k_r}\right)\sum_{m=1}^\infty\cos(\xi_m\theta_0)\cos(\xi_m\theta)\times \\ \times\int_0^\infty\cos\{l(z-z_0)\}\left\{\begin{array}{ll} I_{\mathcal{M}}\left(r\sqrt{\frac{\eta_z l^2+s}{\eta_r}}\right)K_{\mathcal{M}}\left(r_0\sqrt{\frac{\eta_z l^2+s}{\eta_r}}\right), & 0<r<r_0 \\ I_{\mathcal{M}}\left(r_0\sqrt{\frac{\eta_z l^2+s}{\eta_r}}\right)K_{\mathcal{M}}\left(r\sqrt{\frac{\eta_z l^2+s}{\eta_r}}\right), & 0<r_0<r\end{array}\right\}dl + \\ +\frac{4\dot{o}^2}{\pi\vartheta}\sum_{m=1}^\infty\cos(\xi_m\theta)\int_{-\infty}^\infty\int_0^\infty\cos\{l(z-w)\}\times \\ \times\left\{\begin{array}{ll} I_{\mathcal{M}}\left(r\sqrt{\frac{\eta_z l^2+s}{\eta_r}}\right)\int\limits_0^\infty K_{\mathcal{M}}\left(u\sqrt{\frac{\eta_z l^2+s}{\eta_r}}\right)g(u,w,s)\,du, & 0<r<u \\ K_{\mathcal{M}}\left(r\sqrt{\frac{\eta_z l^2+s}{\eta_r}}\right)\int\limits_0^\infty I_{\mathcal{M}}\left(u\sqrt{\frac{\eta_z l^2+s}{\eta_r}}\right)g(u,w,s)\,du, & 0<u<r\end{array}\right\}dldw + \\ +\frac{4}{\pi\eta_r\vartheta}\sum_{m=1}^\infty\cos(\xi_m\theta)\int_{-\infty}^\infty\int_0^\infty\cos\{l(z-w)\}\times \\ \times\left\{\begin{array}{ll} I_{\mathcal{M}}\left(r\sqrt{\frac{\eta_z l^2+s}{\eta_r}}\right)\int\limits_0^\infty uK_{\mathcal{M}}\left(u\sqrt{\frac{\eta_z l^2+s}{\eta_r}}\right)\int_0^\vartheta\varphi(u,v,w)\cos(\xi_m\vartheta)dvdu, & 0<r<u \\ K_{\mathcal{M}}\left(r\sqrt{\frac{\eta_z l^2+s}{\eta_r}}\right)\int\limits_0^\infty uI_{\mathcal{M}}\left(u\sqrt{\frac{\eta_z l^2+s}{\eta_r}}\right)\int_0^\vartheta\varphi(u,v,w)\cos(\xi_m\vartheta)dvdu, & 0<u<r\end{array}\right\}dldw \tag{26.4.2}$$

where $g(u,w,s) = \frac{1}{u}\left\{\left(\frac{\mu}{k_\theta}\right)\overline{\psi}_0(u,w,s)+(-1)^{m+1}\xi_m\overline{\psi}_\vartheta(u,w,s)\right\}$. The inverse Laplace transform of equation (26.4.2) yields

$$p = \frac{U(t-t_0)}{2\vartheta\sqrt{\pi\eta_z}}\left(\frac{\mu}{k_r}\right)\sum_{m=1}^\infty\cos(\xi_m\theta_0)\int\limits_0^{t-t_0}\frac{q(t-t_0-\tau)}{\tau^{\frac{3}{2}}}I_{\mathcal{M}}\left(\frac{rr_0}{2\eta_r\tau}\right)e^{-\frac{1}{4\tau}\left\{\frac{(z-z_0)^2}{\eta_z}+\frac{r^2+r_0^2}{\eta_r}\right\}}d\tau + \\ +\frac{\dot{o}^2}{2\vartheta\sqrt{\pi\eta_z}}\sum_{m=1}^\infty\cos(\xi_m\theta_0)\int\limits_0^t\frac{1}{\tau^{\frac{3}{2}}}\int_0^\infty\frac{e^{-\frac{r^2+u^2}{4\eta_r\tau}}}{u}I_{\mathcal{M}}\left(\frac{ru}{2\eta_r\tau}\right)\times$$

$$\times \int_{-\infty}^{\infty} \left\{ \left(\frac{\mu}{k_\theta} \right) \psi_0 (u, w, t - \tau) + (-1)^{m+1} \xi_m \psi_\vartheta (u, w, t - \tau) \right\} e^{-\frac{(z-w)^2}{4\eta_z \tau}} dw du d\tau +$$

$$+ \frac{1}{2\vartheta \eta_r t^{\frac{3}{2}} \sqrt{\pi \eta_z}} \sum_{m=1}^{\infty} \cos(\xi_m \theta_0) \int_0^{\infty} u I_{\mathcal{M}} \left(\frac{ru}{2\eta_r t} \right) e^{-\frac{r^2+u^2}{4\eta_r t}} \int_{-\infty}^{\infty} e^{-\frac{(z-w)^2}{4\eta_z t}} \int_0^{\vartheta} \varphi(u, v, w) \sin(\xi_m v) dv dw du$$

(26.4.3)

26.5

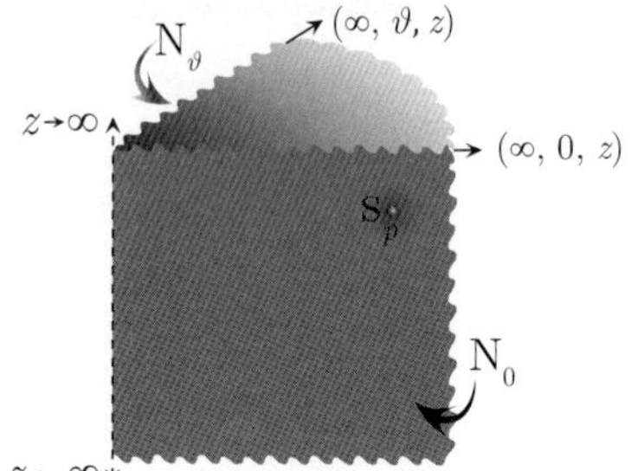

The problem of 26.1, except
$\mathbf{N_0} \equiv \frac{\partial p(r,0,z,t)}{\partial \theta} = -\left(\frac{\mu}{k_\theta}\right) \psi_0 (r, z, t)$ **and**
$\mathbf{N_\vartheta} \equiv \frac{\partial p(r,\vartheta,z,t)}{\partial \theta} = -\left(\frac{\mu}{k_\theta}\right) \psi_\vartheta (r, z, t)$

Successive application of the Laplace, Fourier and Hankel transformations to equation (22.1.1) gives

$$\overline{\overline{\overline{p}}} = \frac{q(s) e^{-st_0} e^{ilz_0} \cos(\xi_m \theta_0) J_{\mathcal{M}}(\xi r_0)}{\phi c_t (\eta_r \xi^2 + \eta_z l^2 + s)} + $$
$$+ \frac{\int_0^{\infty} \frac{J_{\mathcal{M}}(\xi u)}{u} \left\{ \overline{\overline{\psi}}_0 (u, l, s) + (-1)^{m+1} \overline{\overline{\psi}}_\vartheta (u, l, s) \right\} du}{\phi c_t (\eta_r \xi^2 + \eta_z l^2 + s)} + \frac{\overline{\overline{\overline{\varphi}}}(\xi, \xi_m, l)}{(\eta_r \xi^2 + \eta_z l^2 + s)} \quad (26.5.1)$$

where ξ_m are the positive roots of $\sin(\xi_m \vartheta)$, which are $\xi_m = \frac{m\pi}{\vartheta}$, $m = 0, 1, ...$,
$\overline{\overline{\overline{\varphi}}}(\xi, \xi_m, l) = \int_0^{\infty} u J_{\mathcal{M}}(\xi u) \int_0^{\vartheta} \cos(\xi_m v) \int_{-\infty}^{\infty} \varphi(u, v, z) e^{ilz} dz dv du$,
$\overline{\overline{\psi}}_0 (u, l, s) = \int_{-\infty}^{\infty} e^{ilz} \int_0^{\infty} \psi_0 (u, z, t) e^{-st} dt dz$, and $\overline{\overline{\psi}}_\vartheta (u, l, s) = \int_{-\infty}^{\infty} e^{ilz} \int_0^{\infty} \psi_\vartheta (u, z, t) e^{-st} dt dz$. Successive inverse transforms yield

$$\overline{p} = \frac{4q(s) e^{-st_0}}{\pi \vartheta} \left(\frac{\mu}{k_r} \right) \sum_{m=0}^{\infty} \ni_m \cos(\xi_m \theta_0) \cos(\xi_m \theta) \times$$
$$\times \int_0^{\infty} \cos\{l(z - z_0)\} \left\{ \begin{array}{ll} I_{\mathcal{M}} \left(r\sqrt{\frac{\eta_z l^2+s}{\eta_r}} \right) K_{\mathcal{M}} \left(r_0 \sqrt{\frac{\eta_z l^2+s}{\eta_r}} \right), & 0 < r < r_0 \\ I_{\mathcal{M}} \left(r_0\sqrt{\frac{\eta_z l^2+s}{\eta_r}} \right) K_{\mathcal{M}} \left(r \sqrt{\frac{\eta_z l^2+s}{\eta_r}} \right), & 0 < r_0 < r \end{array} \right\} dl +$$
$$+ \frac{4}{\pi \vartheta} \left(\frac{\mu}{k_r} \right) \sum_{m=0}^{\infty} \ni_m \cos(\xi_m \theta) \int_{-\infty}^{\infty} \int_0^{\infty} \cos\{l(z - w)\} \times$$
$$\times \left\{ \begin{array}{ll} I_{\mathcal{M}} \left(r\sqrt{\frac{\eta_z l^2+s}{\eta_r}} \right) \int_0^{\infty} K_{\mathcal{M}} \left(u\sqrt{\frac{\eta_z l^2+s}{\eta_r}} \right) \frac{1}{u} \left\{ \overline{\psi}_0 (u, w, s) + (-1)^{m+1} \overline{\psi}_\vartheta (u, w, s) \right\} du, & 0 < r < u \\ K_{\mathcal{M}} \left(r\sqrt{\frac{\eta_z l^2+s}{\eta_r}} \right) \int_0^{\infty} I_{\mathcal{M}} \left(u\sqrt{\frac{\eta_z l^2+s}{\eta_r}} \right) \frac{1}{u} \left\{ \overline{\psi}_0 (u, w, s) + (-1)^{m+1} \overline{\psi}_\vartheta (u, w, s) \right\} du, & 0 < u < r \end{array} \right\} dl dw +$$
$$+ \frac{4}{\pi \eta_r \vartheta} \sum_{m=0}^{\infty} \ni_m \cos(\xi_m \theta) \int_{-\infty}^{\infty} \int_0^{\infty} \cos\{l(z - w)\} \times$$
$$\times \left\{ \begin{array}{ll} I_{\mathcal{M}} \left(r\sqrt{\frac{\eta_z l^2+s}{\eta_r}} \right) \int_0^{\infty} u K_{\mathcal{M}} \left(u\sqrt{\frac{\eta_z l^2+s}{\eta_r}} \right) \int_0^{\vartheta} \varphi(u, v, w) \cos(\xi_m \vartheta) dv du, & 0 < r < u \\ K_{\mathcal{M}} \left(r\sqrt{\frac{\eta_z l^2+s}{\eta_r}} \right) \int_0^{\infty} u I_{\mathcal{M}} \left(u\sqrt{\frac{\eta_z l^2+s}{\eta_r}} \right) \int_0^{\vartheta} \varphi(u, v, w) \cos(\xi_m \vartheta) dv du, & 0 < u < r \end{array} \right\} dl dw \quad (26.5.2)$$

The inverse Laplace transform of equation (26.5.2) yields

$$p = \frac{U(t - t_0)}{2\vartheta \sqrt{\pi \eta_z}} \left(\frac{\mu}{k_r} \right) \sum_{m=0}^{\infty} \ni_m \cos(\xi_m \theta_0) \int_0^{t-t_0} \frac{q(t - t_0 - \tau)}{\tau^{\frac{3}{2}}} I_{\mathcal{M}} \left(\frac{r r_0}{2\eta_r \tau} \right) e^{-\frac{1}{4\tau} \left\{ \frac{(z-z_0)^2}{\eta_z} + \frac{r^2+r_0^2}{\eta_r} \right\}} d\tau +$$

$$+\frac{1}{2\vartheta\sqrt{\pi\eta_z}}\left(\frac{\mu}{k_r}\right)\sum_{m=0}^{\infty}\ni_m\cos(\xi_m\theta)\int_0^t\frac{1}{\tau^{\frac{3}{2}}}\int_0^{\infty}\frac{e^{-\frac{r^2+u^2}{4\eta_r\tau}}}{u}I_{\mathcal{M}}\left(\frac{ru}{2\eta_r\tau}\right)\times$$

$$\times\int_{-\infty}^{\infty}\left\{\psi_0(u,w,t-\tau)+(-1)^{m+1}\psi_\vartheta(u,w,t-\tau)\right\}e^{-\frac{(z-w)^2}{4\eta_z\tau}}dwdud\tau+$$

$$+\frac{1}{2\vartheta\eta_r t^{\frac{3}{2}}\sqrt{\pi\eta_z}}\sum_{m=0}^{\infty}\ni_m\cos(\xi_m\theta)\int_0^{\infty}uI_{\mathcal{M}}\left(\frac{ru}{2\eta_r t}\right)e^{-\frac{r^2+u^2}{4\eta_r t}}\int_{-\infty}^{\infty}e^{-\frac{(z-w)^2}{4\eta_z t}}\int_0^{\vartheta}\varphi(u,v,w)\cos(\xi_m v)dvdwdu$$

(26.5.3)

26.6 The problem of 26.1, except $\mathbf{N_0}\equiv\frac{\partial p(r,0,z,t)}{\partial\theta}=-\left(\frac{\mu}{k_\theta}\right)\psi_0(r,z,t)$ and $\mathbf{R_\vartheta}\equiv\frac{\partial p(r,\vartheta,z,t)}{\partial\theta}+\lambda p(r,\vartheta,z,t)=-\left(\frac{\mu}{k_\theta}\right)\psi_\vartheta(r,z,t)$

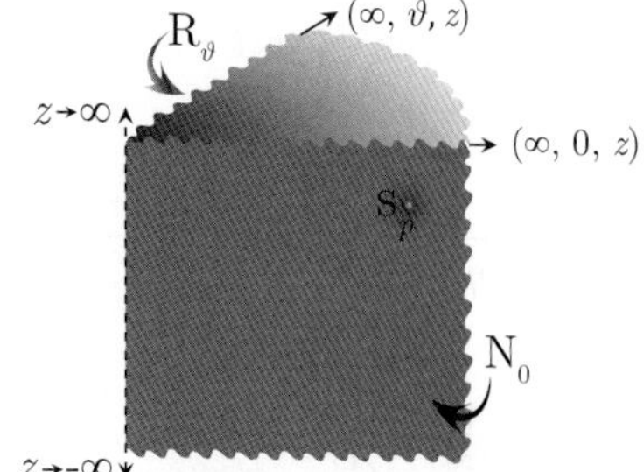

Successive application of the Laplace, Fourier and Hankel transformations to equation (22.1.1) gives

$$\overline{\overline{\overline{\overline{p}}}}=\frac{q(s)e^{-st_0}e^{ilz_0}\cos(\xi_m\theta_0)J_{\mathcal{M}}(\xi r_0)}{\phi c_t(\eta_r\xi^2+\eta_z l^2+s)}+$$
$$+\frac{\int_0^{\infty}\frac{J_{\mathcal{M}}(\xi u)}{u}\left\{\overline{\overline{\psi}}_0(u,l,s)-\overline{\overline{\psi}}_\vartheta(u,l,s)\cos(\xi_m\vartheta)\right\}du}{\phi c_t(\eta_r\xi^2+\eta_z l^2+s)}+\frac{\overline{\overline{\overline{\varphi}}}(\xi,\xi_m,l)}{(\eta_r\xi^2+\eta_z l^2+s)}\qquad(26.6.1)$$

where ξ_m are the positive roots of $\xi_m\tan(\xi_m\vartheta)=\lambda$, $m=1,2,...$, $\overline{\overline{\overline{\varphi}}}(\xi,\xi_m,l)=\int_0^{\infty}uJ_{\mathcal{M}}(\xi u)\int_0^{\vartheta}\cos(\xi_m v)\int_{-\infty}^{\infty}\varphi(u,v,z)e^{ilz}dzdvdu$, $\overline{\overline{\psi}}_0(u,l,s)=\int_{-\infty}^{\infty}e^{ilz}\int_0^{\infty}\psi_0(u,z,t)e^{-st}dtdz$, and $\overline{\overline{\psi}}_\vartheta(u,l,s)=\int_{-\infty}^{\infty}e^{ilz}\int_0^{\infty}\psi_\vartheta(u,z,t)e^{-st}dtdz$. Successive inverse transforms yield

$$\overline{p}=\frac{4q(s)e^{-st_0}}{\pi}\left(\frac{\mu}{k_r}\right)\sum_{m=1}^{\infty}\frac{(\xi_m^2+\lambda^2)\cos(\xi_m\theta_0)\cos(\xi_m\theta)}{\vartheta(\xi_m^2+\lambda^2)+\lambda}\times$$
$$\times\int_0^{\infty}\cos\{l(z-z_0)\}\left\{\begin{array}{ll}I_{\mathcal{M}}\left(r\sqrt{\frac{\eta_z l^2+s}{\eta_r}}\right)K_{\mathcal{M}}\left(r_0\sqrt{\frac{\eta_z l^2+s}{\eta_r}}\right), & 0<r<r_0\\ I_{\mathcal{M}}\left(r_0\sqrt{\frac{\eta_z l^2+s}{\eta_r}}\right)K_{\mathcal{M}}\left(r\sqrt{\frac{\eta_z l^2+s}{\eta_r}}\right), & 0<r_0<r\end{array}\right\}dl+$$
$$+\frac{4}{\pi}\left(\frac{\mu}{k_r}\right)\sum_{m=1}^{\infty}\frac{(\xi_m^2+\lambda^2)\cos(\xi_m\theta)}{\vartheta(\xi_m^2+\lambda^2)+\lambda}\int_{-\infty}^{\infty}\int_0^{\infty}\cos\{l(z-w)\}\times$$
$$\times\left\{\begin{array}{ll}I_{\mathcal{M}}\left(r\sqrt{\frac{\eta_z l^2+s}{\eta_r}}\right)\int_0^{\infty}K_{\mathcal{M}}\left(u\sqrt{\frac{\eta_z l^2+s}{\eta_r}}\right)\frac{1}{u}\{\overline{\psi}_0(u,w,s)-\overline{\psi}_\vartheta(u,w,s)\cos(\xi_m\vartheta)\}du, & 0<r<u\\ K_{\mathcal{M}}\left(r\sqrt{\frac{\eta_z l^2+s}{\eta_r}}\right)\int_0^{\infty}I_{\mathcal{M}}\left(u\sqrt{\frac{\eta_z l^2+s}{\eta_r}}\right)\frac{1}{u}\{\overline{\psi}_0(u,w,s)-\overline{\psi}_\vartheta(u,w,s)\cos(\xi_m\vartheta)\}du, & 0<u<r\end{array}\right\}dldw+$$
$$+\frac{4}{\pi\eta_r}\sum_{m=1}^{\infty}\frac{(\xi_m^2+\lambda^2)\cos(\xi_m\theta)}{\vartheta(\xi_m^2+\lambda^2)+\lambda}\int_{-\infty}^{\infty}\int_0^{\infty}\cos\{l(z-w)\}\times$$
$$\times\left\{\begin{array}{ll}I_{\mathcal{M}}\left(r\sqrt{\frac{\eta_z l^2+s}{\eta_r}}\right)\int_0^{\infty}uK_{\mathcal{M}}\left(u\sqrt{\frac{\eta_z l^2+s}{\eta_r}}\right)\int_0^{\vartheta}\varphi(u,v,w)\cos(\xi_m v)dvdu, & 0<r<u\\ K_{\mathcal{M}}\left(r\sqrt{\frac{\eta_z l^2+s}{\eta_r}}\right)\int_0^{\infty}uI_{\mathcal{M}}\left(u\sqrt{\frac{\eta_z l^2+s}{\eta_r}}\right)\int_0^{\vartheta}\varphi(u,v,w)\cos(\xi_m v)dvdu, & 0<u<r\end{array}\right\}dldw\qquad(26.6.2)$$

The inverse Laplace transform of equation (26.6.2) yields

$$p = \frac{U(t-t_0)}{2\sqrt{\pi\eta_z}}\left(\frac{\mu}{k_r}\right)\sum_{m=1}^{\infty}\frac{(\xi_m^2+\lambda^2)\cos(\xi_m\theta_0)\cos(\xi_m\theta)}{\vartheta(\xi_m^2+\lambda^2)+\lambda}\times$$
$$\times\int_0^{t-t_0}\frac{q(t-t_0-\tau)}{\tau^{\frac{3}{2}}}I_{\mathcal{M}}\left(\frac{rr_0}{2\eta_r\tau}\right)e^{-\frac{1}{4\tau}\left\{\frac{(z-z_0)^2}{\eta_z}+\frac{r^2+r_0^2}{\eta_r}\right\}}d\tau+$$
$$+\frac{1}{2\sqrt{\pi\eta_z}}\left(\frac{\mu}{k_r}\right)\sum_{m=1}^{\infty}\frac{(\xi_m^2+\lambda^2)\cos(\xi_m\theta)}{\vartheta(\xi_m^2+\lambda^2)+\lambda}\int_0^t\frac{1}{\tau^{\frac{3}{2}}}\int_0^{\infty}\frac{e^{-\frac{r^2+u^2}{4\eta_r\tau}}}{u}I_{\mathcal{M}}\left(\frac{ru}{2\eta_r\tau}\right)\times$$
$$\times\int_{-\infty}^{\infty}\{\psi_0(u,w,t-\tau)-\psi_\vartheta(u,w,t-\tau)\cos(\xi_m\vartheta)\}e^{-\frac{(z-w)^2}{4\eta_z\tau}}dw\,du\,d\tau+$$
$$+\frac{1}{2\eta_r t^{\frac{3}{2}}\sqrt{\pi\eta_z}}\sum_{m=1}^{\infty}\frac{(\xi_m^2+\lambda^2)\cos(\xi_m\theta)}{\vartheta(\xi_m^2+\lambda^2)+\lambda}\int_0^{\infty}uI_{\mathcal{M}}\left(\frac{ru}{2\eta_r t}\right)e^{-\frac{r^2+u^2}{4\eta_r t}}\int_{-\infty}^{\infty}e^{-\frac{(z-w)^2}{4\eta_z t}}\int_0^{\vartheta}\varphi(u,v,w)\cos(\xi_m v)\,dv\,dw\,du \tag{26.6.3}$$

26.7

The problem of 26.1, except
$\mathbf{R_0 \equiv \frac{\partial p(r,0,z,t)}{\partial\theta} - \lambda p(r,0,z,t) = -\left(\frac{\mu}{k_\theta}\right)\psi_0(r,z,t)}$ **and**
$\mathbf{D_\vartheta \equiv p(r,\vartheta,z,t) = \psi_\vartheta(r,z,t)}$

Successive application of the Laplace, Fourier and Hankel transformations to equation (22.1.1) gives

$$\overline{\overline{\overline{p}}} = \frac{q(s)e^{-st_0}e^{ilz_0}\sin\{\xi_m(\vartheta-\theta_0)\}J_{\mathcal{M}}(\xi r_0)}{\phi c_t(\eta_r\xi^2+\eta_z l^2+s)}+$$
$$+\frac{\eta_\theta\int_0^{\infty}\frac{J_{\mathcal{M}}(\xi u)}{u}\left\{\left(\frac{\mu}{k_\theta}\right)\overline{\overline{\psi}}_0(u,l,s)\sin(\xi_m\vartheta)+\xi_m\overline{\overline{\psi}}_\vartheta(u,l,s)\right\}du}{(\eta_r\xi^2+\eta_z l^2+s)}+\frac{\overline{\overline{\overline{\varphi}}}(\xi,\xi_m,l)}{(\eta_r\xi^2+\eta_z l^2+s)} \tag{26.7.1}$$

where ξ_m are the positive roots of $\xi_m\cot(\xi_m\vartheta)=-\lambda$, $m=1,2,...$,
$\overline{\overline{\overline{\varphi}}}(\xi,\xi_m,l)=\int_0^{\infty}uJ_{\mathcal{M}}(\xi u)\int_0^{\vartheta}\sin\{\xi_m(\vartheta-v)\}\int_{-\infty}^{\infty}\varphi(u,v,z)e^{ilz}dz\,dv\,du$,
$\overline{\overline{\psi}}_0(u,l,s)=\int_{-\infty}^{\infty}e^{ilz}\int_0^{\infty}\psi_0(u,z,t)e^{-st}dt\,dz$, and $\overline{\overline{\psi}}_\vartheta(u,l,s)=\int_{-\infty}^{\infty}e^{ilz}\int_0^{\infty}\psi_\vartheta(u,z,t)e^{-st}dt\,dz$. Successive inverse transforms yield

$$\overline{p} = \frac{4q(s)e^{-st_0}}{\pi}\left(\frac{\mu}{k_r}\right)\sum_{m=1}^{\infty}\frac{(\xi_m^2+\lambda^2)\sin\{\xi_m(\vartheta-\theta_0)\}\sin\{\xi_m(\vartheta-\theta)\}}{\vartheta(\xi_m^2+\lambda^2)+\lambda}\times$$
$$\times\int_0^{\infty}\cos\{l(z-z_0)\}\left\{\begin{array}{ll} I_{\mathcal{M}}\left(r\sqrt{\frac{\eta_z l^2+s}{\eta_r}}\right)K_{\mathcal{M}}\left(r_0\sqrt{\frac{\eta_z l^2+s}{\eta_r}}\right), & 0<r<r_0 \\ I_{\mathcal{M}}\left(r_0\sqrt{\frac{\eta_z l^2+s}{\eta_r}}\right)K_{\mathcal{M}}\left(r\sqrt{\frac{\eta_z l^2+s}{\eta_r}}\right), & 0<r_0<r \end{array}\right\}dl+$$
$$+\frac{4\dot{o}^2}{\pi}\sum_{m=1}^{\infty}\frac{(\xi_m^2+\lambda^2)\sin\{\xi_m(\vartheta-\theta)\}}{\vartheta(\xi_m^2+\lambda^2)+\lambda}\int_{-\infty}^{\infty}\int_0^{\infty}\cos\{l(z-w)\}\times$$
$$\times\left\{\begin{array}{ll} I_{\mathcal{M}}\left(r\sqrt{\frac{\eta_z l^2+s}{\eta_r}}\right)\int_0^{\infty}K_{\mathcal{M}}\left(u\sqrt{\frac{\eta_z l^2+s}{\eta_r}}\right)g(u,w,s)\,du, & 0<r<u \\ K_{\mathcal{M}}\left(r\sqrt{\frac{\eta_z l^2+s}{\eta_r}}\right)\int_0^{\infty}I_{\mathcal{M}}\left(u\sqrt{\frac{\eta_z l^2+s}{\eta_r}}\right)g(u,w,s)\,du, & 0<u<r \end{array}\right\}dl\,dw+$$

$$+\frac{4}{\pi\eta_r}\sum_{m=1}^{\infty}\frac{(\xi_m^2+\lambda^2)\sin\{\xi_m(\vartheta-\theta)\}}{\vartheta(\xi_m^2+\lambda^2)+\lambda}\int_{-\infty}^{\infty}\int_{0}^{\infty}\cos\{l(z-w)\}\times$$

$$\times\left\{\begin{array}{l} I_{\mathcal{M}}\left(r\sqrt{\frac{\eta_z l^2+s}{\eta_r}}\right)\int_0^\infty uK_{\mathcal{M}}\left(u\sqrt{\frac{\eta_z l^2+s}{\eta_r}}\right)\int_0^\vartheta\varphi(u,v,w)\sin\{\xi_m(\vartheta-v)\}dvdu,\ \ 0<r<u \\ K_{\mathcal{M}}\left(r\sqrt{\frac{\eta_z l^2+s}{\eta_r}}\right)\int_0^\infty uI_{\mathcal{M}}\left(u\sqrt{\frac{\eta_z l^2+s}{\eta_r}}\right)\int_0^\vartheta\varphi(u,v,w)\sin\{\xi_m(\vartheta-v)\}dvdu,\ \ 0<u<r\end{array}\right\}dldw \quad (26.7.2)$$

where $g(u,w,s)=\frac{1}{u}\left\{\left(\frac{\mu}{k_\theta}\right)\overline{\psi}_0(u,w,s)\sin(\xi_m\vartheta)+\xi_m\overline{\psi}_\vartheta(u,w,s)\right\}$. The inverse Laplace transform of equation (26.7.2) yields

$$p=\frac{U(t-t_0)}{2\sqrt{\pi\eta_z}}\left(\frac{\mu}{k_r}\right)\sum_{m=1}^{\infty}\frac{(\xi_m^2+\lambda^2)\sin\{\xi_m(\vartheta-\theta_0)\}\sin\{\xi_m(\vartheta-\theta)\}}{\vartheta(\xi_m^2+\lambda^2)+\lambda}\times$$

$$\times\int_0^{t-t_0}\frac{q(t-t_0-\tau)}{\tau^{\frac{3}{2}}}I_{\mathcal{M}}\left(\frac{rr_0}{2\eta_r\tau}\right)e^{-\frac{1}{4\tau}\left\{\frac{(z-z_0)^2}{\eta_z}+\frac{r^2+r_0^2}{\eta_r}\right\}}d\tau+$$

$$+\frac{\dot{o}^2}{2\sqrt{\pi\eta_z}}\sum_{m=1}^{\infty}\frac{(\xi_m^2+\lambda^2)\sin\{\xi_m(\vartheta-\theta)\}}{\vartheta(\xi_m^2+\lambda^2)+\lambda}\int_0^t\frac{1}{\tau^{\frac{3}{2}}}\int_0^\infty\frac{e^{-\frac{r^2+u^2}{4\eta_r\tau}}}{u}I_{\mathcal{M}}\left(\frac{ru}{2\eta_r\tau}\right)\times$$

$$\times\int_{-\infty}^{\infty}\left\{\left(\frac{\mu}{k_\theta}\right)\psi_0(u,w,t-\tau)\sin(\xi_m\vartheta)+\xi_m\psi_\vartheta(u,w,t-\tau)\right\}e^{-\frac{(z-w)^2}{4\eta_z\tau}}dwdud\tau+$$

$$+\frac{1}{2\eta_r t^{\frac{3}{2}}\sqrt{\pi\eta_z}}\sum_{m=1}^{\infty}\frac{(\xi_m^2+\lambda^2)\sin\{\xi_m(\vartheta-\theta)\}}{\vartheta(\xi_m^2+\lambda^2)+\lambda}\times$$

$$\times\int_0^\infty uI_{\mathcal{M}}\left(\frac{ru}{2\eta_r t}\right)e^{-\frac{r^2+u^2}{4\eta_r t}}\int_{-\infty}^{\infty}e^{-\frac{(z-w)^2}{4\eta_z t}}\int_0^\vartheta\varphi(u,v,w)\sin\{\xi_m(\vartheta-v)\}dvdwdu \quad (26.7.3)$$

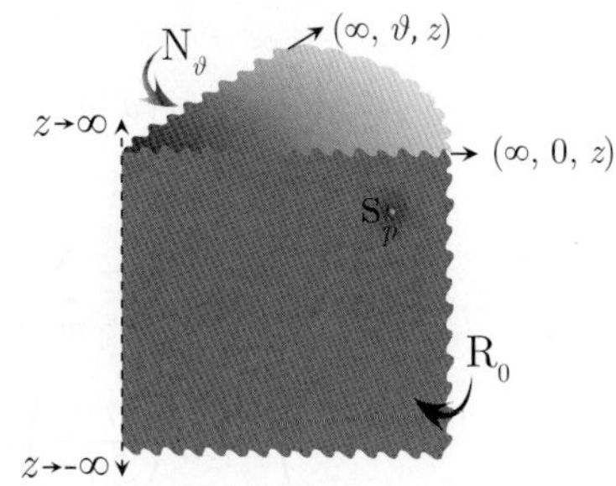

26.8 The problem of 26.1, except $\mathbf{R_0}\equiv\frac{\partial p(r,0,z,t)}{\partial\theta}-\lambda p(r,0,z,t)=-\left(\frac{\mu}{k_\theta}\right)\psi_0(r,z,t)$ and $\mathbf{N_\vartheta}\equiv\frac{\partial p(r,\vartheta,z,t)}{\partial\theta}=-\left(\frac{\mu}{k_\theta}\right)\psi_\vartheta(r,z,t)$

Successive application of the Laplace, Fourier and Hankel transformations to equation (22.1.1) gives

$$\overline{\overline{\overline{\overline{p}}}}=\frac{q(s)e^{-st_0}e^{ilz_0}\cos\{\xi_m(\vartheta-\theta_0)\}J_{\mathcal{M}}(\xi r_0)}{\phi c_t(\eta_r\xi^2+\eta_z l^2+s)}+$$

$$+\frac{\int_0^\infty\frac{J_{\mathcal{M}}(\xi u)}{u}\left\{\overline{\overline{\psi}}_0(u,l,s)\cos(\xi_m\vartheta)-\overline{\overline{\psi}}_\vartheta(u,l,s)\right\}du}{\phi c_t(\eta_r\xi^2+\eta_z l^2+s)}+\frac{\overline{\overline{\overline{\varphi}}}(\xi,\xi_m,l)}{(\eta_r\xi^2+\eta_z l^2+s)} \quad (26.8.1)$$

where ξ_m are the positive roots of $\xi_m\tan(\xi_m\vartheta)=\lambda$, $m=1,2,...,$
$\overline{\overline{\overline{\varphi}}}(\xi,\xi_m,l)=\int_0^\infty uJ_{\mathcal{M}}(\xi u)\int_0^\vartheta\cos\{\xi_m(\vartheta-v)\}\int_{-\infty}^\infty\varphi(u,v,z)e^{ilz}dzdvdu$,
$\overline{\overline{\psi}}_0(u,l,s)=\int_{-\infty}^\infty e^{ilz}\int_0^\infty\psi_0(u,z,t)e^{-st}dtdz$, and $\overline{\overline{\psi}}_\vartheta(u,l,s)=\int_{-\infty}^\infty e^{ilz}\int_0^\infty\psi_\vartheta(u,z,t)e^{-st}dtdz$. Successive inverse transforms yield

$$\overline{p}=\frac{4q(s)e^{-st_0}}{\pi}\left(\frac{\mu}{k_r}\right)\sum_{m=1}^{\infty}\frac{(\xi_m^2+\lambda^2)\cos\{\xi_m(\vartheta-\theta_0)\}\cos\{\xi_m(\vartheta-\theta)\}}{\vartheta(\xi_m^2+\lambda^2)+\lambda}\times$$

$$\times \int_0^\infty \cos\{l(z-z_0)\} \left\{ \begin{array}{ll} I_{\mathcal{M}}\left(r\sqrt{\frac{\eta_z l^2+s}{\eta_r}}\right) K_{\mathcal{M}}\left(r_0\sqrt{\frac{\eta_z l^2+s}{\eta_r}}\right), & 0<r<r_0 \\ I_{\mathcal{M}}\left(r_0\sqrt{\frac{\eta_z l^2+s}{\eta_r}}\right) K_{\mathcal{M}}\left(r\sqrt{\frac{\eta_z l^2+s}{\eta_r}}\right), & 0<r_0<r \end{array} \right\} dl +$$

$$+\frac{4}{\pi}\left(\frac{\mu}{k_r}\right)\sum_{m=1}^{\infty}\frac{\left(\xi_m^2+\lambda^2\right)\cos\{\xi_m(\vartheta-\theta)\}}{\vartheta\left(\xi_m^2+\lambda^2\right)+\lambda}\int_{-\infty}^{\infty}\int_0^{\infty}\cos\{l(z-w)\}\times$$

$$\times\left\{\begin{array}{ll} I_{\mathcal{M}}\left(r\sqrt{\frac{\eta_z l^2+s}{\eta_r}}\right)\int_0^\infty K_{\mathcal{M}}\left(u\sqrt{\frac{\eta_z l^2+s}{\eta_r}}\right)\frac{1}{u}\{\overline{\psi}_0(u,w,s)\cos(\xi_m\vartheta)-\overline{\psi}_\vartheta(u,w,s)\}du, & 0<r<u \\ K_{\mathcal{M}}\left(r\sqrt{\frac{\eta_z l^2+s}{\eta_r}}\right)\int_0^\infty I_{\mathcal{M}}\left(u\sqrt{\frac{\eta_z l^2+s}{\eta_r}}\right)\frac{1}{u}\{\overline{\psi}_0(u,w,s)\cos(\xi_m\vartheta)-\overline{\psi}_\vartheta(u,w,s)\}du, & 0<u<r \end{array}\right\}dldw+$$

$$+\frac{4}{\pi\eta_r}\sum_{m=1}^{\infty}\frac{\left(\xi_m^2+\lambda^2\right)\cos\{\xi_m(\vartheta-\theta)\}}{\vartheta\left(\xi_m^2+\lambda^2\right)+\lambda}\int_{-\infty}^{\infty}\int_0^{\infty}\cos\{l(z-w)\}\times$$

$$\times\left\{\begin{array}{ll} I_{\mathcal{M}}\left(r\sqrt{\frac{\eta_z l^2+s}{\eta_r}}\right)\int_0^\infty uK_{\mathcal{M}}\left(u\sqrt{\frac{\eta_z l^2+s}{\eta_r}}\right)\int_0^\vartheta\varphi(u,v,w)\cos\{\xi_m(\vartheta-v)\}dvdu, & 0<r<u \\ K_{\mathcal{M}}\left(r\sqrt{\frac{\eta_z l^2+s}{\eta_r}}\right)\int_0^\infty uI_{\mathcal{M}}\left(u\sqrt{\frac{\eta_z l^2+s}{\eta_r}}\right)\int_0^\vartheta\varphi(u,v,w)\cos\{\xi_m(\vartheta-v)\}dvdu, & 0<u<r \end{array}\right\}dldw \qquad (26.8.2)$$

The inverse Laplace transform of equation (26.8.2) yields

$$p = \frac{U(t-t_0)}{2\sqrt{\pi\eta_z}}\left(\frac{\mu}{k_r}\right)\sum_{m=1}^{\infty}\frac{\left(\xi_m^2+\lambda^2\right)\cos\{\xi_m(\vartheta-\theta_0)\}\cos\{\xi_m(\vartheta-\theta)\}}{\vartheta\left(\xi_m^2+\lambda^2\right)+\lambda}\times$$

$$\times\int_0^{t-t_0}\frac{q(t-t_0-\tau)}{\tau^{\frac{3}{2}}}I_{\mathcal{M}}\left(\frac{rr_0}{2\eta_r\tau}\right)e^{-\frac{1}{4\tau}\left\{\frac{(z-z_0)^2}{\eta_z}+\frac{r^2+r_0^2}{\eta_r}\right\}}d\tau+$$

$$+\frac{1}{2\sqrt{\pi\eta_z}}\left(\frac{\mu}{k_r}\right)\sum_{m=1}^{\infty}\frac{\left(\xi_m^2+\lambda^2\right)\cos\{\xi_m(\vartheta-\theta)\}}{\vartheta\left(\xi_m^2+\lambda^2\right)+\lambda}\int_0^t\frac{1}{\tau^{\frac{3}{2}}}\int_0^\infty\frac{e^{-\frac{r^2+u^2}{4\eta_r\tau}}}{u}I_{\mathcal{M}}\left(\frac{ru}{2\eta_r\tau}\right)\times$$

$$\times\int_{-\infty}^{\infty}\{\psi_0(u,w,t-\tau)\cos(\xi_m\vartheta)-\psi_\vartheta(u,w,t-\tau)\}e^{-\frac{(z-w)^2}{4\eta_z\tau}}dwdud\tau+$$

$$+\frac{1}{2\eta_r t^{\frac{3}{2}}\sqrt{\pi\eta_z}}\sum_{m=1}^{\infty}\frac{\left(\xi_m^2+\lambda^2\right)\cos\{\xi_m(\vartheta-\theta)\}}{\vartheta\left(\xi_m^2+\lambda^2\right)+\lambda}\times$$

$$\times\int_0^\infty uI_{\mathcal{M}}\left(\frac{ru}{2\eta_r t}\right)e^{-\frac{r^2+u^2}{4\eta_r t}}\int_{-\infty}^{\infty}e^{-\frac{(z-w)^2}{4\eta_z t}}\int_0^\vartheta\varphi(u,v,w)\cos\{\xi_m(\vartheta-v)\}dvdwdu \qquad (26.8.3)$$

26.9

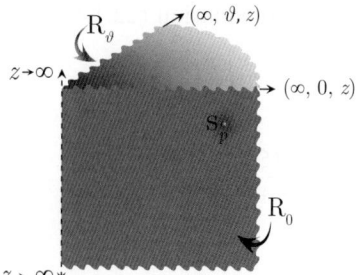

The problem of 26.1, except
$\mathbf{R_0} \equiv \frac{\partial p(r,0,z,t)}{\partial\theta} - \lambda_0 p(r,0,z,t) = -\left(\frac{\mu}{k_\theta}\right)\psi_0(r,z,t)$ **and**
$\mathbf{R_\vartheta} \equiv \frac{\partial p(r,\vartheta,z,t)}{\partial\theta} + \lambda_\vartheta p(r,\vartheta,z,t) = -\left(\frac{\mu}{k_\theta}\right)\psi_\vartheta(r,z,t)$

Successive application of the Laplace, Fourier and Hankel transformations to equation (22.1.1) gives

$$\overline{\overline{\overline{p}}} = \frac{q(s)e^{-st_0}e^{ilz_0}\{\xi_m\cos(\xi_m\theta_0)+\lambda_0\sin(\xi_m\theta_0)\}J_{\mathcal{M}}(\xi r_0)}{\phi c_t\left(\eta_r\xi^2+\eta_z l^2+s\right)}+$$

$$+\frac{\int_0^\infty \frac{J_{\mathcal{M}}(\xi u)}{u}\left[\xi_m\overline{\overline{\psi}}_0(u,l,s)-\overline{\overline{\psi}}_\vartheta(u,l,s)\{\xi_m\cos(\xi_m\vartheta)+\lambda_0\sin(\xi_m\vartheta)\}\right]du}{\phi c_t(\eta_r\xi^2+\eta_z l^2+s)}+\frac{\overline{\overline{\overline{\varphi}}}(\xi,\xi_m,l)}{(\eta_r\xi^2+\eta_z l^2+s)} \quad (26.9.1)$$

where ξ_m are the positive roots of $\tan(\xi_m\vartheta)=\frac{\xi_m(\lambda_0+\lambda_\vartheta)}{\xi_m^2-\lambda_0\lambda_\vartheta}$, $m=1,2,...,$ $\overline{\overline{\overline{\varphi}}}(\xi,\xi_m,l)=\int_0^\infty uJ_{\mathcal{M}}(\xi u)\int_0^\vartheta\{\xi_m\cos(\xi_m v)+\lambda_0\sin(\xi_m v)\}\int_{-\infty}^\infty\varphi(u,v,z)e^{ilz}dzdvdu$, $\overline{\overline{\psi}}_0(u,l,s)=\int_{-\infty}^\infty e^{ilz}\int_0^\infty\psi_0(u,z,t)e^{-st}dtdz$, and $\overline{\overline{\psi}}_\vartheta(u,l,s)=\int_{-\infty}^\infty e^{ilz}\int_0^\infty\psi_\vartheta(u,z,t)e^{-st}dtdz$. Successive inverse transforms yield

$$\begin{aligned}
\overline{p} &= \frac{4q(s)e^{-st_0}}{\pi}\left(\frac{\mu}{k_r}\right)\sum_{m=1}^\infty\frac{\frac{\{\xi_m\cos(\xi_m\theta_0)+\lambda_0\sin(\xi_m\theta_0)\}\{\xi_m\cos(\xi_m\theta)+\lambda_0\sin(\xi_m\theta)\}}{\left\{(\xi_m^2+\lambda_0^2)\left(\vartheta+\frac{\lambda_\vartheta}{\xi_m^2+\lambda_\vartheta^2}\right)+\lambda_0\right\}}}{\left\{(\xi_m^2+\lambda_0^2)\left(\vartheta+\frac{\lambda_\vartheta}{\xi_m^2+\lambda_\vartheta^2}\right)+\lambda_0\right\}}\times\\
&\times\int_0^\infty\cos\{l(z-z_0)\}\left\{\begin{array}{ll} I_{\mathcal{M}}\left(r\sqrt{\frac{\eta_z l^2+s}{\eta_r}}\right)K_{\mathcal{M}}\left(r_0\sqrt{\frac{\eta_z l^2+s}{\eta_r}}\right), & 0<r<r_0\\ I_{\mathcal{M}}\left(r_0\sqrt{\frac{\eta_z l^2+s}{\eta_r}}\right)K_{\mathcal{M}}\left(r\sqrt{\frac{\eta_z l^2+s}{\eta_r}}\right), & 0<r_0<r\end{array}\right\}dl+\\
&+\frac{4}{\pi}\left(\frac{\mu}{k_r}\right)\sum_{m=1}^\infty\frac{\{\xi_m\cos(\xi_m\theta)+\lambda_0\sin(\xi_m\theta)\}}{\left\{(\xi_m^2+\lambda_0^2)\left(\vartheta+\frac{\lambda_\vartheta}{\xi_m^2+\lambda_\vartheta^2}\right)+\lambda_0\right\}}\int_{-\infty}^\infty\int_0^\infty\cos\{l(z-w)\}\times\\
&\times\left\{\begin{array}{ll} I_{\mathcal{M}}\left(r\sqrt{\frac{\eta_z l^2+s}{\eta_r}}\right)\int_0^\infty K_{\mathcal{M}}\left(u\sqrt{\frac{\eta_z l^2+s}{\eta_r}}\right)g(u,w,s)\,du, & 0<r<u\\ K_{\mathcal{M}}\left(r\sqrt{\frac{\eta_z l^2+s}{\eta_r}}\right)\int_0^\infty I_{\mathcal{M}}\left(u\sqrt{\frac{\eta_z l^2+s}{\eta_r}}\right)g(u,w,s)\,du, & 0<u<r\end{array}\right\}dldw+\\
&+\frac{4}{\pi\eta_r}\sum_{m=1}^\infty\frac{\{\xi_m\cos(\xi_m\theta)+\lambda_0\sin(\xi_m\theta)\}}{\left\{(\xi_m^2+\lambda_0^2)\left(\vartheta+\frac{\lambda_\vartheta}{\xi_m^2+\lambda_\vartheta^2}\right)+\lambda_0\right\}}\int_{-\infty}^\infty\int_0^\infty\cos\{l(z-w)\}\times\\
&\times\left\{\begin{array}{ll} I_{\mathcal{M}}\left(r\sqrt{\frac{\eta_z l^2+s}{\eta_r}}\right)\int_0^\infty uK_{\mathcal{M}}\left(u\sqrt{\frac{\eta_z l^2+s}{\eta_r}}\right)\int_0^\vartheta\varphi(u,v,w)\{\xi_m\cos(\xi_m v)+\lambda_0\sin(\xi_m v)\}dvdu, & 0<r<u\\ K_{\mathcal{M}}\left(r\sqrt{\frac{\eta_z l^2+s}{\eta_r}}\right)\int_0^\infty uI_{\mathcal{M}}\left(u\sqrt{\frac{\eta_z l^2+s}{\eta_r}}\right)\int_0^\vartheta\varphi(u,v,w)\{\xi_m\cos(\xi_m v)+\lambda_0\sin(\xi_m v)\}dvdu, & 0<u<r\end{array}\right\}dldw
\end{aligned} \quad (26.9.2)$$

where $g(u,w,s)=\frac{1}{u}\left[\xi_m\overline{\psi}_0(u,w,s)-\overline{\psi}_\vartheta(u,w,s)\{\xi_m\cos(\xi_m\vartheta)+\lambda_0\sin(\xi_m\vartheta)\}\right]$. The inverse Laplace transform of equation (26.9.2) yields

$$\begin{aligned}
p &= \frac{U(t-t_0)}{2\sqrt{\pi\eta_z}}\left(\frac{\mu}{k_r}\right)\sum_{m=1}^\infty\frac{\{\xi_m\cos(\xi_m\theta_0)+\lambda_0\sin(\xi_m\theta_0)\}\{\xi_m\cos(\xi_m\theta)+\lambda_0\sin(\xi_m\theta)\}}{\left\{(\xi_m^2+\lambda_0^2)\left(\vartheta+\frac{\lambda_\vartheta}{\xi_m^2+\lambda_\vartheta^2}\right)+\lambda_0\right\}}\times\\
&\times\int_0^{t-t_0}\frac{q(t-t_0-\tau)}{\tau^{\frac{3}{2}}}I_{\mathcal{M}}\left(\frac{rr_0}{2\eta_r\tau}\right)e^{-\frac{1}{4\tau}\left\{\frac{(z-z_0)^2}{\eta_z}+\frac{r^2+r_0^2}{\eta_r}\right\}}d\tau+\\
&+\frac{1}{2\sqrt{\pi\eta_z}}\left(\frac{\mu}{k_r}\right)\sum_{m=1}^\infty\frac{\{\xi_m\cos(\xi_m\theta)+\lambda_0\sin(\xi_m\theta)\}}{\left\{(\xi_m^2+\lambda_0^2)\left(\vartheta+\frac{\lambda_\vartheta}{\xi_m^2+\lambda_\vartheta^2}\right)+\lambda_0\right\}}\int_0^t\frac{1}{\tau^{\frac{3}{2}}}\int_0^\infty\frac{e^{-\frac{r^2+u^2}{4\eta_r\tau}}}{u}I_{\mathcal{M}}\left(\frac{ru}{2\eta_r\tau}\right)\times\\
&\times\int_{-\infty}^\infty[\xi_m\psi_0(u,w,t-\tau)-\psi_\vartheta(u,w,t-\tau)\{\xi_m\cos(\xi_m\vartheta)+\lambda_0\sin(\xi_m\vartheta)\}]e^{-\frac{(z-w)^2}{4\eta_z\tau}}dwdud\tau+\\
&+\frac{1}{2\eta_r t^{\frac{3}{2}}\sqrt{\pi\eta_z}}\sum_{m=1}^\infty\frac{\{\xi_m\cos(\xi_m\theta)+\lambda_0\sin(\xi_m\theta)\}}{\left\{(\xi_m^2+\lambda_0^2)\left(\vartheta+\frac{\lambda_\vartheta}{\xi_m^2+\lambda_\vartheta^2}\right)+\lambda_0\right\}}\times\\
&\times\int_0^\infty uI_{\mathcal{M}}\left(\frac{ru}{2\eta_r t}\right)e^{-\frac{r^2+u^2}{4\eta_r t}}\int_{-\infty}^\infty e^{-\frac{(z-w)^2}{4\eta_z t}}\int_0^\vartheta\varphi(u,v,w)\{\xi_m\cos(\xi_m v)+\lambda_0\sin(\xi_m v)\}dvdwdu
\end{aligned} \quad (26.9.3)$$

26.10

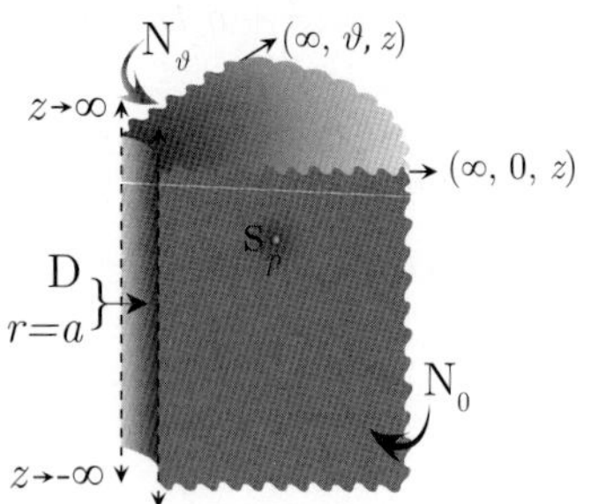

The problem of 26.1, except the continuum is bounded internally at $r = a$ and extends to ∞ in the direction of r positive. Point source at $s_p \equiv (r_0, \theta_0, z_0)$ at time $t = t_0$; $a < r_0 < \infty$, $0 \leq \theta_0 \leq \vartheta$, $-\infty < z_0 < \infty$, $t_0 \geq 0$.
$\mathrm{D} \equiv p(a, \theta, z, t) = \psi(\theta, z, t)$,
$\mathrm{N_0} \equiv \frac{\partial p(r,0,z,t)}{\partial \theta} = -\left(\frac{\mu}{k_\theta}\right) \psi_0(r, z, t)$ and
$\mathrm{N}_\vartheta \equiv \frac{\partial p(r,\vartheta,z,t)}{\partial \theta} = -\left(\frac{\mu}{k_\theta}\right) \psi_\vartheta(r, z, t)$.
$p(r, \theta, z, 0) = \varphi(r, \theta, z)$

Successive application of the Laplace, Fourier and Direchlet-Weber transformations to equation (22.1.1) gives

$$\begin{aligned}\overline{\overline{\overline{p}}} &= \frac{q(s)\, e^{-st_0} e^{ilz_0} \cos(\xi_m \theta_0)\, \mathcal{C}_{\mathcal{M}}(\xi r_0)}{\phi c_t (\eta_r \xi^2 + \eta_z l^2 + s)} - \frac{2\eta_r \overline{\overline{\overline{\psi}}}(\xi_m, l, s)}{\pi(\eta_r \xi^2 + \eta_z l^2 + s)} + \\ &+ \frac{\int_a^\infty \frac{\mathcal{C}_{\mathcal{M}}(\xi u)}{u} \left\{\overline{\overline{\psi}}_0(u, l, s) + (-1)^{m+1} \overline{\overline{\psi}}_\vartheta(u, l, s)\right\} du}{\phi c_t (\eta_r \xi^2 + \eta_z l^2 + s)} + \frac{\overline{\overline{\overline{\varphi}}}(\xi, \xi_m, l)}{(\eta_r \xi^2 + \eta_z l^2 + s)}\end{aligned} \tag{26.10.1}$$

where ξ_m are the positive roots of $\sin(\xi_m \vartheta)$, which are $\xi_m = \frac{m\pi}{\vartheta}$, $m = 0, 1, ...,$
$\overline{\overline{\overline{\psi}}}(\xi_m, l, s) = \int_0^\vartheta \cos(\xi_m v) \int_{-\infty}^\infty \overline{\psi}(v, z, s) e^{ilz} dz dv$, $\overline{\psi}(v, z, s) = \int_0^\infty \psi(v, z, \tau)\, e^{-s\tau} d\tau$,
$\overline{\overline{\overline{\varphi}}}(\xi, m, l) = \int_a^\infty u \mathcal{C}_{\mathcal{M}}(\xi u) \int_0^\vartheta \cos(\xi_m v) \int_{-\infty}^\infty \varphi(u, v, z) e^{ilz} dz dv du$ and
$\mathcal{C}_\nu(\xi r) = Y_\nu(\xi a) J_\nu(\xi r) - J_\nu(\xi a) Y_\nu(\xi r)$. Successive inverse transforms yield

$$\begin{aligned}\overline{p} &= \frac{q(s)\, e^{-st_0}}{\vartheta \phi c_t \sqrt{\eta_z}} \sum_{m=0}^\infty \ni_m \cos(\xi_m \theta_0) \cos(\xi_m \theta_0) \int_0^\infty \frac{\xi \mathcal{C}_{\mathcal{M}}(\xi r_0)\, \mathcal{C}_{\mathcal{M}}(\xi r)\, e^{-|z-z_0|\sqrt{\frac{\eta_r \xi^2 + s}{\eta_z}}}}{\sqrt{(\eta_r \xi^2 + s)} \{J_{\mathcal{M}}^2(\xi a) + Y_{\mathcal{M}}^2(\xi a)\}} d\xi - \\ &- \frac{2\eta_r}{\pi \vartheta \sqrt{\eta_z}} \sum_{m=0}^\infty \ni_m \cos(\xi_m \theta) \int_{-\infty}^\infty \overline{\overline{\psi}}(\xi_m, w, s) \int_0^\infty \frac{\xi \mathcal{C}_{\mathcal{M}}(\xi r)\, e^{-|z-w|\sqrt{\frac{\eta_r \xi^2 + s}{\eta_z}}}}{\sqrt{(\eta_r \xi^2 + s)} \{J_{\mathcal{M}}^2(\xi a) + Y_{\mathcal{M}}^2(\xi a)\}} d\xi dw + \\ &+ \frac{1}{\vartheta \phi c_t \sqrt{\eta_z}} \sum_{m=0}^\infty \ni_m \cos(\xi_m \theta) \times \\ &\times \int_0^\infty \frac{\xi \mathcal{C}_{\mathcal{M}}(\xi r) \int_{-\infty}^\infty e^{-|z-w|\sqrt{\frac{\eta_r \xi^2 + s}{\eta_z}}} \int_a^\infty \frac{\mathcal{C}_{\mathcal{M}}(\xi u)}{u} \left\{\overline{\psi}_0(u, w, s) + (-1)^{m+1} \overline{\psi}_\vartheta(u, w, s)\right\} du dw}{\sqrt{(\eta_r \xi^2 + s)} \{J_{\mathcal{M}}^2(\xi a) + Y_{\mathcal{M}}^2(\xi a)\}} d\xi + \\ &+ \frac{1}{\vartheta \sqrt{\eta_z}} \sum_{m=0}^\infty \ni_m \cos(\xi_m \theta) \int_{-\infty}^\infty \overline{\overline{\varphi}}(\xi, \xi_m, w) \int_0^\infty \frac{\xi \mathcal{C}_{\mathcal{M}}(\xi r)\, e^{-|z-w|\sqrt{\frac{\eta_r \xi^2 + s}{\eta_z}}}}{\sqrt{(\eta_r \xi^2 + s)} \{J_{\mathcal{M}}^2(\xi a) + Y_{\mathcal{M}}^2(\xi a)\}} d\xi dw\end{aligned} \tag{26.10.2}$$

where $\overline{\overline{\psi}}(\xi_m, w, s) = \int_0^\vartheta \cos(\xi_m v) \int_0^\infty \psi(v, w, \tau) e^{-s\tau} d\tau dv$, and
$\overline{\overline{\varphi}}(\xi, \xi_m, w) = \int_a^\infty u \mathcal{C}_{\mathcal{M}}(\xi u) \int_0^\vartheta \cos(\xi_m v) \varphi(u, v, w) dv du$, and

$$\begin{aligned}p &= \frac{U(t - t_0)}{\vartheta \phi c_t \sqrt{\pi \eta_z}} \int_0^{t-t_0} \frac{q(t - t_0 - \tau)\, e^{-\frac{(z-z_0)^2}{4\eta_z \tau}}}{\sqrt{\tau}} \sum_{m=0}^\infty \ni_m \cos(\xi_m \theta_0) \cos(\xi_m \theta_0) \int_0^\infty \frac{\xi \mathcal{C}_{\mathcal{M}}(\xi r_0)\, \mathcal{C}_{\mathcal{M}}(\xi r)\, e^{-\eta_r \xi^2 \tau}}{\{J_{\mathcal{M}}^2(\xi a) + Y_{\mathcal{M}}^2(\xi a)\}} d\xi d\tau - \\ &- \frac{2\eta_r}{\pi^{\frac{3}{2}} \vartheta \sqrt{\eta_z}} \sum_{m=0}^\infty \ni_m \cos(\xi_m \theta) \int_0^t \frac{1}{\sqrt{\tau}} \int_{-\infty}^\infty \overline{\psi}(\xi_m, w, t - \tau)\, e^{-\frac{(z-w)^2}{4\eta_z \tau}} \int_0^\infty \frac{\xi \mathcal{C}_{\mathcal{M}}(\xi r)\, e^{-\eta_r \xi^2 \tau}}{\{J_{\mathcal{M}}^2(\xi a) + Y_{\mathcal{M}}^2(\xi a)\}} d\xi dw d\tau +\end{aligned}$$

$$+\frac{1}{\vartheta\phi c_t\sqrt{\pi\eta_z}}\sum_{m=0}^{\infty}\ni_m\cos(\xi_m\theta)\int_0^t\frac{1}{\sqrt{\tau}}\int_0^\infty\frac{\xi\mathcal{C}_\mathcal{M}(\xi r)\,e^{-\eta_r\xi^2\tau}}{\{J^2_\mathcal{M}(\xi a)+Y^2_\mathcal{M}(\xi a)\}}\times$$
$$\times\int_{-\infty}^{\infty}e^{-\frac{(z-w)^2}{4\eta_z\tau}}\int_a^\infty\frac{\mathcal{C}_\mathcal{M}(\xi u)}{u}\left\{\psi_0(u,w,t-\tau)+(-1)^{m+1}\psi_\vartheta(u,w,t-\tau)\right\}dudwd\xi d\tau+$$
$$+\frac{1}{\vartheta\sqrt{\pi\eta_z t}}\sum_{m=0}^{\infty}\ni_m\cos(\xi_m\theta)\int_{-\infty}^{\infty}e^{-\frac{(z-w)^2}{4\eta_z t}}\int_0^\infty\frac{\overline{\overline{\varphi}}(\xi,\xi_m,w)\,\xi\mathcal{C}_\mathcal{M}(\xi r)\,e^{-\eta_r\xi^2\tau}}{\{J^2_\mathcal{M}(\xi a)+Y^2_\mathcal{M}(\xi a)\}}d\xi dw \qquad (26.10.3)$$

where $\overline{\psi}(\xi_m,w,t)=\int_0^\vartheta\cos(\xi_m v)\,\psi(v,w,t)dv$.

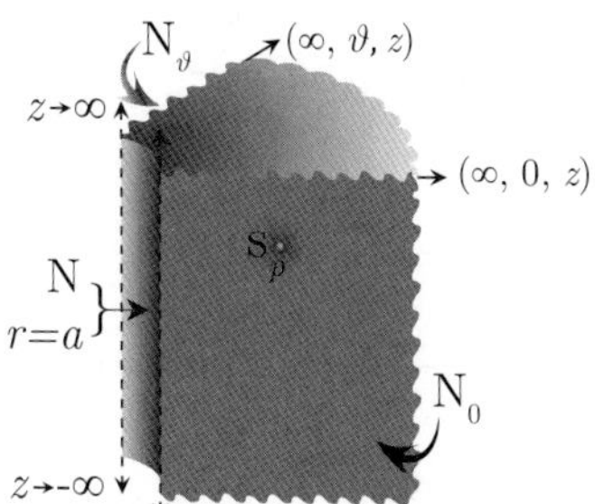

26.11 The problem of 26.10, except $\mathbf{N}\equiv\frac{\partial p(a,\theta,z,t)}{\partial r}=-\left(\frac{\mu}{k_r}\right)\psi(\theta,z,t)$, $\mathbf{N_0}\equiv\frac{\partial p(r,0,z,t)}{\partial\theta}=-\left(\frac{\mu}{k_\theta}\right)\psi_0(r,z,t)$ and $\mathbf{N_\vartheta}\equiv\frac{\partial p(r,\vartheta,z,t)}{\partial\theta}=-\left(\frac{\mu}{k_\theta}\right)\psi_\vartheta(r,z,t)$

Successive application of the Laplace, Fourier and Neumann-Weber transformations to equation (22.1.1) gives

$$\overline{\overline{\overline{p}}}=\frac{q(s)\,e^{-st_0}e^{ilz_0}\cos(\xi_m\theta_0)\,\mathcal{G}_\mathcal{M}(\xi r_0)}{\phi c_t(\eta_r\xi^2+\eta_z l^2+s)}+\frac{2\overline{\overline{\psi}}(\xi_m,l,s)}{\pi\phi c_t\xi(\eta_r\xi^2+\eta_z l^2+s)}+$$
$$+\frac{\int_a^\infty\frac{\mathcal{G}_\mathcal{M}(\xi u)}{u}\left\{\overline{\overline{\psi}}_0(u,l,s)+(-1)^{m+1}\overline{\overline{\psi}}_\vartheta(u,l,s)\right\}du}{\phi c_t(\eta_r\xi^2+\eta_z l^2+s)}+\frac{\overline{\overline{\overline{\varphi}}}(\xi,\xi_m,l)}{(\eta_r\xi^2+\eta_z l^2+s)} \qquad (26.11.1)$$

where ξ_m are the positive roots of $\sin(\xi_m\vartheta)$, which are $\xi_m=\frac{m\pi}{\vartheta}$, $m=0,1,...,$
$\overline{\overline{\psi}}(\xi_m,l,s)=\int_0^\vartheta\cos(\xi_m v)\int_{-\infty}^\infty\overline{\psi}(v,z,s)e^{ilz}dzdv$, $\overline{\psi}(v,z,s)=\int_0^\infty\psi(v,z,\tau)\,e^{-s\tau}d\tau$,
$\overline{\overline{\overline{\varphi}}}(\xi,m,l)=\int_a^\infty u\mathcal{G}_\mathcal{M}(\xi u)\int_0^\vartheta\cos(\xi_m v)\int_{-\infty}^\infty\varphi(u,v,z)e^{ilz}dzdvdu$ and
$\mathcal{G}_\nu(\xi r)=Y'_\nu(\xi a)\,J_\nu(\xi r)-J'_\nu(\xi a)\,Y_\nu(\xi r)$. Successive inverse transforms yield

$$\overline{p}=\frac{q(s)\,e^{-st_0}}{\vartheta\phi c_t\sqrt{\eta_z}}\sum_{m=0}^{\infty}\ni_m\cos(\xi_m\theta_0)\cos(\xi_m\theta_0)\int_0^\infty\frac{\xi\mathcal{G}_\mathcal{M}(\xi r_0)\,\mathcal{G}_\mathcal{M}(\xi r)\,e^{-|z-z_0|\sqrt{\frac{\eta_r\xi^2+s}{\eta_z}}}}{\sqrt{(\eta_r\xi^2+s)}\{J'^2_\mathcal{M}(\xi a)+Y'^2_\mathcal{M}(\xi a)\}}d\xi+$$
$$+\frac{2}{\pi\phi c_t\vartheta\sqrt{\eta_z}}\sum_{m=0}^{\infty}\ni_m\cos(\xi_m\theta)\int_{-\infty}^{\infty}\overline{\overline{\psi}}(\xi_m,w,s)\int_0^\infty\frac{\mathcal{G}_\mathcal{M}(\xi r)\,e^{-|z-w|\sqrt{\frac{\eta_r\xi^2+s}{\eta_z}}}}{\sqrt{(\eta_r\xi^2+s)}\{J'^2_\mathcal{M}(\xi a)+Y'^2_\mathcal{M}(\xi a)\}}d\xi dw+$$
$$+\frac{1}{\vartheta\phi c_t\sqrt{\eta_z}}\sum_{m=0}^{\infty}\ni_m\cos(\xi_m\theta)\times$$
$$\times\int_0^\infty\frac{\xi\mathcal{G}_\mathcal{M}(\xi r)\int_{-\infty}^\infty e^{-|z-w|\sqrt{\frac{\eta_r\xi^2+s}{\eta_z}}}\int_a^\infty\frac{\mathcal{G}_\mathcal{M}(\xi u)}{u}\left\{\overline{\psi}_0(u,w,s)+(-1)^{m+1}\overline{\psi}_\vartheta(u,w,s)\right\}dudw}{\sqrt{(\eta_r\xi^2+s)}\{J'^2_\mathcal{M}(\xi a)+Y'^2_\mathcal{M}(\xi a)\}}d\xi+$$
$$+\frac{1}{\vartheta\sqrt{\eta_z}}\sum_{m=0}^{\infty}\ni_m\cos(\xi_m\theta)\int_{-\infty}^{\infty}\overline{\overline{\varphi}}(\xi,\xi_m,w)\int_0^\infty\frac{\xi\mathcal{G}_\mathcal{M}(\xi r)\,e^{-|z-w|\sqrt{\frac{\eta_r\xi^2+s}{\eta_z}}}}{\sqrt{(\eta_r\xi^2+s)}\{J'^2_\mathcal{M}(\xi a)+Y'^2_\mathcal{M}(\xi a)\}}d\xi dw \qquad (26.11.2)$$

where $\overline{\overline{\psi}}(\xi_m, w, s) = \int_0^{\vartheta} \cos(\xi_m v) \int_0^{\infty} \psi(v, w, \tau) e^{-s\tau} d\tau dv$ and
$\overline{\overline{\varphi}}(\xi, \xi_m, w) = \int_a^{\infty} u \mathcal{G}_{\mathcal{M}}(\xi u) \int_0^{\vartheta} \cos(\xi_m v) \varphi(u, v, w) dv du$, and

$$
\begin{aligned}
p &= \frac{U(t-t_0)}{\vartheta \phi c_t \sqrt{\pi \eta_z}} \int_0^{t-t_0} \frac{q(t-t_0-\tau) e^{-\frac{(z-z_0)^2}{4\eta_z \tau}}}{\sqrt{\tau}} \sum_{m=0}^{\infty} \ni_m \cos(\xi_m \theta_0) \cos(\xi_m \theta_0) \int_0^{\infty} \frac{\xi \mathcal{G}_{\mathcal{M}}(\xi r_0) \mathcal{G}_{\mathcal{M}}(\xi r) e^{-\eta_r \xi^2 \tau}}{\{J_{\mathcal{M}}'^2(\xi a) + Y_{\mathcal{M}}'^2(\xi a)\}} d\xi d\tau + \\
&+ \frac{2}{\phi c_t \vartheta \sqrt{\pi^3 \eta_z}} \sum_{m=0}^{\infty} \ni_m \cos(\xi_m \theta) \int_0^t \frac{1}{\sqrt{\tau}} \int_{-\infty}^{\infty} \overline{\psi}(\xi_m, w, t-\tau) e^{-\frac{(z-w)^2}{4\eta_z \tau}} \int_0^{\infty} \frac{\mathcal{G}_{\mathcal{M}}(\xi r) e^{-\eta_r \xi^2 \tau}}{\{J_{\mathcal{M}}'^2(\xi a) + Y_{\mathcal{M}}'^2(\xi a)\}} d\xi dw d\tau + \\
&+ \frac{1}{\vartheta \phi c_t \sqrt{\pi \eta_z}} \sum_{m=0}^{\infty} \ni_m \cos(\xi_m \theta) \int_0^t \frac{1}{\sqrt{\tau}} \int_0^{\infty} \frac{\xi \mathcal{G}_{\mathcal{M}}(\xi r) e^{-\eta_r \xi^2 \tau}}{\{J_{\mathcal{M}}'^2(\xi a) + Y_{\mathcal{M}}'^2(\xi a)\}} \times \\
&\times \int_{-\infty}^{\infty} e^{-\frac{(z-w)^2}{4\eta_z \tau}} \int_a^{\infty} \frac{\mathcal{G}_{\mathcal{M}}(\xi u)}{u} \left\{ \psi_0(u, w, t-\tau) + (-1)^{m+1} \psi_{\vartheta}(u, w, t-\tau) \right\} du dw d\xi d\tau + \\
&+ \frac{1}{\vartheta \sqrt{\pi \eta_z t}} \sum_{m=0}^{\infty} \ni_m \cos(\xi_m \theta) \int_{-\infty}^{\infty} e^{-\frac{(z-w)^2}{4\eta_z t}} \int_0^{\infty} \frac{\overline{\overline{\varphi}}(\xi, \xi_m, w) \xi \mathcal{G}_{\mathcal{M}}(\xi r) e^{-\eta_r \xi^2 \tau}}{\{J_{\mathcal{M}}'^2(\xi a) + Y_{\mathcal{M}}'^2(\xi a)\}} d\xi dw
\end{aligned} \tag{26.11.3}
$$

where $\overline{\psi}(\xi_m, w, t) = \int_0^{\vartheta} \cos(\xi_m v) \psi(v, w, t) dv$.

26.12

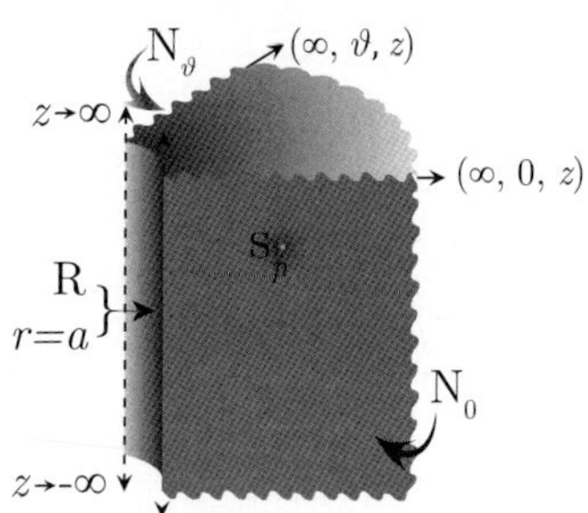

The problem of 26.10, except
$\mathbf{R} \equiv \frac{\partial p(a,\theta,z,t)}{\partial r} - \lambda p(a, \theta, z, t) = -\left(\frac{\mu}{k_r}\right) \psi(\theta, z, t)$,
$\mathbf{N_0} \equiv \frac{\partial p(r,0,z,t)}{\partial \theta} = -\left(\frac{\mu}{k_\theta}\right) \psi_0(r, z, t)$ **and**
$\mathbf{N_\vartheta} \equiv \frac{\partial p(r,\vartheta,z,t)}{\partial \theta} = -\left(\frac{\mu}{k_\theta}\right) \psi_\vartheta(r, z, t)$

Successive application of the Laplace, Fourier and Robin-Weber transformations to equation (22.1.1) gives

$$
\begin{aligned}
\overline{\overline{\overline{p}}} &= \frac{q(s) e^{-st_0} e^{ilz_0} \cos(\xi_m \theta_0) \mathcal{D}_{\mathcal{M}}(\xi r_0)}{\phi c_t (\eta_r \xi^2 + \eta_z l^2 + s)} + \frac{2 \overline{\overline{\overline{\psi}}}(\xi_m, l, s)}{\pi \phi c_t (\eta_r \xi^2 + \eta_z l^2 + s)} + \\
&+ \frac{\int_a^{\infty} \frac{\mathcal{D}_{\mathcal{M}}(\xi u)}{u} \left\{ \overline{\overline{\psi}}_0(u, l, s) + (-1)^{m+1} \overline{\overline{\psi}}_{\vartheta}(u, l, s) \right\} du}{\phi c_t (\eta_r \xi^2 + \eta_z l^2 + s)} + \frac{\overline{\overline{\overline{\varphi}}}(\xi, \xi_m, l)}{(\eta_r \xi^2 + \eta_z l^2 + s)}
\end{aligned} \tag{26.12.1}
$$

where ξ_m are the positive roots of $\sin(\xi_m \vartheta)$, which are $\xi_m = \frac{m\pi}{\vartheta}$, $m = 0, 1, ...,$
$\overline{\overline{\overline{\psi}}}(\xi_m, l, s) = \int_0^{\vartheta} \cos(\xi_m v) \int_{-\infty}^{\infty} \overline{\psi}(v, z, s) e^{ilz} dz dv$, $\overline{\psi}(v, z, s) = \int_0^{\infty} \psi(v, z, \tau) e^{-s\tau} d\tau$,
$\overline{\overline{\overline{\varphi}}}(\xi, m, l) = \int_a^{\infty} u \mathcal{D}_{\mathcal{M}}(\xi u) \int_0^{\vartheta} \cos(\xi_m v) \int_{-\infty}^{\infty} \varphi(u, v, z) e^{ilz} dz dv du$ and
$\mathcal{D}_{\nu}(\xi r) = Y_{\nu}(\xi r) \{\lambda J_{\nu}(\xi a) - \xi J_{\nu}'(\xi a)\} - J_{\nu}(\xi r) \{\lambda Y_{\nu}(\xi a) - \xi Y_{\nu}'(\xi a)\}$. Successive inverse transforms yield

$$
\begin{aligned}
\overline{p} &= \frac{q(s) e^{-st_0}}{\vartheta \phi c_t \sqrt{\eta_z}} \sum_{m=0}^{\infty} \ni_m \cos(\xi_m \theta_0) \cos(\xi_m \theta_0) \times \\
&\times \int_0^{\infty} \frac{\xi \mathcal{D}_{\mathcal{M}}(\xi r_0) \mathcal{D}_{\mathcal{M}}(\xi r) e^{-|z-z_0| \sqrt{\frac{\eta_r \xi^2 + s}{\eta_z}}}}{\sqrt{(\eta_r \xi^2 + s)} \left[\{\lambda J_{\mathcal{M}}(\xi a) - \xi J_{\mathcal{M}}'(\xi a)\}^2 + \{\lambda Y_{\mathcal{M}}(\xi a) - \xi Y_{\mathcal{M}}'(\xi a)\}^2 \right]} d\xi + \\
&+ \frac{2}{\pi \phi c_t \vartheta \sqrt{\eta_z}} \sum_{m=0}^{\infty} \ni_m \cos(\xi_m \theta) \int_{-\infty}^{\infty} \overline{\overline{\psi}}(\xi_m, w, s) \times
\end{aligned}
$$

$$\times \int_0^\infty \frac{\xi \mathcal{D}_{\mathcal{M}}(\xi r)\, e^{-|z-w|\sqrt{\frac{\eta_r \xi^2+s}{\eta_z}}}}{\sqrt{(\eta_r \xi^2+s)}\left[\{\lambda J_{\mathcal{M}}(\xi a)-\xi J'_{\mathcal{M}}(\xi a)\}^2+\{\lambda Y_{\mathcal{M}}(\xi a)-\xi Y'_{\mathcal{M}}(\xi a)\}^2\right]} d\xi dw +$$

$$+\frac{1}{\vartheta \phi c_t \sqrt{\eta_z}} \sum_{m=0}^\infty \ni_m \cos(\xi_m \theta) \times$$

$$\times \int_0^\infty \frac{\xi \mathcal{D}_{\mathcal{M}}(\xi r) \int_{-\infty}^\infty e^{-|z-w|\sqrt{\frac{\eta_r \xi^2+s}{\eta_z}}} \int_a^\infty \frac{\mathcal{D}_{\mathcal{M}}(\xi u)}{u}\left\{\overline{\psi}_0(u,w,s)+(-1)^{m+1}\overline{\psi}_\vartheta(u,w,s)\right\} du dw}{\sqrt{(\eta_r \xi^2+s)}\left[\{\lambda J_{\mathcal{M}}(\xi a)-\xi J'_{\mathcal{M}}(\xi a)\}^2+\{\lambda Y_{\mathcal{M}}(\xi a)-\xi Y'_{\mathcal{M}}(\xi a)\}^2\right]} d\xi +$$

$$+\frac{1}{\vartheta \sqrt{\eta_z}} \sum_{m=0}^\infty \ni_m \cos(\xi_m \theta) \times$$

$$\times \int_{-\infty}^\infty \overline{\overline{\varphi}}(\xi,\xi_m,w) \int_0^\infty \frac{\xi \mathcal{D}_{\mathcal{M}}(\xi r)\, e^{-|z-w|\sqrt{\frac{\eta_r \xi^2+s}{\eta_z}}}}{\sqrt{(\eta_r \xi^2+s)}\left[\{\lambda J_{\mathcal{M}}(\xi a)-\xi J'_{\mathcal{M}}(\xi a)\}^2+\{\lambda Y_{\mathcal{M}}(\xi a)-\xi Y'_{\mathcal{M}}(\xi a)\}^2\right]} d\xi dw \quad (26.12.2)$$

where $\overline{\overline{\psi}}(\xi_m,w,s)=\int_0^\vartheta \cos(\xi_m v)\int_0^\infty \psi(v,w,\tau)e^{-s\tau}d\tau dv$ and $\overline{\overline{\varphi}}(\xi,\xi_m,w)=\int_a^\infty u\mathcal{D}_{\mathcal{M}}(\xi u)\int_0^\vartheta \cos(\xi_m v)\varphi(u,v,w)dvdu$, and

$$p = \frac{U(t-t_0)}{\vartheta \phi c_t \sqrt{\pi \eta_z}} \int_0^{t-t_0} \frac{q(t-t_0-\tau)\, e^{-\frac{(z-z_0)^2}{4\eta_z \tau}}}{\sqrt{\tau}} \sum_{m=0}^\infty \ni_m \cos(\xi_m \theta_0)\cos(\xi_m \theta_0) \times$$

$$\times \int_0^\infty \frac{\xi \mathcal{D}_{\mathcal{M}}(\xi r_0)\mathcal{D}_{\mathcal{M}}(\xi r)\, e^{-\eta_r \xi^2 \tau}}{\{\lambda J_{\mathcal{M}}(\xi a)-\xi J'_{\mathcal{M}}(\xi a)\}^2+\{\lambda Y_{\mathcal{M}}(\xi a)-\xi Y'_{\mathcal{M}}(\xi a)\}^2} d\xi d\tau +$$

$$+\frac{2}{\phi c_t \vartheta \sqrt{\pi^3 \eta_z}} \sum_{m=0}^\infty \ni_m \cos(\xi_m \theta) \int_0^t \frac{1}{\sqrt{\tau}} \int_{-\infty}^\infty \overline{\psi}(\xi_m,w,t-\tau)\, e^{-\frac{(z-w)^2}{4\eta_z \tau}} \times$$

$$\times \int_0^\infty \frac{\xi \mathcal{D}_{\mathcal{M}}(\xi r)\, e^{-\eta_r \xi^2 \tau}}{\{\lambda J_{\mathcal{M}}(\xi a)-\xi J'_{\mathcal{M}}(\xi a)\}^2+\{\lambda Y_{\mathcal{M}}(\xi a)-\xi Y'_{\mathcal{M}}(\xi a)\}^2} d\xi dw d\tau +$$

$$+\frac{1}{\vartheta \phi c_t \sqrt{\pi \eta_z}} \sum_{m=0}^\infty \ni_m \cos(\xi_m \theta) \int_0^t \frac{1}{\sqrt{\tau}} \int_0^\infty \frac{\xi \mathcal{D}_{\mathcal{M}}(\xi r)\, e^{-\eta_r \xi^2 \tau}}{\{\lambda J_{\mathcal{M}}(\xi a)-\xi J'_{\mathcal{M}}(\xi a)\}^2+\{\lambda Y_{\mathcal{M}}(\xi a)-\xi Y'_{\mathcal{M}}(\xi a)\}^2} \times$$

$$\times \int_{-\infty}^\infty e^{-\frac{(z-w)^2}{4\eta_z \tau}} \int_a^\infty \frac{\mathcal{D}_{\mathcal{M}}(\xi u)}{u}\left\{\psi_0(u,w,t-\tau)+(-1)^{m+1}\psi_\vartheta(u,w,t-\tau)\right\} du dw d\xi d\tau +$$

$$+\frac{1}{\vartheta \sqrt{\pi \eta_z t}} \sum_{m=0}^\infty \ni_m \cos(\xi_m \theta) \int_{-\infty}^\infty e^{-\frac{(z-w)^2}{4\eta_z t}} \int_0^\infty \frac{\overline{\overline{\varphi}}(\xi,\xi_m,w)\,\xi \mathcal{D}_{\mathcal{M}}(\xi r)\, e^{-\eta_r \xi^2 \tau}}{\{\lambda J_{\mathcal{M}}(\xi a)-\xi J'_{\mathcal{M}}(\xi a)\}^2+\{\lambda Y_{\mathcal{M}}(\xi a)-\xi Y'_{\mathcal{M}}(\xi a)\}^2} d\xi dw$$

(26.12.3)

where $\overline{\psi}(\xi_m,w,t)=\int_0^\vartheta \cos(\xi_m v)\,\psi(v,w,t)dv$.

26.13

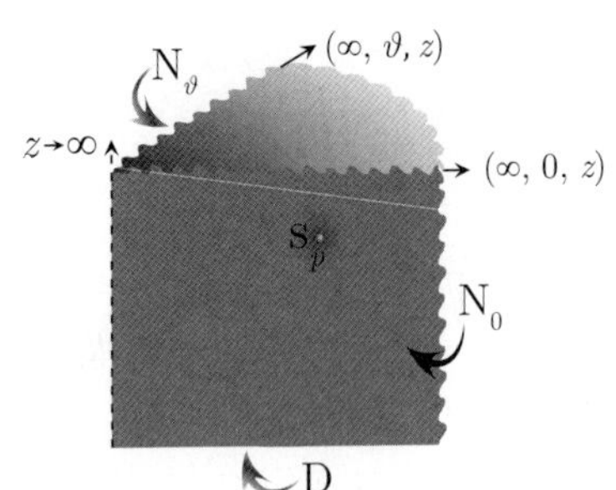

An infinite continuum whose axis is at $r = 0$ and extends to ∞ in the direction of r positive. The medium is semi-infinite in z and $0 \leq \theta \leq \vartheta$; $\vartheta < 2\pi$. Point source at $s_p \equiv (r_0, \theta_0, z_0)$ at time $t = t_0$; $0 < r_0 < \infty$, $0 \leq \theta_0 \leq \vartheta$, $0 < z_0 < \infty$, $t_0 \geq 0$.
$D \equiv p(r, \theta, 0, t) = \psi(r, \theta, t)$,
$N_0 \equiv \frac{\partial p(r,0,z,t)}{\partial \theta} = -\left(\frac{\mu}{k_\theta}\right) \psi_0(r, z, t)$ and
$N_\vartheta \equiv \frac{\partial p(r,\vartheta,z,t)}{\partial \theta} = -\left(\frac{\mu}{k_\theta}\right) \psi_\vartheta(r, z, t)$.
$p(r, \theta, z, 0) = \varphi(r, \theta, z)$

Successive application of the Laplace, Fourier and Hankel transformations to equation (22.1.1) gives

$$\overline{\overline{\overline{p}}} = \frac{q(s)\, e^{-st_0} \sin(lz_0) \cos(\xi_m \theta_0)\, J_{\mathcal{M}}(\xi r_0)}{\phi c_t (\eta_r \xi^2 + \eta_z l^2 + s)} + \frac{\eta_z \overline{\overline{\overline{\psi}}}(\xi, \xi_m, s)}{(\eta_r \xi^2 + \eta_z l^2 + s)} + $$
$$+ \frac{\int_0^\infty \frac{J_{\mathcal{M}}(\xi u)}{u} \left\{ \overline{\overline{\psi}}_0(u, l, s) + (-1)^{m+1} \overline{\overline{\psi}}_\vartheta(u, l, s) \right\} du}{\phi c_t (\eta_r \xi^2 + \eta_z l^2 + s)} + \frac{\overline{\overline{\overline{\varphi}}}(\xi, \xi_m, l)}{(\eta_r \xi^2 + \eta_z l^2 + s)} \quad (26.13.1)$$

where ξ_m are the positive roots of $\sin(\xi_m \vartheta)$, which are $\xi_m = \frac{m\pi}{\vartheta}$, $m = 0, 1, ...,$
$\overline{\overline{\overline{\psi}}}(\xi, \xi_m, s) = \int_0^\infty e^{-st} \int_0^\infty u J_{\mathcal{M}}(\xi u) \int_0^\vartheta \psi(u, v, t) \cos(\xi_m v) dv du dt$,
$\overline{\overline{\psi}}_0(u, l, s) = \int_0^\infty e^{-st} \int_0^\infty \psi_0(u, w, t) \sin(lw)\, dw dt$, $\overline{\overline{\psi}}_\vartheta(u, l, s) = \int_0^\infty e^{-st} \int_0^\infty \psi_\vartheta(u, w, t) \sin(lw)\, dw dt$, and
$\overline{\overline{\overline{\varphi}}}(\xi, \xi_m, l) = \int_0^\infty u J_{\mathcal{M}}(\xi u) \int_0^\vartheta \cos(\xi_m v) \int_0^\infty \varphi(v, u, w) \sin(lw)\, dw dv du$. Successive inverse transforms yield

$$\overline{p} = \frac{q(s)\, e^{-st_0}}{\vartheta \phi c_t \sqrt{\eta_z}} \sum_{m=0}^{\infty} \ni_m \cos(\xi_m \theta_0) \cos(\xi_m \theta) \int_0^\infty \frac{\xi J_{\mathcal{M}}(\xi r_0)\, J_{\mathcal{M}}(\xi r)}{\sqrt{(\eta_r \xi^2 + s)}} \left\{ e^{-|z - z_0| \sqrt{\frac{\eta_r \xi^2 + s}{\eta_z}}} - e^{-(z+z_0) \sqrt{\frac{\eta_r \xi^2 + s}{\eta_z}}} \right\} d\xi +$$
$$+ \frac{2}{\vartheta} \sum_{m=0}^{\infty} \ni_m \cos(\xi_m \theta) \int_0^\infty \xi J_{\mathcal{M}}(\xi r)\, e^{-z \sqrt{\frac{\eta_r \xi^2 + s}{\eta_z}}} \int_0^\vartheta \overline{\overline{\psi}}(\xi, v, s) \cos(\xi_m v)\, dv d\xi +$$
$$+ \frac{1}{\vartheta \phi c_t \sqrt{\eta_z}} \sum_{m=0}^{\infty} \ni_m \cos(\xi_m \theta) \int_0^\infty \frac{\xi J_{\mathcal{M}}(\xi r)}{\sqrt{(\eta_r \xi^2 + s)}} \times$$
$$\times \int_0^\infty \frac{J_{\mathcal{M}}(\xi u)}{u} \int_0^\infty \left\{ \overline{\psi}_0(u, w, s) + (-1)^{m+1} \overline{\psi}_\vartheta(u, w, s) \right\} \left\{ e^{-|z-w| \sqrt{\frac{\eta_r \xi^2 + s}{\eta_z}}} - e^{-(z+w) \sqrt{\frac{\eta_r \xi^2 + s}{\eta_z}}} \right\} du dw d\xi +$$
$$+ \frac{1}{\vartheta \sqrt{\eta_z}} \sum_{m=0}^{\infty} \ni_m \cos(\xi_m \theta) \times$$
$$\times \int_0^\infty \frac{\xi J_{\mathcal{M}}(\xi r)}{\sqrt{(\eta_r \xi^2 + s)}} \int_0^\infty \int_0^\vartheta \overline{\varphi}(\xi, v, w) \cos(\xi_m v)\, dv \left\{ e^{-|z-w| \sqrt{\frac{\eta_r \xi^2 + s}{\eta_z}}} - e^{-(z+w) \sqrt{\frac{\eta_r \xi^2 + s}{\eta_z}}} \right\} dv dw d\xi \quad (26.13.2)$$

where $\overline{\overline{\psi}}(\xi, v, s) = \int_0^\infty e^{-st} \int_0^\infty \psi(u, v, t)\, u J_{\mathcal{M}}(\xi u)\, du dt$, $\overline{\psi}_0(u, w, s) = \int_0^\infty \psi_0(u, w, t)\, e^{-st} dt$, $\overline{\psi}_\vartheta(u, w, s) = \int_0^\infty \psi_\vartheta(u, w, t)\, e^{-st} dt$, and $\overline{\varphi}(\xi, v, w) = \int_0^\infty \varphi(v, u, w)\, u J_{\mathcal{M}}(\xi u)\, du$. The inverse Laplace transform of equation (26.13.2) yields

$$p = \frac{U(t - t_0)}{2\vartheta \sqrt{\pi \eta_z}} \left(\frac{\mu}{k_r}\right) \sum_{m=0}^{\infty} \ni_m \cos(\xi_m \theta_0) \cos(\xi_m \theta) \times$$
$$\times \int_0^{t - t_0} \frac{q(t - t_0 - \tau)}{\tau^{\frac{3}{2}}} \left\{ e^{-\frac{(z - z_0)^2}{4\eta_z \tau}} - e^{-\frac{(z + z_0)^2}{4\eta_z \tau}} \right\} e^{-\frac{\left(r_0^2 + r^2\right)}{4\eta_r \tau}} I_{\mathcal{M}}\left(\frac{r_0 r}{2\eta_r \tau}\right) d\tau +$$

$$+\frac{4}{\vartheta\sqrt{\pi}}\sum_{m=0}^{\infty}\ni_m\cos(\xi_m\theta)\times$$

$$\times\int_{\frac{z}{2\sqrt{\eta_z t}}}^{\infty}e^{-\tau^2}\int_0^{\infty}u\int_0^{\infty}\xi J_{\mathcal{M}}(\xi r)J_{\mathcal{M}}(\xi u)e^{-\frac{\xi^2\eta_r z^2}{4\eta_z\tau^2}}\int_0^{\vartheta}\psi\left(u,v,t-\frac{z^2}{4\eta_z\tau^2}\right)\cos(\xi_m v)\,dvd\xi dud\tau+$$

$$+\frac{1}{2\vartheta\sqrt{\pi\eta_z}}\left(\frac{\mu}{k_r}\right)\sum_{m=0}^{\infty}\ni_m\cos(\xi_m\theta)\int_0^t\frac{1}{\tau^{\frac{3}{2}}}\int_0^{\infty}\frac{e^{-\frac{\left(u^2+r^2\right)}{4\eta_r\tau}}}{u}I_{\mathcal{M}}\left(\frac{ur}{2\eta_r\tau}\right)\times$$

$$\times\int_0^{\infty}\left\{\psi_0(u,w,t-\tau)+(-1)^{m+1}\psi_\vartheta(u,w,t-\tau)\right\}\left\{e^{-\frac{(z-w)^2}{4\eta_z\tau}}-e^{-\frac{(z+w)^2}{4\eta_z\tau}}\right\}dudwd\tau+$$

$$+\frac{1}{2\vartheta\eta_r t^{\frac{3}{2}}\sqrt{\pi\eta_z}}\sum_{m=0}^{\infty}\ni_m\cos(\xi_m\theta)\times$$

$$\times\int_0^{\infty}ue^{-\frac{\left(u^2+r^2\right)}{4\eta_r t}}I_{\mathcal{M}}\left(\frac{ur}{2\eta_r t}\right)\int_0^{\infty}\int_0^{\vartheta}\varphi(u,v,w)\left\{e^{-\frac{(z-w)^2}{4\eta_z t}}-e^{-\frac{(z+w)^2}{4\eta_z t}}\right\}\cos(\xi_m v)dvdwdu \qquad (26.13.3)$$

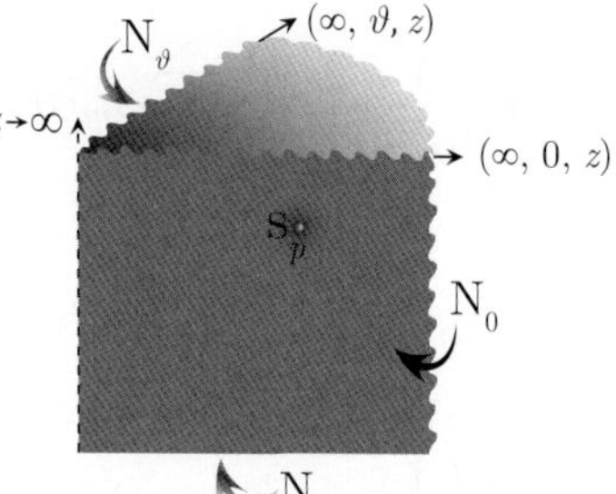

26.14 The problem of 26.13, except $\mathbf{N} \equiv \frac{\partial p(r,\theta,0,t)}{\partial z} = -\left(\frac{\mu}{k_z}\right)\psi(r,\theta,t)$, $\mathbf{N}_0 \equiv \frac{\partial p(r,0,z,t)}{\partial\theta} = -\left(\frac{\mu}{k_\theta}\right)\psi_0(r,z,t)$ and $\mathbf{N}_\vartheta \equiv \frac{\partial p(r,\vartheta,z,t)}{\partial\theta} = -\left(\frac{\mu}{k_\theta}\right)\psi_\vartheta(r,z,t)$

Successive application of the Laplace, Fourier and Hankel transformations to equation (22.1.1) gives

$$\overline{\overline{\overline{\overline{p}}}} = \frac{q(s)\,e^{-st_0}\cos(lz_0)\cos(\xi_m\theta_0)J_{\mathcal{M}}(\xi r_0)}{\phi c_t\left(\eta_r\xi^2+\eta_z l^2+s\right)}+\frac{\overline{\overline{\overline{\psi}}}(\xi,\xi_m,s)}{\phi c_t\left(\eta_r\xi^2+\eta_z l^2+s\right)}+$$
$$+\frac{\int_0^{\infty}\frac{J_{\mathcal{M}}(\xi u)}{u}\left\{\overline{\overline{\psi}}_0(u,l,s)+(-1)^{m+1}\overline{\overline{\psi}}_\vartheta(u,l,s)\right\}du}{\phi c_t\left(\eta_r\xi^2+\eta_z l^2+s\right)}+\frac{\overline{\overline{\overline{\varphi}}}(\xi,\xi_m,l)}{\left(\eta_r\xi^2+\eta_z l^2+s\right)} \qquad (26.14.1)$$

where ξ_m are the positive roots of $\sin(\xi_m\vartheta)$, which are $\xi_m=\frac{m\pi}{\vartheta}$, $m=0,1,\ldots$, $\overline{\overline{\overline{\psi}}}(\xi,\xi_m,s)=\int_0^{\infty}e^{-st}\int_0^{\infty}uJ_{\mathcal{M}}(\xi u)\int_0^{\vartheta}\psi(u,v,t)\cos(\xi_m v)dvdudt$, $\overline{\overline{\psi}}_0(u,l,s)=\int_0^{\infty}e^{-st}\int_0^{\infty}\psi_0(u,w,t)\cos(lw)\,dwdt$, $\overline{\overline{\psi}}_\vartheta(u,l,s)=\int_0^{\infty}e^{-st}\int_0^{\infty}\psi_\vartheta(u,w,t)\cos(lw)\,dwdt$, and $\overline{\overline{\overline{\varphi}}}(\xi,\xi_m,l)=\int_0^{\infty}uJ_{\mathcal{M}}(\xi u)\int_0^{\vartheta}\cos(\xi_m v)\int_0^{\infty}\varphi(v,u,w)\cos(lw)\,dwdvdu$. Successive inverse transforms yield

$$\overline{p} = \frac{q(s)\,e^{-st_0}}{\vartheta\phi c_t\sqrt{\eta_z}}\sum_{m=0}^{\infty}\ni_m\cos(\xi_m\theta_0)\cos(\xi_m\theta)\int_0^{\infty}\frac{\xi J_{\mathcal{M}}(\xi r_0)J_{\mathcal{M}}(\xi r)}{\sqrt{\left(\eta_r\xi^2+s\right)}}\left\{e^{-|z-z_0|\sqrt{\frac{\eta_r\xi^2+s}{\eta_z}}}+e^{-(z+z_0)\sqrt{\frac{\eta_r\xi^2+s}{\eta_z}}}\right\}d\xi+$$

$$+\frac{2}{\vartheta\phi c_t\sqrt{\eta_z}}\sum_{m=0}^{\infty}\ni_m\cos(\xi_m\theta)\int_0^{\infty}\frac{\xi J_{\mathcal{M}}(\xi r)e^{-z\sqrt{\frac{\eta_r\xi^2+s}{\eta_z}}}}{\sqrt{\left(\eta_r\xi^2+s\right)}}\int_0^{\vartheta}\overline{\overline{\psi}}(\xi,v,s)\cos(\xi_m v)\,dvd\xi+$$

$$+\frac{1}{\vartheta\phi c_t\sqrt{\eta_z}}\sum_{m=0}^{\infty}\ni_m\cos(\xi_m\theta)\int_0^{\infty}\frac{\xi J_{\mathcal{M}}(\xi r)}{\sqrt{\left(\eta_r\xi^2+s\right)}}\times$$

$$\times \int_0^\infty \frac{J_{\mathcal{M}}(\xi u)}{u} \int_0^\infty \left\{\overline{\psi}_0(u,w,s) + (-1)^{m+1}\overline{\psi}_\vartheta(u,w,s)\right\} \left\{ e^{-|z-w|\sqrt{\frac{\eta_r\xi^2+s}{\eta_z}}} + e^{-(z+w)\sqrt{\frac{\eta_r\xi^2+s}{\eta_z}}} \right\} du dw d\xi +$$

$$+ \frac{1}{\vartheta\sqrt{\eta_z}} \sum_{m=0}^\infty \ni_m \cos(\xi_m \theta) \times$$

$$\times \int_0^\infty \frac{\xi J_{\mathcal{M}}(\xi r)}{\sqrt{(\eta_r\xi^2+s)}} \int_0^\infty \int_0^\vartheta \overline{\varphi}(\xi,v,w)\cos(\xi_m v)\, dv \left\{ e^{-|z-w|\sqrt{\frac{\eta_r\xi^2+s}{\eta_z}}} + e^{-(z+w)\sqrt{\frac{\eta_r\xi^2+s}{\eta_z}}} \right\} dv dw d\xi \quad (26.14.2)$$

where $\overline{\overline{\psi}}(\xi,v,s) = \int_0^\infty e^{-st}\int_0^\infty \psi(u,v,t)\, uJ_{\mathcal{M}}(\xi u)\, du dt$, $\overline{\psi}_0(u,w,s) = \int_0^\infty \psi_0(u,w,t)\, e^{-st}dt$, $\overline{\psi}_\vartheta(u,w,s) = \int_0^\infty \psi_\vartheta(u,w,t)\, e^{-st}dt$, and $\overline{\varphi}(\xi,v,w) = \int_0^\infty \varphi(v,u,w)\, uJ_{\mathcal{M}}(\xi u)\, du$. The inverse Laplace transform of equation (26.14.2) yields

$$p = \frac{U(t-t_0)}{2\vartheta\sqrt{\pi\eta_z}}\left(\frac{\mu}{k_r}\right)\sum_{m=0}^\infty \ni_m \cos(\xi_m\theta_0)\cos(\xi_m\theta) \times$$

$$\times \int_0^{t-t_0} \frac{q(t-t_0-\tau)}{\tau^{\frac{3}{2}}} \left\{ e^{-\frac{(z-z_0)^2}{4\eta_z\tau}} + e^{-\frac{(z+z_0)^2}{4\eta_z\tau}} \right\} e^{-\frac{\left(r_0^2+r^2\right)}{4\eta_r\tau}} I_{\mathcal{M}}\left(\frac{r_0 r}{2\eta_r\tau}\right) d\tau +$$

$$+ \frac{1}{\vartheta\sqrt{\pi\eta_z}}\left(\frac{\mu}{k_r}\right)\sum_{m=0}^\infty \ni_m \cos(\xi_m\theta) \int_0^t \frac{e^{-\frac{z^2}{4\eta_z\tau}}}{\tau^{\frac{3}{2}}} \int_0^\infty u e^{-\frac{\left(u^2+r^2\right)}{4\eta_r\tau}} I_{\mathcal{M}}\left(\frac{ur}{2\eta_r\tau}\right) \int_0^\vartheta \psi(u,v,t-\tau)\cos(\xi_m v)\, dv du d\tau +$$

$$+ \frac{1}{2\vartheta\sqrt{\pi\eta_z}}\left(\frac{\mu}{k_r}\right)\sum_{m=0}^\infty \ni_m \cos(\xi_m\theta) \int_0^t \frac{1}{\tau^{\frac{3}{2}}} \int_0^\infty \frac{e^{-\frac{\left(u^2+r^2\right)}{4\eta_r\tau}}}{u} I_{\mathcal{M}}\left(\frac{ur}{2\eta_r\tau}\right) \times$$

$$\times \int_0^\infty \left\{ \psi_0(u,w,t-\tau) + (-1)^{m+1}\psi_\vartheta(u,w,t-\tau) \right\} \left\{ e^{-\frac{(z-w)^2}{4\eta_z\tau}} + e^{-\frac{(z+w)^2}{4\eta_z\tau}} \right\} du dw d\tau +$$

$$+ \frac{1}{2\vartheta\eta_r t^{\frac{3}{2}}\sqrt{\pi\eta_z}} \sum_{m=0}^\infty \ni_m \cos(\xi_m\theta) \times$$

$$\times \int_0^\infty u e^{-\frac{\left(u^2+r^2\right)}{4\eta_r t}} I_{\mathcal{M}}\left(\frac{ur}{2\eta_r t}\right) \int_0^\infty \int_0^\vartheta \varphi(u,v,w) \left\{ e^{-\frac{(z-w)^2}{4\eta_z t}} + e^{-\frac{(z+w)^2}{4\eta_z t}} \right\} \cos(\xi_m v) dv dw du \quad (26.14.3)$$

26.15

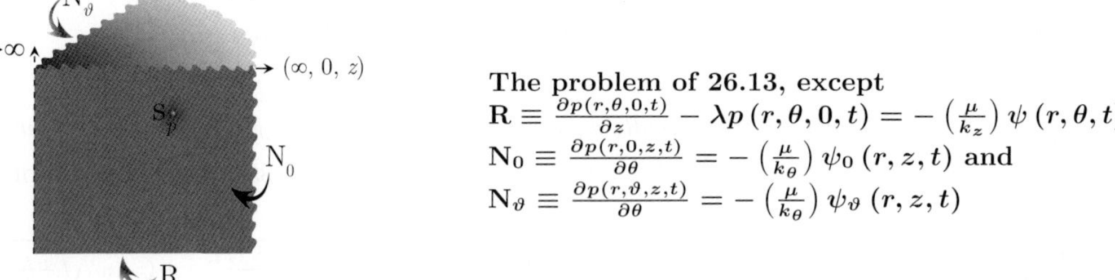

The problem of 26.13, except
$\mathbf{R} \equiv \frac{\partial p(r,\theta,0,t)}{\partial z} - \lambda p(r,\theta,0,t) = -\left(\frac{\mu}{k_z}\right)\psi(r,\theta,t)$,
$\mathbf{N_0} \equiv \frac{\partial p(r,0,z,t)}{\partial \theta} = -\left(\frac{\mu}{k_\theta}\right)\psi_0(r,z,t)$ and
$\mathbf{N_\vartheta} \equiv \frac{\partial p(r,\vartheta,z,t)}{\partial \theta} = -\left(\frac{\mu}{k_\theta}\right)\psi_\vartheta(r,z,t)$

Successive application of the Laplace, Fourier and Hankel transformations to equation (22.1.1) gives

$$\overline{\overline{\overline{p}}} = \frac{q(s)\, e^{-st_0}\{l\cos(lz_0) + \lambda\sin(lz_0)\}\cos(\xi_m\theta_0) J_{\mathcal{M}}(\xi r_0)}{\phi c_t(\eta_r\xi^2+\eta_z l^2+s)} + \frac{l\overline{\overline{\overline{\psi}}}(\xi,\xi_m,s)}{\phi c_t(\eta_r\xi^2+\eta_z l^2+s)} +$$

$$+ \frac{\int_0^\infty \frac{J_{\mathcal{M}}(\xi u)}{u}\left\{\overline{\overline{\psi}}_0(u,l,s) + (-1)^{m+1}\overline{\overline{\psi}}_\vartheta(u,l,s)\right\} du}{\phi c_t(\eta_r\xi^2+\eta_z l^2+s)} + \frac{\overline{\overline{\varphi}}(\xi,\xi_m,l)}{(\eta_r\xi^2+\eta_z l^2+s)} \quad (26.15.1)$$

where $\overline{\overline{\overline{\psi}}}(\xi,\xi_m,s)=\int_0^\infty e^{-st}\int_0^\infty uJ_{\mathcal{M}}(\xi u)\int_0^\vartheta \psi(u,v,t)\cos(\xi_m v)dvdudt$,
$\overline{\overline{\psi}}_0(u,l,s)=\int_0^\infty e^{-st}\int_0^\infty \psi_0(u,w,t)\{l\cos(lw)+\lambda\sin(lw)\}dwdt$,
$\overline{\overline{\psi}}_\vartheta(u,l,s)=\int_0^\infty e^{-st}\int_0^\infty \psi_\vartheta(u,w,t)\{l\cos(lw)+\lambda\sin(lw)\}dwdt$,
$\overline{\overline{\overline{\varphi}}}(\xi,\xi_m,l)=\int_0^\infty uJ_{\mathcal{M}}(\xi u)\int_0^\vartheta \cos(\xi_m v)\int_0^\infty \varphi(u,v,w)\{l\cos(lw)+\lambda\sin(lw)\}dwdvdu$, and
$\dot{o}=\sqrt{\frac{\eta_\theta}{\eta_r}}$. Successive inverse transforms yield

$$\begin{aligned}
\overline{p} &= \frac{q(s)e^{-st_0}}{\vartheta\phi c_t\sqrt{\eta_z}}\sum_{m=0}^\infty \ni_m \cos(\xi_m\theta_0)\cos(\xi_m\theta)\times \\
&\times\int_0^\infty \frac{\xi J_{\mathcal{M}}(\xi r_0)J_{\mathcal{M}}(\xi r)}{\sqrt{\eta_r\xi^2+s}}\left\{e^{-|z-z_0|\sqrt{\frac{\eta_r\xi^2+s}{\eta_z}}}+\left(\frac{\sqrt{\eta_r\xi^2+s}-\lambda\sqrt{\eta_z}}{\sqrt{\eta_r\xi^2+s}+\lambda\sqrt{\eta_z}}\right)e^{-(z+z_0)\sqrt{\frac{\eta_r\xi^2+s}{\eta_z}}}\right\}d\xi+ \\
&+\frac{1}{\vartheta\phi c_t\sqrt{\eta_z}}\sum_{m=0}^\infty \ni_m\cos(\xi_m\theta)\int_0^\infty \frac{\xi J_{\mathcal{M}}(\xi r)e^{-z\sqrt{\frac{\eta_r\xi^2+s}{\eta_z}}}}{\left(\lambda\sqrt{\eta_z}+\sqrt{\eta_r\xi^2+s}\right)}\int_0^\vartheta \overline{\overline{\psi}}(\xi,v,s)\cos(\xi_m v)dvd\xi+ \\
&+\frac{1}{\vartheta\phi c_t\sqrt{\eta_z}}\sum_{m=0}^\infty \ni_m\cos(\xi_m\theta)\int_0^\infty\int_0^\infty \frac{\xi J_{\mathcal{M}}(\xi r)}{\sqrt{(\eta_r\xi^2+s)}}\int_0^\infty \frac{J_{\mathcal{M}}(\xi u)}{u}\left\{\overline{\psi}_0(u,w,s)+(-1)^{m+1}\overline{\psi}_\vartheta(u,w,s)\right\}du\times \\
&\times\left\{e^{-|z-w|\sqrt{\frac{\eta_r\xi^2+s}{\eta_z}}}+\left(\frac{\sqrt{\eta_r\xi^2+s}-\lambda\sqrt{\eta_z}}{\sqrt{\eta_r\xi^2+s}-\lambda\sqrt{\eta_z}}\right)e^{-(z+w)\sqrt{\frac{\eta_r\xi^2+s}{\eta_z}}}\right\}dwd\xi \\
&+\frac{1}{\vartheta\sqrt{\eta_z}}\sum_{m=0}^\infty \ni_m\cos(\xi_m\theta)\int_0^\infty\int_0^\infty \frac{\xi J_{\mathcal{M}}(\xi r)}{\sqrt{\eta_r\xi^2+s}}\times \\
&\times\int_0^\vartheta \overline{\varphi}(\xi,v,w)\cos(\xi_m v)dv\left\{e^{-|z-w|\sqrt{\frac{\eta_r\xi^2+s}{\eta_z}}}+\left(\frac{\sqrt{\eta_r\xi^2+s}-\lambda\sqrt{\eta_z}}{\sqrt{\eta_r\xi^2+s}-\lambda\sqrt{\eta_z}}\right)e^{-(z+w)\sqrt{\frac{\eta_r\xi^2+s}{\eta_z}}}\right\}dwd\xi
\end{aligned} \tag{26.15.2}$$

where $\overline{\overline{\psi}}(\xi,v,s)=\int_0^\infty e^{-st}\int_0^\infty \psi(u,v,t)uJ_{\mathcal{M}}(\xi u)dudt$, $\overline{\psi}_0(u,w,s)=\int_0^\infty \psi_0(u,w,t)e^{-st}dt$,
$\overline{\psi}_\vartheta(u,w,s)=\int_0^\infty \psi_\vartheta(u,w,t)e^{-st}dt$, and $\overline{\varphi}(\xi,v,w)=\int_0^\infty \varphi(v,u,w)uJ_{\mathcal{M}}(\xi u)du$. The inverse Laplace transform of equation (26.15.2) yields

$$\begin{aligned}
p &= \frac{U(t-t_0)}{2\vartheta\sqrt{\pi\eta_z}}\left(\frac{\mu}{k_r}\right)\sum_{m=0}^\infty \ni_m\cos(\xi_m\theta_0)\cos(\xi_m\theta)\int_0^{t-t_0}\frac{q(t-t_0-\tau)}{\sqrt{\tau^3}}\left\{e^{-\frac{(z-z_0)^2}{4\eta_z\tau}}+e^{-\frac{(z+z_0)^2}{4\eta_z\tau}}-\right. \\
&\left.-2\lambda\sqrt{\pi\eta_z\tau}e^{(z+z_0)\lambda+\lambda^2\eta_z\tau}\operatorname{erfc}\left(\lambda\sqrt{\eta_z\tau}+\frac{z+z_0}{2\sqrt{\eta_z\tau}}\right)\right\}I_{\mathcal{M}}\left(\frac{rr_0}{2\eta_r\tau}\right)e^{-\frac{\left(r^2+r_0^2\right)}{4\tau\eta_r}}d\tau+ \\
&+\frac{1}{\vartheta\sqrt{\eta_z}}\left(\frac{\mu}{k_r}\right)\sum_{m=0}^\infty \ni_m\cos(\xi_m\theta)\times \\
&\times\int_0^t \frac{1}{\tau}\left\{\frac{e^{-\frac{z^2}{4\eta_z\tau}}}{\sqrt{\pi\tau}}-\lambda\sqrt{\eta_z}e^{\lambda z+\lambda^2\eta_z\tau}\operatorname{erfc}\left(\lambda\sqrt{\eta_z\tau}\frac{z}{2\sqrt{\eta_z\tau}}\right)\right\}\int_0^\infty u\overline{\psi}(u,\xi_m,t-\tau)e^{-\frac{\left(r^2+u^2\right)}{4\eta_r\tau}}I_{\mathcal{M}}\left(\frac{ru}{2\eta_r\tau}\right)dud\tau+ \\
&+\frac{1}{2\vartheta\sqrt{\pi\eta_z}}\left(\frac{\mu}{k_r}\right)\sum_{m=0}^\infty \ni_m\cos(\xi_m\theta)\times \\
&\times\int_0^t\int_0^\infty \frac{1}{\sqrt{\tau^3}}\int_0^\infty \frac{e^{-\frac{\left(r^2+u^2\right)}{4\eta_r\tau}}}{u}I_{\mathcal{M}}\left(\frac{ru}{2\eta_r\tau}\right)\left\{\psi_0(u,w,t-\tau)+(-1)^{m+1}\psi_\vartheta(u,w,t-\tau)\right\}du\times
\end{aligned}$$

$$\times\left\{e^{-\frac{(z-w)^2}{4\eta_z\tau}}+e^{-\frac{(z+w)^2}{4\eta_z\tau}}-2\lambda\sqrt{\pi\eta_z\tau}e^{(z+w)\lambda+\lambda^2\eta_z\tau}\operatorname{erfc}\left(\lambda\sqrt{\eta_z\tau}+\frac{z+w}{2\sqrt{\eta_z\tau}}\right)\right\}dwd\tau+$$

$$+\frac{1}{2\vartheta\eta_r\sqrt{\pi\eta_z t^3}}\sum_{m=0}^{\infty}\ni_m\cos(\xi_m\theta)\int_0^{\infty}\left\{e^{-\frac{(z-w)^2}{4\eta_z t}}+e^{-\frac{(z+w)^2}{4\eta_z t}}-2\lambda\sqrt{\pi\eta_z t}e^{(z+w)\lambda+\lambda^2\eta_z t}\operatorname{erfc}\left(\lambda\sqrt{\eta_z t}+\frac{z+w}{2\sqrt{\eta_z t}}\right)\right\}\times$$

$$\times\int_0^{\infty}\overline{\varphi}(u,\xi_m,w)\,e^{-\frac{(r^2+u^2)}{4\eta_r\tau}}I_{\mathcal{M}}\left(\frac{ru}{2\eta_r\tau}\right)dudw \tag{26.15.3}$$

26.16

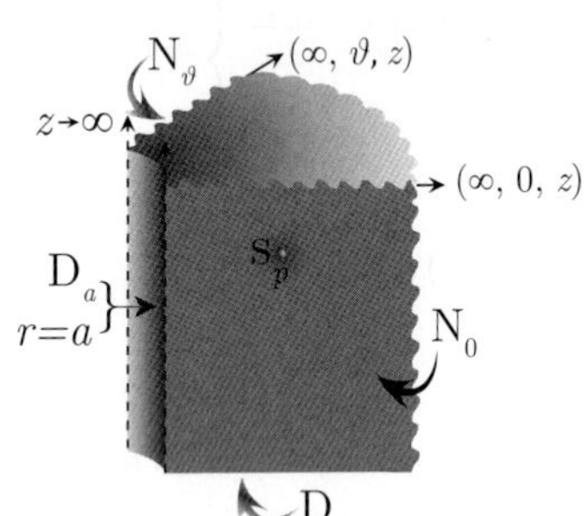

The problem of 26.13, except the continuum is bounded internally at $r = a$ and extends to ∞ in the direction of r positive. The medium is semi-infinite in z and $0 \le \theta \le \vartheta$; $\vartheta < 2\pi$. Point source at $s_p \equiv (r_0, \theta_0, z_0)$ at time $t = t_0$; $a < r_0 < \infty$, $0 \le \theta_0 \le \vartheta$, $0 < z_0 < \infty$, $t_0 \ge 0$. $D_a \equiv p(a,\theta,z,t) = \psi_a(\theta,z,t)$, $D \equiv p(r,\theta,0,t) = \psi(r,\theta,t)$, $N_0 \equiv \frac{\partial p(r,0,z,t)}{\partial\theta} = -\left(\frac{\mu}{k_\theta}\right)\psi_0(r,z,t)$ and $N_\vartheta \equiv \frac{\partial p(r,\vartheta,z,t)}{\partial\theta} = -\left(\frac{\mu}{k_\theta}\right)\psi_\vartheta(r,z,t)$. $p(r,\theta,z,0) = \varphi(r,\theta,z)$

Successive application of the Laplace, Fourier and Hankel transformations to equation (22.1.1) gives

$$\overline{\overline{\overline{p}}}=\frac{q(s)e^{-st_0}\sin(lz_0)\cos(\xi_m\theta_0)\mathcal{C}_{\mathcal{M}}(\xi r_0)}{\phi c_t(\eta_r\xi^2+\eta_z l^2+s)}-\frac{2\eta_r\overline{\overline{\psi}}_a(\xi_m,l,s)}{\pi(\eta_r\xi^2+\eta_z l^2+s)}+\frac{\eta_z\overline{\overline{\psi}}(\xi,\xi_m,s)}{(\eta_r\xi^2+\eta_z l^2+s)}+$$
$$+\frac{\int_a^{\infty}\frac{\mathcal{C}_{\mathcal{M}}(\xi u)}{u}\left\{\overline{\overline{\psi}}_0(u,l,s)+(-1)^{m+1}\overline{\overline{\psi}}_\vartheta(u,l,s)\right\}du}{\phi c_t(\eta_r\xi^2+\eta_z l^2+s)}+\frac{\overline{\overline{\varphi}}(\xi,\xi_m,l)}{(\eta_r\xi^2+\eta_z l^2+s)} \tag{26.16.1}$$

where ξ_m are the positive roots of $\sin(\xi_m\vartheta)$, which are $\xi_m = \frac{m\pi}{\vartheta}$, $m = 0, 1, ...,$
$\overline{\overline{\psi}}_a(\xi_m,l,s) = \int_0^\infty e^{-st}\int_0^\infty \sin(lw)\int_0^\vartheta \psi_a(v,w,t)\cos(\xi_m v)\,dvdwdt$,
$\overline{\overline{\psi}}(\xi,\xi_m,s) = \int_0^\infty e^{-st}\int_a^\infty u\mathcal{C}_{\mathcal{M}}(\xi u)\int_0^\vartheta \psi(u,v,t)\cos(\xi_m v)dvdudt$,
$\overline{\overline{\psi}}_0(u,l,s) = \int_0^\infty e^{-st}\int_0^\infty \psi_0(u,w,t)\sin(lw)\,dwdt$, $\overline{\overline{\psi}}_\vartheta(u,l,s) = \int_0^\infty e^{-st}\int_0^\infty \psi_\vartheta(u,w,t)\sin(lw)\,dwdt$, and
$\overline{\overline{\varphi}}(\xi,\xi_m,l) = \int_a^\infty u\mathcal{C}_{\mathcal{M}}(\xi u)\int_0^\vartheta\cos(\xi_m v)\int_0^\infty\varphi(v,u,w)\sin(lw)\,dwdvdu$. Successive inverse transforms yield

$$\overline{p}=\frac{q(s)e^{-st_0}}{\vartheta\phi c_t\sqrt{\eta_z}}\sum_{m=0}^{\infty}\ni_m\cos(\xi_m\theta_0)\cos(\xi_m\theta)\times$$
$$\times\int_0^{\infty}\frac{\xi\mathcal{C}_{\mathcal{M}}(\xi r_0)\mathcal{C}_{\mathcal{M}}(\xi r)}{\{J^2_{\mathcal{M}}(\xi a)+Y^2_{\mathcal{M}}(\xi a)\}\sqrt{(\eta_r\xi^2+s)}}\left\{e^{-|z-z_0|\sqrt{\frac{\eta_r\xi^2+s}{\eta_z}}}-e^{-(z+z_0)\sqrt{\frac{\eta_r\xi^2+s}{\eta_z}}}\right\}d\xi-$$
$$-\frac{2\eta_r}{\pi\vartheta\sqrt{\eta_z}}\sum_{m=0}^{\infty}\ni_m\cos(\xi_m\theta)\times$$
$$\times\int_0^{\infty}\overline{\psi}_a(\xi_m,w,s)\int_0^{\infty}\frac{\xi\mathcal{C}_{\mathcal{M}}(\xi r)}{\{J^2_{\mathcal{M}}(\xi a)+Y^2_{\mathcal{M}}(\xi a)\}\sqrt{(\eta_r\xi^2+s)}}\left\{e^{-|z-w|\sqrt{\frac{\eta_r\xi^2+s}{\eta_z}}}-e^{-(z+w)\sqrt{\frac{\eta_r\xi^2+s}{\eta_z}}}\right\}d\xi dw+$$
$$+\frac{2}{\vartheta}\sum_{m=0}^{\infty}\ni_m\cos(\xi_m\theta)\int_0^{\infty}\frac{\xi\mathcal{C}_{\mathcal{M}}(\xi r)e^{-z\sqrt{\frac{\eta_r\xi^2+s}{\eta_z}}}}{J^2_{\mathcal{M}}(\xi a)+Y^2_{\mathcal{M}}(\xi a)}\int_0^{\vartheta}\overline{\overline{\psi}}(\xi,v,s)\cos(\xi_m v)\,dvd\xi+$$
$$+\frac{1}{\vartheta\phi c_t\sqrt{\eta_z}}\sum_{m=0}^{\infty}\ni_m\cos(\xi_m\theta)\int_0^{\infty}\frac{\xi\mathcal{C}_{\mathcal{M}}(\xi r)}{\{J^2_{\mathcal{M}}(\xi a)+Y^2_{\mathcal{M}}(\xi a)\}\sqrt{(\eta_r\xi^2+s)}}\times$$

$$\times\int\limits_a^\infty\frac{\mathcal{C}_{\mathcal{M}}(\xi u)}{u}\int\limits_0^\infty\left\{\overline{\psi}_0(u,w,s)+(-1)^{m+1}\overline{\psi}_\vartheta(u,w,s)\right\}\left\{e^{-|z-w|\sqrt{\frac{\eta_r\xi^2+s}{\eta_z}}}-e^{-(z+w)\sqrt{\frac{\eta_r\xi^2+s}{\eta_z}}}\right\}dwdud\xi+$$

$$+\frac{1}{\vartheta\sqrt{\eta_z}}\sum_{m=0}^\infty\ni_m\cos(\xi_m\theta)\int\limits_0^\infty\frac{\xi\mathcal{C}_{\mathcal{M}}(\xi r)}{\left\{J_{\mathcal{M}}^2(\xi a)+Y_{\mathcal{M}}^2(\xi a)\right\}\sqrt{(\eta_r\xi^2+s)}}\times$$

$$\times\int\limits_0^\infty\int\limits_0^\vartheta\overline{\varphi}(\xi,v,w)\cos(\xi_m v)\,dv\left\{e^{-|z-w|\sqrt{\frac{\eta_r\xi^2+s}{\eta_z}}}-e^{-(z+w)\sqrt{\frac{\eta_r\xi^2+s}{\eta_z}}}\right\}dvdwd\xi \qquad (26.16.2)$$

where $\overline{\overline{\psi}}_a(\xi_m,w,s)=\int_0^\infty e^{-st}\int_0^\vartheta\psi_a(v,w,t)\cos(\xi_m v)\,dvdt$,
$\overline{\overline{\psi}}(\xi,v,s)=\int_0^\infty e^{-st}\int_a^\infty\psi(u,v,t)\,u\mathcal{C}_{\mathcal{M}}(\xi u)\,dudt$, $\overline{\psi}_0(u,w,s)=\int_0^\infty\psi_0(u,w,t)\,e^{-st}dt$,
$\overline{\psi}_\vartheta(u,w,s)=\int_0^\infty\psi_\vartheta(u,w,t)\,e^{-st}dt$, and $\overline{\varphi}(\xi,v,w)=\int_a^\infty\varphi(v,u,w)\,u\mathcal{C}_{\mathcal{M}}(\xi u)\,du$. The inverse Laplace transform of equation (26.16.2) yields

$$p=\frac{U(t-t_0)}{\vartheta\phi c_t\sqrt{\pi\eta_z}}\sum_{m=0}^\infty\ni_m\cos(\xi_m\theta_0)\cos(\xi_m\theta)\times$$

$$\times\int\limits_0^{t-t_0}\frac{q(t-t_0-\tau)}{\sqrt{\tau}}\left\{e^{-\frac{(z-z_0)^2}{4\eta_z\tau}}-e^{-\frac{(z+z_0)^2}{4\eta_z\tau}}\right\}\int\limits_0^\infty\frac{\xi\mathcal{C}_{\mathcal{M}}(\xi r_0)\,\mathcal{C}_{\mathcal{M}}(\xi r)\,e^{-\eta_r\xi^2\tau}}{J_{\mathcal{M}}^2(\xi a)+Y_{\mathcal{M}}^2(\xi a)}d\xi d\tau-$$

$$-\frac{2\eta_r}{\vartheta\sqrt{\pi^3\eta_z}}\sum_{m=0}^\infty\ni_m\cos(\xi_m\theta)\times$$

$$\times\int\limits_0^t\frac{1}{\sqrt{\tau}}\int\limits_0^\infty\psi_a(\xi_m,w,t-\tau)\left\{e^{-\frac{(z-w)^2}{4\eta_z\tau}}-e^{-\frac{(z+w)^2}{4\eta_z\tau}}\right\}\int\limits_0^\infty\frac{\xi\mathcal{C}_{\mathcal{M}}(\xi r)\,e^{-\eta_r\xi^2\tau}}{\left\{J_{\mathcal{M}}^2(\xi a)+Y_{\mathcal{M}}^2(\xi a)\right\}}d\xi dwd\tau+$$

$$+\frac{4}{\vartheta\sqrt{\pi}}\sum_{m=0}^\infty\ni_m\cos(\xi_m\theta)\times$$

$$\times\int\limits_{\frac{z}{2\sqrt{\eta_z t}}}^\infty e^{-\tau^2}\int\limits_a^\infty u\int\limits_0^\vartheta\psi\left(u,v,t-\frac{z^2}{4\eta_z\tau^2}\right)\cos(\xi_m v)\int\limits_0^\infty\frac{\xi\mathcal{C}_{\mathcal{M}}(\xi r)\,\mathcal{C}_{\mathcal{M}}(\xi u)\,e^{-\frac{\xi^2\eta_r z^2}{4\eta_z\tau^2}}}{J_{\mathcal{M}}^2(\xi a)+Y_{\mathcal{M}}^2(\xi a)}d\xi dvdud\tau+$$

$$+\frac{1}{\vartheta\phi c_t\sqrt{\pi\eta_z}}\sum_{m=0}^\infty\ni_m\cos(\xi_m\theta)\times$$

$$\times\int\limits_0^t\frac{1}{\sqrt{\tau}}\int\limits_a^\infty\frac{1}{u}\int\limits_0^\infty\int\limits_0^\infty\left\{\psi_0(u,w,\tau)+(-1)^{m+1}\psi_\vartheta(u,w,\tau)\right\}\left\{e^{-\frac{(z-w)^2}{4\eta_z(t-\tau)}}-e^{-\frac{(z+w)^2}{4\eta_z(t-\tau)}}\right\}\times$$

$$\times\int\limits_0^\infty\frac{\xi\mathcal{C}_{\mathcal{M}}(\xi r)\,\mathcal{C}_{\mathcal{M}}(\xi u)\,e^{-\eta_r\xi^2(t-\tau)}}{J_{\mathcal{M}}^2(\xi a)+Y_{\mathcal{M}}^2(\xi a)}d\xi dwdud\tau+$$

$$+\frac{1}{\vartheta\sqrt{\pi\eta_z t}}\sum_{m=0}^\infty\ni_m\cos(\xi_m\theta)\int\limits_a^\infty u\int\limits_0^\infty\int\limits_0^\vartheta\varphi(u,v,w)\cos(\xi_m v)\left\{e^{-\frac{(z-w)^2}{4\eta_z t}}-e^{-\frac{(z+w)^2}{4\eta_z t}}\right\}\times$$

$$\times\int\limits_0^\infty\frac{\xi\mathcal{C}_{\mathcal{M}}(\xi r)\,\mathcal{C}_{\mathcal{M}}(\xi u)\,e^{-\eta_r\xi^2\tau}}{J_{\mathcal{M}}^2(\xi a)+Y_{\mathcal{M}}^2(\xi a)}d\xi dwdvdu \qquad (26.16.3)$$

26.17

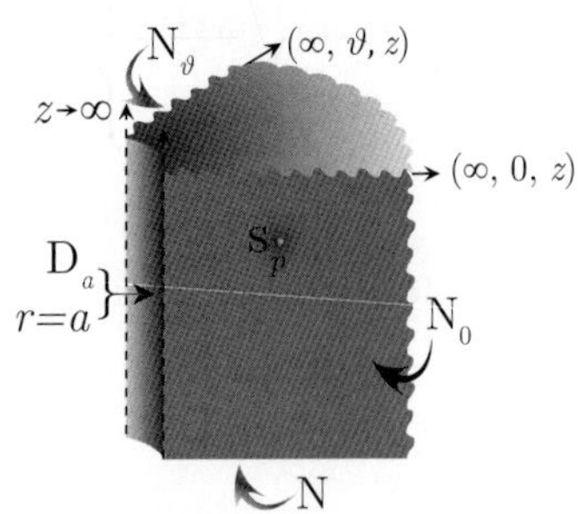

The problem of 26.16, except
$\mathbf{D_a} \equiv p(a,\theta,z,t) = \psi_a(\theta,z,t)$,
$\mathbf{N} \equiv \frac{\partial p(r,\theta,0,t)}{\partial z} = -\left(\frac{\mu}{k_z}\right)\psi(r,\theta,t)$,
$\mathbf{N_0} \equiv \frac{\partial p(r,0,z,t)}{\partial \theta} = -\left(\frac{\mu}{k_\theta}\right)\psi_0(r,z,t)$ **and**
$\mathbf{N_\vartheta} \equiv \frac{\partial p(r,\vartheta,z,t)}{\partial \theta} = -\left(\frac{\mu}{k_\theta}\right)\psi_\vartheta(r,z,t)$

Successive application of the Laplace, Fourier and Hankel transformations to equation (22.1.1) gives

$$\overline{\overline{\overline{p}}} = \frac{q(s)e^{-st_0}\cos(lz_0)\cos(\xi_m\theta_0)\mathcal{C}_{\mathcal{M}}(\xi r_0)}{\phi c_t(\eta_r\xi^2+\eta_z l^2+s)} - \frac{2\eta_r\overline{\overline{\overline{\psi}}}_a(\xi_m,l,s)}{\pi(\eta_r\xi^2+\eta_z l^2+s)} + \frac{\overline{\overline{\overline{\psi}}}(\xi,\xi_m,s)}{\phi c_t(\eta_r\xi^2+\eta_z l^2+s)} + \\ + \frac{\int_a^\infty \frac{\mathcal{C}_{\mathcal{M}}(\xi u)}{u}\left\{\overline{\overline{\psi}}_0(u,l,s)+(-1)^{m+1}\overline{\overline{\psi}}_\vartheta(u,l,s)\right\}du}{\phi c_t(\eta_r\xi^2+\eta_z l^2+s)} + \frac{\overline{\overline{\varphi}}(\xi,\xi_m,l)}{(\eta_r\xi^2+\eta_z l^2+s)} \tag{26.17.1}$$

where ξ_m are the positive roots of $\sin(\xi_m\vartheta)$, which are $\xi_m = \frac{m\pi}{\vartheta}$, $m=0,1,...$,
$\overline{\overline{\overline{\psi}}}_a(\xi_m,l,s) = \int_0^\infty e^{-st}\int_0^\infty \cos(lw)\int_0^\vartheta \psi_a(v,w,t)\cos(\xi_m v)\,dvdwdt$,
$\overline{\overline{\overline{\psi}}}(\xi,\xi_m,s) = \int_0^\infty e^{-st}\int_a^\infty u\mathcal{C}_{\mathcal{M}}(\xi u)\int_0^\vartheta \psi(u,v,t)\cos(\xi_m v)dvdudt$,
$\overline{\overline{\psi}}_0(u,l,s) = \int_0^\infty e^{-st}\int_0^\infty \psi_0(u,w,t)\cos(lw)\,dwdt$, $\overline{\overline{\psi}}_\vartheta(u,l,s) = \int_0^\infty e^{-st}\int_0^\infty \psi_\vartheta(u,w,t)\cos(lw)\,dwdt$, and
$\overline{\overline{\varphi}}(\xi,\xi_m,l) = \int_a^\infty u\mathcal{C}_{\mathcal{M}}(\xi u)\int_0^\vartheta \cos(\xi_m v)\int_0^\infty \varphi(v,u,w)\cos(lw)\,dwdvdu$. Successive inverse transforms yield

$$\begin{aligned}
\overline{p} = {} & \frac{q(s)e^{-st_0}}{\vartheta\phi c_t\sqrt{\eta_z}}\sum_{m=0}^{\infty}\ni_m\cos(\xi_m\theta_0)\cos(\xi_m\theta)\times \\
& \times\int_0^\infty \frac{\xi\mathcal{C}_{\mathcal{M}}(\xi r_0)\mathcal{C}_{\mathcal{M}}(\xi r)}{\{J_{\mathcal{M}}^2(\xi a)+Y_{\mathcal{M}}^2(\xi a)\}\sqrt{(\eta_r\xi^2+s)}}\left\{e^{-|z-z_0|\sqrt{\frac{\eta_r\xi^2+s}{\eta_z}}}+e^{-(z+z_0)\sqrt{\frac{\eta_r\xi^2+s}{\eta_z}}}\right\}d\xi - \\
& -\frac{2\eta_r}{\pi\vartheta\sqrt{\eta_z}}\sum_{m=0}^{\infty}\ni_m\cos(\xi_m\theta)\times \\
& \times\int_0^\infty \overline{\overline{\psi}}_a(\xi_m,w,s)\int_0^\infty \frac{\xi\mathcal{C}_{\mathcal{M}}(\xi r)}{\{J_{\mathcal{M}}^2(\xi a)+Y_{\mathcal{M}}^2(\xi a)\}\sqrt{(\eta_r\xi^2+s)}}\left\{e^{-|z-w|\sqrt{\frac{\eta_r\xi^2+s}{\eta_z}}}+e^{-(z+w)\sqrt{\frac{\eta_r\xi^2+s}{\eta_z}}}\right\}d\xi dw + \\
& +\frac{2}{\vartheta\phi c_t\sqrt{\eta_z}}\sum_{m=0}^{\infty}\ni_m\cos(\xi_m\theta)\int_0^\infty \frac{\xi\mathcal{C}_{\mathcal{M}}(\xi r)e^{-z\sqrt{\frac{\eta_r\xi^2+s}{\eta_z}}}}{\{J_{\mathcal{M}}^2(\xi a)+Y_{\mathcal{M}}^2(\xi a)\}\sqrt{(\eta_r\xi^2+s)}}\int_0^\vartheta \overline{\overline{\psi}}(\xi,v,s)\cos(\xi_m v)\,dvd\xi + \\
& +\frac{1}{\vartheta\phi c_t\sqrt{\eta_z}}\sum_{m=0}^{\infty}\ni_m\cos(\xi_m\theta)\int_0^\infty \frac{\xi\mathcal{C}_{\mathcal{M}}(\xi r)}{\{J_{\mathcal{M}}^2(\xi a)+Y_{\mathcal{M}}^2(\xi a)\}\sqrt{(\eta_r\xi^2+s)}}\times \\
& \times\int_a^\infty \frac{\mathcal{C}_{\mathcal{M}}(\xi u)}{u}\int_0^\infty\left\{\overline{\psi}_0(u,w,s)+(-1)^{m+1}\overline{\psi}_\vartheta(u,w,s)\right\}\left\{e^{-|z-w|\sqrt{\frac{\eta_r\xi^2+s}{\eta_z}}}+e^{-(z+w)\sqrt{\frac{\eta_r\xi^2+s}{\eta_z}}}\right\}dwdud\xi + \\
& +\frac{1}{\vartheta\sqrt{\eta_z}}\sum_{m=0}^{\infty}\ni_m\cos(\xi_m\theta)\int_0^\infty \frac{\xi\mathcal{C}_{\mathcal{M}}(\xi r)}{\{J_{\mathcal{M}}^2(\xi a)+Y_{\mathcal{M}}^2(\xi a)\}\sqrt{(\eta_r\xi^2+s)}}\times \\
& \times\int_0^\infty\int_0^\vartheta \overline{\varphi}(\xi,v,w)\cos(\xi_m v)\,dv\left\{e^{-|z-w|\sqrt{\frac{\eta_r\xi^2+s}{\eta_z}}}+e^{-(z+w)\sqrt{\frac{\eta_r\xi^2+s}{\eta_z}}}\right\}dvdwd\xi
\end{aligned} \tag{26.17.2}$$

where $\overline{\overline{\psi}}_a(\xi_m, w, s) = \int_0^\infty e^{-st} \int_0^\vartheta \psi_a(v, w, t) \cos(\xi_m v)\, dv dt$,
$\overline{\overline{\psi}}(\xi, v, s) = \int_0^\infty e^{-st} \int_a^\infty \psi(u, v, t)\, u\mathcal{C}_\mathcal{M}(\xi u)\, du dt$, $\overline{\psi}_0(u, w, s) = \int_0^\infty \psi_0(u, w, t)\, e^{-st} dt$,
$\overline{\psi}_\vartheta(u, w, s) = \int_0^\infty \psi_\vartheta(u, w, t)\, e^{-st} dt$, and $\overline{\varphi}(\xi, v, w) = \int_a^\infty \varphi(v, u, w)\, u\mathcal{C}_\mathcal{M}(\xi u)\, du$. The inverse Laplace transform of equation (26.17.2) yields

$$\begin{aligned}
p &= \frac{U(t-t_0)}{\vartheta\phi c_t\sqrt{\pi\eta_z}} \sum_{m=0}^{\infty} \ni_m \cos(\xi_m\theta_0)\cos(\xi_m\theta) \times \\
&\times \int_0^{t-t_0} \frac{q(t-t_0-\tau)}{\sqrt{\tau}} \left\{ e^{-\frac{(z-z_0)^2}{4\eta_z\tau}} + e^{-\frac{(z+z_0)^2}{4\eta_z\tau}} \right\} \int_0^\infty \frac{\xi\mathcal{C}_\mathcal{M}(\xi r_0)\,\mathcal{C}_\mathcal{M}(\xi r)\, e^{-\eta_r\xi^2\tau}}{J_\mathcal{M}^2(\xi a) + Y_\mathcal{M}^2(\xi a)} d\xi d\tau - \\
&- \frac{2\eta_r}{\vartheta\sqrt{\pi^3\eta_z}} \sum_{m=0}^{\infty} \ni_m \cos(\xi_m\theta) \times \\
&\times \int_0^t \frac{1}{\sqrt{\tau}} \int_0^\infty \psi_a(\xi_m, w, t-\tau) \left\{ e^{-\frac{(z-w)^2}{4\eta_z\tau}} + e^{-\frac{(z+w)^2}{4\eta_z\tau}} \right\} \int_0^\infty \frac{\xi\mathcal{C}_\mathcal{M}(\xi r)\, e^{-\eta_r\xi^2\tau}}{\{J_\mathcal{M}^2(\xi a) + Y_\mathcal{M}^2(\xi a)\}} d\xi dw d\tau + \\
&+ \frac{2}{\vartheta\phi c_t\sqrt{\pi\eta_z}} \sum_{m=0}^{\infty} \ni_m \cos(\xi_m\theta) \times \\
&\times \int_0^t \frac{e^{-\frac{z^2}{4\eta_z\tau}}}{\sqrt{\tau}} \int_a^\infty u \int_0^\vartheta \psi(u, \xi_m, t-\tau)\cos(\xi_m v) \int_0^\infty \frac{\xi\mathcal{C}_\mathcal{M}(\xi r)\,\mathcal{C}_\mathcal{M}(\xi u)\, e^{-\eta_r\xi^2\tau}}{J_\mathcal{M}^2(\xi a) + Y_\mathcal{M}^2(\xi a)} d\xi dv du d\tau + \\
&+ \frac{1}{\vartheta\phi c_t\sqrt{\pi\eta_z}} \sum_{m=0}^{\infty} \ni_m \cos(\xi_m\theta) \times \\
&\times \int_0^t \frac{1}{\sqrt{\tau}} \int_a^\infty \frac{1}{u} \int_0^\infty \int_0^\infty \left\{ \psi_0(u, w, \tau) + (-1)^{m+1}\psi_\vartheta(u, w, \tau) \right\} \left\{ e^{-\frac{(z-w)^2}{4\eta_z(t-\tau)}} + e^{-\frac{(z+w)^2}{4\eta_z(t-\tau)}} \right\} \times \\
&\times \int_0^\infty \frac{\xi\mathcal{C}_\mathcal{M}(\xi r)\,\mathcal{C}_\mathcal{M}(\xi u)\, e^{-\eta_r\xi^2(t-\tau)}}{J_\mathcal{M}^2(\xi a) + Y_\mathcal{M}^2(\xi a)} d\xi dw du d\tau + \\
&+ \frac{1}{\vartheta\sqrt{\pi\eta_z t}} \sum_{m=0}^{\infty} \ni_m \cos(\xi_m\theta) \int_a^\infty u \int_0^\infty \int_0^\vartheta \varphi(u, v, w)\cos(\xi_m v) \left\{ e^{-\frac{(z-w)^2}{4\eta_z t}} + e^{-\frac{(z+w)^2}{4\eta_z t}} \right\} \times \\
&\times \int_0^\infty \frac{\xi\mathcal{C}_\mathcal{M}(\xi r)\,\mathcal{C}_\mathcal{M}(\xi u)\, e^{-\eta_r\xi^2\tau}}{J_\mathcal{M}^2(\xi a) + Y_\mathcal{M}^2(\xi a)} d\xi dw dv du
\end{aligned} \qquad (26.17.3)$$

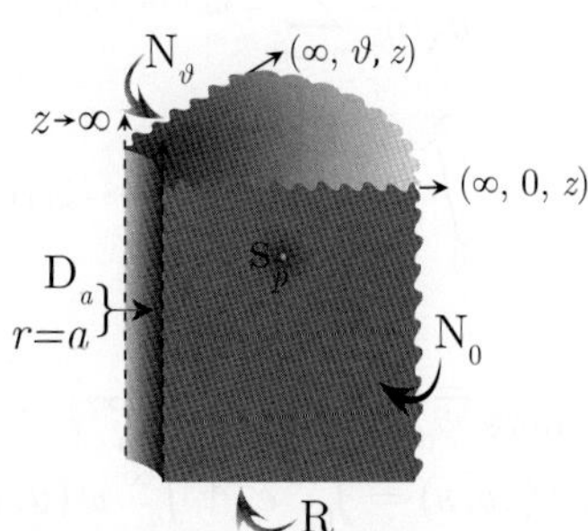

26.18 **The problem of 26.16, except $\mathbf{D_a \equiv p(a, \theta, z, t) = \psi_a(\theta, z, t)}$,**
$\mathbf{R \equiv \frac{\partial p(r,\theta,0,t)}{\partial z} - \lambda p(r, \theta, 0, t) = -\left(\frac{\mu}{k_z}\right)\psi(r, \theta, t)}$,
$\mathbf{N_0 \equiv \frac{\partial p(r,0,z,t)}{\partial \theta} = -\left(\frac{\mu}{k_\theta}\right)\psi_0(r, z, t)}$ and
$\mathbf{N_\vartheta \equiv \frac{\partial p(r,\vartheta,z,t)}{\partial \theta} = -\left(\frac{\mu}{k_\theta}\right)\psi_\vartheta(r, z, t)}$

Successive application of the Laplace, Fourier and Hankel transformations to equation (22.1.1) gives

$$\overline{\overline{\overline{p}}} = \frac{q(s)\, e^{-st_0}\{l\cos(lz_0) + \lambda\sin(lz_0)\}\cos(\xi_m\theta_0)\,\mathcal{C}_\mathcal{M}(\xi r_0)}{\phi c_t(\eta_r\xi^2 + \eta_z l^2 + s)} - \frac{2\eta_r\overline{\overline{\overline{\psi}}}_a(\xi_m, l, s)}{\pi(\eta_r\xi^2 + \eta_z l^2 + s)} + \frac{l\overline{\overline{\overline{\psi}}}(\xi, \xi_m, s)}{\phi c_t(\eta_r\xi^2 + \eta_z l^2 + s)} +$$

$$+\frac{\int_a^\infty \frac{\mathcal{C}_{\mathcal{M}}(\xi u)}{u}\left\{\overline{\overline{\psi}}_0(u,l,s)+(-1)^{m+1}\overline{\overline{\psi}}_\vartheta(u,l,s)\right\}du}{\phi c_t\left(\eta_r\xi^2+\eta_z l^2+s\right)}+\frac{\overline{\overline{\overline{\varphi}}}(\xi,\xi_m,l)}{\left(\eta_r\xi^2+\eta_z l^2+s\right)} \quad (26.18.1)$$

where ξ_m are the positive roots of $\sin(\xi_m\vartheta)$, which are $\xi_m=\frac{m\pi}{\vartheta}$, $m=0,1,...,$
$\overline{\overline{\overline{\psi}}}_a(\xi_m,l,s)=\int_0^\infty e^{-st}\int_0^\infty\{l\cos(lw)+\lambda\sin(lw)\}\int_0^\vartheta\psi_a(v,w,t)\cos(\xi_m v)\,dvdwdt$,
$\overline{\overline{\overline{\psi}}}(\xi,\xi_m,s)=\int_0^\infty e^{-st}\int_a^\infty u\mathcal{C}_{\mathcal{M}}(\xi u)\int_0^\vartheta\psi(u,v,t)\cos(\xi_m v)dvdudt$,
$\overline{\overline{\psi}}_0(u,l,s)=\int_0^\infty e^{-st}\int_0^\infty\psi_0(u,w,t)\{l\cos(lw)+\lambda\sin(lw)\}\,dwdt$,
$\overline{\overline{\psi}}_\vartheta(u,l,s)=\int_0^\infty e^{-st}\int_0^\infty\psi_\vartheta(u,w,t)\{l\cos(lw)+\lambda\sin(lw)\}\,dwdt$, and
$\overline{\overline{\overline{\varphi}}}(\xi,\xi_m,l)=\int_a^\infty u\mathcal{C}_{\mathcal{M}}(\xi u)\int_0^\vartheta\cos(\xi_m v)\int_0^\infty\varphi(v,u,w)\{l\cos(lw)+\lambda\sin(lw)\}\,dwdvdu$. Successive inverse transforms yield

$$\overline{p}=\frac{q(s)e^{-st_0}}{\vartheta\phi c_t\sqrt{\eta_z}}\sum_{m=0}^\infty\ni_m\cos(\xi_m\theta_0)\cos(\xi_m\theta)\times$$
$$\times\int_0^\infty\frac{\xi\mathcal{C}_{\mathcal{M}}(\xi r_0)\mathcal{C}_{\mathcal{M}}(\xi r)}{\left\{J_{\mathcal{M}}^2(\xi a)+Y_{\mathcal{M}}^2(\xi a)\right\}\sqrt{(\eta_r\xi^2+s)}}\left\{e^{-|z-z_0|\sqrt{\frac{\eta_r\xi^2+s}{\eta_z}}}+\left(\frac{\sqrt{\eta_r\xi^2+s}-\lambda\sqrt{\eta_z}}{\sqrt{\eta_r\xi^2+s}+\lambda\sqrt{\eta_z}}\right)e^{-(z+z_0)\sqrt{\frac{\eta_r\xi^2+s}{\eta_z}}}\right\}d\xi-$$
$$-\frac{2\eta_r}{\pi\vartheta\sqrt{\eta_z}}\sum_{m=0}^\infty\ni_m\cos(\xi_m\theta)\int_0^\infty\overline{\overline{\psi}}_a(\xi_m,w,s)\int_0^\infty\frac{\xi\mathcal{C}_{\mathcal{M}}(\xi r)}{\left\{J_{\mathcal{M}}^2(\xi a)+Y_{\mathcal{M}}^2(\xi a)\right\}\left(\lambda\sqrt{\eta_z}+\sqrt{\eta_r\xi^2+s}\right)}\times$$
$$\times\left\{e^{-|z-w|\sqrt{\frac{\eta_r\xi^2+s}{\eta_z}}}+\left(\frac{\sqrt{\eta_r\xi^2+s}-\lambda\sqrt{\eta_z}}{\sqrt{\eta_r\xi^2+s}+\lambda\sqrt{\eta_z}}\right)e^{-(z+w)\sqrt{\frac{\eta_r\xi^2+s}{\eta_z}}}\right\}d\xi dw+$$
$$+\frac{2}{\vartheta\phi c_t\sqrt{\eta_z}}\sum_{m=0}^\infty\ni_m\cos(\xi_m\theta)\int_0^\infty\frac{\xi\mathcal{C}_{\mathcal{M}}(\xi r)e^{-z\sqrt{\frac{\eta_r\xi^2+s}{\eta_z}}}}{\left\{J_{\mathcal{M}}^2(\xi a)+Y_{\mathcal{M}}^2(\xi a)\right\}\sqrt{(\eta_r\xi^2+s)}}\int_0^\vartheta\overline{\overline{\psi}}(\xi,v,s)\cos(\xi_m v)\,dvd\xi+$$
$$+\frac{1}{\vartheta\phi c_t\sqrt{\eta_z}}\sum_{m=0}^\infty\ni_m\cos(\xi_m\theta)\int_0^\infty\frac{\xi\mathcal{C}_{\mathcal{M}}(\xi r)}{\left\{J_{\mathcal{M}}^2(\xi a)+Y_{\mathcal{M}}^2(\xi a)\right\}\sqrt{(\eta_r\xi^2+s)}}\times$$
$$\times\int_a^\infty\frac{\mathcal{C}_{\mathcal{M}}(\xi u)}{u}\int_0^\infty\left\{\overline{\psi}_0(u,w,s)+(-1)^{m+1}\overline{\psi}_\vartheta(u,w,s)\right\}\times$$
$$\times\left\{e^{-|z-w|\sqrt{\frac{\eta_r\xi^2+s}{\eta_z}}}+\left(\frac{\sqrt{\eta_r\xi^2+s}-\lambda\sqrt{\eta_z}}{\sqrt{\eta_r\xi^2+s}+\lambda\sqrt{\eta_z}}\right)e^{-(z+w)\sqrt{\frac{\eta_r\xi^2+s}{\eta_z}}}\right\}dwdud\xi+$$
$$+\frac{1}{\vartheta\sqrt{\eta_z}}\sum_{m=0}^\infty\ni_m\cos(\xi_m\theta)\int_0^\infty\frac{\xi\mathcal{C}_{\mathcal{M}}(\xi r)}{\left\{J_{\mathcal{M}}^2(\xi a)+Y_{\mathcal{M}}^2(\xi a)\right\}\sqrt{(\eta_r\xi^2+s)}}\times$$
$$\times\int_0^\infty\int_0^\vartheta\overline{\varphi}(\xi,v,w)\cos(\xi_m v)\,dv\left\{e^{-|z-w|\sqrt{\frac{\eta_r\xi^2+s}{\eta_z}}}+\left(\frac{\sqrt{\eta_r\xi^2+s}-\lambda\sqrt{\eta_z}}{\sqrt{\eta_r\xi^2+s}+\lambda\sqrt{\eta_z}}\right)e^{-(z+w)\sqrt{\frac{\eta_r\xi^2+s}{\eta_z}}}\right\}dvdwd\xi$$
$$(26.18.2)$$

where $\overline{\overline{\psi}}_a(\xi_m,w,s)=\int_0^\infty e^{-st}\int_0^\vartheta\psi_a(v,w,t)\cos(\xi_m v)\,dvdt$,
$\overline{\overline{\psi}}(\xi,v,s)=\int_0^\infty e^{-st}\int_a^\infty\psi(u,v,t)\,u\mathcal{C}_{\mathcal{M}}(\xi u)\,dudt$, $\overline{\psi}_0(u,w,s)=\int_0^\infty\psi_0(u,w,t)\,e^{-st}dt$,
$\overline{\psi}_\vartheta(u,w,s)=\int_0^\infty\psi_\vartheta(u,w,t)\,e^{-st}dt$, and $\overline{\varphi}(\xi,v,w)=\int_a^\infty\varphi(v,u,w)\,u\mathcal{C}_{\mathcal{M}}(\xi u)\,du$. The inverse Laplace transform of equation (26.18.2) yields

$$p=\frac{U(t-t_0)}{\vartheta\phi c_t\sqrt{\pi\eta_z}}\sum_{m=0}^\infty\ni_m\cos(\xi_m\theta_0)\cos(\xi_m\theta)\int_0^t\frac{q(t-t_0-\tau)}{\sqrt{\tau}}\left\{e^{-\frac{(z-z_0)^2}{4\eta_z\tau}}+e^{-\frac{(z+z_0)^2}{4\eta_z\tau}}-\right.$$

$$-2\lambda\sqrt{\pi\eta_z\tau}e^{(z+z_0)\lambda+\lambda^2\eta_z\tau}\operatorname{erfc}\left(\lambda\sqrt{\eta_z\tau}+\frac{z+z_0}{2\sqrt{\eta_z\tau}}\right)\Bigg\}\int\limits_0^\infty\frac{\xi\mathcal{C}_\mathcal{M}(\xi r_0)\mathcal{C}_\mathcal{M}(\xi r)e^{-\eta_r\xi^2\tau}}{J_\mathcal{M}^2(\xi a)+Y_\mathcal{M}^2(\xi a)}d\xi d\tau-$$

$$-\frac{2\eta_r}{\vartheta\sqrt{\pi^3\eta_z}}\sum_{m=0}^\infty\ni_m\cos(\xi_m\theta)\int\limits_0^t\frac{1}{\sqrt{\tau}}\int\limits_0^\infty\psi_a(\xi_m,w,t-\tau)\left\{e^{-\frac{(z-w)^2}{4\eta_z\tau}}+e^{-\frac{(z+w)^2}{4\eta_z\tau}}-\right.$$

$$\left.-2\lambda\sqrt{\pi\eta_z t}e^{(z+w)\lambda+\lambda^2\eta_z\tau}\operatorname{erfc}\left(\lambda\sqrt{\eta_z\tau}+\frac{z+w}{2\sqrt{\eta_z\tau}}\right)\right\}\int\limits_0^\infty\frac{\xi\mathcal{C}_\mathcal{M}(\xi r)e^{-\eta_r\xi^2\tau}}{J_\mathcal{M}^2(\xi a)+Y_\mathcal{M}^2(\xi a)}d\xi dw d\tau+$$

$$+\frac{2}{\vartheta\phi c_t\sqrt{\pi\eta_z}}\sum_{m=0}^\infty\ni_m\cos(\xi_m\theta)\int\limits_0^t\left\{\frac{e^{-\frac{z^2}{4\eta_z\tau}}}{\sqrt{\pi\tau}}-\lambda\sqrt{\eta_z}e^{\lambda z+\lambda^2\eta_z\tau}\operatorname{erfc}\left(\lambda\sqrt{\eta_z\tau}+\frac{z}{2\sqrt{\eta_z\tau}}\right)\right\}\times$$

$$\times\int\limits_a^\infty u\int\limits_0^\vartheta\psi(u,\xi_m,t-\tau)\cos(\xi_m v)\int\limits_0^\infty\frac{\xi\mathcal{C}_\mathcal{M}(\xi r)\mathcal{C}_\mathcal{M}(\xi u)e^{-\eta_r\xi^2\tau}}{J_\mathcal{M}^2(\xi a)+Y_\mathcal{M}^2(\xi a)}d\xi dv du d\tau+$$

$$+\frac{1}{\vartheta\phi c_t\sqrt{\pi\eta_z}}\sum_{m=0}^\infty\ni_m\cos(\xi_m\theta)\times$$

$$\times\int\limits_0^t\frac{1}{\sqrt{\tau}}\int\limits_a^\infty\frac{1}{u}\int\limits_0^\infty\int\limits_0^\infty\left\{\psi_0(u,w,\tau)+(-1)^{m+1}\psi_\vartheta(u,w,\tau)\right\}\left\{e^{-\frac{(z-w)^2}{4\eta_z\tau}}+e^{-\frac{(z+w)^2}{4\eta_z\tau}}-\right.$$

$$\left.-2\lambda\sqrt{\pi\eta_z t}e^{(z+w)\lambda+\lambda^2\eta_z\tau}\operatorname{erfc}\left(\lambda\sqrt{\eta_z\tau}+\frac{z+w}{2\sqrt{\eta_z\tau}}\right)\right\}\int\limits_0^\infty\frac{\xi\mathcal{C}_\mathcal{M}(\xi r)\mathcal{C}_\mathcal{M}(\xi u)e^{-\eta_r\xi^2(t-\tau)}}{J_\mathcal{M}^2(\xi a)+Y_\mathcal{M}^2(\xi a)}d\xi dw du d\tau+$$

$$+\frac{1}{\vartheta\sqrt{\pi\eta_z t}}\sum_{m=0}^\infty\ni_m\cos(\xi_m\theta)\int\limits_a^\infty u\int\limits_0^\infty\int\limits_0^\vartheta\varphi(u,v,w)\cos(\xi_m v)\left\{e^{-\frac{(z-w)^2}{4\eta_z\tau}}+e^{-\frac{(z+w)^2}{4\eta_z\tau}}-\right.$$

$$\left.-2\lambda\sqrt{\pi\eta_z t}e^{(z+w)\lambda+\lambda^2\eta_z\tau}\operatorname{erfc}\left(\lambda\sqrt{\eta_z\tau}+\frac{z+w}{2\sqrt{\eta_z\tau}}\right)\right\}\int\limits_0^\infty\frac{\xi\mathcal{C}_\mathcal{M}(\xi r)\mathcal{C}_\mathcal{M}(\xi u)e^{-\eta_r\xi^2\tau}}{J_\mathcal{M}^2(\xi a)+Y_\mathcal{M}^2(\xi a)}d\xi dw dv du \quad (26.18.3)$$

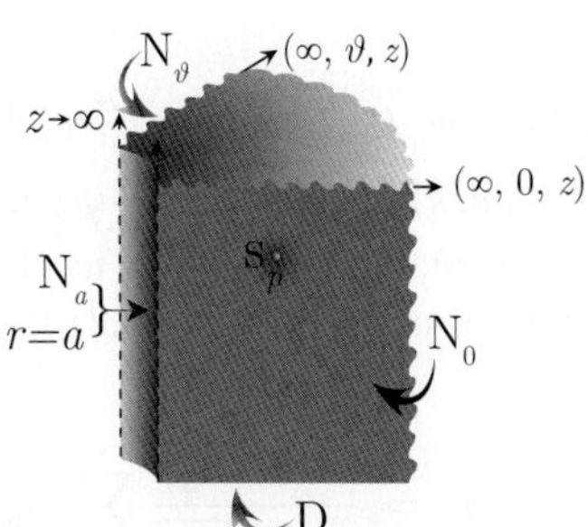

26.19 The problem of 26.16, except

$\mathbf{N}_a\equiv\frac{\partial p(a,\theta,z,t)}{\partial r}=-\left(\frac{\mu}{k_r}\right)\psi_a(\theta,z,t)$, $\mathbf{D}\equiv p(r,\theta,0,t)=\psi(r,\theta,t)$,
$\mathbf{N}_0\equiv\frac{\partial p(r,0,z,t)}{\partial\theta}=-\left(\frac{\mu}{k_\theta}\right)\psi_0(r,z,t)$ **and**
$\mathbf{N}_\vartheta\equiv\frac{\partial p(r,\vartheta,z,t)}{\partial\theta}=-\left(\frac{\mu}{k_\theta}\right)\psi_\vartheta(r,z,t)$

Successive application of the Laplace, Fourier and Hankel transformations to equation (22.1.1) gives

$$\overline{\overline{\overline{p}}}=\frac{q(s)e^{-st_0}\sin(lz_0)\cos(\xi_m\theta_0)\mathcal{G}_\mathcal{M}(\xi r_0)}{\phi c_t(\eta_r\xi^2+\eta_z l^2+s)}+\frac{2\overline{\overline{\overline{\psi}}}_a(\xi_m,l,s)}{\pi\phi c_t\xi(\eta_r\xi^2+\eta_z l^2+s)}+\frac{\eta_z\overline{\overline{\overline{\psi}}}(\xi,\xi_m,s)}{(\eta_r\xi^2+\eta_z l^2+s)}+$$
$$+\frac{\int_a^\infty\frac{\mathcal{G}_\mathcal{M}(\xi u)}{u}\left\{\overline{\overline{\psi}}_0(u,l,s)+(-1)^{m+1}\overline{\overline{\psi}}_\vartheta(u,l,s)\right\}du}{\phi c_t(\eta_r\xi^2+\eta_z l^2+s)}+\frac{\overline{\overline{\overline{\varphi}}}(\xi,\xi_m,l)}{(\eta_r\xi^2+\eta_z l^2+s)} \quad (26.19.1)$$

where ξ_m are the positive roots of $\sin(\xi_m\vartheta)$, which are $\xi_m=\frac{m\pi}{\vartheta}$, $m=0,1,...,$
$\overline{\overline{\overline{\psi}}}_a(\xi_m,l,s)=\int_0^\infty e^{-st}\int_0^\infty\sin(lw)\int_0^\vartheta\psi_a(v,w,t)\cos(\xi_m v)\,dvdwdt$,
$\overline{\overline{\overline{\psi}}}(\xi,\xi_m,s)=\int_0^\infty e^{-st}\int_a^\infty u\mathcal{G}_\mathcal{M}(\xi u)\int_0^\vartheta\psi(u,v,t)\cos(\xi_m v)dvdudt$,

$\overline{\overline{\psi}}_0(u,l,s)=\int_0^\infty e^{-st}\int_0^\infty \psi_0(u,w,t)\sin(lw)\,dwdt$, $\overline{\overline{\psi}}_\vartheta(u,l,s)=\int_0^\infty e^{-st}\int_0^\infty \psi_\vartheta(u,w,t)\sin(lw)\,dwdt$, and $\overline{\overline{\overline{\varphi}}}(\xi,\xi_m,l)=\int_a^\infty u\mathcal{G}_\mathcal{M}(\xi u)\int_0^\vartheta \cos(\xi_m v)\int_0^\infty \varphi(v,u,w)\sin(lw)\,dwdvdu$. Successive inverse transforms yield

$$
\begin{aligned}
\overline{p} = & \frac{q(s)\,e^{-st_0}}{\vartheta\phi c_t\sqrt{\eta_z}}\sum_{m=0}^{\infty}\ni_m\cos(\xi_m\theta_0)\cos(\xi_m\theta)\times \\
& \times\int_0^\infty \frac{\xi\mathcal{G}_\mathcal{M}(\xi r_0)\,\mathcal{G}_\mathcal{M}(\xi r)}{\{J_\mathcal{M}'^2(\xi a)+Y_\mathcal{M}'^2(\xi a)\}\sqrt{(\eta_r\xi^2+s)}}\left\{e^{-|z-z_0|\sqrt{\frac{\eta_r\xi^2+s}{\eta_z}}}-e^{-(z+z_0)\sqrt{\frac{\eta_r\xi^2+s}{\eta_z}}}\right\}d\xi+ \\
& +\frac{2}{\pi\phi c_t\vartheta\sqrt{\eta_z}}\sum_{m=0}^{\infty}\ni_m\cos(\xi_m\theta)\times \\
& \times\int_0^\infty\overline{\overline{\psi}}_a(\xi_m,w,s)\int_0^\infty\frac{\mathcal{G}_\mathcal{M}(\xi r)}{\{J_\mathcal{M}'^2(\xi a)+Y_\mathcal{M}'^2(\xi a)\}\sqrt{(\eta_r\xi^2+s)}}\left\{e^{-|z-w|\sqrt{\frac{\eta_r\xi^2+s}{\eta_z}}}-e^{-(z+w)\sqrt{\frac{\eta_r\xi^2+s}{\eta_z}}}\right\}d\xi dw+ \\
& +\frac{2}{\vartheta}\sum_{m=0}^{\infty}\ni_m\cos(\xi_m\theta)\int_0^\infty\frac{\xi\mathcal{G}_\mathcal{M}(\xi r)\,e^{-z\sqrt{\frac{\eta_r\xi^2+s}{\eta_z}}}}{J_\mathcal{M}'^2(\xi a)+Y_\mathcal{M}'^2(\xi a)}\int_0^\vartheta\overline{\overline{\psi}}(\xi,v,s)\cos(\xi_m v)\,dvd\xi+ \\
& +\frac{1}{\vartheta\phi c_t\sqrt{\eta_z}}\sum_{m=0}^{\infty}\ni_m\cos(\xi_m\theta)\int_0^\infty\frac{\xi\mathcal{G}_\mathcal{M}(\xi r)}{\{J_\mathcal{M}'^2(\xi a)+Y_\mathcal{M}'^2(\xi a)\}\sqrt{(\eta_r\xi^2+s)}}\times \\
& \times\int_a^\infty\frac{\mathcal{G}_\mathcal{M}(\xi u)}{u}\int_0^\infty\left\{\overline{\psi}_0(u,w,s)+(-1)^{m+1}\,\overline{\psi}_\vartheta(u,w,s)\right\}\left\{e^{-|z-w|\sqrt{\frac{\eta_r\xi^2+s}{\eta_z}}}-e^{-(z+w)\sqrt{\frac{\eta_r\xi^2+s}{\eta_z}}}\right\}dwdud\xi+ \\
& +\frac{1}{\vartheta\sqrt{\eta_z}}\sum_{m=0}^{\infty}\ni_m\cos(\xi_m\theta)\int_0^\infty\frac{\xi\mathcal{G}_\mathcal{M}(\xi r)}{\{J_\mathcal{M}'^2(\xi a)+Y_\mathcal{M}'^2(\xi a)\}\sqrt{(\eta_r\xi^2+s)}}\times \\
& \times\int_0^\infty\int_0^\vartheta\overline{\varphi}(\xi,v,w)\cos(\xi_m v)\,dv\left\{e^{-|z-w|\sqrt{\frac{\eta_r\xi^2+s}{\eta_z}}}-e^{-(z+w)\sqrt{\frac{\eta_r\xi^2+s}{\eta_z}}}\right\}dvdwd\xi
\end{aligned}
\tag{26.19.2}
$$

where $\overline{\overline{\psi}}_a(\xi_m,w,s)=\int_0^\infty e^{-st}\int_0^\vartheta \psi_a(v,w,t)\cos(\xi_m v)\,dvdt$, $\overline{\overline{\psi}}(\xi,v,s)=\int_0^\infty e^{-st}\int_a^\infty \psi(u,v,t)\,u\mathcal{G}_\mathcal{M}(\xi u)\,dudt$, $\overline{\psi}_0(u,w,s)=\int_0^\infty \psi_0(u,w,t)\,e^{-st}dt$, $\overline{\psi}_\vartheta(u,w,s)=\int_0^\infty \psi_\vartheta(u,w,t)\,e^{-st}dt$, and $\overline{\varphi}(\xi,v,w)=\int_a^\infty \varphi(v,u,w)\,u\mathcal{G}_\mathcal{M}(\xi u)\,du$. The inverse Laplace transform of equation (26.19.2) yields

$$
\begin{aligned}
p = & \frac{U(t-t_0)}{\vartheta\phi c_t\sqrt{\pi\eta_z}}\sum_{m=0}^{\infty}\ni_m\cos(\xi_m\theta_0)\cos(\xi_m\theta)\times \\
& \times\int_0^{t-t_0}\frac{q(t-t_0-\tau)}{\sqrt{\tau}}\left\{e^{-\frac{(z-z_0)^2}{4\eta_z\tau}}-e^{-\frac{(z+z_0)^2}{4\eta_z\tau}}\right\}\int_0^\infty\frac{\xi\mathcal{G}_\mathcal{M}(\xi r_0)\,\mathcal{G}_\mathcal{M}(\xi r)\,e^{-\eta_r\xi^2\tau}}{J_\mathcal{M}'^2(\xi a)+Y_\mathcal{M}'^2(\xi a)}d\xi d\tau+ \\
& +\frac{2}{\phi c_t\vartheta\sqrt{\pi^3\eta_z}}\sum_{m=0}^{\infty}\ni_m\cos(\xi_m\theta)\times \\
& \times\int_0^t\frac{1}{\sqrt{\tau}}\int_0^\infty\psi_a(\xi_m,w,t-\tau)\left\{e^{-\frac{(z-w)^2}{4\eta_z\tau}}-e^{-\frac{(z+w)^2}{4\eta_z\tau}}\right\}\int_0^\infty\frac{\mathcal{G}_\mathcal{M}(\xi r)\,e^{-\eta_r\xi^2\tau}}{J_\mathcal{M}'^2(\xi a)+Y_\mathcal{M}'^2(\xi a)}d\xi dwd\tau+ \\
& +\frac{4}{\vartheta\sqrt{\pi}}\sum_{m=0}^{\infty}\ni_m\cos(\xi_m\theta)\times
\end{aligned}
$$

$$\times \int_{\frac{z}{2\sqrt{\eta_z t}}}^{\infty} e^{-\tau^2} \int_a^{\infty} u \int_0^{\vartheta} \psi\left(u, v, t - \frac{z^2}{4\eta_z \tau^2}\right) \cos(\xi_m v) \int_0^{\infty} \frac{\xi \mathcal{G}_{\mathcal{M}}(\xi r) \mathcal{G}_{\mathcal{M}}(\xi u) e^{-\frac{\xi^2 \eta_r z^2}{4\eta_z \tau^2}}}{J_{\mathcal{M}}'^2(\xi a) + Y_{\mathcal{M}}'^2(\xi a)} d\xi dv du d\tau +$$

$$+ \frac{1}{\vartheta \phi c_t \sqrt{\pi \eta_z}} \sum_{m=0}^{\infty} \ni_m \cos(\xi_m \theta) \times$$

$$\times \int_0^t \frac{1}{\sqrt{\tau}} \int_a^{\infty} \frac{1}{u} \int_0^{\infty} \int_0^{\infty} \left\{ \psi_0(u, w, \tau) + (-1)^{m+1} \psi_{\vartheta}(u, w, \tau) \right\} \left\{ e^{-\frac{(z-w)^2}{4\eta_z (t-\tau)}} - e^{-\frac{(z+w)^2}{4\eta_z (t-\tau)}} \right\} \times$$

$$\times \int_0^{\infty} \frac{\xi \mathcal{G}_{\mathcal{M}}(\xi r) \mathcal{G}_{\mathcal{M}}(\xi u) e^{-\eta_r \xi^2 (t-\tau)}}{J_{\mathcal{M}}'^2(\xi a) + Y_{\mathcal{M}}'^2(\xi a)} d\xi dw du d\tau +$$

$$+ \frac{1}{\vartheta \sqrt{\pi \eta_z t}} \sum_{m=0}^{\infty} \ni_m \cos(\xi_m \theta) \int_a^{\infty} u \int_0^{\infty} \int_0^{\vartheta} \varphi(u, v, w) \cos(\xi_m v) \left\{ e^{-\frac{(z-w)^2}{4\eta_z t}} - e^{-\frac{(z+w)^2}{4\eta_z t}} \right\} \times$$

$$\times \int_0^{\infty} \frac{\xi \mathcal{G}_{\mathcal{M}}(\xi r) \mathcal{G}_{\mathcal{M}}(\xi u) e^{-\eta_r \xi^2 \tau}}{J_{\mathcal{M}}'^2(\xi a) + Y_{\mathcal{M}}'^2(\xi a)} d\xi dw dv du \qquad (26.19.3)$$

26.20 The problem of 26.16, except

$N_a \equiv \frac{\partial p(a,\theta,z,t)}{\partial r} = -\left(\frac{\mu}{k_r}\right) \psi_a(\theta, z, t)$,
$N \equiv \frac{\partial p(r,\theta,0,t)}{\partial z} = -\left(\frac{\mu}{k_z}\right) \psi(r, \theta, t)$,
$N_0 \equiv \frac{\partial p(r,0,z,t)}{\partial \theta} = -\left(\frac{\mu}{k_\theta}\right) \psi_0(r, z, t)$ and
$N_\vartheta \equiv \frac{\partial p(r,\vartheta,z,t)}{\partial \theta} = -\left(\frac{\mu}{k_\theta}\right) \psi_\vartheta(r, z, t)$

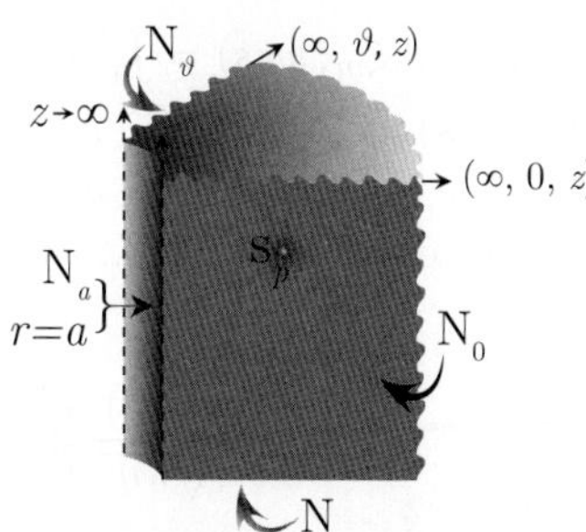

Successive application of the Laplace, Fourier and Hankel transformations to equation (22.1.1) gives

$$\overline{\overline{\overline{p}}} = \frac{q(s) e^{-st_0} \cos(lz_0) \cos(\xi_m \theta_0) \mathcal{G}_{\mathcal{M}}(\xi r_0)}{\phi c_t (\eta_r \xi^2 + \eta_z l^2 + s)} + \frac{2\overline{\overline{\overline{\psi}}}_a(\xi_m, l, s)}{\pi \phi c_t \xi (\eta_r \xi^2 + \eta_z l^2 + s)} + \frac{\overline{\overline{\overline{\psi}}}(\xi, \xi_m, s)}{\phi c_t (\eta_r \xi^2 + \eta_z l^2 + s)} +$$
$$+ \frac{\int_a^{\infty} \frac{\mathcal{G}_{\mathcal{M}}(\xi u)}{u} \left\{ \overline{\overline{\psi}}_0(u, l, s) + (-1)^{m+1} \overline{\overline{\psi}}_{\vartheta}(u, l, s) \right\} du}{\phi c_t (\eta_r \xi^2 + \eta_z l^2 + s)} + \frac{\overline{\overline{\overline{\varphi}}}(\xi, \xi_m, l)}{(\eta_r \xi^2 + \eta_z l^2 + s)} \qquad (26.20.1)$$

where ξ_m are the positive roots of $\sin(\xi_m \vartheta)$, which are $\xi_m = \frac{m\pi}{\vartheta}$, $m = 0, 1, ...,$
$\overline{\overline{\overline{\psi}}}_a(\xi_m, l, s) = \int_0^{\infty} e^{-st} \int_0^{\infty} \cos(lw) \int_0^{\vartheta} \psi_a(v, w, t) \cos(\xi_m v)\, dv dw dt$,
$\overline{\overline{\overline{\psi}}}(\xi, \xi_m, s) = \int_0^{\infty} e^{-st} \int_a^{\infty} u \mathcal{G}_{\mathcal{M}}(\xi u) \int_0^{\vartheta} \psi(u, v, t) \cos(\xi_m v) dv du dt$,
$\overline{\overline{\psi}}_0(u, l, s) = \int_0^{\infty} e^{-st} \int_0^{\infty} \psi_0(u, w, t) \cos(lw)\, dw dt$, $\overline{\overline{\psi}}_{\vartheta}(u, l, s) = \int_0^{\infty} e^{-st} \int_0^{\infty} \psi_{\vartheta}(u, w, t) \cos(lw)\, dw dt$, and
$\overline{\overline{\overline{\varphi}}}(\xi, \xi_m, l) = \int_a^{\infty} u \mathcal{G}_{\mathcal{M}}(\xi u) \int_0^{\vartheta} \cos(\xi_m v) \int_0^{\infty} \varphi(v, u, w) \cos(lw)\, dw dv du$. Successive inverse transforms yield

$$\overline{p} = \frac{q(s) e^{-st_0}}{\vartheta \phi c_t \sqrt{\eta_z}} \sum_{m=0}^{\infty} \ni_m \cos(\xi_m \theta_0) \cos(\xi_m \theta) \times$$

$$\times \int_0^{\infty} \frac{\xi \mathcal{G}_{\mathcal{M}}(\xi r_0) \mathcal{G}_{\mathcal{M}}(\xi r)}{\left\{ J_{\mathcal{M}}'^2(\xi a) + Y_{\mathcal{M}}'^2(\xi a) \right\} \sqrt{(\eta_r \xi^2 + s)}} \left\{ e^{-|z-z_0|\sqrt{\frac{\eta_r \xi^2 + s}{\eta_z}}} + e^{-(z+z_0)\sqrt{\frac{\eta_r \xi^2 + s}{\eta_z}}} \right\} d\xi +$$

$$+ \frac{2}{\pi \phi c_t \vartheta \sqrt{\eta_z}} \sum_{m=0}^{\infty} \ni_m \cos(\xi_m \theta) \times$$

$$\times \int_0^\infty \overline{\overline{\psi}}_a(\xi_m, w, s) \int_0^\infty \frac{\xi \mathcal{G}_{\mathcal{M}}(\xi r)}{\left\{J_{\mathcal{M}}'^2(\xi a) + Y_{\mathcal{M}}'^2(\xi a)\right\}\sqrt{(\eta_r \xi^2 + s)}} \left\{ e^{-|z-w|\sqrt{\frac{\eta_r \xi^2 + s}{\eta_z}}} + e^{-(z+w)\sqrt{\frac{\eta_r \xi^2 + s}{\eta_z}}} \right\} d\xi dw +$$

$$+ \frac{2}{\vartheta \phi c_t \sqrt{\eta_z}} \sum_{m=0}^{\infty} \ni_m \cos(\xi_m \theta) \int_0^\infty \frac{\xi \mathcal{G}_{\mathcal{M}}(\xi r) e^{-z\sqrt{\frac{\eta_r \xi^2 + s}{\eta_z}}}}{\left\{J_{\mathcal{M}}'^2(\xi a) + Y_{\mathcal{M}}'^2(\xi a)\right\}\sqrt{(\eta_r \xi^2 + s)}} \int_0^\vartheta \overline{\overline{\psi}}(\xi, v, s) \cos(\xi_m v)\, dv d\xi +$$

$$+ \frac{1}{\vartheta \phi c_t \sqrt{\eta_z}} \sum_{m=0}^{\infty} \ni_m \cos(\xi_m \theta) \int_0^\infty \frac{\xi \mathcal{G}_{\mathcal{M}}(\xi r)}{\left\{J_{\mathcal{M}}'^2(\xi a) + Y_{\mathcal{M}}'^2(\xi a)\right\}\sqrt{(\eta_r \xi^2 + s)}} \times$$

$$\times \int_a^\infty \frac{\mathcal{G}_{\mathcal{M}}(\xi u)}{u} \int_0^\infty \left\{ \overline{\psi}_0(u, w, s) + (-1)^{m+1} \overline{\psi}_\vartheta(u, w, s) \right\} \left\{ e^{-|z-w|\sqrt{\frac{\eta_r \xi^2 + s}{\eta_z}}} + e^{-(z+w)\sqrt{\frac{\eta_r \xi^2 + s}{\eta_z}}} \right\} dw du d\xi +$$

$$+ \frac{1}{\vartheta \sqrt{\eta_z}} \sum_{m=0}^{\infty} \ni_m \cos(\xi_m \theta) \int_0^\infty \frac{\xi \mathcal{G}_{\mathcal{M}}(\xi r)}{\left\{J_{\mathcal{M}}'^2(\xi a) + Y_{\mathcal{M}}'^2(\xi a)\right\}\sqrt{(\eta_r \xi^2 + s)}} \times$$

$$\times \int_0^\infty \int_0^\vartheta \overline{\varphi}(\xi, v, w) \cos(\xi_m v)\, dv \left\{ e^{-|z-w|\sqrt{\frac{\eta_r \xi^2 + s}{\eta_z}}} + e^{-(z+w)\sqrt{\frac{\eta_r \xi^2 + s}{\eta_z}}} \right\} dv dw d\xi \tag{26.20.2}$$

where $\overline{\overline{\psi}}_a(\xi_m, w, s) = \int_0^\infty e^{-st} \int_0^\vartheta \psi_a(v, w, t) \cos(\xi_m v)\, dv dt$, $\overline{\overline{\psi}}(\xi, v, s) = \int_0^\infty e^{-st} \int_a^\infty \psi(u, v, t)\, u \mathcal{G}_{\mathcal{M}}(\xi u)\, du dt$, $\overline{\psi}_0(u, w, s) = \int_0^\infty \psi_0(u, w, t)\, e^{-st} dt$, $\overline{\psi}_\vartheta(u, w, s) = \int_0^\infty \psi_\vartheta(u, w, t)\, e^{-st} dt$, and $\overline{\varphi}(\xi, v, w) = \int_a^\infty \varphi(v, u, w)\, u \mathcal{G}_{\mathcal{M}}(\xi u)\, du$. The inverse Laplace transform of equation (26.20.2) yields

$$p = \frac{U(t - t_0)}{\vartheta \phi c_t \sqrt{\pi \eta_z}} \sum_{m=0}^{\infty} \ni_m \cos(\xi_m \theta_0) \cos(\xi_m \theta) \times$$

$$\times \int_0^{t-t_0} \frac{q(t - t_0 - \tau)}{\sqrt{\tau}} \left\{ e^{-\frac{(z-z_0)^2}{4\eta_z \tau}} + e^{-\frac{(z+z_0)^2}{4\eta_z \tau}} \right\} \int_0^\infty \frac{\xi \mathcal{G}_{\mathcal{M}}(\xi r_0) \mathcal{G}_{\mathcal{M}}(\xi r) e^{-\eta_r \xi^2 \tau}}{J_{\mathcal{M}}'^2(\xi a) + Y_{\mathcal{M}}'^2(\xi a)} d\xi d\tau +$$

$$+ \frac{2}{\phi c_t \vartheta \sqrt{\pi^3 \eta_z}} \sum_{m=0}^{\infty} \ni_m \cos(\xi_m \theta) \times$$

$$\times \int_0^t \frac{1}{\sqrt{\tau}} \int_0^\infty \psi_a(\xi_m, w, t - \tau) \left\{ e^{-\frac{(z-w)^2}{4\eta_z \tau}} + e^{-\frac{(z+w)^2}{4\eta_z \tau}} \right\} \int_0^\infty \frac{\xi \mathcal{G}_{\mathcal{M}}(\xi r) e^{-\eta_r \xi^2 \tau}}{J_{\mathcal{M}}'^2(\xi a) + Y_{\mathcal{M}}'^2(\xi a)} d\xi dw d\tau +$$

$$+ \frac{2}{\vartheta \phi c_t \sqrt{\pi \eta_z}} \sum_{m=0}^{\infty} \ni_m \cos(\xi_m \theta) \times$$

$$\times \int_0^t \frac{e^{-\frac{z^2}{4\eta_z \tau}}}{\sqrt{\tau}} \int_a^\infty u \int_0^\vartheta \psi(u, \xi_m, t - \tau) \cos(\xi_m v) \int_0^\infty \frac{\xi \mathcal{G}_{\mathcal{M}}(\xi r) \mathcal{G}_{\mathcal{M}}(\xi u) e^{-\eta_r \xi^2 \tau}}{J_{\mathcal{M}}'^2(\xi a) + Y_{\mathcal{M}}'^2(\xi a)} d\xi dv du d\tau +$$

$$+ \frac{1}{\vartheta \phi c_t \sqrt{\pi \eta_z}} \sum_{m=0}^{\infty} \ni_m \cos(\xi_m \theta) \times$$

$$\times \int_0^t \frac{1}{\sqrt{\tau}} \int_a^\infty \frac{1}{u} \int_0^\infty \int_0^\infty \left\{ \psi_0(u, w, \tau) + (-1)^{m+1} \psi_\vartheta(u, w, \tau) \right\} \left\{ e^{-\frac{(z-w)^2}{4\eta_z (t-\tau)}} + e^{-\frac{(z+w)^2}{4\eta_z (t-\tau)}} \right\} \times$$

$$\times \int_0^\infty \frac{\xi \mathcal{G}_{\mathcal{M}}(\xi r) \mathcal{G}_{\mathcal{M}}(\xi u) e^{-\eta_r \xi^2 (t-\tau)}}{J_{\mathcal{M}}'^2(\xi a) + Y_{\mathcal{M}}'^2(\xi a)} d\xi dw du d\tau +$$

$$+\frac{1}{\vartheta\sqrt{\pi\eta_z t}}\sum_{m=0}^{\infty}\ni_m\cos(\xi_m\theta)\int_a^{\infty}u\int_0^{\infty}\int_0^{\vartheta}\varphi(u,v,w)\cos(\xi_m v)\left\{e^{-\frac{(z-w)^2}{4\eta_z t}}+e^{-\frac{(z+w)^2}{4\eta_z t}}\right\}\times$$
$$\times\int_0^{\infty}\frac{\xi\mathcal{G}_{\mathcal{M}}(\xi r)\mathcal{G}_{\mathcal{M}}(\xi u)e^{-\eta_r\xi^2\tau}}{J_{\mathcal{M}}'^2(\xi a)+Y_{\mathcal{M}}'^2(\xi a)}d\xi dwdvdu \tag{26.20.3}$$

26.21 The problem of 26.16, except

$\mathbf{N}_a \equiv \frac{\partial p(a,\theta,z,t)}{\partial r} = -\left(\frac{\mu}{k_r}\right)\psi_a(\theta,z,t)$,
$\mathbf{R} \equiv \frac{\partial p(r,\theta,0,t)}{\partial z} - \lambda p(r,\theta,0,t) = -\left(\frac{\mu}{k_z}\right)\psi(r,\theta,t)$,
$\mathbf{N}_0 \equiv \frac{\partial p(r,0,z,t)}{\partial \theta} = -\left(\frac{\mu}{k_\theta}\right)\psi_0(r,z,t)$ **and**
$\mathbf{N}_\vartheta \equiv \frac{\partial p(r,\vartheta,z,t)}{\partial \theta} = -\left(\frac{\mu}{k_\theta}\right)\psi_\vartheta(r,z,t)$

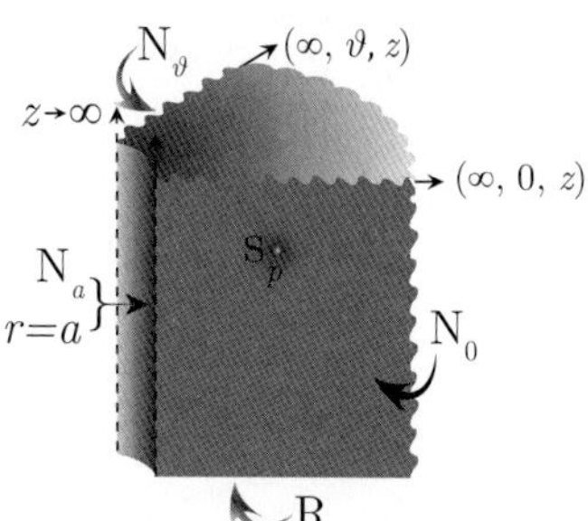

Successive application of the Laplace, Fourier and Hankel transformations to equation (22.1.1) gives

$$\overline{\overline{\overline{p}}} = \frac{q(s)e^{-st_0}\{l\cos(lz_0)+\lambda\sin(lz_0)\}\cos(\xi_m\theta_0)\mathcal{G}_{\mathcal{M}}(\xi r_0)}{\phi c_t(\eta_r\xi^2+\eta_z l^2+s)}+\frac{2\overline{\overline{\psi}}_a(\xi_m,l,s)}{\pi\phi c_t\xi(\eta_r\xi^2+\eta_z l^2+s)}+$$
$$+\frac{l\overline{\overline{\psi}}(\xi,\xi_m,s)}{\phi c_t(\eta_r\xi^2+\eta_z l^2+s)}+\frac{\int_a^\infty\frac{\mathcal{G}_{\mathcal{M}}(\xi u)}{u}\left\{\overline{\overline{\psi}}_0(u,l,s)+(-1)^{m+1}\overline{\overline{\psi}}_\vartheta(u,l,s)\right\}du}{\phi c_t(\eta_r\xi^2+\eta_z l^2+s)}+\frac{\overline{\overline{\varphi}}(\xi,\xi_m,l)}{(\eta_r\xi^2+\eta_z l^2+s)} \tag{26.21.1}$$

where ξ_m are the positive roots of $\sin(\xi_m\vartheta)$, which are $\xi_m=\frac{m\pi}{\vartheta}$, $m=0,1,...,$
$\overline{\overline{\overline{\psi}}}_a(\xi_m,l,s)=\int_0^\infty e^{-st}\int_0^\infty\{l\cos(lw)+\lambda\sin(lw)\}\int_0^\vartheta\psi_a(v,w,t)\cos(\xi_m v)\,dvdwdt$,
$\overline{\overline{\overline{\psi}}}(\xi,\xi_m,s)=\int_0^\infty e^{-st}\int_a^\infty u\mathcal{G}_{\mathcal{M}}(\xi u)\int_0^\vartheta\psi(u,v,t)\cos(\xi_m v)dvdudt$,
$\overline{\overline{\psi}}_0(u,l,s)=\int_0^\infty e^{-st}\int_0^\infty\psi_0(u,w,t)\{l\cos(lw)+\lambda\sin(lw)\}\,dwdt$,
$\overline{\overline{\psi}}_\vartheta(u,l,s)=\int_0^\infty e^{-st}\int_0^\infty\psi_\vartheta(u,w,t)\{l\cos(lw)+\lambda\sin(lw)\}\,dwdt$, and
$\overline{\overline{\varphi}}(\xi,\xi_m,l)=\int_a^\infty u\mathcal{G}_{\mathcal{M}}(\xi u)\int_0^\vartheta\cos(\xi_m v)\int_0^\infty\varphi(v,u,w)\{l\cos(lw)+\lambda\sin(lw)\}\,dwdvdu$. Successive inverse transforms yield

$$\overline{p}=\frac{q(s)e^{-st_0}}{\vartheta\phi c_t\sqrt{\eta_z}}\sum_{m=0}^{\infty}\ni_m\cos(\xi_m\theta_0)\cos(\xi_m\theta)\times$$
$$\times\int_0^\infty\frac{\xi\mathcal{G}_{\mathcal{M}}(\xi r_0)\mathcal{G}_{\mathcal{M}}(\xi r)}{\{J_{\mathcal{M}}'^2(\xi a)+Y_{\mathcal{M}}'^2(\xi a)\}\sqrt{(\eta_r\xi^2+s)}}\left\{e^{-|z-z_0|\sqrt{\frac{\eta_r\xi^2+s}{\eta_z}}}+\left(\frac{\sqrt{\eta_r\xi^2+s}-\lambda\sqrt{\eta_z}}{\sqrt{\eta_r\xi^2+s}+\lambda\sqrt{\eta_z}}\right)e^{-(z+z_0)\sqrt{\frac{\eta_r\xi^2+s}{\eta_z}}}\right\}d\xi+$$
$$+\frac{2}{\pi\phi c_t\vartheta\sqrt{\eta_z}}\sum_{m=0}^{\infty}\ni_m\cos(\xi_m\theta)\int_0^\infty\overline{\overline{\psi}}_a(\xi_m,w,s)\int_0^\infty\frac{\xi\mathcal{G}_{\mathcal{M}}(\xi r)}{\{J_{\mathcal{M}}'^2(\xi a)+Y_{\mathcal{M}}'^2(\xi a)\}\left(\lambda\sqrt{\eta_z}+\sqrt{\eta_r\xi^2+s}\right)}\times$$
$$\times\left\{e^{-|z-w|\sqrt{\frac{\eta_r\xi^2+s}{\eta_z}}}+\left(\frac{\sqrt{\eta_r\xi^2+s}-\lambda\sqrt{\eta_z}}{\sqrt{\eta_r\xi^2+s}+\lambda\sqrt{\eta_z}}\right)e^{-(z+w)\sqrt{\frac{\eta_r\xi^2+s}{\eta_z}}}\right\}d\xi dw+$$
$$+\frac{2}{\vartheta\phi c_t\sqrt{\eta_z}}\sum_{m=0}^{\infty}\ni_m\cos(\xi_m\theta)\int_0^\infty\frac{\xi\mathcal{G}_{\mathcal{M}}(\xi r)e^{-z\sqrt{\frac{\eta_r\xi^2+s}{\eta_z}}}}{\{J_{\mathcal{M}}'^2(\xi a)+Y_{\mathcal{M}}'^2(\xi a)\}\sqrt{(\eta_r\xi^2+s)}}\int_0^\vartheta\overline{\overline{\psi}}(\xi,v,s)\cos(\xi_m v)\,dvd\xi+$$
$$+\frac{1}{\vartheta\phi c_t\sqrt{\eta_z}}\sum_{m=0}^{\infty}\ni_m\cos(\xi_m\theta)\int_0^\infty\frac{\xi\mathcal{G}_{\mathcal{M}}(\xi r)}{\{J_{\mathcal{M}}'^2(\xi a)+Y_{\mathcal{M}}'^2(\xi a)\}\sqrt{(\eta_r\xi^2+s)}}\times$$

$$\times \int_a^\infty \frac{\mathcal{G}_\mathcal{M}(\xi u)}{u} \int_0^\infty \left\{ \overline{\psi}_0(u,w,s) + (-1)^{m+1} \overline{\psi}_\vartheta(u,w,s) \right\} \times$$

$$\times \left\{ e^{-|z-w|\sqrt{\frac{\eta_r\xi^2+s}{\eta_z}}} + \left(\frac{\sqrt{\eta_r\xi^2+s} - \lambda\sqrt{\eta_z}}{\sqrt{\eta_r\xi^2+s} + \lambda\sqrt{\eta_z}} \right) e^{-(z+w)\sqrt{\frac{\eta_r\xi^2+s}{\eta_z}}} \right\} dw du d\xi +$$

$$+ \frac{1}{\vartheta\sqrt{\eta_z}} \sum_{m=0}^\infty \ni_m \cos(\xi_m \theta) \int_0^\infty \frac{\xi \mathcal{G}_\mathcal{M}(\xi r)}{\{J'^2_\mathcal{M}(\xi a) + Y'^2_\mathcal{M}(\xi a)\} \sqrt{(\eta_r\xi^2+s)}} \times$$

$$\times \int_0^\infty \int_0^\vartheta \overline{\varphi}(\xi,v,w) \cos(\xi_m v)\, dv \left\{ e^{-|z-w|\sqrt{\frac{\eta_r\xi^2+s}{\eta_z}}} + \left(\frac{\sqrt{\eta_r\xi^2+s} - \lambda\sqrt{\eta_z}}{\sqrt{\eta_r\xi^2+s} + \lambda\sqrt{\eta_z}} \right) e^{-(z+w)\sqrt{\frac{\eta_r\xi^2+s}{\eta_z}}} \right\} dv dw d\xi \tag{26.21.2}$$

where $\overline{\overline{\psi}}_a(\xi_m, w, s) = \int_0^\infty e^{-st} \int_0^\vartheta \psi_a(v,w,t) \cos(\xi_m v)\, dv dt$, $\overline{\overline{\psi}}(\xi, v, s) = \int_0^\infty e^{-st} \int_a^\infty \psi(u,v,t)\, u\mathcal{G}_\mathcal{M}(\xi u)\, du dt$, $\overline{\psi}_0(u,w,s) = \int_0^\infty \psi_0(u,w,t)\, e^{-st} dt$, $\overline{\psi}_\vartheta(u,w,s) = \int_0^\infty \psi_\vartheta(u,w,t)\, e^{-st} dt$, and $\overline{\varphi}(\xi,v,w) = \int_a^\infty \varphi(v,u,w)\, u\mathcal{G}_\mathcal{M}(\xi u)\, du$. The inverse Laplace transform of equation (26.21.2) yields

$$p = \frac{U(t-t_0)}{\vartheta\phi c_t\sqrt{\pi\eta_z}} \sum_{m=0}^\infty \ni_m \cos(\xi_m\theta_0)\cos(\xi_m\theta) \int_0^t \frac{q(t-t_0-\tau)}{\sqrt{\tau}} \left\{ e^{-\frac{(z-z_0)^2}{4\eta_z\tau}} + e^{-\frac{(z+z_0)^2}{4\eta_z\tau}} - \right.$$

$$\left. -2\lambda\sqrt{\pi\eta_z\tau}\, e^{(z+z_0)\lambda+\lambda^2\eta_z\tau} \operatorname{erfc}\left(\lambda\sqrt{\eta_z\tau} + \frac{z+z_0}{2\sqrt{\eta_z\tau}} \right) \right\} \int_0^\infty \frac{\xi\mathcal{G}_\mathcal{M}(\xi r_0)\,\mathcal{G}_\mathcal{M}(\xi r)\, e^{-\eta_r\xi^2\tau}}{J'^2_\mathcal{M}(\xi a) + Y'^2_\mathcal{M}(\xi a)} d\xi d\tau +$$

$$+ \frac{2}{\phi c_t \vartheta\sqrt{\pi^3\eta_z}} \sum_{m=0}^\infty \ni_m \cos(\xi_m\theta) \int_0^t \frac{1}{\sqrt{\tau}} \int_0^\infty \psi_a(\xi_m, w, t-\tau) \left\{ e^{-\frac{(z-w)^2}{4\eta_z\tau}} + e^{-\frac{(z+w)^2}{4\eta_z\tau}} - \right.$$

$$\left. -2\lambda\sqrt{\pi\eta_z t}\, e^{(z+w)\lambda+\lambda^2\eta_z\tau} \operatorname{erfc}\left(\lambda\sqrt{\eta_z\tau} + \frac{z+w}{2\sqrt{\eta_z\tau}} \right) \right\} \int_0^\infty \frac{\xi\mathcal{G}_\mathcal{M}(\xi r)\, e^{-\eta_r\xi^2\tau}}{J'^2_\mathcal{M}(\xi a) + Y'^2_\mathcal{M}(\xi a)} d\xi dw d\tau +$$

$$+ \frac{2}{\vartheta\phi c_t\sqrt{\pi\eta_z}} \sum_{m=0}^\infty \ni_m \cos(\xi_m\theta) \int_0^t \left\{ \frac{e^{-\frac{z^2}{4\eta_z\tau}}}{\sqrt{\pi\tau}} - \lambda\sqrt{\eta_z}\, e^{\lambda z+\lambda^2\eta_z\tau} \operatorname{erfc}\left(\lambda\sqrt{\eta_z\tau} + \frac{z}{2\sqrt{\eta_z\tau}} \right) \right\} \times$$

$$\times \int_a^\infty u \int_0^\vartheta \psi(u, \xi_m, t-\tau) \cos(\xi_m v) \int_0^\infty \frac{\xi\mathcal{G}_\mathcal{M}(\xi r)\,\mathcal{G}_\mathcal{M}(\xi u)\, e^{-\eta_r\xi^2\tau}}{J'^2_\mathcal{M}(\xi a) + Y'^2_\mathcal{M}(\xi a)} d\xi dv du d\tau +$$

$$+ \frac{1}{\vartheta\phi c_t\sqrt{\pi\eta_z}} \sum_{m=0}^\infty \ni_m \cos(\xi_m\theta) \times$$

$$\times \int_0^t \frac{1}{\sqrt{\tau}} \int_a^\infty \frac{1}{u} \int_0^\infty \int_0^\infty \left\{ \psi_0(u,w,\tau) + (-1)^{m+1} \psi_\vartheta(u,w,\tau) \right\} \left\{ e^{-\frac{(z-w)^2}{4\eta_z\tau}} + e^{-\frac{(z+w)^2}{4\eta_z\tau}} - \right.$$

$$\left. -2\lambda\sqrt{\pi\eta_z t}\, e^{(z+w)\lambda+\lambda^2\eta_z\tau} \operatorname{erfc}\left(\lambda\sqrt{\eta_z\tau} + \frac{z+w}{2\sqrt{\eta_z\tau}} \right) \right\} \int_0^\infty \frac{\xi\mathcal{G}_\mathcal{M}(\xi r)\,\mathcal{G}_\mathcal{M}(\xi u)\, e^{-\eta_r\xi^2(t-\tau)}}{J'^2_\mathcal{M}(\xi a) + Y'^2_\mathcal{M}(\xi a)} d\xi dw du d\tau +$$

$$+ \frac{1}{\vartheta\sqrt{\pi\eta_z t}} \sum_{m=0}^\infty \ni_m \cos(\xi_m\theta) \int_a^\infty u \int_0^\infty \int_0^\vartheta \varphi(u,v,w) \cos(\xi_m v) \left\{ e^{-\frac{(z-w)^2}{4\eta_z\tau}} + e^{-\frac{(z+w)^2}{4\eta_z\tau}} - \right.$$

$$-2\lambda\sqrt{\pi\eta_z\tau}e^{(z+w)\lambda+\lambda^2\eta_z\tau}\operatorname{erfc}\left(\lambda\sqrt{\eta_z\tau}+\frac{z+w}{2\sqrt{\eta_z\tau}}\right)\Bigg\}\int\limits_0^\infty\frac{\xi\mathcal{G}_{\mathcal{M}}(\xi r)\,\mathcal{G}_{\mathcal{M}}(\xi u)\,e^{-\eta_r\xi^2\tau}}{J_{\mathcal{M}}'^2(\xi a)+Y_{\mathcal{M}}'^2(\xi a)}d\xi dwdvdu \quad (26.21.3)$$

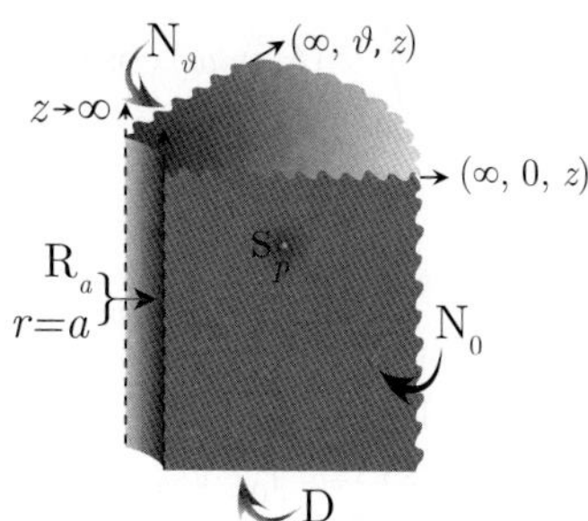

26.22 The problem of 26.16, except
$\mathbf{R}_a \equiv \frac{\partial p(a,\theta,z,t)}{\partial r} - \lambda p(a,\theta,z,t) = -\left(\frac{\mu}{k_r}\right)\psi_a(\theta,z,t)$,
$\mathbf{D} \equiv p(r,\theta,0,t) = \psi(r,\theta,t)$, $\mathbf{N}_0 \equiv \frac{\partial p(r,0,z,t)}{\partial\theta} = -\left(\frac{\mu}{k_\theta}\right)\psi_0(r,z,t)$
and $\mathbf{N}_\vartheta \equiv \frac{\partial p(r,\vartheta,z,t)}{\partial\theta} = -\left(\frac{\mu}{k_\theta}\right)\psi_\vartheta(r,z,t)$

Successive application of the Laplace, Fourier and Hankel transformations to equation (22.1.1) gives

$$\overline{\overline{\overline{\overline{p}}}} = \frac{q(s)\,e^{-st_0}\sin(lz_0)\cos(\xi_m\theta_0)\,\mathcal{D}_{\mathcal{M}}(\xi r_0)}{\phi c_t(\eta_r\xi^2+\eta_z l^2+s)} + \frac{2\overline{\overline{\overline{\psi}}}_a(\xi_m,l,s)}{\pi\phi c_t(\eta_r\xi^2+\eta_z l^2+s)} + \frac{\eta_z\overline{\overline{\overline{\psi}}}(\xi,\xi_m,s)}{(\eta_r\xi^2+\eta_z l^2+s)} + $$
$$+\frac{\int_a^\infty\frac{\mathcal{D}_{\mathcal{M}}(\xi u)}{u}\left\{\overline{\overline{\psi}}_0(u,l,s)+(-1)^{m+1}\overline{\overline{\psi}}_\vartheta(u,l,s)\right\}du}{\phi c_t(\eta_r\xi^2+\eta_z l^2+s)} + \frac{\overline{\overline{\overline{\varphi}}}(\xi,\xi_m,l)}{(\eta_r\xi^2+\eta_z l^2+s)} \quad (26.22.1)$$

where ξ_m are the positive roots of $\sin(\xi_m\vartheta)$, which are $\xi_m = \frac{m\pi}{\vartheta}$, $m = 0, 1, ...,$
$\overline{\overline{\overline{\psi}}}_a(\xi_m,l,s) = \int_0^\infty e^{-st}\int_0^\infty \sin(lw)\int_0^\vartheta \psi_a(v,w,t)\cos(\xi_m v)\,dvdwdt$,
$\overline{\overline{\overline{\psi}}}(\xi,\xi_m,s) = \int_0^\infty e^{-st}\int_a^\infty u\mathcal{D}_{\mathcal{M}}(\xi u)\int_0^\vartheta \psi(u,v,t)\cos(\xi_m v)dvdudt$,
$\overline{\overline{\psi}}_0(u,l,s) = \int_0^\infty e^{-st}\int_0^\infty \psi_0(u,w,t)\sin(lw)\,dwdt$, $\overline{\overline{\psi}}_\vartheta(u,l,s) = \int_0^\infty e^{-st}\int_0^\infty \psi_\vartheta(u,w,t)\sin(lw)\,dwdt$, and
$\overline{\overline{\overline{\varphi}}}(\xi,\xi_m,l) = \int_a^\infty u\mathcal{D}_{\mathcal{M}}(\xi u)\int_0^\vartheta \cos(\xi_m v)\int_0^\infty \varphi(v,u,w)\sin(lw)\,dwdvdu$. Successive inverse transforms yield

$$\overline{p} = \frac{q(s)\,e^{-st_0}}{\vartheta\phi c_t\sqrt{\eta_z}}\sum_{m=0}^\infty \ni_m\cos(\xi_m\theta_0)\cos(\xi_m\theta)\,\times$$
$$\times\int\limits_0^\infty\frac{\xi\mathcal{D}_{\mathcal{M}}(\xi r_0)\,\mathcal{D}_{\mathcal{M}}(\xi r)\left\{e^{-|z-z_0|\sqrt{\frac{\eta_r\xi^2+s}{\eta_z}}}-e^{-(z+z_0)\sqrt{\frac{\eta_r\xi^2+s}{\eta_z}}}\right\}}{\left[\{\lambda J_{\mathcal{M}}(\xi a)-\xi J_{\mathcal{M}}'(\xi a)\}^2+\{\lambda Y_{\mathcal{M}}(\xi a)-\xi Y_{\mathcal{M}}'(\xi a)\}^2\right]\sqrt{(\eta_r\xi^2+s)}}d\xi\,+$$
$$+\frac{2}{\pi\phi c_t\vartheta\sqrt{\eta_z}}\sum_{m=0}^\infty \ni_m\cos(\xi_m\theta)\,\times$$
$$\times\int\limits_0^\infty\overline{\overline{\psi}}_a(\xi_m,w,s)\int\limits_0^\infty\frac{\mathcal{D}_{\mathcal{M}}(\xi r)\left\{e^{-|z-w|\sqrt{\frac{\eta_r\xi^2+s}{\eta_z}}}-e^{-(z+w)\sqrt{\frac{\eta_r\xi^2+s}{\eta_z}}}\right\}}{\left[\{\lambda J_{\mathcal{M}}(\xi a)-\xi J_{\mathcal{M}}'(\xi a)\}^2+\{\lambda Y_{\mathcal{M}}(\xi a)-\xi Y_{\mathcal{M}}'(\xi a)\}^2\right]\sqrt{(\eta_r\xi^2+s)}}d\xi dw\,+$$
$$+\frac{2}{\vartheta}\sum_{m=0}^\infty \ni_m\cos(\xi_m\theta)\int\limits_0^\infty\frac{\xi\mathcal{D}_{\mathcal{M}}(\xi r)\,e^{-z\sqrt{\frac{\eta_r\xi^2+s}{\eta_z}}}}{\{\lambda J_{\mathcal{M}}(\xi a)-\xi J_{\mathcal{M}}'(\xi a)\}^2+\{\lambda Y_{\mathcal{M}}(\xi a)-\xi Y_{\mathcal{M}}'(\xi a)\}^2}\int\limits_0^\vartheta\overline{\psi}(\xi,v,s)\cos(\xi_m v)\,dvd\xi\,+$$
$$+\frac{1}{\vartheta\phi c_t\sqrt{\eta_z}}\sum_{m=0}^\infty \ni_m\cos(\xi_m\theta)\int\limits_0^\infty\frac{\xi\mathcal{D}_{\mathcal{M}}(\xi r)}{\left[\{\lambda J_{\mathcal{M}}(\xi a)-\xi J_{\mathcal{M}}'(\xi a)\}^2+\{\lambda Y_{\mathcal{M}}(\xi a)-\xi Y_{\mathcal{M}}'(\xi a)\}^2\right]\sqrt{(\eta_r\xi^2+s)}}\,\times$$
$$\times\int\limits_a^\infty\frac{\mathcal{D}_{\mathcal{M}}(\xi u)}{u}\int\limits_0^\infty\left\{\overline{\psi}_0(u,w,s)+(-1)^{m+1}\overline{\psi}_\vartheta(u,w,s)\right\}\left\{e^{-|z-w|\sqrt{\frac{\eta_r\xi^2+s}{\eta_z}}}-e^{-(z+w)\sqrt{\frac{\eta_r\xi^2+s}{\eta_z}}}\right\}dwdud\xi\,+$$

$$+\frac{1}{\vartheta\sqrt{\eta_z}}\sum_{m=0}^{\infty}\ni_m\cos(\xi_m\theta)\int_0^{\infty}\frac{\xi\mathcal{D}_{\mathcal{M}}(\xi r)}{\left[\{\lambda J_{\mathcal{M}}(\xi a)-\xi J'_{\mathcal{M}}(\xi a)\}^2+\{\lambda Y_{\mathcal{M}}(\xi a)-\xi Y'_{\mathcal{M}}(\xi a)\}^2\right]\sqrt{(\eta_r\xi^2+s)}}\times$$

$$\times\int_0^{\infty}\int_0^{\vartheta}\overline{\varphi}(\xi,v,w)\cos(\xi_m v)\,dv\left\{e^{-|z-w|\sqrt{\frac{\eta_r\xi^2+s}{\eta_z}}}-e^{-(z+w)\sqrt{\frac{\eta_r\xi^2+s}{\eta_z}}}\right\}dvdwd\xi \qquad (26.22.2)$$

where $\overline{\overline{\psi}}_a(\xi_m,w,s)=\int_0^{\infty}e^{-st}\int_0^{\vartheta}\psi_a(v,w,t)\cos(\xi_m v)\,dvdt$, $\overline{\overline{\psi}}(\xi,v,s)=\int_0^{\infty}e^{-st}\int_a^{\infty}\psi(u,v,t)\,u\mathcal{D}_{\mathcal{M}}(\xi u)\,dudt$, $\overline{\psi}_0(u,w,s)=\int_0^{\infty}\psi_0(u,w,t)\,e^{-st}dt$, $\overline{\psi}_{\vartheta}(u,w,s)=\int_0^{\infty}\psi_{\vartheta}(u,w,t)\,e^{-st}dt$, and $\overline{\varphi}(\xi,v,w)=\int_a^{\infty}\varphi(v,u,w)\,u\mathcal{D}_{\mathcal{M}}(\xi u)\,du$. The inverse Laplace transform of equation (26.22.2) yields

$$p=\frac{U(t-t_0)}{\vartheta\phi c_t\sqrt{\pi\eta_z}}\sum_{m=0}^{\infty}\ni_m\cos(\xi_m\theta_0)\cos(\xi_m\theta)\int_0^{t-t_0}\frac{q(t-t_0-\tau)}{\sqrt{\tau}}\left\{e^{-\frac{(z-z_0)^2}{4\eta_z\tau}}-e^{-\frac{(z+z_0)^2}{4\eta_z\tau}}\right\}\times$$

$$\times\int_0^{\infty}\frac{\xi\mathcal{D}_{\mathcal{M}}(\xi r_0)\,\mathcal{D}_{\mathcal{M}}(\xi r)\,e^{-\eta_r\xi^2\tau}}{\{\lambda J_{\mathcal{M}}(\xi a)-\xi J'_{\mathcal{M}}(\xi a)\}^2+\{\lambda Y_{\mathcal{M}}(\xi a)-\xi Y'_{\mathcal{M}}(\xi a)\}^2}d\xi d\tau+$$

$$+\frac{2}{\phi c_t\vartheta\sqrt{\pi^3\eta_z}}\sum_{m=0}^{\infty}\ni_m\cos(\xi_m\theta)\int_0^{t}\frac{1}{\sqrt{\tau}}\int_0^{\infty}\psi_a(\xi_m,w,t-\tau)\left\{e^{-\frac{(z-w)^2}{4\eta_z\tau}}-e^{-\frac{(z+w)^2}{4\eta_z\tau}}\right\}\times$$

$$\times\int_0^{\infty}\frac{\mathcal{D}_{\mathcal{M}}(\xi r)\,e^{-\eta_r\xi^2\tau}}{\{\lambda J_{\mathcal{M}}(\xi a)-\xi J'_{\mathcal{M}}(\xi a)\}^2+\{\lambda Y_{\mathcal{M}}(\xi a)-\xi Y'_{\mathcal{M}}(\xi a)\}^2}d\xi dwd\tau+$$

$$+\frac{4}{\vartheta\sqrt{\pi}}\sum_{m=0}^{\infty}\ni_m\cos(\xi_m\theta)\int_{\frac{z}{2\sqrt{\eta_z t}}}^{\infty}e^{-\tau^2}\int_a^{\infty}u\int_0^{\vartheta}\psi\left(u,v,t-\frac{z^2}{4\eta_z\tau^2}\right)\cos(\xi_m v)\times$$

$$\times\int_0^{\infty}\frac{\xi\mathcal{D}_{\mathcal{M}}(\xi r)\,\mathcal{D}_{\mathcal{M}}(\xi u)\,e^{-\frac{\xi^2\eta_r z^2}{4\eta_z\tau^2}}}{\{\lambda J_{\mathcal{M}}(\xi a)-\xi J'_{\mathcal{M}}(\xi a)\}^2+\{\lambda Y_{\mathcal{M}}(\xi a)-\xi Y'_{\mathcal{M}}(\xi a)\}^2}d\xi dvdud\tau+$$

$$+\frac{1}{\vartheta\phi c_t\sqrt{\pi\eta_z}}\sum_{m=0}^{\infty}\ni_m\cos(\xi_m\theta)\times$$

$$\times\int_0^{t}\frac{1}{\sqrt{\tau}}\int_a^{\infty}\frac{1}{u}\int_0^{\infty}\int_0^{\infty}\left\{\psi_0(u,w,\tau)+(-1)^{m+1}\psi_{\vartheta}(u,w,\tau)\right\}\left\{e^{-\frac{(z-w)^2}{4\eta_z(t-\tau)}}-e^{-\frac{(z+w)^2}{4\eta_z(t-\tau)}}\right\}\times$$

$$\times\int_0^{\infty}\frac{\xi\mathcal{D}_{\mathcal{M}}(\xi r)\,\mathcal{D}_{\mathcal{M}}(\xi u)\,e^{-\eta_r\xi^2(t-\tau)}}{\{\lambda J_{\mathcal{M}}(\xi a)-\xi J'_{\mathcal{M}}(\xi a)\}^2+\{\lambda Y_{\mathcal{M}}(\xi a)-\xi Y'_{\mathcal{M}}(\xi a)\}^2}d\xi dwdud\tau+$$

$$+\frac{1}{\vartheta\sqrt{\pi\eta_z t}}\sum_{m=0}^{\infty}\ni_m\cos(\xi_m\theta)\int_a^{\infty}u\int_0^{\infty}\int_0^{\vartheta}\varphi(u,v,w)\cos(\xi_m v)\left\{e^{-\frac{(z-w)^2}{4\eta_z t}}-e^{-\frac{(z+w)^2}{4\eta_z t}}\right\}\times$$

$$\times\int_0^{\infty}\frac{\xi\mathcal{D}_{\mathcal{M}}(\xi r)\,\mathcal{D}_{\mathcal{M}}(\xi u)\,e^{-\eta_r\xi^2\tau}}{\{\lambda J_{\mathcal{M}}(\xi a)-\xi J'_{\mathcal{M}}(\xi a)\}^2+\{\lambda Y_{\mathcal{M}}(\xi a)-\xi Y'_{\mathcal{M}}(\xi a)\}^2}d\xi dwdvdu \qquad (26.22.3)$$

26.23 **The problem of 26.16, except**
$\mathbf{R}_a \equiv \frac{\partial p(a,\theta,z,t)}{\partial r} - \lambda p(a,\theta,z,t) = -\left(\frac{\mu}{k_r}\right)\psi_a(\theta,z,t)$,
$\mathbf{N} \equiv \frac{\partial p(r,\theta,0,t)}{\partial z} = -\left(\frac{\mu}{k_z}\right)\psi(r,\theta,t)$,
$\mathbf{N}_0 \equiv \frac{\partial p(r,0,z,t)}{\partial \theta} = -\left(\frac{\mu}{k_\theta}\right)\psi_0(r,z,t)$ **and**
$\mathbf{N}_\vartheta \equiv \frac{\partial p(r,\vartheta,z,t)}{\partial \theta} = -\left(\frac{\mu}{k_\theta}\right)\psi_\vartheta(r,z,t)$

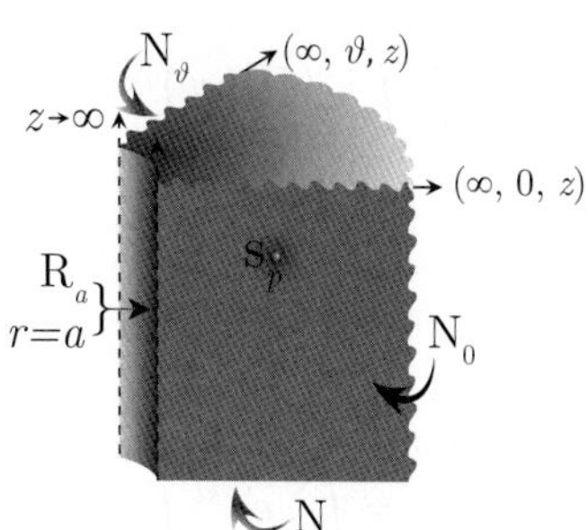

Successive application of the Laplace, Fourier and Hankel transformations to equation (22.1.1) gives

$$\overline{\overline{\overline{p}}} = \frac{q(s)\,e^{-st_0}\cos(lz_0)\cos(\xi_m\theta_0)\,\mathcal{D}_{\mathcal{M}}(\xi r_0)}{\phi c_t(\eta_r\xi^2+\eta_z l^2+s)} + \frac{2\overline{\overline{\psi}}_a(\xi_m,l,s)}{\pi\phi c_t(\eta_r\xi^2+\eta_z l^2+s)} + \frac{\overline{\overline{\overline{\psi}}}(\xi,\xi_m,s)}{\phi c_t(\eta_r\xi^2+\eta_z l^2+s)} + \\ + \frac{\int_a^\infty \frac{\mathcal{D}_{\mathcal{M}}(\xi u)}{u}\left\{\overline{\overline{\psi}}_0(u,l,s)+(-1)^{m+1}\overline{\overline{\psi}}_\vartheta(u,l,s)\right\}du}{\phi c_t(\eta_r\xi^2+\eta_z l^2+s)} + \frac{\overline{\overline{\overline{\varphi}}}(\xi,\xi_m,l)}{(\eta_r\xi^2+\eta_z l^2+s)} \tag{26.23.1}$$

where ξ_m are the positive roots of $\sin(\xi_m\vartheta)$, which are $\xi_m = \frac{m\pi}{\vartheta}$, $m = 0,1,...,$
$\overline{\overline{\psi}}_a(\xi_m,l,s) = \int_0^\infty e^{-st}\int_0^\infty \cos(lw)\int_0^\vartheta \psi_a(v,w,t)\cos(\xi_m v)\,dvdwdt$,
$\overline{\overline{\overline{\psi}}}(\xi,\xi_m,s) = \int_0^\infty e^{-st}\int_a^\infty u\mathcal{D}_{\mathcal{M}}(\xi u)\int_0^\vartheta \psi(u,v,t)\cos(\xi_m v)dvdudt$,
$\overline{\overline{\psi}}_0(u,l,s) = \int_0^\infty e^{-st}\int_0^\infty \psi_0(u,w,t)\cos(lw)\,dwdt$, $\overline{\overline{\psi}}_\vartheta(u,l,s) = \int_0^\infty e^{-st}\int_0^\infty \psi_\vartheta(u,w,t)\cos(lw)\,dwdt$, and
$\overline{\overline{\overline{\varphi}}}(\xi,\xi_m,l) = \int_a^\infty u\mathcal{D}_{\mathcal{M}}(\xi u)\int_0^\vartheta \cos(\xi_m v)\int_0^\infty \varphi(v,u,w)\cos(lw)\,dwdvdu$. Successive inverse transforms yield

$$\overline{p} = \frac{q(s)\,e^{-st_0}}{\vartheta\phi c_t\sqrt{\eta_z}}\sum_{m=0}^{\infty}\ni_m\cos(\xi_m\theta_0)\cos(\xi_m\theta)\times$$

$$\times\int_0^\infty \frac{\xi\mathcal{D}_{\mathcal{M}}(\xi r_0)\,\mathcal{D}_{\mathcal{M}}(\xi r)\left\{e^{-|z-z_0|\sqrt{\frac{\eta_r\xi^2+s}{\eta_z}}}+e^{-(z+z_0)\sqrt{\frac{\eta_r\xi^2+s}{\eta_z}}}\right\}}{\left[\{\lambda J_{\mathcal{M}}(\xi a)-\xi J'_{\mathcal{M}}(\xi a)\}^2+\{\lambda Y_{\mathcal{M}}(\xi a)-\xi Y'_{\mathcal{M}}(\xi a)\}^2\right]\sqrt{(\eta_r\xi^2+s)}}d\xi +$$

$$+\frac{2}{\pi\phi c_t\vartheta\sqrt{\eta_z}}\sum_{m=0}^{\infty}\ni_m\cos(\xi_m\theta)\times$$

$$\times\int_0^\infty \overline{\overline{\psi}}_a(\xi_m,w,s)\int_0^\infty \frac{\xi\mathcal{D}_{\mathcal{M}}(\xi r)\left\{e^{-|z-w|\sqrt{\frac{\eta_r\xi^2+s}{\eta_z}}}+e^{-(z+w)\sqrt{\frac{\eta_r\xi^2+s}{\eta_z}}}\right\}}{\left[\{\lambda J_{\mathcal{M}}(\xi a)-\xi J'_{\mathcal{M}}(\xi a)\}^2+\{\lambda Y_{\mathcal{M}}(\xi a)-\xi Y'_{\mathcal{M}}(\xi a)\}^2\right]\sqrt{(\eta_r\xi^2+s)}}d\xi dw +$$

$$+\frac{2}{\vartheta\phi c_t\sqrt{\eta_z}}\sum_{m=0}^{\infty}\ni_m\cos(\xi_m\theta)\int_0^\infty \frac{\xi\mathcal{D}_{\mathcal{M}}(\xi r)\,e^{-z\sqrt{\frac{\eta_r\xi^2+s}{\eta_z}}}\int_0^\vartheta \overline{\overline{\psi}}(\xi,v,s)\cos(\xi_m v)\,dv}{\left[\{\lambda J_{\mathcal{M}}(\xi a)-\xi J'_{\mathcal{M}}(\xi a)\}^2+\{\lambda Y_{\mathcal{M}}(\xi a)-\xi Y'_{\mathcal{M}}(\xi a)\}^2\right]\sqrt{(\eta_r\xi^2+s)}}d\xi +$$

$$+\frac{1}{\vartheta\phi c_t\sqrt{\eta_z}}\sum_{m=0}^{\infty}\ni_m\cos(\xi_m\theta)\int_0^\infty \frac{\xi\mathcal{D}_{\mathcal{M}}(\xi r)}{\left[\{\lambda J_{\mathcal{M}}(\xi a)-\xi J'_{\mathcal{M}}(\xi a)\}^2+\{\lambda Y_{\mathcal{M}}(\xi a)-\xi Y'_{\mathcal{M}}(\xi a)\}^2\right]\sqrt{(\eta_r\xi^2+s)}}\times$$

$$\times\int_a^\infty \frac{\mathcal{D}_{\mathcal{M}}(\xi u)}{u}\int_0^\infty\left\{\overline{\psi}_0(u,w,s)+(-1)^{m+1}\overline{\psi}_\vartheta(u,w,s)\right\}\left\{e^{-|z-w|\sqrt{\frac{\eta_r\xi^2+s}{\eta_z}}}+e^{-(z+w)\sqrt{\frac{\eta_r\xi^2+s}{\eta_z}}}\right\}dwdud\xi +$$

$$+\frac{1}{\vartheta\sqrt{\eta_z}}\sum_{m=0}^{\infty}\ni_m\cos(\xi_m\theta)\int_0^\infty \frac{\xi\mathcal{D}_{\mathcal{M}}(\xi r)}{\left[\{\lambda J_{\mathcal{M}}(\xi a)-\xi J'_{\mathcal{M}}(\xi a)\}^2+\{\lambda Y_{\mathcal{M}}(\xi a)-\xi Y'_{\mathcal{M}}(\xi a)\}^2\right]\sqrt{(\eta_r\xi^2+s)}}\times$$

$$\times \int_0^\infty \int_0^\vartheta \overline{\varphi}\left(\xi,v,w\right)\cos\left(\xi_m v\right)dv\left\{e^{-|z-w|\sqrt{\frac{\eta_r\xi^2+s}{\eta_z}}}+e^{-(z+w)\sqrt{\frac{\eta_r\xi^2+s}{\eta_z}}}\right\}dvdwd\xi \tag{26.23.2}$$

where $\overline{\overline{\psi}}_a\left(\xi_m,w,s\right)=\int_0^\infty e^{-st}\int_0^\vartheta \psi_a\left(v,w,t\right)\cos\left(\xi_m v\right)dvdt$, $\overline{\overline{\psi}}\left(\xi,v,s\right)=\int_0^\infty e^{-st}\int_a^\infty \psi\left(u,v,t\right)u\mathcal{D}_{\mathcal{M}}\left(\xi u\right)dudt$, $\overline{\psi}_0\left(u,w,s\right)=\int_0^\infty \psi_0\left(u,w,t\right)e^{-st}dt$, $\overline{\psi}_\vartheta\left(u,w,s\right)=\int_0^\infty \psi_\vartheta\left(u,w,t\right)e^{-st}dt$, and $\overline{\varphi}\left(\xi,v,w\right)=\int_a^\infty \varphi\left(v,u,w\right)u\mathcal{D}_{\mathcal{M}}\left(\xi u\right)du$. The inverse Laplace transform of equation (26.23.2) yields

$$\begin{aligned}
p &= \frac{U\left(t-t_0\right)}{\vartheta\phi c_t\sqrt{\pi\eta_z}}\sum_{m=0}^\infty \ni_m \cos\left(\xi_m\theta_0\right)\cos\left(\xi_m\theta\right)\int_0^{t-t_0}\frac{q\left(t-t_0-\tau\right)}{\sqrt{\tau}}\left\{e^{-\frac{(z-z_0)^2}{4\eta_z\tau}}+e^{-\frac{(z+z_0)^2}{4\eta_z\tau}}\right\}\times\\
&\times\int_0^\infty \frac{\xi\mathcal{D}_{\mathcal{M}}\left(\xi r_0\right)\mathcal{D}_{\mathcal{M}}\left(\xi r\right)e^{-\eta_r\xi^2\tau}}{\left\{\lambda J_{\mathcal{M}}\left(\xi a\right)-\xi J'_{\mathcal{M}}\left(\xi a\right)\right\}^2+\left\{\lambda Y_{\mathcal{M}}\left(\xi a\right)-\xi Y'_{\mathcal{M}}\left(\xi a\right)\right\}^2}d\xi d\tau+\\
&+\frac{2}{\phi c_t\vartheta\sqrt{\pi^3\eta_z}}\sum_{m=0}^\infty \ni_m\cos\left(\xi_m\theta\right)\int_0^t\frac{1}{\sqrt{\tau}}\int_0^\infty \psi_a\left(\xi_m,w,t-\tau\right)\left\{e^{-\frac{(z-w)^2}{4\eta_z\tau}}+e^{-\frac{(z+w)^2}{4\eta_z\tau}}\right\}\times\\
&\times\int_0^\infty \frac{\xi\mathcal{D}_{\mathcal{M}}\left(\xi r\right)e^{-\eta_r\xi^2\tau}}{\left\{\lambda J_{\mathcal{M}}\left(\xi a\right)-\xi J'_{\mathcal{M}}\left(\xi a\right)\right\}^2+\left\{\lambda Y_{\mathcal{M}}\left(\xi a\right)-\xi Y'_{\mathcal{M}}\left(\xi a\right)\right\}^2}d\xi dwd\tau+\\
&+\frac{2}{\vartheta\phi c_t\sqrt{\pi\eta_z}}\sum_{m=0}^\infty \ni_m\cos\left(\xi_m\theta\right)\int_0^t\frac{e^{-\frac{z^2}{4\eta_z\tau}}}{\sqrt{\tau}}\int_a^\infty u\int_0^\vartheta \psi\left(u,\xi_m,t-\tau\right)\cos\left(\xi_m v\right)\times\\
&\times\int_0^\infty \frac{\xi\mathcal{D}_{\mathcal{M}}\left(\xi r\right)\mathcal{D}_{\mathcal{M}}\left(\xi u\right)e^{-\eta_r\xi^2\tau}}{\left\{\lambda J_{\mathcal{M}}\left(\xi a\right)-\xi J'_{\mathcal{M}}\left(\xi a\right)\right\}^2+\left\{\lambda Y_{\mathcal{M}}\left(\xi a\right)-\xi Y'_{\mathcal{M}}\left(\xi a\right)\right\}^2}d\xi dvdud\tau+\\
&+\frac{1}{\vartheta\phi c_t\sqrt{\pi\eta_z}}\sum_{m=0}^\infty \ni_m\cos\left(\xi_m\theta\right)\times\\
&\times\int_0^t\frac{1}{\sqrt{\tau}}\int_a^\infty\frac{1}{u}\int_0^\infty\int_0^\infty\left\{\psi_0\left(u,w,\tau\right)+\left(-1\right)^{m+1}\psi_\vartheta\left(u,w,\tau\right)\right\}\left\{e^{-\frac{(z-w)^2}{4\eta_z(t-\tau)}}+e^{-\frac{(z+w)^2}{4\eta_z(t-\tau)}}\right\}\times\\
&\times\int_0^\infty \frac{\xi\mathcal{D}_{\mathcal{M}}\left(\xi r\right)\mathcal{D}_{\mathcal{M}}\left(\xi u\right)e^{-\eta_r\xi^2(t-\tau)}}{\left\{\lambda J_{\mathcal{M}}\left(\xi a\right)-\xi J'_{\mathcal{M}}\left(\xi a\right)\right\}^2+\left\{\lambda Y_{\mathcal{M}}\left(\xi a\right)-\xi Y'_{\mathcal{M}}\left(\xi a\right)\right\}^2}d\xi dwdud\tau+\\
&+\frac{1}{\vartheta\sqrt{\pi\eta_z t}}\sum_{m=0}^\infty \ni_m\cos\left(\xi_m\theta\right)\int_a^\infty u\int_0^\infty\int_0^\vartheta \varphi\left(u,v,w\right)\cos\left(\xi_m v\right)\left\{e^{-\frac{(z-w)^2}{4\eta_z t}}+e^{-\frac{(z+w)^2}{4\eta_z t}}\right\}\times\\
&\times\int_0^\infty \frac{\xi\mathcal{D}_{\mathcal{M}}\left(\xi r\right)\mathcal{D}_{\mathcal{M}}\left(\xi u\right)e^{-\eta_r\xi^2\tau}}{\left\{\lambda J_{\mathcal{M}}\left(\xi a\right)-\xi J'_{\mathcal{M}}\left(\xi a\right)\right\}^2+\left\{\lambda Y_{\mathcal{M}}\left(\xi a\right)-\xi Y'_{\mathcal{M}}\left(\xi a\right)\right\}^2}d\xi dwdvdu
\end{aligned} \tag{26.23.3}$$

26.24 **The problem of 26.16, except**

$$\mathbf{R}_a \equiv \frac{\partial p(a,\theta,z,t)}{\partial r} - \lambda_a p(a,\theta,z,t) = -\left(\frac{\mu}{k_r}\right)\psi_a(\theta,z,t),$$

$$\mathbf{R} \equiv \frac{\partial p(r,\theta,0,t)}{\partial z} - \lambda p(r,\theta,0,t) = -\left(\frac{\mu}{k_z}\right)\psi(r,\theta,t),$$

$$\mathbf{N}_0 \equiv \frac{\partial p(r,0,z,t)}{\partial \theta} = -\left(\frac{\mu}{k_\theta}\right)\psi_0(r,z,t) \text{ and}$$

$$\mathbf{N}_\vartheta \equiv \frac{\partial p(r,\vartheta,z,t)}{\partial \theta} = -\left(\frac{\mu}{k_\theta}\right)\psi_\vartheta(r,z,t)$$

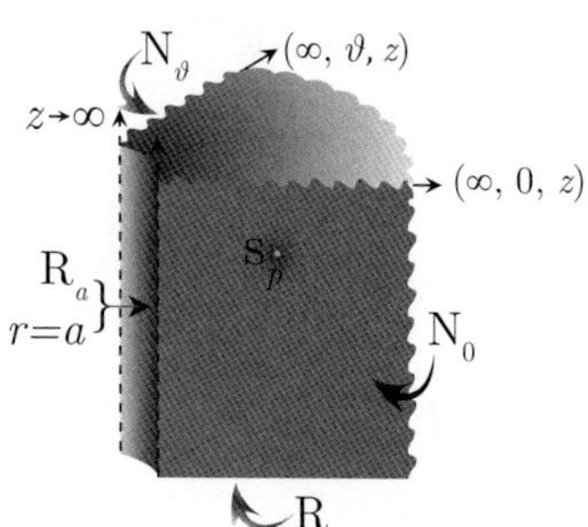

Successive application of the Laplace, Fourier and Hankel transformations to equation (22.1.1) gives

$$\overline{\overline{\overline{p}}} = \frac{q(s)\,e^{-st_0}\{l\cos(lz_0)+\lambda\sin(lz_0)\}\cos(\xi_m\theta_0)\,\mathcal{D}_{\mathcal{M}}(\xi r_0)}{\phi c_t(\eta_r\xi^2+\eta_z l^2+s)} + \frac{2\overline{\overline{\overline{\psi}}}_a(\xi_m,l,s)}{\pi\phi c_t(\eta_r\xi^2+\eta_z l^2+s)} +$$
$$+\frac{l\overline{\overline{\overline{\psi}}}(\xi,\xi_m,s)}{\phi c_t(\eta_r\xi^2+\eta_z l^2+s)} + \frac{\int_a^\infty \frac{\mathcal{D}_{\mathcal{M}}(\xi u)}{u}\left\{\overline{\overline{\psi}}_0(u,l,s)+(-1)^{m+1}\overline{\overline{\psi}}_\vartheta(u,l,s)\right\}du}{\phi c_t(\eta_r\xi^2+\eta_z l^2+s)} + \frac{\overline{\overline{\overline{\varphi}}}(\xi,\xi_m,l)}{(\eta_r\xi^2+\eta_z l^2+s)} \tag{26.24.1}$$

where ξ_m are the positive roots of $\sin(\xi_m\vartheta)$, which are $\xi_m = \frac{m\pi}{\vartheta}$, $m = 0,1,...,$
$\overline{\overline{\overline{\psi}}}_a(\xi_m,l,s) = \int_0^\infty e^{-st}\int_0^\infty\{l\cos(lw)+\lambda\sin(lw)\}\int_0^\vartheta \psi_a(v,w,t)\cos(\xi_m v)\,dvdwdt,$
$\overline{\overline{\overline{\psi}}}(\xi,\xi_m,s) = \int_0^\infty e^{-st}\int_a^\infty u\mathcal{D}_{\mathcal{M}}(\xi u)\int_0^\vartheta \psi(u,v,t)\cos(\xi_m v)dvdudt,$
$\overline{\overline{\psi}}_0(u,l,s) = \int_0^\infty e^{-st}\int_0^\infty \psi_0(u,w,t)\{l\cos(lw)+\lambda\sin(lw)\}\,dwdt,$
$\overline{\overline{\psi}}_\vartheta(u,l,s) = \int_0^\infty e^{-st}\int_0^\infty \psi_\vartheta(u,w,t)\{l\cos(lw)+\lambda\sin(lw)\}\,dwdt$, and
$\overline{\overline{\overline{\varphi}}}(\xi,\xi_m,l) = \int_a^\infty u\mathcal{D}_{\mathcal{M}}(\xi u)\int_0^\vartheta\cos(\xi_m v)\int_0^\infty\varphi(v,u,w)\{l\cos(lw)+\lambda\sin(lw)\}\,dwdvdu$. Successive inverse transforms yield

$$\overline{p} = \frac{q(s)\,e^{-st_0}}{\vartheta\phi c_t\sqrt{\eta_z}}\sum_{m=0}^{\infty}\ni_m\cos(\xi_m\theta_0)\cos(\xi_m\theta)\times$$
$$\times\int_0^\infty\frac{\xi\mathcal{D}_{\mathcal{M}}(\xi r_0)\,\mathcal{D}_{\mathcal{M}}(\xi r)\left\{e^{-|z-z_0|\sqrt{\frac{\eta_r\xi^2+s}{\eta_z}}}+\left(\frac{\sqrt{\eta_r\xi^2+s}-\lambda\sqrt{\eta_z}}{\sqrt{\eta_r\xi^2+s}+\lambda\sqrt{\eta_z}}\right)e^{-(z+z_0)\sqrt{\frac{\eta_r\xi^2+s}{\eta_z}}}\right\}}{\left[\{\lambda_a J_{\mathcal{M}}(\xi a)-\xi J'_{\mathcal{M}}(\xi a)\}^2+\{\lambda_a Y_{\mathcal{M}}(\xi a)-\xi Y'_{\mathcal{M}}(\xi a)\}^2\right]\sqrt{(\eta_r\xi^2+s)}}d\xi +$$
$$+\frac{2}{\pi\phi c_t\vartheta\sqrt{\eta_z}}\sum_{m=0}^{\infty}\ni_m\cos(\xi_m\theta)\times$$
$$\times\int_0^\infty\overline{\overline{\psi}}_a(\xi_m,w,s)\int_0^\infty\frac{\xi\mathcal{D}_{\mathcal{M}}(\xi r)\left\{e^{-|z-w|\sqrt{\frac{\eta_r\xi^2+s}{\eta_z}}}+\left(\frac{\sqrt{\eta_r\xi^2+s}-\lambda\sqrt{\eta_z}}{\sqrt{\eta_r\xi^2+s}+\lambda\sqrt{\eta_z}}\right)e^{-(z+w)\sqrt{\frac{\eta_r\xi^2+s}{\eta_z}}}\right\}}{\left[\{\lambda_a J_{\mathcal{M}}(\xi a)-\xi J'_{\mathcal{M}}(\xi a)\}^2+\{\lambda_a Y_{\mathcal{M}}(\xi a)-\xi Y'_{\mathcal{M}}(\xi a)\}^2\right]\left(\lambda\sqrt{\eta_z}+\sqrt{\eta_r\xi^2+s}\right)}d\xi dw +$$
$$+\frac{2}{\vartheta\phi c_t\sqrt{\eta_z}}\sum_{m=0}^{\infty}\ni_m\cos(\xi_m\theta)\int_0^\infty\frac{\xi\mathcal{D}_{\mathcal{M}}(\xi r)\,e^{-z\sqrt{\frac{\eta_r\xi^2+s}{\eta_z}}}\int_0^\vartheta\overline{\overline{\psi}}(\xi,v,s)\cos(\xi_m v)\,dv}{\left[\{\lambda_a J_{\mathcal{M}}(\xi a)-\xi J'_{\mathcal{M}}(\xi a)\}^2+\{\lambda_a Y_{\mathcal{M}}(\xi a)-\xi Y'_{\mathcal{M}}(\xi a)\}^2\right]\sqrt{(\eta_r\xi^2+s)}}d\xi +$$
$$+\frac{1}{\vartheta\phi c_t\sqrt{\eta_z}}\sum_{m=0}^{\infty}\ni_m\cos(\xi_m\theta)\int_0^\infty\frac{\xi\mathcal{D}_{\mathcal{M}}(\xi r)}{\left[\{\lambda_a J_{\mathcal{M}}(\xi a)-\xi J'_{\mathcal{M}}(\xi a)\}^2+\{\lambda_a Y_{\mathcal{M}}(\xi a)-\xi Y'_{\mathcal{M}}(\xi a)\}^2\right]\sqrt{(\eta_r\xi^2+s)}}\times$$
$$\times\int_a^\infty\frac{\mathcal{D}_{\mathcal{M}}(\xi u)}{u}\int_0^\infty\left\{\overline{\psi}_0(u,w,s)+(-1)^{m+1}\overline{\psi}_\vartheta(u,w,s)\right\}\times$$

$$\times\left\{e^{-|z-w|\sqrt{\frac{\eta_r\xi^2+s}{\eta_z}}}+\left(\frac{\sqrt{\eta_r\xi^2+s}-\lambda\sqrt{\eta_z}}{\sqrt{\eta_r\xi^2+s}+\lambda\sqrt{\eta_z}}\right)e^{-(z+w)\sqrt{\frac{\eta_r\xi^2+s}{\eta_z}}}\right\}dwdud\xi+$$

$$+\frac{1}{\vartheta\sqrt{\eta_z}}\sum_{m=0}^{\infty}\ni_m\cos(\xi_m\theta)\int_0^{\infty}\frac{\xi\mathcal{D}_{\mathcal{M}}(\xi r)}{\left[\{\lambda_a J_{\mathcal{M}}(\xi a)-\xi J'_{\mathcal{M}}(\xi a)\}^2+\{\lambda_a Y_{\mathcal{M}}(\xi a)-\xi Y'_{\mathcal{M}}(\xi a)\}^2\right]\sqrt{(\eta_r\xi^2+s)}}\times$$

$$\times\int_0^{\infty}\int_0^{\vartheta}\overline{\varphi}(\xi,v,w)\cos(\xi_m v)\,dv\left\{e^{-|z-w|\sqrt{\frac{\eta_r\xi^2+s}{\eta_z}}}+\left(\frac{\sqrt{\eta_r\xi^2+s}-\lambda\sqrt{\eta_z}}{\sqrt{\eta_r\xi^2+s}+\lambda\sqrt{\eta_z}}\right)e^{-(z+w)\sqrt{\frac{\eta_r\xi^2+s}{\eta_z}}}\right\}dvdwd\xi \tag{26.24.2}$$

where $\overline{\overline{\psi}}_a(\xi_m,w,s)=\int_0^{\infty}e^{-st}\int_0^{\vartheta}\psi_a(v,w,t)\cos(\xi_m v)\,dvdt$, $\overline{\overline{\psi}}(\xi,v,s)=\int_0^{\infty}e^{-st}\int_a^{\infty}\psi(u,v,t)\,u\mathcal{D}_{\mathcal{M}}(\xi u)\,dudt$, $\overline{\psi}_0(u,w,s)=\int_0^{\infty}\psi_0(u,w,t)\,e^{-st}dt$, $\overline{\psi}_{\vartheta}(u,w,s)=\int_0^{\infty}\psi_{\vartheta}(u,w,t)\,e^{-st}dt$, and $\overline{\varphi}(\xi,v,w)=\int_a^{\infty}\varphi(v,u,w)\,u\mathcal{D}_{\mathcal{M}}(\xi u)\,du$. The inverse Laplace transform of equation (26.24.2) yields

$$p=\frac{U(t-t_0)}{\vartheta\phi c_t\sqrt{\pi\eta_z}}\sum_{m=0}^{\infty}\ni_m\cos(\xi_m\theta_0)\cos(\xi_m\theta)\int_0^{t}\frac{q(t-t_0-\tau)}{\sqrt{\tau}}\left\{e^{-\frac{(z-z_0)^2}{4\eta_z\tau}}+e^{-\frac{(z+z_0)^2}{4\eta_z\tau}}-\right.$$

$$\left.-2\lambda\sqrt{\pi\eta_z\tau}e^{(z+z_0)\lambda+\lambda^2\eta_z\tau}\operatorname{erfc}\left(\lambda\sqrt{\eta_z\tau}+\frac{z+z_0}{2\sqrt{\eta_z\tau}}\right)\right\}\times$$

$$\times\int_0^{\infty}\frac{\xi\mathcal{D}_{\mathcal{M}}(\xi r_0)\mathcal{D}_{\mathcal{M}}(\xi r)e^{-\eta_r\xi^2\tau}}{\{\lambda_a J_{\mathcal{M}}(\xi a)-\xi J'_{\mathcal{M}}(\xi a)\}^2+\{\lambda_a Y_{\mathcal{M}}(\xi a)-\xi Y'_{\mathcal{M}}(\xi a)\}^2}d\xi d\tau+$$

$$+\frac{2}{\phi c_t\vartheta\sqrt{\pi^3\eta_z}}\sum_{m=0}^{\infty}\ni_m\cos(\xi_m\theta)\int_0^{t}\frac{1}{\sqrt{\tau}}\int_0^{\infty}\psi_a(\xi_m,w,t-\tau)\left\{e^{-\frac{(z-w)^2}{4\eta_z\tau}}+e^{-\frac{(z+w)^2}{4\eta_z\tau}}-\right.$$

$$\left.-2\lambda\sqrt{\pi\eta_z t}e^{(z+w)\lambda+\lambda^2\eta_z\tau}\operatorname{erfc}\left(\lambda\sqrt{\eta_z\tau}+\frac{z+w}{2\sqrt{\eta_z\tau}}\right)\right\}\times$$

$$\times\int_0^{\infty}\frac{\xi\mathcal{D}_{\mathcal{M}}(\xi r)e^{-\eta_r\xi^2\tau}}{\{\lambda_a J_{\mathcal{M}}(\xi a)-\xi J'_{\mathcal{M}}(\xi a)\}^2+\{\lambda_a Y_{\mathcal{M}}(\xi a)-\xi Y'_{\mathcal{M}}(\xi a)\}^2}d\xi dwd\tau+$$

$$+\frac{2}{\vartheta\phi c_t\sqrt{\pi\eta_z}}\sum_{m=0}^{\infty}\ni_m\cos(\xi_m\theta)\int_0^{t}\left\{\frac{e^{-\frac{z^2}{4\eta_z\tau}}}{\sqrt{\pi\tau}}-\lambda\sqrt{\eta_z}e^{\lambda z+\lambda^2\eta_z\tau}\operatorname{erfc}\left(\lambda\sqrt{\eta_z\tau}+\frac{z}{2\sqrt{\eta_z\tau}}\right)\right\}\times$$

$$\times\int_a^{\infty}u\int_0^{\vartheta}\psi(u,\xi_m,t-\tau)\cos(\xi_m v)\int_0^{\infty}\frac{\xi\mathcal{D}_{\mathcal{M}}(\xi r)\mathcal{D}_{\mathcal{M}}(\xi u)e^{-\eta_r\xi^2\tau}}{\{\lambda_a J_{\mathcal{M}}(\xi a)-\xi J'_{\mathcal{M}}(\xi a)\}^2+\{\lambda_a Y_{\mathcal{M}}(\xi a)-\xi Y'_{\mathcal{M}}(\xi a)\}^2}d\xi dvdud\tau+$$

$$+\frac{1}{\vartheta\phi c_t\sqrt{\pi\eta_z}}\sum_{m=0}^{\infty}\ni_m\cos(\xi_m\theta)\times$$

$$\times\int_0^{t}\frac{1}{\sqrt{\tau}}\int_a^{\infty}\frac{1}{u}\int_0^{\infty}\int_0^{\infty}\left\{\psi_0(u,w,\tau)+(-1)^{m+1}\psi_{\vartheta}(u,w,\tau)\right\}\left\{e^{-\frac{(z-w)^2}{4\eta_z\tau}}+e^{-\frac{(z+w)^2}{4\eta_z\tau}}-\right.$$

$$\left.-2\lambda\sqrt{\pi\eta_z t}e^{(z+w)\lambda+\lambda^2\eta_z\tau}\operatorname{erfc}\left(\lambda\sqrt{\eta_z\tau}+\frac{z+w}{2\sqrt{\eta_z\tau}}\right)\right\}\times$$

$$\times\int_0^{\infty}\frac{\xi\mathcal{D}_{\mathcal{M}}(\xi r)\mathcal{D}_{\mathcal{M}}(\xi u)e^{-\eta_r\xi^2(t-\tau)}}{\{\lambda_a J_{\mathcal{M}}(\xi a)-\xi J'_{\mathcal{M}}(\xi a)\}^2+\{\lambda_a Y_{\mathcal{M}}(\xi a)-\xi Y'_{\mathcal{M}}(\xi a)\}^2}d\xi dwdud\tau+$$

$$+\frac{1}{\vartheta\sqrt{\pi\eta_z t}}\sum_{m=0}^{\infty}\ni_m\cos\left(\xi_m\theta\right)\int\limits_a^\infty u\int\limits_0^\infty\int\limits_0^\vartheta\varphi\left(u,v,w\right)\cos\left(\xi_m v\right)\left\{e^{-\frac{(z-w)^2}{4\eta_z\tau}}+e^{-\frac{(z+w)^2}{4\eta_z\tau}}-\right.$$

$$\left.-2\lambda\sqrt{\pi\eta_z t}e^{(z+w)\lambda+\lambda^2\eta_z\tau}\operatorname{erfc}\left(\lambda\sqrt{\eta_z\tau}+\frac{z+w}{2\sqrt{\eta_z\tau}}\right)\right\}\times$$

$$\times\int\limits_0^\infty\frac{\xi\mathcal{D}_{\mathcal{M}}\left(\xi r\right)\mathcal{D}_{\mathcal{M}}\left(\xi u\right)e^{-\eta_r\xi^2\tau}}{\left\{\lambda_a J_{\mathcal{M}}\left(\xi a\right)-\xi J'_{\mathcal{M}}\left(\xi a\right)\right\}^2+\left\{\lambda_a Y_{\mathcal{M}}\left(\xi a\right)-\xi Y'_{\mathcal{M}}\left(\xi a\right)\right\}^2}d\xi dwdvdu \tag{26.24.3}$$

Chapter 27

Wedge-shaped infinite and semi-infinite continua bounded by the planes $z = 0$ and $z = d$. The range of the variable θ is a portion of the circle; that is, $0 \leq \theta \leq \vartheta$, where $\vartheta < 2\pi$. $p(r,\ \theta,\ z,\ t)$ is a function of r, θ, z and t

---

27.1 **An infinite continuum whose axis is at $r = 0$ and extends to ∞ in the direction of r positive. $0 \leq \theta \leq \vartheta$; $\vartheta < 2\pi$. Point source at $\mathrm{s_p} \equiv (r_0, \theta_0, z_0)$ at time $t = t_0$; $0 < r_0 < \infty$, $0 \leq \theta_0 \leq \vartheta$, $0 < z_0 < d$, $t_0 \geq 0$. $\mathrm{D}_{\theta 0} \equiv p(r, \theta, 0, t) = \psi_{\theta 0}(r, \theta, t)$, $\mathrm{D}_{\theta d} \equiv p(r, \theta, d, t) = \psi_{\theta d}(r, \theta, t)$, $\mathrm{D}_{0z} \equiv p(r, 0, z, t) = \psi_{0z}(r, z, t)$ and $\mathrm{D}_{\vartheta z} \equiv p(r, \vartheta, z, t) = \psi_{\vartheta z}(r, z, t)$. The initial pressure $p(r, \theta, z, 0) = \varphi(r, \theta, z)$**

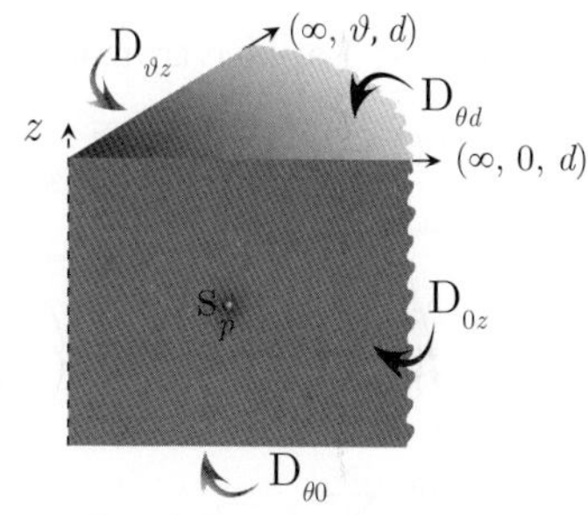

Successive application of the Laplace, Fourier and finite Hankel transformations to equation (22.1.1) gives

$$\overline{\overline{\overline{p}}} = \frac{q(s)\, e^{-st_0} \sin(\xi_m \theta_0) \sin(\xi_l z_0)\, J_{\mathcal{M}}(\xi_n r_0)}{\phi c_t (\eta_r \xi^2 + \eta_z \xi_l^2 + s)} + \frac{\xi_m \eta_\theta \int_0^\infty \frac{J_{\mathcal{M}}(\xi u)}{u} \left\{ \overline{\overline{\psi}}_{0z}(u, \xi_l, s) - (-1)^m\, \overline{\overline{\psi}}_{\vartheta z}(u, \xi_l, s) \right\} du}{(\eta_r \xi^2 + \eta_z \xi_l^2 + s)} + $$
$$+ \frac{\eta_z \xi_l \int_0^\infty J_{\mathcal{M}}(\xi u)\, u \left\{ \overline{\overline{\psi}}_{\theta 0}(u, \xi_m, s) - (-1)^l\, \overline{\overline{\psi}}_{\theta d}(u, \xi_m, s) \right\} du}{(\eta_r \xi^2 + \eta_z \xi_l^2 + s)} + \frac{\overline{\overline{\overline{\varphi}}}(\xi, \xi_m, \xi_l)}{(\eta_r \xi^2 + \eta_z \xi_l^2 + s)} \qquad (27.1.1)$$

where ξ_m are the positive roots of $\sin(\xi_m \vartheta)$, which are $\xi_m = \frac{m\pi}{\vartheta}$, $m = 1, 2, ..., \xi_l$ are the positive roots of $\sin(\xi_l d)$, which are $\xi_l = \frac{l\pi}{d}$, $l = 1, 2, ...$, $\mathcal{M} = \xi_m \dot{o}$, and $\dot{o} = \sqrt{\frac{\eta_\theta}{\eta_r}}$.
$\overline{\overline{\overline{\varphi}}}(\xi, \xi_m, \xi_l) = \int_0^\infty u J_{\mathcal{M}}(\xi u) \int_0^\vartheta \sin(\xi_m v) \int_0^d \varphi(u, v, w) \sin(\xi_l w)\, dw dv du$,
$\overline{\overline{\psi}}_{\theta 0}(u, \xi_m, s) = \int_0^\vartheta \overline{\psi}_{\theta 0}(u, v, s) \sin(\xi_m v)\, dv$, $\overline{\overline{\psi}}_{\theta d}(u, \xi_m, s) = \int_0^\vartheta \overline{\psi}_{\theta d}(u, v, s) \sin(\xi_m v)\, dv$,
$\overline{\overline{\psi}}_{0z}(u, \xi_l, s) = \int_0^d \overline{\psi}_{0z}(u, w, s) \sin(\xi_l w)\, dw$ and $\overline{\overline{\psi}}_{\vartheta z}(u, \xi_l, s) = \int_0^d \overline{\psi}_{\vartheta z}(u, w, s) \sin(\xi_l w)\, dw$. The inverse Fourier and Hankel transforms of equation (27.1.1) yield

$$\overline{p} = \frac{4q(s)\, e^{-st_0}}{\vartheta d} \left(\frac{\mu}{k_r}\right) \sum_{m=1}^\infty \sin(\xi_m \theta_0) \sin(\xi_m \theta) \times$$

$$
\times \sum_{l=1}^{\infty} \sin(\xi_l z_0)\sin(\xi_l z)\left\{\begin{matrix} I_{\mathcal{M}}\left(r\sqrt{\frac{\eta_z\xi_l^2+s}{\eta_r}}\right)K_{\mathcal{M}}\left(r_0\sqrt{\frac{\eta_z\xi_l^2+s}{\eta_r}}\right), & 0<r<r_0 \\ I_{\mathcal{M}}\left(r_0\sqrt{\frac{\eta_z\xi_l^2+s}{\eta_r}}\right)K_{\mathcal{M}}\left(r\sqrt{\frac{\eta_z\xi_l^2+s}{\eta_r}}\right), & 0<r_0<r \end{matrix}\right\}+
$$

$$
+\frac{4\dot{o}^2}{\vartheta d}\sum_{m=1}^{\infty}\xi_m\sin(\xi_m\theta)\sum_{l=1}^{\infty}\sin(\xi_l z)\int_0^{\infty}\frac{1}{u}\left\{\begin{matrix} I_{\mathcal{M}}\left(r\sqrt{\frac{\eta_z\xi_l^2+s}{\eta_r}}\right)K_{\mathcal{M}}\left(u\sqrt{\frac{\eta_z\xi_l^2+s}{\eta_r}}\right), & 0<r<u \\ I_{\mathcal{M}}\left(\sqrt{\frac{\eta_z\xi_l^2+s}{\eta_r}}\right)K_{\mathcal{M}}\left(r\sqrt{\frac{\eta_z\xi_l^2+s}{\eta_r}}\right), & 0<u<r \end{matrix}\right\}\times
$$

$$
\times\left\{\overline{\overline{\psi}}_{0z}(u,\xi_l,s)-(-1)^m\,\overline{\overline{\psi}}_{\vartheta z}(u,\xi_l,s)\right\}du+
$$

$$
+\frac{4\eta_z}{\vartheta d\eta_r}\sum_{m=1}^{\infty}\sin(\xi_m\theta)\sum_{l=1}^{\infty}\xi_l\sin(\xi_l z)\int_0^{\infty}u\left\{\begin{matrix} I_{\mathcal{M}}\left(r\sqrt{\frac{\eta_z\xi_l^2+s}{\eta_r}}\right)K_{\mathcal{M}}\left(u\sqrt{\frac{\eta_z\xi_l^2+s}{\eta_r}}\right), & 0<r<u \\ I_{\mathcal{M}}\left(u\sqrt{\frac{\eta_z\xi_l^2+s}{\eta_r}}\right)K_{\mathcal{M}}\left(r\sqrt{\frac{\eta_z\xi_l^2+s}{\eta_r}}\right), & 0<u<r \end{matrix}\right\}\times
$$

$$
\times\left\{\overline{\overline{\psi}}_{\theta 0}(u,\xi_m,s)-(-1)^l\,\overline{\overline{\psi}}_{\theta d}(u,\xi_m,s)\right\}du+
$$

$$
+\frac{4}{\vartheta d\eta_r}\sum_{m=1}^{\infty}\sin(\xi_m\theta)\sum_{l=1}^{\infty}\sin(\xi_l z)\times
$$

$$
\times\int_0^{\infty}\left\{\begin{matrix} I_{\mathcal{M}}\left(r\sqrt{\frac{\eta_z\xi_l^2+s}{\eta_r}}\right)\int_0^{\infty}uK_{\mathcal{M}}\left(u\sqrt{\frac{\eta_z\xi_l^2+s}{\eta_r}}\right)\int_0^d\overline{\varphi}(u,\xi_m,w)\sin(\xi_l w)dwdu, & 0<r<u \\ K_{\mathcal{M}}\left(r\sqrt{\frac{\eta_z\xi_l^2+s}{\eta_r}}\right)\int_0^{\infty}uI_{\mathcal{M}}\left(u\sqrt{\frac{\eta_z\xi_l^2+s}{\eta_r}}\right)\int_0^d\overline{\varphi}(u,\xi_m,w)\sin(\xi_l w)dwdu, & 0<u<r \end{matrix}\right\}du
\tag{27.1.2}
$$

The inverse Laplace transform of equation (27.1.2) yields

$$
p=\frac{U(t-t_0)}{2\vartheta d}\left(\frac{\mu}{k_r}\right)\sum_{m=1}^{\infty}\sin(\xi_m\theta_0)\sin(\xi_m\theta)\times
$$

$$
\times\int_0^{t-t_0}\frac{q(t-t_0-\tau)}{\tau}I_{\mathcal{M}}\left(\frac{rr_0}{2\eta_r\tau}\right)e^{-\frac{(r^2+r_0^2)}{4\eta_r\tau}}\left[\Theta_3\left\{\frac{\pi(z-z_0)}{2d},e^{-\left(\frac{\pi}{d}\right)\eta_z\tau}\right\}-\Theta_3\left\{\frac{\pi(z+z_0)}{2d},e^{-\left(\frac{\pi}{d}\right)\eta_z\tau}\right\}\right]d\tau+
$$

$$
+\frac{2\dot{o}^2}{\vartheta d}\sum_{m=1}^{\infty}\xi_m\sin(\xi_m\theta)\times
$$

$$
\times\int_0^t\frac{1}{\tau}\int_0^{\infty}\frac{e^{-\frac{(r^2+u)}{4\eta_r\tau}}}{u}I_{\mathcal{M}}\left(\frac{ru}{2\eta_r\tau}\right)\int_0^d\left\{\psi_{0z}(u,w,t-\tau)-(-1)^m\psi_{\vartheta z}(u,w,t-\tau)\right\}\times
$$

$$
\times\left[\Theta_3\left\{\frac{\pi(z-w)}{2d},e^{-\left(\frac{\pi}{d}\right)\eta_z\tau}\right\}-\Theta_3\left\{\frac{\pi(z+w)}{2d},e^{-\left(\frac{\pi}{d}\right)\eta_z\tau}\right\}\right]dwdud\tau+
$$

$$
+\frac{\eta_z}{2\vartheta d^2\eta_r}\sum_{m=1}^{\infty}\sin(\xi_m\theta)\int_0^t\frac{1}{\tau}\int_0^{\infty}I_{\mathcal{M}}\left\{\frac{ru}{2\eta_r\tau}\right\}ue^{-\frac{(r^2+u^2)}{4\eta_r\tau}}\times
$$

$$
\times\left\{\Theta_4'\left(\frac{\pi z}{2d},e^{-\left(\frac{\pi}{d}\right)\eta_z\tau}\right)\overline{\psi}_{\theta d}(u,\xi_m,t-\tau)-\Theta_3'\left(\frac{\pi z}{2d},e^{-\left(\frac{\pi}{d}\right)\eta_z\tau}\right)\overline{\psi}_{\theta 0}(u,\xi_m,t-\tau)\right\}dud\tau+
$$

$$
+\frac{1}{2\vartheta d\eta_r t}\sum_{m=1}^{\infty}\sin(\xi_m\theta)\int_0^{\infty}ue^{-\frac{(r^2+u^2)}{4\eta_r t}}I_{\mathcal{M}}\left(\frac{ru}{2\eta_r t}\right)\times
$$

$$
\times\int_0^d\overline{\varphi}(u,\xi_m,w)\left[\Theta_3\left\{\frac{\pi(z-w)}{2d},e^{-\left(\frac{\pi}{d}\right)\eta_z t}\right\}-\Theta_3\left\{\frac{\pi(z+w)}{2d},e^{-\left(\frac{\pi}{d}\right)\eta_z t}\right\}\right]dwdu
\tag{27.1.3}
$$

where $\overline{\psi}_{\theta 0}(u,\xi_m,t)=\int_0^{\vartheta}\psi_{\theta 0}(u,v,t)\sin(\xi_m v)\,dv$, $\overline{\psi}_{\theta d}(u,\xi_m,t)=\int_0^{\vartheta}\psi_{\theta d}(u,v,t)\sin(\xi_m v)\,dv$ and $\overline{\varphi}(u,\xi_m,w)=\int_0^{\vartheta}\varphi(u,v,w)\sin(\xi_m v)\,dv$.

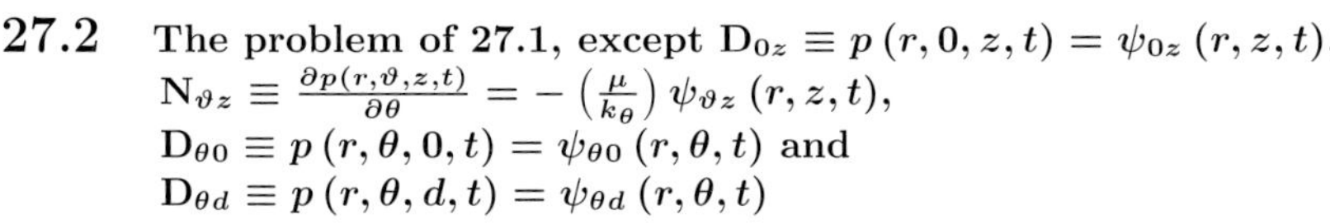

27.2 **The problem of 27.1, except $\mathbf{D_{0z}} \equiv p(r,0,z,t) = \psi_{0z}(r,z,t)$, $\mathbf{N_{\vartheta z}} \equiv \frac{\partial p(r,\vartheta,z,t)}{\partial \theta} = -\left(\frac{\mu}{k_\theta}\right)\psi_{\vartheta z}(r,z,t)$, $\mathbf{D_{\theta 0}} \equiv p(r,\theta,0,t) = \psi_{\theta 0}(r,\theta,t)$ and $\mathbf{D_{\theta d}} \equiv p(r,\theta,d,t) = \psi_{\theta d}(r,\theta,t)$**

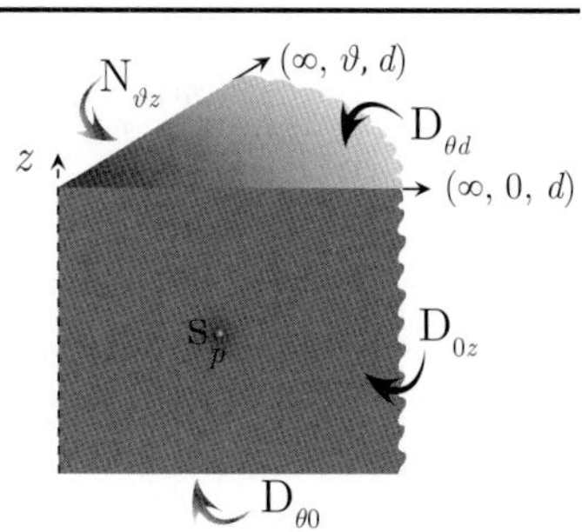

$$
\begin{aligned}
\overline{p} \;=\;& \frac{4q(s)\,e^{-st_0}}{\vartheta d}\left(\frac{\mu}{k_r}\right)\sum_{m=1}^{\infty}\sin(\xi_m\theta_0)\sin(\xi_m\theta)\times\\
&\times\sum_{l=1}^{\infty}\sin(\xi_l z_0)\sin(\xi_l z)\begin{Bmatrix} I_{\mathcal{M}}\left(r\sqrt{\frac{\eta_z\xi_l^2+s}{\eta_r}}\right)K_{\mathcal{M}}\left(r_0\sqrt{\frac{\eta_z\xi_l^2+s}{\eta_r}}\right), & 0<r<r_0\\ I_{\mathcal{M}}\left(r_0\sqrt{\frac{\eta_z\xi_l^2+s}{\eta_r}}\right)K_{\mathcal{M}}\left(r\sqrt{\frac{\eta_z\xi_l^2+s}{\eta_r}}\right), & 0<r_0<r\end{Bmatrix}+\\
&+\frac{4\dot{o}^2}{\vartheta d}\sum_{m=1}^{\infty}\sin(\xi_m\theta)\sum_{l=1}^{\infty}\sin(\xi_l z)\int_0^{\infty}\frac{1}{u}\begin{Bmatrix} I_{\mathcal{M}}\left(r\sqrt{\frac{\eta_z\xi_l^2+s}{\eta_r}}\right)K_{\mathcal{M}}\left(u\sqrt{\frac{\eta_z\xi_l^2+s}{\eta_r}}\right), & 0<r<u\\ I_{\mathcal{M}}\left(\sqrt{\frac{\eta_z\xi_l^2+s}{\eta_r}}\right)K_{\mathcal{M}}\left(r\sqrt{\frac{\eta_z\xi_l^2+s}{\eta_r}}\right), & 0<u<r\end{Bmatrix}\times\\
&\times\left\{\xi_m\overline{\overline{\psi}}_{0z}(u,\xi_l,s)+(-1)^m\left(\frac{\mu}{k_\theta}\right)\overline{\overline{\psi}}_{\vartheta z}(u,\xi_l,s)\right\}du+\\
&+\frac{4\eta_z}{\vartheta d\eta_r}\sum_{m=1}^{\infty}\sin(\xi_m\theta)\sum_{l=1}^{\infty}\xi_l\sin(\xi_l z)\int_0^{\infty}u\begin{Bmatrix} I_{\mathcal{M}}\left(r\sqrt{\frac{\eta_z\xi_l^2+s}{\eta_r}}\right)K_{\mathcal{M}}\left(u\sqrt{\frac{\eta_z\xi_l^2+s}{\eta_r}}\right), & 0<r<u\\ I_{\mathcal{M}}\left(u\sqrt{\frac{\eta_z\xi_l^2+s}{\eta_r}}\right)K_{\mathcal{M}}\left(r\sqrt{\frac{\eta_z\xi_l^2+s}{\eta_r}}\right), & 0<u<r\end{Bmatrix}\times\\
&\times\left\{\overline{\overline{\psi}}_{\theta 0}(u,\xi_m,s)-(-1)^l\,\overline{\overline{\psi}}_{\theta d}(u,\xi_m,s)\right\}du+\\
&+\frac{4}{\vartheta d\eta_r}\sum_{m=1}^{\infty}\sin(\xi_m\theta)\sum_{l=1}^{\infty}\sin(\xi_l z)\times\\
&\times\int_0^{\infty}\begin{Bmatrix} I_{\mathcal{M}}\left(r\sqrt{\frac{\eta_z\xi_l^2+s}{\eta_r}}\right)\int_0^{\infty}uK_{\mathcal{M}}\left(u\sqrt{\frac{\eta_z\xi_l^2+s}{\eta_r}}\right)\int_0^{d}\overline{\varphi}(u,\xi_m,w)\sin(\xi_l w)dwdu, & 0<r<u\\ K_{\mathcal{M}}\left(r\sqrt{\frac{\eta_z\xi_l^2+s}{\eta_r}}\right)\int_0^{\infty}uI_{\mathcal{M}}\left(u\sqrt{\frac{\eta_z\xi_l^2+s}{\eta_r}}\right)\int_0^{d}\overline{\varphi}(u,\xi_m,w)\sin(\xi_l w)dwdu, & 0<u<r\end{Bmatrix}du
\end{aligned}
\tag{27.2.1}
$$

where ξ_m are the positive roots of $\cos(\xi_m\vartheta)$, which are $\xi_m = \frac{(2m-1)\pi}{2\vartheta}$, $m = 1,2,...$, and ξ_l are the positive roots of $\sin(\xi_l d)$, which are $\xi_l = \frac{l\pi}{d}$, $l = 1,2,....$ $\overline{\overline{\psi}}_{\theta 0}(u,\xi_m,s) = \int_0^{\vartheta}\overline{\psi}_{\theta 0}(u,v,s)\sin(\xi_m v)\,dv$, $\overline{\overline{\psi}}_{\theta d}(u,\xi_m,s) = \int_0^{\vartheta}\overline{\psi}_{\theta d}(u,v,s)\sin(\xi_m v)\,dv$, $\overline{\overline{\psi}}_{0z}(u,\xi_l,s) = \int_0^{d}\overline{\psi}_{0z}(u,w,s)\sin(\xi_l w)\,dw$, $\overline{\overline{\psi}}_{\vartheta z}(u,\xi_l,s) = \int_0^{d}\overline{\psi}_{\vartheta z}(u,w,s)\sin(\xi_l w)\,dw$ and $\overline{\varphi}(u,\xi_m,w) = \int_0^{\vartheta}\varphi(u,v,w)\sin(\xi_m v)\,dv$.

$$
\begin{aligned}
p \;=\;& \frac{U(t-t_0)}{2\vartheta d}\left(\frac{\mu}{k_r}\right)\sum_{m=1}^{\infty}\sin(\xi_m\theta_0)\sin(\xi_m\theta)\times\\
&\times\int_0^{t-t_0}\frac{q(t-t_0-\tau)}{\tau}I_{\mathcal{M}}\left(\frac{rr_0}{2\eta_r\tau}\right)e^{-\frac{\left(r^2+r_0^2\right)}{4\eta_r\tau}}\left[\Theta_3\left\{\frac{\pi(z-z_0)}{2d},e^{-\left(\frac{\pi}{d}\right)\eta_z\tau}\right\}-\Theta_3\left\{\frac{\pi(z+z_0)}{2d},e^{-\left(\frac{\pi}{d}\right)\eta_z\tau}\right\}\right]d\tau+\\
&+\frac{2\dot{o}^2}{\vartheta d}\sum_{m=1}^{\infty}\sin(\xi_m\theta)\times\\
&\times\int_0^{t}\frac{1}{\tau}\int_0^{\infty}\frac{e^{-\frac{\left(r^2+u\right)}{4\eta_r\tau}}}{u}I_{\mathcal{M}}\left(\frac{ru}{2\eta_r\tau}\right)\int_0^{d}\left\{\xi_m\psi_{0z}(u,w,t-\tau)+(-1)^m\left(\frac{\mu}{k_\theta}\right)\psi_{\vartheta z}(u,w,t-\tau)\right\}\times
\end{aligned}
$$

$$\times\left[\Theta_3\left\{\frac{\pi(z-w)}{2d},e^{-\left(\frac{\pi}{d}\right)\eta_z\tau}\right\}-\Theta_3\left\{\frac{\pi(z+w)}{2d},e^{-\left(\frac{\pi}{d}\right)\eta_z\tau}\right\}\right]dwdud\tau+$$

$$+\frac{\eta_z}{2\vartheta d^2\eta_r}\sum_{m=1}^{\infty}\sin(\xi_m\theta)\int_0^t\frac{1}{\tau}\int_0^{\infty}I_{\mathcal{M}}\left\{\frac{ru}{2\eta_r\tau}\right\}ue^{-\frac{(r^2+u^2)}{4\eta_r\tau}}\times$$

$$\times\left\{\Theta_4'\left(\frac{\pi z}{2d},e^{-\left(\frac{\pi}{d}\right)\eta_z\tau}\right)\overline{\psi}_{\theta d}(u,\xi_m,t-\tau)-\Theta_3'\left(\frac{\pi z}{2d},e^{-\left(\frac{\pi}{d}\right)\eta_z\tau}\right)\overline{\psi}_{\theta 0}(u,\xi_m,t-\tau)\right\}dud\tau+$$

$$+\frac{1}{2\vartheta d\eta_r t}\sum_{m=1}^{\infty}\sin(\xi_m\theta)\int_0^{\infty}ue^{-\frac{(r^2+u^2)}{4\eta_r t}}I_{\mathcal{M}}\left(\frac{ru}{2\eta_r t}\right)\times$$

$$\times\int_0^d\overline{\varphi}(u,\xi_m,w)\left[\Theta_3\left\{\frac{\pi(z-w)}{2d},e^{-\left(\frac{\pi}{d}\right)\eta_z t}\right\}-\Theta_3\left\{\frac{\pi(z+w)}{2d},e^{-\left(\frac{\pi}{d}\right)\eta_z t}\right\}\right]dwdu \qquad (27.2.2)$$

where $\overline{\psi}_{\theta 0}(u,\xi_m,t)=\int_0^{\vartheta}\psi_{\theta 0}(u,v,t)\sin(\xi_m v)\,dv$ and $\overline{\psi}_{\theta d}(u,\xi_m,t)=\int_0^{\vartheta}\psi_{\theta d}(u,v,t)\sin(\xi_m v)\,dv$.

27.3

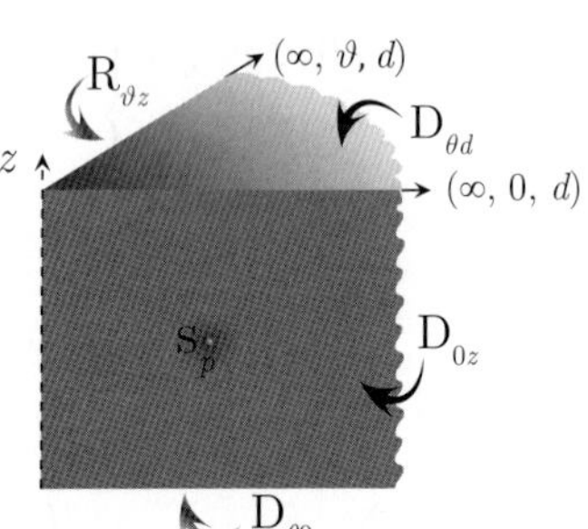

The problem of 27.1, except
$D_{0z}\equiv p(r,0,z,t)=\psi_{0z}(r,z,t)$,
$R_{\vartheta z}\equiv\frac{\partial p(r,\vartheta,z,t)}{\partial\theta}+\lambda p(r,\vartheta,z,t)=-\left(\frac{\mu}{k_\theta}\right)\psi_{\vartheta z}(r,z,t)$,
$D_{\theta 0}\equiv p(r,\theta,0,t)=\psi_{\theta 0}(r,\theta,t)$ and
$D_{\theta d}\equiv p(r,\theta,d,t)=\psi_{\theta d}(r,\theta,t)$

$$\overline{p}=\frac{4q(s)e^{-st_0}}{d}\left(\frac{\mu}{k_r}\right)\sum_{m=1}^{\infty}\frac{(\xi_m^2+\lambda^2)\sin(\xi_m\theta_0)\sin(\xi_m\theta)}{\vartheta(\xi_m^2+\lambda^2)+\lambda}\times$$

$$\times\sum_{l=1}^{\infty}\sin(\xi_l z_0)\sin(\xi_l z)\left\{\begin{array}{ll}I_{\mathcal{M}}\left(r\sqrt{\frac{\eta_z\xi_l^2+s}{\eta_r}}\right)K_{\mathcal{M}}\left(r_0\sqrt{\frac{\eta_z\xi_l^2+s}{\eta_r}}\right), & 0<r<r_0\\ I_{\mathcal{M}}\left(r_0\sqrt{\frac{\eta_z\xi_l^2+s}{\eta_r}}\right)K_{\mathcal{M}}\left(r\sqrt{\frac{\eta_z\xi_l^2+s}{\eta_r}}\right), & 0<r_0<r\end{array}\right\}+$$

$$+\frac{4\dot{o}^2}{d}\sum_{m=1}^{\infty}\frac{(\xi_m^2+\lambda^2)\sin(\xi_m\theta)}{\vartheta(\xi_m^2+\lambda^2)+\lambda}\sum_{l=1}^{\infty}\sin(\xi_l z)\int_0^{\infty}\frac{1}{u}\left\{\begin{array}{ll}I_{\mathcal{M}}\left(r\sqrt{\frac{\eta_z\xi_l^2+s}{\eta_r}}\right)K_{\mathcal{M}}\left(u\sqrt{\frac{\eta_z\xi_l^2+s}{\eta_r}}\right), & 0<r<u\\ I_{\mathcal{M}}\left(\sqrt{\frac{\eta_z\xi_l^2+s}{\eta_r}}\right)K_{\mathcal{M}}\left(r\sqrt{\frac{\eta_z\xi_l^2+s}{\eta_r}}\right), & 0<u<r\end{array}\right\}\times$$

$$\times\left\{\xi_m\overline{\overline{\psi}}_{0z}(u,\xi_l,s)-\left(\frac{\mu}{k_\theta}\right)\overline{\overline{\psi}}_{\vartheta z}(u,\xi_l,s)\sin(\xi_m\vartheta)\right\}du+$$

$$+\frac{4\eta_z}{d\eta_r}\sum_{m=1}^{\infty}\frac{(\xi_m^2+\lambda^2)\sin(\xi_m\theta)}{\vartheta(\xi_m^2+\lambda^2)+\lambda}\sum_{l=1}^{\infty}\xi_l\sin(\xi_l z)\int_0^{\infty}u\left\{\begin{array}{ll}I_{\mathcal{M}}\left(r\sqrt{\frac{\eta_z\xi_l^2+s}{\eta_r}}\right)K_{\mathcal{M}}\left(u\sqrt{\frac{\eta_z\xi_l^2+s}{\eta_r}}\right), & 0<r<u\\ I_{\mathcal{M}}\left(u\sqrt{\frac{\eta_z\xi_l^2+s}{\eta_r}}\right)K_{\mathcal{M}}\left(r\sqrt{\frac{\eta_z\xi_l^2+s}{\eta_r}}\right), & 0<u<r\end{array}\right\}\times$$

$$\times\left\{\overline{\overline{\psi}}_{\theta 0}(u,\xi_m,s)-(-1)^l\,\overline{\overline{\psi}}_{\theta d}(u,\xi_m,s)\right\}du+$$

$$+\frac{4}{d\eta_r}\sum_{m=1}^{\infty}\frac{(\xi_m^2+\lambda^2)\sin(\xi_m\theta)}{\vartheta(\xi_m^2+\lambda^2)+\lambda}\sum_{l=1}^{\infty}\sin(\xi_l z)\times$$

$$\times\int_0^{\infty}\left\{\begin{array}{ll}I_{\mathcal{M}}\left(r\sqrt{\frac{\eta_z\xi_l^2+s}{\eta_r}}\right)\int_0^{\infty}uK_{\mathcal{M}}\left(u\sqrt{\frac{\eta_z\xi_l^2+s}{\eta_r}}\right)\int_0^d\overline{\varphi}(u,\xi_m,w)\sin(\xi_l w)dwdu, & 0<r<u\\ K_{\mathcal{M}}\left(r\sqrt{\frac{\eta_z\xi_l^2+s}{\eta_r}}\right)\int_0^{\infty}uI_{\mathcal{M}}\left(u\sqrt{\frac{\eta_z\xi_l^2+s}{\eta_r}}\right)\int_0^d\overline{\varphi}(u,\xi_m,w)\sin(\xi_l w)dwdu, & 0<u<r\end{array}\right\}du \qquad (27.3.1)$$

where ξ_m are the positive roots of $\xi_m \cot(\xi_m \vartheta) = -\lambda$, $m = 1, 2, ...$, and ξ_l are the positive roots of $\sin(\xi_l d)$, which are $\xi_l = \frac{l\pi}{d}$, $l = 1, 2, ...$ $\overline{\overline{\psi}}_{\theta 0}(u, \xi_m, s) = \int_0^\vartheta \overline{\psi}_{\theta 0}(u, v, s) \sin(\xi_m v)\, dv$, $\overline{\overline{\psi}}_{\theta d}(u, \xi_m, s) = \int_0^\vartheta \overline{\psi}_{\theta d}(u, v, s) \sin(\xi_m v)\, dv$, $\overline{\overline{\psi}}_{0z}(u, \xi_l, s) = \int_0^d \overline{\psi}_{0z}(u, w, s) \sin(\xi_l w)\, dw$, $\overline{\overline{\psi}}_{\vartheta z}(u, \xi_l, s) = \int_0^d \overline{\psi}_{\vartheta z}(u, w, s) \sin(\xi_l w)\, dw$ and $\overline{\varphi}(u, \xi_m, w) = \int_0^\vartheta \varphi(u, v, w) \sin(\xi_m v)\, dv$.

$$
\begin{aligned}
p \;=\;& \frac{U(t-t_0)}{2d}\left(\frac{\mu}{k_r}\right)\sum_{m=1}^{\infty}\frac{(\xi_m^2+\lambda^2)\sin(\xi_m\theta_0)\sin(\xi_m\theta)}{\vartheta(\xi_m^2+\lambda^2)+\lambda}\int_0^{t-t_0}\frac{q(t-t_0-\tau)}{\tau}I_{\mathcal{M}}\left(\frac{rr_0}{2\eta_r\tau}\right)e^{-\frac{(r^2+r_0^2)}{4\eta_r\tau}}\times\\
&\times\left[\Theta_3\left\{\frac{\pi(z-z_0)}{2d},e^{-\left(\frac{\pi}{d}\right)\eta_z\tau}\right\}-\Theta_3\left\{\frac{\pi(z+z_0)}{2d},e^{-\left(\frac{\pi}{d}\right)\eta_z\tau}\right\}\right]d\tau+\\
&+\frac{2\dot{o}^2}{d}\sum_{m=1}^{\infty}\frac{(\xi_m^2+\lambda^2)\sin(\xi_m\theta)}{\vartheta(\xi_m^2+\lambda^2)+\lambda}\times\\
&\times\int_0^t\frac{1}{\tau}\int_0^\infty\frac{e^{-\frac{(r^2+u)}{4\eta_r\tau}}}{u}I_{\mathcal{M}}\left(\frac{ru}{2\eta_r\tau}\right)\int_0^d\left\{\xi_m\psi_{0z}(u,w,t-\tau)-\left(\frac{\mu}{k_\theta}\right)\psi_{\vartheta z}(u,w,t-\tau)\sin(\xi_m\vartheta)\right\}\times\\
&\times\left[\Theta_3\left\{\frac{\pi(z-w)}{2d},e^{-\left(\frac{\pi}{d}\right)\eta_z\tau}\right\}-\Theta_3\left\{\frac{\pi(z+w)}{2d},e^{-\left(\frac{\pi}{d}\right)\eta_z\tau}\right\}\right]dw\,du\,d\tau+\\
&+\frac{\eta_z}{2d^2\eta_r}\sum_{m=1}^{\infty}\frac{(\xi_m^2+\lambda^2)\sin(\xi_m\theta)}{\vartheta(\xi_m^2+\lambda^2)+\lambda}\int_0^t\frac{1}{\tau}\int_0^\infty I_{\mathcal{M}}\left\{\frac{ru}{2\eta_r\tau}\right\}ue^{-\frac{(r^2+u^2)}{4\eta_r\tau}}\times\\
&\times\left\{\Theta_4'\left(\frac{\pi z}{2d},e^{-\left(\frac{\pi}{d}\right)\eta_z\tau}\right)\overline{\psi}_{\theta d}(u,\xi_m,t-\tau)-\Theta_3'\left(\frac{\pi z}{2d},e^{-\left(\frac{\pi}{d}\right)\eta_z\tau}\right)\overline{\psi}_{\theta 0}(u,\xi_m,t-\tau)\right\}du\,d\tau+\\
&+\frac{1}{2d\eta_r t}\sum_{m=1}^{\infty}\frac{(\xi_m^2+\lambda^2)\sin(\xi_m\theta)}{\vartheta(\xi_m^2+\lambda^2)+\lambda}\int_0^\infty ue^{-\frac{(r^2+u^2)}{4\eta_r t}}I_{\mathcal{M}}\left(\frac{ru}{2\eta_r t}\right)\times\\
&\times\int_0^d\overline{\varphi}(u,\xi_m,w)\left[\Theta_3\left\{\frac{\pi(z-w)}{2d},e^{-\left(\frac{\pi}{d}\right)\eta_z t}\right\}-\Theta_3\left\{\frac{\pi(z+w)}{2d},e^{-\left(\frac{\pi}{d}\right)\eta_z t}\right\}\right]dw\,du
\end{aligned}
\tag{27.3.2}
$$

where $\overline{\psi}_{\theta 0}(u, \xi_m, t) = \int_0^\vartheta \psi_{\theta 0}(u, v, t) \sin(\xi_m v)\, dv$ and $\overline{\psi}_{\theta d}(u, \xi_m, t) = \int_0^\vartheta \psi_{\theta d}(u, v, t) \sin(\xi_m v)\, dv$.

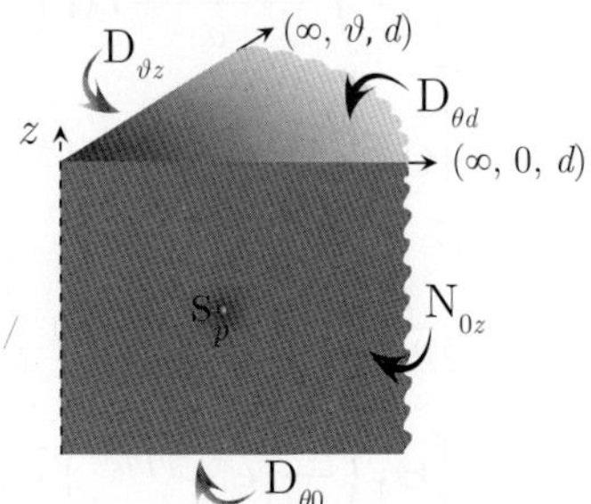

27.4 The problem of 27.1, except

$\mathbf{N_{0z}} \equiv \frac{\partial p(r,0,z,t)}{\partial \theta} = -\left(\frac{\mu}{k_\theta}\right)\psi_{0z}(r,z,t)$,
$\mathbf{D_{\vartheta z}} \equiv p(r,\vartheta,z,t) = \psi_{\vartheta z}(r,z,t)$, $\mathbf{D_{\theta 0}} \equiv p(r,\theta,0,t) = \psi_{\theta 0}(r,\theta,t)$
and $\mathbf{D_{\theta d}} \equiv p(r,\theta,d,t) = \psi_{\theta d}(r,\theta,t)$

$$
\begin{aligned}
\overline{p} \;=\;& \frac{4q(s)e^{-st_0}}{\vartheta d}\left(\frac{\mu}{k_r}\right)\sum_{m=1}^{\infty}\cos(\xi_m\theta_0)\cos(\xi_m\theta)\times\\
&\times\sum_{l=1}^{\infty}\sin(\xi_l z_0)\sin(\xi_l z)\left\{\begin{array}{ll} I_{\mathcal{M}}\left(r\sqrt{\frac{\eta_z\xi_l^2+s}{\eta_r}}\right)K_{\mathcal{M}}\left(r_0\sqrt{\frac{\eta_z\xi_l^2+s}{\eta_r}}\right), & 0<r<r_0\\ I_{\mathcal{M}}\left(r_0\sqrt{\frac{\eta_z\xi_l^2+s}{\eta_r}}\right)K_{\mathcal{M}}\left(r\sqrt{\frac{\eta_z\xi_l^2+s}{\eta_r}}\right), & 0<r_0<r\end{array}\right\}+
\end{aligned}
$$

$$
\begin{aligned}
&+\frac{4\dot{o}^2}{\vartheta d}\sum_{m=1}^{\infty}\cos(\xi_m\theta)\sum_{l=1}^{\infty}\sin(\xi_l z)\int_0^{\infty}\frac{1}{u}\left\{\begin{array}{ll} I_{\mathcal{M}}\left(r\sqrt{\frac{\eta_z\xi_l^2+s}{\eta_r}}\right)K_{\mathcal{M}}\left(u\sqrt{\frac{\eta_z\xi_l^2+s}{\eta_r}}\right), & 0<r<u \\ I_{\mathcal{M}}\left(\sqrt{\frac{\eta_z\xi_l^2+s}{\eta_r}}\right)K_{\mathcal{M}}\left(r\sqrt{\frac{\eta_z\xi_l^2+s}{\eta_r}}\right), & 0<u<r \end{array}\right\}\times \\
&\times\left\{\left(\frac{\mu}{k_\theta}\right)\overline{\overline{\psi}}_{0z}(u,\xi_l,s)+(-1)^{m+1}\xi_m\overline{\overline{\psi}}_{\vartheta z}(u,\xi_l,s)\right\}du+ \\
&+\frac{4\eta_z}{\vartheta d\eta_r}\sum_{m=1}^{\infty}\cos(\xi_m\theta)\sum_{l=1}^{\infty}\xi_l\sin(\xi_l z)\int_0^{\infty}u\left\{\begin{array}{ll} I_{\mathcal{M}}\left(r\sqrt{\frac{\eta_z\xi_l^2+s}{\eta_r}}\right)K_{\mathcal{M}}\left(u\sqrt{\frac{\eta_z\xi_l^2+s}{\eta_r}}\right), & 0<r<u \\ I_{\mathcal{M}}\left(u\sqrt{\frac{\eta_z\xi_l^2+s}{\eta_r}}\right)K_{\mathcal{M}}\left(r\sqrt{\frac{\eta_z\xi_l^2+s}{\eta_r}}\right), & 0<u<r \end{array}\right\}\times \\
&\times\left\{\overline{\overline{\psi}}_{\theta 0}(u,\xi_m,s)-(-1)^l\overline{\overline{\psi}}_{\theta d}(u,\xi_m,s)\right\}du+ \\
&+\frac{4}{\vartheta d\eta_r}\sum_{m=1}^{\infty}\cos(\xi_m\theta)\sum_{l=1}^{\infty}\sin(\xi_l z)\times \\
&\times\int_0^{\infty}\left\{\begin{array}{ll} I_{\mathcal{M}}\left(r\sqrt{\frac{\eta_z\xi_l^2+s}{\eta_r}}\right)\int_0^{\infty}uK_{\mathcal{M}}\left(u\sqrt{\frac{\eta_z\xi_l^2+s}{\eta_r}}\right)\int_0^d\overline{\varphi}(u,\xi_m,w)\sin(\xi_l w)dwdu, & 0<r<u \\ K_{\mathcal{M}}\left(r\sqrt{\frac{\eta_z\xi_l^2+s}{\eta_r}}\right)\int_0^{\infty}uI_{\mathcal{M}}\left(u\sqrt{\frac{\eta_z\xi_l^2+s}{\eta_r}}\right)\int_0^d\overline{\varphi}(u,\xi_m,w)\sin(\xi_l w)dwdu, & 0<u<r \end{array}\right\}du
\end{aligned}
\tag{27.4.1}
$$

where ξ_m are the positive roots of $\cos(\xi_m\vartheta)$, which are $\xi_m=\frac{(2m-1)\pi}{2\vartheta}$, $m=1,2,...$, and ξ_l are the positive roots of $\sin(\xi_l d)$, which are $\xi_l=\frac{l\pi}{d}$, $l=1,2,....$ $\overline{\overline{\psi}}_{\theta 0}(u,\xi_m,s)=\int_0^{\vartheta}\overline{\psi}_{\theta 0}(u,v,s)\cos(\xi_m v)\,dv$, $\overline{\overline{\psi}}_{\theta d}(u,\xi_m,s)=\int_0^{\vartheta}\overline{\psi}_{\theta d}(u,v,s)\cos(\xi_m v)\,dv$, $\overline{\overline{\psi}}_{0z}(u,\xi_l,s)=\int_0^{d}\overline{\psi}_{0z}(u,w,s)\sin(\xi_l w)\,dw$, $\overline{\overline{\psi}}_{\vartheta z}(u,\xi_l,s)=\int_0^{d}\overline{\psi}_{\vartheta z}(u,w,s)\sin(\xi_l w)\,dw$ and $\overline{\varphi}(u,\xi_m,w)=\int_0^{\vartheta}\varphi(u,v,w)\cos(\xi_m v)\,dv$.

$$
\begin{aligned}
p =&\ \frac{U(t-t_0)}{2\vartheta d}\left(\frac{\mu}{k_r}\right)\sum_{m=1}^{\infty}\cos(\xi_m\theta_0)\cos(\xi_m\theta)\times \\
&\times\int_0^{t-t_0}\frac{q(t-t_0-\tau)}{\tau}I_{\mathcal{M}}\left(\frac{rr_0}{2\eta_r\tau}\right)e^{-\frac{\left(r^2+r_0^2\right)}{4\eta_r\tau}}\left[\Theta_3\left\{\frac{\pi(z-z_0)}{2d},e^{-\left(\frac{\pi}{d}\right)\eta_z\tau}\right\}-\Theta_3\left\{\frac{\pi(z+z_0)}{2d},e^{-\left(\frac{\pi}{d}\right)\eta_z\tau}\right\}\right]d\tau+ \\
&+\frac{2\dot{o}^2}{\vartheta d}\sum_{m=1}^{\infty}\xi_m\cos(\xi_m\theta)\times \\
&\times\int_0^t\frac{1}{\tau}\int_0^{\infty}\frac{e^{-\frac{\left(r^2+u\right)}{4\eta_r\tau}}}{u}I_{\mathcal{M}}\left(\frac{ru}{2\eta_r\tau}\right)\int_0^d\left\{\left(\frac{\mu}{k_\theta}\right)\psi_{0z}(u,w,t-\tau)+(-1)^{m+1}\xi_m\psi_{\vartheta z}(u,w,t-\tau)\right\}\times \\
&\times\left[\Theta_3\left\{\frac{\pi(z-w)}{2d},e^{-\left(\frac{\pi}{d}\right)\eta_z\tau}\right\}-\Theta_3\left\{\frac{\pi(z+w)}{2d},e^{-\left(\frac{\pi}{d}\right)\eta_z\tau}\right\}\right]dwdud\tau+ \\
&+\frac{\eta_z}{2\vartheta d^2\eta_r}\sum_{m=1}^{\infty}\cos(\xi_m\theta)\int_0^t\frac{1}{\tau}\int_0^{\infty}I_{\mathcal{M}}\left\{\frac{ru}{2\eta_r\tau}\right\}ue^{-\frac{\left(r^2+u^2\right)}{4\eta_r\tau}}\times \\
&\times\left\{\Theta_4'\left(\frac{\pi z}{2d},e^{-\left(\frac{\pi}{d}\right)\eta_z\tau}\right)\overline{\psi}_{\theta d}(u,\xi_m,t-\tau)-\Theta_3'\left(\frac{\pi z}{2d},e^{-\left(\frac{\pi}{d}\right)\eta_z\tau}\right)\overline{\psi}_{\theta 0}(u,\xi_m,t-\tau)\right\}dud\tau+ \\
&+\frac{1}{2\vartheta d\eta_r t}\sum_{m=1}^{\infty}\cos(\xi_m\theta)\int_0^{\infty}ue^{-\frac{\left(r^2+u^2\right)}{4\eta_r t}}I_{\mathcal{M}}\left(\frac{ru}{2\eta_r t}\right)\times \\
&\times\int_0^d\overline{\varphi}(u,\xi_m,w)\left[\Theta_3\left\{\frac{\pi(z-w)}{2d},e^{-\left(\frac{\pi}{d}\right)\eta_z t}\right\}-\Theta_3\left\{\frac{\pi(z+w)}{2d},e^{-\left(\frac{\pi}{d}\right)\eta_z t}\right\}\right]dwdu
\end{aligned}
\tag{27.4.2}
$$

where $\overline{\psi}_{\theta 0}(u,\xi_m,t)=\int_0^{\vartheta}\psi_{\theta 0}(u,v,t)\cos(\xi_m v)\,dv$ and $\overline{\psi}_{\theta d}(u,\xi_m,t)=\int_0^{\vartheta}\psi_{\theta d}(u,v,t)\cos(\xi_m v)\,dv$.

27.5 **The problem of 27.1, except**
$\mathbf{N}_{0z} \equiv \frac{\partial p(r,0,z,t)}{\partial \theta} = -\left(\frac{\mu}{k_\theta}\right)\psi_{0z}(r,z,t)$,
$\mathbf{N}_{\vartheta z} \equiv \frac{\partial p(r,\vartheta,z,t)}{\partial \theta} = -\left(\frac{\mu}{k_\theta}\right)\psi_{\vartheta z}(r,z,t)$,
$\mathbf{D}_{\theta 0} \equiv p(r,\theta,0,t) = \psi_{\theta 0}(r,\theta,t)$ **and**
$\mathbf{D}_{\theta d} \equiv p(r,\theta,d,t) = \psi_{\theta d}(r,\theta,t)$

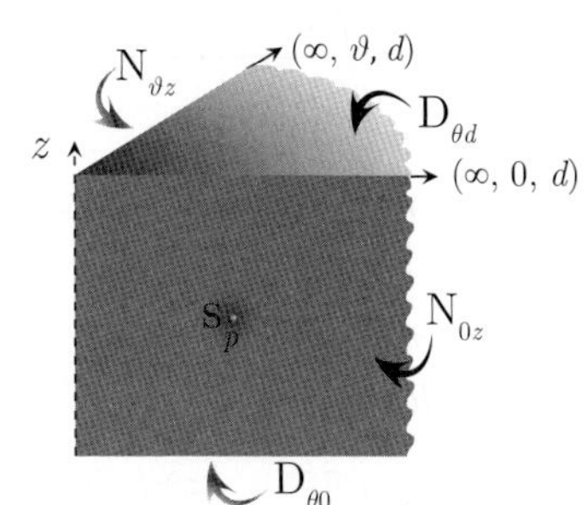

$$\overline{p} = \frac{4q(s)e^{-st_0}}{\vartheta d}\left(\frac{\mu}{k_r}\right)\sum_{m=0}^{\infty}\ni_m \cos(\xi_m\theta_0)\cos(\xi_m\theta)\times$$
$$\times\sum_{l=1}^{\infty}\sin(\xi_l z_0)\sin(\xi_l z)\left\{\begin{array}{ll} I_{\mathcal{M}}\left(r\sqrt{\frac{\eta_z\xi_l^2+s}{\eta_r}}\right)K_{\mathcal{M}}\left(r_0\sqrt{\frac{\eta_z\xi_l^2+s}{\eta_r}}\right), & 0<r<r_0 \\ I_{\mathcal{M}}\left(r_0\sqrt{\frac{\eta_z\xi_l^2+s}{\eta_r}}\right)K_{\mathcal{M}}\left(r\sqrt{\frac{\eta_z\xi_l^2+s}{\eta_r}}\right), & 0<r_0<r\end{array}\right\}+$$
$$+\frac{4}{\vartheta d}\left(\frac{\mu}{k_r}\right)\sum_{m=0}^{\infty}\ni_m\cos(\xi_m\theta)\sum_{l=1}^{\infty}\sin(\xi_l z)\int_0^\infty\frac{1}{u}\left\{\begin{array}{ll} I_{\mathcal{M}}\left(r\sqrt{\frac{\eta_z\xi_l^2+s}{\eta_r}}\right)K_{\mathcal{M}}\left(u\sqrt{\frac{\eta_z\xi_l^2+s}{\eta_r}}\right), & 0<r<u \\ I_{\mathcal{M}}\left(\sqrt{\frac{\eta_z\xi_l^2+s}{\eta_r}}\right)K_{\mathcal{M}}\left(r\sqrt{\frac{\eta_z\xi_l^2+s}{\eta_r}}\right), & 0<u<r\end{array}\right\}\times$$
$$\times\left\{\overline{\overline{\psi}}_{0z}(u,\xi_l,s)+(-1)^{m+1}\overline{\overline{\psi}}_{\vartheta z}(u,\xi_l,s)\right\}du+$$
$$+\frac{4\eta_z}{\vartheta d\eta_r}\sum_{m=0}^{\infty}\ni_m\cos(\xi_m\theta)\sum_{l=1}^{\infty}\xi_l\sin(\xi_l z)\int_0^\infty u\left\{\begin{array}{ll} I_{\mathcal{M}}\left(r\sqrt{\frac{\eta_z\xi_l^2+s}{\eta_r}}\right)K_{\mathcal{M}}\left(u\sqrt{\frac{\eta_z\xi_l^2+s}{\eta_r}}\right), & 0<r<u \\ I_{\mathcal{M}}\left(u\sqrt{\frac{\eta_z\xi_l^2+s}{\eta_r}}\right)K_{\mathcal{M}}\left(r\sqrt{\frac{\eta_z\xi_l^2+s}{\eta_r}}\right), & 0<u<r\end{array}\right\}\times$$
$$\times\left\{\overline{\overline{\psi}}_{\theta 0}(u,\xi_m,s)-(-1)^l\overline{\overline{\psi}}_{\theta d}(u,\xi_m,s)\right\}du+$$
$$+\frac{4}{\vartheta d\eta_r}\sum_{m=0}^{\infty}\ni_m\cos(\xi_m\theta)\sum_{l=1}^{\infty}\sin(\xi_l z)\times$$
$$\times\int_0^\infty\left\{\begin{array}{ll} I_{\mathcal{M}}\left(r\sqrt{\frac{\eta_z\xi_l^2+s}{\eta_r}}\right)\int_0^\infty uK_{\mathcal{M}}\left(u\sqrt{\frac{\eta_z\xi_l^2+s}{\eta_r}}\right)\int_0^d\overline{\varphi}(u,\xi_m,w)\sin(\xi_l w)dwdu, & 0<r<u \\ K_{\mathcal{M}}\left(r\sqrt{\frac{\eta_z\xi_l^2+s}{\eta_r}}\right)\int_0^\infty uI_{\mathcal{M}}\left(u\sqrt{\frac{\eta_z\xi_l^2+s}{\eta_r}}\right)\int_0^d\overline{\varphi}(u,\xi_m,w)\sin(\xi_l w)dwdu, & 0<u<r\end{array}\right\}du \quad (27.5.1)$$

where ξ_m are the positive roots of $\sin(\xi_m\vartheta)$, which are $\xi_m = \frac{m\pi}{\vartheta}$, $m = 0,1,...$ and ξ_l are the positive roots of $\sin(\xi_l d)$, which are $\xi_l = \frac{l\pi}{d}$, $l = 1,2,....$ $\overline{\overline{\psi}}_{\theta 0}(u,\xi_m,s) = \int_0^\vartheta\overline{\psi}_{\theta 0}(u,v,s)\cos(\xi_m v)\,dv$, $\overline{\overline{\psi}}_{\theta d}(u,\xi_m,s) = \int_0^\vartheta\overline{\psi}_{\theta d}(u,v,s)\cos(\xi_m v)\,dv$, $\overline{\overline{\psi}}_{0z}(u,\xi_l,s) = \int_0^d\overline{\psi}_{0z}(u,w,s)\sin(\xi_l w)\,dw$, $\overline{\overline{\psi}}_{\vartheta z}(u,\xi_l,s) = \int_0^d\overline{\psi}_{\vartheta z}(u,w,s)\sin(\xi_l w)\,dw$ and $\overline{\varphi}(u,\xi_m,w) = \int_0^\vartheta\varphi(u,v,w)\cos(\xi_m v)\,dv$.

$$p = \frac{U(t-t_0)}{2\vartheta d}\left(\frac{\mu}{k_r}\right)\sum_{m=0}^{\infty}\ni_m\cos(\xi_m\theta_0)\cos(\xi_m\theta)\times$$
$$\times\int_0^{t-t_0}\frac{q(t-t_0-\tau)}{\tau}I_{\mathcal{M}}\left(\frac{rr_0}{2\eta_r\tau}\right)e^{-\frac{(r^2+r_0^2)}{4\eta_r\tau}}\left[\Theta_3\left\{\frac{\pi(z-z_0)}{2d},e^{-\left(\frac{\pi}{d}\right)\eta_z\tau}\right\}-\Theta_3\left\{\frac{\pi(z+z_0)}{2d},e^{-\left(\frac{\pi}{d}\right)\eta_z\tau}\right\}\right]d\tau+$$
$$+\frac{1}{2\vartheta d}\left(\frac{\mu}{k_r}\right)\sum_{m=0}^{\infty}\ni_m\cos(\xi_m\theta)\times$$

$$\times \int_0^t \frac{1}{\tau} \int_0^\infty \frac{e^{-\frac{\left(r^2+u\right)}{4\eta_r\tau}}}{u} I_{\mathcal{M}}\left(\frac{ru}{2\eta_r\tau}\right) \int_0^d \left\{\psi_{0z}\left(u,w,t-\tau\right) + \left(-1\right)^{m+1}\psi_{\vartheta z}\left(u,w,t-\tau\right)\right\} \times$$
$$\times \left[\Theta_3\left\{\frac{\pi\left(z-w\right)}{2d}, e^{-\left(\frac{\pi}{d}\right)\eta_z\tau}\right\} - \Theta_3\left\{\frac{\pi\left(z+w\right)}{2d}, e^{-\left(\frac{\pi}{d}\right)\eta_z\tau}\right\}\right] dwdud\tau +$$
$$+\frac{\eta_z}{2\vartheta d^2\eta_r}\sum_{m=0}^{\infty} \ni_m \cos\left(\xi_m\theta\right) \int_0^t \frac{1}{\tau}\int_0^\infty I_{\mathcal{M}}\left\{\frac{ru}{2\eta_r\tau}\right\} ue^{-\frac{\left(r^2+u^2\right)}{4\eta_r\tau}} \times$$
$$\times \left\{\Theta_4'\left(\frac{\pi z}{2d}, e^{-\left(\frac{\pi}{d}\right)\eta_z\tau}\right)\overline{\psi}_{\theta d}\left(u,\xi_m,t-\tau\right) - \Theta_3'\left(\frac{\pi z}{2d}, e^{-\left(\frac{\pi}{d}\right)\eta_z\tau}\right)\overline{\psi}_{\theta 0}\left(u,\xi_m,t-\tau\right)\right\} dud\tau +$$
$$+\frac{1}{2\vartheta d\eta_r t}\sum_{m=0}^{\infty} \ni_m \cos\left(\xi_m\theta\right)\int_0^\infty ue^{-\frac{\left(r^2+u^2\right)}{4\eta_r t}} I_{\mathcal{M}}\left(\frac{ru}{2\eta_r t}\right) \times$$
$$\times \int_0^d \overline{\varphi}\left(u,\xi_m,w\right)\left[\Theta_3\left\{\frac{\pi\left(z-w\right)}{2d}, e^{-\left(\frac{\pi}{d}\right)\eta_z t}\right\} - \Theta_3\left\{\frac{\pi\left(z+w\right)}{2d}, e^{-\left(\frac{\pi}{d}\right)\eta_z t}\right\}\right] dwdu \tag{27.5.2}$$

where $\overline{\psi}_{\theta 0}\left(u,\xi_m,t\right) = \int_0^\vartheta \psi_{\theta 0}\left(u,v,t\right)\cos\left(\xi_m v\right)dv$ and $\overline{\psi}_{\theta d}\left(u,\xi_m,t\right) = \int_0^\vartheta \psi_{\theta d}\left(u,v,t\right)\cos\left(\xi_m v\right)dv$.

27.6

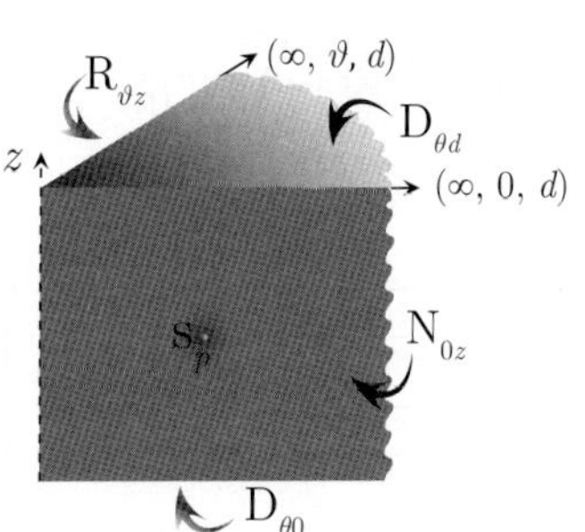

The problem of 27.1, except
$\mathbf{N}_{0z} \equiv \frac{\partial p(r,0,z,t)}{\partial\theta} = -\left(\frac{\mu}{k_\theta}\right)\psi_{0z}\left(r,z,t\right),$
$\mathbf{R}_{\vartheta z} \equiv \frac{\partial p(r,\vartheta,z,t)}{\partial\theta} + \lambda p\left(r,\vartheta,z,t\right) = -\left(\frac{\mu}{k_\theta}\right)\psi_{\vartheta z}\left(r,z,t\right),$
$\mathbf{D}_{\theta 0} \equiv p\left(r,\theta,0,t\right) = \psi_{\theta 0}\left(r,\theta,t\right)$ **and**
$\mathbf{D}_{\theta d} \equiv p\left(r,\theta,d,t\right) = \psi_{\theta d}\left(r,\theta,t\right)$

$$\overline{p} = \frac{4q\left(s\right)e^{-st_0}}{d}\left(\frac{\mu}{k_r}\right)\sum_{m=1}^{\infty}\frac{\left(\xi_m^2+\lambda^2\right)\cos\left(\xi_m\theta_0\right)\cos\left(\xi_m\theta\right)}{\vartheta\left(\xi_m^2+\lambda^2\right)+\lambda} \times$$
$$\times \sum_{l=1}^{\infty}\sin\left(\xi_l z_0\right)\sin\left(\xi_l z\right)\left\{\begin{array}{ll} I_{\mathcal{M}}\left(r\sqrt{\frac{\eta_z\xi_l^2+s}{\eta_r}}\right)K_{\mathcal{M}}\left(r_0\sqrt{\frac{\eta_z\xi_l^2+s}{\eta_r}}\right), & 0<r<r_0 \\ I_{\mathcal{M}}\left(r_0\sqrt{\frac{\eta_z\xi_l^2+s}{\eta_r}}\right)K_{\mathcal{M}}\left(r\sqrt{\frac{\eta_z\xi_l^2+s}{\eta_r}}\right), & 0<r_0<r \end{array}\right\} +$$
$$+\frac{4\dot{o}^2}{d}\sum_{m=1}^{\infty}\frac{\left(\xi_m^2+\lambda^2\right)\cos\left(\xi_m\theta\right)}{\vartheta\left(\xi_m^2+\lambda^2\right)+\lambda}\sum_{l=1}^{\infty}\sin\left(\xi_l z\right)\int_0^\infty\frac{1}{u}\left\{\begin{array}{ll} I_{\mathcal{M}}\left(r\sqrt{\frac{\eta_z\xi_l^2+s}{\eta_r}}\right)K_{\mathcal{M}}\left(u\sqrt{\frac{\eta_z\xi_l^2+s}{\eta_r}}\right), & 0<r<u \\ I_{\mathcal{M}}\left(\sqrt{\frac{\eta_z\xi_l^2+s}{\eta_r}}\right)K_{\mathcal{M}}\left(r\sqrt{\frac{\eta_z\xi_l^2+s}{\eta_r}}\right), & 0<u<r \end{array}\right\} \times$$
$$\times\left\{\overline{\overline{\psi}}_{0z}\left(u,\xi_l,s\right) - \overline{\overline{\psi}}_{\vartheta z}\left(u,\xi_l,s\right)\cos\left(\xi_m\vartheta\right)\right\}du +$$
$$+\frac{4\eta_z}{d\eta_r}\sum_{m=1}^{\infty}\frac{\left(\xi_m^2+\lambda^2\right)\cos\left(\xi_m\theta\right)}{\vartheta\left(\xi_m^2+\lambda^2\right)+\lambda}\sum_{l=1}^{\infty}\xi_l\sin\left(\xi_l z\right)\int_0^\infty u\left\{\begin{array}{ll} I_{\mathcal{M}}\left(r\sqrt{\frac{\eta_z\xi_l^2+s}{\eta_r}}\right)K_{\mathcal{M}}\left(u\sqrt{\frac{\eta_z\xi_l^2+s}{\eta_r}}\right), & 0<r<u \\ I_{\mathcal{M}}\left(u\sqrt{\frac{\eta_z\xi_l^2+s}{\eta_r}}\right)K_{\mathcal{M}}\left(r\sqrt{\frac{\eta_z\xi_l^2+s}{\eta_r}}\right), & 0<u<r \end{array}\right\} \times$$
$$\times\left\{\overline{\overline{\psi}}_{\theta 0}\left(u,\xi_m,s\right) - \left(-1\right)^l\overline{\overline{\psi}}_{\theta d}\left(u,\xi_m,s\right)\right\}du +$$
$$+\frac{4}{d\eta_r}\sum_{m=1}^{\infty}\frac{\left(\xi_m^2+\lambda^2\right)\cos\left(\xi_m\theta\right)}{\vartheta\left(\xi_m^2+\lambda^2\right)+\lambda}\sum_{l=1}^{\infty}\sin\left(\xi_l z\right) \times$$

$$\times \int_0^\infty \left\{ \begin{array}{ll} I_{\mathcal{M}}\left(r\sqrt{\frac{\eta_z\xi_l^2+s}{\eta_r}}\right)\int_0^\infty uK_{\mathcal{M}}\left(u\sqrt{\frac{\eta_z\xi_l^2+s}{\eta_r}}\right)\int_0^d \overline{\varphi}\left(u,\xi_m,w\right)\sin\left(\xi_l w\right)dwdu, & 0<r<u \\ K_{\mathcal{M}}\left(r\sqrt{\frac{\eta_z\xi_l^2+s}{\eta_r}}\right)\int_0^\infty uI_{\mathcal{M}}\left(u\sqrt{\frac{\eta_z\xi_l^2+s}{\eta_r}}\right)\int_0^d \overline{\varphi}\left(u,\xi_m,w\right)\sin\left(\xi_l w\right)dwdu, & 0<u<r \end{array} \right\} du \qquad (27.6.1)$$

where ξ_m are the positive roots of $\xi_m \tan(\xi_m\vartheta) = \lambda$, $m = 1, 2, ...$, and ξ_l are the positive roots of $\sin(\xi_l d)$, which are $\xi_l = \frac{l\pi}{d}$, $l = 1, 2, ...$ $\overline{\overline{\psi}}_{\theta 0}(u,\xi_m,s) = \int_0^\vartheta \overline{\psi}_{\theta 0}(u,v,s)\cos(\xi_m v)\,dv$, $\overline{\overline{\psi}}_{\theta d}(u,\xi_m,s) = \int_0^\vartheta \overline{\psi}_{\theta d}(u,v,s)\cos(\xi_m v)\,dv$, $\overline{\overline{\psi}}_{0z}(u,\xi_l,s) = \int_0^d \overline{\psi}_{0z}(u,w,s)\sin(\xi_l w)\,dw$, $\overline{\overline{\psi}}_{\vartheta z}(u,\xi_l,s) = \int_0^d \overline{\psi}_{\vartheta z}(u,w,s)\sin(\xi_l w)\,dw$ and $\overline{\varphi}(u,\xi_m,w) = \int_0^\vartheta \varphi(u,v,w)\cos(\xi_m v)\,dv$.

$$p = \frac{U(t-t_0)}{2d}\left(\frac{\mu}{k_r}\right)\sum_{m=1}^\infty \frac{(\xi_m^2+\lambda^2)\cos(\xi_m\theta_0)\cos(\xi_m\theta)}{\vartheta(\xi_m^2+\lambda^2)+\lambda}\int_0^{t-t_0}\frac{q(t-t_0-\tau)}{\tau}I_{\mathcal{M}}\left(\frac{rr_0}{2\eta_r\tau}\right)e^{-\frac{(r^2+r_0^2)}{4\eta_r\tau}}\times$$
$$\times\left[\Theta_3\left\{\frac{\pi(z-z_0)}{2d},e^{-\left(\frac{\pi}{d}\right)\eta_z\tau}\right\}-\Theta_3\left\{\frac{\pi(z+z_0)}{2d},e^{-\left(\frac{\pi}{d}\right)\eta_z\tau}\right\}\right]d\tau+$$
$$+\frac{2\dot{o}^2}{d}\sum_{m=1}^\infty\frac{(\xi_m^2+\lambda^2)\cos(\xi_m\theta)}{\vartheta(\xi_m^2+\lambda^2)+\lambda}\times$$
$$\times\int_0^t\frac{1}{\tau}\int_0^\infty\frac{e^{-\frac{(r^2+u)}{4\eta_r\tau}}}{u}I_{\mathcal{M}}\left(\frac{ru}{2\eta_r\tau}\right)\int_0^d\{\psi_{0z}(u,w,t-\tau)-\psi_{\vartheta z}(u,w,t-\tau)\cos(\xi_m\vartheta)\}\times$$
$$\times\left[\Theta_3\left\{\frac{\pi(z-w)}{2d},e^{-\left(\frac{\pi}{d}\right)\eta_z\tau}\right\}-\Theta_3\left\{\frac{\pi(z+w)}{2d},e^{-\left(\frac{\pi}{d}\right)\eta_z\tau}\right\}\right]dwdud\tau+$$
$$+\frac{\eta_z}{2d^2\eta_r}\sum_{m=1}^\infty\frac{(\xi_m^2+\lambda^2)\cos(\xi_m\theta)}{\vartheta(\xi_m^2+\lambda^2)+\lambda}\int_0^t\frac{1}{\tau}\int_0^\infty I_{\mathcal{M}}\left\{\frac{ru}{2\eta_r\tau}\right\}ue^{-\frac{(r^2+u^2)}{4\eta_r\tau}}\times$$
$$\times\left\{\Theta_4'\left(\frac{\pi z}{2d},e^{-\left(\frac{\pi}{d}\right)\eta_z\tau}\right)\overline{\psi}_{\theta d}(u,\xi_m,t-\tau)-\Theta_3'\left(\frac{\pi z}{2d},e^{-\left(\frac{\pi}{d}\right)\eta_z\tau}\right)\overline{\psi}_{\theta 0}(u,\xi_m,t-\tau)\right\}dud\tau+$$
$$+\frac{1}{2d\eta_r t}\sum_{m=1}^\infty\frac{(\xi_m^2+\lambda^2)\cos(\xi_m\theta)}{\vartheta(\xi_m^2+\lambda^2)+\lambda}\int_0^\infty ue^{-\frac{(r^2+u^2)}{4\eta_r t}}I_{\mathcal{M}}\left(\frac{ru}{2\eta_r t}\right)\times$$
$$\times\int_0^d\overline{\varphi}(u,\xi_m,w)\left[\Theta_3\left\{\frac{\pi(z-w)}{2d},e^{-\left(\frac{\pi}{d}\right)\eta_z t}\right\}-\Theta_3\left\{\frac{\pi(z+w)}{2d},e^{-\left(\frac{\pi}{d}\right)\eta_z t}\right\}\right]dwdu \qquad (27.6.2)$$

where $\overline{\psi}_{\theta 0}(u,\xi_m,t) = \int_0^\vartheta \psi_{\theta 0}(u,v,t)\cos(\xi_m v)\,dv$ and $\overline{\psi}_{\theta d}(u,\xi_m,t) = \int_0^\vartheta \psi_{\theta d}(u,v,t)\cos(\xi_m v)\,dv$.

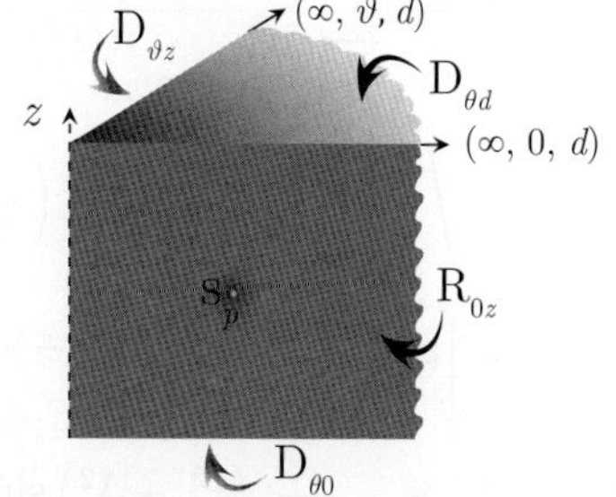

27.7 The problem of 27.1, except

$R_{0z} \equiv \frac{\partial p(r,0,z,t)}{\partial\theta} - \lambda p(r,0,z,t) = -\left(\frac{\mu}{k_\theta}\right)\psi_{0z}(r,z,t)$, $D_{\vartheta z} \equiv p(r,\vartheta,z,t) = \psi_{\vartheta z}(r,z,t)$, $D_{\theta 0} \equiv p(r,\theta,0,t) = \psi_{\theta 0}(r,\theta,t)$ and $D_{\theta d} \equiv p(r,\theta,d,t) = \psi_{\theta d}(r,\theta,t)$

$$\overline{p} = \frac{4q(s)e^{-st_0}}{\vartheta}\left(\frac{\mu}{k_r}\right)\sum_{m=1}^\infty\frac{(\xi_m^2+\lambda^2)\sin\{\xi_m(\vartheta-\theta_0)\}\sin\{\xi_m(\vartheta-\theta)\}}{\vartheta(\xi_m^2+\lambda^2)+\lambda}\times$$

$$\times\sum_{l=1}^{\infty}\sin(\xi_l z_0)\sin(\xi_l z)\left\{\begin{array}{ll} I_{\mathcal{M}}\left(r\sqrt{\frac{\eta_z\xi_l^2+s}{\eta_r}}\right)K_{\mathcal{M}}\left(r_0\sqrt{\frac{\eta_z\xi_l^2+s}{\eta_r}}\right), & 0<r<r_0\\ I_{\mathcal{M}}\left(r_0\sqrt{\frac{\eta_z\xi_l^2+s}{\eta_r}}\right)K_{\mathcal{M}}\left(r\sqrt{\frac{\eta_z\xi_l^2+s}{\eta_r}}\right), & 0<r_0<r\end{array}\right\}+$$

$$+\frac{4\dot{o}^2}{d}\sum_{m=1}^{\infty}\frac{\left(\xi_m^2+\lambda^2\right)\sin\{\xi_m(\vartheta-\theta)\}}{\vartheta\left(\xi_m^2+\lambda^2\right)+\lambda}\times$$

$$\times\sum_{l=1}^{\infty}\sin(\xi_l z)\int_0^{\infty}\frac{1}{u}\left\{\begin{array}{ll} I_{\mathcal{M}}\left(r\sqrt{\frac{\eta_z\xi_l^2+s}{\eta_r}}\right)K_{\mathcal{M}}\left(u\sqrt{\frac{\eta_z\xi_l^2+s}{\eta_r}}\right), & 0<r<u\\ I_{\mathcal{M}}\left(\sqrt{\frac{\eta_z\xi_l^2+s}{\eta_r}}\right)K_{\mathcal{M}}\left(r\sqrt{\frac{\eta_z\xi_l^2+s}{\eta_r}}\right), & 0<u<r\end{array}\right\}\times$$

$$\times\left\{\left(\frac{\mu}{k_\theta}\right)\overline{\overline{\psi}}_{0z}(u,\xi_l,s)\sin(\xi_m\vartheta)+\xi_m\overline{\overline{\psi}}_{\vartheta z}(u,\xi_l,s)\right\}du+$$

$$+\frac{4\eta_z}{d\eta_r}\sum_{m=1}^{\infty}\frac{\left(\xi_m^2+\lambda^2\right)\sin\{\xi_m(\vartheta-\theta)\}}{\vartheta\left(\xi_m^2+\lambda^2\right)+\lambda}\times$$

$$\times\sum_{l=1}^{\infty}\xi_l\sin(\xi_l z)\int_0^{\infty}u\left\{\begin{array}{ll} I_{\mathcal{M}}\left(r\sqrt{\frac{\eta_z\xi_l^2+s}{\eta_r}}\right)K_{\mathcal{M}}\left(u\sqrt{\frac{\eta_z\xi_l^2+s}{\eta_r}}\right), & 0<r<u\\ I_{\mathcal{M}}\left(u\sqrt{\frac{\eta_z\xi_l^2+s}{\eta_r}}\right)K_{\mathcal{M}}\left(r\sqrt{\frac{\eta_z\xi_l^2+s}{\eta_r}}\right), & 0<u<r\end{array}\right\}\times$$

$$\times\left\{\overline{\overline{\psi}}_{\theta 0}(u,\xi_m,s)-(-1)^l\,\overline{\overline{\psi}}_{\theta d}(u,\xi_m,s)\right\}du+$$

$$+\frac{4}{d\eta_r}\sum_{m=1}^{\infty}\frac{\left(\xi_m^2+\lambda^2\right)\sin\{\xi_m(\vartheta-\theta)\}}{\vartheta\left(\xi_m^2+\lambda^2\right)+\lambda}\sum_{l=1}^{\infty}\sin(\xi_l z)\times$$

$$\times\int_0^{\infty}\left\{\begin{array}{ll} I_{\mathcal{M}}\left(r\sqrt{\frac{\eta_z\xi_l^2+s}{\eta_r}}\right)\int_0^{\infty}uK_{\mathcal{M}}\left(u\sqrt{\frac{\eta_z\xi_l^2+s}{\eta_r}}\right)\int_0^d\overline{\varphi}(u,\xi_m,w)\sin(\xi_l w)dwdu, & 0<r<u\\ K_{\mathcal{M}}\left(r\sqrt{\frac{\eta_z\xi_l^2+s}{\eta_r}}\right)\int_0^{\infty}uI_{\mathcal{M}}\left(u\sqrt{\frac{\eta_z\xi_l^2+s}{\eta_r}}\right)\int_0^d\overline{\varphi}(u,\xi_m,w)\sin(\xi_l w)dwdu, & 0<u<r\end{array}\right\}du \qquad (27.7.1)$$

where ξ_m are the positive roots of $\xi_m\cot(\xi_m\vartheta)=-\lambda$, $m=1,2,...$, and ξ_l are the positive roots of $\sin(\xi_l d)$, which are $\xi_l=\frac{l\pi}{d}$, $l=1,2,....$ $\overline{\overline{\psi}}_{\theta 0}(u,\xi_m,s)=\int_0^{\vartheta}\overline{\psi}_{\theta 0}(u,v,s)\sin\{\xi_m(\vartheta-v)\}dv$, $\overline{\overline{\psi}}_{\theta d}(u,\xi_m,s)=\int_0^{\vartheta}\overline{\psi}_{\theta d}(u,v,s)\sin\{\xi_m(\vartheta-v)\}dv$, $\overline{\overline{\psi}}_{0z}(u,\xi_l,s)=\int_0^d\overline{\psi}_{0z}(u,w,s)\sin(\xi_l w)dw$, $\overline{\overline{\psi}}_{\vartheta z}(u,\xi_l,s)=\int_0^d\overline{\psi}_{\vartheta z}(u,w,s)\sin(\xi_l w)dw$ and $\overline{\varphi}(u,\xi_m,w)=\int_0^{\vartheta}\varphi(u,v,w)\sin\{\xi_m(\vartheta-v)\}dv$.

$$p=\frac{U(t-t_0)}{2d}\left(\frac{\mu}{k_r}\right)\sum_{m=1}^{\infty}\frac{\left(\xi_m^2+\lambda^2\right)\sin\{\xi_m(\vartheta-\theta)\}\sin\{\xi_m(\vartheta-\theta_0)\}}{\vartheta\left(\xi_m^2+\lambda^2\right)+\lambda}\times$$

$$\times\int_0^{t-t_0}\frac{q(t-t_0-\tau)}{\tau}I_{\mathcal{M}}\left(\frac{rr_0}{2\eta_r\tau}\right)e^{-\frac{\left(r^2+r_0^2\right)}{4\eta_r\tau}}\left[\Theta_3\left\{\frac{\pi(z-z_0)}{2d},e^{-\left(\frac{\pi}{d}\right)\eta_z\tau}\right\}-\Theta_3\left\{\frac{\pi(z+z_0)}{2d},e^{-\left(\frac{\pi}{d}\right)\eta_z\tau}\right\}\right]d\tau+$$

$$+\frac{2\dot{o}^2}{d}\sum_{m=1}^{\infty}\xi_m\frac{\left(\xi_m^2+\lambda^2\right)\sin\{\xi_m(\vartheta-\theta)\}}{\vartheta\left(\xi_m^2+\lambda^2\right)+\lambda}\times$$

$$\times\int_0^t\frac{1}{\tau}\int_0^{\infty}\frac{e^{-\frac{\left(r^2+u\right)}{4\eta_r\tau}}}{u}I_{\mathcal{M}}\left(\frac{ru}{2\eta_r\tau}\right)\int_0^d\left\{\left(\frac{\mu}{k_\theta}\right)\psi_{0z}(u,w,t-\tau)\sin(\xi_m\vartheta)+\xi_m\psi_{\vartheta z}(u,w,t-\tau)\right\}\times$$

$$\times\left[\Theta_3\left\{\frac{\pi(z-w)}{2d},e^{-\left(\frac{\pi}{d}\right)\eta_z\tau}\right\}-\Theta_3\left\{\frac{\pi(z+w)}{2d},e^{-\left(\frac{\pi}{d}\right)\eta_z\tau}\right\}\right]dwdud\tau+$$

$$+\frac{\eta_z}{2d^2\eta_r}\sum_{m=1}^{\infty}\frac{\left(\xi_m^2+\lambda^2\right)\sin\{\xi_m(\vartheta-\theta)\}}{\vartheta\left(\xi_m^2+\lambda^2\right)+\lambda}\int_0^t\frac{1}{\tau}\int_0^{\infty}I_{\mathcal{M}}\left\{\frac{ru}{2\eta_r\tau}\right\}ue^{-\frac{\left(r^2+u^2\right)}{4\eta_r\tau}}\times$$

$$\times\left\{\Theta_4'\left(\frac{\pi z}{2d},e^{-\left(\frac{\pi}{d}\right)\eta_z\tau}\right)\overline{\psi}_{\theta d}(u,\xi_m,t-\tau)-\Theta_3'\left(\frac{\pi z}{2d},e^{-\left(\frac{\pi}{d}\right)\eta_z\tau}\right)\overline{\psi}_{\theta 0}(u,\xi_m,t-\tau)\right\}dud\tau+$$

$$+\frac{1}{2d\eta_r t}\sum_{m=1}^{\infty}\frac{(\xi_m^2+\lambda^2)\sin\{\xi_m(\vartheta-\theta)\}}{\vartheta(\xi_m^2+\lambda^2)+\lambda}\int_0^{\infty} ue^{-\frac{(r^2+u^2)}{4\eta_r t}} I_{\mathcal{M}}\left(\frac{ru}{2\eta_r t}\right)\times$$

$$\times\int_0^d \overline{\varphi}(u,\xi_m,w)\left[\Theta_3\left\{\frac{\pi(z-w)}{2d},e^{-\left(\frac{\pi}{d}\right)\eta_z t}\right\}-\Theta_3\left\{\frac{\pi(z+w)}{2d},e^{-\left(\frac{\pi}{d}\right)\eta_z t}\right\}\right]dwdu \qquad (27.7.2)$$

where $\overline{\psi}_{\theta 0}(u,\xi_m,t)=\int_0^{\vartheta}\psi_{\theta 0}(u,v,t)\sin\{\xi_m(\vartheta-v)\}\,dv$ and $\overline{\psi}_{\theta d}(u,\xi_m,t)=\int_0^{\vartheta}\psi_{\theta d}(u,v,t)\sin\{\xi_m(\vartheta-v)\}\,dv$.

27.8 The problem of 27.1, except

$\mathbf{R}_{0z}\equiv\frac{\partial p(r,0,z,t)}{\partial\theta}-\lambda p(r,0,z,t)=-\left(\frac{\mu}{k_\theta}\right)\psi_{0z}(r,z,t)$,
$\mathbf{N}_{\vartheta z}\equiv\frac{\partial p(r,\vartheta,z,t)}{\partial\theta}=-\left(\frac{\mu}{k_\theta}\right)\psi_{\vartheta z}(r,z,t)$,
$\mathbf{D}_{\theta 0}\equiv p(r,\theta,0,t)=\psi_{\theta 0}(r,\theta,t)$ and
$\mathbf{D}_{\theta d}\equiv p(r,\theta,d,t)=\psi_{\theta d}(r,\theta,t)$

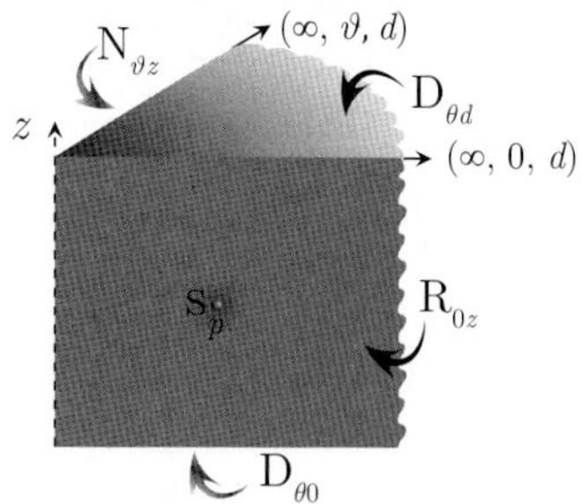

$$\overline{p}=\frac{4q(s)e^{-st_0}}{d}\left(\frac{\mu}{k_r}\right)\sum_{m=1}^{\infty}\frac{(\xi_m^2+\lambda^2)\cos\{\xi_m(\vartheta-\theta_0)\}\cos\{\xi_m(\vartheta-\theta)\}}{\vartheta(\xi_m^2+\lambda^2)+\lambda}\times$$

$$\times\sum_{l=1}^{\infty}\sin(\xi_l z_0)\sin(\xi_l z)\begin{Bmatrix} I_{\mathcal{M}}\left(r\sqrt{\frac{\eta_z\xi_l^2+s}{\eta_r}}\right)K_{\mathcal{M}}\left(r_0\sqrt{\frac{\eta_z\xi_l^2+s}{\eta_r}}\right), & 0<r<r_0\\ I_{\mathcal{M}}\left(r_0\sqrt{\frac{\eta_z\xi_l^2+s}{\eta_r}}\right)K_{\mathcal{M}}\left(r\sqrt{\frac{\eta_z\xi_l^2+s}{\eta_r}}\right), & 0<r_0<r\end{Bmatrix}+$$

$$+\frac{4}{d}\left(\frac{\mu}{k_r}\right)\sum_{m=1}^{\infty}\frac{(\xi_m^2+\lambda^2)\cos\{\xi_m(\vartheta-\theta)\}}{\vartheta(\xi_m^2+\lambda^2)+\lambda}\times$$

$$\times\sum_{l=1}^{\infty}\sin(\xi_l z)\int_0^{\infty}\frac{1}{u}\begin{Bmatrix} I_{\mathcal{M}}\left(r\sqrt{\frac{\eta_z\xi_l^2+s}{\eta_r}}\right)K_{\mathcal{M}}\left(u\sqrt{\frac{\eta_z\xi_l^2+s}{\eta_r}}\right), & 0<r<u\\ I_{\mathcal{M}}\left(\sqrt{\frac{\eta_z\xi_l^2+s}{\eta_r}}\right)K_{\mathcal{M}}\left(r\sqrt{\frac{\eta_z\xi_l^2+s}{\eta_r}}\right), & 0<u<r\end{Bmatrix}\times$$

$$\times\left\{\overline{\overline{\psi}}_{0z}(u,\xi_l,s)\cos(\xi_m\vartheta)-\overline{\overline{\psi}}_{\vartheta z}(u,\xi_l,s)\right\}du+$$

$$+\frac{4\eta_z}{d\eta_r}\sum_{m=1}^{\infty}\frac{(\xi_m^2+\lambda^2)\cos\{\xi_m(\vartheta-\theta)\}}{\vartheta(\xi_m^2+\lambda^2)+\lambda}\times$$

$$\times\sum_{l=1}^{\infty}\xi_l\sin(\xi_l z)\int_0^{\infty}u\begin{Bmatrix} I_{\mathcal{M}}\left(r\sqrt{\frac{\eta_z\xi_l^2+s}{\eta_r}}\right)K_{\mathcal{M}}\left(u\sqrt{\frac{\eta_z\xi_l^2+s}{\eta_r}}\right), & 0<r<u\\ I_{\mathcal{M}}\left(u\sqrt{\frac{\eta_z\xi_l^2+s}{\eta_r}}\right)K_{\mathcal{M}}\left(r\sqrt{\frac{\eta_z\xi_l^2+s}{\eta_r}}\right), & 0<u<r\end{Bmatrix}\times$$

$$\times\left\{\overline{\overline{\psi}}_{\theta 0}(u,\xi_m,s)-(-1)^l\,\overline{\overline{\psi}}_{\theta d}(u,\xi_m,s)\right\}du+$$

$$+\frac{4}{d\eta_r}\sum_{m=1}^{\infty}\frac{(\xi_m^2+\lambda^2)\cos\{\xi_m(\vartheta-\theta)\}}{\vartheta(\xi_m^2+\lambda^2)+\lambda}\sum_{l=1}^{\infty}\sin(\xi_l z)\times$$

$$\times\int_0^{\infty}\begin{Bmatrix} I_{\mathcal{M}}\left(r\sqrt{\frac{\eta_z\xi_l^2+s}{\eta_r}}\right)\int_0^{\infty}uK_{\mathcal{M}}\left(u\sqrt{\frac{\eta_z\xi_l^2+s}{\eta_r}}\right)\int_0^d\overline{\varphi}(u,\xi_m,w)\sin(\xi_l w)dwdu, & 0<r<u\\ K_{\mathcal{M}}\left(r\sqrt{\frac{\eta_z\xi_l^2+s}{\eta_r}}\right)\int_0^{\infty}uI_{\mathcal{M}}\left(u\sqrt{\frac{\eta_z\xi_l^2+s}{\eta_r}}\right)\int_0^d\overline{\varphi}(u,\xi_m,w)\sin(\xi_l w)dwdu, & 0<u<r\end{Bmatrix}du \qquad (27.8.1)$$

where ξ_m are the positive roots of $\xi_m\tan(\xi_m\vartheta)=\lambda$, $m=0,1,\ldots$ and ξ_l are the positive roots of $\sin(\xi_l d)$, which are $\xi_l=\frac{l\pi}{d}$, $l=1,2,\ldots$. $\overline{\overline{\psi}}_{\theta 0}(u,\xi_m,s)=\int_0^{\vartheta}\overline{\psi}_{\theta 0}(u,v,s)\cos\{\xi_m(\vartheta-v)\}\,dv$,
$\overline{\overline{\psi}}_{\theta d}(u,\xi_m,s)=\int_0^{\vartheta}\overline{\psi}_{\theta d}(u,v,s)\cos\{\xi_m(\vartheta-v)\}\,dv$, $\overline{\overline{\psi}}_{0z}(u,\xi_l,s)=\int_0^d\overline{\psi}_{0z}(u,w,s)\sin(\xi_l w)\,dw$,

$\overline{\overline{\psi}}_{\vartheta z}(u,\xi_l,s)=\int_0^d \overline{\psi}_{\vartheta z}(u,w,s)\sin(\xi_l w)\,dw$ and $\overline{\varphi}(u,\xi_m,w)=\int_0^\vartheta \varphi(u,v,w)\cos\{\xi_m(\vartheta-v)\}\,dv$.

$$p = \frac{U(t-t_0)}{2d}\left(\frac{\mu}{k_r}\right)\sum_{m=1}^{\infty}\frac{(\xi_m^2+\lambda^2)\cos\{\xi_m(\vartheta-\theta_0)\}\cos\{\xi_m(\vartheta-\theta)\}}{\vartheta(\xi_m^2+\lambda^2)+\lambda}\times$$
$$\times\int_0^{t-t_0}\frac{q(t-t_0-\tau)}{\tau}I_{\mathcal{M}}\left(\frac{rr_0}{2\eta_r\tau}\right)e^{-\frac{(r^2+r_0^2)}{4\eta_r\tau}}\left[\Theta_3\left\{\frac{\pi(z-z_0)}{2d},e^{-\left(\frac{\pi}{d}\right)\eta_z\tau}\right\}-\Theta_3\left\{\frac{\pi(z+z_0)}{2d},e^{-\left(\frac{\pi}{d}\right)\eta_z\tau}\right\}\right]d\tau+$$
$$+\frac{1}{2d}\left(\frac{\mu}{k_r}\right)\sum_{m=1}^{\infty}\frac{(\xi_m^2+\lambda^2)\cos\{\xi_m(\vartheta-\theta)\}}{\vartheta(\xi_m^2+\lambda^2)+\lambda}\times$$
$$\times\int_0^t\frac{1}{\tau}\int_0^\infty\frac{e^{-\frac{(r^2+u)}{4\eta_r\tau}}}{u}I_{\mathcal{M}}\left(\frac{ru}{2\eta_r\tau}\right)\int_0^d\{\psi_{0z}(u,w,t-\tau)\cos(\xi_m\vartheta)-\psi_{\vartheta z}(u,w,t-\tau)\}\times$$
$$\times\left[\Theta_3\left\{\frac{\pi(z-w)}{2d},e^{-\left(\frac{\pi}{d}\right)\eta_z\tau}\right\}-\Theta_3\left\{\frac{\pi(z+w)}{2d},e^{-\left(\frac{\pi}{d}\right)\eta_z\tau}\right\}\right]dw\,du\,d\tau+$$
$$+\frac{\eta_z}{2d^2\eta_r}\sum_{m=1}^{\infty}\frac{(\xi_m^2+\lambda^2)\cos\{\xi_m(\vartheta-\theta)\}}{\vartheta(\xi_m^2+\lambda^2)+\lambda}\int_0^t\frac{1}{\tau}\int_0^\infty I_{\mathcal{M}}\left\{\frac{ru}{2\eta_r\tau}\right\}ue^{-\frac{(r^2+u^2)}{4\eta_r\tau}}\times$$
$$\times\left\{\Theta_4'\left(\frac{\pi z}{2d},e^{-\left(\frac{\pi}{d}\right)\eta_z\tau}\right)\overline{\psi}_{\theta d}(u,\xi_m,t-\tau)-\Theta_3'\left(\frac{\pi z}{2d},e^{-\left(\frac{\pi}{d}\right)\eta_z\tau}\right)\overline{\psi}_{\theta 0}(u,\xi_m,t-\tau)\right\}du\,d\tau+$$
$$+\frac{1}{2d\eta_r t}\sum_{m=1}^{\infty}\frac{(\xi_m^2+\lambda^2)\cos\{\xi_m(\vartheta-\theta)\}}{\vartheta(\xi_m^2+\lambda^2)+\lambda}\int_0^\infty ue^{-\frac{(r^2+u^2)}{4\eta_r t}}I_{\mathcal{M}}\left(\frac{ru}{2\eta_r t}\right)\times$$
$$\times\int_0^d\overline{\varphi}(u,\xi_m,w)\left[\Theta_3\left\{\frac{\pi(z-w)}{2d},e^{-\left(\frac{\pi}{d}\right)\eta_z t}\right\}-\Theta_3\left\{\frac{\pi(z+w)}{2d},e^{-\left(\frac{\pi}{d}\right)\eta_z t}\right\}\right]dw\,du \qquad (27.8.2)$$

where $\overline{\psi}_{\theta 0}(u,\xi_m,t)=\int_0^\vartheta \psi_{\theta 0}(u,v,t)\cos\{\xi_m(\vartheta-v)\}\,dv$ and $\overline{\psi}_{\theta d}(u,\xi_m,t)=\int_0^\vartheta \psi_{\theta d}(u,v,t)\cos\{\xi_m(\vartheta-v)\}\,dv$.

27.9

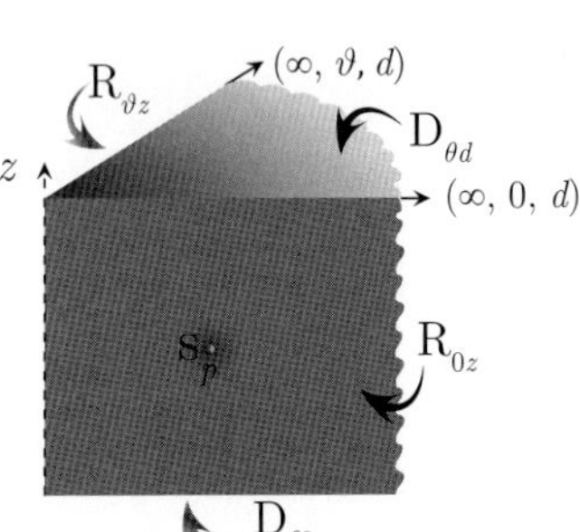

The problem of 27.1, except
$\mathbf{R}_{0z}\equiv\frac{\partial p(r,0,z,t)}{\partial\theta}-\lambda_0 p(r,0,z,t)=-\left(\frac{\mu}{k_\theta}\right)\psi_{0z}(r,z,t)$,
$\mathbf{R}_{\vartheta z}\frac{\partial p(r,\vartheta,z,t)}{\partial\theta}+\lambda_\vartheta p(r,\vartheta,z,t)=-\left(\frac{\mu}{k_\theta}\right)\psi_{\vartheta z}(r,z,t)$,
$\mathbf{D}_{\theta 0}\equiv p(r,\theta,0,t)=\psi_{\theta 0}(r,\theta,t)$ **and**
$\mathbf{D}_{\theta d}\equiv p(r,\theta,d,t)=\psi_{\theta d}(r,\theta,t)$

$$\overline{p} = \frac{4q(s)e^{-st_0}}{d}\left(\frac{\mu}{k_r}\right)\sum_{m=1}^{\infty}\frac{\{\xi_m\cos(\xi_m\theta_0)+\lambda_0\sin(\xi_m\theta_0)\}\{\xi_m\cos(\xi_m\theta)+\lambda_0\sin(\xi_m\theta)\}}{\left\{(\xi_m^2+\lambda_0^2)\left(\vartheta+\frac{\lambda_\vartheta}{\xi_m^2+\lambda_\vartheta^2}\right)+\lambda_0\right\}}\times$$
$$\times\sum_{l=1}^{\infty}\sin(\xi_l z_0)\sin(\xi_l z)\begin{Bmatrix}I_{\mathcal{M}}\left(r\sqrt{\frac{\eta_z\xi_l^2+s}{\eta_r}}\right)K_{\mathcal{M}}\left(r_0\sqrt{\frac{\eta_z\xi_l^2+s}{\eta_r}}\right), & 0<r<r_0\\ I_{\mathcal{M}}\left(r_0\sqrt{\frac{\eta_z\xi_l^2+s}{\eta_r}}\right)K_{\mathcal{M}}\left(r\sqrt{\frac{\eta_z\xi_l^2+s}{\eta_r}}\right), & 0<r_0<r\end{Bmatrix}+$$
$$+\frac{4\dot{o}^2}{d}\sum_{m=1}^{\infty}\frac{\{\xi_m\cos(\xi_m\theta)+\lambda_0\sin(\xi_m\theta)\}}{\left\{(\xi_m^2+\lambda_0^2)\left(\vartheta+\frac{\lambda_\vartheta}{\xi_m^2+\lambda_\vartheta^2}\right)+\lambda_0\right\}}\times$$

$$\times \sum_{l=1}^{\infty} \sin(\xi_l z) \int_0^{\infty} \frac{1}{u} \left\{ \begin{array}{ll} I_{\mathcal{M}}\left(r\sqrt{\frac{\eta_z \xi_l^2+s}{\eta_r}}\right) K_{\mathcal{M}}\left(u\sqrt{\frac{\eta_z \xi_l^2+s}{\eta_r}}\right), & 0<r<u \\ I_{\mathcal{M}}\left(\sqrt{\frac{\eta_z \xi_l^2+s}{\eta_r}}\right) K_{\mathcal{M}}\left(r\sqrt{\frac{\eta_z \xi_l^2+s}{\eta_r}}\right), & 0<u<r \end{array} \right\} \times$$

$$\times \left\{ \xi_m \overline{\overline{\psi}}_{0z}(u,\xi_l,s) - \overline{\overline{\psi}}_{\vartheta z}(u,\xi_l,s)\left\{\xi_m \cos(\xi_m \vartheta) + \lambda_0 \sin(\xi_m \vartheta)\right\}\right\} du +$$

$$+ \frac{4\eta_z}{d\eta_r} \sum_{m=1}^{\infty} \frac{\left\{\xi_m \cos(\xi_m \theta) + \lambda_0 \sin(\xi_m \theta)\right\}}{\left\{(\xi_m^2+\lambda_0^2)\left(\vartheta + \frac{\lambda_\vartheta}{\xi_m^2+\lambda_\vartheta^2}\right)+\lambda_0\right\}} \times$$

$$\times \sum_{l=1}^{\infty} \xi_l \sin(\xi_l z) \int_0^{\infty} u \left\{ \begin{array}{ll} I_{\mathcal{M}}\left(r\sqrt{\frac{\eta_z \xi_l^2+s}{\eta_r}}\right) K_{\mathcal{M}}\left(u\sqrt{\frac{\eta_z \xi_l^2+s}{\eta_r}}\right), & 0<r<u \\ I_{\mathcal{M}}\left(u\sqrt{\frac{\eta_z \xi_l^2+s}{\eta_r}}\right) K_{\mathcal{M}}\left(r\sqrt{\frac{\eta_z \xi_l^2+s}{\eta_r}}\right), & 0<u<r \end{array} \right\} \times$$

$$\times \left\{ \overline{\overline{\psi}}_{\theta 0}(u,\xi_m,s) - (-1)^l \overline{\overline{\psi}}_{\theta d}(u,\xi_m,s)\right\} du +$$

$$+ \frac{4}{d\eta_r} \sum_{m=1}^{\infty} \frac{\left\{\xi_m \cos(\xi_m \theta) + \lambda_0 \sin(\xi_m \theta)\right\}}{\left\{(\xi_m^2+\lambda_0^2)\left(\vartheta + \frac{\lambda_\vartheta}{\xi_m^2+\lambda_\vartheta^2}\right)+\lambda_0\right\}} \sum_{l=1}^{\infty} \sin(\xi_l z) \times$$

$$\times \int_0^{\infty} \left\{ \begin{array}{ll} I_{\mathcal{M}}\left(r\sqrt{\frac{\eta_z \xi_l^2+s}{\eta_r}}\right) \int_0^{\infty} u K_{\mathcal{M}}\left(u\sqrt{\frac{\eta_z \xi_l^2+s}{\eta_r}}\right) \int_0^d \overline{\varphi}(u,\xi_m,w)\sin(\xi_l w)dwdu, & 0<r<u \\ K_{\mathcal{M}}\left(r\sqrt{\frac{\eta_z \xi_l^2+s}{\eta_r}}\right) \int_0^{\infty} u I_{\mathcal{M}}\left(u\sqrt{\frac{\eta_z \xi_l^2+s}{\eta_r}}\right) \int_0^d \overline{\varphi}(u,\xi_m,w)\sin(\xi_l w)dwdu, & 0<u<r \end{array} \right\} du \quad (27.9.1)$$

where ξ_m are the positive roots of $\tan(\xi_m \vartheta) = \frac{\xi_m(\lambda_0+\lambda_\vartheta)}{\xi_m^2-\lambda_0\lambda_\vartheta}$, $m = 1, 2, ...$, and ξ_l are the positive roots of $\sin(\xi_l d)$, which are $\xi_l = \frac{l\pi}{d}$, $l = 1, 2, ...$ $\overline{\overline{\psi}}_{\theta 0}(u,\xi_m,s) = \int_0^{\vartheta} \overline{\psi}_{\theta 0}(u,v,s)\left\{\xi_m \cos(\xi_m v) + \lambda_0 \sin(\xi_m v)\right\} dv$, $\overline{\overline{\psi}}_{\theta d}(u,\xi_m,s) = \int_0^{\vartheta} \overline{\psi}_{\theta d}(u,v,s)\left\{\xi_m \cos(\xi_m v) + \lambda_0 \sin(\xi_m v)\right\} dv$, $\overline{\overline{\psi}}_{0z}(u,\xi_l,s) = \int_0^{d} \overline{\psi}_{0z}(u,w,s)\sin(\xi_l w)\, dw$, $\overline{\overline{\psi}}_{\vartheta z}(u,\xi_l,s) = \int_0^{d} \overline{\psi}_{\vartheta z}(u,w,s)\sin(\xi_l w)\, dw$ and $\overline{\varphi}(u,\xi_m,w) = \int_0^{\vartheta} \varphi(u,v,w)\left\{\xi_m \cos(\xi_m v) + \lambda_0 \sin(\xi_m v)\right\} dv$.

$$p = \frac{U(t-t_0)}{2d}\left(\frac{\mu}{k_r}\right) \sum_{m=1}^{\infty} \frac{\left\{\xi_m \cos(\xi_m \theta_0) + \lambda_0 \sin(\xi_m \theta_0)\right\}\left\{\xi_m \cos(\xi_m \theta) + \lambda_0 \sin(\xi_m \theta)\right\}}{\left\{(\xi_m^2+\lambda_0^2)\left(\vartheta + \frac{\lambda_\vartheta}{\xi_m^2+\lambda_\vartheta^2}\right)+\lambda_0\right\}} \times$$

$$\times \int_0^{t-t_0} \frac{q(t-t_0-\tau)}{\tau} I_{\mathcal{M}}\left(\frac{rr_0}{2\eta_r \tau}\right) e^{-\frac{(r^2+r_0^2)}{4\eta_r \tau}} \times$$

$$\times \left[\Theta_3\left\{\frac{\pi(z-z_0)}{2d}, e^{-\left(\frac{\pi}{d}\right)\eta_z \tau}\right\} - \Theta_3\left\{\frac{\pi(z+z_0)}{2d}, e^{-\left(\frac{\pi}{d}\right)\eta_z \tau}\right\}\right] d\tau +$$

$$+ \frac{2\dot{o}^2}{d} \sum_{m=1}^{\infty} \frac{\left\{\xi_m \cos(\xi_m \theta) + \lambda_0 \sin(\xi_m \theta)\right\}}{\left\{(\xi_m^2+\lambda_0^2)\left(\vartheta + \frac{\lambda_\vartheta}{\xi_m^2+\lambda_\vartheta^2}\right)+\lambda_0\right\}} \times$$

$$\times \int_0^t \frac{1}{\tau} \int_0^{\infty} \frac{e^{-\frac{(r^2+u)}{4\eta_r \tau}}}{u} I_{\mathcal{M}}\left(\frac{ru}{2\eta_r \tau}\right) \int_0^d \left\{\xi_m \psi_{0z}(u,w,t-\tau) - \psi_{\vartheta z}(u,w,t-\tau)\left\{\xi_m \cos(\xi_m \vartheta) + \lambda_0 \sin(\xi_m \vartheta)\right\}\right\} \times$$

$$\times \left[\Theta_3\left\{\frac{\pi(z-w)}{2d}, e^{-\left(\frac{\pi}{d}\right)\eta_z \tau}\right\} - \Theta_3\left\{\frac{\pi(z+w)}{2d}, e^{-\left(\frac{\pi}{d}\right)\eta_z \tau}\right\}\right] dwdud\tau +$$

$$+ \frac{\eta_z}{2d^2\eta_r} \sum_{m=1}^{\infty} \frac{\left\{\xi_m \cos(\xi_m \theta) + \lambda_0 \sin(\xi_m \theta)\right\}}{\left\{(\xi_m^2+\lambda_0^2)\left(\vartheta + \frac{\lambda_\vartheta}{\xi_m^2+\lambda_\vartheta^2}\right)+\lambda_0\right\}} \int_0^t \frac{1}{\tau} \int_0^{\infty} I_{\mathcal{M}}\left\{\frac{ru}{2\eta_r \tau}\right\} u e^{-\frac{(r^2+u^2)}{4\eta_r \tau}} \times$$

$$\times \left\{\Theta_4'\left(\frac{\pi z}{2d}, e^{-\left(\frac{\pi}{d}\right)\eta_z \tau}\right) \overline{\psi}_{\theta d}(u,\xi_m,t-\tau) - \Theta_3'\left(\frac{\pi z}{2d}, e^{-\left(\frac{\pi}{d}\right)\eta_z \tau}\right) \overline{\psi}_{\theta 0}(u,\xi_m,t-\tau)\right\} dud\tau +$$

$$+\frac{1}{2d\eta_r t}\sum_{m=1}^{\infty}\frac{\{\xi_m\cos(\xi_m\theta)+\lambda_0\sin(\xi_m\theta)\}}{\left\{\left(\xi_m^2+\lambda_0^2\right)\left(\vartheta+\frac{\lambda_\vartheta}{\xi_m^2+\lambda_\vartheta^2}\right)+\lambda_0\right\}}\int_0^\infty ue^{-\frac{\left(r^2+u^2\right)}{4\eta_r t}}I_{\mathcal{M}}\left(\frac{ru}{2\eta_r t}\right)\times$$

$$\times\int_0^d\overline{\varphi}(u,\xi_m,w)\left[\Theta_3\left\{\frac{\pi(z-w)}{2d},e^{-\left(\frac{\pi}{d}\right)\eta_z t}\right\}-\Theta_3\left\{\frac{\pi(z+w)}{2d},e^{-\left(\frac{\pi}{d}\right)\eta_z t}\right\}\right]dwdu \quad (27.9.2)$$

where $\overline{\psi}_{\theta 0}(u,\xi_m,t)=\int_0^\vartheta\psi_{\theta 0}(u,v,t)\{\xi_m\cos(\xi_m v)+\lambda_0\sin(\xi_m v)\}\,dv$ and $\overline{\psi}_{\theta d}(u,\xi_m,t)=\int_0^\vartheta\psi_{\theta d}(u,v,t)\{\xi_m\cos(\xi_m v)+\lambda_0\sin(\xi_m v)\}\,dv$.

27.10

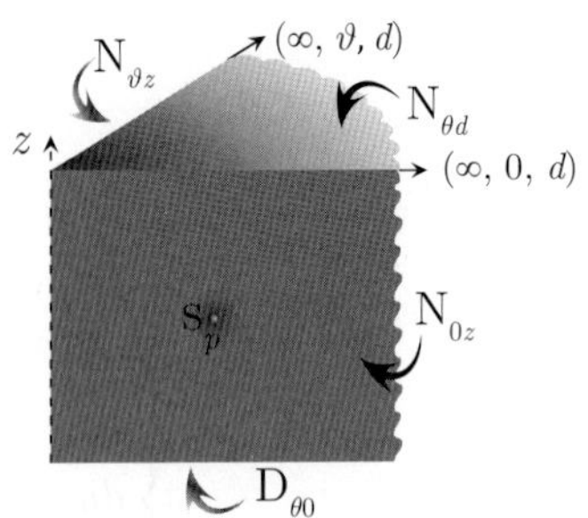

The problem of 27.1, except
$\mathbf{D}_{\theta 0}\equiv p(r,\theta,0,t)=\psi_{\theta 0}(r,\theta,t)$,
$\mathbf{N}_{\theta d}\equiv\frac{\partial p(r,\theta,d,t)}{\partial z}=-\left(\frac{\mu}{k_z}\right)\psi_{\theta d}(r,\theta,t)$,
$\mathbf{N}_{0z}\equiv\frac{\partial p(r,0,z,t)}{\partial\theta}=-\left(\frac{\mu}{k_\theta}\right)\psi_{0z}(r,z,t)$ and
$\mathbf{N}_{\vartheta z}\equiv\frac{\partial p(r,\vartheta,z,t)}{\partial\theta}=-\left(\frac{\mu}{k_\theta}\right)\psi_{\vartheta z}(r,z,t)$

$$\overline{p}=\frac{4q(s)e^{-st_0}}{\vartheta d}\left(\frac{\mu}{k_r}\right)\sum_{m=0}^{\infty}\ni_m\cos(\xi_m\theta_0)\sum_{l=1}^{\infty}\sin(\xi_l z_0)\sin(\xi_l z)\times$$

$$\times\left\{\begin{array}{ll}I_{\mathcal{M}}\left(r\sqrt{\frac{\eta_z\xi_l^2+s}{\eta_r}}\right)K_{\mathcal{M}}\left(r_0\sqrt{\frac{\eta_z\xi_l^2+s}{\eta_r}}\right), & 0<r<r_0\\ I_{\mathcal{M}}\left(r_0\sqrt{\frac{\eta_z\xi_l^2+s}{\eta_r}}\right)K_{\mathcal{M}}\left(r\sqrt{\frac{\eta_z\xi_l^2+s}{\eta_r}}\right), & 0<r_0<r\end{array}\right\}+$$

$$+\frac{4}{\vartheta d}\left(\frac{\mu}{k_r}\right)\sum_{m=0}^{\infty}\ni_m\cos(\xi_m\theta)\sum_{l=1}^{\infty}\sin(\xi_l z)\int_0^\infty\frac{1}{u}\left\{\begin{array}{ll}I_{\mathcal{M}}\left(r\sqrt{\frac{\eta_z\xi_l^2+s}{\eta_r}}\right)K_{\mathcal{M}}\left(u\sqrt{\frac{\eta_z\xi_l^2+s}{\eta_r}}\right), & 0<r<u\\ I_{\mathcal{M}}\left(\sqrt{\frac{\eta_z\xi_l^2+s}{\eta_r}}\right)K_{\mathcal{M}}\left(r\sqrt{\frac{\eta_z\xi_l^2+s}{\eta_r}}\right), & 0<u<r\end{array}\right\}\times$$

$$\times\left\{\overline{\overline{\psi}}_{0z}(u,\xi_l,s)+(-1)^{m+1}\overline{\overline{\psi}}_{\vartheta z}(u,\xi_l,s)\right\}du+$$

$$+\frac{4\eta_z}{\vartheta d\eta_r}\sum_{m=0}^{\infty}\ni_m\cos(\xi_m\theta)\sum_{l=1}^{\infty}\sin(\xi_l z)\int_0^\infty u\left\{\begin{array}{ll}I_{\mathcal{M}}\left(r\sqrt{\frac{\eta_z\xi_l^2+s}{\eta_r}}\right)K_{\mathcal{M}}\left(u\sqrt{\frac{\eta_z\xi_l^2+s}{\eta_r}}\right), & 0<r<u\\ I_{\mathcal{M}}\left(u\sqrt{\frac{\eta_z\xi_l^2+s}{\eta_r}}\right)K_{\mathcal{M}}\left(r\sqrt{\frac{\eta_z\xi_l^2+s}{\eta_r}}\right), & 0<u<r\end{array}\right\}\times$$

$$\times\left\{\xi_l\overline{\overline{\psi}}_{\theta 0}(u,\xi_m,s)+(-1)^l\left(\frac{\mu}{k_z}\right)\overline{\overline{\psi}}_{\theta d}(u,\xi_m,s)\right\}du+$$

$$+\frac{4}{\vartheta d\eta_r}\sum_{m=0}^{\infty}\ni_m\cos(\xi_m\theta)\sum_{l=1}^{\infty}\sin(\xi_l z)\times$$

$$\times\left\{\begin{array}{ll}I_{\mathcal{M}}\left(r\sqrt{\frac{\eta_z\xi_l^2+s}{\eta_r}}\right)\int_0^\infty uK_{\mathcal{M}}\left(u\sqrt{\frac{\eta_z\xi_l^2+s}{\eta_r}}\right)\int_0^d\overline{\varphi}(u,\xi_m,w)\sin(\xi_l w)dwdu, & 0<r<u\\ K_{\mathcal{M}}\left(r\sqrt{\frac{\eta_z\xi_l^2+s}{\eta_r}}\right)\int_0^\infty uI_{\mathcal{M}}\left(u\sqrt{\frac{\eta_z\xi_l^2+s}{\eta_r}}\right)\int_0^d\overline{\varphi}(u,\xi_m,w)\sin(\xi_l w)dwdu, & 0<u<r\end{array}\right\} \quad (27.10.1)$$

where ξ_l are the positive roots of $\cos(\xi_l d)$, which are $\xi_l=\frac{(2l-1)\pi}{2d}$, $l=1,2,...$, and ξ_m are the positive roots of $\sin(\xi_m\vartheta)$, which are $\xi_m=\frac{m\pi}{\vartheta}$, $m=0,1,....$ $\overline{\overline{\psi}}_{\theta 0}(u,\xi_m,s)=\int_0^\vartheta\overline{\psi}_{\theta 0}(u,v,s)\cos(\xi_m v)\,dv$, $\overline{\overline{\psi}}_{\theta d}(u,\xi_m,s)=\int_0^\vartheta\overline{\psi}_{\theta d}(u,v,s)\cos(\xi_m v)\,dv$, $\overline{\overline{\psi}}_{0z}(u,\xi_l,s)=\int_0^d\overline{\psi}_{0z}(u,w,s)\sin(\xi_l w)\,dw$,

$\overline{\overline{\psi}}_{\vartheta z}(u,\xi_l,s) = \int_0^d \overline{\psi}_{\vartheta z}(u,w,s)\sin(\xi_l w)\,dw$ and $\overline{\varphi}(u,\xi_m,w) = \int_0^\vartheta \varphi(u,v,w)\cos(\xi_m v)\,dv$.

$$
\begin{aligned}
p &= \frac{U(t-t_0)}{2\vartheta d}\left(\frac{\mu}{k_r}\right)\sum_{m=0}^{\infty}\ni_m \cos(\xi_m\theta_0)\times \\
&\times\int_0^{t-t_0}\frac{q(t-t_0-\tau)}{\tau}I_{\mathcal{M}}\left(\frac{rr_0}{2\eta_r\tau}\right)e^{-\frac{\left(r^2+r_0^2\right)}{4\eta_r\tau}}\left[\Theta_2\left\{\frac{\pi(z-z_0)}{2d},e^{-\left(\frac{\pi}{d}\right)\eta_z\tau}\right\}-\Theta_2\left\{\frac{\pi(z+z_0)}{2d},e^{-\left(\frac{\pi}{d}\right)\eta_z\tau}\right\}\right]d\tau+ \\
&+\frac{1}{2\vartheta d}\left(\frac{\mu}{k_r}\right)\sum_{m=0}^{\infty}\ni_m\cos(\xi_m\theta)\times \\
&\times\int_0^t\frac{1}{\tau}\int_0^\infty\frac{e^{-\frac{\left(r^2+u\right)}{4\eta_r\tau}}}{u}I_{\mathcal{M}}\left(\frac{ru}{2\eta_r\tau}\right)\int_0^d\left\{\psi_{0z}(u,w,t-\tau)+(-1)^{m+1}\psi_{\vartheta z}(u,w,t-\tau)\right\}\times \\
&\times\left[\Theta_2\left\{\frac{\pi(z-w)}{2d},e^{-\left(\frac{\pi}{d}\right)\eta_z\tau}\right\}-\Theta_2\left\{\frac{\pi(z+w)}{2d},e^{-\left(\frac{\pi}{d}\right)\eta_z\tau}\right\}\right]dwdud\tau- \\
&-\frac{1}{\vartheta d\eta_r}\sum_{m=0}^{\infty}\ni_m\cos(\xi_m\theta)\int_0^t\frac{1}{\tau}\int_0^\infty I_{\mathcal{M}}\left\{\frac{ru}{2\eta_r\tau}\right\}ue^{-\frac{\left(r^2+u^2\right)}{4\eta_r\tau}}\times \\
&\times\left\{\left(\frac{1}{\pi\phi c_t}\right)\Theta_1'\left(\frac{\pi z}{2d},e^{-\left(\frac{\pi}{d}\right)\eta_z\tau}\right)\overline{\psi}_{\theta d}(u,\xi_m,t-\tau)+\left(\frac{\eta_z}{2d}\right)\Theta_2'\left(\frac{\pi z}{2d},e^{-\left(\frac{\pi}{d}\right)\eta_z\tau}\right)\overline{\psi}_{\theta 0}(u,\xi_m,t-\tau)\right\}dud\tau+ \\
&+\frac{1}{2\vartheta d\eta_r t}\sum_{m=0}^{\infty}\ni_m\cos(\xi_m\theta)\int_0^\infty ue^{-\frac{\left(r^2+u^2\right)}{4\eta_r t}}I_{\mathcal{M}}\left(\frac{ru}{2\eta_r t}\right)\times \\
&\times\int_0^d\overline{\varphi}(u,\xi_m,w)\left[\Theta_2\left\{\frac{\pi(z-w)}{2d},e^{-\left(\frac{\pi}{d}\right)\eta_z t}\right\}-\Theta_2\left\{\frac{\pi(z+w)}{2d},e^{-\left(\frac{\pi}{d}\right)\eta_z t}\right\}\right]dwdu
\end{aligned}
\tag{27.10.2}
$$

where $\overline{\psi}_{\theta 0}(u,\xi_m,t) = \int_0^\vartheta \psi_{\theta 0}(u,v,t)\cos(\xi_m v)\,dv$ and $\overline{\psi}_{\theta d}(u,\xi_m,t) = \int_0^\vartheta \psi_{\theta d}(u,v,t)\cos(\xi_m v)\,dv$.

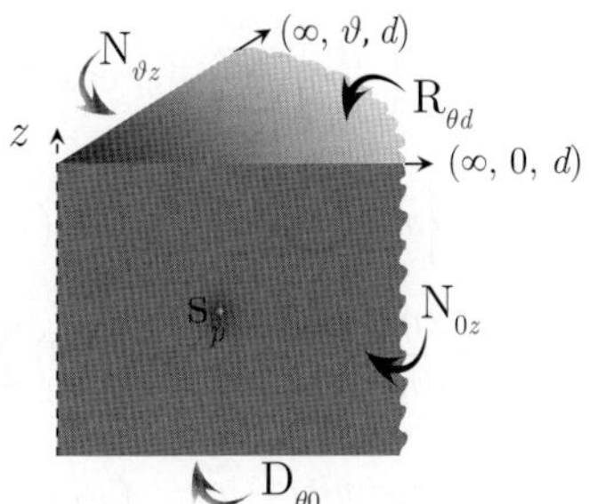

27.11 The problem of 27.1, except $\mathbf{D}_{\theta 0} \equiv p(r,\theta,0,t) = \psi_{\theta 0}(r,\theta,t)$, $\mathbf{R}_{\theta d} \equiv \frac{\partial p(r,\theta,d,t)}{\partial z} + \lambda p(r,\theta,d,t) = -\left(\frac{\mu}{k_z}\right)\psi_{\theta d}(r,\theta,t)$, $\mathbf{N}_{0z} \equiv \frac{\partial p(r,0,z,t)}{\partial \theta} = -\left(\frac{\mu}{k_\theta}\right)\psi_{0z}(r,z,t)$ and $\mathbf{N}_{\vartheta z} \equiv \frac{\partial p(r,\vartheta,z,t)}{\partial \theta} = -\left(\frac{\mu}{k_\theta}\right)\psi_{\vartheta z}(r,z,t)$

$$
\begin{aligned}
\overline{p} &= \frac{4q(s)e^{-st_0}}{\vartheta}\left(\frac{\mu}{k_r}\right)\sum_{m=0}^{\infty}\ni_m\cos(\xi_m\theta_0)\times \\
&\times\sum_{l=1}^{\infty}\frac{(\xi_l^2+\lambda^2)\sin(\xi_l z_0)\sin(\xi_l z)}{\{d(\xi_l^2+\lambda^2)+\lambda\}}\begin{Bmatrix} I_{\mathcal{M}}\left(r\sqrt{\frac{\eta_z\xi_l^2+s}{\eta_r}}\right)K_{\mathcal{M}}\left(r_0\sqrt{\frac{\eta_z\xi_l^2+s}{\eta_r}}\right), & 0<r<r_0 \\ I_{\mathcal{M}}\left(r_0\sqrt{\frac{\eta_z\xi_l^2+s}{\eta_r}}\right)K_{\mathcal{M}}\left(r\sqrt{\frac{\eta_z\xi_l^2+s}{\eta_r}}\right), & 0<r_0<r\end{Bmatrix}+ \\
&+\frac{4}{\vartheta}\left(\frac{\mu}{k_r}\right)\sum_{m=0}^{\infty}\ni_m\cos(\xi_m\theta)\times \\
&\times\sum_{l=1}^{\infty}\frac{(\xi_l^2+\lambda^2)\sin(\xi_l z)}{\{d(\xi_l^2+\lambda^2)+\lambda\}}\int_0^\infty\frac{1}{u}\begin{Bmatrix} I_{\mathcal{M}}\left(r\sqrt{\frac{\eta_z\xi_l^2+s}{\eta_r}}\right)K_{\mathcal{M}}\left(u\sqrt{\frac{\eta_z\xi_l^2+s}{\eta_r}}\right), & 0<r<u \\ I_{\mathcal{M}}\left(\sqrt{\frac{\eta_z\xi_l^2+s}{\eta_r}}\right)K_{\mathcal{M}}\left(r\sqrt{\frac{\eta_z\xi_l^2+s}{\eta_r}}\right), & 0<u<r\end{Bmatrix}\times
\end{aligned}
$$

$$\times\left\{\overline{\overline{\psi}}_{0z}(u,\xi_l,s)+(-1)^{m+1}\overline{\overline{\psi}}_{\vartheta z}(u,\xi_l,s)\right\}du+$$

$$+\frac{4\eta_z}{\vartheta\eta_r}\sum_{m=0}^{\infty}\ni_m\cos(\xi_m\theta)\sum_{l=1}^{\infty}\frac{(\xi_l^2+\lambda^2)\sin(\xi_l z)}{\{d(\xi_l^2+\lambda^2)+\lambda\}}\int_0^{\infty}u\left\{\begin{array}{ll}I_{\mathcal{M}}\left(r\sqrt{\frac{\eta_z\xi_l^2+s}{\eta_r}}\right)K_{\mathcal{M}}\left(u\sqrt{\frac{\eta_z\xi_l^2+s}{\eta_r}}\right), & 0<r<u\\ I_{\mathcal{M}}\left(u\sqrt{\frac{\eta_z\xi_l^2+s}{\eta_r}}\right)K_{\mathcal{M}}\left(r\sqrt{\frac{\eta_z\xi_l^2+s}{\eta_r}}\right), & 0<u<r\end{array}\right\}du\times$$

$$\times\left\{\xi_l\overline{\overline{\psi}}_{\theta 0}(u,\xi_m,s)-\left(\frac{\mu}{k_z}\right)\overline{\overline{\psi}}_{\theta d}(u,\xi_m,s)\sin(\xi_l d)\right\}du+$$

$$+\frac{4}{\vartheta\eta_r}\sum_{m=0}^{\infty}\ni_m\cos(\xi_m\theta)\sum_{l=1}^{\infty}\frac{(\xi_l^2+\lambda^2)\sin(\xi_l z)}{\{d(\xi_l^2+\lambda^2)+\lambda\}}\times$$

$$\times\left\{\begin{array}{ll}I_{\mathcal{M}}\left(r\sqrt{\frac{\eta_z\xi_l^2+s}{\eta_r}}\right)\int_0^{\infty}uK_{\mathcal{M}}\left(u\sqrt{\frac{\eta_z\xi_l^2+s}{\eta_r}}\right)\int_0^d\overline{\varphi}(u,\xi_m,w)\sin(\xi_l w)dwdu, & 0<r<u\\ K_{\mathcal{M}}\left(r\sqrt{\frac{\eta_z\xi_l^2+s}{\eta_r}}\right)\int_0^{\infty}uI_{\mathcal{M}}\left(u\sqrt{\frac{\eta_z\xi_l^2+s}{\eta_r}}\right)\int_0^d\overline{\varphi}(u,\xi_m,w)\sin(\xi_l w)dwdu, & 0<u<r\end{array}\right\}\quad(27.11.1)$$

where ξ_l are the positive roots of $\xi_l\cot(\xi_l d)=-\lambda$, $l=1,2,...$, and ξ_m are the positive roots of $\sin(\xi_m\vartheta)$, which are $\xi_m=\frac{m\pi}{\vartheta}$, $m=0,1,....$ $\overline{\overline{\psi}}_{\theta 0}(u,\xi_m,s)=\int_0^{\vartheta}\overline{\psi}_{\theta 0}(u,v,s)\cos(\xi_m v)\,dv$,
$\overline{\overline{\psi}}_{\theta d}(u,\xi_m,s)=\int_0^{\vartheta}\overline{\psi}_{\theta d}(u,v,s)\cos(\xi_m v)\,dv$, $\overline{\overline{\psi}}_{0z}(u,\xi_l,s)=\int_0^d\overline{\psi}_{0z}(u,w,s)\sin(\xi_l w)\,dw$,
$\overline{\overline{\psi}}_{\vartheta z}(u,\xi_l,s)=\int_0^d\overline{\psi}_{\vartheta z}(u,w,s)\sin(\xi_l w)\,dw$ and $\overline{\varphi}(u,\xi_m,w)=\int_0^{\vartheta}\varphi(u,v,w)\cos(\xi_m v)\,dv$.

$$p=\frac{2U(t-t_0)}{\vartheta}\left(\frac{\mu}{k_r}\right)\sum_{m=0}^{\infty}\ni_m\cos(\xi_m\theta_0)\sum_{l=1}^{\infty}\frac{(\xi_l^2+\lambda^2)\sin(\xi_l z_0)\sin(\xi_l z)}{\{d(\xi_l^2+\lambda^2)+\lambda\}}\times$$

$$\times\int_0^{t-t_0}\frac{q(t-t_0-\tau)}{\tau}I_{\mathcal{M}}\left(\frac{rr_0}{2\eta_r\tau}\right)e^{-\frac{(r^2+r_0^2)}{4\eta_r\tau}-\eta_z\xi_l^2\tau}d\tau+$$

$$+\frac{2}{\vartheta}\left(\frac{\mu}{k_r}\right)\sum_{m=0}^{\infty}\ni_m\cos(\xi_m\theta)\sum_{l=1}^{\infty}\frac{(\xi_l^2+\lambda^2)\sin(\xi_l z)}{\{d(\xi_l^2+\lambda^2)+\lambda\}}\int_0^t\frac{e^{-\eta_z\xi_l^2\tau}}{\tau}\int_0^{\infty}I_{\mathcal{M}}\left(\frac{ru}{2\eta_r\tau}\right)e^{-\frac{(r^2+u)}{4\eta_r\tau}}\times$$

$$\times\left\{\overline{\psi}_{0z}(u,\xi_l,t-\tau)+(-1)^{m+1}\overline{\psi}_{\vartheta z}(u,\xi_l,t-\tau)\right\}dud\tau+$$

$$+\frac{2\eta_z}{\vartheta\eta_r}\sum_{m=0}^{\infty}\ni_m\cos(\xi_m\theta)\sum_{l=1}^{\infty}\frac{(\xi_l^2+\lambda^2)\sin(\xi_l z)}{\{d(\xi_l^2+\lambda^2)+\lambda\}}\times$$

$$\times\int_0^t\frac{e^{-\eta_z\xi_l^2\tau}}{\tau}\int_0^{\infty}I_{\mathcal{M}}\left\{\frac{ru}{2\eta_r\tau}\right\}ue^{-\frac{(r^2+u^2)}{4\eta_r\tau}}\left\{\xi_l\overline{\psi}_{\theta 0}(u,\xi_m,t-\tau)-\left(\frac{\mu}{k_z}\right)\overline{\psi}_{\theta d}(u,\xi_m,t-\tau)\sin(\xi_l d)\right\}dud\tau+$$

$$+\frac{2}{\vartheta\eta_r t}\sum_{m=0}^{\infty}\ni_m\cos(\xi_m\theta)\times$$

$$\times\sum_{l=1}^{\infty}\frac{(\xi_l^2+\lambda^2)\sin(\xi_l z)e^{-\eta_z\xi_l^2 t}}{\{d(\xi_l^2+\lambda^2)+\lambda\}}\int_0^{\infty}ue^{-\frac{(r^2+u^2)}{4\eta_r t}}I_{\mathcal{M}}\left(\frac{ru}{2\eta_r t}\right)\int_0^d\overline{\varphi}(u,\xi_m,w)\sin(\xi_l w)dwdu\quad(27.11.2)$$

where $\overline{\psi}_{\theta 0}(u,\xi_m,t)=\int_0^{\vartheta}\psi_{\theta 0}(u,v,t)\cos(\xi_m v)\,dv$, $\overline{\psi}_{\theta d}(u,\xi_m,t)=\int_0^{\vartheta}\psi_{\theta d}(u,v,t)\cos(\xi_m v)\,dv$,
$\overline{\psi}_{0z}(u,\xi_l,t)=\int_0^d\psi_{0z}(u,w,t)\sin(\xi_l w)\,dw$ and $\overline{\psi}_{\vartheta z}(u,\xi_l,t)=\int_0^d\psi_{\vartheta z}(u,w,t)\sin(\xi_l w)\,dw$.

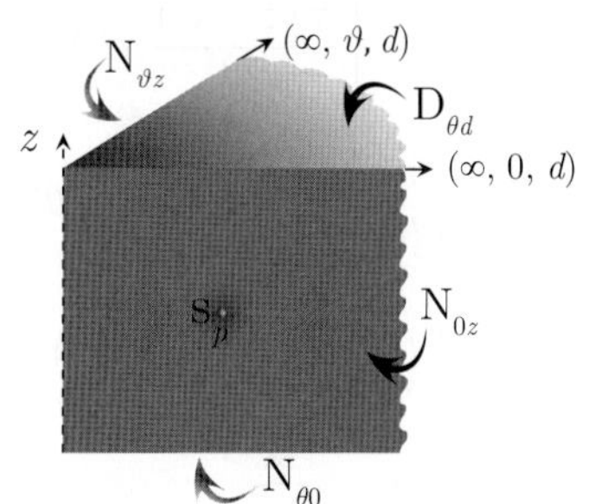

27.12 **The problem of 27.1, except**
$\mathbf{N}_{\theta 0} \equiv \frac{\partial p(r,\theta,0,t)}{\partial z} = -\left(\frac{\mu}{k_z}\right)\psi_{\theta 0}(r,\theta,t)$,
$\mathbf{D}_{\theta d} \equiv p(r,\theta,d,t) = \psi_{\theta d}(r,\theta,t)$,
$\mathbf{N}_{0z} \equiv \frac{\partial p(r,0,z,t)}{\partial \theta} = -\left(\frac{\mu}{k_\theta}\right)\psi_{0z}(r,z,t)$ **and**
$\mathbf{N}_{\vartheta z} \equiv \frac{\partial p(r,\vartheta,z,t)}{\partial \theta} = -\left(\frac{\mu}{k_\theta}\right)\psi_{\vartheta z}(r,z,t)$

$$
\begin{aligned}
\overline{p} &= \frac{4q(s)\,e^{-st_0}}{\vartheta d}\left(\frac{\mu}{k_r}\right)\sum_{m=0}^{\infty}\ni_m \cos(\xi_m\theta_0)\times \\
&\times\sum_{l=1}^{\infty}\cos(\xi_l z_0)\cos(\xi_l z)\left\{\begin{array}{ll} I_{\mathcal{M}}\left(r\sqrt{\frac{\eta_z\xi_l^2+s}{\eta_r}}\right)K_{\mathcal{M}}\left(r_0\sqrt{\frac{\eta_z\xi_l^2+s}{\eta_r}}\right), & 0<r<r_0 \\ I_{\mathcal{M}}\left(r_0\sqrt{\frac{\eta_z\xi_l^2+s}{\eta_r}}\right)K_{\mathcal{M}}\left(r\sqrt{\frac{\eta_z\xi_l^2+s}{\eta_r}}\right), & 0<r_0<r\end{array}\right\}+ \\
&+\frac{4}{\vartheta d}\left(\frac{\mu}{k_r}\right)\sum_{m=0}^{\infty}\ni_m\cos(\xi_m\theta)\sum_{l=1}^{\infty}\cos(\xi_l z)\int_0^\infty\frac{1}{u}\left\{\begin{array}{ll} I_{\mathcal{M}}\left(r\sqrt{\frac{\eta_z\xi_l^2+s}{\eta_r}}\right)K_{\mathcal{M}}\left(u\sqrt{\frac{\eta_z\xi_l^2+s}{\eta_r}}\right), & 0<r<u \\ I_{\mathcal{M}}\left(\sqrt{\frac{\eta_z\xi_l^2+s}{\eta_r}}\right)K_{\mathcal{M}}\left(r\sqrt{\frac{\eta_z\xi_l^2+s}{\eta_r}}\right), & 0<u<r\end{array}\right\}\times \\
&\times\left\{\overline{\overline{\psi}}_{0z}(u,\xi_l,s)+(-1)^{m+1}\overline{\overline{\psi}}_{\vartheta z}(u,\xi_l,s)\right\}du+ \\
&+\frac{4\eta_z}{\vartheta d\eta_r}\sum_{m=0}^{\infty}\ni_m\sum_{l=1}^{\infty}\cos(\xi_l z)\int_0^\infty u\left\{\begin{array}{ll} I_{\mathcal{M}}\left(r\sqrt{\frac{\eta_z\xi_l^2+s}{\eta_r}}\right)K_{\mathcal{M}}\left(u\sqrt{\frac{\eta_z\xi_l^2+s}{\eta_r}}\right), & 0<r<u \\ I_{\mathcal{M}}\left(u\sqrt{\frac{\eta_z\xi_l^2+s}{\eta_r}}\right)K_{\mathcal{M}}\left(r\sqrt{\frac{\eta_z\xi_l^2+s}{\eta_r}}\right), & 0<u<r\end{array}\right\}\times \\
&\times\left\{(-1)^{m+1}\xi_l\overline{\overline{\psi}}_{\theta d}(u,\xi_m,s)+\left(\frac{\mu}{k_z}\right)\overline{\overline{\psi}}_{\theta 0}(u,\xi_m,s)\right\}du+ \\
&+\frac{4}{\vartheta d\eta_r}\sum_{m=0}^{\infty}\ni_m\cos(\xi_m\theta)\sum_{l=1}^{\infty}\cos(\xi_l z)\times \\
&\times\left\{\begin{array}{ll} I_{\mathcal{M}}\left(r\sqrt{\frac{\eta_z\xi_l^2+s}{\eta_r}}\right)\int_0^\infty uK_{\mathcal{M}}\left(u\sqrt{\frac{\eta_z\xi_l^2+s}{\eta_r}}\right)\int_0^d\overline{\varphi}(u,\xi_m,w)\cos(\xi_l w)dwdu, & 0<r<u \\ K_{\mathcal{M}}\left(r\sqrt{\frac{\eta_z\xi_l^2+s}{\eta_r}}\right)\int_0^\infty uI_{\mathcal{M}}\left(u\sqrt{\frac{\eta_z\xi_l^2+s}{\eta_r}}\right)\int_0^d\overline{\varphi}(u,\xi_m,w)\cos(\xi_l w)dwdu, & 0<u<r\end{array}\right\}
\end{aligned}
\quad (27.12.1)
$$

where ξ_l are the positive roots of $\cos(\xi_l d)$, which are $\xi_l = \frac{(2l-1)\pi}{2d}$, $l = 1, 2, ...,$ and ξ_m are the positive roots of $\sin(\xi_m\vartheta)$, which are $\xi_m = \frac{m\pi}{\vartheta}$, $m = 0, 1, ...$ $\overline{\overline{\psi}}_{\theta 0}(u,\xi_m,s) = \int_0^\vartheta\overline{\psi}_{\theta 0}(u,v,s)\cos(\xi_m v)\,dv$, $\overline{\overline{\psi}}_{\theta d}(u,\xi_m,s) = \int_0^\vartheta\overline{\psi}_{\theta d}(u,v,s)\cos(\xi_m v)\,dv$, $\overline{\overline{\psi}}_{0z}(u,\xi_l,s) = \int_0^d\overline{\psi}_{0z}(u,w,s)\cos(\xi_l w)\,dw$, $\overline{\overline{\psi}}_{\vartheta z}(u,\xi_l,s) = \int_0^d\overline{\psi}_{\vartheta z}(u,w,s)\cos(\xi_l w)\,ddw$ and $\overline{\varphi}(u,\xi_m,w) = \int_0^\vartheta\varphi(u,v,w)\cos(\xi_m v)\,dv$.

$$
\begin{aligned}
p &= \frac{U(t-t_0)}{2\vartheta d}\left(\frac{\mu}{k_r}\right)\sum_{m=0}^{\infty}\ni_m\cos(\xi_m\theta_0)\times \\
&\times\int_0^{t-t_0}\frac{q(t-t_0-\tau)}{\tau}I_{\mathcal{M}}\left(\frac{rr_0}{2\eta_r\tau}\right)e^{-\frac{\left(r^2+r_0^2\right)}{4\eta_r\tau}}\left[\Theta_2\left\{\frac{\pi(z-z_0)}{2d},e^{-\left(\frac{\pi}{d}\right)\eta_z\tau}\right\}+\Theta_2\left\{\frac{\pi(z+z_0)}{2d},e^{-\left(\frac{\pi}{d}\right)\eta_z\tau}\right\}\right]d\tau+ \\
&+\frac{1}{2\vartheta d}\left(\frac{\mu}{k_r}\right)\sum_{m=0}^{\infty}\ni_m\cos(\xi_m\theta)\times \\
&\times\int_0^t\frac{1}{\tau}\int_0^\infty\frac{e^{-\frac{\left(r^2+u\right)}{4\eta_r\tau}}}{u}I_{\mathcal{M}}\left(\frac{ru}{2\eta_r\tau}\right)\int_0^d\left\{\psi_{0z}(u,w,t-\tau)+(-1)^{m+1}\psi_{\vartheta z}(u,w,t-\tau)\right\}\times
\end{aligned}
$$

$$\times\left[\Theta_2\left\{\frac{\pi(z-w)}{2d},e^{-\left(\frac{\pi}{d}\right)\eta_z\tau}\right\}+\Theta_2\left\{\frac{\pi(z+w)}{2d},e^{-\left(\frac{\pi}{d}\right)\eta_z\tau}\right\}\right]dwdud\tau+$$

$$+\frac{1}{\vartheta d\eta_r}\sum_{m=0}^{\infty}\ni_m\cos(\xi_m\theta)\int_0^t\frac{1}{\tau}\int_0^{\infty}I_{\mathcal{M}}\left\{\frac{ru}{2\eta_r\tau}\right\}ue^{-\frac{\left(r^2+u^2\right)}{4\eta_r\tau}}\times$$

$$\times\left\{\left(\frac{\eta_z}{2d}\right)\Theta_1'\left(\frac{\pi z}{2d},e^{-\left(\frac{\pi}{d}\right)\eta_z\tau}\right)\overline{\psi}_{\theta d}(u,\xi_m,t-\tau)+\left(\frac{1}{\phi c_t}\right)\Theta_2\left(\frac{\pi z}{2d},e^{-\left(\frac{\pi}{d}\right)\eta_z\tau}\right)\overline{\psi}_{\theta 0}(u,\xi_m,t-\tau)\right\}dud\tau+$$

$$+\frac{1}{2\vartheta d\eta_r t}\sum_{m=0}^{\infty}\ni_m\cos(\xi_m\theta)\int_0^{\infty}ue^{-\frac{\left(r^2+u^2\right)}{4\eta_r t}}I_{\mathcal{M}}\left(\frac{ru}{2\eta_r t}\right)\times$$

$$\times\int_0^d\overline{\varphi}(u,\xi_m,w)\left[\Theta_2\left\{\frac{\pi(z-w)}{2d},e^{-\left(\frac{\pi}{d}\right)\eta_z t}\right\}+\Theta_2\left\{\frac{\pi(z+w)}{2d},e^{-\left(\frac{\pi}{d}\right)\eta_z t}\right\}\right]dwdu \qquad (27.12.2)$$

where $\overline{\psi}_{\theta 0}(u,\xi_m,t)=\int_0^{\vartheta}\psi_{\theta 0}(u,v,t)\cos(\xi_m v)\,dv$ and $\overline{\psi}_{\theta d}(u,\xi_m,t)=\int_0^{\vartheta}\psi_{\theta d}(u,v,t)\cos(\xi_m v)\,dv$.

27.13

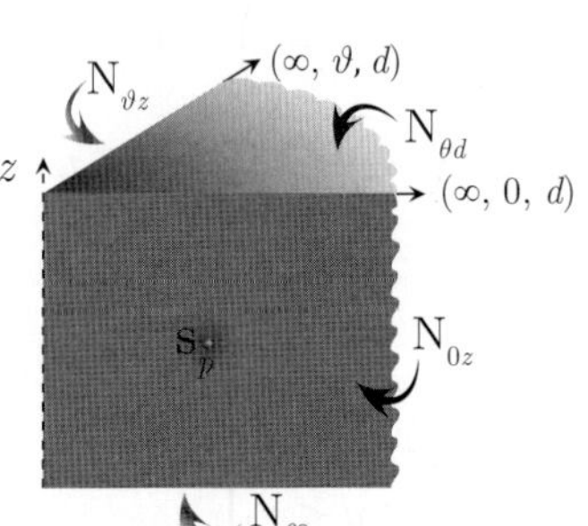

The problem of 27.1, except
$\mathbf{N}_{\theta 0}\equiv\frac{\partial p(r,\theta,0,t)}{\partial z}=-\left(\frac{\mu}{k_z}\right)\psi_{\theta 0}(r,\theta,t)$,
$\mathbf{N}_{\theta d}\equiv\frac{\partial p(r,\theta,d,t)}{\partial z}=-\left(\frac{\mu}{k_z}\right)\psi_{\theta d}(r,\theta,t)$,
$\mathbf{N}_{0z}\equiv\frac{\partial p(r,0,z,t)}{\partial \theta}=-\left(\frac{\mu}{k_\theta}\right)\psi_{0z}(r,z,t)$ **and**
$\mathbf{N}_{\vartheta z}\equiv\frac{\partial p(r,\vartheta,z,t)}{\partial \theta}=-\left(\frac{\mu}{k_\theta}\right)\psi_{\vartheta z}(r,z,t)$

$$\overline{p}=\frac{4q(s)e^{-st_0}}{\vartheta d}\left(\frac{\mu}{k_r}\right)\sum_{m=0}^{\infty}\ni_m\cos(\xi_m\theta_0)\times$$

$$\times\sum_{l=0}^{\infty}\ni_l\cos(\xi_l z_0)\cos(\xi_l z)\begin{Bmatrix}I_{\mathcal{M}}\left(r\sqrt{\frac{\eta_z\xi_l^2+s}{\eta_r}}\right)K_{\mathcal{M}}\left(r_0\sqrt{\frac{\eta_z\xi_l^2+s}{\eta_r}}\right), & 0<r<r_0\\ I_{\mathcal{M}}\left(r_0\sqrt{\frac{\eta_z\xi_l^2+s}{\eta_r}}\right)K_{\mathcal{M}}\left(r\sqrt{\frac{\eta_z\xi_l^2+s}{\eta_r}}\right), & 0<r_0<r\end{Bmatrix}+$$

$$+\frac{4}{\vartheta d}\left(\frac{\mu}{k_r}\right)\sum_{m=0}^{\infty}\ni_m\cos(\xi_m\theta)\sum_{l=1}^{\infty}\cos(\xi_l z)\int_0^{\infty}\frac{1}{u}\begin{Bmatrix}I_{\mathcal{M}}\left(r\sqrt{\frac{\eta_z\xi_l^2+s}{\eta_r}}\right)K_{\mathcal{M}}\left(u\sqrt{\frac{\eta_z\xi_l^2+s}{\eta_r}}\right), & 0<r<u\\ I_{\mathcal{M}}\left(\sqrt{\frac{\eta_z\xi_l^2+s}{\eta_r}}\right)K_{\mathcal{M}}\left(r\sqrt{\frac{\eta_z\xi_l^2+s}{\eta_r}}\right), & 0<u<r\end{Bmatrix}\times$$

$$\times\left\{\overline{\overline{\psi}}_{0z}(u,\xi_l,s)+(-1)^{m+1}\overline{\overline{\psi}}_{\vartheta z}(u,\xi_l,s)\right\}du+$$

$$+\frac{4}{\vartheta d}\left(\frac{\mu}{k_r}\right)\sum_{m=0}^{\infty}\ni_m\cos(\xi_m\theta)\sum_{l=0}^{\infty}\ni_l\cos(\xi_l z)\int_0^{\infty}u\begin{Bmatrix}I_{\mathcal{M}}\left(r\sqrt{\frac{\eta_z\xi_l^2+s}{\eta_r}}\right)K_{\mathcal{M}}\left(u\sqrt{\frac{\eta_z\xi_l^2+s}{\eta_r}}\right), & 0<r<u\\ I_{\mathcal{M}}\left(u\sqrt{\frac{\eta_z\xi_l^2+s}{\eta_r}}\right)K_{\mathcal{M}}\left(r\sqrt{\frac{\eta_z\xi_l^2+s}{\eta_r}}\right), & 0<u<r\end{Bmatrix}\times$$

$$\times\left\{\overline{\overline{\psi}}_{\theta 0}(u,\xi_m,s)+(-1)^{m+1}\overline{\overline{\psi}}_{\theta d}(u,\xi_m,s)\right\}du+$$

$$+\frac{4}{\vartheta d\eta_r}\sum_{m=0}^{\infty}\ni_m\cos(\xi_m\theta)\sum_{l=0}^{\infty}\ni_l\cos(\xi_l z)\times$$

$$\times\begin{Bmatrix}I_{\mathcal{M}}\left(r\sqrt{\frac{\eta_z\xi_l^2+s}{\eta_r}}\right)\int_0^{\infty}uK_{\mathcal{M}}\left(u\sqrt{\frac{\eta_z\xi_l^2+s}{\eta_r}}\right)\int_0^d\overline{\varphi}(u,\xi_m,w)\cos(\xi_l w)dwdu, & 0<r<u\\ K_{\mathcal{M}}\left(r\sqrt{\frac{\eta_z\xi_l^2+s}{\eta_r}}\right)\int_0^{\infty}uI_{\mathcal{M}}\left(u\sqrt{\frac{\eta_z\xi_l^2+s}{\eta_r}}\right)\int_0^d\overline{\varphi}(u,\xi_m,w)\cos(\xi_l w)dwdu, & 0<u<r\end{Bmatrix} \qquad (27.13.1)$$

where ξ_l are the positive roots of $\sin(\xi_l d)$, which are $\xi_l = \frac{l\pi}{d}$, $l = 1, 2, ...,$ and ξ_m are the positive roots of $\sin(\xi_m \vartheta)$, which are $\xi_m = \frac{m\pi}{\vartheta}$, $m = 0, 1, ...$ $\overline{\overline{\psi}}_{\theta 0}(u, \xi_m, s) = \int_0^\vartheta \overline{\psi}_{\theta 0}(u, v, s)\cos(\xi_m v)\, dv$, $\overline{\overline{\psi}}_{\theta d}(u, \xi_m, s) = \int_0^\vartheta \overline{\psi}_{\theta d}(u, v, s)\cos(\xi_m v)\, dv$, $\overline{\overline{\psi}}_{0z}(u, \xi_l, s) = \int_0^d \overline{\psi}_{0z}(u, w, s)\cos(\xi_l w)\, dw$, $\overline{\overline{\psi}}_{\vartheta z}(u, \xi_l, s) = \int_0^d \overline{\psi}_{\vartheta z}(u, w, s)\cos(\xi_l w)\, ddw$ and $\overline{\varphi}(u, \xi_m, w) = \int_0^\vartheta \varphi(u, v, w)\cos(\xi_m v)\, dv$.

$$
\begin{aligned}
p \; = \; & \frac{U(t-t_0)}{2\vartheta d}\left(\frac{\mu}{k_r}\right)\sum_{m=0}^{\infty} \ni_m \cos(\xi_m \theta_0) \times \\
& \times \int_0^{t-t_0} \frac{q(t-t_0-\tau)}{\tau} I_{\mathcal{M}}\left(\frac{r r_0}{2\eta_r \tau}\right) e^{-\frac{\left(r^2+r_0^2\right)}{4\eta_r \tau}} \left[\Theta_3\left\{\frac{\pi(z-z_0)}{2d}, e^{-\left(\frac{\pi}{d}\right)\eta_z \tau}\right\} + \Theta_3\left\{\frac{\pi(z+z_0)}{2d}, e^{-\left(\frac{\pi}{d}\right)\eta_z \tau}\right\}\right] d\tau + \\
& + \frac{1}{2\vartheta d}\left(\frac{\mu}{k_r}\right)\sum_{m=0}^{\infty} \ni_m \cos(\xi_m \theta) \times \\
& \times \int_0^t \frac{1}{\tau} \int_0^\infty \frac{e^{-\frac{\left(r^2+u\right)}{4\eta_r \tau}}}{u} I_{\mathcal{M}}\left(\frac{r u}{2\eta_r \tau}\right) \int_0^d \left\{\psi_{0z}(u, w, t-\tau) + (-1)^{m+1}\psi_{\vartheta z}(u, w, t-\tau)\right\} \times \\
& \times \left[\Theta_3\left\{\frac{\pi(z-w)}{2d}, e^{-\left(\frac{\pi}{d}\right)\eta_z \tau}\right\} + \Theta_3\left\{\frac{\pi(z+w)}{2d}, e^{-\left(\frac{\pi}{d}\right)\eta_z \tau}\right\}\right] dw\, du\, d\tau + \\
& + \frac{1}{\vartheta d \phi c_t}\sum_{m=0}^{\infty} \ni_m \cos(\xi_m \theta) \int_0^t \frac{1}{\tau} \int_0^\infty I_{\mathcal{M}}\left\{\frac{r u}{2\eta_r \tau}\right\} u e^{-\frac{\left(r^2+u^2\right)}{4\eta_r \tau}} \times \\
& \times \left\{\Theta_3\left\{\frac{\pi z}{2d}, e^{-\left(\frac{\pi}{d}\right)\eta_z \tau}\right\} \overline{\psi}_{\theta 0}(u, \xi_m, t-\tau) - \Theta_4\left\{\frac{\pi z}{2d}, e^{-\left(\frac{\pi}{d}\right)\eta_z \tau}\right\} \overline{\psi}_{\theta d}(u, \xi_m, t-\tau)\right\} du\, d\tau + \\
& + \frac{1}{2\vartheta d \eta_r t}\sum_{m=0}^{\infty} \ni_m \cos(\xi_m \theta) \int_0^\infty u e^{-\frac{\left(r^2+u^2\right)}{4\eta_r t}} I_{\mathcal{M}}\left(\frac{r u}{2\eta_r t}\right) \times \\
& \times \int_0^d \overline{\varphi}(u, \xi_m, w) \left[\Theta_3\left\{\frac{\pi(z-w)}{2d}, e^{-\left(\frac{\pi}{d}\right)\eta_z t}\right\} + \Theta_3\left\{\frac{\pi(z+w)}{2d}, e^{-\left(\frac{\pi}{d}\right)\eta_z t}\right\}\right] dw\, du
\end{aligned}
\tag{27.13.2}
$$

where $\overline{\psi}_{\theta 0}(u, \xi_m, t) = \int_0^\vartheta \psi_{\theta 0}(u, v, t)\cos(\xi_m v)\, dv$ and $\overline{\psi}_{\theta d}(u, \xi_m, t) = \int_0^\vartheta \psi_{\theta d}(u, v, t)\cos(\xi_m v)\, dv$.

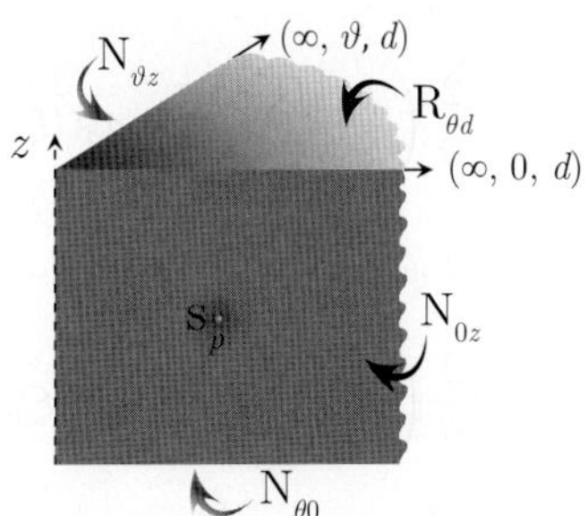

27.14 The problem of 27.1, except

$\mathbf{N_{\theta 0}} \equiv \frac{\partial p(r,\theta,0,t)}{\partial z} = -\left(\frac{\mu}{k_z}\right)\psi_{\theta 0}(r, \theta, t)$,
$\mathbf{R_{\theta d}} \equiv \frac{\partial p(r,\theta,d,t)}{\partial z} + \lambda p(r, \theta, d, t) = -\left(\frac{\mu}{k_z}\right)\psi_{\theta d}(r, \theta, t)$,
$\mathbf{N_{0z}} \equiv \frac{\partial p(r,0,z,t)}{\partial \theta} = -\left(\frac{\mu}{k_\theta}\right)\psi_{0z}(r, z, t)$ **and**
$\mathbf{N_{\vartheta z}} \equiv \frac{\partial p(r,\vartheta,z,t)}{\partial \theta} = -\left(\frac{\mu}{k_\theta}\right)\psi_{\vartheta z}(r, z, t)$

$$
\begin{aligned}
\overline{p} \; = \; & \frac{4q(s)e^{-st_0}}{\vartheta}\left(\frac{\mu}{k_r}\right)\sum_{m=0}^{\infty} \ni_m \cos(\xi_m \theta_0) \sum_{l=1}^{\infty} \frac{\left(\xi_l^2+\lambda^2\right)\cos(\xi_l z_0)\cos(\xi_l z)}{\left\{d\left(\xi_l^2+\lambda^2\right)+\lambda\right\}} \times \\
& \times \begin{Bmatrix} I_{\mathcal{M}}\left(r\sqrt{\frac{\eta_z \xi_l^2+s}{\eta_r}}\right) K_{\mathcal{M}}\left(r_0\sqrt{\frac{\eta_z \xi_l^2+s}{\eta_r}}\right), & 0 < r < r_0 \\ I_{\mathcal{M}}\left(r_0\sqrt{\frac{\eta_z \xi_l^2+s}{\eta_r}}\right) K_{\mathcal{M}}\left(r\sqrt{\frac{\eta_z \xi_l^2+s}{\eta_r}}\right), & 0 < r_0 < r \end{Bmatrix} + \\
& + \frac{4}{\vartheta}\left(\frac{\mu}{k_r}\right)\sum_{m=0}^{\infty} \ni_m \cos(\xi_m \theta) \times
\end{aligned}
$$

$$\times\sum_{l=1}^{\infty}\frac{\left(\xi_l^2+\lambda^2\right)\cos\left(\xi_l z\right)}{\left\{d\left(\xi_l^2+\lambda^2\right)+\lambda\right\}}\int_0^{\infty}\frac{1}{u}\left\{\begin{array}{ll} I_{\mathcal{M}}\left(r\sqrt{\frac{\eta_z\xi_l^2+s}{\eta_r}}\right)K_{\mathcal{M}}\left(u\sqrt{\frac{\eta_z\xi_l^2+s}{\eta_r}}\right), & 0<r<u \\ I_{\mathcal{M}}\left(\sqrt{\frac{\eta_z\xi_l^2+s}{\eta_r}}\right)K_{\mathcal{M}}\left(r\sqrt{\frac{\eta_z\xi_l^2+s}{\eta_r}}\right), & 0<u<r \end{array}\right\}\times$$

$$\times\left\{\overline{\overline{\psi}}_{0z}\left(u,\xi_l,s\right)+(-1)^{m+1}\overline{\overline{\psi}}_{\vartheta z}\left(u,\xi_l,s\right)\right\}du+$$

$$+\frac{4}{\vartheta}\left(\frac{\mu}{k_r}\right)\sum_{m=0}^{\infty}\ni_m\cos\left(\xi_m\theta\right)\times$$

$$\times\sum_{l=1}^{\infty}\frac{\left(\xi_l^2+\lambda^2\right)\cos\left(\xi_l z\right)}{\left\{d\left(\xi_l^2+\lambda^2\right)+\lambda\right\}}\int_0^{\infty}u\left\{\begin{array}{ll} I_{\mathcal{M}}\left(r\sqrt{\frac{\eta_z\xi_l^2+s}{\eta_r}}\right)K_{\mathcal{M}}\left(u\sqrt{\frac{\eta_z\xi_l^2+s}{\eta_r}}\right), & 0<r<u \\ I_{\mathcal{M}}\left(u\sqrt{\frac{\eta_z\xi_l^2+s}{\eta_r}}\right)K_{\mathcal{M}}\left(r\sqrt{\frac{\eta_z\xi_l^2+s}{\eta_r}}\right), & 0<u<r \end{array}\right\}du\times$$

$$\times\left\{\overline{\overline{\psi}}_{\theta 0}\left(u,\xi_m,s\right)-\overline{\overline{\psi}}_{\theta d}\left(u,\xi_m,s\right)\cos\left(\xi_l d\right)\right\}du+$$

$$+\frac{4}{\vartheta\eta_r}\sum_{m=0}^{\infty}\ni_m\cos\left(\xi_m\theta\right)\sum_{l=1}^{\infty}\frac{\left(\xi_l^2+\lambda^2\right)\cos\left(\xi_l z\right)}{\left\{d\left(\xi_l^2+\lambda^2\right)+\lambda\right\}}\times$$

$$\times\left\{\begin{array}{ll} I_{\mathcal{M}}\left(r\sqrt{\frac{\eta_z\xi_l^2+s}{\eta_r}}\right)\int_0^{\infty}uK_{\mathcal{M}}\left(u\sqrt{\frac{\eta_z\xi_l^2+s}{\eta_r}}\right)\int_0^d\overline{\varphi}\left(u,\xi_m,w\right)\cos\left(\xi_l w\right)dwdu, & 0<r<u \\ K_{\mathcal{M}}\left(r\sqrt{\frac{\eta_z\xi_l^2+s}{\eta_r}}\right)\int_0^{\infty}uI_{\mathcal{M}}\left(u\sqrt{\frac{\eta_z\xi_l^2+s}{\eta_r}}\right)\int_0^d\overline{\varphi}\left(u,\xi_m,w\right)\cos\left(\xi_l w\right)dwdu, & 0<u<r \end{array}\right\} \tag{27.14.1}$$

where ξ_l are the positive roots of $\xi_l\tan\left(\xi_l d\right)=\lambda$, $l=1,2,...$, and ξ_m are the positive roots of $\sin\left(\xi_m\vartheta\right)$, which are $\xi_m=\frac{m\pi}{\vartheta}$, $m=0,1,....$ $\overline{\overline{\psi}}_{\theta 0}\left(u,\xi_m,s\right)=\int_0^{\vartheta}\overline{\psi}_{\theta 0}\left(u,v,s\right)\cos\left(\xi_m v\right)dv$,
$\overline{\overline{\psi}}_{\theta d}\left(u,\xi_m,s\right)=\int_0^{\vartheta}\overline{\psi}_{\theta d}\left(u,v,s\right)\cos\left(\xi_m v\right)dv$, $\overline{\overline{\psi}}_{0z}\left(u,\xi_l,s\right)=\int_0^d\overline{\psi}_{0z}\left(u,w,s\right)\cos\left(\xi_l w\right)dw$,
$\overline{\overline{\psi}}_{\vartheta z}\left(u,\xi_l,s\right)=\int_0^d\overline{\psi}_{\vartheta z}\left(u,w,s\right)\cos\left(\xi_l w\right)ddw$ and $\overline{\varphi}\left(u,\xi_m,w\right)=\int_0^{\vartheta}\varphi\left(u,v,w\right)\cos\left(\xi_m v\right)dv$.

$$p=\frac{2U\left(t-t_0\right)}{\vartheta}\left(\frac{\mu}{k_r}\right)\sum_{m=0}^{\infty}\ni_m\cos\left(\xi_m\theta_0\right)\sum_{l=1}^{\infty}\frac{\left(\xi_l^2+\lambda^2\right)\cos\left(\xi_l z_0\right)\cos\left(\xi_l z\right)}{\left\{d\left(\xi_l^2+\lambda^2\right)+\lambda\right\}}\times$$

$$\times\int_0^{t-t_0}\frac{q\left(t-t_0-\tau\right)}{\tau}I_{\mathcal{M}}\left(\frac{rr_0}{2\eta_r\tau}\right)e^{-\frac{\left(r^2+r_0^2\right)}{4\eta_r\tau}-\eta_z\xi_l^2\tau}d\tau+$$

$$+\frac{2}{\vartheta}\left(\frac{\mu}{k_r}\right)\sum_{m=0}^{\infty}\ni_m\cos\left(\xi_m\theta\right)\sum_{l=1}^{\infty}\frac{\left(\xi_l^2+\lambda^2\right)\cos\left(\xi_l z\right)}{\left\{d\left(\xi_l^2+\lambda^2\right)+\lambda\right\}}\int_0^t\frac{e^{-\eta_z\xi_l^2\tau}}{\tau}\int_0^{\infty}I_{\mathcal{M}}\left(\frac{ru}{2\eta_r\tau}\right)e^{-\frac{\left(r^2+u\right)}{4\eta_r\tau}}\times$$

$$\times\left\{\overline{\psi}_{0z}\left(u,\xi_l,t-\tau\right)+(-1)^{m+1}\overline{\psi}_{\vartheta z}\left(u,\xi_l,t-\tau\right)\right\}dud\tau+$$

$$+\frac{2}{\vartheta}\left(\frac{\mu}{k_r}\right)\sum_{m=0}^{\infty}\ni_m\cos\left(\xi_m\theta\right)\sum_{l=1}^{\infty}\frac{\left(\xi_l^2+\lambda^2\right)\cos\left(\xi_l z\right)}{\left\{d\left(\xi_l^2+\lambda^2\right)+\lambda\right\}}\times$$

$$\times\int_0^t\frac{e^{-\eta_z\xi_l^2\tau}}{\tau}\int_0^{\infty}I_{\mathcal{M}}\left\{\frac{ru}{2\eta_r\tau}\right\}ue^{-\frac{\left(r^2+u^2\right)}{4\eta_r\tau}}\left\{\overline{\psi}_{\theta 0}\left(u,\xi_m,t-\tau\right)-\overline{\psi}_{\theta d}\left(u,\xi_m,t-\tau\right)\cos\left(\xi_l d\right)\right\}dud\tau+$$

$$+\frac{2}{\vartheta\eta_r t}\sum_{m=0}^{\infty}\ni_m\cos\left(\xi_m\theta\right)\sum_{l=1}^{\infty}\frac{\left(\xi_l^2+\lambda^2\right)\cos\left(\xi_l z\right)e^{-\eta_z\xi_l^2 t}}{\left\{d\left(\xi_l^2+\lambda^2\right)+\lambda\right\}}\int_0^{\infty}ue^{-\frac{\left(r^2+u^2\right)}{4\eta_r t}}I_{\mathcal{M}}\left(\frac{ru}{2\eta_r t}\right)\int_0^d\overline{\varphi}\left(u,\xi_m,w\right)\cos\left(\xi_l u\right)dudv \tag{27.14.2}$$

where $\overline{\psi}_{\theta 0}\left(u,\xi_m,t\right)=\int_0^{\vartheta}\psi_{\theta 0}\left(u,v,t\right)\cos\left(\xi_m v\right)dv$, $\overline{\psi}_{\theta d}\left(u,\xi_m,t\right)=\int_0^{\vartheta}\psi_{\theta d}\left(u,v,t\right)\cos\left(\xi_m v\right)dv$,
$\overline{\psi}_{0z}\left(u,\xi_l,t\right)=\int_0^d\psi_{0z}\left(u,w,t\right)\cos\left(\xi_l w\right)dw$ and $\overline{\psi}_{\vartheta z}\left(u,\xi_l,t\right)=\int_0^d\psi_{\vartheta z}\left(u,w,t\right)\cos\left(\xi_l w\right)dw$.

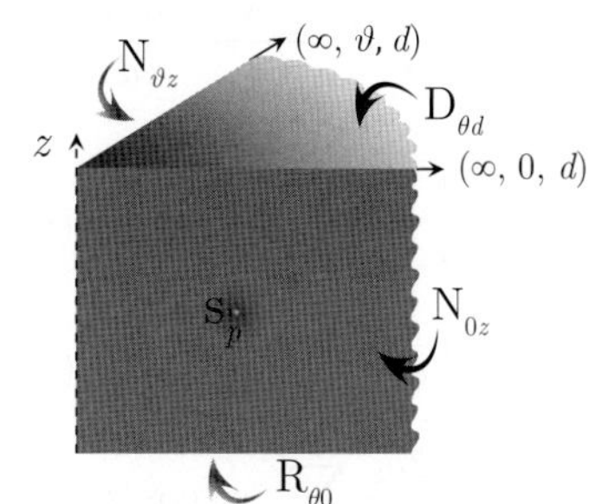

27.15 **The problem of 27.1, except**
$\mathbf{R_{\theta 0} \equiv \frac{\partial p(r,\theta,0,t)}{\partial z} - \lambda p\left(r,\theta,0,t\right) = -\left(\frac{\mu}{k_z}\right)\psi_{\theta 0}\left(r,\theta,t\right)}$,
$\mathbf{D_{\theta d} \equiv p\left(r,\theta,d,t\right) = \psi_{\theta d}\left(r,\theta,t\right)}$,
$\mathbf{N_{0z} \equiv \frac{\partial p(r,0,z,t)}{\partial \theta} = -\left(\frac{\mu}{k_\theta}\right)\psi_{0z}\left(r,z,t\right)}$ **and**
$\mathbf{N_{\vartheta z} \equiv \frac{\partial p(r,\vartheta,z,t)}{\partial \theta} = -\left(\frac{\mu}{k_\theta}\right)\psi_{\vartheta z}\left(r,z,t\right)}$

$$
\begin{aligned}
\overline{p} \; = \; & \frac{4q\left(s\right)e^{-st_0}}{\vartheta}\left(\frac{\mu}{k_r}\right)\sum_{m=0}^{\infty}\ni_m\cos\left(\xi_m\theta_0\right)\sum_{l=1}^{\infty}\frac{\left(\xi_l^2+\lambda^2\right)\sin\left\{\xi_l\left(d-z_0\right)\right\}\sin\left\{\xi_l\left(d-z\right)\right\}}{\left\{d\left(\xi_l^2+\lambda^2\right)+\lambda\right\}}\times \\
& \times\left\{\begin{array}{ll} I_{\mathcal{M}}\left(r\sqrt{\frac{\eta_z\xi_l^2+s}{\eta_r}}\right)K_{\mathcal{M}}\left(r_0\sqrt{\frac{\eta_z\xi_l^2+s}{\eta_r}}\right), & 0<r<r_0 \\ I_{\mathcal{M}}\left(r_0\sqrt{\frac{\eta_z\xi_l^2+s}{\eta_r}}\right)K_{\mathcal{M}}\left(r\sqrt{\frac{\eta_z\xi_l^2+s}{\eta_r}}\right), & 0<r_0<r \end{array}\right\}+ \\
& +\frac{4}{\vartheta}\left(\frac{\mu}{k_r}\right)\sum_{m=0}^{\infty}\ni_m\cos\left(\xi_m\theta\right)\times \\
& \times\sum_{l=1}^{\infty}\frac{\left(\xi_l^2+\lambda^2\right)\sin\left\{\xi_l\left(d-z\right)\right\}}{\left\{d\left(\xi_l^2+\lambda^2\right)+\lambda\right\}}\int_0^{\infty}\frac{1}{u}\left\{\begin{array}{ll} I_{\mathcal{M}}\left(r\sqrt{\frac{\eta_z\xi_l^2+s}{\eta_r}}\right)K_{\mathcal{M}}\left(u\sqrt{\frac{\eta_z\xi_l^2+s}{\eta_r}}\right), & 0<r<u \\ I_{\mathcal{M}}\left(\sqrt{\frac{\eta_z\xi_l^2+s}{\eta_r}}\right)K_{\mathcal{M}}\left(r\sqrt{\frac{\eta_z\xi_l^2+s}{\eta_r}}\right), & 0<u<r \end{array}\right\}\times \\
& \times\left\{\overline{\overline{\psi}}_{0z}\left(u,\xi_l,s\right)+\left(-1\right)^{m+1}\overline{\overline{\psi}}_{\vartheta z}\left(u,\xi_l,s\right)\right\}du+ \\
& +\frac{4\eta_z}{\vartheta\eta_r}\sum_{m=0}^{\infty}\ni_m\cos\left(\xi_m\theta\right)\sum_{l=1}^{\infty}\frac{\left(\xi_l^2+\lambda^2\right)\sin\left\{\xi_l\left(d-z\right)\right\}}{\left\{d\left(\xi_l^2+\lambda^2\right)+\lambda\right\}}\times \\
& \times\int_0^{\infty}u\left\{\begin{array}{ll} I_{\mathcal{M}}\left(r\sqrt{\frac{\eta_z\xi_l^2+s}{\eta_r}}\right)K_{\mathcal{M}}\left(u\sqrt{\frac{\eta_z\xi_l^2+s}{\eta_r}}\right), & 0<r<u \\ I_{\mathcal{M}}\left(u\sqrt{\frac{\eta_z\xi_l^2+s}{\eta_r}}\right)K_{\mathcal{M}}\left(r\sqrt{\frac{\eta_z\xi_l^2+s}{\eta_r}}\right), & 0<u<r \end{array}\right\}\times \\
& \times\left\{\left(\frac{\mu}{k_z}\right)\overline{\overline{\psi}}_{\theta 0}\left(u,\xi_m,s\right)\sin\left(\xi_l d\right)+\xi_l\overline{\overline{\psi}}_{\theta d}\left(u,\xi_m,s\right)\right\}du+ \\
& +\frac{4}{\vartheta\eta_r}\sum_{m=0}^{\infty}\ni_m\cos\left(\xi_m\theta\right)\sum_{l=1}^{\infty}\frac{\left(\xi_l^2+\lambda^2\right)\sin\left\{\xi_l\left(d-z\right)\right\}}{\left\{d\left(\xi_l^2+\lambda^2\right)+\lambda\right\}}\times \\
& \times\left\{\begin{array}{ll} I_{\mathcal{M}}\left(r\sqrt{\frac{\eta_z\xi_l^2+s}{\eta_r}}\right)\int_0^{\infty}uK_{\mathcal{M}}\left(u\sqrt{\frac{\eta_z\xi_l^2+s}{\eta_r}}\right)\int_0^d\overline{\varphi}\left(u,\xi_m,w\right)\sin\left\{\xi_l\left(d-w\right)\right\}dwdu, & 0<r<u \\ K_{\mathcal{M}}\left(r\sqrt{\frac{\eta_z\xi_l^2+s}{\eta_r}}\right)\int_0^{\infty}uI_{\mathcal{M}}\left(u\sqrt{\frac{\eta_z\xi_l^2+s}{\eta_r}}\right)\int_0^d\overline{\varphi}\left(u,\xi_m,w\right)\sin\left\{\xi_l\left(d-w\right)\right\}dwdu, & 0<u<r \end{array}\right\}
\end{aligned}
\tag{27.15.1}
$$

where ξ_l are the positive roots of $\xi_l\cot\left(\xi_l d\right)=-\lambda$, $l=1,2,...$, and ξ_m are the positive roots of $\sin\left(\xi_m\vartheta\right)$, which are $\xi_m=\frac{m\pi}{\vartheta}$, $m=0,1,....$ $\overline{\overline{\psi}}_{\theta 0}\left(u,\xi_m,s\right)=\int_0^{\vartheta}\overline{\psi}_{\theta 0}\left(u,v,s\right)\cos\left(\xi_m v\right)dv$,
$\overline{\overline{\psi}}_{\theta d}\left(u,\xi_m,s\right)=\int_0^{\vartheta}\overline{\psi}_{\theta d}\left(u,v,s\right)\cos\left(\xi_m v\right)dv$, $\overline{\overline{\psi}}_{0z}\left(u,\xi_l,s\right)=\int_0^{d}\overline{\psi}_{0z}\left(u,w,s\right)\sin\left\{\xi_l\left(d-w\right)\right\}dw$,
$\overline{\overline{\psi}}_{\vartheta z}\left(u,\xi_l,s\right)=\int_0^{d}\overline{\psi}_{\theta d}\left(u,v,s\right)\sin\left\{\xi_l\left(d-w\right)\right\}ddw$ and $\overline{\varphi}\left(u,\xi_m,w\right)=\int_0^{\vartheta}\varphi\left(u,v,w\right)\cos\left(\xi_m v\right)dv$.

$$
p \; = \; \frac{2U\left(t-t_0\right)}{\vartheta}\left(\frac{\mu}{k_r}\right)\sum_{m=0}^{\infty}\ni_m\cos\left(\xi_m\theta_0\right)\times
$$

$$\times \sum_{l=1}^{\infty} \frac{(\xi_l^2+\lambda^2)\sin\{\xi_l(d-z_0)\}\sin\{\xi_l(d-z)\}}{\{d(\xi_l^2+\lambda^2)+\lambda\}} \int_0^{t-t_0} \frac{q(t-t_0-\tau)e^{-\eta_z\xi_l^2\tau}}{\tau} I_{\mathcal{M}}\left(\frac{rr_0}{2\eta_r\tau}\right) e^{-\frac{(r^2+r_0^2)}{4\eta_r\tau}} d\tau +$$

$$+\frac{2}{\vartheta}\left(\frac{\mu}{k_r}\right)\sum_{m=0}^{\infty} \ni_m \cos(\xi_m\theta) \sum_{l=1}^{\infty} \frac{(\xi_l^2+\lambda^2)\sin\{\xi_l(d-z)\}}{\{d(\xi_l^2+\lambda^2)+\lambda\}} \int_0^t \frac{e^{-\eta_z\xi_l^2\tau}}{\tau} \int_0^{\infty} I_{\mathcal{M}}\left(\frac{ru}{2\eta_r\tau}\right) e^{-\frac{(r^2+u)}{4\eta_r\tau}} \times$$

$$\times \left\{\overline{\psi}_{0z}(u,\xi_l,t-\tau) + (-1)^{m+1}\overline{\psi}_{\vartheta z}(u,\xi_l,t-\tau)\right\} du d\tau +$$

$$+\frac{2\eta_z}{\vartheta\eta_r}\sum_{m=0}^{\infty} \ni_m \cos(\xi_m\theta) \sum_{l=1}^{\infty} \frac{(\xi_l^2+\lambda^2)\sin\{\xi_l(d-z)\}}{\{d(\xi_l^2+\lambda^2)+\lambda\}} \times$$

$$\times \int_0^t \frac{e^{-\eta_z\xi_l^2\tau}}{\tau} \int_0^{\infty} I_{\mathcal{M}}\left\{\frac{ru}{2\eta_r\tau}\right\} ue^{-\frac{(r^2+u^2)}{4\eta_r\tau}} \left\{\left(\frac{\mu}{k_z}\right)\overline{\psi}_{\theta 0}(u,\xi_m,t-\tau)\sin(\xi_l d) + \xi_l\overline{\psi}_{\theta d}(u,\xi_m,t-\tau)\right\} du d\tau +$$

$$+\frac{2}{\vartheta\eta_r t}\sum_{m=0}^{\infty} \ni_m \cos(\xi_m\theta) \sum_{l=1}^{\infty} \frac{(\xi_l^2+\lambda^2)\sin\{\xi_l(d-z)\}e^{-\eta_z\xi_l^2 t}}{\{d(\xi_l^2+\lambda^2)+\lambda\}} \int_0^{\infty} ue^{-\frac{(r^2+u^2)}{4\eta_r t}} I_{\mathcal{M}}\left(\frac{ru}{2\eta_r t}\right) \times$$

$$\times \int_0^d \overline{\varphi}(u,\xi_m,w)\sin\{\xi_l(d-w)\} dw du \qquad (27.15.2)$$

where $\overline{\psi}_{\theta 0}(u,\xi_m,t) = \int_0^{\vartheta} \psi_{\theta 0}(u,v,t)\cos(\xi_m v)\,dv$, $\overline{\psi}_{\theta d}(u,\xi_m,t) = \int_0^{\vartheta} \psi_{\theta d}(u,v,t)\cos(\xi_m v)\,dv$, $\overline{\psi}_{0z}(u,\xi_l,t) = \int_0^d \psi_{0z}(u,w,t)\sin\{\xi_l(d-w)\}\,dw$ and $\overline{\psi}_{\vartheta z}(u,\xi_l,t) = \int_0^d \psi_{\vartheta z}(u,w,t)\sin\{\xi_l(d-w)\}\,dw$.

27.16

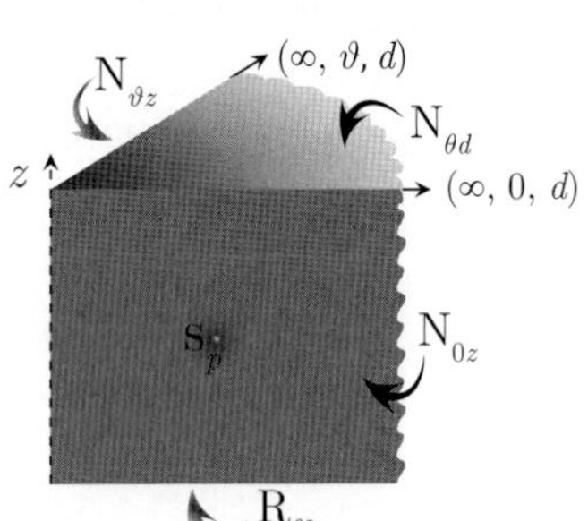

The problem of 27.1, except
$\mathbf{R_{\theta 0} \equiv \frac{\partial p(r,\theta,0,t)}{\partial z} - \lambda p(r,\theta,0,t) = -\left(\frac{\mu}{k_z}\right)\psi_{\theta 0}(r,\theta,t)}$,
$\mathbf{N_{\theta d} \equiv \frac{\partial p(r,\theta,d,t)}{\partial z} = -\left(\frac{\mu}{k_z}\right)\psi_{\theta d}(r,\theta,t)}$,
$\mathbf{N_{0z} \equiv \frac{\partial p(r,0,z,t)}{\partial \theta} = -\left(\frac{\mu}{k_\theta}\right)\psi_{0z}(r,z,t)}$ **and**
$\mathbf{N_{\vartheta z} \equiv \frac{\partial p(r,\vartheta,z,t)}{\partial \theta} = -\left(\frac{\mu}{k_\theta}\right)\psi_{\vartheta z}(r,z,t)}$

$$\overline{p} = \frac{4q(s)e^{-st_0}}{\vartheta}\left(\frac{\mu}{k_r}\right)\sum_{m=0}^{\infty} \ni_m \cos(\xi_m\theta_0) \times$$

$$\times\sum_{l=1}^{\infty} \frac{(\xi_l^2+\lambda^2)\cos\{\xi_l(d-z_0)\}\cos\{\xi_l(d-z)\}}{\{d(\xi_l^2+\lambda^2)+\lambda\}} \begin{Bmatrix} I_{\mathcal{M}}\left(r\sqrt{\frac{\eta_z\xi_l^2+s}{\eta_r}}\right) K_{\mathcal{M}}\left(r_0\sqrt{\frac{\eta_z\xi_l^2+s}{\eta_r}}\right), & 0<r<r_0 \\ I_{\mathcal{M}}\left(r_0\sqrt{\frac{\eta_z\xi_l^2+s}{\eta_r}}\right) K_{\mathcal{M}}\left(r\sqrt{\frac{\eta_z\xi_l^2+s}{\eta_r}}\right), & 0<r_0<r \end{Bmatrix} +$$

$$+\frac{4}{\vartheta}\left(\frac{\mu}{k_r}\right)\sum_{m=0}^{\infty} \ni_m \cos(\xi_m\theta) \times$$

$$\times \sum_{l=1}^{\infty} \frac{(\xi_l^2+\lambda^2)\cos\{\xi_l(d-z)\}}{\{d(\xi_l^2+\lambda^2)+\lambda\}} \int_0^{\infty} \frac{1}{u} \begin{Bmatrix} I_{\mathcal{M}}\left(r\sqrt{\frac{\eta_z\xi_l^2+s}{\eta_r}}\right) K_{\mathcal{M}}\left(u\sqrt{\frac{\eta_z\xi_l^2+s}{\eta_r}}\right), & 0<r<u \\ I_{\mathcal{M}}\left(\sqrt{\frac{\eta_z\xi_l^2+s}{\eta_r}}\right) K_{\mathcal{M}}\left(r\sqrt{\frac{\eta_z\xi_l^2+s}{\eta_r}}\right), & 0<u<r \end{Bmatrix} \times$$

$$\times \left\{\overline{\overline{\psi}}_{0z}(u,\xi_l,s) + (-1)^{m+1}\overline{\overline{\psi}}_{\vartheta z}(u,\xi_l,s)\right\} du +$$

$$+\frac{4}{\vartheta}\left(\frac{\mu}{k_r}\right)\sum_{m=0}^{\infty} \ni_m \cos(\xi_m\theta) \sum_{l=1}^{\infty} \frac{(\xi_l^2+\lambda^2)\cos\{\xi_l(d-z)\}}{\{d(\xi_l^2+\lambda^2)+\lambda\}} \times$$

$$\times \int_0^\infty u \left\{ \begin{matrix} I_{\mathcal{M}}\left(r\sqrt{\frac{\eta_z\xi_l^2+s}{\eta_r}}\right) K_{\mathcal{M}}\left(u\sqrt{\frac{\eta_z\xi_l^2+s}{\eta_r}}\right), & 0<r<u \\ I_{\mathcal{M}}\left(u\sqrt{\frac{\eta_z\xi_l^2+s}{\eta_r}}\right) K_{\mathcal{M}}\left(r\sqrt{\frac{\eta_z\xi_l^2+s}{\eta_r}}\right), & 0<u<r \end{matrix} \right\} \left\{ \overline{\overline{\psi}}_{\theta 0}(u,\xi_m,s)\cos(\xi_l d) - \overline{\overline{\psi}}_{\theta d}(u,\xi_m,s) \right\} du +$$

$$+\frac{4}{\vartheta\eta_r}\sum_{m=0}^\infty \ni_m \cos(\xi_m\theta) \sum_{l=1}^\infty \frac{(\xi_l^2+\lambda^2)\cos\{\xi_l(d-z)\}}{\{d(\xi_l^2+\lambda^2)+\lambda\}} \times$$

$$\times \left\{ \begin{matrix} I_{\mathcal{M}}\left(r\sqrt{\frac{\eta_z\xi_l^2+s}{\eta_r}}\right) \int_0^\infty u K_{\mathcal{M}}\left(u\sqrt{\frac{\eta_z\xi_l^2+s}{\eta_r}}\right) \int_0^d \overline{\varphi}(u,\xi_m,w)\cos\{\xi_l(d-w)\} dw du, & 0<r<u \\ K_{\mathcal{M}}\left(r\sqrt{\frac{\eta_z\xi_l^2+s}{\eta_r}}\right) \int_0^\infty u I_{\mathcal{M}}\left(u\sqrt{\frac{\eta_z\xi_l^2+s}{\eta_r}}\right) \int_0^d \overline{\varphi}(u,\xi_m,w)\cos\{\xi_l(d-w)\} dw du, & 0<u<r \end{matrix} \right\}$$

(27.16.1)

where ξ_l are the positive roots of $\xi_l \tan(\xi_l d) = \lambda$, $l = 1, 2, ...$, and ξ_m are the positive roots of $\sin(\xi_m \vartheta)$, which are $\xi_m = \frac{m\pi}{\vartheta}$, $m = 0, 1, ...$ $\overline{\overline{\psi}}_{\theta 0}(u,\xi_m,s) = \int_0^\vartheta \overline{\psi}_{\theta 0}(u,v,s)\cos(\xi_m v)\,dv$, $\overline{\overline{\psi}}_{\theta d}(u,\xi_m,s) = \int_0^\vartheta \overline{\psi}_{\theta d}(u,v,s)\cos(\xi_m v)\,dv$, $\overline{\overline{\psi}}_{0z}(u,\xi_l,s) = \int_0^d \overline{\psi}_{0z}(u,w,s)\cos\{\xi_l(d-w)\}\,dw$, $\overline{\overline{\psi}}_{\vartheta z}(u,\xi_l,s) = \int_0^d \overline{\psi}_{\theta d}(u,v,s)\cos\{\xi_l(d-w)\}\,dw$ and $\overline{\varphi}(u,\xi_m,w) = \int_0^\vartheta \varphi(u,v,w)\cos(\xi_m v)\,dv$.

$$p = \frac{2U(t-t_0)}{\vartheta}\left(\frac{\mu}{k_r}\right)\sum_{m=0}^\infty \ni_m \cos(\xi_m\theta_0) \times$$

$$\times \sum_{l=1}^\infty \frac{(\xi_l^2+\lambda^2)\cos\{\xi_l(d-z_0)\}\cos\{\xi_l(d-z)\}}{\{d(\xi_l^2+\lambda^2)+\lambda\}} \int_0^{t-t_0} \frac{q(t-t_0-\tau)}{\tau} I_{\mathcal{M}}\left(\frac{rr_0}{2\eta_r\tau}\right) e^{-\frac{(r^2+r_0^2)}{4\eta_r\tau}-\eta_z\xi_l^2\tau} d\tau +$$

$$+\frac{2}{\vartheta}\left(\frac{\mu}{k_r}\right)\sum_{m=0}^\infty \ni_m \cos(\xi_m\theta) \sum_{l=1}^\infty \frac{(\xi_l^2+\lambda^2)\cos\{\xi_l(d-z)\}}{\{d(\xi_l^2+\lambda^2)+\lambda\}} \int_0^t \frac{e^{-\eta_z\xi_l^2\tau}}{\tau} \int_0^\infty I_{\mathcal{M}}\left(\frac{ru}{2\eta_r\tau}\right) e^{-\frac{(r^2+u)}{4\eta_r\tau}} \times$$

$$\times \left\{ \overline{\psi}_{0z}(u,\xi_l,t-\tau) + (-1)^{m+1}\overline{\psi}_{\vartheta z}(u,\xi_l,t-\tau) \right\} du d\tau +$$

$$+\frac{2}{\vartheta}\left(\frac{\mu}{k_r}\right)\sum_{m=0}^\infty \ni_m \cos(\xi_m\theta) \sum_{l=1}^\infty \frac{(\xi_l^2+\lambda^2)\cos\{\xi_l(d-z)\}}{\{d(\xi_l^2+\lambda^2)+\lambda\}} \times$$

$$\times \int_0^t \frac{e^{-\eta_z\xi_l^2\tau}}{\tau} \int_0^\infty I_{\mathcal{M}}\left\{\frac{ru}{2\eta_r\tau}\right\} u e^{-\frac{(r^2+u^2)}{4\eta_r\tau}} \left\{ \overline{\psi}_{\theta 0}(u,\xi_m,t-\tau)\cos(\xi_l d) - \overline{\psi}_{\theta d}(u,\xi_m,t-\tau) \right\} du d\tau +$$

$$+\frac{2}{\vartheta\eta_r t}\sum_{m=0}^\infty \ni_m \cos(\xi_m\theta) \sum_{l=1}^\infty \frac{(\xi_l^2+\lambda^2)\cos\{\xi_l(d-z)\} e^{-\eta_z\xi_l^2 t}}{\{d(\xi_l^2+\lambda^2)+\lambda\}} \int_0^\infty u e^{-\frac{(r^2+u^2)}{4\eta_r t}} I_{\mathcal{M}}\left(\frac{ru}{2\eta_r t}\right) \times$$

$$\times \int_0^d \overline{\varphi}(u,\xi_m,w)\cos\{\xi_l(d-w)\} dw du \qquad (27.16.2)$$

where $\overline{\psi}_{\theta 0}(u,\xi_m,t) = \int_0^\vartheta \psi_{\theta 0}(u,v,t)\cos(\xi_m v)\,dv$, $\overline{\psi}_{\theta d}(u,\xi_m,t) = \int_0^\vartheta \psi_{\theta d}(u,v,t)\cos(\xi_m v)\,dv$, $\overline{\psi}_{0z}(u,\xi_l,t) = \int_0^d \psi_{0z}(u,w,t)\cos\{\xi_l(d-w)\}\,dw$ and $\overline{\psi}_{\vartheta z}(u,\xi_l,t) = \int_0^d \psi_{\vartheta z}(u,w,t)\cos\{\xi_l(d-w)\}\,dw$.

27.17

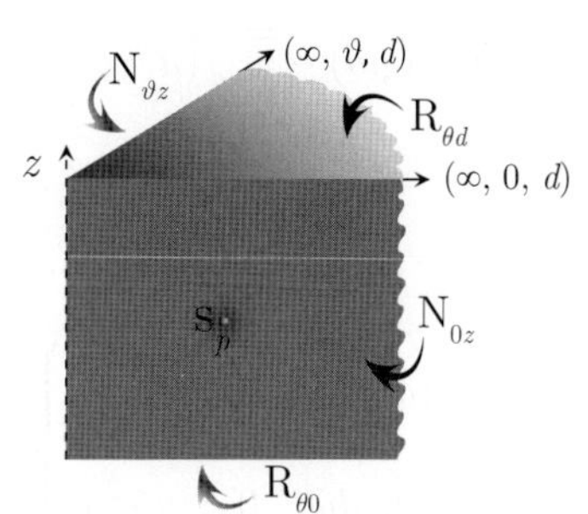

The problem of 27.1, except
$\mathbf{R}_{\theta 0} \equiv \frac{\partial p(r,\theta,0,t)}{\partial z} - \lambda_0 p(r,\theta,0,t) = -\left(\frac{\mu}{k_z}\right)\psi_{\theta 0}(r,\theta,t)$,
$\mathbf{R}_{\theta d} \equiv \frac{\partial p(r,\theta,d,t)}{\partial z} + \lambda_d p(r,\theta,d,t) = -\left(\frac{\mu}{k_z}\right)\psi_{\theta d}(r,\theta,t)$,
$\mathbf{N}_{0z} \equiv \frac{\partial p(r,0,z,t)}{\partial \theta} = -\left(\frac{\mu}{k_\theta}\right)\psi_{0z}(r,z,t)$ **and**
$\mathbf{N}_{\vartheta z} \equiv \frac{\partial p(r,\vartheta,z,t)}{\partial \theta} = -\left(\frac{\mu}{k_\theta}\right)\psi_{\vartheta z}(r,z,t)$

$$
\begin{aligned}
\overline{p} = {} & \frac{4q(s)\,e^{-st_0}}{\vartheta}\left(\frac{\mu}{k_r}\right)\sum_{m=0}^{\infty}\ni_m \cos(\xi_m\theta_0)\sum_{l=1}^{\infty}\frac{\{\xi_l\cos(\xi_l z_0)+\lambda_0\sin(\xi_l z_0)\}\{\xi_l\cos(\xi_l z)+\lambda_0\sin(\xi_l z)\}}{\left\{(\xi_l^2+\lambda_0^2)\left(d+\frac{\lambda_d}{\xi_l^2+\lambda_d^2}\right)+\lambda_0\right\}}\times \\
& \times\left\{\begin{array}{ll} I_{\mathcal{M}}\left(r\sqrt{\frac{\eta_z\xi_l^2+s}{\eta_r}}\right)K_{\mathcal{M}}\left(r_0\sqrt{\frac{\eta_z\xi_l^2+s}{\eta_r}}\right), & 0<r<r_0 \\ I_{\mathcal{M}}\left(r_0\sqrt{\frac{\eta_z\xi_l^2+s}{\eta_r}}\right)K_{\mathcal{M}}\left(r\sqrt{\frac{\eta_z\xi_l^2+s}{\eta_r}}\right), & 0<r_0<r \end{array}\right\}+ \\
& +\frac{4}{\vartheta}\left(\frac{\mu}{k_r}\right)\sum_{m=0}^{\infty}\ni_m\cos(\xi_m\theta)\times \\
& \times\sum_{l=1}^{\infty}\frac{\{\xi_l\cos(\xi_l z)+\lambda_0\sin(\xi_l z)\}}{\left\{(\xi_l^2+\lambda_0^2)\left(d+\frac{\lambda_d}{\xi_l^2+\lambda_d^2}\right)+\lambda_0\right\}}\int_0^{\infty}\frac{1}{u}\left\{\begin{array}{ll} I_{\mathcal{M}}\left(r\sqrt{\frac{\eta_z\xi_l^2+s}{\eta_r}}\right)K_{\mathcal{M}}\left(u\sqrt{\frac{\eta_z\xi_l^2+s}{\eta_r}}\right), & 0<r<u \\ I_{\mathcal{M}}\left(\sqrt{\frac{\eta_z\xi_l^2+s}{\eta_r}}\right)K_{\mathcal{M}}\left(r\sqrt{\frac{\eta_z\xi_l^2+s}{\eta_r}}\right), & 0<u<r \end{array}\right\}\times \\
& \times\left\{\overline{\overline{\psi}}_{0z}(u,\xi_l,s)+(-1)^{m+1}\overline{\overline{\psi}}_{\vartheta z}(u,\xi_l,s)\right\}du+ \\
& +\frac{4}{\vartheta}\left(\frac{\mu}{k_r}\right)\sum_{m=0}^{\infty}\ni_m\cos(\xi_m\theta)\times \\
& \times\sum_{l=1}^{\infty}\frac{\{\xi_l\cos(\xi_l z)+\lambda_0\sin(\xi_l z)\}}{\left\{(\xi_l^2+\lambda_0^2)\left(d+\frac{\lambda_d}{\xi_l^2+\lambda_d^2}\right)+\lambda_0\right\}}\int_0^{\infty}u\left\{\begin{array}{ll} I_{\mathcal{M}}\left(r\sqrt{\frac{\eta_z\xi_l^2+s}{\eta_r}}\right)K_{\mathcal{M}}\left(u\sqrt{\frac{\eta_z\xi_l^2+s}{\eta_r}}\right), & 0<r<u \\ I_{\mathcal{M}}\left(u\sqrt{\frac{\eta_z\xi_l^2+s}{\eta_r}}\right)K_{\mathcal{M}}\left(r\sqrt{\frac{\eta_z\xi_l^2+s}{\eta_r}}\right), & 0<u<r \end{array}\right\}\times \\
& \times\left[\xi_l\overline{\overline{\psi}}_{\theta 0}(u,\xi_m,s)-\overline{\overline{\psi}}_{\theta d}(u,\xi_m,s)\{\xi_l\cos(\xi_l d)+\lambda_0\sin(\xi_l d)\}\right]du+ \\
& +\frac{4}{\vartheta\eta_r}\sum_{m=0}^{\infty}\ni_m\cos(\xi_m\theta)\sum_{l=1}^{\infty}\frac{\{\xi_l\cos(\xi_l z)+\lambda_0\sin(\xi_l z)\}}{\left\{(\xi_l^2+\lambda_0^2)\left(d+\frac{\lambda_d}{\xi_l^2+\lambda_d^2}\right)+\lambda_0\right\}}\times \\
& \times\left\{\begin{array}{ll} I_{\mathcal{M}}\left(r\sqrt{\frac{\eta_z\xi_l^2+s}{\eta_r}}\right)\int_0^{\infty}uK_{\mathcal{M}}\left(u\sqrt{\frac{\eta_z\xi_l^2+s}{\eta_r}}\right)\int_0^d\overline{\varphi}(u,\xi_m,w)\{\xi_l\cos(\xi_l w)+\lambda_0\sin(\xi_l w)\}dwdu, & 0<r<u \\ K_{\mathcal{M}}\left(r\sqrt{\frac{\eta_z\xi_l^2+s}{\eta_r}}\right)\int_0^{\infty}uI_{\mathcal{M}}\left(u\sqrt{\frac{\eta_z\xi_l^2+s}{\eta_r}}\right)\int_0^d\overline{\varphi}(u,\xi_m,w)\{\xi_l\cos(\xi_l w)+\lambda_0\sin(\xi_l w)\}dwdu, & 0<u<r \end{array}\right\}
\end{aligned}
\tag{27.17.1}
$$

where ξ_l are the positive roots of $\tan(\xi_l d) = \frac{\xi_l(\lambda_0+\lambda_d)}{\xi_l^2-\lambda_0\lambda_d}$, $l = 1, 2, \ldots$, and ξ_m are the positive roots of $\sin(\xi_m\vartheta)$, which are $\xi_m = \frac{m\pi}{\vartheta}$, $m = 0, 1, \ldots$. $\overline{\overline{\psi}}_{\theta 0}(u,\xi_m,s) = \int_0^{\vartheta}\overline{\psi}_{\theta 0}(u,v,s)\cos(\xi_m v)\,dv$, $\overline{\overline{\psi}}_{\theta d}(u,\xi_m,s) = \int_0^{\vartheta}\overline{\psi}_{\theta d}(u,v,s)\cos(\xi_m v)\,dv$, $\overline{\overline{\psi}}_{0z}(u,\xi_l,s) = \int_0^{d}\overline{\psi}_{0z}(u,w,s)\{\xi_l\cos(\xi_l w)+\lambda_0\sin(\xi_l w)\}\,dw$, $\overline{\overline{\psi}}_{\vartheta z}(u,\xi_l,s) = \int_0^{d}\overline{\psi}_{\vartheta z}(u,w,s)\{\xi_l\cos(\xi_l w)+\lambda_0\sin(\xi_l w)\}\,dw$ and $\overline{\varphi}(u,\xi_m,w) = \int_0^{\vartheta}\varphi(u,v,w)\cos(\xi_m v)\,dv$.

$$
p = \frac{2U(t-t_0)}{\vartheta}\left(\frac{\mu}{k_r}\right)\sum_{m=0}^{\infty}\ni_m\cos(\xi_m\theta_0)\sum_{l=1}^{\infty}\frac{\{\xi_l\cos(\xi_l z_0)+\lambda_0\sin(\xi_l z_0)\}\{\xi_l\cos(\xi_l z)+\lambda_0\sin(\xi_l z)\}}{\left\{(\xi_l^2+\lambda_0^2)\left(d+\frac{\lambda_d}{\xi_l^2+\lambda_d^2}\right)+\lambda_0\right\}}\times
$$

$$\times\int_0^{t-t_0}\frac{q(t-t_0-\tau)}{\tau}I_{\mathcal{M}}\left(\frac{rr_0}{2\eta_r\tau}\right)e^{-\frac{(r^2+r_0^2)}{4\eta_r\tau}-\eta_z\xi_l^2\tau}d\tau+$$

$$+\frac{2}{\vartheta}\left(\frac{\mu}{k_r}\right)\sum_{m=0}^{\infty}\ni_m\cos(\xi_m\theta)\sum_{l=1}^{\infty}\frac{\{\xi_l\cos(\xi_l z)+\lambda_0\sin(\xi_l z)\}}{\left\{(\xi_l^2+\lambda_0^2)\left(d+\frac{\lambda_d}{\xi_l^2+\lambda_d^2}\right)+\lambda_0\right\}}\int_0^t\frac{e^{-\eta_z\xi_l^2\tau}}{\tau}\int_0^\infty I_{\mathcal{M}}\left(\frac{ru}{2\eta_r\tau}\right)e^{-\frac{(r^2+u)}{4\eta_r\tau}}\times$$

$$\times\left\{\overline{\psi}_{0z}(u,\xi_l,t-\tau)+(-1)^{m+1}\overline{\psi}_{\vartheta z}(u,\xi_l,t-\tau)\right\}dud\tau+$$

$$+\frac{2}{\vartheta}\left(\frac{\mu}{k_r}\right)\sum_{m=0}^{\infty}\ni_m\cos(\xi_m\theta)\sum_{l=1}^{\infty}\frac{\{\xi_l\cos(\xi_l z)+\lambda_0\sin(\xi_l z)\}}{\left\{(\xi_l^2+\lambda_0^2)\left(d+\frac{\lambda_d}{\xi_l^2+\lambda_d^2}\right)+\lambda_0\right\}}\int_0^t\frac{e^{-\eta_z\xi_l^2\tau}}{\tau}\int_0^\infty I_{\mathcal{M}}\left\{\frac{ru}{2\eta_r\tau}\right\}ue^{-\frac{(r^2+u^2)}{4\eta_r\tau}}\times$$

$$\times\left[\xi_l\overline{\psi}_{\theta 0}(u,\xi_m,t-\tau)-\overline{\psi}_{\theta d}(u,\xi_m,t-\tau)\{\xi_l\cos(\xi_l d)+\lambda_0\sin(\xi_l d)\}\right]dud\tau+$$

$$+\frac{2}{\vartheta\eta_r t}\sum_{m=0}^{\infty}\ni_m\cos(\xi_m\theta)\sum_{l=1}^{\infty}\frac{\{\xi_l\cos(\xi_l z)+\lambda_0\sin(\xi_l z)\}e^{-\eta_z\xi_l^2 t}}{\left\{(\xi_l^2+\lambda_0^2)\left(d+\frac{\lambda_d}{\xi_l^2+\lambda_d^2}\right)+\lambda_0\right\}}\times$$

$$\times\int_0^\infty ue^{-\frac{(r^2+u^2)}{4\eta_r t}}I_{\mathcal{M}}\left(\frac{ru}{2\eta_r t}\right)\int_0^d\varphi(u,\xi_m,w)\{\xi_l\cos(\xi_l w)+\lambda_0\sin(\xi_l w)\}dwdu \qquad (27.17.2)$$

where $\overline{\psi}_{\theta 0}(u,\xi_m,t)=\int_0^\vartheta\psi_{\theta 0}(u,v,t)\cos(\xi_m v)\,dv$, $\overline{\psi}_{\theta d}(u,\xi_m,t)=\int_0^\vartheta\psi_{\theta d}(u,v,t)\cos(\xi_m v)\,dv$, $\overline{\psi}_{0z}(u,\xi_l,t)=\int_0^d\psi_{0z}(u,w,t)\{\xi_l\cos(\xi_l w)+\lambda_0\sin(\xi_l w)\}\,dw$ and $\overline{\psi}_{\vartheta z}(u,\xi_l,t)=\int_0^d\psi_{\vartheta z}(u,w,t)\{\xi_l\cos(\xi_l w)+\lambda_0\sin(\xi_l w)\}\,dw$.

27.18 **The problem of 27.1, except the continuum is bounded internally at $r=a$ and extends to ∞ in the direction of r positive. $0\le\theta\le\vartheta$; $\vartheta<2\pi$. Point source at $s_p\equiv(r_0,\theta_0,z_0)$ at time $t=t_0$; $a<r_0<\infty$, $0\le\theta_0\le 2\pi$, $0<z_0<d$, $t_0\ge 0$. $D_a\equiv p(a,\theta,z,t)=\psi_a(\theta,z,t)$, $D_{\theta 0}\equiv p(r,\theta,0,t)=\psi_{\theta 0}(r,\theta,t)$, $D_{\theta d}\equiv p(r,\theta,d,t)=\psi_{\theta d}(r,\theta,t)$, $N_{0z}\equiv\frac{\partial p(r,0,z,t)}{\partial\theta}=-\left(\frac{\mu}{k_\theta}\right)\psi_{0z}(r,z,t)$ and $N_{\vartheta z}\equiv\frac{\partial p(r,\vartheta,z,t)}{\partial\theta}=-\left(\frac{\mu}{k_\theta}\right)\psi_{\vartheta z}(r,z,t)$. $p(r,\theta,z,0)=\varphi(r,\theta,z)$**

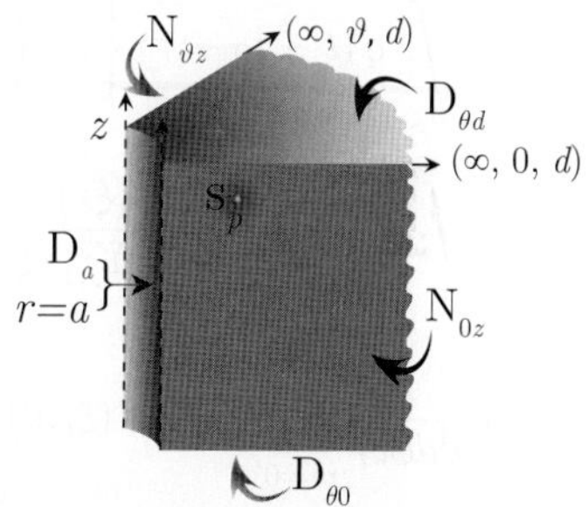

Successive application of Laplace, Fourier and Dirichlet-Weber transformation to equation (22.1.1) gives

$$\overline{\overline{\overline{p}}}=\frac{q(s)e^{-st_0}\cos(\xi_m\theta_0)\sin(\xi_l z_0)\mathcal{C}_{\mathcal{M}}(\xi r_0)}{\phi c_t(\eta_r\xi^2+\eta_z\xi_l^2+s)}-\frac{2\eta_r\overline{\overline{\overline{\psi}}}_a(\xi_m,\xi_l,s)}{\pi(\eta_r\xi^2+\eta_z\xi_l^2+s)}+$$
$$+\frac{\int_0^\infty\frac{\mathcal{C}_{\mathcal{M}}(\xi u)}{u}\left\{\overline{\overline{\psi}}_{0z}(u,\xi_l,s)+(-1)^{m+1}\overline{\overline{\psi}}_{\vartheta z}(u,\xi_l,s)\right\}du}{\phi c_t(\eta_r\xi^2+\eta_z\xi_l^2+s)}+$$
$$+\frac{\xi_l\eta_z\int_a^\infty u\mathcal{C}_{\mathcal{M}}(\xi u)\left\{\overline{\overline{\psi}}_{\theta 0}(u,\xi_m,s)-(-1)^l\overline{\overline{\psi}}_{\theta d}(u,\xi_m,s)\right\}du}{(\eta_r\xi^2+\eta_z\xi_l^2+s)}+\frac{\overline{\overline{\overline{\varphi}}}(\xi,\xi_m,\xi_l)}{(\eta_r\xi^2+\eta_z\xi_l^2+s)} \qquad (27.18.1)$$

where $\mathcal{C}_{\mathcal{M}}(\xi r)=Y_{\mathcal{M}}(\xi a)J_{\mathcal{M}}(\xi r)-J_{\mathcal{M}}(\xi a)Y_{\mathcal{M}}(\xi r)$, ξ_l are the positive roots of $\sin(\xi_l d)$, which are $\xi_l=\frac{l\pi}{d}$, $l=1,2,\ldots$, and ξ_m are the positive roots of $\sin(\xi_m\vartheta)$, which are $\xi_m=\frac{m\pi}{\vartheta}$, $m=0,1,\ldots$.
$\overline{\overline{\overline{\varphi}}}(\xi,\xi_m,\xi_l)=\int_a^\infty r\mathcal{C}_{\mathcal{M}}(\xi r)\int_0^\vartheta\cos(\xi_m v)\int_0^d\varphi(u,v,w)\sin(\xi_l w)dwdvdu$,
$\overline{\overline{\psi}}_{\theta 0}(u,\xi_m,s)=\int_0^\vartheta\overline{\psi}_{\theta 0}(u,v,s)\cos(\xi_m v)\,dv$, $\overline{\overline{\psi}}_{\theta d}(u,\xi_m,s)=\int_0^\vartheta\overline{\psi}_{\theta d}(u,v,s)\cos(\xi_m v)\,dv$,
$\overline{\overline{\psi}}_{0z}(u,\xi_l,s)=\int_0^d\overline{\psi}_{0z}(u,w,s)\sin(\xi_l w)\,dw$, $\overline{\overline{\psi}}_{\vartheta z}(u,\xi_l,s)=\int_0^d\overline{\psi}_{\vartheta z}(u,w,s)\sin(\xi_l w)\,dw$ and

$\overline{\overline{\overline{\psi}}}_a(\xi_m,\xi_l,s)=\int_0^{\vartheta}\overline{\psi}_a(v,w,s)\cos(\xi_m v)\int_0^d\sin(\xi_l w)dwdv.$

$$
\begin{aligned}
\overline{p} \;=\; & \frac{4q(s)\,e^{-st_0}}{\vartheta d\phi c_t}\sum_{m=0}^{\infty}\ni_m\cos(\xi_m\theta_0)\sum_{l=1}^{\infty}\sin(\xi_l z_0)\sin(\xi_l z)\int_0^{\infty}\frac{\xi\mathcal{C}_{\mathcal{M}}(\xi r_0)\,\mathcal{C}_{\mathcal{M}}(\xi r)}{(\eta_r\xi^2+\eta_z\xi_l^2+s)\left\{J_{\mathcal{M}}^2(\xi a)+Y_{\mathcal{M}}^2(\xi a)\right\}}d\xi+\\
&+\frac{4}{\vartheta d\phi c_t}\sum_{m=0}^{\infty}\ni_m\cos(\xi_m\theta)\times\\
&\times\sum_{l=1}^{\infty}\sin(\xi_l z)\int_0^{\infty}\frac{1}{u}\int_0^{\infty}\frac{\xi\mathcal{C}_{\mathcal{M}}(\xi r)\,\mathcal{C}_{\mathcal{M}}(\xi u)\left\{\overline{\overline{\psi}}_{0z}(u,\xi_l,s)+(-1)^{m+1}\,\overline{\overline{\psi}}_{\vartheta z}(u,\xi_l,s)\right\}}{(\eta_r\xi^2+\eta_z\xi_l^2+s)\left\{J_{\mathcal{M}}^2(\xi a)+Y_{\mathcal{M}}^2(\xi a)\right\}}d\xi du-\\
&-\frac{8\eta_r}{\pi\vartheta d}\sum_{m=0}^{\infty}\ni_m\cos(\xi_m\theta)\sum_{l=1}^{\infty}\overline{\overline{\overline{\psi}}}_a(\xi_m,\xi_l,s)\sin(\xi_l z)\int_0^{\infty}\frac{\xi\mathcal{C}_{\mathcal{M}}(\xi r)}{(\eta_r\xi^2+\eta_z\xi_l^2+s)\left\{J_{\mathcal{M}}^2(\xi a)+Y_{\mathcal{M}}^2(\xi a)\right\}}d\xi+\\
&+\frac{4\eta_z}{\vartheta d}\sum_{m=0}^{\infty}\ni_m\cos(\xi_m\theta)\sum_{l=1}^{\infty}\xi_l\sin(\xi_l z)\int_a^{\infty}\int_0^{\infty}\frac{\xi u\mathcal{C}_{\mathcal{M}}(\xi u)\,\mathcal{C}_{\mathcal{M}}(\xi r)\left\{\overline{\overline{\psi}}_{\theta 0}(u,\xi_m,s)-(-1)^l\,\overline{\overline{\psi}}_{\theta d}(u,\xi_m,s)\right\}}{(\eta_r\xi^2+\eta_z\xi_l^2+s)\left\{J_{\mathcal{M}}^2(\xi a)+Y_{\mathcal{M}}^2(\xi a)\right\}}d\xi du+\\
&+\frac{4}{\vartheta d}\sum_{m=0}^{\infty}\ni_m\cos(\xi_m\theta)\sum_{l=1}^{\infty}\sin(\xi_l z)\int_0^{\infty}\frac{\overline{\overline{\overline{\varphi}}}(\xi,\xi_m,\xi_l)\,\xi\mathcal{C}_{\mathcal{M}}(\xi r)}{(\eta_r\xi^2+\eta_z\xi_l^2+s)\left\{J_{\mathcal{M}}^2(\xi a)+Y_{\mathcal{M}}^2(\xi a)\right\}}d\xi
\end{aligned}
\tag{27.18.2}
$$

and

$$
\begin{aligned}
p \;=\; & \frac{U(t-t_0)}{\vartheta d\phi c_t}\sum_{m=0}^{\infty}\ni_m\cos(\xi_m\theta_0)\times\\
&\times\int_0^{t-t_0}q(t-t_0-\tau)\left\{\Theta_3\left(\frac{\pi(z-z_0)}{2d},e^{-\left(\frac{\pi}{d}\right)^2\eta_z\tau}\right)-\Theta_3\left(\frac{\pi(z+z_0)}{2d},e^{-\left(\frac{\pi}{d}\right)^2\eta_z\tau}\right)\right\}\times\\
&\times\int_0^{\infty}\frac{\xi\mathcal{C}_{\mathcal{M}}(\xi r_0)\,\mathcal{C}_{\mathcal{M}}(\xi r)\,e^{-\eta_r\xi^2\tau}}{\left\{J_{\mathcal{M}}^2(\xi a)+Y_{\mathcal{M}}^2(\xi a)\right\}}d\xi d\tau+\\
&+\frac{1}{\vartheta d\phi c_t}\sum_{m=0}^{\infty}\ni_m\cos(\xi_m\theta)\int_0^{t}\int_0^{\infty}\frac{1}{u}\int_0^{\infty}\left\{\psi_{0z}(u,w,t-\tau)+(-1)^{m+1}\,\psi_{\vartheta z}(u,w,t-\tau)\right\}\times\\
&\times\left\{\Theta_3\left(\frac{\pi(z-w)}{2d},e^{-\left(\frac{\pi}{2}\right)\eta_z\tau}\right)-\Theta_3\left(\frac{\pi(z+w)}{2d},e^{-\left(\frac{\pi}{2}\right)\eta_z\tau}\right)\right\}\int_0^{\infty}\frac{\xi\mathcal{C}_{\mathcal{M}}(\xi r)\,\mathcal{C}_{\mathcal{M}}(\xi u)\,e^{\eta_r\xi^2\tau}}{J_{\mathcal{M}}^2(\xi a)+Y_{\mathcal{M}}^2(\xi a)}d\xi dwdud\tau-\\
&-\frac{2\eta_r}{\pi\vartheta d}\sum_{m=0}^{\infty}\ni_m\cos(\xi_m\theta)\int_0^{t}\int_a^{\infty}\overline{\psi}_a(\xi_m,w,t-\tau)\left\{\Theta_3\left(\frac{\pi(z-w)}{2d},e^{-\left(\frac{\pi}{d}\right)^2\eta_z\tau}\right)-\Theta_3\left(\frac{\pi(z+w)}{2d},e^{-\left(\frac{\pi}{d}\right)^2\eta_z\tau}\right)\right\}\times\\
&\times\int_0^{\infty}\frac{\xi\mathcal{C}_{\mathcal{M}}(\xi r)\,e^{-\eta_r\xi^2\tau}}{\left\{J_{\mathcal{M}}^2(\xi a)+Y_{\mathcal{M}}^2(\xi a)\right\}}d\xi dwd\tau+\\
&+\frac{\eta_z}{\vartheta d^2}\sum_{m=0}^{\infty}\ni_m\cos(\xi_m\theta)\times\\
&\times\int_0^{t}\int_a^{\infty}\left\{\Theta_4'\left(\frac{\pi z}{2d},e^{-\left(\frac{\pi}{d}\right)^2\eta_z\tau}\right)\overline{\psi}_{\theta d}(u,\xi_m,t-\tau)-\Theta_3'\left(\frac{\pi z}{2d},e^{-\left(\frac{\pi}{d}\right)^2\eta_z\tau}\right)\overline{\psi}_{\theta 0}(u,\xi_m,t-\tau)\right\}\times\\
&\times\int_0^{\infty}\frac{\xi u\mathcal{C}_{\mathcal{M}}(\xi u)\,\mathcal{C}_{\mathcal{M}}(\xi r)\,e^{-\eta_r\xi^2\tau}}{\left\{J_{\mathcal{M}}^2(\xi a)+Y_{\mathcal{M}}^2(\xi a)\right\}}d\xi dud\tau+
\end{aligned}
$$

$$+\frac{1}{\vartheta d}\sum_{m=0}^{\infty}\ni_m \cos(\xi_m\theta)\int_a^{\infty} u\int_0^{d}\overline{\varphi}(u,\xi_m,w)\left\{\Theta_3\left(\frac{\pi(z-w)}{2d},e^{-\left(\frac{\pi}{d}\right)^2\eta_z t}\right)-\Theta_3\left(\frac{\pi(z+w)}{2d},e^{-\left(\frac{\pi}{d}\right)^2\eta_z t}\right)\right\}\times$$

$$\times\int_0^{\infty}\frac{\xi\mathcal{C}_{\mathcal{M}}(\xi u)\mathcal{C}_{\mathcal{M}}(\xi r)e^{-\eta_r\xi^2 t}}{\left\{J_{\mathcal{M}}^2(\xi a)+Y_{\mathcal{M}}^2(\xi a)\right\}}d\xi dw du \tag{27.18.3}$$

where $\overline{\psi}_{\theta 0}(u,\xi_m,t)=\int_0^{\vartheta}\psi_{\theta 0}(u,v,t)\cos(\xi_m v)\,dv$ and $\overline{\psi}_{\theta d}(u,\xi_m,t)=\int_0^{\vartheta}\psi_{\theta d}(u,v,t)\cos(\xi_m v)\,dv$, $\overline{\psi}_a(\xi_m,w,t)=\int_0^{\vartheta}\psi_a(v,w,t)\cos(\xi_m v)\,dv$ and $\overline{\varphi}(u,\xi_m,w)=\int_0^{\vartheta}\varphi(u,v,w)\cos(\xi_m v)\,dv$.

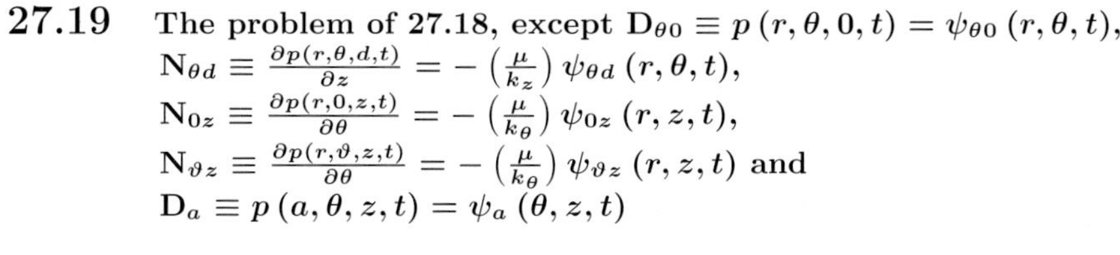

27.19 The problem of 27.18, except $\mathbf{D}_{\theta 0}\equiv p(r,\theta,0,t)=\psi_{\theta 0}(r,\theta,t)$,
$\mathbf{N}_{\theta d}\equiv\frac{\partial p(r,\theta,d,t)}{\partial z}=-\left(\frac{\mu}{k_z}\right)\psi_{\theta d}(r,\theta,t)$,
$\mathbf{N}_{0z}\equiv\frac{\partial p(r,0,z,t)}{\partial\theta}=-\left(\frac{\mu}{k_\theta}\right)\psi_{0z}(r,z,t)$,
$\mathbf{N}_{\vartheta z}\equiv\frac{\partial p(r,\vartheta,z,t)}{\partial\theta}=-\left(\frac{\mu}{k_\theta}\right)\psi_{\vartheta z}(r,z,t)$ and
$\mathbf{D}_a\equiv p(a,\theta,z,t)=\psi_a(\theta,z,t)$

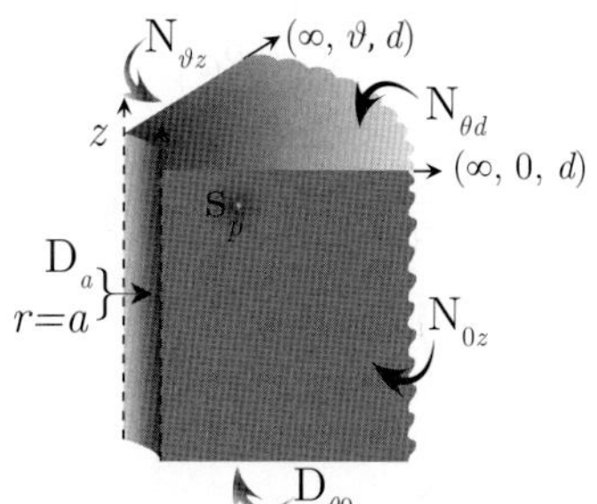

$$\overline{p}=\frac{4q(s)e^{-st_0}}{\vartheta d\phi c_t}\sum_{m=0}^{\infty}\ni_m\cos(\xi_m\theta_0)\sum_{l=1}^{\infty}\sin(\xi_l z_0)\sin(\xi_l z)\int_0^{\infty}\frac{\xi\mathcal{C}_{\mathcal{M}}(\xi r_0)\mathcal{C}_{\mathcal{M}}(\xi r)}{(\eta_r\xi^2+\eta_z\xi_l^2+s)\left\{J_{\mathcal{M}}^2(\xi a)+Y_{\mathcal{M}}^2(\xi a)\right\}}d\xi+$$

$$+\frac{4}{\vartheta d\phi c_t}\sum_{m=0}^{\infty}\ni_m\cos(\xi_m\theta)\times$$

$$\times\sum_{l=1}^{\infty}\sin(\xi_l z)\int_0^{\infty}\frac{1}{u}\int_0^{\infty}\frac{\xi\mathcal{C}_{\mathcal{M}}(\xi r)\mathcal{C}_{\mathcal{M}}(\xi u)\left\{\overline{\overline{\psi}}_{0z}(u,\xi_l,s)+(-1)^{m+1}\overline{\overline{\psi}}_{\vartheta z}(u,\xi_l,s)\right\}}{(\eta_r\xi^2+\eta_z\xi_l^2+s)\left\{J_{\mathcal{M}}^2(\xi a)+Y_{\mathcal{M}}^2(\xi a)\right\}}d\xi du-$$

$$-\frac{8\eta_r}{\pi\vartheta d}\sum_{m=0}^{\infty}\ni_m\cos(\xi_m\theta)\sum_{l=1}^{\infty}\overline{\overline{\overline{\psi}}}_a(\xi_m,\xi_l,s)\sin(\xi_l z)\int_0^{\infty}\frac{\xi\mathcal{C}_{\mathcal{M}}(\xi r)}{(\eta_r\xi^2+\eta_z\xi_l^2+s)\left\{J_{\mathcal{M}}^2(\xi a)+Y_{\mathcal{M}}^2(\xi a)\right\}}d\xi+$$

$$+\frac{4\eta_z}{\vartheta d}\sum_{m=0}^{\infty}\ni_m\cos(\xi_m\theta)\times$$

$$\times\sum_{l=1}^{\infty}\sin(\xi_l z)\int_a^{\infty}\int_0^{\infty}\frac{\xi u\mathcal{C}_{\mathcal{M}}(\xi u)\mathcal{C}_{\mathcal{M}}(\xi r)\left\{\xi_l\overline{\overline{\psi}}_{\theta 0}(u,\xi_m,s)+(-1)^l\left(\frac{\mu}{k_z}\right)\overline{\overline{\psi}}_{\theta d}(u,\xi_m,s)\right\}}{(\eta_r\xi^2+\eta_z\xi_l^2+s)\left\{J_{\mathcal{M}}^2(\xi a)+Y_{\mathcal{M}}^2(\xi a)\right\}}d\xi du+$$

$$+\frac{4}{\vartheta d}\sum_{m=0}^{\infty}\ni_m\cos(\xi_m\theta)\sum_{l=1}^{\infty}\sin(\xi_l z)\int_0^{\infty}\frac{\overline{\overline{\overline{\varphi}}}(\xi,\xi_m,\xi_l)\xi\mathcal{C}_{\mathcal{M}}(\xi r)}{(\eta_r\xi^2+\eta_z\xi_l^2+s)\left\{J_{\mathcal{M}}^2(\xi a)+Y_{\mathcal{M}}^2(\xi a)\right\}}d\xi \tag{27.19.1}$$

where $\mathcal{C}_{\mathcal{M}}(\xi r)=Y_{\mathcal{M}}(\xi a)J_{\mathcal{M}}(\xi r)-J_{\mathcal{M}}(\xi a)Y_{\mathcal{M}}(\xi r)$, ξ_l are the positive roots of $\cos(\xi_l d)$, which are $\xi_l=\frac{(2l-1)\pi}{2d}$, $l=1,2,...$, and ξ_m are the positive roots of $\sin(\xi_m\vartheta)$, which are $\xi_m=\frac{m\pi}{\vartheta}$, $m=0,1,....$
$\overline{\overline{\psi}}_{\theta 0}(u,\xi_m,s)=\int_0^{\vartheta}\overline{\psi}_{\theta 0}(u,v,s)\cos(\xi_m v)\,dv$, $\overline{\overline{\psi}}_{\theta d}(u,\xi_m,s)=\int_0^{\vartheta}\overline{\psi}_{\theta d}(u,v,s)\cos(\xi_m v)\,dv$,
$\overline{\overline{\psi}}_{0z}(u,\xi_l,s)=\int_0^{d}\overline{\psi}_{0z}(u,w,s)\sin(\xi_l w)\,dw$, $\overline{\overline{\psi}}_{\vartheta z}(u,\xi_l,s)=\int_0^{d}\overline{\psi}_{\vartheta z}(u,w,s)\sin(\xi_l w)\,dw$,
$\overline{\overline{\overline{\psi}}}_a(\xi_m,\xi_l,s)=\int_0^{\vartheta}\overline{\psi}_a(v,w,s)\cos(\xi_m v)\int_0^{d}\sin(\xi_l w)dwdv$ and
$\overline{\overline{\overline{\varphi}}}(\xi,\xi_m,\xi_l)=\int_a^{\infty}r\mathcal{C}_{\mathcal{M}}(\xi r)\int_0^{\vartheta}\cos(\xi_m v)\int_0^{d}\varphi(u,v,w)\sin(\xi_l w)dwdvdu$.

$$p=\frac{U(t-t_0)}{\vartheta d\phi c_t}\sum_{m=0}^{\infty}\ni_m\cos(\xi_m\theta_0)\times$$

$$
\begin{aligned}
&\times\int_0^{t-t_0} q\left(t-t_0-\tau\right)\left\{\Theta_2\left(\frac{\pi\left(z-z_0\right)}{2d}, e^{-\left(\frac{\pi}{d}\right)^2\eta_z\tau}\right)-\Theta_2\left(\frac{\pi\left(z+z_0\right)}{2d}, e^{-\left(\frac{\pi}{d}\right)^2\eta_z\tau}\right)\right\}\times \\
&\times\int_0^{\infty}\frac{\xi\mathcal{C}_{\mathcal{M}}\left(\xi r_0\right)\mathcal{C}_{\mathcal{M}}\left(\xi r\right)e^{-\eta_r\xi^2\tau}}{\left\{J_{\mathcal{M}}^2\left(\xi a\right)+Y_{\mathcal{M}}^2\left(\xi a\right)\right\}}d\xi d\tau+ \\
&+\frac{1}{\vartheta d\phi c_t}\sum_{m=0}^{\infty}\ni_m\cos\left(\xi_m\theta\right)\int_0^t\int_0^{\infty}\frac{1}{u}\int_0^{\infty}\left\{\psi_{0z}\left(u,w,t-\tau\right)+\left(-1\right)^{m+1}\psi_{\vartheta z}\left(u,w,t-\tau\right)\right\}\times \\
&\times\left\{\Theta_2\left(\frac{\pi\left(z-w\right)}{2d}, e^{-\left(\frac{\pi}{2}\right)\eta_z\tau}\right)-\Theta_2\left(\frac{\pi\left(z+w\right)}{2d}, e^{-\left(\frac{\pi}{2}\right)\eta_z\tau}\right)\right\}\int_0^{\infty}\frac{\xi\mathcal{C}_{\mathcal{M}}\left(\xi r\right)\mathcal{C}_{\mathcal{M}}\left(\xi u\right)e^{\eta_r\xi^2\tau}}{J_{\mathcal{M}}^2\left(\xi a\right)+Y_{\mathcal{M}}^2\left(\xi a\right)}d\xi dwdud\tau- \\
&-\frac{2\eta_r}{\pi\vartheta d}\sum_{m=0}^{\infty}\ni_m\cos\left(\xi_m\theta\right)\times \\
&\times\int_0^t\int_a^{\infty}\overline{\psi}_a\left(\xi_m,w,t-\tau\right)\left\{\Theta_2\left(\frac{\pi\left(z-w\right)}{2d}, e^{-\left(\frac{\pi}{d}\right)^2\eta_z\tau}\right)-\Theta_2\left(\frac{\pi\left(z+w\right)}{2d}, e^{-\left(\frac{\pi}{d}\right)^2\eta_z\tau}\right)\right\}\times \\
&\times\int_0^{\infty}\frac{\xi\mathcal{C}_{\mathcal{M}}\left(\xi r\right)e^{-\eta_r\xi^2\tau}}{\left\{J_{\mathcal{M}}^2\left(\xi a\right)+Y_{\mathcal{M}}^2\left(\xi a\right)\right\}}d\xi dwd\tau- \\
&-\frac{2}{\vartheta d}\sum_{m=0}^{\infty}\ni_m\cos\left(\xi_m\theta\right)\int_0^t\frac{1}{\tau}\int_0^{\infty}\left\{\left(\frac{\eta_z}{2d}\right)\Theta_2'\left(\frac{\pi z}{2d}, e^{-\left(\frac{\pi}{d}\right)^2\eta_z\tau}\right)\overline{\psi}_{\theta 0}\left(u,\xi_m,t-\tau\right)+\right. \\
&\left.+\left(\frac{1}{\phi c_t}\right)\Theta_1\left(\frac{\pi z}{2d}, e^{-\left(\frac{\pi}{d}\right)^2\eta_z\tau}\right)\overline{\psi}_{\theta d}\left(u,\xi_m,t-\tau\right)\right\}\times \\
&\times\int_0^{\infty}\frac{\xi u\mathcal{C}_{\mathcal{M}}\left(\xi u\right)\mathcal{C}_{\mathcal{M}}\left(\xi r\right)e^{-\eta_r\xi^2\tau}}{\left\{J_{\mathcal{M}}^2\left(\xi a\right)+Y_{\mathcal{M}}^2\left(\xi a\right)\right\}}d\xi dud\tau+ \\
&+\frac{1}{\vartheta d}\sum_{m=0}^{\infty}\ni_m\cos\left(\xi_m\theta\right)\int_a^{\infty}u\int_0^d\overline{\varphi}\left(u,\xi_m,w\right)\left\{\Theta_2\left(\frac{\pi\left(z-w\right)}{2d}, e^{-\left(\frac{\pi}{d}\right)^2\eta_z t}\right)-\Theta_2\left(\frac{\pi\left(z+w\right)}{2d}, e^{-\left(\frac{\pi}{d}\right)^2\eta_z t}\right)\right\}\times \\
&\times\int_0^{\infty}\frac{\xi\mathcal{C}_{\mathcal{M}}\left(\xi u\right)\mathcal{C}_{\mathcal{M}}\left(\xi r\right)e^{-\eta_r\xi^2 t}}{\left\{J_{\mathcal{M}}^2\left(\xi a\right)+Y_{\mathcal{M}}^2\left(\xi a\right)\right\}}d\xi dwdu \qquad (27.19.2)
\end{aligned}
$$

where $\overline{\psi}_{\theta 0}\left(u,\xi_m,t\right)=\int_0^{\vartheta}\psi_{\theta 0}\left(u,v,t\right)\cos\left(\xi_m v\right)dv$, $\overline{\psi}_{\theta d}\left(u,\xi_m,t\right)=\int_0^{\vartheta}\psi_{\theta d}\left(u,v,t\right)\cos\left(\xi_m v\right)dv$, $\overline{\psi}_a\left(\xi_m,w,t\right)=\int_0^{\vartheta}\psi_a\left(v,w,t\right)\cos\left(\xi_m v\right)dv$ and $\overline{\varphi}\left(u,\xi_m,w\right)=\int_0^{\vartheta}\varphi\left(u,v,w\right)\cos\left(\xi_m v\right)dv$.

27.20

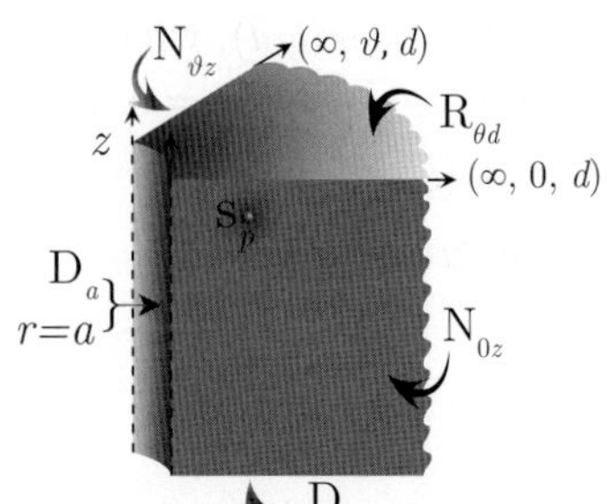

The problem of 27.18, except
$\mathbf{D}_{\theta 0}\equiv p\left(r,\theta,0,t\right)=\psi_{\theta 0}\left(r,\theta,t\right)$,
$\mathbf{R}_{\theta d}\equiv\frac{\partial p\left(r,\theta,d,t\right)}{\partial z}+\lambda p\left(r,\theta,d,t\right)=-\left(\frac{\mu}{k_z}\right)\psi_{\theta d}\left(r,\theta,t\right)$,
$\mathbf{N}_{0z}\equiv\frac{\partial p\left(r,0,z,t\right)}{\partial\theta}=-\left(\frac{\mu}{k_\theta}\right)\psi_{0z}\left(r,z,t\right)$,
$\mathbf{N}_{\vartheta z}\equiv\frac{\partial p\left(r,\vartheta,z,t\right)}{\partial\theta}=-\left(\frac{\mu}{k_\theta}\right)\psi_{\vartheta z}\left(r,z,t\right)$ **and**
$\mathbf{D}_a\equiv p\left(a,\theta,z,t\right)=\psi_a\left(\theta,z,t\right)$

$$\overline{p} = \frac{4q(s)\,e^{-st_0}}{\vartheta\phi c_t}\sum_{m=0}^{\infty}\ni_m \cos(\xi_m\theta_0)\times$$
$$\times\sum_{l=1}^{\infty}\frac{(\xi_l^2+\lambda^2)\sin(\xi_l z_0)\sin(\xi_l z)}{d(\xi_l^2+\lambda^2)+\lambda}\int_0^{\infty}\frac{\xi\mathcal{C}_{\mathcal{M}}(\xi r_0)\,\mathcal{C}_{\mathcal{M}}(\xi r)}{(\eta_r\xi^2+\eta_z\xi_l^2+s)\{J_{\mathcal{M}}^2(\xi a)+Y_{\mathcal{M}}^2(\xi a)\}}d\xi+$$
$$+\frac{4}{\vartheta\phi c_t}\sum_{m=0}^{\infty}\ni_m\cos(\xi_m\theta)\times$$
$$\times\sum_{l=1}^{\infty}\frac{(\xi_l^2+\lambda^2)\sin(\xi_l z)}{d(\xi_l^2+\lambda^2)+\lambda}\int_0^{\infty}\frac{1}{u}\int_0^{\infty}\frac{\xi\mathcal{C}_{\mathcal{M}}(\xi r)\,\mathcal{C}_{\mathcal{M}}(\xi u)\left\{\overline{\overline{\psi}}_{0z}(u,\xi_l,s)+(-1)^{m+1}\overline{\overline{\psi}}_{\vartheta z}(u,\xi_l,s)\right\}}{(\eta_r\xi^2+\eta_z\xi_l^2+s)\{J_{\mathcal{M}}^2(\xi a)+Y_{\mathcal{M}}^2(\xi a)\}}d\xi du-$$
$$-\frac{8\eta_r}{\pi\vartheta}\sum_{m=0}^{\infty}\ni_m\cos(\xi_m\theta)\sum_{l=1}^{\infty}\frac{\overline{\overline{\overline{\psi}}}_a(\xi_m,\xi_l,s)\,(\xi_l^2+\lambda^2)\sin(\xi_l z)}{d(\xi_l^2+\lambda^2)+\lambda}\int_0^{\infty}\frac{\xi\mathcal{C}_{\mathcal{M}}(\xi r)}{(\eta_r\xi^2+\eta_z\xi_l^2+s)\{J_{\mathcal{M}}^2(\xi a)+Y_{\mathcal{M}}^2(\xi a)\}}d\xi+$$
$$+\frac{4\eta_z}{\vartheta}\sum_{m=0}^{\infty}\ni_m\cos(\xi_m\theta)\sum_{l=1}^{\infty}\frac{(\xi_l^2+\lambda^2)\sin(\xi_l z)}{d(\xi_l^2+\lambda^2)+\lambda}\times$$
$$\times\int_a^{\infty}\int_0^{\infty}\frac{\xi u\mathcal{C}_{\mathcal{M}}(\xi u)\,\mathcal{C}_{\mathcal{M}}(\xi r)\left\{\xi_l\overline{\overline{\psi}}_{\theta 0}(u,\xi_m,s)-\left(\frac{\mu}{k_z}\right)\overline{\overline{\psi}}_{\theta d}(u,\xi_m,s)\sin(\xi_l d)\right\}}{(\eta_r\xi^2+\eta_z\xi_l^2+s)\{J_{\mathcal{M}}^2(\xi a)+Y_{\mathcal{M}}^2(\xi a)\}}d\xi du+$$
$$+\frac{4}{\vartheta}\sum_{m=0}^{\infty}\ni_m\cos(\xi_m\theta)\sum_{l=1}^{\infty}\frac{(\xi_l^2+\lambda^2)\sin(\xi_l z)}{d(\xi_l^2+\lambda^2)+\lambda}\int_0^{\infty}\frac{\overline{\overline{\overline{\varphi}}}(\xi,\xi_m,\xi_l)\,\xi\mathcal{C}_{\mathcal{M}}(\xi r)}{(\eta_r\xi^2+\eta_z\xi_l^2+s)\{J_{\mathcal{M}}^2(\xi a)+Y_{\mathcal{M}}^2(\xi a)\}}d\xi \tag{27.20.1}$$

where $\mathcal{C}_{\mathcal{M}}(\xi r)=Y_{\mathcal{M}}(\xi a)\,J_{\mathcal{M}}(\xi r)-J_{\mathcal{M}}(\xi a)\,Y_{\mathcal{M}}(\xi r)$, ξ_l are the positive roots of $\xi_l\cot(\xi_l d)=-\lambda$, $l=1,2,...$, and ξ_m are the positive roots of $\sin(\xi_m\vartheta)$, which are $\xi_m=\frac{m\pi}{\vartheta}$, $m=0,1,....$
$\overline{\overline{\psi}}_{\theta 0}(u,\xi_m,s)=\int_0^{\vartheta}\overline{\psi}_{\theta 0}(u,v,s)\cos(\xi_m v)\,dv$, $\overline{\overline{\psi}}_{\theta d}(u,\xi_m,s)=\int_0^{\vartheta}\overline{\psi}_{\theta d}(u,v,s)\cos(\xi_m v)\,dv$,
$\overline{\overline{\psi}}_{0z}(u,\xi_l,s)=\int_0^{d}\overline{\psi}_{0z}(u,w,s)\sin(\xi_l w)\,dw$, $\overline{\overline{\psi}}_{\vartheta z}(u,\xi_l,s)=\int_0^{d}\overline{\psi}_{\vartheta z}(u,w,s)\sin(\xi_l w)\,dw$,
$\overline{\overline{\overline{\psi}}}_a(\xi_m,\xi_l,s)=\int_0^{\vartheta}\overline{\psi}_a(v,w,s)\cos(\xi_m v)\int_0^{d}\sin(\xi_l w)dwdv$ and
$\overline{\overline{\overline{\varphi}}}(\xi,\xi_m,\xi_l)=\int_a^{\infty}r\mathcal{C}_{\mathcal{M}}(\xi r)\int_0^{\vartheta}\cos(\xi_m v)\int_0^{d}\varphi(u,v,w)\sin(\xi_l w)dwdvdu.$

$$p = \frac{4U(t-t_0)}{\vartheta\phi c_t}\sum_{m=0}^{\infty}\ni_m\cos(\xi_m\theta_0)\sum_{l=1}^{\infty}\frac{(\xi_l^2+\lambda^2)\sin(\xi_l z_0)\sin(\xi_l z)}{d(\xi_l^2+\lambda^2)+\lambda}\int_0^{\infty}\frac{\xi\mathcal{C}_{\mathcal{M}}(\xi r_0)\,\mathcal{C}_{\mathcal{M}}(\xi r)}{\{J_{\mathcal{M}}^2(\xi a)+Y_{\mathcal{M}}^2(\xi a)\}}\times$$
$$\times\int_0^{t-t_0}q(t-t_0-\tau)\,e^{-(\eta_r\xi^2+\eta_z\xi_l^2)\tau}d\tau d\xi+$$
$$+\frac{4}{\vartheta\phi c_t}\sum_{m=0}^{\infty}\ni_m\cos(\xi_m\theta)\sum_{l=1}^{\infty}\frac{(\xi_l^2+\lambda^2)\sin(\xi_l z)}{\{d(\xi_l^2+\lambda^2)+\lambda\}}\times$$
$$\times\int_0^{t}e^{\eta_z l^2\tau}\int_0^{\infty}\frac{1}{u}\int_0^{\infty}\frac{\xi\mathcal{C}_{\mathcal{M}}(\xi r)\,\mathcal{C}_{\mathcal{M}}(\xi u)\,e^{\eta_r\xi^2\tau}\left\{\overline{\psi}_{0z}(u,\xi_l,t-\tau)+(-1)^{m+1}\overline{\psi}_{\vartheta z}(u,\xi_l,t-\tau)\right\}}{J_{\mathcal{M}}^2(\xi a)+Y_{\mathcal{M}}^2(\xi a)}d\xi dud\tau-$$
$$-\frac{8\eta_r}{\pi\vartheta}\sum_{m=0}^{\infty}\ni_m\cos(\xi_m\theta)\times$$
$$\times\sum_{l=1}^{\infty}\frac{(\xi_l^2+\lambda^2)\sin(\xi_l z)}{d(\xi_l^2+\lambda^2)+\lambda}\int_0^{\infty}\frac{\xi\mathcal{C}_{\mathcal{M}}(\xi r)}{\{J_{\mathcal{M}}^2(\xi a)+Y_{\mathcal{M}}^2(\xi a)\}}\int_0^{t}\overline{\overline{\psi}}_a(\xi_m,\xi_l,t-\tau)\,e^{-(\eta_r\xi^2+\eta_z\xi_l^2)\tau}d\tau d\xi+$$
$$+\frac{4\eta_z}{\vartheta}\sum_{m=0}^{\infty}\ni_m\cos(\xi_m\theta)\sum_{l=1}^{\infty}\frac{(\xi_l^2+\lambda^2)\sin(\xi_l z)}{d(\xi_l^2+\lambda^2)+\lambda}\int_a^{\infty}\int_0^{\infty}\frac{\xi u\mathcal{C}_{\mathcal{M}}(\xi u)\,\mathcal{C}_{\mathcal{M}}(\xi r)}{\{J_{\mathcal{M}}^2(\xi a)+Y_{\mathcal{M}}^2(\xi a)\}}\times$$

$$\times \int_0^t \left\{ \xi_l \overline{\psi}_{\theta 0}(u,\xi_m,t-\tau) - \left(\frac{\mu}{k_z}\right) \overline{\psi}_{\theta d}(u,\xi_m,t-\tau)\sin(\xi_l d) \right\} e^{-\left(\eta_r \xi^2 + \eta_z \xi_l^2\right)\tau} d\tau d\xi du +$$

$$+ \frac{4}{\vartheta} \sum_{m=0}^{\infty} \ni_m \cos(\xi_m \theta) \sum_{l=1}^{\infty} \frac{(\xi_l^2 + \lambda^2)\sin(\xi_l z)}{d(\xi_l^2 + \lambda^2) + \lambda} \int_0^{\infty} \frac{\overline{\overline{\overline{\varphi}}}(\xi,\xi_m,\xi_l)\, \xi \mathcal{C}_{\mathcal{M}}(\xi r)\, e^{-\left(\eta_r \xi^2 + \eta_z \xi_l^2\right)t}}{\left\{J_{\mathcal{M}}^2(\xi a) + Y_{\mathcal{M}}^2(\xi a)\right\}} d\xi \qquad (27.20.2)$$

where $\overline{\psi}_{\theta 0}(u,\xi_m,t) = \int_0^{\vartheta} \psi_{\theta 0}(u,v,t)\cos(\xi_m v)\,dv$, $\overline{\psi}_{\theta d}(u,\xi_m,t) = \int_0^{\vartheta} \psi_{\theta d}(u,v,t)\cos(\xi_m v)\,dv$, $\overline{\psi}_{0z}(u,\xi_l,t) = \int_0^{d} \psi_{0z}(u,w,t)\sin(\xi_l w)\,dw$, $\overline{\psi}_{\vartheta z}(u,\xi_l,t) = \int_0^{d} \psi_{\vartheta z}(u,w,t)\sin(\xi_l w)\,dw$, and $\overline{\overline{\psi}}_{a}(\xi_m,\xi_l,t) = \int_0^{\vartheta} \psi_a(v,w,t)\cos(\xi_m v)\int_0^{d}\sin(\xi_l w)dwdv$.

27.21

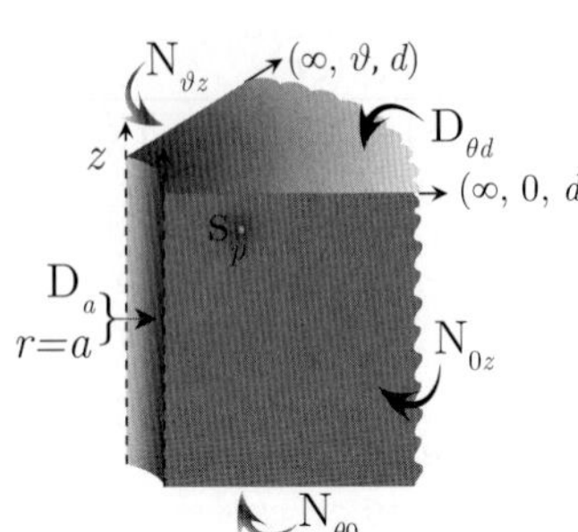

The problem of 27.18, except
$\mathbf{N_{\theta 0} \equiv \frac{\partial p(r,\theta,0,t)}{\partial z} = -\left(\frac{\mu}{k_z}\right)\psi_{\theta 0}(r,\theta,t)}$,
$\mathbf{D_{\theta d} \equiv p(r,\theta,d,t) = \psi_{\theta d}(r,\theta,t)}$,
$\mathbf{N_{0z} \equiv \frac{\partial p(r,0,z,t)}{\partial \theta} = -\left(\frac{\mu}{k_\theta}\right)\psi_{0z}(r,z,t)}$,
$\mathbf{N_{\vartheta z} \equiv \frac{\partial p(r,\vartheta,z,t)}{\partial \theta} = -\left(\frac{\mu}{k_\theta}\right)\psi_{\vartheta z}(r,z,t)}$ **and**
$\mathbf{D_a \equiv p(a,\theta,z,t) = \psi_a(\theta,z,t)}$

$$\overline{p} = \frac{4q(s)e^{-st_0}}{\vartheta d\phi c_t} \sum_{m=0}^{\infty} \ni_m \cos(\xi_m \theta_0) \sum_{l=1}^{\infty} \cos(\xi_l z_0)\cos(\xi_l z) \int_0^{\infty} \frac{\xi \mathcal{C}_{\mathcal{M}}(\xi r_0)\,\mathcal{C}_{\mathcal{M}}(\xi r)}{(\eta_r \xi^2 + \eta_z \xi_l^2 + s)\left\{J_{\mathcal{M}}^2(\xi a) + Y_{\mathcal{M}}^2(\xi a)\right\}} d\xi +$$

$$+ \frac{4}{\vartheta d\phi c_t} \sum_{m=0}^{\infty} \ni_m \cos(\xi_m \theta) \times$$

$$\times \sum_{l=1}^{\infty} \cos(\xi_l z) \int_0^{\infty} \frac{1}{u} \int_0^{\infty} \frac{\xi \mathcal{C}_{\mathcal{M}}(\xi r)\,\mathcal{C}_{\mathcal{M}}(\xi u)\left\{\overline{\overline{\psi}}_{0z}(u,\xi_l,s) + (-1)^{m+1}\overline{\overline{\psi}}_{\vartheta z}(u,\xi_l,s)\right\}}{(\eta_r \xi^2 + \eta_z \xi_l^2 + s)\left\{J_{\mathcal{M}}^2(\xi a) + Y_{\mathcal{M}}^2(\xi a)\right\}} d\xi du -$$

$$- \frac{8\eta_r}{\pi \vartheta d} \sum_{m=0}^{\infty} \ni_m \cos(\xi_m \theta) \sum_{l=1}^{\infty} \overline{\overline{\overline{\psi}}}_a(\xi_m,\xi_l,s)\cos(\xi_l z) \int_0^{\infty} \frac{\xi \mathcal{C}_{\mathcal{M}}(\xi r)}{(\eta_r \xi^2 + \eta_z \xi_l^2 + s)\left\{J_{\mathcal{M}}^2(\xi a) + Y_{\mathcal{M}}^2(\xi a)\right\}} d\xi +$$

$$+ \frac{4\eta_z}{\vartheta d} \sum_{m=0}^{\infty} \ni_m \cos(\xi_m \theta) \sum_{l=1}^{\infty} \xi_l \cos(\xi_l z) \times$$

$$\times \int_a^{\infty} \int_0^{\infty} \frac{\xi u \mathcal{C}_{\mathcal{M}}(\xi u)\,\mathcal{C}_{\mathcal{M}}(\xi r)\left\{(-1)^{m+1}\xi_l \overline{\overline{\psi}}_{\theta d}(u,\xi_m,s) + \left(\frac{\mu}{k_z}\right)\overline{\overline{\psi}}_{\theta 0}(u,\xi_m,s)\right\}}{(\eta_r \xi^2 + \eta_z \xi_l^2 + s)\left\{J_{\mathcal{M}}^2(\xi a) + Y_{\mathcal{M}}^2(\xi a)\right\}} d\xi du +$$

$$+ \frac{4}{\vartheta d} \sum_{m=0}^{\infty} \ni_m \cos(\xi_m \theta) \sum_{l=1}^{\infty} \cos(\xi_l z) \int_0^{\infty} \frac{\overline{\overline{\overline{\varphi}}}(\xi,\xi_m,\xi_l)\,\xi \mathcal{C}_{\mathcal{M}}(\xi r)}{(\eta_r \xi^2 + \eta_z \xi_l^2 + s)\left\{J_{\mathcal{M}}^2(\xi a) + Y_{\mathcal{M}}^2(\xi a)\right\}} d\xi \qquad (27.21.1)$$

where $\mathcal{C}_{\mathcal{M}}(\xi r) = Y_{\mathcal{M}}(\xi a)J_{\mathcal{M}}(\xi r) - J_{\mathcal{M}}(\xi a)Y_{\mathcal{M}}(\xi r)$, ξ_l are the positive roots of $\cos(\xi_l d)$, which are $\xi_l = \frac{(2l-1)\pi}{2d}$, $l = 1, 2, \ldots$, and ξ_m are the positive roots of $\sin(\xi_m \vartheta)$, which are $\xi_m = \frac{m\pi}{\vartheta}$, $m = 0, 1, \ldots$.
$\overline{\overline{\psi}}_{\theta 0}(u,\xi_m,s) = \int_0^{\vartheta} \overline{\psi}_{\theta 0}(u,v,s)\cos(\xi_m v)\,dv$, $\overline{\overline{\psi}}_{\theta d}(u,\xi_m,s) = \int_0^{\vartheta} \overline{\psi}_{\theta d}(u,v,s)\cos(\xi_m v)\,dv$,
$\overline{\overline{\psi}}_{0z}(u,\xi_l,s) = \int_0^{d} \overline{\psi}_{0z}(u,w,s)\cos(\xi_l w)\,dw$, $\overline{\overline{\psi}}_{\vartheta z}(u,\xi_l,s) = \int_0^{d} \overline{\psi}_{\vartheta z}(u,w,s)\cos(\xi_l w)\,ddw$,
$\overline{\overline{\overline{\psi}}}_a(\xi_m,\xi_l,s) = \int_0^{\vartheta} \overline{\psi}_a(v,w,s)\cos(\xi_m v)\int_0^{d}\cos(\xi_l w)dwdv$ and
$\overline{\overline{\overline{\varphi}}}(\xi,\xi_m,\xi_l) = \int_a^{\infty} r\mathcal{C}_{\mathcal{M}}(\xi r)\int_0^{\vartheta}\cos(\xi_m v)\int_0^{d}\varphi(u,v,w)\cos(\xi_l w)dwdvdu$.

$$p = \frac{U(t-t_0)}{\vartheta d\phi c_t} \sum_{m=0}^{\infty} \ni_m \cos(\xi_m \theta_0) \times$$

$$\times \int_0^{t-t_0} q(t-t_0-\tau)\left\{\Theta_2\left(\frac{\pi(z-z_0)}{2d}, e^{-\left(\frac{\pi}{d}\right)^2\eta_z\tau}\right)+\Theta_2\left(\frac{\pi(z+z_0)}{2d}, e^{-\left(\frac{\pi}{d}\right)^2\eta_z\tau}\right)\right\}\times$$

$$\times \int_0^{\infty} \frac{\xi\mathcal{C}_{\mathcal{M}}(\xi r_0)\,\mathcal{C}_{\mathcal{M}}(\xi r)\,e^{-\eta_r\xi^2\tau}}{\{J_{\mathcal{M}}^2(\xi a)+Y_{\mathcal{M}}^2(\xi a)\}}d\xi d\tau +$$

$$+\frac{1}{\vartheta d\phi c_t}\sum_{m=0}^{\infty}\ni_m\cos(\xi_m\theta)\int_0^t\int_0^{\infty}\frac{1}{u}\int_0^{\infty}\left\{\psi_{0z}(u,w,t-\tau)+(-1)^{m+1}\psi_{\vartheta z}(u,w,t-\tau)\right\}\times$$

$$\times\left\{\Theta_2\left(\frac{\pi(z-w)}{2d}, e^{-\left(\frac{\pi}{2}\right)\eta_z\tau}\right)+\Theta_2\left(\frac{\pi(z+w)}{2d}, e^{-\left(\frac{\pi}{2}\right)\eta_z\tau}\right)\right\}\int_0^{\infty}\frac{\xi\mathcal{C}_{\mathcal{M}}(\xi r)\,\mathcal{C}_{\mathcal{M}}(\xi u)\,e^{\eta_r\xi^2\tau}}{J_{\mathcal{M}}^2(\xi a)+Y_{\mathcal{M}}^2(\xi a)}d\xi dw du d\tau -$$

$$-\frac{2\eta_r}{\pi\vartheta d}\sum_{m=0}^{\infty}\ni_m\cos(\xi_m\theta)\times$$

$$\times\int_0^t\int_a^{\infty}\overline{\psi}_a(\xi_m,w,t-\tau)\left\{\Theta_2\left(\frac{\pi(z-w)}{2d}, e^{-\left(\frac{\pi}{d}\right)^2\eta_z\tau}\right)+\Theta_2\left(\frac{\pi(z+w)}{2d}, e^{-\left(\frac{\pi}{d}\right)^2\eta_z\tau}\right)\right\}\times$$

$$\times\int_0^{\infty}\frac{\xi\mathcal{C}_{\mathcal{M}}(\xi r)\,e^{-\eta_r\xi^2\tau}}{\{J_{\mathcal{M}}^2(\xi a)+Y_{\mathcal{M}}^2(\xi a)\}}d\xi dw d\tau +$$

$$+\frac{2}{\vartheta d}\sum_{m=0}^{\infty}\ni_m\cos(\xi_m\theta)\int_0^t\frac{1}{\tau}\int_0^{\infty}\left\{\left(\frac{1}{\phi c_t}\right)\Theta_2\left(\frac{\pi z}{2d}, e^{-\left(\frac{\pi}{d}\right)^2\eta_z\tau}\right)\overline{\psi}_{\theta 0}(u,\xi_m,t-\tau)+\right.$$

$$\left.+\left(\frac{\eta_z}{2d}\right)\Theta_1'\left(\frac{\pi z}{2d}, e^{-\left(\frac{\pi}{d}\right)^2\eta_z\tau}\right)\overline{\psi}_{\theta d}(u,\xi_m,t-\tau)\right\}\times$$

$$\times\int_0^{\infty}\frac{\xi u\mathcal{C}_{\mathcal{M}}(\xi u)\,\mathcal{C}_{\mathcal{M}}(\xi r)\,e^{-\eta_r\xi^2\tau}}{\{J_{\mathcal{M}}^2(\xi a)+Y_{\mathcal{M}}^2(\xi a)\}}d\xi du d\tau +$$

$$+\frac{1}{\vartheta d}\sum_{m=0}^{\infty}\ni_m\cos(\xi_m\theta)\int_a^{\infty}u\int_0^d\overline{\varphi}(u,\xi_m,w)\left\{\Theta_2\left(\frac{\pi(z-w)}{2d}, e^{-\left(\frac{\pi}{d}\right)^2\eta_z t}\right)+\Theta_2\left(\frac{\pi(z+w)}{2d}, e^{-\left(\frac{\pi}{d}\right)^2\eta_z t}\right)\right\}\times$$

$$\times\int_0^{\infty}\frac{\xi\mathcal{C}_{\mathcal{M}}(\xi u)\,\mathcal{C}_{\mathcal{M}}(\xi r)\,e^{-\eta_r\xi^2 t}}{\{J_{\mathcal{M}}^2(\xi a)+Y_{\mathcal{M}}^2(\xi a)\}}d\xi dw du \tag{27.21.2}$$

where $\overline{\psi}_{\theta 0}(u,\xi_m,t)=\int_0^{\vartheta}\psi_{\theta 0}(u,v,t)\cos(\xi_m v)\,dv$, $\overline{\psi}_{\theta d}(u,\xi_m,t)=\int_0^{\vartheta}\psi_{\theta d}(u,v,t)\cos(\xi_m v)\,dv$, $\overline{\psi}_a(\xi_m,w,t)=\int_0^{\vartheta}\psi_a(v,w,t)\cos(\xi_m v)\,dv$ and $\overline{\varphi}(u,\xi_m,w)=\int_0^{\vartheta}\varphi(u,v,w)\cos(\xi_m v)\,dv$.

27.22 The problem of 27.18, except
$N_{\theta 0}\equiv\frac{\partial p(r,\theta,0,t)}{\partial z}=-\left(\frac{\mu}{k_z}\right)\psi_{\theta 0}(r,\theta,t)$,
$N_{\theta d}\equiv\frac{\partial p(r,\theta,d,t)}{\partial z}=-\left(\frac{\mu}{k_z}\right)\psi_{\theta d}(r,\theta,t)$,
$N_{0z}\equiv\frac{\partial p(r,0,z,t)}{\partial \theta}=-\left(\frac{\mu}{k_\theta}\right)\psi_{0z}(r,z,t)$,
$N_{\vartheta z}\equiv\frac{\partial p(r,\vartheta,z,t)}{\partial \theta}=-\left(\frac{\mu}{k_\theta}\right)\psi_{\vartheta z}(r,z,t)$ and
$D_a\equiv p(a,\theta,z,t)=\psi_a(\theta,z,t)$

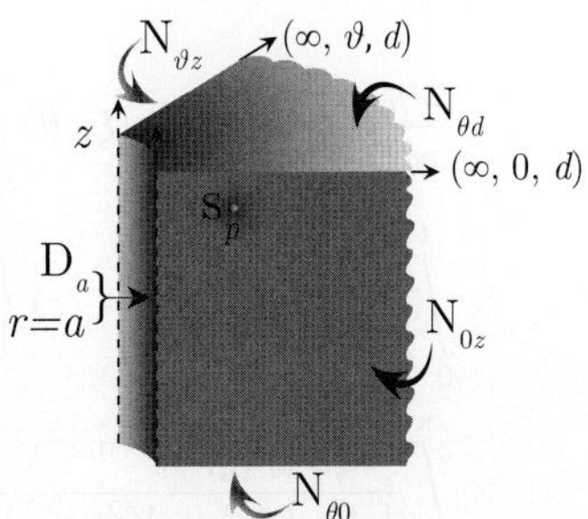

$$\overline{p}=\frac{4q(s)e^{-st_0}}{\vartheta d\phi c_t}\sum_{m=0}^{\infty}\ni_m\cos(\xi_m\theta_0)\sum_{l=0}^{\infty}\ni_l\cos(\xi_l z_0)\cos(\xi_l z)\int_0^{\infty}\frac{\xi\mathcal{C}_{\mathcal{M}}(\xi r_0)\,\mathcal{C}_{\mathcal{M}}(\xi r)}{(\eta_r\xi^2+\eta_z\xi_l^2+s)\{J_{\mathcal{M}}^2(\xi a)+Y_{\mathcal{M}}^2(\xi a)\}}d\xi+$$

$$+\frac{4}{\vartheta d\phi c_t}\sum_{m=0}^{\infty}\ni_m\cos(\xi_m\theta)\times$$

$$\times\sum_{l=0}^{\infty}\ni_l\cos(\xi_l z)\int_0^{\infty}\frac{1}{u}\int_0^{\infty}\frac{\xi\mathcal{C}_{\mathcal{M}}(\xi r)\mathcal{C}_{\mathcal{M}}(\xi u)\left\{\overline{\overline{\psi}}_{0z}(u,\xi_l,s)+(-1)^{m+1}\overline{\overline{\psi}}_{\vartheta z}(u,\xi_l,s)\right\}}{(\eta_r\xi^2+\eta_z\xi_l^2+s)\left\{J_{\mathcal{M}}^2(\xi a)+Y_{\mathcal{M}}^2(\xi a)\right\}}d\xi du-$$

$$-\frac{8\eta_r}{\pi\vartheta d}\sum_{m=0}^{\infty}\ni_m\cos(\xi_m\theta)\sum_{l=0}^{\infty}\ni_l\overline{\overline{\overline{\psi}}}_a(\xi_m,\xi_l,s)\cos(\xi_l z)\int_0^{\infty}\frac{\xi\mathcal{C}_{\mathcal{M}}(\xi r)}{(\eta_r\xi^2+\eta_z\xi_l^2+s)\left\{J_{\mathcal{M}}^2(\xi a)+Y_{\mathcal{M}}^2(\xi a)\right\}}d\xi+$$

$$+\frac{4}{\vartheta d\phi c_t}\sum_{m=0}^{\infty}\ni_m\cos(\xi_m\theta)\sum_{m=0}^{\infty}\ni_l\xi_l\cos(\xi_l z)\times$$

$$\times\int_a^{\infty}\int_0^{\infty}\frac{\xi u\mathcal{C}_{\mathcal{M}}(\xi u)\mathcal{C}_{\mathcal{M}}(\xi r)\left\{(-1)^{m+1}\overline{\overline{\psi}}_{\theta d}(u,\xi_m,s)+\overline{\overline{\psi}}_{\theta 0}(u,\xi_m,s)\right\}}{(\eta_r\xi^2+\eta_z\xi_l^2+s)\left\{J_{\mathcal{M}}^2(\xi a)+Y_{\mathcal{M}}^2(\xi a)\right\}}d\xi du+$$

$$+\frac{4}{\vartheta d}\sum_{m=0}^{\infty}\ni_m\cos(\xi_m\theta)\sum_{l=0}^{\infty}\ni_l\cos(\xi_l z)\int_0^{\infty}\frac{\overline{\overline{\overline{\varphi}}}(\xi,\xi_m,\xi_l)\xi\mathcal{C}_{\mathcal{M}}(\xi r)}{(\eta_r\xi^2+\eta_z\xi_l^2+s)\left\{J_{\mathcal{M}}^2(\xi a)+Y_{\mathcal{M}}^2(\xi a)\right\}}d\xi \qquad (27.22.1)$$

where $\mathcal{C}_{\mathcal{M}}(\xi r)=Y_{\mathcal{M}}(\xi a)J_{\mathcal{M}}(\xi r)-J_{\mathcal{M}}(\xi a)Y_{\mathcal{M}}(\xi r)$, ξ_l are the positive roots of $\sin(\xi_l d)$, which are $\xi_l=\frac{l\pi}{d}$, $l=1,2,...$, and ξ_m are the positive roots of $\sin(\xi_m\vartheta)$, which are $\xi_m=\frac{m\pi}{\vartheta}$, $m=0,1,...$.
$\overline{\overline{\psi}}_{\theta 0}(u,\xi_m,s)=\int_0^{\vartheta}\overline{\psi}_{\theta 0}(u,v,s)\cos(\xi_m v)\,dv$, $\overline{\overline{\psi}}_{\theta d}(u,\xi_m,s)=\int_0^{\vartheta}\overline{\psi}_{\theta d}(u,v,s)\cos(\xi_m v)\,dv$,
$\overline{\overline{\psi}}_{0z}(u,\xi_l,s)=\int_0^{d}\overline{\psi}_{0z}(u,w,s)\cos(\xi_l w)\,dw$, $\overline{\overline{\psi}}_{\vartheta z}(u,\xi_l,s)=\int_0^{d}\overline{\psi}_{\vartheta z}(u,w,s)\cos(\xi_l w)\,ddw$,
$\overline{\overline{\overline{\psi}}}_a(\xi_m,\xi_l,s)=\int_0^{\vartheta}\overline{\psi}_a(v,w,s)\cos(\xi_m v)\int_0^{d}\cos(\xi_l w)dwdv$ and
$\overline{\overline{\overline{\varphi}}}(\xi,\xi_m,\xi_l)=\int_a^{\infty}r\mathcal{C}_{\mathcal{M}}(\xi r)\int_0^{\vartheta}\cos(\xi_m v)\int_0^{d}\varphi(u,v,w)\cos(\xi_l w)dwdvdu$.

$$p=\frac{U(t-t_0)}{\vartheta d\phi c_t}\sum_{m=0}^{\infty}\ni_m\cos(\xi_m\theta_0)\times$$

$$\times\int_0^{t-t_0}q(t-t_0-\tau)\left\{\Theta_3\left(\frac{\pi(z-z_0)}{2d},e^{-\left(\frac{\pi}{d}\right)^2\eta_z\tau}\right)+\Theta_3\left(\frac{\pi(z+z_0)}{2d},e^{-\left(\frac{\pi}{d}\right)^2\eta_z\tau}\right)\right\}\times$$

$$\times\int_0^{\infty}\frac{\xi\mathcal{C}_{\mathcal{M}}(\xi r_0)\mathcal{C}_{\mathcal{M}}(\xi r)e^{-\eta_r\xi^2\tau}}{\left\{J_{\mathcal{M}}^2(\xi a)+Y_{\mathcal{M}}^2(\xi a)\right\}}d\xi d\tau+$$

$$+\frac{1}{\vartheta d\phi c_t}\sum_{m=0}^{\infty}\ni_m\cos(\xi_m\theta)\int_0^{t}\int_0^{\infty}\frac{1}{u}\int_0^{\infty}\left\{\psi_{0z}(u,w,t-\tau)+(-1)^{m+1}\psi_{\vartheta z}(u,w,t-\tau)\right\}\times$$

$$\times\left\{\Theta_3\left(\frac{\pi(z-w)}{2d},e^{-\left(\frac{\pi}{2}\right)\eta_z\tau}\right)+\Theta_3\left(\frac{\pi(z+w)}{2d},e^{-\left(\frac{\pi}{2}\right)\eta_z\tau}\right)\right\}\int_0^{\infty}\frac{\xi\mathcal{C}_{\mathcal{M}}(\xi r)\mathcal{C}_{\mathcal{M}}(\xi u)e^{\eta_r\xi^2\tau}}{J_{\mathcal{M}}^2(\xi a)+Y_{\mathcal{M}}^2(\xi a)}d\xi dwdud\tau-$$

$$-\frac{2\eta_r}{\pi\vartheta d}\sum_{m=0}^{\infty}\ni_m\cos(\xi_m\theta)\times$$

$$\times\int_0^{t}\int_a^{\infty}\overline{\psi}_a(\xi_m,w,t-\tau)\left\{\Theta_3\left(\frac{\pi(z-w)}{2d},e^{-\left(\frac{\pi}{d}\right)^2\eta_z\tau}\right)+\Theta_3\left(\frac{\pi(z+w)}{2d},e^{-\left(\frac{\pi}{d}\right)^2\eta_z\tau}\right)\right\}\times$$

$$\times\int_0^{\infty}\frac{\xi\mathcal{C}_{\mathcal{M}}(\xi r)e^{-\eta_r\xi^2\tau}}{\left\{J_{\mathcal{M}}^2(\xi a)+Y_{\mathcal{M}}^2(\xi a)\right\}}d\xi dwd\tau+$$

$$+\frac{2}{\vartheta d\phi c_t}\sum_{m=0}^{\infty}\ni_m\cos(\xi_m\theta)\times$$

$$\times \int_0^t \int_a^\infty \left\{ \Theta_3 \left(\frac{\pi z}{2d}, e^{-\left(\frac{\pi}{d}\right)^2 \eta_z \tau} \right) \overline{\psi}_{\theta 0} (u, \xi_m, t - \tau) - \Theta_4 \left(\frac{\pi z}{2d}, e^{-\left(\frac{\pi}{d}\right)^2 \eta_z \tau} \right) \overline{\psi}_{\theta d} (u, \xi_m, t - \tau) \right\} \times$$

$$\times \int_0^\infty \frac{\xi u \mathcal{C}_{\mathcal{M}} (\xi u) \mathcal{C}_{\mathcal{M}} (\xi r) e^{-\eta_r \xi^2 \tau}}{\{J_{\mathcal{M}}^2 (\xi a) + Y_{\mathcal{M}}^2 (\xi a)\}} d\xi du d\tau +$$

$$+ \frac{1}{\vartheta d} \sum_{m=0}^\infty \ni_m \cos (\xi_m \theta) \int_a^\infty u \int_0^d \overline{\varphi} (u, \xi_m, w) \left\{ \Theta_3 \left(\frac{\pi (z - w)}{2d}, e^{-\left(\frac{\pi}{d}\right)^2 \eta_z t} \right) + \Theta_3 \left(\frac{\pi (z + w)}{2d}, e^{-\left(\frac{\pi}{d}\right)^2 \eta_z t} \right) \right\} \times$$

$$\times \int_0^\infty \frac{\xi \mathcal{C}_{\mathcal{M}} (\xi u) \mathcal{C}_{\mathcal{M}} (\xi r) e^{-\eta_r \xi^2 t}}{\{J_{\mathcal{M}}^2 (\xi a) + Y_{\mathcal{M}}^2 (\xi a)\}} d\xi dw du \qquad (27.22.2)$$

where $\overline{\psi}_{\theta 0} (u, \xi_m, t) = \int_0^\vartheta \psi_{\theta 0} (u, v, t) \cos (\xi_m v) \, dv$, $\overline{\psi}_{\theta d} (u, \xi_m, t) = \int_0^\vartheta \psi_{\theta d} (u, v, t) \cos (\xi_m v) \, dv$, $\overline{\psi}_a (\xi_m, w, t) = \int_0^\vartheta \psi_a (v, w, t) \cos (\xi_m v) \, dv$ and $\overline{\varphi} (u, \xi_m, w) = \int_0^\vartheta \varphi (u, v, w) \cos (\xi_m v) \, dv$.

27.23 The problem of 27.18, except

$\mathbf{N}_{\theta 0} \equiv \frac{\partial p(r,\theta,0,t)}{\partial z} = -\left(\frac{\mu}{k_z}\right) \psi_{\theta 0} (r, \theta, t)$,
$\mathbf{R}_{\theta d} \equiv \frac{\partial p(r,\theta,d,t)}{\partial z} + \lambda p (r, \theta, d, t) = -\left(\frac{\mu}{k_z}\right) \psi_{\theta d} (r, \theta, t)$,
$\mathbf{N}_{0z} \equiv \frac{\partial p(r,0,z,t)}{\partial \theta} = -\left(\frac{\mu}{k_\theta}\right) \psi_{0z} (r, z, t)$,
$\mathbf{N}_{\vartheta z} \equiv \frac{\partial p(r,\vartheta,z,t)}{\partial \theta} = -\left(\frac{\mu}{k_\theta}\right) \psi_{\vartheta z} (r, z, t)$ and
$\mathbf{D}_a \equiv p (a, \theta, z, t) = \psi_a (\theta, z, t)$

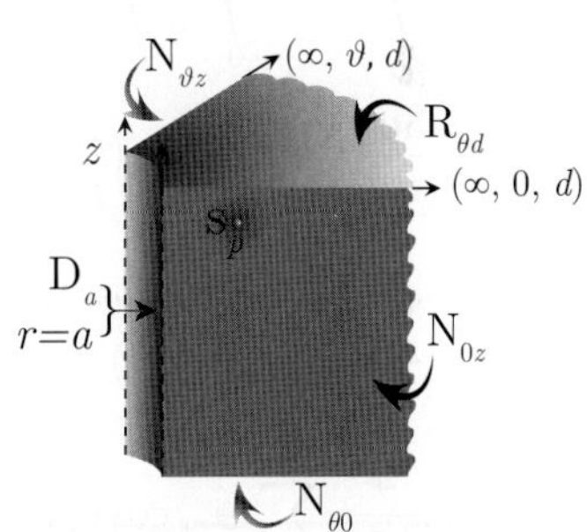

$$\overline{p} = \frac{4q(s) e^{-st_0}}{\vartheta \phi c_t} \sum_{m=0}^\infty \ni_m \cos (\xi_m \theta_0) \times$$

$$\times \sum_{l=1}^\infty \frac{(\xi_l^2 + \lambda^2) \cos (\xi_l z_0) \cos (\xi_l z)}{d (\xi_l^2 + \lambda^2) + \lambda} \int_0^\infty \frac{\xi \mathcal{C}_{\mathcal{M}} (\xi r_0) \mathcal{C}_{\mathcal{M}} (\xi r)}{(\eta_r \xi^2 + \eta_z \xi_l^2 + s) \{J_{\mathcal{M}}^2 (\xi a) + Y_{\mathcal{M}}^2 (\xi a)\}} d\xi -$$

$$+ \frac{4}{\vartheta d \phi c_t} \sum_{m=0}^\infty \ni_m \cos (\xi_m \theta) \times$$

$$\times \sum_{l=0}^\infty \frac{(\xi_l^2 + \lambda^2) \cos (\xi_l z)}{\{d (\xi_l^2 + \lambda^2) + \lambda\}} \int_0^\infty \frac{1}{u} \int_0^\infty \frac{\xi \mathcal{C}_{\mathcal{M}} (\xi r) \mathcal{C}_{\mathcal{M}} (\xi u) \left\{ \overline{\overline{\psi}}_{0z} (u, \xi_l, s) + (-1)^{m+1} \overline{\overline{\psi}}_{\vartheta z} (u, \xi_l, s) \right\}}{(\eta_r \xi^2 + \eta_z \xi_l^2 + s) \{J_{\mathcal{M}}^2 (\xi a) + Y_{\mathcal{M}}^2 (\xi a)\}} d\xi du -$$

$$- \frac{8\eta_r}{\pi \vartheta} \sum_{m=0}^\infty \ni_m \cos (\xi_m \theta) \sum_{l=1}^\infty \frac{\overline{\overline{\psi}}_a (\xi_m, \xi_l, s) (\xi_l^2 + \lambda^2) \cos (\xi_l z)}{d (\xi_l^2 + \lambda^2) + \lambda} \int_0^\infty \frac{\xi \mathcal{C}_{\mathcal{M}} (\xi r)}{(\eta_r \xi^2 + \eta_z \xi_l^2 + s) \{J_{\mathcal{M}}^2 (\xi a) + Y_{\mathcal{M}}^2 (\xi a)\}} d\xi +$$

$$+ \frac{4}{\vartheta \phi c_t} \sum_{m=0}^\infty \ni_m \cos (\xi_m \theta) \sum_{l=1}^\infty \frac{(\xi_l^2 + \lambda^2) \cos (\xi_l z)}{d (\xi_l^2 + \lambda^2) + \lambda} \times$$

$$\times \int_a^\infty \int_0^\infty \frac{\xi u \mathcal{C}_{\mathcal{M}} (\xi u) \mathcal{C}_{\mathcal{M}} (\xi r) \left\{ \overline{\overline{\psi}}_{\theta 0} (u, \xi_m, s) - \overline{\overline{\psi}}_{\theta d} (u, \xi_m, s) \cos (\xi_l d) \right\}}{(\eta_r \xi^2 + \eta_z \xi_l^2 + s) \{J_{\mathcal{M}}^2 (\xi a) + Y_{\mathcal{M}}^2 (\xi a)\}} d\xi du +$$

$$+ \frac{4}{\vartheta} \sum_{m=0}^\infty \ni_m \cos (\xi_m \theta) \sum_{l=1}^\infty \frac{(\xi_l^2 + \lambda^2) \cos (\xi_l z)}{d (\xi_l^2 + \lambda^2) + \lambda} \int_0^\infty \frac{\overline{\overline{\varphi}} (\xi, \xi_m, \xi_l) \xi \mathcal{C}_{\mathcal{M}} (\xi r)}{(\eta_r \xi^2 + \eta_z \xi_l^2 + s) \{J_{\mathcal{M}}^2 (\xi a) + Y_{\mathcal{M}}^2 (\xi a)\}} d\xi \qquad (27.23.1)$$

where $\mathcal{C}_{\mathcal{M}}(\xi r) = Y_{\mathcal{M}}(\xi a) J_{\mathcal{M}}(\xi r) - J_{\mathcal{M}}(\xi a) Y_{\mathcal{M}}(\xi r)$, ξ_l are the positive roots of $\xi_l \tan(\xi_l d) = \lambda$, $l = 1, 2, ...$, and ξ_m are the positive roots of $\sin(\xi_m \vartheta)$, which are $\xi_m = \frac{m\pi}{\vartheta}$, $m = 0, 1, ...$.
$\overline{\overline{\psi}}_{\theta 0}(u, \xi_m, s) = \int_0^{\vartheta} \overline{\psi}_{\theta 0}(u, v, s) \cos(\xi_m v)\, dv$, $\overline{\overline{\psi}}_{\theta d}(u, \xi_m, s) = \int_0^{\vartheta} \overline{\psi}_{\theta d}(u, v, s) \cos(\xi_m v)\, dv$,
$\overline{\overline{\psi}}_{0z}(u, \xi_l, s) = \int_0^{d} \overline{\psi}_{0z}(u, w, s) \cos(\xi_l w)\, dw$, $\overline{\overline{\psi}}_{\vartheta z}(u, \xi_l, s) = \int_0^{d} \overline{\psi}_{\vartheta z}(u, w, s) \cos(\xi_l w)\, ddw$,
$\overline{\overline{\overline{\psi}}}_{a}(\xi_m, \xi_l, s) = \int_0^{\vartheta} \overline{\psi}_{a}(v, w, s) \cos(\xi_m v) \int_0^{d} \cos(\xi_l w) dw dv$ and
$\overline{\overline{\overline{\varphi}}}(\xi, \xi_m, \xi_l) = \int_a^{\infty} r\mathcal{C}_{\mathcal{M}}(\xi r) \int_0^{\vartheta} \cos(\xi_m v) \int_0^{d} \varphi(u, v, w) \cos(\xi_l w) dw dv du$.

$$p = \frac{4U(t-t_0)}{\vartheta\phi c_t} \sum_{m=0}^{\infty} \ni_m \cos(\xi_m \theta_0) \sum_{l=1}^{\infty} \frac{(\xi_l^2 + \lambda^2) \cos(\xi_l z_0) \cos(\xi_l z)}{d(\xi_l^2 + \lambda^2) + \lambda} \times$$
$$\times \int_0^{\infty} \frac{\xi \mathcal{C}_{\mathcal{M}}(\xi r_0) \mathcal{C}_{\mathcal{M}}(\xi r) \int_0^{t-t_0} q(t-t_0-\tau) e^{-(\eta_r \xi^2 + \eta_z \xi_l^2)\tau} d\tau}{\{J_{\mathcal{M}}^2(\xi a) + Y_{\mathcal{M}}^2(\xi a)\}} d\xi +$$
$$+ \frac{4}{\vartheta\phi c_t} \sum_{m=0}^{\infty} \ni_m \cos(\xi_m \theta) \sum_{l=1}^{\infty} \frac{(\xi_l^2 + \lambda^2) \cos(\xi_l z)}{\{d(\xi_l^2 + \lambda^2) + \lambda\}} \times$$
$$\times \int_0^{t} e^{\eta_z l^2 \tau} \int_0^{\infty} \frac{1}{u} \int_0^{\infty} \frac{\xi \mathcal{C}_{\mathcal{M}}(\xi r) \mathcal{C}_{\mathcal{M}}(\xi u) e^{\eta_r \xi^2 \tau} \left\{\overline{\psi}_{0z}(u, \xi_l, t-\tau) + (-1)^{m+1} \overline{\psi}_{\vartheta z}(u, \xi_l, t-\tau)\right\}}{J_{\mathcal{M}}^2(\xi a) + Y_{\mathcal{M}}^2(\xi a)} d\xi du d\tau -$$
$$- \frac{8\eta_r}{\pi\vartheta} \sum_{m=0}^{\infty} \ni_m \cos(\xi_m \theta) \times$$
$$\times \sum_{l=1}^{\infty} \frac{(\xi_l^2 + \lambda^2) \cos(\xi_l z)}{d(\xi_l^2 + \lambda^2) + \lambda} \int_0^{\infty} \frac{\xi \mathcal{C}_{\mathcal{M}}(\xi r)}{\{J_{\mathcal{M}}^2(\xi a) + Y_{\mathcal{M}}^2(\xi a)\}} \int_0^{t} \overline{\overline{\psi}}_{a}(\xi_m, \xi_l, t-\tau) e^{-(\eta_r \xi^2 + \eta_z \xi_l^2)\tau} d\tau d\xi +$$
$$+ \frac{4}{\vartheta\phi c_t} \sum_{m=0}^{\infty} \ni_m \cos(\xi_m \theta) \sum_{l=1}^{\infty} \frac{(\xi_l^2 + \lambda^2) \cos(\xi_l z)}{d(\xi_l^2 + \lambda^2) + \lambda} \int_a^{\infty} \int_0^{\infty} \frac{\xi u \mathcal{C}_{\mathcal{M}}(\xi u) \mathcal{C}_{\mathcal{M}}(\xi r)}{\{J_{\mathcal{M}}^2(\xi a) + Y_{\mathcal{M}}^2(\xi a)\}} \times$$
$$\times \int_0^{t} \{\overline{\psi}_{\theta 0}(u, \xi_m, t-\tau) - \overline{\psi}_{\theta d}(u, \xi_m, t-\tau) \cos(\xi_l d)\} e^{-(\eta_r \xi^2 + \eta_z \xi_l^2)\tau} d\tau d\xi du +$$
$$+ \frac{4}{\vartheta} \sum_{m=0}^{\infty} \ni_m \cos(\xi_m \theta) \sum_{l=1}^{\infty} \frac{(\xi_l^2 + \lambda^2) \cos(\xi_l z)}{d(\xi_l^2 + \lambda^2) + \lambda} \int_0^{\infty} \frac{\overline{\overline{\overline{\varphi}}}(\xi, \xi_m, \xi_l) \xi \mathcal{C}_{\mathcal{M}}(\xi r) e^{-(\eta_r \xi^2 + \eta_z \xi_l^2)t}}{\{J_{\mathcal{M}}^2(\xi a) + Y_{\mathcal{M}}^2(\xi a)\}} d\xi \qquad (27.23.2)$$

where $\overline{\psi}_{\theta 0}(u, \xi_m, t) = \int_0^{\vartheta} \psi_{\theta 0}(u, v, t) \cos(\xi_m v)\, dv$, $\overline{\psi}_{\theta d}(u, \xi_m, t) = \int_0^{\vartheta} \psi_{\theta d}(u, v, t) \cos(\xi_m v)\, dv$,
$\overline{\psi}_{0z}(u, \xi_l, t) = \int_0^{d} \psi_{0z}(u, w, t) \cos(\xi_l w)\, dw$, $\overline{\psi}_{\vartheta z}(u, \xi_l, t) = \int_0^{d} \psi_{\vartheta z}(u, w, t) \sin(\xi_l w)\, dw$ and
$\overline{\overline{\psi}}_{a}(\xi_m, \xi_l, t) = \int_0^{\vartheta} \psi_{a}(v, w, t) \cos(\xi_m v) \int_0^{d} \cos(\xi_l w) dw dv$.

27.24

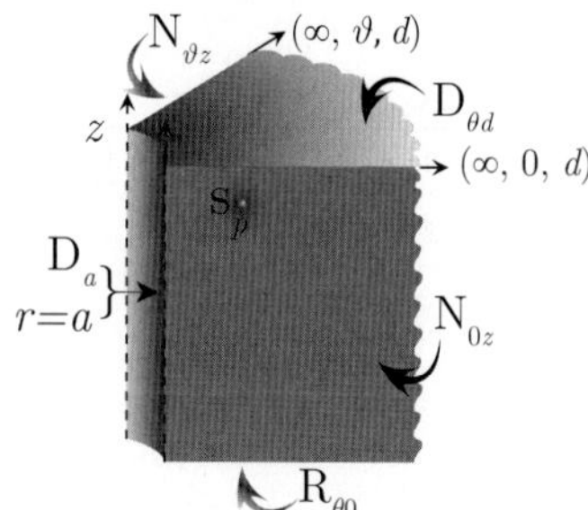

The problem of 27.18, except
$\mathbf{R_{\theta 0}} \equiv \frac{\partial p(r,\theta,0,t)}{\partial z} - \lambda p(r, \theta, 0, t) = -\left(\frac{\mu}{k_z}\right) \psi_{\theta 0}(r, \theta, t)$,
$\mathbf{D_{\theta d}} \equiv p(r, \theta, d, t) = \psi_{\theta d}(r, \theta, t)$,
$\mathbf{N_{0z}} \equiv \frac{\partial p(r,0,z,t)}{\partial \theta} = -\left(\frac{\mu}{k_\theta}\right) \psi_{0z}(r, z, t)$,
$\mathbf{N_{\vartheta z}} \equiv \frac{\partial p(r,\vartheta,z,t)}{\partial \theta} = -\left(\frac{\mu}{k_\theta}\right) \psi_{\vartheta z}(r, z, t)$ **and**
$\mathbf{D_a} \equiv p(a, \theta, z, t) = \psi_a(\theta, z, t)$

$$\overline{p} = \frac{4q(s) e^{-st_0}}{\vartheta\phi c_t} \sum_{m=0}^{\infty} \ni_m \cos(\xi_m \theta_0) \sum_{l=1}^{\infty} \frac{(\xi_l^2 + \lambda^2) \sin\{\xi_l(d-z_0)\} \sin\{\xi_l(d-z)\}}{d(\xi_l^2 + \lambda^2) + \lambda} \times$$

$$\times \int_0^\infty \frac{\xi \mathcal{C}_\mathcal{M}(\xi r_0)\mathcal{C}_\mathcal{M}(\xi r)}{(\eta_r\xi^2+\eta_z\xi_l^2+s)\{J_\mathcal{M}^2(\xi a)+Y_\mathcal{M}^2(\xi a)\}}d\xi +$$

$$+\frac{4}{\vartheta d\phi c_t}\sum_{m=0}^{\infty}\ni_m \cos(\xi_m\theta)\times$$

$$\times\sum_{l=0}^{\infty}\frac{(\xi_l^2+\lambda^2)\sin\{\xi_l(d-z)\}}{\{d(\xi_l^2+\lambda^2)+\lambda\}}\int_0^\infty\frac{1}{u}\int_0^\infty\frac{\xi\mathcal{C}_\mathcal{M}(\xi r)\mathcal{C}_\mathcal{M}(\xi u)\left\{\overline{\overline{\psi}}_{0z}(u,\xi_l,s)+(-1)^{m+1}\overline{\overline{\psi}}_{\vartheta z}(u,\xi_l,s)\right\}}{(\eta_r\xi^2+\eta_z\xi_l^2+s)\{J_\mathcal{M}^2(\xi a)+Y_\mathcal{M}^2(\xi a)\}}d\xi du-$$

$$-\frac{8\eta_r}{\pi\vartheta}\sum_{m=0}^{\infty}\ni_m\cos(\xi_m\theta)\times$$

$$\times\sum_{l=1}^{\infty}\frac{\overline{\overline{\overline{\psi}}}_a(\xi_m,\xi_l,s)(\xi_l^2+\lambda^2)\sin\{\xi_l(d-z)\}}{d(\xi_l^2+\lambda^2)+\lambda}\int_0^\infty\frac{\xi\mathcal{C}_\mathcal{M}(\xi r)}{(\eta_r\xi^2+\eta_z\xi_l^2+s)\{J_\mathcal{M}^2(\xi a)+Y_\mathcal{M}^2(\xi a)\}}d\xi+$$

$$+\frac{4\eta_z}{\vartheta}\sum_{m=0}^{\infty}\ni_m\cos(\xi_m\theta)\sum_{l=1}^{\infty}\frac{(\xi_l^2+\lambda^2)\sin\{\xi_l(d-z)\}}{d(\xi_l^2+\lambda^2)+\lambda}\times$$

$$\times\int_a^\infty\int_0^\infty\frac{\xi u\mathcal{C}_\mathcal{M}(\xi u)\mathcal{C}_\mathcal{M}(\xi r)\left\{\left(\frac{\mu}{k_z}\right)\overline{\overline{\psi}}_{\theta 0}(u,\xi_m,s)\sin(\xi_l d)+\xi_l\overline{\overline{\psi}}_{\theta d}(u,\xi_m,s)\right\}}{(\eta_r\xi^2+\eta_z\xi_l^2+s)\{J_\mathcal{M}^2(\xi a)+Y_\mathcal{M}^2(\xi a)\}}d\xi du+$$

$$+\frac{4}{\vartheta}\sum_{m=0}^{\infty}\ni_m\cos(\xi_m\theta)\sum_{l=1}^{\infty}\frac{(\xi_l^2+\lambda^2)\sin\{\xi_l(d-z)\}}{d(\xi_l^2+\lambda^2)+\lambda}\int_0^\infty\frac{\overline{\overline{\overline{\varphi}}}(\xi,\xi_m,\xi_l)\xi\mathcal{C}_\mathcal{M}(\xi r)}{(\eta_r\xi^2+\eta_z\xi_l^2+s)\{J_\mathcal{M}^2(\xi a)+Y_\mathcal{M}^2(\xi a)\}}d\xi \quad (27.24.1)$$

where $\mathcal{C}_\mathcal{M}(\xi r)=Y_\mathcal{M}(\xi a)J_\mathcal{M}(\xi r)-J_\mathcal{M}(\xi a)Y_\mathcal{M}(\xi r)$, ξ_l are the positive roots of $\xi_l\cot(\xi_l d)=-\lambda$, $l=1,2,...$, and ξ_m are the positive roots of $\sin(\xi_m\vartheta)$, which are $\xi_m=\frac{m\pi}{\vartheta}$, $m=0,1,....$
$\overline{\overline{\psi}}_{\theta 0}(u,\xi_m,s)=\int_0^\vartheta\overline{\psi}_{\theta 0}(u,v,s)\cos(\xi_m v)\,dv$, $\overline{\overline{\psi}}_{\theta d}(u,\xi_m,s)=\int_0^\vartheta\overline{\psi}_{\theta d}(u,v,s)\cos(\xi_m v)\,dv$,
$\overline{\overline{\psi}}_{0z}(u,\xi_l,s)=\int_0^d\overline{\psi}_{0z}(u,w,s)\sin\{\xi_l(d-w)\}\,dw$, $\overline{\overline{\psi}}_{\vartheta z}(u,\xi_l,s)=\int_0^d\overline{\psi}_{\vartheta z}(u,w,s)\sin\{\xi_l(d-w)\}\,dw$,
$\overline{\overline{\overline{\psi}}}_a(\xi_m,\xi_l,s)=\int_0^\vartheta\overline{\psi}_a(v,w,s)\cos(\xi_m v)\int_0^d\sin\{\xi_l(d-w)\}dwdv$ and
$\overline{\overline{\overline{\varphi}}}(\xi,\xi_m,\xi_l)=\int_a^\infty u\mathcal{C}_\mathcal{M}(\xi u)\int_0^\vartheta\cos(\xi_m v)\int_0^d\varphi(u,v,w)\sin\{\xi_l(d-w)\}dwdvdu$.

$$p=\frac{4U(t-t_0)}{\vartheta\phi c_t}\sum_{m=0}^{\infty}\ni_m\cos(\xi_m\theta_0)\sum_{l=1}^{\infty}\frac{(\xi_l^2+\lambda^2)\sin\{\xi_l(d-z_0)\}\sin\{\xi_l(d-z)\}}{d(\xi_l^2+\lambda^2)+\lambda}\times$$

$$\times\int_0^\infty\frac{\xi\mathcal{C}_\mathcal{M}(\xi r_0)\mathcal{C}_\mathcal{M}(\xi r)}{\{J_\mathcal{M}^2(\xi a)+Y_\mathcal{M}^2(\xi a)\}}\int_0^{t-t_0}q(t-t_0-\tau)e^{-(\eta_r\xi^2+\eta_z\xi_l^2)\tau}d\tau d\xi+$$

$$+\frac{4}{\vartheta\phi c_t}\sum_{m=0}^{\infty}\ni_m\cos(\xi_m\theta)\sum_{l=1}^{\infty}\frac{(\xi_l^2+\lambda^2)\sin\{\xi_l(d-z)\}}{\{d(\xi_l^2+\lambda^2)+\lambda\}}\times$$

$$\times\int_0^t e^{\eta_z l^2\tau}\int_0^\infty\frac{1}{u}\int_0^\infty\frac{\xi\mathcal{C}_\mathcal{M}(\xi r)\mathcal{C}_\mathcal{M}(\xi u)e^{\eta_r\xi^2\tau}\left\{\overline{\psi}_{0z}(u,\xi_l,t-\tau)+(-1)^{m+1}\overline{\psi}_{\vartheta z}(u,\xi_l,t-\tau)\right\}}{J_\mathcal{M}^2(\xi a)+Y_\mathcal{M}^2(\xi a)}d\xi dud\tau-$$

$$-\frac{8\eta_r}{\pi\vartheta}\sum_{m=0}^{\infty}\ni_m\cos(\xi_m\theta)\sum_{l=1}^{\infty}\frac{(\xi_l^2+\lambda^2)\sin\{\xi_l(d-z)\}}{d(\xi_l^2+\lambda^2)+\lambda}\int_0^\infty\frac{\xi\mathcal{C}_\mathcal{M}(\xi r)}{\{J_\mathcal{M}^2(\xi a)+Y_\mathcal{M}^2(\xi a)\}}\times$$

$$\times\int_0^t\overline{\overline{\psi}}_a(\xi_m,\xi_l,t-\tau)e^{-(\eta_r\xi^2+\eta_z\xi_l^2)\tau}d\tau d\xi+$$

$$+\frac{4\eta_z}{\vartheta}\sum_{m=0}^{\infty}\ni_m\cos(\xi_m\theta)\sum_{l=1}^{\infty}\frac{(\xi_l^2+\lambda^2)\sin\{\xi_l(d-z)\}}{d(\xi_l^2+\lambda^2)+\lambda}\int_a^\infty\int_0^\infty\frac{\xi u\mathcal{C}_\mathcal{M}(\xi u)\mathcal{C}_\mathcal{M}(\xi r)}{\{J_\mathcal{M}^2(\xi a)+Y_\mathcal{M}^2(\xi a)\}}\times$$

$$\times\int_0^t \left\{\left(\frac{\mu}{k_z}\right)\overline{\psi}_{\theta 0}(u,\xi_m,t-\tau)\sin(\xi_l d)+\xi_l\overline{\psi}_{\theta d}(u,\xi_m,t-\tau)\right\}e^{-(\eta_r\xi^2+\eta_z\xi_l^2)\tau}d\tau d\xi du+$$

$$+\frac{4}{\vartheta}\sum_{m=0}^{\infty}\ni_m\cos(\xi_m\theta)\sum_{l=1}^{\infty}\frac{(\xi_l^2+\lambda^2)\sin\{\xi_l(d-z)\}}{d(\xi_l^2+\lambda^2)+\lambda}\int_0^{\infty}\frac{\overline{\overline{\overline{\varphi}}}(\xi,\xi_m,\xi_l)\,\xi\mathcal{C}_{\mathcal{M}}(\xi r)\,e^{-(\eta_r\xi^2+\eta_z\xi_l^2)t}}{\{J_{\mathcal{M}}^2(\xi a)+Y_{\mathcal{M}}^2(\xi a)\}}d\xi \quad (27.24.2)$$

where $\overline{\psi}_{\theta 0}(u,\xi_m,t)=\int_0^{\vartheta}\psi_{\theta 0}(u,v,t)\cos(\xi_m v)\,dv$, $\overline{\psi}_{\theta d}(u,\xi_m,t)=\int_0^{\vartheta}\psi_{\theta d}(u,v,t)\cos(\xi_m v)\,dv$, $\overline{\psi}_{0z}(u,\xi_l,t)=\int_0^{d}\psi_{0z}(u,w,t)\sin\{\xi_l(d-w)\}\,dw$, $\overline{\psi}_{\vartheta z}(u,\xi_l,t)=\int_0^{d}\psi_{\vartheta z}(u,w,t)\sin\{\xi_l(d-w)\}\,dw$ and $\overline{\overline{\psi}}_a(\xi_m,\xi_l,t)=\int_0^{\vartheta}\psi_a(v,w,t)\cos(\xi_m v)\int_0^{d}\sin\{\xi_l(d-w)\}dwdv$.

27.25

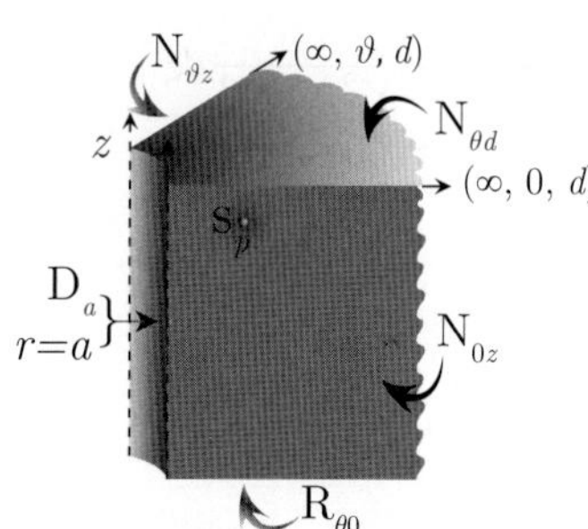

The problem of 27.18, except
$\mathbf{R}_{\theta 0}\equiv\frac{\partial p(r,\theta,0,t)}{\partial z}-\lambda p(r,\theta,0,t)=-\left(\frac{\mu}{k_z}\right)\psi_{\theta 0}(r,\theta,t)$,
$\mathbf{N}_{\theta d}\equiv\frac{\partial p(r,\theta,d,t)}{\partial z}=-\left(\frac{\mu}{k_z}\right)\psi_{\theta d}(r,\theta,t)$,
$\mathbf{N}_{0z}\equiv\frac{\partial p(r,0,z,t)}{\partial \theta}=-\left(\frac{\mu}{k_\theta}\right)\psi_{0z}(r,z,t)$,
$\mathbf{N}_{\vartheta z}\equiv\frac{\partial p(r,\vartheta,z,t)}{\partial \theta}=-\left(\frac{\mu}{k_\theta}\right)\psi_{\vartheta z}(r,z,t)$ **and**
$\mathbf{D}_a\equiv p(a,\theta,z,t)=\psi_a(\theta,z,t)$

$$\overline{p}=\frac{4q(s)e^{-st_0}}{\vartheta\phi c_t}\sum_{m=0}^{\infty}\ni_m\cos(\xi_m\theta_0)\sum_{l=1}^{\infty}\frac{(\xi_l^2+\lambda^2)\cos\{\xi_l(d-z_0)\}\cos\{\xi_l(d-z)\}}{d(\xi_l^2+\lambda^2)+\lambda}\times$$

$$\times\int_0^{\infty}\frac{\xi\mathcal{C}_{\mathcal{M}}(\xi r_0)\mathcal{C}_{\mathcal{M}}(\xi r)}{(\eta_r\xi^2+\eta_z\xi_l^2+s)\{J_{\mathcal{M}}^2(\xi a)+Y_{\mathcal{M}}^2(\xi a)\}}d\xi+$$

$$+\frac{4}{\vartheta d\phi c_t}\sum_{m=0}^{\infty}\ni_m\cos(\xi_m\theta)\times$$

$$\times\sum_{l=0}^{\infty}\frac{(\xi_l^2+\lambda^2)\cos\{\xi_l(d-z)\}}{\{d(\xi_l^2+\lambda^2)+\lambda\}}\int_0^{\infty}\frac{1}{u}\int_0^{\infty}\frac{\xi\mathcal{C}_{\mathcal{M}}(\xi r)\mathcal{C}_{\mathcal{M}}(\xi u)\left\{\overline{\overline{\psi}}_{0z}(u,\xi_l,s)+(-1)^{m+1}\overline{\overline{\psi}}_{\vartheta z}(u,\xi_l,s)\right\}}{(\eta_r\xi^2+\eta_z\xi_l^2+s)\{J_{\mathcal{M}}^2(\xi a)+Y_{\mathcal{M}}^2(\xi a)\}}d\xi du-$$

$$-\frac{8\eta_r}{\pi\vartheta}\sum_{m=0}^{\infty}\ni_m\cos(\xi_m\theta)\times$$

$$\times\sum_{l=1}^{\infty}\frac{\overline{\overline{\overline{\psi}}}_a(\xi_m,\xi_l,s)(\xi_l^2+\lambda^2)\cos\{\xi_l(d-z)\}}{d(\xi_l^2+\lambda^2)+\lambda}\int_0^{\infty}\frac{\xi\mathcal{C}_{\mathcal{M}}(\xi r)}{(\eta_r\xi^2+\eta_z\xi_l^2+s)\{J_{\mathcal{M}}^2(\xi a)+Y_{\mathcal{M}}^2(\xi a)\}}d\xi+$$

$$+\frac{4}{\vartheta\phi c_t}\sum_{m=0}^{\infty}\ni_m\cos(\xi_m\theta)\sum_{l=1}^{\infty}\frac{(\xi_l^2+\lambda^2)\cos\{\xi_l(d-z)\}}{d(\xi_l^2+\lambda^2)+\lambda}\times$$

$$\times\int_a^{\infty}\int_0^{\infty}\frac{\xi u\mathcal{C}_{\mathcal{M}}(\xi u)\mathcal{C}_{\mathcal{M}}(\xi r)\left\{\overline{\overline{\psi}}_{\theta 0}(u,\xi_m,s)\cos(\xi_l d)-\overline{\overline{\psi}}_{\theta d}(u,\xi_m,s)\right\}}{(\eta_r\xi^2+\eta_z\xi_l^2+s)\{J_{\mathcal{M}}^2(\xi a)+Y_{\mathcal{M}}^2(\xi a)\}}d\xi du+$$

$$+\frac{4}{\vartheta}\sum_{m=0}^{\infty}\ni_m\cos(\xi_m\theta)\sum_{l=1}^{\infty}\frac{(\xi_l^2+\lambda^2)\cos\{\xi_l(d-z)\}}{d(\xi_l^2+\lambda^2)+\lambda}\int_0^{\infty}\frac{\overline{\overline{\overline{\varphi}}}(\xi,\xi_m,\xi_l)\,\xi\mathcal{C}_{\mathcal{M}}(\xi r)}{(\eta_r\xi^2+\eta_z\xi_l^2+s)\{J_{\mathcal{M}}^2(\xi a)+Y_{\mathcal{M}}^2(\xi a)\}}d\xi \quad (27.25.1)$$

where $\mathcal{C}_{\mathcal{M}}(\xi r)=Y_{\mathcal{M}}(\xi a)J_{\mathcal{M}}(\xi r)-J_{\mathcal{M}}(\xi a)Y_{\mathcal{M}}(\xi r)$, ξ_l are the positive roots of $\xi_l\tan(\xi_l d)=\lambda$, $l=1,2,...$, and ξ_m are the positive roots of $\sin(\xi_m\vartheta)$, which are $\xi_m=\frac{m\pi}{\vartheta}$, $m=0,1,....$
$\overline{\overline{\psi}}_{\theta 0}(u,\xi_m,s)=\int_0^{\vartheta}\overline{\psi}_{\theta 0}(u,v,s)\cos(\xi_m v)\,dv$, $\overline{\overline{\psi}}_{\theta d}(u,\xi_m,s)=\int_0^{\vartheta}\overline{\psi}_{\theta d}(u,v,s)\cos(\xi_m v)\,dv$,

$\overline{\overline{\psi}}_{0z}(u,\xi_l,s)=\int_0^d\overline{\psi}_{0z}(u,w,s)\cos\{\xi_l(d-w)\}\,dw$, $\overline{\overline{\psi}}_{\vartheta z}(u,\xi_l,s)=\int_0^d\overline{\psi}_{\vartheta z}(u,w,s)\cos\{\xi_l(d-w)\}\,dw$,
$\overline{\overline{\psi}}_a(\xi_m,\xi_l,s)=\int_0^\vartheta\overline{\psi}_a(v,w,s)\cos(\xi_m v)\int_0^d\cos\{\xi_l(d-w)\}dwdv$ and
$\overline{\overline{\overline{\varphi}}}(\xi,\xi_m,\xi_l)=\int_a^\infty u\mathcal{C}_{\mathcal{M}}(\xi u)\int_0^\vartheta\cos(\xi_m v)\int_0^d\varphi(u,v,w)\cos\{\xi_l(d-w)\}dwdvdu$.

$$p=\frac{4U(t-t_0)}{\vartheta\phi c_t}\sum_{m=0}^{\infty}\ni_m\cos(\xi_m\theta_0)\sum_{l=1}^{\infty}\frac{(\xi_l^2+\lambda^2)\cos\{\xi_l(d-z_0)\}\cos\{\xi_l(d-z)\}}{d(\xi_l^2+\lambda^2)+\lambda}\times$$
$$\times\int_0^\infty\frac{\xi\mathcal{C}_{\mathcal{M}}(\xi r_0)\mathcal{C}_{\mathcal{M}}(\xi r)}{\{J_{\mathcal{M}}^2(\xi a)+Y_{\mathcal{M}}^2(\xi a)\}}\int_0^{t-t_0}q(t-t_0-\tau)e^{-(\eta_r\xi^2+\eta_z\xi_l^2)\tau}d\tau d\xi+$$
$$+\frac{4}{\vartheta\phi c_t}\sum_{m=0}^{\infty}\ni_m\cos(\xi_m\theta)\sum_{l=1}^{\infty}\frac{(\xi_l^2+\lambda^2)\cos\{\xi_l(d-z)\}}{\{d(\xi_l^2+\lambda^2)+\lambda\}}\times$$
$$\times\int_0^t e^{\eta_z l^2\tau}\int_0^\infty\frac{1}{u}\int_0^\infty\frac{\xi\mathcal{C}_{\mathcal{M}}(\xi r)\mathcal{C}_{\mathcal{M}}(\xi u)e^{\eta_r\xi^2\tau}\left\{\overline{\psi}_{0z}(u,\xi_l,t-\tau)+(-1)^{m+1}\overline{\psi}_{\vartheta z}(u,\xi_l,t-\tau)\right\}}{J_{\mathcal{M}}^2(\xi a)+Y_{\mathcal{M}}^2(\xi a)}d\xi dud\tau-$$
$$-\frac{8\eta_r}{\pi\vartheta}\sum_{m=0}^{\infty}\ni_m\cos(\xi_m\theta)\sum_{l=1}^{\infty}\frac{(\xi_l^2+\lambda^2)\cos\{\xi_l(d-z)\}}{d(\xi_l^2+\lambda^2)+\lambda}\int_0^\infty\frac{\xi\mathcal{C}_{\mathcal{M}}(\xi r)}{\{J_{\mathcal{M}}^2(\xi a)+Y_{\mathcal{M}}^2(\xi a)\}}\times$$
$$\times\int_0^t\overline{\overline{\psi}}_a(\xi_m,\xi_l,t-\tau)e^{-(\eta_r\xi^2+\eta_z\xi_l^2)\tau}d\tau d\xi+$$
$$+\frac{4}{\vartheta\phi c_t}\sum_{m=0}^{\infty}\ni_m\cos(\xi_m\theta)\sum_{l=1}^{\infty}\frac{(\xi_l^2+\lambda^2)\cos\{\xi_l(d-z)\}}{d(\xi_l^2+\lambda^2)+\lambda}\times$$
$$\times\int_a^\infty\int_0^\infty\frac{\xi u\mathcal{C}_{\mathcal{M}}(\xi u)\mathcal{C}_{\mathcal{M}}(\xi r)}{\{J_{\mathcal{M}}^2(\xi a)+Y_{\mathcal{M}}^2(\xi a)\}}\int_0^t\{\overline{\psi}_{\theta 0}(u,\xi_m,t-\tau)\cos(\xi_l d)-\overline{\psi}_{\theta d}(u,\xi_m,t-\tau)\}e^{-(\eta_r\xi^2+\eta_z\xi_l^2)\tau}d\tau d\xi du+$$
$$+\frac{4}{\vartheta}\sum_{m=0}^{\infty}\ni_m\cos(\xi_m\theta)\sum_{l=1}^{\infty}\frac{(\xi_l^2+\lambda^2)\cos\{\xi_l(d-z)\}}{d(\xi_l^2+\lambda^2)+\lambda}\int_0^\infty\frac{\overline{\overline{\overline{\varphi}}}(\xi,\xi_m,\xi_l)\xi\mathcal{C}_{\mathcal{M}}(\xi r)e^{-(\eta_r\xi^2+\eta_z\xi_l^2)t}}{\{J_{\mathcal{M}}^2(\xi a)+Y_{\mathcal{M}}^2(\xi a)\}}d\xi \quad (27.25.2)$$

where $\overline{\psi}_{\theta 0}(u,\xi_m,t)=\int_0^\vartheta\psi_{\theta 0}(u,v,t)\cos(\xi_m v)\,dv$, $\overline{\psi}_{\theta d}(u,\xi_m,t)=\int_0^\vartheta\psi_{\theta d}(u,v,t)\cos(\xi_m v)\,dv$,
$\overline{\psi}_{0z}(u,\xi_l,t)=\int_0^d\psi_{0z}(u,w,t)\cos\{\xi_l(d-w)\}\,dw$, $\overline{\psi}_{\vartheta z}(u,\xi_l,t)=\int_0^d\psi_{\vartheta z}(u,w,t)\cos\{\xi_l(d-w)\}\,dw$ and
$\overline{\overline{\psi}}_a(\xi_m,\xi_l,t)=\int_0^\vartheta\psi_a(v,w,t)\cos(\xi_m v)\int_0^d\cos\{\xi_l(d-w)\}dwdv$.

27.26 The problem of 27.18, except
$\mathbf{R}_{\theta 0}\equiv\frac{\partial p(r,\theta,0,t)}{\partial z}-\lambda p(r,\theta,0,t)=-\left(\frac{\mu}{k_z}\right)\psi_{\theta 0}(r,\theta,t)$,
$\mathbf{R}_{\theta d}\equiv\frac{\partial p(r,\theta,d,t)}{\partial z}+\lambda_d p(r,\theta,d,t)=-\left(\frac{\mu}{k_z}\right)\psi_{\theta d}(r,\theta,t)$,
$\mathbf{N}_{0z}\equiv\frac{\partial p(r,0,z,t)}{\partial\theta}=-\left(\frac{\mu}{k_\theta}\right)\psi_{0z}(r,z,t)$,
$\mathbf{N}_{\vartheta z}\equiv\frac{\partial p(r,\vartheta,z,t)}{\partial\theta}=-\left(\frac{\mu}{k_\theta}\right)\psi_{\vartheta z}(r,z,t)$ **and**
$\mathbf{D}_a\equiv p(a,\theta,z,t)=\psi_a(\theta,z,t)$

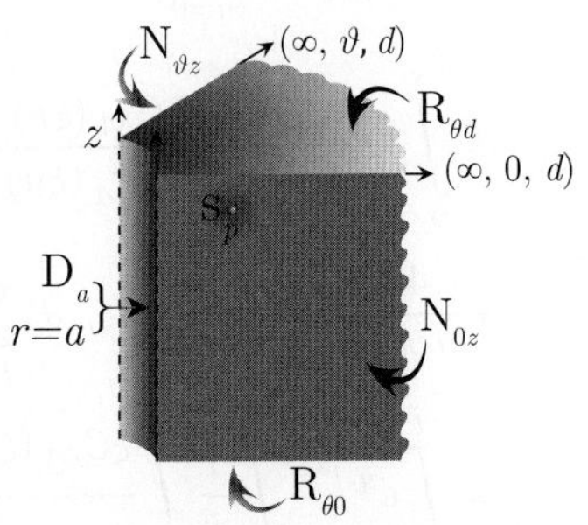

$$\overline{p}=\frac{4q(s)e^{-st_0}}{\vartheta\phi c_t}\sum_{m=0}^{\infty}\ni_m\cos(\xi_m\theta_0)\sum_{l=1}^{\infty}\frac{\{\xi_l\cos(\xi_l z_0)+\lambda_0\sin(\xi_l z_0)\}\{\xi_l\cos(\xi_l z)+\lambda_0\sin(\xi_l z)\}}{(\xi_l^2+\lambda_0^2)\left\{d+\frac{\lambda_d}{\xi_l^2+\lambda_d^2}\right\}+\lambda_0}\times$$
$$\times\int_0^\infty\frac{\xi\mathcal{C}_{\mathcal{M}}(\xi r_0)\mathcal{C}_{\mathcal{M}}(\xi r)}{(\eta_r\xi^2+\eta_z\xi_l^2+s)\{J_{\mathcal{M}}^2(\xi a)+Y_{\mathcal{M}}^2(\xi a)\}}d\xi+$$

$$+\frac{4}{\vartheta d\phi c_t}\sum_{m=0}^{\infty}\ni_m\cos(\xi_m\theta)\sum_{l=0}^{\infty}\frac{(\xi_l^2+\lambda^2)\{\xi_l\cos(\xi_l z)+\lambda_0\sin(\xi_l z)\}}{\{d(\xi_l^2+\lambda^2)+\lambda\}}\times$$

$$\times\int_0^{\infty}\frac{1}{u}\int_0^{\infty}\frac{\xi\mathcal{C}_{\mathcal{M}}(\xi r)\mathcal{C}_{\mathcal{M}}(\xi u)\left\{\overline{\overline{\psi}}_{0z}(u,\xi_l,s)+(-1)^{m+1}\overline{\overline{\psi}}_{\vartheta z}(u,\xi_l,s)\right\}}{(\eta_r\xi^2+\eta_z\xi_l^2+s)\{J_{\mathcal{M}}^2(\xi a)+Y_{\mathcal{M}}^2(\xi a)\}}d\xi du-$$

$$-\frac{8\eta_r}{\pi\vartheta}\sum_{m=0}^{\infty}\ni_m\cos(\xi_m\theta)\sum_{l=1}^{\infty}\frac{\overline{\overline{\overline{\psi}}}_a(\xi_m,\xi_l,s)\{\xi_l\cos(\xi_l z)+\lambda_0\sin(\xi_l z)\}}{(\xi_l^2+\lambda_0^2)\left\{d+\frac{\lambda_d}{\xi_l^2+\lambda_d^2}\right\}+\lambda_0}\times$$

$$\times\int_0^{\infty}\frac{\xi\mathcal{C}_{\mathcal{M}}(\xi r)}{(\eta_r\xi^2+\eta_z\xi_l^2+s)\{J_{\mathcal{M}}^2(\xi a)+Y_{\mathcal{M}}^2(\xi a)\}}d\xi+$$

$$+\frac{4}{\vartheta\phi c_t}\sum_{m=0}^{\infty}\ni_m\cos(\xi_m\theta)\sum_{l=1}^{\infty}\frac{\{\xi_l\cos(\xi_l z)+\lambda_0\sin(\xi_l z)\}}{(\xi_l^2+\lambda_0^2)\left\{d+\frac{\lambda_d}{\xi_l^2+\lambda_d^2}\right\}+\lambda_0}\times$$

$$\times\int_a^{\infty}\int_0^{\infty}\frac{\xi u\mathcal{C}_{\mathcal{M}}(\xi u)\mathcal{C}_{\mathcal{M}}(\xi r)\left[\xi_l\overline{\overline{\psi}}_{\theta 0}(u,\xi_m,s)-\overline{\overline{\psi}}_{\theta d}(u,\xi_m,s)\{\xi_l\cos(\xi_l d)+\lambda_0\sin(\xi_l d)\}\right]}{(\eta_r\xi^2+\eta_z\xi_l^2+s)\{J_{\mathcal{M}}^2(\xi a)+Y_{\mathcal{M}}^2(\xi a)\}}d\xi du+$$

$$+\frac{4}{\vartheta}\sum_{m=0}^{\infty}\ni_m\cos(\xi_m\theta)\sum_{l=1}^{\infty}\frac{\{\xi_l\cos(\xi_l z)+\lambda_0\sin(\xi_l z)\}}{(\xi_l^2+\lambda_0^2)\left\{d+\frac{\lambda_d}{\xi_l^2+\lambda_d^2}\right\}+\lambda_0}\int_0^{\infty}\frac{\overline{\overline{\overline{\varphi}}}(\xi,\xi_m,\xi_l)\xi\mathcal{C}_{\mathcal{M}}(\xi r)}{(\eta_r\xi^2+\eta_z\xi_l^2+s)\{J_{\mathcal{M}}^2(\xi a)+Y_{\mathcal{M}}^2(\xi a)\}}d\xi \tag{27.26.1}$$

where $\mathcal{C}_{\mathcal{M}}(\xi r)=Y_{\mathcal{M}}(\xi a)J_{\mathcal{M}}(\xi r)-J_{\mathcal{M}}(\xi a)Y_{\mathcal{M}}(\xi r)$, ξ_l are the positive roots of $\tan(\xi_l d)=\frac{\xi_l(\lambda_0+\lambda_d)}{(\xi_l^2-\lambda_0\lambda_d)}$, $l=1,2,...,$ and ξ_m are the positive roots of $\sin(\xi_m\vartheta)$, which are $\xi_m=\frac{m\pi}{\vartheta}$, $m=0,1,....$
$\overline{\overline{\psi}}_{\theta 0}(u,\xi_m,s)=\int_0^{\vartheta}\overline{\psi}_{\theta 0}(u,v,s)\cos(\xi_m v)\,dv$, $\overline{\overline{\psi}}_{\theta d}(u,\xi_m,s)=\int_0^{\vartheta}\overline{\psi}_{\theta d}(u,v,s)\cos(\xi_m v)\,dv$,
$\overline{\overline{\psi}}_{0z}(u,\xi_l,s)=\int_0^{d}\overline{\psi}_{0z}(u,w,s)\{\xi_l\cos(\xi_l w)+\lambda_0\sin(\xi_l w)\}\,dw$,
$\overline{\overline{\psi}}_{\vartheta z}(u,\xi_l,s)=\int_0^{d}\overline{\psi}_{\vartheta z}(u,w,s)\{\xi_l\cos(\xi_l w)+\lambda_0\sin(\xi_l w)\}\,dw$,
$\overline{\overline{\overline{\psi}}}_a(\xi_m,\xi_l,s)=\int_0^{\vartheta}\overline{\psi}_a(v,w,s)\cos(\xi_m v)\int_0^{d}\{\xi_l\cos(\xi_l w)+\lambda_0\sin(\xi_l w)\}dwdv$ and
$\overline{\overline{\overline{\varphi}}}(\xi,\xi_m,\xi_l)=\int_a^{\infty}u\mathcal{C}_{\mathcal{M}}(\xi u)\int_0^{\vartheta}\cos(\xi_m v)\int_0^{d}\varphi(u,v,w)\{\xi_l\cos(\xi_l w)+\lambda_0\sin(\xi_l w)\}dwdvdu$.

$$p=\frac{2U(t-t_0)}{\vartheta\phi c_t}\sum_{m=0}^{\infty}\ni_m\cos(\xi_m\theta_0)\sum_{l=1}^{\infty}\frac{\{\xi_l\cos(\xi_l z_0)+\lambda_0\sin(\xi_l z_0)\}\{\xi_l\cos(\xi_l z)+\lambda_0\sin(\xi_l z)\}}{(\xi_l^2+\lambda_0^2)\left\{d+\frac{\lambda_d}{\xi_l^2+\lambda_d^2}\right\}+\lambda_0}\times$$

$$\times\int_0^{\infty}\frac{\xi\mathcal{C}_{\mathcal{M}}(\xi r_0)\mathcal{C}_{\mathcal{M}}(\xi r)}{\{J_{\mathcal{M}}^2(\xi a)+Y_{\mathcal{M}}^2(\xi a)\}}\int_0^{t-t_0}q(t-t_0-\tau)e^{-(\eta_r\xi^2+\eta_z\xi_l^2)\tau}d\tau d\xi+$$

$$+\frac{4}{\vartheta\phi c_t}\sum_{m=0}^{\infty}\ni_m\cos(\xi_m\theta)\sum_{l=1}^{\infty}\frac{(\xi_l^2+\lambda^2)\{\xi_l\cos(\xi_l z)+\lambda_0\sin(\xi_l z)\}}{\{d(\xi_l^2+\lambda^2)+\lambda\}}\times$$

$$\times\int_0^{t}e^{\eta_z l^2\tau}\int_0^{\infty}\frac{1}{u}\int_0^{\infty}\frac{\xi\mathcal{C}_{\mathcal{M}}(\xi r)\mathcal{C}_{\mathcal{M}}(\xi u)e^{\eta_r\xi^2\tau}\left\{\overline{\psi}_{0z}(u,\xi_l,t-\tau)+(-1)^{m+1}\overline{\psi}_{\vartheta z}(u,\xi_l,t-\tau)\right\}}{J_{\mathcal{M}}^2(\xi a)+Y_{\mathcal{M}}^2(\xi a)}d\xi du d\tau-$$

$$-\frac{8\eta_r}{\pi\vartheta}\sum_{m=0}^{\infty}\ni_m\sum_{l=1}^{\infty}\frac{\{\xi_l\cos(\xi_l z)+\lambda_0\sin(\xi_l z)\}}{(\xi_l^2+\lambda_0^2)\left\{d+\frac{\lambda_d}{\xi_l^2+\lambda_d^2}\right\}+\lambda_0}\int_0^{\infty}\frac{\xi\mathcal{C}_{\mathcal{M}}(\xi r)}{\{J_{\mathcal{M}}^2(\xi a)+Y_{\mathcal{M}}^2(\xi a)\}}\times$$

$$\times\int_0^{t}\overline{\overline{\psi}}_a(\xi_m,\xi_l,t-\tau)e^{-(\eta_r\xi^2+\eta_z\xi_l^2)\tau}d\tau d\xi+$$

$$+\frac{4}{\vartheta\phi c_t}\sum_{m=0}^{\infty}\ni_m\cos(\xi_m\theta)\sum_{l=1}^{\infty}\frac{\{\xi_l\cos(\xi_l z)+\lambda_0\sin(\xi_l z)\}}{(\xi_l^2+\lambda_0^2)\left\{d+\frac{\lambda_d}{\xi_l^2+\lambda_d^2}\right\}+\lambda_0}\int_a^{\infty}\int_0^{\infty}\frac{\xi u\mathcal{C}_{\mathcal{M}}(\xi u)\mathcal{C}_{\mathcal{M}}(\xi r)}{\{J_{\mathcal{M}}^2(\xi a)+Y_{\mathcal{M}}^2(\xi a)\}}\times$$

$$\times\int_0^t\left[\xi_l\overline{\psi}_{\theta 0}(u,\xi_m,t-\tau)-\overline{\psi}_{\theta d}(u,\xi_m,t-\tau)\{\xi_l\cos(\xi_l d)+\lambda_0\sin(\xi_l d)\}\right]e^{-\left(\eta_r\xi^2+\eta_z\xi_l^2\right)\tau}d\tau d\xi du+$$

$$+\frac{4}{\vartheta}\sum_{m=0}^{\infty}\ni_m\cos(\xi_m\theta)\sum_{l=1}^{\infty}\frac{\{\xi_l\cos(\xi_l z)+\lambda_0\sin(\xi_l z)\}}{(\xi_l^2+\lambda_0^2)\left\{d+\frac{\lambda_d}{\xi_l^2+\lambda_d^2}\right\}+\lambda_0}\int_0^{\infty}\frac{\overline{\overline{\overline{\varphi}}}(\xi,\xi_m,\xi_l)\,\xi\mathcal{C}_{\mathcal{M}}(\xi r)\,e^{-\left(\eta_r\xi^2+\eta_z\xi_l^2\right)t}}{\{J_{\mathcal{M}}^2(\xi a)+Y_{\mathcal{M}}^2(\xi a)\}}d\xi \quad (27.26.2)$$

where $\overline{\psi}_{\theta 0}(u,\xi_m,t)=\int_0^{\vartheta}\psi_{\theta 0}(u,v,t)\cos(\xi_m v)\,dv$, $\overline{\psi}_{\theta d}(u,\xi_m,t)=\int_0^{\vartheta}\psi_{\theta d}(u,v,t)\cos(\xi_m v)\,dv$,
$\overline{\psi}_{0z}(u,\xi_l,t)=\int_0^d\psi_{0z}(u,w,t)\{\xi_l\cos(\xi_l w)+\lambda_0\sin(\xi_l w)\}\,dw$,
$\overline{\psi}_{\vartheta z}(u,\xi_l,t)=\int_0^d\psi_{\vartheta z}(u,w,t)\{\xi_l\cos(\xi_l w)+\lambda_0\sin(\xi_l w)\}\,dw$ and
$\overline{\overline{\psi}}_a(\xi_m,\xi_l,t)=\int_0^{\vartheta}\psi_a(v,w,t)\cos(\xi_m v)\int_0^d\{\xi_l\cos(\xi_l w)+\lambda_0\sin(\xi_l w)\}dwdv$.

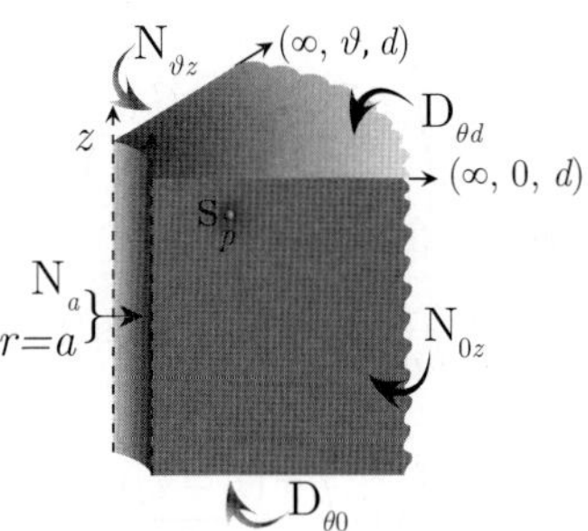

27.27 The problem of 27.18, except $\mathbf{D}_{\theta 0}\equiv p(r,\theta,0,t)=\psi_{\theta 0}(r,\theta,t)$, $\mathbf{D}_{\theta d}\equiv p(r,\theta,d,t)=\psi_{\theta d}(r,\theta,t)$, $\mathbf{N}_{0z}\equiv\frac{\partial p(r,0,z,t)}{\partial\theta}=-\left(\frac{\mu}{k_\theta}\right)\psi_{0z}(r,z,t)$, $\mathbf{N}_{\vartheta z}\equiv\frac{\partial p(r,\vartheta,z,t)}{\partial\theta}=-\left(\frac{\mu}{k_\theta}\right)\psi_{\vartheta z}(r,z,t)$ and $\mathbf{N}_a\equiv\frac{\partial p(a,\theta,z,t)}{\partial r}=-\left(\frac{\mu}{k_r}\right)\psi_a(z,t)$

Successive application of Laplace, Fourier and Neumann-Weber transformation to equation (22.1.1) gives

$$\overline{\overline{\overline{p}}}=\frac{q(s)e^{-st_0}\cos(\xi_m\theta_0)\sin(\xi_l z_0)\mathcal{G}_{\mathcal{M}}(\xi r_0)}{\phi c_t(\eta_r\xi^2+\eta_z\xi_l^2+s)}+\frac{2\overline{\overline{\psi}}_a(\xi_m,\xi_l,s)}{\pi\phi c_t\xi(\eta_r\xi^2+\eta_z\xi_l^2+s)}+$$
$$+\frac{\int_0^{\infty}\frac{\mathcal{G}_{\mathcal{M}}(\xi u)}{u}\left\{\overline{\overline{\psi}}_{0z}(u,\xi_l,s)+(-1)^{m+1}\overline{\overline{\psi}}_{\vartheta z}(u,\xi_l,s)\right\}du}{\phi c_t(\eta_r\xi^2+\eta_z\xi_l^2+s)}+$$
$$+\frac{\xi_l\eta_z\int_a^{\infty}u\mathcal{G}_{\mathcal{M}}(\xi u)\left\{\overline{\overline{\psi}}_{\theta 0}(u,\xi_m,s)-(-1)^l\overline{\overline{\psi}}_{\theta d}(u,\xi_m,s)\right\}du}{(\eta_r\xi^2+\eta_z\xi_l^2+s)}+\frac{\overline{\overline{\overline{\varphi}}}(\xi,\xi_m,\xi_l)}{(\eta_r\xi^2+\eta_z\xi_l^2+s)} \quad (27.27.1)$$

where $\mathcal{G}_{\mathcal{M}}(\xi r)=Y'_{\mathcal{M}}(\xi a)J_{\mathcal{M}}(\xi r)-J'_{\mathcal{M}}(\xi a)Y_{\mathcal{M}}(\xi r)$, ξ_l are the positive roots of $\sin(\xi_l d)$, which are $\xi_l=\frac{l\pi}{d}$, $l=1,2,...$, and ξ_m are the positive roots of $\sin(\xi_m\vartheta)$, which are $\xi_m=\frac{m\pi}{\vartheta}$, $m=0,1,....$
$\overline{\overline{\psi}}_{\theta 0}(u,\xi_m,s)=\int_0^{\vartheta}\overline{\psi}_{\theta 0}(u,v,s)\cos(\xi_m v)\,dv$, $\overline{\overline{\psi}}_{\theta d}(u,\xi_m,s)=\int_0^{\vartheta}\overline{\psi}_{\theta d}(u,v,s)\cos(\xi_m v)\,dv$,
$\overline{\overline{\psi}}_{0z}(u,\xi_l,s)=\int_0^d\overline{\psi}_{0z}(u,w,s)\sin(\xi_l w)\,dw$, $\overline{\overline{\psi}}_{\vartheta z}(u,\xi_l,s)=\int_0^d\overline{\psi}_{\vartheta z}(u,w,s)\sin(\xi_l w)\,dw$,
$\overline{\overline{\overline{\psi}}}_a(\xi_m,\xi_l,s)=\int_0^{\vartheta}\overline{\psi}_a(v,w,s)\cos(\xi_m v)\int_0^d\sin(\xi_l w)dwdv$ and
$\overline{\overline{\overline{\varphi}}}(\xi,\xi_m,\xi_l)=\int_a^{\infty}u\mathcal{G}_{\mathcal{M}}(\xi u)\int_0^{\vartheta}\cos(\xi_m v)\int_0^d\varphi(u,v,w)\sin(\xi_l w)dwdvdu$.

$$\overline{p}=\frac{4q(s)e^{-st_0}}{\vartheta d\phi c_t}\sum_{m=0}^{\infty}\ni_m\cos(\xi_m\theta_0)\sum_{l=1}^{\infty}\sin(\xi_l z_0)\sin(\xi_l z)\int_0^{\infty}\frac{\xi\mathcal{G}_{\mathcal{M}}(\xi r_0)\mathcal{G}_{\mathcal{M}}(\xi r)}{(\eta_r\xi^2+\eta_z\xi_l^2+s)\{J_{\mathcal{M}}'^2(\xi a)+Y_{\mathcal{M}}'^2(\xi a)\}}d\xi+$$

$$+\frac{4}{\vartheta d\phi c_t}\sum_{m=0}^{\infty}\ni_m\cos(\xi_m\theta)\times$$

$$\times\sum_{l=1}^{\infty}\sin(\xi_l z)\int_0^{\infty}\frac{1}{u}\int_0^{\infty}\frac{\xi\mathcal{G}_{\mathcal{M}}(\xi r)\mathcal{G}_{\mathcal{M}}(\xi u)\left\{\overline{\overline{\psi}}_{0z}(u,\xi_l,s)+(-1)^{m+1}\overline{\overline{\psi}}_{\vartheta z}(u,\xi_l,s)\right\}}{(\eta_r\xi^2+\eta_z\xi_l^2+s)\{J_{\mathcal{M}}'^2(\xi a)+Y_{\mathcal{M}}'^2(\xi a)\}}d\xi du-$$

$$+\frac{8}{\pi\vartheta d\phi c_t}\sum_{m=0}^{\infty}\ni_m\cos(\xi_m\theta)\sum_{l=1}^{\infty}\overline{\overline{\overline{\psi}}}_a(\xi_m,\xi_l,s)\sin(\xi_l z)\int_0^{\infty}\frac{\mathcal{G}_{\mathcal{M}}(\xi r)}{(\eta_r\xi^2+\eta_z\xi_l^2+s)\{J'^2_{\mathcal{M}}(\xi a)+Y'^2_{\mathcal{M}}(\xi a)\}}d\xi+$$

$$+\frac{4\eta_z}{\vartheta d}\sum_{m=0}^{\infty}\ni_m\cos(\xi_m\theta)\sum_{l=1}^{\infty}\xi_l\sin(\xi_l z)\int_a^{\infty}\int_0^{\infty}\frac{\xi u\mathcal{G}_{\mathcal{M}}(\xi u)\,\mathcal{G}_{\mathcal{M}}(\xi r)\left\{\overline{\overline{\psi}}_{\theta 0}(u,\xi_m,s)-(-1)^l\,\overline{\overline{\psi}}_{\theta d}(u,\xi_m,s)\right\}}{(\eta_r\xi^2+\eta_z\xi_l^2+s)\{J'^2_{\mathcal{M}}(\xi a)+Y'^2_{\mathcal{M}}(\xi a)\}}d\xi du+$$

$$+\frac{4}{\vartheta d}\sum_{m=0}^{\infty}\ni_m\cos(\xi_m\theta)\sum_{l=1}^{\infty}\sin(\xi_l z)\int_0^{\infty}\frac{\overline{\overline{\overline{\varphi}}}(\xi,\xi_m,\xi_l)\,\xi\mathcal{G}_{\mathcal{M}}(\xi r)}{(\eta_r\xi^2+\eta_z\xi_l^2+s)\{J'^2_{\mathcal{M}}(\xi a)+Y'^2_{\mathcal{M}}(\xi a)\}}d\xi \qquad (27.27.2)$$

and

$$p = \frac{U(t-t_0)}{\vartheta d\phi c_t}\sum_{m=0}^{\infty}\ni_m\cos(\xi_m\theta_0)\times$$

$$\times\int_0^{t-t_0}q(t-t_0-\tau)\left\{\Theta_3\left(\frac{\pi(z-z_0)}{2d},e^{-\left(\frac{\pi}{d}\right)^2\eta_z\tau}\right)-\Theta_3\left(\frac{\pi(z+z_0)}{2d},e^{-\left(\frac{\pi}{d}\right)^2\eta_z\tau}\right)\right\}\times$$

$$\times\int_0^{\infty}\frac{\xi\mathcal{G}_{\mathcal{M}}(\xi r_0)\,\mathcal{G}_{\mathcal{M}}(\xi r)\,e^{-\eta_r\xi^2\tau}}{\{J'^2_{\mathcal{M}}(\xi a)+Y'^2_{\mathcal{M}}(\xi a)\}}d\xi d\tau+$$

$$+\frac{1}{\vartheta d\phi c_t}\sum_{m=0}^{\infty}\ni_m\cos(\xi_m\theta)\int_0^t\int_0^{\infty}\frac{1}{u}\int_0^{\infty}\left\{\psi_{0z}(u,w,t-\tau)+(-1)^{m+1}\,\psi_{\vartheta z}(u,w,t-\tau)\right\}\times$$

$$\times\left\{\Theta_3\left(\frac{\pi(z-w)}{2d},e^{-\left(\frac{\pi}{2}\right)\eta_z\tau}\right)-\Theta_3\left(\frac{\pi(z+w)}{2d},e^{-\left(\frac{\pi}{2}\right)\eta_z\tau}\right)\right\}\int_0^{\infty}\frac{\xi\mathcal{G}_{\mathcal{M}}(\xi r)\,\mathcal{G}_{\mathcal{M}}(\xi u)\,e^{\eta_r\xi^2\tau}}{\{J'^2_{\mathcal{M}}(\xi a)+Y'^2_{\mathcal{M}}(\xi a)\}}d\xi dwdud\tau-$$

$$+\frac{2}{\pi\vartheta d\phi c_t}\sum_{m=0}^{\infty}\ni_m\cos(\xi_m\theta)\times$$

$$\times\int_0^t\int_a^{\infty}\overline{\psi}_a(\xi_m,w,t-\tau)\left\{\Theta_3\left(\frac{\pi(z-w)}{2d},e^{-\left(\frac{\pi}{d}\right)^2\eta_z\tau}\right)-\Theta_3\left(\frac{\pi(z+w)}{2d},e^{-\left(\frac{\pi}{d}\right)^2\eta_z\tau}\right)\right\}\times$$

$$\times\int_0^{\infty}\frac{\xi\mathcal{G}_{\mathcal{M}}(\xi r)\,e^{-\eta_r\xi^2\tau}}{\{J'^2_{\mathcal{M}}(\xi a)+Y'^2_{\mathcal{M}}(\xi a)\}}d\xi dwd\tau+$$

$$+\frac{\eta_z}{\vartheta d^2}\sum_{m=0}^{\infty}\ni_m\cos(\xi_m\theta)\times$$

$$\times\int_0^t\int_a^{\infty}\left\{\Theta'_4\left(\frac{\pi z}{2d},e^{-\left(\frac{\pi}{d}\right)^2\eta_z\tau}\right)\overline{\psi}_{\theta d}(u,\xi_m,t-\tau)-\Theta'_3\left(\frac{\pi z}{2d},e^{-\left(\frac{\pi}{d}\right)^2\eta_z\tau}\right)\overline{\psi}_{\theta 0}(u,\xi_m,t-\tau)\right\}\times$$

$$\times\int_0^{\infty}\frac{\xi u\mathcal{G}_{\mathcal{M}}(\xi u)\,\mathcal{G}_{\mathcal{M}}(\xi r)\,e^{-\eta_r\xi^2\tau}}{\{J'^2_{\mathcal{M}}(\xi a)+Y'^2_{\mathcal{M}}(\xi a)\}}d\xi dud\tau+$$

$$+\frac{1}{\vartheta d}\sum_{m=0}^{\infty}\ni_m\cos(\xi_m\theta)\times$$

$$\times\int_a^{\infty}u\int_0^{d}\overline{\varphi}(u,\xi_m,w)\left\{\Theta_3\left(\frac{\pi(z-w)}{2d},e^{-\left(\frac{\pi}{d}\right)^2\eta_z t}\right)-\Theta_3\left(\frac{\pi(z+w)}{2d},e^{-\left(\frac{\pi}{d}\right)^2\eta_z t}\right)\right\}\times$$

$$\times\int_0^{\infty}\frac{\xi\mathcal{G}_{\mathcal{M}}(\xi v)\,\mathcal{G}_{\mathcal{M}}(\xi r)\,e^{-\eta_r\xi^2 t}}{\{J'^2_{\mathcal{M}}(\xi a)+Y'^2_{\mathcal{M}}(\xi a)\}}d\xi dwdu \qquad (27.27.3)$$

where $\overline{\psi}_{\theta 0}(u,\xi_m,t) = \int_0^{\vartheta} \psi_{\theta 0}(u,v,t)\cos(\xi_m v)\,dv$, $\overline{\psi}_{\theta d}(u,\xi_m,t) = \int_0^{\vartheta} \psi_{\theta d}(u,v,t)\cos(\xi_m v)\,dv$, $\overline{\psi}_a(\xi_m,w,t) = \int_0^{\vartheta} \psi_a(v,w,t)\cos(\xi_m v)\,dv$ and $\overline{\varphi}(u,\xi_m,w) = \int_0^{\vartheta} \varphi(u,v,w)\cos(\xi_m v)\,dv$.

27.28 **The problem of 27.18, except** $\mathbf{D}_{\theta 0} \equiv p(r,\theta,0,t) = \psi_{\theta 0}(r,\theta,t)$,
$\mathbf{N}_{\theta d} \equiv \frac{\partial p(r,\theta,d,t)}{\partial z} = -\left(\frac{\mu}{k_z}\right)\psi_{\theta d}(r,\theta,t)$,
$\mathbf{N}_{0z} \equiv \frac{\partial p(r,0,z,t)}{\partial \theta} = -\left(\frac{\mu}{k_\theta}\right)\psi_{0z}(r,z,t)$,
$\mathbf{N}_{\vartheta z} \equiv \frac{\partial p(r,\vartheta,z,t)}{\partial \theta} = -\left(\frac{\mu}{k_\theta}\right)\psi_{\vartheta z}(r,z,t)$ **and**
$\mathbf{N}_a \equiv \frac{\partial p(a,\theta,z,t)}{\partial r} = -\left(\frac{\mu}{k_r}\right)\psi_a(z,t)$

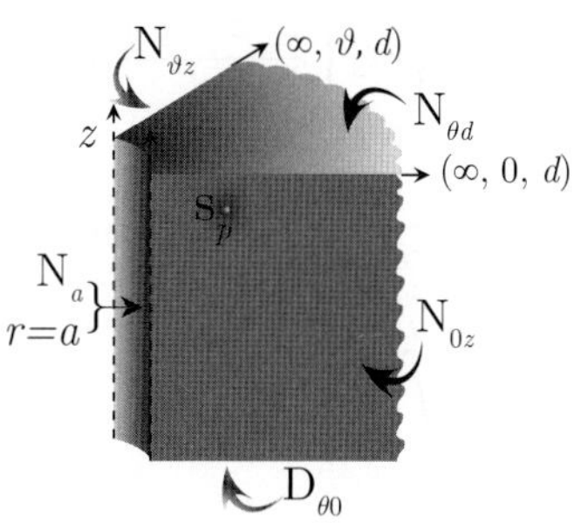

$$\overline{p} = \frac{4q(s)e^{-st_0}}{\vartheta d\phi c_t}\sum_{m=0}^{\infty}\ni_m\cos(\xi_m\theta_0)\sum_{l=1}^{\infty}\sin(\xi_l z_0)\sin(\xi_l z)\int_0^{\infty}\frac{\xi\mathcal{G}_{\mathcal{M}}(\xi r_0)\mathcal{G}_{\mathcal{M}}(\xi r)}{(\eta_r\xi^2+\eta_z\xi_l^2+s)\{J'^2_{\mathcal{M}}(\xi a)+Y'^2_{\mathcal{M}}(\xi a)\}}d\xi+$$
$$+\frac{4}{\vartheta d\phi c_t}\sum_{m=0}^{\infty}\ni_m\cos(\xi_m\theta)\times$$
$$\times\sum_{l=1}^{\infty}\sin(\xi_l z)\int_0^{\infty}\frac{1}{u}\int_0^{\infty}\frac{\xi\mathcal{G}_{\mathcal{M}}(\xi r)\mathcal{G}_{\mathcal{M}}(\xi u)\left\{\overline{\overline{\psi}}_{0z}(u,\xi_l,s)+(-1)^{m+1}\overline{\overline{\psi}}_{\vartheta z}(u,\xi_l,s)\right\}}{(\eta_r\xi^2+\eta_z\xi_l^2+s)\{J'^2_{\mathcal{M}}(\xi a)+Y'^2_{\mathcal{M}}(\xi a)\}}d\xi du-$$
$$+\frac{8}{\pi\vartheta d\phi c_t}\sum_{m=0}^{\infty}\ni_m\cos(\xi_m\theta)\sum_{l=1}^{\infty}\overline{\overline{\overline{\psi}}}_a(\xi_m,\xi_l,s)\sin(\xi_l z)\int_0^{\infty}\frac{\mathcal{G}_{\mathcal{M}}(\xi r)}{(\eta_r\xi^2+\eta_z\xi_l^2+s)\{J'^2_{\mathcal{M}}(\xi a)+Y'^2_{\mathcal{M}}(\xi a)\}}d\xi+$$
$$+\frac{4\eta_z}{\vartheta d}\sum_{m=0}^{\infty}\ni_m\cos(\xi_m\theta)\times$$
$$\times\sum_{l=1}^{\infty}\sin(\xi_l z)\int_a^{\infty}\int_0^{\infty}\frac{\xi u\mathcal{G}_{\mathcal{M}}(\xi u)\mathcal{G}_{\mathcal{M}}(\xi r)\left\{\xi_l\overline{\overline{\psi}}_{\theta 0}(u,\xi_m,s)+(-1)^l\left(\frac{\mu}{k_z}\right)\overline{\overline{\psi}}_{\theta d}(u,\xi_m,s)\right\}}{(\eta_r\xi^2+\eta_z\xi_l^2+s)\{J'^2_{\mathcal{M}}(\xi a)+Y'^2_{\mathcal{M}}(\xi a)\}}d\xi du+$$
$$+\frac{4}{\vartheta d}\sum_{m=0}^{\infty}\ni_m\cos(\xi_m\theta)\sum_{l=1}^{\infty}\sin(\xi_l z)\int_0^{\infty}\frac{\overline{\overline{\overline{\varphi}}}(\xi,\xi_m,\xi_l)\,\xi\mathcal{G}_{\mathcal{M}}(\xi r)}{(\eta_r\xi^2+\eta_z\xi_l^2+s)\{J'^2_{\mathcal{M}}(\xi a)+Y'^2_{\mathcal{M}}(\xi a)\}}d\xi \qquad (27.28.1)$$

where $\mathcal{G}_{\mathcal{M}}(\xi r) = Y'_{\mathcal{M}}(\xi a)J_{\mathcal{M}}(\xi r) - J'_{\mathcal{M}}(\xi a)Y_{\mathcal{M}}(\xi r)$, ξ_l are the positive roots of $\cos(\xi_l d)$, which are $\xi_l = \frac{(2l-1)\pi}{2d}$, $l = 1,2,...$, and ξ_m are the positive roots of $\sin(\xi_m\vartheta)$, which are $\xi_m = \frac{m\pi}{\vartheta}$, $m = 0,1,....$
$\overline{\overline{\psi}}_{\theta 0}(u,\xi_m,s) = \int_0^{\vartheta}\overline{\psi}_{\theta 0}(u,v,s)\cos(\xi_m v)\,dv$, $\overline{\overline{\psi}}_{\theta d}(u,\xi_m,s) = \int_0^{\vartheta}\overline{\psi}_{\theta d}(u,v,s)\cos(\xi_m v)\,dv$,
$\overline{\overline{\psi}}_{0z}(u,\xi_l,s) = \int_0^{d}\overline{\psi}_{0z}(u,w,s)\sin(\xi_l w)\,dw$, $\overline{\overline{\psi}}_{\vartheta z}(u,\xi_l,s) = \int_0^{d}\overline{\psi}_{\vartheta z}(u,w,s)\sin(\xi_l w)\,dw$,
$\overline{\overline{\overline{\psi}}}_a(\xi_m,\xi_l,s) = \int_0^{\vartheta}\overline{\psi}_a(v,w,s)\cos(\xi_m v)\int_0^d\sin(\xi_l w)dwdv$ and
$\overline{\overline{\overline{\varphi}}}(\xi,\xi_m,\xi_l) = \int_a^{\infty}u\mathcal{G}_{\mathcal{M}}(\xi u)\int_0^{\vartheta}\cos(\xi_m v)\int_0^d\varphi(u,v,w)\sin(\xi_l w)dwdvdu$.

$$p = \frac{U(t-t_0)}{\vartheta d\phi c_t}\sum_{m=0}^{\infty}\ni_m\cos(\xi_m\theta_0)\times$$
$$\times\int_0^{t-t_0}q(t-t_0-\tau)\left\{\Theta_2\left(\frac{\pi(z-z_0)}{2d},e^{-\left(\frac{\pi}{d}\right)^2\eta_z\tau}\right)-\Theta_2\left(\frac{\pi(z+z_0)}{2d},e^{-\left(\frac{\pi}{d}\right)^2\eta_z\tau}\right)\right\}\times$$
$$\times\int_0^{\infty}\frac{\xi\mathcal{G}_{\mathcal{M}}(\xi r_0)\mathcal{G}_{\mathcal{M}}(\xi r)e^{-\eta_r\xi^2\tau}}{\{J'^2_{\mathcal{M}}(\xi a)+Y'^2_{\mathcal{M}}(\xi a)\}}d\xi d\tau+$$

$$+\frac{1}{\vartheta d\phi c_t}\sum_{m=0}^{\infty}\ni_m\cos(\xi_m\theta)\int_0^t\int_0^\infty\frac{1}{u}\int_0^\infty\left\{\psi_{0z}(u,w,t-\tau)+(-1)^{m+1}\psi_{\vartheta z}(u,w,t-\tau)\right\}\times$$

$$\times\left\{\Theta_2\left(\frac{\pi(z-w)}{2d},e^{-\left(\frac{\pi}{2}\right)\eta_z\tau}\right)-\Theta_2\left(\frac{\pi(z+w)}{2d},e^{-\left(\frac{\pi}{2}\right)\eta_z\tau}\right)\right\}\int_0^\infty\frac{\xi\mathcal{G}_{\mathcal{M}}(\xi r)\mathcal{G}_{\mathcal{M}}(\xi u)e^{\eta_r\xi^2\tau}}{\{J'^2_{\mathcal{M}}(\xi a)+Y'^2_{\mathcal{M}}(\xi a)\}}d\xi dwdud\tau-$$

$$+\frac{2}{\pi\vartheta d\phi c_t}\sum_{m=0}^{\infty}\ni_m\cos(\xi_m\theta)\times$$

$$\times\int_0^t\int_a^\infty\overline{\psi}_a(\xi_m,w,t-\tau)\left\{\Theta_2\left(\frac{\pi(z-w)}{2d},e^{-\left(\frac{\pi}{d}\right)^2\eta_z\tau}\right)-\Theta_2\left(\frac{\pi(z+w)}{2d},e^{-\left(\frac{\pi}{d}\right)^2\eta_z\tau}\right)\right\}\times$$

$$\times\int_0^\infty\frac{\xi\mathcal{G}_{\mathcal{M}}(\xi r)e^{-\eta_r\xi^2\tau}}{\{J'^2_{\mathcal{M}}(\xi a)+Y'^2_{\mathcal{M}}(\xi a)\}}d\xi dwd\tau-$$

$$-\frac{2}{\vartheta d}\sum_{m=0}^{\infty}\ni_m\cos(\xi_m\theta)\int_0^t\frac{1}{\tau}\int_0^\infty\left\{\left(\frac{\eta_z}{2d}\right)\Theta_2'\left(\frac{\pi z}{2d},e^{-\left(\frac{\pi}{d}\right)^2\eta_z\tau}\right)\overline{\psi}_{\theta 0}(u,\xi_m,t-\tau)+\right.$$

$$\left.+\left(\frac{1}{\phi c_t}\right)\Theta_1\left(\frac{\pi z}{2d},e^{-\left(\frac{\pi}{d}\right)^2\eta_z\tau}\right)\overline{\psi}_{\theta d}(u,\xi_m,t-\tau)\right\}\int_0^\infty\frac{\xi u\mathcal{G}_{\mathcal{M}}(\xi u)\mathcal{G}_{\mathcal{M}}(\xi r)e^{-\eta_r\xi^2\tau}}{\{J'^2_{\mathcal{M}}(\xi a)+Y'^2_{\mathcal{M}}(\xi a)\}}d\xi dud\tau+$$

$$+\frac{1}{\vartheta d}\sum_{m=0}^{\infty}\ni_m\cos(\xi_m\theta)\int_a^\infty u\int_0^d\overline{\varphi}(u,\xi_m,w)\left\{\Theta_2\left(\frac{\pi(z-w)}{2d},e^{-\left(\frac{\pi}{d}\right)^2\eta_z t}\right)-\Theta_2\left(\frac{\pi(z+w)}{2d},e^{-\left(\frac{\pi}{d}\right)^2\eta_z t}\right)\right\}\times$$

$$\times\int_0^\infty\frac{\xi\mathcal{G}_{\mathcal{M}}(\xi v)\mathcal{G}_{\mathcal{M}}(\xi r)e^{-\eta_r\xi^2 t}}{\{J'^2_{\mathcal{M}}(\xi a)+Y'^2_{\mathcal{M}}(\xi a)\}}d\xi dwdu \qquad (27.28.2)$$

where $\overline{\psi}_{\theta 0}(u,\xi_m,t)=\int_0^\vartheta\psi_{\theta 0}(u,v,t)\cos(\xi_m v)\,dv$, $\overline{\psi}_{\theta d}(u,\xi_m,t)=\int_0^\vartheta\psi_{\theta d}(u,v,t)\cos(\xi_m v)\,dv$, $\overline{\psi}_a(\xi_m,w,t)=\int_0^\vartheta\psi_a(v,w,t)\cos(\xi_m v)\,dv$ and $\overline{\varphi}(u,\xi_m,w)=\int_0^\vartheta\varphi(u,v,w)\cos(\xi_m v)\,dv$.

27.29

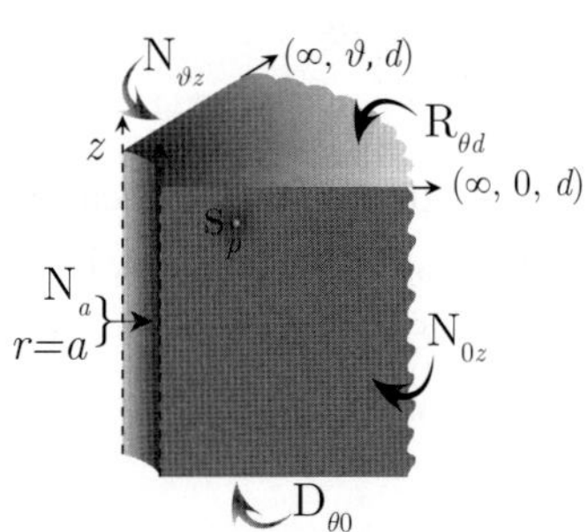

The problem of 27.18, except
$\mathbf{D}_{\theta 0}\equiv p(r,\theta,0,t)=\psi_{\theta 0}(r,\theta,t)$,
$\mathbf{R}_{\theta d}\equiv\frac{\partial p(r,\theta,d,t)}{\partial z}+\lambda p(r,\theta,d,t)=-\left(\frac{\mu}{k_z}\right)\psi_{\theta d}(r,\theta,t)$,
$\mathbf{N}_{0z}\equiv\frac{\partial p(r,0,z,t)}{\partial\theta}=-\left(\frac{\mu}{k_\theta}\right)\psi_{0z}(r,z,t)$,
$\mathbf{N}_{\vartheta z}\equiv\frac{\partial p(r,\vartheta,z,t)}{\partial\theta}=-\left(\frac{\mu}{k_\theta}\right)\psi_{\vartheta z}(r,z,t)$ **and**
$\mathbf{N}_a\equiv\frac{\partial p(a,\theta,z,t)}{\partial r}=-\left(\frac{\mu}{k_r}\right)\psi_a(z,t)$

$$\overline{p}=\frac{4q(s)e^{-st_0}}{\vartheta\phi c_t}\sum_{m=0}^{\infty}\ni_m\cos(\xi_m\theta_0)\sum_{l=1}^{\infty}\frac{(\xi_l^2+\lambda^2)\sin(\xi_l z_0)\sin(\xi_l z)}{d(\xi_l^2+\lambda^2)+\lambda}\times$$

$$\times\int_0^\infty\frac{\xi\mathcal{G}_{\mathcal{M}}(\xi r_0)\mathcal{G}_{\mathcal{M}}(\xi r)}{(\eta_r\xi^2+\eta_z\xi_l^2+s)\{J'^2_{\mathcal{M}}(\xi a)+Y'^2_{\mathcal{M}}(\xi a)\}}d\xi+$$

$$+\frac{4}{\vartheta\phi c_t}\sum_{m=0}^{\infty}\ni_m\cos(\xi_m\theta)\times$$

$$\times \sum_{l=1}^{\infty} \frac{(\xi_l^2+\lambda^2)\sin(\xi_l z)}{d(\xi_l^2+\lambda^2)+\lambda} \int_0^{\infty} \frac{1}{u} \int_0^{\infty} \frac{\xi \mathcal{G_M}(\xi r)\mathcal{G_M}(\xi u)\left\{\overline{\overline{\psi}}_{0z}(u,\xi_l,s)+(-1)^{m+1}\overline{\overline{\psi}}_{\vartheta z}(u,\xi_l,s)\right\}}{(\eta_r\xi^2+\eta_z\xi_l^2+s)\left\{J_{\mathcal{M}}'^2(\xi a)+Y_{\mathcal{M}}'^2(\xi a)\right\}} d\xi du -$$

$$+\frac{8}{\pi\vartheta\phi c_t}\sum_{m=0}^{\infty}\ni_m\cos(\xi_m\theta)\times$$

$$\times \sum_{l=1}^{\infty} \frac{\overline{\overline{\overline{\psi}}}_a(\xi_m,\xi_l,s)(\xi_l^2+\lambda^2)\sin(\xi_l z)}{d(\xi_l^2+\lambda^2)+\lambda} \int_0^{\infty} \frac{\mathcal{G_M}(\xi r)}{(\eta_r\xi^2+\eta_z\xi_l^2+s)\left\{J_{\mathcal{M}}'^2(\xi a)+Y_{\mathcal{M}}'^2(\xi a)\right\}} d\xi +$$

$$+\frac{4\eta_z}{\vartheta}\sum_{m=0}^{\infty}\ni_m\cos(\xi_m\theta)\sum_{l=1}^{\infty}\frac{(\xi_l^2+\lambda^2)\sin(\xi_l z)}{d(\xi_l^2+\lambda^2)+\lambda}\times$$

$$\times \int_a^{\infty}\int_0^{\infty} \frac{\xi u \mathcal{G_M}(\xi u)\mathcal{G_M}(\xi r)\left\{\xi_l\overline{\overline{\psi}}_{\theta 0}(u,\xi_m,s)-\left(\frac{\mu}{k_z}\right)\overline{\overline{\psi}}_{\theta d}(u,\xi_m,s)\sin(\xi_l d)\right\}}{(\eta_r\xi^2+\eta_z\xi_l^2+s)\left\{J_{\mathcal{M}}'^2(\xi a)+Y_{\mathcal{M}}'^2(\xi a)\right\}} d\xi du +$$

$$+\frac{4}{\vartheta}\sum_{m=0}^{\infty}\ni_m\cos(\xi_m\theta)\sum_{l=1}^{\infty}\frac{(\xi_l^2+\lambda^2)\sin(\xi_l z)}{d(\xi_l^2+\lambda^2)+\lambda}\int_0^{\infty}\frac{\overline{\overline{\overline{\varphi}}}(\xi,\xi_m,\xi_l)\xi\mathcal{G_M}(\xi r)}{(\eta_r\xi^2+\eta_z\xi_l^2+s)\left\{J_{\mathcal{M}}'^2(\xi a)+Y_{\mathcal{M}}'^2(\xi a)\right\}}d\xi \qquad (27.29.1)$$

where $\mathcal{G_M}(\xi r) = Y_{\mathcal{M}}'(\xi a)J_{\mathcal{M}}(\xi r) - J_{\mathcal{M}}'(\xi a)Y_{\mathcal{M}}(\xi r)$, ξ_l are the positive roots of $\xi_l\cot(\xi_l d) = -\lambda$, $l = 1, 2, ...,$ and ξ_m are the positive roots of $\sin(\xi_m\vartheta)$, which are $\xi_m = \frac{m\pi}{\vartheta}$, $m = 0, 1, ...$
$\overline{\overline{\psi}}_{\theta 0}(u,\xi_m,s) = \int_0^{\vartheta}\overline{\psi}_{\theta 0}(u,v,s)\cos(\xi_m v)\,dv$, $\overline{\overline{\psi}}_{\theta d}(u,\xi_m,s) = \int_0^{\vartheta}\overline{\psi}_{\theta d}(u,v,s)\cos(\xi_m v)\,dv$,
$\overline{\overline{\psi}}_{0z}(u,\xi_l,s) = \int_0^{d}\overline{\psi}_{0z}(u,w,s)\sin(\xi_l w)\,dw$, $\overline{\overline{\psi}}_{\vartheta z}(u,\xi_l,s) = \int_0^{d}\overline{\psi}_{\vartheta z}(u,w,s)\sin(\xi_l w)\,dw$,
$\overline{\overline{\overline{\psi}}}_a(\xi_m,\xi_l,s) = \int_0^{\vartheta}\overline{\psi}_a(v,w,s)\cos(\xi_m v)\int_0^d\sin(\xi_l w)dwdv$ and
$\overline{\overline{\overline{\varphi}}}(\xi,\xi_m,\xi_l) = \int_a^{\infty}u\mathcal{G_M}(\xi u)\int_0^{\vartheta}\cos(\xi_m v)\int_0^d\varphi(u,v,w)\sin(\xi_l w)dwdvdu.$

$$p = \frac{4U(t-t_0)}{\vartheta\phi c_t}\sum_{m=0}^{\infty}\ni_m\cos(\xi_m\theta_0)\sum_{l=1}^{\infty}\frac{(\xi_l^2+\lambda^2)\sin(\xi_l z_0)\sin(\xi_l z)}{d(\xi_l^2+\lambda^2)+\lambda}\int_0^{\infty}\frac{\xi\mathcal{G_M}(\xi r_0)\mathcal{G_M}(\xi r)}{\left\{J_{\mathcal{M}}'^2(\xi a)+Y_{\mathcal{M}}'^2(\xi a)\right\}}\times$$

$$\times\int_0^{t-t_0}q(t-t_0-\tau)e^{-(\eta_r\xi^2+\eta_z\xi_l^2)\tau}d\tau d\xi +$$

$$+\frac{4}{\vartheta\phi c_t}\sum_{m=0}^{\infty}\ni_m\cos(\xi_m\theta)\sum_{l=1}^{\infty}\frac{(\xi_l^2+\lambda^2)\sin(\xi_l z)}{\left\{d(\xi_l^2+\lambda^2)+\lambda\right\}}\times$$

$$\times\int_0^t e^{\eta_z l^2\tau}\int_0^{\infty}\frac{1}{u}\int_0^{\infty}\frac{\xi\mathcal{G_M}(\xi r)\mathcal{G_M}(\xi u)e^{\eta_r\xi^2\tau}\left\{\overline{\psi}_{0z}(u,\xi_l,t-\tau)+(-1)^{m+1}\overline{\psi}_{\vartheta z}(u,\xi_l,t-\tau)\right\}}{\left\{J_{\mathcal{M}}'^2(\xi a)+Y_{\mathcal{M}}'^2(\xi a)\right\}}d\xi du d\tau -$$

$$+\frac{8}{\pi\vartheta\phi c_t}\sum_{m=0}^{\infty}\ni_m\sum_{l=1}^{\infty}\frac{(\xi_l^2+\lambda^2)\sin(\xi_l z)}{d(\xi_l^2+\lambda^2)+\lambda}\int_0^{\infty}\frac{\mathcal{G_M}(\xi r)}{\left\{J_{\mathcal{M}}'^2(\xi a)+Y_{\mathcal{M}}'^2(\xi a)\right\}}\int_0^t\overline{\overline{\psi}}_a(\xi_m,\xi_l,t-\tau)e^{-(\eta_r\xi^2+\eta_z\xi_l^2)\tau}d\tau d\xi +$$

$$+\frac{4\eta_z}{\vartheta}\sum_{m=0}^{\infty}\ni_m\cos(\xi_m\theta)\sum_{l=1}^{\infty}\frac{(\xi_l^2+\lambda^2)\sin(\xi_l z)}{d(\xi_l^2+\lambda^2)+\lambda}\int_a^{\infty}\int_0^{\infty}\frac{\xi\mathcal{G_M}(\xi u)\mathcal{G_M}(\xi r)}{u\left\{J_{\mathcal{M}}'^2(\xi a)+Y_{\mathcal{M}}'^2(\xi a)\right\}}\times$$

$$\times\int_0^t\left\{\xi_l\overline{\psi}_{\theta 0}(u,\xi_m,t-\tau)-\left(\frac{\mu}{k_z}\right)\overline{\psi}_{\theta d}(u,\xi_m,t-\tau)\sin(\xi_l d)\right\}d\tau e^{-(\eta_r\xi^2+\eta_z\xi_l^2)\tau}d\xi du +$$

$$+\frac{4}{\vartheta}\sum_{m=0}^{\infty}\ni_m\cos(\xi_m\theta)\sum_{l=1}^{\infty}\frac{(\xi_l^2+\lambda^2)\sin(\xi_l z)}{d(\xi_l^2+\lambda^2)+\lambda}\int_0^{\infty}\frac{\overline{\overline{\overline{\varphi}}}(\xi,\xi_m,\xi_l)\xi\mathcal{G_M}(\xi r)e^{-(\eta_r\xi^2+\eta_z\xi_l^2)t}}{\left\{J_{\mathcal{M}}'^2(\xi a)+Y_{\mathcal{M}}'^2(\xi a)\right\}}d\xi \qquad (27.29.2)$$

where $\overline{\psi}_{\theta 0}(u,\xi_m,t)=\int_0^{\vartheta}\psi_{\theta 0}(u,v,t)\cos(\xi_m v)\,dv$, $\overline{\psi}_{\theta d}(u,\xi_m,t)=\int_0^{\vartheta}\psi_{\theta d}(u,v,t)\cos(\xi_m v)\,dv$, $\overline{\psi}_{0z}(u,\xi_l,t)=\int_0^{d}\psi_{0z}(u,w,t)\sin(\xi_l w)\,dw$, $\overline{\psi}_{\vartheta z}(u,\xi_l,t)=\int_0^{d}\psi_{\vartheta z}(u,w,t)\sin(\xi_l w)\,dw$ and $\overline{\overline{\psi}}_a(\xi_m,\xi_l,t)=\int_0^{\vartheta}\psi_a(v,w,t)\cos(\xi_m v)\int_0^d\sin(\xi_l w)dwdv$.

27.30

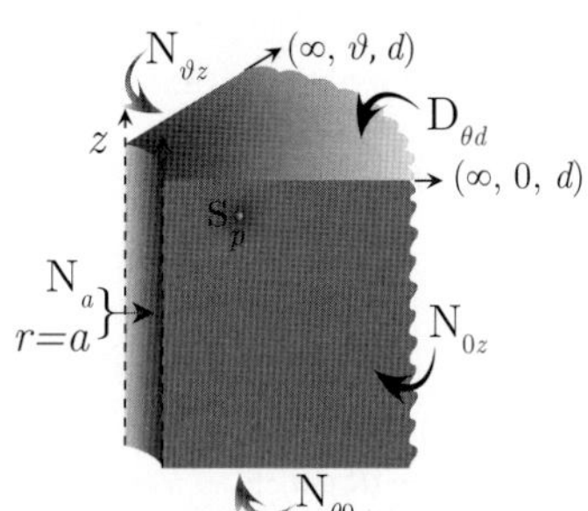

The problem of 27.18, except
$\mathbf{N_{\theta 0}}\equiv\frac{\partial p(r,\theta,0,t)}{\partial z}=-\left(\frac{\mu}{k_z}\right)\psi_{\theta 0}(r,\theta,t)$,
$\mathbf{D_{\theta d}}\equiv p(r,\theta,d,t)=\psi_{\theta d}(r,\theta,t)$,
$\mathbf{N_{0z}}\equiv\frac{\partial p(r,0,z,t)}{\partial \theta}=-\left(\frac{\mu}{k_\theta}\right)\psi_{0z}(r,z,t)$,
$\mathbf{N_{\vartheta z}}\equiv\frac{\partial p(r,\vartheta,z,t)}{\partial \theta}=-\left(\frac{\mu}{k_\theta}\right)\psi_{\vartheta z}(r,z,t)$ **and**
$\mathbf{N_a}\equiv\frac{\partial p(a,\theta,z,t)}{\partial r}=-\left(\frac{\mu}{k_r}\right)\psi_a(z,t)$

$$\begin{aligned}\overline{p} &= \frac{4q(s)\,e^{-st_0}}{\vartheta d\phi c_t}\sum_{m=0}^{\infty}\ni_m\cos(\xi_m\theta_0)\sum_{l=1}^{\infty}\cos(\xi_l z_0)\cos(\xi_l z)\int_0^{\infty}\frac{\xi\mathcal{G}_{\mathcal{M}}(\xi r_0)\,\mathcal{G}_{\mathcal{M}}(\xi r)}{(\eta_r\xi^2+\eta_z\xi_l^2+s)\left\{J_{\mathcal{M}}'^2(\xi a)+Y_{\mathcal{M}}'^2(\xi a)\right\}}d\xi+\\ &+\frac{4}{\vartheta d\phi c_t}\sum_{m=0}^{\infty}\ni_m\cos(\xi_m\theta)\times\\ &\times\sum_{l=1}^{\infty}\cos(\xi_l z)\int_0^{\infty}\frac{1}{u}\int_0^{\infty}\frac{\xi\mathcal{G}_{\mathcal{M}}(\xi r)\,\mathcal{G}_{\mathcal{M}}(\xi u)\left\{\overline{\overline{\psi}}_{0z}(u,\xi_l,s)+(-1)^{m+1}\overline{\overline{\psi}}_{\vartheta z}(u,\xi_l,s)\right\}}{(\eta_r\xi^2+\eta_z\xi_l^2+s)\left\{J_{\mathcal{M}}'^2(\xi a)+Y_{\mathcal{M}}'^2(\xi a)\right\}}d\xi du-\\ &+\frac{8}{\pi\vartheta d\phi c_t}\sum_{m=0}^{\infty}\ni_m\cos(\xi_m\theta)\sum_{l=1}^{\infty}\overline{\overline{\overline{\psi}}}_a(\xi_m,\xi_l,s)\cos(\xi_l z)\int_0^{\infty}\frac{\mathcal{G}_{\mathcal{M}}(\xi r)}{(\eta_r\xi^2+\eta_z\xi_l^2+s)\left\{J_{\mathcal{M}}'^2(\xi a)+Y_{\mathcal{M}}'^2(\xi a)\right\}}d\xi+\\ &+\frac{4\eta_z}{\vartheta d}\sum_{m=0}^{\infty}\ni_m\cos(\xi_m\theta)\sum_{l=1}^{\infty}\xi_l\cos(\xi_l z)\times\\ &\times\int_a^{\infty}\int_0^{\infty}\frac{\xi u\mathcal{G}_{\mathcal{M}}(\xi u)\,\mathcal{G}_{\mathcal{M}}(\xi r)\left\{(-1)^{m+1}\xi_l\overline{\overline{\psi}}_{\theta d}(u,\xi_m,s)+\left(\frac{\mu}{k_z}\right)\overline{\overline{\psi}}_{\theta 0}(u,\xi_m,s)\right\}}{(\eta_r\xi^2+\eta_z\xi_l^2+s)\left\{J_{\mathcal{M}}'^2(\xi a)+Y_{\mathcal{M}}'^2(\xi a)\right\}}d\xi du+\\ &+\frac{4}{\vartheta d}\sum_{m=0}^{\infty}\ni_m\cos(\xi_m\theta)\sum_{l=1}^{\infty}\cos(\xi_l z)\int_0^{\infty}\frac{\overline{\overline{\overline{\varphi}}}(\xi,\xi_m,\xi_l)\,\xi\mathcal{G}_{\mathcal{M}}(\xi r)}{(\eta_r\xi^2+\eta_z\xi_l^2+s)\left\{J_{\mathcal{M}}'^2(\xi a)+Y_{\mathcal{M}}'^2(\xi a)\right\}}d\xi \qquad (27.30.1)\end{aligned}$$

where $\mathcal{G}_{\mathcal{M}}(\xi r)=Y_{\mathcal{M}}'(\xi a)\,J_{\mathcal{M}}(\xi r)-J_{\mathcal{M}}'(\xi a)\,Y_{\mathcal{M}}(\xi r)$, ξ_l are the positive roots of $\cos(\xi_l d)$, which are $\xi_l=\frac{(2l-1)\pi}{2d}$, $l=1,2,...$, and ξ_m are the positive roots of $\sin(\xi_m\vartheta)$, which are $\xi_m=\frac{m\pi}{\vartheta}$, $m=0,1,....$
$\overline{\overline{\psi}}_{\theta 0}(u,\xi_m,s)=\int_0^{\vartheta}\overline{\psi}_{\theta 0}(u,v,s)\cos(\xi_m v)\,dv$, $\overline{\overline{\psi}}_{\theta d}(u,\xi_m,s)=\int_0^{\vartheta}\overline{\psi}_{\theta d}(u,v,s)\cos(\xi_m v)\,dv$,
$\overline{\overline{\psi}}_{0z}(u,\xi_l,s)=\int_0^{d}\overline{\psi}_{0z}(u,w,s)\cos(\xi_l w)\,dw$, $\overline{\overline{\psi}}_{\vartheta z}(u,\xi_l,s)=\int_0^{d}\overline{\psi}_{\vartheta z}(u,w,s)\cos(\xi_l w)\,ddw$,
$\overline{\overline{\overline{\psi}}}_a(\xi_m,\xi_l,s)=\int_0^{\vartheta}\overline{\psi}_a(v,w,s)\cos(\xi_m v)\int_0^d\cos(\xi_l w)dwdv$ and
$\overline{\overline{\overline{\varphi}}}(\xi,\xi_m,\xi_l)=\int_a^{\infty}u\mathcal{G}_{\mathcal{M}}(\xi u)\int_0^{\vartheta}\cos(\xi_m v)\int_0^d\varphi(u,v,w)\cos(\xi_l w)dwdvdu$.

$$\begin{aligned}p &= \frac{U(t-t_0)}{\vartheta d\phi c_t}\sum_{m=0}^{\infty}\ni_m\cos(\xi_m\theta_0)\times\\ &\times\int_0^{t-t_0}q(t-t_0-\tau)\left\{\Theta_2\left(\frac{\pi(z-z_0)}{2d},e^{-\left(\frac{\pi}{d}\right)^2\eta_z\tau}\right)+\Theta_2\left(\frac{\pi(z+z_0)}{2d},e^{-\left(\frac{\pi}{d}\right)^2\eta_z\tau}\right)\right\}\times\\ &\times\int_0^{\infty}\frac{\xi\mathcal{G}_{\mathcal{M}}(\xi r_0)\,\mathcal{G}_{\mathcal{M}}(\xi r)\,e^{-\eta_r\xi^2\tau}}{\left\{J_{\mathcal{M}}'^2(\xi a)+Y_{\mathcal{M}}'^2(\xi a)\right\}}d\xi d\tau+\end{aligned}$$

$$+\frac{1}{\vartheta d\phi c_t}\sum_{m=0}^{\infty}\ni_m\cos(\xi_m\theta)\int_0^t\int_0^{\infty}\frac{1}{u}\int_0^{\infty}\left\{\psi_{0z}(u,w,t-\tau)+(-1)^{m+1}\psi_{\vartheta z}(u,w,t-\tau)\right\}\times$$

$$\times\left\{\Theta_2\left(\frac{\pi(z-w)}{2d},e^{-\left(\frac{\pi}{2}\right)\eta_z\tau}\right)+\Theta_2\left(\frac{\pi(z+w)}{2d},e^{-\left(\frac{\pi}{2}\right)\eta_z\tau}\right)\right\}\int_0^{\infty}\frac{\xi\mathcal{G}_{\mathcal{M}}(\xi r)\mathcal{G}_{\mathcal{M}}(\xi u)e^{\eta_r\xi^2\tau}}{\{J_{\mathcal{M}}'^2(\xi a)+Y_{\mathcal{M}}'^2(\xi a)\}}d\xi dwdud\tau-$$

$$+\frac{2}{\pi\vartheta d\phi c_t}\sum_{m=0}^{\infty}\ni_m\cos(\xi_m\theta)\times$$

$$\times\int_0^t\int_a^{\infty}\overline{\psi}_a(\xi_m,w,t-\tau)\left\{\Theta_2\left(\frac{\pi(z-w)}{2d},e^{-\left(\frac{\pi}{d}\right)^2\eta_z\tau}\right)+\Theta_2\left(\frac{\pi(z+w)}{2d},e^{-\left(\frac{\pi}{d}\right)^2\eta_z\tau}\right)\right\}\times$$

$$\times\int_0^{\infty}\frac{\xi\mathcal{G}_{\mathcal{M}}(\xi r)e^{-\eta_r\xi^2\tau}}{\{J_{\mathcal{M}}'^2(\xi a)+Y_{\mathcal{M}}'^2(\xi a)\}}d\xi dwd\tau+$$

$$+\frac{2}{\vartheta d}\sum_{m=0}^{\infty}\ni_m\cos(\xi_m\theta)\int_0^t\frac{1}{\tau}\int_0^{\infty}\left\{\left(\frac{1}{\phi c_t}\right)\Theta_2\left(\frac{\pi z}{2d},e^{-\left(\frac{\pi}{d}\right)^2\eta_z\tau}\right)\overline{\psi}_{\theta 0}(u,\xi_m,t-\tau)+\right.$$

$$\left.+\left(\frac{\eta_z}{2d}\right)\Theta_1'\left(\frac{\pi z}{2d},e^{-\left(\frac{\pi}{d}\right)^2\eta_z\tau}\right)\overline{\psi}_{\theta d}(u,\xi_m,t-\tau)\right\}\int_0^{\infty}\frac{\xi u\mathcal{G}_{\mathcal{M}}(\xi u)\mathcal{G}_{\mathcal{M}}(\xi r)e^{-\eta_r\xi^2\tau}}{\{J_{\mathcal{M}}'^2(\xi a)+Y_{\mathcal{M}}'^2(\xi a)\}}d\xi dud\tau+$$

$$+\frac{1}{\vartheta d}\sum_{m=0}^{\infty}\ni_m\cos(\xi_m\theta)\int_a^{\infty}u\int_0^d\overline{\varphi}(u,\xi_m,w)\left\{\Theta_2\left(\frac{\pi(z-w)}{2d},e^{-\left(\frac{\pi}{d}\right)^2\eta_z t}\right)+\Theta_2\left(\frac{\pi(z+w)}{2d},e^{-\left(\frac{\pi}{d}\right)^2\eta_z t}\right)\right\}\times$$

$$\times\int_0^{\infty}\frac{\xi\mathcal{G}_{\mathcal{M}}(\xi v)\mathcal{G}_{\mathcal{M}}(\xi r)e^{-\eta_r\xi^2 t}}{\{J_{\mathcal{M}}'^2(\xi a)+Y_{\mathcal{M}}'^2(\xi a)\}}d\xi dwdu \tag{27.30.2}$$

where $\overline{\psi}_{\theta 0}(u,\xi_m,t)=\int_0^{\vartheta}\psi_{\theta 0}(u,v,t)\cos(\xi_m v)\,dv$, $\overline{\psi}_{\theta d}(u,\xi_m,t)=\int_0^{\vartheta}\psi_{\theta d}(u,v,t)\cos(\xi_m v)\,dv$, $\overline{\psi}_a(\xi_m,w,t)=\int_0^{\vartheta}\psi_a(v,w,t)\cos(\xi_m v)\,dv$ and $\overline{\varphi}(u,\xi_m,w)=\int_0^{\vartheta}\varphi(u,v,w)\cos(\xi_m v)\,dv$.

27.31 The problem of 27.18, except

$\mathbf{N}_{\theta 0}\equiv\frac{\partial p(r,\theta,0,t)}{\partial z}=-\left(\frac{\mu}{k_z}\right)\psi_{\theta 0}(r,\theta,t)$,
$\mathbf{N}_{\theta d}\equiv\frac{\partial p(r,\theta,d,t)}{\partial z}=-\left(\frac{\mu}{k_z}\right)\psi_{\theta d}(r,\theta,t)$,
$\mathbf{N}_{0z}\equiv\frac{\partial p(r,0,z,t)}{\partial \theta}=-\left(\frac{\mu}{k_\theta}\right)\psi_{0z}(r,z,t)$,
$\mathbf{N}_{\vartheta z}\equiv\frac{\partial p(r,\vartheta,z,t)}{\partial \theta}=-\left(\frac{\mu}{k_\theta}\right)\psi_{\vartheta z}(r,z,t)$ **and**
$\mathbf{N}_{a}\equiv\frac{\partial p(a,\theta,z,t)}{\partial r}=-\left(\frac{\mu}{k_r}\right)\psi_{a}(z,t)$

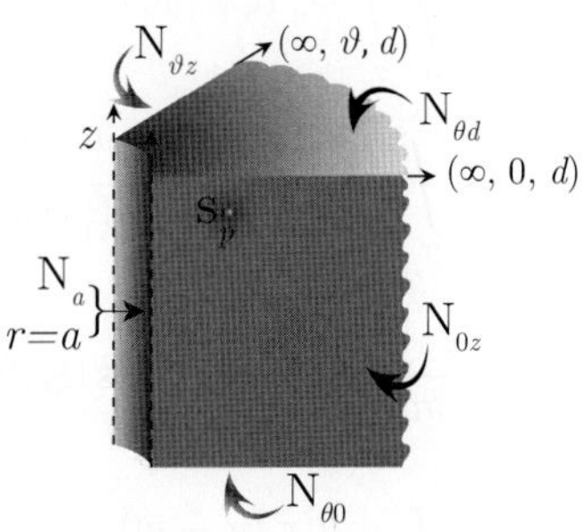

$$\overline{p}=\frac{4q(s)e^{-st_0}}{\vartheta d\phi c_t}\sum_{m=0}^{\infty}\ni_m\cos(\xi_m\theta_0)\sum_{l=0}^{\infty}\ni_l\cos(\xi_l z_0)\cos(\xi_l z)\int_0^{\infty}\frac{\xi\mathcal{G}_{\mathcal{M}}(\xi r_0)\mathcal{G}_{\mathcal{M}}(\xi r)}{(\eta_r\xi^2+\eta_z\xi_l^2+s)\{J_{\mathcal{M}}'^2(\xi a)+Y_{\mathcal{M}}'^2(\xi a)\}}d\xi+$$

$$+\frac{4}{\vartheta d\phi c_t}\sum_{m=0}^{\infty}\ni_m\cos(\xi_m\theta)\times$$

$$\times\sum_{l=0}^{\infty}\ni_l\cos(\xi_l z)\int_0^{\infty}\frac{1}{u}\int_0^{\infty}\frac{\xi\mathcal{G}_{\mathcal{M}}(\xi r)\mathcal{G}_{\mathcal{M}}(\xi u)\left\{\overline{\overline{\psi}}_{0z}(u,\xi_l,s)+(-1)^{m+1}\overline{\overline{\psi}}_{\vartheta z}(u,\xi_l,s)\right\}}{(\eta_r\xi^2+\eta_z\xi_l^2+s)\{J_{\mathcal{M}}'^2(\xi a)+Y_{\mathcal{M}}'^2(\xi a)\}}d\xi du-$$

$$+\frac{8}{\pi\vartheta d\phi c_t}\sum_{m=0}^{\infty}\ni_m\cos(\xi_m\theta)\sum_{l=0}^{\infty}\ni_l\overline{\overline{\overline{\psi}}}_a(\xi_m,\xi_l,s)\cos(\xi_l z)\int_0^{\infty}\frac{\mathcal{G}_{\mathcal{M}}(\xi r)}{(\eta_r\xi^2+\eta_z\xi_l^2+s)\{J_{\mathcal{M}}'^2(\xi a)+Y_{\mathcal{M}}'^2(\xi a)\}}d\xi+$$

$$+\frac{2}{\pi d\phi c_t}\sum_{m=0}^{\infty}\ni_m\sum_{l=0}^{\infty}\ni_l\xi_l\cos(\xi_l z)\int_a^{\infty}\int_0^{\infty}\frac{\xi u\mathcal{G}_{\mathcal{M}}(\xi u)\mathcal{G}_{\mathcal{M}}(\xi r)\left\{(-1)^{m+1}\overline{\overline{\psi}}_{\theta d}(u,\xi_m,s)+\overline{\overline{\psi}}_{\theta 0}(u,\xi_m,s)\right\}}{(\eta_r\xi^2+\eta_z\xi_l^2+s)\{J_{\mathcal{M}}'^2(\xi a)+Y_{\mathcal{M}}'^2(\xi a)\}}d\xi du+$$

$$+\frac{4}{\vartheta d}\sum_{m=0}^{\infty}\ni_m\cos(\xi_m\theta)\sum_{l=0}^{\infty}\ni_l\cos(\xi_l z)\int_0^{\infty}\frac{\overline{\overline{\overline{\varphi}}}(\xi,\xi_m,\xi_l)\,\xi\mathcal{G}_{\mathcal{M}}(\xi r)}{(\eta_r\xi^2+\eta_z\xi_l^2+s)\{J_{\mathcal{M}}'^2(\xi a)+Y_{\mathcal{M}}'^2(\xi a)\}}d\xi \qquad (27.31.1)$$

where $\mathcal{G}_{\mathcal{M}}(\xi r)=Y_{\mathcal{M}}'(\xi a)\,J_{\mathcal{M}}(\xi r)-J_{\mathcal{M}}'(\xi a)\,Y_{\mathcal{M}}(\xi r)$, ξ_l are the positive roots of $\sin(\xi_l d)$, which are $\xi_l=\frac{l\pi}{d}$, $l=1,2,...$, and ξ_m are the positive roots of $\sin(\xi_m\vartheta)$, which are $\xi_m=\frac{m\pi}{\vartheta}$, $m=0,1,....$
$\overline{\overline{\psi}}_{\theta 0}(u,\xi_m,s)=\int_0^{\vartheta}\overline{\psi}_{\theta 0}(u,v,s)\cos(\xi_m v)\,dv$, $\overline{\overline{\psi}}_{\theta d}(u,\xi_m,s)=\int_0^{\vartheta}\overline{\psi}_{\theta d}(u,v,s)\cos(\xi_m v)\,dv$,
$\overline{\overline{\psi}}_{0z}(u,\xi_l,s)=\int_0^{d}\overline{\psi}_{0z}(u,w,s)\cos(\xi_l w)\,dw$, $\overline{\overline{\psi}}_{\vartheta z}(u,\xi_l,s)=\int_0^{d}\overline{\psi}_{\vartheta z}(u,w,s)\cos(\xi_l w)\,ddw$,
$\overline{\overline{\overline{\psi}}}_a(\xi_m,\xi_l,s)=\int_0^{\vartheta}\overline{\psi}_a(v,w,s)\cos(\xi_m v)\int_0^{d}\cos(\xi_l w)dwdv$ and
$\overline{\overline{\overline{\varphi}}}(\xi,\xi_m,\xi_l)=\int_a^{\infty}u\mathcal{G}_{\mathcal{M}}(\xi u)\int_0^{\vartheta}\cos(\xi_m v)\int_0^{d}\varphi(u,v,w)\cos(\xi_l w)dwdvdu.$

$$\begin{aligned}
p &= \frac{U(t-t_0)}{\vartheta d\phi c_t}\sum_{m=0}^{\infty}\ni_m\cos(\xi_m\theta_0)\times\\
&\times\int_0^{t-t_0}q(t-t_0-\tau)\left\{\Theta_3\left(\frac{\pi(z-z_0)}{2d},e^{-\left(\frac{\pi}{d}\right)^2\eta_z\tau}\right)+\Theta_3\left(\frac{\pi(z+z_0)}{2d},e^{-\left(\frac{\pi}{d}\right)^2\eta_z\tau}\right)\right\}\times\\
&\times\int_0^{\infty}\frac{\xi\mathcal{G}_{\mathcal{M}}(\xi r_0)\mathcal{G}_{\mathcal{M}}(\xi r)\,e^{-\eta_r\xi^2\tau}}{\{J_{\mathcal{M}}'^2(\xi a)+Y_{\mathcal{M}}'^2(\xi a)\}}d\xi d\tau+\\
&+\frac{2}{\pi\vartheta d\phi c_t}\sum_{m=0}^{\infty}\ni_m\cos(\xi_m\theta)\times\\
&\times\int_0^{t}\int_a^{\infty}\overline{\psi}_a(\xi_m,w,t-\tau)\left\{\Theta_3\left(\frac{\pi(z-w)}{2d},e^{-\left(\frac{\pi}{d}\right)^2\eta_z\tau}\right)+\Theta_3\left(\frac{\pi(z+w)}{2d},e^{-\left(\frac{\pi}{d}\right)^2\eta_z\tau}\right)\right\}\times\\
&\times\int_0^{\infty}\frac{\xi\mathcal{G}_{\mathcal{M}}(\xi r)\,e^{-\eta_r\xi^2\tau}}{\{J_{\mathcal{M}}'^2(\xi a)+Y_{\mathcal{M}}'^2(\xi a)\}}d\xi dwd\tau+\\
&+\frac{1}{\vartheta d\phi c_t}\sum_{m=0}^{\infty}\ni_m\cos(\xi_m\theta)\int_0^{t}\int_0^{\infty}\frac{1}{u}\int_0^{\infty}\left\{\psi_{0z}(u,w,t-\tau)+(-1)^{m+1}\psi_{\vartheta z}(u,w,t-\tau)\right\}\times\\
&\times\left\{\Theta_3\left(\frac{\pi(z-w)}{2d},e^{-\left(\frac{\pi}{2}\right)\eta_z\tau}\right)+\Theta_3\left(\frac{\pi(z+w)}{2d},e^{-\left(\frac{\pi}{2}\right)\eta_z\tau}\right)\right\}\int_0^{\infty}\frac{\xi\mathcal{G}_{\mathcal{M}}(\xi r)\mathcal{G}_{\mathcal{M}}(\xi u)\,e^{\eta_r\xi^2\tau}}{\{J_{\mathcal{M}}'^2(\xi a)+Y_{\mathcal{M}}'^2(\xi a)\}}d\xi dwdud\tau-\\
&+\frac{2}{\vartheta d\phi c_t}\sum_{m=0}^{\infty}\ni_m\cos(\xi_m\theta)\times\\
&\times\int_0^{t}\int_a^{\infty}\left\{\Theta_3\left(\frac{\pi z}{2d},e^{-\left(\frac{\pi}{d}\right)^2\eta_z\tau}\right)\overline{\psi}_{\theta 0}(u,\xi_m,t-\tau)-\Theta_4\left(\frac{\pi z}{2d},e^{-\left(\frac{\pi}{d}\right)^2\eta_z\tau}\right)\overline{\psi}_{\theta d}(u,\xi_m,t-\tau)\right\}\times\\
&\times\int_0^{\infty}\frac{\xi u\mathcal{G}_{\mathcal{M}}(\xi u)\mathcal{G}_{\mathcal{M}}(\xi r)\,e^{-\eta_r\xi^2\tau}}{\{J_{\mathcal{M}}'^2(\xi a)+Y_{\mathcal{M}}'^2(\xi a)\}}d\xi dud\tau+
\end{aligned}$$

$$+\frac{1}{\vartheta d}\sum_{m=0}^{\infty}\ni_m\cos(\xi_m\theta)\int_a^{\infty}u\int_0^d\overline{\varphi}(u,\xi_m,w)\left\{\Theta_3\left(\frac{\pi(z-w)}{2d},e^{-\left(\frac{\pi}{d}\right)^2\eta_z t}\right)+\Theta_3\left(\frac{\pi(z+w)}{2d},e^{-\left(\frac{\pi}{d}\right)^2\eta_z t}\right)\right\}\times$$
$$\times\int_0^{\infty}\frac{\xi\mathcal{G}_{\mathcal{M}}(\xi v)\mathcal{G}_{\mathcal{M}}(\xi r)e^{-\eta_r\xi^2 t}}{\{J_{\mathcal{M}}'^2(\xi a)+Y_{\mathcal{M}}'^2(\xi a)\}}d\xi dwdu \qquad (27.31.2)$$

where $\overline{\psi}_{\theta 0}(u,\xi_m,t)=\int_0^{\vartheta}\psi_{\theta 0}(u,v,t)\cos(\xi_m v)\,dv$, $\overline{\psi}_{\theta d}(u,\xi_m,t)=\int_0^{\vartheta}\psi_{\theta d}(u,v,t)\cos(\xi_m v)\,dv$, $\overline{\psi}_a(\xi_m,w,t)=\int_0^{\vartheta}\psi_a(v,w,t)\cos(\xi_m v)\,dv$ and $\overline{\varphi}(u,\xi_m,w)=\int_0^{\vartheta}\varphi(u,v,w)\cos(\xi_m v)\,dv$.

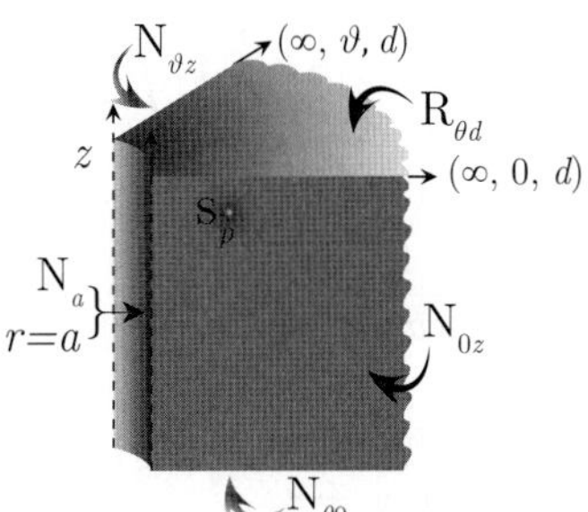

27.32 The problem of 27.18, except

$\mathbf{N}_{\theta 0}\equiv\frac{\partial p(r,\theta,0,t)}{\partial z}=-\left(\frac{\mu}{k_z}\right)\psi_{\theta 0}(r,\theta,t)$,
$\mathbf{R}_{\theta d}\equiv\frac{\partial p(r,\theta,d,t)}{\partial z}+\lambda p(r,\theta,d,t)=-\left(\frac{\mu}{k_z}\right)\psi_{\theta d}(r,\theta,t)$,
$\mathbf{N}_{0z}\equiv\frac{\partial p(r,0,z,t)}{\partial\theta}=-\left(\frac{\mu}{k_\theta}\right)\psi_{0z}(r,z,t)$,
$\mathbf{N}_{\vartheta z}\equiv\frac{\partial p(r,\vartheta,z,t)}{\partial\theta}=-\left(\frac{\mu}{k_\theta}\right)\psi_{\vartheta z}(r,z,t)$ **and**
$\mathbf{N}_a\equiv\frac{\partial p(a,\theta,z,t)}{\partial r}=-\left(\frac{\mu}{k_r}\right)\psi_a(z,t)$

$$\overline{p}=\frac{4q(s)e^{-st_0}}{\vartheta\phi c_t}\sum_{m=0}^{\infty}\ni_m\cos(\xi_m\theta_0)\sum_{l=1}^{\infty}\frac{(\xi_l^2+\lambda^2)\cos(\xi_l z_0)\cos(\xi_l z)}{d(\xi_l^2+\lambda^2)+\lambda}\times$$
$$\times\int_0^{\infty}\frac{\xi\mathcal{G}_{\mathcal{M}}(\xi r_0)\mathcal{G}_{\mathcal{M}}(\xi r)}{(\eta_r\xi^2+\eta_z\xi_l^2+s)\{J_{\mathcal{M}}'^2(\xi a)+Y_{\mathcal{M}}'^2(\xi a)\}}d\xi+$$
$$+\frac{4}{\vartheta d\phi c_t}\sum_{m=0}^{\infty}\ni_m\cos(\xi_m\theta)\times$$
$$\times\sum_{l=0}^{\infty}\frac{(\xi_l^2+\lambda^2)\cos(\xi_l z)}{\{d(\xi_l^2+\lambda^2)+\lambda\}}\int_0^{\infty}\frac{1}{u}\int_0^{\infty}\frac{\xi\mathcal{G}_{\mathcal{M}}(\xi r)\mathcal{G}_{\mathcal{M}}(\xi u)\left\{\overline{\overline{\psi}}_{0z}(u,\xi_l,s)+(-1)^{m+1}\overline{\overline{\psi}}_{\vartheta z}(u,\xi_l,s)\right\}}{(\eta_r\xi^2+\eta_z\xi_l^2+s)\{J_{\mathcal{M}}'^2(\xi a)+Y_{\mathcal{M}}'^2(\xi a)\}}d\xi du-$$
$$+\frac{8}{\pi\vartheta\phi c_t}\sum_{m=0}^{\infty}\ni_m\cos(\xi_m\theta)\times$$
$$\times\sum_{l=1}^{\infty}\frac{\overline{\overline{\overline{\psi}}}_a(\xi_m,\xi_l,s)(\xi_l^2+\lambda^2)\cos(\xi_l z)}{d(\xi_l^2+\lambda^2)+\lambda}\int_0^{\infty}\frac{\mathcal{G}_{\mathcal{M}}(\xi r)}{(\eta_r\xi^2+\eta_z\xi_l^2+s)\{J_{\mathcal{M}}'^2(\xi a)+Y_{\mathcal{M}}'^2(\xi a)\}}d\xi+$$
$$+\frac{4}{\vartheta\phi c_t}\sum_{m=0}^{\infty}\ni_m\cos(\xi_m\theta)\sum_{l=1}^{\infty}\frac{(\xi_l^2+\lambda^2)\cos(\xi_l z)}{d(\xi_l^2+\lambda^2)+\lambda}\times$$
$$\times\int_a^{\infty}\int_0^{\infty}\frac{\xi u\mathcal{G}_{\mathcal{M}}(\xi u)\mathcal{G}_{\mathcal{M}}(\xi r)\{\overline{\psi}_0(r,s)-\overline{\psi}_d(r,s)\cos(\xi_l d)\}}{(\eta_r\xi^2+\eta_z\xi_l^2+s)\{J_{\mathcal{M}}'^2(\xi a)+Y_{\mathcal{M}}'^2(\xi a)\}}d\xi du+$$
$$+\frac{4}{\vartheta}\sum_{m=0}^{\infty}\ni_m\cos(\xi_m\theta)\sum_{l=1}^{\infty}\frac{(\xi_l^2+\lambda^2)\cos(\xi_l z)}{d(\xi_l^2+\lambda^2)+\lambda}\int_0^{\infty}\frac{\overline{\overline{\overline{\varphi}}}(\xi,\xi_m,\xi_l)\xi\mathcal{G}_{\mathcal{M}}(\xi r)}{(\eta_r\xi^2+\eta_z\xi_l^2+s)\{J_{\mathcal{M}}'^2(\xi a)+Y_{\mathcal{M}}'^2(\xi a)\}}d\xi \qquad (27.32.1)$$

where $\mathcal{G}_{\mathcal{M}}(\xi r)=Y_{\mathcal{M}}'(\xi a)J_{\mathcal{M}}(\xi r)-J_{\mathcal{M}}'(\xi a)Y_{\mathcal{M}}(\xi r)$, ξ_l are the positive roots of $\xi_l\tan(\xi_l d)=\lambda$, $l=1,2,...$, and ξ_m are the positive roots of $\sin(\xi_m\vartheta)$, which are $\xi_m=\frac{m\pi}{\vartheta}$, $m=0,1,....$
$\overline{\overline{\psi}}_{\theta 0}(u,\xi_m,s)=\int_0^{\vartheta}\overline{\psi}_{\theta 0}(u,v,s)\cos(\xi_m v)\,dv$, $\overline{\overline{\psi}}_{\theta d}(u,\xi_m,s)=\int_0^{\vartheta}\overline{\psi}_{\theta d}(u,v,s)\cos(\xi_m v)\,dv$,
$\overline{\overline{\psi}}_{0z}(u,\xi_l,s)=\int_0^{d}\overline{\psi}_{0z}(u,w,s)\cos(\xi_l w)\,dw$, $\overline{\overline{\psi}}_{\vartheta z}(u,\xi_l,s)=\int_0^{d}\overline{\psi}_{\vartheta z}(u,w,s)\cos(\xi_l w)\,dw$,
$\overline{\overline{\overline{\psi}}}_a(\xi_m,\xi_l,s)=\int_0^{\vartheta}\overline{\psi}_a(v,w,s)\cos(\xi_m v)\int_0^d\cos(\xi_l w)dwdv$ and

$\overline{\overline{\overline{\varphi}}}(\xi,\xi_m,\xi_l)=\int_a^\infty u\mathcal{G}_\mathcal{M}(\xi u)\int_0^\vartheta\cos(\xi_m v)\int_0^d\varphi(u,v,w)\cos(\xi_l w)dwdvdu.$

$$p = \frac{4U(t-t_0)}{\vartheta\phi c_t}\sum_{m=0}^{\infty}\ni_m\cos(\xi_m\theta_0)\sum_{l=1}^{\infty}\frac{(\xi_l^2+\lambda^2)\cos(\xi_l z_0)\cos(\xi_l z)}{d(\xi_l^2+\lambda^2)+\lambda}\times$$
$$\times\int_0^\infty\frac{\xi\mathcal{G}_\mathcal{M}(\xi r_0)\mathcal{G}_\mathcal{M}(\xi r)\int_0^{t-t_0}q(t-t_0-\tau)e^{-(\eta_r\xi^2+\eta_z\xi_l^2)\tau}d\tau}{\{J_\mathcal{M}'^2(\xi a)+Y_\mathcal{M}'^2(\xi a)\}}d\xi+$$
$$+\frac{4}{\vartheta\phi c_t}\sum_{m=0}^{\infty}\ni_m\cos(\xi_m\theta)\sum_{l=1}^{\infty}\frac{(\xi_l^2+\lambda^2)\cos(\xi_l z)}{\{d(\xi_l^2+\lambda^2)+\lambda\}}\times$$
$$\times\int_0^t e^{\eta_z l^2\tau}\int_0^\infty\frac{1}{u}\int_0^\infty\frac{\xi\mathcal{G}_\mathcal{M}(\xi r)\mathcal{G}_\mathcal{M}(\xi u)e^{\eta_r\xi^2\tau}\left\{\overline{\psi}_{0z}(u,\xi_l,t-\tau)+(-1)^{m+1}\overline{\psi}_{\vartheta z}(u,\xi_l,t-\tau)\right\}}{\{J_\mathcal{M}'^2(\xi a)+Y_\mathcal{M}'^2(\xi a)\}}d\xi dud\tau-$$
$$+\frac{8}{\pi\vartheta\phi c_t}\sum_{m=0}^{\infty}\ni_m\sum_{l=1}^{\infty}\frac{(\xi_l^2+\lambda^2)\cos(\xi_l z)}{d(\xi_l^2+\lambda^2)+\lambda}\int_0^\infty\frac{\mathcal{G}_\mathcal{M}(\xi r)}{\{J_\mathcal{M}'^2(\xi a)+Y_\mathcal{M}'^2(\xi a)\}}\int_0^t\overline{\overline{\psi}}_a(\xi_m,\xi_l,t-\tau)e^{-(\eta_r\xi^2+\eta_z\xi_l^2)\tau}d\tau d\xi+$$
$$+\frac{4}{\vartheta\phi c_t}\sum_{m=0}^{\infty}\ni_m\cos(\xi_m\theta)\sum_{l=1}^{\infty}\frac{(\xi_l^2+\lambda^2)\cos(\xi_l z)}{d(\xi_l^2+\lambda^2)+\lambda}\times$$
$$\times\int_a^\infty\int_0^\infty\frac{\xi u\mathcal{G}_\mathcal{M}(\xi u)\mathcal{G}_\mathcal{M}(\xi r)}{\{J_\mathcal{M}'^2(\xi a)+Y_\mathcal{M}'^2(\xi a)\}}\int_0^t\{\overline{\psi}_{\theta0}(u,\xi_m,t-\tau)-\overline{\psi}_{\theta d}(u,\xi_m,t-\tau)\cos(\xi_l d)\}e^{-(\eta_r\xi^2+\eta_z\xi_l^2)\tau}d\tau d\xi du+$$
$$+\frac{4}{\vartheta}\sum_{m=0}^{\infty}\ni_m\cos(\xi_m\theta)\sum_{l=1}^{\infty}\frac{(\xi_l^2+\lambda^2)\cos(\xi_l z)}{d(\xi_l^2+\lambda^2)+\lambda}\int_0^\infty\frac{\overline{\overline{\overline{\varphi}}}(\xi,\xi_m,\xi_l)\xi\mathcal{G}_\mathcal{M}(\xi r)e^{-(\eta_r\xi^2+\eta_z\xi_l^2)t}}{\{J_\mathcal{M}'^2(\xi a)+Y_\mathcal{M}'^2(\xi a)\}}d\xi \tag{27.32.2}$$

where $\overline{\psi}_{\theta0}(u,\xi_m,t)=\int_0^\vartheta\psi_{\theta0}(u,v,t)\cos(\xi_m v)dv$, $\overline{\psi}_{\theta d}(u,\xi_m,t)=\int_0^\vartheta\psi_{\theta d}(u,v,t)\cos(\xi_m v)dv$, $\overline{\psi}_{0z}(u,\xi_l,t)=\int_0^d\psi_{0z}(u,w,t)\cos(\xi_l w)dw$, $\overline{\psi}_{\vartheta z}(u,\xi_l,t)=\int_0^d\psi_{\vartheta z}(u,w,t)\cos(\xi_l w)dw$ and $\overline{\overline{\psi}}_a(\xi_m,\xi_l,t)=\int_0^\vartheta\psi_a(v,w,t)\cos(\xi_m v)\int_0^d\cos(\xi_l w)dwdv$.

27.33

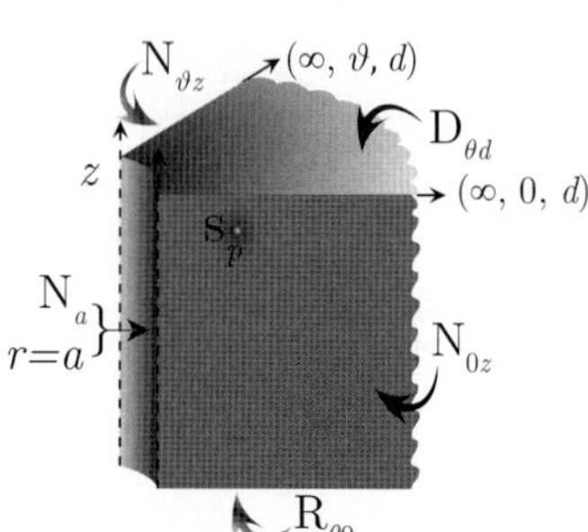

The problem of 27.18, except
$\mathbf{R}_{\theta0}\equiv\frac{\partial p(r,\theta,0,t)}{\partial z}-\lambda p(r,\theta,0,t)=-\left(\frac{\mu}{k_z}\right)\psi_{\theta0}(r,\theta,t)$,
$\mathbf{D}_{\theta d}\equiv p(r,\theta,d,t)=\psi_{\theta d}(r,\theta,t)$,
$\mathbf{N}_{0z}\equiv\frac{\partial p(r,0,z,t)}{\partial\theta}=-\left(\frac{\mu}{k_\theta}\right)\psi_{0z}(r,z,t)$,
$\mathbf{N}_{\vartheta z}\equiv\frac{\partial p(r,\vartheta,z,t)}{\partial\theta}=-\left(\frac{\mu}{k_\theta}\right)\psi_{\vartheta z}(r,z,t)$ **and**
$\mathbf{N}_a\equiv\frac{\partial p(a,\theta,z,t)}{\partial r}=-\left(\frac{\mu}{k_r}\right)\psi_a(z,t)$

$$\overline{p} = \frac{4q(s)e^{-st_0}}{\vartheta\phi c_t}\sum_{m=0}^{\infty}\ni_m\cos(\xi_m\theta_0)\sum_{l=1}^{\infty}\frac{(\xi_l^2+\lambda^2)\sin\{\xi_l(d-z_0)\}\sin\{\xi_l(d-z)\}}{d(\xi_l^2+\lambda^2)+\lambda}\times$$
$$\times\int_0^\infty\frac{\xi\mathcal{G}_\mathcal{M}(\xi r_0)\mathcal{G}_\mathcal{M}(\xi r)}{(\eta_r\xi^2+\eta_z\xi_l^2+s)\{J_\mathcal{M}'^2(\xi a)+Y_\mathcal{M}'^2(\xi a)\}}d\xi+$$
$$+\frac{4}{\vartheta d\phi c_t}\sum_{m=0}^{\infty}\ni_m\cos(\xi_m\theta)\times$$
$$\times\sum_{l=0}^{\infty}\frac{(\xi_l^2+\lambda^2)\sin\{\xi_l(d-z)\}}{\{d(\xi_l^2+\lambda^2)+\lambda\}}\int_0^\infty\frac{1}{u}\int_0^\infty\frac{\xi\mathcal{G}_\mathcal{M}(\xi r)\mathcal{G}_\mathcal{M}(\xi u)\left\{\overline{\overline{\psi}}_{0z}(u,\xi_l,s)+(-1)^{m+1}\overline{\overline{\psi}}_{\vartheta z}(u,\xi_l,s)\right\}}{(\eta_r\xi^2+\eta_z\xi_l^2+s)\{J_\mathcal{M}'^2(\xi a)+Y_\mathcal{M}'^2(\xi a)\}}d\xi du-$$

$$+\frac{8}{\pi\vartheta\phi c_t}\sum_{m=0}^{\infty}\ni_m\cos(\xi_m\theta)\times$$

$$\times\sum_{l=1}^{\infty}\frac{\overline{\overline{\overline{\psi}}}_a(\xi_m,\xi_l,s)\left(\xi_l^2+\lambda^2\right)\sin\{\xi_l(d-z)\}}{d\left(\xi_l^2+\lambda^2\right)+\lambda}\int_0^{\infty}\frac{\mathcal{G}_{\mathcal{M}}(\xi r)}{\left(\eta_r\xi^2+\eta_z\xi_l^2+s\right)\left\{J_{\mathcal{M}}'^2(\xi a)+Y_{\mathcal{M}}'^2(\xi a)\right\}}d\xi+$$

$$+\frac{4\eta_z}{\vartheta}\sum_{m=0}^{\infty}\ni_m\cos(\xi_m\theta)\sum_{l=1}^{\infty}\frac{\left(\xi_l^2+\lambda^2\right)\sin\{\xi_l(d-z)\}}{d\left(\xi_l^2+\lambda^2\right)+\lambda}\times$$

$$\times\int_a^{\infty}\int_0^{\infty}\frac{\xi u\mathcal{G}_{\mathcal{M}}(\xi u)\mathcal{G}_{\mathcal{M}}(\xi r)\left\{\left(\frac{\mu}{k_z}\right)\overline{\overline{\psi}}_{\theta0}(u,\xi_m,s)\sin(\xi_l d)+\xi_l\overline{\overline{\psi}}_{\theta d}(u,\xi_m,s)\right\}}{\left(\eta_r\xi^2+\eta_z\xi_l^2+s\right)\left\{J_{\mathcal{M}}'^2(\xi a)+Y_{\mathcal{M}}'^2(\xi a)\right\}}d\xi du+$$

$$+\frac{4}{\vartheta}\sum_{m=0}^{\infty}\ni_m\cos(\xi_m\theta)\sum_{l=1}^{\infty}\frac{\left(\xi_l^2+\lambda^2\right)\sin\{\xi_l(d-z)\}}{d\left(\xi_l^2+\lambda^2\right)+\lambda}\int_0^{\infty}\frac{\overline{\overline{\overline{\varphi}}}(\xi,\xi_m,\xi_l)\,\xi\mathcal{G}_{\mathcal{M}}(\xi r)}{\left(\eta_r\xi^2+\eta_z\xi_l^2+s\right)\left\{J_{\mathcal{M}}'^2(\xi a)+Y_{\mathcal{M}}'^2(\xi a)\right\}}d\xi \quad (27.33.1)$$

where $\mathcal{G}_{\mathcal{M}}(\xi r)=Y_{\mathcal{M}}'(\xi a)J_{\mathcal{M}}(\xi r)-J_{\mathcal{M}}'(\xi a)Y_{\mathcal{M}}(\xi r)$, ξ_l are the positive roots of $\xi_l\cot(\xi_l d)=-\lambda$, $l=1,2,...$, and ξ_m are the positive roots of $\sin(\xi_m\vartheta)$, which are $\xi_m=\frac{m\pi}{\vartheta}$, $m=0,1,....$
$\overline{\overline{\psi}}_{\theta0}(u,\xi_m,s)=\int_0^{\vartheta}\overline{\psi}_{\theta0}(u,v,s)\cos(\xi_m v)\,dv$, $\overline{\overline{\psi}}_{\theta d}(u,\xi_m,s)=\int_0^{\vartheta}\overline{\psi}_{\theta d}(u,v,s)\cos(\xi_m v)\,dv$,
$\overline{\overline{\psi}}_{0z}(u,\xi_l,s)=\int_0^{d}\overline{\psi}_{0z}(u,w,s)\sin\{\xi_l(d-w)\}\,dw$, $\overline{\overline{\psi}}_{\vartheta z}(u,\xi_l,s)=\int_0^{d}\overline{\psi}_{\vartheta z}(u,w,s)\sin\{\xi_l(d-w)\}\,dw$,
$\overline{\overline{\overline{\psi}}}_a(\xi_m,\xi_l,s)=\int_0^{\vartheta}\overline{\psi}_a(v,w,s)\cos(\xi_m v)\int_0^{d}\sin\{\xi_l(d-z)\}dzdu$ and
$\overline{\overline{\overline{\varphi}}}(\xi,\xi_m,\xi_l)=\int_a^{\infty}u\mathcal{G}_{\mathcal{M}}(\xi u)\int_0^{\vartheta}\cos(\xi_m v)\int_0^{d}\varphi(u,v,w)\sin\{\xi_l(d-w)\}dwdvdu.$

$$p=\frac{4U(t-t_0)}{\vartheta\phi c_t}\sum_{m=0}^{\infty}\ni_m\cos(\xi_m\theta_0)\sum_{l=1}^{\infty}\frac{\left(\xi_l^2+\lambda^2\right)\sin\{\xi_l(d-z_0)\}\sin\{\xi_l(d-z)\}}{d\left(\xi_l^2+\lambda^2\right)+\lambda}\times$$

$$\times\int_0^{\infty}\frac{\xi\mathcal{G}_{\mathcal{M}}(\xi r_0)\mathcal{G}_{\mathcal{M}}(\xi r)}{\left\{J_{\mathcal{M}}'^2(\xi a)+Y_{\mathcal{M}}'^2(\xi a)\right\}}\int_0^{t-t_0}q(t-t_0-\tau)\,e^{-\left(\eta_r\xi^2+\eta_z\xi_l^2\right)\tau}d\tau d\xi+$$

$$+\frac{4}{\vartheta\phi c_t}\sum_{m=0}^{\infty}\ni_m\cos(\xi_m\theta)\sum_{l=1}^{\infty}\frac{\left(\xi_l^2+\lambda^2\right)\sin\{\xi_l(d-z)\}}{\left\{d\left(\xi_l^2+\lambda^2\right)+\lambda\right\}}\times$$

$$\times\int_0^{t}e^{\eta_z l^2\tau}\int_0^{\infty}\frac{1}{u}\int_0^{\infty}\frac{\xi\mathcal{G}_{\mathcal{M}}(\xi r)\mathcal{G}_{\mathcal{M}}(\xi u)\,e^{\eta_r\xi^2\tau}\left\{\overline{\psi}_{0z}(u,\xi_l,t-\tau)+(-1)^{m+1}\overline{\psi}_{\vartheta z}(u,\xi_l,t-\tau)\right\}}{\left\{J_{\mathcal{M}}'^2(\xi a)+Y_{\mathcal{M}}'^2(\xi a)\right\}}d\xi du d\tau-$$

$$+\frac{8}{\pi\vartheta\phi c_t}\sum_{m=0}^{\infty}\ni_m\cos(\xi_m\theta)\sum_{l=1}^{\infty}\frac{\left(\xi_l^2+\lambda^2\right)\sin\{\xi_l(d-z)\}}{d\left(\xi_l^2+\lambda^2\right)+\lambda}\int_0^{\infty}\frac{\mathcal{G}_{\mathcal{M}}(\xi r)}{\left\{J_{\mathcal{M}}'^2(\xi a)+Y_{\mathcal{M}}'^2(\xi a)\right\}}\times$$

$$\times\int_0^{t}\overline{\overline{\psi}}_a(\xi_m,\xi_l,t-\tau)\,e^{-\left(\eta_r\xi^2+\eta_z\xi_l^2\right)\tau}d\tau d\xi+$$

$$+\frac{4\eta_z}{\vartheta}\sum_{m=0}^{\infty}\ni_m\cos(\xi_m\theta)\sum_{l=1}^{\infty}\frac{\left(\xi_l^2+\lambda^2\right)\sin\{\xi_l(d-z)\}}{d\left(\xi_l^2+\lambda^2\right)+\lambda}\int_a^{\infty}\int_0^{\infty}\frac{\xi u\mathcal{G}_{\mathcal{M}}(\xi u)\mathcal{G}_{\mathcal{M}}(\xi r)}{\left\{J_{\mathcal{M}}'^2(\xi a)+Y_{\mathcal{M}}'^2(\xi a)\right\}}\times$$

$$\times\int_0^{t}\left\{\left(\frac{\mu}{k_z}\right)\overline{\psi}_{\theta0}(u,\xi_m,t-\tau)\sin(\xi_l d)+\xi_l\overline{\psi}_{\theta d}(u,\xi_m,t-\tau)\right\}e^{-\left(\eta_r\xi^2+\eta_z\xi_l^2\right)\tau}d\tau d\xi du+$$

$$+\frac{4}{\vartheta}\sum_{m=0}^{\infty}\ni_m\cos(\xi_m\theta)\sum_{l=1}^{\infty}\frac{\left(\xi_l^2+\lambda^2\right)\sin\{\xi_l(d-z)\}}{d\left(\xi_l^2+\lambda^2\right)+\lambda}\int_0^{\infty}\frac{\overline{\overline{\overline{\varphi}}}(\xi,\xi_m,\xi_l)\,\xi\mathcal{G}_{\mathcal{M}}(\xi r)\,e^{-\left(\eta_r\xi^2+\eta_z\xi_l^2\right)t}}{\left\{J_{\mathcal{M}}'^2(\xi a)+Y_{\mathcal{M}}'^2(\xi a)\right\}}d\xi \quad (27.33.2)$$

where $\overline{\psi}_{\theta0}(u,\xi_m,t)=\int_0^{\vartheta}\psi_{\theta0}(u,v,t)\cos(\xi_m v)\,dv$, $\overline{\psi}_{\theta d}(u,\xi_m,t)=\int_0^{\vartheta}\psi_{\theta d}(u,v,t)\cos(\xi_m v)\,dv$,
$\overline{\psi}_{0z}(u,\xi_l,t)=\int_0^{d}\psi_{0z}(u,w,t)\sin\{\xi_l(d-w)\}\,dw$, $\overline{\psi}_{\vartheta z}(u,\xi_l,t)=\int_0^{d}\psi_{\vartheta z}(u,w,t)\sin\{\xi_l(d-w)\}\,dw$ and

$\overline{\overline{\psi}}_a(\xi_m,\xi_l,t)=\int_0^{\vartheta}\psi_a(v,w,t)\cos(\xi_m v)\int_0^d\sin\{\xi_l(d-z)\}dzdu.$

27.34

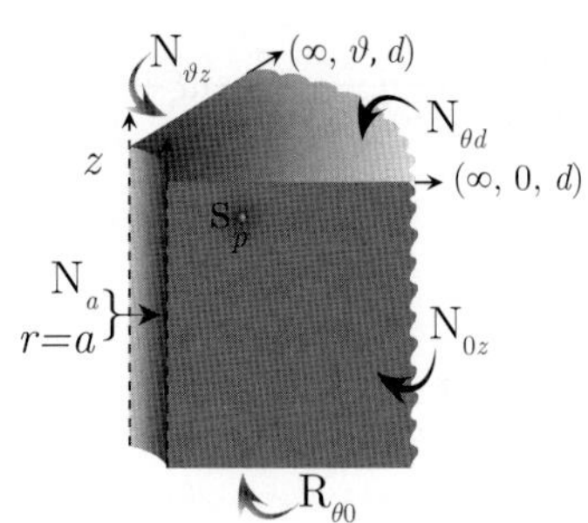

The problem of 27.18, except
$\mathbf{R}_{\theta 0}\equiv\frac{\partial p(r,\theta,0,t)}{\partial z}-\lambda p(r,\theta,0,t)=-\left(\frac{\mu}{k_z}\right)\psi_{\theta 0}(r,\theta,t),$
$\mathbf{N}_{\theta d}\equiv\frac{\partial p(r,\theta,d,t)}{\partial z}=-\left(\frac{\mu}{k_z}\right)\psi_{\theta d}(r,\theta,t),$
$\mathbf{N}_{0z}\equiv\frac{\partial p(r,0,z,t)}{\partial \theta}=-\left(\frac{\mu}{k_\theta}\right)\psi_{0z}(r,z,t),$
$\mathbf{N}_{\vartheta z}\equiv\frac{\partial p(r,\vartheta,z,t)}{\partial \theta}=-\left(\frac{\mu}{k_\theta}\right)\psi_{\vartheta z}(r,z,t)$ **and**
$\mathbf{N}_{a}\equiv\frac{\partial p(a,\theta,z,t)}{\partial r}=-\left(\frac{\mu}{k_r}\right)\psi_{a}(z,t)$

$$\overline{p}=\frac{4q(s)e^{-st_0}}{\vartheta\phi c_t}\sum_{m=0}^{\infty}\ni_m\cos(\xi_m\theta_0)\sum_{l=1}^{\infty}\frac{(\xi_l^2+\lambda^2)\cos\{\xi_l(d-z_0)\}\cos\{\xi_l(d-z)\}}{d(\xi_l^2+\lambda^2)+\lambda}\times$$
$$\times\int_0^{\infty}\frac{\xi\mathcal{G}_{\mathcal{M}}(\xi r_0)\mathcal{G}_{\mathcal{M}}(\xi r)}{(\eta_r\xi^2+\eta_z\xi_l^2+s)\{J'^2_{\mathcal{M}}(\xi a)+Y'^2_{\mathcal{M}}(\xi a)\}}d\xi+$$
$$+\frac{4}{\vartheta d\phi c_t}\sum_{m=0}^{\infty}\ni_m\cos(\xi_m\theta)\times$$
$$\times\sum_{l=0}^{\infty}\frac{(\xi_l^2+\lambda^2)\cos\{\xi_l(d-z)\}}{\{d(\xi_l^2+\lambda^2)+\lambda\}}\int_0^{\infty}\frac{1}{u}\int_0^{\infty}\frac{\xi\mathcal{G}_{\mathcal{M}}(\xi r)\mathcal{G}_{\mathcal{M}}(\xi u)\left\{\overline{\overline{\psi}}_{0z}(u,\xi_l,s)+(-1)^{m+1}\overline{\overline{\psi}}_{\vartheta z}(u,\xi_l,s)\right\}}{(\eta_r\xi^2+\eta_z\xi_l^2+s)\{J'^2_{\mathcal{M}}(\xi a)+Y'^2_{\mathcal{M}}(\xi a)\}}d\xi du-$$
$$+\frac{8}{\pi\vartheta\phi c_t}\sum_{m=0}^{\infty}\ni_m\cos(\xi_m\theta)\times$$
$$\times\sum_{l=1}^{\infty}\frac{\overline{\overline{\overline{\psi}}}_a(\xi_m,\xi_l,s)(\xi_l^2+\lambda^2)\cos\{\xi_l(d-z)\}}{d(\xi_l^2+\lambda^2)+\lambda}\int_0^{\infty}\frac{\mathcal{G}_{\mathcal{M}}(\xi r)}{(\eta_r\xi^2+\eta_z\xi_l^2+s)\{J'^2_{\mathcal{M}}(\xi a)+Y'^2_{\mathcal{M}}(\xi a)\}}d\xi+$$
$$+\frac{4}{\vartheta\phi c_t}\sum_{m=0}^{\infty}\ni_m\cos(\xi_m\theta)\sum_{l=1}^{\infty}\frac{(\xi_l^2+\lambda^2)\cos\{\xi_l(d-z)\}}{d(\xi_l^2+\lambda^2)+\lambda}\times$$
$$\times\int_a^{\infty}\int_0^{\infty}\frac{\xi u\mathcal{G}_{\mathcal{M}}(\xi u)\mathcal{G}_{\mathcal{M}}(\xi r)\left\{\overline{\overline{\psi}}_{\theta 0}(u,\xi_m,s)\cos(\xi_l d)-\overline{\overline{\psi}}_{\theta d}(u,\xi_m,s)\right\}}{(\eta_r\xi^2+\eta_z\xi_l^2+s)\{J'^2_{\mathcal{M}}(\xi a)+Y'^2_{\mathcal{M}}(\xi a)\}}d\xi du+$$
$$+\frac{4}{\vartheta}\sum_{m=0}^{\infty}\ni_m\cos(\xi_m\theta)\sum_{l=1}^{\infty}\frac{(\xi_l^2+\lambda^2)\cos\{\xi_l(d-z)\}}{d(\xi_l^2+\lambda^2)+\lambda}\int_0^{\infty}\frac{\overline{\overline{\overline{\varphi}}}(\xi,\xi_m,\xi_l)\xi\mathcal{G}_{\mathcal{M}}(\xi r)}{(\eta_r\xi^2+\eta_z\xi_l^2+s)\{J'^2_{\mathcal{M}}(\xi a)+Y'^2_{\mathcal{M}}(\xi a)\}}d\xi \quad (27.34.1)$$

where $\mathcal{G}_{\mathcal{M}}(\xi r)=Y'_{\mathcal{M}}(\xi a)J_{\mathcal{M}}(\xi r)-J'_{\mathcal{M}}(\xi a)Y_{\mathcal{M}}(\xi r)$, ξ_l are the positive roots of $\xi_l\tan(\xi_l d)=\lambda$, $l=1,2,...$, and ξ_m are the positive roots of $\sin(\xi_m\vartheta)$, which are $\xi_m=\frac{m\pi}{\vartheta}$, $m=0,1,....$
$\overline{\overline{\psi}}_{\theta 0}(u,\xi_m,s)=\int_0^{\vartheta}\overline{\psi}_{\theta 0}(u,v,s)\cos(\xi_m v)\,dv$, $\overline{\overline{\psi}}_{\theta d}(u,\xi_m,s)=\int_0^{\vartheta}\overline{\psi}_{\theta d}(u,v,s)\cos(\xi_m v)\,dv$,
$\overline{\overline{\psi}}_{0z}(u,\xi_l,s)=\int_0^{d}\overline{\psi}_{0z}(u,w,s)\cos\{\xi_l(d-w)\}\,dw$, $\overline{\overline{\psi}}_{\vartheta z}(u,\xi_l,s)=\int_0^{d}\overline{\psi}_{\vartheta z}(u,w,s)\cos\{\xi_l(d-w)\}\,dw$,
$\overline{\overline{\overline{\psi}}}_a(\xi_m,\xi_l,s)=\int_0^{\vartheta}\overline{\psi}_a(v,w,s)\cos(\xi_m v)\int_0^d\cos\{\xi_l(d-z)\}dzdu$ and
$\overline{\overline{\overline{\varphi}}}(\xi,\xi_m,\xi_l)=\int_a^{\infty}u\mathcal{G}_{\mathcal{M}}(\xi u)\int_0^{\vartheta}\cos(\xi_m v)\int_0^d\varphi(u,v,w)\cos\{\xi_l(d-w)\}dwdvdu.$

$$p=\frac{4U(t-t_0)}{\vartheta\phi c_t}\sum_{m=0}^{\infty}\ni_m\cos(\xi_m\theta_0)\sum_{l=1}^{\infty}\frac{(\xi_l^2+\lambda^2)\cos\{\xi_l(d-z_0)\}\cos\{\xi_l(d-z)\}}{d(\xi_l^2+\lambda^2)+\lambda}\times$$
$$\times\int_0^{\infty}\frac{\xi\mathcal{G}_{\mathcal{M}}(\xi r_0)\mathcal{G}_{\mathcal{M}}(\xi r)}{\{J'^2_{\mathcal{M}}(\xi a)+Y'^2_{\mathcal{M}}(\xi a)\}}\int_0^{t-t_0}q(t-t_0-\tau)e^{-(\eta_r\xi^2+\eta_z\xi_l^2)\tau}d\tau d\xi+$$

$$+\frac{4}{\vartheta\phi c_t}\sum_{m=0}^{\infty}\ni_m\cos(\xi_m\theta)\sum_{l=1}^{\infty}\frac{(\xi_l^2+\lambda^2)\cos\{\xi_l(d-z)\}}{\{d(\xi_l^2+\lambda^2)+\lambda\}}\times$$

$$\times\int_0^t e^{\eta_z l^2\tau}\int_0^{\infty}\frac{1}{u}\int_0^{\infty}\frac{\xi\mathcal{G}_{\mathcal{M}}(\xi r)\mathcal{G}_{\mathcal{M}}(\xi u)e^{\eta_r\xi^2\tau}\left\{\overline{\psi}_{0z}(u,\xi_l,t-\tau)+(-1)^{m+1}\overline{\psi}_{\vartheta z}(u,\xi_l,t-\tau)\right\}}{\{J_{\mathcal{M}}'^2(\xi a)+Y_{\mathcal{M}}'^2(\xi a)\}}d\xi dud\tau-$$

$$+\frac{8}{\pi\vartheta\phi c_t}\sum_{m=0}^{\infty}\ni_m\cos(\xi_m\theta)\sum_{l=1}^{\infty}\frac{(\xi_l^2+\lambda^2)\cos\{\xi_l(d-z)\}}{d(\xi_l^2+\lambda^2)+\lambda}\int_0^{\infty}\frac{\mathcal{G}_{\mathcal{M}}(\xi r)}{\{J_{\mathcal{M}}'^2(\xi a)+Y_{\mathcal{M}}'^2(\xi a)\}}\times$$

$$\times\int_0^t\overline{\overline{\psi}}_a(\xi_m,\xi_l,t-\tau)e^{-(\eta_r\xi^2+\eta_z\xi_l^2)\tau}d\tau d\xi+$$

$$+\frac{4}{\vartheta\phi c_t}\sum_{m=0}^{\infty}\ni_m\cos(\xi_m\theta)\sum_{l=1}^{\infty}\frac{(\xi_l^2+\lambda^2)\cos\{\xi_l(d-z)\}}{d(\xi_l^2+\lambda^2)+\lambda}\int_a^{\infty}\int_0^{\infty}\frac{\xi u\mathcal{G}_{\mathcal{M}}(\xi u)\mathcal{G}_{\mathcal{M}}(\xi r)}{\{J_{\mathcal{M}}'^2(\xi a)+Y_{\mathcal{M}}'^2(\xi a)\}}\times$$

$$\times\int_0^t\{\overline{\psi}_{\theta 0}(u,\xi_m,t-\tau)\cos(\xi_l d)-\overline{\psi}_{\theta d}(u,\xi_m,t-\tau)\}e^{-(\eta_r\xi^2+\eta_z\xi_l^2)\tau}d\tau d\xi du+$$

$$+\frac{4}{\vartheta}\sum_{m=0}^{\infty}\ni_m\cos(\xi_m\theta)\sum_{l=1}^{\infty}\frac{(\xi_l^2+\lambda^2)\cos\{\xi_l(d-z)\}}{d(\xi_l^2+\lambda^2)+\lambda}\int_0^{\infty}\frac{\overline{\overline{\overline{\varphi}}}(\xi,\xi_m,\xi_l)\xi\mathcal{G}_{\mathcal{M}}(\xi r)e^{-(\eta_r\xi^2+\eta_z\xi_l^2)t}}{\{J_{\mathcal{M}}'^2(\xi a)+Y_{\mathcal{M}}'^2(\xi a)\}}d\xi \quad (27.34.2)$$

where $\overline{\psi}_{\theta 0}(u,\xi_m,t)=\int_0^{\vartheta}\psi_{\theta 0}(u,v,t)\cos(\xi_m v)\,dv$, $\overline{\psi}_{\theta d}(u,\xi_m,t)=\int_0^{\vartheta}\psi_{\theta d}(u,v,t)\cos(\xi_m v)\,dv$, $\overline{\psi}_{0z}(u,\xi_l,t)=\int_0^{d}\psi_{0z}(u,w,t)\cos\{\xi_l(d-w)\}\,dw$, $\overline{\psi}_{\vartheta z}(u,\xi_l,t)=\int_0^{d}\psi_{\vartheta z}(u,w,t)\cos\{\xi_l(d-w)\}\,dw$ and $\overline{\overline{\psi}}_a(\xi_m,\xi_l,t)=\int_0^{\vartheta}\psi_a(v,w,t)\cos(\xi_m v)\int_0^{d}\cos\{\xi_l(d-z)\}dzdu$.

27.35 The problem of 27.18, except
$\mathbf{R}_{\theta 0}\equiv\frac{\partial p(r,\theta,0,t)}{\partial z}-\lambda p(r,\theta,0,t)=-\left(\frac{\mu}{k_z}\right)\psi_{\theta 0}(r,\theta,t)$,
$\mathbf{R}_{\theta d}\equiv\frac{\partial p(r,\theta,d,t)}{\partial z}+\lambda_d p(r,\theta,d,t)=-\left(\frac{\mu}{k_z}\right)\psi_{\theta d}(r,\theta,t)$,
$\mathbf{N}_{0z}\equiv\frac{\partial p(r,0,z,t)}{\partial\theta}=-\left(\frac{\mu}{k_\theta}\right)\psi_{0z}(r,z,t)$,
$\mathbf{N}_{\vartheta z}\equiv\frac{\partial p(r,\vartheta,z,t)}{\partial\theta}=-\left(\frac{\mu}{k_\theta}\right)\psi_{\vartheta z}(r,z,t)$ **and**
$\mathbf{N}_a\equiv\frac{\partial p(a,\theta,z,t)}{\partial r}=-\left(\frac{\mu}{k_r}\right)\psi_a(z,t)$

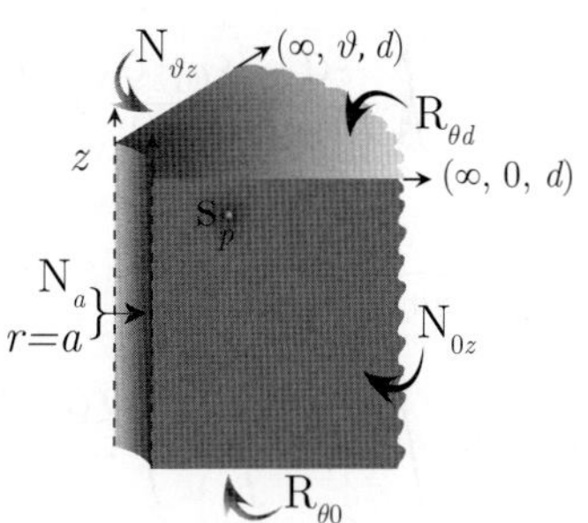

$$\overline{p}=\frac{4q(s)e^{-st_0}}{\vartheta\phi c_t}\sum_{m=0}^{\infty}\ni_m\cos(\xi_m\theta_0)\sum_{l=1}^{\infty}\frac{\{\xi_l\cos(\xi_l z_0)+\lambda_0\sin(\xi_l z_0)\}\{\xi_l\cos(\xi_l z)+\lambda_0\sin(\xi_l z)\}}{(\xi_l^2+\lambda_0^2)\left\{d+\frac{\lambda_d}{\xi_l^2+\lambda_d^2}\right\}+\lambda_0}\times$$

$$\times\int_0^{\infty}\frac{\xi\mathcal{G}_{\mathcal{M}}(\xi r_0)\mathcal{G}_{\mathcal{M}}(\xi r)}{(\eta_r\xi^2+\eta_z\xi_l^2+s)\{J_{\mathcal{M}}'^2(\xi a)+Y_{\mathcal{M}}'^2(\xi a)\}}d\xi+$$

$$+\frac{4}{\vartheta d\phi c_t}\sum_{m=0}^{\infty}\ni_m\cos(\xi_m\theta)\sum_{l=0}^{\infty}\frac{(\xi_l^2+\lambda^2)\{\xi_l\cos(\xi_l z)+\lambda_0\sin(\xi_l z)\}}{\{d(\xi_l^2+\lambda^2)+\lambda\}}\times$$

$$\times\int_0^{\infty}\frac{1}{u}\int_0^{\infty}\frac{\xi\mathcal{G}_{\mathcal{M}}(\xi r)\mathcal{G}_{\mathcal{M}}(\xi u)\left\{\overline{\overline{\psi}}_{0z}(u,\xi_l,s)+(-1)^{m+1}\overline{\overline{\psi}}_{\vartheta z}(u,\xi_l,s)\right\}}{(\eta_r\xi^2+\eta_z\xi_l^2+s)\{J_{\mathcal{M}}'^2(\xi a)+Y_{\mathcal{M}}'^2(\xi a)\}}d\xi du-$$

$$+\frac{8}{\pi\vartheta\phi c_t}\sum_{m=0}^{\infty}\ni_m\cos(\xi_m\theta)\times$$

$$\times \sum_{l=1}^{\infty} \frac{\overline{\overline{\overline{\psi}}}_a(\xi_m,\xi_l,s)\{\xi_l\cos(\xi_l z)+\lambda_0\sin(\xi_l z)\}}{(\xi_l^2+\lambda_0^2)\left\{d+\frac{\lambda_d}{\xi_l^2+\lambda_d^2}\right\}+\lambda_0}\int_0^{\infty}\frac{\mathcal{G}_{\mathcal{M}}(\xi r)}{(\eta_r\xi^2+\eta_z\xi_l^2+s)\{J_{\mathcal{M}}'^2(\xi a)+Y_{\mathcal{M}}'^2(\xi a)\}}d\xi+$$

$$+\frac{4}{\vartheta\phi c_t}\sum_{m=0}^{\infty}\ni_m\cos(\xi_m\theta)\sum_{l=1}^{\infty}\frac{\{\xi_l\cos(\xi_l z)+\lambda_0\sin(\xi_l z)\}}{(\xi_l^2+\lambda_0^2)\left\{d+\frac{\lambda_d}{\xi_l^2+\lambda_d^2}\right\}+\lambda_0}\times$$

$$\times\int_a^{\infty}\int_0^{\infty}\frac{\xi u\mathcal{G}_{\mathcal{M}}(\xi u)\mathcal{G}_{\mathcal{M}}(\xi r)\left[\xi_l\overline{\overline{\psi}}_{\theta 0}(u,\xi_m,s)-\overline{\overline{\psi}}_{\theta d}(u,\xi_m,s)\{\xi_l\cos(\xi_l d)+\lambda_0\sin(\xi_l d)\}\right]}{(\eta_r\xi^2+\eta_z\xi_l^2+s)\{J_{\mathcal{M}}'^2(\xi a)+Y_{\mathcal{M}}'^2(\xi a)\}}d\xi du+$$

$$+\frac{4}{\vartheta}\sum_{m=0}^{\infty}\ni_m\cos(\xi_m\theta)\sum_{l=1}^{\infty}\frac{\{\xi_l\cos(\xi_l z)+\lambda_0\sin(\xi_l z)\}}{(\xi_l^2+\lambda_0^2)\left\{d+\frac{\lambda_d}{\xi_l^2+\lambda_d^2}\right\}+\lambda_0}\int_0^{\infty}\frac{\overline{\overline{\overline{\varphi}}}(\xi,\xi_m,\xi_l)\xi\mathcal{G}_{\mathcal{M}}(\xi r)}{(\eta_r\xi^2+\eta_z\xi_l^2+s)\{J_{\mathcal{M}}'^2(\xi a)+Y_{\mathcal{M}}'^2(\xi a)\}}d\xi \tag{27.35.1}$$

where $\mathcal{G}_{\mathcal{M}}(\xi r)=Y_{\mathcal{M}}'(\xi a)J_{\mathcal{M}}(\xi r)-J_{\mathcal{M}}'(\xi a)Y_{\mathcal{M}}(\xi r)$, ξ_l are the positive roots of $\tan(\xi_l d)=\frac{\xi_l(\lambda_0+\lambda_d)}{(\xi_l^2-\lambda_0\lambda_d)}$, $l=1,2,...,$ and ξ_m are the positive roots of $\sin(\xi_m\vartheta)$, which are $\xi_m=\frac{m\pi}{\vartheta}$, $m=0,1,....$
$\overline{\overline{\psi}}_{\theta 0}(u,\xi_m,s)=\int_0^{\vartheta}\overline{\psi}_{\theta 0}(u,v,s)\cos(\xi_m v)\,dv$, $\overline{\overline{\psi}}_{\theta d}(u,\xi_m,s)=\int_0^{\vartheta}\overline{\psi}_{\theta d}(u,v,s)\cos(\xi_m v)\,dv$,
$\overline{\overline{\psi}}_{0z}(u,\xi_l,s)=\int_0^{d}\overline{\psi}_{0z}(u,w,s)\{\xi_l\cos(\xi_l w)+\lambda_0\sin(\xi_l w)\}\,dw$,
$\overline{\overline{\psi}}_{\vartheta z}(u,\xi_l,s)=\int_0^{d}\overline{\psi}_{\vartheta z}(u,w,s)\{\xi_l\cos(\xi_l w)+\lambda_0\sin(\xi_l w)\}\,dw$,
$\overline{\overline{\overline{\psi}}}_a(\xi_m,\xi_l,s)=\int_0^{\vartheta}\overline{\psi}_a(v,w,s)\cos(\xi_m v)\int_0^d\{\xi_l\cos(\xi_l w)+\lambda_0\sin(\xi_l w)\}dwdv$ and
$\overline{\overline{\overline{\varphi}}}(\xi,\xi_m,\xi_l)=\int_a^{\infty}u\mathcal{G}_{\mathcal{M}}(\xi u)\int_0^{\vartheta}\cos(\xi_m v)\int_0^d\varphi(u,v,w)\{\xi_l\cos(\xi_l w)+\lambda_0\sin(\xi_l w)\}dwdvdu.$

$$p=\frac{4U(t-t_0)}{\vartheta\phi c_t}\sum_{m=0}^{\infty}\ni_m\cos(\xi_m\theta_0)\sum_{l=1}^{\infty}\frac{\{\xi_l\cos(\xi_l z_0)+\lambda_0\sin(\xi_l z_0)\}\{\xi_l\cos(\xi_l z)+\lambda_0\sin(\xi_l z)\}}{(\xi_l^2+\lambda_0^2)\left\{d+\frac{\lambda_d}{\xi_l^2+\lambda_d^2}\right\}+\lambda_0}\times$$

$$\times\int_0^{\infty}\frac{\xi\mathcal{G}_{\mathcal{M}}(\xi r_0)\mathcal{G}_{\mathcal{M}}(\xi r)}{\{J_{\mathcal{M}}'^2(\xi a)+Y_{\mathcal{M}}'^2(\xi a)\}}\int_0^{t-t_0}q(t-t_0-\tau)e^{-(\eta_r\xi^2+\eta_z\xi_l^2)\tau}d\tau d\xi+$$

$$+\frac{4}{\vartheta\phi c_t}\sum_{m=0}^{\infty}\ni_m\cos(\xi_m\theta)\sum_{l=1}^{\infty}\frac{(\xi_l^2+\lambda^2)\{\xi_l\cos(\xi_l z)+\lambda_0\sin(\xi_l z)\}}{\{d(\xi_l^2+\lambda^2)+\lambda\}}\times$$

$$\times\int_0^{t}e^{\eta_z l^2\tau}\int_0^{\infty}\frac{1}{u}\int_0^{\infty}\frac{\xi\mathcal{G}_{\mathcal{M}}(\xi r)\mathcal{G}_{\mathcal{M}}(\xi u)e^{\eta_r\xi^2\tau}\left\{\overline{\psi}_{0z}(u,\xi_l,t-\tau)+(-1)^{m+1}\overline{\psi}_{\vartheta z}(u,\xi_l,t-\tau)\right\}}{\{J_{\mathcal{M}}'^2(\xi a)+Y_{\mathcal{M}}'^2(\xi a)\}}d\xi dud\tau-$$

$$+\frac{8}{\pi\vartheta\phi c_t}\sum_{m=0}^{\infty}\ni_m\cos(\xi_m\theta)\sum_{l=1}^{\infty}\frac{\{\xi_l\cos(\xi_l z)+\lambda_0\sin(\xi_l z)\}}{(\xi_l^2+\lambda_0^2)\left\{d+\frac{\lambda_d}{\xi_l^2+\lambda_d^2}\right\}+\lambda_0}\int_0^{\infty}\frac{\mathcal{G}_{\mathcal{M}}(\xi r)}{\{J_{\mathcal{M}}'^2(\xi a)+Y_{\mathcal{M}}'^2(\xi a)\}}\times$$

$$\times\int_0^{t}\overline{\overline{\psi}}_a(\xi_m,\xi_l,t-\tau)e^{-(\eta_r\xi^2+\eta_z\xi_l^2)\tau}d\tau d\xi+$$

$$+\frac{4}{\vartheta\phi c_t}\sum_{m=0}^{\infty}\ni_m\cos(\xi_m\theta)\sum_{l=1}^{\infty}\frac{\{\xi_l\cos(\xi_l z)+\lambda_0\sin(\xi_l z)\}}{(\xi_l^2+\lambda_0^2)\left\{d+\frac{\lambda_d}{\xi_l^2+\lambda_d^2}\right\}+\lambda_0}\int_a^{\infty}\int_0^{\infty}\frac{\xi u\mathcal{G}_{\mathcal{M}}(\xi u)\mathcal{G}_{\mathcal{M}}(\xi r)}{\{J_{\mathcal{M}}'^2(\xi a)+Y_{\mathcal{M}}'^2(\xi a)\}}\times$$

$$\times\int_0^{t}\left[\xi_l\overline{\psi}_{\theta 0}(u,\xi_m,t-\tau)-\overline{\psi}_{\theta d}(u,\xi_m,t-\tau)\{\xi_l\cos(\xi_l d)+\lambda_0\sin(\xi_l d)\}\right]e^{-(\eta_r\xi^2+\eta_z\xi_l^2)\tau}d\tau d\xi du+$$

$$+\frac{4}{\vartheta}\sum_{m=0}^{\infty}\ni_m\cos(\xi_m\theta)\sum_{l=1}^{\infty}\frac{\{\xi_l\cos(\xi_l z)+\lambda_0\sin(\xi_l z)\}}{(\xi_l^2+\lambda_0^2)\left\{d+\frac{\lambda_d}{\xi_l^2+\lambda_d^2}\right\}+\lambda_0}\int_0^{\infty}\frac{\overline{\overline{\overline{\varphi}}}(\xi,\xi_m,\xi_l)\xi\mathcal{G}_{\mathcal{M}}(\xi r)e^{-(\eta_r\xi^2+\eta_z\xi_l^2)t}}{\{J_{\mathcal{M}}'^2(\xi a)+Y_{\mathcal{M}}'^2(\xi a)\}}d\xi \tag{27.35.2}$$

where $\overline{\psi}_{\theta 0}(u,\xi_m,t)=\int_0^{\vartheta}\psi_{\theta 0}(u,v,t)\cos(\xi_m v)\,dv$, $\overline{\psi}_{\theta d}(u,\xi_m,t)=\int_0^{\vartheta}\psi_{\theta d}(u,v,t)\cos(\xi_m v)\,dv$,
$\overline{\psi}_{0z}(u,\xi_l,t)=\int_0^{d}\psi_{0z}(u,w,t)\{\xi_l\cos(\xi_l w)+\lambda_0\sin(\xi_l w)\}\,dw$,
$\overline{\psi}_{\vartheta z}(u,\xi_l,t)=\int_0^{d}\psi_{\vartheta z}(u,w,t)\{\xi_l\cos(\xi_l w)+\lambda_0\sin(\xi_l w)\}\,dw$ and
$\overline{\overline{\psi}}_a(\xi_m,\xi_l,t)=\int_0^{\vartheta}\psi_a(v,w,t)\cos(\xi_m v)\int_0^{d}\{\xi_l\cos(\xi_l w)+\lambda_0\sin(\xi_l w)\}dwdv$.

27.36 **The problem of 27.18, except $\mathbf{D}_{\theta 0}\equiv p(r,\theta,0,t)=\psi_{\theta 0}(r,\theta,t)$,**
$\mathbf{D}_{\theta d}\equiv p(r,\theta,d,t)=\psi_{\theta d}(r,\theta,t)$,
$\mathbf{N}_{0z}\equiv\frac{\partial p(r,0,z,t)}{\partial\theta}=-\left(\frac{\mu}{k_\theta}\right)\psi_{0z}(r,z,t)$,
$\mathbf{N}_{\vartheta z}\equiv\frac{\partial p(r,\vartheta,z,t)}{\partial\theta}=-\left(\frac{\mu}{k_\theta}\right)\psi_{\vartheta z}(r,z,t)$ and
$\mathbf{R}_a\equiv\frac{\partial p(a,\theta,z,t)}{\partial r}-\lambda p(a,\theta,z,t)=-\left(\frac{\mu}{k_r}\right)\psi_a(\theta,z,t)$

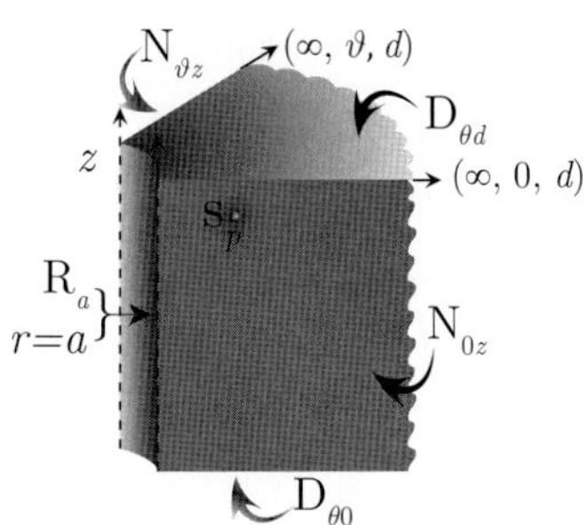

Successive application of Laplace, Fourier and Robin-Weber transformation to equation (22.1.1) gives

$$\overline{\overline{\overline{p}}}=\frac{q(s)e^{-st_0}\cos(\xi_m\theta_0)\sin(\xi_l z_0)\mathcal{D}_{\mathcal{M}}(\xi r_0)}{\phi c_t(\eta_r\xi^2+\eta_z\xi_l^2+s)}+\frac{2\overline{\overline{\psi}}_a(\xi_m,\xi_l,s)}{\pi\phi c_t(\eta_r\xi^2+\eta_z\xi_l^2+s)}+$$
$$+\frac{\int_0^\infty\frac{\mathcal{D}_{\mathcal{M}}(\xi u)}{u}\left\{\overline{\overline{\psi}}_{0z}(u,\xi_l,s)+(-1)^{m+1}\overline{\overline{\psi}}_{\vartheta z}(u,\xi_l,s)\right\}du}{\phi c_t(\eta_r\xi^2+\eta_z\xi_l^2+s)}+$$
$$+\frac{\xi_l\eta_z\int_a^\infty u\mathcal{D}_{\mathcal{M}}(\xi u)\left\{\overline{\overline{\psi}}_{\theta 0}(u,\xi_m,s)-(-1)^l\overline{\overline{\psi}}_{\theta d}(u,\xi_m,s)\right\}du}{(\eta_r\xi^2+\eta_z\xi_l^2+s)}+\frac{\overline{\overline{\overline{\varphi}}}(\xi,\xi_m,\xi_l)}{(\eta_r\xi^2+\eta_z\xi_l^2+s)}\qquad(27.36.1)$$

where $\mathcal{D}_{\mathcal{M}}(\xi r)=Y_{\mathcal{M}}(\xi r)\{\lambda J_{\mathcal{M}}(\xi a)-\xi J'_{\mathcal{M}}(\xi a)\}-J_{\mathcal{M}}(\xi r)\{\lambda Y_{\mathcal{M}}(\xi a)-\xi Y'_{\mathcal{M}}(\xi a)\}$, ξ_l are the positive roots of $\sin(\xi_l d)$, which are $\xi_l=\frac{l\pi}{d}$, $l=1,2,...$, and ξ_m are the positive roots of $\sin(\xi_m\vartheta)$, which are $\xi_m=\frac{m\pi}{\vartheta}$, $m=0,1,....$ $\overline{\overline{\psi}}_{\theta 0}(u,\xi_m,s)=\int_0^{\vartheta}\overline{\psi}_{\theta 0}(u,v,s)\cos(\xi_m v)\,dv$,
$\overline{\overline{\psi}}_{\theta d}(u,\xi_m,s)=\int_0^{\vartheta}\overline{\psi}_{\theta d}(u,v,s)\cos(\xi_m v)\,dv$, $\overline{\overline{\psi}}_{0z}(u,\xi_l,s)=\int_0^{d}\overline{\psi}_{0z}(u,w,s)\sin(\xi_l w)\,dw$,
$\overline{\overline{\psi}}_{\vartheta z}(u,\xi_l,s)=\int_0^{d}\overline{\psi}_{\vartheta z}(u,w,s)\sin(\xi_l w)\,dw$, $\overline{\overline{\overline{\psi}}}_a(\xi_m,\xi_l,s)=\int_0^{\vartheta}\overline{\psi}_a(v,w,s)\cos(\xi_m v)\int_0^{d}\sin(\xi_l w)dwdv$ and
$\overline{\overline{\overline{\varphi}}}(\xi,\xi_m,\xi_l)=\int_a^\infty u\mathcal{D}_{\mathcal{M}}(\xi u)\int_0^{\vartheta}\cos(\xi_m v)\int_0^{d}\varphi(u,v,w)\sin(\xi_l w)dwdvdu$.

$$\overline{p}=\frac{4q(s)e^{-st_0}}{\vartheta d\phi c_t}\sum_{m=0}^{\infty}\ni_m\cos(\xi_m\theta_0)\sum_{l=1}^{\infty}\sin(\xi_l z_0)\sin(\xi_l z)\times$$
$$\times\int_0^\infty\frac{\xi\mathcal{D}_{\mathcal{M}}(\xi r_0)\mathcal{D}_{\mathcal{M}}(\xi r)}{(\eta_r\xi^2+\eta_z\xi_l^2+s)\left[\{\lambda J_{\mathcal{M}}(\xi a)-\xi J'_{\mathcal{M}}(\xi a)\}^2+\{\lambda Y_{\mathcal{M}}(\xi a)-\xi Y'_{\mathcal{M}}(\xi a)\}^2\right]}d\xi-$$
$$+\frac{4}{\vartheta d\phi c_t}\sum_{m=0}^{\infty}\ni_m\cos(\xi_m\theta)\times$$
$$\times\sum_{l=1}^{\infty}\sin(\xi_l z)\int_0^\infty\frac{1}{u}\int_0^\infty\frac{\xi\mathcal{D}_{\mathcal{M}}(\xi r)\mathcal{D}_{\mathcal{M}}(\xi u)\left\{\overline{\overline{\psi}}_{0z}(u,\xi_l,s)+(-1)^{m+1}\overline{\overline{\psi}}_{\vartheta z}(u,\xi_l,s)\right\}}{(\eta_r\xi^2+\eta_z\xi_l^2+s)\left[\{\lambda J_{\mathcal{M}}(\xi a)-\xi J'_{\mathcal{M}}(\xi a)\}^2+\{\lambda Y_{\mathcal{M}}(\xi a)-\xi Y'_{\mathcal{M}}(\xi a)\}^2\right]}d\xi du+$$
$$+\frac{8}{\pi\vartheta d\phi c_t}\sum_{m=0}^{\infty}\ni_m\cos(\xi_m\theta)\sum_{l=1}^{\infty}\overline{\overline{\overline{\psi}}}_a(\xi_m,\xi_l,s)\sin(\xi_l z)\times$$
$$\times\int_0^\infty\frac{\xi\mathcal{D}_{\mathcal{M}}(\xi r)}{(\eta_r\xi^2+\eta_z\xi_l^2+s)\left[\{\lambda J_{\mathcal{M}}(\xi a)-\xi J'_{\mathcal{M}}(\xi a)\}^2+\{\lambda Y_{\mathcal{M}}(\xi a)-\xi Y'_{\mathcal{M}}(\xi a)\}^2\right]}d\xi+$$

$$
+\frac{4\eta_z}{\vartheta d}\sum_{m=0}^{\infty}\ni_m\cos\left(\xi_m\theta\right)\sum_{l=1}^{\infty}\xi_l\sin\left(\xi_l z\right)\times
$$
$$
\times\int_a^{\infty}\int_0^{\infty}\frac{\xi u\mathcal{D}_{\mathcal{M}}\left(\xi u\right)\mathcal{D}_{\mathcal{M}}\left(\xi r\right)}{\left(\eta_r\xi^2+\eta_z\xi_l^2+s\right)\left[\left\{\lambda J_{\mathcal{M}}\left(\xi a\right)-\xi J'_{\mathcal{M}}\left(\xi a\right)\right\}^2+\left\{\lambda Y_{\mathcal{M}}\left(\xi a\right)-\xi Y'_{\mathcal{M}}\left(\xi a\right)\right\}^2\right]}d\xi\times
$$
$$
\times\left\{\overline{\overline{\psi}}_{\theta 0}\left(u,\xi_m,s\right)-\left(-1\right)^l\overline{\overline{\psi}}_{\theta d}\left(u,\xi_m,s\right)\right\}du+
$$
$$
+\frac{4}{\vartheta d}\sum_{m=0}^{\infty}\ni_m\cos\left(\xi_m\theta\right)\sum_{l=1}^{\infty}\sin\left(\xi_l z\right)\times
$$
$$
\times\int_0^{\infty}\frac{\overline{\overline{\overline{\varphi}}}\left(\xi,\xi_m,\xi_l\right)\xi\mathcal{D}_{\mathcal{M}}\left(\xi r\right)}{\left(\eta_r\xi^2+\eta_z\xi_l^2+s\right)\left[\left\{\lambda J_{\mathcal{M}}\left(\xi a\right)-\xi J'_{\mathcal{M}}\left(\xi a\right)\right\}^2+\left\{\lambda Y_{\mathcal{M}}\left(\xi a\right)-\xi Y'_{\mathcal{M}}\left(\xi a\right)\right\}^2\right]}d\xi \tag{27.36.2}
$$

and

$$
p=\frac{U\left(t-t_0\right)}{\vartheta d\phi c_t}\sum_{m=0}^{\infty}\ni_m\cos\left(\xi_m\theta_0\right)\times
$$
$$
\times\int_0^{t-t_0}q\left(t-t_0-\tau\right)\left\{\Theta_3\left(\frac{\pi\left(z-z_0\right)}{2d},e^{-\left(\frac{\pi}{d}\right)^2\eta_z\tau}\right)-\Theta_3\left(\frac{\pi\left(z+z_0\right)}{2d},e^{-\left(\frac{\pi}{d}\right)^2\eta_z\tau}\right)\right\}\times
$$
$$
\times\int_0^{\infty}\frac{\xi\mathcal{D}_{\mathcal{M}}\left(\xi r_0\right)\mathcal{D}_{\mathcal{M}}\left(\xi r\right)e^{-\eta_r\xi^2\tau}}{\left\{\lambda J_{\mathcal{M}}\left(\xi a\right)-\xi J'_{\mathcal{M}}\left(\xi a\right)\right\}^2+\left\{\lambda Y_{\mathcal{M}}\left(\xi a\right)-\xi Y'_{\mathcal{M}}\left(\xi a\right)\right\}^2}d\xi d\tau+
$$
$$
+\frac{1}{\vartheta d\phi c_t}\sum_{m=0}^{\infty}\ni_m\cos\left(\xi_m\theta\right)\int_0^t\int_0^{\infty}\frac{1}{u}\int_0^{\infty}\left\{\psi_{0z}\left(u,w,t-\tau\right)+\left(-1\right)^{m+1}\psi_{\vartheta z}\left(u,w,t-\tau\right)\right\}\times
$$
$$
\times\left\{\Theta_3\left(\frac{\pi\left(z-w\right)}{2d},e^{-\left(\frac{\pi}{2}\right)\eta_z\tau}\right)-\Theta_3\left(\frac{\pi\left(z+w\right)}{2d},e^{-\left(\frac{\pi}{2}\right)\eta_z\tau}\right)\right\}\times
$$
$$
\times\int_0^{\infty}\frac{\xi\mathcal{D}_{\mathcal{M}}\left(\xi r\right)\mathcal{D}_{\mathcal{M}}\left(\xi u\right)e^{\eta_r\xi^2\tau}}{\left[\left\{\lambda J_{\mathcal{M}}\left(\xi a\right)-\xi J'_{\mathcal{M}}\left(\xi a\right)\right\}^2+\left\{\lambda Y_{\mathcal{M}}\left(\xi a\right)-\xi Y'_{\mathcal{M}}\left(\xi a\right)\right\}^2\right]}d\xi dwdud\tau+
$$
$$
+\frac{2}{\pi\vartheta d\phi c_t}\sum_{m=0}^{\infty}\ni_m\cos\left(\xi_m\theta\right)\times
$$
$$
\times\int_0^t\int_a^{\infty}\overline{\psi}_a\left(\xi_m,w,t-\tau\right)\left\{\Theta_3\left(\frac{\pi\left(z-w\right)}{2d},e^{-\left(\frac{\pi}{d}\right)^2\eta_z\tau}\right)-\Theta_3\left(\frac{\pi\left(z+w\right)}{2d},e^{-\left(\frac{\pi}{d}\right)^2\eta_z\tau}\right)\right\}\times
$$
$$
\times\int_0^{\infty}\frac{\xi\mathcal{D}_{\mathcal{M}}\left(\xi r\right)e^{-\eta_r\xi^2\tau}}{\left\{\lambda J_{\mathcal{M}}\left(\xi a\right)-\xi J'_{\mathcal{M}}\left(\xi a\right)\right\}^2+\left\{\lambda Y_{\mathcal{M}}\left(\xi a\right)-\xi Y'_{\mathcal{M}}\left(\xi a\right)\right\}^2}d\xi dwd\tau+
$$
$$
+\frac{\eta_z}{\vartheta d^2}\sum_{m=0}^{\infty}\ni_m\cos\left(\xi_m\theta\right)\times
$$
$$
\times\int_0^t\int_a^{\infty}\left\{\Theta'_4\left(\frac{\pi z}{2d},e^{-\left(\frac{\pi}{d}\right)^2\eta_z\tau}\right)\overline{\psi}_{\theta d}\left(u,\xi_m,t-\tau\right)-\Theta'_3\left(\frac{\pi z}{2d},e^{-\left(\frac{\pi}{d}\right)^2\eta_z\tau}\right)\overline{\psi}_{\theta 0}\left(u,\xi_m,t-\tau\right)\right\}\times
$$
$$
\times\int_0^{\infty}\frac{\xi u\mathcal{D}_{\mathcal{M}}\left(\xi u\right)\mathcal{D}_{\mathcal{M}}\left(\xi r\right)e^{-\eta_r\xi^2\tau}}{\left\{\lambda J_{\mathcal{M}}\left(\xi a\right)-\xi J'_{\mathcal{M}}\left(\xi a\right)\right\}^2+\left\{\lambda Y_{\mathcal{M}}\left(\xi a\right)-\xi Y'_{\mathcal{M}}\left(\xi a\right)\right\}^2}d\xi dud\tau+
$$

$$+\frac{1}{\vartheta d}\sum_{m=0}^{\infty}\ni_m\cos(\xi_m\theta)\int_a^{\infty}u\int_0^d\overline{\varphi}(u,\xi_m,w)\left\{\Theta_3\left(\frac{\pi(z-w)}{2d},e^{-\left(\frac{\pi}{d}\right)^2\eta_z t}\right)-\Theta_3\left(\frac{\pi(z+w)}{2d},e^{-\left(\frac{\pi}{d}\right)^2\eta_z t}\right)\right\}\times$$

$$\times\int_0^{\infty}\frac{\xi\mathcal{D}_{\mathcal{M}}(\xi v)\mathcal{D}_{\mathcal{M}}(\xi r)e^{-\eta_r\xi^2 t}}{\{\lambda J_{\mathcal{M}}(\xi a)-\xi J'_{\mathcal{M}}(\xi a)\}^2+\{\lambda Y_{\mathcal{M}}(\xi a)-\xi Y'_{\mathcal{M}}(\xi a)\}^2}d\xi dwdu \qquad (27.36.3)$$

where $\overline{\psi}_{\theta 0}(u,\xi_m,t)=\int_0^{\vartheta}\psi_{\theta 0}(u,v,t)\cos(\xi_m v)\,dv$, $\overline{\psi}_{\theta d}(u,\xi_m,t)=\int_0^{\vartheta}\psi_{\theta d}(u,v,t)\cos(\xi_m v)\,dv$, $\overline{\psi}_a(\xi_m,w,t)=\int_0^{\vartheta}\psi_a(v,w,t)\cos(\xi_m v)\,dv$ and $\overline{\varphi}(u,\xi_m,w)=\int_0^{\vartheta}\varphi(u,v,w)\cos(\xi_m v)\,dv$.

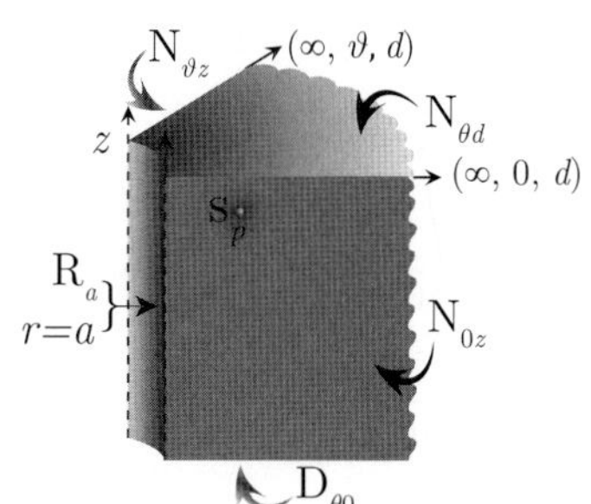

27.37 **The problem of 27.18, except $\mathbf{D}_{\theta 0}\equiv p(r,\theta,0,t)=\psi_{\theta 0}(r,\theta,t)$,**
$\mathbf{N}_{\theta d}\equiv\frac{\partial p(r,\theta,d,t)}{\partial z}=-\left(\frac{\mu}{k_z}\right)\psi_{\theta d}(r,\theta,t)$,
$\mathbf{N}_{0z}\equiv\frac{\partial p(r,0,z,t)}{\partial\theta}=-\left(\frac{\mu}{k_\theta}\right)\psi_{0z}(r,z,t)$,
$\mathbf{N}_{\vartheta z}\equiv\frac{\partial p(r,\vartheta,z,t)}{\partial\theta}=-\left(\frac{\mu}{k_\theta}\right)\psi_{\vartheta z}(r,z,t)$ **and**
$\mathbf{R}_a\equiv\frac{\partial p(a,\theta,z,t)}{\partial r}-\lambda p(a,\theta,z,t)=-\left(\frac{\mu}{k_r}\right)\psi_a(\theta,z,t)$

$$\overline{p}=\frac{4q(s)e^{-st_0}}{\vartheta d\phi c_t}\sum_{m=0}^{\infty}\ni_m\cos(\xi_m\theta_0)\sum_{l=1}^{\infty}\sin(\xi_l z_0)\sin(\xi_l z)\times$$

$$\times\int_0^{\infty}\frac{\xi\mathcal{D}_{\mathcal{M}}(\xi r_0)\mathcal{D}_{\mathcal{M}}(\xi r)}{(\eta_r\xi^2+\eta_z\xi_l^2+s)\left[\{\lambda J_{\mathcal{M}}(\xi a)-\xi J'_{\mathcal{M}}(\xi a)\}^2+\{\lambda Y_{\mathcal{M}}(\xi a)-\xi Y'_{\mathcal{M}}(\xi a)\}^2\right]}d\xi+$$

$$+\frac{4}{\vartheta d\phi c_t}\sum_{m=0}^{\infty}\ni_m\cos(\xi_m\theta)\times$$

$$\times\sum_{l=1}^{\infty}\sin(\xi_l z)\int_0^{\infty}\frac{1}{u}\int_0^{\infty}\frac{\xi\mathcal{D}_{\mathcal{M}}(\xi r)\mathcal{D}_{\mathcal{M}}(\xi u)\left\{\overline{\overline{\psi}}_{0z}(u,\xi_l,s)+(-1)^{m+1}\overline{\overline{\psi}}_{\vartheta z}(u,\xi_l,s)\right\}}{(\eta_r\xi^2+\eta_z\xi_l^2+s)\left[\{\lambda J_{\mathcal{M}}(\xi a)-\xi J'_{\mathcal{M}}(\xi a)\}^2+\{\lambda Y_{\mathcal{M}}(\xi a)-\xi Y'_{\mathcal{M}}(\xi a)\}^2\right]}d\xi du+$$

$$+\frac{8}{\pi\vartheta d\phi c_t}\sum_{m=0}^{\infty}\ni_m\cos(\xi_m\theta)\sum_{l=1}^{\infty}\overline{\overline{\psi}}_a(\xi_m,\xi_l,s)\sin(\xi_l z)\times$$

$$\times\int_0^{\infty}\frac{\xi\mathcal{D}_{\mathcal{M}}(\xi r)}{(\eta_r\xi^2+\eta_z\xi_l^2+s)\left[\{\lambda J_{\mathcal{M}}(\xi a)-\xi J'_{\mathcal{M}}(\xi a)\}^2+\{\lambda Y_{\mathcal{M}}(\xi a)-\xi Y'_{\mathcal{M}}(\xi a)\}^2\right]}d\xi+$$

$$+\frac{4\eta_z}{\vartheta d}\sum_{m=0}^{\infty}\ni_m\sum_{l=1}^{\infty}\sin(\xi_l z)\int_a^{\infty}\int_0^{\infty}\frac{\xi u\mathcal{D}_{\mathcal{M}}(\xi u)\mathcal{D}_{\mathcal{M}}(\xi r)}{(\eta_r\xi^2+\eta_z\xi_l^2+s)\left[\{\lambda J_{\mathcal{M}}(\xi a)-\xi J'_{\mathcal{M}}(\xi a)\}^2+\{\lambda Y_{\mathcal{M}}(\xi a)-\xi Y'_{\mathcal{M}}(\xi a)\}^2\right]}d\xi\times$$

$$\times\left\{\xi_l\overline{\overline{\psi}}_{\theta 0}(u,\xi_m,s)+(-1)^l\left(\frac{\mu}{k_z}\right)\overline{\overline{\psi}}_{\theta d}(u,\xi_m,s)\right\}du+$$

$$+\frac{4}{\vartheta d}\sum_{m=0}^{\infty}\ni_m\cos(\xi_m\theta)\sum_{l=1}^{\infty}\sin(\xi_l z)\times$$

$$\times\int_0^{\infty}\frac{\overline{\overline{\varphi}}(\xi,\xi_m,\xi_l)\xi\mathcal{D}_{\mathcal{M}}(\xi r)}{(\eta_r\xi^2+\eta_z\xi_l^2+s)\left[\{\lambda J_{\mathcal{M}}(\xi a)-\xi J'_{\mathcal{M}}(\xi a)\}^2+\{\lambda Y_{\mathcal{M}}(\xi a)-\xi Y'_{\mathcal{M}}(\xi a)\}^2\right]}d\xi \qquad (27.37.1)$$

where $\mathcal{D}_{\mathcal{M}}(\xi r)=Y_{\mathcal{M}}(\xi r)\{\lambda J_{\mathcal{M}}(\xi a)-\xi J'_{\mathcal{M}}(\xi a)\}-J_{\mathcal{M}}(\xi r)\{\lambda Y_{\mathcal{M}}(\xi a)-\xi Y'_{\mathcal{M}}(\xi a)\}$, ξ_l are the positive roots of $\cos(\xi_l d)$, which are $\xi_l=\frac{(2l-1)\pi}{2d}$, $l=1,2,...$, and ξ_m are the positive roots of $\sin(\xi_m\vartheta)$, which are $\xi_m=\frac{m\pi}{\vartheta}$, $m=0,1,....$ $\overline{\overline{\psi}}_{\theta 0}(u,\xi_m,s)=\int_0^{\vartheta}\overline{\psi}_{\theta 0}(u,v,s)\cos(\xi_m v)\,dv$, $\overline{\overline{\psi}}_{\theta d}(u,\xi_m,s)=\int_0^{\vartheta}\overline{\psi}_{\theta d}(u,v,s)\cos(\xi_m v)\,dv$,

$\overline{\overline{\psi}}_{0z}(u,\xi_l,s)=\int_0^d \overline{\psi}_{0z}(u,w,s)\sin(\xi_l w)\,dw$, $\overline{\overline{\psi}}_{\vartheta z}(u,\xi_l,s)=\int_0^d \overline{\psi}_{\vartheta z}(u,w,s)\sin(\xi_l w)\,dw$,
$\overline{\overline{\overline{\psi}}}_a(\xi_m,\xi_l,s)=\int_0^\vartheta \overline{\psi}_a(v,w,s)\cos(\xi_m v)\int_0^d \sin(\xi_l w)dwdv$ and
$\overline{\overline{\overline{\varphi}}}(\xi,\xi_m,\xi_l)=\int_a^\infty u\mathcal{D}_{\mathcal{M}}(\xi u)\int_0^\vartheta \cos(\xi_m v)\int_0^d \varphi(u,v,w)\sin(\xi_l w)dwdvdu$.

$$
\begin{aligned}
p \;=\; & \frac{U(t-t_0)}{\vartheta d\phi c_t}\sum_{m=0}^{\infty}\ni_m \cos(\xi_m\theta_0)\times \\
& \times\int_0^{t-t_0} q(t-t_0-\tau)\left\{\Theta_2\left(\frac{\pi(z-z_0)}{2d},e^{-\left(\frac{\pi}{d}\right)^2\eta_z\tau}\right)-\Theta_2\left(\frac{\pi(z+z_0)}{2d},e^{-\left(\frac{\pi}{d}\right)^2\eta_z\tau}\right)\right\}\times \\
& \times\int_0^\infty \frac{\xi\mathcal{D}_{\mathcal{M}}(\xi r_0)\mathcal{D}_{\mathcal{M}}(\xi r)e^{-\eta_r\xi^2\tau}}{\left\{\lambda J_{\mathcal{M}}(\xi a)-\xi J'_{\mathcal{M}}(\xi a)\right\}^2+\left\{\lambda Y_{\mathcal{M}}(\xi a)-\xi Y'_{\mathcal{M}}(\xi a)\right\}^2}d\xi d\tau+ \\
& +\frac{1}{\vartheta d\phi c_t}\sum_{m=0}^{\infty}\ni_m\cos(\xi_m\theta)\int_0^t\int_0^\infty\frac{1}{u}\int_0^\infty\left\{\psi_{0z}(u,w,t-\tau)+(-1)^{m+1}\psi_{\vartheta z}(u,w,t-\tau)\right\}\times \\
& \times\left\{\Theta_2\left(\frac{\pi(z-w)}{2d},e^{-\left(\frac{\pi}{2}\right)\eta_z\tau}\right)-\Theta_2\left(\frac{\pi(z+w)}{2d},e^{-\left(\frac{\pi}{2}\right)\eta_z\tau}\right)\right\}\times \\
& \times\int_0^\infty\frac{\xi\mathcal{D}_{\mathcal{M}}(\xi r)\mathcal{D}_{\mathcal{M}}(\xi u)e^{\eta_r\xi^2\tau}}{\left[\left\{\lambda J_{\mathcal{M}}(\xi a)-\xi J'_{\mathcal{M}}(\xi a)\right\}^2+\left\{\lambda Y_{\mathcal{M}}(\xi a)-\xi Y'_{\mathcal{M}}(\xi a)\right\}^2\right]}d\xi dwdud\tau+ \\
& +\frac{2}{\pi\vartheta d\phi c_t}\sum_{m=0}^{\infty}\ni_m\cos(\xi_m\theta)\times \\
& \times\int_0^t\int_a^\infty\overline{\psi}_a(\xi_m,w,t-\tau)\left\{\Theta_2\left(\frac{\pi(z-w)}{2d},e^{-\left(\frac{\pi}{d}\right)^2\eta_z\tau}\right)-\Theta_2\left(\frac{\pi(z+w)}{2d},e^{-\left(\frac{\pi}{d}\right)^2\eta_z\tau}\right)\right\}\times \\
& \times\int_0^\infty\frac{\xi\mathcal{D}_{\mathcal{M}}(\xi r)e^{-\eta_r\xi^2\tau}}{\left\{\lambda J_{\mathcal{M}}(\xi a)-\xi J'_{\mathcal{M}}(\xi a)\right\}^2+\left\{\lambda Y_{\mathcal{M}}(\xi a)-\xi Y'_{\mathcal{M}}(\xi a)\right\}^2}d\xi dwd\tau- \\
& -\frac{2}{\vartheta d}\sum_{m=0}^{\infty}\ni_m\cos(\xi_m\theta)\int_0^t\frac{1}{\tau}\int_0^\infty\left\{\left(\frac{\eta_z}{2d}\right)\Theta'_2\left(\frac{\pi z}{2d},e^{-\left(\frac{\pi}{d}\right)^2\eta_z\tau}\right)\overline{\psi}_{\theta 0}(u,\xi_m,t-\tau)+\right. \\
& \left.+\left(\frac{1}{\phi c_t}\right)\Theta_1\left(\frac{\pi z}{2d},e^{-\left(\frac{\pi}{d}\right)^2\eta_z\tau}\right)\overline{\psi}_{\theta d}(u,\xi_m,t-\tau)\right\}\times \\
& \times\int_0^\infty\frac{\xi u\mathcal{D}_{\mathcal{M}}(\xi u)\mathcal{D}_{\mathcal{M}}(\xi r)e^{-\eta_r\xi^2\tau}}{\left\{\lambda J_{\mathcal{M}}(\xi a)-\xi J'_{\mathcal{M}}(\xi a)\right\}^2+\left\{\lambda Y_{\mathcal{M}}(\xi a)-\xi Y'_{\mathcal{M}}(\xi a)\right\}^2}d\xi dud\tau+ \\
& +\frac{1}{\vartheta d}\sum_{m=0}^{\infty}\ni_m\cos(\xi_m\theta)\int_a^\infty u\int_0^d\overline{\varphi}(u,\xi_m,w)\left\{\Theta_2\left(\frac{\pi(z-w)}{2d},e^{-\left(\frac{\pi}{d}\right)^2\eta_z t}\right)-\Theta_2\left(\frac{\pi(z+w)}{2d},e^{-\left(\frac{\pi}{d}\right)^2\eta_z t}\right)\right\}\times \\
& \times\int_0^\infty\frac{\xi\mathcal{D}_{\mathcal{M}}(\xi v)\mathcal{D}_{\mathcal{M}}(\xi r)e^{-\eta_r\xi^2 t}}{\left\{\lambda J_{\mathcal{M}}(\xi a)-\xi J'_{\mathcal{M}}(\xi a)\right\}^2+\left\{\lambda Y_{\mathcal{M}}(\xi a)-\xi Y'_{\mathcal{M}}(\xi a)\right\}^2}d\xi dwdu
\end{aligned}
\qquad (27.37.2)
$$

where $\overline{\psi}_{\theta 0}(u,\xi_m,t)=\int_0^\vartheta \psi_{\theta 0}(u,v,t)\cos(\xi_m v)\,dv$, $\overline{\psi}_{\theta d}(u,\xi_m,t)=\int_0^\vartheta \psi_{\theta d}(u,v,t)\cos(\xi_m v)\,dv$,
$\overline{\psi}_a(\xi_m,w,t)=\int_0^\vartheta \psi_a(v,w,t)\cos(\xi_m v)\,dv$ and $\overline{\varphi}(u,\xi_m,w)=\int_0^\vartheta \varphi(u,v,w)\cos(\xi_m v)\,dv$.

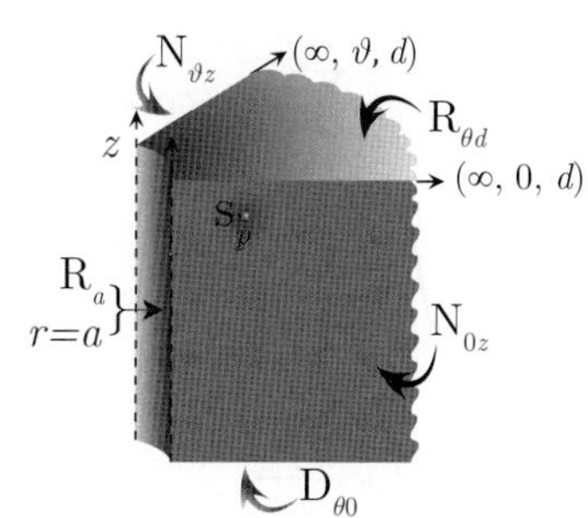

27.38 **The problem of 27.18, except** $\mathbf{D_{\theta 0} \equiv p(r,\theta,0,t) = \psi_{\theta 0}(r,\theta,t)}$,
$\mathbf{R_{\theta d} \equiv \frac{\partial p(r,\theta,d,t)}{\partial z} + \lambda p(r,\theta,d,t) = -\left(\frac{\mu}{k_z}\right)\psi_{\theta d}(r,\theta,t)}$,
$\mathbf{N_{0z} \equiv \frac{\partial p(r,0,z,t)}{\partial \theta} = -\left(\frac{\mu}{k_\theta}\right)\psi_{0z}(r,z,t)}$,
$\mathbf{N_{\vartheta z} \equiv \frac{\partial p(r,\vartheta,z,t)}{\partial \theta} = -\left(\frac{\mu}{k_\theta}\right)\psi_{\vartheta z}(r,z,t)}$ **and**
$\mathbf{R_a \equiv \frac{\partial p(a,\theta,z,t)}{\partial r} - \lambda p(a,\theta,z,t) = -\left(\frac{\mu}{k_r}\right)\psi_a(\theta,z,t)}$

$$\begin{aligned}
\overline{p} &= \frac{4q(s)\,e^{-st_0}}{\vartheta\phi c_t}\sum_{m=0}^{\infty}\ni_m\cos(\xi_m\theta_0)\sum_{l=1}^{\infty}\frac{(\xi_l^2+\lambda^2)\sin(\xi_l z_0)\sin(\xi_l z)}{d(\xi_l^2+\lambda^2)+\lambda}\times\\
&\times\int_0^\infty\frac{\xi\mathcal{D}_{\mathcal{M}}(\xi r_0)\mathcal{D}_{\mathcal{M}}(\xi r)}{(\eta_r\xi^2+\eta_z\xi_l^2+s)\left[\{\lambda J_{\mathcal{M}}(\xi a)-\xi J'_{\mathcal{M}}(\xi a)\}^2+\{\lambda Y_{\mathcal{M}}(\xi a)-\xi Y'_{\mathcal{M}}(\xi a)\}^2\right]}d\xi+\\
&+\frac{4}{\vartheta\phi c_t}\sum_{m=0}^{\infty}\ni_m\cos(\xi_m\theta)\sum_{l=1}^{\infty}\frac{(\xi_l^2+\lambda^2)\sin(\xi_l z)}{d(\xi_l^2+\lambda^2)+\lambda}\times\\
&\times\int_0^\infty\frac{1}{u}\int_0^\infty\frac{\xi\mathcal{D}_{\mathcal{M}}(\xi r)\mathcal{D}_{\mathcal{M}}(\xi u)\left\{\overline{\overline{\psi}}_{0z}(u,\xi_l,s)+(-1)^{m+1}\overline{\overline{\psi}}_{\vartheta z}(u,\xi_l,s)\right\}}{(\eta_r\xi^2+\eta_z\xi_l^2+s)\left[\{\lambda J_{\mathcal{M}}(\xi a)-\xi J'_{\mathcal{M}}(\xi a)\}^2+\{\lambda Y_{\mathcal{M}}(\xi a)-\xi Y'_{\mathcal{M}}(\xi a)\}^2\right]}d\xi du+\\
&+\frac{8}{\pi\vartheta\phi c_t}\sum_{m=0}^{\infty}\ni_m\cos(\xi_m\theta)\sum_{l=1}^{\infty}\frac{\overline{\overline{\overline{\psi}}}_a(\xi_m,\xi_l,s)(\xi_l^2+\lambda^2)\sin(\xi_l z)}{d(\xi_l^2+\lambda^2)+\lambda}\times\\
&\times\int_0^\infty\frac{\xi\mathcal{D}_{\mathcal{M}}(\xi r)}{(\eta_r\xi^2+\eta_z\xi_l^2+s)\left[\{\lambda J_{\mathcal{M}}(\xi a)-\xi J'_{\mathcal{M}}(\xi a)\}^2+\{\lambda Y_{\mathcal{M}}(\xi a)-\xi Y'_{\mathcal{M}}(\xi a)\}^2\right]}d\xi+\\
&+\frac{4\eta_z}{\vartheta}\sum_{m=0}^{\infty}\ni_m\cos(\xi_m\theta)\sum_{l=1}^{\infty}\frac{(\xi_l^2+\lambda^2)\sin(\xi_l z)}{d(\xi_l^2+\lambda^2)+\lambda}\times\\
&\times\int_a^\infty\int_0^\infty\frac{\xi u\mathcal{D}_{\mathcal{M}}(\xi u)\mathcal{D}_{\mathcal{M}}(\xi r)\left\{\xi_l\overline{\overline{\psi}}_{\theta 0}(u,\xi_m,s)-\left(\frac{\mu}{k_z}\right)\overline{\overline{\psi}}_{\theta d}(u,\xi_m,s)\sin(\xi_l d)\right\}}{(\eta_r\xi^2+\eta_z\xi_l^2+s)\left[\{\lambda J_0(\xi a)+\xi J_1(\xi a)\}^2+\{\lambda Y_0(\xi a)+\xi Y_1(\xi a)\}^2\right]}d\xi du+\\
&+\frac{4}{\vartheta}\sum_{m=0}^{\infty}\ni_m\cos(\xi_m\theta)\sum_{l=1}^{\infty}\frac{(\xi_l^2+\lambda^2)\sin(\xi_l z)}{d(\xi_l^2+\lambda^2)+\lambda}\times\\
&\times\int_0^\infty\frac{\overline{\overline{\overline{\varphi}}}(\xi,\xi_m,\xi_l)\,\xi\mathcal{D}_{\mathcal{M}}(\xi r)}{(\eta_r\xi^2+\eta_z\xi_l^2+s)\left[\{\lambda J_{\mathcal{M}}(\xi a)-\xi J'_{\mathcal{M}}(\xi a)\}^2+\{\lambda Y_{\mathcal{M}}(\xi a)-\xi Y'_{\mathcal{M}}(\xi a)\}^2\right]}d\xi \qquad (27.38.1)
\end{aligned}$$

where $\mathcal{D}_{\mathcal{M}}(\xi r) = Y_{\mathcal{M}}(\xi r)\{\lambda J_{\mathcal{M}}(\xi a)-\xi J'_{\mathcal{M}}(\xi a)\} - J_{\mathcal{M}}(\xi r)\{\lambda Y_{\mathcal{M}}(\xi a)-\xi Y'_{\mathcal{M}}(\xi a)\}$, ξ_l are the positive roots of $\xi_l\cot(\xi_l d) = -\lambda$, $l = 1, 2, ...$, and ξ_m are the positive roots of $\sin(\xi_m\vartheta)$, which are $\xi_m = \frac{m\pi}{\vartheta}$, $m = 0, 1, ...$ $\overline{\overline{\psi}}_{\theta 0}(u,\xi_m,s) = \int_0^\vartheta\overline{\psi}_{\theta 0}(u,v,s)\cos(\xi_m v)\,dv$, $\overline{\overline{\psi}}_{\theta d}(u,\xi_m,s) = \int_0^\vartheta\overline{\psi}_{\theta d}(u,v,s)\cos(\xi_m v)\,dv$, $\overline{\overline{\psi}}_{0z}(u,\xi_l,s) = \int_0^d\overline{\psi}_{0z}(u,w,s)\sin(\xi_l w)\,dw$, $\overline{\overline{\psi}}_{\vartheta z}(u,\xi_l,s) = \int_0^d\overline{\psi}_{\vartheta z}(u,w,s)\sin(\xi_l w)\,dw$, $\overline{\overline{\overline{\psi}}}_a(\xi_m,\xi_l,s) = \int_0^\vartheta\overline{\psi}_a(v,w,s)\cos(\xi_m v)\int_0^d\sin(\xi_l w)dwdv$ and $\overline{\overline{\overline{\varphi}}}(\xi,\xi_m,\xi_l) = \int_a^\infty u\mathcal{D}_{\mathcal{M}}(\xi u)\int_0^\vartheta\cos(\xi_m v)\int_0^d\varphi(u,v,w)\sin(\xi_l w)dwdvdu$.

$$\begin{aligned}
p &= \frac{4U(t-t_0)}{\vartheta\phi c_t}\sum_{m=0}^{\infty}\ni_m\cos(\xi_m\theta_0)\sum_{l=1}^{\infty}\frac{(\xi_l^2+\lambda^2)\sin(\xi_l z_0)\sin(\xi_l z)}{d(\xi_l^2+\lambda^2)+\lambda}\times\\
&\times\int_0^\infty\frac{\xi\mathcal{D}_{\mathcal{M}}(\xi r_0)\mathcal{D}_{\mathcal{M}}(\xi r)}{\left[\{\lambda J_{\mathcal{M}}(\xi a)-\xi J'_{\mathcal{M}}(\xi a)\}^2+\{\lambda Y_{\mathcal{M}}(\xi a)-\xi Y'_{\mathcal{M}}(\xi a)\}^2\right]}\int_0^{t-t_0}q(t-t_0-\tau)\,e^{-(\eta_r\xi^2+\eta_z\xi_l^2)\tau}d\tau d\xi+
\end{aligned}$$

$$+\frac{4}{\vartheta\phi c_t}\sum_{m=0}^{\infty}\ni_m\cos(\xi_m\theta)\sum_{l=1}^{\infty}\frac{(\xi_l^2+\lambda^2)\sin(\xi_l z)}{\{d(\xi_l^2+\lambda^2)+\lambda\}}\times$$

$$\times\int_0^t e^{\eta_z l^2\tau}\int_0^{\infty}\frac{1}{u}\int_0^{\infty}\frac{\xi\mathcal{D}_{\mathcal{M}}(\xi r)\mathcal{D}_{\mathcal{M}}(\xi u)e^{\eta_r\xi^2\tau}\left\{\overline{\psi}_{0z}(u,\xi_l,t-\tau)+(-1)^{m+1}\overline{\psi}_{\vartheta z}(u,\xi_l,t-\tau)\right\}}{\left[\{\lambda J_{\mathcal{M}}(\xi a)-\xi J'_{\mathcal{M}}(\xi a)\}^2+\{\lambda Y_{\mathcal{M}}(\xi a)-\xi Y'_{\mathcal{M}}(\xi a)\}^2\right]}d\xi du d\tau+$$

$$+\frac{8}{\pi\vartheta\phi c_t}\sum_{m=0}^{\infty}\ni_m\cos(\xi_m\theta)\sum_{l=1}^{\infty}\frac{(\xi_l^2+\lambda^2)\sin(\xi_l z)}{d(\xi_l^2+\lambda^2)+\lambda}\times$$

$$\times\int_0^{\infty}\frac{\xi\mathcal{D}_{\mathcal{M}}(\xi r)}{\left[\{\lambda J_{\mathcal{M}}(\xi a)-\xi J'_{\mathcal{M}}(\xi a)\}^2+\{\lambda Y_{\mathcal{M}}(\xi a)-\xi Y'_{\mathcal{M}}(\xi a)\}^2\right]}\int_0^t\overline{\overline{\psi}}_a(\xi_m,\xi_l,t-\tau)e^{-(\eta_r\xi^2+\eta_z\xi_l^2)\tau}d\tau d\xi+$$

$$+\frac{4\eta_z}{\vartheta}\sum_{m=0}^{\infty}\ni_m\cos(\xi_m\theta)\times$$

$$\times\sum_{l=1}^{\infty}\frac{(\xi_l^2+\lambda^2)\sin(\xi_l z)}{d(\xi_l^2+\lambda^2)+\lambda}\int_a^{\infty}\int_0^{\infty}\frac{\xi u\mathcal{D}_{\mathcal{M}}(\xi u)\mathcal{D}_{\mathcal{M}}(\xi r)}{\left[\{\lambda J_{\mathcal{M}}(\xi a)-\xi J'_{\mathcal{M}}(\xi a)\}^2+\{\lambda Y_{\mathcal{M}}(\xi a)-\xi Y'_{\mathcal{M}}(\xi a)\}^2\right]}\times$$

$$\times\int_0^t\left\{\xi_l\overline{\psi}_{\theta 0}(u,\xi_m,t-\tau)-\left(\frac{\mu}{k_z}\right)\overline{\psi}_{\theta d}(u,\xi_m,t-\tau)\sin(\xi_l d)\right\}d\tau e^{-(\eta_r\xi^2+\eta_z\xi_l^2)\tau}d\xi du+$$

$$+\frac{4}{\vartheta}\sum_{m=0}^{\infty}\ni_m\cos(\xi_m\theta)\sum_{l=1}^{\infty}\frac{(\xi_l^2+\lambda^2)\sin(\xi_l z)}{d(\xi_l^2+\lambda^2)+\lambda}\int_0^{\infty}\frac{\overline{\overline{\overline{\varphi}}}(\xi,\xi_m,\xi_l)\xi\mathcal{D}_{\mathcal{M}}(\xi r)e^{-(\eta_r\xi^2+\eta_z\xi_l^2)t}}{\left[\{\lambda J_{\mathcal{M}}(\xi a)-\xi J'_{\mathcal{M}}(\xi a)\}^2+\{\lambda Y_{\mathcal{M}}(\xi a)-\xi Y'_{\mathcal{M}}(\xi a)\}^2\right]}d\xi$$

(27.38.2)

where $\overline{\psi}_{\theta 0}(u,\xi_m,t)=\int_0^{\vartheta}\psi_{\theta 0}(u,v,t)\cos(\xi_m v)\,dv$, $\overline{\psi}_{\theta d}(u,\xi_m,t)=\int_0^{\vartheta}\psi_{\theta d}(u,v,t)\cos(\xi_m v)\,dv$, $\overline{\psi}_{0z}(u,\xi_l,t)=\int_0^{d}\psi_{0z}(u,w,t)\sin(\xi_l w)\,dw$, $\overline{\psi}_{\vartheta z}(u,\xi_l,t)=\int_0^{d}\psi_{\vartheta z}(u,w,t)\sin(\xi_l w)\,dw$ and $\overline{\overline{\psi}}_a(\xi_m,\xi_l,t)=\int_0^{\vartheta}\psi_a(v,w,t)\cos(\xi_m v)\int_0^{d}\sin(\xi_l w)dwdv$.

27.39

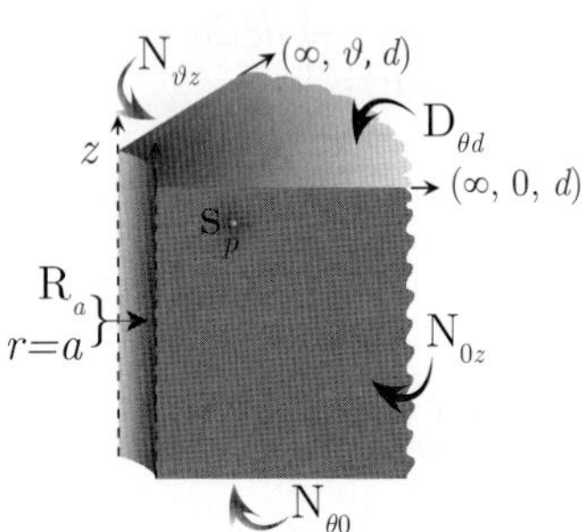

The problem of 27.18 except
$\mathbf{N}_{\theta 0}\equiv\frac{\partial p(r,\theta,0,t)}{\partial z}=-\left(\frac{\mu}{k_z}\right)\psi_{\theta 0}(r,\theta,t)$,
$\mathbf{D}_{\theta d}\equiv p(r,\theta,d,t)=\psi_{\theta d}(r,\theta,t)$,
$\mathbf{N}_{0z}\equiv\frac{\partial p(r,0,z,t)}{\partial\theta}=-\left(\frac{\mu}{k_\theta}\right)\psi_{0z}(r,z,t)$,
$\mathbf{N}_{\vartheta z}\equiv\frac{\partial p(r,\vartheta,z,t)}{\partial\theta}=-\left(\frac{\mu}{k_\theta}\right)\psi_{\vartheta z}(r,z,t)$ **and**
$\mathbf{R}_a\equiv\frac{\partial p(a,\theta,z,t)}{\partial r}-\lambda p(a,\theta,z,t)=-\left(\frac{\mu}{k_r}\right)\psi_a(\theta,z,t)$

$$\overline{p}=\frac{4q(s)e^{-st_0}}{\vartheta d\phi c_t}\sum_{m=0}^{\infty}\ni_m\cos(\xi_m\theta_0)\sum_{l=1}^{\infty}\cos(\xi_l z_0)\cos(\xi_l z)\times$$

$$\times\int_0^{\infty}\frac{\xi\mathcal{D}_{\mathcal{M}}(\xi r_0)\mathcal{D}_{\mathcal{M}}(\xi r)}{(\eta_r\xi^2+\eta_z\xi_l^2+s)\left[\{\lambda J_{\mathcal{M}}(\xi a)-\xi J'_{\mathcal{M}}(\xi a)\}^2+\{\lambda Y_{\mathcal{M}}(\xi a)-\xi Y'_{\mathcal{M}}(\xi a)\}^2\right]}d\xi+$$

$$+\frac{4}{\vartheta d\phi c_t}\sum_{m=0}^{\infty}\ni_m\cos(\xi_m\theta)\times$$

$$\times\sum_{l=1}^{\infty}\cos(\xi_l z)\int_0^{\infty}\frac{1}{u}\int_0^{\infty}\frac{\xi\mathcal{D}_{\mathcal{M}}(\xi r)\mathcal{D}_{\mathcal{M}}(\xi u)\left\{\overline{\overline{\psi}}_{0z}(u,\xi_l,s)+(-1)^{m+1}\overline{\overline{\psi}}_{\vartheta z}(u,\xi_l,s)\right\}}{(\eta_r\xi^2+\eta_z\xi_l^2+s)\left[\{\lambda J_{\mathcal{M}}(\xi a)-\xi J'_{\mathcal{M}}(\xi a)\}^2+\{\lambda Y_{\mathcal{M}}(\xi a)-\xi Y'_{\mathcal{M}}(\xi a)\}^2\right]}d\xi du+$$

$$+\frac{8}{\pi\vartheta d\phi c_t}\sum_{m=0}^{\infty}\ni_m\cos(\xi_m\theta)\sum_{l=1}^{\infty}\overline{\overline{\overline{\psi}}}_a(\xi_m,\xi_l,s)\cos(\xi_l z)\times$$

$$\times\int_0^{\infty}\frac{\xi\mathcal{D}_{\mathcal{M}}(\xi r)}{(\eta_r\xi^2+\eta_z\xi_l^2+s)\left[\{\lambda J_{\mathcal{M}}(\xi a)-\xi J'_{\mathcal{M}}(\xi a)\}^2+\{\lambda Y_{\mathcal{M}}(\xi a)-\xi Y'_{\mathcal{M}}(\xi a)\}^2\right]}d\xi+$$

$$+\frac{4\eta_z}{\vartheta d}\sum_{m=0}^{\infty}\ni_m\cos(\xi_m\theta)\sum_{l=1}^{\infty}\xi_l\cos(\xi_l z)\times$$

$$\times\int_a^{\infty}\int_0^{\infty}\frac{\xi u\mathcal{D}_{\mathcal{M}}(\xi u)\mathcal{D}_{\mathcal{M}}(\xi r)\left\{(-1)^{m+1}\xi_l\overline{\overline{\psi}}_{\theta d}(u,\xi_m,s)+\left(\frac{\mu}{k_z}\right)\overline{\overline{\psi}}_{\theta 0}(u,\xi_m,s)\right\}}{(\eta_r\xi^2+\eta_z\xi_l^2+s)\left[\{\lambda J_{\mathcal{M}}(\xi a)-\xi J'_{\mathcal{M}}(\xi a)\}^2+\{\lambda Y_{\mathcal{M}}(\xi a)-\xi Y'_{\mathcal{M}}(\xi a)\}^2\right]}d\xi du+$$

$$+\frac{4}{\vartheta d}\sum_{m=0}^{\infty}\ni_m\cos(\xi_m\theta)\sum_{l=1}^{\infty}\cos(\xi_l z)\times$$

$$\times\int_0^{\infty}\frac{\overline{\overline{\overline{\varphi}}}(\xi,\xi_m,\xi_l)\,\xi\mathcal{D}_{\mathcal{M}}(\xi r)}{(\eta_r\xi^2+\eta_z\xi_l^2+s)\left[\{\lambda J_{\mathcal{M}}(\xi a)-\xi J'_{\mathcal{M}}(\xi a)\}^2+\{\lambda Y_{\mathcal{M}}(\xi a)-\xi Y'_{\mathcal{M}}(\xi a)\}^2\right]}d\xi \qquad (27.39.1)$$

where $\mathcal{D}_{\mathcal{M}}(\xi r)=Y_{\mathcal{M}}(\xi r)\{\lambda J_{\mathcal{M}}(\xi a)-\xi J'_{\mathcal{M}}(\xi a)\}-J_{\mathcal{M}}(\xi r)\{\lambda Y_{\mathcal{M}}(\xi a)-\xi Y'_{\mathcal{M}}(\xi a)\}$, ξ_l are the positive roots of $\cos(\xi_l d)$, which are $\xi_l=\frac{(2l-1)\pi}{2d}$, $l=1,2,...$, and ξ_m are the positive roots of $\sin(\xi_m\vartheta)$, which are $\xi_m=\frac{m\pi}{\vartheta}$, $m=0,1,....$ $\overline{\overline{\psi}}_{\theta 0}(u,\xi_m,s)=\int_0^{\vartheta}\overline{\psi}_{\theta 0}(u,v,s)\cos(\xi_m v)\,dv$, $\overline{\overline{\psi}}_{\theta d}(u,\xi_m,s)=\int_0^{\vartheta}\overline{\psi}_{\theta d}(u,v,s)\cos(\xi_m v)\,dv$, $\overline{\overline{\psi}}_{0z}(u,\xi_l,s)=\int_0^{d}\overline{\psi}_{0z}(u,w,s)\cos(\xi_l w)\,dw$, $\overline{\overline{\psi}}_{\vartheta z}(u,\xi_l,s)=\int_0^{d}\overline{\psi}_{\vartheta z}(u,w,s)\cos(\xi_l w)\,dw$,
$\overline{\overline{\overline{\psi}}}_a(\xi_m,\xi_l,s)=\int_0^{\vartheta}\overline{\psi}_a(v,w,s)\cos(\xi_m v)\int_0^{d}\cos(\xi_l w)dwdv$ and
$\overline{\overline{\overline{\varphi}}}(\xi,\xi_m,\xi_l)=\int_a^{\infty}u\mathcal{D}_{\mathcal{M}}(\xi u)\int_0^{\vartheta}\cos(\xi_m v)\int_0^{d}\varphi(u,v,w)\cos(\xi_l w)dwdvdu.$

$$p=\frac{U(t-t_0)}{\vartheta d\phi c_t}\sum_{m=0}^{\infty}\ni_m\cos(\xi_m\theta_0)\times$$

$$\times\int_0^{t-t_0}q(t-t_0-\tau)\left\{\Theta_2\left(\frac{\pi(z-z_0)}{2d},e^{-\left(\frac{\pi}{d}\right)^2\eta_z\tau}\right)+\Theta_2\left(\frac{\pi(z+z_0)}{2d},e^{-\left(\frac{\pi}{d}\right)^2\eta_z\tau}\right)\right\}\times$$

$$\times\int_0^{\infty}\frac{\xi\mathcal{D}_{\mathcal{M}}(\xi r_0)\mathcal{D}_{\mathcal{M}}(\xi r)e^{-\eta_r\xi^2\tau}}{\{\lambda J_{\mathcal{M}}(\xi a)-\xi J'_{\mathcal{M}}(\xi a)\}^2+\{\lambda Y_{\mathcal{M}}(\xi a)-\xi Y'_{\mathcal{M}}(\xi a)\}^2}d\xi d\tau+$$

$$+\frac{1}{\vartheta d\phi c_t}\sum_{m=0}^{\infty}\ni_m\cos(\xi_m\theta)\int_0^{t}\int_0^{\infty}\frac{1}{u}\int_0^{\infty}\left\{\psi_{0z}(u,w,t-\tau)+(-1)^{m+1}\psi_{\vartheta z}(u,w,t-\tau)\right\}\times$$

$$\times\left\{\Theta_2\left(\frac{\pi(z-w)}{2d},e^{-\left(\frac{\pi}{2}\right)\eta_z\tau}\right)+\Theta_2\left(\frac{\pi(z+w)}{2d},e^{-\left(\frac{\pi}{2}\right)\eta_z\tau}\right)\right\}\times$$

$$\times\int_0^{\infty}\frac{\xi\mathcal{D}_{\mathcal{M}}(\xi r)\mathcal{D}_{\mathcal{M}}(\xi u)e^{\eta_r\xi^2\tau}}{\left[\{\lambda J_{\mathcal{M}}(\xi a)-\xi J'_{\mathcal{M}}(\xi a)\}^2+\{\lambda Y_{\mathcal{M}}(\xi a)-\xi Y'_{\mathcal{M}}(\xi a)\}^2\right]}d\xi dwdud\tau+$$

$$+\frac{2}{\pi\vartheta d\phi c_t}\sum_{m=0}^{\infty}\ni_m\cos(\xi_m\theta)\times$$

$$\times\int_0^{t}\int_a^{\infty}\overline{\psi}_a(\xi_m,w,t-\tau)\left\{\Theta_2\left(\frac{\pi(z-w)}{2d},e^{-\left(\frac{\pi}{d}\right)^2\eta_z\tau}\right)+\Theta_2\left(\frac{\pi(z+w)}{2d},e^{-\left(\frac{\pi}{d}\right)^2\eta_z\tau}\right)\right\}\times$$

$$\times\int_0^{\infty}\frac{\xi\mathcal{D}_{\mathcal{M}}(\xi r)e^{-\eta_r\xi^2\tau}}{\{\lambda J_{\mathcal{M}}(\xi a)-\xi J'_{\mathcal{M}}(\xi a)\}^2+\{\lambda Y_{\mathcal{M}}(\xi a)-\xi Y'_{\mathcal{M}}(\xi a)\}^2}d\xi dwd\tau+$$

$$+\frac{2}{\vartheta d}\sum_{m=0}^{\infty}\ni_m\cos(\xi_m\theta)\int_0^t\frac{1}{\tau}\int_0^{\infty}\left\{\left(\frac{1}{\phi c_t}\right)\Theta_2\left(\frac{\pi z}{2d},e^{-\left(\frac{\pi}{d}\right)^2\eta_z\tau}\right)\overline{\psi}_{\theta 0}(u,\xi_m,t-\tau)+\right.$$
$$\left.+\left(\frac{\eta_z}{2d}\right)\Theta_1'\left(\frac{\pi z}{2d},e^{-\left(\frac{\pi}{d}\right)^2\eta_z\tau}\right)\overline{\psi}_{\theta d}(u,\xi_m,t-\tau)\right\}\times$$
$$\times\int_0^{\infty}\frac{\xi u\mathcal{D}_{\mathcal{M}}(\xi u)\mathcal{D}_{\mathcal{M}}(\xi r)e^{-\eta_r\xi^2\tau}}{\{\lambda J_{\mathcal{M}}(\xi a)-\xi J_{\mathcal{M}}'(\xi a)\}^2+\{\lambda Y_{\mathcal{M}}(\xi a)-\xi Y_{\mathcal{M}}'(\xi a)\}^2}d\xi du d\tau+$$
$$+\frac{1}{\vartheta d}\sum_{m=0}^{\infty}\ni_m\cos(\xi_m\theta)\int_a^{\infty}u\int_0^d\overline{\varphi}(u,\xi_m,w)\left\{\Theta_2\left(\frac{\pi(z-w)}{2d},e^{-\left(\frac{\pi}{d}\right)^2\eta_z t}\right)+\Theta_2\left(\frac{\pi(z+w)}{2d},e^{-\left(\frac{\pi}{d}\right)^2\eta_z t}\right)\right\}\times$$
$$\times\int_0^{\infty}\frac{\xi\mathcal{D}_{\mathcal{M}}(\xi v)\mathcal{D}_{\mathcal{M}}(\xi r)e^{-\eta_r\xi^2 t}}{\{\lambda J_{\mathcal{M}}(\xi a)-\xi J_{\mathcal{M}}'(\xi a)\}^2+\{\lambda Y_{\mathcal{M}}(\xi a)-\xi Y_{\mathcal{M}}'(\xi a)\}^2}d\xi dw du \tag{27.39.2}$$

where $\overline{\psi}_{\theta 0}(u,\xi_m,t)=\int_0^{\vartheta}\psi_{\theta 0}(u,v,t)\cos(\xi_m v)\,dv$, $\overline{\psi}_{\theta d}(u,\xi_m,t)=\int_0^{\vartheta}\psi_{\theta d}(u,v,t)\cos(\xi_m v)\,dv$, $\overline{\psi}_a(\xi_m,w,t)=\int_0^{\vartheta}\psi_a(v,w,t)\cos(\xi_m v)\,dv$ and $\overline{\varphi}(u,\xi_m,w)=\int_0^{\vartheta}\varphi(u,v,w)\cos(\xi_m v)\,dv$.

27.40

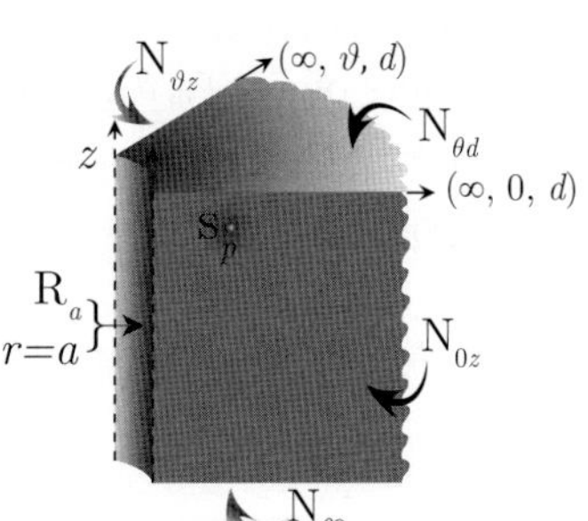

The problem of 27.18 except
$\mathbf{N}_{\theta 0}\equiv\frac{\partial p(r,\theta,0,t)}{\partial z}=-\left(\frac{\mu}{k_z}\right)\psi_{\theta 0}(r,\theta,t)$,
$\mathbf{N}_{\theta d}\equiv\frac{\partial p(r,\theta,d,t)}{\partial z}=-\left(\frac{\mu}{k_z}\right)\psi_{\theta d}(r,\theta,t)$,
$\mathbf{N}_{0z}\equiv\frac{\partial p(r,0,z,t)}{\partial \theta}=-\left(\frac{\mu}{k_\theta}\right)\psi_{0z}(r,z,t)$,
$\mathbf{N}_{\vartheta z}\equiv\frac{\partial p(r,\vartheta,z,t)}{\partial \theta}=-\left(\frac{\mu}{k_\theta}\right)\psi_{\vartheta z}(r,z,t)$ **and**
$\mathbf{R}_a\equiv\frac{\partial p(a,\theta,z,t)}{\partial r}-\lambda p(a,\theta,z,t)=-\left(\frac{\mu}{k_r}\right)\psi_a(\theta,z,t)$

$$\overline{p}=\frac{4q(s)e^{-st_0}}{\vartheta d\phi c_t}\sum_{m=0}^{\infty}\ni_m\cos(\xi_m\theta_0)\sum_{l=0}^{\infty}\ni_l\cos(\xi_l z_0)\cos(\xi_l z)\times$$
$$\times\int_0^{\infty}\frac{\xi\mathcal{D}_{\mathcal{M}}(\xi r_0)\mathcal{D}_{\mathcal{M}}(\xi r)}{(\eta_r\xi^2+\eta_z\xi_l^2+s)\left[\{\lambda J_{\mathcal{M}}(\xi a)-\xi J_{\mathcal{M}}'(\xi a)\}^2+\{\lambda Y_{\mathcal{M}}(\xi a)-\xi Y_{\mathcal{M}}'(\xi a)\}^2\right]}d\xi+$$
$$+\frac{4}{\vartheta d\phi c_t}\sum_{m=0}^{\infty}\ni_m\cos(\xi_m\theta)\times$$
$$\times\sum_{l=0}^{\infty}\ni_l\cos(\xi_l z)\int_0^{\infty}\frac{1}{u}\int_0^{\infty}\frac{\xi\mathcal{D}_{\mathcal{M}}(\xi r)\mathcal{D}_{\mathcal{M}}(\xi u)\left\{\overline{\overline{\psi}}_{0z}(u,\xi_l,s)+(-1)^{m+1}\overline{\overline{\psi}}_{\vartheta z}(u,\xi_l,s)\right\}}{(\eta_r\xi^2+\eta_z\xi_l^2+s)\left[\{\lambda J_{\mathcal{M}}(\xi a)-\xi J_{\mathcal{M}}'(\xi a)\}^2+\{\lambda Y_{\mathcal{M}}(\xi a)-\xi Y_{\mathcal{M}}'(\xi a)\}^2\right]}d\xi du+$$
$$+\frac{8}{\pi\vartheta d\phi c_t}\sum_{m=0}^{\infty}\ni_m\cos(\xi_m\theta)\sum_{l=0}^{\infty}\ni_l\overline{\overline{\psi}}_a(\xi_m,\xi_l,s)\cos(\xi_l z)\times$$
$$\times\int_0^{\infty}\frac{\xi\mathcal{D}_{\mathcal{M}}(\xi r)}{(\eta_r\xi^2+\eta_z\xi_l^2+s)\left[\{\lambda J_0(\xi a)+\xi J_1(\xi a)\}^2+\{\lambda Y_0(\xi a)+\xi Y_1(\xi a)\}^2\right]}d\xi+$$
$$+\frac{2}{\pi d\phi c_t}\sum_{m=0}^{\infty}\ni_m\cos(\xi_m\theta)\sum_{l=0}^{\infty}\ni_l\xi_l\cos(\xi_l z)\times$$
$$\times\int_a^{\infty}\int_0^{\infty}\frac{\xi u\mathcal{D}_{\mathcal{M}}(\xi u)\mathcal{D}_{\mathcal{M}}(\xi r)\left\{(-1)^{m+1}\overline{\overline{\psi}}_{\theta d}(u,\xi_m,s)+\overline{\overline{\psi}}_{\theta 0}(u,\xi_m,s)\right\}}{(\eta_r\xi^2+\eta_z\xi_l^2+s)\left[\{\lambda J_{\mathcal{M}}(\xi a)-\xi J_{\mathcal{M}}'(\xi a)\}^2+\{\lambda Y_{\mathcal{M}}(\xi a)-\xi Y_{\mathcal{M}}'(\xi a)\}^2\right]}d\xi du+$$

$$+\frac{4}{\vartheta d}\sum_{m=0}^{\infty}\ni_m\sum_{l=0}^{\infty}\ni_l\cos\left(\xi_l z\right)\int_0^{\infty}\frac{\overline{\overline{\overline{\varphi}}}\left(\xi,\xi_m,\xi_l\right)\xi\mathcal{D}_{\mathcal{M}}\left(\xi r\right)}{\left(\eta_r\xi^2+\eta_z\xi_l^2+s\right)\left[\left\{\lambda J_{\mathcal{M}}\left(\xi a\right)-\xi J'_{\mathcal{M}}\left(\xi a\right)\right\}^2+\left\{\lambda Y_{\mathcal{M}}\left(\xi a\right)-\xi Y'_{\mathcal{M}}\left(\xi a\right)\right\}^2\right]}d\xi \tag{27.40.1}$$

where $\mathcal{D}_{\mathcal{M}}(\xi r) = Y_{\mathcal{M}}(\xi r)\{\lambda J_{\mathcal{M}}(\xi a) - \xi J'_{\mathcal{M}}(\xi a)\} - J_{\mathcal{M}}(\xi r)\{\lambda Y_{\mathcal{M}}(\xi a) - \xi Y'_{\mathcal{M}}(\xi a)\}$, ξ_l are the positive roots of $\sin(\xi_l d)$, which are $\xi_l = \frac{l\pi}{d}$, $l = 1, 2, ...,$ and ξ_m are the positive roots of $\sin(\xi_m\vartheta)$, which are $\xi_m = \frac{m\pi}{\vartheta}$, $m = 0, 1, ...$ $\overline{\overline{\psi}}_{\theta 0}(u,\xi_m,s) = \int_0^{\vartheta}\overline{\psi}_{\theta 0}(u,v,s)\cos(\xi_m v)\,dv$, $\overline{\overline{\psi}}_{\theta d}(u,\xi_m,s) = \int_0^{\vartheta}\overline{\psi}_{\theta d}(u,v,s)\cos(\xi_m v)\,dv$, $\overline{\overline{\psi}}_{0z}(u,\xi_l,s) = \int_0^{d}\overline{\psi}_{0z}(u,w,s)\cos(\xi_l w)\,dw$, $\overline{\overline{\psi}}_{\vartheta z}(u,\xi_l,s) = \int_0^{d}\overline{\psi}_{\vartheta z}(u,w,s)\cos(\xi_l w)\,ddw$, $\overline{\overline{\overline{\psi}}}_a(\xi_m,\xi_l,s) = \int_0^{\vartheta}\overline{\psi}_a(v,w,s)\cos(\xi_m v)\int_0^{d}\cos(\xi_l w)dwdv$ and $\overline{\overline{\overline{\varphi}}}(\xi,\xi_m,\xi_l) = \int_a^{\infty}u\mathcal{D}_{\mathcal{M}}(\xi u)\int_0^{\vartheta}\cos(\xi_m v)\int_0^{d}\varphi(u,v,w)\cos(\xi_l w)dwdvdu.$

$$\begin{aligned}
p\ =\ & \frac{U(t-t_0)}{\vartheta d\phi c_t}\sum_{m=0}^{\infty}\ni_m\cos\left(\xi_m\theta_0\right)\times\\
&\times\int_0^{t-t_0}q\left(t-t_0-\tau\right)\left\{\Theta_3\left(\frac{\pi\left(z-z_0\right)}{2d},e^{-\left(\frac{\pi}{d}\right)^2\eta_z\tau}\right)+\Theta_3\left(\frac{\pi\left(z+z_0\right)}{2d},e^{-\left(\frac{\pi}{d}\right)^2\eta_z\tau}\right)\right\}\times\\
&\times\int_0^{\infty}\frac{\xi\mathcal{D}_{\mathcal{M}}\left(\xi r_0\right)\mathcal{D}_{\mathcal{M}}\left(\xi r\right)e^{-\eta_r\xi^2\tau}}{\left\{\lambda J_{\mathcal{M}}\left(\xi a\right)-\xi J'_{\mathcal{M}}\left(\xi a\right)\right\}^2+\left\{\lambda Y_{\mathcal{M}}\left(\xi a\right)-\xi Y'_{\mathcal{M}}\left(\xi a\right)\right\}^2}d\xi d\tau+\\
&+\frac{1}{\vartheta d\phi c_t}\sum_{m=0}^{\infty}\ni_m\cos\left(\xi_m\theta\right)\int_0^{t}\int_0^{\infty}\frac{1}{u}\int_0^{\infty}\left\{\psi_{0z}\left(u,w,t-\tau\right)+(-1)^{m+1}\psi_{\vartheta z}\left(u,w,t-\tau\right)\right\}\times\\
&\times\left\{\Theta_3\left(\frac{\pi\left(z-w\right)}{2d},e^{-\left(\frac{\pi}{2}\right)\eta_z\tau}\right)+\Theta_3\left(\frac{\pi\left(z+w\right)}{2d},e^{-\left(\frac{\pi}{2}\right)\eta_z\tau}\right)\right\}\times\\
&\times\int_0^{\infty}\frac{\xi\mathcal{D}_{\mathcal{M}}\left(\xi r\right)\mathcal{D}_{\mathcal{M}}\left(\xi u\right)e^{\eta_r\xi^2\tau}}{\left[\left\{\lambda J_{\mathcal{M}}\left(\xi a\right)-\xi J'_{\mathcal{M}}\left(\xi a\right)\right\}^2+\left\{\lambda Y_{\mathcal{M}}\left(\xi a\right)-\xi Y'_{\mathcal{M}}\left(\xi a\right)\right\}^2\right]}d\xi dwdud\tau+\\
&+\frac{2}{\pi\vartheta d\phi c_t}\sum_{m=0}^{\infty}\ni_m\cos\left(\xi_m\theta\right)\times\\
&\times\int_0^{t}\int_a^{\infty}\overline{\psi}_a\left(\xi_m,w,t-\tau\right)\left\{\Theta_3\left(\frac{\pi\left(z-w\right)}{2d},e^{-\left(\frac{\pi}{d}\right)^2\eta_z\tau}\right)+\Theta_3\left(\frac{\pi\left(z+w\right)}{2d},e^{-\left(\frac{\pi}{d}\right)^2\eta_z\tau}\right)\right\}\times\\
&\times\int_0^{\infty}\frac{\xi\mathcal{D}_{\mathcal{M}}\left(\xi r\right)e^{-\eta_r\xi^2\tau}}{\left\{\lambda J_{\mathcal{M}}\left(\xi a\right)-\xi J'_{\mathcal{M}}\left(\xi a\right)\right\}^2+\left\{\lambda Y_{\mathcal{M}}\left(\xi a\right)-\xi Y'_{\mathcal{M}}\left(\xi a\right)\right\}^2}d\xi dwd\tau+\\
&+\frac{2}{\vartheta d\phi c_t}\sum_{m=0}^{\infty}\ni_m\cos\left(\xi_m\theta\right)\times\\
&\times\int_0^{t}\int_a^{\infty}\left\{\Theta_3\left(\frac{\pi z}{2d},e^{-\left(\frac{\pi}{d}\right)^2\eta_z\tau}\right)\overline{\psi}_{\theta 0}\left(u,\xi_m,t-\tau\right)-\Theta_4\left(\frac{\pi z}{2d},e^{-\left(\frac{\pi}{d}\right)^2\eta_z\tau}\right)\overline{\psi}_{\theta d}\left(u,\xi_m,t-\tau\right)\right\}\times\\
&\times\int_0^{\infty}\frac{\xi u\mathcal{D}_{\mathcal{M}}\left(\xi u\right)\mathcal{D}_{\mathcal{M}}\left(\xi r\right)e^{-\eta_r\xi^2\tau}}{\left\{\lambda J_{\mathcal{M}}\left(\xi a\right)-\xi J'_{\mathcal{M}}\left(\xi a\right)\right\}^2+\left\{\lambda Y_{\mathcal{M}}\left(\xi a\right)-\xi Y'_{\mathcal{M}}\left(\xi a\right)\right\}^2}d\xi dud\tau+\\
&+\frac{1}{\vartheta d}\sum_{m=0}^{\infty}\ni_m\cos\left(\xi_m\theta\right)\int_a^{\infty}u\int_0^{d}\overline{\varphi}\left(u,\xi_m,w\right)\left\{\Theta_3\left(\frac{\pi\left(z-w\right)}{2d},e^{-\left(\frac{\pi}{d}\right)^2\eta_z t}\right)+\Theta_3\left(\frac{\pi\left(z+w\right)}{2d},e^{-\left(\frac{\pi}{d}\right)^2\eta_z t}\right)\right\}\times
\end{aligned}$$

$$\times \int_0^{\infty} \frac{\xi \mathcal{D}_{\mathcal{M}}(\xi v) \mathcal{D}_{\mathcal{M}}(\xi r) e^{-\eta_r \xi^2 t}}{\{\lambda J_{\mathcal{M}}(\xi a) - \xi J'_{\mathcal{M}}(\xi a)\}^2 + \{\lambda Y_{\mathcal{M}}(\xi a) - \xi Y'_{\mathcal{M}}(\xi a)\}^2} d\xi dw du \qquad (27.40.2)$$

where $\overline{\psi}_{\theta 0}(u, \xi_m, t) = \int_0^{\vartheta} \psi_{\theta 0}(u, v, t) \cos(\xi_m v)\, dv$, $\overline{\psi}_{\theta d}(u, \xi_m, t) = \int_0^{\vartheta} \psi_{\theta d}(u, v, t) \cos(\xi_m v)\, dv$, $\overline{\psi}_a(\xi_m, w, t) = \int_0^{\vartheta} \psi_a(v, w, t) \cos(\xi_m v)\, dv$ and $\overline{\varphi}(u, \xi_m, w) = \int_0^{\vartheta} \varphi(u, v, w) \cos(\xi_m v)\, dv$.

27.41

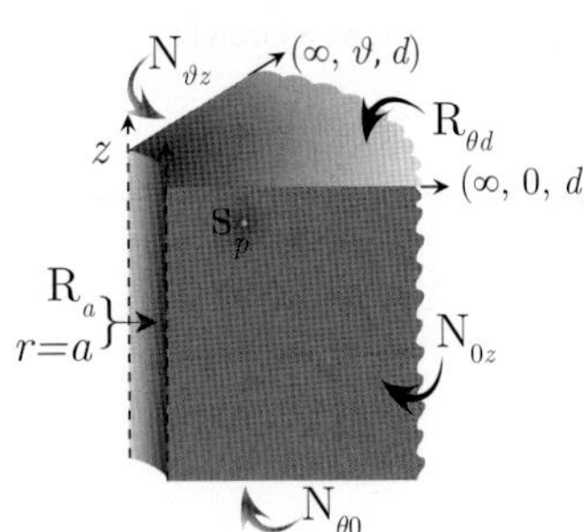

The problem of 27.18 except
$\mathbf{N}_{\theta 0} \equiv \frac{\partial p(r,\theta,0,t)}{\partial z} = -\left(\frac{\mu}{k_z}\right) \psi_{\theta 0}(r, \theta, t)$,
$\mathbf{R}_{\theta d} \equiv \frac{\partial p(r,\theta,d,t)}{\partial z} + \lambda p(r, \theta, d, t) = -\left(\frac{\mu}{k_z}\right) \psi_{\theta d}(r, \theta, t)$,
$\mathbf{N}_{0z} \equiv \frac{\partial p(r,0,z,t)}{\partial \theta} = -\left(\frac{\mu}{k_\theta}\right) \psi_{0z}(r, z, t)$,
$\mathbf{N}_{\vartheta z} \equiv \frac{\partial p(r,\vartheta,z,t)}{\partial \theta} = -\left(\frac{\mu}{k_\theta}\right) \psi_{\vartheta z}(r, z, t)$ **and**
$\mathbf{R}_a \equiv \frac{\partial p(a,\theta,z,t)}{\partial r} - \lambda p(a, \theta, z, t) = -\left(\frac{\mu}{k_r}\right) \psi_a(\theta, z, t)$

$$\overline{p} = \frac{4q(s) e^{-st_0}}{\vartheta \phi c_t} \sum_{m=0}^{\infty} \ni_m \cos(\xi_m \theta_0) \sum_{l=1}^{\infty} \frac{(\xi_l^2 + \lambda^2) \cos(\xi_l z_0) \cos(\xi_l z)}{d(\xi_l^2 + \lambda^2) + \lambda} \times$$
$$\times \int_0^{\infty} \frac{\xi \mathcal{D}_{\mathcal{M}}(\xi r_0) \mathcal{D}_{\mathcal{M}}(\xi r)}{(\eta_r \xi^2 + \eta_z \xi_l^2 + s)\left[\{\lambda J_{\mathcal{M}}(\xi a) - \xi J'_{\mathcal{M}}(\xi a)\}^2 + \{\lambda Y_{\mathcal{M}}(\xi a) - \xi Y'_{\mathcal{M}}(\xi a)\}^2\right]} d\xi +$$
$$+ \frac{4}{\vartheta d \phi c_t} \sum_{m=0}^{\infty} \ni_m \cos(\xi_m \theta) \sum_{l=0}^{\infty} \frac{(\xi_l^2 + \lambda^2) \cos(\xi_l z)}{\{d(\xi_l^2 + \lambda^2) + \lambda\}} \times$$
$$\times \int_0^{\infty} \frac{1}{u} \int_0^{\infty} \frac{\xi \mathcal{D}_{\mathcal{M}}(\xi r) \mathcal{D}_{\mathcal{M}}(\xi u) \left\{\overline{\overline{\psi}}_{0z}(u, \xi_l, s) + (-1)^{m+1} \overline{\overline{\psi}}_{\vartheta z}(u, \xi_l, s)\right\}}{(\eta_r \xi^2 + \eta_z \xi_l^2 + s)\left[\{\lambda J_{\mathcal{M}}(\xi a) - \xi J'_{\mathcal{M}}(\xi a)\}^2 + \{\lambda Y_{\mathcal{M}}(\xi a) - \xi Y'_{\mathcal{M}}(\xi a)\}^2\right]} d\xi du +$$
$$+ \frac{8}{\pi \vartheta \phi c_t} \sum_{m=0}^{\infty} \ni_m \cos(\xi_m \theta) \sum_{l=1}^{\infty} \frac{\overline{\overline{\overline{\psi}}}_a(\xi_m, \xi_l, s)(\xi_l^2 + \lambda^2) \cos(\xi_l z)}{d(\xi_l^2 + \lambda^2) + \lambda} \times$$
$$\times \int_0^{\infty} \frac{\xi \mathcal{D}_{\mathcal{M}}(\xi r)}{(\eta_r \xi^2 + \eta_z \xi_l^2 + s)\left[\{\lambda J_{\mathcal{M}}(\xi a) - \xi J'_{\mathcal{M}}(\xi a)\}^2 + \{\lambda Y_{\mathcal{M}}(\xi a) - \xi Y'_{\mathcal{M}}(\xi a)\}^2\right]} d\xi +$$
$$+ \frac{4}{\vartheta \phi c_t} \sum_{m=0}^{\infty} \ni_m \cos(\xi_m \theta) \sum_{l=1}^{\infty} \frac{(\xi_l^2 + \lambda^2) \cos(\xi_l z)}{d(\xi_l^2 + \lambda^2) + \lambda} \times$$
$$\times \int_a^{\infty} \int_0^{\infty} \frac{\xi u \mathcal{D}_{\mathcal{M}}(\xi u) \mathcal{D}_{\mathcal{M}}(\xi r) \{\overline{\psi}_0(r, s) - \overline{\psi}_d(r, s) \cos(\xi_l d)\}}{(\eta_r \xi^2 + \eta_z \xi_l^2 + s)\left[\{\lambda J_0(\xi a) + \xi J_1(\xi a)\}^2 + \{\lambda Y_0(\xi a) + \xi Y_1(\xi a)\}^2\right]} d\xi du +$$
$$+ \frac{4}{\vartheta} \sum_{m=0}^{\infty} \ni_m \sum_{l=1}^{\infty} \frac{(\xi_l^2 + \lambda^2) \cos(\xi_l z)}{d(\xi_l^2 + \lambda^2) + \lambda} \int_0^{\infty} \frac{\overline{\overline{\overline{\varphi}}}(\xi, \xi_m, \xi_l) \xi \mathcal{D}_{\mathcal{M}}(\xi r)}{(\eta_r \xi^2 + \eta_z \xi_l^2 + s)\left[\{\lambda J_0(\xi a) + \xi J_1(\xi a)\}^2 + \{\lambda Y_0(\xi a) + \xi Y_1(\xi a)\}^2\right]} d\xi$$
(27.41.1)

where $\mathcal{D}_{\mathcal{M}}(\xi r) = Y_{\mathcal{M}}(\xi r)\{\lambda J_{\mathcal{M}}(\xi a) - \xi J'_{\mathcal{M}}(\xi a)\} - J_{\mathcal{M}}(\xi r)\{\lambda Y_{\mathcal{M}}(\xi a) - \xi Y'_{\mathcal{M}}(\xi a)\}$, ξ_l are the positive roots of $\xi_l \tan(\xi_l d) = \lambda$, $l = 1, 2, ...$, and ξ_m are the positive roots of $\sin(\xi_m \vartheta)$, which are $\xi_m = \frac{m\pi}{\vartheta}$, $m = 0, 1, ...$ $\overline{\overline{\psi}}_{\theta 0}(u, \xi_m, s) = \int_0^{\vartheta} \overline{\psi}_{\theta 0}(u, v, s) \cos(\xi_m v)\, dv$, $\overline{\overline{\psi}}_{\theta d}(u, \xi_m, s) = \int_0^{\vartheta} \overline{\psi}_{\theta d}(u, v, s) \cos(\xi_m v)\, dv$, $\overline{\overline{\psi}}_{0z}(u, \xi_l, s) = \int_0^{d} \overline{\psi}_{0z}(u, w, s) \cos(\xi_l w)\, dw$, $\overline{\overline{\psi}}_{\vartheta z}(u, \xi_l, s) = \int_0^{d} \overline{\psi}_{\vartheta z}(u, w, s) \cos(\xi_l w)\, ddw$, $\overline{\overline{\overline{\psi}}}_a(\xi_m, \xi_l, s) = \int_0^{\vartheta} \overline{\psi}_a(v, w, s) \cos(\xi_m v) \int_0^{d} \cos(\xi_l w) dw dv$ and

$\overline{\overline{\overline{\varphi}}}(\xi,\xi_m,\xi_l)=\int_a^\infty u\mathcal{D}_{\mathcal{M}}(\xi u)\int_0^\vartheta\cos(\xi_m v)\int_0^d\varphi(u,v,w)\cos(\xi_l w)dwdvdu.$

$$\begin{aligned}
p &= \frac{4U(t-t_0)}{\vartheta\phi c_t}\sum_{m=0}^{\infty}\ni_m\cos(\xi_m\theta_0)\sum_{l=1}^{\infty}\frac{(\xi_l^2+\lambda^2)\cos(\xi_l z_0)\cos(\xi_l z)}{d(\xi_l^2+\lambda^2)+\lambda}\times\\
&\times\int_0^\infty\frac{\xi\mathcal{D}_{\mathcal{M}}(\xi r_0)\mathcal{D}_{\mathcal{M}}(\xi r)\int_0^{t-t_0}q(t-t_0-\tau)e^{-(\eta_r\xi^2+\eta_z\xi_l^2)\tau}d\tau}{\left[\{\lambda J_{\mathcal{M}}(\xi a)-\xi J'_{\mathcal{M}}(\xi a)\}^2+\{\lambda Y_{\mathcal{M}}(\xi a)-\xi Y'_{\mathcal{M}}(\xi a)\}^2\right]}d\xi+\\
&+\frac{4}{\vartheta\phi c_t}\sum_{m=0}^{\infty}\ni_m\cos(\xi_m\theta)\sum_{l=1}^{\infty}\frac{(\xi_l^2+\lambda^2)\cos(\xi_l z)}{\{d(\xi_l^2+\lambda^2)+\lambda\}}\times\\
&\times\int_0^t e^{\eta_z l^2\tau}\int_0^\infty\frac{1}{u}\int_0^\infty\frac{\xi\mathcal{D}_{\mathcal{M}}(\xi r)\mathcal{D}_{\mathcal{M}}(\xi u)e^{\eta_r\xi^2\tau}\left\{\overline{\psi}_{0z}(u,\xi_l,t-\tau)+(-1)^{m+1}\overline{\psi}_{\vartheta z}(u,\xi_l,t-\tau)\right\}}{\left[\{\lambda J_{\mathcal{M}}(\xi a)-\xi J'_{\mathcal{M}}(\xi a)\}^2+\{\lambda Y_{\mathcal{M}}(\xi a)-\xi Y'_{\mathcal{M}}(\xi a)\}^2\right]}d\xi dud\tau+\\
&+\frac{8}{\pi\vartheta\phi c_t}\sum_{m=0}^{\infty}\ni_m\cos(\xi_m\theta)\sum_{l=1}^{\infty}\frac{(\xi_l^2+\lambda^2)\cos(\xi_l z)}{d(\xi_l^2+\lambda^2)+\lambda}\times\\
&\times\int_0^\infty\frac{\xi\mathcal{D}_{\mathcal{M}}(\xi r)}{\left[\{\lambda J_{\mathcal{M}}(\xi a)-\xi J'_{\mathcal{M}}(\xi a)\}^2+\{\lambda Y_{\mathcal{M}}(\xi a)-\xi Y'_{\mathcal{M}}(\xi a)\}^2\right]}\int_0^t\overline{\overline{\psi}}_a(\xi_m,\xi_l,t-\tau)e^{-(\eta_r\xi^2+\eta_z\xi_l^2)\tau}d\tau d\xi+\\
&+\frac{4}{\vartheta\phi c_t}\sum_{m=0}^{\infty}\ni_m\cos(\xi_m\theta)\times\\
&\times\sum_{l=1}^{\infty}\frac{(\xi_l^2+\lambda^2)\cos(\xi_l z)}{d(\xi_l^2+\lambda^2)+\lambda}\int_a^\infty\int_0^\infty\frac{\xi u\mathcal{D}_{\mathcal{M}}(\xi u)\mathcal{D}_{\mathcal{M}}(\xi r)}{\left[\{\lambda J_{\mathcal{M}}(\xi a)-\xi J'_{\mathcal{M}}(\xi a)\}^2+\{\lambda Y_{\mathcal{M}}(\xi a)-\xi Y'_{\mathcal{M}}(\xi a)\}^2\right]}\times\\
&\times\int_0^t\left\{\overline{\psi}_{\theta 0}(u,\xi_m,t-\tau)-\overline{\psi}_{\theta d}(u,\xi_m,t-\tau)\cos(\xi_l d)\right\}e^{-(\eta_r\xi^2+\eta_z\xi_l^2)\tau}d\tau d\xi du+\\
&+\frac{4}{\vartheta}\sum_{m=0}^{\infty}\ni_m\cos(\xi_m\theta)\sum_{l=1}^{\infty}\frac{(\xi_l^2+\lambda^2)\cos(\xi_l z)}{d(\xi_l^2+\lambda^2)+\lambda}\int_0^\infty\frac{\overline{\overline{\overline{\varphi}}}(\xi,\xi_m,\xi_l)\xi\mathcal{D}_{\mathcal{M}}(\xi r)e^{-(\eta_r\xi^2+\eta_z\xi_l^2)t}}{\left[\{\lambda J_{\mathcal{M}}(\xi a)-\xi J'_{\mathcal{M}}(\xi a)\}^2+\{\lambda Y_{\mathcal{M}}(\xi a)-\xi Y'_{\mathcal{M}}(\xi a)\}^2\right]}d\xi
\end{aligned}\tag{27.41.2}$$

where $\overline{\psi}_{\theta 0}(u,\xi_m,t)=\int_0^\vartheta\psi_{\theta 0}(u,v,t)\cos(\xi_m v)\,dv$, $\overline{\psi}_{\theta d}(u,\xi_m,t)=\int_0^\vartheta\psi_{\theta d}(u,v,t)\cos(\xi_m v)\,dv$, $\overline{\psi}_{0z}(u,\xi_l,t)=\int_0^d\psi_{0z}(u,w,t)\cos(\xi_l w)\,dw$, $\overline{\psi}_{\vartheta z}(u,\xi_l,t)=\int_0^d\psi_{\vartheta z}(u,w,t)\cos(\xi_l w)\,dw$ and $\overline{\overline{\psi}}_a(\xi_m,\xi_l,t)=\int_0^\vartheta\psi_a(v,w,t)\cos(\xi_m v)\int_0^d\cos(\xi_l w)dwdv$.

27.42 **The problem of 27.18, except**
$\mathbf{R}_{\theta 0}\equiv\frac{\partial p(r,\theta,0,t)}{\partial z}-\lambda p(r,\theta,0,t)=-\left(\frac{\mu}{k_z}\right)\psi_{\theta 0}(r,\theta,t)$,
$\mathbf{D}_{\theta d}\equiv p(r,\theta,d,t)=\psi_{\theta d}(r,\theta,t)$,
$\mathbf{N}_{0z}\equiv\frac{\partial p(r,0,z,t)}{\partial\theta}=-\left(\frac{\mu}{k_\theta}\right)\psi_{0z}(r,z,t)$,
$\mathbf{N}_{\vartheta z}\equiv\frac{\partial p(r,\vartheta,z,t)}{\partial\theta}=-\left(\frac{\mu}{k_\theta}\right)\psi_{\vartheta z}(r,z,t)$ **and**
$\mathbf{R}_a\equiv\frac{\partial p(a,\theta,z,t)}{\partial r}-\lambda p(a,\theta,z,t)=-\left(\frac{\mu}{k_r}\right)\psi_a(\theta,z,t)$

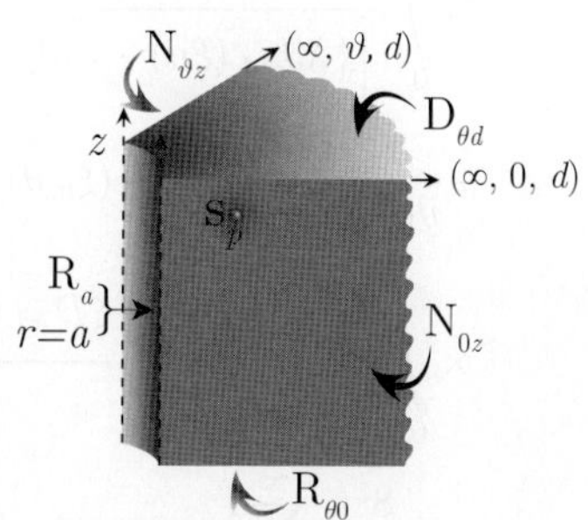

$$
\begin{aligned}
\overline{p} = {} & \frac{4q(s)\,e^{-st_0}}{\vartheta\phi c_t}\sum_{m=0}^{\infty}\ni_m\cos(\xi_m\theta_0)\sum_{l=1}^{\infty}\frac{(\xi_l^2+\lambda^2)\sin\{\xi_l(d-z_0)\}\sin\{\xi_l(d-z)\}}{d(\xi_l^2+\lambda^2)+\lambda}\times \\
& \times\int_0^\infty\frac{\xi\mathcal{D}_\mathcal{M}(\xi r_0)\,\mathcal{D}_\mathcal{M}(\xi r)}{(\eta_r\xi^2+\eta_z\xi_l^2+s)\left[\{\lambda J_\mathcal{M}(\xi a)-\xi J'_\mathcal{M}(\xi a)\}^2+\{\lambda Y_\mathcal{M}(\xi a)-\xi Y'_\mathcal{M}(\xi a)\}^2\right]}d\xi+ \\
& +\frac{4}{\vartheta d\phi c_t}\sum_{m=0}^{\infty}\ni_m\cos(\xi_m\theta)\sum_{l=0}^{\infty}\frac{(\xi_l^2+\lambda^2)\sin\{\xi_l(d-z)\}}{\{d(\xi_l^2+\lambda^2)+\lambda\}}\times \\
& \times\int_0^\infty\frac{1}{u}\int_0^\infty\frac{\xi\mathcal{D}_\mathcal{M}(\xi r)\,\mathcal{D}_\mathcal{M}(\xi u)\left\{\overline{\overline{\psi}}_{0z}(u,\xi_l,s)+(-1)^{m+1}\overline{\overline{\psi}}_{\vartheta z}(u,\xi_l,s)\right\}}{(\eta_r\xi^2+\eta_z\xi_l^2+s)\left[\{\lambda J_\mathcal{M}(\xi a)-\xi J'_\mathcal{M}(\xi a)\}^2+\{\lambda Y_\mathcal{M}(\xi a)-\xi Y'_\mathcal{M}(\xi a)\}^2\right]}d\xi du+ \\
& +\frac{8}{\pi\vartheta\phi c_t}\sum_{m=0}^{\infty}\ni_m\cos(\xi_m\theta)\sum_{l=1}^{\infty}\frac{\overline{\overline{\overline{\psi}}}_a(\xi_m,\xi_l,s)\,(\xi_l^2+\lambda^2)\sin\{\xi_l(d-z)\}}{d(\xi_l^2+\lambda^2)+\lambda}\times \\
& \times\int_0^\infty\frac{\xi\mathcal{D}_\mathcal{M}(\xi r)}{(\eta_r\xi^2+\eta_z\xi_l^2+s)\left[\{\lambda J_\mathcal{M}(\xi a)-\xi J'_\mathcal{M}(\xi a)\}^2+\{\lambda Y_\mathcal{M}(\xi a)-\xi Y'_\mathcal{M}(\xi a)\}^2\right]}d\xi+ \\
& +\frac{4\eta_z}{\vartheta}\sum_{m=0}^{\infty}\ni_m\cos(\xi_m\theta)\sum_{l=1}^{\infty}\frac{(\xi_l^2+\lambda^2)\sin\{\xi_l(d-z)\}}{d(\xi_l^2+\lambda^2)+\lambda}\times \\
& \times\int_a^\infty\int_0^\infty\frac{\xi u\mathcal{D}_\mathcal{M}(\xi u)\,\mathcal{D}_\mathcal{M}(\xi r)\left\{\left(\frac{\mu}{k_z}\right)\overline{\overline{\psi}}_{\theta 0}(u,\xi_m,s)\sin(\xi_l d)+\xi_l\overline{\overline{\psi}}_{\theta d}(u,\xi_m,s)\right\}}{(\eta_r\xi^2+\eta_z\xi_l^2+s)\left[\{\lambda J_\mathcal{M}(\xi a)-\xi J'_\mathcal{M}(\xi a)\}^2+\{\lambda Y_\mathcal{M}(\xi a)-\xi Y'_\mathcal{M}(\xi a)\}^2\right]}d\xi du+ \\
& +\frac{4}{\vartheta}\sum_{m=0}^{\infty}\ni_m\cos(\xi_m\theta)\sum_{l=1}^{\infty}\frac{(\xi_l^2+\lambda^2)\sin\{\xi_l(d-z)\}}{d(\xi_l^2+\lambda^2)+\lambda}\times \\
& \times\int_0^\infty\frac{\overline{\overline{\overline{\varphi}}}(\xi,\xi_m,\xi_l)\,\xi\mathcal{D}_\mathcal{M}(\xi r)}{(\eta_r\xi^2+\eta_z\xi_l^2+s)\left[\{\lambda J_\mathcal{M}(\xi a)-\xi J'_\mathcal{M}(\xi a)\}^2+\{\lambda Y_\mathcal{M}(\xi a)-\xi Y'_\mathcal{M}(\xi a)\}^2\right]}d\xi
\end{aligned}
\tag{27.42.1}
$$

where $\mathcal{D}_\mathcal{M}(\xi r) = Y_\mathcal{M}(\xi r)\{\lambda J_\mathcal{M}(\xi a)-\xi J'_\mathcal{M}(\xi a)\} - J_\mathcal{M}(\xi r)\{\lambda Y_\mathcal{M}(\xi a)-\xi Y'_\mathcal{M}(\xi a)\}$, ξ_l are the positive roots of $\xi_l\cot(\xi_l d) = -\lambda$, $l = 1, 2, ...$, and ξ_m are the positive roots of $\sin(\xi_m\vartheta)$, which are $\xi_m = \frac{m\pi}{\vartheta}$, $m = 0, 1, ...$. $\overline{\overline{\psi}}_{\theta 0}(u,\xi_m,s) = \int_0^\vartheta \overline{\psi}_{\theta 0}(u,v,s)\cos(\xi_m v)\,dv$, $\overline{\overline{\psi}}_{\theta d}(u,\xi_m,s) = \int_0^\vartheta \overline{\psi}_{\theta d}(u,v,s)\cos(\xi_m v)\,dv$, $\overline{\overline{\psi}}_{0z}(u,\xi_l,s) = \int_0^d \overline{\psi}_{0z}(u,w,s)\sin\{\xi_l(d-w)\}\,dw$, $\overline{\overline{\psi}}_{\vartheta z}(u,\xi_l,s) = \int_0^d \overline{\psi}_{\vartheta z}(u,w,s)\sin\{\xi_l(d-w)\}\,dw$, $\overline{\overline{\overline{\psi}}}_a(\xi_m,\xi_l,s) = \int_0^\vartheta \overline{\psi}_a(v,w,s)\cos(\xi_m v)\int_0^d \sin\{\xi_l(d-w)\}dwdv$ and $\overline{\overline{\overline{\varphi}}}(\xi,\xi_m,\xi_l) = \int_a^\infty u\mathcal{D}_\mathcal{M}(\xi u)\int_0^\vartheta\cos(\xi_m v)\int_0^d\varphi(u,v,w)\sin\{\xi_l(d-w)\}dwdvdu$.

$$
\begin{aligned}
p = {} & \frac{4U(t-t_0)}{\vartheta\phi c_t}\sum_{m=0}^{\infty}\ni_m\cos(\xi_m\theta_0)\sum_{l=1}^{\infty}\frac{(\xi_l^2+\lambda^2)\sin\{\xi_l(d-z_0)\}\sin\{\xi_l(d-z)\}}{d(\xi_l^2+\lambda^2)+\lambda}\times \\
& \times\int_0^\infty\frac{\xi\mathcal{D}_\mathcal{M}(\xi r_0)\,\mathcal{D}_\mathcal{M}(\xi r)}{\left[\{\lambda J_\mathcal{M}(\xi a)-\xi J'_\mathcal{M}(\xi a)\}^2+\{\lambda Y_\mathcal{M}(\xi a)-\xi Y'_\mathcal{M}(\xi a)\}^2\right]}\int_0^{t-t_0}q(t-t_0-\tau)\,e^{-(\eta_r\xi^2+\eta_z\xi_l^2)\tau}d\tau d\xi+ \\
& +\frac{4}{\vartheta\phi c_t}\sum_{m=0}^{\infty}\ni_m\cos(\xi_m\theta)\sum_{l=1}^{\infty}\frac{(\xi_l^2+\lambda^2)\sin\{\xi_l(d-z)\}}{\{d(\xi_l^2+\lambda^2)+\lambda\}}\times \\
& \times\int_0^t e^{\eta_z l^2\tau}\int_0^\infty\frac{1}{u}\int_0^\infty\frac{\xi\mathcal{D}_\mathcal{M}(\xi r)\,\mathcal{D}_\mathcal{M}(\xi u)\,e^{\eta_r\xi^2\tau}\left\{\overline{\psi}_{0z}(u,\xi_l,t-\tau)+(-1)^{m+1}\overline{\psi}_{\vartheta z}(u,\xi_l,t-\tau)\right\}}{\left[\{\lambda J_\mathcal{M}(\xi a)-\xi J'_\mathcal{M}(\xi a)\}^2+\{\lambda Y_\mathcal{M}(\xi a)-\xi Y'_\mathcal{M}(\xi a)\}^2\right]}d\xi du d\tau+ \\
& +\frac{8}{\pi\vartheta\phi c_t}\sum_{m=0}^{\infty}\ni_m\cos(\xi_m\theta)\sum_{l=1}^{\infty}\frac{(\xi_l^2+\lambda^2)\sin\{\xi_l(d-z)\}}{d(\xi_l^2+\lambda^2)+\lambda}\times
\end{aligned}
$$

$$\times\int_0^\infty \frac{\xi\mathcal{D}_\mathcal{M}(\xi r)}{\left[\{\lambda J_\mathcal{M}(\xi a)-\xi J'_\mathcal{M}(\xi a)\}^2+\{\lambda Y_\mathcal{M}(\xi a)-\xi Y'_\mathcal{M}(\xi a)\}^2\right]}\int_0^t \overline{\overline{\psi}}_a(\xi_m,\xi_l,t-\tau)\,e^{-\left(\eta_r\xi^2+\eta_z\xi_l^2\right)\tau}d\tau d\xi+$$

$$+\frac{4\eta_z}{\vartheta}\sum_{m=0}^\infty \ni_m\cos(\xi_m\theta)\times$$

$$\times\sum_{l=1}^\infty\frac{\left(\xi_l^2+\lambda^2\right)\sin\{\xi_l(d-z)\}}{d\left(\xi_l^2+\lambda^2\right)+\lambda}\int_a^\infty\int_0^\infty\frac{\xi u\mathcal{D}_\mathcal{M}(\xi u)\,\mathcal{D}_\mathcal{M}(\xi r)}{\left[\{\lambda J_\mathcal{M}(\xi a)-\xi J'_\mathcal{M}(\xi a)\}^2+\{\lambda Y_\mathcal{M}(\xi a)-\xi Y'_\mathcal{M}(\xi a)\}^2\right]}\times$$

$$\times\int_0^t\left\{\left(\frac{\mu}{k_z}\right)\overline{\psi}_{\theta 0}(u,\xi_m,t-\tau)\sin(\xi_l d)+\xi_l\overline{\psi}_{\theta d}(u,\xi_m,t-\tau)\right\}e^{-\left(\eta_r\xi^2+\eta_z\xi_l^2\right)\tau}d\tau d\xi du+$$

$$+\frac{4}{\vartheta}\sum_{m=0}^\infty \ni_m\cos(\xi_m\theta)\times$$

$$\times\sum_{l=1}^\infty\frac{\left(\xi_l^2+\lambda^2\right)\sin\{\xi_l(d-z)\}}{d\left(\xi_l^2+\lambda^2\right)+\lambda}\int_0^\infty\frac{\overline{\overline{\overline{\varphi}}}(\xi,\xi_m,\xi_l)\,\xi\mathcal{D}_\mathcal{M}(\xi r)\,e^{-\left(\eta_r\xi^2+\eta_z\xi_l^2\right)t}}{\left[\{\lambda J_\mathcal{M}(\xi a)-\xi J'_\mathcal{M}(\xi a)\}^2+\{\lambda Y_\mathcal{M}(\xi a)-\xi Y'_\mathcal{M}(\xi a)\}^2\right]}d\xi \qquad (27.42.2)$$

where $\overline{\psi}_{\theta 0}(u,\xi_m,t)=\int_0^\vartheta\psi_{\theta 0}(u,v,t)\cos(\xi_m v)\,dv$, $\overline{\psi}_{\theta d}(u,\xi_m,t)=\int_0^\vartheta\psi_{\theta d}(u,v,t)\cos(\xi_m v)\,dv$, $\overline{\psi}_{0z}(u,\xi_l,t)=\int_0^d\psi_{0z}(u,w,t)\sin\{\xi_l(d-w)\}\,dw$, $\overline{\psi}_{\vartheta z}(u,\xi_l,t)=\int_0^d\psi_{\vartheta z}(u,w,t)\sin\{\xi_l(d-w)\}\,dw$ and $\overline{\overline{\psi}}_a(\xi_m,\xi_l,t)=\int_0^\vartheta\psi_a(v,w,t)\cos(\xi_m v)\int_0^d\sin\{\xi_l(d-w)\}dwdv$.

27.43 The problem of 27.18 except

$\mathbf{R}_{\theta 0}\equiv\frac{\partial p(r,\theta,0,t)}{\partial z}-\lambda p(r,\theta,0,t)=-\left(\frac{\mu}{k_z}\right)\psi_{\theta 0}(r,\theta,t)$,
$\mathbf{N}_{\theta d}\equiv\frac{\partial p(r,\theta,d,t)}{\partial z}=-\left(\frac{\mu}{k_z}\right)\psi_{\theta d}(r,\theta,t)$,
$\mathbf{N}_{0z}\equiv\frac{\partial p(r,0,z,t)}{\partial\theta}=-\left(\frac{\mu}{k_\theta}\right)\psi_{0z}(r,z,t)$,
$\mathbf{N}_{\vartheta z}\equiv\frac{\partial p(r,\vartheta,z,t)}{\partial\theta}=-\left(\frac{\mu}{k_\theta}\right)\psi_{\vartheta z}(r,z,t)$ and
$\mathbf{R}_a\equiv\frac{\partial p(a,\theta,z,t)}{\partial r}-\lambda p(a,\theta,z,t)=-\left(\frac{\mu}{k_r}\right)\psi_a(\theta,z,t)$

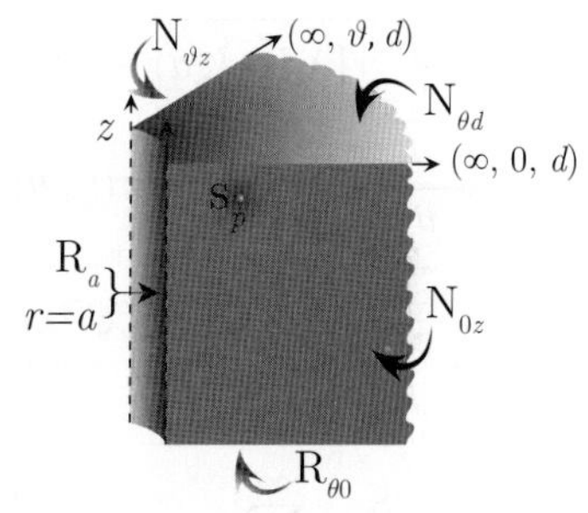

$$\overline{p}=\frac{4q(s)\,e^{-st_0}}{\vartheta\phi c_t}\sum_{m=0}^\infty \ni_m\cos(\xi_m\theta_0)\sum_{l=1}^\infty\frac{\left(\xi_l^2+\lambda^2\right)\cos\{\xi_l(d-z_0)\}\cos\{\xi_l(d-z)\}}{d\left(\xi_l^2+\lambda^2\right)+\lambda}\times$$

$$\times\int_0^\infty\frac{\xi\mathcal{D}_\mathcal{M}(\xi r_0)\,\mathcal{D}_\mathcal{M}(\xi r)}{\left(\eta_r\xi^2+\eta_z\xi_l^2+s\right)\left[\{\lambda J_\mathcal{M}(\xi a)-\xi J'_\mathcal{M}(\xi a)\}^2+\{\lambda Y_\mathcal{M}(\xi a)-\xi Y'_\mathcal{M}(\xi a)\}^2\right]}d\xi+$$

$$+\frac{4}{\vartheta d\phi c_t}\sum_{m=0}^\infty \ni_m\cos(\xi_m\theta)\sum_{l=0}^\infty\frac{\left(\xi_l^2+\lambda^2\right)\cos\{\xi_l(d-z)\}}{\{d\left(\xi_l^2+\lambda^2\right)+\lambda\}}\times$$

$$\times\int_0^\infty\frac{1}{u}\int_0^\infty\frac{\xi\mathcal{D}_\mathcal{M}(\xi r)\,\mathcal{D}_\mathcal{M}(\xi u)\left\{\overline{\overline{\psi}}_{0z}(u,\xi_l,s)+(-1)^{m+1}\overline{\overline{\psi}}_{\vartheta z}(u,\xi_l,s)\right\}}{\left(\eta_r\xi^2+\eta_z\xi_l^2+s\right)\left[\{\lambda J_\mathcal{M}(\xi a)-\xi J'_\mathcal{M}(\xi a)\}^2+\{\lambda Y_\mathcal{M}(\xi a)-\xi Y'_\mathcal{M}(\xi a)\}^2\right]}d\xi du+$$

$$+\frac{8}{\pi\vartheta\phi c_t}\sum_{m=0}^\infty \ni_m\cos(\xi_m\theta)\sum_{l=1}^\infty\frac{\overline{\overline{\overline{\psi}}}_a(\xi_m,\xi_l,s)\left(\xi_l^2+\lambda^2\right)\cos\{\xi_l(d-z)\}}{d\left(\xi_l^2+\lambda^2\right)+\lambda}\times$$

$$\times\int_0^\infty\frac{\xi\mathcal{D}_\mathcal{M}(\xi r)}{\left(\eta_r\xi^2+\eta_z\xi_l^2+s\right)\left[\{\lambda J_\mathcal{M}(\xi a)-\xi J'_\mathcal{M}(\xi a)\}^2+\{\lambda Y_\mathcal{M}(\xi a)-\xi Y'_\mathcal{M}(\xi a)\}^2\right]}d\xi+$$

$$+\frac{4}{\vartheta\phi c_t}\sum_{m=0}^{\infty}\ni_m\cos(\xi_m\theta)\sum_{l=1}^{\infty}\frac{(\xi_l^2+\lambda^2)\cos\{\xi_l(d-z)\}}{d(\xi_l^2+\lambda^2)+\lambda}\times$$

$$\times\int_a^\infty\int_0^\infty\frac{\xi u\mathcal{D}_{\mathcal{M}}(\xi u)\mathcal{D}_{\mathcal{M}}(\xi r)\left\{\overline{\overline{\psi}}_{\theta 0}(u,\xi_m,s)\cos(\xi_l d)-\overline{\overline{\psi}}_{\theta d}(u,\xi_m,s)\right\}}{(\eta_r\xi^2+\eta_z\xi_l^2+s)\left[\{\lambda J_{\mathcal{M}}(\xi a)-\xi J'_{\mathcal{M}}(\xi a)\}^2+\{\lambda Y_{\mathcal{M}}(\xi a)-\xi Y'_{\mathcal{M}}(\xi a)\}^2\right]}d\xi du+$$

$$+\frac{4}{\vartheta}\sum_{m=0}^{\infty}\ni_m\cos(\xi_m\theta)\sum_{l=1}^{\infty}\frac{(\xi_l^2+\lambda^2)\cos\{\xi_l(d-z)\}}{d(\xi_l^2+\lambda^2)+\lambda}\times$$

$$\times\int_0^\infty\frac{\overline{\overline{\overline{\varphi}}}(\xi,\xi_m,\xi_l)\,\xi\mathcal{D}_{\mathcal{M}}(\xi r)}{(\eta_r\xi^2+\eta_z\xi_l^2+s)\left[\{\lambda J_{\mathcal{M}}(\xi a)-\xi J'_{\mathcal{M}}(\xi a)\}^2+\{\lambda Y_{\mathcal{M}}(\xi a)-\xi Y'_{\mathcal{M}}(\xi a)\}^2\right]}d\xi \tag{27.43.1}$$

where $\mathcal{D}_{\mathcal{M}}(\xi r)=Y_{\mathcal{M}}(\xi r)\{\lambda J_{\mathcal{M}}(\xi a)-\xi J'_{\mathcal{M}}(\xi a)\}-J_{\mathcal{M}}(\xi r)\{\lambda Y_{\mathcal{M}}(\xi a)-\xi Y'_{\mathcal{M}}(\xi a)\}$, ξ_l are the positive roots of $\xi_l\tan(\xi_l d)=\lambda$, $l=1,2,...$, and ξ_m are the positive roots of $\sin(\xi_m\vartheta)$, which are $\xi_m=\frac{m\pi}{\vartheta}$, $m=0,1,....$ $\overline{\overline{\psi}}_{\theta 0}(u,\xi_m,s)=\int_0^\vartheta\overline{\psi}_{\theta 0}(u,v,s)\cos(\xi_m v)\,dv$, $\overline{\overline{\psi}}_{\theta d}(u,\xi_m,s)=\int_0^\vartheta\overline{\psi}_{\theta d}(u,v,s)\cos(\xi_m v)\,dv$, $\overline{\overline{\psi}}_{0z}(u,\xi_l,s)=\int_0^d\overline{\psi}_{0z}(u,w,s)\cos\{\xi_l(d-w)\}\,dw$, $\overline{\overline{\psi}}_{\vartheta z}(u,\xi_l,s)=\int_0^d\overline{\psi}_{\vartheta z}(u,w,s)\cos\{\xi_l(d-w)\}\,dw$, $\overline{\overline{\overline{\psi}}}_a(\xi_m,\xi_l,s)=\int_0^\vartheta\overline{\psi}_a(v,w,s)\cos(\xi_m v)\int_0^d\cos\{\xi_l(d-w)\}dwdv$ and $\overline{\overline{\overline{\varphi}}}(\xi,\xi_m,\xi_l)=\int_a^\infty u\mathcal{D}_{\mathcal{M}}(\xi u)\int_0^\vartheta\cos(\xi_m v)\int_0^d\varphi(u,v,w)\cos\{\xi_l(d-w)\}dwdvdu$.

$$p=\frac{4U(t-t_0)}{\vartheta\phi c_t}\sum_{m=0}^{\infty}\ni_m\cos(\xi_m\theta_0)\sum_{l=1}^{\infty}\frac{(\xi_l^2+\lambda^2)\cos\{\xi_l(d-z_0)\}\cos\{\xi_l(d-z)\}}{d(\xi_l^2+\lambda^2)+\lambda}\times$$

$$\times\int_0^\infty\frac{\xi\mathcal{D}_{\mathcal{M}}(\xi r_0)\mathcal{D}_{\mathcal{M}}(\xi r)}{\left[\{\lambda J_{\mathcal{M}}(\xi a)-\xi J'_{\mathcal{M}}(\xi a)\}^2+\{\lambda Y_{\mathcal{M}}(\xi a)-\xi Y'_{\mathcal{M}}(\xi a)\}^2\right]}\int_0^{t-t_0}q(t-t_0-\tau)e^{-(\eta_r\xi^2+\eta_z\xi_l^2)\tau}d\tau d\xi+$$

$$+\frac{4}{\vartheta\phi c_t}\sum_{m=0}^{\infty}\ni_m\cos(\xi_m\theta)\sum_{l=1}^{\infty}\frac{(\xi_l^2+\lambda^2)\cos\{\xi_l(d-z)\}}{\{d(\xi_l^2+\lambda^2)+\lambda\}}\times$$

$$\times\int_0^t e^{\eta_z l^2\tau}\int_0^\infty\frac{1}{u}\int_0^\infty\frac{\xi\mathcal{D}_{\mathcal{M}}(\xi r)\mathcal{D}_{\mathcal{M}}(\xi u)e^{\eta_r\xi^2\tau}\left\{\overline{\psi}_{0z}(u,\xi_l,t-\tau)+(-1)^{m+1}\overline{\psi}_{\vartheta z}(u,\xi_l,t-\tau)\right\}}{\left[\{\lambda J_{\mathcal{M}}(\xi a)-\xi J'_{\mathcal{M}}(\xi a)\}^2+\{\lambda Y_{\mathcal{M}}(\xi a)-\xi Y'_{\mathcal{M}}(\xi a)\}^2\right]}d\xi dud\tau+$$

$$+\frac{8}{\pi\vartheta\phi c_t}\sum_{m=0}^{\infty}\ni_m\cos(\xi_m\theta)\sum_{l=1}^{\infty}\frac{(\xi_l^2+\lambda^2)\cos\{\xi_l(d-z)\}}{d(\xi_l^2+\lambda^2)+\lambda}\times$$

$$\times\int_0^\infty\frac{\xi\mathcal{D}_{\mathcal{M}}(\xi r)}{\left[\{\lambda J_{\mathcal{M}}(\xi a)-\xi J'_{\mathcal{M}}(\xi a)\}^2+\{\lambda Y_{\mathcal{M}}(\xi a)-\xi Y'_{\mathcal{M}}(\xi a)\}^2\right]}\int_0^t\overline{\overline{\psi}}_a(\xi_m,\xi_l,t-\tau)e^{-(\eta_r\xi^2+\eta_z\xi_l^2)\tau}d\tau d\xi+$$

$$+\frac{4}{\vartheta\phi c_t}\sum_{m=0}^{\infty}\ni_m\cos(\xi_m\theta)\times$$

$$\times\sum_{l=1}^{\infty}\frac{(\xi_l^2+\lambda^2)\cos\{\xi_l(d-z)\}}{d(\xi_l^2+\lambda^2)+\lambda}\int_a^\infty\int_0^\infty\frac{\xi u\mathcal{D}_{\mathcal{M}}(\xi u)\mathcal{D}_{\mathcal{M}}(\xi r)}{\left[\{\lambda J_{\mathcal{M}}(\xi a)-\xi J'_{\mathcal{M}}(\xi a)\}^2+\{\lambda Y_{\mathcal{M}}(\xi a)-\xi Y'_{\mathcal{M}}(\xi a)\}^2\right]}\times$$

$$\times\int_0^t\{\overline{\psi}_{\theta 0}(u,\xi_m,t-\tau)\cos(\xi_l d)-\overline{\psi}_{\theta d}(u,\xi_m,t-\tau)\}e^{-(\eta_r\xi^2+\eta_z\xi_l^2)\tau}d\tau d\xi du+$$

$$+\frac{4}{\vartheta}\sum_{m=0}^{\infty}\ni_m\cos(\xi_m\theta)\times$$

$$\times\sum_{l=1}^{\infty}\frac{(\xi_l^2+\lambda^2)\cos\{\xi_l(d-z)\}}{d(\xi_l^2+\lambda^2)+\lambda}\int_0^\infty\frac{\overline{\overline{\overline{\varphi}}}(\xi,\xi_m,\xi_l)\,\xi\mathcal{D}_{\mathcal{M}}(\xi r)\,e^{-(\eta_r\xi^2+\eta_z\xi_l^2)t}}{\left[\{\lambda J_{\mathcal{M}}(\xi a)-\xi J'_{\mathcal{M}}(\xi a)\}^2+\{\lambda Y_{\mathcal{M}}(\xi a)-\xi Y'_{\mathcal{M}}(\xi a)\}^2\right]}d\xi \tag{27.43.2}$$

where $\overline{\psi}_{\theta 0}(u,\xi_m,t)=\int_0^{\vartheta}\psi_{\theta 0}(u,v,t)\cos(\xi_m v)\,dv$, $\overline{\psi}_{\theta d}(u,\xi_m,t)=\int_0^{\vartheta}\psi_{\theta d}(u,v,t)\cos(\xi_m v)\,dv$, $\overline{\psi}_{0z}(u,\xi_l,t)=\int_0^{d}\psi_{0z}(u,w,t)\cos\{\xi_l(d-w)\}\,dw$, $\overline{\psi}_{\vartheta z}(u,\xi_l,t)=\int_0^{d}\psi_{\vartheta z}(u,w,t)\cos\{\xi_l(d-w)\}\,dw$ and $\overline{\overline{\psi}}_a(\xi_m,\xi_l,t)=\int_0^{\vartheta}\psi_a(v,w,t)\cos(\xi_m v)\int_0^{d}\cos\{\xi_l(d-w)\}dwdv$.

27.44 **The problem of 27.18 except**
$\mathbf{R}_{\theta 0}\equiv\frac{\partial p(r,\theta,0,t)}{\partial z}-\lambda p(r,\theta,0,t)=-\left(\frac{\mu}{k_z}\right)\psi_{\theta 0}(r,\theta,t)$,
$\mathbf{R}_{\theta d}\equiv\frac{\partial p(r,\theta,d,t)}{\partial z}+\lambda_d p(r,\theta,d,t)=-\left(\frac{\mu}{k_z}\right)\psi_{\theta d}(r,\theta,t)$,
$\mathbf{N}_{0z}\equiv\frac{\partial p(r,0,z,t)}{\partial\theta}=-\left(\frac{\mu}{k_\theta}\right)\psi_{0z}(r,z,t)$,
$\mathbf{N}_{\vartheta z}\equiv\frac{\partial p(r,\vartheta,z,t)}{\partial\theta}=-\left(\frac{\mu}{k_\theta}\right)\psi_{\vartheta z}(r,z,t)$ **and**
$\mathbf{R}_a\equiv\frac{\partial p(a,\theta,z,t)}{\partial r}-\lambda p(a,\theta,z,t)=-\left(\frac{\mu}{k_r}\right)\psi_a(\theta,z,t)$

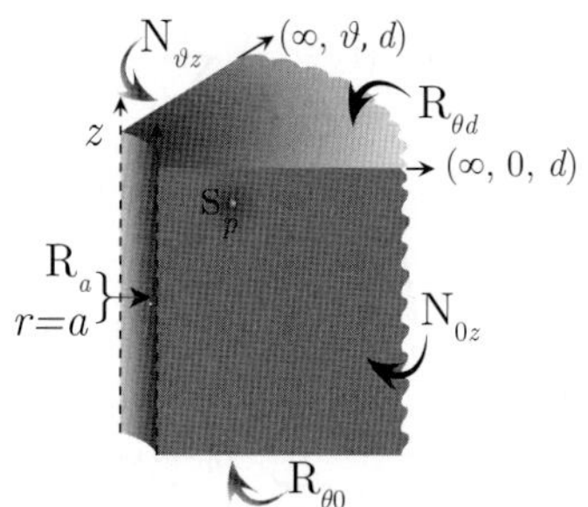

$$\begin{aligned}
\overline{p} &= \frac{4q(s)\,e^{-st_0}}{\vartheta\phi c_t}\sum_{m=0}^{\infty}\ni_m\cos(\xi_m\theta_0)\sum_{l=1}^{\infty}\frac{\{\xi_l\cos(\xi_l z_0)+\lambda_0\sin(\xi_l z_0)\}\{\xi_l\cos(\xi_l z)+\lambda_0\sin(\xi_l z)\}}{(\xi_l^2+\lambda_0^2)\left\{d+\frac{\lambda_d}{\xi_l^2+\lambda_d^2}\right\}+\lambda_0}\times\\
&\times\int_0^{\infty}\frac{\xi\mathcal{D}_{\mathcal{M}}(\xi r_0)\,\mathcal{D}_{\mathcal{M}}(\xi r)}{(\eta_r\xi^2+\eta_z\xi_l^2+s)\left[\{\lambda J_{\mathcal{M}}(\xi a)-\xi J'_{\mathcal{M}}(\xi a)\}^2+\{\lambda Y_{\mathcal{M}}(\xi a)-\xi Y'_{\mathcal{M}}(\xi a)\}^2\right]}d\xi+\\
&+\frac{4}{\vartheta d\phi c_t}\sum_{m=0}^{\infty}\ni_m\cos(\xi_m\theta)\sum_{l=0}^{\infty}\frac{(\xi_l^2+\lambda^2)\{\xi_l\cos(\xi_l z)+\lambda_0\sin(\xi_l z)\}}{\{d(\xi_l^2+\lambda^2)+\lambda\}}\times\\
&\times\int_0^{\infty}\frac{1}{u}\int_0^{\infty}\frac{\xi\mathcal{D}_{\mathcal{M}}(\xi r)\,\mathcal{D}_{\mathcal{M}}(\xi u)\left\{\overline{\overline{\psi}}_{0z}(u,\xi_l,s)+(-1)^{m+1}\overline{\overline{\psi}}_{\vartheta z}(u,\xi_l,s)\right\}}{(\eta_r\xi^2+\eta_z\xi_l^2+s)\left[\{\lambda J_{\mathcal{M}}(\xi a)-\xi J'_{\mathcal{M}}(\xi a)\}^2+\{\lambda Y_{\mathcal{M}}(\xi a)-\xi Y'_{\mathcal{M}}(\xi a)\}^2\right]}d\xi du+\\
&+\frac{8}{\pi\vartheta\phi c_t}\sum_{m=0}^{\infty}\ni_m\cos(\xi_m\theta)\sum_{l=1}^{\infty}\frac{\overline{\overline{\overline{\psi}}}_a(\xi_m,\xi_l,s)\{\xi_l\cos(\xi_l z)+\lambda_0\sin(\xi_l z)\}}{(\xi_l^2+\lambda_0^2)\left\{d+\frac{\lambda_d}{\xi_l^2+\lambda_d^2}\right\}+\lambda_0}\times\\
&\times\int_0^{\infty}\frac{\xi\mathcal{D}_{\mathcal{M}}(\xi r)}{(\eta_r\xi^2+\eta_z\xi_l^2+s)\left[\{\lambda J_{\mathcal{M}}(\xi a)-\xi J'_{\mathcal{M}}(\xi a)\}^2+\{\lambda Y_{\mathcal{M}}(\xi a)-\xi Y'_{\mathcal{M}}(\xi a)\}^2\right]}d\xi+\\
&+\frac{4}{\vartheta\phi c_t}\sum_{m=0}^{\infty}\ni_m\cos(\xi_m\theta)\sum_{l=1}^{\infty}\frac{\{\xi_l\cos(\xi_l z)+\lambda_0\sin(\xi_l z)\}}{(\xi_l^2+\lambda_0^2)\left\{d+\frac{\lambda_d}{\xi_l^2+\lambda_d^2}\right\}+\lambda_0}\times\\
&\times\int_a^{\infty}\int_0^{\infty}\frac{\xi u\mathcal{D}_{\mathcal{M}}(\xi u)\,\mathcal{D}_{\mathcal{M}}(\xi r)}{(\eta_r\xi^2+\eta_z\xi_l^2+s)\left[\{\lambda J_{\mathcal{M}}(\xi a)-\xi J'_{\mathcal{M}}(\xi a)\}^2+\{\lambda Y_{\mathcal{M}}(\xi a)-\xi Y'_{\mathcal{M}}(\xi a)\}^2\right]}d\xi\times\\
&\times\left[\xi_l\overline{\overline{\psi}}_{\theta 0}(u,\xi_m,s)-\overline{\overline{\psi}}_{\theta d}(u,\xi_m,s)\{\xi_l\cos(\xi_l d)+\lambda_0\sin(\xi_l d)\}\right]du+\\
&+\frac{4}{\vartheta}\sum_{m=0}^{\infty}\ni_m\cos(\xi_m\theta)\sum_{l=1}^{\infty}\frac{\{\xi_l\cos(\xi_l z)+\lambda_0\sin(\xi_l z)\}}{(\xi_l^2+\lambda_0^2)\left\{d+\frac{\lambda_d}{\xi_l^2+\lambda_d^2}\right\}+\lambda_0}\times\\
&\times\int_0^{\infty}\frac{\overline{\overline{\overline{\varphi}}}(\xi,\xi_m,\xi_l)\,\xi\mathcal{D}_{\mathcal{M}}(\xi r)}{(\eta_r\xi^2+\eta_z\xi_l^2+s)\left[\{\lambda J_{\mathcal{M}}(\xi a)-\xi J'_{\mathcal{M}}(\xi a)\}^2+\{\lambda Y_{\mathcal{M}}(\xi a)-\xi Y'_{\mathcal{M}}(\xi a)\}^2\right]}d\xi
\end{aligned}\qquad(27.44.1)$$

where $\mathcal{D}_{\mathcal{M}}(\xi r)=Y_{\mathcal{M}}(\xi r)\{\lambda J_{\mathcal{M}}(\xi a)-\xi J'_{\mathcal{M}}(\xi a)\}-J_{\mathcal{M}}(\xi r)\{\lambda Y_{\mathcal{M}}(\xi a)-\xi Y'_{\mathcal{M}}(\xi a)\}$, ξ_l are the positive roots of $\tan(\xi_l d)=\frac{\xi_l(\lambda_0+\lambda_d)}{(\xi_l^2-\lambda_0\lambda_d)}$, $l=1,2,...$, and ξ_m are the positive roots of $\sin(\xi_m\vartheta)$, which are $\xi_m=\frac{m\pi}{\vartheta}$, $m=0,1,....$ $\overline{\overline{\psi}}_{\theta 0}(u,\xi_m,s)=\int_0^{\vartheta}\overline{\psi}_{\theta 0}(u,v,s)\cos(\xi_m v)\,dv$, $\overline{\overline{\psi}}_{\theta d}(u,\xi_m,s)=\int_0^{\vartheta}\overline{\psi}_{\theta d}(u,v,s)\cos(\xi_m v)\,dv$,

$\overline{\overline{\psi}}_{0z}(u,\xi_l,s)=\int_0^d\overline{\psi}_{0z}(u,w,s)\{\xi_l\cos(\xi_l w)+\lambda_0\sin(\xi_l w)\}\,dw$,
$\overline{\overline{\psi}}_{\vartheta z}(u,\xi_l,s)=\int_0^d\overline{\psi}_{\vartheta z}(u,w,s)\{\xi_l\cos(\xi_l w)+\lambda_0\sin(\xi_l w)\}\,dw$,
$\overline{\overline{\overline{\psi}}}_a(\xi_m,\xi_l,s)=\int_0^\vartheta\overline{\psi}_a(v,w,s)\cos(\xi_m v)\int_0^d\{\xi_l\cos(\xi_l w)+\lambda_0\sin(\xi_l w)\}dwdv$ and
$\overline{\overline{\overline{\varphi}}}(\xi,\xi_m,\xi_l)=\int_a^\infty u\mathcal{D}_{\mathcal{M}}(\xi u)\int_0^\vartheta\cos(\xi_m v)\int_0^d\varphi(u,v,w)\{\xi_l\cos(\xi_l w)+\lambda_0\sin(\xi_l w)\}dwdvdu$.

$$
\begin{aligned}
p = {} & \frac{4U(t-t_0)}{\vartheta\phi c_t}\sum_{m=0}^{\infty}\ni_m\cos(\xi_m\theta_0)\sum_{l=1}^{\infty}\frac{\{\xi_l\cos(\xi_l z_0)+\lambda_0\sin(\xi_l z_0)\}\{\xi_l\cos(\xi_l z)+\lambda_0\sin(\xi_l z)\}}{(\xi_l^2+\lambda_0^2)\left\{d+\frac{\lambda_d}{\xi_l^2+\lambda_d^2}\right\}+\lambda_0}\times \\
& \times\int_0^\infty\frac{\xi\mathcal{D}_{\mathcal{M}}(\xi r_0)\mathcal{D}_{\mathcal{M}}(\xi r)}{\left[\{\lambda J_{\mathcal{M}}(\xi a)-\xi J'_{\mathcal{M}}(\xi a)\}^2+\{\lambda Y_{\mathcal{M}}(\xi a)-\xi Y'_{\mathcal{M}}(\xi a)\}^2\right]}\int_0^{t-t_0}q(t-t_0-\tau)\,e^{-(\eta_r\xi^2+\eta_z\xi_l^2)\tau}d\tau d\xi+ \\
& +\frac{4}{\vartheta\phi c_t}\sum_{m=0}^{\infty}\ni_m\cos(\xi_m\theta)\sum_{l=1}^{\infty}\frac{(\xi_l^2+\lambda^2)\{\xi_l\cos(\xi_l z)+\lambda_0\sin(\xi_l z)\}}{\{d(\xi_l^2+\lambda^2)+\lambda\}}\times \\
& \times\int_0^t e^{\eta_z l^2\tau}\int_0^\infty\frac{1}{u}\int_0^\infty\frac{\xi\mathcal{D}_{\mathcal{M}}(\xi r)\mathcal{D}_{\mathcal{M}}(\xi u)\,e^{\eta_r\xi^2\tau}\left\{\overline{\psi}_{0z}(u,\xi_l,t-\tau)+(-1)^{m+1}\overline{\psi}_{\vartheta z}(u,\xi_l,t-\tau)\right\}}{\left[\{\lambda J_{\mathcal{M}}(\xi a)-\xi J'_{\mathcal{M}}(\xi a)\}^2+\{\lambda Y_{\mathcal{M}}(\xi a)-\xi Y'_{\mathcal{M}}(\xi a)\}^2\right]}d\xi dud\tau+ \\
& +\frac{8}{\pi\vartheta\phi c_t}\sum_{m=0}^{\infty}\ni_m\cos(\xi_m\theta)\sum_{l=1}^{\infty}\frac{\{\xi_l\cos(\xi_l z)+\lambda_0\sin(\xi_l z)\}}{(\xi_l^2+\lambda_0^2)\left\{d+\frac{\lambda_d}{\xi_l^2+\lambda_d^2}\right\}+\lambda_0}\times \\
& \times\int_0^\infty\frac{\xi\mathcal{D}_{\mathcal{M}}(\xi r)}{\left[\{\lambda J_{\mathcal{M}}(\xi a)-\xi J'_{\mathcal{M}}(\xi a)\}^2+\{\lambda Y_{\mathcal{M}}(\xi a)-\xi Y'_{\mathcal{M}}(\xi a)\}^2\right]}\int_0^t\overline{\overline{\psi}}_a(\xi_m,\xi_l,t-\tau)\,e^{-(\eta_r\xi^2+\eta_z\xi_l^2)\tau}d\tau d\xi+ \\
& +\frac{4}{\vartheta\phi c_t}\sum_{m=0}^{\infty}\ni_m\cos(\xi_m\theta)\sum_{l=1}^{\infty}\frac{\{\xi_l\cos(\xi_l z)+\lambda_0\sin(\xi_l z)\}}{(\xi_l^2+\lambda_0^2)\left\{d+\frac{\lambda_d}{\xi_l^2+\lambda_d^2}\right\}+\lambda_0}\times \\
& \times\int_a^\infty\int_0^\infty\frac{\xi u\mathcal{D}_{\mathcal{M}}(\xi u)\mathcal{D}_{\mathcal{M}}(\xi r)}{\left[\{\lambda J_{\mathcal{M}}(\xi a)-\xi J'_{\mathcal{M}}(\xi a)\}^2+\{\lambda Y_{\mathcal{M}}(\xi a)-\xi Y'_{\mathcal{M}}(\xi a)\}^2\right]}\times \\
& \times\int_0^t\left[\xi_l\overline{\psi}_{\theta 0}(u,\xi_m,t-\tau)-\overline{\psi}_{\theta d}(u,\xi_m,t-\tau)\{\xi_l\cos(\xi_l d)+\lambda_0\sin(\xi_l d)\}\right]e^{-(\eta_r\xi^2+\eta_z\xi_l^2)\tau}d\tau d\xi du+ \\
& +\frac{4}{\vartheta}\sum_{m=0}^{\infty}\ni_m\cos(\xi_m\theta)\times \\
& \times\sum_{l=1}^{\infty}\frac{\{\xi_l\cos(\xi_l z)+\lambda_0\sin(\xi_l z)\}}{(\xi_l^2+\lambda_0^2)\left\{d+\frac{\lambda_d}{\xi_l^2+\lambda_d^2}\right\}+\lambda_0}\int_0^\infty\frac{\overline{\overline{\overline{\varphi}}}(\xi,\xi_m,\xi_l)\,\xi\mathcal{D}_{\mathcal{M}}(\xi r)\,e^{-(\eta_r\xi^2+\eta_z\xi_l^2)t}}{\left[\{\lambda J_{\mathcal{M}}(\xi a)-\xi J'_{\mathcal{M}}(\xi a)\}^2+\{\lambda Y_{\mathcal{M}}(\xi a)-\xi Y'_{\mathcal{M}}(\xi a)\}^2\right]}d\xi
\end{aligned}
\tag{27.44.2}
$$

where $\overline{\psi}_{\theta 0}(u,\xi_m,t)=\int_0^\vartheta\psi_{\theta 0}(u,v,t)\cos(\xi_m v)\,dv$, $\overline{\psi}_{\theta d}(u,\xi_m,t)=\int_0^\vartheta\psi_{\theta d}(u,v,t)\cos(\xi_m v)\,dv$,
$\overline{\psi}_{0z}(u,\xi_l,t)=\int_0^d\psi_{0z}(u,w,t)\{\xi_l\cos(\xi_l w)+\lambda_0\sin(\xi_l w)\}\,dw$,
$\overline{\psi}_{\vartheta z}(u,\xi_l,t)=\int_0^d\psi_{\vartheta z}(u,w,t)\{\xi_l\cos(\xi_l w)+\lambda_0\sin(\xi_l w)\}\,dw$ and
$\overline{\overline{\psi}}_a(\xi_m,\xi_l,t)=\int_0^\vartheta\psi_a(v,w,t)\cos(\xi_m v)\int_0^d\{\xi_l\cos(\xi_l w)+\lambda_0\sin(\xi_l w)\}dwdv$.

Chapter 28

Wedge-shaped bounded continuum. The independent variable z is either infinite or semi-infinite. The range of the variable θ is a portion of the circle; that is, $0 \leq \theta \leq \vartheta$, where $\vartheta < 2\pi$. $p(r, \theta, z, t)$ is a function of r, θ, z and t

28.1 **A cylindrical continuum bounded by $0 \leq r \leq a$. z is unbounded, $-\infty < z < \infty$, and $0 \leq \theta \leq \vartheta$; $\vartheta < 2\pi$. Point source at $s_p \equiv (r_0, \theta_0, z_0)$ at time $t = t_0$; $0 < r_0 < a$, $0 \leq \theta_0 \leq \vartheta$, $-\infty < z_0 < \infty$, $t_0 \geq 0$. $D \equiv p(a, \theta, z, t) = \psi(\theta, z, t)$, $D_0 \equiv p(r, 0, z, t) = \psi_0(r, z, t)$ and $D_\vartheta \equiv p(r, \vartheta, z, t) = \psi_\vartheta(r, z, t)$. The initial pressure $p(r, \theta, z, 0) = \varphi(r, \theta, z)$**

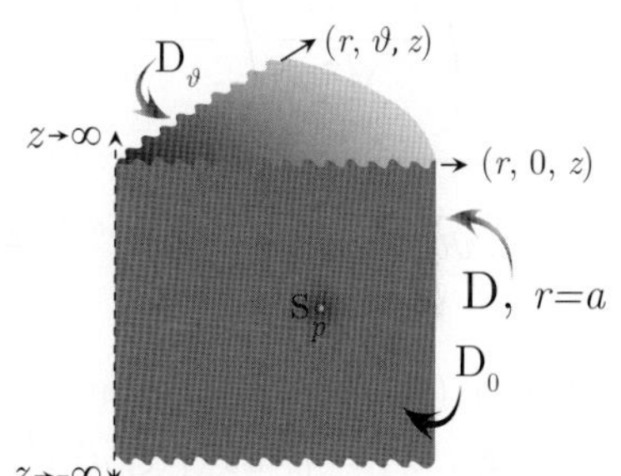

Successive application of the Laplace, Fourier and finite Hankel transformations to equation (22.1.1) gives

$$\begin{aligned}\overline{\overline{\overline{p}}} &= \frac{q(s)\,e^{-st_0}e^{ilz_0}\sin(\xi_m\theta_0)\,J_{\mathcal{M}}(\xi_n r_0)}{\phi c_t\left(\eta_r\xi_n^2+\eta_z l^2+s\right)} - \frac{a\eta_r\xi_n\overline{\overline{\overline{\psi}}}(\xi_m,l,s)\,J'_{\mathcal{M}}(\xi_n a)}{\left(\eta_r\xi_n^2+\eta_z l^2+s\right)} + \\ &+ \frac{\xi_m\eta_\theta\int_0^a\frac{J_{\mathcal{M}}(\xi_n u)}{u}\left\{\overline{\overline{\psi}}_0(u,l,s)-(-1)^m\,\overline{\overline{\psi}}_\vartheta(u,l,s)\right\}du}{\left(\eta_r\xi_n^2+\eta_z l^2+s\right)} + \frac{\overline{\overline{\overline{\varphi}}}(\xi_n,\xi_m,l)}{\left(\eta_r\xi_n^2+\eta_z l^2+s\right)} \end{aligned} \qquad (28.1.1)$$

where ξ_n are the positive roots of $J_{\mathcal{M}}(\xi_n a) = 0$, $n = 1, 2, ...$, ξ_m are the positive roots of $\sin(\xi_m\vartheta)$, which are $\xi_m = \frac{m\pi}{\vartheta}$, $m = 1, 2, ...$, $\overline{\overline{\overline{\psi}}}(\xi_m, l, s) = \int_0^\vartheta \sin(\xi_m v)\int_{-\infty}^{\infty}\overline{\psi}(v, w, s)e^{ilw}dwdv$, $\overline{\overline{\psi}}_0(u, l, s) = \int_{-\infty}^{\infty} e^{ilz}\int_0^\infty \psi_0(u, z, t)\,e^{-st}dtdz$, $\overline{\overline{\psi}}_\vartheta(u, l, s) = \int_{-\infty}^{\infty} e^{ilz}\int_0^\infty \psi_\vartheta(u, z, t)\,e^{-st}dtdz$ and $\overline{\overline{\overline{\varphi}}}(\xi_n, \xi_m, l) = \int_0^a uJ_{\mathcal{M}}(\xi_n u)\int_0^\vartheta \sin(\xi_m v)\int_{-\infty}^{\infty}\varphi(u, v, w)e^{ilw}dwdvdu$. The inverse Fourier and Hankel transforms of equation (28.1.1) yield

$$\overline{p} = \frac{2q(s)\,e^{-st_0}}{\vartheta a^2\phi c_t\sqrt{\eta_z}}\sum_{m=0}^{\infty}\sin(\xi_m\theta_0)\sin(\xi_m\theta)\sum_{n=1}^{\infty}\frac{J_{\mathcal{M}}(\xi_n r_0)\,J_{\mathcal{M}}(\xi_n r)\,e^{-|z-z_0|\sqrt{\frac{\eta_r\xi_n^2+s}{\eta_z}}}}{J'^2_{\mathcal{M}}(\xi_n a)\sqrt{\left(\eta_r\xi_n^2+s\right)}} -$$

$$-\frac{2\eta_r}{\vartheta a\sqrt{\eta_z}}\sum_{m=0}^{\infty}\sin(\xi_m\theta)\sum_{n=1}^{\infty}\frac{\xi_n J_{\mathcal{M}}(\xi_n r)}{J'_{\mathcal{M}}(\xi_n a)\sqrt{\eta_r\xi_n^2+s}}\int_{-\infty}^{\infty}\overline{\overline{\psi}}(\xi_m,w,s)\,e^{-|z-w|\sqrt{\frac{\eta_r\xi_n^2+s}{\eta_z}}}dw+$$

$$+\frac{2\eta_\theta}{\vartheta a^2\sqrt{\eta_z}}\sum_{m=1}^{\infty}\xi_m\sin(\xi_m\theta)\sum_{n=1}^{\infty}\frac{J_{\mathcal{M}}(\xi_n r)}{J'^2_{\mathcal{M}}(\xi_n a)\sqrt{\eta_r\xi_n^2+s}}\times$$

$$\times\int_0^a\frac{J_{\mathcal{M}}(\xi_n u)}{u}\int_{-\infty}^{\infty}\left\{\overline{\psi}_0(u,w,s)-(-1)^m\,\overline{\psi}_\vartheta(u,w,s)\right\}e^{-|z-w|\sqrt{\frac{\eta_r\xi_n^2+s}{\eta_z}}}dwdu+$$

$$+\frac{2}{\vartheta a^2\sqrt{\eta_z}}\sum_{m=0}^{\infty}\sin(\xi_m\theta)\sum_{n=1}^{\infty}\frac{J_{\mathcal{M}}(\xi_n r)}{J'^2_{\mathcal{M}}(\xi_n a)\sqrt{\eta_r\xi_n^2+s}}\int_{-\infty}^{\infty}\overline{\overline{\varphi}}(\xi_n,\xi_m,w)\,e^{-|z-w|\sqrt{\frac{\eta_r\xi_n^2+s}{\eta_z}}}dw \quad (28.1.2)$$

and

$$p=\frac{2U(t-t_0)}{\vartheta a^2\phi c_t\sqrt{\pi\eta_z}}\sum_{m=0}^{\infty}\sin(\xi_m\theta_0)\sin(\xi_m\theta)\sum_{n=1}^{\infty}\frac{J_{\mathcal{M}}(\xi_n r_0)J_{\mathcal{M}}(\xi_n r)}{J'^2_{\mathcal{M}}(\xi_n a)}\int_0^{t-t_0}\frac{q(t-t_0-\tau)\,e^{-\eta_r\xi_n^2\tau-\frac{(z-z_0)^2}{4\eta_z\tau}}}{\sqrt{\tau}}d\tau-$$

$$-\frac{2\eta_r}{\vartheta a\sqrt{\pi\eta_z}}\sum_{m=0}^{\infty}\sin(\xi_m\theta)\sum_{n=1}^{\infty}\frac{\xi_n J_{\mathcal{M}}(\xi_n r)}{J'_{\mathcal{M}}(\xi_n a)}\int_0^t\frac{e^{-\eta_r\xi_n^2\tau}}{\sqrt{\tau}}\int_{-\infty}^{\infty}\overline{\psi}(\xi_m,w,t-\tau)\,e^{-\frac{(z-w)^2}{4\eta_z\tau}}dwd\tau+$$

$$+\frac{2\eta_\theta}{\vartheta a^2\sqrt{\pi\eta_z}}\sum_{m=0}^{\infty}\xi_m\sin(\xi_m\theta)\sum_{n=1}^{\infty}\frac{J_{\mathcal{M}}(\xi_n r)}{J'^2_{\mathcal{M}}(\xi_n a)}\times$$

$$\times\int_0^t\frac{e^{-\eta_r\xi_n^2\tau}}{\sqrt{\tau}}\int_0^a\frac{J_{\mathcal{M}}(\xi_n u)}{u}\int_{-\infty}^{\infty}\left\{\psi_0(u,w,t-\tau)-(-1)^m\,\psi_\vartheta(u,w,t-\tau)\right\}e^{-\frac{(z-w)^2}{4\eta_z\tau}}dwdud\tau+$$

$$+\frac{2}{\vartheta a^2\sqrt{\pi\eta_z t}}\sum_{m=0}^{\infty}\sin(\xi_m\theta)\sum_{n=1}^{\infty}\frac{J_{\mathcal{M}}(\xi_n r)\,e^{-\eta_r\xi_n^2 t}}{J'^2_{\mathcal{M}}(\xi_n a)}\int_{-\infty}^{\infty}\overline{\overline{\varphi}}(\xi_n,\xi_m,w)\,e^{-\frac{(z-w)^2}{4\eta_z t}}dw \quad (28.1.3)$$

where $\overline{\overline{\psi}}(\xi_m,w,s)=\int_0^\vartheta\overline{\psi}(v,w,s)\sin(\xi_m v)dv$, $\overline{\psi}(\xi_m,w,t)=\int_0^\vartheta\psi(v,w,t)\sin(\xi_m v)dv$ and $\overline{\overline{\varphi}}(\xi_n,\xi_m,w)=\int_0^a uJ_{\mathcal{M}}(\xi_n u)\int_0^\vartheta\varphi(u,v,w)\sin(\xi_m v)dudv$.

28.2

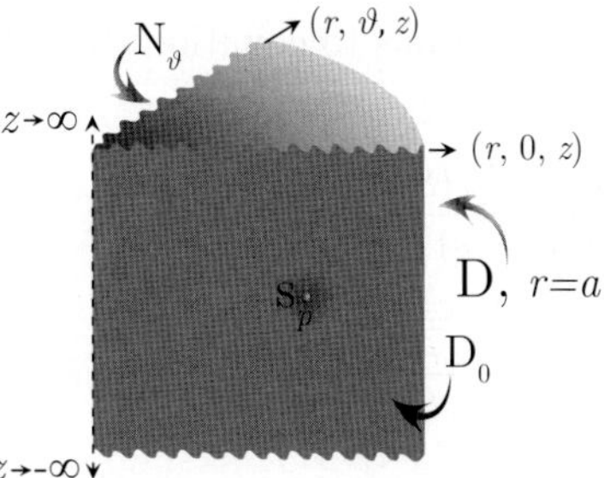

The problem of 28.1, except
$\mathbf{D}\equiv p(a,\theta,z,t)=\psi(\theta,z,t)$,
$\mathbf{D_0}\equiv p(r,0,z,t)=\psi_0(r,z,t)$ **and**
$\mathbf{N_\vartheta}\equiv\frac{\partial p(r,\vartheta,z,t)}{\partial\theta}=-\left(\frac{\mu}{k_\theta}\right)\psi_\vartheta(r,z,t)$

$$\overline{p}=\frac{2q(s)\,e^{-st_0}}{\vartheta a^2\phi c_t\sqrt{\eta_z}}\sum_{m=0}^{\infty}\sin(\xi_m\theta_0)\sin(\xi_m\theta)\sum_{n=1}^{\infty}\frac{J_{\mathcal{M}}(\xi_n r_0)J_{\mathcal{M}}(\xi_n r)\,e^{-|z-z_0|\sqrt{\frac{\eta_r\xi_n^2+s}{\eta_z}}}}{J'^2_{\mathcal{M}}(\xi_n a)\sqrt{(\eta_r\xi_n^2+s)}}-$$

$$-\frac{2\eta_r}{\vartheta a\sqrt{\eta_z}}\sum_{m=0}^{\infty}\sin(\xi_m\theta)\sum_{n=1}^{\infty}\frac{\xi_n J_{\mathcal{M}}(\xi_n r)}{J'_{\mathcal{M}}(\xi_n a)\sqrt{\eta_r\xi_n^2+s}}\int_{-\infty}^{\infty}\overline{\overline{\psi}}(\xi_m,w,s)\,e^{-|z-w|\sqrt{\frac{\eta_r\xi_n^2+s}{\eta_z}}}dw+$$

$$+\frac{2\eta_\theta}{\vartheta a^2\sqrt{\eta_z}}\sum_{m=1}^{\infty}\sin(\xi_m\theta)\sum_{n=1}^{\infty}\frac{J_{\mathcal{M}}(\xi_n r)}{J'^2_{\mathcal{M}}(\xi_n a)\sqrt{\eta_r\xi_n^2+s}}\times$$

$$\times \int_0^a \frac{J_{\mathcal{M}}(\xi_n u)}{u} \int_{-\infty}^{\infty} \left\{ \xi_m \overline{\psi}_0(u,w,s) + (-1)^m \left(\frac{\mu}{k_\theta}\right) \overline{\psi}_\vartheta(u,w,s) \right\} e^{-|z-w|\sqrt{\frac{\eta_r\xi_n^2+s}{\eta_z}}} dw du +$$

$$+ \frac{2}{\vartheta a^2 \sqrt{\eta_z}} \sum_{m=0}^{\infty} \sin(\xi_m \theta) \sum_{n=1}^{\infty} \frac{J_{\mathcal{M}}(\xi_n r)}{J_{\mathcal{M}}'^2(\xi_n a)\sqrt{\eta_r \xi_n^2 + s}} \int_{-\infty}^{\infty} \overline{\overline{\varphi}}(\xi_n, \xi_m, w) e^{-|z-w|\sqrt{\frac{\eta_r\xi_n^2+s}{\eta_z}}} dw \quad (28.2.1)$$

where ξ_n are the positive roots of $J_{\mathcal{M}}(\xi_n a) = 0$, $n = 1, 2, ...$, ξ_m are the positive roots of $\cos(\xi_m \vartheta)$, which are $\xi_m = \frac{(2m-1)\pi}{2\vartheta}$, $m = 1, 2, ...$, $\overline{\overline{\psi}}(\xi_m, w, s) = \int_0^\vartheta \overline{\psi}(v, w, s) \sin(\xi_m v) dv$ and $\overline{\overline{\varphi}}(\xi_n, \xi_m, w) = \int_0^a u J_{\mathcal{M}}(\xi_n u) \int_0^\vartheta \varphi(u, v, w) \sin(\xi_m v) du dv$.

$$p = \frac{2U(t-t_0)}{\vartheta a^2 \phi c_t \sqrt{\pi \eta_z}} \sum_{m=0}^{\infty} \sin(\xi_m \theta_0) \sin(\xi_m \theta) \sum_{n=1}^{\infty} \frac{J_{\mathcal{M}}(\xi_n r_0) J_{\mathcal{M}}(\xi_n r)}{J_{\mathcal{M}}'^2(\xi_n a)} \int_0^{t-t_0} \frac{q(t-t_0-\tau) e^{-\eta_r \xi_n^2 \tau - \frac{(z-z_0)^2}{4\eta_z \tau}}}{\sqrt{\tau}} d\tau -$$

$$- \frac{2\eta_r}{\vartheta a \sqrt{\pi \eta_z}} \sum_{m=0}^{\infty} \sin(\xi_m \theta) \sum_{n=1}^{\infty} \frac{\xi_n J_{\mathcal{M}}(\xi_n r)}{J_{\mathcal{M}}'(\xi_n a)} \int_0^t \frac{e^{-\eta_r \xi_n^2 \tau}}{\sqrt{\tau}} \int_{-\infty}^{\infty} \overline{\psi}(\xi_m, w, t-\tau) e^{-\frac{(z-w)^2}{4\eta_z \tau}} dw d\tau +$$

$$+ \frac{2\eta_\theta}{\vartheta a^2 \sqrt{\pi \eta_z}} \sum_{m=0}^{\infty} \sin(\xi_m \theta) \sum_{n=1}^{\infty} \frac{J_{\mathcal{M}}(\xi_n r)}{J_{\mathcal{M}}'^2(\xi_n a)} \times$$

$$\times \int_0^t \frac{e^{-\eta_r \xi_n^2 \tau}}{\sqrt{\tau}} \int_0^a \frac{J_{\mathcal{M}}(\xi_n u)}{u} \int_{-\infty}^{\infty} \left\{ \xi_m \psi_0(u, w, t-\tau) + (-1)^m \left(\frac{\mu}{k_\theta}\right) \psi_\vartheta(u, w, t-\tau) \right\} e^{-\frac{(z-w)^2}{4\eta_z \tau}} dw du d\tau +$$

$$+ \frac{2}{\vartheta a^2 \sqrt{\pi \eta_z t}} \sum_{m=0}^{\infty} \sin(\xi_m \theta) \sum_{n=1}^{\infty} \frac{J_{\mathcal{M}}(\xi_n r) e^{-\eta_r \xi_n^2 t}}{J_{\mathcal{M}}'^2(\xi_n a)} \int_{-\infty}^{\infty} \overline{\overline{\varphi}}(\xi_n, \xi_m, w) e^{-\frac{(z-w)^2}{4\eta_z t}} dw \quad (28.2.2)$$

where $\overline{\psi}(\xi_m, w, t) = \int_0^\vartheta \psi(v, w, t) \sin(\xi_m v) dv$.

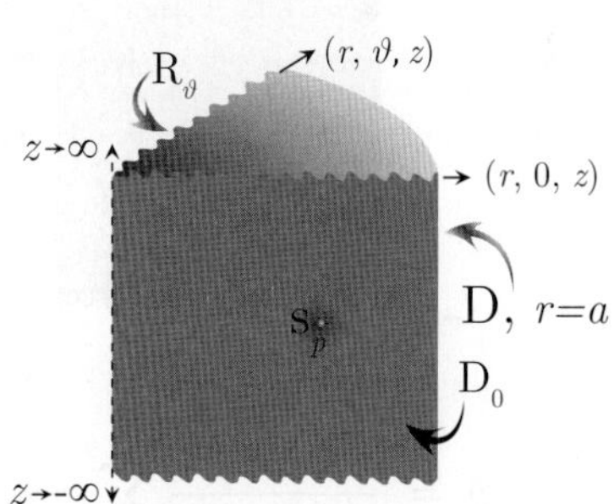

28.3 The problem of 28.1, except $\mathbf{D} \equiv p(a, \theta, z, t) = \psi(\theta, z, t)$, $\mathbf{D_0} \equiv p(r, 0, z, t) = \psi_0(r, z, t)$ and $\mathbf{R_\vartheta} \equiv \frac{\partial p(r,\vartheta,z,t)}{\partial \theta} + \lambda p(r, \vartheta, z, t) = -\left(\frac{\mu}{k_\theta}\right) \psi_\vartheta(r, z, t)$

$$\overline{p} = \frac{2q(s) e^{-st_0}}{a^2 \phi c_t \sqrt{\eta_z}} \sum_{m=0}^{\infty} \frac{(\xi_m^2 + \lambda^2) \sin(\xi_m \theta_0) \sin(\xi_m \theta)}{\vartheta(\xi_m^2 + \lambda^2) + \lambda} \sum_{n=1}^{\infty} \frac{J_{\mathcal{M}}(\xi_n r_0) J_{\mathcal{M}}(\xi_n r) e^{-|z-z_0|\sqrt{\frac{\eta_r\xi_n^2+s}{\eta_z}}}}{J_{\mathcal{M}}'^2(\xi_n a)\sqrt{(\eta_r \xi_n^2 + s)}} -$$

$$- \frac{2\eta_r}{a\sqrt{\eta_z}} \sum_{m=0}^{\infty} \frac{(\xi_m^2 + \lambda^2) \sin(\xi_m \theta)}{\vartheta(\xi_m^2 + \lambda^2) + \lambda} \sum_{n=1}^{\infty} \frac{\xi_n J_{\mathcal{M}}(\xi_n r)}{J_{\mathcal{M}}'(\xi_n a)\sqrt{\eta_r \xi_n^2 + s}} \int_{-\infty}^{\infty} \overline{\overline{\psi}}(\xi_m, w, s) e^{-|z-w|\sqrt{\frac{\eta_r\xi_n^2+s}{\eta_z}}} dw +$$

$$+ \frac{2\eta_\theta}{a^2\sqrt{\eta_z}} \sum_{m=1}^{\infty} \frac{(\xi_m^2 + \lambda^2) \sin(\xi_m \theta)}{\vartheta(\xi_m^2 + \lambda^2) + \lambda} \sum_{n=1}^{\infty} \frac{J_{\mathcal{M}}(\xi_n r)}{J_{\mathcal{M}}'^2(\xi_n a)\sqrt{\eta_r \xi_n^2 + s}} \times$$

$$\times \int_0^a \frac{J_{\mathcal{M}}(\xi_n u)}{u} \int_{-\infty}^{\infty} \left\{ \xi_m \overline{\psi}_0(u,w,s) - \left(\frac{\mu}{k_\theta}\right) \overline{\psi}_\vartheta(u,w,s) \sin(\xi_m \vartheta) \right\} e^{-|z-w|\sqrt{\frac{\eta_r\xi_n^2+s}{\eta_z}}} dw du +$$

$$+ \frac{2}{a^2\sqrt{\eta_z}} \sum_{m=0}^{\infty} \frac{(\xi_m^2 + \lambda^2) \sin(\xi_m \theta)}{\vartheta(\xi_m^2 + \lambda^2) + \lambda} \sum_{n=1}^{\infty} \frac{J_{\mathcal{M}}(\xi_n r)}{J_{\mathcal{M}}'^2(\xi_n a)\sqrt{\eta_r \xi_n^2 + s}} \int_{-\infty}^{\infty} \overline{\overline{\varphi}}(\xi_n, \xi_m, w) e^{-|z-w|\sqrt{\frac{\eta_r\xi_n^2+s}{\eta_z}}} dw \quad (28.3.1)$$

where ξ_n are the positive roots of $J_{\mathcal{M}}(\xi_n a)=0$, $n=1,2,...$, ξ_m are the positive roots of $\xi_m \cot(\xi_m \vartheta)=-\lambda$, $m=1,2,...$, $\overline{\overline{\psi}}(\xi_m,w,s)=\int_0^{\vartheta}\overline{\psi}(v,w,s)\sin(\xi_m v)dv$ and $\overline{\overline{\varphi}}(\xi_n,\xi_m,w)=\int_0^a uJ_{\mathcal{M}}(\xi_n u)\int_0^{\vartheta}\varphi(u,v,w)\sin(\xi_m v)dudv$.

$$\begin{aligned}
p &= \frac{2U(t-t_0)}{a^2\phi c_t\sqrt{\pi\eta_z}}\times \\
&\times\sum_{m=0}^{\infty}\frac{(\xi_m^2+\lambda^2)\sin(\xi_m\theta_0)\sin(\xi_m\theta)}{\vartheta(\xi_m^2+\lambda^2)+\lambda}\sum_{n=1}^{\infty}\frac{J_{\mathcal{M}}(\xi_n r_0)J_{\mathcal{M}}(\xi_n r)}{J_{\mathcal{M}}'^2(\xi_n a)}\int_0^{t-t_0}\frac{q(t-t_0-\tau)e^{-\eta_r\xi_n^2\tau-\frac{(z-z_0)^2}{4\eta_z\tau}}}{\sqrt{\tau}}d\tau- \\
&-\frac{2\eta_r}{a\sqrt{\pi\eta_z}}\sum_{m=0}^{\infty}\frac{(\xi_m^2+\lambda^2)\sin(\xi_m\theta)}{\vartheta(\xi_m^2+\lambda^2)+\lambda}\sum_{n=1}^{\infty}\frac{\xi_n J_{\mathcal{M}}(\xi_n r)}{J_{\mathcal{M}}'(\xi_n a)}\int_0^t\frac{e^{-\eta_r\xi_n^2\tau}}{\sqrt{\tau}}\int_{-\infty}^{\infty}\overline{\psi}(\xi_m,w,t-\tau)e^{-\frac{(z-w)^2}{4\eta_z\tau}}dwd\tau+ \\
&+\frac{2\eta_\theta}{a^2\sqrt{\pi\eta_z}}\sum_{m=0}^{\infty}\frac{(\xi_m^2+\lambda^2)\sin(\xi_m\theta)}{\vartheta(\xi_m^2+\lambda^2)+\lambda}\sum_{n=1}^{\infty}\frac{J_{\mathcal{M}}(\xi_n r)}{J_{\mathcal{M}}'^2(\xi_n a)}\times \\
&\times\int_0^t\frac{e^{-\eta_r\xi_n^2\tau}}{\sqrt{\tau}}\int_0^a\frac{J_{\mathcal{M}}(\xi_n u)}{u}\int_{-\infty}^{\infty}\left\{\xi_m\psi_0(u,w,t-\tau)-\left(\frac{\mu}{k_\theta}\right)\psi_\vartheta(u,w,t-\tau)\sin(\xi_m\vartheta)\right\}e^{-\frac{(z-w)^2}{4\eta_z\tau}}dwdud\tau+ \\
&+\frac{2}{a^2\sqrt{\pi\eta_z t}}\sum_{m=0}^{\infty}\frac{(\xi_m^2+\lambda^2)\sin(\xi_m\theta)}{\vartheta(\xi_m^2+\lambda^2)+\lambda}\sum_{n=1}^{\infty}\frac{J_{\mathcal{M}}(\xi_n r)e^{-\eta_r\xi_n^2 t}}{J_{\mathcal{M}}'^2(\xi_n a)}\int_{-\infty}^{\infty}\overline{\overline{\varphi}}(\xi_n,\xi_m,w)e^{-\frac{(z-w)^2}{4\eta_z t}}dw \qquad (28.3.2)
\end{aligned}$$

where $\overline{\psi}(\xi_m,w,t)=\int_0^{\vartheta}\psi(v,w,t)\sin(\xi_m v)dv$.

28.4

The problem of 28.1, except
$D\equiv p(a,\theta,z,t)=\psi(\theta,z,t)$,
$N_0\equiv\frac{\partial p(r,0,z,t)}{\partial\theta}=-\left(\frac{\mu}{k_\theta}\right)\psi_0(r,z,t)$ and
$D_\vartheta\equiv p(r,\vartheta,z,t)=\psi_\vartheta(r,z,t)$

$$\begin{aligned}
\overline{p} &= \frac{2q(s)e^{-st_0}}{\vartheta a^2\phi c_t\sqrt{\eta_z}}\sum_{m=0}^{\infty}\cos(\xi_m\theta_0)\cos(\xi_m\theta)\sum_{n=1}^{\infty}\frac{J_{\mathcal{M}}(\xi_n r_0)J_{\mathcal{M}}(\xi_n r)e^{-|z-z_0|\sqrt{\frac{\eta_r\xi_n^2+s}{\eta_z}}}}{J_{\mathcal{M}}'^2(\xi_n a)\sqrt{(\eta_r\xi_n^2+s)}}- \\
&-\frac{2\eta_r}{\vartheta a\sqrt{\eta_z}}\sum_{m=0}^{\infty}\cos(\xi_m\theta)\sum_{n=1}^{\infty}\frac{\xi_n J_{\mathcal{M}}(\xi_n r)}{J_{\mathcal{M}}'(\xi_n a)\sqrt{\eta_r\xi_n^2+s}}\int_{-\infty}^{\infty}\overline{\overline{\psi}}(\xi_m,w,s)e^{-|z-w|\sqrt{\frac{\eta_r\xi_n^2+s}{\eta_z}}}dw+ \\
&+\frac{2\eta_\theta}{\vartheta a^2\sqrt{\eta_z}}\sum_{m=1}^{\infty}\cos(\xi_m\theta)\sum_{n=1}^{\infty}\frac{J_{\mathcal{M}}(\xi_n r)}{J_{\mathcal{M}}'^2(\xi_n a)\sqrt{\eta_r\xi_n^2+s}}\times \\
&\times\int_0^a\frac{J_{\mathcal{M}}(\xi_n u)}{u}\int_{-\infty}^{\infty}\left\{\left(\frac{\mu}{k_\theta}\right)\overline{\psi}_0(u,w,s)+(-1)^{m+1}\xi_m\overline{\psi}_\vartheta(u,w,s)\right\}e^{-|z-w|\sqrt{\frac{\eta_r\xi_n^2+s}{\eta_z}}}dwdu+ \\
&+\frac{2}{\vartheta a^2\sqrt{\eta_z}}\sum_{m=0}^{\infty}\cos(\xi_m\theta)\sum_{n=1}^{\infty}\frac{J_{\mathcal{M}}(\xi_n r)}{J_{\mathcal{M}}'^2(\xi_n a)\sqrt{\eta_r\xi_n^2+s}}\int_{-\infty}^{\infty}\overline{\overline{\varphi}}(\xi_n,\xi_m,w)e^{-|z-w|\sqrt{\frac{\eta_r\xi_n^2+s}{\eta_z}}}dw \qquad (28.4.1)
\end{aligned}$$

where ξ_n are the positive roots of $J_{\mathcal{M}}(\xi_n a)=0$, $n=1,2,...$, ξ_m are the positive roots of $\cos(\xi_m\vartheta)$, which are $\xi_m=\frac{(2m-1)\pi}{2\vartheta}$, $m=1,2,...$, $\overline{\overline{\psi}}(\xi_m,w,s)=\int_0^{\vartheta}\overline{\psi}(v,w,s)\cos(\xi_m v)dv$ and

$\overline{\overline{\varphi}}(\xi_n, \xi_m, w) = \int_0^a uJ_{\mathcal{M}}(\xi_n u)\int_0^{\vartheta} \varphi(u, v, w)\sin(\xi_m v)dudv.$

$$p = \frac{2U(t-t_0)}{\vartheta a^2\phi c_t\sqrt{\pi\eta_z}}\sum_{m=0}^{\infty}\cos(\xi_m\theta_0)\cos(\xi_m\theta)\sum_{n=1}^{\infty}\frac{J_{\mathcal{M}}(\xi_n r_0)J_{\mathcal{M}}(\xi_n r)}{J'^2_{\mathcal{M}}(\xi_n a)}\int_0^{t-t_0}\frac{q(t-t_0-\tau)e^{-\eta_r\xi_n^2\tau-\frac{(z-z_0)^2}{4\eta_z\tau}}}{\sqrt{\tau}}d\tau -$$

$$-\frac{2\eta_r}{\vartheta a\sqrt{\pi\eta_z}}\sum_{m=0}^{\infty}\cos(\xi_m\theta)\sum_{n=1}^{\infty}\frac{\xi_n J_{\mathcal{M}}(\xi_n r)}{J'_{\mathcal{M}}(\xi_n a)}\int_0^t\frac{e^{-\eta_r\xi_n^2\tau}}{\sqrt{\tau}}\int_{-\infty}^{\infty}\overline{\psi}(\xi_m, w, t-\tau)e^{-\frac{(z-w)^2}{4\eta_z\tau}}dwd\tau +$$

$$+\frac{2\eta_\theta}{\vartheta a^2\sqrt{\pi\eta_z}}\sum_{m=0}^{\infty}\cos(\xi_m\theta)\sum_{n=1}^{\infty}\frac{J_{\mathcal{M}}(\xi_n r)}{J'^2_{\mathcal{M}}(\xi_n a)}\times$$

$$\times\int_0^t\frac{e^{-\eta_r\xi_n^2\tau}}{\sqrt{\tau}}\int_0^a\frac{J_{\mathcal{M}}(\xi_n u)}{u}\int_{-\infty}^{\infty}\left\{\left(\frac{\mu}{k_\theta}\right)\psi_0(u, w, t-\tau) + (-1)^{m+1}\xi_m\psi_\vartheta(u, w, t-\tau)\right\}e^{-\frac{(z-w)^2}{4\eta_z\tau}}dwdud\tau +$$

$$+\frac{2}{\vartheta a^2\sqrt{\pi\eta_z t}}\sum_{m=0}^{\infty}\cos(\xi_m\theta)\sum_{n=1}^{\infty}\frac{J_{\mathcal{M}}(\xi_n r)e^{-\eta_r\xi_n^2 t}}{J'^2_{\mathcal{M}}(\xi_n a)}\int_{-\infty}^{\infty}\overline{\overline{\varphi}}(\xi_n, \xi_m, w)e^{-\frac{(z-w)^2}{4\eta_z t}}dw \qquad (28.4.2)$$

where $\overline{\psi}(\xi_m, w, t) = \int_0^{\vartheta}\psi(v, w, t)\sin(\xi_m v)dv.$

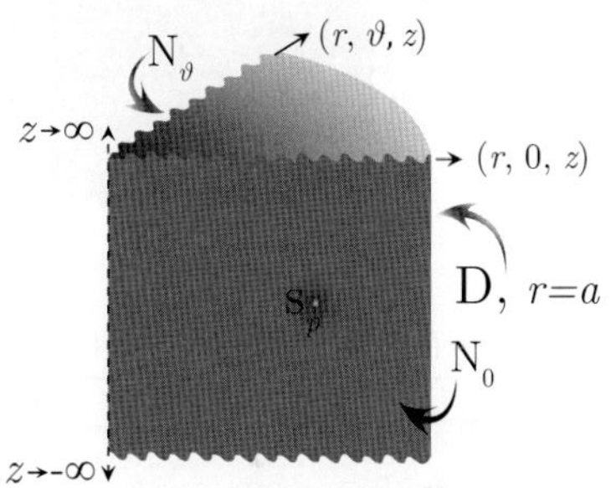

28.5 The problem of 28.1, except $\mathbf{D} \equiv p(a, \theta, z, t) = \psi(\theta, z, t)$, $\mathbf{N_0} \equiv \frac{\partial p(r,0,z,t)}{\partial\theta} = -\left(\frac{\mu}{k_\theta}\right)\psi_0(r, z, t)$ and $\mathbf{N_\vartheta} \equiv \frac{\partial p(r,\vartheta,z,t)}{\partial\theta} = -\left(\frac{\mu}{k_\theta}\right)\psi_\vartheta(r, z, t)$

$$\overline{p} = \frac{2q(s)e^{-st_0}}{\vartheta a^2\phi c_t\sqrt{\eta_z}}\sum_{m=0}^{\infty}\ni_m\cos(\xi_m\theta_0)\cos(\xi_m\theta)\sum_{n=1}^{\infty}\frac{J_{\mathcal{M}}(\xi_n r_0)J_{\mathcal{M}}(\xi_n r)e^{-|z-z_0|\sqrt{\frac{\eta_r\xi_n^2+s}{\eta_z}}}}{J'^2_{\mathcal{M}}(\xi_n a)\sqrt{(\eta_r\xi_n^2+s)}} -$$

$$-\frac{2\eta_r}{\vartheta a\sqrt{\eta_z}}\sum_{m=0}^{\infty}\ni_m\cos(\xi_m\theta)\sum_{n=1}^{\infty}\frac{\xi_n J_{\mathcal{M}}(\xi_n r)}{J'_{\mathcal{M}}(\xi_n a)\sqrt{\eta_r\xi_n^2+s}}\int_{-\infty}^{\infty}\overline{\overline{\psi}}(\xi_m, w, s)e^{-|z-w|\sqrt{\frac{\eta_r\xi_n^2+s}{\eta_z}}}dw +$$

$$+\frac{2}{\vartheta a^2\phi c_t\sqrt{\eta_z}}\sum_{m=0}^{\infty}\ni_m\cos(\xi_m\theta_0)\sum_{n=1}^{\infty}\frac{J_{\mathcal{M}}(\xi_n r)}{J'^2_{\mathcal{M}}(\xi_n a)\sqrt{\eta_r\xi_n^2+s}}\times$$

$$\times\int_0^a\frac{J_{\mathcal{M}}(\xi_n u)}{u}\int_{-\infty}^{\infty}\left\{\overline{\psi}_0(u, w, s) + (-1)^{m+1}\overline{\psi}_\vartheta(u, w, s)\right\}e^{-|z-w|\sqrt{\frac{\eta_r\xi_n^2+s}{\eta_z}}}dwdu +$$

$$+\frac{2}{\vartheta a^2\sqrt{\eta_z}}\sum_{m=0}^{\infty}\ni_m\cos(\xi_m\theta)\sum_{n=1}^{\infty}\frac{J_{\mathcal{M}}(\xi_n r)}{J'^2_{\mathcal{M}}(\xi_n a)\sqrt{\eta_r\xi_n^2+s}}\int_{-\infty}^{\infty}\overline{\overline{\varphi}}(\xi_n, \xi_m, w)e^{-|z-w|\sqrt{\frac{\eta_r\xi_n^2+s}{\eta_z}}}dw \qquad (28.5.1)$$

where ξ_n are the positive roots of $J_{\mathcal{M}}(\xi_n a) = 0$, $n = 1, 2, ...$, ξ_m are the positive roots of $\sin(\xi_m\vartheta)$, which are $\xi_m = \frac{m\pi}{\vartheta}$, $m = 0, 1, ...$, $\overline{\overline{\psi}}(\xi_m, w, s) = \int_0^{\vartheta}\overline{\psi}(v, w, s)\cos(\xi_m v)dv$ and $\overline{\overline{\varphi}}(\xi_n, \xi_m, w) = \int_0^a uJ_{\mathcal{M}}(\xi_n u)\int_0^{\vartheta}\varphi(u, v, w)\cos(\xi_m v)dudv.$

$$p = \frac{2U(t-t_0)}{\vartheta a^2\phi c_t\sqrt{\pi\eta_z}}\sum_{m=0}^{\infty}\ni_m\cos(\xi_m\theta_0)\cos(\xi_m\theta)\sum_{n=1}^{\infty}\frac{J_{\mathcal{M}}(\xi_n r_0)J_{\mathcal{M}}(\xi_n r)}{J'^2_{\mathcal{M}}(\xi_n a)}\int_0^{t-t_0}\frac{q(t-t_0-\tau)e^{-\eta_r\xi_n^2\tau-\frac{(z-z_0)^2}{4\eta_z\tau}}}{\sqrt{\tau}}d\tau -$$

$$-\frac{2\eta_r}{\vartheta a\sqrt{\pi\eta_z}}\sum_{m=0}^{\infty}\ni_m\cos(\xi_m\theta)\sum_{n=1}^{\infty}\frac{\xi_n J_{\mathcal{M}}(\xi_n r)}{J'_{\mathcal{M}}(\xi_n a)}\int_0^t\frac{e^{-\eta_r\xi_n^2\tau}}{\sqrt{\tau}}\int_{-\infty}^{\infty}\overline{\psi}(\xi_m,w,t-\tau)\,e^{-\frac{(z-w)^2}{4\eta_z\tau}}dwd\tau+$$

$$+\frac{2}{\vartheta a^2\phi c_t\sqrt{\pi\eta_z}}\sum_{m=0}^{\infty}\ni_m\cos(\xi_m\theta)\sum_{n=1}^{\infty}\frac{J_{\mathcal{M}}(\xi_n r)}{J'^2_{\mathcal{M}}(\xi_n a)}\times$$

$$\times\int_0^t\frac{e^{-\eta_r\xi_n^2\tau}}{\sqrt{\tau}}\int_0^a\frac{J_{\mathcal{M}}(\xi_n u)}{u}\int_{-\infty}^{\infty}\left\{\psi_0(u,t-\tau,s)+(-1)^{m+1}\overline{\psi}_\vartheta(u,w,t-\tau)\right\}e^{-\frac{(z-w)^2}{4\eta_z\tau}}dwdud\tau+$$

$$+\frac{2}{\vartheta a^2\sqrt{\pi\eta_z t}}\sum_{m=0}^{\infty}\ni_m\cos(\xi_m\theta)\sum_{n=1}^{\infty}\frac{J_{\mathcal{M}}(\xi_n r)\,e^{-\eta_r\xi_n^2 t}}{J'^2_{\mathcal{M}}(\xi_n a)}\int_{-\infty}^{\infty}\overline{\overline{\varphi}}(\xi_n,\xi_m,w)\,e^{-\frac{(z-w)^2}{4\eta_z t}}dw \qquad (28.5.2)$$

where $\overline{\psi}(\xi_m,w,t)=\int_0^\vartheta\psi(v,w,t)\cos(\xi_m v)dv$.

28.6

The problem of 28.1, except
$\mathbf{D}\equiv p(a,\theta,z,t)=\psi(\theta,z,t)$,
$\mathbf{N}_0\equiv\frac{\partial p(r,0,z,t)}{\partial\theta}=-\left(\frac{\mu}{k_\theta}\right)\psi_0(r,z,t)$ **and**
$\mathbf{R}_\vartheta\equiv\frac{\partial p(r,\vartheta,z,t)}{\partial\theta}+\lambda p(r,\vartheta,z,t)=-\left(\frac{\mu}{k_\theta}\right)\psi_\vartheta(r,z,t)$

$$\overline{p}=\frac{2q(s)\,e^{-st_0}}{a^2\phi c_t\sqrt{\eta_z}}\sum_{m=0}^{\infty}\frac{\left(\xi_m^2+\lambda^2\right)\cos(\xi_m\theta_0)\cos(\xi_m\theta)}{\vartheta\left(\xi_m^2+\lambda^2\right)+\lambda}\sum_{n=1}^{\infty}\frac{J_{\mathcal{M}}(\xi_n r_0)\,J_{\mathcal{M}}(\xi_n r)\,e^{-|z-z_0|\sqrt{\frac{\eta_r\xi_n^2+s}{\eta_z}}}}{J'^2_{\mathcal{M}}(\xi_n a)\sqrt{(\eta_r\xi_n^2+s)}}-$$

$$-\frac{2\eta_r}{a\sqrt{\eta_z}}\sum_{m=0}^{\infty}\frac{\left(\xi_m^2+\lambda^2\right)\cos(\xi_m\theta)}{\vartheta\left(\xi_m^2+\lambda^2\right)+\lambda}\sum_{n=1}^{\infty}\frac{\xi_n J_{\mathcal{M}}(\xi_n r)}{J'_{\mathcal{M}}(\xi_n a)\sqrt{\eta_r\xi_n^2+s}}\int_{-\infty}^{\infty}\overline{\overline{\psi}}(\xi_m,w,s)\,e^{-|z-w|\sqrt{\frac{\eta_r\xi_n^2+s}{\eta_z}}}dw+$$

$$+\frac{2}{a^2\phi c_t\sqrt{\eta_z}}\sum_{m=1}^{\infty}\frac{\left(\xi_m^2+\lambda^2\right)\cos(\xi_m\theta)}{\vartheta\left(\xi_m^2+\lambda^2\right)+\lambda}\sum_{n=1}^{\infty}\frac{J_{\mathcal{M}}(\xi_n r)}{J'^2_{\mathcal{M}}(\xi_n a)\sqrt{\eta_r\xi_n^2+s}}\times$$

$$\times\int_0^a\frac{J_{\mathcal{M}}(\xi_n u)}{u}\int_{-\infty}^{\infty}\left\{\overline{\psi}_0(u,w,s)-\overline{\psi}_\vartheta(u,w,s)\cos(\xi_m\vartheta)\right\}e^{-|z-w|\sqrt{\frac{\eta_r\xi_n^2+s}{\eta_z}}}dwdu+$$

$$+\frac{2}{a^2\sqrt{\eta_z}}\sum_{m=0}^{\infty}\frac{\left(\xi_m^2+\lambda^2\right)\cos(\xi_m\theta)}{\vartheta\left(\xi_m^2+\lambda^2\right)+\lambda}\sum_{n=1}^{\infty}\frac{J_{\mathcal{M}}(\xi_n r)}{J'^2_{\mathcal{M}}(\xi_n a)\sqrt{\eta_r\xi_n^2+s}}\int_{-\infty}^{\infty}\overline{\overline{\varphi}}(\xi_n,\xi_m,w)\,e^{-|z-w|\sqrt{\frac{\eta_r\xi_n^2+s}{\eta_z}}}dw \quad (28.6.1)$$

where ξ_n are the positive roots of $J_{\mathcal{M}}(\xi_n a)=0$, $n=1,2,...$, ξ_m are the positive roots of $\xi_m\tan(\xi_m\vartheta)=\lambda$, $m=1,2,...$, $\overline{\overline{\psi}}(\xi_m,w,s)=\int_0^\vartheta\overline{\psi}(v,w,s)\cos(\xi_m v)dv$ and
$\overline{\overline{\varphi}}(\xi_n,\xi_m,w)=\int_0^a uJ_{\mathcal{M}}(\xi_n u)\int_0^\vartheta\varphi(u,v,w)\cos(\xi_m v)dudv$.

$$p=\frac{2U(t-t_0)}{a^2\phi c_t\sqrt{\pi\eta_z}}\times$$

$$\times\sum_{m=0}^{\infty}\frac{\left(\xi_m^2+\lambda^2\right)\cos(\xi_m\theta_0)\cos(\xi_m\theta)}{\vartheta\left(\xi_m^2+\lambda^2\right)+\lambda}\sum_{n=1}^{\infty}\frac{J_{\mathcal{M}}(\xi_n r_0)\,J_{\mathcal{M}}(\xi_n r)}{J'^2_{\mathcal{M}}(\xi_n a)}\int_0^{t-t_0}\frac{q(t-t_0-\tau)\,e^{-\eta_r\xi_n^2\tau-\frac{(z-z_0)^2}{4\eta_z\tau}}}{\sqrt{\tau}}d\tau-$$

$$-\frac{2\eta_r}{a\sqrt{\pi\eta_z}}\sum_{m=0}^{\infty}\frac{\left(\xi_m^2+\lambda^2\right)\cos(\xi_m\theta)}{\vartheta\left(\xi_m^2+\lambda^2\right)+\lambda}\sum_{n=1}^{\infty}\frac{\xi_n J_{\mathcal{M}}(\xi_n r)}{J'_{\mathcal{M}}(\xi_n a)}\int_0^t\frac{e^{-\eta_r\xi_n^2\tau}}{\sqrt{\tau}}\int_{-\infty}^{\infty}\overline{\psi}(\xi_m,w,t-\tau)\,e^{-\frac{(z-w)^2}{4\eta_z\tau}}dwd\tau+$$

$$+\frac{2}{a^2\phi c_t\sqrt{\pi\eta_z}}\sum_{m=0}^{\infty}\frac{\left(\xi_m^2+\lambda^2\right)\cos\left(\xi_m\theta\right)}{\vartheta\left(\xi_m^2+\lambda^2\right)+\lambda}\sum_{n=1}^{\infty}\frac{J_{\mathcal{M}}\left(\xi_n r\right)}{J_{\mathcal{M}}'^2\left(\xi_n a\right)}\times$$
$$\times\int_0^t\frac{e^{-\eta_r\xi_n^2\tau}}{\sqrt{\tau}}\int_0^a\frac{J_{\mathcal{M}}\left(\xi_n u\right)}{u}\int_{-\infty}^{\infty}\left\{\psi_0\left(u,w,t-\tau\right)-\psi_\vartheta\left(u,t-\tau,t-\tau\right)\cos\left(\xi_m\vartheta\right)\right\}e^{-\frac{(z-w)^2}{4\eta_z\tau}}dwdud\tau+$$
$$+\frac{2}{a^2\sqrt{\pi\eta_z t}}\sum_{m=0}^{\infty}\frac{\left(\xi_m^2+\lambda^2\right)\cos\left(\xi_m\theta\right)}{\vartheta\left(\xi_m^2+\lambda^2\right)+\lambda}\sum_{n=1}^{\infty}\frac{J_{\mathcal{M}}\left(\xi_n r\right)e^{-\eta_r\xi_n^2 t}}{J_{\mathcal{M}}'^2\left(\xi_n a\right)}\int_{-\infty}^{\infty}\overline{\varphi}\left(\xi_n,\xi_m,w\right)e^{-\frac{(z-w)^2}{4\eta_z t}}dw \qquad (28.6.2)$$

where $\overline{\psi}\left(\xi_m,w,t\right)=\int_0^\vartheta\psi\left(v,w,t\right)\cos\left(\xi_m v\right)dv$.

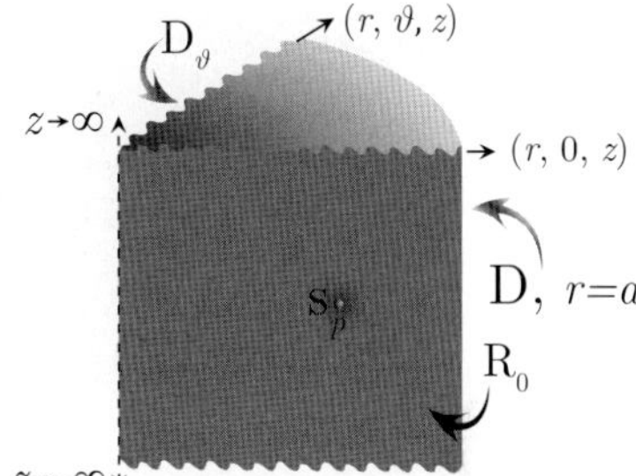

28.7 The problem of 28.1, except $\mathbf{D}\equiv p\left(a,\theta,z,t\right)=\psi\left(\theta,z,t\right)$, $\mathbf{R_0}\equiv\frac{\partial p(r,0,z,t)}{\partial\theta}-\lambda p\left(r,0,z,t\right)=-\left(\frac{\mu}{k_\theta}\right)\psi_0\left(r,z,t\right)$ and $\mathbf{D_\vartheta}\equiv p\left(r,\vartheta,z,t\right)=\psi_\vartheta\left(r,z,t\right)$

$$\overline{p}=\frac{2q\left(s\right)e^{-st_0}}{\vartheta a^2\phi c_t\sqrt{\eta_z}}\sum_{m=0}^{\infty}\frac{\left(\xi_m^2+\lambda^2\right)\sin\{\xi_m\left(\vartheta-\theta_0\right)\}\sin\{\xi_m\left(\vartheta-\theta\right)\}}{\vartheta\left(\xi_m^2+\lambda^2\right)+\lambda}\sum_{n=1}^{\infty}\frac{J_{\mathcal{M}}(\xi_n r_0)\,J_{\mathcal{M}}(\xi_n r)\,e^{-|z-z_0|\sqrt{\frac{\eta_r\xi_n^2+s}{\eta_z}}}}{J_{\mathcal{M}}'^2(\xi_n a)\,\sqrt{(\eta_r\xi_n^2+s)}}-$$
$$-\frac{2\eta_r}{\vartheta a\sqrt{\eta_z}}\sum_{m=0}^{\infty}\frac{\left(\xi_m^2+\lambda^2\right)\sin\left\{\xi_m\left(\vartheta-\theta\right)\right\}}{\vartheta\left(\xi_m^2+\lambda^2\right)+\lambda}\sum_{n=1}^{\infty}\frac{\xi_n J_{\mathcal{M}}\left(\xi_n r\right)}{J_{\mathcal{M}}'\left(\xi_n a\right)\sqrt{\eta_r\xi_n^2+s}}\int_{-\infty}^{\infty}\overline{\overline{\psi}}\left(\xi_m,w,s\right)e^{-|z-w|\sqrt{\frac{\eta_r\xi_n^2+s}{\eta_z}}}dw+$$
$$+\frac{2\eta_\theta}{a^2\sqrt{\eta_z}}\sum_{m=1}^{\infty}\frac{\left(\xi_m^2+\lambda^2\right)\sin\left\{\xi_m\left(\vartheta-\theta\right)\right\}}{\vartheta\left(\xi_m^2+\lambda^2\right)+\lambda}\sum_{n=1}^{\infty}\frac{J_{\mathcal{M}}\left(\xi_n r\right)}{J_{\mathcal{M}}'^2\left(\xi_n a\right)\sqrt{\eta_r\xi_n^2+s}}\times$$
$$\times\int_0^a\frac{J_{\mathcal{M}}\left(\xi_n u\right)}{u}\int_{-\infty}^{\infty}\left\{\left(\frac{\mu}{k_\theta}\right)\overline{\psi}_0\left(u,w,s\right)\sin\left(\xi_m\vartheta\right)+\xi_m\overline{\psi}_\vartheta\left(u,w,s\right)\right\}e^{-|z-w|\sqrt{\frac{\eta_r\xi_n^2+s}{\eta_z}}}dwdu+$$
$$+\frac{2}{\vartheta a^2\sqrt{\eta_z}}\sum_{m=0}^{\infty}\frac{\left(\xi_m^2+\lambda^2\right)\sin\left\{\xi_m\left(\vartheta-\theta\right)\right\}}{\vartheta\left(\xi_m^2+\lambda^2\right)+\lambda}\sum_{n=1}^{\infty}\frac{J_{\mathcal{M}}\left(\xi_n r\right)}{J_{\mathcal{M}}'^2\left(\xi_n a\right)\sqrt{\eta_r\xi_n^2+s}}\int_{-\infty}^{\infty}\overline{\overline{\varphi}}\left(\xi_n,\xi_m,w\right)e^{-|z-w|\sqrt{\frac{\eta_r\xi_n^2+s}{\eta_z}}}dw$$

(28.7.1)

where ξ_n are the positive roots of $J_{\mathcal{M}}\left(\xi_n a\right)=0$, $n=1,2,...$, ξ_m are the positive roots of $\xi_m\cot\left(\xi_m\vartheta\right)=-\lambda$, $m=1,2,...$, $\overline{\overline{\psi}}\left(\xi_m,w,s\right)=\int_0^\vartheta\overline{\psi}\left(v,w,s\right)\sin\left\{\xi_m\left(\vartheta-v\right)\right\}dv$ and
$\overline{\overline{\varphi}}\left(\xi_n,\xi_m,w\right)=\int_0^a uJ_{\mathcal{M}}\left(\xi_n u\right)\int_0^\vartheta\varphi\left(u,v,w\right)\sin\left\{\xi_m\left(\vartheta-v\right)\right\}dudv$.

$$p=\frac{2U\left(t-t_0\right)}{\vartheta a^2\phi c_t\sqrt{\pi\eta_z}}\sum_{m=0}^{\infty}\frac{\left(\xi_m^2+\lambda^2\right)\sin\left\{\xi_m\left(\vartheta-\theta_0\right)\right\}\sin\left\{\xi_m\left(\vartheta-\theta\right)\right\}}{\vartheta\left(\xi_m^2+\lambda^2\right)+\lambda}\times$$
$$\times\sum_{n=1}^{\infty}\frac{J_{\mathcal{M}}\left(\xi_n r_0\right)J_{\mathcal{M}}\left(\xi_n r\right)}{J_{\mathcal{M}}'^2\left(\xi_n a\right)}\int_0^{t-t_0}\frac{q\left(t-t_0-\tau\right)e^{-\eta_r\xi_n^2\tau-\frac{(z-z_0)^2}{4\eta_z\tau}}}{\sqrt{\tau}}d\tau-$$
$$-\frac{2\eta_r}{\vartheta a\sqrt{\pi\eta_z}}\sum_{m=0}^{\infty}\frac{\left(\xi_m^2+\lambda^2\right)\sin\{\xi_m\left(\vartheta-\theta\right)\}}{\vartheta\left(\xi_m^2+\lambda^2\right)+\lambda}\sum_{n=1}^{\infty}\frac{\xi_n J_{\mathcal{M}}(\xi_n r)}{J_{\mathcal{M}}'\left(\xi_n a\right)}\int_0^t\frac{e^{-\eta_r\xi_n^2\tau}}{\sqrt{\tau}}\int_{-\infty}^{\infty}\overline{\overline{\psi}}\left(\xi_m,w,t-\tau\right)e^{-\frac{(z-w)^2}{4\eta_z\tau}}dwd\tau+$$
$$+\frac{2\eta_\theta}{a^2\sqrt{\pi\eta_z}}\sum_{m=0}^{\infty}\frac{\left(\xi_m^2+\lambda^2\right)\sin\left\{\xi_m\left(\vartheta-\theta\right)\right\}}{\vartheta\left(\xi_m^2+\lambda^2\right)+\lambda}\sum_{n=1}^{\infty}\frac{J_{\mathcal{M}}\left(\xi_n r\right)}{J_{\mathcal{M}}'^2\left(\xi_n a\right)}\times$$

$$\times\int_0^t \frac{e^{-\eta_r\xi_n^2\tau}}{\sqrt{\tau}}\int_0^a \frac{J_{\mathcal{M}}(\xi_n u)}{u}\int_{-\infty}^{\infty}\left\{\left(\frac{\mu}{k_\theta}\right)\psi_0(u,w,t-\tau)\sin(\xi_m\vartheta)+\xi_m\psi_\vartheta(u,w,t-\tau)\right\}e^{-\frac{(z-w)^2}{4\eta_z\tau}}dwdud\tau+$$

$$+\frac{2}{\vartheta a^2\sqrt{\pi\eta_z t}}\sum_{m=0}^{\infty}\frac{(\xi_m^2+\lambda^2)\sin\{\xi_m(\vartheta-\theta)\}}{\vartheta(\xi_m^2+\lambda^2)+\lambda}\sum_{n=1}^{\infty}\frac{J_{\mathcal{M}}(\xi_n r)e^{-\eta_r\xi_n^2 t}}{J_{\mathcal{M}}'^2(\xi_n a)}\int_{-\infty}^{\infty}\overline{\overline{\varphi}}(\xi_n,\xi_m,w)e^{-\frac{(z-w)^2}{4\eta_z t}}dw \quad (28.7.2)$$

where $\overline{\psi}(\xi_m,w,t)=\int_0^{\vartheta}\psi(v,w,t)\sin\{\xi_m(\vartheta-v)\}dv$.

28.8

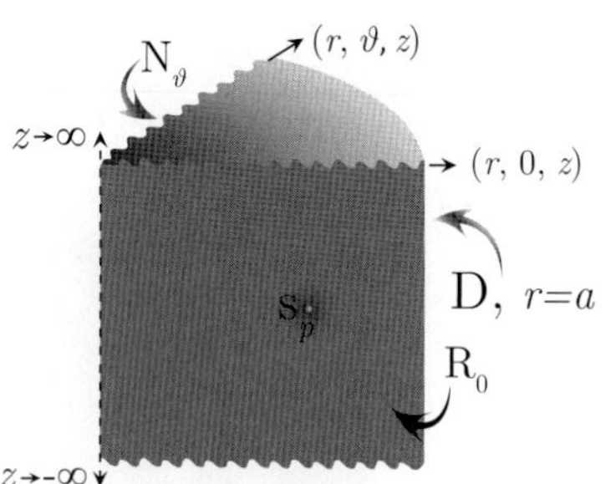

The problem of 28.1, except
$D \equiv p(a,\theta,z,t)=\psi(\theta,z,t)$,
$R_0 \equiv \frac{\partial p(r,0,z,t)}{\partial\theta}-\lambda p(r,0,z,t)=-\left(\frac{\mu}{k_\theta}\right)\psi_0(r,z,t)$ and
$N_\vartheta \equiv \frac{\partial p(r,\vartheta,z,t)}{\partial\theta}=-\left(\frac{\mu}{k_\theta}\right)\psi_\vartheta(r,z,t)$

$$\overline{p}=\frac{2q(s)e^{-st_0}}{\vartheta a^2\phi c_t\sqrt{\eta_z}}\sum_{m=0}^{\infty}\frac{(\xi_m^2+\lambda^2)\cos\{\xi_m(\vartheta-\theta_0)\}\cos\{\xi_m(\vartheta-\theta)\}}{\vartheta(\xi_m^2+\lambda^2)+\lambda}\sum_{n=1}^{\infty}\frac{J_{\mathcal{M}}(\xi_n r_0)J_{\mathcal{M}}(\xi_n r)e^{-|z-z_0|\sqrt{\frac{\eta_r\xi_n^2+s}{\eta_z}}}}{J_{\mathcal{M}}'^2(\xi_n a)\sqrt{(\eta_r\xi_n^2+s)}}-$$

$$-\frac{2\eta_r}{\vartheta a\sqrt{\eta_z}}\sum_{m=0}^{\infty}\frac{(\xi_m^2+\lambda^2)\cos\{\xi_m(\vartheta-\theta)\}}{\vartheta(\xi_m^2+\lambda^2)+\lambda}\sum_{n=1}^{\infty}\frac{\xi_n J_{\mathcal{M}}(\xi_n r)}{J_{\mathcal{M}}'(\xi_n a)\sqrt{\eta_r\xi_n^2+s}}\int_{-\infty}^{\infty}\overline{\overline{\psi}}(\xi_m,w,s)e^{-|z-w|\sqrt{\frac{\eta_r\xi_n^2+s}{\eta_z}}}dw+$$

$$+\frac{2\eta_\theta}{a^2\sqrt{\eta_z}}\sum_{m=1}^{\infty}\frac{(\xi_m^2+\lambda^2)\cos\{\xi_m(\vartheta-\theta)\}}{\vartheta(\xi_m^2+\lambda^2)+\lambda}\sum_{n=1}^{\infty}\frac{J_{\mathcal{M}}(\xi_n r)}{J_{\mathcal{M}}'^2(\xi_n a)\sqrt{\eta_r\xi_n^2+s}}\times$$

$$\times\int_0^a\frac{J_{\mathcal{M}}(\xi_n u)}{u}\int_{-\infty}^{\infty}\left\{\overline{\psi}_0(u,w,s)\cos(\xi_m\vartheta)-\overline{\psi}_\vartheta(u,w,s)\right\}e^{-|z-w|\sqrt{\frac{\eta_r\xi_n^2+s}{\eta_z}}}dwdu+$$

$$+\frac{2}{\vartheta a^2\sqrt{\eta_z}}\sum_{m=0}^{\infty}\frac{(\xi_m^2+\lambda^2)\cos\{\xi_m(\vartheta-\theta)\}}{\vartheta(\xi_m^2+\lambda^2)+\lambda}\sum_{n=1}^{\infty}\frac{J_{\mathcal{M}}(\xi_n r)}{J_{\mathcal{M}}'^2(\xi_n a)\sqrt{\eta_r\xi_n^2+s}}\int_{-\infty}^{\infty}\overline{\overline{\varphi}}(\xi_n,\xi_m,w)e^{-|z-w|\sqrt{\frac{\eta_r\xi_n^2+s}{\eta_z}}}dw$$

(28.8.1)

where ξ_n are the positive roots of $J_{\mathcal{M}}(\xi_n a)=0$, $n=1,2,\ldots$, ξ_m are the positive roots of $\xi_m\cot(\xi_m\vartheta)=-\lambda$, $m=1,2,\ldots$, $\overline{\overline{\psi}}(\xi_m,w,s)=\int_0^{\vartheta}\overline{\psi}(v,w,s)\cos\{\xi_m(\vartheta-v)\}dv$ and
$\overline{\overline{\varphi}}(\xi_n,\xi_m,w)=\int_0^a uJ_{\mathcal{M}}(\xi_n u)\int_0^{\vartheta}\varphi(u,v,w)\cos\{\xi_m(\vartheta-v)\}dudv$.

$$p=\frac{2U(t-t_0)}{\vartheta a^2\phi c_t\sqrt{\pi\eta_z}}\sum_{m=0}^{\infty}\frac{(\xi_m^2+\lambda^2)\cos\{\xi_m(\vartheta-\theta_0)\}\cos\{\xi_m(\vartheta-\theta)\}}{\vartheta(\xi_m^2+\lambda^2)+\lambda}\times$$

$$\times\sum_{n=1}^{\infty}\frac{J_{\mathcal{M}}(\xi_n r_0)J_{\mathcal{M}}(\xi_n r)}{J_{\mathcal{M}}'^2(\xi_n a)}\int_0^{t-t_0}\frac{q(t-t_0-\tau)e^{-\eta_r\xi_n^2\tau-\frac{(z-z_0)^2}{4\eta_z\tau}}}{\sqrt{\tau}}d\tau-$$

$$-\frac{2\eta_r}{\vartheta a\sqrt{\pi\eta_z}}\sum_{m=0}^{\infty}\frac{(\xi_m^2+\lambda^2)\cos\{\xi_m(\vartheta-\theta)\}}{\vartheta(\xi_m^2+\lambda^2)+\lambda}\sum_{n=1}^{\infty}\frac{\xi_n J_{\mathcal{M}}(\xi_n r)}{J_{\mathcal{M}}'(\xi_n a)}\int_0^t\frac{e^{-\eta_r\xi_n^2\tau}}{\sqrt{\tau}}\int_{-\infty}^{\infty}\overline{\psi}(\xi_m,w,t-\tau)e^{-\frac{(z-w)^2}{4\eta_z\tau}}dwd\tau+$$

$$+\frac{2\eta_\theta}{a^2\sqrt{\pi\eta_z}}\sum_{m=0}^{\infty}\frac{(\xi_m^2+\lambda^2)\cos\{\xi_m(\vartheta-\theta)\}}{\vartheta(\xi_m^2+\lambda^2)+\lambda}\sum_{n=1}^{\infty}\frac{J_{\mathcal{M}}(\xi_n r)}{J_{\mathcal{M}}'^2(\xi_n a)}\times$$

$$\times \int_0^t \frac{e^{-\eta_r \xi_n^2 \tau}}{\sqrt{\tau}} \int_0^a \frac{J_{\mathcal{M}}(\xi_n u)}{u} \int_{-\infty}^{\infty} \{\psi_0(u,w,t-\tau)\cos(\xi_m \vartheta) - \psi_\vartheta(u,w,t-\tau)\} e^{-\frac{(z-w)^2}{4\eta_z \tau}} dw du d\tau +$$

$$+\frac{2}{\vartheta a^2 \sqrt{\pi \eta_z t}} \sum_{m=0}^{\infty} \frac{(\xi_m^2+\lambda^2)\cos\{\xi_m(\vartheta-\theta)\}}{\vartheta(\xi_m^2+\lambda^2)+\lambda} \sum_{n=1}^{\infty} \frac{J_{\mathcal{M}}(\xi_n r) e^{-\eta_r \xi_n^2 t}}{J'^2_{\mathcal{M}}(\xi_n a)} \int_{-\infty}^{\infty} \overline{\overline{\varphi}}(\xi_n,\xi_m,w) e^{-\frac{(z-w)^2}{4\eta_z t}} dw \quad (28.8.2)$$

where $\overline{\psi}(\xi_m,w,t) = \int_0^\vartheta \psi(v,w,t)\cos\{\xi_m(\vartheta-v)\}dv$.

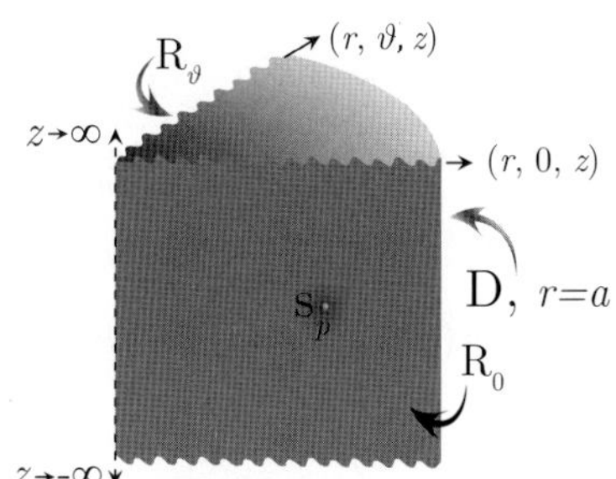

28.9 The problem of 28.1, except $\mathbf{D} \equiv p(a,\theta,z,t) = \psi(\theta,z,t)$, $\mathbf{R_0} \equiv \frac{\partial p(r,0,z,t)}{\partial\theta} - \lambda_0 p(r,0,z,t) = -\left(\frac{\mu}{k_\theta}\right)\psi_0(r,z,t)$ and $\mathbf{R_\vartheta} \equiv \frac{\partial p(r,\vartheta,z,t)}{\partial\theta} + \lambda_\vartheta p(r,\vartheta,z,t) = -\left(\frac{\mu}{k_\theta}\right)\psi_\vartheta(r,z,t)$

$$\overline{p} = \frac{2q(s)e^{-st_0}}{a^2\phi c_t\sqrt{\eta_z}} \sum_{m=0}^{\infty} \frac{\{\xi_m\cos(\xi_m\theta_0)+\lambda_0\sin(\xi_m\theta_0)\}\{\xi_m\cos(\xi_m\theta)+\lambda_0\sin(\xi_m\theta)\}}{\left\{(\xi_m^2+\lambda_0^2)\left(\vartheta+\frac{\lambda_\vartheta}{\xi_m^2+\lambda_\vartheta^2}\right)+\lambda_0\right\}} \times$$

$$\times \sum_{n=1}^{\infty} \frac{J_{\mathcal{M}}(\xi_n r_0) J_{\mathcal{M}}(\xi_n r) e^{-|z-z_0|\sqrt{\frac{\eta_r\xi_n^2+s}{\eta_z}}}}{J'^2_{\mathcal{M}}(\xi_n a)\sqrt{(\eta_r\xi_n^2+s)}} -$$

$$-\frac{2\eta_r}{a\sqrt{\eta_z}} \sum_{m=0}^{\infty} \frac{\{\xi_m\cos(\xi_m\theta)+\lambda_0\sin(\xi_m\theta)\}}{\left\{(\xi_m^2+\lambda_0^2)\left(\vartheta+\frac{\lambda_\vartheta}{\xi_m^2+\lambda_\vartheta^2}\right)+\lambda_0\right\}} \sum_{n=1}^{\infty} \frac{\xi_n J_{\mathcal{M}}(\xi_n r)}{J'_{\mathcal{M}}(\xi_n a)\sqrt{\eta_r\xi_n^2+s}} \int_{-\infty}^{\infty} \overline{\overline{\psi}}(\xi_m,w,s) e^{-|z-w|\sqrt{\frac{\eta_r\xi_n^2+s}{\eta_z}}} dw +$$

$$+\frac{2}{a^2\phi c_t\sqrt{\eta_z}} \sum_{m=1}^{\infty} \frac{\{\xi_m\cos(\xi_m\theta)+\lambda_0\sin(\xi_m\theta)\}}{\left\{(\xi_m^2+\lambda_0^2)\left(\vartheta+\frac{\lambda_\vartheta}{\xi_m^2+\lambda_\vartheta^2}\right)+\lambda_0\right\}} \sum_{n=1}^{\infty} \frac{J_{\mathcal{M}}(\xi_n r)}{J'^2_{\mathcal{M}}(\xi_n a)\sqrt{\eta_r\xi_n^2+s}} \times$$

$$\times \int_0^a \frac{J_{\mathcal{M}}(\xi_n u)}{u} \int_{-\infty}^{\infty} \left[\xi_m\overline{\psi}_0(u,w,s) - \overline{\psi}_\vartheta(u,w,s)\{\xi_m\cos(\xi_m\vartheta)+\lambda_0\sin(\xi_m\vartheta)\}\right] e^{-|z-w|\sqrt{\frac{\eta_r\xi_n^2+s}{\eta_z}}} dw du +$$

$$+\frac{2}{a^2\sqrt{\eta_z}} \sum_{m=0}^{\infty} \frac{\{\xi_m\cos(\xi_m\theta)+\lambda_0\sin(\xi_m\theta)\}}{\left\{(\xi_m^2+\lambda_0^2)\left(\vartheta+\frac{\lambda_\vartheta}{\xi_m^2+\lambda_\vartheta^2}\right)+\lambda_0\right\}} \sum_{n=1}^{\infty} \frac{J_{\mathcal{M}}(\xi_n r)}{J'^2_{\mathcal{M}}(\xi_n a)\sqrt{\eta_r\xi_n^2+s}} \int_{-\infty}^{\infty} \overline{\overline{\varphi}}(\xi_n,\xi_m,w) e^{-|z-w|\sqrt{\frac{\eta_r\xi_n^2+s}{\eta_z}}} dw$$

(28.9.1)

where ξ_n are the positive roots of $J_{\mathcal{M}}(\xi_n a) = 0$, $n = 1,2,...$, ξ_m are the positive roots of $\tan(\xi_m\vartheta) = \frac{\xi_m(\lambda_0+\lambda_\vartheta)}{\xi_m^2-\lambda_0\lambda_\vartheta}$, $m = 1,2,...$, $\overline{\overline{\psi}}(\xi_m,w,s) = \int_0^\vartheta \overline{\psi}(v,w,s)\{\xi_m\cos(\xi_m v)+\lambda_0\sin(\xi_m v)\}dv$ and $\overline{\overline{\varphi}}(\xi_n,\xi_m,w) = \int_0^a uJ_{\mathcal{M}}(\xi_n u)\int_0^\vartheta \varphi(u,v,w)\{\xi_m\cos(\xi_m v)+\lambda_0\sin(\xi_m v)\}dudv$.

$$p = \frac{2U(t-t_0)}{a^2\phi c_t\sqrt{\pi\eta_z}} \sum_{m=0}^{\infty} \frac{\{\xi_m\cos(\xi_m\theta_0)+\lambda_0\sin(\xi_m\theta_0)\}\{\xi_m\cos(\xi_m\theta)+\lambda_0\sin(\xi_m\theta)\}}{\left\{(\xi_m^2+\lambda_0^2)\left(\vartheta+\frac{\lambda_\vartheta}{\xi_m^2+\lambda_\vartheta^2}\right)+\lambda_0\right\}} \times$$

$$\times \sum_{n=1}^{\infty} \frac{J_{\mathcal{M}}(\xi_n r_0) J_{\mathcal{M}}(\xi_n r)}{J'^2_{\mathcal{M}}(\xi_n a)} \int_0^{t-t_0} \frac{q(t-t_0-\tau) e^{-\eta_r\xi_n^2\tau-\frac{(z-z_0)^2}{4\eta_z\tau}}}{\sqrt{\tau}} d\tau -$$

$$-\frac{2\eta_r}{a\sqrt{\pi\eta_z}} \sum_{m=0}^{\infty} \frac{\{\xi_m\cos(\xi_m\theta)+\lambda_0\sin(\xi_m\theta)\}}{\left\{(\xi_m^2+\lambda_0^2)\left(\vartheta+\frac{\lambda_\vartheta}{\xi_m^2+\lambda_\vartheta^2}\right)+\lambda_0\right\}} \times$$

$$\times \sum_{n=1}^{\infty} \frac{\xi_n J_{\mathcal{M}}(\xi_n r)}{J'_{\mathcal{M}}(\xi_n a)} \int_0^t \frac{e^{-\eta_r \xi_n^2 \tau}}{\sqrt{\tau}} \int_{-\infty}^{\infty} \overline{\psi}(\xi_m, w, t-\tau) e^{-\frac{(z-w)^2}{4\eta_z \tau}} dw d\tau +$$

$$+ \frac{2}{a^2 \phi c_t \sqrt{\pi \eta_z}} \sum_{m=0}^{\infty} \frac{\{\xi_m \cos(\xi_m \theta) + \lambda_0 \sin(\xi_m \theta)\}}{\left\{(\xi_m^2 + \lambda_0^2)\left(\vartheta + \frac{\lambda_\vartheta}{\xi_m^2 + \lambda_\vartheta^2}\right) + \lambda_0\right\}} \sum_{n=1}^{\infty} \frac{J_{\mathcal{M}}(\xi_n r)}{J'^2_{\mathcal{M}}(\xi_n a)} \int_0^t \frac{e^{-\eta_r \xi_n^2 \tau}}{\sqrt{\tau}} \int_0^a \frac{J_{\mathcal{M}}(\xi_n u)}{u} \times$$

$$\times \int_{-\infty}^{\infty} [\xi_m \psi_0(u, w, t-\tau) - \psi_\vartheta(u, w, t-\tau)\{\xi_m \cos(\xi_m \vartheta) + \lambda_0 \sin(\xi_m \vartheta)\}] e^{-\frac{(z-w)^2}{4\eta_z \tau}} dw du d\tau +$$

$$+ \frac{2}{a^2 \sqrt{\pi \eta_z t}} \sum_{m=0}^{\infty} \frac{\{\xi_m \cos(\xi_m \theta) + \lambda_0 \sin(\xi_m \theta)\}}{\left\{(\xi_m^2 + \lambda_0^2)\left(\vartheta + \frac{\lambda_\vartheta}{\xi_m^2 + \lambda_\vartheta^2}\right) + \lambda_0\right\}} \sum_{n=1}^{\infty} \frac{J_{\mathcal{M}}(\xi_n r) e^{-\eta_r \xi_n^2 t}}{J'^2_{\mathcal{M}}(\xi_n a)} \int_{-\infty}^{\infty} \overline{\overline{\varphi}}(\xi_n, \xi_m, w) e^{-\frac{(z-w)^2}{4\eta_z t}} dw \tag{28.9.2}$$

where $\overline{\psi}(\xi_m, w, t) = \int_0^\vartheta \psi(v, w, t)\{\xi_m \cos(\xi_m v) + \lambda_0 \sin(\xi_m v)\} dv$.

28.10

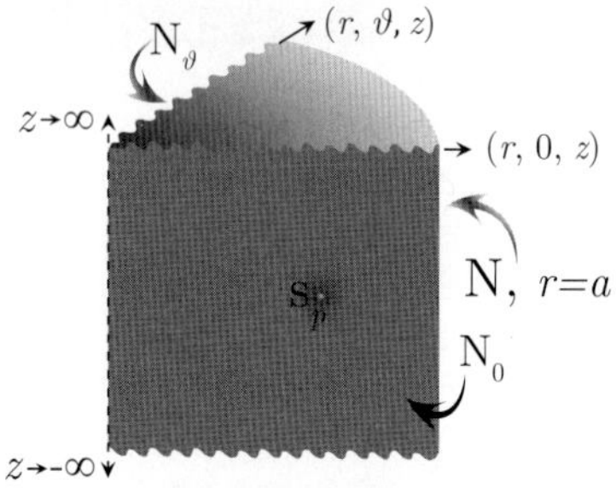

The problem of 28.1, except
$\mathbf{N} \equiv \frac{\partial p(a,\theta,z,t)}{\partial r} = -\left(\frac{\mu}{k_r}\right)\psi(\theta, z, t)$,
$\mathbf{N_0} \equiv \frac{\partial p(r,0,z,t)}{\partial \theta} = -\left(\frac{\mu}{k_\theta}\right)\psi_0(r, z, t)$ **and**
$\mathbf{N_\vartheta} \equiv \frac{\partial p(r,\vartheta,z,t)}{\partial \theta} = -\left(\frac{\mu}{k_\theta}\right)\psi_\vartheta(r, z, t)$

Successive application of the Laplace, Fourier and finite Hankel transformations to equation (22.1.1) gives

$$\overline{\overline{\overline{p}}} = \frac{q(s) e^{-st_0} e^{ilz_0} \cos(\xi_m \theta_0) J_{\mathcal{M}}(\xi_n r_0)}{\phi c_t (\eta_r \xi_n^2 + \eta_z l^2 + s)} - \frac{a \overline{\overline{\overline{\psi}}}(\xi_m, l, s) J_{\mathcal{M}}(\xi_n a)}{\phi c_t (\eta_r \xi_n^2 + \eta_z l^2 + s)} +$$

$$+ \frac{\int_0^a \frac{J_{\mathcal{M}}(\xi_n u)}{u}\left\{\overline{\overline{\psi}}_0(u, l, s) + (-1)^{m+1} \overline{\overline{\psi}}_\vartheta(u, l, s)\right\} du}{\phi c_t (\eta_r \xi_n^2 + \eta_z l^2 + s)} + \frac{\overline{\overline{\overline{\varphi}}}(\xi_n, \xi_m, l)}{(\eta_r \xi_n^2 + \eta_z l^2 + s)} \tag{28.10.1}$$

where ξ_n are the positive roots of $J'_{\mathcal{M}}(\xi_n a) = 0$, $n = 0, 1, ...$, $\xi_m = \frac{m\pi}{\vartheta}$, $m = 0, 1, ...$,
$\overline{\overline{\overline{\psi}}}(\xi_m, l, s) = \int_0^\vartheta \cos(\xi_m v) \int_{-\infty}^{\infty} \overline{\psi}(v, w, s) e^{ilw} dw dv$, $\overline{\overline{\psi}}_0(u, l, s) = \int_{-\infty}^{\infty} e^{ilz} \int_0^\infty \psi_0(u, z, t) e^{-st} dt dz$,
$\overline{\overline{\psi}}_\vartheta(u, l, s) = \int_{-\infty}^{\infty} e^{ilz} \int_0^\infty \psi_\vartheta(u, z, t) e^{-st} dt dz$ and
$\overline{\overline{\overline{\varphi}}}(\xi_n, \xi_m, l) = \int_0^a u J_{\mathcal{M}}(\xi_n u) \int_0^\vartheta \cos(\xi_m v) \int_{-\infty}^{\infty} \varphi(u, v, w) e^{ilw} dw dv du$. The inverse Fourier and Hankel transforms of equation (28.10.1) yield

$$\overline{p} = \frac{2q(s) e^{-st_0}}{\vartheta a^2 \phi c_t \sqrt{\eta_z}} \sum_{m=0}^{\infty} \ni_m \cos(\xi_m \theta_0) \cos(\xi_m \theta) \sum_{n=0}^{\infty} \frac{J_{\mathcal{M}}(\xi_n r_0) J_{\mathcal{M}}(\xi_n r) e^{-|z-z_0|\sqrt{\frac{\eta_r \xi_n^2 + s}{\eta_z}}}}{\left\{1 - \left(\frac{\mathcal{M}}{\xi_n a}\right)^2\right\} J^2_{\mathcal{M}}(\xi_n a) \sqrt{(\eta_r \xi_n^2 + s)}} -$$

$$- \frac{2}{\vartheta a \phi c_t \sqrt{\eta_z}} \sum_{m=0}^{\infty} \ni_m \cos(\xi_m \theta) \sum_{n=0}^{\infty} \frac{J_{\mathcal{M}}(\xi_n r)}{\left\{1 - \left(\frac{\mathcal{M}}{\xi_n a}\right)^2\right\} J_{\mathcal{M}}(\xi_n a) \sqrt{\eta_r \xi_n^2 + s}} \times$$

$$\times \int_{-\infty}^{\infty} \overline{\overline{\psi}}(\xi_m, w, s) e^{-|z-w|\sqrt{\frac{\eta_r \xi_n^2 + s}{\eta_z}}} dw +$$

$$+ \frac{2}{\vartheta a^2 \phi c_t \sqrt{\eta_z}} \sum_{m=1}^{\infty} \ni_m \cos(\xi_m \theta_0) \sum_{n=0}^{\infty} \frac{J_{\mathcal{M}}(\xi_n r)}{\left\{1 - \left(\frac{\mathcal{M}}{\xi_n a}\right)^2\right\} J^2_{\mathcal{M}}(\xi_n a) \sqrt{\eta_r \xi_n^2 + s}} \times$$

$$\times \int_0^a \frac{J_{\mathcal{M}}(\xi_n u)}{u} \int_{-\infty}^{\infty} \left\{ \overline{\psi}_0(u,w,s) + (-1)^{m+1} \overline{\psi}_\vartheta(u,w,s) \right\} e^{-|z-w|\sqrt{\frac{\eta_r \xi_n^2 + s}{\eta_z}}} dwdu +$$

$$+ \frac{2}{\vartheta a^2 \sqrt{\eta_z}} \sum_{m=0}^{\infty} \ni_m \cos(\xi_m \theta) \sum_{n=0}^{\infty} \frac{J_{\mathcal{M}}(\xi_n r)}{\left\{1 - \left(\frac{\mathcal{M}}{\xi_n a}\right)^2\right\} J_{\mathcal{M}}^2(\xi_n a) \sqrt{\eta_r \xi_n^2 + s}} \int_{-\infty}^{\infty} \overline{\overline{\varphi}}(\xi_n, \xi_m, w) e^{-|z-w|\sqrt{\frac{\eta_r \xi_n^2 + s}{\eta_z}}} dw \tag{28.10.2}$$

and

$$p = \frac{2U(t-t_0)}{\vartheta a^2 \phi c_t \sqrt{\pi \eta_z}} \times$$

$$\times \sum_{m=0}^{\infty} \ni_m \cos(\xi_m \theta_0) \cos(\xi_m \theta) \sum_{n=0}^{\infty} \frac{J_{\mathcal{M}}(\xi_n r_0) J_{\mathcal{M}}(\xi_n r)}{\left\{1 - \left(\frac{\mathcal{M}}{\xi_n a}\right)^2\right\} J_{\mathcal{M}}^2(\xi_n a)} \int_0^{t-t_0} \frac{q(t-t_0-\tau) e^{-\eta_r \xi_n^2 \tau - \frac{(z-z_0)^2}{4\eta_z \tau}}}{\sqrt{\tau}} d\tau -$$

$$- \frac{2}{\vartheta a \phi c_t \sqrt{\pi \eta_z}} \times$$

$$\times \sum_{m=0}^{\infty} \ni_m \cos(\xi_m \theta) \sum_{n=0}^{\infty} \frac{J_{\mathcal{M}}(\xi_n r)}{\left\{1 - \left(\frac{\mathcal{M}}{\xi_n a}\right)^2\right\} J_{\mathcal{M}}(\xi_n a)} \int_0^t \frac{e^{-\eta_r \xi_n^2 \tau}}{\sqrt{\tau}} \int_{-\infty}^{\infty} \overline{\psi}(\xi_m, w, t-\tau) e^{-\frac{(z-w)^2}{4\eta_z \tau}} dwd\tau +$$

$$+ \frac{2}{\vartheta a^2 \phi c_t \sqrt{\pi \eta_z}} \sum_{m=0}^{\infty} \ni_m \cos(\xi_m \theta) \sum_{n=0}^{\infty} \frac{J_{\mathcal{M}}(\xi_n r)}{\left\{1 - \left(\frac{\mathcal{M}}{\xi_n a}\right)^2\right\} J_{\mathcal{M}}^2(\xi_n a)} \times$$

$$\times \int_0^t \frac{e^{-\eta_r \xi_n^2 \tau}}{\sqrt{\tau}} \int_0^a \frac{J_{\mathcal{M}}(\xi_n u)}{u} \int_{-\infty}^{\infty} \left\{ \psi_0(u, t-\tau, s) + (-1)^{m+1} \overline{\psi}_\vartheta(u, w, t-\tau) \right\} e^{-\frac{(z-w)^2}{4\eta_z \tau}} dwdud\tau +$$

$$+ \frac{2}{\vartheta a^2 \sqrt{\pi \eta_z t}} \sum_{m=0}^{\infty} \ni_m \cos(\xi_m \theta) \sum_{n=0}^{\infty} \frac{J_{\mathcal{M}}(\xi_n r) e^{-\eta_r \xi_n^2 t}}{\left\{1 - \left(\frac{\mathcal{M}}{\xi_n a}\right)^2\right\} J_{\mathcal{M}}^2(\xi_n a)} \int_{-\infty}^{\infty} \overline{\overline{\varphi}}(\xi_n, \xi_m, w) e^{-\frac{(z-w)^2}{4\eta_z t}} dw \tag{28.10.3}$$

where $\overline{\overline{\psi}}(\xi_m, w, s) = \int_0^\vartheta \overline{\psi}(v, w, s) \cos(\xi_m v) dv$, $\overline{\psi}(\xi_m, w, t) = \int_0^\vartheta \psi(v, w, t) \cos(\xi_m v) dv$ and $\overline{\overline{\varphi}}(\xi_n, \xi_m, w) = \int_0^a u J_{\mathcal{M}}(\xi_n u) \int_0^\vartheta \varphi(u, v, w) \cos(\xi_m v) dudv$.

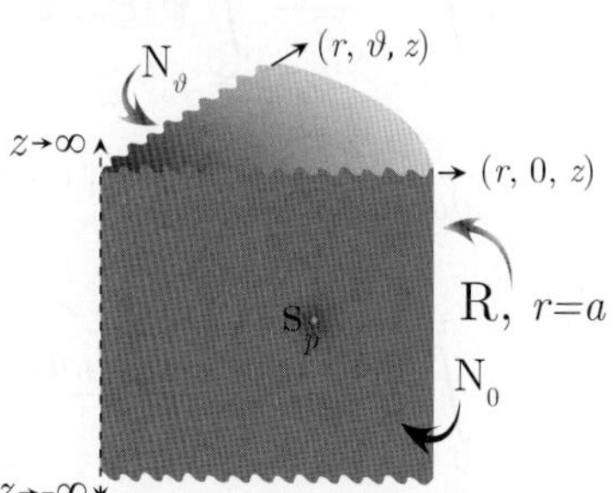

28.11 The problem of 28.1, except

$\mathbf{R} \equiv \frac{\partial p(a,\theta,z,t)}{\partial r} + \lambda p(a,\theta,z,t) = -\left(\frac{\mu}{k_r}\right) \psi(\theta,z,t)$,
$\mathbf{N_0} \equiv \frac{\partial p(r,0,z,t)}{\partial \theta} = -\left(\frac{\mu}{k_\theta}\right) \psi_0(r,z,t)$ and
$\mathbf{N_\vartheta} \equiv \frac{\partial p(r,\vartheta,z,t)}{\partial \theta} = -\left(\frac{\mu}{k_\theta}\right) \psi_\vartheta(r,z,t)$

$$\overline{p} = \frac{2q(s) e^{-st_0}}{\vartheta a^2 \phi c_t \sqrt{\eta_z}} \sum_{m=0}^{\infty} \ni_m \cos(\xi_m \theta_0) \cos(\xi_m \theta) \sum_{n=1}^{\infty} \frac{J_{\mathcal{M}}(\xi_n r_0) J_{\mathcal{M}}(\xi_n r) e^{-|z-z_0|\sqrt{\frac{\eta_r \xi_n^2 + s}{\eta_z}}}}{\left[\left\{1 - \left(\frac{\mathcal{M}}{\xi_n a}\right)^2\right\} J_{\mathcal{M}}^2(\xi_n a) + J_{\mathcal{M}}'^2(\xi_n a)\right] \sqrt{(\eta_r \xi_n^2 + s)}} -$$

$$- \frac{2}{\vartheta a \phi c_t \sqrt{\eta_z}} \sum_{m=0}^{\infty} \ni_m \cos(\xi_m \theta) \sum_{n=1}^{\infty} \frac{J_{\mathcal{M}}(\xi_n a) J_{\mathcal{M}}(\xi_n r)}{\left[\left\{1 - \left(\frac{\mathcal{M}}{\xi_n a}\right)^2\right\} J_{\mathcal{M}}^2(\xi_n a) + J_{\mathcal{M}}'^2(\xi_n a)\right] \sqrt{\eta_r \xi_n^2 + s}} \times$$

$$\times \int_{-\infty}^{\infty} \overline{\overline{\psi}}(\xi_m, w, s)\, e^{-|z-w|\sqrt{\frac{\eta_r \xi_n^2 + s}{\eta_z}}} dw +$$

$$+\frac{2}{\vartheta a^2 \phi c_t \sqrt{\eta_z}} \sum_{m=1}^{\infty} \ni_m \cos(\xi_m \theta_0) \sum_{n=0}^{\infty} \frac{J_{\mathcal{M}}(\xi_n r)}{\left[\left\{1-\left(\frac{\mathcal{M}}{\xi_n a}\right)^2\right\} J_{\mathcal{M}}^2(\xi_n a) + J_{\mathcal{M}}'^2(\xi_n a)\right] \sqrt{\eta_r \xi_n^2 + s}} \times$$

$$\times \int_0^a \frac{J_{\mathcal{M}}(\xi_n u)}{u} \int_{-\infty}^{\infty} \left\{\overline{\psi}_0(u, w, s) + (-1)^{m+1} \overline{\psi}_\vartheta(u, w, s)\right\} e^{-|z-w|\sqrt{\frac{\eta_r \xi_n^2 + s}{\eta_z}}} dw du +$$

$$+\frac{2}{\vartheta a^2 \sqrt{\eta_z}} \sum_{m=0}^{\infty} \ni_m \cos(\xi_m \theta) \sum_{n=1}^{\infty} \frac{J_{\mathcal{M}}(\xi_n r)}{\left[\left\{1-\left(\frac{\mathcal{M}}{\xi_n a}\right)^2\right\} J_{\mathcal{M}}^2(\xi_n a) + J_{\mathcal{M}}'^2(\xi_n a)\right] \sqrt{\eta_r \xi_n^2 + s}} \times$$

$$\times \int_{-\infty}^{\infty} \overline{\overline{\varphi}}(\xi_n, \xi_m, w)\, e^{-|z-w|\sqrt{\frac{\eta_r \xi_n^2 + s}{\eta_z}}} dw \qquad (28.11.1)$$

where ξ_n are the positive roots of $\xi_n J'_{\mathcal{M}}(\xi_n a) + \lambda J_{\mathcal{M}}(\xi_n a) = 0$. $\xi_m = \frac{m\pi}{\vartheta}$, $m = 0, 1, ...$, $\overline{\overline{\psi}}(\xi_m, w, s) = \int_0^\vartheta \overline{\psi}(v, w, s) \cos(\xi_m v) dv$ and $\overline{\overline{\varphi}}(\xi_n, \xi_m, w) = \int_0^a u J_{\mathcal{M}}(\xi_n u) \int_0^\vartheta \varphi(u, v, w) \cos(\xi_m v) du dv$.

$$p = \frac{2U(t-t_0)}{\vartheta a^2 \phi c_t \sqrt{\pi \eta_z}} \sum_{m=0}^{\infty} \ni_m \cos(\xi_m \theta_0) \cos(\xi_m \theta) \times$$

$$\times \sum_{n=1}^{\infty} \frac{J_{\mathcal{M}}(\xi_n r_0) J_{\mathcal{M}}(\xi_n r)}{\left[\left\{1-\left(\frac{\mathcal{M}}{\xi_n a}\right)^2\right\} J_{\mathcal{M}}^2(\xi_n a) + J_{\mathcal{M}}'^2(\xi_n a)\right]} \int_0^{t-t_0} \frac{q(t-t_0-\tau)\, e^{-\eta_r \xi_n^2 \tau - \frac{(z-z_0)^2}{4\eta_z \tau}}}{\sqrt{\tau}} d\tau -$$

$$-\frac{2}{\vartheta a \phi c_t \sqrt{\pi \eta_z}} \sum_{m=0}^{\infty} \ni_m \sum_{n=1}^{\infty} \frac{J_{\mathcal{M}}(\xi_n a) J_{\mathcal{M}}(\xi_n r)}{\left[\left\{1-\left(\frac{\mathcal{M}}{\xi_n a}\right)^2\right\} J_{\mathcal{M}}^2(\xi_n a) + J_{\mathcal{M}}'^2(\xi_n a)\right]} \times$$

$$\times \int_0^t \frac{e^{-\eta_r \xi_n^2 \tau}}{\sqrt{\tau}} \int_{-\infty}^{\infty} \overline{\psi}(\xi_m, w, t-\tau)\, e^{-\frac{(z-w)^2}{4\eta_z \tau}} dw d\tau +$$

$$+\frac{2}{\vartheta a^2 \phi c_t \sqrt{\pi \eta_z}} \sum_{m=0}^{\infty} \ni_m \cos(\xi_m \theta) \sum_{n=0}^{\infty} \frac{J_{\mathcal{M}}(\xi_n r)}{\left[\left\{1-\left(\frac{\mathcal{M}}{\xi_n a}\right)^2\right\} J_{\mathcal{M}}^2(\xi_n a) + J_{\mathcal{M}}'^2(\xi_n a)\right]} \times$$

$$\times \int_0^t \frac{e^{-\eta_r \xi_n^2 \tau}}{\sqrt{\tau}} \int_0^a \frac{J_{\mathcal{M}}(\xi_n u)}{u} \int_{-\infty}^{\infty} \left\{\psi_0(u, t-\tau, s) + (-1)^{m+1} \overline{\psi}_\vartheta(u, w, t-\tau)\right\} e^{-\frac{(z-w)^2}{4\eta_z \tau}} dw du d\tau +$$

$$+\frac{2}{\vartheta a^2 \sqrt{\pi \eta_z t}} \sum_{m=0}^{\infty} \ni_m \cos(\xi_m \theta) \sum_{n=1}^{\infty} \frac{J_{\mathcal{M}}(\xi_n r)\, e^{-\eta_r \xi_n^2 t}}{\left[\left\{1-\left(\frac{\mathcal{M}}{\xi_n a}\right)^2\right\} J_{\mathcal{M}}^2(\xi_n a) + J_{\mathcal{M}}'^2(\xi_n a)\right]} \int_{-\infty}^{\infty} \overline{\overline{\varphi}}(\xi_n, \xi_m, w)\, e^{-\frac{(z-w)^2}{4\eta_z t}} dw$$

$$(28.11.2)$$

where $\overline{\psi}(\xi_m, w, t) = \int_0^\vartheta \psi(v, w, t) \cos(\xi_m v) dv$.

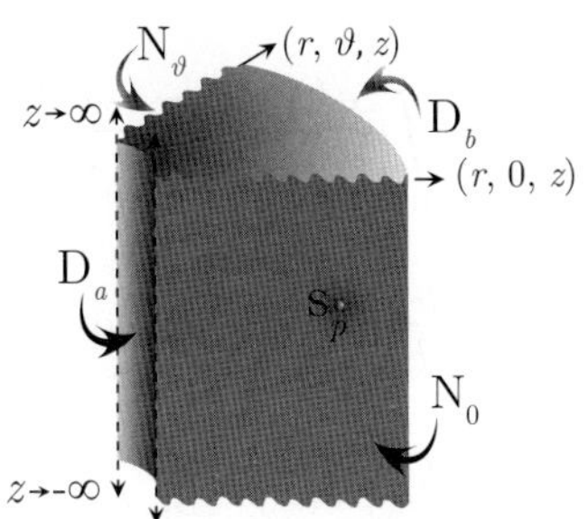

28.12 A cylindrical continuum bounded by $a \leq r \leq b$. z is unbounded, $-\infty < z < \infty$, and $0 \leq \theta \leq \vartheta$; $\vartheta < 2\pi$.
Point source at $s_p \equiv (r_0, \theta_0, z_0)$ at time $t = t_0$;
$a < r_0 < b$, $0 \leq \theta_0 \leq \vartheta$, $-\infty < z_0 < \infty$, $t_0 \geq 0$.
$D_a \equiv p(a,\theta,z,t) = \psi_a(\theta,z,t)$, $D_b \equiv p(b,\theta,z,t) = \psi_b(\theta,z,t)$,
$N_0 \equiv \frac{\partial p(r,0,z,t)}{\partial\theta} = -\left(\frac{\mu}{k_\theta}\right)\psi_0(r,z,t)$ and
$N_\vartheta \equiv \frac{\partial p(r,\vartheta,z,t)}{\partial\theta} = -\left(\frac{\mu}{k_\theta}\right)\psi_\vartheta(r,z,t)$. $p(r,\theta,z,0) = \varphi(r,\theta,z)$

Successive application of the Laplace, Fourier and finite Hankel transformations to equation (22.1.1) gives

$$\overline{\overline{\overline{p}}} = \frac{q(s)\,e^{-st_0}e^{ilz_0}\cos(\xi_m\theta)\,\mathcal{V}_{\mathcal{DM}}(\xi_n r_0,a)}{\phi c_t(\eta_r\xi_n^2+\eta_z l^2+s)} - \frac{2\eta_r\overline{\overline{\psi}}_a(\xi_m,l,s)}{\pi(\eta_r\xi_n^2+\eta_z l^2+s)} + \frac{2\eta_r J_{\mathcal{M}}(\xi_n a)\overline{\overline{\psi}}_b(\xi_m,l,s)}{\pi J_{\mathcal{M}}(\xi_n b)(\eta_r\xi_n^2+\eta_z l^2+s)} +$$
$$+\frac{\int_a^b\frac{\mathcal{V}_{\mathcal{DM}}(\xi_n u,a)}{u}\left\{\overline{\overline{\psi}}_0(u,l,s)+(-1)^{m+1}\overline{\overline{\psi}}_\vartheta(u,l,s)\right\}du}{\phi c_t(\eta_r\xi_n^2+\eta_z l^2+s)} + \frac{\overline{\overline{\overline{\varphi}}}(\xi_n,\xi_m,l)}{(\eta_r\xi_n^2+\eta_z l^2+s)} \tag{28.12.1}$$

where $\mathcal{V}_{\mathcal{DM}}(\xi_n r,a) = J_{\mathcal{M}}(\xi_n r)Y_{\mathcal{M}}(\xi_n a) - Y_{\mathcal{M}}(\xi_n r)J_{\mathcal{M}}(\xi_n a)$, $\xi_n, n = 1,2,...$, are the positive roots of the transcendental equation $\mathcal{V}_{\mathcal{DM}}(\xi_n b,a) = 0$. $\xi_m = \frac{m\pi}{\vartheta}$, $m = 0,1,.....$
$\overline{\overline{\psi}}_a(\xi_m,l,s) = \int_0^\vartheta\cos(\xi_m v)\int_{-\infty}^\infty\overline{\psi}_a(v,w,s)e^{ilw}dwdv$, $\overline{\overline{\psi}}_b(\xi_m,l,s) = \int_0^\vartheta\cos(\xi_m v)\int_{-\infty}^\infty\overline{\psi}_b(v,w,s)e^{ilw}dwdv$,
$\overline{\overline{\psi}}_0(u,l,s) = \int_{-\infty}^\infty e^{ilz}\int_0^\infty\psi_0(u,z,t)\,e^{-st}dtdz$, $\overline{\overline{\psi}}_\vartheta(u,l,s) = \int_{-\infty}^\infty e^{ilz}\int_0^\infty\psi_\vartheta(u,z,t)\,e^{-st}dtdz$ and
$\overline{\overline{\overline{\varphi}}}(\xi_n,\xi_m,l) = \int_a^b u\mathcal{V}_{\mathcal{DM}}(\xi_n u)\int_0^\vartheta\cos(\xi_m v)\int_{-\infty}^\infty\varphi(u,v,w)e^{ilw}dwdvdu$. The successive application of inverse integral transforms of equation (28.12.1) yield

$$\overline{p} = \frac{\pi^2 q(s)e^{-st_0}}{2\vartheta\phi c_t\sqrt{\eta_z}}\sum_{m=0}^\infty\ni_m\cos(\xi_m\theta_0)\cos(\xi_m\theta)\sum_{n=1}^\infty\frac{\xi_n^2J_{\mathcal{M}}^2(\xi_n b)\,\mathcal{V}_{\mathcal{DM}}(\xi_n r_0,a)\,\mathcal{V}_{\mathcal{DM}}(\xi_n r,a)\,e^{-|z-z_0|\sqrt{\frac{\eta_r\xi_n^2+s}{\eta_z}}}}{\left\{J_{\mathcal{M}}^2(\xi_n a)-J_{\mathcal{M}}^2(\xi_n b)\right\}\sqrt{(\eta_r\xi_n^2+s)}} -$$
$$-\frac{\pi\eta_r}{\vartheta\sqrt{\eta_z}}\sum_{m=0}^\infty\ni_m\cos(\xi_m\theta)\sum_{n=1}^\infty\frac{\xi_n^2J_{\mathcal{M}}^2(\xi_n b)\,\mathcal{V}_{\mathcal{DM}}(\xi_n r,a)}{\left\{J_{\mathcal{M}}^2(\xi_n a)-J_{\mathcal{M}}^2(\xi_n b)\right\}\sqrt{\eta_r\xi_n^2+s}}\int_{-\infty}^\infty\overline{\overline{\psi}}_a(\xi_m,w,s)\,e^{-|z-w|\sqrt{\frac{\eta_r\xi_n^2+s}{\eta_z}}}dw +$$
$$+\frac{\pi\eta_r}{\vartheta\sqrt{\eta_z}}\sum_{m=0}^\infty\ni_m\cos(\xi_m\theta)\sum_{n=1}^\infty\frac{\xi_n^2J_{\mathcal{M}}(\xi_n a)\,J_{\mathcal{M}}(\xi_n b)\,\mathcal{V}_{\mathcal{DM}}(\xi_n r,a)}{\left\{J_{\mathcal{M}}^2(\xi_n a)-J_{\mathcal{M}}^2(\xi_n b)\right\}\sqrt{\eta_r\xi_n^2+s}}\int_{-\infty}^\infty\overline{\overline{\psi}}_b(\xi_m,w,s)\,e^{-|z-w|\sqrt{\frac{\eta_r\xi_n^2+s}{\eta_z}}}dw +$$
$$+\frac{\pi^2}{2\vartheta\phi c_t\sqrt{\eta_z}}\sum_{m=0}^\infty\ni_m\cos(\xi_m\theta)\sum_{n=1}^\infty\frac{\xi_n^2J_{\mathcal{M}}^2(\xi_n b)\,\mathcal{V}_{\mathcal{DM}}(\xi_n r,a)}{\left\{J_{\mathcal{M}}^2(\xi_n a)-J_{\mathcal{M}}^2(\xi_n b)\right\}\sqrt{\eta_r\xi_n^2+s}}\times$$
$$\times\int_a^b\frac{\mathcal{V}_{\mathcal{DM}}(\xi_n u,a)}{u}\int_{-\infty}^\infty\left\{\overline{\psi}_0(u,w,s)+(-1)^{m+1}\overline{\psi}_\vartheta(u,w,s)\right\}e^{-|z-w|\sqrt{\frac{\eta_r\xi_n^2+s}{\eta_z}}}dwdu +$$
$$+\frac{2\pi}{\vartheta\phi c_t}\sum_{m=1}^\infty\ni_m\cos(\xi_m\theta)\sum_{n=1}^\infty\frac{\xi_n^2J_{\mathcal{M}}^2(\xi_n b)\,\mathcal{V}_{\mathcal{DM}}(\xi_n r,a)}{\left\{J_{\mathcal{M}}^2(\xi_n a)-J_{\mathcal{M}}^2(\xi_n b)\right\}}\times$$
$$\times\int_{-\infty}^\infty\int_0^\infty\frac{\cos\{l(z-w)\}}{(\eta_r\xi_n^2+\eta_z l^2+s)}\int_a^b\frac{\mathcal{V}_{\mathcal{DM}}(\xi_n u,a)}{u}\left\{\overline{\psi}_0(u,w,s)+(-1)^{m+1}\overline{\psi}_\vartheta(u,w,s)\right\}dudwdl +$$
$$+\frac{\pi^2}{2\vartheta\sqrt{\eta_z}}\sum_{m=0}^\infty\ni_m\cos(\xi_m\theta)\sum_{n=1}^\infty\frac{\xi_n^2J_{\mathcal{M}}^2(\xi_n b)\,\mathcal{V}_{\mathcal{DM}}(\xi_n r,a)}{\left\{J_{\mathcal{M}}^2(\xi_n a)-J_{\mathcal{M}}^2(\xi_n b)\right\}\sqrt{\eta_r\xi_n^2+s}}\int_{-\infty}^\infty\overline{\overline{\varphi}}(\xi_n,\xi_m,w)\,e^{-|z-w|\sqrt{\frac{\eta_r\xi_n^2+s}{\eta_z}}}dw \tag{28.12.2}$$

and

$$p = \frac{U(t-t_0)}{2\vartheta\phi c_t}\sqrt{\frac{\pi^3}{\eta_z}}\sum_{m=0}^\infty\ni_m\cos(\xi_m\theta_0)\cos(\xi_m\theta)\sum_{n=1}^\infty\frac{\xi_n^2J_{\mathcal{M}}^2(\xi_n b)\,\mathcal{V}_{\mathcal{DM}}(\xi_n r_0,a)\,\mathcal{V}_{\mathcal{DM}}(\xi_n r,a)}{\left\{J_{\mathcal{M}}^2(\xi_n a)-J_{\mathcal{M}}^2(\xi_n b)\right\}}\times$$

$$\times \int_0^{t-t_0} \frac{q(t-t_0-\tau)\, e^{-\eta_r \xi_n^2 \tau - \frac{(z-z_0)^2}{4\eta_z \tau}}}{\sqrt{\tau}} d\tau -$$

$$-\frac{\eta_r}{\vartheta}\sqrt{\frac{\pi}{\eta_z}} \sum_{m=0}^{\infty} \ni_m \cos(\xi_m\theta) \sum_{n=1}^{\infty} \frac{\xi_n^2 J_{\mathcal{M}}^2(\xi_n b)\, \mathcal{V}_{\mathcal{DM}}(\xi_n r, a)}{\{J_{\mathcal{M}}^2(\xi_n a) - J_{\mathcal{M}}^2(\xi_n b)\}} \int_0^t \frac{e^{-\eta_r \xi_n^2 \tau}}{\sqrt{\tau}} \int_{-\infty}^{\infty} \overline{\psi}_a(\xi_m, w, t-\tau)\, e^{-\frac{(z-w)^2}{4\eta_z \tau}} dw d\tau +$$

$$+\frac{\eta_r}{\vartheta}\sqrt{\frac{\pi}{\eta_z}} \sum_{m=0}^{\infty} \ni_m \cos(\xi_m\theta) \times$$

$$\times \sum_{n=1}^{\infty} \frac{\xi_n^2 J_{\mathcal{M}}(\xi_n a)\, J_{\mathcal{M}}(\xi_n b)\, \mathcal{V}_{\mathcal{DM}}(\xi_n r, a)}{\{J_{\mathcal{M}}^2(\xi_n a) - J_{\mathcal{M}}^2(\xi_n b)\}} \int_0^t \frac{e^{-\eta_r \xi_n^2 \tau}}{\sqrt{\tau}} \int_{-\infty}^{\infty} \overline{\psi}_b(\xi_m, w, t-\tau)\, e^{-\frac{(z-w)^2}{4\eta_z \tau}} dw d\tau +$$

$$+\frac{1}{2\vartheta\phi c_t}\sqrt{\frac{\pi^3}{\eta_z}} \sum_{m=0}^{\infty} \ni_m \cos(\xi_m\theta) \sum_{n=1}^{\infty} \frac{\xi_n^2 J_{\mathcal{M}}^2(\xi_n b)\, \mathcal{V}_{\mathcal{DM}}(\xi_n r, a)}{\{J_{\mathcal{M}}^2(\xi_n a) - J_{\mathcal{M}}^2(\xi_n b)\}} \times$$

$$\times \int_0^t \frac{e^{-\eta_r \xi_n^2 \tau}}{\sqrt{\tau}} \int_a^b \frac{\mathcal{V}_{\mathcal{DM}}(\xi_n u, a)}{u} \int_{-\infty}^{\infty} \left\{\psi_0(u, w, t-\tau) + (-1)^{m+1} \psi_\vartheta(u, w, t-\tau)\right\} e^{-\frac{(z-w)^2}{4\eta_z \tau}} dw du d\tau +$$

$$+\frac{1}{2\vartheta}\sqrt{\frac{\pi^3}{\eta_z t}} \sum_{m=0}^{\infty} \ni_m \cos(\xi_m\theta) \sum_{n=1}^{\infty} \frac{\xi_n^2 J_{\mathcal{M}}^2(\xi_n b)\, \mathcal{V}_{\mathcal{DM}}(\xi_n r, a)\, e^{-\eta_r \xi_n^2 t}}{\{J_{\mathcal{M}}^2(\xi_n a) - J_{\mathcal{M}}^2(\xi_n b)\}} \int_{-\infty}^{\infty} \overline{\overline{\varphi}}(\xi_n, \xi_m, w)\, e^{-\frac{(z-w)^2}{4\eta_z t}} dw \quad (28.12.3)$$

where $\overline{\overline{\psi}}_a(\xi_m, w, s) = \int_0^\vartheta \overline{\psi}_a(v, w, s) \cos(\xi_m v) dv$, $\overline{\psi}_a(\xi_m, w, t) = \int_0^\vartheta \psi_a(v, w, t) \cos(\xi_m v) dv$, $\overline{\overline{\psi}}_b(\xi_m, w, s) = \int_0^\vartheta \overline{\psi}_b(v, w, s) \cos(\xi_m v) dv$, $\overline{\psi}_b(\xi_m, w, t) = \int_0^\vartheta \psi_b(v, w, t) \cos(\xi_m v) dv$ and $\overline{\overline{\varphi}}(\xi_n, \xi_m, w) = \int_a^b u \mathcal{V}_{\mathcal{DM}}(\xi_n u) \int_0^\vartheta \varphi(u, v, w) \cos(\xi_m v) du dv$.

28.13

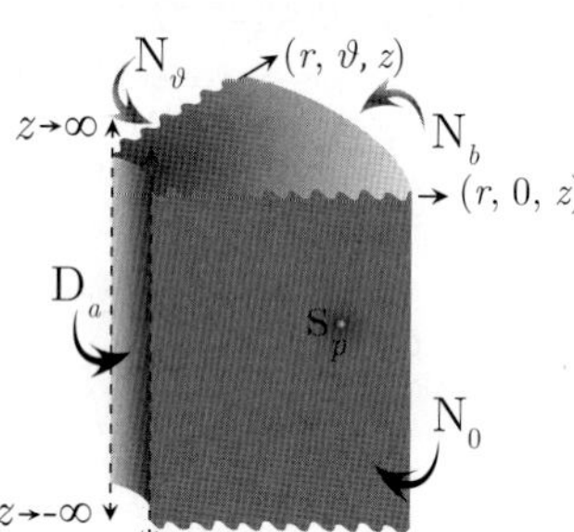

The problem of 28.12, except
$\mathbf{D}_a \equiv p(a, \theta, z, t) = \psi_a(\theta, z, t)$,
$\mathbf{N}_b \equiv \frac{\partial p(b,\theta,z,t)}{\partial r} = -\left(\frac{\mu}{k_r}\right) \psi_b(\theta, z, t)$,
$\mathbf{N}_0 \equiv \frac{\partial p(r,0,z,t)}{\partial \theta} = -\left(\frac{\mu}{k_\theta}\right) \psi_0(r, z, t)$ **and**
$\mathbf{N}_\vartheta \equiv \frac{\partial p(r,\vartheta,z,t)}{\partial \theta} = -\left(\frac{\mu}{k_\theta}\right) \psi_\vartheta(r, z, t)$

$$\overline{p} = \frac{\pi^2 q(s)\, e^{-st_0}}{2\vartheta\phi c_t\sqrt{\eta_z}} \sum_{m=0}^{\infty} \ni_m \cos(\xi_m\theta_0)\cos(\xi_m\theta) \sum_{n=1}^{\infty} \frac{\xi_n^2 J_{\mathcal{M}}'^2(\xi_n b)\, \mathcal{V}_{\mathcal{DM}}(\xi_n r_0, a)\, \mathcal{V}_{\mathcal{DM}}(\xi_n r, a)\, e^{-|z-z_0|\sqrt{\frac{\eta_r \xi_n^2 + s}{\eta_z}}}}{\left[\left\{1 - \left(\frac{\mathcal{M}}{\xi_n b}\right)^2\right\} J_{\mathcal{M}}^2(\xi_n a) - J_{\mathcal{M}}'^2(\xi_n b)\right] \sqrt{(\eta_r \xi_n^2 + s)}} -$$

$$-\frac{\pi\eta_r}{\vartheta\sqrt{\eta_z}} \sum_{m=0}^{\infty} \ni_m \cos(\xi_m\theta) \sum_{n=1}^{\infty} \frac{\xi_n^2 J_{\mathcal{M}}'^2(\xi_n b)\, \mathcal{V}_{\mathcal{DM}}(\xi_n r, a)}{\left[\left\{1 - \left(\frac{\mathcal{M}}{\xi_n b}\right)^2\right\} J_{\mathcal{M}}^2(\xi_n a) - J_{\mathcal{M}}'^2(\xi_n b)\right] \sqrt{\eta_r \xi_n^2 + s}} \times$$

$$\times \int_{-\infty}^{\infty} \overline{\overline{\psi}}_a(\xi_m, w, s)\, e^{-|z-w|\sqrt{\frac{\eta_r \xi_n^2 + s}{\eta_z}}} dw -$$

$$-\frac{\pi}{\vartheta\phi c_t\sqrt{\eta_z}} \sum_{m=0}^{\infty} \ni_m \cos(\xi_m\theta) \sum_{n=1}^{\infty} \frac{\xi_n^2 J_{\mathcal{M}}(\xi_n a)\, J_{\mathcal{M}}'(\xi_n b)\, \mathcal{V}_{\mathcal{DM}}(\xi_n r, a)}{\left[\left\{1 - \left(\frac{\mathcal{M}}{\xi_n b}\right)^2\right\} J_{\mathcal{M}}^2(\xi_n a) - J_{\mathcal{M}}'^2(\xi_n b)\right] \sqrt{\eta_r \xi_n^2 + s}} \times$$

$$\times \int_{-\infty}^{\infty} \overline{\overline{\psi}}_b(\xi_m, w, s)\, e^{-|z-w|\sqrt{\frac{\eta_r \xi_n^2 + s}{\eta_z}}} dw +$$

$$+\frac{\pi^2}{2\vartheta\phi c_t\sqrt{\eta_z}}\sum_{m=0}^{\infty}\ni_m\cos(\xi_m\theta)\sum_{n=1}^{\infty}\frac{\xi_n^2J_{\mathcal{M}}'^2(\xi_nb)\mathcal{V}_{\mathcal{DM}}(\xi_nr,a)}{\left[\left\{1-\left(\frac{\mathcal{M}}{\xi_nb}\right)^2\right\}J_{\mathcal{M}}^2(\xi_na)-J_{\mathcal{M}}'^2(\xi_nb)\right]\sqrt{\eta_r\xi_n^2+s}}\times$$

$$\times\int_a^b\frac{\mathcal{V}_{\mathcal{DM}}(\xi_nu,a)}{u}\int_{-\infty}^{\infty}\left\{\overline{\psi}_0(u,w,s)+(-1)^{m+1}\overline{\psi}_\vartheta(u,w,s)\right\}e^{-|z-w|\sqrt{\frac{\eta_r\xi_n^2+s}{\eta_z}}}dwdu+$$

$$+\frac{\pi^2}{2\vartheta\sqrt{\eta_z}}\sum_{m=0}^{\infty}\ni_m\cos(\xi_m\theta)\sum_{n=1}^{\infty}\frac{\xi_n^2J_{\mathcal{M}}'^2(\xi_nb)\mathcal{V}_{\mathcal{DM}}(\xi_nr,a)}{\left[\left\{1-\left(\frac{\mathcal{M}}{\xi_nb}\right)^2\right\}J_{\mathcal{M}}^2(\xi_na)-J_{\mathcal{M}}'^2(\xi_nb)\right]\sqrt{\eta_r\xi_n^2+s}}\times$$

$$\times\int_{-\infty}^{\infty}\overline{\overline{\varphi}}(\xi_n,\xi_m,w)\,e^{-|z-w|\sqrt{\frac{\eta_r\xi_n^2+s}{\eta_z}}}dw \tag{28.13.1}$$

where $\mathcal{V}_{\mathcal{DM}}(\xi_nr,a)=J_{\mathcal{M}}(\xi_nr)Y_{\mathcal{M}}(\xi_na)-Y_{\mathcal{M}}(\xi_nr)J_{\mathcal{M}}(\xi_na)$, ξ_n are the positive roots of the transcendental equation $\mathcal{V}_{\mathcal{DM}}'(\xi_nb,a)=0$, $n=1,2,.....,\xi_m=\frac{m\pi}{\vartheta}$, $m=0,1,...,$
$\overline{\overline{\psi}}_a(\xi_m,w,s)=\int_0^\vartheta\overline{\psi}_a(v,w,s)\cos(\xi_mv)dv$, $\overline{\overline{\psi}}_b(\xi_m,w,s)=\int_0^\vartheta\overline{\psi}_b(v,w,s)\cos(\xi_mv)dv$ and
$\overline{\overline{\varphi}}(\xi_n,\xi_m,w)=\int_a^bu\mathcal{V}_{\mathcal{DM}}(\xi_nu)\int_0^\vartheta\varphi(u,v,w)\cos(\xi_mv)dudv$.

$$p=\frac{U(t-t_0)}{2\vartheta\phi c_t}\sqrt{\frac{\pi^3}{\eta_z}}\sum_{m=0}^{\infty}\ni_m\cos(\xi_m\theta_0)\cos(\xi_m\theta)\sum_{n=1}^{\infty}\frac{\xi_n^2J_{\mathcal{M}}'^2(\xi_nb)\mathcal{V}_{\mathcal{DM}}(\xi_nr_0,a)\mathcal{V}_{\mathcal{DM}}(\xi_nr,a)}{\left[\left\{1-\left(\frac{\mathcal{M}}{\xi_nb}\right)^2\right\}J_{\mathcal{M}}^2(\xi_na)-J_{\mathcal{M}}'^2(\xi_nb)\right]}\times$$

$$\times\int_0^{t-t_0}\frac{q(t-t_0-\tau)\,e^{-\eta_r\xi_n^2\tau-\frac{(z-z_0)^2}{4\eta_z\tau}}}{\sqrt{\tau}}d\tau-$$

$$-\frac{\eta_r}{\vartheta}\sqrt{\frac{\pi}{\eta_z}}\sum_{m=0}^{\infty}\ni_m\cos(\xi_m\theta)\sum_{n=1}^{\infty}\frac{\xi_n^2J_{\mathcal{M}}'^2(\xi_nb)\mathcal{V}_{\mathcal{DM}}(\xi_nr,a)}{\left[\left\{1-\left(\frac{\mathcal{M}}{\xi_nb}\right)^2\right\}J_{\mathcal{M}}^2(\xi_na)-J_{\mathcal{M}}'^2(\xi_nb)\right]}\times$$

$$\times\int_0^t\frac{e^{-\eta_r\xi_n^2\tau}}{\sqrt{\tau}}\int_{-\infty}^{\infty}\overline{\psi}_a(\xi_m,w,t-\tau)\,e^{-\frac{(z-w)^2}{4\eta_z\tau}}dwd\tau-$$

$$-\frac{1}{\vartheta\phi c_t}\sqrt{\frac{\pi}{\eta_z}}\sum_{m=0}^{\infty}\ni_m\cos(\xi_m\theta)\sum_{n=1}^{\infty}\frac{\xi_n^2J_{\mathcal{M}}(\xi_na)J_{\mathcal{M}}'(\xi_nb)\mathcal{V}_{\mathcal{DM}}(\xi_nr,a)}{\left[\left\{1-\left(\frac{\mathcal{M}}{\xi_nb}\right)^2\right\}J_{\mathcal{M}}^2(\xi_na)-J_{\mathcal{M}}'^2(\xi_nb)\right]}\times$$

$$\times\int_0^t\frac{e^{-\eta_r\xi_n^2\tau}}{\sqrt{\tau}}\int_{-\infty}^{\infty}\overline{\psi}_b(\xi_m,w,t-\tau)\,e^{-\frac{(z-w)^2}{4\eta_z\tau}}dwd\tau+$$

$$+\frac{1}{2\vartheta\phi c_t}\sqrt{\frac{\pi^3}{\eta_z}}\sum_{m=0}^{\infty}\ni_m\cos(\xi_m\theta)\sum_{n=1}^{\infty}\frac{\xi_n^2J_{\mathcal{M}}'^2(\xi_nb)\mathcal{V}_{\mathcal{DM}}(\xi_nr,a)}{\left[\left\{1-\left(\frac{\mathcal{M}}{\xi_nb}\right)^2\right\}J_{\mathcal{M}}^2(\xi_na)-J_{\mathcal{M}}'^2(\xi_nb)\right]}\times$$

$$\times\int_0^t\frac{e^{-\eta_r\xi_n^2\tau}}{\sqrt{\tau}}\int_a^b\frac{\mathcal{V}_{\mathcal{DM}}(\xi_nu,a)}{u}\int_{-\infty}^{\infty}\left\{\psi_0(u,w,t-\tau)+(-1)^{m+1}\psi_\vartheta(u,w,t-\tau)\right\}e^{-\frac{(z-w)^2}{4\eta_z\tau}}dwdud\tau+$$

$$+\frac{1}{2\vartheta}\sqrt{\frac{\pi^3}{\eta_zt}}\sum_{m=0}^{\infty}\ni_m\cos(\xi_m\theta)\sum_{n=1}^{\infty}\frac{\xi_n^2J_{\mathcal{M}}'^2(\xi_nb)\mathcal{V}_{\mathcal{DM}}(\xi_nr,a)\,e^{-\eta_r\xi_n^2t}}{\left[\left\{1-\left(\frac{\mathcal{M}}{\xi_nb}\right)^2\right\}J_{\mathcal{M}}^2(\xi_na)-J_{\mathcal{M}}^2(\xi_nb)\right]}\int_{-\infty}^{\infty}\overline{\overline{\varphi}}(\xi_n,\xi_m,w)\,e^{-\frac{(z-w)^2}{4\eta_zt}}dw \tag{28.13.2}$$

where $\overline{\psi}_a(\xi_m,w,t)=\int_0^\vartheta\psi_a(v,w,t)\cos(\xi_mv)dv$ and $\overline{\psi}_b(\xi_m,w,t)=\int_0^\vartheta\psi_b(v,w,t)\cos(\xi_mv)dv$.

28.14

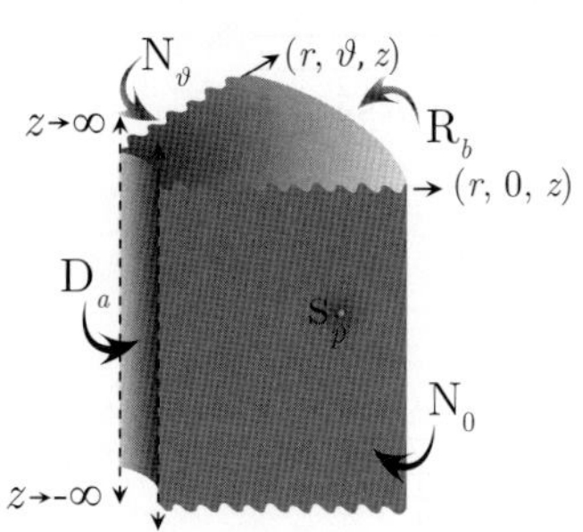

The problem of 28.12, except
$\mathbf{D_a} \equiv p(a,\theta,z,t) = \psi_a(\theta,z,t)$,
$\mathbf{R_b} \equiv \frac{\partial p(b,\theta,z,t)}{\partial r} + \lambda p(b,\theta,z,t) = -\left(\frac{\mu}{k_r}\right)\psi_b(\theta,z,t)$,
$\mathbf{N_0} \equiv \frac{\partial p(r,0,z,t)}{\partial \theta} = -\left(\frac{\mu}{k_\theta}\right)\psi_0(r,z,t)$ and
$\mathbf{N_\vartheta} \equiv \frac{\partial p(r,\vartheta,z,t)}{\partial \theta} = -\left(\frac{\mu}{k_\theta}\right)\psi_\vartheta(r,z,t)$

$$
\begin{aligned}
\overline{p} &= \frac{\pi^2 q(s)\, e^{-st_0}}{2\vartheta\phi c_t\sqrt{\eta_z}}\sum_{m=0}^{\infty}\ni_m \cos(\xi_m\theta_0)\cos(\xi_m\theta)\times \\
&\times\sum_{n=1}^{\infty}\frac{\xi_n^2\{\xi_n J'_{\mathcal{M}}(\xi_n b)+\lambda J_{\mathcal{M}}(\xi_n b)\}^2\mathcal{V}_{\mathcal{DM}}(\xi_n r_0,a)\,\mathcal{V}_{\mathcal{DM}}(\xi_n r,a)\, e^{-|z-z_0|\sqrt{\frac{\eta_r\xi_n^2+s}{\eta_z}}}}{\left[\left\{\xi_n^2+\lambda^2-\left(\frac{\mathcal{M}}{b}\right)^2\right\}J^2_{\mathcal{M}}(\xi_n a)-\{\xi_n J'_{\mathcal{M}}(\xi_n b)+\lambda J_{\mathcal{M}}(\xi_n b)\}^2\right]\sqrt{(\eta_r\xi_n^2+s)}}- \\
&-\frac{\pi\eta_r}{\vartheta\sqrt{\eta_z}}\sum_{m=0}^{\infty}\ni_m\cos(\xi_m\theta)\sum_{n=1}^{\infty}\frac{\xi_n^2\{\xi_n J'_{\mathcal{M}}(\xi_n b)+\lambda J_{\mathcal{M}}(\xi_n b)\}^2\mathcal{V}_{\mathcal{DM}}(\xi_n r,a)}{\left[\left\{\xi_n^2+\lambda^2-\left(\frac{\mathcal{M}}{b}\right)^2\right\}J^2_{\mathcal{M}}(\xi_n a)-\{\xi_n J'_{\mathcal{M}}(\xi_n b)+\lambda J_{\mathcal{M}}(\xi_n b)\}^2\right]\sqrt{\eta_r\xi_n^2+s}}\times \\
&\times\int_{-\infty}^{\infty}\overline{\overline{\psi}}_a(\xi_m,w,s)\, e^{-|z-w|\sqrt{\frac{\eta_r\xi_n^2+s}{\eta_z}}}dw- \\
&-\frac{\pi}{\vartheta\phi c_t\sqrt{\eta_z}}\sum_{m=0}^{\infty}\ni_m\cos(\xi_m\theta)\sum_{n=1}^{\infty}\frac{\xi_n^2 J_{\mathcal{M}}(\xi_n a)\{\xi_n J'_{\mathcal{M}}(\xi_n b)+\lambda J_{\mathcal{M}}(\xi_n b)\}\mathcal{V}_{\mathcal{DM}}(\xi_n r,a)}{\left[\left\{\xi_n^2+\lambda^2-\left(\frac{\mathcal{M}}{b}\right)^2\right\}J^2_{\mathcal{M}}(\xi_n a)-\{\xi_n J'_{\mathcal{M}}(\xi_n b)+\lambda J_{\mathcal{M}}(\xi_n b)\}^2\right]\sqrt{\eta_r\xi_n^2+s}}\times \\
&\times\int_{-\infty}^{\infty}\overline{\overline{\psi}}_b(\xi_m,w,s)\, e^{-|z-w|\sqrt{\frac{\eta_r\xi_n^2+s}{\eta_z}}}dw+ \\
&+\frac{\pi^2}{2\vartheta\phi c_t\sqrt{\eta_z}}\sum_{m=0}^{\infty}\ni_m\cos(\xi_m\theta)\sum_{n=1}^{\infty}\frac{\xi_n^2\{\xi_n J'_{\mathcal{M}}(\xi_n b)+\lambda J_{\mathcal{M}}(\xi_n b)\}^2\mathcal{V}_{\mathcal{DM}}(\xi_n r,a)}{\left[\left\{\xi_n^2+\lambda^2-\left(\frac{\mathcal{M}}{b}\right)^2\right\}J^2_{\mathcal{M}}(\xi_n a)-\{\xi_n J'_{\mathcal{M}}(\xi_n b)+\lambda J_{\mathcal{M}}(\xi_n b)\}^2\right]\sqrt{\eta_r\xi_n^2+s}}\times \\
&\times\int_a^b\frac{\mathcal{V}_{\mathcal{DM}}(\xi_n u,a)}{u}\int_{-\infty}^{\infty}\left\{\overline{\psi}_0(u,w,s)+(-1)^{m+1}\overline{\psi}_\vartheta(u,w,s)\right\}e^{-|z-w|\sqrt{\frac{\eta_r\xi_n^2+s}{\eta_z}}}dwdu+ \\
&+\frac{\pi^2}{2\vartheta\sqrt{\eta_z}}\sum_{m=0}^{\infty}\ni_m\cos(\xi_m\theta)\sum_{n=1}^{\infty}\frac{\xi_n^2\{\xi_n J'_{\mathcal{M}}(\xi_n b)+\lambda J_{\mathcal{M}}(\xi_n b)\}^2\mathcal{V}_{\mathcal{DM}}(\xi_n r,a)}{\left[\left\{\xi_n^2+\lambda^2-\left(\frac{\mathcal{M}}{b}\right)^2\right\}J^2_{\mathcal{M}}(\xi_n a)-\{\xi_n J'_{\mathcal{M}}(\xi_n b)+\lambda J_{\mathcal{M}}(\xi_n b)\}^2\right]\sqrt{\eta_r\xi_n^2+s}}\times \\
&\times\int_{-\infty}^{\infty}\overline{\overline{\varphi}}(\xi_n,\xi_m,w)\, e^{-|z-w|\sqrt{\frac{\eta_r\xi_n^2+s}{\eta_z}}}dw \qquad (28.14.1)
\end{aligned}
$$

where $\mathcal{V}_{\mathcal{DM}}(\xi_n r,a) = J_{\mathcal{M}}(\xi_n r)Y_{\mathcal{M}}(\xi_n a) - Y_{\mathcal{M}}(\xi_n r)J_{\mathcal{M}}(\xi_n a)$, $\xi_n, n = 1,2,...$, are the positive roots of the transcendental equation $\xi_n\mathcal{V}'_{\mathcal{DM}}(\xi_n b,a)+\lambda\mathcal{V}_{\mathcal{DM}}(\xi_n b,a) = 0$. $\xi_m = \frac{m\pi}{\vartheta}$, $m = 0,1,...$,
$\overline{\overline{\psi}}_a(\xi_m,w,s) = \int_0^\vartheta\overline{\psi}_a(v,w,s)\cos(\xi_m v)dv$, $\overline{\overline{\psi}}_b(\xi_m,w,s) = \int_0^\vartheta\overline{\psi}_b(v,w,s)\cos(\xi_m v)dv$ and
$\overline{\overline{\varphi}}(\xi_n,\xi_m,w) = \int_a^b u\mathcal{V}_{\mathcal{DM}}(\xi_n u)\int_0^\vartheta\varphi(u,v,w)\cos(\xi_m v)dudv$.

$$
\begin{aligned}
p &= \frac{U(t-t_0)}{2\vartheta\phi c_t}\sqrt{\frac{\pi^3}{\eta_z}}\sum_{m=0}^{\infty}\ni_m\cos(\xi_m\theta_0)\cos(\xi_m\theta)\times \\
&\times\sum_{n=1}^{\infty}\frac{\xi_n^2\{\xi_n J'_{\mathcal{M}}(\xi_n b)+\lambda J_{\mathcal{M}}(\xi_n b)\}^2\mathcal{V}_{\mathcal{DM}}(\xi_n r_0,a)\,\mathcal{V}_{\mathcal{DM}}(\xi_n r,a)}{\left[\left\{\xi_n^2+\lambda^2-\left(\frac{\mathcal{M}}{b}\right)^2\right\}J^2_{\mathcal{M}}(\xi_n a)-\{\xi_n J'_{\mathcal{M}}(\xi_n b)+\lambda J_{\mathcal{M}}(\xi_n b)\}^2\right]}\int_0^{t-t_0}\frac{q(t-t_0-\tau)\, e^{-\eta_r\xi_n^2\tau-\frac{(z-z_0)^2}{4\eta_z\tau}}}{\sqrt{\tau}}d\tau-
\end{aligned}
$$

$$-\frac{\eta_r}{\vartheta}\sqrt{\frac{\pi}{\eta_z}}\sum_{m=0}^{\infty}\ni_m\cos(\xi_m\theta)\sum_{n=1}^{\infty}\frac{\xi_n^2\{\xi_nJ'_{\mathcal{M}}(\xi_nb)+\lambda J_{\mathcal{M}}(\xi_nb)\}^2\mathcal{V}_{\mathcal{DM}}(\xi_nr,a)}{\left[\left\{\xi_n^2+\lambda^2-\left(\frac{\mathcal{M}}{b}\right)^2\right\}J^2_{\mathcal{M}}(\xi_na)-\{\xi_nJ'_{\mathcal{M}}(\xi_nb)+\lambda J_{\mathcal{M}}(\xi_nb)\}^2\right]}\times$$

$$\times\int_0^t\frac{e^{-\eta_r\xi_n^2\tau}}{\sqrt{\tau}}\int_{-\infty}^{\infty}\overline{\psi}_a(\xi_m,w,t-\tau)\,e^{-\frac{(z-w)^2}{4\eta_z\tau}}dwd\tau-$$

$$-\frac{1}{\vartheta\phi c_t}\sqrt{\frac{\pi}{\eta_z}}\sum_{m=0}^{\infty}\ni_m\cos(\xi_m\theta)\sum_{n=1}^{\infty}\frac{\xi_n^2J_{\mathcal{M}}(\xi_na)\{\xi_nJ'_{\mathcal{M}}(\xi_nb)+\lambda J_{\mathcal{M}}(\xi_nb)\}\mathcal{V}_{\mathcal{DM}}(\xi_nr,a)}{\left[\left\{\xi_n^2+\lambda^2-\left(\frac{\mathcal{M}}{b}\right)^2\right\}J^2_{\mathcal{M}}(\xi_na)-\{\xi_nJ'_{\mathcal{M}}(\xi_nb)+\lambda J_{\mathcal{M}}(\xi_nb)\}^2\right]}\times$$

$$\times\int_0^t\frac{e^{-\eta_r\xi_n^2\tau}}{\sqrt{\tau}}\int_{-\infty}^{\infty}\overline{\psi}_b(\xi_m,w,t-\tau)\,e^{-\frac{(z-w)^2}{4\eta_z\tau}}dwd\tau+$$

$$+\frac{1}{2\vartheta\phi c_t}\sqrt{\frac{\pi^3}{\eta_z}}\sum_{m=0}^{\infty}\ni_m\cos(\xi_m\theta)\sum_{n=1}^{\infty}\frac{\xi_n^2\{\xi_nJ'_{\mathcal{M}}(\xi_nb)+\lambda J_{\mathcal{M}}(\xi_nb)\}^2\mathcal{V}_{\mathcal{DM}}(\xi_nr,a)}{\left[\left\{\xi_n^2+\lambda^2-\left(\frac{\mathcal{M}}{b}\right)^2\right\}J^2_{\mathcal{M}}(\xi_na)-\{\xi_nJ'_{\mathcal{M}}(\xi_nb)+\lambda J_{\mathcal{M}}(\xi_nb)\}^2\right]}\times$$

$$\times\int_0^t\frac{e^{-\eta_r\xi_n^2\tau}}{\sqrt{\tau}}\int_a^b\frac{\mathcal{V}_{\mathcal{DM}}(\xi_nu,a)}{u}\int_{-\infty}^{\infty}\left\{\psi_0(u,w,t-\tau)+(-1)^{m+1}\psi_\vartheta(u,w,t-\tau)\right\}e^{-\frac{(z-w)^2}{4\eta_z\tau}}dwdud\tau+$$

$$+\frac{1}{2\vartheta}\sqrt{\frac{\pi^3}{\eta_zt}}\sum_{m=0}^{\infty}\ni_m\cos(\xi_m\theta)\sum_{n=1}^{\infty}\frac{\xi_n^2\{\xi_nJ'_{\mathcal{M}}(\xi_nb)+\lambda J_{\mathcal{M}}(\xi_nb)\}^2\mathcal{V}_{\mathcal{DM}}(\xi_nr,a)\,e^{-\eta_r\xi_n^2t}}{\left[\left\{\xi_n^2+\lambda^2-\left(\frac{\mathcal{M}}{b}\right)^2\right\}J^2_{\mathcal{M}}(\xi_na)-\{\xi_nJ'_{\mathcal{M}}(\xi_nb)+\lambda J_{\mathcal{M}}(\xi_nb)\}^2\right]}\times$$

$$\times\int_{-\infty}^{\infty}\overline{\overline{\varphi}}(\xi_n,\xi_m,w)\,e^{-\frac{(z-w)^2}{4\eta_zt}}dw \qquad (28.14.2)$$

where $\overline{\psi}_a(\xi_m,w,t)=\int_0^\vartheta\psi_a(v,w,t)\cos(\xi_mv)dv$ and $\overline{\psi}_b(\xi_m,w,t)=\int_0^\vartheta\psi_b(v,w,t)\cos(\xi_mv)dv$.

28.15 The problem of 28.12, except

$\mathbf{N}_a\equiv\frac{\partial p(a,\theta,z,t)}{\partial r}=-\left(\frac{\mu}{k_r}\right)\psi_a(\theta,z,t)$,
$\mathbf{D}_b\equiv p(b,\theta,z,t)=\psi_b(\theta,z,t)$,
$\mathbf{N}_0\equiv\frac{\partial p(r,0,z,t)}{\partial\theta}=-\left(\frac{\mu}{k_\theta}\right)\psi_0(r,z,t)$ and
$\mathbf{N}_\vartheta\equiv\frac{\partial p(r,\vartheta,z,t)}{\partial\theta}=-\left(\frac{\mu}{k_\theta}\right)\psi_\vartheta(r,z,t)$

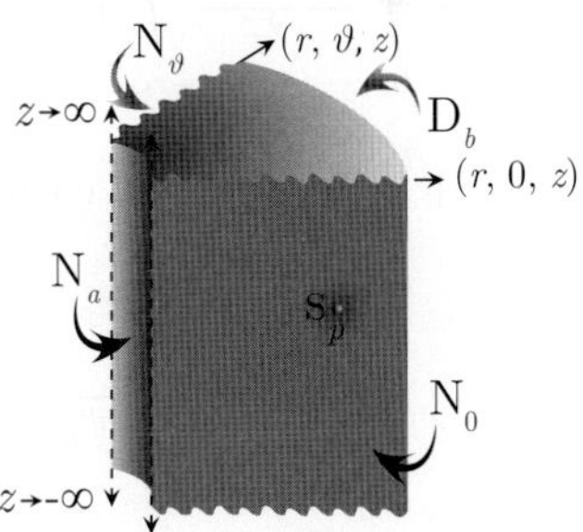

$$\overline{p}=\frac{\pi^2q(s)e^{-st_0}}{2\vartheta\phi c_t\sqrt{\eta_z}}\sum_{m=0}^{\infty}\ni_m\cos(\xi_m\theta_0)\cos(\xi_m\theta)\sum_{n=1}^{\infty}\frac{\xi_n^2J^2_{\mathcal{M}}(\xi_nb)\,\mathcal{V}_{\mathcal{NM}}(\xi_nr_0,a)\,\mathcal{V}_{\mathcal{NM}}(\xi_nr,a)\,e^{-|z-z_0|\sqrt{\frac{\eta_r\xi_n^2+s}{\eta_z}}}}{\left[J'^2_{\mathcal{M}}(\xi_na)-\left\{1-\left(\frac{\mathcal{M}}{\xi_na}\right)^2\right\}J^2_{\mathcal{M}}(\xi_nb)\right]\sqrt{(\eta_r\xi_n^2+s)}}+$$

$$+\frac{\pi}{\vartheta\phi c_t\sqrt{\eta_z}}\sum_{m=0}^{\infty}\ni_m\cos(\xi_m\theta)\sum_{n=1}^{\infty}\frac{\xi_nJ^2_{\mathcal{M}}(\xi_nb)\,\mathcal{V}_{\mathcal{NM}}(\xi_nr,a)\int_{-\infty}^{\infty}\overline{\overline{\psi}}_a(\xi_m,w,s)\,e^{-|z-w|\sqrt{\frac{\eta_r\xi_n^2+s}{\eta_z}}}dw}{\left[J'^2_{\mathcal{M}}(\xi_na)-\left\{1-\left(\frac{\mathcal{M}}{\xi_na}\right)^2\right\}J^2_{\mathcal{M}}(\xi_nb)\right]\sqrt{\eta_r\xi_n^2+s}}+$$

$$+\frac{\pi\eta_r}{\vartheta\sqrt{\eta_z}}\sum_{m=0}^{\infty}\ni_m\cos(\xi_m\theta)\sum_{n=1}^{\infty}\frac{\xi_n^2J'_{\mathcal{M}}(\xi_na)J_{\mathcal{M}}(\xi_nb)\,\mathcal{V}_{\mathcal{NM}}(\xi_nr,a)\int_{-\infty}^{\infty}\overline{\overline{\psi}}_b(\xi_m,w,s)e^{-|z-w|\sqrt{\frac{\eta_r\xi_n^2+s}{\eta_z}}}dw}{\left[J'^2_{\mathcal{M}}(\xi_na)-\left\{1-\left(\frac{\mathcal{M}}{\xi_na}\right)^2\right\}J^2_{\mathcal{M}}(\xi_nb)\right]\sqrt{\eta_r\xi_n^2+s}}+$$

$$+\frac{\pi^2}{2\vartheta\phi c_t\sqrt{\eta_z}}\sum_{m=0}^{\infty}\ni_m\cos(\xi_m\theta)\sum_{n=1}^{\infty}\frac{\xi_n^2 J_{\mathcal{M}}^2(\xi_n b)\,\mathcal{V}_{\mathcal{NM}}(\xi_n r,a)}{\left[J_{\mathcal{M}}'^2(\xi_n a)-\left\{1-\left(\frac{\mathcal{M}}{\xi_n a}\right)^2\right\}J_{\mathcal{M}}^2(\xi_n b)\right]\sqrt{\eta_r\xi_n^2+s}}\times$$

$$\times\int_a^b\frac{\mathcal{V}_{\mathcal{NM}}(\xi_n u,a)}{u}\int_{-\infty}^{\infty}\left\{\overline{\psi}_0(u,w,s)+(-1)^{m+1}\overline{\psi}_\vartheta(u,w,s)\right\}e^{-|z-w|\sqrt{\frac{\eta_r\xi_n^2+s}{\eta_z}}}dwdu+$$

$$+\frac{\pi^2}{2\vartheta\sqrt{\eta_z}}\sum_{m=0}^{\infty}\ni_m\cos(\xi_m\theta)\sum_{n=1}^{\infty}\frac{\xi_n^2 J_{\mathcal{M}}^2(\xi_n b)\,\mathcal{V}_{\mathcal{NM}}(\xi_n r,a)\int_{-\infty}^{\infty}\overline{\overline{\varphi}}(\xi_n,\xi_m,w)e^{-|z-w|\sqrt{\frac{\eta_r\xi_n^2+s}{\eta_z}}}dw}{\left[J_{\mathcal{M}}'^2(\xi_n a)-\left\{1-\left(\frac{\mathcal{M}}{\xi_n a}\right)^2\right\}J_{\mathcal{M}}^2(\xi_n b)\right]\sqrt{\eta_r\xi_n^2+s}} \quad (28.15.1)$$

where $\mathcal{V}_{\mathcal{NM}}(\xi_n r,a)=J_{\mathcal{M}}(\xi_n r)\,Y_{\mathcal{M}}'(\xi_n a)-Y_{\mathcal{M}}(\xi_n r)\,J_{\mathcal{M}}'(\xi_n a)$, $\xi_n, n=1,2,...,$ are the positive roots of the transcendental equation $\mathcal{V}_{\mathcal{NM}}(\xi_n b,a)=0$. $\xi_m=\frac{m\pi}{\vartheta}$, $m=0,1,...,$
$\overline{\overline{\psi}}_a(\xi_m,w,s)=\int_0^\vartheta\overline{\psi}_a(v,w,s)\cos(\xi_m v)dv$, $\overline{\overline{\psi}}_b(\xi_m,w,s)=\int_0^\vartheta\overline{\psi}_b(v,w,s)\cos(\xi_m v)dv$ and
$\overline{\overline{\varphi}}(\xi_n,\xi_m,w)=\int_a^b u\mathcal{V}_{\mathcal{NM}}(\xi_n u)\int_0^\vartheta\varphi(u,v,w)\cos(\xi_m v)dudv$.

$$p=\frac{U(t-t_0)}{2\vartheta\phi c_t}\sqrt{\frac{\pi^3}{\eta_z}}\sum_{m=0}^{\infty}\ni_m\cos(\xi_m\theta_0)\cos(\xi_m\theta)\sum_{n=1}^{\infty}\frac{\xi_n^2 J_{\mathcal{M}}^2(\xi_n b)\,\mathcal{V}_{\mathcal{NM}}(\xi_n r_0,a)\,\mathcal{V}_{\mathcal{NM}}(\xi_n r,a)}{\left[J_{\mathcal{M}}'^2(\xi_n a)-\left\{1-\left(\frac{\mathcal{M}}{\xi_n a}\right)^2\right\}J_{\mathcal{M}}^2(\xi_n b)\right]}\times$$

$$\times\int_0^{t-t_0}\frac{q(t-t_0-\tau)\,e^{-\eta_r\xi_n^2\tau-\frac{(z-z_0)^2}{4\eta_z\tau}}}{\sqrt{\tau}}d\tau+$$

$$+\frac{1}{\vartheta\phi c_t}\sqrt{\frac{\pi}{\eta_z}}\sum_{m=0}^{\infty}\ni_m\cos(\xi_m\theta)\sum_{n=1}^{\infty}\frac{\xi_n J_{\mathcal{M}}^2(\xi_n b)\,\mathcal{V}_{\mathcal{NM}}(\xi_n r,a)}{\left[J_{\mathcal{M}}'^2(\xi_n a)-\left\{1-\left(\frac{\mathcal{M}}{\xi_n a}\right)^2\right\}J_{\mathcal{M}}^2(\xi_n b)\right]}\times$$

$$\times\int_0^t\frac{e^{-\eta_r\xi_n^2\tau}}{\sqrt{\tau}}\int_{-\infty}^{\infty}\overline{\psi}_a(\xi_m,w,t-\tau)\,e^{-\frac{(z-w)^2}{4\eta_z\tau}}dwd\tau+$$

$$+\frac{\eta_r}{\vartheta}\sqrt{\frac{\pi}{\eta_z}}\sum_{m=0}^{\infty}\ni_m\cos(\xi_m\theta)\sum_{n=1}^{\infty}\frac{\xi_n^2 J_{\mathcal{M}}'(\xi_n a)\,J_{\mathcal{M}}(\xi_n b)\,\mathcal{V}_{\mathcal{NM}}(\xi_n r,a)}{\left[J_{\mathcal{M}}'^2(\xi_n a)-\left\{1-\left(\frac{\mathcal{M}}{\xi_n a}\right)^2\right\}J_{\mathcal{M}}^2(\xi_n b)\right]}\times$$

$$\times\int_0^t\frac{e^{-\eta_r\xi_n^2\tau}}{\sqrt{\tau}}\int_{-\infty}^{\infty}\overline{\psi}_b(\xi_m,w,t-\tau)\,e^{-\frac{(z-w)^2}{4\eta_z\tau}}dwd\tau+$$

$$+\frac{1}{2\vartheta\phi c_t}\sqrt{\frac{\pi^3}{\eta_z}}\sum_{m=0}^{\infty}\ni_m\cos(\xi_m\theta)\sum_{n=1}^{\infty}\frac{\xi_n^2 J_{\mathcal{M}}^2(\xi_n b)\,\mathcal{V}_{\mathcal{NM}}(\xi_n r,a)}{\left[J_{\mathcal{M}}'^2(\xi_n a)-\left\{1-\left(\frac{\mathcal{M}}{\xi_n a}\right)^2\right\}J_{\mathcal{M}}^2(\xi_n b)\right]}\times$$

$$\times\int_0^t\frac{e^{-\eta_r\xi_n^2\tau}}{\sqrt{\tau}}\int_a^b\frac{\mathcal{V}_{\mathcal{NM}}(\xi_n u,a)}{u}\int_{-\infty}^{\infty}\left\{\psi_0(u,w,t-\tau)+(-1)^{m+1}\psi_\vartheta(u,w,t-\tau)\right\}e^{-\frac{(z-w)^2}{4\eta_z\tau}}dwdud\tau+$$

$$+\frac{1}{2\vartheta}\sqrt{\frac{\pi^3}{\eta_z t}}\sum_{m=0}^{\infty}\ni_m\cos(\xi_m\theta)\sum_{n=1}^{\infty}\frac{\xi_n^2 J_{\mathcal{M}}^2(\xi_n b)\,\mathcal{V}_{\mathcal{NM}}(\xi_n r,a)\,e^{-\eta_r\xi_n^2 t}}{\left[J_{\mathcal{M}}'^2(\xi_n a)-\left\{1-\left(\frac{\mathcal{M}}{\xi_n a}\right)^2\right\}J_{\mathcal{M}}^2(\xi_n b)\right]}\int_{-\infty}^{\infty}\overline{\overline{\varphi}}(\xi_n,\xi_m,w)\,e^{-\frac{(z-w)^2}{4\eta_z t}}dw \quad (28.15.2)$$

where $\overline{\psi}_a(\xi_m,w,t)=\int_0^\vartheta\psi_a(v,w,t)\cos(\xi_m v)dv$ and $\overline{\psi}_b(\xi_m,w,t)=\int_0^\vartheta\psi_b(v,w,t)\cos(\xi_m v)dv$.

28.16 **The problem of 28.12, except**
$\mathbf{N}_a \equiv \frac{\partial p(a,\theta,z,t)}{\partial r} = -\left(\frac{\mu}{k_r}\right)\psi_a(\theta,z,t),$
$\mathbf{N}_b \equiv \frac{\partial p(b,\theta,z,t)}{\partial r} = -\left(\frac{\mu}{k_r}\right)\psi_b(\theta,z,t),$
$\mathbf{N}_0 \equiv \frac{\partial p(r,0,z,t)}{\partial \theta} = -\left(\frac{\mu}{k_\theta}\right)\psi_0(r,z,t)$ **and**
$\mathbf{N}_\vartheta \equiv \frac{\partial p(r,\vartheta,z,t)}{\partial \theta} = -\left(\frac{\mu}{k_\theta}\right)\psi_\vartheta(r,z,t)$

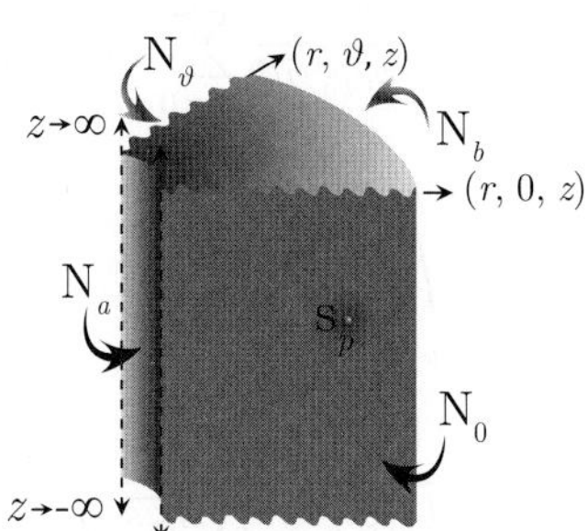

Successive application of the Laplace, Fourier and finite Hankel transformations to equation (22.1.1) gives

$$\begin{aligned}\overline{\overline{\overline{p}}} = {} & \frac{q(s)\,e^{-st_0}e^{ilz_0}}{\phi c_t(\eta_z l^2+s)} + \frac{q(s)\,e^{-st_0}e^{ilz_0}\cos(\xi_m\theta)\,\mathcal{V}_{\mathcal{NM}}(\xi_n r_0,a)}{\phi c_t(\eta_r\xi_n^2+\eta_z l^2+s)} + \\ & + \frac{\int_a^b \frac{1}{u}\left\{\overline{\overline{\psi}}_0(u,l,s)-\overline{\overline{\psi}}_\vartheta(u,l,s)\right\}du}{\phi c_t(\eta_z l^2+s)} + \frac{\int_a^b \frac{\mathcal{V}_{\mathcal{NM}}(\xi_n u,a)}{u}\left\{\overline{\overline{\psi}}_0(u,l,s)+(-1)^{m+1}\overline{\overline{\psi}}_\vartheta(u,l,s)\right\}du}{\phi c_t(\eta_r\xi_n^2+\eta_z l^2+s)} + \\ & + \frac{\left\{a\overline{\overline{\psi}}_a(0,l,s)-b\overline{\overline{\psi}}_b(0,l,s)\right\}}{\phi c_t(\eta_z l^2+s)} + \frac{2\overline{\overline{\psi}}_a(\xi_m,l,s)}{\pi\phi c_t\xi_n(\eta_r\xi_n^2+\eta_z l^2+s)} - \frac{2J'_{\mathcal{M}}(\xi_n a)\,\overline{\overline{\psi}}_b(\xi_m,l,s)}{\pi\phi c_t\xi_n J'_{\mathcal{M}}(\xi_n b)(\eta_r\xi_n^2+\eta_z l^2+s)} + \\ & + \frac{\int_a^b u\overline{\overline{\varphi}}(u,0,l)du}{(\eta_z l^2+s)} + \frac{\overline{\overline{\overline{\varphi}}}(\xi_n,\xi_m,l)}{(\eta_r\xi_n^2+\eta_z l^2+s)}\end{aligned} \tag{28.16.1}$$

where $\mathcal{V}_{\mathcal{NM}}(\xi_n r,a) = J_{\mathcal{M}}(\xi_n r)Y'_{\mathcal{M}}(\xi_n a) - Y_{\mathcal{M}}(\xi_n r)J'_{\mathcal{M}}(\xi_n a)$. The eigenvalues are $\xi_0 = 0$ and ξ_n. $\xi_n, n = 1,2,...,$ are the positive roots of the transcendental equation $\mathcal{V}'_{\mathcal{NM}}(\xi_n b,a) = 0$, $\xi_m = \frac{m\pi}{\vartheta}$, $m = 0,1,...,$ $\overline{\overline{\overline{\psi}}}_a(\xi_m,l,s) = \int_0^\vartheta \cos(\xi_m v)\int_{-\infty}^\infty \overline{\psi}_a(v,w,s)e^{ilw}dwdv$, $\overline{\overline{\overline{\psi}}}_b(\xi_m,l,s) = \int_0^\vartheta \cos(\xi_m v)\int_{-\infty}^\infty \overline{\psi}_b(v,w,s)e^{ilw}dwdv$, and $\overline{\overline{\overline{\varphi}}}(\xi_n,\xi_m,l) = \int_a^b u\mathcal{V}_{\mathcal{NM}}(\xi_n u)\int_0^\vartheta \cos(\xi_m v)\int_{-\infty}^\infty \varphi(u,v,w)e^{ilw}dwdvdu$. The successive application of inverse integral transforms of equation (28.16.1) yield

$$\begin{aligned}\overline{p} = {} & \frac{q(s)\,e^{-st_0}e^{-|z-z_0|\sqrt{\frac{s}{\eta_z}}}}{\vartheta\phi c_t(b^2-a^2)\sqrt{\eta_z s}} + \frac{\pi^2 q(s)\,e^{-st_0}}{2\vartheta\phi c_t\sqrt{\eta_z}}\sum_{m=0}^\infty \ni_m \cos(\xi_m\theta_0)\cos(\xi_m\theta)\times \\ & \times\sum_{n=1}^\infty \frac{\xi_n^2 J_{\mathcal{M}}^2(\xi_n b)\,\mathcal{V}_{\mathcal{NM}}(\xi_n r_0,a)\,\mathcal{V}_{\mathcal{NM}}(\xi_n r,a)\,e^{-|z-z_0|\sqrt{\frac{\eta_r\xi_n^2+s}{\eta_z}}}}{\left[\left\{1-\left(\frac{\mathcal{M}}{\xi_n b}\right)^2\right\}J'^2_{\mathcal{M}}(\xi_n a)-\left\{1-\left(\frac{\mathcal{M}}{\xi_n a}\right)^2\right\}J'^2_{\mathcal{M}}(\xi_n b)\right]\sqrt{(\eta_r\xi_n^2+s)}} + \\ & + \frac{1}{\vartheta\phi c_t(b^2-a^2)\sqrt{\eta_z s}}\int_{-\infty}^\infty\left\{a\overline{\overline{\psi}}_a(0,w,s)-b\overline{\overline{\psi}}_b(0,w,s)\right\}e^{-|z-w|\sqrt{\frac{s}{\eta_z}}}dw + \\ & + \frac{\pi}{\vartheta\phi c_t\sqrt{\eta_z}}\sum_{m=0}^\infty \ni_m\cos(\xi_m\theta)\sum_{n=1}^\infty\frac{\xi_n J'^2_{\mathcal{M}}(\xi_n b)\,\mathcal{V}_{\mathcal{NM}}(\xi_n r,a)\int_{-\infty}^\infty\overline{\overline{\psi}}_a(\xi_m,w,s)\,e^{-|z-w|\sqrt{\frac{\eta_r\xi_n^2+s}{\eta_z}}}dw}{\left[\left\{1-\left(\frac{\mathcal{M}}{\xi_n b}\right)^2\right\}J'^2_{\mathcal{M}}(\xi_n a)-\left\{1-\left(\frac{\mathcal{M}}{\xi_n a}\right)^2\right\}J'^2_{\mathcal{M}}(\xi_n b)\right]\sqrt{(\eta_r\xi_n^2+s)}} - \\ & - \frac{\pi}{\vartheta\phi c_t\sqrt{\eta_z}}\sum_{m=0}^\infty \ni_m\cos(\xi_m\theta)\sum_{n=1}^\infty\frac{\xi_n J'_{\mathcal{M}}(\xi_n a)J'_{\mathcal{M}}(\xi_n b)\,\mathcal{V}_{\mathcal{NM}}(\xi_n r,a)\int_{-\infty}^\infty\overline{\overline{\psi}}_b(\xi_m,w,s)e^{-|z-w|\sqrt{\frac{\eta_r\xi_n^2+s}{\eta_z}}}dw}{\left[\left\{1-\left(\frac{\mathcal{M}}{\xi_n b}\right)^2\right\}J'^2_{\mathcal{M}}(\xi_n a)-\left\{1-\left(\frac{\mathcal{M}}{\xi_n a}\right)^2\right\}J'^2_{\mathcal{M}}(\xi_n b)\right]\sqrt{(\eta_r\xi_n^2+s)}} + \\ & + \frac{1}{(b^2-a^2)\,\vartheta\phi c_t\sqrt{\eta_z s}}\int_a^b\frac{1}{u}\int_{-\infty}^\infty\left\{\overline{\psi}_0(u,w,s)-\overline{\psi}_\vartheta(u,w,s)\right\}e^{-|z-w|\sqrt{\frac{s}{\eta_z}}}dwdu +\end{aligned}$$

$$+\frac{\pi^2}{2\vartheta\phi c_t\sqrt{\eta_z}}\sum_{m=0}^{\infty}\ni_m\cos(\xi_m\theta)\sum_{n=1}^{\infty}\frac{\xi_n^2 J_{\mathcal{M}}'^2(\xi_n b)\,\mathcal{V}_{\mathcal{N}\mathcal{M}}(\xi_n r,a)}{\left[\left\{1-\left(\frac{\mathcal{M}}{\xi_n b}\right)^2\right\}J_{\mathcal{M}}'^2(\xi_n a)-\left\{1-\left(\frac{\mathcal{M}}{\xi_n a}\right)^2\right\}J_{\mathcal{M}}'^2(\xi_n b)\right]\sqrt{(\eta_r\xi_n^2+s)}}\times$$

$$\times\int_a^b\frac{\mathcal{V}_{\mathcal{N}\mathcal{M}}(\xi_n u,a)}{u}\int_{-\infty}^{\infty}\left\{\overline{\psi}_0(u,w,s)+(-1)^{m+1}\overline{\psi}_\vartheta(u,w,s)\right\}e^{-|z-w|\sqrt{\frac{\eta_r\xi_n^2+s}{\eta_z}}}dwdu+$$

$$+\frac{1}{\vartheta(b^2-a^2)\sqrt{\eta_z s}}\int_{-\infty}^{\infty}e^{-|z-w|\sqrt{\frac{s}{\eta_z}}}\int_a^b u\overline{\varphi}(u,0,w)\,dudw+$$

$$+\frac{\pi^2}{2\vartheta\sqrt{\eta_z}}\sum_{m=0}^{\infty}\ni_m\cos(\xi_m\theta)\sum_{n=1}^{\infty}\frac{\xi_n^2 J_{\mathcal{M}}'^2(\xi_n b)\,\mathcal{V}_{\mathcal{N}\mathcal{M}}(\xi_n r,a)\int_{-\infty}^{\infty}\overline{\overline{\varphi}}(\xi_n,\xi_m,w)\,e^{-|z-w|\sqrt{\frac{\eta_r\xi_n^2+s}{\eta_z}}}dw}{\left[\left\{1-\left(\frac{\mathcal{M}}{\xi_n b}\right)^2\right\}J_{\mathcal{M}}'^2(\xi_n a)-\left\{1-\left(\frac{\mathcal{M}}{\xi_n a}\right)^2\right\}J_{\mathcal{M}}'^2(\xi_n b)\right]\sqrt{(\eta_r\xi_n^2+s)}} \tag{28.16.2}$$

and

$$p=\frac{U(t-t_0)}{\vartheta\phi c_t(b^2-a^2)\sqrt{\pi\eta_z}}\int_0^{t-t_0}\frac{q(t-t_0-\tau)\,e^{-\frac{(z-z_0)^2}{4\eta_z\tau}}}{\sqrt{\tau}}d\tau+$$

$$+\frac{U(t-t_0)}{2\vartheta\phi c_t}\sqrt{\frac{\pi^3}{\eta_z}}\sum_{m=0}^{\infty}\ni_m\cos(\xi_m\theta_0)\cos(\xi_m\theta)\times$$

$$\times\sum_{n=1}^{\infty}\frac{\xi_n^2 J_{\mathcal{M}}'^2(\xi_n b)\,\mathcal{V}_{\mathcal{N}\mathcal{M}}(\xi_n r_0,a)\,\mathcal{V}_{\mathcal{N}\mathcal{M}}(\xi_n r,a)}{\left[\left\{1-\left(\frac{\mathcal{M}}{\xi_n b}\right)^2\right\}J_{\mathcal{M}}'^2(\xi_n a)-\left\{1-\left(\frac{\mathcal{M}}{\xi_n a}\right)^2\right\}J_{\mathcal{M}}'^2(\xi_n b)\right]}\int_0^{t-t_0}\frac{q(t-t_0-\tau)\,e^{-\eta_r\xi_n^2\tau-\frac{(z-z_0)^2}{4\eta_z\tau}}}{\sqrt{\tau}}d\tau+$$

$$+\frac{U(t-t_0)}{\vartheta\phi c_t(b^2-a^2)\sqrt{\pi\eta_z}}\int_{-\infty}^{\infty}\int_0^t\frac{\left\{a\overline{\psi}_a(0,w,t-\tau)-b\overline{\psi}_b(0,w,t-\tau)\right\}e^{-\frac{(z-w)^2}{4\eta_z\tau}}}{\sqrt{\tau}}d\tau dw+$$

$$+\frac{1}{\vartheta\phi c_t}\sqrt{\frac{\pi}{\eta_z}}\sum_{m=0}^{\infty}\ni_m\cos(\xi_m\theta)\sum_{n=1}^{\infty}\frac{\xi_n J_{\mathcal{M}}'^2(\xi_n b)\,\mathcal{V}_{\mathcal{N}\mathcal{M}}(\xi_n r,a)}{\left[\left\{1-\left(\frac{\mathcal{M}}{\xi_n b}\right)^2\right\}J_{\mathcal{M}}'^2(\xi_n a)-\left\{1-\left(\frac{\mathcal{M}}{\xi_n a}\right)^2\right\}J_{\mathcal{M}}'^2(\xi_n b)\right]}\times$$

$$\times\int_0^t\frac{e^{-\eta_r\xi_n^2\tau}}{\sqrt{\tau}}\int_{-\infty}^{\infty}\overline{\psi}_a(\xi_m,w,t-\tau)\,e^{-\frac{(z-w)^2}{4\eta_z\tau}}dwd\tau-$$

$$-\frac{1}{\vartheta\phi c_t}\sqrt{\frac{\pi}{\eta_z}}\sum_{m=0}^{\infty}\ni_m\cos(\xi_m\theta)\sum_{n=1}^{\infty}\frac{\xi_n J_{\mathcal{M}}'(\xi_n a)\,J_{\mathcal{M}}'(\xi_n b)\,\mathcal{V}_{\mathcal{N}\mathcal{M}}(\xi_n r,a)}{\left[\left\{1-\left(\frac{\mathcal{M}}{\xi_n b}\right)^2\right\}J_{\mathcal{M}}'^2(\xi_n a)-\left\{1-\left(\frac{\mathcal{M}}{\xi_n a}\right)^2\right\}J_{\mathcal{M}}'^2(\xi_n b)\right]}\times$$

$$\times\int_0^t\frac{e^{-\eta_r\xi_n^2\tau}}{\sqrt{\tau}}\int_{-\infty}^{\infty}\overline{\psi}_b(\xi_m,w,t-\tau)\,e^{-\frac{(z-w)^2}{4\eta_z\tau}}dwd\tau+$$

$$+\frac{1}{(b^2-a^2)\vartheta\phi c_t\sqrt{\pi\eta_z}}\int_0^t\frac{1}{\sqrt{\tau}}\int_a^b\frac{1}{u}\int_{-\infty}^{\infty}\left\{\psi_0(u,w,t-\tau)-\psi_\vartheta(u,w,t-\tau)\right\}e^{-\frac{(z-w)^2}{4\eta_z\tau}}dwdud\tau+$$

$$+\frac{1}{2\vartheta\phi c_t}\sqrt{\frac{\pi^3}{\eta_z}}\sum_{m=0}^{\infty}\ni_m\cos(\xi_m\theta)\sum_{n=1}^{\infty}\frac{\xi_n^2 J_{\mathcal{M}}'^2(\xi_n b)\,\mathcal{V}_{\mathcal{N}\mathcal{M}}(\xi_n r,a)}{\left[\left\{1-\left(\frac{\mathcal{M}}{\xi_n b}\right)^2\right\}J_{\mathcal{M}}'^2(\xi_n a)-\left\{1-\left(\frac{\mathcal{M}}{\xi_n a}\right)^2\right\}J_{\mathcal{M}}'^2(\xi_n b)\right]\sqrt{(\eta_r\xi_n^2+s)}}\times$$

$$\times\int_0^t\frac{e^{-\eta_r\xi_n^2\tau}}{\sqrt{\tau}}\int_a^b\frac{\mathcal{V}_{\mathcal{N}\mathcal{M}}(\xi_n u,a)}{u}\int_{-\infty}^{\infty}\left\{\psi_0(u,w,t-\tau)+(-1)^{m+1}\psi_\vartheta(u,w,t-\tau)\right\}e^{-\frac{(z-w)^2}{4\eta_z\tau}}dwdud\tau+$$

$$+\frac{1}{\vartheta\left(b^2-a^2\right)\sqrt{\pi\eta_z t}}\int\limits_{-\infty}^{\infty}\int\limits_{a}^{b}u\overline{\varphi}\left(u,0,w\right)e^{-\frac{(z-w)^2}{4\eta_z t}}dudw+$$

$$+\frac{1}{2\vartheta}\sqrt{\frac{\pi^3}{\eta_z t}}\sum_{m=0}^{\infty}\ni_m\cos(\xi_m\theta)\sum_{n=1}^{\infty}\frac{\xi_n^2 J_{\mathcal{M}}'^2\left(\xi_n b\right)\mathcal{V}_{\mathcal{NM}}\left(\xi_n r,a\right)e^{-\eta_r\xi_n^2 t}\int_{-\infty}^{\infty}\overline{\overline{\varphi}}\left(\xi_n,\xi_m,w\right)e^{-\frac{(z-w)^2}{4\eta_z t}}dw}{\left[\left\{1-\left(\frac{\mathcal{M}}{\xi_n b}\right)^2\right\}J_{\mathcal{M}}'^2\left(\xi_n a\right)-\left\{1-\left(\frac{\mathcal{M}}{\xi_n a}\right)^2\right\}J_{\mathcal{M}}'^2\left(\xi_n b\right)\right]} \quad (28.16.3)$$

where $\overline{\overline{\psi}}_a\left(\xi_m,w,s\right)=\int_0^{\vartheta}\overline{\psi}_a\left(v,w,s\right)\cos\left(\xi_m v\right)dv$, $\overline{\psi}_a\left(\xi_m,w,t\right)=\int_0^{\vartheta}\psi_a\left(v,w,t\right)\cos\left(\xi_m v\right)dv$, $\overline{\overline{\psi}}_b\left(\xi_m,w,s\right)=\int_0^{\vartheta}\overline{\psi}_b\left(v,w,s\right)\cos\left(\xi_m v\right)dv$, $\overline{\psi}_b\left(\xi_m,w,t\right)=\int_0^{\vartheta}\psi_b\left(v,w,t\right)\cos\left(\xi_m v\right)dv$, $\overline{\varphi}\left(u,0,w\right)=\int_0^{\vartheta}\varphi\left(u,v,w\right)dv$ and $\overline{\overline{\varphi}}\left(\xi_n,\xi_m,w\right)=\int_a^b u\mathcal{V}_{\mathcal{NM}}\left(\xi_n u\right)\int_0^{\vartheta}\varphi\left(u,v,w\right)\cos\left(\xi_m v\right)dudv$.

28.17 The problem of 28.12, except

$\mathbf{N}_a \equiv \frac{\partial p(a,\theta,z,t)}{\partial r}=-\left(\frac{\mu}{k_r}\right)\psi_a\left(\theta,z,t\right)$,
$\mathbf{R}_b \equiv \frac{\partial p(b,\theta,z,t)}{\partial r}+\lambda p\left(b,\theta,z,t\right)=-\left(\frac{\mu}{k_r}\right)\psi_b\left(\theta,z,t\right)$,
$\mathbf{N}_0 \equiv \frac{\partial p(r,0,z,t)}{\partial \theta}=-\left(\frac{\mu}{k_\theta}\right)\psi_0\left(r,z,t\right)$ and
$\mathbf{N}_\vartheta \equiv \frac{\partial p(r,\vartheta,z,t)}{\partial \theta}=-\left(\frac{\mu}{k_\theta}\right)\psi_\vartheta\left(r,z,t\right)$

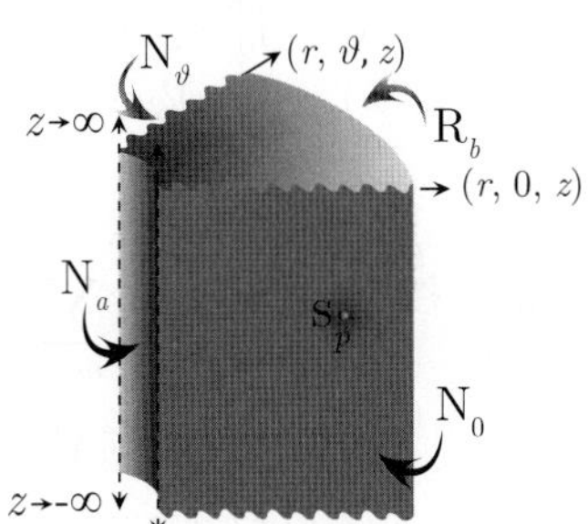

$$\overline{p}=\frac{\pi^2 q\left(s\right)e^{-st_0}}{2\vartheta\phi c_t\sqrt{\eta_z}}\sum_{m=0}^{\infty}\ni_m\cos\left(\xi_m\theta_0\right)\cos\left(\xi_m\theta\right)\times$$

$$\times\sum_{n=1}^{\infty}\frac{\xi_n^2\left\{\xi_n J_{\mathcal{M}}'\left(\xi_n b\right)+\lambda J_{\mathcal{M}}\left(\xi_n b\right)\right\}^2\mathcal{V}_{\mathcal{NM}}\left(\xi_n r_0,a\right)\mathcal{V}_{\mathcal{NM}}\left(\xi_n r,a\right)e^{-|z-z_0|\sqrt{\frac{\eta_r\xi_n^2+s}{\eta_z}}}}{\left[\left\{\xi_n^2+\lambda^2-\left(\frac{\mathcal{M}}{b}\right)^2\right\}J_{\mathcal{M}}'^2\left(\xi_n a\right)-\left\{1-\left(\frac{\mathcal{M}}{\xi_n a}\right)^2\right\}\left\{\xi_n J_{\mathcal{M}}'\left(\xi_n b\right)+\lambda J_{\mathcal{M}}\left(\xi_n b\right)\right\}^2\right]\sqrt{\left(\eta_r\xi_n^2+s\right)}}+$$

$$+\frac{\pi}{\vartheta\phi c_t\sqrt{\eta_z}}\sum_{m=0}^{\infty}\ni_m\cos\left(\xi_m\theta\right)\times$$

$$\times\sum_{n=1}^{\infty}\frac{\xi_n\left\{\xi_n J_{\mathcal{M}}'\left(\xi_n b\right)+\lambda J_{\mathcal{M}}\left(\xi_n b\right)\right\}^2\mathcal{V}_{\mathcal{NM}}\left(\xi_n r,a\right)\int_{-\infty}^{\infty}\overline{\overline{\psi}}_a\left(\xi_m,w,s\right)e^{-|z-w|\sqrt{\frac{\eta_r\xi_n^2+s}{\eta_z}}}dw}{\left[\left\{\xi_n^2+\lambda^2-\left(\frac{\mathcal{M}}{b}\right)^2\right\}J_{\mathcal{M}}'^2\left(\xi_n a\right)-\left\{1-\left(\frac{\mathcal{M}}{\xi_n a}\right)^2\right\}\left\{\xi_n J_{\mathcal{M}}'\left(\xi_n b\right)+\lambda J_{\mathcal{M}}\left(\xi_n b\right)\right\}^2\right]\sqrt{\eta_r\xi_n^2+s}}-$$

$$-\frac{\pi}{\vartheta\phi c_t\sqrt{\eta_z}}\sum_{m=0}^{\infty}\ni_m\cos\left(\xi_m\theta\right)\times$$

$$\times\sum_{n=1}^{\infty}\frac{\xi_n^2 J_{\mathcal{M}}'\left(\xi_n a\right)\left\{\xi_n J_{\mathcal{M}}'\left(\xi_n b\right)+\lambda J_{\mathcal{M}}\left(\xi_n b\right)\right\}\mathcal{V}_{\mathcal{NM}}\left(\xi_n r,a\right)\int_{-\infty}^{\infty}\overline{\overline{\psi}}_b\left(\xi_m,w,s\right)e^{-|z-w|\sqrt{\frac{\eta_r\xi_n^2+s}{\eta_z}}}dw}{\left[\left\{\xi_n^2+\lambda^2-\left(\frac{\mathcal{M}}{b}\right)^2\right\}J_{\mathcal{M}}'^2\left(\xi_n a\right)-\left\{1-\left(\frac{\mathcal{M}}{\xi_n a}\right)^2\right\}\left\{\xi_n J_{\mathcal{M}}'\left(\xi_n b\right)+\lambda J_{\mathcal{M}}\left(\xi_n b\right)\right\}^2\right]\sqrt{\eta_r\xi_n^2+s}}+$$

$$+\frac{\pi^2}{2\vartheta\phi c_t\sqrt{\eta_z}}\sum_{m=0}^{\infty}\ni_m\cos\left(\xi_m\theta\right)\times$$

$$\times\sum_{n=1}^{\infty}\frac{\xi_n^2\left\{\xi_n J_{\mathcal{M}}'\left(\xi_n b\right)+\lambda J_{\mathcal{M}}\left(\xi_n b\right)\right\}^2\mathcal{V}_{\mathcal{NM}}\left(\xi_n r,a\right)}{\left[\left\{\xi_n^2+\lambda^2-\left(\frac{\mathcal{M}}{b}\right)^2\right\}J_{\mathcal{M}}'^2\left(\xi_n a\right)-\left\{1-\left(\frac{\mathcal{M}}{\xi_n a}\right)^2\right\}\left\{\xi_n J_{\mathcal{M}}'\left(\xi_n b\right)+\lambda J_{\mathcal{M}}\left(\xi_n b\right)\right\}^2\right]\sqrt{\eta_r\xi_n^2+s}}\times$$

$$\times \int_a^b \frac{\mathcal{V}_{\mathcal{NM}}(\xi_n u, a)}{u} \int_{-\infty}^{\infty} \left\{ \overline{\psi}_0(u, w, s) + (-1)^{m+1} \overline{\psi}_\vartheta(u, w, s) \right\} e^{-|z-w|\sqrt{\frac{\eta_r \xi_n^2 + s}{\eta_z}}} dw du +$$

$$+ \frac{\pi^2}{2\vartheta\sqrt{\eta_z}} \sum_{m=0}^{\infty} \ni_m \cos(\xi_m \theta) \times$$

$$\times \sum_{n=1}^{\infty} \frac{\xi_n^2 \left\{ \xi_n J'_{\mathcal{M}}(\xi_n b) + \lambda J_{\mathcal{M}}(\xi_n b) \right\}^2 \mathcal{V}_{\mathcal{NM}}(\xi_n r, a) \int_{-\infty}^{\infty} \overline{\overline{\varphi}}(\xi_n, \xi_m, w) e^{-|z-w|\sqrt{\frac{\eta_r \xi_n^2 + s}{\eta_z}}} dw}{\left[\left\{ \xi_n^2 + \lambda^2 - \left(\frac{\mathcal{M}}{b}\right)^2 \right\} J'^2_{\mathcal{M}}(\xi_n a) - \left\{ 1 - \left(\frac{\mathcal{M}}{\xi_n a}\right)^2 \right\} \left\{ \xi_n J'_{\mathcal{M}}(\xi_n b) + \lambda J_{\mathcal{M}}(\xi_n b) \right\}^2 \right] \sqrt{\eta_r \xi_n^2 + s}} \tag{28.17.1}$$

where $\mathcal{V}_{\mathcal{NM}}(\xi_n r, a) = J_{\mathcal{M}}(\xi_n r) Y'_{\mathcal{M}}(\xi_n a) - Y_{\mathcal{M}}(\xi_n r) J'_{\mathcal{M}}(\xi_n a)$, $\xi_n, n = 1, 2, ...,$ are the positive roots of the transcendental equation $\xi_n \mathcal{V}'_{\mathcal{NM}}(\xi_n b, a) + \lambda \mathcal{V}_{\mathcal{NM}}(\xi_n b, a) = 0$. $\xi_m = \frac{m\pi}{\vartheta}$, $m = 0, 1, ...,$ $\overline{\overline{\psi}}_a(\xi_m, w, s) = \int_0^\vartheta \overline{\psi}_a(v, w, s) \cos(\xi_m v) dv$, $\overline{\overline{\psi}}_b(\xi_m, w, s) = \int_0^\vartheta \overline{\psi}_b(v, w, s) \cos(\xi_m v) dv$ and $\overline{\overline{\varphi}}(\xi_n, \xi_m, w) = \int_a^b u \mathcal{V}_{\mathcal{NM}}(\xi_n u) \int_0^\vartheta \varphi(u, v, w) \cos(\xi_m v) du dv$.

$$p = \frac{U(t-t_0)}{2\vartheta\phi c_t} \sqrt{\frac{\pi^3}{\eta_z}} \sum_{m=0}^{\infty} \ni_m \cos(\xi_m \theta_0) \cos(\xi_m \theta) \times$$

$$\times \sum_{n=1}^{\infty} \frac{\xi_n^2 \left\{ \xi_n J'_{\mathcal{M}}(\xi_n b) + \lambda J_{\mathcal{M}}(\xi_n b) \right\}^2 \mathcal{V}_{\mathcal{NM}}(\xi_n r_0, a) \mathcal{V}_{\mathcal{NM}}(\xi_n r, a)}{\left[\left\{ \xi_n^2 + \lambda^2 - \left(\frac{\mathcal{M}}{b}\right)^2 \right\} J'^2_{\mathcal{M}}(\xi_n a) - \left\{ 1 - \left(\frac{\mathcal{M}}{\xi_n a}\right)^2 \right\} \left\{ \xi_n J'_{\mathcal{M}}(\xi_n b) + \lambda J_{\mathcal{M}}(\xi_n b) \right\}^2 \right]} \times$$

$$\times \int_0^{t-t_0} \frac{q(t-t_0-\tau) e^{-\eta_r \xi_n^2 \tau - \frac{(z-z_0)^2}{4\eta_z \tau}}}{\sqrt{\tau}} d\tau +$$

$$+ \frac{1}{\vartheta\phi c_t} \sqrt{\frac{\pi}{\eta_z}} \sum_{m=0}^{\infty} \ni_m \cos(\xi_m \theta) \times$$

$$\times \sum_{n=1}^{\infty} \frac{\xi_n \left\{ \xi_n J'_{\mathcal{M}}(\xi_n b) + \lambda J_{\mathcal{M}}(\xi_n b) \right\}^2 \mathcal{V}_{\mathcal{NM}}(\xi_n r, a)}{\left[\left\{ \xi_n^2 + \lambda^2 - \left(\frac{\mathcal{M}}{b}\right)^2 \right\} J'^2_{\mathcal{M}}(\xi_n a) - \left\{ 1 - \left(\frac{\mathcal{M}}{\xi_n a}\right)^2 \right\} \left\{ \xi_n J'_{\mathcal{M}}(\xi_n b) + \lambda J_{\mathcal{M}}(\xi_n b) \right\}^2 \right]} \times$$

$$\times \int_0^t \frac{e^{-\eta_r \xi_n^2 \tau}}{\sqrt{\tau}} \int_{-\infty}^{\infty} \overline{\psi}_a(\xi_m, w, t-\tau) e^{-\frac{(z-w)^2}{4\eta_z \tau}} dw d\tau -$$

$$- \frac{1}{\vartheta\phi c_t} \sqrt{\frac{\pi}{\eta_z}} \sum_{m=0}^{\infty} \ni_m \cos(\xi_m \theta) \times$$

$$\times \sum_{n=1}^{\infty} \frac{\xi_n^2 J'_{\mathcal{M}}(\xi_n a) \left\{ \xi_n J'_{\mathcal{M}}(\xi_n b) + \lambda J_{\mathcal{M}}(\xi_n b) \right\} \mathcal{V}_{\mathcal{NM}}(\xi_n r, a)}{\left[\left\{ \xi_n^2 + \lambda^2 - \left(\frac{\mathcal{M}}{b}\right)^2 \right\} J'^2_{\mathcal{M}}(\xi_n a) - \left\{ 1 - \left(\frac{\mathcal{M}}{\xi_n a}\right)^2 \right\} \left\{ \xi_n J'_{\mathcal{M}}(\xi_n b) + \lambda J_{\mathcal{M}}(\xi_n b) \right\}^2 \right]} \times$$

$$\times \int_0^t \frac{e^{-\eta_r \xi_n^2 \tau}}{\sqrt{\tau}} \int_{-\infty}^{\infty} \overline{\psi}_b(\xi_m, w, t-\tau) e^{-\frac{(z-w)^2}{4\eta_z \tau}} dw d\tau +$$

$$+ \frac{1}{2\vartheta\phi c_t} \sqrt{\frac{\pi^3}{\eta_z}} \sum_{m=0}^{\infty} \ni_m \cos(\xi_m \theta) \times$$

$$\times \sum_{n=1}^{\infty} \frac{\xi_n^2 \left\{ \xi_n J'_{\mathcal{M}}(\xi_n b) + \lambda J_{\mathcal{M}}(\xi_n b) \right\}^2 \mathcal{V}_{\mathcal{NM}}(\xi_n r, a)}{\left[\left\{ \xi_n^2 + \lambda^2 - \left(\frac{\mathcal{M}}{b}\right)^2 \right\} J'^2_{\mathcal{M}}(\xi_n a) - \left\{ 1 - \left(\frac{\mathcal{M}}{\xi_n a}\right)^2 \right\} \left\{ \xi_n J'_{\mathcal{M}}(\xi_n b) + \lambda J_{\mathcal{M}}(\xi_n b) \right\}^2 \right]} \times$$

$$\times \int_0^t \frac{e^{-\eta_r \xi_n^2 \tau}}{\sqrt{\tau}} \int_a^b \frac{\mathcal{V}_{\mathcal{NM}}(\xi_n u, a)}{u} \int_{-\infty}^{\infty} \left\{ \psi_0(u, w, t-\tau) + (-1)^{m+1} \psi_\vartheta(u, w, t-\tau) \right\} e^{-\frac{(z-w)^2}{4\eta_z \tau}} dw du d\tau +$$

$$+ \frac{1}{2\vartheta} \sqrt{\frac{\pi^3}{\eta_z t}} \sum_{m=0}^{\infty} \ni_m \cos(\xi_m \theta) \times$$

$$\times \sum_{n=1}^{\infty} \frac{\xi_n^2 \left\{ \xi_n J'_{\mathcal{M}}(\xi_n b) + \lambda J_{\mathcal{M}}(\xi_n b) \right\}^2 \mathcal{V}_{\mathcal{NM}}(\xi_n r, a)\, e^{-\eta_r \xi_n^2 t} \int_{-\infty}^{\infty} \overline{\overline{\varphi}}(\xi_n, \xi_m, w)\, e^{-\frac{(z-w)^2}{4\eta_z t}} dw}{\left[\left\{ \xi_n^2 + \lambda^2 - \left(\frac{\mathcal{M}}{b}\right)^2 \right\} J_{\mathcal{M}}'^2(\xi_n a) - \left\{ 1 - \left(\frac{\mathcal{M}}{\xi_n a}\right)^2 \right\} \left\{ \xi_n J'_{\mathcal{M}}(\xi_n b) + \lambda J_{\mathcal{M}}(\xi_n b) \right\}^2 \right]} \tag{28.17.2}$$

where $\overline{\psi}_a(\xi_m, w, t) = \int_0^\vartheta \psi_a(v, w, t) \cos(\xi_m v) dv$ and $\overline{\psi}_b(\xi_m, w, t) = \int_0^\vartheta \psi_b(v, w, t) \cos(\xi_m v) dv$.

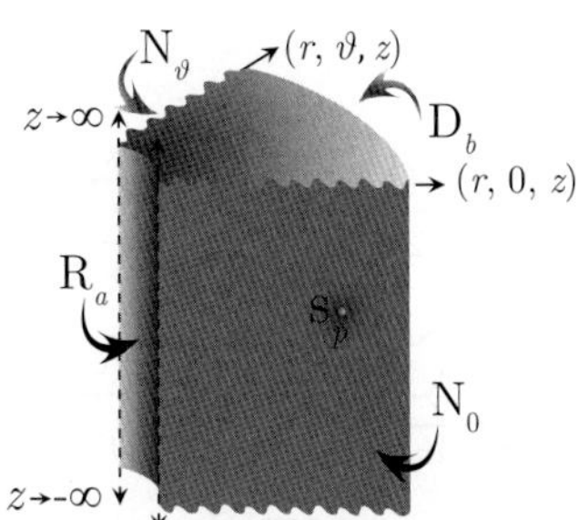

28.18 The problem of 28.12, except

$\mathbf{R}_a \equiv \frac{\partial p(a,\theta,z,t)}{\partial r} - \lambda p(a, \theta, z, t) = -\left(\frac{\mu}{k_r}\right) \psi_a(\theta, z, t)$,
$\mathbf{D}_b \equiv p(b, \theta, z, t) = \psi_b(\theta, z, t)$,
$\mathbf{N}_0 \equiv \frac{\partial p(r,0,z,t)}{\partial \theta} = -\left(\frac{\mu}{k_\theta}\right) \psi_0(r, z, t)$ and
$\mathbf{N}_\vartheta \equiv \frac{\partial p(r,\vartheta,z,t)}{\partial \theta} = -\left(\frac{\mu}{k_\theta}\right) \psi_\vartheta(r, z, t)$

$$\overline{p} = \frac{\pi^2 q(s)\, e^{-s t_0}}{2\vartheta \phi c_t \sqrt{\eta_z}} \sum_{m=0}^{\infty} \ni_m \cos(\xi_m \theta_0) \cos(\xi_m \theta) \times$$

$$\times \sum_{n=1}^{\infty} \frac{\xi_n^2 \left\{ \xi_n J'_{\mathcal{M}}(\xi_n a) - \lambda J_{\mathcal{M}}(\xi_n a) \right\}^2 \mathcal{V}_{\mathcal{DM}}(\xi r_0, b)\, \mathcal{V}_{\mathcal{DM}}(\xi r, b)\, e^{-|z-z_0|\sqrt{\frac{\eta_r \xi_n^2 + s}{\eta_z}}}}{\left[\left\{ \xi_n J'_{\mathcal{M}}(\xi_n a) - \lambda J_{\mathcal{M}}(\xi_n a) \right\}^2 - \left\{ \xi_n^2 + \lambda^2 - \left(\frac{\mathcal{M}}{a}\right)^2 \right\} J_{\mathcal{M}}^2(\xi_n b) \right] \sqrt{(\eta_r \xi_n^2 + s)}} +$$

$$+ \frac{\pi}{\vartheta \phi c_t \sqrt{\eta_z}} \sum_{m=0}^{\infty} \ni_m \cos(\xi_m \theta) \times$$

$$\times \sum_{n=1}^{\infty} \frac{\xi_n^2 J_{\mathcal{M}}(\xi_n b) \left\{ \xi_n J'_{\mathcal{M}}(\xi_n a) - \lambda J_{\mathcal{M}}(\xi_n a) \right\} \mathcal{V}_{\mathcal{DM}}(\xi r, b) \int_{-\infty}^{\infty} \overline{\overline{\psi}}_a(\xi_m, w, s)\, e^{-|z-w|\sqrt{\frac{\eta_r \xi_n^2 + s}{\eta_z}}} dw}{\left[\left\{ \xi_n J'_{\mathcal{M}}(\xi_n a) - \lambda J_{\mathcal{M}}(\xi_n a) \right\}^2 - \left\{ \xi_n^2 + \lambda^2 - \left(\frac{\mathcal{M}}{a}\right)^2 \right\} J_{\mathcal{M}}^2(\xi_n b) \right] \sqrt{\eta_r \xi_n^2 + s}} +$$

$$+ \frac{\pi \eta_r}{\vartheta \sqrt{\eta_z}} \sum_{m=0}^{\infty} \ni_m \cos(\xi_m \theta) \times$$

$$\times \sum_{n=1}^{\infty} \frac{\xi_n^2 \left\{ \xi_n J'_{\mathcal{M}}(\xi_n a) - \lambda J_{\mathcal{M}}(\xi_n a) \right\}^2 \mathcal{V}_{\mathcal{DM}}(\xi r, b) \int_{-\infty}^{\infty} \overline{\overline{\psi}}_b(\xi_m, w, s)\, e^{-|z-w|\sqrt{\frac{\eta_r \xi_n^2 + s}{\eta_z}}} dw}{\left[\left\{ \xi_n J'_{\mathcal{M}}(\xi_n a) - \lambda J_{\mathcal{M}}(\xi_n a) \right\}^2 - \left\{ \xi_n^2 + \lambda^2 - \left(\frac{\mathcal{M}}{a}\right)^2 \right\} J_{\mathcal{M}}^2(\xi_n b) \right] \sqrt{\eta_r \xi_n^2 + s}} +$$

$$+ \frac{\pi^2}{2\vartheta \phi c_t \sqrt{\eta_z}} \sum_{m=0}^{\infty} \ni_m \cos(\xi_m \theta) \times$$

$$\times \sum_{n=1}^{\infty} \frac{\xi_n^2 \left\{ \xi_n J'_{\mathcal{M}}(\xi_n a) - \lambda J_{\mathcal{M}}(\xi_n a) \right\}^2 \mathcal{V}_{\mathcal{DM}}(\xi r, b)}{\left[\left\{ \xi_n J'_{\mathcal{M}}(\xi_n a) - \lambda J_{\mathcal{M}}(\xi_n a) \right\}^2 - \left\{ \xi_n^2 + \lambda^2 - \left(\frac{\mathcal{M}}{a}\right)^2 \right\} J_{\mathcal{M}}^2(\xi_n b) \right] \sqrt{\eta_r \xi_n^2 + s}} \times$$

$$\times \int_a^b \frac{\mathcal{V}_{\mathcal{DM}}(\xi_n u, b)}{u} \int_{-\infty}^{\infty} \left\{ \overline{\psi}_0(u, w, s) + (-1)^{m+1} \overline{\psi}_\vartheta(u, w, s) \right\} e^{-|z-w|\sqrt{\frac{\eta_r \xi_n^2 + s}{\eta_z}}} dw du +$$

$$+ \frac{\pi^2}{2\vartheta \sqrt{\eta_z}} \sum_{m=0}^{\infty} \ni_m \cos(\xi_m \theta) \times$$

$$\times \sum_{n=1}^{\infty} \frac{\xi_n^2 \left\{\xi_n J'_{\mathcal{M}}(\xi_n a) - \lambda J_{\mathcal{M}}(\xi_n a)\right\}^2 \mathcal{V}_{\mathcal{DM}}(\xi r, b) \int_{-\infty}^{\infty} \overline{\overline{\varphi}}(\xi_n, \xi_m, w)\, e^{-|z-w|\sqrt{\frac{\eta_r \xi_n^2 + s}{\eta_z}}} dw}{\left[\left\{\xi_n J'_{\mathcal{M}}(\xi_n a) - \lambda J_{\mathcal{M}}(\xi_n a)\right\}^2 - \left\{\xi_n^2 + \lambda^2 - \left(\frac{\mathcal{M}}{a}\right)^2\right\} J_{\mathcal{M}}^2(\xi_n b)\right] \sqrt{\eta_r \xi_n^2 + s}} \tag{28.18.1}$$

where $\mathcal{V}_{\mathcal{DM}}(\xi_n r, b) = J_{\mathcal{M}}(\xi_n r) Y_{\mathcal{M}}(\xi_n b) - Y_{\mathcal{M}}(\xi_n r) J_{\mathcal{M}}(\xi_n b)$, $\xi_n, n = 1, 2, \ldots$, are the positive roots of the transcendental equation $\lambda \mathcal{V}_{\mathcal{DM}}(\xi_n a, b) - \xi_n \mathcal{V}'_{\mathcal{DM}}(\xi_n a, b) = 0$. $\xi_m = \frac{m\pi}{\vartheta}$, $m = 0, 1, \ldots$,
$\overline{\overline{\psi}}_a(\xi_m, w, s) = \int_0^{\vartheta} \overline{\psi}_a(v, w, s) \cos(\xi_m v) dv$, $\overline{\overline{\psi}}_b(\xi_m, w, s) = \int_0^{\vartheta} \overline{\psi}_b(v, w, s) \cos(\xi_m v) dv$ and
$\overline{\overline{\varphi}}(\xi_n, \xi_m, w) = \int_a^b u \mathcal{V}_{\mathcal{DM}}(\xi_n u) \int_0^{\vartheta} \varphi(u, v, w) \cos(\xi_m v) du dv$.

$$\begin{aligned}
p = {} & \frac{U(t-t_0)}{2\vartheta\phi c_t}\sqrt{\frac{\pi^3}{\eta_z}} \sum_{m=0}^{\infty} \ni_m \cos(\xi_m \theta) \times \\
& \times \sum_{n=1}^{\infty} \frac{\xi_n^2 \left\{\lambda J_{\mathcal{M}}(\xi_n a) + \xi_n J'_{\mathcal{M}}(\xi_n a)\right\}^2 \mathcal{V}_{\mathcal{DM}}(\xi r_0, b)\, \mathcal{V}_{\mathcal{DM}}(\xi r, b)}{\left[\left\{\xi_n J'_{\mathcal{M}}(\xi_n a) - \lambda J_{\mathcal{M}}(\xi_n a)\right\}^2 - \left\{\xi_n^2 + \lambda^2 - \left(\frac{\mathcal{M}}{a}\right)^2\right\} J_{\mathcal{M}}^2(\xi_n b)\right]} \int_0^{t-t_0} \frac{q(t-t_0-\tau)\, e^{-\eta_r \xi_n^2 \tau - \frac{(z-z_0)^2}{4\eta_z \tau}}}{\sqrt{\tau}} d\tau + \\
& + \frac{1}{\vartheta\phi c_t}\sqrt{\frac{\pi}{\eta_z}} \sum_{m=0}^{\infty} \ni_m \cos(\xi_m \theta) \sum_{n=1}^{\infty} \frac{\xi_n^2 J_{\mathcal{M}}(\xi_n b) \left\{\xi_n J'_{\mathcal{M}}(\xi_n a) - \lambda J_{\mathcal{M}}(\xi_n a)\right\} \mathcal{V}_{\mathcal{DM}}(\xi r, b)}{\left[\left\{\xi_n J'_{\mathcal{M}}(\xi_n a) - \lambda J_{\mathcal{M}}(\xi_n a)\right\}^2 - \left\{\xi_n^2 + \lambda^2 - \left(\frac{\mathcal{M}}{a}\right)^2\right\} J_{\mathcal{M}}^2(\xi_n b)\right]} \times \\
& \times \int_0^t \frac{e^{-\eta_r \xi_n^2 \tau}}{\sqrt{\tau}} \int_{-\infty}^{\infty} \overline{\psi}_a(\xi_m, w, t-\tau)\, e^{-\frac{(z-w)^2}{4\eta_z \tau}} dw d\tau + \\
& + \frac{\eta_r}{\vartheta}\sqrt{\frac{\pi}{\eta_z}} \sum_{m=0}^{\infty} \ni_m \cos(\xi_m \theta) \sum_{n=1}^{\infty} \frac{\xi_n^2 \left\{\xi_n J'_{\mathcal{M}}(\xi_n a) - \lambda J_{\mathcal{M}}(\xi_n a)\right\}^2 \mathcal{V}_{\mathcal{DM}}(\xi r, b)}{\left[\left\{\xi_n J'_{\mathcal{M}}(\xi_n a) - \lambda J_{\mathcal{M}}(\xi_n a)\right\}^2 - \left\{\xi_n^2 + \lambda^2 - \left(\frac{\mathcal{M}}{a}\right)^2\right\} J_{\mathcal{M}}^2(\xi_n b)\right]} \times \\
& \times \int_0^t \frac{e^{-\eta_r \xi_n^2 \tau}}{\sqrt{\tau}} \int_{-\infty}^{\infty} \overline{\psi}_b(\xi_m, w, t-\tau)\, e^{-\frac{(z-w)^2}{4\eta_z \tau}} dw d\tau + \\
& + \frac{1}{2\vartheta\phi c_t}\sqrt{\frac{\pi^3}{\eta_z}} \sum_{m=0}^{\infty} \ni_m \cos(\xi_m \theta) \times \\
& \times \sum_{n=1}^{\infty} \frac{\xi_n^2 \left\{\xi_n J'_{\mathcal{M}}(\xi_n a) - \lambda J_{\mathcal{M}}(\xi_n a)\right\}^2 \mathcal{V}_{\mathcal{DM}}(\xi r, b)}{\left[\left\{\xi_n J'_{\mathcal{M}}(\xi_n a) - \lambda J_{\mathcal{M}}(\xi_n a)\right\}^2 - \left\{\xi_n^2 + \lambda^2 - \left(\frac{\mathcal{M}}{a}\right)^2\right\} J_{\mathcal{M}}^2(\xi_n b)\right]} \times \\
& \times \int_0^t \frac{e^{-\eta_r \xi_n^2 \tau}}{\sqrt{\tau}} \int_a^b \frac{\mathcal{V}_{\mathcal{DM}}(\xi_n u, b)}{u} \int_{-\infty}^{\infty} \left\{\psi_0(u, w, t-\tau) + (-1)^{m+1} \psi_{\vartheta}(u, w, t-\tau)\right\} e^{-\frac{(z-w)^2}{4\eta_z \tau}} dw du d\tau + \\
& + \frac{1}{2\vartheta}\sqrt{\frac{\pi^3}{\eta_z t}} \sum_{m=0}^{\infty} \ni_m \cos(\xi_m \theta) \times \\
& \times \sum_{n=1}^{\infty} \frac{\xi_n^2 \left\{\xi_n J'_{\mathcal{M}}(\xi_n a) - \lambda J_{\mathcal{M}}(\xi_n a)\right\}^2 \mathcal{V}_{\mathcal{DM}}(\xi r, b)\, e^{-\eta_r \xi_n^2 t} \int_{-\infty}^{\infty} \overline{\overline{\varphi}}(\xi_n, \xi_m, w)\, e^{-\frac{(z-w)^2}{4\eta_z t}} dw}{\left[\left\{\xi_n J'_{\mathcal{M}}(\xi_n a) - \lambda J_{\mathcal{M}}(\xi_n a)\right\}^2 - \left\{\xi_n^2 + \lambda^2 - \left(\frac{\mathcal{M}}{a}\right)^2\right\} J_{\mathcal{M}}^2(\xi_n b)\right]}
\end{aligned} \tag{28.18.2}$$

where $\overline{\psi}_a(\xi_m, w, t) = \int_0^{\vartheta} \psi_a(v, w, t) \cos(\xi_m v) dv$ and $\overline{\psi}_b(\xi_m, w, t) = \int_0^{\vartheta} \psi_b(v, w, t) \cos(\xi_m v) dv$.

28.19 **The problem of 28.12, except**
$\mathbf{R}_a \equiv \frac{\partial p(a,\theta,z,t)}{\partial r} - \lambda p(a,\theta,z,t) = -\left(\frac{\mu}{k_r}\right)\psi_a(\theta,z,t)$,
$\mathbf{N}_b \equiv \frac{\partial p(b,\theta,z,t)}{\partial r} = -\left(\frac{\mu}{k_r}\right)\psi_b(\theta,z,t)$,
$\mathbf{N}_0 \equiv \frac{\partial p(r,0,z,t)}{\partial \theta} = -\left(\frac{\mu}{k_\theta}\right)\psi_0(r,z,t)$ **and**
$\mathbf{N}_\vartheta \equiv \frac{\partial p(r,\vartheta,z,t)}{\partial \theta} = -\left(\frac{\mu}{k_\theta}\right)\psi_\vartheta(r,z,t)$

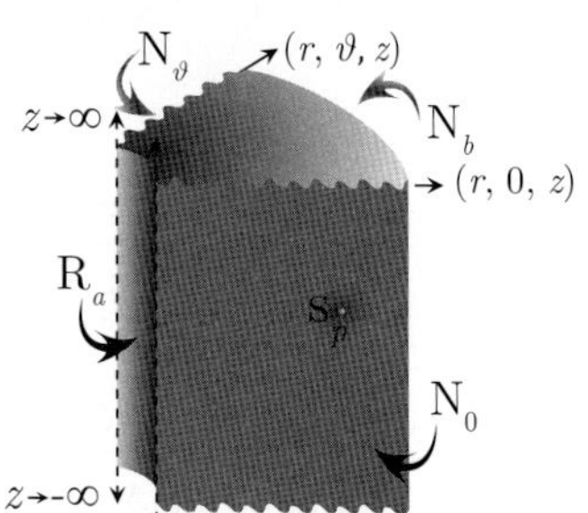

$$\overline{p} = \frac{\pi^2 q(s)\, e^{-st_0}}{2\vartheta\phi c_t\sqrt{\eta_z}}\sum_{m=0}^{\infty}\ni_m \cos(\xi_m\theta_0)\cos(\xi_m\theta)\times$$

$$\times\sum_{n=1}^{\infty}\frac{\xi_n^2\{\xi_n J'_{\mathcal{M}}(\xi_n a)-\lambda J_{\mathcal{M}}(\xi_n a)\}^2\mathcal{V}_{\mathcal{NM}}(\xi r_0,b)\,\mathcal{V}_{\mathcal{NM}}(\xi r,b)\,e^{-|z-z_0|\sqrt{\frac{\eta_r\xi_n^2+s}{\eta_z}}}}{\left[\left\{1-\left(\frac{\mathcal{M}}{\xi_n b}\right)^2\right\}\{\xi_n J'_{\mathcal{M}}(\xi_n a)-\lambda J_{\mathcal{M}}(\xi_n a)\}^2-\left\{\xi_n^2+\lambda^2-\left(\frac{\mathcal{M}}{a}\right)^2\right\}J'^2_{\mathcal{M}}(\xi_n b)\right]\sqrt{(\eta_r\xi_n^2+s)}}+$$

$$+\frac{\pi}{\vartheta\phi c_t\sqrt{\eta_z}}\sum_{m=0}^{\infty}\ni_m\cos(\xi_m\theta)\times$$

$$\times\sum_{n=1}^{\infty}\frac{\xi_n^2 J'_{\mathcal{M}}(\xi_n b)\{\xi_n J'_{\mathcal{M}}(\xi_n a)-\lambda J_{\mathcal{M}}(\xi_n a)\}\mathcal{V}_{\mathcal{NM}}(\xi r,b)\int_{-\infty}^{\infty}\overline{\overline{\psi}}_a(\xi_m,w,s)\,e^{-|z-w|\sqrt{\frac{\eta_r\xi_n^2+s}{\eta_z}}}dw}{\left[\left\{1-\left(\frac{\mathcal{M}}{\xi_n b}\right)^2\right\}\{\xi_n J'_{\mathcal{M}}(\xi_n a)-\lambda J_{\mathcal{M}}(\xi_n a)\}^2-\left\{\xi_n^2+\lambda^2-\left(\frac{\mathcal{M}}{a}\right)^2\right\}J'^2_{\mathcal{M}}(\xi_n b)\right]\sqrt{\eta_r\xi_n^2+s}}-$$

$$-\frac{\pi}{\vartheta\phi c_t\sqrt{\eta_z}}\sum_{m=0}^{\infty}\ni_m\cos(\xi_m\theta)\times$$

$$\times\sum_{n=1}^{\infty}\frac{\xi_n\{\xi_n J'_{\mathcal{M}}(\xi_n a)-\lambda J_{\mathcal{M}}(\xi_n a)\}^2\mathcal{V}_{\mathcal{NM}}(\xi r,b)\int_{-\infty}^{\infty}\overline{\overline{\psi}}_b(\xi_m,w,s)\,e^{-|z-w|\sqrt{\frac{\eta_r\xi_n^2+s}{\eta_z}}}dw}{\left[\left\{1-\left(\frac{\mathcal{M}}{\xi_n b}\right)^2\right\}\{\xi_n J'_{\mathcal{M}}(\xi_n a)-\lambda J_{\mathcal{M}}(\xi_n a)\}^2-\left\{\xi_n^2+\lambda^2-\left(\frac{\mathcal{M}}{a}\right)^2\right\}J'^2_{\mathcal{M}}(\xi_n b)\right]\sqrt{\eta_r\xi_n^2+s}}+$$

$$+\frac{\pi^2}{2\vartheta\phi c_t\sqrt{\eta_z}}\sum_{m=0}^{\infty}\ni_m\cos(\xi_m\theta)\times$$

$$\times\sum_{n=1}^{\infty}\frac{\xi_n^2\{\xi_n J'_{\mathcal{M}}(\xi_n a)-\lambda J_{\mathcal{M}}(\xi_n a)\}^2\mathcal{V}_{\mathcal{NM}}(\xi r,b)}{\left[\left\{1-\left(\frac{\mathcal{M}}{\xi_n b}\right)^2\right\}\{\xi_n J'_{\mathcal{M}}(\xi_n a)-\lambda J_{\mathcal{M}}(\xi_n a)\}^2-\left\{\xi_n^2+\lambda^2-\left(\frac{\mathcal{M}}{a}\right)^2\right\}J'^2_{\mathcal{M}}(\xi_n b)\right]\sqrt{\eta_r\xi_n^2+s}}\times$$

$$\times\int_a^b\frac{\mathcal{V}_{\mathcal{NM}}(\xi_n u,b)}{u}\int_{-\infty}^{\infty}\left\{\overline{\psi}_0(u,w,s)+(-1)^{m+1}\overline{\psi}_\vartheta(u,w,s)\right\}e^{-|z-w|\sqrt{\frac{\eta_r\xi_n^2+s}{\eta_z}}}dwdu+$$

$$+\frac{\pi^2}{2\vartheta\sqrt{\eta_z}}\sum_{m=0}^{\infty}\ni_m\cos(\xi_m\theta)\times$$

$$\times\sum_{n=1}^{\infty}\frac{\xi_n^2\{\xi_n J'_{\mathcal{M}}(\xi_n a)-\lambda J_{\mathcal{M}}(\xi_n a)\}^2\mathcal{V}_{\mathcal{NM}}(\xi r,b)\int_{-\infty}^{\infty}\overline{\overline{\varphi}}(\xi_n,\xi_m,w)\,e^{-|z-w|\sqrt{\frac{\eta_r\xi_n^2+s}{\eta_z}}}dw}{\left[\left\{1-\left(\frac{\mathcal{M}}{\xi_n b}\right)^2\right\}\{\xi_n J'_{\mathcal{M}}(\xi_n a)-\lambda J_{\mathcal{M}}(\xi_n a)\}^2-\left\{\xi_n^2+\lambda^2-\left(\frac{\mathcal{M}}{a}\right)^2\right\}J'^2_{\mathcal{M}}(\xi_n b)\right]\sqrt{\eta_r\xi_n^2+s}} \quad (28.19.1)$$

where $\mathcal{V}_{\mathcal{NM}}(\xi_n r,a)=J_{\mathcal{M}}(\xi_n r)\,Y'_{\mathcal{M}}(\xi_n a)-Y_{\mathcal{M}}(\xi_n r)\,J'_{\mathcal{M}}(\xi_n a)$, $\xi_n, n=1,2,...$, are the positive roots of the transcendental equation $\lambda\mathcal{V}_{\mathcal{NM}}(\xi_n a,b)-\xi_n\mathcal{V}'_{\mathcal{NM}}(\xi_n a,b)=0$, $\xi_m=\frac{m\pi}{\vartheta}$, $m=0,1,...$,
$\overline{\overline{\psi}}_a(\xi_m,w,s)=\int_0^\vartheta\overline{\psi}_a(v,w,s)\cos(\xi_m v)dv$, $\overline{\overline{\psi}}_b(\xi_m,w,s)=\int_0^\vartheta\overline{\psi}_b(v,w,s)\cos(\xi_m v)dv$ and

$\overline{\overline{\varphi}}(\xi_n, \xi_m, w) = \int_a^b u\mathcal{V}_{\mathcal{NM}}(\xi_n u) \int_0^\vartheta \varphi(u, v, w)\cos(\xi_m v)dudv.$

$$
\begin{aligned}
p = & \frac{U(t-t_0)}{2\vartheta\phi c_t}\sqrt{\frac{\pi^3}{\eta_z}}\sum_{m=0}^{\infty}\ni_m \cos(\xi_m\theta_0)\cos(\xi_m\theta)\times \\
& \times\sum_{n=1}^{\infty}\frac{\xi_n^2\{\xi_n J'_{\mathcal{M}}(\xi_n a)-\lambda J_{\mathcal{M}}(\xi_n a)\}^2\mathcal{V}_{\mathcal{NM}}(\xi r_0, b)\mathcal{V}_{\mathcal{NM}}(\xi r, b)}{\left[\left\{1-\left(\frac{\mathcal{M}}{\xi_n b}\right)^2\right\}\{\xi_n J'_{\mathcal{M}}(\xi_n a)-\lambda J_{\mathcal{M}}(\xi_n a)\}^2-\left\{\xi_n^2+\lambda^2-\left(\frac{\mathcal{M}}{a}\right)^2\right\}J'^2_{\mathcal{M}}(\xi_n b)\right]}\times \\
& \times\int_0^{t-t_0}\frac{q(t-t_0-\tau)e^{-\eta_r\xi_n^2\tau-\frac{(z-z_0)^2}{4\eta_z\tau}}}{\sqrt{\tau}}d\tau + \\
& +\frac{1}{\vartheta\phi c_t}\sqrt{\frac{\pi}{\eta_z}}\sum_{n=1}^{\infty}\frac{\xi_n^2 J'_{\mathcal{M}}(\xi_n b)\{\xi_n J'_{\mathcal{M}}(\xi_n a)-\lambda J_{\mathcal{M}}(\xi_n a)\}\mathcal{V}_{\mathcal{NM}}(\xi r, b)}{\left[\left\{1-\left(\frac{\mathcal{M}}{\xi_n b}\right)^2\right\}\{\xi_n J'_{\mathcal{M}}(\xi_n a)-\lambda J_{\mathcal{M}}(\xi_n a)\}^2-\left\{\xi_n^2+\lambda^2-\left(\frac{\mathcal{M}}{a}\right)^2\right\}J'^2_{\mathcal{M}}(\xi_n b)\right]}\times \\
& \times\int_0^{t}\frac{e^{-\eta_r\xi_n^2\tau}}{\sqrt{\tau}}\int_{-\infty}^{\infty}\overline{\psi}_a(\xi_m, w, t-\tau)e^{-\frac{(z-w)^2}{4\eta_z\tau}}dwd\tau - \\
& -\frac{1}{\vartheta\phi c_t}\sqrt{\frac{\pi}{\eta_z}}\sum_{m=0}^{\infty}\ni_m\cos(\xi_m\theta)\times \\
& \times\sum_{n=1}^{\infty}\frac{\xi_n\{\xi_n J'_{\mathcal{M}}(\xi_n a)-\lambda J_{\mathcal{M}}(\xi_n a)\}^2\mathcal{V}_{\mathcal{NM}}(\xi r, b)}{\left[\left\{1-\left(\frac{\mathcal{M}}{\xi_n b}\right)^2\right\}\{\xi_n J'_{\mathcal{M}}(\xi_n a)-\lambda J_{\mathcal{M}}(\xi_n a)\}^2-\left\{\xi_n^2+\lambda^2-\left(\frac{\mathcal{M}}{a}\right)^2\right\}J'^2_{\mathcal{M}}(\xi_n b)\right]}\times \\
& \times\int_0^{t}\frac{e^{-\eta_r\xi_n^2\tau}}{\sqrt{\tau}}\int_{-\infty}^{\infty}\overline{\psi}_b(\xi_m, w, t-\tau)e^{-\frac{(z-w)^2}{4\eta_z\tau}}dwd\tau + \\
& +\frac{1}{2\vartheta\phi c_t}\sqrt{\frac{\pi^3}{\eta_z}}\sum_{m=0}^{\infty}\ni_m\cos(\xi_m\theta)\times \\
& \times\sum_{n=1}^{\infty}\frac{\xi_n^2\{\xi_n J'_{\mathcal{M}}(\xi_n a)-\lambda J_{\mathcal{M}}(\xi_n a)\}^2\mathcal{V}_{\mathcal{NM}}(\xi r, b)}{\left[\left\{1-\left(\frac{\mathcal{M}}{\xi_n b}\right)^2\right\}\{\xi_n J'_{\mathcal{M}}(\xi_n a)-\lambda J_{\mathcal{M}}(\xi_n a)\}^2-\left\{\xi_n^2+\lambda^2-\left(\frac{\mathcal{M}}{a}\right)^2\right\}J'^2_{\mathcal{M}}(\xi_n b)\right]}\times \\
& \times\int_0^{t}\frac{e^{-\eta_r\xi_n^2\tau}}{\sqrt{\tau}}\int_a^b\frac{\mathcal{V}_{\mathcal{NM}}(\xi_n u, b)}{u}\int_{-\infty}^{\infty}\left\{\psi_0(u, w, t-\tau)+(-1)^{m+1}\psi_\vartheta(u, w, t-\tau)\right\}e^{-\frac{(z-w)^2}{4\eta_z\tau}}dwdud\tau + \\
& +\frac{1}{2\vartheta}\sqrt{\frac{\pi^3}{\eta_z t}}\sum_{m=0}^{\infty}\ni_m\cos(\xi_m\theta)\times \\
& \times\sum_{n=1}^{\infty}\frac{\xi_n^2\{\xi_n J'_{\mathcal{M}}(\xi_n a)-\lambda J_{\mathcal{M}}(\xi_n a)\}^2\mathcal{V}_{\mathcal{NM}}(\xi r, b)e^{-\eta_r\xi_n^2 t}\int_{-\infty}^{\infty}\overline{\overline{\varphi}}(\xi_n, \xi_m, w)e^{-\frac{(z-w)^2}{4\eta_z t}}dw}{\left[\left\{1-\left(\frac{\mathcal{M}}{\xi_n b}\right)^2\right\}\{\xi_n J'_{\mathcal{M}}(\xi_n a)-\lambda J_{\mathcal{M}}(\xi_n a)\}^2-\left\{\xi_n^2+\lambda^2-\left(\frac{\mathcal{M}}{a}\right)^2\right\}J'^2_{\mathcal{M}}(\xi_n b)\right]}
\end{aligned}
\tag{28.19.2}
$$

where $\overline{\psi}_a(\xi_m, w, t) = \int_0^\vartheta \psi_a(v, w, t)\cos(\xi_m v)dv$ and $\overline{\psi}_b(\xi_m, w, t) = \int_0^\vartheta \psi_b(v, w, t)\cos(\xi_m v)dv$.

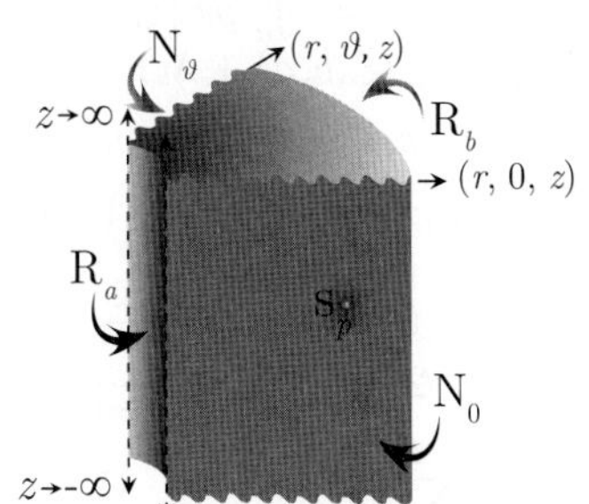

28.20 **The problem of 28.12, except**
$\mathbf{R}_a \equiv \frac{\partial p(a,\theta,z,t)}{\partial r} - \lambda_a p(a,\theta,z,t) = -\left(\frac{\mu}{k_r}\right)\psi_a(\theta,z,t)$,
$\mathbf{R}_b \equiv \frac{\partial p(b,\theta,z,t)}{\partial r} + \lambda_b p(b,\theta,z,t) = -\left(\frac{\mu}{k_r}\right)\psi_b(\theta,z,t)$,
$\mathbf{N}_0 \equiv \frac{\partial p(r,0,z,t)}{\partial \theta} = -\left(\frac{\mu}{k_\theta}\right)\psi_0(r,z,t)$ **and**
$\mathbf{N}_\vartheta \equiv \frac{\partial p(r,\vartheta,z,t)}{\partial \theta} = -\left(\frac{\mu}{k_\theta}\right)\psi_\vartheta(r,z,t)$

$$
\begin{aligned}
\overline{p} = {} & \frac{\pi^2 q(s)\,e^{-st_0}}{2\vartheta\phi c_t\sqrt{\eta_z}} \sum_{m=0}^{\infty} \ni_m \cos(\xi_m\theta_0)\cos(\xi_m\theta) \sum_{n=1}^{\infty} \frac{\xi_n^2\left\{\xi_n J'_{\mathcal{M}}(\xi_n b)+\lambda_b J_{\mathcal{M}}(\xi_n b)\right\}^2 e^{-|z-z_0|\sqrt{\frac{\eta_r\xi_n^2+s}{\eta_z}}}}{\sqrt{(\eta_r\xi_n^2+s)}} \times \\
& \times \frac{\left\{\xi_n\mathcal{V}_{\mathcal{NM}}(\xi_n r_0,a)-\lambda_a\mathcal{V}_{\mathcal{DM}}(\xi_n r_0,a)\right\}\left\{\xi_n\mathcal{V}_{\mathcal{NM}}(\xi_n r,a)-\lambda_a\mathcal{V}_{\mathcal{DM}}(\xi_n r,a)\right\}}{\left[\left\{\xi_n^2+\lambda_b^2-\left(\frac{\mathcal{M}}{b}\right)^2\right\}\left\{\xi_n J'_{\mathcal{M}}(\xi_n a)-\lambda_a J_{\mathcal{M}}(\xi_n a)\right\}^2-\left\{\xi_n^2+\lambda_a^2-\left(\frac{\mathcal{M}}{a}\right)^2\right\}\left\{\xi_n J'_{\mathcal{M}}(\xi_n b)+\lambda J_{\mathcal{M}}(\xi_n b)\right\}^2\right]} + \\
& + \frac{\pi}{\vartheta\phi c_t\sqrt{\eta_z}} \sum_{m=0}^{\infty} \ni_m \cos(\xi_m\theta) \times \\
& \times \sum_{n=1}^{\infty} \frac{\xi_n^2\left\{\xi_n J'_{\mathcal{M}}(\xi_n b)+\lambda_b J_{\mathcal{M}}(\xi_n b)\right\}^2\left\{\xi_n\mathcal{V}_{\mathcal{NM}}(\xi_n r,a)-\lambda_a\mathcal{V}_{\mathcal{DM}}(\xi_n r,a)\right\}}{\left[\left\{\xi_n^2+\lambda_b^2-\left(\frac{\mathcal{M}}{b}\right)^2\right\}\left\{\xi_n J'_{\mathcal{M}}(\xi_n a)-\lambda_a J_{\mathcal{M}}(\xi_n a)\right\}^2-\left\{\xi_n^2+\lambda_a^2-\left(\frac{\mathcal{M}}{a}\right)^2\right\}\left\{\xi_n J'_{\mathcal{M}}(\xi_n b)+\lambda J_{\mathcal{M}}(\xi_n b)\right\}^2\right]} \times \\
& \times \frac{\int_{-\infty}^{\infty}\overline{\overline{\psi}}_a(\xi_m,w,s)\,e^{-|z-w|\sqrt{\frac{\eta_r\xi_n^2+s}{\eta_z}}}dw}{\sqrt{\eta_r\xi_n^2+s}} - \\
& - \frac{\pi}{\vartheta\phi c_t\sqrt{\eta_z}} \sum_{m=0}^{\infty} \ni_m \cos(\xi_m\theta) \times \\
& \times \sum_{n=1}^{\infty} \frac{\xi_n^2\left\{\xi_n J'_{\mathcal{M}}(\xi_n b)+\lambda_b J_{\mathcal{M}}(\xi_n b)\right\}\left\{\xi_n J'_{\mathcal{M}}(\xi_n a)+\lambda_a J_{\mathcal{M}}(\xi_n a)\right\}\left\{\xi_n\mathcal{V}_{\mathcal{NM}}(\xi_n r,a)-\lambda_a\mathcal{V}_{\mathcal{DM}}(\xi_n r,a)\right\}}{\left[\left\{\xi_n^2+\lambda_b^2-\left(\frac{\mathcal{M}}{b}\right)^2\right\}\left\{\xi_n J'_{\mathcal{M}}(\xi_n a)-\lambda_a J_{\mathcal{M}}(\xi_n a)\right\}^2-\left\{\xi_n^2+\lambda_a^2-\left(\frac{\mathcal{M}}{a}\right)^2\right\}\left\{\xi_n J'_{\mathcal{M}}(\xi_n b)+\lambda J_{\mathcal{M}}(\xi_n b)\right\}^2\right]} \times \\
& \frac{\times\int_{-\infty}^{\infty}\overline{\overline{\psi}}_b(\xi_m,w,s)\,e^{-|z-w|\sqrt{\frac{\eta_r\xi_n^2+s}{\eta_z}}}dw}{\sqrt{\eta_r\xi_n^2+s}} + \\
& + \frac{\pi^2}{2\vartheta\phi c_t\sqrt{\eta_z}} \sum_{m=0}^{\infty} \ni_m \cos(\xi_m\theta) \times \\
& \times \sum_{n=1}^{\infty} \frac{\xi_n^2\left\{\xi_n J'_{\mathcal{M}}(\xi_n b)+\lambda_b J_{\mathcal{M}}(\xi_n b)\right\}^2\left\{\xi_n\mathcal{V}_{\mathcal{NM}}(\xi_n r,a)-\lambda_a\mathcal{V}_{\mathcal{DM}}(\xi_n r,a)\right\}}{\left[\left\{\xi_n^2+\lambda_b^2-\left(\frac{\mathcal{M}}{b}\right)^2\right\}\left\{\xi_n J'_{\mathcal{M}}(\xi_n a)-\lambda_a J_{\mathcal{M}}(\xi_n a)\right\}^2-\left\{\xi_n^2+\lambda_a^2-\left(\frac{\mathcal{M}}{a}\right)^2\right\}\left\{\xi_n J'_{\mathcal{M}}(\xi_n b)+\lambda J_{\mathcal{M}}(\xi_n b)\right\}^2\right]} \times \\
& \times \int_a^b \frac{\left\{\xi_n\mathcal{V}_{\mathcal{NM}}(\xi_n u,a)-\lambda_a\mathcal{V}_{\mathcal{DM}}(\xi_n u,a)\right\}}{u} \int_{-\infty}^{\infty}\left\{\overline{\psi}_0(u,w,s)+(-1)^{m+1}\,\overline{\psi}_\vartheta(u,w,s)\right\}e^{-|z-w|\sqrt{\frac{\eta_r\xi_n^2+s}{\eta_z}}}dwdu + \\
& + \frac{\pi^2}{2\vartheta\sqrt{\eta_z}} \sum_{m=0}^{\infty} \ni_m \cos(\xi_m\theta) \times \\
& \times \sum_{n=1}^{\infty} \frac{\xi_n^2\left\{\xi_n J'_{\mathcal{M}}(\xi_n b)+\lambda_b J_{\mathcal{M}}(\xi_n b)\right\}^2\left\{\xi_n\mathcal{V}_{\mathcal{NM}}(\xi_n r,a)-\lambda_a\mathcal{V}_{\mathcal{DM}}(\xi_n r,a)\right\}}{\left[\left\{\xi_n^2+\lambda_b^2-\left(\frac{\mathcal{M}}{b}\right)^2\right\}\left\{\xi_n J'_{\mathcal{M}}(\xi_n a)-\lambda_a J_{\mathcal{M}}(\xi_n a)\right\}^2-\left\{\xi_n^2+\lambda_a^2-\left(\frac{\mathcal{M}}{a}\right)^2\right\}\left\{\xi_n J'_{\mathcal{M}}(\xi_n b)+\lambda J_{\mathcal{M}}(\xi_n b)\right\}^2\right]} \times \\
& \frac{\times\int_{-\infty}^{\infty}\overline{\overline{\varphi}}(\xi_n,\xi_m,w)\,e^{-|z-w|\sqrt{\frac{\eta_r\xi_n^2+s}{\eta_z}}}dw}{\sqrt{\eta_r\xi_n^2+s}}
\end{aligned}
\tag{28.20.1}
$$

where $\overline{p} = \int_a^b pr\left\{\xi_n \mathcal{V}_{\mathcal{NM}}(\xi_n r, a) - \lambda_a \mathcal{V}_{\mathcal{DM}}(\xi_n r, a)\right\} dr$, $\xi_n, n = 1, 2, ...,$ are the positive roots of $\lambda_a \left\{\mathcal{V}'_{\mathcal{DM}}(\xi_n b, a) + \lambda_b \mathcal{V}_{\mathcal{DM}}(\xi_n b, a)\right\} - \xi_n \left\{\mathcal{V}'_{\mathcal{NM}}(\xi_n b, a) + \lambda_b \mathcal{V}_{\mathcal{NM}}(\xi_n b, a)\right\} = 0$, $\xi_m = \frac{m\pi}{\vartheta}$, $m = 0, 1, ...,$ $\overline{\overline{\psi}}_a(\xi_m, w, s) = \int_0^{\vartheta} \overline{\psi}_a(v, w, s)\cos(\xi_m v) dv$, $\overline{\overline{\psi}}_b(\xi_m, w, s) = \int_0^{\vartheta} \overline{\psi}_b(v, w, s)\cos(\xi_m v) dv$ and $\overline{\overline{\varphi}}(\xi_n, \xi_m, w) = \int_a^b u\left\{\xi_n \mathcal{V}_{\mathcal{NM}}(\xi_n u, a) - \lambda_a \mathcal{V}_{\mathcal{DM}}(\xi_n u, a)\right\} \int_0^{\vartheta} \varphi(u, v, w)\cos(\xi_m v) du dv$.

$$
\begin{aligned}
p = {} & \frac{U(t-t_0)}{2\vartheta\phi c_t}\sqrt{\frac{\pi^3}{\eta_z}}\sum_{m=0}^{\infty} \ni_m \cos(\xi_m\theta_0)\cos(\xi_m\theta) \times \\
& \times \sum_{n=1}^{\infty} \frac{\xi_n^2\left\{\xi_n J'_{\mathcal{M}}(\xi_n b) + \lambda_b J_{\mathcal{M}}(\xi_n b)\right\}^2 \left\{\xi_n \mathcal{V}_{\mathcal{NM}}(\xi_n r_0, a) - \lambda_a \mathcal{V}_{\mathcal{DM}}(\xi_n r_0, a)\right\}}{\left[\left\{\xi_n^2 + \lambda_b^2 - \left(\frac{\mathcal{M}}{b}\right)^2\right\}\left\{\xi_n J'_{\mathcal{M}}(\xi_n a) - \lambda_a J_{\mathcal{M}}(\xi_n a)\right\}^2 - \left\{\xi_n^2 + \lambda_a^2 - \left(\frac{\mathcal{M}}{a}\right)^2\right\}\left\{\xi_n J'_{\mathcal{M}}(\xi_n b) + \lambda J_{\mathcal{M}}(\xi_n b)\right\}^2\right]} \times \\
& \times \left\{\xi_n \mathcal{V}_{\mathcal{NM}}(\xi_n r, a) - \lambda_a \mathcal{V}_{\mathcal{DM}}(\xi_n r, a)\right\} \int_0^{t-t_0} \frac{q(t-t_0-\tau)\, e^{-\eta_r \xi_n^2 \tau - \frac{(z-z_0)^2}{4\eta_z \tau}}}{\sqrt{\tau}} d\tau + \\
& + \frac{1}{\vartheta\phi c_t}\sqrt{\frac{\pi}{\eta_z}}\sum_{m=0}^{\infty} \ni_m \cos(\xi_m\theta) \times \\
& \times \sum_{n=1}^{\infty} \frac{\xi_n^2\left\{\xi_n J'_{\mathcal{M}}(\xi_n b) + \lambda_b J_{\mathcal{M}}(\xi_n b)\right\}^2 \left\{\xi_n \mathcal{V}_{\mathcal{NM}}(\xi_n r, a) - \lambda_a \mathcal{V}_{\mathcal{DM}}(\xi_n r, a)\right\}}{\left[\left\{\xi_n^2 + \lambda_b^2 - \left(\frac{\mathcal{M}}{b}\right)^2\right\}\left\{\xi_n J'_{\mathcal{M}}(\xi_n a) - \lambda_a J_{\mathcal{M}}(\xi_n a)\right\}^2 - \left\{\xi_n^2 + \lambda_a^2 - \left(\frac{\mathcal{M}}{a}\right)^2\right\}\left\{\xi_n J'_{\mathcal{M}}(\xi_n b) + \lambda J_{\mathcal{M}}(\xi_n b)\right\}^2\right]} \times \\
& \times \int_0^t \frac{e^{-\eta_r \xi_n^2 \tau}}{\sqrt{\tau}} \int_{-\infty}^{\infty} \overline{\psi}_a(\xi_m, w, t-\tau)\, e^{-\frac{(z-w)^2}{4\eta_z \tau}} dw d\tau - \\
& - \frac{1}{\vartheta\phi c_t}\sqrt{\frac{\pi}{\eta_z}}\sum_{m=0}^{\infty} \ni_m \cos(\xi_m\theta) \times \\
& \times \sum_{n=1}^{\infty} \frac{\xi_n^2\{\xi_n J'_{\mathcal{M}}(\xi_n b) + \lambda_b J_{\mathcal{M}}(\xi_n b)\}\{\xi_n J'_{\mathcal{M}}(\xi_n a) + \lambda_a J_{\mathcal{M}}(\xi_n a)\}\{\xi_n \mathcal{V}_{\mathcal{NM}}(\xi_n r, a) - \lambda_a \mathcal{V}_{\mathcal{DM}}(\xi_n r, a)\}}{\left[\left\{\xi_n^2 + \lambda_b^2 - \left(\frac{\mathcal{M}}{b}\right)^2\right\}\left\{\xi_n J'_{\mathcal{M}}(\xi_n a) - \lambda_a J_{\mathcal{M}}(\xi_n a)\right\}^2 - \left\{\xi_n^2 + \lambda_a^2 - \left(\frac{\mathcal{M}}{a}\right)^2\right\}\left\{\xi_n J'_{\mathcal{M}}(\xi_n b) + \lambda J_{\mathcal{M}}(\xi_n b)\right\}^2\right]} \times \\
& \times \int_0^t \frac{e^{-\eta_r \xi_n^2 \tau}}{\sqrt{\tau}} \int_{-\infty}^{\infty} \overline{\psi}_b(\xi_m, w, t-\tau)\, e^{-\frac{(z-w)^2}{4\eta_z \tau}} dw d\tau + \\
& + \frac{1}{2\vartheta\phi c_t}\sqrt{\frac{\pi^3}{\eta_z}}\sum_{m=0}^{\infty} \ni_m \cos(\xi_m\theta) \times \\
& \times \sum_{n=1}^{\infty} \frac{\xi_n^2\{\xi_n J'_{\mathcal{M}}(\xi_n b) + \lambda_b J_{\mathcal{M}}(\xi_n b)\}^2\{\xi_n \mathcal{V}_{\mathcal{NM}}(\xi_n r, a) - \lambda_a \mathcal{V}_{\mathcal{DM}}(\xi_n r, a)\}}{\left[\left\{\xi_n^2 + \lambda_b^2 - \left(\frac{\mathcal{M}}{b}\right)^2\right\}\left\{\xi_n J'_{\mathcal{M}}(\xi_n a) - \lambda_a J_{\mathcal{M}}(\xi_n a)\right\}^2 - \left\{\xi_n^2 + \lambda_a^2 - \left(\frac{\mathcal{M}}{a}\right)^2\right\}\left\{\xi_n J'_{\mathcal{M}}(\xi_n b) + \lambda J_{\mathcal{M}}(\xi_n b)\right\}^2\right]} \times \\
& \times \int_0^t \frac{e^{-\eta_r \xi_n^2 \tau}}{\sqrt{\tau}} \int_a^b \frac{\{\xi_n \mathcal{V}_{\mathcal{NM}}(\xi_n u, a) - \lambda_a \mathcal{V}_{\mathcal{DM}}(\xi_n u, a)\}}{u} \times \\
& \times \int_{-\infty}^{\infty} \left\{\psi_0(u, w, t-\tau) + (-1)^{m+1}\psi_{\vartheta}(u, w, t-\tau)\right\} e^{-\frac{(z-w)^2}{4\eta_z \tau}} dw du d\tau + \\
& + \frac{1}{2\vartheta}\sqrt{\frac{\pi^3}{\eta_z t}}\sum_{m=0}^{\infty} \ni_m \cos(\xi_m\theta) \times \\
& \times \sum_{n=1}^{\infty} \frac{\xi_n^2\{\xi_n J'_{\mathcal{M}}(\xi_n b) + \lambda_b J_{\mathcal{M}}(\xi_n b)\}^2\{\xi_n \mathcal{V}_{\mathcal{NM}}(\xi_n r, a) - \lambda_a \mathcal{V}_{\mathcal{DM}}(\xi_n r, a)\} e^{-\eta_r \xi_n^2 t} \int_{-\infty}^{\infty} \overline{\overline{\varphi}}(\xi_n, \xi_m, w) e^{-\frac{(z-w)^2}{4\eta_z t}} dw}{\left[\left\{\xi_n^2 + \lambda_b^2 - \left(\frac{\mathcal{M}}{b}\right)^2\right\}\left\{\xi_n J'_{\mathcal{M}}(\xi_n a) - \lambda_a J_{\mathcal{M}}(\xi_n a)\right\}^2 - \left\{\xi_n^2 + \lambda_a^2 - \left(\frac{\mathcal{M}}{a}\right)^2\right\}\left\{\xi_n J'_{\mathcal{M}}(\xi_n b) + \lambda J_{\mathcal{M}}(\xi_n b)\right\}^2\right]}
\end{aligned}
\tag{28.20.2}
$$

where $\overline{\psi}_a(\xi_m, w, t) = \int_0^{\vartheta} \psi_a(v, w, t)\cos(\xi_m v) dv$ and $\overline{\psi}_b(\xi_m, w, t) = \int_0^{\vartheta} \psi_b(v, w, t)\cos(\xi_m v) dv$.

28.21 A cylindrical continuum bounded by $0 \le r \le a$; $0 \le \theta \le \vartheta$, and semi-infinite in z; $\vartheta < 2\pi$. Point source at $s_p \equiv (r_0, \theta_0, z_0)$ at time $t = t_0$; $0 < r_0 < a$, $0 \le \theta_0 \le \vartheta$, $0 < z_0 < \infty$, $t_0 \ge 0$. $D \equiv p(r,\theta,0,t) = \psi(r,\theta,t)$, $D_a \equiv p(a,\theta,z,t) = \psi_a(\theta,z,t)$, $N_0 \equiv \frac{\partial p(r,0,z,t)}{\partial \theta} = -\left(\frac{\mu}{k_\theta}\right)\psi_0(r,z,t)$ and $N_\vartheta \equiv \frac{\partial p(r,\vartheta,z,t)}{\partial \theta} = -\left(\frac{\mu}{k_\theta}\right)\psi_\vartheta(r,z,t)$. $p(r,\theta,z,0) = \varphi(r,\theta,z)$

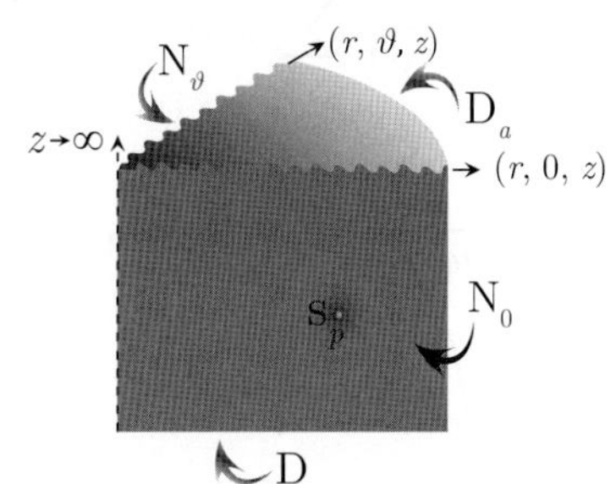

$$
\begin{aligned}
\overline{p} = {} & \frac{2q(s)\,e^{-st_0}}{\vartheta a^2 \phi c_t \sqrt{\eta_z}} \sum_{m=0}^{\infty} \ni_m \cos(\xi_m\theta_0)\cos(\xi_m\theta) \times \\
& \times \sum_{n=1}^{\infty} \frac{J_{\mathcal{M}}(\xi_n r_0)\, J_{\mathcal{M}}(\xi_n r)}{J'^2_{\mathcal{M}}(\xi_n a)\sqrt{(\eta_r\xi_n^2+s)}} \left\{ e^{-|z-z_0|\sqrt{\frac{\eta_r\xi_n^2+s}{\eta_z}}} - e^{-|z+z_0|\sqrt{\frac{\eta_r\xi_n^2+s}{\eta_z}}} \right\} - \\
& - \frac{2\eta_r}{\vartheta a\sqrt{\eta_z}} \sum_{m=0}^{\infty} \ni_m \cos(\xi_m\theta) \times \\
& \times \sum_{n=1}^{\infty} \frac{\xi_n J_{\mathcal{M}}(\xi_n r)}{J'_{\mathcal{M}}(\xi_n a)\sqrt{\eta_r\xi_n^2+s}} \int_0^{\infty} \overline{\overline{\psi}}_a(\xi_m,w,s) \left\{ e^{-|z-w|\sqrt{\frac{\eta_r\xi_n^2+s}{\eta_z}}} - e^{-|z+w|\sqrt{\frac{\eta_r\xi_n^2+s}{\eta_z}}} \right\} dw + \\
& + \frac{4}{\vartheta a^2} \sum_{m=0}^{\infty} \ni_m \cos(\xi_m\theta) \sum_{n=1}^{\infty} \frac{\overline{\overline{\overline{\psi}}}(\xi_n,\xi_m,s)\, J_{\mathcal{M}}(\xi_n r)\, e^{-z\sqrt{\frac{\eta_r\xi_n^2+s}{\eta_z}}}}{J'^2_{\mathcal{M}}(\xi_n a)} + \\
& + \frac{2}{\vartheta a^2 \phi c_t \sqrt{\eta_z}} \sum_{m=0}^{\infty} \ni_m \cos(\xi_m\theta) \sum_{n=1}^{\infty} \frac{J_{\mathcal{M}}(\xi_n r)}{J'^2_{\mathcal{M}}(\xi_n a)\sqrt{(\eta_r\xi_n^2+s)}} \times \\
& \times \int_0^a \frac{J_{\mathcal{M}}(\xi_n u)}{u} \int_0^{\infty} \left\{ \overline{\psi}_0(u,w,s) + (-1)^{m+1}\,\overline{\psi}_\vartheta(u,w,s) \right\} \left\{ e^{-|z-w|\sqrt{\frac{\eta_r\xi_n^2+s}{\eta_z}}} - e^{-|z+w|\sqrt{\frac{\eta_r\xi_n^2+s}{\eta_z}}} \right\} dw\,du + \\
& + \frac{2}{\vartheta a^2 \sqrt{\eta_z}} \sum_{m=0}^{\infty} \ni_m \cos(\xi_m\theta) \times \\
& \times \sum_{n=1}^{\infty} \frac{J_{\mathcal{M}}(\xi_n r)}{J'^2_{\mathcal{M}}(\xi_n a)\sqrt{\eta_r\xi_n^2+s}} \int_0^{\infty} \overline{\overline{\varphi}}(\xi_n,\xi_m,w) \left\{ e^{-|z-w|\sqrt{\frac{\eta_r\xi_n^2+s}{\eta_z}}} - e^{-|z+w|\sqrt{\frac{\eta_r\xi_n^2+s}{\eta_z}}} \right\} dw
\end{aligned}
\tag{28.21.1}
$$

where ξ_n are the positive roots of $J_{\mathcal{M}}(\xi_n a) = 0$, $n = 1, 2, ...$, $\xi_m = \frac{m\pi}{\vartheta}$, $m = 0, 1, ...$, $\overline{\overline{\overline{\psi}}}(\xi_n,\xi_m,s) = \int_0^a u J_{\mathcal{M}}(\xi_n u) \int_0^{\vartheta} \overline{\psi}(u,v,s)\cos(\xi_m v)\,dv\,du$, $\overline{\overline{\psi}}_a(\xi_m,w,s) = \int_0^{\vartheta} \overline{\psi}_a(v,w,s)\cos(\xi_m v)\,dv$ and $\overline{\overline{\varphi}}(\xi_n,\xi_m,w) = \int_0^a u J_{\mathcal{M}}(\xi_n u) \int_0^{\vartheta} \varphi(u,v,w)\cos(\xi_m v)\,du\,dv$.

$$
\begin{aligned}
p = {} & \frac{2U(t-t_0)}{\vartheta a^2 \phi c_t \sqrt{\pi\eta_z}} \sum_{m=0}^{\infty} \ni_m \cos(\xi_m\theta_0)\cos(\xi_m\theta) \sum_{n=1}^{\infty} \frac{J_{\mathcal{M}}(\xi_n r_0)\, J_{\mathcal{M}}(\xi_n r)}{J'^2_{\mathcal{M}}(\xi_n a)} \times \\
& \times \int_0^{t-t_0} \frac{q(t-t_0-\tau)\, e^{-\eta_r\xi_n^2\tau}}{\sqrt{\tau}} \left\{ e^{-\frac{(z-z_0)^2}{4\eta_z\tau}} - e^{-\frac{(z+z_0)^2}{4\eta_z\tau}} \right\} d\tau - \\
& - \frac{2\eta_r}{\vartheta a\sqrt{\pi\eta_z}} \sum_{m=0}^{\infty} \ni_m \cos(\xi_m\theta) \sum_{n=1}^{\infty} \frac{\xi_n J_{\mathcal{M}}(\xi_n r)}{J'_{\mathcal{M}}(\xi_n a)} \int_0^{t} \frac{e^{-\eta_r\xi_n^2\tau}}{\sqrt{\tau}} \int_0^{\infty} \overline{\psi}_a(\xi_m,w,t-\tau) \left\{ e^{-\frac{(z-w)^2}{4\eta_z\tau}} - e^{-\frac{(z+w)^2}{4\eta_z\tau}} \right\} dw\,d\tau +
\end{aligned}
$$

$$+\frac{8}{\vartheta a^2\sqrt{\pi}}\sum_{m=0}^{\infty}\ni_m\cos(\xi_m\theta)\sum_{n=1}^{\infty}\frac{J_{\mathcal{M}}(\xi_n r)}{J'^2_{\mathcal{M}}(\xi_n a)}\int\limits_{\frac{z}{2\sqrt{\eta_z t}}}^{\infty}\overline{\overline{\psi}}\left(\xi_n,\xi_m,t-\frac{z^2}{4\eta_z\tau^2}\right)e^{-\eta_r\xi_n^2\left(\frac{z^2}{4\eta_z\tau^2}\right)-\tau^2}d\tau+$$

$$+\frac{2}{\vartheta a^2\phi c_t\sqrt{\pi\eta_z}}\sum_{m=0}^{\infty}\ni_m\cos(\xi_m\theta)\sum_{n=1}^{\infty}\frac{J_{\mathcal{M}}(\xi_n r)}{J'^2_{\mathcal{M}}(\xi_n a)}\int\limits_0^t\frac{e^{-\eta_r\xi_n^2\tau}}{\sqrt{\tau}}\int_0^a\frac{J_{\mathcal{M}}(\xi_n u)}{u}\times$$

$$\times\int_0^\infty\left\{\psi_0(u,w,t-\tau)+(-1)^{m+1}\psi_\vartheta(u,w,t-\tau)\right\}\left\{e^{-\frac{(z-w)^2}{4\eta_z\tau}}-e^{-\frac{(z+w)^2}{4\eta_z\tau}}\right\}dwdud\tau+$$

$$+\frac{2}{\vartheta a^2\sqrt{\pi\eta_z t}}\sum_{m=0}^{\infty}\ni_m\cos(\xi_m\theta)\sum_{n=1}^{\infty}\frac{J_{\mathcal{M}}(\xi_n r)e^{-\eta_r\xi_n^2 t}}{J'^2_{\mathcal{M}}(\xi_n a)}\int\limits_0^\infty\overline{\overline{\varphi}}(\xi_n,\xi_m,w)\left\{e^{-\frac{(z-w)^2}{4\eta_z t}}-e^{-\frac{(z+w)^2}{4\eta_z t}}\right\}dw \quad (28.21.2)$$

where $\overline{\overline{\psi}}(\xi_n,\xi_m,t)=\int_0^a uJ_{\mathcal{M}}(\xi_n u)\int_0^\vartheta\psi(u,v,t)\cos(\xi_m v)dvdu$ and $\overline{\psi}_a(\xi_m,w,t)=\int_0^\vartheta\psi_a(v,w,t)\cos(\xi_m v)dv$.

28.22

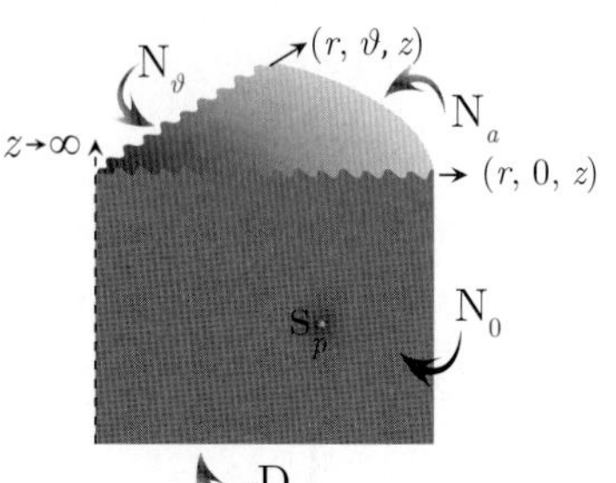

The problem of 28.21, except
$D\equiv p(r,\theta,0,t)=\psi(r,\theta,t)$,
$N_a\equiv\frac{\partial p(a,\theta,z,t)}{\partial r}=-\left(\frac{\mu}{k_r}\right)\psi_a(\theta,z,t)$,
$N_0\equiv\frac{\partial p(r,0,z,t)}{\partial\theta}=-\left(\frac{\mu}{k_\theta}\right)\psi_0(r,z,t)$ and
$N_\vartheta\equiv\frac{\partial p(r,\vartheta,z,t)}{\partial\theta}=-\left(\frac{\mu}{k_\theta}\right)\psi_\vartheta(r,z,t)$

$$\overline{p}=\frac{2q(s)e^{-st_0}}{\vartheta a^2\phi c_t\sqrt{\eta_z}}\sum_{m=0}^{\infty}\ni_m\cos(\xi_m\theta_0)\cos(\xi_m\theta)\times$$

$$\times\sum_{n=0}^{\infty}\frac{J_{\mathcal{M}}(\xi_n r_0)J_{\mathcal{M}}(\xi_n r)}{\left\{1-\left(\frac{\mathcal{M}}{\xi_n a}\right)^2\right\}J^2_{\mathcal{M}}(\xi_n a)\sqrt{(\eta_r\xi_n^2+s)}}\left\{e^{-|z-z_0|\sqrt{\frac{\eta_r\xi_n^2+s}{\eta_z}}}-e^{-|z+z_0|\sqrt{\frac{\eta_r\xi_n^2+s}{\eta_z}}}\right\}-$$

$$-\frac{2}{\vartheta a\phi c_t\sqrt{\eta_z}}\sum_{m=0}^{\infty}\ni_m\cos(\xi_m\theta)\sum_{n=0}^{\infty}\frac{J_{\mathcal{M}}(\xi_n r)}{\left\{1-\left(\frac{\mathcal{M}}{\xi_n a}\right)^2\right\}J_{\mathcal{M}}(\xi_n a)\sqrt{\eta_r\xi_n^2+s}}\times$$

$$\times\int\limits_0^\infty\overline{\overline{\psi}}_a(\xi_m,w,s)\left\{e^{-|z-w|\sqrt{\frac{\eta_r\xi_n^2+s}{\eta_z}}}-e^{-|z+w|\sqrt{\frac{\eta_r\xi_n^2+s}{\eta_z}}}\right\}dw+$$

$$+\frac{4}{\vartheta a^2}\sum_{m=0}^{\infty}\ni_m\cos(\xi_m\theta)\sum_{n=1}^{\infty}\frac{\overline{\overline{\overline{\psi}}}(\xi_n,\xi_m,s)J_{\mathcal{M}}(\xi_n r)e^{-z\sqrt{\frac{\eta_r\xi_n^2+s}{\eta_z}}}}{\left\{1-\left(\frac{\mathcal{M}}{\xi_n a}\right)^2\right\}J^2_{\mathcal{M}}(\xi_n a)}+$$

$$+\frac{2\eta_\theta}{\vartheta a^2\sqrt{\eta_z}}\sum_{m=0}^{\infty}\ni_m\cos(\xi_m\theta)\sum_{n=1}^{\infty}\frac{J_{\mathcal{M}}(\xi_n r)}{\left\{1-\left(\frac{\mathcal{M}}{\xi_n a}\right)^2\right\}J^2_{\mathcal{M}}(\xi_n a)\sqrt{(\eta_r\xi_n^2+s)}}\times$$

$$\times\int_0^a\frac{J_{\mathcal{M}}(\xi_n u)}{u}\int_0^\infty\left\{\overline{\psi}_0(u,w,s)+(-1)^{m+1}\overline{\psi}_\vartheta(u,w,s)\right\}\left\{e^{-|z-w|\sqrt{\frac{\eta_r\xi_n^2+s}{\eta_z}}}-e^{-|z+w|\sqrt{\frac{\eta_r\xi_n^2+s}{\eta_z}}}\right\}dwdu+$$

$$+\frac{2}{\vartheta a^2\sqrt{\eta_z}}\sum_{m=0}^{\infty}\ni_m\cos(\xi_m\theta)\sum_{n=0}^{\infty}\frac{J_{\mathcal{M}}(\xi_n r)}{\left\{1-\left(\frac{\mathcal{M}}{\xi_n a}\right)^2\right\}J^2_{\mathcal{M}}(\xi_n a)\sqrt{\eta_r\xi_n^2+s}}\times$$

$$\times\int\limits_0^\infty\overline{\overline{\varphi}}(\xi_n,\xi_m,w)\left\{e^{-|z-w|\sqrt{\frac{\eta_r\xi_n^2+s}{\eta_z}}}-e^{-|z+w|\sqrt{\frac{\eta_r\xi_n^2+s}{\eta_z}}}\right\}dw \quad (28.22.1)$$

where ξ_n are the positive roots of $J'_{\mathcal{M}}(\xi_n a) = 0$, $n = 0, 1, ...$, $\xi_m = \frac{m\pi}{\vartheta}$, $m = 0, 1, ...$, $\overline{\overline{\overline{\psi}}}(\xi_n, \xi_m, s) = \int_0^a uJ_{\mathcal{M}}(\xi_n u) \int_0^\vartheta \overline{\psi}(u, v, s)\cos(\xi_m v)dvdu$, $\overline{\overline{\psi}}_a(\xi_m, w, s) = \int_0^\vartheta \overline{\psi}_a(v, w, s)\cos(\xi_m v)dv$ and $\overline{\overline{\varphi}}(\xi_n, \xi_m, w) = \int_0^a uJ_{\mathcal{M}}(\xi_n u) \int_0^\vartheta \varphi(u, v, w)\cos(\xi_m v)dudv$.

$$p = \frac{2U(t-t_0)}{\vartheta a^2 \phi c_t \sqrt{\pi \eta_z}} \sum_{m=0}^{\infty} \ni_m \cos(\xi_m \theta_0)\cos(\xi_m \theta) \sum_{n=0}^{\infty} \frac{J_{\mathcal{M}}(\xi_n r_0) J_{\mathcal{M}}(\xi_n r)}{\left\{1 - \left(\frac{\mathcal{M}}{\xi_n a}\right)^2\right\} J^2_{\mathcal{M}}(\xi_n a)} \times$$

$$\times \int_0^{t-t_0} \frac{q(t-t_0-\tau)e^{-\eta_r \xi_n^2 \tau}}{\sqrt{\tau}} \left\{e^{-\frac{(z-z_0)^2}{4\eta_z \tau}} - e^{-\frac{(z+z_0)^2}{4\eta_z \tau}}\right\} d\tau -$$

$$-\frac{2}{\vartheta a \phi c_t \sqrt{\pi \eta_z}} \sum_{m=0}^{\infty} \ni_m \cos(\xi_m \theta) \sum_{n=0}^{\infty} \frac{J_{\mathcal{M}}(\xi_n r)}{\left\{1 - \left(\frac{\mathcal{M}}{\xi_n a}\right)^2\right\} J_{\mathcal{M}}(\xi_n a)} \times$$

$$\times \int_0^t \frac{e^{-\eta_r \xi_n^2 \tau}}{\sqrt{\tau}} \int_0^\infty \overline{\psi}_a(\xi_m, w, t-\tau)\left\{e^{-\frac{(z-w)^2}{4\eta_z \tau}} - e^{-\frac{(z+w)^2}{4\eta_z \tau}}\right\} dwd\tau +$$

$$+\frac{8}{\vartheta a^2 \sqrt{\pi}} \sum_{m=0}^{\infty} \ni_m \cos(\xi_m \theta) \times$$

$$\times \sum_{n=1}^{\infty} \frac{J_{\mathcal{M}}(\xi_n r)}{\left\{1 - \left(\frac{\mathcal{M}}{\xi_n a}\right)^2\right\} J^2_{\mathcal{M}}(\xi_n a)} \int_{\frac{z}{2\sqrt{\eta_z t}}}^{\infty} \overline{\overline{\psi}}\left(\xi_n, \xi_m, t - \frac{z^2}{4\eta_z \tau^2}\right) e^{-\eta_r \xi_n^2 \left(\frac{z^2}{4\eta_z \tau^2}\right) - \tau^2} d\tau +$$

$$+\frac{2}{\vartheta a^2 \phi c_t \sqrt{\pi \eta_z}} \sum_{m=0}^{\infty} \ni_m \cos(\xi_m \theta) \sum_{n=1}^{\infty} \frac{J_{\mathcal{M}}(\xi_n r)}{\left\{1 - \left(\frac{\mathcal{M}}{\xi_n a}\right)^2\right\} J^2_{\mathcal{M}}(\xi_n a)} \int_0^t \frac{e^{-\eta_r \xi_n^2 \tau}}{\sqrt{\tau}} \int_0^a \frac{J_{\mathcal{M}}(\xi_n u)}{u} \times$$

$$\times \int_0^\infty \left\{\psi_0(u, w, t-\tau) + (-1)^{m+1}\psi_\vartheta(u, w, t-\tau)\right\}\left\{e^{-\frac{(z-w)^2}{4\eta_z \tau}} - e^{-\frac{(z+w)^2}{4\eta_z \tau}}\right\} dwdud\tau +$$

$$+\frac{2}{\vartheta a^2 \sqrt{\pi \eta_z t}} \sum_{m=0}^{\infty} \ni_m \cos(\xi_m \theta) \sum_{n=0}^{\infty} \frac{J_{\mathcal{M}}(\xi_n r)e^{-\eta_r \xi_n^2 t}}{\left\{1 - \left(\frac{\mathcal{M}}{\xi_n a}\right)^2\right\} J^2_{\mathcal{M}}(\xi_n a)} \int_0^\infty \overline{\overline{\varphi}}(\xi_n, \xi_m, w)\left\{e^{-\frac{(z-w)^2}{4\eta_z t}} - e^{-\frac{(z+w)^2}{4\eta_z t}}\right\} dw \tag{28.22.2}$$

where $\overline{\overline{\psi}}(\xi_n, \xi_m, t) = \int_0^a uJ_{\mathcal{M}}(\xi_n u) \int_0^\vartheta \psi(u, v, t)\cos(\xi_m v)dvdu$ and $\overline{\psi}_a(\xi_m, w, t) = \int_0^\vartheta \psi_a(v, w, t)\cos(\xi_m v)dv$.

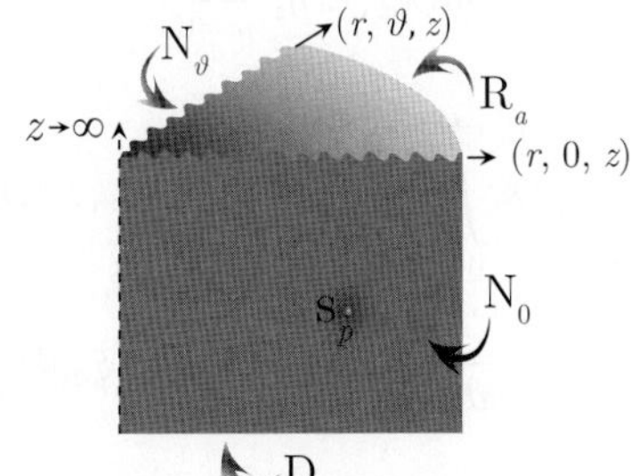

28.23 **The problem of 28.21, except $\mathbf{D} \equiv p(r, \theta, 0, t) = \psi(r, \theta, t)$, $\mathbf{R}_a \equiv \frac{\partial p(a,\theta,z,t)}{\partial r} + \lambda p(a, \theta, z, t) = -\left(\frac{\mu}{k_r}\right)\psi_a(\theta, z, t)$, $\mathbf{N}_0 \equiv \frac{\partial p(r,0,z,t)}{\partial \theta} = -\left(\frac{\mu}{k_\theta}\right)\psi_0(r, z, t)$ and $\mathbf{N}_\vartheta \equiv \frac{\partial p(r,\vartheta,z,t)}{\partial \theta} = -\left(\frac{\mu}{k_\theta}\right)\psi_\vartheta(r, z, t)$**

$$\overline{p} = \frac{2q(s)e^{-st_0}}{\vartheta a^2 \phi c_t \sqrt{\eta_z}} \sum_{m=0}^{\infty} \ni_m \cos(\xi_m \theta_0)\cos(\xi_m \theta) \times$$

$$\times \sum_{n=1}^{\infty} \frac{J_{\mathcal{M}}(\xi_n r_0) J_{\mathcal{M}}(\xi_n r)}{\left[\left\{1 - \left(\frac{\mathcal{M}}{\xi_n a}\right)^2\right\} J^2_{\mathcal{M}}(\xi_n a) + J'^2_{\mathcal{M}}(\xi_n a)\right]\sqrt{(\eta_r \xi_n^2 + s)}} \left\{e^{-|z-z_0|\sqrt{\frac{\eta_r \xi_n^2 + s}{\eta_z}}} - e^{-|z+z_0|\sqrt{\frac{\eta_r \xi_n^2 + s}{\eta_z}}}\right\} -$$

$$-\frac{2}{\vartheta a\phi c_t\sqrt{\eta_z}}\sum_{m=0}^{\infty}\ni_m\cos(\xi_m\theta)\sum_{n=1}^{\infty}\frac{J_{\mathcal{M}}(\xi_n a)\,J_{\mathcal{M}}(\xi_n r)}{\left[\left\{1-\left(\frac{\mathcal{M}}{\xi_n a}\right)^2\right\}J^2_{\mathcal{M}}(\xi_n a)+J'^2_{\mathcal{M}}(\xi_n a)\right]\sqrt{\eta_r\xi_n^2+s}}\times$$

$$\times\int_0^{\infty}\overline{\overline{\psi}}_a(\xi_m,w,s)\left\{e^{-|z-w|\sqrt{\frac{\eta_r\xi_n^2+s}{\eta_z}}}-e^{-|z+w|\sqrt{\frac{\eta_r\xi_n^2+s}{\eta_z}}}\right\}dw+$$

$$+\frac{4}{\vartheta a^2}\sum_{m=0}^{\infty}\ni_m\cos(\xi_m\theta)\sum_{n=1}^{\infty}\frac{\overline{\overline{\overline{\psi}}}(\xi_n,\xi_m,s)\,J_{\mathcal{M}}(\xi_n r)\,e^{-z\sqrt{\frac{\eta_r\xi_n^2+s}{\eta_z}}}}{\left[\left\{1-\left(\frac{\mathcal{M}}{\xi_n a}\right)^2\right\}J^2_{\mathcal{M}}(\xi_n a)+J'^2_{\mathcal{M}}(\xi_n a)\right]}+$$

$$+\frac{2\eta_\theta}{\vartheta a^2\sqrt{\eta_z}}\sum_{m=0}^{\infty}\ni_m\cos(\xi_m\theta)\sum_{n=1}^{\infty}\frac{J_{\mathcal{M}}(\xi_n r)}{\left[\left\{1-\left(\frac{\mathcal{M}}{\xi_n a}\right)^2\right\}J^2_{\mathcal{M}}(\xi_n a)+J'^2_{\mathcal{M}}(\xi_n a)\right]\sqrt{(\eta_r\xi_n^2+s)}}\times$$

$$\times\int_0^a\frac{J_{\mathcal{M}}(\xi_n u)}{u}\int_0^{\infty}\left\{\overline{\psi}_0(u,w,s)+(-1)^{m+1}\overline{\psi}_\vartheta(u,w,s)\right\}\left\{e^{-|z-w|\sqrt{\frac{\eta_r\xi_n^2+s}{\eta_z}}}-e^{-|z+w|\sqrt{\frac{\eta_r\xi_n^2+s}{\eta_z}}}\right\}dwdu+$$

$$+\frac{2}{\vartheta a^2\sqrt{\eta_z}}\sum_{m=0}^{\infty}\ni_m\cos(\xi_m\theta)\sum_{m=0}^{\infty}\ni_m\cos(\xi_m\theta)\sum_{n=1}^{\infty}\frac{J_{\mathcal{M}}(\xi_n r)}{\left[\left\{1-\left(\frac{\mathcal{M}}{\xi_n a}\right)^2\right\}J^2_{\mathcal{M}}(\xi_n a)+J'^2_{\mathcal{M}}(\xi_n a)\right]\sqrt{\eta_r\xi_n^2+s}}\times$$

$$\times\int_0^{\infty}\overline{\overline{\varphi}}(\xi_n,\xi_m,w)\left\{e^{-|z-w|\sqrt{\frac{\eta_r\xi_n^2+s}{\eta_z}}}-e^{-|z+w|\sqrt{\frac{\eta_r\xi_n^2+s}{\eta_z}}}\right\}dw \tag{28.23.1}$$

where ξ_n are the positive roots of $\xi_n J'_{\mathcal{M}}(\xi_n a)+\lambda J_{\mathcal{M}}(\xi_n a)=0$. $\xi_m=\frac{m\pi}{\vartheta}$, $m=0,1,...,$ $\overline{\overline{\overline{\psi}}}(\xi_n,\xi_m,s)=\int_0^a uJ_{\mathcal{M}}(\xi_n u)\int_0^\vartheta\overline{\psi}(u,v,s)\cos(\xi_m v)dvdu$, $\overline{\overline{\psi}}_a(\xi_m,w,s)=\int_0^\vartheta\overline{\psi}_a(v,w,s)\cos(\xi_m v)dv$ and $\overline{\overline{\varphi}}(\xi_n,\xi_m,w)=\int_0^a uJ_{\mathcal{M}}(\xi_n u)\int_0^\vartheta\varphi(u,v,w)\cos(\xi_m v)dudv$.

$$p=\frac{2U(t-t_0)}{\vartheta a^2\phi c_t\sqrt{\pi\eta_z}}\sum_{m=0}^{\infty}\ni_m\cos(\xi_m\theta_0)\cos(\xi_m\theta)\sum_{n=1}^{\infty}\frac{J_{\mathcal{M}}(\xi_n r_0)\,J_{\mathcal{M}}(\xi_n r)}{\left[\left\{1-\left(\frac{\mathcal{M}}{\xi_n a}\right)^2\right\}J^2_{\mathcal{M}}(\xi_n a)+J'^2_{\mathcal{M}}(\xi_n a)\right]}\times$$

$$\times\int_0^{t-t_0}\frac{q(t-t_0-\tau)\,e^{-\eta_r\xi_n^2\tau}}{\sqrt{\tau}}\left\{e^{-\frac{(z-z_0)^2}{4\eta_z\tau}}-e^{-\frac{(z+z_0)^2}{4\eta_z\tau}}\right\}d\tau-$$

$$-\frac{2}{\vartheta a\phi c_t\sqrt{\pi\eta_z}}\sum_{m=0}^{\infty}\ni_m\cos(\xi_m\theta)\sum_{n=1}^{\infty}\frac{J_{\mathcal{M}}(\xi_n a)\,J_{\mathcal{M}}(\xi_n r)}{\left[\left\{1-\left(\frac{\mathcal{M}}{\xi_n a}\right)^2\right\}J^2_{\mathcal{M}}(\xi_n a)+J'^2_{\mathcal{M}}(\xi_n a)\right]}\times$$

$$\times\int_0^t\frac{e^{-\eta_r\xi_n^2\tau}}{\sqrt{\tau}}\int_0^{\infty}\overline{\psi}_a(\xi_m,w,t-\tau)\left\{e^{-\frac{(z-w)^2}{4\eta_z\tau}}-e^{-\frac{(z+w)^2}{4\eta_z\tau}}\right\}dwd\tau+$$

$$+\frac{8}{\vartheta a^2\sqrt{\pi}}\sum_{m=0}^{\infty}\ni_m\cos(\xi_m\theta)\sum_{n=1}^{\infty}\frac{J_{\mathcal{M}}(\xi_n r)}{\left[\left\{1-\left(\frac{\mathcal{M}}{\xi_n a}\right)^2\right\}J^2_{\mathcal{M}}(\xi_n a)+J'^2_{\mathcal{M}}(\xi_n a)\right]}\times$$

$$\times\int_{\frac{z}{2\sqrt{\eta_z t}}}^{\infty}\overline{\overline{\psi}}\left(\xi_n,\xi_m,t-\frac{z^2}{4\eta_z\tau^2}\right)e^{-\eta_r\xi_n^2\left(\frac{z^2}{4\eta_z\tau^2}\right)-\tau^2}d\tau+$$

$$+\frac{2}{\vartheta a^2\phi c_t\sqrt{\pi\eta_z}}\sum_{m=0}^{\infty}\ni_m\cos(\xi_m\theta)\sum_{n=1}^{\infty}\frac{J_{\mathcal{M}}(\xi_n r)}{\left[\left\{1-\left(\frac{\mathcal{M}}{\xi_n a}\right)^2\right\}J^2_{\mathcal{M}}(\xi_n a)+J'^2_{\mathcal{M}}(\xi_n a)\right]}\int_0^t\frac{e^{-\eta_r\xi_n^2\tau}}{\sqrt{\tau}}\int_0^a\frac{J_{\mathcal{M}}(\xi_n u)}{u}\times$$

$$\times \int_0^\infty \left\{\psi_0(u,w,t-\tau) + (-1)^{m+1}\psi_\vartheta(u,w,t-\tau)\right\}\left\{e^{-\frac{(z-w)^2}{4\eta_z\tau}} - e^{-\frac{(z+w)^2}{4\eta_z\tau}}\right\} dwdud\tau +$$

$$+\frac{2}{\vartheta a^2\sqrt{\pi\eta_z t}}\sum_{m=0}^{\infty}\ni_m\cos(\xi_m\theta)\sum_{n=1}^{\infty}\frac{J_{\mathcal{M}}(\xi_n r)\,e^{-\eta_r\xi_n^2 t}}{\left[\left\{1-\left(\frac{\mathcal{M}}{\xi_n a}\right)^2\right\}J_{\mathcal{M}}^2(\xi_n a)+J_{\mathcal{M}}'^2(\xi_n a)\right]}\times$$

$$\times\int_0^\infty \overline{\overline{\varphi}}(\xi_n,\xi_m,w)\left\{e^{-\frac{(z-w)^2}{4\eta_z t}} - e^{-\frac{(z+w)^2}{4\eta_z t}}\right\}dw \tag{28.23.2}$$

where $\overline{\overline{\psi}}(\xi_n,\xi_m,t) = \int_0^a uJ_{\mathcal{M}}(\xi_n u)\int_0^\vartheta \psi(u,v,t)\cos(\xi_m v)dvdu$ and $\overline{\psi}_a(\xi_m,w,t) = \int_0^\vartheta \psi_a(v,w,t)\cos(\xi_m v)dv$.

28.24 A cylindrical continuum bounded by $a \le r \le b$ and $0 \le \theta \le \vartheta$ and semi-infinite in z; $\vartheta < 2\pi$. Point source at $s_p \equiv (r_0, \theta_0, z_0)$ at time $t = t_0$; $a < r_0 < b$, $0 \le \theta_0 \le \vartheta$, $0 < z_0 < \infty$, $t_0 \ge 0$. $D \equiv p(r,\theta,0,t) = \psi(r,\theta,t)$, $D_a \equiv p(a,\theta,z,t) = \psi_a(\theta,z,t)$, $D_b \equiv p(b,\theta,z,t) = \psi_b(\theta,z,t)$, $N_0 \equiv \frac{\partial p(r,0,z,t)}{\partial\theta} = -\left(\frac{\mu}{k_\theta}\right)\psi_0(r,z,t)$ and $N_\vartheta \equiv \frac{\partial p(r,\vartheta,z,t)}{\partial\theta} = -\left(\frac{\mu}{k_\theta}\right)\psi_\vartheta(r,z,t)$. $p(r,\theta,z,0) = \varphi(r,\theta,z)$

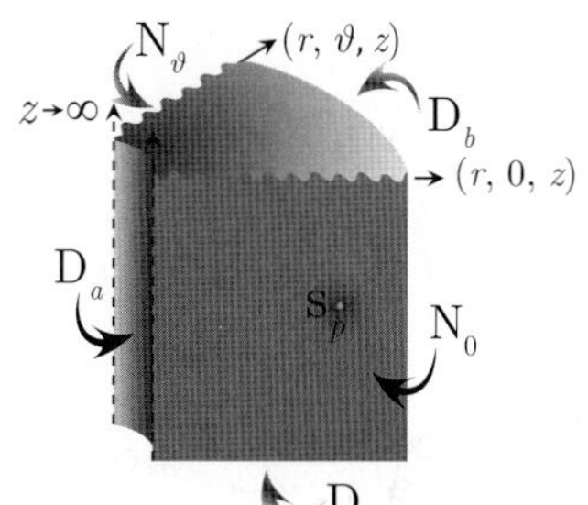

$$\overline{p} = \frac{\pi^2 q(s)\,e^{-st_0}}{2\vartheta\phi c_t\sqrt{\eta_z}}\sum_{m=0}^{\infty}\ni_m\cos(\xi_m\theta_0)\cos(\xi_m\theta)\times$$

$$\times\sum_{n=1}^{\infty}\frac{\xi_n^2 J_{\mathcal{M}}^2(\xi_n b)\,\mathcal{V}_{\mathcal{DM}}(\xi_n r_0,a)\,\mathcal{V}_{\mathcal{DM}}(\xi_n r,a)}{\{J_{\mathcal{M}}^2(\xi_n a)-J_{\mathcal{M}}^2(\xi_n b)\}\sqrt{(\eta_r\xi_n^2+s)}}\left\{e^{-|z-z_0|\sqrt{\frac{\eta_r\xi_n^2+s}{\eta_z}}} - e^{-|z+z_0|\sqrt{\frac{\eta_r\xi_n^2+s}{\eta_z}}}\right\} -$$

$$-\frac{\pi\eta_r}{\vartheta\sqrt{\eta_z}}\sum_{m=0}^{\infty}\ni_m\cos(\xi_m\theta)\sum_{n=1}^{\infty}\frac{\xi_n^2 J_{\mathcal{M}}^2(\xi_n b)\,\mathcal{V}_{\mathcal{DM}}(\xi_n r,a)}{\{J_{\mathcal{M}}^2(\xi_n a)-J_{\mathcal{M}}^2(\xi_n b)\}\sqrt{\eta_r\xi_n^2+s}}\times$$

$$\times\int_0^\infty \overline{\overline{\psi}}_a(\xi_m,w,s)\left\{e^{-|z-w|\sqrt{\frac{\eta_r\xi_n^2+s}{\eta_z}}} - e^{-|z+w|\sqrt{\frac{\eta_r\xi_n^2+s}{\eta_z}}}\right\}dw +$$

$$+\frac{\pi\eta_r}{\vartheta\sqrt{\eta_z}}\sum_{m=0}^{\infty}\ni_m\cos(\xi_m\theta)\sum_{n=1}^{\infty}\frac{\xi_n^2 J_{\mathcal{M}}(\xi_n a)\,J_{\mathcal{M}}(\xi_n b)\,\mathcal{V}_{\mathcal{DM}}(\xi_n r,a)}{\{J_{\mathcal{M}}^2(\xi_n a)-J_{\mathcal{M}}^2(\xi_n b)\}\sqrt{\eta_r\xi_n^2+s}}\times$$

$$\times\int_0^\infty \overline{\overline{\psi}}_b(\xi_m,w,s)\left\{e^{-|z-w|\sqrt{\frac{\eta_r\xi_n^2+s}{\eta_z}}} - e^{-|z+w|\sqrt{\frac{\eta_r\xi_n^2+s}{\eta_z}}}\right\}dw +$$

$$+\frac{\pi^2}{\vartheta}\sum_{m=0}^{\infty}\ni_m\cos(\xi_m\theta)\sum_{n=1}^{\infty}\frac{\xi_n^2 J_{\mathcal{M}}^2(\xi_n b)\,\mathcal{V}_{\mathcal{DM}}(\xi_n r,a)\overline{\overline{\overline{\psi}}}(\xi_n,\xi_m,s)\,e^{-z\sqrt{\frac{\eta_r\xi_n^2+s}{\eta_z}}}}{\{J_{\mathcal{M}}^2(\xi_n a)-J_{\mathcal{M}}^2(\xi_n b)\}} +$$

$$+\frac{\pi^2}{2\vartheta\phi c_t\sqrt{\eta_z}}\sum_{m=0}^{\infty}\ni_m\cos(\xi_m\theta)\sum_{n=1}^{\infty}\frac{\xi_n^2 J_{\mathcal{M}}^2(\xi_n b)\,\mathcal{V}_{\mathcal{DM}}(\xi_n r,a)}{\{J_{\mathcal{M}}^2(\xi_n a)-J_{\mathcal{M}}^2(\xi_n b)\}\sqrt{\eta_r\xi_n^2+s}}\times$$

$$\times\int_a^b\frac{\mathcal{V}_{\mathcal{DM}}(\xi_n u,a)}{u}\int_0^\infty\left\{\overline{\psi}_0(u,w,s)+(-1)^{m+1}\,\overline{\psi}_\vartheta(u,w,s)\right\}\left\{e^{-|z-w|\sqrt{\frac{\eta_r\xi_n^2+s}{\eta_z}}} - e^{-|z+w|\sqrt{\frac{\eta_r\xi_n^2+s}{\eta_z}}}\right\}dwdu+$$

$$+\frac{\pi^2}{2\vartheta\sqrt{\eta_z}}\sum_{m=0}^{\infty}\ni_m\cos(\xi_m\theta)\sum_{n=1}^{\infty}\frac{\xi_n^2 J_{\mathcal{M}}^2(\xi_n b)\,\mathcal{V}_{\mathcal{DM}}(\xi_n r,a)}{\{J_{\mathcal{M}}^2(\xi_n a)-J_{\mathcal{M}}^2(\xi_n b)\}\sqrt{\eta_r\xi_n^2+s}}\times$$

$$\times\int_0^\infty \overline{\overline{\varphi}}(\xi_n,\xi_m,w)\left\{e^{-|z-w|\sqrt{\frac{\eta_r\xi_n^2+s}{\eta_z}}} - e^{-|z+w|\sqrt{\frac{\eta_r\xi_n^2+s}{\eta_z}}}\right\}dw \tag{28.24.1}$$

where $\mathcal{V}_{\mathcal{DM}}(\xi_n r, a) = J_{\mathcal{M}}(\xi_n r)\,Y_{\mathcal{M}}(\xi_n a) - Y_{\mathcal{M}}(\xi_n r)\,J_{\mathcal{M}}(\xi_n a)$, $\xi_n, n = 1, 2, ...$, are the positive roots of the transcendental equation $\mathcal{V}_{\mathcal{DM}}(\xi_n b, a) = 0$, $\xi_m = \frac{m\pi}{\vartheta}$, $m = 0, 1, ...$,
$\overline{\overline{\overline{\psi}}}(\xi_n, \xi_m, s) = \int_a^b u\mathcal{V}_{\mathcal{DM}}(\xi_n u)\int_0^{\vartheta}\overline{\psi}(u, v, s)\cos(\xi_m v)dvdu$, $\overline{\overline{\psi}}_a(\xi_m, w, s) = \int_0^{\vartheta}\overline{\psi}_a(v, w, s)\cos(\xi_m v)dv$,
$\overline{\overline{\psi}}_b(\xi_m, w, s) = \int_0^{\vartheta}\overline{\psi}_b(v, w, s)\cos(\xi_m v)dv$ and $\overline{\overline{\varphi}}(\xi_n, \xi_m, w) = \int_a^b u\mathcal{V}_{\mathcal{DM}}(\xi_n u)\int_0^{\vartheta}\varphi(u, v, w)\cos(\xi_m v)dudv$.

$$
\begin{aligned}
p \;=\; & \frac{U(t-t_0)}{2\vartheta\phi c_t}\sqrt{\frac{\pi^3}{\eta_z}}\sum_{m=0}^{\infty}\ni_m\cos(\xi_m\theta_0)\cos(\xi_m\theta)\sum_{n=1}^{\infty}\frac{\xi_n^2 J_{\mathcal{M}}^2(\xi_n b)\,\mathcal{V}_{\mathcal{DM}}(\xi_n r_0, a)\,\mathcal{V}_{\mathcal{DM}}(\xi_n r, a)}{\{J_{\mathcal{M}}^2(\xi_n a) - J_{\mathcal{M}}^2(\xi_n b)\}}\times \\
& \times\int_0^{t-t_0}\frac{q(t-t_0-\tau)\,e^{-\eta_r\xi_n^2\tau}}{\sqrt{\tau}}\left\{e^{-\frac{(z-z_0)^2}{4\eta_z\tau}} - e^{-\frac{(z+z_0)^2}{4\eta_z\tau}}\right\}d\tau - \\
& -\frac{\eta_r}{\vartheta}\sqrt{\frac{\pi}{\eta_z}}\sum_{m=0}^{\infty}\ni_m\cos(\xi_m\theta)\sum_{n=1}^{\infty}\frac{\xi_n^2 J_{\mathcal{M}}^2(\xi_n b)\,\mathcal{V}_{\mathcal{DM}}(\xi_n r, a)}{\{J_{\mathcal{M}}^2(\xi_n a) - J_{\mathcal{M}}^2(\xi_n b)\}}\times \\
& \times\int_0^{t}\frac{e^{-\eta_r\xi_n^2\tau}}{\sqrt{\tau}}\int_0^{\infty}\overline{\psi}_a(\xi_m, w, t-\tau)\left\{e^{-\frac{(z-w)^2}{4\eta_z\tau}} - e^{-\frac{(z+w)^2}{4\eta_z\tau}}\right\}dwd\tau + \\
& +\frac{\eta_r}{\vartheta}\sqrt{\frac{\pi}{\eta_z}}\sum_{m=0}^{\infty}\ni_m\cos(\xi_m\theta)\sum_{n=1}^{\infty}\frac{\xi_n^2 J_{\mathcal{M}}(\xi_n a)\,J_{\mathcal{M}}(\xi_n b)\,\mathcal{V}_{\mathcal{DM}}(\xi_n r, a)}{\{J_{\mathcal{M}}^2(\xi_n a) - J_{\mathcal{M}}^2(\xi_n b)\}}\times \\
& \times\int_0^{t}\frac{e^{-\eta_r\xi_n^2\tau}}{\sqrt{\tau}}\int_0^{\infty}\overline{\psi}_b(\xi_m, w, t-\tau)\left\{e^{-\frac{(z-w)^2}{4\eta_z\tau}} - e^{-\frac{(z+w)^2}{4\eta_z\tau}}\right\}dwd\tau + \\
& +\frac{2\sqrt{\pi^3}}{\vartheta}\sum_{m=0}^{\infty}\ni_m\cos(\xi_m\theta)\sum_{n=1}^{\infty}\frac{\xi_n^2 J_{\mathcal{M}}^2(\xi_n b)\,\mathcal{V}_{\mathcal{DM}}(\xi_n r, a)}{\{J_{\mathcal{M}}^2(\xi_n a) - J_{\mathcal{M}}^2(\xi_n b)\}}\int_{\frac{z}{2\sqrt{\eta_z t}}}^{\infty}\overline{\psi}\left(\xi_n, \xi_m, t - \frac{z^2}{4\eta_z\tau^2}\right)e^{-\eta_r\xi_n^2\left(\frac{z^2}{4\eta_z\tau^2}\right)-\tau^2}d\tau + \\
& +\frac{1}{2\vartheta\phi c_t}\sqrt{\frac{\pi^3}{\eta_z}}\sum_{m=0}^{\infty}\ni_m\cos(\xi_m\theta)\sum_{n=1}^{\infty}\frac{\xi_n^2 J_{\mathcal{M}}^2(\xi_n b)\,\mathcal{V}_{\mathcal{DM}}(\xi_n r, a)}{\{J_{\mathcal{M}}^2(\xi_n a) - J_{\mathcal{M}}^2(\xi_n b)\}}\int_0^{t}\frac{e^{-\eta_r\xi_n^2\tau}}{\sqrt{\tau}}\int_a^b\frac{\mathcal{V}_{\mathcal{DM}}(\xi_n u, a)}{u}\times \\
& \times\int_0^{\infty}\left\{\psi_0(u, w, t-\tau) + (-1)^{m+1}\psi_{\vartheta}(u, w, t-\tau)\right\}\left\{e^{-\frac{(z-w)^2}{4\eta_z\tau}} - e^{-\frac{(z+w)^2}{4\eta_z\tau}}\right\}dwdud\tau + \\
& +\frac{1}{2\vartheta}\sqrt{\frac{\pi^3}{\eta_z t}}\sum_{m=0}^{\infty}\ni_m\cos(\xi_m\theta)\sum_{n=1}^{\infty}\frac{\xi_n^2 J_{\mathcal{M}}^2(\xi_n b)\,\mathcal{V}_{\mathcal{DM}}(\xi_n r, a)e^{-\eta_r\xi_n^2 t}}{\{J_{\mathcal{M}}^2(\xi_n a) - J_{\mathcal{M}}^2(\xi_n b)\}}\int_0^{\infty}\overline{\overline{\varphi}}(\xi_n, \xi_m, w)\left\{e^{-\frac{(z-w)^2}{4\eta_z t}} - e^{-\frac{(z+w)^2}{4\eta_z t}}\right\}dw
\end{aligned}
\tag{28.24.2}
$$

where $\overline{\overline{\psi}}(\xi_n, \xi_m, t) = \int_a^b u\mathcal{V}_{\mathcal{DM}}(\xi_n u)\int_0^{\vartheta}\psi(u, v, t)\cos(\xi_m v)dvdu$, $\overline{\psi}_a(\xi_m, w, t) = \int_0^{\vartheta}\psi_a(v, w, t)\cos(\xi_m v)dv$ and $\overline{\psi}_b(\xi_m, w, t) = \int_0^{\vartheta}\psi_b(v, w, t)\cos(\xi_m v)dv$.

28.25

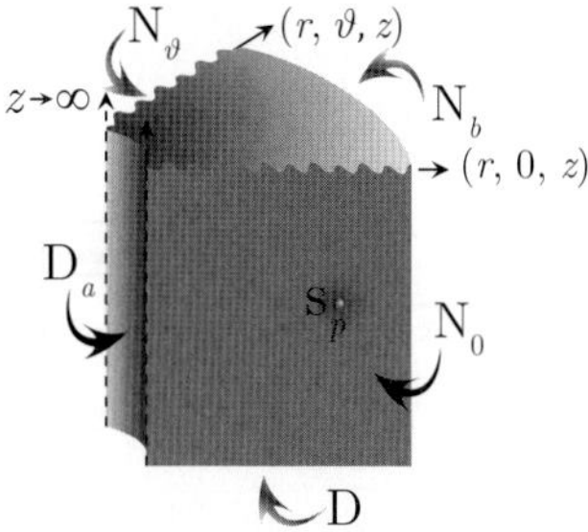

The problem of 28.24, except
$\mathbf{D} \equiv p(r, \theta, 0, t) = \psi(r, \theta, t)$,
$\mathbf{D}_a \equiv p(a, \theta, z, t) = \psi_a(\theta, z, t)$,
$\mathbf{N}_b \equiv \frac{\partial p(b,\theta,z,t)}{\partial r} = -\left(\frac{\mu}{k_r}\right)\psi_b(\theta, z, t)$,
$\mathbf{N}_0 \equiv \frac{\partial p(r,0,z,t)}{\partial \theta} = -\left(\frac{\mu}{k_\theta}\right)\psi_0(r, z, t)$ **and**
$\mathbf{N}_\vartheta \equiv \frac{\partial p(r,\vartheta,z,t)}{\partial \theta} = -\left(\frac{\mu}{k_\theta}\right)\psi_\vartheta(r, z, t)$

$$
\overline{p} = \frac{\pi^2 q(s)\,e^{-st_0}}{2\vartheta\phi c_t\sqrt{\eta_z}}\sum_{m=0}^{\infty}\ni_m\cos(\xi_m\theta_0)\cos(\xi_m\theta)\times
$$

$$\times\sum_{n=1}^{\infty}\frac{\xi_n^2 J_{\mathcal{M}}'^2(\xi_n b)\,\mathcal{V}_{\mathcal{DM}}(\xi_n r_0,a)\,\mathcal{V}_{\mathcal{DM}}(\xi_n r,a)}{\left[\left\{1-\left(\frac{\mathcal{M}}{\xi_n b}\right)^2\right\}J_{\mathcal{M}}^2(\xi_n a)-J_{\mathcal{M}}'^2(\xi_n b)\right]\sqrt{(\eta_r\xi_n^2+s)}}\left\{e^{-|z-z_0|\sqrt{\frac{\eta_r\xi_n^2+s}{\eta_z}}}-e^{-|z+z_0|\sqrt{\frac{\eta_r\xi_n^2+s}{\eta_z}}}\right\}-$$

$$-\frac{\pi\eta_r}{\vartheta\sqrt{\eta_z}}\sum_{m=0}^{\infty}\ni_m\cos(\xi_m\theta)\sum_{n=1}^{\infty}\frac{\xi_n^2 J_{\mathcal{M}}'^2(\xi_n b)\,\mathcal{V}_{\mathcal{DM}}(\xi_n r,a)}{\left[\left\{1-\left(\frac{\mathcal{M}}{\xi_n b}\right)^2\right\}J_{\mathcal{M}}^2(\xi_n a)-J_{\mathcal{M}}'^2(\xi_n b)\right]\sqrt{\eta_r\xi_n^2+s}}\times$$

$$\times\int_0^{\infty}\overline{\overline{\psi}}_a(\xi_m,w,s)\left\{e^{-|z-w|\sqrt{\frac{\eta_r\xi_n^2+s}{\eta_z}}}-e^{-|z+w|\sqrt{\frac{\eta_r\xi_n^2+s}{\eta_z}}}\right\}dw-$$

$$-\frac{\pi}{\vartheta\phi c_l\sqrt{\eta_z}}\sum_{m=0}^{\infty}\ni_m\cos(\xi_m\theta)\sum_{n=1}^{\infty}\frac{\xi_n^2 J_{\mathcal{M}}(\xi_n a)\,J_{\mathcal{M}}'(\xi_n b)\,\mathcal{V}_{\mathcal{DM}}(\xi_n r,a)}{\left[\left\{1-\left(\frac{\mathcal{M}}{\xi_n b}\right)^2\right\}J_{\mathcal{M}}^2(\xi_n a)-J_{\mathcal{M}}'^2(\xi_n b)\right]\sqrt{\eta_r\xi_n^2+s}}\times$$

$$\times\int_0^{\infty}\overline{\overline{\psi}}_b(\xi_m,w,s)\left\{e^{-|z-w|\sqrt{\frac{\eta_r\xi_n^2+s}{\eta_z}}}-e^{-|z+w|\sqrt{\frac{\eta_r\xi_n^2+s}{\eta_z}}}\right\}dw+$$

$$+\frac{\pi^2}{\vartheta}\sum_{m=0}^{\infty}\ni_m\cos(\xi_m\theta)\sum_{n=1}^{\infty}\frac{\xi_n^2 J_{\mathcal{M}}'^2(\xi_n b)\,\mathcal{V}_{\mathcal{DM}}(\xi_n r,a)\,\overline{\overline{\overline{\psi}}}(\xi_n,\xi_m,s)\,e^{-z\sqrt{\frac{\eta_r\xi_n^2+s}{\eta_z}}}}{\left[\left\{1-\left(\frac{\mathcal{M}}{\xi_n b}\right)^2\right\}J_{\mathcal{M}}^2(\xi_n a)-J_{\mathcal{M}}'^2(\xi_n b)\right]}+$$

$$+\frac{\pi^2}{2\vartheta\phi c_t\sqrt{\eta_z}}\sum_{m=0}^{\infty}\ni_m\cos(\xi_m\theta)\sum_{n=1}^{\infty}\frac{\xi_n^2 J_{\mathcal{M}}'^2(\xi_n b)\,\mathcal{V}_{\mathcal{DM}}(\xi_n r,a)}{\left[\left\{1-\left(\frac{\mathcal{M}}{\xi_n b}\right)^2\right\}J_{\mathcal{M}}^2(\xi_n a)-J_{\mathcal{M}}'^2(\xi_n b)\right]\sqrt{\eta_r\xi_n^2+s}}\times$$

$$\times\int_a^b\frac{\mathcal{V}_{\mathcal{DM}}(\xi_n u,a)}{u}\int_0^{\infty}\left\{\overline{\psi}_0(u,w,s)+(-1)^{m+1}\overline{\psi}_{\vartheta}(u,w,s)\right\}\left\{e^{-|z-w|\sqrt{\frac{\eta_r\xi_n^2+s}{\eta_z}}}-e^{-|z+w|\sqrt{\frac{\eta_r\xi_n^2+s}{\eta_z}}}\right\}dwdu+$$

$$+\frac{\pi^2}{2\vartheta\sqrt{\eta_z}}\sum_{m=0}^{\infty}\ni_m\sum_{n=1}^{\infty}\frac{\xi_n^2 J_{\mathcal{M}}'^2(\xi_n b)\,\mathcal{V}_{\mathcal{DM}}(\xi_n r,a)}{\left[\left\{1-\left(\frac{\mathcal{M}}{\xi_n b}\right)^2\right\}J_{\mathcal{M}}^2(\xi_n a)-J_{\mathcal{M}}'^2(\xi_n b)\right]\sqrt{\eta_r\xi_n^2+s}}\times$$

$$\times\int_0^{\infty}\overline{\overline{\varphi}}(\xi_n,\xi_m,w)\left\{e^{-|z-w|\sqrt{\frac{\eta_r\xi_n^2+s}{\eta_z}}}-e^{-|z+w|\sqrt{\frac{\eta_r\xi_n^2+s}{\eta_z}}}\right\}dw \qquad (28.25.1)$$

where $\mathcal{V}_{\mathcal{DM}}(\xi_n r,a)=J_{\mathcal{M}}(\xi_n r)\,Y_{\mathcal{M}}(\xi_n a)-Y_{\mathcal{M}}(\xi_n r)\,J_{\mathcal{M}}(\xi_n a)$, ξ_n are the positive roots of the transcendental equation $\mathcal{V}_{\mathcal{DM}}'(\xi_n b,a)=0$, ξ_n, $n=1,2,....$, $\xi_m=\frac{m\pi}{\vartheta}$, $m=0,1,...$,
$\overline{\overline{\overline{\psi}}}(\xi_n,\xi_m,s)=\int_a^b u\mathcal{V}_{\mathcal{DM}}(\xi_n u)\int_0^{\vartheta}\overline{\psi}(u,v,s)\cos(\xi_m v)dvdu$, $\overline{\overline{\psi}}_a(\xi_m,w,s)=\int_0^{\vartheta}\overline{\psi}_a(v,w,s)\cos(\xi_m v)dv$,
$\overline{\overline{\psi}}_b(\xi_m,w,s)=\int_0^{\vartheta}\overline{\psi}_b(v,w,s)\cos(\xi_m v)dv$, and $\overline{\overline{\varphi}}(\xi_n,\xi_m,w)=\int_a^b u\mathcal{V}_{\mathcal{DM}}(\xi_n u)\int_0^{\vartheta}\varphi(u,v,w)\cos(\xi_m v)dudv$.

$$p=\frac{U(t-t_0)}{2\vartheta\phi c_t}\sqrt{\frac{\pi^3}{\eta_z}}\sum_{m=0}^{\infty}\ni_m\cos(\xi_m\theta_0)\cos(\xi_m\theta)\sum_{n=1}^{\infty}\frac{\xi_n^2 J_{\mathcal{M}}'^2(\xi_n b)\,\mathcal{V}_{\mathcal{DM}}(\xi_n r_0,a)\,\mathcal{V}_{\mathcal{DM}}(\xi_n r,a)}{\left[\left\{1-\left(\frac{\mathcal{M}}{\xi_n b}\right)^2\right\}J_{\mathcal{M}}^2(\xi_n a)-J_{\mathcal{M}}'^2(\xi_n b)\right]}\times$$

$$\times\int_0^{t-t_0}\frac{q(t-t_0-\tau)\,e^{-\eta_r\xi_n^2\tau}}{\sqrt{\tau}}\left\{e^{-\frac{(z-z_0)^2}{4\eta_z\tau}}-e^{-\frac{(z+z_0)^2}{4\eta_z\tau}}\right\}d\tau-$$

$$-\frac{\eta_r}{\vartheta}\sqrt{\frac{\pi}{\eta_z}}\sum_{m=0}^{\infty}\ni_m\cos(\xi_m\theta)\sum_{n=1}^{\infty}\frac{\xi_n^2 J_{\mathcal{M}}'^2(\xi_n b)\,\mathcal{V}_{\mathcal{DM}}(\xi_n r,a)}{\left[\left\{1-\left(\frac{\mathcal{M}}{\xi_n b}\right)^2\right\}J_{\mathcal{M}}^2(\xi_n a)-J_{\mathcal{M}}'^2(\xi_n b)\right]}\times$$

$$\times\int_0^{t}\frac{e^{-\eta_r\xi_n^2\tau}}{\sqrt{\tau}}\int_0^{\infty}\overline{\psi}_a(\xi_m,w,t-\tau)\left\{e^{-\frac{(z-w)^2}{4\eta_z\tau}}-e^{-\frac{(z+w)^2}{4\eta_z\tau}}\right\}dwd\tau-$$

$$-\frac{1}{\vartheta\phi c_t}\sqrt{\frac{\pi}{\eta_z}}\sum_{m=0}^{\infty}\ni_m\cos(\xi_m\theta)\sum_{n=1}^{\infty}\frac{\xi_n^2 J_{\mathcal{M}}(\xi_n a)\,J'_{\mathcal{M}}(\xi_n b)\,\mathcal{V}_{\mathcal{DM}}(\xi_n r,a)}{\left[\left\{1-\left(\frac{\mathcal{M}}{\xi_n b}\right)^2\right\}J_{\mathcal{M}}^2(\xi_n a)-J'^2_{\mathcal{M}}(\xi_n b)\right]}\times$$

$$\times\int_0^t\frac{e^{-\eta_r\xi_n^2\tau}}{\sqrt{\tau}}\int_0^{\infty}\overline{\psi}_b(\xi_m,w,t-\tau)\left\{e^{-\frac{(z-w)^2}{4\eta_z\tau}}-e^{-\frac{(z+w)^2}{4\eta_z\tau}}\right\}dwd\tau+$$

$$+\frac{2\sqrt{\pi^3}}{\vartheta}\sum_{m=0}^{\infty}\ni_m\cos(\xi_m\theta)\sum_{n=1}^{\infty}\frac{\xi_n^2 J'^2_{\mathcal{M}}(\xi_n b)\,\mathcal{V}_{\mathcal{DM}}(\xi_n r,a)}{\left[\left\{1-\left(\frac{\mathcal{M}}{\xi_n b}\right)^2\right\}J_{\mathcal{M}}^2(\xi_n a)-J'^2_{\mathcal{M}}(\xi_n b)\right]}\times$$

$$\times\int_{\frac{z}{2\sqrt{\eta_z t}}}^{\infty}\overline{\overline{\psi}}\left(\xi_n,\xi_m,t-\frac{z^2}{4\eta_z\tau^2}\right)e^{-\eta_r\xi_n^2\left(\frac{z^2}{4\eta_z\tau^2}\right)-\tau^2}d\tau+$$

$$+\frac{1}{2\vartheta\phi c_t}\sqrt{\frac{\pi^3}{\eta_z}}\sum_{m=0}^{\infty}\ni_m\cos(\xi_m\theta)\sum_{n=1}^{\infty}\frac{\xi_n^2 J'^2_{\mathcal{M}}(\xi_n b)\,\mathcal{V}_{\mathcal{DM}}(\xi_n r,a)}{\left[\left\{1-\left(\frac{\mathcal{M}}{\xi_n b}\right)^2\right\}J_{\mathcal{M}}^2(\xi_n a)-J'^2_{\mathcal{M}}(\xi_n b)\right]}\int_0^t\frac{e^{-\eta_r\xi_n^2\tau}}{\sqrt{\tau}}\times$$

$$\times\int_a^b\frac{\mathcal{V}_{\mathcal{DM}}(\xi_n u,a)}{u}\int_0^{\infty}\left\{\psi_0(u,w,t-\tau)+(-1)^{m+1}\psi_\vartheta(u,w,t-\tau)\right\}\left\{e^{-\frac{(z-w)^2}{4\eta_z\tau}}-e^{-\frac{(z+w)^2}{4\eta_z\tau}}\right\}dwdud\tau+$$

$$+\frac{1}{2\vartheta}\sqrt{\frac{\pi^3}{\eta_z t}}\sum_{m=0}^{\infty}\ni_m\cos(\xi_m\theta)\sum_{n=1}^{\infty}\frac{\xi_n^2 J'^2_{\mathcal{M}}(\xi_n b)\,\mathcal{V}_{\mathcal{DM}}(\xi_n r,a)\,e^{-\eta_r\xi_n^2 t}}{\left[\left\{1-\left(\frac{\mathcal{M}}{\xi_n b}\right)^2\right\}J_{\mathcal{M}}^2(\xi_n a)-J'^2_{\mathcal{M}}(\xi_n b)\right]}\times$$

$$\times\int_0^{\infty}\overline{\overline{\varphi}}(\xi_n,\xi_m,w)\left\{e^{-\frac{(z-w)^2}{4\eta_z t}}-e^{-\frac{(z+w)^2}{4\eta_z t}}\right\}dw \qquad (28.25.2)$$

where $\overline{\overline{\psi}}(\xi_n,\xi_m,t)=\int_a^b u\mathcal{V}_{\mathcal{DM}}(\xi_n u)\int_0^{\vartheta}\psi(u,v,t)\cos(\xi_m v)dvdu$, $\overline{\psi}_a(\xi_m,w,t)=\int_0^{\vartheta}\psi_a(v,w,t)\cos(\xi_m v)dv$ and $\overline{\psi}_b(\xi_m,w,t)=\int_0^{\vartheta}\psi_b(v,w,t)\cos(\xi_m v)dv$.

28.26

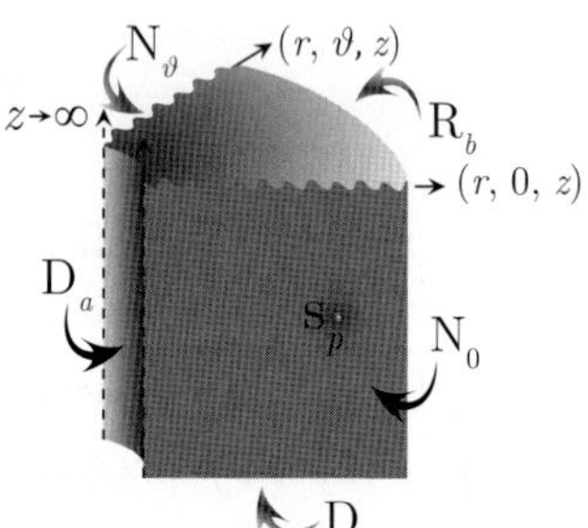

The problem of 28.24, except
$\mathbf{D}\equiv p(r,\theta,0,t)=\psi(r,\theta,t)$,
$\mathbf{D}_a\equiv p(a,\theta,z,t)=\psi_a(\theta,z,t)$,
$\mathbf{R}_b\equiv\frac{\partial p(b,\theta,z,t)}{\partial r}+\lambda p(b,\theta,z,t)=-\left(\frac{\mu}{k_r}\right)\psi_b(\theta,z,t)$,
$\mathbf{N}_0\equiv\frac{\partial p(r,0,z,t)}{\partial\theta}=-\left(\frac{\mu}{k_\theta}\right)\psi_0(r,z,t)$ **and**
$\mathbf{N}_\vartheta\equiv\frac{\partial p(r,\vartheta,z,t)}{\partial\theta}=-\left(\frac{\mu}{k_\theta}\right)\psi_\vartheta(r,z,t)$

$$\overline{p}=\frac{\pi^2 q(s)\,e^{-st_0}}{2\vartheta\phi c_t\sqrt{\eta_z}}\sum_{m=0}^{\infty}\ni_m\cos(\xi_m\theta_0)\cos(\xi_m\theta)\times$$

$$\times\sum_{n=1}^{\infty}\frac{\xi_n^2\{\xi_n J'_{\mathcal{M}}(\xi_n b)+\lambda J_{\mathcal{M}}(\xi_n b)\}^2\mathcal{V}_{\mathcal{DM}}(\xi_n r_0,a)\,\mathcal{V}_{\mathcal{DM}}(\xi_n r,a)}{\left[\left\{\xi_n^2+\lambda^2-\left(\frac{\mathcal{M}}{b}\right)^2\right\}J_{\mathcal{M}}^2(\xi_n a)-\{\xi_n J'_{\mathcal{M}}(\xi_n b)+\lambda J_{\mathcal{M}}(\xi_n b)\}^2\right]\sqrt{(\eta_r\xi_n^2+s)}}\times$$

$$\times\left\{e^{-|z-z_0|\sqrt{\frac{\eta_r\xi_n^2+s}{\eta_z}}}-e^{-|z+z_0|\sqrt{\frac{\eta_r\xi_n^2+s}{\eta_z}}}\right\}-$$

$$-\frac{\pi\eta_r}{\vartheta\sqrt{\eta_z}}\sum_{m=0}^{\infty}\ni_m\cos(\xi_m\theta)\sum_{n=1}^{\infty}\frac{\xi_n^2\{\xi_n J'_{\mathcal{M}}(\xi_n b)+\lambda J_{\mathcal{M}}(\xi_n b)\}^2\mathcal{V}_{\mathcal{DM}}(\xi_n r,a)}{\left[\left\{\xi_n^2+\lambda^2-\left(\frac{\mathcal{M}}{b}\right)^2\right\}J_{\mathcal{M}}^2(\xi_n a)-\{\xi_n J'_{\mathcal{M}}(\xi_n b)+\lambda J_{\mathcal{M}}(\xi_n b)\}^2\right]\sqrt{\eta_r\xi_n^2+s}}\times$$

$$\times \int_0^\infty \overline{\overline{\psi}}_a(\xi_m, w, s)\left\{e^{-|z-w|\sqrt{\frac{\eta_r\xi_n^2+s}{\eta_z}}} - e^{-|z+w|\sqrt{\frac{\eta_r\xi_n^2+s}{\eta_z}}}\right\}dw -$$

$$-\frac{\pi}{\vartheta\phi c_t\sqrt{\eta_z}}\sum_{m=0}^\infty \ni_m \cos(\xi_m\theta)\sum_{n=1}^\infty \frac{\xi_n^2 J_{\mathcal{M}}(\xi_n a)\{\xi_n J'_{\mathcal{M}}(\xi_n b)+\lambda J_{\mathcal{M}}(\xi_n b)\}\mathcal{V}_{\mathcal{DM}}(\xi_n r, a)}{\left[\left\{\xi_n^2+\lambda^2-\left(\frac{\mathcal{M}}{b}\right)^2\right\}J_{\mathcal{M}}^2(\xi_n a)-\{\xi_n J'_{\mathcal{M}}(\xi_n b)+\lambda J_{\mathcal{M}}(\xi_n b)\}^2\right]\sqrt{\eta_r\xi_n^2+s}}\times$$

$$\times \int_0^\infty \overline{\overline{\psi}}_b(\xi_m, w, s)\left\{e^{-|z-w|\sqrt{\frac{\eta_r\xi_n^2+s}{\eta_z}}} - e^{-|z+w|\sqrt{\frac{\eta_r\xi_n^2+s}{\eta_z}}}\right\}dw +$$

$$+\frac{\pi^2}{\vartheta}\sum_{m=0}^\infty \ni_m \cos(\xi_m\theta)\sum_{n=1}^\infty \frac{\xi_n^2\{\xi_n J'_{\mathcal{M}}(\xi_n b)+\lambda J_{\mathcal{M}}(\xi_n b)\}^2\mathcal{V}_{\mathcal{DM}}(\xi_n r, a)\,\overline{\overline{\overline{\psi}}}(\xi_n, \xi_m, s)\,e^{-z\sqrt{\frac{\eta_r\xi_n^2+s}{\eta_z}}}}{\left[\left\{\xi_n^2+\lambda^2-\left(\frac{\mathcal{M}}{b}\right)^2\right\}J_{\mathcal{M}}^2(\xi_n a)-\{\xi_n J'_{\mathcal{M}}(\xi_n b)+\lambda J_{\mathcal{M}}(\xi_n b)\}^2\right]}+$$

$$+\frac{\pi^2}{2\vartheta\phi c_t\sqrt{\eta_z}}\sum_{m=0}^\infty \ni_m \cos(\xi_m\theta)\sum_{n=1}^\infty \frac{\xi_n^2\{\xi_n J'_{\mathcal{M}}(\xi_n b)+\lambda J_{\mathcal{M}}(\xi_n b)\}^2\mathcal{V}_{\mathcal{DM}}(\xi_n r, a)}{\left[\left\{\xi_n^2+\lambda^2-\left(\frac{\mathcal{M}}{b}\right)^2\right\}J_{\mathcal{M}}^2(\xi_n a)-\{\xi_n J'_{\mathcal{M}}(\xi_n b)+\lambda J_{\mathcal{M}}(\xi_n b)\}^2\right]\sqrt{\eta_r\xi_n^2+s}}\times$$

$$\times\int_a^b \frac{\mathcal{V}_{\mathcal{DM}}(\xi_n u, a)}{u}\int_0^\infty\left\{\overline{\psi}_0(u,w,s)+(-1)^{m+1}\,\overline{\psi}_\vartheta(u,w,s)\right\}\left\{e^{-|z-w|\sqrt{\frac{\eta_r\xi_n^2+s}{\eta_z}}} - e^{-|z+w|\sqrt{\frac{\eta_r\xi_n^2+s}{\eta_z}}}\right\}dwdu +$$

$$+\frac{\pi^2}{2\vartheta\sqrt{\eta_z}}\sum_{m=0}^\infty \ni_m \cos(\xi_m\theta)\sum_{n=1}^\infty \frac{\xi_n^2\{\xi_n J'_{\mathcal{M}}(\xi_n b)+\lambda J_{\mathcal{M}}(\xi_n b)\}^2\mathcal{V}_{\mathcal{DM}}(\xi_n r, a)}{\left[\left\{\xi_n^2+\lambda^2-\left(\frac{\mathcal{M}}{b}\right)^2\right\}J_{\mathcal{M}}^2(\xi_n a)-\{\xi_n J'_{\mathcal{M}}(\xi_n b)+\lambda J_{\mathcal{M}}(\xi_n b)\}^2\right]\sqrt{\eta_r\xi_n^2+s}}\times$$

$$\times \int_0^\infty \overline{\overline{\varphi}}(\xi_n, \xi_m, w)\left\{e^{-|z-w|\sqrt{\frac{\eta_r\xi_n^2+s}{\eta_z}}} - e^{-|z+w|\sqrt{\frac{\eta_r\xi_n^2+s}{\eta_z}}}\right\}dw \quad (28.26.1)$$

where $\mathcal{V}_{\mathcal{DM}}(\xi_n r, a) = J_{\mathcal{M}}(\xi_n r)\,Y_{\mathcal{M}}(\xi_n a) - Y_{\mathcal{M}}(\xi_n r)\,J_{\mathcal{M}}(\xi_n a)$, $\xi_n, n = 1, 2, ...$, are the positive roots of the transcendental equation $\xi_n\mathcal{V}'_{\mathcal{DM}}(\xi_n b, a)+\lambda\mathcal{V}_{\mathcal{DM}}(\xi_n b, a) = 0$, $\xi_m = \frac{m\pi}{\vartheta}$, $m = 0, 1, ...,$
$\overline{\overline{\overline{\psi}}}(\xi_n, \xi_m, s) = \int_a^b u\mathcal{V}_{\mathcal{DM}}(\xi_n u)\int_0^\vartheta \overline{\psi}(u, v, s)\cos(\xi_m v)dvdu$, $\overline{\overline{\psi}}_a(\xi_m, w, s) = \int_0^\vartheta \overline{\psi}_a(v, w, s)\cos(\xi_m v)dv$,
$\overline{\overline{\psi}}_b(\xi_m, w, s) = \int_0^\vartheta \overline{\psi}_b(v, w, s)\cos(\xi_m v)dv$ and $\overline{\overline{\varphi}}(\xi_n, \xi_m, w) = \int_a^b u\mathcal{V}_{\mathcal{DM}}(\xi_n u)\int_0^\vartheta \varphi(u, v, w)\cos(\xi_m v)dudv$.

$$p = \frac{U(t-t_0)}{2\vartheta\phi c_t}\sqrt{\frac{\pi^3}{\eta_z}}\sum_{m=0}^\infty \ni_m \cos(\xi_m\theta)\times$$

$$\times\sum_{n=1}^\infty \frac{\xi_n^2\{\xi_n J'_{\mathcal{M}}(\xi_n b)+\lambda J_{\mathcal{M}}(\xi_n b)\}^2\mathcal{V}_{\mathcal{DM}}(\xi_n r_0, a)\,\mathcal{V}_{\mathcal{DM}}(\xi_n r, a)}{\left[\left\{\xi_n^2+\lambda^2-\left(\frac{\mathcal{M}}{b}\right)^2\right\}J_{\mathcal{M}}^2(\xi_n a)-\{\xi_n J'_{\mathcal{M}}(\xi_n b)+\lambda J_{\mathcal{M}}(\xi_n b)\}^2\right]}\times$$

$$\times\int_0^{t-t_0}\frac{q(t-t_0-\tau)\,e^{-\eta_r\xi_n^2\tau}}{\sqrt{\tau}}\left\{e^{-\frac{(z-z_0)^2}{4\eta_z\tau}} - e^{-\frac{(z+z_0)^2}{4\eta_z\tau}}\right\}d\tau -$$

$$-\frac{\eta_r}{\vartheta}\sqrt{\frac{\pi}{\eta_z}}\sum_{m=0}^\infty \ni_m \cos(\xi_m\theta)\sum_{n=1}^\infty \frac{\xi_n^2\{\xi_n J'_{\mathcal{M}}(\xi_n b)+\lambda J_{\mathcal{M}}(\xi_n b)\}^2\mathcal{V}_{\mathcal{DM}}(\xi_n r, a)}{\left[\left\{\xi_n^2+\lambda^2-\left(\frac{\mathcal{M}}{b}\right)^2\right\}J_{\mathcal{M}}^2(\xi_n a)-\{\xi_n J'_{\mathcal{M}}(\xi_n b)+\lambda J_{\mathcal{M}}(\xi_n b)\}^2\right]}\times$$

$$\times\int_0^t \frac{e^{-\eta_r\xi_n^2\tau}}{\sqrt{\tau}}\int_0^\infty \overline{\psi}_a(\xi_m, w, t-\tau)\left\{e^{-\frac{(z-w)^2}{4\eta_z\tau}} - e^{-\frac{(z+w)^2}{4\eta_z\tau}}\right\}dwd\tau -$$

$$-\frac{1}{\vartheta\phi c_t}\sqrt{\frac{\pi}{\eta_z}}\sum_{m=0}^\infty \ni_m \cos(\xi_m\theta)\sum_{n=1}^\infty \frac{\xi_n^2 J_{\mathcal{M}}(\xi_n a)\{\xi_n J'_{\mathcal{M}}(\xi_n b)+\lambda J_{\mathcal{M}}(\xi_n b)\}\mathcal{V}_{\mathcal{DM}}(\xi_n r, a)}{\left[\left\{\xi_n^2+\lambda^2-\left(\frac{\mathcal{M}}{b}\right)^2\right\}J_{\mathcal{M}}^2(\xi_n a)-\{\xi_n J'_{\mathcal{M}}(\xi_n b)+\lambda J_{\mathcal{M}}(\xi_n b)\}^2\right]}\times$$

$$\times\int_0^t \frac{e^{-\eta_r\xi_n^2\tau}}{\sqrt{\tau}}\int_0^\infty \overline{\psi}_b(\xi_m, w, t-\tau)\left\{e^{-\frac{(z-w)^2}{4\eta_z\tau}} - e^{-\frac{(z+w)^2}{4\eta_z\tau}}\right\}dwd\tau +$$

$$+\frac{2\sqrt{\pi^3}}{\vartheta}\sum_{m=0}^{\infty}\ni_m\cos(\xi_m\theta)\sum_{n=1}^{\infty}\frac{\xi_n^2\{\xi_n J'_{\mathcal{M}}(\xi_n b)+\lambda J_{\mathcal{M}}(\xi_n b)\}^2\mathcal{V}_{\mathcal{DM}}(\xi_n r,a)}{\left[\left\{\xi_n^2+\lambda^2-\left(\frac{\mathcal{M}}{b}\right)^2\right\}J_{\mathcal{M}}^2(\xi_n a)-\{\xi_n J'_{\mathcal{M}}(\xi_n b)+\lambda J_{\mathcal{M}}(\xi_n b)\}^2\right]}\times$$

$$\times\int_{\frac{z}{2\sqrt{\eta_z t}}}^{\infty}\overline{\overline{\psi}}\left(\xi_n,\xi_m,t-\frac{z^2}{4\eta_z\tau^2}\right)e^{-\eta_r\xi_n^2\left(\frac{z^2}{4\eta_z\tau^2}\right)-\tau^2}d\tau+$$

$$+\frac{1}{2\vartheta\phi c_t}\sqrt{\frac{\pi^3}{\eta_z}}\sum_{m=0}^{\infty}\ni_m\cos(\xi_m\theta)\sum_{n=1}^{\infty}\frac{\xi_n^2\{\xi_n J'_{\mathcal{M}}(\xi_n b)+\lambda J_{\mathcal{M}}(\xi_n b)\}^2\mathcal{V}_{\mathcal{DM}}(\xi_n r,a)}{\left[\left\{\xi_n^2+\lambda^2-\left(\frac{\mathcal{M}}{b}\right)^2\right\}J_{\mathcal{M}}^2(\xi_n a)-\{\xi_n J'_{\mathcal{M}}(\xi_n b)+\lambda J_{\mathcal{M}}(\xi_n b)\}^2\right]}\times$$

$$\times\int_0^t\frac{e^{-\eta_r\xi_n^2\tau}}{\sqrt{\tau}}\int_a^b\frac{\mathcal{V}_{\mathcal{DM}}(\xi_n u,a)}{u}\int_0^{\infty}\left\{\psi_0(u,w,t-\tau)+(-1)^{m+1}\psi_\vartheta(u,w,t-\tau)\right\}\times$$

$$\times\left\{e^{-\frac{(z-w)^2}{4\eta_z\tau}}-e^{-\frac{(z+w)^2}{4\eta_z\tau}}\right\}dwdud\tau+$$

$$+\frac{1}{2\vartheta}\sqrt{\frac{\pi^3}{\eta_z t}}\sum_{m=0}^{\infty}\ni_m\cos(\xi_m\theta)\sum_{n=1}^{\infty}\frac{\xi_n^2\{\xi_n J'_{\mathcal{M}}(\xi_n b)+\lambda J_{\mathcal{M}}(\xi_n b)\}^2\mathcal{V}_{\mathcal{DM}}(\xi_n r,a)e^{-\eta_r\xi_n^2 t}}{\left[\left\{\xi_n^2+\lambda^2-\left(\frac{\mathcal{M}}{b}\right)^2\right\}J_{\mathcal{M}}^2(\xi_n a)-\{\xi_n J'_{\mathcal{M}}(\xi_n b)+\lambda J_{\mathcal{M}}(\xi_n b)\}^2\right]}\times$$

$$\times\int_0^{\infty}\overline{\overline{\varphi}}(\xi_n,\xi_m,w)\left\{e^{-\frac{(z-w)^2}{4\eta_z t}}-e^{-\frac{(z+w)^2}{4\eta_z t}}\right\}dw\qquad(28.26.2)$$

where $\overline{\overline{\psi}}(\xi_n,\xi_m,t)=\int_a^b u\mathcal{V}_{\mathcal{DM}}(\xi_n u)\int_0^{\vartheta}\psi(u,v,t)\cos(\xi_m v)dvdu$, $\overline{\psi}_a(\xi_m,w,t)=\int_0^{\vartheta}\psi_a(v,w,t)\cos(\xi_m v)dv$ and $\overline{\psi}_b(\xi_m,w,t)=\int_0^{\vartheta}\psi_b(v,w,t)\cos(\xi_m v)dv$.

28.27

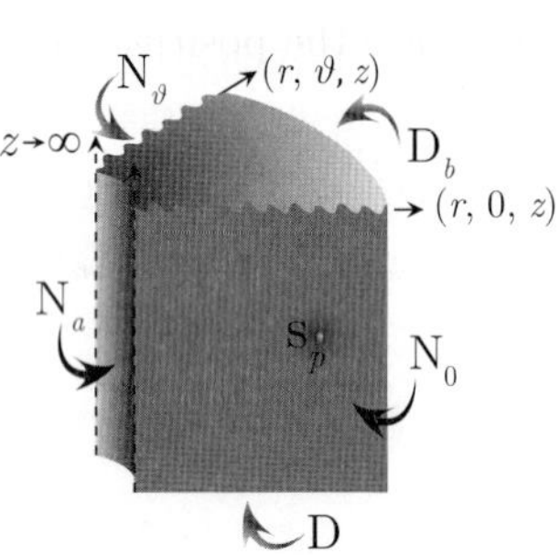

The problem of 28.24, except
$D\equiv p(r,\theta,0,t)=\psi(r,\theta,t)$,
$N_a\equiv\frac{\partial p(a,\theta,z,t)}{\partial r}=-\left(\frac{\mu}{k_r}\right)\psi_a(\theta,z,t)$,
$D_b\equiv p(b,\theta,z,t)=\psi_b(\theta,z,t)$,
$N_0\equiv\frac{\partial p(r,0,z,t)}{\partial\theta}=-\left(\frac{\mu}{k_\theta}\right)\psi_0(r,z,t)$ and
$N_\vartheta\equiv\frac{\partial p(r,\vartheta,z,t)}{\partial\theta}=-\left(\frac{\mu}{k_\theta}\right)\psi_\vartheta(r,z,t)$

$$\overline{p}=\frac{\pi^2 q(s)e^{-st_0}}{2\vartheta\phi c_t\sqrt{\eta_z}}\sum_{m=0}^{\infty}\ni_m\cos(\xi_m\theta_0)\cos(\xi_m\theta)\times$$

$$\times\sum_{n=1}^{\infty}\frac{\xi_n^2 J_{\mathcal{M}}^2(\xi_n b)\mathcal{V}_{\mathcal{NM}}(\xi_n r_0,a)\mathcal{V}_{\mathcal{NM}}(\xi_n r,a)}{\left[J_{\mathcal{M}}'^2(\xi_n a)-\left\{1-\left(\frac{\mathcal{M}}{\xi_n a}\right)^2\right\}J_{\mathcal{M}}^2(\xi_n b)\right]\sqrt{(\eta_r\xi_n^2+s)}}\left\{e^{-|z-z_0|\sqrt{\frac{\eta_r\xi_n^2+s}{\eta_z}}}-e^{-|z+z_0|\sqrt{\frac{\eta_r\xi_n^2+s}{\eta_z}}}\right\}+$$

$$+\frac{\pi}{\vartheta\phi c_t\sqrt{\eta_z}}\sum_{m=0}^{\infty}\ni_m\cos(\xi_m\theta)\sum_{n=1}^{\infty}\frac{\xi_n J_{\mathcal{M}}^2(\xi_n b)\mathcal{V}_{\mathcal{NM}}(\xi_n r,a)}{\left[J_{\mathcal{M}}'^2(\xi_n a)-\left\{1-\left(\frac{\mathcal{M}}{\xi_n a}\right)^2\right\}J_{\mathcal{M}}^2(\xi_n b)\right]\sqrt{\eta_r\xi_n^2+s}}\times$$

$$\times\int_0^{\infty}\overline{\overline{\psi}}_a(\xi_m,w,s)\left\{e^{-|z-w|\sqrt{\frac{\eta_r\xi_n^2+s}{\eta_z}}}-e^{-|z+w|\sqrt{\frac{\eta_r\xi_n^2+s}{\eta_z}}}\right\}dw+$$

$$+\frac{\pi\eta_r}{\vartheta\sqrt{\eta_z}}\sum_{m=0}^{\infty}\ni_m\cos(\xi_m\theta)\sum_{n=1}^{\infty}\frac{\xi_n^2 J'_{\mathcal{M}}(\xi_n a)J_{\mathcal{M}}(\xi_n b)\mathcal{V}_{\mathcal{NM}}(\xi_n r,a)}{\left[J_{\mathcal{M}}'^2(\xi_n a)-\left\{1-\left(\frac{\mathcal{M}}{\xi_n a}\right)^2\right\}J_{\mathcal{M}}^2(\xi_n b)\right]\sqrt{\eta_r\xi_n^2+s}}\times$$

$$\times \int_0^\infty \overline{\overline{\psi}}_b(\xi_m, w, s)\left\{e^{-|z-w|\sqrt{\frac{\eta_r\xi_n^2+s}{\eta_z}}} - e^{-|z+w|\sqrt{\frac{\eta_r\xi_n^2+s}{\eta_z}}}\right\}dw +$$

$$+\frac{\pi^2}{\vartheta}\sum_{m=0}^{\infty}\ni_m\cos(\xi_m\theta)\sum_{n=1}^{\infty}\frac{\xi_n^2 J_{\mathcal{M}}^2(\xi_n b)\,\mathcal{V}_{\mathcal{NM}}(\xi_n r, a)\,\overline{\overline{\overline{\psi}}}(\xi_n, \xi_m, s)\,e^{-z\sqrt{\frac{\eta_r\xi_n^2+s}{\eta_z}}}}{\left[J_{\mathcal{M}}'^2(\xi_n a) - \left\{1-\left(\frac{\mathcal{M}}{\xi_n a}\right)^2\right\}J_{\mathcal{M}}^2(\xi_n b)\right]} +$$

$$+\frac{\pi^2}{2\vartheta\phi c_t\sqrt{\eta_z}}\sum_{m=0}^{\infty}\ni_m\cos(\xi_m\theta)\sum_{n=1}^{\infty}\frac{\xi_n^2 J_{\mathcal{M}}^2(\xi_n b)\,\mathcal{V}_{\mathcal{NM}}(\xi_n r, a)}{\left[J_{\mathcal{M}}'^2(\xi_n a)-\left\{1-\left(\frac{\mathcal{M}}{\xi_n a}\right)^2\right\}J_{\mathcal{M}}^2(\xi_n b)\right]\sqrt{\eta_r\xi_n^2+s}}\int_a^b\frac{\mathcal{V}_{\mathcal{NM}}(\xi_n u, a)}{u}\times$$

$$\times\int_0^\infty\left\{\overline{\psi}_0(u, w, s) + (-1)^{m+1}\,\overline{\psi}_\vartheta(u, w, s)\right\}\left\{e^{-|z-w|\sqrt{\frac{\eta_r\xi_n^2+s}{\eta_z}}} - e^{-|z+w|\sqrt{\frac{\eta_r\xi_n^2+s}{\eta_z}}}\right\}dwdu +$$

$$+\frac{\pi^2}{2\vartheta\sqrt{\eta_z}}\sum_{m=0}^{\infty}\ni_m\cos(\xi_m\theta)\sum_{n=1}^{\infty}\frac{\xi_n^2 J_{\mathcal{M}}^2(\xi_n b)\,\mathcal{V}_{\mathcal{NM}}(\xi_n r, a)}{\left[J_{\mathcal{M}}'^2(\xi_n a) - \left\{1-\left(\frac{\mathcal{M}}{\xi_n a}\right)^2\right\}J_{\mathcal{M}}^2(\xi_n b)\right]\sqrt{\eta_r\xi_n^2+s}}\times$$

$$\times\int_0^\infty\overline{\overline{\varphi}}(\xi_n, \xi_m, w)\left\{e^{-|z-w|\sqrt{\frac{\eta_r\xi_n^2+s}{\eta_z}}} - e^{-|z+w|\sqrt{\frac{\eta_r\xi_n^2+s}{\eta_z}}}\right\}dw \qquad (28.27.1)$$

where $\mathcal{V}_{\mathcal{NM}}(\xi_n r, a) = J_{\mathcal{M}}(\xi_n r)\,Y_{\mathcal{M}}'(\xi_n a) - Y_{\mathcal{M}}(\xi_n r)\,J_{\mathcal{M}}'(\xi_n a)$, $\xi_n, n = 1, 2, ...,$ are the positive roots of the transcendental equation $\mathcal{V}_{\mathcal{NM}}(\xi_n b, a) = 0$. $\xi_m = \frac{m\pi}{\vartheta}$, $m = 0, 1, ...,$
$\overline{\overline{\overline{\psi}}}(\xi_n, \xi_m, s) = \int_a^b u\mathcal{V}_{\mathcal{NM}}(\xi_n u)\int_0^\vartheta\overline{\psi}(u, v, s)\cos(\xi_m v)dvdu$, $\overline{\overline{\psi}}_a(\xi_m, w, s) = \int_0^\vartheta\overline{\psi}_a(v, w, s)\cos(\xi_m v)dv$, $\overline{\overline{\psi}}_b(\xi_m, w, s) = \int_0^\vartheta\overline{\psi}_b(v, w, s)\cos(\xi_m v)dv$ and $\overline{\overline{\varphi}}(\xi_n, \xi_m, w) = \int_a^b u\mathcal{V}_{\mathcal{NM}}(\xi_n u)\int_0^\vartheta\varphi(u, v, w)\cos(\xi_m v)dvdu$.

$$p = \frac{U(t-t_0)}{2\vartheta\phi c_t}\sqrt{\frac{\pi^3}{\eta_z}}\sum_{m=0}^{\infty}\ni_m\cos(\xi_m\theta_0)\cos(\xi_m\theta)\sum_{n=1}^{\infty}\frac{\xi_n^2 J_{\mathcal{M}}^2(\xi_n b)\,\mathcal{V}_{\mathcal{NM}}(\xi_n r_0, a)\,\mathcal{V}_{\mathcal{NM}}(\xi_n r, a)}{\left[J_{\mathcal{M}}'^2(\xi_n a) - \left\{1-\left(\frac{\mathcal{M}}{\xi_n a}\right)^2\right\}J_{\mathcal{M}}^2(\xi_n b)\right]}\times$$

$$\times\int_0^{t-t_0}\frac{q(t-t_0-\tau)\,e^{-\eta_r\xi_n^2\tau}}{\sqrt{\tau}}\left\{e^{-\frac{(z-z_0)^2}{4\eta_z\tau}} - e^{-\frac{(z+z_0)^2}{4\eta_z\tau}}\right\}d\tau +$$

$$+\frac{1}{\vartheta\phi c_t}\sqrt{\frac{\pi}{\eta_z}}\sum_{m=0}^{\infty}\ni_m\cos(\xi_m\theta)\sum_{n=1}^{\infty}\frac{\xi_n J_{\mathcal{M}}^2(\xi_n b)\,\mathcal{V}_{\mathcal{NM}}(\xi_n r, a)}{\left[J_{\mathcal{M}}'^2(\xi_n a) - \left\{1-\left(\frac{\mathcal{M}}{\xi_n a}\right)^2\right\}J_{\mathcal{M}}^2(\xi_n b)\right]}\times$$

$$\times\int_0^t\frac{e^{-\eta_r\xi_n^2\tau}}{\sqrt{\tau}}\int_0^\infty\overline{\psi}_a(\xi_m, w, t-\tau)\left\{e^{-\frac{(z-w)^2}{4\eta_z\tau}} - e^{-\frac{(z+w)^2}{4\eta_z\tau}}\right\}dwd\tau +$$

$$+\frac{\eta_r}{\vartheta}\sqrt{\frac{\pi}{\eta_z}}\sum_{m=0}^{\infty}\ni_m\cos(\xi_m\theta)\sum_{n=1}^{\infty}\frac{\xi_n^2 J_{\mathcal{M}}'(\xi_n a)\,J_{\mathcal{M}}(\xi_n b)\,\mathcal{V}_{\mathcal{NM}}(\xi_n r, a)}{\left[J_{\mathcal{M}}'^2(\xi_n a) - \left\{1-\left(\frac{\mathcal{M}}{\xi_n a}\right)^2\right\}J_{\mathcal{M}}^2(\xi_n b)\right]}\times$$

$$\times\int_0^t\frac{e^{-\eta_r\xi_n^2\tau}}{\sqrt{\tau}}\int_0^\infty\overline{\psi}_b(\xi_m, w, t-\tau)\left\{e^{-\frac{(z-w)^2}{4\eta_z\tau}} - e^{-\frac{(z+w)^2}{4\eta_z\tau}}\right\}dwd\tau +$$

$$+\frac{2\sqrt{\pi^3}}{\vartheta}\sum_{m=0}^{\infty}\ni_m\cos(\xi_m\theta)\sum_{n=1}^{\infty}\frac{\xi_n^2 J_{\mathcal{M}}^2(\xi_n b)\,\mathcal{V}_{\mathcal{NM}}(\xi_n r, a)}{\left[J_{\mathcal{M}}'^2(\xi_n a) - \left\{1-\left(\frac{\mathcal{M}}{\xi_n a}\right)^2\right\}J_{\mathcal{M}}^2(\xi_n b)\right]}\times$$

$$\times\int_{\frac{z}{2\sqrt{\eta_z t}}}^\infty\overline{\overline{\psi}}\left(\xi_n, \xi_m, t-\frac{z^2}{4\eta_z\tau^2}\right)e^{-\eta_r\xi_n^2\left(\frac{z^2}{4\eta_z\tau^2}\right)-\tau^2}d\tau +$$

$$+\frac{1}{2\vartheta\phi c_t}\sqrt{\frac{\pi^3}{\eta_z}}\sum_{m=0}^{\infty}\ni_m\cos(\xi_m\theta)\sum_{n=1}^{\infty}\frac{\xi_n^2 J_{\mathcal{M}}^2(\xi_n b)\mathcal{V}_{\mathcal{NM}}(\xi_n r,a)}{\left[J_{\mathcal{M}}'^2(\xi_n a)-\left\{1-\left(\frac{\mathcal{M}}{\xi_n a}\right)^2\right\}J_{\mathcal{M}}^2(\xi_n b)\right]}\times$$
$$\times\int_0^t\frac{e^{-\eta_r\xi_n^2\tau}}{\sqrt{\tau}}\int_a^b\frac{\mathcal{V}_{\mathcal{NM}}(\xi_n u,a)}{u}\int_0^\infty\left\{\psi_0(u,w,t-\tau)+(-1)^{m+1}\psi_\vartheta(u,w,t-\tau)\right\}\times$$
$$\times\left\{e^{-\frac{(z-w)^2}{4\eta_z\tau}}-e^{-\frac{(z+w)^2}{4\eta_z\tau}}\right\}dwdud\tau+$$
$$+\frac{1}{2\vartheta}\sqrt{\frac{\pi^3}{\eta_z t}}\sum_{m=0}^{\infty}\ni_m\cos(\xi_m\theta)\sum_{n=1}^{\infty}\frac{\xi_n^2 J_{\mathcal{M}}^2(\xi_n b)\mathcal{V}_{\mathcal{NM}}(\xi_n r,a)e^{-\eta_r\xi_n^2 t}}{\left[J_{\mathcal{M}}'^2(\xi_n a)-\left\{1-\left(\frac{\mathcal{M}}{\xi_n a}\right)^2\right\}J_{\mathcal{M}}^2(\xi_n b)\right]}\times$$
$$\times\int_0^\infty\overline{\overline{\varphi}}(\xi_n,\xi_m,w)\left\{e^{-\frac{(z-w)^2}{4\eta_z t}}-e^{-\frac{(z+w)^2}{4\eta_z t}}\right\}dw \qquad (28.27.2)$$

where $\overline{\overline{\psi}}(\xi_n,\xi_m,t)=\int_a^b u\mathcal{V}_{\mathcal{NM}}(\xi_n u)\int_0^\vartheta\psi(u,v,t)\cos(\xi_m v)dvdu$, $\overline{\psi}_a(\xi_m,w,t)=\int_0^\vartheta\psi_a(v,w,t)\cos(\xi_m v)dv$ and $\overline{\psi}_b(\xi_m,w,t)=\int_0^\vartheta\psi_b(v,w,t)\cos(\xi_m v)dv$.

28.28

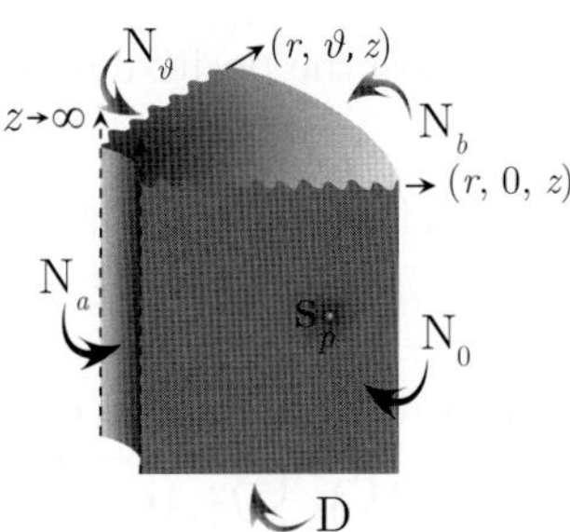

The problem of 28.24, except
$\mathbf{D}\equiv p(r,\theta,0,t)=\psi(r,\theta,t)$,
$\mathbf{N}_a\equiv\frac{\partial p(a,\theta,z,t)}{\partial r}=-\left(\frac{\mu}{k_r}\right)\psi_a(\theta,z,t)$,
$\mathbf{N}_b\equiv\frac{\partial p(b,\theta,z,t)}{\partial r}=-\left(\frac{\mu}{k_r}\right)\psi_b(\theta,z,t)$,
$\mathbf{N}_0\equiv\frac{\partial p(r,0,z,t)}{\partial\theta}=-\left(\frac{\mu}{k_\theta}\right)\psi_0(r,z,t)$ **and**
$\mathbf{N}_\vartheta\equiv\frac{\partial p(r,\vartheta,z,t)}{\partial\theta}=-\left(\frac{\mu}{k_\theta}\right)\psi_\vartheta(r,z,t)$

$$\overline{p}=\frac{q(s)e^{-st_0}\left\{e^{-|z-z_0|\sqrt{\frac{s}{\eta_z}}}-e^{-|z+z_0|\sqrt{\frac{s}{\eta_z}}}\right\}}{\vartheta\phi c_t(b^2-a^2)\sqrt{\eta_z s}}+\frac{\pi^2 q(s)e^{-st_0}}{2\vartheta\phi c_t\sqrt{\eta_z}}\sum_{m=0}^{\infty}\ni_m\cos(\xi_m\theta_0)\cos(\xi_m\theta)\times$$
$$\times\sum_{n=1}^{\infty}\frac{\xi_n^2 J_{\mathcal{M}}'^2(\xi_n b)\mathcal{V}_{\mathcal{NM}}(\xi_n r_0,a)\mathcal{V}_{\mathcal{NM}}(\xi r,a)}{\left[\left\{1-\left(\frac{\mathcal{M}}{\xi_n b}\right)^2\right\}J_{\mathcal{M}}'^2(\xi_n a)-\left\{1-\left(\frac{\mathcal{M}}{\xi_n a}\right)^2\right\}J_{\mathcal{M}}'^2(\xi_n b)\right]\sqrt{(\eta_r\xi_n^2+s)}}\times$$
$$\times\left\{e^{-|z-z_0|\sqrt{\frac{\eta_r\xi_n^2+s}{\eta_z}}}-e^{-|z+z_0|\sqrt{\frac{\eta_r\xi_n^2+s}{\eta_z}}}\right\}+$$
$$+\frac{1}{\vartheta\phi c_t(b^2-a^2)\sqrt{\eta_z s}}\int_0^\infty\left\{a\overline{\overline{\psi}}_a(0,w,s)-b\overline{\overline{\psi}}_b(0,w,s)\right\}\left\{e^{-|z-w|\sqrt{\frac{s}{\eta_z}}}-e^{-|z+w|\sqrt{\frac{s}{\eta_z}}}\right\}dw+$$
$$+\frac{\pi}{\vartheta\phi c_t\sqrt{\eta_z}}\sum_{m=0}^{\infty}\ni_m\cos(\xi_m\theta)\sum_{n=1}^{\infty}\frac{\xi_n J_{\mathcal{M}}'^2(\xi_n b)\mathcal{V}_{\mathcal{NM}}(\xi r,a)}{\left[\left\{1-\left(\frac{\mathcal{M}}{\xi_n b}\right)^2\right\}J_{\mathcal{M}}'^2(\xi_n a)-\left\{1-\left(\frac{\mathcal{M}}{\xi_n a}\right)^2\right\}J_{\mathcal{M}}'^2(\xi_n b)\right]\sqrt{(\eta_r\xi_n^2+s)}}\times$$
$$\times\int_0^\infty\overline{\overline{\psi}}_a(\xi_m,w,s)\left\{e^{-|z-w|\sqrt{\frac{\eta_r\xi_n^2+s}{\eta_z}}}-e^{-|z+w|\sqrt{\frac{\eta_r\xi_n^2+s}{\eta_z}}}\right\}dw-$$
$$-\frac{\pi}{\vartheta\phi c_t\sqrt{\eta_z}}\sum_{m=0}^{\infty}\ni_m\cos(\xi_m\theta)\sum_{n=1}^{\infty}\frac{\xi_n J_{\mathcal{M}}'(\xi_n a)J_{\mathcal{M}}'(\xi_n b)\mathcal{V}_{\mathcal{NM}}(\xi r,a)}{\left[\left\{1-\left(\frac{\mathcal{M}}{\xi_n b}\right)^2\right\}J_{\mathcal{M}}'^2(\xi_n a)-\left\{1-\left(\frac{\mathcal{M}}{\xi_n a}\right)^2\right\}J_{\mathcal{M}}'^2(\xi_n b)\right]\sqrt{(\eta_r\xi_n^2+s)}}\times$$

$$\times \int_0^\infty \overline{\overline{\psi}}_b(\xi_m, w, s)\left\{e^{-|z-w|\sqrt{\frac{\eta_r\xi_n^2+s}{\eta_z}}} - e^{-|z+w|\sqrt{\frac{\eta_r\xi_n^2+s}{\eta_z}}}\right\}dw +$$

$$+\frac{2e^{-z\sqrt{\frac{s}{\eta_z}}}}{\vartheta(b^2-a^2)}\int_a^b u\overline{\psi}(u,0,s)\,du +$$

$$+\frac{\pi^2}{\vartheta}\sum_{m=0}^\infty \ni_m \cos(\xi_m\theta)\sum_{n=1}^\infty \frac{\xi_n^2 J_{\mathcal{M}}'^2(\xi_n b)\mathcal{V}_{\mathcal{N}\mathcal{M}}(\xi r,a)\overline{\overline{\overline{\psi}}}(\xi_n,\xi_m,s)e^{-z\sqrt{\frac{\eta_r\xi_n^2+s}{\eta_z}}}}{\left[\left\{1-\left(\frac{\mathcal{M}}{\xi_n b}\right)^2\right\}J_{\mathcal{M}}'^2(\xi_n a)-\left\{1-\left(\frac{\mathcal{M}}{\xi_n a}\right)^2\right\}J_{\mathcal{M}}'^2(\xi_n b)\right]}+$$

$$+\frac{1}{(b^2-a^2)\vartheta\phi c_t\sqrt{\eta_z s}}\int_a^b\frac{1}{u}\int_0^\infty\left\{\overline{\psi}_0(u,w,s)-\overline{\psi}_\vartheta(u,w,s)\right\}\left\{e^{-|z-w|\sqrt{\frac{s}{\eta_z}}}-e^{-|z+w|\sqrt{\frac{s}{\eta_z}}}\right\}dwdu +$$

$$+\frac{\pi^2}{2\vartheta\phi c_t\sqrt{\eta_z}}\sum_{m=0}^\infty \ni_m\cos(\xi_m\theta)\sum_{n=1}^\infty\frac{\xi_n^2 J_{\mathcal{M}}'^2(\xi_n b)\mathcal{V}_{\mathcal{N}\mathcal{M}}(\xi_n r,a)}{\left[\left\{1-\left(\frac{\mathcal{M}}{\xi_n b}\right)^2\right\}J_{\mathcal{M}}'^2(\xi_n a)-\left\{1-\left(\frac{\mathcal{M}}{\xi_n a}\right)^2\right\}J_{\mathcal{M}}'^2(\xi_n b)\right]\sqrt{(\eta_r\xi_n^2+s)}}\times$$

$$\times\int_a^b\frac{\mathcal{V}_{\mathcal{N}\mathcal{M}}(\xi_n u,a)}{u}\int_0^\infty\left\{\overline{\psi}_0(u,w,s)+(-1)^{m+1}\,\overline{\psi}_\vartheta(u,w,s)\right\}\left\{e^{-|z-w|\sqrt{\frac{\eta_r\xi_n^2+s}{\eta_z}}}-e^{-|z+w|\sqrt{\frac{\eta_r\xi_n^2+s}{\eta_z}}}\right\}dwdu+$$

$$+\frac{1}{\vartheta(b^2-a^2)\sqrt{\eta_z s}}\int_0^\infty\left\{e^{-|z-w|\sqrt{\frac{s}{\eta_z}}}-e^{-|z+w|\sqrt{\frac{s}{\eta_z}}}\right\}\int_a^b u\overline{\varphi}(u,0,w)\,dudw +$$

$$+\frac{\pi^2}{2\vartheta\sqrt{\eta_z}}\sum_{m=0}^\infty\ni_m\cos(\xi_m\theta)\sum_{n=1}^\infty\frac{\xi_n^2 J_{\mathcal{M}}'^2(\xi_n b)\mathcal{V}_{\mathcal{N}\mathcal{M}}(\xi r,a)}{\left[\left\{1-\left(\frac{\mathcal{M}}{\xi_n b}\right)^2\right\}J_{\mathcal{M}}'^2(\xi_n a)-\left\{1-\left(\frac{\mathcal{M}}{\xi_n a}\right)^2\right\}J_{\mathcal{M}}'^2(\xi_n b)\right]\sqrt{(\eta_r\xi_n^2+s)}}\times$$

$$\times\int_0^\infty\overline{\overline{\varphi}}(\xi_n,\xi_m,w)\left\{e^{-|z-w|\sqrt{\frac{\eta_r\xi_n^2+s}{\eta_z}}}-e^{-|z+w|\sqrt{\frac{\eta_r\xi_n^2+s}{\eta_z}}}\right\}dw \qquad (28.28.1)$$

where $\mathcal{V}_{\mathcal{N}\mathcal{M}}(\xi_n r,a)=J_{\mathcal{M}}(\xi_n r)Y_{\mathcal{M}}'(\xi_n a)-Y_{\mathcal{M}}(\xi_n r)J_{\mathcal{M}}'(\xi_n a)$. The eigenvalues are $\xi_0=0$ and ξ_n. ξ_n, $n=1,2,...$, are the positive roots of the transcendental equation $\mathcal{V}_{\mathcal{N}\mathcal{M}}'(\xi_n b,a)=0$, $\xi_m=\frac{m\pi}{\vartheta}$, $m=0,1,...$, $\overline{\overline{\psi}}(u,0,s)=\int_0^\vartheta\overline{\psi}(u,v,s)dv$, $\overline{\overline{\overline{\psi}}}(\xi_n,\xi_m,s)=\int_a^b u\mathcal{V}_{\mathcal{N}\mathcal{M}}(\xi_n u)\int_0^\vartheta\overline{\psi}(u,v,s)\cos(\xi_m v)dvdu$, $\overline{\overline{\psi}}_a(\xi_m,w,s)=\int_0^\vartheta\overline{\psi}_a(v,w,s)\cos(\xi_m v)dv$, $\overline{\overline{\psi}}_b(\xi_m,w,s)=\int_0^\vartheta\overline{\psi}_b(v,w,s)\cos(\xi_m v)dv$, $\overline{\varphi}(u,0,w)=\int_0^\vartheta\varphi(u,v,w)dv$ and $\overline{\overline{\varphi}}(\xi_n,\xi_m,w)=\int_a^b u\mathcal{V}_{\mathcal{N}\mathcal{M}}(\xi_n u)\int_0^\vartheta\varphi(u,v,w)\cos(\xi_m v)dvdu$.

$$p=\frac{U(t-t_0)}{\vartheta\phi c_t(b^2-a^2)\sqrt{\pi\eta_z}}\int_0^{t-t_0}\frac{q(t-t_0-\tau)}{\sqrt{\tau}}\left\{e^{-\frac{(z-z_0)^2}{4\eta_z\tau}}-e^{-\frac{(z+z_0)^2}{4\eta_z\tau}}\right\}d\tau+$$

$$+\frac{U(t-t_0)}{2\vartheta\phi c_t}\sqrt{\frac{\pi^3}{\eta_z}}\sum_{m=0}^\infty\ni_m\cos(\xi_m\theta_0)\cos(\xi_m\theta)\sum_{n=1}^\infty\frac{\xi_n^2 J_{\mathcal{M}}'^2(\xi_n b)\mathcal{V}_{\mathcal{N}\mathcal{M}}(\xi_n r_0,a)\mathcal{V}_{\mathcal{N}\mathcal{M}}(\xi r,a)}{\left[\left\{1-\left(\frac{\mathcal{M}}{\xi_n b}\right)^2\right\}J_{\mathcal{M}}'^2(\xi_n a)-\left\{1-\left(\frac{\mathcal{M}}{\xi_n a}\right)^2\right\}J_{\mathcal{M}}'^2(\xi_n b)\right]}\times$$

$$\times\int_0^{t-t_0}\frac{q(t-t_0-\tau)e^{-\eta_r\xi_n^2\tau}}{\sqrt{\tau}}\left\{e^{-\frac{(z-z_0)^2}{4\eta_z\tau}}-e^{-\frac{(z+z_0)^2}{4\eta_z\tau}}\right\}d\tau+$$

$$+\frac{1}{\vartheta\phi c_t(b^2-a^2)\sqrt{\pi\eta_z}}\int_0^t\int_0^\infty\frac{\left\{a\overline{\psi}_a(0,w,t-\tau)-b\overline{\psi}_b(0,w,t-\tau)\right\}}{\sqrt{\tau}}\left\{e^{-\frac{(z-w)^2}{4\eta_z\tau}}-e^{-\frac{(z+w)^2}{4\eta_z\tau}}\right\}dwd\tau+$$

$$+\frac{1}{\vartheta\phi c_t}\sqrt{\frac{\pi}{\eta_z}}\sum_{m=0}^{\infty}\ni_m\cos(\xi_m\theta)\sum_{n=1}^{\infty}\frac{\xi_n J_{\mathcal{M}}'^2(\xi_n b)\,\mathcal{V}_{\mathcal{NM}}(\xi r,a)}{\left[\left\{1-\left(\frac{\mathcal{M}}{\xi_n b}\right)^2\right\}J_{\mathcal{M}}'^2(\xi_n a)-\left\{1-\left(\frac{\mathcal{M}}{\xi_n a}\right)^2\right\}J_{\mathcal{M}}'^2(\xi_n b)\right]}\times$$

$$\times\int_0^t\frac{e^{-\eta_r\xi_n^2\tau}}{\sqrt{\tau}}\int_0^{\infty}\overline{\psi}_a(\xi_m,w,t-\tau)\left\{e^{-\frac{(z-w)^2}{4\eta_z\tau}}-e^{-\frac{(z+w)^2}{4\eta_z\tau}}\right\}dwd\tau-$$

$$-\frac{1}{\vartheta\phi c_t}\sqrt{\frac{\pi}{\eta_z}}\sum_{m=0}^{\infty}\ni_m\cos(\xi_m\theta)\sum_{n=1}^{\infty}\frac{\xi_n J_{\mathcal{M}}'(\xi_n a)\,J_{\mathcal{M}}'(\xi_n b)\,\mathcal{V}_{\mathcal{NM}}(\xi r,a)}{\left[\left\{1-\left(\frac{\mathcal{M}}{\xi_n b}\right)^2\right\}J_{\mathcal{M}}'^2(\xi_n a)-\left\{1-\left(\frac{\mathcal{M}}{\xi_n a}\right)^2\right\}J_{\mathcal{M}}'^2(\xi_n b)\right]}\times$$

$$\times\int_0^t\frac{e^{-\eta_r\xi_n^2\tau}}{\sqrt{\tau}}\int_0^{\infty}\overline{\psi}_b(\xi_m,w,t-\tau)\left\{e^{-\frac{(z-w)^2}{4\eta_z\tau}}-e^{-\frac{(z+w)^2}{4\eta_z\tau}}\right\}dwd\tau+$$

$$+\frac{4}{\vartheta(b^2-a^2)\sqrt{\pi}}\int_{\frac{z}{2\sqrt{\eta_z t}}}^{\infty}\int_a^b u\overline{\psi}\left(u,0,t-\frac{z^2}{4\eta_z\tau^2}\right)e^{-\tau^2}dud\tau+$$

$$+\frac{2\sqrt{\pi^3}}{\vartheta}\sum_{m=0}^{\infty}\ni_m\cos(\xi_m\theta)\sum_{n=1}^{\infty}\frac{\xi_n^2 J_{\mathcal{M}}'^2(\xi_n b)\,\mathcal{V}_{\mathcal{NM}}(\xi r,a)}{\left[\left\{1-\left(\frac{\mathcal{M}}{\xi_n b}\right)^2\right\}J_{\mathcal{M}}'^2(\xi_n a)-\left\{1-\left(\frac{\mathcal{M}}{\xi_n a}\right)^2\right\}J_{\mathcal{M}}'^2(\xi_n b)\right]}\times$$

$$\times\int_{\frac{z}{2\sqrt{\eta_z t}}}^{\infty}\overline{\overline{\psi}}\left(\xi_n,\xi_m,t-\frac{z^2}{4\eta_z\tau^2}\right)e^{-\eta_r\xi_n^2\left(\frac{z^2}{4\eta_z\tau^2}\right)-\tau^2}d\tau+$$

$$+\frac{1}{(b^2-a^2)\vartheta\phi c_t\sqrt{\pi\eta_z}}\int_0^t\frac{1}{\sqrt{\tau}}\int_a^b\frac{1}{u}\int_0^{\infty}\{\psi_0(u,w,t-\tau)-\psi_\vartheta(u,w,t-\tau)\}\left\{e^{-\frac{(z-w)^2}{4\eta_z t}}-e^{-\frac{(z+w)^2}{4\eta_z t}}\right\}dwdud\tau+$$

$$+\frac{1}{2\vartheta\phi c_t}\sqrt{\frac{\pi^3}{\eta_z}}\sum_{m=0}^{\infty}\ni_m\cos(\xi_m\theta)\sum_{n=1}^{\infty}\frac{\xi_n^2 J_{\mathcal{M}}'^2(\xi_n b)\,\mathcal{V}_{\mathcal{NM}}(\xi_n r,a)}{\left[\left\{1-\left(\frac{\mathcal{M}}{\xi_n b}\right)^2\right\}J_{\mathcal{M}}'^2(\xi_n a)-\left\{1-\left(\frac{\mathcal{M}}{\xi_n a}\right)^2\right\}J_{\mathcal{M}}'^2(\xi_n b)\right]\sqrt{(\eta_r\xi_n^2+s)}}\times$$

$$\times\int_0^t\frac{e^{-\eta_r\xi_n^2\tau}}{\sqrt{\tau}}\int_a^b\frac{\mathcal{V}_{\mathcal{NM}}(\xi_n u,a)}{u}\times$$

$$\times\int_{-\infty}^{\infty}\left\{\psi_0(u,w,t-\tau)+(-1)^{m+1}\psi_\vartheta(u,w,t-\tau)\right\}\left\{e^{-\frac{(z-w)^2}{4\eta_z t}}-e^{-\frac{(z+w)^2}{4\eta_z t}}\right\}dwdud\tau+$$

$$+\frac{1}{\vartheta(b^2-a^2)\sqrt{\pi\eta_z t}}\int_0^{\infty}\int_a^b u\overline{\varphi}(u,0,w)\left\{e^{-\frac{(z-w)^2}{4\eta_z t}}-e^{-\frac{(z+w)^2}{4\eta_z t}}\right\}dudw+$$

$$+\frac{1}{2\vartheta}\sqrt{\frac{\pi^3}{\eta_z t}}\sum_{m=0}^{\infty}\ni_m\cos(\xi_m\theta)\sum_{n=1}^{\infty}\frac{\xi_n^2 J_{\mathcal{M}}'^2(\xi_n b)\,\mathcal{V}_{\mathcal{NM}}(\xi r,a)\,e^{-\eta_r\xi_n^2 t}}{\left[\left\{1-\left(\frac{\mathcal{M}}{\xi_n b}\right)^2\right\}J_{\mathcal{M}}'^2(\xi_n a)-\left\{1-\left(\frac{\mathcal{M}}{\xi_n a}\right)^2\right\}J_{\mathcal{M}}'^2(\xi_n b)\right]}\times$$

$$\times\int_0^t\frac{e^{-\eta_r\xi_n^2\tau}}{\sqrt{\tau}}\int_a^b\frac{\mathcal{V}_{\mathcal{NM}}(\xi_n u,a)}{u}\int_0^{\infty}\left\{\psi_0(u,w,t-\tau)+(-1)^{m+1}\psi_\vartheta(u,w,t-\tau)\right\}\left\{e^{-\frac{(z-w)^2}{4\eta_z t}}-e^{-\frac{(z+w)^2}{4\eta_z t}}\right\}dwdud\tau \tag{28.28.2}$$

where $\overline{\overline{\psi}}(\xi_n,\xi_m,t)=\int_a^b u\mathcal{V}_{\mathcal{NM}}(\xi_n u)\int_0^\vartheta\psi(u,v,t)\cos(\xi_m v)dvdu$, $\overline{\psi}_a(\xi_m,w,t)=\int_0^\vartheta\psi_a(v,w,t)\cos(\xi_m v)dv$, $\overline{\psi}(u,0,t)=\int_0^\vartheta\psi(u,v,t)dv$ and $\overline{\psi}_b(\xi_m,w,t)=\int_0^\vartheta\psi_b(v,w,t)\cos(\xi_m v)dv$.

28.29 **The problem of 28.24, except** $\mathbf{D} \equiv p(r,\theta,0,t) = \psi(r,\theta,t)$,
$\mathbf{N}_a \equiv \frac{\partial p(a,\theta,z,t)}{\partial r} = -\left(\frac{\mu}{k_r}\right)\psi_a(\theta,z,t)$,
$\mathbf{R}_b \equiv \frac{\partial p(b,\theta,z,t)}{\partial r} + \lambda p(b,\theta,z,t) = -\left(\frac{\mu}{k_r}\right)\psi_b(\theta,z,t)$,
$\mathbf{N}_0 \equiv \frac{\partial p(r,0,z,t)}{\partial \theta} = -\left(\frac{\mu}{k_\theta}\right)\psi_0(r,z,t)$ **and**
$\mathbf{N}_\vartheta \equiv \frac{\partial p(r,\vartheta,z,t)}{\partial \theta} = -\left(\frac{\mu}{k_\theta}\right)\psi_\vartheta(r,z,t)$

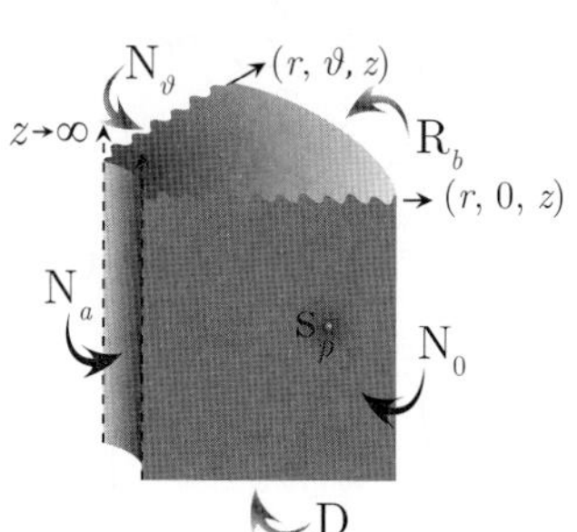

$$\begin{aligned}
\overline{p} = & \frac{\pi^2 q(s)\, e^{-st_0}}{2\vartheta\phi c_t\sqrt{\eta_z}} \sum_{m=0}^{\infty} \ni_m \cos(\xi_m\theta_0)\cos(\xi_m\theta) \times \\
& \times \sum_{n=1}^{\infty} \frac{\xi_n^2 \left\{\xi_n J'_{\mathcal{M}}(\xi_n b) + \lambda J_{\mathcal{M}}(\xi_n b)\right\}^2 \mathcal{V}_{\mathcal{NM}}(\xi_n r_0, a)\, \mathcal{V}_{\mathcal{NM}}(\xi_n r, a)}{\left[\left\{\xi_n^2 + \lambda^2 - \left(\frac{\mathcal{M}}{b}\right)^2\right\} J'^2_{\mathcal{M}}(\xi_n a) - \left\{1 - \left(\frac{\mathcal{M}}{\xi_n a}\right)^2\right\}\left\{\xi_n J'_{\mathcal{M}}(\xi_n b) + \lambda J_{\mathcal{M}}(\xi_n b)\right\}^2\right]\sqrt{(\eta_r\xi_n^2 + s)}} \times \\
& \times \left\{ e^{-|z-z_0|\sqrt{\frac{\eta_r\xi_n^2+s}{\eta_z}}} - e^{-|z+z_0|\sqrt{\frac{\eta_r\xi_n^2+s}{\eta_z}}} \right\} + \\
& + \frac{\pi}{\vartheta\phi c_t\sqrt{\eta_z}} \sum_{m=0}^{\infty} \ni_m \cos(\xi_m\theta) \times \\
& \times \sum_{n=1}^{\infty} \frac{\xi_n \left\{\xi_n J'_{\mathcal{M}}(\xi_n b) + \lambda J_{\mathcal{M}}(\xi_n b)\right\}^2 \mathcal{V}_{\mathcal{NM}}(\xi_n r, a)}{\left[\left\{\xi_n^2 + \lambda^2 - \left(\frac{\mathcal{M}}{b}\right)^2\right\} J'^2_{\mathcal{M}}(\xi_n a) - \left\{1 - \left(\frac{\mathcal{M}}{\xi_n a}\right)^2\right\}\left\{\xi_n J'_{\mathcal{M}}(\xi_n b) + \lambda J_{\mathcal{M}}(\xi_n b)\right\}^2\right]\sqrt{\eta_r\xi_n^2 + s}} \times \\
& \times \int_0^\infty \overline{\overline{\psi}}_a(\xi_m, w, s) \left\{ e^{-|z-w|\sqrt{\frac{\eta_r\xi_n^2+s}{\eta_z}}} - e^{-|z+w|\sqrt{\frac{\eta_r\xi_n^2+s}{\eta_z}}} \right\} dw - \\
& - \frac{\pi}{\vartheta\phi c_t\sqrt{\eta_z}} \sum_{m=0}^{\infty} \ni_m \cos(\xi_m\theta) \times \\
& \times \sum_{n=1}^{\infty} \frac{\xi_n^2 J'_{\mathcal{M}}(\xi_n a) \left\{\xi_n J'_{\mathcal{M}}(\xi_n b) + \lambda J_{\mathcal{M}}(\xi_n b)\right\} \mathcal{V}_{\mathcal{NM}}(\xi_n r, a)}{\left[\left\{\xi_n^2 + \lambda^2 - \left(\frac{\mathcal{M}}{b}\right)^2\right\} J'^2_{\mathcal{M}}(\xi_n a) - \left\{1 - \left(\frac{\mathcal{M}}{\xi_n a}\right)^2\right\}\left\{\xi_n J'_{\mathcal{M}}(\xi_n b) + \lambda J_{\mathcal{M}}(\xi_n b)\right\}^2\right]\sqrt{\eta_r\xi_n^2 + s}} \times \\
& \times \int_0^\infty \overline{\overline{\psi}}_b(\xi_m, w, s) \left\{ e^{-|z-w|\sqrt{\frac{\eta_r\xi_n^2+s}{\eta_z}}} - e^{-|z+w|\sqrt{\frac{\eta_r\xi_n^2+s}{\eta_z}}} \right\} dw + \\
& + \frac{\pi^2}{\vartheta} \sum_{m=0}^{\infty} \ni_m \cos(\xi_m\theta) \sum_{n=1}^{\infty} \frac{\xi_n^2 \left\{\xi_n J'_{\mathcal{M}}(\xi_n b) + \lambda J_{\mathcal{M}}(\xi_n b)\right\}^2 \mathcal{V}_{\mathcal{NM}}(\xi_n r, a)\, \overline{\overline{\overline{\psi}}}(\xi_n, \xi_m, s) e^{-z\sqrt{\frac{\eta_r\xi_n^2+s}{\eta_z}}}}{\left[\left\{\xi_n^2 + \lambda^2 - \left(\frac{\mathcal{M}}{b}\right)^2\right\} J'^2_{\mathcal{M}}(\xi_n a) - \left\{1 - \left(\frac{\mathcal{M}}{\xi_n a}\right)^2\right\}\left\{\xi_n J'_{\mathcal{M}}(\xi_n b) + \lambda J_{\mathcal{M}}(\xi_n b)\right\}^2\right]} + \\
& + \frac{\pi^2}{2\vartheta\phi c_t\sqrt{\eta_z}} \sum_{m=0}^{\infty} \ni_m \cos(\xi_m\theta) \times \\
& \times \sum_{n=1}^{\infty} \frac{\xi_n^2 \left\{\xi_n J'_{\mathcal{M}}(\xi_n b) + \lambda J_{\mathcal{M}}(\xi_n b)\right\}^2 \mathcal{V}_{\mathcal{NM}}(\xi_n r, a)}{\left[\left\{\xi_n^2 + \lambda^2 - \left(\frac{\mathcal{M}}{b}\right)^2\right\} J'^2_{\mathcal{M}}(\xi_n a) - \left\{1 - \left(\frac{\mathcal{M}}{\xi_n a}\right)^2\right\}\left\{\xi_n J'_{\mathcal{M}}(\xi_n b) + \lambda J_{\mathcal{M}}(\xi_n b)\right\}^2\right]\sqrt{\eta_r\xi_n^2 + s}} \times \\
& \times \int_a^b \frac{\mathcal{V}_{\mathcal{NM}}(\xi_n u, a)}{u} \int_0^\infty \left\{\overline{\psi}_0(u,w,s) + (-1)^{m+1}\,\overline{\psi}_\vartheta(u,w,s)\right\} \left\{ e^{-|z-w|\sqrt{\frac{\eta_r\xi_n^2+s}{\eta_z}}} - e^{-|z+w|\sqrt{\frac{\eta_r\xi_n^2+s}{\eta_z}}} \right\} dw\,du +
\end{aligned}$$

$$+\frac{\pi^2}{2\vartheta\sqrt{\eta_z}}\sum_{m=0}^{\infty}\ni_m\cos(\xi_m\theta)\times$$
$$\times\sum_{n=1}^{\infty}\frac{\xi_n^2\left\{\xi_nJ'_{\mathcal{M}}(\xi_nb)+\lambda J_{\mathcal{M}}(\xi_nb)\right\}^2\mathcal{V}_{\mathcal{NM}}(\xi_nr,a)}{\left[\left\{\xi_n^2+\lambda^2-\left(\frac{\mathcal{M}}{b}\right)^2\right\}J'^2_{\mathcal{M}}(\xi_na)-\left\{1-\left(\frac{\mathcal{M}}{\xi_na}\right)^2\right\}\left\{\xi_nJ'_{\mathcal{M}}(\xi_nb)+\lambda J_{\mathcal{M}}(\xi_nb)\right\}^2\right]\sqrt{\eta_r\xi_n^2+s}}\times$$
$$\times\int_0^{\infty}\overline{\overline{\varphi}}(\xi_n,\xi_m,w)\left\{e^{-|z-w|\sqrt{\frac{\eta_r\xi_n^2+s}{\eta_z}}}-e^{-|z+w|\sqrt{\frac{\eta_r\xi_n^2+s}{\eta_z}}}\right\}dw \tag{28.29.1}$$

where $\mathcal{V}_{\mathcal{NM}}(\xi_nr,a)=J_{\mathcal{M}}(\xi_nr)Y'_{\mathcal{M}}(\xi_na)-Y_{\mathcal{M}}(\xi_nr)J'_{\mathcal{M}}(\xi_na)$, $\xi_n, n=1,2,...$, are the positive roots of the transcendental equation $\xi_n\mathcal{V}'_{\mathcal{NM}}(\xi_nb,a)+\lambda\mathcal{V}_{\mathcal{NM}}(\xi_nb,a)=0$. $\xi_m=\frac{m\pi}{\vartheta}$, $m=0,1,...,$
$\overline{\overline{\overline{\psi}}}(\xi_n,\xi_m,s)=\int_a^b u\mathcal{V}_{\mathcal{NM}}(\xi_nu)\int_0^{\vartheta}\overline{\psi}(u,v,s)\cos(\xi_mv)dvdu$, $\overline{\overline{\psi}}_a(\xi_m,w,s)=\int_0^{\vartheta}\overline{\psi}_a(v,w,s)\cos(\xi_mv)dv$,
$\overline{\overline{\psi}}_b(\xi_m,w,s)=\int_0^{\vartheta}\overline{\psi}_b(v,w,s)\cos(\xi_mv)dv$ and $\overline{\overline{\varphi}}(\xi_n,\xi_m,w)=\int_a^b u\mathcal{V}_{\mathcal{NM}}(\xi_nu)\int_0^{\vartheta}\varphi(u,v,w)\cos(\xi_mv)dvdu$.

$$p=\frac{U(t-t_0)}{2\vartheta\phi c_t}\sqrt{\frac{\pi^3}{\eta_z}}\sum_{m=0}^{\infty}\ni_m\cos(\xi_m\theta_0)\cos(\xi_m\theta)\times$$
$$\times\sum_{n=1}^{\infty}\frac{\xi_n^2\left\{\xi_nJ'_{\mathcal{M}}(\xi_nb)+\lambda J_{\mathcal{M}}(\xi_nb)\right\}^2\mathcal{V}_{\mathcal{NM}}(\xi_nr_0,a)\mathcal{V}_{\mathcal{NM}}(\xi_nr,a)}{\left[\left\{\xi_n^2+\lambda^2-\left(\frac{\mathcal{M}}{b}\right)^2\right\}J'^2_{\mathcal{M}}(\xi_na)-\left\{1-\left(\frac{\mathcal{M}}{\xi_na}\right)^2\right\}\left\{\xi_nJ'_{\mathcal{M}}(\xi_nb)+\lambda J_{\mathcal{M}}(\xi_nb)\right\}^2\right]}\times$$
$$\times\int_0^{t-t_0}\frac{q(t-t_0-\tau)e^{-\eta_r\xi_n^2\tau}}{\sqrt{\tau}}\left\{e^{-\frac{(z-z_0)^2}{4\eta_z\tau}}-e^{-\frac{(z+z_0)^2}{4\eta_z\tau}}\right\}d\tau+$$
$$+\frac{1}{\vartheta\phi c_t}\sqrt{\frac{\pi}{\eta_z}}\sum_{m=0}^{\infty}\ni_m\cos(\xi_m\theta)\times$$
$$\times\sum_{n=1}^{\infty}\frac{\xi_n\left\{\xi_nJ'_{\mathcal{M}}(\xi_nb)+\lambda J_{\mathcal{M}}(\xi_nb)\right\}^2\mathcal{V}_{\mathcal{NM}}(\xi_nr,a)}{\left[\left\{\xi_n^2+\lambda^2-\left(\frac{\mathcal{M}}{b}\right)^2\right\}J'^2_{\mathcal{M}}(\xi_na)-\left\{1-\left(\frac{\mathcal{M}}{\xi_na}\right)^2\right\}\left\{\xi_nJ'_{\mathcal{M}}(\xi_nb)+\lambda J_{\mathcal{M}}(\xi_nb)\right\}^2\right]}\times$$
$$\times\int_0^{t}\frac{e^{-\eta_r\xi_n^2\tau}}{\sqrt{\tau}}\int_0^{\infty}\overline{\psi}_a(\xi_m,w,t-\tau)\left\{e^{-\frac{(z-w)^2}{4\eta_z\tau}}-e^{-\frac{(z+w)^2}{4\eta_z\tau}}\right\}dwd\tau-$$
$$-\frac{1}{\vartheta\phi c_t}\sqrt{\frac{\pi}{\eta_z}}\sum_{m=0}^{\infty}\ni_m\cos(\xi_m\theta)\times$$
$$\times\sum_{n=1}^{\infty}\frac{\xi_n^2J'_{\mathcal{M}}(\xi_na)\left\{\lambda J_{\mathcal{M}}(\xi_nb)-\xi_nJ'_{\mathcal{M}}(\xi_nb)\right\}\mathcal{V}_{\mathcal{NM}}(\xi_nr,a)}{\left[\left\{\xi_n^2+\lambda^2-\left(\frac{\mathcal{M}}{b}\right)^2\right\}J'^2_{\mathcal{M}}(\xi_na)-\left\{1-\left(\frac{\mathcal{M}}{\xi_na}\right)^2\right\}\left\{\xi_nJ'_{\mathcal{M}}(\xi_nb)+\lambda J_{\mathcal{M}}(\xi_nb)\right\}^2\right]}\times$$
$$\times\int_0^{t}\frac{e^{-\eta_r\xi_n^2\tau}}{\sqrt{\tau}}\int_0^{\infty}\overline{\psi}_b(\xi_m,w,t-\tau)\left\{e^{-\frac{(z-w)^2}{4\eta_z\tau}}-e^{-\frac{(z+w)^2}{4\eta_z\tau}}\right\}dwd\tau+$$
$$+\frac{2\sqrt{\pi^3}}{\vartheta}\sum_{m=0}^{\infty}\ni_m\cos(\xi_m\theta)\times$$
$$\times\sum_{n=1}^{\infty}\frac{\xi_n^2\left\{\xi_nJ'_{\mathcal{M}}(\xi_nb)+\lambda J_{\mathcal{M}}(\xi_nb)\right\}^2\mathcal{V}_{\mathcal{NM}}(\xi_nr,a)}{\left[\left\{\xi_n^2+\lambda^2-\left(\frac{\mathcal{M}}{b}\right)^2\right\}J'^2_{\mathcal{M}}(\xi_na)-\left\{1-\left(\frac{\mathcal{M}}{\xi_na}\right)^2\right\}\left\{\xi_nJ'_{\mathcal{M}}(\xi_nb)+\lambda J_{\mathcal{M}}(\xi_nb)\right\}^2\right]}\times$$
$$\times\int_{\frac{z}{2\sqrt{\eta_zt}}}^{\infty}\overline{\overline{\psi}}\left(\xi_n,\xi_m,t-\frac{z^2}{4\eta_z\tau^2}\right)e^{-\eta_r\xi_n^2\left(\frac{z^2}{4\eta_z\tau^2}\right)-\tau^2}d\tau+$$

$$+\frac{1}{2\vartheta\phi c_t}\sqrt{\frac{\pi^3}{\eta_z}}\sum_{m=0}^{\infty}\ni_m\cos(\xi_m\theta)\times$$
$$\times\sum_{n=1}^{\infty}\frac{\xi_n^2\left\{\xi_n J'_{\mathcal{M}}(\xi_n b)+\lambda J_{\mathcal{M}}(\xi_n b)\right\}^2\mathcal{V}_{\mathcal{NM}}(\xi_n r,a)}{\left[\left\{\xi_n^2+\lambda^2-\left(\frac{\mathcal{M}}{b}\right)^2\right\}J_{\mathcal{M}}'^2(\xi_n a)-\left\{1-\left(\frac{\mathcal{M}}{\xi_n a}\right)^2\right\}\left\{\xi_n J'_{\mathcal{M}}(\xi_n b)+\lambda J_{\mathcal{M}}(\xi_n b)\right\}^2\right]}\times$$
$$\times\int_0^t\frac{e^{-\eta_r\xi_n^2\tau}}{\sqrt{\tau}}\int_a^b\frac{\mathcal{V}_{\mathcal{NM}}(\xi_n u,a)}{u}\int_0^{\infty}\left\{\psi_0(u,w,t-\tau)+(-1)^{m+1}\psi_\vartheta(u,w,t-\tau)\right\}\times$$
$$\times\left\{e^{-\frac{(z-w)^2}{4\eta_z\tau}}-e^{-\frac{(z+w)^2}{4\eta_z\tau}}\right\}dwdud\tau+$$
$$+\frac{1}{2\vartheta}\sqrt{\frac{\pi^3}{\eta_z t}}\sum_{m=0}^{\infty}\ni_m\cos(\xi_m\theta)\times$$
$$\times\sum_{n=1}^{\infty}\frac{\xi_n^2\left\{\xi_n J'_{\mathcal{M}}(\xi_n b)+\lambda J_{\mathcal{M}}(\xi_n b)\right\}^2\mathcal{V}_{\mathcal{NM}}(\xi_n r,a)e^{-\eta_r\xi_n^2 t}}{\left[\left\{\xi_n^2+\lambda^2-\left(\frac{\mathcal{M}}{b}\right)^2\right\}J_{\mathcal{M}}'^2(\xi_n a)-\left\{1-\left(\frac{\mathcal{M}}{\xi_n a}\right)^2\right\}\left\{\xi_n J'_{\mathcal{M}}(\xi_n b)+\lambda J_{\mathcal{M}}(\xi_n b)\right\}^2\right]}\times$$
$$\times\int_0^{\infty}\overline{\overline{\varphi}}(\xi_n,\xi_m,w)\left\{e^{-\frac{(z-w)^2}{4\eta_z t}}-e^{-\frac{(z+w)^2}{4\eta_z t}}\right\}dw \qquad (28.29.2)$$

where $\overline{\overline{\psi}}(\xi_n,\xi_m,t)=\int_a^b u\mathcal{V}_{\mathcal{NM}}(\xi_n u)\int_0^{\vartheta}\psi(u,v,t)\cos(\xi_m v)dvdu$, $\overline{\psi}_a(\xi_m,w,t)=\int_0^{\vartheta}\psi_a(v,w,t)\cos(\xi_m v)dv$ and $\overline{\psi}_b(\xi_m,w,t)=\int_0^{\vartheta}\psi_b(v,w,t)\cos(\xi_m v)dv$.

28.30 The problem of 28.24, except $\mathbf{D}\equiv p(r,\theta,0,t)=\psi(r,\theta,t)$,

$\mathbf{R}_a\equiv\frac{\partial p(a,\theta,z,t)}{\partial r}-\lambda p(a,\theta,z,t)=-\left(\frac{\mu}{k_r}\right)\psi_a(\theta,z,t)$,
$\mathbf{D}_b\equiv p(b,\theta,z,t)=\psi_b(\theta,z,t)$,
$\mathbf{N}_0\equiv\frac{\partial p(r,0,z,t)}{\partial\theta}=-\left(\frac{\mu}{k_\theta}\right)\psi_0(r,z,t)$ and
$\mathbf{N}_\vartheta\equiv\frac{\partial p(r,\vartheta,z,t)}{\partial\theta}=-\left(\frac{\mu}{k_\theta}\right)\psi_\vartheta(r,z,t)$

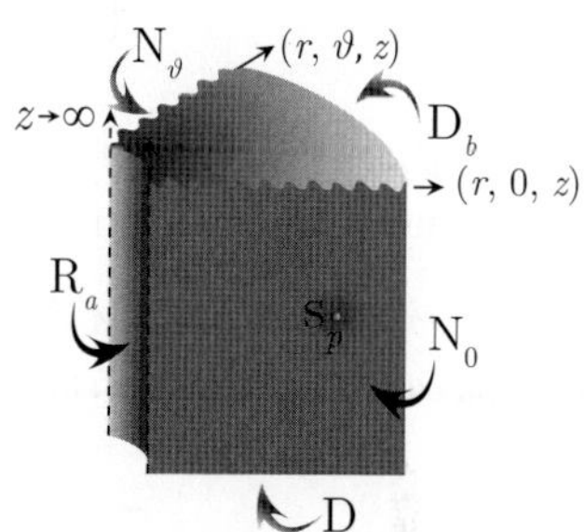

$$\overline{p}=\frac{\pi^2 q(s)e^{-st_0}}{2\vartheta\phi c_t\sqrt{\eta_z}}\sum_{m=0}^{\infty}\ni_m\cos(\xi_m\theta_0)\cos(\xi_m\theta)\times$$
$$\times\sum_{n=1}^{\infty}\frac{\xi_n^2\left\{\xi_n J'_{\mathcal{M}}(\xi_n a)-\lambda J_{\mathcal{M}}(\xi_n a)\right\}^2\mathcal{V}_{\mathcal{DM}}(\xi r_0,b)\mathcal{V}_{\mathcal{DM}}(\xi r,b)}{\left[\left\{\xi_n J'_{\mathcal{M}}(\xi_n a)-\lambda J_{\mathcal{M}}(\xi_n a)\right\}^2-\left\{\xi_n^2+\lambda^2-\left(\frac{\mathcal{M}}{a}\right)^2\right\}J_{\mathcal{M}}^2(\xi_n b)\right]\sqrt{(\eta_r\xi_n^2+s)}}\times$$
$$\times\left\{e^{-|z-z_0|\sqrt{\frac{\eta_r\xi_n^2+s}{\eta_z}}}-e^{-|z+z_0|\sqrt{\frac{\eta_r\xi_n^2+s}{\eta_z}}}\right\}+$$
$$+\frac{\pi}{\vartheta\phi c_t\sqrt{\eta_z}}\sum_{m=0}^{\infty}\ni_m\cos(\xi_m\theta)\times$$
$$\times\sum_{n=1}^{\infty}\frac{\xi_n^2 J_{\mathcal{M}}(\xi_n b)\left\{\xi_n J'_{\mathcal{M}}(\xi_n a)-\lambda J_{\mathcal{M}}(\xi_n a)\right\}\mathcal{V}_{\mathcal{DM}}(\xi r,b)}{\left[\left\{\xi_n J'_{\mathcal{M}}(\xi_n a)-\lambda J_{\mathcal{M}}(\xi_n a)\right\}^2-\left\{\xi_n^2+\lambda^2-\left(\frac{\mathcal{M}}{a}\right)^2\right\}J_{\mathcal{M}}^2(\xi_n b)\right]\sqrt{\eta_r\xi_n^2+s}}\times$$
$$\times\int_0^{\infty}\overline{\overline{\psi}}_a(\xi_m,w,s)\left\{e^{-|z-w|\sqrt{\frac{\eta_r\xi_n^2+s}{\eta_z}}}-e^{-|z+w|\sqrt{\frac{\eta_r\xi_n^2+s}{\eta_z}}}\right\}dw+$$
$$+\frac{\pi\eta_r}{\vartheta\sqrt{\eta_z}}\sum_{m=0}^{\infty}\ni_m\cos(\xi_m\theta)\times$$

$$\times \sum_{n=1}^{\infty} \frac{\xi_n^2 \left\{\xi_n J'_{\mathcal{M}}(\xi_n a) - \lambda J_{\mathcal{M}}(\xi_n a)\right\}^2 \mathcal{V}_{\mathcal{DM}}(\xi r, b)}{\left[\left\{\xi_n J'_{\mathcal{M}}(\xi_n a) - \lambda J_{\mathcal{M}}(\xi_n a)\right\}^2 - \left\{\xi_n^2 + \lambda^2 - \left(\frac{\mathcal{M}}{a}\right)^2\right\} J_{\mathcal{M}}^2(\xi_n b)\right] \sqrt{\eta_r \xi_n^2 + s}} \times$$

$$\times \int_0^{\infty} \overline{\overline{\psi}}_b(\xi_m, w, s) \left\{ e^{-|z-w|\sqrt{\frac{\eta_r \xi_n^2 + s}{\eta_z}}} - e^{-|z+w|\sqrt{\frac{\eta_r \xi_n^2 + s}{\eta_z}}} \right\} dw +$$

$$+ \frac{\pi^2}{\vartheta} \sum_{m=0}^{\infty} \ni_m \cos(\xi_m \theta) \sum_{n=1}^{\infty} \frac{\xi_n^2 \left\{\xi_n J'_{\mathcal{M}}(\xi_n a) - \lambda J_{\mathcal{M}}(\xi_n a)\right\}^2 \mathcal{V}_{\mathcal{DM}}(\xi r, b) \overline{\overline{\overline{\psi}}}(\xi_n, \xi_m, s)\, e^{-z\sqrt{\frac{\eta_r \xi_n^2 + s}{\eta_z}}}}{\left[\left\{\xi_n J'_{\mathcal{M}}(\xi_n a) - \lambda J_{\mathcal{M}}(\xi_n a)\right\}^2 - \left\{\xi_n^2 + \lambda^2 - \left(\frac{\mathcal{M}}{a}\right)^2\right\} J_{\mathcal{M}}^2(\xi_n b)\right]} +$$

$$+ \frac{\pi^2}{2\vartheta \phi c_t \sqrt{\eta_z}} \sum_{m=0}^{\infty} \ni_m \cos(\xi_m \theta) \times$$

$$\times \sum_{n=1}^{\infty} \frac{\xi_n^2 \left\{\xi_n J'_{\mathcal{M}}(\xi_n a) - \lambda J_{\mathcal{M}}(\xi_n a)\right\}^2 \mathcal{V}_{\mathcal{DM}}(\xi r, b)}{\left[\left\{\xi_n J'_{\mathcal{M}}(\xi_n a) - \lambda J_{\mathcal{M}}(\xi_n a)\right\}^2 - \left\{\xi_n^2 + \lambda^2 - \left(\frac{\mathcal{M}}{a}\right)^2\right\} J_{\mathcal{M}}^2(\xi_n b)\right] \sqrt{\eta_r \xi_n^2 + s}} \times$$

$$\times \int_a^b \frac{\mathcal{V}_{\mathcal{DM}}(\xi_n u, b)}{u} \int_0^{\infty} \left\{ \overline{\psi}_0(u, w, s) + (-1)^{m+1} \overline{\psi}_{\vartheta}(u, w, s) \right\} \left\{ e^{-|z-w|\sqrt{\frac{\eta_r \xi_n^2 + s}{\eta_z}}} - e^{-|z+w|\sqrt{\frac{\eta_r \xi_n^2 + s}{\eta_z}}} \right\} dw du +$$

$$+ \frac{\pi^2}{2\vartheta \sqrt{\eta_z}} \sum_{m=0}^{\infty} \ni_m \cos(\xi_m \theta) \sum_{n=1}^{\infty} \frac{\xi_n^2 \left\{\xi_n J'_{\mathcal{M}}(\xi_n a) - \lambda J_{\mathcal{M}}(\xi_n a)\right\}^2 \mathcal{V}_{\mathcal{DM}}(\xi r, b)}{\left[\left\{\xi_n J'_{\mathcal{M}}(\xi_n a) - \lambda J_{\mathcal{M}}(\xi_n a)\right\}^2 - \left\{\xi_n^2 + \lambda^2 - \left(\frac{\mathcal{M}}{a}\right)^2\right\} J_{\mathcal{M}}^2(\xi_n b)\right] \sqrt{\eta_r \xi_n^2 + s}} \times$$

$$\times \int_0^{\infty} \overline{\overline{\varphi}}(\xi_n, \xi_m, w) \left\{ e^{-|z-w|\sqrt{\frac{\eta_r \xi_n^2 + s}{\eta_z}}} - e^{-|z+w|\sqrt{\frac{\eta_r \xi_n^2 + s}{\eta_z}}} \right\} dw \qquad (28.30.1)$$

where $\mathcal{V}_{\mathcal{DM}}(\xi_n r, b) = J_{\mathcal{M}}(\xi_n r) Y_{\mathcal{M}}(\xi_n b) - Y_{\mathcal{M}}(\xi_n r) J_{\mathcal{M}}(\xi_n b)$, $\xi_n, n = 1, 2, ...$, are the positive roots of the transcendental equation $\lambda \mathcal{V}_{\mathcal{DM}}(\xi_n a, b) - \xi_n \mathcal{V}'_{\mathcal{DM}}(\xi_n a, b) = 0$. $\xi_m = \frac{m\pi}{\vartheta}$, $m = 0, 1, ...$,
$\overline{\overline{\overline{\psi}}}(\xi_n, \xi_m, s) = \int_a^b u \mathcal{V}_{\mathcal{DM}}(\xi_n u) \int_0^{\vartheta} \overline{\psi}(u, v, s) \cos(\xi_m v) dv du$, $\overline{\overline{\psi}}_a(\xi_m, w, s) = \int_0^{\vartheta} \overline{\psi}_a(v, w, s) \cos(\xi_m v) dv$,
$\overline{\overline{\psi}}_b(\xi_m, w, s) = \int_0^{\vartheta} \overline{\psi}_b(v, w, s) \cos(\xi_m v) dv$ and $\overline{\overline{\varphi}}(\xi_n, \xi_m, w) = \int_a^b u \mathcal{V}_{\mathcal{DM}}(\xi_n u) \int_0^{\vartheta} \varphi(u, v, w) \cos(\xi_m v) du dv$.

$$p = \frac{U(t - t_0)}{2\vartheta \phi c_t} \sqrt{\frac{\pi^3}{\eta_z}} \sum_{m=0}^{\infty} \ni_m \cos(\xi_m \theta) \times$$

$$\times \sum_{n=1}^{\infty} \frac{\xi_n^2 \left\{\xi_n J'_{\mathcal{M}}(\xi_n a) - \lambda J_{\mathcal{M}}(\xi_n a)\right\}^2 \mathcal{V}_{\mathcal{DM}}(\xi r_0, b)\, \mathcal{V}_{\mathcal{DM}}(\xi r, b)}{\left[\left\{\xi_n J'_{\mathcal{M}}(\xi_n a) - \lambda J_{\mathcal{M}}(\xi_n a)\right\}^2 - \left\{\xi_n^2 + \lambda^2 - \left(\frac{\mathcal{M}}{a}\right)^2\right\} J_{\mathcal{M}}^2(\xi_n b)\right]} \times$$

$$\times \int_0^{t-t_0} \frac{q(t - t_0 - \tau)\, e^{-\eta_r \xi_n^2 \tau}}{\sqrt{\tau}} \left\{ e^{-\frac{(z-z_0)^2}{4\eta_z \tau}} - e^{-\frac{(z+z_0)^2}{4\eta_z \tau}} \right\} d\tau +$$

$$+ \frac{1}{\vartheta \phi c_t} \sqrt{\frac{\pi}{\eta_z}} \sum_{n=1}^{\infty} \frac{\xi_n^2 J_{\mathcal{M}}(\xi_n b) \left\{\xi_n J'_{\mathcal{M}}(\xi_n a) - \lambda J_{\mathcal{M}}(\xi_n a)\right\} \mathcal{V}_{\mathcal{DM}}(\xi r, b)}{\left[\left\{\xi_n J'_{\mathcal{M}}(\xi_n a) - \lambda J_{\mathcal{M}}(\xi_n a)\right\}^2 - \left\{\xi_n^2 + \lambda^2 - \left(\frac{\mathcal{M}}{a}\right)^2\right\} J_{\mathcal{M}}^2(\xi_n b)\right]} \times$$

$$\times \int_0^t \frac{e^{-\eta_r \xi_n^2 \tau}}{\sqrt{\tau}} \int_0^{\infty} \overline{\psi}_a(\xi_m, w, t - \tau) \left\{ e^{-\frac{(z-w)^2}{4\eta_z \tau}} - e^{-\frac{(z+w)^2}{4\eta_z \tau}} \right\} dw d\tau +$$

$$+ \frac{\eta_r}{\vartheta} \sqrt{\frac{\pi}{\eta_z}} \sum_{m=0}^{\infty} \ni_m \cos(\xi_m \theta) \sum_{n=1}^{\infty} \frac{\xi_n^2 \left\{\xi_n J'_{\mathcal{M}}(\xi_n a) - \lambda J_{\mathcal{M}}(\xi_n a)\right\}^2 \mathcal{V}_{\mathcal{DM}}(\xi r, b)}{\left[\left\{\xi_n J'_{\mathcal{M}}(\xi_n a) - \lambda J_{\mathcal{M}}(\xi_n a)\right\}^2 - \left\{\xi_n^2 + \lambda^2 - \left(\frac{\mathcal{M}}{a}\right)^2\right\} J_{\mathcal{M}}^2(\xi_n b)\right]} \times$$

$$\times \int_0^t \frac{e^{-\eta_r \xi_n^2 \tau}}{\sqrt{\tau}} \int_0^{\infty} \overline{\psi}_b(\xi_m, w, t - \tau) \left\{ e^{-\frac{(z-w)^2}{4\eta_z \tau}} - e^{-\frac{(z+w)^2}{4\eta_z \tau}} \right\} dw d\tau +$$

$$+\frac{2\sqrt{\pi^3}}{\vartheta}\sum_{m=0}^{\infty}\ni_m\cos(\xi_m\theta)\sum_{n=1}^{\infty}\frac{\xi_n^2\left\{\xi_n J'_{\mathcal{M}}(\xi_n a)-\lambda J_{\mathcal{M}}(\xi_n a)\right\}^2\mathcal{V}_{\mathcal{DM}}(\xi r,b)}{\left[\left\{\xi_n J'_{\mathcal{M}}(\xi_n a)-\lambda J_{\mathcal{M}}(\xi_n a)\right\}^2-\left\{\xi_n^2+\lambda^2-\left(\frac{\mathcal{M}}{a}\right)^2\right\}J^2_{\mathcal{M}}(\xi_n b)\right]}\times$$

$$\times\int_{\frac{z}{2\sqrt{\eta_z t}}}^{\infty}\overline{\overline{\psi}}\left(\xi_n,\xi_m,t-\frac{z^2}{4\eta_z\tau^2}\right)e^{-\eta_r\xi_n^2\left(\frac{z^2}{4\eta_z\tau^2}\right)-\tau^2}d\tau+$$

$$+\frac{1}{2\vartheta\phi c_t}\sqrt{\frac{\pi^3}{\eta_z}}\sum_{m=0}^{\infty}\ni_m\cos(\xi_m\theta)\times$$

$$\times\sum_{n=1}^{\infty}\frac{\xi_n^2\left\{\xi_n J'_{\mathcal{M}}(\xi_n a)-\lambda J_{\mathcal{M}}(\xi_n a)\right\}^2\mathcal{V}_{\mathcal{DM}}(\xi r,b)}{\left[\left\{\xi_n J'_{\mathcal{M}}(\xi_n a)-\lambda J_{\mathcal{M}}(\xi_n a)\right\}^2-\left\{\xi_n^2+\lambda^2-\left(\frac{\mathcal{M}}{a}\right)^2\right\}J^2_{\mathcal{M}}(\xi_n b)\right]}\times$$

$$\times\int_0^t\frac{e^{-\eta_r\xi_n^2\tau}}{\sqrt{\tau}}\int_a^b\frac{\mathcal{V}_{\mathcal{DM}}(\xi_n u,b)}{u}\int_0^\infty\left\{\psi_0(u,w,t-\tau)+(-1)^{m+1}\psi_\vartheta(u,w,t-\tau)\right\}\times$$

$$\times\left\{e^{-\frac{(z-w)^2}{4\eta_z\tau}}-e^{-\frac{(z+w)^2}{4\eta_z\tau}}\right\}dwdud\tau+$$

$$+\frac{1}{2\vartheta}\sqrt{\frac{\pi^3}{\eta_z t}}\sum_{m=0}^{\infty}\ni_m\cos(\xi_m\theta)\sum_{n=1}^{\infty}\frac{\xi_n^2\left\{\xi_n J'_{\mathcal{M}}(\xi_n a)-\lambda J_{\mathcal{M}}(\xi_n a)\right\}^2\mathcal{V}_{\mathcal{DM}}(\xi r,b)}{\left[\left\{\xi_n J'_{\mathcal{M}}(\xi_n a)-\lambda J_{\mathcal{M}}(\xi_n a)\right\}^2-\left\{\xi_n^2+\lambda^2-\left(\frac{\mathcal{M}}{a}\right)^2\right\}J^2_{\mathcal{M}}(\xi_n b)\right]}\times$$

$$\times\int_0^\infty\overline{\overline{\varphi}}(\xi_n,\xi_m,w)\left\{e^{-\frac{(z-w)^2}{4\eta_z t}}-e^{-\frac{(z+w)^2}{4\eta_z t}}\right\}dw \tag{28.30.2}$$

where $\overline{\overline{\psi}}(\xi_n,\xi_m,t)=\int_a^b u\mathcal{V}_{\mathcal{DM}}(\xi_n u)\int_0^\vartheta\psi(u,v,t)\cos(\xi_m v)dvdu$, $\overline{\psi}_a(\xi_m,w,t)=\int_0^\vartheta\psi_a(v,w,t)\cos(\xi_m v)dv$ and $\overline{\psi}_b(\xi_m,w,t)=\int_0^\vartheta\psi_b(v,w,t)\cos(\xi_m v)dv$.

28.31 The problem of 28.24, except $\mathbf{D}\equiv p(r,\theta,0,t)=\psi(r,\theta,t)$,
$\mathbf{R}_a\equiv\frac{\partial p(a,\theta,z,t)}{\partial r}-\lambda p(a,\theta,z,t)=-\left(\frac{\mu}{k_r}\right)\psi_a(\theta,z,t)$,
$\mathbf{N}_b\equiv\frac{\partial p(b,\theta,z,t)}{\partial r}=-\left(\frac{\mu}{k_r}\right)\psi_b(\theta,z,t)$,
$\mathbf{N}_0\equiv\frac{\partial p(r,0,z,t)}{\partial\theta}=-\left(\frac{\mu}{k_\theta}\right)\psi_0(r,z,t)$ and
$\mathbf{N}_\vartheta\equiv\frac{\partial p(r,\vartheta,z,t)}{\partial\theta}=-\left(\frac{\mu}{k_\theta}\right)\psi_\vartheta(r,z,t)$

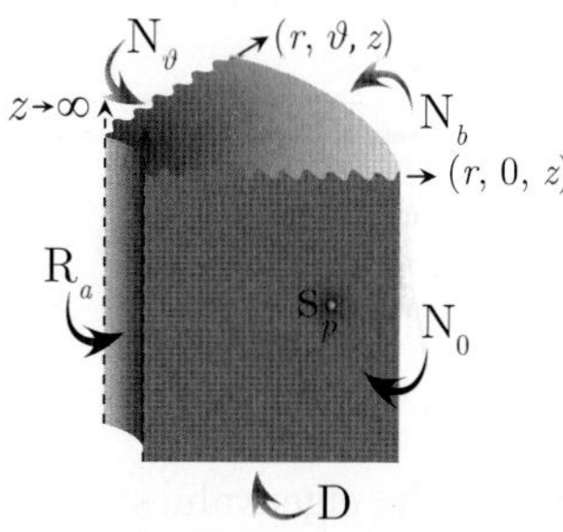

$$\overline{p}=\frac{\pi^2 q(s)e^{-st_0}}{2\vartheta\phi c_t\sqrt{\eta_z}}\sum_{m=0}^{\infty}\ni_m\cos(\xi_m\theta_0)\cos(\xi_m\theta)\times$$

$$\times\sum_{n=1}^{\infty}\frac{\xi_n^2\left\{\xi_n J'_{\mathcal{M}}(\xi_n a)-\lambda J_{\mathcal{M}}(\xi_n a)\right\}^2\mathcal{V}_{\mathcal{NM}}(\xi r_0,b)\mathcal{V}_{\mathcal{NM}}(\xi r,b)}{\left[\left\{1-\left(\frac{\mathcal{M}}{\xi_n b}\right)^2\right\}\left\{\xi_n J'_{\mathcal{M}}(\xi_n a)-\lambda J_{\mathcal{M}}(\xi_n a)\right\}^2-\left\{\xi_n^2+\lambda^2-\left(\frac{\mathcal{M}}{a}\right)^2\right\}J'^2_{\mathcal{M}}(\xi_n b)\right]\sqrt{(\eta_r\xi_n^2+s)}}\times$$

$$\times\left\{e^{-|z-z_0|\sqrt{\frac{\eta_r\xi_n^2+s}{\eta_z}}}-e^{-|z+z_0|\sqrt{\frac{\eta_r\xi_n^2+s}{\eta_z}}}\right\}-$$

$$-\frac{\pi}{\vartheta\phi c_t\sqrt{\eta_z}}\sum_{m=0}^{\infty}\ni_m\cos(\xi_m\theta)\times$$

$$\times\sum_{n=1}^{\infty}\frac{\xi_n^2 J'_{\mathcal{M}}(\xi_n b)\left\{\xi_n J'_{\mathcal{M}}(\xi_n a)-\lambda J_{\mathcal{M}}(\xi_n a)\right\}\mathcal{V}_{\mathcal{NM}}(\xi r,b)}{\left[\left\{1-\left(\frac{\mathcal{M}}{\xi_n b}\right)^2\right\}\left\{\xi_n J'_{\mathcal{M}}(\xi_n a)-\lambda J_{\mathcal{M}}(\xi_n a)\right\}^2-\left\{\xi_n^2+\lambda^2-\left(\frac{\mathcal{M}}{a}\right)^2\right\}J'^2_{\mathcal{M}}(\xi_n b)\right]\sqrt{\eta_r\xi_n^2+s}}\times$$

$$\times \int_0^\infty \overline{\overline{\psi}}_a(\xi_m, w, s)\left\{e^{-|z-w|\sqrt{\frac{\eta_r \xi_n^2 + s}{\eta_z}}} - e^{-|z+w|\sqrt{\frac{\eta_r \xi_n^2 + s}{\eta_z}}}\right\} dw -$$

$$-\frac{\pi}{\vartheta \phi c_t \sqrt{\eta_z}} \sum_{m=0}^{\infty} \ni_m \cos(\xi_m \theta) \times$$

$$\times \sum_{n=1}^{\infty} \frac{\xi_n \left\{\xi_n J'_{\mathcal{M}}(\xi_n a) - \lambda J_{\mathcal{M}}(\xi_n a)\right\}^2 \mathcal{V}_{\mathcal{NM}}(\xi r, b)}{\left[\left\{1 - \left(\frac{\mathcal{M}}{\xi_n b}\right)^2\right\}\left\{\xi_n J'_{\mathcal{M}}(\xi_n a) - \lambda J_{\mathcal{M}}(\xi_n a)\right\}^2 - \left\{\xi_n^2 + \lambda^2 - \left(\frac{\mathcal{M}}{a}\right)^2\right\} J'^2_{\mathcal{M}}(\xi_n b)\right] \sqrt{\eta_r \xi_n^2 + s}} \times$$

$$\times \int_0^\infty \overline{\overline{\psi}}_b(\xi_m, w, s)\left\{e^{-|z-w|\sqrt{\frac{\eta_r \xi_n^2 + s}{\eta_z}}} - e^{-|z+w|\sqrt{\frac{\eta_r \xi_n^2 + s}{\eta_z}}}\right\} dw +$$

$$+\frac{\pi^2}{\vartheta} \sum_{m=0}^{\infty} \ni_m \cos(\xi_m \theta) \sum_{n=1}^{\infty} \frac{\xi_n^2 \left\{\xi_n J'_{\mathcal{M}}(\xi_n a) - \lambda J_{\mathcal{M}}(\xi_n a)\right\}^2 \mathcal{V}_{\mathcal{NM}}(\xi r, b)\, \overline{\overline{\overline{\psi}}}(\xi_n, \xi_m, s)\, e^{-z\sqrt{\frac{\eta_r \xi_n^2 + s}{\eta_z}}}}{\left[\left\{1 - \left(\frac{\mathcal{M}}{\xi_n b}\right)^2\right\}\left\{\xi_n J'_{\mathcal{M}}(\xi_n a) - \lambda J_{\mathcal{M}}(\xi_n a)\right\}^2 - \left\{\xi_n^2 + \lambda^2 - \left(\frac{\mathcal{M}}{a}\right)^2\right\} J'^2_{\mathcal{M}}(\xi_n b)\right]} +$$

$$+\frac{\pi^2}{2\vartheta \phi c_t \sqrt{\eta_z}} \sum_{m=0}^{\infty} \ni_m \cos(\xi_m \theta) \times$$

$$\times \sum_{n=1}^{\infty} \frac{\xi_n^2 \left\{\xi_n J'_{\mathcal{M}}(\xi_n a) - \lambda J_{\mathcal{M}}(\xi_n a)\right\}^2 \mathcal{V}_{\mathcal{NM}}(\xi r, b)}{\left[\left\{1 - \left(\frac{\mathcal{M}}{\xi_n b}\right)^2\right\}\left\{\xi_n J'_{\mathcal{M}}(\xi_n a) - \lambda J_{\mathcal{M}}(\xi_n a)\right\}^2 - \left\{\xi_n^2 + \lambda^2 - \left(\frac{\mathcal{M}}{a}\right)^2\right\} J'^2_{\mathcal{M}}(\xi_n b)\right]} \times$$

$$\times \int_a^b \frac{\mathcal{V}_{\mathcal{NM}}(\xi_n u, b)}{u} \int_0^\infty \left\{\overline{\psi}_0(u, w, s) + (-1)^{m+1}\, \overline{\psi}_\vartheta(u, w, s)\right\}\left\{e^{-|z-w|\sqrt{\frac{\eta_r \xi_n^2 + s}{\eta_z}}} - e^{-|z+w|\sqrt{\frac{\eta_r \xi_n^2 + s}{\eta_z}}}\right\} dw du +$$

$$+\frac{\pi^2}{2\vartheta \sqrt{\eta_z}} \sum_{m=0}^{\infty} \ni_m \cos(\xi_m \theta) \times$$

$$\times \sum_{n=1}^{\infty} \frac{\xi_n^2 \left\{\xi_n J'_{\mathcal{M}}(\xi_n a) - \lambda J_{\mathcal{M}}(\xi_n a)\right\}^2 \mathcal{V}_{\mathcal{NM}}(\xi r, b)}{\left[\left\{1 - \left(\frac{\mathcal{M}}{\xi_n b}\right)^2\right\}\left\{\xi_n J'_{\mathcal{M}}(\xi_n a) - \lambda J_{\mathcal{M}}(\xi_n a)\right\}^2 - \left\{\xi_n^2 + \lambda^2 - \left(\frac{\mathcal{M}}{a}\right)^2\right\} J'^2_{\mathcal{M}}(\xi_n b)\right] \sqrt{\eta_r \xi_n^2 + s}} \times$$

$$\times \int_0^\infty \overline{\overline{\varphi}}(\xi_n, \xi_m, w)\left\{e^{-|z-w|\sqrt{\frac{\eta_r \xi_n^2 + s}{\eta_z}}} - e^{-|z+w|\sqrt{\frac{\eta_r \xi_n^2 + s}{\eta_z}}}\right\} dw \tag{28.31.1}$$

where the eigenvalues $\xi_n, n = 1, 2, ...,$ are the positive roots of the transcendental equation $\lambda \mathcal{V}_{\mathcal{NM}}(\xi_n a, b) - \xi_n \mathcal{V}'_{\mathcal{NM}}(\xi_n a, b) = 0$. $\xi_m = \frac{m\pi}{\vartheta}$, $m = 0, 1, ...,$
$\overline{\overline{\overline{\psi}}}(\xi_n, \xi_m, s) = \int_a^b u \mathcal{V}_{\mathcal{NM}}(\xi_n u) \int_0^\vartheta \overline{\psi}(u, v, s) \cos(\xi_m v) dv du$, $\overline{\overline{\psi}}_a(\xi_m, w, s) = \int_0^\vartheta \overline{\psi}_a(v, w, s) \cos(\xi_m v) dv$,
$\overline{\overline{\psi}}_b(\xi_m, w, s) = \int_0^\vartheta \overline{\psi}_b(v, w, s) \cos(\xi_m v) dv$ and $\overline{\overline{\varphi}}(\xi_n, \xi_m, w) = \int_a^b u \mathcal{V}_{\mathcal{NM}}(\xi_n u) \int_0^\vartheta \varphi(u, v, w) \cos(\xi_m v) dv du$.

$$p = \frac{U(t - t_0)}{2\vartheta \phi c_t} \sqrt{\frac{\pi^3}{\eta_z}} \sum_{m=0}^{\infty} \ni_m \cos(\xi_m \theta) \times$$

$$\times \sum_{n=1}^{\infty} \frac{\xi_n^2 \left\{\xi_n J'_{\mathcal{M}}(\xi_n a) - \lambda J_{\mathcal{M}}(\xi_n a)\right\}^2 \mathcal{V}_{\mathcal{NM}}(\xi r_0, b)\, \mathcal{V}_{\mathcal{NM}}(\xi r, b)}{\left[\left\{1 - \left(\frac{\mathcal{M}}{\xi_n b}\right)^2\right\}\left\{\xi_n J'_{\mathcal{M}}(\xi_n a) - \lambda J_{\mathcal{M}}(\xi_n a)\right\}^2 - \left\{\xi_n^2 + \lambda^2 - \left(\frac{\mathcal{M}}{a}\right)^2\right\} J'^2_{\mathcal{M}}(\xi_n b)\right]} \times$$

$$\times \int_0^{t - t_0} \frac{q(t - t_0 - \tau)\, e^{-\eta_r \xi_n^2 \tau}}{\sqrt{\tau}} \left\{e^{-\frac{(z - z_0)^2}{4\eta_z \tau}} - e^{-\frac{(z + z_0)^2}{4\eta_z \tau}}\right\} d\tau -$$

$$-\frac{1}{\vartheta \phi c_t} \sqrt{\frac{\pi}{\eta_z}} \sum_{m=0}^{\infty} \ni_m \cos(\xi_m \theta) \times$$

$$\times \sum_{n=1}^{\infty} \frac{\xi_n^2 J'_{\mathcal{M}}(\xi_n b)\left\{\xi_n J'_{\mathcal{M}}(\xi_n a) - \lambda J_{\mathcal{M}}(\xi_n a)\right\} \mathcal{V}_{\mathcal{N}\mathcal{M}}(\xi r, b)}{\left[\left\{1 - \left(\frac{\mathcal{M}}{\xi_n b}\right)^2\right\}\left\{\xi_n J'_{\mathcal{M}}(\xi_n a) - \lambda J_{\mathcal{M}}(\xi_n a)\right\}^2 - \left\{\xi_n^2 + \lambda^2 - \left(\frac{\mathcal{M}}{a}\right)^2\right\} J'^2_{\mathcal{M}}(\xi_n b)\right]} \times$$

$$\times \int_0^t \frac{e^{-\eta_r \xi_n^2 \tau}}{\sqrt{\tau}} \int_0^{\infty} \overline{\psi}_a(\xi_m, w, t-\tau)\left\{e^{-\frac{(z-w)^2}{4\eta_z \tau}} - e^{-\frac{(z+w)^2}{4\eta_z \tau}}\right\} dw d\tau -$$

$$-\frac{1}{\vartheta \phi c_t}\sqrt{\frac{\pi}{\eta_z}} \sum_{m=0}^{\infty} \ni_m \cos(\xi_m \theta) \times$$

$$\times \sum_{n=1}^{\infty} \frac{\xi_n \left\{\xi_n J'_{\mathcal{M}}(\xi_n a) - \lambda J_{\mathcal{M}}(\xi_n a)\right\}^2 \mathcal{V}_{\mathcal{N}\mathcal{M}}(\xi r, b)}{\left[\left\{1 - \left(\frac{\mathcal{M}}{\xi_n b}\right)^2\right\}\left\{\xi_n J'_{\mathcal{M}}(\xi_n a) - \lambda J_{\mathcal{M}}(\xi_n a)\right\}^2 - \left\{\xi_n^2 + \lambda^2 - \left(\frac{\mathcal{M}}{a}\right)^2\right\} J'^2_{\mathcal{M}}(\xi_n b)\right]} \times$$

$$\times \int_0^t \frac{e^{-\eta_r \xi_n^2 \tau}}{\sqrt{\tau}} \int_0^{\infty} \overline{\psi}_b(\xi_m, w, t-\tau)\left\{e^{-\frac{(z-w)^2}{4\eta_z \tau}} - e^{-\frac{(z+w)^2}{4\eta_z \tau}}\right\} dw d\tau +$$

$$+\frac{2\sqrt{\pi^3}}{\vartheta} \sum_{m=0}^{\infty} \ni_m \cos(\xi_m \theta) \times$$

$$\times \sum_{n=1}^{\infty} \frac{\xi_n^2 \left\{\xi_n J'_{\mathcal{M}}(\xi_n a) - \lambda J_{\mathcal{M}}(\xi_n a)\right\}^2 \mathcal{V}_{\mathcal{N}\mathcal{M}}(\xi r, b)}{\left[\left\{1 - \left(\frac{\mathcal{M}}{\xi_n b}\right)^2\right\}\left\{\xi_n J'_{\mathcal{M}}(\xi_n a) - \lambda J_{\mathcal{M}}(\xi_n a)\right\}^2 - \left\{\xi_n^2 + \lambda^2 - \left(\frac{\mathcal{M}}{a}\right)^2\right\} J'^2_{\mathcal{M}}(\xi_n b)\right]} \times$$

$$+\frac{1}{2\vartheta \phi c_t}\sqrt{\frac{\pi^3}{\eta_z}} \sum_{m=0}^{\infty} \ni_m \cos(\xi_m \theta) \times$$

$$\times \sum_{n=1}^{\infty} \frac{\xi_n^2 \left\{\xi_n J'_{\mathcal{M}}(\xi_n a) - \lambda J_{\mathcal{M}}(\xi_n a)\right\}^2 \mathcal{V}_{\mathcal{N}\mathcal{M}}(\xi r, b)}{\left[\left\{1 - \left(\frac{\mathcal{M}}{\xi_n b}\right)^2\right\}\left\{\xi_n J'_{\mathcal{M}}(\xi_n a) - \lambda J_{\mathcal{M}}(\xi_n a)\right\}^2 - \left\{\xi_n^2 + \lambda^2 - \left(\frac{\mathcal{M}}{a}\right)^2\right\} J'^2_{\mathcal{M}}(\xi_n b)\right]} \times$$

$$\times \int_0^t \frac{e^{-\eta_r \xi_n^2 \tau}}{\sqrt{\tau}} \int_a^b \frac{\mathcal{V}_{\mathcal{N}\mathcal{M}}(\xi_n u, b)}{u} \int_0^{\infty} \left\{\psi_0(u, w, t-\tau) + (-1)^{m+1} \psi_\vartheta(u, w, t-\tau)\right\} \times$$

$$\times \left\{e^{-\frac{(z-w)^2}{4\eta_z \tau}} - e^{-\frac{(z+w)^2}{4\eta_z \tau}}\right\} dw du d\tau +$$

$$\times \int_{\frac{z}{2\sqrt{\eta_z t}}}^{\infty} \overline{\overline{\psi}}\left(\xi_n, \xi_m, t - \frac{z^2}{4\eta_z \tau^2}\right) e^{-\eta_r \xi_n^2 \left(\frac{z^2}{4\eta_z \tau^2}\right) - \tau^2} d\tau +$$

$$+\frac{1}{2\vartheta}\sqrt{\frac{\pi^3}{\eta_z t}} \sum_{m=0}^{\infty} \ni_m \cos(\xi_m \theta) \times$$

$$\times \sum_{n=1}^{\infty} \frac{\xi_n^2 \left\{\xi_n J'_{\mathcal{M}}(\xi_n a) - \lambda J_{\mathcal{M}}(\xi_n a)\right\}^2 \mathcal{V}_{\mathcal{N}\mathcal{M}}(\xi r, b)}{\left[\left\{1 - \left(\frac{\mathcal{M}}{\xi_n b}\right)^2\right\}\left\{\xi_n J'_{\mathcal{M}}(\xi_n a) - \lambda J_{\mathcal{M}}(\xi_n a)\right\}^2 - \left\{\xi_n^2 + \lambda^2 - \left(\frac{\mathcal{M}}{a}\right)^2\right\} J'^2_{\mathcal{M}}(\xi_n b)\right]} \times$$

$$\times \int_0^{\infty} \overline{\overline{\varphi}}(\xi_n, \xi_m, w)\left\{e^{-\frac{(z-w)^2}{4\eta_z t}} - e^{-\frac{(z+w)^2}{4\eta_z t}}\right\} dw \qquad (28.31.2)$$

where $\overline{\overline{\psi}}(\xi_n, \xi_m, t) = \int_a^b u \mathcal{V}_{\mathcal{N}\mathcal{M}}(\xi_n u) \int_0^\vartheta \psi(u, v, t) \cos(\xi_m v) dv du$, $\overline{\psi}_a(\xi_m, w, t) = \int_0^\vartheta \psi_a(v, w, t) \cos(\xi_m v) dv$ and $\overline{\psi}_b(\xi_m, w, t) = \int_0^\vartheta \psi_b(v, w, t) \cos(\xi_m v) dv$.

28.32

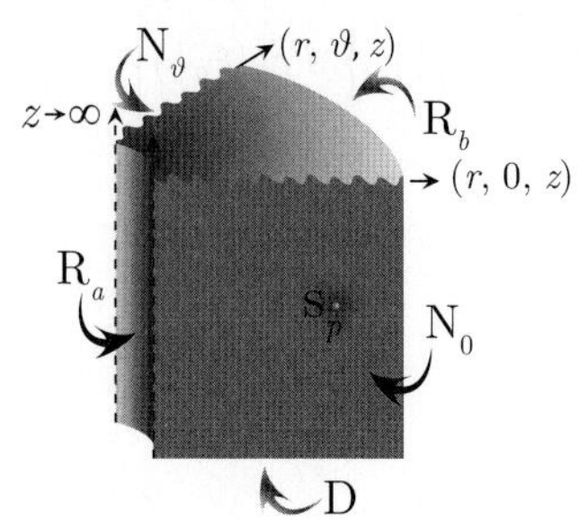

The problem of 28.24, except
$\mathbf{D} \equiv \boldsymbol{p}\left(\boldsymbol{r},\boldsymbol{\theta},\mathbf{0},\boldsymbol{t}\right)=\boldsymbol{\psi}\left(\boldsymbol{r},\boldsymbol{\theta},\boldsymbol{t}\right)$,
$\mathbf{R}_a \equiv \frac{\partial p(a,\theta,z,t)}{\partial r}-\lambda p\left(a,\theta,z,t\right)=-\left(\frac{\mu}{k_r}\right)\psi_a\left(\theta,z,t\right)$,
$\mathbf{R}_b \equiv \frac{\partial p(b,\theta,z,t)}{\partial r}+\lambda_b p\left(b,\theta,z,t\right)=-\left(\frac{\mu}{k_r}\right)\psi_b\left(\theta,z,t\right)$,
$\mathbf{N}_0 \equiv \frac{\partial p(r,0,z,t)}{\partial \theta}=-\left(\frac{\mu}{k_\theta}\right)\psi_0\left(r,z,t\right)$ **and**
$\mathbf{N}_\vartheta \equiv \frac{\partial p(r,\vartheta,z,t)}{\partial \theta}=-\left(\frac{\mu}{k_\theta}\right)\psi_\vartheta\left(r,z,t\right)$

$$\overline{p} = \frac{\pi^2 q(s)\,e^{-st_0}}{2\vartheta\phi c_t\sqrt{\eta_z}}\sum_{m=0}^{\infty}\ni_m\cos\left(\xi_m\theta_0\right)\cos\left(\xi_m\theta\right)\sum_{n=1}^{\infty}\frac{\xi_n^2\left\{\xi_n J'_{\mathcal{M}}\left(\xi_n b\right)+\lambda_b J_{\mathcal{M}}\left(\xi_n b\right)\right\}^2}{\sqrt{\left(\eta_r\xi_n^2+s\right)}}\times$$
$$\times\frac{\left\{\xi_n\mathcal{V}_{\mathcal{NM}}\left(\xi_n r_0,a\right)-\lambda_a\mathcal{V}_{\mathcal{DM}}\left(\xi_n r_0,a\right)\right\}\left\{\xi_n\mathcal{V}_{\mathcal{NM}}\left(\xi_n r,a\right)-\lambda_a\mathcal{V}_{\mathcal{DM}}\left(\xi_n r,a\right)\right\}}{\left[\left\{\xi_n^2+\lambda_b^2-\left(\frac{\mathcal{M}}{b}\right)^2\right\}\left\{\xi_n J'_{\mathcal{M}}\left(\xi_n a\right)-\lambda_a J_{\mathcal{M}}\left(\xi_n a\right)\right\}^2-\left\{\xi_n^2+\lambda_a^2-\left(\frac{\mathcal{M}}{a}\right)^2\right\}\left\{\xi_n J'_{\mathcal{M}}\left(\xi_n b\right)+\lambda J_{\mathcal{M}}\left(\xi_n b\right)\right\}^2\right]}\times$$
$$\times\left\{e^{-|z-z_0|\sqrt{\frac{\eta_r\xi_n^2+s}{\eta_z}}}-e^{-|z+z_0|\sqrt{\frac{\eta_r\xi_n^2+s}{\eta_z}}}\right\}+$$
$$+\frac{\pi}{\vartheta\phi c_t\sqrt{\eta_z}}\sum_{m=0}^{\infty}\ni_m\cos\left(\xi_m\theta\right)\times$$
$$\times\sum_{n=1}^{\infty}\frac{\xi_n^2\left\{\xi_n J'_{\mathcal{M}}\left(\xi_n b\right)+\lambda_b J_{\mathcal{M}}\left(\xi_n b\right)\right\}^2\left\{\xi_n\mathcal{V}_{\mathcal{NM}}\left(\xi_n r,a\right)-\lambda_a\mathcal{V}_{\mathcal{DM}}\left(\xi_n r,a\right)\right\}}{\left[\left\{\xi_n^2+\lambda_b^2-\left(\frac{\mathcal{M}}{b}\right)^2\right\}\left\{\xi_n J'_{\mathcal{M}}\left(\xi_n a\right)-\lambda_a J_{\mathcal{M}}\left(\xi_n a\right)\right\}^2-\left\{\xi_n^2+\lambda_a^2-\left(\frac{\mathcal{M}}{a}\right)^2\right\}\left\{\xi_n J'_{\mathcal{M}}\left(\xi_n b\right)+\lambda J_{\mathcal{M}}\left(\xi_n b\right)\right\}^2\right]}\times$$
$$\times\frac{1}{\sqrt{\eta_r\xi_n^2+s}}\int_0^{\infty}\overline{\overline{\psi}}_a\left(\xi_m,w,s\right)\left\{e^{-|z-w|\sqrt{\frac{\eta_r\xi_n^2+s}{\eta_z}}}-e^{-|z+w|\sqrt{\frac{\eta_r\xi_n^2+s}{\eta_z}}}\right\}dw-$$
$$-\frac{\pi}{\vartheta\phi c_t\sqrt{\eta_z}}\sum_{m=0}^{\infty}\ni_m\cos\left(\xi_m\theta\right)\times$$
$$\times\sum_{n=1}^{\infty}\frac{\xi_n^2\{\xi_n J'_{\mathcal{M}}(\xi_n b)+\lambda_b J_{\mathcal{M}}(\xi_n b)\}\{\xi_n J'_{\mathcal{M}}(\xi_n a)+\lambda_a J_{\mathcal{M}}(\xi_n a)\}\{\xi_n\mathcal{V}_{\mathcal{NM}}(\xi_n r,a)-\lambda_a\mathcal{V}_{\mathcal{DM}}(\xi_n r,a)\}}{\left[\left\{\xi_n^2+\lambda_b^2-\left(\frac{\mathcal{M}}{b}\right)^2\right\}\{\xi_n J'_{\mathcal{M}}(\xi_n a)-\lambda_a J_{\mathcal{M}}(\xi_n a)\}^2-\left\{\xi_n^2+\lambda_a^2-\left(\frac{\mathcal{M}}{a}\right)^2\right\}\{\xi_n J'_{\mathcal{M}}(\xi_n b)+\lambda J_{\mathcal{M}}(\xi_n b)\}^2\right]}\times$$
$$\times\frac{1}{\sqrt{\eta_r\xi_n^2+s}}\int_0^{\infty}\overline{\overline{\psi}}_b\left(\xi_m,w,s\right)\left\{e^{-|z-w|\sqrt{\frac{\eta_r\xi_n^2+s}{\eta_z}}}-e^{-|z+w|\sqrt{\frac{\eta_r\xi_n^2+s}{\eta_z}}}\right\}dw+$$
$$+\frac{\pi^2}{\vartheta}\sum_{m=0}^{\infty}\ni_m\cos\left(\xi_m\theta\right)\times$$
$$\times\sum_{n=1}^{\infty}\frac{\xi_n^2\left\{\xi_n J'_{\mathcal{M}}\left(\xi_n b\right)+\lambda_b J_{\mathcal{M}}\left(\xi_n b\right)\right\}^2\left\{\xi_n\mathcal{V}_{\mathcal{NM}}\left(\xi_n r,a\right)-\lambda_a\mathcal{V}_{\mathcal{DM}}\left(\xi_n r,a\right)\right\}\overline{\overline{\overline{\psi}}}\left(\xi_n,\xi_m,s\right)e^{-z\sqrt{\frac{\eta_r\xi_n^2+s}{\eta_z}}}}{\left[\left\{\xi_n^2+\lambda_b^2-\left(\frac{\mathcal{M}}{b}\right)^2\right\}\left\{\xi_n J'_{\mathcal{M}}\left(\xi_n a\right)-\lambda_a J_{\mathcal{M}}\left(\xi_n a\right)\right\}^2-\left\{\xi_n^2+\lambda_a^2-\left(\frac{\mathcal{M}}{a}\right)^2\right\}\left\{\xi_n J'_{\mathcal{M}}\left(\xi_n b\right)+\lambda J_{\mathcal{M}}\left(\xi_n b\right)\right\}^2\right]}+$$
$$+\frac{\pi^2}{2\vartheta\phi c_t\sqrt{\eta_z}}\sum_{m=0}^{\infty}\ni_m\cos\left(\xi_m\theta\right)\times$$
$$\times\sum_{n=1}^{\infty}\frac{\xi_n^2\left\{\xi_n J'_{\mathcal{M}}\left(\xi_n b\right)+\lambda_b J_{\mathcal{M}}\left(\xi_n b\right)\right\}^2\left\{\xi_n\mathcal{V}_{\mathcal{NM}}\left(\xi_n r,a\right)-\lambda_a\mathcal{V}_{\mathcal{DM}}\left(\xi_n r,a\right)\right\}}{\left[\left\{\xi_n^2+\lambda_b^2-\left(\frac{\mathcal{M}}{b}\right)^2\right\}\left\{\xi_n J'_{\mathcal{M}}\left(\xi_n a\right)-\lambda_a J_{\mathcal{M}}\left(\xi_n a\right)\right\}^2-\left\{\xi_n^2+\lambda_a^2-\left(\frac{\mathcal{M}}{a}\right)^2\right\}\left\{\xi_n J'_{\mathcal{M}}\left(\xi_n b\right)+\lambda J_{\mathcal{M}}\left(\xi_n b\right)\right\}^2\right]}\times$$
$$\times\int_a^b\frac{\left\{\xi_n\mathcal{V}_{\mathcal{NM}}\left(\xi_n u,a\right)-\lambda_a\mathcal{V}_{\mathcal{DM}}\left(\xi_n u,a\right)\right\}}{u}\int_0^{\infty}\left\{\overline{\psi}_0\left(u,w,s\right)+(-1)^{m+1}\,\overline{\psi}_\vartheta\left(u,w,s\right)\right\}\times$$
$$\times\left\{e^{-|z-w|\sqrt{\frac{\eta_r\xi_n^2+s}{\eta_z}}}-e^{-|z+w|\sqrt{\frac{\eta_r\xi_n^2+s}{\eta_z}}}\right\}dwdu+$$

$$+\frac{\pi^2}{2\vartheta\sqrt{\eta_z}}\sum_{m=0}^{\infty}\ni_m\cos(\xi_m\theta)\times$$
$$\times\sum_{n=1}^{\infty}\frac{\xi_n^2\left\{\xi_n J'_{\mathcal{M}}(\xi_n b)+\lambda_b J_{\mathcal{M}}(\xi_n b)\right\}^2\left\{\xi_n\mathcal{V}_{\mathcal{NM}}(\xi_n r,a)-\lambda_a\mathcal{V}_{\mathcal{DM}}(\xi_n r,a)\right\}}{\left[\left\{\xi_n^2+\lambda_b^2-\left(\frac{\mathcal{M}}{b}\right)^2\right\}\left\{\xi_n J'_{\mathcal{M}}(\xi_n a)-\lambda_a J_{\mathcal{M}}(\xi_n a)\right\}^2-\left\{\xi_n^2+\lambda_a^2-\left(\frac{\mathcal{M}}{a}\right)^2\right\}\left\{\xi_n J'_{\mathcal{M}}(\xi_n b)+\lambda J_{\mathcal{M}}(\xi_n b)\right\}^2\right]}\times$$
$$\times\frac{1}{\sqrt{\eta_r\xi_n^2+s}}\int_0^{\infty}\overline{\overline{\varphi}}(\xi_n,\xi_m,w)\left\{e^{-|z-w|\sqrt{\frac{\eta_r\xi_n^2+s}{\eta_z}}}-e^{-|z+w|\sqrt{\frac{\eta_r\xi_n^2+s}{\eta_z}}}\right\}dw \tag{28.32.1}$$

where the eigenvalues $\xi_n, n=1,2,...,$ are the positive roots of
$\lambda_a\left\{\mathcal{V}'_{\mathcal{DM}}(\xi_n b,a)+\lambda_b\mathcal{V}_{\mathcal{DM}}(\xi_n b,a)\right\}-\xi_n\left\{\mathcal{V}'_{\mathcal{NM}}(\xi_n b,a)+\lambda_b\mathcal{V}_{\mathcal{NM}}(\xi_n b,a)\right\}=0$, $\xi_m=\frac{m\pi}{\vartheta}$, $m=0,1,...,$
$\overline{\overline{\overline{\psi}}}(\xi_n,\xi_m,s)=\int_a^b u\left\{\xi_n\mathcal{V}_{\mathcal{NM}}(\xi_n u,a)-\lambda_a\mathcal{V}_{\mathcal{DM}}(\xi_n u,a)\right\}\int_0^{\vartheta}\overline{\psi}(u,v,s)\cos(\xi_m v)dvdu$,
$\overline{\overline{\psi}}_a(\xi_m,w,s)=\int_0^{\vartheta}\overline{\psi}_a(v,w,s)\cos(\xi_m v)dv$, $\overline{\overline{\psi}}_b(\xi_m,w,s)=\int_0^{\vartheta}\overline{\psi}_b(v,w,s)\cos(\xi_m v)dv$ and
$\overline{\overline{\varphi}}(\xi_n,\xi_m,u)=\int_a^b u\left\{\xi_n\mathcal{V}_{\mathcal{NM}}(\xi_n u,a)-\lambda_a\mathcal{V}_{\mathcal{DM}}(\xi_n u,a)\right\}\int_0^{\vartheta}\varphi(u,v,w)\cos(\xi_m v)dvdu$.

$$p=\frac{U(t-t_0)}{2\vartheta\phi c_t}\sqrt{\frac{\pi^3}{\eta_z}}\sum_{m=0}^{\infty}\ni_m\cos(\xi_m\theta_0)\cos(\xi_m\theta)\times$$
$$\times\sum_{n=1}^{\infty}\frac{\xi_n^2\left\{\xi_n J'_{\mathcal{M}}(\xi_n b)+\lambda_b J_{\mathcal{M}}(\xi_n b)\right\}^2\left\{\xi_n\mathcal{V}_{\mathcal{NM}}(\xi_n r_0,a)-\lambda_a\mathcal{V}_{\mathcal{DM}}(\xi_n r_0,a)\right\}}{\left[\left\{\xi_n^2+\lambda_b^2-\left(\frac{\mathcal{M}}{b}\right)^2\right\}\left\{\xi_n J'_{\mathcal{M}}(\xi_n a)-\lambda_a J_{\mathcal{M}}(\xi_n a)\right\}^2-\left\{\xi_n^2+\lambda_a^2-\left(\frac{\mathcal{M}}{a}\right)^2\right\}\left\{\xi_n J'_{\mathcal{M}}(\xi_n b)+\lambda J_{\mathcal{M}}(\xi_n b)\right\}^2\right]}\times$$
$$\times\left\{\xi_n\mathcal{V}_{\mathcal{NM}}(\xi_n r,a)-\lambda_a\mathcal{V}_{\mathcal{DM}}(\xi_n r,a)\right\}\int_0^{t-t_0}\frac{q(t-t_0-\tau)e^{-\eta_r\xi_n^2\tau}}{\sqrt{\tau}}\left\{e^{-\frac{(z-z_0)^2}{4\eta_z\tau}}-e^{-\frac{(z+z_0)^2}{4\eta_z\tau}}\right\}d\tau+$$
$$+\frac{1}{\vartheta\phi c_t}\sqrt{\frac{\pi}{\eta_z}}\sum_{m=0}^{\infty}\ni_m\cos(\xi_m\theta)\times$$
$$\times\sum_{n=1}^{\infty}\frac{\xi_n^2\left\{\xi_n J'_{\mathcal{M}}(\xi_n b)+\lambda_b J_{\mathcal{M}}(\xi_n b)\right\}^2\left\{\xi_n\mathcal{V}_{\mathcal{NM}}(\xi_n r,a)-\lambda_a\mathcal{V}_{\mathcal{DM}}(\xi_n r,a)\right\}}{\left[\left\{\xi_n^2+\lambda_b^2-\left(\frac{\mathcal{M}}{b}\right)^2\right\}\left\{\xi_n J'_{\mathcal{M}}(\xi_n a)-\lambda_a J_{\mathcal{M}}(\xi_n a)\right\}^2-\left\{\xi_n^2+\lambda_a^2-\left(\frac{\mathcal{M}}{a}\right)^2\right\}\left\{\xi_n J'_{\mathcal{M}}(\xi_n b)+\lambda J_{\mathcal{M}}(\xi_n b)\right\}^2\right]}\times$$
$$\times\int_0^t\frac{e^{-\eta_r\xi_n^2\tau}}{\sqrt{\tau}}\int_0^{\infty}\overline{\psi}_a(\xi_m,w,t-\tau)\left\{e^{-\frac{(z-w)^2}{4\eta_z\tau}}-e^{-\frac{(z+w)^2}{4\eta_z\tau}}\right\}dwd\tau-$$
$$-\frac{1}{\vartheta\phi c_t}\sqrt{\frac{\pi}{\eta_z}}\sum_{m=0}^{\infty}\ni_m\cos(\xi_m\theta)\times$$
$$\times\sum_{n=1}^{\infty}\frac{\xi_n^2\{\xi_n J'_{\mathcal{M}}(\xi_n b)+\lambda_b J_{\mathcal{M}}(\xi_n b)\}\{\xi_n J'_{\mathcal{M}}(\xi_n a)+\lambda_a J_{\mathcal{M}}(\xi_n a)\}\{\xi_n\mathcal{V}_{\mathcal{NM}}(\xi_n r,a)-\lambda_a\mathcal{V}_{\mathcal{DM}}(\xi_n r,a)\}}{\left[\left\{\xi_n^2+\lambda_b^2-\left(\frac{\mathcal{M}}{b}\right)^2\right\}\{\xi_n J'_{\mathcal{M}}(\xi_n a)-\lambda_a J_{\mathcal{M}}(\xi_n a)\}^2-\left\{\xi_n^2+\lambda_a^2-\left(\frac{\mathcal{M}}{a}\right)^2\right\}\{\xi_n J'_{\mathcal{M}}(\xi_n b)+\lambda J_{\mathcal{M}}(\xi_n b)\}^2\right]}\times$$
$$\times\int_0^t\frac{e^{-\eta_r\xi_n^2\tau}}{\sqrt{\tau}}\int_0^{\infty}\overline{\psi}_b(\xi_m,w,t-\tau)\left\{e^{-\frac{(z-w)^2}{4\eta_z\tau}}-e^{-\frac{(z+w)^2}{4\eta_z\tau}}\right\}dwd\tau+$$
$$+\frac{2\sqrt{\pi^3}}{\vartheta}\sum_{m=0}^{\infty}\ni_m\cos(\xi_m\theta)\times$$
$$\times\sum_{n=1}^{\infty}\frac{\xi_n^2\left\{\xi_n J'_{\mathcal{M}}(\xi_n b)+\lambda_b J_{\mathcal{M}}(\xi_n b)\right\}^2\left\{\xi_n\mathcal{V}_{\mathcal{NM}}(\xi_n r,a)-\lambda_a\mathcal{V}_{\mathcal{DM}}(\xi_n r,a)\right\}}{\left[\left\{\xi_n^2+\lambda_b^2-\left(\frac{\mathcal{M}}{b}\right)^2\right\}\left\{\xi_n J'_{\mathcal{M}}(\xi_n a)-\lambda_a J_{\mathcal{M}}(\xi_n a)\right\}^2-\left\{\xi_n^2+\lambda_a^2-\left(\frac{\mathcal{M}}{a}\right)^2\right\}\left\{\xi_n J'_{\mathcal{M}}(\xi_n b)+\lambda J_{\mathcal{M}}(\xi_n b)\right\}^2\right]}\times$$
$$\times\int_{\frac{z}{2\sqrt{\eta_z t}}}^{\infty}\overline{\overline{\overline{\psi}}}\left(\xi_n,\xi_m,t-\frac{z^2}{4\eta_z\tau^2}\right)e^{-\eta_r\xi_n^2\left(\frac{z^2}{4\eta_z\tau^2}\right)-\tau^2}d\tau+$$

$$+\frac{1}{2\vartheta\phi c_t}\sqrt{\frac{\pi^3}{\eta_z}}\sum_{m=0}^{\infty}\ni_m\cos(\xi_m\theta)\times$$

$$\times\sum_{n=1}^{\infty}\frac{\xi_n^2\{\xi_n J'_{\mathcal{M}}(\xi_n b)+\lambda_b J_{\mathcal{M}}(\xi_n b)\}^2\{\xi_n\mathcal{V}_{\mathcal{NM}}(\xi_n r,a)-\lambda_a\mathcal{V}_{\mathcal{DM}}(\xi_n r,a)\}}{\left[\left\{\xi_n^2+\lambda_b^2-\left(\frac{\mathcal{M}}{b}\right)^2\right\}\{\xi_n J'_{\mathcal{M}}(\xi_n a)-\lambda_a J_{\mathcal{M}}(\xi_n a)\}^2-\left\{\xi_n^2+\lambda_a^2-\left(\frac{\mathcal{M}}{a}\right)^2\right\}\{\xi_n J'_{\mathcal{M}}(\xi_n b)+\lambda J_{\mathcal{M}}(\xi_n b)\}^2\right]}\times$$

$$\times\int_0^t\frac{e^{-\eta_r\xi_n^2\tau}}{\sqrt{\tau}}\int_a^b\frac{\{\xi_n\mathcal{V}_{\mathcal{NM}}(\xi_n u,a)-\lambda_a\mathcal{V}_{\mathcal{DM}}(\xi_n u,a)\}}{u}\int_0^{\infty}\left\{\psi_0(u,w,t-\tau)+(-1)^{m+1}\psi_\vartheta(u,w,t-\tau)\right\}\times$$

$$\times\left\{e^{-\frac{(z-w)^2}{4\eta_z\tau}}-e^{-\frac{(z+w)^2}{4\eta_z\tau}}\right\}dwdud\tau+$$

$$+\frac{1}{2\vartheta}\sqrt{\frac{\pi^3}{\eta_z t}}\sum_{m=0}^{\infty}\ni_m\cos(\xi_m\theta)\times$$

$$\times\sum_{n=1}^{\infty}\frac{\xi_n^2\{\xi_n J'_{\mathcal{M}}(\xi_n b)+\lambda_b J_{\mathcal{M}}(\xi_n b)\}^2\{\xi_n\mathcal{V}_{\mathcal{NM}}(\xi_n r,a)-\lambda_a\mathcal{V}_{\mathcal{DM}}(\xi_n r,a)\}}{\left[\left\{\xi_n^2+\lambda_b^2-\left(\frac{\mathcal{M}}{b}\right)^2\right\}\{\xi_n J'_{\mathcal{M}}(\xi_n a)-\lambda_a J_{\mathcal{M}}(\xi_n a)\}^2-\left\{\xi_n^2+\lambda_a^2-\left(\frac{\mathcal{M}}{a}\right)^2\right\}\{\xi_n J'_{\mathcal{M}}(\xi_n b)+\lambda J_{\mathcal{M}}(\xi_n b)\}^2\right]}\times$$

$$\times\int_0^{\infty}\overline{\overline{\varphi}}(\xi_n,\xi_m,w)\left\{e^{-\frac{(z-w)^2}{4\eta_z t}}-e^{-\frac{(z+w)^2}{4\eta_z t}}\right\}dw \qquad (28.32.2)$$

where $\overline{\overline{\psi}}(\xi_n,\xi_m,t)=\int_a^b u\{\xi_n\mathcal{V}_{\mathcal{NM}}(\xi_n u,a)-\lambda_a\mathcal{V}_{\mathcal{DM}}(\xi_n u,a)\}\int_0^{\vartheta}\psi(u,v,t)\cos(\xi_m v)dvdu$, $\overline{\psi}_a(\xi_m,w,t)=\int_0^{\vartheta}\psi_a(v,w,t)\cos(\xi_m v)dv$ and $\overline{\psi}_b(\xi_m,w,t)=\int_0^{\vartheta}\psi_b(v,w,t)\cos(\xi_m v)dv$.

28.33

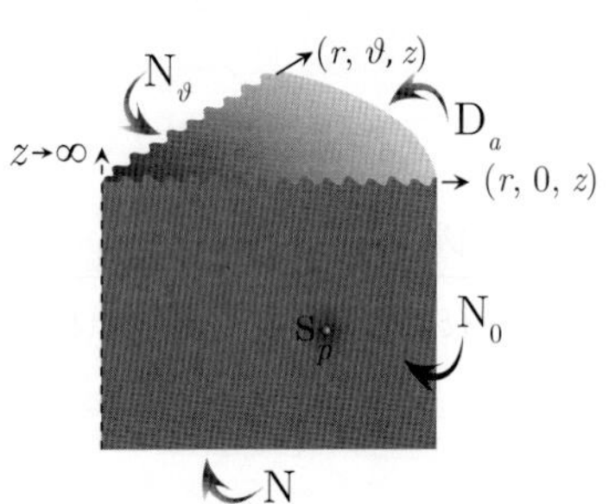

A cylindrical continuum bounded by $0\le r\le a$ and $0\le\theta\le\vartheta$ and semi-infinite in z; $\vartheta<2\pi$. Point source at $s_p\equiv(r_0,\theta_0,z_0)$ at time $t=t_0$; $0<r_0<a$, $0\le\theta_0\le\vartheta$, $0<z_0<\infty$, $t_0\ge 0$. $N\equiv\frac{\partial p(r,\theta,0,t)}{\partial z}=-\left(\frac{\mu}{k_z}\right)\psi(r,\theta,t)$, $D_a\equiv p(a,\theta,z,t)=\psi_a(\theta,z,t)$, $N_0\equiv\frac{\partial p(r,0,z,t)}{\partial\theta}=-\left(\frac{\mu}{k_\theta}\right)\psi_0(r,z,t)$ and $N_\vartheta\equiv\frac{\partial p(r,\vartheta,z,t)}{\partial\theta}=-\left(\frac{\mu}{k_\theta}\right)\psi_\vartheta(r,z,t)$. $p(r,\theta,z,0)=\varphi(r,\theta,z)$

$$\overline{p}=\frac{2q(s)e^{-st_0}}{\vartheta a^2\phi c_t\sqrt{\eta_z}}\sum_{m=0}^{\infty}\ni_m\cos(\xi_m\theta_0)\cos(\xi_m\theta)\times$$

$$\times\sum_{n=1}^{\infty}\frac{J_{\mathcal{M}}(\xi_n r_0)J_{\mathcal{M}}(\xi_n r)}{J'^2_{\mathcal{M}}(\xi_n a)\sqrt{(\eta_r\xi_n^2+s)}}\left\{e^{-|z-z_0|\sqrt{\frac{\eta_r\xi_n^2+s}{\eta_z}}}+e^{-|z+z_0|\sqrt{\frac{\eta_r\xi_n^2+s}{\eta_z}}}\right\}-$$

$$-\frac{2\eta_r}{\vartheta a\sqrt{\eta_z}}\sum_{m=0}^{\infty}\ni_m\cos(\xi_m\theta)\times$$

$$\times\sum_{n=1}^{\infty}\frac{\xi_n J_{\mathcal{M}}(\xi_n r)}{J'_{\mathcal{M}}(\xi_n a)\sqrt{\eta_r\xi_n^2+s}}\int_0^{\infty}\overline{\overline{\psi}}_a(\xi_m,w,s)\left\{e^{-|z-w|\sqrt{\frac{\eta_r\xi_n^2+s}{\eta_z}}}+e^{-|z+w|\sqrt{\frac{\eta_r\xi_n^2+s}{\eta_z}}}\right\}dw+$$

$$+\frac{2}{\pi a^2\phi c_t\sqrt{\eta_z}}\sum_{m=0}^{\infty}\ni_m\cos(\xi_m\theta)\sum_{n=1}^{\infty}\frac{\overline{\overline{\psi}}(\xi_n,\xi_m,s)J_{\mathcal{M}}(\xi_n r)e^{-z\sqrt{\frac{\eta_r\xi_n^2+s}{\eta_z}}}}{J'^2_{\mathcal{M}}(\xi_n a)\sqrt{(\eta_r\xi_n^2+s)}}+$$

$$+\frac{2}{\vartheta a^2\phi c_t\sqrt{\eta_z}}\sum_{m=0}^{\infty}\ni_m\cos(\xi_m\theta)\sum_{n=1}^{\infty}\frac{J_{\mathcal{M}}(\xi_n r)}{J'^2_{\mathcal{M}}(\xi_n a)\sqrt{(\eta_r\xi_n^2+s)}}\times$$

$$\times\int_0^a \frac{J_{\mathcal{M}}(\xi_n u)}{u}\int_0^\infty \left\{\overline{\psi}_0(u,w,s)+(-1)^{m+1}\overline{\psi}_\vartheta(u,w,s)\right\}\left\{e^{-|z-w|\sqrt{\frac{\eta_r\xi_n^2+s}{\eta_z}}}+e^{-|z+w|\sqrt{\frac{\eta_r\xi_n^2+s}{\eta_z}}}\right\}dwdu+$$

$$+\frac{2}{\vartheta a^2\sqrt{\eta_z}}\sum_{m=0}^{\infty}\ni_m\sum_{n=1}^{\infty}\frac{J_{\mathcal{M}}(\xi_n r)}{J_{\mathcal{M}}'^2(\xi_n a)\sqrt{\eta_r\xi_n^2+s}}\int_0^\infty \overline{\overline{\varphi}}(\xi_n,\xi_m,w)\left\{e^{-|z-w|\sqrt{\frac{\eta_r\xi_n^2+s}{\eta_z}}}+e^{-|z+w|\sqrt{\frac{\eta_r\xi_n^2+s}{\eta_z}}}\right\}dw \quad (28.33.1)$$

where ξ_n are the positive roots of $J_{\mathcal{M}}(\xi_n a)=0$, $n=1,2,...$, $\xi_m=\frac{m\pi}{\vartheta}$, $m=0,1,...$, $\overline{\overline{\overline{\psi}}}(\xi_n,\xi_m,s)=\int_a^b uJ_{\mathcal{M}}(\xi_n u)\int_0^\vartheta \overline{\psi}(u,v,s)\cos(\xi_m v)dvdu$, $\overline{\overline{\psi}}_a(\xi_m,w,s)=\int_0^\vartheta \overline{\psi}_a(v,w,s)\cos(\xi_m v)dv$ and $\overline{\overline{\varphi}}(\xi_n,\xi_m,w)=\int_a^b uJ_{\mathcal{M}}(\xi_n u)\int_0^\vartheta \varphi(u,v,w)\cos(\xi_m v)dudv$.

$$p=\frac{2U(t-t_0)}{\vartheta a^2\phi c_t\sqrt{\pi\eta_z}}\sum_{m=0}^{\infty}\ni_m\cos(\xi_m\theta_0)\cos(\xi_m\theta)\sum_{n=1}^{\infty}\frac{J_{\mathcal{M}}(\xi_n r_0)J_{\mathcal{M}}(\xi_n r)}{J_{\mathcal{M}}'^2(\xi_n a)}\times$$

$$\times\int_0^{t-t_0}\frac{q(t-t_0-\tau)e^{-\eta_r\xi_n^2\tau}}{\sqrt{\tau}}\left\{e^{-\frac{(z-z_0)^2}{4\eta_z\tau}}+e^{-\frac{(z+z_0)^2}{4\eta_z\tau}}\right\}d\tau-$$

$$-\frac{2\eta_r}{\vartheta a\sqrt{\pi\eta_z}}\sum_{m=0}^{\infty}\ni_m\cos(\xi_m\theta)\sum_{n=1}^{\infty}\frac{\xi_n J_{\mathcal{M}}(\xi_n r)}{J_{\mathcal{M}}'(\xi_n a)}\int_0^t\frac{e^{-\eta_r\xi_n^2\tau}}{\sqrt{\tau}}\int_0^\infty \overline{\psi}_a(\xi_m,w,t-\tau)\left\{e^{-\frac{(z-w)^2}{4\eta_z\tau}}+e^{-\frac{(z+w)^2}{4\eta_z\tau}}\right\}dwd\tau+$$

$$+\frac{2}{a^2\phi c_t\sqrt{\pi^3\eta_z}}\sum_{m=0}^{\infty}\ni_m\cos(\xi_m\theta)\sum_{n=1}^{\infty}\frac{J_{\mathcal{M}}(\xi_n r)}{J_{\mathcal{M}}'^2(\xi_n a)}\int_0^t\frac{\overline{\overline{\psi}}(\xi_n,\xi_m,t-\tau)e^{-\eta_r\xi_n^2\tau-\frac{z^2}{4\eta_z\tau}}}{\sqrt{\tau}}d\tau+$$

$$+\frac{2}{\vartheta a^2\phi c_t\sqrt{\pi\eta_z}}\sum_{m=0}^{\infty}\ni_m\cos(\xi_m\theta)\sum_{n=1}^{\infty}\frac{J_{\mathcal{M}}(\xi_n r)}{J_{\mathcal{M}}'^2(\xi_n a)}\int_0^t\frac{e^{-\eta_r\xi_n^2\tau}}{\sqrt{\tau}}\int_0^a\frac{J_{\mathcal{M}}(\xi_n u)}{u}\times$$

$$\times\int_0^\infty\left\{\psi_0(u,w,t-\tau)+(-1)^{m+1}\psi_\vartheta(u,w,t-\tau)\right\}\left\{e^{-\frac{(z-w)^2}{4\eta_z\tau}}+e^{-\frac{(z+w)^2}{4\eta_z\tau}}\right\}dwdud\tau+$$

$$+\frac{2}{\vartheta a^2\sqrt{\pi\eta_z t}}\sum_{m=0}^{\infty}\ni_m\cos(\xi_m\theta)\sum_{n=1}^{\infty}\frac{J_{\mathcal{M}}(\xi_n r)e^{-\eta_r\xi_n^2 t}}{J_{\mathcal{M}}'^2(\xi_n a)}\int_0^\infty\overline{\overline{\varphi}}(\xi_n,\xi_m,w)\left\{e^{-\frac{(z-w)^2}{4\eta_z t}}+e^{-\frac{(z+w)^2}{4\eta_z t}}\right\}dw \quad (28.33.2)$$

where $\overline{\overline{\psi}}(\xi_n,\xi_m,t)=\int_a^b uJ_{\mathcal{M}}(\xi_n u)\int_0^\vartheta \psi(u,v,t)\cos(\xi_m v)dvdu$ and $\overline{\psi}_a(\xi_m,w,t)=\int_0^\vartheta \psi_a(v,w,t)\cos(\xi_m v)dv$.

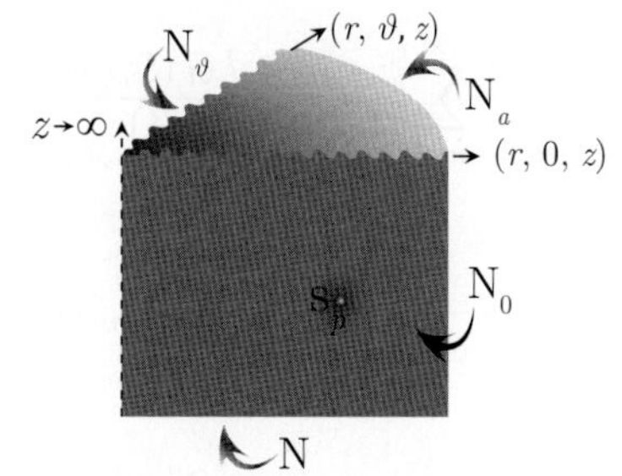

28.34 The problem of 28.33, except $\mathbf{N}\equiv\frac{\partial p(r,\theta,0,t)}{\partial z}=-\left(\frac{\mu}{k_z}\right)\psi(r,\theta,t)$, $\mathbf{N_a}\equiv\frac{\partial p(a,\theta,z,t)}{\partial r}=-\left(\frac{\mu}{k_r}\right)\psi_a(\theta,z,t)$, $\mathbf{N_0}\equiv\frac{\partial p(r,0,z,t)}{\partial\theta}=-\left(\frac{\mu}{k_\theta}\right)\psi_0(r,z,t)$ and $\mathbf{N_\vartheta}\equiv\frac{\partial p(r,\vartheta,z,t)}{\partial\theta}=-\left(\frac{\mu}{k_\theta}\right)\psi_\vartheta(r,z,t)$

$$\overline{p}=\frac{2q(s)e^{-st_0}}{\vartheta a^2\phi c_t\sqrt{\eta_z}}\sum_{m=0}^{\infty}\ni_m\cos(\xi_m\theta_0)\cos(\xi_m\theta)\times$$

$$\times\sum_{n=0}^{\infty}\frac{J_{\mathcal{M}}(\xi_n r_0)J_{\mathcal{M}}(\xi_n r)}{\left\{1-\left(\frac{\mathcal{M}}{\xi_n a}\right)^2\right\}J_{\mathcal{M}}^2(\xi_n a)\sqrt{(\eta_r\xi_n^2+s)}}\left\{e^{-|z-z_0|\sqrt{\frac{\eta_r\xi_n^2+s}{\eta_z}}}+e^{-|z+z_0|\sqrt{\frac{\eta_r\xi_n^2+s}{\eta_z}}}\right\}-$$

$$-\frac{2}{\vartheta a\phi c_t\sqrt{\eta_z}}\sum_{m=0}^{\infty}\ni_m\cos(\xi_m\theta)\times$$

$$\times \sum_{n=0}^{\infty} \frac{J_{\mathcal{M}}(\xi_n r)}{\left\{1-\left(\frac{\mathcal{M}}{\xi_n a}\right)^2\right\} J_{\mathcal{M}}(\xi_n a)\sqrt{\eta_r \xi_n^2 + s}} \int_0^{\infty} \overline{\overline{\psi}}_a(\xi_m, w, s)\left\{e^{-|z-w|\sqrt{\frac{\eta_r\xi_n^2+s}{\eta_z}}} + e^{-|z+w|\sqrt{\frac{\eta_r\xi_n^2+s}{\eta_z}}}\right\} dw +$$

$$+\frac{2}{\pi a^2 \phi c_t \sqrt{\eta_z}} \sum_{m=0}^{\infty} \ni_m \cos(\xi_m \theta) \sum_{n=0}^{\infty} \frac{\overline{\overline{\overline{\psi}}}(\xi_n, \xi_m, s) J_{\mathcal{M}}(\xi_n r) e^{-z\sqrt{\frac{\eta_r\xi_n^2+s}{\eta_z}}}}{\left\{1-\left(\frac{\mathcal{M}}{\xi_n a}\right)^2\right\} J^2_{\mathcal{M}}(\xi_n a)\sqrt{(\eta_r \xi_n^2 + s)}} +$$

$$+\frac{2\eta_\theta}{\vartheta a^2 \sqrt{\eta_z}} \sum_{m=0}^{\infty} \ni_m \cos(\xi_m \theta) \sum_{n=1}^{\infty} \frac{J_{\mathcal{M}}(\xi_n r)}{\left\{1-\left(\frac{\mathcal{M}}{\xi_n a}\right)^2\right\} J^2_{\mathcal{M}}(\xi_n a)\sqrt{(\eta_r \xi_n^2 + s)}} \times$$

$$\times \int_0^a \frac{J_{\mathcal{M}}(\xi_n u)}{u} \int_0^{\infty} \left\{\overline{\psi}_0(u,w,s) + (-1)^{m+1}\overline{\psi}_\vartheta(u,w,s)\right\}\left\{e^{-|z-w|\sqrt{\frac{\eta_r\xi_n^2+s}{\eta_z}}} + e^{-|z+w|\sqrt{\frac{\eta_r\xi_n^2+s}{\eta_z}}}\right\} dw du +$$

$$+\frac{2}{\vartheta a^2 \sqrt{\eta_z}} \sum_{m=0}^{\infty} \ni_m \cos(\xi_m \theta) \times$$

$$\times \sum_{n=0}^{\infty} \frac{J_{\mathcal{M}}(\xi_n r)}{\left\{1-\left(\frac{\mathcal{M}}{\xi_n a}\right)^2\right\} J^2_{\mathcal{M}}(\xi_n a)\sqrt{\eta_r \xi_n^2 + s}} \int_0^{\infty} \overline{\overline{\varphi}}(\xi_n, \xi_m, w)\left\{e^{-|z-w|\sqrt{\frac{\eta_r\xi_n^2+s}{\eta_z}}} + e^{-|z+w|\sqrt{\frac{\eta_r\xi_n^2+s}{\eta_z}}}\right\} dw \tag{28.34.1}$$

where ξ_n are the positive roots of $J'_{\mathcal{M}}(\xi_n a) = 0$, $n = 0, 1, ...$, $\xi_m = \frac{m\pi}{\vartheta}$, $m = 0, 1, ...$, $\overline{\overline{\overline{\psi}}}(\xi_n, \xi_m, s) = \int_a^b u J_{\mathcal{M}}(\xi_n u) \int_0^{\vartheta} \overline{\psi}(u, v, s)\cos(\xi_m v) dv du$, $\overline{\overline{\psi}}_a(\xi_m, w, s) = \int_0^{\vartheta} \overline{\psi}_a(v, w, s)\cos(\xi_m v) dv$ and $\overline{\overline{\varphi}}(\xi_n, \xi_m, w) = \int_a^b u J_{\mathcal{M}}(\xi_n u) \int_0^{\vartheta} \varphi(u, v, w)\cos(\xi_m v) du dv$.

$$p = \frac{2U(t-t_0)}{\vartheta a^2 \phi c_t \sqrt{\pi \eta_z}} \sum_{m=0}^{\infty} \ni_m \cos(\xi_m \theta_0)\cos(\xi_m \theta) \sum_{n=0}^{\infty} \frac{J_{\mathcal{M}}(\xi_n r_0) J_{\mathcal{M}}(\xi_n r)}{\left\{1-\left(\frac{\mathcal{M}}{\xi_n a}\right)^2\right\} J^2_{\mathcal{M}}(\xi_n a)} \times$$

$$\times \int_0^{t-t_0} \frac{q(t-t_0-\tau) e^{-\eta_r \xi_n^2 \tau}}{\sqrt{\tau}}\left\{e^{-\frac{(z-z_0)^2}{4\eta_z \tau}} + e^{-\frac{(z+z_0)^2}{4\eta_z \tau}}\right\} d\tau -$$

$$-\frac{2}{\vartheta a \phi c_t \sqrt{\pi \eta_z}} \sum_{m=0}^{\infty} \ni_m \cos(\xi_m \theta) \times$$

$$\times \sum_{n=0}^{\infty} \frac{J_{\mathcal{M}}(\xi_n r)}{\left\{1-\left(\frac{\mathcal{M}}{\xi_n a}\right)^2\right\} J_{\mathcal{M}}(\xi_n a)} \int_0^t \frac{e^{-\eta_r \xi_n^2 \tau}}{\sqrt{\tau}} \int_0^{\infty} \overline{\psi}_a(\xi_m, w, t-\tau)\left\{e^{-\frac{(z-w)^2}{4\eta_z \tau}} + e^{-\frac{(z+w)^2}{4\eta_z \tau}}\right\} dw d\tau +$$

$$+\frac{2}{a^2 \phi c_t \sqrt{\pi^3 \eta_z}} \sum_{m=0}^{\infty} \ni_m \cos(\xi_m \theta) \sum_{n=0}^{\infty} \frac{J_{\mathcal{M}}(\xi_n r)}{\left\{1-\left(\frac{\mathcal{M}}{\xi_n a}\right)^2\right\} J^2_{\mathcal{M}}(\xi_n a)} \int_0^t \frac{\overline{\overline{\psi}}(\xi_n, \xi_m, t-\tau) e^{-\eta_r \xi_n^2 \tau - \frac{z^2}{4\eta_z \tau}}}{\sqrt{\tau}} d\tau +$$

$$+\frac{2}{\vartheta a^2 \phi c_t \sqrt{\pi \eta_z}} \sum_{m=0}^{\infty} \ni_m \cos(\xi_m \theta) \sum_{n=1}^{\infty} \frac{J_{\mathcal{M}}(\xi_n r)}{\left\{1-\left(\frac{\mathcal{M}}{\xi_n a}\right)^2\right\} J^2_{\mathcal{M}}(\xi_n a)} \int_0^t \frac{e^{-\eta_r \xi_n^2 \tau}}{\sqrt{\tau}} \int_0^a \frac{J_{\mathcal{M}}(\xi_n u)}{u} \times$$

$$\times \int_0^{\infty} \left\{\psi_0(u,w,t-\tau) + (-1)^{m+1}\psi_\vartheta(u,w,t-\tau)\right\}\left\{e^{-\frac{(z-w)^2}{4\eta_z \tau}} + e^{-\frac{(z+w)^2}{4\eta_z \tau}}\right\} dw du d\tau +$$

$$+\frac{2}{\vartheta a^2 \sqrt{\pi \eta_z t}} \sum_{m=0}^{\infty} \ni_m \cos(\xi_m \theta) \sum_{n=0}^{\infty} \frac{J_{\mathcal{M}}(\xi_n r) e^{-\eta_r \xi_n^2 t}}{\left\{1-\left(\frac{\mathcal{M}}{\xi_n a}\right)^2\right\} J^2_{\mathcal{M}}(\xi_n a)} \int_0^{\infty} \overline{\overline{\varphi}}(\xi_n, \xi_m, w)\left\{e^{-\frac{(z-w)^2}{4\eta_z t}} + e^{-\frac{(z+w)^2}{4\eta_z t}}\right\} dw \tag{28.34.2}$$

where $\overline{\overline{\psi}}(\xi_n, \xi_m, t) = \int_a^b u J_{\mathcal{M}}(\xi_n u) \int_0^{\vartheta} \psi(u, v, t)\cos(\xi_m v) dv du$ and $\overline{\psi}_a(\xi_m, w, t) = \int_0^{\vartheta} \psi_a(v, w, t)\cos(\xi_m v) dv$.

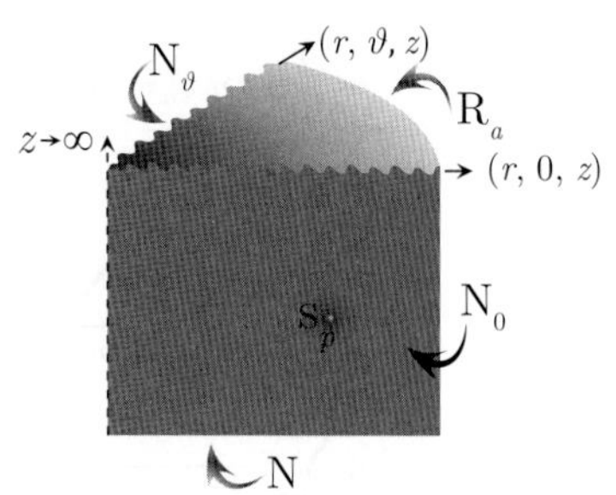

28.35 **The problem of 28.33, except** $\mathbf{N} \equiv \frac{\partial p(r,\theta,0,t)}{\partial z} = -\left(\frac{\mu}{k_z}\right)\psi(r,\theta,t)$, $\mathbf{R}_a \equiv \frac{\partial p(a,\theta,z,t)}{\partial r} + \lambda p(a,\theta,z,t) = -\left(\frac{\mu}{k_r}\right)\psi_a(\theta,z,t)$, $\mathbf{N}_0 \equiv \frac{\partial p(r,0,z,t)}{\partial \theta} = -\left(\frac{\mu}{k_\theta}\right)\psi_0(r,z,t)$ **and** $\mathbf{N}_\vartheta \equiv \frac{\partial p(r,\vartheta,z,t)}{\partial \theta} = -\left(\frac{\mu}{k_\theta}\right)\psi_\vartheta(r,z,t)$

$$\overline{p} = \frac{2q(s)\,e^{-st_0}}{\vartheta a^2\phi c_t\sqrt{\eta_z}}\sum_{m=0}^{\infty}\ni_m\cos(\xi_m\theta_0)\cos(\xi_m\theta)\times$$
$$\times\sum_{n=1}^{\infty}\frac{J_{\mathcal{M}}(\xi_n r_0)\,J_{\mathcal{M}}(\xi_n r)}{\left[\left\{1-\left(\frac{\mathcal{M}}{\xi_n a}\right)^2\right\}J_{\mathcal{M}}^2(\xi_n a)+J_{\mathcal{M}}'^2(\xi_n a)\right]\sqrt{(\eta_r\xi_n^2+s)}}\left\{e^{-|z-z_0|\sqrt{\frac{\eta_r\xi_n^2+s}{\eta_z}}}+e^{-|z+z_0|\sqrt{\frac{\eta_r\xi_n^2+s}{\eta_z}}}\right\}-$$
$$-\frac{1}{a\phi c_t\sqrt{\eta_z}}\sum_{m=0}^{\infty}\ni_m\cos(\xi_m\theta)\sum_{n=1}^{\infty}\frac{J_{\mathcal{M}}(\xi_n a)\,J_{\mathcal{M}}(\xi_n r)}{\left[\left\{1-\left(\frac{\mathcal{M}}{\xi_n a}\right)^2\right\}J_{\mathcal{M}}^2(\xi_n a)+J_{\mathcal{M}}'^2(\xi_n a)\right]\sqrt{\eta_r\xi_n^2+s}}\times$$
$$\times\int_0^{\infty}\overline{\overline{\psi}}_a(\xi_m,w,s)\left\{e^{-|z-w|\sqrt{\frac{\eta_r\xi_n^2+s}{\eta_z}}}+e^{-|z+w|\sqrt{\frac{\eta_r\xi_n^2+s}{\eta_z}}}\right\}dw+$$
$$+\frac{2}{a^2\phi c_t\sqrt{\eta_z}}\sum_{m=0}^{\infty}\ni_m\cos(\xi_m\theta)\sum_{n=1}^{\infty}\frac{\overline{\overline{\overline{\psi}}}(\xi_n,\xi_m,s)\,J_{\mathcal{M}}(\xi_n r)\,e^{-z\sqrt{\frac{\eta_r\xi_n^2+s}{\eta_z}}}}{\left[\left\{1-\left(\frac{\mathcal{M}}{\xi_n a}\right)^2\right\}J_{\mathcal{M}}^2(\xi_n a)+J_{\mathcal{M}}'^2(\xi_n a)\right]\sqrt{(\eta_r\xi_n^2+s)}}+$$
$$+\frac{2\eta_\theta}{\vartheta a^2\sqrt{\eta_z}}\sum_{m=0}^{\infty}\ni_m\cos(\xi_m\theta)\sum_{n=1}^{\infty}\frac{J_{\mathcal{M}}(\xi_n r)}{\left[\left\{1-\left(\frac{\mathcal{M}}{\xi_n a}\right)^2\right\}J_{\mathcal{M}}^2(\xi_n a)+J_{\mathcal{M}}'^2(\xi_n a)\right]\sqrt{(\eta_r\xi_n^2+s)}}\times$$
$$\times\int_0^a\frac{J_{\mathcal{M}}(\xi_n u)}{u}\int_0^{\infty}\left\{\overline{\psi}_0(u,w,s)+(-1)^{m+1}\,\overline{\psi}_\vartheta(u,w,s)\right\}\left\{e^{-|z-w|\sqrt{\frac{\eta_r\xi_n^2+s}{\eta_z}}}+e^{-|z+w|\sqrt{\frac{\eta_r\xi_n^2+s}{\eta_z}}}\right\}dwdu+$$
$$+\frac{1}{a^2\sqrt{\eta_z}}\sum_{m=0}^{\infty}\ni_m\cos(\xi_m\theta)\sum_{n=1}^{\infty}\frac{J_{\mathcal{M}}(\xi_n r)}{\left[\left\{1-\left(\frac{\mathcal{M}}{\xi_n a}\right)^2\right\}J_{\mathcal{M}}^2(\xi_n a)+J_{\mathcal{M}}'^2(\xi_n a)\right]\sqrt{\eta_r\xi_n^2+s}}\times$$
$$\times\int_0^{\infty}\overline{\overline{\varphi}}(\xi_n,\xi_m,w)\left\{e^{-|z-w|\sqrt{\frac{\eta_r\xi_n^2+s}{\eta_z}}}+e^{-|z+w|\sqrt{\frac{\eta_r\xi_n^2+s}{\eta_z}}}\right\}dw \qquad (28.35.1)$$

where ξ_n are the positive roots of $\xi_n J_{\mathcal{M}}'(\xi_n a)+\lambda J_{\mathcal{M}}(\xi_n a)=0$, $\xi_m=\frac{m\pi}{\vartheta}$, $m=0,1,...,$ $\overline{\overline{\overline{\psi}}}(\xi_n,\xi_m,s)=\int_a^b uJ_{\mathcal{M}}(\xi_n u)\int_0^{\vartheta}\overline{\psi}(u,v,s)\cos(\xi_m v)dvdu$, $\overline{\overline{\psi}}_a(\xi_m,w,s)=\int_0^{\vartheta}\overline{\psi}_a(v,w,s)\cos(\xi_m v)dv$ and $\overline{\overline{\varphi}}(\xi_n,\xi_m,w)=\int_a^b uJ_{\mathcal{M}}(\xi_n u)\int_0^{\vartheta}\varphi(u,v,w)\cos(\xi_m v)dudv$.

$$p=\frac{U(t-t_0)}{2\pi a^2\phi c_t\sqrt{\pi\eta_z}}\sum_{m=0}^{\infty}\ni_m\cos(\xi_m\theta)\sum_{n=1}^{\infty}\frac{J_{\mathcal{M}}(\xi_n r_0)\,J_{\mathcal{M}}(\xi_n r)}{\left[\left\{1-\left(\frac{\mathcal{M}}{\xi_n a}\right)^2\right\}J_{\mathcal{M}}^2(\xi_n a)+J_{\mathcal{M}}'^2(\xi_n a)\right]}\times$$
$$\times\int_0^{t-t_0}\frac{q(t-t_0-\tau)\,e^{-\eta_r\xi_n^2\tau}}{\sqrt{\tau}}\left\{e^{-\frac{(z-z_0)^2}{4\eta_z\tau}}+e^{-\frac{(z+z_0)^2}{4\eta_z\tau}}\right\}d\tau-$$
$$-\frac{1}{a\phi c_t\sqrt{\pi\eta_z}}\sum_{m=0}^{\infty}\ni_m\cos(\xi_m\theta)\sum_{n=1}^{\infty}\frac{J_{\mathcal{M}}(\xi_n a)\,J_{\mathcal{M}}(\xi_n r)}{\left[\left\{1-\left(\frac{\mathcal{M}}{\xi_n a}\right)^2\right\}J_{\mathcal{M}}^2(\xi_n a)+J_{\mathcal{M}}'^2(\xi_n a)\right]}\times$$

$$\times \int_0^t \frac{e^{-\eta_r \xi_n^2 \tau}}{\sqrt{\tau}} \int_0^\infty \overline{\psi}_a(\xi_m, w, t-\tau) \left\{ e^{-\frac{(z-w)^2}{4\eta_z \tau}} + e^{-\frac{(z+w)^2}{4\eta_z \tau}} \right\} dw d\tau +$$

$$+ \frac{2}{a^2 \phi c_t \sqrt{\pi \eta_z}} \sum_{m=0}^\infty \ni_m \cos(\xi_m \theta) \times$$

$$\times \sum_{n=1}^\infty \frac{J_{\mathcal{M}}(\xi_n r)}{\left[\left\{ 1 - \left(\frac{\mathcal{M}}{\xi_n a} \right)^2 \right\} J_{\mathcal{M}}^2(\xi_n a) + J_{\mathcal{M}}'^2(\xi_n a) \right]} \int_0^t \frac{\overline{\overline{\psi}}(\xi_n, \xi_m, t-\tau) e^{-\eta_r \xi_n^2 \tau - \frac{z^2}{4\eta_z \tau}}}{\sqrt{\tau}} d\tau +$$

$$+ \frac{2}{\vartheta a^2 \phi c_t \sqrt{\pi \eta_z}} \sum_{m=0}^\infty \ni_m \cos(\xi_m \theta) \times$$

$$\times \sum_{n=1}^\infty \frac{J_{\mathcal{M}}(\xi_n r)}{\left[\left\{ 1 - \left(\frac{\mathcal{M}}{\xi_n a} \right)^2 \right\} J_{\mathcal{M}}^2(\xi_n a) + J_{\mathcal{M}}'^2(\xi_n a) \right]} \int_0^t \frac{e^{-\eta_r \xi_n^2 \tau}}{\sqrt{\tau}} \int_0^a \frac{J_{\mathcal{M}}(\xi_n u)}{u} \times$$

$$\times \int_0^\infty \left\{ \psi_0(u, w, t-\tau) + (-1)^{m+1} \psi_\vartheta(u, w, t-\tau) \right\} \left\{ e^{-\frac{(z-w)^2}{4\eta_z \tau}} + e^{-\frac{(z+w)^2}{4\eta_z \tau}} \right\} dw du d\tau +$$

$$+ \frac{1}{a^2 \sqrt{\pi \eta_z t}} \sum_{m=0}^\infty \ni_m \cos(\xi_m \theta) \times$$

$$\times \sum_{n=1}^\infty \frac{J_{\mathcal{M}}(\xi_n r) e^{-\eta_r \xi_n^2 t}}{\left[\left\{ 1 - \left(\frac{\mathcal{M}}{\xi_n a} \right)^2 \right\} J_{\mathcal{M}}^2(\xi_n a) + J_{\mathcal{M}}'^2(\xi_n a) \right]} \int_0^\infty \overline{\overline{\varphi}}(\xi_n, \xi_m, w) \left\{ e^{-\frac{(z-w)^2}{4\eta_z t}} + e^{-\frac{(z+w)^2}{4\eta_z t}} \right\} dw$$

(28.35.2)

where $\overline{\overline{\psi}}(\xi_n, \xi_m, t) = \int_a^b u J_{\mathcal{M}}(\xi_n u) \int_0^\vartheta \psi(u, v, t) \cos(\xi_m v) dv du$ and $\overline{\psi}_a(\xi_m, w, t) = \int_0^\vartheta \psi_a(v, w, t) \cos(\xi_m v) dv$.

28.36

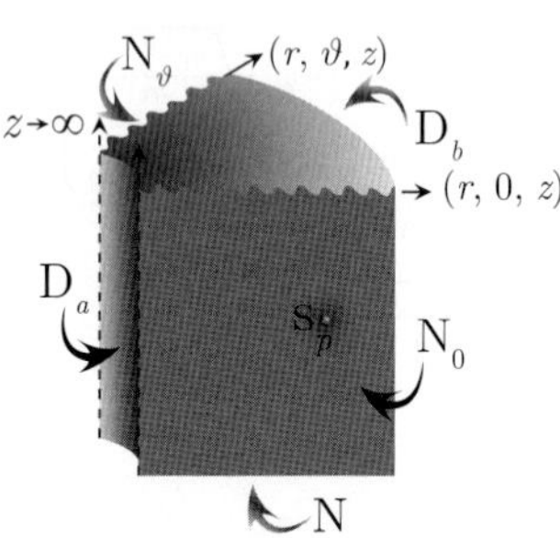

A cylindrical continuum bounded by $a \le r \le b$ and $0 \le \theta \le \vartheta$ and semi-infinite in z; $\vartheta < 2\pi$. Point source at $s_p \equiv (r_0, \theta_0, z_0)$ at time $t = t_0$; $a < r_0 < b$, $0 \le \theta_0 \le \vartheta$, $0 < z_0 < \infty$, $t_0 \ge 0$. $\mathbf{N} \equiv \frac{\partial p(r,\theta,0,t)}{\partial z} = -\left(\frac{\mu}{k_z}\right) \psi(r, \theta, t)$, $\mathbf{D}_a \equiv p(a, \theta, z, t) = \psi_a(\theta, z, t)$, $\mathbf{D}_b \equiv p(b, \theta, z, t) = \psi_b(\theta, z, t)$, $\mathbf{N}_0 \equiv \frac{\partial p(r,0,z,t)}{\partial \theta} = -\left(\frac{\mu}{k_\theta}\right) \psi_0(r, z, t)$ and $\mathbf{N}_\vartheta \equiv \frac{\partial p(r,\vartheta,z,t)}{\partial \theta} = -\left(\frac{\mu}{k_\theta}\right) \psi_\vartheta(r, z, t)$. $p(r, \theta, z, 0) = \varphi(r, \theta, z)$

$$\overline{p} = \frac{\pi^2 q(s) e^{-s t_0}}{2\vartheta \phi c_t \sqrt{\eta_z}} \sum_{m=0}^\infty \ni_m \cos(\xi_m \theta_0) \cos(\xi_m \theta) \times$$

$$\times \sum_{n=1}^\infty \frac{\xi_n^2 J_{\mathcal{M}}^2(\xi_n b) \mathcal{V}_{\mathcal{DM}}(\xi_n r_0, a) \mathcal{V}_{\mathcal{DM}}(\xi_n r, a)}{\left\{ J_{\mathcal{M}}^2(\xi_n a) - J_{\mathcal{M}}^2(\xi_n b) \right\} \sqrt{(\eta_r \xi_n^2 + s)}} \left\{ e^{-|z-z_0| \sqrt{\frac{\eta_r \xi_n^2 + s}{\eta_z}}} + e^{-|z+z_0| \sqrt{\frac{\eta_r \xi_n^2 + s}{\eta_z}}} \right\} -$$

$$- \frac{\pi \eta_r}{\vartheta \sqrt{\eta_z}} \sum_{m=0}^\infty \ni_m \cos(\xi_m \theta) \sum_{n=1}^\infty \frac{\xi_n^2 J_{\mathcal{M}}^2(\xi_n b) \mathcal{V}_{\mathcal{DM}}(\xi_n r, a)}{\left\{ J_{\mathcal{M}}^2(\xi_n a) - J_{\mathcal{M}}^2(\xi_n b) \right\} \sqrt{\eta_r \xi_n^2 + s}} \times$$

$$\times \int_0^\infty \overline{\overline{\psi}}_a(\xi_m, w, s) \left\{ e^{-|z-w| \sqrt{\frac{\eta_r \xi_n^2 + s}{\eta_z}}} + e^{-|z+w| \sqrt{\frac{\eta_r \xi_n^2 + s}{\eta_z}}} \right\} dw +$$

$$+ \frac{\pi \eta_r}{\vartheta \sqrt{\eta_z}} \sum_{m=0}^\infty \ni_m \cos(\xi_m \theta) \sum_{m=0}^\infty \ni_m \cos(\xi_m \theta) \sum_{n=1}^\infty \frac{\xi_n^2 J_{\mathcal{M}}(\xi_n a) J_{\mathcal{M}}(\xi_n b) \mathcal{V}_{\mathcal{DM}}(\xi_n r, a)}{\left\{ J_{\mathcal{M}}^2(\xi_n a) - J_{\mathcal{M}}^2(\xi_n b) \right\} \sqrt{\eta_r \xi_n^2 + s}} \times$$

$$\times \int_0^\infty \overline{\overline{\psi}}_b(\xi_m, w, s)\left\{e^{-|z-w|\sqrt{\frac{\eta_r\xi_n^2+s}{\eta_z}}} + e^{-|z+w|\sqrt{\frac{\eta_r\xi_n^2+s}{\eta_z}}}\right\}dw +$$

$$+\frac{\pi}{2\phi c_t\sqrt{\eta_z}}\sum_{n=1}^\infty \frac{\xi_n^2 J_\mathcal{M}^2(\xi_n b)\,\mathcal{V}_{\mathcal{DM}}(\xi_n r, a)\overline{\overline{\overline{\psi}}}(\xi_n, \xi_m, s)\,e^{-z\sqrt{\frac{\eta_r\xi_n^2+s}{\eta_z}}}}{\{J_\mathcal{M}^2(\xi_n a) - J_\mathcal{M}^2(\xi_n b)\}\sqrt{(\eta_r\xi_n^2+s)}} +$$

$$+\frac{\pi^2}{2\vartheta\phi c_t\sqrt{\eta_z}}\sum_{m=0}^\infty \ni_m \cos(\xi_m\theta)\sum_{n=1}^\infty \frac{\xi_n^2 J_\mathcal{M}^2(\xi_n b)\,\mathcal{V}_{\mathcal{DM}}(\xi_n r, a)}{\{J_\mathcal{M}^2(\xi_n a) - J_\mathcal{M}^2(\xi_n b)\}\sqrt{\eta_r\xi_n^2+s}}\times$$

$$\times\int_a^b \frac{\mathcal{V}_{\mathcal{DM}}(\xi_n u, a)}{u}\int_0^\infty\left\{\overline{\psi}_0(u,w,s)+(-1)^{m+1}\overline{\psi}_\vartheta(u,w,s)\right\}\left\{e^{-|z-w|\sqrt{\frac{\eta_r\xi_n^2+s}{\eta_z}}} + e^{-|z+w|\sqrt{\frac{\eta_r\xi_n^2+s}{\eta_z}}}\right\}dwdu+$$

$$+\frac{\pi^2}{2\vartheta\sqrt{\eta_z}}\sum_{m=0}^\infty \ni_m \cos(\xi_m\theta)\sum_{n=1}^\infty \frac{\xi_n^2 J_\mathcal{M}^2(\xi_n b)\,\mathcal{V}_{\mathcal{DM}}(\xi_n r, a)}{\{J_\mathcal{M}^2(\xi_n a) - J_\mathcal{M}^2(\xi_n b)\}\sqrt{\eta_r\xi_n^2+s}}\times$$

$$\times\int_0^\infty \overline{\overline{\varphi}}(\xi_n, \xi_m, w)\left\{e^{-|z-w|\sqrt{\frac{\eta_r\xi_n^2+s}{\eta_z}}} + e^{-|z+w|\sqrt{\frac{\eta_r\xi_n^2+s}{\eta_z}}}\right\}dw \tag{28.36.1}$$

where $\mathcal{V}_{\mathcal{DM}}(\xi_n r, a) = J_\mathcal{M}(\xi_n r)\,Y_\mathcal{M}(\xi_n a) - Y_\mathcal{M}(\xi_n r)\,J_\mathcal{M}(\xi_n a)$, $\xi_n, n = 1, 2, ...,$ are the positive roots of the transcendental equation $\mathcal{V}_{\mathcal{DM}}(\xi_n b, a) = 0$, $\xi_m = \frac{m\pi}{\vartheta}$, $m = 0, 1, ...,$
$\overline{\overline{\overline{\psi}}}(\xi_n, \xi_m, s) = \int_a^b u\mathcal{V}_{\mathcal{DM}}(\xi_n u)\int_0^\vartheta \overline{\psi}(u, v, s)\cos(\xi_m v)dvdu$, $\overline{\overline{\psi}}_a(\xi_m, w, s) = \int_0^\vartheta \overline{\psi}_a(v, w, s)\cos(\xi_m v)dv$,
$\overline{\overline{\psi}}_b(\xi_m, w, s) = \int_0^\vartheta \overline{\psi}_b(v, w, s)\cos(\xi_m v)dv$ and $\overline{\overline{\varphi}}(\xi_n, \xi_m, w) = \int_a^b u\mathcal{V}_{\mathcal{DM}}(\xi_n u)\int_0^\vartheta \varphi(u, v, w)\cos(\xi_m v)dudv$.

$$p = \frac{U(t-t_0)}{2\vartheta\phi c_t}\sqrt{\frac{\pi^3}{\eta_z}}\sum_{m=0}^\infty \ni_m \cos(\xi_m\theta_0)\cos(\xi_m\theta)\sum_{n=1}^\infty \frac{\xi_n^2 J_\mathcal{M}^2(\xi_n b)\,\mathcal{V}_{\mathcal{DM}}(\xi_n r_0, a)\,\mathcal{V}_{\mathcal{DM}}(\xi_n r, a)}{\{J_\mathcal{M}^2(\xi_n a) - J_\mathcal{M}^2(\xi_n b)\}}\times$$

$$\times\int_0^{t-t_0} \frac{q(t-t_0-\tau)\,e^{-\eta_r\xi_n^2\tau}}{\sqrt{\tau}}\left\{e^{-\frac{(z-z_0)^2}{4\eta_z\tau}} + e^{-\frac{(z+z_0)^2}{4\eta_z\tau}}\right\}d\tau -$$

$$-\frac{\eta_r}{\vartheta}\sqrt{\frac{\pi}{\eta_z}}\sum_{m=0}^\infty \ni_m \sum_{n=1}^\infty \frac{\xi_n^2 J_\mathcal{M}^2(\xi_n b)\,\mathcal{V}_{\mathcal{DM}}(\xi_n r, a)}{\{J_\mathcal{M}^2(\xi_n a) - J_\mathcal{M}^2(\xi_n b)\}}\int_0^t \frac{e^{-\eta_r\xi_n^2\tau}}{\sqrt{\tau}}\int_0^\infty \overline{\psi}_a(\xi_m, w, t-\tau)\left\{e^{-\frac{(z-w)^2}{4\eta_z\tau}} + e^{-\frac{(z+w)^2}{4\eta_z\tau}}\right\}dwd\tau +$$

$$+\frac{\eta_r}{\vartheta}\sqrt{\frac{\pi}{\eta_z}}\sum_{m=0}^\infty \ni_m \cos(\xi_m\theta)\sum_{n=1}^\infty \frac{\xi_n^2 J_\mathcal{M}(\xi_n a)\,J_\mathcal{M}(\xi_n b)\,\mathcal{V}_{\mathcal{DM}}(\xi_n r, a)}{\{J_\mathcal{M}^2(\xi_n a) - J_\mathcal{M}^2(\xi_n b)\}}\times$$

$$\times\int_0^t \frac{e^{-\eta_r\xi_n^2\tau}}{\sqrt{\tau}}\int_0^\infty \overline{\psi}_b(\xi_m, w, t-\tau)\left\{e^{-\frac{(z-w)^2}{4\eta_z\tau}} + e^{-\frac{(z+w)^2}{4\eta_z\tau}}\right\}dwd\tau +$$

$$+\frac{1}{2\phi c_t}\sqrt{\frac{\pi}{\eta_z}}\sum_{m=0}^\infty \ni_m \cos(\xi_m\theta)\sum_{n=1}^\infty \frac{\xi_n^2 J_\mathcal{M}^2(\xi_n b)\,\mathcal{V}_{\mathcal{DM}}(\xi_n r, a)}{\{J_\mathcal{M}^2(\xi_n a) - J_\mathcal{M}^2(\xi_n b)\}}\int_0^t \frac{\overline{\overline{\psi}}(\xi_n, \xi_m, t-\tau)\,e^{-\eta_r\xi_n^2\tau - \frac{z^2}{4\eta_z\tau}}}{\sqrt{\tau}}d\tau +$$

$$+\frac{1}{2\vartheta\phi c_t}\sqrt{\frac{\pi^3}{\eta_z}}\sum_{m=0}^\infty \ni_m \cos(\xi_m\theta)\sum_{n=1}^\infty \frac{\xi_n^2 J_\mathcal{M}^2(\xi_n b)\,\mathcal{V}_{\mathcal{DM}}(\xi_n r, a)}{\{J_\mathcal{M}^2(\xi_n a) - J_\mathcal{M}^2(\xi_n b)\}}\int_0^t \frac{e^{-\eta_r\xi_n^2\tau}}{\sqrt{\tau}}\int_a^b \frac{\mathcal{V}_{\mathcal{DM}}(\xi_n u, a)}{u}\times$$

$$\times\int_0^\infty\left\{\psi_0(u, w, t-\tau) + (-1)^{m+1}\psi_\vartheta(u, w, t-\tau)\right\}\left\{e^{-\frac{(z-w)^2}{4\eta_z\tau}} + e^{-\frac{(z+w)^2}{4\eta_z\tau}}\right\}dwdud\tau +$$

$$+\frac{1}{2\vartheta}\sqrt{\frac{\pi^3}{\eta_z t}}\sum_{m=0}^\infty \ni_m \cos(\xi_m\theta)\sum_{n=1}^\infty \frac{\xi_n^2 J_\mathcal{M}^2(\xi_n b)\,\mathcal{V}_{\mathcal{DM}}(\xi_n r, a)e^{-\eta_r\xi_n^2 t}}{\{J_\mathcal{M}^2(\xi_n a) - J_\mathcal{M}^2(\xi_n b)\}}\int_0^\infty \overline{\overline{\varphi}}(\xi_n, \xi_m, w)\left\{e^{-\frac{(z-w)^2}{4\eta_z t}} + e^{-\frac{(z+w)^2}{4\eta_z t}}\right\}dw \tag{28.36.2}$$

where $\overline{\overline{\psi}}(\xi_n, \xi_m, t) = \int_a^b u\mathcal{V}_{\mathcal{DM}}(\xi_n u)\int_0^\vartheta \psi(u, v, t)\cos(\xi_m v)dvdu$, $\overline{\psi}_a(\xi_m, w, t) = \int_0^\vartheta \psi_a(v, w, t)\cos(\xi_m v)dv$ and $\overline{\psi}_b(\xi_m, w, t) = \int_0^\vartheta \psi_b(v, w, t)\cos(\xi_m v)dv$.

28.37

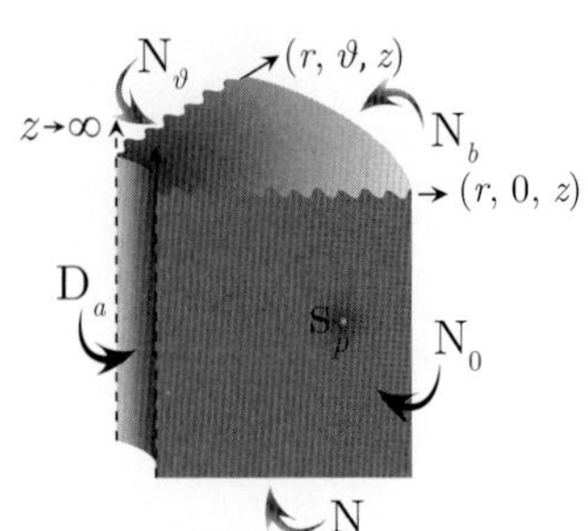

The problem of 28.36, except
$\mathbf{N} \equiv \frac{\partial p(r,\theta,0,t)}{\partial z} = -\left(\frac{\mu}{k_z}\right)\psi(r,\theta,t),$
$\mathbf{D}_a \equiv p(a,\theta,z,t) = \psi_a(\theta,z,t),$
$\mathbf{N}_b \equiv \frac{\partial p(b,\theta,z,t)}{\partial r} = -\left(\frac{\mu}{k_r}\right)\psi_b(\theta,z,t),$
$\mathbf{N}_0 \equiv \frac{\partial p(r,0,z,t)}{\partial \theta} = -\left(\frac{\mu}{k_\theta}\right)\psi_0(r,z,t)$ **and**
$\mathbf{N}_\vartheta \equiv \frac{\partial p(r,\vartheta,z,t)}{\partial \theta} = -\left(\frac{\mu}{k_\theta}\right)\psi_\vartheta(r,z,t)$

$$\overline{p} = \frac{\pi^2 q(s)\, e^{-st_0}}{2\vartheta\phi c_t\sqrt{\eta_z}} \sum_{m=0}^{\infty} \ni_m \cos(\xi_m\theta_0)\cos(\xi_m\theta) \times$$

$$\times \sum_{n=1}^{\infty} \frac{\xi_n^2 J_{\mathcal{M}}'^2(\xi_n b)\,\mathcal{V}_{\mathcal{DM}}(\xi_n r_0,a)\,\mathcal{V}_{\mathcal{DM}}(\xi_n r,a)}{\left[\left\{1-\left(\frac{\mathcal{M}}{\xi_n b}\right)^2\right\} J_{\mathcal{M}}^2(\xi_n a) - J_{\mathcal{M}}'^2(\xi_n b)\right]\sqrt{(\eta_r\xi_n^2+s)}} \left\{ e^{-|z-z_0|\sqrt{\frac{\eta_r\xi_n^2+s}{\eta_z}}} + e^{-|z+z_0|\sqrt{\frac{\eta_r\xi_n^2+s}{\eta_z}}} \right\} -$$

$$-\frac{\pi\eta_r}{\vartheta\sqrt{\eta_z}} \sum_{m=0}^{\infty} \ni_m \cos(\xi_m\theta) \sum_{n=1}^{\infty} \frac{\xi_n^2 J_{\mathcal{M}}'^2(\xi_n b)\,\mathcal{V}_{\mathcal{DM}}(\xi_n r,a)}{\left[\left\{1-\left(\frac{\mathcal{M}}{\xi_n b}\right)^2\right\} J_{\mathcal{M}}^2(\xi_n a) - J_{\mathcal{M}}'^2(\xi_n b)\right]\sqrt{\eta_r\xi_n^2+s}} \times$$

$$\times \int_0^{\infty} \overline{\overline{\psi}}_a(\xi_m,w,s) \left\{ e^{-|z-w|\sqrt{\frac{\eta_r\xi_n^2+s}{\eta_z}}} + e^{-|z+w|\sqrt{\frac{\eta_r\xi_n^2+s}{\eta_z}}} \right\} dw -$$

$$-\frac{\pi}{\vartheta\phi c_t\sqrt{\eta_z}} \sum_{m=0}^{\infty} \ni_m \cos(\xi_m\theta) \sum_{n=1}^{\infty} \frac{\xi_n^2 J_{\mathcal{M}}(\xi_n a)\, J_{\mathcal{M}}'(\xi_n b)\,\mathcal{V}_{\mathcal{DM}}(\xi_n r,a)}{\left[\left\{1-\left(\frac{\mathcal{M}}{\xi_n b}\right)^2\right\} J_{\mathcal{M}}^2(\xi_n a) - J_{\mathcal{M}}'^2(\xi_n b)\right]\sqrt{\eta_r\xi_n^2+s}} \times$$

$$\times \int_0^{\infty} \overline{\overline{\psi}}_b(\xi_m,w,s) \left\{ e^{-|z-w|\sqrt{\frac{\eta_r\xi_n^2+s}{\eta_z}}} + e^{-|z+w|\sqrt{\frac{\eta_r\xi_n^2+s}{\eta_z}}} \right\} dw +$$

$$+\frac{\pi}{2\phi c_t\sqrt{\eta_z}} \sum_{m=0}^{\infty} \ni_m \cos(\xi_m\theta) \sum_{n=1}^{\infty} \frac{\xi_n^2 J_{\mathcal{M}}'^2(\xi_n b)\,\mathcal{V}_{\mathcal{DM}}(\xi_n r,a)\,\overline{\overline{\overline{\psi}}}(\xi_n,\xi_m,s)\, e^{-z\sqrt{\frac{\eta_r\xi_n^2+s}{\eta_z}}}}{\left[\left\{1-\left(\frac{\mathcal{M}}{\xi_n b}\right)^2\right\} J_{\mathcal{M}}^2(\xi_n a) - J_{\mathcal{M}}'^2(\xi_n b)\right]\sqrt{(\eta_r\xi_n^2+s)}} +$$

$$+\frac{\pi^2}{2\vartheta\phi c_t\sqrt{\eta_z}} \sum_{m=0}^{\infty} \ni_m \cos(\xi_m\theta) \sum_{n=1}^{\infty} \frac{\xi_n^2 J_{\mathcal{M}}'^2(\xi_n b)\,\mathcal{V}_{\mathcal{DM}}(\xi_n r,a)}{\left[\left\{1-\left(\frac{\mathcal{M}}{\xi_n b}\right)^2\right\} J_{\mathcal{M}}^2(\xi_n a) - J_{\mathcal{M}}'^2(\xi_n b)\right]\sqrt{\eta_r\xi_n^2+s}} \times$$

$$\times \int_a^b \frac{\mathcal{V}_{\mathcal{DM}}(\xi_n u,a)}{u} \int_0^{\infty} \left\{\overline{\psi}_0(u,w,s) + (-1)^{m+1}\,\overline{\psi}_\vartheta(u,w,s)\right\} \left\{ e^{-|z-w|\sqrt{\frac{\eta_r\xi_n^2+s}{\eta_z}}} + e^{-|z+w|\sqrt{\frac{\eta_r\xi_n^2+s}{\eta_z}}} \right\} dwdu+$$

$$+\frac{\pi^2}{2\vartheta\sqrt{\eta_z}} \sum_{m=0}^{\infty} \ni_m \cos(\xi_m\theta) \sum_{n=1}^{\infty} \frac{\xi_n^2 J_{\mathcal{M}}'^2(\xi_n b)\,\mathcal{V}_{\mathcal{DM}}(\xi_n r,a)}{\left[\left\{1-\left(\frac{\mathcal{M}}{\xi_n b}\right)^2\right\} J_{\mathcal{M}}^2(\xi_n a) - J_{\mathcal{M}}'^2(\xi_n b)\right]\sqrt{\eta_r\xi_n^2+s}} \times$$

$$\times \int_0^{\infty} \overline{\overline{\varphi}}(\xi_n,\xi_m,w) \left\{ e^{-|z-w|\sqrt{\frac{\eta_r\xi_n^2+s}{\eta_z}}} + e^{-|z+w|\sqrt{\frac{\eta_r\xi_n^2+s}{\eta_z}}} \right\} dw \qquad (28.37.1)$$

where $\mathcal{V}_{\mathcal{DM}}(\xi_n r,a) = J_{\mathcal{M}}(\xi_n r)\,Y_{\mathcal{M}}(\xi_n a) - Y_{\mathcal{M}}(\xi_n r)\,J_{\mathcal{M}}(\xi_n a)$, ξ_n are the positive roots of the transcendental equation $\mathcal{V}_{\mathcal{DM}}'(\xi_n b,a) = 0$, ξ_n, n=1,2,...., $\xi_m = \frac{m\pi}{\vartheta}$, $m = 0,1,...$,
$\overline{\overline{\overline{\psi}}}(\xi_n,\xi_m,s) = \int_a^b u\mathcal{V}_{\mathcal{DM}}(\xi_n u)\int_0^{\vartheta}\overline{\psi}(u,v,s)\cos(\xi_m v)dvdu$, $\overline{\overline{\psi}}_a(\xi_m,w,s) = \int_0^{\vartheta}\overline{\psi}_a(v,w,s)\cos(\xi_m v)dv$,
$\overline{\overline{\psi}}_b(\xi_m,w,s) = \int_0^{\vartheta}\overline{\psi}_b(v,w,s)\cos(\xi_m v)dv$ and $\overline{\overline{\varphi}}(\xi_n,\xi_m,w) = \int_a^b u\mathcal{V}_{\mathcal{DM}}(\xi_n u)\int_0^{\vartheta}\varphi(u,v,w)\cos(\xi_m v)dudv$.

$$p = \frac{U(t-t_0)}{2\vartheta\phi c_t}\sqrt{\frac{\pi^3}{\eta_z}}\sum_{m=0}^{\infty}\ni_m\cos(\xi_m\theta_0)\cos(\xi_m\theta)\sum_{n=1}^{\infty}\frac{\xi_n^2 J'^2_{\mathcal{M}}(\xi_n b)\,\mathcal{V}_{\mathcal{DM}}(\xi_n r_0,a)\,\mathcal{V}_{\mathcal{DM}}(\xi_n r,a)}{\left[\left\{1-\left(\frac{\mathcal{M}}{\xi_n b}\right)^2\right\}J^2_{\mathcal{M}}(\xi_n a)-J'^2_{\mathcal{M}}(\xi_n b)\right]}\times$$

$$\times\int_0^{t-t_0}\frac{q(t-t_0-\tau)\,e^{-\eta_r\xi_n^2\tau}}{\sqrt{\tau}}\left\{e^{-\frac{(z-z_0)^2}{4\eta_z\tau}}+e^{-\frac{(z+z_0)^2}{4\eta_z\tau}}\right\}d\tau-$$

$$-\frac{\eta_r}{\vartheta}\sqrt{\frac{\pi}{\eta_z}}\sum_{m=0}^{\infty}\ni_m\cos(\xi_m\theta)\sum_{n=1}^{\infty}\frac{\xi_n^2 J'^2_{\mathcal{M}}(\xi_n b)\,\mathcal{V}_{\mathcal{DM}}(\xi_n r,a)}{\left[\left\{1-\left(\frac{\mathcal{M}}{\xi_n b}\right)^2\right\}J^2_{\mathcal{M}}(\xi_n a)-J'^2_{\mathcal{M}}(\xi_n b)\right]}\times$$

$$\times\int_0^{t}\frac{e^{-\eta_r\xi_n^2\tau}}{\sqrt{\tau}}\int_0^{\infty}\overline{\psi}_a(\xi_m,w,t-\tau)\left\{e^{-\frac{(z-w)^2}{4\eta_z\tau}}+e^{-\frac{(z+w)^2}{4\eta_z\tau}}\right\}dw\,d\tau-$$

$$-\frac{1}{\vartheta\phi c_t}\sqrt{\frac{\pi}{\eta_z}}\sum_{m=0}^{\infty}\ni_m\cos(\xi_m\theta)\sum_{n=1}^{\infty}\frac{\xi_n^2 J_{\mathcal{M}}(\xi_n a)\,J'_{\mathcal{M}}(\xi_n b)\,\mathcal{V}_{\mathcal{DM}}(\xi_n r,a)}{\left[\left\{1-\left(\frac{\mathcal{M}}{\xi_n b}\right)^2\right\}J^2_{\mathcal{M}}(\xi_n a)-J'^2_{\mathcal{M}}(\xi_n b)\right]}\times$$

$$\times\int_0^{t}\frac{e^{-\eta_r\xi_n^2\tau}}{\sqrt{\tau}}\int_0^{\infty}\overline{\psi}_b(\xi_m,w,t-\tau)\left\{e^{-\frac{(z-w)^2}{4\eta_z\tau}}+e^{-\frac{(z+w)^2}{4\eta_z\tau}}\right\}dw\,d\tau+$$

$$+\frac{1}{2\phi c_t}\sqrt{\frac{\pi}{\eta_z}}\sum_{m=0}^{\infty}\ni_m\cos(\xi_m\theta)\times$$

$$\times\sum_{n=1}^{\infty}\frac{\xi_n^2 J'^2_{\mathcal{M}}(\xi_n b)\,\mathcal{V}_{\mathcal{DM}}(\xi_n r,a)}{\left[\left\{1-\left(\frac{\mathcal{M}}{\xi_n b}\right)^2\right\}J^2_{\mathcal{M}}(\xi_n a)-J'^2_{\mathcal{M}}(\xi_n b)\right]}\int_0^{t}\frac{\overline{\overline{\psi}}(\xi_n,\xi_m,t-\tau)\,e^{-\eta_r\xi_n^2\tau-\frac{z^2}{4\eta_z\tau}}}{\sqrt{\tau}}d\tau+$$

$$+\frac{1}{2\vartheta\phi c_t}\sqrt{\frac{\pi^3}{\eta_z}}\sum_{m=0}^{\infty}\ni_m\cos(\xi_m\theta)\sum_{n=1}^{\infty}\frac{\xi_n^2 J'^2_{\mathcal{M}}(\xi_n b)\,\mathcal{V}_{\mathcal{DM}}(\xi_n r,a)}{\left[\left\{1-\left(\frac{\mathcal{M}}{\xi_n b}\right)^2\right\}J^2_{\mathcal{M}}(\xi_n a)-J'^2_{\mathcal{M}}(\xi_n b)\right]}\int_0^{t}\frac{e^{-\eta_r\xi_n^2\tau}}{\sqrt{\tau}}\times$$

$$\times\int_a^b\frac{\mathcal{V}_{\mathcal{DM}}(\xi_n u,a)}{u}\int_0^{\infty}\left\{\psi_0(u,w,t-\tau)+(-1)^{m+1}\psi_\vartheta(u,w,t-\tau)\right\}\left\{e^{-\frac{(z-w)^2}{4\eta_z\tau}}+e^{-\frac{(z+w)^2}{4\eta_z\tau}}\right\}dw\,du\,d\tau+$$

$$+\frac{1}{2\vartheta}\sqrt{\frac{\pi^3}{\eta_z t}}\sum_{m=0}^{\infty}\ni_m\cos(\xi_m\theta)\sum_{n=1}^{\infty}\frac{\xi_n^2 J'^2_{\mathcal{M}}(\xi_n b)\,\mathcal{V}_{\mathcal{DM}}(\xi_n r,a)\,e^{-\eta_r\xi_n^2 t}}{\left[\left\{1-\left(\frac{\mathcal{M}}{\xi_n b}\right)^2\right\}J^2_{\mathcal{M}}(\xi_n a)-J'^2_{\mathcal{M}}(\xi_n b)\right]}\times$$

$$\times\int_0^{\infty}\overline{\overline{\varphi}}(\xi_n,\xi_m,w)\left\{e^{-\frac{(z-w)^2}{4\eta_z t}}+e^{-\frac{(z+w)^2}{4\eta_z t}}\right\}dw \tag{28.37.2}$$

where $\overline{\overline{\psi}}(\xi_n,\xi_m,t)=\int_a^b u\mathcal{V}_{\mathcal{DM}}(\xi_n u)\int_0^{\vartheta}\psi(u,v,t)\cos(\xi_m v)dv\,du$, $\overline{\psi}_a(\xi_m,w,t)=\int_0^{\vartheta}\psi_a(v,w,t)\cos(\xi_m v)dv$ and $\overline{\psi}_b(\xi_m,w,t)=\int_0^{\vartheta}\psi_b(v,w,t)\cos(\xi_m v)dv$.

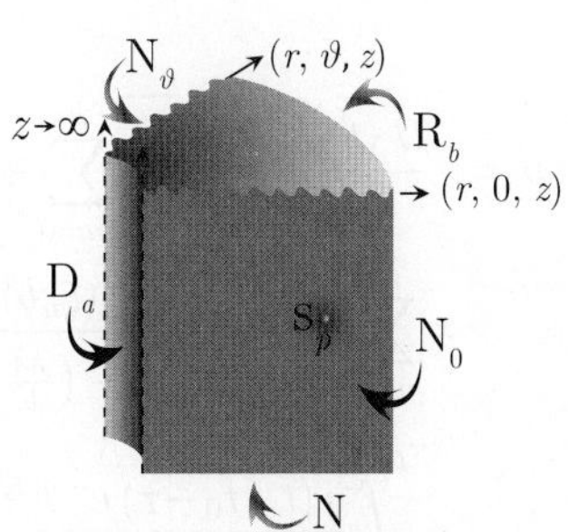

28.38 **The problem of 28.36, except** $\mathbf{N}\equiv\frac{\partial p(r,\theta,0,t)}{\partial z}=-\left(\frac{\mu}{k_z}\right)\psi(r,\theta,t)$,
$\mathbf{D}_a\equiv p(a,\theta,z,t)=\psi_a(\theta,z,t)$,
$\mathbf{R}_b\equiv\frac{\partial p(b,\theta,z,t)}{\partial r}+\lambda p(b,\theta,z,t)=-\left(\frac{\mu}{k_r}\right)\psi_b(\theta,z,t)$,
$\mathbf{N}_0\equiv\frac{\partial p(r,0,z,t)}{\partial\theta}=-\left(\frac{\mu}{k_\theta}\right)\psi_0(r,z,t)$ **and**
$\mathbf{N}_\vartheta\equiv\frac{\partial p(r,\vartheta,z,t)}{\partial\theta}=-\left(\frac{\mu}{k_\theta}\right)\psi_\vartheta(r,z,t)$

$$\overline{p} = \frac{\pi^2 q(s)\, e^{-st_0}}{2\vartheta\phi c_t\sqrt{\eta_z}} \sum_{m=0}^{\infty} \ni_m \cos(\xi_m\theta_0)\cos(\xi_m\theta) \times$$
$$\times \sum_{n=1}^{\infty} \frac{\xi_n^2\{\xi_n J'_{\mathcal{M}}(\xi_n b) + \lambda J_{\mathcal{M}}(\xi_n b)\}^2 \mathcal{V}_{\mathcal{DM}}(\xi_n r_0, a)\, \mathcal{V}_{\mathcal{DM}}(\xi_n r, a)}{\left[\left\{\xi_n^2 + \lambda^2 - \left(\frac{\mathcal{M}}{b}\right)^2\right\} J^2_{\mathcal{M}}(\xi_n a) - \{\xi_n J'_{\mathcal{M}}(\xi_n b) + \lambda J_{\mathcal{M}}(\xi_n b)\}^2\right]\sqrt{(\eta_r\xi_n^2 + s)}} \times$$
$$\times \left\{ e^{-|z-z_0|\sqrt{\frac{\eta_r\xi_n^2+s}{\eta_z}}} + e^{-|z+z_0|\sqrt{\frac{\eta_r\xi_n^2+s}{\eta_z}}} \right\} -$$
$$-\frac{\pi\eta_r}{\vartheta\sqrt{\eta_z}} \sum_{m=0}^{\infty} \ni_m \cos(\xi_m\theta) \sum_{n=1}^{\infty} \frac{\xi_n^2\{\xi_n J'_{\mathcal{M}}(\xi_n b) + \lambda J_{\mathcal{M}}(\xi_n b)\}^2 \mathcal{V}_{\mathcal{DM}}(\xi_n r, a)}{\left[\left\{\xi_n^2 + \lambda^2 - \left(\frac{\mathcal{M}}{b}\right)^2\right\} J^2_{\mathcal{M}}(\xi_n a) - \{\xi_n J'_{\mathcal{M}}(\xi_n b) + \lambda J_{\mathcal{M}}(\xi_n b)\}^2\right]\sqrt{\eta_r\xi_n^2 + s}} \times$$
$$\times \int_0^{\infty} \overline{\overline{\psi}}_a(\xi_m, w, s) \left\{ e^{-|z-w|\sqrt{\frac{\eta_r\xi_n^2+s}{\eta_z}}} + e^{-|z+w|\sqrt{\frac{\eta_r\xi_n^2+s}{\eta_z}}} \right\} dw -$$
$$-\frac{\pi}{\vartheta\phi c_t\sqrt{\eta_z}} \sum_{m=0}^{\infty} \ni_m \cos(\xi_m\theta) \sum_{n=1}^{\infty} \frac{\xi_n^2 J_{\mathcal{M}}(\xi_n a)\{\xi_n J'_{\mathcal{M}}(\xi_n b) + \lambda J_{\mathcal{M}}(\xi_n b)\} \mathcal{V}_{\mathcal{DM}}(\xi_n r, a)}{\left[\left\{\xi_n^2 + \lambda^2 - \left(\frac{\mathcal{M}}{b}\right)^2\right\} J^2_{\mathcal{M}}(\xi_n a) - \{\xi_n J'_{\mathcal{M}}(\xi_n b) + \lambda J_{\mathcal{M}}(\xi_n b)\}^2\right]\sqrt{\eta_r\xi_n^2 + s}} \times$$
$$\times \int_0^{\infty} \overline{\overline{\psi}}_b(\xi_m, w, s) \left\{ e^{-|z-w|\sqrt{\frac{\eta_r\xi_n^2+s}{\eta_z}}} + e^{-|z+w|\sqrt{\frac{\eta_r\xi_n^2+s}{\eta_z}}} \right\} dw +$$
$$+\frac{\pi}{2\phi c_t\sqrt{\eta_z}} \sum_{m=0}^{\infty} \ni_m \cos(\xi_m\theta) \sum_{n=1}^{\infty} \frac{\xi_n^2\{\xi_n J'_{\mathcal{M}}(\xi_n b) + \lambda J_{\mathcal{M}}(\xi_n b)\}^2 \mathcal{V}_{\mathcal{DM}}(\xi_n r, a)\, \overline{\overline{\overline{\psi}}}(\xi_n, \xi_m, s) e^{-z\sqrt{\frac{\eta_r\xi_n^2+s}{\eta_z}}}}{\left[\left\{\xi_n^2 + \lambda^2 - \left(\frac{\mathcal{M}}{b}\right)^2\right\} J^2_{\mathcal{M}}(\xi_n a) - \{\xi_n J'_{\mathcal{M}}(\xi_n b) + \lambda J_{\mathcal{M}}(\xi_n b)\}^2\right]\sqrt{(\eta_r\xi_n^2 + s)}} +$$
$$+\frac{\pi^2}{2\vartheta\phi c_t\sqrt{\eta_z}} \sum_{m=0}^{\infty} \ni_m \cos(\xi_m\theta) \sum_{n=1}^{\infty} \frac{\xi_n^2\{\xi_n J'_{\mathcal{M}}(\xi_n b) + \lambda J_{\mathcal{M}}(\xi_n b)\}^2 \mathcal{V}_{\mathcal{DM}}(\xi_n r, a)}{\left[\left\{\xi_n^2 + \lambda^2 - \left(\frac{\mathcal{M}}{b}\right)^2\right\} J^2_{\mathcal{M}}(\xi_n a) - \{\xi_n J'_{\mathcal{M}}(\xi_n b) + \lambda J_{\mathcal{M}}(\xi_n b)\}^2\right]\sqrt{\eta_r\xi_n^2 + s}} \times$$
$$\times \int_a^b \frac{\mathcal{V}_{\mathcal{DM}}(\xi_n u, a)}{u} \int_0^{\infty} \left\{ \overline{\psi}_0(u, w, s) + (-1)^{m+1}\overline{\psi}_\vartheta(u, w, s) \right\} \left\{ e^{-|z-w|\sqrt{\frac{\eta_r\xi_n^2+s}{\eta_z}}} + e^{-|z+w|\sqrt{\frac{\eta_r\xi_n^2+s}{\eta_z}}} \right\} dw du +$$
$$+\frac{\pi^2}{2\vartheta\sqrt{\eta_z}} \sum_{m=0}^{\infty} \ni_m \cos(\xi_m\theta) \sum_{n=1}^{\infty} \frac{\xi_n^2\{\xi_n J'_{\mathcal{M}}(\xi_n b) + \lambda J_{\mathcal{M}}(\xi_n b)\}^2 \mathcal{V}_{\mathcal{DM}}(\xi_n r, a)}{\left[\left\{\xi_n^2 + \lambda^2 - \left(\frac{\mathcal{M}}{b}\right)^2\right\} J^2_{\mathcal{M}}(\xi_n a) - \{\xi_n J'_{\mathcal{M}}(\xi_n b) + \lambda J_{\mathcal{M}}(\xi_n b)\}^2\right]\sqrt{\eta_r\xi_n^2 + s}} \times$$
$$\times \int_0^{\infty} \overline{\overline{\varphi}}(\xi_n, \xi_m, w) \left\{ e^{-|z-w|\sqrt{\frac{\eta_r\xi_n^2+s}{\eta_z}}} + e^{-|z+w|\sqrt{\frac{\eta_r\xi_n^2+s}{\eta_z}}} \right\} dw \tag{28.38.1}$$

where $\mathcal{V}_{\mathcal{DM}}(\xi_n r, a) = J_{\mathcal{M}}(\xi_n r)\, Y_{\mathcal{M}}(\xi_n a) - Y_{\mathcal{M}}(\xi_n r)\, J_{\mathcal{M}}(\xi_n a)$, $\xi_n, n = 1, 2, ...$, are the positive roots of the transcendental equation $\xi_n \mathcal{V}'_{\mathcal{DM}}(\xi_n b, a) + \lambda\mathcal{V}_{\mathcal{DM}}(\xi_n b, a) = 0$, $\xi_m = \frac{m\pi}{\vartheta}$, $m = 0, 1, ...,$
$\overline{\overline{\overline{\psi}}}(\xi_n, \xi_m, s) = \int_a^b u\mathcal{V}_{\mathcal{DM}}(\xi_n u) \int_0^\vartheta \overline{\psi}(u, v, s)\cos(\xi_m v) dv du$, $\overline{\overline{\psi}}_a(\xi_m, w, s) = \int_0^\vartheta \overline{\psi}_a(v, w, s)\cos(\xi_m v) dv$,
$\overline{\overline{\psi}}_b(\xi_m, w, s) = \int_0^\vartheta \overline{\psi}_b(v, w, s)\cos(\xi_m v) dv$ and $\overline{\overline{\varphi}}(\xi_n, \xi_m, w) = \int_a^b u\mathcal{V}_{\mathcal{DM}}(\xi_n u) \int_0^\vartheta \varphi(u, v, w)\cos(\xi_m v) du dv$.

$$p = \frac{U(t - t_0)}{2\vartheta\phi c_t}\sqrt{\frac{\pi^3}{\eta_z}} \sum_{m=0}^{\infty} \ni_m \cos(\xi_m\theta) \times$$
$$\times \sum_{n=1}^{\infty} \frac{\xi_n^2\{\xi_n J'_{\mathcal{M}}(\xi_n b) + \lambda J_{\mathcal{M}}(\xi_n b)\}^2 \mathcal{V}_{\mathcal{DM}}(\xi_n r_0, a)\, \mathcal{V}_{\mathcal{DM}}(\xi_n r, a)}{\left[\left\{\xi_n^2 + \lambda^2 - \left(\frac{\mathcal{M}}{b}\right)^2\right\} J^2_{\mathcal{M}}(\xi_n a) - \{\xi_n J'_{\mathcal{M}}(\xi_n b) + \lambda J_{\mathcal{M}}(\xi_n b)\}^2\right]} \times$$
$$\times \int_0^{t-t_0} \frac{q(t - t_0 - \tau)\, e^{-\eta_r\xi_n^2\tau}}{\sqrt{\tau}} \left\{ e^{-\frac{(z-z_0)^2}{4\eta_z\tau}} + e^{-\frac{(z+z_0)^2}{4\eta_z\tau}} \right\} d\tau -$$

$$-\frac{\eta_r}{\vartheta}\sqrt{\frac{\pi}{\eta_z}}\sum_{m=0}^{\infty}\ni_m\cos(\xi_m\theta)\sum_{n=1}^{\infty}\frac{\xi_n^2\{\xi_n J'_{\mathcal{M}}(\xi_n b)+\lambda J_{\mathcal{M}}(\xi_n b)\}^2\mathcal{V}_{\mathcal{DM}}(\xi_n r,a)}{\left[\left\{\xi_n^2+\lambda^2-\left(\frac{\mathcal{M}}{b}\right)^2\right\}J^2_{\mathcal{M}}(\xi_n a)-\{\xi_n J'_{\mathcal{M}}(\xi_n b)+\lambda J_{\mathcal{M}}(\xi_n b)\}^2\right]}\times$$

$$\times\int_0^t\frac{e^{-\eta_r\xi_n^2\tau}}{\sqrt{\tau}}\int_0^{\infty}\overline{\psi}_a(\xi_m,w,t-\tau)\left\{e^{-\frac{(z-w)^2}{4\eta_z\tau}}+e^{-\frac{(z+w)^2}{4\eta_z\tau}}\right\}dwd\tau-$$

$$-\frac{1}{\vartheta\phi c_t}\sqrt{\frac{\pi}{\eta_z}}\sum_{m=0}^{\infty}\ni_m\cos(\xi_m\theta)\sum_{n=1}^{\infty}\frac{\xi_n^2 J_{\mathcal{M}}(\xi_n a)\{\xi_n J'_{\mathcal{M}}(\xi_n b)+\lambda J_{\mathcal{M}}(\xi_n b)\}\mathcal{V}_{\mathcal{DM}}(\xi_n r,a)}{\left[\left\{\xi_n^2+\lambda^2-\left(\frac{\mathcal{M}}{b}\right)^2\right\}J^2_{\mathcal{M}}(\xi_n a)-\{\xi_n J'_{\mathcal{M}}(\xi_n b)+\lambda J_{\mathcal{M}}(\xi_n b)\}^2\right]}\times$$

$$\times\int_0^t\frac{e^{-\eta_r\xi_n^2\tau}}{\sqrt{\tau}}\int_0^{\infty}\overline{\psi}_b(\xi_m,w,t-\tau)\left\{e^{-\frac{(z-w)^2}{4\eta_z\tau}}+e^{-\frac{(z+w)^2}{4\eta_z\tau}}\right\}dwd\tau+$$

$$+\frac{1}{2\phi c_t}\sqrt{\frac{\pi}{\eta_z}}\sum_{m=0}^{\infty}\ni_m\cos(\xi_m\theta)\sum_{n=1}^{\infty}\frac{\xi_n^2\{\xi_n J'_{\mathcal{M}}(\xi_n b)+\lambda J_{\mathcal{M}}(\xi_n b)\}^2\mathcal{V}_{\mathcal{DM}}(\xi_n r,a)}{\left[\left\{\xi_n^2+\lambda^2-\left(\frac{\mathcal{M}}{b}\right)^2\right\}J^2_{\mathcal{M}}(\xi_n a)-\{\xi_n J'_{\mathcal{M}}(\xi_n b)+\lambda J_{\mathcal{M}}(\xi_n b)\}^2\right]}\times$$

$$\times\int_0^t\frac{\overline{\overline{\psi}}(\xi_n,\xi_m,t-\tau)\,e^{-\eta_r\xi_n^2\tau-\frac{z^2}{4\eta_z\tau}}}{\sqrt{\tau}}d\tau+$$

$$+\frac{1}{2\vartheta\phi c_t}\sqrt{\frac{\pi^3}{\eta_z}}\sum_{m=0}^{\infty}\ni_m\cos(\xi_m\theta)\sum_{n=1}^{\infty}\frac{\xi_n^2\{\xi_n J'_{\mathcal{M}}(\xi_n b)+\lambda J_{\mathcal{M}}(\xi_n b)\}^2\mathcal{V}_{\mathcal{DM}}(\xi_n r,a)}{\left[\left\{\xi_n^2+\lambda^2-\left(\frac{\mathcal{M}}{b}\right)^2\right\}J^2_{\mathcal{M}}(\xi_n a)-\{\xi_n J'_{\mathcal{M}}(\xi_n b)+\lambda J_{\mathcal{M}}(\xi_n b)\}^2\right]}\times$$

$$\times\int_0^t\frac{e^{-\eta_r\xi_n^2\tau}}{\sqrt{\tau}}\int_a^b\frac{\mathcal{V}_{\mathcal{DM}}(\xi_n u,a)}{u}\int_0^{\infty}\left\{\psi_0(u,w,t-\tau)+(-1)^{m+1}\psi_{\vartheta}(u,w,t-\tau)\right\}\times$$

$$\times\left\{e^{-\frac{(z-w)^2}{4\eta_z\tau}}+e^{-\frac{(z+w)^2}{4\eta_z\tau}}\right\}dwdud\tau+$$

$$+\frac{1}{2\vartheta}\sqrt{\frac{\pi^3}{\eta_z t}}\sum_{m=0}^{\infty}\ni_m\cos(\xi_m\theta)\sum_{n=1}^{\infty}\frac{\xi_n^2\{\xi_n J'_{\mathcal{M}}(\xi_n b)+\lambda J_{\mathcal{M}}(\xi_n b)\}^2\mathcal{V}_{\mathcal{DM}}(\xi_n r,a)\,e^{-\eta_r\xi_n^2 t}}{\left[\left\{\xi_n^2+\lambda^2-\left(\frac{\mathcal{M}}{b}\right)^2\right\}J^2_{\mathcal{M}}(\xi_n a)-\{\xi_n J'_{\mathcal{M}}(\xi_n b)+\lambda J_{\mathcal{M}}(\xi_n b)\}^2\right]}\times$$

$$\times\int_0^{\infty}\overline{\overline{\varphi}}(\xi_n,\xi_m,w)\left\{e^{-\frac{(z-w)^2}{4\eta_z t}}+e^{-\frac{(z+w)^2}{4\eta_z t}}\right\}dw \qquad (28.38.2)$$

where $\overline{\overline{\psi}}(\xi_n,\xi_m,t)=\int_a^b u\mathcal{V}_{\mathcal{DM}}(\xi_n u)\int_0^{\vartheta}\psi(u,v,t)\cos(\xi_m v)dvdu$, $\overline{\psi}_a(\xi_m,w,t)=\int_0^{\vartheta}\psi_a(v,w,t)\cos(\xi_m v)dv$ and $\overline{\psi}_b(\xi_m,w,t)=\int_0^{\vartheta}\psi_b(v,w,t)\cos(\xi_m v)dv$.

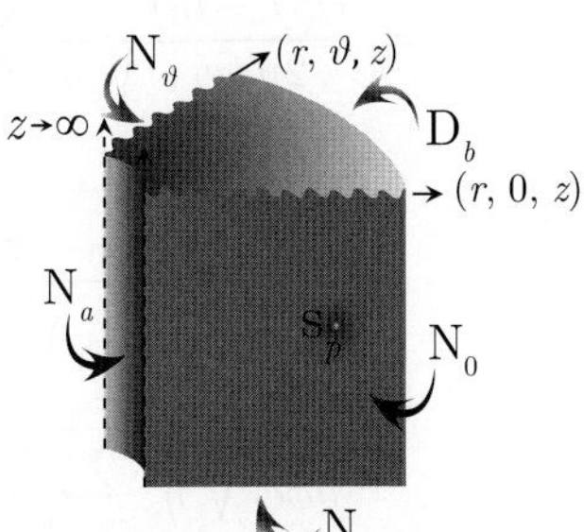

28.39 The problem of 28.36, except $\mathbf{N}\equiv\frac{\partial p(r,\theta,0,t)}{\partial z}=-\left(\frac{\mu}{k_z}\right)\psi(r,\theta,t)$,
$\mathbf{N}_a\equiv\frac{\partial p(a,\theta,z,t)}{\partial r}=-\left(\frac{\mu}{k_r}\right)\psi_a(\theta,z,t)$,
$\mathbf{D}_b\equiv p(b,\theta,z,t)=\psi_b(\theta,z,t)$,
$\mathbf{N}_0\equiv\frac{\partial p(r,0,z,t)}{\partial\theta}=-\left(\frac{\mu}{k_\theta}\right)\psi_0(r,z,t)$ **and**
$\mathbf{N}_{\vartheta}\equiv\frac{\partial p(r,\vartheta,z,t)}{\partial\theta}=-\left(\frac{\mu}{k_\theta}\right)\psi_{\vartheta}(r,z,t)$

$$\overline{p}=\frac{\pi^2 q(s)\,e^{-st_0}}{2\vartheta\phi c_t\sqrt{\eta_z}}\sum_{m=0}^{\infty}\ni_m\cos(\xi_m\theta_0)\cos(\xi_m\theta)\times$$

$$\times\sum_{n=1}^{\infty}\frac{\xi_n^2 J^2_{\mathcal{M}}(\xi_n b)\,\mathcal{V}_{\mathcal{NM}}(\xi_n r_0,a)\,\mathcal{V}_{\mathcal{NM}}(\xi_n r,a)}{\left[J'^2_{\mathcal{M}}(\xi_n a)-\left\{1-\left(\frac{\mathcal{M}}{\xi_n a}\right)^2\right\}J^2_{\mathcal{M}}(\xi_n b)\right]\sqrt{(\eta_r\xi_n^2+s)}}\left\{e^{-|z-z_0|\sqrt{\frac{\eta_r\xi_n^2+s}{\eta_z}}}+e^{-|z+z_0|\sqrt{\frac{\eta_r\xi_n^2+s}{\eta_z}}}\right\}+$$

$$+\frac{\pi}{\vartheta\phi c_t\sqrt{\eta_z}}\sum_{m=0}^{\infty}\ni_m\cos(\xi_m\theta)\sum_{n=1}^{\infty}\frac{\xi_n J^2_{\mathcal{M}}(\xi_n b)\,\mathcal{V}_{\mathcal{NM}}(\xi_n r,a)}{\left[J'^2_{\mathcal{M}}(\xi_n a)-\left\{1-\left(\frac{\mathcal{M}}{\xi_n a}\right)^2\right\}J^2_{\mathcal{M}}(\xi_n b)\right]\sqrt{\eta_r\xi_n^2+s}}\times$$

$$\times\int_0^{\infty}\overline{\overline{\psi}}_a(\xi_m,w,s)\left\{e^{-|z-w|\sqrt{\frac{\eta_r\xi_n^2+s}{\eta_z}}}+e^{-|z+w|\sqrt{\frac{\eta_r\xi_n^2+s}{\eta_z}}}\right\}dw+$$

$$+\frac{\pi\eta_r}{\vartheta\sqrt{\eta_z}}\sum_{m=0}^{\infty}\ni_m\cos(\xi_m\theta)\sum_{n=1}^{\infty}\frac{\xi_n^2 J'_{\mathcal{M}}(\xi_n a)\,J_{\mathcal{M}}(\xi_n b)\,\mathcal{V}_{\mathcal{NM}}(\xi_n r,a)}{\left[J'^2_{\mathcal{M}}(\xi_n a)-\left\{1-\left(\frac{\mathcal{M}}{\xi_n a}\right)^2\right\}J^2_{\mathcal{M}}(\xi_n b)\right]\sqrt{\eta_r\xi_n^2+s}}\times$$

$$\times\int_0^{\infty}\overline{\overline{\psi}}_b(\xi_m,w,s)\left\{e^{-|z-w|\sqrt{\frac{\eta_r\xi_n^2+s}{\eta_z}}}+e^{-|z+w|\sqrt{\frac{\eta_r\xi_n^2+s}{\eta_z}}}\right\}dw+$$

$$+\frac{\pi}{2\phi c_t\sqrt{\eta_z}}\sum_{m=0}^{\infty}\ni_m\cos(\xi_m\theta)\sum_{n=1}^{\infty}\frac{\xi_n^2 J^2_{\mathcal{M}}(\xi_n b)\,\mathcal{V}_{\mathcal{NM}}(\xi_n r,a)\,\overline{\overline{\overline{\psi}}}(\xi_n,\xi_m,s)\,e^{-z\sqrt{\frac{\eta_r\xi_n^2+s}{\eta_z}}}}{\left[J'^2_{\mathcal{M}}(\xi_n a)-\left\{1-\left(\frac{\mathcal{M}}{\xi_n a}\right)^2\right\}J^2_{\mathcal{M}}(\xi_n b)\right]\sqrt{(\eta_r\xi_n^2+s)}}+$$

$$+\frac{\pi^2}{2\vartheta\phi c_t\sqrt{\eta_z}}\sum_{m=0}^{\infty}\ni_m\cos(\xi_m\theta)\sum_{n=1}^{\infty}\frac{\xi_n^2 J^2_{\mathcal{M}}(\xi_n b)\,\mathcal{V}_{\mathcal{NM}}(\xi_n r,a)}{\left[J'^2_{\mathcal{M}}(\xi_n a)-\left\{1-\left(\frac{\mathcal{M}}{\xi_n a}\right)^2\right\}J^2_{\mathcal{M}}(\xi_n b)\right]\sqrt{\eta_r\xi_n^2+s}}\int_a^b\frac{\mathcal{V}_{\mathcal{NM}}(\xi_n u,a)}{u}\times$$

$$\times\int_0^{\infty}\left\{\overline{\psi}_0(u,w,s)+(-1)^{m+1}\overline{\psi}_\vartheta(u,w,s)\right\}\left\{e^{-|z-w|\sqrt{\frac{\eta_r\xi_n^2+s}{\eta_z}}}+e^{-|z+w|\sqrt{\frac{\eta_r\xi_n^2+s}{\eta_z}}}\right\}dwdu+$$

$$+\frac{\pi^2}{2\vartheta\sqrt{\eta_z}}\sum_{m=0}^{\infty}\ni_m\cos(\xi_m\theta)\sum_{n=1}^{\infty}\frac{\xi_n^2 J^2_{\mathcal{M}}(\xi_n b)\,\mathcal{V}_{\mathcal{NM}}(\xi_n r,a)}{\left[J'^2_{\mathcal{M}}(\xi_n a)-\left\{1-\left(\frac{\mathcal{M}}{\xi_n a}\right)^2\right\}J^2_{\mathcal{M}}(\xi_n b)\right]\sqrt{\eta_r\xi_n^2+s}}\times$$

$$\times\int_0^{\infty}\overline{\overline{\varphi}}(\xi_n,\xi_m,w)\left\{e^{-|z-w|\sqrt{\frac{\eta_r\xi_n^2+s}{\eta_z}}}+e^{-|z+w|\sqrt{\frac{\eta_r\xi_n^2+s}{\eta_z}}}\right\}dw \qquad (28.39.1)$$

where $\mathcal{V}_{\mathcal{NM}}(\xi_n r,a)=J_{\mathcal{M}}(\xi_n r)\,Y'_{\mathcal{M}}(\xi_n a)-Y_{\mathcal{M}}(\xi_n r)\,J'_{\mathcal{M}}(\xi_n a)$, $\xi_n, n=1,2,...$, are the positive roots of the transcendental equation $\mathcal{V}_{\mathcal{NM}}(\xi_n b,a)=0$, $\xi_m=\frac{m\pi}{\vartheta}$, $m=0,1,...$,
$\overline{\overline{\overline{\psi}}}(\xi_n,\xi_m,s)=\int_a^b u\mathcal{V}_{\mathcal{NM}}(\xi_n u)\int_0^\vartheta\overline{\psi}(u,v,s)\cos(\xi_m v)dvdu$, $\overline{\overline{\psi}}_a(\xi_m,w,s)=\int_0^\vartheta\overline{\psi}_a(v,w,s)\cos(\xi_m v)dv$,
$\overline{\overline{\psi}}_b(\xi_m,w,s)=\int_0^\vartheta\overline{\psi}_b(v,w,s)\cos(\xi_m v)dv$ and $\overline{\overline{\varphi}}(\xi_n,\xi_m,w)=\int_a^b u\mathcal{V}_{\mathcal{NM}}(\xi_n u)\int_0^\vartheta\varphi(u,v,w)\cos(\xi_m v)dvdu$.

$$p=\frac{U(t-t_0)}{2\vartheta\phi c_t}\sqrt{\frac{\pi^3}{\eta_z}}\sum_{m=0}^{\infty}\ni_m\cos(\xi_m\theta_0)\cos(\xi_m\theta)\sum_{n=1}^{\infty}\frac{\xi_n^2 J^2_{\mathcal{M}}(\xi_n b)\,\mathcal{V}_{\mathcal{NM}}(\xi_n r_0,a)\,\mathcal{V}_{\mathcal{NM}}(\xi_n r,a)}{\left[J'^2_{\mathcal{M}}(\xi_n a)-\left\{1-\left(\frac{\mathcal{M}}{\xi_n a}\right)^2\right\}J^2_{\mathcal{M}}(\xi_n b)\right]}\times$$

$$\times\int_0^{t-t_0}\frac{q(t-t_0-\tau)\,e^{-\eta_r\xi_n^2\tau}}{\sqrt{\tau}}\left\{e^{-\frac{(z-z_0)^2}{4\eta_z\tau}}+e^{-\frac{(z+z_0)^2}{4\eta_z\tau}}\right\}d\tau+$$

$$+\frac{1}{\vartheta\phi c_t}\sqrt{\frac{\pi}{\eta_z}}\sum_{m=0}^{\infty}\ni_m\cos(\xi_m\theta)\sum_{n=1}^{\infty}\frac{\xi_n J^2_{\mathcal{M}}(\xi_n b)\,\mathcal{V}_{\mathcal{NM}}(\xi_n r,a)}{\left[J'^2_{\mathcal{M}}(\xi_n a)-\left\{1-\left(\frac{\mathcal{M}}{\xi_n a}\right)^2\right\}J^2_{\mathcal{M}}(\xi_n b)\right]}\times$$

$$\times\int_0^{t}\frac{e^{-\eta_r\xi_n^2\tau}}{\sqrt{\tau}}\int_0^{\infty}\overline{\psi}_a(\xi_m,w,t-\tau)\left\{e^{-\frac{(z-w)^2}{4\eta_z\tau}}+e^{-\frac{(z+w)^2}{4\eta_z\tau}}\right\}dwd\tau+$$

$$+\frac{\eta_r}{\vartheta}\sqrt{\frac{\pi}{\eta_z}}\sum_{m=0}^{\infty}\ni_m\cos(\xi_m\theta)\sum_{n=1}^{\infty}\frac{\xi_n^2 J'_{\mathcal{M}}(\xi_n a)\,J_{\mathcal{M}}(\xi_n b)\,\mathcal{V}_{\mathcal{NM}}(\xi_n r,a)}{\left[J'^2_{\mathcal{M}}(\xi_n a)-\left\{1-\left(\frac{\mathcal{M}}{\xi_n a}\right)^2\right\}J^2_{\mathcal{M}}(\xi_n b)\right]}\times$$

$$\times \int_0^t \frac{e^{-\eta_r \xi_n^2 \tau}}{\sqrt{\tau}} \int_0^\infty \overline{\psi}_b(\xi_m, w, t-\tau)\left\{e^{-\frac{(z-w)^2}{4\eta_z \tau}} + e^{-\frac{(z+w)^2}{4\eta_z \tau}}\right\} dw d\tau +$$

$$+\frac{1}{2\phi c_t}\sqrt{\frac{\pi}{\eta_z}} \sum_{m=0}^\infty \ni_m \cos(\xi_m \theta) \times$$

$$\times \sum_{n=1}^\infty \frac{\xi_n^2 J_{\mathcal{M}}^2(\xi_n b)\mathcal{V}_{\mathcal{NM}}(\xi_n r, a)}{\left[J_{\mathcal{M}}'^2(\xi_n a) - \left\{1-\left(\frac{\mathcal{M}}{\xi_n a}\right)^2\right\} J_{\mathcal{M}}^2(\xi_n b)\right]} \int_0^t \frac{\overline{\overline{\psi}}(\xi_n, \xi_m, t-\tau)\, e^{-\eta_r \xi_n^2 \tau - \frac{z^2}{4\eta_z \tau}}}{\sqrt{\tau}} d\tau +$$

$$+\frac{1}{2\vartheta\phi c_t}\sqrt{\frac{\pi^3}{\eta_z}} \sum_{m=0}^\infty \ni_m \cos(\xi_m \theta) \sum_{n=1}^\infty \frac{\xi_n^2 J_{\mathcal{M}}^2(\xi_n b)\mathcal{V}_{\mathcal{NM}}(\xi_n r, a)}{\left[J_{\mathcal{M}}'^2(\xi_n a) - \left\{1-\left(\frac{\mathcal{M}}{\xi_n a}\right)^2\right\} J_{\mathcal{M}}^2(\xi_n b)\right]} \times$$

$$\times \int_0^t \frac{e^{-\eta_r \xi_n^2 \tau}}{\sqrt{\tau}} \int_a^b \frac{\mathcal{V}_{\mathcal{NM}}(\xi_n u, a)}{u} \int_0^\infty \left\{\psi_0(u, w, t-\tau) + (-1)^{m+1}\psi_\vartheta(u, w, t-\tau)\right\} \times$$

$$\times \left\{e^{-\frac{(z-w)^2}{4\eta_z \tau}} + e^{-\frac{(z+w)^2}{4\eta_z \tau}}\right\} dw du d\tau +$$

$$+\frac{1}{2\vartheta}\sqrt{\frac{\pi^3}{\eta_z t}} \sum_{m=0}^\infty \ni_m \cos(\xi_m \theta) \sum_{n=1}^\infty \frac{\xi_n^2 J_{\mathcal{M}}^2(\xi_n b)\mathcal{V}_{\mathcal{NM}}(\xi_n r, a)\, e^{-\eta_r \xi_n^2 t}}{\left[J_{\mathcal{M}}'^2(\xi_n a) - \left\{1-\left(\frac{\mathcal{M}}{\xi_n a}\right)^2\right\} J_{\mathcal{M}}^2(\xi_n b)\right]} \times$$

$$\times \int_0^\infty \overline{\overline{\varphi}}(\xi_n, \xi_m, w)\left\{e^{-\frac{(z-w)^2}{4\eta_z t}} + e^{-\frac{(z+w)^2}{4\eta_z t}}\right\} dw \tag{28.39.2}$$

where $\overline{\overline{\psi}}(\xi_n, \xi_m, t) = \int_a^b u\mathcal{V}_{\mathcal{NM}}(\xi_n u) \int_0^\vartheta \psi(u, v, t)\cos(\xi_m v) dv du$, $\overline{\psi}_a(\xi_m, w, t) = \int_0^\vartheta \psi_a(v, w, t)\cos(\xi_m v) dv$ and $\overline{\psi}_b(\xi_m, w, t) = \int_0^\vartheta \psi_b(v, w, t)\cos(\xi_m v) dv$.

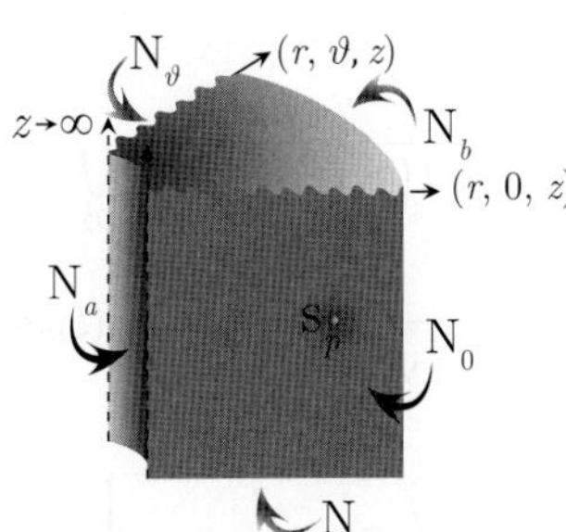

28.40 The problem of 28.36, except $\mathbf{N} \equiv \frac{\partial p(r,\theta,0,t)}{\partial z} = -\left(\frac{\mu}{k_z}\right)\psi(r,\theta,t)$,
$\mathbf{N}_a \equiv \frac{\partial p(a,\theta,z,t)}{\partial r} = -\left(\frac{\mu}{k_r}\right)\psi_a(\theta,z,t)$,
$\mathbf{N}_b \equiv \frac{\partial p(b,\theta,z,t)}{\partial r} = -\left(\frac{\mu}{k_r}\right)\psi_b(\theta,z,t)$,
$\mathbf{N}_0 \equiv \frac{\partial p(r,0,z,t)}{\partial \theta} = -\left(\frac{\mu}{k_\theta}\right)\psi_0(r,z,t)$ and
$\mathbf{N}_\vartheta \equiv \frac{\partial p(r,\vartheta,z,t)}{\partial \theta} = -\left(\frac{\mu}{k_\theta}\right)\psi_\vartheta(r,z,t)$

$$\overline{p} = \frac{q(s)\, e^{-st_0}\left\{e^{-|z-z_0|\sqrt{\frac{s}{\eta_z}}} + e^{-|z+z_0|\sqrt{\frac{s}{\eta_z}}}\right\}}{\vartheta\phi c_t(b^2-a^2)\sqrt{\eta_z s}} + \frac{\pi^2 q(s)\, e^{-st_0}}{2\vartheta\phi c_t\sqrt{\eta_z}} \sum_{m=0}^\infty \ni_m \cos(\xi_m\theta_0)\cos(\xi_m\theta) \times$$

$$\times \sum_{n=1}^\infty \frac{\xi_n^2 J_{\mathcal{M}}'^2(\xi_n b)\mathcal{V}_{\mathcal{NM}}(\xi_n r_0, a)\mathcal{V}_{\mathcal{NM}}(\xi_n r, a)}{\left[\left\{1-\left(\frac{\mathcal{M}}{\xi_n b}\right)^2\right\} J_{\mathcal{M}}'^2(\xi_n a) - \left\{1-\left(\frac{\mathcal{M}}{\xi_n a}\right)^2\right\} J_{\mathcal{M}}'^2(\xi_n b)\right]\sqrt{(\eta_r \xi_n^2 + s)}} \times$$

$$\times \left\{e^{-|z-z_0|\sqrt{\frac{\eta_r \xi_n^2 + s}{\eta_z}}} + e^{-|z+z_0|\sqrt{\frac{\eta_r \xi_n^2 + s}{\eta_z}}}\right\} +$$

$$+\frac{1}{\vartheta\phi c_t(b^2-a^2)\sqrt{\eta_z s}} \int_0^\infty \left\{a\overline{\overline{\psi}}_a(0,w,s) - b\overline{\overline{\psi}}_b(0,w,s)\right\}\left\{e^{-|z-w|\sqrt{\frac{s}{\eta_z}}} + e^{-|z+w|\sqrt{\frac{s}{\eta_z}}}\right\} dw +$$

$$+\frac{\pi}{\vartheta\phi c_t\sqrt{\eta_z}}\sum_{m=0}^{\infty}\ni_m\cos(\xi_m\theta)\sum_{n=1}^{\infty}\frac{\xi_n J'^2_{\mathcal{M}}(\xi_n b)\mathcal{V}_{\mathcal{NM}}(\xi_n r,a)}{\left[\left\{1-\left(\frac{\mathcal{M}}{\xi_n b}\right)^2\right\}J'^2_{\mathcal{M}}(\xi_n a)-\left\{1-\left(\frac{\mathcal{M}}{\xi_n a}\right)^2\right\}J'^2_{\mathcal{M}}(\xi_n b)\right]\sqrt{(\eta_r\xi_n^2+s)}}\times$$

$$\times\int_0^{\infty}\overline{\overline{\psi}}_a(\xi_m,w,s)\left\{e^{-|z-w|\sqrt{\frac{\eta_r\xi_n^2+s}{\eta_z}}}+e^{-|z+w|\sqrt{\frac{\eta_r\xi_n^2+s}{\eta_z}}}\right\}dw-$$

$$-\frac{\pi}{\vartheta\phi c_t\sqrt{\eta_z}}\sum_{m=0}^{\infty}\ni_m\cos(\xi_m\theta)\sum_{n=1}^{\infty}\frac{\xi_n J'_{\mathcal{M}}(\xi_n a)J'_{\mathcal{M}}(\xi_n b)\mathcal{V}_{\mathcal{NM}}(\xi_n r,a)}{\left[\left\{1-\left(\frac{\mathcal{M}}{\xi_n b}\right)^2\right\}J'^2_{\mathcal{M}}(\xi_n a)-\left\{1-\left(\frac{\mathcal{M}}{\xi_n a}\right)^2\right\}J'^2_{\mathcal{M}}(\xi_n b)\right]\sqrt{(\eta_r\xi_n^2+s)}}\times$$

$$\times\int_0^{\infty}\overline{\overline{\psi}}_b(\xi_m,w,s)\left\{e^{-|z-w|\sqrt{\frac{\eta_r\xi_n^2+s}{\eta_z}}}+e^{-|z+w|\sqrt{\frac{\eta_r\xi_n^2+s}{\eta_z}}}\right\}dw+$$

$$+\frac{e^{-z\sqrt{\frac{s}{\eta_z}}}}{\pi(b^2-a^2)\phi c_t\sqrt{\eta_z s}}\int_a^b u\overline{\overline{\psi}}(u,0,s)\,du+$$

$$+\frac{\pi}{2\phi c_t\sqrt{\eta_z}}\sum_{m=0}^{\infty}\ni_m\cos(\xi_m\theta)\sum_{n=1}^{\infty}\frac{\xi_n^2 J'^2_{\mathcal{M}}(\xi_n b)\mathcal{V}_{\mathcal{NM}}(\xi_n r,a)\overline{\overline{\overline{\psi}}}(\xi_n,\xi_m,s)\,e^{-z\sqrt{\frac{\eta_r\xi_n^2+s}{\eta_z}}}}{\left[\left\{1-\left(\frac{\mathcal{M}}{\xi_n b}\right)^2\right\}J'^2_{\mathcal{M}}(\xi_n a)-\left\{1-\left(\frac{\mathcal{M}}{\xi_n a}\right)^2\right\}J'^2_{\mathcal{M}}(\xi_n b)\right]\sqrt{(\eta_r\xi_n^2+s)}}+$$

$$+\frac{1}{(b^2-a^2)\vartheta\phi c_t\sqrt{\eta_z s}}\int_a^b\frac{1}{u}\int_0^{\infty}\left\{\overline{\psi}_0(u,w,s)-\overline{\psi}_\vartheta(u,w,s)\right\}\left\{e^{-|z-w|\sqrt{\frac{s}{\eta_z}}}+e^{-|z+w|\sqrt{\frac{s}{\eta_z}}}\right\}dwdu+$$

$$+\frac{\pi^2}{2\vartheta\phi c_t\sqrt{\eta_z}}\sum_{m=0}^{\infty}\ni_m\cos(\xi_m\theta)\sum_{n=1}^{\infty}\frac{\xi_n^2 J'^2_{\mathcal{M}}(\xi_n b)\mathcal{V}_{\mathcal{NM}}(\xi_n r,a)}{\left[\left\{1-\left(\frac{\mathcal{M}}{\xi_n b}\right)^2\right\}J'^2_{\mathcal{M}}(\xi_n a)-\left\{1-\left(\frac{\mathcal{M}}{\xi_n a}\right)^2\right\}J'^2_{\mathcal{M}}(\xi_n b)\right]\sqrt{(\eta_r\xi_n^2+s)}}\times$$

$$\times\int_a^b\frac{\mathcal{V}_{\mathcal{NM}}(\xi_n u,a)}{u}\int_0^{\infty}\left\{\overline{\psi}_0(u,w,s)+(-1)^{m+1}\overline{\psi}_\vartheta(u,w,s)\right\}\left\{e^{-|z-w|\sqrt{\frac{\eta_r\xi_n^2+s}{\eta_z}}}+e^{-|z+w|\sqrt{\frac{\eta_r\xi_n^2+s}{\eta_z}}}\right\}dwdu+$$

$$+\frac{1}{\vartheta(b^2-a^2)\sqrt{\eta_z s}}\int_0^{\infty}\left\{e^{-|z-w|\sqrt{\frac{s}{\eta_z}}}+e^{-|z+w|\sqrt{\frac{s}{\eta_z}}}\right\}\int_a^b u\overline{\varphi}(u,0,w)\,dudw+$$

$$+\frac{\pi}{4\sqrt{\eta_z}}\sum_{m=0}^{\infty}\ni_m\cos(\xi_m\theta)\sum_{n=1}^{\infty}\frac{\xi_n^2\left\{\xi_n J'_{\mathcal{M}}(\xi_n b)+\lambda J_{\mathcal{M}}(\xi_n b)\right\}^2\mathcal{V}_{\mathcal{NM}}(\xi_n r,a)}{\left[\left\{1-\left(\frac{\mathcal{M}}{\xi_n b}\right)^2\right\}J'^2_{\mathcal{M}}(\xi_n a)-\left\{1-\left(\frac{\mathcal{M}}{\xi_n a}\right)^2\right\}J'^2_{\mathcal{M}}(\xi_n b)\right]\sqrt{(\eta_r\xi_n^2+s)}}\times$$

$$\times\int_0^{\infty}\overline{\overline{\varphi}}(\xi_n,\xi_m,w)\left\{e^{-|z-w|\sqrt{\frac{\eta_r\xi_n^2+s}{\eta_z}}}+e^{-|z+w|\sqrt{\frac{\eta_r\xi_n^2+s}{\eta_z}}}\right\}dw \qquad (28.40.1)$$

where $\mathcal{V}_{\mathcal{NM}}(\xi_n r,a)=J_{\mathcal{M}}(\xi_n r)\,Y'_{\mathcal{M}}(\xi_n a)-Y_{\mathcal{M}}(\xi_n r)\,J'_{\mathcal{M}}(\xi_n a)$. The eigenvalues are $\xi_0=0$ and ξ_n, $\xi_n, n=1,2,...$, are the positive roots of the transcendental equation $\mathcal{V}'_{\mathcal{NM}}(\xi_n b,a)=0$, $\xi_m=\frac{m\pi}{\vartheta}$, $m=0,1,...$, $\overline{\overline{\psi}}(u,0,s)=\int_0^{\vartheta}\overline{\psi}(u,v,s)dv$, $\overline{\overline{\overline{\psi}}}(\xi_n,\xi_m,s)=\int_a^b u\mathcal{V}_{\mathcal{NM}}(\xi_n u)\int_0^{\vartheta}\overline{\psi}(u,v,s)\cos(\xi_m v)dvdu$, $\overline{\overline{\psi}}_a(\xi_m,w,s)=\int_0^{\vartheta}\overline{\psi}_a(v,w,s)\cos(\xi_m v)dv$, $\overline{\overline{\psi}}_b(\xi_m,w,s)=\int_0^{\vartheta}\overline{\psi}_b(v,w,s)\cos(\xi_m v)dv$, $\overline{\varphi}(u,0,w)=\int_0^{\vartheta}\varphi(u,v,w)dv$ and $\overline{\overline{\varphi}}(\xi_n,\xi_m,w)=\int_a^b u\mathcal{V}_{\mathcal{NM}}(\xi_n u)\int_0^{\vartheta}\varphi(u,v,w)\cos(\xi_m v)dvdu$.

$$p=\frac{U(t-t_0)}{\vartheta\phi c_t(b^2-a^2)\sqrt{\pi\eta_z}}\int_0^{t-t_0}\frac{q(t-t_0-\tau)}{\sqrt{\tau}}\left\{e^{-\frac{(z-z_0)^2}{4\eta_z\tau}}+e^{-\frac{(z+z_0)^2}{4\eta_z\tau}}\right\}d\tau+$$

$$+\frac{U(t-t_0)}{2\vartheta\phi c_t}\sqrt{\frac{\pi^3}{\eta_z}}\sum_{m=0}^{\infty}\ni_m\cos(\xi_m\theta)\sum_{n=1}^{\infty}\frac{\xi_n^2 J_{\mathcal{M}}'^2(\xi_n b)\,\mathcal{V}_{\mathcal{N}\mathcal{M}}(\xi_n r_0,a)\,\mathcal{V}_{\mathcal{N}\mathcal{M}}(\xi_n r,a)}{\left[\left\{1-\left(\frac{\mathcal{M}}{\xi_n b}\right)^2\right\}J_{\mathcal{M}}'^2(\xi_n a)-\left\{1-\left(\frac{\mathcal{M}}{\xi_n a}\right)^2\right\}J_{\mathcal{M}}'^2(\xi_n b)\right]}\times$$

$$\times\int_0^{t-t_0}\frac{q(t-t_0-\tau)\,e^{-\eta_r\xi_n^2\tau}}{\sqrt{\tau}}\left\{e^{-\frac{(z-z_0)^2}{4\eta_z\tau}}+e^{-\frac{(z+z_0)^2}{4\eta_z\tau}}\right\}d\tau+$$

$$+\frac{1}{\vartheta\phi c_t(b^2-a^2)\sqrt{\pi\eta_z}}\int_0^{\infty}\int_0^{t}\frac{\left\{a\overline{\psi}_a(0,w,t-\tau)-b\overline{\psi}_b(0,w,t-\tau)\right\}}{\sqrt{\tau}}d\tau\left\{e^{-\frac{(z-w)^2}{4\eta_z\tau}}+e^{-\frac{(z+w)^2}{4\eta_z\tau}}\right\}dwd\tau+$$

$$+\frac{1}{\vartheta\phi c_t}\sqrt{\frac{\pi}{\eta_z}}\sum_{m=0}^{\infty}\ni_m\cos(\xi_m\theta)\sum_{n=1}^{\infty}\frac{\xi_n J_{\mathcal{M}}'^2(\xi_n b)\,\mathcal{V}_{\mathcal{N}\mathcal{M}}(\xi_n r,a)}{\left[\left\{1-\left(\frac{\mathcal{M}}{\xi_n b}\right)^2\right\}J_{\mathcal{M}}'^2(\xi_n a)-\left\{1-\left(\frac{\mathcal{M}}{\xi_n a}\right)^2\right\}J_{\mathcal{M}}'^2(\xi_n b)\right]}\times$$

$$\times\int_0^{t}\frac{e^{-\eta_r\xi_n^2\tau}}{\sqrt{\tau}}\int_0^{\infty}\overline{\psi}_a(\xi_m,w,t-\tau)\left\{e^{-\frac{(z-w)^2}{4\eta_z\tau}}+e^{-\frac{(z+w)^2}{4\eta_z\tau}}\right\}dwd\tau-$$

$$-\frac{1}{\vartheta\phi c_t}\sqrt{\frac{\pi}{\eta_z}}\sum_{m=0}^{\infty}\ni_m\cos(\xi_m\theta)\sum_{n=1}^{\infty}\frac{\xi_n J_{\mathcal{M}}'(\xi_n a)\,J_{\mathcal{M}}'(\xi_n b)\,\mathcal{V}_{\mathcal{N}\mathcal{M}}(\xi_n r,a)}{\left[\left\{1-\left(\frac{\mathcal{M}}{\xi_n b}\right)^2\right\}J_{\mathcal{M}}'^2(\xi_n a)-\left\{1-\left(\frac{\mathcal{M}}{\xi_n a}\right)^2\right\}J_{\mathcal{M}}'^2(\xi_n b)\right]}\times$$

$$\times\int_0^{t}\frac{e^{-\eta_r\xi_n^2\tau}}{\sqrt{\tau}}\int_0^{\infty}\overline{\psi}_b(\xi_m,w,t-\tau)\left\{e^{-\frac{(z-w)^2}{4\eta_z\tau}}+e^{-\frac{(z+w)^2}{4\eta_z\tau}}\right\}dwd\tau+$$

$$+\frac{1}{(b^2-a^2)\,\phi c_t\sqrt{\pi^3\eta_z}}\int_0^{t}\frac{e^{-\frac{z^2}{4\eta_z\tau}}\int_a^b u\overline{\psi}(u,0,t-\tau)\,du}{\sqrt{\tau}}d\tau+$$

$$+\frac{1}{2\phi c_t}\sqrt{\frac{\pi}{\eta_z}}\sum_{m=0}^{\infty}\ni_m\cos(\xi_m\theta)\sum_{n=1}^{\infty}\frac{\xi_n^2\left\{\xi_n J_{\mathcal{M}}'(\xi_n b)+\lambda J_{\mathcal{M}}(\xi_n b)\right\}^2\mathcal{V}_{\mathcal{N}\mathcal{M}}(\xi_n r,a)}{\left[\left\{1-\left(\frac{\mathcal{M}}{\xi_n b}\right)^2\right\}J_{\mathcal{M}}'^2(\xi_n a)-\left\{1-\left(\frac{\mathcal{M}}{\xi_n a}\right)^2\right\}J_{\mathcal{M}}'^2(\xi_n b)\right]}\times$$

$$\times\int_0^{t}\frac{\overline{\overline{\psi}}(\xi_n,\xi_m,t-\tau)\,e^{-\eta_r\xi_n^2\tau-\frac{z^2}{4\eta_z\tau}}}{\sqrt{\tau}}d\tau+$$

$$+\frac{1}{(b^2-a^2)\,\vartheta\phi c_t\sqrt{\pi\eta_z}}\int_0^{t}\frac{1}{\sqrt{\tau}}\int_a^{b}\frac{1}{u}\int_0^{\infty}\{\psi_0(u,w,t-\tau)-\psi_\vartheta(u,w,t-\tau)\}\left\{e^{-\frac{(z-w)^2}{4\eta_z t}}+e^{-\frac{(z+w)^2}{4\eta_z t}}\right\}dwdud\tau+$$

$$+\frac{1}{2\vartheta\phi c_t}\sqrt{\frac{\pi^3}{\eta_z}}\sum_{m=0}^{\infty}\ni_m\cos(\xi_m\theta)\sum_{n=1}^{\infty}\frac{\xi_n^2 J_{\mathcal{M}}'^2(\xi_n b)\,\mathcal{V}_{\mathcal{N}\mathcal{M}}(\xi_n r,a)}{\left[\left\{1-\left(\frac{\mathcal{M}}{\xi_n b}\right)^2\right\}J_{\mathcal{M}}'^2(\xi_n a)-\left\{1-\left(\frac{\mathcal{M}}{\xi_n a}\right)^2\right\}J_{\mathcal{M}}'^2(\xi_n b)\right]\sqrt{(\eta_r\xi_n^2+s)}}\times$$

$$\times\int_0^{t}\frac{e^{-\eta_r\xi_n^2\tau}}{\sqrt{\tau}}\int_a^{b}\frac{\mathcal{V}_{\mathcal{N}\mathcal{M}}(\xi_n u,a)}{u}\times$$

$$\times\int_{-\infty}^{\infty}\left\{\psi_0(u,w,t-\tau)+(-1)^{m+1}\psi_\vartheta(u,w,t-\tau)\right\}\left\{e^{-\frac{(z-w)^2}{4\eta_z t}}+e^{-\frac{(z+w)^2}{4\eta_z t}}\right\}dwdud\tau+$$

$$+\frac{1}{2(b^2-a^2)\sqrt{\pi^3\eta_z t}}\int_0^{\infty}\int_a^{b}u\overline{\varphi}(u,0,w)\,du\left\{e^{-\frac{(z-w)^2}{4\eta_z t}}+e^{-\frac{(z+w)^2}{4\eta_z t}}\right\}dw+$$

$$+\frac{1}{2\vartheta}\sqrt{\frac{\pi^3}{\eta_z t}}\sum_{m=0}^{\infty}\ni_m\cos(\xi_m\theta)\sum_{n=1}^{\infty}\frac{\xi_n^2 J_{\mathcal{M}}'^2(\xi_n b)\,\mathcal{V}_{\mathcal{N}\mathcal{M}}(\xi_n r,a)\,e^{-\eta_r\xi_n^2 t}}{\left[\left\{1-\left(\frac{\mathcal{M}}{\xi_n b}\right)^2\right\}J_{\mathcal{M}}'^2(\xi_n a)-\left\{1-\left(\frac{\mathcal{M}}{\xi_n a}\right)^2\right\}J_{\mathcal{M}}'^2(\xi_n b)\right]}\times$$

$$\times\int_0^{\infty}\overline{\overline{\varphi}}(\xi_n,\xi_m,w)\left\{e^{-\frac{(z-w)^2}{4\eta_z t}}+e^{-\frac{(z+w)^2}{4\eta_z t}}\right\}dw \qquad (28.40.2)$$

where $\overline{\overline{\psi}}(\xi_n,\xi_m,t)=\int_a^b u\mathcal{V}_{\mathcal{N}\mathcal{M}}(\xi_n u)\int_0^{\vartheta}\psi(u,v,t)\cos(\xi_m v)dvdu$, $\overline{\psi}_a(\xi_m,w,t)=\int_0^{\vartheta}\psi_a(v,w,t)\cos(\xi_m v)dv$, $\overline{\psi}(u,0,t)=\int_0^{\vartheta}\psi(u,v,t)dv$ and $\overline{\psi}_b(\xi_m,w,t)=\int_0^{\vartheta}\psi_b(v,w,t)\cos(\xi_m v)dv$.

28.41

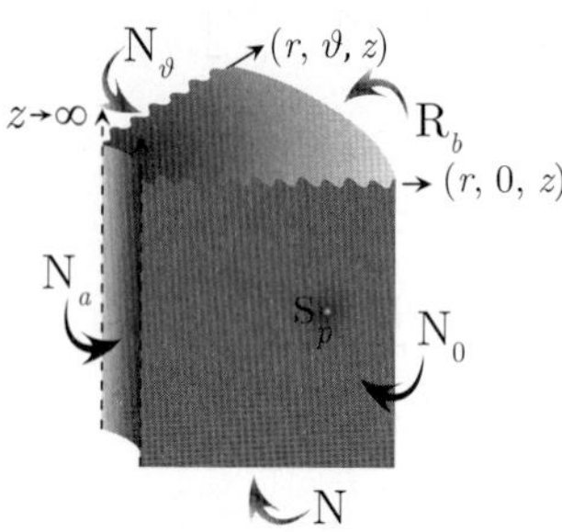

The problem of 28.36, except
$\mathbf{N}\equiv\frac{\partial p(r,\theta,0,t)}{\partial z}=-\left(\frac{\mu}{k_z}\right)\psi(r,\theta,t)$,
$\mathbf{N}_a\equiv\frac{\partial p(a,\theta,z,t)}{\partial r}=-\left(\frac{\mu}{k_r}\right)\psi_a(\theta,z,t)$,
$\mathbf{R}_b\equiv\frac{\partial p(b,\theta,z,t)}{\partial r}+\lambda p(b,\theta,z,t)=-\left(\frac{\mu}{k_r}\right)\psi_b(\theta,z,t)$,
$\mathbf{N}_0\equiv\frac{\partial p(r,0,z,t)}{\partial\theta}=-\left(\frac{\mu}{k_\theta}\right)\psi_0(r,z,t)$ **and**
$\mathbf{N}_\vartheta\equiv\frac{\partial p(r,\vartheta,z,t)}{\partial\theta}=-\left(\frac{\mu}{k_\theta}\right)\psi_\vartheta(r,z,t)$

$$\overline{p}=\frac{\pi^2 q(s)e^{-st_0}}{2\vartheta\phi c_t\sqrt{\eta_z}}\sum_{m=0}^{\infty}\ni_m\cos(\xi_m\theta_0)\cos(\xi_m\theta)\times$$

$$\times\sum_{n=1}^{\infty}\frac{\xi_n^2\left\{\xi_n J_{\mathcal{M}}'(\xi_n b)+\lambda J_{\mathcal{M}}(\xi_n b)\right\}^2\mathcal{V}_{\mathcal{N}\mathcal{M}}(\xi_n r_0,a)\,\mathcal{V}_{\mathcal{N}\mathcal{M}}(\xi_n r,a)}{\left[\left\{\xi_n^2+\lambda^2-\left(\frac{\mathcal{M}}{b}\right)^2\right\}J_{\mathcal{M}}'^2(\xi_n a)-\left\{1-\left(\frac{\mathcal{M}}{\xi_n a}\right)^2\right\}\left\{\xi_n J_{\mathcal{M}}'(\xi_n b)+\lambda J_{\mathcal{M}}(\xi_n b)\right\}^2\right]\sqrt{(\eta_r\xi_n^2+s)}}\times$$

$$\times\left\{e^{-|z-z_0|\sqrt{\frac{\eta_r\xi_n^2+s}{\eta_z}}}+e^{-|z+z_0|\sqrt{\frac{\eta_r\xi_n^2+s}{\eta_z}}}\right\}+$$

$$+\frac{\pi}{\vartheta\phi c_t\sqrt{\eta_z}}\sum_{m=0}^{\infty}\ni_m\cos(\xi_m\theta)\times$$

$$\times\sum_{n=1}^{\infty}\frac{\xi_n\left\{\xi_n J_{\mathcal{M}}'(\xi_n b)+\lambda J_{\mathcal{M}}(\xi_n b)\right\}^2\mathcal{V}_{\mathcal{N}\mathcal{M}}(\xi_n r,a)}{\left[\left\{\xi_n^2+\lambda^2-\left(\frac{\mathcal{M}}{b}\right)^2\right\}J_{\mathcal{M}}'^2(\xi_n a)-\left\{1-\left(\frac{\mathcal{M}}{\xi_n a}\right)^2\right\}\left\{\xi_n J_{\mathcal{M}}'(\xi_n b)+\lambda J_{\mathcal{M}}(\xi_n b)\right\}^2\right]\sqrt{\eta_r\xi_n^2+s}}\times$$

$$\times\int_0^{\infty}\overline{\overline{\psi}}_a(\xi_m,w,s)\left\{e^{-|z-w|\sqrt{\frac{\eta_r\xi_n^2+s}{\eta_z}}}+e^{-|z+w|\sqrt{\frac{\eta_r\xi_n^2+s}{\eta_z}}}\right\}dw-$$

$$-\frac{\pi}{\vartheta\phi c_t\sqrt{\eta_z}}\sum_{m=0}^{\infty}\ni_m\cos(\xi_m\theta)\times$$

$$\times\sum_{n=1}^{\infty}\frac{\xi_n^2 J_{\mathcal{M}}'(\xi_n a)\left\{\xi_n J_{\mathcal{M}}'(\xi_n b)+\lambda J_{\mathcal{M}}(\xi_n b)\right\}\mathcal{V}_{\mathcal{N}\mathcal{M}}(\xi_n r,a)}{\left[\left\{\xi_n^2+\lambda^2-\left(\frac{\mathcal{M}}{b}\right)^2\right\}J_{\mathcal{M}}'^2(\xi_n a)-\left\{1-\left(\frac{\mathcal{M}}{\xi_n a}\right)^2\right\}\left\{\xi_n J_{\mathcal{M}}'(\xi_n b)+\lambda J_{\mathcal{M}}(\xi_n b)\right\}^2\right]\sqrt{\eta_r\xi_n^2+s}}\times$$

$$\times\int_0^{\infty}\overline{\overline{\psi}}_b(\xi_m,w,s)\left\{e^{-|z-w|\sqrt{\frac{\eta_r\xi_n^2+s}{\eta_z}}}+e^{-|z+w|\sqrt{\frac{\eta_r\xi_n^2+s}{\eta_z}}}\right\}dw+$$

$$+\frac{\pi}{2\phi c_t\sqrt{\eta_z}}\sum_{m=0}^{\infty}\ni_m\cos(\xi_m\theta)\times$$

$$\times\sum_{n=1}^{\infty}\frac{\xi_n^2\left\{\xi_n J'_{\mathcal{M}}(\xi_n b)+\lambda J_{\mathcal{M}}(\xi_n b)\right\}^2\mathcal{V}_{\mathcal{NM}}(\xi_n r,a)\,\overline{\overline{\overline{\psi}}}(\xi_n,\xi_m,s)\,e^{-z\sqrt{\frac{\eta_r\xi_n^2+s}{\eta_z}}}}{\left[\left\{\xi_n^2+\lambda^2-\left(\frac{\mathcal{M}}{b}\right)^2\right\}J'^2_{\mathcal{M}}(\xi_n a)-\left\{1-\left(\frac{\mathcal{M}}{\xi_n a}\right)^2\right\}\left\{\xi_n J'_{\mathcal{M}}(\xi_n b)+\lambda J_{\mathcal{M}}(\xi_n b)\right\}^2\right]\sqrt{(\eta_r\xi_n^2+s)}}+$$

$$+\frac{\pi^2}{2\vartheta\phi c_t\sqrt{\eta_z}}\sum_{m=0}^{\infty}\ni_m\cos(\xi_m\theta)\times$$

$$\times\sum_{n=1}^{\infty}\frac{\xi_n^2\left\{\xi_n J'_{\mathcal{M}}(\xi_n b)+\lambda J_{\mathcal{M}}(\xi_n b)\right\}^2\mathcal{V}_{\mathcal{NM}}(\xi_n r,a)}{\left[\left\{\xi_n^2+\lambda^2-\left(\frac{\mathcal{M}}{b}\right)^2\right\}J'^2_{\mathcal{M}}(\xi_n a)-\left\{1-\left(\frac{\mathcal{M}}{\xi_n a}\right)^2\right\}\left\{\xi_n J'_{\mathcal{M}}(\xi_n b)+\lambda J_{\mathcal{M}}(\xi_n b)\right\}^2\right]\sqrt{\eta_r\xi_n^2+s}}\times$$

$$\times\int_a^b\frac{\mathcal{V}_{\mathcal{NM}}(\xi_n u,a)}{u}\int_0^{\infty}\left\{\overline{\psi}_0(u,w,s)+(-1)^{m+1}\,\overline{\psi}_\vartheta(u,w,s)\right\}\left\{e^{-|z-w|\sqrt{\frac{\eta_r\xi_n^2+s}{\eta_z}}}+e^{-|z+w|\sqrt{\frac{\eta_r\xi_n^2+s}{\eta_z}}}\right\}dwdu+$$

$$+\frac{\pi^2}{2\vartheta\sqrt{\eta_z}}\sum_{m=0}^{\infty}\ni_m\cos(\xi_m\theta)\times$$

$$\times\sum_{n=1}^{\infty}\frac{\xi_n^2\left\{\xi_n J'_{\mathcal{M}}(\xi_n b)+\lambda J_{\mathcal{M}}(\xi_n b)\right\}^2\mathcal{V}_{\mathcal{NM}}(\xi_n r,a)}{\left[\left\{\xi_n^2+\lambda^2-\left(\frac{\mathcal{M}}{b}\right)^2\right\}J'^2_{\mathcal{M}}(\xi_n a)-\left\{1-\left(\frac{\mathcal{M}}{\xi_n a}\right)^2\right\}\left\{\xi_n J'_{\mathcal{M}}(\xi_n b)+\lambda J_{\mathcal{M}}(\xi_n b)\right\}^2\right]}\times$$

$$\times\frac{1}{\sqrt{\eta_r\xi_n^2+s}}\int_0^{\infty}\overline{\overline{\varphi}}(\xi_n,\xi_m,w)\left\{e^{-|z-w|\sqrt{\frac{\eta_r\xi_n^2+s}{\eta_z}}}+e^{-|z+w|\sqrt{\frac{\eta_r\xi_n^2+s}{\eta_z}}}\right\}dw \tag{28.41.1}$$

where $\mathcal{V}_{\mathcal{NM}}(\xi_n r,a)=J_{\mathcal{M}}(\xi_n r)\,Y'_{\mathcal{M}}(\xi_n a)-Y_{\mathcal{M}}(\xi_n r)\,J'_{\mathcal{M}}(\xi_n a)$, $\xi_n, n=1,2,...,$ are the positive roots of the transcendental equation $\xi_n\mathcal{V}'_{\mathcal{NM}}(\xi_n b,a)+\lambda\mathcal{V}_{\mathcal{NM}}(\xi_n b,a)=0$, $\xi_m=\frac{m\pi}{\vartheta}$, $m=0,1,...,$
$\overline{\overline{\overline{\psi}}}(\xi_n,\xi_m,s)=\int_a^b u\mathcal{V}_{\mathcal{NM}}(\xi_n u)\int_0^{\vartheta}\overline{\psi}(u,v,s)\cos(\xi_m v)dvdu$, $\overline{\overline{\psi}}_a(\xi_m,w,s)=\int_0^{\vartheta}\overline{\psi}_a(v,w,s)\cos(\xi_m v)dv$, $\overline{\overline{\psi}}_b(\xi_m,w,s)=\int_0^{\vartheta}\overline{\psi}_b(v,w,s)\cos(\xi_m v)dv$ and $\overline{\overline{\varphi}}(\xi_n,\xi_m,w)=\int_a^b u\mathcal{V}_{\mathcal{NM}}(\xi_n u)\int_0^{\vartheta}\varphi(u,v,w)\cos(\xi_m v)dvdu$.

$$p=\frac{U(t-t_0)}{2\vartheta\phi c_t}\sqrt{\frac{\pi^3}{\eta_z}}\sum_{m=0}^{\infty}\ni_m\cos(\xi_m\theta_0)\cos(\xi_m\theta)\times$$

$$\times\sum_{n=1}^{\infty}\frac{\xi_n^2\left\{\xi_n J'_{\mathcal{M}}(\xi_n b)+\lambda J_{\mathcal{M}}(\xi_n b)\right\}^2\mathcal{V}_{\mathcal{NM}}(\xi_n r_0,a)\,\mathcal{V}_{\mathcal{NM}}(\xi_n r,a)}{\left[\left\{\xi_n^2+\lambda^2-\left(\frac{\mathcal{M}}{b}\right)^2\right\}J'^2_{\mathcal{M}}(\xi_n a)-\left\{1-\left(\frac{\mathcal{M}}{\xi_n a}\right)^2\right\}\left\{\xi_n J'_{\mathcal{M}}(\xi_n b)+\lambda J_{\mathcal{M}}(\xi_n b)\right\}^2\right]}\times$$

$$\times\int_0^{t-t_0}\frac{q(t-t_0-\tau)\,e^{-\eta_r\xi_n^2\tau}}{\sqrt{\tau}}\left\{e^{-\frac{(z-z_0)^2}{4\eta_z\tau}}+e^{-\frac{(z+z_0)^2}{4\eta_z\tau}}\right\}d\tau+$$

$$+\frac{1}{\vartheta\phi c_t}\sqrt{\frac{\pi}{\eta_z}}\sum_{m=0}^{\infty}\ni_m\cos(\xi_m\theta)\times$$

$$\times\sum_{n=1}^{\infty}\frac{\xi_n\left\{\xi_n J'_{\mathcal{M}}(\xi_n b)+\lambda J_{\mathcal{M}}(\xi_n b)\right\}^2\mathcal{V}_{\mathcal{NM}}(\xi_n r,a)}{\left[\left\{\xi_n^2+\lambda^2-\left(\frac{\mathcal{M}}{b}\right)^2\right\}J'^2_{\mathcal{M}}(\xi_n a)-\left\{1-\left(\frac{\mathcal{M}}{\xi_n a}\right)^2\right\}\left\{\xi_n J'_{\mathcal{M}}(\xi_n b)+\lambda J_{\mathcal{M}}(\xi_n b)\right\}^2\right]}\times$$

$$\times\int_0^{t}\frac{e^{-\eta_r\xi_n^2\tau}}{\sqrt{\tau}}\int_0^{\infty}\overline{\psi}_a(\xi_m,w,t-\tau)\left\{e^{-\frac{(z-w)^2}{4\eta_z\tau}}+e^{-\frac{(z+w)^2}{4\eta_z\tau}}\right\}dwd\tau+$$

$$+\frac{1}{\vartheta\phi c_t}\sqrt{\frac{\pi}{\eta_z}}\sum_{m=0}^{\infty}\ni_m\cos(\xi_m\theta)\times$$

$$\times\sum_{n=1}^{\infty}\frac{\xi_n^2 J'_{\mathcal{M}}(\xi_n a)\left\{\lambda J_{\mathcal{M}}(\xi_n b)-\xi_n J'_{\mathcal{M}}(\xi_n b)\right\}\mathcal{V}_{\mathcal{NM}}(\xi_n r,a)}{\left[\left\{\xi_n^2+\lambda^2-\left(\frac{\mathcal{M}}{b}\right)^2\right\}J'^2_{\mathcal{M}}(\xi_n a)-\left\{1-\left(\frac{\mathcal{M}}{\xi_n a}\right)^2\right\}\left\{\xi_n J'_{\mathcal{M}}(\xi_n b)+\lambda J_{\mathcal{M}}(\xi_n b)\right\}^2\right]}\times$$

$$\times \int_0^t \frac{e^{-\eta_r \xi_n^2 \tau}}{\sqrt{\tau}} \int_0^\infty \overline{\psi}_b(\xi_m, w, t-\tau)\left\{e^{-\frac{(z-w)^2}{4\eta_z \tau}} + e^{-\frac{(z+w)^2}{4\eta_z \tau}}\right\} dw d\tau -$$

$$-\frac{1}{2\phi c_t}\sqrt{\frac{\pi}{\eta_z}} \sum_{m=0}^\infty \ni_m \cos(\xi_m \theta) \times$$

$$\times \sum_{n=1}^\infty \frac{\xi_n^2 \{\xi_n J'_{\mathcal{M}}(\xi_n b) + \lambda J_{\mathcal{M}}(\xi_n b)\}^2 \mathcal{V}_{\mathcal{NM}}(\xi_n r, a)}{\left[\left\{\xi_n^2 + \lambda^2 - \left(\frac{\mathcal{M}}{b}\right)^2\right\} J'^2_{\mathcal{M}}(\xi_n a) - \left\{1 - \left(\frac{\mathcal{M}}{\xi_n a}\right)^2\right\}\{\xi_n J'_{\mathcal{M}}(\xi_n b) + \lambda J_{\mathcal{M}}(\xi_n b)\}^2\right]} \times$$

$$\times \int_0^t \frac{\overline{\overline{\psi}}(\xi_n, \xi_m, t-\tau) e^{-\eta_r \xi_n^2 \tau - \frac{z^2}{4\eta_z \tau}}}{\sqrt{\tau}} d\tau +$$

$$+\frac{1}{2\vartheta\phi c_t}\sqrt{\frac{\pi^3}{\eta_z}} \sum_{m=0}^\infty \ni_m \cos(\xi_m \theta) \times$$

$$\times \sum_{n=1}^\infty \frac{\xi_n^2 \{\xi_n J'_{\mathcal{M}}(\xi_n b) + \lambda J_{\mathcal{M}}(\xi_n b)\}^2 \mathcal{V}_{\mathcal{NM}}(\xi_n r, a)}{\left[\left\{\xi_n^2 + \lambda^2 - \left(\frac{\mathcal{M}}{b}\right)^2\right\} J'^2_{\mathcal{M}}(\xi_n a) - \left\{1 - \left(\frac{\mathcal{M}}{\xi_n a}\right)^2\right\}\{\xi_n J'_{\mathcal{M}}(\xi_n b) + \lambda J_{\mathcal{M}}(\xi_n b)\}^2\right]} \times$$

$$\times \int_0^t \frac{e^{-\eta_r \xi_n^2 \tau}}{\sqrt{\tau}} \int_a^b \frac{\mathcal{V}_{\mathcal{NM}}(\xi_n u, a)}{u} \int_0^\infty \left\{\psi_0(u, w, t-\tau) + (-1)^{m+1}\psi_\vartheta(u, w, t-\tau)\right\} \times$$

$$\times \left\{e^{-\frac{(z-w)^2}{4\eta_z \tau}} + e^{-\frac{(z+w)^2}{4\eta_z \tau}}\right\} dw du d\tau +$$

$$+\frac{1}{2\vartheta}\sqrt{\frac{\pi^3}{\eta_z t}} \sum_{m=0}^\infty \ni_m \cos(\xi_m \theta) \times$$

$$\times \sum_{n=1}^\infty \frac{\xi_n^2 \{\xi_n J'_{\mathcal{M}}(\xi_n b) + \lambda J_{\mathcal{M}}(\xi_n b)\}^2 \mathcal{V}_{\mathcal{NM}}(\xi_n r, a) e^{-\eta_r \xi_n^2 t}}{\left[\left\{\xi_n^2 + \lambda^2 - \left(\frac{\mathcal{M}}{b}\right)^2\right\} J'^2_{\mathcal{M}}(\xi_n a) - \left\{1 - \left(\frac{\mathcal{M}}{\xi_n a}\right)^2\right\}\{\xi_n J'_{\mathcal{M}}(\xi_n b) + \lambda J_{\mathcal{M}}(\xi_n b)\}^2\right]} \times$$

$$\times \int_0^\infty \overline{\overline{\varphi}}(\xi_n, \xi_m, w)\left\{e^{-\frac{(z-w)^2}{4\eta_z t}} + e^{-\frac{(z+w)^2}{4\eta_z t}}\right\} dw \qquad (28.41.2)$$

where $\overline{\overline{\psi}}(\xi_n, \xi_m, t) = \int_a^b u\mathcal{V}_{\mathcal{NM}}(\xi_n u) \int_0^\vartheta \psi(u, v, t)\cos(\xi_m v) dv du$, $\overline{\psi}_a(\xi_m, w, t) = \int_0^\vartheta \psi_a(v, w, t)\cos(\xi_m v) dv$ and $\overline{\psi}_b(\xi_m, w, t) = \int_0^\vartheta \psi_b(v, w, t)\cos(\xi_m v) dv$.

28.42

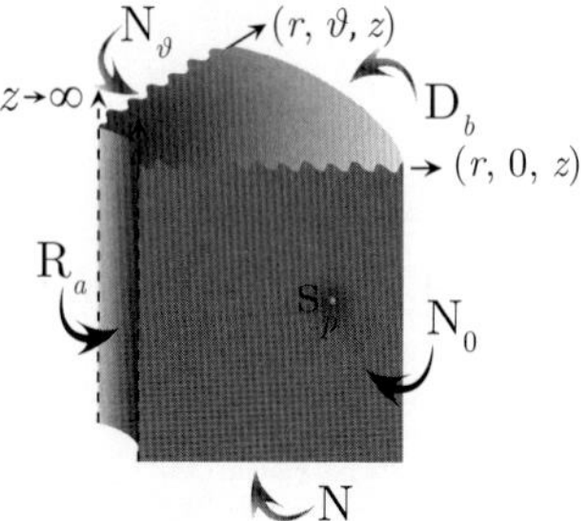

The problem of 28.36, except
$\mathbf{N} \equiv \frac{\partial p(r,\theta,0,t)}{\partial z} = -\left(\frac{\mu}{k_z}\right)\psi(r,\theta,t)$,
$\mathbf{R}_a \equiv \frac{\partial p(a,\theta,z,t)}{\partial r} - \lambda p(a,\theta,z,t) = -\left(\frac{\mu}{k_r}\right)\psi_a(\theta,z,t)$,
$\mathbf{D}_b \equiv p(b,\theta,z,t) = \psi_b(\theta,z,t)$,
$\mathbf{N}_0 \equiv \frac{\partial p(r,0,z,t)}{\partial \theta} = -\left(\frac{\mu}{k_\theta}\right)\psi_0(r,z,t)$ **and**
$\mathbf{N}_\vartheta \equiv \frac{\partial p(r,\vartheta,z,t)}{\partial \theta} = -\left(\frac{\mu}{k_\theta}\right)\psi_\vartheta(r,z,t)$

$$\overline{p} = \frac{\pi^2 q(s) e^{-st_0}}{2\vartheta\phi c_t\sqrt{\eta_z}} \sum_{m=0}^\infty \ni_m \cos(\xi_m \theta_0)\cos(\xi_m \theta) \times$$

$$\times \sum_{n=1}^\infty \frac{\xi_n^2 \{\xi_n J'_{\mathcal{M}}(\xi_n a) - \lambda J_{\mathcal{M}}(\xi_n a)\}^2 \mathcal{V}_{\mathcal{DM}}(\xi r_0, b)\mathcal{V}_{\mathcal{DM}}(\xi r, b)}{\left[\{\xi_n J'_{\mathcal{M}}(\xi_n a) - \lambda J_{\mathcal{M}}(\xi_n a)\}^2 - \left\{\xi_n^2 + \lambda^2 - \left(\frac{\mathcal{M}}{a}\right)^2\right\} J^2_{\mathcal{M}}(\xi_n b)\right]\sqrt{(\eta_r \xi_n^2 + s)}} \times$$

$$\times\left\{e^{-|z-z_0|\sqrt{\frac{\eta_r\xi_n^2+s}{\eta_z}}}+e^{-|z+z_0|\sqrt{\frac{\eta_r\xi_n^2+s}{\eta_z}}}\right\}+$$

$$\frac{\pi}{\vartheta\phi c_t\sqrt{\eta_z}}\sum_{m=0}^{\infty}\ni_m\cos(\xi_m\theta)\sum_{n=1}^{\infty}\frac{\xi_n^2 J_{\mathcal{M}}(\xi_n b)\left\{\xi_n J'_{\mathcal{M}}(\xi_n a)-\lambda J_{\mathcal{M}}(\xi_n a)\right\}\mathcal{V}_{\mathcal{DM}}(\xi r,b)}{\left[\left\{\xi_n J'_{\mathcal{M}}(\xi_n a)-\lambda J_{\mathcal{M}}(\xi_n a)\right\}^2-\left\{\xi_n^2+\lambda^2-\left(\frac{\mathcal{M}}{a}\right)^2\right\}J^2_{\mathcal{M}}(\xi_n b)\right]\sqrt{\eta_r\xi_n^2+s}}\times$$

$$\times\int_0^{\infty}\overline{\overline{\psi}}_a(\xi_m,w,s)\left\{e^{-|z-w|\sqrt{\frac{\eta_r\xi_n^2+s}{\eta_z}}}+e^{-|z+w|\sqrt{\frac{\eta_r\xi_n^2+s}{\eta_z}}}\right\}dw+$$

$$+\frac{\pi\eta_r}{\vartheta\sqrt{\eta_z}}\sum_{m=0}^{\infty}\ni_m\cos(\xi_m\theta)\sum_{n=1}^{\infty}\frac{\xi_n^2\left\{\xi_n J'_{\mathcal{M}}(\xi_n a)-\lambda J_{\mathcal{M}}(\xi_n a)\right\}^2\mathcal{V}_{\mathcal{DM}}(\xi r,b)}{\left[\left\{\xi_n J'_{\mathcal{M}}(\xi_n a)-\lambda J_{\mathcal{M}}(\xi_n a)\right\}^2-\left\{\xi_n^2+\lambda^2-\left(\frac{\mathcal{M}}{a}\right)^2\right\}J^2_{\mathcal{M}}(\xi_n b)\right]\sqrt{\eta_r\xi_n^2+s}}\times$$

$$\times\int_0^{\infty}\overline{\overline{\psi}}_b(\xi_m,w,s)\left\{e^{-|z-w|\sqrt{\frac{\eta_r\xi_n^2+s}{\eta_z}}}+e^{-|z+w|\sqrt{\frac{\eta_r\xi_n^2+s}{\eta_z}}}\right\}dw+$$

$$+\frac{\pi}{2\phi c_t\sqrt{\eta_z}}\sum_{n=1}^{\infty}\frac{\xi_n^2\left\{\xi_n J'_{\mathcal{M}}(\xi_n a)-\lambda J_{\mathcal{M}}(\xi_n a)\right\}^2\mathcal{V}_{\mathcal{DM}}(\xi r,b)\overline{\overline{\overline{\psi}}}(\xi_n,\xi_m,s)\,e^{-z\sqrt{\frac{\eta_r\xi_n^2+s}{\eta_z}}}}{\left[\left\{\xi_n J'_{\mathcal{M}}(\xi_n a)-\lambda J_{\mathcal{M}}(\xi_n a)\right\}^2-\left\{\xi_n^2+\lambda^2-\left(\frac{\mathcal{M}}{a}\right)^2\right\}J^2_{\mathcal{M}}(\xi_n b)\right]\sqrt{(\eta_r\xi_n^2+s)}}+$$

$$+\frac{\pi^2}{2\vartheta\phi c_t\sqrt{\eta_z}}\sum_{m=0}^{\infty}\ni_m\cos(\xi_m\theta)\times$$

$$\times\sum_{n=1}^{\infty}\frac{\xi_n^2\left\{\xi_n J'_{\mathcal{M}}(\xi_n a)-\lambda J_{\mathcal{M}}(\xi_n a)\right\}^2\mathcal{V}_{\mathcal{DM}}(\xi r,b)}{\left[\left\{\xi_n J'_{\mathcal{M}}(\xi_n a)-\lambda J_{\mathcal{M}}(\xi_n a)\right\}^2-\left\{\xi_n^2+\lambda^2-\left(\frac{\mathcal{M}}{a}\right)^2\right\}J^2_{\mathcal{M}}(\xi_n b)\right]\sqrt{\eta_r\xi_n^2+s}}\times$$

$$\times\int_a^b\frac{\mathcal{V}_{\mathcal{DM}}(\xi_n u,b)}{u}\int_0^{\infty}\left\{\overline{\psi}_0(u,w,s)+(-1)^{m+1}\,\overline{\psi}_{\vartheta}(u,w,s)\right\}\left\{e^{-|z-w|\sqrt{\frac{\eta_r\xi_n^2+s}{\eta_z}}}+e^{-|z+w|\sqrt{\frac{\eta_r\xi_n^2+s}{\eta_z}}}\right\}dwdu+$$

$$+\frac{\pi^2}{2\vartheta\sqrt{\eta_z}}\sum_{m=0}^{\infty}\ni_m\cos(\xi_m\theta)\sum_{n=1}^{\infty}\frac{\xi_n^2\left\{\xi_n J'_{\mathcal{M}}(\xi_n a)-\lambda J_{\mathcal{M}}(\xi_n a)\right\}^2\mathcal{V}_{\mathcal{DM}}(\xi r,b)}{\left[\left\{\xi_n J'_{\mathcal{M}}(\xi_n a)-\lambda J_{\mathcal{M}}(\xi_n a)\right\}^2-\left\{\xi_n^2+\lambda^2-\left(\frac{\mathcal{M}}{a}\right)^2\right\}J^2_{\mathcal{M}}(\xi_n b)\right]\sqrt{\eta_r\xi_n^2+s}}\times$$

$$\times\int_0^{\infty}\overline{\overline{\varphi}}(\xi_n,\xi_m,w)\left\{e^{-|z-w|\sqrt{\frac{\eta_r\xi_n^2+s}{\eta_z}}}+e^{-|z+w|\sqrt{\frac{\eta_r\xi_n^2+s}{\eta_z}}}\right\}dw \qquad (28.42.1)$$

where $\mathcal{V}_{\mathcal{DM}}(\xi_n r,b)=J_{\mathcal{M}}(\xi_n r)Y_{\mathcal{M}}(\xi_n b)-Y_{\mathcal{M}}(\xi_n r)J_{\mathcal{M}}(\xi_n b)$, $\xi_n, n=1,2,...,$ are the positive roots of the transcendental equation $\lambda\mathcal{V}_{\mathcal{DM}}(\xi_n a,b)-\xi_n\mathcal{V}'_{\mathcal{DM}}(\xi_n a,b)=0$, $\xi_m=\frac{m\pi}{\vartheta}$, $m=0,1,...,$
$\overline{\overline{\overline{\psi}}}(\xi_n,\xi_m,s)=\int_a^b u\mathcal{V}_{\mathcal{DM}}(\xi_n u)\int_0^{\vartheta}\overline{\psi}(u,v,s)\cos(\xi_m v)dvdu$, $\overline{\overline{\psi}}_a(\xi_m,w,s)=\int_0^{\vartheta}\overline{\psi}_a(v,w,s)\cos(\xi_m v)dv$,
$\overline{\overline{\psi}}_b(\xi_m,w,s)=\int_0^{\vartheta}\overline{\psi}_b(v,w,s)\cos(\xi_m v)dv$ and $\overline{\overline{\varphi}}(\xi_n,\xi_m,w)=\int_a^b u\mathcal{V}_{\mathcal{DM}}(\xi_n u)\int_0^{\vartheta}\varphi(u,v,w)\cos(\xi_m v)dudv$.

$$p=\frac{U(t-t_0)}{2\vartheta\phi c_t}\sqrt{\frac{\pi^3}{\eta_z}}\sum_{m=0}^{\infty}\ni_m\cos(\xi_m\theta)\times$$

$$\times\sum_{n=1}^{\infty}\frac{\xi_n^2\left\{\xi_n J'_{\mathcal{M}}(\xi_n a)-\lambda J_{\mathcal{M}}(\xi_n a)\right\}^2\mathcal{V}_{\mathcal{DM}}(\xi r_0,b)\,\mathcal{V}_{\mathcal{DM}}(\xi r,b)}{\left[\left\{\xi_n J'_{\mathcal{M}}(\xi_n a)-\lambda J_{\mathcal{M}}(\xi_n a)\right\}^2-\left\{\xi_n^2+\lambda^2-\left(\frac{\mathcal{M}}{a}\right)^2\right\}J^2_{\mathcal{M}}(\xi_n b)\right]}\times$$

$$\times\int_0^{t-t_0}\frac{q(t-t_0-\tau)\,e^{-\eta_r\xi_n^2\tau}}{\sqrt{\tau}}\left\{e^{-\frac{(z-z_0)^2}{4\eta_z\tau}}+e^{-\frac{(z+z_0)^2}{4\eta_z\tau}}\right\}d\tau+$$

$$+\frac{\pi}{\vartheta\phi c_t\sqrt{\eta_z}}\sum_{n=1}^{\infty}\frac{\xi_n^2 J_{\mathcal{M}}(\xi_n b)\left\{\xi_n J'_{\mathcal{M}}(\xi_n a)-\lambda J_{\mathcal{M}}(\xi_n a)\right\}\mathcal{V}_{\mathcal{DM}}(\xi r,b)}{\left[\left\{\xi_n J'_{\mathcal{M}}(\xi_n a)-\lambda J_{\mathcal{M}}(\xi_n a)\right\}^2-\left\{\xi_n^2+\lambda^2-\left(\frac{\mathcal{M}}{a}\right)^2\right\}J^2_{\mathcal{M}}(\xi_n b)\right]}\times$$

$$\times \int_0^t \frac{e^{-\eta_r \xi_n^2 \tau}}{\sqrt{\tau}} \int_0^\infty \overline{\psi}_a (\xi_m, w, t-\tau) \left\{ e^{-\frac{(z-w)^2}{4\eta_z \tau}} + e^{-\frac{(z+w)^2}{4\eta_z \tau}} \right\} dw d\tau +$$

$$+ \frac{\eta_r}{\vartheta} \sqrt{\frac{\pi}{\eta_z}} \sum_{m=0}^\infty \ni_m \cos(\xi_m \theta) \sum_{n=1}^\infty \frac{\xi_n^2 \left\{ \xi_n J'_{\mathcal{M}} (\xi_n a) - \lambda J_{\mathcal{M}} (\xi_n a) \right\}^2 \mathcal{V}_{\mathcal{DM}} (\xi r, b)}{\left[\left\{ \xi_n J'_{\mathcal{M}} (\xi_n a) - \lambda J_{\mathcal{M}} (\xi_n a) \right\}^2 - \left\{ \xi_n^2 + \lambda^2 - \left(\frac{\mathcal{M}}{a} \right)^2 \right\} J^2_{\mathcal{M}} (\xi_n b) \right]} \times$$

$$\times \int_0^t \frac{e^{-\eta_r \xi_n^2 \tau}}{\sqrt{\tau}} \int_0^\infty \overline{\psi}_b (\xi_m, w, t-\tau) \left\{ e^{-\frac{(z-w)^2}{4\eta_z \tau}} + e^{-\frac{(z+w)^2}{4\eta_z \tau}} \right\} dw d\tau +$$

$$+ \frac{1}{2\phi c_t} \sqrt{\frac{\pi}{\eta_z}} \sum_{n=1}^\infty \frac{\xi_n^2 \left\{ \xi_n J'_{\mathcal{M}} (\xi_n a) - \lambda J_{\mathcal{M}} (\xi_n a) \right\}^2 \mathcal{V}_{\mathcal{DM}} (\xi r, b)}{\left[\left\{ \xi_n J'_{\mathcal{M}} (\xi_n a) - \lambda J_{\mathcal{M}} (\xi_n a) \right\}^2 - \left\{ \xi_n^2 + \lambda^2 - \left(\frac{\mathcal{M}}{a} \right)^2 \right\} J^2_{\mathcal{M}} (\xi_n b) \right]} \times$$

$$\times \int_0^t \frac{\overline{\overline{\psi}} (\xi_n, \xi_m, t-\tau) \, e^{-\eta_r \xi_n^2 \tau - \frac{z^2}{4\eta_z \tau}}}{\sqrt{\tau}} d\tau +$$

$$+ \frac{1}{2\vartheta \phi c_t} \sqrt{\frac{\pi^3}{\eta_z}} \sum_{m=0}^\infty \ni_m \cos(\xi_m \theta) \times$$

$$\times \sum_{n=1}^\infty \frac{\xi_n^2 \left\{ \xi_n J'_{\mathcal{M}} (\xi_n a) - \lambda J_{\mathcal{M}} (\xi_n a) \right\}^2 \mathcal{V}_{\mathcal{DM}} (\xi r, b)}{\left[\left\{ \xi_n J'_{\mathcal{M}} (\xi_n a) - \lambda J_{\mathcal{M}} (\xi_n a) \right\}^2 - \left\{ \xi_n^2 + \lambda^2 - \left(\frac{\mathcal{M}}{a} \right)^2 \right\} J^2_{\mathcal{M}} (\xi_n b) \right]} \times$$

$$\times \int_0^t \frac{e^{-\eta_r \xi_n^2 \tau}}{\sqrt{\tau}} \int_a^b \frac{\mathcal{V}_{\mathcal{DM}} (\xi_n u, b)}{u} \int_0^\infty \left\{ \psi_0 (u, w, t-\tau) + (-1)^{m+1} \psi_\vartheta (u, w, t-\tau) \right\} \times$$

$$\times \left\{ e^{-\frac{(z-w)^2}{4\eta_z \tau}} + e^{-\frac{(z+w)^2}{4\eta_z \tau}} \right\} dw du d\tau +$$

$$+ \frac{1}{2\vartheta} \sqrt{\frac{\pi^3}{\eta_z t}} \sum_{m=0}^\infty \ni_m \cos(\xi_m \theta) \sum_{n=1}^\infty \frac{\xi_n^2 \left\{ \xi_n J'_{\mathcal{M}} (\xi_n a) - \lambda J_{\mathcal{M}} (\xi_n a) \right\}^2 \mathcal{V}_{\mathcal{DM}} (\xi r, b)}{\left[\left\{ \xi_n J'_{\mathcal{M}} (\xi_n a) - \lambda J_{\mathcal{M}} (\xi_n a) \right\}^2 - \left\{ \xi_n^2 + \lambda^2 - \left(\frac{\mathcal{M}}{a} \right)^2 \right\} J^2_{\mathcal{M}} (\xi_n b) \right]} \times$$

$$\times \int_0^\infty \overline{\overline{\varphi}} (\xi_n, \xi_m, w) \left\{ e^{-\frac{(z-w)^2}{4\eta_z t}} + e^{-\frac{(z+w)^2}{4\eta_z t}} \right\} dw \qquad (28.42.2)$$

where $\overline{\overline{\psi}} (\xi_n, \xi_m, t) = \int_a^b u \mathcal{V}_{\mathcal{DM}} (\xi_n u) \int_0^\vartheta \psi (u, v, t) \cos (\xi_m v) dv du$, $\overline{\psi}_a (\xi_m, w, t) = \int_0^\vartheta \psi_a (v, w, t) \cos (\xi_m v) dv$ and $\overline{\psi}_b (\xi_m, w, t) = \int_0^\vartheta \psi_b (v, w, t) \cos (\xi_m v) dv$.

28.43

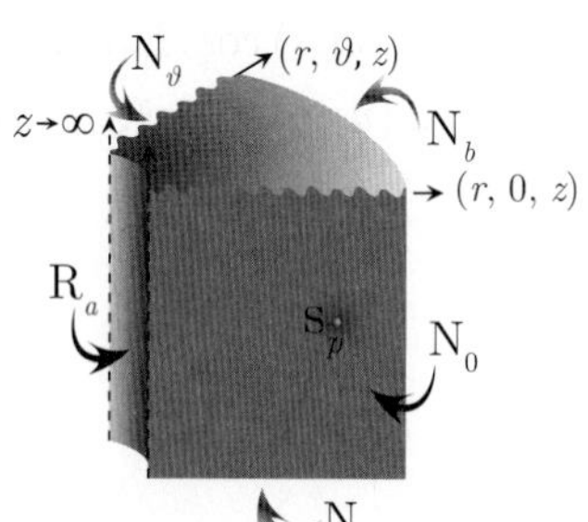

The problem of 28.36, except
$\mathbf{N} \equiv \frac{\partial p(r,\theta,0,t)}{\partial z} = -\left(\frac{\mu}{k_z}\right) \psi (r, \theta, t)$,
$\mathbf{R}_a \equiv \frac{\partial p(a,\theta,z,t)}{\partial r} - \lambda p (a, \theta, z, t) = -\left(\frac{\mu}{k_r}\right) \psi_a (\theta, z, t)$,
$\mathbf{N}_b \equiv \frac{\partial p(b,\theta,z,t)}{\partial r} = -\left(\frac{\mu}{k_r}\right) \psi_b (\theta, z, t)$,
$\mathbf{N}_0 \equiv \frac{\partial p(r,0,z,t)}{\partial \theta} = -\left(\frac{\mu}{k_\theta}\right) \psi_0 (r, z, t)$ **and**
$\mathbf{N}_\vartheta \equiv \frac{\partial p(r,\vartheta,z,t)}{\partial \theta} = -\left(\frac{\mu}{k_\theta}\right) \psi_\vartheta (r, z, t)$

$$\overline{p} = \frac{\pi^2 q(s) \, e^{-s t_0}}{2\vartheta \phi c_t \sqrt{\eta_z}} \sum_{m=0}^\infty \ni_m \cos(\xi_m \theta_0) \cos(\xi_m \theta) \times$$

$$\times \sum_{n=1}^\infty \frac{\xi_n^2 \left\{ \xi_n J'_{\mathcal{M}} (\xi_n a) - \lambda J_{\mathcal{M}} (\xi_n a) \right\}^2 \mathcal{V}_{\mathcal{NM}} (\xi r_0, b) \, \mathcal{V}_{\mathcal{NM}} (\xi r, b)}{\left[\left\{ 1 - \left(\frac{\mathcal{M}}{\xi_n b} \right)^2 \right\} \left\{ \xi_n J'_{\mathcal{M}} (\xi_n a) - \lambda J_{\mathcal{M}} (\xi_n a) \right\}^2 - \left\{ \xi_n^2 + \lambda^2 - \left(\frac{\mathcal{M}}{a} \right)^2 \right\} J'^2_{\mathcal{M}} (\xi_n b) \right] \sqrt{(\eta_r \xi_n^2 + s)}} \times$$

$$\times\left\{e^{-|z-z_0|\sqrt{\frac{\eta_r\xi_n^2+s}{\eta_z}}}+e^{-|z+z_0|\sqrt{\frac{\eta_r\xi_n^2+s}{\eta_z}}}\right\}+$$

$$+\frac{1}{\vartheta\phi c_t}\sqrt{\frac{\pi}{\eta_z}}\sum_{m=0}^{\infty}\ni_m\cos(\xi_m\theta)\times$$

$$\times\sum_{n=1}^{\infty}\frac{\xi_n^2J'_{\mathcal{M}}(\xi_nb)\left\{\xi_nJ'_{\mathcal{M}}(\xi_na)-\lambda J_{\mathcal{M}}(\xi_na)\right\}\mathcal{V}_{\mathcal{NM}}(\xi r,b)}{\left[\left\{1-\left(\frac{\mathcal{M}}{\xi_nb}\right)^2\right\}\left\{\xi_nJ'_{\mathcal{M}}(\xi_na)-\lambda J_{\mathcal{M}}(\xi_na)\right\}^2-\left\{\xi_n^2+\lambda^2-\left(\frac{\mathcal{M}}{a}\right)^2\right\}J'^2_{\mathcal{M}}(\xi_nb)\right]}\times$$

$$\times\frac{1}{\sqrt{\eta_r\xi_n^2+s}}\int_0^{\infty}\overline{\overline{\psi}}_a(\xi_m,w,s)\left\{e^{-|z-w|\sqrt{\frac{\eta_r\xi_n^2+s}{\eta_z}}}+e^{-|z+w|\sqrt{\frac{\eta_r\xi_n^2+s}{\eta_z}}}\right\}dw-$$

$$-\frac{1}{\vartheta\phi c_t}\sqrt{\frac{\pi}{\eta_z}}\sum_{m=0}^{\infty}\ni_m\cos(\xi_m\theta)\times$$

$$\times\sum_{n=1}^{\infty}\frac{\xi_n\left\{\xi_nJ'_{\mathcal{M}}(\xi_na)-\lambda J_{\mathcal{M}}(\xi_na)\right\}^2\mathcal{V}_{\mathcal{NM}}(\xi r,b)}{\left[\left\{1-\left(\frac{\mathcal{M}}{\xi_nb}\right)^2\right\}\left\{\xi_nJ'_{\mathcal{M}}(\xi_na)-\lambda J_{\mathcal{M}}(\xi_na)\right\}^2-\left\{\xi_n^2+\lambda^2-\left(\frac{\mathcal{M}}{a}\right)^2\right\}J'^2_{\mathcal{M}}(\xi_nb)\right]}\times$$

$$\times\frac{1}{\sqrt{\eta_r\xi_n^2+s}}\int_0^{\infty}\overline{\overline{\psi}}_b(\xi_m,w,s)\left\{e^{-|z-w|\sqrt{\frac{\eta_r\xi_n^2+s}{\eta_z}}}+e^{-|z+w|\sqrt{\frac{\eta_r\xi_n^2+s}{\eta_z}}}\right\}dw+$$

$$+\frac{\pi}{2\phi c_t\sqrt{\eta_z}}\sum_{m=0}^{\infty}\ni_m\cos(\xi_m\theta)\times$$

$$\times\sum_{n=1}^{\infty}\frac{\xi_n^2\left\{\xi_nJ'_{\mathcal{M}}(\xi_na)-\lambda J_{\mathcal{M}}(\xi_na)\right\}^2\mathcal{V}_{\mathcal{NM}}(\xi r,b)\overline{\overline{\overline{\psi}}}(\xi_n,\xi_m,s)e^{-z\sqrt{\frac{\eta_r\xi_n^2+s}{\eta_z}}}}{\left[\left\{1-\left(\frac{\mathcal{M}}{\xi_nb}\right)^2\right\}\left\{\xi_nJ'_{\mathcal{M}}(\xi_na)-\lambda J_{\mathcal{M}}(\xi_na)\right\}^2-\left\{\xi_n^2+\lambda^2-\left(\frac{\mathcal{M}}{a}\right)^2\right\}J'^2_{\mathcal{M}}(\xi_nb)\right]\sqrt{(\eta_r\xi_n^2+s)}}+$$

$$+\frac{\pi^2}{2\vartheta\phi c_t\sqrt{\eta_z}}\sum_{m=0}^{\infty}\ni_m\cos(\xi_m\theta)\times$$

$$\times\sum_{n=1}^{\infty}\frac{\xi_n^2\left\{\xi_nJ'_{\mathcal{M}}(\xi_na)-\lambda J_{\mathcal{M}}(\xi_na)\right\}^2\mathcal{V}_{\mathcal{NM}}(\xi r,b)}{\left[\left\{1-\left(\frac{\mathcal{M}}{\xi_nb}\right)^2\right\}\left\{\xi_nJ'_{\mathcal{M}}(\xi_na)-\lambda J_{\mathcal{M}}(\xi_na)\right\}^2-\left\{\xi_n^2+\lambda^2-\left(\frac{\mathcal{M}}{a}\right)^2\right\}J'^2_{\mathcal{M}}(\xi_nb)\right]}\times$$

$$\times\int_a^b\frac{\mathcal{V}_{\mathcal{NM}}(\xi_nu,b)}{u}\int_0^{\infty}\left\{\overline{\psi}_0(u,w,s)+(-1)^{m+1}\,\overline{\psi}_\vartheta(u,w,s)\right\}\left\{e^{-|z-w|\sqrt{\frac{\eta_r\xi_n^2+s}{\eta_z}}}+e^{-|z+w|\sqrt{\frac{\eta_r\xi_n^2+s}{\eta_z}}}\right\}dwdu+$$

$$+\frac{\pi^2}{2\vartheta\sqrt{\eta_z}}\sum_{m=0}^{\infty}\ni_m\cos(\xi_m\theta)\times$$

$$\times\sum_{n=1}^{\infty}\frac{\xi_n^2\left\{\xi_nJ'_{\mathcal{M}}(\xi_na)-\lambda J_{\mathcal{M}}(\xi_na)\right\}^2\mathcal{V}_{\mathcal{NM}}(\xi r,b)}{\left[\left\{1-\left(\frac{\mathcal{M}}{\xi_nb}\right)^2\right\}\left\{\xi_nJ'_{\mathcal{M}}(\xi_na)-\lambda J_{\mathcal{M}}(\xi_na)\right\}^2-\left\{\xi_n^2+\lambda^2-\left(\frac{\mathcal{M}}{a}\right)^2\right\}J'^2_{\mathcal{M}}(\xi_nb)\right]\sqrt{\eta_r\xi_n^2+s}}\times$$

$$\times\int_0^{\infty}\overline{\overline{\varphi}}(\xi_n,\xi_m,w)\left\{e^{-|z-w|\sqrt{\frac{\eta_r\xi_n^2+s}{\eta_z}}}+e^{-|z+w|\sqrt{\frac{\eta_r\xi_n^2+s}{\eta_z}}}\right\}dw \qquad (28.43.1)$$

where $\overline{p}=\int_a^b pr\mathcal{V}_{\mathcal{NM}}(\xi_nr,b)\,dr$, $\xi_n, n=1,2,...,$ are the positive roots of the transcendental equation $\lambda\mathcal{V}_{\mathcal{NM}}(\xi_na,b)-\xi_n\mathcal{V}'_{\mathcal{NM}}(\xi_na,b)=0$, $\xi_m=\frac{m\pi}{\vartheta}$, $m=0,1,...,$
$\overline{\overline{\overline{\psi}}}(\xi_n,\xi_m,s)=\int_a^b u\mathcal{V}_{\mathcal{NM}}(\xi_nu)\int_0^{\vartheta}\overline{\psi}(u,v,s)\cos(\xi_mv)dvdu$, $\overline{\overline{\psi}}_a(\xi_m,w,s)=\int_0^{\vartheta}\overline{\psi}_a(v,w,s)\cos(\xi_mv)dv$,

$\overline{\overline{\psi}}_b(\xi_m, w, s) = \int_0^\vartheta \overline{\psi}_b(v, w, s)\cos(\xi_m v)dv$ and $\overline{\overline{\varphi}}(\xi_n, \xi_m, w) = \int_a^b u\mathcal{V}_{\mathcal{NM}}(\xi_n u)\int_0^\vartheta \varphi(u, v, w)\cos(\xi_m v)dvdu.$

$$
\begin{aligned}
p = {} & \frac{U(t-t_0)}{2\vartheta\phi c_t}\sqrt{\frac{\pi^3}{\eta_z}}\sum_{m=0}^{\infty}\ni_m \cos(\xi_m\theta)\times \\
& \times\sum_{n=1}^{\infty}\frac{\xi_n^2\left\{\xi_n J'_{\mathcal{M}}(\xi_n a)-\lambda J_{\mathcal{M}}(\xi_n a)\right\}^2\mathcal{V}_{\mathcal{NM}}(\xi r_0, b)\,\mathcal{V}_{\mathcal{NM}}(\xi r, b)}{\left[\left\{1-\left(\frac{\mathcal{M}}{\xi_n b}\right)^2\right\}\left\{\xi_n J'_{\mathcal{M}}(\xi_n a)-\lambda J_{\mathcal{M}}(\xi_n a)\right\}^2-\left\{\xi_n^2+\lambda^2-\left(\frac{\mathcal{M}}{a}\right)^2\right\}J'^2_{\mathcal{M}}(\xi_n b)\right]}\times \\
& \times\int_0^{t-t_0}\frac{q(t-t_0-\tau)\,e^{-\eta_r\xi_n^2\tau}}{\sqrt{\tau}}\left\{e^{-\frac{(z-z_0)^2}{4\eta_z\tau}}+e^{-\frac{(z+z_0)^2}{4\eta_z\tau}}\right\}d\tau + \\
& +\frac{1}{\vartheta\phi c_t}\sqrt{\frac{\pi}{\eta_z}}\sum_{m=0}^{\infty}\ni_m\cos(\xi_m\theta)\times \\
& \times\sum_{n=1}^{\infty}\frac{\xi_n^2 J'_{\mathcal{M}}(\xi_n b)\left\{\xi_n J'_{\mathcal{M}}(\xi_n a)-\lambda J_{\mathcal{M}}(\xi_n a)\right\}\mathcal{V}_{\mathcal{NM}}(\xi r, b)}{\left[\left\{1-\left(\frac{\mathcal{M}}{\xi_n b}\right)^2\right\}\left\{\xi_n J'_{\mathcal{M}}(\xi_n a)-\lambda J_{\mathcal{M}}(\xi_n a)\right\}^2-\left\{\xi_n^2+\lambda^2-\left(\frac{\mathcal{M}}{a}\right)^2\right\}J'^2_{\mathcal{M}}(\xi_n b)\right]}\times \\
& \times\int_0^{t}\frac{e^{-\eta_r\xi_n^2\tau}}{\sqrt{\tau}}\int_0^{\infty}\overline{\psi}_a(\xi_m, w, t-\tau)\left\{e^{-\frac{(z-w)^2}{4\eta_z\tau}}+e^{-\frac{(z+w)^2}{4\eta_z\tau}}\right\}dwd\tau - \\
& -\frac{1}{\vartheta\phi c_t}\sqrt{\frac{\pi}{\eta_z}}\sum_{m=0}^{\infty}\ni_m\cos(\xi_m\theta)\times \\
& \times\sum_{n=1}^{\infty}\frac{\xi_n\left\{\xi_n J'_{\mathcal{M}}(\xi_n a)-\lambda J_{\mathcal{M}}(\xi_n a)\right\}^2\mathcal{V}_{\mathcal{NM}}(\xi r, b)}{\left[\left\{1-\left(\frac{\mathcal{M}}{\xi_n b}\right)^2\right\}\left\{\xi_n J'_{\mathcal{M}}(\xi_n a)-\lambda J_{\mathcal{M}}(\xi_n a)\right\}^2-\left\{\xi_n^2+\lambda^2-\left(\frac{\mathcal{M}}{a}\right)^2\right\}J'^2_{\mathcal{M}}(\xi_n b)\right]}\times \\
& \times\int_0^{t}\frac{e^{-\eta_r\xi_n^2\tau}}{\sqrt{\tau}}\int_0^{\infty}\overline{\psi}_b(\xi_m, w, t-\tau)\left\{e^{-\frac{(z-w)^2}{4\eta_z\tau}}+e^{-\frac{(z+w)^2}{4\eta_z\tau}}\right\}dwd\tau + \\
& +\frac{1}{2\phi c_t}\sqrt{\frac{\pi}{\eta_z}}\sum_{m=0}^{\infty}\ni_m\cos(\xi_m\theta)\times \\
& \times\sum_{n=1}^{\infty}\frac{\xi_n^2\left\{\xi_n J'_{\mathcal{M}}(\xi_n a)-\lambda J_{\mathcal{M}}(\xi_n a)\right\}^2\mathcal{V}_{\mathcal{NM}}(\xi r, b)}{\left[\left\{1-\left(\frac{\mathcal{M}}{\xi_n b}\right)^2\right\}\left\{\xi_n J'_{\mathcal{M}}(\xi_n a)-\lambda J_{\mathcal{M}}(\xi_n a)\right\}^2-\left\{\xi_n^2+\lambda^2-\left(\frac{\mathcal{M}}{a}\right)^2\right\}J'^2_{\mathcal{M}}(\xi_n b)\right]}\times \\
& \times\int_0^{t}\frac{\overline{\overline{\psi}}(\xi_n, \xi_m, t-\tau)\,e^{-\eta_r\xi_n^2\tau-\frac{z^2}{4\eta_z\tau}}}{\sqrt{\tau}}d\tau + \\
& +\frac{1}{2\vartheta\phi c_t}\sqrt{\frac{\pi^3}{\eta_z}}\sum_{m=0}^{\infty}\ni_m\cos(\xi_m\theta)\times \\
& \times\sum_{n=1}^{\infty}\frac{\xi_n^2\left\{\xi_n J'_{\mathcal{M}}(\xi_n a)-\lambda J_{\mathcal{M}}(\xi_n a)\right\}^2\mathcal{V}_{\mathcal{NM}}(\xi r, b)}{\left[\left\{1-\left(\frac{\mathcal{M}}{\xi_n b}\right)^2\right\}\left\{\xi_n J'_{\mathcal{M}}(\xi_n a)-\lambda J_{\mathcal{M}}(\xi_n a)\right\}^2-\left\{\xi_n^2+\lambda^2-\left(\frac{\mathcal{M}}{a}\right)^2\right\}J'^2_{\mathcal{M}}(\xi_n b)\right]}\times \\
& \times\int_0^{t}\frac{e^{-\eta_r\xi_n^2\tau}}{\sqrt{\tau}}\int_a^b\frac{\mathcal{V}_{\mathcal{NM}}(\xi_n u, b)}{u}\int_0^{\infty}\left\{\psi_0(u, w, t-\tau)+(-1)^{m+1}\psi_\vartheta(u, w, t-\tau)\right\}\times \\
& \times\left\{e^{-\frac{(z-w)^2}{4\eta_z\tau}}+e^{-\frac{(z+w)^2}{4\eta_z\tau}}\right\}dwdud\tau +
\end{aligned}
$$

$$+\frac{1}{2\vartheta}\sqrt{\frac{\pi^3}{\eta_z t}}\sum_{m=0}^{\infty}\ni_m\cos(\xi_m\theta)\times$$

$$\times\sum_{n=1}^{\infty}\frac{\xi_n^2\left\{\xi_n J'_{\mathcal{M}}(\xi_n a)-\lambda J_{\mathcal{M}}(\xi_n a)\right\}^2\mathcal{V}_{\mathcal{NM}}(\xi r,b)}{\left[\left\{1-\left(\frac{\mathcal{M}}{\xi_n b}\right)^2\right\}\left\{\xi_n J'_{\mathcal{M}}(\xi_n a)-\lambda J_{\mathcal{M}}(\xi_n a)\right\}^2-\left\{\xi_n^2+\lambda^2-\left(\frac{\mathcal{M}}{a}\right)^2\right\}J'^2_{\mathcal{M}}(\xi_n b)\right]}\times$$

$$\times\int_0^{\infty}\overline{\overline{\varphi}}(\xi_n,\xi_m,w)\left\{e^{-\frac{(z-w)^2}{4\eta_z t}}+e^{-\frac{(z+w)^2}{4\eta_z t}}\right\}dw \tag{28.43.2}$$

where $\overline{\overline{\psi}}(\xi_n,\xi_m,t)=\int_a^b u\mathcal{V}_{\mathcal{NM}}(\xi_n u)\int_0^{\vartheta}\psi(u,v,t)\cos(\xi_m v)dvdu$, $\overline{\psi}_a(\xi_m,w,t)=\int_0^{\vartheta}\psi_a(v,w,t)\cos(\xi_m v)dv$ and $\overline{\psi}_b(\xi_m,w,t)=\int_0^{\vartheta}\psi_b(v,w,t)\cos(\xi_m v)dv$.

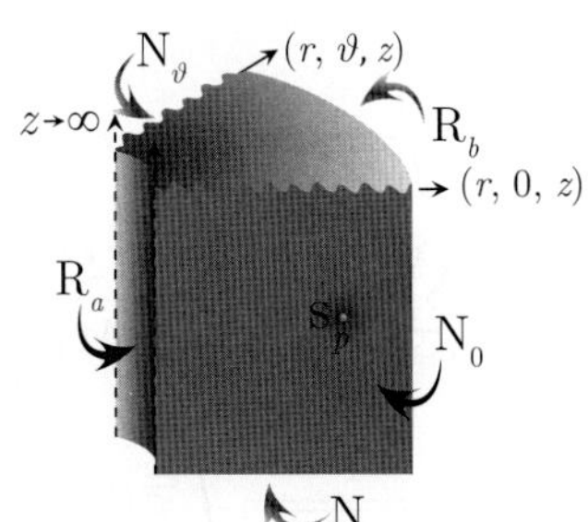

28.44 **The problem of 28.36, except** $\mathbf{N}\equiv\frac{\partial p(r,\theta,0,t)}{\partial z}=-\left(\frac{\mu}{k_z}\right)\psi(r,\theta,t)$,
$\mathbf{R}_a\equiv\frac{\partial p(a,\theta,z,t)}{\partial r}-\lambda p(a,\theta,z,t)=-\left(\frac{\mu}{k_r}\right)\psi_a(\theta,z,t)$,
$\mathbf{R}_b\equiv\frac{\partial p(b,\theta,z,t)}{\partial r}+\lambda_b p(b,\theta,z,t)=-\left(\frac{\mu}{k_r}\right)\psi_b(\theta,z,t)$,
$\mathbf{N}_0\equiv\frac{\partial p(r,0,z,t)}{\partial\theta}=-\left(\frac{\mu}{k_\theta}\right)\psi_0(r,z,t)$ **and**
$\mathbf{N}_\vartheta\equiv\frac{\partial p(r,\vartheta,z,t)}{\partial\theta}=-\left(\frac{\mu}{k_\theta}\right)\psi_\vartheta(r,z,t)$

$$\overline{p}=\frac{\pi^2 q(s)e^{-st_0}}{2\vartheta\phi c_t\sqrt{\eta_z}}\sum_{m=0}^{\infty}\ni_m\cos(\xi_m\theta_0)\cos(\xi_m\theta)\sum_{n=1}^{\infty}\frac{\xi_n^2\left\{\xi_n J'_{\mathcal{M}}(\xi_n b)+\lambda_b J_{\mathcal{M}}(\xi_n b)\right\}^2}{\sqrt{(\eta_r\xi_n^2+s)}}\times$$

$$\times\frac{\left\{\xi_n\mathcal{V}_{\mathcal{NM}}(\xi_n r_0,a)-\lambda_a\mathcal{V}_{\mathcal{DM}}(\xi_n r_0,a)\right\}\left\{\xi_n\mathcal{V}_{\mathcal{NM}}(\xi_n r,a)-\lambda_a\mathcal{V}_{\mathcal{DM}}(\xi_n r,a)\right\}}{\left[\left\{\xi_n^2+\lambda_b^2-\left(\frac{\mathcal{M}}{b}\right)^2\right\}\left\{\xi_n J'_{\mathcal{M}}(\xi_n a)-\lambda_a J_{\mathcal{M}}(\xi_n a)\right\}^2-\left\{\xi_n^2+\lambda_a^2-\left(\frac{\mathcal{M}}{a}\right)^2\right\}\left\{\xi_n J'_{\mathcal{M}}(\xi_n b)+\lambda J_{\mathcal{M}}(\xi_n b)\right\}^2\right]}\times$$

$$\times\left\{e^{-|z-z_0|\sqrt{\frac{\eta_r\xi_n^2+s}{\eta_z}}}+e^{-|z+z_0|\sqrt{\frac{\eta_r\xi_n^2+s}{\eta_z}}}\right\}+$$

$$+\frac{\pi}{\vartheta\phi c_t\sqrt{\eta_z}}\sum_{m=0}^{\infty}\ni_m\cos(\xi_m\theta)\times$$

$$\times\sum_{n=1}^{\infty}\frac{\xi_n^2\left\{\xi_n J'_{\mathcal{M}}(\xi_n b)+\lambda_b J_{\mathcal{M}}(\xi_n b)\right\}^2\left\{\xi_n\mathcal{V}_{\mathcal{NM}}(\xi_n r,a)-\lambda_a\mathcal{V}_{\mathcal{DM}}(\xi_n r,a)\right\}}{\left[\left\{\xi_n^2+\lambda_b^2-\left(\frac{\mathcal{M}}{b}\right)^2\right\}\left\{\xi_n J'_{\mathcal{M}}(\xi_n a)-\lambda_a J_{\mathcal{M}}(\xi_n a)\right\}^2-\left\{\xi_n^2+\lambda_a^2-\left(\frac{\mathcal{M}}{a}\right)^2\right\}\left\{\xi_n J'_{\mathcal{M}}(\xi_n b)+\lambda J_{\mathcal{M}}(\xi_n b)\right\}^2\right]}\times$$

$$\times\frac{1}{\sqrt{\eta_r\xi_n^2+s}}\int_0^{\infty}\overline{\overline{\psi}}_a(\xi_m,w,s)\left\{e^{-|z-w|\sqrt{\frac{\eta_r\xi_n^2+s}{\eta_z}}}+e^{-|z+w|\sqrt{\frac{\eta_r\xi_n^2+s}{\eta_z}}}\right\}dw-$$

$$-\frac{\pi}{\vartheta\phi c_t\sqrt{\eta_z}}\sum_{m=0}^{\infty}\ni_m\cos(\xi_m\theta)\times$$

$$\times\sum_{n=1}^{\infty}\frac{\xi_n^2\left\{\xi_n J'_{\mathcal{M}}(\xi_n b)+\lambda_b J_{\mathcal{M}}(\xi_n b)\right\}\left\{\xi_n J'_{\mathcal{M}}(\xi_n a)+\lambda_a J_{\mathcal{M}}(\xi_n a)\right\}\left\{\xi_n\mathcal{V}_{\mathcal{NM}}(\xi_n r,a)-\lambda_a\mathcal{V}_{\mathcal{DM}}(\xi_n r,a)\right\}}{\left[\left\{\xi_n^2+\lambda_b^2-\left(\frac{\mathcal{M}}{b}\right)^2\right\}\left\{\xi_n J'_{\mathcal{M}}(\xi_n a)-\lambda_a J_{\mathcal{M}}(\xi_n a)\right\}^2-\left\{\xi_n^2+\lambda_a^2-\left(\frac{\mathcal{M}}{a}\right)^2\right\}\left\{\xi_n J'_{\mathcal{M}}(\xi_n b)+\lambda J_{\mathcal{M}}(\xi_n b)\right\}^2\right]}\times$$

$$\times\frac{1}{\sqrt{\eta_r\xi_n^2+s}}\int_0^{\infty}\overline{\overline{\psi}}_b(\xi_m,w,s)\left\{e^{-|z-w|\sqrt{\frac{\eta_r\xi_n^2+s}{\eta_z}}}+e^{-|z+w|\sqrt{\frac{\eta_r\xi_n^2+s}{\eta_z}}}\right\}dw+$$

$$+\frac{\pi}{2\phi c_t\sqrt{\eta_z}}\sum_{m=0}^{\infty}\ni_m\cos(\xi_m\theta)\sum_{n=1}^{\infty}\frac{\overline{\overline{\overline{\psi}}}(\xi_n,\xi_m,s)}{\sqrt{(\eta_r\xi_n^2+s)}}\times$$

$$\times \frac{\xi_n^2 \left\{\xi_n J'_{\mathcal{M}}(\xi_n b) + \lambda_b J_{\mathcal{M}}(\xi_n b)\right\}^2 \left\{\xi_n \mathcal{V}_{\mathcal{NM}}(\xi_n r, a) - \lambda_a \mathcal{V}_{\mathcal{DM}}(\xi_n r, a)\right\} e^{-z\sqrt{\frac{\eta_r \xi_n^2 + s}{\eta_z}}}}{\left[\left\{\xi_n^2 + \lambda_b^2 - \left(\frac{\mathcal{M}}{b}\right)^2\right\}\left\{\xi_n J'_{\mathcal{M}}(\xi_n a) - \lambda_a J_{\mathcal{M}}(\xi_n a)\right\}^2 - \left\{\xi_n^2 + \lambda_a^2 - \left(\frac{\mathcal{M}}{a}\right)^2\right\}\left\{\xi_n J'_{\mathcal{M}}(\xi_n b) + \lambda J_{\mathcal{M}}(\xi_n b)\right\}^2\right]} +$$

$$+ \frac{\pi^2}{2\vartheta\phi c_t \sqrt{\eta_z}} \sum_{m=0}^{\infty} \ni_m \cos(\xi_m \theta) \times$$

$$\times \sum_{n=1}^{\infty} \frac{\xi_n^2 \left\{\xi_n J'_{\mathcal{M}}(\xi_n b) + \lambda_b J_{\mathcal{M}}(\xi_n b)\right\}^2 \left\{\xi_n \mathcal{V}_{\mathcal{NM}}(\xi_n r, a) - \lambda_a \mathcal{V}_{\mathcal{DM}}(\xi_n r, a)\right\}}{\left[\left\{\xi_n^2 + \lambda_b^2 - \left(\frac{\mathcal{M}}{b}\right)^2\right\}\left\{\xi_n J'_{\mathcal{M}}(\xi_n a) - \lambda_a J_{\mathcal{M}}(\xi_n a)\right\}^2 - \left\{\xi_n^2 + \lambda_a^2 - \left(\frac{\mathcal{M}}{a}\right)^2\right\}\left\{\xi_n J'_{\mathcal{M}}(\xi_n b) + \lambda J_{\mathcal{M}}(\xi_n b)\right\}^2\right]} \times$$

$$\times \int_a^b \frac{\left\{\xi_n \mathcal{V}_{\mathcal{NM}}(\xi_n u, a) - \lambda_a \mathcal{V}_{\mathcal{DM}}(\xi_n u, a)\right\}}{u} \int_0^{\infty} \left\{\overline{\psi}_0(u, w, s) + (-1)^{m+1} \overline{\psi}_{\vartheta}(u, w, s)\right\} \times$$

$$\times \left\{ e^{-|z-w|\sqrt{\frac{\eta_r \xi_n^2 + s}{\eta_z}}} + e^{-|z+w|\sqrt{\frac{\eta_r \xi_n^2 + s}{\eta_z}}} \right\} dw du +$$

$$+ \frac{\pi^2}{2\vartheta\sqrt{\eta_z}} \sum_{m=0}^{\infty} \ni_m \cos(\xi_m \theta) \times$$

$$\times \sum_{n=1}^{\infty} \frac{\xi_n^2 \left\{\xi_n J'_{\mathcal{M}}(\xi_n b) + \lambda_b J_{\mathcal{M}}(\xi_n b)\right\}^2 \left\{\xi_n \mathcal{V}_{\mathcal{NM}}(\xi_n r, a) - \lambda_a \mathcal{V}_{\mathcal{DM}}(\xi_n r, a)\right\}}{\left[\left\{\xi_n^2 + \lambda_b^2 - \left(\frac{\mathcal{M}}{b}\right)^2\right\}\left\{\xi_n J'_{\mathcal{M}}(\xi_n a) - \lambda_a J_{\mathcal{M}}(\xi_n a)\right\}^2 - \left\{\xi_n^2 + \lambda_a^2 - \left(\frac{\mathcal{M}}{a}\right)^2\right\}\left\{\xi_n J'_{\mathcal{M}}(\xi_n b) + \lambda J_{\mathcal{M}}(\xi_n b)\right\}^2\right]} \times$$

$$\times \frac{1}{\sqrt{\eta_r \xi_n^2 + s}} \int_0^{\infty} \overline{\overline{\varphi}}(\xi_n, \xi_m, w) \left\{ e^{-|z-w|\sqrt{\frac{\eta_r \xi_n^2 + s}{\eta_z}}} + e^{-|z+w|\sqrt{\frac{\eta_r \xi_n^2 + s}{\eta_z}}} \right\} dw \qquad (28.44.1)$$

where $\overline{p} = \int_a^b pr \left\{\xi_n \mathcal{V}_{\mathcal{NM}}(\xi_n r, a) - \lambda_a \mathcal{V}_{\mathcal{DM}}(\xi_n r, a)\right\} dr$, $\xi_n, n = 1, 2, \ldots$, are the positive roots of $\lambda_a \left\{\mathcal{V}'_{\mathcal{DM}}(\xi_n b, a) + \lambda_b \mathcal{V}_{\mathcal{DM}}(\xi_n b, a)\right\} - \xi_n \left\{\mathcal{V}'_{\mathcal{NM}}(\xi_n b, a) + \lambda_b \mathcal{V}_{\mathcal{NM}}(\xi_n b, a)\right\} = 0$, $\xi_m = \frac{m\pi}{\vartheta}$, $m = 0, 1, \ldots$, $\overline{\overline{\overline{\psi}}}(\xi_n, \xi_m, s) = \int_a^b u \left\{\xi_n \mathcal{V}_{\mathcal{NM}}(\xi_n u, a) - \lambda_a \mathcal{V}_{\mathcal{DM}}(\xi_n u, a)\right\} \int_0^{\vartheta} \overline{\psi}(u, v, s) \cos(\xi_m v) dv du$, $\overline{\overline{\psi}}_a(\xi_m, w, s) = \int_0^{\vartheta} \overline{\psi}_a(v, w, s) \cos(\xi_m v) dv$, $\overline{\overline{\psi}}_b(\xi_m, w, s) = \int_0^{\vartheta} \overline{\psi}_b(v, w, s) \cos(\xi_m v) dv$ and $\overline{\overline{\varphi}}(\xi_n, \xi_m, u) = \int_a^b u \left\{\xi_n \mathcal{V}_{\mathcal{NM}}(\xi_n u, a) - \lambda_a \mathcal{V}_{\mathcal{DM}}(\xi_n u, a)\right\} \int_0^{\vartheta} \varphi(u, v, w) \cos(\xi_m v) dv du$.

$$p = \frac{U(t-t_0)}{2\vartheta\phi c_t} \sqrt{\frac{\pi^3}{\eta_z}} \sum_{m=0}^{\infty} \ni_m \cos(\xi_m \theta_0) \cos(\xi_m \theta) \times$$

$$\times \sum_{n=1}^{\infty} \frac{\xi_n^2 \left\{\xi_n J'_{\mathcal{M}}(\xi_n b) + \lambda_b J_{\mathcal{M}}(\xi_n b)\right\}^2 \left\{\xi_n \mathcal{V}_{\mathcal{NM}}(\xi_n r_0, a) - \lambda_a \mathcal{V}_{\mathcal{DM}}(\xi_n r_0, a)\right\}}{\left[\left\{\xi_n^2 + \lambda_b^2 - \left(\frac{\mathcal{M}}{b}\right)^2\right\}\left\{\xi_n J'_{\mathcal{M}}(\xi_n a) - \lambda_a J_{\mathcal{M}}(\xi_n a)\right\}^2 - \left\{\xi_n^2 + \lambda_a^2 - \left(\frac{\mathcal{M}}{a}\right)^2\right\}\left\{\xi_n J'_{\mathcal{M}}(\xi_n b) + \lambda J_{\mathcal{M}}(\xi_n b)\right\}^2\right]} \times$$

$$\times \left\{\xi_n \mathcal{V}_{\mathcal{NM}}(\xi_n r, a) - \lambda_a \mathcal{V}_{\mathcal{DM}}(\xi_n r, a)\right\} \int_0^{t-t_0} \frac{q(t-t_0-\tau) e^{-\eta_r \xi_n^2 \tau}}{\sqrt{\tau}} \left\{ e^{-\frac{(z-z_0)^2}{4\eta_z \tau}} + e^{-\frac{(z+z_0)^2}{4\eta_z \tau}} \right\} d\tau +$$

$$+ \frac{1}{\vartheta\phi c_t} \sqrt{\frac{\pi}{\eta_z}} \sum_{m=0}^{\infty} \ni_m \cos(\xi_m \theta) \times$$

$$\times \sum_{n=1}^{\infty} \frac{\xi_n^2 \left\{\xi_n J'_{\mathcal{M}}(\xi_n b) + \lambda_b J_{\mathcal{M}}(\xi_n b)\right\}^2 \left\{\xi_n \mathcal{V}_{\mathcal{NM}}(\xi_n r, a) - \lambda_a \mathcal{V}_{\mathcal{DM}}(\xi_n r, a)\right\}}{\left[\left\{\xi_n^2 + \lambda_b^2 - \left(\frac{\mathcal{M}}{b}\right)^2\right\}\left\{\xi_n J'_{\mathcal{M}}(\xi_n a) - \lambda_a J_{\mathcal{M}}(\xi_n a)\right\}^2 - \left\{\xi_n^2 + \lambda_a^2 - \left(\frac{\mathcal{M}}{a}\right)^2\right\}\left\{\xi_n J'_{\mathcal{M}}(\xi_n b) + \lambda J_{\mathcal{M}}(\xi_n b)\right\}^2\right]} \times$$

$$\times \int_0^t \frac{e^{-\eta_r \xi_n^2 \tau}}{\sqrt{\tau}} \int_0^{\infty} \overline{\psi}_a(\xi_m, w, t-\tau) \left\{ e^{-\frac{(z-w)^2}{4\eta_z \tau}} + e^{-\frac{(z+w)^2}{4\eta_z \tau}} \right\} dw d\tau -$$

$$- \frac{1}{\vartheta\phi c_t} \sqrt{\frac{\pi}{\eta_z}} \sum_{m=0}^{\infty} \ni_m \cos(\xi_m \theta) \times$$

$$\times\sum_{n=1}^{\infty}\frac{\xi_n^2\{\xi_nJ'_{\mathcal{M}}(\xi_nb)+\lambda_bJ_{\mathcal{M}}(\xi_nb)\}\{\xi_nJ'_{\mathcal{M}}(\xi_na)+\lambda_aJ_{\mathcal{M}}(\xi_na)\}\{\xi_n\mathcal{V}_{\mathcal{NM}}(\xi_nr,a)-\lambda_a\mathcal{V}_{\mathcal{DM}}(\xi_nr,a)\}}{\left[\left\{\xi_n^2+\lambda_b^2-\left(\frac{\mathcal{M}}{b}\right)^2\right\}\{\xi_nJ'_{\mathcal{M}}(\xi_na)-\lambda_aJ_{\mathcal{M}}(\xi_na)\}^2-\left\{\xi_n^2+\lambda_a^2-\left(\frac{\mathcal{M}}{a}\right)^2\right\}\{\xi_nJ'_{\mathcal{M}}(\xi_nb)+\lambda J_{\mathcal{M}}(\xi_nb)\}^2\right]}\times$$

$$\times\int_0^t\frac{e^{-\eta_r\xi_n^2\tau}}{\sqrt{\tau}}\int_0^{\infty}\overline{\psi}_b(\xi_m,w,t-\tau)\left\{e^{-\frac{(z-w)^2}{4\eta_z\tau}}+e^{-\frac{(z+w)^2}{4\eta_z\tau}}\right\}dwd\tau+$$

$$+\frac{1}{2\phi c_t}\sqrt{\frac{\pi}{\eta_z}}\sum_{m=0}^{\infty}\ni_m\cos(\xi_m\theta)\times$$

$$\times\sum_{n=1}^{\infty}\frac{\xi_n^2\{\xi_nJ'_{\mathcal{M}}(\xi_nb)+\lambda_bJ_{\mathcal{M}}(\xi_nb)\}^2\{\xi_n\mathcal{V}_{\mathcal{NM}}(\xi_nr,a)-\lambda_a\mathcal{V}_{\mathcal{DM}}(\xi_nr,a)\}}{\left[\left\{\xi_n^2+\lambda_b^2-\left(\frac{\mathcal{M}}{b}\right)^2\right\}\{\xi_nJ'_{\mathcal{M}}(\xi_na)-\lambda_aJ_{\mathcal{M}}(\xi_na)\}^2-\left\{\xi_n^2+\lambda_a^2-\left(\frac{\mathcal{M}}{a}\right)^2\right\}\{\xi_nJ'_{\mathcal{M}}(\xi_nb)+\lambda J_{\mathcal{M}}(\xi_nb)\}^2\right]}\times$$

$$\times\int_0^t\frac{\overline{\overline{\psi}}(\xi_n,\xi_m,t-\tau)\,e^{-\eta_r\xi_n^2\tau-\frac{z^2}{4\eta_z\tau}}}{\sqrt{\tau}}d\tau+$$

$$+\frac{1}{2\vartheta\phi c_t}\sqrt{\frac{\pi^3}{\eta_z}}\sum_{m=0}^{\infty}\ni_m\cos(\xi_m\theta)\times$$

$$\times\sum_{n=1}^{\infty}\frac{\xi_n^2\{\xi_nJ'_{\mathcal{M}}(\xi_nb)+\lambda_bJ_{\mathcal{M}}(\xi_nb)\}^2\{\xi_n\mathcal{V}_{\mathcal{NM}}(\xi_nr,a)-\lambda_a\mathcal{V}_{\mathcal{DM}}(\xi_nr,a)\}}{\left[\left\{\xi_n^2+\lambda_b^2-\left(\frac{\mathcal{M}}{b}\right)^2\right\}\{\xi_nJ'_{\mathcal{M}}(\xi_na)-\lambda_aJ_{\mathcal{M}}(\xi_na)\}^2-\left\{\xi_n^2+\lambda_a^2-\left(\frac{\mathcal{M}}{a}\right)^2\right\}\{\xi_nJ'_{\mathcal{M}}(\xi_nb)+\lambda J_{\mathcal{M}}(\xi_nb)\}^2\right]}\times$$

$$\times\int_0^t\frac{e^{-\eta_r\xi_n^2\tau}}{\sqrt{\tau}}\int_a^b\frac{\{\xi_n\mathcal{V}_{\mathcal{NM}}(\xi_nu,a)-\lambda_a\mathcal{V}_{\mathcal{DM}}(\xi_nu,a)\}}{u}\int_0^{\infty}\left\{\psi_0(u,w,t-\tau)+(-1)^{m+1}\psi_\vartheta(u,w,t-\tau)\right\}\times$$

$$\times\left\{e^{-\frac{(z-w)^2}{4\eta_z\tau}}+e^{-\frac{(z+w)^2}{4\eta_z\tau}}\right\}dwdud\tau+$$

$$+\frac{1}{2\vartheta}\sqrt{\frac{\pi^3}{\eta_zt}}\sum_{m=0}^{\infty}\ni_m\cos(\xi_m\theta)\times$$

$$\times\sum_{n=1}^{\infty}\frac{\xi_n^2\{\xi_nJ'_{\mathcal{M}}(\xi_nb)+\lambda_bJ_{\mathcal{M}}(\xi_nb)\}^2\{\xi_n\mathcal{V}_{\mathcal{NM}}(\xi_nr,a)-\lambda_a\mathcal{V}_{\mathcal{DM}}(\xi_nr,a)\}}{\left[\left\{\xi_n^2+\lambda_b^2-\left(\frac{\mathcal{M}}{b}\right)^2\right\}\{\xi_nJ'_{\mathcal{M}}(\xi_na)-\lambda_aJ_{\mathcal{M}}(\xi_na)\}^2-\left\{\xi_n^2+\lambda_a^2-\left(\frac{\mathcal{M}}{a}\right)^2\right\}\{\xi_nJ'_{\mathcal{M}}(\xi_nb)+\lambda J_{\mathcal{M}}(\xi_nb)\}^2\right]}\times$$

$$\times\int_0^{\infty}\overline{\overline{\varphi}}(\xi_n,\xi_m,w)\left\{e^{-\frac{(z-w)^2}{4\eta_zt}}+e^{-\frac{(z+w)^2}{4\eta_zt}}\right\}dw \qquad (28.44.2)$$

where $\overline{\overline{\psi}}(\xi_n,\xi_m,t)=\int_a^b u\{\xi_n\mathcal{V}_{\mathcal{NM}}(\xi_nu,a)-\lambda_a\mathcal{V}_{\mathcal{DM}}(\xi_nu,a)\}\int_0^{\vartheta}\psi(u,v,t)\cos(\xi_mv)dvdu$, $\overline{\psi}_a(\xi_m,w,t)=\int_0^{\vartheta}\psi_a(v,w,t)\cos(\xi_mv)dv$ and $\overline{\psi}_b(\xi_m,w,t)=\int_0^{\vartheta}\psi_b(v,w,t)\cos(\xi_mv)dv$.

28.45 **A cylindrical continuum bounded by $0\le r\le a$ and semi-infinite in z and $0\le\theta\le\vartheta$; $\vartheta<2\pi$. Point source at $s_p\equiv(r_0,\theta_0,z_0)$ at time $t=t_0$; $0<r_0<a$, $0\le\theta_0\le\vartheta$, $0<z_0<\infty$, $t_0\ge0$.**
$R\equiv\frac{\partial p(r,\theta,0,t)}{\partial z}-\lambda p(r,\theta,0,t)=-\left(\frac{\mu}{k_z}\right)\psi(r,\theta,t)$,
$D_a\equiv p(a,\theta,z,t)=\psi_a(\theta,z,t)$,
$N_0\equiv\frac{\partial p(r,0,z,t)}{\partial\theta}=-\left(\frac{\mu}{k_\theta}\right)\psi_0(r,z,t)$ and
$N_\vartheta\equiv\frac{\partial p(r,\vartheta,z,t)}{\partial\theta}=-\left(\frac{\mu}{k_\theta}\right)\psi_\vartheta(r,z,t)$. $p(r,\theta,z,0)=\varphi(r,\theta,z)$

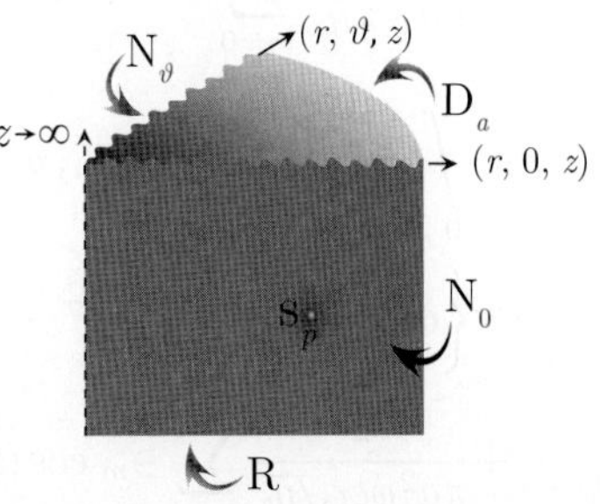

$$\overline{p}=\frac{2q(s)\,e^{-st_0}}{\vartheta a^2\phi c_t\sqrt{\eta_z}}\sum_{m=0}^{\infty}\ni_m\cos(\xi_m\theta_0)\cos(\xi_m\theta)\times$$

$$\times\sum_{n=1}^{\infty}\frac{J_{\mathcal{M}}(\xi_n r_0)\,J_{\mathcal{M}}(\xi_n r)}{J_{\mathcal{M}}'^2(\xi_n a)\sqrt{(\eta_r\xi_n^2+s)}}\left\{e^{-|z-z_0|\sqrt{\frac{\eta_r\xi_n^2+s}{\eta_z}}}+\left(\frac{\sqrt{\eta_r\xi_n^2+s}-\lambda\sqrt{\eta_z}}{\sqrt{\eta_r\xi_n^2+s}-\lambda\sqrt{\eta_z}}\right)e^{-|z+z_0|\sqrt{\frac{\eta_r\xi_n^2+s}{\eta_z}}}\right\}+$$

$$-\frac{2\eta_r}{\vartheta a\sqrt{\eta_z}}\sum_{m=0}^{\infty}\ni_m\cos(\xi_m\theta)\sum_{n=1}^{\infty}\frac{\xi_n J_{\mathcal{M}}(\xi_n r)}{J_{\mathcal{M}}'(\xi_n a)\sqrt{\eta_r\xi_n^2+s}}\times$$

$$\times\int_0^{\infty}\overline{\overline{\psi}}_a(\xi_m,w,s)\left\{e^{-|z-w|\sqrt{\frac{\eta_r\xi_n^2+s}{\eta_z}}}+\left(\frac{\sqrt{\eta_r\xi_n^2+s}-\lambda\sqrt{\eta_z}}{\sqrt{\eta_r\xi_n^2+s}+\lambda\sqrt{\eta_z}}\right)e^{-|z+w|\sqrt{\frac{\eta_r\xi_n^2+s}{\eta_z}}}\right\}dw+$$

$$+\frac{2}{\pi a^2\phi c_t\sqrt{\eta_z}}\sum_{m=0}^{\infty}\ni_m\cos(\xi_m\theta)\sum_{n=1}^{\infty}\frac{\overline{\overline{\overline{\psi}}}(\xi_n,\xi_m,s)\,J_{\mathcal{M}}(\xi_n r)\,e^{-z\sqrt{\frac{\eta_r\xi_n^2+s}{\eta_z}}}}{J_{\mathcal{M}}'^2(\xi_n a)\left(\sqrt{\eta_r\xi_n^2+s}+\lambda\sqrt{\eta_z}\right)}+$$

$$+\frac{2}{\vartheta a^2\phi c_t\sqrt{\eta_z}}\sum_{m=0}^{\infty}\ni_m\cos(\xi_m\theta)\sum_{n=1}^{\infty}\frac{J_{\mathcal{M}}(\xi_n r)}{J_{\mathcal{M}}'^2(\xi_n a)\sqrt{(\eta_r\xi_n^2+s)}}\times$$

$$\times\int_0^a\frac{J_{\mathcal{M}}(\xi_n u)}{u}\int_0^{\infty}\left\{\overline{\psi}_0(u,w,s)+(-1)^{m+1}\overline{\psi}_{\vartheta}(u,w,s)\right\}\times$$

$$\times\left\{e^{-|z-w|\sqrt{\frac{\eta_r\xi_n^2+s}{\eta_z}}}+\left(\frac{\sqrt{\eta_r\xi_n^2+s}-\lambda\sqrt{\eta_z}}{\sqrt{\eta_r\xi_n^2+s}+\lambda\sqrt{\eta_z}}\right)e^{-|z+w|\sqrt{\frac{\eta_r\xi_n^2+s}{\eta_z}}}\right\}dwdu+$$

$$+\frac{2}{\vartheta a^2\sqrt{\eta_z}}\sum_{m=0}^{\infty}\ni_m\cos(\xi_m\theta)\sum_{n=1}^{\infty}\frac{J_{\mathcal{M}}(\xi_n r)}{J_{\mathcal{M}}'^2(\xi_n a)\sqrt{\eta_r\xi_n^2+s}}\times$$

$$\times\int_0^{\infty}\overline{\overline{\varphi}}(\xi_n,\xi_m,w)\left\{e^{-|z-w|\sqrt{\frac{\eta_r\xi_n^2+s}{\eta_z}}}+\left(\frac{\sqrt{\eta_r\xi_n^2+s}-\lambda\sqrt{\eta_z}}{\sqrt{\eta_r\xi_n^2+s}+\lambda\sqrt{\eta_z}}\right)e^{-|z+w|\sqrt{\frac{\eta_r\xi_n^2+s}{\eta_z}}}\right\}dw \qquad (28.45.1)$$

where ξ_n are the positive roots of $J_{\mathcal{M}}(\xi_n a)=0$, $n=1,2,...$, $\xi_m=\frac{m\pi}{\vartheta}$, $m=0,1,...$, $\overline{\overline{\overline{\psi}}}(\xi_n,\xi_m,s)=\int_a^b uJ_{\mathcal{M}}(\xi_n u)\int_0^{\vartheta}\overline{\psi}(u,v,s)\cos(\xi_m v)dvdu$, $\overline{\overline{\psi}}_a(\xi_m,w,s)=\int_0^{\vartheta}\overline{\psi}_a(v,w,s)\cos(\xi_m v)dv$ and $\overline{\overline{\varphi}}(\xi_n,\xi_m,w)=\int_a^b uJ_{\mathcal{M}}(\xi_n u)\int_0^{\vartheta}\varphi(u,v,w)\cos(\xi_m v)dudv$.

$$p=\frac{2U(t-t_0)}{\vartheta a^2\phi c_t\sqrt{\pi\eta_z}}\sum_{m=0}^{\infty}\ni_m\cos(\xi_m\theta_0)\cos(\xi_m\theta)\sum_{n=1}^{\infty}\frac{J_{\mathcal{M}}(\xi_n r_0)\,J_{\mathcal{M}}(\xi_n r)}{J_{\mathcal{M}}'^2(\xi_n a)}\times$$

$$\times\int_0^{t-t_0}\frac{q(t-t_0-\tau)e^{-\eta_r\xi_n^2\tau}}{\sqrt{\tau}}\left\{e^{-\frac{(z-z_0)^2}{4\eta_z\tau}}+e^{-\frac{(z+z_0)^2}{4\eta_z\tau}}-2\left(\lambda\sqrt{\pi\eta_z\tau}\right)e^{(z+z_0)\lambda+\lambda^2\eta_z\tau}\operatorname{erfc}\left(\lambda\sqrt{\eta_z\tau}+\frac{z+z_0}{2\sqrt{\eta_z\tau}}\right)\right\}d\tau-$$

$$-\frac{2\eta_r}{\vartheta a\sqrt{\pi\eta_z}}\sum_{m=0}^{\infty}\ni_m\cos(\xi_m\theta)\sum_{n=1}^{\infty}\frac{\xi_n J_{\mathcal{M}}(\xi_n r)}{J_{\mathcal{M}}'(\xi_n a)}\times$$

$$\times\int_0^t\frac{e^{-\eta_r\xi_n^2\tau}}{\sqrt{\tau}}\int_0^{\infty}\overline{\psi}_a(\xi_m,w,t-\tau)\times$$

$$\times\left\{e^{-\frac{(z-w)^2}{4\eta_z\tau}}+e^{-\frac{(z+w)^2}{4\eta_z\tau}}-2\left(\lambda\sqrt{\pi\eta_z\tau}\right)e^{(z+w)\lambda+\lambda^2\eta_z\tau}\operatorname{erfc}\left(\lambda\sqrt{\eta_z\tau}+\frac{z+w}{2\sqrt{\eta_z\tau}}\right)\right\}dwd\tau+$$

$$+\frac{2}{\pi a^2\phi c_t\sqrt{\eta_z}}\sum_{m=0}^{\infty}\ni_m\cos(\xi_m\theta)\times$$

$$\times\sum_{n=1}^{\infty}\frac{J_{\mathcal{M}}(\xi_n r)}{J_{\mathcal{M}}'^2(\xi_n a)}\int_0^t\overline{\overline{\psi}}(\xi_n,\xi_m,t-\tau)\,e^{-\eta_r\xi_n^2\tau}\left\{\frac{e^{-\frac{z^2}{4\eta_z\tau}}}{\sqrt{\pi\tau}}-\lambda\sqrt{\eta_z}e^{z\lambda+\lambda^2\eta_z\tau}\operatorname{erfc}\left(\lambda\sqrt{\eta_z\tau}+\frac{z}{2\sqrt{\eta_z\tau}}\right)\right\}d\tau+$$

$$+\frac{2}{\vartheta a^2\phi c_t\sqrt{\pi\eta_z}}\sum_{m=0}^{\infty}\ni_m\cos(\xi_m\theta)\sum_{n=1}^{\infty}\frac{J_{\mathcal{M}}(\xi_n r)}{J'^2_{\mathcal{M}}(\xi_n a)}\int\limits_0^t\frac{e^{-\eta_r\xi_n^2\tau}}{\sqrt{\tau}}\int_0^a\frac{J_{\mathcal{M}}(\xi_n u)}{u}\times$$

$$\times\int_0^\infty\left\{\psi_0(u,w,t-\tau)+(-1)^{m+1}\psi_\vartheta(u,w,t-\tau)\right\}\times$$

$$\times\left\{e^{-\frac{(z-w)^2}{4\eta_z\tau}}+e^{-\frac{(z+w)^2}{4\eta_z\tau}}-2\left(\lambda\sqrt{\pi\eta_z\tau}\right)e^{(z+w)\lambda+\lambda^2\eta_z\tau}\operatorname{erfc}\left(\lambda\sqrt{\eta_z\tau}+\frac{z+w}{2\sqrt{\eta_z\tau}}\right)\right\}dwdud\tau+$$

$$+\frac{2}{\vartheta a^2\sqrt{\pi\eta_z t}}\sum_{m=0}^{\infty}\ni_m\cos(\xi_m\theta)\sum_{n=1}^{\infty}\frac{J_{\mathcal{M}}(\xi_n r)\,e^{-\eta_r\xi_n^2 t}}{J'^2_{\mathcal{M}}(\xi_n a)}\times$$

$$\times\int\limits_0^\infty\overline{\overline{\varphi}}(\xi_n,\xi_m,w)\left\{e^{-\frac{(z-w)^2}{4\eta_z\tau}}+e^{-\frac{(z+w)^2}{4\eta_z\tau}}-2\left(\lambda\sqrt{\pi\eta_z\tau}\right)e^{(z+w)\lambda+\lambda^2\eta_z\tau}\operatorname{erfc}\left(\lambda\sqrt{\eta_z\tau}+\frac{z+w}{2\sqrt{\eta_z\tau}}\right)\right\}dw$$

(28.45.2)

where $\overline{\overline{\psi}}(\xi_n,\xi_m,t)=\int_a^b uJ_{\mathcal{M}}(\xi_n u)\int_0^\vartheta\psi(u,v,t)\cos(\xi_m v)dvdu$ and $\overline{\psi}_a(\xi_m,w,t)=\int_0^\vartheta\psi_a(v,w,t)\cos(\xi_m v)dv$.

28.46 The problem of 28.45, except

$\mathbf{R}\equiv\frac{\partial p(r,\theta,0,t)}{\partial z}-\lambda p(r,\theta,0,t)=-\left(\frac{\mu}{k_z}\right)\psi(r,\theta,t)$,
$\mathbf{N}_a\equiv\frac{\partial p(a,\theta,z,t)}{\partial r}=-\left(\frac{\mu}{k_r}\right)\psi_a(\theta,z,t)$,
$\mathbf{N}_0\equiv\frac{\partial p(r,0,z,t)}{\partial\theta}=-\left(\frac{\mu}{k_\theta}\right)\psi_0(r,z,t)$ **and**
$\mathbf{N}_\vartheta\equiv\frac{\partial p(r,\vartheta,z,t)}{\partial\theta}=-\left(\frac{\mu}{k_\theta}\right)\psi_\vartheta(r,z,t)$

$$\overline{p}=\frac{2q(s)\,e^{-st_0}}{\vartheta a^2\phi c_t\sqrt{\eta_z}}\sum_{m=0}^{\infty}\ni_m\cos(\xi_m\theta_0)\cos(\xi_m\theta)\times$$

$$\times\sum_{n=0}^{\infty}\frac{J_{\mathcal{M}}(\xi_n r_0)\,J_{\mathcal{M}}(\xi_n r)}{\left\{1-\left(\frac{\mathcal{M}}{\xi_n a}\right)^2\right\}J^2_{\mathcal{M}}(\xi_n a)\sqrt{(\eta_r\xi_n^2+s)}}\left\{e^{-|z-z_0|\sqrt{\frac{\eta_r\xi_n^2+s}{\eta_z}}}+\left(\frac{\sqrt{\eta_r\xi_n^2+s}-\lambda\sqrt{\eta_z}}{\sqrt{\eta_r\xi_n^2+s}+\lambda\sqrt{\eta_z}}\right)e^{-|z+z_0|\sqrt{\frac{\eta_r\xi_n^2+s}{\eta_z}}}\right\}-$$

$$-\frac{2}{\vartheta a\phi c_t\sqrt{\eta_z}}\sum_{m=0}^{\infty}\ni_m\cos(\xi_m\theta)\sum_{n=0}^{\infty}\frac{J_{\mathcal{M}}(\xi_n r)}{\left\{1-\left(\frac{\mathcal{M}}{\xi_n a}\right)^2\right\}J_{\mathcal{M}}(\xi_n a)\sqrt{\eta_r\xi_n^2+s}}\times$$

$$\times\int\limits_0^\infty\overline{\overline{\psi}}_a(\xi_m,w,s)\left\{e^{-|z-w|\sqrt{\frac{\eta_r\xi_n^2+s}{\eta_z}}}+\left(\frac{\sqrt{\eta_r\xi_n^2+s}-\lambda\sqrt{\eta_z}}{\sqrt{\eta_r\xi_n^2+s}+\lambda\sqrt{\eta_z}}\right)e^{-|z+w|\sqrt{\frac{\eta_r\xi_n^2+s}{\eta_z}}}\right\}dw+$$

$$+\frac{2}{\pi a^2\phi c_t\sqrt{\eta_z}}\sum_{m=0}^{\infty}\ni_m\cos(\xi_m\theta)\sum_{n=1}^{\infty}\frac{\overline{\overline{\psi}}(\xi_n,\xi_m,s)\,J_{\mathcal{M}}(\xi_n r)\,e^{-z\sqrt{\frac{\eta_r\xi_n^2+s}{\eta_z}}}}{\left\{1-\left(\frac{\mathcal{M}}{\xi_n a}\right)^2\right\}J^2_{\mathcal{M}}(\xi_n a)\left(\sqrt{\eta_r\xi_n^2+s}+\lambda\sqrt{\eta_z}\right)}+$$

$$+\frac{2\eta_\theta}{\vartheta a^2\sqrt{\eta_z}}\sum_{m=0}^{\infty}\ni_m\cos(\xi_m\theta)\sum_{n=1}^{\infty}\frac{J_{\mathcal{M}}(\xi_n r)}{\left\{1-\left(\frac{\mathcal{M}}{\xi_n a}\right)^2\right\}J^2_{\mathcal{M}}(\xi_n a)\sqrt{(\eta_r\xi_n^2+s)}}\times$$

$$\times\int_0^a\frac{J_{\mathcal{M}}(\xi_n u)}{u}\int_0^\infty\left\{\overline{\psi}_0(u,w,s)+(-1)^{m+1}\overline{\psi}_\vartheta(u,w,s)\right\}\times$$

$$\times\left\{e^{-|z-w|\sqrt{\frac{\eta_r\xi_n^2+s}{\eta_z}}}+\left(\frac{\sqrt{\eta_r\xi_n^2+s}-\lambda\sqrt{\eta_z}}{\sqrt{\eta_r\xi_n^2+s}+\lambda\sqrt{\eta_z}}\right)e^{-|z+w|\sqrt{\frac{\eta_r\xi_n^2+s}{\eta_z}}}\right\}dwdu+$$

$$+\frac{2}{\vartheta a^2\sqrt{\eta_z}}\sum_{m=0}^{\infty}\ni_m\cos(\xi_m\theta)\sum_{n=0}^{\infty}\frac{J_{\mathcal{M}}(\xi_n r)}{\left\{1-\left(\frac{\mathcal{M}}{\xi_n a}\right)^2\right\}J_{\mathcal{M}}^2(\xi_n a)\sqrt{\eta_r\xi_n^2+s}}\times$$

$$\times\int_0^{\infty}\overline{\overline{\varphi}}(\xi_n,\xi_m,w)\left\{e^{-|z-w|\sqrt{\frac{\eta_r\xi_n^2+s}{\eta_z}}}+\left(\frac{\sqrt{\eta_r\xi_n^2+s}-\lambda\sqrt{\eta_z}}{\sqrt{\eta_r\xi_n^2+s}+\lambda\sqrt{\eta_z}}\right)e^{-|z+w|\sqrt{\frac{\eta_r\xi_n^2+s}{\eta_z}}}\right\}dw \tag{28.46.1}$$

where ξ_n are the positive roots of $J'_{\mathcal{M}}(\xi_n a)=0$, $n=0,1,...$, $\xi_m=\frac{m\pi}{\vartheta}$, $m=0,1,...$, $\overline{\overline{\overline{\psi}}}(\xi_n,\xi_m,s)=\int_a^b uJ_{\mathcal{M}}(\xi_n u)\int_0^{\vartheta}\overline{\psi}(u,v,s)\cos(\xi_m v)dvdu$, $\overline{\overline{\psi}}_a(\xi_m,w,s)=\int_0^{\vartheta}\overline{\psi}_a(v,w,s)\cos(\xi_m v)dv$ and $\overline{\overline{\varphi}}(\xi_n,\xi_m,w)=\int_a^b uJ_{\mathcal{M}}(\xi_n u)\int_0^{\vartheta}\varphi(u,v,w)\cos(\xi_m v)dudv$.

$$p=\frac{2U(t-t_0)}{\vartheta a^2\phi c_t\sqrt{\pi\eta_z}}\sum_{m=0}^{\infty}\ni_m\cos(\xi_m\theta_0)\cos(\xi_m\theta)\sum_{n=0}^{\infty}\frac{J_{\mathcal{M}}(\xi_n r_0)J_{\mathcal{M}}(\xi_n r)}{\left\{1-\left(\frac{\mathcal{M}}{\xi_n a}\right)^2\right\}J_{\mathcal{M}}^2(\xi_n a)}\times$$

$$\times\int_0^{t-t_0}\frac{q(t-t_0-\tau)e^{-\eta_r\xi_n^2\tau}}{\sqrt{\tau}}\left\{e^{-\frac{(z-z_0)^2}{4\eta_z\tau}}+e^{-\frac{(z+z_0)^2}{4\eta_z\tau}}-2(\lambda\sqrt{\pi\eta_z\tau})e^{(z+z_0)\lambda+\lambda^2\eta_z\tau}\operatorname{erfc}\left(\lambda\sqrt{\eta_z\tau}+\frac{z+z_0}{2\sqrt{\eta_z\tau}}\right)\right\}d\tau-$$

$$-\frac{2}{\vartheta a\phi c_t\sqrt{\pi\eta_z}}\sum_{m=0}^{\infty}\ni_m\cos(\xi_m\theta)\sum_{n=0}^{\infty}\frac{J_{\mathcal{M}}(\xi_n r)}{\left\{1-\left(\frac{\mathcal{M}}{\xi_n a}\right)^2\right\}J_{\mathcal{M}}(\xi_n a)}\times$$

$$\times\int_0^t\frac{e^{-\eta_r\xi_n^2\tau}}{\sqrt{\tau}}\int_0^{\infty}\overline{\psi}_a(\xi_m,w,t-\tau)\times$$

$$\times\left\{e^{-\frac{(z-w)^2}{4\eta_z\tau}}+e^{-\frac{(z+w)^2}{4\eta_z\tau}}-2(\lambda\sqrt{\pi\eta_z\tau})e^{(z+w)\lambda+\lambda^2\eta_z\tau}\operatorname{erfc}\left(\lambda\sqrt{\eta_z\tau}+\frac{z+w}{2\sqrt{\eta_z\tau}}\right)\right\}dwd\tau+$$

$$+\frac{2}{\pi a^2\phi c_t\sqrt{\eta_z}}\sum_{m=0}^{\infty}\ni_m\cos(\xi_m\theta)\sum_{n=1}^{\infty}\frac{J_{\mathcal{M}}(\xi_n r)}{\left\{1-\left(\frac{\mathcal{M}}{\xi_n a}\right)^2\right\}J_{\mathcal{M}}^2(\xi_n a)}\times$$

$$\times\int_0^t\overline{\overline{\psi}}(\xi_n,\xi_m,t-\tau)e^{-\eta_r\xi_n^2\tau}\left\{\frac{e^{-\frac{z^2}{4\eta_z\tau}}}{\sqrt{\pi\tau}}-\lambda\sqrt{\eta_z}e^{z\lambda+\lambda^2\eta_z\tau}\operatorname{erfc}\left(\lambda\sqrt{\eta_z\tau}+\frac{z}{2\sqrt{\eta_z\tau}}\right)\right\}d\tau+$$

$$+\frac{2}{\vartheta a^2\phi c_t\sqrt{\pi\eta_z}}\sum_{m=0}^{\infty}\ni_m\cos(\xi_m\theta)\sum_{n=1}^{\infty}\frac{J_{\mathcal{M}}(\xi_n r)}{\left\{1-\left(\frac{\mathcal{M}}{\xi_n a}\right)^2\right\}J_{\mathcal{M}}^2(\xi_n a)}\int_0^t\frac{e^{-\eta_r\xi_n^2\tau}}{\sqrt{\tau}}\int_0^a\frac{J_{\mathcal{M}}(\xi_n u)}{u}\times$$

$$\times\int_0^{\infty}\left\{\psi_0(u,w,t-\tau)+(-1)^{m+1}\psi_{\vartheta}(u,w,t-\tau)\right\}\times$$

$$\times\left\{e^{-\frac{(z-w)^2}{4\eta_z\tau}}+e^{-\frac{(z+w)^2}{4\eta_z\tau}}-2(\lambda\sqrt{\pi\eta_z\tau})e^{(z+w)\lambda+\lambda^2\eta_z\tau}\operatorname{erfc}\left(\lambda\sqrt{\eta_z\tau}+\frac{z+w}{2\sqrt{\eta_z\tau}}\right)\right\}dwdud\tau+$$

$$+\frac{2}{\vartheta a^2\sqrt{\pi\eta_z t}}\sum_{m=0}^{\infty}\ni_m\cos(\xi_m\theta)\sum_{n=0}^{\infty}\frac{J_{\mathcal{M}}(\xi_n r)e^{-\eta_r\xi_n^2 t}}{\left\{1-\left(\frac{\mathcal{M}}{\xi_n a}\right)^2\right\}J_{\mathcal{M}}^2(\xi_n a)}\times$$

$$\times\int_0^{\infty}\overline{\overline{\varphi}}(\xi_n,\xi_m,w)\left\{e^{-\frac{(z-w)^2}{4\eta_z\tau}}+e^{-\frac{(z+w)^2}{4\eta_z\tau}}-2(\lambda\sqrt{\pi\eta_z\tau})e^{(z+w)\lambda+\lambda^2\eta_z\tau}\operatorname{erfc}\left(\lambda\sqrt{\eta_z\tau}+\frac{z+w}{2\sqrt{\eta_z\tau}}\right)\right\}dw \tag{28.46.2}$$

where $\overline{\overline{\psi}}(\xi_n,\xi_m,t)=\int_a^b uJ_{\mathcal{M}}(\xi_n u)\int_0^{\vartheta}\psi(u,v,t)\cos(\xi_m v)dvdu$ and $\overline{\psi}_a(\xi_m,w,t)=\int_0^{\vartheta}\psi_a(v,w,t)\cos(\xi_m v)dv$.

28.47 **The problem of 28.45, except**
$\mathbf{R} \equiv \frac{\partial p(r,\theta,0,t)}{\partial z} - \lambda p(r,\theta,0,t) = -\left(\frac{\mu}{k_z}\right)\psi(r,\theta,t),$
$\mathbf{R}_a \equiv \frac{\partial p(a,\theta,z,t)}{\partial r} + \lambda_a p(a,\theta,z,t) = -\left(\frac{\mu}{k_r}\right)\psi_a(\theta,z,t),$
$\mathbf{N}_0 \equiv \frac{\partial p(r,0,z,t)}{\partial \theta} = -\left(\frac{\mu}{k_\theta}\right)\psi_0(r,z,t)$ **and**
$\mathbf{N}_\vartheta \equiv \frac{\partial p(r,\vartheta,z,t)}{\partial \theta} = -\left(\frac{\mu}{k_\theta}\right)\psi_\vartheta(r,z,t)$

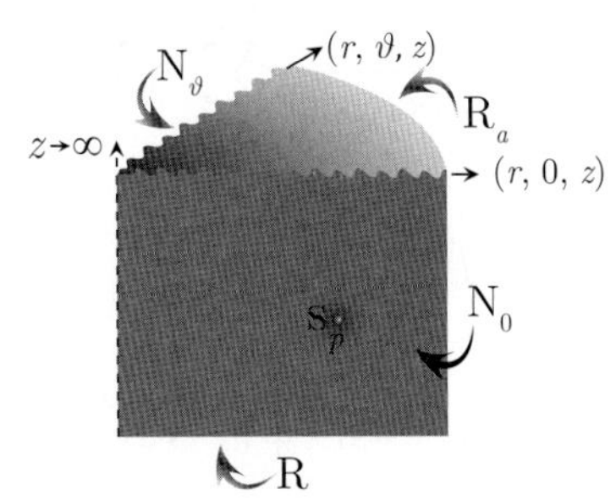

$$\overline{p} = \frac{2q(s)e^{-st_0}}{\vartheta a^2\phi c_t\sqrt{\eta_z}}\sum_{m=0}^{\infty}\ni_m\cos(\xi_m\theta_0)\cos(\xi_m\theta)\sum_{n=1}^{\infty}\frac{J_{\mathcal{M}}(\xi_n r_0)J_{\mathcal{M}}(\xi_n r)}{\left[\left\{1-\left(\frac{\mathcal{M}}{\xi_n a}\right)^2\right\}J_{\mathcal{M}}^2(\xi_n a)+J_{\mathcal{M}}'^2(\xi_n a)\right]\sqrt{(\eta_r\xi_n^2+s)}}\times$$
$$\times\left\{e^{-|z-z_0|\sqrt{\frac{\eta_r\xi_n^2+s}{\eta_z}}}+\left(\frac{\sqrt{\eta_r\xi_n^2+s}-\lambda\sqrt{\eta_z}}{\sqrt{\eta_r\xi_n^2+s}+\lambda\sqrt{\eta_z}}\right)e^{-|z+z_0|\sqrt{\frac{\eta_r\xi_n^2+s}{\eta_z}}}\right\}-$$
$$-\frac{2}{\vartheta a\phi c_t\sqrt{\eta_z}}\sum_{m=0}^{\infty}\ni_m\cos(\xi_m\theta)\sum_{n=1}^{\infty}\frac{J_{\mathcal{M}}(\xi_n a)J_{\mathcal{M}}(\xi_n r)}{\left[\left\{1-\left(\frac{\mathcal{M}}{\xi_n a}\right)^2\right\}J_{\mathcal{M}}^2(\xi_n a)+J_{\mathcal{M}}'^2(\xi_n a)\right]\sqrt{\eta_r\xi_n^2+s}}\times$$
$$\times\int_0^\infty\overline{\overline{\psi}}_a(\xi_m,w,s)\left\{e^{-|z-w|\sqrt{\frac{\eta_r\xi_n^2+s}{\eta_z}}}+\left(\frac{\sqrt{\eta_r\xi_n^2+s}-\lambda\sqrt{\eta_z}}{\sqrt{\eta_r\xi_n^2+s}+\lambda\sqrt{\eta_z}}\right)e^{-|z+w|\sqrt{\frac{\eta_r\xi_n^2+s}{\eta_z}}}\right\}dw+$$
$$+\frac{2}{\pi a^2\phi c_t\sqrt{\eta_z}}\sum_{m=0}^{\infty}\ni_m\cos(\xi_m\theta)\sum_{n=1}^{\infty}\frac{\overline{\overline{\overline{\psi}}}(\xi_n,\xi_m,s)J_{\mathcal{M}}(\xi_n r)e^{-z\sqrt{\frac{\eta_r\xi_n^2+s}{\eta_z}}}}{\left[\left\{1-\left(\frac{\mathcal{M}}{\xi_n a}\right)^2\right\}J_{\mathcal{M}}^2(\xi_n a)+J_{\mathcal{M}}'^2(\xi_n a)\right]\left(\sqrt{\eta_r\xi_n^2+s}+\lambda\sqrt{\eta_z}\right)}+$$
$$+\frac{2\eta_\theta}{\vartheta a^2\sqrt{\eta_z}}\sum_{m=0}^{\infty}\ni_m\cos(\xi_m\theta)\sum_{n=1}^{\infty}\frac{J_{\mathcal{M}}(\xi_n r)}{\left[\left\{1-\left(\frac{\mathcal{M}}{\xi_n a}\right)^2\right\}J_{\mathcal{M}}^2(\xi_n a)+J_{\mathcal{M}}'^2(\xi_n a)\right]\sqrt{(\eta_r\xi_n^2+s)}}\times$$
$$\times\int_0^a\frac{J_{\mathcal{M}}(\xi_n u)}{u}\int_0^\infty\left\{\overline{\psi}_0(u,w,s)+(-1)^{m+1}\overline{\psi}_\vartheta(u,w,s)\right\}\times$$
$$\times\left\{e^{-|z-w|\sqrt{\frac{\eta_r\xi_n^2+s}{\eta_z}}}+\left(\frac{\sqrt{\eta_r\xi_n^2+s}-\lambda\sqrt{\eta_z}}{\sqrt{\eta_r\xi_n^2+s}+\lambda\sqrt{\eta_z}}\right)e^{-|z+w|\sqrt{\frac{\eta_r\xi_n^2+s}{\eta_z}}}\right\}dwdu+$$
$$+\frac{2}{\vartheta a^2\sqrt{\eta_z}}\sum_{m=0}^{\infty}\ni_m\cos(\xi_m\theta)\sum_{n=1}^{\infty}\frac{J_{\mathcal{M}}(\xi_n r)}{\left[\left\{1-\left(\frac{\mathcal{M}}{\xi_n a}\right)^2\right\}J_{\mathcal{M}}^2(\xi_n a)+J_{\mathcal{M}}'^2(\xi_n a)\right]\sqrt{\eta_r\xi_n^2+s}}\times$$
$$\times\int_0^\infty\overline{\overline{\varphi}}(\xi_n,\xi_m,w)\left\{e^{-|z-w|\sqrt{\frac{\eta_r\xi_n^2+s}{\eta_z}}}+\left(\frac{\sqrt{\eta_r\xi_n^2+s}-\lambda\sqrt{\eta_z}}{\sqrt{\eta_r\xi_n^2+s}+\lambda\sqrt{\eta_z}}\right)e^{-|z+w|\sqrt{\frac{\eta_r\xi_n^2+s}{\eta_z}}}\right\}dw \qquad (28.47.1)$$

where ξ_n are the positive roots of $\xi_n J_{\mathcal{M}}'(\xi_n a)+\lambda J_{\mathcal{M}}(\xi_n a)=0$, $\xi_m=\frac{m\pi}{\vartheta}$, $m=0,1,...,$
$\overline{\overline{\overline{\psi}}}(\xi_n,\xi_m,s)=\int_a^b uJ_{\mathcal{M}}(\xi_n u)\int_0^\vartheta\overline{\psi}(u,v,s)\cos(\xi_m v)dvdu$, $\overline{\overline{\psi}}_a(\xi_m,w,s)=\int_0^\vartheta\overline{\psi}_a(v,w,s)\cos(\xi_m v)dv$ and
$\overline{\overline{\varphi}}(\xi_n,\xi_m,w)=\int_a^b uJ_{\mathcal{M}}(\xi_n u)\int_0^\vartheta\varphi(u,v,w)\cos(\xi_m v)dudv$.

$$p = \frac{2U(t-t_0)}{\vartheta a^2\phi c_t\sqrt{\pi\eta_z}}\sum_{m=0}^{\infty}\ni_m\cos(\xi_m\theta_0)\cos(\xi_m\theta)\sum_{n=1}^{\infty}\frac{J_{\mathcal{M}}(\xi_n r_0)J_{\mathcal{M}}(\xi_n r)}{\left[\left\{1-\left(\frac{\mathcal{M}}{\xi_n a}\right)^2\right\}J_{\mathcal{M}}^2(\xi_n a)+J_{\mathcal{M}}'^2(\xi_n a)\right]}\times$$
$$\times\int_0^{t-t_0}\frac{q(t-t_0-\tau)e^{-\eta_r\xi_n^2\tau}}{\sqrt{\tau}}\left\{e^{-\frac{(z-z_0)^2}{4\eta_z\tau}}+e^{-\frac{(z+z_0)^2}{4\eta_z\tau}}-2\left(\lambda\sqrt{\pi\eta_z\tau}\right)e^{(z+z_0)\lambda+\lambda^2\eta_z\tau}\operatorname{erfc}\left(\lambda\sqrt{\eta_z\tau}+\frac{z+z_0}{2\sqrt{\eta_z\tau}}\right)\right\}d\tau-$$

$$-\frac{2}{\vartheta a\phi c_t\sqrt{\pi\eta_z}}\sum_{m=0}^{\infty}\ni_m\cos(\xi_m\theta)\sum_{n=1}^{\infty}\frac{J_{\mathcal{M}}(\xi_n a)\,J_{\mathcal{M}}(\xi_n r)}{\left[\left\{1-\left(\frac{\mathcal{M}}{\xi_n a}\right)^2\right\}J^2_{\mathcal{M}}(\xi_n a)+J'^2_{\mathcal{M}}(\xi_n a)\right]}\times$$

$$\times\int_0^t\frac{e^{-\eta_r\xi_n^2\tau}}{\sqrt{\tau}}\int_0^{\infty}\overline{\psi}_a(\xi_m,w,t-\tau)\times$$

$$\times\left\{e^{-\frac{(z-w)^2}{4\eta_z\tau}}+e^{-\frac{(z+w)^2}{4\eta_z\tau}}-2\left(\lambda\sqrt{\pi\eta_z\tau}\right)e^{(z+w)\lambda+\lambda^2\eta_z\tau}\operatorname{erfc}\left(\lambda\sqrt{\eta_z\tau}+\frac{z+w}{2\sqrt{\eta_z\tau}}\right)\right\}dwd\tau+$$

$$+\frac{2}{\pi a^2\phi c_t\sqrt{\eta_z}}\sum_{m=0}^{\infty}\ni_m\cos(\xi_m\theta)\sum_{n=1}^{\infty}\frac{J_{\mathcal{M}}(\xi_n r)}{\left[\left\{1-\left(\frac{\mathcal{M}}{\xi_n a}\right)^2\right\}J^2_{\mathcal{M}}(\xi_n a)+J'^2_{\mathcal{M}}(\xi_n a)\right]}\times$$

$$\times\int_0^t\overline{\overline{\psi}}(\xi_n,\xi_m,t-\tau)\,e^{-\eta_r\xi_n^2\tau}\left\{\frac{e^{-\frac{z^2}{4\eta_z\tau}}}{\sqrt{\pi\tau}}-\lambda\sqrt{\eta_z}e^{z\lambda+\lambda^2\eta_z\tau}\operatorname{erfc}\left(\lambda\sqrt{\eta_z\tau}+\frac{z}{2\sqrt{\eta_z\tau}}\right)\right\}d\tau+$$

$$+\frac{2}{\vartheta a^2\phi c_t\sqrt{\pi\eta_z}}\sum_{m=0}^{\infty}\ni_m\cos(\xi_m\theta)\sum_{n=1}^{\infty}\frac{J_{\mathcal{M}}(\xi_n r)}{\left[\left\{1-\left(\frac{\mathcal{M}}{\xi_n a}\right)^2\right\}J^2_{\mathcal{M}}(\xi_n a)+J'^2_{\mathcal{M}}(\xi_n a)\right]}\times$$

$$\times\int_0^t\frac{e^{-\eta_r\xi_n^2\tau}}{\sqrt{\tau}}\int_0^a\frac{J_{\mathcal{M}}(\xi_n u)}{u}\int_0^{\infty}\left\{\psi_0(u,w,t-\tau)+(-1)^{m+1}\psi_\vartheta(u,w,t-\tau)\right\}\times$$

$$\times\left\{e^{-\frac{(z-w)^2}{4\eta_z\tau}}+e^{-\frac{(z+w)^2}{4\eta_z\tau}}-2\left(\lambda\sqrt{\pi\eta_z\tau}\right)e^{(z+w)\lambda+\lambda^2\eta_z\tau}\operatorname{erfc}\left(\lambda\sqrt{\eta_z\tau}+\frac{z+w}{2\sqrt{\eta_z\tau}}\right)\right\}dwdud\tau+$$

$$+\frac{2}{\vartheta a^2\sqrt{\pi\eta_z t}}\sum_{m=0}^{\infty}\ni_m\cos(\xi_m\theta)\sum_{n=1}^{\infty}\frac{J_{\mathcal{M}}(\xi_n r)\,e^{-\eta_r\xi_n^2 t}}{\left[\left\{1-\left(\frac{\mathcal{M}}{\xi_n a}\right)^2\right\}J^2_{\mathcal{M}}(\xi_n a)+J'^2_{\mathcal{M}}(\xi_n a)\right]}\times$$

$$\times\int_0^{\infty}\overline{\overline{\varphi}}(\xi_n,\xi_m,w)\left\{e^{-\frac{(z-w)^2}{4\eta_z\tau}}+e^{-\frac{(z+w)^2}{4\eta_z\tau}}-2\left(\lambda\sqrt{\pi\eta_z\tau}\right)e^{(z+w)\lambda+\lambda^2\eta_z\tau}\operatorname{erfc}\left(\lambda\sqrt{\eta_z\tau}+\frac{z+w}{2\sqrt{\eta_z\tau}}\right)\right\}dw \qquad (28.47.2)$$

where $\overline{\overline{\psi}}(\xi_n,\xi_m,t)=\int_a^b uJ_{\mathcal{M}}(\xi_n u)\int_0^{\vartheta}\psi(u,v,t)\cos(\xi_m v)dvdu$ and $\overline{\psi}_a(\xi_m,w,t)=\int_0^{\vartheta}\psi_a(v,w,t)\cos(\xi_m v)dv$.

28.48

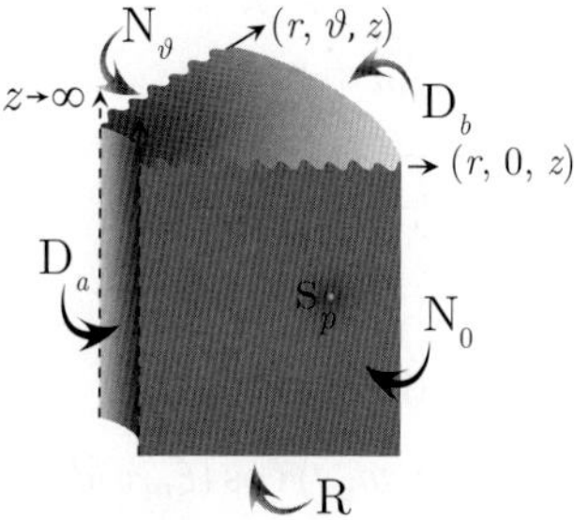

A cylindrical continuum bounded by $a\le r\le b$ and $0\le\theta\le\vartheta$ and semi-infinite in z; $\vartheta<2\pi$. Point source at $s_p\equiv(r_0,\theta_0,z_0)$ at time $t=t_0$; $a<r_0<b$, $0\le\theta_0\le\vartheta$, $0<z_0<\infty$, $t_0\ge 0$.
$R\equiv\frac{\partial p(r,\theta,0,t)}{\partial z}-\lambda p(r,\theta,0,t)=-\left(\frac{\mu}{k_z}\right)\psi(r,\theta,t)$,
$D_a\equiv p(a,\theta,z,t)=\psi_a(\theta,z,t)$,
$D_b\equiv p(b,\theta,z,t)=\psi_b(\theta,z,t)$,
$N_0\equiv\frac{\partial p(r,0,z,t)}{\partial\theta}=-\left(\frac{\mu}{k_\theta}\right)\psi_0(r,z,t)$ and
$N_\vartheta\equiv\frac{\partial p(r,\vartheta,z,t)}{\partial\theta}=-\left(\frac{\mu}{k_\theta}\right)\psi_\vartheta(r,z,t)$.
$p(r,\theta,z,0)=\varphi(r,\theta,z)$

$$\overline{p}=\frac{\pi^2 q(s)\,e^{-st_0}}{2\vartheta\phi c_t\sqrt{\eta_z}}\sum_{m=0}^{\infty}\ni_m\cos(\xi_m\theta_0)\cos(\xi_m\theta)\sum_{n=1}^{\infty}\frac{\xi_n^2J^2_{\mathcal{M}}(\xi_n b)\,\mathcal{V}_{\mathcal{DM}}(\xi_n r_0,a)\,\mathcal{V}_{\mathcal{DM}}(\xi_n r,a)}{\left\{J^2_{\mathcal{M}}(\xi_n a)-J^2_{\mathcal{M}}(\xi_n b)\right\}\sqrt{(\eta_r\xi_n^2+s)}}\times$$

$$\times\left\{e^{-|z-z_0|\sqrt{\frac{\eta_r\xi_n^2+s}{\eta_z}}}+\left(\frac{\sqrt{\eta_r\xi_n^2+s}-\lambda\sqrt{\eta_z}}{\sqrt{\eta_r\xi_n^2+s}+\lambda\sqrt{\eta_z}}\right)e^{-|z+z_0|\sqrt{\frac{\eta_r\xi_n^2+s}{\eta_z}}}\right\}-$$

$$-\frac{\pi\eta_r}{\vartheta\sqrt{\eta_z}}\sum_{m=0}^{\infty}\ni_m\cos(\xi_m\theta)\sum_{n=1}^{\infty}\frac{\xi_n^2 J_{\mathcal{M}}^2(\xi_n b)\,\mathcal{V}_{\mathcal{DM}}(\xi_n r,a)}{\{J_{\mathcal{M}}^2(\xi_n a)-J_{\mathcal{M}}^2(\xi_n b)\}\sqrt{\eta_r\xi_n^2+s}}\times$$

$$\times\int_0^{\infty}\overline{\overline{\psi}}_a(\xi_m,w,s)\left\{e^{-|z-w|\sqrt{\frac{\eta_r\xi_n^2+s}{\eta_z}}}+\left(\frac{\sqrt{\eta_r\xi_n^2+s}-\lambda\sqrt{\eta_z}}{\sqrt{\eta_r\xi_n^2+s}+\lambda\sqrt{\eta_z}}\right)e^{-|z+w|\sqrt{\frac{\eta_r\xi_n^2+s}{\eta_z}}}\right\}dw+$$

$$+\frac{\pi\eta_r}{\vartheta\sqrt{\eta_z}}\sum_{m=0}^{\infty}\ni_m\cos(\xi_m\theta)\sum_{n=1}^{\infty}\frac{\xi_n^2 J_{\mathcal{M}}(\xi_n a)\,J_{\mathcal{M}}(\xi_n b)\,\mathcal{V}_{\mathcal{DM}}(\xi_n r,a)}{\{J_{\mathcal{M}}^2(\xi_n a)-J_{\mathcal{M}}^2(\xi_n b)\}\sqrt{\eta_r\xi_n^2+s}}\times$$

$$\times\int_0^{\infty}\overline{\overline{\psi}}_b(\xi_m,w,s)\left\{e^{-|z-w|\sqrt{\frac{\eta_r\xi_n^2+s}{\eta_z}}}+\left(\frac{\sqrt{\eta_r\xi_n^2+s}-\lambda\sqrt{\eta_z}}{\sqrt{\eta_r\xi_n^2+s}+\lambda\sqrt{\eta_z}}\right)e^{-|z+w|\sqrt{\frac{\eta_r\xi_n^2+s}{\eta_z}}}\right\}dw+$$

$$+\frac{\pi}{2\phi c_t\sqrt{\eta_z}}\sum_{m=0}^{\infty}\ni_m\cos(\xi_m\theta)\sum_{n=1}^{\infty}\frac{\xi_n^2 J_{\mathcal{M}}^2(\xi_n b)\,\mathcal{V}_{\mathcal{DM}}(\xi_n r,a)\overline{\overline{\overline{\psi}}}(\xi_n,\xi_m,s)\,e^{-z\sqrt{\frac{\eta_r\xi_n^2+s}{\eta_z}}}}{\{J_{\mathcal{M}}^2(\xi_n a)-J_{\mathcal{M}}^2(\xi_n b)\}\left(\sqrt{\eta_r\xi_n^2+s}+\lambda\sqrt{\eta_z}\right)}+$$

$$+\frac{\pi^2}{2\vartheta\phi c_t\sqrt{\eta_z}}\sum_{m=0}^{\infty}\ni_m\cos(\xi_m\theta)\sum_{n=1}^{\infty}\frac{\xi_n^2 J_{\mathcal{M}}^2(\xi_n b)\,\mathcal{V}_{\mathcal{DM}}(\xi_n r,a)}{\{J_{\mathcal{M}}^2(\xi_n a)-J_{\mathcal{M}}^2(\xi_n b)\}\sqrt{\eta_r\xi_n^2+s}}\times$$

$$\times\int_a^b\frac{\mathcal{V}_{\mathcal{DM}}(\xi_n u,a)}{u}\int_0^{\infty}\left\{\overline{\psi}_0(u,w,s)+(-1)^{m+1}\overline{\psi}_{\vartheta}(u,w,s)\right\}\times$$

$$\times\left\{e^{-|z-w|\sqrt{\frac{\eta_r\xi_n^2+s}{\eta_z}}}+\left(\frac{\sqrt{\eta_r\xi_n^2+s}-\lambda\sqrt{\eta_z}}{\sqrt{\eta_r\xi_n^2+s}+\lambda\sqrt{\eta_z}}\right)e^{-|z+w|\sqrt{\frac{\eta_r\xi_n^2+s}{\eta_z}}}\right\}dwdu+$$

$$+\frac{\pi^2}{2\vartheta\sqrt{\eta_z}}\sum_{m=0}^{\infty}\ni_m\cos(\xi_m\theta)\sum_{n=1}^{\infty}\frac{\xi_n^2 J_{\mathcal{M}}^2(\xi_n b)\,\mathcal{V}_{\mathcal{DM}}(\xi_n r,a)}{\{J_{\mathcal{M}}^2(\xi_n a)-J_{\mathcal{M}}^2(\xi_n b)\}\sqrt{\eta_r\xi_n^2+s}}\times$$

$$\times\int_0^{\infty}\overline{\overline{\varphi}}(\xi_n,\xi_m,w)\left\{e^{-|z-w|\sqrt{\frac{\eta_r\xi_n^2+s}{\eta_z}}}+\left(\frac{\sqrt{\eta_r\xi_n^2+s}-\lambda\sqrt{\eta_z}}{\sqrt{\eta_r\xi_n^2+s}+\lambda\sqrt{\eta_z}}\right)e^{-|z+w|\sqrt{\frac{\eta_r\xi_n^2+s}{\eta_z}}}\right\}dw \quad (28.48.1)$$

where $\mathcal{V}_{\mathcal{DM}}(\xi_n r,a)=J_{\mathcal{M}}(\xi_n r)\,Y_{\mathcal{M}}(\xi_n a)-Y_{\mathcal{M}}(\xi_n r)\,J_{\mathcal{M}}(\xi_n a)$, $\xi_n, n=1,2,...$, are the positive roots of the transcendental equation $\mathcal{V}_{\mathcal{DM}}(\xi_n b,a)=0$. $\xi_m=\frac{m\pi}{\vartheta}$, $m=0,1,...$,
$\overline{\overline{\overline{\psi}}}(\xi_n,\xi_m,s)=\int_a^b u\mathcal{V}_{\mathcal{DM}}(\xi_n u)\int_0^{\vartheta}\overline{\psi}(u,v,s)\cos(\xi_m v)dvdu$, $\overline{\overline{\psi}}_a(\xi_m,w,s)=\int_0^{\vartheta}\overline{\psi}_a(v,w,s)\cos(\xi_m v)dv$,
$\overline{\overline{\psi}}_b(\xi_m,w,s)=\int_0^{\vartheta}\overline{\psi}_b(v,w,s)\cos(\xi_m v)dv$ and $\overline{\overline{\varphi}}(\xi_n,\xi_m,w)=\int_a^b u\mathcal{V}_{\mathcal{DM}}(\xi_n u)\int_0^{\vartheta}\varphi(u,v,w)\cos(\xi_m v)dudv$.

$$p=\frac{U(t-t_0)}{2\vartheta\phi c_t}\sqrt{\frac{\pi^3}{\eta_z}}\sum_{m=0}^{\infty}\ni_m\cos(\xi_m\theta_0)\cos(\xi_m\theta)\sum_{n=1}^{\infty}\frac{\xi_n^2 J_{\mathcal{M}}^2(\xi_n b)\,\mathcal{V}_{\mathcal{DM}}(\xi_n r_0,a)\,\mathcal{V}_{\mathcal{DM}}(\xi_n r,a)}{\{J_{\mathcal{M}}^2(\xi_n a)-J_{\mathcal{M}}^2(\xi_n b)\}}\times$$

$$\times\int_0^{t-t_0}\frac{q(t-t_0-\tau)e^{-\eta_r\xi_n^2\tau}}{\sqrt{\tau}}\left\{e^{-\frac{(z-z_0)^2}{4\eta_z\tau}}+e^{-\frac{(z+z_0)^2}{4\eta_z\tau}}-2\left(\lambda\sqrt{\pi\eta_z\tau}\right)e^{(z+z_0)\lambda+\lambda^2\eta_z\tau}\operatorname{erfc}\left(\lambda\sqrt{\eta_z\tau}+\frac{z+z_0}{2\sqrt{\eta_z\tau}}\right)\right\}d\tau-$$

$$-\frac{\eta_r}{\vartheta}\sqrt{\frac{\pi}{\eta_z}}\sum_{m=0}^{\infty}\ni_m\cos(\xi_m\theta)\sum_{n=1}^{\infty}\frac{\xi_n^2 J_{\mathcal{M}}^2(\xi_n b)\,\mathcal{V}_{\mathcal{DM}}(\xi_n r,a)}{\{J_{\mathcal{M}}^2(\xi_n a)-J_{\mathcal{M}}^2(\xi_n b)\}}\times$$

$$\times\int_0^t\frac{e^{-\eta_r\xi_n^2\tau}}{\sqrt{\tau}}\int_0^{\infty}\overline{\psi}_a(\xi_m,w,t-\tau)\times$$

$$\times\left\{e^{-\frac{(z-w)^2}{4\eta_z\tau}}+e^{-\frac{(z+w)^2}{4\eta_z\tau}}-2\left(\lambda\sqrt{\pi\eta_z\tau}\right)e^{(z+w)\lambda+\lambda^2\eta_z\tau}\operatorname{erfc}\left(\lambda\sqrt{\eta_z\tau}+\frac{z+w}{2\sqrt{\eta_z\tau}}\right)\right\}dwd\tau+$$

$$+\frac{\eta_r}{\vartheta}\sqrt{\frac{\pi}{\eta_z}}\sum_{m=0}^{\infty}\ni_m\cos(\xi_m\theta)\sum_{n=1}^{\infty}\frac{\xi_n^2 J_{\mathcal{M}}(\xi_n a)\,J_{\mathcal{M}}(\xi_n b)\,\mathcal{V}_{\mathcal{DM}}(\xi_n r,a)}{\{J_{\mathcal{M}}^2(\xi_n a)-J_{\mathcal{M}}^2(\xi_n b)\}}\times$$

$$\times \int_0^t \frac{e^{-\eta_r \xi_n^2 \tau}}{\sqrt{\tau}} \int_0^\infty \overline{\psi}_b\left(\xi_m, w, t-\tau\right) \times$$
$$\times \left\{ e^{-\frac{(z-w)^2}{4\eta_z\tau}} + e^{-\frac{(z+w)^2}{4\eta_z\tau}} - 2\left(\lambda\sqrt{\pi\eta_z\tau}\right) e^{(z+w)\lambda+\lambda^2\eta_z\tau} \operatorname{erfc}\left(\lambda\sqrt{\eta_z\tau} + \frac{z+w}{2\sqrt{\eta_z\tau}}\right)\right\} dw d\tau +$$
$$+ \frac{\pi}{2\phi c_t\sqrt{\eta_z}} \sum_{m=0}^{\infty} \ni_m \cos(\xi_m\theta) \sum_{n=1}^{\infty} \frac{\xi_n^2 J_{\mathcal{M}}^2\left(\xi_n b\right) \mathcal{V}_{\mathcal{DM}}\left(\xi_n r, a\right)}{\left\{J_{\mathcal{M}}^2\left(\xi_n a\right) - J_{\mathcal{M}}^2\left(\xi_n b\right)\right\}} \times$$
$$\times \int_0^t \overline{\overline{\psi}}\left(\xi_n, \xi_m, t-\tau\right) e^{-\eta_r\xi_n^2\tau} \left\{ \frac{e^{-\frac{z^2}{4\eta_z\tau}}}{\sqrt{\pi\tau}} - \lambda\sqrt{\eta_z} e^{z\lambda+\lambda^2\eta_z\tau} \operatorname{erfc}\left(\lambda\sqrt{\eta_z\tau} + \frac{z}{2\sqrt{\eta_z\tau}}\right)\right\} d\tau +$$
$$+ \frac{1}{2\vartheta\phi c_t}\sqrt{\frac{\pi^3}{\eta_z}} \sum_{m=0}^{\infty} \ni_m \cos\left(\xi_m\theta\right) \sum_{n=1}^{\infty} \frac{\xi_n^2 J_{\mathcal{M}}^2\left(\xi_n b\right) \mathcal{V}_{\mathcal{DM}}\left(\xi_n r, a\right)}{\left\{J_{\mathcal{M}}^2\left(\xi_n a\right) - J_{\mathcal{M}}^2\left(\xi_n b\right)\right\}} \int_0^t \frac{e^{-\eta_r\xi_n^2\tau}}{\sqrt{\tau}} \int_a^b \frac{\mathcal{V}_{\mathcal{DM}}\left(\xi_n u, a\right)}{u} \times$$
$$\times \int_0^\infty \left\{\psi_0\left(u, w, t-\tau\right) + (-1)^{m+1}\psi_\vartheta\left(u, w, t-\tau\right)\right\} \times$$
$$\times \left\{ e^{-\frac{(z-w)^2}{4\eta_z\tau}} + e^{-\frac{(z+w)^2}{4\eta_z\tau}} - 2\left(\lambda\sqrt{\pi\eta_z\tau}\right) e^{(z+w)\lambda+\lambda^2\eta_z\tau} \operatorname{erfc}\left(\lambda\sqrt{\eta_z\tau} + \frac{z+w}{2\sqrt{\eta_z\tau}}\right)\right\} dw du d\tau +$$
$$+ \frac{1}{2\vartheta}\sqrt{\frac{\pi^3}{\eta_z t}} \sum_{m=0}^{\infty} \ni_m \cos(\xi_m\theta) \sum_{n=1}^{\infty} \frac{\xi_n^2 J_{\mathcal{M}}^2\left(\xi_n b\right) \mathcal{V}_{\mathcal{DM}}\left(\xi_n r, a\right) e^{-\eta_r\xi_n^2 t}}{\left\{J_{\mathcal{M}}^2\left(\xi_n a\right) - J_{\mathcal{M}}^2\left(\xi_n b\right)\right\}} \times$$
$$\times \int_0^\infty \overline{\overline{\varphi}}\left(\xi_n, \xi_m, w\right) \left\{ e^{-\frac{(z-w)^2}{4\eta_z\tau}} + e^{-\frac{(z+w)^2}{4\eta_z\tau}} - 2\left(\lambda\sqrt{\pi\eta_z\tau}\right) e^{(z+w)\lambda+\lambda^2\eta_z\tau} \operatorname{erfc}\left(\lambda\sqrt{\eta_z\tau} + \frac{z+w}{2\sqrt{\eta_z\tau}}\right)\right\} dw \tag{28.48.2}$$

where $\overline{\overline{\psi}}\left(\xi_n, \xi_m, t\right) = \int_a^b u\mathcal{V}_{\mathcal{DM}}\left(\xi_n u\right) \int_0^\vartheta \psi\left(u, v, t\right) \cos\left(\xi_m v\right) dv du$, $\overline{\psi}_a\left(\xi_m, w, t\right) = \int_0^\vartheta \psi_a\left(v, w, t\right) \cos\left(\xi_m v\right) dv$ and $\overline{\psi}_b\left(\xi_m, w, t\right) = \int_0^\vartheta \psi_b\left(v, w, t\right) \cos\left(\xi_m v\right) dv$.

28.49

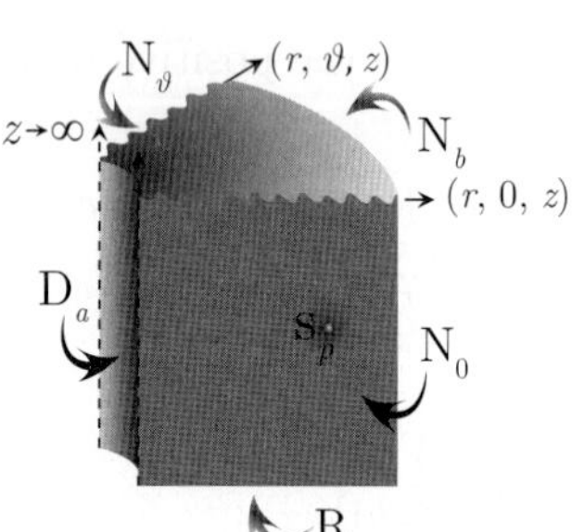

The problem of 28.48, except
$\mathbf{R} \equiv \frac{\partial p(r,\theta,0,t)}{\partial z} - \lambda p\left(r,\theta,0,t\right) = -\left(\frac{\mu}{k_z}\right)\psi\left(r,\theta,t\right)$,
$\mathbf{D}_a \equiv p\left(a,\theta,z,t\right) = \psi_a\left(\theta,z,t\right)$,
$\mathbf{N}_b \equiv \frac{\partial p(b,\theta,z,t)}{\partial r} = -\left(\frac{\mu}{k_r}\right)\psi_b\left(\theta,z,t\right)$,
$\mathbf{N}_0 \equiv \frac{\partial p(r,0,z,t)}{\partial \theta} = -\left(\frac{\mu}{k_\theta}\right)\psi_0\left(r,z,t\right)$ **and**
$\mathbf{N}_\vartheta \equiv \frac{\partial p(r,\vartheta,z,t)}{\partial \theta} = -\left(\frac{\mu}{k_\theta}\right)\psi_\vartheta\left(r,z,t\right)$

$$\overline{p} = \frac{\pi^2 q\left(s\right) e^{-st_0}}{2\vartheta\phi c_t\sqrt{\eta_z}} \sum_{m=0}^{\infty} \ni_m \cos\left(\xi_m\theta_0\right)\cos\left(\xi_m\theta\right) \sum_{n=1}^{\infty} \frac{\xi_n^2 J_{\mathcal{M}}'^2\left(\xi_n b\right) \mathcal{V}_{\mathcal{DM}}\left(\xi_n r_0, a\right) \mathcal{V}_{\mathcal{DM}}\left(\xi_n r, a\right)}{\left[\left\{1-\left(\frac{\mathcal{M}}{\xi_n b}\right)^2\right\} J_{\mathcal{M}}^2\left(\xi_n a\right) - J_{\mathcal{M}}'^2\left(\xi_n b\right)\right]\sqrt{\left(\eta_r\xi_n^2+s\right)}} \times$$
$$\times \left\{ e^{-|z-z_0|\sqrt{\frac{\eta_r\xi_n^2+s}{\eta_z}}} + \left(\frac{\sqrt{\eta_r\xi_n^2+s}-\lambda\sqrt{\eta_z}}{\sqrt{\eta_r\xi_n^2+s}+\lambda\sqrt{\eta_z}}\right) e^{-|z+z_0|\sqrt{\frac{\eta_r\xi_n^2+s}{\eta_z}}} \right\} -$$
$$- \frac{\pi\eta_r}{\vartheta\sqrt{\eta_z}} \sum_{m=0}^{\infty} \ni_m \cos(\xi_m\theta) \sum_{n=1}^{\infty} \frac{\xi_n^2 J_{\mathcal{M}}'^2\left(\xi_n b\right) \mathcal{V}_{\mathcal{DM}}\left(\xi_n r, a\right)}{\left[\left\{1-\left(\frac{\mathcal{M}}{\xi_n b}\right)^2\right\} J_{\mathcal{M}}^2\left(\xi_n a\right) - J_{\mathcal{M}}'^2\left(\xi_n b\right)\right]\sqrt{\eta_r\xi_n^2+s}} \times$$
$$\times \int_0^\infty \overline{\overline{\psi}}_a\left(\xi_m, w, s\right) \left\{ e^{-|z-w|\sqrt{\frac{\eta_r\xi_n^2+s}{\eta_z}}} + \left(\frac{\sqrt{\eta_r\xi_n^2+s}-\lambda\sqrt{\eta_z}}{\sqrt{\eta_r\xi_n^2+s}+\lambda\sqrt{\eta_z}}\right) e^{-|z+w|\sqrt{\frac{\eta_r\xi_n^2+s}{\eta_z}}} \right\} dw -$$

$$-\frac{\pi}{\vartheta\phi c_t\sqrt{\eta_z}}\sum_{m=0}^{\infty}\ni_m\cos(\xi_m\theta)\sum_{n=1}^{\infty}\frac{\xi_n^2 J_{\mathcal{M}}(\xi_n a)\,J'_{\mathcal{M}}(\xi_n b)\,\mathcal{V}_{D\mathcal{M}}(\xi_n r,a)}{\left[\left\{1-\left(\frac{\mathcal{M}}{\xi_n b}\right)^2\right\}J^2_{\mathcal{M}}(\xi_n a)-J'^2_{\mathcal{M}}(\xi_n b)\right]\sqrt{\eta_r\xi_n^2+s}}\times$$

$$\times\int_0^{\infty}\overline{\overline{\psi}}_b(\xi_m,w,s)\left\{e^{-|z-w|\sqrt{\frac{\eta_r\xi_n^2+s}{\eta_z}}}+\left(\frac{\sqrt{\eta_r\xi_n^2+s}-\lambda\sqrt{\eta_z}}{\sqrt{\eta_r\xi_n^2+s}+\lambda\sqrt{\eta_z}}\right)e^{-|z+w|\sqrt{\frac{\eta_r\xi_n^2+s}{\eta_z}}}\right\}dw+$$

$$+\frac{\pi}{2\phi c_t\sqrt{\eta_z}}\sum_{m=0}^{\infty}\ni_m\cos(\xi_m\theta)\sum_{n=1}^{\infty}\frac{\xi_n^2 J'^2_{\mathcal{M}}(\xi_n b)\,\mathcal{V}_{D\mathcal{M}}(\xi_n r,a)\,\overline{\overline{\overline{\psi}}}(\xi_n,\xi_m,s)\,e^{-z\sqrt{\frac{\eta_r\xi_n^2+s}{\eta_z}}}}{\left[\left\{1-\left(\frac{\mathcal{M}}{\xi_n b}\right)^2\right\}J^2_{\mathcal{M}}(\xi_n a)-J'^2_{\mathcal{M}}(\xi_n b)\right]\left(\sqrt{\eta_r\xi_n^2+s}+\lambda\sqrt{\eta_z}\right)}+$$

$$+\frac{\pi^2}{2\vartheta\phi c_t\sqrt{\eta_z}}\sum_{m=0}^{\infty}\ni_m\cos(\xi_m\theta)\sum_{n=1}^{\infty}\frac{\xi_n^2 J'^2_{\mathcal{M}}(\xi_n b)\,\mathcal{V}_{D\mathcal{M}}(\xi_n r,a)}{\left[\left\{1-\left(\frac{\mathcal{M}}{\xi_n b}\right)^2\right\}J^2_{\mathcal{M}}(\xi_n a)-J'^2_{\mathcal{M}}(\xi_n b)\right]\sqrt{\eta_r\xi_n^2+s}}\times$$

$$\times\int_a^b\frac{\mathcal{V}_{D\mathcal{M}}(\xi_n u,a)}{u}\int_0^{\infty}\left\{\overline{\psi}_0(u,w,s)+(-1)^{m+1}\overline{\psi}_\vartheta(u,w,s)\right\}\times$$

$$\times\left\{e^{-|z-w|\sqrt{\frac{\eta_r\xi_n^2+s}{\eta_z}}}+\left(\frac{\sqrt{\eta_r\xi_n^2+s}-\lambda\sqrt{\eta_z}}{\sqrt{\eta_r\xi_n^2+s}+\lambda\sqrt{\eta_z}}\right)e^{-|z+w|\sqrt{\frac{\eta_r\xi_n^2+s}{\eta_z}}}\right\}dwdu+$$

$$+\frac{\pi^2}{2\vartheta\sqrt{\eta_z}}\sum_{m=0}^{\infty}\ni_m\cos(\xi_m\theta)\sum_{n=1}^{\infty}\frac{\xi_n^2 J'^2_{\mathcal{M}}(\xi_n b)\,\mathcal{V}_{D\mathcal{M}}(\xi_n r,a)}{\left[\left\{1-\left(\frac{\mathcal{M}}{\xi_n b}\right)^2\right\}J^2_{\mathcal{M}}(\xi_n a)-J'^2_{\mathcal{M}}(\xi_n b)\right]\sqrt{\eta_r\xi_n^2+s}}\times$$

$$\times\int_0^{\infty}\overline{\overline{\varphi}}(\xi_n,\xi_m,w)\left\{e^{-|z-w|\sqrt{\frac{\eta_r\xi_n^2+s}{\eta_z}}}+\left(\frac{\sqrt{\eta_r\xi_n^2+s}-\lambda\sqrt{\eta_z}}{\sqrt{\eta_r\xi_n^2+s}+\lambda\sqrt{\eta_z}}\right)e^{-|z+w|\sqrt{\frac{\eta_r\xi_n^2+s}{\eta_z}}}\right\}dw \qquad (28.49.1)$$

where $\mathcal{V}_{D\mathcal{M}}(\xi_n r,a)=J_{\mathcal{M}}(\xi_n r)\,Y_{\mathcal{M}}(\xi_n a)-Y_{\mathcal{M}}(\xi_n r)\,J_{\mathcal{M}}(\xi_n a)$, ξ_n are the positive roots of the transcendental equation $\mathcal{V}'_{D\mathcal{M}}(\xi_n b,a)=0$, $\xi_n, n=1,2,....$, $\xi_m=\frac{m\pi}{\vartheta}$, $m=0,1,...$,
$\overline{\overline{\overline{\psi}}}(\xi_n,\xi_m,s)=\int_a^b u\mathcal{V}_{D\mathcal{M}}(\xi_n u)\int_0^{\vartheta}\overline{\psi}(u,v,s)\cos(\xi_m v)dvdu$, $\overline{\overline{\psi}}_a(\xi_m,w,s)=\int_0^{\vartheta}\overline{\psi}_a(v,w,s)\cos(\xi_m v)dv$,
$\overline{\overline{\psi}}_b(\xi_m,w,s)=\int_0^{\vartheta}\overline{\psi}_b(v,w,s)\cos(\xi_m v)dv$ and $\overline{\overline{\varphi}}(\xi_n,\xi_m,w)=\int_a^b u\mathcal{V}_{D\mathcal{M}}(\xi_n u)\int_0^{\vartheta}\varphi(u,v,w)\cos(\xi_m v)dudv$.

$$p=\frac{U(t-t_0)}{2\vartheta\phi c_t}\sqrt{\frac{\pi^3}{\eta_z}}\sum_{m=0}^{\infty}\ni_m\cos(\xi_m\theta_0)\cos(\xi_m\theta)\sum_{n=1}^{\infty}\frac{\xi_n^2 J'^2_{\mathcal{M}}(\xi_n b)\,\mathcal{V}_{D\mathcal{M}}(\xi_n r_0,a)\,\mathcal{V}_{D\mathcal{M}}(\xi_n r,a)}{\left[\left\{1-\left(\frac{\mathcal{M}}{\xi_n b}\right)^2\right\}J^2_{\mathcal{M}}(\xi_n a)-J'^2_{\mathcal{M}}(\xi_n b)\right]}\times$$

$$\times\int_0^{t-t_0}\frac{q(t-t_0-\tau)\,e^{-\eta_r\xi_n^2\tau}}{\sqrt{\tau}}\left\{e^{-\frac{(z-z_0)^2}{4\eta_z\tau}}+e^{-\frac{(z+z_0)^2}{4\eta_z\tau}}-2\left(\lambda\sqrt{\pi\eta_z\tau}\right)e^{(z+z_0)\lambda+\lambda^2\eta_z\tau}\operatorname{erfc}\left(\lambda\sqrt{\eta_z\tau}+\frac{z+z_0}{2\sqrt{\eta_z\tau}}\right)\right\}d\tau-$$

$$-\frac{\eta_r}{\vartheta}\sqrt{\frac{\pi}{\eta_z}}\sum_{m=0}^{\infty}\ni_m\cos(\xi_m\theta)\sum_{n=1}^{\infty}\frac{\xi_n^2 J'^2_{\mathcal{M}}(\xi_n b)\,\mathcal{V}_{D\mathcal{M}}(\xi_n r,a)}{\left[\left\{1-\left(\frac{\mathcal{M}}{\xi_n b}\right)^2\right\}J^2_{\mathcal{M}}(\xi_n a)-J'^2_{\mathcal{M}}(\xi_n b)\right]}\times$$

$$\times\int_0^t\frac{e^{-\eta_r\xi_n^2\tau}}{\sqrt{\tau}}\int_0^{\infty}\overline{\overline{\psi}}_a(\xi_m,w,t-\tau)\times$$

$$\times\left\{e^{-\frac{(z-w)^2}{4\eta_z\tau}}+e^{-\frac{(z+w)^2}{4\eta_z\tau}}-2\left(\lambda\sqrt{\pi\eta_z\tau}\right)e^{(z+w)\lambda+\lambda^2\eta_z\tau}\operatorname{erfc}\left(\lambda\sqrt{\eta_z\tau}+\frac{z+w}{2\sqrt{\eta_z\tau}}\right)\right\}dwd\tau-$$

$$-\frac{1}{\vartheta\phi c_t}\sqrt{\frac{\pi}{\eta_z}}\sum_{m=0}^{\infty}\ni_m\cos(\xi_m\theta)\sum_{n=1}^{\infty}\frac{\xi_n^2 J_{\mathcal{M}}(\xi_n a)\,J'_{\mathcal{M}}(\xi_n b)\,\mathcal{V}_{D\mathcal{M}}(\xi_n r,a)}{\left[\left\{1-\left(\frac{\mathcal{M}}{\xi_n b}\right)^2\right\}J^2_{\mathcal{M}}(\xi_n a)-J'^2_{\mathcal{M}}(\xi_n b)\right]}\times$$

$$\times\int_0^t \frac{e^{-\eta_r\xi_n^2\tau}}{\sqrt{\tau}}\int_0^\infty \overline{\psi}_b(\xi_m,w,t-\tau)\times$$
$$\times\left\{e^{-\frac{(z-w)^2}{4\eta_z\tau}}+e^{-\frac{(z+w)^2}{4\eta_z\tau}}-2\left(\lambda\sqrt{\pi\eta_z\tau}\right)e^{(z+w)\lambda+\lambda^2\eta_z\tau}\operatorname{erfc}\left(\lambda\sqrt{\eta_z\tau}+\frac{z+w}{2\sqrt{\eta_z\tau}}\right)\right\}dwd\tau+$$
$$+\frac{\pi}{2\phi c_t\sqrt{\eta_z}}\sum_{m=0}^\infty \ni_m\cos(\xi_m\theta)\sum_{n=1}^\infty\frac{\xi_n^2 J_{\mathcal{M}}'^2(\xi_n b)\mathcal{V}_{\mathcal{DM}}(\xi_n r,a)}{\left[\left\{1-\left(\frac{\mathcal{M}}{\xi_n b}\right)^2\right\}J_{\mathcal{M}}^2(\xi_n a)-J_{\mathcal{M}}'^2(\xi_n b)\right]}\times$$
$$\times\int_0^t \overline{\overline{\psi}}(\xi_n,\xi_m,t-\tau)e^{-\eta_r\xi_n^2\tau}\left\{\frac{e^{-\frac{z^2}{4\eta_z\tau}}}{\sqrt{\pi\tau}}-\lambda\sqrt{\eta_z}e^{z\lambda+\lambda^2\eta_z\tau}\operatorname{erfc}\left(\lambda\sqrt{\eta_z\tau}+\frac{z}{2\sqrt{\eta_z\tau}}\right)\right\}d\tau+$$
$$+\frac{1}{2\vartheta\phi c_t}\sqrt{\frac{\pi^3}{\eta_z}}\sum_{m=0}^\infty \ni_m\cos(\xi_m\theta)\sum_{n=1}^\infty\frac{\xi_n^2 J_{\mathcal{M}}'^2(\xi_n b)\mathcal{V}_{\mathcal{DM}}(\xi_n r,a)}{\left[\left\{1-\left(\frac{\mathcal{M}}{\xi_n b}\right)^2\right\}J_{\mathcal{M}}^2(\xi_n a)-J_{\mathcal{M}}'^2(\xi_n b)\right]}\int_0^t\frac{e^{-\eta_r\xi_n^2\tau}}{\sqrt{\tau}}\times$$
$$\times\int_a^b\frac{\mathcal{V}_{\mathcal{DM}}(\xi_n u,a)}{u}\int_0^\infty\left\{\psi_0(u,w,t-\tau)+(-1)^{m+1}\psi_\vartheta(u,w,t-\tau)\right\}\times$$
$$\times\left\{e^{-\frac{(z-w)^2}{4\eta_z\tau}}+e^{-\frac{(z+w)^2}{4\eta_z\tau}}-2\left(\lambda\sqrt{\pi\eta_z\tau}\right)e^{(z+w)\lambda+\lambda^2\eta_z\tau}\operatorname{erfc}\left(\lambda\sqrt{\eta_z\tau}+\frac{z+w}{2\sqrt{\eta_z\tau}}\right)\right\}dwdud\tau+$$
$$+\frac{1}{2\vartheta}\sqrt{\frac{\pi^3}{\eta_z t}}\sum_{m=0}^\infty \ni_m\cos(\xi_m\theta)\sum_{n=1}^\infty\frac{\xi_n^2 J_{\mathcal{M}}'^2(\xi_n b)\mathcal{V}_{\mathcal{DM}}(\xi_n r,a)e^{-\eta_r\xi_n^2 t}}{\left[\left\{1-\left(\frac{\mathcal{M}}{\xi_n b}\right)^2\right\}J_{\mathcal{M}}^2(\xi_n a)-J_{\mathcal{M}}'^2(\xi_n b)\right]}\times$$
$$\times\int_0^\infty\overline{\overline{\varphi}}(\xi_n,\xi_m,w)\left\{e^{-\frac{(z-w)^2}{4\eta_z\tau}}+e^{-\frac{(z+w)^2}{4\eta_z\tau}}-2\left(\lambda\sqrt{\pi\eta_z\tau}\right)e^{(z+w)\lambda+\lambda^2\eta_z\tau}\operatorname{erfc}\left(\lambda\sqrt{\eta_z\tau}+\frac{z+w}{2\sqrt{\eta_z\tau}}\right)\right\}dw$$
(28.49.2)

where $\overline{\overline{\psi}}(\xi_n,\xi_m,t)=\int_a^b u\mathcal{V}_{\mathcal{DM}}(\xi_n u)\int_0^\vartheta\psi(u,v,t)\cos(\xi_m v)dvdu$, $\overline{\psi}_a(\xi_m,w,t)=\int_0^\vartheta\psi_a(v,w,t)\cos(\xi_m v)dv$ and $\overline{\psi}_b(\xi_m,w,t)=\int_0^\vartheta\psi_b(v,w,t)\cos(\xi_m v)dv$.

28.50

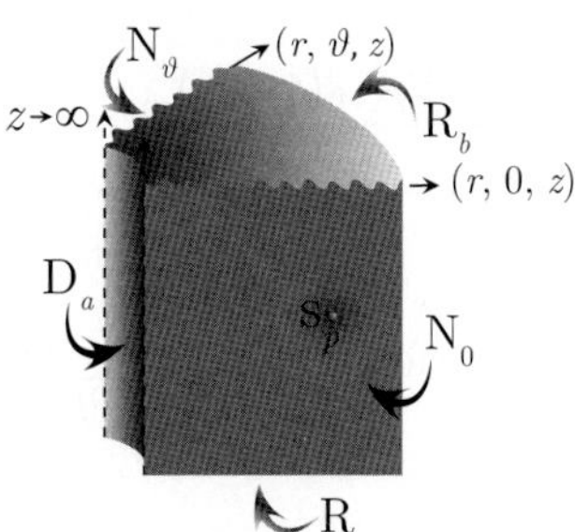

The problem of 28.48, except
$\mathbf{R}\equiv\frac{\partial p(r,\theta,0,t)}{\partial z}-\lambda p(r,\theta,0,t)=-\left(\frac{\mu}{k_z}\right)\psi(r,\theta,t)$,
$\mathbf{D}_a\equiv p(a,\theta,z,t)=\psi_a(\theta,z,t)$,
$\frac{\partial p(b,\theta,z,t)}{\partial r}+\lambda_b p(b,\theta,z,t)=-\left(\frac{\mu}{k_r}\right)\psi_b(\theta,z,t)$,
$\mathbf{N}_0\equiv\frac{\partial p(r,0,z,t)}{\partial\theta}=-\left(\frac{\mu}{k_\theta}\right)\psi_0(r,z,t)$ **and**
$\mathbf{N}_\vartheta\equiv\frac{\partial p(r,\vartheta,z,t)}{\partial\theta}=-\left(\frac{\mu}{k_\theta}\right)\psi_\vartheta(r,z,t)$

$$\overline{p}=\frac{\pi^2 q(s)e^{-st_0}}{2\vartheta\phi c_t\sqrt{\eta_z}}\sum_{m=0}^\infty \ni_m\cos(\xi_m\theta)\sum_{n=1}^\infty\frac{\xi_n^2\{\lambda_b J_{\mathcal{M}}(\xi_n b)-\xi_n J_{\mathcal{M}}'(\xi_n b)\}^2\mathcal{V}_{\mathcal{DM}}(\xi_n r_0,a)\mathcal{V}_{\mathcal{DM}}(\xi_n r,a)}{\left[\left\{\xi_n^2+\lambda^2-\left(\frac{\mathcal{M}}{b}\right)^2\right\}J_{\mathcal{M}}^2(\xi_n a)-\left\{\xi_n J_{\mathcal{M}}'(\xi_n b)+\lambda J_{\mathcal{M}}(\xi_n b)\right\}^2\right]}\times$$
$$\times\frac{1}{\sqrt{\eta_r\xi_n^2+s}}\left\{e^{-|z-z_0|\sqrt{\frac{\eta_r\xi_n^2+s}{\eta_z}}}+\left(\frac{\sqrt{\eta_r\xi_n^2+s}-\lambda\sqrt{\eta_z}}{\sqrt{\eta_r\xi_n^2+s}+\lambda\sqrt{\eta_z}}\right)e^{-|z+z_0|\sqrt{\frac{\eta_r\xi_n^2+s}{\eta_z}}}\right\}-$$
$$-\frac{\pi\eta_r}{\vartheta\sqrt{\eta_z}}\sum_{m=0}^\infty \ni_m\cos(\xi_m\theta)\sum_{n=1}^\infty\frac{\xi_n^2\{\lambda_b J_{\mathcal{M}}(\xi_n b)-\xi_n J_{\mathcal{M}}'(\xi_n b)\}^2\mathcal{V}_{\mathcal{DM}}(\xi_n r,a)}{\left[\left\{\xi_n^2+\lambda^2-\left(\frac{\mathcal{M}}{b}\right)^2\right\}J_{\mathcal{M}}^2(\xi_n a)-\left\{\xi_n J_{\mathcal{M}}'(\xi_n b)+\lambda J_{\mathcal{M}}(\xi_n b)\right\}^2\right]\sqrt{\eta_r\xi_n^2+s}}\times$$

$$\times \int_0^\infty \overline{\overline{\psi}}_a(\xi_m, w, s)\left\{e^{-|z-w|\sqrt{\frac{\eta_r\xi_n^2+s}{\eta_z}}} + \left(\frac{\sqrt{\eta_r\xi_n^2+s}-\lambda\sqrt{\eta_z}}{\sqrt{\eta_r\xi_n^2+s}+\lambda\sqrt{\eta_z}}\right)e^{-|z+w|\sqrt{\frac{\eta_r\xi_n^2+s}{\eta_z}}}\right\}dw -$$

$$-\frac{\pi}{\vartheta\phi c_t\sqrt{\eta_z}}\sum_{m=0}^{\infty}\ni_m\cos(\xi_m\theta)\sum_{n=1}^{\infty}\frac{\xi_n^2 J_{\mathcal{M}}(\xi_n a)\left\{\lambda_b J_{\mathcal{M}}(\xi_n b)-\xi_n J'_{\mathcal{M}}(\xi_n b)\right\}\mathcal{V}_{\mathcal{DM}}(\xi_n r, a)}{\left[\left\{\xi_n^2+\lambda^2-\left(\frac{\mathcal{M}}{b}\right)^2\right\}J_{\mathcal{M}}^2(\xi_n a)-\left\{\xi_n J'_{\mathcal{M}}(\xi_n b)+\lambda J_{\mathcal{M}}(\xi_n b)\right\}^2\right]\sqrt{\eta_r\xi_n^2+s}}\times$$

$$\times \int_0^\infty \overline{\overline{\psi}}_b(\xi_m, w, s)\left\{e^{-|z-w|\sqrt{\frac{\eta_r\xi_n^2+s}{\eta_z}}} + \left(\frac{\sqrt{\eta_r\xi_n^2+s}-\lambda\sqrt{\eta_z}}{\sqrt{\eta_r\xi_n^2+s}+\lambda\sqrt{\eta_z}}\right)e^{-|z+w|\sqrt{\frac{\eta_r\xi_n^2+s}{\eta_z}}}\right\}dw +$$

$$+\frac{\pi}{2\phi c_t\sqrt{\eta_z}}\sum_{m=0}^{\infty}\ni_m\sum_{n=1}^{\infty}\frac{\xi_n^2\left\{\lambda_b J_{\mathcal{M}}(\xi_n b)-\xi_n J'_{\mathcal{M}}(\xi_n b)\right\}^2\mathcal{V}_{\mathcal{DM}}(\xi_n r, a)\,\overline{\overline{\overline{\psi}}}(\xi_n,\xi_m,s)\,e^{-z\sqrt{\frac{\eta_r\xi_n^2+s}{\eta_z}}}}{\left[\left\{\xi_n^2+\lambda^2-\left(\frac{\mathcal{M}}{b}\right)^2\right\}J_{\mathcal{M}}^2(\xi_n a)-\left\{\xi_n J'_{\mathcal{M}}(\xi_n b)+\lambda J_{\mathcal{M}}(\xi_n b)\right\}^2\right]\left(\sqrt{\eta_r\xi_n^2+s}+\lambda\sqrt{\eta_z}\right)}+$$

$$+\frac{\pi^2}{2\vartheta\phi c_t\sqrt{\eta_z}}\sum_{m=0}^{\infty}\ni_m\cos(\xi_m\theta)\sum_{n=1}^{\infty}\frac{\xi_n^2\left\{\xi_n J'_{\mathcal{M}}(\xi_n b)+\lambda J_{\mathcal{M}}(\xi_n b)\right\}^2\mathcal{V}_{\mathcal{DM}}(\xi_n r, a)}{\left[\left\{\xi_n^2+\lambda^2-\left(\frac{\mathcal{M}}{b}\right)^2\right\}J_{\mathcal{M}}^2(\xi_n a)-\left\{\xi_n J'_{\mathcal{M}}(\xi_n b)+\lambda J_{\mathcal{M}}(\xi_n b)\right\}^2\right]\sqrt{\eta_r\xi_n^2+s}}\times$$

$$\times\int_a^b\frac{\mathcal{V}_{\mathcal{DM}}(\xi_n u, a)}{u}\int_0^\infty\left\{\overline{\psi}_0(u,w,s)+(-1)^{m+1}\overline{\psi}_\vartheta(u,w,s)\right\}\times$$

$$\times\left\{e^{-|z-w|\sqrt{\frac{\eta_r\xi_n^2+s}{\eta_z}}} + \left(\frac{\sqrt{\eta_r\xi_n^2+s}-\lambda\sqrt{\eta_z}}{\sqrt{\eta_r\xi_n^2+s}+\lambda\sqrt{\eta_z}}\right)e^{-|z+w|\sqrt{\frac{\eta_r\xi_n^2+s}{\eta_z}}}\right\}dwdu +$$

$$+\frac{\pi^2}{2\vartheta\sqrt{\eta_z}}\sum_{m=0}^{\infty}\ni_m\cos(\xi_m\theta)\sum_{n=1}^{\infty}\frac{\xi_n^2\left\{\lambda_b J_{\mathcal{M}}(\xi_n b)-\xi_n J'_{\mathcal{M}}(\xi_n b)\right\}^2\mathcal{V}_{\mathcal{DM}}(\xi_n r, a)}{\left[\left\{\xi_n^2+\lambda^2-\left(\frac{\mathcal{M}}{b}\right)^2\right\}J_{\mathcal{M}}^2(\xi_n a)-\left\{\xi_n J'_{\mathcal{M}}(\xi_n b)+\lambda J_{\mathcal{M}}(\xi_n b)\right\}^2\right]\sqrt{\eta_r\xi_n^2+s}}\times$$

$$\times \int_0^\infty \overline{\overline{\varphi}}(\xi_n,\xi_m, w)\left\{e^{-|z-w|\sqrt{\frac{\eta_r\xi_n^2+s}{\eta_z}}} + \left(\frac{\sqrt{\eta_r\xi_n^2+s}-\lambda\sqrt{\eta_z}}{\sqrt{\eta_r\xi_n^2+s}+\lambda\sqrt{\eta_z}}\right)e^{-|z+w|\sqrt{\frac{\eta_r\xi_n^2+s}{\eta_z}}}\right\}dw \quad (28.50.1)$$

where $\mathcal{V}_{\mathcal{DM}}(\xi_n r, a) = J_{\mathcal{M}}(\xi_n r)Y_{\mathcal{M}}(\xi_n a) - Y_{\mathcal{M}}(\xi_n r)J_{\mathcal{M}}(\xi_n a)$, $\xi_n, n = 1, 2, \ldots$, are the positive roots of the transcendental equation $\xi_n\mathcal{V}'_{\mathcal{DM}}(\xi_n b, a)+\lambda_b\mathcal{V}_{\mathcal{DM}}(\xi_n b, a) = 0$, $\xi_m = \frac{m\pi}{\vartheta}$, $m = 0, 1, \ldots$,
$\overline{\overline{\overline{\psi}}}(\xi_n,\xi_m,s) = \int_a^b u\mathcal{V}_{\mathcal{DM}}(\xi_n u)\int_0^\vartheta \overline{\psi}(u,v,s)\cos(\xi_m v)dvdu$, $\overline{\overline{\psi}}_a(\xi_m,w,s) = \int_0^\vartheta \overline{\psi}_a(v,w,s)\cos(\xi_m v)dv$,
$\overline{\overline{\psi}}_b(\xi_m,w,s) = \int_0^\vartheta \overline{\psi}_b(v,w,s)\cos(\xi_m v)dv$ and $\overline{\overline{\varphi}}(\xi_n,\xi_m,w) = \int_a^b u\mathcal{V}_{\mathcal{DM}}(\xi_n u)\int_0^\vartheta \varphi(u,v,w)\cos(\xi_m v)dudv$.

$$p = \frac{U(t-t_0)}{2\vartheta\phi c_t}\sqrt{\frac{\pi^3}{\eta_z}}\sum_{m=0}^{\infty}\ni_m\cos(\xi_m\theta)\sum_{n=1}^{\infty}\frac{\xi_n^2\left\{\lambda_b J_{\mathcal{M}}(\xi_n b)-\xi_n J'_{\mathcal{M}}(\xi_n b)\right\}^2\mathcal{V}_{\mathcal{DM}}(\xi_n r_0, a)\,\mathcal{V}_{\mathcal{DM}}(\xi_n r, a)}{\left[\left\{\xi_n^2+\lambda^2-\left(\frac{\mathcal{M}}{b}\right)^2\right\}J_{\mathcal{M}}^2(\xi_n a)-\left\{\xi_n J'_{\mathcal{M}}(\xi_n b)+\lambda J_{\mathcal{M}}(\xi_n b)\right\}^2\right]}\times$$

$$\times\int_0^{t-t_0}\frac{q(t-t_0-\tau)e^{-\eta_r\xi_n^2\tau}}{\sqrt{\tau}}\left\{e^{-\frac{(z-z_0)^2}{4\eta_z\tau}}+e^{-\frac{(z+z_0)^2}{4\eta_z\tau}}-2\left(\lambda\sqrt{\pi\eta_z\tau}\right)e^{(z+z_0)\lambda+\lambda^2\eta_z\tau}\operatorname{erfc}\left(\lambda\sqrt{\eta_z\tau}+\frac{z+z_0}{2\sqrt{\eta_z\tau}}\right)\right\}d\tau-$$

$$-\frac{\eta_r}{\vartheta}\sqrt{\frac{\pi}{\eta_z}}\sum_{m=0}^{\infty}\ni_m\cos(\xi_m\theta)\sum_{n=1}^{\infty}\frac{\xi_n^2\left\{\lambda_b J_{\mathcal{M}}(\xi_n b)-\xi_n J'_{\mathcal{M}}(\xi_n b)\right\}^2\mathcal{V}_{\mathcal{DM}}(\xi_n r, a)}{\left[\left\{\xi_n^2+\lambda^2-\left(\frac{\mathcal{M}}{b}\right)^2\right\}J_{\mathcal{M}}^2(\xi_n a)-\left\{\xi_n J'_{\mathcal{M}}(\xi_n b)+\lambda J_{\mathcal{M}}(\xi_n b)\right\}^2\right]}\times$$

$$\times\int_0^t\frac{e^{-\eta_r\xi_n^2\tau}}{\sqrt{\tau}}\int_0^\infty\overline{\psi}_a(\xi_m,w,t-\tau)\times$$

$$\times\left\{e^{-\frac{(z-w)^2}{4\eta_z\tau}}+e^{-\frac{(z+w)^2}{4\eta_z\tau}}-2\left(\lambda\sqrt{\pi\eta_z\tau}\right)e^{(z+w)\lambda+\lambda^2\eta_z\tau}\operatorname{erfc}\left(\lambda\sqrt{\eta_z\tau}+\frac{z+w}{2\sqrt{\eta_z\tau}}\right)\right\}dwd\tau +$$

$$-\frac{1}{\vartheta\phi c_t}\sqrt{\frac{\pi}{\eta_z}}\sum_{m=0}^{\infty}\ni_m\cos(\xi_m\theta)\sum_{n=1}^{\infty}\frac{\xi_n^2 J_{\mathcal{M}}(\xi_n a)\left\{\lambda_b J_{\mathcal{M}}(\xi_n b)-\xi_n J'_{\mathcal{M}}(\xi_n b)\right\}\mathcal{V}_{\mathcal{DM}}(\xi_n r, a)}{\left[\left\{\xi_n^2+\lambda^2-\left(\frac{\mathcal{M}}{b}\right)^2\right\}J_{\mathcal{M}}^2(\xi_n a)-\left\{\xi_n J'_{\mathcal{M}}(\xi_n b)+\lambda J_{\mathcal{M}}(\xi_n b)\right\}^2\right]}\times$$

$$\times \int_0^t \frac{e^{-\eta_r \xi_n^2 \tau}}{\sqrt{\tau}} \int_0^\infty \overline{\psi}_b(\xi_m, w, t-\tau) \times$$

$$\times \left\{ e^{-\frac{(z-w)^2}{4\eta_z \tau}} + e^{-\frac{(z+w)^2}{4\eta_z \tau}} - 2\left(\lambda\sqrt{\pi\eta_z\tau}\right) e^{(z+w)\lambda+\lambda^2\eta_z\tau} \operatorname{erfc}\left(\lambda\sqrt{\eta_z\tau} + \frac{z+w}{2\sqrt{\eta_z\tau}}\right)\right\} dw d\tau +$$

$$+ \frac{\pi}{2\phi c_t \sqrt{\eta_z}} \sum_{m=0}^\infty \ni_m \cos(\xi_m\theta) \sum_{n=1}^\infty \frac{\xi_n^2 \{\lambda_b J_{\mathcal{M}}(\xi_n b) - \xi_n J'_{\mathcal{M}}(\xi_n b)\}^2 \mathcal{V}_{\mathcal{DM}}(\xi_n r, a)}{\left[\left\{\xi_n^2 + \lambda^2 - \left(\frac{\mathcal{M}}{b}\right)^2\right\} J_{\mathcal{M}}^2(\xi_n a) - \{\xi_n J'_{\mathcal{M}}(\xi_n b) + \lambda J_{\mathcal{M}}(\xi_n b)\}^2\right]} \times$$

$$\times \int_0^t \overline{\overline{\psi}}(\xi_n, \xi_m, t-\tau) e^{-\eta_r \xi_n^2 \tau} \left\{ \frac{e^{-\frac{z^2}{4\eta_z\tau}}}{\sqrt{\pi\tau}} - \lambda\sqrt{\eta_z} e^{z\lambda+\lambda^2\eta_z\tau} \operatorname{erfc}\left(\lambda\sqrt{\eta_z\tau} + \frac{z}{2\sqrt{\eta_z\tau}}\right)\right\} d\tau +$$

$$+ \frac{1}{2\vartheta\phi c_t}\sqrt{\frac{\pi^3}{\eta_z}} \sum_{m=0}^\infty \ni_m \cos(\xi_m\theta) \sum_{n=1}^\infty \frac{\xi_n^2 \{\xi_n J'_{\mathcal{M}}(\xi_n b) + \lambda J_{\mathcal{M}}(\xi_n b)\}^2 \mathcal{V}_{\mathcal{DM}}(\xi_n r, a)}{\left[\left\{\xi_n^2 + \lambda^2 - \left(\frac{\mathcal{M}}{b}\right)^2\right\} J_{\mathcal{M}}^2(\xi_n a) - \{\xi_n J'_{\mathcal{M}}(\xi_n b) + \lambda J_{\mathcal{M}}(\xi_n b)\}^2\right]} \times$$

$$\times \int_0^t \frac{e^{-\eta_r \xi_n^2 \tau}}{\sqrt{\tau}} \int_a^b \frac{\mathcal{V}_{\mathcal{DM}}(\xi_n u, a)}{u} \int_0^\infty \left\{\psi_0(u, w, t-\tau) + (-1)^{m+1}\psi_\vartheta(u, w, t-\tau)\right\} \times$$

$$\times \left\{ e^{-\frac{(z-w)^2}{4\eta_z \tau}} + e^{-\frac{(z+w)^2}{4\eta_z \tau}} - 2\left(\lambda\sqrt{\pi\eta_z\tau}\right) e^{(z+w)\lambda+\lambda^2\eta_z\tau} \operatorname{erfc}\left(\lambda\sqrt{\eta_z\tau} + \frac{z+w}{2\sqrt{\eta_z\tau}}\right)\right\} dw du d\tau +$$

$$+ \frac{1}{2\vartheta}\sqrt{\frac{\pi^3}{\eta_z t}} \sum_{m=0}^\infty \ni_m \cos(\xi_m\theta) \sum_{n=1}^\infty \frac{\xi_n^2 \{\lambda_b J_{\mathcal{M}}(\xi_n b) - \xi_n J'_{\mathcal{M}}(\xi_n b)\}^2 \mathcal{V}_{\mathcal{DM}}(\xi_n r, a) e^{-\eta_r \xi_n^2 t}}{\left[\left\{\xi_n^2 + \lambda^2 - \left(\frac{\mathcal{M}}{b}\right)^2\right\} J_{\mathcal{M}}^2(\xi_n a) - \{\xi_n J'_{\mathcal{M}}(\xi_n b) + \lambda J_{\mathcal{M}}(\xi_n b)\}^2\right]} \times$$

$$\times \int_0^\infty \overline{\overline{\varphi}}(\xi_n, \xi_m, w) \left\{ e^{-\frac{(z-w)^2}{4\eta_z \tau}} + e^{-\frac{(z+w)^2}{4\eta_z \tau}} - 2\left(\lambda\sqrt{\pi\eta_z\tau}\right) e^{(z+w)\lambda+\lambda^2\eta_z\tau} \operatorname{erfc}\left(\lambda\sqrt{\eta_z\tau} + \frac{z+w}{2\sqrt{\eta_z\tau}}\right)\right\} dw \tag{28.50.2}$$

where $\overline{\overline{\psi}}(\xi_n, \xi_m, t) = \int_a^b u\mathcal{V}_{\mathcal{DM}}(\xi_n u) \int_0^\vartheta \psi(u, v, t)\cos(\xi_m v) dv du$, $\overline{\psi}_a(\xi_m, w, t) = \int_0^\vartheta \psi_a(v, w, t)\cos(\xi_m v) dv$ and $\overline{\psi}_b(\xi_m, w, t) = \int_0^\vartheta \psi_b(v, w, t)\cos(\xi_m v) dv$.

28.51

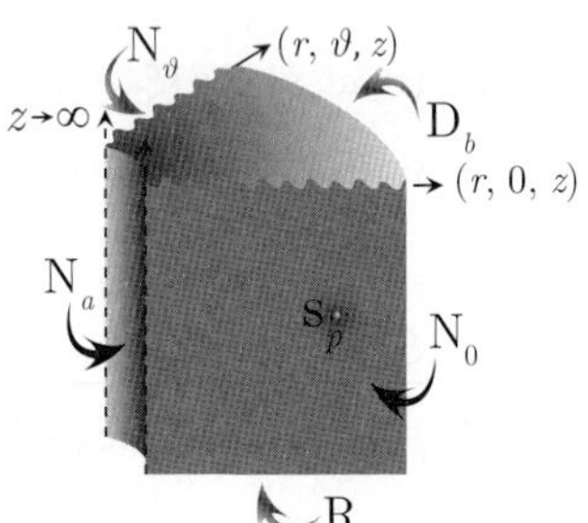

The problem of 28.48, except
$\mathbf{R} \equiv \frac{\partial p(r,\theta,0,t)}{\partial z} - \lambda p(r,\theta,0,t) = -\left(\frac{\mu}{k_z}\right)\psi(r,\theta,t)$,
$\mathbf{N}_a \equiv \frac{\partial p(a,\theta,z,t)}{\partial r} = -\left(\frac{\mu}{k_r}\right)\psi_a(\theta,z,t)$,
$\mathbf{D}_b \equiv p(b,\theta,z,t) = \psi_b(\theta,z,t)$,
$\mathbf{N}_0 \equiv \frac{\partial p(r,0,z,t)}{\partial \theta} = -\left(\frac{\mu}{k_\theta}\right)\psi_0(r,z,t)$ **and**
$\mathbf{N}_\vartheta \equiv \frac{\partial p(r,\vartheta,z,t)}{\partial \theta} = -\left(\frac{\mu}{k_\theta}\right)\psi_\vartheta(r,z,t)$

$$\overline{p} = \frac{\pi^2 q(s) e^{-st_0}}{2\vartheta\phi c_t\sqrt{\eta_z}} \sum_{m=0}^\infty \ni_m \cos(\xi_m\theta_0)\cos(\xi_m\theta) \sum_{n=1}^\infty \frac{\xi_n^2 J_{\mathcal{M}}^2(\xi_n b)\mathcal{V}_{\mathcal{NM}}(\xi_n r_0, a)\mathcal{V}_{\mathcal{NM}}(\xi_n r, a)}{\left[J'^2_{\mathcal{M}}(\xi_n a) - \left\{1 - \left(\frac{\mathcal{M}}{\xi_n a}\right)^2\right\} J_{\mathcal{M}}^2(\xi_n b)\right]\sqrt{(\eta_r\xi_n^2 + s)}} \times$$

$$\times \left\{ e^{-|z-z_0|\sqrt{\frac{\eta_r\xi_n^2+s}{\eta_z}}} + \left(\frac{\sqrt{\eta_r\xi_n^2+s} - \lambda\sqrt{\eta_z}}{\sqrt{\eta_r\xi_n^2+s} + \lambda\sqrt{\eta_z}}\right) e^{-|z+z_0|\sqrt{\frac{\eta_r\xi_n^2+s}{\eta_z}}} \right\} +$$

$$+ \frac{\pi}{\vartheta\phi c_t\sqrt{\eta_z}} \sum_{m=0}^\infty \ni_m \cos(\xi_m\theta) \sum_{n=1}^\infty \frac{\xi_n J_{\mathcal{M}}^2(\xi_n b)\mathcal{V}_{\mathcal{NM}}(\xi_n r, a)}{\left[J'^2_{\mathcal{M}}(\xi_n a) - \left\{1 - \left(\frac{\mathcal{M}}{\xi_n a}\right)^2\right\} J_{\mathcal{M}}^2(\xi_n b)\right]\sqrt{\eta_r\xi_n^2 + s}} \times$$

$$\times \int_0^\infty \overline{\overline{\psi}}_a(\xi_m, w, s) \left\{ e^{-|z-w|\sqrt{\frac{\eta_r\xi_n^2+s}{\eta_z}}} + \left(\frac{\sqrt{\eta_r\xi_n^2+s} - \lambda\sqrt{\eta_z}}{\sqrt{\eta_r\xi_n^2+s} + \lambda\sqrt{\eta_z}}\right) e^{-|z+w|\sqrt{\frac{\eta_r\xi_n^2+s}{\eta_z}}} \right\} dw +$$

$$+\frac{\pi\eta_r}{\vartheta\sqrt{\eta_z}}\sum_{m=0}^{\infty}\ni_m\cos(\xi_m\theta)\sum_{n=1}^{\infty}\frac{\xi_n^2 J'_{\mathcal{M}}(\xi_n a)\,J_{\mathcal{M}}(\xi_n b)\,\mathcal{V}_{\mathcal{NM}}(\xi_n r,a)}{\left[J'^2_{\mathcal{M}}(\xi_n a)-\left\{1-\left(\frac{\mathcal{M}}{\xi_n a}\right)^2\right\}J^2_{\mathcal{M}}(\xi_n b)\right]\sqrt{\eta_r\xi_n^2+s}}\times$$

$$\times\int_0^{\infty}\overline{\overline{\psi}}_b(\xi_m,w,s)\left\{e^{-|z-w|\sqrt{\frac{\eta_r\xi_n^2+s}{\eta_z}}}+\left(\frac{\sqrt{\eta_r\xi_n^2+s}-\lambda\sqrt{\eta_z}}{\sqrt{\eta_r\xi_n^2+s}+\lambda\sqrt{\eta_z}}\right)e^{-|z+w|\sqrt{\frac{\eta_r\xi_n^2+s}{\eta_z}}}\right\}dw+$$

$$+\frac{\pi}{2\phi c_t\sqrt{\eta_z}}\sum_{m=0}^{\infty}\ni_m\cos(\xi_m\theta)\sum_{n=1}^{\infty}\frac{\xi_n^2 J^2_{\mathcal{M}}(\xi_n b)\,\mathcal{V}_{\mathcal{NM}}(\xi_n r,a)\,\overline{\overline{\overline{\psi}}}(\xi_n,\xi_m,s)\,e^{-z\sqrt{\frac{\eta_r\xi_n^2+s}{\eta_z}}}}{\left[J'^2_{\mathcal{M}}(\xi_n a)-\left\{1-\left(\frac{\mathcal{M}}{\xi_n a}\right)^2\right\}J^2_{\mathcal{M}}(\xi_n b)\right]\left(\sqrt{\eta_r\xi_n^2+s}+\lambda\sqrt{\eta_z}\right)}+$$

$$+\frac{\pi^2}{2\vartheta\phi c_t\sqrt{\eta_z}}\sum_{m=0}^{\infty}\ni_m\cos(\xi_m\theta)\sum_{n=1}^{\infty}\frac{\xi_n^2 J^2_{\mathcal{M}}(\xi_n b)\,\mathcal{V}_{\mathcal{NM}}(\xi_n r,a)}{\left[J'^2_{\mathcal{M}}(\xi_n a)-\left\{1-\left(\frac{\mathcal{M}}{\xi_n a}\right)^2\right\}J^2_{\mathcal{M}}(\xi_n b)\right]\sqrt{\eta_r\xi_n^2+s}}\int_a^b\frac{\mathcal{V}_{\mathcal{NM}}(\xi_n u,a)}{u}\times$$

$$\times\int_0^{\infty}\left\{\overline{\psi}_0(u,w,s)+(-1)^{m+1}\,\overline{\psi}_\vartheta(u,w,s)\right\}\left\{e^{-|z-w|\sqrt{\frac{\eta_r\xi_n^2+s}{\eta_z}}}+\left(\frac{\sqrt{\eta_r\xi_n^2+s}-\lambda\sqrt{\eta_z}}{\sqrt{\eta_r\xi_n^2+s}+\lambda\sqrt{\eta_z}}\right)e^{-|z+w|\sqrt{\frac{\eta_r\xi_n^2+s}{\eta_z}}}\right\}dwdu+$$

$$+\frac{\pi^2}{2\vartheta\sqrt{\eta_z}}\sum_{m=0}^{\infty}\ni_m\cos(\xi_m\theta)\sum_{n=1}^{\infty}\frac{\xi_n^2 J^2_{\mathcal{M}}(\xi_n b)\,\mathcal{V}_{\mathcal{NM}}(\xi_n r,a)}{\left[J'^2_{\mathcal{M}}(\xi_n a)-\left\{1-\left(\frac{\mathcal{M}}{\xi_n a}\right)^2\right\}J^2_{\mathcal{M}}(\xi_n b)\right]\sqrt{\eta_r\xi_n^2+s}}\times$$

$$\times\int_0^{\infty}\overline{\overline{\varphi}}(\xi_n,\xi_m,w)\left\{e^{-|z-w|\sqrt{\frac{\eta_r\xi_n^2+s}{\eta_z}}}+\left(\frac{\sqrt{\eta_r\xi_n^2+s}-\lambda\sqrt{\eta_z}}{\sqrt{\eta_r\xi_n^2+s}+\lambda\sqrt{\eta_z}}\right)e^{-|z+w|\sqrt{\frac{\eta_r\xi_n^2+s}{\eta_z}}}\right\}dw \qquad (28.51.1)$$

where $\mathcal{V}_{\mathcal{NM}}(\xi_n r,a)=J_{\mathcal{M}}(\xi_n r)\,Y'_{\mathcal{M}}(\xi_n a)-Y_{\mathcal{M}}(\xi_n r)\,J'_{\mathcal{M}}(\xi_n a)$, $\xi_n, n=1,2,...,$ are the positive roots of the transcendental equation $\mathcal{V}_{\mathcal{NM}}(\xi_n b,a)=0$, $\xi_m=\frac{m\pi}{\vartheta}$, $m=0,1,...,$
$\overline{\overline{\overline{\psi}}}(\xi_n,\xi_m,s)=\int_a^b u\mathcal{V}_{\mathcal{NM}}(\xi_n u)\int_0^\vartheta\overline{\psi}(u,v,s)\cos(\xi_m v)dvdu$, $\overline{\overline{\psi}}_a(\xi_m,w,s)=\int_0^\vartheta\overline{\psi}_a(v,w,s)\cos(\xi_m v)dv$,
$\overline{\overline{\psi}}_b(\xi_m,w,s)=\int_0^\vartheta\overline{\psi}_b(v,w,s)\cos(\xi_m v)dv$ and $\overline{\overline{\varphi}}(\xi_n,\xi_m,w)=\int_a^b u\mathcal{V}_{\mathcal{NM}}(\xi_n u)\int_0^\vartheta\varphi(u,v,w)\cos(\xi_m v)dvdu$.

$$p=\frac{U(t-t_0)}{2\vartheta\phi c_t}\sqrt{\frac{\pi^3}{\eta_z}}\sum_{m=0}^{\infty}\ni_m\cos(\xi_m\theta_0)\cos(\xi_m\theta)\sum_{n=1}^{\infty}\frac{\xi_n^2 J^2_{\mathcal{M}}(\xi_n b)\,\mathcal{V}_{\mathcal{NM}}(\xi_n r_0,a)\,\mathcal{V}_{\mathcal{NM}}(\xi_n r,a)}{\left[J'^2_{\mathcal{M}}(\xi_n a)-\left\{1-\left(\frac{\mathcal{M}}{\xi_n a}\right)^2\right\}J^2_{\mathcal{M}}(\xi_n b)\right]}\times$$

$$\times\int_0^{t-t_0}\frac{q(t-t_0-\tau)e^{-\eta_r\xi_n^2\tau}}{\sqrt{\tau}}\left\{e^{-\frac{(z-z_0)^2}{4\eta_z\tau}}+e^{-\frac{(z+z_0)^2}{4\eta_z\tau}}-2\left(\lambda\sqrt{\pi\eta_z\tau}\right)e^{(z+z_0)\lambda+\lambda^2\eta_z\tau}\operatorname{erfc}\left(\lambda\sqrt{\eta_z\tau}+\frac{z+z_0}{2\sqrt{\eta_z\tau}}\right)\right\}d\tau+$$

$$+\frac{1}{\vartheta\phi c_t}\sqrt{\frac{\pi}{\eta_z}}\sum_{m=0}^{\infty}\ni_m\cos(\xi_m\theta)\sum_{n=1}^{\infty}\frac{\xi_n J^2_{\mathcal{M}}(\xi_n b)\,\mathcal{V}_{\mathcal{NM}}(\xi_n r,a)}{\left[J'^2_{\mathcal{M}}(\xi_n a)-\left\{1-\left(\frac{\mathcal{M}}{\xi_n a}\right)^2\right\}J^2_{\mathcal{M}}(\xi_n b)\right]}\times$$

$$\times\int_0^t\frac{e^{-\eta_r\xi_n^2\tau}}{\sqrt{\tau}}\int_0^{\infty}\overline{\psi}_a(\xi_m,w,t-\tau)\times$$

$$\times\left\{e^{-\frac{(z-w)^2}{4\eta_z\tau}}+e^{-\frac{(z+w)^2}{4\eta_z\tau}}-2\left(\lambda\sqrt{\pi\eta_z\tau}\right)e^{(z+w)\lambda+\lambda^2\eta_z\tau}\operatorname{erfc}\left(\lambda\sqrt{\eta_z\tau}+\frac{z+w}{2\sqrt{\eta_z\tau}}\right)\right\}dwd\tau+$$

$$+\frac{\eta_r}{\vartheta}\sqrt{\frac{\pi}{\eta_z}}\sum_{m=0}^{\infty}\ni_m\cos(\xi_m\theta)\sum_{n=1}^{\infty}\frac{\xi_n^2 J'_{\mathcal{M}}(\xi_n a)\,J_{\mathcal{M}}(\xi_n b)\,\mathcal{V}_{\mathcal{NM}}(\xi_n r,a)}{\left[J'^2_{\mathcal{M}}(\xi_n a)-\left\{1-\left(\frac{\mathcal{M}}{\xi_n a}\right)^2\right\}J^2_{\mathcal{M}}(\xi_n b)\right]}\times$$

$$\times\int_0^t\frac{e^{-\eta_r\xi_n^2\tau}}{\sqrt{\tau}}\int_0^{\infty}\overline{\psi}_b(\xi_m,w,t-\tau)\times$$

$$\times\left\{e^{-\frac{(z-w)^2}{4\eta_z\tau}}+e^{-\frac{(z+w)^2}{4\eta_z\tau}}-2\left(\lambda\sqrt{\pi\eta_z\tau}\right)e^{(z+w)\lambda+\lambda^2\eta_z\tau}\operatorname{erfc}\left(\lambda\sqrt{\eta_z\tau}+\frac{z+w}{2\sqrt{\eta_z\tau}}\right)\right\}dwd\tau+$$

$$+\frac{\pi}{2\phi c_t\sqrt{\eta_z}}\sum_{m=0}^{\infty}\ni_m\cos(\xi_m\theta)\sum_{n=1}^{\infty}\frac{\xi_n^2J_{\mathcal{M}}^2(\xi_nb)\,\mathcal{V}_{\mathcal{NM}}(\xi_nr,a)}{\left[J_{\mathcal{M}}'^2(\xi_na)-\left\{1-\left(\frac{\mathcal{M}}{\xi_na}\right)^2\right\}J_{\mathcal{M}}^2(\xi_nb)\right]}\times$$

$$\times\int_0^t\overline{\overline{\psi}}(\xi_n,\xi_m,t-\tau)\,e^{-\eta_r\xi_n^2\tau}\left\{\frac{e^{-\frac{z^2}{4\eta_z\tau}}}{\sqrt{\pi\tau}}-\lambda\sqrt{\eta_z}e^{z\lambda+\lambda^2\eta_z\tau}\operatorname{erfc}\left(\lambda\sqrt{\eta_z\tau}+\frac{z}{2\sqrt{\eta_z\tau}}\right)\right\}d\tau+$$

$$+\frac{1}{2\vartheta\phi c_t}\sqrt{\frac{\pi^3}{\eta_z}}\sum_{m=0}^{\infty}\ni_m\cos(\xi_m\theta)\sum_{n=1}^{\infty}\frac{\xi_n^2J_{\mathcal{M}}^2(\xi_nb)\,\mathcal{V}_{\mathcal{NM}}(\xi_nr,a)}{\left[J_{\mathcal{M}}'^2(\xi_na)-\left\{1-\left(\frac{\mathcal{M}}{\xi_na}\right)^2\right\}J_{\mathcal{M}}^2(\xi_nb)\right]}\times$$

$$\times\int_0^t\frac{e^{-\eta_r\xi_n^2\tau}}{\sqrt{\tau}}\int_a^b\frac{\mathcal{V}_{\mathcal{NM}}(\xi_nu,a)}{u}\int_0^{\infty}\left\{\psi_0(u,w,t-\tau)+(-1)^{m+1}\psi_\vartheta(u,w,t-\tau)\right\}\times$$

$$\times\left\{e^{-\frac{(z-w)^2}{4\eta_z\tau}}+e^{-\frac{(z+w)^2}{4\eta_z\tau}}-2\left(\lambda\sqrt{\pi\eta_z\tau}\right)e^{(z+w)\lambda+\lambda^2\eta_z\tau}\operatorname{erfc}\left(\lambda\sqrt{\eta_z\tau}+\frac{z+w}{2\sqrt{\eta_z\tau}}\right)\right\}dwdud\tau+$$

$$+\frac{1}{2\vartheta}\sqrt{\frac{\pi^3}{\eta_zt}}\sum_{m=0}^{\infty}\ni_m\cos(\xi_m\theta)\sum_{n=1}^{\infty}\frac{\xi_n^2J_{\mathcal{M}}^2(\xi_nb)\,\mathcal{V}_{\mathcal{NM}}(\xi_nr,a)\,e^{-\eta_r\xi_n^2t}}{\left[J_{\mathcal{M}}'^2(\xi_na)-\left\{1-\left(\frac{\mathcal{M}}{\xi_na}\right)^2\right\}J_{\mathcal{M}}^2(\xi_nb)\right]}\times$$

$$\times\int_0^{\infty}\overline{\overline{\varphi}}(\xi_n,\xi_m,w)\left\{e^{-\frac{(z-w)^2}{4\eta_z\tau}}+e^{-\frac{(z+w)^2}{4\eta_z\tau}}-2\left(\lambda\sqrt{\pi\eta_z\tau}\right)e^{(z+w)\lambda+\lambda^2\eta_z\tau}\operatorname{erfc}\left(\lambda\sqrt{\eta_z\tau}+\frac{z+w}{2\sqrt{\eta_z\tau}}\right)\right\}dw$$

(28.51.2)

where $\overline{\overline{\psi}}(\xi_n,\xi_m,t)=\int_a^b u\mathcal{V}_{\mathcal{NM}}(\xi_nu)\int_0^{\vartheta}\psi(u,v,t)\cos(\xi_mv)dvdu$, $\overline{\psi}_a(\xi_m,w,t)=\int_0^{\vartheta}\psi_a(v,w,t)\cos(\xi_mv)dv$ and $\overline{\psi}_b(\xi_m,w,t)=\int_0^{\vartheta}\psi_b(v,w,t)\cos(\xi_mv)dv$.

28.52

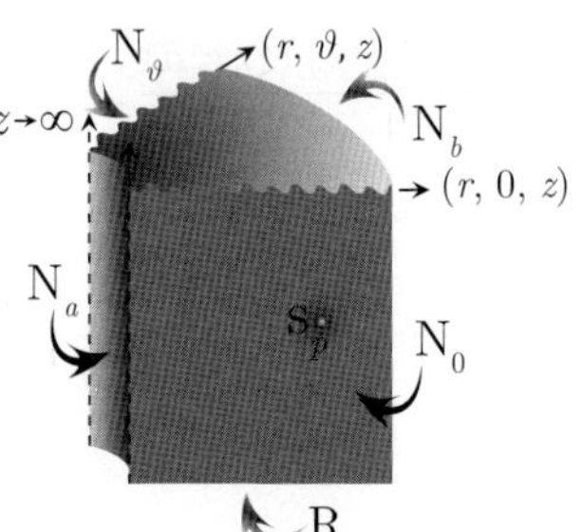

The problem of 28.48, except
$\mathbf{R}\equiv\frac{\partial p(r,\theta,0,t)}{\partial z}-\lambda p(r,\theta,0,t)=-\left(\frac{\mu}{k_z}\right)\psi(r,\theta,t)$,
$\mathbf{N}_a\equiv\frac{\partial p(a,\theta,z,t)}{\partial r}=-\left(\frac{\mu}{k_r}\right)\psi_a(\theta,z,t)$,
$\mathbf{N}_b\equiv\frac{\partial p(b,\theta,z,t)}{\partial r}=-\left(\frac{\mu}{k_r}\right)\psi_b(\theta,z,t)$,
$\mathbf{N}_0\equiv\frac{\partial p(r,0,z,t)}{\partial\theta}=-\left(\frac{\mu}{k_\theta}\right)\psi_0(r,z,t)$ **and**
$\mathbf{N}_\vartheta\equiv\frac{\partial p(r,\vartheta,z,t)}{\partial\theta}=-\left(\frac{\mu}{k_\theta}\right)\psi_\vartheta(r,z,t)$

$$\overline{p}=\frac{q(s)\,e^{-st_0}\left\{e^{-|z-z_0|\sqrt{\frac{s}{\eta_z}}}+\left(\frac{\sqrt{s}-\lambda\sqrt{\eta_z}}{\sqrt{s}+\lambda\sqrt{\eta_z}}\right)e^{-|z+z_0|\sqrt{\frac{s}{\eta_z}}}\right\}}{\vartheta\phi c_t\left(b^2-a^2\right)\sqrt{\eta_zs}}+$$

$$+\frac{\pi^2q(s)e^{-st_0}}{2\vartheta\phi c_t\sqrt{\eta_z}}\sum_{m=0}^{\infty}\ni_m\cos(\xi_m\theta_0)\cos(\xi_m\theta)\sum_{n=1}^{\infty}\frac{\xi_n^2J_{\mathcal{M}}'^2(\xi_nb)\,\mathcal{V}_{\mathcal{NM}}(\xi_nr_0,a)\,\mathcal{V}_{\mathcal{NM}}(\xi_nr,a)}{\left[\left\{1-\left(\frac{\mathcal{M}}{\xi_nb}\right)^2\right\}J_{\mathcal{M}}'^2(\xi_na)-\left\{1-\left(\frac{\mathcal{M}}{\xi_na}\right)^2\right\}J_{\mathcal{M}}'^2(\xi_nb)\right]}\times$$

$$\frac{1}{\sqrt{\eta_r\xi_n^2+s}}\times\left\{e^{-|z-z_0|\sqrt{\frac{\eta_r\xi_n^2+s}{\eta_z}}}+\left(\frac{\sqrt{\eta_r\xi_n^2+s}-\lambda\sqrt{\eta_z}}{\sqrt{\eta_r\xi_n^2+s}+\lambda\sqrt{\eta_z}}\right)e^{-|z+z_0|\sqrt{\frac{\eta_r\xi_n^2+s}{\eta_z}}}\right\}+$$

$$+\frac{1}{2\pi\phi c_t\left(b^2-a^2\right)\sqrt{\eta_zs}}\int_0^{\infty}\left\{a\overline{\overline{\psi}}_a(0,w,s)-b\overline{\overline{\psi}}_b(0,w,s)\right\}\left\{e^{-|z-w|\sqrt{\frac{s}{\eta_z}}}+\left(\frac{\sqrt{s}-\lambda\sqrt{\eta_z}}{\sqrt{s}+\lambda\sqrt{\eta_z}}\right)e^{-|z+w|\sqrt{\frac{s}{\eta_z}}}\right\}dw+$$

$$+\frac{\pi}{\vartheta\phi c_t\sqrt{\eta_z}}\sum_{m=0}^{\infty}\ni_m\cos(\xi_m\theta)\sum_{n=1}^{\infty}\frac{\xi_n J_{\mathcal{M}}'^2(\xi_n b)\,\mathcal{V}_{\mathcal{N}\mathcal{M}}(\xi_n r,a)}{\left[\left\{1-\left(\frac{\mathcal{M}}{\xi_n b}\right)^2\right\}J_{\mathcal{M}}'^2(\xi_n a)-\left\{1-\left(\frac{\mathcal{M}}{\xi_n a}\right)^2\right\}J_{\mathcal{M}}'^2(\xi_n b)\right]\sqrt{(\eta_r\xi_n^2+s)}}\times$$

$$\times\int_0^{\infty}\overline{\overline{\psi}}_a(\xi_m,w,s)\left\{e^{-|z-w|\sqrt{\frac{\eta_r\xi_n^2+s}{\eta_z}}}+\left(\frac{\sqrt{\eta_r\xi_n^2+s}-\lambda\sqrt{\eta_z}}{\sqrt{\eta_r\xi_n^2+s}+\lambda\sqrt{\eta_z}}\right)e^{-|z+w|\sqrt{\frac{\eta_r\xi_n^2+s}{\eta_z}}}\right\}dw-$$

$$-\frac{\pi}{\vartheta\phi c_t\sqrt{\eta_z}}\sum_{m=0}^{\infty}\ni_m\cos(\xi_m\theta)\sum_{n=1}^{\infty}\frac{\xi_n J_{\mathcal{M}}'(\xi_n a)\,J_{\mathcal{M}}'(\xi_n b)\,\mathcal{V}_{\mathcal{N}\mathcal{M}}(\xi_n r,a)}{\left[\left\{1-\left(\frac{\mathcal{M}}{\xi_n b}\right)^2\right\}J_{\mathcal{M}}'^2(\xi_n a)-\left\{1-\left(\frac{\mathcal{M}}{\xi_n a}\right)^2\right\}J_{\mathcal{M}}'^2(\xi_n b)\right]\sqrt{(\eta_r\xi_n^2+s)}}\times$$

$$\times\int_0^{\infty}\overline{\overline{\psi}}_b(\xi_m,w,s)\left\{e^{-|z-w|\sqrt{\frac{\eta_r\xi_n^2+s}{\eta_z}}}+\left(\frac{\sqrt{\eta_r\xi_n^2+s}-\lambda\sqrt{\eta_z}}{\sqrt{\eta_r\xi_n^2+s}+\lambda\sqrt{\eta_z}}\right)e^{-|z+w|\sqrt{\frac{\eta_r\xi_n^2+s}{\eta_z}}}\right\}dw+$$

$$+\frac{e^{-z\sqrt{\frac{s}{\eta_z}}}\int_a^b u\overline{\overline{\psi}}(u,0,s)\,du}{\pi(b^2-a^2)\,\phi c_t\sqrt{\eta_z}\left(\sqrt{s}+\lambda\sqrt{\eta_z}\right)}+$$

$$+\frac{\pi}{2\phi c_t\sqrt{\eta_z}}\sum_{m=0}^{\infty}\ni_m\cos(\xi_m\theta)\sum_{n=1}^{\infty}\frac{\xi_n^2 J_{\mathcal{M}}'^2(\xi_n b)\,V_{N0}(\xi_n r,a)\,\overline{\overline{\overline{\psi}}}(\xi_n,\xi_m,s)\,e^{-z\sqrt{\frac{\eta_r\xi_n^2+s}{\eta_z}}}}{\left[\left\{1-\left(\frac{\mathcal{M}}{\xi_n b}\right)^2\right\}J_{\mathcal{M}}'^2(\xi_n a)-\left\{1-\left(\frac{\mathcal{M}}{\xi_n a}\right)^2\right\}J_{\mathcal{M}}'^2(\xi_n b)\right]\left(\sqrt{\eta_r\xi_n^2+s}+\lambda\sqrt{\eta_z}\right)}+$$

$$+\frac{1}{(b^2-a^2)\,\vartheta\phi c_t\sqrt{\eta_z s}}\int_a^b\frac{1}{u}\int_0^{\infty}\left\{e^{-|z-w|\sqrt{\frac{s}{\eta_z}}}+\left(\frac{\sqrt{s}-\lambda\sqrt{\eta_z}}{\sqrt{s}+\lambda\sqrt{\eta_z}}\right)e^{-|z+w|\sqrt{\frac{s}{\eta_z}}}\right\}dwdu+$$

$$+\frac{\pi^2}{2\vartheta\phi c_t\sqrt{\eta_z}}\sum_{m=0}^{\infty}\ni_m\cos(\xi_m\theta)\sum_{n=1}^{\infty}\frac{\xi_n^2 J_{\mathcal{M}}'^2(\xi_n b)\,\mathcal{V}_{\mathcal{N}\mathcal{M}}(\xi_n r,a)}{\left[\left\{1-\left(\frac{\mathcal{M}}{\xi_n b}\right)^2\right\}J_{\mathcal{M}}'^2(\xi_n a)-\left\{1-\left(\frac{\mathcal{M}}{\xi_n a}\right)^2\right\}J_{\mathcal{M}}'^2(\xi_n b)\right]\sqrt{(\eta_r\xi_n^2+s)}}\times$$

$$\times\int_a^b\frac{\mathcal{V}_{\mathcal{N}\mathcal{M}}(\xi_n u,a)}{u}\int_0^{\infty}\left\{\overline{\psi}_0(u,w,s)+(-1)^{m+1}\,\overline{\psi}_\vartheta(u,w,s)\right\}\times$$

$$\times\left\{e^{-|z-w|\sqrt{\frac{\eta_r\xi_n^2+s}{\eta_z}}}+\left(\frac{\sqrt{\eta_r\xi_n^2+s}-\lambda\sqrt{\eta_z}}{\sqrt{\eta_r\xi_n^2+s}+\lambda\sqrt{\eta_z}}\right)e^{-|z+w|\sqrt{\frac{\eta_r\xi_n^2+s}{\eta_z}}}\right\}dwdu+$$

$$+\frac{1}{\vartheta(b^2-a^2)\sqrt{\eta_z s}}\int_0^{\infty}\left\{e^{-|z-w|\sqrt{\frac{s}{\eta_z}}}+\left(\frac{\sqrt{s}-\lambda\sqrt{\eta_z}}{\sqrt{s}+\lambda\sqrt{\eta_z}}\right)e^{-|z+w|\sqrt{\frac{s}{\eta_z}}}\right\}\int_a^b u\overline{\varphi}(u,0,w)\,dudw+$$

$$+\frac{\pi}{4\sqrt{\eta_z}}\sum_{m=0}^{\infty}\ni_m\cos(\xi_m\theta)\sum_{n=1}^{\infty}\frac{\xi_n^2 J_{\mathcal{M}}'^2(\xi_n b)\,V_{N0}(\xi_n r,a)}{\left[\left\{1-\left(\frac{\mathcal{M}}{\xi_n b}\right)^2\right\}J_{\mathcal{M}}'^2(\xi_n a)-\left\{1-\left(\frac{\mathcal{M}}{\xi_n a}\right)^2\right\}J_{\mathcal{M}}'^2(\xi_n b)\right]\sqrt{(\eta_r\xi_n^2+s)}}\times$$

$$\times\int_0^{\infty}\overline{\overline{\varphi}}(\xi_n,\xi_m,w)\left\{e^{-|z-w|\sqrt{\frac{\eta_r\xi_n^2+s}{\eta_z}}}+\left(\frac{\sqrt{\eta_r\xi_n^2+s}-\lambda\sqrt{\eta_z}}{\sqrt{\eta_r\xi_n^2+s}+\lambda\sqrt{\eta_z}}\right)e^{-|z+w|\sqrt{\frac{\eta_r\xi_n^2+s}{\eta_z}}}\right\}dw \qquad (28.52.1)$$

where $\mathcal{V}_{\mathcal{N}\mathcal{M}}(\xi_n r,a)=J_{\mathcal{M}}(\xi_n r)\,Y_{\mathcal{M}}'(\xi_n a)-Y_{\mathcal{M}}(\xi_n r)\,J_{\mathcal{M}}'(\xi_n a)$. The eigenvalues are $\xi_0=0$ and ξ_n, ξ_n, $n=1,2,...$, are the positive roots of the transcendental equation $\mathcal{V}_{\mathcal{N}\mathcal{M}}'(\xi_n b,a)=0$, $\xi_m=\frac{m\pi}{\vartheta}$, $m=0,1,...$, $\overline{\overline{\psi}}(u,0,s)=\int_0^{\vartheta}\overline{\psi}(u,v,s)dv$, $\overline{\overline{\overline{\psi}}}(\xi_n,\xi_m,s)=\int_a^b u\mathcal{V}_{\mathcal{N}\mathcal{M}}(\xi_n u)\int_0^{\vartheta}\overline{\psi}(u,v,s)\cos(\xi_m v)dvdu$, $\overline{\overline{\psi}}_a(\xi_m,w,s)=\int_0^{\vartheta}\overline{\psi}_a(v,w,s)\cos(\xi_m v)dv$, $\overline{\overline{\psi}}_b(\xi_m,w,s)=\int_0^{\vartheta}\overline{\psi}_b(v,w,s)\cos(\xi_m v)dv$, $\overline{\varphi}(u,0,w)=\int_0^{\vartheta}\varphi(u,v,w)dv$ and $\overline{\overline{\varphi}}(\xi_n,\xi_m,w)=\int_a^b u\mathcal{V}_{\mathcal{N}\mathcal{M}}(\xi_n u)\int_0^{\vartheta}\varphi(u,v,w)\cos(\xi_m v)dvdu$.

$$p=\frac{U(t-t_0)}{\vartheta\phi c_t(b^2-a^2)\sqrt{\pi\eta_z}}\times$$

$$\times \int_0^{t-t_0} \frac{q(t-t_0-\tau)}{\sqrt{\tau}} \left\{ e^{-\frac{(z-z_0)^2}{4\eta_z\tau}} + e^{-\frac{(z+z_0)^2}{4\eta_z\tau}} - 2\left(\lambda\sqrt{\pi\eta_z\tau}\right) e^{(z+z_0)\lambda+\lambda^2\eta_z\tau} \operatorname{erfc}\left(\lambda\sqrt{\eta_z\tau} + \frac{z+z_0}{2\sqrt{\eta_z\tau}}\right)\right\} d\tau +$$

$$+\frac{U(t-t_0)}{2\vartheta\phi c_t}\sqrt{\frac{\pi^3}{\eta_z}} \sum_{m=0}^{\infty} \ni_m \cos(\xi_m\theta) \sum_{n=1}^{\infty} \frac{\xi_n^2 J_{\mathcal{M}}'^2(\xi_n b)\, \mathcal{V}_{\mathcal{N}\mathcal{M}}(\xi_n r_0, a)\, \mathcal{V}_{\mathcal{N}\mathcal{M}}(\xi_n r, a)}{\left[\left\{1-\left(\frac{\mathcal{M}}{\xi_n b}\right)^2\right\} J_{\mathcal{M}}'^2(\xi_n a) - \left\{1-\left(\frac{\mathcal{M}}{\xi_n a}\right)^2\right\} J_{\mathcal{M}}'^2(\xi_n b)\right]} \times$$

$$\times \int_0^{t-t_0} \frac{q(t-t_0-\tau) e^{-\eta_r\xi_n^2\tau}}{\sqrt{\tau}} \left\{ e^{-\frac{(z-z_0)^2}{4\eta_z\tau}} + e^{-\frac{(z+z_0)^2}{4\eta_z\tau}} - 2\left(\lambda\sqrt{\pi\eta_z\tau}\right) e^{(z+z_0)\lambda+\lambda^2\eta_z\tau} \operatorname{erfc}\left(\lambda\sqrt{\eta_z\tau} + \frac{z+z_0}{2\sqrt{\eta_z\tau}}\right)\right\} d\tau +$$

$$+\frac{1}{2\phi c_t (b^2-a^2)\sqrt{\pi^3\eta_z}} \int_0^{\infty}\int_0^{t} \frac{\left\{a\overline{\psi}_a(0,w,t-\tau) - b\overline{\psi}_b(0,w,t-\tau)\right\}}{\sqrt{\tau}} d\tau \times$$

$$\times \left\{ e^{-\frac{(z-w)^2}{4\eta_z\tau}} + e^{-\frac{(z+w)^2}{4\eta_z\tau}} - 2\left(\lambda\sqrt{\pi\eta_z\tau}\right) e^{(z+w)\lambda+\lambda^2\eta_z\tau} \operatorname{erfc}\left(\lambda\sqrt{\eta_z\tau} + \frac{z+w}{2\sqrt{\eta_z\tau}}\right)\right\} dw +$$

$$+\frac{1}{\vartheta\phi c_t}\sqrt{\frac{\pi}{\eta_z}} \sum_{m=0}^{\infty} \ni_m \cos(\xi_m\theta) \times$$

$$\times \sum_{n=1}^{\infty} \frac{\xi_n J_{\mathcal{M}}'^2(\xi_n b)\, \mathcal{V}_{\mathcal{N}\mathcal{M}}(\xi_n r, a)}{\left[\left\{1-\left(\frac{\mathcal{M}}{\xi_n b}\right)^2\right\} J_{\mathcal{M}}'^2(\xi_n a) - \left\{1-\left(\frac{\mathcal{M}}{\xi_n a}\right)^2\right\} J_{\mathcal{M}}'^2(\xi_n b)\right]} \int_0^{t} \frac{e^{-\eta_r\xi_n^2\tau}}{\sqrt{\tau}} \int_0^{\infty} \overline{\psi}_a(\xi_m, w, t-\tau) \times$$

$$\times \left\{ e^{-\frac{(z-w)^2}{4\eta_z\tau}} + e^{-\frac{(z+w)^2}{4\eta_z\tau}} - 2\left(\lambda\sqrt{\pi\eta_z\tau}\right) e^{(z+w)\lambda+\lambda^2\eta_z\tau} \operatorname{erfc}\left(\lambda\sqrt{\eta_z\tau} + \frac{z \mid w}{2\sqrt{\eta_z\tau}}\right)\right\} dw d\tau +$$

$$-\frac{1}{\vartheta\phi c_t}\sqrt{\frac{\pi}{\eta_z}} \sum_{m=0}^{\infty} \ni_m \cos(\xi_m\theta) \times$$

$$\times \sum_{n=1}^{\infty} \frac{\xi_n J_{\mathcal{M}}'(\xi_n a)\, J_{\mathcal{M}}'(\xi_n b)\, \mathcal{V}_{\mathcal{N}\mathcal{M}}(\xi_n r, a)}{\left[\left\{1-\left(\frac{\mathcal{M}}{\xi_n b}\right)^2\right\} J_{\mathcal{M}}'^2(\xi_n a) - \left\{1-\left(\frac{\mathcal{M}}{\xi_n a}\right)^2\right\} J_{\mathcal{M}}'^2(\xi_n b)\right]} \int_0^{t} \frac{e^{-\eta_r\xi_n^2\tau}}{\sqrt{\tau}} \int_0^{\infty} \overline{\psi}_b(\xi_m, w, t-\tau) \times$$

$$\times \left\{ e^{-\frac{(z-w)^2}{4\eta_z\tau}} + e^{-\frac{(z+w)^2}{4\eta_z\tau}} - 2\left(\lambda\sqrt{\pi\eta_z\tau}\right) e^{(z+w)\lambda+\lambda^2\eta_z\tau} \operatorname{erfc}\left(\lambda\sqrt{\eta_z\tau} + \frac{z+w}{2\sqrt{\eta_z\tau}}\right)\right\} dw d\tau +$$

$$+\frac{1}{\pi(b^2-a^2)\phi c_t} \int_0^{t} \left\{ \frac{e^{-\frac{z^2}{4\eta_z\tau}}}{\sqrt{\pi\tau}} - \lambda\sqrt{\eta_z} e^{z\lambda+\lambda^2\eta_z t} \operatorname{erfc}\left(\lambda\sqrt{\eta_z\tau} + \frac{z}{2\sqrt{\eta_z\tau}}\right)\right\} \int_a^b u\overline{\psi}(u,0,t-\tau)\, du d\tau +$$

$$+\frac{\pi}{2\phi c_t\sqrt{\eta_z}} \sum_{m=0}^{\infty} \ni_m \cos(\xi_m\theta) \sum_{n=1}^{\infty} \frac{\xi_n^2 J_{\mathcal{M}}'^2(\xi_n b)\, V_{N0}(\xi_n r, a)}{\left[\left\{1-\left(\frac{\mathcal{M}}{\xi_n b}\right)^2\right\} J_{\mathcal{M}}'^2(\xi_n a) - \left\{1-\left(\frac{\mathcal{M}}{\xi_n a}\right)^2\right\} J_{\mathcal{M}}'^2(\xi_n b)\right]} \times$$

$$\times \int_0^{t} \overline{\overline{\psi}}(\xi_n, \xi_m, t-\tau)\, e^{-\eta_r\xi_n^2\tau} \left\{ \frac{e^{-\frac{z^2}{4\eta_z\tau}}}{\sqrt{\pi\tau}} - \lambda\sqrt{\eta_z} e^{z\lambda+\lambda^2\eta_z t} \operatorname{erfc}\left(\lambda\sqrt{\eta_z\tau} + \frac{z}{2\sqrt{\eta_z\tau}}\right)\right\} d\tau +$$

$$+\frac{1}{(b^2-a^2)\vartheta\phi c_t\sqrt{\pi\eta_z}} \int_0^{t} \frac{1}{\sqrt{\tau}} \int_a^{b} \frac{1}{u} \int_0^{\infty} \left\{\psi_0(u,w,t-\tau) - \psi_\vartheta(u,w,t-\tau)\right\} \times$$

$$\times \left\{ e^{-\frac{(z-w)^2}{4\eta_z\tau}} + e^{-\frac{(z+w)^2}{4\eta_z\tau}} - 2\left(\lambda\sqrt{\pi\eta_z\tau}\right) e^{(z+w)\lambda+\lambda^2\eta_z\tau} \operatorname{erfc}\left(\lambda\sqrt{\eta_z\tau} + \frac{z+w}{2\sqrt{\eta_z\tau}}\right)\right\} dw du d\tau +$$

$$+\frac{1}{2\vartheta\phi c_t}\sqrt{\frac{\pi^3}{\eta_z}} \sum_{m=0}^{\infty} \ni_m \cos(\xi_m\theta) \sum_{n=1}^{\infty} \frac{\xi_n^2 J_{\mathcal{M}}'^2(\xi_n b)\, \mathcal{V}_{\mathcal{N}\mathcal{M}}(\xi_n r, a)}{\left[\left\{1-\left(\frac{\mathcal{M}}{\xi_n b}\right)^2\right\} J_{\mathcal{M}}'^2(\xi_n a) - \left\{1-\left(\frac{\mathcal{M}}{\xi_n a}\right)^2\right\} J_{\mathcal{M}}'^2(\xi_n b)\right] \sqrt{(\eta_r\xi_n^2+s)}} \times$$

$$
\times \int_0^t \frac{e^{-\eta_r \xi_n^2 \tau}}{\sqrt{\tau}} \int_a^b \frac{\mathcal{V}_{\mathcal{N}\mathcal{M}}(\xi_n u, a)}{u} \int_{-\infty}^{\infty} \left\{ \psi_0(u, w, t-\tau) + (-1)^{m+1} \psi_\vartheta(u, w, t-\tau) \right\} \times
$$

$$
\times \left\{ e^{-\frac{(z-w)^2}{4\eta_z \tau}} + e^{-\frac{(z+w)^2}{4\eta_z \tau}} - 2\left(\lambda\sqrt{\pi \eta_z \tau}\right) e^{(z+w)\lambda + \lambda^2 \eta_z \tau} \operatorname{erfc}\left(\lambda\sqrt{\eta_z \tau} + \frac{z+w}{2\sqrt{\eta_z \tau}} \right) \right\} dw du d\tau +
$$

$$
+ \frac{1}{2\left(b^2 - a^2\right)\sqrt{\pi^3 \eta_z t}} \times
$$

$$
\times \int_0^\infty \int_a^b u \overline{\varphi}(u, 0, w)\, dv \left\{ e^{-\frac{(z-w)^2}{4\eta_z \tau}} + e^{-\frac{(z+w)^2}{4\eta_z \tau}} - 2\left(\lambda\sqrt{\pi \eta_z \tau}\right) e^{(z+w)\lambda + \lambda^2 \eta_z \tau} \operatorname{erfc}\left(\lambda\sqrt{\eta_z \tau} + \frac{z+w}{2\sqrt{\eta_z \tau}} \right) \right\} dw +
$$

$$
+ \frac{1}{2\vartheta} \sqrt{\frac{\pi^3}{\eta_z t}} \sum_{m=0}^{\infty} \ni_m \cos(\xi_m \theta) \sum_{n=1}^{\infty} \frac{\xi_n^2 J_{\mathcal{M}}'^2(\xi_n b)\, \mathcal{V}_{\mathcal{N}\mathcal{M}}(\xi_n r, a)\, e^{-\eta_r \xi_n^2 t}}{\left[\left\{ 1 - \left(\frac{\mathcal{M}}{\xi_n b} \right)^2 \right\} J_{\mathcal{M}}'^2(\xi_n a) - \left\{ 1 - \left(\frac{\mathcal{M}}{\xi_n a} \right)^2 \right\} J_{\mathcal{M}}'^2(\xi_n b) \right]} \times
$$

$$
\times \int_0^\infty \overline{\overline{\varphi}}(\xi_n, \xi_m, w) \left\{ e^{-\frac{(z-w)^2}{4\eta_z \tau}} + e^{-\frac{(z+w)^2}{4\eta_z \tau}} - 2\left(\lambda\sqrt{\pi \eta_z \tau}\right) e^{(z+w)\lambda + \lambda^2 \eta_z \tau} \operatorname{erfc}\left(\lambda\sqrt{\eta_z \tau} + \frac{z+w}{2\sqrt{\eta_z \tau}} \right) \right\} du
$$

(28.52.2)

where $\overline{\overline{\psi}}(\xi_n, \xi_m, t) = \int_a^b u \mathcal{V}_{\mathcal{N}\mathcal{M}}(\xi_n u) \int_0^\vartheta \psi(u, v, t) \cos(\xi_m v) dv du$, $\overline{\psi}_a(\xi_m, w, t) = \int_0^\vartheta \psi_a(v, w, t) \cos(\xi_m v) dv$, $\overline{\psi}(u, 0, t) = \int_0^\vartheta \psi(u, v, t) dv$ and $\overline{\psi}_b(\xi_m, w, t) = \int_0^\vartheta \psi_b(v, w, t) \cos(\xi_m v) dv$.

28.53 The problem of 28.48, except

$\mathbf{R} \equiv \frac{\partial p(r,\theta,0,t)}{\partial z} - \lambda p(r, \theta, 0, t) = -\left(\frac{\mu}{k_z}\right) \psi(r, \theta, t)$,
$\mathbf{N}_a \equiv \frac{\partial p(a,\theta,z,t)}{\partial r} = -\left(\frac{\mu}{k_r}\right) \psi_a(\theta, z, t)$,
$\mathbf{R}_b \equiv \frac{\partial p(b,\theta,z,t)}{\partial r} + \lambda_a p(b, \theta, z, t) = -\left(\frac{\mu}{k_r}\right) \psi_b(\theta, z, t)$,
$\mathbf{N}_0 \equiv \frac{\partial p(r,0,z,t)}{\partial \theta} = -\left(\frac{\mu}{k_\theta}\right) \psi_0(r, z, t)$ and
$\mathbf{N}_\vartheta \equiv \frac{\partial p(r,\vartheta,z,t)}{\partial \theta} = -\left(\frac{\mu}{k_\theta}\right) \psi_\vartheta(r, z, t)$

$$
\overline{p} = \frac{\pi^2 q(s) e^{-s t_0}}{2\vartheta \phi c_t \sqrt{\eta_z}} \sum_{m=0}^{\infty} \ni_m \cos(\xi_m \theta_0) \cos(\xi_m \theta) \times
$$

$$
\times \sum_{n=1}^{\infty} \frac{\xi_n^2 \left\{ \lambda_a J_{\mathcal{M}}(\xi_n b) - \xi_n J_{\mathcal{M}}'(\xi_n b) \right\}^2 \mathcal{V}_{\mathcal{N}\mathcal{M}}(\xi_n r_0, a)\, \mathcal{V}_{\mathcal{N}\mathcal{M}}(\xi_n r, a)}{\left[\left\{ \xi_n^2 + \lambda^2 - \left(\frac{\mathcal{M}}{b} \right)^2 \right\} J_{\mathcal{M}}'^2(\xi_n a) - \left\{ 1 - \left(\frac{\mathcal{M}}{\xi_n a} \right)^2 \right\} \left\{ \xi_n J_{\mathcal{M}}'(\xi_n b) + \lambda J_{\mathcal{M}}(\xi_n b) \right\}^2 \right] \sqrt{(\eta_r \xi_n^2 + s)}} \times
$$

$$
\times \left\{ e^{-|z-z_0|\sqrt{\frac{\eta_r \xi_n^2 + s}{\eta_z}}} + \left(\frac{\sqrt{\eta_r \xi_n^2 + s} - \lambda\sqrt{\eta_z}}{\sqrt{\eta_r \xi_n^2 + s} + \lambda\sqrt{\eta_z}} \right) e^{-|z+z_0|\sqrt{\frac{\eta_r \xi_n^2 + s}{\eta_z}}} \right\} +
$$

$$
+ \frac{\pi}{\vartheta \phi c_t \sqrt{\eta_z}} \sum_{m=0}^{\infty} \ni_m \cos(\xi_m \theta) \times
$$

$$
\times \sum_{n=1}^{\infty} \frac{\xi_n \left\{ \lambda_a J_{\mathcal{M}}(\xi_n b) - \xi_n J_{\mathcal{M}}'(\xi_n b) \right\}^2 \mathcal{V}_{\mathcal{N}\mathcal{M}}(\xi_n r, a)}{\left[\left\{ \xi_n^2 + \lambda^2 - \left(\frac{\mathcal{M}}{b} \right)^2 \right\} J_{\mathcal{M}}'^2(\xi_n a) - \left\{ 1 - \left(\frac{\mathcal{M}}{\xi_n a} \right)^2 \right\} \left\{ \xi_n J_{\mathcal{M}}'(\xi_n b) + \lambda J_{\mathcal{M}}(\xi_n b) \right\}^2 \right] \sqrt{\eta_r \xi_n^2 + s}} \times
$$

$$
\times \int_0^\infty \overline{\overline{\psi}}_a(\xi_m, w, s) \left\{ e^{-|z-w|\sqrt{\frac{\eta_r \xi_n^2 + s}{\eta_z}}} + \left(\frac{\sqrt{\eta_r \xi_n^2 + s} - \lambda\sqrt{\eta_z}}{\sqrt{\eta_r \xi_n^2 + s} + \lambda\sqrt{\eta_z}} \right) e^{-|z+w|\sqrt{\frac{\eta_r \xi_n^2 + s}{\eta_z}}} \right\} dw -
$$

$$
-\frac{\pi}{\vartheta\phi c_t\sqrt{\eta_z}}\sum_{m=0}^{\infty}\ni_m\cos(\xi_m\theta)\times
$$

$$
\times\sum_{n=1}^{\infty}\frac{\xi_n^2 J'_{\mathcal{M}}(\xi_n a)\left\{\lambda_a J_{\mathcal{M}}(\xi_n b)-\xi_n J'_{\mathcal{M}}(\xi_n b)\right\}\mathcal{V}_{\mathcal{NM}}(\xi_n r,a)}{\left[\left\{\xi_n^2+\lambda^2-\left(\frac{\mathcal{M}}{b}\right)^2\right\}J'^2_{\mathcal{M}}(\xi_n a)-\left\{1-\left(\frac{\mathcal{M}}{\xi_n a}\right)^2\right\}\left\{\xi_n J'_{\mathcal{M}}(\xi_n b)+\lambda J_{\mathcal{M}}(\xi_n b)\right\}^2\right]\sqrt{\eta_r\xi_n^2+s}}\times
$$

$$
\times\int_0^{\infty}\overline{\overline{\psi}}_b(\xi_m,w,s)\left\{e^{-|z-w|\sqrt{\frac{\eta_r\xi_n^2+s}{\eta_z}}}+\left(\frac{\sqrt{\eta_r\xi_n^2+s}-\lambda\sqrt{\eta_z}}{\sqrt{\eta_r\xi_n^2+s}+\lambda\sqrt{\eta_z}}\right)e^{-|z+w|\sqrt{\frac{\eta_r\xi_n^2+s}{\eta_z}}}\right\}dw+
$$

$$
+\frac{\pi}{2\phi c_t\sqrt{\eta_z}}\sum_{m=0}^{\infty}\ni_m\cos(\xi_m\theta)\times
$$

$$
\times\sum_{n=1}^{\infty}\frac{\xi_n^2\{\lambda_a J_{\mathcal{M}}(\xi_n b)-\xi_n J'_{\mathcal{M}}(\xi_n b)\}^2\mathcal{V}_{\mathcal{NM}}(\xi_n r,a)\overline{\overline{\overline{\psi}}}(\xi_n,\xi_m,s)e^{-z\sqrt{\frac{\eta_r\xi_n^2+s}{\eta_z}}}}{\left[\left\{\xi_n^2+\lambda^2-\left(\frac{\mathcal{M}}{b}\right)^2\right\}J'^2_{\mathcal{M}}(\xi_n a)-\left\{1-\left(\frac{\mathcal{M}}{\xi_n a}\right)^2\right\}\{\xi_n J'_{\mathcal{M}}(\xi_n b)+\lambda J_{\mathcal{M}}(\xi_n b)\}^2\right]\left(\sqrt{\eta_r\xi_n^2+s}+\lambda\sqrt{\eta_z}\right)}+
$$

$$
+\frac{\pi^2}{2\vartheta\phi c_t\sqrt{\eta_z}}\sum_{m=0}^{\infty}\ni_m\cos(\xi_m\theta)\times
$$

$$
\times\sum_{n=1}^{\infty}\frac{\xi_n^2\left\{\xi_n J'_{\mathcal{M}}(\xi_n b)+\lambda J_{\mathcal{M}}(\xi_n b)\right\}^2\mathcal{V}_{\mathcal{NM}}(\xi_n r,a)}{\left[\left\{\xi_n^2+\lambda^2-\left(\frac{\mathcal{M}}{b}\right)^2\right\}J'^2_{\mathcal{M}}(\xi_n a)-\left\{1-\left(\frac{\mathcal{M}}{\xi_n a}\right)^2\right\}\left\{\xi_n J'_{\mathcal{M}}(\xi_n b)+\lambda J_{\mathcal{M}}(\xi_n b)\right\}^2\right]\sqrt{\eta_r\xi_n^2+s}}\times
$$

$$
\times\int_a^b\frac{\mathcal{V}_{\mathcal{NM}}(\xi_n u,a)}{u}\int_0^{\infty}\left\{\overline{\psi}_0(u,w,s)+(-1)^{m+1}\overline{\psi}_{\vartheta}(u,w,s)\right\}\times
$$

$$
\times\left\{e^{-|z-w|\sqrt{\frac{\eta_r\xi_n^2+s}{\eta_z}}}+\left(\frac{\sqrt{\eta_r\xi_n^2+s}-\lambda\sqrt{\eta_z}}{\sqrt{\eta_r\xi_n^2+s}+\lambda\sqrt{\eta_z}}\right)e^{-|z+w|\sqrt{\frac{\eta_r\xi_n^2+s}{\eta_z}}}\right\}dwdu+
$$

$$
+\frac{\pi^2}{2\vartheta\sqrt{\eta_z}}\sum_{m=0}^{\infty}\ni_m\cos(\xi_m\theta)\sum_{n=1}^{\infty}\frac{\xi_n^2\{\lambda_a J_{\mathcal{M}}(\xi_n b)-\xi_n J'_{\mathcal{M}}(\xi_n b)\}^2\mathcal{V}_{\mathcal{NM}}(\xi_n r,a)}{\left[\left\{\xi_n^2+\lambda^2-\left(\frac{\mathcal{M}}{b}\right)^2\right\}J'^2_{\mathcal{M}}(\xi_n a)-\left\{1-\left(\frac{\mathcal{M}}{\xi_n a}\right)^2\right\}\{\xi_n J'_{\mathcal{M}}(\xi_n b)+\lambda J_{\mathcal{M}}(\xi_n b)\}^2\right]}\times
$$

$$
\times\frac{1}{\sqrt{\eta_r\xi_n^2+s}}\int_0^{\infty}\overline{\overline{\varphi}}(\xi_n,\xi_m,w)\left\{e^{-|z-w|\sqrt{\frac{\eta_r\xi_n^2+s}{\eta_z}}}+\left(\frac{\sqrt{\eta_r\xi_n^2+s}-\lambda\sqrt{\eta_z}}{\sqrt{\eta_r\xi_n^2+s}+\lambda\sqrt{\eta_z}}\right)e^{-|z+w|\sqrt{\frac{\eta_r\xi_n^2+s}{\eta_z}}}\right\}dw\quad(28.53.1)
$$

where $\mathcal{V}_{\mathcal{NM}}(\xi_n r,a)=J_{\mathcal{M}}(\xi_n r)Y'_{\mathcal{M}}(\xi_n a)-Y_{\mathcal{M}}(\xi_n r)J'_{\mathcal{M}}(\xi_n a)$, $\xi_n, n=1,2,...,$ are the positive roots of the transcendental equation $\xi_n\mathcal{V}'_{\mathcal{NM}}(\xi_n b,a)+\lambda_a\mathcal{V}_{\mathcal{NM}}(\xi_n b,a)=0$, $\xi_m=\frac{m\pi}{\vartheta}$, $m=0,1,...,$ $\overline{\overline{\overline{\psi}}}(\xi_n,\xi_m,s)=\int_a^b u\mathcal{V}_{\mathcal{NM}}(\xi_n u)\int_0^{\vartheta}\overline{\psi}(u,v,s)\cos(\xi_m v)dvdu$, $\overline{\overline{\psi}}_a(\xi_m,w,s)=\int_0^{\vartheta}\overline{\psi}_a(v,w,s)\cos(\xi_m v)dv$, $\overline{\overline{\psi}}_b(\xi_m,w,s)=\int_0^{\vartheta}\overline{\psi}_b(v,w,s)\cos(\xi_m v)dv$ and $\overline{\overline{\varphi}}(\xi_n,\xi_m,w)=\int_a^b u\mathcal{V}_{\mathcal{NM}}(\xi_n u)\int_0^{\vartheta}\varphi(u,v,w)\cos(\xi_m v)dvdu$.

$$
p=\frac{U(t-t_0)}{2\vartheta\phi c_t}\sqrt{\frac{\pi^3}{\eta_z}}\sum_{m=0}^{\infty}\ni_m\cos(\xi_m\theta_0)\cos(\xi_m\theta)\times
$$

$$
\times\sum_{n=1}^{\infty}\frac{\xi_n^2\left\{\lambda_a J_{\mathcal{M}}(\xi_n b)-\xi_n J'_{\mathcal{M}}(\xi_n b)\right\}^2\mathcal{V}_{\mathcal{NM}}(\xi_n r_0,a)\mathcal{V}_{\mathcal{NM}}(\xi_n r,a)}{\left[\left\{\xi_n^2+\lambda^2-\left(\frac{\mathcal{M}}{b}\right)^2\right\}J'^2_{\mathcal{M}}(\xi_n a)-\left\{1-\left(\frac{\mathcal{M}}{\xi_n a}\right)^2\right\}\left\{\xi_n J'_{\mathcal{M}}(\xi_n b)+\lambda J_{\mathcal{M}}(\xi_n b)\right\}^2\right]}\times
$$

$$
\times\int_0^{t-t_0}\frac{q(t-t_0-\tau)e^{-\eta_r\xi_n^2\tau}}{\sqrt{\tau}}\left\{e^{-\frac{(z-z_0)^2}{4\eta_z\tau}}+e^{-\frac{(z+z_0)^2}{4\eta_z\tau}}-2\left(\lambda\sqrt{\pi\eta_z\tau}\right)e^{(z+z_0)\lambda+\lambda^2\eta_z\tau}\operatorname{erfc}\left(\lambda\sqrt{\eta_z\tau}+\frac{z+z_0}{2\sqrt{\eta_z\tau}}\right)\right\}d\tau+
$$

$$
+\frac{1}{\vartheta\phi c_t}\sqrt{\frac{\pi}{\eta_z}}\sum_{m=0}^{\infty}\ni_m\cos(\xi_m\theta)\times
$$

$$\times \sum_{n=1}^{\infty} \frac{\xi_n \left\{\lambda_a J_{\mathcal{M}}(\xi_n b) - \xi_n J'_{\mathcal{M}}(\xi_n b)\right\}^2 \mathcal{V}_{\mathcal{NM}}(\xi_n r, a)}{\left[\left\{\xi_n^2 + \lambda^2 - \left(\frac{\mathcal{M}}{b}\right)^2\right\} J'^2_{\mathcal{M}}(\xi_n a) - \left\{1 - \left(\frac{\mathcal{M}}{\xi_n a}\right)^2\right\} \left\{\xi_n J'_{\mathcal{M}}(\xi_n b) + \lambda J_{\mathcal{M}}(\xi_n b)\right\}^2\right]} \times$$

$$\times \int_0^t \frac{e^{-\eta_r \xi_n^2 \tau}}{\sqrt{\tau}} \int_0^\infty \overline{\psi}_a(\xi_m, w, t-\tau) \times$$

$$\times \left\{ e^{-\frac{(z-w)^2}{4\eta_z \tau}} + e^{-\frac{(z+w)^2}{4\eta_z \tau}} - 2\left(\lambda\sqrt{\pi \eta_z \tau}\right) e^{(z+w)\lambda + \lambda^2 \eta_z \tau} \operatorname{erfc}\left(\lambda\sqrt{\eta_z \tau} + \frac{z+w}{2\sqrt{\eta_z \tau}}\right)\right\} dw d\tau -$$

$$- \frac{1}{\vartheta \phi c_t} \sqrt{\frac{\pi}{\eta_z}} \sum_{m=0}^{\infty} \ni_m \cos(\xi_m \theta) \times$$

$$\times \sum_{n=1}^{\infty} \frac{\xi_n^2 J'_{\mathcal{M}}(\xi_n a) \left\{\lambda_a J_{\mathcal{M}}(\xi_n b) - \xi_n J'_{\mathcal{M}}(\xi_n b)\right\} \mathcal{V}_{\mathcal{NM}}(\xi_n r, a)}{\left[\left\{\xi_n^2 + \lambda^2 - \left(\frac{\mathcal{M}}{b}\right)^2\right\} J'^2_{\mathcal{M}}(\xi_n a) - \left\{1 - \left(\frac{\mathcal{M}}{\xi_n a}\right)^2\right\} \left\{\xi_n J'_{\mathcal{M}}(\xi_n b) + \lambda J_{\mathcal{M}}(\xi_n b)\right\}^2\right]} \times$$

$$\times \int_0^t \frac{e^{-\eta_r \xi_n^2 \tau}}{\sqrt{\tau}} \int_0^\infty \overline{\psi}_b(\xi_m, w, t-\tau) \times$$

$$\times \left\{ e^{-\frac{(z-w)^2}{4\eta_z \tau}} + e^{-\frac{(z+w)^2}{4\eta_z \tau}} - 2\left(\lambda\sqrt{\pi \eta_z \tau}\right) e^{(z+w)\lambda + \lambda^2 \eta_z \tau} \operatorname{erfc}\left(\lambda\sqrt{\eta_z \tau} + \frac{z+w}{2\sqrt{\eta_z \tau}}\right)\right\} dw d\tau +$$

$$+ \frac{\pi}{2\phi c_t \sqrt{\eta_z}} \sum_{m=0}^{\infty} \ni_m \cos(\xi_m \theta) \times$$

$$\times \sum_{n=1}^{\infty} \frac{\xi_n^2 \left\{\lambda_a J_{\mathcal{M}}(\xi_n b) - \xi_n J'_{\mathcal{M}}(\xi_n b)\right\}^2 \mathcal{V}_{\mathcal{NM}}(\xi_n r, a)}{\left[\left\{\xi_n^2 + \lambda^2 - \left(\frac{\mathcal{M}}{b}\right)^2\right\} J'^2_{\mathcal{M}}(\xi_n a) - \left\{1 - \left(\frac{\mathcal{M}}{\xi_n a}\right)^2\right\} \left\{\xi_n J'_{\mathcal{M}}(\xi_n b) + \lambda J_{\mathcal{M}}(\xi_n b)\right\}^2\right]} \times$$

$$\times \int_0^t \overline{\overline{\psi}}(\xi_n, \xi_m, t-\tau) e^{-\eta_r \xi_n^2 \tau} \left\{ \frac{e^{-\frac{z^2}{4\eta_z \tau}}}{\sqrt{\pi \tau}} - \lambda\sqrt{\eta_z} e^{z\lambda + \lambda^2 \eta_z \tau} \operatorname{erfc}\left(\lambda\sqrt{\eta_z \tau} + \frac{z}{2\sqrt{\eta_z \tau}}\right)\right\} d\tau +$$

$$+ \frac{1}{2\vartheta \phi c_t} \sqrt{\frac{\pi^3}{\eta_z}} \sum_{m=0}^{\infty} \ni_m \cos(\xi_m \theta) \times$$

$$\times \sum_{n=1}^{\infty} \frac{\xi_n^2 \left\{\xi_n J'_{\mathcal{M}}(\xi_n b) + \lambda J_{\mathcal{M}}(\xi_n b)\right\}^2 \mathcal{V}_{\mathcal{NM}}(\xi_n r, a)}{\left[\left\{\xi_n^2 + \lambda^2 - \left(\frac{\mathcal{M}}{b}\right)^2\right\} J'^2_{\mathcal{M}}(\xi_n a) - \left\{1 - \left(\frac{\mathcal{M}}{\xi_n a}\right)^2\right\} \left\{\xi_n J'_{\mathcal{M}}(\xi_n b) + \lambda J_{\mathcal{M}}(\xi_n b)\right\}^2\right]} \times$$

$$\times \int_0^t \frac{e^{-\eta_r \xi_n^2 \tau}}{\sqrt{\tau}} \int_a^b \frac{\mathcal{V}_{\mathcal{NM}}(\xi_n u, a)}{u} \int_0^\infty \left\{\psi_0(u, w, t-\tau) + (-1)^{m+1} \psi_\vartheta(u, w, t-\tau)\right\} \times$$

$$\times \left\{ e^{-\frac{(z-w)^2}{4\eta_z \tau}} + e^{-\frac{(z+w)^2}{4\eta_z \tau}} - 2\left(\lambda\sqrt{\pi \eta_z \tau}\right) e^{(z+w)\lambda + \lambda^2 \eta_z \tau} \operatorname{erfc}\left(\lambda\sqrt{\eta_z \tau} + \frac{z+w}{2\sqrt{\eta_z \tau}}\right)\right\} dw du d\tau +$$

$$+ \frac{1}{2\vartheta} \sqrt{\frac{\pi^3}{\eta_z t}} \sum_{m=0}^{\infty} \ni_m \cos(\xi_m \theta) \times$$

$$\times \sum_{n=1}^{\infty} \frac{\xi_n^2 \left\{\lambda_a J_{\mathcal{M}}(\xi_n b) - \xi_n J'_{\mathcal{M}}(\xi_n b)\right\}^2 \mathcal{V}_{\mathcal{NM}}(\xi_n r, a) e^{-\eta_r \xi_n^2 t}}{\left[\left\{\xi_n^2 + \lambda^2 - \left(\frac{\mathcal{M}}{b}\right)^2\right\} J'^2_{\mathcal{M}}(\xi_n a) - \left\{1 - \left(\frac{\mathcal{M}}{\xi_n a}\right)^2\right\} \left\{\xi_n J'_{\mathcal{M}}(\xi_n b) + \lambda J_{\mathcal{M}}(\xi_n b)\right\}^2\right]} \times$$

$$\times \int_0^\infty \overline{\overline{\varphi}}(\xi_n, \xi_m, w) \left\{ e^{-\frac{(z-w)^2}{4\eta_z \tau}} + e^{-\frac{(z+w)^2}{4\eta_z \tau}} - 2\left(\lambda\sqrt{\pi \eta_z \tau}\right) e^{(z+w)\lambda + \lambda^2 \eta_z \tau} \operatorname{erfc}\left(\lambda\sqrt{\eta_z \tau} + \frac{z+w}{2\sqrt{\eta_z \tau}}\right)\right\} dw$$

(28.53.2)

where $\overline{\overline{\psi}}(\xi_n, \xi_m, t) = \int_a^b u\mathcal{V}_{\mathcal{NM}}(\xi_n u) \int_0^\vartheta \psi(u, v, t)\cos(\xi_m v) dv du$, $\overline{\psi}_a(\xi_m, w, t) = \int_0^\vartheta \psi_a(v, w, t)\cos(\xi_m v) dv$ and $\overline{\psi}_b(\xi_m, w, t) = \int_0^\vartheta \psi_b(v, w, t)\cos(\xi_m v) dv$.

28.54

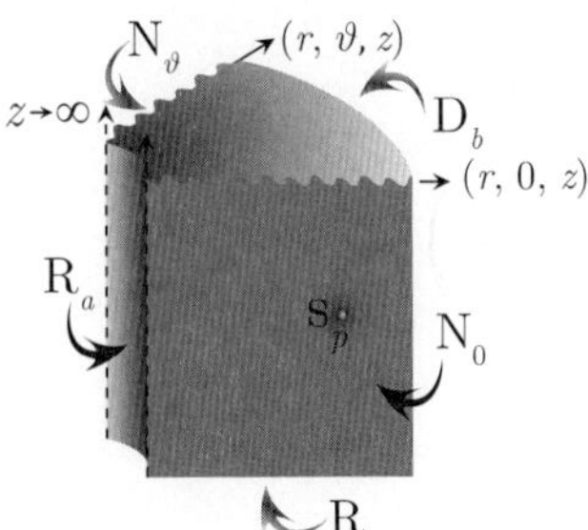

The problem of 28.48, except
$\mathbf{R} \equiv \frac{\partial p(r,\theta,0,t)}{\partial z} - \lambda p(r,\theta,0,t) = -\left(\frac{\mu}{k_z}\right)\psi(r,\theta,t)$,
$\mathbf{R}_a \equiv \frac{\partial p(a,\theta,z,t)}{\partial r} - \lambda_a p(a,\theta,z,t) = -\left(\frac{\mu}{k_r}\right)\psi_a(\theta,z,t)$,
$\mathbf{D}_b \equiv p(b,\theta,z,t) = \psi_b(\theta,z,t)$,
$\mathbf{N}_0 \equiv \frac{\partial p(r,0,z,t)}{\partial\theta} = -\left(\frac{\mu}{k_\theta}\right)\psi_0(r,z,t)$ and
$\mathbf{N}_\vartheta \equiv \frac{\partial p(r,\vartheta,z,t)}{\partial\theta} = -\left(\frac{\mu}{k_\theta}\right)\psi_\vartheta(r,z,t)$

$$\overline{p} = \frac{\pi^2 q(s)e^{-st_0}}{2\vartheta\phi c_t\sqrt{\eta_z}} \sum_{m=0}^{\infty} \ni_m \cos(\xi_m\theta_0)\cos(\xi_m\theta) \sum_{n=1}^{\infty} \frac{\xi_n^2\left\{\lambda_a J_{\mathcal{M}}(\xi_n a)+\xi_n J'_{\mathcal{M}}(\xi_n a)\right\}^2 \mathcal{V}_{\mathcal{DM}}(\xi r_0, b)\,\mathcal{V}_{\mathcal{DM}}(\xi r, b)}{\left[\left\{\lambda_a J_{\mathcal{M}}(\xi_n a)+\xi_n J'_{\mathcal{M}}(\xi_n a)\right\}^2-(\lambda_a^2+\xi_n^2)J_{\mathcal{M}}^2(\xi_n b)\right]} \times$$
$$\times \frac{1}{\sqrt{\eta_r\xi_n^2+s}} \left\{ e^{-|z-z_0|\sqrt{\frac{\eta_r\xi_n^2+s}{\eta_z}}} + \left(\frac{\sqrt{\eta_r\xi_n^2+s}-\lambda\sqrt{\eta_z}}{\sqrt{\eta_r\xi_n^2+s}+\lambda\sqrt{\eta_z}}\right) e^{-|z+z_0|\sqrt{\frac{\eta_r\xi_n^2+s}{\eta_z}}} \right\} +$$
$$+\frac{\pi}{\vartheta\phi c_t\sqrt{\eta_z}} \sum_{m=0}^{\infty} \ni_m \cos(\xi_m\theta) \sum_{n=1}^{\infty} \frac{\xi_n^2 J_{\mathcal{M}}(\xi_n b)\left\{\lambda_a J_{\mathcal{M}}(\xi_n a)+\xi_n J'_{\mathcal{M}}(\xi_n a)\right\} \mathcal{V}_{\mathcal{DM}}(\xi r, b)}{\left[\left\{\lambda_a J_{\mathcal{M}}(\xi_n a)+\xi_n J'_{\mathcal{M}}(\xi_n a)\right\}^2-(\lambda^2+\xi_n^2)J_{\mathcal{M}}^2(\xi_n b)\right]\sqrt{\eta_r\xi_n^2+s}} \times$$
$$\times \int_0^\infty \overline{\overline{\psi}}_a(\xi_m, w, s) \left\{ e^{-|z-w|\sqrt{\frac{\eta_r\xi_n^2+s}{\eta_z}}} + \left(\frac{\sqrt{\eta_r\xi_n^2+s}-\lambda\sqrt{\eta_z}}{\sqrt{\eta_r\xi_n^2+s}+\lambda\sqrt{\eta_z}}\right) e^{-|z+w|\sqrt{\frac{\eta_r\xi_n^2+s}{\eta_z}}} \right\} dw +$$
$$+\frac{\pi\eta_r}{\vartheta\sqrt{\eta_z}} \sum_{m=0}^{\infty} \ni_m \cos(\xi_m\theta) \sum_{n=1}^{\infty} \frac{\xi_n^2\left\{\lambda_a J_{\mathcal{M}}(\xi_n a)+\xi_n J'_{\mathcal{M}}(\xi_n a)\right\}^2 \mathcal{V}_{\mathcal{DM}}(\xi r, b)}{\left[\left\{\lambda_a J_{\mathcal{M}}(\xi_n a)+\xi_n J'_{\mathcal{M}}(\xi_n a)\right\}^2-(\lambda_a^2+\xi_n^2)J_{\mathcal{M}}^2(\xi_n b)\right]\sqrt{\eta_r\xi_n^2+s}} \times$$
$$\times \int_0^\infty \overline{\overline{\psi}}_b(\xi_m, w, s) \left\{ e^{-|z-w|\sqrt{\frac{\eta_r\xi_n^2+s}{\eta_z}}} + \left(\frac{\sqrt{\eta_r\xi_n^2+s}-\lambda\sqrt{\eta_z}}{\sqrt{\eta_r\xi_n^2+s}+\lambda\sqrt{\eta_z}}\right) e^{-|z+w|\sqrt{\frac{\eta_r\xi_n^2+s}{\eta_z}}} \right\} dw +$$
$$+\frac{\pi}{2\phi c_t\sqrt{\eta_z}} \sum_{m=0}^{\infty} \ni_m \cos(\xi_m\theta) \sum_{n=1}^{\infty} \frac{\xi_n^2\left\{\lambda_a J_{\mathcal{M}}(\xi_n a)+\xi_n J'_{\mathcal{M}}(\xi_n a)\right\}^2 \mathcal{V}_{\mathcal{DM}}(\xi r, b)\,\overline{\overline{\psi}}(\xi_n, \xi_m, s)e^{-z\sqrt{\frac{\eta_r\xi_n^2+s}{\eta_z}}}}{\left[\left\{\lambda_a J_{\mathcal{M}}(\xi_n a)+\xi_n J'_{\mathcal{M}}(\xi_n a)\right\}^2-(\lambda_a^2+\xi_n^2)J_{\mathcal{M}}^2(\xi_n b)\right]\left(\sqrt{\eta_r\xi_n^2+s}+\lambda\sqrt{\eta_z}\right)} +$$
$$+\frac{\pi^2}{2\vartheta\phi c_t\sqrt{\eta_z}} \sum_{m=0}^{\infty} \ni_m \cos(\xi_m\theta) \times$$
$$\times \sum_{n=1}^{\infty} \frac{\xi_n^2\left\{\xi_n J'_{\mathcal{M}}(\xi_n a)-\lambda J_{\mathcal{M}}(\xi_n a)\right\}^2 \mathcal{V}_{\mathcal{DM}}(\xi r, b)}{\left[\left\{\xi_n J'_{\mathcal{M}}(\xi_n a)-\lambda J_{\mathcal{M}}(\xi_n a)\right\}^2-\left\{\xi_n^2+\lambda^2-\left(\frac{\mathcal{M}}{a}\right)^2\right\}J_{\mathcal{M}}^2(\xi_n b)\right]\sqrt{\eta_r\xi_n^2+s}} \times$$
$$\times \int_a^b \frac{\mathcal{V}_{\mathcal{DM}}(\xi_n u, b)}{u} \int_0^\infty \left\{\overline{\psi}_0(u, w, s)+(-1)^{m+1}\,\overline{\psi}_\vartheta(u, w, s)\right\} \times$$
$$\times \left\{ e^{-|z-w|\sqrt{\frac{\eta_r\xi_n^2+s}{\eta_z}}} + \left(\frac{\sqrt{\eta_r\xi_n^2+s}-\lambda\sqrt{\eta_z}}{\sqrt{\eta_r\xi_n^2+s}+\lambda\sqrt{\eta_z}}\right) e^{-|z+w|\sqrt{\frac{\eta_r\xi_n^2+s}{\eta_z}}} \right\} dw du +$$
$$+\frac{\pi^2}{2\vartheta\sqrt{\eta_z}} \sum_{m=0}^{\infty} \ni_m \cos(\xi_m\theta) \sum_{n=1}^{\infty} \frac{\xi_n^2\left\{\lambda_a J_{\mathcal{M}}(\xi_n a)+\xi_n J'_{\mathcal{M}}(\xi_n a)\right\}^2 \mathcal{V}_{\mathcal{DM}}(\xi r, b)}{\left[\left\{\lambda_a J_{\mathcal{M}}(\xi_n a)+\xi_n J'_{\mathcal{M}}(\xi_n a)\right\}^2-(\lambda_a^2+\xi_n^2)J_{\mathcal{M}}^2(\xi_n b)\right]\sqrt{\eta_r\xi_n^2+s}} \times$$
$$\times \int_0^\infty \overline{\overline{\varphi}}(\xi_n, \xi_m, w) \left\{ e^{-|z-w|\sqrt{\frac{\eta_r\xi_n^2+s}{\eta_z}}} + \left(\frac{\sqrt{\eta_r\xi_n^2+s}-\lambda\sqrt{\eta_z}}{\sqrt{\eta_r\xi_n^2+s}+\lambda\sqrt{\eta_z}}\right) e^{-|z+w|\sqrt{\frac{\eta_r\xi_n^2+s}{\eta_z}}} \right\} dw \qquad (28.54.1)$$

where $\mathcal{V}_{\mathcal{DM}}(\xi_n r, b) = J_{\mathcal{M}}(\xi_n r)Y_{\mathcal{M}}(\xi_n b) - Y_{\mathcal{M}}(\xi_n r)J_{\mathcal{M}}(\xi_n b)$, $\xi_n, n = 1, 2, ...,$ are the positive roots of the

transcendental equation $\lambda_a \mathcal{V}_{\mathcal{DM}}(\xi_n a, b) - \xi_n \mathcal{V}'_{\mathcal{DM}}(\xi_n a, b) = 0$, $\xi_m = \frac{m\pi}{\vartheta}$, $m = 0, 1, ...$,
$\overline{\overline{\overline{\psi}}}(\xi_n, \xi_m, s) = \int_a^b u\mathcal{V}_{\mathcal{DM}}(\xi_n u) \int_0^\vartheta \overline{\psi}(u, v, s) \cos(\xi_m v) dvdu$, $\overline{\overline{\psi}}_a(\xi_m, w, s) = \int_0^\vartheta \overline{\psi}_a(v, w, s) \cos(\xi_m v) dv$,
$\overline{\overline{\psi}}_b(\xi_m, w, s) = \int_0^\vartheta \overline{\psi}_b(v, w, s) \cos(\xi_m v) dv$ and $\overline{\overline{\varphi}}(\xi_n, \xi_m, w) = \int_a^b u\mathcal{V}_{\mathcal{DM}}(\xi_n u) \int_0^\vartheta \varphi(u, v, w) \cos(\xi_m v) dudv$.

$$
\begin{aligned}
p \;=\; & \frac{U(t-t_0)}{2\vartheta\phi c_t}\sqrt{\frac{\pi^3}{\eta_z}}\sum_{m=0}^{\infty}\ni_m \cos(\xi_m\theta)\sum_{n=1}^{\infty}\frac{\xi_n^2\left\{\lambda_a J_{\mathcal{M}}(\xi_n a)+\xi_n J'_{\mathcal{M}}(\xi_n a)\right\}^2 \mathcal{V}_{\mathcal{DM}}(\xi r_0, b)\,\mathcal{V}_{\mathcal{DM}}(\xi r, b)}{\left[\left\{\lambda_a J_{\mathcal{M}}(\xi_n a)+\xi_n J'_{\mathcal{M}}(\xi_n a)\right\}^2-\left(\lambda_a^2+\xi_n^2\right)J_{\mathcal{M}}^2(\xi_n b)\right]}\times \\
& \times\int_0^{t-t_0}\frac{q(t-t_0-\tau)e^{-\eta_r\xi_n^2\tau}}{\sqrt{\tau}}\left\{e^{-\frac{(z-z_0)^2}{4\eta_z\tau}}+e^{-\frac{(z+z_0)^2}{4\eta_z\tau}}-2\left(\lambda\sqrt{\pi\eta_z\tau}\right)e^{(z+z_0)\lambda+\lambda^2\eta_z\tau}\operatorname{erfc}\left(\lambda\sqrt{\eta_z\tau}+\frac{z+z_0}{2\sqrt{\eta_z\tau}}\right)\right\}d\tau + \\
& +\frac{\pi}{\vartheta\phi c_t\sqrt{\eta_z}}\sum_{m=0}^{\infty}\ni_m\cos(\xi_m\theta)\sum_{n=1}^{\infty}\frac{\xi_n^2 J_{\mathcal{M}}(\xi_n b)\left\{\lambda_a J_{\mathcal{M}}(\xi_n a)+\xi_n J'_{\mathcal{M}}(\xi_n a)\right\}\mathcal{V}_{\mathcal{DM}}(\xi r, b)}{\left[\left\{\lambda_a J_{\mathcal{M}}(\xi_n a)+\xi_n J'_{\mathcal{M}}(\xi_n a)\right\}^2-\left(\lambda^2+\xi_n^2\right)J_{\mathcal{M}}^2(\xi_n b)\right]}\times \\
& \times\int_0^t\frac{e^{-\eta_r\xi_n^2\tau}}{\sqrt{\tau}}\int_0^\infty\overline{\psi}_a(\xi_m, w, t-\tau)\times \\
& \times\left\{e^{-\frac{(z-w)^2}{4\eta_z\tau}}+e^{-\frac{(z+w)^2}{4\eta_z\tau}}-2\left(\lambda\sqrt{\pi\eta_z\tau}\right)e^{(z+w)\lambda+\lambda^2\eta_z\tau}\operatorname{erfc}\left(\lambda\sqrt{\eta_z\tau}+\frac{z+w}{2\sqrt{\eta_z\tau}}\right)\right\}dwd\tau + \\
& +\frac{\eta_r}{\vartheta}\sqrt{\frac{\pi}{\eta_z}}\sum_{m=0}^{\infty}\ni_m\cos(\xi_m\theta)\sum_{n=1}^{\infty}\frac{\xi_n^2\left\{\lambda_a J_{\mathcal{M}}(\xi_n a)+\xi_n J'_{\mathcal{M}}(\xi_n a)\right\}^2\mathcal{V}_{\mathcal{DM}}(\xi r, b)}{\left[\left\{\lambda_a J_{\mathcal{M}}(\xi_n a)+\xi_n J'_{\mathcal{M}}(\xi_n a)\right\}^2-\left(\lambda_a^2+\xi_n^2\right)J_{\mathcal{M}}^2(\xi_n b)\right]}\times \\
& \times\int_0^t\frac{e^{-\eta_r\xi_n^2\tau}}{\sqrt{\tau}}\int_0^\infty\overline{\psi}_b(\xi_m, w, t-\tau)\times \\
& \times\left\{e^{-\frac{(z-w)^2}{4\eta_z\tau}}+e^{-\frac{(z+w)^2}{4\eta_z\tau}}-2\left(\lambda\sqrt{\pi\eta_z\tau}\right)e^{(z+w)\lambda+\lambda^2\eta_z\tau}\operatorname{erfc}\left(\lambda\sqrt{\eta_z\tau}+\frac{z+w}{2\sqrt{\eta_z\tau}}\right)\right\}dwd\tau + \\
& +\frac{\pi}{2\phi c_t\sqrt{\eta_z}}\sum_{m=0}^{\infty}\ni_m\cos(\xi_m\theta)\sum_{n=1}^{\infty}\frac{\xi_n^2\left\{\lambda_a J_{\mathcal{M}}(\xi_n a)+\xi_n J'_{\mathcal{M}}(\xi_n a)\right\}^2\mathcal{V}_{\mathcal{DM}}(\xi r, b)}{\left[\left\{\lambda_a J_{\mathcal{M}}(\xi_n a)+\xi_n J'_{\mathcal{M}}(\xi_n a)\right\}^2-\left(\lambda_a^2+\xi_n^2\right)J_{\mathcal{M}}^2(\xi_n b)\right]}\times \\
& \times\int_0^t\overline{\overline{\overline{\psi}}}(\xi_n, \xi_m, t-\tau)\,e^{-\eta_r\xi_n^2\tau}\left\{\frac{e^{-\frac{z^2}{4\eta_z\tau}}}{\sqrt{\pi\tau}}-\lambda\sqrt{\eta_z}e^{z\lambda+\lambda^2\eta_z\tau}\operatorname{erfc}\left(\lambda\sqrt{\eta_z\tau}+\frac{z}{2\sqrt{\eta_z\tau}}\right)\right\}d\tau + \\
& +\frac{1}{2\vartheta\phi c_t}\sqrt{\frac{\pi^3}{\eta_z}}\sum_{m=0}^{\infty}\ni_m\cos(\xi_m\theta)\times \\
& \times\sum_{n=1}^{\infty}\frac{\xi_n^2\left\{\xi_n J'_{\mathcal{M}}(\xi_n a)-\lambda J_{\mathcal{M}}(\xi_n a)\right\}^2\mathcal{V}_{\mathcal{DM}}(\xi r, b)}{\left[\left\{\xi_n J'_{\mathcal{M}}(\xi_n a)-\lambda J_{\mathcal{M}}(\xi_n a)\right\}^2-\left\{\xi_n^2+\lambda^2-\left(\frac{\mathcal{M}}{a}\right)^2\right\}J_{\mathcal{M}}^2(\xi_n b)\right]}\times \\
& \times\int_0^t\frac{e^{-\eta_r\xi_n^2\tau}}{\sqrt{\tau}}\int_a^b\frac{\mathcal{V}_{\mathcal{DM}}(\xi_n u, b)}{u}\int_0^\infty\left\{\psi_0(u, w, t-\tau)+(-1)^{m+1}\psi_\vartheta(u, w, t-\tau)\right\}\times \\
& \times\left\{e^{-\frac{(z-w)^2}{4\eta_z\tau}}+e^{-\frac{(z+w)^2}{4\eta_z\tau}}-2\left(\lambda\sqrt{\pi\eta_z\tau}\right)e^{(z+w)\lambda+\lambda^2\eta_z\tau}\operatorname{erfc}\left(\lambda\sqrt{\eta_z\tau}+\frac{z+w}{2\sqrt{\eta_z\tau}}\right)\right\}dwdud\tau + \\
& +\frac{1}{2\vartheta}\sqrt{\frac{\pi^3}{\eta_z t}}\sum_{m=0}^{\infty}\ni_m\cos(\xi_m\theta)\sum_{n=1}^{\infty}\frac{\xi_n^2\left\{\lambda_a J_{\mathcal{M}}(\xi_n a)+\xi_n J'_{\mathcal{M}}(\xi_n a)\right\}^2\mathcal{V}_{\mathcal{DM}}(\xi r, b)}{\left[\left\{\lambda_a J_{\mathcal{M}}(\xi_n a)+\xi_n J'_{\mathcal{M}}(\xi_n a)\right\}^2-\left(\lambda_a^2+\xi_n^2\right)J_{\mathcal{M}}^2(\xi_n b)\right]}\times \\
& \times\int_0^\infty\overline{\overline{\varphi}}(\xi_n, \xi_m, w)\left\{e^{-\frac{(z-w)^2}{4\eta_z\tau}}+e^{-\frac{(z+w)^2}{4\eta_z\tau}}-2\left(\lambda\sqrt{\pi\eta_z\tau}\right)e^{(z+w)\lambda+\lambda^2\eta_z\tau}\operatorname{erfc}\left(\lambda\sqrt{\eta_z\tau}+\frac{z+w}{2\sqrt{\eta_z\tau}}\right)\right\}dw
\end{aligned}
\tag{28.54.2}
$$

where $\overline{\overline{\psi}}(\xi_n,\xi_m,t) = \int_a^b u\mathcal{V}_{\mathcal{DM}}(\xi_n u)\int_0^\vartheta \psi(u,v,t)\cos(\xi_m v)dvdu$, $\overline{\psi}_a(\xi_m,w,t) = \int_0^\vartheta \psi_a(v,w,t)\cos(\xi_m v)dv$ and $\overline{\psi}_b(\xi_m,w,t) = \int_0^\vartheta \psi_b(v,w,t)\cos(\xi_m v)dv$.

28.55

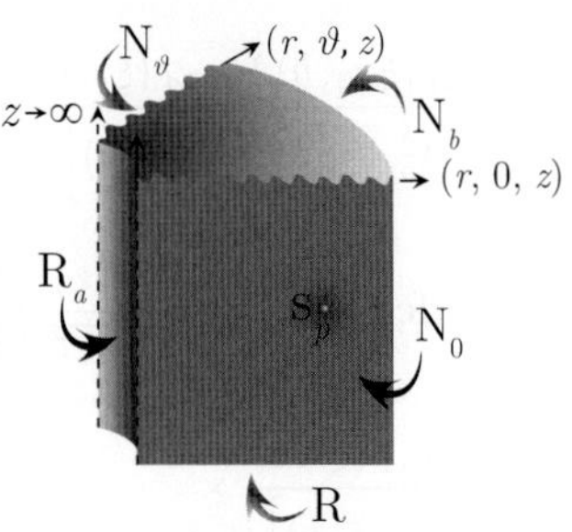

The problem of 28.48, except
$\mathbf{R} \equiv \frac{\partial p(r,\theta,0,t)}{\partial z} - \lambda p(r,\theta,0,t) = -\left(\frac{\mu}{k_z}\right)\psi(r,\theta,t)$,
$\mathbf{R}_a \equiv \frac{\partial p(a,\theta,z,t)}{\partial r} - \lambda_a p(a,\theta,z,t) = -\left(\frac{\mu}{k_r}\right)\psi_a(\theta,z,t)$,
$\mathbf{N}_b \equiv \frac{\partial p(b,\theta,z,t)}{\partial r} = -\left(\frac{\mu}{k_r}\right)\psi_b(\theta,z,t)$,
$\mathbf{N}_0 \equiv \frac{\partial p(r,0,z,t)}{\partial \theta} = -\left(\frac{\mu}{k_\theta}\right)\psi_0(r,z,t)$ **and**
$\mathbf{N}_\vartheta \equiv \frac{\partial p(r,\vartheta,z,t)}{\partial \theta} = -\left(\frac{\mu}{k_\theta}\right)\psi_\vartheta(r,z,t)$

$$
\begin{aligned}
\overline{p} = {} & \frac{\pi^2 q(s)e^{-st_0}}{2\vartheta\phi c_t\sqrt{\eta_z}}\sum_{m=0}^{\infty}\ni_m\cos(\xi_m\theta_0)\cos(\xi_m\theta)\times \\
& \times\sum_{n=1}^{\infty}\frac{\xi_n^2\left\{\lambda_a J_{\mathcal{M}}(\xi_n a)+\xi_n J'_{\mathcal{M}}(\xi_n a)\right\}^2\mathcal{V}_{\mathcal{NM}}(\xi r_0,b)\mathcal{V}_{\mathcal{NM}}(\xi r,b)}{\left[\left\{1-\left(\frac{\mathcal{M}}{\xi_n b}\right)^2\right\}\left\{\xi_n J'_{\mathcal{M}}(\xi_n a)-\lambda J_{\mathcal{M}}(\xi_n a)\right\}^2-\left\{\xi_n^2+\lambda^2-\left(\frac{\mathcal{M}}{a}\right)^2\right\}J'^2_{\mathcal{M}}(\xi_n b)\right]\sqrt{(\eta_r\xi_n^2+s)}}\times \\
& \times\left\{e^{-|z-z_0|\sqrt{\frac{\eta_r\xi_n^2+s}{\eta_z}}}+\left(\frac{\sqrt{\eta_r\xi_n^2+s}-\lambda\sqrt{\eta_z}}{\sqrt{\eta_r\xi_n^2+s}+\lambda\sqrt{\eta_z}}\right)e^{-|z+z_0|\sqrt{\frac{\eta_r\xi_n^2+s}{\eta_z}}}\right\}+ \\
& +\frac{1}{\vartheta\phi c_t}\sqrt{\frac{\pi}{\eta_z}}\sum_{m=0}^{\infty}\ni_m\cos(\xi_m\theta)\times \\
& \times\sum_{n=1}^{\infty}\frac{\xi_n^2 J'_{\mathcal{M}}(\xi_n b)\left\{\lambda_a J_{\mathcal{M}}(\xi_n a)+\xi_n J'_{\mathcal{M}}(\xi_n a)\right\}\mathcal{V}_{\mathcal{NM}}(\xi r,b)}{\left[\left\{1-\left(\frac{\mathcal{M}}{\xi_n b}\right)^2\right\}\left\{\xi_n J'_{\mathcal{M}}(\xi_n a)-\lambda J_{\mathcal{M}}(\xi_n a)\right\}^2-\left\{\xi_n^2+\lambda^2-\left(\frac{\mathcal{M}}{a}\right)^2\right\}J'^2_{\mathcal{M}}(\xi_n b)\right]}\times \\
& \times\frac{1}{\sqrt{\eta_r\xi_n^2+s}}\int_0^\infty\overline{\overline{\psi}}_a(\xi_m,w,s)\left\{e^{-|z-w|\sqrt{\frac{\eta_r\xi_n^2+s}{\eta_z}}}+\left(\frac{\sqrt{\eta_r\xi_n^2+s}-\lambda\sqrt{\eta_z}}{\sqrt{\eta_r\xi_n^2+s}+\lambda\sqrt{\eta_z}}\right)e^{-|z+w|\sqrt{\frac{\eta_r\xi_n^2+s}{\eta_z}}}\right\}dw- \\
& -\frac{1}{\vartheta\phi c_t}\sqrt{\frac{\pi}{\eta_z}}\sum_{m=0}^{\infty}\ni_m\cos(\xi_m\theta)\times \\
& \times\times \\
& \times\sum_{n=1}^{\infty}\frac{\xi_n\left\{\lambda_a J_{\mathcal{M}}(\xi_n a)+\xi_n J'_{\mathcal{M}}(\xi_n a)\right\}^2\mathcal{V}_{\mathcal{NM}}(\xi r,b)}{\left[\left\{1-\left(\frac{\mathcal{M}}{\xi_n b}\right)^2\right\}\left\{\xi_n J'_{\mathcal{M}}(\xi_n a)-\lambda J_{\mathcal{M}}(\xi_n a)\right\}^2-\left\{\xi_n^2+\lambda^2-\left(\frac{\mathcal{M}}{a}\right)^2\right\}J'^2_{\mathcal{M}}(\xi_n b)\right]}\times \\
& \times\frac{1}{\sqrt{\eta_r\xi_n^2+s}}\int_0^\infty\overline{\overline{\psi}}_b(\xi_m,w,s)\left\{e^{-|z-w|\sqrt{\frac{\eta_r\xi_n^2+s}{\eta_z}}}+\left(\frac{\sqrt{\eta_r\xi_n^2+s}-\lambda\sqrt{\eta_z}}{\sqrt{\eta_r\xi_n^2+s}+\lambda\sqrt{\eta_z}}\right)e^{-|z+w|\sqrt{\frac{\eta_r\xi_n^2+s}{\eta_z}}}\right\}dw+ \\
& +\frac{\pi}{2\phi c_t\sqrt{\eta_z}}\sum_{m=0}^{\infty}\ni_m\cos(\xi_m\theta)\times \\
& \times\sum_{n=1}^{\infty}\frac{\xi_n^2\left\{\lambda_a J_{\mathcal{M}}(\xi_n a)+\xi_n J'_{\mathcal{M}}(\xi_n a)\right\}^2\mathcal{V}_{\mathcal{NM}}(\xi r,b)\overline{\overline{\overline{\psi}}}(\xi_n,\xi_m,s)e^{-z\sqrt{\frac{\eta_r\xi_n^2+s}{\eta_z}}}}{\left[\left\{1-\left(\frac{\mathcal{M}}{\xi_n b}\right)^2\right\}\left\{\xi_n J'_{\mathcal{M}}(\xi_n a)-\lambda J_{\mathcal{M}}(\xi_n a)\right\}^2-\left\{\xi_n^2+\lambda^2-\left(\frac{\mathcal{M}}{a}\right)^2\right\}J'^2_{\mathcal{M}}(\xi_n b)\right]\left(\sqrt{\eta_r\xi_n^2+s}+\lambda\sqrt{\eta_z}\right)}+ \\
& +\frac{\pi^2}{2\vartheta\phi c_t\sqrt{\eta_z}}\sum_{m=0}^{\infty}\ni_m\cos(\xi_m\theta)\times
\end{aligned}
$$

$$\times \sum_{n=1}^{\infty} \frac{\xi_n^2 \left\{\xi_n J'_{\mathcal{M}}(\xi_n a) - \lambda J_{\mathcal{M}}(\xi_n a)\right\}^2 \mathcal{V}_{\mathcal{N}\mathcal{M}}(\xi r, b)}{\left[\left\{1 - \left(\frac{\mathcal{M}}{\xi_n b}\right)^2\right\} \left\{\xi_n J'_{\mathcal{M}}(\xi_n a) - \lambda J_{\mathcal{M}}(\xi_n a)\right\}^2 - \left\{\xi_n^2 + \lambda^2 - \left(\frac{\mathcal{M}}{a}\right)^2\right\} J'^2_{\mathcal{M}}(\xi_n b)\right]} \times$$

$$\times \int_a^b \frac{\mathcal{V}_{\mathcal{N}\mathcal{M}}(\xi_n u, b)}{u} \int_0^\infty \left\{\overline{\psi}_0(u, w, s) + (-1)^{m+1} \overline{\psi}_\vartheta(u, w, s)\right\} \times$$

$$\times \left\{ e^{-|z-w|\sqrt{\frac{\eta_r \xi_n^2 + s}{\eta_z}}} + \left(\frac{\sqrt{\eta_r \xi_n^2 + s} - \lambda\sqrt{\eta_z}}{\sqrt{\eta_r \xi_n^2 + s} + \lambda\sqrt{\eta_z}}\right) e^{-|z+w|\sqrt{\frac{\eta_r \xi_n^2 + s}{\eta_z}}} \right\} dw du +$$

$$+ \frac{\pi^2}{2\vartheta\sqrt{\eta_z}} \sum_{m=0}^{\infty} \ni_m \cos(\xi_m \theta) \times$$

$$\times \sum_{n=1}^{\infty} \frac{\xi_n^2 \left\{\lambda_a J_{\mathcal{M}}(\xi_n a) + \xi_n J'_{\mathcal{M}}(\xi_n a)\right\}^2 \mathcal{V}_{\mathcal{N}\mathcal{M}}(\xi r, b)}{\left[\left\{1 - \left(\frac{\mathcal{M}}{\xi_n b}\right)^2\right\} \left\{\xi_n J'_{\mathcal{M}}(\xi_n a) - \lambda J_{\mathcal{M}}(\xi_n a)\right\}^2 - \left\{\xi_n^2 + \lambda^2 - \left(\frac{\mathcal{M}}{a}\right)^2\right\} J'^2_{\mathcal{M}}(\xi_n b)\right]} \times$$

$$\times \frac{1}{\sqrt{\eta_r \xi_n^2 + s}} \int_0^\infty \overline{\overline{\varphi}}(\xi_n, \xi_m, w) \left\{ e^{-|z-w|\sqrt{\frac{\eta_r \xi_n^2 + s}{\eta_z}}} + \left(\frac{\sqrt{\eta_r \xi_n^2 + s} - \lambda\sqrt{\eta_z}}{\sqrt{\eta_r \xi_n^2 + s} + \lambda\sqrt{\eta_z}}\right) e^{-|z+w|\sqrt{\frac{\eta_r \xi_n^2 + s}{\eta_z}}} \right\} dw \quad (28.55.1)$$

where $\overline{\overline{p}} = \int_a^b \overline{p} r \mathcal{V}_{\mathcal{N}\mathcal{M}}(\xi_n r, b)\, dr$ and the eigenvalues $\xi_n, n = 1, 2, ...,$ are the positive roots of the transcendental equation $\lambda_a \mathcal{V}_{\mathcal{N}\mathcal{M}}(\xi_n a, b) - \xi_n \mathcal{V}'_{\mathcal{N}\mathcal{M}}(\xi_n a, b) = 0$, $\xi_m = \frac{m\pi}{\vartheta}$, $m = 0, 1, ...,$
$\overline{\overline{\overline{\psi}}}(\xi_n, \xi_m, s) = \int_a^b u \mathcal{V}_{\mathcal{N}\mathcal{M}}(\xi_n u) \int_0^\vartheta \overline{\psi}(u, v, s) \cos(\xi_m v) dv du$, $\overline{\overline{\psi}}_a(\xi_m, w, s) = \int_0^\vartheta \overline{\psi}_a(v, w, s) \cos(\xi_m v) dv$,
$\overline{\overline{\psi}}_b(\xi_m, w, s) = \int_0^\vartheta \overline{\psi}_b(v, w, s) \cos(\xi_m v) dv$ and $\overline{\overline{\varphi}}(\xi_n, \xi_m, w) = \int_a^b u \mathcal{V}_{\mathcal{N}\mathcal{M}}(\xi_n u) \int_0^\vartheta \varphi(u, v, w) \cos(\xi_m v) dv du$.

$$p = \frac{U(t - t_0)}{2\vartheta\phi c_t} \sqrt{\frac{\pi^3}{\eta_z}} \sum_{m=0}^{\infty} \ni_m \cos(\xi_m \theta) \times$$

$$\times \sum_{n=1}^{\infty} \frac{\xi_n^2 \left\{\lambda_a J_{\mathcal{M}}(\xi_n a) + \xi_n J'_{\mathcal{M}}(\xi_n a)\right\}^2 \mathcal{V}_{\mathcal{N}\mathcal{M}}(\xi r_0, b)\, \mathcal{V}_{\mathcal{N}\mathcal{M}}(\xi r, b)}{\left[\left\{1 - \left(\frac{\mathcal{M}}{\xi_n b}\right)^2\right\} \left\{\xi_n J'_{\mathcal{M}}(\xi_n a) - \lambda J_{\mathcal{M}}(\xi_n a)\right\}^2 - \left\{\xi_n^2 + \lambda^2 - \left(\frac{\mathcal{M}}{a}\right)^2\right\} J'^2_{\mathcal{M}}(\xi_n b)\right]} \times$$

$$\times \int_0^{t-t_0} \frac{q(t - t_0 - \tau) e^{-\eta_r \xi_n^2 \tau}}{\sqrt{\tau}} \left\{ e^{-\frac{(z-z_0)^2}{4\eta_z \tau}} + e^{-\frac{(z+z_0)^2}{4\eta_z \tau}} - 2\left(\lambda\sqrt{\pi\eta_z \tau}\right) e^{(z+z_0)\lambda + \lambda^2 \eta_z \tau} \operatorname{erfc}\left(\lambda\sqrt{\eta_z \tau} + \frac{z + z_0}{2\sqrt{\eta_z \tau}}\right) \right\} d\tau +$$

$$+ \frac{1}{\vartheta\phi c_t} \sqrt{\frac{\pi}{\eta_z}} \sum_{m=0}^{\infty} \ni_m \cos(\xi_m \theta) \times$$

$$\times \sum_{n=1}^{\infty} \frac{\xi_n^2 J'_{\mathcal{M}}(\xi_n b) \left\{\lambda_a J_{\mathcal{M}}(\xi_n a) + \xi_n J'_{\mathcal{M}}(\xi_n a)\right\} \mathcal{V}_{\mathcal{N}\mathcal{M}}(\xi r, b)}{\left[\left\{1 - \left(\frac{\mathcal{M}}{\xi_n b}\right)^2\right\} \left\{\xi_n J'_{\mathcal{M}}(\xi_n a) - \lambda J_{\mathcal{M}}(\xi_n a)\right\}^2 - \left\{\xi_n^2 + \lambda^2 - \left(\frac{\mathcal{M}}{a}\right)^2\right\} J'^2_{\mathcal{M}}(\xi_n b)\right]} \times$$

$$\times \int_0^t \frac{e^{-\eta_r \xi_n^2 \tau}}{\sqrt{\tau}} \int_0^\infty \overline{\psi}_a(\xi_m, w, t - \tau) \times$$

$$\times \left\{ e^{-\frac{(z-w)^2}{4\eta_z \tau}} + e^{-\frac{(z+w)^2}{4\eta_z \tau}} - 2\left(\lambda\sqrt{\pi\eta_z \tau}\right) e^{(z+w)\lambda + \lambda^2 \eta_z \tau} \operatorname{erfc}\left(\lambda\sqrt{\eta_z \tau} + \frac{z + w}{2\sqrt{\eta_z \tau}}\right) \right\} dw d\tau +$$

$$- \frac{1}{\vartheta\phi c_t} \sqrt{\frac{\pi}{\eta_z}} \sum_{m=0}^{\infty} \ni_m \cos(\xi_m \theta) \times$$

$$\times \sum_{n=1}^{\infty} \frac{\xi_n \left\{\lambda_a J_{\mathcal{M}}(\xi_n a) + \xi_n J'_{\mathcal{M}}(\xi_n a)\right\}^2 \mathcal{V}_{\mathcal{N}\mathcal{M}}(\xi r, b)}{\left[\left\{1 - \left(\frac{\mathcal{M}}{\xi_n b}\right)^2\right\} \left\{\xi_n J'_{\mathcal{M}}(\xi_n a) - \lambda J_{\mathcal{M}}(\xi_n a)\right\}^2 - \left\{\xi_n^2 + \lambda^2 - \left(\frac{\mathcal{M}}{a}\right)^2\right\} J'^2_{\mathcal{M}}(\xi_n b)\right]} \times$$

$$\times\int_0^t \frac{e^{-\eta_r\xi_n^2\tau}}{\sqrt{\tau}}\int_0^\infty \overline{\psi}_b(\xi_m,w,t-\tau)\times$$

$$\times\left\{e^{-\frac{(z-w)^2}{4\eta_z\tau}}+e^{-\frac{(z+w)^2}{4\eta_z\tau}}-2\left(\lambda\sqrt{\pi\eta_z\tau}\right)e^{(z+w)\lambda+\lambda^2\eta_z\tau}\operatorname{erfc}\left(\lambda\sqrt{\eta_z\tau}+\frac{z+w}{2\sqrt{\eta_z\tau}}\right)\right\}dwd\tau+$$

$$+\frac{\pi}{2\phi c_t\sqrt{\eta_z}}\sum_{m=0}^\infty \ni_m\cos(\xi_m\theta)\times$$

$$\times\sum_{n=1}^\infty\frac{\xi_n^2\left\{\lambda_a J_{\mathcal{M}}(\xi_n a)+\xi_n J'_{\mathcal{M}}(\xi_n a)\right\}^2\mathcal{V}_{\mathcal{N}\mathcal{M}}(\xi r,b)}{\left[\left\{1-\left(\frac{\mathcal{M}}{\xi_n b}\right)^2\right\}\left\{\xi_n J'_{\mathcal{M}}(\xi_n a)-\lambda J_{\mathcal{M}}(\xi_n a)\right\}^2-\left\{\xi_n^2+\lambda^2-\left(\frac{\mathcal{M}}{a}\right)^2\right\}J'^2_{\mathcal{M}}(\xi_n b)\right]}\times$$

$$\times\int_0^t\overline{\overline{\psi}}(\xi_n,\xi_m,t-\tau)e^{-\eta_r\xi_n^2\tau}\left\{\frac{e^{-\frac{z^2}{4\eta_z\tau}}}{\sqrt{\pi\tau}}-\lambda\sqrt{\eta_z}e^{z\lambda+\lambda^2\eta_z\tau}\operatorname{erfc}\left(\lambda\sqrt{\eta_z\tau}+\frac{z}{2\sqrt{\eta_z\tau}}\right)\right\}d\tau+$$

$$+\frac{1}{2\vartheta\phi c_t}\sqrt{\frac{\pi^3}{\eta_z}}\sum_{m=0}^\infty \ni_m\cos(\xi_m\theta)\times$$

$$\times\sum_{n=1}^\infty\frac{\xi_n^2\left\{\xi_n J'_{\mathcal{M}}(\xi_n a)-\lambda J_{\mathcal{M}}(\xi_n a)\right\}^2\mathcal{V}_{\mathcal{N}\mathcal{M}}(\xi r,b)}{\left[\left\{1-\left(\frac{\mathcal{M}}{\xi_n b}\right)^2\right\}\left\{\xi_n J'_{\mathcal{M}}(\xi_n a)-\lambda J_{\mathcal{M}}(\xi_n a)\right\}^2-\left\{\xi_n^2+\lambda^2-\left(\frac{\mathcal{M}}{a}\right)^2\right\}J'^2_{\mathcal{M}}(\xi_n b)\right]}\times$$

$$\times\int_0^t\frac{e^{-\eta_r\xi_n^2\tau}}{\sqrt{\tau}}\int_a^b\frac{\mathcal{V}_{\mathcal{N}\mathcal{M}}(\xi_n u,b)}{u}\int_0^\infty\left\{\psi_0(u,w,t-\tau)+(-1)^{m+1}\psi_\vartheta(u,w,t-\tau)\right\}\times$$

$$\times\left\{e^{-\frac{(z-w)^2}{4\eta_z\tau}}+e^{-\frac{(z+w)^2}{4\eta_z\tau}}-2\left(\lambda\sqrt{\pi\eta_z\tau}\right)e^{(z+w)\lambda+\lambda^2\eta_z\tau}\operatorname{erfc}\left(\lambda\sqrt{\eta_z\tau}+\frac{z+w}{2\sqrt{\eta_z\tau}}\right)\right\}dwdud\tau+$$

$$+\frac{1}{2\vartheta}\sqrt{\frac{\pi^3}{\eta_z t}}\sum_{m=0}^\infty \ni_m\cos(\xi_m\theta)\times$$

$$\times\sum_{n=1}^\infty\frac{\xi_n^2\left\{\lambda_a J_{\mathcal{M}}(\xi_n a)+\xi_n J'_{\mathcal{M}}(\xi_n a)\right\}^2\mathcal{V}_{\mathcal{N}\mathcal{M}}(\xi r,b)}{\left[\left\{1-\left(\frac{\mathcal{M}}{\xi_n b}\right)^2\right\}\left\{\xi_n J'_{\mathcal{M}}(\xi_n a)-\lambda J_{\mathcal{M}}(\xi_n a)\right\}^2-\left\{\xi_n^2+\lambda^2-\left(\frac{\mathcal{M}}{a}\right)^2\right\}J'^2_{\mathcal{M}}(\xi_n b)\right]}\times$$

$$\times\int_0^\infty\overline{\overline{\varphi}}(\xi_n,\xi_m,w)\left\{e^{-\frac{(z-w)^2}{4\eta_z\tau}}+e^{-\frac{(z+w)^2}{4\eta_z\tau}}-2\left(\lambda\sqrt{\pi\eta_z\tau}\right)e^{(z+w)\lambda+\lambda^2\eta_z\tau}\operatorname{erfc}\left(\lambda\sqrt{\eta_z\tau}+\frac{z+w}{2\sqrt{\eta_z\tau}}\right)\right\}dw \tag{28.55.2}$$

where $\overline{\overline{\psi}}(\xi_n,\xi_m,t)=\int_a^b u\mathcal{V}_{\mathcal{N}\mathcal{M}}(\xi_n u)\int_0^\vartheta\psi(u,v,t)\cos(\xi_m v)dvdu$, $\overline{\psi}_a(\xi_m,w,t)=\int_0^\vartheta\psi_a(v,w,t)\cos(\xi_m v)dv$ and $\overline{\psi}_b(\xi_m,w,t)=\int_0^\vartheta\psi_b(v,w,t)\cos(\xi_m v)dv$.

28.56

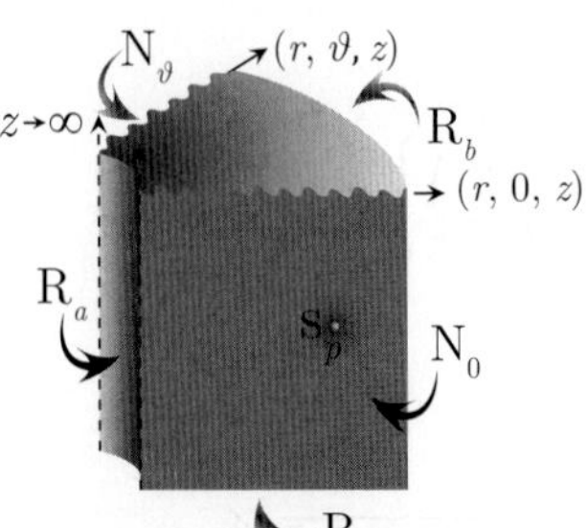

The problem of 28.48, except
$\mathbf{R}\equiv\frac{\partial p(r,\theta,0,t)}{\partial z}-\lambda p(r,\theta,0,t)=-\left(\frac{\mu}{k_z}\right)\psi(r,\theta,t)$,
$\mathbf{R}_a\equiv\frac{\partial p(a,\theta,z,t)}{\partial r}-\lambda_a p(a,\theta,z,t)=-\left(\frac{\mu}{k_r}\right)\psi_a(\theta,z,t)$,
$\mathbf{R}_b\equiv\frac{\partial p(b,\theta,z,t)}{\partial r}+\lambda_b p(b,\theta,z,t)=-\left(\frac{\mu}{k_r}\right)\psi_b(\theta,z,t)$,
$\mathbf{N}_0\equiv\frac{\partial p(r,0,z,t)}{\partial\theta}=-\left(\frac{\mu}{k_\theta}\right)\psi_0(r,z,t)$ **and**
$\mathbf{N}_\vartheta\equiv\frac{\partial p(r,\vartheta,z,t)}{\partial\theta}=-\left(\frac{\mu}{k_\theta}\right)\psi_\vartheta(r,z,t)$

Successive application of the Laplace, Fourier and finite Hankel transformations to equation (22.1.1) gives

$$\overline{\overline{\overline{p}}} = \frac{q(s)\,e^{-st_0}\cos(\xi_m\theta)\{m\cos(lz_0)+\lambda\sin(lz_0)\}\{\xi_n\mathcal{V}_{\mathcal{NM}}(\xi_n r_0,a)-\lambda_a\mathcal{V}_{\mathcal{DM}}(\xi_n r_0,a)\}}{\phi c_t(\eta_r\xi_n^2+\eta_z l^2+s)}+$$
$$+\frac{\int_a^b\frac{\{\xi_n\mathcal{V}_{\mathcal{NM}}(\xi_n u,a)-\lambda_a\mathcal{V}_{\mathcal{DM}}(\xi_n u,a)\}}{u}\left\{\overline{\overline{\psi}}_0(u,l,s)+(-1)^{m+1}\overline{\overline{\psi}}_\vartheta(u,l,s)\right\}du}{\phi c_t(\eta_r\xi_n^2+\eta_z l^2+s)}+$$
$$+\frac{2\overline{\overline{\overline{\psi}}}_a(\xi_m,l,s)}{\pi\phi c_t(\eta_r\xi_n^2+\eta_z l^2+s)}-\frac{2\{\xi_n J'_{\mathcal{M}}(\xi_n a)-\lambda_a J_{\mathcal{M}}(\xi_n a)\}\overline{\overline{\overline{\psi}}}_b(\xi_m,l,s)}{\pi\phi c_t(\eta_r\xi_n^2+\eta_z l^2+s)\{\xi_n J'_{\mathcal{M}}(\xi_n b)+\lambda_b J_{\mathcal{M}}(\xi_n b)\}}+$$
$$+\frac{l\overline{\overline{\overline{\psi}}}(\xi_n,\xi_m,s)}{\phi c_t(\eta_r\xi_n^2+\eta_z l^2+s)}+\frac{\overline{\overline{\overline{\varphi}}}(\xi_n,\xi_m,l)}{(\eta_r\xi_n^2+\eta_z l^2+s)} \tag{28.56.1}$$

where $\overline{\overline{p}} = \int_a^b \overline{p}r\{\xi_n\mathcal{V}_{\mathcal{NM}}(\xi_n r,a)-\lambda_a\mathcal{V}_{\mathcal{DM}}(\xi_n r,a)\}dr$, $\xi_n, n = 1,2,...$, are the positive roots of $\lambda_a\{\mathcal{V}'_{\mathcal{DM}}(\xi_n b,a)+\lambda_b\mathcal{V}_{\mathcal{DM}}(\xi_n b,a)\}-\xi_n\{\mathcal{V}'_{\mathcal{NM}}(\xi_n b,a)+\lambda_b\mathcal{V}_{\mathcal{NM}}(\xi_n b,a)\}=0$,
$\overline{\overline{\overline{\psi}}}(\xi_n,\xi_m,s)=\int_a^b u\{\xi_n\mathcal{V}_{\mathcal{NM}}(\xi_n u,a)-\lambda_a\mathcal{V}_{\mathcal{DM}}(\xi_n u,a)\}\int_0^\vartheta\overline{\psi}(u,v,s)\cos(\xi_m v)dvdu$,
$\overline{\overline{\overline{\psi}}}_a(\xi_m,l,s)=\int_0^\vartheta\cos(\xi_m v)\int_0^\infty\overline{\psi}_a(v,w,s)\{l\cos(lw)+\lambda\sin(lw)\}dwdv$,
$\overline{\overline{\overline{\psi}}}_b(\xi_m,l,s)=\int_0^\vartheta\cos(\xi_m v)\int_0^\infty\overline{\psi}_b(v,w,s)\{l\cos(lw)+\lambda\sin(lw)\}dwdv$,
$\overline{\overline{\overline{\varphi}}}(\xi_n,\xi_m,l)=\int_a^b u\{\xi_n\mathcal{V}_{\mathcal{NM}}(\xi_n u,a)-\lambda_a\mathcal{V}_{\mathcal{DM}}(\xi_n u,a)\}\times$
$\times\int_0^\vartheta\cos(\xi_m v)\int_0^\infty\varphi(u,v,w)\{l\cos(lw)+\lambda\sin(lw)\}dwdvdu$. The inverse Hankel transform of equation (28.56.1) yields

$$\overline{p} = \frac{\pi^2 q(s)e^{-st_0}}{2\vartheta\phi c_t\sqrt{\eta_z}}\sum_{m=0}^{\infty}\ni_m\cos(\xi_m\theta_0)\cos(\xi_m\theta)\sum_{n=1}^{\infty}\frac{\xi_n^2\{\xi_n J'_{\mathcal{M}}(\xi_n b)+\lambda_b J_{\mathcal{M}}(\xi_n b)\}^2}{\sqrt{(\eta_r\xi_n^2+s)}}\times$$
$$\times\frac{\{\xi_n\mathcal{V}_{\mathcal{NM}}(\xi_n r_0,a)-\lambda_a\mathcal{V}_{\mathcal{DM}}(\xi_n r_0,a)\}\{\xi_n\mathcal{V}_{\mathcal{NM}}(\xi_n r,a)-\lambda_a\mathcal{V}_{\mathcal{DM}}(\xi_n r,a)\}}{g_{\mathcal{M}}(\xi_n;a,b)}\times$$
$$\times\left\{e^{-|z-z_0|\sqrt{\frac{\eta_r\xi_n^2+s}{\eta_z}}}+\left(\frac{\sqrt{\eta_r\xi_n^2+s}-\lambda\sqrt{\eta_z}}{\sqrt{\eta_r\xi_n^2+s}+\lambda\sqrt{\eta_z}}\right)e^{-|z+z_0|\sqrt{\frac{\eta_r\xi_n^2+s}{\eta_z}}}\right\}+$$
$$+\frac{\pi}{\vartheta\phi c_t\sqrt{\eta_z}}\sum_{m=0}^{\infty}\ni_m\cos(\xi_m\theta)\sum_{n=1}^{\infty}\frac{\xi_n^2\{\xi_n J'_{\mathcal{M}}(\xi_n b)+\lambda_b J_{\mathcal{M}}(\xi_n b)\}^2\{\xi_n\mathcal{V}_{\mathcal{NM}}(\xi_n r,a)-\lambda_a\mathcal{V}_{\mathcal{DM}}(\xi_n r,a)\}}{g_{\mathcal{M}}(\xi_n;a,b)}\times$$
$$\times\frac{1}{\sqrt{\eta_r\xi_n^2+s}}\int_0^\infty\overline{\overline{\psi}}_a(\xi_m,w,s)\left\{e^{-|z-w|\sqrt{\frac{\eta_r\xi_n^2+s}{\eta_z}}}+\left(\frac{\sqrt{\eta_r\xi_n^2+s}-\lambda\sqrt{\eta_z}}{\sqrt{\eta_r\xi_n^2+s}+\lambda\sqrt{\eta_z}}\right)e^{-|z+w|\sqrt{\frac{\eta_r\xi_n^2+s}{\eta_z}}}\right\}dw-$$
$$-\frac{\pi}{\vartheta\phi c_t\sqrt{\eta_z}}\sum_{m=0}^{\infty}\ni_m\cos(\xi_m\theta)\times$$
$$\times\sum_{n=1}^{\infty}\frac{\xi_n^2\{\xi_n J'_{\mathcal{M}}(\xi_n b)+\lambda_b J_{\mathcal{M}}(\xi_n b)\}\{\xi_n J'_{\mathcal{M}}(\xi_n a)+\lambda_a J_{\mathcal{M}}(\xi_n a)\}\{\xi_n\mathcal{V}_{\mathcal{NM}}(\xi_n r,a)-\lambda_a\mathcal{V}_{\mathcal{DM}}(\xi_n r,a)\}}{g_{\mathcal{M}}(\xi_n;a,b)}\times$$
$$\times\frac{1}{\sqrt{\eta_r\xi_n^2+s}}\int_0^\infty\overline{\overline{\psi}}_b(\xi_m,w,s)\left\{e^{-|z-w|\sqrt{\frac{\eta_r\xi_n^2+s}{\eta_z}}}+\left(\frac{\sqrt{\eta_r\xi_n^2+s}-\lambda\sqrt{\eta_z}}{\sqrt{\eta_r\xi_n^2+s}+\lambda\sqrt{\eta_z}}\right)e^{-|z+w|\sqrt{\frac{\eta_r\xi_n^2+s}{\eta_z}}}\right\}dw+$$
$$+\frac{\pi}{2\phi c_t\sqrt{\eta_z}}\sum_{m=0}^{\infty}\ni_m\cos(\xi_m\theta)\sum_{n=1}^{\infty}\frac{\overline{\overline{\psi}}(\xi_n,\xi_m,s)}{\left(\sqrt{\eta_r\xi_n^2+s}+\lambda\sqrt{\eta_z}\right)}\times$$
$$\times\frac{\xi_n^2\{\xi_n J'_{\mathcal{M}}(\xi_n b)+\lambda_b J_{\mathcal{M}}(\xi_n b)\}^2\{\xi_n\mathcal{V}_{\mathcal{NM}}(\xi_n r,a)-\lambda_a\mathcal{V}_{\mathcal{DM}}(\xi_n r,a)\}e^{-z\sqrt{\frac{\eta_r\xi_n^2+s}{\eta_z}}}}{g_{\mathcal{M}}(\xi_n;a,b)}+$$
$$+\frac{\pi^2}{2\vartheta\phi c_t\sqrt{\eta_z}}\sum_{m=0}^{\infty}\ni_m\cos(\xi_m\theta)\times$$

$$\times\sum_{n=1}^{\infty}\frac{\xi_n^2\left\{\xi_n J'_{\mathcal{M}}\left(\xi_n b\right)+\lambda_b J_{\mathcal{M}}\left(\xi_n b\right)\right\}^2\left\{\xi_n \mathcal{V}_{\mathcal{NM}}\left(\xi_n r,a\right)-\lambda_a \mathcal{V}_{\mathcal{DM}}\left(\xi_n r,a\right)\right\}}{\left[\left\{\xi_n^2+\lambda_b^2-\left(\frac{\mathcal{M}}{b}\right)^2\right\}\left\{\xi_n J'_{\mathcal{M}}\left(\xi_n a\right)-\lambda_a J_{\mathcal{M}}\left(\xi_n a\right)\right\}^2-\left\{\xi_n^2+\lambda_a^2-\left(\frac{\mathcal{M}}{a}\right)^2\right\}\left\{\xi_n J'_{\mathcal{M}}\left(\xi_n b\right)+\lambda J_{\mathcal{M}}\left(\xi_n b\right)\right\}^2\right]}\times$$

$$\times\int_a^b\frac{\left\{\xi_n \mathcal{V}_{\mathcal{NM}}\left(\xi_n u,a\right)-\lambda_a \mathcal{V}_{\mathcal{DM}}\left(\xi_n u,a\right)\right\}}{u}\int_0^{\infty}\left\{\overline{\psi}_0\left(u,w,s\right)+(-1)^{m+1}\,\overline{\psi}_{\vartheta}\left(u,w,s\right)\right\}\times$$

$$\times\left\{e^{-|z-w|\sqrt{\frac{\eta_r\xi_n^2+s}{\eta_z}}}+\left(\frac{\sqrt{\eta_r\xi_n^2+s}-\lambda\sqrt{\eta_z}}{\sqrt{\eta_r\xi_n^2+s}+\lambda\sqrt{\eta_z}}\right)e^{-|z+w|\sqrt{\frac{\eta_r\xi_n^2+s}{\eta_z}}}\right\}dwdu+$$

$$+\frac{\pi^2}{2\vartheta\sqrt{\eta_z}}\sum_{m=0}^{\infty}\ni_m\cos(\xi_m\theta)\sum_{n=1}^{\infty}\frac{\xi_n^2\left\{\xi_n J'_{\mathcal{M}}\left(\xi_n b\right)+\lambda_b J_{\mathcal{M}}\left(\xi_n b\right)\right\}^2\left\{\xi_n \mathcal{V}_{\mathcal{NM}}\left(\xi_n r,a\right)-\lambda_a \mathcal{V}_{\mathcal{DM}}\left(\xi_n r,a\right)\right\}}{g_{\mathcal{M}}\left(\xi_n;a,b\right)}\times$$

$$\times\frac{1}{\sqrt{\eta_r\xi_n^2+s}}\int_0^{\infty}\overline{\overline{\varphi}}\left(\xi_n,\xi_m,w\right)\left\{e^{-|z-w|\sqrt{\frac{\eta_r\xi_n^2+s}{\eta_z}}}+\left(\frac{\sqrt{\eta_r\xi_n^2+s}-\lambda\sqrt{\eta_z}}{\sqrt{\eta_r\xi_n^2+s}+\lambda\sqrt{\eta_z}}\right)e^{-|z+w|\sqrt{\frac{\eta_r\xi_n^2+s}{\eta_z}}}\right\}dw \qquad (28.56.2)$$

where

$$g_{\mathcal{M}}(\xi_n;a,b)=\left[\left\{\xi_n^2+\lambda_b^2-\left(\frac{\mathcal{M}}{b}\right)^2\right\}\left\{\xi_n J'_{\mathcal{M}}\left(\xi_n a\right)-\lambda_a J_{\mathcal{M}}\left(\xi_n a\right)\right\}^2-\left\{\xi_n^2+\lambda_a^2-\left(\frac{\mathcal{M}}{a}\right)^2\right\}\left\{\xi_n J'_{\mathcal{M}}\left(\xi_n b\right)+\lambda J_{\mathcal{M}}\left(\xi_n b\right)\right\}^2\right]$$

$$p\ =\ \frac{U\left(t-t_0\right)}{2\vartheta\phi c_t}\sqrt{\frac{\pi^3}{\eta_z}}\sum_{m=0}^{\infty}\ni_m\cos\left(\xi_m\theta_0\right)\cos\left(\xi_m\theta\right)\times$$

$$\times\sum_{n=1}^{\infty}\frac{\xi_n^2\left\{\xi_n J'_{\mathcal{M}}\left(\xi_n b\right)+\lambda_b J_{\mathcal{M}}\left(\xi_n b\right)\right\}^2\left\{\xi_n \mathcal{V}_{\mathcal{NM}}\left(\xi_n r_0,a\right)-\lambda_a \mathcal{V}_{\mathcal{DM}}\left(\xi_n r_0,a\right)\right\}}{g_{\mathcal{M}}\left(\xi_n;a,b\right)}\times$$

$$\times\left\{\xi_n \mathcal{V}_{\mathcal{NM}}\left(\xi_n r,a\right)-\lambda_a \mathcal{V}_{\mathcal{DM}}\left(\xi_n r,a\right)\right\}\times$$

$$\times\int_0^{t-t_0}\frac{q(t-t_0-\tau)e^{-\eta_r\xi_n^2\tau}}{\sqrt{\tau}}\left\{e^{-\frac{(z-z_0)^2}{4\eta_z\tau}}+e^{-\frac{(z+z_0)^2}{4\eta_z\tau}}-2\left(\lambda\sqrt{\pi\eta_z\tau}\right)e^{(z+z_0)\lambda+\lambda^2\eta_z\tau}\operatorname{erfc}\left(\lambda\sqrt{\eta_z\tau}+\frac{z+z_0}{2\sqrt{\eta_z\tau}}\right)\right\}d\tau+$$

$$+\frac{1}{\vartheta\phi c_t}\sqrt{\frac{\pi}{\eta_z}}\sum_{m=0}^{\infty}\ni_m\cos(\xi_m\theta)\sum_{n=1}^{\infty}\frac{\xi_n^2\left\{\xi_n J'_{\mathcal{M}}(\xi_n b)+\lambda_b J_{\mathcal{M}}(\xi_n b)\right\}^2\left\{\xi_n \mathcal{V}_{\mathcal{NM}}\left(\xi_n r,a\right)-\lambda_a \mathcal{V}_{\mathcal{DM}}\left(\xi_n r,a\right)\right\}}{g_{\mathcal{M}}\left(\xi_n;a,b\right)}\times$$

$$\times\int_0^t\frac{e^{-\eta_r\xi_n^2\tau}}{\sqrt{\tau}}\int_0^{\infty}\overline{\psi}_a\left(\xi_m,w,t-\tau\right)\times$$

$$\times\left\{e^{-\frac{(z-w)^2}{4\eta_z\tau}}+e^{-\frac{(z+w)^2}{4\eta_z\tau}}-2\left(\lambda\sqrt{\pi\eta_z\tau}\right)e^{(z+w)\lambda+\lambda^2\eta_z\tau}\operatorname{erfc}\left(\lambda\sqrt{\eta_z\tau}+\frac{z+w}{2\sqrt{\eta_z\tau}}\right)\right\}dwd\tau-$$

$$-\frac{1}{\vartheta\phi c_t}\sqrt{\frac{\pi}{\eta_z}}\sum_{m=0}^{\infty}\ni_m\cos(\xi_m\theta)\sum_{n=1}^{\infty}\frac{\xi_n^2\left\{\xi_n J'_{\mathcal{M}}\left(\xi_n b\right)+\lambda_b J_{\mathcal{M}}\left(\xi_n b\right)\right\}\left\{\xi_n J'_{\mathcal{M}}\left(\xi_n a\right)+\lambda_a J_{\mathcal{M}}\left(\xi_n a\right)\right\}}{g_{\mathcal{M}}\left(\xi_n;a,b\right)}\times$$

$$\times\left\{\xi_n \mathcal{V}_{\mathcal{NM}}\left(\xi_n r,a\right)-\lambda_a \mathcal{V}_{\mathcal{DM}}\left(\xi_n r,a\right)\right\}\int_0^t\frac{e^{-\eta_r\xi_n^2\tau}}{\sqrt{\tau}}\int_0^{\infty}\overline{\psi}_b\left(\xi_m,w,t-\tau\right)\times$$

$$\times\left\{e^{-\frac{(z-w)^2}{4\eta_z\tau}}+e^{-\frac{(z+w)^2}{4\eta_z\tau}}-2\left(\lambda\sqrt{\pi\eta_z\tau}\right)e^{(z+w)\lambda+\lambda^2\eta_z\tau}\operatorname{erfc}\left(\lambda\sqrt{\eta_z\tau}+\frac{z+w}{2\sqrt{\eta_z\tau}}\right)\right\}dwd\tau+$$

$$+\frac{\pi}{2\phi c_t\sqrt{\eta_z}}\sum_{m=0}^{\infty}\ni_m\cos(\xi_m\theta)\sum_{n=1}^{\infty}\frac{\xi_n^2\left\{\xi_n J'_{\mathcal{M}}\left(\xi_n b\right)+\lambda_b J_{\mathcal{M}}\left(\xi_n b\right)\right\}^2\left\{\xi_n \mathcal{V}_{\mathcal{NM}}\left(\xi_n r,a\right)-\lambda_a \mathcal{V}_{\mathcal{DM}}\left(\xi_n r,a\right)\right\}}{g_{\mathcal{M}}\left(\xi_n;a,b\right)}\times$$

$$\times\int_0^t\overline{\overline{\psi}}\left(\xi_n,\xi_m,t-\tau\right)e^{-\eta_r\xi_n^2\tau}\left\{\frac{e^{-\frac{z^2}{4\eta_z\tau}}}{\sqrt{\pi\tau}}-\lambda\sqrt{\eta_z}e^{z\lambda+\lambda^2\eta_z\tau}\operatorname{erfc}\left(\lambda\sqrt{\eta_z\tau}+\frac{z}{2\sqrt{\eta_z\tau}}\right)\right\}d\tau+$$

$$+\frac{1}{2\vartheta\phi c_t}\sqrt{\frac{\pi^3}{\eta_z}}\sum_{m=0}^{\infty}\ni_m\cos\left(\xi_m\theta\right)\times$$

$$\times \sum_{n=1}^{\infty} \frac{\xi_n^2 \left\{\xi_n J'_{\mathcal{M}}(\xi_n b) + \lambda_b J_{\mathcal{M}}(\xi_n b)\right\}^2 \left\{\xi_n \mathcal{V}_{\mathcal{NM}}(\xi_n r, a) - \lambda_a \mathcal{V}_{\mathcal{DM}}(\xi_n r, a)\right\}}{\left[\left\{\xi_n^2 + \lambda_b^2 - \left(\frac{\mathcal{M}}{b}\right)^2\right\}\left\{\xi_n J'_{\mathcal{M}}(\xi_n a) - \lambda_a J_{\mathcal{M}}(\xi_n a)\right\}^2 - \left\{\xi_n^2 + \lambda_a^2 - \left(\frac{\mathcal{M}}{a}\right)^2\right\}\left\{\xi_n J'_{\mathcal{M}}(\xi_n b) + \lambda J_{\mathcal{M}}(\xi_n b)\right\}^2\right]} \times$$

$$\times \int_0^t \frac{e^{-\eta_r \xi_n^2 \tau}}{\sqrt{\tau}} \int_a^b \frac{\left\{\xi_n \mathcal{V}_{\mathcal{NM}}(\xi_n u, a) - \lambda_a \mathcal{V}_{\mathcal{DM}}(\xi_n u, a)\right\}}{u} \int_0^\infty \left\{\psi_0(u, w, t-\tau) + (-1)^{m+1} \psi_\vartheta(u, w, t-\tau)\right\} \times$$

$$\times \left\{e^{-\frac{(z-w)^2}{4\eta_z \tau}} + e^{-\frac{(z+w)^2}{4\eta_z \tau}} - 2\left(\lambda\sqrt{\pi\eta_z \tau}\right) e^{(z+w)\lambda + \lambda^2 \eta_z \tau} \operatorname{erfc}\left(\lambda\sqrt{\eta_z \tau} + \frac{z+w}{2\sqrt{\eta_z \tau}}\right)\right\} dw du d\tau +$$

$$+\frac{1}{2\vartheta}\sqrt{\frac{\pi^3}{\eta_z t}} \sum_{m=0}^{\infty} \ni_m \cos(\xi_m \theta) \sum_{n=1}^{\infty} \frac{\xi_n^2 \left\{\xi_n J'_{\mathcal{M}}(\xi_n b) + \lambda_b J_{\mathcal{M}}(\xi_n b)\right\}^2 \left\{\xi_n \mathcal{V}_{\mathcal{NM}}(\xi_n r, a) - \lambda_a \mathcal{V}_{\mathcal{DM}}(\xi_n r, a)\right\}}{g_{\mathcal{M}}(\xi_n; a, b)} \times$$

$$\times \int_0^\infty \overline{\overline{\varphi}}(\xi_n, \xi_m, w) \left\{e^{-\frac{(z-w)^2}{4\eta_z \tau}} + e^{-\frac{(z+w)^2}{4\eta_z \tau}} - 2\left(\lambda\sqrt{\pi\eta_z \tau}\right) e^{(z+w)\lambda + \lambda^2 \eta_z \tau} \operatorname{erfc}\left(\lambda\sqrt{\eta_z \tau} + \frac{z+w}{2\sqrt{\eta_z \tau}}\right)\right\} dw \tag{28.56.3}$$

where $\overline{\overline{\overline{\psi}}}(\xi_n, \xi_m, s) = \int_a^b u\left\{\xi_n \mathcal{V}_{\mathcal{NM}}(\xi_n u, a) - \lambda_a \mathcal{V}_{\mathcal{DM}}(\xi_n u, a)\right\} \int_0^\vartheta \overline{\psi}(u, v, s) \cos(\xi_m v) dv du$,
$\overline{\overline{\psi}}(\xi_n, \xi_m, t) = \int_a^b u\left\{\xi_n \mathcal{V}_{\mathcal{NM}}(\xi_n u, a) - \lambda_a \mathcal{V}_{\mathcal{DM}}(\xi_n u, a)\right\} \int_0^\vartheta \psi(u, v, t) \cos(\xi_m v) dv du$,
$\overline{\overline{\psi}}_a(\xi_m, w, s) = \int_0^\vartheta \overline{\psi}_a(v, w, s) \cos(\xi_m v) dv$, $\overline{\psi}_a(\xi_m, w, t) = \int_0^\vartheta \psi_a(v, w, t) \cos(\xi_m v) dv$,
$\overline{\overline{\psi}}_b(\xi_m, w, s) = \int_0^\vartheta \overline{\psi}_b(v, w, s) \cos(\xi_m v) dv$, $\overline{\psi}_b(\xi_m, w, t) = \int_0^\vartheta \psi_b(v, w, t) \cos(\xi_m v) dv$, and
$\overline{\overline{\varphi}}(\xi_n, \xi_m, u) = \int_a^b u\left\{\xi_n \mathcal{V}_{\mathcal{NM}}(\xi_n u, a) - \lambda_a \mathcal{V}_{\mathcal{DM}}(\xi_n u, a)\right\} \int_0^\vartheta \varphi(u, v, w) \cos(\xi_m v) dv du$.

Chapter 29

Wedge. The range of the variable θ is a portion of the circle; that is, $0 \le \theta \le \vartheta$, where $\vartheta < 2\pi$. The independent variable z is bounded by the planes $z = 0$ and $z = d$. $p(r, \theta, z, t)$ is a function of r, θ, z and t

29.1 **A cylindrical continuum bounded by $0 \le r \le a$ and $0 \le z \le d$ and $0 \le \theta \le \vartheta$; $\vartheta < 2\pi$. Point source at $s_p \equiv (r_0, \theta_0, z_0)$ at time $t = t_0$; $0 < r_0 < a$, $0 \le \theta_0 \le \vartheta$, $0 < z_0 < d$, $t_0 \ge 0$. $D_a \equiv p(a, \theta, z, t) = \psi_a(\theta, z, t)$, $D_{\theta 0} \equiv p(r, \theta, 0, t) = \psi_{\theta 0}(r, \theta, t)$, $D_{\theta d} \equiv p(r, \theta, d, t) = \psi_{\theta d}(r, \theta, t)$, $D_{0z} \equiv p(r, 0, z, t) = \psi_{0z}(r, z, t)$ and $D_{\vartheta z} \equiv p(r, \vartheta, z, t) = \psi_{\vartheta z}(r, z, t)$. The initial pressure $p(r, \theta, z, 0) = \varphi(r, \theta, z)$**

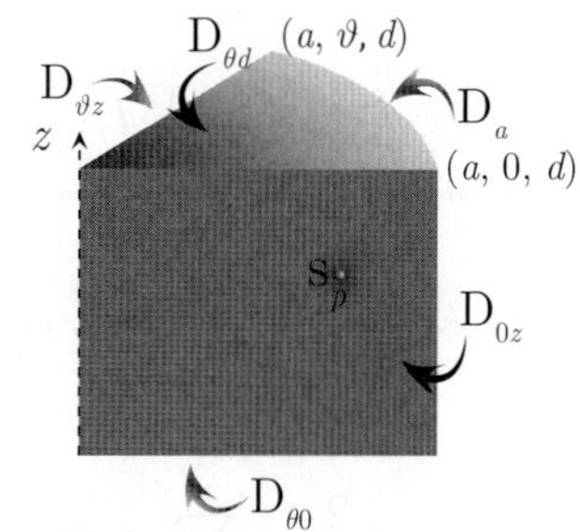

Successive application of the Laplace, Fourier and finite Hankel transformations to equation (22.1.1) gives

$$\overline{\overline{\overline{p}}} = \frac{q(s)\, e^{-st_0} \sin(\xi_l z_0) \sin(\xi_m \theta_0) J_{\mathcal{M}}(\xi_n r_0)}{\phi c_t \left(\eta_r \xi_n^2 + \eta_z \xi_l^2 + s\right)} - \frac{a \eta_r \xi_n \overline{\overline{\psi}}_a(\xi_m, \xi_l, s) J'_{\mathcal{M}}(\xi_n a)}{\left(\eta_r \xi_n^2 + \eta_z \xi_l^2 + s\right)} + $$
$$+ \frac{\xi_m \eta_\theta \int_0^a \frac{J_{\mathcal{M}}(\xi_n u)}{u} \left\{ \overline{\overline{\psi}}_{0z}(u, \xi_l, s) - (-1)^m \overline{\overline{\psi}}_{\vartheta z}(u, \xi_l, s) \right\} du}{\left(\eta_r \xi_n^2 + \eta_z \xi_l^2 + s\right)} + $$
$$+ \frac{\eta_z \xi_l \left\{ (-1)^{l+1} \overline{\overline{\psi}}_{\theta d}(\xi_n, \xi_m, s) + \overline{\overline{\psi}}_{\theta 0}(\xi_n, \xi_m, s) \right\}}{\left(\eta_r \xi_n^2 + \eta_z \xi_l^2 + s\right)} + \frac{\overline{\overline{\varphi}}(\xi_n, \xi_m, \xi_l)}{\left(\eta_r \xi_n^2 + \eta_z \xi_l^2 + s\right)} \tag{29.1.1}$$

where ξ_n are the positive roots of $J_{\mathcal{M}}(\xi_n a) = 0$, $n = 1, 2, ...$, $\xi_l = \frac{l\pi}{d}, l = 1, 2, ...$, $\xi_m = \frac{m\pi}{d}, m = 0, 1, ...$, $\mathcal{M} = \xi_m \dot{o}$, $\dot{o} = \sqrt{\frac{\eta_\theta}{\eta_r}}$, $\overline{\overline{\psi}}_{\theta 0}(\xi_n, \xi_m, s) = \int_0^a u J_{\mathcal{M}}(\xi_n u) \int_0^\vartheta \overline{\psi}_{\theta 0}(u, v, s) \sin(\xi_m v) dv du$, $\overline{\overline{\psi}}_{\theta d}(\xi_n, \xi_m, s) = \int_0^a u J_{\mathcal{M}}(\xi_n u) \int_0^\vartheta \overline{\psi}_{\theta d}(u, v, s) \sin(\xi_m v) dv du$, $\overline{\overline{\psi}}_{0z}(u, \xi_l, s) = \int_0^d \overline{\psi}_{0z}(u, w, s) \sin(\xi_l w)\, dw$, $\overline{\overline{\psi}}_{\vartheta z}(u, \xi_l, s) = \int_0^d \overline{\psi}_{\vartheta z}(u, w, s) \sin(\xi_l w)\, dw$, $\overline{\overline{\psi}}_a(\xi_m, \xi_l, s) = \int_0^\vartheta \sin(\xi_m v) \int_0^d \overline{\psi}_a(v, w, s) \sin(\xi_l w)\, dw dv$, and $\overline{\overline{\varphi}}(\xi_n, \xi_m, \xi_l) = \int_0^a u J_{\mathcal{M}}(\xi_n u) \int_0^\vartheta \sin(\xi_m v) \int_0^d \varphi(u, v, w) \sin(\xi_l w)\, dw dv du$. The inverse Fourier and Hankel transforms of equation (29.1.1) yield

$$\overline{p} = \frac{2q(s)\,e^{-st_0}}{\vartheta a^2\phi c_t\sqrt{\eta_z}}\sum_{m=1}^{\infty}\sin(\xi_m\theta_0)\sin(\xi_m\theta)\sum_{n=1}^{\infty}\frac{J_{\mathcal{M}}(\xi_n r_0)\,J_{\mathcal{M}}(\xi_n r)\operatorname{csch}\left(d\sqrt{\frac{\eta_r\xi_n^2+s}{\eta_z}}\right)}{J_{\mathcal{M}}'^2(\xi_n a)\sqrt{(\eta_r\xi_n^2+s)}}\times$$

$$\times\left[\cosh\left\{(d-|z-z_0|)\sqrt{\frac{\eta_r\xi_n^2+s}{\eta_z}}\right\}-\cosh\left\{(d-z-z_0)\sqrt{\frac{\eta_r\xi_n^2+s}{\eta_z}}\right\}\right]-$$

$$-\frac{2\eta_r}{\vartheta a\sqrt{\eta_z}}\sum_{m=1}^{\infty}\sin(\xi_m\theta)\sum_{n=1}^{\infty}\frac{\xi_n J_{\mathcal{M}}(\xi_n r)\operatorname{csch}\left(d\sqrt{\frac{\eta_r\xi_n^2+s}{\eta_z}}\right)}{J_{\mathcal{M}}'(\xi_n a)\sqrt{\eta_r\xi_n^2+s}}\times$$

$$\times\int_0^d\overline{\overline{\psi}}_a(\xi_m,w,s)\left[\cosh\left\{(d-|z-w|)\sqrt{\frac{\eta_r\xi_n^2+s}{\eta_z}}\right\}-\cosh\left\{(d-z-w)\sqrt{\frac{\eta_r\xi_n^2+s}{\eta_z}}\right\}\right]dw+$$

$$+\frac{4}{\vartheta a^2}\sum_{m=1}^{\infty}\sin(\xi_m\theta)\sum_{n=1}^{\infty}\frac{J_{\mathcal{M}}(\xi_n r)\operatorname{csch}\left(d\sqrt{\frac{\eta_r\xi_n^2+s}{\eta_z}}\right)}{J_{\mathcal{M}}'^2(\xi_n a)}\times$$

$$\times\left[\overline{\overline{\overline{\psi}}}_{\theta 0}(\xi_n,\xi_m,s)\sinh\left\{(d-z)\sqrt{\frac{\eta_r\xi_n^2+s}{\eta_z}}\right\}+\overline{\overline{\overline{\psi}}}_{\theta d}(\xi_n,\xi_m,s)\sinh\left\{z\sqrt{\frac{\eta_r\xi_n^2+s}{\eta_z}}\right\}\right]+$$

$$+\frac{2\eta_\theta}{\vartheta a^2\sqrt{\eta_z}}\sum_{m=0}^{\infty}\sin(\xi_m\theta)\sum_{n=1}^{\infty}\frac{\operatorname{csch}\left(d\sqrt{\frac{\eta_r\xi_n^2+s}{\eta_z}}\right)J_{\mathcal{M}}(\xi_n r)}{J_{\mathcal{M}}'^2(\xi_n a)\sqrt{(\eta_r\xi_n^2+s)}}\times$$

$$\times\int_0^a\frac{J_{\mathcal{M}}(\xi_n u)}{u}\int_0^d\left\{\overline{\psi}_{0z}(u,w,s)-(-1)^m\,\overline{\psi}_{\vartheta z}(u,w,s)\right\}\times$$

$$\times\left[\cosh\left\{(d-|z-w|)\sqrt{\frac{\eta_r\xi_n^2+s}{\eta_z}}\right\}-\cosh\left\{(d-z-w)\sqrt{\frac{\eta_r\xi_n^2+s}{\eta_z}}\right\}\right]dwdu+$$

$$+\frac{2}{\vartheta a^2\sqrt{\eta_z}}\sum_{m=1}^{\infty}\sin(\xi_m\theta)\sum_{n=1}^{\infty}\frac{J_{\mathcal{M}}(\xi_n r)\operatorname{csch}\left(d\sqrt{\frac{\eta_r\xi_n^2+s}{\eta_z}}\right)}{J_{\mathcal{M}}'^2(\xi_n a)\sqrt{\eta_r\xi_n^2+s}}\times$$

$$\times\int_0^d\overline{\overline{\varphi}}(\xi_n,\xi_m,w)\left[\cosh\left\{(d-|z-w|)\sqrt{\frac{\eta_r\xi_n^2+s}{\eta_z}}\right\}-\cosh\left\{(d-z-w)\sqrt{\frac{\eta_r\xi_n^2+s}{\eta_z}}\right\}\right]dw \quad (29.1.2)$$

and

$$p = \frac{2U(t-t_0)}{\vartheta a^2 d\phi c_t}\sum_{m=1}^{\infty}\sin(\xi_m\theta_0)\sin(\xi_m\theta)\sum_{n=1}^{\infty}\frac{J_{\mathcal{M}}(\xi_n r_0)\,J_{\mathcal{M}}(\xi_n r)}{J_{\mathcal{M}}'^2(\xi_n a)}\times$$

$$\times\int_0^{t-t_0}q(t-t_0-\tau)\left[\Theta_3\left\{\frac{\pi(z-z_0)}{2d},e^{-\left(\frac{\pi}{d}\right)^2\eta_z\tau}\right\}-\Theta_3\left\{\frac{\pi(z+z_0)}{2d},e^{-\left(\frac{\pi}{d}\right)^2\eta_z\tau}\right\}\right]e^{-\eta_r\xi_n^2\tau}d\tau-$$

$$-\frac{2\eta_r}{\vartheta ad}\sum_{m=1}^{\infty}\sin(\xi_m\theta)\sum_{n=1}^{\infty}\frac{\xi_n J_{\mathcal{M}}(\xi_n r)}{J_{\mathcal{M}}'(\xi_n a)}\times$$

$$\times\int_0^t e^{-\eta_r\xi_n^2\tau}\int_0^d\overline{\psi}_a(\xi_m,w,t-\tau)\left[\Theta_3\left\{\frac{\pi(z-w)}{2d},e^{-\left(\frac{\pi}{d}\right)^2\eta_z\tau}\right\}-\Theta_3\left\{\frac{\pi(z+w)}{2d},e^{-\left(\frac{\pi}{d}\right)^2\eta_z\tau}\right\}\right]dwd\tau+$$

$$+\frac{2\eta_z}{\vartheta(ad)^2}\sum_{m=1}^{\infty}\sin(\xi_m\theta)\sum_{n=1}^{\infty}\frac{J_{\mathcal{M}}(\xi_n r)}{J_{\mathcal{M}}'^2(\xi_n a)}\times$$

$$\times \int_0^t \left\{ \Theta_4' \left(\frac{\pi z}{2d}, e^{-\left(\frac{\pi}{d}\right)^2 \eta_z \tau} \right) \overline{\overline{\psi}}_{\theta d}(\xi_n, \xi_m, t-\tau) - \Theta_3' \left(\frac{\pi z}{2d}, e^{-\left(\frac{\pi}{d}\right)^2 \eta_z \tau} \right) \overline{\overline{\psi}}_{\theta 0}(\xi_n, \xi_m, t-\tau) \right\} e^{-\eta_r \xi_n^2 \tau} d\tau +$$

$$+ \frac{2\eta_\theta}{\vartheta a^2 d} \sum_{m=0}^{\infty} \sin(\xi_m \theta) \sum_{n=1}^{\infty} \frac{J_{\mathcal{M}}(\xi_n r)}{J_{\mathcal{M}}'^2(\xi_n a)} \times$$

$$\times \int_0^a \frac{J_{\mathcal{M}}(\xi_n u)}{u} \int_0^d \int_0^t e^{-\eta_r \xi_n^2 \tau} \left\{ \psi_{0z}(u, w, t-\tau) - (-1)^m \psi_{\vartheta z}(u, w, t-\tau) \right\} \times$$

$$\times \left[\Theta_3 \left\{ \frac{\pi(z-w)}{2d}, e^{-\left(\frac{\pi}{d}\right)^2 \eta_z \tau} \right\} - \Theta_3 \left\{ \frac{\pi(z+w)}{2d}, e^{-\left(\frac{\pi}{d}\right)^2 \eta_z \tau} \right\} \right] d\tau dw du +$$

$$+ \frac{2}{\vartheta a^2 d} \sum_{m=1}^{\infty} \sin(\xi_m \theta) \sum_{n=1}^{\infty} \frac{J_{\mathcal{M}}(\xi_n r) e^{-\eta_r \xi_n^2 t}}{J_{\mathcal{M}}'^2(\xi_n a)} \times$$

$$\times \int_0^d \overline{\overline{\varphi}}(\xi_n, \xi_m, w) \left[\Theta_3 \left\{ \frac{\pi(z-w)}{2d}, e^{-\left(\frac{\pi}{d}\right)^2 \eta_z t} \right\} - \Theta_3 \left\{ \frac{\pi(z+w)}{2d}, e^{-\left(\frac{\pi}{d}\right)^2 \eta_z t} \right\} \right] dw \qquad (29.1.3)$$

where $\overline{\psi}_a(\xi_m, z, t) = \int_0^\vartheta \psi_a(v, z, t) \sin(\xi_m v) dv$, $\overline{\overline{\psi}}_a(\xi_m, w, s) = \int_0^\vartheta \overline{\psi}_a(v, w, s) \sin(\xi_m v) dv$
$\overline{\overline{\psi}}_{\theta 0}(\xi_n, \xi_m, t) = \int_0^a u J_{\mathcal{M}}(\xi_n u) \int_0^\vartheta \psi_{0z}(u, v, t) \sin(\xi_m v) dv du$,
$\overline{\overline{\psi}}_{\theta d}(\xi_n, \xi_m, t) = \int_0^a u J_{\mathcal{M}}(\xi_n u) \int_0^\vartheta \psi_{\theta d}(u, v, t) \sin(\xi_m v) dv du$ and
$\overline{\overline{\varphi}}(\xi_n, \xi_m, z) = \int_0^a u J_{\mathcal{M}}(\xi_n u) \int_0^\vartheta \varphi(u, v, z) \sin(\xi_m v) dv du$.

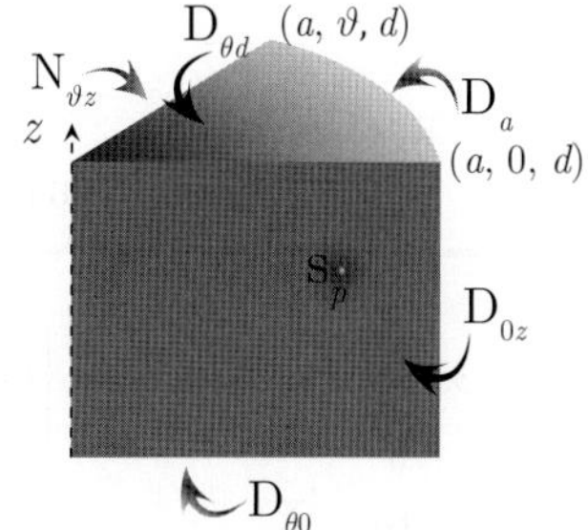

29.2 **The problem of 29.1, except $\mathbf{D_a \equiv p(a, \theta, z, t) = \psi_a(\theta, z, t)}$, $\mathbf{D_{\theta 0} \equiv p(r, \theta, 0, t) = \psi_{\theta 0}(r, \theta, t)}$, $\mathbf{D_{\theta d} \equiv p(r, \theta, d, t) = \psi_{\theta d}(r, \theta, t)}$, $\mathbf{D_{0z} \equiv p(r, 0, z, t) = \psi_{0z}(r, z, t)}$ and $\mathbf{N_{\vartheta z} \equiv \frac{\partial p(r, \vartheta, z, t)}{\partial \theta} = -\left(\frac{\mu}{k_\theta}\right) \psi_{\vartheta z}(r, z, t)}$**

$$\overline{p} = \frac{2q(s) e^{-st_0}}{\vartheta a^2 \phi c_t \sqrt{\eta_z}} \sum_{m=1}^{\infty} \sin(\xi_m \theta_0) \sin(\xi_m \theta) \sum_{n=1}^{\infty} \frac{J_{\mathcal{M}}(\xi_n r_0) J_{\mathcal{M}}(\xi_n r) \operatorname{csch}\left(d\sqrt{\frac{\eta_r \xi_n^2 + s}{\eta_z}}\right)}{J_{\mathcal{M}}'^2(\xi_n a) \sqrt{(\eta_r \xi_n^2 + s)}} \times$$

$$\times \left[\cosh\left\{ (d - |z - z_0|) \sqrt{\frac{\eta_r \xi_n^2 + s}{\eta_z}} \right\} - \cosh\left\{ (d - z - z_0) \sqrt{\frac{\eta_r \xi_n^2 + s}{\eta_z}} \right\} \right] -$$

$$- \frac{2\eta_r}{\vartheta a \sqrt{\eta_z}} \sum_{m=1}^{\infty} \sin(\xi_m \theta) \sum_{n=1}^{\infty} \frac{\xi_n J_{\mathcal{M}}(\xi_n r) \operatorname{csch}\left(d\sqrt{\frac{\eta_r \xi_n^2 + s}{\eta_z}}\right)}{J_{\mathcal{M}}'(\xi_n a) \sqrt{\eta_r \xi_n^2 + s}} \times$$

$$\times \int_0^d \overline{\overline{\psi}}_a(\xi_m, w, s) \left[\cosh\left\{ (d - |z - w|) \sqrt{\frac{\eta_r \xi_n^2 + s}{\eta_z}} \right\} - \cosh\left\{ (d - z - w) \sqrt{\frac{\eta_r \xi_n^2 + s}{\eta_z}} \right\} \right] dw +$$

$$+ \frac{4}{\vartheta a^2} \sum_{m=1}^{\infty} \sin(\xi_m \theta) \sum_{n=1}^{\infty} \frac{J_{\mathcal{M}}(\xi_n r) \operatorname{csch}\left(d\sqrt{\frac{\eta_r \xi_n^2 + s}{\eta_z}}\right)}{J_{\mathcal{M}}'^2(\xi_n a)} \times$$

$$\times \left[\overline{\overline{\overline{\psi}}}_{\theta 0}(\xi_n, \xi_m, s) \sinh\left\{ (d - z) \sqrt{\frac{\eta_r \xi_n^2 + s}{\eta_z}} \right\} + \overline{\overline{\overline{\psi}}}_{\theta d}(\xi_n, \xi_m, s) \sinh\left\{ z \sqrt{\frac{\eta_r \xi_n^2 + s}{\eta_z}} \right\} \right] +$$

$$+\frac{2\eta_\theta}{\vartheta a^2\sqrt{\eta_z}}\sum_{m=0}^{\infty}\ni_m\cos(\xi_m\theta)\sum_{n=1}^{\infty}\frac{\operatorname{csch}\left(d\sqrt{\frac{\eta_r\xi_n^2+s}{\eta_z}}\right)J_{\mathcal{M}}(\xi_n r)}{J_{\mathcal{M}}'^2(\xi_n a)\sqrt{(\eta_r\xi_n^2+s)}}\times$$

$$\times\int_0^a\frac{J_{\mathcal{M}}(\xi_n u)}{u}\int_0^d\left\{\xi_m\overline{\psi}_{0z}(u,w,s)+(-1)^m\left(\frac{\mu}{k_\theta}\right)\overline{\psi}_{\vartheta z}(u,w,s)\right\}\times$$

$$\times\left[\cosh\left\{(d-|z-w|)\sqrt{\frac{\eta_r\xi_n^2+s}{\eta_z}}\right\}-\cosh\left\{(d-z-w)\sqrt{\frac{\eta_r\xi_n^2+s}{\eta_z}}\right\}\right]dwdu+$$

$$+\frac{2}{\vartheta a^2\sqrt{\eta_z}}\sum_{m=1}^{\infty}\sin(\xi_m\theta)\sum_{n=1}^{\infty}\frac{J_{\mathcal{M}}(\xi_n r)\operatorname{csch}\left(d\sqrt{\frac{\eta_r\xi_n^2+s}{\eta_z}}\right)}{J_{\mathcal{M}}'^2(\xi_n a)\sqrt{\eta_r\xi_n^2+s}}\times$$

$$\times\int_0^d\overline{\overline{\varphi}}(\xi_n,\xi_m,w)\left[\cosh\left\{(d-|z-w|)\sqrt{\frac{\eta_r\xi_n^2+s}{\eta_z}}\right\}-\cosh\left\{(d-z-w)\sqrt{\frac{\eta_r\xi_n^2+s}{\eta_z}}\right\}\right]dw \qquad (29.2.1)$$

where ξ_n are the positive roots of $J_{\mathcal{M}}(\xi_n a)=0$, $n=1,2,...$, $\xi_l=\frac{l\pi}{d}$, $l=1,2,...$, $\xi_m=\frac{(2m-1)\pi}{2\vartheta}$, $m=1,2,...$, $\overline{\overline{\psi}}_a(\xi_m,w,s)=\int_0^\vartheta\overline{\psi}_a(v,w,s)\sin(\xi_m v)dv$, $\overline{\overline{\overline{\psi}}}_{\theta 0}(\xi_n,\xi_m,s)=\int_0^a uJ_{\mathcal{M}}(\xi_n u)\int_0^\vartheta\overline{\psi}_{\theta 0}(u,v,s)\sin(\xi_m v)dvdu$, $\overline{\overline{\overline{\psi}}}_{\theta d}(\xi_n,\xi_m,s)=\int_0^a uJ_{\mathcal{M}}(\xi_n u)\int_0^\vartheta\overline{\psi}_{\theta d}(u,v,s)\sin(\xi_m v)dvdu$ and $\overline{\overline{\varphi}}(\xi_n,\xi_m,z)=\int_0^a uJ_{\mathcal{M}}(\xi_n u)\int_0^\vartheta\varphi(u,v,z)\sin(\xi_m v)dvdu$.

$$p=\frac{2U(t-t_0)}{\vartheta a^2 d\phi c_t}\sum_{m=1}^{\infty}\sin(\xi_m\theta_0)\sin(\xi_m\theta)\sum_{n=1}^{\infty}\frac{J_{\mathcal{M}}(\xi_n r_0)J_{\mathcal{M}}(\xi_n r)}{J_{\mathcal{M}}'^2(\xi_n a)}\times$$

$$\times\int_0^{t-t_0}q(t-t_0-\tau)\left[\Theta_3\left\{\frac{\pi(z-z_0)}{2d},e^{-\left(\frac{\pi}{d}\right)^2\eta_z\tau}\right\}-\Theta_3\left\{\frac{\pi(z+z_0)}{2d},e^{-\left(\frac{\pi}{d}\right)^2\eta_z\tau}\right\}\right]e^{-\eta_r\xi_n^2\tau}d\tau-$$

$$-\frac{2\eta_r}{\vartheta ad}\sum_{m=1}^{\infty}\sin(\xi_m\theta)\sum_{n=1}^{\infty}\frac{\xi_n J_{\mathcal{M}}(\xi_n r)}{J_{\mathcal{M}}'(\xi_n a)}\times$$

$$\times\int_0^t e^{-\eta_r\xi_n^2\tau}\int_0^d\overline{\overline{\psi}}_a(\xi_m,w,t-\tau)\left[\Theta_3\left\{\frac{\pi(z-w)}{2d},e^{-\left(\frac{\pi}{d}\right)^2\eta_z\tau}\right\}-\Theta_3\left\{\frac{\pi(z+w)}{2d},e^{-\left(\frac{\pi}{d}\right)^2\eta_z\tau}\right\}\right]dwd\tau+$$

$$+\frac{2\eta_z}{\vartheta(ad)^2}\sum_{m=1}^{\infty}\sin(\xi_m\theta)\sum_{n=1}^{\infty}\frac{J_{\mathcal{M}}(\xi_n r)}{J_{\mathcal{M}}'^2(\xi_n a)}\times$$

$$\times\int_0^t\left\{\Theta_4'\left(\frac{\pi z}{2d},e^{-\left(\frac{\pi}{d}\right)^2\eta_z\tau}\right)\overline{\overline{\overline{\psi}}}_{\theta d}(\xi_n,\xi_m,t-\tau)-\Theta_3'\left(\frac{\pi z}{2d},e^{-\left(\frac{\pi}{d}\right)^2\eta_z\tau}\right)\overline{\overline{\overline{\psi}}}_{\theta 0}(\xi_n,\xi_m,t-\tau)\right\}e^{-\eta_r\xi_n^2\tau}d\tau+$$

$$+\frac{2\eta_\theta}{\vartheta a^2 d}\sum_{m=0}^{\infty}\ni_m\cos(\xi_m\theta)\sum_{n=1}^{\infty}\frac{J_{\mathcal{M}}(\xi_n r)}{J_{\mathcal{M}}'^2(\xi_n a)}\times$$

$$\times\int_0^a\frac{J_{\mathcal{M}}(\xi_n u)}{u}\int_0^d\int_0^t e^{-\eta_r\xi_n^2\tau}\left\{\xi_m\psi_{0z}(u,w,t-\tau)+(-1)^m\left(\frac{\mu}{k_\theta}\right)\psi_{\vartheta z}(u,w,t-\tau)\right\}\times$$

$$\times\left[\Theta_3\left\{\frac{\pi(z-w)}{2d},e^{-\left(\frac{\pi}{d}\right)^2\eta_z\tau}\right\}-\Theta_3\left\{\frac{\pi(z+w)}{2d},e^{-\left(\frac{\pi}{d}\right)^2\eta_z\tau}\right\}\right]d\tau dwdu+$$

$$+\frac{2}{\vartheta a^2 d}\sum_{m=1}^{\infty}\sin(\xi_m\theta)\sum_{n=1}^{\infty}\frac{J_{\mathcal{M}}(\xi_n r)e^{-\eta_r\xi_n^2 t}}{J_{\mathcal{M}}'^2(\xi_n a)}\times$$

$$\times \int_0^d \overline{\overline{\varphi}}(\xi_n, \xi_m, w) \left[\Theta_3 \left\{ \frac{\pi (z-w)}{2d}, e^{-\left(\frac{\pi}{d}\right)^2 \eta_z t} \right\} - \Theta_3 \left\{ \frac{\pi (z+w)}{2d}, e^{-\left(\frac{\pi}{d}\right)^2 \eta_z t} \right\} \right] dw \qquad (29.2.2)$$

where $\overline{\psi}_a(\xi_m, z, t) = \int_0^{\vartheta} \psi_a(v, z, t) \sin(\xi_m v) dv$, $\overline{\overline{\psi}}_{\theta 0}(\xi_n, \xi_m, t) = \int_0^a u J_{\mathcal{M}}(\xi_n u) \int_0^{\vartheta} \psi_{0z}(u, v, t) \sin(\xi_m v) dv du$ and $\overline{\overline{\psi}}_{\theta d}(\xi_n, \xi_m, t) = \int_0^a u J_{\mathcal{M}}(\xi_n u) \int_0^{\vartheta} \psi_{\theta d}(u, v, t) \sin(\xi_m v) dv du$.

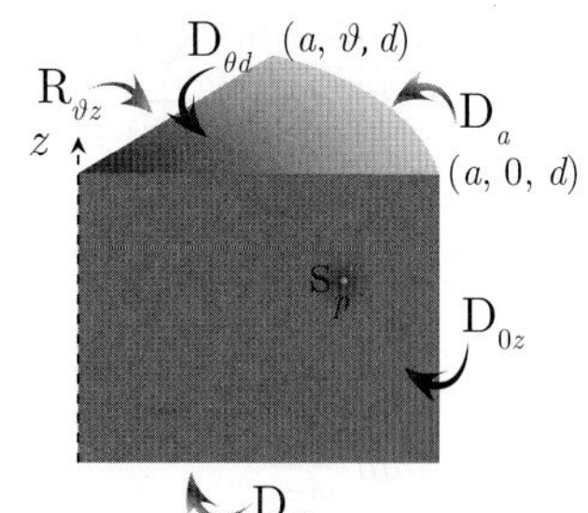

29.3 The problem of 29.1, except $\mathbf{D}_a \equiv p(a, \theta, z, t) = \psi_a(\theta, z, t)$, $\mathbf{D}_{\theta 0} \equiv p(r, \theta, 0, t) = \psi_{\theta 0}(r, \theta, t)$, $\mathbf{D}_{\theta d} \equiv p(r, \theta, d, t) = \psi_{\theta d}(r, \theta, t)$, $\mathbf{D}_{0z} \equiv p(r, 0, z, t) = \psi_{0z}(r, z, t)$ and $\mathbf{R}_{\vartheta z} \equiv \frac{\partial p(r, \vartheta, z, t)}{\partial \theta} + \lambda p(r, \vartheta, z, t) = -\left(\frac{\mu}{k_\theta}\right) \psi_{\vartheta z}(r, z, t)$

$$\begin{aligned}
\overline{p} \;=\; & \frac{2q(s)\, e^{-st_0}}{\vartheta a^2 \phi c_t \sqrt{\eta_z}} \sum_{m=1}^{\infty} \sin(\xi_m \theta_0) \sin(\xi_m \theta) \sum_{n=1}^{\infty} \frac{J_{\mathcal{M}}(\xi_n r_0) J_{\mathcal{M}}(\xi_n r) \operatorname{csch}\left(d\sqrt{\frac{\eta_r \xi_n^2 + s}{\eta_z}} \right)}{J_{\mathcal{M}}'^2(\xi_n a) \sqrt{(\eta_r \xi_n^2 + s)}} \times \\
& \times \left[\cosh\left\{ (d - |z - z_0|) \sqrt{\frac{\eta_r \xi_n^2 + s}{\eta_z}} \right\} - \cosh\left\{ (d - z - z_0) \sqrt{\frac{\eta_r \xi_n^2 + s}{\eta_z}} \right\} \right] - \\
& - \frac{2\eta_r}{\vartheta a \sqrt{\eta_z}} \sum_{m=1}^{\infty} \sin(\xi_m \theta) \sum_{n=1}^{\infty} \frac{\xi_n J_{\mathcal{M}}(\xi_n r) \operatorname{csch}\left(d\sqrt{\frac{\eta_r \xi_n^2 + s}{\eta_z}} \right)}{J_{\mathcal{M}}'(\xi_n a) \sqrt{\eta_r \xi_n^2 + s}} \times \\
& \times \int_0^d \overline{\overline{\psi}}_a(\xi_m, w, s) \left[\cosh\left\{ (d - |z - w|) \sqrt{\frac{\eta_r \xi_n^2 + s}{\eta_z}} \right\} - \cosh\left\{ (d - z - w) \sqrt{\frac{\eta_r \xi_n^2 + s}{\eta_z}} \right\} \right] dw + \\
& + \frac{4}{\vartheta a^2} \sum_{m=1}^{\infty} \sin(\xi_m \theta) \sum_{n=1}^{\infty} \frac{J_{\mathcal{M}}(\xi_n r) \operatorname{csch}\left(d\sqrt{\frac{\eta_r \xi_n^2 + s}{\eta_z}} \right)}{J_{\mathcal{M}}'^2(\xi_n a)} \times \\
& \times \left[\overline{\overline{\overline{\psi}}}_{\theta 0}(\xi_n, \xi_m, s) \sinh\left\{ (d - z) \sqrt{\frac{\eta_r \xi_n^2 + s}{\eta_z}} \right\} + \overline{\overline{\overline{\psi}}}_{\theta d}(\xi_n, \xi_m, s) \sinh\left\{ z \sqrt{\frac{\eta_r \xi_n^2 + s}{\eta_z}} \right\} \right] + \\
& + \frac{2\eta_\theta}{\vartheta a^2 \sqrt{\eta_z}} \sum_{m=0}^{\infty} \ni_m \cos(\xi_m \theta) \sum_{n=1}^{\infty} \frac{\operatorname{csch}\left(d\sqrt{\frac{\eta_r \xi_n^2 + s}{\eta_z}} \right) J_{\mathcal{M}}(\xi_n r)}{J_{\mathcal{M}}'^2(\xi_n a) \sqrt{(\eta_r \xi_n^2 + s)}} \times \\
& \times \int_0^a \frac{J_{\mathcal{M}}(\xi_n u)}{u} \int_0^d \left\{ \xi_m \overline{\psi}_{0z}(u, w, s) - \left(\frac{\mu}{k_\theta}\right) \overline{\psi}_{\vartheta z}(u, w, s) \sin(\xi_m \vartheta) \right\} \times \\
& \times \left[\cosh\left\{ (d - |z - w|) \sqrt{\frac{\eta_r \xi_n^2 + s}{\eta_z}} \right\} - \cosh\left\{ (d - z - w) \sqrt{\frac{\eta_r \xi_n^2 + s}{\eta_z}} \right\} \right] dw du + \\
& + \frac{2}{\vartheta a^2 \sqrt{\eta_z}} \sum_{m=1}^{\infty} \sin(\xi_m \theta) \sum_{n=1}^{\infty} \frac{J_{\mathcal{M}}(\xi_n r) \operatorname{csch}\left(d\sqrt{\frac{\eta_r \xi_n^2 + s}{\eta_z}} \right)}{J_{\mathcal{M}}'^2(\xi_n a) \sqrt{\eta_r \xi_n^2 + s}} \times \\
& \times \int_0^d \overline{\overline{\varphi}}(\xi_n, \xi_m, w) \left[\cosh\left\{ (d - |z - w|) \sqrt{\frac{\eta_r \xi_n^2 + s}{\eta_z}} \right\} - \cosh\left\{ (d - z - w) \sqrt{\frac{\eta_r \xi_n^2 + s}{\eta_z}} \right\} \right] dw \qquad (29.3.1)
\end{aligned}$$

where ξ_n are the positive roots of $J_{\mathcal{M}}(\xi_n a) = 0$, $n = 1, 2, ...,$ $\xi_l = \frac{l\pi}{d}, l = 1, 2, ...,$ $\xi_m \cot(\xi_m \vartheta) = -\lambda$, $m = 1, 2, ...,$ $\overline{\overline{\psi}}_a(\xi_m, w, s) = \int_0^{\vartheta} \overline{\psi}_a(v, w, s) \sin(\xi_m v) dv$,
$\overline{\overline{\overline{\psi}}}_{\theta 0}(\xi_n, \xi_m, s) = \int_0^a u J_{\mathcal{M}}(\xi_n u) \int_0^{\vartheta} \overline{\psi}_{\theta 0}(u, v, s) \sin(\xi_m v) dv du$,
$\overline{\overline{\overline{\psi}}}_{\theta d}(\xi_n, \xi_m, s) = \int_0^a u J_{\mathcal{M}}(\xi_n u) \int_0^{\vartheta} \overline{\psi}_{\theta d}(u, v, s) \sin(\xi_m v) dv du$ and
$\overline{\overline{\varphi}}(\xi_n, \xi_m, z) = \int_0^a u J_{\mathcal{M}}(\xi_n u) \int_0^{\vartheta} \varphi(u, v, z) \sin(\xi_m v) dv du$.

$$\begin{aligned}
p = {} & \frac{2U(t-t_0)}{\vartheta a^2 d\phi c_t} \sum_{m=1}^{\infty} \sin(\xi_m \theta_0) \sin(\xi_m \theta) \sum_{n=1}^{\infty} \frac{J_{\mathcal{M}}(\xi_n r_0) J_{\mathcal{M}}(\xi_n r)}{J'^2_{\mathcal{M}}(\xi_n a)} \times \\
& \times \int_0^{t-t_0} q(t-t_0-\tau) \left[\Theta_3\left\{\frac{\pi(z-z_0)}{2d}, e^{-\left(\frac{\pi}{d}\right)^2 \eta_z \tau}\right\} - \Theta_3\left\{\frac{\pi(z+z_0)}{2d}, e^{-\left(\frac{\pi}{d}\right)^2 \eta_z \tau}\right\}\right] e^{-\eta_r \xi_n^2 \tau} d\tau - \\
& - \frac{2\eta_r}{\vartheta a d} \sum_{m=1}^{\infty} \sin(\xi_m \theta) \sum_{n=1}^{\infty} \frac{\xi_n J_{\mathcal{M}}(\xi_n r)}{J'_{\mathcal{M}}(\xi_n a)} \times \\
& \times \int_0^t e^{-\eta_r \xi_n^2 \tau} \int_0^d \overline{\overline{\psi}}_a(\xi_m, w, t-\tau) \left[\Theta_3\left\{\frac{\pi(z-w)}{2d}, e^{-\left(\frac{\pi}{d}\right)^2 \eta_z \tau}\right\} - \Theta_3\left\{\frac{\pi(z+w)}{2d}, e^{-\left(\frac{\pi}{d}\right)^2 \eta_z \tau}\right\}\right] dw d\tau + \\
& + \frac{2\eta_z}{\vartheta (ad)^2} \sum_{m=1}^{\infty} \sin(\xi_m \theta) \sum_{n=1}^{\infty} \frac{J_{\mathcal{M}}(\xi_n r)}{J'^2_{\mathcal{M}}(\xi_n a)} \times \\
& \times \int_0^t \left\{\Theta'_4\left(\frac{\pi z}{2d}, e^{-\left(\frac{\pi}{d}\right)^2 \eta_z \tau}\right) \overline{\overline{\psi}}_{\theta d}(\xi_n, \xi_m, t-\tau) - \Theta'_3\left(\frac{\pi z}{2d}, e^{-\left(\frac{\pi}{d}\right)^2 \eta_z \tau}\right) \overline{\overline{\psi}}_{\theta 0}(\xi_n, \xi_m, t-\tau)\right\} e^{-\eta_r \xi_n^2 \tau} d\tau + \\
& + \frac{2\eta_\theta}{\vartheta a^2 d} \sum_{m=0}^{\infty} \ni_m \cos(\xi_m \theta) \sum_{n=1}^{\infty} \frac{J_{\mathcal{M}}(\xi_n r)}{J'^2_{\mathcal{M}}(\xi_n a)} \times \\
& \times \int_0^a \frac{J_{\mathcal{M}}(\xi_n u)}{u} \int_0^d \int_0^t e^{-\eta_r \xi_n^2 \tau} \left\{\xi_m \psi_{0z}(u, w, t-\tau) - \left(\frac{\mu}{k_\theta}\right) \psi_{\vartheta z}(u, w, t-\tau) \sin(\xi_m \vartheta)\right\} \times \\
& \times \left[\Theta_3\left\{\frac{\pi(z-w)}{2d}, e^{-\left(\frac{\pi}{d}\right)^2 \eta_z \tau}\right\} - \Theta_3\left\{\frac{\pi(z+w)}{2d}, e^{-\left(\frac{\pi}{d}\right)^2 \eta_z \tau}\right\}\right] d\tau dw du + \\
& + \frac{2}{\vartheta a^2 d} \sum_{m=1}^{\infty} \sin(\xi_m \theta) \sum_{n=1}^{\infty} \frac{J_{\mathcal{M}}(\xi_n r) e^{-\eta_r \xi_n^2 t}}{J'^2_{\mathcal{M}}(\xi_n a)} \times \\
& \times \int_0^d \overline{\overline{\varphi}}(\xi_n, \xi_m, w) \left[\Theta_3\left\{\frac{\pi(z-w)}{2d}, e^{-\left(\frac{\pi}{d}\right)^2 \eta_z t}\right\} - \Theta_3\left\{\frac{\pi(z+w)}{2d}, e^{-\left(\frac{\pi}{d}\right)^2 \eta_z t}\right\}\right] dw
\end{aligned} \tag{29.3.2}$$

where $\overline{\psi}_a(\xi_m, z, t) = \int_0^{\vartheta} \psi_a(v, z, t) \sin(\xi_m v) dv$, $\overline{\overline{\psi}}_{\theta 0}(\xi_n, \xi_m, t) = \int_0^a u J_{\mathcal{M}}(\xi_n u) \int_0^{\vartheta} \psi_{0z}(u, v, t) \sin(\xi_m v) dv du$ and $\overline{\overline{\psi}}_{\theta d}(\xi_n, \xi_m, t) = \int_0^a u J_{\mathcal{M}}(\xi_n u) \int_0^{\vartheta} \psi_{\theta d}(u, v, t) \sin(\xi_m v) dv du$.

29.4

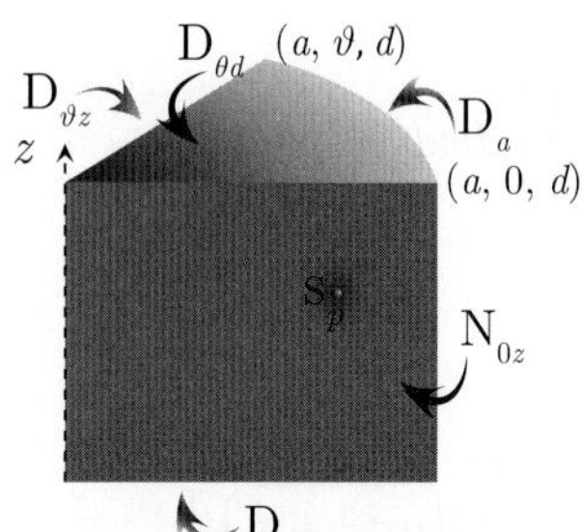

The problem of 29.1, except
$\mathbf{D}_a \equiv p(a, \theta, z, t) = \psi_a(\theta, z, t)$,
$\mathbf{D}_{\theta 0} \equiv p(r, \theta, 0, t) = \psi_{\theta 0}(r, \theta, t)$,
$\mathbf{D}_{\theta d} \equiv p(r, \theta, d, t) = \psi_{\theta d}(r, \theta, t)$,
$\mathbf{N}_{0z} \equiv \frac{\partial p(r, 0, z, t)}{\partial \theta} = -\left(\frac{\mu}{k_\theta}\right) \psi_{0z}(r, z, t)$ **and**
$\mathbf{D}_{\vartheta z} \equiv p(r, \vartheta, z, t) = \psi_{\vartheta z}(r, z, t)$

$$\overline{p} = \frac{2q(s)e^{-st_0}}{\vartheta a^2\phi c_t\sqrt{\eta_z}}\sum_{m=1}^{\infty}\cos(\xi_m\theta_0)\cos(\xi_m\theta)\sum_{n=1}^{\infty}\frac{J_{\mathcal{M}}(\xi_n r_0)J_{\mathcal{M}}(\xi_n r)\operatorname{csch}\left(d\sqrt{\frac{\eta_r\xi_n^2+s}{\eta_z}}\right)}{J_{\mathcal{M}}'^2(\xi_n a)\sqrt{(\eta_r\xi_n^2+s)}}\times$$
$$\times\left[\cosh\left\{(d-|z-z_0|)\sqrt{\frac{\eta_r\xi_n^2+s}{\eta_z}}\right\}-\cosh\left\{(d-z-z_0)\sqrt{\frac{\eta_r\xi_n^2+s}{\eta_z}}\right\}\right]-$$
$$-\frac{2\eta_r}{\vartheta a\sqrt{\eta_z}}\sum_{m=1}^{\infty}\cos(\xi_m\theta)\sum_{n=1}^{\infty}\frac{\xi_n J_{\mathcal{M}}(\xi_n r)\operatorname{csch}\left(d\sqrt{\frac{\eta_r\xi_n^2+s}{\eta_z}}\right)}{J'_{\mathcal{M}}(\xi_n a)\sqrt{\eta_r\xi_n^2+s}}\times$$
$$\times\int_0^d\overline{\overline{\psi}}_a(\xi_m,w,s)\left[\cosh\left\{(d-|z-w|)\sqrt{\frac{\eta_r\xi_n^2+s}{\eta_z}}\right\}-\cosh\left\{(d-z-w)\sqrt{\frac{\eta_r\xi_n^2+s}{\eta_z}}\right\}\right]dw+$$
$$+\frac{4}{\vartheta a^2}\sum_{m=1}^{\infty}\cos(\xi_m\theta)\sum_{n=1}^{\infty}\frac{J_{\mathcal{M}}(\xi_n r)\operatorname{csch}\left(d\sqrt{\frac{\eta_r\xi_n^2+s}{\eta_z}}\right)}{J_{\mathcal{M}}'^2(\xi_n a)}\times$$
$$\times\left[\overline{\overline{\overline{\psi}}}_{\theta 0}(\xi_n,\xi_m,s)\sinh\left\{(d-z)\sqrt{\frac{\eta_r\xi_n^2+s}{\eta_z}}\right\}+\overline{\overline{\overline{\psi}}}_{\theta d}(\xi_n,\xi_m,s)\sinh\left\{z\sqrt{\frac{\eta_r\xi_n^2+s}{\eta_z}}\right\}\right]+$$
$$+\frac{2\eta_\theta}{\vartheta a^2\sqrt{\eta_z}}\sum_{m=0}^{\infty}\cos(\xi_m\theta)\sum_{n=1}^{\infty}\frac{\operatorname{csch}\left(d\sqrt{\frac{\eta_r\xi_n^2+s}{\eta_z}}\right)J_{\mathcal{M}}(\xi_n r)}{J_{\mathcal{M}}'^2(\xi_n a)\sqrt{(\eta_r\xi_n^2+s)}}\times$$
$$\times\int_0^a\frac{J_{\mathcal{M}}(\xi_n u)}{u}\int_0^d\left\{\left(\frac{\mu}{k_\theta}\right)\overline{\psi}_{0z}(u,w,s)+(-1)^{m+1}\xi_m\overline{\psi}_{\vartheta z}(u,w,s)\right\}\times$$
$$\times\left[\cosh\left\{(d-|z-w|)\sqrt{\frac{\eta_r\xi_n^2+s}{\eta_z}}\right\}-\cosh\left\{(d-z-w)\sqrt{\frac{\eta_r\xi_n^2+s}{\eta_z}}\right\}\right]dwdu+$$
$$+\frac{2}{\vartheta a^2\sqrt{\eta_z}}\sum_{m=1}^{\infty}\cos(\xi_m\theta)\sum_{n=1}^{\infty}\frac{J_{\mathcal{M}}(\xi_n r)\operatorname{csch}\left(d\sqrt{\frac{\eta_r\xi_n^2+s}{\eta_z}}\right)}{J_{\mathcal{M}}'^2(\xi_n a)\sqrt{\eta_r\xi_n^2+s}}\times$$
$$\times\int_0^d\overline{\overline{\varphi}}(\xi_n,\xi_m,w)\left[\cosh\left\{(d-|z-w|)\sqrt{\frac{\eta_r\xi_n^2+s}{\eta_z}}\right\}-\cosh\left\{(d-z-w)\sqrt{\frac{\eta_r\xi_n^2+s}{\eta_z}}\right\}\right]dw \qquad (29.4.1)$$

where ξ_n are the positive roots of $J_{\mathcal{M}}(\xi_n a)=0$, $n=1,2,...$, $\xi_l=\frac{l\pi}{d}, l=1,2,...$, $\xi_m=\frac{(2m-1)\pi}{2\vartheta}$, $m=1,2,...$, $\overline{\overline{\psi}}_a(\xi_m,w,s)=\int_0^{\vartheta}\overline{\psi}_a(v,w,s)\cos(\xi_m v)dv$, $\overline{\overline{\overline{\psi}}}_{\theta 0}(\xi_n,\xi_m,s)=\int_0^a uJ_{\mathcal{M}}(\xi_n u)\int_0^{\vartheta}\overline{\psi}_{\theta 0}(u,v,s)\cos(\xi_m v)dvdu$, $\overline{\overline{\overline{\psi}}}_{\theta d}(\xi_n,\xi_m,s)=\int_0^a uJ_{\mathcal{M}}(\xi_n u)\int_0^{\vartheta}\overline{\psi}_{\theta d}(u,v,s)\cos(\xi_m v)dvdu$ and $\overline{\overline{\varphi}}(\xi_n,\xi_m,w)=\int_0^a uJ_{\mathcal{M}}(\xi_n u)\int_0^{\vartheta}\varphi(u,v,w)\cos(\xi_m v)dvdu$.

$$p = \frac{2U(t-t_0)}{\vartheta a^2 d\phi c_t}\sum_{m=1}^{\infty}\cos(\xi_m\theta_0)\cos(\xi_m\theta)\sum_{n=1}^{\infty}\frac{J_{\mathcal{M}}(\xi_n r_0)J_{\mathcal{M}}(\xi_n r)}{J_{\mathcal{M}}'^2(\xi_n a)}\times$$
$$\times\int_0^{t-t_0}q(t-t_0-\tau)\left[\Theta_3\left\{\frac{\pi(z-z_0)}{2d},e^{-\left(\frac{\pi}{d}\right)^2\eta_z\tau}\right\}-\Theta_3\left\{\frac{\pi(z+z_0)}{2d},e^{-\left(\frac{\pi}{d}\right)^2\eta_z\tau}\right\}\right]e^{-\eta_r\xi_n^2\tau}d\tau-$$
$$-\frac{2\eta_r}{\vartheta ad}\sum_{m=1}^{\infty}\cos(\xi_m\theta)\sum_{n=1}^{\infty}\frac{\xi_n J_{\mathcal{M}}(\xi_n r)}{J'_{\mathcal{M}}(\xi_n a)}\times$$

$$\times \int_0^t e^{-\eta_r \xi_n^2 \tau} \int_0^d \overline{\psi}_a(\xi_m, w, t-\tau) \left[\Theta_3 \left\{ \frac{\pi(z-w)}{2d}, e^{-\left(\frac{\pi}{d}\right)^2 \eta_z \tau} \right\} - \Theta_3 \left\{ \frac{\pi(z+w)}{2d}, e^{-\left(\frac{\pi}{d}\right)^2 \eta_z \tau} \right\} \right] dw d\tau +$$

$$+ \frac{2\eta_z}{\vartheta (ad)^2} \sum_{m=1}^{\infty} \cos(\xi_m \theta) \sum_{n=1}^{\infty} \frac{J_{\mathcal{M}}(\xi_n r)}{J'^2_{\mathcal{M}}(\xi_n a)} \times$$

$$\times \int_0^t \left\{ \Theta'_4 \left(\frac{\pi z}{2d}, e^{-\left(\frac{\pi}{d}\right)^2 \eta_z \tau} \right) \overline{\overline{\psi}}_{\theta d}(\xi_n, \xi_m, t-\tau) - \Theta'_3 \left(\frac{\pi z}{2d}, e^{-\left(\frac{\pi}{d}\right)^2 \eta_z \tau} \right) \overline{\overline{\psi}}_{\theta 0}(\xi_n, \xi_m, t-\tau) \right\} e^{-\eta_r \xi_n^2 \tau} d\tau +$$

$$+ \frac{2\eta_\theta}{\vartheta a^2 d} \sum_{m=0}^{\infty} \cos(\xi_m \theta) \sum_{n=1}^{\infty} \frac{J_{\mathcal{M}}(\xi_n r)}{J'^2_{\mathcal{M}}(\xi_n a)} \times$$

$$\times \int_0^a \frac{J_{\mathcal{M}}(\xi_n u)}{u} \int_0^d \int_0^t e^{-\eta_r \xi_n^2 \tau} \left\{ \left(\frac{\mu}{k_\theta} \right) \psi_{0z}(u, w, t-\tau) + (-1)^{m+1} \xi_m \psi_{\vartheta z}(u, w, t-\tau) \right\} \times$$

$$\times \left[\Theta_3 \left\{ \frac{\pi(z-w)}{2d}, e^{-\left(\frac{\pi}{d}\right)^2 \eta_z \tau} \right\} - \Theta_3 \left\{ \frac{\pi(z+w)}{2d}, e^{-\left(\frac{\pi}{d}\right)^2 \eta_z \tau} \right\} \right] d\tau dw du +$$

$$+ \frac{2}{\vartheta a^2 d} \sum_{m=1}^{\infty} \cos(\xi_m \theta) \sum_{n=1}^{\infty} \frac{J_{\mathcal{M}}(\xi_n r) e^{-\eta_r \xi_n^2 t}}{J'^2_{\mathcal{M}}(\xi_n a)} \times$$

$$\times \int_0^d \overline{\overline{\varphi}}(\xi_n, \xi_m, w) \left[\Theta_3 \left\{ \frac{\pi(z-w)}{2d}, e^{-\left(\frac{\pi}{d}\right)^2 \eta_z t} \right\} - \Theta_3 \left\{ \frac{\pi(z+w)}{2d}, e^{-\left(\frac{\pi}{d}\right)^2 \eta_z t} \right\} \right] dw \qquad (29.4.2)$$

where $\overline{\psi}_a(\xi_m, w, t) = \int_0^\vartheta \psi_a(v, w, t)\cos(\xi_m v)dv$, $\overline{\overline{\psi}}_{\theta 0}(\xi_n, \xi_m, t) = \int_0^a u J_{\mathcal{M}}(\xi_n u) \int_0^\vartheta \psi_{0z}(u, v, t)\cos(\xi_m v) dv du$ and $\overline{\overline{\psi}}_{\theta d}(\xi_n, \xi_m, t) = \int_0^a u J_{\mathcal{M}}(\xi_n u) \int_0^\vartheta \psi_{\theta d}(u, v, t)\cos(\xi_m v) dv du$.

29.5

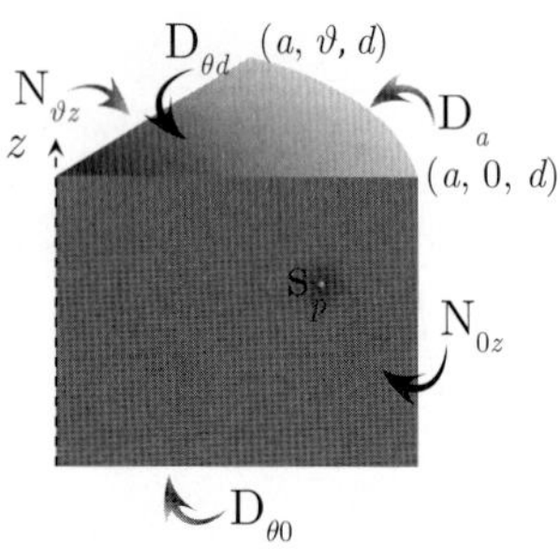

The problem of 29.1, except
$\mathbf{D_a \equiv p(a, \theta, z, t) = \psi_a(\theta, z, t)}$,
$\mathbf{D_{\theta 0} \equiv p(r, \theta, 0, t) = \psi_{\theta 0}(r, \theta, t)}$,
$\mathbf{D_{\theta d} \equiv p(r, \theta, d, t) = \psi_{\theta d}(r, \theta, t)}$,
$\mathbf{N_{0z} \equiv \frac{\partial p(r,0,z,t)}{\partial \theta} = -\left(\frac{\mu}{k_\theta}\right) \psi_{0z}(r, z, t)}$ **and**
$\mathbf{N_{\vartheta z} \equiv \frac{\partial p(r,\vartheta,z,t)}{\partial \theta} = -\left(\frac{\mu}{k_\theta}\right) \psi_{\vartheta z}(r, z, t)}$

$$\overline{p} = \frac{2q(s) e^{-st_0}}{\vartheta a^2 \phi c_t \sqrt{\eta_z}} \sum_{m=0}^{\infty} \ni_m \cos(\xi_m \theta_0) \cos(\xi_m \theta) \sum_{n=1}^{\infty} \frac{J_{\mathcal{M}}(\xi_n r_0) J_{\mathcal{M}}(\xi_n r) \operatorname{csch}\left(d\sqrt{\frac{\eta_r \xi_n^2 + s}{\eta_z}} \right)}{J'^2_{\mathcal{M}}(\xi_n a) \sqrt{(\eta_r \xi_n^2 + s)}} \times$$

$$\times \left[\cosh\left\{ (d - |z - z_0|) \sqrt{\frac{\eta_r \xi_n^2 + s}{\eta_z}} \right\} - \cosh\left\{ (d - z - z_0) \sqrt{\frac{\eta_r \xi_n^2 + s}{\eta_z}} \right\} \right] -$$

$$- \frac{2\eta_r}{\vartheta a \sqrt{\eta_z}} \sum_{m=0}^{\infty} \ni_m \cos(\xi_m \theta) \sum_{n=1}^{\infty} \frac{\xi_n J_{\mathcal{M}}(\xi_n r) \operatorname{csch}\left(d\sqrt{\frac{\eta_r \xi_n^2 + s}{\eta_z}} \right)}{J'_{\mathcal{M}}(\xi_n a) \sqrt{\eta_r \xi_n^2 + s}} \times$$

$$\times \int_0^d \overline{\overline{\psi}}_a(\xi_m, w, s) \left[\cosh\left\{ (d - |z - w|) \sqrt{\frac{\eta_r \xi_n^2 + s}{\eta_z}} \right\} - \cosh\left\{ (d - z - w) \sqrt{\frac{\eta_r \xi_n^2 + s}{\eta_z}} \right\} \right] dw +$$

$$+\frac{4}{\vartheta a^2}\sum_{m=0}^{\infty}\ni_m\cos(\xi_m\theta)\sum_{n=1}^{\infty}\frac{J_{\mathcal{M}}(\xi_n r)\operatorname{csch}\left(d\sqrt{\frac{\eta_r\xi_n^2+s}{\eta_z}}\right)}{J_{\mathcal{M}}'^2(\xi_n a)}\times$$

$$\times\left[\overline{\overline{\overline{\psi}}}_{\theta 0}(\xi_n,\xi_m,s)\sinh\left\{(d-z)\sqrt{\frac{\eta_r\xi_n^2+s}{\eta_z}}\right\}+\overline{\overline{\overline{\psi}}}_{\theta d}(\xi_n,\xi_m,s)\sinh\left\{z\sqrt{\frac{\eta_r\xi_n^2+s}{\eta_z}}\right\}\right]+$$

$$+\frac{2}{\vartheta a^2\phi c_t\sqrt{\eta_z}}\sum_{m=0}^{\infty}\ni_m\cos(\xi_m\theta)\sum_{n=1}^{\infty}\frac{\operatorname{csch}\left(d\sqrt{\frac{\eta_r\xi_n^2+s}{\eta_z}}\right)J_{\mathcal{M}}(\xi_n r)}{J_{\mathcal{M}}'^2(\xi_n a)\sqrt{(\eta_r\xi_n^2+s)}}\times$$

$$\times\int_0^a\frac{J_{\mathcal{M}}(\xi_n u)}{u}\int_0^d\left\{\overline{\psi}_{0z}(u,w,s)+(-1)^{m+1}\overline{\psi}_{\vartheta z}(u,w,s)\right\}\times$$

$$\times\left[\cosh\left\{(d-|z-w|)\sqrt{\frac{\eta_r\xi_n^2+s}{\eta_z}}\right\}-\cosh\left\{(d-z-w)\sqrt{\frac{\eta_r\xi_n^2+s}{\eta_z}}\right\}\right]dwdu+$$

$$+\frac{2}{\vartheta a^2\sqrt{\eta_z}}\sum_{m=0}^{\infty}\ni_m\cos(\xi_m\theta)\sum_{n=1}^{\infty}\frac{J_{\mathcal{M}}(\xi_n r)\operatorname{csch}\left(d\sqrt{\frac{\eta_r\xi_n^2+s}{\eta_z}}\right)}{J_{\mathcal{M}}'^2(\xi_n a)\sqrt{\eta_r\xi_n^2+s}}\times$$

$$\times\int_0^d\overline{\overline{\varphi}}(\xi_n,\xi_m,w)\left[\cosh\left\{(d-|z-w|)\sqrt{\frac{\eta_r\xi_n^2+s}{\eta_z}}\right\}-\cosh\left\{(d-z-w)\sqrt{\frac{\eta_r\xi_n^2+s}{\eta_z}}\right\}\right]dw \qquad (29.5.1)$$

where ξ_n are the positive roots of $J_{\mathcal{M}}(\xi_n a)=0$, $n=1,2,...$, $\xi_l=\frac{l\pi}{d}, l=1,2,...$, $\xi_m=\frac{m\pi}{d}, m=0,1,...$, $\overline{\overline{\psi}}_a(\xi_m,w,s)=\int_0^{\vartheta}\overline{\psi}_a(v,w,s)\cos(\xi_m v)dv$, $\overline{\overline{\overline{\psi}}}_{\theta 0}(\xi_n,\xi_m,s)=\int_0^a uJ_{\mathcal{M}}(\xi_n u)\int_0^{\vartheta}\overline{\psi}_{\theta 0}(u,v,s)\cos(\xi_m v)dvdu$, $\overline{\overline{\overline{\psi}}}_{\theta d}(\xi_n,\xi_m,s)=\int_0^a uJ_{\mathcal{M}}(\xi_n u)\int_0^{\vartheta}\overline{\psi}_{\theta d}(u,v,s)\cos(\xi_m v)dvdu$ and
$\overline{\overline{\varphi}}(\xi_n,\xi_m,w)=\int_0^a uJ_{\mathcal{M}}(\xi_n u)\int_0^{\vartheta}\varphi(u,v,w)\cos(\xi_m v)dvdu$.

$$p=\frac{2U(t-t_0)}{\vartheta a^2 d\phi c_t}\sum_{m=0}^{\infty}\ni_m\cos(\xi_m\theta_0)\cos(\xi_m\theta)\sum_{n=1}^{\infty}\frac{J_{\mathcal{M}}(\xi_n r_0)J_{\mathcal{M}}(\xi_n r)}{J_{\mathcal{M}}'^2(\xi_n a)}\times$$

$$\times\int_0^{t-t_0}q(t-t_0-\tau)\left[\Theta_3\left\{\frac{\pi(z-z_0)}{2d},e^{-\left(\frac{\pi}{d}\right)^2\eta_z\tau}\right\}-\Theta_3\left\{\frac{\pi(z+z_0)}{2d},e^{-\left(\frac{\pi}{d}\right)^2\eta_z\tau}\right\}\right]e^{-\eta_r\xi_n^2\tau}d\tau-$$

$$-\frac{2\eta_r}{\vartheta ad}\sum_{m=0}^{\infty}\ni_m\cos(\xi_m\theta)\sum_{n=1}^{\infty}\frac{\xi_n J_{\mathcal{M}}(\xi_n r)}{J_{\mathcal{M}}'(\xi_n a)}\times$$

$$\times\int_0^t e^{-\eta_r\xi_n^2\tau}\int_0^d\overline{\psi}_a(\xi_m,w,t-\tau)\left[\Theta_3\left\{\frac{\pi(z-w)}{2d},e^{-\left(\frac{\pi}{d}\right)^2\eta_z\tau}\right\}-\Theta_3\left\{\frac{\pi(z+w)}{2d},e^{-\left(\frac{\pi}{d}\right)^2\eta_z\tau}\right\}\right]dwd\tau+$$

$$+\frac{2\eta_z}{\vartheta(ad)^2}\sum_{m=0}^{\infty}\ni_m\cos(\xi_m\theta)\sum_{n=1}^{\infty}\frac{J_{\mathcal{M}}(\xi_n r)}{J_{\mathcal{M}}'^2(\xi_n a)}\times$$

$$\times\int_0^t\left\{\Theta_4'\left(\frac{\pi z}{2d},e^{-\left(\frac{\pi}{d}\right)^2\eta_z\tau}\right)\overline{\overline{\psi}}_{\theta d}(\xi_n,\xi_m,t-\tau)-\Theta_3'\left(\frac{\pi z}{2d},e^{-\left(\frac{\pi}{d}\right)^2\eta_z\tau}\right)\overline{\overline{\psi}}_{\theta 0}(\xi_n,\xi_m,t-\tau)\right\}e^{-\eta_r\xi_n^2\tau}d\tau+$$

$$+\frac{2}{\vartheta a^2 d\phi c_t}\sum_{m=0}^{\infty}\ni_m\cos(\xi_m\theta)\sum_{n=1}^{\infty}\frac{J_{\mathcal{M}}(\xi_n r)}{J_{\mathcal{M}}'^2(\xi_n a)}\times$$

$$\times\int_0^a\frac{J_{\mathcal{M}}(\xi_n u)}{u}\int_0^d\int_0^t e^{-\eta_r\xi_n^2\tau}\left\{\psi_{0z}(u,w,t-\tau)+(-1)^{m+1}\psi_{\vartheta z}(u,w,t-\tau)\right\}\times$$

$$\times \left[\Theta_3\left\{\frac{\pi(z-w)}{2d}, e^{-\left(\frac{\pi}{d}\right)^2\eta_z\tau}\right\} - \Theta_3\left\{\frac{\pi(z+w)}{2d}, e^{-\left(\frac{\pi}{d}\right)^2\eta_z\tau}\right\}\right] d\tau dw du +$$

$$+\frac{2}{\vartheta a^2 d}\sum_{m=0}^{\infty}\ni_m \cos(\xi_m\theta)\sum_{n=1}^{\infty}\frac{J_{\mathcal{M}}(\xi_n r)\, e^{-\eta_r\xi_n^2 t}}{J'^2_{\mathcal{M}}(\xi_n a)} \times$$

$$\times\int_0^d \overline{\overline{\varphi}}(\xi_n,\xi_m,w)\left[\Theta_3\left\{\frac{\pi(z-w)}{2d}, e^{-\left(\frac{\pi}{d}\right)^2\eta_z t}\right\} - \Theta_3\left\{\frac{\pi(z+w)}{2d}, e^{-\left(\frac{\pi}{d}\right)^2\eta_z t}\right\}\right] dw \qquad (29.5.2)$$

where $\overline{\psi}_a(\xi_m, w, t) = \int_0^{\vartheta}\psi_a(v,w,t)\cos(\xi_m v)dv$, $\overline{\overline{\psi}}_{\theta 0}(\xi_n,\xi_m,t) = \int_0^a uJ_{\mathcal{M}}(\xi_n u)\int_0^{\vartheta}\psi_{0z}(u,v,t)\cos(\xi_m v)dvdu$ and $\overline{\overline{\psi}}_{\theta d}(\xi_n,\xi_m,t) = \int_0^a uJ_{\mathcal{M}}(\xi_n u)\int_0^{\vartheta}\psi_{\theta d}(u,v,t)\cos(\xi_m v)dvdu$.

29.6

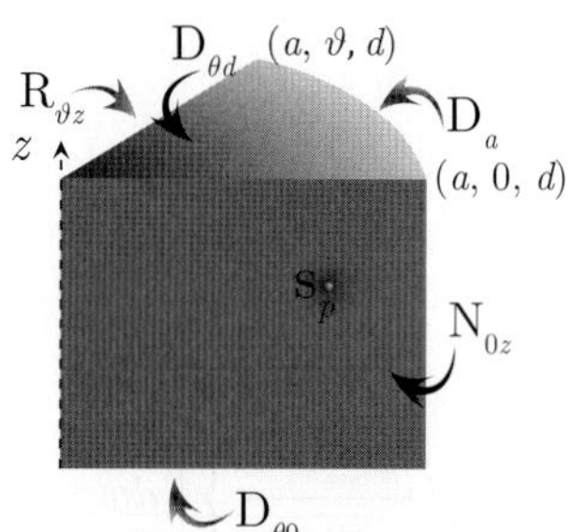

The problem of 29.1, except
$\mathbf{D}_a \equiv p(a,\theta,z,t) = \psi_a(\theta,z,t)$,
$\mathbf{D}_{\theta 0} \equiv p(r,\theta,0,t) = \psi_{\theta 0}(r,\theta,t)$,
$\mathbf{D}_{\theta d} \equiv p(r,\theta,d,t) = \psi_{\theta d}(r,\theta,t)$,
$\mathbf{N}_{0z} \equiv \frac{\partial p(r,0,z,t)}{\partial\theta} = -\left(\frac{\mu}{k_\theta}\right)\psi_{0z}(r,z,t)$ **and**
$\mathbf{R}_{\vartheta z} \equiv \frac{\partial p(r,\vartheta,z,t)}{\partial\theta} + \lambda p(r,\vartheta,z,t) = -\left(\frac{\mu}{k_\theta}\right)\psi_{\vartheta z}(r,z,t)$

$$\overline{p} = \frac{2q(s)\,e^{-st_0}}{a^2\phi c_t\sqrt{\eta_z}}\sum_{m=1}^{\infty}\frac{(\xi_m^2+\lambda^2)\cos(\xi_m\theta_0)\cos(\xi_m\theta)}{\vartheta(\xi_m^2+\lambda^2)+\lambda}\sum_{n=1}^{\infty}\frac{J_{\mathcal{M}}(\xi_n r_0)\,J_{\mathcal{M}}(\xi_n r)\operatorname{csch}\left(d\sqrt{\frac{\eta_r\xi_n^2+s}{\eta_z}}\right)}{J'^2_{\mathcal{M}}(\xi_n a)\sqrt{(\eta_r\xi_n^2 \mid s)}} \times$$

$$\times\left[\cosh\left\{(d-|z-z_0|)\sqrt{\frac{\eta_r\xi_n^2+s}{\eta_z}}\right\} - \cosh\left\{(d-z-z_0)\sqrt{\frac{\eta_r\xi_n^2+s}{\eta_z}}\right\}\right] -$$

$$-\frac{2\eta_r}{a\sqrt{\eta_z}}\sum_{m=1}^{\infty}\frac{(\xi_m^2+\lambda^2)\cos(\xi_m\theta)}{\vartheta(\xi_m^2+\lambda^2)+\lambda}\sum_{n=1}^{\infty}\frac{\xi_n J_{\mathcal{M}}(\xi_n r)\operatorname{csch}\left(d\sqrt{\frac{\eta_r\xi_n^2+s}{\eta_z}}\right)}{J'_{\mathcal{M}}(\xi_n a)\sqrt{\eta_r\xi_n^2+s}} \times$$

$$\times\int_0^d \overline{\overline{\psi}}_a(\xi_m,w,s)\left[\cosh\left\{(d-|z-w|)\sqrt{\frac{\eta_r\xi_n^2+s}{\eta_z}}\right\} - \cosh\left\{(d-z-w)\sqrt{\frac{\eta_r\xi_n^2+s}{\eta_z}}\right\}\right] dw +$$

$$+\frac{4}{a^2}\sum_{m=1}^{\infty}\frac{(\xi_m^2+\lambda^2)\cos(\xi_m\theta)}{\vartheta(\xi_m^2+\lambda^2)+\lambda}\sum_{n=1}^{\infty}\frac{J_{\mathcal{M}}(\xi_n r)\operatorname{csch}\left(d\sqrt{\frac{\eta_r\xi_n^2+s}{\eta_z}}\right)}{J'^2_{\mathcal{M}}(\xi_n a)} \times$$

$$\times\left[\overline{\overline{\overline{\psi}}}_{\theta 0}(\xi_n,\xi_m,s)\sinh\left\{(d-z)\sqrt{\frac{\eta_r\xi_n^2+s}{\eta_z}}\right\} + \overline{\overline{\overline{\psi}}}_{\theta d}(\xi_n,\xi_m,s)\sinh\left\{z\sqrt{\frac{\eta_r\xi_n^2+s}{\eta_z}}\right\}\right] +$$

$$+\frac{2}{a^2\phi c_t\sqrt{\eta_z}}\sum_{m=0}^{\infty}\frac{(\xi_m^2+\lambda^2)\cos(\xi_m\theta)}{\vartheta(\xi_m^2+\lambda^2)+\lambda}\sum_{n=1}^{\infty}\frac{\operatorname{csch}\left(d\sqrt{\frac{\eta_r\xi_n^2+s}{\eta_z}}\right)J_{\mathcal{M}}(\xi_n r)}{J'^2_{\mathcal{M}}(\xi_n a)\sqrt{(\eta_r\xi_n^2+s)}} \times$$

$$\times\int_0^a\frac{J_{\mathcal{M}}(\xi_n u)}{u}\int_0^d\left\{\overline{\psi}_{0z}(u,w,s) - \overline{\psi}_{\vartheta z}(u,w,s)\cos(\xi_m\vartheta)\right\} \times$$

$$\times\left[\cosh\left\{(d-|z-w|)\sqrt{\frac{\eta_r\xi_n^2+s}{\eta_z}}\right\} - \cosh\left\{(d-z-w)\sqrt{\frac{\eta_r\xi_n^2+s}{\eta_z}}\right\}\right] dw du +$$

$$+\frac{2}{a^2\sqrt{\eta_z}}\sum_{m=1}^{\infty}\frac{\left(\xi_m^2+\lambda^2\right)\cos\left(\xi_m\theta\right)}{\vartheta\left(\xi_m^2+\lambda^2\right)+\lambda}\sum_{n=1}^{\infty}\frac{J_{\mathcal{M}}\left(\xi_n r\right)\operatorname{csch}\left(d\sqrt{\frac{\eta_r\xi_n^2+s}{\eta_z}}\right)}{J_{\mathcal{M}}'^2\left(\xi_n a\right)\sqrt{\eta_r\xi_n^2+s}}\times$$

$$\times\int_0^d\overline{\overline{\varphi}}\left(\xi_n,\xi_m,w\right)\left[\cosh\left\{\left(d-|z-w|\right)\sqrt{\frac{\eta_r\xi_n^2+s}{\eta_z}}\right\}-\cosh\left\{\left(d-z-w\right)\sqrt{\frac{\eta_r\xi_n^2+s}{\eta_z}}\right\}\right]dw \qquad (29.6.1)$$

where ξ_n are the positive roots of $J_{\mathcal{M}}\left(\xi_n a\right)=0$, $n=1,2,...$, $\xi_l=\frac{l\pi}{d}$, $l=1,2,...$, $\xi_m\tan\left(\xi_m\vartheta\right)=\lambda$, $m=1,2,...$, $\overline{\overline{\psi}}_a\left(\xi_m,w,s\right)=\int_0^{\vartheta}\overline{\psi}_a\left(v,w,s\right)\cos\left(\xi_m v\right)dv$,
$\overline{\overline{\overline{\psi}}}_{\theta 0}\left(\xi_n,\xi_m,s\right)=\int_0^a uJ_{\mathcal{M}}\left(\xi_n u\right)\int_0^{\vartheta}\overline{\psi}_{\theta 0}\left(u,v,s\right)\cos\left(\xi_m v\right)dvdu$,
$\overline{\overline{\overline{\psi}}}_{\theta d}\left(\xi_n,\xi_m,s\right)=\int_0^a uJ_{\mathcal{M}}\left(\xi_n u\right)\int_0^{\vartheta}\overline{\psi}_{\theta d}\left(u,v,s\right)\cos\left(\xi_m v\right)dvdu$ and
$\overline{\overline{\varphi}}\left(\xi_n,\xi_m,w\right)=\int_0^a uJ_{\mathcal{M}}\left(\xi_n u\right)\int_0^{\vartheta}\varphi\left(u,v,w\right)\cos\left(\xi_m v\right)dvdu$.

$$p=\frac{2U\left(t-t_0\right)}{a^2d\phi c_t}\sum_{m=1}^{\infty}\frac{\left(\xi_m^2+\lambda^2\right)\cos\left(\xi_m\theta_0\right)\cos\left(\xi_m\theta\right)}{\vartheta\left(\xi_m^2+\lambda^2\right)+\lambda}\sum_{n=1}^{\infty}\frac{J_{\mathcal{M}}\left(\xi_n r_0\right)J_{\mathcal{M}}\left(\xi_n r\right)}{J_{\mathcal{M}}'^2\left(\xi_n a\right)}\times$$

$$\times\int_0^{t-t_0}q\left(t-t_0-\tau\right)\left[\Theta_3\left\{\frac{\pi\left(z-z_0\right)}{2d},e^{-\left(\frac{\pi}{d}\right)^2\eta_z\tau}\right\}-\Theta_3\left\{\frac{\pi\left(z+z_0\right)}{2d},e^{-\left(\frac{\pi}{d}\right)^2\eta_z\tau}\right\}\right]e^{-\eta_r\xi_n^2\tau}d\tau-$$

$$-\frac{2\eta_r}{ad}\sum_{m=1}^{\infty}\frac{\left(\xi_m^2+\lambda^2\right)\cos\left(\xi_m\theta\right)}{\vartheta\left(\xi_m^2+\lambda^2\right)+\lambda}\sum_{n=1}^{\infty}\frac{\xi_n J_{\mathcal{M}}\left(\xi_n r\right)}{J_{\mathcal{M}}'\left(\xi_n a\right)}\times$$

$$\times\int_0^t e^{-\eta_r\xi_n^2\tau}\int_0^d\overline{\psi}_a\left(\xi_m,w,t-\tau\right)\left[\Theta_3\left\{\frac{\pi\left(z-w\right)}{2d},e^{-\left(\frac{\pi}{d}\right)^2\eta_z\tau}\right\}-\Theta_3\left\{\frac{\pi\left(z+w\right)}{2d},e^{-\left(\frac{\pi}{d}\right)^2\eta_z\tau}\right\}\right]dwd\tau+$$

$$+\frac{2\eta_z}{\left(ad\right)^2}\sum_{m=1}^{\infty}\frac{\left(\xi_m^2+\lambda^2\right)\cos\left(\xi_m\theta\right)}{\vartheta\left(\xi_m^2+\lambda^2\right)+\lambda}\sum_{n=1}^{\infty}\frac{J_{\mathcal{M}}\left(\xi_n r\right)}{J_{\mathcal{M}}'^2\left(\xi_n a\right)}\times$$

$$\times\int_0^t\left\{\Theta_4'\left(\frac{\pi z}{2d},e^{-\left(\frac{\pi}{d}\right)^2\eta_z\tau}\right)\overline{\overline{\psi}}_{\theta d}\left(\xi_n,\xi_m,t-\tau\right)-\Theta_3'\left(\frac{\pi z}{2d},e^{-\left(\frac{\pi}{d}\right)^2\eta_z\tau}\right)\overline{\overline{\psi}}_{\theta 0}\left(\xi_n,\xi_m,t-\tau\right)\right\}e^{-\eta_r\xi_n^2\tau}d\tau+$$

$$+\frac{2}{a^2d\phi c_t}\sum_{m=0}^{\infty}\frac{\left(\xi_m^2+\lambda^2\right)\cos\left(\xi_m\theta\right)}{\vartheta\left(\xi_m^2+\lambda^2\right)+\lambda}\sum_{n=1}^{\infty}\frac{J_{\mathcal{M}}\left(\xi_n r\right)}{J_{\mathcal{M}}'^2\left(\xi_n a\right)}\times$$

$$\times\int_0^a\frac{J_{\mathcal{M}}\left(\xi_n u\right)}{u}\int_0^d\int_0^t e^{-\eta_r\xi_n^2\tau}\left\{\psi_{0z}\left(u,w,t-\tau\right)-\psi_{\vartheta z}\left(u,t-\tau,t-\tau\right)\cos\left(\xi_m\vartheta\right)\right\}\times$$

$$\times\left[\Theta_3\left\{\frac{\pi\left(z-w\right)}{2d},e^{-\left(\frac{\pi}{d}\right)^2\eta_z\tau}\right\}-\Theta_3\left\{\frac{\pi\left(z+w\right)}{2d},e^{-\left(\frac{\pi}{d}\right)^2\eta_z\tau}\right\}\right]d\tau dwdu+$$

$$+\frac{2}{a^2d}\sum_{m=1}^{\infty}\frac{\left(\xi_m^2+\lambda^2\right)\cos\left(\xi_m\theta\right)}{\vartheta\left(\xi_m^2+\lambda^2\right)+\lambda}\sum_{n=1}^{\infty}\frac{J_{\mathcal{M}}\left(\xi_n r\right)e^{-\eta_r\xi_n^2 t}}{J_{\mathcal{M}}'^2\left(\xi_n a\right)}\times$$

$$\times\int_0^d\overline{\overline{\varphi}}\left(\xi_n,\xi_m,w\right)\left[\Theta_3\left\{\frac{\pi\left(z-w\right)}{2d},e^{-\left(\frac{\pi}{d}\right)^2\eta_z t}\right\}-\Theta_3\left\{\frac{\pi\left(z+w\right)}{2d},e^{-\left(\frac{\pi}{d}\right)^2\eta_z t}\right\}\right]dw \qquad (29.6.2)$$

where $\overline{\psi}_a\left(\xi_m,w,t\right)=\int_0^{\vartheta}\psi_a\left(v,w,t\right)\cos\left(\xi_m v\right)dv$, $\overline{\overline{\psi}}_{\theta 0}\left(\xi_n,\xi_m,t\right)=\int_0^a uJ_{\mathcal{M}}\left(\xi_n u\right)\int_0^{\vartheta}\psi_{0z}\left(u,v,t\right)\cos\left(\xi_m v\right)dvdu$ and $\overline{\overline{\psi}}_{\theta d}\left(\xi_n,\xi_m,t\right)=\int_0^a uJ_{\mathcal{M}}\left(\xi_n u\right)\int_0^{\vartheta}\psi_{\theta d}\left(u,v,t\right)\cos\left(\xi_m v\right)dvdu$.

29.7

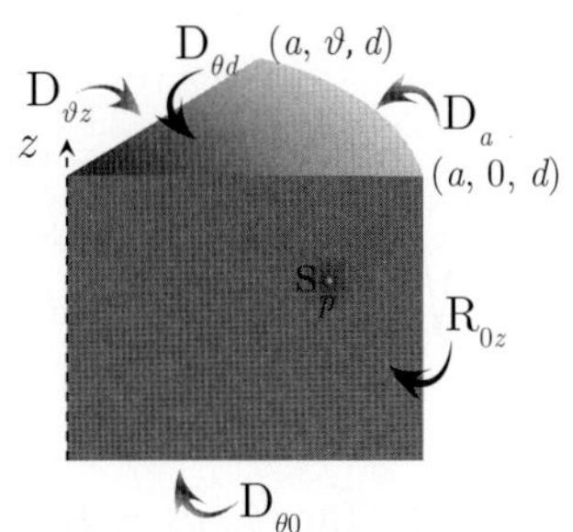

The problem of 29.1, except
$\mathbf{D_a \equiv p(a,\theta,z,t) = \psi_a(\theta,z,t)}$,
$\mathbf{D_{\theta 0} \equiv p(r,\theta,0,t) = \psi_{\theta 0}(r,\theta,t)}$,
$\mathbf{D_{\theta d} \equiv p(r,\theta,d,t) = \psi_{\theta d}(r,\theta,t)}$,
$\mathbf{R_{0z} \equiv \frac{\partial p(r,0,z,t)}{\partial \theta} - \lambda p(r,0,z,t) = -\left(\frac{\mu}{k_\theta}\right)\psi_{0z}(r,z,t)}$ **and**
$\mathbf{D_{\vartheta z} \equiv p(r,\vartheta,z,t) = \psi_{\vartheta z}(r,z,t)}$

$$
\begin{aligned}
\overline{p} &= \frac{2q(s)e^{-st_0}}{a^2\phi c_t\sqrt{\eta_z}}\sum_{m=1}^{\infty}\frac{(\xi_m^2+\lambda^2)\sin\{\xi_m(\vartheta-\theta_0)\}\sin\{\xi_m(\vartheta-\theta)\}}{\vartheta(\xi_m^2+\lambda^2)+\lambda}\sum_{n=1}^{\infty}\frac{J_{\mathcal{M}}(\xi_n r_0)J_{\mathcal{M}}(\xi_n r)\operatorname{csch}\left(d\sqrt{\frac{\eta_r\xi_n^2+s}{\eta_z}}\right)}{J_{\mathcal{M}}'^2(\xi_n a)\sqrt{(\eta_r\xi_n^2+s)}}\times \\
&\times\left[\cosh\left\{(d-|z-z_0|)\sqrt{\frac{\eta_r\xi_n^2+s}{\eta_z}}\right\}-\cosh\left\{(d-z-z_0)\sqrt{\frac{\eta_r\xi_n^2+s}{\eta_z}}\right\}\right]- \\
&-\frac{2\eta_r}{a\sqrt{\eta_z}}\sum_{m=1}^{\infty}\frac{(\xi_m^2+\lambda^2)\sin\{\xi_m(\vartheta-\theta)\}}{\vartheta(\xi_m^2+\lambda^2)+\lambda}\sum_{n=1}^{\infty}\frac{\xi_n J_{\mathcal{M}}(\xi_n r)\operatorname{csch}\left(d\sqrt{\frac{\eta_r\xi_n^2+s}{\eta_z}}\right)}{J_{\mathcal{M}}'(\xi_n a)\sqrt{\eta_r\xi_n^2+s}}\times \\
&\times\int_0^d\overline{\overline{\psi}}_a(\xi_m,w,s)\left[\cosh\left\{(d-|z-w|)\sqrt{\frac{\eta_r\xi_n^2+s}{\eta_z}}\right\}-\cosh\left\{(d-z-w)\sqrt{\frac{\eta_r\xi_n^2+s}{\eta_z}}\right\}\right]dw+ \\
&+\frac{4}{a^2}\sum_{m=1}^{\infty}\frac{(\xi_m^2+\lambda^2)\sin\{\xi_m(\vartheta-\theta)\}}{\vartheta(\xi_m^2+\lambda^2)+\lambda}\sum_{n=1}^{\infty}\frac{J_{\mathcal{M}}(\xi_n r)\operatorname{csch}\left(d\sqrt{\frac{\eta_r\xi_n^2+s}{\eta_z}}\right)}{J_{\mathcal{M}}'^2(\xi_n a)}\times \\
&\times\left[\overline{\overline{\overline{\psi}}}_{\theta 0}(\xi_n,\xi_m,s)\sinh\left\{(d-z)\sqrt{\frac{\eta_r\xi_n^2+s}{\eta_z}}\right\}+\overline{\overline{\overline{\psi}}}_{\theta d}(\xi_n,\xi_m,s)\sinh\left\{z\sqrt{\frac{\eta_r\xi_n^2+s}{\eta_z}}\right\}\right]+ \\
&+\frac{2\eta_\theta}{a^2\sqrt{\eta_z}}\sum_{m=0}^{\infty}\frac{(\xi_m^2+\lambda^2)\sin\{\xi_m(\vartheta-\theta)\}}{\vartheta(\xi_m^2+\lambda^2)+\lambda}\sum_{n=1}^{\infty}\frac{\operatorname{csch}\left(d\sqrt{\frac{\eta_r\xi_n^2+s}{\eta_z}}\right)J_{\mathcal{M}}(\xi_n r)}{J_{\mathcal{M}}'^2(\xi_n a)\sqrt{(\eta_r\xi_n^2+s)}}\times \\
&\times\int_0^a\frac{J_{\mathcal{M}}(\xi_n u)}{u}\int_0^d\left\{\left(\frac{\mu}{k_\theta}\right)\overline{\psi}_{0z}(u,w,s)\sin(\xi_m\vartheta)+\xi_m\overline{\psi}_{\vartheta z}(u,w,s)\right\}\times \\
&\times\left[\cosh\left\{(d-|z-w|)\sqrt{\frac{\eta_r\xi_n^2+s}{\eta_z}}\right\}-\cosh\left\{(d-z-w)\sqrt{\frac{\eta_r\xi_n^2+s}{\eta_z}}\right\}\right]dwdu+ \\
&+\frac{2}{a^2\sqrt{\eta_z}}\sum_{m=1}^{\infty}\frac{(\xi_m^2+\lambda^2)\sin\{\xi_m(\vartheta-\theta)\}}{\vartheta(\xi_m^2+\lambda^2)+\lambda}\sum_{n=1}^{\infty}\frac{J_{\mathcal{M}}(\xi_n r)\operatorname{csch}\left(d\sqrt{\frac{\eta_r\xi_n^2+s}{\eta_z}}\right)}{J_{\mathcal{M}}'^2(\xi_n a)\sqrt{\eta_r\xi_n^2+s}}\times \\
&\times\int_0^d\overline{\overline{\varphi}}(\xi_n,\xi_m,w)\left[\cosh\left\{(d-|z-w|)\sqrt{\frac{\eta_r\xi_n^2+s}{\eta_z}}\right\}-\cosh\left\{(d-z-w)\sqrt{\frac{\eta_r\xi_n^2+s}{\eta_z}}\right\}\right]dw \qquad (29.7.1)
\end{aligned}
$$

where ξ_n are the positive roots of $J_{\mathcal{M}}(\xi_n a)=0$, $n=1,2,...$, $\xi_l=\frac{l\pi}{d}$, $l=1,2,...$, $\xi_m\cot(\xi_m\vartheta)=-\lambda$, $m=1,2,...$, $\overline{\overline{\psi}}_a(\xi_m,z,s)=\int_0^\vartheta\overline{\psi}_a(v,z,s)\sin\{\xi_m(\vartheta-v)\}dv$,
$\overline{\overline{\overline{\psi}}}_{\theta 0}(\xi_n,\xi_m,s)=\int_0^a uJ_{\mathcal{M}}(\xi_n u)\int_0^\vartheta\overline{\psi}_{\theta 0}(u,v,s)\sin\{\xi_m(\vartheta-v)\}dvdu$,
$\overline{\overline{\overline{\psi}}}_{\theta d}(\xi_n,\xi_m,s)=\int_0^a uJ_{\mathcal{M}}(\xi_n u)\int_0^\vartheta\overline{\psi}_{\theta d}(u,v,s)\sin\{\xi_m(\vartheta-v)\}dvdu$ and

$\overline{\overline{\varphi}}(\xi_n,\xi_m,z)=\int_0^a uJ_{\mathcal{M}}(\xi_n u)\int_0^{\vartheta}\varphi(u,v,z)\sin\{\xi_m(\vartheta-v)\}dvdu.$

$$p=\frac{2U(t-t_0)}{a^2d\phi c_t}\sum_{m=1}^{\infty}\frac{(\xi_m^2+\lambda^2)\sin\{\xi_m(\vartheta-\theta_0)\}\sin\{\xi_m(\vartheta-\theta)\}}{\vartheta(\xi_m^2+\lambda^2)+\lambda}\sum_{n=1}^{\infty}\frac{J_{\mathcal{M}}(\xi_n r_0)J_{\mathcal{M}}(\xi_n r)}{J_{\mathcal{M}}'^2(\xi_n a)}\times$$
$$\times\int_0^{t-t_0}q(t-t_0-\tau)\left[\Theta_3\left\{\frac{\pi(z-z_0)}{2d},e^{-\left(\frac{\pi}{d}\right)^2\eta_z\tau}\right\}-\Theta_3\left\{\frac{\pi(z+z_0)}{2d},e^{-\left(\frac{\pi}{d}\right)^2\eta_z\tau}\right\}\right]e^{-\eta_r\xi_n^2\tau}d\tau-$$
$$-\frac{2\eta_r}{ad}\sum_{m=1}^{\infty}\frac{(\xi_m^2+\lambda^2)\sin\{\xi_m(\vartheta-\theta)\}}{\vartheta(\xi_m^2+\lambda^2)+\lambda}\sum_{n=1}^{\infty}\frac{\xi_n J_{\mathcal{M}}(\xi_n r)}{J_{\mathcal{M}}'(\xi_n a)}\times$$
$$\times\int_0^t e^{-\eta_r\xi_n^2\tau}\int_0^d\overline{\psi}_a(\xi_m,w,t-\tau)\left[\Theta_3\left\{\frac{\pi(z-w)}{2d},e^{-\left(\frac{\pi}{d}\right)^2\eta_z\tau}\right\}-\Theta_3\left\{\frac{\pi(z+w)}{2d},e^{-\left(\frac{\pi}{d}\right)^2\eta_z\tau}\right\}\right]dwd\tau+$$
$$+\frac{2\eta_z}{(ad)^2}\sum_{m=1}^{\infty}\frac{(\xi_m^2+\lambda^2)\sin\{\xi_m(\vartheta-\theta)\}}{\vartheta(\xi_m^2+\lambda^2)+\lambda}\sum_{n=1}^{\infty}\frac{J_{\mathcal{M}}(\xi_n r)}{J_{\mathcal{M}}'^2(\xi_n a)}\times$$
$$\times\int_0^t\left\{\Theta_4'\left(\frac{\pi z}{2d},e^{-\left(\frac{\pi}{d}\right)^2\eta_z\tau}\right)\overline{\overline{\psi}}_{\theta d}(\xi_n,\xi_m,t-\tau)-\Theta_3'\left(\frac{\pi z}{2d},e^{-\left(\frac{\pi}{d}\right)^2\eta_z\tau}\right)\overline{\overline{\psi}}_{\theta 0}(\xi_n,\xi_m,t-\tau)\right\}e^{-\eta_r\xi_n^2\tau}d\tau+$$
$$+\frac{2\eta_\theta}{a^2d}\sum_{m=0}^{\infty}\frac{(\xi_m^2+\lambda^2)\sin\{\xi_m(\vartheta-\theta)\}}{\vartheta(\xi_m^2+\lambda^2)+\lambda}\sum_{n=1}^{\infty}\frac{J_{\mathcal{M}}(\xi_n r)}{J_{\mathcal{M}}'^2(\xi_n a)}\times$$
$$\times\int_0^a\frac{J_{\mathcal{M}}(\xi_n u)}{u}\int_0^d\int_0^t e^{-\eta_r\xi_n^2\tau}\left\{\left(\frac{\mu}{k_\theta}\right)\psi_{0z}(u,w,t-\tau)\sin(\xi_m\vartheta)+\xi_m\psi_{\vartheta z}(u,w,t-\tau)\right\}\times$$
$$\times\left[\Theta_3\left\{\frac{\pi(z-w)}{2d},e^{-\left(\frac{\pi}{d}\right)^2\eta_z\tau}\right\}-\Theta_3\left\{\frac{\pi(z+w)}{2d},e^{-\left(\frac{\pi}{d}\right)^2\eta_z\tau}\right\}\right]d\tau dwdu+$$
$$+\frac{2}{a^2d}\sum_{m=1}^{\infty}\frac{(\xi_m^2+\lambda^2)\sin\{\xi_m(\vartheta-\theta)\}}{\vartheta(\xi_m^2+\lambda^2)+\lambda}\sum_{n=1}^{\infty}\frac{J_{\mathcal{M}}(\xi_n r)e^{-\eta_r\xi_n^2 t}}{J_{\mathcal{M}}'^2(\xi_n a)}\times$$
$$\times\int_0^d\overline{\overline{\varphi}}(\xi_n,\xi_m,w)\left[\Theta_3\left\{\frac{\pi(z-w)}{2d},e^{-\left(\frac{\pi}{d}\right)^2\eta_z t}\right\}-\Theta_3\left\{\frac{\pi(z+w)}{2d},e^{-\left(\frac{\pi}{d}\right)^2\eta_z t}\right\}\right]dw \qquad (29.7.2)$$

where $\overline{\psi}_a(\xi_m,z,t)=\int_0^{\vartheta}\psi_a(v,z,t)\sin\{\xi_m(\vartheta-v)\}dv$,
$\overline{\overline{\psi}}_{\theta 0}(\xi_n,\xi_m,t)=\int_0^a uJ_{\mathcal{M}}(\xi_n u)\int_0^{\vartheta}\psi_{0z}(u,v,t)\sin\{\xi_m(\vartheta-v)\}dvdu$ and
$\overline{\overline{\psi}}_{\theta d}(\xi_n,\xi_m,t)=\int_0^a uJ_{\mathcal{M}}(\xi_n u)\int_0^{\vartheta}\psi_{\theta d}(u,v,t)\sin\{\xi_m(\vartheta-v)\}dvdu.$

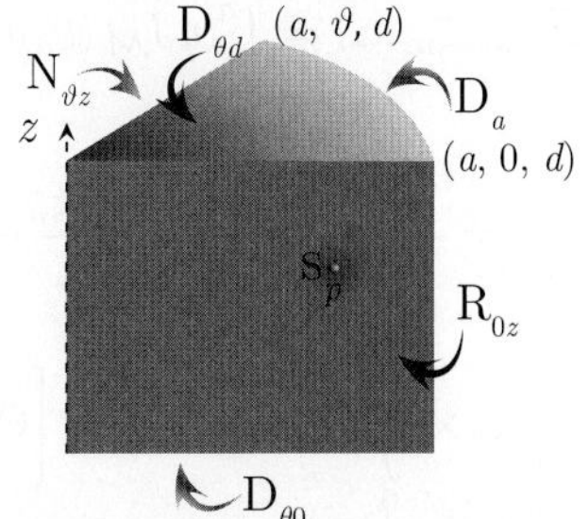

29.8 **The problem of 29.1, except $\mathbf{D_a}\equiv p(a,\theta,z,t)=\psi_a(\theta,z,t)$, $\mathbf{D_{\theta 0}}\equiv p(r,\theta,0,t)=\psi_{\theta 0}(r,\theta,t)$, $\mathbf{D_{\theta d}}\equiv p(r,\theta,d,t)=\psi_{\theta d}(r,\theta,t)$, $\mathbf{R_{0z}}\equiv\frac{\partial p(r,0,z,t)}{\partial\theta}-\lambda p(r,0,z,t)=-\left(\frac{\mu}{k_\theta}\right)\psi_{0z}(r,z,t)$ and $\mathbf{N_{\vartheta z}}\equiv\frac{\partial p(r,\vartheta,z,t)}{\partial\theta}=-\left(\frac{\mu}{k_\theta}\right)\psi_{\vartheta z}(r,z,t)$**

$$\overline{p}=\frac{2q(s)e^{-st_0}}{a^2\phi c_t\sqrt{\eta_z}}\sum_{m=1}^{\infty}\frac{(\xi_m^2+\lambda^2)\cos\{\xi_m(\vartheta-\theta_0)\}\cos\{\xi_m(\vartheta-\theta)\}}{\vartheta(\xi_m^2+\lambda^2)+\lambda}\sum_{n=1}^{\infty}\frac{J_{\mathcal{M}}(\xi_n r_0)J_{\mathcal{M}}(\xi_n r)\operatorname{csch}\left(d\sqrt{\frac{\eta_r\xi_n^2+s}{\eta_z}}\right)}{J_{\mathcal{M}}'^2(\xi_n a)\sqrt{(\eta_r\xi_n^2+s)}}\times$$

$$\times\left[\cosh\left\{(d-|z-z_0|)\sqrt{\frac{\eta_r\xi_n^2+s}{\eta_z}}\right\}-\cosh\left\{(d-z-z_0)\sqrt{\frac{\eta_r\xi_n^2+s}{\eta_z}}\right\}\right]-$$

$$-\frac{2\eta_r}{a\sqrt{\eta_z}}\sum_{m=1}^{\infty}\frac{(\xi_m^2+\lambda^2)\cos\{\xi_m(\vartheta-\theta)\}}{\vartheta(\xi_m^2+\lambda^2)+\lambda}\sum_{n=1}^{\infty}\frac{\xi_n J_{\mathcal{M}}(\xi_n r)\operatorname{csch}\left(d\sqrt{\frac{\eta_r\xi_n^2+s}{\eta_z}}\right)}{J'_{\mathcal{M}}(\xi_n a)\sqrt{\eta_r\xi_n^2+s}}\times$$

$$\times\int_0^d\overline{\overline{\psi}}_a(\xi_m,w,s)\left[\cosh\left\{(d-|z-w|)\sqrt{\frac{\eta_r\xi_n^2+s}{\eta_z}}\right\}-\cosh\left\{(d-z-w)\sqrt{\frac{\eta_r\xi_n^2+s}{\eta_z}}\right\}\right]dw+$$

$$+\frac{4}{a^2}\sum_{m=1}^{\infty}\frac{(\xi_m^2+\lambda^2)\cos\{\xi_m(\vartheta-\theta)\}}{\vartheta(\xi_m^2+\lambda^2)+\lambda}\sum_{n=1}^{\infty}\frac{J_{\mathcal{M}}(\xi_n r)\operatorname{csch}\left(d\sqrt{\frac{\eta_r\xi_n^2+s}{\eta_z}}\right)}{J'^2_{\mathcal{M}}(\xi_n a)}\times$$

$$\times\left[\overline{\overline{\overline{\psi}}}_{\theta 0}(\xi_n,\xi_m,s)\sinh\left\{(d-z)\sqrt{\frac{\eta_r\xi_n^2+s}{\eta_z}}\right\}+\overline{\overline{\overline{\psi}}}_{\theta d}(\xi_n,\xi_m,s)\sinh\left\{z\sqrt{\frac{\eta_r\xi_n^2+s}{\eta_z}}\right\}\right]+$$

$$+\frac{2}{a^2\phi c_t\sqrt{\eta_z}}\sum_{m=0}^{\infty}\frac{(\xi_m^2+\lambda^2)\cos\{\xi_m(\vartheta-\theta)\}}{\vartheta(\xi_m^2+\lambda^2)+\lambda}\sum_{n=1}^{\infty}\frac{\operatorname{csch}\left(d\sqrt{\frac{\eta_r\xi_n^2+s}{\eta_z}}\right)J_{\mathcal{M}}(\xi_n r)}{J'^2_{\mathcal{M}}(\xi_n a)\sqrt{(\eta_r\xi_n^2+s)}}\times$$

$$\times\int_0^a\frac{J_{\mathcal{M}}(\xi_n u)}{u}\int_0^d\{\overline{\psi}_{0z}(u,w,s)\cos(\xi_m\vartheta)-\overline{\psi}_{\vartheta z}(u,w,s)\}\times$$

$$\times\left[\cosh\left\{(d-|z-w|)\sqrt{\frac{\eta_r\xi_n^2+s}{\eta_z}}\right\}-\cosh\left\{(d-z-w)\sqrt{\frac{\eta_r\xi_n^2+s}{\eta_z}}\right\}\right]dwdu+$$

$$+\frac{2}{a^2\sqrt{\eta_z}}\sum_{m=1}^{\infty}\frac{(\xi_m^2+\lambda^2)\cos\{\xi_m(\vartheta-\theta)\}}{\vartheta(\xi_m^2+\lambda^2)+\lambda}\sum_{n=1}^{\infty}\frac{J_{\mathcal{M}}(\xi_n r)\operatorname{csch}\left(d\sqrt{\frac{\eta_r\xi_n^2+s}{\eta_z}}\right)}{J'^2_{\mathcal{M}}(\xi_n a)\sqrt{\eta_r\xi_n^2+s}}\times$$

$$\times\int_0^d\overline{\overline{\varphi}}(\xi_n,\xi_m,w)\left[\cosh\left\{(d-|z-w|)\sqrt{\frac{\eta_r\xi_n^2+s}{\eta_z}}\right\}-\cosh\left\{(d-z-w)\sqrt{\frac{\eta_r\xi_n^2+s}{\eta_z}}\right\}\right]dw \qquad (29.8.1)$$

where ξ_n are the positive roots of $J_{\mathcal{M}}(\xi_n a)=0$, $n=1,2,...$, $\xi_l=\frac{l\pi}{d}$, $l=1,2,...$, $\xi_m\tan(\xi_m\vartheta)=\lambda$, $m=1,2,...$, $\overline{\overline{\psi}}_a(\xi_m,z,s)=\int_0^{\vartheta}\overline{\psi}_a(v,z,s)\cos\{\xi_m(\vartheta-v)\}dv$,
$\overline{\overline{\overline{\psi}}}_{\theta 0}(\xi_n,\xi_m,s)=\int_0^a uJ_{\mathcal{M}}(\xi_n u)\int_0^{\vartheta}\overline{\psi}_{\theta 0}(u,v,s)\cos\{\xi_m(\vartheta-v)\}dvdu$,
$\overline{\overline{\overline{\psi}}}_{\theta d}(\xi_n,\xi_m,s)=\int_0^a uJ_{\mathcal{M}}(\xi_n u)\int_0^{\vartheta}\overline{\psi}_{\theta d}(u,v,s)\cos\{\xi_m(\vartheta-v)\}dvdu$ and
$\overline{\overline{\varphi}}(\xi_n,\xi_m,z)=\int_0^a uJ_{\mathcal{M}}(\xi_n u)\int_0^{\vartheta}\varphi(u,v,z)\cos\{\xi_m(\vartheta-v)\}dvdu$.

$$p=\frac{2U(t-t_0)}{a^2d\phi c_t}\sum_{m=1}^{\infty}\frac{(\xi_m^2+\lambda^2)\cos\{\xi_m(\vartheta-\theta_0)\}\cos\{\xi_m(\vartheta-\theta)\}}{\vartheta(\xi_m^2+\lambda^2)+\lambda}\sum_{n=1}^{\infty}\frac{J_{\mathcal{M}}(\xi_n r_0)J_{\mathcal{M}}(\xi_n r)}{J'^2_{\mathcal{M}}(\xi_n a)}\times$$

$$\times\int_0^{t-t_0}q(t-t_0-\tau)\left[\Theta_3\left\{\frac{\pi(z-z_0)}{2d},e^{-\left(\frac{\pi}{d}\right)^2\eta_z\tau}\right\}-\Theta_3\left\{\frac{\pi(z+z_0)}{2d},e^{-\left(\frac{\pi}{d}\right)^2\eta_z\tau}\right\}\right]e^{-\eta_r\xi_n^2\tau}d\tau-$$

$$-\frac{2\eta_r}{ad}\sum_{m=1}^{\infty}\frac{(\xi_m^2+\lambda^2)\cos\{\xi_m(\vartheta-\theta)\}}{\vartheta(\xi_m^2+\lambda^2)+\lambda}\sum_{n=1}^{\infty}\frac{\xi_n J_{\mathcal{M}}(\xi_n r)}{J'_{\mathcal{M}}(\xi_n a)}\times$$

$$\times\int_0^t e^{-\eta_r\xi_n^2\tau}\int_0^d\overline{\psi}_a(\xi_m,w,t-\tau)\left[\Theta_3\left\{\frac{\pi(z-w)}{2d},e^{-\left(\frac{\pi}{d}\right)^2\eta_z\tau}\right\}-\Theta_3\left\{\frac{\pi(z+w)}{2d},e^{-\left(\frac{\pi}{d}\right)^2\eta_z\tau}\right\}\right]dwd\tau+$$

$$+\frac{2\eta_z}{(ad)^2}\sum_{m=1}^{\infty}\frac{(\xi_m^2+\lambda^2)\cos\{\xi_m(\vartheta-\theta)\}}{\vartheta(\xi_m^2+\lambda^2)+\lambda}\sum_{n=1}^{\infty}\frac{J_{\mathcal{M}}(\xi_n r)}{J_{\mathcal{M}}'^2(\xi_n a)}\times$$

$$\times\int_0^t\left\{\Theta_4'\left(\frac{\pi z}{2d},e^{-\left(\frac{\pi}{d}\right)^2\eta_z\tau}\right)\overline{\overline{\psi}}_{\theta d}(\xi_n,\xi_m,t-\tau)-\Theta_3'\left(\frac{\pi z}{2d},e^{-\left(\frac{\pi}{d}\right)^2\eta_z\tau}\right)\overline{\overline{\psi}}_{\theta 0}(\xi_n,\xi_m,t-\tau)\right\}e^{-\eta_r\xi_n^2\tau}d\tau+$$

$$+\frac{2}{a^2d\phi c_t}\sum_{m=0}^{\infty}\frac{(\xi_m^2+\lambda^2)\cos\{\xi_m(\vartheta-\theta)\}}{\vartheta(\xi_m^2+\lambda^2)+\lambda}\sum_{n=1}^{\infty}\frac{J_{\mathcal{M}}(\xi_n r)}{J_{\mathcal{M}}'^2(\xi_n a)}\times$$

$$\times\int_0^a\frac{J_{\mathcal{M}}(\xi_n u)}{u}\int_0^d\int_0^t e^{-\eta_r\xi_n^2\tau}\{\psi_{0z}(u,w,t-\tau)\cos(\xi_m\vartheta)-\psi_{\vartheta z}(u,w,t-\tau)\}\times$$

$$\times\left[\Theta_3\left\{\frac{\pi(z-w)}{2d},e^{-\left(\frac{\pi}{d}\right)^2\eta_z\tau}\right\}-\Theta_3\left\{\frac{\pi(z+w)}{2d},e^{-\left(\frac{\pi}{d}\right)^2\eta_z\tau}\right\}\right]d\tau dw du+$$

$$+\frac{2}{a^2d}\sum_{m=1}^{\infty}\frac{(\xi_m^2+\lambda^2)\cos\{\xi_m(\vartheta-\theta)\}}{\vartheta(\xi_m^2+\lambda^2)+\lambda}\sum_{n=1}^{\infty}\frac{J_{\mathcal{M}}(\xi_n r)e^{-\eta_r\xi_n^2 t}}{J_{\mathcal{M}}'^2(\xi_n a)}\times$$

$$\times\int_0^d\overline{\overline{\varphi}}(\xi_n,\xi_m,w)\left[\Theta_3\left\{\frac{\pi(z-w)}{2d},e^{-\left(\frac{\pi}{d}\right)^2\eta_z t}\right\}-\Theta_3\left\{\frac{\pi(z+w)}{2d},e^{-\left(\frac{\pi}{d}\right)^2\eta_z t}\right\}\right]dw \tag{29.8.2}$$

where $\overline{\psi}_a(\xi_m,z,t)=\int_0^\vartheta\psi_a(v,z,t)\cos\{\xi_m(\vartheta-v)\}dv$,
$\overline{\overline{\psi}}_{\theta 0}(\xi_n,\xi_m,t)=\int_0^a uJ_{\mathcal{M}}(\xi_n u)\int_0^\vartheta\psi_{0z}(u,v,t)\cos\{\xi_m(\vartheta-v)\}dvdu$ and
$\overline{\overline{\psi}}_{\theta d}(\xi_n,\xi_m,t)=\int_0^a uJ_{\mathcal{M}}(\xi_n u)\int_0^\vartheta\psi_{\theta d}(u,v,t)\cos\{\xi_m(\vartheta-v)\}dvdu$.

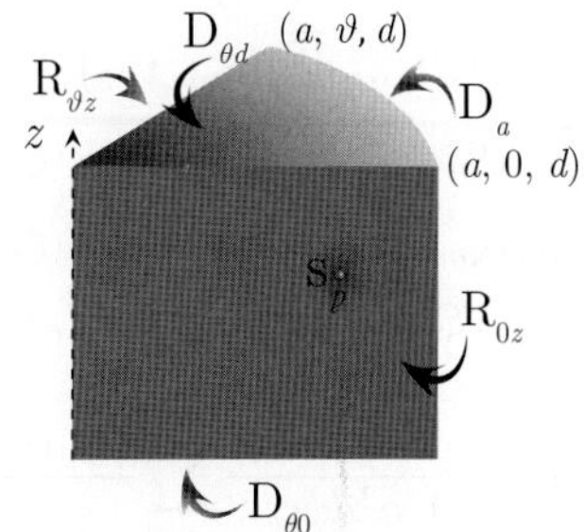

29.9 **The problem of 29.1, except $D_a\equiv p(a,\theta,z,t)=\psi_a(\theta,z,t)$, $D_{\theta 0}\equiv p(r,\theta,0,t)=\psi_{\theta 0}(r,\theta,t)$, $D_{\theta d}\equiv p(r,\theta,d,t)=\psi_{\theta d}(r,\theta,t)$, $R_{0z}\equiv\frac{\partial p(r,0,z,t)}{\partial\theta}-\lambda_0 p(r,0,z,t)=-\left(\frac{\mu}{k_\theta}\right)\psi_{0z}(r,z,t)$ and $R_{\vartheta z}\equiv\frac{\partial p(r,\vartheta,z,t)}{\partial\theta}+\lambda_\vartheta p(r,\vartheta,z,t)=-\left(\frac{\mu}{k_\theta}\right)\psi_{\vartheta z}(r,z,t)$**

$$\overline{p}=\frac{2q(s)e^{-st_0}}{a^2\phi c_t\sqrt{\eta_z}}\sum_{m=1}^{\infty}\frac{\{\xi_m\cos(\xi_m\theta_0)+\lambda_0\sin(\xi_m\theta_0)\}\{\xi_m\cos(\xi_m\theta)+\lambda_0\sin(\xi_m\theta)\}}{\left\{(\xi_m^2+\lambda_0^2)\left(\vartheta+\frac{\lambda_\vartheta}{\xi_m^2+\lambda_\vartheta^2}\right)+\lambda_0\right\}}\times$$

$$\times\sum_{n=1}^{\infty}\frac{J_{\mathcal{M}}(\xi_n r_0)J_{\mathcal{M}}(\xi_n r)\operatorname{csch}\left(d\sqrt{\frac{\eta_r\xi_n^2+s}{\eta_z}}\right)}{J_{\mathcal{M}}'^2(\xi_n a)\sqrt{(\eta_r\xi_n^2+s)}}\times$$

$$\times\left[\cosh\left\{(d-|z-z_0|)\sqrt{\frac{\eta_r\xi_n^2+s}{\eta_z}}\right\}-\cosh\left\{(d-z-z_0)\sqrt{\frac{\eta_r\xi_n^2+s}{\eta_z}}\right\}\right]-$$

$$-\frac{2\eta_r}{a\sqrt{\eta_z}}\sum_{m=1}^{\infty}\frac{\{\xi_m\cos(\xi_m\theta)+\lambda_0\sin(\xi_m\theta)\}}{\left\{(\xi_m^2+\lambda_0^2)\left(\vartheta+\frac{\lambda_\vartheta}{\xi_m^2+\lambda_\vartheta^2}\right)+\lambda_0\right\}}\sum_{n=1}^{\infty}\frac{\xi_n J_{\mathcal{M}}(\xi_n r)\operatorname{csch}\left(d\sqrt{\frac{\eta_r\xi_n^2+s}{\eta_z}}\right)}{J_{\mathcal{M}}'(\xi_n a)\sqrt{\eta_r\xi_n^2+s}}\times$$

$$\times\int_0^d\overline{\overline{\psi}}_a(\xi_m,w,s)\left[\cosh\left\{(d-|z-w|)\sqrt{\frac{\eta_r\xi_n^2+s}{\eta_z}}\right\}-\cosh\left\{(d-z-w)\sqrt{\frac{\eta_r\xi_n^2+s}{\eta_z}}\right\}\right]dw+$$

$$+\frac{4}{a^2}\sum_{m=1}^{\infty}\frac{\{\xi_m\cos(\xi_m\theta)+\lambda_0\sin(\xi_m\theta)\}}{\left\{(\xi_m^2+\lambda_0^2)\left(\vartheta+\frac{\lambda_\vartheta}{\xi_m^2+\lambda_\vartheta^2}\right)+\lambda_0\right\}}\sum_{n=1}^{\infty}\frac{J_{\mathcal{M}}(\xi_n r)\operatorname{csch}\left(d\sqrt{\frac{\eta_r\xi_n^2+s}{\eta_z}}\right)}{J_{\mathcal{M}}'^2(\xi_n a)}\times$$

$$\times\left[\overline{\overline{\overline{\psi}}}_{\theta 0}(\xi_n,\xi_m,s)\sinh\left\{(d-z)\sqrt{\frac{\eta_r\xi_n^2+s}{\eta_z}}\right\}+\overline{\overline{\overline{\psi}}}_{\theta d}(\xi_n,\xi_m,s)\sinh\left\{z\sqrt{\frac{\eta_r\xi_n^2+s}{\eta_z}}\right\}\right]+$$

$$+\frac{2}{a^2\phi c_t\sqrt{\eta_z}}\sum_{m=0}^{\infty}\frac{\{\xi_m\cos(\xi_m\theta)+\lambda_0\sin(\xi_m\theta)\}}{\left\{(\xi_m^2+\lambda_0^2)\left(\vartheta+\frac{\lambda_\vartheta}{\xi_m^2+\lambda_\vartheta^2}\right)+\lambda_0\right\}}\sum_{n=1}^{\infty}\frac{\operatorname{csch}\left(d\sqrt{\frac{\eta_r\xi_n^2+s}{\eta_z}}\right)J_{\mathcal{M}}(\xi_n r)}{J_{\mathcal{M}}'^2(\xi_n a)\sqrt{(\eta_r\xi_n^2+s)}}\times$$

$$\times\int_0^a\frac{J_{\mathcal{M}}(\xi_n u)}{u}\int_0^d\left[\xi_m\overline{\psi}_{0z}(u,w,s)-\overline{\psi}_{\vartheta z}(u,w,s)\{\xi_m\cos(\xi_m\vartheta)+\lambda_0\sin(\xi_m\vartheta)\}\right]\times$$

$$\times\left[\cosh\left\{(d-|z-w|)\sqrt{\frac{\eta_r\xi_n^2+s}{\eta_z}}\right\}-\cosh\left\{(d-z-w)\sqrt{\frac{\eta_r\xi_n^2+s}{\eta_z}}\right\}\right]dwdu+$$

$$+\frac{2}{a^2\sqrt{\eta_z}}\sum_{m=1}^{\infty}\frac{\{\xi_m\cos(\xi_m\theta)+\lambda_0\sin(\xi_m\theta)\}}{\left\{(\xi_m^2+\lambda_0^2)\left(\vartheta+\frac{\lambda_\vartheta}{\xi_m^2+\lambda_\vartheta^2}\right)+\lambda_0\right\}}\sum_{n=1}^{\infty}\frac{J_{\mathcal{M}}(\xi_n r)\operatorname{csch}\left(d\sqrt{\frac{\eta_r\xi_n^2+s}{\eta_z}}\right)}{J_{\mathcal{M}}'^2(\xi_n a)\sqrt{\eta_r\xi_n^2+s}}\times$$

$$\times\int_0^d\overline{\overline{\overline{\varphi}}}(\xi_n,\xi_m,w)\left[\cosh\left\{(d-|z-w|)\sqrt{\frac{\eta_r\xi_n^2+s}{\eta_z}}\right\}-\cosh\left\{(d-z-w)\sqrt{\frac{\eta_r\xi_n^2+s}{\eta_z}}\right\}\right]dw \qquad (29.9.1)$$

where ξ_n are the positive roots of $J_{\mathcal{M}}(\xi_n a)=0$, $n=1,2,...$, $\xi_l=\frac{l\pi}{d}$, $l=1,2,...$, $\tan(\xi_m\vartheta)=\frac{\xi_n(\lambda_0+\lambda_\vartheta)}{\xi_m^2-\lambda_0\lambda_\vartheta}$, $m=1,2,...$, $\overline{\overline{\psi}}_a(\xi_m,z,s)=\int_0^\vartheta\overline{\psi}_a(v,z,s)\{\xi_m\cos(\xi_m v)+\lambda_0\sin(\xi_m v)\}dv$,
$\overline{\overline{\overline{\psi}}}_{\theta 0}(\xi_n,\xi_m,s)=\int_0^a uJ_{\mathcal{M}}(\xi_n u)\int_0^\vartheta\overline{\psi}_{\theta 0}(u,v,s)\{\xi_m\cos(\xi_m v)+\lambda_0\sin(\xi_m v)\}dvdu$,
$\overline{\overline{\overline{\psi}}}_{\theta d}(\xi_n,\xi_m,s)=\int_0^a uJ_{\mathcal{M}}(\xi_n u)\int_0^\vartheta\overline{\psi}_{\theta d}(u,v,s)\{\xi_m\cos(\xi_m v)+\lambda_0\sin(\xi_m v)\}dvdu$ and
$\overline{\overline{\varphi}}(\xi_n,\xi_m,z)=\int_0^a uJ_{\mathcal{M}}(\xi_n u)\int_0^\vartheta\varphi(u,v,z)\{\xi_m\cos(\xi_m v)+\lambda_0\sin(\xi_m v)\}dvdu$.

$$p=\frac{2U(t-t_0)}{a^2d\phi c_t}\sum_{m=1}^{\infty}\frac{\{\xi_m\cos(\xi_m\theta_0)+\lambda_0\sin(\xi_m\theta_0)\}\{\xi_m\cos(\xi_m\theta)+\lambda_0\sin(\xi_m\theta)\}}{\left\{(\xi_m^2+\lambda_0^2)\left(\vartheta+\frac{\lambda_\vartheta}{\xi_m^2+\lambda_\vartheta^2}\right)+\lambda_0\right\}}\sum_{n=1}^{\infty}\frac{J_{\mathcal{M}}(\xi_n r_0)J_{\mathcal{M}}(\xi_n r)}{J_{\mathcal{M}}'^2(\xi_n a)}\times$$

$$\times\int_0^{t-t_0}q(t-t_0-\tau)\left[\Theta_3\left\{\frac{\pi(z-z_0)}{2d},e^{-\left(\frac{\pi}{d}\right)^2\eta_z\tau}\right\}-\Theta_3\left\{\frac{\pi(z+z_0)}{2d},e^{-\left(\frac{\pi}{d}\right)^2\eta_z\tau}\right\}\right]e^{-\eta_r\xi_n^2\tau}d\tau-$$

$$-\frac{2\eta_r}{ad}\sum_{m=1}^{\infty}\frac{\{\xi_m\cos(\xi_m\theta)+\lambda_0\sin(\xi_m\theta)\}}{\left\{(\xi_m^2+\lambda_0^2)\left(\vartheta+\frac{\lambda_\vartheta}{\xi_m^2+\lambda_\vartheta^2}\right)+\lambda_0\right\}}\sum_{n=1}^{\infty}\frac{\xi_n J_{\mathcal{M}}(\xi_n r)}{J_{\mathcal{M}}'(\xi_n a)}\times$$

$$\times\int_0^t e^{-\eta_r\xi_n^2\tau}\int_0^d\overline{\psi}_a(\xi_m,w,t-\tau)\left[\Theta_3\left\{\frac{\pi(z-w)}{2d},e^{-\left(\frac{\pi}{d}\right)^2\eta_z\tau}\right\}-\Theta_3\left\{\frac{\pi(z+w)}{2d},e^{-\left(\frac{\pi}{d}\right)^2\eta_z\tau}\right\}\right]dwd\tau+$$

$$+\frac{2\eta_z}{(ad)^2}\sum_{m=1}^{\infty}\frac{\{\xi_m\cos(\xi_m\theta)+\lambda_0\sin(\xi_m\theta)\}}{\left\{(\xi_m^2+\lambda_0^2)\left(\vartheta+\frac{\lambda_\vartheta}{\xi_m^2+\lambda_\vartheta^2}\right)+\lambda_0\right\}}\sum_{n=1}^{\infty}\frac{J_{\mathcal{M}}(\xi_n r)}{J_{\mathcal{M}}'^2(\xi_n a)}\times$$

$$\times\int_0^t\left\{\Theta_4'\left(\frac{\pi z}{2d},e^{-\left(\frac{\pi}{d}\right)^2\eta_z\tau}\right)\overline{\overline{\overline{\psi}}}_{\theta d}(\xi_n,\xi_m,t-\tau)-\Theta_3'\left(\frac{\pi z}{2d},e^{-\left(\frac{\pi}{d}\right)^2\eta_z\tau}\right)\overline{\overline{\overline{\psi}}}_{\theta 0}(\xi_n,\xi_m,t-\tau)\right\}e^{-\eta_r\xi_n^2\tau}d\tau+$$

$$+\frac{2}{a^2d\phi c_t}\sum_{m=0}^{\infty}\frac{\{\xi_m\cos(\xi_m\theta)+\lambda_0\sin(\xi_m\theta)\}}{\left\{(\xi_m^2+\lambda_0^2)\left(\vartheta+\frac{\lambda_\vartheta}{\xi_m^2+\lambda_\vartheta^2}\right)+\lambda_0\right\}}\sum_{n=1}^{\infty}\frac{J_{\mathcal{M}}(\xi_n r)}{J_{\mathcal{M}}'^2(\xi_n a)}\times$$

$$\times \int_0^a \frac{J_{\mathcal{M}}(\xi_n u)}{u} \int_0^d \int_0^t e^{-\eta_r \xi_n^2 \tau} \left[\xi_m \psi_{0z}(u, w, t-\tau) - \psi_{\vartheta z}(u, w, t-\tau) \{\xi_m \cos(\xi_m \vartheta) + \lambda_0 \sin(\xi_m \vartheta)\}\right] \times$$

$$\times \left[\Theta_3 \left\{\frac{\pi(z-w)}{2d}, e^{-\left(\frac{\pi}{d}\right)^2 \eta_z \tau}\right\} - \Theta_3 \left\{\frac{\pi(z+w)}{2d}, e^{-\left(\frac{\pi}{d}\right)^2 \eta_z \tau}\right\}\right] d\tau dw du +$$

$$+\frac{2}{a^2 d} \sum_{m=1}^{\infty} \frac{\{\xi_m \cos(\xi_m \theta) + \lambda_0 \sin(\xi_m \theta)\}}{\left\{(\xi_m^2 + \lambda_0^2)\left(\vartheta + \frac{\lambda_\vartheta}{\xi_m^2 + \lambda_\vartheta^2}\right) + \lambda_0\right\}} \sum_{n=1}^{\infty} \frac{J_{\mathcal{M}}(\xi_n r) e^{-\eta_r \xi_n^2 t}}{J_{\mathcal{M}}'^2(\xi_n a)} \times$$

$$\times \int_0^d \overline{\overline{\varphi}}(\xi_n, \xi_m, w) \left[\Theta_3 \left\{\frac{\pi(z-w)}{2d}, e^{-\left(\frac{\pi}{d}\right)^2 \eta_z t}\right\} - \Theta_3 \left\{\frac{\pi(z+w)}{2d}, e^{-\left(\frac{\pi}{d}\right)^2 \eta_z t}\right\}\right] dw \qquad (29.9.2)$$

where $\overline{\psi}_a(\xi_m, z, t) = \int_0^\vartheta \psi_a(v, z, t) \{\xi_m \cos(\xi_m v) + \lambda_0 \sin(\xi_m v)\} dv$,
$\overline{\overline{\psi}}_{\theta 0}(\xi_n, \xi_m, t) = \int_0^a u J_{\mathcal{M}}(\xi_n u) \int_0^\vartheta \psi_{0z}(u, v, t) \{\xi_m \cos(\xi_m v) + \lambda_0 \sin(\xi_m v)\} dv du$ and
$\overline{\overline{\psi}}_{\theta d}(\xi_n, \xi_m, t) = \int_0^a u J_{\mathcal{M}}(\xi_n u) \int_0^\vartheta \psi_{\theta d}(u, v, t) \{\xi_m \cos(\xi_m v) + \lambda_0 \sin(\xi_m v)\} dv du$.

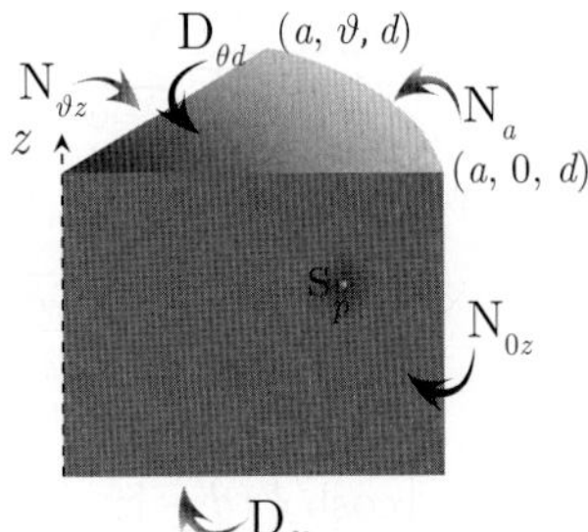

29.10 The problem of 29.1, except $\mathbf{N}_a \equiv \frac{\partial p(a,\theta,z,t)}{\partial r} = -\left(\frac{\mu}{k_r}\right)\psi_a(\theta, z, t)$, $\mathbf{D}_{\theta 0} \equiv p(r, \theta, 0, t) = \psi_{\theta 0}(r, \theta, t)$, $\mathbf{D}_{\theta d} \equiv p(r, \theta, d, t) = \psi_{\theta d}(r, \theta, t)$, $\mathbf{N}_{0z} \equiv \frac{\partial p(r,0,z,t)}{\partial \theta} = -\left(\frac{\mu}{k_\theta}\right)\psi_{0z}(r, z, t)$ and $\mathbf{N}_{\vartheta z} \equiv \frac{\partial p(r,\vartheta,z,t)}{\partial \theta} = -\left(\frac{\mu}{k_\theta}\right)\psi_{\vartheta z}(r, z, t)$

Successive application of the Laplace, Fourier and finite Hankel transformations to equation (22.1.1) gives

$$\overline{\overline{\overline{p}}} = \frac{q(s) e^{-st_0} \sin(\xi_l z_0) \cos(\xi_m \theta_0) J_{\mathcal{M}}(\xi_n r_0)}{\phi c_t (\eta_r \xi_n^2 + \eta_z \xi_l^2 + s)} - \frac{a \overline{\overline{\psi}}_a(\xi_m, \xi_l, s) J_{\mathcal{M}}(\xi_n a)}{\phi c_t (\eta_r \xi_n^2 + \eta_z \xi_l^2 + s)} +$$

$$+\frac{\xi_m \eta_\theta \int_0^a \frac{J_{\mathcal{M}}(\xi_n u)}{u} \left\{\overline{\overline{\psi}}_{0z}(u, \xi_l, s) - (-1)^m \overline{\overline{\psi}}_{\vartheta z}(u, \xi_l, s)\right\} du}{(\eta_r \xi_n^2 + \eta_z \xi_l^2 + s)} +$$

$$+\frac{\eta_z \xi_l \left\{(-1)^{l+1} \overline{\overline{\overline{\psi}}}_{\theta d}(\xi_n, \xi_m, s) + \overline{\overline{\overline{\psi}}}_{\theta 0}(\xi_n, \xi_m, s)\right\}}{(\eta_r \xi_n^2 + \eta_z \xi_l^2 + s)} + \frac{\overline{\overline{\overline{\varphi}}}(\xi_n, \xi_m, \xi_l)}{(\eta_r \xi_n^2 + \eta_z \xi_l^2 + s)} \qquad (29.10.1)$$

where ξ_n are the positive roots of $J_{\mathcal{M}}'(\xi_n a) = 0$, $n = 0, 1, ...$, $\xi_l = \frac{l\pi}{d}, l = 1, 2, ...$, $\xi_m = \frac{m\pi}{d}, m = 0, 1, ...$,
$\overline{\overline{\overline{\psi}}}_{\theta 0}(\xi_n, \xi_m, s) = \int_0^a u J_{\mathcal{M}}(\xi_n u) \int_0^\vartheta \overline{\psi}_0(u, v, s) \cos(\xi_m v) dv du$,
$\overline{\overline{\overline{\psi}}}_{\theta d}(\xi_n, \xi_m, s) = \int_0^a u J_{\mathcal{M}}(\xi_n u) \int_0^\vartheta \overline{\psi}_{\theta d}(u, v, s) \cos(\xi_m v) dv du$,
$\overline{\overline{\psi}}_{0z}(u, \xi_l, s) = \int_0^d \overline{\psi}_{0z}(u, w, s) \sin(\xi_l w) dw$, $\overline{\overline{\psi}}_{\vartheta z}(u, \xi_l, s) = \int_0^d \overline{\psi}_{\vartheta z}(u, w, s) \sin(\xi_l w) dw$,
$\overline{\overline{\psi}}_a(\xi_m, \xi_l, s) = \int_0^\vartheta \cos(\xi_m v) \int_0^d \overline{\psi}_a(v, w, s) \sin(\xi_l w) dw dv$, and
$\overline{\overline{\overline{\varphi}}}(\xi_n, \xi_m, \xi_l) = \int_0^a u J_{\mathcal{M}}(\xi_n u) \int_0^\vartheta \cos(\xi_m v) \int_0^d \varphi(u, v, w) \sin(\xi_l w) dw dv du$. The inverse Fourier and Hankel transforms of equation (29.2.1) yield

$$\overline{p} = \frac{2q(s) e^{-st_0}}{\vartheta a^2 \phi c_t \sqrt{\eta_z}} \sum_{m=0}^{\infty} \ni_m \cos(\xi_m \theta_0) \cos(\xi_m \theta) \sum_{n=0}^{\infty} \frac{J_{\mathcal{M}}(\xi_n r_0) J_{\mathcal{M}}(\xi_n r) \operatorname{csch}\left(d\sqrt{\frac{\eta_r \xi_n^2 + s}{\eta_z}}\right)}{\left\{1 - \left(\frac{\mathcal{M}}{\xi_n a}\right)^2\right\} J_{\mathcal{M}}^2(\xi_n a) \sqrt{(\eta_r \xi_n^2 + s)}} \times$$

$$\times \left[\cosh\left\{(d - |z - z_0|)\sqrt{\frac{\eta_r \xi_n^2 + s}{\eta_z}}\right\} - \cosh\left\{(d - z - z_0)\sqrt{\frac{\eta_r \xi_n^2 + s}{\eta_z}}\right\}\right] -$$

$$-\frac{2}{\vartheta a\phi c_t\sqrt{\eta_z}}\sum_{m=0}^{\infty}\ni_m\cos(\xi_m\theta)\sum_{n=0}^{\infty}\frac{J_{\mathcal{M}}(\xi_n r)\operatorname{csch}\left(d\sqrt{\frac{\eta_r\xi_n^2+s}{\eta_z}}\right)}{\left\{1-\left(\frac{\mathcal{M}}{\xi_n a}\right)^2\right\}J_{\mathcal{M}}(\xi_n a)\sqrt{\eta_r\xi_n^2+s}}\times$$

$$\times\int_0^d\overline{\overline{\psi}}_a(\xi_m,w,s)\left[\cosh\left\{(d-|z-w|)\sqrt{\frac{\eta_r\xi_n^2+s}{\eta_z}}\right\}-\cosh\left\{(d-z-w)\sqrt{\frac{\eta_r\xi_n^2+s}{\eta_z}}\right\}\right]dw+$$

$$+\frac{4}{\vartheta a^2}\sum_{m=0}^{\infty}\ni_m\cos(\xi_m\theta)\sum_{n=0}^{\infty}\frac{J_{\mathcal{M}}(\xi_n r)\operatorname{csch}\left(d\sqrt{\frac{\eta_r\xi_n^2+s}{\eta_z}}\right)}{\left\{1-\left(\frac{\mathcal{M}}{\xi_n a}\right)^2\right\}J_{\mathcal{M}}^2(\xi_n a)}\times$$

$$\times\left[\overline{\overline{\overline{\psi}}}_{\theta 0}(\xi_n,\xi_m,s)\sinh\left\{(d-z)\sqrt{\frac{\eta_r\xi_n^2+s}{\eta_z}}\right\}+\overline{\overline{\overline{\psi}}}_{\theta d}(\xi_n,\xi_m,s)\sinh\left\{z\sqrt{\frac{\eta_r\xi_n^2+s}{\eta_z}}\right\}\right]+$$

$$+\frac{2}{\vartheta a^2\phi c_t\sqrt{\eta_z}}\sum_{m=0}^{\infty}\ni_m\cos(\xi_m\theta)\sum_{n=0}^{\infty}\frac{J_{\mathcal{M}}(\xi_n r)\operatorname{csch}\left(d\sqrt{\frac{\eta_r\xi_n^2+s}{\eta_z}}\right)}{\left\{1-\left(\frac{\mathcal{M}}{\xi_n a}\right)^2\right\}J_{\mathcal{M}}^2(\xi_n a)\sqrt{\eta_r\xi_n^2+s}}\times$$

$$\times\int_0^a\frac{J_{\mathcal{M}}(\xi_n u)}{u}\int_0^d\left\{\overline{\psi}_{0z}(u,w,s)+(-1)^{m+1}\overline{\psi}_{\vartheta z}(u,w,s)\right\}\times$$

$$\times\left[\cosh\left\{(d-|z-w|)\sqrt{\frac{\eta_r\xi_n^2+s}{\eta_z}}\right\}-\cosh\left\{(d-z-w)\sqrt{\frac{\eta_r\xi_n^2+s}{\eta_z}}\right\}\right]dwdu+$$

$$+\frac{2}{\vartheta a^2\sqrt{\eta_z}}\sum_{m=0}^{\infty}\ni_m\cos(\xi_m\theta)\sum_{n=0}^{\infty}\frac{J_{\mathcal{M}}(\xi_n r)\operatorname{csch}\left(d\sqrt{\frac{\eta_r\xi_n^2+s}{\eta_z}}\right)}{\left\{1-\left(\frac{\mathcal{M}}{\xi_n a}\right)^2\right\}J_{\mathcal{M}}^2(\xi_n a)\sqrt{\eta_r\xi_n^2+s}}\times$$

$$\times\int_0^d\overline{\overline{\varphi}}(\xi_n,\xi_m,w)\left[\cosh\left\{(d-|z-w|)\sqrt{\frac{\eta_r\xi_n^2+s}{\eta_z}}\right\}-\cosh\left\{(d-z-w)\sqrt{\frac{\eta_r\xi_n^2+s}{\eta_z}}\right\}\right]dw \quad (29.10.2)$$

and

$$p=\frac{2U(t-t_0)}{\vartheta a^2 d\phi c_t}\sum_{m=0}^{\infty}\ni_m\cos(\xi_m\theta_0)\cos(\xi_m\theta)\sum_{n=0}^{\infty}\frac{J_{\mathcal{M}}(\xi_n r_0)J_{\mathcal{M}}(\xi_n r)}{\left\{1-\left(\frac{\mathcal{M}}{\xi_n a}\right)^2\right\}J_{\mathcal{M}}^2(\xi_n a)}\times$$

$$\times\int_0^{t-t_0}q(t-t_0-\tau)\left[\Theta_3\left\{\frac{\pi(z-z_0)}{2d},e^{-\left(\frac{\pi}{d}\right)^2\eta_z\tau}\right\}-\Theta_3\left\{\frac{\pi(z+z_0)}{2d},e^{-\left(\frac{\pi}{d}\right)^2\eta_z\tau}\right\}\right]e^{-\eta_r\xi_n^2\tau}d\tau-$$

$$-\frac{2}{\vartheta ad\phi c_t}\sum_{m=0}^{\infty}\ni_m\cos(\xi_m\theta)\sum_{n=0}^{\infty}\frac{J_{\mathcal{M}}(\xi_n r)}{\left\{1-\left(\frac{\mathcal{M}}{\xi_n a}\right)^2\right\}J_{\mathcal{M}}(\xi_n a)}\times$$

$$\times\int_0^t e^{-\eta_r\xi_n^2\tau}\int_0^d\overline{\psi}_a(\xi_m,w,t-\tau)\left[\Theta_3\left\{\frac{\pi(z-w)}{2d},e^{-\left(\frac{\pi}{d}\right)^2\eta_z\tau}\right\}-\Theta_3\left\{\frac{\pi(z+w)}{2d},e^{-\left(\frac{\pi}{d}\right)^2\eta_z\tau}\right\}\right]dwd\tau+$$

$$+\frac{2\eta_z}{\vartheta(ad)^2}\sum_{m=0}^{\infty}\ni_m\cos(\xi_m\theta)\sum_{n=0}^{\infty}\frac{J_{\mathcal{M}}(\xi_n r)}{\left\{1-\left(\frac{\mathcal{M}}{\xi_n a}\right)^2\right\}J_{\mathcal{M}}^2(\xi_n a)}\times$$

$$\times \int_0^t \left\{ \Theta_4' \left(\frac{\pi z}{2d}, e^{-\left(\frac{\pi}{d}\right)^2 \eta_z \tau} \right) \overline{\overline{\psi}}_{\theta d} (\xi_n, \xi_m, t-\tau) - \Theta_3' \left(\frac{\pi z}{2d}, e^{-\left(\frac{\pi}{d}\right)^2 \eta_z \tau} \right) \overline{\overline{\psi}}_{\theta 0} (\xi_n, \xi_m, t-\tau) \right\} e^{-\eta_r \xi_n^2 \tau} d\tau +$$

$$+ \frac{2}{\vartheta a^2 d\phi c_t} \sum_{m=0}^{\infty} \ni_m \cos(\xi_m \theta) \sum_{n=0}^{\infty} \frac{J_{\mathcal{M}}(\xi_n r)}{\left\{1 - \left(\frac{\mathcal{M}}{\xi_n a}\right)^2\right\} J_{\mathcal{M}}^2(\xi_n a)} \times$$

$$\times \int_0^a \frac{J_{\mathcal{M}}(\xi_n u)}{u} \int_0^d \int_0^t e^{-\eta_r \xi_n^2 \tau} \left\{ \psi_{0z}(u, w, t-\tau) + (-1)^{m+1} \psi_{\vartheta z}(u, w, t-\tau) \right\} \times$$

$$\times \left[\Theta_3 \left\{ \frac{\pi(z-w)}{2d}, e^{-\left(\frac{\pi}{d}\right)^2 \eta_z \tau} \right\} - \Theta_3 \left\{ \frac{\pi(z+w)}{2d}, e^{-\left(\frac{\pi}{d}\right)^2 \eta_z \tau} \right\} \right] d\tau dw du +$$

$$+ \frac{2}{\vartheta a^2 d} \sum_{m=0}^{\infty} \ni_m \cos(\xi_m \theta) \sum_{n=0}^{\infty} \frac{J_{\mathcal{M}}(\xi_n r) e^{-\eta_r \xi_n^2 t}}{\left\{1 - \left(\frac{\mathcal{M}}{\xi_n a}\right)^2\right\} J_{\mathcal{M}}^2(\xi_n a)} \times$$

$$\times \int_0^d \overline{\overline{\varphi}}(\xi_n, \xi_m, w) \left[\Theta_3 \left\{ \frac{\pi(z-w)}{2d}, e^{-\left(\frac{\pi}{d}\right)^2 \eta_z t} \right\} - \Theta_3 \left\{ \frac{\pi(z+w)}{2d}, e^{-\left(\frac{\pi}{d}\right)^2 \eta_z t} \right\} \right] dw \qquad (29.10.3)$$

where $\overline{\psi}_a(\xi_m, w, t) = \int_0^\vartheta \psi_a(v, w, t) \cos(\xi_m v) dv$, $\overline{\overline{\psi}}_a(\xi_m, w, s) = \int_0^\vartheta \overline{\psi}_a(v, w, s) \cos(\xi_m v) dv$
$\overline{\overline{\psi}}_{\theta 0}(\xi_n, \xi_m, t) = \int_0^a u J_{\mathcal{M}}(\xi_n u) \int_0^\vartheta \psi_0(u, v, t) \cos(\xi_m v) dv du$,
$\overline{\overline{\psi}}_{\theta d}(\xi_n, \xi_m, t) = \int_0^a u J_{\mathcal{M}}(\xi_n u) \int_0^\vartheta \psi_{\theta d}(u, v, t) \cos(\xi_m v) dv du$ and
$\overline{\overline{\varphi}}(\xi_n, \xi_m, w) = \int_0^a u J_{\mathcal{M}}(\xi_n u) \int_0^\vartheta \varphi(u, v, w) \cos(\xi_m v) dv du$.

29.11 The problem of 29.1, except

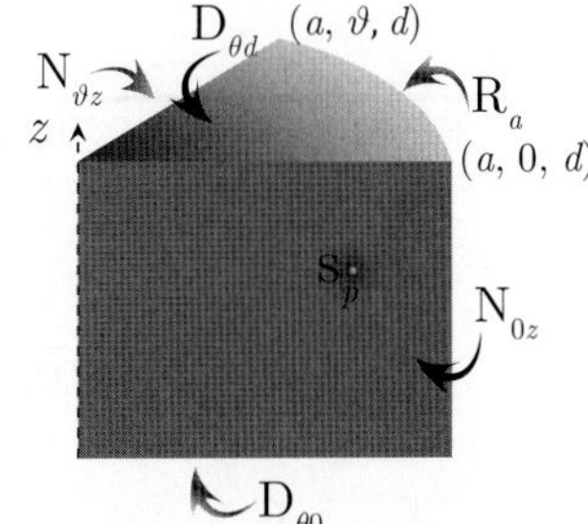

$R_a \equiv \frac{\partial p(a,\theta,z,t)}{\partial r} + \lambda p(a, \theta, z, t) = -\left(\frac{\mu}{k_r}\right) \psi_a(\theta, z, t)$,
$D_{\theta 0} \equiv p(r, \theta, 0, t) = \psi_{\theta 0}(r, \theta, t)$, $D_{\theta d} \equiv p(r, \theta, d, t) = \psi_{\theta d}(r, \theta, t)$,
$N_{0z} \equiv \frac{\partial p(r,0,z,t)}{\partial \theta} = -\left(\frac{\mu}{k_\theta}\right) \psi_{0z}(r, z, t)$ and
$N_{\vartheta z} \equiv \frac{\partial p(r,\vartheta,z,t)}{\partial \theta} = -\left(\frac{\mu}{k_\theta}\right) \psi_{\vartheta z}(r, z, t)$

Successive application of the Laplace, Fourier and finite Hankel transformations to equation (22.1.1) gives

$$\overline{\overline{\overline{p}}} = \frac{q(s) e^{-st_0} \sin(\xi_l z_0) \cos(\xi_m \theta_0) J_{\mathcal{M}}(\xi_n r_0)}{\phi c_t (\eta_r \xi_n^2 + \eta_z \xi_l^2 + s)} - \frac{a \overline{\overline{\overline{\psi}}}_a (\xi_m, \xi_l, s) J_{\mathcal{M}}(\xi_n a)}{\phi c_t (\eta_r \xi_n^2 + \eta_z \xi_l^2 + s)} +$$
$$+ \frac{\xi_m \eta_\theta \int_0^a \frac{J_{\mathcal{M}}(\xi_n u)}{u} \left\{ \overline{\overline{\psi}}_{0z}(u, \xi_l, s) - (-1)^m \overline{\overline{\psi}}_{\vartheta z}(u, \xi_l, s) \right\} du}{(\eta_r \xi_n^2 + \eta_z \xi_l^2 + s)} +$$
$$+ \frac{\eta_z \xi_l \left\{ (-1)^{l+1} \overline{\overline{\overline{\psi}}}_{\theta d}(\xi_n, \xi_m, s) + \overline{\overline{\overline{\psi}}}_{\theta 0}(\xi_n, \xi_m, s) \right\}}{(\eta_r \xi_n^2 + \eta_z \xi_l^2 + s)} + \frac{\overline{\overline{\overline{\varphi}}}(\xi_n, \xi_m, \xi_l)}{(\eta_r \xi_n^2 + \eta_z \xi_l^2 + s)} \qquad (29.11.1)$$

where ξ_n are the positive roots of $\xi_n J'_{\mathcal{M}}(\xi_n a) + \lambda J_{\mathcal{M}}(\xi_n a) = 0$, $n = 1, 2, ...$, $\xi_l = \frac{l\pi}{d}$, and $\xi_m = \frac{m\pi}{d}$, $m = 0, 1, ...$ $\overline{\overline{\overline{\psi}}}_{\theta 0}(\xi_n, \xi_m, s) = \int_0^a u J_{\mathcal{M}}(\xi_n u) \int_0^\vartheta \overline{\psi}_0(u, v, s) \cos(\xi_m v) dv du$,
$\overline{\overline{\overline{\psi}}}_{\theta d}(\xi_n, \xi_m, s) = \int_0^a u J_{\mathcal{M}}(\xi_n u) \int_0^\vartheta \overline{\psi}_{\theta d}(u, v, s) \cos(\xi_m v) dv du$,
$\overline{\overline{\psi}}_{0z}(u, \xi_l, s) = \int_0^d \overline{\psi}_{0z}(u, w, s) \sin(\xi_l w) dw$, $\overline{\overline{\psi}}_{\vartheta z}(u, \xi_l, s) = \int_0^d \overline{\psi}_{\vartheta z}(u, w, s) \sin(\xi_l w) dw$,
$\overline{\overline{\overline{\varphi}}}(\xi_n, \xi_m, \xi_l) = \int_0^a u J_{\mathcal{M}}(\xi_n u) \int_0^\vartheta \cos(\xi_m v) \int_0^d \varphi(u, v, w) \sin(\xi_l w) dw dv du$, and

$\overline{\overline{\overline{\psi}}}_a(\xi_m,\xi_l,s) = \int_0^\vartheta \cos(\xi_m v)\int_0^d \overline{\psi}_a(v,w,s)\sin(\xi_l w)\,dwdv$. The inverse Fourier and Hankel transforms of equation (29.11.1) yield

$$\begin{aligned}
\overline{p} &= \frac{2q(s)\,e^{-st_0}}{\vartheta a^2\phi c_t\sqrt{\eta_z}}\sum_{m=0}^{\infty}\ni_m\cos(\xi_m\theta_0)\cos(\xi_m\theta)\sum_{n=1}^{\infty}\frac{J_{\mathcal{M}}(\xi_n r_0)\,J_{\mathcal{M}}(\xi_n r)\,\mathrm{csch}\left(d\sqrt{\frac{\eta_r\xi_n^2+s}{\eta_z}}\right)}{\left[\left\{1-\left(\frac{\mathcal{M}}{\xi_n a}\right)^2\right\}J_{\mathcal{M}}^2(\xi_n a)+J_{\mathcal{M}}'^2(\xi_n a)\right]\sqrt{(\eta_r\xi_n^2+s)}}\times\\
&\times\left[\cosh\left\{(d-|z-z_0|)\sqrt{\frac{\eta_r\xi_n^2+s}{\eta_z}}\right\}-\cosh\left\{(d-z-z_0)\sqrt{\frac{\eta_r\xi_n^2+s}{\eta_z}}\right\}\right]-\\
&-\frac{2}{\vartheta a\phi c_t\sqrt{\eta_z}}\sum_{m=0}^{\infty}\ni_m\cos(\xi_m\theta)\sum_{n=1}^{\infty}\frac{J_{\mathcal{M}}(\xi_n r)\,\mathrm{csch}\left(d\sqrt{\frac{\eta_r\xi_n^2+s}{\eta_z}}\right)}{\left[\left\{1-\left(\frac{\mathcal{M}}{\xi_n a}\right)^2\right\}J_{\mathcal{M}}^2(\xi_n a)+J_{\mathcal{M}}'^2(\xi_n a)\right]\sqrt{\eta_r\xi_n^2+s}}\times\\
&\times\int_0^d\overline{\overline{\psi}}_a(\xi_m,w,s)\left[\cosh\left\{(d-|z-w|)\sqrt{\frac{\eta_r\xi_n^2+s}{\eta_z}}\right\}-\cosh\left\{(d-z-w)\sqrt{\frac{\eta_r\xi_n^2+s}{\eta_z}}\right\}\right]dw+\\
&+\frac{4}{\vartheta a^2}\sum_{m=0}^{\infty}\ni_m\cos(\xi_m\theta)\sum_{n=1}^{\infty}\frac{J_{\mathcal{M}}(\xi_n r)\,\mathrm{csch}\left(d\sqrt{\frac{\eta_r\xi_n^2+s}{\eta_z}}\right)}{\left[\left\{1-\left(\frac{\mathcal{M}}{\xi_n a}\right)^2\right\}J_{\mathcal{M}}^2(\xi_n a)+J_{\mathcal{M}}'^2(\xi_n a)\right]}\times\\
&\times\left[\overline{\overline{\overline{\psi}}}_{\theta 0}(\xi_n,\xi_m,s)\sinh\left\{(d-z)\sqrt{\frac{\eta_r\xi_n^2+s}{\eta_z}}\right\}+\overline{\overline{\overline{\psi}}}_{\theta d}(\xi_n,\xi_m,s)\sinh\left\{z\sqrt{\frac{\eta_r\xi_n^2+s}{\eta_z}}\right\}\right]+\\
&+\frac{2}{\vartheta a^2\phi c_t\sqrt{\eta_z}}\sum_{m=0}^{\infty}\ni_m\cos(\xi_m\theta)\sum_{n=1}^{\infty}\frac{J_{\mathcal{M}}(\xi_n r)\,\mathrm{csch}\left(d\sqrt{\frac{\eta_r\xi_n^2+s}{\eta_z}}\right)}{\left[\left\{1-\left(\frac{\mathcal{M}}{\xi_n a}\right)^2\right\}J_{\mathcal{M}}^2(\xi_n a)+J_{\mathcal{M}}'^2(\xi_n a)\right]\sqrt{\eta_r\xi_n^2+s}}\times\\
&\times\int_0^a\frac{J_{\mathcal{M}}(\xi_n u)}{u}\int_0^d\left\{\overline{\psi}_{0z}(u,w,s)+(-1)^{m+1}\overline{\psi}_{\vartheta z}(u,w,s)\right\}\times\\
&\times\left[\cosh\left\{(d-|z-w|)\sqrt{\frac{\eta_r\xi_n^2+s}{\eta_z}}\right\}-\cosh\left\{(d-z-w)\sqrt{\frac{\eta_r\xi_n^2+s}{\eta_z}}\right\}\right]dwdu+\\
&+\frac{2}{\vartheta a^2\sqrt{\eta_z}}\sum_{m=0}^{\infty}\ni_m\cos(\xi_m\theta)\sum_{n=1}^{\infty}\frac{J_{\mathcal{M}}(\xi_n r)\,\mathrm{csch}\left(d\sqrt{\frac{\eta_r\xi_n^2+s}{\eta_z}}\right)}{\left[\left\{1-\left(\frac{\mathcal{M}}{\xi_n a}\right)^2\right\}J_{\mathcal{M}}^2(\xi_n a)+J_{\mathcal{M}}'^2(\xi_n a)\right]\sqrt{\eta_r\xi_n^2+s}}\times\\
&\times\int_0^d\overline{\overline{\varphi}}(\xi_n,\xi_m,w)\left[\cosh\left\{(d-|z-w|)\sqrt{\frac{\eta_r\xi_n^2+s}{\eta_z}}\right\}-\cosh\left\{(d-z-w)\sqrt{\frac{\eta_r\xi_n^2+s}{\eta_z}}\right\}\right]dw
\end{aligned}\tag{29.11.2}$$

and

$$\begin{aligned}
p &= \frac{2U(t-t_0)}{\vartheta a^2 d\phi c_t}\sum_{m=0}^{\infty}\ni_m\cos(\xi_m\theta_0)\cos(\xi_m\theta)\sum_{n=1}^{\infty}\frac{J_{\mathcal{M}}(\xi_n r_0)\,J_{\mathcal{M}}(\xi_n r)}{\left[\left\{1-\left(\frac{\mathcal{M}}{\xi_n a}\right)^2\right\}J_{\mathcal{M}}^2(\xi_n a)+J_{\mathcal{M}}'^2(\xi_n a)\right]}\times\\
&\times\int_0^{t-t_0}q(t-t_0-\tau)\left[\Theta_3\left\{\frac{\pi(z-z_0)}{2d},e^{-\left(\frac{\pi}{d}\right)^2\eta_z\tau}\right\}-\Theta_3\left\{\frac{\pi(z+z_0)}{2d},e^{-\left(\frac{\pi}{d}\right)^2\eta_z\tau}\right\}\right]e^{-\eta_r\xi_n^2\tau}d\tau-
\end{aligned}$$

$$-\frac{2}{\vartheta a d\phi c_t}\sum_{m=0}^{\infty}\ni_m\cos(\xi_m\theta)\sum_{n=1}^{\infty}\frac{J_{\mathcal{M}}(\xi_n r)}{\left[\left\{1-\left(\frac{\mathcal{M}}{\xi_n a}\right)^2\right\}J_{\mathcal{M}}^2(\xi_n a)+J_{\mathcal{M}}'^2(\xi_n a)\right]}\times$$

$$\times\int_0^t e^{-\eta_r\xi_n^2\tau}\int_0^d\overline{\psi}_a(\xi_m,w,t-\tau)\left[\Theta_3\left\{\frac{\pi(z-w)}{2d},e^{-\left(\frac{\pi}{d}\right)^2\eta_z\tau}\right\}-\Theta_3\left\{\frac{\pi(z+w)}{2d},e^{-\left(\frac{\pi}{d}\right)^2\eta_z\tau}\right\}\right]dwd\tau+$$

$$+\frac{2\eta_z}{\vartheta(ad)^2}\sum_{m=0}^{\infty}\ni_m\cos(\xi_m\theta)\sum_{n=1}^{\infty}\frac{J_{\mathcal{M}}(\xi_n r)}{\left[\left\{1-\left(\frac{\mathcal{M}}{\xi_n a}\right)^2\right\}J_{\mathcal{M}}^2(\xi_n a)+J_{\mathcal{M}}'^2(\xi_n a)\right]}\times$$

$$\times\int_0^t\left\{\Theta_4'\left(\frac{\pi z}{2d},e^{-\left(\frac{\pi}{d}\right)^2\eta_z\tau}\right)\overline{\overline{\psi}}_{\theta d}(\xi_n,\xi_m,t-\tau)-\Theta_3'\left(\frac{\pi z}{2d},e^{-\left(\frac{\pi}{d}\right)^2\eta_z\tau}\right)\overline{\overline{\psi}}_{\theta 0}(\xi_n,\xi_m,t-\tau)\right\}e^{-\eta_r\xi_n^2\tau}d\tau+$$

$$+\frac{2}{\vartheta a^2 d\phi c_t}\sum_{m=0}^{\infty}\ni_m\cos(\xi_m\theta)\sum_{n=1}^{\infty}\frac{J_{\mathcal{M}}(\xi_n r)}{\left[\left\{1-\left(\frac{\mathcal{M}}{\xi_n a}\right)^2\right\}J_{\mathcal{M}}^2(\xi_n a)+J_{\mathcal{M}}'^2(\xi_n a)\right]}\times$$

$$\times\int_0^a\frac{J_{\mathcal{M}}(\xi_n u)}{u}\int_0^d\int_0^t e^{-\eta_r\xi_n^2\tau}\left\{\psi_{0z}(u,w,t-\tau)+(-1)^{m+1}\psi_{\vartheta z}(u,w,t-\tau)\right\}\times$$

$$\times\left[\Theta_3\left\{\frac{\pi(z-w)}{2d},e^{-\left(\frac{\pi}{d}\right)^2\eta_z\tau}\right\}-\Theta_3\left\{\frac{\pi(z+w)}{2d},e^{-\left(\frac{\pi}{d}\right)^2\eta_z\tau}\right\}\right]d\tau dwdu+$$

$$+\frac{2}{\vartheta a^2 d}\sum_{m=0}^{\infty}\ni_m\cos(\xi_m\theta)\sum_{n=1}^{\infty}\frac{J_{\mathcal{M}}(\xi_n r)e^{-\eta_r\xi_n^2 t}}{\left[\left\{1-\left(\frac{\mathcal{M}}{\xi_n a}\right)^2\right\}J_{\mathcal{M}}^2(\xi_n a)+J_{\mathcal{M}}'^2(\xi_n a)\right]}\times$$

$$\times\int_0^d\overline{\overline{\varphi}}(\xi_n,\xi_m,w)\left[\Theta_3\left\{\frac{\pi(z-w)}{2d},e^{-\left(\frac{\pi}{d}\right)^2\eta_z t}\right\}-\Theta_3\left\{\frac{\pi(z+w)}{2d},e^{-\left(\frac{\pi}{d}\right)^2\eta_z t}\right\}\right]dw \qquad (29.11.3)$$

where $\overline{\psi}_a(\xi_m,w,t)=\int_0^{\vartheta}\psi_a(v,w,t)\cos(\xi_m v)dv$, $\overline{\overline{\psi}}_a(\xi_m,w,s)=\int_0^{\vartheta}\overline{\psi}_a(v,w,s)\cos(\xi_m v)dv$
$\overline{\overline{\psi}}_{\theta 0}(\xi_n,\xi_m,t)=\int_0^a uJ_{\mathcal{M}}(\xi_n u)\int_0^{\vartheta}\psi_0(u,v,t)\cos(\xi_m v)dvdu$,
$\overline{\overline{\psi}}_{\theta d}(\xi_n,\xi_m,t)=\int_0^a uJ_{\mathcal{M}}(\xi_n u)\int_0^{\vartheta}\psi_{\theta d}(u,v,t)\cos(\xi_m v)dvdu$ and
$\overline{\overline{\varphi}}(\xi_n,\xi_m,w)=\int_0^a uJ_{\mathcal{M}}(\xi_n u)\int_0^{\vartheta}\varphi(u,v,w)\cos(\xi_m v)dvdu$.

29.12 A cylindrical continuum bounded by $a \le r \le b$ and $0 \le z \le d$ and $0 \le \theta \le \vartheta$; $\vartheta < 2\pi$. Point source at $s_p \equiv (r_0, \theta_0, z_0)$ at time $t = t_0$; $a < r_0 < b$, $0 \le \theta_0 \le \vartheta$, $0 < z_0 < d$, $t_0 \ge 0$.

$D_{\theta 0} \equiv p(r,\theta,0,t) = \psi_{\theta 0}(r,\theta,t)$, $D_{\theta d} \equiv p(r,\theta,d,t) = \psi_{\theta d}(r,\theta,t)$, $D_a \equiv p(a,\theta,z,t) = \psi_a(\theta,z,t)$, $D_b \equiv p(b,\theta,z,t) = \psi_b(\theta,z,t)$, $N_{0z} \equiv \frac{\partial p(r,0,z,t)}{\partial\theta} = -\left(\frac{\mu}{k_\theta}\right)\psi_{0z}(r,z,t)$ and $N_{\vartheta z} \equiv \frac{\partial p(r,\vartheta,z,t)}{\partial\theta} = -\left(\frac{\mu}{k_\theta}\right)\psi_{\vartheta z}(r,z,t)$. $p(r,\theta,z,0) = \varphi(r,\theta,z)$

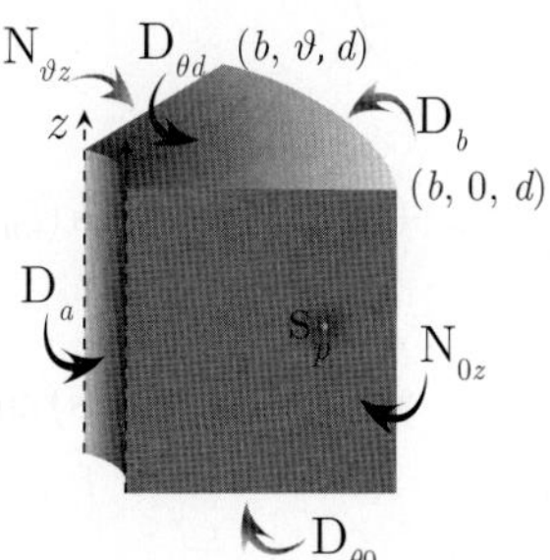

Successive application of the Laplace, Fourier and finite Hankel transformations to equation (22.1.1) gives

$$\overline{\overline{\overline{p}}}=\frac{q(s)e^{-st_0}\sin(\xi_l z_0)\cos(\xi_m\theta_0)\mathcal{V}_{\mathcal{DM}}(\xi_n r_0,a)}{\phi c_t(\eta_r\xi_n^2+\eta_z\xi_l^2+s)}-\frac{2\eta_r\overline{\overline{\psi}}_a(\xi_m,\xi_l,s)}{\pi(\eta_r\xi_n^2+\eta_z\xi_l^2+s)}+\frac{2\eta_r J_{\mathcal{M}}(\xi_n a)\overline{\overline{\psi}}_b(\xi_m,\xi_l,s)}{\pi J_{\mathcal{M}}(\xi_n b)(\eta_r\xi_n^2+\eta_z\xi_l^2+s)}+$$

$$+\frac{\int_0^a\frac{\mathcal{V}_{\mathcal{DM}}(\xi_n u,a)}{u}\left\{\overline{\overline{\psi}}_{0z}(u,\xi_l,s)+(-1)^{m+1}\overline{\overline{\psi}}_{\vartheta z}(u,\xi_l,s)\right\}du}{\phi c_t(\eta_r\xi_n^2+\eta_z\xi_l^2+s)}+$$

$$+\frac{\eta_z\xi_l\left\{(-1)^{l+1}\overline{\overline{\overline{\psi}}}_{\theta d}(\xi_n,\xi_m,s)+\overline{\overline{\overline{\psi}}}_{\theta 0}(\xi_n,\xi_m,s)\right\}}{(\eta_r\xi_n^2+\eta_z\xi_l^2+s)}+\frac{\overline{\overline{\overline{\varphi}}}(\xi_n,\xi_m,\xi_l)}{(\eta_r\xi_n^2+\eta_z\xi_l^2+s)} \tag{29.12.1}$$

where $\mathcal{V}_{\mathcal{DM}}(\xi_n r,a)=J_{\mathcal{M}}(\xi_n r)Y_{\mathcal{M}}(\xi_n a)-Y_{\mathcal{M}}(\xi_n r)J_{\mathcal{M}}(\xi_n a)$, ξ_n, $n=1,2,...$, are the positive roots of the transcendental equation $\mathcal{V}_{\mathcal{DM}}(\xi_n b,a)=0$. $\xi_l=\frac{l\pi}{d}, l=1,2,...$, $\xi_m=\frac{m\pi}{d}, m=0,1,...$,
$\overline{\overline{\overline{\psi}}}_{\theta 0}(\xi_n,\xi_m,s)=\int_0^a u\mathcal{V}_{\mathcal{DM}}(\xi_n u,a)\int_0^{\vartheta}\overline{\psi}_0(u,v,s)\cos(\xi_m v)dvdu$,
$\overline{\overline{\overline{\psi}}}_{\theta d}(\xi_n,\xi_m,s)=\int_0^a u\mathcal{V}_{\mathcal{DM}}(\xi_n u,a)\int_0^{\vartheta}\overline{\psi}_{\theta d}(u,v,s)\cos(\xi_m v)dvdu$,
$\overline{\overline{\psi}}_{0z}(u,\xi_l,s)=\int_0^d\overline{\psi}_{0z}(u,w,s)\sin(\xi_l w)\,dw$, $\overline{\overline{\psi}}_{\vartheta z}(u,\xi_l,s)=\int_0^d\overline{\psi}_{\vartheta z}(u,w,s)\sin(\xi_l w)\,dw$,
$\overline{\overline{\overline{\psi}}}_a(\xi_m,\xi_l,s)=\int_0^{\vartheta}\cos(\xi_m v)\int_0^d\overline{\psi}_a(v,w,s)\sin(\xi_l w)\,dwdv$,
$\overline{\overline{\overline{\psi}}}_b(\xi_m,\xi_l,s)=\int_0^{\vartheta}\cos(\xi_m v)\int_0^d\overline{\psi}_b(v,w,s)\sin(\xi_l w)\,dwdv$, and
$\overline{\overline{\overline{\varphi}}}(\xi_n,\xi_m,\xi_l)=\int_0^a u\mathcal{V}_{\mathcal{DM}}(\xi_n u,a)\int_0^{\vartheta}\cos(\xi_m v)\int_0^d\varphi(u,v,w)\sin(\xi_l w)\,dwdvdu$. The inverse Fourier and Hankel transform of equation (29.12.1) yield

$$\begin{aligned}
\overline{p} \;=\;& \frac{\pi^2 q(s)e^{-st_0}}{2\vartheta\phi c_t\sqrt{\eta_z}}\sum_{m=0}^{\infty}\ni_m\cos(\xi_m\theta_0)\cos(\xi_m\theta)\sum_{n=1}^{\infty}\frac{\xi_n^2 J_{\mathcal{M}}^2(\xi_n b)\,\mathcal{V}_{\mathcal{DM}}(\xi r_0,a)\,\mathcal{V}_{\mathcal{DM}}(\xi r,a)\operatorname{csch}\left(d\sqrt{\frac{\eta_r\xi_n^2+s}{\eta_z}}\right)}{\{J_{\mathcal{M}}^2(\xi_n a)-J_{\mathcal{M}}^2(\xi_n b)\}\sqrt{(\eta_r\xi_n^2+s)}}\times\\
&\times\left[\cosh\left\{(d-|z-z_0|)\sqrt{\frac{\eta_r\xi_n^2+s}{\eta_z}}\right\}-\cosh\left\{(d-z-z_0)\sqrt{\frac{\eta_r\xi_n^2+s}{\eta_z}}\right\}\right]-\\
&-\frac{\pi\eta_r}{\vartheta\sqrt{\eta_z}}\sum_{m=0}^{\infty}\ni_m\cos(\xi_m\theta)\sum_{n=1}^{\infty}\frac{\xi_n^2 J_{\mathcal{M}}^2(\xi_n b)\,\mathcal{V}_{\mathcal{DM}}(\xi r,a)\operatorname{csch}\left(d\sqrt{\frac{\eta_r\xi_n^2+s}{\eta_z}}\right)}{\{J_{\mathcal{M}}^2(\xi_n a)-J_{\mathcal{M}}^2(\xi_n b)\}\sqrt{\eta_r\xi_n^2+s}}\times\\
&\times\int_0^d\overline{\overline{\psi}}_a(\xi_m,w,s)\left[\cosh\left\{(d-|z-w|)\sqrt{\frac{\eta_r\xi_n^2+s}{\eta_z}}\right\}-\cosh\left\{(d-z-w)\sqrt{\frac{\eta_r\xi_n^2+s}{\eta_z}}\right\}\right]dw+\\
&+\frac{\pi\eta_r}{\vartheta\sqrt{\eta_z}}\sum_{m=0}^{\infty}\ni_m\cos(\xi_m\theta)\sum_{n=1}^{\infty}\frac{\xi_n^2 J_{\mathcal{M}}(\xi_n a)\,J_{\mathcal{M}}(\xi_n b)\,\mathcal{V}_{\mathcal{DM}}(\xi r,a)\operatorname{csch}\left(d\sqrt{\frac{\eta_r\xi_n^2+s}{\eta_z}}\right)}{\{J_{\mathcal{M}}^2(\xi_n a)-J_{\mathcal{M}}^2(\xi_n b)\}\sqrt{\eta_r\xi_n^2+s}}\times\\
&\times\int_0^d\overline{\overline{\psi}}_b(\xi_m,w,s)\left[\cosh\left\{(d-|z-w|)\sqrt{\frac{\eta_r\xi_n^2+s}{\eta_z}}\right\}-\cosh\left\{(d-z-w)\sqrt{\frac{\eta_r\xi_n^2+s}{\eta_z}}\right\}\right]dw+\\
&+\frac{\pi^2}{\vartheta}\sum_{m=0}^{\infty}\ni_m\cos(\xi_m\theta)\sum_{n=1}^{\infty}\frac{\xi_n^2 J_{\mathcal{M}}^2(\xi_n b)\,\mathcal{V}_{\mathcal{DM}}(\xi r,a)\operatorname{csch}\left(d\sqrt{\frac{\eta_r\xi_n^2+s}{\eta_z}}\right)}{\{J_{\mathcal{M}}^2(\xi_n a)-J_{\mathcal{M}}^2(\xi_n b)\}}\times\\
&\times\left[\overline{\overline{\overline{\psi}}}_{\theta 0}(\xi_n,\xi_m,s)\sinh\left\{(d-z)\sqrt{\frac{\eta_r\xi_n^2+s}{\eta_z}}\right\}+\overline{\overline{\overline{\psi}}}_{\theta d}(\xi_n,\xi_m,s)\sinh\left\{z\sqrt{\frac{\eta_r\xi_n^2+s}{\eta_z}}\right\}\right]+\\
&+\frac{2\pi^2}{\vartheta d\phi c_t\sqrt{\eta_z}}\sum_{m=0}^{\infty}\ni_m\cos(\xi_m\theta)\sum_{n=1}^{\infty}\frac{\xi_n^2 J_{\mathcal{M}}^2(\xi_n b)\,\mathcal{V}_{\mathcal{DM}}(\xi r,a)\operatorname{csch}\left(d\sqrt{\frac{\eta_r\xi_n^2+s}{\eta_z}}\right)}{\{J_{\mathcal{M}}^2(\xi_n a)-J_{\mathcal{M}}^2(\xi_n b)\}\sqrt{\eta_r\xi_n^2+s}}\times\\
&\times\int_0^a\frac{\mathcal{V}_{\mathcal{DM}}(\xi_n u,a)}{u}\int_0^d\left\{\overline{\psi}_{0z}(u,w,s)+(-1)^{m+1}\overline{\psi}_{\vartheta z}(u,w,s)\right\}\times\\
&\times\left[\cosh\left\{(d-|z-w|)\sqrt{\frac{\eta_r\xi_n^2+s}{\eta_z}}\right\}-\cosh\left\{(d-z-w)\sqrt{\frac{\eta_r\xi_n^2+s}{\eta_z}}\right\}\right]dwdu+
\end{aligned}$$

$$+\frac{\pi^2}{2\vartheta\sqrt{\eta_z}}\sum_{m=0}^{\infty}\ni_m\cos(\xi_m\theta)\sum_{n=1}^{\infty}\frac{\xi_n^2J_{\mathcal{M}}^2(\xi_nb)\,\mathcal{V}_{\mathcal{DM}}(\xi r,a)\operatorname{csch}\left(d\sqrt{\frac{\eta_r\xi_n^2+s}{\eta_z}}\right)}{\left\{J_{\mathcal{M}}^2(\xi_na)-J_{\mathcal{M}}^2(\xi_nb)\right\}\sqrt{\eta_r\xi_n^2+s}}\times$$

$$\times\int_0^d\overline{\overline{\varphi}}(\xi_n,\xi_m,w)\left[\cosh\left\{(d-|z-w|)\sqrt{\frac{\eta_r\xi_n^2+s}{\eta_z}}\right\}-\cosh\left\{(d-z-w)\sqrt{\frac{\eta_r\xi_n^2+s}{\eta_z}}\right\}\right]dw \quad (29.12.2)$$

and

$$p=\frac{U(t-t_0)\,\pi^2}{2\vartheta d\phi c_t}\sum_{m=0}^{\infty}\ni_m\cos(\xi_m\theta_0)\cos(\xi_m\theta)\sum_{n=1}^{\infty}\frac{\xi_n^2J_{\mathcal{M}}^2(\xi_nb)\,\mathcal{V}_{\mathcal{DM}}(\xi r_0,a)\,\mathcal{V}_{\mathcal{DM}}(\xi r,a)}{\left\{J_{\mathcal{M}}^2(\xi_na)-J_{\mathcal{M}}^2(\xi_nb)\right\}}\times$$

$$\times\int_0^{t-t_0}q(t-t_0-\tau)\left[\Theta_3\left\{\frac{\pi(z-z_0)}{2d},e^{-\left(\frac{\pi}{d}\right)^2\eta_z\tau}\right\}-\Theta_3\left\{\frac{\pi(z+z_0)}{2d},e^{-\left(\frac{\pi}{d}\right)^2\eta_z\tau}\right\}\right]e^{-\eta_r\xi_n^2\tau}d\tau-$$

$$-\frac{\pi\eta_r}{\vartheta d}\sum_{m=0}^{\infty}\ni_m\cos(\xi_m\theta)\sum_{n=1}^{\infty}\frac{\xi_n^2J_{\mathcal{M}}^2(\xi_nb)\,\mathcal{V}_{\mathcal{DM}}(\xi r,a)}{\left\{J_{\mathcal{M}}^2(\xi_na)-J_{\mathcal{M}}^2(\xi_nb)\right\}}\times$$

$$\times\int_0^t e^{-\eta_r\xi_n^2\tau}\int_0^d\overline{\psi}_a(\xi_m,w,t-\tau)\left[\Theta_3\left\{\frac{\pi(z-w)}{2d},e^{-\left(\frac{\pi}{d}\right)^2\eta_z\tau}\right\}-\Theta_3\left\{\frac{\pi(z+w)}{2d},e^{-\left(\frac{\pi}{d}\right)^2\eta_z\tau}\right\}\right]dwd\tau+$$

$$+\frac{\pi\eta_r}{\vartheta d}\sum_{m=0}^{\infty}\ni_m\cos(\xi_m\theta)\sum_{n=1}^{\infty}\frac{\xi_n^2J_{\mathcal{M}}(\xi_na)\,J_{\mathcal{M}}(\xi_nb)\,\mathcal{V}_{\mathcal{DM}}(\xi r,a)}{\left\{J_{\mathcal{M}}^2(\xi_na)-J_{\mathcal{M}}^2(\xi_nb)\right\}}\times$$

$$\times\int_0^t e^{-\eta_r\xi_n^2\tau}\int_0^d\overline{\psi}_b(\xi_m,w,t-\tau)\left[\Theta_3\left\{\frac{\pi(z-w)}{2d},e^{-\left(\frac{\pi}{d}\right)^2\eta_z\tau}\right\}-\Theta_3\left\{\frac{\pi(z+w)}{2d},e^{-\left(\frac{\pi}{d}\right)^2\eta_z\tau}\right\}\right]dwd\tau+$$

$$+\frac{\pi^2\eta_z}{2\vartheta d^2}\sum_{m=0}^{\infty}\ni_m\cos(\xi_m\theta)\sum_{n=1}^{\infty}\frac{\xi_n^2J_{\mathcal{M}}^2(\xi_nb)\,\mathcal{V}_{\mathcal{DM}}(\xi r,a)}{\left\{J_{\mathcal{M}}^2(\xi_na)-J_{\mathcal{M}}^2(\xi_nb)\right\}}\times$$

$$\times\int_0^t\left\{\Theta_4'\left(\frac{\pi z}{2d},e^{-\left(\frac{\pi}{d}\right)^2\eta_z\tau}\right)\overline{\overline{\psi}}_{\theta d}(\xi_n,\xi_m,t-\tau)-\Theta_3'\left(\frac{\pi z}{2d},e^{-\left(\frac{\pi}{d}\right)^2\eta_z\tau}\right)\overline{\overline{\psi}}_{\theta 0}(\xi_n,\xi_m,t-\tau)\right\}e^{-\eta_r\xi_n^2\tau}d\tau+$$

$$+\frac{\pi^2}{2\vartheta d\phi c_t}\sum_{m=0}^{\infty}\ni_m\cos(\xi_m\theta)\sum_{n=1}^{\infty}\frac{\xi_n^2J_{\mathcal{M}}^2(\xi_nb)\,\mathcal{V}_{\mathcal{DM}}(\xi r,a)}{\left\{J_{\mathcal{M}}^2(\xi_na)-J_{\mathcal{M}}^2(\xi_nb)\right\}}\times$$

$$\times\int_0^a\frac{\mathcal{V}_{\mathcal{DM}}(\xi_nu,a)}{u}\int_0^d\int_0^t e^{-\eta_r\xi_n^2\tau}\left\{\psi_{0z}(u,w,t-\tau)+(-1)^{m+1}\psi_{\vartheta z}(u,w,t-\tau)\right\}\times$$

$$\times\left[\Theta_3\left\{\frac{\pi(z-w)}{2d},e^{-\left(\frac{\pi}{d}\right)^2\eta_z\tau}\right\}-\Theta_3\left\{\frac{\pi(z+w)}{2d},e^{-\left(\frac{\pi}{d}\right)^2\eta_z\tau}\right\}\right]d\tau dwdu+$$

$$+\frac{\pi^2}{2\vartheta d}\sum_{m=0}^{\infty}\ni_m\cos(\xi_m\theta)\sum_{n=1}^{\infty}\frac{\xi_n^2J_{\mathcal{M}}^2(\xi_nb)\,\mathcal{V}_{\mathcal{DM}}(\xi r,a)\,e^{-\eta_r\xi_n^2t}}{\left\{J_{\mathcal{M}}^2(\xi_na)-J_{\mathcal{M}}^2(\xi_nb)\right\}}\times$$

$$\times\int_0^d\overline{\overline{\varphi}}(\xi_n,\xi_m,w)\left[\Theta_3\left\{\frac{\pi(z-w)}{2d},e^{-\left(\frac{\pi}{d}\right)^2\eta_zt}\right\}-\Theta_3\left\{\frac{\pi(z+w)}{2d},e^{-\left(\frac{\pi}{d}\right)^2\eta_zt}\right\}\right]dw \quad (29.12.3)$$

where $\overline{\psi}_a(\xi_m,w,t)=\int_0^\vartheta\psi_a(v,w,t)\cos(\xi_mv)dv$, $\overline{\overline{\psi}}_a(\xi_m,w,s)=\int_0^\vartheta\overline{\psi}_a(v,w,s)\cos(\xi_mv)dv$,
$\overline{\psi}_b(\xi_m,w,t)=\int_0^\vartheta\psi_b(v,w,t)\cos(\xi_mv)dv$, $\overline{\overline{\psi}}_b(\xi_m,w,s)=\int_0^\vartheta\overline{\psi}_b(v,w,s)\cos(\xi_mv)dv$,
$\overline{\overline{\psi}}_{\theta 0}(\xi_n,\xi_m,t)=\int_0^a u\mathcal{V}_{\mathcal{DM}}(\xi_nu,a)\int_0^\vartheta\psi_0(u,v,t)\cos(\xi_mv)dvdu$,
$\overline{\overline{\psi}}_{\theta d}(\xi_n,\xi_m,t)=\int_0^a u\mathcal{V}_{\mathcal{DM}}(\xi_nu,a)\int_0^\vartheta\psi_{\theta d}(u,v,t)\cos(\xi_mv)dvdu$ and
$\overline{\overline{\varphi}}(\xi_n,\xi_m,w)=\int_0^a u\mathcal{V}_{\mathcal{DM}}(\xi_nu,a)\int_0^\vartheta\varphi(u,v,w)\cos(\xi_mv)dvdu$.

29.13

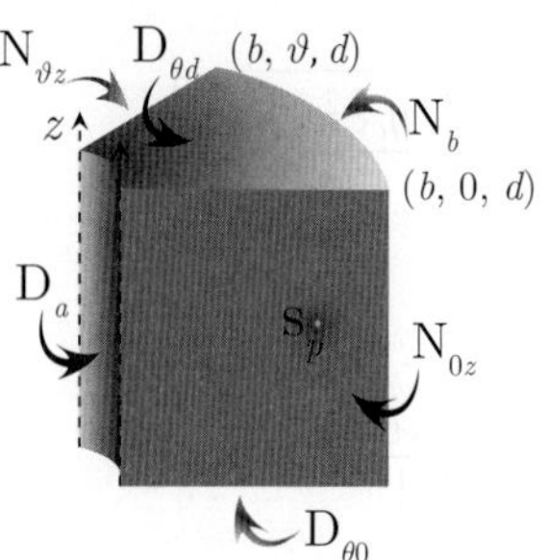

The problem of 29.12, except
$\mathbf{D}_{\theta 0} \equiv p(r,\theta,0,t) = \psi_{\theta 0}(r,\theta,t)$,
$\mathbf{D}_{\theta d} \equiv p(r,\theta,d,t) = \psi_{\theta d}(r,\theta,t)$,
$\mathbf{D}_{a} \equiv p(a,\theta,z,t) = \psi_{a}(\theta,z,t)$,
$\mathbf{N}_{b} \equiv \frac{\partial p(b,\theta,z,t)}{\partial r} = -\left(\frac{\mu}{k_r}\right)\psi_{b}(\theta,z,t)$,
$\mathbf{N}_{0z} \equiv \frac{\partial p(r,0,z,t)}{\partial \theta} = -\left(\frac{\mu}{k_\theta}\right)\psi_{0z}(r,z,t)$ **and**
$\mathbf{N}_{\vartheta z} \equiv \frac{\partial p(r,\vartheta,z,t)}{\partial \theta} = -\left(\frac{\mu}{k_\theta}\right)\psi_{\vartheta z}(r,z,t)$

$$\overline{p} = \frac{\pi^2 q(s) e^{-st_0}}{2\vartheta\phi c_t\sqrt{\eta_z}} \sum_{m=0}^{\infty} \ni_m \cos(\xi_m\theta_0)\cos(\xi_m\theta) \sum_{n=1}^{\infty} \frac{\xi_n^2 J_{\mathcal{M}}'^2(\xi_n b)\,\mathcal{V}_{\mathcal{DM}}(\xi r_0,a)\,\mathcal{V}_{\mathcal{DM}}(\xi r,a)\operatorname{csch}\left(d\sqrt{\frac{\eta_r\xi_n^2+s}{\eta_z}}\right)}{\left[\left\{1-\left(\frac{\mathcal{M}}{\xi_n b}\right)^2\right\} J_{\mathcal{M}}^2(\xi_n a) - J_{\mathcal{M}}'^2(\xi_n b)\right]\sqrt{(\eta_r\xi_n^2+s)}} \times$$

$$\times \left[\cosh\left\{(d-|z-z_0|)\sqrt{\frac{\eta_r\xi_n^2+s}{\eta_z}}\right\} - \cosh\left\{(d-z-z_0)\sqrt{\frac{\eta_r\xi_n^2+s}{\eta_z}}\right\}\right] -$$

$$-\frac{\pi\eta_r}{\vartheta\sqrt{\eta_z}} \sum_{m=0}^{\infty} \ni_m \cos(\xi_m\theta) \sum_{n=1}^{\infty} \frac{\xi_n^2 J_{\mathcal{M}}'^2(\xi_n b)\,\mathcal{V}_{\mathcal{DM}}(\xi r,a)\operatorname{csch}\left(d\sqrt{\frac{\eta_r\xi_n^2+s}{\eta_z}}\right)}{\left[\left\{1-\left(\frac{\mathcal{M}}{\xi_n b}\right)^2\right\} J_{\mathcal{M}}^2(\xi_n a) - J_{\mathcal{M}}'^2(\xi_n b)\right]\sqrt{\eta_r\xi_n^2+s}} \times$$

$$\times \int_0^d \overline{\overline{\psi}}_a(\xi_m,w,s)\left[\cosh\left\{(d-|z-w|)\sqrt{\frac{\eta_r\xi_n^2+s}{\eta_z}}\right\} - \cosh\left\{(d-z-w)\sqrt{\frac{\eta_r\xi_n^2+s}{\eta_z}}\right\}\right] dw -$$

$$-\frac{\pi}{\vartheta\phi c_t\sqrt{\eta_z}} \sum_{m=0}^{\infty} \ni_m \cos(\xi_m\theta) \sum_{n=1}^{\infty} \frac{\xi_n^2 J_{\mathcal{M}}(\xi_n a)\, J_{\mathcal{M}}'(\xi_n b)\,\mathcal{V}_{\mathcal{DM}}(\xi r,a)\operatorname{csch}\left(d\sqrt{\frac{\eta_r\xi_n^2+s}{\eta_z}}\right)}{\left[\left\{1-\left(\frac{\mathcal{M}}{\xi_n b}\right)^2\right\} J_{\mathcal{M}}^2(\xi_n a) - J_{\mathcal{M}}'^2(\xi_n b)\right]\sqrt{\eta_r\xi_n^2+s}} \times$$

$$\times \int_0^d \overline{\overline{\psi}}_b(\xi_m,w,s)\left[\cosh\left\{(d-|z-w|)\sqrt{\frac{\eta_r\xi_n^2+s}{\eta_z}}\right\} - \cosh\left\{(d-z-w)\sqrt{\frac{\eta_r\xi_n^2+s}{\eta_z}}\right\}\right] dw +$$

$$+\frac{\pi^2}{\vartheta} \sum_{m=0}^{\infty} \ni_m \cos(\xi_m\theta) \sum_{n=1}^{\infty} \frac{\xi_n^2 J_{\mathcal{M}}'^2(\xi_n b)\,\mathcal{V}_{\mathcal{DM}}(\xi r,a)\operatorname{csch}\left(d\sqrt{\frac{\eta_r\xi_n^2+s}{\eta_z}}\right)}{\left[\left\{1-\left(\frac{\mathcal{M}}{\xi_n b}\right)^2\right\} J_{\mathcal{M}}^2(\xi_n a) - J_{\mathcal{M}}'^2(\xi_n b)\right]} \times$$

$$\times \left[\overline{\overline{\overline{\psi}}}_{\theta 0}(\xi_n,\xi_m,s)\sinh\left\{(d-z)\sqrt{\frac{\eta_r\xi_n^2+s}{\eta_z}}\right\} + \overline{\overline{\overline{\psi}}}_{\theta d}(\xi_n,\xi_m,s)\sinh\left\{z\sqrt{\frac{\eta_r\xi_n^2+s}{\eta_z}}\right\}\right] +$$

$$+\frac{2\pi^2}{\vartheta d\phi c_t\sqrt{\eta_z}} \sum_{m=0}^{\infty} \ni_m \cos(\xi_m\theta) \sum_{n=1}^{\infty} \frac{\xi_n^2 J_{\mathcal{M}}'^2(\xi_n b)\,\mathcal{V}_{\mathcal{DM}}(\xi r,a)\operatorname{csch}\left(d\sqrt{\frac{\eta_r\xi_n^2+s}{\eta_z}}\right)}{\left[\left\{1-\left(\frac{\mathcal{M}}{\xi_n b}\right)^2\right\} J_{\mathcal{M}}^2(\xi_n a) - J_{\mathcal{M}}'^2(\xi_n b)\right]\sqrt{\eta_r\xi_n^2+s}} \times$$

$$\times \int_0^a \frac{\mathcal{V}_{\mathcal{DM}}(\xi_n u,a)}{u} \int_0^d \left\{\overline{\psi}_{0z}(u,w,s) + (-1)^{m+1}\,\overline{\psi}_{\vartheta z}(u,w,s)\right\} \times$$

$$\times \left[\cosh\left\{(d-|z-w|)\sqrt{\frac{\eta_r\xi_n^2+s}{\eta_z}}\right\} - \cosh\left\{(d-z-w)\sqrt{\frac{\eta_r\xi_n^2+s}{\eta_z}}\right\}\right] dw\,du +$$

$$+\frac{\pi^2}{2\vartheta\sqrt{\eta_z}}\sum_{m=0}^{\infty}\ni_m\cos(\xi_m\theta)\sum_{n=1}^{\infty}\frac{\xi_n^2 J_{\mathcal{M}}'^2(\xi_n b)\,\mathcal{V}_{\mathcal{DM}}(\xi r,a)\operatorname{csch}\left(d\sqrt{\frac{\eta_r\xi_n^2+s}{\eta_z}}\right)}{\left[\left\{1-\left(\frac{\mathcal{M}}{\xi_n b}\right)^2\right\}J_{\mathcal{M}}^2(\xi_n a)-J_{\mathcal{M}}'^2(\xi_n b)\right]\sqrt{\eta_r\xi_n^2+s}}\times$$

$$\times\int_0^d\overline{\overline{\varphi}}(\xi_n,\xi_m,w)\left[\cosh\left\{(d-|z-w|)\sqrt{\frac{\eta_r\xi_n^2+s}{\eta_z}}\right\}-\cosh\left\{(d-z-w)\sqrt{\frac{\eta_r\xi_n^2+s}{\eta_z}}\right\}\right]dw \quad (29.13.1)$$

where $\mathcal{V}_{\mathcal{DM}}(\xi_n r,a)=J_{\mathcal{M}}(\xi_n r)Y_{\mathcal{M}}(\xi_n a)-Y_{\mathcal{M}}(\xi_n r)J_{\mathcal{M}}(\xi_n a)$, ξ_n, $n=1,2,...,$ are the positive roots ofthe transcendental equation $\mathcal{V}_{\mathcal{DM}}'(\xi_n b,a)=0$. $\xi_l=\frac{l\pi}{d}, l=1,2,...,$ $\xi_m=\frac{m\pi}{d}, m=0,1,...,$
$\overline{\overline{\overline{\psi}}}_{\theta 0}(\xi_n,\xi_m,s)=\int_0^a u\mathcal{V}_{\mathcal{DM}}(\xi_n u,a)\int_0^{\vartheta}\overline{\psi}_0(u,v,s)\cos(\xi_m v)dvdu$,
$\overline{\overline{\overline{\psi}}}_{\theta d}(\xi_n,\xi_m,s)=\int_0^a u\mathcal{V}_{\mathcal{DM}}(\xi_n u,a)\int_0^{\vartheta}\overline{\psi}_{\theta d}(u,v,s)\cos(\xi_m v)dvdu$,
$\overline{\overline{\psi}}_a(\xi_m,w,s)=\int_0^{\vartheta}\overline{\psi}_a(v,w,s)\cos(\xi_m v)dv$, $\overline{\overline{\psi}}_b(\xi_m,w,s)=\int_0^{\vartheta}\overline{\psi}_b(v,w,s)\cos(\xi_m v)dv$ and
$\overline{\overline{\varphi}}(\xi_n,\xi_m,w)=\int_0^a u\mathcal{V}_{\mathcal{DM}}(\xi_n u,a)\int_0^{\vartheta}\varphi(u,v,w)\cos(\xi_m v)dvdu$.

$$p=\frac{U(t-t_0)\pi^2}{2\vartheta d\phi c_t}\sum_{m=0}^{\infty}\ni_m\cos(\xi_m\theta_0)\cos(\xi_m\theta)\sum_{n=1}^{\infty}\frac{\xi_n^2 J_{\mathcal{M}}'^2(\xi_n b)\,\mathcal{V}_{\mathcal{DM}}(\xi r_0,a)\,\mathcal{V}_{\mathcal{DM}}(\xi r,a)}{\left[\left\{1-\left(\frac{\mathcal{M}}{\xi_n b}\right)^2\right\}J_{\mathcal{M}}^2(\xi_n a)-J_{\mathcal{M}}'^2(\xi_n b)\right]}\times$$

$$\times\int_0^{t-t_0}q(t-t_0-\tau)\left[\Theta_3\left\{\frac{\pi(z-z_0)}{2d},e^{-\left(\frac{\pi}{d}\right)^2\eta_z\tau}\right\}-\Theta_3\left\{\frac{\pi(z+z_0)}{2d},e^{-\left(\frac{\pi}{d}\right)^2\eta_z\tau}\right\}\right]e^{-\eta_r\xi_n^2\tau}d\tau-$$

$$-\frac{\pi\eta_r}{\vartheta d}\sum_{m=0}^{\infty}\ni_m\cos(\xi_m\theta)\sum_{n=1}^{\infty}\frac{\xi_n^2 J_{\mathcal{M}}'^2(\xi_n b)\,\mathcal{V}_{\mathcal{DM}}(\xi r,a)}{\left[\left\{1-\left(\frac{\mathcal{M}}{\xi_n b}\right)^2\right\}J_{\mathcal{M}}^2(\xi_n a)-J_{\mathcal{M}}'^2(\xi_n b)\right]}\times$$

$$\times\int_0^t e^{-\eta_r\xi_n^2\tau}\int_0^d\overline{\psi}_a(\xi_m,w,t-\tau)\left[\Theta_3\left\{\frac{\pi(z-w)}{2d},e^{-\left(\frac{\pi}{d}\right)^2\eta_z\tau}\right\}-\Theta_3\left\{\frac{\pi(z+w)}{2d},e^{-\left(\frac{\pi}{d}\right)^2\eta_z\tau}\right\}\right]dwd\tau-$$

$$-\frac{\pi}{\vartheta d\phi c_t}\sum_{m=0}^{\infty}\ni_m\cos(\xi_m\theta)\sum_{n=1}^{\infty}\frac{\xi_n^2 J_{\mathcal{M}}(\xi_n a)\,J_{\mathcal{M}}'(\xi_n b)\,\mathcal{V}_{\mathcal{DM}}(\xi r,a)}{\left[\left\{1-\left(\frac{\mathcal{M}}{\xi_n b}\right)^2\right\}J_{\mathcal{M}}^2(\xi_n a)-J_{\mathcal{M}}'^2(\xi_n b)\right]}\times$$

$$\times\int_0^t e^{-\eta_r\xi_n^2\tau}\int_0^d\overline{\psi}_b(\xi_m,w,t-\tau)\left[\Theta_3\left\{\frac{\pi(z-w)}{2d},e^{-\left(\frac{\pi}{d}\right)^2\eta_z\tau}\right\}-\Theta_3\left\{\frac{\pi(z+w)}{2d},e^{-\left(\frac{\pi}{d}\right)^2\eta_z\tau}\right\}\right]dwd\tau+$$

$$+\frac{\pi^2\eta_z}{2\vartheta d^2}\sum_{m=0}^{\infty}\ni_m\cos(\xi_m\theta)\sum_{n=1}^{\infty}\frac{\xi_n^2 J_{\mathcal{M}}'^2(\xi_n b)\,\mathcal{V}_{\mathcal{DM}}(\xi r,a)}{\left[\left\{1-\left(\frac{\mathcal{M}}{\xi_n b}\right)^2\right\}J_{\mathcal{M}}^2(\xi_n a)-J_{\mathcal{M}}'^2(\xi_n b)\right]}\times$$

$$\times\int_0^t\left\{\Theta_4'\left(\frac{\pi z}{2d},e^{-\left(\frac{\pi}{d}\right)^2\eta_z\tau}\right)\overline{\overline{\psi}}_{\theta d}(\xi_n,\xi_m,t-\tau)-\Theta_3'\left(\frac{\pi z}{2d},e^{-\left(\frac{\pi}{d}\right)^2\eta_z\tau}\right)\overline{\overline{\psi}}_{\theta 0}(\xi_n,\xi_m,t-\tau)\right\}e^{-\eta_r\xi_n^2\tau}d\tau+$$

$$+\frac{\pi^2}{2\vartheta d\phi c_t}\sum_{m=0}^{\infty}\ni_m\cos(\xi_m\theta)\sum_{n=1}^{\infty}\frac{\xi_n^2 J_{\mathcal{M}}'^2(\xi_n b)\,\mathcal{V}_{\mathcal{DM}}(\xi r,a)}{\left[\left\{1-\left(\frac{\mathcal{M}}{\xi_n b}\right)^2\right\}J_{\mathcal{M}}^2(\xi_n a)-J_{\mathcal{M}}'^2(\xi_n b)\right]}\times$$

$$\times\int_0^a\frac{\mathcal{V}_{\mathcal{DM}}(\xi_n u,a)}{u}\int_0^d\int_0^t e^{-\eta_r\xi_n^2\tau}\left\{\psi_{0z}(u,w,t-\tau)+(-1)^{m+1}\psi_{\vartheta z}(u,w,t-\tau)\right\}\times$$

$$\times\left[\Theta_3\left\{\frac{\pi(z-w)}{2d},e^{-\left(\frac{\pi}{d}\right)^2\eta_z\tau}\right\}-\Theta_3\left\{\frac{\pi(z+w)}{2d},e^{-\left(\frac{\pi}{d}\right)^2\eta_z\tau}\right\}\right]d\tau dwdu+$$

$$+\frac{\pi^2}{2\vartheta d}\sum_{m=0}^{\infty}\ni_m\cos(\xi_m\theta)\sum_{n=1}^{\infty}\frac{\xi_n^2 J_{\mathcal{M}}'^2(\xi_n b)\,\mathcal{V}_{\mathcal{D}\mathcal{M}}(\xi r,a)\,e^{-\eta_r\xi_n^2 t}}{\left[\left\{1-\left(\frac{\mathcal{M}}{\xi_n b}\right)^2\right\}J_{\mathcal{M}}^2(\xi_n a)-J_{\mathcal{M}}'^2(\xi_n b)\right]}\times$$

$$\times\int_0^d\overline{\overline{\varphi}}(\xi_n,\xi_m,w)\left[\Theta_3\left\{\frac{\pi(z-w)}{2d},e^{-\left(\frac{\pi}{d}\right)^2\eta_z t}\right\}-\Theta_3\left\{\frac{\pi(z+w)}{2d},e^{-\left(\frac{\pi}{d}\right)^2\eta_z t}\right\}\right]dw \qquad (29.13.2)$$

where $\overline{\psi}_a(\xi_m,w,t)=\int_0^{\vartheta}\psi_a(v,w,t)\cos(\xi_m v)dv$, $\overline{\psi}_b(\xi_m,w,t)=\int_0^{\vartheta}\psi_b(v,w,t)\cos(\xi_m v)dv$, $\overline{\overline{\psi}}_{\theta 0}(\xi_n,\xi_m,t)=\int_0^a u\mathcal{V}_{\mathcal{D}\mathcal{M}}(\xi_n u,a)\int_0^{\vartheta}\psi_0(u,v,t)\cos(\xi_m v)dvdu$ and $\overline{\overline{\psi}}_{\theta d}(\xi_n,\xi_m,t)=\int_0^a u\mathcal{V}_{\mathcal{D}\mathcal{M}}(\xi_n u,a)\int_0^{\vartheta}\psi_{\theta d}(u,v,t)\cos(\xi_m v)dvdu$.

29.14

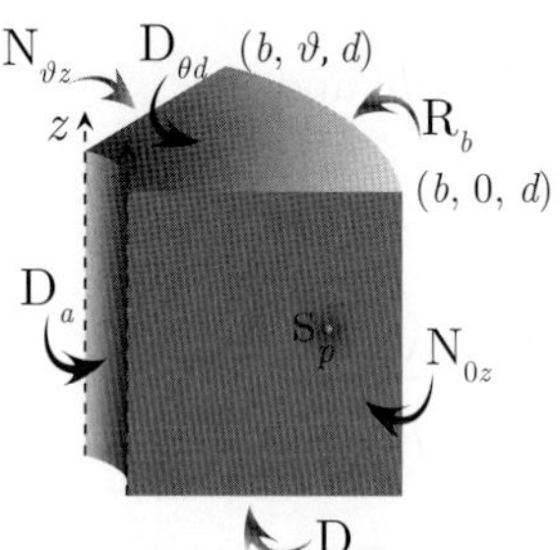

The problem of 29.12, except
$\mathbf{D}_{\theta 0}\equiv p(r,\theta,0,t)=\psi_{\theta 0}(r,\theta,t)$,
$\mathbf{D}_{\theta d}\equiv p(r,\theta,d,t)=\psi_{\theta d}(r,\theta,t)$,
$\mathbf{D}_a\equiv p(a,\theta,z,t)=\psi_a(\theta,z,t)$,
$\mathbf{R}_b\equiv\frac{\partial p(b,\theta,z,t)}{\partial r}+\lambda p(b,\theta,z,t)=-\left(\frac{\mu}{k_r}\right)\psi_b(\theta,z,t)$,
$\mathbf{N}_{0z}\equiv\frac{\partial p(r,0,z,t)}{\partial\theta}=-\left(\frac{\mu}{k_\theta}\right)\psi_{0z}(r,z,t)$ **and**
$\mathbf{N}_{\vartheta z}\equiv\frac{\partial p(r,\vartheta,z,t)}{\partial\theta}=-\left(\frac{\mu}{k_\theta}\right)\psi_{\vartheta z}(r,z,t)$

$$\overline{p}=\frac{\pi^2 q(s)\,e^{-st_0}}{2\vartheta\phi c_t\sqrt{\eta_z}}\sum_{m=0}^{\infty}\ni_m\cos(\xi_m\theta_0)\cos(\xi_m\theta)\times$$

$$\times\sum_{n=1}^{\infty}\frac{\xi_n^2\{\xi_n J_{\mathcal{M}}'(\xi_n b)+\lambda J_{\mathcal{M}}(\xi_n b)\}^2\mathcal{V}_{\mathcal{D}\mathcal{M}}(\xi r_0,a)\,\mathcal{V}_{\mathcal{D}\mathcal{M}}(\xi r,a)\operatorname{csch}\left(d\sqrt{\frac{\eta_r\xi_n^2+s}{\eta_z}}\right)}{\left[\left\{\xi_n^2+\lambda^2-\left(\frac{\mathcal{M}}{b}\right)^2\right\}J_{\mathcal{M}}^2(\xi_n a)-\{\xi_n J_{\mathcal{M}}'(\xi_n b)+\lambda J_{\mathcal{M}}(\xi_n b)\}^2\right]\sqrt{(\eta_r\xi_n^2+s)}}\times$$

$$\times\left[\cosh\left\{(d-|z-z_0|)\sqrt{\frac{\eta_r\xi_n^2+s}{\eta_z}}\right\}-\cosh\left\{(d-z-z_0)\sqrt{\frac{\eta_r\xi_n^2+s}{\eta_z}}\right\}\right]-$$

$$-\frac{\pi\eta_r}{\vartheta\sqrt{\eta_z}}\sum_{m=0}^{\infty}\ni_m\cos(\xi_m\theta)\sum_{n=1}^{\infty}\frac{\xi_n^2\{\xi_n J_{\mathcal{M}}'(\xi_n b)+\lambda J_{\mathcal{M}}(\xi_n b)\}^2\mathcal{V}_{\mathcal{D}\mathcal{M}}(\xi r,a)\operatorname{csch}\left(d\sqrt{\frac{\eta_r\xi_n^2+s}{\eta_z}}\right)}{\left[\left\{\xi_n^2+\lambda^2-\left(\frac{\mathcal{M}}{b}\right)^2\right\}J_{\mathcal{M}}^2(\xi_n a)-\{\xi_n J_{\mathcal{M}}'(\xi_n b)+\lambda J_{\mathcal{M}}(\xi_n b)\}^2\right]\sqrt{\eta_r\xi_n^2+s}}\times$$

$$\times\int_0^d\overline{\overline{\psi}}_a(\xi_m,w,s)\left[\cosh\left\{(d-|z-w|)\sqrt{\frac{\eta_r\xi_n^2+s}{\eta_z}}\right\}-\cosh\left\{(d-z-w)\sqrt{\frac{\eta_r\xi_n^2+s}{\eta_z}}\right\}\right]dw-$$

$$-\frac{\pi}{\vartheta\phi c_t\sqrt{\eta_z}}\sum_{m=0}^{\infty}\ni_m\cos(\xi_m\theta)\sum_{n=1}^{\infty}\frac{\xi_n^2 J_{\mathcal{M}}(\xi_n a)\{\xi_n J_{\mathcal{M}}'(\xi_n b)+\lambda J_{\mathcal{M}}(\xi_n b)\}\mathcal{V}_{\mathcal{D}\mathcal{M}}(\xi r,a)\operatorname{csch}\left(d\sqrt{\frac{\eta_r\xi_n^2+s}{\eta_z}}\right)}{\left[\left\{\xi_n^2+\lambda^2-\left(\frac{\mathcal{M}}{b}\right)^2\right\}J_{\mathcal{M}}^2(\xi_n a)-\{\xi_n J_{\mathcal{M}}'(\xi_n b)+\lambda J_{\mathcal{M}}(\xi_n b)\}^2\right]\sqrt{\eta_r\xi_n^2+s}}\times$$

$$\times\int_0^d\overline{\overline{\psi}}_b(\xi_m,w,s)\left[\cosh\left\{(d-|z-w|)\sqrt{\frac{\eta_r\xi_n^2+s}{\eta_z}}\right\}-\cosh\left\{(d-z-w)\sqrt{\frac{\eta_r\xi_n^2+s}{\eta_z}}\right\}\right]dw+$$

$$+\frac{\pi^2}{\vartheta}\sum_{m=0}^{\infty}\ni_m\cos(\xi_m\theta)\sum_{n=1}^{\infty}\frac{\xi_n^2\{\xi_n J_{\mathcal{M}}'(\xi_n b)+\lambda J_{\mathcal{M}}(\xi_n b)\}^2\mathcal{V}_{\mathcal{D}\mathcal{M}}(\xi r,a)\operatorname{csch}\left(d\sqrt{\frac{\eta_r\xi_n^2+s}{\eta_z}}\right)}{\left[\left\{\xi_n^2+\lambda^2-\left(\frac{\mathcal{M}}{b}\right)^2\right\}J_{\mathcal{M}}^2(\xi_n a)-\{\xi_n J_{\mathcal{M}}'(\xi_n b)+\lambda J_{\mathcal{M}}(\xi_n b)\}^2\right]}\times$$

$$\times\left[\overline{\overline{\overline{\psi}}}_{\theta 0}(\xi_n,\xi_m,s)\sinh\left\{(d-z)\sqrt{\frac{\eta_r\xi_n^2+s}{\eta_z}}\right\}+\overline{\overline{\overline{\psi}}}_{\theta d}(\xi_n,\xi_m,s)\sinh\left\{z\sqrt{\frac{\eta_r\xi_n^2+s}{\eta_z}}\right\}\right]+$$

$$+\frac{2\pi^2}{\vartheta d\phi c_t\sqrt{\eta_z}}\sum_{m=0}^{\infty}\ni_m\cos(\xi_m\theta)\times$$

$$\times\sum_{n=1}^{\infty}\frac{\xi_n^2\{\xi_nJ'_{\mathcal{M}}(\xi_nb)+\lambda J_{\mathcal{M}}(\xi_nb)\}^2\mathcal{V}_{\mathcal{DM}}(\xi r,a)\operatorname{csch}\left(d\sqrt{\frac{\eta_r\xi_n^2+s}{\eta_z}}\right)}{\left[\left\{\xi_n^2+\lambda^2-\left(\frac{\mathcal{M}}{b}\right)^2\right\}J_{\mathcal{M}}^2(\xi_na)-\{\xi_nJ'_{\mathcal{M}}(\xi_nb)+\lambda J_{\mathcal{M}}(\xi_nb)\}^2\right]\sqrt{\eta_r\xi_n^2+s}}\times$$

$$\times\int_0^a\frac{\mathcal{V}_{\mathcal{DM}}(\xi_nu,a)}{u}\int_0^d\left\{\overline{\psi}_{0z}(u,w,s)+(-1)^{m+1}\overline{\psi}_{\vartheta z}(u,w,s)\right\}\times$$

$$\times\left[\cosh\left\{(d-|z-w|)\sqrt{\frac{\eta_r\xi_n^2+s}{\eta_z}}\right\}-\cosh\left\{(d-z-w)\sqrt{\frac{\eta_r\xi_n^2+s}{\eta_z}}\right\}\right]dwdu+$$

$$+\frac{\pi^2}{2\vartheta\sqrt{\eta_z}}\sum_{m=0}^{\infty}\ni_m\cos(\xi_m\theta)\sum_{n=1}^{\infty}\frac{\xi_n^2\{\xi_nJ'_{\mathcal{M}}(\xi_nb)+\lambda J_{\mathcal{M}}(\xi_nb)\}^2\mathcal{V}_{\mathcal{DM}}(\xi r,a)\operatorname{csch}\left(d\sqrt{\frac{\eta_r\xi_n^2+s}{\eta_z}}\right)}{\left[\left\{\xi_n^2+\lambda^2-\left(\frac{\mathcal{M}}{b}\right)^2\right\}J_{\mathcal{M}}^2(\xi_na)-\{\xi_nJ'_{\mathcal{M}}(\xi_nb)+\lambda J_{\mathcal{M}}(\xi_nb)\}^2\right]\sqrt{\eta_r\xi_n^2+s}}\times$$

$$\times\int_0^d\overline{\overline{\varphi}}(\xi_n,\xi_m,w)\left[\cosh\left\{(d-|z-w|)\sqrt{\frac{\eta_r\xi_n^2+s}{\eta_z}}\right\}-\cosh\left\{(d-z-w)\sqrt{\frac{\eta_r\xi_n^2+s}{\eta_z}}\right\}\right]dw \qquad (29.14.1)$$

where $\mathcal{V}_{\mathcal{DM}}(\xi_nr,a)=J_{\mathcal{M}}(\xi_nr)Y_{\mathcal{M}}(\xi_na)-Y_{\mathcal{M}}(\xi_nr)J_{\mathcal{M}}(\xi_na)$, ξ_n, $n=1,2,...$, are the positive roots of the transcendental equation $\xi_n\mathcal{V}'_{\mathcal{DM}}(\xi_nb,a)+\lambda\mathcal{V}_{\mathcal{DM}}(\xi_nb,a)=0$. $\xi_l=\frac{l\pi}{d},l=1,2,...,$ $\xi_m=\frac{m\pi}{d},m=0,1,...,$
$\overline{\overline{\overline{\psi}}}_{\theta 0}(\xi_n,\xi_m,s)=\int_0^a u\mathcal{V}_{\mathcal{DM}}(\xi_nu,a)\int_0^{\vartheta}\overline{\psi}_0(u,v,s)\cos(\xi_mv)dvdu$,
$\overline{\overline{\psi}}_{\theta d}(\xi_n,\xi_m,s)=\int_0^a u\mathcal{V}_{\mathcal{DM}}(\xi_nu,a)\int_0^{\vartheta}\psi_{\theta d}(u,v,s)\cos(\xi_mv)dvdu$,
$\overline{\overline{\psi}}_a(\xi_m,w,s)=\int_0^{\vartheta}\overline{\psi}_a(v,w,s)\cos(\xi_mv)dv$, $\overline{\overline{\psi}}_b(\xi_m,w,s)=\int_0^{\vartheta}\overline{\psi}_b(v,w,s)\cos(\xi_mv)dv$ and
$\overline{\overline{\varphi}}(\xi_n,\xi_m,w)=\int_0^a u\mathcal{V}_{\mathcal{DM}}(\xi_nu,a)\int_0^{\vartheta}\varphi(u,v,w)\cos(\xi_mv)dvdu$.

$$p=\frac{U(t-t_0)\pi^2}{2\vartheta d\phi c_t}\sum_{m=0}^{\infty}\ni_m\cos(\xi_m\theta_0)\cos(\xi_m\theta)\times$$

$$\times\sum_{n=1}^{\infty}\frac{\xi_n^2\{\xi_nJ'_{\mathcal{M}}(\xi_nb)+\lambda J_{\mathcal{M}}(\xi_nb)\}^2\mathcal{V}_{\mathcal{DM}}(\xi r_0,a)\mathcal{V}_{\mathcal{DM}}(\xi r,a)}{\left[\left\{\xi_n^2+\lambda^2-\left(\frac{\mathcal{M}}{b}\right)^2\right\}J_{\mathcal{M}}^2(\xi_na)-\{\xi_nJ'_{\mathcal{M}}(\xi_nb)+\lambda J_{\mathcal{M}}(\xi_nb)\}^2\right]}\times$$

$$\times\int_0^{t-t_0}q(t-t_0-\tau)\left[\Theta_3\left\{\frac{\pi(z-z_0)}{2d},e^{-\left(\frac{\pi}{d}\right)^2\eta_z\tau}\right\}-\Theta_3\left\{\frac{\pi(z+z_0)}{2d},e^{-\left(\frac{\pi}{d}\right)^2\eta_z\tau}\right\}\right]e^{-\eta_r\xi_n^2\tau}d\tau-$$

$$-\frac{\pi\eta_r}{\vartheta d}\sum_{m=0}^{\infty}\ni_m\cos(\xi_m\theta)\sum_{n=1}^{\infty}\frac{\xi_n^2\{\xi_nJ'_{\mathcal{M}}(\xi_nb)+\lambda J_{\mathcal{M}}(\xi_nb)\}^2\mathcal{V}_{\mathcal{DM}}(\xi r,a)}{\left[\left\{\xi_n^2+\lambda^2-\left(\frac{\mathcal{M}}{b}\right)^2\right\}J_{\mathcal{M}}^2(\xi_na)-\{\xi_nJ'_{\mathcal{M}}(\xi_nb)+\lambda J_{\mathcal{M}}(\xi_nb)\}^2\right]}\times$$

$$\times\int_0^t e^{-\eta_r\xi_n^2\tau}\int_0^d\overline{\psi}_a(\xi_m,w,t-\tau)\left[\Theta_3\left\{\frac{\pi(z-w)}{2d},e^{-\left(\frac{\pi}{d}\right)^2\eta_z\tau}\right\}-\Theta_3\left\{\frac{\pi(z+w)}{2d},e^{-\left(\frac{\pi}{d}\right)^2\eta_z\tau}\right\}\right]dwd\tau-$$

$$-\frac{\pi}{\vartheta d\phi c_t}\sum_{m=0}^{\infty}\ni_m\cos(\xi_m\theta)\sum_{n=1}^{\infty}\frac{\xi_n^2J_{\mathcal{M}}(\xi_na)\{\xi_nJ'_{\mathcal{M}}(\xi_nb)+\lambda J_{\mathcal{M}}(\xi_nb)\}\mathcal{V}_{\mathcal{DM}}(\xi r,a)}{\left[\left\{\xi_n^2+\lambda^2-\left(\frac{\mathcal{M}}{b}\right)^2\right\}J_{\mathcal{M}}^2(\xi_na)-\{\xi_nJ'_{\mathcal{M}}(\xi_nb)+\lambda J_{\mathcal{M}}(\xi_nb)\}^2\right]}\times$$

$$\times\int_0^t e^{-\eta_r\xi_n^2\tau}\int_0^d\overline{\psi}_b(\xi_m,w,t-\tau)\left[\Theta_3\left\{\frac{\pi(z-w)}{2d},e^{-\left(\frac{\pi}{d}\right)^2\eta_z\tau}\right\}-\Theta_3\left\{\frac{\pi(z+w)}{2d},e^{-\left(\frac{\pi}{d}\right)^2\eta_z\tau}\right\}\right]dwd\tau+$$

$$+\frac{\pi^2\eta_z}{2\vartheta d^2}\sum_{m=0}^{\infty}\ni_m\cos(\xi_m\theta)\sum_{n=1}^{\infty}\frac{\xi_n^2\{\xi_nJ'_{\mathcal{M}}(\xi_nb)+\lambda J_{\mathcal{M}}(\xi_nb)\}^2\mathcal{V}_{\mathcal{DM}}(\xi r,a)}{\left[\left\{\xi_n^2+\lambda^2-\left(\frac{\mathcal{M}}{b}\right)^2\right\}J_{\mathcal{M}}^2(\xi_na)-\{\xi_nJ'_{\mathcal{M}}(\xi_nb)+\lambda J_{\mathcal{M}}(\xi_nb)\}^2\right]}\times$$

$$\times \int_0^t \left\{ \Theta_4'\left(\frac{\pi z}{2d}, e^{-\left(\frac{\pi}{d}\right)^2 \eta_z \tau}\right) \overline{\overline{\psi}}_{\theta d}(\xi_n, \xi_m, t-\tau) - \Theta_3'\left(\frac{\pi z}{2d}, e^{-\left(\frac{\pi}{d}\right)^2 \eta_z \tau}\right) \overline{\overline{\psi}}_{\theta 0}(\xi_n, \xi_m, t-\tau) \right\} e^{-\eta_r \xi_n^2 \tau} d\tau +$$

$$+\frac{\pi^2}{2\vartheta d\phi c_t} \sum_{m=0}^{\infty} \ni_m \cos(\xi_m \theta) \sum_{n=1}^{\infty} \frac{\xi_n^2 \{\xi_n J'_{\mathcal{M}}(\xi_n b) + \lambda J_{\mathcal{M}}(\xi_n b)\}^2 \mathcal{V}_{\mathcal{DM}}(\xi r, a)}{\left[\left\{\xi_n^2 + \lambda^2 - \left(\frac{\mathcal{M}}{b}\right)^2\right\} J_{\mathcal{M}}^2(\xi_n a) - \{\xi_n J'_{\mathcal{M}}(\xi_n b) + \lambda J_{\mathcal{M}}(\xi_n b)\}^2\right]} \times$$

$$\times \int_0^a \frac{\mathcal{V}_{\mathcal{DM}}(\xi_n u, a)}{u} \int_0^d \int_0^t e^{-\eta_r \xi_n^2 \tau} \left\{ \psi_{0z}(u, w, t-\tau) + (-1)^{m+1} \psi_{\vartheta z}(u, w, t-\tau) \right\} \times$$

$$\times \left[\Theta_3\left\{\frac{\pi(z-w)}{2d}, e^{-\left(\frac{\pi}{d}\right)^2 \eta_z \tau}\right\} - \Theta_3\left\{\frac{\pi(z+w)}{2d}, e^{-\left(\frac{\pi}{d}\right)^2 \eta_z \tau}\right\}\right] d\tau dw du +$$

$$+\frac{\pi^2}{2\vartheta d} \sum_{m=0}^{\infty} \ni_m \cos(\xi_m \theta) \sum_{n=1}^{\infty} \frac{\xi_n^2 \{\xi_n J'_{\mathcal{M}}(\xi_n b) + \lambda J_{\mathcal{M}}(\xi_n b)\}^2 \mathcal{V}_{\mathcal{DM}}(\xi r, a) e^{-\eta_r \xi_n^2 t}}{\left[\left\{\xi_n^2 + \lambda^2 - \left(\frac{\mathcal{M}}{b}\right)^2\right\} J_{\mathcal{M}}^2(\xi_n a) - \{\xi_n J'_{\mathcal{M}}(\xi_n b) + \lambda J_{\mathcal{M}}(\xi_n b)\}^2\right]} \times$$

$$\times \int_0^d \overline{\overline{\varphi}}(\xi_n, \xi_m, w) \left[\Theta_3\left\{\frac{\pi(z-w)}{2d}, e^{-\left(\frac{\pi}{d}\right)^2 \eta_z t}\right\} - \Theta_3\left\{\frac{\pi(z+w)}{2d}, e^{-\left(\frac{\pi}{d}\right)^2 \eta_z t}\right\}\right] dw \qquad (29.14.2)$$

where $\overline{\psi}_a(\xi_m, w, t) = \int_0^\vartheta \psi_a(v, w, t) \cos(\xi_m v) dv$, $\overline{\psi}_b(\xi_m, w, t) = \int_0^\vartheta \psi_b(v, w, t) \cos(\xi_m v) dv$, $\overline{\overline{\psi}}_{\theta 0}(\xi_n, \xi_m, t) = \int_0^a u \mathcal{V}_{\mathcal{DM}}(\xi_n u, a) \int_0^\vartheta \psi_0(u, v, t) \cos(\xi_m v) dv du$ and $\overline{\overline{\psi}}_{\theta d}(\xi_n, \xi_m, t) = \int_0^a u \mathcal{V}_{\mathcal{DM}}(\xi_n u, a) \int_0^\vartheta \psi_{\theta d}(u, v, t) \cos(\xi_m v) dv du$.

29.15

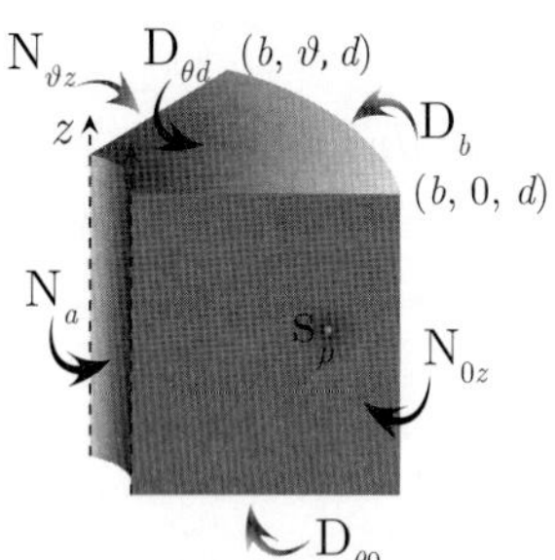

The problem of 29.12, except
$\mathbf{D}_{\theta 0} \equiv p(r, \theta, 0, t) = \psi_{\theta 0}(r, \theta, t)$,
$\mathbf{D}_{\theta d} \equiv p(r, \theta, d, t) = \psi_{\theta d}(r, \theta, t)$,
$\mathbf{N}_a \equiv \frac{\partial p(a, \theta, z, t)}{\partial r} = -\left(\frac{\mu}{k_r}\right) \psi_a(\theta, z, t)$,
$\mathbf{D}_b \equiv p(b, \theta, z, t) = \psi_b(\theta, z, t)$,
$\mathbf{N}_{0z} \equiv \frac{\partial p(r, 0, z, t)}{\partial \theta} = -\left(\frac{\mu}{k_\theta}\right) \psi_{0z}(r, z, t)$ **and**
$\mathbf{N}_{\vartheta z} \equiv \frac{\partial p(r, \vartheta, z, t)}{\partial \theta} = -\left(\frac{\mu}{k_\theta}\right) \psi_{\vartheta z}(r, z, t)$

$$\overline{p} = \frac{\pi^2 q(s) e^{-s t_0}}{2\vartheta \phi c_t \sqrt{\eta_z}} \sum_{m=0}^{\infty} \ni_m \cos(\xi_m \theta_0) \cos(\xi_m \theta) \sum_{n=1}^{\infty} \frac{\xi_n^2 J_{\mathcal{M}}^2(\xi_n b) \mathcal{V}_{\mathcal{NM}}(\xi r_0, a) \mathcal{V}_{\mathcal{NM}}(\xi r, a) \operatorname{csch}\left(d\sqrt{\frac{\eta_r \xi_n^2 + s}{\eta_z}}\right)}{\left[J_{\mathcal{M}}'^2(\xi_n a) - \left\{1 - \left(\frac{\mathcal{M}}{\xi_n a}\right)^2\right\} J_{\mathcal{M}}^2(\xi_n b)\right] \sqrt{(\eta_r \xi_n^2 + s)}} \times$$

$$\times \left[\cosh\left\{(d - |z - z_0|)\sqrt{\frac{\eta_r \xi_n^2 + s}{\eta_z}}\right\} - \cosh\left\{(d - z - z_0)\sqrt{\frac{\eta_r \xi_n^2 + s}{\eta_z}}\right\}\right] +$$

$$+\frac{\pi}{\vartheta \phi c_t \sqrt{\eta_z}} \sum_{m=0}^{\infty} \ni_m \cos(\xi_m \theta) \sum_{n=1}^{\infty} \frac{\xi_n J_{\mathcal{M}}^2(\xi_n b) \mathcal{V}_{\mathcal{NM}}(\xi r, a) \operatorname{csch}\left(d\sqrt{\frac{\eta_r \xi_n^2 + s}{\eta_z}}\right)}{\left[J_{\mathcal{M}}'^2(\xi_n a) - \left\{1 - \left(\frac{\mathcal{M}}{\xi_n a}\right)^2\right\} J_{\mathcal{M}}^2(\xi_n b)\right] \sqrt{\eta_r \xi_n^2 + s}} \times$$

$$\times \int_0^d \overline{\overline{\psi}}_a(\xi_m, w, s) \left[\cosh\left\{(d - |z - w|)\sqrt{\frac{\eta_r \xi_n^2 + s}{\eta_z}}\right\} - \cosh\left\{(d - z - w)\sqrt{\frac{\eta_r \xi_n^2 + s}{\eta_z}}\right\}\right] dw +$$

$$+\frac{\pi \eta_r}{\vartheta \sqrt{\eta_z}} \sum_{m=0}^{\infty} \ni_m \cos(\xi_m \theta) \sum_{n=1}^{\infty} \frac{\xi_n^2 J'_{\mathcal{M}}(\xi_n a) J_{\mathcal{M}}(\xi_n b) \mathcal{V}_{\mathcal{NM}}(\xi r, a) \operatorname{csch}\left(d\sqrt{\frac{\eta_r \xi_n^2 + s}{\eta_z}}\right)}{\left[J_{\mathcal{M}}'^2(\xi_n a) - \left\{1 - \left(\frac{\mathcal{M}}{\xi_n a}\right)^2\right\} J_{\mathcal{M}}^2(\xi_n b)\right] \sqrt{\eta_r \xi_n^2 + s}} \times$$

$$\times \int_0^d \overline{\overline{\psi}}_b (\xi_m, w, s) \left[\cosh \left\{ (d - |z - w|) \sqrt{\frac{\eta_r \xi_n^2 + s}{\eta_z}} \right\} - \cosh \left\{ (d - z - w) \sqrt{\frac{\eta_r \xi_n^2 + s}{\eta_z}} \right\} \right] dw +$$

$$+ \frac{\pi^2}{\vartheta} \sum_{m=0}^{\infty} \ni_m \cos(\xi_m \theta) \sum_{n=1}^{\infty} \frac{\xi_n^2 J_{\mathcal{M}}^2 (\xi_n b) \mathcal{V}_{\mathcal{N}\mathcal{M}} (\xi r, a) \operatorname{csch} \left(d\sqrt{\frac{\eta_r \xi_n^2 + s}{\eta_z}} \right)}{\left[J_{\mathcal{M}}'^2 (\xi_n a) - \left\{ 1 - \left(\frac{\mathcal{M}}{\xi_n a} \right)^2 \right\} J_{\mathcal{M}}^2 (\xi_n b) \right]} \times$$

$$\times \left[\overline{\overline{\overline{\psi}}}_{\theta 0} (\xi_n, \xi_m, s) \sinh \left\{ (d - z) \sqrt{\frac{\eta_r \xi_n^2 + s}{\eta_z}} \right\} + \overline{\overline{\overline{\psi}}}_{\theta d} (\xi_n, \xi_m, s) \sinh \left\{ z \sqrt{\frac{\eta_r \xi_n^2 + s}{\eta_z}} \right\} \right] +$$

$$+ \frac{2\pi^2}{\vartheta d \phi c_t \sqrt{\eta_z}} \sum_{m=0}^{\infty} \ni_m \cos(\xi_m \theta) \sum_{n=1}^{\infty} \frac{\xi_n^2 J_{\mathcal{M}}^2 (\xi_n b) \mathcal{V}_{\mathcal{N}\mathcal{M}} (\xi r, a) \operatorname{csch} \left(d\sqrt{\frac{\eta_r \xi_n^2 + s}{\eta_z}} \right)}{\left[J_{\mathcal{M}}'^2 (\xi_n a) - \left\{ 1 - \left(\frac{\mathcal{M}}{\xi_n a} \right)^2 \right\} J_{\mathcal{M}}^2 (\xi_n b) \right] \sqrt{\eta_r \xi_n^2 + s}} \times$$

$$\times \int_0^a \frac{\mathcal{V}_{\mathcal{N}\mathcal{M}} (\xi_n u, a)}{u} \int_0^d \left\{ \overline{\psi}_{0z} (u, w, s) + (-1)^{m+1} \overline{\psi}_{\vartheta z} (u, w, s) \right\} \times$$

$$\times \left[\cosh \left\{ (d - |z - w|) \sqrt{\frac{\eta_r \xi_n^2 + s}{\eta_z}} \right\} - \cosh \left\{ (d - z - w) \sqrt{\frac{\eta_r \xi_n^2 + s}{\eta_z}} \right\} \right] dw du +$$

$$+ \frac{\pi^2}{2\vartheta \sqrt{\eta_z}} \sum_{m=0}^{\infty} \ni_m \cos(\xi_m \theta) \sum_{n=1}^{\infty} \frac{\xi_n^2 J_{\mathcal{M}}^2 (\xi_n b) \mathcal{V}_{\mathcal{N}\mathcal{M}} (\xi r, a) \operatorname{csch} \left(d\sqrt{\frac{\eta_r \xi_n^2 + s}{\eta_z}} \right)}{\left[J_{\mathcal{M}}'^2 (\xi_n a) - \left\{ 1 - \left(\frac{\mathcal{M}}{\xi_n a} \right)^2 \right\} J_{\mathcal{M}}^2 (\xi_n b) \right] \sqrt{\eta_r \xi_n^2 + s}} \times$$

$$\times \int_0^d \overline{\overline{\varphi}} (\xi_n, \xi_m, w) \left[\cosh \left\{ (d - |z - w|) \sqrt{\frac{\eta_r \xi_n^2 + s}{\eta_z}} \right\} - \cosh \left\{ (d - z - w) \sqrt{\frac{\eta_r \xi_n^2 + s}{\eta_z}} \right\} \right] dw \quad (29.15.1)$$

where $\mathcal{V}_{\mathcal{N}\mathcal{M}} (\xi_n r, a) = J_{\mathcal{M}} (\xi_n r) Y_{\mathcal{M}}' (\xi_n a) - Y_{\mathcal{M}} (\xi_n r) J_{\mathcal{M}}' (\xi_n a)$ ξ_n, $n = 1, 2, ...,$ are the positive roots of the transcendental equation $\mathcal{V}_{\mathcal{N}\mathcal{M}} (\xi_n b, a) = 0$. $\xi_l = \frac{l\pi}{d}, l = 1, 2, ..., \xi_m = \frac{m\pi}{d}, m = 0, 1, ...,$
$\overline{\overline{\overline{\psi}}}_{\theta 0} (\xi_n, \xi_m, s) = \int_0^a u \mathcal{V}_{\mathcal{N}\mathcal{M}} (\xi_n u, a) \int_0^\vartheta \overline{\psi}_0 (u, v, s) \cos(\xi_m v) dv du$,
$\overline{\overline{\overline{\psi}}}_{\theta d} (\xi_n, \xi_m, s) = \int_0^a u \mathcal{V}_{\mathcal{N}\mathcal{M}} (\xi_n u, a) \int_0^\vartheta \overline{\psi}_{\theta d} (u, v, s) \cos(\xi_m v) dv du$,
$\overline{\overline{\psi}}_a (\xi_m, w, s) = \int_0^\vartheta \overline{\psi}_a (v, w, s) \cos(\xi_m v) dv$, $\overline{\overline{\psi}}_b (\xi_m, w, s) = \int_0^\vartheta \overline{\psi}_b (v, w, s) \cos(\xi_m v) dv$ and
$\overline{\overline{\varphi}} (\xi_n, \xi_m, w) = \int_0^a u \mathcal{V}_{\mathcal{N}\mathcal{M}} (\xi_n u, a) \int_0^\vartheta \varphi (u, v, w) \cos(\xi_m v) dv du$.

$$p = \frac{U(t - t_0) \pi^2}{2\vartheta d \phi c_t} \sum_{m=0}^{\infty} \ni_m \cos(\xi_m \theta_0) \cos(\xi_m \theta) \sum_{n=1}^{\infty} \frac{\xi_n^2 J_{\mathcal{M}}^2 (\xi_n b) \mathcal{V}_{\mathcal{N}\mathcal{M}} (\xi r_0, a) \mathcal{V}_{\mathcal{N}\mathcal{M}} (\xi r, a)}{\left[J_{\mathcal{M}}'^2 (\xi_n a) - \left\{ 1 - \left(\frac{\mathcal{M}}{\xi_n a} \right)^2 \right\} J_{\mathcal{M}}^2 (\xi_n b) \right]} \times$$

$$\times \int_0^{t - t_0} q(t - t_0 - \tau) \left[\Theta_3 \left\{ \frac{\pi (z - z_0)}{2d}, e^{-\left(\frac{\pi}{d}\right)^2 \eta_z \tau} \right\} - \Theta_3 \left\{ \frac{\pi (z + z_0)}{2d}, e^{-\left(\frac{\pi}{d}\right)^2 \eta_z \tau} \right\} \right] e^{-\eta_r \xi_n^2 \tau} d\tau +$$

$$+ \frac{\pi}{\vartheta d \phi c_t} \sum_{m=0}^{\infty} \ni_m \cos(\xi_m \theta) \sum_{n=1}^{\infty} \frac{\xi_n J_{\mathcal{M}}^2 (\xi_n b) \mathcal{V}_{\mathcal{N}\mathcal{M}} (\xi r, a)}{\left[J_{\mathcal{M}}'^2 (\xi_n a) - \left\{ 1 - \left(\frac{\mathcal{M}}{\xi_n a} \right)^2 \right\} J_{\mathcal{M}}^2 (\xi_n b) \right]} \times$$

$$\times \int_0^t e^{-\eta_r \xi_n^2 \tau} \int_0^d \overline{\psi}_a (\xi_m, w, t - \tau) \left[\Theta_3 \left\{ \frac{\pi (z - w)}{2d}, e^{-\left(\frac{\pi}{d}\right)^2 \eta_z \tau} \right\} - \Theta_3 \left\{ \frac{\pi (z + w)}{2d}, e^{-\left(\frac{\pi}{d}\right)^2 \eta_z \tau} \right\} \right] dw d\tau +$$

$$+ \frac{\pi \eta_r}{\vartheta d} \sum_{m=0}^{\infty} \ni_m \cos(\xi_m \theta) \sum_{n=1}^{\infty} \frac{\xi_n^2 J_{\mathcal{M}}' (\xi_n a) J_{\mathcal{M}} (\xi_n b) \mathcal{V}_{\mathcal{N}\mathcal{M}} (\xi r, a)}{\left[J_{\mathcal{M}}'^2 (\xi_n a) - \left\{ 1 - \left(\frac{\mathcal{M}}{\xi_n a} \right)^2 \right\} J_{\mathcal{M}}^2 (\xi_n b) \right]} \times$$

$$\times \int_0^t e^{-\eta_r \xi_n^2 \tau} \int_0^d \overline{\psi}_b(\xi_m, w, t-\tau)\left[\Theta_3\left\{\frac{\pi(z-w)}{2d}, e^{-\left(\frac{\pi}{d}\right)^2 \eta_z \tau}\right\} - \Theta_3\left\{\frac{\pi(z+w)}{2d}, e^{-\left(\frac{\pi}{d}\right)^2 \eta_z \tau}\right\}\right] dw d\tau +$$

$$+\frac{\pi^2 \eta_z}{2\vartheta d^2}\sum_{m=0}^{\infty} \ni_m \cos(\xi_m \theta) \sum_{n=1}^{\infty} \frac{\xi_n^2 J_{\mathcal{M}}^2(\xi_n b)\,\mathcal{V}_{\mathcal{NM}}(\xi r, a)}{\left[J_{\mathcal{M}}'^2(\xi_n a) - \left\{1-\left(\frac{\mathcal{M}}{\xi_n a}\right)^2\right\} J_{\mathcal{M}}^2(\xi_n b)\right]} \times$$

$$\times \int_0^t \left\{\Theta_4'\left(\frac{\pi z}{2d}, e^{-\left(\frac{\pi}{d}\right)^2 \eta_z \tau}\right) \overline{\overline{\psi}}_{\theta d}(\xi_n, \xi_m, t-\tau) - \Theta_3'\left(\frac{\pi z}{2d}, e^{-\left(\frac{\pi}{d}\right)^2 \eta_z \tau}\right) \overline{\overline{\psi}}_{\theta 0}(\xi_n, \xi_m, t-\tau)\right\} e^{-\eta_r \xi_n^2 \tau} d\tau +$$

$$+\frac{\pi^2}{2\vartheta d \phi c_t}\sum_{m=0}^{\infty} \ni_m \cos(\xi_m \theta) \sum_{n=1}^{\infty} \frac{\xi_n^2 J_{\mathcal{M}}^2(\xi_n b)\,\mathcal{V}_{\mathcal{NM}}(\xi r, a)}{\left[J_{\mathcal{M}}'^2(\xi_n a) - \left\{1-\left(\frac{\mathcal{M}}{\xi_n a}\right)^2\right\} J_{\mathcal{M}}^2(\xi_n b)\right]} \times$$

$$\times \int_0^a \frac{\mathcal{V}_{\mathcal{NM}}(\xi_n u, a)}{u} \int_0^d \int_0^t e^{-\eta_r \xi_n^2 \tau}\left\{\psi_{0z}(u, w, t-\tau) + (-1)^{m+1}\psi_{\vartheta z}(u, w, t-\tau)\right\} \times$$

$$\times \left[\Theta_3\left\{\frac{\pi(z-w)}{2d}, e^{-\left(\frac{\pi}{d}\right)^2 \eta_z \tau}\right\} - \Theta_3\left\{\frac{\pi(z+w)}{2d}, e^{-\left(\frac{\pi}{d}\right)^2 \eta_z \tau}\right\}\right] d\tau dw du +$$

$$+\frac{\pi^2}{2\vartheta d}\sum_{m=0}^{\infty} \ni_m \cos(\xi_m \theta) \sum_{n=1}^{\infty} \frac{\xi_n^2 J_{\mathcal{M}}^2(\xi_n b)\,\mathcal{V}_{\mathcal{NM}}(\xi r, a)\, e^{-\eta_r \xi_n^2 t}}{\left[J_{\mathcal{M}}'^2(\xi_n a) - \left\{1-\left(\frac{\mathcal{M}}{\xi_n a}\right)^2\right\} J_{\mathcal{M}}^2(\xi_n b)\right]} \times$$

$$\times \int_0^d \overline{\overline{\varphi}}(\xi_n, \xi_m, w)\left[\Theta_3\left\{\frac{\pi(z-w)}{2d}, e^{-\left(\frac{\pi}{d}\right)^2 \eta_z t}\right\} - \Theta_3\left\{\frac{\pi(z+w)}{2d}, e^{-\left(\frac{\pi}{d}\right)^2 \eta_z t}\right\}\right] dw \qquad (29.15.2)$$

where $\overline{\psi}_a(\xi_m, w, t) = \int_0^\vartheta \psi_a(v, w, t)\cos(\xi_m v) dv$, $\overline{\psi}_b(\xi_m, w, t) = \int_0^\vartheta \psi_b(v, w, t)\cos(\xi_m v) dv$, $\overline{\overline{\psi}}_{\theta 0}(\xi_n, \xi_m, t) = \int_0^a u\mathcal{V}_{\mathcal{NM}}(\xi_n u, a)\int_0^\vartheta \psi_0(u, v, t)\cos(\xi_m v) dv du$ and $\overline{\overline{\psi}}_{\theta d}(\xi_n, \xi_m, t) = \int_0^a u\mathcal{V}_{\mathcal{NM}}(\xi_n u, a)\int_0^\vartheta \psi_{\theta d}(u, v, t)\cos(\xi_m v) dv du$.

29.16

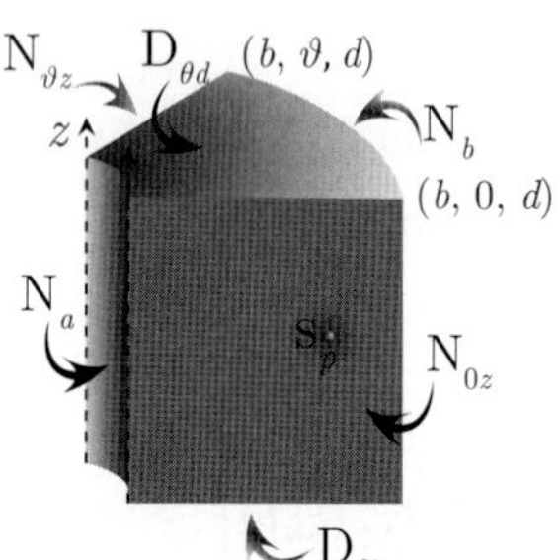

The problem of 29.12, except
$\mathbf{D_{\theta 0} \equiv p(r, \theta, 0, t) = \psi_{\theta 0}(r, \theta, t)}$,
$\mathbf{D_{\theta d} \equiv p(r, \theta, d, t) = \psi_{\theta d}(r, \theta, t)}$,
$\mathbf{N_a \equiv \frac{\partial p(a,\theta,z,t)}{\partial r} = -\left(\frac{\mu}{k_r}\right)\psi_a(\theta, z, t)}$,
$\mathbf{N_b \equiv \frac{\partial p(b,\theta,z,t)}{\partial r} = -\left(\frac{\mu}{k_r}\right)\psi_b(\theta, z, t)}$,
$\mathbf{N_{0z} \equiv \frac{\partial p(r,0,z,t)}{\partial \theta} = -\left(\frac{\mu}{k_\theta}\right)\psi_{0z}(r, z, t)}$ **and**
$\mathbf{N_{\vartheta z} \equiv \frac{\partial p(r,\vartheta,z,t)}{\partial \theta} = -\left(\frac{\mu}{k_\theta}\right)\psi_{\vartheta z}(r, z, t)}$

Successive application of the Laplace, Fourier and finite Hankel transformations to equation (22.1.1) gives

$$\overline{\overline{\overline{p}}} = \frac{q(s)\,e^{-st_0}\sin(\xi_l z_0)}{\phi c_t(\eta_z \xi_l^2 + s)} + \frac{q(s)\,e^{-st_0}\sin(\xi_l z_0)\cos(\xi_m \theta_0)\,\mathcal{V}_{\mathcal{NM}}(\xi_n r_0, a)}{\phi c_t(\eta_r \xi_n^2 + \eta_z \xi_l^2 + s)} +$$

$$+\frac{\int_a^b \frac{1}{u}\left\{\overline{\overline{\psi}}_{0z}(u, \xi_l, s) - \overline{\overline{\psi}}_{\vartheta z}(u, \xi_l, s)\right\} du}{\phi c_t(\eta_z l^2 + s)} + \frac{\int_a^b \frac{\mathcal{V}_{\mathcal{NM}}(\xi_n u, a)}{u}\left\{\overline{\overline{\psi}}_{0z}(u, \xi_l, s) + (-1)^{m+1}\overline{\overline{\psi}}_{\vartheta}(u, \xi_l, s)\right\} du}{\phi c_t(\eta_r \xi_n^2 + \eta_z l^2 + s)} +$$

$$+\frac{\left\{a\overline{\overline{\overline{\psi}}}_a(\xi_m, \xi_l, s) - b\overline{\overline{\overline{\psi}}}_b(\xi_m, \xi_l, s)\right\}}{\phi c_t(\eta_z \xi_l^2 + s)} + \frac{2\overline{\overline{\overline{\psi}}}_a(\xi_m, \xi_l, s)}{\pi \phi c_t \xi_n(\eta_r \xi_n^2 + \eta_z \xi_l^2 + s)} - \frac{2J_{\mathcal{M}}'(\xi_n a)\,\overline{\overline{\overline{\psi}}}_b(\xi_m, \xi_l, s)}{\pi \phi c_t \xi_n J_{\mathcal{M}}'(\xi_n b)(\eta_r \xi_n^2 + \eta_z \xi_l^2 + s)} +$$

$$+\frac{\eta_z \xi_l \int_a^b \left\{(-1)^{l+1}\overline{\overline{\psi}}_{\theta d}(u, 0, s) + \overline{\overline{\psi}}_{\theta 0}(u, 0, s)\right\} u du}{(\eta_z \xi_l^2 + s)} + \frac{\eta_z \xi_l\left\{(-1)^{l+1}\overline{\overline{\overline{\psi}}}_{\theta d}(\xi_n, \xi_m, s) + \overline{\overline{\overline{\psi}}}_{\theta 0}(\xi_n, \xi_m, s)\right\}}{(\eta_r \xi_n^2 + \eta_z \xi_l^2 + s)} +$$

$$+\frac{\int_a^b u\overline{\overline{\varphi}}(u,0,\xi_l)\,du}{(\eta_z\xi_l^2+s)}+\frac{\overline{\overline{\overline{\varphi}}}(\xi_n,\xi_m,\xi_l)}{(\eta_r\xi_n^2+\eta_z\xi_l^2+s)} \tag{29.16.1}$$

where $\mathcal{V}_{\mathcal{NM}}(\xi_n r,a)=J_{\mathcal{M}}(\xi_n r)Y'_{\mathcal{M}}(\xi_n a)-Y_{\mathcal{M}}(\xi_n r)J'_{\mathcal{M}}(\xi_n a)$. The eigenvalues are $\xi_0=0$ and ξ_n. ξ_n, $n=1,2,...$, are the positive roots of the transcendental equation $\mathcal{V}'_{\mathcal{NM}}(\xi_n b,a)=0$, $\xi_l=\frac{l\pi}{d}, l=1,2,...$, $\xi_m=\frac{m\pi}{\vartheta}, m=0,1,....$ $\overline{\overline{\overline{\psi}}}_{\theta 0}(\xi_n,\xi_m,s)=\int_0^a u\mathcal{V}_{\mathcal{NM}}(\xi_n u,a)\int_0^\vartheta\overline{\psi}_0(u,v,s)\cos(\xi_m v)dvdu$, $\overline{\overline{\overline{\psi}}}_{\theta d}(\xi_n,\xi_m,s)=\int_0^a u\mathcal{V}_{\mathcal{NM}}(\xi_n u,a)\int_0^\vartheta\overline{\psi}_{\theta d}(u,v,s)\cos(\xi_m v)dvdu$, $\overline{\overline{\overline{\psi}}}_a(\xi_m,\xi_l,s)=\int_0^\vartheta\cos(\xi_m v)\int_0^d\overline{\psi}_a(v,w,s)\sin(\xi_l w)\,dwdv$, $\overline{\overline{\overline{\psi}}}_b(\xi_m,\xi_l,s)=\int_0^\vartheta\cos(\xi_m v)\int_0^d\overline{\psi}_b(v,w,s)\sin(\xi_l w)\,dwdv$, and $\overline{\overline{\overline{\varphi}}}(\xi_n,\xi_m,\xi_l)=\int_0^a u\mathcal{V}_{\mathcal{NM}}(\xi_n u,a)\int_0^\vartheta\cos(\xi_m v)\int_0^d\varphi(u,v,w)\sin(\xi_l w)\,dwdvdu$. The inverse Fourier and Hankel transforms of equation (29.16.1) yield

$$\overline{p}=\frac{q(s)e^{-st_0}\operatorname{csch}\left(d\sqrt{\frac{s}{\eta_z}}\right)}{\vartheta\vartheta(b^2-a^2)\phi c_t\sqrt{\eta_z s}}\left[\cosh\left\{(d-|z-z_0|)\sqrt{\frac{s}{\eta_z}}\right\}-\cosh\left\{(d-z-z_0)\sqrt{\frac{s}{\eta_z}}\right\}\right]+$$
$$+\frac{\pi^2 q(s)e^{-st_0}}{2\vartheta\phi c_t\sqrt{\eta_z}}\sum_{m=0}^{\infty}\ni_m\cos(\xi_m\theta_0)\cos(\xi_m\theta)\times$$
$$\times\sum_{n=1}^{\infty}\frac{\xi_n^2 J'^2_{\mathcal{M}}(\xi_n b)\mathcal{V}_{\mathcal{NM}}(\xi r_0,a)\mathcal{V}_{\mathcal{NM}}(\xi r,a)\operatorname{csch}\left(d\sqrt{\frac{\eta_r\xi_n^2+s}{\eta_z}}\right)}{\left[\left\{1-\left(\frac{\mathcal{M}}{\xi_n b}\right)^2\right\}J'^2_{\mathcal{M}}(\xi_n a)-\left\{1-\left(\frac{\mathcal{M}}{\xi_n a}\right)^2\right\}J'^2_{\mathcal{M}}(\xi_n b)\right]\sqrt{(\eta_r\xi_n^2+s)}}\times$$
$$\times\left[\cosh\left\{(d-|z-z_0|)\sqrt{\frac{\eta_r\xi_n^2+s}{\eta_z}}\right\}-\cosh\left\{(d-z-z_0)\sqrt{\frac{\eta_r\xi_n^2+s}{\eta_z}}\right\}\right]+$$
$$+\frac{\operatorname{csch}\left(d\sqrt{\frac{s}{\eta_z}}\right)}{\vartheta(b^2-a^2)\phi c_t\sqrt{\eta_z s}}\times$$
$$\times\int_0^d\left\{a\overline{\overline{\psi}}_a(0,w,s)-b\overline{\overline{\psi}}_b(0,w,s)\right\}\left[\cosh\left\{(d-|z-w|)\sqrt{\frac{s}{\eta_z}}\right\}-\cosh\left\{(d-z-w)\sqrt{\frac{s}{\eta_z}}\right\}\right]dw+$$
$$+\frac{\pi}{\vartheta\phi c_t\sqrt{\eta_z}}\sum_{m=0}^{\infty}\ni_m\cos(\xi_m\theta)\sum_{n=1}^{\infty}\frac{\xi_n J'^2_{\mathcal{M}}(\xi_n b)\mathcal{V}_{\mathcal{NM}}(\xi r,a)\operatorname{csch}\left(d\sqrt{\frac{\eta_r\xi_n^2+s}{\eta_z}}\right)}{\left[\left\{1-\left(\frac{\mathcal{M}}{\xi_n b}\right)^2\right\}J'^2_{\mathcal{M}}(\xi_n a)-\left\{1-\left(\frac{\mathcal{M}}{\xi_n a}\right)^2\right\}J'^2_{\mathcal{M}}(\xi_n b)\right]\sqrt{(\eta_r\xi_n^2+s)}}\times$$
$$\times\int_0^d\overline{\overline{\psi}}_a(\xi_m,w,s)\left[\cosh\left\{(d-|z-w|)\sqrt{\frac{\eta_r\xi_n^2+s}{\eta_z}}\right\}-\cosh\left\{(d-z-w)\sqrt{\frac{\eta_r\xi_n^2+s}{\eta_z}}\right\}\right]dw-$$
$$-\frac{\pi}{\vartheta\phi c_t\sqrt{\eta_z}}\sum_{m=0}^{\infty}\ni_m\cos(\xi_m\theta)\sum_{n=1}^{\infty}\frac{\xi_n J'_{\mathcal{M}}(\xi_n a)J'_{\mathcal{M}}(\xi_n b)\mathcal{V}_{\mathcal{NM}}(\xi r,a)\operatorname{csch}\left(d\sqrt{\frac{\eta_r\xi_n^2+s}{\eta_z}}\right)}{\left[\left\{1-\left(\frac{\mathcal{M}}{\xi_n b}\right)^2\right\}J'^2_{\mathcal{M}}(\xi_n a)-\left\{1-\left(\frac{\mathcal{M}}{\xi_n a}\right)^2\right\}J'^2_{\mathcal{M}}(\xi_n b)\right]\sqrt{(\eta_r\xi_n^2+s)}}\times$$
$$\times\int_0^d\overline{\overline{\psi}}_b(\xi_m,w,s)\left[\cosh\left\{(d-|z-w|)\sqrt{\frac{\eta_r\xi_n^2+s}{\eta_z}}\right\}-\cosh\left\{(d-z-w)\sqrt{\frac{\eta_r\xi_n^2+s}{\eta_z}}\right\}\right]dw+$$
$$+\frac{2\operatorname{csch}\left(d\sqrt{\frac{s}{\eta_z}}\right)}{\vartheta(b^2-a^2)}\int_a^b u\left[\overline{\overline{\psi}}_{\theta 0}(u,0,s)\sinh\left\{(d-z)\sqrt{\frac{s}{\eta_z}}\right\}+\overline{\overline{\psi}}_{\theta d}(u,0,s)\sinh\left\{z\sqrt{\frac{s}{\eta_z}}\right\}\right]du+$$

$$+\frac{\pi^2}{\vartheta}\sum_{m=0}^{\infty}\ni_m\cos(\xi_m\theta)\sum_{n=1}^{\infty}\frac{\xi_n^2 J_{\mathcal{M}}'^2(\xi_n b)\mathcal{V}_{\mathcal{N}\mathcal{M}}(\xi r,a)\operatorname{csch}\left(d\sqrt{\frac{\eta_r\xi_n^2+s}{\eta_z}}\right)}{\left[\left\{1-\left(\frac{\mathcal{M}}{\xi_n b}\right)^2\right\}J_{\mathcal{M}}'^2(\xi_n a)-\left\{1-\left(\frac{\mathcal{M}}{\xi_n a}\right)^2\right\}J_{\mathcal{M}}'^2(\xi_n b)\right]}\times$$

$$\times\left[\overline{\overline{\overline{\psi}}}_{\theta 0}(\xi_n,\xi_m,s)\sinh\left\{(d-z)\sqrt{\frac{\eta_r\xi_n^2+s}{\eta_z}}\right\}+\overline{\overline{\overline{\psi}}}_{\theta d}(\xi_n,\xi_m,s)\sinh\left\{z\sqrt{\frac{\eta_r\xi_n^2+s}{\eta_z}}\right\}\right]+$$

$$+\frac{\operatorname{csch}\left(d\sqrt{\frac{s}{\eta_z}}\right)}{\vartheta(b^2-a^2)\phi c_t\sqrt{\eta_z s}}\sum_{l=1}^{\infty}\int_a^b\frac{1}{u}\int_0^d\left\{\overline{\psi}_{0z}(u,w,s)-\overline{\psi}_{\vartheta z}(u,w,s)\right\}\times$$

$$\times\left[\cosh\left\{(d-|z-w|)\sqrt{\frac{s}{\eta_z}}\right\}-\cosh\left\{(d-z-w)\sqrt{\frac{s}{\eta_z}}\right\}\right]dwdu$$

$$\frac{\pi^2}{2\vartheta\phi c_t\sqrt{\eta_z}}\sum_{m=0}^{\infty}\ni_m\cos(\xi_m\theta)\sum_{n=1}^{\infty}\frac{\xi_n^2 J_{\mathcal{M}}'^2(\xi_n b)\mathcal{V}_{\mathcal{N}\mathcal{M}}(\xi_n r,a)\operatorname{csch}\left(d\sqrt{\frac{\eta_r\xi_n^2+s}{\eta_z}}\right)}{\left[\left\{1-\left(\frac{\mathcal{M}}{\xi_n b}\right)^2\right\}J_{\mathcal{M}}'^2(\xi_n a)-\left\{1-\left(\frac{\mathcal{M}}{\xi_n a}\right)^2\right\}J_{\mathcal{M}}'^2(\xi_n b)\right]\sqrt{(\eta_r\xi_n^2+s)}}\times$$

$$\times\int_a^b\frac{\mathcal{V}_{\mathcal{N}\mathcal{M}}(\xi_n u,a)}{u}\int_0^d\left\{\overline{\psi}_{0z}(u,w,s)+(-1)^{m+1}\overline{\psi}_{\vartheta z}(u,w,s)\right\}\times$$

$$\times\left[\cosh\left\{(d-|z-w|)\sqrt{\frac{\eta_r\xi_n^2+s}{\eta_z}}\right\}-\cosh\left\{(d-z-w)\sqrt{\frac{\eta_r\xi_n^2+s}{\eta_z}}\right\}\right]dwdu+$$

$$+\frac{\operatorname{csch}\left(d\sqrt{\frac{s}{\eta_z}}\right)}{\vartheta(b^2-a^2)\sqrt{\eta_z s}}\int_0^d\left[\cosh\left\{(d-|z-w|)\sqrt{\frac{s}{\eta_z}}\right\}-\cosh\left\{(d-z-w)\sqrt{\frac{s}{\eta_z}}\right\}\right]\int_a^b\overline{\varphi}(u,0,w)\,ududw+$$

$$+\frac{\pi^2}{2\vartheta\sqrt{\eta_z}}\sum_{m=0}^{\infty}\ni_m\cos(\xi_m\theta)\sum_{n=1}^{\infty}\frac{\xi_n^2 J_{\mathcal{M}}'^2(\xi_n b)\mathcal{V}_{\mathcal{N}\mathcal{M}}(\xi r,a)\operatorname{csch}\left(d\sqrt{\frac{\eta_r\xi_n^2+s}{\eta_z}}\right)}{\left[\left\{1-\left(\frac{\mathcal{M}}{\xi_n b}\right)^2\right\}J_{\mathcal{M}}'^2(\xi_n a)-\left\{1-\left(\frac{\mathcal{M}}{\xi_n a}\right)^2\right\}J_{\mathcal{M}}'^2(\xi_n b)\right]\sqrt{(\eta_r\xi_n^2+s)}}\times$$

$$\times\int_0^d\overline{\overline{\overline{\varphi}}}(\xi_n,\xi_m,w)\left[\cosh\left\{(d-|z-w|)\sqrt{\frac{\eta_r\xi_n^2+s}{\eta_z}}\right\}-\cosh\left\{(d-z-w)\sqrt{\frac{\eta_r\xi_n^2+s}{\eta_z}}\right\}\right]dw \qquad (29.16.2)$$

and

$$p=\frac{U(t-t_0)}{\vartheta d(b^2-a^2)\phi c_t}\int_0^{t-t_0}q(t-t_0-\tau)\left[\Theta_3\left\{\frac{\pi(z-z_0)}{2d},e^{-\left(\frac{\pi}{d}\right)^2\eta_z\tau}\right\}-\Theta_3\left\{\frac{\pi(z+z_0)}{2d},e^{-\left(\frac{\pi}{d}\right)^2\eta_z\tau}\right\}\right]d\tau+$$

$$+\frac{U(t-t_0)\pi^2}{2\vartheta d\phi c_t}\sum_{m=0}^{\infty}\ni_m\cos(\xi_m\theta_0)\cos(\xi_m\theta)\sum_{n=1}^{\infty}\frac{\xi_n^2 J_{\mathcal{M}}'^2(\xi_n b)\mathcal{V}_{\mathcal{N}\mathcal{M}}(\xi r_0,a)\mathcal{V}_{\mathcal{N}\mathcal{M}}(\xi r,a)}{\left[\left\{1-\left(\frac{\mathcal{M}}{\xi_n b}\right)^2\right\}J_{\mathcal{M}}'^2(\xi_n a)-\left\{1-\left(\frac{\mathcal{M}}{\xi_n a}\right)^2\right\}J_{\mathcal{M}}'^2(\xi_n b)\right]}\times$$

$$\times\int_0^{t-t_0}q(t-t_0-\tau)\left[\Theta_3\left\{\frac{\pi(z-z_0)}{2d},e^{-\left(\frac{\pi}{d}\right)^2\eta_z\tau}\right\}-\Theta_3\left\{\frac{\pi(z+z_0)}{2d},e^{-\left(\frac{\pi}{d}\right)^2\eta_z\tau}\right\}\right]e^{-\eta_r\xi_n^2\tau}d\tau+$$

$$+\frac{1}{\vartheta d(b^2-a^2)\phi c_t}\int_0^t\int_0^d\left\{a\overline{\psi}_a(0,w,t-\tau)-b\overline{\psi}_b(0,w,t-\tau)\right\}\times$$

$$\times\left[\Theta_3\left\{\frac{\pi(z-w)}{2d},e^{-\left(\frac{\pi}{d}\right)^2\eta_z\tau}\right\}-\Theta_3\left\{\frac{\pi(z+w)}{2d},e^{-\left(\frac{\pi}{d}\right)^2\eta_z\tau}\right\}\right]dwd\tau+$$

$$+\frac{\pi}{\vartheta d\phi c_t}\sum_{m=0}^{\infty}\ni_m\cos(\xi_m\theta)\sum_{n=1}^{\infty}\frac{\xi_n J_{\mathcal{M}}'^2(\xi_n b)\,\mathcal{V}_{\mathcal{NM}}(\xi r,a)}{\left[\left\{1-\left(\frac{\mathcal{M}}{\xi_n b}\right)^2\right\}J_{\mathcal{M}}'^2(\xi_n a)-\left\{1-\left(\frac{\mathcal{M}}{\xi_n a}\right)^2\right\}J_{\mathcal{M}}'^2(\xi_n b)\right]}\times$$

$$\times\int_0^t e^{-\eta_r\xi_n^2\tau}\int_0^d\overline{\psi}_a(\xi_m,w,t-\tau)\left[\Theta_3\left\{\frac{\pi(z-w)}{2d},e^{-\left(\frac{\pi}{d}\right)^2\eta_z\tau}\right\}-\Theta_3\left\{\frac{\pi(z+w)}{2d},e^{-\left(\frac{\pi}{d}\right)^2\eta_z\tau}\right\}\right]dwd\tau-$$

$$-\frac{\pi}{\vartheta d\phi c_t}\sum_{m=0}^{\infty}\ni_m\cos(\xi_m\theta)\sum_{n=1}^{\infty}\frac{\xi_n J_{\mathcal{M}}'(\xi_n a)\,J_{\mathcal{M}}'(\xi_n b)\,\mathcal{V}_{\mathcal{NM}}(\xi r,a)}{\left[\left\{1-\left(\frac{\mathcal{M}}{\xi_n b}\right)^2\right\}J_{\mathcal{M}}'^2(\xi_n a)-\left\{1-\left(\frac{\mathcal{M}}{\xi_n a}\right)^2\right\}J_{\mathcal{M}}'^2(\xi_n b)\right]}\times$$

$$\times\int_0^t e^{-\eta_r\xi_n^2\tau}\int_0^d\overline{\psi}_b(\xi_m,w,t-\tau)\left[\Theta_3\left\{\frac{\pi(z-w)}{2d},e^{-\left(\frac{\pi}{d}\right)^2\eta_z\tau}\right\}-\Theta_3\left\{\frac{\pi(z+w)}{2d},e^{-\left(\frac{\pi}{d}\right)^2\eta_z\tau}\right\}\right]dwd\tau+$$

$$+\frac{\eta_z}{\vartheta(b^2-a^2)d^2}\times$$

$$\times\int_0^t\int_a^b u\left\{\Theta_4'\left(\frac{\pi z}{2d},e^{-\left(\frac{\pi}{d}\right)^2\eta_z\tau}\right)\overline{\psi}_{\theta d}(u,0,t-\tau)-\Theta_3'\left(\frac{\pi z}{2d},e^{-\left(\frac{\pi}{d}\right)^2\eta_z\tau}\right)\overline{\psi}_{\theta 0}(u,0,t-\tau)\right\}dud\tau+$$

$$+\frac{\pi^2\eta_z}{2\vartheta d^2}\sum_{m=0}^{\infty}\ni_m\cos(\xi_m\theta)\sum_{n=1}^{\infty}\frac{\xi_n^2 J_{\mathcal{M}}'^2(\xi_n b)\,\mathcal{V}_{\mathcal{NM}}(\xi r,a)}{\left[\left\{1-\left(\frac{\mathcal{M}}{\xi_n b}\right)^2\right\}J_{\mathcal{M}}'^2(\xi_n a)-\left\{1-\left(\frac{\mathcal{M}}{\xi_n a}\right)^2\right\}J_{\mathcal{M}}'^2(\xi_n b)\right]}\times$$

$$\times\int_0^t\left\{\Theta_4'\left(\frac{\pi z}{2d},e^{-\left(\frac{\pi}{d}\right)^2\eta_z\tau}\right)\overline{\overline{\psi}}_{\theta d}(\xi_n,\xi_m,t-\tau)-\Theta_3'\left(\frac{\pi z}{2d},e^{-\left(\frac{\pi}{d}\right)^2\eta_z\tau}\right)\overline{\overline{\psi}}_{\theta 0}(\xi_n,\xi_m,t-\tau)\right\}e^{-\eta_r\xi_n^2\tau}d\tau+$$

$$+\frac{1}{\vartheta d(b^2-a^2)\phi c_t}\int_a^b\frac{1}{u}\int_0^d\int_0^t\{\psi_{0z}(u,w,t-\tau)-\psi_{\vartheta z}(u,w,t-\tau)\}\times$$

$$\times\left[\Theta_3\left\{\frac{\pi(z-w)}{2d},e^{-\left(\frac{\pi}{d}\right)^2\eta_z\tau}\right\}-\Theta_3\left\{\frac{\pi(z+w)}{2d},e^{-\left(\frac{\pi}{d}\right)^2\eta_z\tau}\right\}\right]d\tau dwdu+$$

$$+\frac{\pi^2}{2\vartheta d\phi c_t}\sum_{m=0}^{\infty}\ni_m\cos(\xi_m\theta)\sum_{n=1}^{\infty}\frac{\xi_n^2 J_{\mathcal{M}}'^2(\xi_n b)\,\mathcal{V}_{\mathcal{NM}}(\xi_n r,a)}{\left[\left\{1-\left(\frac{\mathcal{M}}{\xi_n b}\right)^2\right\}J_{\mathcal{M}}'^2(\xi_n a)-\left\{1-\left(\frac{\mathcal{M}}{\xi_n a}\right)^2\right\}J_{\mathcal{M}}'^2(\xi_n b)\right]\sqrt{(\eta_r\xi_n^2+s)}}\times$$

$$\int_0^t e^{-\eta_r\xi_n^2\tau}\int_a^b\frac{\mathcal{V}_{\mathcal{NM}}(\xi_n u,a)}{u}\int_0^d\left\{\psi_{0z}(u,w,t-\tau)+(-1)^{m+1}\psi_{\vartheta z}(u,w,t-\tau)\right\}d\tau\times$$

$$\times\left[\Theta_3\left\{\frac{\pi(z-w)}{2d},e^{-\left(\frac{\pi}{d}\right)^2\eta_z\tau}\right\}-\Theta_3\left\{\frac{\pi(z+w)}{2d},e^{-\left(\frac{\pi}{d}\right)^2\eta_z\tau}\right\}\right]dwdud\tau+$$

$$+\frac{1}{\vartheta(b^2-a^2)d}\int_0^d\int_a^b u\overline{\varphi}(u,0,w)\,du\left[\Theta_3\left\{\frac{\pi(z-w)}{2d},e^{-\left(\frac{\pi}{d}\right)^2\eta_z t}\right\}-\Theta_3\left\{\frac{\pi(z+w)}{2d},e^{-\left(\frac{\pi}{d}\right)^2\eta_z t}\right\}\right]dw+$$

$$+\frac{\pi^2}{2\vartheta d}\sum_{m=0}^{\infty}\ni_m\cos(\xi_m\theta)\sum_{n=1}^{\infty}\frac{\xi_n^2 J_{\mathcal{M}}'^2(\xi_n b)\,\mathcal{V}_{\mathcal{NM}}(\xi r,a)\,e^{-\eta_r\xi_n^2 t}}{\left[\left\{1-\left(\frac{\mathcal{M}}{\xi_n b}\right)^2\right\}J_{\mathcal{M}}'^2(\xi_n a)-\left\{1-\left(\frac{\mathcal{M}}{\xi_n a}\right)^2\right\}J_{\mathcal{M}}'^2(\xi_n b)\right]}\times$$

$$\times\int_0^d\overline{\overline{\varphi}}(\xi_n,\xi_m,w)\left[\Theta_3\left\{\frac{\pi(z-w)}{2d},e^{-\left(\frac{\pi}{d}\right)^2\eta_z t}\right\}-\Theta_3\left\{\frac{\pi(z+w)}{2d},e^{-\left(\frac{\pi}{d}\right)^2\eta_z t}\right\}\right]dw \qquad (29.16.3)$$

where $\overline{\psi}_a(\xi_m,w,t)=\int_0^\vartheta\psi_a(v,w,t)\cos(\xi_m v)dv$, $\overline{\overline{\psi}}_a(\xi_m,w,s)=\int_0^\vartheta\overline{\psi}_a(v,w,s)\cos(\xi_m v)dv$, $\overline{\psi}_b(\xi_m,w,t)=\int_0^\vartheta\psi_b(v,w,t)\cos(\xi_m v)dv$, $\overline{\overline{\psi}}_b(\xi_m,w,s)=\int_0^\vartheta\overline{\psi}_b(v,w,s)\cos(\xi_m v)dv$,

$\overline{\overline{\psi}}_{\theta 0}(u,0,s)=\int_0^{\vartheta}\overline{\overline{\psi}}_{\theta 0}(u,v,s)dv$, $\overline{\psi}_{\theta 0}(u,0,t)=\int_0^{\vartheta}\psi_{\theta 0}(u,v,t)dv$, $\overline{\overline{\psi}}_{\theta d}(u,0,s)=\int_0^{\vartheta}\overline{\overline{\psi}}_{\theta d}(u,v,s)dv$, $\overline{\psi}_{\theta d}(u,0,t)=\int_0^{\vartheta}\psi_{\theta d}(u,v,t)dv$, $\overline{\overline{\psi}}_{\theta 0}(\xi_n,\xi_m,t)=\int_0^a u\mathcal{V}_{\mathcal{NM}}(\xi_n u,a)\int_0^{\vartheta}\psi_0(u,v,t)\cos(\xi_m v)dvdu$, $\overline{\overline{\psi}}_{\theta d}(\xi_n,\xi_m,t)=\int_0^a u\mathcal{V}_{\mathcal{NM}}(\xi_n u,a)\int_0^{\vartheta}\psi_{\theta d}(u,v,t)\cos(\xi_m v)dvdu$, $\overline{\varphi}(u,0,w)=\int_0^{\vartheta}\varphi(u,v,w)dv$ and $\overline{\overline{\varphi}}(\xi_n,\xi_m,w)=\int_0^a u\mathcal{V}_{\mathcal{NM}}(\xi_n u,a)\int_0^{\vartheta}\varphi(u,v,w)\cos(\xi_m v)dvdu$.

29.17

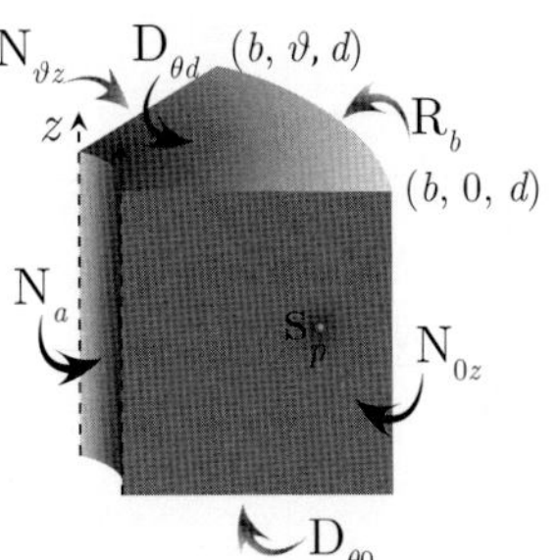

The problem of 29.12, except
$\mathbf{D}_{\theta 0}\equiv p(r,\theta,0,t)=\psi_{\theta 0}(r,\theta,t)$,
$\mathbf{D}_{\theta d}\equiv p(r,\theta,d,t)=\psi_{\theta d}(r,\theta,t)$,
$\mathbf{N}_a\equiv\frac{\partial p(a,\theta,z,t)}{\partial r}=-\left(\frac{\mu}{k_r}\right)\psi_a(\theta,z,t)$,
$\mathbf{R}_b\equiv\frac{\partial p(b,\theta,z,t)}{\partial r}+\lambda p(b,\theta,z,t)=-\left(\frac{\mu}{k_r}\right)\psi_b(\theta,z,t)$,
$\mathbf{N}_{0z}\equiv\frac{\partial p(r,0,z,t)}{\partial\theta}=-\left(\frac{\mu}{k_\theta}\right)\psi_{0z}(r,z,t)$ **and**
$\mathbf{N}_{\vartheta z}\equiv\frac{\partial p(r,\vartheta,z,t)}{\partial\theta}=-\left(\frac{\mu}{k_\theta}\right)\psi_{\vartheta z}(r,z,t)$

$$\overline{p}=\frac{\pi^2 q(s)e^{-st_0}}{2\vartheta\phi c_t\sqrt{\eta_z}}\sum_{m=0}^{\infty}\ni_m\cos(\xi_m\theta_0)\cos(\xi_m\theta)\times$$

$$\times\sum_{n=1}^{\infty}\frac{\xi_n^2\left\{\xi_n J'_{\mathcal{M}}(\xi_n b)+\lambda J_{\mathcal{M}}(\xi_n b)\right\}^2\mathcal{V}_{\mathcal{NM}}(\xi r_0,a)\mathcal{V}_{\mathcal{NM}}(\xi r,a)\operatorname{csch}\left(d\sqrt{\frac{\eta_r\xi_n^2+s}{\eta_z}}\right)}{\left[\left\{\xi_n^2+\lambda^2-\left(\frac{\mathcal{M}}{b}\right)^2\right\}J'^2_{\mathcal{M}}(\xi_n a)-\left\{1-\left(\frac{\mathcal{M}}{\xi_n a}\right)^2\right\}\left\{\xi_n J'_{\mathcal{M}}(\xi_n b)+\lambda J_{\mathcal{M}}(\xi_n b)\right\}^2\right]\sqrt{(\eta_r\xi_n^2+s)}}\times$$

$$\times\left[\cosh\left\{(d-|z-z_0|)\sqrt{\frac{\eta_r\xi_n^2+s}{\eta_z}}\right\}-\cosh\left\{(d-z-z_0)\sqrt{\frac{\eta_r\xi_n^2+s}{\eta_z}}\right\}\right]+$$

$$+\frac{\pi}{\vartheta\phi c_t\sqrt{\eta_z}}\sum_{m=0}^{\infty}\ni_m\cos(\xi_m\theta)\times$$

$$\times\sum_{n=1}^{\infty}\frac{\xi_n\left\{\xi_n J'_{\mathcal{M}}(\xi_n b)+\lambda J_{\mathcal{M}}(\xi_n b)\right\}^2\mathcal{V}_{\mathcal{NM}}(\xi r,a)\operatorname{csch}\left(d\sqrt{\frac{\eta_r\xi_n^2+s}{\eta_z}}\right)}{\left[\left\{\xi_n^2+\lambda^2-\left(\frac{\mathcal{M}}{b}\right)^2\right\}J'^2_{\mathcal{M}}(\xi_n a)-\left\{1-\left(\frac{\mathcal{M}}{\xi_n a}\right)^2\right\}\left\{\xi_n J'_{\mathcal{M}}(\xi_n b)+\lambda J_{\mathcal{M}}(\xi_n b)\right\}^2\right]\sqrt{\eta_r\xi_n^2+s}}\times$$

$$\times\int_0^d\overline{\overline{\psi}}_a(\xi_m,w,s)\left[\cosh\left\{(d-|z-w|)\sqrt{\frac{\eta_r\xi_n^2+s}{\eta_z}}\right\}-\cosh\left\{(d-z-w)\sqrt{\frac{\eta_r\xi_n^2+s}{\eta_z}}\right\}\right]dw-$$

$$-\frac{\pi}{\vartheta\phi c_t\sqrt{\eta_z}}\sum_{m=0}^{\infty}\ni_m\cos(\xi_m\theta)\times$$

$$\times\sum_{n=1}^{\infty}\frac{\xi_n^2 J'_{\mathcal{M}}(\xi_n a)\left\{\xi_n J'_{\mathcal{M}}(\xi_n b)+\lambda J_{\mathcal{M}}(\xi_n b)\right\}\mathcal{V}_{\mathcal{NM}}(\xi r,a)\operatorname{csch}\left(d\sqrt{\frac{\eta_r\xi_n^2+s}{\eta_z}}\right)}{\left[\left\{\xi_n^2+\lambda^2-\left(\frac{\mathcal{M}}{b}\right)^2\right\}J'^2_{\mathcal{M}}(\xi_n a)-\left\{1-\left(\frac{\mathcal{M}}{\xi_n a}\right)^2\right\}\left\{\xi_n J'_{\mathcal{M}}(\xi_n b)+\lambda J_{\mathcal{M}}(\xi_n b)\right\}^2\right]\sqrt{\eta_r\xi_n^2+s}}\times$$

$$\times\int_0^d\overline{\overline{\psi}}_b(\xi_m,w,s)\left[\cosh\left\{(d-|z-w|)\sqrt{\frac{\eta_r\xi_n^2+s}{\eta_z}}\right\}-\cosh\left\{(d-z-w)\sqrt{\frac{\eta_r\xi_n^2+s}{\eta_z}}\right\}\right]dw+$$

$$+\frac{\pi^2}{\vartheta}\sum_{m=0}^{\infty}\ni_m\cos(\xi_m\theta)\sum_{n=1}^{\infty}\frac{\xi_n^2\left\{\xi_n J'_{\mathcal{M}}(\xi_n b)+\lambda J_{\mathcal{M}}(\xi_n b)\right\}^2\mathcal{V}_{\mathcal{NM}}(\xi r,a)\operatorname{csch}\left(d\sqrt{\frac{\eta_r\xi_n^2+s}{\eta_z}}\right)}{\left[\left\{\xi_n^2+\lambda^2-\left(\frac{\mathcal{M}}{b}\right)^2\right\}J'^2_{\mathcal{M}}(\xi_n a)-\left\{1-\left(\frac{\mathcal{M}}{\xi_n a}\right)^2\right\}\left\{\xi_n J'_{\mathcal{M}}(\xi_n b)+\lambda J_{\mathcal{M}}(\xi_n b)\right\}^2\right]}\times$$

$$\times\left[\overline{\overline{\overline{\psi}}}_{\theta 0}(\xi_n,\xi_m,s)\sinh\left\{(d-z)\sqrt{\frac{\eta_r\xi_n^2+s}{\eta_z}}\right\}+\overline{\overline{\overline{\psi}}}_{\theta d}(\xi_n,\xi_m,s)\sinh\left\{z\sqrt{\frac{\eta_r\xi_n^2+s}{\eta_z}}\right\}\right]+$$

$$+\frac{2\pi^2}{\vartheta d\phi c_t\sqrt{\eta_z}}\sum_{m=0}^{\infty}\ni_m\cos(\xi_m\theta)\times$$

$$\times\sum_{n=1}^{\infty}\frac{\xi_n^2\left\{\xi_n J'_{\mathcal{M}}(\xi_n b)+\lambda J_{\mathcal{M}}(\xi_n b)\right\}^2\mathcal{V}_{\mathcal{N}\mathcal{M}}(\xi r,a)\operatorname{csch}\left(d\sqrt{\frac{\eta_r\xi_n^2+s}{\eta_z}}\right)}{\left[\left\{\xi_n^2+\lambda^2-\left(\frac{\mathcal{M}}{b}\right)^2\right\}J_{\mathcal{M}}'^2(\xi_n a)-\left\{1-\left(\frac{\mathcal{M}}{\xi_n a}\right)^2\right\}\left\{\xi_n J'_{\mathcal{M}}(\xi_n b)+\lambda J_{\mathcal{M}}(\xi_n b)\right\}^2\right]\sqrt{\eta_r\xi_n^2+s}}\times$$

$$\times\int_0^a\frac{\mathcal{V}_{\mathcal{N}\mathcal{M}}(\xi_n u,a)}{u}\int_0^d\left\{\overline{\psi}_{0z}(u,w,s)+(-1)^{m+1}\overline{\psi}_{\vartheta z}(u,w,s)\right\}\times$$

$$\times\left[\cosh\left\{(d-|z-w|)\sqrt{\frac{\eta_r\xi_n^2+s}{\eta_z}}\right\}-\cosh\left\{(d-z-w)\sqrt{\frac{\eta_r\xi_n^2+s}{\eta_z}}\right\}\right]dwdu+$$

$$+\frac{\pi^2}{2\vartheta\sqrt{\eta_z}}\sum_{m=0}^{\infty}\ni_m\cos(\xi_m\theta)\times$$

$$\times\sum_{n=1}^{\infty}\frac{\xi_n^2\left\{\xi_n J'_{\mathcal{M}}(\xi_n b)+\lambda J_{\mathcal{M}}(\xi_n b)\right\}^2\mathcal{V}_{\mathcal{N}\mathcal{M}}(\xi r,a)\operatorname{csch}\left(d\sqrt{\frac{\eta_r\xi_n^2+s}{\eta_z}}\right)}{\left[\left\{\xi_n^2+\lambda^2-\left(\frac{\mathcal{M}}{b}\right)^2\right\}J_{\mathcal{M}}'^2(\xi_n a)-\left\{1-\left(\frac{\mathcal{M}}{\xi_n a}\right)^2\right\}\left\{\xi_n J'_{\mathcal{M}}(\xi_n b)+\lambda J_{\mathcal{M}}(\xi_n b)\right\}^2\right]\sqrt{\eta_r\xi_n^2+s}}\times$$

$$\times\int_0^d\overline{\overline{\varphi}}(\xi_n,\xi_m,w)\left[\cosh\left\{(d-|z-w|)\sqrt{\frac{\eta_r\xi_n^2+s}{\eta_z}}\right\}-\cosh\left\{(d-z-w)\sqrt{\frac{\eta_r\xi_n^2+s}{\eta_z}}\right\}\right]dw \quad (29.17.1)$$

where $\mathcal{V}_{\mathcal{N}\mathcal{M}}(\xi_n r,a)=J_{\mathcal{M}}(\xi_n r)Y'_{\mathcal{M}}(\xi_n a)-Y_{\mathcal{M}}(\xi_n r)J'_{\mathcal{M}}(\xi_n a)$, ξ_n, $n=1,2,...$, are the positive roots of the transcendental equation $\xi_n\mathcal{V}'_{\mathcal{N}\mathcal{M}}(\xi_n b,a)+\lambda\mathcal{V}_{\mathcal{N}\mathcal{M}}(\xi_n b,a)=0$. $\xi_l=\frac{l\pi}{d}, l=1,2,...,$ $\xi_m=\frac{m\pi}{d}, m=0,1,...,$
$\overline{\overline{\overline{\psi}}}_{\theta 0}(\xi_n,\xi_m,s)=\int_0^a u\mathcal{V}_{\mathcal{N}\mathcal{M}}(\xi_n u,a)\int_0^\vartheta\overline{\psi}_0(u,v,s)\cos(\xi_m v)dvdu$,
$\overline{\overline{\overline{\psi}}}_{\theta d}(\xi_n,\xi_m,s)=\int_0^a u\mathcal{V}_{\mathcal{N}\mathcal{M}}(\xi_n u,a)\int_0^\vartheta\overline{\psi}_{\theta d}(u,v,s)\cos(\xi_m v)dvdu$,
$\overline{\overline{\psi}}_a(\xi_m,w,s)=\int_0^\vartheta\overline{\psi}_a(v,w,s)\cos(\xi_m v)dv$, $\overline{\overline{\psi}}_b(\xi_m,w,s)=\int_0^\vartheta\overline{\psi}_b(v,w,s)\cos(\xi_m v)dv$ and
$\overline{\overline{\varphi}}(\xi_n,\xi_m,w)=\int_0^a u\mathcal{V}_{\mathcal{N}\mathcal{M}}(\xi_n u,a)\int_0^\vartheta\varphi(u,v,w)\cos(\xi_m v)dvdu$.

$$p=\frac{U(t-t_0)\pi^2}{2\vartheta d\phi c_t}\sum_{m=0}^{\infty}\ni_m\cos(\xi_m\theta_0)\cos(\xi_m\theta)\times$$

$$\times\sum_{n=1}^{\infty}\frac{\xi_n^2\left\{\xi_n J'_{\mathcal{M}}(\xi_n b)+\lambda J_{\mathcal{M}}(\xi_n b)\right\}^2\mathcal{V}_{\mathcal{N}\mathcal{M}}(\xi r_0,a)\mathcal{V}_{\mathcal{N}\mathcal{M}}(\xi r,a)}{\left[\left\{\xi_n^2+\lambda^2-\left(\frac{\mathcal{M}}{b}\right)^2\right\}J_{\mathcal{M}}'^2(\xi_n a)-\left\{1-\left(\frac{\mathcal{M}}{\xi_n a}\right)^2\right\}\left\{\xi_n J'_{\mathcal{M}}(\xi_n b)+\lambda J_{\mathcal{M}}(\xi_n b)\right\}^2\right]}\times$$

$$\times\int_0^{t-t_0}q(t-t_0-\tau)\left[\Theta_3\left\{\frac{\pi(z-z_0)}{2d},e^{-\left(\frac{\pi}{d}\right)^2\eta_z\tau}\right\}-\Theta_3\left\{\frac{\pi(z+z_0)}{2d},e^{-\left(\frac{\pi}{d}\right)^2\eta_z\tau}\right\}\right]e^{-\eta_r\xi_n^2\tau}d\tau+$$

$$+\frac{\pi}{\vartheta d\phi c_t}\sum_{m=0}^{\infty}\ni_m\cos(\xi_m\theta)\times$$

$$\times\sum_{n=1}^{\infty}\frac{\xi_n\left\{\xi_n J'_{\mathcal{M}}(\xi_n b)+\lambda J_{\mathcal{M}}(\xi_n b)\right\}^2\mathcal{V}_{\mathcal{N}\mathcal{M}}(\xi r,a)}{\left[\left\{\xi_n^2+\lambda^2-\left(\frac{\mathcal{M}}{b}\right)^2\right\}J_{\mathcal{M}}'^2(\xi_n a)-\left\{1-\left(\frac{\mathcal{M}}{\xi_n a}\right)^2\right\}\left\{\xi_n J'_{\mathcal{M}}(\xi_n b)+\lambda J_{\mathcal{M}}(\xi_n b)\right\}^2\right]}\times$$

$$\times\int_0^t e^{-\eta_r\xi_n^2\tau}\int_0^d\overline{\psi}_a(\xi_m,w,t-\tau)\left[\Theta_3\left\{\frac{\pi(z-w)}{2d},e^{-\left(\frac{\pi}{d}\right)^2\eta_z\tau}\right\}-\Theta_3\left\{\frac{\pi(z+w)}{2d},e^{-\left(\frac{\pi}{d}\right)^2\eta_z\tau}\right\}\right]dwd\tau-$$

$$-\frac{\pi}{\vartheta d\phi c_t}\sum_{m=0}^{\infty}\ni_m\cos(\xi_m\theta)\times$$

$$\times \sum_{n=1}^{\infty} \frac{\xi_n^2 J'_{\mathcal{M}}(\xi_n a)\{\lambda J_{\mathcal{M}}(\xi_n b) - \xi_n J'_{\mathcal{M}}(\xi_n b)\} \mathcal{V}_{\mathcal{NM}}(\xi r, a)}{\left[\left\{\xi_n^2 + \lambda^2 - \left(\frac{\mathcal{M}}{b}\right)^2\right\} J'^2_{\mathcal{M}}(\xi_n a) - \left\{1 - \left(\frac{\mathcal{M}}{\xi_n a}\right)^2\right\} \{\xi_n J'_{\mathcal{M}}(\xi_n b) + \lambda J_{\mathcal{M}}(\xi_n b)\}^2\right]} \times$$

$$\times \int_0^t e^{-\eta_r \xi_n^2 \tau} \int_0^d \overline{\psi}_b(\xi_m, w, t-\tau) \left[\Theta_3\left\{\frac{\pi(z-w)}{2d}, e^{-\left(\frac{\pi}{d}\right)^2 \eta_z \tau}\right\} - \Theta_3\left\{\frac{\pi(z+w)}{2d}, e^{-\left(\frac{\pi}{d}\right)^2 \eta_z \tau}\right\}\right] dw d\tau +$$

$$+\frac{\pi^2 \eta_z}{2\vartheta d^2} \sum_{m=0}^{\infty} \ni_m \cos(\xi_m \theta) \times$$

$$\times \sum_{n=1}^{\infty} \frac{\xi_n^2 \{\xi_n J'_{\mathcal{M}}(\xi_n b) + \lambda J_{\mathcal{M}}(\xi_n b)\}^2 \mathcal{V}_{\mathcal{NM}}(\xi r, a)}{\left[\left\{\xi_n^2 + \lambda^2 - \left(\frac{\mathcal{M}}{b}\right)^2\right\} J'^2_{\mathcal{M}}(\xi_n a) - \left\{1 - \left(\frac{\mathcal{M}}{\xi_n a}\right)^2\right\} \{\xi_n J'_{\mathcal{M}}(\xi_n b) + \lambda J_{\mathcal{M}}(\xi_n b)\}^2\right]} \times$$

$$\times \int_0^t \left\{\Theta'_4\left(\frac{\pi z}{2d}, e^{-\left(\frac{\pi}{d}\right)^2 \eta_z \tau}\right) \overline{\overline{\psi}}_{\theta d}(\xi_n, \xi_m, t-\tau) - \Theta'_3\left(\frac{\pi z}{2d}, e^{-\left(\frac{\pi}{d}\right)^2 \eta_z \tau}\right) \overline{\overline{\psi}}_{\theta 0}(\xi_n, \xi_m, t-\tau)\right\} e^{-\eta_r \xi_n^2 \tau} d\tau +$$

$$+\frac{\pi^2}{2\vartheta d \phi c_t} \sum_{m=0}^{\infty} \ni_m \cos(\xi_m \theta) \times$$

$$\times \sum_{n=1}^{\infty} \frac{\xi_n^2 \{\xi_n J'_{\mathcal{M}}(\xi_n b) + \lambda J_{\mathcal{M}}(\xi_n b)\}^2 \mathcal{V}_{\mathcal{NM}}(\xi r, a)}{\left[\left\{\xi_n^2 + \lambda^2 - \left(\frac{\mathcal{M}}{b}\right)^2\right\} J'^2_{\mathcal{M}}(\xi_n a) - \left\{1 - \left(\frac{\mathcal{M}}{\xi_n a}\right)^2\right\} \{\xi_n J'_{\mathcal{M}}(\xi_n b) + \lambda J_{\mathcal{M}}(\xi_n b)\}^2\right]} \times$$

$$\times \int_0^a \frac{\mathcal{V}_{\mathcal{NM}}(\xi_n u, a)}{u} \int_0^d \int_0^t e^{-\eta_r \xi_n^2 \tau} \left\{\psi_{0z}(u, w, t-\tau) + (-1)^{m+1} \psi_{\vartheta z}(u, w, t-\tau)\right\} \times$$

$$\times \left[\Theta_3\left\{\frac{\pi(z-w)}{2d}, e^{-\left(\frac{\pi}{d}\right)^2 \eta_z \tau}\right\} - \Theta_3\left\{\frac{\pi(z+w)}{2d}, e^{-\left(\frac{\pi}{d}\right)^2 \eta_z \tau}\right\}\right] d\tau dw du +$$

$$+\frac{\pi^2}{2\vartheta d} \sum_{m=0}^{\infty} \ni_m \cos(\xi_m \theta) \times$$

$$\times \sum_{n=1}^{\infty} \frac{\xi_n^2 \{\xi_n J'_{\mathcal{M}}(\xi_n b) + \lambda J_{\mathcal{M}}(\xi_n b)\}^2 \mathcal{V}_{\mathcal{NM}}(\xi r, a) e^{-\eta_r \xi_n^2 t}}{\left[\left\{\xi_n^2 + \lambda^2 - \left(\frac{\mathcal{M}}{b}\right)^2\right\} J'^2_{\mathcal{M}}(\xi_n a) - \left\{1 - \left(\frac{\mathcal{M}}{\xi_n a}\right)^2\right\} \{\xi_n J'_{\mathcal{M}}(\xi_n b) + \lambda J_{\mathcal{M}}(\xi_n b)\}^2\right]} \times$$

$$\times \int_0^d \overline{\overline{\varphi}}(\xi_n, \xi_m, w) \left[\Theta_3\left\{\frac{\pi(z-w)}{2d}, e^{-\left(\frac{\pi}{d}\right)^2 \eta_z t}\right\} - \Theta_3\left\{\frac{\pi(z+w)}{2d}, e^{-\left(\frac{\pi}{d}\right)^2 \eta_z t}\right\}\right] dw \qquad (29.17.2)$$

where $\overline{\psi}_a(\xi_m, w, t) = \int_0^{\vartheta} \psi_a(v, w, t) \cos(\xi_m v) dv$, $\overline{\psi}_b(\xi_m, w, t) = \int_0^{\vartheta} \psi_b(v, w, t) \cos(\xi_m v) dv$, $\overline{\overline{\psi}}_{\theta 0}(\xi_n, \xi_m, t) = \int_0^a u \mathcal{V}_{\mathcal{NM}}(\xi_n u, a) \int_0^{\vartheta} \psi_0(u, v, t) \cos(\xi_m v) dv du$ and $\overline{\overline{\psi}}_{\theta d}(\xi_n, \xi_m, t) = \int_0^a u \mathcal{V}_{\mathcal{NM}}(\xi_n u, a) \int_0^{\vartheta} \psi_{\theta d}(u, v, t) \cos(\xi_m v) dv du$.

29.18

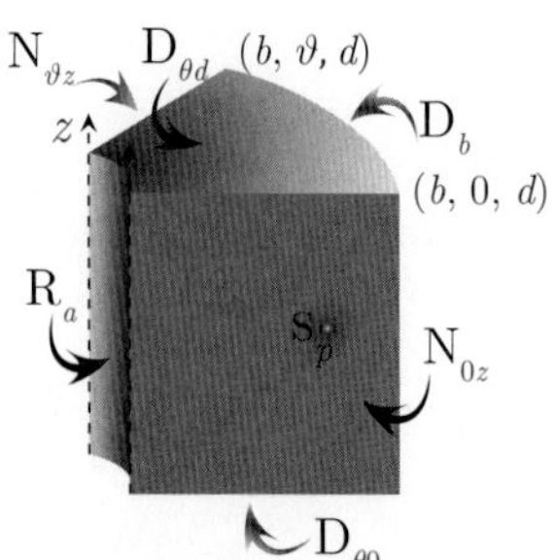

The problem of 29.12, except
$D_{\theta 0} \equiv p(r, \theta, 0, t) = \psi_{\theta 0}(r, \theta, t)$,
$D_{\theta d} \equiv p(r, \theta, d, t) = \psi_{\theta d}(r, \theta, t)$,
$R_a \equiv \frac{\partial p(a, \theta, z, t)}{\partial r} - \lambda p(a, \theta, z, t) = -\left(\frac{\mu}{k_r}\right) \psi_a(\theta, z, t)$,
$D_b \equiv p(b, \theta, z, t) = \psi_b(\theta, z, t)$,
$N_{0z} \equiv \frac{\partial p(r, 0, z, t)}{\partial \theta} = -\left(\frac{\mu}{k_\theta}\right) \psi_{0z}(r, z, t)$ and
$N_{\vartheta z} \equiv \frac{\partial p(r, \vartheta, z, t)}{\partial \theta} = -\left(\frac{\mu}{k_\theta}\right) \psi_{\vartheta z}(r, z, t)$

$$\overline{p} = \frac{\pi^2 q(s)\, e^{-st_0}}{2\vartheta\phi c_t\sqrt{\eta_z}} \sum_{m=0}^{\infty} \ni_m \cos(\xi_m\theta_0)\cos(\xi_m\theta) \times$$

$$\times \sum_{n=1}^{\infty} \frac{\xi_n^2 \left\{\xi_n J'_{\mathcal{M}}(\xi_n a) - \lambda J_{\mathcal{M}}(\xi_n a)\right\}^2 \mathcal{V}_{\mathcal{DM}}(\xi r_0, b)\, \mathcal{V}_{\mathcal{DM}}(\xi r, b) \operatorname{csch}\left(d\sqrt{\frac{\eta_r\xi_n^2+s}{\eta_z}}\right)}{\left[\left\{\xi_n J'_{\mathcal{M}}(\xi_n a) - \lambda J_{\mathcal{M}}(\xi_n a)\right\}^2 - \left\{\xi_n^2 + \lambda^2 - \left(\frac{\mathcal{M}}{a}\right)^2\right\} J^2_{\mathcal{M}}(\xi_n b)\right] \sqrt{(\eta_r\xi_n^2+s)}} \times$$

$$\times \left[\cosh\left\{(d-|z-z_0|)\sqrt{\frac{\eta_r\xi_n^2+s}{\eta_z}}\right\} - \cosh\left\{(d-z-z_0)\sqrt{\frac{\eta_r\xi_n^2+s}{\eta_z}}\right\}\right] +$$

$$+ \frac{\pi}{\vartheta\phi c_t\sqrt{\eta_z}} \sum_{m=0}^{\infty} \ni_m \cos(\xi_m\theta) \times$$

$$\times \sum_{n=1}^{\infty} \frac{\xi_n^2 J_{\mathcal{M}}(\xi_n b)\left\{\xi_n J'_{\mathcal{M}}(\xi_n a) - \lambda J_{\mathcal{M}}(\xi_n a)\right\} \mathcal{V}_{\mathcal{DM}}(\xi r, b) \operatorname{csch}\left(d\sqrt{\frac{\eta_r\xi_n^2+s}{\eta_z}}\right)}{\left[\left\{\xi_n J'_{\mathcal{M}}(\xi_n a) - \lambda J_{\mathcal{M}}(\xi_n a)\right\}^2 - \left\{\xi_n^2 + \lambda^2 - \left(\frac{\mathcal{M}}{a}\right)^2\right\} J^2_{\mathcal{M}}(\xi_n b)\right] \sqrt{\eta_r\xi_n^2+s}} \times$$

$$\times \int_0^d \overline{\overline{\psi}}_a(\xi_m, w, s) \left[\cosh\left\{(d-|z-w|)\sqrt{\frac{\eta_r\xi_n^2+s}{\eta_z}}\right\} - \cosh\left\{(d-z-w)\sqrt{\frac{\eta_r\xi_n^2+s}{\eta_z}}\right\}\right] dw +$$

$$+ \frac{\pi\eta_r}{\vartheta\sqrt{\eta_z}} \sum_{m=0}^{\infty} \ni_m \cos(\xi_m\theta) \sum_{n=1}^{\infty} \frac{\xi_n^2 \left\{\xi_n J'_{\mathcal{M}}(\xi_n a) - \lambda J_{\mathcal{M}}(\xi_n a)\right\}^2 \mathcal{V}_{\mathcal{DM}}(\xi r, b) \operatorname{csch}\left(d\sqrt{\frac{\eta_r\xi_n^2+s}{\eta_z}}\right)}{\left[\left\{\xi_n J'_{\mathcal{M}}(\xi_n a) - \lambda J_{\mathcal{M}}(\xi_n a)\right\}^2 - \left\{\xi_n^2 + \lambda^2 - \left(\frac{\mathcal{M}}{a}\right)^2\right\} J^2_{\mathcal{M}}(\xi_n b)\right] \sqrt{\eta_r\xi_n^2+s}} \times$$

$$\times \int_0^d \overline{\overline{\psi}}_b(\xi_m, w, s) \left[\cosh\left\{(d-|z-w|)\sqrt{\frac{\eta_r\xi_n^2+s}{\eta_z}}\right\} - \cosh\left\{(d-z-w)\sqrt{\frac{\eta_r\xi_n^2+s}{\eta_z}}\right\}\right] dw +$$

$$+ \frac{\pi^2}{\vartheta} \sum_{m=0}^{\infty} \ni_m \cos(\xi_m\theta) \sum_{n=1}^{\infty} \frac{\xi_n^2 \left\{\xi_n J'_{\mathcal{M}}(\xi_n a) - \lambda J_{\mathcal{M}}(\xi_n a)\right\}^2 \mathcal{V}_{\mathcal{DM}}(\xi r, b) \operatorname{csch}\left(d\sqrt{\frac{\eta_r\xi_n^2+s}{\eta_z}}\right)}{\left[\left\{\xi_n J'_{\mathcal{M}}(\xi_n a) - \lambda J_{\mathcal{M}}(\xi_n a)\right\}^2 - \left\{\xi_n^2 + \lambda^2 - \left(\frac{\mathcal{M}}{a}\right)^2\right\} J^2_{\mathcal{M}}(\xi_n b)\right]} \times$$

$$\times \left[\overline{\overline{\overline{\psi}}}_{\theta 0}(\xi_n, \xi_m, s) \sinh\left\{(d-z)\sqrt{\frac{\eta_r\xi_n^2+s}{\eta_z}}\right\} + \overline{\overline{\overline{\psi}}}_{\theta d}(\xi_n, \xi_m, s) \sinh\left\{z\sqrt{\frac{\eta_r\xi_n^2+s}{\eta_z}}\right\}\right] +$$

$$+ \frac{2\pi^2}{\vartheta d\phi c_t\sqrt{\eta_z}} \sum_{m=0}^{\infty} \ni_m \cos(\xi_m\theta) \times$$

$$\times \sum_{n=1}^{\infty} \frac{\xi_n^2 \left\{\xi_n J'_{\mathcal{M}}(\xi_n a) - \lambda J_{\mathcal{M}}(\xi_n a)\right\}^2 \mathcal{V}_{\mathcal{DM}}(\xi r, b) \operatorname{csch}\left(d\sqrt{\frac{\eta_r\xi_n^2+s}{\eta_z}}\right)}{\left[\left\{\xi_n J'_{\mathcal{M}}(\xi_n a) - \lambda J_{\mathcal{M}}(\xi_n a)\right\}^2 - \left\{\xi_n^2 + \lambda^2 - \left(\frac{\mathcal{M}}{a}\right)^2\right\} J^2_{\mathcal{M}}(\xi_n b)\right] \sqrt{\eta_r\xi_n^2+s}} \times$$

$$\times \int_0^a \frac{\mathcal{V}_{\mathcal{NM}}(\xi_n u, a)}{u} \int_0^d \left\{\overline{\psi}_{0z}(u, w, s) + (-1)^{m+1}\,\overline{\psi}_{\vartheta z}(u, w, s)\right\} \times$$

$$\times \left[\cosh\left\{(d-|z-w|)\sqrt{\frac{\eta_r\xi_n^2+s}{\eta_z}}\right\} - \cosh\left\{(d-z-w)\sqrt{\frac{\eta_r\xi_n^2+s}{\eta_z}}\right\}\right] dw du +$$

$$+ \frac{\pi^2}{2\vartheta\sqrt{\eta_z}} \sum_{m=0}^{\infty} \ni_m \cos(\xi_m\theta) \times$$

$$\times \sum_{n=1}^{\infty} \frac{\xi_n^2 \left\{\xi_n J'_{\mathcal{M}}(\xi_n a) - \lambda J_{\mathcal{M}}(\xi_n a)\right\}^2 \mathcal{V}_{\mathcal{DM}}(\xi r, b) \operatorname{csch}\left(d\sqrt{\frac{\eta_r\xi_n^2+s}{\eta_z}}\right)}{\left[\left\{\xi_n J'_{\mathcal{M}}(\xi_n a) - \lambda J_{\mathcal{M}}(\xi_n a)\right\}^2 - \left\{\xi_n^2 + \lambda^2 - \left(\frac{\mathcal{M}}{a}\right)^2\right\} J^2_{\mathcal{M}}(\xi_n b)\right] \sqrt{\eta_r\xi_n^2+s}} \times$$

$$\times \int_0^d \overline{\overline{\varphi}}(\xi_n, \xi_m, w) \left[\cosh \left\{ (d - |z - w|) \sqrt{\frac{\eta_r \xi_n^2 + s}{\eta_z}} \right\} - \cosh \left\{ (d - z - w) \sqrt{\frac{\eta_r \xi_n^2 + s}{\eta_z}} \right\} \right] dw \qquad (29.18.1)$$

where $\mathcal{V}_{\mathcal{DM}}(\xi_n r, b) = J_{\mathcal{M}}(\xi_n r) Y_{\mathcal{M}}(\xi_n b) - Y_{\mathcal{M}}(\xi_n r) J_{\mathcal{M}}(\xi_n b)$, ξ_n, $n = 1, 2, ...$, are the positive roots of the transcendental equation $\lambda \mathcal{V}_{\mathcal{DM}}(\xi_n a, b) - \xi_n \mathcal{V}'_{\mathcal{DM}}(\xi_n a, b) = 0$, $\xi_l = \frac{l\pi}{d}, l = 1, 2, ...$, $\xi_m = \frac{m\pi}{d}, m = 0, 1, ...$,
$\overline{\overline{\overline{\psi}}}_{\theta 0}(\xi_n, \xi_m, s) = \int_0^a u \mathcal{V}_{\mathcal{DM}}(\xi_n u, a) \int_0^{\vartheta} \overline{\psi}_0(u, v, s) \cos(\xi_m v) dv du$,
$\overline{\overline{\overline{\psi}}}_{\theta d}(\xi_n, \xi_m, s) = \int_0^a u \mathcal{V}_{\mathcal{DM}}(\xi_n u, a) \int_0^{\vartheta} \overline{\psi}_{\theta d}(u, v, s) \cos(\xi_m v) dv du$,
$\overline{\overline{\psi}}_a(\xi_m, w, s) = \int_0^{\vartheta} \overline{\psi}_a(v, w, s) \cos(\xi_m v) dv$, $\overline{\overline{\psi}}_b(\xi_m, w, s) = \int_0^{\vartheta} \overline{\psi}_b(v, w, s) \cos(\xi_m v) dv$ and
$\overline{\overline{\varphi}}(\xi_n, \xi_m, w) = \int_0^a u \mathcal{V}_{\mathcal{DM}}(\xi_n u, a) \int_0^{\vartheta} \varphi(u, v, w) \cos(\xi_m v) dv du$.

$$\begin{aligned}
p \; = \; & \frac{U(t - t_0)\pi^2}{2\vartheta d \phi c_t} \sum_{m=0}^{\infty} \ni_m \cos(\xi_m \theta_0) \cos(\xi_m \theta) \times \\
& \times \sum_{n=1}^{\infty} \frac{\xi_n^2 \left\{ \lambda J_{\mathcal{M}}(\xi_n a) + \xi_n J'_{\mathcal{M}}(\xi_n a) \right\}^2 \mathcal{V}_{\mathcal{DM}}(\xi r_0, b) \mathcal{V}_{\mathcal{DM}}(\xi r, b)}{\left[\left\{ \xi_n J'_{\mathcal{M}}(\xi_n a) - \lambda J_{\mathcal{M}}(\xi_n a) \right\}^2 - \left\{ \xi_n^2 + \lambda^2 - \left(\frac{\mathcal{M}}{a}\right)^2 \right\} J^2_{\mathcal{M}}(\xi_n b) \right]} \times \\
& \int_0^{t - t_0} q(t - t_0 - \tau) \left[\Theta_3 \left\{ \frac{\pi(z - z_0)}{2d}, e^{-\left(\frac{\pi}{d}\right)^2 \eta_z \tau} \right\} - \Theta_3 \left\{ \frac{\pi(z + z_0)}{2d}, e^{-\left(\frac{\pi}{d}\right)^2 \eta_z \tau} \right\} \right] e^{-\eta_r \xi_n^2 \tau} d\tau + \\
& + \frac{\pi}{\vartheta d \phi c_t} \sum_{m=0}^{\infty} \ni_m \cos(\xi_m \theta) \sum_{n=1}^{\infty} \frac{\xi_n^2 J_{\mathcal{M}}(\xi_n b) \left\{ \xi_n J'_{\mathcal{M}}(\xi_n a) - \lambda J_{\mathcal{M}}(\xi_n a) \right\} \mathcal{V}_{\mathcal{DM}}(\xi r, b)}{\left[\left\{ \xi_n J'_{\mathcal{M}}(\xi_n a) - \lambda J_{\mathcal{M}}(\xi_n a) \right\}^2 - \left\{ \xi_n^2 + \lambda^2 - \left(\frac{\mathcal{M}}{a}\right)^2 \right\} J^2_{\mathcal{M}}(\xi_n b) \right]} \times \\
& \times \int_0^t e^{-\eta_r \xi_n^2 \tau} \int_0^d \overline{\psi}_a(\xi_m, w, t - \tau) \left[\Theta_3 \left\{ \frac{\pi(z - w)}{2d}, e^{-\left(\frac{\pi}{d}\right)^2 \eta_z \tau} \right\} - \Theta_3 \left\{ \frac{\pi(z + w)}{2d}, e^{-\left(\frac{\pi}{d}\right)^2 \eta_z \tau} \right\} \right] dw d\tau + \\
& + \frac{\pi \eta_r}{\vartheta d} \sum_{m=0}^{\infty} \ni_m \cos(\xi_m \theta) \sum_{n=1}^{\infty} \frac{\xi_n^2 \left\{ \xi_n J'_{\mathcal{M}}(\xi_n a) - \lambda J_{\mathcal{M}}(\xi_n a) \right\}^2 \mathcal{V}_{\mathcal{DM}}(\xi r, b)}{\left[\left\{ \xi_n J'_{\mathcal{M}}(\xi_n a) - \lambda J_{\mathcal{M}}(\xi_n a) \right\}^2 - \left\{ \xi_n^2 + \lambda^2 - \left(\frac{\mathcal{M}}{a}\right)^2 \right\} J^2_{\mathcal{M}}(\xi_n b) \right]} \times \\
& \times \int_0^t e^{-\eta_r \xi_n^2 \tau} \int_0^d \overline{\psi}_b(\xi_m, w, t - \tau) \left[\Theta_3 \left\{ \frac{\pi(z - w)}{2d}, e^{-\left(\frac{\pi}{d}\right)^2 \eta_z \tau} \right\} - \Theta_3 \left\{ \frac{\pi(z + w)}{2d}, e^{-\left(\frac{\pi}{d}\right)^2 \eta_z \tau} \right\} \right] dw d\tau + \\
& + \frac{\pi^2 \eta_z}{2\vartheta d^2} \sum_{m=0}^{\infty} \ni_m \cos(\xi_m \theta) \sum_{n=1}^{\infty} \frac{\xi_n^2 \left\{ \xi_n J'_{\mathcal{M}}(\xi_n a) - \lambda J_{\mathcal{M}}(\xi_n a) \right\}^2 \mathcal{V}_{\mathcal{DM}}(\xi r, b)}{\left[\left\{ \xi_n J'_{\mathcal{M}}(\xi_n a) - \lambda J_{\mathcal{M}}(\xi_n a) \right\}^2 - \left\{ \xi_n^2 + \lambda^2 - \left(\frac{\mathcal{M}}{a}\right)^2 \right\} J^2_{\mathcal{M}}(\xi_n b) \right]} \times \\
& \times \int_0^t \left\{ \Theta'_4 \left(\frac{\pi z}{2d}, e^{-\left(\frac{\pi}{d}\right)^2 \eta_z \tau} \right) \overline{\overline{\overline{\psi}}}_{\theta d}(\xi_n, \xi_m, t - \tau) - \Theta'_3 \left(\frac{\pi z}{2d}, e^{-\left(\frac{\pi}{d}\right)^2 \eta_z \tau} \right) \overline{\overline{\overline{\psi}}}_{\theta 0}(\xi_n, \xi_m, t - \tau) \right\} e^{-\eta_r \xi_n^2 \tau} d\tau + \\
& + \frac{\pi^2}{2\vartheta d \phi c_t} \sum_{m=0}^{\infty} \ni_m \cos(\xi_m \theta) \sum_{n=1}^{\infty} \frac{\xi_n^2 \left\{ \xi_n J'_{\mathcal{M}}(\xi_n a) - \lambda J_{\mathcal{M}}(\xi_n a) \right\}^2 \mathcal{V}_{\mathcal{DM}}(\xi r, b)}{\left[\left\{ \xi_n J'_{\mathcal{M}}(\xi_n a) - \lambda J_{\mathcal{M}}(\xi_n a) \right\}^2 - \left\{ \xi_n^2 + \lambda^2 - \left(\frac{\mathcal{M}}{a}\right)^2 \right\} J^2_{\mathcal{M}}(\xi_n b) \right]} \times \\
& \times \int_0^a \frac{\mathcal{V}_{\mathcal{NM}}(\xi_n u, a)}{u} \int_0^d \int_0^t e^{-\eta_r \xi_n^2 \tau} \left\{ \psi_{0z}(u, w, t - \tau) + (-1)^{m+1} \psi_{\vartheta z}(u, w, t - \tau) \right\} \times \\
& \times \left[\Theta_3 \left\{ \frac{\pi(z - w)}{2d}, e^{-\left(\frac{\pi}{d}\right)^2 \eta_z \tau} \right\} - \Theta_3 \left\{ \frac{\pi(z + w)}{2d}, e^{-\left(\frac{\pi}{d}\right)^2 \eta_z \tau} \right\} \right] d\tau dw du + \\
& + \frac{\pi^2}{2\vartheta d} \sum_{m=0}^{\infty} \ni_m \cos(\xi_m \theta) \sum_{n=1}^{\infty} \frac{\xi_n^2 \left\{ \xi_n J'_{\mathcal{M}}(\xi_n a) - \lambda J_{\mathcal{M}}(\xi_n a) \right\}^2 \mathcal{V}_{\mathcal{DM}}(\xi r, b)}{\left[\left\{ \xi_n J'_{\mathcal{M}}(\xi_n a) - \lambda J_{\mathcal{M}}(\xi_n a) \right\}^2 - \left\{ \xi_n^2 + \lambda^2 - \left(\frac{\mathcal{M}}{a}\right)^2 \right\} J^2_{\mathcal{M}}(\xi_n b) \right]} \times \\
& \times \int_0^d \overline{\overline{\varphi}}(\xi_n, \xi_m, w) \left[\Theta_3 \left\{ \frac{\pi(z - w)}{2d}, e^{-\left(\frac{\pi}{d}\right)^2 \eta_z t} \right\} - \Theta_3 \left\{ \frac{\pi(z + w)}{2d}, e^{-\left(\frac{\pi}{d}\right)^2 \eta_z t} \right\} \right] dw \qquad (29.18.2)
\end{aligned}$$

where $\overline{\psi}_a(\xi_m,w,t)=\int_0^{\vartheta}\psi_a(v,w,t)\cos(\xi_m v)dv$, $\overline{\psi}_b(\xi_m,w,t)=\int_0^{\vartheta}\psi_b(v,w,t)\cos(\xi_m v)dv$, $\overline{\overline{\psi}}_{\theta 0}(\xi_n,\xi_m,t)=\int_0^a u\mathcal{V}_{\mathcal{DM}}(\xi_n u,a)\int_0^{\vartheta}\psi_0(u,v,t)\cos(\xi_m v)dvdu$ and $\overline{\overline{\psi}}_{\theta d}(\xi_n,\xi_m,t)=\int_0^a u\mathcal{V}_{\mathcal{DM}}(\xi_n u,a)\int_0^{\vartheta}\psi_{\theta d}(u,v,t)\cos(\xi_m v)dvdu$.

29.19 **The problem of 29.12, except $\mathbf{D}_{\theta 0}\equiv p(r,\theta,0,t)=\psi_{\theta 0}(r,\theta,t)$, $\mathbf{D}_{\theta d}\equiv p(r,\theta,d,t)=\psi_{\theta d}(r,\theta,t)$, $\mathbf{R}_a\equiv\frac{\partial p(a,\theta,z,t)}{\partial r}-\lambda p(a,\theta,z,t)=-\left(\frac{\mu}{k_r}\right)\psi_a(\theta,z,t)$, $\mathbf{N}_b\equiv\frac{\partial p(b,\theta,z,t)}{\partial r}=-\left(\frac{\mu}{k_r}\right)\psi_b(\theta,z,t)$, $\mathbf{N}_{0z}\equiv\frac{\partial p(r,0,z,t)}{\partial\theta}=-\left(\frac{\mu}{k_\theta}\right)\psi_{0z}(r,z,t)$ and $\mathbf{N}_{\vartheta z}\equiv\frac{\partial p(r,\vartheta,z,t)}{\partial\theta}=-\left(\frac{\mu}{k_\theta}\right)\psi_{\vartheta z}(r,z,t)$**

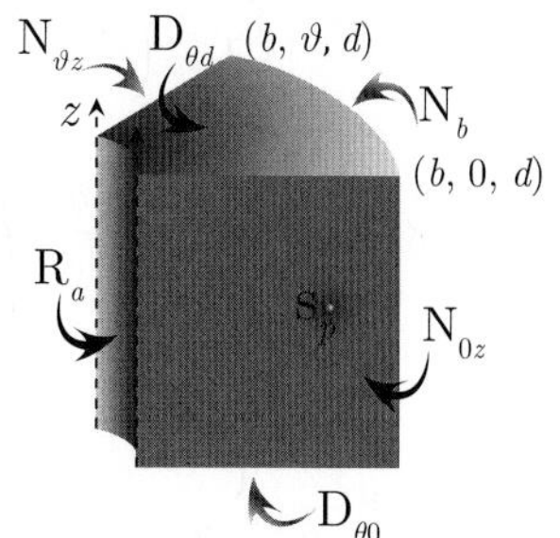

$$
\begin{aligned}
\overline{p} = {} & \frac{\pi^2 q(s)e^{-st_0}}{2\vartheta\phi c_t\sqrt{\eta_z}}\sum_{m=0}^{\infty}\ni_m\cos(\xi_m\theta_0)\cos(\xi_m\theta)\times\\
&\times\sum_{n=1}^{\infty}\frac{\xi_n^2\left\{\xi_n J_{\mathcal{M}}'(\xi_n a)-\lambda J_{\mathcal{M}}(\xi_n a)\right\}^2\mathcal{V}_{\mathcal{NM}}(\xi r_0,b)\mathcal{V}_{\mathcal{NM}}(\xi r,b)\operatorname{csch}\left(d\sqrt{\frac{\eta_r\xi_n^2+s}{\eta_z}}\right)}{\left[\left\{1-\left(\frac{\mathcal{M}}{\xi_n b}\right)^2\right\}\left\{\xi_n J_{\mathcal{M}}'(\xi_n a)-\lambda J_{\mathcal{M}}(\xi_n a)\right\}^2-\left\{\xi_n^2+\lambda^2-\left(\frac{\mathcal{M}}{a}\right)^2\right\}J_{\mathcal{M}}'^2(\xi_n b)\right]\sqrt{(\eta_r\xi_n^2+s)}}\times\\
&\times\left[\cosh\left\{(d-|z-z_0|)\sqrt{\frac{\eta_r\xi_n^2+s}{\eta_z}}\right\}-\cosh\left\{(d-z-z_0)\sqrt{\frac{\eta_r\xi_n^2+s}{\eta_z}}\right\}\right]+\\
&+\frac{\pi}{\vartheta\phi c_t\sqrt{\eta_z}}\sum_{m=0}^{\infty}\ni_m\cos(\xi_m\theta)\times\\
&\times\sum_{n=1}^{\infty}\frac{\xi_n^2 J_{\mathcal{M}}'(\xi_n b)\left\{\xi_n J_{\mathcal{M}}'(\xi_n a)-\lambda J_{\mathcal{M}}(\xi_n a)\right\}\mathcal{V}_{\mathcal{NM}}(\xi r,b)\operatorname{csch}\left(d\sqrt{\frac{\eta_r\xi_n^2+s}{\eta_z}}\right)}{\left[\left\{1-\left(\frac{\mathcal{M}}{\xi_n b}\right)^2\right\}\left\{\xi_n J_{\mathcal{M}}'(\xi_n a)-\lambda J_{\mathcal{M}}(\xi_n a)\right\}^2-\left\{\xi_n^2+\lambda^2-\left(\frac{\mathcal{M}}{a}\right)^2\right\}J_{\mathcal{M}}'^2(\xi_n b)\right]\sqrt{\eta_r\xi_n^2+s}}\times\\
&\times\int_0^d\overline{\overline{\psi}}_a(\xi_m,w,s)\left[\cosh\left\{(d-|z-w|)\sqrt{\frac{\eta_r\xi_n^2+s}{\eta_z}}\right\}-\cosh\left\{(d-z-w)\sqrt{\frac{\eta_r\xi_n^2+s}{\eta_z}}\right\}\right]dw-\\
&-\frac{\pi}{\vartheta\phi c_t\sqrt{\eta_z}}\sum_{m=0}^{\infty}\ni_m\cos(\xi_m\theta)\times\\
&\times\sum_{n=1}^{\infty}\frac{\xi_n\left\{\xi_n J_{\mathcal{M}}'(\xi_n a)-\lambda J_{\mathcal{M}}(\xi_n a)\right\}^2\mathcal{V}_{\mathcal{NM}}(\xi r,b)\operatorname{csch}\left(d\sqrt{\frac{\eta_r\xi_n^2+s}{\eta_z}}\right)}{\left[\left\{1-\left(\frac{\mathcal{M}}{\xi_n b}\right)^2\right\}\left\{\xi_n J_{\mathcal{M}}'(\xi_n a)-\lambda J_{\mathcal{M}}(\xi_n a)\right\}^2-\left\{\xi_n^2+\lambda^2-\left(\frac{\mathcal{M}}{a}\right)^2\right\}J_{\mathcal{M}}'^2(\xi_n b)\right]\sqrt{\eta_r\xi_n^2+s}}\times\\
&\times\int_0^d\overline{\overline{\psi}}_b(\xi_m,w,s)\left[\cosh\left\{(d-|z-w|)\sqrt{\frac{\eta_r\xi_n^2+s}{\eta_z}}\right\}-\cosh\left\{(d-z-w)\sqrt{\frac{\eta_r\xi_n^2+s}{\eta_z}}\right\}\right]dw+\\
&+\frac{\pi^2}{\vartheta}\sum_{m=0}^{\infty}\ni_m\cos(\xi_m\theta)\sum_{n=1}^{\infty}\frac{\xi_n^2\left\{\xi_n J_{\mathcal{M}}'(\xi_n a)-\lambda J_{\mathcal{M}}(\xi_n a)\right\}^2\mathcal{V}_{\mathcal{NM}}(\xi r,b)\operatorname{csch}\left(d\sqrt{\frac{\eta_r\xi_n^2+s}{\eta_z}}\right)}{\left[\left\{1-\left(\frac{\mathcal{M}}{\xi_n b}\right)^2\right\}\left\{\xi_n J_{\mathcal{M}}'(\xi_n a)-\lambda J_{\mathcal{M}}(\xi_n a)\right\}^2-\left\{\xi_n^2+\lambda^2-\left(\frac{\mathcal{M}}{a}\right)^2\right\}J_{\mathcal{M}}'^2(\xi_n b)\right]}\times\\
&\times\left[\overline{\overline{\psi}}_{\theta 0}(\xi_n,\xi_m,s)\sinh\left\{(d-z)\sqrt{\frac{\eta_r\xi_n^2+s}{\eta_z}}\right\}+\overline{\overline{\psi}}_{\theta d}(\xi_n,\xi_m,s)\sinh\left\{z\sqrt{\frac{\eta_r\xi_n^2+s}{\eta_z}}\right\}\right]+
\end{aligned}
$$

$$+\frac{2\pi^2}{\vartheta d\phi c_t\sqrt{\eta_z}}\sum_{m=0}^{\infty}\ni_m\cos(\xi_m\theta)\times$$

$$\times\sum_{n=1}^{\infty}\frac{\xi_n^2\left\{\xi_n J'_{\mathcal{M}}(\xi_n a)-\lambda J_{\mathcal{M}}(\xi_n a)\right\}^2\mathcal{V}_{\mathcal{N}\mathcal{M}}(\xi r,b)\operatorname{csch}\left(d\sqrt{\frac{\eta_r\xi_n^2+s}{\eta_z}}\right)}{\left[\left\{1-\left(\frac{\mathcal{M}}{\xi_n b}\right)^2\right\}\left\{\xi_n J'_{\mathcal{M}}(\xi_n a)-\lambda J_{\mathcal{M}}(\xi_n a)\right\}^2-\left\{\xi_n^2+\lambda^2-\left(\frac{\mathcal{M}}{a}\right)^2\right\}J'^2_{\mathcal{M}}(\xi_n b)\right]\sqrt{\eta_r\xi_n^2+s}}\times$$

$$\times\int_0^a\frac{\mathcal{V}_{\mathcal{N}\mathcal{M}}(\xi_n u,a)}{u}\int_0^d\left\{\overline{\psi}_{0z}(u,w,s)+(-1)^{m+1}\overline{\psi}_{\vartheta z}(u,w,s)\right\}\times$$

$$\times\left[\cosh\left\{(d-|z-w|)\sqrt{\frac{\eta_r\xi_n^2+s}{\eta_z}}\right\}-\cosh\left\{(d-z-w)\sqrt{\frac{\eta_r\xi_n^2+s}{\eta_z}}\right\}\right]dwdu+$$

$$+\frac{\pi^2}{2\vartheta\sqrt{\eta_z}}\sum_{m=0}^{\infty}\ni_m\cos(\xi_m\theta)\times$$

$$\times\sum_{n=1}^{\infty}\frac{\xi_n^2\left\{\xi_n J'_{\mathcal{M}}(\xi_n a)-\lambda J_{\mathcal{M}}(\xi_n a)\right\}^2\mathcal{V}_{\mathcal{N}\mathcal{M}}(\xi r,b)\operatorname{csch}\left(d\sqrt{\frac{\eta_r\xi_n^2+s}{\eta_z}}\right)}{\left[\left\{1-\left(\frac{\mathcal{M}}{\xi_n b}\right)^2\right\}\left\{\xi_n J'_{\mathcal{M}}(\xi_n a)-\lambda J_{\mathcal{M}}(\xi_n a)\right\}^2-\left\{\xi_n^2+\lambda^2-\left(\frac{\mathcal{M}}{a}\right)^2\right\}J'^2_{\mathcal{M}}(\xi_n b)\right]\sqrt{\eta_r\xi_n^2+s}}\times$$

$$\times\int_0^d\overline{\overline{\varphi}}(\xi_n,\xi_m,w)\left[\cosh\left\{(d-|z-w|)\sqrt{\frac{\eta_r\xi_n^2+s}{\eta_z}}\right\}-\cosh\left\{(d-z-w)\sqrt{\frac{\eta_r\xi_n^2+s}{\eta_z}}\right\}\right]dw \quad (29.19.1)$$

where $\mathcal{V}_{\mathcal{N}\mathcal{M}}(\xi_n r,a)=J_{\mathcal{M}}(\xi_n r)Y'_{\mathcal{M}}(\xi_n a)-Y_{\mathcal{M}}(\xi_n r)J'_{\mathcal{M}}(\xi_n a)$, ξ_n, $n=1,2,...$, are the positive roots of the transcendental equation $\lambda\mathcal{V}_{\mathcal{N}\mathcal{M}}(\xi_n a,b)-\xi_n\mathcal{V}'_{\mathcal{N}\mathcal{M}}(\xi_n a,b)=0$. $\xi_l=\frac{l\pi}{d}, l=1,2,...,$ $\xi_m=\frac{m\pi}{d}, m=0,1,...,$
$\overline{\overline{\psi}}_{\theta 0}(\xi_n,\xi_m,s)=\int_0^a u\mathcal{V}_{\mathcal{N}\mathcal{M}}(\xi_n u,a)\int_0^\vartheta\overline{\psi}_0(u,v,s)\cos(\xi_m v)dvdu$,
$\overline{\overline{\psi}}_{\theta d}(\xi_n,\xi_m,s)=\int_0^a u\mathcal{V}_{\mathcal{N}\mathcal{M}}(\xi_n u,a)\int_0^\vartheta\overline{\psi}_{\theta d}(u,v,s)\cos(\xi_m v)dvdu$,
$\overline{\overline{\psi}}_a(\xi_m,w,s)=\int_0^\vartheta\overline{\psi}_a(v,w,s)\cos(\xi_m v)dv$, $\overline{\overline{\psi}}_b(\xi_m,w,s)=\int_0^\vartheta\overline{\psi}_b(v,w,s)\cos(\xi_m v)dv$ and
$\overline{\overline{\varphi}}(\xi_n,\xi_m,w)=\int_0^a u\mathcal{V}_{\mathcal{N}\mathcal{M}}(\xi_n u,a)\int_0^\vartheta\varphi(u,v,w)\cos(\xi_m v)dvdu$.

$$p=\frac{U(t-t_0)\pi^2}{2\vartheta d\phi c_t}\sum_{m=0}^{\infty}\ni_m\cos(\xi_m\theta_0)\cos(\xi_m\theta)\times$$

$$\times\sum_{n=1}^{\infty}\frac{\xi_n^2\left\{\xi_n J'_{\mathcal{M}}(\xi_n a)-\lambda J_{\mathcal{M}}(\xi_n a)\right\}^2\mathcal{V}_{\mathcal{N}\mathcal{M}}(\xi r_0,b)\mathcal{V}_{\mathcal{N}\mathcal{M}}(\xi r,b)}{\left[\left\{1-\left(\frac{\mathcal{M}}{\xi_n b}\right)^2\right\}\left\{\xi_n J'_{\mathcal{M}}(\xi_n a)-\lambda J_{\mathcal{M}}(\xi_n a)\right\}^2-\left\{\xi_n^2+\lambda^2-\left(\frac{\mathcal{M}}{a}\right)^2\right\}J'^2_{\mathcal{M}}(\xi_n b)\right]}\times$$

$$\int_0^{t-t_0}q(t-t_0-\tau)\left[\Theta_3\left\{\frac{\pi(z-z_0)}{2d},e^{-\left(\frac{\pi}{d}\right)^2\eta_z\tau}\right\}-\Theta_3\left\{\frac{\pi(z+z_0)}{2d},e^{-\left(\frac{\pi}{d}\right)^2\eta_z\tau}\right\}\right]e^{-\eta_r\xi_n^2\tau}d\tau+$$

$$+\frac{\pi}{\vartheta d\phi c_t}\sum_{m=0}^{\infty}\ni_m\cos(\xi_m\theta)\times$$

$$\times\sum_{n=1}^{\infty}\frac{\xi_n^2 J'_{\mathcal{M}}(\xi_n b)\left\{\xi_n J'_{\mathcal{M}}(\xi_n a)-\lambda J_{\mathcal{M}}(\xi_n a)\right\}\mathcal{V}_{\mathcal{N}\mathcal{M}}(\xi r,b)}{\left[\left\{1-\left(\frac{\mathcal{M}}{\xi_n b}\right)^2\right\}\left\{\xi_n J'_{\mathcal{M}}(\xi_n a)-\lambda J_{\mathcal{M}}(\xi_n a)\right\}^2-\left\{\xi_n^2+\lambda^2-\left(\frac{\mathcal{M}}{a}\right)^2\right\}J'^2_{\mathcal{M}}(\xi_n b)\right]}\times$$

$$\times\int_0^t e^{-\eta_r\xi_n^2\tau}\int_0^d\overline{\psi}_a(\xi_m,w,t-\tau)\left[\Theta_3\left\{\frac{\pi(z-w)}{2d},e^{-\left(\frac{\pi}{d}\right)^2\eta_z\tau}\right\}-\Theta_3\left\{\frac{\pi(z+w)}{2d},e^{-\left(\frac{\pi}{d}\right)^2\eta_z\tau}\right\}\right]dwd\tau-$$

$$-\frac{\pi}{\vartheta d\phi c_t}\sum_{m=0}^{\infty}\ni_m\cos(\xi_m\theta)\times$$

$$\times \sum_{n=1}^{\infty} \frac{\xi_n \left\{\xi_n J'_{\mathcal{M}}(\xi_n a) - \lambda J_{\mathcal{M}}(\xi_n a)\right\}^2 \mathcal{V}_{\mathcal{NM}}(\xi r, b)}{\left[\left\{1-\left(\frac{\mathcal{M}}{\xi_n b}\right)^2\right\}\left\{\xi_n J'_{\mathcal{M}}(\xi_n a) - \lambda J_{\mathcal{M}}(\xi_n a)\right\}^2 - \left\{\xi_n^2 + \lambda^2 - \left(\frac{\mathcal{M}}{a}\right)^2\right\} J'^2_{\mathcal{M}}(\xi_n b)\right]} \times$$

$$\times \int_0^t e^{-\eta_r \xi_n^2 \tau} \int_0^d \overline{\psi}_b(\xi_m, w, t-\tau) \left[\Theta_3\left\{\frac{\pi(z-w)}{2d}, e^{-\left(\frac{\pi}{d}\right)^2 \eta_z \tau}\right\} - \Theta_3\left\{\frac{\pi(z+w)}{2d}, e^{-\left(\frac{\pi}{d}\right)^2 \eta_z \tau}\right\}\right] dw d\tau +$$

$$+\frac{\pi^2 \eta_z}{2\vartheta d^2} \sum_{m=0}^{\infty} \ni_m \cos(\xi_m \theta) \times$$

$$\times \sum_{n=1}^{\infty} \frac{\xi_n^2 \left\{\xi_n J'_{\mathcal{M}}(\xi_n a) - \lambda J_{\mathcal{M}}(\xi_n a)\right\}^2 \mathcal{V}_{\mathcal{NM}}(\xi r, b)}{\left[\left\{1-\left(\frac{\mathcal{M}}{\xi_n b}\right)^2\right\}\left\{\xi_n J'_{\mathcal{M}}(\xi_n a) - \lambda J_{\mathcal{M}}(\xi_n a)\right\}^2 - \left\{\xi_n^2 + \lambda^2 - \left(\frac{\mathcal{M}}{a}\right)^2\right\} J'^2_{\mathcal{M}}(\xi_n b)\right]} \times$$

$$\times \int_0^t \left\{\Theta'_4\left(\frac{\pi z}{2d}, e^{-\left(\frac{\pi}{d}\right)^2 \eta_z \tau}\right) \overline{\overline{\psi}}_{\theta d}(\xi_n, \xi_m, t-\tau) - \Theta'_3\left(\frac{\pi z}{2d}, e^{-\left(\frac{\pi}{d}\right)^2 \eta_z \tau}\right) \overline{\overline{\psi}}_{\theta 0}(\xi_n, \xi_m, t-\tau)\right\} e^{-\eta_r \xi_n^2 \tau} d\tau +$$

$$+\frac{\pi^2}{2\vartheta d \phi c_t} \sum_{m=0}^{\infty} \ni_m \cos(\xi_m \theta) \times$$

$$\times \sum_{n=1}^{\infty} \frac{\xi_n^2 \left\{\xi_n J'_{\mathcal{M}}(\xi_n a) - \lambda J_{\mathcal{M}}(\xi_n a)\right\}^2 \mathcal{V}_{\mathcal{NM}}(\xi r, b)}{\left[\left\{1-\left(\frac{\mathcal{M}}{\xi_n b}\right)^2\right\}\left\{\xi_n J'_{\mathcal{M}}(\xi_n a) - \lambda J_{\mathcal{M}}(\xi_n a)\right\}^2 - \left\{\xi_n^2 + \lambda^2 - \left(\frac{\mathcal{M}}{a}\right)^2\right\} J'^2_{\mathcal{M}}(\xi_n b)\right]} \times$$

$$\times \int_0^a \frac{\mathcal{V}_{\mathcal{NM}}(\xi_n u, a)}{u} \int_0^d \int_0^t e^{-\eta_r \xi_n^2 \tau} \left\{\psi_{0z}(u, w, t-\tau) + (-1)^{m+1} \psi_{\vartheta z}(u, w, t-\tau)\right\} \times$$

$$\times \left[\Theta_3\left\{\frac{\pi(z-w)}{2d}, e^{-\left(\frac{\pi}{d}\right)^2 \eta_z \tau}\right\} - \Theta_3\left\{\frac{\pi(z+w)}{2d}, e^{-\left(\frac{\pi}{d}\right)^2 \eta_z \tau}\right\}\right] d\tau dw du +$$

$$+\frac{\pi^2}{2\vartheta d} \sum_{m=0}^{\infty} \ni_m \cos(\xi_m \theta) \times$$

$$\times \sum_{n=1}^{\infty} \frac{\xi_n^2 \left\{\xi_n J'_{\mathcal{M}}(\xi_n a) - \lambda J_{\mathcal{M}}(\xi_n a)\right\}^2 \mathcal{V}_{\mathcal{NM}}(\xi r, b)}{\left[\left\{1-\left(\frac{\mathcal{M}}{\xi_n b}\right)^2\right\}\left\{\xi_n J'_{\mathcal{M}}(\xi_n a) - \lambda J_{\mathcal{M}}(\xi_n a)\right\}^2 - \left\{\xi_n^2 + \lambda^2 - \left(\frac{\mathcal{M}}{a}\right)^2\right\} J'^2_{\mathcal{M}}(\xi_n b)\right]} \times$$

$$\times \int_0^d \overline{\overline{\varphi}}(\xi_n, \xi_m, w) \left[\Theta_3\left\{\frac{\pi(z-w)}{2d}, e^{-\left(\frac{\pi}{d}\right)^2 \eta_z t}\right\} - \Theta_3\left\{\frac{\pi(z+w)}{2d}, e^{-\left(\frac{\pi}{d}\right)^2 \eta_z t}\right\}\right] dw \qquad (29.19.2)$$

where $\overline{\psi}_a(\xi_m, w, t) = \int_0^\vartheta \psi_a(v, w, t) \cos(\xi_m v) dv$, $\overline{\psi}_b(\xi_m, w, t) = \int_0^\vartheta \psi_b(v, w, t) \cos(\xi_m v) dv$, $\overline{\overline{\psi}}_{\theta 0}(\xi_n, \xi_m, t) = \int_0^a u \mathcal{V}_{\mathcal{NM}}(\xi_n u, a) \int_0^\vartheta \psi_0(u, v, t) \cos(\xi_m v) dv du$ and $\overline{\overline{\psi}}_{\theta d}(\xi_n, \xi_m, t) = \int_0^a u \mathcal{V}_{\mathcal{NM}}(\xi_n u, a) \int_0^\vartheta \psi_{\theta d}(u, v, t) \cos(\xi_m v) dv du$.

29.20 **The problem of 29.12, except $\mathbf{D}_{\theta 0} \equiv p(r, \theta, 0, t) = \psi_{\theta 0}(r, \theta, t)$, $\mathbf{D}_{\theta d} \equiv p(r, \theta, d, t) = \psi_{\theta d}(r, \theta, t)$, $\mathbf{R}_a \equiv \frac{\partial p(a,\theta,z,t)}{\partial r} - \lambda_a p(a, \theta, z, t) = -\left(\frac{\mu}{k_r}\right) \psi_a(\theta, z, t)$, $\mathbf{R}_b \equiv \frac{\partial p(b,\theta,z,t)}{\partial r} + \lambda_b p(b, \theta, z, t) = -\left(\frac{\mu}{k_r}\right) \psi_b(\theta, z, t)$, $\mathbf{N}_{0z} \equiv \frac{\partial p(r,0,z,t)}{\partial \theta} = -\left(\frac{\mu}{k_\theta}\right) \psi_{0z}(r, z, t)$ and $\mathbf{N}_{\vartheta z} \equiv \frac{\partial p(r,\vartheta,z,t)}{\partial \theta} = -\left(\frac{\mu}{k_\theta}\right) \psi_{\vartheta z}(r, z, t)$**

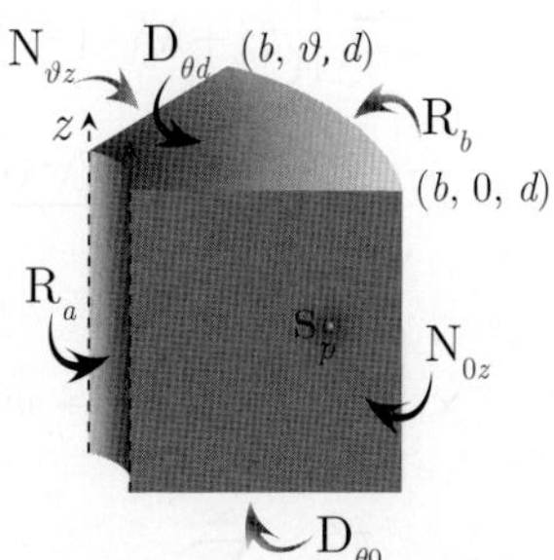

$$\overline{p} = \frac{\pi^2 q(s) e^{-st_0}}{2\vartheta\phi c_t\sqrt{\eta_z}} \sum_{m=0}^{\infty} \ni_m \cos(\xi_m\theta_0)\cos(\xi_m\theta) \sum_{n=1}^{\infty} \frac{\xi_n^2 \{\xi_n J'_{\mathcal{M}}(\xi_n b) + \lambda_b J_{\mathcal{M}}(\xi_n b)\}^2}{\sqrt{(\eta_r\xi_n^2 + s)}} \times$$

$$\times \frac{\{\xi_n \mathcal{V}_{\mathcal{NM}}(\xi_n r_0, a) - \lambda_a \mathcal{V}_{\mathcal{DM}}(\xi_n r_0, a)\}\{\xi_n \mathcal{V}_{\mathcal{NM}}(\xi_n r, a) - \lambda_a \mathcal{V}_{\mathcal{DM}}(\xi_n r, a)\} \operatorname{csch}\left(d\sqrt{\frac{\eta_r\xi_n^2+s}{\eta_z}}\right)}{\left[\left\{\xi_n^2+\lambda_b^2-\left(\frac{\mathcal{M}}{b}\right)^2\right\}\{\xi_n J'_{\mathcal{M}}(\xi_n a)-\lambda_a J_{\mathcal{M}}(\xi_n a)\}^2-\left\{\xi_n^2+\lambda_a^2-\left(\frac{\mathcal{M}}{a}\right)^2\right\}\{\xi_n J'_{\mathcal{M}}(\xi_n b)+\lambda J_{\mathcal{M}}(\xi_n b)\}^2\right]} \times$$

$$\times \left[\cosh\left\{(d-|z-z_0|)\sqrt{\frac{\eta_r\xi_n^2+s}{\eta_z}}\right\} - \cosh\left\{(d-z-z_0)\sqrt{\frac{\eta_r\xi_n^2+s}{\eta_z}}\right\}\right] +$$

$$+\frac{\pi}{\vartheta\phi c_t\sqrt{\eta_z}} \sum_{m=0}^{\infty} \ni_m \cos(\xi_m\theta) \times$$

$$\times \sum_{n=1}^{\infty} \frac{\xi_n^2 \{\xi_n J'_{\mathcal{M}}(\xi_n b) + \lambda_b J_{\mathcal{M}}(\xi_n b)\}^2 \{\xi_n \mathcal{V}_{\mathcal{NM}}(\xi_n r, a) - \lambda_a \mathcal{V}_{\mathcal{DM}}(\xi_n r, a)\} \operatorname{csch}\left(d\sqrt{\frac{\eta_r\xi_n^2+s}{\eta_z}}\right)}{\left[\left\{\xi_n^2+\lambda_b^2-\left(\frac{\mathcal{M}}{b}\right)^2\right\}\{\xi_n J'_{\mathcal{M}}(\xi_n a)-\lambda_a J_{\mathcal{M}}(\xi_n a)\}^2-\left\{\xi_n^2+\lambda_a^2-\left(\frac{\mathcal{M}}{a}\right)^2\right\}\{\xi_n J'_{\mathcal{M}}(\xi_n b)+\lambda J_{\mathcal{M}}(\xi_n b)\}^2\right]} \times$$

$$\times \frac{1}{\sqrt{\eta_r\xi_n^2+s}} \int_0^d \overline{\overline{\psi}}_a(\xi_m, w, s)\left[\cosh\left\{(d-|z-w|)\sqrt{\frac{\eta_r\xi_n^2+s}{\eta_z}}\right\} - \cosh\left\{(d-z-w)\sqrt{\frac{\eta_r\xi_n^2+s}{\eta_z}}\right\}\right] dw +$$

$$+\frac{\pi}{\vartheta\phi c_t\sqrt{\eta_z}} \sum_{m=0}^{\infty} \ni_m \cos(\xi_m\theta) \times$$

$$\times \sum_{n=1}^{\infty} \frac{\xi_n^2\{\xi_n J'_{\mathcal{M}}(\xi_n b) + \lambda_b J_{\mathcal{M}}(\xi_n b)\}\{\xi_n J'_{\mathcal{M}}(\xi_n a) + \lambda_a J_{\mathcal{M}}(\xi_n a)\}\{\xi_n \mathcal{V}_{\mathcal{NM}}(\xi_n r, a) - \lambda_a \mathcal{V}_{\mathcal{DM}}(\xi_n r, a)\}}{\left[\left\{\xi_n^2+\lambda_b^2-\left(\frac{\mathcal{M}}{b}\right)^2\right\}\{\xi_n J'_{\mathcal{M}}(\xi_n a)-\lambda_a J_{\mathcal{M}}(\xi_n a)\}^2-\left\{\xi_n^2+\lambda_a^2-\left(\frac{\mathcal{M}}{a}\right)^2\right\}\{\xi_n J'_{\mathcal{M}}(\xi_n b)+\lambda J_{\mathcal{M}}(\xi_n b)\}^2\right]} \times$$

$$\times \frac{\operatorname{csch}\left(d\sqrt{\frac{\eta_r\xi_n^2+s}{\eta_z}}\right)}{\sqrt{\eta_r\xi_n^2+s}} \int_0^d \overline{\overline{\psi}}_b(\xi_m, w, s)\left[\cosh\left\{(d-|z-w|)\sqrt{\frac{\eta_r\xi_n^2+s}{\eta_z}}\right\} - \cosh\left\{(d-z-w)\sqrt{\frac{\eta_r\xi_n^2+s}{\eta_z}}\right\}\right] dw +$$

$$+\frac{\pi^2}{\vartheta} \sum_{m=0}^{\infty} \ni_m \cos(\xi_m\theta) \times$$

$$\times \sum_{n=1}^{\infty} \frac{\xi_n^2 \{\xi_n J'_{\mathcal{M}}(\xi_n b) + \lambda_b J_{\mathcal{M}}(\xi_n b)\}^2 \{\xi_n \mathcal{V}_{\mathcal{NM}}(\xi_n r, a) - \lambda_a \mathcal{V}_{\mathcal{DM}}(\xi_n r, a)\} \operatorname{csch}\left(d\sqrt{\frac{\eta_r\xi_n^2+s}{\eta_z}}\right)}{\left[\left\{\xi_n^2+\lambda_b^2-\left(\frac{\mathcal{M}}{b}\right)^2\right\}\{\xi_n J'_{\mathcal{M}}(\xi_n a)-\lambda_a J_{\mathcal{M}}(\xi_n a)\}^2-\left\{\xi_n^2+\lambda_a^2-\left(\frac{\mathcal{M}}{a}\right)^2\right\}\{\xi_n J'_{\mathcal{M}}(\xi_n b)+\lambda J_{\mathcal{M}}(\xi_n b)\}^2\right]} \times$$

$$\times \left[\overline{\overline{\overline{\psi}}}_{\theta 0}(\xi_n, \xi_m, s) \sinh\left\{(d-z)\sqrt{\frac{\eta_r\xi_n^2+s}{\eta_z}}\right\} + \overline{\overline{\overline{\psi}}}_{\theta d}(\xi_n, \xi_m, s) \sinh\left\{z\sqrt{\frac{\eta_r\xi_n^2+s}{\eta_z}}\right\}\right] +$$

$$+\frac{2\pi^2}{\vartheta d\phi c_t\sqrt{\eta_z}} \sum_{m=0}^{\infty} \ni_m \cos(\xi_m\theta) \times$$

$$\times \sum_{n=1}^{\infty} \frac{\xi_n^2 \{\xi_n J'_{\mathcal{M}}(\xi_n b) + \lambda_b J_{\mathcal{M}}(\xi_n b)\}^2 \{\xi_n \mathcal{V}_{\mathcal{NM}}(\xi_n r, a) - \lambda_a \mathcal{V}_{\mathcal{DM}}(\xi_n r, a)\} \operatorname{csch}\left(d\sqrt{\frac{\eta_r\xi_n^2+s}{\eta_z}}\right)}{\left[\left\{\xi_n^2+\lambda_b^2-\left(\frac{\mathcal{M}}{b}\right)^2\right\}\{\xi_n J'_{\mathcal{M}}(\xi_n a)-\lambda_a J_{\mathcal{M}}(\xi_n a)\}^2-\left\{\xi_n^2+\lambda_a^2-\left(\frac{\mathcal{M}}{a}\right)^2\right\}\{\xi_n J'_{\mathcal{M}}(\xi_n b)+\lambda J_{\mathcal{M}}(\xi_n b)\}^2\right]} \times$$

$$\times \frac{1}{\sqrt{\eta_r\xi_n^2+s}} \int_0^a \frac{\mathcal{V}_{\mathcal{NM}}(\xi_n u, a)}{u} \int_0^d \left\{\overline{\psi}_{0z}(u, w, s) + (-1)^{m+1}\overline{\psi}_{\vartheta z}(u, w, s)\right\} \times$$

$$\times \left[\cosh\left\{(d-|z-w|)\sqrt{\frac{\eta_r\xi_n^2+s}{\eta_z}}\right\} - \cosh\left\{(d-z-w)\sqrt{\frac{\eta_r\xi_n^2+s}{\eta_z}}\right\}\right] dwdu +$$

$$+\frac{\pi^2}{2\vartheta\sqrt{\eta_z}} \sum_{m=0}^{\infty} \ni_m \cos(\xi_m\theta) \times$$

$$\times\sum_{n=1}^{\infty}\frac{\xi_n^2\left\{\xi_n J'_{\mathcal{M}}(\xi_n b)+\lambda_b J_{\mathcal{M}}(\xi_n b)\right\}^2\left\{\xi_n\mathcal{V}_{\mathcal{NM}}(\xi_n r,a)-\lambda_a\mathcal{V}_{\mathcal{DM}}(\xi_n r,a)\right\}\operatorname{csch}\left(d\sqrt{\frac{\eta_r\xi_n^2+s}{\eta_z}}\right)}{\left[\left\{\xi_n^2+\lambda_b^2-\left(\frac{\mathcal{M}}{b}\right)^2\right\}\left\{\xi_n J'_{\mathcal{M}}(\xi_n a)-\lambda_a J_{\mathcal{M}}(\xi_n a)\right\}^2-\left\{\xi_n^2+\lambda_a^2-\left(\frac{\mathcal{M}}{a}\right)^2\right\}\left\{\xi_n J'_{\mathcal{M}}(\xi_n b)+\lambda J_{\mathcal{M}}(\xi_n b)\right\}^2\right]}\times$$

$$\times\frac{1}{\sqrt{\eta_r\xi_n^2+s}}\int_0^d\overline{\overline{\varphi}}(\xi_n,\xi_m,w)\left[\cosh\left\{(d-|z-w|)\sqrt{\frac{\eta_r\xi_n^2+s}{\eta_z}}\right\}-\cosh\left\{(d-z-w)\sqrt{\frac{\eta_r\xi_n^2+s}{\eta_z}}\right\}\right]dw$$

(29.20.1)

where the eigenvalues ξ_n, $n=1,2,...$, are the positive roots of
$\lambda_a\left\{\mathcal{V}'_{\mathcal{DM}}(\xi_n b,a)+\lambda_b\mathcal{V}_{\mathcal{DM}}(\xi_n b,a)\right\}-\xi_n\left\{\mathcal{V}'_{\mathcal{NM}}(\xi_n b,a)+\lambda_b\mathcal{V}_{\mathcal{NM}}(\xi_n b,a)\right\}=0$, $\xi_l=\frac{l\pi}{d}, l=1,2,...$,
$\xi_m=\frac{m\pi}{d}, m=0,1,...$, $\overline{\overline{\overline{\psi}}}_{\theta 0}(\xi_n,\xi_m,s)=\int_0^a u\left\{\xi_n\mathcal{V}_{\mathcal{NM}}(\xi_n u,a)-\lambda_a\mathcal{V}_{\mathcal{DM}}(\xi_n u,a)\right\}\int_0^\vartheta\overline{\psi}_0(u,v,s)\cos(\xi_m v)dvdu$,
$\overline{\overline{\overline{\psi}}}_{\theta d}(\xi_n,\xi_m,s)=\int_0^a u\left\{\xi_n\mathcal{V}_{\mathcal{NM}}(\xi_n u,a)-\lambda_a\mathcal{V}_{\mathcal{DM}}(\xi_n u,a)\right\}\int_0^\vartheta\overline{\psi}_{\theta d}(u,v,s)\cos(\xi_m v)dvdu$,
$\overline{\overline{\psi}}_a(\xi_m,w,s)=\int_0^\vartheta\overline{\psi}_a(v,w,s)\cos(\xi_m v)dv$, $\overline{\overline{\psi}}_b(\xi_m,w,s)=\int_0^\vartheta\overline{\psi}_b(v,w,s)\cos(\xi_m v)dv$ and
$\overline{\overline{\varphi}}(\xi_n,\xi_m,w)=\int_0^a u\left\{\xi_n\mathcal{V}_{\mathcal{NM}}(\xi_n u,a)-\lambda_a\mathcal{V}_{\mathcal{DM}}(\xi_n u,a)\right\}\int_0^\vartheta\varphi(u,v,w)\cos(\xi_m v)dvdu$.

$$p=\frac{U(t-t_0)\pi^2}{2\vartheta d\phi c_t}\sum_{m=0}^{\infty}\ni_m\cos(\xi_m\theta_0)\cos(\xi_m\theta)\times$$

$$\times\sum_{n=1}^{\infty}\frac{\xi_n^2\left\{\xi_n J'_{\mathcal{M}}(\xi_n b)+\lambda_b J_{\mathcal{M}}(\xi_n b)\right\}^2\left\{\xi_n\mathcal{V}_{\mathcal{NM}}(\xi_n r_0,a)-\lambda_a\mathcal{V}_{\mathcal{DM}}(\xi_n r_0,a)\right\}}{\left[\left\{\xi_n^2+\lambda_b^2-\left(\frac{\mathcal{M}}{b}\right)^2\right\}\left\{\xi_n J'_{\mathcal{M}}(\xi_n a)-\lambda_a J_{\mathcal{M}}(\xi_n a)\right\}^2-\left\{\xi_n^2+\lambda_a^2-\left(\frac{\mathcal{M}}{a}\right)^2\right\}\left\{\xi_n J'_{\mathcal{M}}(\xi_n b)+\lambda J_{\mathcal{M}}(\xi_n b)\right\}^2\right]}\times$$

$$\times\left\{\xi_n\mathcal{V}_{\mathcal{NM}}(\xi_n r,a)-\lambda_a\mathcal{V}_{\mathcal{DM}}(\xi_n r,a)\right\}\times$$

$$\times\int_0^{t-t_0}q(t-t_0-\tau)\left[\Theta_3\left\{\frac{\pi(z-z_0)}{2d},e^{-\left(\frac{\pi}{d}\right)^2\eta_z\tau}\right\}-\Theta_3\left\{\frac{\pi(z+z_0)}{2d},e^{-\left(\frac{\pi}{d}\right)^2\eta_z\tau}\right\}\right]e^{-\eta_r\xi_n^2\tau}d\tau+$$

$$+\frac{\pi}{\vartheta d\phi c_t}\sum_{m=0}^{\infty}\ni_m\cos(\xi_m\theta)\times$$

$$\times\sum_{n=1}^{\infty}\frac{\xi_n^2\left\{\xi_n J'_{\mathcal{M}}(\xi_n b)+\lambda_b J_{\mathcal{M}}(\xi_n b)\right\}^2\left\{\xi_n\mathcal{V}_{\mathcal{NM}}(\xi_n r,a)-\lambda_a\mathcal{V}_{\mathcal{DM}}(\xi_n r,a)\right\}}{\left[\left\{\xi_n^2+\lambda_b^2-\left(\frac{\mathcal{M}}{b}\right)^2\right\}\left\{\xi_n J'_{\mathcal{M}}(\xi_n a)-\lambda_a J_{\mathcal{M}}(\xi_n a)\right\}^2-\left\{\xi_n^2+\lambda_a^2-\left(\frac{\mathcal{M}}{a}\right)^2\right\}\left\{\xi_n J'_{\mathcal{M}}(\xi_n b)+\lambda J_{\mathcal{M}}(\xi_n b)\right\}^2\right]}\times$$

$$\times\int_0^t e^{-\eta_r\xi_n^2\tau}\int_0^d\overline{\psi}_a(\xi_m,w,t-\tau)\left[\Theta_3\left\{\frac{\pi(z-w)}{2d},e^{-\left(\frac{\pi}{d}\right)^2\eta_z\tau}\right\}-\Theta_3\left\{\frac{\pi(z+w)}{2d},e^{-\left(\frac{\pi}{d}\right)^2\eta_z\tau}\right\}\right]dwd\tau+$$

$$+\frac{\pi}{\vartheta d\phi c_t}\sum_{m=0}^{\infty}\ni_m\cos(\xi_m\theta)\times$$

$$\times\sum_{n=1}^{\infty}\frac{\xi_n^2\{\xi_n J'_{\mathcal{M}}(\xi_n b)+\lambda_b J_{\mathcal{M}}(\xi_n b)\}\{\xi_n J'_{\mathcal{M}}(\xi_n a)+\lambda_a J_{\mathcal{M}}(\xi_n a)\}\left\{\xi_n\mathcal{V}_{\mathcal{NM}}(\xi_n r,a)-\lambda_a\mathcal{V}_{\mathcal{DM}}(\xi_n r,a)\right\}}{\left[\left\{\xi_n^2+\lambda_b^2-\left(\frac{\mathcal{M}}{b}\right)^2\right\}\left\{\xi_n J'_{\mathcal{M}}(\xi_n a)-\lambda_a J_{\mathcal{M}}(\xi_n a)\right\}^2-\left\{\xi_n^2+\lambda_a^2-\left(\frac{\mathcal{M}}{a}\right)^2\right\}\left\{\xi_n J'_{\mathcal{M}}(\xi_n b)+\lambda J_{\mathcal{M}}(\xi_n b)\right\}^2\right]}\times$$

$$\times\int_0^t e^{-\eta_r\xi_n^2\tau}\int_0^d\overline{\psi}_b(\xi_m,w,t-\tau)\left[\Theta_3\left\{\frac{\pi(z-w)}{2d},e^{-\left(\frac{\pi}{d}\right)^2\eta_z\tau}\right\}-\Theta_3\left\{\frac{\pi(z+w)}{2d},e^{-\left(\frac{\pi}{d}\right)^2\eta_z\tau}\right\}\right]dwd\tau+$$

$$+\frac{\pi^2\eta_z}{2\vartheta d^2}\sum_{m=0}^{\infty}\ni_m\cos(\xi_m\theta)\times$$

$$\times\sum_{n=1}^{\infty}\frac{\xi_n^2\left\{\xi_n J'_{\mathcal{M}}(\xi_n b)+\lambda_b J_{\mathcal{M}}(\xi_n b)\right\}^2\left\{\xi_n\mathcal{V}_{\mathcal{NM}}(\xi_n r,a)-\lambda_a\mathcal{V}_{\mathcal{DM}}(\xi_n r,a)\right\}}{\left[\left\{\xi_n^2+\lambda_b^2-\left(\frac{\mathcal{M}}{b}\right)^2\right\}\left\{\xi_n J'_{\mathcal{M}}(\xi_n a)-\lambda_a J_{\mathcal{M}}(\xi_n a)\right\}^2-\left\{\xi_n^2+\lambda_a^2-\left(\frac{\mathcal{M}}{a}\right)^2\right\}\left\{\xi_n J'_{\mathcal{M}}(\xi_n b)+\lambda J_{\mathcal{M}}(\xi_n b)\right\}^2\right]}\times$$

$$\times\int_0^t\left\{\Theta'_4\left(\frac{\pi z}{2d},e^{-\left(\frac{\pi}{d}\right)^2\eta_z\tau}\right)\overline{\overline{\overline{\psi}}}_{\theta d}(\xi_n,\xi_m,t-\tau)-\Theta'_3\left(\frac{\pi z}{2d},e^{-\left(\frac{\pi}{d}\right)^2\eta_z\tau}\right)\overline{\overline{\overline{\psi}}}_{\theta 0}(\xi_n,\xi_m,t-\tau)\right\}e^{-\eta_r\xi_n^2\tau}d\tau+$$

$$+\frac{\pi^2}{2\vartheta d\phi c_t}\sum_{m=0}^{\infty}\ni_m\cos(\xi_m\theta)\times$$

$$\times\sum_{n=1}^{\infty}\frac{\xi_n^2\{\xi_n J'_{\mathcal{M}}(\xi_n b)+\lambda_b J_{\mathcal{M}}(\xi_n b)\}^2\{\xi_n\mathcal{V}_{\mathcal{NM}}(\xi_n r,a)-\lambda_a\mathcal{V}_{\mathcal{DM}}(\xi_n r,a)\}}{\left[\left\{\xi_n^2+\lambda_b^2-\left(\frac{\mathcal{M}}{b}\right)^2\right\}\{\xi_n J'_{\mathcal{M}}(\xi_n a)-\lambda_a J_{\mathcal{M}}(\xi_n a)\}^2-\left\{\xi_n^2+\lambda_a^2-\left(\frac{\mathcal{M}}{a}\right)^2\right\}\{\xi_n J'_{\mathcal{M}}(\xi_n b)+\lambda J_{\mathcal{M}}(\xi_n b)\}^2\right]}\times$$

$$\times\int_0^a\frac{\mathcal{V}_{\mathcal{NM}}(\xi_n u,a)}{u}\int_0^d\int_0^t e^{-\eta_r\xi_n^2\tau}\left\{\psi_{0z}(u,w,t-\tau)+(-1)^{m+1}\psi_{\vartheta z}(u,w,t-\tau)\right\}\times$$

$$\times\left[\Theta_3\left\{\frac{\pi(z-w)}{2d},e^{-\left(\frac{\pi}{d}\right)^2\eta_z\tau}\right\}-\Theta_3\left\{\frac{\pi(z+w)}{2d},e^{-\left(\frac{\pi}{d}\right)^2\eta_z\tau}\right\}\right]d\tau dw du+$$

$$+\frac{\pi^2}{2\vartheta d}\sum_{m=0}^{\infty}\ni_m\cos(\xi_m\theta)\times$$

$$\times\sum_{n=1}^{\infty}\frac{\xi_n^2\{\xi_n J'_{\mathcal{M}}(\xi_n b)+\lambda_b J_{\mathcal{M}}(\xi_n b)\}^2\{\xi_n\mathcal{V}_{\mathcal{NM}}(\xi_n r,a)-\lambda_a\mathcal{V}_{\mathcal{DM}}(\xi_n r,a)\}}{\left[\left\{\xi_n^2+\lambda_b^2-\left(\frac{\mathcal{M}}{b}\right)^2\right\}\{\xi_n J'_{\mathcal{M}}(\xi_n a)-\lambda_a J_{\mathcal{M}}(\xi_n a)\}^2-\left\{\xi_n^2+\lambda_a^2-\left(\frac{\mathcal{M}}{a}\right)^2\right\}\{\xi_n J'_{\mathcal{M}}(\xi_n b)+\lambda J_{\mathcal{M}}(\xi_n b)\}^2\right]}\times$$

$$\times\int_0^d\overline{\overline{\varphi}}(\xi_n,\xi_m,w)\left[\Theta_3\left\{\frac{\pi(z-w)}{2d},e^{-\left(\frac{\pi}{d}\right)^2\eta_z t}\right\}-\Theta_3\left\{\frac{\pi(z+w)}{2d},e^{-\left(\frac{\pi}{d}\right)^2\eta_z t}\right\}\right]dw \quad (29.20.2)$$

where $\overline{\psi}_a(\xi_m,w,t)=\int_0^{\vartheta}\psi_a(v,w,t)\cos(\xi_m v)dv$, $\overline{\psi}_b(\xi_m,w,t)=\int_0^{\vartheta}\psi_b(v,w,t)\cos(\xi_m v)dv$, $\overline{\overline{\psi}}_{\theta 0}(\xi_n,\xi_m,t)=\int_0^a u\{\xi_n\mathcal{V}_{\mathcal{NM}}(\xi_n u,a)-\lambda_a\mathcal{V}_{\mathcal{DM}}(\xi_n u,a)\}\int_0^{\vartheta}\psi_0(u,v,t)\cos(\xi_m v)dvdu$ and $\overline{\overline{\psi}}_{\theta d}(\xi_n,\xi_m,t)=\int_0^a u\{\xi_n\mathcal{V}_{\mathcal{NM}}(\xi_n u,a)-\lambda_a\mathcal{V}_{\mathcal{DM}}(\xi_n u,a)\}\int_0^{\vartheta}\psi_{\theta d}(u,v,t)\cos(\xi_m v)dvdu$.

29.21

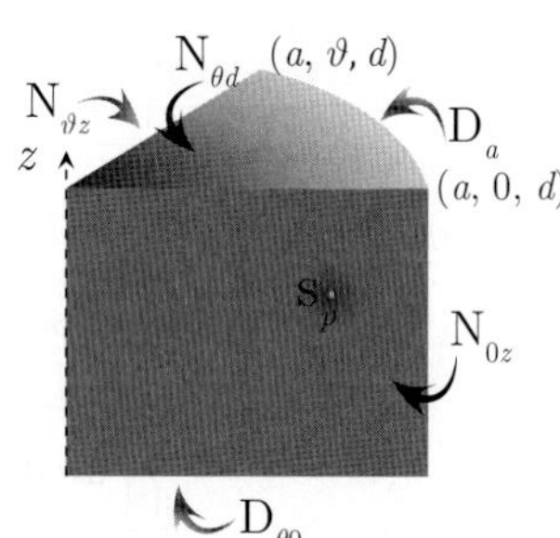

A cylindrical continuum bounded by $0\le r\le a$ and $0\le z\le d$ and $0\le\theta\le\vartheta$; $\vartheta<2\pi$. Point source at $s_p\equiv(r_0,\theta_0,z_0)$ at time $t=t_0$; $0<r_0<a$, $0\le\theta_0\le\vartheta$, $0<z_0<d$, $t_0\ge 0$. $D_a\equiv p(a,\theta,z,t)=\psi_a(\theta,z,t)$, $D_{\theta 0}\equiv p(r,\theta,0,t)=\psi_{\theta 0}(r,\theta,t)$, $N_{\theta d}\equiv\frac{\partial p(r,\theta,d,t)}{\partial z}=-\left(\frac{\mu}{k_z}\right)\psi_{\theta d}(r,\theta,t)$, $N_{0z}\equiv\frac{\partial p(r,0,z,t)}{\partial\theta}=-\left(\frac{\mu}{k_\theta}\right)\psi_{0z}(r,z,t)$ and $N_{\vartheta z}\equiv\frac{\partial p(r,\vartheta,z,t)}{\partial\theta}=-\left(\frac{\mu}{k_\theta}\right)\psi_{\vartheta z}(r,z,t)$. $p(r,\theta,z,0)=\varphi(r,\theta,z)$

$$\overline{p}=\frac{2q(s)e^{-st_0}}{\vartheta a^2\phi c_t\sqrt{\eta_z}}\sum_{m=0}^{\infty}\ni_m\cos(\xi_m\theta_0)\cos(\xi_m\theta)\sum_{n=1}^{\infty}\frac{J_{\mathcal{M}}(\xi_n r_0)J_{\mathcal{M}}(\xi_n r)\operatorname{sech}\left(d\sqrt{\frac{\eta_r\xi_n^2+s}{\eta_z}}\right)}{J'^2_{\mathcal{M}}(\xi_n a)\sqrt{(\eta_r\xi_n^2+s)}}\times$$

$$\times\left[\sinh\left\{(d-|z-z_0|)\sqrt{\frac{\eta_r\xi_n^2+s}{\eta_z}}\right\}-\sinh\left\{(d-z-z_0)\sqrt{\frac{\eta_r\xi_n^2+s}{\eta_z}}\right\}\right]-$$

$$-\frac{2\eta_r}{\vartheta a\sqrt{\eta_z}}\sum_{m=0}^{\infty}\ni_m\cos(\xi_m\theta)\sum_{n=1}^{\infty}\frac{\xi_n J_{\mathcal{M}}(\xi_n r)\operatorname{sech}\left(d\sqrt{\frac{\eta_r\xi_n^2+s}{\eta_z}}\right)}{J'_{\mathcal{M}}(\xi_n a)\sqrt{\eta_r\xi_n^2+s}}\times$$

$$\times\int_0^d\overline{\overline{\psi}}_a(\xi_m,w,s)\left[\sinh\left\{(d-|z-w|)\sqrt{\frac{\eta_r\xi_n^2+s}{\eta_z}}\right\}-\sinh\left\{(d-z-w)\sqrt{\frac{\eta_r\xi_n^2+s}{\eta_z}}\right\}\right]dw+$$

$$+\frac{4}{\vartheta a^2}\sum_{m=0}^{\infty}\ni_m\cos(\xi_m\theta)\sum_{n=1}^{\infty}\frac{J_{\mathcal{M}}(\xi_n r)\operatorname{sech}\left(d\sqrt{\frac{\eta_r\xi_n^2+s}{\eta_z}}\right)}{J'^2_{\mathcal{M}}(\xi_n a)}\times$$

$$\times\left[\overline{\overline{\overline{\psi}}}_{\theta 0}(\xi_n,\xi_m,s)\cosh\left\{(d-z)\sqrt{\frac{\eta_r\xi_n^2+s}{\eta_z}}\right\}+\frac{\overline{\overline{\overline{\psi}}}_{\theta d}(\xi_n,\xi_m,s)}{\phi c_t\sqrt{\eta_z\left(\eta_r\xi_n^2+s\right)}}\sinh\left\{z\sqrt{\frac{\eta_r\xi_n^2+s}{\eta_z}}\right\}\right]+$$

$$+\frac{2}{\vartheta a^2\phi c_t\sqrt{\eta_z}}\sum_{m=0}^{\infty}\ni_m\cos(\xi_m\theta)\sum_{n=1}^{\infty}\frac{\operatorname{sech}\left(d\sqrt{\frac{\eta_r\xi_n^2+s}{\eta_z}}\right)J_{\mathcal{M}}(\xi_n r)}{J_{\mathcal{M}}'^2(\xi_n a)\sqrt{\left(\eta_r\xi_n^2+s\right)}}\times$$

$$\times\int_0^a\frac{J_{\mathcal{M}}(\xi_n u)}{u}\int_0^d\left\{\overline{\psi}_{0z}(u,w,s)+(-1)^{m+1}\overline{\psi}_{\vartheta z}(u,w,s)\right\}\times$$

$$\times\left[\sinh\left\{(d-|z-w|)\sqrt{\frac{\eta_r\xi_n^2+s}{\eta_z}}\right\}-\sinh\left\{(d-z-w)\sqrt{\frac{\eta_r\xi_n^2+s}{\eta_z}}\right\}\right]dwdu+$$

$$+\frac{2}{\vartheta a^2\sqrt{\eta_z}}\sum_{m=0}^{\infty}\ni_m\cos(\xi_m\theta)\sum_{n=1}^{\infty}\frac{J_{\mathcal{M}}(\xi_n r)\operatorname{sech}\left(d\sqrt{\frac{\eta_r\xi_n^2+s}{\eta_z}}\right)}{J_{\mathcal{M}}'^2(\xi_n a)\sqrt{\eta_r\xi_n^2+s}}\times$$

$$\times\int_0^d\overline{\overline{\varphi}}(\xi_n,\xi_m,w)\left[\sinh\left\{(d-|z-w|)\sqrt{\frac{\eta_r\xi_n^2+s}{\eta_z}}\right\}-\sinh\left\{(d-z-w)\sqrt{\frac{\eta_r\xi_n^2+s}{\eta_z}}\right\}\right]dw \quad (29.21.1)$$

where ξ_n are the positive roots of $J_{\mathcal{M}}(\xi_n a)=0$, $n=1,2,...$, $\xi_l=\frac{(2l-1)\pi}{2d}$, $l=1,2,...$, $\xi_m=\frac{m\pi}{d}$, $m=0,1,...$, $\overline{\overline{\overline{\psi}}}_{\theta 0}(\xi_n,\xi_m,s)=\int_0^a uJ_{\mathcal{M}}(\xi_n u)\int_0^\vartheta\overline{\psi}_0(u,v,s)\cos(\xi_m v)dvdu$, $\overline{\overline{\overline{\psi}}}_{\theta d}(\xi_n,\xi_m,s)=\int_0^a uJ_{\mathcal{M}}(\xi_n u)\int_0^\vartheta\overline{\psi}_{\theta d}(u,v,s)\cos(\xi_m v)dvdu$, $\overline{\overline{\psi}}_a(\xi_m,w,s)=\int_0^\vartheta\overline{\psi}_a(v,w,s)\cos(\xi_m v)dv$ and $\overline{\overline{\varphi}}(\xi_n,\xi_m,w)=\int_0^a uJ_{\mathcal{M}}(\xi_n u)\int_0^\vartheta\varphi(u,v,w)\cos(\xi_m v)dvdu$.

$$p=\frac{2U(t-t_0)}{\vartheta a^2 d\phi c_t}\sum_{m=0}^{\infty}\ni_m\cos(\xi_m\theta_0)\cos(\xi_m\theta)\sum_{n=1}^{\infty}\frac{J_{\mathcal{M}}(\xi_n r_0)J_{\mathcal{M}}(\xi_n r)}{J_{\mathcal{M}}'^2(\xi_n a)}\times$$

$$\times\int_0^{t-t_0}q(t-t_0-\tau)\left[\Theta_2\left\{\frac{\pi(z-z_0)}{2d},e^{-\left(\frac{\pi}{d}\right)^2\eta_z\tau}\right\}-\Theta_2\left\{\frac{\pi(z+z_0)}{2d},e^{-\left(\frac{\pi}{d}\right)^2\eta_z\tau}\right\}\right]e^{-\eta_r\xi_n^2\tau}d\tau-$$

$$-\frac{2\eta_r}{\vartheta ad}\sum_{m=0}^{\infty}\ni_m\cos(\xi_m\theta)\sum_{n=1}^{\infty}\frac{\xi_n J_{\mathcal{M}}(\xi_n r)}{J_{\mathcal{M}}'(\xi_n a)}\times$$

$$\times\int_0^t e^{-\eta_r\xi_n^2\tau}\int_0^d\overline{\psi}_a(\xi_m,w,t-\tau)\left[\Theta_2\left\{\frac{\pi(z-w)}{2d},e^{-\left(\frac{\pi}{d}\right)^2\eta_z\tau}\right\}-\Theta_2\left\{\frac{\pi(z+w)}{2d},e^{-\left(\frac{\pi}{d}\right)^2\eta_z\tau}\right\}\right]dwd\tau-$$

$$-\frac{4}{\vartheta a^2 d}\sum_{m=0}^{\infty}\ni_m\cos(\xi_m\theta)\sum_{n=1}^{\infty}\frac{J_{\mathcal{M}}(\xi_n r)}{J_{\mathcal{M}}'^2(\xi_n a)}\int_0^t\left\{\left(\frac{\eta_z}{2d}\right)\Theta_2'\left(\frac{\pi z}{2d},e^{-\left(\frac{\pi}{d}\right)^2\eta_z\tau}\right)\overline{\overline{\psi}}_{\theta 0}(\xi_n,\xi_m,t-\tau)+\right.$$

$$\left.+\left(\frac{1}{\phi c_t}\right)\Theta_1\left(\frac{\pi z}{2d},e^{-\left(\frac{\pi}{d}\right)^2\eta_z\tau}\right)\overline{\overline{\psi}}_{\theta d}(\xi_n,\xi_m,t-\tau)\right\}e^{-\eta_r\xi_n^2\tau}d\tau+$$

$$+\frac{2}{\vartheta a^2 d\phi c_t}\sum_{m=0}^{\infty}\ni_m\cos(\xi_m\theta)\sum_{n=1}^{\infty}\frac{J_{\mathcal{M}}(\xi_n r)}{J_{\mathcal{M}}'^2(\xi_n a)}\times$$

$$\times\int_0^a\frac{J_{\mathcal{M}}(\xi_n u)}{u}\int_0^d\int_0^t e^{-\eta_r\xi_n^2\tau}\left\{\psi_{0z}(u,w,t-\tau)+(-1)^{m+1}\psi_{\vartheta z}(u,w,t-\tau)\right\}\times$$

$$\times\left[\Theta_2\left\{\frac{\pi(z-w)}{2d},e^{-\left(\frac{\pi}{d}\right)^2\eta_z\tau}\right\}-\Theta_2\left\{\frac{\pi(z+w)}{2d},e^{-\left(\frac{\pi}{d}\right)^2\eta_z\tau}\right\}\right]d\tau dwdu+$$

$$+\frac{2}{\vartheta a^2 d}\sum_{m=0}^{\infty}\ni_m\cos(\xi_m\theta)\sum_{n=1}^{\infty}\frac{J_{\mathcal{M}}(\xi_n r)\,e^{-\eta_r\xi_n^2 t}}{J'^2_{\mathcal{M}}(\xi_n a)}\times$$

$$\times\int_0^d\overline{\overline{\varphi}}(\xi_n,\xi_m,w)\left[\Theta_2\left\{\frac{\pi(z-w)}{2d},e^{-\left(\frac{\pi}{d}\right)^2\eta_z t}\right\}-\Theta_2\left\{\frac{\pi(z+w)}{2d},e^{-\left(\frac{\pi}{d}\right)^2\eta_z t}\right\}\right]dw \qquad (29.21.2)$$

where $\overline{\psi}_a(\xi_m,w,t)=\int_0^{\vartheta}\psi_a(v,w,t)\cos(\xi_m v)dv$, $\overline{\overline{\psi}}_{\theta 0}(\xi_n,\xi_m,t)=\int_0^a uJ_{\mathcal{M}}(\xi_n u)\int_0^{\vartheta}\psi_0(u,v,t)\cos(\xi_m v)dvdu$ and $\overline{\overline{\psi}}_{\theta d}(\xi_n,\xi_m,t)=\int_0^a uJ_{\mathcal{M}}(\xi_n u)\int_0^{\vartheta}\psi_{\theta d}(u,v,t)\cos(\xi_m v)dvdu$.

29.22

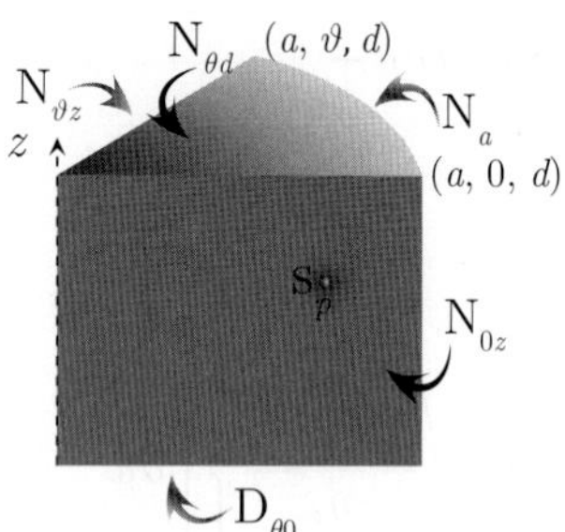

The problem of 29.21, except
$\mathbf{N}_a\equiv\frac{\partial p(a,\theta,z,t)}{\partial r}=-\left(\frac{\mu}{k_r}\right)\psi_a(\theta,z,t)$,
$\mathbf{D}_{\theta 0}\equiv p(r,\theta,0,t)=\psi_{\theta 0}(r,\theta,t)$,
$\mathbf{N}_{\theta d}\equiv\frac{\partial p(r,\theta,d,t)}{\partial z}=-\left(\frac{\mu}{k_z}\right)\psi_{\theta d}(r,\theta,t)$,
$\mathbf{N}_{0z}\equiv\frac{\partial p(r,0,z,t)}{\partial\theta}=-\left(\frac{\mu}{k_\theta}\right)\psi_{0z}(r,z,t)$ **and**
$\mathbf{N}_{\vartheta z}\equiv\frac{\partial p(r,\vartheta,z,t)}{\partial\theta}=-\left(\frac{\mu}{k_\theta}\right)\psi_{\vartheta z}(r,z,t)$

$$\overline{p}=\frac{2q(s)\,e^{-st_0}}{\vartheta a^2\phi c_t\sqrt{\eta_z}}\sum_{m=0}^{\infty}\ni_m\cos(\xi_m\theta_0)\cos(\xi_m\theta)\sum_{n=0}^{\infty}\frac{J_{\mathcal{M}}(\xi_n r_0)\,J_{\mathcal{M}}(\xi_n r)\operatorname{sech}\left(d\sqrt{\frac{\eta_r\xi_n^2+s}{\eta_z}}\right)}{\left\{1-\left(\frac{\mathcal{M}}{\xi_n a}\right)^2\right\}J^2_{\mathcal{M}}(\xi_n a)\sqrt{(\eta_r\xi_n^2+s)}}\times$$

$$\times\left[\sinh\left\{(d-|z-z_0|)\sqrt{\frac{\eta_r\xi_n^2+s}{\eta_z}}\right\}-\sinh\left\{(d-z-z_0)\sqrt{\frac{\eta_r\xi_n^2+s}{\eta_z}}\right\}\right]-$$

$$-\frac{2}{\vartheta a\phi c_t\sqrt{\eta_z}}\sum_{m=0}^{\infty}\ni_m\cos(\xi_m\theta)\sum_{n=0}^{\infty}\frac{J_{\mathcal{M}}(\xi_n r)\operatorname{sech}\left(d\sqrt{\frac{\eta_r\xi_n^2+s}{\eta_z}}\right)}{\left\{1-\left(\frac{\mathcal{M}}{\xi_n a}\right)^2\right\}J_{\mathcal{M}}(\xi_n a)\sqrt{\eta_r\xi_n^2+s}}\times$$

$$\times\int_0^d\overline{\psi}_a(\xi_m,w,s)\left[\sinh\left\{(d-|z-w|)\sqrt{\frac{\eta_r\xi_n^2+s}{\eta_z}}\right\}-\sinh\left\{(d-z-w)\sqrt{\frac{\eta_r\xi_n^2+s}{\eta_z}}\right\}\right]dw+$$

$$+\frac{4}{\vartheta a^2}\sum_{m=0}^{\infty}\ni_m\cos(\xi_m\theta)\sum_{n=0}^{\infty}\frac{J_{\mathcal{M}}(\xi_n r)\operatorname{sech}\left(d\sqrt{\frac{\eta_r\xi_n^2+s}{\eta_z}}\right)}{\left\{1-\left(\frac{\mathcal{M}}{\xi_n a}\right)^2\right\}J^2_{\mathcal{M}}(\xi_n a)}\times$$

$$\times\left[\overline{\overline{\psi}}_{\theta 0}(\xi_n,\xi_m,s)\cosh\left\{(d-z)\sqrt{\frac{\eta_r\xi_n^2+s}{\eta_z}}\right\}+\frac{\overline{\overline{\psi}}_{\theta d}(\xi_n,\xi_m,s)}{\phi c_t\sqrt{\eta_z(\eta_r\xi_n^2+s)}}\sinh\left\{z\sqrt{\frac{\eta_r\xi_n^2+s}{\eta_z}}\right\}\right]+$$

$$+\frac{2}{\vartheta a^2\phi c_t\sqrt{\eta_z}}\sum_{m=0}^{\infty}\ni_m\cos(\xi_m\theta)\sum_{n=0}^{\infty}\frac{J_{\mathcal{M}}(\xi_n r)\operatorname{sech}\left(d\sqrt{\frac{\eta_r\xi_n^2+s}{\eta_z}}\right)}{\left\{1-\left(\frac{\mathcal{M}}{\xi_n a}\right)^2\right\}J^2_{\mathcal{M}}(\xi_n a)\sqrt{\eta_r\xi_n^2+s}}\times$$

$$\times\int_0^a\frac{J_{\mathcal{M}}(\xi_n u)}{u}\int_0^d\left\{\overline{\psi}_{0z}(u,w,s)+(-1)^{m+1}\overline{\psi}_{\vartheta z}(u,w,s)\right\}\times$$

$$\times\left[\sinh\left\{(d-|z-w|)\sqrt{\frac{\eta_r\xi_n^2+s}{\eta_z}}\right\}-\sinh\left\{(d-z-w)\sqrt{\frac{\eta_r\xi_n^2+s}{\eta_z}}\right\}\right]dwdu+$$

$$+\frac{2}{\vartheta a^2\sqrt{\eta_z}}\sum_{m=0}^{\infty}\ni_m\cos(\xi_m\theta)\sum_{n=0}^{\infty}\frac{J_{\mathcal{M}}(\xi_n r)\operatorname{sech}\left(d\sqrt{\frac{\eta_r\xi_n^2+s}{\eta_z}}\right)}{\left\{1-\left(\frac{\mathcal{M}}{\xi_n a}\right)^2\right\}J_{\mathcal{M}}^2(\xi_n a)\sqrt{\eta_r\xi_n^2+s}}\times$$

$$\times\int_0^d\overline{\overline{\varphi}}(\xi_n,\xi_m,w)\left[\sinh\left\{(d-|z-w|)\sqrt{\frac{\eta_r\xi_n^2+s}{\eta_z}}\right\}-\sinh\left\{(d-z-w)\sqrt{\frac{\eta_r\xi_n^2+s}{\eta_z}}\right\}\right]dw \quad (29.22.1)$$

where ξ_n are the positive roots of $J'_{\mathcal{M}}(\xi_n a)=0$, $n=1,2,..,$ $\xi_l=\frac{(2l-1)\pi}{2d}$, $l=1,2,...,$ $\xi_m=\frac{m\pi}{d}$, $m=0,1,...,$ $\overline{\overline{\overline{\psi}}}_{\theta 0}(\xi_n,\xi_m,s)=\int_0^a uJ_{\mathcal{M}}(\xi_n u)\int_0^{\vartheta}\overline{\psi}_0(u,v,s)\cos(\xi_m v)dvdu$,
$\overline{\overline{\overline{\psi}}}_{\theta d}(\xi_n,\xi_m,s)=\int_0^a uJ_{\mathcal{M}}(\xi_n u)\int_0^{\vartheta}\overline{\psi}_{\theta d}(u,v,s)\cos(\xi_m v)dvdu$, $\overline{\overline{\psi}}_a(\xi_m,w,s)=\int_0^{\vartheta}\overline{\psi}_a(v,w,s)\cos(\xi_m v)dv$ and $\overline{\overline{\varphi}}(\xi_n,\xi_m,w)=\int_0^a uJ_{\mathcal{M}}(\xi_n u)\int_0^{\vartheta}\varphi(u,v,w)\cos(\xi_m v)dvdu$.

$$p=\frac{2U(t-t_0)}{\vartheta a^2 d\phi c_t}\sum_{m=0}^{\infty}\ni_m\cos(\xi_m\theta_0)\cos(\xi_m\theta)\sum_{n=0}^{\infty}\frac{J_{\mathcal{M}}(\xi_n r_0)J_{\mathcal{M}}(\xi_n r)}{\left\{1-\left(\frac{\mathcal{M}}{\xi_n a}\right)^2\right\}J_{\mathcal{M}}^2(\xi_n a)}\times$$

$$\times\int_0^{t-t_0}q(t-t_0-\tau)\left[\Theta_2\left\{\frac{\pi(z-z_0)}{2d},e^{-\left(\frac{\pi}{d}\right)^2\eta_z\tau}\right\}-\Theta_2\left\{\frac{\pi(z+z_0)}{2d},e^{-\left(\frac{\pi}{d}\right)^2\eta_z\tau}\right\}\right]e^{-\eta_r\xi_n^2\tau}d\tau-$$

$$-\frac{2}{\vartheta a d\phi c_t}\sum_{m=0}^{\infty}\ni_m\cos(\xi_m\theta)\sum_{n=0}^{\infty}\frac{J_{\mathcal{M}}(\xi_n r)}{\left\{1-\left(\frac{\mathcal{M}}{\xi_n a}\right)^2\right\}J_{\mathcal{M}}(\xi_n a)}\times$$

$$\times\int_0^t e^{-\eta_r\xi_n^2\tau}\int_0^d\overline{\psi}_a(\xi_m,w,t-\tau)\left[\Theta_2\left\{\frac{\pi(z-w)}{2d},e^{-\left(\frac{\pi}{d}\right)^2\eta_z\tau}\right\}-\Theta_2\left\{\frac{\pi(z+w)}{2d},e^{-\left(\frac{\pi}{d}\right)^2\eta_z\tau}\right\}\right]dwd\tau-$$

$$-\frac{4}{\vartheta a^2 d}\sum_{m=0}^{\infty}\ni_m\cos(\xi_m\theta)\sum_{n=0}^{\infty}\frac{J_{\mathcal{M}}(\xi_n r)}{\left\{1-\left(\frac{\mathcal{M}}{\xi_n a}\right)^2\right\}J_{\mathcal{M}}^2(\xi_n a)}\int_0^t\left\{\left(\frac{\eta_z}{2d}\right)\Theta_2'\left(\frac{\pi z}{2d},e^{-\left(\frac{\pi}{d}\right)^2\eta_z\tau}\right)\overline{\overline{\psi}}_{\theta 0}(\xi_n,\xi_m,t-\tau)+\right.$$

$$\left.+\left(\frac{1}{\phi c_t}\right)\Theta_1\left(\frac{\pi z}{2d},e^{-\left(\frac{\pi}{d}\right)^2\eta_z\tau}\right)\overline{\overline{\psi}}_{\theta d}(\xi_n,\xi_m,t-\tau)\right\}e^{-\eta_r\xi_n^2\tau}d\tau+$$

$$+\frac{2}{\vartheta a^2 d\phi c_t}\sum_{m=0}^{\infty}\ni_m\cos(\xi_m\theta)\sum_{n=0}^{\infty}\frac{J_{\mathcal{M}}(\xi_n r)}{\left\{1-\left(\frac{\mathcal{M}}{\xi_n a}\right)^2\right\}J_{\mathcal{M}}^2(\xi_n a)}\times$$

$$\times\int_0^a\frac{J_{\mathcal{M}}(\xi_n u)}{u}\int_0^d\int_0^t e^{-\eta_r\xi_n^2\tau}\left\{\psi_{0z}(u,w,t-\tau)+(-1)^{m+1}\psi_{\vartheta z}(u,w,t-\tau)\right\}\times$$

$$\times\left[\Theta_2\left\{\frac{\pi(z-w)}{2d},e^{-\left(\frac{\pi}{d}\right)^2\eta_z\tau}\right\}-\Theta_2\left\{\frac{\pi(z+w)}{2d},e^{-\left(\frac{\pi}{d}\right)^2\eta_z\tau}\right\}\right]d\tau dwdu+$$

$$+\frac{2}{\vartheta a^2 d}\sum_{m=0}^{\infty}\ni_m\cos(\xi_m\theta)\sum_{n=0}^{\infty}\frac{J_{\mathcal{M}}(\xi_n r)e^{-\eta_r\xi_n^2 t}}{\left\{1-\left(\frac{\mathcal{M}}{\xi_n a}\right)^2\right\}J_{\mathcal{M}}^2(\xi_n a)}\times$$

$$\times\int_0^d\overline{\overline{\varphi}}(\xi_n,\xi_m,w)\left[\Theta_2\left\{\frac{\pi(z-w)}{2d},e^{-\left(\frac{\pi}{d}\right)^2\eta_z t}\right\}-\Theta_2\left\{\frac{\pi(z+w)}{2d},e^{-\left(\frac{\pi}{d}\right)^2\eta_z t}\right\}\right]dw \quad (29.22.2)$$

where $\overline{\psi}_a(\xi_m,w,t)=\int_0^{\vartheta}\psi_a(v,w,t)\cos(\xi_m v)dv$, $\overline{\overline{\psi}}_{\theta 0}(\xi_n,\xi_m,t)=\int_0^a uJ_{\mathcal{M}}(\xi_n u)\int_0^{\vartheta}\psi_0(u,v,t)\cos(\xi_m v)dvdu$ and $\overline{\overline{\psi}}_{\theta d}(\xi_n,\xi_m,t)=\int_0^a uJ_{\mathcal{M}}(\xi_n u)\int_0^{\vartheta}\psi_{\theta d}(u,v,t)\cos(\xi_m v)dvdu$.

29.23

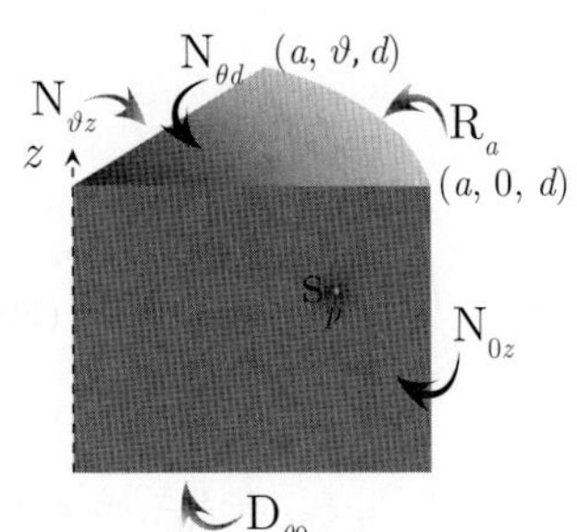

The problem of 29.21, except
$\mathbf{R}_a \equiv \frac{\partial p(a,\theta,z,t)}{\partial r} + \lambda p(a,\theta,z,t) = -\left(\frac{\mu}{k_r}\right)\psi_a(\theta,z,t)$,
$\mathbf{D}_{\theta 0} \equiv p(r,\theta,0,t) = \psi_{\theta 0}(r,\theta,t)$,
$\mathbf{N}_{\theta d} \equiv \frac{\partial p(r,\theta,d,t)}{\partial z} = -\left(\frac{\mu}{k_z}\right)\psi_{\theta d}(r,\theta,t)$,
$\mathbf{N}_{0z} \equiv \frac{\partial p(r,0,z,t)}{\partial \theta} = -\left(\frac{\mu}{k_\theta}\right)\psi_{0z}(r,z,t)$ and
$\mathbf{N}_{\vartheta z} \equiv \frac{\partial p(r,\vartheta,z,t)}{\partial \theta} = -\left(\frac{\mu}{k_\theta}\right)\psi_{\vartheta z}(r,z,t)$

$$\overline{p} = \frac{2q(s)\,e^{-st_0}}{\vartheta a^2\phi c_t\sqrt{\eta_z}}\sum_{m=0}^{\infty}\ni_m\cos(\xi_m\theta_0)\cos(\xi_m\theta)\sum_{n=1}^{\infty}\frac{J_{\mathcal{M}}(\xi_n r_0)\,J_{\mathcal{M}}(\xi_n r)\,\mathrm{sech}\left(d\sqrt{\frac{\eta_r\xi_n^2+s}{\eta_z}}\right)}{\left[\left\{1-\left(\frac{\mathcal{M}}{\xi_n a}\right)^2\right\}J_{\mathcal{M}}^2(\xi_n a)+J_{\mathcal{M}}'^2(\xi_n a)\right]\sqrt{(\eta_r\xi_n^2+s)}}\times$$
$$\times\left[\sinh\left\{(d-|z-z_0|)\sqrt{\frac{\eta_r\xi_n^2+s}{\eta_z}}\right\}-\sinh\left\{(d-z-z_0)\sqrt{\frac{\eta_r\xi_n^2+s}{\eta_z}}\right\}\right]-$$
$$-\frac{2}{\vartheta a\phi c_t\sqrt{\eta_z}}\sum_{m=0}^{\infty}\ni_m\cos(\xi_m\theta)\sum_{n=1}^{\infty}\frac{J_{\mathcal{M}}(\xi_n r)\,\mathrm{sech}\left(d\sqrt{\frac{\eta_r\xi_n^2+s}{\eta_z}}\right)}{\left[\left\{1-\left(\frac{\mathcal{M}}{\xi_n a}\right)^2\right\}J_{\mathcal{M}}^2(\xi_n a)+J_{\mathcal{M}}'^2(\xi_n a)\right]\sqrt{\eta_r\xi_n^2+s}}\times$$
$$\times\int_0^d\overline{\overline{\psi}}_a(\xi_m,w,s)\left[\sinh\left\{(d-|z-w|)\sqrt{\frac{\eta_r\xi_n^2+s}{\eta_z}}\right\}-\sinh\left\{(d-z-w)\sqrt{\frac{\eta_r\xi_n^2+s}{\eta_z}}\right\}\right]dw+$$
$$+\frac{4}{\vartheta a^2}\sum_{m=0}^{\infty}\ni_m\cos(\xi_m\theta)\sum_{n=1}^{\infty}\frac{J_{\mathcal{M}}(\xi_n r)\,\mathrm{sech}\left(d\sqrt{\frac{\eta_r\xi_n^2+s}{\eta_z}}\right)}{\left[\left\{1-\left(\frac{\mathcal{M}}{\xi_n a}\right)^2\right\}J_{\mathcal{M}}^2(\xi_n a)+J_{\mathcal{M}}'^2(\xi_n a)\right]}\times$$
$$\times\left[\overline{\overline{\overline{\psi}}}_{\theta 0}(\xi_n,\xi_m,s)\cosh\left\{(d-z)\sqrt{\frac{\eta_r\xi_n^2+s}{\eta_z}}\right\}+\frac{\overline{\overline{\overline{\psi}}}_{\theta d}(\xi_n,\xi_m,s)}{\phi c_t\sqrt{\eta_z(\eta_r\xi_n^2+s)}}\sinh\left\{z\sqrt{\frac{\eta_r\xi_n^2+s}{\eta_z}}\right\}\right]+$$
$$+\frac{2}{\vartheta a^2\phi c_t\sqrt{\eta_z}}\sum_{m=0}^{\infty}\ni_m\cos(\xi_m\theta)\sum_{n=1}^{\infty}\frac{J_{\mathcal{M}}(\xi_n r)\,\mathrm{sech}\left(d\sqrt{\frac{\eta_r\xi_n^2+s}{\eta_z}}\right)}{\left[\left\{1-\left(\frac{\mathcal{M}}{\xi_n a}\right)^2\right\}J_{\mathcal{M}}^2(\xi_n a)+J_{\mathcal{M}}'^2(\xi_n a)\right]\sqrt{\eta_r\xi_n^2+s}}\times$$
$$\times\int_0^a\frac{J_{\mathcal{M}}(\xi_n u)}{u}\int_0^d\left\{\overline{\psi}_{0z}(u,w,s)+(-1)^{m+1}\overline{\psi}_{\vartheta z}(u,w,s)\right\}\times$$
$$\times\left[\sinh\left\{(d-|z-w|)\sqrt{\frac{\eta_r\xi_n^2+s}{\eta_z}}\right\}-\sinh\left\{(d-z-w)\sqrt{\frac{\eta_r\xi_n^2+s}{\eta_z}}\right\}\right]dwdu+$$
$$+\frac{2}{\vartheta a^2\sqrt{\eta_z}}\sum_{m=0}^{\infty}\ni_m\cos(\xi_m\theta)\sum_{n=1}^{\infty}\frac{J_{\mathcal{M}}(\xi_n r)\,\mathrm{sech}\left(d\sqrt{\frac{\eta_r\xi_n^2+s}{\eta_z}}\right)}{\left[\left\{1-\left(\frac{\mathcal{M}}{\xi_n a}\right)^2\right\}J_{\mathcal{M}}^2(\xi_n a)+J_{\mathcal{M}}'^2(\xi_n a)\right]\sqrt{\eta_r\xi_n^2+s}}\times$$
$$\times\int_0^d\overline{\overline{\varphi}}(\xi_n,\xi_m,w)\left[\sinh\left\{(d-|z-w|)\sqrt{\frac{\eta_r\xi_n^2+s}{\eta_z}}\right\}-\sinh\left\{(d-z-w)\sqrt{\frac{\eta_r\xi_n^2+s}{\eta_z}}\right\}\right]dw \quad (29.23.1)$$

where ξ_n are the positive roots of $\xi_n J_{\mathcal{M}}'(\xi_n a)+\lambda J_{\mathcal{M}}(\xi_n a)=0$, $n=1,2,...$, $\xi_l=\frac{(2l-1)\pi}{2d}$, $l=1,2,...$, $\xi_m=\frac{m\pi}{d}$, $m=0,1,...$, $\overline{\overline{\overline{\psi}}}_{\theta 0}(\xi_n,\xi_m,s)=\int_0^a uJ_{\mathcal{M}}(\xi_n u)\int_0^{\vartheta}\overline{\psi}_0(u,v,s)\cos(\xi_m v)dvdu$,

$\overline{\overline{\psi}}_{\theta d}(\xi_n,\xi_m,s)=\int_0^a uJ_{\mathcal{M}}(\xi_n u)\int_0^{\vartheta}\overline{\psi}_{\theta d}(u,v,s)\cos(\xi_m v)dvdu$, $\overline{\overline{\psi}}_a(\xi_m,w,s)=\int_0^{\vartheta}\overline{\psi}_a(v,w,s)\cos(\xi_m v)dv$ and $\overline{\overline{\varphi}}(\xi_n,\xi_m,w)=\int_0^a uJ_{\mathcal{M}}(\xi_n u)\int_0^{\vartheta}\varphi(u,v,w)\cos(\xi_m v)dvdu$.

$$p=\frac{2U(t-t_0)}{\vartheta a^2 d\phi c_t}\sum_{m=0}^{\infty}\ni_m\cos(\xi_m\theta_0)\cos(\xi_m\theta)\sum_{n=1}^{\infty}\frac{J_{\mathcal{M}}(\xi_n r_0)J_{\mathcal{M}}(\xi_n r)}{\left[\left\{1-\left(\frac{\mathcal{M}}{\xi_n a}\right)^2\right\}J_{\mathcal{M}}^2(\xi_n a)+J_{\mathcal{M}}'^2(\xi_n a)\right]}\times$$
$$\times\int_0^{t-t_0}q(t-t_0-\tau)\left[\Theta_2\left\{\frac{\pi(z-z_0)}{2d},e^{-\left(\frac{\pi}{d}\right)^2\eta_z\tau}\right\}-\Theta_2\left\{\frac{\pi(z+z_0)}{2d},e^{-\left(\frac{\pi}{d}\right)^2\eta_z\tau}\right\}\right]e^{-\eta_r\xi_n^2\tau}d\tau-$$
$$-\frac{2}{\vartheta a d\phi c_t}\sum_{m=0}^{\infty}\ni_m\cos(\xi_m\theta)\sum_{n=1}^{\infty}\frac{J_{\mathcal{M}}(\xi_n r)}{\left[\left\{1-\left(\frac{\mathcal{M}}{\xi_n a}\right)^2\right\}J_{\mathcal{M}}^2(\xi_n a)+J_{\mathcal{M}}'^2(\xi_n a)\right]}\times$$
$$\times\int_0^t e^{-\eta_r\xi_n^2\tau}\int_0^d\overline{\psi}_a(\xi_m,w,t-\tau)\left[\Theta_2\left\{\frac{\pi(z-w)}{2d},e^{-\left(\frac{\pi}{d}\right)^2\eta_z\tau}\right\}-\Theta_2\left\{\frac{\pi(z+w)}{2d},e^{-\left(\frac{\pi}{d}\right)^2\eta_z\tau}\right\}\right]dwd\tau-$$
$$-\frac{4}{\vartheta a^2 d}\sum_{m=0}^{\infty}\ni_m\sum_{n=1}^{\infty}\frac{J_{\mathcal{M}}(\xi_n r)}{\left[\left\{1-\left(\frac{\mathcal{M}}{\xi_n a}\right)^2\right\}J_{\mathcal{M}}^2(\xi_n a)+J_{\mathcal{M}}'^2(\xi_n a)\right]}\int_0^t\left\{\left(\frac{\eta_z}{2d}\right)\Theta_2'\left(\frac{\pi z}{2d},e^{-\left(\frac{\pi}{d}\right)^2\eta_z\tau}\right)\overline{\overline{\psi}}_{\theta 0}(\xi_n,\xi_m,t-\tau)+\right.$$
$$\left.+\left(\frac{1}{\phi c_t}\right)\Theta_1\left(\frac{\pi z}{2d},e^{-\left(\frac{\pi}{d}\right)^2\eta_z\tau}\right)\overline{\overline{\psi}}_{\theta d}(\xi_n,\xi_m,t-\tau)\right\}e^{-\eta_r\xi_n^2\tau}d\tau+$$
$$+\frac{2}{\vartheta a^2 d\phi c_t}\sum_{m=0}^{\infty}\ni_m\cos(\xi_m\theta)\sum_{n=1}^{\infty}\frac{J_{\mathcal{M}}(\xi_n r)}{\left[\left\{1-\left(\frac{\mathcal{M}}{\xi_n a}\right)^2\right\}J_{\mathcal{M}}^2(\xi_n a)+J_{\mathcal{M}}'^2(\xi_n a)\right]}\times$$
$$\times\int_0^a\frac{J_{\mathcal{M}}(\xi_n u)}{u}\int_0^d\int_0^t e^{-\eta_r\xi_n^2\tau}\left\{\psi_{0z}(u,w,t-\tau)+(-1)^{m+1}\psi_{\vartheta z}(u,w,t-\tau)\right\}\times$$
$$\times\left[\Theta_2\left\{\frac{\pi(z-w)}{2d},e^{-\left(\frac{\pi}{d}\right)^2\eta_z\tau}\right\}-\Theta_2\left\{\frac{\pi(z+w)}{2d},e^{-\left(\frac{\pi}{d}\right)^2\eta_z\tau}\right\}\right]d\tau dwdu+$$
$$+\frac{2}{\vartheta a^2 d}\sum_{m=0}^{\infty}\ni_m\cos(\xi_m\theta)\sum_{n=1}^{\infty}\frac{J_{\mathcal{M}}(\xi_n r)e^{-\eta_r\xi_n^2 t}}{\left[\left\{1-\left(\frac{\mathcal{M}}{\xi_n a}\right)^2\right\}J_{\mathcal{M}}^2(\xi_n a)+J_{\mathcal{M}}'^2(\xi_n a)\right]}\times$$
$$\times\int_0^d\overline{\overline{\varphi}}(\xi_n,\xi_m,w)\left[\Theta_2\left\{\frac{\pi(z-w)}{2d},e^{-\left(\frac{\pi}{d}\right)^2\eta_z t}\right\}-\Theta_2\left\{\frac{\pi(z+w)}{2d},e^{-\left(\frac{\pi}{d}\right)^2\eta_z t}\right\}\right]dw \tag{29.23.2}$$

where $\overline{\psi}_a(\xi_m,w,t)=\int_0^{\vartheta}\psi_a(v,w,t)\cos(\xi_m v)dv$, $\overline{\overline{\psi}}_{\theta 0}(\xi_n,\xi_m,t)=\int_0^a uJ_{\mathcal{M}}(\xi_n u)\int_0^{\vartheta}\psi_0(u,v,t)\cos(\xi_m v)dvdu$ and $\overline{\overline{\psi}}_{\theta d}(\xi_n,\xi_m,t)=\int_0^a uJ_{\mathcal{M}}(\xi_n u)\int_0^{\vartheta}\psi_{\theta d}(u,v,t)\cos(\xi_m v)dvdu$.

29.24 **A cylindrical continuum bounded by $a\le r\le b$ and $0\le z\le d$ and $0\le\theta\le\vartheta$; $\vartheta<2\pi$. Point source at $s_p\equiv(r_0,\theta_0,z_0)$ at time $t=t_0$; $a<r_0<b$, $0\le\theta_0\le\vartheta$, $0<z_0<d$, $t_0\ge 0$.
$D_{\theta 0}\equiv p(r,\theta,0,t)=\psi_{\theta 0}(r,\theta,t)$,
$N_{\theta d}\equiv\frac{\partial p(r,\theta,d,t)}{\partial z}=-\left(\frac{\mu}{k_z}\right)\psi_{\theta d}(r,\theta,t)$,
$D_a\equiv p(a,\theta,z,t)=\psi_a(\theta,z,t)$, $D_b\equiv p(b,\theta,z,t)=\psi_b(\theta,z,t)$,
$N_{0z}\equiv\frac{\partial p(r,0,z,t)}{\partial\theta}=-\left(\frac{\mu}{k_\theta}\right)\psi_{0z}(r,z,t)$ and
$N_{\vartheta z}\equiv\frac{\partial p(r,\vartheta,z,t)}{\partial\theta}=-\left(\frac{\mu}{k_\theta}\right)\psi_{\vartheta z}(r,z,t)$. $p(r,\theta,z,0)=\varphi(r,\theta,z)$**

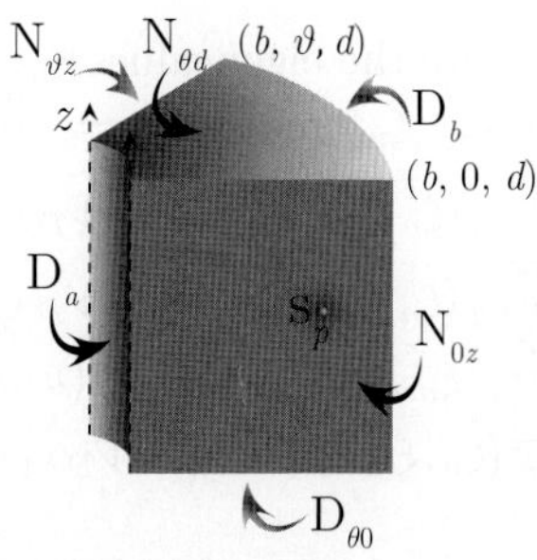

$$
\begin{aligned}
\overline{p} = {} & \frac{\pi^2 q(s) e^{-st_0}}{2\vartheta\phi c_t\sqrt{\eta_z}} \sum_{m=0}^{\infty} \ni_m \cos(\xi_m\theta_0)\cos(\xi_m\theta) \sum_{n=1}^{\infty} \frac{\xi_n^2 J_{\mathcal{M}}^2(\xi_n b)\,\mathcal{V}_{\mathcal{DM}}(\xi r_0, a)\,\mathcal{V}_{\mathcal{DM}}(\xi r, a)\,\mathrm{sech}\left(d\sqrt{\frac{\eta_r\xi_n^2+s}{\eta_z}}\right)}{\left\{J_{\mathcal{M}}^2(\xi_n a) - J_{\mathcal{M}}^2(\xi_n b)\right\}\sqrt{(\eta_r\xi_n^2+s)}} \times \\
& \times \left[\sinh\left\{(d-|z-z_0|)\sqrt{\frac{\eta_r\xi_n^2+s}{\eta_z}}\right\} - \sinh\left\{(d-z-z_0)\sqrt{\frac{\eta_r\xi_n^2+s}{\eta_z}}\right\}\right] - \\
& - \frac{\pi\eta_r}{\vartheta\sqrt{\eta_z}} \sum_{m=0}^{\infty} \ni_m \cos(\xi_m\theta) \sum_{n=1}^{\infty} \frac{\xi_n^2 J_{\mathcal{M}}^2(\xi_n b)\,\mathcal{V}_{\mathcal{DM}}(\xi r, a)\,\mathrm{sech}\left(d\sqrt{\frac{\eta_r\xi_n^2+s}{\eta_z}}\right)}{\left\{J_{\mathcal{M}}^2(\xi_n a) - J_{\mathcal{M}}^2(\xi_n b)\right\}\sqrt{\eta_r\xi_n^2+s}} \times \\
& \times \int_0^d \overline{\overline{\psi}}_a(\xi_m, w, s)\left[\sinh\left\{(d-|z-w|)\sqrt{\frac{\eta_r\xi_n^2+s}{\eta_z}}\right\} - \sinh\left\{(d-z-w)\sqrt{\frac{\eta_r\xi_n^2+s}{\eta_z}}\right\}\right] dw + \\
& + \frac{\pi\eta_r}{\vartheta\sqrt{\eta_z}} \sum_{m=0}^{\infty} \ni_m \cos(\xi_m\theta) \sum_{n=1}^{\infty} \frac{\xi_n^2 J_{\mathcal{M}}(\xi_n a)\, J_{\mathcal{M}}(\xi_n b)\,\mathcal{V}_{\mathcal{DM}}(\xi r, a)\,\mathrm{sech}\left(d\sqrt{\frac{\eta_r\xi_n^2+s}{\eta_z}}\right)}{\left\{J_{\mathcal{M}}^2(\xi_n a) - J_{\mathcal{M}}^2(\xi_n b)\right\}\sqrt{\eta_r\xi_n^2+s}} \times \\
& \times \int_0^d \overline{\overline{\psi}}_b(\xi_m, w, s)\left[\sinh\left\{(d-|z-w|)\sqrt{\frac{\eta_r\xi_n^2+s}{\eta_z}}\right\} - \sinh\left\{(d-z-w)\sqrt{\frac{\eta_r\xi_n^2+s}{\eta_z}}\right\}\right] dw + \\
& + \frac{\pi^2}{\vartheta} \sum_{m=0}^{\infty} \ni_m \cos(\xi_m\theta) \sum_{n=1}^{\infty} \frac{\xi_n^2 J_{\mathcal{M}}^2(\xi_n b)\,\mathcal{V}_{\mathcal{DM}}(\xi r, a)\,\mathrm{sech}\left(d\sqrt{\frac{\eta_r\xi_n^2+s}{\eta_z}}\right)}{\left\{J_{\mathcal{M}}^2(\xi_n a) - J_{\mathcal{M}}^2(\xi_n b)\right\}} \times \\
& \times \left[\overline{\overline{\overline{\psi}}}_{\theta 0}(\xi_n, \xi_m, s)\cosh\left\{(d-z)\sqrt{\frac{\eta_r\xi_n^2+s}{\eta_z}}\right\} + \frac{\overline{\overline{\overline{\psi}}}_{\theta d}(\xi_n, \xi_m, s)}{\phi c_t\sqrt{\eta_z(\eta_r\xi_n^2+s)}}\sinh\left\{z\sqrt{\frac{\eta_r\xi_n^2+s}{\eta_z}}\right\}\right] + \\
& + \frac{2\pi^2}{\vartheta d\phi c_t\sqrt{\eta_z}} \sum_{m=0}^{\infty} \ni_m \cos(\xi_m\theta) \sum_{n=1}^{\infty} \frac{\xi_n^2 J_{\mathcal{M}}^2(\xi_n b)\,\mathcal{V}_{\mathcal{DM}}(\xi r, a)\,\mathrm{sech}\left(d\sqrt{\frac{\eta_r\xi_n^2+s}{\eta_z}}\right)}{\left\{J_{\mathcal{M}}^2(\xi_n a) - J_{\mathcal{M}}^2(\xi_n b)\right\}\sqrt{\eta_r\xi_n^2+s}} \times \\
& \times \int_0^a \frac{\mathcal{V}_{\mathcal{DM}}(\xi_n u, a)}{u} \int_0^d \left\{\overline{\psi}_{0z}(u, w, s) + (-1)^{m+1}\,\overline{\psi}_{\vartheta z}(u, w, s)\right\} \times \\
& \times \left[\sinh\left\{(d-|z-w|)\sqrt{\frac{\eta_r\xi_n^2+s}{\eta_z}}\right\} - \sinh\left\{(d-z-w)\sqrt{\frac{\eta_r\xi_n^2+s}{\eta_z}}\right\}\right] dw du + \\
& + \frac{\pi^2}{2\vartheta\sqrt{\eta_z}} \sum_{m=0}^{\infty} \ni_m \cos(\xi_m\theta) \sum_{n=1}^{\infty} \frac{\xi_n^2 J_{\mathcal{M}}^2(\xi_n b)\,\mathcal{V}_{\mathcal{DM}}(\xi r, a)\,\mathrm{sech}\left(d\sqrt{\frac{\eta_r\xi_n^2+s}{\eta_z}}\right)}{\left\{J_{\mathcal{M}}^2(\xi_n a) - J_{\mathcal{M}}^2(\xi_n b)\right\}\sqrt{\eta_r\xi_n^2+s}} \times \\
& \times \int_0^d \overline{\overline{\varphi}}(\xi_n, \xi_m, w)\left[\sinh\left\{(d-|z-w|)\sqrt{\frac{\eta_r\xi_n^2+s}{\eta_z}}\right\} - \sinh\left\{(d-z-w)\sqrt{\frac{\eta_r\xi_n^2+s}{\eta_z}}\right\}\right] dw
\end{aligned}
\tag{29.24.1}
$$

where the eigenvalues ξ_n, $n = 1, 2, ...$, are the positive roots of the transcendental equation $\mathcal{V}_{\mathcal{DM}}(\xi_n b, a) = 0$, $\xi_l = \frac{(2l-1)\pi}{2d}, l = 1, 2, ...,$ $\xi_m = \frac{m\pi}{d}, m = 0, 1, ...,$
$\overline{\overline{\overline{\psi}}}_{\theta 0}(\xi_n, \xi_m, s) = \int_0^a u\mathcal{V}_{\mathcal{DM}}(\xi_n u, a)\int_0^\vartheta \overline{\psi}_0(u, v, s)\cos(\xi_m v)dvdu,$
$\overline{\overline{\overline{\psi}}}_{\theta d}(\xi_n, \xi_m, s) = \int_0^a u\mathcal{V}_{\mathcal{DM}}(\xi_n u, a)\int_0^\vartheta \overline{\psi}_{\theta d}(u, v, s)\cos(\xi_m v)dvdu,$
$\overline{\overline{\psi}}_a(\xi_m, w, s) = \int_0^\vartheta \overline{\psi}_a(v, w, s)\cos(\xi_m v)dv$, $\overline{\overline{\psi}}_b(\xi_m, w, s) = \int_0^\vartheta \overline{\psi}_b(v, w, s)\cos(\xi_m v)dv$ and
$\overline{\overline{\varphi}}(\xi_n, \xi_m, w) = \int_0^a u\mathcal{V}_{\mathcal{DM}}(\xi_n u, a)\int_0^\vartheta \varphi(u, v, w)\cos(\xi_m v)dvdu.$

$$
p = \frac{U(t-t_0)\pi^2}{2\vartheta d\phi c_t} \sum_{m=0}^{\infty} \ni_m \cos(\xi_m\theta_0)\cos(\xi_m\theta) \sum_{n=1}^{\infty} \frac{\xi_n^2 J_{\mathcal{M}}^2(\xi_n b)\,\mathcal{V}_{\mathcal{DM}}(\xi r_0, a)\,\mathcal{V}_{\mathcal{DM}}(\xi r, a)}{\left\{J_{\mathcal{M}}^2(\xi_n a) - J_{\mathcal{M}}^2(\xi_n b)\right\}} \times
$$

$$\times \int_0^{t-t_0} q(t-t_0-\tau)\left[\Theta_2\left\{\frac{\pi(z-z_0)}{2d}, e^{-\left(\frac{\pi}{d}\right)^2\eta_z\tau}\right\} - \Theta_2\left\{\frac{\pi(z+z_0)}{2d}, e^{-\left(\frac{\pi}{d}\right)^2\eta_z\tau}\right\}\right] e^{-\eta_r\xi_n^2\tau} d\tau -$$

$$-\frac{\pi\eta_r}{\vartheta d}\sum_{m=0}^{\infty}\ni_m \cos(\xi_m\theta)\sum_{n=1}^{\infty}\frac{\xi_n^2 J_{\mathcal{M}}^2(\xi_n b)\mathcal{V}_{\mathcal{DM}}(\xi r, a)}{\{J_{\mathcal{M}}^2(\xi_n a) - J_{\mathcal{M}}^2(\xi_n b)\}}\times$$

$$\times \int_0^t e^{-\eta_r\xi_n^2\tau}\int_0^d \overline{\psi}_a(\xi_m, w, t-\tau)\left[\Theta_2\left\{\frac{\pi(z-w)}{2d}, e^{-\left(\frac{\pi}{d}\right)^2\eta_z\tau}\right\} - \Theta_2\left\{\frac{\pi(z+w)}{2d}, e^{-\left(\frac{\pi}{d}\right)^2\eta_z\tau}\right\}\right] dw d\tau +$$

$$+\frac{\pi\eta_r}{\vartheta d}\sum_{m=0}^{\infty}\ni_m \cos(\xi_m\theta)\sum_{n=1}^{\infty}\frac{\xi_n^2 J_{\mathcal{M}}(\xi_n a) J_{\mathcal{M}}(\xi_n b)\mathcal{V}_{\mathcal{DM}}(\xi r, a)}{\{J_{\mathcal{M}}^2(\xi_n a) - J_{\mathcal{M}}^2(\xi_n b)\}}\times$$

$$\times \int_0^t e^{-\eta_r\xi_n^2\tau}\int_0^d \overline{\psi}_b(\xi_m, w, t-\tau)\left[\Theta_2\left\{\frac{\pi(z-w)}{2d}, e^{-\left(\frac{\pi}{d}\right)^2\eta_z\tau}\right\} - \Theta_2\left\{\frac{\pi(z+w)}{2d}, e^{-\left(\frac{\pi}{d}\right)^2\eta_z\tau}\right\}\right] dw d\tau -$$

$$-\frac{\pi^2}{\vartheta d}\sum_{m=0}^{\infty}\ni_m \cos(\xi_m\theta)\sum_{n=1}^{\infty}\frac{\xi_n^2 J_{\mathcal{M}}^2(\xi_n b)\mathcal{V}_{\mathcal{DM}}(\xi r, a)}{\{J_{\mathcal{M}}^2(\xi_n a) - J_{\mathcal{M}}^2(\xi_n b)\}}\int_0^t \left\{\left(\frac{\eta_z}{2d}\right)\Theta_2'\left(\frac{\pi z}{2d}, e^{-\left(\frac{\pi}{d}\right)^2\eta_z\tau}\right)\overline{\overline{\psi}}_{\theta 0}(\xi_n, \xi_m, t-\tau) +\right.$$

$$\left.+\left(\frac{1}{\phi c_t}\right)\Theta_1\left(\frac{\pi z}{2d}, e^{-\left(\frac{\pi}{d}\right)^2\eta_z\tau}\right)\overline{\overline{\psi}}_{\theta d}(\xi_n, \xi_m, t-\tau)\right\} e^{-\eta_r\xi_n^2\tau} d\tau +$$

$$+\frac{\pi^2}{2\vartheta d\phi c_t}\sum_{m=0}^{\infty}\ni_m \cos(\xi_m\theta)\sum_{n=1}^{\infty}\frac{\xi_n^2 J_{\mathcal{M}}^2(\xi_n b)\mathcal{V}_{\mathcal{DM}}(\xi r, a)}{\{J_{\mathcal{M}}^2(\xi_n a) - J_{\mathcal{M}}^2(\xi_n b)\}}\times$$

$$\times \int_0^a \frac{\mathcal{V}_{\mathcal{DM}}(\xi_n u, a)}{u}\int_0^d\int_0^t e^{-\eta_r\xi_n^2\tau}\left\{\psi_{0z}(u, w, t-\tau) + (-1)^{m+1}\psi_{\vartheta z}(u, w, t-\tau)\right\}\times$$

$$\times\left[\Theta_2\left\{\frac{\pi(z-w)}{2d}, e^{-\left(\frac{\pi}{d}\right)^2\eta_z\tau}\right\} - \Theta_2\left\{\frac{\pi(z+w)}{2d}, e^{-\left(\frac{\pi}{d}\right)^2\eta_z\tau}\right\}\right] d\tau dw du +$$

$$+\frac{\pi^2}{2\vartheta d}\sum_{m=0}^{\infty}\ni_m \cos(\xi_m\theta)\sum_{n=1}^{\infty}\frac{\xi_n^2 J_{\mathcal{M}}^2(\xi_n b)\mathcal{V}_{\mathcal{DM}}(\xi r, a)e^{-\eta_r\xi_n^2 t}}{\{J_{\mathcal{M}}^2(\xi_n a) - J_{\mathcal{M}}^2(\xi_n b)\}}\times$$

$$\times \int_0^d \overline{\overline{\varphi}}(\xi_n, \xi_m, w)\left[\Theta_2\left\{\frac{\pi(z-w)}{2d}, e^{-\left(\frac{\pi}{d}\right)^2\eta_z t}\right\} - \Theta_2\left\{\frac{\pi(z+w)}{2d}, e^{-\left(\frac{\pi}{d}\right)^2\eta_z t}\right\}\right] dw \qquad (29.24.2)$$

where $\overline{\psi}_a(\xi_m, w, t) = \int_0^{\vartheta}\psi_a(v, w, t)\cos(\xi_m v)dv$, $\overline{\psi}_b(\xi_m, w, t) = \int_0^{\vartheta}\psi_b(v, w, t)\cos(\xi_m v)dv$, $\overline{\overline{\psi}}_{\theta 0}(\xi_n, \xi_m, t) = \int_0^a u\mathcal{V}_{\mathcal{DM}}(\xi_n u, a)\int_0^{\vartheta}\psi_0(u, v, t)\cos(\xi_m v)dvdu$ and $\overline{\overline{\psi}}_{\theta d}(\xi_n, \xi_m, t) = \int_0^a u\mathcal{V}_{\mathcal{DM}}(\xi_n u, a)\int_0^{\vartheta}\psi_{\theta d}(u, v, t)\cos(\xi_m v)dvdu$.

29.25 The problem of 29.24, except $\mathbf{D}_{\theta 0} \equiv p(r, \theta, 0, t) = \psi_{\theta 0}(r, \theta, t)$,
$\mathbf{N}_{\theta d} \equiv \frac{\partial p(r,\theta,d,t)}{\partial z} = -\left(\frac{\mu}{k_z}\right)\psi_{\theta d}(r, \theta, t)$,
$\mathbf{D}_a \equiv p(a, \theta, z, t) = \psi_a(\theta, z, t)$,
$\mathbf{N}_b \equiv \frac{\partial p(b,\theta,z,t)}{\partial r} = -\left(\frac{\mu}{k_r}\right)\psi_b(\theta, z, t)$,
$\mathbf{N}_{0z} \equiv \frac{\partial p(r,0,z,t)}{\partial \theta} = -\left(\frac{\mu}{k_\theta}\right)\psi_{0z}(r, z, t)$ and
$\mathbf{N}_{\vartheta z} \equiv \frac{\partial p(r,\vartheta,z,t)}{\partial \theta} = -\left(\frac{\mu}{k_\theta}\right)\psi_{\vartheta z}(r, z, t)$

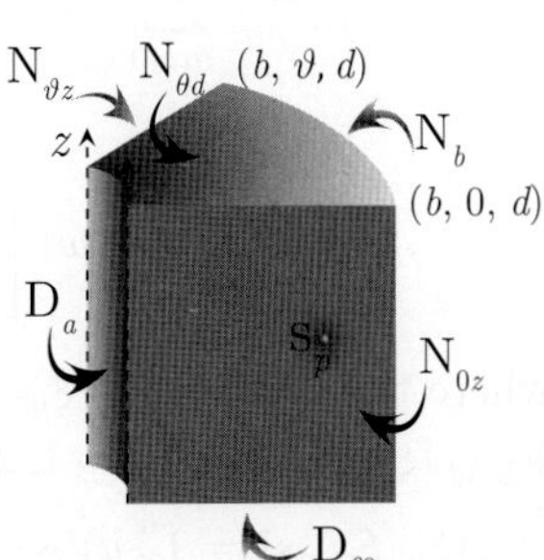

$$\overline{p} = \frac{\pi^2 q(s)e^{-st_0}}{2\vartheta\phi c_t\sqrt{\eta_z}}\sum_{m=0}^{\infty}\ni_m \cos(\xi_m\theta_0)\cos(\xi_m\theta)\sum_{n=1}^{\infty}\frac{\xi_n^2 J_{\mathcal{M}}'^2(\xi_n b)\mathcal{V}_{\mathcal{DM}}(\xi r_0,a)\mathcal{V}_{\mathcal{DM}}(\xi r,a)\text{sech}\left(d\sqrt{\frac{\eta_r\xi_n^2+s}{\eta_z}}\right)}{\left[\left\{1-\left(\frac{\mathcal{M}}{\xi_n b}\right)^2\right\}J_{\mathcal{M}}^2(\xi_n a)-J_{\mathcal{M}}'^2(\xi_n b)\right]\sqrt{(\eta_r\xi_n^2+s)}}\times$$

$$\times\left[\sinh\left\{(d-|z-z_0|)\sqrt{\frac{\eta_r\xi_n^2+s}{\eta_z}}\right\}-\sinh\left\{(d-z-z_0)\sqrt{\frac{\eta_r\xi_n^2+s}{\eta_z}}\right\}\right]-$$

$$-\frac{\pi\eta_r}{\vartheta\sqrt{\eta_z}}\sum_{m=0}^{\infty}\ni_m\cos(\xi_m\theta)\sum_{n=1}^{\infty}\frac{\xi_n^2 J_{\mathcal{M}}'^2(\xi_n b)\mathcal{V}_{\mathcal{DM}}(\xi r,a)\,\text{sech}\left(d\sqrt{\frac{\eta_r\xi_n^2+s}{\eta_z}}\right)}{\left[\left\{1-\left(\frac{\mathcal{M}}{\xi_n b}\right)^2\right\}J_{\mathcal{M}}^2(\xi_n a)-J_{\mathcal{M}}'^2(\xi_n b)\right]\sqrt{\eta_r\xi_n^2+s}}\times$$

$$\times\int_0^d\overline{\overline{\psi}}_a(\xi_m,w,s)\left[\sinh\left\{(d-|z-w|)\sqrt{\frac{\eta_r\xi_n^2+s}{\eta_z}}\right\}-\sinh\left\{(d-z-w)\sqrt{\frac{\eta_r\xi_n^2+s}{\eta_z}}\right\}\right]dw-$$

$$-\frac{\pi}{\vartheta\phi c_t\sqrt{\eta_z}}\sum_{m=0}^{\infty}\ni_m\cos(\xi_m\theta)\sum_{n=1}^{\infty}\frac{\xi_n^2 J_{\mathcal{M}}(\xi_n a)J_{\mathcal{M}}'(\xi_n b)\mathcal{V}_{\mathcal{DM}}(\xi r,a)\,\text{sech}\left(d\sqrt{\frac{\eta_r\xi_n^2+s}{\eta_z}}\right)}{\left[\left\{1-\left(\frac{\mathcal{M}}{\xi_n b}\right)^2\right\}J_{\mathcal{M}}^2(\xi_n a)-J_{\mathcal{M}}'^2(\xi_n b)\right]\sqrt{\eta_r\xi_n^2+s}}\times$$

$$\times\int_0^d\overline{\overline{\psi}}_b(\xi_m,w,s)\left[\sinh\left\{(d-|z-w|)\sqrt{\frac{\eta_r\xi_n^2+s}{\eta_z}}\right\}-\sinh\left\{(d-z-w)\sqrt{\frac{\eta_r\xi_n^2+s}{\eta_z}}\right\}\right]dw+$$

$$+\frac{\pi^2}{\vartheta}\sum_{m=0}^{\infty}\ni_m\cos(\xi_m\theta)\sum_{n=1}^{\infty}\frac{\xi_n^2 J_{\mathcal{M}}'^2(\xi_n b)\mathcal{V}_{\mathcal{DM}}(\xi r,a)\,\text{sech}\left(d\sqrt{\frac{\eta_r\xi_n^2+s}{\eta_z}}\right)}{\left[\left\{1-\left(\frac{\mathcal{M}}{\xi_n b}\right)^2\right\}J_{\mathcal{M}}^2(\xi_n a)-J_{\mathcal{M}}'^2(\xi_n b)\right]}\times$$

$$\times\left[\overline{\overline{\overline{\psi}}}_{\theta 0}(\xi_n,\xi_m,s)\cosh\left\{(d-z)\sqrt{\frac{\eta_r\xi_n^2+s}{\eta_z}}\right\}+\frac{\overline{\overline{\overline{\psi}}}_{\theta d}(\xi_n,\xi_m,s)}{\phi c_t\sqrt{\eta_z(\eta_r\xi_n^2+s)}}\sinh\left\{z\sqrt{\frac{\eta_r\xi_n^2+s}{\eta_z}}\right\}\right]+$$

$$+\frac{2\pi^2}{\vartheta d\phi c_t\sqrt{\eta_z}}\sum_{m=0}^{\infty}\ni_m\cos(\xi_m\theta)\sum_{n=1}^{\infty}\frac{\xi_n^2 J_{\mathcal{M}}'^2(\xi_n b)\mathcal{V}_{\mathcal{DM}}(\xi r,a)\,\text{sech}\left(d\sqrt{\frac{\eta_r\xi_n^2+s}{\eta_z}}\right)}{\left[\left\{1-\left(\frac{\mathcal{M}}{\xi_n b}\right)^2\right\}J_{\mathcal{M}}^2(\xi_n a)-J_{\mathcal{M}}'^2(\xi_n b)\right]\sqrt{\eta_r\xi_n^2+s}}\times$$

$$\times\int_0^a\frac{\mathcal{V}_{\mathcal{DM}}(\xi_n u,a)}{u}\int_0^d\left\{\overline{\psi}_{0z}(u,w,s)+(-1)^{m+1}\overline{\psi}_{\vartheta z}(u,w,s)\right\}\times$$

$$\times\left[\sinh\left\{(d-|z-w|)\sqrt{\frac{\eta_r\xi_n^2+s}{\eta_z}}\right\}-\sinh\left\{(d-z-w)\sqrt{\frac{\eta_r\xi_n^2+s}{\eta_z}}\right\}\right]dwdu+$$

$$+\frac{\pi^2}{2\vartheta\sqrt{\eta_z}}\sum_{m=0}^{\infty}\ni_m\cos(\xi_m\theta)\sum_{n=1}^{\infty}\frac{\xi_n^2 J_{\mathcal{M}}'^2(\xi_n b)\mathcal{V}_{\mathcal{DM}}(\xi r,a)\,\text{sech}\left(d\sqrt{\frac{\eta_r\xi_n^2+s}{\eta_z}}\right)}{\left[\left\{1-\left(\frac{\mathcal{M}}{\xi_n b}\right)^2\right\}J_{\mathcal{M}}^2(\xi_n a)-J_{\mathcal{M}}'^2(\xi_n b)\right]\sqrt{\eta_r\xi_n^2+s}}\times$$

$$\times\int_0^d\overline{\overline{\varphi}}(\xi_n,\xi_m,w)\left[\sinh\left\{(d-|z-w|)\sqrt{\frac{\eta_r\xi_n^2+s}{\eta_z}}\right\}-\sinh\left\{(d-z-w)\sqrt{\frac{\eta_r\xi_n^2+s}{\eta_z}}\right\}\right]dw \quad (29.25.1)$$

where the eigenvalues ξ_n are the positive roots of the transcendental equation $\mathcal{V}_{\mathcal{DM}}'(\xi_n b,a)=0$, $n=1,2,...$, $\xi_l=\frac{(2l-1)\pi}{2d}$, $l=1,2,...$, $\xi_m=\frac{m\pi}{d}$, $m=0,1,...$,
$\overline{\overline{\overline{\psi}}}_{\theta 0}(\xi_n,\xi_m,s)=\int_0^a u\mathcal{V}_{\mathcal{DM}}(\xi_n u,a)\int_0^\vartheta\overline{\psi}_0(u,v,s)\cos(\xi_m v)dvdu$,
$\overline{\overline{\overline{\psi}}}_{\theta d}(\xi_n,\xi_m,s)=\int_0^a u\mathcal{V}_{\mathcal{DM}}(\xi_n u,a)\int_0^\vartheta\overline{\psi}_{\theta d}(u,v,s)\cos(\xi_m v)dvdu$,

$\overline{\overline{\psi}}_a(\xi_m,w,s)=\int_0^\vartheta \overline{\psi}_a(v,w,s)\cos(\xi_m v)dv$, $\overline{\overline{\psi}}_b(\xi_m,w,s)=\int_0^\vartheta \overline{\psi}_b(v,w,s)\cos(\xi_m v)dv$ and $\overline{\overline{\varphi}}(\xi_n,\xi_m,w)=\int_0^a u\mathcal{V}_{\mathcal{DM}}(\xi_n u,a)\int_0^\vartheta \varphi(u,v,w)\cos(\xi_m v)dvdu$.

$$
\begin{aligned}
p \;=\; & \frac{U(t-t_0)\pi^2}{2\vartheta d\phi c_t}\sum_{m=0}^{\infty}\ni_m\cos(\xi_m\theta_0)\cos(\xi_m\theta)\sum_{n=1}^{\infty}\frac{\xi_n^2 J'^2_{\mathcal{M}}(\xi_n b)\mathcal{V}_{\mathcal{DM}}(\xi r_0,a)\mathcal{V}_{\mathcal{DM}}(\xi r,a)}{\left[\left\{1-\left(\frac{\mathcal{M}}{\xi_n b}\right)^2\right\}J^2_{\mathcal{M}}(\xi_n a)-J'^2_{\mathcal{M}}(\xi_n b)\right]}\times \\
& \times\int_0^{t-t_0} q(t-t_0-\tau)\left[\Theta_2\left\{\frac{\pi(z-z_0)}{2d},e^{-\left(\frac{\pi}{d}\right)^2\eta_z\tau}\right\}-\Theta_2\left\{\frac{\pi(z+z_0)}{2d},e^{-\left(\frac{\pi}{d}\right)^2\eta_z\tau}\right\}\right]e^{-\eta_r\xi_n^2\tau}d\tau- \\
& -\frac{\pi\eta_r}{\vartheta d}\sum_{m=0}^{\infty}\ni_m\cos(\xi_m\theta)\sum_{n=1}^{\infty}\frac{\xi_n^2 J'^2_{\mathcal{M}}(\xi_n b)\mathcal{V}_{\mathcal{DM}}(\xi r,a)}{\left[\left\{1-\left(\frac{\mathcal{M}}{\xi_n b}\right)^2\right\}J^2_{\mathcal{M}}(\xi_n a)-J'^2_{\mathcal{M}}(\xi_n b)\right]}\times \\
& \times\int_0^{t} e^{-\eta_r\xi_n^2\tau}\int_0^{d}\overline{\overline{\psi}}_a(\xi_m,w,t-\tau)\left[\Theta_2\left\{\frac{\pi(z-w)}{2d},e^{-\left(\frac{\pi}{d}\right)^2\eta_z\tau}\right\}-\Theta_2\left\{\frac{\pi(z+w)}{2d},e^{-\left(\frac{\pi}{d}\right)^2\eta_z\tau}\right\}\right]dwd\tau- \\
& -\frac{\pi}{\vartheta d\phi c_t}\sum_{m=0}^{\infty}\ni_m\cos(\xi_m\theta)\sum_{n=1}^{\infty}\frac{\xi_n^2 J_{\mathcal{M}}(\xi_n a)J'_{\mathcal{M}}(\xi_n b)\mathcal{V}_{\mathcal{DM}}(\xi r,a)}{\left[\left\{1-\left(\frac{\mathcal{M}}{\xi_n b}\right)^2\right\}J^2_{\mathcal{M}}(\xi_n a)-J'^2_{\mathcal{M}}(\xi_n b)\right]}\times \\
& \times\int_0^{t} e^{-\eta_r\xi_n^2\tau}\int_0^{d}\overline{\overline{\psi}}_b(\xi_m,w,t-\tau)\left[\Theta_2\left\{\frac{\pi(z-w)}{2d},e^{-\left(\frac{\pi}{d}\right)^2\eta_z\tau}\right\}-\Theta_2\left\{\frac{\pi(z+w)}{2d},e^{-\left(\frac{\pi}{d}\right)^2\eta_z\tau}\right\}\right]dwd\tau- \\
& -\frac{\pi^2}{\vartheta d}\sum_{m=0}^{\infty}\ni_m\cos(\xi_m\theta)\sum_{n=1}^{\infty}\frac{\xi_n^2 J'^2_{\mathcal{M}}(\xi_n b)\mathcal{V}_{\mathcal{DM}}(\xi r,a)}{\left[\left\{1-\left(\frac{\mathcal{M}}{\xi_n b}\right)^2\right\}J^2_{\mathcal{M}}(\xi_n a)-J'^2_{\mathcal{M}}(\xi_n b)\right]}\times \\
& \times\int_0^{t}\left\{\left(\frac{\eta_z}{2d}\right)\Theta'_2\left(\frac{\pi z}{2d},e^{-\left(\frac{\pi}{d}\right)^2\eta_z\tau}\right)\overline{\overline{\psi}}_{\theta 0}(\xi_n,\xi_m,t-\tau)+\right. \\
& \left.+\left(\frac{1}{\phi c_t}\right)\Theta_1\left(\frac{\pi z}{2d},e^{-\left(\frac{\pi}{d}\right)^2\eta_z\tau}\right)\overline{\overline{\psi}}_{\theta d}(\xi_n,\xi_m,t-\tau)\right\}e^{-\eta_r\xi_n^2\tau}d\tau+ \\
& +\frac{\pi^2}{2\vartheta d\phi c_t}\sum_{m=0}^{\infty}\ni_m\cos(\xi_m\theta)\sum_{n=1}^{\infty}\frac{\xi_n^2 J'^2_{\mathcal{M}}(\xi_n b)\mathcal{V}_{\mathcal{DM}}(\xi r,a)}{\left[\left\{1-\left(\frac{\mathcal{M}}{\xi_n b}\right)^2\right\}J^2_{\mathcal{M}}(\xi_n a)-J'^2_{\mathcal{M}}(\xi_n b)\right]}\times \\
& \times\int_0^{a}\frac{\mathcal{V}_{\mathcal{DM}}(\xi_n u,a)}{u}\int_0^{d}\int_0^{t}e^{-\eta_r\xi_n^2\tau}\left\{\psi_{0z}(u,w,t-\tau)+(-1)^{m+1}\psi_{\vartheta z}(u,w,t-\tau)\right\}\times \\
& \times\left[\Theta_2\left\{\frac{\pi(z-w)}{2d},e^{-\left(\frac{\pi}{d}\right)^2\eta_z\tau}\right\}-\Theta_2\left\{\frac{\pi(z+w)}{2d},e^{-\left(\frac{\pi}{d}\right)^2\eta_z\tau}\right\}\right]d\tau dwdu+ \\
& +\frac{\pi^2}{2\vartheta d}\sum_{m=0}^{\infty}\ni_m\cos(\xi_m\theta)\sum_{n=1}^{\infty}\frac{\xi_n^2 J'^2_{\mathcal{M}}(\xi_n b)\mathcal{V}_{\mathcal{DM}}(\xi r,a)e^{-\eta_r\xi_n^2 t}}{\left[\left\{1-\left(\frac{\mathcal{M}}{\xi_n b}\right)^2\right\}J^2_{\mathcal{M}}(\xi_n a)-J'^2_{\mathcal{M}}(\xi_n b)\right]}\times \\
& \times\int_0^{d}\overline{\overline{\varphi}}(\xi_n,\xi_m,w)\left[\Theta_2\left\{\frac{\pi(z-w)}{2d},e^{-\left(\frac{\pi}{d}\right)^2\eta_z t}\right\}-\Theta_2\left\{\frac{\pi(z+w)}{2d},e^{-\left(\frac{\pi}{d}\right)^2\eta_z t}\right\}\right]dw
\end{aligned}
\tag{29.25.2}
$$

where $\overline{\psi}_a(\xi_m,w,t)=\int_0^\vartheta \psi_a(v,w,t)\cos(\xi_m v)dv$, $\overline{\psi}_b(\xi_m,w,t)=\int_0^\vartheta \psi_b(v,w,t)\cos(\xi_m v)dv$, $\overline{\overline{\psi}}_{\theta 0}(\xi_n,\xi_m,t)=\int_0^a u\mathcal{V}_{\mathcal{DM}}(\xi_n u,a)\int_0^\vartheta \psi_0(u,v,t)\cos(\xi_m v)dvdu$ and $\overline{\overline{\psi}}_{\theta d}(\xi_n,\xi_m,t)=\int_0^a u\mathcal{V}_{\mathcal{DM}}(\xi_n u,a)\int_0^\vartheta \psi_{\theta d}(u,v,t)\cos(\xi_m v)dvdu$.

29.26

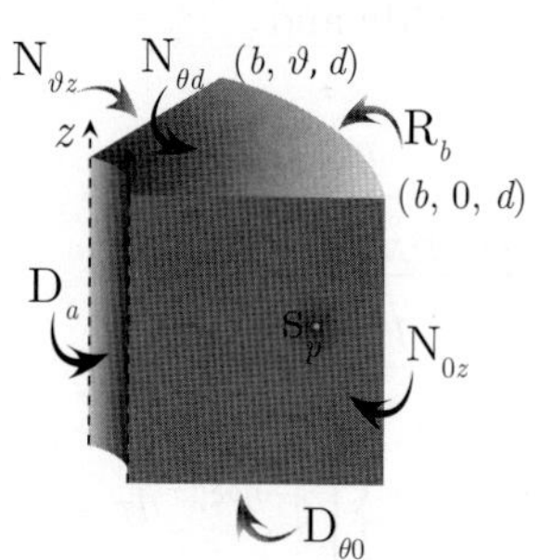

The problem of 29.24, except
$\mathbf{D}_{\theta 0} \equiv p(r,\theta,0,t) = \psi_{\theta 0}(r,\theta,t),$
$\mathbf{N}_{\theta d} \equiv \frac{\partial p(r,\theta,d,t)}{\partial z} = -\left(\frac{\mu}{k_z}\right)\psi_{\theta d}(r,\theta,t),$
$\mathbf{D}_a \equiv p(a,\theta,z,t) = \psi_a(\theta,z,t),$
$\mathbf{R}_b \equiv \frac{\partial p(b,\theta,z,t)}{\partial r} + \lambda p(b,\theta,z,t) = -\left(\frac{\mu}{k_r}\right)\psi_b(\theta,z,t),$
$\mathbf{N}_{0z} \equiv \frac{\partial p(r,0,z,t)}{\partial \theta} = -\left(\frac{\mu}{k_\theta}\right)\psi_{0z}(r,z,t)$ **and**
$\mathbf{N}_{\vartheta z} \equiv \frac{\partial p(r,\vartheta,z,t)}{\partial \theta} = -\left(\frac{\mu}{k_\theta}\right)\psi_{\vartheta z}(r,z,t)$

$$\overline{p} = \frac{\pi^2 q(s)\, e^{-st_0}}{2\vartheta\phi c_t\sqrt{\eta_z}} \sum_{m=0}^{\infty} \ni_m \cos(\xi_m\theta_0)\cos(\xi_m\theta) \times$$

$$\times \sum_{n=1}^{\infty} \frac{\xi_n^2\{\xi_n J'_{\mathcal{M}}(\xi_n b) + \lambda J_{\mathcal{M}}(\xi_n b)\}^2 \mathcal{V}_{\mathcal{DM}}(\xi r_0,a)\,\mathcal{V}_{\mathcal{DM}}(\xi r,a)\,\mathrm{sech}\left(d\sqrt{\frac{\eta_r\xi_n^2+s}{\eta_z}}\right)}{\left[\left\{\xi_n^2+\lambda^2-\left(\frac{\mathcal{M}}{b}\right)^2\right\}J_{\mathcal{M}}^2(\xi_n a) - \{\xi_n J'_{\mathcal{M}}(\xi_n b)+\lambda J_{\mathcal{M}}(\xi_n b)\}^2\right]\sqrt{(\eta_r\xi_n^2+s)}} \times$$

$$\times \left[\sinh\left\{(d-|z-z_0|)\sqrt{\frac{\eta_r\xi_n^2+s}{\eta_z}}\right\} - \sinh\left\{(d-z-z_0)\sqrt{\frac{\eta_r\xi_n^2+s}{\eta_z}}\right\}\right] -$$

$$-\frac{\pi\eta_r}{\vartheta\sqrt{\eta_z}}\sum_{m=0}^{\infty}\ni_m\cos(\xi_m\theta)\sum_{n=1}^{\infty}\frac{\xi_n^2\{\xi_n J'_{\mathcal{M}}(\xi_n b)+\lambda J_{\mathcal{M}}(\xi_n b)\}^2\mathcal{V}_{\mathcal{DM}}(\xi r,a)\mathrm{sech}\left(d\sqrt{\frac{\eta_r\xi_n^2+s}{\eta_z}}\right)}{\left[\left\{\xi_n^2+\lambda^2-\left(\frac{\mathcal{M}}{b}\right)^2\right\}J_{\mathcal{M}}^2(\xi_n a)-\{\xi_n J'_{\mathcal{M}}(\xi_n b)+\lambda J_{\mathcal{M}}(\xi_n b)\}^2\right]\sqrt{\eta_r\xi_n^2+s}} \times$$

$$\times \int_0^d \overline{\overline{\psi}}_a(\xi_m,w,s)\left[\sinh\left\{(d-|z-w|)\sqrt{\frac{\eta_r\xi_n^2+s}{\eta_z}}\right\} - \sinh\left\{(d-z-w)\sqrt{\frac{\eta_r\xi_n^2+s}{\eta_z}}\right\}\right]dw -$$

$$-\frac{\pi}{\vartheta\phi c_t\sqrt{\eta_z}}\sum_{m=0}^{\infty}\ni_m\cos(\xi_m\theta)\times$$

$$\times \sum_{n=1}^{\infty}\frac{\xi_n^2 J_{\mathcal{M}}(\xi_n a)\{\xi_n J'_{\mathcal{M}}(\xi_n b)+\lambda J_{\mathcal{M}}(\xi_n b)\}\mathcal{V}_{\mathcal{DM}}(\xi r,a)\,\mathrm{sech}\left(d\sqrt{\frac{\eta_r\xi_n^2+s}{\eta_z}}\right)}{\left[\left\{\xi_n^2+\lambda^2-\left(\frac{\mathcal{M}}{b}\right)^2\right\}J_{\mathcal{M}}^2(\xi_n a)-\{\xi_n J'_{\mathcal{M}}(\xi_n b)+\lambda J_{\mathcal{M}}(\xi_n b)\}^2\right]\sqrt{\eta_r\xi_n^2+s}} \times$$

$$\times \int_0^d \overline{\overline{\psi}}_b(\xi_m,w,s)\left[\sinh\left\{(d-|z-w|)\sqrt{\frac{\eta_r\xi_n^2+s}{\eta_z}}\right\} - \sinh\left\{(d-z-w)\sqrt{\frac{\eta_r\xi_n^2+s}{\eta_z}}\right\}\right]dw +$$

$$+\frac{\pi^2}{\vartheta}\sum_{m=0}^{\infty}\ni_m\cos(\xi_m\theta)\sum_{n=1}^{\infty}\frac{\xi_n^2\{\xi_n J'_{\mathcal{M}}(\xi_n b)+\lambda J_{\mathcal{M}}(\xi_n b)\}^2\mathcal{V}_{\mathcal{DM}}(\xi r,a)\,\mathrm{sech}\left(d\sqrt{\frac{\eta_r\xi_n^2+s}{\eta_z}}\right)}{\left[\left\{\xi_n^2+\lambda^2-\left(\frac{\mathcal{M}}{b}\right)^2\right\}J_{\mathcal{M}}^2(\xi_n a)-\{\xi_n J'_{\mathcal{M}}(\xi_n b)+\lambda J_{\mathcal{M}}(\xi_n b)\}^2\right]} \times$$

$$\times \left[\overline{\overline{\overline{\psi}}}_{\theta 0}(\xi_n,\xi_m,s)\cosh\left\{(d-z)\sqrt{\frac{\eta_r\xi_n^2+s}{\eta_z}}\right\} + \frac{\overline{\overline{\overline{\psi}}}_{\theta d}(\xi_n,\xi_m,s)}{\phi c_t\sqrt{\eta_z(\eta_r\xi_n^2+s)}}\sinh\left\{z\sqrt{\frac{\eta_r\xi_n^2+s}{\eta_z}}\right\}\right] +$$

$$+\frac{2\pi^2}{\vartheta d\phi c_t\sqrt{\eta_z}}\sum_{m=0}^{\infty}\ni_m\cos(\xi_m\theta)\times$$

$$\times \sum_{n=1}^{\infty}\frac{\xi_n^2\{\xi_n J'_{\mathcal{M}}(\xi_n b)+\lambda J_{\mathcal{M}}(\xi_n b)\}^2\mathcal{V}_{\mathcal{DM}}(\xi r,a)\,\mathrm{sech}\left(d\sqrt{\frac{\eta_r\xi_n^2+s}{\eta_z}}\right)}{\left[\left\{\xi_n^2+\lambda^2-\left(\frac{\mathcal{M}}{b}\right)^2\right\}J_{\mathcal{M}}^2(\xi_n a)-\{\xi_n J'_{\mathcal{M}}(\xi_n b)+\lambda J_{\mathcal{M}}(\xi_n b)\}^2\right]\sqrt{\eta_r\xi_n^2+s}} \times$$

$$\times \int_0^a \frac{\mathcal{V}_{\mathcal{DM}}(\xi_n u,a)}{u}\int_0^d\left\{\overline{\psi}_{0z}(u,w,s)+(-1)^{m+1}\,\overline{\psi}_{\vartheta z}(u,w,s)\right\}\times$$

$$\times\left[\sinh\left\{(d-|z-w|)\sqrt{\frac{\eta_r\xi_n^2+s}{\eta_z}}\right\}-\sinh\left\{(d-z-w)\sqrt{\frac{\eta_r\xi_n^2+s}{\eta_z}}\right\}\right]dwdu+$$

$$+\frac{\pi^2}{2\vartheta\sqrt{\eta_z}}\sum_{m=0}^{\infty}\ni_m\cos(\xi_m\theta)\sum_{n=1}^{\infty}\frac{\xi_n^2\{\xi_n J'_{\mathcal{M}}(\xi_n b)+\lambda J_{\mathcal{M}}(\xi_n b)\}^2\mathcal{V}_{\mathcal{DM}}(\xi r,a)\operatorname{sech}\left(d\sqrt{\frac{\eta_r\xi_n^2+s}{\eta_z}}\right)}{\left[\left\{\xi_n^2+\lambda^2-\left(\frac{\mathcal{M}}{b}\right)^2\right\}J_{\mathcal{M}}^2(\xi_n a)-\{\xi_n J'_{\mathcal{M}}(\xi_n b)+\lambda J_{\mathcal{M}}(\xi_n b)\}^2\right]\sqrt{\eta_r\xi_n^2+s}}\times$$

$$\times\int_0^d\overline{\overline{\varphi}}(\xi_n,\xi_m,w)\left[\sinh\left\{(d-|z-w|)\sqrt{\frac{\eta_r\xi_n^2+s}{\eta_z}}\right\}-\sinh\left\{(d-z-w)\sqrt{\frac{\eta_r\xi_n^2+s}{\eta_z}}\right\}\right]dw \quad (29.26.1)$$

where the eigenvalues ξ_n, $n=1,2,...$, are the positive roots of the transcendental equation $\xi_n\mathcal{V}'_{\mathcal{DM}}(\xi_n b,a)+\lambda\mathcal{V}_{\mathcal{DM}}(\xi_n b,a)=0$, $\xi_l=\frac{(2l-1)\pi}{2d}$, $l=1,2,...$, $\xi_m=\frac{m\pi}{d}$, $m=0,1,...$,
$\overline{\overline{\overline{\psi}}}_{\theta 0}(\xi_n,\xi_m,s)=\int_0^a u\mathcal{V}_{\mathcal{DM}}(\xi_n u,a)\int_0^{\vartheta}\overline{\psi}_0(u,v,s)\cos(\xi_m v)dvdu$,
$\overline{\overline{\overline{\psi}}}_{\theta d}(\xi_n,\xi_m,s)=\int_0^a u\mathcal{V}_{\mathcal{DM}}(\xi_n u,a)\int_0^{\vartheta}\overline{\psi}_{\theta d}(u,v,s)\cos(\xi_m v)dvdu$,
$\overline{\overline{\psi}}_a(\xi_m,w,s)=\int_0^{\vartheta}\overline{\psi}_a(v,w,s)\cos(\xi_m v)dv$, $\overline{\overline{\psi}}_b(\xi_m,w,s)=\int_0^{\vartheta}\overline{\psi}_b(v,w,s)\cos(\xi_m v)dv$ and
$\overline{\overline{\varphi}}(\xi_n,\xi_m,w)=\int_0^a u\mathcal{V}_{\mathcal{DM}}(\xi_n u,a)\int_0^{\vartheta}\varphi(u,v,w)\cos(\xi_m v)dvdu$.

$$p=\frac{U(t-t_0)\pi^2}{2\vartheta d\phi c_t}\sum_{m=0}^{\infty}\ni_m\cos(\xi_m\theta_0)\cos(\xi_m\theta)\times$$

$$\times\sum_{n=1}^{\infty}\frac{\xi_n^2\{\xi_n J'_{\mathcal{M}}(\xi_n b)+\lambda J_{\mathcal{M}}(\xi_n b)\}^2\mathcal{V}_{\mathcal{DM}}(\xi r_0,a)\mathcal{V}_{\mathcal{DM}}(\xi r,a)}{\left[\left\{\xi_n^2+\lambda^2-\left(\frac{\mathcal{M}}{b}\right)^2\right\}J_{\mathcal{M}}^2(\xi_n a)-\{\xi_n J'_{\mathcal{M}}(\xi_n b)+\lambda J_{\mathcal{M}}(\xi_n b)\}^2\right]}\times$$

$$\times\int_0^{t-t_0}q(t-t_0-\tau)\left[\Theta_2\left\{\frac{\pi(z-z_0)}{2d},e^{-\left(\frac{\pi}{d}\right)^2\eta_z\tau}\right\}-\Theta_2\left\{\frac{\pi(z+z_0)}{2d},e^{-\left(\frac{\pi}{d}\right)^2\eta_z\tau}\right\}\right]e^{-\eta_r\xi_n^2\tau}d\tau-$$

$$-\frac{\pi\eta_r}{\vartheta d}\sum_{m=0}^{\infty}\ni_m\cos(\xi_m\theta)\sum_{n=1}^{\infty}\frac{\xi_n^2\{\xi_n J'_{\mathcal{M}}(\xi_n b)+\lambda J_{\mathcal{M}}(\xi_n b)\}^2\mathcal{V}_{\mathcal{DM}}(\xi r,a)}{\left[\left\{\xi_n^2+\lambda^2-\left(\frac{\mathcal{M}}{b}\right)^2\right\}J_{\mathcal{M}}^2(\xi_n a)-\{\xi_n J'_{\mathcal{M}}(\xi_n b)+\lambda J_{\mathcal{M}}(\xi_n b)\}^2\right]}\times$$

$$\times\int_0^t e^{-\eta_r\xi_n^2\tau}\int_0^d\overline{\psi}_a(\xi_m,w,t-\tau)\left[\Theta_2\left\{\frac{\pi(z-w)}{2d},e^{-\left(\frac{\pi}{d}\right)^2\eta_z\tau}\right\}-\Theta_2\left\{\frac{\pi(z+w)}{2d},e^{-\left(\frac{\pi}{d}\right)^2\eta_z\tau}\right\}\right]dwd\tau-$$

$$-\frac{\pi}{\vartheta d\phi c_t}\sum_{m=0}^{\infty}\ni_m\cos(\xi_m\theta)\sum_{n=1}^{\infty}\frac{\xi_n^2 J_{\mathcal{M}}(\xi_n a)\{\xi_n J'_{\mathcal{M}}(\xi_n b)+\lambda J_{\mathcal{M}}(\xi_n b)\}\mathcal{V}_{\mathcal{DM}}(\xi r,a)}{\left[\left\{\xi_n^2+\lambda^2-\left(\frac{\mathcal{M}}{b}\right)^2\right\}J_{\mathcal{M}}^2(\xi_n a)-\{\xi_n J'_{\mathcal{M}}(\xi_n b)+\lambda J_{\mathcal{M}}(\xi_n b)\}^2\right]}\times$$

$$\times\int_0^t e^{-\eta_r\xi_n^2\tau}\int_0^d\overline{\psi}_b(\xi_m,w,t-\tau)\left[\Theta_2\left\{\frac{\pi(z-w)}{2d},e^{-\left(\frac{\pi}{d}\right)^2\eta_z\tau}\right\}-\Theta_2\left\{\frac{\pi(z+w)}{2d},e^{-\left(\frac{\pi}{d}\right)^2\eta_z\tau}\right\}\right]dwd\tau-$$

$$-\frac{\pi^2}{\vartheta d}\sum_{m=0}^{\infty}\ni_m\cos(\xi_m\theta)\sum_{n=1}^{\infty}\frac{\xi_n^2\{\xi_n J'_{\mathcal{M}}(\xi_n b)+\lambda J_{\mathcal{M}}(\xi_n b)\}^2\mathcal{V}_{\mathcal{DM}}(\xi r,a)}{\left[\left\{\xi_n^2+\lambda^2-\left(\frac{\mathcal{M}}{b}\right)^2\right\}J_{\mathcal{M}}^2(\xi_n a)-\{\xi_n J'_{\mathcal{M}}(\xi_n b)+\lambda J_{\mathcal{M}}(\xi_n b)\}^2\right]}\times$$

$$\times\int_0^t\left\{\left(\frac{\eta_z}{2d}\right)\Theta'_2\left(\frac{\pi z}{2d},e^{-\left(\frac{\pi}{d}\right)^2\eta_z\tau}\right)\overline{\overline{\overline{\psi}}}_{\theta 0}(\xi_n,\xi_m,t-\tau)+\right.$$

$$\left.+\left(\frac{1}{\phi c_t}\right)\Theta_1\left(\frac{\pi z}{2d},e^{-\left(\frac{\pi}{d}\right)^2\eta_z\tau}\right)\overline{\overline{\overline{\psi}}}_{\theta d}(\xi_n,\xi_m,t-\tau)\right\}e^{-\eta_r\xi_n^2\tau}d\tau+$$

$$+\frac{\pi^2}{2\vartheta d\phi c_t}\sum_{m=0}^{\infty}\ni_m\cos(\xi_m\theta)\sum_{n=1}^{\infty}\frac{\xi_n^2\{\xi_n J'_{\mathcal{M}}(\xi_n b)+\lambda J_{\mathcal{M}}(\xi_n b)\}^2\mathcal{V}_{\mathcal{DM}}(\xi r,a)}{\left[\left\{\xi_n^2+\lambda^2-\left(\frac{\mathcal{M}}{b}\right)^2\right\}J_{\mathcal{M}}^2(\xi_n a)-\{\xi_n J'_{\mathcal{M}}(\xi_n b)+\lambda J_{\mathcal{M}}(\xi_n b)\}^2\right]}\times$$

$$\times\int_0^a\frac{\mathcal{V}_{\mathcal{DM}}(\xi_n u,a)}{u}\int_0^d\int_0^t e^{-\eta_r\xi_n^2\tau}\left\{\psi_{0z}(u,w,t-\tau)+(-1)^{m+1}\psi_{\vartheta z}(u,w,t-\tau)\right\}\times$$

$$\times\left[\Theta_2\left\{\frac{\pi(z-w)}{2d}, e^{-\left(\frac{\pi}{d}\right)^2\eta_z\tau}\right\}-\Theta_2\left\{\frac{\pi(z+w)}{2d}, e^{-\left(\frac{\pi}{d}\right)^2\eta_z\tau}\right\}\right]d\tau dw du+$$

$$+\frac{\pi^2}{2\vartheta d}\sum_{m=0}^{\infty}\ni_m\cos(\xi_m\theta)\sum_{n=1}^{\infty}\frac{\xi_n^2\{\xi_n J'_{\mathcal{M}}(\xi_n b)+\lambda J_{\mathcal{M}}(\xi_n b)\}^2\mathcal{V}_{\mathcal{DM}}(\xi r,a)\,e^{-\eta_r\xi_n^2 t}}{\left[\left\{\xi_n^2+\lambda^2-\left(\frac{\mathcal{M}}{b}\right)^2\right\}J^2_{\mathcal{M}}(\xi_n a)-\{\xi_n J'_{\mathcal{M}}(\xi_n b)+\lambda J_{\mathcal{M}}(\xi_n b)\}^2\right]}\times$$

$$\times\int_0^d\overline{\overline{\varphi}}(\xi_n,\xi_m,w)\left[\Theta_2\left\{\frac{\pi(z-w)}{2d}, e^{-\left(\frac{\pi}{d}\right)^2\eta_z t}\right\}-\Theta_2\left\{\frac{\pi(z+w)}{2d}, e^{-\left(\frac{\pi}{d}\right)^2\eta_z t}\right\}\right]dw \qquad (29.26.2)$$

where $\overline{\psi}_a(\xi_m,w,t)=\int_0^{\vartheta}\psi_a(v,w,t)\cos(\xi_m v)dv$, $\overline{\psi}_b(\xi_m,w,t)=\int_0^{\vartheta}\psi_b(v,w,t)\cos(\xi_m v)dv$,
$\overline{\overline{\psi}}_{\theta 0}(\xi_n,\xi_m,t)=\int_0^a u\mathcal{V}_{\mathcal{DM}}(\xi_n u,a)\int_0^{\vartheta}\psi_0(u,v,t)\cos(\xi_m v)dvdu$ and
$\overline{\overline{\psi}}_{\theta d}(\xi_n,\xi_m,t)=\int_0^a u\mathcal{V}_{\mathcal{DM}}(\xi_n u,a)\int_0^{\vartheta}\psi_{\theta d}(u,v,t)\cos(\xi_m v)dvdu.$

29.27

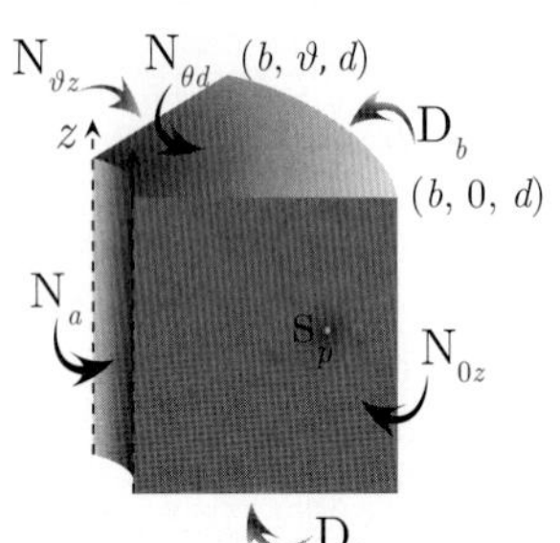

The problem of 29.24, except
$\mathbf{D}_{\theta 0}\equiv p(r,\theta,0,t)=\psi_{\theta 0}(r,\theta,t),$
$\mathbf{N}_{\theta d}\equiv\frac{\partial p(r,\theta,d,t)}{\partial z}=-\left(\frac{\mu}{k_z}\right)\psi_{\theta d}(r,\theta,t),$
$\mathbf{N}_a\equiv\frac{\partial p(a,\theta,z,t)}{\partial r}=-\left(\frac{\mu}{k_r}\right)\psi_a(\theta,z,t),$
$\mathbf{D}_b\equiv p(b,\theta,z,t)=\psi_b(\theta,z,t),$
$\mathbf{N}_{0z}\equiv\frac{\partial p(r,0,z,t)}{\partial\theta}=-\left(\frac{\mu}{k_\theta}\right)\psi_{0z}(r,z,t)$ **and**
$\mathbf{N}_{\vartheta z}\equiv\frac{\partial p(r,\vartheta,z,t)}{\partial\theta}=-\left(\frac{\mu}{k_\theta}\right)\psi_{\vartheta z}(r,z,t)$

$$\overline{p}=\frac{\pi^2 q(s)e^{-st_0}}{2\vartheta\phi c_t\sqrt{\eta_z}}\sum_{m=0}^{\infty}\ni_m\cos(\xi_m\theta_0)\cos(\xi_m\theta)\sum_{n=1}^{\infty}\frac{\xi_n^2 J^2_{\mathcal{M}}(\xi_n b)\mathcal{V}_{\mathcal{NM}}(\xi r_0,a)\mathcal{V}_{\mathcal{NM}}(\xi r,a)\operatorname{sech}\left(d\sqrt{\frac{\eta_r\xi_n^2+s}{\eta_z}}\right)}{\left[J'^2_{\mathcal{M}}(\xi_n a)-\left\{1-\left(\frac{\mathcal{M}}{\xi_n a}\right)^2\right\}J^2_{\mathcal{M}}(\xi_n b)\right]\sqrt{(\eta_r\xi_n^2+s)}}\times$$

$$\times\left[\sinh\left\{(d-|z-z_0|)\sqrt{\frac{\eta_r\xi_n^2+s}{\eta_z}}\right\}-\sinh\left\{(d-z-z_0)\sqrt{\frac{\eta_r\xi_n^2+s}{\eta_z}}\right\}\right]+$$

$$+\frac{\pi}{\vartheta\phi c_t\sqrt{\eta_z}}\sum_{m=0}^{\infty}\ni_m\cos(\xi_m\theta)\sum_{n=1}^{\infty}\frac{\xi_n J^2_{\mathcal{M}}(\xi_n b)\mathcal{V}_{\mathcal{NM}}(\xi r,a)\operatorname{sech}\left(d\sqrt{\frac{\eta_r\xi_n^2+s}{\eta_z}}\right)}{\left[J'^2_{\mathcal{M}}(\xi_n a)-\left\{1-\left(\frac{\mathcal{M}}{\xi_n a}\right)^2\right\}J^2_{\mathcal{M}}(\xi_n b)\right]\sqrt{\eta_r\xi_n^2+s}}\times$$

$$\times\int_0^d\overline{\overline{\psi}}_a(\xi_m,w,s)\left[\sinh\left\{(d-|z-w|)\sqrt{\frac{\eta_r\xi_n^2+s}{\eta_z}}\right\}-\sinh\left\{(d-z-w)\sqrt{\frac{\eta_r\xi_n^2+s}{\eta_z}}\right\}\right]dw+$$

$$+\frac{\pi\eta_r}{\vartheta\sqrt{\eta_z}}\sum_{m=0}^{\infty}\ni_m\cos(\xi_m\theta)\sum_{n=1}^{\infty}\frac{\xi_n^2 J'_{\mathcal{M}}(\xi_n a)J_{\mathcal{M}}(\xi_n b)\mathcal{V}_{\mathcal{NM}}(\xi r,a)\operatorname{sech}\left(d\sqrt{\frac{\eta_r\xi_n^2+s}{\eta_z}}\right)}{\left[J'^2_{\mathcal{M}}(\xi_n a)-\left\{1-\left(\frac{\mathcal{M}}{\xi_n a}\right)^2\right\}J^2_{\mathcal{M}}(\xi_n b)\right]\sqrt{\eta_r\xi_n^2+s}}\times$$

$$\times\int_0^d\overline{\overline{\psi}}_b(\xi_m,w,s)\left[\sinh\left\{(d-|z-w|)\sqrt{\frac{\eta_r\xi_n^2+s}{\eta_z}}\right\}-\sinh\left\{(d-z-w)\sqrt{\frac{\eta_r\xi_n^2+s}{\eta_z}}\right\}\right]dw+$$

$$+\frac{\pi^2}{\vartheta}\sum_{m=0}^{\infty}\ni_m\cos(\xi_m\theta)\sum_{n=1}^{\infty}\frac{\xi_n^2 J^2_{\mathcal{M}}(\xi_n b)\mathcal{V}_{\mathcal{NM}}(\xi r,a)\operatorname{sech}\left(d\sqrt{\frac{\eta_r\xi_n^2+s}{\eta_z}}\right)}{\left[J'^2_{\mathcal{M}}(\xi_n a)-\left\{1-\left(\frac{\mathcal{M}}{\xi_n a}\right)^2\right\}J^2_{\mathcal{M}}(\xi_n b)\right]}\times$$

$$\times\left[\overline{\overline{\overline{\psi}}}_{\theta 0}(\xi_n,\xi_m,s)\cosh\left\{(d-z)\sqrt{\frac{\eta_r\xi_n^2+s}{\eta_z}}\right\}+\frac{\overline{\overline{\overline{\psi}}}_{\theta d}(\xi_n,\xi_m,s)}{\phi c_t\sqrt{\eta_z(\eta_r\xi_n^2+s)}}\sinh\left\{z\sqrt{\frac{\eta_r\xi_n^2+s}{\eta_z}}\right\}\right]+$$

$$+\frac{2\pi^2}{\vartheta d\phi c_t\sqrt{\eta_z}}\sum_{m=0}^{\infty}\ni_m\cos(\xi_m\theta)\sum_{n=1}^{\infty}\frac{\xi_n^2J_{\mathcal{M}}^2(\xi_nb)\mathcal{V}_{\mathcal{NM}}(\xi r,a)\operatorname{sech}\left(d\sqrt{\frac{\eta_r\xi_n^2+s}{\eta_z}}\right)}{\left[J_{\mathcal{M}}'^2(\xi_na)-\left\{1-\left(\frac{\mathcal{M}}{\xi_na}\right)^2\right\}J_{\mathcal{M}}^2(\xi_nb)\right]\sqrt{\eta_r\xi_n^2+s}}\times$$

$$\times\int_0^a\frac{\mathcal{V}_{\mathcal{NM}}(\xi_nu,a)}{u}\int_0^d\left\{\overline{\psi}_{0z}(u,w,s)+(-1)^{m+1}\overline{\psi}_{\vartheta z}(u,w,s)\right\}\times$$

$$\times\left[\sinh\left\{(d-|z-w|)\sqrt{\frac{\eta_r\xi_n^2+s}{\eta_z}}\right\}-\sinh\left\{(d-z-w)\sqrt{\frac{\eta_r\xi_n^2+s}{\eta_z}}\right\}\right]dwdu+$$

$$+\frac{\pi^2}{2\vartheta\sqrt{\eta_z}}\sum_{m=0}^{\infty}\ni_m\cos(\xi_m\theta)\sum_{n=1}^{\infty}\frac{\xi_n^2J_{\mathcal{M}}^2(\xi_nb)\mathcal{V}_{\mathcal{NM}}(\xi r,a)\operatorname{sech}\left(d\sqrt{\frac{\eta_r\xi_n^2+s}{\eta_z}}\right)}{\left[J_{\mathcal{M}}'^2(\xi_na)-\left\{1-\left(\frac{\mathcal{M}}{\xi_na}\right)^2\right\}J_{\mathcal{M}}^2(\xi_nb)\right]\sqrt{\eta_r\xi_n^2+s}}\times$$

$$\times\int_0^d\overline{\overline{\varphi}}(\xi_n,\xi_m,w)\left[\sinh\left\{(d-|z-w|)\sqrt{\frac{\eta_r\xi_n^2+s}{\eta_z}}\right\}-\sinh\left\{(d-z-w)\sqrt{\frac{\eta_r\xi_n^2+s}{\eta_z}}\right\}\right]dw \qquad (29.27.1)$$

where $\mathcal{V}_{\mathcal{NM}}(\xi_nr,a)=J_{\mathcal{M}}(\xi_nr)Y_{\mathcal{M}}'(\xi_na)-Y_{\mathcal{M}}(\xi_nr)J_{\mathcal{M}}'(\xi_na)$, ξ_n, $n=1,2,...$, are the positive roots of the transcendental equation $\mathcal{V}_{\mathcal{NM}}(\xi_nb,a)=0$, $\xi_l=\frac{(2l-1)\pi}{2d}$, $l=1,2,...$, $\xi_m=\frac{m\pi}{d}$, $m=0,1,....$ $\overline{\overline{\overline{\psi}}}_{\theta0}(\xi_n,\xi_m,s)=\int_0^a u\mathcal{V}_{\mathcal{NM}}(\xi_nu,a)\int_0^\vartheta\overline{\psi}_0(u,v,s)\cos(\xi_mv)dvdu$, $\overline{\overline{\overline{\psi}}}_{\theta d}(\xi_n,\xi_m,s)=\int_0^a u\mathcal{V}_{\mathcal{NM}}(\xi_nu,a)\int_0^\vartheta\overline{\psi}_{\theta d}(u,v,s)\cos(\xi_mv)dvdu$, $\overline{\overline{\psi}}_a(\xi_m,w,s)=\int_0^\vartheta\overline{\psi}_a(v,w,s)\cos(\xi_mv)dv$, $\overline{\overline{\psi}}_b(\xi_m,w,s)=\int_0^\vartheta\overline{\psi}_b(v,w,s)\cos(\xi_mv)dv$ and $\overline{\overline{\varphi}}(\xi_n,\xi_m,w)=\int_0^a u\mathcal{V}_{\mathcal{NM}}(\xi_nu,a)\int_0^\vartheta\varphi(u,v,w)\cos(\xi_mv)dvdu$.

$$p=\frac{U(t-t_0)\pi^2}{2\vartheta d\phi c_t}\sum_{m=0}^{\infty}\ni_m\cos(\xi_m\theta_0)\cos(\xi_m\theta)\sum_{n=1}^{\infty}\frac{\xi_n^2J_{\mathcal{M}}^2(\xi_nb)\mathcal{V}_{\mathcal{NM}}(\xi r_0,a)\mathcal{V}_{\mathcal{NM}}(\xi r,a)}{\left[J_{\mathcal{M}}'^2(\xi_na)-\left\{1-\left(\frac{\mathcal{M}}{\xi_na}\right)^2\right\}J_{\mathcal{M}}^2(\xi_nb)\right]}\times$$

$$\times\int_0^{t-t_0}q(t-t_0-\tau)\left[\Theta_2\left\{\frac{\pi(z-z_0)}{2d},e^{-\left(\frac{\pi}{d}\right)^2\eta_z\tau}\right\}-\Theta_2\left\{\frac{\pi(z+z_0)}{2d},e^{-\left(\frac{\pi}{d}\right)^2\eta_z\tau}\right\}\right]e^{-\eta_r\xi_n^2\tau}d\tau+$$

$$+\frac{\pi}{\vartheta d\phi c_t}\sum_{m=0}^{\infty}\ni_m\cos(\xi_m\theta)\sum_{n=1}^{\infty}\frac{\xi_nJ_{\mathcal{M}}^2(\xi_nb)\mathcal{V}_{\mathcal{NM}}(\xi r,a)}{\left[J_{\mathcal{M}}'^2(\xi_na)-\left\{1-\left(\frac{\mathcal{M}}{\xi_na}\right)^2\right\}J_{\mathcal{M}}^2(\xi_nb)\right]}\times$$

$$\times\int_0^t e^{-\eta_r\xi_n^2\tau}\int_0^d\overline{\psi}_a(\xi_m,w,t-\tau)\left[\Theta_2\left\{\frac{\pi(z-w)}{2d},e^{-\left(\frac{\pi}{d}\right)^2\eta_z\tau}\right\}-\Theta_2\left\{\frac{\pi(z+w)}{2d},e^{-\left(\frac{\pi}{d}\right)^2\eta_z\tau}\right\}\right]dwd\tau+$$

$$+\frac{\pi\eta_r}{\vartheta d}\sum_{m=0}^{\infty}\ni_m\cos(\xi_m\theta)\sum_{n=1}^{\infty}\frac{\xi_n^2J_{\mathcal{M}}'(\xi_na)J_{\mathcal{M}}(\xi_nb)\mathcal{V}_{\mathcal{NM}}(\xi r,a)}{\left[J_{\mathcal{M}}'^2(\xi_na)-\left\{1-\left(\frac{\mathcal{M}}{\xi_na}\right)^2\right\}J_{\mathcal{M}}^2(\xi_nb)\right]}\times$$

$$\times\int_0^t e^{-\eta_r\xi_n^2\tau}\int_0^d\overline{\psi}_b(\xi_m,w,t-\tau)\left[\Theta_2\left\{\frac{\pi(z-w)}{2d},e^{-\left(\frac{\pi}{d}\right)^2\eta_z\tau}\right\}-\Theta_2\left\{\frac{\pi(z+w)}{2d},e^{-\left(\frac{\pi}{d}\right)^2\eta_z\tau}\right\}\right]dwd\tau-$$

$$-\frac{\pi^2}{\vartheta d}\sum_{m=0}^{\infty}\ni_m\sum_{n=1}^{\infty}\frac{\xi_n^2J_{\mathcal{M}}^2(\xi_nb)\mathcal{V}_{\mathcal{NM}}(\xi r,a)}{\left[J_{\mathcal{M}}'^2(\xi_na)-\left\{1-\left(\frac{\mathcal{M}}{\xi_na}\right)^2\right\}J_{\mathcal{M}}^2(\xi_nb)\right]}\int_0^t\left\{\left(\frac{\eta_z}{2d}\right)\Theta_2'\left(\frac{\pi z}{2d},e^{-\left(\frac{\pi}{d}\right)^2\eta_z\tau}\right)\overline{\overline{\psi}}_{\theta0}(\xi_n,\xi_m,t-\tau)+\right.$$

$$\left.+\left(\frac{1}{\phi c_t}\right)\Theta_1\left(\frac{\pi z}{2d},e^{-\left(\frac{\pi}{d}\right)^2\eta_z\tau}\right)\overline{\overline{\psi}}_{\theta d}(\xi_n,\xi_m,t-\tau)\right\}e^{-\eta_r\xi_n^2\tau}d\tau+$$

$$+\frac{\pi^2}{2\vartheta d\phi c_t}\sum_{m=0}^{\infty}\ni_m\cos(\xi_m\theta)\sum_{n=1}^{\infty}\frac{\xi_n^2 J_{\mathcal{M}}^2(\xi_n b)\,\mathcal{V}_{\mathcal{NM}}(\xi r,a)}{\left[J_{\mathcal{M}}'^2(\xi_n a)-\left\{1-\left(\frac{\mathcal{M}}{\xi_n a}\right)^2\right\}J_{\mathcal{M}}^2(\xi_n b)\right]}\times$$

$$\times\int_0^a\frac{\mathcal{V}_{\mathcal{NM}}(\xi_n u,a)}{u}\int_0^d\int_0^t e^{-\eta_r\xi_n^2\tau}\left\{\psi_{0z}(u,w,t-\tau)+(-1)^{m+1}\psi_{\vartheta z}(u,w,t-\tau)\right\}\times$$

$$\times\left[\Theta_2\left\{\frac{\pi(z-w)}{2d},e^{-\left(\frac{\pi}{d}\right)^2\eta_z\tau}\right\}-\Theta_2\left\{\frac{\pi(z+w)}{2d},e^{-\left(\frac{\pi}{d}\right)^2\eta_z\tau}\right\}\right]d\tau dw du+$$

$$+\frac{\pi^2}{2\vartheta d}\sum_{m=0}^{\infty}\ni_m\cos(\xi_m\theta)\sum_{n=1}^{\infty}\frac{\xi_n^2 J_{\mathcal{M}}^2(\xi_n b)\,\mathcal{V}_{\mathcal{NM}}(\xi r,a)\,e^{-\eta_r\xi_n^2 t}}{\left[J_{\mathcal{M}}'^2(\xi_n a)-\left\{1-\left(\frac{\mathcal{M}}{\xi_n a}\right)^2\right\}J_{\mathcal{M}}^2(\xi_n b)\right]}\times$$

$$\times\int_0^d\overline{\overline{\varphi}}(\xi_n,\xi_m,w)\left[\Theta_2\left\{\frac{\pi(z-w)}{2d},e^{-\left(\frac{\pi}{d}\right)^2\eta_z t}\right\}-\Theta_2\left\{\frac{\pi(z+w)}{2d},e^{-\left(\frac{\pi}{d}\right)^2\eta_z t}\right\}\right]dw \qquad (29.27.2)$$

where $\overline{\psi}_a(\xi_m,w,t)=\int_0^\vartheta\psi_a(v,w,t)\cos(\xi_m v)dv$, $\overline{\psi}_b(\xi_m,w,t)=\int_0^\vartheta\psi_b(v,w,t)\cos(\xi_m v)dv$, $\overline{\overline{\psi}}_{\theta 0}(\xi_n,\xi_m,t)=\int_0^a u\mathcal{V}_{\mathcal{NM}}(\xi_n u,a)\int_0^\vartheta\psi_0(u,v,t)\cos(\xi_m v)dvdu$ and $\overline{\overline{\psi}}_{\theta d}(\xi_n,\xi_m,t)=\int_0^a u\mathcal{V}_{\mathcal{NM}}(\xi_n u,a)\int_0^\vartheta\psi_{\theta d}(u,v,t)\cos(\xi_m v)dvdu$.

29.28

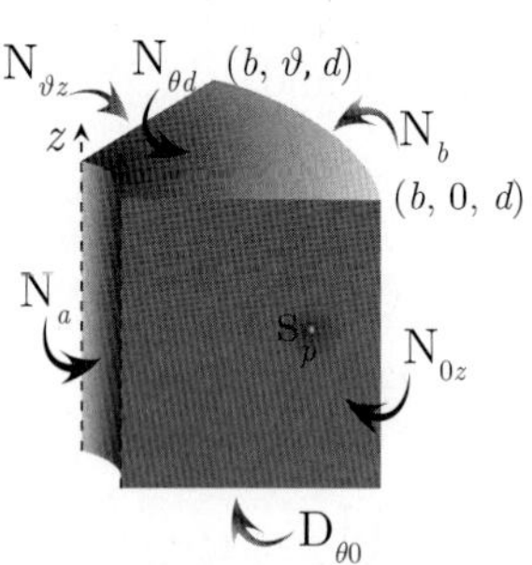

The problem of 29.24, except
$\mathbf{D}_{\theta 0}\equiv p(r,\theta,0,t)=\psi_{\theta 0}(r,\theta,t)$,
$\mathbf{N}_{\theta d}\equiv\frac{\partial p(r,\theta,d,t)}{\partial z}=-\left(\frac{\mu}{k_z}\right)\psi_{\theta d}(r,\theta,t)$,
$\mathbf{N}_a\equiv\frac{\partial p(a,\theta,z,t)}{\partial r}=-\left(\frac{\mu}{k_r}\right)\psi_a(\theta,z,t)$,
$\mathbf{N}_b\equiv\frac{\partial p(b,\theta,z,t)}{\partial r}=-\left(\frac{\mu}{k_r}\right)\psi_b(\theta,z,t)$,
$\mathbf{N}_{0z}\equiv\frac{\partial p(r,0,z,t)}{\partial\theta}=-\left(\frac{\mu}{k_\theta}\right)\psi_{0z}(r,z,t)$ **and**
$\mathbf{N}_{\vartheta z}\equiv\frac{\partial p(r,\vartheta,z,t)}{\partial\theta}=-\left(\frac{\mu}{k_\theta}\right)\psi_{\vartheta z}(r,z,t)$

$$\overline{p}=\frac{q(s)e^{-st_0}\operatorname{sech}\left(d\sqrt{\frac{s}{\eta_z}}\right)}{\vartheta(b^2-a^2)\phi c_t\sqrt{\eta_z s}}\left[\sinh\left\{(d-|z-z_0|)\sqrt{\frac{s}{\eta_z}}\right\}-\sinh\left\{(d-z-z_0)\sqrt{\frac{s}{\eta_z}}\right\}\right]+$$

$$+\frac{\pi^2 q(s)e^{-st_0}}{2\vartheta\phi c_t\sqrt{\eta_z}}\sum_{m=0}^{\infty}\ni_m\cos(\xi_m\theta_0)\cos(\xi_m\theta)\times$$

$$\times\sum_{n=1}^{\infty}\frac{\xi_n^2 J_{\mathcal{M}}'^2(\xi_n b)\,\mathcal{V}_{\mathcal{NM}}(\xi r_0,a)\,\mathcal{V}_{\mathcal{NM}}(\xi r,a)\operatorname{sech}\left(d\sqrt{\frac{\eta_r\xi_n^2+s}{\eta_z}}\right)}{\left[\left\{1-\left(\frac{\mathcal{M}}{\xi_n b}\right)^2\right\}J_{\mathcal{M}}'^2(\xi_n a)-\left\{1-\left(\frac{\mathcal{M}}{\xi_n a}\right)^2\right\}J_{\mathcal{M}}'^2(\xi_n b)\right]\sqrt{(\eta_r\xi_n^2+s)}}\times$$

$$\times\left[\sinh\left\{(d-|z-z_0|)\sqrt{\frac{\eta_r\xi_n^2+s}{\eta_z}}\right\}-\sinh\left\{(d-z-z_0)\sqrt{\frac{\eta_r\xi_n^2+s}{\eta_z}}\right\}\right]+$$

$$+\frac{\operatorname{sech}\left(d\sqrt{\frac{s}{\eta_z}}\right)}{\vartheta(b^2-a^2)\phi c_t\sqrt{\eta_z s}}\times$$

$$\times\int_0^d\left\{a\overline{\overline{\psi}}_a(0,w,s)-b\overline{\overline{\psi}}_b(0,w,s)\right\}\left[\sinh\left\{(d-|z-w|)\sqrt{\frac{s}{\eta_z}}\right\}-\sinh\left\{(d-z-w)\sqrt{\frac{s}{\eta_z}}\right\}\right]dw+$$

$$+\frac{\pi}{\vartheta\phi c_t\sqrt{\eta_z}}\sum_{m=0}^{\infty}\ni_m\cos(\xi_m\theta)\sum_{n=1}^{\infty}\frac{\xi_n J_{\mathcal{M}}'^2(\xi_n b)\,\mathcal{V}_{\mathcal{NM}}(\xi r,a)\,\mathrm{sech}\left(d\sqrt{\frac{\eta_r\xi_n^2+s}{\eta_z}}\right)}{\left[\left\{1-\left(\frac{\mathcal{M}}{\xi_n b}\right)^2\right\}J_{\mathcal{M}}'^2(\xi_n a)-\left\{1-\left(\frac{\mathcal{M}}{\xi_n a}\right)^2\right\}J_{\mathcal{M}}'^2(\xi_n b)\right]\sqrt{(\eta_r\xi_n^2+s)}}\times$$

$$\times\int_0^d\overline{\overline{\psi}}_a(\xi_m,w,s)\left[\sinh\left\{(d-|z-w|)\sqrt{\frac{\eta_r\xi_n^2+s}{\eta_z}}\right\}-\sinh\left\{(d-z-w)\sqrt{\frac{\eta_r\xi_n^2+s}{\eta_z}}\right\}\right]dw-$$

$$-\frac{\pi}{\vartheta\phi c_t\sqrt{\eta_z}}\sum_{m=0}^{\infty}\ni_m\cos(\xi_m\theta)\sum_{n=1}^{\infty}\frac{\xi_n J_{\mathcal{M}}'(\xi_n a)\,J_{\mathcal{M}}'(\xi_n b)\,\mathcal{V}_{\mathcal{NM}}(\xi r,a)\,\mathrm{sech}\left(d\sqrt{\frac{\eta_r\xi_n^2+s}{\eta_z}}\right)}{\left[\left\{1-\left(\frac{\mathcal{M}}{\xi_n b}\right)^2\right\}J_{\mathcal{M}}'^2(\xi_n a)-\left\{1-\left(\frac{\mathcal{M}}{\xi_n a}\right)^2\right\}J_{\mathcal{M}}'^2(\xi_n b)\right]\sqrt{(\eta_r\xi_n^2+s)}}\times$$

$$\times\int_0^d\overline{\overline{\psi}}_b(\xi_m,w,s)\left[\sinh\left\{(d-|z-w|)\sqrt{\frac{\eta_r\xi_n^2+s}{\eta_z}}\right\}-\sinh\left\{(d-z-w)\sqrt{\frac{\eta_r\xi_n^2+s}{\eta_z}}\right\}\right]dw+$$

$$+\frac{2\,\mathrm{sech}\left(d\sqrt{\frac{s}{\eta_z}}\right)}{\vartheta(b^2-a^2)}\int_a^b u\left[\overline{\overline{\psi}}_{\theta 0}(u,0,s)\cosh\left\{(d-z)\sqrt{\frac{s}{\eta_z}}\right\}+\frac{\overline{\overline{\psi}}_{\theta d}(u,0,s)}{\phi c_t\sqrt{\eta_z s}}\sinh\left\{z\sqrt{\frac{s}{\eta_z}}\right\}\right]du+$$

$$+\frac{\pi^2}{\vartheta}\sum_{m=0}^{\infty}\ni_m\cos(\xi_m\theta)\sum_{n=1}^{\infty}\frac{\xi_n^2 J_{\mathcal{M}}'^2(\xi_n b)\,\mathcal{V}_{\mathcal{NM}}(\xi r,a)\,\mathrm{sech}\left(d\sqrt{\frac{\eta_r\xi_n^2+s}{\eta_z}}\right)}{\left[\left\{1-\left(\frac{\mathcal{M}}{\xi_n b}\right)^2\right\}J_{\mathcal{M}}'^2(\xi_n a)-\left\{1-\left(\frac{\mathcal{M}}{\xi_n a}\right)^2\right\}J_{\mathcal{M}}'^2(\xi_n b)\right]}\times$$

$$\times\left[\overline{\overline{\overline{\psi}}}_{\theta 0}(\xi_n,\xi_m,s)\cosh\left\{(d-z)\sqrt{\frac{\eta_r\xi_n^2+s}{\eta_z}}\right\}+\frac{\overline{\overline{\overline{\psi}}}_{\theta d}(\xi_n,\xi_m,s)}{\phi c_t\sqrt{\eta_z(\eta_r\xi_n^2+s)}}\sinh\left\{z\sqrt{\frac{\eta_r\xi_n^2+s}{\eta_z}}\right\}\right]+$$

$$+\frac{\mathrm{sech}\left(d\sqrt{\frac{s}{\eta_z}}\right)}{\vartheta(b^2-a^2)\phi c_t\sqrt{\eta_z s}}\sum_{l=1}^{\infty}\int_a^b\frac{1}{u}\int_0^d\left\{\overline{\psi}_{0z}(u,w,s)-\overline{\psi}_{\vartheta z}(u,w,s)\right\}\times$$

$$\times\left[\sinh\left\{(d-|z-w|)\sqrt{\frac{s}{\eta_z}}\right\}-\sinh\left\{(d-z-w)\sqrt{\frac{s}{\eta_z}}\right\}\right]dwdu$$

$$\frac{\pi^2}{2\vartheta\phi c_t\sqrt{\eta_z}}\sum_{m=0}^{\infty}\ni_m\cos(\xi_m\theta)\sum_{n=1}^{\infty}\frac{\xi_n^2 J_{\mathcal{M}}'^2(\xi_n b)\,\mathcal{V}_{\mathcal{NM}}(\xi_n r,a)\,\mathrm{csch}\left(d\sqrt{\frac{\eta_r\xi_n^2+s}{\eta_z}}\right)}{\left[\left\{1-\left(\frac{\mathcal{M}}{\xi_n b}\right)^2\right\}J_{\mathcal{M}}'^2(\xi_n a)-\left\{1-\left(\frac{\mathcal{M}}{\xi_n a}\right)^2\right\}J_{\mathcal{M}}'^2(\xi_n b)\right]\sqrt{(\eta_r\xi_n^2+s)}}\times$$

$$\times\int_a^b\frac{\mathcal{V}_{\mathcal{NM}}(\xi_n u,a)}{u}\int_0^d\left\{\overline{\psi}_{0z}(u,w,s)+(-1)^{m+1}\overline{\psi}_{\vartheta z}(u,w,s)\right\}\times$$

$$\times\left[\sinh\left\{(d-|z-w|)\sqrt{\frac{\eta_r\xi_n^2+s}{\eta_z}}\right\}-\sinh\left\{(d-z-w)\sqrt{\frac{\eta_r\xi_n^2+s}{\eta_z}}\right\}\right]dwdu+$$

$$+\frac{\mathrm{sech}\left(d\sqrt{\frac{s}{\eta_z}}\right)}{\vartheta(b^2-a^2)\sqrt{\eta_z s}}\int_0^d\left[\sinh\left\{(d-|z-w|)\sqrt{\frac{s}{\eta_z}}\right\}-\sinh\left\{(d-z-w)\sqrt{\frac{s}{\eta_z}}\right\}\right]\int_a^b\overline{\varphi}(u,0,w)\,ududw+$$

$$+\frac{\pi^2}{2\vartheta\sqrt{\eta_z}}\sum_{m=0}^{\infty}\ni_m\cos(\xi_m\theta)\sum_{n=1}^{\infty}\frac{\xi_n^2 J_{\mathcal{M}}'^2(\xi_n b)\,\mathcal{V}_{\mathcal{NM}}(\xi r,a)\,\mathrm{sech}\left(d\sqrt{\frac{\eta_r\xi_n^2+s}{\eta_z}}\right)}{\left[\left\{1-\left(\frac{\mathcal{M}}{\xi_n b}\right)^2\right\}J_{\mathcal{M}}'^2(\xi_n a)-\left\{1-\left(\frac{\mathcal{M}}{\xi_n a}\right)^2\right\}J_{\mathcal{M}}'^2(\xi_n b)\right]\sqrt{(\eta_r\xi_n^2+s)}}\times$$

$$\times\int_0^d\overline{\overline{\varphi}}(\xi_n,\xi_m,w)\left[\sinh\left\{(d-|z-w|)\sqrt{\frac{\eta_r\xi_n^2+s}{\eta_z}}\right\}-\sinh\left\{(d-z-w)\sqrt{\frac{\eta_r\xi_n^2+s}{\eta_z}}\right\}\right]dw \qquad (29.28.1)$$

where $\mathcal{V}_{\mathcal{N}\mathcal{M}}(\xi_n r, a) = J_{\mathcal{M}}(\xi_n r) Y'_{\mathcal{M}}(\xi_n a) - Y_{\mathcal{M}}(\xi_n r) J'_{\mathcal{M}}(\xi_n a)$. The eigenvalues are $\xi_0 = 0$ and ξ_n. ξ_n, $n = 1, 2, ...$, are the positive roots of the transcendental equation $\mathcal{V}'_{\mathcal{N}\mathcal{M}}(\xi_n b, a) = 0$, $\xi_l = \frac{(2l-1)\pi}{2d}$, $l = 1, 2, ...$, $\xi_m = \frac{m\pi}{d}$, $m = 0, 1, ...$, $\overline{\overline{\psi}}_{\theta 0}(u, 0, s) = \int_0^{\vartheta} \overline{\psi}_{\theta 0}(u, v, s) dv$, $\overline{\overline{\psi}}_{\theta d}(u, 0, s) = \int_0^{\vartheta} \overline{\psi}_{\theta d}(u, v, s) dv$,
$\overline{\overline{\overline{\psi}}}_{\theta 0}(\xi_n, \xi_m, s) = \int_0^a u \mathcal{V}_{\mathcal{N}\mathcal{M}}(\xi_n u, a) \int_0^{\vartheta} \overline{\psi}_0(u, v, s) \cos(\xi_m v) dv du$,
$\overline{\overline{\overline{\psi}}}_{\theta d}(\xi_n, \xi_m, s) = \int_0^a u \mathcal{V}_{\mathcal{N}\mathcal{M}}(\xi_n u, a) \int_0^{\vartheta} \overline{\psi}_{\theta d}(u, v, s) \cos(\xi_m v) dv du$,
$\overline{\overline{\psi}}_a(\xi_m, w, s) = \int_0^{\vartheta} \overline{\psi}_a(v, w, s) \cos(\xi_m v) dv$, $\overline{\overline{\psi}}_b(\xi_m, w, s) = \int_0^{\vartheta} \overline{\psi}_b(v, w, s) \cos(\xi_m v) dv$,
$\overline{\varphi}(u, 0, w) = \int_0^{\vartheta} \varphi(u, v, w) dv$ and $\overline{\overline{\varphi}}(\xi_n, \xi_m, w) = \int_0^a u \mathcal{V}_{\mathcal{N}\mathcal{M}}(\xi_n u, a) \int_0^{\vartheta} \varphi(u, v, w) \cos(\xi_m v) dv du$.

$$
p = \frac{U(t-t_0)}{\vartheta d(b^2-a^2)\phi c_t} \int_0^{t-t_0} q(t-t_0-\tau)\left[\Theta_2\left\{\frac{\pi(z-z_0)}{2d}, e^{-\left(\frac{\pi}{d}\right)^2 \eta_z \tau}\right\} - \Theta_2\left\{\frac{\pi(z+z_0)}{2d}, e^{-\left(\frac{\pi}{d}\right)^2 \eta_z \tau}\right\}\right] d\tau +
$$

$$
+\frac{U(t-t_0)\pi^2}{2\vartheta d\phi c_t} \sum_{m=0}^{\infty} \ni_m \cos(\xi_m \theta_0) \cos(\xi_m \theta) \sum_{n=1}^{\infty} \frac{\xi_n^2 J'^2_{\mathcal{M}}(\xi_n b) \mathcal{V}_{\mathcal{N}\mathcal{M}}(\xi r_0, a) \mathcal{V}_{\mathcal{N}\mathcal{M}}(\xi r, a)}{\left[\left\{1-\left(\frac{\mathcal{M}}{\xi_n b}\right)^2\right\} J'^2_{\mathcal{M}}(\xi_n a) - \left\{1-\left(\frac{\mathcal{M}}{\xi_n a}\right)^2\right\} J'^2_{\mathcal{M}}(\xi_n b)\right]} \times
$$

$$
\times \int_0^{t-t_0} q(t-t_0-\tau)\left[\Theta_2\left\{\frac{\pi(z-z_0)}{2d}, e^{-\left(\frac{\pi}{d}\right)^2 \eta_z \tau}\right\} - \Theta_2\left\{\frac{\pi(z+z_0)}{2d}, e^{-\left(\frac{\pi}{d}\right)^2 \eta_z \tau}\right\}\right] e^{-\eta_r \xi_n^2 \tau} d\tau +
$$

$$
+\frac{1}{\vartheta d(b^2-a^2)\phi c_t} \int_0^t \int_0^d \left\{a\overline{\psi}_a(0, w, t-\tau) - b\overline{\psi}_b(0, w, t-\tau)\right\} \times
$$

$$
\times \left[\Theta_2\left\{\frac{\pi(z-w)}{2d}, e^{-\left(\frac{\pi}{d}\right)^2 \eta_z \tau}\right\} - \Theta_2\left\{\frac{\pi(z+w)}{2d}, e^{-\left(\frac{\pi}{d}\right)^2 \eta_z \tau}\right\}\right] dw d\tau +
$$

$$
+\frac{\pi}{\vartheta d\phi c_t} \sum_{m=0}^{\infty} \ni_m \cos(\xi_m \theta) \sum_{n=1}^{\infty} \frac{\xi_n J'^2_{\mathcal{M}}(\xi_n b) \mathcal{V}_{\mathcal{N}\mathcal{M}}(\xi r, a)}{\left[\left\{1-\left(\frac{\mathcal{M}}{\xi_n b}\right)^2\right\} J'^2_{\mathcal{M}}(\xi_n a) - \left\{1-\left(\frac{\mathcal{M}}{\xi_n a}\right)^2\right\} J'^2_{\mathcal{M}}(\xi_n b)\right]} \times
$$

$$
\times \int_0^t e^{-\eta_r \xi_n^2 \tau} \int_0^d \overline{\overline{\psi}}_a(\xi_m, w, t-\tau)\left[\Theta_2\left\{\frac{\pi(z-w)}{2d}, e^{-\left(\frac{\pi}{d}\right)^2 \eta_z \tau}\right\} - \Theta_2\left\{\frac{\pi(z+w)}{2d}, e^{-\left(\frac{\pi}{d}\right)^2 \eta_z \tau}\right\}\right] dw d\tau -
$$

$$
-\frac{\pi}{\vartheta d\phi c_t} \sum_{m=0}^{\infty} \ni_m \cos(\xi_m \theta) \sum_{n=1}^{\infty} \frac{\xi_n J'_{\mathcal{M}}(\xi_n a) J'_{\mathcal{M}}(\xi_n b) \mathcal{V}_{\mathcal{N}\mathcal{M}}(\xi r, a)}{\left[\left\{1-\left(\frac{\mathcal{M}}{\xi_n b}\right)^2\right\} J'^2_{\mathcal{M}}(\xi_n a) - \left\{1-\left(\frac{\mathcal{M}}{\xi_n a}\right)^2\right\} J'^2_{\mathcal{M}}(\xi_n b)\right]} \times
$$

$$
\times \int_0^t e^{-\eta_r \xi_n^2 \tau} \int_0^d \overline{\overline{\psi}}_b(\xi_m, w, t-\tau)\left[\Theta_2\left\{\frac{\pi(z-w)}{2d}, e^{-\left(\frac{\pi}{d}\right)^2 \eta_z \tau}\right\} - \Theta_2\left\{\frac{\pi(z+w)}{2d}, e^{-\left(\frac{\pi}{d}\right)^2 \eta_z \tau}\right\}\right] dw d\tau -
$$

$$
-\frac{1}{\pi(b^2-a^2)d} \times
$$

$$
\times \int_0^t \int_a^b u\left\{\left(\frac{\eta_z}{2d}\right)\Theta'_2\left(\frac{\pi z}{2d}, e^{-\left(\frac{\pi}{d}\right)^2 \eta_z \tau}\right)\overline{\overline{\psi}}_{\theta 0}(u, 0, t-\tau) + \left(\frac{1}{\phi c_t}\right)\Theta_1\left(\frac{\pi z}{2d}, e^{-\left(\frac{\pi}{d}\right)^2 \eta_z \tau}\right)\overline{\overline{\psi}}_{\theta d}(u, 0, t-\tau)\right\} du d\tau -
$$

$$
-\frac{\pi^2}{\vartheta d} \sum_{m=0}^{\infty} \ni_m \cos(\xi_m \theta) \sum_{n=1}^{\infty} \frac{\xi_n^2 J'^2_{\mathcal{M}}(\xi_n b) \mathcal{V}_{\mathcal{N}\mathcal{M}}(\xi r, a)}{\left[\left\{1-\left(\frac{\mathcal{M}}{\xi_n b}\right)^2\right\} J'^2_{\mathcal{M}}(\xi_n a) - \left\{1-\left(\frac{\mathcal{M}}{\xi_n a}\right)^2\right\} J'^2_{\mathcal{M}}(\xi_n b)\right]} \times
$$

$$
\times \int_0^t \left\{\left(\frac{\eta_z}{2d}\right)\Theta'_2\left(\frac{\pi z}{2d}, e^{-\left(\frac{\pi}{d}\right)^2 \eta_z \tau}\right)\overline{\overline{\overline{\psi}}}_{\theta 0}(\xi_n, \xi_m, t-\tau) + \right.
$$

$$
\left. + \left(\frac{1}{\phi c_t}\right)\Theta_1\left(\frac{\pi z}{2d}, e^{-\left(\frac{\pi}{d}\right)^2 \eta_z \tau}\right)\overline{\overline{\overline{\psi}}}_{\theta d}(\xi_n, \xi_m, t-\tau)\right\} e^{-\eta_r \xi_n^2 \tau} d\tau +
$$

$$+\frac{1}{\vartheta d\left(b^2-a^2\right)\phi c_t}\int\limits_a^b\frac{1}{u}\int\limits_0^d\int\limits_0^t\left\{\psi_{0z}(u,w,t-\tau)-\psi_{\vartheta z}(u,w,t-\tau)\right\}\times$$

$$\times\left[\Theta_2\left\{\frac{\pi(z-w)}{2d},e^{-\left(\frac{\pi}{d}\right)^2\eta_z\tau}\right\}-\Theta_2\left\{\frac{\pi(z+w)}{2d},e^{-\left(\frac{\pi}{d}\right)^2\eta_z\tau}\right\}\right]d\tau dwdu+$$

$$+\frac{\pi^2}{2\vartheta d\phi c_t}\sum_{m=0}^{\infty}\ni_m\cos(\xi_m\theta)\sum_{n=1}^{\infty}\frac{\xi_n^2J_{\mathcal{M}}'^2(\xi_nb)\mathcal{V}_{\mathcal{NM}}(\xi_nr,a)}{\left[\left\{1-\left(\frac{\mathcal{M}}{\xi_nb}\right)^2\right\}J_{\mathcal{M}}'^2(\xi_na)-\left\{1-\left(\frac{\mathcal{M}}{\xi_na}\right)^2\right\}J_{\mathcal{M}}'^2(\xi_nb)\right]\sqrt{(\eta_r\xi_n^2+s)}}\times$$

$$\int\limits_0^t e^{-\eta_r\xi_n^2\tau}\int\limits_a^b\frac{\mathcal{V}_{\mathcal{NM}}(\xi_nu,a)}{u}\int\limits_0^d\left\{\psi_{0z}(u,w,t-\tau)+(-1)^{m+1}\psi_{\vartheta z}(u,w,t-\tau)\right\}d\tau\times$$

$$\times\left[\Theta_2\left\{\frac{\pi(z-w)}{2d},e^{-\left(\frac{\pi}{d}\right)^2\eta_z\tau}\right\}-\Theta_2\left\{\frac{\pi(z+w)}{2d},e^{-\left(\frac{\pi}{d}\right)^2\eta_z\tau}\right\}\right]dwdud\tau+$$

$$+\frac{1}{\vartheta\left(b^2-a^2\right)d}\int\limits_0^d\int\limits_a^b u\overline{\varphi}(u,0,w)\,du\left[\Theta_2\left\{\frac{\pi(z-w)}{2d},e^{-\left(\frac{\pi}{d}\right)^2\eta_zt}\right\}-\Theta_2\left\{\frac{\pi(z+w)}{2d},e^{-\left(\frac{\pi}{d}\right)^2\eta_zt}\right\}\right]dw+$$

$$+\frac{\pi^2}{2\vartheta d}\sum_{m=0}^{\infty}\ni_m\cos(\xi_m\theta)\sum_{n=1}^{\infty}\frac{\xi_n^2J_{\mathcal{M}}'^2(\xi_nb)\mathcal{V}_{\mathcal{NM}}(\xi r,a)e^{-\eta_r\xi_n^2t}}{\left[\left\{1-\left(\frac{\mathcal{M}}{\xi_nb}\right)^2\right\}J_{\mathcal{M}}'^2(\xi_na)-\left\{1-\left(\frac{\mathcal{M}}{\xi_na}\right)^2\right\}J_{\mathcal{M}}'^2(\xi_nb)\right]}\times$$

$$\times\int\limits_0^d\overline{\overline{\varphi}}(\xi_n,\xi_m,w)\left[\Theta_2\left\{\frac{\pi(z-w)}{2d},e^{-\left(\frac{\pi}{d}\right)^2\eta_zt}\right\}-\Theta_2\left\{\frac{\pi(z+w)}{2d},e^{-\left(\frac{\pi}{d}\right)^2\eta_zt}\right\}\right]dw \qquad (29.28.2)$$

where $\overline{\psi}_a(\xi_m,w,t)=\int_0^\vartheta\psi_a(v,w,t)\cos(\xi_mv)dv$, $\overline{\psi}_b(\xi_m,w,t)=\int_0^\vartheta\psi_b(v,w,t)\cos(\xi_mv)dv$, $\overline{\psi}_{\theta 0}(u,0,t)=\int_0^\vartheta\psi_{\theta 0}(u,v,t)dv$, $\overline{\psi}_{\theta d}(u,0,t)=\int_0^\vartheta\psi_{\theta d}(u,v,t)dv$, $\overline{\overline{\psi}}_{\theta 0}(\xi_n,\xi_m,t)=\int_0^a u\mathcal{V}_{\mathcal{NM}}(\xi_nu,a)\int_0^\vartheta\psi_0(u,v,t)\cos(\xi_mv)dvdu$ and $\overline{\overline{\psi}}_{\theta d}(\xi_n,\xi_m,t)=\int_0^a u\mathcal{V}_{\mathcal{NM}}(\xi_nu,a)\int_0^\vartheta\psi_{\theta d}(u,v,t)\cos(\xi_mv)dvdu$.

29.29 The problem of 29.24, except $\mathbf{D}_{\theta 0}\equiv p(r,\theta,0,t)=\psi_{\theta 0}(r,\theta,t)$, $\mathbf{N}_{\theta d}\equiv\frac{\partial p(r,\theta,d,t)}{\partial z}=-\left(\frac{\mu}{k_z}\right)\psi_{\theta d}(r,\theta,t)$, $\mathbf{N}_a\equiv\frac{\partial p(a,\theta,z,t)}{\partial r}=-\left(\frac{\mu}{k_r}\right)\psi_a(\theta,z,t)$, $\mathbf{R}_b\equiv\frac{\partial p(b,\theta,z,t)}{\partial r}+\lambda p(b,\theta,z,t)=-\left(\frac{\mu}{k_r}\right)\psi_b(\theta,z,t)$, $\mathbf{N}_{0z}\equiv\frac{\partial p(r,0,z,t)}{\partial\theta}=-\left(\frac{\mu}{k_\theta}\right)\psi_{0z}(r,z,t)$ and $\mathbf{N}_{\vartheta z}\equiv\frac{\partial p(r,\vartheta,z,t)}{\partial\theta}=-\left(\frac{\mu}{k_\theta}\right)\psi_{\vartheta z}(r,z,t)$

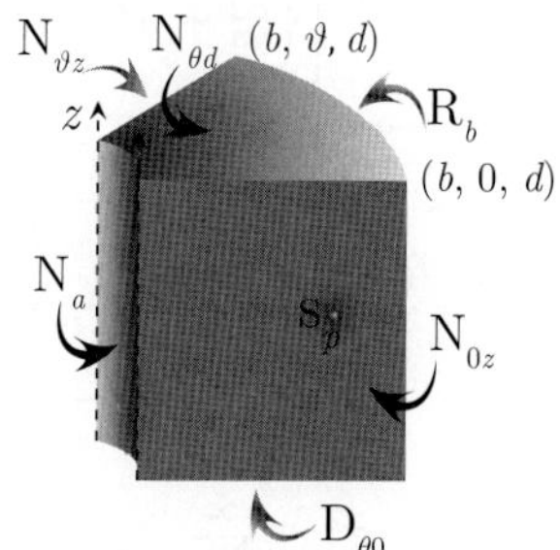

$$\overline{p}=\frac{\pi^2q(s)e^{-st_0}}{2\vartheta\phi c_t\sqrt{\eta_z}}\sum_{m=0}^{\infty}\ni_m\cos(\xi_m\theta_0)\cos(\xi_m\theta)\times$$

$$\times\sum_{n=1}^{\infty}\frac{\xi_n^2\left\{\xi_nJ_{\mathcal{M}}'(\xi_nb)+\lambda J_{\mathcal{M}}(\xi_nb)\right\}^2\mathcal{V}_{\mathcal{NM}}(\xi r_0,a)\mathcal{V}_{\mathcal{NM}}(\xi r,a)\operatorname{sech}\left(d\sqrt{\frac{\eta_r\xi_n^2+s}{\eta_z}}\right)}{\left[\left\{\xi_n^2+\lambda^2-\left(\frac{\mathcal{M}}{b}\right)^2\right\}J_{\mathcal{M}}'^2(\xi_na)-\left\{1-\left(\frac{\mathcal{M}}{\xi_na}\right)^2\right\}\left\{\xi_nJ_{\mathcal{M}}'(\xi_nb)+\lambda J_{\mathcal{M}}(\xi_nb)\right\}^2\right]\sqrt{(\eta_r\xi_n^2+s)}}\times$$

$$\times\left[\sinh\left\{(d-|z-z_0|)\sqrt{\frac{\eta_r\xi_n^2+s}{\eta_z}}\right\}-\sinh\left\{(d-z-z_0)\sqrt{\frac{\eta_r\xi_n^2+s}{\eta_z}}\right\}\right]+$$

$$+\frac{\pi}{\vartheta\phi c_t\sqrt{\eta_z}}\sum_{m=0}^{\infty}\ni_m\cos(\xi_m\theta)\times$$

$$\times \sum_{n=1}^{\infty} \frac{\xi_n \left\{\xi_n J'_{\mathcal{M}}(\xi_n b) + \lambda J_{\mathcal{M}}(\xi_n b)\right\}^2 \mathcal{V}_{\mathcal{NM}}(\xi r, a) \operatorname{sech}\left(d\sqrt{\frac{\eta_r \xi_n^2 + s}{\eta_z}}\right)}{\left[\left\{\xi_n^2 + \lambda^2 - \left(\frac{\mathcal{M}}{b}\right)^2\right\} J'^2_{\mathcal{M}}(\xi_n a) - \left\{1 - \left(\frac{\mathcal{M}}{\xi_n a}\right)^2\right\} \left\{\xi_n J'_{\mathcal{M}}(\xi_n b) + \lambda J_{\mathcal{M}}(\xi_n b)\right\}^2\right]} \times$$

$$\times \frac{1}{\sqrt{\eta_r \xi_n^2 + s}} \int_0^d \overline{\overline{\psi}}_a(\xi_m, w, s) \left[\sinh\left\{(d - |z - w|)\sqrt{\frac{\eta_r \xi_n^2 + s}{\eta_z}}\right\} - \sinh\left\{(d - z - w)\sqrt{\frac{\eta_r \xi_n^2 + s}{\eta_z}}\right\}\right] dw -$$

$$- \frac{\pi}{\vartheta \phi c_t \sqrt{\eta_z}} \sum_{m=0}^{\infty} \ni_m \cos(\xi_m \theta) \times$$

$$\times \sum_{n=1}^{\infty} \frac{\xi_n^2 J'_{\mathcal{M}}(\xi_n a) \left\{\xi_n J'_{\mathcal{M}}(\xi_n b) + \lambda J_{\mathcal{M}}(\xi_n b)\right\} \mathcal{V}_{\mathcal{NM}}(\xi r, a) \operatorname{sech}\left(d\sqrt{\frac{\eta_r \xi_n^2 + s}{\eta_z}}\right)}{\left[\left\{\xi_n^2 + \lambda^2 - \left(\frac{\mathcal{M}}{b}\right)^2\right\} J'^2_{\mathcal{M}}(\xi_n a) - \left\{1 - \left(\frac{\mathcal{M}}{\xi_n a}\right)^2\right\} \left\{\xi_n J'_{\mathcal{M}}(\xi_n b) + \lambda J_{\mathcal{M}}(\xi_n b)\right\}^2\right]} \times$$

$$\times \frac{1}{\sqrt{\eta_r \xi_n^2 + s}} \int_0^d \overline{\overline{\psi}}_b(\xi_m, w, s) \left[\sinh\left\{(d - |z - w|)\sqrt{\frac{\eta_r \xi_n^2 + s}{\eta_z}}\right\} - \sinh\left\{(d - z - w)\sqrt{\frac{\eta_r \xi_n^2 + s}{\eta_z}}\right\}\right] dw +$$

$$+ \frac{\pi^2}{\vartheta} \sum_{m=0}^{\infty} \ni_m \cos(\xi_m \theta) \sum_{n=1}^{\infty} \frac{\xi_n^2 \left\{\xi_n J'_{\mathcal{M}}(\xi_n b) + \lambda J_{\mathcal{M}}(\xi_n b)\right\}^2 \mathcal{V}_{\mathcal{NM}}(\xi r, a) \operatorname{sech}\left(d\sqrt{\frac{\eta_r \xi_n^2 + s}{\eta_z}}\right)}{\left[\left\{\xi_n^2 + \lambda^2 - \left(\frac{\mathcal{M}}{b}\right)^2\right\} J'^2_{\mathcal{M}}(\xi_n a) - \left\{1 - \left(\frac{\mathcal{M}}{\xi_n a}\right)^2\right\} \left\{\xi_n J'_{\mathcal{M}}(\xi_n b) + \lambda J_{\mathcal{M}}(\xi_n b)\right\}^2\right]} \times$$

$$\times \left[\overline{\overline{\psi}}_{\theta 0}(\xi_n, \xi_m, s) \cosh\left\{(d - z)\sqrt{\frac{\eta_r \xi_n^2 + s}{\eta_z}}\right\} + \frac{\overline{\overline{\psi}}_{\theta d}(\xi_n, \xi_m, s)}{\phi c_t \sqrt{\eta_z(\eta_r \xi_n^2 + s)}} \sinh\left\{z\sqrt{\frac{\eta_r \xi_n^2 + s}{\eta_z}}\right\}\right] +$$

$$+ \frac{2\pi^2}{\vartheta d \phi c_t \sqrt{\eta_z}} \sum_{m=0}^{\infty} \ni_m \cos(\xi_m \theta) \times$$

$$\times \sum_{n=1}^{\infty} \frac{\xi_n^2 \left\{\xi_n J'_{\mathcal{M}}(\xi_n b) + \lambda J_{\mathcal{M}}(\xi_n b)\right\}^2 \mathcal{V}_{\mathcal{NM}}(\xi r, a) \operatorname{sech}\left(d\sqrt{\frac{\eta_r \xi_n^2 + s}{\eta_z}}\right)}{\left[\left\{\xi_n^2 + \lambda^2 - \left(\frac{\mathcal{M}}{b}\right)^2\right\} J'^2_{\mathcal{M}}(\xi_n a) - \left\{1 - \left(\frac{\mathcal{M}}{\xi_n a}\right)^2\right\} \left\{\xi_n J'_{\mathcal{M}}(\xi_n b) + \lambda J_{\mathcal{M}}(\xi_n b)\right\}^2\right] \sqrt{\eta_r \xi_n^2 + s}} \times$$

$$\times \int_0^a \frac{\mathcal{V}_{\mathcal{NM}}(\xi_n u, a)}{u} \int_0^d \left\{\overline{\psi}_{0z}(u, w, s) + (-1)^{m+1} \overline{\psi}_{\vartheta z}(u, w, s)\right\} \times$$

$$\times \left[\sinh\left\{(d - |z - w|)\sqrt{\frac{\eta_r \xi_n^2 + s}{\eta_z}}\right\} - \sinh\left\{(d - z - w)\sqrt{\frac{\eta_r \xi_n^2 + s}{\eta_z}}\right\}\right] dw du +$$

$$+ \frac{\pi^2}{2\vartheta \sqrt{\eta_z}} \sum_{m=0}^{\infty} \ni_m \cos(\xi_m \theta) \times$$

$$\times \sum_{n=1}^{\infty} \frac{\xi_n^2 \left\{\xi_n J'_{\mathcal{M}}(\xi_n b) + \lambda J_{\mathcal{M}}(\xi_n b)\right\}^2 \mathcal{V}_{\mathcal{NM}}(\xi r, a) \operatorname{sech}\left(d\sqrt{\frac{\eta_r \xi_n^2 + s}{\eta_z}}\right)}{\left[\left\{\xi_n^2 + \lambda^2 - \left(\frac{\mathcal{M}}{b}\right)^2\right\} J'^2_{\mathcal{M}}(\xi_n a) - \left\{1 - \left(\frac{\mathcal{M}}{\xi_n a}\right)^2\right\} \left\{\xi_n J'_{\mathcal{M}}(\xi_n b) + \lambda J_{\mathcal{M}}(\xi_n b)\right\}^2\right]} \times$$

$$\times \frac{1}{\sqrt{\eta_r \xi_n^2 + s}} \int_0^d \overline{\overline{\varphi}}(\xi_n, \xi_m, w) \left[\sinh\left\{(d - |z - w|)\sqrt{\frac{\eta_r \xi_n^2 + s}{\eta_z}}\right\} - \sinh\left\{(d - z - w)\sqrt{\frac{\eta_r \xi_n^2 + s}{\eta_z}}\right\}\right] dw \tag{29.29.1}$$

where $\mathcal{V}_{\mathcal{NM}}(\xi_n r, a) = J_{\mathcal{M}}(\xi_n r) Y'_{\mathcal{M}}(\xi_n a) - Y_{\mathcal{M}}(\xi_n r) J'_{\mathcal{M}}(\xi_n a)$, ξ_n, $n = 1, 2, ...$, are the positive roots of the transcendental equation $\xi_n \mathcal{V}'_{\mathcal{NM}}(\xi_n b, a) + \lambda \mathcal{V}_{\mathcal{NM}}(\xi_n b, a) = 0$, $\xi_l = \frac{(2l-1)\pi}{2d}, l = 1, 2, ...$, $\xi_m = \frac{m\pi}{d}, m = 0, 1, ...$,

$\overline{\overline{\overline{\psi}}}_{\theta 0}(\xi_n,\xi_m,s)=\int_0^a u\mathcal{V}_{\mathcal{NM}}(\xi_n u,a)\int_0^\vartheta \overline{\psi}_0(u,v,s)\cos(\xi_m v)dvdu,$
$\overline{\overline{\overline{\psi}}}_{\theta d}(\xi_n,\xi_m,s)=\int_0^a u\mathcal{V}_{\mathcal{NM}}(\xi_n u,a)\int_0^\vartheta \overline{\psi}_{\theta d}(u,v,s)\cos(\xi_m v)dvdu,$
$\overline{\overline{\psi}}_a(\xi_m,w,s)=\int_0^\vartheta \overline{\psi}_a(v,w,s)\cos(\xi_m v)dv,\ \overline{\overline{\psi}}_b(\xi_m,w,s)=\int_0^\vartheta \overline{\psi}_b(v,w,s)\cos(\xi_m v)dv$ and
$\overline{\overline{\varphi}}(\xi_n,\xi_m,w)=\int_0^a u\mathcal{V}_{\mathcal{NM}}(\xi_n u,a)\int_0^\vartheta \varphi(u,v,w)\cos(\xi_m v)dvdu.$

$$
\begin{aligned}
p = {} & \frac{U(t-t_0)\pi^2}{2\vartheta d\phi c_t}\sum_{m=0}^{\infty}\ni_m\cos(\xi_m\theta_0)\cos(\xi_m\theta)\times\\
&\times\sum_{n=1}^{\infty}\frac{\xi_n^2\left\{\xi_n J'_{\mathcal{M}}(\xi_n b)+\lambda J_{\mathcal{M}}(\xi_n b)\right\}^2\mathcal{V}_{\mathcal{NM}}(\xi r_0,a)\mathcal{V}_{\mathcal{NM}}(\xi r,a)}{\left[\left\{\xi_n^2+\lambda^2-\left(\frac{\mathcal{M}}{b}\right)^2\right\}J'^2_{\mathcal{M}}(\xi_n a)-\left\{1-\left(\frac{\mathcal{M}}{\xi_n a}\right)^2\right\}\left\{\xi_n J'_{\mathcal{M}}(\xi_n b)+\lambda J_{\mathcal{M}}(\xi_n b)\right\}^2\right]}\times\\
&\times\int_0^{t-t_0} q(t-t_0-\tau)\left[\Theta_2\left\{\frac{\pi(z-z_0)}{2d},e^{-\left(\frac{\pi}{d}\right)^2\eta_z\tau}\right\}-\Theta_2\left\{\frac{\pi(z+z_0)}{2d},e^{-\left(\frac{\pi}{d}\right)^2\eta_z\tau}\right\}\right]e^{-\eta_r\xi_n^2\tau}d\tau+\\
&+\frac{\pi}{\vartheta d\phi c_t}\sum_{m=0}^{\infty}\ni_m\cos(\xi_m\theta)\times\\
&\times\sum_{n=1}^{\infty}\frac{\xi_n\left\{\xi_n J'_{\mathcal{M}}(\xi_n b)+\lambda J_{\mathcal{M}}(\xi_n b)\right\}^2\mathcal{V}_{\mathcal{NM}}(\xi r,a)}{\left[\left\{\xi_n^2+\lambda^2-\left(\frac{\mathcal{M}}{b}\right)^2\right\}J'^2_{\mathcal{M}}(\xi_n a)-\left\{1-\left(\frac{\mathcal{M}}{\xi_n a}\right)^2\right\}\left\{\xi_n J'_{\mathcal{M}}(\xi_n b)+\lambda J_{\mathcal{M}}(\xi_n b)\right\}^2\right]}\times\\
&\times\int_0^{t}e^{-\eta_r\xi_n^2\tau}\int_0^{d}\overline{\psi}_a(\xi_m,w,t-\tau)\left[\Theta_2\left\{\frac{\pi(z-w)}{2d},e^{-\left(\frac{\pi}{d}\right)^2\eta_z\tau}\right\}-\Theta_2\left\{\frac{\pi(z+w)}{2d},e^{-\left(\frac{\pi}{d}\right)^2\eta_z\tau}\right\}\right]dwd\tau+\\
&+\frac{\pi}{\vartheta d\phi c_t}\sum_{m=0}^{\infty}\ni_m\cos(\xi_m\theta)\times\\
&\times\sum_{n=1}^{\infty}\frac{\xi_n^2 J'_{\mathcal{M}}(\xi_n a)\left\{\lambda J_{\mathcal{M}}(\xi_n b)-\xi_n J'_{\mathcal{M}}(\xi_n b)\right\}\mathcal{V}_{\mathcal{NM}}(\xi r,a)}{\left[\left\{\xi_n^2+\lambda^2-\left(\frac{\mathcal{M}}{b}\right)^2\right\}J'^2_{\mathcal{M}}(\xi_n a)-\left\{1-\left(\frac{\mathcal{M}}{\xi_n a}\right)^2\right\}\left\{\xi_n J'_{\mathcal{M}}(\xi_n b)+\lambda J_{\mathcal{M}}(\xi_n b)\right\}^2\right]}\times\\
&\times\int_0^{t}e^{-\eta_r\xi_n^2\tau}\int_0^{d}\overline{\psi}_b(\xi_m,w,t-\tau)\left[\Theta_2\left\{\frac{\pi(z-w)}{2d},e^{-\left(\frac{\pi}{d}\right)^2\eta_z\tau}\right\}-\Theta_2\left\{\frac{\pi(z+w)}{2d},e^{-\left(\frac{\pi}{d}\right)^2\eta_z\tau}\right\}\right]dwd\tau-\\
&-\frac{\pi^2}{\vartheta d}\sum_{m=0}^{\infty}\ni_m\cos(\xi_m\theta)\times\\
&\times\sum_{n=1}^{\infty}\frac{\xi_n^2\left\{\xi_n J'_{\mathcal{M}}(\xi_n b)+\lambda J_{\mathcal{M}}(\xi_n b)\right\}^2\mathcal{V}_{\mathcal{NM}}(\xi r,a)}{\left[\left\{\xi_n^2+\lambda^2-\left(\frac{\mathcal{M}}{b}\right)^2\right\}J'^2_{\mathcal{M}}(\xi_n a)-\left\{1-\left(\frac{\mathcal{M}}{\xi_n a}\right)^2\right\}\left\{\xi_n J'_{\mathcal{M}}(\xi_n b)+\lambda J_{\mathcal{M}}(\xi_n b)\right\}^2\right]}\times\\
&\times\int_0^{t}\left\{\left(\frac{\eta_z}{2d}\right)\Theta'_2\left(\frac{\pi z}{2d},e^{-\left(\frac{\pi}{d}\right)^2\eta_z\tau}\right)\overline{\overline{\overline{\psi}}}_{\theta 0}(\xi_n,\xi_m,t-\tau)+\right.\\
&\left.+\left(\frac{1}{\phi c_t}\right)\Theta_1\left(\frac{\pi z}{2d},e^{-\left(\frac{\pi}{d}\right)^2\eta_z\tau}\right)\overline{\overline{\overline{\psi}}}_{\theta d}(\xi_n,\xi_m,t-\tau)\right\}e^{-\eta_r\xi_n^2\tau}d\tau+\\
&+\frac{\pi^2}{2\vartheta d\phi c_t}\sum_{m=0}^{\infty}\ni_m\cos(\xi_m\theta)\times\\
&\times\sum_{n=1}^{\infty}\frac{\xi_n^2\left\{\xi_n J'_{\mathcal{M}}(\xi_n b)+\lambda J_{\mathcal{M}}(\xi_n b)\right\}^2\mathcal{V}_{\mathcal{NM}}(\xi r,a)}{\left[\left\{\xi_n^2+\lambda^2-\left(\frac{\mathcal{M}}{b}\right)^2\right\}J'^2_{\mathcal{M}}(\xi_n a)-\left\{1-\left(\frac{\mathcal{M}}{\xi_n a}\right)^2\right\}\left\{\xi_n J'_{\mathcal{M}}(\xi_n b)+\lambda J_{\mathcal{M}}(\xi_n b)\right\}^2\right]}\times
\end{aligned}
$$

$$\times \int_0^a \frac{\mathcal{V}_{\mathcal{N}\mathcal{M}}(\xi_n u, a)}{u} \int_0^d \int_0^t e^{-\eta_r \xi_n^2 \tau} \left\{ \psi_{0z}(u, w, t-\tau) + (-1)^{m+1} \psi_{\vartheta z}(u, w, t-\tau) \right\} \times$$

$$\times \left[\Theta_2 \left\{ \frac{\pi(z-w)}{2d}, e^{-\left(\frac{\pi}{d}\right)^2 \eta_z \tau} \right\} - \Theta_2 \left\{ \frac{\pi(z+w)}{2d}, e^{-\left(\frac{\pi}{d}\right)^2 \eta_z \tau} \right\} \right] d\tau dw du +$$

$$+ \frac{\pi^2}{2\vartheta d} \sum_{m=0}^{\infty} \ni_m \cos(\xi_m \theta) \times$$

$$\times \sum_{n=1}^{\infty} \frac{\xi_n^2 \left\{ \xi_n J'_{\mathcal{M}}(\xi_n b) + \lambda J_{\mathcal{M}}(\xi_n b) \right\}^2 \mathcal{V}_{\mathcal{N}\mathcal{M}}(\xi r, a) e^{-\eta_r \xi_n^2 t}}{\left[\left\{ \xi_n^2 + \lambda^2 - \left(\frac{\mathcal{M}}{b}\right)^2 \right\} J'^2_{\mathcal{M}}(\xi_n a) - \left\{ 1 - \left(\frac{\mathcal{M}}{\xi_n a}\right)^2 \right\} \left\{ \xi_n J'_{\mathcal{M}}(\xi_n b) + \lambda J_{\mathcal{M}}(\xi_n b) \right\}^2 \right]} \times$$

$$\times \int_0^d \overline{\overline{\varphi}}(\xi_n, \xi_m, w) \left[\Theta_2 \left\{ \frac{\pi(z-w)}{2d}, e^{-\left(\frac{\pi}{d}\right)^2 \eta_z t} \right\} - \Theta_2 \left\{ \frac{\pi(z+w)}{2d}, e^{-\left(\frac{\pi}{d}\right)^2 \eta_z t} \right\} \right] dw \qquad (29.29.2)$$

where $\overline{\psi}_a(\xi_m, w, t) = \int_0^\vartheta \psi_a(v, w, t) \cos(\xi_m v) dv$, $\overline{\psi}_b(\xi_m, w, t) = \int_0^\vartheta \psi_b(v, w, t) \cos(\xi_m v) dv$, $\overline{\overline{\psi}}_{\theta 0}(\xi_n, \xi_m, t) = \int_0^a u \mathcal{V}_{\mathcal{N}\mathcal{M}}(\xi_n u, a) \int_0^\vartheta \psi_0(u, v, t) \cos(\xi_m v) dv du$ and $\overline{\overline{\psi}}_{\theta d}(\xi_n, \xi_m, t) = \int_0^a u \mathcal{V}_{\mathcal{N}\mathcal{M}}(\xi_n u, a) \int_0^\vartheta \psi_{\theta d}(u, v, t) \cos(\xi_m v) dv du$.

29.30

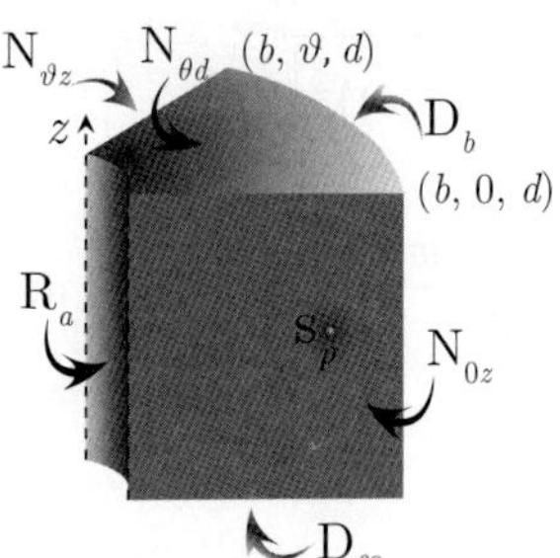

The problem of 29.24, except
$\mathbf{D_{\theta 0}} \equiv p(r, \theta, 0, t) = \psi_{\theta 0}(r, \theta, t)$,
$\mathbf{N_{\theta d}} \equiv \frac{\partial p(r,\theta,d,t)}{\partial z} = -\left(\frac{\mu}{k_z}\right) \psi_{\theta d}(r, \theta, t)$,
$\mathbf{R_a} \equiv \frac{\partial p(a,\theta,z,t)}{\partial r} - \lambda p(a, \theta, z, t) = -\left(\frac{\mu}{k_r}\right) \psi_a(\theta, z, t)$,
$\mathbf{D_b} \equiv p(b, \theta, z, t) = \psi_b(\theta, z, t)$,
$\mathbf{N_{0z}} \equiv \frac{\partial p(r,0,z,t)}{\partial \theta} = -\left(\frac{\mu}{k_\theta}\right) \psi_{0z}(r, z, t)$ **and**
$\mathbf{N_{\vartheta z}} \equiv \frac{\partial p(r,\vartheta,z,t)}{\partial \theta} = -\left(\frac{\mu}{k_\theta}\right) \psi_{\vartheta z}(r, z, t)$

$$\overline{p} = \frac{\pi^2 q(s) e^{-st_0}}{2\vartheta \phi c_t \sqrt{\eta_z}} \sum_{m=0}^{\infty} \ni_m \cos(\xi_m \theta_0) \cos(\xi_m \theta) \times$$

$$\times \sum_{n=1}^{\infty} \frac{\xi_n^2 \left\{ \xi_n J'_{\mathcal{M}}(\xi_n a) - \lambda J_{\mathcal{M}}(\xi_n a) \right\}^2 \mathcal{V}_{\mathcal{D}\mathcal{M}}(\xi r_0, b) \mathcal{V}_{\mathcal{D}\mathcal{M}}(\xi r, b) \operatorname{sech}\left(d\sqrt{\frac{\eta_r \xi_n^2 + s}{\eta_z}} \right)}{\left[\left\{ \xi_n J'_{\mathcal{M}}(\xi_n a) - \lambda J_{\mathcal{M}}(\xi_n a) \right\}^2 - \left\{ \xi_n^2 + \lambda^2 - \left(\frac{\mathcal{M}}{a}\right)^2 \right\} J^2_{\mathcal{M}}(\xi_n b) \right] \sqrt{(\eta_r \xi_n^2 + s)}} \times$$

$$\times \left[\sinh\left\{ (d - |z - z_0|) \sqrt{\frac{\eta_r \xi_n^2 + s}{\eta_z}} \right\} - \sinh\left\{ (d - z - z_0) \sqrt{\frac{\eta_r \xi_n^2 + s}{\eta_z}} \right\} \right] -$$

$$- \frac{\pi}{\vartheta \phi c_t \sqrt{\eta_z}} \sum_{m=0}^{\infty} \ni_m \cos(\xi_m \theta) \times$$

$$\times \sum_{n=1}^{\infty} \frac{\xi_n^2 J_{\mathcal{M}}(\xi_n b) \left\{ \xi_n J'_{\mathcal{M}}(\xi_n a) - \lambda J_{\mathcal{M}}(\xi_n a) \right\} \mathcal{V}_{\mathcal{D}\mathcal{M}}(\xi r, b) \operatorname{sech}\left(d\sqrt{\frac{\eta_r \xi_n^2 + s}{\eta_z}} \right)}{\left[\left\{ \xi_n J'_{\mathcal{M}}(\xi_n a) - \lambda J_{\mathcal{M}}(\xi_n a) \right\}^2 - \left\{ \xi_n^2 + \lambda^2 - \left(\frac{\mathcal{M}}{a}\right)^2 \right\} J^2_{\mathcal{M}}(\xi_n b) \right] \sqrt{\eta_r \xi_n^2 + s}} \times$$

$$\times \int_0^d \overline{\overline{\psi}}_a(\xi_m, w, s) \left[\sinh\left\{ (d - |z - w|) \sqrt{\frac{\eta_r \xi_n^2 + s}{\eta_z}} \right\} - \sinh\left\{ (d - z - w) \sqrt{\frac{\eta_r \xi_n^2 + s}{\eta_z}} \right\} \right] dw +$$

$$+ \frac{\pi \eta_r}{\vartheta \sqrt{\eta_z}} \sum_{m=0}^{\infty} \ni_m \cos(\xi_m \theta) \sum_{n=1}^{\infty} \frac{\xi_n^2 \left\{ \xi_n J'_{\mathcal{M}}(\xi_n a) - \lambda J_{\mathcal{M}}(\xi_n a) \right\}^2 \mathcal{V}_{\mathcal{D}\mathcal{M}}(\xi r, b) \operatorname{sech}\left(d\sqrt{\frac{\eta_r \xi_n^2 + s}{\eta_z}} \right)}{\left[\left\{ \xi_n J'_{\mathcal{M}}(\xi_n a) - \lambda J_{\mathcal{M}}(\xi_n a) \right\}^2 - \left\{ \xi_n^2 + \lambda^2 - \left(\frac{\mathcal{M}}{a}\right)^2 \right\} J^2_{\mathcal{M}}(\xi_n b) \right] \sqrt{\eta_r \xi_n^2 + s}} \times$$

$$\times \int_0^d \overline{\overline{\psi}}_b(\xi_m, w, s)\left[\sinh\left\{(d-|z-w|)\sqrt{\frac{\eta_r\xi_n^2+s}{\eta_z}}\right\} - \sinh\left\{(d-z-w)\sqrt{\frac{\eta_r\xi_n^2+s}{\eta_z}}\right\}\right]dw +$$

$$+\frac{\pi^2}{\vartheta}\sum_{m=0}^{\infty}\ni_m\cos(\xi_m\theta)\sum_{n=1}^{\infty}\frac{\xi_n^2\left\{\xi_n J'_{\mathcal{M}}(\xi_n a)-\lambda J_{\mathcal{M}}(\xi_n a)\right\}^2\mathcal{V}_{\mathcal{DM}}(\xi r,b)\operatorname{sech}\left(d\sqrt{\frac{\eta_r\xi_n^2+s}{\eta_z}}\right)}{\left[\left\{\xi_n J'_{\mathcal{M}}(\xi_n a)-\lambda J_{\mathcal{M}}(\xi_n a)\right\}^2-\left\{\xi_n^2+\lambda^2-\left(\frac{\mathcal{M}}{a}\right)^2\right\}J^2_{\mathcal{M}}(\xi_n b)\right]}\times$$

$$\times\left[\overline{\overline{\overline{\psi}}}_{\theta 0}(\xi_n,\xi_m,s)\cosh\left\{(d-z)\sqrt{\frac{\eta_r\xi_n^2+s}{\eta_z}}\right\}+\frac{\overline{\overline{\overline{\psi}}}_{\theta d}(\xi_n,\xi_m,s)}{\phi c_t\sqrt{\eta_z(\eta_r\xi_n^2+s)}}\sinh\left\{z\sqrt{\frac{\eta_r\xi_n^2+s}{\eta_z}}\right\}\right]+$$

$$+\frac{2\pi^2}{\vartheta d\phi c_t\sqrt{\eta_z}}\sum_{m=0}^{\infty}\ni_m\cos(\xi_m\theta)\times$$

$$\times\sum_{n=1}^{\infty}\frac{\xi_n^2\left\{\xi_n J'_{\mathcal{M}}(\xi_n a)-\lambda J_{\mathcal{M}}(\xi_n a)\right\}^2\mathcal{V}_{\mathcal{DM}}(\xi r,b)\operatorname{sech}\left(d\sqrt{\frac{\eta_r\xi_n^2+s}{\eta_z}}\right)}{\left[\left\{\xi_n J'_{\mathcal{M}}(\xi_n a)-\lambda J_{\mathcal{M}}(\xi_n a)\right\}^2-\left\{\xi_n^2+\lambda^2-\left(\frac{\mathcal{M}}{a}\right)^2\right\}J^2_{\mathcal{M}}(\xi_n b)\right]\sqrt{\eta_r\xi_n^2+s}}\times$$

$$\times\int_0^a\frac{\mathcal{V}_{\mathcal{NM}}(\xi_n u,a)}{u}\int_0^d\left\{\overline{\psi}_{0z}(u,w,s)+(-1)^{m+1}\overline{\psi}_{\vartheta z}(u,w,s)\right\}\times$$

$$\times\left[\sinh\left\{(d-|z-w|)\sqrt{\frac{\eta_r\xi_n^2+s}{\eta_z}}\right\}-\sinh\left\{(d-z-w)\sqrt{\frac{\eta_r\xi_n^2+s}{\eta_z}}\right\}\right]dwdu+$$

$$+\frac{\pi^2}{2\vartheta\sqrt{\eta_z}}\sum_{m=0}^{\infty}\ni_m\cos(\xi_m\theta)\times$$

$$\times\sum_{n=1}^{\infty}\frac{\xi_n^2\left\{\xi_n J'_{\mathcal{M}}(\xi_n a)-\lambda J_{\mathcal{M}}(\xi_n a)\right\}^2\mathcal{V}_{\mathcal{DM}}(\xi r,b)\operatorname{sech}\left(d\sqrt{\frac{\eta_r\xi_n^2+s}{\eta_z}}\right)}{\left[\left\{\xi_n J'_{\mathcal{M}}(\xi_n a)-\lambda J_{\mathcal{M}}(\xi_n a)\right\}^2-\left\{\xi_n^2+\lambda^2-\left(\frac{\mathcal{M}}{a}\right)^2\right\}J^2_{\mathcal{M}}(\xi_n b)\right]\sqrt{\eta_r\xi_n^2+s}}\times$$

$$\times\int_0^d\overline{\overline{\varphi}}(\xi_n,\xi_m,w)\left[\sinh\left\{(d-|z-w|)\sqrt{\frac{\eta_r\xi_n^2+s}{\eta_z}}\right\}-\sinh\left\{(d-z-w)\sqrt{\frac{\eta_r\xi_n^2+s}{\eta_z}}\right\}\right]dw \tag{29.30.1}$$

where $\mathcal{V}_{\mathcal{DM}}(\xi_n r,b)=J_{\mathcal{M}}(\xi_n r)Y_{\mathcal{M}}(\xi_n b)-Y_{\mathcal{M}}(\xi_n r)J_{\mathcal{M}}(\xi_n b)$, ξ_n, $n=1,2,...$, are the positive roots of the transcendental equation $\lambda\mathcal{V}_{\mathcal{DM}}(\xi_n a,b)-\xi_n\mathcal{V}'_{\mathcal{DM}}(\xi_n a,b)=0$, $\xi_l=\frac{(2l-1)\pi}{2d}$, $l=1,2,...$, $\xi_m=\frac{m\pi}{d}$, $m=0,1,...$,
$\overline{\overline{\overline{\psi}}}_{\theta 0}(\xi_n,\xi_m,s)=\int_0^a u\mathcal{V}_{\mathcal{DM}}(\xi_n u,a)\int_0^\vartheta\overline{\psi}_0(u,v,s)\cos(\xi_m v)dvdu$,
$\overline{\overline{\overline{\psi}}}_{\theta d}(\xi_n,\xi_m,s)=\int_0^a u\mathcal{V}_{\mathcal{DM}}(\xi_n u,a)\int_0^\vartheta\overline{\psi}_{\theta d}(u,v,s)\cos(\xi_m v)dvdu$,
$\overline{\overline{\psi}}_a(\xi_m,w,s)=\int_0^\vartheta\overline{\psi}_a(v,w,s)\cos(\xi_m v)dv$, $\overline{\overline{\psi}}_b(\xi_m,w,s)=\int_0^\vartheta\overline{\psi}_b(v,w,s)\cos(\xi_m v)dv$ and
$\overline{\overline{\varphi}}(\xi_n,\xi_m,w)=\int_0^a u\mathcal{V}_{\mathcal{DM}}(\xi_n u,a)\int_0^\vartheta\varphi(u,v,w)\cos(\xi_m v)dvdu$.

$$p=\frac{U(t-t_0)\pi^2}{2\vartheta d\phi c_t}\sum_{m=0}^{\infty}\ni_m\cos(\xi_m\theta_0)\cos(\xi_m\theta)\times$$

$$\times\sum_{n=1}^{\infty}\frac{\xi_n^2\left\{\lambda J_{\mathcal{M}}(\xi_n a)+\xi_n J'_{\mathcal{M}}(\xi_n a)\right\}^2\mathcal{V}_{\mathcal{DM}}(\xi r_0,b)\mathcal{V}_{\mathcal{DM}}(\xi r,b)}{\left[\left\{\xi_n J'_{\mathcal{M}}(\xi_n a)-\lambda J_{\mathcal{M}}(\xi_n a)\right\}^2-\left\{\xi_n^2+\lambda^2-\left(\frac{\mathcal{M}}{a}\right)^2\right\}J^2_{\mathcal{M}}(\xi_n b)\right]}\times$$

$$\int_0^{t-t_0}q(t-t_0-\tau)\left[\Theta_2\left\{\frac{\pi(z-z_0)}{2d},e^{-\left(\frac{\pi}{d}\right)^2\eta_z\tau}\right\}-\Theta_2\left\{\frac{\pi(z+z_0)}{2d},e^{-\left(\frac{\pi}{d}\right)^2\eta_z\tau}\right\}\right]e^{-\eta_r\xi_n^2\tau}d\tau-$$

$$-\frac{\pi}{\vartheta d\phi c_t}\sum_{m=0}^{\infty}\ni_m\cos(\xi_m\theta)\sum_{n=1}^{\infty}\frac{\xi_n^2 J_{\mathcal{M}}(\xi_n b)\left\{\xi_n J'_{\mathcal{M}}(\xi_n a)-\lambda J_{\mathcal{M}}(\xi_n a)\right\}\mathcal{V}_{\mathcal{DM}}(\xi r,b)}{\left[\left\{\xi_n J'_{\mathcal{M}}(\xi_n a)-\lambda J_{\mathcal{M}}(\xi_n a)\right\}^2-\left\{\xi_n^2+\lambda^2-\left(\frac{\mathcal{M}}{a}\right)^2\right\}J^2_{\mathcal{M}}(\xi_n b)\right]}\times$$

$$\times \int_0^t e^{-\eta_r \xi_n^2 \tau} \int_0^d \overline{\psi}_a(\xi_m, w, t-\tau) \left[\Theta_2 \left\{ \frac{\pi(z-w)}{2d}, e^{-\left(\frac{\pi}{d}\right)^2 \eta_z \tau} \right\} - \Theta_2 \left\{ \frac{\pi(z+w)}{2d}, e^{-\left(\frac{\pi}{d}\right)^2 \eta_z \tau} \right\} \right] dw d\tau +$$

$$+ \frac{\pi \eta_r}{\vartheta d} \sum_{m=0}^{\infty} \ni_m \cos(\xi_m \theta) \sum_{n=1}^{\infty} \frac{\xi_n^2 \{\xi_n J'_{\mathcal{M}}(\xi_n a) - \lambda J_{\mathcal{M}}(\xi_n a)\}^2 \mathcal{V}_{\mathcal{DM}}(\xi r, b)}{\left[\{\xi_n J'_{\mathcal{M}}(\xi_n a) - \lambda J_{\mathcal{M}}(\xi_n a)\}^2 - \left\{ \xi_n^2 + \lambda^2 - \left(\frac{\mathcal{M}}{a}\right)^2 \right\} J^2_{\mathcal{M}}(\xi_n b) \right]} \times$$

$$\times \int_0^t e^{-\eta_r \xi_n^2 \tau} \int_0^d \overline{\psi}_b(\xi_m, w, t-\tau) \left[\Theta_2 \left\{ \frac{\pi(z-w)}{2d}, e^{-\left(\frac{\pi}{d}\right)^2 \eta_z \tau} \right\} - \Theta_2 \left\{ \frac{\pi(z+w)}{2d}, e^{-\left(\frac{\pi}{d}\right)^2 \eta_z \tau} \right\} \right] dw d\tau -$$

$$- \frac{\pi^2}{\vartheta d} \sum_{m=0}^{\infty} \ni_m \cos(\xi_m \theta) \sum_{n=1}^{\infty} \frac{\xi_n^2 \{\xi_n J'_{\mathcal{M}}(\xi_n a) - \lambda J_{\mathcal{M}}(\xi_n a)\}^2 \mathcal{V}_{\mathcal{DM}}(\xi r, b)}{\left[\{\xi_n J'_{\mathcal{M}}(\xi_n a) - \lambda J_{\mathcal{M}}(\xi_n a)\}^2 - \left\{ \xi_n^2 + \lambda^2 - \left(\frac{\mathcal{M}}{a}\right)^2 \right\} J^2_{\mathcal{M}}(\xi_n b) \right]} \times$$

$$\times \int_0^t \left\{ \left(\frac{\eta_z}{2d}\right) \Theta_2' \left(\frac{\pi z}{2d}, e^{-\left(\frac{\pi}{d}\right)^2 \eta_z \tau} \right) \overline{\overline{\psi}}_{\theta 0}(\xi_n, \xi_m, t-\tau) + \right.$$

$$\left. + \left(\frac{1}{\phi c_t}\right) \Theta_1 \left(\frac{\pi z}{2d}, e^{-\left(\frac{\pi}{d}\right)^2 \eta_z \tau} \right) \overline{\overline{\psi}}_{\theta d}(\xi_n, \xi_m, t-\tau) \right\} e^{-\eta_r \xi_n^2 \tau} d\tau +$$

$$+ \frac{\pi^2}{2\vartheta d \phi c_t} \sum_{m=0}^{\infty} \ni_m \cos(\xi_m \theta) \sum_{n=1}^{\infty} \frac{\xi_n^2 \{\xi_n J'_{\mathcal{M}}(\xi_n a) - \lambda J_{\mathcal{M}}(\xi_n a)\}^2 \mathcal{V}_{\mathcal{DM}}(\xi r, b)}{\left[\{\xi_n J'_{\mathcal{M}}(\xi_n a) - \lambda J_{\mathcal{M}}(\xi_n a)\}^2 - \left\{ \xi_n^2 + \lambda^2 - \left(\frac{\mathcal{M}}{a}\right)^2 \right\} J^2_{\mathcal{M}}(\xi_n b) \right]} \times$$

$$\times \int_0^a \frac{\mathcal{V}_{\mathcal{NM}}(\xi_n u, a)}{u} \int_0^d \int_0^t e^{-\eta_r \xi_n^2 \tau} \left\{ \psi_{0z}(u, w, t-\tau) + (-1)^{m+1} \psi_{\vartheta z}(u, w, t-\tau) \right\} \times$$

$$\times \left[\Theta_2 \left\{ \frac{\pi(z-w)}{2d}, e^{-\left(\frac{\pi}{d}\right)^2 \eta_z \tau} \right\} - \Theta_2 \left\{ \frac{\pi(z+w)}{2d}, e^{-\left(\frac{\pi}{d}\right)^2 \eta_z \tau} \right\} \right] d\tau dw du +$$

$$+ \frac{\pi^2}{2\vartheta d} \sum_{m=0}^{\infty} \ni_m \cos(\xi_m \theta) \sum_{n=1}^{\infty} \frac{\xi_n^2 \{\xi_n J'_{\mathcal{M}}(\xi_n a) - \lambda J_{\mathcal{M}}(\xi_n a)\}^2 \mathcal{V}_{\mathcal{DM}}(\xi r, b)}{\left[\{\xi_n J'_{\mathcal{M}}(\xi_n a) - \lambda J_{\mathcal{M}}(\xi_n a)\}^2 - \left\{ \xi_n^2 + \lambda^2 - \left(\frac{\mathcal{M}}{a}\right)^2 \right\} J^2_{\mathcal{M}}(\xi_n b) \right]} \times$$

$$\times \int_0^d \overline{\overline{\varphi}}(\xi_n, \xi_m, w) \left[\Theta_2 \left\{ \frac{\pi(z-w)}{2d}, e^{-\left(\frac{\pi}{d}\right)^2 \eta_z t} \right\} - \Theta_2 \left\{ \frac{\pi(z+w)}{2d}, e^{-\left(\frac{\pi}{d}\right)^2 \eta_z t} \right\} \right] dw \qquad (29.30.2)$$

where $\overline{\psi}_a(\xi_m, w, t) = \int_0^{\vartheta} \psi_a(v, w, t) \cos(\xi_m v) dv$, $\overline{\psi}_b(\xi_m, w, t) = \int_0^{\vartheta} \psi_b(v, w, t) \cos(\xi_m v) dv$, $\overline{\overline{\psi}}_{\theta 0}(\xi_n, \xi_m, t) = \int_0^a u \mathcal{V}_{\mathcal{DM}}(\xi_n u, a) \int_0^{\vartheta} \psi_0(u, v, t) \cos(\xi_m v) dv du$ and $\overline{\overline{\psi}}_{\theta d}(\xi_n, \xi_m, t) = \int_0^a u \mathcal{V}_{\mathcal{DM}}(\xi_n u, a) \int_0^{\vartheta} \psi_{\theta d}(u, v, t) \cos(\xi_m v) dv du$.

29.31

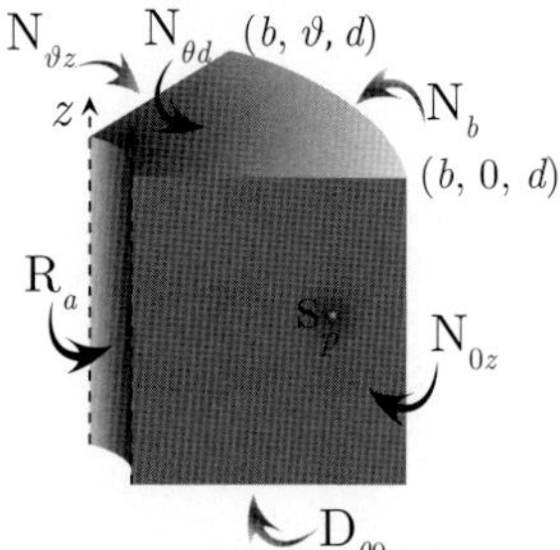

The problem of 29.24, except
$\mathbf{D}_{\theta 0} \equiv p(r, \theta, 0, t) = \psi_{\theta 0}(r, \theta, t)$,
$\mathbf{N}_{\theta d} \equiv \frac{\partial p(r,\theta,d,t)}{\partial z} = -\left(\frac{\mu}{k_z}\right) \psi_{\theta d}(r, \theta, t)$,
$\mathbf{R}_a \equiv \frac{\partial p(a,\theta,z,t)}{\partial r} - \lambda p(a, \theta, z, t) = -\left(\frac{\mu}{k_r}\right) \psi_a(\theta, z, t)$,
$\mathbf{N}_b \equiv \frac{\partial p(b,\theta,z,t)}{\partial r} = -\left(\frac{\mu}{k_r}\right) \psi_b(\theta, z, t)$,
$\mathbf{N}_{0z} \equiv \frac{\partial p(r,0,z,t)}{\partial \theta} = -\left(\frac{\mu}{k_\theta}\right) \psi_{0z}(r, z, t)$ **and**
$\mathbf{N}_{\vartheta z} \equiv \frac{\partial p(r,\vartheta,z,t)}{\partial \theta} = -\left(\frac{\mu}{k_\theta}\right) \psi_{\vartheta z}(r, z, t)$

$$\overline{p} = \frac{\pi^2 q(s) e^{-s t_0}}{2\vartheta \phi c_t \sqrt{\eta_z}} \sum_{m=0}^{\infty} \ni_m \cos(\xi_m \theta_0) \cos(\xi_m \theta) \times$$

$$\times\sum_{n=1}^{\infty}\frac{\xi_n^2\left\{\xi_n J'_{\mathcal{M}}(\xi_n a)-\lambda J_{\mathcal{M}}(\xi_n a)\right\}^2\mathcal{V}_{\mathcal{NM}}(\xi r_0,b)\,\mathcal{V}_{\mathcal{NM}}(\xi r,b)\,\mathrm{sech}\left(d\sqrt{\frac{\eta_r\xi_n^2+s}{\eta_z}}\right)}{\left[\left\{1-\left(\frac{\mathcal{M}}{\xi_n b}\right)^2\right\}\left\{\xi_n J'_{\mathcal{M}}(\xi_n a)-\lambda J_{\mathcal{M}}(\xi_n a)\right\}^2-\left\{\xi_n^2+\lambda^2-\left(\frac{\mathcal{M}}{a}\right)^2\right\}J'^2_{\mathcal{M}}(\xi_n b)\right]\sqrt{(\eta_r\xi_n^2+s)}}\times$$

$$\times\left[\sinh\left\{(d-|z-z_0|)\sqrt{\frac{\eta_r\xi_n^2+s}{\eta_z}}\right\}-\sinh\left\{(d-z-z_0)\sqrt{\frac{\eta_r\xi_n^2+s}{\eta_z}}\right\}\right]-$$

$$-\frac{\pi}{\vartheta\phi c_t\sqrt{\eta_z}}\sum_{m=0}^{\infty}\ni_m\cos(\xi_m\theta)\times$$

$$\times\sum_{n=1}^{\infty}\frac{\xi_n^2 J'_{\mathcal{M}}(\xi_n b)\left\{\xi_n J'_{\mathcal{M}}(\xi_n a)-\lambda J_{\mathcal{M}}(\xi_n a)\right\}\mathcal{V}_{\mathcal{NM}}(\xi r,b)\,\mathrm{sech}\left(d\sqrt{\frac{\eta_r\xi_n^2+s}{\eta_z}}\right)}{\left[\left\{1-\left(\frac{\mathcal{M}}{\xi_n b}\right)^2\right\}\left\{\xi_n J'_{\mathcal{M}}(\xi_n a)-\lambda J_{\mathcal{M}}(\xi_n a)\right\}^2-\left\{\xi_n^2+\lambda^2-\left(\frac{\mathcal{M}}{a}\right)^2\right\}J'^2_{\mathcal{M}}(\xi_n b)\right]}\times$$

$$\times\frac{1}{\sqrt{\eta_r\xi_n^2+s}}\int_0^d\overline{\overline{\psi}}_a(\xi_m,w,s)\left[\sinh\left\{(d-|z-w|)\sqrt{\frac{\eta_r\xi_n^2+s}{\eta_z}}\right\}-\sinh\left\{(d-z-w)\sqrt{\frac{\eta_r\xi_n^2+s}{\eta_z}}\right\}\right]dw-$$

$$-\frac{\pi}{\vartheta\phi c_t\sqrt{\eta_z}}\sum_{m=0}^{\infty}\ni_m\cos(\xi_m\theta)\times$$

$$\times\sum_{n=1}^{\infty}\frac{\xi_n\left\{\xi_n J'_{\mathcal{M}}(\xi_n a)-\lambda J_{\mathcal{M}}(\xi_n a)\right\}^2\mathcal{V}_{\mathcal{NM}}(\xi r,b)\,\mathrm{sech}\left(d\sqrt{\frac{\eta_r\xi_n^2+s}{\eta_z}}\right)}{\left[\left\{1-\left(\frac{\mathcal{M}}{\xi_n b}\right)^2\right\}\left\{\xi_n J'_{\mathcal{M}}(\xi_n a)-\lambda J_{\mathcal{M}}(\xi_n a)\right\}^2-\left\{\xi_n^2+\lambda^2-\left(\frac{\mathcal{M}}{a}\right)^2\right\}J'^2_{\mathcal{M}}(\xi_n b)\right]}\times$$

$$\times\frac{1}{\sqrt{\eta_r\xi_n^2+s}}\int_0^d\overline{\overline{\psi}}_b(\xi_m,w,s)\left[\sinh\left\{(d-|z-w|)\sqrt{\frac{\eta_r\xi_n^2+s}{\eta_z}}\right\}-\sinh\left\{(d-z-w)\sqrt{\frac{\eta_r\xi_n^2+s}{\eta_z}}\right\}\right]dw+$$

$$+\frac{\pi^2}{\vartheta}\sum_{m=0}^{\infty}\ni_m\cos(\xi_m\theta)\sum_{n=1}^{\infty}\frac{\xi_n^2\left\{\xi_n J'_{\mathcal{M}}(\xi_n a)-\lambda J_{\mathcal{M}}(\xi_n a)\right\}^2\mathcal{V}_{\mathcal{NM}}(\xi r,b)\,\mathrm{sech}\left(d\sqrt{\frac{\eta_r\xi_n^2+s}{\eta_z}}\right)}{\left[\left\{1-\left(\frac{\mathcal{M}}{\xi_n b}\right)^2\right\}\left\{\xi_n J'_{\mathcal{M}}(\xi_n a)-\lambda J_{\mathcal{M}}(\xi_n a)\right\}^2-\left\{\xi_n^2+\lambda^2-\left(\frac{\mathcal{M}}{a}\right)^2\right\}J'^2_{\mathcal{M}}(\xi_n b)\right]}\times$$

$$\times\left[\overline{\overline{\overline{\psi}}}_{\theta 0}(\xi_n,\xi_m,s)\cosh\left\{(d-z)\sqrt{\frac{\eta_r\xi_n^2+s}{\eta_z}}\right\}+\frac{\overline{\overline{\overline{\psi}}}_{\theta d}(\xi_n,\xi_m,s)}{\phi c_t\sqrt{\eta_z}\,(\eta_r\xi_n^2+s)}\sinh\left\{z\sqrt{\frac{\eta_r\xi_n^2+s}{\eta_z}}\right\}\right]+$$

$$+\frac{2\pi^2}{\vartheta d\phi c_t\sqrt{\eta_z}}\sum_{m=0}^{\infty}\ni_m\cos(\xi_m\theta)\times$$

$$\times\sum_{n=1}^{\infty}\frac{\xi_n^2\left\{\xi_n J'_{\mathcal{M}}(\xi_n a)-\lambda J_{\mathcal{M}}(\xi_n a)\right\}^2\mathcal{V}_{\mathcal{NM}}(\xi r,b)\,\mathrm{sech}\left(d\sqrt{\frac{\eta_r\xi_n^2+s}{\eta_z}}\right)}{\left[\left\{1-\left(\frac{\mathcal{M}}{\xi_n b}\right)^2\right\}\left\{\xi_n J'_{\mathcal{M}}(\xi_n a)-\lambda J_{\mathcal{M}}(\xi_n a)\right\}^2-\left\{\xi_n^2+\lambda^2-\left(\frac{\mathcal{M}}{a}\right)^2\right\}J'^2_{\mathcal{M}}(\xi_n b)\right]\sqrt{\eta_r\xi_n^2+s}}\times$$

$$\times\int_0^a\frac{\mathcal{V}_{\mathcal{NM}}(\xi_n u,a)}{u}\int_0^d\left\{\overline{\psi}_{0z}(u,w,s)+(-1)^{m+1}\overline{\psi}_{\vartheta z}(u,w,s)\right\}\times$$

$$\times\left[\sinh\left\{(d-|z-w|)\sqrt{\frac{\eta_r\xi_n^2+s}{\eta_z}}\right\}-\sinh\left\{(d-z-w)\sqrt{\frac{\eta_r\xi_n^2+s}{\eta_z}}\right\}\right]dwdu+$$

$$+\frac{\pi^2}{2\vartheta\sqrt{\eta_z}}\sum_{m=0}^{\infty}\ni_m\cos(\xi_m\theta)\times$$

$$\times \sum_{n=1}^{\infty} \frac{\xi_n^2 \left\{\xi_n J'_{\mathcal{M}}(\xi_n a) - \lambda J_{\mathcal{M}}(\xi_n a)\right\}^2 \mathcal{V}_{\mathcal{NM}}(\xi r, b) \operatorname{sech}\left(d\sqrt{\frac{\eta_r \xi_n^2 + s}{\eta_z}}\right)}{\left[\left\{1 - \left(\frac{\mathcal{M}}{\xi_n b}\right)^2\right\}\left\{\xi_n J'_{\mathcal{M}}(\xi_n a) - \lambda J_{\mathcal{M}}(\xi_n a)\right\}^2 - \left\{\xi_n^2 + \lambda^2 - \left(\frac{\mathcal{M}}{a}\right)^2\right\} J'^2_{\mathcal{M}}(\xi_n b)\right]} \times$$

$$\times \frac{1}{\sqrt{\eta_r \xi_n^2 + s}} \int_0^d \overline{\overline{\varphi}}(\xi_n, \xi_m, w) \left[\sinh\left\{(d - |z - w|)\sqrt{\frac{\eta_r \xi_n^2 + s}{\eta_z}}\right\} - \sinh\left\{(d - z - w)\sqrt{\frac{\eta_r \xi_n^2 + s}{\eta_z}}\right\}\right] dw \tag{29.31.1}$$

where $\mathcal{V}_{\mathcal{NM}}(\xi_n r, a) = J_{\mathcal{M}}(\xi_n r) Y'_{\mathcal{M}}(\xi_n a) - Y_{\mathcal{M}}(\xi_n r) J'_{\mathcal{M}}(\xi_n a)$, ξ_n, $n = 1, 2, \ldots$, are the positive roots of the transcendental equation $\lambda \mathcal{V}_{\mathcal{NM}}(\xi_n a, b) - \xi_n \mathcal{V}'_{\mathcal{NM}}(\xi_n a, b) = 0$, $\xi_l = \frac{(2l-1)\pi}{2d}$, $l = 1, 2, \ldots$, $\xi_m = \frac{m\pi}{d}$, $m = 0, 1, \ldots$,
$\overline{\overline{\overline{\psi}}}_{\theta 0}(\xi_n, \xi_m, s) = \int_0^a u \mathcal{V}_{\mathcal{NM}}(\xi_n u, a) \int_0^{\vartheta} \overline{\psi}_0(u, v, s) \cos(\xi_m v) dv du$,
$\overline{\overline{\overline{\psi}}}_{\theta d}(\xi_n, \xi_m, s) = \int_0^a u \mathcal{V}_{\mathcal{NM}}(\xi_n u, a) \int_0^{\vartheta} \overline{\psi}_{\theta d}(u, v, s) \cos(\xi_m v) dv du$,
$\overline{\overline{\psi}}_a(\xi_m, w, s) = \int_0^{\vartheta} \overline{\psi}_a(v, w, s) \cos(\xi_m v) dv$, $\overline{\overline{\psi}}_b(\xi_m, w, s) = \int_0^{\vartheta} \overline{\psi}_b(v, w, s) \cos(\xi_m v) dv$ and
$\overline{\overline{\varphi}}(\xi_n, \xi_m, w) = \int_0^a u \mathcal{V}_{\mathcal{NM}}(\xi_n u, a) \int_0^{\vartheta} \varphi(u, v, w) \cos(\xi_m v) dv du$.

$$p = \frac{U(t - t_0)\pi^2}{2\vartheta d\phi c_t} \sum_{m=0}^{\infty} \ni_m \cos(\xi_m \theta_0) \cos(\xi_m \theta) \times$$

$$\times \sum_{n=1}^{\infty} \frac{\xi_n^2 \left\{\xi_n J'_{\mathcal{M}}(\xi_n a) - \lambda J_{\mathcal{M}}(\xi_n a)\right\}^2 \mathcal{V}_{\mathcal{NM}}(\xi r_0, b) \mathcal{V}_{\mathcal{NM}}(\xi r, b)}{\left[\left\{1 - \left(\frac{\mathcal{M}}{\xi_n b}\right)^2\right\}\left\{\xi_n J'_{\mathcal{M}}(\xi_n a) - \lambda J_{\mathcal{M}}(\xi_n a)\right\}^2 - \left\{\xi_n^2 + \lambda^2 - \left(\frac{\mathcal{M}}{a}\right)^2\right\} J'^2_{\mathcal{M}}(\xi_n b)\right]} \times$$

$$\int_0^{t-t_0} q(t - t_0 - \tau) \left[\Theta_2\left\{\frac{\pi(z - z_0)}{2d}, e^{-\left(\frac{\pi}{d}\right)^2 \eta_z \tau}\right\} - \Theta_2\left\{\frac{\pi(z + z_0)}{2d}, e^{-\left(\frac{\pi}{d}\right)^2 \eta_z \tau}\right\}\right] e^{-\eta_r \xi_n^2 \tau} d\tau -$$

$$-\frac{\pi}{\vartheta d\phi c_t} \sum_{m=0}^{\infty} \ni_m \cos(\xi_m \theta) \sum_{n=1}^{\infty} \frac{\xi_n^2 J'_{\mathcal{M}}(\xi_n b) \left\{\xi_n J'_{\mathcal{M}}(\xi_n a) - \lambda J_{\mathcal{M}}(\xi_n a)\right\} \mathcal{V}_{\mathcal{NM}}(\xi r, b)}{\left[\left\{1 - \left(\frac{\mathcal{M}}{\xi_n b}\right)^2\right\}\left\{\xi_n J'_{\mathcal{M}}(\xi_n a) - \lambda J_{\mathcal{M}}(\xi_n a)\right\}^2 - \left\{\xi_n^2 + \lambda^2 - \left(\frac{\mathcal{M}}{a}\right)^2\right\} J'^2_{\mathcal{M}}(\xi_n b)\right]} \times$$

$$\times \int_0^t e^{-\eta_r \xi_n^2 \tau} \int_0^d \overline{\psi}_a(\xi_m, w, t - \tau) \left[\Theta_2\left\{\frac{\pi(z - w)}{2d}, e^{-\left(\frac{\pi}{d}\right)^2 \eta_z \tau}\right\} - \Theta_2\left\{\frac{\pi(z + w)}{2d}, e^{-\left(\frac{\pi}{d}\right)^2 \eta_z \tau}\right\}\right] dw d\tau -$$

$$-\frac{\pi}{\vartheta d\phi c_t} \sum_{m=0}^{\infty} \ni_m \cos(\xi_m \theta) \times$$

$$\times \sum_{n=1}^{\infty} \frac{\xi_n \left\{\xi_n J'_{\mathcal{M}}(\xi_n a) - \lambda J_{\mathcal{M}}(\xi_n a)\right\}^2 \mathcal{V}_{\mathcal{NM}}(\xi r, b)}{\left[\left\{1 - \left(\frac{\mathcal{M}}{\xi_n b}\right)^2\right\}\left\{\xi_n J'_{\mathcal{M}}(\xi_n a) - \lambda J_{\mathcal{M}}(\xi_n a)\right\}^2 - \left\{\xi_n^2 + \lambda^2 - \left(\frac{\mathcal{M}}{a}\right)^2\right\} J'^2_{\mathcal{M}}(\xi_n b)\right]} \times$$

$$\times \int_0^t e^{-\eta_r \xi_n^2 \tau} \int_0^d \overline{\psi}_b(\xi_m, w, t - \tau) \left[\Theta_2\left\{\frac{\pi(z - w)}{2d}, e^{-\left(\frac{\pi}{d}\right)^2 \eta_z \tau}\right\} - \Theta_2\left\{\frac{\pi(z + w)}{2d}, e^{-\left(\frac{\pi}{d}\right)^2 \eta_z \tau}\right\}\right] dw d\tau -$$

$$-\frac{\pi^2}{\vartheta d} \sum_{m=0}^{\infty} \ni_m \cos(\xi_m \theta) \times$$

$$\times \sum_{n=1}^{\infty} \frac{\xi_n^2 \left\{\xi_n J'_{\mathcal{M}}(\xi_n a) - \lambda J_{\mathcal{M}}(\xi_n a)\right\}^2 \mathcal{V}_{\mathcal{NM}}(\xi r, b)}{\left[\left\{1 - \left(\frac{\mathcal{M}}{\xi_n b}\right)^2\right\}\left\{\xi_n J'_{\mathcal{M}}(\xi_n a) - \lambda J_{\mathcal{M}}(\xi_n a)\right\}^2 - \left\{\xi_n^2 + \lambda^2 - \left(\frac{\mathcal{M}}{a}\right)^2\right\} J'^2_{\mathcal{M}}(\xi_n b)\right]} \times$$

$$\times \int_0^t \left\{\left(\frac{\eta_z}{2d}\right) \Theta'_2\left(\frac{\pi z}{2d}, e^{-\left(\frac{\pi}{d}\right)^2 \eta_z \tau}\right) \overline{\overline{\psi}}_{\theta 0}(\xi_n, \xi_m, t - \tau) + \right.$$

$$+\left(\frac{1}{\phi c_t}\right)\Theta_1\left(\frac{\pi z}{2d},e^{-\left(\frac{\pi}{d}\right)^2\eta_z\tau}\right)\overline{\overline{\psi}}_{\theta d}\left(\xi_n,\xi_m,t-\tau\right)\Bigg\}e^{-\eta_r\xi_n^2\tau}d\tau+$$

$$+\frac{\pi^2}{2\vartheta d\phi c_t}\sum_{m=0}^{\infty}\ni_m\cos\left(\xi_m\theta\right)\times$$

$$\times\sum_{n=1}^{\infty}\frac{\xi_n^2\left\{\xi_n J_{\mathcal{M}}'\left(\xi_n a\right)-\lambda J_{\mathcal{M}}\left(\xi_n a\right)\right\}^2\mathcal{V}_{\mathcal{NM}}\left(\xi r,b\right)}{\left[\left\{1-\left(\frac{\mathcal{M}}{\xi_n b}\right)^2\right\}\left\{\xi_n J_{\mathcal{M}}'\left(\xi_n a\right)-\lambda J_{\mathcal{M}}\left(\xi_n a\right)\right\}^2-\left\{\xi_n^2+\lambda^2-\left(\frac{\mathcal{M}}{a}\right)^2\right\}J_{\mathcal{M}}'^2\left(\xi_n b\right)\right]}\times$$

$$\times\int_0^a\frac{\mathcal{V}_{\mathcal{NM}}\left(\xi_n u,a\right)}{u}\int_0^d\int_0^t e^{-\eta_r\xi_n^2\tau}\left\{\psi_{0z}\left(u,w,t-\tau\right)+(-1)^{m+1}\psi_{\vartheta z}\left(u,w,t-\tau\right)\right\}\times$$

$$\times\left[\Theta_2\left\{\frac{\pi\left(z-w\right)}{2d},e^{-\left(\frac{\pi}{d}\right)^2\eta_z\tau}\right\}-\Theta_2\left\{\frac{\pi\left(z+w\right)}{2d},e^{-\left(\frac{\pi}{d}\right)^2\eta_z\tau}\right\}\right]d\tau dwdu+$$

$$+\frac{\pi^2}{2\vartheta d}\sum_{m=0}^{\infty}\ni_m\cos(\xi_m\theta)\sum_{n=1}^{\infty}\frac{\xi_n^2\left\{\xi_n J_{\mathcal{M}}'\left(\xi_n a\right)-\lambda J_{\mathcal{M}}\left(\xi_n a\right)\right\}^2\mathcal{V}_{\mathcal{NM}}(\xi r,b)}{\left[\left\{1-\left(\frac{\mathcal{M}}{\xi_n b}\right)^2\right\}\left\{\xi_n J_{\mathcal{M}}'(\xi_n a)-\lambda J_{\mathcal{M}}(\xi_n a)\right\}^2-\left\{\xi_n^2+\lambda^2-\left(\frac{\mathcal{M}}{a}\right)^2\right\}J_{\mathcal{M}}'^2(\xi_n b)\right]}\times$$

$$\times\int_0^d\overline{\overline{\varphi}}\left(\xi_n,\xi_m,w\right)\left[\Theta_2\left\{\frac{\pi\left(z-w\right)}{2d},e^{-\left(\frac{\pi}{d}\right)^2\eta_z t}\right\}-\Theta_2\left\{\frac{\pi\left(z+w\right)}{2d},e^{-\left(\frac{\pi}{d}\right)^2\eta_z t}\right\}\right]dw \qquad (29.31.2)$$

where $\overline{\psi}_a\left(\xi_m,w,t\right)=\int_0^\vartheta\psi_a\left(v,w,t\right)\cos\left(\xi_m v\right)dv$, $\overline{\psi}_b\left(\xi_m,w,t\right)=\int_0^\vartheta\psi_b\left(v,w,t\right)\cos\left(\xi_m v\right)dv$, $\overline{\overline{\psi}}_{\theta 0}\left(\xi_n,\xi_m,t\right)=\int_0^a u\mathcal{V}_{\mathcal{NM}}\left(\xi_n u,a\right)\int_0^\vartheta\psi_0\left(u,v,t\right)\cos\left(\xi_m v\right)dvdu$ and $\overline{\overline{\psi}}_{\theta d}\left(\xi_n,\xi_m,t\right)=\int_0^a u\mathcal{V}_{\mathcal{NM}}\left(\xi_n u,a\right)\int_0^\vartheta\psi_{\theta d}\left(u,v,t\right)\cos\left(\xi_m v\right)dvdu$.

29.32 The problem of 29.24, except $\mathbf{D}_{\theta 0}\equiv p\left(r,\theta,0,t\right)=\psi_{\theta 0}\left(r,\theta,t\right)$, $\mathbf{N}_{\theta d}\equiv\frac{\partial p(r,\theta,d,t)}{\partial z}=-\left(\frac{\mu}{k_z}\right)\psi_{\theta d}\left(r,\theta,t\right)$, $\mathbf{R}_a\equiv\frac{\partial p(a,\theta,z,t)}{\partial r}-\lambda p\left(a,\theta,z,t\right)=-\left(\frac{\mu}{k_r}\right)\psi_a\left(\theta,z,t\right)$, $\mathbf{R}_b\equiv\frac{\partial p(b,\theta,z,t)}{\partial r}+\lambda_b p\left(b,\theta,z,t\right)=-\left(\frac{\mu}{k_r}\right)\psi_b\left(\theta,z,t\right)$, $\mathbf{N}_{0z}\equiv\frac{\partial p(r,0,z,t)}{\partial\theta}=-\left(\frac{\mu}{k_\theta}\right)\psi_{0z}\left(r,z,t\right)$ and $\mathbf{N}_{\vartheta z}\equiv\frac{\partial p(r,\vartheta,z,t)}{\partial\theta}=-\left(\frac{\mu}{k_\theta}\right)\psi_{\vartheta z}\left(r,z,t\right)$

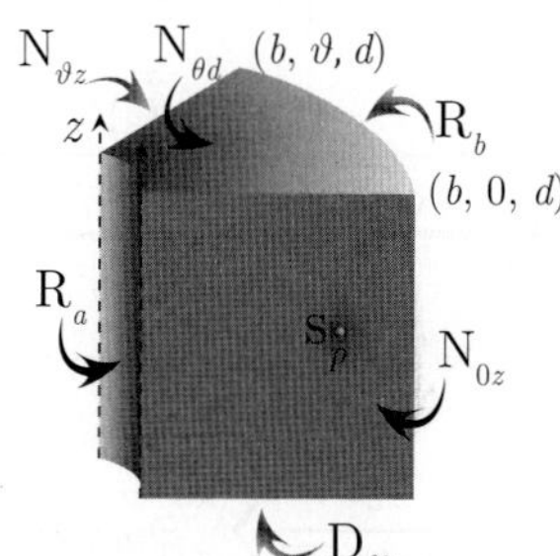

$$\overline{p}=\frac{\pi^2 q\left(s\right)e^{-st_0}}{2\vartheta\phi c_t\sqrt{\eta_z}}\sum_{m=0}^{\infty}\ni_m\cos\left(\xi_m\theta_0\right)\cos\left(\xi_m\theta\right)\sum_{n=1}^{\infty}\frac{\xi_n^2\left\{\xi_n J_{\mathcal{M}}'\left(\xi_n b\right)+\lambda_b J_{\mathcal{M}}\left(\xi_n b\right)\right\}^2}{\sqrt{\left(\eta_r\xi_n^2+s\right)}}\times$$

$$\times\frac{\left\{\xi_n\mathcal{V}_{\mathcal{NM}}\left(\xi_n r_0,a\right)-\lambda_a\mathcal{V}_{\mathcal{DM}}\left(\xi_n r_0,a\right)\right\}\left\{\xi_n\mathcal{V}_{\mathcal{NM}}\left(\xi_n r,a\right)-\lambda_a\mathcal{V}_{\mathcal{DM}}\left(\xi_n r,a\right)\right\}\operatorname{sech}\left(d\sqrt{\frac{\eta_r\xi_n^2+s}{\eta_z}}\right)}{\left[\left\{\xi_n^2+\lambda_b^2-\left(\frac{\mathcal{M}}{b}\right)^2\right\}\left\{\xi_n J_{\mathcal{M}}'\left(\xi_n a\right)-\lambda_a J_{\mathcal{M}}\left(\xi_n a\right)\right\}^2-\left\{\xi_n^2+\lambda_a^2-\left(\frac{\mathcal{M}}{a}\right)^2\right\}\left\{\xi_n J_{\mathcal{M}}'\left(\xi_n b\right)+\lambda J_{\mathcal{M}}\left(\xi_n b\right)\right\}^2\right]}\times$$

$$\times\left[\sinh\left\{\left(d-\left|z-z_0\right|\right)\sqrt{\frac{\eta_r\xi_n^2+s}{\eta_z}}\right\}-\sinh\left\{\left(d-z-z_0\right)\sqrt{\frac{\eta_r\xi_n^2+s}{\eta_z}}\right\}\right]+$$

$$+\frac{\pi}{\vartheta\phi c_t\sqrt{\eta_z}}\sum_{m=0}^{\infty}\ni_m\cos\left(\xi_m\theta\right)\times$$

$$\times\sum_{n=1}^{\infty}\frac{\xi_n^2\left\{\xi_n J_{\mathcal{M}}'\left(\xi_n b\right)+\lambda_b J_{\mathcal{M}}\left(\xi_n b\right)\right\}^2\left\{\xi_n\mathcal{V}_{\mathcal{NM}}\left(\xi_n r,a\right)-\lambda_a\mathcal{V}_{\mathcal{DM}}\left(\xi_n r,a\right)\right\}\operatorname{sech}\left(d\sqrt{\frac{\eta_r\xi_n^2+s}{\eta_z}}\right)}{\left[\left\{\xi_n^2+\lambda_b^2-\left(\frac{\mathcal{M}}{b}\right)^2\right\}\left\{\xi_n J_{\mathcal{M}}'\left(\xi_n a\right)-\lambda_a J_{\mathcal{M}}\left(\xi_n a\right)\right\}^2-\left\{\xi_n^2+\lambda_a^2-\left(\frac{\mathcal{M}}{a}\right)^2\right\}\left\{\xi_n J_{\mathcal{M}}'\left(\xi_n b\right)+\lambda J_{\mathcal{M}}\left(\xi_n b\right)\right\}^2\right]}\times$$

$$\times\frac{1}{\sqrt{\eta_r\xi_n^2+s}}\int_0^d\overline{\overline{\psi}}_a\left(\xi_m,w,s\right)\left[\sinh\left\{\left(d-\left|z-w\right|\right)\sqrt{\frac{\eta_r\xi_n^2+s}{\eta_z}}\right\}-\sinh\left\{\left(d-z-w\right)\sqrt{\frac{\eta_r\xi_n^2+s}{\eta_z}}\right\}\right]dw-$$

$$-\frac{\pi}{\vartheta\phi c_t\sqrt{\eta_z}}\sum_{m=0}^{\infty}\ni_m\cos(\xi_m\theta)\times$$

$$\times\sum_{n=1}^{\infty}\frac{\xi_n^2\{\xi_nJ'_{\mathcal{M}}(\xi_nb)+\lambda_bJ_{\mathcal{M}}(\xi_nb)\}\{\xi_nJ'_{\mathcal{M}}(\xi_na)+\lambda_aJ_{\mathcal{M}}(\xi_na)\}\{\xi_n\mathcal{V}_{\mathcal{NM}}(\xi_nr,a)-\lambda_a\mathcal{V}_{\mathcal{DM}}(\xi_nr,a)\}}{\left[\left\{\xi_n^2+\lambda_b^2-\left(\frac{\mathcal{M}}{b}\right)^2\right\}\{\xi_nJ'_{\mathcal{M}}(\xi_na)-\lambda_aJ_{\mathcal{M}}(\xi_na)\}^2-\left\{\xi_n^2+\lambda_a^2-\left(\frac{\mathcal{M}}{a}\right)^2\right\}\{\xi_nJ'_{\mathcal{M}}(\xi_nb)+\lambda J_{\mathcal{M}}(\xi_nb)\}^2\right]}\times$$

$$\times\frac{\operatorname{sech}\left(d\sqrt{\frac{\eta_r\xi_n^2+s}{\eta_z}}\right)}{\sqrt{\eta_r\xi_n^2+s}}\int_0^d\overline{\overline{\psi}}_b(\xi_m,w,s)\left[\sinh\left\{(d-|z-w|)\sqrt{\frac{\eta_r\xi_n^2+s}{\eta_z}}\right\}-\sinh\left\{(d-z-w)\sqrt{\frac{\eta_r\xi_n^2+s}{\eta_z}}\right\}\right]dw+$$

$$+\frac{\pi^2}{\vartheta}\sum_{m=0}^{\infty}\ni_m\cos(\xi_m\theta)\times$$

$$\times\sum_{n=1}^{\infty}\frac{\xi_n^2\{\xi_nJ'_{\mathcal{M}}(\xi_nb)+\lambda_bJ_{\mathcal{M}}(\xi_nb)\}^2\{\xi_n\mathcal{V}_{\mathcal{NM}}(\xi_nr,a)-\lambda_a\mathcal{V}_{\mathcal{DM}}(\xi_nr,a)\}\operatorname{sech}\left(d\sqrt{\frac{\eta_r\xi_n^2+s}{\eta_z}}\right)}{\left[\left\{\xi_n^2+\lambda_b^2-\left(\frac{\mathcal{M}}{b}\right)^2\right\}\{\xi_nJ'_{\mathcal{M}}(\xi_na)-\lambda_aJ_{\mathcal{M}}(\xi_na)\}^2-\left\{\xi_n^2+\lambda_a^2-\left(\frac{\mathcal{M}}{a}\right)^2\right\}\{\xi_nJ'_{\mathcal{M}}(\xi_nb)+\lambda J_{\mathcal{M}}(\xi_nb)\}^2\right]}\times$$

$$\times\left[\overline{\overline{\overline{\psi}}}_{\theta 0}(\xi_n,\xi_m,s)\cosh\left\{(d-z)\sqrt{\frac{\eta_r\xi_n^2+s}{\eta_z}}\right\}+\frac{\overline{\overline{\overline{\psi}}}_{\theta d}(\xi_n,\xi_m,s)}{\phi c_t\sqrt{\eta_z(\eta_r\xi_n^2+s)}}\sinh\left\{z\sqrt{\frac{\eta_r\xi_n^2+s}{\eta_z}}\right\}\right]+$$

$$+\frac{2\pi^2}{\vartheta d\phi c_t\sqrt{\eta_z}}\sum_{m=0}^{\infty}\ni_m\cos(\xi_m\theta)\times$$

$$\times\sum_{n=1}^{\infty}\frac{\xi_n^2\{\xi_nJ'_{\mathcal{M}}(\xi_nb)+\lambda_bJ_{\mathcal{M}}(\xi_nb)\}^2\{\xi_n\mathcal{V}_{\mathcal{NM}}(\xi_nr,a)-\lambda_a\mathcal{V}_{\mathcal{DM}}(\xi_nr,a)\}\operatorname{sech}\left(d\sqrt{\frac{\eta_r\xi_n^2+s}{\eta_z}}\right)}{\left[\left\{\xi_n^2+\lambda_b^2-\left(\frac{\mathcal{M}}{b}\right)^2\right\}\{\xi_nJ'_{\mathcal{M}}(\xi_na)-\lambda_aJ_{\mathcal{M}}(\xi_na)\}^2-\left\{\xi_n^2+\lambda_a^2-\left(\frac{\mathcal{M}}{a}\right)^2\right\}\{\xi_nJ'_{\mathcal{M}}(\xi_nb)+\lambda J_{\mathcal{M}}(\xi_nb)\}^2\right]}\times$$

$$\times\frac{1}{\sqrt{\eta_r\xi_n^2+s}}\int_0^a\frac{\mathcal{V}_{\mathcal{NM}}(\xi_nu,a)}{u}\int_0^d\left\{\overline{\psi}_{0z}(u,w,s)+(-1)^{m+1}\overline{\psi}_{\vartheta z}(u,w,s)\right\}\times$$

$$\times\left[\sinh\left\{(d-|z-w|)\sqrt{\frac{\eta_r\xi_n^2+s}{\eta_z}}\right\}-\sinh\left\{(d-z-w)\sqrt{\frac{\eta_r\xi_n^2+s}{\eta_z}}\right\}\right]dwdu+$$

$$+\frac{\pi^2}{2\vartheta\sqrt{\eta_z}}\sum_{m=0}^{\infty}\ni_m\cos(\xi_m\theta)\times$$

$$\times\sum_{n=1}^{\infty}\frac{\xi_n^2\{\xi_nJ'_{\mathcal{M}}(\xi_nb)+\lambda_bJ_{\mathcal{M}}(\xi_nb)\}^2\{\xi_n\mathcal{V}_{\mathcal{NM}}(\xi_nr,a)-\lambda_a\mathcal{V}_{\mathcal{DM}}(\xi_nr,a)\}\operatorname{sech}\left(d\sqrt{\frac{\eta_r\xi_n^2+s}{\eta_z}}\right)}{\left[\left\{\xi_n^2+\lambda_b^2-\left(\frac{\mathcal{M}}{b}\right)^2\right\}\{\xi_nJ'_{\mathcal{M}}(\xi_na)-\lambda_aJ_{\mathcal{M}}(\xi_na)\}^2-\left\{\xi_n^2+\lambda_a^2-\left(\frac{\mathcal{M}}{a}\right)^2\right\}\{\xi_nJ'_{\mathcal{M}}(\xi_nb)+\lambda J_{\mathcal{M}}(\xi_nb)\}^2\right]}\times$$

$$\times\frac{1}{\sqrt{\eta_r\xi_n^2+s}}\int_0^d\overline{\overline{\varphi}}(\xi_n,\xi_m,w)\left[\sinh\left\{(d-|z-w|)\sqrt{\frac{\eta_r\xi_n^2+s}{\eta_z}}\right\}-\sinh\left\{(d-z-w)\sqrt{\frac{\eta_r\xi_n^2+s}{\eta_z}}\right\}\right]dw \tag{29.32.1}$$

where the eigenvalues ξ_n, $n=1,2,...$, are the positive roots of $\lambda_a\{\mathcal{V}'_{\mathcal{DM}}(\xi_nb,a)+\lambda_b\mathcal{V}_{\mathcal{DM}}(\xi_nb,a)\}-\xi_n\{\mathcal{V}'_{\mathcal{NM}}(\xi_nb,a)+\lambda_b\mathcal{V}_{\mathcal{NM}}(\xi_nb,a)\}=0$, $\xi_l=\frac{(2l-1)\pi}{2d}, l=1,2,...,$ $\xi_m=\frac{m\pi}{d}, m=0,1,...,$ $\overline{\overline{\overline{\psi}}}_{\theta 0}(\xi_n,\xi_m,s)=\int_0^a u\{\xi_n\mathcal{V}_{\mathcal{NM}}(\xi_nu,a)-\lambda_a\mathcal{V}_{\mathcal{DM}}(\xi_nu,a)\}\int_0^\vartheta\overline{\psi}_0(u,v,s)\cos(\xi_mv)dvdu$, $\overline{\overline{\overline{\psi}}}_{\theta d}(\xi_n,\xi_m,s)=\int_0^a u\{\xi_n\mathcal{V}_{\mathcal{NM}}(\xi_nu,a)-\lambda_a\mathcal{V}_{\mathcal{DM}}(\xi_nu,a)\}\int_0^\vartheta\overline{\psi}_{\theta d}(u,v,s)\cos(\xi_mv)dvdu$, $\overline{\overline{\psi}}_a(\xi_m,w,s)=\int_0^\vartheta\overline{\psi}_a(v,w,s)\cos(\xi_mv)dv$, $\overline{\overline{\psi}}_b(\xi_m,w,s)=\int_0^\vartheta\overline{\psi}_b(v,w,s)\cos(\xi_mv)dv$ and $\overline{\overline{\varphi}}(\xi_n,\xi_m,w)=\int_0^a u\{\xi_n\mathcal{V}_{\mathcal{NM}}(\xi_nu,a)-\lambda_a\mathcal{V}_{\mathcal{DM}}(\xi_nu,a)\}\int_0^\vartheta\varphi(u,v,w)\cos(\xi_mv)dvdu$.

$$p=\frac{U(t-t_0)\pi^2}{2\vartheta d\phi c_t}\sum_{m=0}^{\infty}\ni_m\cos(\xi_m\theta_0)\cos(\xi_m\theta)\times$$

$$\times\sum_{n=1}^{\infty}\frac{\xi_n^2\left\{\xi_n J'_{\mathcal{M}}(\xi_n b)+\lambda_b J_{\mathcal{M}}(\xi_n b)\right\}^2\left\{\xi_n \mathcal{V}_{\mathcal{NM}}(\xi_n r_0,a)-\lambda_a \mathcal{V}_{\mathcal{DM}}(\xi_n r_0,a)\right\}}{\left[\left\{\xi_n^2+\lambda_b^2-\left(\frac{\mathcal{M}}{b}\right)^2\right\}\left\{\xi_n J'_{\mathcal{M}}(\xi_n a)-\lambda_a J_{\mathcal{M}}(\xi_n a)\right\}^2-\left\{\xi_n^2+\lambda_a^2-\left(\frac{\mathcal{M}}{a}\right)^2\right\}\left\{\xi_n J'_{\mathcal{M}}(\xi_n b)+\lambda J_{\mathcal{M}}(\xi_n b)\right\}^2\right]}\times$$

$$\times\left\{\xi_n \mathcal{V}_{\mathcal{NM}}(\xi_n r,a)-\lambda_a \mathcal{V}_{\mathcal{DM}}(\xi_n r,a)\right\}\times$$

$$\times\int_0^{t-t_0} q(t-t_0-\tau)\left[\Theta_2\left\{\frac{\pi(z-z_0)}{2d},e^{-\left(\frac{\pi}{d}\right)^2\eta_z\tau}\right\}-\Theta_2\left\{\frac{\pi(z+z_0)}{2d},e^{-\left(\frac{\pi}{d}\right)^2\eta_z\tau}\right\}\right]e^{-\eta_r\xi_n^2\tau}d\tau+$$

$$+\frac{\pi}{\vartheta d\phi c_t}\sum_{m=0}^{\infty}\ni_m\cos(\xi_m\theta)\times$$

$$\times\sum_{n=1}^{\infty}\frac{\xi_n^2\left\{\xi_n J'_{\mathcal{M}}(\xi_n b)+\lambda_b J_{\mathcal{M}}(\xi_n b)\right\}^2\left\{\xi_n \mathcal{V}_{\mathcal{NM}}(\xi_n r,a)-\lambda_a \mathcal{V}_{\mathcal{DM}}(\xi_n r,a)\right\}}{\left[\left\{\xi_n^2+\lambda_b^2-\left(\frac{\mathcal{M}}{b}\right)^2\right\}\left\{\xi_n J'_{\mathcal{M}}(\xi_n a)-\lambda_a J_{\mathcal{M}}(\xi_n a)\right\}^2-\left\{\xi_n^2+\lambda_a^2-\left(\frac{\mathcal{M}}{a}\right)^2\right\}\left\{\xi_n J'_{\mathcal{M}}(\xi_n b)+\lambda J_{\mathcal{M}}(\xi_n b)\right\}^2\right]}\times$$

$$\times\int_0^t e^{-\eta_r\xi_n^2\tau}\int_0^d\overline{\psi}_a(\xi_m,w,t-\tau)\left[\Theta_2\left\{\frac{\pi(z-w)}{2d},e^{-\left(\frac{\pi}{d}\right)^2\eta_z\tau}\right\}-\Theta_2\left\{\frac{\pi(z+w)}{2d},e^{-\left(\frac{\pi}{d}\right)^2\eta_z\tau}\right\}\right]dwd\tau-$$

$$-\frac{\pi}{\vartheta d\phi c_t}\sum_{m=0}^{\infty}\ni_m\cos(\xi_m\theta)\times$$

$$\times\sum_{n=1}^{\infty}\frac{\xi_n^2\left\{\xi_n J'_{\mathcal{M}}(\xi_n b)+\lambda_b J_{\mathcal{M}}(\xi_n b)\right\}\left\{\xi_n J'_{\mathcal{M}}(\xi_n a)+\lambda_a J_{\mathcal{M}}(\xi_n a)\right\}\left\{\xi_n \mathcal{V}_{\mathcal{NM}}(\xi_n r,a)-\lambda_a \mathcal{V}_{\mathcal{DM}}(\xi_n r,a)\right\}}{\left[\left\{\xi_n^2+\lambda_b^2-\left(\frac{\mathcal{M}}{b}\right)^2\right\}\left\{\xi_n J'_{\mathcal{M}}(\xi_n a)-\lambda_a J_{\mathcal{M}}(\xi_n a)\right\}^2-\left\{\xi_n^2+\lambda_a^2-\left(\frac{\mathcal{M}}{a}\right)^2\right\}\left\{\xi_n J'_{\mathcal{M}}(\xi_n b)+\lambda J_{\mathcal{M}}(\xi_n b)\right\}^2\right]}\times$$

$$\times\int_0^t e^{-\eta_r\xi_n^2\tau}\int_0^d\overline{\psi}_b(\xi_m,w,t-\tau)\left[\Theta_2\left\{\frac{\pi(z-w)}{2d},e^{-\left(\frac{\pi}{d}\right)^2\eta_z\tau}\right\}-\Theta_2\left\{\frac{\pi(z+w)}{2d},e^{-\left(\frac{\pi}{d}\right)^2\eta_z\tau}\right\}\right]dwd\tau-$$

$$-\frac{\pi^2}{\vartheta d}\sum_{m=0}^{\infty}\ni_m\cos(\xi_m\theta)\times$$

$$\times\sum_{n=1}^{\infty}\frac{\xi_n^2\left\{\xi_n J'_{\mathcal{M}}(\xi_n b)+\lambda_b J_{\mathcal{M}}(\xi_n b)\right\}^2\left\{\xi_n \mathcal{V}_{\mathcal{NM}}(\xi_n r,a)-\lambda_a \mathcal{V}_{\mathcal{DM}}(\xi_n r,a)\right\}}{\left[\left\{\xi_n^2+\lambda_b^2-\left(\frac{\mathcal{M}}{b}\right)^2\right\}\left\{\xi_n J'_{\mathcal{M}}(\xi_n a)-\lambda_a J_{\mathcal{M}}(\xi_n a)\right\}^2-\left\{\xi_n^2+\lambda_a^2-\left(\frac{\mathcal{M}}{a}\right)^2\right\}\left\{\xi_n J'_{\mathcal{M}}(\xi_n b)+\lambda J_{\mathcal{M}}(\xi_n b)\right\}^2\right]}\times$$

$$\times\int_0^t\left\{\left(\frac{\eta_z}{2d}\right)\Theta_2'\left(\frac{\pi z}{2d},e^{-\left(\frac{\pi}{d}\right)^2\eta_z\tau}\right)\overline{\overline{\psi}}_{\theta 0}(\xi_n,\xi_m,t-\tau)+\right.$$

$$\left.+\left(\frac{1}{\phi c_t}\right)\Theta_1\left(\frac{\pi z}{2d},e^{-\left(\frac{\pi}{d}\right)^2\eta_z\tau}\right)\overline{\overline{\psi}}_{\theta d}(\xi_n,\xi_m,t-\tau)\right\}e^{-\eta_r\xi_n^2\tau}d\tau+$$

$$+\frac{\pi^2}{2\vartheta d\phi c_t}\sum_{m=0}^{\infty}\ni_m\cos(\xi_m\theta)\times$$

$$\times\sum_{n=1}^{\infty}\frac{\xi_n^2\left\{\xi_n J'_{\mathcal{M}}(\xi_n b)+\lambda_b J_{\mathcal{M}}(\xi_n b)\right\}^2\left\{\xi_n \mathcal{V}_{\mathcal{NM}}(\xi_n r,a)-\lambda_a \mathcal{V}_{\mathcal{DM}}(\xi_n r,a)\right\}}{\left[\left\{\xi_n^2+\lambda_b^2-\left(\frac{\mathcal{M}}{b}\right)^2\right\}\left\{\xi_n J'_{\mathcal{M}}(\xi_n a)-\lambda_a J_{\mathcal{M}}(\xi_n a)\right\}^2-\left\{\xi_n^2+\lambda_a^2-\left(\frac{\mathcal{M}}{a}\right)^2\right\}\left\{\xi_n J'_{\mathcal{M}}(\xi_n b)+\lambda J_{\mathcal{M}}(\xi_n b)\right\}^2\right]}\times$$

$$\times\int_0^a\frac{\mathcal{V}_{\mathcal{NM}}(\xi_n u,a)}{u}\int_0^d\int_0^t e^{-\eta_r\xi_n^2\tau}\left\{\psi_{0z}(u,w,t-\tau)+(-1)^{m+1}\psi_{\vartheta z}(u,w,t-\tau)\right\}\times$$

$$\times\left[\Theta_2\left\{\frac{\pi(z-w)}{2d},e^{-\left(\frac{\pi}{d}\right)^2\eta_z\tau}\right\}-\Theta_2\left\{\frac{\pi(z+w)}{2d},e^{-\left(\frac{\pi}{d}\right)^2\eta_z\tau}\right\}\right]d\tau dwdu+$$

$$+\frac{\pi^2}{2\vartheta d}\sum_{m=0}^{\infty}\ni_m\cos(\xi_m\theta)\times$$

$$\times\sum_{n=1}^{\infty}\frac{\xi_n^2\left\{\xi_n J'_{\mathcal{M}}(\xi_n b)+\lambda_b J_{\mathcal{M}}(\xi_n b)\right\}^2\left\{\xi_n \mathcal{V}_{\mathcal{NM}}(\xi_n r,a)-\lambda_a \mathcal{V}_{\mathcal{DM}}(\xi_n r,a)\right\}}{\left[\left\{\xi_n^2+\lambda_b^2-\left(\frac{\mathcal{M}}{b}\right)^2\right\}\left\{\xi_n J'_{\mathcal{M}}(\xi_n a)-\lambda_a J_{\mathcal{M}}(\xi_n a)\right\}^2-\left\{\xi_n^2+\lambda_a^2-\left(\frac{\mathcal{M}}{a}\right)^2\right\}\left\{\xi_n J'_{\mathcal{M}}(\xi_n b)+\lambda J_{\mathcal{M}}(\xi_n b)\right\}^2\right]}\times$$

$$\times \int_0^d \overline{\overline{\varphi}}(\xi_n, \xi_m, w) \left[\Theta_2 \left\{ \frac{\pi(z-w)}{2d}, e^{-\left(\frac{\pi}{d}\right)^2 \eta_z t} \right\} - \Theta_2 \left\{ \frac{\pi(z+w)}{2d}, e^{-\left(\frac{\pi}{d}\right)^2 \eta_z t} \right\}\right] dw \quad (29.32.2)$$

where $\overline{\psi}_a(\xi_m, w, t) = \int_0^\vartheta \psi_a(v, w, t) \cos(\xi_m v) dv$, $\overline{\psi}_b(\xi_m, w, t) = \int_0^\vartheta \psi_b(v, w, t) \cos(\xi_m v) dv$, $\overline{\overline{\psi}}_{\theta 0}(\xi_n, \xi_m, t) = \int_0^a r \{\xi_n \mathcal{V}_{\mathcal{NM}}(\xi_n u, a) - \lambda_a \mathcal{V}_{\mathcal{DM}}(\xi_n u, a)\} \int_0^\vartheta \psi_0(u, v, t) \cos(\xi_m v) du dv$ and $\overline{\overline{\psi}}_{\theta d}(\xi_n, \xi_m, t) = \int_0^a u \{\xi_n \mathcal{V}_{\mathcal{NM}}(\xi_n u, a) - \lambda_a \mathcal{V}_{\mathcal{DM}}(\xi_n u, a)\} \int_0^\vartheta \psi_{\theta d}(u, v, t) \cos(\xi_m v) dv du$.

29.33

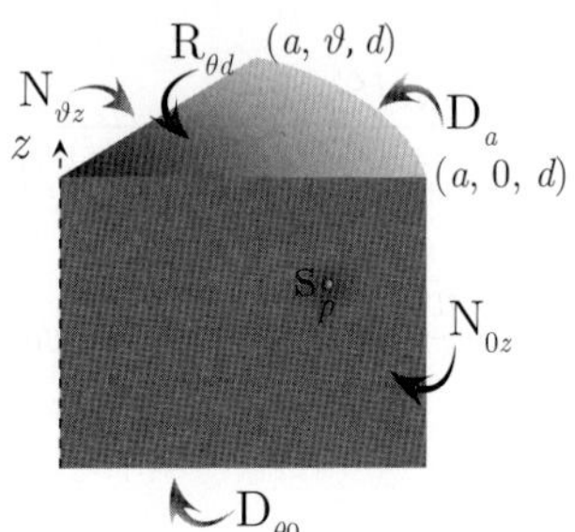

A cylindrical continuum bounded by $0 \le r \le a$ and $0 \le z \le d$ and $0 \le \theta \le \vartheta$; $\vartheta < 2\pi$. Point source at $s_p \equiv (r_0, \theta_0, z_0)$ at time $t = t_0$; $0 < r_0 < a$, $0 \le \theta_0 \le \vartheta$, $0 < z_0 < d$, $t_0 \ge 0$. $D_a \equiv p(a, \theta, z, t) = \psi_a(\theta, z, t)$, $D_{\theta 0} \equiv p(r, \theta, 0, t) = \psi_{\theta 0}(r, \theta, t)$, $R_{\theta d} \equiv \frac{\partial p(r,\theta,d,t)}{\partial z} + \lambda_d p(r, \theta, d, t) = -\left(\frac{\mu}{k_z}\right) \psi_{\theta d}(r, \theta, t)$, $N_{0z} \equiv \frac{\partial p(r,0,z,t)}{\partial \theta} = -\left(\frac{\mu}{k_\theta}\right) \psi_{0z}(r, z, t)$ and $N_{\vartheta z} \equiv \frac{\partial p(r,\vartheta,z,t)}{\partial \theta} = -\left(\frac{\mu}{k_\theta}\right) \psi_{\vartheta z}(r, z, t)$. $p(r, \theta, z, 0) = \varphi(r, \theta, z)$

$$\overline{p} = \frac{8q(s) e^{-st_0}}{\vartheta a^2 \phi c_t} \sum_{m=0}^\infty \ni_m \cos(\xi_m \theta_0) \cos(\xi_m \theta) \sum_{n=1}^\infty \frac{J_\mathcal{M}(\xi_n r_0) J_\mathcal{M}(\xi_n r)}{J'^2_\mathcal{M}(\xi_n a)} \times$$
$$\times \sum_{l=1}^\infty \frac{(\xi_l^2 + \lambda_d^2) \sin(\xi_l z_0) \sin(\xi_l z)}{\{d(\xi_l^2 + \lambda_d^2) + \lambda_d\}(\eta_r \xi_n^2 + \eta_z \xi_l^2 + s)} -$$
$$-\frac{8\eta_r}{\vartheta a} \sum_{m=0}^\infty \ni_m \cos(\xi_m \theta) \sum_{n=1}^\infty \frac{\xi_n J_\mathcal{M}(\xi_n r)}{J'_\mathcal{M}(\xi_n a)} \sum_{l=1}^\infty \frac{\overline{\overline{\psi}}_a(\xi_m, \xi_l, s)(\xi_l^2 + \lambda_d^2) \sin(\xi_l z)}{\{d(\xi_l^2 + \lambda_d^2) + \lambda_d\}(\eta_r \xi_n^2 + \eta_z \xi_l^2 + s)} +$$
$$+\frac{8}{\vartheta a^2} \sum_{m=0}^\infty \ni_m \cos(\xi_m \theta) \times$$
$$\times \sum_{n=1}^\infty \frac{J_\mathcal{M}(\xi_n r)}{J'^2_\mathcal{M}(\xi_n a)} \sum_{l=1}^\infty \frac{(\xi_l^2 + \lambda_d^2)\left\{\eta_z \xi_l \overline{\overline{\psi}}_{\theta 0}(\xi_n, \xi_m, s) - \frac{\sin(\xi_l d)}{\phi c_t} \overline{\overline{\psi}}_{\theta d}(\xi_n, \xi_m, s)\right\} \sin(\xi_l z)}{\{d(\xi_l^2 + \lambda_d^2) + \lambda_d\}(\eta_r \xi_n^2 + \eta_z \xi_l^2 + s)} +$$
$$+\frac{8}{\vartheta a^2 \phi c_t} \sum_{m=0}^\infty \ni_m \cos(\xi_m \theta) \sum_{n=1}^\infty \frac{J_\mathcal{M}(\xi_n r)}{J'^2_\mathcal{M}(\xi_n a)} \int_0^a \frac{J_\mathcal{M}(\xi_n u)}{u} \int_0^d \left\{\overline{\psi}_{0z}(u, w, s) + (-1)^{m+1} \overline{\psi}_{\vartheta z}(u, w, s)\right\} \times$$
$$\times \sum_{l=1}^\infty \frac{(\xi_l^2 + \lambda_d^2) \sin(\xi_l w) \sin(\xi_l z)}{\{d(\xi_l^2 + \lambda_d^2) + \lambda_d\}(\eta_r \xi_n^2 + \eta_z \xi_l^2 + s)} dw du +$$
$$+\frac{8}{\vartheta a^2} \sum_{m=0}^\infty \ni_m \cos(\xi_m \theta) \sum_{n=1}^\infty \frac{J_\mathcal{M}(\xi_n r)}{J'^2_\mathcal{M}(\xi_n a)} \sum_{l=1}^\infty \frac{\overline{\overline{\overline{\varphi}}}(\xi_n, \xi_m, \xi_l)(\xi_l^2 + \lambda_d^2) \sin(\xi_l z)}{\{d(\xi_l^2 + \lambda_d^2) + \lambda_d\}(\eta_r \xi_n^2 + \eta_z \xi_l^2 + s)} \quad (29.33.1)$$

where ξ_n are the positive roots of $J_\mathcal{M}(\xi_n a) = 0$, $n = 1, 2, ...$, ξ_l are the positive roots of $\xi_l \cot(\xi_l d) = -\lambda_d$, $l = 1, 2, ...$, $\xi_m = \frac{m\pi}{d}$, $m = 0, 1, ...$, $\overline{\overline{\overline{\psi}}}_{\theta 0}(\xi_n, \xi_m, s) = \int_0^a u J_\mathcal{M}(\xi_n u) \int_0^\vartheta \overline{\psi}_0(u, v, s) \cos(\xi_m v) dv du$, $\overline{\overline{\overline{\psi}}}_{\theta d}(\xi_n, \xi_m, s) = \int_0^a u J_\mathcal{M}(\xi_n u) \int_0^\vartheta \overline{\psi}_{\theta d}(u, v, s) \cos(\xi_m v) dv du$, $\overline{\overline{\psi}}_a(\xi_m, \xi_l, s) = \int_0^\vartheta \cos(\xi_m v) \int_0^d \overline{\psi}_a(v, w, s) \sin(\xi_l w) dw dv$ and $\overline{\overline{\overline{\varphi}}}(\xi_n, \xi_m, \xi_l) = \int_0^a u J_\mathcal{M}(\xi_n u) \int_0^\vartheta \cos(\xi_m v) \int_0^d \varphi(u, v, w) \sin(\xi_l w) dw dv du$.

$$p = \frac{8U(t - t_0)}{\vartheta a^2 \phi c_t} \sum_{m=0}^\infty \ni_m \cos(\xi_m \theta_0) \cos(\xi_m \theta) \sum_{n=1}^\infty \frac{J_\mathcal{M}(\xi_n r_0) J_\mathcal{M}(\xi_n r)}{J'^2_\mathcal{M}(\xi_n a)} \times$$

$$\times\sum_{l=1}^{\infty}\frac{\left(\xi_l^2+\lambda_d^2\right)\sin\left(\xi_l z_0\right)\sin\left(\xi_l z\right)\int_0^{t-t_0} q\left(t-t_0-\tau\right)e^{-\left(\eta_r\xi_n^2+\eta_z\xi_l^2\right)\tau}d\tau}{\left\{d\left(\xi_l^2+\lambda_d^2\right)+\lambda_d\right\}}-$$

$$-\frac{8\eta_r}{\vartheta a}\sum_{m=0}^{\infty}\ni_m\cos\left(\xi_m\theta\right)\sum_{n=1}^{\infty}\frac{\xi_n J_{\mathcal{M}}\left(\xi_n r\right)}{J'_{\mathcal{M}}\left(\xi_n a\right)}\sum_{l=1}^{\infty}\frac{\left(\xi_l^2+\lambda_d^2\right)\sin\left(\xi_l z\right)\int_0^{t}\overline{\overline{\psi}}_a\left(\xi_m,\xi_l,t-\tau\right)e^{-\left(\eta_r\xi_n^2+\eta_z\xi_l^2\right)\tau}d\tau}{\left\{d\left(\xi_l^2+\lambda_d^2\right)+\lambda_d\right\}}+$$

$$+\frac{8}{\vartheta a^2}\sum_{m=0}^{\infty}\ni_m\cos\left(\xi_m\theta\right)\sum_{n=1}^{\infty}\frac{J_{\mathcal{M}}\left(\xi_n r\right)}{J'^2_{\mathcal{M}}\left(\xi_n a\right)}\times$$

$$\times\sum_{l=1}^{\infty}\frac{\left(\xi_l^2+\lambda_d^2\right)\sin\left(\xi_l z\right)\int_0^{t}\left\{\eta_z\xi_l\overline{\overline{\psi}}_{\theta 0}\left(\xi_n,\xi_m,t-\tau\right)-\frac{\sin(\xi_l d)}{\phi c_t}\overline{\overline{\psi}}_{\theta d}\left(\xi_n,\xi_m,t-\tau\right)\right\}e^{-\left(\eta_r\xi_n^2+\eta_z\xi_l^2\right)\tau}d\tau}{\left\{d\left(\xi_l^2+\lambda_d^2\right)+\lambda_d\right\}}+$$

$$+\frac{8}{\vartheta a^2\phi c_t}\sum_{m=0}^{\infty}\ni_m\cos\left(\xi_m\theta\right)\sum_{n=1}^{\infty}\frac{J_{\mathcal{M}}\left(\xi_n r\right)}{J'^2_{\mathcal{M}}\left(\xi_n a\right)}\times$$

$$\times\int_0^a\frac{J_{\mathcal{M}}\left(\xi_n u\right)}{u}\int_0^d\int_0^t e^{-\eta_r\xi_n^2\tau}\left\{\psi_{0z}\left(u,w,t-\tau\right)+\left(-1\right)^{m+1}\psi_{\vartheta z}\left(u,w,t-\tau\right)\right\}\times$$

$$\times\sum_{l=1}^{\infty}\frac{\left(\xi_l^2+\lambda_d^2\right)\sin\left(\xi_l w\right)\sin\left(\xi_l z\right)e^{-\eta_z\xi_l^2\tau}}{\left\{d\left(\xi_l^2+\lambda_d^2\right)+\lambda_d\right\}}d\tau dw du+$$

$$+\frac{8}{\vartheta a^2}\sum_{m=0}^{\infty}\ni_m\cos\left(\xi_m\theta\right)\sum_{n=1}^{\infty}\frac{J_{\mathcal{M}}\left(\xi_n r\right)e^{-\eta_r\xi_n^2 t}}{J'^2_{\mathcal{M}}\left(\xi_n a\right)}\sum_{l=1}^{\infty}\frac{\overline{\overline{\overline{\varphi}}}\left(\xi_n,\xi_m,\xi_l\right)\left(\xi_l^2+\lambda_d^2\right)\sin\left(\xi_l z\right)e^{-\eta_z\xi_l^2 t}}{\left\{d\left(\xi_l^2+\lambda_d^2\right)+\lambda_d\right\}}\qquad(29.33.2)$$

where $\overline{\overline{\psi}}_a\left(\xi_m,\xi_l,t\right)=\int_0^{\vartheta}\cos\left(\xi_m v\right)\int_0^d\psi_a\left(u,w,t\right)\sin\left(\xi_l w\right)dwdv$,
$\overline{\overline{\psi}}_{\theta 0}\left(\xi_n,\xi_m,t\right)=\int_0^a uJ_{\mathcal{M}}\left(\xi_n u\right)\int_0^{\vartheta}\psi_0\left(u,v,t\right)\cos\left(\xi_m v\right)dvdu$ and
$\overline{\overline{\psi}}_{\theta d}\left(\xi_n,\xi_m,t\right)=\int_0^a uJ_{\mathcal{M}}\left(\xi_n u\right)\int_0^{\vartheta}\psi_{\theta d}\left(u,v,t\right)\cos\left(\xi_m v\right)dvdu$.

29.34 The problem of 29.33, except
$\mathbf{N_a}\equiv\frac{\partial p(a,\theta,z,t)}{\partial r}=-\left(\frac{\mu}{k_r}\right)\psi_a\left(\theta,z,t\right)$,
$\mathbf{D_{\theta 0}}\equiv p\left(r,\theta,0,t\right)=\psi_{\theta 0}\left(r,\theta,t\right)$,
$\mathbf{R_{\theta d}}\equiv\frac{\partial p(r,\theta,d,t)}{\partial z}+\lambda_d p\left(r,\theta,d,t\right)=-\left(\frac{\mu}{k_z}\right)\psi_{\theta d}\left(r,\theta,t\right)$,
$\mathbf{N_{0z}}\equiv\frac{\partial p(r,0,z,t)}{\partial\theta}=-\left(\frac{\mu}{k_\theta}\right)\psi_{0z}\left(r,z,t\right)$ **and**
$\mathbf{N_{\vartheta z}}\equiv\frac{\partial p(r,\vartheta,z,t)}{\partial\theta}=-\left(\frac{\mu}{k_\theta}\right)\psi_{\vartheta z}\left(r,z,t\right)$

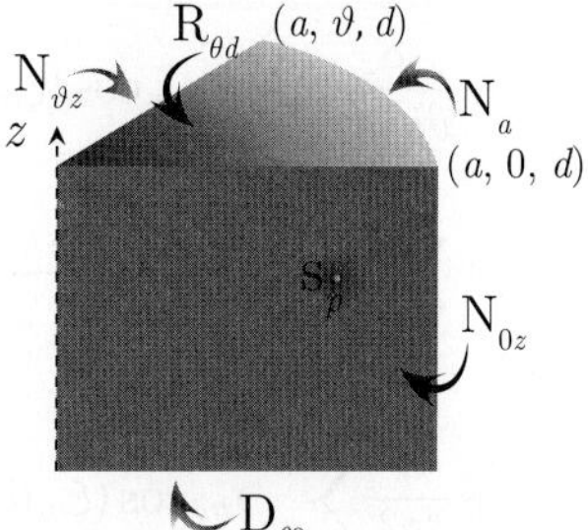

$$\overline{p}=\frac{8q\left(s\right)e^{-st_0}}{\vartheta a^2\phi c_t}\sum_{m=0}^{\infty}\ni_m\cos\left(\xi_m\theta_0\right)\cos\left(\xi_m\theta\right)\times$$

$$\times\sum_{n=0}^{\infty}\frac{J_{\mathcal{M}}\left(\xi_n r_0\right)J_{\mathcal{M}}\left(\xi_n r\right)}{\left\{1-\left(\frac{\mathcal{M}}{\xi_n a}\right)^2\right\}J^2_{\mathcal{M}}\left(\xi_n a\right)}\sum_{l=1}^{\infty}\frac{\left(\xi_l^2+\lambda_d^2\right)\sin\left(\xi_l z_0\right)\sin\left(\xi_l z\right)}{\left\{d\left(\xi_l^2+\lambda_d^2\right)+\lambda_d\right\}\left(\eta_r\xi_n^2+\eta_z\xi_l^2+s\right)}-$$

$$-\frac{8}{\vartheta a\phi c_t}\sum_{m=0}^{\infty}\ni_m\cos\left(\xi_m\theta\right)\sum_{n=0}^{\infty}\frac{J_{\mathcal{M}}\left(\xi_n r\right)}{\left\{1-\left(\frac{\mathcal{M}}{\xi_n a}\right)^2\right\}J_{\mathcal{M}}\left(\xi_n a\right)}\sum_{l=1}^{\infty}\frac{\overline{\overline{\overline{\psi}}}_a\left(\xi_m,\xi_l,s\right)\left(\xi_l^2+\lambda_d^2\right)\sin\left(\xi_l z\right)}{\left\{d\left(\xi_l^2+\lambda_d^2\right)+\lambda_d\right\}\left(\eta_r\xi_n^2+\eta_z\xi_l^2+s\right)}+$$

$$+\frac{8}{\vartheta a^2}\sum_{m=0}^{\infty}\ni_m\cos\left(\xi_m\theta\right)\sum_{n=0}^{\infty}\frac{J_{\mathcal{M}}\left(\xi_n r\right)}{\left\{1-\left(\frac{\mathcal{M}}{\xi_n a}\right)^2\right\}J^2_{\mathcal{M}}\left(\xi_n a\right)}\times$$

$$\times\sum_{l=1}^{\infty}\frac{\left(\xi_l^2+\lambda_d^2\right)\left\{\eta_z\xi_l\overline{\overline{\overline{\psi}}}_{\theta 0}\left(\xi_n,\xi_m,s\right)-\frac{\sin(\xi_l d)}{\phi c_t}\overline{\overline{\overline{\psi}}}_{\theta d}\left(\xi_n,\xi_m,s\right)\right\}\sin\left(\xi_l z\right)}{\left\{d\left(\xi_l^2+\lambda_d^2\right)+\lambda_d\right\}\left(\eta_r\xi_n^2+\eta_z\xi_l^2+s\right)}+$$

$$+\frac{8}{\vartheta a^2\phi c_t}\sum_{m=0}^{\infty}\ni_m\cos(\xi_m\theta)\sum_{n=0}^{\infty}\frac{J_{\mathcal{M}}(\xi_n r)}{\left\{1-\left(\frac{\mathcal{M}}{\xi_n a}\right)^2\right\}J_{\mathcal{M}}^2(\xi_n a)}\times$$

$$\times\int_0^a\frac{J_{\mathcal{M}}(\xi_n u)}{u}\int_0^d\left\{\overline{\psi}_{0z}(u,w,s)+(-1)^{m+1}\overline{\psi}_{\vartheta z}(u,w,s)\right\}\times$$

$$\times\sum_{l=1}^{\infty}\frac{(\xi_l^2+\lambda_d^2)\sin(\xi_l w)\sin(\xi_l z)}{\{d(\xi_l^2+\lambda_d^2)+\lambda_d\}(\eta_r\xi_n^2+\eta_z\xi_l^2+s)}dwdu+$$

$$+\frac{8}{\vartheta a^2}\sum_{m=0}^{\infty}\ni_m\cos(\xi_m\theta)\sum_{n=0}^{\infty}\frac{J_{\mathcal{M}}(\xi_n r)}{\left\{1-\left(\frac{\mathcal{M}}{\xi_n a}\right)^2\right\}J_{\mathcal{M}}^2(\xi_n a)}\sum_{l=1}^{\infty}\frac{\overline{\overline{\overline{\varphi}}}(\xi_n,\xi_m,\xi_l)(\xi_l^2+\lambda_d^2)\sin(\xi_l z)}{\{d(\xi_l^2+\lambda_d^2)+\lambda_d\}(\eta_r\xi_n^2+\eta_z\xi_l^2+s)} \quad (29.34.1)$$

where ξ_n are the positive roots of $J'_{\mathcal{M}}(\xi_n a)=0$, $n=1,2,...$, ξ_l are the positive roots of $\xi_l\cot(\xi_l d)=-\lambda_d$, $l=1,2,...$, $\xi_m=\frac{m\pi}{d}$, $m=0,1,...$, $\overline{\overline{\overline{\psi}}}_{\theta 0}(\xi_n,\xi_m,s)=\int_0^a uJ_{\mathcal{M}}(\xi_n u)\int_0^{\vartheta}\overline{\psi}_0(u,v,s)\cos(\xi_m v)dvdu$,
$\overline{\overline{\overline{\psi}}}_{\theta d}(\xi_n,\xi_m,s)=\int_0^a uJ_{\mathcal{M}}(\xi_n u)\int_0^{\vartheta}\overline{\psi}_{\theta d}(u,v,s)\cos(\xi_m v)dvdu$,
$\overline{\overline{\overline{\psi}}}_a(\xi_m,\xi_l,s)=\int_0^{\vartheta}\cos(\xi_m v)\int_0^d\overline{\psi}_a(v,w,s)\sin(\xi_l w)dwdv$ and
$\overline{\overline{\overline{\varphi}}}(\xi_n,\xi_m,\xi_l)=\int_0^a uJ_{\mathcal{M}}(\xi_n u)\int_0^{\vartheta}\cos(\xi_m v)\int_0^d\varphi(u,v,w)\sin(\xi_l w)dwdvdu$.

$$p=\frac{8U(t-t_0)}{\vartheta a^2\phi c_t}\sum_{m=0}^{\infty}\ni_m\cos(\xi_m\theta_0)\cos(\xi_m\theta)\sum_{n=0}^{\infty}\frac{J_{\mathcal{M}}(\xi_n r_0)J_{\mathcal{M}}(\xi_n r)}{\left\{1-\left(\frac{\mathcal{M}}{\xi_n a}\right)^2\right\}J_{\mathcal{M}}^2(\xi_n a)}\times$$

$$\times\sum_{l=1}^{\infty}\frac{(\xi_l^2+\lambda_d^2)\sin(\xi_l z_0)\sin(\xi_l z)\int_0^{t-t_0}q(t-t_0-\tau)e^{-(\eta_r\xi_n^2+\eta_z\xi_l^2)\tau}d\tau}{\{d(\xi_l^2+\lambda_d^2)+\lambda_d\}}-$$

$$-\frac{8}{\vartheta a\phi c_t}\sum_{m=0}^{\infty}\ni_m\cos(\xi_m\theta_0)\times$$

$$\times\sum_{n=0}^{\infty}\frac{J_{\mathcal{M}}(\xi_n r)}{\left\{1-\left(\frac{\mathcal{M}}{\xi_n a}\right)^2\right\}J_{\mathcal{M}}(\xi_n a)}\sum_{l=1}^{\infty}\frac{(\xi_l^2+\lambda_d^2)\sin(\xi_l z)\int_0^t\overline{\overline{\psi}}_a(\xi_m,\xi_l,t-\tau)e^{-(\eta_r\xi_n^2+\eta_z\xi_l^2)\tau}d\tau}{\{d(\xi_l^2+\lambda_d^2)+\lambda_d\}}+$$

$$+\frac{8}{\vartheta a^2}\sum_{m=0}^{\infty}\ni_m\cos(\xi_m\theta)\sum_{n=0}^{\infty}\frac{J_{\mathcal{M}}(\xi_n r)}{\left\{1-\left(\frac{\mathcal{M}}{\xi_n a}\right)^2\right\}J_{\mathcal{M}}^2(\xi_n a)}\times$$

$$\times\sum_{l=1}^{\infty}\frac{(\xi_l^2+\lambda_d^2)\sin(\xi_l z)\int_0^t\left\{\eta_z\xi_l\overline{\overline{\psi}}_{\theta 0}(\xi_n,\xi_m,t-\tau)-\frac{\sin(\xi_l d)}{\phi c_t}\overline{\overline{\psi}}_{\theta d}(\xi_n,\xi_m,t-\tau)\right\}e^{-(\eta_r\xi_n^2+\eta_z\xi_l^2)\tau}d\tau}{\{d(\xi_l^2+\lambda_d^2)+\lambda_d\}}+$$

$$+\frac{8}{\vartheta a^2\phi c_t}\sum_{m=0}^{\infty}\ni_m\cos(\xi_m\theta)\sum_{n=0}^{\infty}\frac{J_{\mathcal{M}}(\xi_n r)}{\left\{1-\left(\frac{\mathcal{M}}{\xi_n a}\right)^2\right\}J_{\mathcal{M}}^2(\xi_n a)}\times$$

$$\times\int_0^a\frac{J_{\mathcal{M}}(\xi_n u)}{u}\int_0^d\int_0^t e^{-\eta_r\xi_n^2\tau}\left\{\psi_{0z}(u,w,t-\tau)+(-1)^{m+1}\psi_{\vartheta z}(u,w,t-\tau)\right\}\times$$

$$\times\sum_{l=1}^{\infty}\frac{(\xi_l^2+\lambda_d^2)\sin(\xi_l w)\sin(\xi_l z)e^{-\eta_z\xi_l^2\tau}}{\{d(\xi_l^2+\lambda_d^2)+\lambda_d\}}d\tau dwdu+$$

$$+\frac{8}{\vartheta a^2}\sum_{m=0}^{\infty}\ni_m\cos(\xi_m\theta)\sum_{n=0}^{\infty}\frac{J_{\mathcal{M}}(\xi_n r)e^{-\eta_r\xi_n^2 t}}{\left\{1-\left(\frac{\mathcal{M}}{\xi_n a}\right)^2\right\}J_{\mathcal{M}}^2(\xi_n a)}\sum_{l=1}^{\infty}\frac{\overline{\overline{\overline{\varphi}}}(\xi_n,\xi_m,\xi_l)(\xi_l^2+\lambda_d^2)\sin(\xi_l z)e^{-\eta_z\xi_l^2 t}}{\{d(\xi_l^2+\lambda_d^2)+\lambda_d\}} \quad (29.34.2)$$

where $\overline{\overline{\psi}}_a(\xi_m,\xi_l,t)=\int_0^\vartheta \cos(\xi_m v)\int_0^d \psi_a(v,w,t)\sin(\xi_l w)\,dwdv$,
$\overline{\overline{\psi}}_{\theta 0}(\xi_n,\xi_m,t)=\int_0^a uJ_{\mathcal{M}}(\xi_n u)\int_0^\vartheta \psi_0(u,v,t)\cos(\xi_m v)dvdu$ and
$\overline{\overline{\psi}}_{\theta d}(\xi_n,\xi_m,t)=\int_0^a uJ_{\mathcal{M}}(\xi_n u)\int_0^\vartheta \psi_{\theta d}(u,v,t)\cos(\xi_m v)dvdu$.

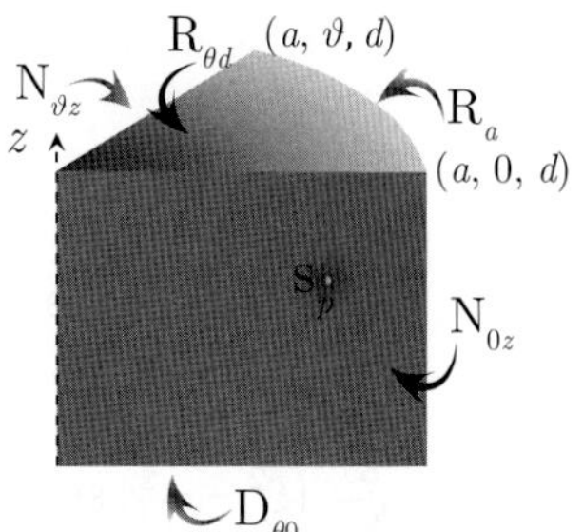

29.35 **The problem of 29.33, except**
$\mathbf{R}_a\equiv\frac{\partial p(a,\theta,z,t)}{\partial r}+\lambda p(a,\theta,z,t)=-\left(\frac{\mu}{k_r}\right)\psi_a(\theta,z,t)$,
$\mathbf{D}_{\theta 0}\equiv p(r,\theta,0,t)=\psi_{\theta 0}(r,\theta,t)$,
$\mathbf{R}_{\theta d}\equiv\frac{\partial p(r,\theta,d,t)}{\partial z}+\lambda_d p(r,\theta,d,t)=-\left(\frac{\mu}{k_z}\right)\psi_{\theta d}(r,\theta,t)$,
$\mathbf{N}_{0z}\equiv\frac{\partial p(r,0,z,t)}{\partial\theta}=-\left(\frac{\mu}{k_\theta}\right)\psi_{0z}(r,z,t)$ and
$\mathbf{N}_{\vartheta z}\equiv\frac{\partial p(r,\vartheta,z,t)}{\partial\theta}=-\left(\frac{\mu}{k_\theta}\right)\psi_{\vartheta z}(r,z,t)$

$$
\begin{aligned}
\overline{p} &= \frac{8q(s)e^{-st_0}}{\vartheta a^2\phi c_t}\sum_{m=0}^{\infty}\ni_m\cos(\xi_m\theta_0)\cos(\xi_m\theta)\times\\
&\times\sum_{n=1}^{\infty}\frac{J_{\mathcal{M}}(\xi_n r_0)J_{\mathcal{M}}(\xi_n r)}{\left[\left\{1-\left(\frac{\mathcal{M}}{\xi_n a}\right)^2\right\}J_{\mathcal{M}}^2(\xi_n a)+J_{\mathcal{M}}'^2(\xi_n a)\right]}\sum_{l=1}^{\infty}\frac{(\xi_l^2+\lambda_d^2)\sin(\xi_l z_0)\sin(\xi_l z)}{\{d(\xi_l^2+\lambda_d^2)+\lambda_d\}(\eta_r\xi_n^2+\eta_z\xi_l^2+s)}-\\
&-\frac{8}{\vartheta a\phi c_t}\sum_{m=0}^{\infty}\ni_m\cos(\xi_m\theta)\times\\
&\times\sum_{n=1}^{\infty}\frac{J_{\mathcal{M}}(\xi_n r)}{\left[\left\{1-\left(\frac{\mathcal{M}}{\xi_n a}\right)^2\right\}J_{\mathcal{M}}^2(\xi_n a)+J_{\mathcal{M}}'^2(\xi_n a)\right]}\sum_{l=1}^{\infty}\frac{\overline{\overline{\psi}}_a(\xi_m,\xi_l,s)(\xi_l^2+\lambda_d^2)\sin(\xi_l z)}{\{d(\xi_l^2+\lambda_d^2)+\lambda_d\}(\eta_r\xi_n^2+\eta_z\xi_l^2+s)}+\\
&+\frac{8}{\vartheta a^2}\sum_{m=0}^{\infty}\ni_m\cos(\xi_m\theta)\sum_{n=1}^{\infty}\frac{J_{\mathcal{M}}(\xi_n r)}{\left[\left\{1-\left(\frac{\mathcal{M}}{\xi_n a}\right)^2\right\}J_{\mathcal{M}}^2(\xi_n a)+J_{\mathcal{M}}'^2(\xi_n a)\right]}\times\\
&\times\sum_{l=1}^{\infty}\frac{(\xi_l^2+\lambda_d^2)\left\{\eta_z\xi_l\overline{\overline{\psi}}_{\theta 0}(\xi_n,\xi_m,s)-\frac{\sin(\xi_l d)}{\phi c_t}\overline{\overline{\psi}}_{\theta d}(\xi_n,\xi_m,s)\right\}\sin(\xi_l z)}{\{d(\xi_l^2+\lambda_d^2)+\lambda_d\}(\eta_r\xi_n^2+\eta_z\xi_l^2+s)}+\\
&+\frac{8}{\vartheta a^2\phi c_t}\sum_{m=0}^{\infty}\ni_m\cos(\xi_m\theta)\sum_{n=1}^{\infty}\frac{J_{\mathcal{M}}(\xi_n r)}{\left[\left\{1-\left(\frac{\mathcal{M}}{\xi_n a}\right)^2\right\}J_{\mathcal{M}}^2(\xi_n a)+J_{\mathcal{M}}'^2(\xi_n a)\right]}\times\\
&\times\int_0^a\frac{J_{\mathcal{M}}(\xi_n u)}{u}\int_0^d\left\{\overline{\psi}_{0z}(u,w,s)+(-1)^{m+1}\overline{\psi}_{\vartheta z}(u,w,s)\right\}\times\\
&\times\sum_{l=1}^{\infty}\frac{(\xi_l^2+\lambda_d^2)\sin(\xi_l w)\sin(\xi_l z)}{\{d(\xi_l^2+\lambda_d^2)+\lambda_d\}(\eta_r\xi_n^2+\eta_z\xi_l^2+s)}dwdu+\\
&+\frac{8}{\vartheta a^2}\sum_{m=0}^{\infty}\ni_m\cos(\xi_m\theta)\times\\
&\times\sum_{n=1}^{\infty}\frac{J_{\mathcal{M}}(\xi_n r)}{\left[\left\{1-\left(\frac{\mathcal{M}}{\xi_n a}\right)^2\right\}J_{\mathcal{M}}^2(\xi_n a)+J_{\mathcal{M}}'^2(\xi_n a)\right]}\sum_{l=1}^{\infty}\frac{\overline{\overline{\overline{\varphi}}}(\xi_n,\xi_m,\xi_l)(\xi_l^2+\lambda_d^2)\sin(\xi_l z)}{\{d(\xi_l^2+\lambda_d^2)+\lambda_d\}(\eta_r\xi_n^2+\eta_z\xi_l^2+s)}
\end{aligned}
\tag{29.35.1}
$$

where ξ_n are the positive roots of $\xi_n J_{\mathcal{M}}'(\xi_n a)+\lambda J_{\mathcal{M}}(\xi_n a)=0$, ξ_l are the positive roots of $\xi_l\cot(\xi_l d)=-\lambda_d$, $l=1,2,...$, $\xi_m=\frac{m\pi}{d}$, $m=0,1,...$,
$\overline{\overline{\psi}}_{\theta 0}(\xi_n,\xi_m,s)=\int_0^a uJ_{\mathcal{M}}(\xi_n u)\int_0^\vartheta \overline{\psi}_0(u,v,s)\cos(\xi_m v)dvdu$,

$\overline{\overline{\psi}}_{\theta d}(\xi_n,\xi_m,s)=\int_0^a uJ_{\mathcal{M}}(\xi_n u)\int_0^{\vartheta}\overline{\psi}_{\theta d}(u,v,s)\cos(\xi_m v)dvdu$,
$\overline{\overline{\psi}}_a(\xi_m,\xi_l,s)=\int_0^{\vartheta}\cos(\xi_m v)\int_0^d\overline{\psi}_a(v,w,s)\sin(\xi_l w)\,dwdv$ and
$\overline{\overline{\overline{\varphi}}}(\xi_n,\xi_m,\xi_l)=\int_0^a uJ_{\mathcal{M}}(\xi_n u)\int_0^{\vartheta}\cos(\xi_m v)\int_0^d\varphi(u,v,w)\sin(\xi_l w)\,dwdvdu$.

$$
\begin{aligned}
p =\ & \frac{8U(t-t_0)}{\vartheta a^2\phi c_t}\sum_{m=0}^{\infty}\ni_m\cos(\xi_m\theta_0)\cos(\xi_m\theta)\sum_{n=1}^{\infty}\frac{J_{\mathcal{M}}(\xi_n r_0)J_{\mathcal{M}}(\xi_n r)}{\left[\left\{1-\left(\frac{\mathcal{M}}{\xi_n a}\right)^2\right\}J_{\mathcal{M}}^2(\xi_n a)+J_{\mathcal{M}}'^2(\xi_n a)\right]}\times \\
& \times\sum_{l=1}^{\infty}\frac{(\xi_l^2+\lambda_d^2)\sin(\xi_l z_0)\sin(\xi_l z)\int_0^{t-t_0}q(t-t_0-\tau)\,e^{-(\eta_r\xi_n^2+\eta_z\xi_l^2)\tau}d\tau}{\{d(\xi_l^2+\lambda_d^2)+\lambda_d\}}- \\
& -\frac{8}{\vartheta a\phi c_t}\sum_{m=0}^{\infty}\ni_m\cos(\xi_m\theta)\sum_{n=1}^{\infty}\frac{J_{\mathcal{M}}(\xi_n r)}{\left[\left\{1-\left(\frac{\mathcal{M}}{\xi_n a}\right)^2\right\}J_{\mathcal{M}}^2(\xi_n a)+J_{\mathcal{M}}'^2(\xi_n a)\right]}\times \\
& \times\sum_{l=1}^{\infty}\frac{(\xi_l^2+\lambda_d^2)\sin(\xi_l z)\int_0^t\overline{\overline{\psi}}_a(\xi_m,\xi_l,t-\tau)\,e^{-(\eta_r\xi_n^2+\eta_z\xi_l^2)\tau}d\tau}{\{d(\xi_l^2+\lambda_d^2)+\lambda_d\}}+ \\
& +\frac{8}{\vartheta a^2}\sum_{m-0}^{\infty}\ni_m\cos(\xi_m\theta)\sum_{n=1}^{\infty}\frac{J_{\mathcal{M}}(\xi_n r)}{\left[\left\{1-\left(\frac{\mathcal{M}}{\xi_n a}\right)^2\right\}J_{\mathcal{M}}^2(\xi_n a)+J_{\mathcal{M}}'^2(\xi_n a)\right]}\times \\
& \times\sum_{l=1}^{\infty}\frac{(\xi_l^2+\lambda_d^2)\sin(\xi_l z)\int_0^t\left\{\eta_z\xi_l\overline{\overline{\psi}}_{\theta 0}(\xi_n,\xi_m,t-\tau)-\frac{\sin(\xi_l d)}{\phi c_t}\overline{\overline{\psi}}_{\theta d}(\xi_n,\xi_m,t-\tau)\right\}e^{-(\eta_r\xi_n^2+\eta_z\xi_l^2)\tau}d\tau}{\{d(\xi_l^2+\lambda_d^2)+\lambda_d\}}+ \\
& +\frac{8}{\vartheta a^2\phi c_t}\sum_{m=0}^{\infty}\ni_m\cos(\xi_m\theta)\sum_{n=1}^{\infty}\frac{J_{\mathcal{M}}(\xi_n r)}{\left[\left\{1-\left(\frac{\mathcal{M}}{\xi_n a}\right)^2\right\}J_{\mathcal{M}}^2(\xi_n a)+J_{\mathcal{M}}'^2(\xi_n a)\right]}\times \\
& \times\int_0^a\frac{J_{\mathcal{M}}(\xi_n u)}{u}\int_0^d\int_0^t e^{-\eta_r\xi_n^2\tau}\left\{\psi_{0z}(u,w,t-\tau)+(-1)^{m+1}\psi_{\vartheta z}(u,w,t-\tau)\right\}\times \\
& \times\sum_{l=1}^{\infty}\frac{(\xi_l^2+\lambda_d^2)\sin(\xi_l w)\sin(\xi_l z)\,e^{-\eta_z\xi_l^2\tau}}{\{d(\xi_l^2+\lambda_d^2)+\lambda_d\}}d\tau dwdu+ \\
& +\frac{8}{\vartheta a^2}\sum_{m=0}^{\infty}\ni_m\cos(\xi_m\theta)\times \\
& \times\sum_{n=1}^{\infty}\frac{J_{\mathcal{M}}(\xi_n r)\,e^{-\eta_r\xi_n^2 t}}{\left[\left\{1-\left(\frac{\mathcal{M}}{\xi_n a}\right)^2\right\}J_{\mathcal{M}}^2(\xi_n a)+J_{\mathcal{M}}'^2(\xi_n a)\right]}\sum_{l=1}^{\infty}\frac{\overline{\overline{\overline{\varphi}}}(\xi_n,\xi_m,\xi_l)(\xi_l^2+\lambda_d^2)\sin(\xi_l z)\,e^{-\eta_z\xi_l^2 t}}{\{d(\xi_l^2+\lambda_d^2)+\lambda_d\}}
\end{aligned}
\tag{29.35.2}
$$

where $\overline{\overline{\psi}}_a(\xi_m,\xi_l,t)=\int_0^{\vartheta}\cos(\xi_m v)\int_0^d\psi_a(v,w,t)\sin(\xi_l w)\,dwdv$,
$\overline{\overline{\psi}}_{\theta 0}(\xi_n,\xi_m,t)=\int_0^a uJ_{\mathcal{M}}(\xi_n u)\int_0^{\vartheta}\psi_0(u,v,t)\cos(\xi_m v)dvdu$ and
$\overline{\overline{\psi}}_{\theta d}(\xi_n,\xi_m,t)=\int_0^a uJ_{\mathcal{M}}(\xi_n u)\int_0^{\vartheta}\psi_{\theta d}(u,v,t)\cos(\xi_m v)dvdu$.

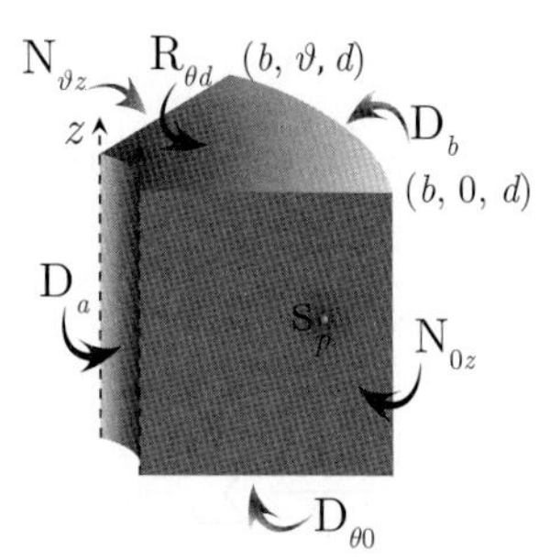

29.36 **A cylindrical continuum bounded by $a \le r \le b$ and $0 \le z \le d$ and $0 \le \theta \le \vartheta$; $\vartheta < 2\pi$. Point source at $s_p \equiv (r_0, \theta_0, z_0)$ at time $t = t_0$; $a < r_0 < b$, $0 \le \theta_0 \le \vartheta$, $0 < z_0 < d$, $t_0 \ge 0$.**
$D_{\theta 0} \equiv p(r,\theta,0,t) = \psi_{\theta 0}(r,\theta,t)$,
$R_{\theta d} \equiv \frac{\partial p(r,\theta,d,t)}{\partial z} + \lambda_d p(r,\theta,d,t) = -\left(\frac{\mu}{k_z}\right)\psi_{\theta d}(r,\theta,t)$,
$D_a \equiv p(a,\theta,z,t) = \psi_a(\theta,z,t)$, $D_b \equiv p(b,\theta,z,t) = \psi_b(\theta,z,t)$,
$N_{0z} \equiv \frac{\partial p(r,0,z,t)}{\partial \theta} = -\left(\frac{\mu}{k_\theta}\right)\psi_{0z}(r,z,t)$ and
$N_{\vartheta z} \equiv \frac{\partial p(r,\vartheta,z,t)}{\partial \theta} = -\left(\frac{\mu}{k_\theta}\right)\psi_{\vartheta z}(r,z,t)$. $p(r,\theta,z,0) = \varphi(r,\theta,z)$

$$\begin{aligned}
\overline{p} &= \frac{2\pi^2 q(s)\, e^{-st_0}}{\vartheta\phi c_t}\sum_{m=0}^{\infty}\ni_m \cos(\xi_m\theta_0)\cos(\xi_m\theta)\sum_{n=1}^{\infty}\frac{\xi_n^2 J_{\mathcal{M}}^2(\xi_n b)\,\mathcal{V}_{\mathcal{DM}}(\xi r_0,a)\,\mathcal{V}_{\mathcal{DM}}(\xi r,a)}{\{J_{\mathcal{M}}^2(\xi_n a)-J_{\mathcal{M}}^2(\xi_n b)\}}\times \\
&\times\sum_{l=1}^{\infty}\frac{(\xi_l^2+\lambda_d^2)\sin(\xi_l z_0)\sin(\xi_l z)}{\{d(\xi_l^2+\lambda_d^2)+\lambda_d\}(\eta_r\xi_n^2+\eta_z\xi_l^2+s)} - \\
&-\frac{4\pi\eta_r}{\vartheta}\sum_{m=0}^{\infty}\ni_m\cos(\xi_m\theta)\sum_{n=1}^{\infty}\frac{\xi_n^2 J_{\mathcal{M}}^2(\xi_n b)\,\mathcal{V}_{\mathcal{DM}}(\xi r,a)}{\{J_{\mathcal{M}}^2(\xi_n a)-J_{\mathcal{M}}^2(\xi_n b)\}}\sum_{l=1}^{\infty}\frac{\overline{\overline{\overline{\psi}}}_a(\xi_m,\xi_l,s)(\xi_l^2+\lambda_d^2)\sin(\xi_l z)}{\{d(\xi_l^2+\lambda_d^2)+\lambda_d\}(\eta_r\xi_n^2+\eta_z\xi_l^2+s)} + \\
&+\frac{4\pi\eta_r}{\vartheta}\sum_{m=0}^{\infty}\ni_m\cos(\xi_m\theta)\sum_{n=1}^{\infty}\frac{\xi_n^2 J_{\mathcal{M}}(\xi_n a)J_{\mathcal{M}}(\xi_n b)\,\mathcal{V}_{\mathcal{DM}}(\xi r,a)}{\{J_{\mathcal{M}}^2(\xi_n a)-J_{\mathcal{M}}^2(\xi_n b)\}}\sum_{l=1}^{\infty}\frac{\overline{\overline{\overline{\psi}}}_b(\xi_m,\xi_l,s)(\xi_l^2+\lambda_d^2)\sin(\xi_l z)}{\{d(\xi_l^2+\lambda_d^2)+\lambda_d\}(\eta_r\xi_n^2+\eta_z\xi_l^2+s)} + \\
&+\frac{2\pi^2}{\vartheta}\sum_{m=0}^{\infty}\ni_m\cos(\xi_m\theta)\sum_{n=1}^{\infty}\frac{\xi_n^2 J_{\mathcal{M}}^2(\xi_n b)\,\mathcal{V}_{\mathcal{DM}}(\xi r,a)}{\{J_{\mathcal{M}}^2(\xi_n a)-J_{\mathcal{M}}^2(\xi_n b)\}}\times \\
&\times\sum_{l=1}^{\infty}\frac{(\xi_l^2+\lambda_d^2)\left\{\eta_z\xi_l\overline{\overline{\overline{\psi}}}_{\theta 0}(\xi_n,\xi_m,s)-\frac{\sin(\xi_l d)}{\phi c_t}\overline{\overline{\overline{\psi}}}_{\theta d}(\xi_n,\xi_m,s)\right\}\sin(\xi_l z)}{\{d(\xi_l^2+\lambda_d^2)+\lambda_d\}(\eta_r\xi_n^2+\eta_z\xi_l^2+s)} + \\
&+\frac{2\pi^2}{\vartheta\phi c_t}\sum_{m=0}^{\infty}\ni_m\cos(\xi_m\theta)\sum_{n=1}^{\infty}\frac{\xi_n^2 J_{\mathcal{M}}^2(\xi_n b)\,\mathcal{V}_{\mathcal{DM}}(\xi r,a)}{\{J_{\mathcal{M}}^2(\xi_n a)-J_{\mathcal{M}}^2(\xi_n b)\}}\times \\
&\times\int_0^a\frac{\mathcal{V}_{\mathcal{DM}}(\xi_n u,a)}{u}\int_0^d\left\{\overline{\psi}_{0z}(u,w,s)+(-1)^{m+1}\overline{\psi}_{\vartheta z}(u,w,s)\right\}\times \\
&\times\sum_{l=1}^{\infty}\frac{(\xi_l^2+\lambda_d^2)\sin(\xi_l w)\sin(\xi_l z)}{\{d(\xi_l^2+\lambda_d^2)+\lambda_d\}(\eta_r\xi_n^2+\eta_z\xi_l^2+s)}dwdu + \\
&+\frac{2\pi^2}{\vartheta}\sum_{m=0}^{\infty}\ni_m\cos(\xi_m\theta)\sum_{n=1}^{\infty}\frac{\xi_n^2 J_{\mathcal{M}}^2(\xi_n b)\,\mathcal{V}_{\mathcal{DM}}(\xi r,a)}{\{J_{\mathcal{M}}^2(\xi_n a)-J_{\mathcal{M}}^2(\xi_n b)\}}\sum_{l=1}^{\infty}\frac{\overline{\overline{\overline{\varphi}}}(\xi_n,\xi_m,\xi_l)(\xi_l^2+\lambda_d^2)\sin(\xi_l z)}{\{d(\xi_l^2+\lambda_d^2)+\lambda_d\}(\eta_r\xi_n^2+\eta_z\xi_l^2+s)}
\end{aligned} \tag{29.36.1}$$

where the eigenvalues ξ_n, $n = 1, 2, ...$, are the positive roots of the transcendental equation $\mathcal{V}_{\mathcal{DM}}(\xi_n b, a) = 0$, ξ_l are the positive roots of $\xi_l \cot(\xi_l d) = -\lambda_d$, $l = 1, 2, ...$, $\xi_m = \frac{m\pi}{d}$, $m = 0, 1, ...$,
$\overline{\overline{\overline{\psi}}}_{\theta 0}(\xi_n,\xi_m,s) = \int_0^a u\mathcal{V}_{\mathcal{DM}}(\xi_n u,a)\int_0^\vartheta \overline{\psi}_0(u,v,s)\cos(\xi_m v)dvdu$,
$\overline{\overline{\overline{\psi}}}_{\theta d}(\xi_n,\xi_m,s) = \int_0^a u\mathcal{V}_{\mathcal{DM}}(\xi_n u,a)\int_0^\vartheta \overline{\psi}_{\theta d}(u,v,s)\cos(\xi_m v)dvdu$,
$\overline{\overline{\overline{\psi}}}_a(\xi_m,\xi_l,s) = \int_0^\vartheta \cos(\xi_m v)\int_0^d \overline{\psi}_a(v,w,s)\sin(\xi_l w)\,dwdv$,
$\overline{\overline{\overline{\psi}}}_b(\xi_m,\xi_l,s) = \int_0^\vartheta \cos(\xi_m v)\int_0^d \overline{\psi}_b(v,w,s)\sin(\xi_l w)\,dwdv$ and
$\overline{\overline{\overline{\varphi}}}(\xi_n,\xi_m,\xi_l) = \int_0^a u\mathcal{V}_{\mathcal{DM}}(\xi_n u,a)\int_0^\vartheta \cos(\xi_m v)\int_0^d \varphi(u,v,w)\sin(\xi_l w)\,dwdvdu$.

$$p = \frac{2\pi^2 U(t-t_0)}{\vartheta\phi c_t}\sum_{m=0}^{\infty}\ni_m\cos(\xi_m\theta_0)\cos(\xi_m\theta)\sum_{n=1}^{\infty}\frac{\xi_n^2 J_{\mathcal{M}}^2(\xi_n b)\,\mathcal{V}_{\mathcal{DM}}(\xi r_0,a)\,\mathcal{V}_{\mathcal{DM}}(\xi r,a)}{\{J_{\mathcal{M}}^2(\xi_n a)-J_{\mathcal{M}}^2(\xi_n b)\}}\times$$

$$
\begin{aligned}
&\times \sum_{l=1}^{\infty} \frac{\left(\xi_l^2+\lambda_d^2\right) \sin\left(\xi_l z_0\right) \sin\left(\xi_l z\right) \int_0^{t-t_0} q\left(t-t_0-\tau\right) e^{-\left(\eta_r \xi_n^2+\eta_z \xi_l^2\right)\tau} d\tau}{\left\{d\left(\xi_l^2+\lambda_d^2\right)+\lambda_d\right\}} - \\
&-\frac{4\pi\eta_r}{\vartheta} \sum_{m=0}^{\infty} \ni_m \cos\left(\xi_m \theta\right) \times \\
&\times \sum_{n=1}^{\infty} \frac{\xi_n^2 J_{\mathcal{M}}^2\left(\xi_n b\right) \mathcal{V}_{\mathcal{DM}}\left(\xi r, a\right)}{\left\{J_{\mathcal{M}}^2\left(\xi_n a\right)-J_{\mathcal{M}}^2\left(\xi_n b\right)\right\}} \sum_{l=1}^{\infty} \frac{\left(\xi_l^2+\lambda_d^2\right) \sin\left(\xi_l z\right) \int_0^t \overline{\overline{\psi}}_a\left(\xi_m, \xi_l, t-\tau\right) e^{-\left(\eta_r \xi_n^2+\eta_z \xi_l^2\right)\tau} d\tau}{\left\{d\left(\xi_l^2+\lambda_d^2\right)+\lambda_d\right\}} + \\
&+\frac{4\pi\eta_r}{\vartheta} \sum_{m=0}^{\infty} \ni_m \cos\left(\xi_m \theta\right) \sum_{n=1}^{\infty} \frac{\xi_n^2 J_{\mathcal{M}}\left(\xi_n a\right) J_{\mathcal{M}}\left(\xi_n b\right) \mathcal{V}_{\mathcal{DM}}\left(\xi r, a\right)}{\left\{J_{\mathcal{M}}^2\left(\xi_n a\right)-J_{\mathcal{M}}^2\left(\xi_n b\right)\right\}} \times \\
&\times \sum_{l=1}^{\infty} \frac{\left(\xi_l^2+\lambda_d^2\right) \sin\left(\xi_l z\right) \int_0^t \overline{\overline{\psi}}_b\left(\xi_m, \xi_l, t-\tau\right) e^{-\left(\eta_r \xi_n^2+\eta_z \xi_l^2\right)\tau} d\tau}{\left\{d\left(\xi_l^2+\lambda_d^2\right)+\lambda_d\right\}} + \\
&+\frac{2\pi^2}{\vartheta} \sum_{m=0}^{\infty} \ni_m \cos\left(\xi_m \theta\right) \sum_{n=1}^{\infty} \frac{\xi_n^2 J_{\mathcal{M}}^2\left(\xi_n b\right) \mathcal{V}_{\mathcal{DM}}\left(\xi r, a\right)}{\left\{J_{\mathcal{M}}^2\left(\xi_n a\right)-J_{\mathcal{M}}^2\left(\xi_n b\right)\right\}} \times \\
&\times \sum_{l=1}^{\infty} \frac{\left(\xi_l^2+\lambda_d^2\right) \sin\left(\xi_l z\right) \int_0^t \left\{\eta_z \xi_l \overline{\overline{\psi}}_{\theta 0}\left(\xi_n, \xi_m, t-\tau\right) - \frac{\sin(\xi_l d)}{\phi c_t} \overline{\overline{\psi}}_{\theta d}\left(\xi_n, \xi_m, t-\tau\right)\right\} e^{-\left(\eta_r \xi_n^2+\eta_z \xi_l^2\right)\tau} d\tau}{\left\{d\left(\xi_l^2+\lambda_d^2\right)+\lambda_d\right\}} + \\
&+\frac{2\pi^2}{\vartheta \phi c_t} \sum_{m=0}^{\infty} \ni_m \cos\left(\xi_m \theta\right) \sum_{n=1}^{\infty} \frac{\xi_n^2 J_{\mathcal{M}}^2\left(\xi_n b\right) \mathcal{V}_{\mathcal{DM}}\left(\xi r, a\right)}{\left\{J_{\mathcal{M}}^2\left(\xi_n a\right)-J_{\mathcal{M}}^2\left(\xi_n b\right)\right\}} \times \\
&\times \int_0^a \frac{\mathcal{V}_{\mathcal{DM}}\left(\xi_n u, a\right)}{u} \int_0^d \int_0^t e^{-\eta_r \xi_n^2 \tau} \left\{\psi_{0z}\left(u, w, t-\tau\right) + (-1)^{m+1} \psi_{\vartheta z}\left(u, w, t-\tau\right)\right\} \times \\
&\times \sum_{l=1}^{\infty} \frac{\left(\xi_l^2+\lambda_d^2\right) \sin\left(\xi_l w\right) \sin\left(\xi_l z\right) e^{-\eta_z \xi_l^2 \tau}}{\left\{d\left(\xi_l^2+\lambda_d^2\right)+\lambda_d\right\}} d\tau dw du + \\
&+\frac{2\pi^2}{\vartheta} \sum_{m=0}^{\infty} \ni_m \cos\left(\xi_m \theta\right) \times \\
&\times \sum_{n=1}^{\infty} \frac{\xi_n^2 J_{\mathcal{M}}^2\left(\xi_n b\right) \mathcal{V}_{\mathcal{DM}}\left(\xi r, a\right) e^{-\eta_r \xi_n^2 t}}{\left\{J_{\mathcal{M}}^2\left(\xi_n a\right)-J_{\mathcal{M}}^2\left(\xi_n b\right)\right\}} \sum_{l=1}^{\infty} \frac{\overline{\overline{\overline{\varphi}}}\left(\xi_n, \xi_m, \xi_l\right) \left(\xi_l^2+\lambda_d^2\right) \sin\left(\xi_l z\right) e^{-\eta_z \xi_l^2 t}}{\left\{d\left(\xi_l^2+\lambda_d^2\right)+\lambda_d\right\}}
\end{aligned}
\tag{29.36.2}
$$

where $\overline{\overline{\psi}}_a\left(\xi_m, \xi_l, t\right) = \int_0^{\vartheta} \cos\left(\xi_m v\right) \int_0^d \psi_a\left(v, w, t\right) \sin\left(\xi_l w\right) dw dv$,
$\overline{\overline{\psi}}_b\left(\xi_m, \xi_l, t\right) = \int_0^{\vartheta} \cos\left(\xi_m v\right) \int_0^d \psi_b\left(v, w, t\right) \sin\left(\xi_l w\right) dw dv$,
$\overline{\overline{\psi}}_{\theta 0}\left(\xi_n, \xi_m, t\right) = \int_0^a u \mathcal{V}_{\mathcal{DM}}\left(\xi_n u, a\right) \int_0^{\vartheta} \psi_0\left(u, v, t\right) \cos\left(\xi_m v\right) dv du$ and
$\overline{\overline{\psi}}_{\theta d}\left(\xi_n, \xi_m, t\right) = \int_0^a u \mathcal{V}_{\mathcal{DM}}\left(\xi_n u, a\right) \int_0^{\vartheta} \psi_{\theta d}\left(u, v, t\right) \cos\left(\xi_m v\right) dv du$.

29.37

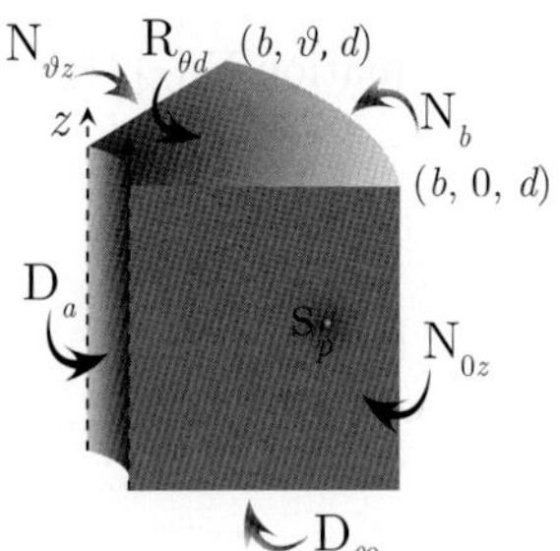

The problem of 29.36, except
$\mathbf{D}_{\theta 0} \equiv p\left(r, \theta, 0, t\right) = \psi_{\theta 0}\left(r, \theta, t\right)$,
$\mathbf{R}_{\theta d} \equiv \frac{\partial p(r,\theta,d,t)}{\partial z} + \lambda_d p\left(r, \theta, d, t\right) = -\left(\frac{\mu}{k_z}\right) \psi_{\theta d}\left(r, \theta, t\right)$,
$\mathbf{D}_a \equiv p\left(a, \theta, z, t\right) = \psi_a\left(\theta, z, t\right)$,
$\mathbf{N}_b \equiv \frac{\partial p(b,\theta,z,t)}{\partial r} = -\left(\frac{\mu}{k_r}\right) \psi_b\left(\theta, z, t\right)$,
$\mathbf{N}_{0z} \equiv \frac{\partial p(r,0,z,t)}{\partial \theta} = -\left(\frac{\mu}{k_\theta}\right) \psi_{0z}\left(r, z, t\right)$ **and**
$\mathbf{N}_{\vartheta z} \equiv \frac{\partial p(r,\vartheta,z,t)}{\partial \theta} = -\left(\frac{\mu}{k_\theta}\right) \psi_{\vartheta z}\left(r, z, t\right)$

$$
\overline{p} = \frac{2\pi^2 q\left(s\right) e^{-s t_0}}{\vartheta \phi c_t} \sum_{m=0}^{\infty} \ni_m \cos\left(\xi_m \theta_0\right) \cos\left(\xi_m \theta\right) \sum_{n=1}^{\infty} \frac{\xi_n^2 J_{\mathcal{M}}'^2\left(\xi_n b\right) \mathcal{V}_{\mathcal{DM}}\left(\xi r_0, a\right) \mathcal{V}_{\mathcal{DM}}\left(\xi r, a\right)}{\left[\left\{1-\left(\frac{\mathcal{M}}{\xi_n b}\right)^2\right\} J_{\mathcal{M}}^2\left(\xi_n a\right) - J_{\mathcal{M}}'^2\left(\xi_n b\right)\right]} \times
$$

$$\times \sum_{l=1}^{\infty} \frac{\left(\xi_l^2 + \lambda_d^2\right) \sin\left(\xi_l z_0\right) \sin\left(\xi_l z\right)}{\left\{d\left(\xi_l^2 + \lambda_d^2\right) + \lambda_d\right\}\left(\eta_r \xi_n^2 + \eta_z \xi_l^2 + s\right)} -$$

$$-\frac{4\pi\eta_r}{\vartheta} \sum_{m=0}^{\infty} \ni_m \cos\left(\xi_m \theta\right) \times$$

$$\times \sum_{n=1}^{\infty} \frac{\xi_n^2 J_{\mathcal{M}}'^2\left(\xi_n b\right) \mathcal{V}_{\mathcal{DM}}\left(\xi r, a\right)}{\left[\left\{1 - \left(\frac{\mathcal{M}}{\xi_n b}\right)^2\right\} J_{\mathcal{M}}^2\left(\xi_n a\right) - J_{\mathcal{M}}'^2\left(\xi_n b\right)\right]} \sum_{l=1}^{\infty} \frac{\overline{\overline{\overline{\psi}}}_a\left(\xi_m, \xi_l, s\right)\left(\xi_l^2 + \lambda_d^2\right) \sin\left(\xi_l z\right)}{\left\{d\left(\xi_l^2 + \lambda_d^2\right) + \lambda_d\right\}\left(\eta_r \xi_n^2 + \eta_z \xi_l^2 + s\right)} -$$

$$-\frac{4\pi}{\vartheta \phi c_t} \sum_{m=0}^{\infty} \ni_m \cos\left(\xi_m \theta\right) \times$$

$$\times \sum_{n=1}^{\infty} \frac{\xi_n^2 J_{\mathcal{M}}\left(\xi_n a\right) J_{\mathcal{M}}'\left(\xi_n b\right) \mathcal{V}_{\mathcal{DM}}\left(\xi r, a\right)}{\left[\left\{1 - \left(\frac{\mathcal{M}}{\xi_n b}\right)^2\right\} J_{\mathcal{M}}^2\left(\xi_n a\right) - J_{\mathcal{M}}'^2\left(\xi_n b\right)\right]} \sum_{l=1}^{\infty} \frac{\overline{\overline{\overline{\psi}}}_b\left(\xi_m, \xi_l, s\right)\left(\xi_l^2 + \lambda_d^2\right) \sin\left(\xi_l z\right)}{\left\{d\left(\xi_l^2 + \lambda_d^2\right) + \lambda_d\right\}\left(\eta_r \xi_n^2 + \eta_z \xi_l^2 + s\right)} +$$

$$+\frac{2\pi^2}{\vartheta} \sum_{m=0}^{\infty} \ni_m \cos\left(\xi_m \theta\right) \sum_{n=1}^{\infty} \frac{\xi_n^2 J_{\mathcal{M}}'^2\left(\xi_n b\right) \mathcal{V}_{\mathcal{DM}}\left(\xi r, a\right)}{\left[\left\{1 - \left(\frac{\mathcal{M}}{\xi_n b}\right)^2\right\} J_{\mathcal{M}}^2\left(\xi_n a\right) - J_{\mathcal{M}}'^2\left(\xi_n b\right)\right]} \times$$

$$\times \sum_{l=1}^{\infty} \frac{\left(\xi_l^2 + \lambda_d^2\right)\left\{\eta_z \xi_l \overline{\overline{\overline{\psi}}}_{\theta 0}\left(\xi_n, \xi_m, s\right) - \frac{\sin\left(\xi_l d\right)}{\phi c_t} \overline{\overline{\overline{\psi}}}_{\theta d}\left(\xi_n, \xi_m, s\right)\right\} \sin\left(\xi_l z\right)}{\left\{d\left(\xi_l^2 + \lambda_d^2\right) + \lambda_d\right\}\left(\eta_r \xi_n^2 + \eta_z \xi_l^2 + s\right)} +$$

$$+\frac{2\pi^2}{\vartheta \phi c_t} \sum_{m=0}^{\infty} \ni_m \cos\left(\xi_m \theta\right) \sum_{n=1}^{\infty} \frac{\xi_n^2 J_{\mathcal{M}}'^2\left(\xi_n b\right) \mathcal{V}_{\mathcal{DM}}\left(\xi r, a\right)}{\left[\left\{1 - \left(\frac{\mathcal{M}}{\xi_n b}\right)^2\right\} J_{\mathcal{M}}^2\left(\xi_n a\right) - J_{\mathcal{M}}'^2\left(\xi_n b\right)\right]} \times$$

$$\times \int_0^a \frac{\mathcal{V}_{\mathcal{DM}}\left(\xi_n u, a\right)}{u} \int_0^d \left\{\overline{\psi}_{0z}\left(u, w, s\right) + \left(-1\right)^{m+1} \overline{\psi}_{\vartheta z}\left(u, w, s\right)\right\} \times$$

$$\times \sum_{l=1}^{\infty} \frac{\left(\xi_l^2 + \lambda_d^2\right) \sin\left(\xi_l w\right) \sin\left(\xi_l z\right)}{\left\{d\left(\xi_l^2 + \lambda_d^2\right) + \lambda_d\right\}\left(\eta_r \xi_n^2 + \eta_z \xi_l^2 + s\right)} dw du +$$

$$+\frac{2\pi^2}{\vartheta} \sum_{m=0}^{\infty} \ni_m \cos\left(\xi_m \theta\right) \times$$

$$\times \sum_{n=1}^{\infty} \frac{\xi_n^2 J_{\mathcal{M}}'^2\left(\xi_n b\right) \mathcal{V}_{\mathcal{DM}}\left(\xi r, a\right)}{\left[\left\{1 - \left(\frac{\mathcal{M}}{\xi_n b}\right)^2\right\} J_{\mathcal{M}}^2\left(\xi_n a\right) - J_{\mathcal{M}}'^2\left(\xi_n b\right)\right]} \sum_{l=1}^{\infty} \frac{\overline{\overline{\overline{\varphi}}}\left(\xi_n, \xi_m, \xi_l\right)\left(\xi_l^2 + \lambda_d^2\right) \sin\left(\xi_l z\right)}{\left\{d\left(\xi_l^2 + \lambda_d^2\right) + \lambda_d\right\}\left(\eta_r \xi_n^2 + \eta_z \xi_l^2 + s\right)} \tag{29.37.1}$$

where the eigenvalues ξ_n are the positive roots of the transcendental equation $\mathcal{V}_{\mathcal{DM}}'\left(\xi_n b, a\right) = 0$, $n = 1, 2, \ldots$, ξ_l are the positive roots of $\xi_l \cot\left(\xi_l d\right) = -\lambda_d$, $l = 1, 2, \ldots$, $\xi_m = \frac{m\pi}{d}$, $m = 0, 1, \ldots$,
$\overline{\overline{\overline{\psi}}}_{\theta 0}\left(\xi_n, \xi_m, s\right) = \int_0^a u \mathcal{V}_{\mathcal{DM}}\left(\xi_n u, a\right) \int_0^{\vartheta} \overline{\psi}_0\left(u, v, s\right) \cos\left(\xi_m v\right) dv du$,
$\overline{\overline{\overline{\psi}}}_{\theta d}\left(\xi_n, \xi_m, s\right) = \int_0^a u \mathcal{V}_{\mathcal{DM}}\left(\xi_n u, a\right) \int_0^{\vartheta} \overline{\psi}_{\theta d}\left(u, v, s\right) \cos\left(\xi_m v\right) dv du$,
$\overline{\overline{\overline{\psi}}}_a\left(\xi_m, \xi_l, s\right) = \int_0^{\vartheta} \cos\left(\xi_m v\right) \int_0^d \overline{\psi}_a\left(v, w, s\right) \sin\left(\xi_l w\right) dw dv$,
$\overline{\overline{\overline{\psi}}}_b\left(\xi_m, \xi_l, s\right) = \int_0^{\vartheta} \cos\left(\xi_m v\right) \int_0^d \overline{\psi}_b\left(v, w, s\right) \sin\left(\xi_l w\right) dw dv$ and
$\overline{\overline{\overline{\varphi}}}\left(\xi_n, \xi_m, \xi_l\right) = \int_0^a u \mathcal{V}_{\mathcal{DM}}\left(\xi_n u, a\right) \int_0^{\vartheta} \cos\left(\xi_m v\right) \int_0^d \varphi\left(u, v, w\right) \sin\left(\xi_l w\right) dw dv du$.

$$p = \frac{2\pi^2 U(t-t_0)}{\vartheta\phi c_t}\sum_{m=0}^{\infty}\ni_m \cos(\xi_m\theta_0)\cos(\xi_m\theta)\sum_{n=1}^{\infty}\frac{\xi_n^2 J_{\mathcal{M}}'^2(\xi_n b)\mathcal{V}_{\mathcal{DM}}(\xi r_0, a)\mathcal{V}_{\mathcal{DM}}(\xi r, a)}{\left[\left\{1-\left(\frac{\mathcal{M}}{\xi_n b}\right)^2\right\}J_{\mathcal{M}}^2(\xi_n a)-J_{\mathcal{M}}'^2(\xi_n b)\right]}\times$$

$$\times\sum_{l=1}^{\infty}\frac{(\xi_l^2+\lambda_d^2)\sin(\xi_l z_0)\sin(\xi_l z)\int_0^{t-t_0} q(t-t_0-\tau)e^{-(\eta_r\xi_n^2+\eta_z\xi_l^2)\tau}d\tau}{\{d(\xi_l^2+\lambda_d^2)+\lambda_d\}}-$$

$$-\frac{4\pi\eta_r}{\vartheta}\sum_{m=0}^{\infty}\ni_m\cos(\xi_m\theta)\sum_{n=1}^{\infty}\frac{\xi_n^2 J_{\mathcal{M}}'^2(\xi_n b)\mathcal{V}_{\mathcal{DM}}(\xi r, a)}{\left[\left\{1-\left(\frac{\mathcal{M}}{\xi_n b}\right)^2\right\}J_{\mathcal{M}}^2(\xi_n a)-J_{\mathcal{M}}'^2(\xi_n b)\right]}\times$$

$$\times\sum_{l=1}^{\infty}\frac{(\xi_l^2+\lambda_d^2)\sin(\xi_l z)\int_0^t\overline{\overline{\psi}}_a(\xi_m,\xi_l,t-\tau)e^{-(\eta_r\xi_n^2+\eta_z\xi_l^2)\tau}d\tau}{\{d(\xi_l^2+\lambda_d^2)+\lambda_d\}}-$$

$$-\frac{4\pi}{\vartheta\phi c_t}\sum_{m=0}^{\infty}\ni_m\cos(\xi_m\theta)\sum_{n=1}^{\infty}\frac{\xi_n^2 J_{\mathcal{M}}(\xi_n a)J_{\mathcal{M}}'(\xi_n b)\mathcal{V}_{\mathcal{DM}}(\xi r, a)}{\left[\left\{1-\left(\frac{\mathcal{M}}{\xi_n b}\right)^2\right\}J_{\mathcal{M}}^2(\xi_n a)-J_{\mathcal{M}}'^2(\xi_n b)\right]}\times$$

$$\times\sum_{l=1}^{\infty}\frac{(\xi_l^2+\lambda_d^2)\sin(\xi_l z)\int_0^t\overline{\overline{\psi}}_b(\xi_m,\xi_l,t-\tau)e^{-(\eta_r\xi_n^2+\eta_z\xi_l^2)\tau}d\tau}{\{d(\xi_l^2+\lambda_d^2)+\lambda_d\}}+$$

$$+\frac{2\pi^2}{\vartheta}\sum_{m=0}^{\infty}\ni_m\cos(\xi_m\theta)\sum_{n=1}^{\infty}\frac{\xi_n^2 J_{\mathcal{M}}'^2(\xi_n b)\mathcal{V}_{\mathcal{DM}}(\xi r, a)}{\left[\left\{1-\left(\frac{\mathcal{M}}{\xi_n b}\right)^2\right\}J_{\mathcal{M}}^2(\xi_n a)-J_{\mathcal{M}}'^2(\xi_n b)\right]}\times$$

$$\times\sum_{l=1}^{\infty}\frac{(\xi_l^2+\lambda_d^2)\sin(\xi_l z)\int_0^t\left\{\eta_z\xi_l\overline{\overline{\psi}}_{00}(\xi_n,\xi_m,t-\tau)-\frac{\sin(\xi_l d)}{\phi c_t}\overline{\overline{\psi}}_{\theta d}(\xi_n,\xi_m,t-\tau)\right\}e^{-(\eta_r\xi_n^2+\eta_z\xi_l^2)\tau}d\tau}{\{d(\xi_l^2+\lambda_d^2)+\lambda_d\}}+$$

$$+\frac{2\pi^2}{\vartheta\phi c_t}\sum_{m=0}^{\infty}\ni_m\cos(\xi_m\theta)\sum_{n=1}^{\infty}\frac{\xi_n^2 J_{\mathcal{M}}'^2(\xi_n b)\mathcal{V}_{\mathcal{DM}}(\xi r, a)}{\left[\left\{1-\left(\frac{\mathcal{M}}{\xi_n b}\right)^2\right\}J_{\mathcal{M}}^2(\xi_n a)-J_{\mathcal{M}}'^2(\xi_n b)\right]}\times$$

$$\times\int_0^a\frac{\mathcal{V}_{\mathcal{DM}}(\xi_n u, a)}{u}\int_0^d\int_0^t e^{-\eta_r\xi_n^2\tau}\left\{\psi_{0z}(u,w,t-\tau)+(-1)^{m+1}\psi_{\vartheta z}(u,w,t-\tau)\right\}\times$$

$$\times\sum_{l=1}^{\infty}\frac{(\xi_l^2+\lambda_d^2)\sin(\xi_l w)\sin(\xi_l z)e^{-\eta_z\xi_l^2\tau}}{\{d(\xi_l^2+\lambda_d^2)+\lambda_d\}}d\tau dw du+$$

$$+\frac{2\pi^2}{\vartheta}\sum_{m=0}^{\infty}\ni_m\cos(\xi_m\theta)\times$$

$$\times\sum_{n=1}^{\infty}\frac{\xi_n^2 J_{\mathcal{M}}'^2(\xi_n b)\mathcal{V}_{\mathcal{DM}}(\xi r, a)e^{-\eta_r\xi_n^2 t}}{\left[\left\{1-\left(\frac{\mathcal{M}}{\xi_n b}\right)^2\right\}J_{\mathcal{M}}^2(\xi_n a)-J_{\mathcal{M}}'^2(\xi_n b)\right]}\sum_{l=1}^{\infty}\frac{\overline{\overline{\varphi}}(\xi_n,\xi_m,\xi_l)(\xi_l^2+\lambda_d^2)\sin(\xi_l z)e^{-\eta_z\xi_l^2 t}}{\{d(\xi_l^2+\lambda_d^2)+\lambda_d\}} \quad (29.37.2)$$

where $\overline{\overline{\psi}}_a(\xi_m,\xi_l,t)=\int_0^{\vartheta}\cos(\xi_m v)\int_0^d\psi_a(v,w,t)\sin(\xi_l w)\,dwdv$,
$\overline{\overline{\psi}}_b(\xi_m,\xi_l,t)=\int_0^{\vartheta}\cos(\xi_m v)\int_0^d\psi_b(v,w,t)\sin(\xi_l w)\,dwdv$,
$\overline{\overline{\psi}}_{\theta 0}(\xi_n,\xi_m,t)=\int_0^a u\mathcal{V}_{\mathcal{DM}}(\xi_n u,a)\int_0^{\vartheta}\psi_0(u,v,t)\cos(\xi_m v)dvdu$ and
$\overline{\overline{\psi}}_{\theta d}(\xi_n,\xi_m,t)=\int_0^a u\mathcal{V}_{\mathcal{DM}}(\xi_n u,a)\int_0^{\vartheta}\psi_{\theta d}(u,v,t)\cos(\xi_m v)dvdu$.

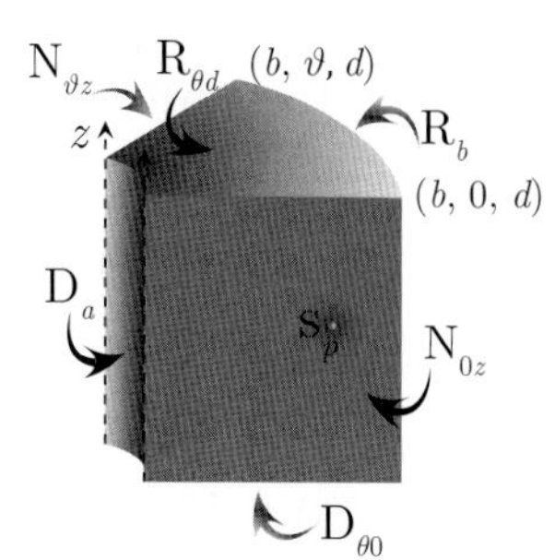

29.38 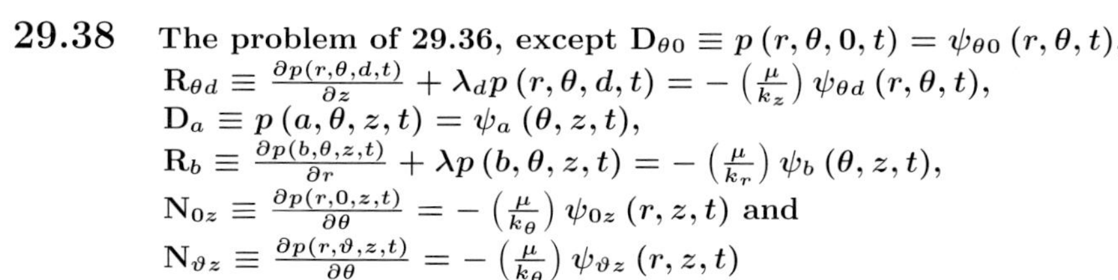
The problem of 29.36, except $\mathbf{D}_{\theta 0} \equiv p\left(r,\theta,0,t\right) = \psi_{\theta 0}\left(r,\theta,t\right)$,
$\mathbf{R}_{\theta d} \equiv \frac{\partial p(r,\theta,d,t)}{\partial z} + \lambda_d p\left(r,\theta,d,t\right) = -\left(\frac{\mu}{k_z}\right)\psi_{\theta d}\left(r,\theta,t\right)$,
$\mathbf{D}_a \equiv p\left(a,\theta,z,t\right) = \psi_a\left(\theta,z,t\right)$,
$\mathbf{R}_b \equiv \frac{\partial p(b,\theta,z,t)}{\partial r} + \lambda p\left(b,\theta,z,t\right) = -\left(\frac{\mu}{k_r}\right)\psi_b\left(\theta,z,t\right)$,
$\mathbf{N}_{0z} \equiv \frac{\partial p(r,0,z,t)}{\partial \theta} = -\left(\frac{\mu}{k_\theta}\right)\psi_{0z}\left(r,z,t\right)$ **and**
$\mathbf{N}_{\vartheta z} \equiv \frac{\partial p(r,\vartheta,z,t)}{\partial \theta} = -\left(\frac{\mu}{k_\theta}\right)\psi_{\vartheta z}\left(r,z,t\right)$

$$\begin{aligned}
\overline{p} \;=\; & \frac{2\pi^2 q\left(s\right)e^{-st_0}}{\vartheta\phi c_t}\sum_{m=0}^{\infty}\ni_m \cos\left(\xi_m\theta_0\right)\cos\left(\xi_m\theta\right)\times \\
& \times\sum_{n=1}^{\infty}\frac{\xi_n^2\{\xi_n J'_{\mathcal{M}}\left(\xi_n b\right)+\lambda J_{\mathcal{M}}\left(\xi_n b\right)\}^2\mathcal{V}_{\mathcal{D}\mathcal{M}}\left(\xi r_0,a\right)\mathcal{V}_{\mathcal{D}\mathcal{M}}\left(\xi r,a\right)}{\left[\left\{\xi_n^2+\lambda^2-\left(\frac{\mathcal{M}}{b}\right)^2\right\}J_{\mathcal{M}}^2\left(\xi_n a\right)-\{\xi_n J'_{\mathcal{M}}\left(\xi_n b\right)+\lambda J_{\mathcal{M}}\left(\xi_n b\right)\}^2\right]}\times \\
& \times\sum_{l=1}^{\infty}\frac{\left(\xi_l^2+\lambda_d^2\right)\sin\left(\xi_l z_0\right)\sin\left(\xi_l z\right)}{\{d\left(\xi_l^2+\lambda_d^2\right)+\lambda_d\}\left(\eta_r\xi_n^2+\eta_z\xi_l^2+s\right)}- \\
& -\frac{4\pi\eta_r}{\vartheta}\sum_{m=0}^{\infty}\ni_m\cos\left(\xi_m\theta\right)\sum_{n=1}^{\infty}\frac{\xi_n^2\{\xi_n J'_{\mathcal{M}}\left(\xi_n b\right)+\lambda J_{\mathcal{M}}\left(\xi_n b\right)\}^2\mathcal{V}_{\mathcal{D}\mathcal{M}}\left(\xi r,a\right)}{\left[\left\{\xi_n^2+\lambda^2-\left(\frac{\mathcal{M}}{b}\right)^2\right\}J_{\mathcal{M}}^2\left(\xi_n a\right)-\{\xi_n J'_{\mathcal{M}}\left(\xi_n b\right)+\lambda J_{\mathcal{M}}\left(\xi_n b\right)\}^2\right]}\times \\
& \times\sum_{l=1}^{\infty}\frac{\overline{\overline{\overline{\psi}}}_a\left(\xi_m,\xi_l,s\right)\left(\xi_l^2+\lambda_d^2\right)\sin\left(\xi_l z\right)}{\{d\left(\xi_l^2+\lambda_d^2\right)+\lambda_d\}\left(\eta_r\xi_n^2+\eta_z\xi_l^2+s\right)}- \\
& -\frac{4\pi}{\vartheta\phi c_t}\sum_{m=0}^{\infty}\ni_m\cos\left(\xi_m\theta\right)\sum_{n=1}^{\infty}\frac{\xi_n^2 J_{\mathcal{M}}\left(\xi_n a\right)\{\xi_n J'_{\mathcal{M}}\left(\xi_n b\right)+\lambda J_{\mathcal{M}}\left(\xi_n b\right)\}\mathcal{V}_{\mathcal{D}\mathcal{M}}\left(\xi r,a\right)}{\left[\left\{\xi_n^2+\lambda^2-\left(\frac{\mathcal{M}}{b}\right)^2\right\}J_{\mathcal{M}}^2\left(\xi_n a\right)-\{\xi_n J'_{\mathcal{M}}\left(\xi_n b\right)+\lambda J_{\mathcal{M}}\left(\xi_n b\right)\}^2\right]}\times \\
& \times\sum_{l=1}^{\infty}\frac{\overline{\overline{\overline{\psi}}}_b\left(\xi_m,\xi_l,s\right)\left(\xi_l^2+\lambda_d^2\right)\sin\left(\xi_l z\right)}{\{d\left(\xi_l^2+\lambda_d^2\right)+\lambda_d\}\left(\eta_r\xi_n^2+\eta_z\xi_l^2+s\right)}+ \\
& +\frac{2\pi^2}{\vartheta}\sum_{m=0}^{\infty}\ni_m\cos\left(\xi_m\theta\right)\sum_{n=1}^{\infty}\frac{\xi_n^2\{\xi_n J'_{\mathcal{M}}\left(\xi_n b\right)+\lambda J_{\mathcal{M}}\left(\xi_n b\right)\}^2\mathcal{V}_{\mathcal{D}\mathcal{M}}\left(\xi r,a\right)}{\left[\left\{\xi_n^2+\lambda^2-\left(\frac{\mathcal{M}}{b}\right)^2\right\}J_{\mathcal{M}}^2\left(\xi_n a\right)-\{\xi_n J'_{\mathcal{M}}\left(\xi_n b\right)+\lambda J_{\mathcal{M}}\left(\xi_n b\right)\}^2\right]}\times \\
& \times\sum_{l=1}^{\infty}\frac{\left(\xi_l^2+\lambda_d^2\right)\left\{\eta_z\xi_l\overline{\overline{\overline{\psi}}}_{\theta 0}\left(\xi_n,\xi_m,s\right)-\frac{\sin\left(\xi_l d\right)}{\phi c_t}\overline{\overline{\overline{\psi}}}_{\theta d}\left(\xi_n,\xi_m,s\right)\right\}\sin\left(\xi_l z\right)}{\{d\left(\xi_l^2+\lambda_d^2\right)+\lambda_d\}\left(\eta_r\xi_n^2+\eta_z\xi_l^2+s\right)}+ \\
& +\frac{2\pi^2}{\vartheta\phi c_t}\sum_{m=0}^{\infty}\ni_m\cos\left(\xi_m\theta\right)\times \\
& \times\sum_{n=1}^{\infty}\frac{\xi_n^2\{\xi_n J'_{\mathcal{M}}\left(\xi_n b\right)+\lambda J_{\mathcal{M}}\left(\xi_n b\right)\}^2\mathcal{V}_{\mathcal{D}\mathcal{M}}\left(\xi r,a\right)}{\left[\left\{\xi_n^2+\lambda^2-\left(\frac{\mathcal{M}}{b}\right)^2\right\}J_{\mathcal{M}}^2\left(\xi_n a\right)-\{\xi_n J'_{\mathcal{M}}\left(\xi_n b\right)+\lambda J_{\mathcal{M}}\left(\xi_n b\right)\}^2\right]}\times \\
& \times\int_0^a\frac{\mathcal{V}_{\mathcal{D}\mathcal{M}}\left(\xi_n u,a\right)}{u}\int_0^d\left\{\overline{\psi}_{0z}\left(u,w,s\right)+\left(-1\right)^{m+1}\overline{\psi}_{\vartheta z}\left(u,w,s\right)\right\}\times \\
& \times\sum_{l=1}^{\infty}\frac{\left(\xi_l^2+\lambda_d^2\right)\sin\left(\xi_l w\right)\sin\left(\xi_l z\right)}{\{d\left(\xi_l^2+\lambda_d^2\right)+\lambda_d\}\left(\eta_r\xi_n^2+\eta_z\xi_l^2+s\right)}dwdu+ \\
& +\frac{2\pi^2}{\vartheta}\sum_{m=0}^{\infty}\ni_m\cos\left(\xi_m\theta\right)\sum_{n=1}^{\infty}\frac{\xi_n^2\{\xi_n J'_{\mathcal{M}}\left(\xi_n b\right)+\lambda J_{\mathcal{M}}\left(\xi_n b\right)\}^2\mathcal{V}_{\mathcal{D}\mathcal{M}}\left(\xi r,a\right)}{\left[\left\{\xi_n^2+\lambda^2-\left(\frac{\mathcal{M}}{b}\right)^2\right\}J_{\mathcal{M}}^2\left(\xi_n a\right)-\{\xi_n J'_{\mathcal{M}}\left(\xi_n b\right)+\lambda J_{\mathcal{M}}\left(\xi_n b\right)\}^2\right]}\times \\
& \times\sum_{l=1}^{\infty}\frac{\overline{\overline{\overline{\varphi}}}\left(\xi_n,\xi_m,\xi_l\right)\left(\xi_l^2+\lambda_d^2\right)\sin\left(\xi_l z\right)}{\{d\left(\xi_l^2+\lambda_d^2\right)+\lambda_d\}\left(\eta_r\xi_n^2+\eta_z\xi_l^2+s\right)} \qquad (29.38.1)
\end{aligned}$$

where the eigenvalues ξ_n, $n = 1, 2, ...$, are the positive roots of the transcendental equation $\xi_n \mathcal{V}'_{\mathcal{DM}}(\xi_n b, a) + \lambda \mathcal{V}_{\mathcal{DM}}(\xi_n b, a) = 0$, ξ_l are the positive roots of $\xi_l \cot(\xi_l d) = -\lambda_d$, $l = 1, 2, ...$, $\xi_m = \frac{m\pi}{d}$, $m = 0, 1, ...$, $\overline{\overline{\overline{\psi}}}_{\theta 0}(\xi_n, \xi_m, s) = \int_0^a u\mathcal{V}_{\mathcal{DM}}(\xi_n u, a) \int_0^{\vartheta} \overline{\psi}_0(u, v, s) \cos(\xi_m v) dv du$, $\overline{\overline{\overline{\psi}}}_{\theta d}(\xi_n, \xi_m, s) = \int_0^a u\mathcal{V}_{\mathcal{DM}}(\xi_n u, a) \int_0^{\vartheta} \overline{\psi}_{\theta d}(u, v, s) \cos(\xi_m v) dv du$, $\overline{\overline{\overline{\psi}}}_a(\xi_m, \xi_l, s) = \int_0^{\vartheta} \cos(\xi_m v) \int_0^d \overline{\psi}_a(v, w, s) \sin(\xi_l w)\, dw dv$, $\overline{\overline{\overline{\psi}}}_b(\xi_m, \xi_l, s) = \int_0^{\vartheta} \cos(\xi_m v) \int_0^d \overline{\psi}_b(v, w, s) \sin(\xi_l w)\, dw dv$ and $\overline{\overline{\overline{\varphi}}}(\xi_n, \xi_m, \xi_l) = \int_0^a u\mathcal{V}_{\mathcal{DM}}(\xi_n u, a) \int_0^{\vartheta} \cos(\xi_m v) \int_0^d \varphi(u, v, w) \sin(\xi_l w)\, dw dv du$.

$$
\begin{aligned}
p \;=\; & \frac{2\pi^2 U(t-t_0)}{\vartheta\phi c_t} \sum_{m=0}^{\infty} \ni_m \cos(\xi_m \theta_0) \cos(\xi_m \theta) \times \\
& \times \sum_{n=1}^{\infty} \frac{\xi_n^2 \{\xi_n J'_{\mathcal{M}}(\xi_n b) + \lambda J_{\mathcal{M}}(\xi_n b)\}^2 \mathcal{V}_{\mathcal{DM}}(\xi r_0, a)\, \mathcal{V}_{\mathcal{DM}}(\xi r, a)}{\left[\left\{\xi_n^2 + \lambda^2 - \left(\frac{\mathcal{M}}{b}\right)^2\right\} J^2_{\mathcal{M}}(\xi_n a) - \{\xi_n J'_{\mathcal{M}}(\xi_n b) + \lambda J_{\mathcal{M}}(\xi_n b)\}^2\right]} \times \\
& \times \sum_{l=1}^{\infty} \frac{(\xi_l^2 + \lambda_d^2) \sin(\xi_l z_0) \sin(\xi_l z) \int_0^{t-t_0} q(t - t_0 - \tau)\, e^{-(\eta_r \xi_n^2 + \eta_z \xi_l^2)\tau} d\tau}{\{d(\xi_l^2 + \lambda_d^2) + \lambda_d\}} - \\
& - \frac{4\pi\eta_r}{\vartheta} \sum_{m=0}^{\infty} \ni_m \cos(\xi_m \theta) \sum_{n=1}^{\infty} \frac{\xi_n^2 \{\xi_n J'_{\mathcal{M}}(\xi_n b) + \lambda J_{\mathcal{M}}(\xi_n b)\}^2 \mathcal{V}_{\mathcal{DM}}(\xi r, a)}{\left[\left\{\xi_n^2 + \lambda^2 - \left(\frac{\mathcal{M}}{b}\right)^2\right\} J^2_{\mathcal{M}}(\xi_n a) - \{\xi_n J'_{\mathcal{M}}(\xi_n b) + \lambda J_{\mathcal{M}}(\xi_n b)\}^2\right]} \times \\
& \times \sum_{l=1}^{\infty} \frac{(\xi_l^2 + \lambda_d^2) \sin(\xi_l z) \int_0^t \overline{\overline{\psi}}_a(\xi_m, \xi_l, t - \tau)\, e^{-(\eta_r \xi_n^2 + \eta_z \xi_l^2)\tau} d\tau}{\{d(\xi_l^2 + \lambda_d^2) + \lambda_d\}} - \\
& - \frac{4\pi}{\vartheta\phi c_t} \sum_{m=0}^{\infty} \ni_m \cos(\xi_m \theta) \sum_{n=1}^{\infty} \frac{\xi_n^2 J_{\mathcal{M}}(\xi_n a) \{\xi_n J'_{\mathcal{M}}(\xi_n b) + \lambda J_{\mathcal{M}}(\xi_n b)\} \mathcal{V}_{\mathcal{DM}}(\xi r, a)}{\left[\left\{\xi_n^2 + \lambda^2 - \left(\frac{\mathcal{M}}{b}\right)^2\right\} J^2_{\mathcal{M}}(\xi_n a) - \{\xi_n J'_{\mathcal{M}}(\xi_n b) + \lambda J_{\mathcal{M}}(\xi_n b)\}^2\right]} \times \\
& \times \sum_{l=1}^{\infty} \frac{(\xi_l^2 + \lambda_d^2) \sin(\xi_l z) \int_0^t \overline{\overline{\psi}}_b(\xi_m, \xi_l, t - \tau)\, e^{-(\eta_r \xi_n^2 + \eta_z \xi_l^2)\tau} d\tau}{\{d(\xi_l^2 + \lambda_d^2) + \lambda_d\}} + \\
& + \frac{2\pi^2}{\vartheta} \sum_{m=0}^{\infty} \ni_m \cos(\xi_m \theta) \sum_{n=1}^{\infty} \frac{\xi_n^2 \{\xi_n J'_{\mathcal{M}}(\xi_n b) + \lambda J_{\mathcal{M}}(\xi_n b)\}^2 \mathcal{V}_{\mathcal{DM}}(\xi r, a)}{\left[\left\{\xi_n^2 + \lambda^2 - \left(\frac{\mathcal{M}}{b}\right)^2\right\} J^2_{\mathcal{M}}(\xi_n a) - \{\xi_n J'_{\mathcal{M}}(\xi_n b) + \lambda J_{\mathcal{M}}(\xi_n b)\}^2\right]} \times \\
& \times \sum_{l=1}^{\infty} \frac{(\xi_l^2 + \lambda_d^2) \sin(\xi_l z) \int_0^t \left\{\eta_z \xi_l \overline{\overline{\psi}}_{\theta 0}(\xi_n, \xi_m, t - \tau) - \frac{\sin(\xi_l d)}{\phi c_t} \overline{\overline{\psi}}_{\theta d}(\xi_n, \xi_m, t - \tau)\right\} e^{-(\eta_r \xi_n^2 + \eta_z \xi_l^2)\tau} d\tau}{\{d(\xi_l^2 + \lambda_d^2) + \lambda_d\}} + \\
& + \frac{2\pi^2}{\vartheta\phi c_t} \sum_{m=0}^{\infty} \ni_m \cos(\xi_m \theta) \sum_{n=1}^{\infty} \frac{\xi_n^2 \{\xi_n J'_{\mathcal{M}}(\xi_n b) + \lambda J_{\mathcal{M}}(\xi_n b)\}^2 \mathcal{V}_{\mathcal{DM}}(\xi r, a)}{\left[\left\{\xi_n^2 + \lambda^2 - \left(\frac{\mathcal{M}}{b}\right)^2\right\} J^2_{\mathcal{M}}(\xi_n a) - \{\xi_n J'_{\mathcal{M}}(\xi_n b) + \lambda J_{\mathcal{M}}(\xi_n b)\}^2\right]} \times \\
& \times \int_0^a \frac{\mathcal{V}_{\mathcal{DM}}(\xi_n u, a)}{u} \int_0^d \int_0^t e^{-\eta_r \xi_n^2 \tau} \left\{\psi_{0z}(u, w, t - \tau) + (-1)^{m+1} \psi_{\vartheta z}(u, w, t - \tau)\right\} \times \\
& \times \sum_{l=1}^{\infty} \frac{(\xi_l^2 + \lambda_d^2) \sin(\xi_l w) \sin(\xi_l z)\, e^{-\eta_z \xi_l^2 \tau}}{\{d(\xi_l^2 + \lambda_d^2) + \lambda_d\}} d\tau dw du + \\
& + \frac{2\pi^2}{\vartheta} \sum_{m=0}^{\infty} \ni_m \cos(\xi_m \theta) \sum_{n=1}^{\infty} \frac{\xi_n^2 \{\xi_n J'_{\mathcal{M}}(\xi_n b) + \lambda J_{\mathcal{M}}(\xi_n b)\}^2 \mathcal{V}_{\mathcal{DM}}(\xi r, a)\, e^{-\eta_r \xi_n^2 t}}{\left[\left\{\xi_n^2 + \lambda^2 - \left(\frac{\mathcal{M}}{b}\right)^2\right\} J^2_{\mathcal{M}}(\xi_n a) - \{\xi_n J'_{\mathcal{M}}(\xi_n b) + \lambda J_{\mathcal{M}}(\xi_n b)\}^2\right]} \times \\
& \times \sum_{l=1}^{\infty} \frac{\overline{\overline{\overline{\varphi}}}(\xi_n, \xi_m, \xi_l)\, (\xi_l^2 + \lambda_d^2) \sin(\xi_l z)\, e^{-\eta_z \xi_l^2 t}}{\{d(\xi_l^2 + \lambda_d^2) + \lambda_d\}}
\end{aligned} \tag{29.38.2}
$$

where $\overline{\overline{\psi}}_a(\xi_m, \xi_l, t) = \int_0^{\vartheta} \cos(\xi_m v) \int_0^d \psi_a(v, w, t) \sin(\xi_l w)\, dw dv$, $\overline{\overline{\psi}}_b(\xi_m, \xi_l, t) = \int_0^{\vartheta} \cos(\xi_m v) \int_0^d \psi_b(v, w, t) \sin(\xi_l w)\, dw dv$,

$\overline{\overline{\psi}}_{\theta 0}(\xi_n,\xi_m,t)=\int_0^a u\mathcal{V}_{\mathcal{DM}}(\xi_n u,a)\int_0^\vartheta \psi_0(u,v,t)\cos(\xi_m v)dvdu$ and
$\overline{\overline{\psi}}_{\theta d}(\xi_n,\xi_m,t)=\int_0^a u\mathcal{V}_{\mathcal{DM}}(\xi_n u,a)\int_0^\vartheta \psi_{\theta d}(u,v,t)\cos(\xi_m v)dvdu.$

29.39 **The problem of 29.36, except** $\mathbf{D}_{\theta 0}\equiv p(r,\theta,0,t)=\psi_{\theta 0}(r,\theta,t)$,
$\mathbf{R}_{\theta d}\equiv\frac{\partial p(r,\theta,d,t)}{\partial z}+\lambda_d p(r,\theta,d,t)=-\left(\frac{\mu}{k_z}\right)\psi_{\theta d}(r,\theta,t)$,
$\mathbf{N}_a\equiv\frac{\partial p(a,\theta,z,t)}{\partial r}=-\left(\frac{\mu}{k_r}\right)\psi_a(\theta,z,t)$,
$\mathbf{D}_b\equiv p(b,\theta,z,t)=\psi_b(\theta,z,t)$,
$\mathbf{N}_{0z}\equiv\frac{\partial p(r,0,z,t)}{\partial\theta}=-\left(\frac{\mu}{k_\theta}\right)\psi_{0z}(r,z,t)$ **and**
$\mathbf{N}_{\vartheta z}\equiv\frac{\partial p(r,\vartheta,z,t)}{\partial\theta}=-\left(\frac{\mu}{k_\theta}\right)\psi_{\vartheta z}(r,z,t)$

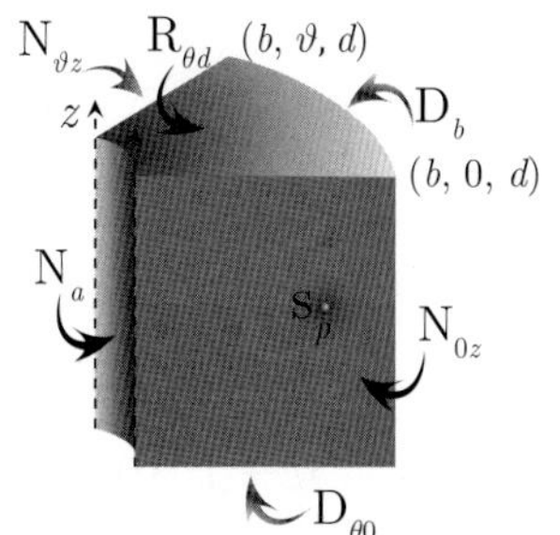

$$
\begin{aligned}
\overline{p} &= \frac{2\pi^2 q(s)e^{-st_0}}{\vartheta\phi c_t}\sum_{m=0}^{\infty}\ni_m\cos(\xi_m\theta_0)\cos(\xi_m\theta)\sum_{n=1}^{\infty}\frac{\xi_n^2 J_{\mathcal{M}}^2(\xi_n b)\mathcal{V}_{\mathcal{NM}}(\xi r_0,a)\mathcal{V}_{\mathcal{NM}}(\xi r,a)}{\left[J_{\mathcal{M}}'^2(\xi_n a)-\left\{1-\left(\frac{\mathcal{M}}{\xi_n a}\right)^2\right\}J_{\mathcal{M}}^2(\xi_n b)\right]}\times\\
&\times\sum_{l=1}^{\infty}\frac{(\xi_l^2+\lambda_d^2)\sin(\xi_l z_0)\sin(\xi_l z)}{\{d(\xi_l^2+\lambda_d^2)+\lambda_d\}(\eta_r\xi_n^2+\eta_z\xi_l^2+s)}+\\
&+\frac{4\pi}{\vartheta\phi c_t}\sum_{m=0}^{\infty}\ni_m\cos(\xi_m\theta)\times\\
&\times\sum_{n=1}^{\infty}\frac{\xi_n J_{\mathcal{M}}^2(\xi_n b)\mathcal{V}_{\mathcal{NM}}(\xi r,a)}{\left[J_{\mathcal{M}}'^2(\xi_n a)-\left\{1-\left(\frac{\mathcal{M}}{\xi_n a}\right)^2\right\}J_{\mathcal{M}}^2(\xi_n b)\right]}\sum_{l=1}^{\infty}\frac{\overline{\overline{\overline{\psi}}}_a(\xi_m,\xi_l,s)(\xi_l^2+\lambda_d^2)\sin(\xi_l z)}{\{d(\xi_l^2+\lambda_d^2)+\lambda_d\}(\eta_r\xi_n^2+\eta_z\xi_l^2+s)}+\\
&+\frac{4\pi\eta_r}{\vartheta}\sum_{m=0}^{\infty}\ni_m\cos(\xi_m\theta)\times\\
&\times\sum_{n=1}^{\infty}\frac{\xi_n^2 J_{\mathcal{M}}'(\xi_n a)J_{\mathcal{M}}(\xi_n b)\mathcal{V}_{\mathcal{NM}}(\xi r,a)}{\left[J_{\mathcal{M}}'^2(\xi_n a)-\left\{1-\left(\frac{\mathcal{M}}{\xi_n a}\right)^2\right\}J_{\mathcal{M}}^2(\xi_n b)\right]}\sum_{l=1}^{\infty}\frac{\overline{\overline{\overline{\psi}}}_b(\xi_m,\xi_l,s)(\xi_l^2+\lambda_d^2)\sin(\xi_l z)}{\{d(\xi_l^2+\lambda_d^2)+\lambda_d\}(\eta_r\xi_n^2+\eta_z\xi_l^2+s)}+\\
&+\frac{2\pi^2}{\vartheta}\sum_{m=0}^{\infty}\ni_m\cos(\xi_m\theta)\sum_{n=1}^{\infty}\frac{\xi_n^2 J_{\mathcal{M}}^2(\xi_n b)\mathcal{V}_{\mathcal{NM}}(\xi r,a)}{\left[J_{\mathcal{M}}'^2(\xi_n a)-\left\{1-\left(\frac{\mathcal{M}}{\xi_n a}\right)^2\right\}J_{\mathcal{M}}^2(\xi_n b)\right]}\times\\
&\times\sum_{l=1}^{\infty}\frac{(\xi_l^2+\lambda_d^2)\left\{\eta_z\xi_l\overline{\overline{\overline{\psi}}}_{\theta 0}(\xi_n,\xi_m,s)-\frac{\sin(\xi_l d)}{\phi c_t}\overline{\overline{\overline{\psi}}}_{\theta d}(\xi_n,\xi_m,s)\right\}\sin(\xi_l z)}{\{d(\xi_l^2+\lambda_d^2)+\lambda_d\}(\eta_r\xi_n^2+\eta_z\xi_l^2+s)}+\\
&+\frac{2\pi^2}{\vartheta\phi c_t}\sum_{m=0}^{\infty}\ni_m\cos(\xi_m\theta)\sum_{n=1}^{\infty}\frac{\xi_n^2 J_{\mathcal{M}}^2(\xi_n b)\mathcal{V}_{\mathcal{NM}}(\xi r,a)}{\left[J_{\mathcal{M}}'^2(\xi_n a)-\left\{1-\left(\frac{\mathcal{M}}{\xi_n a}\right)^2\right\}J_{\mathcal{M}}^2(\xi_n b)\right]}\times\\
&\times\int_0^a\frac{\mathcal{V}_{\mathcal{NM}}(\xi_n u,a)}{u}\int_0^d\left\{\overline{\psi}_{0z}(u,w,s)+(-1)^{m+1}\overline{\psi}_{\vartheta z}(u,w,s)\right\}\times\\
&\times\sum_{l=1}^{\infty}\frac{(\xi_l^2+\lambda_d^2)\sin(\xi_l w)\sin(\xi_l z)}{\{d(\xi_l^2+\lambda_d^2)+\lambda_d\}(\eta_r\xi_n^2+\eta_z\xi_l^2+s)}dwdu+\\
&+\frac{2\pi^2}{\vartheta}\sum_{m=0}^{\infty}\ni_m\cos(\xi_m\theta)\times
\end{aligned}
$$

$$\times\sum_{n=1}^{\infty}\frac{\xi_n^2 J_{\mathcal{M}}^2(\xi_n b)\,\mathcal{V}_{\mathcal{NM}}(\xi r,a)}{\left[J_{\mathcal{M}}'^2(\xi_n a)-\left\{1-\left(\frac{\mathcal{M}}{\xi_n a}\right)^2\right\}J_{\mathcal{M}}^2(\xi_n b)\right]}\sum_{l=1}^{\infty}\frac{\overline{\overline{\overline{\varphi}}}(\xi_n,\xi_m,\xi_l)\left(\xi_l^2+\lambda_d^2\right)\sin(\xi_l z)}{\left\{d\left(\xi_l^2+\lambda_d^2\right)+\lambda_d\right\}\left(\eta_r\xi_n^2+\eta_z\xi_l^2+s\right)} \quad (29.39.1)$$

where $\mathcal{V}_{\mathcal{NM}}(\xi_n r,a)=J_{\mathcal{M}}(\xi_n r)\,Y_{\mathcal{M}}'(\xi_n a)-Y_{\mathcal{M}}(\xi_n r)\,J_{\mathcal{M}}'(\xi_n a)$, ξ_n, $n=1,2,...$, are the positive roots of the transcendental equation $\mathcal{V}_{\mathcal{NM}}(\xi_n b,a)=0$, ξ_l are the positive roots of $\xi_l\cot(\xi_l d)=-\lambda_d$, $l=1,2,...$, $\xi_m=\frac{m\pi}{d}$, $m=0,1,...$, $\overline{\overline{\overline{\psi}}}_{\theta0}(\xi_n,\xi_m,s)=\int_0^a u\mathcal{V}_{\mathcal{NM}}(\xi_n u,a)\int_0^{\vartheta}\overline{\psi}_0(u,v,s)\cos(\xi_m v)dvdu$,
$\overline{\overline{\overline{\psi}}}_{\theta d}(\xi_n,\xi_m,s)=\int_0^a u\mathcal{V}_{\mathcal{NM}}(\xi_n u,a)\int_0^{\vartheta}\overline{\psi}_{\theta d}(u,v,s)\cos(\xi_m v)dvdu$,
$\overline{\overline{\overline{\psi}}}_a(\xi_m,\xi_l,s)=\int_0^{\vartheta}\cos(\xi_m v)\int_0^d\overline{\psi}_a(v,w,s)\sin(\xi_l w)\,dwdv$,
$\overline{\overline{\overline{\psi}}}_b(\xi_m,\xi_l,s)=\int_0^{\vartheta}\cos(\xi_m v)\int_0^d\overline{\psi}_b(v,w,s)\sin(\xi_l w)\,dwdv$ and
$\overline{\overline{\overline{\varphi}}}(\xi_n,\xi_m,\xi_l)=\int_0^a u\mathcal{V}_{\mathcal{NM}}(\xi_n u,a)\int_0^{\vartheta}\cos(\xi_m v)\int_0^d\varphi(u,v,w)\sin(\xi_l w)\,dwdvdu$.

$$p=\frac{2\pi^2U(t-t_0)}{\vartheta\phi c_t}\sum_{m=0}^{\infty}\ni_m\cos(\xi_m\theta_0)\cos(\xi_m\theta)\sum_{n=1}^{\infty}\frac{\xi_n^2J_{\mathcal{M}}^2(\xi_n b)\,\mathcal{V}_{\mathcal{NM}}(\xi r_0,a)\,\mathcal{V}_{\mathcal{NM}}(\xi r,a)}{\left[J_{\mathcal{M}}'^2(\xi_n a)-\left\{1-\left(\frac{\mathcal{M}}{\xi_n a}\right)^2\right\}J_{\mathcal{M}}^2(\xi_n b)\right]}\times$$

$$\times\sum_{l=1}^{\infty}\frac{\left(\xi_l^2+\lambda_d^2\right)\sin(\xi_l z_0)\sin(\xi_l z)\int_0^{t-t_0}q(t-t_0-\tau)\,e^{-\left(\eta_r\xi_n^2+\eta_z\xi_l^2\right)\tau}d\tau}{\left\{d\left(\xi_l^2+\lambda_d^2\right)+\lambda_d\right\}}+$$

$$+\frac{4\pi}{\vartheta\phi c_t}\sum_{m=0}^{\infty}\ni_m\cos(\xi_m\theta)\sum_{n=1}^{\infty}\frac{\xi_nJ_{\mathcal{M}}^2(\xi_n b)\,\mathcal{V}_{\mathcal{NM}}(\xi r,a)}{\left[J_{\mathcal{M}}'^2(\xi_n a)-\left\{1-\left(\frac{\mathcal{M}}{\xi_n a}\right)^2\right\}J_{\mathcal{M}}^2(\xi_n b)\right]}\times$$

$$\times\sum_{l=1}^{\infty}\frac{\left(\xi_l^2+\lambda_d^2\right)\sin(\xi_l z)\int_0^t\overline{\overline{\psi}}_a(\xi_m,\xi_l,t-\tau)\,e^{-\left(\eta_r\xi_n^2+\eta_z\xi_l^2\right)\tau}d\tau}{\left\{d\left(\xi_l^2+\lambda_d^2\right)+\lambda_d\right\}}+$$

$$+\frac{4\pi\eta_r}{\vartheta}\sum_{m=0}^{\infty}\ni_m\cos(\xi_m\theta)\sum_{n=1}^{\infty}\frac{\xi_n^2J_{\mathcal{M}}'(\xi_n a)\,J_{\mathcal{M}}(\xi_n b)\,\mathcal{V}_{\mathcal{NM}}(\xi r,a)}{\left[J_{\mathcal{M}}'^2(\xi_n a)-\left\{1-\left(\frac{\mathcal{M}}{\xi_n a}\right)^2\right\}J_{\mathcal{M}}^2(\xi_n b)\right]}\times$$

$$\times\sum_{l=1}^{\infty}\frac{\left(\xi_l^2+\lambda_d^2\right)\sin(\xi_l z)\int_0^t\overline{\overline{\psi}}_b(\xi_m,\xi_l,t-\tau)\,e^{-\left(\eta_r\xi_n^2+\eta_z\xi_l^2\right)\tau}d\tau}{\left\{d\left(\xi_l^2+\lambda_d^2\right)+\lambda_d\right\}}+$$

$$+\frac{2\pi^2}{\vartheta}\sum_{m=0}^{\infty}\ni_m\cos(\xi_m\theta)\sum_{n=1}^{\infty}\frac{\xi_n^2J_{\mathcal{M}}^2(\xi_n b)\,\mathcal{V}_{\mathcal{NM}}(\xi r,a)}{\left[J_{\mathcal{M}}'^2(\xi_n a)-\left\{1-\left(\frac{\mathcal{M}}{\xi_n a}\right)^2\right\}J_{\mathcal{M}}^2(\xi_n b)\right]}\times$$

$$\times\sum_{l=1}^{\infty}\frac{\left(\xi_l^2+\lambda_d^2\right)\sin(\xi_l z)\int_0^t\left\{\eta_z\xi_l\overline{\overline{\psi}}_{\theta0}(\xi_n,\xi_m,t-\tau)-\frac{\sin(\xi_l d)}{\phi c_t}\overline{\overline{\psi}}_{\theta d}(\xi_n,\xi_m,t-\tau)\right\}e^{-\left(\eta_r\xi_n^2+\eta_z\xi_l^2\right)\tau}d\tau}{\left\{d\left(\xi_l^2+\lambda_d^2\right)+\lambda_d\right\}}+$$

$$+\frac{2\pi^2}{\vartheta\phi c_t}\sum_{m=0}^{\infty}\ni_m\cos(\xi_m\theta)\sum_{n=1}^{\infty}\frac{\xi_n^2J_{\mathcal{M}}^2(\xi_n b)\,\mathcal{V}_{\mathcal{NM}}(\xi r,a)}{\left[J_{\mathcal{M}}'^2(\xi_n a)-\left\{1-\left(\frac{\mathcal{M}}{\xi_n a}\right)^2\right\}J_{\mathcal{M}}^2(\xi_n b)\right]}\times$$

$$\times\int_0^a\frac{\mathcal{V}_{\mathcal{NM}}(\xi_n u,a)}{u}\int_0^d\int_0^t e^{-\eta_r\xi_n^2\tau}\left\{\psi_{0z}(u,w,t-\tau)+(-1)^{m+1}\psi_{\vartheta z}(u,w,t-\tau)\right\}\times$$

$$\times\sum_{l=1}^{\infty}\frac{\left(\xi_l^2+\lambda_d^2\right)\sin(\xi_l w)\sin(\xi_l z)\,e^{-\eta_z\xi_l^2\tau}}{\left\{d\left(\xi_l^2+\lambda_d^2\right)+\lambda_d\right\}}d\tau dwdu+$$

$$+\frac{2\pi^2}{\vartheta}\sum_{m=0}^{\infty}\ni_m\cos(\xi_m\theta)\times$$

$$\times \sum_{n=1}^{\infty} \frac{\xi_n^2 J_{\mathcal{M}}^2(\xi_n b) \mathcal{V}_{\mathcal{N}\mathcal{M}}(\xi r, a) e^{-\eta_r \xi_n^2 t}}{\left[J_{\mathcal{M}}'^2(\xi_n a) - \left\{1 - \left(\frac{\mathcal{M}}{\xi_n a}\right)^2\right\} J_{\mathcal{M}}^2(\xi_n b)\right]} \sum_{l=1}^{\infty} \frac{\overline{\overline{\varphi}}(\xi_n, \xi_m, \xi_l)(\xi_l^2 + \lambda_d^2) \sin(\xi_l z) e^{-\eta_z \xi_l^2 t}}{\{d(\xi_l^2 + \lambda_d^2) + \lambda_d\}} \tag{29.39.2}$$

where $\overline{\overline{\psi}}_a(\xi_m, \xi_l, t) = \int_0^{\vartheta} \cos(\xi_m v) \int_0^d \psi_a(v, w, t) \sin(\xi_l w)\, dw dv$,
$\overline{\overline{\psi}}_b(\xi_m, \xi_l, t) = \int_0^{\vartheta} \cos(\xi_m v) \int_0^d \psi_b(v, w, t) \sin(\xi_l w)\, dw dv$,
$\overline{\overline{\psi}}_{\theta 0}(\xi_n, \xi_m, t) = \int_0^a u \mathcal{V}_{\mathcal{N}\mathcal{M}}(\xi_n u, a) \int_0^{\vartheta} \psi_0(u, v, t) \cos(\xi_m v) dv du$ and
$\overline{\overline{\psi}}_{\theta d}(\xi_n, \xi_m, t) = \int_0^a u \mathcal{V}_{\mathcal{N}\mathcal{M}}(\xi_n u, a) \int_0^{\vartheta} \psi_{\theta d}(u, v, t) \cos(\xi_m v) dv du$.

29.40 The problem of 29.36, except $\mathbf{D}_{\theta 0} \equiv p(r, \theta, 0, t) = \psi_{\theta 0}(r, \theta, t)$,
$\mathbf{R}_{\theta d} \equiv \frac{\partial p(r,\theta,d,t)}{\partial z} + \lambda_d p(r, \theta, d, t) = -\left(\frac{\mu}{k_z}\right) \psi_{\theta d}(r, \theta, t)$,
$\mathbf{N}_a \equiv \frac{\partial p(a,\theta,z,t)}{\partial r} = -\left(\frac{\mu}{k_r}\right) \psi_a(\theta, z, t)$,
$\mathbf{N}_b \equiv \frac{\partial p(b,\theta,z,t)}{\partial r} = -\left(\frac{\mu}{k_r}\right) \psi_b(\theta, z, t)$,
$\mathbf{N}_{0z} \equiv \frac{\partial p(r,0,z,t)}{\partial \theta} = -\left(\frac{\mu}{k_\theta}\right) \psi_{0z}(r, z, t)$ and
$\mathbf{N}_{\vartheta z} \equiv \frac{\partial p(r,\vartheta,z,t)}{\partial \theta} = -\left(\frac{\mu}{k_\theta}\right) \psi_{\vartheta z}(r, z, t)$

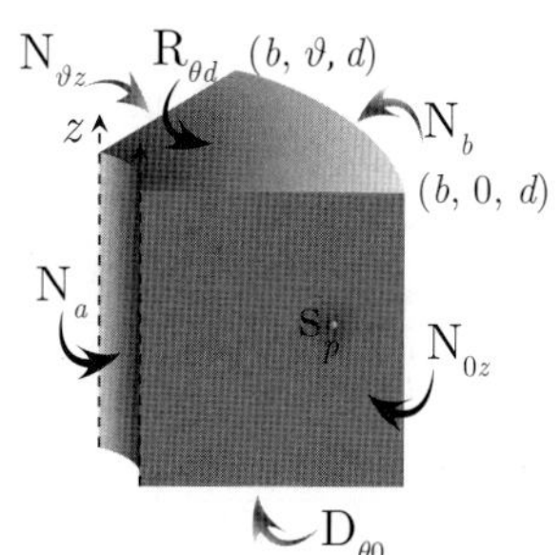

$$\begin{aligned}
\overline{p} = &\frac{4q(s) e^{-st_0}}{\vartheta(b^2 - a^2)\phi c_t} \sum_{l=1}^{\infty} \frac{(\xi_l^2 + \lambda_d^2) \sin(\xi_l z_0) \sin(\xi_l z)}{\{d(\xi_l^2 + \lambda_d^2) + \lambda_d\}(\eta_z \xi_l^2 + s)} + \\
&+ \frac{2\pi^2 q(s) e^{-st_0}}{\vartheta \phi c_t} \sum_{m=0}^{\infty} \ni_m \cos(\xi_m \theta_0) \cos(\xi_m \theta) \sum_{n=1}^{\infty} \frac{\xi_n^2 J_{\mathcal{M}}'^2(\xi_n b) \mathcal{V}_{\mathcal{N}\mathcal{M}}(\xi r_0, a) \mathcal{V}_{\mathcal{N}\mathcal{M}}(\xi r, a)}{\left[\left\{1 - \left(\frac{\mathcal{M}}{\xi_n b}\right)^2\right\} J_{\mathcal{M}}'^2(\xi_n a) - \left\{1 - \left(\frac{\mathcal{M}}{\xi_n a}\right)^2\right\} J_{\mathcal{M}}'^2(\xi_n b)\right]} \times \\
&\times \sum_{l=1}^{\infty} \frac{(\xi_l^2 + \lambda_d^2) \sin(\xi_l z_0) \sin(\xi_l z)}{\{d(\xi_l^2 + \lambda_d^2) + \lambda_d\}(\eta_r \xi_n^2 + \eta_z \xi_l^2 + s)} + \\
&+ \frac{4}{\vartheta(b^2 - a^2)\phi c_t} \sum_{l=1}^{\infty} \frac{\left\{a \overline{\overline{\psi}}_a(0, \xi_l, s) - b \overline{\overline{\psi}}_b(0, \xi_l, s)\right\} (\xi_l^2 + \lambda_d^2) \sin(\xi_l z)}{\{d(\xi_l^2 + \lambda_d^2) + \lambda_d\}(\eta_z \xi_l^2 + s)} + \\
&+ \frac{4\pi}{\vartheta \phi c_t} \sum_{m=0}^{\infty} \ni_m \cos(\xi_m \theta) \sum_{n=1}^{\infty} \frac{\xi_n J_{\mathcal{M}}'^2(\xi_n b) \mathcal{V}_{\mathcal{N}\mathcal{M}}(\xi r, a)}{\left[\left\{1 - \left(\frac{\mathcal{M}}{\xi_n b}\right)^2\right\} J_{\mathcal{M}}'^2(\xi_n a) - \left\{1 - \left(\frac{\mathcal{M}}{\xi_n a}\right)^2\right\} J_{\mathcal{M}}'^2(\xi_n b)\right]} \times \\
&\times \sum_{l=1}^{\infty} \frac{\overline{\overline{\psi}}_a(\xi_m, \xi_l, s)(\xi_l^2 + \lambda_d^2) \sin(\xi_l z)}{\{d(\xi_l^2 + \lambda_d^2) + \lambda_d\}(\eta_r \xi_n^2 + \eta_z \xi_l^2 + s)} - \\
&- \frac{4\pi}{\vartheta \phi c_t} \sum_{m=0}^{\infty} \ni_m \cos(\xi_m \theta) \sum_{n=1}^{\infty} \frac{\xi_n J_{\mathcal{M}}'(\xi_n a) J_{\mathcal{M}}'(\xi_n b) \mathcal{V}_{\mathcal{N}\mathcal{M}}(\xi r, a)}{\left[\left\{1 - \left(\frac{\mathcal{M}}{\xi_n b}\right)^2\right\} J_{\mathcal{M}}'^2(\xi_n a) - \left\{1 - \left(\frac{\mathcal{M}}{\xi_n a}\right)^2\right\} J_{\mathcal{M}}'^2(\xi_n b)\right]} \times \\
&\times \sum_{l=1}^{\infty} \frac{\overline{\overline{\psi}}_b(\xi_m, \xi_l, s)(\xi_l^2 + \lambda_d^2) \sin(\xi_l z)}{\{d(\xi_l^2 + \lambda_d^2) + \lambda_d\}(\eta_r \xi_n^2 + \eta_z \xi_l^2 + s)} + \\
&+ \frac{4}{\vartheta(b^2 - a^2)} \sum_{l=1}^{\infty} \frac{(\xi_l^2 + \lambda_d^2) \sin(\xi_l z) \int_a^b u \left\{\eta_z \xi_l \overline{\overline{\psi}}_{\theta 0}(u, 0, s) - \frac{\sin(\xi_l d)}{\phi c_t} \overline{\overline{\psi}}_{\theta d}(u, 0, s)\right\} du}{\{d(\xi_l^2 + \lambda_d^2) + \lambda_d\}(\eta_z \xi_l^2 + s)} + \\
&+ \frac{2\pi^2}{\vartheta} \sum_{m=0}^{\infty} \ni_m \cos(\xi_m \theta) \sum_{n=1}^{\infty} \frac{\xi_n^2 J_{\mathcal{M}}'^2(\xi_n b) \mathcal{V}_{\mathcal{N}\mathcal{M}}(\xi r, a)}{\left[\left\{1 - \left(\frac{\mathcal{M}}{\xi_n b}\right)^2\right\} J_{\mathcal{M}}'^2(\xi_n a) - \left\{1 - \left(\frac{\mathcal{M}}{\xi_n a}\right)^2\right\} J_{\mathcal{M}}'^2(\xi_n b)\right]} \times
\end{aligned}$$

$$\times\sum_{l=1}^{\infty}\frac{\left(\xi_l^2+\lambda_d^2\right)\left\{\eta_z\xi_l\overline{\overline{\overline{\psi}}}_{\theta 0}\left(\xi_n,\xi_m,s\right)-\frac{\sin(\xi_l d)}{\phi c_t}\overline{\overline{\overline{\psi}}}_{\theta d}\left(\xi_n,\xi_m,s\right)\right\}\sin\left(\xi_l z\right)}{\left\{d\left(\xi_l^2+\lambda_d^2\right)+\lambda_d\right\}\left(\eta_r\xi_n^2+\eta_z\xi_l^2+s\right)}+$$

$$+\frac{4}{\vartheta\left(b^2-a^2\right)\phi c_t}\int_a^b\frac{1}{u}\int_0^d\left\{\overline{\psi}_{0z}\left(u,w,s\right)-\overline{\psi}_{\vartheta z}\left(u,w,s\right)\right\}\sum_{l=1}^{\infty}\frac{\left(\xi_l^2+\lambda_d^2\right)\sin\left(\xi_l w\right)\sin\left(\xi_l z\right)}{\left\{d\left(\xi_l^2+\lambda_d^2\right)+\lambda_d\right\}\left(\eta_z\xi_l^2+s\right)}dwdu+$$

$$+\frac{\pi^2}{2\vartheta\phi c_t\sqrt{\eta_z}}\sum_{m=0}^{\infty}\ni_m\cos\left(\xi_m\theta\right)\sum_{n=1}^{\infty}\frac{\xi_n^2J_{\mathcal{M}}'^2\left(\xi_n b\right)\mathcal{V}_{\mathcal{NM}}\left(\xi_n r,a\right)\operatorname{csch}\left(d\sqrt{\frac{\eta_r\xi_n^2+s}{\eta_z}}\right)}{\left[\left\{1-\left(\frac{\mathcal{M}}{\xi_n b}\right)^2\right\}J_{\mathcal{M}}'^2\left(\xi_n a\right)-\left\{1-\left(\frac{\mathcal{M}}{\xi_n a}\right)^2\right\}J_{\mathcal{M}}'^2\left(\xi_n b\right)\right]}\times$$

$$\times\int_a^b\frac{\mathcal{V}_{\mathcal{NM}}\left(\xi_n u,a\right)}{u}\int_0^d\left\{\overline{\psi}_{0z}\left(u,w,s\right)+(-1)^{m+1}\overline{\psi}_{\vartheta z}\left(u,w,s\right)\right\}\times$$

$$\times\sum_{l=1}^{\infty}\frac{\left(\xi_l^2+\lambda_d^2\right)\sin\left(\xi_l w\right)\sin\left(\xi_l z\right)}{\left\{d\left(\xi_l^2+\lambda_d^2\right)+\lambda_d\right\}\left(\eta_r\xi_n^2+\eta_z\xi_l^2+s\right)}dwdu+$$

$$+\frac{4}{\vartheta\left(b^2-a^2\right)}\sum_{l=1}^{\infty}\frac{\left(\xi_l^2+\lambda_d^2\right)\sin\left(\xi_l z\right)\int_a^b\overline{\overline{\varphi}}\left(u,0,\xi_l\right)udu}{\left\{d\left(\xi_l^2+\lambda_d^2\right)+\lambda_d\right\}\left(\eta_z\xi_l^2+s\right)}+$$

$$+\frac{2\pi^2}{\vartheta}\sum_{m=0}^{\infty}\ni_m\cos\left(\xi_m\theta\right)\sum_{n=1}^{\infty}\frac{\xi_n^2J_{\mathcal{M}}'^2\left(\xi_n b\right)\mathcal{V}_{\mathcal{NM}}\left(\xi r,a\right)}{\left[\left\{1-\left(\frac{\mathcal{M}}{\xi_n b}\right)^2\right\}J_{\mathcal{M}}'^2\left(\xi_n a\right)-\left\{1-\left(\frac{\mathcal{M}}{\xi_n a}\right)^2\right\}J_{\mathcal{M}}'^2\left(\xi_n b\right)\right]}\times$$

$$\times\sum_{l=1}^{\infty}\frac{\overline{\overline{\overline{\varphi}}}\left(\xi_n,\xi_m,\xi_l\right)\left(\xi_l^2+\lambda_d^2\right)\sin\left(\xi_l z\right)}{\left\{d\left(\xi_l^2+\lambda_d^2\right)+\lambda_d\right\}\left(\eta_r\xi_n^2+\eta_z\xi_l^2+s\right)}\qquad(29.40.1)$$

where $\mathcal{V}_{\mathcal{NM}}\left(\xi_n r,a\right)=J_{\mathcal{M}}\left(\xi_n r\right)Y_{\mathcal{M}}'\left(\xi_n a\right)-Y_{\mathcal{M}}\left(\xi_n r\right)J_{\mathcal{M}}'\left(\xi_n a\right)$. The eigenvalues are $\xi_0=0$ and ξ_n. ξ_n, $n=1,2,...$, are the positive roots of the transcendental equation $\mathcal{V}_{\mathcal{NM}}'\left(\xi_n b,a\right)=0$, ξ_l are the positive roots of $\xi_l\cot\left(\xi_l d\right)=-\lambda_d$, $l=1,2,...$, $\xi_m=\frac{m\pi}{d}$, $m=0,1,...$, $\overline{\overline{\psi}}_{\theta 0}\left(u,0,s\right)=\int_0^{\vartheta}\overline{\psi}_{\theta 0}\left(u,v,s\right)dv$, $\overline{\overline{\psi}}_{\theta d}\left(u,0,s\right)=\int_0^{\vartheta}\overline{\psi}_{\theta d}\left(u,v,s\right)dv$, $\overline{\overline{\overline{\psi}}}_{\theta 0}\left(\xi_n,\xi_m,s\right)=\int_0^a u\mathcal{V}_{\mathcal{NM}}\left(\xi_n u,a\right)\int_0^{\vartheta}\overline{\psi}_0\left(u,v,s\right)\cos\left(\xi_m v\right)dvdu$, $\overline{\overline{\overline{\psi}}}_{\theta d}\left(\xi_n,\xi_m,s\right)=\int_0^a u\mathcal{V}_{\mathcal{NM}}\left(\xi_n u,a\right)\int_0^{\vartheta}\overline{\psi}_{\theta d}\left(u,v,s\right)\cos\left(\xi_m v\right)dvdu$, $\overline{\overline{\overline{\psi}}}_a\left(\xi_m,\xi_l,s\right)=\int_0^{\vartheta}\cos\left(\xi_m v\right)\int_0^d\overline{\psi}_a\left(v,w,s\right)\sin\left(\xi_l w\right)dwdv$, $\overline{\overline{\overline{\psi}}}_b\left(\xi_m,\xi_l,s\right)=\int_0^{\vartheta}\cos\left(\xi_m v\right)\int_0^d\overline{\psi}_b\left(v,w,s\right)\sin\left(\xi_l w\right)dwdv$, $\overline{\overline{\varphi}}\left(u,0,\xi_l\right)=\int_0^{\vartheta}\int_0^d\varphi\left(u,v,w\right)\sin\left(\xi_l w\right)dvdw$ and $\overline{\overline{\overline{\varphi}}}\left(\xi_n,\xi_m,\xi_l\right)=\int_0^a u\mathcal{V}_{\mathcal{NM}}\left(\xi_n u,a\right)\int_0^{\vartheta}\cos\left(\xi_m v\right)\int_0^d\varphi\left(u,v,w\right)\sin\left(\xi_l w\right)dwdvdu$.

$$p=\frac{4U\left(t-t_0\right)}{\vartheta\left(b^2-a^2\right)\phi c_t}\sum_{l=1}^{\infty}\frac{\left(\xi_l^2+\lambda_d^2\right)\sin\left(\xi_l z_0\right)\sin\left(\xi_l z\right)\int_0^{t-t_0}q\left(t-t_0-\tau\right)e^{-\eta_z\xi_l^2\tau}d\tau}{\left\{d\left(\xi_l^2+\lambda_d^2\right)+\lambda_d\right\}}+$$

$$+\frac{2\pi^2U\left(t-t_0\right)}{\vartheta\phi c_t}\sum_{m=0}^{\infty}\ni_m\cos\left(\xi_m\theta_0\right)\cos\left(\xi_m\theta\right)\sum_{n=1}^{\infty}\frac{\xi_n^2J_{\mathcal{M}}'^2\left(\xi_n b\right)\mathcal{V}_{\mathcal{NM}}\left(\xi r_0,a\right)\mathcal{V}_{\mathcal{NM}}\left(\xi r,a\right)}{\left[\left\{1-\left(\frac{\mathcal{M}}{\xi_n b}\right)^2\right\}J_{\mathcal{M}}'^2\left(\xi_n a\right)-\left\{1-\left(\frac{\mathcal{M}}{\xi_n a}\right)^2\right\}J_{\mathcal{M}}'^2\left(\xi_n b\right)\right]}\times$$

$$\times\sum_{l=1}^{\infty}\frac{\left(\xi_l^2+\lambda_d^2\right)\sin\left(\xi_l z_0\right)\sin\left(\xi_l z\right)\int_0^{t-t_0}q\left(t-t_0-\tau\right)e^{-\left(\eta_r\xi_n^2+\eta_z\xi_l^2\right)\tau}d\tau}{\left\{d\left(\xi_l^2+\lambda_d^2\right)+\lambda_d\right\}}+$$

$$+\frac{4}{\vartheta\left(b^2-a^2\right)\phi c_t}\sum_{l=1}^{\infty}\frac{\left(\xi_l^2+\lambda_d^2\right)\sin\left(\xi_l z\right)\int_0^t\left\{a\overline{\overline{\psi}}_a\left(\xi_m,\xi_l,t-\tau\right)-b\overline{\overline{\psi}}_b\left(\xi_m,\xi_l,t-\tau\right)\right\}e^{-\eta_z\xi_l^2\tau}d\tau}{\left\{d\left(\xi_l^2+\lambda_d^2\right)+\lambda_d\right\}}+$$

$$+\frac{4\pi}{\vartheta\phi c_t}\sum_{m=0}^{\infty}\ni_m\cos\left(\xi_m\theta\right)\sum_{n=1}^{\infty}\frac{\xi_nJ_{\mathcal{M}}'^2\left(\xi_n b\right)\mathcal{V}_{\mathcal{NM}}\left(\xi r,a\right)}{\left[\left\{1-\left(\frac{\mathcal{M}}{\xi_n b}\right)^2\right\}J_{\mathcal{M}}'^2\left(\xi_n a\right)-\left\{1-\left(\frac{\mathcal{M}}{\xi_n a}\right)^2\right\}J_{\mathcal{M}}'^2\left(\xi_n b\right)\right]}\times$$

$$
\begin{aligned}
&\times \sum_{l=1}^{\infty} \frac{\left(\xi_l^2+\lambda_d^2\right) \sin\left(\xi_l z\right) \int_0^t \overline{\overline{\psi}}_a\left(\xi_m, \xi_l, t-\tau\right) e^{-\left(\eta_r \xi_n^2+\eta_z \xi_l^2\right)\tau} d\tau}{\left\{d\left(\xi_l^2+\lambda_d^2\right)+\lambda_d\right\}} - \\
&-\frac{4\pi}{\vartheta \phi c_t} \sum_{m=0}^{\infty} \ni_m \cos\left(\xi_m \theta\right) \sum_{n=1}^{\infty} \frac{\xi_n J'_{\mathcal{M}}\left(\xi_n a\right) J'_{\mathcal{M}}\left(\xi_n b\right) \mathcal{V}_{\mathcal{N}\mathcal{M}}\left(\xi r, a\right)}{\left[\left\{1-\left(\frac{\mathcal{M}}{\xi_n b}\right)^2\right\} J_{\mathcal{M}}^{\prime 2}\left(\xi_n a\right)-\left\{1-\left(\frac{\mathcal{M}}{\xi_n a}\right)^2\right\} J_{\mathcal{M}}^{\prime 2}\left(\xi_n b\right)\right]} \times \\
&\times \sum_{l=1}^{\infty} \frac{\left(\xi_l^2+\lambda_d^2\right) \sin\left(\xi_l z\right) \int_0^t \overline{\overline{\psi}}_b\left(\xi_m, \xi_l, t-\tau\right) e^{-\left(\eta_r \xi_n^2+\eta_z \xi_l^2\right)\tau} d\tau}{\left\{d\left(\xi_l^2+\lambda_d^2\right)+\lambda_d\right\}} + \\
&+\frac{4}{\vartheta(b^2-a^2)} \sum_{l=1}^{\infty} \frac{(\xi_l^2+\lambda_d^2)\sin(\xi_l z)\int_0^t e^{-\eta_z \xi_l^2 \tau} \int_a^b u\left\{\eta_z \xi_l \overline{\psi}_{\theta 0}\left(u, 0, t-\tau\right)-\frac{\sin(\xi_l d)}{\phi c_t} \overline{\psi}_{\theta d}(u, 0, t-\tau)\right\} du d\tau}{\left\{d\left(\xi_l^2+\lambda_d^2\right)+\lambda_d\right\}} + \\
&+\frac{2\pi^2}{\vartheta} \sum_{m=0}^{\infty} \ni_m \cos\left(\xi_m \theta\right) \sum_{n=1}^{\infty} \frac{\xi_n^2 J_{\mathcal{M}}^{\prime 2}\left(\xi_n b\right) \mathcal{V}_{\mathcal{N}\mathcal{M}}\left(\xi r, a\right)}{\left[\left\{1-\left(\frac{\mathcal{M}}{\xi_n b}\right)^2\right\} J_{\mathcal{M}}^{\prime 2}\left(\xi_n a\right)-\left\{1-\left(\frac{\mathcal{M}}{\xi_n a}\right)^2\right\} J_{\mathcal{M}}^{\prime 2}\left(\xi_n b\right)\right]} \times \\
&\times \sum_{l=1}^{\infty} \frac{\left(\xi_l^2+\lambda_d^2\right) \sin\left(\xi_l z\right) \int_0^t \left\{\eta_z \xi_l \overline{\overline{\psi}}_{\theta 0}\left(\xi_n, \xi_m, t-\tau\right)-\frac{\sin(\xi_l d)}{\phi c_t} \overline{\overline{\psi}}_{\theta d}\left(\xi_n, \xi_m, t-\tau\right)\right\} e^{-\left(\eta_r \xi_n^2+\eta_z \xi_l^2\right)\tau} d\tau}{\left\{d\left(\xi_l^2+\lambda_d^2\right)+\lambda_d\right\}} + \\
&+\frac{4}{\vartheta\left(b^2-a^2\right) \phi c_t} \int_a^b \frac{1}{u} \int_0^d \int_0^t \left\{\psi_{0z}\left(u, w, t-\tau\right)-\psi_{\vartheta z}\left(u, w, t-\tau\right)\right\} \times \\
&\times \sum_{l=1}^{\infty} \frac{\left(\xi_l^2+\lambda_d^2\right) \sin\left(\xi_l w\right) \sin\left(\xi_l z\right) e^{-\eta_z \xi_l^2 \tau}}{\left\{d\left(\xi_l^2+\lambda_d^2\right)+\lambda_d\right\}} d\tau dw du + \\
&+\frac{\pi^2}{2\vartheta d \phi c_t} \sum_{m=0}^{\infty} \ni_m \cos\left(\xi_m \theta\right) \sum_{n=1}^{\infty} \frac{\xi_n^2 J_{\mathcal{M}}^{\prime 2}\left(\xi_n b\right) \mathcal{V}_{\mathcal{N}\mathcal{M}}\left(\xi_n r, a\right)}{\left[\left\{1-\left(\frac{\mathcal{M}}{\xi_n b}\right)^2\right\} J_{\mathcal{M}}^{\prime 2}\left(\xi_n a\right)-\left\{1-\left(\frac{\mathcal{M}}{\xi_n a}\right)^2\right\} J_{\mathcal{M}}^{\prime 2}\left(\xi_n b\right)\right]} \times \\
&\int_0^t e^{-\eta_r \xi_n^2 \tau} \int_a^b \frac{\mathcal{V}_{\mathcal{N}\mathcal{M}}\left(\xi_n u, a\right)}{u} \int_0^d \left\{\psi_{0z}\left(u, w, t-\tau\right)+(-1)^{m+1} \psi_{\vartheta z}\left(u, w, t-\tau\right)\right\} d\tau \times \\
&\times \sum_{l=1}^{\infty} \frac{\left(\xi_l^2+\lambda_d^2\right) \sin\left(\xi_l w\right) \sin\left(\xi_l z\right) e^{-\eta_z \xi_l^2 \tau}}{\left\{d\left(\xi_l^2+\lambda_d^2\right)+\lambda_d\right\}} dw du d\tau + \\
&+\frac{4}{\vartheta\left(b^2-a^2\right)} \sum_{l=1}^{\infty} \frac{\left(\xi_l^2+\lambda_d^2\right) \sin\left(\xi_l z\right) e^{-\eta_z \xi_l^2 t} \int_a^b \overline{\overline{\varphi}}\left(u, 0, \xi_l\right) u du}{\left\{d\left(\xi_l^2+\lambda_d^2\right)+\lambda_d\right\}} + \\
&+\frac{2\pi^2}{\vartheta} \sum_{m=0}^{\infty} \ni_m \cos\left(\xi_m \theta\right) \sum_{n=1}^{\infty} \frac{\xi_n^2 J_{\mathcal{M}}^{\prime 2}\left(\xi_n b\right) \mathcal{V}_{\mathcal{N}\mathcal{M}}\left(\xi r, a\right) e^{-\eta_r \xi_n^2 t}}{\left[\left\{1-\left(\frac{\mathcal{M}}{\xi_n b}\right)^2\right\} J_{\mathcal{M}}^{\prime 2}\left(\xi_n a\right)-\left\{1-\left(\frac{\mathcal{M}}{\xi_n a}\right)^2\right\} J_{\mathcal{M}}^{\prime 2}\left(\xi_n b\right)\right]} \times \\
&\times \sum_{l=1}^{\infty} \frac{\overline{\overline{\overline{\varphi}}}\left(\xi_n, \xi_m, \xi_l\right)\left(\xi_l^2+\lambda_d^2\right) \sin\left(\xi_l z\right) e^{-\eta_z \xi_l^2 t}}{\left\{d\left(\xi_l^2+\lambda_d^2\right)+\lambda_d\right\}}
\end{aligned}
\tag{29.40.2}
$$

where $\overline{\overline{\psi}}_a\left(\xi_m, \xi_l, t\right)=\int_0^{\vartheta} \cos\left(\xi_m v\right) \int_0^d \psi_a\left(v, w, t\right) \sin\left(\xi_l w\right) dw dv$,
$\overline{\overline{\psi}}_b\left(\xi_m, \xi_l, t\right)=\int_0^{\vartheta} \cos\left(\xi_m v\right) \int_0^d \psi_b\left(v, w, t\right) \sin\left(\xi_l w\right) dw dv$,
$\overline{\psi}_{\theta 0}\left(u, 0, t\right)=\int_0^{\vartheta} \psi_{\theta 0}\left(u, v, t\right) dv$, $\overline{\psi}_{\theta d}\left(u, 0, t\right)=\int_0^{\vartheta} \psi_{\theta d}\left(u, v, t\right) dv$,
$\overline{\overline{\psi}}_{\theta 0}\left(\xi_n, \xi_m, t\right)=\int_0^a u \mathcal{V}_{\mathcal{N}\mathcal{M}}\left(\xi_n u, a\right) \int_0^{\vartheta} \psi_0\left(u, v, t\right) \cos\left(\xi_m v\right) dv du$ and
$\overline{\overline{\psi}}_{\theta d}\left(\xi_n, \xi_m, t\right)=\int_0^a u \mathcal{V}_{\mathcal{N}\mathcal{M}}\left(\xi_n u, a\right) \int_0^{\vartheta} \psi_{\theta d}\left(u, v, t\right) \cos\left(\xi_m v\right) dv du$.

29.41

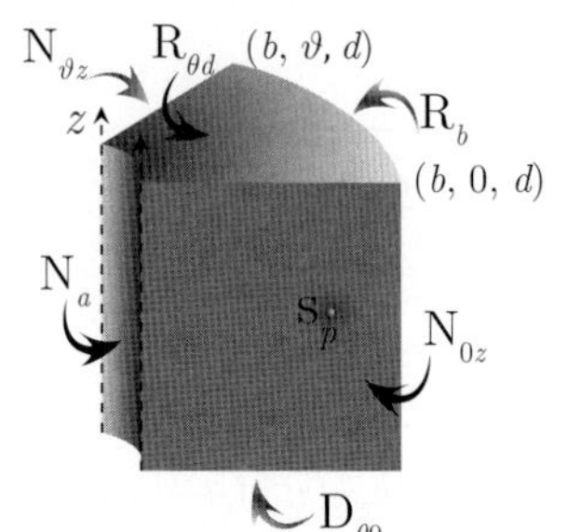

The problem of 29.36, except
$\mathbf{D}_{\theta 0} \equiv p(r,\theta,0,t) = \psi_{\theta 0}(r,\theta,t)$,
$\mathbf{R}_{\theta d} \equiv \frac{\partial p(r,\theta,d,t)}{\partial z} + \lambda_d p(r,\theta,d,t) = -\left(\frac{\mu}{k_z}\right)\psi_{\theta d}(r,\theta,t)$,
$\mathbf{N}_a \equiv \frac{\partial p(a,\theta,z,t)}{\partial r} = -\left(\frac{\mu}{k_r}\right)\psi_a(\theta,z,t)$,
$\mathbf{R}_b \equiv \frac{\partial p(b,\theta,z,t)}{\partial r} + \lambda p(b,\theta,z,t) = -\left(\frac{\mu}{k_r}\right)\psi_b(\theta,z,t)$,
$\mathbf{N}_{0z} \equiv \frac{\partial p(r,0,z,t)}{\partial \theta} = -\left(\frac{\mu}{k_\theta}\right)\psi_{0z}(r,z,t)$ **and**
$\mathbf{N}_{\vartheta z} \equiv \frac{\partial p(r,\vartheta,z,t)}{\partial \theta} = -\left(\frac{\mu}{k_\theta}\right)\psi_{\vartheta z}(r,z,t)$

$$
\begin{aligned}
\overline{p} \;=\; & \frac{2\pi^2 q(s)\, e^{-st_0}}{\vartheta\phi c_t}\sum_{m=0}^{\infty}\ni_m \cos(\xi_m\theta_0)\cos(\xi_m\theta)\,\times \\
&\times\sum_{n=1}^{\infty}\frac{\xi_n^2\left\{\xi_n J'_{\mathcal{M}}(\xi_n b)+\lambda J_{\mathcal{M}}(\xi_n b)\right\}^2 \mathcal{V}_{\mathcal{N}\mathcal{M}}(\xi r_0,a)\,\mathcal{V}_{\mathcal{N}\mathcal{M}}(\xi r,a)}{\left[\left\{\xi_n^2+\lambda^2-\left(\frac{\mathcal{M}}{b}\right)^2\right\}J_{\mathcal{M}}'^2(\xi_n a)-\left\{1-\left(\frac{\mathcal{M}}{\xi_n a}\right)^2\right\}\left\{\xi_n J'_{\mathcal{M}}(\xi_n b)+\lambda J_{\mathcal{M}}(\xi_n b)\right\}^2\right]}\times \\
&\times\sum_{l=1}^{\infty}\frac{\left(\xi_l^2+\lambda_d^2\right)\sin(\xi_l z_0)\sin(\xi_l z)}{\left\{d\left(\xi_l^2+\lambda_d^2\right)+\lambda_d\right\}\left(\eta_r\xi_n^2+\eta_z\xi_l^2+s\right)}+ \\
&+\frac{4\pi}{\vartheta\phi c_t}\sum_{m=0}^{\infty}\ni_m\cos(\xi_m\theta)\,\times \\
&\times\sum_{n=1}^{\infty}\frac{\xi_n\left\{\xi_n J'_{\mathcal{M}}(\xi_n b)+\lambda J_{\mathcal{M}}(\xi_n b)\right\}^2 \mathcal{V}_{\mathcal{N}\mathcal{M}}(\xi r,a)}{\left[\left\{\xi_n^2+\lambda^2-\left(\frac{\mathcal{M}}{b}\right)^2\right\}J_{\mathcal{M}}'^2(\xi_n a)-\left\{1-\left(\frac{\mathcal{M}}{\xi_n a}\right)^2\right\}\left\{\xi_n J'_{\mathcal{M}}(\xi_n b)+\lambda J_{\mathcal{M}}(\xi_n b)\right\}^2\right]}\times \\
&\times\sum_{l=1}^{\infty}\frac{\overline{\overline{\overline{\psi}}}_a(\xi_m,\xi_l,s)\left(\xi_l^2+\lambda_d^2\right)\sin(\xi_l z)}{\left\{d\left(\xi_l^2+\lambda_d^2\right)+\lambda_d\right\}\left(\eta_r\xi_n^2+\eta_z\xi_l^2+s\right)}- \\
&-\frac{4\pi}{\vartheta\phi c_t}\sum_{m=0}^{\infty}\ni_m\cos(\xi_m\theta)\,\times \\
&\times\sum_{n=1}^{\infty}\frac{\xi_n^2 J'_{\mathcal{M}}(\xi_n a)\left\{\xi_n J'_{\mathcal{M}}(\xi_n b)+\lambda J_{\mathcal{M}}(\xi_n b)\right\}\mathcal{V}_{\mathcal{N}\mathcal{M}}(\xi r,a)}{\left[\left\{\xi_n^2+\lambda^2-\left(\frac{\mathcal{M}}{b}\right)^2\right\}J_{\mathcal{M}}'^2(\xi_n a)-\left\{1-\left(\frac{\mathcal{M}}{\xi_n a}\right)^2\right\}\left\{\xi_n J'_{\mathcal{M}}(\xi_n b)+\lambda J_{\mathcal{M}}(\xi_n b)\right\}^2\right]}\times \\
&\times\sum_{l=1}^{\infty}\frac{\overline{\overline{\overline{\psi}}}_b(\xi_m,\xi_l,s)\left(\xi_l^2+\lambda_d^2\right)\sin(\xi_l z)}{\left\{d\left(\xi_l^2+\lambda_d^2\right)+\lambda_d\right\}\left(\eta_r\xi_n^2+\eta_z\xi_l^2+s\right)}+ \\
&+\frac{2\pi^2}{\vartheta}\sum_{m=0}^{\infty}\ni_m\cos(\xi_m\theta)\,\times \\
&\times\sum_{n=1}^{\infty}\frac{\xi_n^2\left\{\xi_n J'_{\mathcal{M}}(\xi_n b)+\lambda J_{\mathcal{M}}(\xi_n b)\right\}^2 \mathcal{V}_{\mathcal{N}\mathcal{M}}(\xi r,a)}{\left[\left\{\xi_n^2+\lambda^2-\left(\frac{\mathcal{M}}{b}\right)^2\right\}J_{\mathcal{M}}'^2(\xi_n a)-\left\{1-\left(\frac{\mathcal{M}}{\xi_n a}\right)^2\right\}\left\{\xi_n J'_{\mathcal{M}}(\xi_n b)+\lambda J_{\mathcal{M}}(\xi_n b)\right\}^2\right]}\times \\
&\times\sum_{l=1}^{\infty}\frac{\left(\xi_l^2+\lambda_d^2\right)\left\{\eta_z\xi_l\overline{\overline{\overline{\psi}}}_{\theta 0}(\xi_n,\xi_m,s)-\frac{\sin(\xi_l d)}{\phi c_t}\overline{\overline{\overline{\psi}}}_{\theta d}(\xi_n,\xi_m,s)\right\}\sin(\xi_l z)}{\left\{d\left(\xi_l^2+\lambda_d^2\right)+\lambda_d\right\}\left(\eta_r\xi_n^2+\eta_z\xi_l^2+s\right)}+ \\
&+\frac{2\pi^2}{\vartheta\phi c_t}\sum_{m=0}^{\infty}\ni_m\cos(\xi_m\theta)\,\times \\
&\times\sum_{n=1}^{\infty}\frac{\xi_n^2\left\{\xi_n J'_{\mathcal{M}}(\xi_n b)+\lambda J_{\mathcal{M}}(\xi_n b)\right\}^2 \mathcal{V}_{\mathcal{N}\mathcal{M}}(\xi r,a)}{\left[\left\{\xi_n^2+\lambda^2-\left(\frac{\mathcal{M}}{b}\right)^2\right\}J_{\mathcal{M}}'^2(\xi_n a)-\left\{1-\left(\frac{\mathcal{M}}{\xi_n a}\right)^2\right\}\left\{\xi_n J'_{\mathcal{M}}(\xi_n b)+\lambda J_{\mathcal{M}}(\xi_n b)\right\}^2\right]}\times
\end{aligned}
$$

$$\times \int_0^a \frac{\mathcal{V}_{\mathcal{NM}}(\xi_n u, a)}{u} \int_0^d \left\{ \overline{\psi}_{0z}(u,w,s) + (-1)^{m+1} \overline{\psi}_{\vartheta z}(u,w,s) \right\} \times$$

$$\times \sum_{l=1}^{\infty} \frac{\left(\xi_l^2 + \lambda_d^2\right) \sin(\xi_l w) \sin(\xi_l z)}{\left\{ d\left(\xi_l^2 + \lambda_d^2\right) + \lambda_d \right\} \left(\eta_r \xi_n^2 + \eta_z \xi_l^2 + s\right)} dw du +$$

$$+ \frac{2\pi^2}{\vartheta} \sum_{m=0}^{\infty} \ni_m \cos(\xi_m \theta) \times$$

$$\times \sum_{n=1}^{\infty} \frac{\xi_n^2 \left\{ \xi_n J'_{\mathcal{M}}(\xi_n b) + \lambda J_{\mathcal{M}}(\xi_n b) \right\}^2 \mathcal{V}_{\mathcal{NM}}(\xi r, a)}{\left[\left\{ \xi_n^2 + \lambda^2 - \left(\frac{\mathcal{M}}{b}\right)^2 \right\} J_{\mathcal{M}}'^2(\xi_n a) - \left\{ 1 - \left(\frac{\mathcal{M}}{\xi_n a}\right)^2 \right\} \left\{ \xi_n J'_{\mathcal{M}}(\xi_n b) + \lambda J_{\mathcal{M}}(\xi_n b) \right\}^2 \right]} \times$$

$$\times \sum_{l=1}^{\infty} \frac{\overline{\overline{\overline{\varphi}}}(\xi_n, \xi_m, \xi_l) \left(\xi_l^2 + \lambda_d^2\right) \sin(\xi_l z)}{\left\{ d\left(\xi_l^2 + \lambda_d^2\right) + \lambda_d \right\} \left(\eta_r \xi_n^2 + \eta_z \xi_l^2 + s\right)} \quad (29.41.1)$$

where $\mathcal{V}_{\mathcal{NM}}(\xi_n r, a) = J_{\mathcal{M}}(\xi_n r) Y'_{\mathcal{M}}(\xi_n a) - Y_{\mathcal{M}}(\xi_n r) J'_{\mathcal{M}}(\xi_n a)$, ξ_n, $n = 1, 2, ...$, are the positive roots of the transcendental equation $\xi_n \mathcal{V}'_{\mathcal{NM}}(\xi_n b, a) + \lambda \mathcal{V}_{\mathcal{NM}}(\xi_n b, a) = 0$, ξ_l are the positive roots of $\xi_l \cot(\xi_l d) = -\lambda_d$, $l = 1, 2, ...$, $\xi_m = \frac{m\pi}{d}$, $m = 0, 1, ...$, $\overline{\overline{\overline{\psi}}}_{\theta 0}(\xi_n, \xi_m, s) = \int_0^a u \mathcal{V}_{\mathcal{NM}}(\xi_n u, a) \int_0^{\vartheta} \overline{\psi}_0(u, v, s) \cos(\xi_m v) dv du$,
$\overline{\overline{\overline{\psi}}}_{\theta d}(\xi_n, \xi_m, s) = \int_0^a u \mathcal{V}_{\mathcal{NM}}(\xi_n u, a) \int_0^{\vartheta} \overline{\psi}_{\theta d}(u, v, s) \cos(\xi_m v) dv du$,
$\overline{\overline{\overline{\psi}}}_a(\xi_m, \xi_l, s) = \int_0^{\vartheta} \cos(\xi_m v) \int_0^d \overline{\psi}_a(v, w, s) \sin(\xi_l w)\, dw dv$,
$\overline{\overline{\overline{\psi}}}_b(\xi_m, \xi_l, s) = \int_0^{\vartheta} \cos(\xi_m v) \int_0^d \overline{\psi}_b(v, w, s) \sin(\xi_l w)\, dw dv$ and
$\overline{\overline{\overline{\varphi}}}(\xi_n, \xi_m, \xi_l) = \int_0^a u \mathcal{V}_{\mathcal{NM}}(\xi_n u, a) \int_0^{\vartheta} \cos(\xi_m v) \int_0^d \varphi(u, v, w) \sin(\xi_l w)\, dw dv du$.

$$p = \frac{2\pi^2 U(t - t_0)}{\vartheta \phi c_t} \sum_{m=0}^{\infty} \ni_m \cos(\xi_m \theta_0) \cos(\xi_m \theta) \times$$

$$\times \sum_{n=1}^{\infty} \frac{\xi_n^2 \left\{ \xi_n J'_{\mathcal{M}}(\xi_n b) + \lambda J_{\mathcal{M}}(\xi_n b) \right\}^2 \mathcal{V}_{\mathcal{NM}}(\xi r_0, a) \mathcal{V}_{\mathcal{NM}}(\xi r, a)}{\left[\left\{ \xi_n^2 + \lambda^2 - \left(\frac{\mathcal{M}}{b}\right)^2 \right\} J_{\mathcal{M}}'^2(\xi_n a) - \left\{ 1 - \left(\frac{\mathcal{M}}{\xi_n a}\right)^2 \right\} \left\{ \xi_n J'_{\mathcal{M}}(\xi_n b) + \lambda J_{\mathcal{M}}(\xi_n b) \right\}^2 \right]} \times$$

$$\times \sum_{l=1}^{\infty} \frac{\left(\xi_l^2 + \lambda_d^2\right) \sin(\xi_l z_0) \sin(\xi_l z) \int_0^{t - t_0} q(t - t_0 - \tau) e^{-\left(\eta_r \xi_n^2 + \eta_z \xi_l^2\right)\tau} d\tau}{\left\{ d\left(\xi_l^2 + \lambda_d^2\right) + \lambda_d \right\}} +$$

$$+ \frac{4\pi}{\vartheta \phi c_t} \sum_{m=0}^{\infty} \ni_m \cos(\xi_m \theta) \times$$

$$\times \sum_{n=1}^{\infty} \frac{\xi_n \left\{ \xi_n J'_{\mathcal{M}}(\xi_n b) + \lambda J_{\mathcal{M}}(\xi_n b) \right\}^2 \mathcal{V}_{\mathcal{NM}}(\xi r, a)}{\left[\left\{ \xi_n^2 + \lambda^2 - \left(\frac{\mathcal{M}}{b}\right)^2 \right\} J_{\mathcal{M}}'^2(\xi_n a) - \left\{ 1 - \left(\frac{\mathcal{M}}{\xi_n a}\right)^2 \right\} \left\{ \xi_n J'_{\mathcal{M}}(\xi_n b) + \lambda J_{\mathcal{M}}(\xi_n b) \right\}^2 \right]} \times$$

$$\times \sum_{l=1}^{\infty} \frac{\left(\xi_l^2 + \lambda_d^2\right) \sin(\xi_l z) \int_0^t \overline{\overline{\overline{\psi}}}_a(\xi_m, \xi_l, t - \tau) e^{-\left(\eta_r \xi_n^2 + \eta_z \xi_l^2\right)\tau} d\tau}{\left\{ d\left(\xi_l^2 + \lambda_d^2\right) + \lambda_d \right\}} -$$

$$- \frac{4\pi}{\vartheta \phi c_t} \sum_{m=0}^{\infty} \ni_m \cos(\xi_m \theta) \times$$

$$\times \sum_{n=1}^{\infty} \frac{\xi_n^2 J'_{\mathcal{M}}(\xi_n a) \left\{ \lambda J_{\mathcal{M}}(\xi_n b) - \xi_n J'_{\mathcal{M}}(\xi_n b) \right\} \mathcal{V}_{\mathcal{NM}}(\xi r, a)}{\left[\left\{ \xi_n^2 + \lambda^2 - \left(\frac{\mathcal{M}}{b}\right)^2 \right\} J_{\mathcal{M}}'^2(\xi_n a) - \left\{ 1 - \left(\frac{\mathcal{M}}{\xi_n a}\right)^2 \right\} \left\{ \xi_n J'_{\mathcal{M}}(\xi_n b) + \lambda J_{\mathcal{M}}(\xi_n b) \right\}^2 \right]} \times$$

$$\times \sum_{l=1}^{\infty} \frac{\left(\xi_l^2 + \lambda_d^2\right) \sin(\xi_l z) \int_0^t \overline{\overline{\overline{\psi}}}_b(\xi_m, \xi_l, t - \tau) e^{-\left(\eta_r \xi_n^2 + \eta_z \xi_l^2\right)\tau} d\tau}{\left\{ d\left(\xi_l^2 + \lambda_d^2\right) + \lambda_d \right\}} +$$

$$+\frac{2\pi^2}{\vartheta}\sum_{m=0}^{\infty}\ni_m\cos(\xi_m\theta)\times$$
$$\times\sum_{n=1}^{\infty}\frac{\xi_n^2\left\{\xi_n J'_{\mathcal{M}}(\xi_n b)+\lambda J_{\mathcal{M}}(\xi_n b)\right\}^2\mathcal{V}_{\mathcal{NM}}(\xi r,a)}{\left[\left\{\xi_n^2+\lambda^2-\left(\frac{\mathcal{M}}{b}\right)^2\right\}J'^2_{\mathcal{M}}(\xi_n a)-\left\{1-\left(\frac{\mathcal{M}}{\xi_n a}\right)^2\right\}\left\{\xi_n J'_{\mathcal{M}}(\xi_n b)+\lambda J_{\mathcal{M}}(\xi_n b)\right\}^2\right]}\times$$
$$\times\sum_{l=1}^{\infty}\frac{\left(\xi_l^2+\lambda_d^2\right)\sin(\xi_l z)\int_0^t\left\{\eta_z\xi_l\overline{\overline{\psi}}_{\theta 0}(\xi_n,\xi_m,t-\tau)-\frac{\sin(\xi_l d)}{\phi c_t}\overline{\overline{\psi}}_{\theta d}(\xi_n,\xi_m,t-\tau)\right\}e^{-\left(\eta_r\xi_n^2+\eta_z\xi_l^2\right)\tau}d\tau}{\left\{d\left(\xi_l^2+\lambda_d^2\right)+\lambda_d\right\}}+$$
$$+\frac{2\pi^2}{\vartheta\phi c_t}\sum_{m=0}^{\infty}\ni_m\cos(\xi_m\theta)\times$$
$$\times\sum_{n=1}^{\infty}\frac{\xi_n^2\left\{\xi_n J'_{\mathcal{M}}(\xi_n b)+\lambda J_{\mathcal{M}}(\xi_n b)\right\}^2\mathcal{V}_{\mathcal{NM}}(\xi r,a)}{\left[\left\{\xi_n^2+\lambda^2-\left(\frac{\mathcal{M}}{b}\right)^2\right\}J'^2_{\mathcal{M}}(\xi_n a)-\left\{1-\left(\frac{\mathcal{M}}{\xi_n a}\right)^2\right\}\left\{\xi_n J'_{\mathcal{M}}(\xi_n b)+\lambda J_{\mathcal{M}}(\xi_n b)\right\}^2\right]}\times$$
$$\times\int_0^a\frac{\mathcal{V}_{\mathcal{NM}}(\xi_n u,a)}{u}\int_0^d\int_0^t e^{-\eta_r\xi_n^2\tau}\left\{\psi_{0z}(u,w,t-\tau)+(-1)^{m+1}\psi_{\vartheta z}(u,w,t-\tau)\right\}\times$$
$$\times\sum_{l=1}^{\infty}\frac{\left(\xi_l^2+\lambda_d^2\right)\sin(\xi_l w)\sin(\xi_l z)e^{-\eta_z\xi_l^2\tau}}{\left\{d\left(\xi_l^2+\lambda_d^2\right)+\lambda_d\right\}}d\tau dw du+$$
$$+\frac{2\pi^2}{\vartheta}\sum_{m=0}^{\infty}\ni_m\cos(\xi_m\theta)\times$$
$$\times\sum_{n=1}^{\infty}\frac{\xi_n^2\left\{\xi_n J'_{\mathcal{M}}(\xi_n b)+\lambda J_{\mathcal{M}}(\xi_n b)\right\}^2\mathcal{V}_{\mathcal{NM}}(\xi r,a)e^{-\eta_r\xi_n^2 t}}{\left[\left\{\xi_n^2+\lambda^2-\left(\frac{\mathcal{M}}{b}\right)^2\right\}J'^2_{\mathcal{M}}(\xi_n a)-\left\{1-\left(\frac{\mathcal{M}}{\xi_n a}\right)^2\right\}\left\{\xi_n J'_{\mathcal{M}}(\xi_n b)+\lambda J_{\mathcal{M}}(\xi_n b)\right\}^2\right]}\times$$
$$\times\sum_{l=1}^{\infty}\frac{\overline{\overline{\varphi}}(\xi_n,\xi_m,\xi_l)\left(\xi_l^2+\lambda_d^2\right)\sin(\xi_l z)e^{-\eta_z\xi_l^2 t}}{\left\{d\left(\xi_l^2+\lambda_d^2\right)+\lambda_d\right\}}\qquad(29.41.2)$$

where $\overline{\overline{\psi}}_a(\xi_m,\xi_l,t)=\int_0^\vartheta\cos(\xi_m v)\int_0^d\psi_a(v,w,t)\sin(\xi_l w)\,dwdv$,
$\overline{\overline{\psi}}_b(\xi_m,\xi_l,t)=\int_0^\vartheta\cos(\xi_m v)\int_0^d\psi_b(v,w,t)\sin(\xi_l w)\,dwdv$,
$\overline{\overline{\psi}}_{\theta 0}(\xi_n,\xi_m,t)=\int_0^a u\mathcal{V}_{\mathcal{NM}}(\xi_n u,a)\int_0^\vartheta\psi_0(u,v,t)\cos(\xi_m v)dvdu$ and
$\overline{\overline{\psi}}_{\theta d}(\xi_n,\xi_m,t)=\int_0^a u\mathcal{V}_{\mathcal{NM}}(\xi_n u,a)\int_0^\vartheta\psi_{\theta d}(u,v,t)\cos(\xi_m v)dvdu$.

29.42

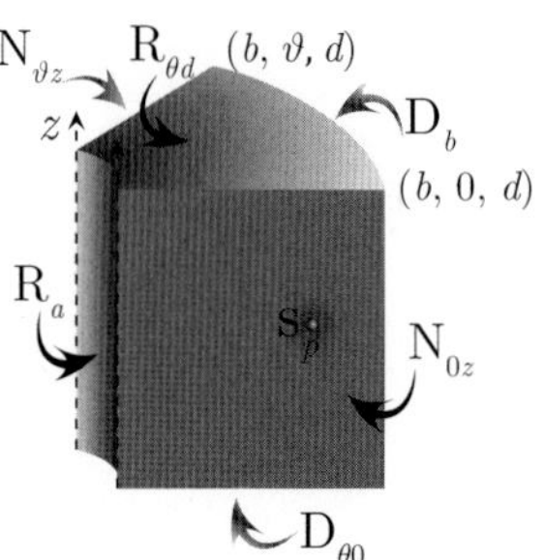

The problem of 29.36, except
$\mathbf{D}_{\theta 0}\equiv p(r,\theta,0,t)=\psi_{\theta 0}(r,\theta,t)$,
$\mathbf{R}_{\theta d}\equiv\frac{\partial p(r,\theta,d,t)}{\partial z}+\lambda_d p(r,\theta,d,t)=-\left(\frac{\mu}{k_z}\right)\psi_{\theta d}(r,\theta,t)$,
$\mathbf{R}_a\equiv\frac{\partial p(a,\theta,z,t)}{\partial r}-\lambda p(a,\theta,z,t)=-\left(\frac{\mu}{k_r}\right)\psi_a(\theta,z,t)$,
$\mathbf{D}_b\equiv p(b,\theta,z,t)=\psi_b(\theta,z,t)$,
$\mathbf{N}_{0z}\equiv\frac{\partial p(r,0,z,t)}{\partial\theta}=-\left(\frac{\mu}{k_\theta}\right)\psi_{0z}(r,z,t)$ and
$\mathbf{N}_{\vartheta z}\equiv\frac{\partial p(r,\vartheta,z,t)}{\partial\theta}=-\left(\frac{\mu}{k_\theta}\right)\psi_{\vartheta z}(r,z,t)$

$$\overline{p}=\frac{2\pi^2 q(s)e^{-st_0}}{\vartheta\phi c_t}\sum_{m=0}^{\infty}\ni_m\cos(\xi_m\theta_0)\cos(\xi_m\theta)\times$$
$$\times\sum_{n=1}^{\infty}\frac{\xi_n^2\left\{\xi_n J'_{\mathcal{M}}(\xi_n a)-\lambda J_{\mathcal{M}}(\xi_n a)\right\}^2\mathcal{V}_{\mathcal{DM}}(\xi r_0,b)\mathcal{V}_{\mathcal{DM}}(\xi r,b)}{\left[\left\{\xi_n J'_{\mathcal{M}}(\xi_n a)-\lambda J_{\mathcal{M}}(\xi_n a)\right\}^2-\left\{\xi_n^2+\lambda^2-\left(\frac{\mathcal{M}}{a}\right)^2\right\}J^2_{\mathcal{M}}(\xi_n b)\right]}\times$$

$$\times\sum_{l=1}^{\infty}\frac{\left(\xi_l^2+\lambda_d^2\right)\sin\left(\xi_l z_0\right)\sin\left(\xi_l z\right)}{\left\{d\left(\xi_l^2+\lambda_d^2\right)+\lambda_d\right\}\left(\eta_r\xi_n^2+\eta_z\xi_l^2+s\right)}+$$

$$+\frac{4\pi}{\vartheta\phi c_t}\sum_{m=0}^{\infty}\ni_m\cos\left(\xi_m\theta\right)\sum_{n=1}^{\infty}\frac{\xi_n^2 J_{\mathcal{M}}\left(\xi_n b\right)\left\{\xi_n J'_{\mathcal{M}}\left(\xi_n a\right)-\lambda J_{\mathcal{M}}\left(\xi_n a\right)\right\}\mathcal{V}_{\mathcal{DM}}\left(\xi r,b\right)}{\left[\left\{\xi_n J'_{\mathcal{M}}\left(\xi_n a\right)-\lambda J_{\mathcal{M}}\left(\xi_n a\right)\right\}^2-\left\{\xi_n^2+\lambda^2-\left(\frac{\mathcal{M}}{a}\right)^2\right\}J_{\mathcal{M}}^2\left(\xi_n b\right)\right]}\times$$

$$\times\sum_{l=1}^{\infty}\frac{\overline{\overline{\overline{\psi}}}_a\left(\xi_m,\xi_l,s\right)\left(\xi_l^2+\lambda_d^2\right)\sin\left(\xi_l z\right)}{\left\{d\left(\xi_l^2+\lambda_d^2\right)+\lambda_d\right\}\left(\eta_r\xi_n^2+\eta_z\xi_l^2+s\right)}+$$

$$+\frac{4\pi\eta_r}{\vartheta}\sum_{m=0}^{\infty}\ni_m\cos\left(\xi_m\theta\right)\sum_{n=1}^{\infty}\frac{\xi_n^2\left\{\xi_n J'_{\mathcal{M}}\left(\xi_n a\right)-\lambda J_{\mathcal{M}}\left(\xi_n a\right)\right\}^2\mathcal{V}_{\mathcal{DM}}\left(\xi r,b\right)}{\left[\left\{\xi_n J'_{\mathcal{M}}\left(\xi_n a\right)-\lambda J_{\mathcal{M}}\left(\xi_n a\right)\right\}^2-\left\{\xi_n^2+\lambda^2-\left(\frac{\mathcal{M}}{a}\right)^2\right\}J_{\mathcal{M}}^2\left(\xi_n b\right)\right]}\times$$

$$\times\sum_{l=1}^{\infty}\frac{\overline{\overline{\overline{\psi}}}_b\left(\xi_m,\xi_l,s\right)\left(\xi_l^2+\lambda_d^2\right)\sin\left(\xi_l z\right)}{\left\{d\left(\xi_l^2+\lambda_d^2\right)+\lambda_d\right\}\left(\eta_r\xi_n^2+\eta_z\xi_l^2+s\right)}+$$

$$+\frac{2\pi^2}{\vartheta}\sum_{m=0}^{\infty}\ni_m\cos\left(\xi_m\theta\right)\sum_{n=1}^{\infty}\frac{\xi_n^2\left\{\xi_n J'_{\mathcal{M}}\left(\xi_n a\right)-\lambda J_{\mathcal{M}}\left(\xi_n a\right)\right\}^2\mathcal{V}_{\mathcal{DM}}\left(\xi r,b\right)}{\left[\left\{\xi_n J'_{\mathcal{M}}\left(\xi_n a\right)-\lambda J_{\mathcal{M}}\left(\xi_n a\right)\right\}^2-\left\{\xi_n^2+\lambda^2-\left(\frac{\mathcal{M}}{a}\right)^2\right\}J_{\mathcal{M}}^2\left(\xi_n b\right)\right]}\times$$

$$\times\sum_{l=1}^{\infty}\frac{\left(\xi_l^2+\lambda_d^2\right)\left\{\eta_z\xi_l\overline{\overline{\overline{\psi}}}_{\theta 0}\left(\xi_n,\xi_m,s\right)-\frac{\sin(\xi_l d)}{\phi c_t}\overline{\overline{\overline{\psi}}}_{\theta d}\left(\xi_n,\xi_m,s\right)\right\}\sin\left(\xi_l z\right)}{\left\{d\left(\xi_l^2+\lambda_d^2\right)+\lambda_d\right\}\left(\eta_r\xi_n^2+\eta_z\xi_l^2+s\right)}+$$

$$+\frac{2\pi^2}{\vartheta\phi c_t}\sum_{m=0}^{\infty}\ni_m\cos\left(\xi_m\theta\right)\times$$

$$\times\sum_{n=1}^{\infty}\frac{\xi_n^2\left\{\xi_n J'_{\mathcal{M}}\left(\xi_n a\right)-\lambda J_{\mathcal{M}}\left(\xi_n a\right)\right\}^2\mathcal{V}_{\mathcal{DM}}\left(\xi r,b\right)}{\left[\left\{\xi_n J'_{\mathcal{M}}\left(\xi_n a\right)-\lambda J_{\mathcal{M}}\left(\xi_n a\right)\right\}^2-\left\{\xi_n^2+\lambda^2-\left(\frac{\mathcal{M}}{a}\right)^2\right\}J_{\mathcal{M}}^2\left(\xi_n b\right)\right]}\times$$

$$\times\int_0^a\frac{\mathcal{V}_{\mathcal{NM}}\left(\xi_n u,a\right)}{u}\int_0^d\left\{\overline{\psi}_{0z}\left(u,w,s\right)+(-1)^{m+1}\overline{\psi}_{\vartheta z}\left(u,w,s\right)\right\}\times$$

$$\times\sum_{l=1}^{\infty}\frac{\left(\xi_l^2+\lambda_d^2\right)\sin\left(\xi_l w\right)\sin\left(\xi_l z\right)}{\left\{d\left(\xi_l^2+\lambda_d^2\right)+\lambda_d\right\}\left(\eta_r\xi_n^2+\eta_z\xi_l^2+s\right)}dwdu+$$

$$+\frac{2\pi^2}{\vartheta}\sum_{m=0}^{\infty}\ni_m\cos\left(\xi_m\theta\right)\sum_{n=1}^{\infty}\frac{\xi_n^2\left\{\xi_n J'_{\mathcal{M}}\left(\xi_n a\right)-\lambda J_{\mathcal{M}}\left(\xi_n a\right)\right\}^2\mathcal{V}_{\mathcal{DM}}\left(\xi r,b\right)}{\left[\left\{\xi_n J'_{\mathcal{M}}\left(\xi_n a\right)-\lambda J_{\mathcal{M}}\left(\xi_n a\right)\right\}^2-\left\{\xi_n^2+\lambda^2-\left(\frac{\mathcal{M}}{a}\right)^2\right\}J_{\mathcal{M}}^2\left(\xi_n b\right)\right]}\times$$

$$\times\sum_{l=1}^{\infty}\frac{\overline{\overline{\overline{\varphi}}}\left(\xi_n,\xi_m,\xi_l\right)\left(\xi_l^2+\lambda_d^2\right)\sin\left(\xi_l z\right)}{\left\{d\left(\xi_l^2+\lambda_d^2\right)+\lambda_d\right\}\left(\eta_r\xi_n^2+\eta_z\xi_l^2+s\right)}\tag{29.42.1}$$

where $\mathcal{V}_{\mathcal{DM}}\left(\xi_n r,b\right)=J_{\mathcal{M}}\left(\xi_n r\right)Y_{\mathcal{M}}\left(\xi_n b\right)-Y_{\mathcal{M}}\left(\xi_n r\right)J_{\mathcal{M}}\left(\xi_n b\right)$, ξ_n, $n=1,2,...$, are the positive roots of the transcendental equation $\lambda\mathcal{V}_{\mathcal{DM}}\left(\xi_n a,b\right)-\xi_n\mathcal{V}'_{\mathcal{DM}}\left(\xi_n a,b\right)=0$, ξ_l are the positive roots of $\xi_l\cot\left(\xi_l d\right)=-\lambda_d$, $l=1,2,...$, $\xi_m=\frac{m\pi}{d}, m=0,1,...$, $\overline{\overline{\overline{\psi}}}_{\theta 0}\left(\xi_n,\xi_m,s\right)=\int_0^a u\mathcal{V}_{\mathcal{DM}}\left(\xi_n u,a\right)\int_0^{\vartheta}\overline{\psi}_0\left(u,v,s\right)\cos\left(\xi_m v\right)dvdu$,
$\overline{\overline{\overline{\psi}}}_{\theta d}\left(\xi_n,\xi_m,s\right)=\int_0^a u\mathcal{V}_{\mathcal{DM}}\left(\xi_n u,a\right)\int_0^{\vartheta}\overline{\psi}_{\theta d}\left(u,v,s\right)\cos\left(\xi_m v\right)dvdu$,
$\overline{\overline{\overline{\psi}}}_a\left(\xi_m,\xi_l,s\right)=\int_0^{\vartheta}\cos\left(\xi_m v\right)\int_0^d\overline{\psi}_a\left(v,w,s\right)\sin\left(\xi_l w\right)dwdv$,
$\overline{\overline{\overline{\psi}}}_b\left(\xi_m,\xi_l,s\right)=\int_0^{\vartheta}\cos\left(\xi_m v\right)\int_0^d\overline{\psi}_b\left(v,w,s\right)\sin\left(\xi_l w\right)dwdv$ and
$\overline{\overline{\overline{\varphi}}}\left(\xi_n,\xi_m,\xi_l\right)=\int_0^a u\mathcal{V}_{\mathcal{DM}}\left(\xi_n u,a\right)\int_0^{\vartheta}\cos\left(\xi_m v\right)\int_0^d\varphi\left(u,v,w\right)\sin\left(\xi_l w\right)dwdvdu$.

$$
\begin{aligned}
p \; = \; & \frac{2\pi^2 U(t-t_0)}{\vartheta\phi c_t}\sum_{m=0}^{\infty}\ni_m \cos(\xi_m\theta_0)\cos(\xi_m\theta)\times \\
& \times\sum_{n=1}^{\infty}\frac{\xi_n^2\left\{\lambda J_{\mathcal{M}}(\xi_n a)+\xi_n J'_{\mathcal{M}}(\xi_n a)\right\}^2\mathcal{V}_{\mathcal{DM}}(\xi r_0,b)\,\mathcal{V}_{\mathcal{DM}}(\xi r,b)}{\left[\left\{\xi_n J'_{\mathcal{M}}(\xi_n a)-\lambda J_{\mathcal{M}}(\xi_n a)\right\}^2-\left\{\xi_n^2+\lambda^2-\left(\frac{\mathcal{M}}{a}\right)^2\right\}J_{\mathcal{M}}^2(\xi_n b)\right]}\times \\
& \times\sum_{l=1}^{\infty}\frac{\left(\xi_l^2+\lambda_d^2\right)\sin(\xi_l z_0)\sin(\xi_l z)\int_0^{t-t_0}q(t-t_0-\tau)\,e^{-\left(\eta_r\xi_n^2+\eta_z\xi_l^2\right)\tau}d\tau}{\left\{d\left(\xi_l^2+\lambda_d^2\right)+\lambda_d\right\}}+ \\
& +\frac{4\pi}{\vartheta\phi c_t}\sum_{m=0}^{\infty}\ni_m\cos(\xi_m\theta)\sum_{n=1}^{\infty}\frac{\xi_n^2 J_{\mathcal{M}}(\xi_n b)\left\{\xi_n J'_{\mathcal{M}}(\xi_n a)-\lambda J_{\mathcal{M}}(\xi_n a)\right\}\mathcal{V}_{\mathcal{DM}}(\xi r,b)}{\left[\left\{\xi_n J'_{\mathcal{M}}(\xi_n a)-\lambda J_{\mathcal{M}}(\xi_n a)\right\}^2-\left\{\xi_n^2+\lambda^2-\left(\frac{\mathcal{M}}{a}\right)^2\right\}J_{\mathcal{M}}^2(\xi_n b)\right]}\times \\
& \times\sum_{l=1}^{\infty}\frac{\left(\xi_l^2+\lambda_d^2\right)\sin(\xi_l z)\int_0^t\overline{\overline{\psi}}_a(\xi_m,\xi_l,t-\tau)\,e^{-\left(\eta_r\xi_n^2+\eta_z\xi_l^2\right)\tau}d\tau}{\left\{d\left(\xi_l^2+\lambda_d^2\right)+\lambda_d\right\}}+ \\
& +\frac{4\pi\eta_r}{\vartheta}\sum_{m=0}^{\infty}\ni_m\cos(\xi_m\theta)\sum_{n=1}^{\infty}\frac{\xi_n^2\left\{\xi_n J'_{\mathcal{M}}(\xi_n a)-\lambda J_{\mathcal{M}}(\xi_n a)\right\}^2\mathcal{V}_{\mathcal{DM}}(\xi r,b)}{\left[\left\{\xi_n J'_{\mathcal{M}}(\xi_n a)-\lambda J_{\mathcal{M}}(\xi_n a)\right\}^2-\left\{\xi_n^2+\lambda^2-\left(\frac{\mathcal{M}}{a}\right)^2\right\}J_{\mathcal{M}}^2(\xi_n b)\right]}\times \\
& \times\sum_{l=1}^{\infty}\frac{\left(\xi_l^2+\lambda_d^2\right)\sin(\xi_l z)\int_0^t\overline{\overline{\psi}}_b(\xi_m,\xi_l,t-\tau)\,e^{-\left(\eta_r\xi_n^2+\eta_z\xi_l^2\right)\tau}d\tau}{\left\{d\left(\xi_l^2+\lambda_d^2\right)+\lambda_d\right\}}+ \\
& +\frac{2\pi^2}{\vartheta}\sum_{m=0}^{\infty}\ni_m\cos(\xi_m\theta)\sum_{n=1}^{\infty}\frac{\xi_n^2\left\{\xi_n J'_{\mathcal{M}}(\xi_n a)-\lambda J_{\mathcal{M}}(\xi_n a)\right\}^2\mathcal{V}_{\mathcal{DM}}(\xi r,b)}{\left[\left\{\xi_n J'_{\mathcal{M}}(\xi_n a)-\lambda J_{\mathcal{M}}(\xi_n a)\right\}^2-\left\{\xi_n^2+\lambda^2-\left(\frac{\mathcal{M}}{a}\right)^2\right\}J_{\mathcal{M}}^2(\xi_n b)\right]}\times \\
& \times\sum_{l=1}^{\infty}\frac{\left(\xi_l^2+\lambda_d^2\right)\sin(\xi_l z)\int_0^t\left\{\eta_z\xi_l\overline{\overline{\psi}}_{\theta 0}(\xi_n,\xi_m,t-\tau)-\frac{\sin(\xi_l d)}{\phi c_t}\overline{\overline{\psi}}_{\theta d}(\xi_n,\xi_m,t-\tau)\right\}e^{-\left(\eta_r\xi_n^2+\eta_z\xi_l^2\right)\tau}d\tau}{\left\{d\left(\xi_l^2+\lambda_d^2\right)+\lambda_d\right\}}+ \\
& +\frac{2\pi^2}{\vartheta\phi c_t}\sum_{m=0}^{\infty}\ni_m\cos(\xi_m\theta)\sum_{n=1}^{\infty}\frac{\xi_n^2\left\{\xi_n J'_{\mathcal{M}}(\xi_n a)-\lambda J_{\mathcal{M}}(\xi_n a)\right\}^2\mathcal{V}_{\mathcal{DM}}(\xi r,b)}{\left[\left\{\xi_n J'_{\mathcal{M}}(\xi_n a)-\lambda J_{\mathcal{M}}(\xi_n a)\right\}^2-\left\{\xi_n^2+\lambda^2-\left(\frac{\mathcal{M}}{a}\right)^2\right\}J_{\mathcal{M}}^2(\xi_n b)\right]}\times \\
& \times\int_0^a\frac{\mathcal{V}_{\mathcal{NM}}(\xi_n u,a)}{u}\int_0^d\int_0^t e^{-\eta_r\xi_n^2\tau}\left\{\psi_{0z}(u,w,t-\tau)+(-1)^{m+1}\psi_{\vartheta z}(u,w,t-\tau)\right\}\times \\
& \times\sum_{l=1}^{\infty}\frac{\left(\xi_l^2+\lambda_d^2\right)\sin(\xi_l w)\sin(\xi_l z)\,e^{-\eta_z\xi_l^2\tau}}{\left\{d\left(\xi_l^2+\lambda_d^2\right)+\lambda_d\right\}}d\tau dw du+ \\
& +\frac{2\pi^2}{\vartheta}\sum_{m=0}^{\infty}\ni_m\cos(\xi_m\theta)\sum_{n=1}^{\infty}\frac{\xi_n^2\left\{\xi_n J'_{\mathcal{M}}(\xi_n a)-\lambda J_{\mathcal{M}}(\xi_n a)\right\}^2\mathcal{V}_{\mathcal{DM}}(\xi r,b)}{\left[\left\{\xi_n J'_{\mathcal{M}}(\xi_n a)-\lambda J_{\mathcal{M}}(\xi_n a)\right\}^2-\left\{\xi_n^2+\lambda^2-\left(\frac{\mathcal{M}}{a}\right)^2\right\}J_{\mathcal{M}}^2(\xi_n b)\right]}\times \\
& \times\sum_{l=1}^{\infty}\frac{\overline{\overline{\overline{\varphi}}}(\xi_n,\xi_m,\xi_l)\left(\xi_l^2+\lambda_d^2\right)\sin(\xi_l z)\,e^{-\eta_z\xi_l^2 t}}{\left\{d\left(\xi_l^2+\lambda_d^2\right)+\lambda_d\right\}}
\end{aligned}
\tag{29.42.2}
$$

where $\overline{\overline{\psi}}_a(\xi_m,\xi_l,t)=\int_0^{\vartheta}\cos(\xi_m v)\int_0^d\psi_a(v,w,t)\sin(\xi_l w)\,dwdv$,
$\overline{\overline{\psi}}_b(\xi_m,\xi_l,t)=\int_0^{\vartheta}\cos(\xi_m v)\int_0^d\psi_b(v,w,t)\sin(\xi_l w)\,dwdv$,
$\overline{\overline{\psi}}_{\theta 0}(\xi_n,\xi_m,t)=\int_0^a u\mathcal{V}_{\mathcal{DM}}(\xi_n u,a)\int_0^{\vartheta}\psi_0(u,v,t)\cos(\xi_m v)dvdu$ and
$\overline{\overline{\psi}}_{\theta d}(\xi_n,\xi_m,t)=\int_0^a u\mathcal{V}_{\mathcal{DM}}(\xi_n u,a)\int_0^{\vartheta}\psi_{\theta d}(u,v,t)\cos(\xi_m v)dvdu$.

29.43 **The problem of 29.36, except** $\mathbf{D}_{\theta 0} \equiv p(r,\theta,0,t) = \psi_{\theta 0}(r,\theta,t)$,
$\mathbf{R}_{\theta d} \equiv \frac{\partial p(r,\theta,d,t)}{\partial z} + \lambda_d p(r,\theta,d,t) = -\left(\frac{\mu}{k_z}\right)\psi_{\theta d}(r,\theta,t)$,
$\mathbf{R}_a \equiv \frac{\partial p(a,\theta,z,t)}{\partial r} - \lambda p(a,\theta,z,t) = -\left(\frac{\mu}{k_r}\right)\psi_a(\theta,z,t)$,
$\mathbf{N}_b \equiv \frac{\partial p(b,\theta,z,t)}{\partial r} = -\left(\frac{\mu}{k_r}\right)\psi_b(\theta,z,t)$,
$\mathbf{N}_{0z} \equiv \frac{\partial p(r,0,z,t)}{\partial \theta} = -\left(\frac{\mu}{k_\theta}\right)\psi_{0z}(r,z,t)$ **and**
$\mathbf{N}_{\vartheta z} \equiv \frac{\partial p(r,\vartheta,z,t)}{\partial \theta} = -\left(\frac{\mu}{k_\theta}\right)\psi_{\vartheta z}(r,z,t)$

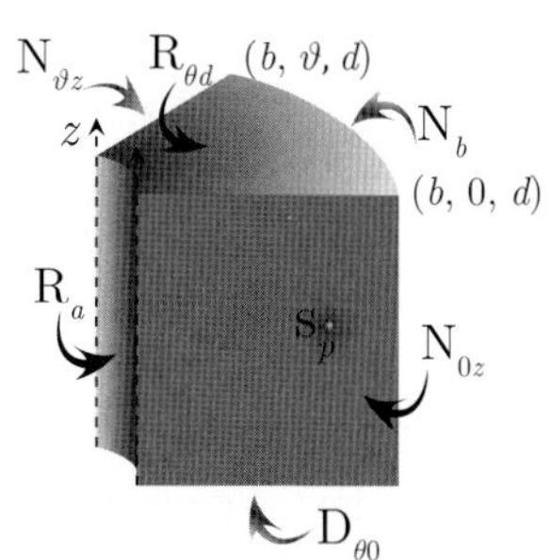

$$\overline{p} = \frac{2\pi^2 q(s)e^{-st_0}}{\vartheta\phi c_t}\sum_{m=0}^{\infty}\ni_m \cos(\xi_m\theta_0)\cos(\xi_m\theta)\times$$
$$\times\sum_{n=1}^{\infty}\frac{\xi_n^2\{\xi_n J'_{\mathcal{M}}(\xi_n a)-\lambda J_{\mathcal{M}}(\xi_n a)\}^2\mathcal{V}_{\mathcal{N}\mathcal{M}}(\xi r_0,b)\mathcal{V}_{\mathcal{N}\mathcal{M}}(\xi r,b)}{\left[\left\{1-\left(\frac{\mathcal{M}}{\xi_n b}\right)^2\right\}\{\xi_n J'_{\mathcal{M}}(\xi_n a)-\lambda J_{\mathcal{M}}(\xi_n a)\}^2-\left\{\xi_n^2+\lambda^2-\left(\frac{\mathcal{M}}{a}\right)^2\right\}J'^2_{\mathcal{M}}(\xi_n b)\right]}\times$$
$$\times\sum_{l=1}^{\infty}\frac{(\xi_l^2+\lambda_d^2)\sin(\xi_l z_0)\sin(\xi_l z)}{\{d(\xi_l^2+\lambda_d^2)+\lambda_d\}(\eta_r\xi_n^2+\eta_z\xi_l^2+s)}-$$
$$-\frac{4\pi}{\vartheta\phi c_t}\sum_{m=0}^{\infty}\ni_m\cos(\xi_m\theta)\sum_{n=1}^{\infty}\frac{\xi_n^2 J'_{\mathcal{M}}(\xi_n b)\{\xi_n J'_{\mathcal{M}}(\xi_n a)-\lambda J_{\mathcal{M}}(\xi_n a)\}\mathcal{V}_{\mathcal{N}\mathcal{M}}(\xi r,b)}{\left[\left\{1-\left(\frac{\mathcal{M}}{\xi_n b}\right)^2\right\}\{\xi_n J'_{\mathcal{M}}(\xi_n a)-\lambda J_{\mathcal{M}}(\xi_n a)\}^2-\left\{\xi_n^2+\lambda^2-\left(\frac{\mathcal{M}}{a}\right)^2\right\}J'^2_{\mathcal{M}}(\xi_n b)\right]}\times$$
$$\times\sum_{l=1}^{\infty}\frac{\overline{\overline{\overline{\psi}}}_a(\xi_m,\xi_l,s)(\xi_l^2+\lambda_d^2)\sin(\xi_l z)}{\{d(\xi_l^2+\lambda_d^2)+\lambda_d\}(\eta_r\xi_n^2+\eta_z\xi_l^2+s)}-$$
$$-\frac{4\pi}{\vartheta\phi c_t}\sum_{m=0}^{\infty}\ni_m\cos(\xi_m\theta)\sum_{n=1}^{\infty}\frac{\xi_n\{\xi_n J'_{\mathcal{M}}(\xi_n a)-\lambda J_{\mathcal{M}}(\xi_n a)\}^2\mathcal{V}_{\mathcal{N}\mathcal{M}}(\xi r,b)}{\left[\left\{1-\left(\frac{\mathcal{M}}{\xi_n b}\right)^2\right\}\{\xi_n J'_{\mathcal{M}}(\xi_n a)-\lambda J_{\mathcal{M}}(\xi_n a)\}^2-\left\{\xi_n^2+\lambda^2-\left(\frac{\mathcal{M}}{a}\right)^2\right\}J'^2_{\mathcal{M}}(\xi_n b)\right]}\times$$
$$\times\sum_{l=1}^{\infty}\frac{\overline{\overline{\overline{\psi}}}_b(\xi_m,\xi_l,s)(\xi_l^2+\lambda_d^2)\sin(\xi_l z)}{\{d(\xi_l^2+\lambda_d^2)+\lambda_d\}(\eta_r\xi_n^2+\eta_z\xi_l^2+s)}+$$
$$+\frac{2\pi^2}{\vartheta}\sum_{m=0}^{\infty}\ni_m\cos(\xi_m\theta)\sum_{n=1}^{\infty}\frac{\xi_n^2\{\xi_n J'_{\mathcal{M}}(\xi_n a)-\lambda J_{\mathcal{M}}(\xi_n a)\}^2\mathcal{V}_{\mathcal{N}\mathcal{M}}(\xi r,b)}{\left[\left\{1-\left(\frac{\mathcal{M}}{\xi_n b}\right)^2\right\}\{\xi_n J'_{\mathcal{M}}(\xi_n a)-\lambda J_{\mathcal{M}}(\xi_n a)\}^2-\left\{\xi_n^2+\lambda^2-\left(\frac{\mathcal{M}}{a}\right)^2\right\}J'^2_{\mathcal{M}}(\xi_n b)\right]}\times$$
$$\times\sum_{l=1}^{\infty}\frac{(\xi_l^2+\lambda_d^2)\left\{\eta_z\xi_l\overline{\overline{\overline{\psi}}}_{\theta 0}(\xi_n,\xi_m,s)-\frac{\sin(\xi_l d)}{\phi c_t}\overline{\overline{\overline{\psi}}}_{\theta d}(\xi_n,\xi_m,s)\right\}\sin(\xi_l z)}{\{d(\xi_l^2+\lambda_d^2)+\lambda_d\}(\eta_r\xi_n^2+\eta_z\xi_l^2+s)}+$$
$$+\frac{2\pi^2}{\vartheta\phi c_t}\sum_{m=0}^{\infty}\ni_m\cos(\xi_m\theta)\times$$
$$\times\sum_{n=1}^{\infty}\frac{\xi_n^2\{\xi_n J'_{\mathcal{M}}(\xi_n a)-\lambda J_{\mathcal{M}}(\xi_n a)\}^2\mathcal{V}_{\mathcal{N}\mathcal{M}}(\xi r,b)}{\left[\left\{1-\left(\frac{\mathcal{M}}{\xi_n b}\right)^2\right\}\{\xi_n J'_{\mathcal{M}}(\xi_n a)-\lambda J_{\mathcal{M}}(\xi_n a)\}^2-\left\{\xi_n^2+\lambda^2-\left(\frac{\mathcal{M}}{a}\right)^2\right\}J'^2_{\mathcal{M}}(\xi_n b)\right]}\times$$
$$\times\int_0^a\frac{\mathcal{V}_{\mathcal{N}\mathcal{M}}(\xi_n u,a)}{u}\int_0^d\left\{\overline{\psi}_{0z}(u,w,s)+(-1)^{m+1}\overline{\psi}_{\vartheta z}(u,w,s)\right\}\times$$
$$\times\sum_{l=1}^{\infty}\frac{(\xi_l^2+\lambda_d^2)\sin(\xi_l w)\sin(\xi_l z)}{\{d(\xi_l^2+\lambda_d^2)+\lambda_d\}(\eta_r\xi_n^2+\eta_z\xi_l^2+s)}dwdu+$$

$$+\frac{2\pi^2}{\vartheta}\sum_{m=0}^{\infty}\ni_m\cos(\xi_m\theta)\sum_{n=1}^{\infty}\frac{\xi_n^2\{\xi_nJ'_{\mathcal{M}}(\xi_na)-\lambda J_{\mathcal{M}}(\xi_na)\}^2\mathcal{V}_{\mathcal{NM}}(\xi r,b)}{\left[\left\{1-\left(\frac{\mathcal{M}}{\xi_nb}\right)^2\right\}\{\xi_nJ'_{\mathcal{M}}(\xi_na)-\lambda J_{\mathcal{M}}(\xi_na)\}^2-\left\{\xi_n^2+\lambda^2-\left(\frac{\mathcal{M}}{a}\right)^2\right\}J'^2_{\mathcal{M}}(\xi_nb)\right]}\times$$
$$\times\sum_{l=1}^{\infty}\frac{\overline{\overline{\overline{\varphi}}}(\xi_n,\xi_m,\xi_l)\left(\xi_l^2+\lambda_d^2\right)\sin(\xi_lz)}{\{d(\xi_l^2+\lambda_d^2)+\lambda_d\}\left(\eta_r\xi_n^2+\eta_z\xi_l^2+s\right)} \tag{29.43.1}$$

where $\mathcal{V}_{\mathcal{NM}}(\xi_nr,a)=J_{\mathcal{M}}(\xi_nr)Y'_{\mathcal{M}}(\xi_na)-Y_{\mathcal{M}}(\xi_nr)J'_{\mathcal{M}}(\xi_na)$, ξ_n, $n=1,2,....$, are the positive roots of the transcendental equation $\lambda\mathcal{V}_{\mathcal{NM}}(\xi_na,b)-\xi_n\mathcal{V}'_{\mathcal{NM}}(\xi_na,b)=0$, ξ_l are the positive roots of $\xi_l\cot(\xi_ld)=-\lambda_d$, $l=1,2,...$, $\xi_m=\frac{m\pi}{d}$, $m=0,1,...$, $\overline{\overline{\overline{\psi}}}_{\theta 0}(\xi_n,\xi_m,s)=\int_0^a u\mathcal{V}_{\mathcal{NM}}(\xi_nu,a)\int_0^{\vartheta}\overline{\psi}_0(u,v,s)\cos(\xi_mv)dvdu$,
$\overline{\overline{\overline{\psi}}}_{\theta d}(\xi_n,\xi_m,s)=\int_0^a u\mathcal{V}_{\mathcal{NM}}(\xi_nu,a)\int_0^{\vartheta}\overline{\psi}_{\theta d}(u,v,s)\cos(\xi_mv)dvdu$,
$\overline{\overline{\overline{\psi}}}_a(\xi_m,\xi_l,s)=\int_0^{\vartheta}\cos(\xi_mv)\int_0^d\overline{\psi}_a(v,w,s)\sin(\xi_lw)dwdv$,
$\overline{\overline{\overline{\psi}}}_b(\xi_m,\xi_l,s)=\int_0^{\vartheta}\cos(\xi_mv)\int_0^d\overline{\psi}_b(v,w,s)\sin(\xi_lw)dwdv$ and
$\overline{\overline{\overline{\varphi}}}(\xi_n,\xi_m,\xi_l)=\int_0^a u\mathcal{V}_{\mathcal{NM}}(\xi_nu,a)\int_0^{\vartheta}\cos(\xi_mv)\int_0^d\varphi(u,v,w)\sin(\xi_lw)dwdvdu$.

$$p=\frac{2\pi^2U(t-t_0)}{\vartheta\phi c_t}\sum_{m=0}^{\infty}\ni_m\cos(\xi_m\theta_0)\cos(\xi_m\theta)\times$$
$$\times\sum_{n=1}^{\infty}\frac{\xi_n^2\{\xi_nJ'_{\mathcal{M}}(\xi_na)-\lambda J_{\mathcal{M}}(\xi_na)\}^2\mathcal{V}_{\mathcal{NM}}(\xi r_0,b)\mathcal{V}_{\mathcal{NM}}(\xi r,b)}{\left[\left\{1-\left(\frac{\mathcal{M}}{\xi_nb}\right)^2\right\}\{\xi_nJ'_{\mathcal{M}}(\xi_na)-\lambda J_{\mathcal{M}}(\xi_na)\}^2-\left\{\xi_n^2+\lambda^2-\left(\frac{\mathcal{M}}{a}\right)^2\right\}J'^2_{\mathcal{M}}(\xi_nb)\right]}\times$$
$$\times\sum_{l=1}^{\infty}\frac{\left(\xi_l^2+\lambda_d^2\right)\sin(\xi_lz_0)\sin(\xi_lz)\int_0^{t-t_0}q(t-t_0-\tau)e^{-\left(\eta_r\xi_n^2+\eta_z\xi_l^2\right)\tau}d\tau}{\{d(\xi_l^2+\lambda_d^2)+\lambda_d\}}-$$
$$-\frac{4\pi}{\vartheta\phi c_t}\sum_{m=0}^{\infty}\ni_m\cos(\xi_m\theta)\sum_{n=1}^{\infty}\frac{\xi_n^2J'_{\mathcal{M}}(\xi_nb)\{\xi_nJ'_{\mathcal{M}}(\xi_na)-\lambda J_{\mathcal{M}}(\xi_na)\}\mathcal{V}_{\mathcal{NM}}(\xi r,b)}{\left[\left\{1-\left(\frac{\mathcal{M}}{\xi_nb}\right)^2\right\}\{\xi_nJ'_{\mathcal{M}}(\xi_na)-\lambda J_{\mathcal{M}}(\xi_na)\}^2-\left\{\xi_n^2+\lambda^2-\left(\frac{\mathcal{M}}{a}\right)^2\right\}J'^2_{\mathcal{M}}(\xi_nb)\right]}\times$$
$$\times\sum_{l=1}^{\infty}\frac{\left(\xi_l^2+\lambda_d^2\right)\sin(\xi_lz)\int_0^t\overline{\overline{\psi}}_a(\xi_m,\xi_l,t-\tau)e^{-\left(\eta_r\xi_n^2+\eta_z\xi_l^2\right)\tau}d\tau}{\{d(\xi_l^2+\lambda_d^2)+\lambda_d\}}-$$
$$-\frac{4\pi}{\vartheta\phi c_t}\sum_{m=0}^{\infty}\ni_m\cos(\xi_m\theta)\sum_{n=1}^{\infty}\frac{\xi_n\{\xi_nJ'_{\mathcal{M}}(\xi_na)-\lambda J_{\mathcal{M}}(\xi_na)\}^2\mathcal{V}_{\mathcal{NM}}(\xi r,b)}{\left[\left\{1-\left(\frac{\mathcal{M}}{\xi_nb}\right)^2\right\}\{\xi_nJ'_{\mathcal{M}}(\xi_na)-\lambda J_{\mathcal{M}}(\xi_na)\}^2-\left\{\xi_n^2+\lambda^2-\left(\frac{\mathcal{M}}{a}\right)^2\right\}J'^2_{\mathcal{M}}(\xi_nb)\right]}\times$$
$$\times\sum_{l=1}^{\infty}\frac{\left(\xi_l^2+\lambda_d^2\right)\sin(\xi_lz)\int_0^t\overline{\overline{\psi}}_b(\xi_m,\xi_l,t-\tau)e^{-\left(\eta_r\xi_n^2+\eta_z\xi_l^2\right)\tau}d\tau}{\{d(\xi_l^2+\lambda_d^2)+\lambda_d\}}+$$
$$+\frac{2\pi^2}{\vartheta}\sum_{m=0}^{\infty}\ni_m\cos(\xi_m\theta)\sum_{n=1}^{\infty}\frac{\xi_n^2\{\xi_nJ'_{\mathcal{M}}(\xi_na)-\lambda J_{\mathcal{M}}(\xi_na)\}^2\mathcal{V}_{\mathcal{NM}}(\xi r,b)}{\left[\left\{1-\left(\frac{\mathcal{M}}{\xi_nb}\right)^2\right\}\{\xi_nJ'_{\mathcal{M}}(\xi_na)-\lambda J_{\mathcal{M}}(\xi_na)\}^2-\left\{\xi_n^2+\lambda^2-\left(\frac{\mathcal{M}}{a}\right)^2\right\}J'^2_{\mathcal{M}}(\xi_nb)\right]}\times$$
$$\times\sum_{l=1}^{\infty}\frac{\left(\xi_l^2+\lambda_d^2\right)\sin(\xi_lz)\int_0^t\left\{\eta_z\xi_l\overline{\overline{\psi}}_{\theta 0}(\xi_n,\xi_m,t-\tau)-\frac{\sin(\xi_ld)}{\phi c_t}\overline{\overline{\psi}}_{\theta d}(\xi_n,\xi_m,t-\tau)\right\}e^{-\left(\eta_r\xi_n^2+\eta_z\xi_l^2\right)\tau}d\tau}{\{d(\xi_l^2+\lambda_d^2)+\lambda_d\}}+$$
$$+\frac{2\pi^2}{\vartheta\phi c_t}\sum_{m=0}^{\infty}\ni_m\cos(\xi_m\theta)\times$$
$$\times\sum_{n=1}^{\infty}\frac{\xi_n^2\{\xi_nJ'_{\mathcal{M}}(\xi_na)-\lambda J_{\mathcal{M}}(\xi_na)\}^2\mathcal{V}_{\mathcal{NM}}(\xi r,b)}{\left[\left\{1-\left(\frac{\mathcal{M}}{\xi_nb}\right)^2\right\}\{\xi_nJ'_{\mathcal{M}}(\xi_na)-\lambda J_{\mathcal{M}}(\xi_na)\}^2-\left\{\xi_n^2+\lambda^2-\left(\frac{\mathcal{M}}{a}\right)^2\right\}J'^2_{\mathcal{M}}(\xi_nb)\right]}\times$$

$$\times \int_0^a \frac{\mathcal{V}_{\mathcal{N}\mathcal{M}}(\xi_n u, a)}{u} \int_0^d \int_0^t e^{-\eta_r \xi_n^2 \tau} \left\{ \psi_{0z}(u, w, t-\tau) + (-1)^{m+1} \psi_{\vartheta z}(u, w, t-\tau) \right\} \times$$
$$\times \sum_{l=1}^{\infty} \frac{(\xi_l^2 + \lambda_d^2) \sin(\xi_l w) \sin(\xi_l z) e^{-\eta_z \xi_l^2 \tau}}{\{d(\xi_l^2 + \lambda_d^2) + \lambda_d\}} d\tau dw du +$$
$$+ \frac{2\pi^2}{\vartheta} \sum_{m=0}^{\infty} \ni_m \cos(\xi_m \theta) \sum_{n=1}^{\infty} \frac{\xi_n^2 \{\xi_n J'_{\mathcal{M}}(\xi_n a) - \lambda J_{\mathcal{M}}(\xi_n a)\}^2 \mathcal{V}_{\mathcal{N}\mathcal{M}}(\xi r, b)}{\left[\left\{1 - \left(\frac{\mathcal{M}}{\xi_n b}\right)^2\right\}\{\xi_n J'_{\mathcal{M}}(\xi_n a) - \lambda J_{\mathcal{M}}(\xi_n a)\}^2 - \left\{\xi_n^2 + \lambda^2 - \left(\frac{\mathcal{M}}{a}\right)^2\right\} J'^2_{\mathcal{M}}(\xi_n b)\right]} \times$$
$$\times \sum_{l=1}^{\infty} \frac{\overline{\overline{\overline{\varphi}}}(\xi_n, \xi_m, \xi_l)(\xi_l^2 + \lambda_d^2) \sin(\xi_l z) e^{-\eta_z \xi_l^2 t}}{\{d(\xi_l^2 + \lambda_d^2) + \lambda_d\}} \qquad (29.43.2)$$

where $\overline{\overline{\psi}}_a(\xi_m, \xi_l, t) = \int_0^\vartheta \cos(\xi_m v) \int_0^d \psi_a(v, w, t) \sin(\xi_l w)\, dw dv$,
$\overline{\overline{\psi}}_b(\xi_m, \xi_l, t) = \int_0^\vartheta \cos(\xi_m v) \int_0^d \psi_b(v, w, t) \sin(\xi_l w)\, dw dv$,
$\overline{\overline{\psi}}_{\theta 0}(\xi_n, \xi_m, t) = \int_0^a u \mathcal{V}_{\mathcal{N}\mathcal{M}}(\xi_n u, a) \int_0^\vartheta \psi_0(u, v, t) \cos(\xi_m v) dv du$ and
$\overline{\overline{\psi}}_{\theta d}(\xi_n, \xi_m, t) = \int_0^a u \mathcal{V}_{\mathcal{N}\mathcal{M}}(\xi_n u, a) \int_0^\vartheta \psi_{\theta d}(u, v, t) \cos(\xi_m v) dv du$.

29.44 The problem of 29.36, except $\mathbf{D}_{\theta 0} \equiv p(r, \theta, 0, t) = \psi_{\theta 0}(r, \theta, t)$,
$\mathbf{R}_{\theta d} \equiv \frac{\partial p(r,\theta,d,t)}{\partial z} + \lambda_d p(r, \theta, d, t) = -\left(\frac{\mu}{k_z}\right) \psi_{\theta d}(r, \theta, t)$,
$\mathbf{R}_a \equiv \frac{\partial p(a,\theta,z,t)}{\partial r} - \lambda p(a, \theta, z, t) = -\left(\frac{\mu}{k_r}\right) \psi_a(\theta, z, t)$,
$\mathbf{R}_b \equiv \frac{\partial p(b,\theta,z,t)}{\partial r} + \lambda_b p(b, \theta, z, t) = -\left(\frac{\mu}{k_r}\right) \psi_b(\theta, z, t)$,
$\mathbf{N}_{0z} \equiv \frac{\partial p(r,0,z,t)}{\partial \theta} = -\left(\frac{\mu}{k_\theta}\right) \psi_{0z}(r, z, t)$ and
$\mathbf{N}_{\vartheta z} \equiv \frac{\partial p(r,\vartheta,z,t)}{\partial \theta} = -\left(\frac{\mu}{k_\theta}\right) \psi_{\vartheta z}(r, z, t)$

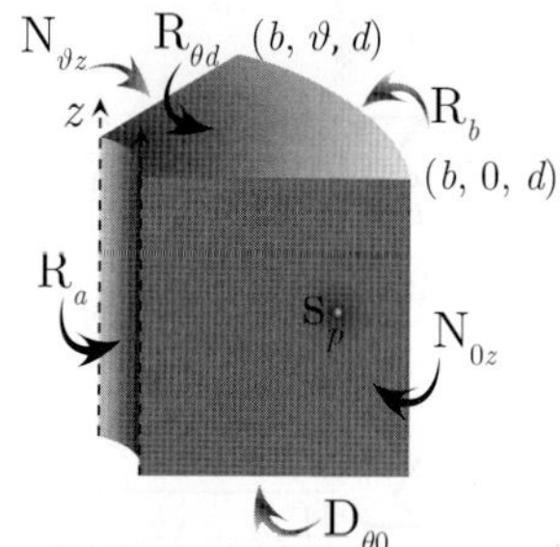

$$\overline{p} = \frac{2\pi^2 q(s) e^{-st_0}}{\vartheta \phi c_t} \sum_{m=0}^{\infty} \ni_m \cos(\xi_m \theta_0) \cos(\xi_m \theta) \sum_{n=1}^{\infty} \xi_n^2 \{\xi_n J'_{\mathcal{M}}(\xi_n b) + \lambda_b J_{\mathcal{M}}(\xi_n b)\}^2 \times$$
$$\times \frac{\{\xi_n \mathcal{V}_{\mathcal{N}\mathcal{M}}(\xi_n r_0, a) - \lambda_a \mathcal{V}_{\mathcal{D}\mathcal{M}}(\xi_n r_0, a)\}\{\xi_n \mathcal{V}_{\mathcal{N}\mathcal{M}}(\xi_n r, a) - \lambda_a \mathcal{V}_{\mathcal{D}\mathcal{M}}(\xi_n r, a)\}}{\left[\left\{\xi_n^2 + \lambda_b^2 - \left(\frac{\mathcal{M}}{b}\right)^2\right\}\{\xi_n J'_{\mathcal{M}}(\xi_n a) - \lambda_a J_{\mathcal{M}}(\xi_n a)\}^2 - \left\{\xi_n^2 + \lambda_a^2 - \left(\frac{\mathcal{M}}{a}\right)^2\right\}\{\xi_n J'_{\mathcal{M}}(\xi_n b) + \lambda J_{\mathcal{M}}(\xi_n b)\}^2\right]} \times$$
$$\times \sum_{l=1}^{\infty} \frac{(\xi_l^2 + \lambda_d^2) \sin(\xi_l z_0) \sin(\xi_l z)}{\{d(\xi_l^2 + \lambda_d^2) + \lambda_d\}(\eta_r \xi_n^2 + \eta_z \xi_l^2 + s)} +$$
$$+ \frac{4\pi}{\vartheta \phi c_t} \sum_{m=0}^{\infty} \ni_m \cos(\xi_m \theta) \times$$
$$\times \sum_{n=1}^{\infty} \frac{\xi_n^2 \{\xi_n J'_{\mathcal{M}}(\xi_n b) + \lambda_b J_{\mathcal{M}}(\xi_n b)\}^2 \{\xi_n \mathcal{V}_{\mathcal{N}\mathcal{M}}(\xi_n r, a) - \lambda_a \mathcal{V}_{\mathcal{D}\mathcal{M}}(\xi_n r, a)\}}{\left[\left\{\xi_n^2 + \lambda_b^2 - \left(\frac{\mathcal{M}}{b}\right)^2\right\}\{\xi_n J'_{\mathcal{M}}(\xi_n a) - \lambda_a J_{\mathcal{M}}(\xi_n a)\}^2 - \left\{\xi_n^2 + \lambda_a^2 - \left(\frac{\mathcal{M}}{a}\right)^2\right\}\{\xi_n J'_{\mathcal{M}}(\xi_n b) + \lambda J_{\mathcal{M}}(\xi_n b)\}^2\right]} \times$$
$$\times \sum_{l=1}^{\infty} \frac{\overline{\overline{\overline{\psi}}}_a(\xi_m, \xi_l, s)(\xi_l^2 + \lambda_d^2) \sin(\xi_l z)}{\{d(\xi_l^2 + \lambda_d^2) + \lambda_d\}(\eta_r \xi_n^2 + \eta_z \xi_l^2 + s)} -$$
$$- \frac{4\pi}{\vartheta \phi c_t} \sum_{m=0}^{\infty} \ni_m \cos(\xi_m \theta) \times$$
$$\times \sum_{n=1}^{\infty} \frac{\xi_n^2 \{\xi_n J'_{\mathcal{M}}(\xi_n b) + \lambda_b J_{\mathcal{M}}(\xi_n b)\}\{\xi_n J'_{\mathcal{M}}(\xi_n a) + \lambda_a J_{\mathcal{M}}(\xi_n a)\}\{\xi_n \mathcal{V}_{\mathcal{N}\mathcal{M}}(\xi_n r, a) - \lambda_a \mathcal{V}_{\mathcal{D}\mathcal{M}}(\xi_n r, a)\}}{\left[\left\{\xi_n^2 + \lambda_b^2 - \left(\frac{\mathcal{M}}{b}\right)^2\right\}\{\xi_n J'_{\mathcal{M}}(\xi_n a) - \lambda_a J_{\mathcal{M}}(\xi_n a)\}^2 - \left\{\xi_n^2 + \lambda_a^2 - \left(\frac{\mathcal{M}}{a}\right)^2\right\}\{\xi_n J'_{\mathcal{M}}(\xi_n b) + \lambda J_{\mathcal{M}}(\xi_n b)\}^2\right]} \times$$

$$\times\sum_{l=1}^{\infty}\frac{\overline{\overline{\overline{\psi}}}_b(\xi_m,\xi_l,s)\left(\xi_l^2+\lambda_d^2\right)\sin(\xi_l z)}{\left\{d\left(\xi_l^2+\lambda_d^2\right)+\lambda_d\right\}\left(\eta_r\xi_n^2+\eta_z\xi_l^2+s\right)}+$$

$$+\frac{2\pi^2}{\vartheta}\sum_{m=0}^{\infty}\ni_m\cos(\xi_m\theta)\times$$

$$\times\sum_{n=1}^{\infty}\frac{\xi_n^2\left\{\xi_n J'_{\mathcal{M}}(\xi_n b)+\lambda_b J_{\mathcal{M}}(\xi_n b)\right\}^2\left\{\xi_n\mathcal{V}_{\mathcal{NM}}(\xi_n r,a)-\lambda_a\mathcal{V}_{\mathcal{DM}}(\xi_n r,a)\right\}}{\left[\left\{\xi_n^2+\lambda_b^2-\left(\frac{\mathcal{M}}{b}\right)^2\right\}\left\{\xi_n J'_{\mathcal{M}}(\xi_n a)-\lambda_a J_{\mathcal{M}}(\xi_n a)\right\}^2-\left\{\xi_n^2+\lambda_a^2-\left(\frac{\mathcal{M}}{a}\right)^2\right\}\left\{\xi_n J'_{\mathcal{M}}(\xi_n b)+\lambda J_{\mathcal{M}}(\xi_n b)\right\}^2\right]}\times$$

$$\times\sum_{l=1}^{\infty}\frac{\left(\xi_l^2+\lambda_d^2\right)\left\{\eta_z\xi_l\overline{\overline{\overline{\psi}}}_{\theta 0}(\xi_n,\xi_m,s)-\frac{\sin(\xi_l d)}{\phi c_t}\overline{\overline{\overline{\psi}}}_{\theta d}(\xi_n,\xi_m,s)\right\}\sin(\xi_l z)}{\left\{d\left(\xi_l^2+\lambda_d^2\right)+\lambda_d\right\}\left(\eta_r\xi_n^2+\eta_z\xi_l^2+s\right)}+$$

$$+\frac{2\pi^2}{\vartheta\phi c_t}\sum_{m=0}^{\infty}\ni_m\cos(\xi_m\theta)\times$$

$$\times\sum_{n=1}^{\infty}\frac{\xi_n^2\left\{\xi_n J'_{\mathcal{M}}(\xi_n b)+\lambda_b J_{\mathcal{M}}(\xi_n b)\right\}^2\left\{\xi_n\mathcal{V}_{\mathcal{NM}}(\xi_n r,a)-\lambda_a\mathcal{V}_{\mathcal{DM}}(\xi_n r,a)\right\}}{\left[\left\{\xi_n^2+\lambda_b^2-\left(\frac{\mathcal{M}}{b}\right)^2\right\}\left\{\xi_n J'_{\mathcal{M}}(\xi_n a)-\lambda_a J_{\mathcal{M}}(\xi_n a)\right\}^2-\left\{\xi_n^2+\lambda_a^2-\left(\frac{\mathcal{M}}{a}\right)^2\right\}\left\{\xi_n J'_{\mathcal{M}}(\xi_n b)+\lambda J_{\mathcal{M}}(\xi_n b)\right\}^2\right]}\times$$

$$\times\int_0^a\frac{\mathcal{V}_{\mathcal{NM}}(\xi_n u,a)}{u}\int_0^d\left\{\overline{\psi}_{0z}(u,w,s)+(-1)^{m+1}\overline{\psi}_{\vartheta z}(u,w,s)\right\}\times$$

$$\times\sum_{l=1}^{\infty}\frac{\left(\xi_l^2+\lambda_d^2\right)\sin(\xi_l w)\sin(\xi_l z)}{\left\{d\left(\xi_l^2+\lambda_d^2\right)+\lambda_d\right\}\left(\eta_r\xi_n^2+\eta_z\xi_l^2+s\right)}dwdu+$$

$$+\frac{2\pi^2}{\vartheta}\sum_{m=0}^{\infty}\ni_m\cos(\xi_m\theta)\times$$

$$\times\sum_{n=1}^{\infty}\frac{\xi_n^2\left\{\xi_n J'_{\mathcal{M}}(\xi_n b)+\lambda_b J_{\mathcal{M}}(\xi_n b)\right\}^2\left\{\xi_n\mathcal{V}_{\mathcal{NM}}(\xi_n r,a)-\lambda_a\mathcal{V}_{\mathcal{DM}}(\xi_n r,a)\right\}}{\left[\left\{\xi_n^2+\lambda_b^2-\left(\frac{\mathcal{M}}{b}\right)^2\right\}\left\{\xi_n J'_{\mathcal{M}}(\xi_n a)-\lambda_a J_{\mathcal{M}}(\xi_n a)\right\}^2-\left\{\xi_n^2+\lambda_a^2-\left(\frac{\mathcal{M}}{a}\right)^2\right\}\left\{\xi_n J'_{\mathcal{M}}(\xi_n b)+\lambda J_{\mathcal{M}}(\xi_n b)\right\}^2\right]}\times$$

$$\times\sum_{l=1}^{\infty}\frac{\overline{\overline{\overline{\varphi}}}(\xi_n,\xi_m,\xi_l)\left(\xi_l^2+\lambda_d^2\right)\sin(\xi_l z)}{\left\{d\left(\xi_l^2+\lambda_d^2\right)+\lambda_d\right\}\left(\eta_r\xi_n^2+\eta_z\xi_l^2+s\right)}\tag{29.44.1}$$

where ξ_n are the positive roots of
$\lambda_a\left\{\mathcal{V}'_{\mathcal{DM}}(\xi_n b,a)+\lambda_b\mathcal{V}_{\mathcal{DM}}(\xi_n b,a)\right\}-\xi_n\left\{\mathcal{V}'_{\mathcal{NM}}(\xi_n b,a)+\lambda_b\mathcal{V}_{\mathcal{NM}}(\xi_n b,a)\right\}=0$, ξ_l are the positive roots of $\xi_l\cot(\xi_l d)=-\lambda_d$, $l=1,2,...$, $\xi_m=\frac{m\pi}{d}$, $m=0,1,...$,
$\overline{\overline{\overline{\psi}}}_{\theta 0}(\xi_n,\xi_m,s)=\int_0^a u\left\{\xi_n\mathcal{V}_{\mathcal{NM}}(\xi_n u,a)-\lambda_a\mathcal{V}_{\mathcal{DM}}(\xi_n u,a)\right\}\int_0^{\vartheta}\overline{\psi}_0(u,v,s)\cos(\xi_m v)dvdu$,
$\overline{\overline{\overline{\psi}}}_{\theta d}(\xi_n,\xi_m,s)=\int_0^a u\left\{\xi_n\mathcal{V}_{\mathcal{NM}}(\xi_n u,a)-\lambda_a\mathcal{V}_{\mathcal{DM}}(\xi_n u,a)\right\}\int_0^{\vartheta}\overline{\psi}_{\theta d}(u,v,s)\cos(\xi_m v)dvdu$,
$\overline{\overline{\overline{\psi}}}_a(\xi_m,\xi_l,s)=\int_0^{\vartheta}\cos(\xi_m v)\int_0^d\overline{\psi}_a(v,w,s)\sin(\xi_l w)\,dwdv$,
$\overline{\overline{\overline{\psi}}}_b(\xi_m,\xi_l,s)=\int_0^{\vartheta}\cos(\xi_m v)\int_0^d\overline{\psi}_b(v,w,s)\sin(\xi_l w)\,dwdv$ and
$\overline{\overline{\overline{\varphi}}}(\xi_n,\xi_m,\xi_l)=\int_0^a u\left\{\xi_n\mathcal{V}_{\mathcal{NM}}(\xi_n u,a)-\lambda_a\mathcal{V}_{\mathcal{DM}}(\xi_n u,a)\right\}\int_0^{\vartheta}\cos(\xi_m v)\int_0^d\varphi(u,v,w)\sin(\xi_l w)\,dwdvdu$.

$$p=\frac{2\pi^2 U(t-t_0)}{\vartheta\phi c_t}\sum_{m=0}^{\infty}\ni_m\cos(\xi_m\theta_0)\cos(\xi_m\theta)\times$$

$$\times\sum_{n=1}^{\infty}\frac{\xi_n^2\left\{\xi_n J'_{\mathcal{M}}(\xi_n b)+\lambda_b J_{\mathcal{M}}(\xi_n b)\right\}^2\left\{\xi_n\mathcal{V}_{\mathcal{NM}}(\xi_n r_0,a)-\lambda_a\mathcal{V}_{\mathcal{DM}}(\xi_n r_0,a)\right\}}{\left[\left\{\xi_n^2+\lambda_b^2-\left(\frac{\mathcal{M}}{b}\right)^2\right\}\left\{\xi_n J'_{\mathcal{M}}(\xi_n a)-\lambda_a J_{\mathcal{M}}(\xi_n a)\right\}^2-\left\{\xi_n^2+\lambda_a^2-\left(\frac{\mathcal{M}}{a}\right)^2\right\}\left\{\xi_n J'_{\mathcal{M}}(\xi_n b)+\lambda J_{\mathcal{M}}(\xi_n b)\right\}^2\right]}\times$$

$$\times\left\{\xi_n\mathcal{V}_{\mathcal{NM}}(\xi_n r,a)-\lambda_a\mathcal{V}_{\mathcal{DM}}(\xi_n r,a)\right\}\times$$

$$\times\sum_{l=1}^{\infty}\frac{\left(\xi_l^2+\lambda_d^2\right)\sin(\xi_l z_0)\sin(\xi_l z)\int_0^{t-t_0}q(t-t_0-\tau)\,e^{-\left(\eta_r\xi_n^2+\eta_z\xi_l^2\right)\tau}d\tau}{\left\{d\left(\xi_l^2+\lambda_d^2\right)+\lambda_d\right\}}+$$

$$+\frac{4\pi}{\vartheta\phi c_t}\sum_{m=0}^{\infty}\ni_m\cos(\xi_m\theta)\times$$
$$\times\sum_{n=1}^{\infty}\frac{\xi_n^2\{\xi_nJ'_{\mathcal{M}}(\xi_nb)+\lambda_bJ_{\mathcal{M}}(\xi_nb)\}^2\{\xi_n\mathcal{V}_{\mathcal{NM}}(\xi_nr,a)-\lambda_a\mathcal{V}_{\mathcal{DM}}(\xi_nr,a)\}}{\left[\left\{\xi_n^2+\lambda_b^2-\left(\frac{\mathcal{M}}{b}\right)^2\right\}\{\xi_nJ'_{\mathcal{M}}(\xi_na)-\lambda_aJ_{\mathcal{M}}(\xi_na)\}^2-\left\{\xi_n^2+\lambda_a^2-\left(\frac{\mathcal{M}}{a}\right)^2\right\}\{\xi_nJ'_{\mathcal{M}}(\xi_nb)+\lambda J_{\mathcal{M}}(\xi_nb)\}^2\right]}\times$$
$$\times\sum_{l=1}^{\infty}\frac{(\xi_l^2+\lambda_d^2)\sin(\xi_lz)\int_0^t\overline{\overline{\psi}}_a(\xi_m,\xi_l,t-\tau)\,e^{-(\eta_r\xi_n^2+\eta_z\xi_l^2)\tau}d\tau}{\{d(\xi_l^2+\lambda_d^2)+\lambda_d\}}+$$
$$+\frac{4\pi}{\vartheta\phi c_t}\sum_{m=0}^{\infty}\ni_m\cos(\xi_m\theta)\times$$
$$\times\sum_{n=1}^{\infty}\frac{\xi_n^2\{\xi_nJ'_{\mathcal{M}}(\xi_nb)+\lambda_bJ_{\mathcal{M}}(\xi_nb)\}\{\xi_nJ'_{\mathcal{M}}(\xi_na)+\lambda_aJ_{\mathcal{M}}(\xi_na)\}\{\xi_n\mathcal{V}_{\mathcal{NM}}(\xi_nr,a)-\lambda_a\mathcal{V}_{\mathcal{DM}}(\xi_nr,a)\}}{\left[\left\{\xi_n^2+\lambda_b^2-\left(\frac{\mathcal{M}}{b}\right)^2\right\}\{\xi_nJ'_{\mathcal{M}}(\xi_na)-\lambda_aJ_{\mathcal{M}}(\xi_na)\}^2-\left\{\xi_n^2+\lambda_a^2-\left(\frac{\mathcal{M}}{a}\right)^2\right\}\{\xi_nJ'_{\mathcal{M}}(\xi_nb)+\lambda J_{\mathcal{M}}(\xi_nb)\}^2\right]}\times$$
$$\times\sum_{l=1}^{\infty}\frac{(\xi_l^2+\lambda_d^2)\sin(\xi_lz)\int_0^t\overline{\overline{\psi}}_b(\xi_m,\xi_l,t-\tau)\,e^{-(\eta_r\xi_n^2+\eta_z\xi_l^2)\tau}d\tau}{\{d(\xi_l^2+\lambda_d^2)+\lambda_d\}}+$$
$$+\frac{2\pi^2}{\vartheta}\sum_{m=0}^{\infty}\ni_m\cos(\xi_m\theta)\times$$
$$\times\sum_{n=1}^{\infty}\frac{\xi_n^2\{\xi_nJ'_{\mathcal{M}}(\xi_nb)+\lambda_bJ_{\mathcal{M}}(\xi_nb)\}^2\{\xi_n\mathcal{V}_{\mathcal{NM}}(\xi_nr,a)-\lambda_a\mathcal{V}_{\mathcal{DM}}(\xi_nr,a)\}}{\left[\left\{\xi_n^2+\lambda_b^2-\left(\frac{\mathcal{M}}{b}\right)^2\right\}\{\xi_nJ'_{\mathcal{M}}(\xi_na)-\lambda_aJ_{\mathcal{M}}(\xi_na)\}^2-\left\{\xi_n^2+\lambda_a^2-\left(\frac{\mathcal{M}}{a}\right)^2\right\}\{\xi_nJ'_{\mathcal{M}}(\xi_nb)+\lambda J_{\mathcal{M}}(\xi_nb)\}^2\right]}\times$$
$$\times\sum_{l=1}^{\infty}\frac{(\xi_l^2+\lambda_d^2)\sin(\xi_lz)\int_0^t\left\{\eta_z\xi_l\overline{\overline{\psi}}_{\theta 0}(\xi_n,\xi_m,t-\tau)-\frac{\sin(\xi_ld)}{\phi c_t}\overline{\overline{\psi}}_{\theta d}(\xi_n,\xi_m,t-\tau)\right\}e^{-(\eta_r\xi_n^2+\eta_z\xi_l^2)\tau}d\tau}{\{d(\xi_l^2+\lambda_d^2)+\lambda_d\}}+$$
$$+\frac{2\pi^2}{\vartheta\phi c_t}\sum_{m=0}^{\infty}\ni_m\cos(\xi_m\theta)\times$$
$$\times\sum_{n=1}^{\infty}\frac{\xi_n^2\{\xi_nJ'_{\mathcal{M}}(\xi_nb)+\lambda_bJ_{\mathcal{M}}(\xi_nb)\}^2\{\xi_n\mathcal{V}_{\mathcal{NM}}(\xi_nr,a)-\lambda_a\mathcal{V}_{\mathcal{DM}}(\xi_nr,a)\}}{\left[\left\{\xi_n^2+\lambda_b^2-\left(\frac{\mathcal{M}}{b}\right)^2\right\}\{\xi_nJ'_{\mathcal{M}}(\xi_na)-\lambda_aJ_{\mathcal{M}}(\xi_na)\}^2-\left\{\xi_n^2+\lambda_a^2-\left(\frac{\mathcal{M}}{a}\right)^2\right\}\{\xi_nJ'_{\mathcal{M}}(\xi_nb)+\lambda J_{\mathcal{M}}(\xi_nb)\}^2\right]}\times$$
$$\times\int_0^a\frac{\mathcal{V}_{\mathcal{NM}}(\xi_nu,a)}{u}\int_0^d\int_0^t e^{-\eta_r\xi_n^2\tau}\left\{\psi_{0z}(u,w,t-\tau)+(-1)^{m+1}\psi_{\vartheta z}(u,w,t-\tau)\right\}\times$$
$$\times\sum_{l=1}^{\infty}\frac{(\xi_l^2+\lambda_d^2)\sin(\xi_lw)\sin(\xi_lz)\,e^{-\eta_z\xi_l^2\tau}}{\{d(\xi_l^2+\lambda_d^2)+\lambda_d\}}d\tau dwdu+$$
$$+\frac{2\pi^2}{\vartheta}\sum_{m=0}^{\infty}\ni_m\cos(\xi_m\theta)\times$$
$$\times\sum_{n=1}^{\infty}\frac{\xi_n^2\{\xi_nJ'_{\mathcal{M}}(\xi_nb)+\lambda_bJ_{\mathcal{M}}(\xi_nb)\}^2\{\xi_n\mathcal{V}_{\mathcal{NM}}(\xi_nr,a)-\lambda_a\mathcal{V}_{\mathcal{DM}}(\xi_nr,a)\}}{\left[\left\{\xi_n^2+\lambda_b^2-\left(\frac{\mathcal{M}}{b}\right)^2\right\}\{\xi_nJ'_{\mathcal{M}}(\xi_na)-\lambda_aJ_{\mathcal{M}}(\xi_na)\}^2-\left\{\xi_n^2+\lambda_a^2-\left(\frac{\mathcal{M}}{a}\right)^2\right\}\{\xi_nJ'_{\mathcal{M}}(\xi_nb)+\lambda J_{\mathcal{M}}(\xi_nb)\}^2\right]}\times$$
$$\times\sum_{l=1}^{\infty}\frac{\overline{\overline{\overline{\varphi}}}(\xi_n,\xi_m,\xi_l)\,(\xi_l^2+\lambda_d^2)\sin(\xi_lz)\,e^{-\eta_z\xi_l^2t}}{\{d(\xi_l^2+\lambda_d^2)+\lambda_d\}}\qquad(29.44.2)$$

where $\overline{\overline{\psi}}_a(\xi_m,\xi_l,t)=\int_0^{\vartheta}\cos(\xi_mv)\int_0^d\psi_a(v,w,t)\sin(\xi_lw)\,dwdv$,
$\overline{\overline{\psi}}_b(\xi_m,\xi_l,t)=\int_0^{\vartheta}\cos(\xi_mv)\int_0^d\psi_b(v,w,t)\sin(\xi_lw)\,dwdv$,
$\overline{\overline{\psi}}_{\theta 0}(\xi_n,\xi_m,t)=\int_0^a r\{\xi_n\mathcal{V}_{\mathcal{NM}}(\xi_nu,a)-\lambda_a\mathcal{V}_{\mathcal{DM}}(\xi_nu,a)\}\int_0^{\vartheta}\psi_0(u,v,t)\cos(\xi_mv)dudv$ and
$\overline{\overline{\psi}}_{\theta d}(\xi_n,\xi_m,t)=\int_0^a u\{\xi_n\mathcal{V}_{\mathcal{NM}}(\xi_nu,a)-\lambda_a\mathcal{V}_{\mathcal{DM}}(\xi_nu,a)\}\int_0^{\vartheta}\psi_{\theta d}(u,v,t)\cos(\xi_mv)dvdu$.

29.45

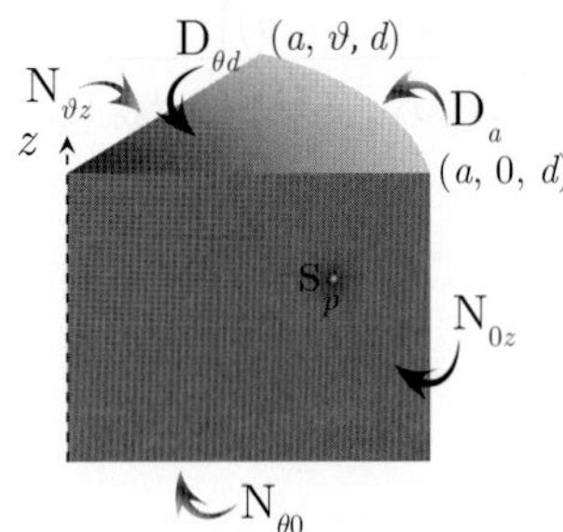

A cylindrical continuum bounded by $0 \le r \le a$ and $0 \le z \le d$ and $0 \le \theta \le \vartheta$; $\vartheta < 2\pi$. Point source at $s_p \equiv (r_0, \theta_0, z_0)$ at time $t = t_0$; $0 < r_0 < a$, $0 \le \theta_0 \le \vartheta$, $0 < z_0 < d$, $t_0 \ge 0$. $D_a \equiv p(a, \theta, z, t) = \psi_a(\theta, z, t)$, $N_{\theta 0} \equiv \frac{\partial p(r,\theta,0,t)}{\partial z} = -\left(\frac{\mu}{k_z}\right)\psi_{\theta 0}(r, \theta, t)$, $D_{\theta d} \equiv p(r, \theta, d, t) = \psi_{\theta d}(r, \theta, t)$, $N_{0z} \equiv \frac{\partial p(r,0,z,t)}{\partial \theta} = -\left(\frac{\mu}{k_\theta}\right)\psi_{0z}(r, z, t)$ and $N_{\vartheta z} \equiv \frac{\partial p(r,\vartheta,z,t)}{\partial \theta} = -\left(\frac{\mu}{k_\theta}\right)\psi_{\vartheta z}(r, z, t)$. $p(r, \theta, z, 0) = \varphi(r, \theta, z)$

$$
\begin{aligned}
\overline{p} &= \frac{2q(s)\,e^{-st_0}}{\vartheta a^2 \phi c_t \sqrt{\eta_z}} \sum_{m=0}^{\infty} \ni_m \cos(\xi_m \theta_0) \cos(\xi_m \theta) \sum_{n=1}^{\infty} \frac{J_{\mathcal{M}}(\xi_n r_0)\, J_{\mathcal{M}}(\xi_n r) \operatorname{sech}\left(d\sqrt{\frac{\eta_r \xi_n^2 + s}{\eta_z}}\right)}{J'^2_{\mathcal{M}}(\xi_n a)\sqrt{(\eta_r \xi_n^2 + s)}} \times \\
&\times \left[\sinh\left\{(d - |z - z_0|)\sqrt{\frac{\eta_r \xi_n^2 + s}{\eta_z}}\right\} + \sinh\left\{(d - z - z_0)\sqrt{\frac{\eta_r \xi_n^2 + s}{\eta_z}}\right\}\right] - \\
&- \frac{2\eta_r}{\vartheta a \sqrt{\eta_z}} \sum_{m=0}^{\infty} \ni_m \cos(\xi_m \theta) \sum_{n=1}^{\infty} \frac{\xi_n J_{\mathcal{M}}(\xi_n r) \operatorname{sech}\left(d\sqrt{\frac{\eta_r \xi_n^2 + s}{\eta_z}}\right)}{J'_{\mathcal{M}}(\xi_n a)\sqrt{\eta_r \xi_n^2 + s}} \times \\
&\times \int_0^d \overline{\overline{\psi}}_a(\xi_m, w, s) \left[\sinh\left\{(d - |z - w|)\sqrt{\frac{\eta_r \xi_n^2 + s}{\eta_z}}\right\} + \sinh\left\{(d - z - w)\sqrt{\frac{\eta_r \xi_n^2 + s}{\eta_z}}\right\}\right] dw + \\
&+ \frac{4}{\vartheta a^2} \sum_{m=0}^{\infty} \ni_m \cos(\xi_m \theta) \sum_{n=1}^{\infty} \frac{J_{\mathcal{M}}(\xi_n r) \operatorname{sech}\left(d\sqrt{\frac{\eta_r \xi_n^2 + s}{\eta_z}}\right)}{J'^2_{\mathcal{M}}(\xi_n a)} \times \\
&\times \left[\frac{\overline{\overline{\overline{\psi}}}_{\theta 0}(\xi_n, \xi_m, s)}{\phi c_t \sqrt{\eta_z (\eta_r \xi_n^2 + s)}} \sinh\left\{(d - z)\sqrt{\frac{\eta_r \xi_n^2 + s}{\eta_z}}\right\} + \overline{\overline{\overline{\psi}}}_{\theta d}(\xi_n, \xi_m, s) \cosh\left\{z\sqrt{\frac{\eta_r \xi_n^2 + s}{\eta_z}}\right\}\right] + \\
&+ \frac{2}{\vartheta a^2 \phi c_t \sqrt{\eta_z}} \sum_{m=0}^{\infty} \ni_m \cos(\xi_m \theta) \sum_{n=1}^{\infty} \frac{\operatorname{sech}\left(d\sqrt{\frac{\eta_r \xi_n^2 + s}{\eta_z}}\right) J_{\mathcal{M}}(\xi_n r)}{J'^2_{\mathcal{M}}(\xi_n a)\sqrt{(\eta_r \xi_n^2 + s)}} \times \\
&\times \int_0^a \frac{J_{\mathcal{M}}(\xi_n u)}{u} \int_0^d \left\{\overline{\psi}_{0z}(u, w, s) + (-1)^{m+1}\, \overline{\psi}_{\vartheta z}(u, w, s)\right\} \times \\
&\times \left[\sinh\left\{(d - |z - w|)\sqrt{\frac{\eta_r \xi_n^2 + s}{\eta_z}}\right\} + \sinh\left\{(d - z - w)\sqrt{\frac{\eta_r \xi_n^2 + s}{\eta_z}}\right\}\right] dw du + \\
&+ \frac{2}{\vartheta a^2 \sqrt{\eta_z}} \sum_{m=0}^{\infty} \ni_m \cos(\xi_m \theta) \sum_{n=1}^{\infty} \frac{J_{\mathcal{M}}(\xi_n r) \operatorname{sech}\left(d\sqrt{\frac{\eta_r \xi_n^2 + s}{\eta_z}}\right)}{J'^2_{\mathcal{M}}(\xi_n a)\sqrt{\eta_r \xi_n^2 + s}} \times \\
&\times \int_0^d \overline{\overline{\varphi}}(\xi_n, \xi_m, w) \left[\sinh\left\{(d - |z - w|)\sqrt{\frac{\eta_r \xi_n^2 + s}{\eta_z}}\right\} + \sinh\left\{(d - z - w)\sqrt{\frac{\eta_r \xi_n^2 + s}{\eta_z}}\right\}\right] dw
\end{aligned}
\tag{29.45.1}
$$

where ξ_n are the positive roots of $J_{\mathcal{M}}(\xi_n a) = 0$, $\xi_l = \frac{(2l-1)\pi}{2d}$, $l = 1, 2, ...$, $\xi_m = \frac{m\pi}{d}$, $m = 0, 1, ...$, $\overline{\overline{\psi}}_a(\xi_m, w, s) = \int_0^{\vartheta} \overline{\psi}_a(v, w, s) \cos(\xi_m v) dv$, $\overline{\overline{\overline{\psi}}}_{\theta 0}(\xi_n, \xi_m, s) = \int_0^a u J_{\mathcal{M}}(\xi_n u) \int_0^{\vartheta} \overline{\psi}_0(u, v, s) \cos(\xi_m v) dv du$,

$\overline{\overline{\psi}}_{\theta d}(\xi_n,\xi_m,s)=\int_0^a uJ_{\mathcal{M}}(\xi_n u)\int_0^{\vartheta}\overline{\psi}_{\theta d}(u,v,s)\cos(\xi_m v)dvdu$ and
$\overline{\overline{\varphi}}(\xi_n,\xi_m,w)=\int_0^a uJ_{\mathcal{M}}(\xi_n u)\int_0^{\vartheta}\varphi(u,v,w)\cos(\xi_m v)dvdu.$

$$p=\frac{2U(t-t_0)}{\vartheta a^2 d\phi c_t}\sum_{m=0}^{\infty}\ni_m\cos(\xi_m\theta_0)\cos(\xi_m\theta)\sum_{n=1}^{\infty}\frac{J_{\mathcal{M}}(\xi_n r_0)J_{\mathcal{M}}(\xi_n r)}{J'^2_{\mathcal{M}}(\xi_n a)}\times$$
$$\times\int_0^{t-t_0}q(t-t_0-\tau)\left[\Theta_2\left\{\frac{\pi(z-z_0)}{2d},e^{-\left(\frac{\pi}{d}\right)^2\eta_z\tau}\right\}+\Theta_2\left\{\frac{\pi(z+z_0)}{2d},e^{-\left(\frac{\pi}{d}\right)^2\eta_z\tau}\right\}\right]e^{-\eta_r\xi_n^2\tau}d\tau-$$
$$-\frac{2\eta_r}{\vartheta ad}\sum_{m=0}^{\infty}\ni_m\cos(\xi_m\theta)\sum_{n=1}^{\infty}\frac{\xi_n J_{\mathcal{M}}(\xi_n r)}{J'_{\mathcal{M}}(\xi_n a)}\times$$
$$\times\int_0^t e^{-\eta_r\xi_n^2\tau}\int_0^d\overline{\psi}_a(\xi_m,w,t-\tau)\left[\Theta_2\left\{\frac{\pi(z-w)}{2d},e^{-\left(\frac{\pi}{d}\right)^2\eta_z\tau}\right\}+\Theta_2\left\{\frac{\pi(z+w)}{2d},e^{-\left(\frac{\pi}{d}\right)^2\eta_z\tau}\right\}\right]dwd\tau+$$
$$+\frac{4}{\vartheta a^2 d}\sum_{m=0}^{\infty}\ni_m\cos(\xi_m\theta)\sum_{n=1}^{\infty}\frac{J_{\mathcal{M}}(\xi_n r)}{J'^2_{\mathcal{M}}(\xi_n a)}\int_0^t\left\{\left(\frac{1}{\phi c_t}\right)\Theta_2\left(\frac{\pi z}{2d},e^{-\left(\frac{\pi}{d}\right)^2\eta_z\tau}\right)\overline{\overline{\psi}}_{\theta 0}(\xi_n,\xi_m,t-\tau)+\right.$$
$$\left.+\left(\frac{\eta_z}{2d}\right)\Theta'_1\left(\frac{\pi z}{2d},e^{-\left(\frac{\pi}{d}\right)^2\eta_z\tau}\right)\overline{\overline{\psi}}_{\theta d}(\xi_n,\xi_m,t-\tau)\right\}e^{-\eta_r\xi_n^2\tau}d\tau+$$
$$+\frac{2}{\vartheta a^2 d\phi c_t}\sum_{m=0}^{\infty}\ni_m\cos(\xi_m\theta)\sum_{n=1}^{\infty}\frac{J_{\mathcal{M}}(\xi_n r)}{J'^2_{\mathcal{M}}(\xi_n a)}\times$$
$$\times\int_0^a\frac{J_{\mathcal{M}}(\xi_n u)}{u}\int_0^d\int_0^t e^{-\eta_r\xi_n^2\tau}\left\{\psi_{0z}(u,w,t-\tau)+(-1)^{m+1}\psi_{\vartheta z}(u,w,t-\tau)\right\}\times$$
$$\times\left[\Theta_2\left\{\frac{\pi(z-w)}{2d},e^{-\left(\frac{\pi}{d}\right)^2\eta_z\tau}\right\}+\Theta_2\left\{\frac{\pi(z+w)}{2d},e^{-\left(\frac{\pi}{d}\right)^2\eta_z\tau}\right\}\right]d\tau dwdu+$$
$$+\frac{2}{\vartheta a^2 d}\sum_{m=0}^{\infty}\ni_m\cos(\xi_m\theta)\sum_{n=1}^{\infty}\frac{J_{\mathcal{M}}(\xi_n r)e^{-\eta_r\xi_n^2 t}}{J'^2_{\mathcal{M}}(\xi_n a)}\times$$
$$\times\int_0^d\overline{\overline{\varphi}}(\xi_n,\xi_m,w)\left[\Theta_2\left\{\frac{\pi(z-w)}{2d},e^{-\left(\frac{\pi}{d}\right)^2\eta_z t}\right\}+\Theta_2\left\{\frac{\pi(z+w)}{2d},e^{-\left(\frac{\pi}{d}\right)^2\eta_z t}\right\}\right]dw \quad (29.45.2)$$

where $\overline{\psi}_a(\xi_m,w,t)=\int_0^{\vartheta}\psi_a(v,w,t)\cos(\xi_m v)dv$, $\overline{\overline{\psi}}_{\theta 0}(\xi_n,\xi_m,t)=\int_0^a uJ_{\mathcal{M}}(\xi_n u)\int_0^{\vartheta}\psi_0(u,v,t)\cos(\xi_m v)dvdu$ and $\overline{\overline{\psi}}_{\theta d}(\xi_n,\xi_m,t)=\int_0^a uJ_{\mathcal{M}}(\xi_n u)\int_0^{\vartheta}\psi_{\theta d}(u,v,t)\cos(\xi_m v)dvdu$.

29.46 The problem of 29.45, except
$\mathbf{N}_a\equiv\frac{\partial p(a,\theta,z,t)}{\partial r}=-\left(\frac{\mu}{k_r}\right)\psi_a(\theta,z,t)$,
$\mathbf{N}_{\theta 0}\equiv\frac{\partial p(r,\theta,0,t)}{\partial z}=-\left(\frac{\mu}{k_z}\right)\psi_{\theta 0}(r,\theta,t)$,
$\mathbf{D}_{\theta d}\equiv p(r,\theta,d,t)=\psi_{\theta d}(r,\theta,t)$,
$\mathbf{N}_{0z}\equiv\frac{\partial p(r,0,z,t)}{\partial\theta}=-\left(\frac{\mu}{k_\theta}\right)\psi_{0z}(r,z,t)$ and
$\mathbf{N}_{\vartheta z}\equiv\frac{\partial p(r,\vartheta,z,t)}{\partial\theta}=-\left(\frac{\mu}{k_\theta}\right)\psi_{\vartheta z}(r,z,t)$

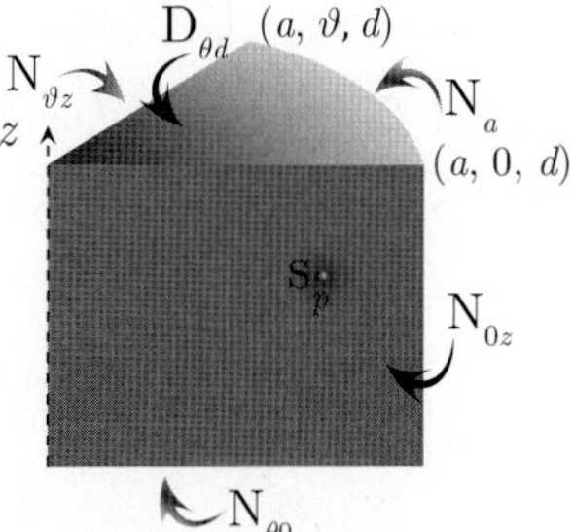

$$\overline{p}=\frac{2q(s)e^{-st_0}}{\vartheta a^2\phi c_t\sqrt{\eta_z}}\sum_{m=0}^{\infty}\ni_m\cos(\xi_m\theta_0)\cos(\xi_m\theta)\sum_{n=0}^{\infty}\frac{J_{\mathcal{M}}(\xi_n r_0)J_{\mathcal{M}}(\xi_n r)\operatorname{sech}\left(d\sqrt{\frac{\eta_r\xi_n^2+s}{\eta_z}}\right)}{\left\{1-\left(\frac{\mathcal{M}}{\xi_n a}\right)^2\right\}J^2_{\mathcal{M}}(\xi_n a)\sqrt{(\eta_r\xi_n^2+s)}}\times$$

$$\times\left[\sinh\left\{(d-|z-z_0|)\sqrt{\frac{\eta_r\xi_n^2+s}{\eta_z}}\right\}+\sinh\left\{(d-z-z_0)\sqrt{\frac{\eta_r\xi_n^2+s}{\eta_z}}\right\}\right]-$$

$$-\frac{2}{\vartheta a\phi c_t\sqrt{\eta_z}}\sum_{m=0}^{\infty}\ni_m\cos(\xi_m\theta)\sum_{n=0}^{\infty}\frac{J_{\mathcal{M}}(\xi_n r)\operatorname{sech}\left(d\sqrt{\frac{\eta_r\xi_n^2+s}{\eta_z}}\right)}{\left\{1-\left(\frac{\mathcal{M}}{\xi_n a}\right)^2\right\}J_{\mathcal{M}}(\xi_n a)\sqrt{\eta_r\xi_n^2+s}}\times$$

$$\times\int_0^d\overline{\overline{\psi}}_a(\xi_m,w,s)\left[\sinh\left\{(d-|z-w|)\sqrt{\frac{\eta_r\xi_n^2+s}{\eta_z}}\right\}+\sinh\left\{(d-z-w)\sqrt{\frac{\eta_r\xi_n^2+s}{\eta_z}}\right\}\right]dw+$$

$$+\frac{4}{\vartheta a^2}\sum_{m=0}^{\infty}\ni_m\cos(\xi_m\theta)\sum_{n=0}^{\infty}\frac{J_{\mathcal{M}}(\xi_n r)\operatorname{sech}\left(d\sqrt{\frac{\eta_r\xi_n^2+s}{\eta_z}}\right)}{\left\{1-\left(\frac{\mathcal{M}}{\xi_n a}\right)^2\right\}J_{\mathcal{M}}^2(\xi_n a)}\times$$

$$\times\left[\frac{\overline{\overline{\overline{\psi}}}_{\theta 0}(\xi_n,\xi_m,s)}{\phi c_t\sqrt{\eta_z}\left(\eta_r\xi_n^2+s\right)}\sinh\left\{(d-z)\sqrt{\frac{\eta_r\xi_n^2+s}{\eta_z}}\right\}+\overline{\overline{\overline{\psi}}}_{\theta d}(\xi_n,\xi_m,s)\cosh\left\{z\sqrt{\frac{\eta_r\xi_n^2+s}{\eta_z}}\right\}\right]+$$

$$+\frac{2}{\vartheta a^2\phi c_t\sqrt{\eta_z}}\sum_{m=0}^{\infty}\ni_m\cos(\xi_m\theta)\sum_{n=0}^{\infty}\frac{J_{\mathcal{M}}(\xi_n r)\operatorname{sech}\left(d\sqrt{\frac{\eta_r\xi_n^2+s}{\eta_z}}\right)}{\left\{1-\left(\frac{\mathcal{M}}{\xi_n a}\right)^2\right\}J_{\mathcal{M}}^2(\xi_n a)\sqrt{\eta_r\xi_n^2+s}}\times$$

$$\times\int_0^a\frac{J_{\mathcal{M}}(\xi_n u)}{u}\int_0^d\left\{\overline{\psi}_{0z}(u,w,s)+(-1)^{m+1}\overline{\psi}_{\vartheta z}(u,w,s)\right\}\times$$

$$\times\left[\sinh\left\{(d-|z-w|)\sqrt{\frac{\eta_r\xi_n^2+s}{\eta_z}}\right\}+\sinh\left\{(d-z-w)\sqrt{\frac{\eta_r\xi_n^2+s}{\eta_z}}\right\}\right]dwdu+$$

$$+\frac{2}{\vartheta a^2\sqrt{\eta_z}}\sum_{m=0}^{\infty}\ni_m\cos(\xi_m\theta)\sum_{n=0}^{\infty}\frac{J_{\mathcal{M}}(\xi_n r)\operatorname{sech}\left(d\sqrt{\frac{\eta_r\xi_n^2+s}{\eta_z}}\right)}{\left\{1-\left(\frac{\mathcal{M}}{\xi_n a}\right)^2\right\}J_{\mathcal{M}}^2(\xi_n a)\sqrt{\eta_r\xi_n^2+s}}\times$$

$$\times\int_0^d\overline{\overline{\varphi}}(\xi_n,\xi_m,w)\left[\sinh\left\{(d-|z-w|)\sqrt{\frac{\eta_r\xi_n^2+s}{\eta_z}}\right\}+\sinh\left\{(d-z-w)\sqrt{\frac{\eta_r\xi_n^2+s}{\eta_z}}\right\}\right]dw \quad (29.46.1)$$

where ξ_n are the positive roots of $J'_{\mathcal{M}}(\xi_n a)=0$, $n=1,2,...$, $\xi_l=\frac{(2l-1)\pi}{2d}$, $l=1,2,...$, $\xi_m=\frac{m\pi}{d}$, $m=0,1,...$, $\overline{\overline{\psi}}_a(\xi_m,w,s)=\int_0^\vartheta\overline{\psi}_a(v,w,s)\cos(\xi_m v)dv$, $\overline{\overline{\overline{\psi}}}_{\theta 0}(\xi_n,\xi_m,s)=\int_0^a uJ_{\mathcal{M}}(\xi_n u)\int_0^\vartheta\overline{\psi}_0(u,v,s)\cos(\xi_m v)dvdu$, $\overline{\overline{\overline{\psi}}}_{\theta d}(\xi_n,\xi_m,s)=\int_0^a uJ_{\mathcal{M}}(\xi_n u)\int_0^\vartheta\overline{\psi}_{\theta d}(u,v,s)\cos(\xi_m v)dvdu$ and $\overline{\overline{\varphi}}(\xi_n,\xi_m,w)=\int_0^a uJ_{\mathcal{M}}(\xi_n u)\int_0^\vartheta\varphi(u,v,w)\cos(\xi_m v)dvdu$.

$$p=\frac{2U(t-t_0)}{\vartheta a^2 d\phi c_t}\sum_{m=0}^{\infty}\ni_m\cos(\xi_m\theta_0)\cos(\xi_m\theta)\sum_{n=0}^{\infty}\frac{J_{\mathcal{M}}(\xi_n r_0)J_{\mathcal{M}}(\xi_n r)}{\left\{1-\left(\frac{\mathcal{M}}{\xi_n a}\right)^2\right\}J_{\mathcal{M}}^2(\xi_n a)}\times$$

$$\times\int_0^{t-t_0}q(t-t_0-\tau)\left[\Theta_2\left\{\frac{\pi(z-z_0)}{2d},e^{-\left(\frac{\pi}{d}\right)^2\eta_z\tau}\right\}+\Theta_2\left\{\frac{\pi(z+z_0)}{2d},e^{-\left(\frac{\pi}{d}\right)^2\eta_z\tau}\right\}\right]e^{-\eta_r\xi_n^2\tau}d\tau-$$

$$-\frac{2}{\vartheta ad\phi c_t}\sum_{m=0}^{\infty}\ni_m\cos(\xi_m\theta)\sum_{n=0}^{\infty}\frac{J_{\mathcal{M}}(\xi_n r)}{\left\{1-\left(\frac{\mathcal{M}}{\xi_n a}\right)^2\right\}J_{\mathcal{M}}(\xi_n a)}\times$$

$$\times \int_0^t e^{-\eta_r \xi_n^2 \tau} \int_0^d \overline{\psi}_a(\xi_m, w, t-\tau) \left[\Theta_2 \left\{ \frac{\pi(z-w)}{2d}, e^{-\left(\frac{\pi}{d}\right)^2 \eta_z \tau} \right\} + \Theta_2 \left\{ \frac{\pi(z+w)}{2d}, e^{-\left(\frac{\pi}{d}\right)^2 \eta_z \tau} \right\} \right] dw d\tau +$$

$$+ \frac{4}{\vartheta a^2 d} \sum_{m=0}^{\infty} \ni_m \cos(\xi_m \theta) \sum_{n=0}^{\infty} \frac{J_{\mathcal{M}}(\xi_n r)}{\left\{1 - \left(\frac{\mathcal{M}}{\xi_n a}\right)^2\right\} J_{\mathcal{M}}^2(\xi_n a)} \int_0^t \left\{ \left(\frac{1}{\phi c_t}\right) \Theta_2 \left(\frac{\pi z}{2d}, e^{-\left(\frac{\pi}{d}\right)^2 \eta_z \tau}\right) \overline{\overline{\psi}}_{\theta 0}(\xi_n, \xi_m, t-\tau) + \right.$$

$$\left. + \left(\frac{\eta_z}{2d}\right) \Theta_1' \left(\frac{\pi z}{2d}, e^{-\left(\frac{\pi}{d}\right)^2 \eta_z \tau}\right) \overline{\overline{\psi}}_{\theta d}(\xi_n, \xi_m, t-\tau) \right\} e^{-\eta_r \xi_n^2 \tau} d\tau +$$

$$+ \frac{2}{\vartheta a^2 d \phi c_t} \sum_{m=0}^{\infty} \ni_m \cos(\xi_m \theta) \sum_{n=0}^{\infty} \frac{J_{\mathcal{M}}(\xi_n r)}{\left\{1 - \left(\frac{\mathcal{M}}{\xi_n a}\right)^2\right\} J_{\mathcal{M}}^2(\xi_n a)} \times$$

$$\times \int_0^a \frac{J_{\mathcal{M}}(\xi_n u)}{u} \int_0^d \int_0^t e^{-\eta_r \xi_n^2 \tau} \left\{ \psi_{0z}(u, w, t-\tau) + (-1)^{m+1} \psi_{\vartheta z}(u, w, t-\tau) \right\} \times$$

$$\times \left[\Theta_2 \left\{ \frac{\pi(z-w)}{2d}, e^{-\left(\frac{\pi}{d}\right)^2 \eta_z \tau} \right\} + \Theta_2 \left\{ \frac{\pi(z+w)}{2d}, e^{-\left(\frac{\pi}{d}\right)^2 \eta_z \tau} \right\} \right] d\tau dw du +$$

$$+ \frac{2}{\vartheta a^2 d} \sum_{m=0}^{\infty} \ni_m \cos(\xi_m \theta) \sum_{n=0}^{\infty} \frac{J_{\mathcal{M}}(\xi_n r) e^{-\eta_r \xi_n^2 t}}{\left\{1 - \left(\frac{\mathcal{M}}{\xi_n a}\right)^2\right\} J_{\mathcal{M}}^2(\xi_n a)} \times$$

$$\times \int_0^d \overline{\overline{\varphi}}(\xi_n, \xi_m, w) \left[\Theta_2 \left\{ \frac{\pi(z-w)}{2d}, e^{-\left(\frac{\pi}{d}\right)^2 \eta_z t} \right\} + \Theta_2 \left\{ \frac{\pi(z+w)}{2d}, e^{-\left(\frac{\pi}{d}\right)^2 \eta_z t} \right\} \right] dw \qquad (29.46.2)$$

where $\overline{\psi}_a(\xi_m, w, t) = \int_0^\vartheta \psi_a(v, w, t) \cos(\xi_m v) dv$, $\overline{\overline{\psi}}_{\theta 0}(\xi_n, \xi_m, t) = \int_0^a u J_{\mathcal{M}}(\xi_n u) \int_0^\vartheta \psi_0(u, v, t) \cos(\xi_m v) dv du$ and $\overline{\overline{\psi}}_{\theta d}(\xi_n, \xi_m, t) = \int_0^a u J_{\mathcal{M}}(\xi_n u) \int_0^\vartheta \psi_{\theta d}(u, v, t) \cos(\xi_m v) dv du$.

29.47 **The problem of 29.45, except**
$\mathbf{R}_a \equiv \frac{\partial p(a,\theta,z,t)}{\partial r} + \lambda p(a, \theta, z, t) = -\left(\frac{\mu}{k_r}\right) \psi_a(\theta, z, t)$,
$\mathbf{N}_{\theta 0} \equiv \frac{\partial p(r,\theta,0,t)}{\partial z} = -\left(\frac{\mu}{k_z}\right) \psi_{\theta 0}(r, \theta, t)$,
$\mathbf{D}_{\theta d} \equiv p(r, \theta, d, t) = \psi_{\theta d}(r, \theta, t)$,
$\mathbf{N}_{0z} \equiv \frac{\partial p(r,0,z,t)}{\partial \theta} = -\left(\frac{\mu}{k_\theta}\right) \psi_{0z}(r, z, t)$ **and**
$\mathbf{N}_{\vartheta z} \equiv \frac{\partial p(r,\vartheta,z,t)}{\partial \theta} = -\left(\frac{\mu}{k_\theta}\right) \psi_{\vartheta z}(r, z, t)$

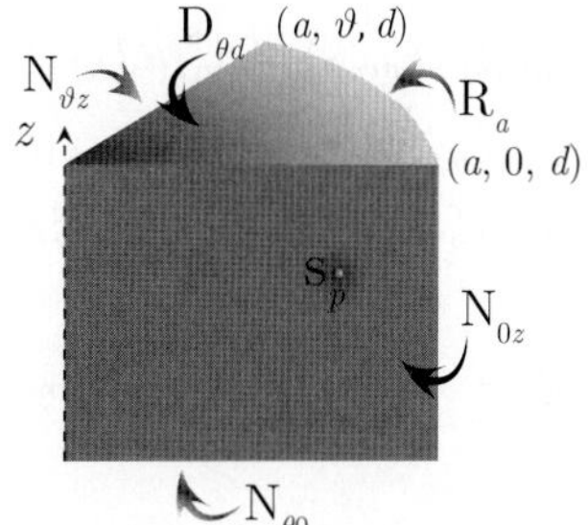

$$\overline{p} = \frac{2q(s) e^{-st_0}}{\vartheta a^2 \phi c_t \sqrt{\eta_z}} \sum_{m=0}^{\infty} \ni_m \cos(\xi_m \theta_0) \cos(\xi_m \theta) \sum_{n=1}^{\infty} \frac{J_{\mathcal{M}}(\xi_n r_0) J_{\mathcal{M}}(\xi_n r) \operatorname{sech}\left(d\sqrt{\frac{\eta_r \xi_n^2 + s}{\eta_z}}\right)}{\left[\left\{1 - \left(\frac{\mathcal{M}}{\xi_n a}\right)^2\right\} J_{\mathcal{M}}^2(\xi_n a) + J_{\mathcal{M}}'^2(\xi_n a)\right] \sqrt{(\eta_r \xi_n^2 + s)}} \times$$

$$\times \left[\sinh\left\{ (d - |z - z_0|) \sqrt{\frac{\eta_r \xi_n^2 + s}{\eta_z}} \right\} + \sinh\left\{ (d - z - z_0) \sqrt{\frac{\eta_r \xi_n^2 + s}{\eta_z}} \right\} \right] -$$

$$- \frac{2}{\vartheta a \phi c_t \sqrt{\eta_z}} \sum_{m=0}^{\infty} \ni_m \cos(\xi_m \theta) \sum_{n=1}^{\infty} \frac{J_{\mathcal{M}}(\xi_n r) \operatorname{sech}\left(d\sqrt{\frac{\eta_r \xi_n^2 + s}{\eta_z}}\right)}{\left[\left\{1 - \left(\frac{\mathcal{M}}{\xi_n a}\right)^2\right\} J_{\mathcal{M}}^2(\xi_n a) + J_{\mathcal{M}}'^2(\xi_n a)\right] \sqrt{\eta_r \xi_n^2 + s}} \times$$

$$\times \int_0^d \overline{\overline{\psi}}_a(\xi_m, w, s) \left[\sinh\left\{ (d - |z - w|) \sqrt{\frac{\eta_r \xi_n^2 + s}{\eta_z}} \right\} + \sinh\left\{ (d - z - w) \sqrt{\frac{\eta_r \xi_n^2 + s}{\eta_z}} \right\} \right] dw +$$

$$+\frac{4}{\vartheta a^2}\sum_{m=0}^{\infty}\ni_m\cos(\xi_m\theta)\sum_{n=1}^{\infty}\frac{J_{\mathcal{M}}(\xi_n r)\,\mathrm{sech}\left(d\sqrt{\frac{\eta_r\xi_n^2+s}{\eta_z}}\right)}{\left[\left\{1-\left(\frac{\mathcal{M}}{\xi_n a}\right)^2\right\}J_{\mathcal{M}}^2(\xi_n a)+J_{\mathcal{M}}'^2(\xi_n a)\right]}\times$$

$$\times\left[\frac{\overline{\overline{\overline{\psi}}}_{\theta 0}(\xi_n,\xi_m,s)}{\phi c_t\sqrt{\eta_z(\eta_r\xi_n^2+s)}}\sinh\left\{(d-z)\sqrt{\frac{\eta_r\xi_n^2+s}{\eta_z}}\right\}+\overline{\overline{\overline{\psi}}}_{\theta d}(\xi_n,\xi_m,s)\cosh\left\{z\sqrt{\frac{\eta_r\xi_n^2+s}{\eta_z}}\right\}\right]+$$

$$+\frac{2}{\vartheta a^2\phi c_t\sqrt{\eta_z}}\sum_{m=0}^{\infty}\ni_m\cos(\xi_m\theta)\sum_{n=1}^{\infty}\frac{J_{\mathcal{M}}(\xi_n r)\,\mathrm{sech}\left(d\sqrt{\frac{\eta_r\xi_n^2+s}{\eta_z}}\right)}{\left[\left\{1-\left(\frac{\mathcal{M}}{\xi_n a}\right)^2\right\}J_{\mathcal{M}}^2(\xi_n a)+J_{\mathcal{M}}'^2(\xi_n a)\right]\sqrt{\eta_r\xi_n^2+s}}\times$$

$$\times\int_0^a\frac{J_{\mathcal{M}}(\xi_n u)}{u}\int_0^d\left\{\overline{\psi}_{0z}(u,w,s)+(-1)^{m+1}\overline{\psi}_{\vartheta z}(u,w,s)\right\}\times$$

$$\times\left[\sinh\left\{(d-|z-w|)\sqrt{\frac{\eta_r\xi_n^2+s}{\eta_z}}\right\}+\sinh\left\{(d-z-w)\sqrt{\frac{\eta_r\xi_n^2+s}{\eta_z}}\right\}\right]dwdu+$$

$$+\frac{2}{\vartheta a^2\sqrt{\eta_z}}\sum_{m=0}^{\infty}\ni_m\cos(\xi_m\theta)\sum_{n=1}^{\infty}\frac{J_{\mathcal{M}}(\xi_n r)\,\mathrm{sech}\left(d\sqrt{\frac{\eta_r\xi_n^2+s}{\eta_z}}\right)}{\left[\left\{1-\left(\frac{\mathcal{M}}{\xi_n a}\right)^2\right\}J_{\mathcal{M}}^2(\xi_n a)+J_{\mathcal{M}}'^2(\xi_n a)\right]\sqrt{\eta_r\xi_n^2+s}}\times$$

$$\times\int_0^d\overline{\overline{\varphi}}(\xi_n,\xi_m,w)\left[\sinh\left\{(d-|z-w|)\sqrt{\frac{\eta_r\xi_n^2+s}{\eta_z}}\right\}+\sinh\left\{(d-z-w)\sqrt{\frac{\eta_r\xi_n^2+s}{\eta_z}}\right\}\right]dw \qquad (29.47.1)$$

where ξ_n are the positive roots of $\xi_n J'_{\mathcal{M}}(\xi_n a)+\lambda J_{\mathcal{M}}(\xi_n a)=0$, $\xi_l=\frac{(2l-1)\pi}{2d}, l=1,2,...,$
$\xi_m=\frac{m\pi}{d}, m=0,1,...,$ $\overline{\overline{\psi}}_a(\xi_m,w,s)=\int_0^{\vartheta}\overline{\psi}_a(v,w,s)\cos(\xi_m v)dv$,
$\overline{\overline{\overline{\psi}}}_{\theta 0}(\xi_n,\xi_m,s)=\int_0^a uJ_{\mathcal{M}}(\xi_n u)\int_0^{\vartheta}\overline{\psi}_0(u,v,s)\cos(\xi_m v)dvdu$,
$\overline{\overline{\overline{\psi}}}_{\theta d}(\xi_n,\xi_m,s)=\int_0^a uJ_{\mathcal{M}}(\xi_n u)\int_0^{\vartheta}\overline{\psi}_{\theta d}(u,v,s)\cos(\xi_m v)dvdu$ and
$\overline{\overline{\varphi}}(\xi_n,\xi_m,w)=\int_0^a uJ_{\mathcal{M}}(\xi_n u)\int_0^{\vartheta}\varphi(u,v,w)\cos(\xi_m v)dvdu$.

$$p=\frac{2U(t-t_0)}{\vartheta a^2 d\phi c_t}\sum_{m=0}^{\infty}\ni_m\cos(\xi_m\theta_0)\cos(\xi_m\theta)\sum_{n=1}^{\infty}\frac{J_{\mathcal{M}}(\xi_n r_0)J_{\mathcal{M}}(\xi_n r)}{\left[\left\{1-\left(\frac{\mathcal{M}}{\xi_n a}\right)^2\right\}J_{\mathcal{M}}^2(\xi_n a)+J_{\mathcal{M}}'^2(\xi_n a)\right]}\times$$

$$\times\int_0^{t-t_0}q(t-t_0-\tau)\left[\Theta_2\left\{\frac{\pi(z-z_0)}{2d},e^{-\left(\frac{\pi}{d}\right)^2\eta_z\tau}\right\}+\Theta_2\left\{\frac{\pi(z+z_0)}{2d},e^{-\left(\frac{\pi}{d}\right)^2\eta_z\tau}\right\}\right]e^{-\eta_r\xi_n^2\tau}d\tau-$$

$$-\frac{2}{\vartheta ad\phi c_t}\sum_{m=0}^{\infty}\ni_m\cos(\xi_m\theta)\sum_{n=1}^{\infty}\frac{J_{\mathcal{M}}(\xi_n r)}{\left[\left\{1-\left(\frac{\mathcal{M}}{\xi_n a}\right)^2\right\}J_{\mathcal{M}}^2(\xi_n a)+J_{\mathcal{M}}'^2(\xi_n a)\right]}\times$$

$$\times\int_0^t e^{-\eta_r\xi_n^2\tau}\int_0^d\overline{\psi}_a(\xi_m,w,t-\tau)\left[\Theta_2\left\{\frac{\pi(z-w)}{2d},e^{-\left(\frac{\pi}{d}\right)^2\eta_z\tau}\right\}+\Theta_2\left\{\frac{\pi(z+w)}{2d},e^{-\left(\frac{\pi}{d}\right)^2\eta_z\tau}\right\}\right]dwd\tau+$$

$$+\frac{4}{\vartheta a^2 d}\sum_{m=0}^{\infty}\ni_m\cos(\xi_m\theta)\sum_{n=1}^{\infty}\frac{J_{\mathcal{M}}(\xi_n r)}{\left[\left\{1-\left(\frac{\mathcal{M}}{\xi_n a}\right)^2\right\}J_{\mathcal{M}}^2(\xi_n a)+J_{\mathcal{M}}'^2(\xi_n a)\right]}\times$$

$$\times\int_0^t\left\{\left(\frac{1}{\phi c_t}\right)\Theta_2\left(\frac{\pi z}{2d},e^{-\left(\frac{\pi}{d}\right)^2\eta_z\tau}\right)\overline{\overline{\overline{\psi}}}_{\theta 0}(\xi_n,\xi_m,t-\tau)+\right.$$

$$+\left(\frac{\eta_z}{2d}\right)\Theta_1'\left(\frac{\pi z}{2d}, e^{-\left(\frac{\pi}{d}\right)^2\eta_z\tau}\right)\overline{\overline{\psi}}_{\theta d}\left(\xi_n,\xi_m,t-\tau\right)\Big\} e^{-\eta_r\xi_n^2\tau}d\tau +$$

$$+\frac{2}{\vartheta a^2 d\phi c_t}\sum_{m=0}^{\infty}\ni_m\cos\left(\xi_m\theta\right)\sum_{n=1}^{\infty}\frac{J_{\mathcal{M}}\left(\xi_n r\right)}{\left[\left\{1-\left(\frac{\mathcal{M}}{\xi_n a}\right)^2\right\}J_{\mathcal{M}}^2\left(\xi_n a\right)+J_{\mathcal{M}}'^2\left(\xi_n a\right)\right]}\times$$

$$\times\int_0^a\frac{J_{\mathcal{M}}\left(\xi_n u\right)}{u}\int_0^d\int_0^t e^{-\eta_r\xi_n^2\tau}\left\{\psi_{0z}\left(u,w,t-\tau\right)+(-1)^{m+1}\psi_{\vartheta z}\left(u,w,t-\tau\right)\right\}\times$$

$$\times\left[\Theta_2\left\{\frac{\pi(z-w)}{2d}, e^{-\left(\frac{\pi}{d}\right)^2\eta_z\tau}\right\}+\Theta_2\left\{\frac{\pi(z+w)}{2d}, e^{-\left(\frac{\pi}{d}\right)^2\eta_z\tau}\right\}\right]d\tau dw du +$$

$$+\frac{2}{\vartheta a^2 d}\sum_{m=0}^{\infty}\ni_m\cos\left(\xi_m\theta\right)\sum_{n=1}^{\infty}\frac{J_{\mathcal{M}}\left(\xi_n r\right)e^{-\eta_r\xi_n^2 t}}{\left[\left\{1-\left(\frac{\mathcal{M}}{\xi_n a}\right)^2\right\}J_{\mathcal{M}}^2\left(\xi_n a\right)+J_{\mathcal{M}}'^2\left(\xi_n a\right)\right]}\times$$

$$\times\int_0^d\overline{\overline{\varphi}}\left(\xi_n,\xi_m,w\right)\left[\Theta_2\left\{\frac{\pi(z-w)}{2d}, e^{-\left(\frac{\pi}{d}\right)^2\eta_z t}\right\}+\Theta_2\left\{\frac{\pi(z+w)}{2d}, e^{-\left(\frac{\pi}{d}\right)^2\eta_z t}\right\}\right]dw \qquad (29.47.2)$$

where $\overline{\psi}_a\left(\xi_m,w,t\right)=\int_0^{\vartheta}\psi_a\left(v,w,t\right)\cos\left(\xi_m v\right)dv$, $\overline{\overline{\psi}}_{\theta 0}\left(\xi_n,\xi_m,t\right)=\int_0^a uJ_{\mathcal{M}}\left(\xi_n u\right)\int_0^{\vartheta}\psi_0\left(u,v,t\right)\cos\left(\xi_m v\right)dvdu$ and $\overline{\overline{\psi}}_{\theta d}\left(\xi_n,\xi_m,t\right)=\int_0^a uJ_{\mathcal{M}}\left(\xi_n u\right)\int_0^{\vartheta}\psi_{\theta d}\left(u,v,t\right)\cos\left(\xi_m v\right)dvdu$.

29.48 **A cylindrical continuum bounded by $a\le r\le b$ and $0\le z\le d$ and $0\le\theta\le\vartheta$; $\vartheta<2\pi$. Point source at $s_p\equiv(r_0,\theta_0,z_0)$ at time $t=t_0$; $a<r_0<b$, $0\le\theta_0\le\vartheta$, $0<z_0<d$, $t_0\ge 0$. $N_{\theta 0}\equiv\frac{\partial p(r,\theta,0,t)}{\partial z}=-\left(\frac{\mu}{k_z}\right)\psi_{\theta 0}(r,\theta,t)$, $D_{\theta d}\equiv p(r,\theta,d,t)=\psi_{\theta d}(r,\theta,t)$, $D_a\equiv p(a,\theta,z,t)=\psi_a(\theta,z,t)$, $D_b\equiv p(b,\theta,z,t)=\psi_b(\theta,z,t)$, $N_{0z}\equiv\frac{\partial p(r,0,z,t)}{\partial\theta}=-\left(\frac{\mu}{k_\theta}\right)\psi_{0z}(r,z,t)$ and $N_{\vartheta z}\equiv\frac{\partial p(r,\vartheta,z,t)}{\partial\theta}=-\left(\frac{\mu}{k_\theta}\right)\psi_{\vartheta z}(r,z,t)$. $p(r,\theta,z,0)=\varphi(r,\theta,z)$**

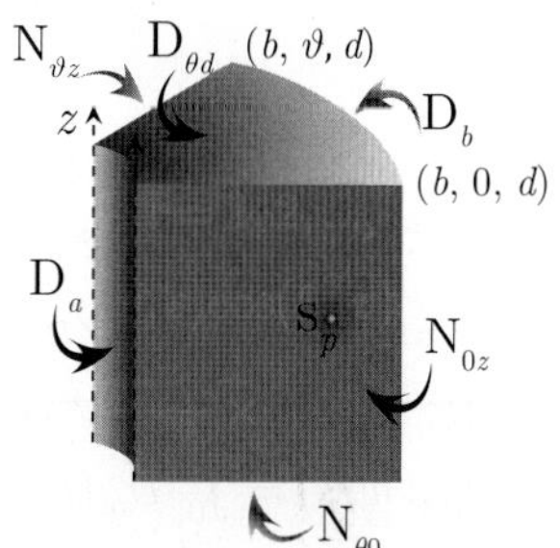

$$\overline{p}=\frac{\pi^2 q(s)e^{-st_0}}{2\vartheta\phi c_t\sqrt{\eta_z}}\sum_{m=0}^{\infty}\ni_m\cos(\xi_m\theta_0)\cos(\xi_m\theta)\sum_{n=1}^{\infty}\frac{\xi_n^2 J_{\mathcal{M}}^2(\xi_n b)\mathcal{V}_{\mathcal{DM}}(\xi r_0,a)\,\mathcal{V}_{\mathcal{DM}}(\xi r,a)\operatorname{sech}\left(d\sqrt{\frac{\eta_r\xi_n^2+s}{\eta_z}}\right)}{\left\{J_{\mathcal{M}}^2\left(\xi_n a\right)-J_{\mathcal{M}}^2\left(\xi_n b\right)\right\}\sqrt{(\eta_r\xi_n^2+s)}}\times$$

$$\times\left[\sinh\left\{(d-|z-z_0|)\sqrt{\frac{\eta_r\xi_n^2+s}{\eta_z}}\right\}+\sinh\left\{(d-z-z_0)\sqrt{\frac{\eta_r\xi_n^2+s}{\eta_z}}\right\}\right]-$$

$$-\frac{\pi\eta_r}{\vartheta\sqrt{\eta_z}}\sum_{m=0}^{\infty}\ni_m\cos\left(\xi_m\theta\right)\sum_{n=1}^{\infty}\frac{\xi_n^2 J_{\mathcal{M}}^2\left(\xi_n b\right)\mathcal{V}_{\mathcal{DM}}\left(\xi r,a\right)\operatorname{sech}\left(d\sqrt{\frac{\eta_r\xi_n^2+s}{\eta_z}}\right)}{\left\{J_{\mathcal{M}}^2\left(\xi_n a\right)-J_{\mathcal{M}}^2\left(\xi_n b\right)\right\}\sqrt{\eta_r\xi_n^2+s}}\times$$

$$\times\int_0^d\overline{\overline{\psi}}_a\left(\xi_m,w,s\right)\left[\sinh\left\{(d-|z-w|)\sqrt{\frac{\eta_r\xi_n^2+s}{\eta_z}}\right\}+\sinh\left\{(d-z-w)\sqrt{\frac{\eta_r\xi_n^2+s}{\eta_z}}\right\}\right]dw +$$

$$+\frac{\pi\eta_r}{\vartheta\sqrt{\eta_z}}\sum_{m=0}^{\infty}\ni_m\cos\left(\xi_m\theta\right)\sum_{n=1}^{\infty}\frac{\xi_n^2 J_{\mathcal{M}}\left(\xi_n a\right)J_{\mathcal{M}}\left(\xi_n b\right)\mathcal{V}_{\mathcal{DM}}\left(\xi r,a\right)\operatorname{sech}\left(d\sqrt{\frac{\eta_r\xi_n^2+s}{\eta_z}}\right)}{\left\{J_{\mathcal{M}}^2\left(\xi_n a\right)-J_{\mathcal{M}}^2\left(\xi_n b\right)\right\}\sqrt{\eta_r\xi_n^2+s}}\times$$

$$\times\int_0^d\overline{\overline{\psi}}_b\left(\xi_m,w,s\right)\left[\sinh\left\{(d-|z-w|)\sqrt{\frac{\eta_r\xi_n^2+s}{\eta_z}}\right\}+\sinh\left\{(d-z-w)\sqrt{\frac{\eta_r\xi_n^2+s}{\eta_z}}\right\}\right]dw +$$

$$+\frac{\pi^2}{\vartheta}\sum_{m=0}^{\infty}\ni_m\cos(\xi_m\theta)\sum_{n=1}^{\infty}\frac{\xi_n^2J_{\mathcal{M}}^2(\xi_nb)\mathcal{V}_{\mathcal{DM}}(\xi r,a)\operatorname{sech}\left(d\sqrt{\frac{\eta_r\xi_n^2+s}{\eta_z}}\right)}{\{J_{\mathcal{M}}^2(\xi_na)-J_{\mathcal{M}}^2(\xi_nb)\}}\times$$

$$\times\left[\frac{\overline{\overline{\overline{\psi}}}_{\theta 0}(\xi_n,\xi_m,s)}{\phi c_t\sqrt{\eta_z}(\eta_r\xi_n^2+s)}\sinh\left\{(d-z)\sqrt{\frac{\eta_r\xi_n^2+s}{\eta_z}}\right\}+\overline{\overline{\overline{\psi}}}_{\theta d}(\xi_n,\xi_m,s)\cosh\left\{z\sqrt{\frac{\eta_r\xi_n^2+s}{\eta_z}}\right\}\right]+$$

$$+\frac{2\pi^2}{\vartheta d\phi c_t\sqrt{\eta_z}}\sum_{m=0}^{\infty}\ni_m\cos(\xi_m\theta)\sum_{n=1}^{\infty}\frac{\xi_n^2J_{\mathcal{M}}^2(\xi_nb)\mathcal{V}_{\mathcal{DM}}(\xi r,a)\operatorname{sech}\left(d\sqrt{\frac{\eta_r\xi_n^2+s}{\eta_z}}\right)}{\{J_{\mathcal{M}}^2(\xi_na)-J_{\mathcal{M}}^2(\xi_nb)\}\sqrt{\eta_r\xi_n^2+s}}\times$$

$$\times\int_0^a\frac{\mathcal{V}_{\mathcal{DM}}(\xi_nu,a)}{u}\int_0^d\left\{\overline{\psi}_{0z}(u,w,s)+(-1)^{m+1}\overline{\psi}_{\vartheta z}(u,w,s)\right\}\times$$

$$\times\left[\sinh\left\{(d-|z-w|)\sqrt{\frac{\eta_r\xi_n^2+s}{\eta_z}}\right\}+\sinh\left\{(d-z-w)\sqrt{\frac{\eta_r\xi_n^2+s}{\eta_z}}\right\}\right]dwdu+$$

$$+\frac{\pi^2}{2\vartheta\sqrt{\eta_z}}\sum_{m=0}^{\infty}\ni_m\cos(\xi_m\theta)\sum_{n=1}^{\infty}\frac{\xi_n^2J_{\mathcal{M}}^2(\xi_nb)\mathcal{V}_{\mathcal{DM}}(\xi r,a)\operatorname{sech}\left(d\sqrt{\frac{\eta_r\xi_n^2+s}{\eta_z}}\right)}{\{J_{\mathcal{M}}^2(\xi_na)-J_{\mathcal{M}}^2(\xi_nb)\}\sqrt{\eta_r\xi_n^2+s}}\times$$

$$\times\int_0^d\overline{\overline{\varphi}}(\xi_n,\xi_m,w)\left[\sinh\left\{(d-|z-w|)\sqrt{\frac{\eta_r\xi_n^2+s}{\eta_z}}\right\}+\sinh\left\{(d-z-w)\sqrt{\frac{\eta_r\xi_n^2+s}{\eta_z}}\right\}\right]dw \quad (29.48.1)$$

where the eigenvalues ξ_n, $n=1,2,...$, are the positive roots of the transcendental equation $\mathcal{V}_{\mathcal{DM}}(\xi_nb,a)=0$, $\xi_l=\frac{(2l-1)\pi}{2d}$, $l=1,2,...$, $\xi_m=\frac{m\pi}{d}$, $m=0,1,...$,
$\overline{\overline{\overline{\psi}}}_{\theta 0}(\xi_n,\xi_m,s)=\int_0^a u\mathcal{V}_{\mathcal{DM}}(\xi_nu,a)\int_0^\vartheta\overline{\psi}_0(u,v,s)\cos(\xi_mv)dvdu$,
$\overline{\overline{\overline{\psi}}}_{\theta d}(\xi_n,\xi_m,s)=\int_0^a u\mathcal{V}_{\mathcal{DM}}(\xi_nu,a)\int_0^\vartheta\overline{\psi}_{\theta d}(u,v,s)\cos(\xi_mv)dvdu$,
$\overline{\overline{\psi}}_a(\xi_m,w,s)=\int_0^\vartheta\overline{\psi}_a(v,w,s)\cos(\xi_mv)dv$, $\overline{\overline{\psi}}_b(\xi_m,w,s)=\int_0^\vartheta\overline{\psi}_b(v,w,s)\cos(\xi_mv)dv$ and
$\overline{\overline{\varphi}}(\xi_n,\xi_m,w)=\int_0^a u\mathcal{V}_{\mathcal{DM}}(\xi_nu,a)\int_0^\vartheta\varphi(u,v,w)\cos(\xi_mv)dvdu$.

$$p=\frac{U(t-t_0)\pi^2}{2\vartheta d\phi c_t}\sum_{m=0}^{\infty}\ni_m\cos(\xi_m\theta_0)\cos(\xi_m\theta)\sum_{n=1}^{\infty}\frac{\xi_n^2J_{\mathcal{M}}^2(\xi_nb)\mathcal{V}_{\mathcal{DM}}(\xi r_0,a)\mathcal{V}_{\mathcal{DM}}(\xi r,a)}{\{J_{\mathcal{M}}^2(\xi_na)-J_{\mathcal{M}}^2(\xi_nb)\}}\times$$

$$\times\int_0^{t-t_0}q(t-t_0-\tau)\left[\Theta_2\left\{\frac{\pi(z-z_0)}{2d},e^{-\left(\frac{\pi}{d}\right)^2\eta_z\tau}\right\}+\Theta_2\left\{\frac{\pi(z+z_0)}{2d},e^{-\left(\frac{\pi}{d}\right)^2\eta_z\tau}\right\}\right]e^{-\eta_r\xi_n^2\tau}d\tau-$$

$$-\frac{\pi\eta_r}{\vartheta d}\sum_{m=0}^{\infty}\ni_m\cos(\xi_m\theta)\sum_{n=1}^{\infty}\frac{\xi_n^2J_{\mathcal{M}}^2(\xi_nb)\mathcal{V}_{\mathcal{DM}}(\xi r,a)}{\{J_{\mathcal{M}}^2(\xi_na)-J_{\mathcal{M}}^2(\xi_nb)\}}\times$$

$$\times\int_0^t e^{-\eta_r\xi_n^2\tau}\int_0^d\overline{\psi}_a(\xi_m,w,t-\tau)\left[\Theta_2\left\{\frac{\pi(z-w)}{2d},e^{-\left(\frac{\pi}{d}\right)^2\eta_z\tau}\right\}+\Theta_2\left\{\frac{\pi(z+w)}{2d},e^{-\left(\frac{\pi}{d}\right)^2\eta_z\tau}\right\}\right]dwd\tau+$$

$$+\frac{\pi\eta_r}{\vartheta d}\sum_{m=0}^{\infty}\ni_m\cos(\xi_m\theta)\sum_{n=1}^{\infty}\frac{\xi_n^2J_{\mathcal{M}}(\xi_na)J_{\mathcal{M}}(\xi_nb)\mathcal{V}_{\mathcal{DM}}(\xi r,a)}{\{J_{\mathcal{M}}^2(\xi_na)-J_{\mathcal{M}}^2(\xi_nb)\}}\times$$

$$\times\int_0^t e^{-\eta_r\xi_n^2\tau}\int_0^d\overline{\psi}_b(\xi_m,w,t-\tau)\left[\Theta_2\left\{\frac{\pi(z-w)}{2d},e^{-\left(\frac{\pi}{d}\right)^2\eta_z\tau}\right\}+\Theta_2\left\{\frac{\pi(z+w)}{2d},e^{-\left(\frac{\pi}{d}\right)^2\eta_z\tau}\right\}\right]dwd\tau+$$

$$+\frac{\pi^2}{\vartheta d}\sum_{m=0}^{\infty}\ni_m\cos(\xi_m\theta)\sum_{n=1}^{\infty}\frac{\xi_n^2J_{\mathcal{M}}^2(\xi_nb)\mathcal{V}_{\mathcal{DM}}(\xi r,a)}{\{J_{\mathcal{M}}^2(\xi_na)-J_{\mathcal{M}}^2(\xi_nb)\}}\int_0^t\left\{\left(\frac{1}{\phi c_t}\right)\Theta_2\left(\frac{\pi z}{2d},e^{-\left(\frac{\pi}{d}\right)^2\eta_z\tau}\right)\overline{\overline{\psi}}_{\theta 0}(\xi_n,\xi_m,t-\tau)+\right.$$

$$+\left(\frac{\eta_z}{2d}\right)\Theta_1'\left(\frac{\pi z}{2d}, e^{-\left(\frac{\pi}{d}\right)^2\eta_z\tau}\right)\overline{\overline{\psi}}_{\theta d}\left(\xi_n,\xi_m,t-\tau\right)\Big\} e^{-\eta_r\xi_n^2\tau}d\tau +$$

$$+\frac{\pi^2}{2\vartheta d\phi c_t}\sum_{m=0}^{\infty}\ni_m\cos\left(\xi_m\theta\right)\sum_{n=1}^{\infty}\frac{\xi_n^2J_{\mathcal{M}}^2\left(\xi_n b\right)\mathcal{V}_{\mathcal{DM}}\left(\xi r,a\right)}{\left\{J_{\mathcal{M}}^2\left(\xi_n a\right)-J_{\mathcal{M}}^2\left(\xi_n b\right)\right\}}\times$$

$$\times\int_0^a\frac{\mathcal{V}_{\mathcal{DM}}\left(\xi_n u,a\right)}{u}\int_0^d\int_0^t e^{-\eta_r\xi_n^2\tau}\left\{\psi_{0z}\left(u,w,t-\tau\right)+(-1)^{m+1}\psi_{\vartheta z}\left(u,w,t-\tau\right)\right\}\times$$

$$\times\left[\Theta_2\left\{\frac{\pi\left(z-w\right)}{2d},e^{-\left(\frac{\pi}{d}\right)^2\eta_z\tau}\right\}+\Theta_2\left\{\frac{\pi\left(z+w\right)}{2d},e^{-\left(\frac{\pi}{d}\right)^2\eta_z\tau}\right\}\right]d\tau dw du +$$

$$+\frac{\pi^2}{2\vartheta d}\sum_{m=0}^{\infty}\ni_m\cos\left(\xi_m\theta\right)\sum_{n=1}^{\infty}\frac{\xi_n^2J_{\mathcal{M}}^2\left(\xi_n b\right)\mathcal{V}_{\mathcal{DM}}\left(\xi r,a\right)e^{-\eta_r\xi_n^2t}}{\left\{J_{\mathcal{M}}^2\left(\xi_n a\right)-J_{\mathcal{M}}^2\left(\xi_n b\right)\right\}}\times$$

$$\times\int_0^d\overline{\overline{\varphi}}\left(\xi_n,\xi_m,w\right)\left[\Theta_2\left\{\frac{\pi\left(z-w\right)}{2d},e^{-\left(\frac{\pi}{d}\right)^2\eta_z t}\right\}+\Theta_2\left\{\frac{\pi\left(z+w\right)}{2d},e^{-\left(\frac{\pi}{d}\right)^2\eta_z t}\right\}\right]dw \tag{29.48.2}$$

where $\overline{\psi}_a\left(\xi_m,w,t\right)=\int_0^{\vartheta}\psi_a\left(v,w,t\right)\cos\left(\xi_m v\right)dv$, $\overline{\psi}_b\left(\xi_m,w,t\right)=\int_0^{\vartheta}\psi_b\left(v,w,t\right)\cos\left(\xi_m v\right)dv$,
$\overline{\overline{\psi}}_{\theta 0}\left(\xi_n,\xi_m,t\right)=\int_0^a u\mathcal{V}_{\mathcal{DM}}\left(\xi_n u,a\right)\int_0^{\vartheta}\psi_0\left(u,v,t\right)\cos\left(\xi_m v\right)dvdu$ and
$\overline{\overline{\psi}}_{\theta d}\left(\xi_n,\xi_m,t\right)=\int_0^a u\mathcal{V}_{\mathcal{DM}}\left(\xi_n u,a\right)\int_0^{\vartheta}\psi_{\theta d}\left(u,v,t\right)\cos\left(\xi_m v\right)dvdu$.

29.49 The problem of 29.48, except
$\mathbf{N_{\theta 0}\equiv\frac{\partial p(r,\theta,0,t)}{\partial z}=-\left(\frac{\mu}{k_z}\right)\psi_{\theta 0}\left(r,\theta,t\right)}$,
$\mathbf{D_{\theta d}\equiv p\left(r,\theta,d,t\right)=\psi_{\theta d}\left(r,\theta,t\right)}$, $\mathbf{D_a\equiv p\left(a,\theta,z,t\right)=\psi_a\left(\theta,z,t\right)}$,
$\mathbf{N_b\equiv\frac{\partial p(b,\theta,z,t)}{\partial r}=-\left(\frac{\mu}{k_r}\right)\psi_b\left(\theta,z,t\right)}$,
$\mathbf{N_{0z}\equiv\frac{\partial p(r,0,z,t)}{\partial\theta}=-\left(\frac{\mu}{k_\theta}\right)\psi_{0z}\left(r,z,t\right)}$ **and**
$\mathbf{N_{\vartheta z}\equiv\frac{\partial p(r,\vartheta,z,t)}{\partial\theta}=-\left(\frac{\mu}{k_\theta}\right)\psi_{\vartheta z}\left(r,z,t\right)}$

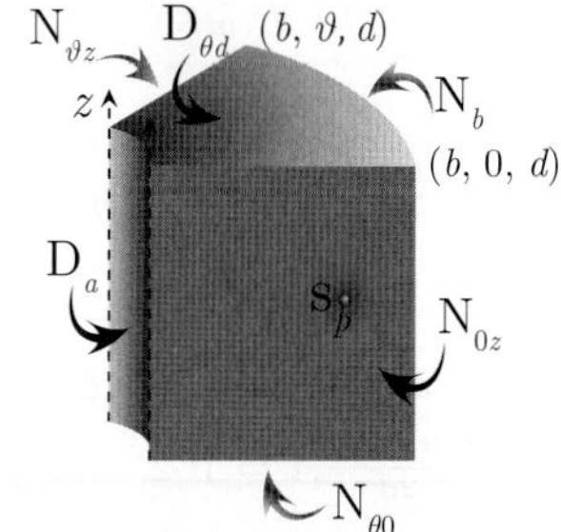

$$\overline{p}=\frac{\pi^2q(s)e^{-st_0}}{2\vartheta\phi c_t\sqrt{\eta_z}}\sum_{m=0}^{\infty}\ni_m\cos(\xi_m\theta_0)\cos(\xi_m\theta)\sum_{n=1}^{\infty}\frac{\xi_n^2J_{\mathcal{M}}'^2(\xi_n b)\mathcal{V}_{\mathcal{DM}}(\xi r_0,a)\mathcal{V}_{\mathcal{DM}}(\xi r,a)\text{sech}\left(d\sqrt{\frac{\eta_r\xi_n^2+s}{\eta_z}}\right)}{\left[\left\{1-\left(\frac{\mathcal{M}}{\xi_n b}\right)^2\right\}J_{\mathcal{M}}^2\left(\xi_n a\right)-J_{\mathcal{M}}'^2\left(\xi_n b\right)\right]\sqrt{\left(\eta_r\xi_n^2+s\right)}}\times$$

$$\times\left[\sinh\left\{\left(d-\left|z-z_0\right|\right)\sqrt{\frac{\eta_r\xi_n^2+s}{\eta_z}}\right\}+\sinh\left\{\left(d-z-z_0\right)\sqrt{\frac{\eta_r\xi_n^2+s}{\eta_z}}\right\}\right]-$$

$$-\frac{\pi\eta_r}{\vartheta\sqrt{\eta_z}}\sum_{m=0}^{\infty}\ni_m\cos\left(\xi_m\theta\right)\sum_{n=1}^{\infty}\frac{\xi_n^2J_{\mathcal{M}}'^2\left(\xi_n b\right)\mathcal{V}_{\mathcal{DM}}\left(\xi r,a\right)\text{sech}\left(d\sqrt{\frac{\eta_r\xi_n^2+s}{\eta_z}}\right)}{\left[\left\{1-\left(\frac{\mathcal{M}}{\xi_n b}\right)^2\right\}J_{\mathcal{M}}^2\left(\xi_n a\right)-J_{\mathcal{M}}'^2\left(\xi_n b\right)\right]\sqrt{\eta_r\xi_n^2+s}}\times$$

$$\times\int_0^d\overline{\overline{\psi}}_a\left(\xi_m,w,s\right)\left[\sinh\left\{\left(d-\left|z-w\right|\right)\sqrt{\frac{\eta_r\xi_n^2+s}{\eta_z}}\right\}+\sinh\left\{\left(d-z-w\right)\sqrt{\frac{\eta_r\xi_n^2+s}{\eta_z}}\right\}\right]dw-$$

$$-\frac{\pi}{\vartheta\phi c_t\sqrt{\eta_z}}\sum_{m=0}^{\infty}\ni_m\cos\left(\xi_m\theta\right)\sum_{n=1}^{\infty}\frac{\xi_n^2J_{\mathcal{M}}\left(\xi_n a\right)J_{\mathcal{M}}'\left(\xi_n b\right)\mathcal{V}_{\mathcal{DM}}\left(\xi r,a\right)\text{sech}\left(d\sqrt{\frac{\eta_r\xi_n^2+s}{\eta_z}}\right)}{\left[\left\{1-\left(\frac{\mathcal{M}}{\xi_n b}\right)^2\right\}J_{\mathcal{M}}^2\left(\xi_n a\right)-J_{\mathcal{M}}'^2\left(\xi_n b\right)\right]\sqrt{\eta_r\xi_n^2+s}}\times$$

$$\times\int_0^d\overline{\overline{\psi}}_b\left(\xi_m,w,s\right)\left[\sinh\left\{\left(d-\left|z-w\right|\right)\sqrt{\frac{\eta_r\xi_n^2+s}{\eta_z}}\right\}+\sinh\left\{\left(d-z-w\right)\sqrt{\frac{\eta_r\xi_n^2+s}{\eta_z}}\right\}\right]dw+$$

$$+\frac{\pi^2}{\vartheta}\sum_{m=0}^{\infty}\ni_m\cos(\xi_m\theta)\sum_{n=1}^{\infty}\frac{\xi_n^2 J_{\mathcal{M}}'^2(\xi_n b)\mathcal{V}_{\mathcal{DM}}(\xi r,a)\operatorname{sech}\left(d\sqrt{\frac{\eta_r\xi_n^2+s}{\eta_z}}\right)}{\left[\left\{1-\left(\frac{\mathcal{M}}{\xi_n b}\right)^2\right\}J_{\mathcal{M}}^2(\xi_n a)-J_{\mathcal{M}}'^2(\xi_n b)\right]}\times$$

$$\times\left[\frac{\overline{\overline{\overline{\psi}}}_{\theta 0}(\xi_n,\xi_m,s)}{\phi c_t\sqrt{\eta_z(\eta_r\xi_n^2+s)}}\sinh\left\{(d-z)\sqrt{\frac{\eta_r\xi_n^2+s}{\eta_z}}\right\}+\overline{\overline{\overline{\psi}}}_{\theta d}(\xi_n,\xi_m,s)\cosh\left\{z\sqrt{\frac{\eta_r\xi_n^2+s}{\eta_z}}\right\}\right]+$$

$$+\frac{2\pi^2}{\vartheta d\phi c_t\sqrt{\eta_z}}\sum_{m=0}^{\infty}\ni_m\cos(\xi_m\theta)\sum_{n=1}^{\infty}\frac{\xi_n^2 J_{\mathcal{M}}'^2(\xi_n b)\mathcal{V}_{\mathcal{DM}}(\xi r,a)\operatorname{sech}\left(d\sqrt{\frac{\eta_r\xi_n^2+s}{\eta_z}}\right)}{\left[\left\{1-\left(\frac{\mathcal{M}}{\xi_n b}\right)^2\right\}J_{\mathcal{M}}^2(\xi_n a)-J_{\mathcal{M}}'^2(\xi_n b)\right]\sqrt{\eta_r\xi_n^2+s}}\times$$

$$\times\int_0^a\frac{\mathcal{V}_{\mathcal{DM}}(\xi_n u,a)}{u}\int_0^d\left\{\overline{\psi}_{0z}(u,w,s)+(-1)^{m+1}\overline{\psi}_{\vartheta z}(u,w,s)\right\}\times$$

$$\times\left[\sinh\left\{(d-|z-w|)\sqrt{\frac{\eta_r\xi_n^2+s}{\eta_z}}\right\}+\sinh\left\{(d-z-w)\sqrt{\frac{\eta_r\xi_n^2+s}{\eta_z}}\right\}\right]dwdu+$$

$$+\frac{\pi^2}{2\vartheta\sqrt{\eta_z}}\sum_{m=0}^{\infty}\ni_m\cos(\xi_m\theta)\sum_{n=1}^{\infty}\frac{\xi_n^2 J_{\mathcal{M}}'^2(\xi_n b)\mathcal{V}_{\mathcal{DM}}(\xi r,a)\operatorname{sech}\left(d\sqrt{\frac{\eta_r\xi_n^2+s}{\eta_z}}\right)}{\left[\left\{1-\left(\frac{\mathcal{M}}{\xi_n b}\right)^2\right\}J_{\mathcal{M}}^2(\xi_n a)-J_{\mathcal{M}}'^2(\xi_n b)\right]\sqrt{\eta_r\xi_n^2+s}}\times$$

$$\times\int_0^d\overline{\overline{\varphi}}(\xi_n,\xi_m,w)\left[\sinh\left\{(d-|z-w|)\sqrt{\frac{\eta_r\xi_n^2+s}{\eta_z}}\right\}+\sinh\left\{(d-z-w)\sqrt{\frac{\eta_r\xi_n^2+s}{\eta_z}}\right\}\right]dw \quad (29.49.1)$$

where the eigenvalues ξ_n are the positive roots of the transcendental equation $\mathcal{V}_{\mathcal{DM}}'(\xi_n b,a)=0$, $n=1,2,...$, $\xi_l=\frac{(2l-1)\pi}{2d}$, $l=1,2,...$, $\xi_m=\frac{m\pi}{d}$, $m=0,1,...$, $\overline{\overline{\overline{\psi}}}_{\theta 0}(\xi_n,\xi_m,s)=\int_0^a u\mathcal{V}_{\mathcal{DM}}(\xi_n u,a)\int_0^\vartheta\overline{\psi}_0(u,v,s)\cos(\xi_m v)dvdu$, $\overline{\overline{\overline{\psi}}}_{\theta d}(\xi_n,\xi_m,s)=\int_0^a u\mathcal{V}_{\mathcal{DM}}(\xi_n u,a)\int_0^\vartheta\overline{\psi}_{\theta d}(u,v,s)\cos(\xi_m v)dvdu$, $\overline{\overline{\psi}}_a(\xi_m,w,s)=\int_0^\vartheta\overline{\psi}_a(v,w,s)\cos(\xi_m v)dv$, $\overline{\overline{\psi}}_b(\xi_m,w,s)=\int_0^\vartheta\overline{\psi}_b(v,w,s)\cos(\xi_m v)dv$ and $\overline{\overline{\varphi}}(\xi_n,\xi_m,w)=\int_0^a u\mathcal{V}_{\mathcal{DM}}(\xi_n u,a)\int_0^\vartheta\varphi(u,v,w)\cos(\xi_m v)dvdu$.

$$p=\frac{U(t-t_0)\pi^2}{2\vartheta d\phi c_t}\sum_{m=0}^{\infty}\ni_m\cos(\xi_m\theta_0)\cos(\xi_m\theta)\sum_{n=1}^{\infty}\frac{\xi_n^2 J_{\mathcal{M}}'^2(\xi_n b)\mathcal{V}_{\mathcal{DM}}(\xi r_0,a)\mathcal{V}_{\mathcal{DM}}(\xi r,a)}{\left[\left\{1-\left(\frac{\mathcal{M}}{\xi_n b}\right)^2\right\}J_{\mathcal{M}}^2(\xi_n a)-J_{\mathcal{M}}'^2(\xi_n b)\right]}\times$$

$$\times\int_0^{t-t_0}q(t-t_0-\tau)\left[\Theta_2\left\{\frac{\pi(z-z_0)}{2d},e^{-\left(\frac{\pi}{d}\right)^2\eta_z\tau}\right\}+\Theta_2\left\{\frac{\pi(z+z_0)}{2d},e^{-\left(\frac{\pi}{d}\right)^2\eta_z\tau}\right\}\right]e^{-\eta_r\xi_n^2\tau}d\tau-$$

$$-\frac{\pi\eta_r}{\vartheta d}\sum_{m=0}^{\infty}\ni_m\cos(\xi_m\theta)\sum_{n=1}^{\infty}\frac{\xi_n^2 J_{\mathcal{M}}'^2(\xi_n b)\mathcal{V}_{\mathcal{DM}}(\xi r,a)}{\left[\left\{1-\left(\frac{\mathcal{M}}{\xi_n b}\right)^2\right\}J_{\mathcal{M}}^2(\xi_n a)-J_{\mathcal{M}}'^2(\xi_n b)\right]}\times$$

$$\times\int_0^t e^{-\eta_r\xi_n^2\tau}\int_0^d\overline{\psi}_a(\xi_m,w,t-\tau)\left[\Theta_2\left\{\frac{\pi(z-w)}{2d},e^{-\left(\frac{\pi}{d}\right)^2\eta_z\tau}\right\}+\Theta_2\left\{\frac{\pi(z+w)}{2d},e^{-\left(\frac{\pi}{d}\right)^2\eta_z\tau}\right\}\right]dwd\tau+$$

$$+\frac{\pi}{\vartheta d\phi c_t}\sum_{m=0}^{\infty}\ni_m\cos(\xi_m\theta)\sum_{n=1}^{\infty}\frac{\xi_n^2 J_{\mathcal{M}}(\xi_n a)J_{\mathcal{M}}'(\xi_n b)\mathcal{V}_{\mathcal{DM}}(\xi r,a)}{\left[\left\{1-\left(\frac{\mathcal{M}}{\xi_n b}\right)^2\right\}J_{\mathcal{M}}^2(\xi_n a)-J_{\mathcal{M}}^2(\xi_n b)\right]}\times$$

$$\times\int_0^t e^{-\eta_r\xi_n^2\tau}\int_0^d\overline{\psi}_b(\xi_m,w,t-\tau)\left[\Theta_2\left\{\frac{\pi(z-w)}{2d},e^{-\left(\frac{\pi}{d}\right)^2\eta_z\tau}\right\}+\Theta_2\left\{\frac{\pi(z+w)}{2d},e^{-\left(\frac{\pi}{d}\right)^2\eta_z\tau}\right\}\right]dwd\tau+$$

$$+\frac{\pi^2}{\vartheta d}\sum_{m=0}^{\infty}\ni_m\cos(\xi_m\theta)\sum_{n=1}^{\infty}\frac{\xi_n^2 J_{\mathcal{M}}'^2(\xi_n b)\,\mathcal{V}_{\mathcal{DM}}(\xi r,a)}{\left[\left\{1-\left(\frac{\mathcal{M}}{\xi_n b}\right)^2\right\}J_{\mathcal{M}}^2(\xi_n a)-J_{\mathcal{M}}'^2(\xi_n b)\right]}\times$$

$$\times\int_0^t\left\{\left(\frac{1}{\phi c_t}\right)\Theta_2\left(\frac{\pi z}{2d},e^{-\left(\frac{\pi}{d}\right)^2\eta_z\tau}\right)\overline{\overline{\psi}}_{\theta 0}(\xi_n,\xi_m,t-\tau)+\right.$$

$$\left.+\left(\frac{\eta_z}{2d}\right)\Theta_1'\left(\frac{\pi z}{2d},e^{-\left(\frac{\pi}{d}\right)^2\eta_z\tau}\right)\overline{\overline{\psi}}_{\theta d}(\xi_n,\xi_m,t-\tau)\right\}e^{-\eta_r\xi_n^2\tau}d\tau+$$

$$+\frac{\pi^2}{2\vartheta d\phi c_t}\sum_{m=0}^{\infty}\ni_m\cos(\xi_m\theta)\sum_{n=1}^{\infty}\frac{\xi_n^2 J_{\mathcal{M}}'^2(\xi_n b)\,\mathcal{V}_{\mathcal{DM}}(\xi r,a)}{\left[\left\{1-\left(\frac{\mathcal{M}}{\xi_n b}\right)^2\right\}J_{\mathcal{M}}^2(\xi_n a)-J_{\mathcal{M}}'^2(\xi_n b)\right]}\times$$

$$\times\int_0^a\frac{\mathcal{V}_{\mathcal{DM}}(\xi_n u,a)}{u}\int_0^d\int_0^t e^{-\eta_r\xi_n^2\tau}\left\{\psi_{0z}(u,w,t-\tau)+(-1)^{m+1}\psi_{\vartheta z}(u,w,t-\tau)\right\}\times$$

$$\times\left[\Theta_2\left\{\frac{\pi(z-w)}{2d},e^{-\left(\frac{\pi}{d}\right)^2\eta_z\tau}\right\}+\Theta_2\left\{\frac{\pi(z+w)}{2d},e^{-\left(\frac{\pi}{d}\right)^2\eta_z\tau}\right\}\right]d\tau dw du+$$

$$+\frac{\pi^2}{2\vartheta d}\sum_{m=0}^{\infty}\ni_m\cos(\xi_m\theta)\sum_{n=1}^{\infty}\frac{\xi_n^2 J_{\mathcal{M}}'^2(\xi_n b)\,\mathcal{V}_{\mathcal{DM}}(\xi r,a)\,e^{-\eta_r\xi_n^2 t}}{\left[\left\{1-\left(\frac{\mathcal{M}}{\xi_n b}\right)^2\right\}J_{\mathcal{M}}^2(\xi_n a)-J_{\mathcal{M}}'^2(\xi_n b)\right]}\times$$

$$\times\int_0^d\overline{\overline{\varphi}}(\xi_n,\xi_m,w)\left[\Theta_2\left\{\frac{\pi(z-w)}{2d},e^{-\left(\frac{\pi}{d}\right)^2\eta_z t}\right\}+\Theta_2\left\{\frac{\pi(z+w)}{2d},e^{-\left(\frac{\pi}{d}\right)^2\eta_z t}\right\}\right]dw \qquad (29.49.2)$$

where $\overline{\psi}_a(\xi_m,w,t)=\int_0^\vartheta\psi_a(v,w,t)\cos(\xi_m v)dv$, $\overline{\psi}_b(\xi_m,w,t)=\int_0^\vartheta\psi_b(v,w,t)\cos(\xi_m v)dv$,
$\overline{\overline{\psi}}_{\theta 0}(\xi_n,\xi_m,t)=\int_0^a u\mathcal{V}_{\mathcal{DM}}(\xi_n u,a)\int_0^\vartheta\psi_0(u,v,t)\cos(\xi_m v)dvdu$ and
$\overline{\overline{\psi}}_{\theta d}(\xi_n,\xi_m,t)=\int_0^a u\mathcal{V}_{\mathcal{DM}}(\xi_n u,a)\int_0^\vartheta\psi_{\theta d}(u,v,t)\cos(\xi_m v)dvdu$.

29.50 **The problem of 29.48, except**
$\mathbf{N_{\theta 0}\equiv\frac{\partial p(r,\theta,0,t)}{\partial z}=-\left(\frac{\mu}{k_z}\right)\psi_{\theta 0}(r,\theta,t)}$,
$\mathbf{D_{\theta d}\equiv p(r,\theta,d,t)=\psi_{\theta d}(r,\theta,t)}$, $\mathbf{D_a\equiv p(a,\theta,z,t)=\psi_a(\theta,z,t)}$,
$\mathbf{R_b\equiv\frac{\partial p(b,\theta,z,t)}{\partial r}+\lambda p(b,\theta,z,t)=-\left(\frac{\mu}{k_r}\right)\psi_b(\theta,z,t)}$,
$\mathbf{N_{0z}\equiv\frac{\partial p(r,0,z,t)}{\partial\theta}=-\left(\frac{\mu}{k_\theta}\right)\psi_{0z}(r,z,t)}$ **and**
$\mathbf{N_{\vartheta z}\equiv\frac{\partial p(r,\vartheta,z,t)}{\partial\theta}=-\left(\frac{\mu}{k_\theta}\right)\psi_{\vartheta z}(r,z,t)}$

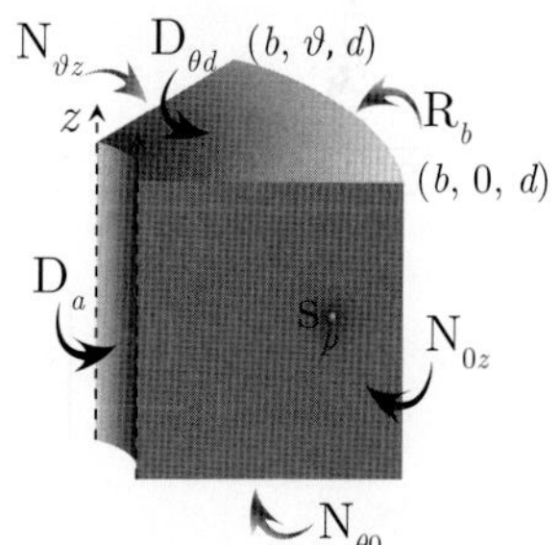

$$\overline{p}=\frac{\pi^2 q(s)e^{-st_0}}{2\vartheta\phi c_t\sqrt{\eta_z}}\sum_{m=0}^{\infty}\ni_m\cos(\xi_m\theta_0)\cos(\xi_m\theta)\times$$

$$\times\sum_{n=1}^{\infty}\frac{\xi_n^2\{\xi_n J_{\mathcal{M}}'(\xi_n b)+\lambda J_{\mathcal{M}}(\xi_n b)\}^2\mathcal{V}_{\mathcal{DM}}(\xi r_0,a)\,\mathcal{V}_{\mathcal{DM}}(\xi r,a)\,\mathrm{sech}\left(d\sqrt{\frac{\eta_r\xi_n^2+s}{\eta_z}}\right)}{\left[\left\{\xi_n^2+\lambda^2-\left(\frac{\mathcal{M}}{b}\right)^2\right\}J_{\mathcal{M}}^2(\xi_n a)-\{\xi_n J_{\mathcal{M}}'(\xi_n b)+\lambda J_{\mathcal{M}}(\xi_n b)\}^2\right]\sqrt{(\eta_r\xi_n^2+s)}}\times$$

$$\times\left[\sinh\left\{(d-|z-z_0|)\sqrt{\frac{\eta_r\xi_n^2+s}{\eta_z}}\right\}+\sinh\left\{(d-z-z_0)\sqrt{\frac{\eta_r\xi_n^2+s}{\eta_z}}\right\}\right]-$$

$$-\frac{\pi\eta_r}{\vartheta\sqrt{\eta_z}}\sum_{m=0}^{\infty}\ni_m\cos(\xi_m\theta)\sum_{n=1}^{\infty}\frac{\xi_n^2\{\xi_n J_{\mathcal{M}}'(\xi_n b)+\lambda J_{\mathcal{M}}(\xi_n b)\}^2\mathcal{V}_{\mathcal{DM}}(\xi r,a)\mathrm{sech}\left(d\sqrt{\frac{\eta_r\xi_n^2+s}{\eta_z}}\right)}{\left[\left\{\xi_n^2+\lambda^2-\left(\frac{\mathcal{M}}{b}\right)^2\right\}J_{\mathcal{M}}^2(\xi_n a)-\{\xi_n J_{\mathcal{M}}'(\xi_n b)+\lambda J_{\mathcal{M}}(\xi_n b)\}^2\right]\sqrt{\eta_r\xi_n^2+s}}\times$$

$$\times\int_0^d \overline{\overline{\psi}}_a(\xi_m,w,s)\left[\sinh\left\{(d-|z-w|)\sqrt{\frac{\eta_r\xi_n^2+s}{\eta_z}}\right\}+\sinh\left\{(d-z-w)\sqrt{\frac{\eta_r\xi_n^2+s}{\eta_z}}\right\}\right]dw-$$

$$-\frac{\pi}{\vartheta\phi c_t\sqrt{\eta_z}}\sum_{m=0}^{\infty}\ni_m\cos(\xi_m\theta)\sum_{n=1}^{\infty}\frac{\xi_n^2 J_{\mathcal{M}}(\xi_n a)\{\xi_n J'_{\mathcal{M}}(\xi_n b)+\lambda J_{\mathcal{M}}(\xi_n b)\}\mathcal{V}_{\mathcal{DM}}(\xi r,a)\operatorname{sech}\left(d\sqrt{\frac{\eta_r\xi_n^2+s}{\eta_z}}\right)}{\left[\left\{\xi_n^2+\lambda^2-\left(\frac{\mathcal{M}}{b}\right)^2\right\}J_{\mathcal{M}}^2(\xi_n a)-\{\xi_n J'_{\mathcal{M}}(\xi_n b)+\lambda J_{\mathcal{M}}(\xi_n b)\}^2\right]\sqrt{\eta_r\xi_n^2+s}}\times$$

$$\times\int_0^d \overline{\overline{\psi}}_b(\xi_m,w,s)\left[\sinh\left\{(d-|z-w|)\sqrt{\frac{\eta_r\xi_n^2+s}{\eta_z}}\right\}+\sinh\left\{(d-z-w)\sqrt{\frac{\eta_r\xi_n^2+s}{\eta_z}}\right\}\right]dw+$$

$$+\frac{\pi^2}{\vartheta}\sum_{m=0}^{\infty}\ni_m\cos(\xi_m\theta)\sum_{n=1}^{\infty}\frac{\xi_n^2\{\xi_n J'_{\mathcal{M}}(\xi_n b)+\lambda J_{\mathcal{M}}(\xi_n b)\}^2\mathcal{V}_{\mathcal{DM}}(\xi r,a)\operatorname{sech}\left(d\sqrt{\frac{\eta_r\xi_n^2+s}{\eta_z}}\right)}{\left[\left\{\xi_n^2+\lambda^2-\left(\frac{\mathcal{M}}{b}\right)^2\right\}J_{\mathcal{M}}^2(\xi_n a)-\{\xi_n J'_{\mathcal{M}}(\xi_n b)+\lambda J_{\mathcal{M}}(\xi_n b)\}^2\right]}\times$$

$$\times\left[\frac{\overline{\overline{\overline{\psi}}}_{\theta 0}(\xi_n,\xi_m,s)}{\phi c_t\sqrt{\eta_z}\left(\eta_r\xi_n^2+s\right)}\sinh\left\{(d-z)\sqrt{\frac{\eta_r\xi_n^2+s}{\eta_z}}\right\}+\overline{\overline{\overline{\psi}}}_{\theta d}(\xi_n,\xi_m,s)\cosh\left\{z\sqrt{\frac{\eta_r\xi_n^2+s}{\eta_z}}\right\}\right]+$$

$$+\frac{2\pi^2}{\vartheta d\phi c_t\sqrt{\eta_z}}\sum_{m=0}^{\infty}\ni_m\cos(\xi_m\theta)\times$$

$$\times\sum_{n=1}^{\infty}\frac{\xi_n^2\{\xi_n J'_{\mathcal{M}}(\xi_n b)+\lambda J_{\mathcal{M}}(\xi_n b)\}^2\mathcal{V}_{\mathcal{DM}}(\xi r,a)\operatorname{sech}\left(d\sqrt{\frac{\eta_r\xi_n^2+s}{\eta_z}}\right)}{\left[\left\{\xi_n^2+\lambda^2-\left(\frac{\mathcal{M}}{b}\right)^2\right\}J_{\mathcal{M}}^2(\xi_n a)-\{\xi_n J'_{\mathcal{M}}(\xi_n b)+\lambda J_{\mathcal{M}}(\xi_n b)\}^2\right]\sqrt{\eta_r\xi_n^2+s}}\times$$

$$\times\int_0^a\frac{\mathcal{V}_{\mathcal{DM}}(\xi_n u,a)}{u}\int_0^d\left\{\overline{\psi}_{0z}(u,w,s)+(-1)^{m+1}\overline{\psi}_{\vartheta z}(u,w,s)\right\}\times$$

$$\times\left[\sinh\left\{(d-|z-w|)\sqrt{\frac{\eta_r\xi_n^2+s}{\eta_z}}\right\}+\sinh\left\{(d-z-w)\sqrt{\frac{\eta_r\xi_n^2+s}{\eta_z}}\right\}\right]dwdu+$$

$$+\frac{\pi^2}{2\vartheta\sqrt{\eta_z}}\sum_{m=0}^{\infty}\ni_m\cos(\xi_m\theta)\sum_{n=1}^{\infty}\frac{\xi_n^2\{\xi_n J'_{\mathcal{M}}(\xi_n b)+\lambda J_{\mathcal{M}}(\xi_n b)\}^2\mathcal{V}_{\mathcal{DM}}(\xi r,a)\operatorname{sech}\left(d\sqrt{\frac{\eta_r\xi_n^2+s}{\eta_z}}\right)}{\left[\left\{\xi_n^2+\lambda^2-\left(\frac{\mathcal{M}}{b}\right)^2\right\}J_{\mathcal{M}}^2(\xi_n a)-\{\xi_n J'_{\mathcal{M}}(\xi_n b)+\lambda J_{\mathcal{M}}(\xi_n b)\}^2\right]\sqrt{\eta_r\xi_n^2+s}}\times$$

$$\times\int_0^d\overline{\overline{\varphi}}(\xi_n,\xi_m,w)\left[\sinh\left\{(d-|z-w|)\sqrt{\frac{\eta_r\xi_n^2+s}{\eta_z}}\right\}+\sinh\left\{(d-z-w)\sqrt{\frac{\eta_r\xi_n^2+s}{\eta_z}}\right\}\right]dw \qquad (29.50.1)$$

where the eigenvalues ξ_n, $n=1,2,...$, are the positive roots of the transcendental equation $\xi_n\mathcal{V}'_{\mathcal{DM}}(\xi_n b,a)+\lambda\mathcal{V}_{\mathcal{DM}}(\xi_n b,a)=0$, $\xi_l=\frac{(2l-1)\pi}{2d}$, $l=1,2,...$, $\xi_m=\frac{m\pi}{d}$, $m=0,1,...$,
$\overline{\overline{\overline{\psi}}}_{\theta 0}(\xi_n,\xi_m,s)=\int_0^a u\mathcal{V}_{\mathcal{DM}}(\xi_n u,a)\int_0^\vartheta\overline{\psi}_0(u,v,s)\cos(\xi_m v)dvdu$,
$\overline{\overline{\overline{\psi}}}_{\theta d}(\xi_n,\xi_m,s)=\int_0^a u\mathcal{V}_{\mathcal{DM}}(\xi_n u,a)\int_0^\vartheta\overline{\psi}_{\theta d}(u,v,s)\cos(\xi_m v)dvdu$,
$\overline{\overline{\psi}}_a(\xi_m,w,s)=\int_0^\vartheta\overline{\psi}_a(v,w,s)\cos(\xi_m v)dv$, $\overline{\overline{\psi}}_b(\xi_m,w,s)=\int_0^\vartheta\overline{\psi}_b(v,w,s)\cos(\xi_m v)dv$ and
$\overline{\overline{\varphi}}(\xi_n,\xi_m,w)=\int_0^a u\mathcal{V}_{\mathcal{DM}}(\xi_n u,a)\int_0^\vartheta\varphi(u,v,w)\cos(\xi_m v)dvdu$.

$$p=\frac{U(t-t_0)\pi^2}{2\vartheta d\phi c_t}\sum_{m=0}^{\infty}\ni_m\cos(\xi_m\theta_0)\cos(\xi_m\theta)\times$$

$$\times\sum_{n=1}^{\infty}\frac{\xi_n^2\{\xi_n J'_{\mathcal{M}}(\xi_n b)+\lambda J_{\mathcal{M}}(\xi_n b)\}^2\mathcal{V}_{\mathcal{DM}}(\xi r_0,a)\,\mathcal{V}_{\mathcal{DM}}(\xi r,a)}{\left[\left\{\xi_n^2+\lambda^2-\left(\frac{\mathcal{M}}{b}\right)^2\right\}J_{\mathcal{M}}^2(\xi_n a)-\{\xi_n J'_{\mathcal{M}}(\xi_n b)+\lambda J_{\mathcal{M}}(\xi_n b)\}^2\right]}\times$$

$$\times \int_0^{t-t_0} q(t-t_0-\tau)\left[\Theta_2\left\{\frac{\pi(z-z_0)}{2d}, e^{-\left(\frac{\pi}{d}\right)^2\eta_z\tau}\right\} + \Theta_2\left\{\frac{\pi(z+z_0)}{2d}, e^{-\left(\frac{\pi}{d}\right)^2\eta_z\tau}\right\}\right] e^{-\eta_r\xi_n^2\tau}d\tau -$$

$$-\frac{\pi\eta_r}{\vartheta d}\sum_{m=0}^{\infty}\ni_m\cos(\xi_m\theta)\sum_{n=1}^{\infty}\frac{\xi_n^2\{\xi_n J'_{\mathcal{M}}(\xi_n b)+\lambda J_{\mathcal{M}}(\xi_n b)\}^2\mathcal{V}_{\mathcal{DM}}(\xi r, a)}{\left[\left\{\xi_n^2+\lambda^2-\left(\frac{\mathcal{M}}{b}\right)^2\right\}J^2_{\mathcal{M}}(\xi_n a)-\{\xi_n J'_{\mathcal{M}}(\xi_n b)+\lambda J_{\mathcal{M}}(\xi_n b)\}^2\right]}\times$$

$$\times \int_0^t e^{-\eta_r\xi_n^2\tau}\int_0^d \overline{\psi}_a(\xi_m, w, t-\tau)\left[\Theta_2\left\{\frac{\pi(z-w)}{2d}, e^{-\left(\frac{\pi}{d}\right)^2\eta_z\tau}\right\} + \Theta_2\left\{\frac{\pi(z+w)}{2d}, e^{-\left(\frac{\pi}{d}\right)^2\eta_z\tau}\right\}\right] dwd\tau -$$

$$-\frac{\pi}{\vartheta d\phi c_t}\sum_{m=0}^{\infty}\ni_m\cos(\xi_m\theta)\sum_{n=1}^{\infty}\frac{\xi_n^2 J_{\mathcal{M}}(\xi_n a)\{\xi_n J'_{\mathcal{M}}(\xi_n b)+\lambda J_{\mathcal{M}}(\xi_n b)\}\mathcal{V}_{\mathcal{DM}}(\xi r, a)}{\left[\left\{\xi_n^2+\lambda^2-\left(\frac{\mathcal{M}}{b}\right)^2\right\}J^2_{\mathcal{M}}(\xi_n a)-\{\xi_n J'_{\mathcal{M}}(\xi_n b)+\lambda J_{\mathcal{M}}(\xi_n b)\}^2\right]}\times$$

$$\times \int_0^t e^{-\eta_r\xi_n^2\tau}\int_0^d \overline{\psi}_b(\xi_m, w, t-\tau)\left[\Theta_2\left\{\frac{\pi(z-w)}{2d}, e^{-\left(\frac{\pi}{d}\right)^2\eta_z\tau}\right\} + \Theta_2\left\{\frac{\pi(z+w)}{2d}, e^{-\left(\frac{\pi}{d}\right)^2\eta_z\tau}\right\}\right] dwd\tau +$$

$$+\frac{\pi^2}{\vartheta d}\sum_{m=0}^{\infty}\ni_m\cos(\xi_m\theta)\sum_{n=1}^{\infty}\frac{\xi_n^2\{\xi_n J'_{\mathcal{M}}(\xi_n b)+\lambda J_{\mathcal{M}}(\xi_n b)\}^2\mathcal{V}_{\mathcal{DM}}(\xi r, a)}{\left[\left\{\xi_n^2+\lambda^2-\left(\frac{\mathcal{M}}{b}\right)^2\right\}J^2_{\mathcal{M}}(\xi_n a)-\{\xi_n J'_{\mathcal{M}}(\xi_n b)+\lambda J_{\mathcal{M}}(\xi_n b)\}^2\right]}\times$$

$$\times \int_0^t \left\{\left(\frac{1}{\phi c_t}\right)\Theta_2\left(\frac{\pi z}{2d}, e^{-\left(\frac{\pi}{d}\right)^2\eta_z\tau}\right)\overline{\overline{\psi}}_{\theta 0}(\xi_n, \xi_m, t-\tau) + \right.$$

$$\left. + \left(\frac{\eta_z}{2d}\right)\Theta'_1\left(\frac{\pi z}{2d}, e^{-\left(\frac{\pi}{d}\right)^2\eta_z\tau}\right)\overline{\overline{\psi}}_{\theta d}(\xi_n, \xi_m, t-\tau)\right\} e^{-\eta_r\xi_n^2\tau}d\tau +$$

$$+\frac{\pi^2}{2\vartheta d\phi c_t}\sum_{m=0}^{\infty}\ni_m\cos(\xi_m\theta)\sum_{n=1}^{\infty}\frac{\xi_n^2\{\xi_n J'_{\mathcal{M}}(\xi_n b)+\lambda J_{\mathcal{M}}(\xi_n b)\}^2\mathcal{V}_{\mathcal{DM}}(\xi r, a)}{\left[\left\{\xi_n^2+\lambda^2-\left(\frac{\mathcal{M}}{b}\right)^2\right\}J^2_{\mathcal{M}}(\xi_n a)-\{\xi_n J'_{\mathcal{M}}(\xi_n b)+\lambda J_{\mathcal{M}}(\xi_n b)\}^2\right]}\times$$

$$\times \int_0^a \frac{\mathcal{V}_{\mathcal{DM}}(\xi_n u, a)}{u}\int_0^d\int_0^t e^{-\eta_r\xi_n^2\tau}\left\{\psi_{0z}(u, w, t-\tau) + (-1)^{m+1}\psi_{\vartheta z}(u, w, t-\tau)\right\}\times$$

$$\times\left[\Theta_2\left\{\frac{\pi(z-w)}{2d}, e^{-\left(\frac{\pi}{d}\right)^2\eta_z\tau}\right\} + \Theta_2\left\{\frac{\pi(z+w)}{2d}, e^{-\left(\frac{\pi}{d}\right)^2\eta_z\tau}\right\}\right] d\tau dwdu +$$

$$+\frac{\pi^2}{2\vartheta d}\sum_{m=0}^{\infty}\ni_m\cos(\xi_m\theta)\sum_{n=1}^{\infty}\frac{\xi_n^2\{\xi_n J'_{\mathcal{M}}(\xi_n b)+\lambda J_{\mathcal{M}}(\xi_n b)\}^2\mathcal{V}_{\mathcal{DM}}(\xi r, a)e^{-\eta_r\xi_n^2 t}}{\left[\left\{\xi_n^2+\lambda^2-\left(\frac{\mathcal{M}}{b}\right)^2\right\}J^2_{\mathcal{M}}(\xi_n a)-\{\xi_n J'_{\mathcal{M}}(\xi_n b)+\lambda J_{\mathcal{M}}(\xi_n b)\}^2\right]}\times$$

$$\times \int_0^d \overline{\overline{\varphi}}(\xi_n, \xi_m, w)\left[\Theta_2\left\{\frac{\pi(z-w)}{2d}, e^{-\left(\frac{\pi}{d}\right)^2\eta_z t}\right\} + \Theta_2\left\{\frac{\pi(z+w)}{2d}, e^{-\left(\frac{\pi}{d}\right)^2\eta_z t}\right\}\right] dw \qquad (29.50.2)$$

where $\overline{\psi}_a(\xi_m, w, t) = \int_0^\vartheta \psi_a(v, w, t)\cos(\xi_m v)dv$, $\overline{\psi}_b(\xi_m, w, t) = \int_0^\vartheta \psi_b(v, w, t)\cos(\xi_m v)dv$, $\overline{\overline{\psi}}_{\theta 0}(\xi_n, \xi_m, t) = \int_0^a u\mathcal{V}_{\mathcal{DM}}(\xi_n u, a)\int_0^\vartheta \psi_0(u, v, t)\cos(\xi_m v)dvdu$ and $\overline{\overline{\psi}}_{\theta d}(\xi_n, \xi_m, t) = \int_0^a u\mathcal{V}_{\mathcal{DM}}(\xi_n u, a)\int_0^\vartheta \psi_{\theta d}(u, v, t)\cos(\xi_m v)dvdu$.

29.51 The problem of 29.48, except
$\mathbf{N_{\theta 0}} \equiv \frac{\partial p(r,\theta,0,t)}{\partial z} = -\left(\frac{\mu}{k_z}\right)\psi_{\theta 0}(r, \theta, t)$,
$\mathbf{D_{\theta d}} \equiv p(r, \theta, d, t) = \psi_{\theta d}(r, \theta, t)$,
$\mathbf{N_a} \equiv \frac{\partial p(a,\theta,z,t)}{\partial r} = -\left(\frac{\mu}{k_r}\right)\psi_a(\theta, z, t)$,
$\mathbf{D_b} \equiv p(b, \theta, z, t) = \psi_b(\theta, z, t)$,
$\mathbf{N_{0z}} \equiv \frac{\partial p(r,0,z,t)}{\partial \theta} = -\left(\frac{\mu}{k_\theta}\right)\psi_{0z}(r, z, t)$ **and**
$\mathbf{N_{\vartheta z}} \equiv \frac{\partial p(r,\vartheta,z,t)}{\partial \theta} = -\left(\frac{\mu}{k_\theta}\right)\psi_{\vartheta z}(r, z, t)$

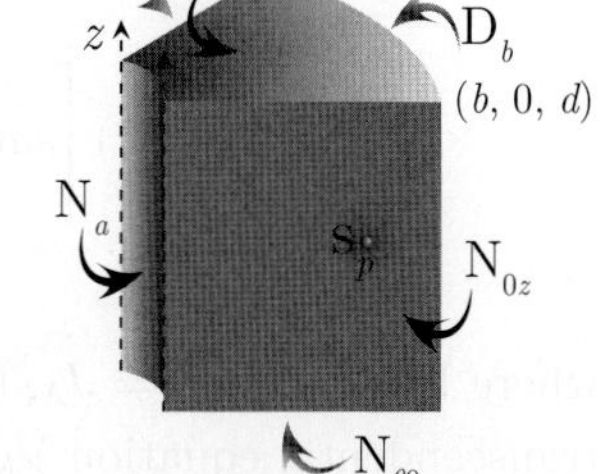

$$\overline{p} = \frac{\pi^2 q(s) e^{-st_0}}{2\vartheta\phi c_t\sqrt{\eta_z}} \sum_{m=0}^{\infty} \ni_m \cos(\xi_m\theta_0)\cos(\xi_m\theta) \sum_{n=1}^{\infty} \frac{\xi_n^2 J_{\mathcal{M}}^2(\xi_n b)\, \mathcal{V}_{\mathcal{NM}}(\xi r_0, a)\, \mathcal{V}_{\mathcal{NM}}(\xi r, a)\, \mathrm{sech}\left(d\sqrt{\frac{\eta_r\xi_n^2+s}{\eta_z}}\right)}{\left[J_{\mathcal{M}}'^2(\xi_n a) - \left\{1 - \left(\frac{\mathcal{M}}{\xi_n a}\right)^2\right\} J_{\mathcal{M}}^2(\xi_n b)\right] \sqrt{(\eta_r\xi_n^2 + s)}} \times$$

$$\times \left[\sinh\left\{(d - |z - z_0|)\sqrt{\frac{\eta_r\xi_n^2 + s}{\eta_z}}\right\} + \sinh\left\{(d - z - z_0)\sqrt{\frac{\eta_r\xi_n^2 + s}{\eta_z}}\right\}\right] +$$

$$+ \frac{\pi}{\vartheta\phi c_t\sqrt{\eta_z}} \sum_{m=0}^{\infty} \ni_m \cos(\xi_m\theta) \sum_{n=1}^{\infty} \frac{\xi_n J_{\mathcal{M}}^2(\xi_n b)\, \mathcal{V}_{\mathcal{NM}}(\xi r, a)\, \mathrm{sech}\left(d\sqrt{\frac{\eta_r\xi_n^2+s}{\eta_z}}\right)}{\left[J_{\mathcal{M}}'^2(\xi_n a) - \left\{1 - \left(\frac{\mathcal{M}}{\xi_n a}\right)^2\right\} J_{\mathcal{M}}^2(\xi_n b)\right] \sqrt{\eta_r\xi_n^2 + s}} \times$$

$$\times \int_0^d \overline{\overline{\psi}}_a(\xi_m, w, s) \left[\sinh\left\{(d - |z - w|)\sqrt{\frac{\eta_r\xi_n^2 + s}{\eta_z}}\right\} + \sinh\left\{(d - z - w)\sqrt{\frac{\eta_r\xi_n^2 + s}{\eta_z}}\right\}\right] dw +$$

$$+ \frac{\pi\eta_r}{\vartheta\sqrt{\eta_z}} \sum_{m=0}^{\infty} \ni_m \cos(\xi_m\theta) \sum_{n=1}^{\infty} \frac{\xi_n^2 J_{\mathcal{M}}'(\xi_n a)\, J_{\mathcal{M}}(\xi_n b)\, \mathcal{V}_{\mathcal{NM}}(\xi r, a)\, \mathrm{sech}\left(d\sqrt{\frac{\eta_r\xi_n^2+s}{\eta_z}}\right)}{\left[J_{\mathcal{M}}'^2(\xi_n a) - \left\{1 - \left(\frac{\mathcal{M}}{\xi_n a}\right)^2\right\} J_{\mathcal{M}}^2(\xi_n b)\right] \sqrt{\eta_r\xi_n^2 + s}} \times$$

$$\times \int_0^d \overline{\overline{\psi}}_b(\xi_m, w, s) \left[\sinh\left\{(d - |z - w|)\sqrt{\frac{\eta_r\xi_n^2 + s}{\eta_z}}\right\} + \sinh\left\{(d - z - w)\sqrt{\frac{\eta_r\xi_n^2 + s}{\eta_z}}\right\}\right] dw +$$

$$+ \frac{\pi^2}{\vartheta} \sum_{m=0}^{\infty} \ni_m \cos(\xi_m\theta) \sum_{n=1}^{\infty} \frac{\xi_n^2 J_{\mathcal{M}}^2(\xi_n b)\, \mathcal{V}_{\mathcal{NM}}(\xi r, a)\, \mathrm{sech}\left(d\sqrt{\frac{\eta_r\xi_n^2+s}{\eta_z}}\right)}{\left[J_{\mathcal{M}}'^2(\xi_n a) - \left\{1 - \left(\frac{\mathcal{M}}{\xi_n a}\right)^2\right\} J_{\mathcal{M}}^2(\xi_n b)\right]} \times$$

$$\times \left[\frac{\overline{\overline{\overline{\psi}}}_{\theta 0}(\xi_n, \xi_m, s)}{\phi c_t\sqrt{\eta_z}\,(\eta_r\xi_n^2 + s)} \sinh\left\{(d - z)\sqrt{\frac{\eta_r\xi_n^2 + s}{\eta_z}}\right\} + \overline{\overline{\overline{\psi}}}_{\theta d}(\xi_n, \xi_m, s) \cosh\left\{z\sqrt{\frac{\eta_r\xi_n^2 + s}{\eta_z}}\right\}\right] +$$

$$+ \frac{2\pi^2}{\vartheta d\phi c_t\sqrt{\eta_z}} \sum_{m=0}^{\infty} \ni_m \cos(\xi_m\theta) \sum_{n=1}^{\infty} \frac{\xi_n^2 J_{\mathcal{M}}^2(\xi_n b)\, \mathcal{V}_{\mathcal{NM}}(\xi r, a)\, \mathrm{sech}\left(d\sqrt{\frac{\eta_r\xi_n^2+s}{\eta_z}}\right)}{\left[J_{\mathcal{M}}'^2(\xi_n a) - \left\{1 - \left(\frac{\mathcal{M}}{\xi_n a}\right)^2\right\} J_{\mathcal{M}}^2(\xi_n b)\right] \sqrt{\eta_r\xi_n^2 + s}} \times$$

$$\times \int_0^a \frac{\mathcal{V}_{\mathcal{NM}}(\xi_n u, a)}{u} \int_0^d \left\{\overline{\psi}_{0z}(u, w, s) + (-1)^{m+1}\,\overline{\psi}_{\vartheta z}(u, w, s)\right\} \times$$

$$\times \left[\sinh\left\{(d - |z - w|)\sqrt{\frac{\eta_r\xi_n^2 + s}{\eta_z}}\right\} + \sinh\left\{(d - z - w)\sqrt{\frac{\eta_r\xi_n^2 + s}{\eta_z}}\right\}\right] dw du +$$

$$+ \frac{\pi^2}{2\vartheta\sqrt{\eta_z}} \sum_{m=0}^{\infty} \ni_m \cos(\xi_m\theta) \sum_{n=1}^{\infty} \frac{\xi_n^2 J_{\mathcal{M}}^2(\xi_n b)\, \mathcal{V}_{\mathcal{NM}}(\xi r, a)\, \mathrm{sech}\left(d\sqrt{\frac{\eta_r\xi_n^2+s}{\eta_z}}\right)}{\left[J_{\mathcal{M}}'^2(\xi_n a) - \left\{1 - \left(\frac{\mathcal{M}}{\xi_n a}\right)^2\right\} J_{\mathcal{M}}^2(\xi_n b)\right] \sqrt{\eta_r\xi_n^2 + s}} \times$$

$$\times \int_0^d \overline{\overline{\varphi}}(\xi_n, \xi_m, w) \left[\sinh\left\{(d - |z - w|)\sqrt{\frac{\eta_r\xi_n^2 + s}{\eta_z}}\right\} + \sinh\left\{(d - z - w)\sqrt{\frac{\eta_r\xi_n^2 + s}{\eta_z}}\right\}\right] dw \qquad (29.51.1)$$

where $\mathcal{V}_{\mathcal{NM}}(\xi_n r, a) = J_{\mathcal{M}}(\xi_n r)\, Y_{\mathcal{M}}'(\xi_n a) - Y_{\mathcal{M}}(\xi_n r)\, J_{\mathcal{M}}'(\xi_n a)$, ξ_n, $n = 1, 2, ...$, are the positive roots of the transcendental equation $\mathcal{V}_{\mathcal{NM}}(\xi_n b, a) = 0$, $\xi_l = \frac{(2l-1)\pi}{2d}, l = 1, 2, ...$, $\xi_m = \frac{m\pi}{d}, m = 0, 1, ...$,
$\overline{\overline{\overline{\psi}}}_{\theta 0}(\xi_n, \xi_m, s) = \int_0^a u\mathcal{V}_{\mathcal{NM}}(\xi_n u, a) \int_0^{\vartheta} \overline{\psi}_0(u, v, s) \cos(\xi_m v) dv du$,

$\overline{\overline{\psi}}_{\theta d}(\xi_n,\xi_m,s) = \int_0^a u\mathcal{V}_{\mathcal{NM}}(\xi_n u,a)\int_0^{\vartheta}\overline{\psi}_{\theta d}(u,v,s)\cos(\xi_m v)dvdu$,
$\overline{\overline{\psi}}_a(\xi_m,w,s) = \int_0^{\vartheta}\overline{\psi}_a(v,w,s)\cos(\xi_m v)dv$, $\overline{\overline{\psi}}_b(\xi_m,w,s) = \int_0^{\vartheta}\overline{\psi}_b(v,w,s)\cos(\xi_m v)dv$ and
$\overline{\overline{\varphi}}(\xi_n,\xi_m,w) = \int_0^a u\mathcal{V}_{\mathcal{NM}}(\xi_n u,a)\int_0^{\vartheta}\varphi(u,v,w)\cos(\xi_m v)dvdu$.

$$
\begin{aligned}
p &= \frac{U(t-t_0)\pi^2}{2\vartheta d\phi c_t}\sum_{m=0}^{\infty}\ni_m\cos(\xi_m\theta_0)\cos(\xi_m\theta)\sum_{n=1}^{\infty}\frac{\xi_n^2 J_{\mathcal{M}}^2(\xi_n b)\mathcal{V}_{\mathcal{NM}}(\xi r_0,a)\mathcal{V}_{\mathcal{NM}}(\xi r,a)}{\left[J_{\mathcal{M}}'^2(\xi_n a)-\left\{1-\left(\frac{\mathcal{M}}{\xi_n a}\right)^2\right\}J_{\mathcal{M}}^2(\xi_n b)\right]}\times\\
&\times\int_0^{t-t_0} q(t-t_0-\tau)\left[\Theta_2\left\{\frac{\pi(z-z_0)}{2d},e^{-\left(\frac{\pi}{d}\right)^2\eta_z\tau}\right\}+\Theta_2\left\{\frac{\pi(z+z_0)}{2d},e^{-\left(\frac{\pi}{d}\right)^2\eta_z\tau}\right\}\right]e^{-\eta_r\xi_n^2\tau}d\tau+\\
&+\frac{\pi}{\vartheta d\phi c_t}\sum_{m=0}^{\infty}\ni_m\cos(\xi_m\theta)\sum_{n=1}^{\infty}\frac{\xi_n J_{\mathcal{M}}^2(\xi_n b)\mathcal{V}_{\mathcal{NM}}(\xi r,a)}{\left[J_{\mathcal{M}}'^2(\xi_n a)-\left\{1-\left(\frac{\mathcal{M}}{\xi_n a}\right)^2\right\}J_{\mathcal{M}}^2(\xi_n b)\right]}\times\\
&\times\int_0^t e^{-\eta_r\xi_n^2\tau}\int_0^d\overline{\psi}_a(\xi_m,w,t-\tau)\left[\Theta_2\left\{\frac{\pi(z-w)}{2d},e^{-\left(\frac{\pi}{d}\right)^2\eta_z\tau}\right\}+\Theta_2\left\{\frac{\pi(z+w)}{2d},e^{-\left(\frac{\pi}{d}\right)^2\eta_z\tau}\right\}\right]dwd\tau+\\
&+\frac{\pi\eta_r}{\vartheta d}\sum_{m=0}^{\infty}\ni_m\cos(\xi_m\theta)\sum_{n=1}^{\infty}\frac{\xi_n^2 J_{\mathcal{M}}'(\xi_n a)J_{\mathcal{M}}(\xi_n b)\mathcal{V}_{\mathcal{NM}}(\xi r,a)}{\left[J_{\mathcal{M}}'^2(\xi_n a)-\left\{1-\left(\frac{\mathcal{M}}{\xi_n a}\right)^2\right\}J_{\mathcal{M}}^2(\xi_n b)\right]}\times\\
&\times\int_0^t e^{-\eta_r\xi_n^2\tau}\int_0^d\overline{\psi}_b(\xi_m,w,t-\tau)\left[\Theta_2\left\{\frac{\pi(z-w)}{2d},e^{-\left(\frac{\pi}{d}\right)^2\eta_z\tau}\right\}+\Theta_2\left\{\frac{\pi(z+w)}{2d},e^{-\left(\frac{\pi}{d}\right)^2\eta_z\tau}\right\}\right]dwd\tau+\\
&+\frac{\pi^2}{\vartheta d}\sum_{m=0}^{\infty}\ni_m\cos(\xi_m\theta)\sum_{n=1}^{\infty}\frac{\xi_n^2 J_{\mathcal{M}}^2(\xi_n b)\mathcal{V}_{\mathcal{NM}}(\xi r,a)}{\left[J_{\mathcal{M}}'^2(\xi_n a)-\left\{1-\left(\frac{\mathcal{M}}{\xi_n a}\right)^2\right\}J_{\mathcal{M}}^2(\xi_n b)\right]}\times\\
&\times\int_0^t\left\{\left(\frac{1}{\phi c_t}\right)\Theta_2\left(\frac{\pi z}{2d},e^{-\left(\frac{\pi}{d}\right)^2\eta_z\tau}\right)\overline{\overline{\psi}}_{\theta 0}(\xi_n,\xi_m,t-\tau)+\right.\\
&+\left.\left(\frac{\eta_z}{2d}\right)\Theta_1'\left(\frac{\pi z}{2d},e^{-\left(\frac{\pi}{d}\right)^2\eta_z\tau}\right)\overline{\overline{\psi}}_{\theta d}(\xi_n,\xi_m,t-\tau)\right\}e^{-\eta_r\xi_n^2\tau}d\tau+\\
&+\frac{\pi^2}{2\vartheta d\phi c_t}\sum_{m=0}^{\infty}\ni_m\cos(\xi_m\theta)\sum_{n=1}^{\infty}\frac{\xi_n^2 J_{\mathcal{M}}^2(\xi_n b)\mathcal{V}_{\mathcal{NM}}(\xi r,a)}{\left[J_{\mathcal{M}}'^2(\xi_n a)-\left\{1-\left(\frac{\mathcal{M}}{\xi_n a}\right)^2\right\}J_{\mathcal{M}}^2(\xi_n b)\right]}\times\\
&\times\int_0^a\frac{\mathcal{V}_{\mathcal{NM}}(\xi_n u,a)}{u}\int_0^d\int_0^t e^{-\eta_r\xi_n^2\tau}\left\{\psi_{0z}(u,w,t-\tau)+(-1)^{m+1}\psi_{\vartheta z}(u,w,t-\tau)\right\}\times\\
&\times\left[\Theta_2\left\{\frac{\pi(z-w)}{2d},e^{-\left(\frac{\pi}{d}\right)^2\eta_z\tau}\right\}+\Theta_2\left\{\frac{\pi(z+w)}{2d},e^{-\left(\frac{\pi}{d}\right)^2\eta_z\tau}\right\}\right]d\tau dwdu+\\
&+\frac{\pi^2}{2\vartheta d}\sum_{m=0}^{\infty}\ni_m\cos(\xi_m\theta)\sum_{n=1}^{\infty}\frac{\xi_n^2 J_{\mathcal{M}}^2(\xi_n b)\mathcal{V}_{\mathcal{NM}}(\xi r,a)e^{-\eta_r\xi_n^2 t}}{\left[J_{\mathcal{M}}'^2(\xi_n a)-\left\{1-\left(\frac{\mathcal{M}}{\xi_n a}\right)^2\right\}J_{\mathcal{M}}^2(\xi_n b)\right]}\times\\
&\times\int_0^d\overline{\overline{\varphi}}(\xi_n,\xi_m,w)\left[\Theta_2\left\{\frac{\pi(z-w)}{2d},e^{-\left(\frac{\pi}{d}\right)^2\eta_z t}\right\}+\Theta_2\left\{\frac{\pi(z+w)}{2d},e^{-\left(\frac{\pi}{d}\right)^2\eta_z t}\right\}\right]dw
\end{aligned}
\tag{29.51.2}
$$

where $\overline{\psi}_a(\xi_m,w,t) = \int_0^{\vartheta}\psi_a(v,w,t)\cos(\xi_m v)dv$, $\overline{\psi}_b(\xi_m,w,t) = \int_0^{\vartheta}\psi_b(v,w,t)\cos(\xi_m v)dv$,
$\overline{\overline{\psi}}_{\theta 0}(\xi_n,\xi_m,t) = \int_0^a u\mathcal{V}_{\mathcal{NM}}(\xi_n u,a)\int_0^{\vartheta}\psi_0(u,v,t)\cos(\xi_m v)dvdu$ and
$\overline{\overline{\psi}}_{\theta d}(\xi_n,\xi_m,t) = \int_0^a u\mathcal{V}_{\mathcal{NM}}(\xi_n u,a)\int_0^{\vartheta}\psi_{\theta d}(u,v,t)\cos(\xi_m v)dvdu$.

29.52

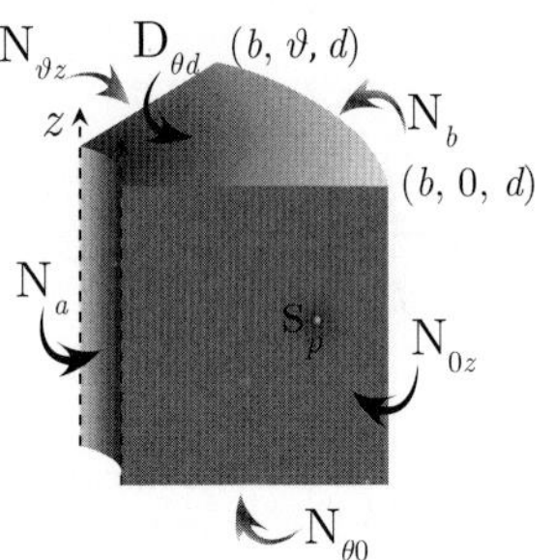

The problem of 29.48, except
$\mathbf{N_{\theta 0} \equiv \frac{\partial p(r,\theta,0,t)}{\partial z} = -\left(\frac{\mu}{k_z}\right) \psi_{\theta 0}(r,\theta,t),}$
$\mathbf{D_{\theta d} \equiv p(r,\theta,d,t) = \psi_{\theta d}(r,\theta,t),}$
$\mathbf{N_a \equiv \frac{\partial p(a,\theta,z,t)}{\partial r} = -\left(\frac{\mu}{k_r}\right) \psi_a(\theta,z,t),}$
$\mathbf{N_b \equiv \frac{\partial p(b,\theta,z,t)}{\partial r} = -\left(\frac{\mu}{k_r}\right) \psi_b(\theta,z,t),}$
$\mathbf{N_{0z} \equiv \frac{\partial p(r,0,z,t)}{\partial \theta} = -\left(\frac{\mu}{k_\theta}\right) \psi_{0z}(r,z,t)}$ **and**
$\mathbf{N_{\vartheta z} \equiv \frac{\partial p(r,\vartheta,z,t)}{\partial \theta} = -\left(\frac{\mu}{k_\theta}\right) \psi_{\vartheta z}(r,z,t)}$

$$
\begin{aligned}
\overline{p} = {} & \frac{q(s)\, e^{-st_0} \operatorname{sech}\left(d\sqrt{\frac{s}{\eta_z}}\right)}{\vartheta\left(b^2-a^2\right)\phi c_t \sqrt{\eta_z s}} \left[\sinh\left\{(d-|z-z_0|)\sqrt{\frac{s}{\eta_z}}\right\} + \sinh\left\{(d-z-z_0)\sqrt{\frac{s}{\eta_z}}\right\}\right] + \\
& + \frac{\pi^2 q(s)\, e^{-st_0}}{2\vartheta\phi c_t \sqrt{\eta_z}} \sum_{m=0}^{\infty} \ni_m \cos(\xi_m\theta_0)\cos(\xi_m\theta) \times \\
& \times \sum_{n=1}^{\infty} \frac{\xi_n^2 J_{\mathcal{M}}'^2(\xi_n b)\, \mathcal{V}_{\mathcal{N}\mathcal{M}}(\xi r_0, a)\, \mathcal{V}_{\mathcal{N}\mathcal{M}}(\xi r, a) \operatorname{sech}\left(d\sqrt{\frac{\eta_r\xi_n^2+s}{\eta_z}}\right)}{\left[\left\{1-\left(\frac{\mathcal{M}}{\xi_n b}\right)^2\right\} J_{\mathcal{M}}'^2(\xi_n a) - \left\{1-\left(\frac{\mathcal{M}}{\xi_n a}\right)^2\right\} J_{\mathcal{M}}'^2(\xi_n b)\right]\sqrt{(\eta_r\xi_n^2+s)}} \times \\
& \times \left[\sinh\left\{(d-|z-z_0|)\sqrt{\frac{\eta_r\xi_n^2+s}{\eta_z}}\right\} + \sinh\left\{(d-z-z_0)\sqrt{\frac{\eta_r\xi_n^2+s}{\eta_z}}\right\}\right] + \\
& + \frac{\operatorname{sech}\left(d\sqrt{\frac{s}{\eta_z}}\right)}{\vartheta\left(b^2-a^2\right)\phi c_t\sqrt{\eta_z s}} \times \\
& \times \int_0^d \left\{a\overline{\overline{\psi}}_a(0,w,s) - b\overline{\overline{\psi}}_b(0,w,s)\right\}\left[\sinh\left\{(d-|z-w|)\sqrt{\frac{s}{\eta_z}}\right\} + \sinh\left\{(d-z-w)\sqrt{\frac{s}{\eta_z}}\right\}\right] dw + \\
& + \frac{\pi}{\vartheta\phi c_t\sqrt{\eta_z}} \sum_{m=0}^{\infty} \ni_m \cos(\xi_m\theta) \sum_{n=1}^{\infty} \frac{\xi_n J_{\mathcal{M}}'^2(\xi_n b)\, \mathcal{V}_{\mathcal{N}\mathcal{M}}(\xi r, a) \operatorname{sech}\left(d\sqrt{\frac{\eta_r\xi_n^2+s}{\eta_z}}\right)}{\left[\left\{1-\left(\frac{\mathcal{M}}{\xi_n b}\right)^2\right\} J_{\mathcal{M}}'^2(\xi_n a) - \left\{1-\left(\frac{\mathcal{M}}{\xi_n a}\right)^2\right\} J_{\mathcal{M}}'^2(\xi_n b)\right]\sqrt{(\eta_r\xi_n^2+s)}} \times \\
& \times \int_0^d \overline{\overline{\psi}}_a(\xi_m,w,s)\left[\sinh\left\{(d-|z-w|)\sqrt{\frac{\eta_r\xi_n^2+s}{\eta_z}}\right\} + \sinh\left\{(d-z-w)\sqrt{\frac{\eta_r\xi_n^2+s}{\eta_z}}\right\}\right] dw - \\
& - \frac{\pi}{\vartheta\phi c_t\sqrt{\eta_z}} \sum_{m=0}^{\infty} \ni_m \cos(\xi_m\theta) \sum_{n=1}^{\infty} \frac{\xi_n J_{\mathcal{M}}'(\xi_n a)\, J_{\mathcal{M}}'(\xi_n b)\, \mathcal{V}_{\mathcal{N}\mathcal{M}}(\xi r, a) \operatorname{sech}\left(d\sqrt{\frac{\eta_r\xi_n^2+s}{\eta_z}}\right)}{\left[\left\{1-\left(\frac{\mathcal{M}}{\xi_n b}\right)^2\right\} J_{\mathcal{M}}'^2(\xi_n a) - \left\{1-\left(\frac{\mathcal{M}}{\xi_n a}\right)^2\right\} J_{\mathcal{M}}'^2(\xi_n b)\right]\sqrt{(\eta_r\xi_n^2+s)}} \times \\
& \times \int_0^d \overline{\overline{\psi}}_b(\xi_m,w,s)\left[\sinh\left\{(d-|z-w|)\sqrt{\frac{\eta_r\xi_n^2+s}{\eta_z}}\right\} + \sinh\left\{(d-z-w)\sqrt{\frac{\eta_r\xi_n^2+s}{\eta_z}}\right\}\right] dw + \\
& + \frac{2\operatorname{sech}\left(d\sqrt{\frac{s}{\eta_z}}\right)}{\vartheta\left(b^2-a^2\right)} \int_a^b u\left[\frac{\overline{\overline{\psi}}_{\theta 0}(u,0,s)}{\phi c_t\sqrt{\eta_z s}} \sinh\left\{(d-z)\sqrt{\frac{s}{\eta_z}}\right\} + \overline{\overline{\psi}}_{\theta d}(u,0,s)\cosh\left\{z\sqrt{\frac{s}{\eta_z}}\right\}\right] du + \\
& + \frac{\pi^2}{\vartheta} \sum_{m=0}^{\infty} \ni_m \cos(\xi_m\theta) \sum_{n=1}^{\infty} \frac{\xi_n^2 J_{\mathcal{M}}'^2(\xi_n b)\, \mathcal{V}_{\mathcal{N}\mathcal{M}}(\xi r, a) \operatorname{sech}\left(d\sqrt{\frac{\eta_r\xi_n^2+s}{\eta_z}}\right)}{\left[\left\{1-\left(\frac{\mathcal{M}}{\xi_n b}\right)^2\right\} J_{\mathcal{M}}'^2(\xi_n a) - \left\{1-\left(\frac{\mathcal{M}}{\xi_n a}\right)^2\right\} J_{\mathcal{M}}'^2(\xi_n b)\right]} \times
\end{aligned}
$$

$$\times\left[\frac{\overline{\overline{\overline{\psi}}}_{\theta 0}(\xi_n,\xi_m,s)}{\phi c_t\sqrt{\eta_z\left(\eta_r\xi_n^2+s\right)}}\sinh\left\{(d-z)\sqrt{\frac{\eta_r\xi_n^2+s}{\eta_z}}\right\}+\overline{\overline{\overline{\psi}}}_{\theta d}(\xi_n,\xi_m,s)\cosh\left\{z\sqrt{\frac{\eta_r\xi_n^2+s}{\eta_z}}\right\}\right]+$$

$$+\frac{\operatorname{sech}\left(d\sqrt{\frac{s}{\eta_z}}\right)}{\vartheta\left(b^2-a^2\right)\phi c_t\sqrt{\eta_z s}}\sum_{l=1}^{\infty}\int_a^b\frac{1}{u}\int_0^d\left\{\overline{\psi}_{0z}(u,w,s)-\overline{\psi}_{\vartheta z}(u,w,s)\right\}\times$$

$$\times\left[\sinh\left\{(d-|z-w|)\sqrt{\frac{s}{\eta_z}}\right\}-\sinh\left\{(d-z-w)\sqrt{\frac{s}{\eta_z}}\right\}\right]dwdu$$

$$\frac{\pi^2}{2\vartheta\phi c_t\sqrt{\eta_z}}\sum_{m=0}^{\infty}\ni_m\cos(\xi_m\theta)\sum_{n=1}^{\infty}\frac{\xi_n^2J_{\mathcal{M}}'^2(\xi_nb)\,\mathcal{V}_{\mathcal{NM}}(\xi_nr,a)\operatorname{csch}\left(d\sqrt{\frac{\eta_r\xi_n^2+s}{\eta_z}}\right)}{\left[\left\{1-\left(\frac{\mathcal{M}}{\xi_nb}\right)^2\right\}J_{\mathcal{M}}'^2(\xi_na)-\left\{1-\left(\frac{\mathcal{M}}{\xi_na}\right)^2\right\}J_{\mathcal{M}}'^2(\xi_nb)\right]\sqrt{\left(\eta_r\xi_n^2+s\right)}}\times$$

$$\times\int_a^b\frac{\mathcal{V}_{\mathcal{NM}}(\xi_nu,a)}{u}\int_0^d\left\{\overline{\psi}_{0z}(u,w,s)+(-1)^{m+1}\overline{\psi}_{\vartheta z}(u,w,s)\right\}\times$$

$$\times\left[\sinh\left\{(d-|z-w|)\sqrt{\frac{\eta_r\xi_n^2+s}{\eta_z}}\right\}+\sinh\left\{(d-z-w)\sqrt{\frac{\eta_r\xi_n^2+s}{\eta_z}}\right\}\right]dwdu+$$

$$+\frac{\operatorname{sech}\left(d\sqrt{\frac{s}{\eta_z}}\right)}{\vartheta\left(b^2-a^2\right)\sqrt{\eta_z s}}\int_0^d\left[\sinh\left\{(d-|z-w|)\sqrt{\frac{s}{\eta_z}}\right\}+\sinh\left\{(d-z-w)\sqrt{\frac{s}{\eta_z}}\right\}\right]\int_a^b\overline{\varphi}(u,0,w)\,ududw+$$

$$+\frac{\pi^2}{2\vartheta\sqrt{\eta_z}}\sum_{m=0}^{\infty}\ni_m\cos(\xi_m\theta)\sum_{n=1}^{\infty}\frac{\xi_n^2J_{\mathcal{M}}'^2(\xi_nb)\,\mathcal{V}_{\mathcal{NM}}(\xi r,a)\operatorname{sech}\left(d\sqrt{\frac{\eta_r\xi_n^2+s}{\eta_z}}\right)}{\left[\left\{1-\left(\frac{\mathcal{M}}{\xi_nb}\right)^2\right\}J_{\mathcal{M}}'^2(\xi_na)-\left\{1-\left(\frac{\mathcal{M}}{\xi_na}\right)^2\right\}J_{\mathcal{M}}'^2(\xi_nb)\right]\sqrt{\left(\eta_r\xi_n^2+s\right)}}\times$$

$$\times\int_0^d\overline{\overline{\varphi}}(\xi_n,\xi_m,w)\left[\sinh\left\{(d-|z-w|)\sqrt{\frac{\eta_r\xi_n^2+s}{\eta_z}}\right\}+\sinh\left\{(d-z-w)\sqrt{\frac{\eta_r\xi_n^2+s}{\eta_z}}\right\}\right]dw \qquad (29.52.1)$$

where $\mathcal{V}_{\mathcal{NM}}(\xi_nr,a)=J_{\mathcal{M}}(\xi_nr)\,Y_{\mathcal{M}}'(\xi_na)-Y_{\mathcal{M}}(\xi_nr)\,J_{\mathcal{M}}'(\xi_na)$. The eigenvalues are $\xi_0=0$ and ξ_n. ξ_n, $n=1,2,...$, are the positive roots of the transcendental equation $\mathcal{V}_{\mathcal{NM}}'(\xi_nb,a)=0$, $\xi_l=\frac{(2l-1)\pi}{2d}$, $l=1,2,...$, $\xi_m=\frac{m\pi}{d}$, $m=0,1,...$, $\overline{\overline{\psi}}_{\theta 0}(u,0,s)=\int_0^{\vartheta}\overline{\psi}_{\theta 0}(u,v,s)dv$, $\overline{\overline{\psi}}_{\theta d}(u,0,s)=\int_0^{\vartheta}\overline{\psi}_{\theta d}(u,v,s)dv$,
$\overline{\overline{\overline{\psi}}}_{\theta 0}(\xi_n,\xi_m,s)=\int_0^a u\mathcal{V}_{\mathcal{NM}}(\xi_nu,a)\int_0^{\vartheta}\overline{\psi}_0(u,v,s)\cos(\xi_mv)dvdu$,
$\overline{\overline{\overline{\psi}}}_{\theta d}(\xi_n,\xi_m,s)=\int_0^a u\mathcal{V}_{\mathcal{NM}}(\xi_nu,a)\int_0^{\vartheta}\overline{\psi}_{\theta d}(u,v,s)\cos(\xi_mv)dvdu$,
$\overline{\overline{\psi}}_a(\xi_m,w,s)=\int_0^{\vartheta}\overline{\psi}_a(v,w,s)\cos(\xi_mv)dv$, $\overline{\overline{\psi}}_b(\xi_m,w,s)=\int_0^{\vartheta}\overline{\psi}_b(v,w,s)\cos(\xi_mv)dv$,
$\overline{\varphi}(u,0,w)=\int_0^{\vartheta}\varphi(u,v,w)dv$ and $\overline{\overline{\varphi}}(\xi_n,\xi_m,w)=\int_0^a u\mathcal{V}_{\mathcal{NM}}(\xi_nu,a)\int_0^{\vartheta}\varphi(u,v,w)\cos(\xi_mv)dvdu$.

$$p=\frac{U(t-t_0)}{\vartheta d\left(b^2-a^2\right)\phi c_t}\int_0^{t-t_0}q(t-t_0-\tau)\left[\Theta_2\left\{\frac{\pi(z-z_0)}{2d},e^{-\left(\frac{\pi}{d}\right)^2\eta_z\tau}\right\}+\Theta_2\left\{\frac{\pi(z+z_0)}{2d},e^{-\left(\frac{\pi}{d}\right)^2\eta_z\tau}\right\}\right]d\tau+$$

$$+\frac{U(t-t_0)\pi^2}{2\vartheta d\phi c_t}\sum_{m=0}^{\infty}\ni_m\cos(\xi_m\theta_0)\cos(\xi_m\theta)\sum_{n=1}^{\infty}\frac{\xi_n^2J_{\mathcal{M}}'^2(\xi_nb)\,\mathcal{V}_{\mathcal{NM}}(\xi r_0,a)\,\mathcal{V}_{\mathcal{NM}}(\xi r,a)}{\left[\left\{1-\left(\frac{\mathcal{M}}{\xi_nb}\right)^2\right\}J_{\mathcal{M}}'^2(\xi_na)-\left\{1-\left(\frac{\mathcal{M}}{\xi_na}\right)^2\right\}J_{\mathcal{M}}'^2(\xi_nb)\right]}\times$$

$$\times\int_0^{t-t_0}q(t-t_0-\tau)\left[\Theta_2\left\{\frac{\pi(z-z_0)}{2d},e^{-\left(\frac{\pi}{d}\right)^2\eta_z\tau}\right\}+\Theta_2\left\{\frac{\pi(z+z_0)}{2d},e^{-\left(\frac{\pi}{d}\right)^2\eta_z\tau}\right\}\right]e^{-\eta_r\xi_n^2\tau}d\tau+$$

$$+\frac{1}{\vartheta d\left(b^2-a^2\right)\phi c_t}\int_0^t\int_0^d\left\{a\overline{\psi}_a(0,w,t-\tau)-b\overline{\psi}_b(0,w,t-\tau)\right\}\times$$

$$\times\left[\Theta_2\left\{\frac{\pi(z-w)}{2d},e^{-\left(\frac{\pi}{d}\right)^2\eta_z\tau}\right\}+\Theta_2\left\{\frac{\pi(z+w)}{2d},e^{-\left(\frac{\pi}{d}\right)^2\eta_z\tau}\right\}\right]dwd\tau+$$

$$+\frac{\pi}{\vartheta d\phi c_t}\sum_{m=0}^{\infty}\ni_m\cos(\xi_m\theta)\sum_{n=1}^{\infty}\frac{\xi_n J_{\mathcal{M}}'^2(\xi_n b)\mathcal{V}_{\mathcal{NM}}(\xi r,a)}{\left[\left\{1-\left(\frac{\mathcal{M}}{\xi_n b}\right)^2\right\}J_{\mathcal{M}}'^2(\xi_n a)-\left\{1-\left(\frac{\mathcal{M}}{\xi_n a}\right)^2\right\}J_{\mathcal{M}}'^2(\xi_n b)\right]}\times$$

$$\times\int_0^t e^{-\eta_r\xi_n^2\tau}\int_0^d\overline{\psi}_a(\xi_m,w,t-\tau)\left[\Theta_2\left\{\frac{\pi(z-w)}{2d},e^{-\left(\frac{\pi}{d}\right)^2\eta_z\tau}\right\}+\Theta_2\left\{\frac{\pi(z+w)}{2d},e^{-\left(\frac{\pi}{d}\right)^2\eta_z\tau}\right\}\right]dwd\tau-$$

$$-\frac{\pi}{\vartheta d\phi c_t}\sum_{m=0}^{\infty}\ni_m\cos(\xi_m\theta)\sum_{n=1}^{\infty}\frac{\xi_n J_{\mathcal{M}}'(\xi_n a)J_{\mathcal{M}}'(\xi_n b)\mathcal{V}_{\mathcal{NM}}(\xi r,a)}{\left[\left\{1-\left(\frac{\mathcal{M}}{\xi_n b}\right)^2\right\}J_{\mathcal{M}}'^2(\xi_n a)-\left\{1-\left(\frac{\mathcal{M}}{\xi_n a}\right)^2\right\}J_{\mathcal{M}}'^2(\xi_n b)\right]}\times$$

$$\times\int_0^t e^{-\eta_r\xi_n^2\tau}\int_0^d\overline{\psi}_b(\xi_m,w,t-\tau)\left[\Theta_2\left\{\frac{\pi(z-w)}{2d},e^{-\left(\frac{\pi}{d}\right)^2\eta_z\tau}\right\}+\Theta_2\left\{\frac{\pi(z+w)}{2d},e^{-\left(\frac{\pi}{d}\right)^2\eta_z\tau}\right\}\right]dwd\tau+$$

$$+\frac{1}{\pi(b^2-a^2)d}\times$$

$$\times\int_0^t\int_a^b u\left\{\left(\frac{1}{\phi c_t}\right)\Theta_2\left(\frac{\pi z}{2d},e^{-\left(\frac{\pi}{d}\right)^2\eta_z\tau}\right)\overline{\psi}_{\theta 0}(u,0,t-\tau)+\left(\frac{\eta_z}{2d}\right)\Theta_1'\left(\frac{\pi z}{2d},e^{-\left(\frac{\pi}{d}\right)^2\eta_z\tau}\right)\overline{\psi}_{\theta d}(u,0,t-\tau)\right\}dud\tau+$$

$$+\frac{\pi^2}{\vartheta d}\sum_{m=0}^{\infty}\ni_m\cos(\xi_m\theta)\sum_{n=1}^{\infty}\frac{\xi_n^2 J_{\mathcal{M}}'^2(\xi_n b)\mathcal{V}_{\mathcal{NM}}(\xi r,a)}{\left[\left\{1-\left(\frac{\mathcal{M}}{\xi_n b}\right)^2\right\}J_{\mathcal{M}}'^2(\xi_n a)-\left\{1-\left(\frac{\mathcal{M}}{\xi_n a}\right)^2\right\}J_{\mathcal{M}}'^2(\xi_n b)\right]}\times$$

$$\times\int_0^t\left\{\left(\frac{1}{\phi c_t}\right)\Theta_2\left(\frac{\pi z}{2d},e^{-\left(\frac{\pi}{d}\right)^2\eta_z\tau}\right)\overline{\overline{\psi}}_{\theta 0}(\xi_n,\xi_m,t-\tau)+\right.$$

$$\left.+\left(\frac{\eta_z}{2d}\right)\Theta_1'\left(\frac{\pi z}{2d},e^{-\left(\frac{\pi}{d}\right)^2\eta_z\tau}\right)\overline{\overline{\psi}}_{\theta d}(\xi_n,\xi_m,t-\tau)\right\}e^{-\eta_r\xi_n^2\tau}d\tau+$$

$$+\frac{1}{\vartheta d(b^2-a^2)\phi c_t}\int_a^b\frac{1}{u}\int_0^d\int_0^t\{\psi_{0z}(u,w,t-\tau)-\psi_{\vartheta z}(u,w,t-\tau)\}\times$$

$$\times\left[\Theta_2\left\{\frac{\pi(z-w)}{2d},e^{-\left(\frac{\pi}{d}\right)^2\eta_z\tau}\right\}+\Theta_2\left\{\frac{\pi(z+w)}{2d},e^{-\left(\frac{\pi}{d}\right)^2\eta_z\tau}\right\}\right]d\tau dwdu+$$

$$+\frac{\pi^2}{2\vartheta d\phi c_t}\sum_{m=0}^{\infty}\ni_m\cos(\xi_m\theta)\sum_{n=1}^{\infty}\frac{\xi_n^2 J_{\mathcal{M}}'^2(\xi_n b)\mathcal{V}_{\mathcal{NM}}(\xi_n r,a)}{\left[\left\{1-\left(\frac{\mathcal{M}}{\xi_n b}\right)^2\right\}J_{\mathcal{M}}'^2(\xi_n a)-\left\{1-\left(\frac{\mathcal{M}}{\xi_n a}\right)^2\right\}J_{\mathcal{M}}'^2(\xi_n b)\right]\sqrt{(\eta_r\xi_n^2+s)}}\times$$

$$\int_0^t e^{-\eta_r\xi_n^2\tau}\int_a^b\frac{\mathcal{V}_{\mathcal{NM}}(\xi_n u,a)}{u}\int_0^d\left\{\psi_{0z}(u,w,t-\tau)+(-1)^{m+1}\psi_{\vartheta z}(u,w,t-\tau)\right\}d\tau\times$$

$$\times\left[\Theta_2\left\{\frac{\pi(z-w)}{2d},e^{-\left(\frac{\pi}{d}\right)^2\eta_z\tau}\right\}+\Theta_2\left\{\frac{\pi(z+w)}{2d},e^{-\left(\frac{\pi}{d}\right)^2\eta_z\tau}\right\}\right]dwdud\tau+$$

$$+\frac{1}{\vartheta(b^2-a^2)d}\int_0^d\int_a^b u\overline{\varphi}(u,0,w)\,du\left[\Theta_2\left\{\frac{\pi(z-w)}{2d},e^{-\left(\frac{\pi}{d}\right)^2\eta_z t}\right\}+\Theta_2\left\{\frac{\pi(z+w)}{2d},e^{-\left(\frac{\pi}{d}\right)^2\eta_z t}\right\}\right]dw+$$

$$+\frac{\pi^2}{2\vartheta d}\sum_{m=0}^{\infty}\ni_m\cos(\xi_m\theta)\sum_{n=1}^{\infty}\frac{\xi_n^2 J_{\mathcal{M}}'^2(\xi_n b)\mathcal{V}_{\mathcal{NM}}(\xi r,a)e^{-\eta_r\xi_n^2 t}}{\left[\left\{1-\left(\frac{\mathcal{M}}{\xi_n b}\right)^2\right\}J_{\mathcal{M}}'^2(\xi_n a)-\left\{1-\left(\frac{\mathcal{M}}{\xi_n a}\right)^2\right\}J_{\mathcal{M}}'^2(\xi_n b)\right]}\times$$

$$\times \int_0^d \overline{\overline{\varphi}}(\xi_n, \xi_m, w)\left[\Theta_2\left\{\frac{\pi(z-w)}{2d}, e^{-\left(\frac{\pi}{d}\right)^2\eta_z t}\right\} + \Theta_2\left\{\frac{\pi(z+w)}{2d}, e^{-\left(\frac{\pi}{d}\right)^2\eta_z t}\right\}\right]dw \qquad (29.52.2)$$

where $\overline{\psi}_a(\xi_m, w, t) = \int_0^\vartheta \psi_a(v, w, t)\cos(\xi_m v)dv$, $\overline{\psi}_b(\xi_m, w, t) = \int_0^\vartheta \psi_b(v, w, t)\cos(\xi_m v)dv$,
$\overline{\psi}_{\theta 0}(u, 0, t) = \int_0^\vartheta \psi_{\theta 0}(u, v, t)dv$, $\overline{\psi}_{\theta d}(u, 0, t) = \int_0^\vartheta \psi_{\theta d}(u, v, t)dv$,
$\overline{\overline{\psi}}_{\theta 0}(\xi_n, \xi_m, t) = \int_0^a u\mathcal{V}_{\mathcal{NM}}(\xi_n u, a)\int_0^\vartheta \psi_0(u, v, t)\cos(\xi_m v)dvdu$ and
$\overline{\overline{\psi}}_{\theta d}(\xi_n, \xi_m, t) = \int_0^a u\mathcal{V}_{\mathcal{NM}}(\xi_n u, a)\int_0^\vartheta \psi_{\theta d}(u, v, t)\cos(\xi_m v)dvdu$.

29.53 The problem of 29.48, except

**$\mathbf{N}_{\theta 0} \equiv \frac{\partial p(r,\theta,0,t)}{\partial z} = -\left(\frac{\mu}{k_z}\right)\psi_{\theta 0}(r, \theta, t)$,
$\mathbf{D}_{\theta d} \equiv p(r, \theta, d, t) = \psi_{\theta d}(r, \theta, t)$,
$\mathbf{N}_a \equiv \frac{\partial p(a,\theta,z,t)}{\partial r} = -\left(\frac{\mu}{k_r}\right)\psi_a(\theta, z, t)$,
$\mathbf{R}_b \equiv \frac{\partial p(b,\theta,z,t)}{\partial r} + \lambda p(b, \theta, z, t) = -\left(\frac{\mu}{k_r}\right)\psi_b(\theta, z, t)$,
$\mathbf{N}_{0z} \equiv \frac{\partial p(r,0,z,t)}{\partial \theta} = -\left(\frac{\mu}{k_\theta}\right)\psi_{0z}(r, z, t)$ and
$\mathbf{N}_{\vartheta z} \equiv \frac{\partial p(r,\vartheta,z,t)}{\partial \theta} = -\left(\frac{\mu}{k_\theta}\right)\psi_{\vartheta z}(r, z, t)$**

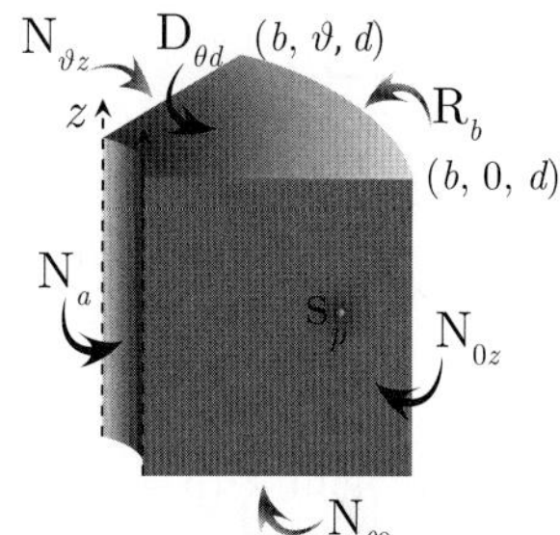

$$\overline{p} = \frac{\pi^2 q(s)e^{-st_0}}{2\vartheta\phi c_t\sqrt{\eta_z}}\sum_{m=0}^{\infty}\ni_m\cos(\xi_m\theta_0)\cos(\xi_m\theta)\times$$

$$\times\sum_{n=1}^{\infty}\frac{\xi_n^2\{\xi_n J'_{\mathcal{M}}(\xi_n b)+\lambda J_{\mathcal{M}}(\xi_n b)\}^2\mathcal{V}_{\mathcal{NM}}(\xi r_0, a)\mathcal{V}_{\mathcal{NM}}(\xi r, a)\operatorname{sech}\left(d\sqrt{\frac{\eta_r\xi_n^2+s}{\eta_z}}\right)}{\left[\left\{\xi_n^2+\lambda^2-\left(\frac{\mathcal{M}}{b}\right)^2\right\}J_{\mathcal{M}}^{\prime 2}(\xi_n a)-\left\{1-\left(\frac{\mathcal{M}}{\xi_n a}\right)^2\right\}\{\xi_n J'_{\mathcal{M}}(\xi_n b)+\lambda J_{\mathcal{M}}(\xi_n b)\}^2\right]\sqrt{(\eta_r\xi_n^2+s)}}\times$$

$$\times\left[\sinh\left\{(d-|z-z_0|)\sqrt{\frac{\eta_r\xi_n^2+s}{\eta_z}}\right\}+\sinh\left\{(d-z-z_0)\sqrt{\frac{\eta_r\xi_n^2+s}{\eta_z}}\right\}\right]+$$

$$+\frac{\pi}{\vartheta\phi c_t\sqrt{\eta_z}}\sum_{m=0}^{\infty}\ni_m\cos(\xi_m\theta)\times$$

$$\times\sum_{n=1}^{\infty}\frac{\xi_n\{\xi_n J'_{\mathcal{M}}(\xi_n b)+\lambda J_{\mathcal{M}}(\xi_n b)\}^2\mathcal{V}_{\mathcal{NM}}(\xi r, a)\operatorname{sech}\left(d\sqrt{\frac{\eta_r\xi_n^2+s}{\eta_z}}\right)}{\left[\left\{\xi_n^2+\lambda^2-\left(\frac{\mathcal{M}}{b}\right)^2\right\}J_{\mathcal{M}}^{\prime 2}(\xi_n a)-\left\{1-\left(\frac{\mathcal{M}}{\xi_n a}\right)^2\right\}\{\xi_n J'_{\mathcal{M}}(\xi_n b)+\lambda J_{\mathcal{M}}(\xi_n b)\}^2\right]\sqrt{\eta_r\xi_n^2+s}}\times$$

$$\times\int_0^d\overline{\overline{\psi}}_a(\xi_m, w, s)\left[\sinh\left\{(d-|z-w|)\sqrt{\frac{\eta_r\xi_n^2+s}{\eta_z}}\right\}+\sinh\left\{(d-z-w)\sqrt{\frac{\eta_r\xi_n^2+s}{\eta_z}}\right\}\right]dw-$$

$$-\frac{\pi}{\vartheta\phi c_t\sqrt{\eta_z}}\sum_{m=0}^{\infty}\ni_m\cos(\xi_m\theta)\times$$

$$\times\sum_{n=1}^{\infty}\frac{\xi_n^2 J'_{\mathcal{M}}(\xi_n a)\{\xi_n J'_{\mathcal{M}}(\xi_n b)+\lambda J_{\mathcal{M}}(\xi_n b)\}\mathcal{V}_{\mathcal{NM}}(\xi r, a)\operatorname{sech}\left(d\sqrt{\frac{\eta_r\xi_n^2+s}{\eta_z}}\right)}{\left[\left\{\xi_n^2+\lambda^2-\left(\frac{\mathcal{M}}{b}\right)^2\right\}J_{\mathcal{M}}^{\prime 2}(\xi_n a)-\left\{1-\left(\frac{\mathcal{M}}{\xi_n a}\right)^2\right\}\{\xi_n J'_{\mathcal{M}}(\xi_n b)+\lambda J_{\mathcal{M}}(\xi_n b)\}^2\right]\sqrt{\eta_r\xi_n^2+s}}\times$$

$$\times\int_0^d\overline{\overline{\psi}}_b(\xi_m, w, s)\left[\sinh\left\{(d-|z-w|)\sqrt{\frac{\eta_r\xi_n^2+s}{\eta_z}}\right\}+\sinh\left\{(d-z-w)\sqrt{\frac{\eta_r\xi_n^2+s}{\eta_z}}\right\}\right]dw+$$

$$+\frac{\pi^2}{\vartheta}\sum_{m=0}^{\infty}\ni_m\cos(\xi_m\theta)\sum_{n=1}^{\infty}\frac{\xi_n^2\left\{\xi_n J'_{\mathcal{M}}(\xi_n b)+\lambda J_{\mathcal{M}}(\xi_n b)\right\}^2\mathcal{V}_{\mathcal{N}\mathcal{M}}(\xi r,a)\operatorname{sech}\left(d\sqrt{\frac{\eta_r\xi_n^2+s}{\eta_z}}\right)}{\left[\left\{\xi_n^2+\lambda^2-\left(\frac{\mathcal{M}}{b}\right)^2\right\}J'^2_{\mathcal{M}}(\xi_n a)-\left\{1-\left(\frac{\mathcal{M}}{\xi_n a}\right)^2\right\}\left\{\xi_n J'_{\mathcal{M}}(\xi_n b)+\lambda J_{\mathcal{M}}(\xi_n b)\right\}^2\right]}\times$$

$$\times\left[\frac{\overline{\overline{\overline{\psi}}}_{\theta 0}(\xi_n,\xi_m,s)}{\phi c_t\sqrt{\eta_z(\eta_r\xi_n^2+s)}}\sinh\left\{(d-z)\sqrt{\frac{\eta_r\xi_n^2+s}{\eta_z}}\right\}+\overline{\overline{\overline{\psi}}}_{\theta d}(\xi_n,\xi_m,s)\cosh\left\{z\sqrt{\frac{\eta_r\xi_n^2+s}{\eta_z}}\right\}\right]+$$

$$+\frac{2\pi^2}{\vartheta d\phi c_t\sqrt{\eta_z}}\sum_{m=0}^{\infty}\ni_m\cos(\xi_m\theta)\times$$

$$\times\sum_{n=1}^{\infty}\frac{\xi_n^2\left\{\xi_n J'_{\mathcal{M}}(\xi_n b)+\lambda J_{\mathcal{M}}(\xi_n b)\right\}^2\mathcal{V}_{\mathcal{N}\mathcal{M}}(\xi r,a)\operatorname{sech}\left(d\sqrt{\frac{\eta_r\xi_n^2+s}{\eta_z}}\right)}{\left[\left\{\xi_n^2+\lambda^2-\left(\frac{\mathcal{M}}{b}\right)^2\right\}J'^2_{\mathcal{M}}(\xi_n a)-\left\{1-\left(\frac{\mathcal{M}}{\xi_n a}\right)^2\right\}\left\{\xi_n J'_{\mathcal{M}}(\xi_n b)+\lambda J_{\mathcal{M}}(\xi_n b)\right\}^2\right]\sqrt{\eta_r\xi_n^2+s}}\times$$

$$\times\int_0^a\frac{\mathcal{V}_{\mathcal{N}\mathcal{M}}(\xi_n u,a)}{u}\int_0^d\left\{\overline{\psi}_{0z}(u,w,s)+(-1)^{m+1}\overline{\psi}_{\vartheta z}(u,w,s)\right\}\times$$

$$\times\left[\sinh\left\{(d-|z-w|)\sqrt{\frac{\eta_r\xi_n^2+s}{\eta_z}}\right\}+\sinh\left\{(d-z-w)\sqrt{\frac{\eta_r\xi_n^2+s}{\eta_z}}\right\}\right]dwdu+$$

$$+\frac{\pi^2}{2\vartheta\sqrt{\eta_z}}\sum_{m=0}^{\infty}\ni_m\cos(\xi_m\theta)\times$$

$$\times\sum_{n=1}^{\infty}\frac{\xi_n^2\left\{\xi_n J'_{\mathcal{M}}(\xi_n b)+\lambda J_{\mathcal{M}}(\xi_n b)\right\}^2\mathcal{V}_{\mathcal{N}\mathcal{M}}(\xi r,a)\operatorname{sech}\left(d\sqrt{\frac{\eta_r\xi_n^2+s}{\eta_z}}\right)}{\left[\left\{\xi_n^2+\lambda^2-\left(\frac{\mathcal{M}}{b}\right)^2\right\}J'^2_{\mathcal{M}}(\xi_n a)-\left\{1-\left(\frac{\mathcal{M}}{\xi_n a}\right)^2\right\}\left\{\xi_n J'_{\mathcal{M}}(\xi_n b)+\lambda J_{\mathcal{M}}(\xi_n b)\right\}^2\right]\sqrt{\eta_r\xi_n^2+s}}\times$$

$$\times\int_0^d\overline{\overline{\varphi}}(\xi_n,\xi_m,w)\left[\sinh\left\{(d-|z-w|)\sqrt{\frac{\eta_r\xi_n^2+s}{\eta_z}}\right\}+\sinh\left\{(d-z-w)\sqrt{\frac{\eta_r\xi_n^2+s}{\eta_z}}\right\}\right]dw \quad (29.53.1)$$

where $\mathcal{V}_{\mathcal{N}\mathcal{M}}(\xi_n r,a)=J_{\mathcal{M}}(\xi_n r)\,Y'_{\mathcal{M}}(\xi_n a)-Y_{\mathcal{M}}(\xi_n r)\,J'_{\mathcal{M}}(\xi_n a)$, ξ_n, $n=1,2,...$, are the positive roots of the transcendental equation $\xi_n\mathcal{V}'_{\mathcal{N}\mathcal{M}}(\xi_n b,a)+\lambda\mathcal{V}_{\mathcal{N}\mathcal{M}}(\xi_n b,a)=0$, $\xi_l=\frac{(2l-1)\pi}{2d}$, $l=1,2,...$, $\xi_m=\frac{m\pi}{d}$, $m=0,1,...$, $\overline{\overline{\overline{\psi}}}_{\theta 0}(\xi_n,\xi_m,s)=\int_0^a u\mathcal{V}_{\mathcal{N}\mathcal{M}}(\xi_n u,a)\int_0^{\vartheta}\overline{\psi}_0(u,v,s)\cos(\xi_m v)dvdu$, $\overline{\overline{\overline{\psi}}}_{\theta d}(\xi_n,\xi_m,s)=\int_0^a u\mathcal{V}_{\mathcal{N}\mathcal{M}}(\xi_n u,a)\int_0^{\vartheta}\overline{\psi}_{\theta d}(u,v,s)\cos(\xi_m v)dvdu$, $\overline{\overline{\psi}}_a(\xi_m,w,s)=\int_0^{\vartheta}\overline{\psi}_a(v,w,s)\cos(\xi_m v)dv$, $\overline{\overline{\psi}}_b(\xi_m,w,s)=\int_0^{\vartheta}\overline{\psi}_b(v,w,s)\cos(\xi_m v)dv$ and $\overline{\overline{\varphi}}(\xi_n,\xi_m,w)=\int_0^a u\mathcal{V}_{\mathcal{N}\mathcal{M}}(\xi_n u,a)\int_0^{\vartheta}\varphi(u,v,w)\cos(\xi_m v)dvdu$.

$$p=\frac{U(t-t_0)\,\pi^2}{2\vartheta d\phi c_t}\sum_{m=0}^{\infty}\ni_m\cos(\xi_m\theta_0)\cos(\xi_m\theta)\times$$

$$\times\sum_{n=1}^{\infty}\frac{\xi_n^2\left\{\xi_n J'_{\mathcal{M}}(\xi_n b)+\lambda J_{\mathcal{M}}(\xi_n b)\right\}^2\mathcal{V}_{\mathcal{N}\mathcal{M}}(\xi r_0,a)\,\mathcal{V}_{\mathcal{N}\mathcal{M}}(\xi r,a)}{\left[\left\{\xi_n^2+\lambda^2-\left(\frac{\mathcal{M}}{b}\right)^2\right\}J'^2_{\mathcal{M}}(\xi_n a)-\left\{1-\left(\frac{\mathcal{M}}{\xi_n a}\right)^2\right\}\left\{\xi_n J'_{\mathcal{M}}(\xi_n b)+\lambda J_{\mathcal{M}}(\xi_n b)\right\}^2\right]}\times$$

$$\times\int_0^{t-t_0}q(t-t_0-\tau)\left[\Theta_2\left\{\frac{\pi(z-z_0)}{2d},e^{-\left(\frac{\pi}{d}\right)^2\eta_z\tau}\right\}+\Theta_2\left\{\frac{\pi(z+z_0)}{2d},e^{-\left(\frac{\pi}{d}\right)^2\eta_z\tau}\right\}\right]e^{-\eta_r\xi_n^2\tau}d\tau+$$

$$+\frac{\pi}{\vartheta d\phi c_t}\sum_{m=0}^{\infty}\ni_m\cos(\xi_m\theta)\sum_{n=1}^{\infty}\frac{\xi_n\left\{\xi_n J'_{\mathcal{M}}(\xi_n b)+\lambda J_{\mathcal{M}}(\xi_n b)\right\}^2\mathcal{V}_{\mathcal{N}\mathcal{M}}(\xi r,a)}{\left[\left\{\xi_n^2+\lambda^2-\left(\frac{\mathcal{M}}{b}\right)^2\right\}J'^2_{\mathcal{M}}(\xi_n a)-\left\{1-\left(\frac{\mathcal{M}}{\xi_n a}\right)^2\right\}\left\{\xi_n J'_{\mathcal{M}}(\xi_n b)+\lambda J_{\mathcal{M}}(\xi_n b)\right\}^2\right]}\times$$

$$\times \int_0^t e^{-\eta_r \xi_n^2 \tau} \int_0^d \overline{\psi}_a(\xi_m, w, t-\tau) \left[\Theta_2 \left\{ \frac{\pi(z-w)}{2d}, e^{-\left(\frac{\pi}{d}\right)^2 \eta_z \tau} \right\} + \Theta_2 \left\{ \frac{\pi(z+w)}{2d}, e^{-\left(\frac{\pi}{d}\right)^2 \eta_z \tau} \right\} \right] dw d\tau -$$

$$-\frac{\pi}{\vartheta d \phi c_t} \sum_{m=0}^{\infty} \ni_m \cos(\xi_m \theta) \sum_{n=1}^{\infty} \frac{\xi_n^2 J'_{\mathcal{M}}(\xi_n a) \{\lambda J_{\mathcal{M}}(\xi_n b) - \xi_n J'_{\mathcal{M}}(\xi_n b)\} \mathcal{V}_{\mathcal{N}\mathcal{M}}(\xi r, a)}{\left[\left\{ \xi_n^2 + \lambda^2 - \left(\frac{\mathcal{M}}{b}\right)^2 \right\} J'^2_{\mathcal{M}}(\xi_n a) - \left\{ 1 - \left(\frac{\mathcal{M}}{\xi_n a}\right)^2 \right\} \{\xi_n J'_{\mathcal{M}}(\xi_n b) + \lambda J_{\mathcal{M}}(\xi_n b)\}^2 \right]} \times$$

$$\times \int_0^t e^{-\eta_r \xi_n^2 \tau} \int_0^d \overline{\psi}_b(\xi_m, w, t-\tau) \left[\Theta_2 \left\{ \frac{\pi(z-w)}{2d}, e^{-\left(\frac{\pi}{d}\right)^2 \eta_z \tau} \right\} + \Theta_2 \left\{ \frac{\pi(z+w)}{2d}, e^{-\left(\frac{\pi}{d}\right)^2 \eta_z \tau} \right\} \right] dw d\tau +$$

$$+\frac{\pi^2}{\vartheta d} \sum_{m=0}^{\infty} \ni_m \cos(\xi_m \theta) \sum_{n=1}^{\infty} \frac{\xi_n^2 \{\xi_n J'_{\mathcal{M}}(\xi_n b) + \lambda J_{\mathcal{M}}(\xi_n b)\}^2 \mathcal{V}_{\mathcal{N}\mathcal{M}}(\xi r, a)}{\left[\left\{ \xi_n^2 + \lambda^2 - \left(\frac{\mathcal{M}}{b}\right)^2 \right\} J'^2_{\mathcal{M}}(\xi_n a) - \left\{ 1 - \left(\frac{\mathcal{M}}{\xi_n a}\right)^2 \right\} \{\xi_n J'_{\mathcal{M}}(\xi_n b) + \lambda J_{\mathcal{M}}(\xi_n b)\}^2 \right]} \times$$

$$\times \int_0^t \left\{ \left(\frac{1}{\phi c_t}\right) \Theta_2 \left(\frac{\pi z}{2d}, e^{-\left(\frac{\pi}{d}\right)^2 \eta_z \tau} \right) \overline{\overline{\psi}}_{\theta 0}(\xi_n, \xi_m, t-\tau) + \right.$$

$$\left. + \left(\frac{\eta_z}{2d}\right) \Theta'_1 \left(\frac{\pi z}{2d}, e^{-\left(\frac{\pi}{d}\right)^2 \eta_z \tau} \right) \overline{\overline{\psi}}_{\theta d}(\xi_n, \xi_m, t-\tau) \right\} e^{-\eta_r \xi_n^2 \tau} d\tau +$$

$$+\frac{\pi^2}{2\vartheta d \phi c_t} \sum_{m=0}^{\infty} \ni_m \cos(\xi_m \theta) \times$$

$$\times \sum_{n=1}^{\infty} \frac{\xi_n^2 \{\xi_n J'_{\mathcal{M}}(\xi_n b) + \lambda J_{\mathcal{M}}(\xi_n b)\}^2 \mathcal{V}_{\mathcal{N}\mathcal{M}}(\xi r, a)}{\left[\left\{ \xi_n^2 + \lambda^2 - \left(\frac{\mathcal{M}}{b}\right)^2 \right\} J'^2_{\mathcal{M}}(\xi_n a) - \left\{ 1 - \left(\frac{\mathcal{M}}{\xi_n a}\right)^2 \right\} \{\xi_n J'_{\mathcal{M}}(\xi_n b) + \lambda J_{\mathcal{M}}(\xi_n b)\}^2 \right]} \times$$

$$\times \int_0^a \frac{\mathcal{V}_{\mathcal{N}\mathcal{M}}(\xi_n u, a)}{u} \int_0^d \int_0^t e^{-\eta_r \xi_n^2 \tau} \left\{ \psi_{0z}(u, w, t-\tau) + (-1)^{m+1} \psi_{\vartheta z}(u, w, t-\tau) \right\} \times$$

$$\times \left[\Theta_2 \left\{ \frac{\pi(z-w)}{2d}, e^{-\left(\frac{\pi}{d}\right)^2 \eta_z \tau} \right\} + \Theta_2 \left\{ \frac{\pi(z+w)}{2d}, e^{-\left(\frac{\pi}{d}\right)^2 \eta_z \tau} \right\} \right] d\tau dw du +$$

$$+\frac{\pi^2}{2\vartheta d} \sum_{m=0}^{\infty} \ni_m \cos(\xi_m \theta) \sum_{n=1}^{\infty} \frac{\xi_n^2 \{\xi_n J'_{\mathcal{M}}(\xi_n b) + \lambda J_{\mathcal{M}}(\xi_n b)\}^2 \mathcal{V}_{\mathcal{N}\mathcal{M}}(\xi r, a) e^{-\eta_r \xi_n^2 t}}{\left[\left\{ \xi_n^2 + \lambda^2 - \left(\frac{\mathcal{M}}{b}\right)^2 \right\} J'^2_{\mathcal{M}}(\xi_n a) - \left\{ 1 - \left(\frac{\mathcal{M}}{\xi_n a}\right)^2 \right\} \{\xi_n J'_{\mathcal{M}}(\xi_n b) + \lambda J_{\mathcal{M}}(\xi_n b)\}^2 \right]} \times$$

$$\times \int_0^d \overline{\overline{\varphi}}(\xi_n, \xi_m, w) \left[\Theta_2 \left\{ \frac{\pi(z-w)}{2d}, e^{-\left(\frac{\pi}{d}\right)^2 \eta_z t} \right\} + \Theta_2 \left\{ \frac{\pi(z+w)}{2d}, e^{-\left(\frac{\pi}{d}\right)^2 \eta_z t} \right\} \right] dw \qquad (29.53.2)$$

where $\overline{\psi}_a(\xi_m, w, t) = \int_0^\vartheta \psi_a(v, w, t) \cos(\xi_m v) dv$, $\overline{\psi}_b(\xi_m, w, t) = \int_0^\vartheta \psi_b(v, w, t) \cos(\xi_m v) dv$, $\overline{\overline{\psi}}_{\theta 0}(\xi_n, \xi_m, t) = \int_0^a u \mathcal{V}_{\mathcal{N}\mathcal{M}}(\xi_n u, a) \int_0^\vartheta \psi_0(u, v, t) \cos(\xi_m v) dv du$ and $\overline{\overline{\psi}}_{\theta d}(\xi_n, \xi_m, t) = \int_0^a u \mathcal{V}_{\mathcal{N}\mathcal{M}}(\xi_n u, a) \int_0^\vartheta \psi_{\theta d}(u, v, t) \cos(\xi_m v) dv du$.

29.54 **The problem of 29.48, except**
$\mathbf{N}_{\theta 0} \equiv \frac{\partial p(r,\theta,0,t)}{\partial z} = -\left(\frac{\mu}{k_z}\right) \psi_{\theta 0}(r, \theta, t)$,
$\mathbf{D}_{\theta d} \equiv p(r, \theta, d, t) = \psi_{\theta d}(r, \theta, t)$,
$\mathbf{R}_a \equiv \frac{\partial p(a,\theta,z,t)}{\partial r} - \lambda p(a, \theta, z, t) = -\left(\frac{\mu}{k_r}\right) \psi_a(\theta, z, t)$,
$\mathbf{D}_b \equiv p(b, \theta, z, t) = \psi_b(\theta, z, t)$,
$\mathbf{N}_{0z} \equiv \frac{\partial p(r,0,z,t)}{\partial \theta} = -\left(\frac{\mu}{k_\theta}\right) \psi_{0z}(r, z, t)$ **and**
$\mathbf{N}_{\vartheta z} \equiv \frac{\partial p(r,\vartheta,z,t)}{\partial \theta} = -\left(\frac{\mu}{k_\theta}\right) \psi_{\vartheta z}(r, z, t)$

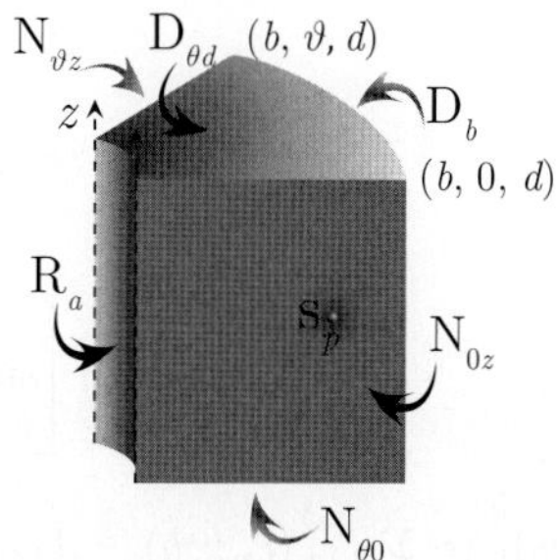

$$
\begin{aligned}
\overline{p} = {} & \frac{\pi^2 q(s)\, e^{-st_0}}{2\vartheta\phi c_t\sqrt{\eta_z}} \sum_{m=0}^{\infty} \ni_m \cos(\xi_m\theta_0)\cos(\xi_m\theta) \times \\
& \times \sum_{n=1}^{\infty} \frac{\xi_n^2 \{\xi_n J'_{\mathcal{M}}(\xi_n a) - \lambda J_{\mathcal{M}}(\xi_n a)\}^2 \mathcal{V}_{\mathcal{DM}}(\xi r_0, b)\, \mathcal{V}_{\mathcal{DM}}(\xi r, b)\, \operatorname{sech}\left(d\sqrt{\frac{\eta_r\xi_n^2+s}{\eta_z}}\right)}{\left[\{\xi_n J'_{\mathcal{M}}(\xi_n a) - \lambda J_{\mathcal{M}}(\xi_n a)\}^2 - \left\{\xi_n^2 + \lambda^2 - \left(\frac{\mathcal{M}}{a}\right)^2\right\} J^2_{\mathcal{M}}(\xi_n b)\right] \sqrt{(\eta_r\xi_n^2+s)}} \times \\
& \times \left[\sinh\left\{(d-|z-z_0|)\sqrt{\frac{\eta_r\xi_n^2+s}{\eta_z}}\right\} + \sinh\left\{(d-z-z_0)\sqrt{\frac{\eta_r\xi_n^2+s}{\eta_z}}\right\}\right] + \\
& + \frac{\pi}{\vartheta\phi c_t\sqrt{\eta_z}} \sum_{m=0}^{\infty} \ni_m \cos(\xi_m\theta) \sum_{n=1}^{\infty} \frac{\xi_n^2 J_{\mathcal{M}}(\xi_n b)\{\xi_n J'_{\mathcal{M}}(\xi_n a) - \lambda J_{\mathcal{M}}(\xi_n a)\}\, \mathcal{V}_{\mathcal{DM}}(\xi r, b) \operatorname{sech}\left(d\sqrt{\frac{\eta_r\xi_n^2+s}{\eta_z}}\right)}{\left[\{\xi_n J'_{\mathcal{M}}(\xi_n a) - \lambda J_{\mathcal{M}}(\xi_n a)\}^2 - \left\{\xi_n^2 + \lambda^2 - \left(\frac{\mathcal{M}}{a}\right)^2\right\} J^2_{\mathcal{M}}(\xi_n b)\right] \sqrt{\eta_r\xi_n^2+s}} \times \\
& \times \int_0^d \overline{\overline{\psi}}_a(\xi_m, w, s) \left[\sinh\left\{(d-|z-w|)\sqrt{\frac{\eta_r\xi_n^2+s}{\eta_z}}\right\} + \sinh\left\{(d-z-w)\sqrt{\frac{\eta_r\xi_n^2+s}{\eta_z}}\right\}\right] dw + \\
& + \frac{\pi\eta_r}{\vartheta\sqrt{\eta_z}} \sum_{m=0}^{\infty} \ni_m \cos(\xi_m\theta) \sum_{n=1}^{\infty} \frac{\xi_n^2 \{\xi_n J'_{\mathcal{M}}(\xi_n a) - \lambda J_{\mathcal{M}}(\xi_n a)\}^2 \mathcal{V}_{\mathcal{DM}}(\xi r, b) \operatorname{sech}\left(d\sqrt{\frac{\eta_r\xi_n^2+s}{\eta_z}}\right)}{\left[\{\xi_n J'_{\mathcal{M}}(\xi_n a) - \lambda J_{\mathcal{M}}(\xi_n a)\}^2 - \left\{\xi_n^2 + \lambda^2 - \left(\frac{\mathcal{M}}{a}\right)^2\right\} J^2_{\mathcal{M}}(\xi_n b)\right] \sqrt{\eta_r\xi_n^2+s}} \times \\
& \times \int_0^d \overline{\overline{\psi}}_b(\xi_m, w, s) \left[\sinh\left\{(d-|z-w|)\sqrt{\frac{\eta_r\xi_n^2+s}{\eta_z}}\right\} + \sinh\left\{(d-z-w)\sqrt{\frac{\eta_r\xi_n^2+s}{\eta_z}}\right\}\right] dw + \\
& + \frac{\pi^2}{\vartheta} \sum_{m=0}^{\infty} \ni_m \cos(\xi_m\theta) \sum_{n=1}^{\infty} \frac{\xi_n^2 \{\xi_n J'_{\mathcal{M}}(\xi_n a) - \lambda J_{\mathcal{M}}(\xi_n a)\}^2 \mathcal{V}_{\mathcal{DM}}(\xi r, b)\, \operatorname{sech}\left(d\sqrt{\frac{\eta_r\xi_n^2+s}{\eta_z}}\right)}{\left[\{\xi_n J'_{\mathcal{M}}(\xi_n a) - \lambda J_{\mathcal{M}}(\xi_n a)\}^2 - \left\{\xi_n^2 + \lambda^2 - \left(\frac{\mathcal{M}}{a}\right)^2\right\} J^2_{\mathcal{M}}(\xi_n b)\right]} \times \\
& \times \left[\frac{\overline{\overline{\overline{\psi}}}_{\theta 0}(\xi_n, \xi_m, s)}{\phi c_t\sqrt{\eta_z}(\eta_r\xi_n^2+s)} \sinh\left\{(d-z)\sqrt{\frac{\eta_r\xi_n^2+s}{\eta_z}}\right\} + \overline{\overline{\overline{\psi}}}_{\theta d}(\xi_n, \xi_m, s) \cosh\left\{z\sqrt{\frac{\eta_r\xi_n^2+s}{\eta_z}}\right\}\right] + \\
& + \frac{2\pi^2}{\vartheta d\phi c_t\sqrt{\eta_z}} \sum_{m=0}^{\infty} \ni_m \cos(\xi_m\theta) \times \\
& \times \sum_{n=1}^{\infty} \frac{\xi_n^2 \{\xi_n J'_{\mathcal{M}}(\xi_n a) - \lambda J_{\mathcal{M}}(\xi_n a)\}^2 \mathcal{V}_{\mathcal{DM}}(\xi r, b)\, \operatorname{sech}\left(d\sqrt{\frac{\eta_r\xi_n^2+s}{\eta_z}}\right)}{\left[\{\xi_n J'_{\mathcal{M}}(\xi_n a) - \lambda J_{\mathcal{M}}(\xi_n a)\}^2 - \left\{\xi_n^2 + \lambda^2 - \left(\frac{\mathcal{M}}{a}\right)^2\right\} J^2_{\mathcal{M}}(\xi_n b)\right] \sqrt{\eta_r\xi_n^2+s}} \times \\
& \times \int_0^a \frac{\mathcal{V}_{\mathcal{NM}}(\xi_n u, a)}{u} \int_0^d \left\{\overline{\psi}_{0z}(u, w, s) + (-1)^{m+1}\overline{\psi}_{\vartheta z}(u, w, s)\right\} \times \\
& \times \left[\sinh\left\{(d-|z-w|)\sqrt{\frac{\eta_r\xi_n^2+s}{\eta_z}}\right\} + \sinh\left\{(d-z-w)\sqrt{\frac{\eta_r\xi_n^2+s}{\eta_z}}\right\}\right] dw du + \\
& + \frac{\pi^2}{2\vartheta\sqrt{\eta_z}} \sum_{m=0}^{\infty} \ni_m \cos(\xi_m\theta) \sum_{n=1}^{\infty} \frac{\xi_n^2 \{\xi_n J'_{\mathcal{M}}(\xi_n a) - \lambda J_{\mathcal{M}}(\xi_n a)\}^2 \mathcal{V}_{\mathcal{DM}}(\xi r, b) \operatorname{sech}\left(d\sqrt{\frac{\eta_r\xi_n^2+s}{\eta_z}}\right)}{\left[\{\xi_n J'_{\mathcal{M}}(\xi_n a) - \lambda J_{\mathcal{M}}(\xi_n a)\}^2 - \left\{\xi_n^2 + \lambda^2 - \left(\frac{\mathcal{M}}{a}\right)^2\right\} J^2_{\mathcal{M}}(\xi_n b)\right] \sqrt{\eta_r\xi_n^2+s}} \times \\
& \times \int_0^d \overline{\overline{\varphi}}(\xi_n, \xi_m, w) \left[\sinh\left\{(d-|z-w|)\sqrt{\frac{\eta_r\xi_n^2+s}{\eta_z}}\right\} + \sinh\left\{(d-z-w)\sqrt{\frac{\eta_r\xi_n^2+s}{\eta_z}}\right\}\right] dw \qquad (29.54.1)
\end{aligned}
$$

where $\mathcal{V}_{\mathcal{DM}}(\xi_n r, b) = J_{\mathcal{M}}(\xi_n r)Y_{\mathcal{M}}(\xi_n b) - Y_{\mathcal{M}}(\xi_n r)J_{\mathcal{M}}(\xi_n b)$, ξ_n, $n = 1, 2, \ldots$, are the positive roots of the transcendental equation $\lambda\mathcal{V}_{\mathcal{DM}}(\xi_n a, b) - \xi_n\mathcal{V}'_{\mathcal{DM}}(\xi_n a, b) = 0$, $\xi_l = \frac{(2l-1)\pi}{2d}, l = 1, 2, \ldots,$

$\xi_m = \frac{m\pi}{d}, m = 0, 1, ..., \overline{\overline{\overline{\psi}}}_{\theta 0}(\xi_n, \xi_m, s) = \int_0^a u\mathcal{V}_{\mathcal{DM}}(\xi_n u, a) \int_0^\vartheta \overline{\psi}_0(u, v, s)\cos(\xi_m v)dvdu$,
$\overline{\overline{\overline{\psi}}}_{\theta d}(\xi_n, \xi_m, s) = \int_0^a u\mathcal{V}_{\mathcal{DM}}(\xi_n u, a) \int_0^\vartheta \overline{\psi}_{\theta d}(u, v, s)\cos(\xi_m v)dvdu$,
$\overline{\overline{\psi}}_a(\xi_m, w, s) = \int_0^\vartheta \overline{\psi}_a(v, w, s)\cos(\xi_m v)dv$, $\overline{\overline{\psi}}_b(\xi_m, w, s) = \int_0^\vartheta \overline{\psi}_b(v, w, s)\cos(\xi_m v)dv$ and
$\overline{\overline{\varphi}}(\xi_n, \xi_m, w) = \int_0^a u\mathcal{V}_{\mathcal{DM}}(\xi_n u, a) \int_0^\vartheta \varphi(u, v, w)\cos(\xi_m v)dvdu$.

$$
\begin{aligned}
p = {} & \frac{U(t-t_0)\pi^2}{2\vartheta d\phi c_t}\sum_{m=0}^{\infty} \ni_m \cos(\xi_m\theta) \sum_{n=1}^{\infty} \frac{\xi_n^2\{\lambda J_{\mathcal{M}}(\xi_n a)+\xi_n J'_{\mathcal{M}}(\xi_n a)\}^2 \mathcal{V}_{\mathcal{DM}}(\xi r_0, b)\mathcal{V}_{\mathcal{DM}}(\xi r, b)}{\left[\{\xi_n J'_{\mathcal{M}}(\xi_n a) - \lambda J_{\mathcal{M}}(\xi_n a)\}^2 - \left\{\xi_n^2 + \lambda^2 - \left(\frac{\mathcal{M}}{a}\right)^2\right\} J_{\mathcal{M}}^2(\xi_n b)\right]} \times \\
& \int_0^{t-t_0} q(t-t_0-\tau)\left[\Theta_2\left\{\frac{\pi(z-z_0)}{2d}, e^{-\left(\frac{\pi}{d}\right)^2\eta_z\tau}\right\} + \Theta_2\left\{\frac{\pi(z+z_0)}{2d}, e^{-\left(\frac{\pi}{d}\right)^2\eta_z\tau}\right\}\right] e^{-\eta_r\xi_n^2\tau}d\tau + \\
& + \frac{\pi}{\vartheta d\phi c_t}\sum_{m=0}^{\infty} \ni_m \cos(\xi_m\theta_0)\cos(\xi_m\theta) \sum_{n=1}^{\infty} \frac{\xi_n^2 J_{\mathcal{M}}(\xi_n b)\{\xi_n J'_{\mathcal{M}}(\xi_n a) - \lambda J_{\mathcal{M}}(\xi_n a)\}\mathcal{V}_{\mathcal{DM}}(\xi r, b)}{\left[\{\xi_n J'_{\mathcal{M}}(\xi_n a) - \lambda J_{\mathcal{M}}(\xi_n a)\}^2 - \left\{\xi_n^2 + \lambda^2 - \left(\frac{\mathcal{M}}{a}\right)^2\right\} J_{\mathcal{M}}^2(\xi_n b)\right]} \times \\
& \times \int_0^t e^{-\eta_r\xi_n^2\tau} \int_0^d \overline{\psi}_a(\xi_m, w, t-\tau)\left[\Theta_2\left\{\frac{\pi(z-w)}{2d}, e^{-\left(\frac{\pi}{d}\right)^2\eta_z\tau}\right\} + \Theta_2\left\{\frac{\pi(z+w)}{2d}, e^{-\left(\frac{\pi}{d}\right)^2\eta_z\tau}\right\}\right] dwd\tau + \\
& + \frac{\pi\eta_r}{\vartheta d}\sum_{m=0}^{\infty} \ni_m \cos(\xi_m\theta) \sum_{n=1}^{\infty} \frac{\xi_n^2\{\xi_n J'_{\mathcal{M}}(\xi_n a) - \lambda J_{\mathcal{M}}(\xi_n a)\}^2 \mathcal{V}_{\mathcal{DM}}(\xi r, b)}{\left[\{\xi_n J'_{\mathcal{M}}(\xi_n a) - \lambda J_{\mathcal{M}}(\xi_n a)\}^2 - \left\{\xi_n^2 + \lambda^2 - \left(\frac{\mathcal{M}}{a}\right)^2\right\} J_{\mathcal{M}}^2(\xi_n b)\right]} \times \\
& \times \int_0^t e^{-\eta_r\xi_n^2\tau} \int_0^d \overline{\psi}_b(\xi_m, w, t-\tau)\left[\Theta_2\left\{\frac{\pi(z-w)}{2d}, e^{-\left(\frac{\pi}{d}\right)^2\eta_z\tau}\right\} + \Theta_2\left\{\frac{\pi(z+w)}{2d}, e^{-\left(\frac{\pi}{d}\right)^2\eta_z\tau}\right\}\right] dwd\tau + \\
& + \frac{\pi^2}{\vartheta d}\sum_{m=0}^{\infty} \ni_m \cos(\xi_m\theta) \sum_{n=1}^{\infty} \frac{\xi_n^2\{\xi_n J'_{\mathcal{M}}(\xi_n a) - \lambda J_{\mathcal{M}}(\xi_n a)\}^2 \mathcal{V}_{\mathcal{DM}}(\xi r, b)}{\left[\{\xi_n J'_{\mathcal{M}}(\xi_n a) - \lambda J_{\mathcal{M}}(\xi_n a)\}^2 - \left\{\xi_n^2 + \lambda^2 - \left(\frac{\mathcal{M}}{a}\right)^2\right\} J_{\mathcal{M}}^2(\xi_n b)\right]} \times \\
& \times \int_0^t \left\{\left(\frac{1}{\phi c_t}\right)\Theta_2\left(\frac{\pi z}{2d}, e^{-\left(\frac{\pi}{d}\right)^2\eta_z\tau}\right)\overline{\overline{\psi}}_{\theta 0}(\xi_n, \xi_m, t-\tau) + \right. \\
& \left. + \left(\frac{\eta_z}{2d}\right)\Theta'_1\left(\frac{\pi z}{2d}, e^{-\left(\frac{\pi}{d}\right)^2\eta_z\tau}\right)\overline{\overline{\psi}}_{\theta d}(\xi_n, \xi_m, t-\tau)\right\} e^{-\eta_r\xi_n^2\tau}d\tau + \\
& + \frac{\pi^2}{2\vartheta d\phi c_t}\sum_{m=0}^{\infty} \ni_m \cos(\xi_m\theta) \sum_{n=1}^{\infty} \frac{\xi_n^2\{\xi_n J'_{\mathcal{M}}(\xi_n a) - \lambda J_{\mathcal{M}}(\xi_n a)\}^2 \mathcal{V}_{\mathcal{DM}}(\xi r, b)}{\left[\{\xi_n J'_{\mathcal{M}}(\xi_n a) - \lambda J_{\mathcal{M}}(\xi_n a)\}^2 - \left\{\xi_n^2 + \lambda^2 - \left(\frac{\mathcal{M}}{a}\right)^2\right\} J_{\mathcal{M}}^2(\xi_n b)\right]} \times \\
& \times \int_0^a \frac{\mathcal{V}_{\mathcal{NM}}(\xi_n u, a)}{u} \int_0^d \int_0^t e^{-\eta_r\xi_n^2\tau}\left\{\psi_{0z}(u, w, t-\tau) + (-1)^{m+1}\psi_{\vartheta z}(u, w, t-\tau)\right\} \times \\
& \times \left[\Theta_2\left\{\frac{\pi(z-w)}{2d}, e^{-\left(\frac{\pi}{d}\right)^2\eta_z\tau}\right\} + \Theta_2\left\{\frac{\pi(z+w)}{2d}, e^{-\left(\frac{\pi}{d}\right)^2\eta_z\tau}\right\}\right] d\tau dwdu + \\
& + \frac{\pi^2}{2\vartheta d}\sum_{m=0}^{\infty} \ni_m \cos(\xi_m\theta) \sum_{n=1}^{\infty} \frac{\xi_n^2\{\xi_n J'_{\mathcal{M}}(\xi_n a) - \lambda J_{\mathcal{M}}(\xi_n a)\}^2 \mathcal{V}_{\mathcal{DM}}(\xi r, b)}{\left[\{\xi_n J'_{\mathcal{M}}(\xi_n a) - \lambda J_{\mathcal{M}}(\xi_n a)\}^2 - \left\{\xi_n^2 + \lambda^2 - \left(\frac{\mathcal{M}}{a}\right)^2\right\} J_{\mathcal{M}}^2(\xi_n b)\right]} \times \\
& \times \int_0^d \overline{\overline{\varphi}}(\xi_n, \xi_m, w)\left[\Theta_2\left\{\frac{\pi(z-w)}{2d}, e^{-\left(\frac{\pi}{d}\right)^2\eta_z t}\right\} + \Theta_2\left\{\frac{\pi(z+w)}{2d}, e^{-\left(\frac{\pi}{d}\right)^2\eta_z t}\right\}\right] dw \qquad (29.54.2)
\end{aligned}
$$

where $\overline{\psi}_a(\xi_m, w, t) = \int_0^\vartheta \psi_a(v, w, t)\cos(\xi_m v)dv$, $\overline{\psi}_b(\xi_m, w, t) = \int_0^\vartheta \psi_b(v, w, t)\cos(\xi_m v)dv$,
$\overline{\overline{\psi}}_{\theta 0}(\xi_n, \xi_m, t) = \int_0^a u\mathcal{V}_{\mathcal{DM}}(\xi_n u, a) \int_0^\vartheta \psi_0(u, v, t)\cos(\xi_m v)dvdu$ and
$\overline{\overline{\psi}}_{\theta d}(\xi_n, \xi_m, t) = \int_0^a u\mathcal{V}_{\mathcal{DM}}(\xi_n u, a) \int_0^\vartheta \psi_{\theta d}(u, v, t)\cos(\xi_m v)dvdu$.

29.55

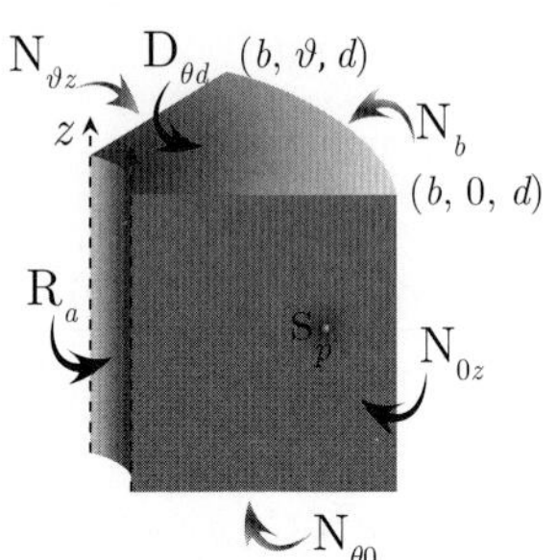

The problem of 29.48, except
$\mathbf{N}_{\theta 0} \equiv \frac{\partial p(r,\theta,0,t)}{\partial z} = -\left(\frac{\mu}{k_z}\right)\psi_{\theta 0}(r,\theta,t)$,
$\mathbf{D}_{\theta d} \equiv p(r,\theta,d,t) = \psi_{\theta d}(r,\theta,t)$,
$\mathbf{R}_a \equiv \frac{\partial p(a,\theta,z,t)}{\partial r} - \lambda p(a,\theta,z,t) = -\left(\frac{\mu}{k_r}\right)\psi_a(\theta,z,t)$,
$\mathbf{N}_b \equiv \frac{\partial p(b,\theta,z,t)}{\partial r} = -\left(\frac{\mu}{k_r}\right)\psi_b(\theta,z,t)$,
$\mathbf{N}_{0z} \equiv \frac{\partial p(r,0,z,t)}{\partial \theta} = -\left(\frac{\mu}{k_\theta}\right)\psi_{0z}(r,z,t)$ **and**
$\mathbf{N}_{\vartheta z} \equiv \frac{\partial p(r,\vartheta,z,t)}{\partial \theta} = -\left(\frac{\mu}{k_\theta}\right)\psi_{\vartheta z}(r,z,t)$

$$
\begin{aligned}
\overline{p} \;=\; & \frac{\pi^2 q(s)\, e^{-st_0}}{2\vartheta\phi c_t\sqrt{\eta_z}} \sum_{m=0}^{\infty} \ni_m \cos(\xi_m\theta_0)\cos(\xi_m\theta) \times \\
& \times \sum_{n=1}^{\infty} \frac{\xi_n^2 \left\{\xi_n J'_{\mathcal{M}}(\xi_n a) - \lambda J_{\mathcal{M}}(\xi_n a)\right\}^2 \mathcal{V}_{\mathcal{NM}}(\xi r_0, b)\, \mathcal{V}_{\mathcal{NM}}(\xi r, b)\, \operatorname{sech}\left(d\sqrt{\frac{\eta_r\xi_n^2+s}{\eta_z}}\right)}{\left[\left\{1-\left(\frac{\mathcal{M}}{\xi_n b}\right)^2\right\}\left\{\xi_n J'_{\mathcal{M}}(\xi_n a) - \lambda J_{\mathcal{M}}(\xi_n a)\right\}^2 - \left\{\xi_n^2+\lambda^2-\left(\frac{\mathcal{M}}{a}\right)^2\right\} J'^2_{\mathcal{M}}(\xi_n b)\right]\sqrt{(\eta_r\xi_n^2+s)}} \times \\
& \times \left[\sinh\left\{(d-|z-z_0|)\sqrt{\frac{\eta_r\xi_n^2+s}{\eta_z}}\right\} + \sinh\left\{(d-z-z_0)\sqrt{\frac{\eta_r\xi_n^2+s}{\eta_z}}\right\}\right] + \\
& + \frac{\pi}{\vartheta\phi c_t\sqrt{\eta_z}} \sum_{m=0}^{\infty} \ni_m \cos(\xi_m\theta) \times \\
& \times \sum_{n=1}^{\infty} \frac{\xi_n^2 J'_{\mathcal{M}}(\xi_n b)\left\{\xi_n J'_{\mathcal{M}}(\xi_n a) - \lambda J_{\mathcal{M}}(\xi_n a)\right\} \mathcal{V}_{\mathcal{NM}}(\xi r, b)\, \operatorname{sech}\left(d\sqrt{\frac{\eta_r\xi_n^2+s}{\eta_z}}\right)}{\left[\left\{1-\left(\frac{\mathcal{M}}{\xi_n b}\right)^2\right\}\left\{\xi_n J'_{\mathcal{M}}(\xi_n a) - \lambda J_{\mathcal{M}}(\xi_n a)\right\}^2 - \left\{\xi_n^2+\lambda^2-\left(\frac{\mathcal{M}}{a}\right)^2\right\} J'^2_{\mathcal{M}}(\xi_n b)\right]\sqrt{\eta_r\xi_n^2+s}} \times \\
& \times \int_0^d \overline{\overline{\psi}}_a(\xi_m, w, s)\left[\sinh\left\{(d-|z-w|)\sqrt{\frac{\eta_r\xi_n^2+s}{\eta_z}}\right\} + \sinh\left\{(d-z-w)\sqrt{\frac{\eta_r\xi_n^2+s}{\eta_z}}\right\}\right] dw - \\
& - \frac{\pi}{\vartheta\phi c_t\sqrt{\eta_z}} \sum_{m=0}^{\infty} \ni_m \cos(\xi_m\theta) \times \\
& \times \sum_{n=1}^{\infty} \frac{\xi_n \left\{\xi_n J'_{\mathcal{M}}(\xi_n a) - \lambda J_{\mathcal{M}}(\xi_n a)\right\}^2 \mathcal{V}_{\mathcal{NM}}(\xi r, b)\, \operatorname{sech}\left(d\sqrt{\frac{\eta_r\xi_n^2+s}{\eta_z}}\right)}{\left[\left\{1-\left(\frac{\mathcal{M}}{\xi_n b}\right)^2\right\}\left\{\xi_n J'_{\mathcal{M}}(\xi_n a) - \lambda J_{\mathcal{M}}(\xi_n a)\right\}^2 - \left\{\xi_n^2+\lambda^2-\left(\frac{\mathcal{M}}{a}\right)^2\right\} J'^2_{\mathcal{M}}(\xi_n b)\right]\sqrt{\eta_r\xi_n^2+s}} \times \\
& \times \int_0^d \overline{\overline{\psi}}_b(\xi_m, w, s)\left[\sinh\left\{(d-|z-w|)\sqrt{\frac{\eta_r\xi_n^2+s}{\eta_z}}\right\} + \sinh\left\{(d-z-w)\sqrt{\frac{\eta_r\xi_n^2+s}{\eta_z}}\right\}\right] dw + \\
& + \frac{\pi^2}{\vartheta} \sum_{m=0}^{\infty} \ni_m \cos(\xi_m\theta) \sum_{n=1}^{\infty} \frac{\xi_n^2 \left\{\xi_n J'_{\mathcal{M}}(\xi_n a) - \lambda J_{\mathcal{M}}(\xi_n a)\right\}^2 \mathcal{V}_{\mathcal{NM}}(\xi r, b)\operatorname{sech}\left(d\sqrt{\frac{\eta_r\xi_n^2+s}{\eta_z}}\right)}{\left[\left\{1-\left(\frac{\mathcal{M}}{\xi_n b}\right)^2\right\}\left\{\xi_n J'_{\mathcal{M}}(\xi_n a) - \lambda J_{\mathcal{M}}(\xi_n a)\right\}^2 - \left\{\xi_n^2+\lambda^2-\left(\frac{\mathcal{M}}{a}\right)^2\right\} J'^2_{\mathcal{M}}(\xi_n b)\right]} \times \\
& \times \left[\frac{\overline{\overline{\overline{\psi}}}_{\theta 0}(\xi_n, \xi_m, s)}{\phi c_t\sqrt{\eta_z(\eta_r\xi_n^2+s)}} \sinh\left\{(d-z)\sqrt{\frac{\eta_r\xi_n^2+s}{\eta_z}}\right\} + \overline{\overline{\overline{\psi}}}_{\theta d}(\xi_n, \xi_m, s)\cosh\left\{z\sqrt{\frac{\eta_r\xi_n^2+s}{\eta_z}}\right\}\right] + \\
& + \frac{2\pi^2}{\vartheta d\phi c_t\sqrt{\eta_z}} \sum_{m=0}^{\infty} \ni_m \cos(\xi_m\theta) \times
\end{aligned}
$$

$$\times \sum_{n=1}^{\infty} \frac{\xi_n^2 \left\{\xi_n J'_{\mathcal{M}}(\xi_n a) - \lambda J_{\mathcal{M}}(\xi_n a)\right\}^2 \mathcal{V}_{\mathcal{NM}}(\xi r, b) \operatorname{sech}\left(d\sqrt{\frac{\eta_r \xi_n^2 + s}{\eta_z}}\right)}{\left[\left\{1 - \left(\frac{\mathcal{M}}{\xi_n b}\right)^2\right\} \left\{\xi_n J'_{\mathcal{M}}(\xi_n a) - \lambda J_{\mathcal{M}}(\xi_n a)\right\}^2 - \left\{\xi_n^2 + \lambda^2 - \left(\frac{\mathcal{M}}{a}\right)^2\right\} J'^2_{\mathcal{M}}(\xi_n b)\right] \sqrt{\eta_r \xi_n^2 + s}} \times$$

$$\times \int_0^a \frac{\mathcal{V}_{\mathcal{NM}}(\xi_n u, a)}{u} \int_0^d \left\{\overline{\psi}_{0z}(u, w, s) + (-1)^{m+1} \overline{\psi}_{\vartheta z}(u, w, s)\right\} \times$$

$$\times \left[\sinh\left\{(d - |z - w|)\sqrt{\frac{\eta_r \xi_n^2 + s}{\eta_z}}\right\} + \sinh\left\{(d - z - w)\sqrt{\frac{\eta_r \xi_n^2 + s}{\eta_z}}\right\}\right] dw du +$$

$$+ \frac{\pi^2}{2\vartheta\sqrt{\eta_z}} \sum_{m=0}^{\infty} \ni_m \cos(\xi_m \theta) \times$$

$$\times \sum_{n=1}^{\infty} \frac{\xi_n^2 \left\{\xi_n J'_{\mathcal{M}}(\xi_n a) - \lambda J_{\mathcal{M}}(\xi_n a)\right\}^2 \mathcal{V}_{\mathcal{NM}}(\xi r, b) \operatorname{sech}\left(d\sqrt{\frac{\eta_r \xi_n^2 + s}{\eta_z}}\right)}{\left[\left\{1 - \left(\frac{\mathcal{M}}{\xi_n b}\right)^2\right\} \left\{\xi_n J'_{\mathcal{M}}(\xi_n a) - \lambda J_{\mathcal{M}}(\xi_n a)\right\}^2 - \left\{\xi_n^2 + \lambda^2 - \left(\frac{\mathcal{M}}{a}\right)^2\right\} J'^2_{\mathcal{M}}(\xi_n b)\right] \sqrt{\eta_r \xi_n^2 + s}} \times$$

$$\times \int_0^d \overline{\overline{\overline{\varphi}}}(\xi_n, \xi_m, w) \left[\sinh\left\{(d - |z - w|)\sqrt{\frac{\eta_r \xi_n^2 + s}{\eta_z}}\right\} + \sinh\left\{(d - z - w)\sqrt{\frac{\eta_r \xi_n^2 + s}{\eta_z}}\right\}\right] dw \quad (29.55.1)$$

where $\mathcal{V}_{\mathcal{NM}}(\xi_n r, a) = J_{\mathcal{M}}(\xi_n r) Y'_{\mathcal{M}}(\xi_n a) - Y_{\mathcal{M}}(\xi_n r) J'_{\mathcal{M}}(\xi_n a)$, ξ_n, $n = 1, 2, ...$, are the positive roots of the transcendental equation $\lambda \mathcal{V}_{\mathcal{NM}}(\xi_n a, b) - \xi_n \mathcal{V}'_{\mathcal{NM}}(\xi_n a, b) = 0$, $\xi_l = \frac{(2l-1)\pi}{2d}$, $l = 1, 2, ...$, $\xi_m = \frac{m\pi}{d}$, $m = 0, 1, ...$, $\overline{\overline{\overline{\psi}}}_{\theta 0}(\xi_n, \xi_m, s) = \int_0^a u \mathcal{V}_{\mathcal{NM}}(\xi_n u, a) \int_0^{\vartheta} \overline{\psi}_0(u, v, s) \cos(\xi_m v) dv du$, $\overline{\overline{\overline{\psi}}}_{\theta d}(\xi_n, \xi_m, s) = \int_0^a u \mathcal{V}_{\mathcal{NM}}(\xi_n u, a) \int_0^{\vartheta} \overline{\psi}_{\theta d}(u, v, s) \cos(\xi_m v) dv du$, $\overline{\overline{\psi}}_a(\xi_m, w, s) = \int_0^{\vartheta} \overline{\psi}_a(v, w, s) \cos(\xi_m v) dv$, $\overline{\overline{\psi}}_b(\xi_m, w, s) = \int_0^{\vartheta} \overline{\psi}_b(v, w, s) \cos(\xi_m v) dv$ and $\overline{\overline{\varphi}}(\xi_n, \xi_m, w) = \int_0^a u \mathcal{V}_{\mathcal{NM}}(\xi_n u, a) \int_0^{\vartheta} \varphi(u, v, w) \cos(\xi_m v) dv du$.

$$p = \frac{U(t - t_0)\pi^2}{2\vartheta d \phi c_t} \sum_{m=0}^{\infty} \ni_m \cos(\xi_m \theta_0) \cos(\xi_m \theta) \times$$

$$\times \sum_{n=1}^{\infty} \frac{\xi_n^2 \left\{\xi_n J'_{\mathcal{M}}(\xi_n a) - \lambda J_{\mathcal{M}}(\xi_n a)\right\}^2 \mathcal{V}_{\mathcal{NM}}(\xi r_0, b) \mathcal{V}_{\mathcal{NM}}(\xi r, b)}{\left[\left\{1 - \left(\frac{\mathcal{M}}{\xi_n b}\right)^2\right\} \left\{\xi_n J'_{\mathcal{M}}(\xi_n a) - \lambda J_{\mathcal{M}}(\xi_n a)\right\}^2 - \left\{\xi_n^2 + \lambda^2 - \left(\frac{\mathcal{M}}{a}\right)^2\right\} J'^2_{\mathcal{M}}(\xi_n b)\right]} \times$$

$$\int_0^{t-t_0} q(t - t_0 - \tau) \left[\Theta_2\left\{\frac{\pi(z - z_0)}{2d}, e^{-\left(\frac{\pi}{d}\right)^2 \eta_z \tau}\right\} + \Theta_2\left\{\frac{\pi(z + z_0)}{2d}, e^{-\left(\frac{\pi}{d}\right)^2 \eta_z \tau}\right\}\right] e^{-\eta_r \xi_n^2 \tau} d\tau +$$

$$+ \frac{\pi}{\vartheta d \phi c_t} \sum_{m=0}^{\infty} \ni_m \cos(\xi_m \theta) \sum_{n=1}^{\infty} \frac{\xi_n^2 J'_{\mathcal{M}}(\xi_n b) \left\{\xi_n J'_{\mathcal{M}}(\xi_n a) - \lambda J_{\mathcal{M}}(\xi_n a)\right\} \mathcal{V}_{\mathcal{NM}}(\xi r, b)}{\left[\left\{1 - \left(\frac{\mathcal{M}}{\xi_n b}\right)^2\right\} \left\{\xi_n J'_{\mathcal{M}}(\xi_n a) - \lambda J_{\mathcal{M}}(\xi_n a)\right\}^2 - \left\{\xi_n^2 + \lambda^2 - \left(\frac{\mathcal{M}}{a}\right)^2\right\} J'^2_{\mathcal{M}}(\xi_n b)\right]} \times$$

$$\times \int_0^t e^{-\eta_r \xi_n^2 \tau} \int_0^d \overline{\psi}_a(\xi_m, w, t - \tau) \left[\Theta_2\left\{\frac{\pi(z - w)}{2d}, e^{-\left(\frac{\pi}{d}\right)^2 \eta_z \tau}\right\} + \Theta_2\left\{\frac{\pi(z + w)}{2d}, e^{-\left(\frac{\pi}{d}\right)^2 \eta_z \tau}\right\}\right] dw d\tau -$$

$$- \frac{\pi}{\vartheta d \phi c_t} \sum_{m=0}^{\infty} \ni_m \cos(\xi_m \theta) \sum_{n=1}^{\infty} \frac{\xi_n \left\{\xi_n J'_{\mathcal{M}}(\xi_n a) - \lambda J_{\mathcal{M}}(\xi_n a)\right\}^2 \mathcal{V}_{\mathcal{NM}}(\xi r, b)}{\left[\left\{1 - \left(\frac{\mathcal{M}}{\xi_n b}\right)^2\right\} \left\{\xi_n J'_{\mathcal{M}}(\xi_n a) - \lambda J_{\mathcal{M}}(\xi_n a)\right\}^2 - \left\{\xi_n^2 + \lambda^2 - \left(\frac{\mathcal{M}}{a}\right)^2\right\} J'^2_{\mathcal{M}}(\xi_n b)\right]} \times$$

$$\times \int_0^t e^{-\eta_r \xi_n^2 \tau} \int_0^d \overline{\psi}_b(\xi_m, w, t - \tau) \left[\Theta_2\left\{\frac{\pi(z - w)}{2d}, e^{-\left(\frac{\pi}{d}\right)^2 \eta_z \tau}\right\} + \Theta_2\left\{\frac{\pi(z + w)}{2d}, e^{-\left(\frac{\pi}{d}\right)^2 \eta_z \tau}\right\}\right] dw d\tau +$$

$$+\frac{\pi^2}{\vartheta d}\sum_{m=0}^{\infty}\ni_m\cos(\xi_m\theta)\sum_{n=1}^{\infty}\frac{\xi_n^2\{\xi_nJ'_{\mathcal{M}}(\xi_na)-\lambda J_{\mathcal{M}}(\xi_na)\}^2\mathcal{V}_{\mathcal{NM}}(\xi r,b)}{\left[\left\{1-\left(\frac{\mathcal{M}}{\xi_nb}\right)^2\right\}\{\xi_nJ'_{\mathcal{M}}(\xi_na)-\lambda J_{\mathcal{M}}(\xi_na)\}^2-\left\{\xi_n^2+\lambda^2-\left(\frac{\mathcal{M}}{a}\right)^2\right\}J'^2_{\mathcal{M}}(\xi_nb)\right]}\times$$

$$\times\int_0^t\left\{\left(\frac{1}{\phi c_t}\right)\Theta_2\left(\frac{\pi z}{2d},e^{-\left(\frac{\pi}{d}\right)^2\eta_z\tau}\right)\overline{\overline{\psi}}_{\theta 0}(\xi_n,\xi_m,t-\tau)+\right.$$

$$\left.+\left(\frac{\eta_z}{2d}\right)\Theta_1'\left(\frac{\pi z}{2d},e^{-\left(\frac{\pi}{d}\right)^2\eta_z\tau}\right)\overline{\overline{\psi}}_{\theta d}(\xi_n,\xi_m,t-\tau)\right\}e^{-\eta_r\xi_n^2\tau}d\tau+$$

$$+\frac{\pi^2}{2\vartheta d\phi c_t}\sum_{m=0}^{\infty}\ni_m\cos(\xi_m\theta)\times$$

$$\times\sum_{n=1}^{\infty}\frac{\xi_n^2\{\xi_nJ'_{\mathcal{M}}(\xi_na)-\lambda J_{\mathcal{M}}(\xi_na)\}^2\mathcal{V}_{\mathcal{NM}}(\xi r,b)}{\left[\left\{1-\left(\frac{\mathcal{M}}{\xi_nb}\right)^2\right\}\{\xi_nJ'_{\mathcal{M}}(\xi_na)-\lambda J_{\mathcal{M}}(\xi_na)\}^2-\left\{\xi_n^2+\lambda^2-\left(\frac{\mathcal{M}}{a}\right)^2\right\}J'^2_{\mathcal{M}}(\xi_nb)\right]}\times$$

$$\times\int_0^a\frac{\mathcal{V}_{\mathcal{NM}}(\xi_nu,a)}{u}\int_0^d\int_0^t e^{-\eta_r\xi_n^2\tau}\left\{\psi_{0z}(u,w,t-\tau)+(-1)^{m+1}\psi_{\vartheta z}(u,w,t-\tau)\right\}\times$$

$$\times\left[\Theta_2\left\{\frac{\pi(z-w)}{2d},e^{-\left(\frac{\pi}{d}\right)^2\eta_z\tau}\right\}+\Theta_2\left\{\frac{\pi(z+w)}{2d},e^{-\left(\frac{\pi}{d}\right)^2\eta_z\tau}\right\}\right]d\tau dwdu+$$

$$+\frac{\pi^2}{2\vartheta d}\sum_{m=0}^{\infty}\ni_m\cos(\xi_m\theta)\sum_{n=1}^{\infty}\frac{\xi_n^2\{\xi_nJ'_{\mathcal{M}}(\xi_na)-\lambda J_{\mathcal{M}}(\xi_na)\}^2\mathcal{V}_{\mathcal{NM}}(\xi r,b)}{\left[\left\{1-\left(\frac{\mathcal{M}}{\xi_nb}\right)^2\right\}\{\xi_nJ'_{\mathcal{M}}(\xi_na)-\lambda J_{\mathcal{M}}(\xi_na)\}^2-\left\{\xi_n^2+\lambda^2-\left(\frac{\mathcal{M}}{a}\right)^2\right\}J'^2_{\mathcal{M}}(\xi_nb)\right]}\times$$

$$\times\int_0^d\overline{\overline{\varphi}}(\xi_n,\xi_m,w)\left[\Theta_2\left\{\frac{\pi(z-w)}{2d},e^{-\left(\frac{\pi}{d}\right)^2\eta_zt}\right\}+\Theta_2\left\{\frac{\pi(z+w)}{2d},e^{-\left(\frac{\pi}{d}\right)^2\eta_zt}\right\}\right]dw \qquad (29.55.2)$$

where $\overline{\psi}_a(\xi_m,w,t)=\int_0^\vartheta\psi_a(v,w,t)\cos(\xi_mv)dv$, $\overline{\psi}_b(\xi_m,w,t)=\int_0^\vartheta\psi_b(v,w,t)\cos(\xi_mv)dv$, $\overline{\overline{\psi}}_{\theta 0}(\xi_n,\xi_m,t)=\int_0^a u\mathcal{V}_{\mathcal{NM}}(\xi_nu,a)\int_0^\vartheta\psi_0(u,v,t)\cos(\xi_mv)dvdu$ and $\overline{\overline{\psi}}_{\theta d}(\xi_n,\xi_m,t)=\int_0^a u\mathcal{V}_{\mathcal{NM}}(\xi_nu,a)\int_0^\vartheta\psi_{\theta d}(u,v,t)\cos(\xi_mv)dvdu$.

29.56

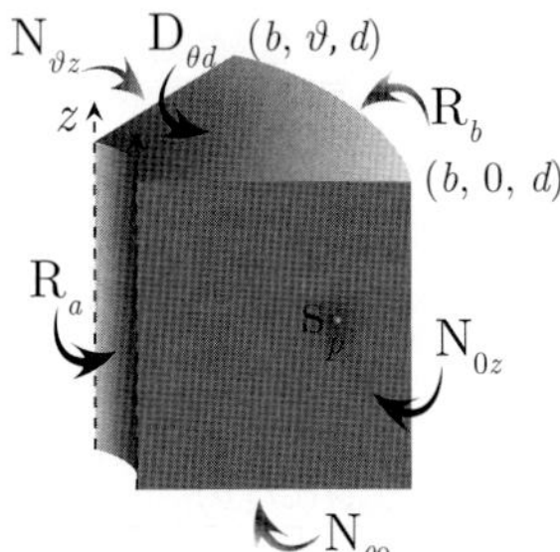

The problem of 29.48, except
$\mathbf{N}_{\theta 0}\equiv\frac{\partial p(r,\theta,0,t)}{\partial z}=-\left(\frac{\mu}{k_z}\right)\psi_{\theta 0}(r,\theta,t)$,
$\mathbf{D}_{\theta d}\equiv p(r,\theta,d,t)=\psi_{\theta d}(r,\theta,t)$,
$\mathbf{R}_a\equiv\frac{\partial p(a,\theta,z,t)}{\partial r}-\lambda p(a,\theta,z,t)=-\left(\frac{\mu}{k_r}\right)\psi_a(\theta,z,t)$,
$\mathbf{R}_b\equiv\frac{\partial p(b,\theta,z,t)}{\partial r}+\lambda_b p(b,\theta,z,t)=-\left(\frac{\mu}{k_r}\right)\psi_b(\theta,z,t)$,
$\mathbf{N}_{0z}\equiv\frac{\partial p(r,0,z,t)}{\partial\theta}=-\left(\frac{\mu}{k_\theta}\right)\psi_{0z}(r,z,t)$ **and**
$\mathbf{N}_{\vartheta z}\equiv\frac{\partial p(r,\vartheta,z,t)}{\partial\theta}=-\left(\frac{\mu}{k_\theta}\right)\psi_{\vartheta z}(r,z,t)$

$$\overline{p}=\frac{\pi^2q(s)e^{-st_0}}{2\vartheta\phi c_t\sqrt{\eta_z}}\sum_{m=0}^{\infty}\ni_m\cos(\xi_m\theta_0)\cos(\xi_m\theta)\sum_{n=1}^{\infty}\frac{\xi_n^2\{\xi_nJ'_{\mathcal{M}}(\xi_nb)+\lambda_bJ_{\mathcal{M}}(\xi_nb)\}^2}{\sqrt{(\eta_r\xi_n^2+s)}}\times$$

$$\times\frac{\{\xi_n\mathcal{V}_{\mathcal{NM}}(\xi_nr_0,a)-\lambda_a\mathcal{V}_{\mathcal{DM}}(\xi_nr_0,a)\}\{\xi_n\mathcal{V}_{\mathcal{NM}}(\xi_nr,a)-\lambda_a\mathcal{V}_{\mathcal{DM}}(\xi_nr,a)\}\operatorname{sech}\left(d\sqrt{\frac{\eta_r\xi_n^2+s}{\eta_z}}\right)}{\left[\left\{\xi_n^2+\lambda_b^2-\left(\frac{\mathcal{M}}{b}\right)^2\right\}\{\xi_nJ'_{\mathcal{M}}(\xi_na)-\lambda_aJ_{\mathcal{M}}(\xi_na)\}^2-\left\{\xi_n^2+\lambda_a^2-\left(\frac{\mathcal{M}}{a}\right)^2\right\}\{\xi_nJ'_{\mathcal{M}}(\xi_nb)+\lambda J_{\mathcal{M}}(\xi_nb)\}^2\right]}\times$$

$$\times\left[\sinh\left\{(d-|z-z_0|)\sqrt{\frac{\eta_r\xi_n^2+s}{\eta_z}}\right\}+\sinh\left\{(d-z-z_0)\sqrt{\frac{\eta_r\xi_n^2+s}{\eta_z}}\right\}\right]+$$

$$
\begin{aligned}
&+\frac{\pi}{\vartheta\phi c_t\sqrt{\eta_z}}\sum_{m=0}^{\infty}\ni_m\cos\left(\xi_m\theta\right)\times\\
&\times\sum_{n=1}^{\infty}\frac{\xi_n^2\left\{\xi_n J_{\mathcal{M}}'\left(\xi_n b\right)+\lambda_b J_{\mathcal{M}}\left(\xi_n b\right)\right\}^2\left\{\xi_n\mathcal{V}_{\mathcal{NM}}\left(\xi_n r,a\right)-\lambda_a\mathcal{V}_{\mathcal{DM}}\left(\xi_n r,a\right)\right\}\operatorname{sech}\left(d\sqrt{\frac{\eta_r\xi_n^2+s}{\eta_z}}\right)}{\left[\left\{\xi_n^2+\lambda_b^2-\left(\frac{\mathcal{M}}{b}\right)^2\right\}\left\{\xi_n J_{\mathcal{M}}'\left(\xi_n a\right)-\lambda_a J_{\mathcal{M}}\left(\xi_n a\right)\right\}^2-\left\{\xi_n^2+\lambda_a^2-\left(\frac{\mathcal{M}}{a}\right)^2\right\}\left\{\xi_n J_{\mathcal{M}}'\left(\xi_n b\right)+\lambda J_{\mathcal{M}}\left(\xi_n b\right)\right\}^2\right]}\times\\
&\times\frac{1}{\sqrt{\eta_r\xi_n^2+s}}\int_0^d\overline{\overline{\psi}}_a(\xi_m,w,s)\left[\sinh\left\{(d-|z-w|)\sqrt{\frac{\eta_r\xi_n^2+s}{\eta_z}}\right\}+\sinh\left\{(d-z-w)\sqrt{\frac{\eta_r\xi_n^2+s}{\eta_z}}\right\}\right]dw-\\
&-\frac{\pi}{\vartheta\phi c_t\sqrt{\eta_z}}\sum_{m=0}^{\infty}\ni_m\cos\left(\xi_m\theta\right)\times\\
&\times\sum_{n=1}^{\infty}\frac{\xi_n^2\{\xi_n J_{\mathcal{M}}'(\xi_n b)+\lambda_b J_{\mathcal{M}}(\xi_n b)\}\{\xi_n J_{\mathcal{M}}'(\xi_n a)+\lambda_a J_{\mathcal{M}}(\xi_n a)\}\{\xi_n\mathcal{V}_{\mathcal{NM}}(\xi_n r,a)-\lambda_a\mathcal{V}_{\mathcal{DM}}(\xi_n r,a)\}}{\left[\left\{\xi_n^2+\lambda_b^2-\left(\frac{\mathcal{M}}{b}\right)^2\right\}\left\{\xi_n J_{\mathcal{M}}'(\xi_n a)-\lambda_a J_{\mathcal{M}}(\xi_n a)\right\}^2-\left\{\xi_n^2+\lambda_a^2-\left(\frac{\mathcal{M}}{a}\right)^2\right\}\left\{\xi_n J_{\mathcal{M}}'\left(\xi_n b\right)+\lambda J_{\mathcal{M}}\left(\xi_n b\right)\right\}^2\right]}\times\\
&\times\frac{\operatorname{sech}\left(d\sqrt{\frac{\eta_r\xi_n^2+s}{\eta_z}}\right)}{\sqrt{\eta_r\xi_n^2+s}}\int_0^d\overline{\overline{\psi}}_b(\xi_m,w,s)\left[\sinh\left\{(d-|z-w|)\sqrt{\frac{\eta_r\xi_n^2+s}{\eta_z}}\right\}+\sinh\left\{(d-z-w)\sqrt{\frac{\eta_r\xi_n^2+s}{\eta_z}}\right\}\right]dw+\\
&+\frac{\pi^2}{\vartheta}\sum_{m=0}^{\infty}\ni_m\cos\left(\xi_m\theta\right)\times\\
&\times\sum_{n=1}^{\infty}\frac{\xi_n^2\left\{\xi_n J_{\mathcal{M}}'\left(\xi_n b\right)+\lambda_b J_{\mathcal{M}}\left(\xi_n b\right)\right\}^2\left\{\xi_n\mathcal{V}_{\mathcal{NM}}\left(\xi_n r,a\right)-\lambda_a\mathcal{V}_{\mathcal{DM}}\left(\xi_n r,a\right)\right\}\operatorname{sech}\left(d\sqrt{\frac{\eta_r\xi_n^2+s}{\eta_z}}\right)}{\left[\left\{\xi_n^2+\lambda_b^2-\left(\frac{\mathcal{M}}{b}\right)^2\right\}\left\{\xi_n J_{\mathcal{M}}'\left(\xi_n a\right)-\lambda_a J_{\mathcal{M}}\left(\xi_n a\right)\right\}^2-\left\{\xi_n^2+\lambda_a^2-\left(\frac{\mathcal{M}}{a}\right)^2\right\}\left\{\xi_n J_{\mathcal{M}}'\left(\xi_n b\right)+\lambda J_{\mathcal{M}}\left(\xi_n b\right)\right\}^2\right]}\times\\
&\times\left[\frac{\overline{\overline{\overline{\psi}}}_{\theta 0}\left(\xi_n,\xi_m,s\right)}{\phi c_t\sqrt{\eta_z}\left(\eta_r\xi_n^2+s\right)}\sinh\left\{(d-z)\sqrt{\frac{\eta_r\xi_n^2+s}{\eta_z}}\right\}+\overline{\overline{\overline{\psi}}}_{\theta d}\left(\xi_n,\xi_m,s\right)\cosh\left\{z\sqrt{\frac{\eta_r\xi_n^2+s}{\eta_z}}\right\}\right]+\\
&+\frac{2\pi^2}{\vartheta d\phi c_t\sqrt{\eta_z}}\sum_{m=0}^{\infty}\ni_m\cos\left(\xi_m\theta\right)\times\\
&\times\sum_{n=1}^{\infty}\frac{\xi_n^2\left\{\xi_n J_{\mathcal{M}}'\left(\xi_n b\right)+\lambda_b J_{\mathcal{M}}\left(\xi_n b\right)\right\}^2\left\{\xi_n\mathcal{V}_{\mathcal{NM}}\left(\xi_n r,a\right)-\lambda_a\mathcal{V}_{\mathcal{DM}}\left(\xi_n r,a\right)\right\}\operatorname{sech}\left(d\sqrt{\frac{\eta_r\xi_n^2+s}{\eta_z}}\right)}{\left[\left\{\xi_n^2+\lambda_b^2-\left(\frac{\mathcal{M}}{b}\right)^2\right\}\left\{\xi_n J_{\mathcal{M}}'\left(\xi_n a\right)-\lambda_a J_{\mathcal{M}}\left(\xi_n a\right)\right\}^2-\left\{\xi_n^2+\lambda_a^2-\left(\frac{\mathcal{M}}{a}\right)^2\right\}\left\{\xi_n J_{\mathcal{M}}'\left(\xi_n b\right)+\lambda J_{\mathcal{M}}\left(\xi_n b\right)\right\}^2\right]}\times\\
&\times\frac{1}{\sqrt{\eta_r\xi_n^2+s}}\int_0^a\frac{\mathcal{V}_{\mathcal{NM}}\left(\xi_n u,a\right)}{u}\int_0^d\left\{\overline{\psi}_{0z}\left(u,w,s\right)+(-1)^{m+1}\overline{\psi}_{\vartheta z}\left(u,w,s\right)\right\}\times\\
&\times\left[\sinh\left\{(d-|z-w|)\sqrt{\frac{\eta_r\xi_n^2+s}{\eta_z}}\right\}+\sinh\left\{(d-z-w)\sqrt{\frac{\eta_r\xi_n^2+s}{\eta_z}}\right\}\right]dw\,du+\\
&+\frac{\pi^2}{2\vartheta\sqrt{\eta_z}}\sum_{m=0}^{\infty}\ni_m\cos\left(\xi_m\theta\right)\times\\
&\times\sum_{n=1}^{\infty}\frac{\xi_n^2\left\{\xi_n J_{\mathcal{M}}'\left(\xi_n b\right)+\lambda_b J_{\mathcal{M}}\left(\xi_n b\right)\right\}^2\left\{\xi_n\mathcal{V}_{\mathcal{NM}}\left(\xi_n r,a\right)-\lambda_a\mathcal{V}_{\mathcal{DM}}\left(\xi_n r,a\right)\right\}\operatorname{sech}\left(d\sqrt{\frac{\eta_r\xi_n^2+s}{\eta_z}}\right)}{\left[\left\{\xi_n^2+\lambda_b^2-\left(\frac{\mathcal{M}}{b}\right)^2\right\}\left\{\xi_n J_{\mathcal{M}}'\left(\xi_n a\right)-\lambda_a J_{\mathcal{M}}\left(\xi_n a\right)\right\}^2-\left\{\xi_n^2+\lambda_a^2-\left(\frac{\mathcal{M}}{a}\right)^2\right\}\left\{\xi_n J_{\mathcal{M}}'\left(\xi_n b\right)+\lambda J_{\mathcal{M}}\left(\xi_n b\right)\right\}^2\right]}\times\\
&\times\frac{1}{\sqrt{\eta_r\xi_n^2+s}}\int_0^d\overline{\overline{\varphi}}\left(\xi_n,\xi_m,w\right)\left[\sinh\left\{(d-|z-w|)\sqrt{\frac{\eta_r\xi_n^2+s}{\eta_z}}\right\}+\sinh\left\{(d-z-w)\sqrt{\frac{\eta_r\xi_n^2+s}{\eta_z}}\right\}\right]dw
\end{aligned}
\tag{29.56.1}
$$

where the eigenvalues ξ_n, $n = 1, 2, ...$, are the positive roots of
$\lambda_a \{\mathcal{V}'_{\mathcal{DM}}(\xi_n b, a) + \lambda_b \mathcal{V}_{\mathcal{DM}}(\xi_n b, a)\} - \xi_n \{\mathcal{V}'_{\mathcal{NM}}(\xi_n b, a) + \lambda_b \mathcal{V}_{\mathcal{NM}}(\xi_n b, a)\} = 0$, $\xi_l = \frac{(2l-1)\pi}{2d}, l = 1, 2, ...,$ $\xi_m = \frac{m\pi}{d}, m = 0, 1, ...,$ $\overline{\overline{\overline{\psi}}}_{\theta 0}(\xi_n, \xi_m, s) = \int_0^a u\{\xi_n \mathcal{V}_{\mathcal{NM}}(\xi_n u, a) - \lambda_a \mathcal{V}_{\mathcal{DM}}(\xi_n u, a)\} \int_0^\vartheta \overline{\psi}_0(u, v, s) \cos(\xi_m v) dv du$, $\overline{\overline{\overline{\psi}}}_{\theta d}(\xi_n, \xi_m, s) = \int_0^a u \{\xi_n \mathcal{V}_{\mathcal{NM}}(\xi_n u, a) - \lambda_a \mathcal{V}_{\mathcal{DM}}(\xi_n u, a)\} \int_0^\vartheta \overline{\psi}_{\theta d}(u, v, s) \cos(\xi_m v) dv du$, $\overline{\overline{\psi}}_a(\xi_m, w, s) = \int_0^\vartheta \overline{\psi}_a(v, w, s) \cos(\xi_m v) dv$, $\overline{\overline{\psi}}_b(\xi_m, w, s) = \int_0^\vartheta \overline{\psi}_b(v, w, s) \cos(\xi_m v) dv$ and $\overline{\overline{\varphi}}(\xi_n, \xi_m, w) = \int_0^a u \{\xi_n \mathcal{V}_{\mathcal{NM}}(\xi_n u, a) - \lambda_a \mathcal{V}_{\mathcal{DM}}(\xi_n u, a)\} \int_0^\vartheta \varphi(u, v, w) \cos(\xi_m v) dv du$.

$$
\begin{aligned}
p = {} & \frac{U(t-t_0)\pi^2}{2\vartheta d\phi c_t} \sum_{m=0}^{\infty} \ni_m \cos(\xi_m \theta_0) \cos(\xi_m \theta) \times \\
& \times \sum_{n=1}^{\infty} \frac{\xi_n^2 \{\xi_n J'_{\mathcal{M}}(\xi_n b) + \lambda_b J_{\mathcal{M}}(\xi_n b)\}^2 \{\xi_n \mathcal{V}_{\mathcal{NM}}(\xi_n r_0, a) - \lambda_a \mathcal{V}_{\mathcal{DM}}(\xi_n r_0, a)\}}{\left[\left\{\xi_n^2 + \lambda_b^2 - \left(\frac{\mathcal{M}}{b}\right)^2\right\}\{\xi_n J'_{\mathcal{M}}(\xi_n a) - \lambda_a J_{\mathcal{M}}(\xi_n a)\}^2 - \left\{\xi_n^2 + \lambda_a^2 - \left(\frac{\mathcal{M}}{a}\right)^2\right\}\{\xi_n J'_{\mathcal{M}}(\xi_n b) + \lambda J_{\mathcal{M}}(\xi_n b)\}^2\right]} \times \\
& \times \{\xi_n \mathcal{V}_{\mathcal{NM}}(\xi_n r, a) - \lambda_a \mathcal{V}_{\mathcal{DM}}(\xi_n r, a)\} \times \\
& \times \int_0^{t-t_0} q(t-t_0-\tau) \left[\Theta_2\left\{\frac{\pi(z-z_0)}{2d}, e^{-\left(\frac{\pi}{d}\right)^2 \eta_z \tau}\right\} + \Theta_2\left\{\frac{\pi(z+z_0)}{2d}, e^{-\left(\frac{\pi}{d}\right)^2 \eta_z \tau}\right\}\right] e^{-\eta_r \xi_n^2 \tau} d\tau + \\
& + \frac{\pi}{\vartheta d\phi c_t} \sum_{m=0}^{\infty} \ni_m \cos(\xi_m \theta) \times \\
& \times \sum_{n=1}^{\infty} \frac{\xi_n^2 \{\xi_n J'_{\mathcal{M}}(\xi_n b) + \lambda_b J_{\mathcal{M}}(\xi_n b)\}^2 \{\xi_n \mathcal{V}_{\mathcal{NM}}(\xi_n r, a) - \lambda_a \mathcal{V}_{\mathcal{DM}}(\xi_n r, a)\}}{\left[\left\{\xi_n^2 + \lambda_b^2 - \left(\frac{\mathcal{M}}{b}\right)^2\right\}\{\xi_n J'_{\mathcal{M}}(\xi_n a) - \lambda_a J_{\mathcal{M}}(\xi_n a)\}^2 - \left\{\xi_n^2 + \lambda_a^2 - \left(\frac{\mathcal{M}}{a}\right)^2\right\}\{\xi_n J'_{\mathcal{M}}(\xi_n b) + \lambda J_{\mathcal{M}}(\xi_n b)\}^2\right]} \times \\
& \times \int_0^t e^{-\eta_r \xi_n^2 \tau} \int_0^d \overline{\overline{\psi}}_a(\xi_m, w, t-\tau) \left[\Theta_2\left\{\frac{\pi(z-w)}{2d}, e^{-\left(\frac{\pi}{d}\right)^2 \eta_z \tau}\right\} + \Theta_2\left\{\frac{\pi(z+w)}{2d}, e^{-\left(\frac{\pi}{d}\right)^2 \eta_z \tau}\right\}\right] dw d\tau - \\
& - \frac{\pi}{\vartheta d\phi c_t} \sum_{m=0}^{\infty} \ni_m \cos(\xi_m \theta) \times \\
& \times \sum_{n=1}^{\infty} \frac{\xi_n^2 \{\xi_n J'_{\mathcal{M}}(\xi_n b) + \lambda_b J_{\mathcal{M}}(\xi_n b)\} \{\xi_n J'_{\mathcal{M}}(\xi_n a) + \lambda_a J_{\mathcal{M}}(\xi_n a)\} \{\xi_n \mathcal{V}_{\mathcal{NM}}(\xi_n r, a) - \lambda_a \mathcal{V}_{\mathcal{DM}}(\xi_n r, a)\}}{\left[\left\{\xi_n^2 + \lambda_b^2 - \left(\frac{\mathcal{M}}{b}\right)^2\right\}\{\xi_n J'_{\mathcal{M}}(\xi_n a) - \lambda_a J_{\mathcal{M}}(\xi_n a)\}^2 - \left\{\xi_n^2 + \lambda_a^2 - \left(\frac{\mathcal{M}}{a}\right)^2\right\}\{\xi_n J'_{\mathcal{M}}(\xi_n b) + \lambda J_{\mathcal{M}}(\xi_n b)\}^2\right]} \times \\
& \times \int_0^t e^{-\eta_r \xi_n^2 \tau} \int_0^d \overline{\overline{\psi}}_b(\xi_m, w, t-\tau) \left[\Theta_2\left\{\frac{\pi(z-w)}{2d}, e^{-\left(\frac{\pi}{d}\right)^2 \eta_z \tau}\right\} + \Theta_2\left\{\frac{\pi(z+w)}{2d}, e^{-\left(\frac{\pi}{d}\right)^2 \eta_z \tau}\right\}\right] dw d\tau + \\
& + \frac{\pi^2}{\vartheta d} \sum_{m=0}^{\infty} \ni_m \cos(\xi_m \theta) \times \\
& \times \sum_{n=1}^{\infty} \frac{\xi_n^2 \{\xi_n J'_{\mathcal{M}}(\xi_n b) + \lambda_b J_{\mathcal{M}}(\xi_n b)\}^2 \{\xi_n \mathcal{V}_{\mathcal{NM}}(\xi_n r, a) - \lambda_a \mathcal{V}_{\mathcal{DM}}(\xi_n r, a)\}}{\left[\left\{\xi_n^2 + \lambda_b^2 - \left(\frac{\mathcal{M}}{b}\right)^2\right\}\{\xi_n J'_{\mathcal{M}}(\xi_n a) - \lambda_a J_{\mathcal{M}}(\xi_n a)\}^2 - \left\{\xi_n^2 + \lambda_a^2 - \left(\frac{\mathcal{M}}{a}\right)^2\right\}\{\xi_n J'_{\mathcal{M}}(\xi_n b) + \lambda J_{\mathcal{M}}(\xi_n b)\}^2\right]} \times \\
& \times \int_0^t \left\{\left(\frac{1}{\phi c_t}\right) \Theta_2\left(\frac{\pi z}{2d}, e^{-\left(\frac{\pi}{d}\right)^2 \eta_z \tau}\right) \overline{\overline{\overline{\psi}}}_{\theta 0}(\xi_n, \xi_m, t-\tau) + \right. \\
& \left. + \left(\frac{\eta_z}{2d}\right) \Theta'_1\left(\frac{\pi z}{2d}, e^{-\left(\frac{\pi}{d}\right)^2 \eta_z \tau}\right) \overline{\overline{\overline{\psi}}}_{\theta d}(\xi_n, \xi_m, t-\tau)\right\} e^{-\eta_r \xi_n^2 \tau} d\tau + \\
& + \frac{\pi^2}{2\vartheta d\phi c_t} \sum_{m=0}^{\infty} \ni_m \cos(\xi_m \theta) \times \\
& \times \sum_{n=1}^{\infty} \frac{\xi_n^2 \{\xi_n J'_{\mathcal{M}}(\xi_n b) + \lambda_b J_{\mathcal{M}}(\xi_n b)\}^2 \{\xi_n \mathcal{V}_{\mathcal{NM}}(\xi_n r, a) - \lambda_a \mathcal{V}_{\mathcal{DM}}(\xi_n r, a)\}}{\left[\left\{\xi_n^2 + \lambda_b^2 - \left(\frac{\mathcal{M}}{b}\right)^2\right\}\{\xi_n J'_{\mathcal{M}}(\xi_n a) - \lambda_a J_{\mathcal{M}}(\xi_n a)\}^2 - \left\{\xi_n^2 + \lambda_a^2 - \left(\frac{\mathcal{M}}{a}\right)^2\right\}\{\xi_n J'_{\mathcal{M}}(\xi_n b) + \lambda J_{\mathcal{M}}(\xi_n b)\}^2\right]} \times
\end{aligned}
$$

$$\times \int_0^a \frac{\mathcal{V}_{\mathcal{NM}}(\xi_n u, a)}{u} \int_0^d \int_0^t e^{-\eta_r \xi_n^2 \tau} \left\{ \psi_{0z}(u, w, t-\tau) + (-1)^{m+1} \psi_{\vartheta z}(u, w, t-\tau) \right\} \times$$
$$\times \left[\Theta_2 \left\{ \frac{\pi(z-w)}{2d}, e^{-\left(\frac{\pi}{d}\right)^2 \eta_z \tau} \right\} + \Theta_2 \left\{ \frac{\pi(z+w)}{2d}, e^{-\left(\frac{\pi}{d}\right)^2 \eta_z \tau} \right\} \right] d\tau dw du +$$
$$+ \frac{\pi^2}{2\vartheta d} \sum_{m=0}^{\infty} \ni_m \cos(\xi_m \theta) \times$$
$$\times \sum_{n=1}^{\infty} \frac{\xi_n^2 \left\{ \xi_n J'_{\mathcal{M}}(\xi_n b) + \lambda_b J_{\mathcal{M}}(\xi_n b) \right\}^2 \left\{ \xi_n \mathcal{V}_{\mathcal{NM}}(\xi_n r, a) - \lambda_a \mathcal{V}_{\mathcal{DM}}(\xi_n r, a) \right\}}{\left[\left\{ \xi_n^2 + \lambda_b^2 - \left(\frac{\mathcal{M}}{b}\right)^2 \right\} \left\{ \xi_n J'_{\mathcal{M}}(\xi_n a) - \lambda_a J_{\mathcal{M}}(\xi_n a) \right\}^2 - \left\{ \xi_n^2 + \lambda_a^2 - \left(\frac{\mathcal{M}}{a}\right)^2 \right\} \left\{ \xi_n J'_{\mathcal{M}}(\xi_n b) + \lambda J_{\mathcal{M}}(\xi_n b) \right\}^2 \right]} \times$$
$$\times \int_0^d \overline{\overline{\varphi}}(\xi_n, \xi_m, w) \left[\Theta_2 \left\{ \frac{\pi(z-w)}{2d}, e^{-\left(\frac{\pi}{d}\right)^2 \eta_z t} \right\} + \Theta_2 \left\{ \frac{\pi(z+w)}{2d}, e^{-\left(\frac{\pi}{d}\right)^2 \eta_z t} \right\} \right] dw \tag{29.56.2}$$

where $\overline{\psi}_a(\xi_m, w, t) = \int_0^\vartheta \psi_a(v, w, t) \cos(\xi_m v) dv$, $\overline{\psi}_b(\xi_m, w, t) = \int_0^\vartheta \psi_b(v, w, t) \cos(\xi_m v) dv$, $\overline{\overline{\psi}}_{\theta 0}(\xi_n, \xi_m, t) = \int_0^a r \left\{ \xi_n \mathcal{V}_{\mathcal{NM}}(\xi_n u, a) - \lambda_a \mathcal{V}_{\mathcal{DM}}(\xi_n u, a) \right\} \int_0^\vartheta \psi_0(u, v, t) \cos(\xi_m v) du dv$ and $\overline{\overline{\psi}}_{\theta d}(\xi_n, \xi_m, t) = \int_0^a u \left\{ \xi_n \mathcal{V}_{\mathcal{NM}}(\xi_n u, a) - \lambda_a \mathcal{V}_{\mathcal{DM}}(\xi_n u, a) \right\} \int_0^\vartheta \psi_{\theta d}(u, v, t) \cos(\xi_m v) dv du$.

29.57 A cylindrical continuum bounded by $0 \le r \le a$ and $0 \le z \le d$ and $0 \le \theta \le \vartheta$; $\vartheta < 2\pi$. Point source at $s_p \equiv (r_0, \theta_0, z_0)$ at time $t = t_0$; $0 < r_0 < a$, $0 \le \theta_0 \le \vartheta$, $0 < z_0 < d$, $t_0 \ge 0$.
$D_a \equiv p(a, \theta, z, t) = \psi_a(\theta, z, t)$,
$N_{\theta 0} \equiv \frac{\partial p(r,\theta,0,t)}{\partial z} = -\left(\frac{\mu}{k_z}\right) \psi_{\theta 0}(r, \theta, t)$,
$N_{\theta d} \equiv \frac{\partial p(r,\theta,d,t)}{\partial z} = -\left(\frac{\mu}{k_z}\right) \psi_{\theta d}(r, \theta, t)$,
$N_{0z} \equiv \frac{\partial p(r,0,z,t)}{\partial \theta} = -\left(\frac{\mu}{k_\theta}\right) \psi_{0z}(r, z, t)$ and
$N_{\vartheta z} \equiv \frac{\partial p(r,\vartheta,z,t)}{\partial \theta} = -\left(\frac{\mu}{k_\theta}\right) \psi_{\vartheta z}(r, z, t)$. $p(r, \theta, z, 0) = \varphi(r, \theta, z)$

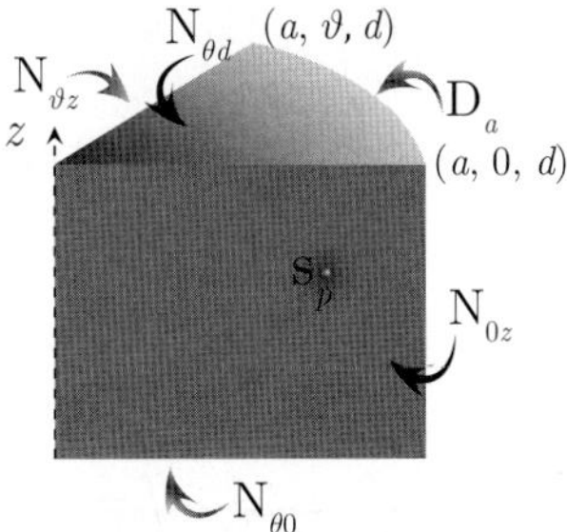

$$\overline{p} = \frac{2q(s) e^{-st_0}}{\vartheta a^2 \phi c_t \sqrt{\eta_z}} \sum_{m=0}^{\infty} \ni_m \cos(\xi_m \theta_0) \cos(\xi_m \theta) \sum_{n=1}^{\infty} \frac{J_{\mathcal{M}}(\xi_n r_0) J_{\mathcal{M}}(\xi_n r) \operatorname{csch}\left(d\sqrt{\frac{\eta_r \xi_n^2 + s}{\eta_z}}\right)}{J'^2_{\mathcal{M}}(\xi_n a) \sqrt{(\eta_r \xi_n^2 + s)}} \times$$
$$\times \left[\cosh\left\{ (d - |z - z_0|) \sqrt{\frac{\eta_r \xi_n^2 + s}{\eta_z}} \right\} + \cosh\left\{ (d - z - z_0) \sqrt{\frac{\eta_r \xi_n^2 + s}{\eta_z}} \right\} \right] -$$
$$- \frac{2\eta_r}{\vartheta a \sqrt{\eta_z}} \sum_{m=0}^{\infty} \ni_m \cos(\xi_m \theta) \sum_{n=1}^{\infty} \frac{\xi_n J_{\mathcal{M}}(\xi_n r) \operatorname{csch}\left(d\sqrt{\frac{\eta_r \xi_n^2 + s}{\eta_z}}\right)}{J'_{\mathcal{M}}(\xi_n a) \sqrt{\eta_r \xi_n^2 + s}} \times$$
$$\times \int_0^d \overline{\overline{\psi}}_a(\xi_m, w, s) \left[\cosh\left\{ (d - |z - w|) \sqrt{\frac{\eta_r \xi_n^2 + s}{\eta_z}} \right\} + \cosh\left\{ (d - z - w) \sqrt{\frac{\eta_r \xi_n^2 + s}{\eta_z}} \right\} \right] dw +$$
$$+ \frac{4}{\vartheta a^2 \phi c_t \sqrt{\eta_z}} \sum_{m=0}^{\infty} \ni_m \cos(\xi_m \theta) \sum_{n=1}^{\infty} \frac{J_{\mathcal{M}}(\xi_n r) \operatorname{csch}\left(d\sqrt{\frac{\eta_r \xi_n^2 + s}{\eta_z}}\right)}{J'^2_{\mathcal{M}}(\xi_n a) \sqrt{(\eta_r \xi_n^2 + s)}} \times$$
$$\times \left[\overline{\overline{\overline{\psi}}}_{\theta 0}(\xi_n, \xi_m, s) \cosh\left\{ (d - z) \sqrt{\frac{\eta_r \xi_n^2 + s}{\eta_z}} \right\} - \overline{\overline{\overline{\psi}}}_{\theta d}(\xi_n, \xi_m, s) \cosh\left\{ z \sqrt{\frac{\eta_r \xi_n^2 + s}{\eta_z}} \right\} \right] +$$
$$+ \frac{2}{\vartheta a^2 \phi c_t \sqrt{\eta_z}} \sum_{m=0}^{\infty} \ni_m \cos(\xi_m \theta) \sum_{n=1}^{\infty} \frac{\operatorname{csch}\left(d\sqrt{\frac{\eta_r \xi_n^2 + s}{\eta_z}}\right) J_{\mathcal{M}}(\xi_n r)}{J'^2_{\mathcal{M}}(\xi_n a) \sqrt{(\eta_r \xi_n^2 + s)}} \times$$

$$\times \int_0^a \frac{J_{\mathcal{M}}(\xi_n u)}{u} \int_0^d \left\{ \overline{\psi}_{0z}(u,w,s) + (-1)^{m+1} \overline{\psi}_{\vartheta z}(u,w,s) \right\} \times$$

$$\times \left[\cosh\left\{ (d - |z-w|) \sqrt{\frac{\eta_r \xi_n^2 + s}{\eta_z}} \right\} + \cosh\left\{ (d-z-w) \sqrt{\frac{\eta_r \xi_n^2 + s}{\eta_z}} \right\} \right] dw du +$$

$$+ \frac{2}{\vartheta a^2 \sqrt{\eta_z}} \sum_{m=0}^{\infty} \ni_m \cos(\xi_m \theta) \sum_{n=1}^{\infty} \frac{J_{\mathcal{M}}(\xi_n r) \operatorname{csch}\left(d\sqrt{\frac{\eta_r \xi_n^2 + s}{\eta_z}} \right)}{J_{\mathcal{M}}'^2(\xi_n a) \sqrt{\eta_r \xi_n^2 + s}} \times$$

$$\times \int_0^d \overline{\overline{\varphi}}(\xi_n, \xi_m, w) \left[\cosh\left\{ (d - |z-w|) \sqrt{\frac{\eta_r \xi_n^2 + s}{\eta_z}} \right\} + \cosh\left\{ (d-z-w) \sqrt{\frac{\eta_r \xi_n^2 + s}{\eta_z}} \right\} \right] dw \quad (29.57.1)$$

where ξ_n are the positive roots of $J_{\mathcal{M}}(\xi_n a) = 0$, $\xi_l = \frac{l\pi}{d}, l = 1, 2, ...,$ and $\xi_m = \frac{m\pi}{d}, m = 0, 1, ...,$
$\overline{\overline{\overline{\psi}}}_{\theta 0}(\xi_n, \xi_m, s) = \int_0^a u J_{\mathcal{M}}(\xi_n u) \int_0^{\vartheta} \overline{\psi}_0(u, v, s) \cos(\xi_m v) dv du,$
$\overline{\overline{\overline{\psi}}}_{\theta d}(\xi_n, \xi_m, s) = \int_0^a u J_{\mathcal{M}}(\xi_n u) \int_0^{\vartheta} \overline{\psi}_{\theta d}(u, v, s) \cos(\xi_m v) dv du,$
$\overline{\overline{\psi}}_a(\xi_m, w, s) = \int_0^{\vartheta} \overline{\psi}_a(v, w, s) \cos(\xi_m v) dv$ and $\overline{\overline{\varphi}}(\xi_n, \xi_m, w) = \int_0^a u J_{\mathcal{M}}(\xi_n u) \int_0^{\vartheta} \varphi(u, v, w) \cos(\xi_m v) dv du.$

$$p = \frac{2U(t-t_0)}{\vartheta a^2 d\phi c_t} \sum_{m=0}^{\infty} \ni_m \cos(\xi_m \theta_0) \cos(\xi_m \theta) \sum_{n=1}^{\infty} \frac{J_{\mathcal{M}}(\xi_n r_0) J_{\mathcal{M}}(\xi_n r)}{J_{\mathcal{M}}'^2(\xi_n a)} \times$$

$$\times \int_0^{t-t_0} q(t-t_0-\tau) \left[\Theta_3 \left\{ \frac{\pi(z-z_0)}{2d}, e^{-\left(\frac{\pi}{d}\right)^2 \eta_z \tau} \right\} + \Theta_3 \left\{ \frac{\pi(z+z_0)}{2d}, e^{-\left(\frac{\pi}{d}\right)^2 \eta_z \tau} \right\} \right] e^{-\eta_r \xi_n^2 \tau} d\tau -$$

$$- \frac{2\eta_r}{\vartheta a d} \sum_{m=0}^{\infty} \ni_m \cos(\xi_m \theta) \sum_{n=1}^{\infty} \frac{\xi_n J_{\mathcal{M}}(\xi_n r)}{J_{\mathcal{M}}'(\xi_n a)} \times$$

$$\times \int_0^t e^{-\eta_r \xi_n^2 \tau} \int_0^d \overline{\psi}_a(\xi_m, w, t-\tau) \left[\Theta_3 \left\{ \frac{\pi(z-w)}{2d}, e^{-\left(\frac{\pi}{d}\right)^2 \eta_z \tau} \right\} + \Theta_3 \left\{ \frac{\pi(z+w)}{2d}, e^{-\left(\frac{\pi}{d}\right)^2 \eta_z \tau} \right\} \right] dw d\tau -$$

$$- \frac{4}{\vartheta a^2 d\phi c_t} \sum_{m=0}^{\infty} \ni_m \cos(\xi_m \theta) \sum_{n=1}^{\infty} \frac{J_{\mathcal{M}}(\xi_n r)}{J_{\mathcal{M}}'^2(\xi_n a)} \times$$

$$\times \int_0^t \left\{ \Theta_3 \left(\frac{\pi z}{2d}, e^{-\left(\frac{\pi}{d}\right)^2 \eta_z \tau} \right) \overline{\overline{\psi}}_{\theta 0}(\xi_n, \xi_m, t-\tau) - \Theta_4 \left(\frac{\pi z}{2d}, e^{-\left(\frac{\pi}{d}\right)^2 \eta_z \tau} \right) \overline{\overline{\psi}}_{\theta d}(\xi_n, \xi_m, t-\tau) \right\} e^{-\eta_r \xi_n^2 \tau} d\tau +$$

$$+ \frac{2}{\vartheta a^2 d\phi c_t} \sum_{m=0}^{\infty} \ni_m \cos(\xi_m \theta) \sum_{n=1}^{\infty} \frac{J_{\mathcal{M}}(\xi_n r)}{J_{\mathcal{M}}'^2(\xi_n a)} \times$$

$$\times \int_0^a \frac{J_{\mathcal{M}}(\xi_n u)}{u} \int_0^d \int_0^t e^{-\eta_r \xi_n^2 \tau} \left\{ \psi_{0z}(u, w, t-\tau) + (-1)^{m+1} \psi_{\vartheta z}(u, w, t-\tau) \right\} \times$$

$$\times \left[\Theta_3 \left\{ \frac{\pi(z-w)}{2d}, e^{-\left(\frac{\pi}{d}\right)^2 \eta_z \tau} \right\} + \Theta_3 \left\{ \frac{\pi(z+w)}{2d}, e^{-\left(\frac{\pi}{d}\right)^2 \eta_z \tau} \right\} \right] d\tau dw du +$$

$$+ \frac{2}{\vartheta a^2 d} \sum_{m=0}^{\infty} \ni_m \cos(\xi_m \theta) \sum_{n=1}^{\infty} \frac{J_{\mathcal{M}}(\xi_n r) e^{-\eta_r \xi_n^2 t}}{J_{\mathcal{M}}'^2(\xi_n a)} \times$$

$$\times \int_0^d \overline{\overline{\varphi}}(\xi_n, \xi_m, w) \left[\Theta_3 \left\{ \frac{\pi(z-w)}{2d}, e^{-\left(\frac{\pi}{d}\right)^2 \eta_z t} \right\} + \Theta_3 \left\{ \frac{\pi(z+w)}{2d}, e^{-\left(\frac{\pi}{d}\right)^2 \eta_z t} \right\} \right] dw \quad (29.57.2)$$

where $\overline{\psi}_a(\xi_m, w, t) = \int_0^{\vartheta} \psi_a(v, w, t) \cos(\xi_m v) dv$, $\overline{\overline{\psi}}_{\theta 0}(\xi_n, \xi_m, t) = \int_0^a u J_{\mathcal{M}}(\xi_n u) \int_0^{\vartheta} \psi_0(u, v, t) \cos(\xi_m v) dv du$ and $\overline{\overline{\psi}}_{\theta d}(\xi_n, \xi_m, t) = \int_0^a u J_{\mathcal{M}}(\xi_n u) \int_0^{\vartheta} \psi_{\theta d}(u, v, t) \cos(\xi_m v) dv du.$

29.58 **The problem of 29.57, except**
$\mathbf{N}_a \equiv \frac{\partial p(a,\theta,z,t)}{\partial r} = -\left(\frac{\mu}{k_r}\right)\psi_a(\theta,z,t)$,
$\mathbf{N}_{\theta 0} \equiv \frac{\partial p(r,\theta,0,t)}{\partial z} = -\left(\frac{\mu}{k_z}\right)\psi_{\theta 0}(r,\theta,t)$,
$\mathbf{N}_{\theta d} \equiv \frac{\partial p(r,\theta,d,t)}{\partial z} = -\left(\frac{\mu}{k_z}\right)\psi_{\theta d}(r,\theta,t)$,
$\mathbf{N}_{0z} \equiv \frac{\partial p(r,0,z,t)}{\partial \theta} = -\left(\frac{\mu}{k_\theta}\right)\psi_{0z}(r,z,t)$ **and**
$\mathbf{N}_{\vartheta z} \equiv \frac{\partial p(r,\vartheta,z,t)}{\partial \theta} = -\left(\frac{\mu}{k_\theta}\right)\psi_{\vartheta z}(r,z,t)$

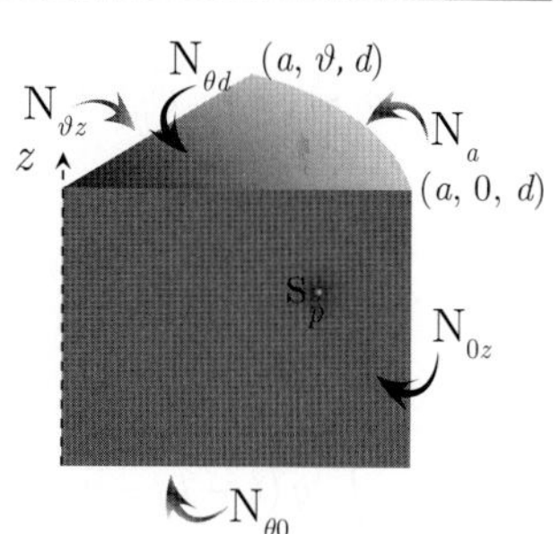

$$\overline{p} = \frac{2q(s)\,e^{-st_0}}{\vartheta a^2\phi c_t\sqrt{\eta_z}}\sum_{m=0}^{\infty}\ni_m\cos(\xi_m\theta_0)\cos(\xi_m\theta)\sum_{n=0}^{\infty}\frac{J_{\mathcal{M}}(\xi_n r_0)\,J_{\mathcal{M}}(\xi_n r)\,\text{csch}\left(d\sqrt{\frac{\eta_r\xi_n^2+s}{\eta_z}}\right)}{\left\{1-\left(\frac{\mathcal{M}}{\xi_n a}\right)^2\right\}J_{\mathcal{M}}^2(\xi_n a)\sqrt{(\eta_r\xi_n^2+s)}}\times$$
$$\times\left[\cosh\left\{(d-|z-z_0|)\sqrt{\frac{\eta_r\xi_n^2+s}{\eta_z}}\right\}+\cosh\left\{(d-z-z_0)\sqrt{\frac{\eta_r\xi_n^2+s}{\eta_z}}\right\}\right]-$$
$$-\frac{2}{\vartheta a\phi c_t\sqrt{\eta_z}}\sum_{m=0}^{\infty}\ni_m\cos(\xi_m\theta)\sum_{n=0}^{\infty}\frac{J_{\mathcal{M}}(\xi_n r)\,\text{csch}\left(d\sqrt{\frac{\eta_r\xi_n^2+s}{\eta_z}}\right)}{\left\{1-\left(\frac{\mathcal{M}}{\xi_n a}\right)^2\right\}J_{\mathcal{M}}(\xi_n a)\sqrt{\eta_r\xi_n^2+s}}\times$$
$$\times\int_0^d\overline{\overline{\psi}}_a(\xi_m,w,s)\left[\cosh\left\{(d-|z-w|)\sqrt{\frac{\eta_r\xi_n^2+s}{\eta_z}}\right\}+\cosh\left\{(d-z-w)\sqrt{\frac{\eta_r\xi_n^2+s}{\eta_z}}\right\}\right]dw+$$
$$+\frac{4}{\vartheta a^2\phi c_t\sqrt{\eta_z}}\sum_{m=0}^{\infty}\ni_m\cos(\xi_m\theta)\sum_{n=0}^{\infty}\frac{J_{\mathcal{M}}(\xi_n r)\,\text{csch}\left(d\sqrt{\frac{\eta_r\xi_n^2+s}{\eta_z}}\right)}{\left\{1-\left(\frac{\mathcal{M}}{\xi_n a}\right)^2\right\}J_{\mathcal{M}}(\xi_n a)\sqrt{\eta_r\xi_n^2+s}}\times$$
$$\times\left[\overline{\overline{\overline{\psi}}}_{\theta 0}(\xi_n,\xi_m,s)\cosh\left\{(d-z)\sqrt{\frac{\eta_r\xi_n^2+s}{\eta_z}}\right\}-\overline{\overline{\overline{\psi}}}_{\theta d}(\xi_n,\xi_m,s)\cosh\left\{z\sqrt{\frac{\eta_r\xi_n^2+s}{\eta_z}}\right\}\right]+$$
$$+\frac{2}{\vartheta a^2\phi c_t\sqrt{\eta_z}}\sum_{m=0}^{\infty}\ni_m\cos(\xi_m\theta)\sum_{n=0}^{\infty}\frac{J_{\mathcal{M}}(\xi_n r)\,\text{csch}\left(d\sqrt{\frac{\eta_r\xi_n^2+s}{\eta_z}}\right)}{\left\{1-\left(\frac{\mathcal{M}}{\xi_n a}\right)^2\right\}J_{\mathcal{M}}^2(\xi_n a)\sqrt{\eta_r\xi_n^2+s}}\times$$
$$\times\int_0^a\frac{J_{\mathcal{M}}(\xi_n u)}{u}\int_0^d\left\{\overline{\psi}_{0z}(u,w,s)+(-1)^{m+1}\,\overline{\psi}_{\vartheta z}(u,w,s)\right\}\times$$
$$\times\left[\cosh\left\{(d-|z-w|)\sqrt{\frac{\eta_r\xi_n^2+s}{\eta_z}}\right\}+\cosh\left\{(d-z-w)\sqrt{\frac{\eta_r\xi_n^2+s}{\eta_z}}\right\}\right]dwdu+$$
$$+\frac{2}{\vartheta a^2\sqrt{\eta_z}}\sum_{m=0}^{\infty}\ni_m\cos(\xi_m\theta)\sum_{n=0}^{\infty}\frac{J_{\mathcal{M}}(\xi_n r)\,\text{csch}\left(d\sqrt{\frac{\eta_r\xi_n^2+s}{\eta_z}}\right)}{\left\{1-\left(\frac{\mathcal{M}}{\xi_n a}\right)^2\right\}J_{\mathcal{M}}^2(\xi_n a)\sqrt{\eta_r\xi_n^2+s}}\times$$
$$\times\int_0^d\overline{\overline{\varphi}}(\xi_n,\xi_m,w)\left[\cosh\left\{(d-|z-w|)\sqrt{\frac{\eta_r\xi_n^2+s}{\eta_z}}\right\}+\cosh\left\{(d-z-w)\sqrt{\frac{\eta_r\xi_n^2+s}{\eta_z}}\right\}\right]dw \quad (29.58.1)$$

where ξ_n are the positive roots of $J'_{\mathcal{M}}(\xi_n a)=0$, $n=1,2,...$, ξ_n $\xi_l=\frac{l\pi}{d}$, $l=1,2,...$, $\xi_m=\frac{m\pi}{d}$, $m=0,1,...$,
$\overline{\overline{\overline{\psi}}}_{\theta 0}(\xi_n,\xi_m,s)=\int_0^a uJ_{\mathcal{M}}(\xi_n u)\int_0^\vartheta\overline{\psi}_0(u,v,s)\cos(\xi_m v)dvdu$,
$\overline{\overline{\overline{\psi}}}_{\theta d}(\xi_n,\xi_m,s)=\int_0^a uJ_{\mathcal{M}}(\xi_n u)\int_0^\vartheta\overline{\psi}_{\theta d}(u,v,s)\cos(\xi_m v)dvdu$,

$\overline{\overline{\psi}}_a(\xi_m, w, s) = \int_0^\vartheta \overline{\psi}_a(v, w, s)\cos(\xi_m v)dv$ and $\overline{\overline{\varphi}}(\xi_n, \xi_m, w) = \int_0^a uJ_{\mathcal{M}}(\xi_n u)\int_0^\vartheta \varphi(u, v, w)\cos(\xi_m v)dvdu.$

$$p = \frac{2U(t-t_0)}{\vartheta a^2 d\phi c_t}\sum_{m=0}^{\infty}\ni_m \cos(\xi_m\theta_0)\cos(\xi_m\theta)\sum_{n=0}^{\infty}\frac{J_{\mathcal{M}}(\xi_n r_0)J_{\mathcal{M}}(\xi_n r)}{\left\{1-\left(\frac{\mathcal{M}}{\xi_n a}\right)^2\right\}J^2_{\mathcal{M}}(\xi_n a)}\times$$
$$\times\int_0^{t-t_0} q(t-t_0-\tau)\left[\Theta_3\left\{\frac{\pi(z-z_0)}{2d}, e^{-\left(\frac{\pi}{d}\right)^2\eta_z\tau}\right\}+\Theta_3\left\{\frac{\pi(z+z_0)}{2d}, e^{-\left(\frac{\pi}{d}\right)^2\eta_z\tau}\right\}\right]e^{-\eta_r\xi_n^2\tau}d\tau -$$
$$-\frac{2}{\vartheta a d\phi c_t}\sum_{m=0}^{\infty}\ni_m\cos(\xi_m\theta)\sum_{n=0}^{\infty}\frac{J_{\mathcal{M}}(\xi_n r)}{\left\{1-\left(\frac{\mathcal{M}}{\xi_n a}\right)^2\right\}J_{\mathcal{M}}(\xi_n a)}\times$$
$$\times\int_0^t e^{-\eta_r\xi_n^2\tau}\int_0^d \overline{\psi}_a(\xi_m, w, t-\tau)\left[\Theta_3\left\{\frac{\pi(z-w)}{2d}, e^{-\left(\frac{\pi}{d}\right)^2\eta_z\tau}\right\}+\Theta_3\left\{\frac{\pi(z+w)}{2d}, e^{-\left(\frac{\pi}{d}\right)^2\eta_z\tau}\right\}\right]dwd\tau -$$
$$-\frac{4}{\vartheta a^2 d\phi c_t}\sum_{m=0}^{\infty}\ni_m\cos(\xi_m\theta)\sum_{n=0}^{\infty}\frac{J_{\mathcal{M}}(\xi_n r)}{\left\{1-\left(\frac{\mathcal{M}}{\xi_n a}\right)^2\right\}J^2_{\mathcal{M}}(\xi_n a)}\times$$
$$\times\int_0^t\left\{\Theta_3\left(\frac{\pi z}{2d}, e^{-\left(\frac{\pi}{d}\right)^2\eta_z\tau}\right)\overline{\overline{\psi}}_{\theta 0}(\xi_n, \xi_m, t-\tau)-\Theta_4\left(\frac{\pi z}{2d}, e^{-\left(\frac{\pi}{d}\right)^2\eta_z\tau}\right)\overline{\overline{\psi}}_{\theta d}(\xi_n, \xi_m, t-\tau)\right\}e^{-\eta_r\xi_n^2\tau}d\tau +$$
$$+\frac{2}{\vartheta a^2 d\phi c_t}\sum_{m=0}^{\infty}\ni_m\cos(\xi_m\theta)\sum_{n=0}^{\infty}\frac{J_{\mathcal{M}}(\xi_n r)}{\left\{1-\left(\frac{\mathcal{M}}{\xi_n a}\right)^2\right\}J^2_{\mathcal{M}}(\xi_n a)}\times$$
$$\times\int_0^a\frac{J_{\mathcal{M}}(\xi_n u)}{u}\int_0^d\int_0^t e^{-\eta_r\xi_n^2\tau}\left\{\psi_{0z}(u, w, t-\tau)+(-1)^{m+1}\psi_{\vartheta z}(u, w, t-\tau)\right\}\times$$
$$\times\left[\Theta_3\left\{\frac{\pi(z-w)}{2d}, e^{-\left(\frac{\pi}{d}\right)^2\eta_z\tau}\right\}+\Theta_3\left\{\frac{\pi(z+w)}{2d}, e^{-\left(\frac{\pi}{d}\right)^2\eta_z\tau}\right\}\right]d\tau dwdu +$$
$$+\frac{2}{\vartheta a^2 d}\sum_{m=0}^{\infty}\ni_m\cos(\xi_m\theta)\sum_{n=0}^{\infty}\frac{J_{\mathcal{M}}(\xi_n r)e^{-\eta_r\xi_n^2 t}}{\left\{1-\left(\frac{\mathcal{M}}{\xi_n a}\right)^2\right\}J^2_{\mathcal{M}}(\xi_n a)}\times$$
$$\times\int_0^d\overline{\overline{\varphi}}(\xi_n, \xi_m, w)\left[\Theta_3\left\{\frac{\pi(z-w)}{2d}, e^{-\left(\frac{\pi}{d}\right)^2\eta_z t}\right\}+\Theta_3\left\{\frac{\pi(z+w)}{2d}, e^{-\left(\frac{\pi}{d}\right)^2\eta_z t}\right\}\right]dw \tag{29.58.2}$$

where $\overline{\psi}_a(\xi_m, w, t) = \int_0^\vartheta \psi_a(v, w, t)\cos(\xi_m v)dv$, $\overline{\overline{\psi}}_{\theta 0}(\xi_n, \xi_m, t) = \int_0^a uJ_{\mathcal{M}}(\xi_n u)\int_0^\vartheta \psi_0(u, v, t)\cos(\xi_m v)dvdu$ and $\overline{\overline{\psi}}_{\theta d}(\xi_n, \xi_m, t) = \int_0^a uJ_{\mathcal{M}}(\xi_n u)\int_0^\vartheta \psi_{\theta d}(u, v, t)\cos(\xi_m v)dvdu$.

29.59

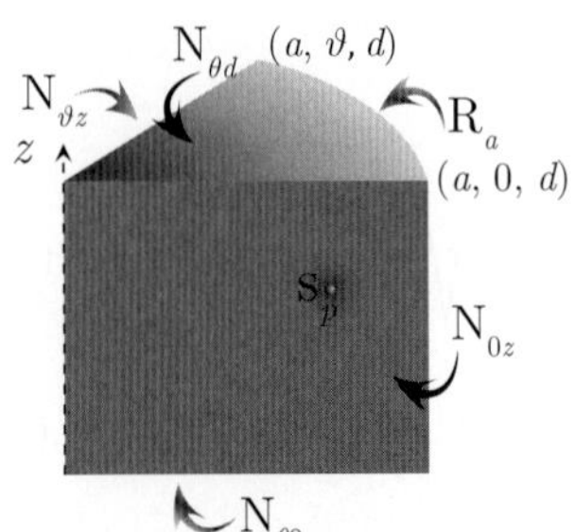

The problem of 29.57, except
$\mathbf{R}_a \equiv \frac{\partial p(a,\theta,z,t)}{\partial r}+\lambda p(a,\theta,z,t) = -\left(\frac{\mu}{k_r}\right)\psi_a(\theta, z, t)$,
$\mathbf{N}_{\theta 0} \equiv \frac{\partial p(r,\theta,0,t)}{\partial z} = -\left(\frac{\mu}{k_z}\right)\psi_{\theta 0}(r, \theta, t)$,
$\mathbf{N}_{\theta d} \equiv \frac{\partial p(r,\theta,d,t)}{\partial z} = -\left(\frac{\mu}{k_z}\right)\psi_{\theta d}(r, \theta, t)$,
$\mathbf{N}_{0z} \equiv \frac{\partial p(r,0,z,t)}{\partial \theta} = -\left(\frac{\mu}{k_\theta}\right)\psi_{0z}(r, z, t)$ **and**
$\mathbf{N}_{\vartheta z} \equiv \frac{\partial p(r,\vartheta,z,t)}{\partial \theta} = -\left(\frac{\mu}{k_\theta}\right)\psi_{\vartheta z}(r, z, t)$

$$\overline{p} = \frac{2q(s)e^{-st_0}}{\vartheta a^2 \phi c_t \sqrt{\eta_z}} \sum_{m=0}^{\infty} \ni_m \cos(\xi_m \theta_0) \cos(\xi_m \theta) \sum_{n=1}^{\infty} \frac{J_{\mathcal{M}}(\xi_n r_0) J_{\mathcal{M}}(\xi_n r) \operatorname{csch}\left(d\sqrt{\frac{\eta_r \xi_n^2 + s}{\eta_z}}\right)}{\left[\left\{1 - \left(\frac{\mathcal{M}}{\xi_n a}\right)^2\right\} J_{\mathcal{M}}^2(\xi_n a) + J_{\mathcal{M}}'^2(\xi_n a)\right] \sqrt{(\eta_r \xi_n^2 + s)}} \times$$

$$\times \left[\cosh\left\{(d - |z - z_0|)\sqrt{\frac{\eta_r \xi_n^2 + s}{\eta_z}}\right\} + \cosh\left\{(d - z - z_0)\sqrt{\frac{\eta_r \xi_n^2 + s}{\eta_z}}\right\}\right] -$$

$$-\frac{2}{\vartheta a \phi c_t \sqrt{\eta_z}} \sum_{m=0}^{\infty} \ni_m \cos(\xi_m \theta) \sum_{n=1}^{\infty} \frac{J_{\mathcal{M}}(\xi_n r) \operatorname{csch}\left(d\sqrt{\frac{\eta_r \xi_n^2 + s}{\eta_z}}\right)}{\left[\left\{1 - \left(\frac{\mathcal{M}}{\xi_n a}\right)^2\right\} J_{\mathcal{M}}^2(\xi_n a) + J_{\mathcal{M}}'^2(\xi_n a)\right] \sqrt{\eta_r \xi_n^2 + s}} \times$$

$$\times \int_0^d \overline{\overline{\psi}}_a(\xi_m, w, s) \left[\cosh\left\{(d - |z - w|)\sqrt{\frac{\eta_r \xi_n^2 + s}{\eta_z}}\right\} + \cosh\left\{(d - z - w)\sqrt{\frac{\eta_r \xi_n^2 + s}{\eta_z}}\right\}\right] dw +$$

$$+\frac{4}{\vartheta a^2 \phi c_t \sqrt{\eta_z}} \sum_{m=0}^{\infty} \ni_m \cos(\xi_m \theta) \sum_{n=1}^{\infty} \frac{J_{\mathcal{M}}(\xi_n r) \operatorname{csch}\left(d\sqrt{\frac{\eta_r \xi_n^2 + s}{\eta_z}}\right)}{\left[\left\{1 - \left(\frac{\mathcal{M}}{\xi_n a}\right)^2\right\} J_{\mathcal{M}}^2(\xi_n a) + J_{\mathcal{M}}'^2(\xi_n a)\right] \sqrt{(\eta_r \xi_n^2 + s)}} \times$$

$$\times \left[\overline{\overline{\overline{\psi}}}_{\theta 0}(\xi_n, \xi_m, s) \cosh\left\{(d - z)\sqrt{\frac{\eta_r \xi_n^2 + s}{\eta_z}}\right\} - \overline{\overline{\overline{\psi}}}_{\theta d}(\xi_n, \xi_m, s) \cosh\left\{z\sqrt{\frac{\eta_r \xi_n^2 + s}{\eta_z}}\right\}\right] +$$

$$+\frac{2}{\vartheta a^2 \phi c_t \sqrt{\eta_z}} \sum_{m=0}^{\infty} \ni_m \cos(\xi_m \theta) \sum_{n=1}^{\infty} \frac{J_{\mathcal{M}}(\xi_n r) \operatorname{csch}\left(d\sqrt{\frac{\eta_r \xi_n^2 + s}{\eta_z}}\right)}{\left[\left\{1 - \left(\frac{\mathcal{M}}{\xi_n a}\right)^2\right\} J_{\mathcal{M}}^2(\xi_n a) + J_{\mathcal{M}}'^2(\xi_n a)\right] \sqrt{\eta_r \xi_n^2 + s}} \times$$

$$\times \int_0^a \frac{J_{\mathcal{M}}(\xi_n u)}{u} \int_0^d \left\{\overline{\psi}_{0z}(u, w, s) + (-1)^{m+1} \overline{\psi}_{\vartheta z}(u, w, s)\right\} \times$$

$$\times \left[\cosh\left\{(d - |z - w|)\sqrt{\frac{\eta_r \xi_n^2 + s}{\eta_z}}\right\} + \cosh\left\{(d - z - w)\sqrt{\frac{\eta_r \xi_n^2 + s}{\eta_z}}\right\}\right] dw du +$$

$$+\frac{2}{\vartheta a^2 \sqrt{\eta_z}} \sum_{m=0}^{\infty} \ni_m \cos(\xi_m \theta) \sum_{n=1}^{\infty} \frac{J_{\mathcal{M}}(\xi_n r) \operatorname{csch}\left(d\sqrt{\frac{\eta_r \xi_n^2 + s}{\eta_z}}\right)}{\left[\left\{1 - \left(\frac{\mathcal{M}}{\xi_n a}\right)^2\right\} J_{\mathcal{M}}^2(\xi_n a) + J_{\mathcal{M}}'^2(\xi_n a)\right] \sqrt{\eta_r \xi_n^2 + s}} \times$$

$$\times \int_0^d \overline{\overline{\varphi}}(\xi_n, \xi_m, w) \left[\cosh\left\{(d - |z - w|)\sqrt{\frac{\eta_r \xi_n^2 + s}{\eta_z}}\right\} + \cosh\left\{(d - z - w)\sqrt{\frac{\eta_r \xi_n^2 + s}{\eta_z}}\right\}\right] dw \quad (29.59.1)$$

where ξ_n are the positive roots of $\xi_n J_{\mathcal{M}}'(\xi_n a) + \lambda J_{\mathcal{M}}(\xi_n a) = 0$, $\xi_l = \frac{l\pi}{d}, l = 1, 2, ...$, $\xi_m = \frac{m\pi}{d}, m = 0, 1, ...$,
$\overline{\overline{\overline{\psi}}}_{\theta 0}(\xi_n, \xi_m, s) = \int_0^a u J_{\mathcal{M}}(\xi_n u) \int_0^{\vartheta} \overline{\psi}_0(u, v, s) \cos(\xi_m v) dv du$,
$\overline{\overline{\overline{\psi}}}_{\theta d}(\xi_n, \xi_m, s) = \int_0^a u J_{\mathcal{M}}(\xi_n u) \int_0^{\vartheta} \overline{\psi}_{\theta d}(u, v, s) \cos(\xi_m v) dv du$,
$\overline{\overline{\psi}}_a(\xi_m, w, s) = \int_0^{\vartheta} \overline{\psi}_a(v, w, s) \cos(\xi_m v) dv$ and
$\overline{\overline{\varphi}}(\xi_n, \xi_m, w) = \int_0^a u J_{\mathcal{M}}(\xi_n u) \int_0^{\vartheta} \varphi(u, v, w) \cos(\xi_m v) dv du$.

$$p = \frac{2U(t - t_0)}{\vartheta a^2 d \phi c_t} \sum_{m=0}^{\infty} \ni_m \cos(\xi_m \theta_0) \cos(\xi_m \theta) \sum_{n=1}^{\infty} \frac{J_{\mathcal{M}}(\xi_n r_0) J_{\mathcal{M}}(\xi_n r)}{\left[\left\{1 - \left(\frac{\mathcal{M}}{\xi_n a}\right)^2\right\} J_{\mathcal{M}}^2(\xi_n a) + J_{\mathcal{M}}'^2(\xi_n a)\right]} \times$$

$$\times \int_0^{t-t_0} q\left(t-t_0-\tau\right)\left[\Theta_3\left\{\frac{\pi\left(z-z_0\right)}{2d}, e^{-\left(\frac{\pi}{d}\right)^2 \eta_z \tau}\right\}+\Theta_3\left\{\frac{\pi\left(z+z_0\right)}{2d}, e^{-\left(\frac{\pi}{d}\right)^2 \eta_z \tau}\right\}\right] e^{-\eta_r \xi_n^2 \tau} d\tau -$$

$$-\frac{2}{\vartheta a d \phi c_t} \sum_{m=0}^{\infty} \ni_m \cos\left(\xi_m \theta\right) \sum_{n=1}^{\infty} \frac{J_{\mathcal{M}}\left(\xi_n r\right)}{\left[\left\{1-\left(\frac{\mathcal{M}}{\xi_n a}\right)^2\right\} J_{\mathcal{M}}^2\left(\xi_n a\right)+J_{\mathcal{M}}'^2\left(\xi_n a\right)\right]} \times$$

$$\times \int_0^t e^{-\eta_r \xi_n^2 \tau} \int_0^d \overline{\psi}_a\left(\xi_m, w, t-\tau\right)\left[\Theta_3\left\{\frac{\pi(z-w)}{2d}, e^{-\left(\frac{\pi}{d}\right)^2 \eta_z \tau}\right\}+\Theta_3\left\{\frac{\pi(z+w)}{2d}, e^{-\left(\frac{\pi}{d}\right)^2 \eta_z \tau}\right\}\right] dw d\tau -$$

$$-\frac{4}{\vartheta a^2 d \phi c_t} \sum_{m=0}^{\infty} \ni_m \cos\left(\xi_m \theta\right) \sum_{n=1}^{\infty} \frac{J_{\mathcal{M}}\left(\xi_n r\right)}{\left[\left\{1-\left(\frac{\mathcal{M}}{\xi_n a}\right)^2\right\} J_{\mathcal{M}}^2\left(\xi_n a\right)+J_{\mathcal{M}}'^2\left(\xi_n a\right)\right]} \times$$

$$\times \int_0^t \left\{\Theta_3\left(\frac{\pi z}{2d}, e^{-\left(\frac{\pi}{d}\right)^2 \eta_z \tau}\right) \overline{\overline{\psi}}_{\theta 0}\left(\xi_n, \xi_m, t-\tau\right)-\Theta_4\left(\frac{\pi z}{2d}, e^{-\left(\frac{\pi}{d}\right)^2 \eta_z \tau}\right) \overline{\overline{\psi}}_{\theta d}\left(\xi_n, \xi_m, t-\tau\right)\right\} e^{-\eta_r \xi_n^2 \tau} d\tau +$$

$$+\frac{2}{\vartheta a^2 d \phi c_t} \sum_{m=0}^{\infty} \ni_m \cos\left(\xi_m \theta\right) \sum_{n=1}^{\infty} \frac{J_{\mathcal{M}}\left(\xi_n r\right)}{\left[\left\{1-\left(\frac{\mathcal{M}}{\xi_n a}\right)^2\right\} J_{\mathcal{M}}^2\left(\xi_n a\right)+J_{\mathcal{M}}'^2\left(\xi_n a\right)\right]} \times$$

$$\times \int_0^a \frac{J_{\mathcal{M}}\left(\xi_n u\right)}{u} \int_0^d \int_0^t e^{-\eta_r \xi_n^2 \tau}\left\{\psi_{0z}(u, w, t-\tau)+(-1)^{m+1} \psi_{\vartheta z}(u, w, t-\tau)\right\} \times$$

$$\times\left[\Theta_3\left\{\frac{\pi(z-w)}{2d}, e^{-\left(\frac{\pi}{d}\right)^2 \eta_z \tau}\right\}+\Theta_3\left\{\frac{\pi(z+w)}{2d}, e^{-\left(\frac{\pi}{d}\right)^2 \eta_z \tau}\right\}\right] d\tau dw du +$$

$$+\frac{2}{\vartheta a^2 d} \sum_{m=0}^{\infty} \ni_m \cos\left(\xi_m \theta\right) \sum_{n=1}^{\infty} \frac{J_{\mathcal{M}}\left(\xi_n r\right) e^{-\eta_r \xi_n^2 t}}{\left[\left\{1-\left(\frac{\mathcal{M}}{\xi_n a}\right)^2\right\} J_{\mathcal{M}}^2\left(\xi_n a\right)+J_{\mathcal{M}}'^2\left(\xi_n a\right)\right]} \times$$

$$\times \int_0^d \overline{\overline{\varphi}}\left(\xi_n, \xi_m, w\right)\left[\Theta_3\left\{\frac{\pi(z-w)}{2d}, e^{-\left(\frac{\pi}{d}\right)^2 \eta_z t}\right\}+\Theta_3\left\{\frac{\pi(z+w)}{2d}, e^{-\left(\frac{\pi}{d}\right)^2 \eta_z t}\right\}\right] dw \qquad (29.59.2)$$

where $\overline{\psi}_a\left(\xi_m, w, t\right)=\int_0^{\vartheta} \psi_a(v, w, t) \cos\left(\xi_m v\right) dv$, $\overline{\overline{\psi}}_{\theta 0}\left(\xi_n, \xi_m, t\right)=\int_0^a u J_{\mathcal{M}}\left(\xi_n u\right) \int_0^{\vartheta} \psi_0(u, v, t) \cos\left(\xi_m v\right) dv du$ and $\overline{\overline{\psi}}_{\theta d}\left(\xi_n, \xi_m, t\right)=\int_0^a u J_{\mathcal{M}}\left(\xi_n u\right) \int_0^{\vartheta} \psi_{\theta d}(u, v, t) \cos\left(\xi_m v\right) dv du$.

29.60

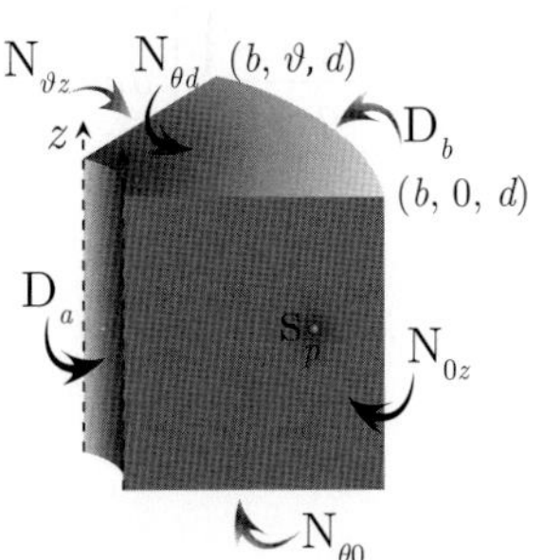

A cylindrical continuum bounded by $a \leq r \leq b$ and $0 \leq z \leq d$ and $0 \leq \theta \leq \vartheta$; $\vartheta < 2\pi$. Point source at $s_p \equiv (r_0, \theta_0, z_0)$ at time $t = t_0$; $a < r_0 < b$, $0 \leq \theta_0 \leq \vartheta$, $0 < z_0 < d$, $t_0 \geq 0$. $N_{\theta 0} \equiv \frac{\partial p(r,\theta,0,t)}{\partial z} = -\left(\frac{\mu}{k_z}\right)\psi_{\theta 0}(r,\theta,t)$, $N_{\theta d} \equiv \frac{\partial p(r,\theta,d,t)}{\partial z} = -\left(\frac{\mu}{k_z}\right)\psi_{\theta d}(r,\theta,t)$, $D_a \equiv p(a,\theta,z,t) = \psi_a(\theta,z,t)$, $D_b \equiv p(b,\theta,z,t) = \psi_b(\theta,z,t)$, $N_{0z} \equiv \frac{\partial p(r,0,z,t)}{\partial \theta} = -\left(\frac{\mu}{k_\theta}\right)\psi_{0z}(r,z,t)$ and $N_{\vartheta z} \equiv \frac{\partial p(r,\vartheta,z,t)}{\partial \theta} = -\left(\frac{\mu}{k_\theta}\right)\psi_{\vartheta z}(r,z,t)$. $p(r,\theta,z,0) = \varphi(r,\theta,z)$

$$\overline{p} = \frac{\pi^2 q(s) e^{-s t_0}}{2 \vartheta \phi c_t \sqrt{\eta_z}} \sum_{m=0}^{\infty} \ni_m \cos\left(\xi_m \theta\right) \sum_{n=1}^{\infty} \frac{\xi_n^2 J_{\mathcal{M}}^2\left(\xi_n b\right) \mathcal{V}_{\mathcal{D}\mathcal{M}}\left(\xi r_0, a\right) \mathcal{V}_{\mathcal{D}\mathcal{M}}\left(\xi r, a\right) \operatorname{csch}\left(d\sqrt{\frac{\eta_r \xi_n^2+s}{\eta_z}}\right)}{\left\{J_{\mathcal{M}}^2\left(\xi_n a\right)-J_{\mathcal{M}}^2\left(\xi_n b\right)\right\} \sqrt{\left(\eta_r \xi_n^2+s\right)}} \times$$

$$\times\left[\cosh\left\{\left(d-\left|z-z_0\right|\right) \sqrt{\frac{\eta_r \xi_n^2+s}{\eta_z}}\right\}+\cosh\left\{\left(d-z-z_0\right) \sqrt{\frac{\eta_r \xi_n^2+s}{\eta_z}}\right\}\right] -$$

$$-\frac{\pi\eta_r}{\vartheta\sqrt{\eta_z}}\sum_{m=0}^{\infty}\ni_m\cos\left(\xi_m\theta\right)\sum_{n=1}^{\infty}\frac{\xi_n^2 J_{\mathcal{M}}^2\left(\xi_n b\right)\mathcal{V}_{\mathcal{DM}}\left(\xi r,a\right)\operatorname{csch}\left(d\sqrt{\frac{\eta_r\xi_n^2+s}{\eta_z}}\right)}{\left\{J_{\mathcal{M}}^2\left(\xi_n a\right)-J_{\mathcal{M}}^2\left(\xi_n b\right)\right\}\sqrt{\eta_r\xi_n^2+s}}\times$$

$$\times\int_0^d\overline{\overline{\psi}}_a\left(\xi_m,w,s\right)\left[\cosh\left\{\left(d-|z-w|\right)\sqrt{\frac{\eta_r\xi_n^2+s}{\eta_z}}\right\}+\cosh\left\{\left(d-z-w\right)\sqrt{\frac{\eta_r\xi_n^2+s}{\eta_z}}\right\}\right]dw+$$

$$+\frac{\pi\eta_r}{\vartheta\sqrt{\eta_z}}\sum_{m=0}^{\infty}\ni_m\cos\left(\xi_m\theta\right)\sum_{n=1}^{\infty}\frac{\xi_n^2 J_{\mathcal{M}}\left(\xi_n a\right)J_{\mathcal{M}}\left(\xi_n b\right)\mathcal{V}_{\mathcal{DM}}\left(\xi r,a\right)\operatorname{csch}\left(d\sqrt{\frac{\eta_r\xi_n^2+s}{\eta_z}}\right)}{\left\{J_{\mathcal{M}}^2\left(\xi_n a\right)-J_{\mathcal{M}}^2\left(\xi_n b\right)\right\}\sqrt{\eta_r\xi_n^2+s}}\times$$

$$\times\int_0^d\overline{\overline{\psi}}_b\left(\xi_m,w,s\right)\left[\cosh\left\{\left(d-|z-w|\right)\sqrt{\frac{\eta_r\xi_n^2+s}{\eta_z}}\right\}+\cosh\left\{\left(d-z-w\right)\sqrt{\frac{\eta_r\xi_n^2+s}{\eta_z}}\right\}\right]dw+$$

$$+\frac{\pi^2}{\vartheta\phi c_t\sqrt{\eta_z}}\sum_{m=0}^{\infty}\ni_m\cos\left(\xi_m\theta\right)\sum_{n=1}^{\infty}\frac{\xi_n^2 J_{\mathcal{M}}^2\left(\xi_n b\right)\mathcal{V}_{\mathcal{DM}}\left(\xi r,a\right)\operatorname{csch}\left(d\sqrt{\frac{\eta_r\xi_n^2+s}{\eta_z}}\right)}{\left\{J_{\mathcal{M}}^2\left(\xi_n a\right)-J_{\mathcal{M}}^2\left(\xi_n b\right)\right\}\sqrt{\left(\eta_r\xi_n^2+s\right)}}\times$$

$$\times\left[\overline{\overline{\overline{\psi}}}_{\theta 0}\left(\xi_n,\xi_m,s\right)\cosh\left\{\left(d-z\right)\sqrt{\frac{\eta_r\xi_n^2+s}{\eta_z}}\right\}-\overline{\overline{\overline{\psi}}}_{\theta d}\left(\xi_n,\xi_m,s\right)\cosh\left\{z\sqrt{\frac{\eta_r\xi_n^2+s}{\eta_z}}\right\}\right]+$$

$$+\frac{2\pi^2}{\vartheta d\phi c_t\sqrt{\eta_z}}\sum_{m=0}^{\infty}\ni_m\cos\left(\xi_m\theta\right)\sum_{n=1}^{\infty}\frac{\xi_n^2 J_{\mathcal{M}}^2\left(\xi_n b\right)\mathcal{V}_{\mathcal{DM}}\left(\xi r,a\right)\operatorname{csch}\left(d\sqrt{\frac{\eta_r\xi_n^2+s}{\eta_z}}\right)}{\left\{J_{\mathcal{M}}^2\left(\xi_n a\right)-J_{\mathcal{M}}^2\left(\xi_n b\right)\right\}\sqrt{\eta_r\xi_n^2+s}}\times$$

$$\times\int_0^a\frac{\mathcal{V}_{\mathcal{DM}}\left(\xi_n u,a\right)}{u}\int_0^d\left\{\overline{\psi}_{0z}\left(u,w,s\right)+(-1)^{m+1}\overline{\psi}_{\vartheta z}\left(u,w,s\right)\right\}\times$$

$$\times\left[\cosh\left\{\left(d-|z-w|\right)\sqrt{\frac{\eta_r\xi_n^2+s}{\eta_z}}\right\}+\cosh\left\{\left(d-z-w\right)\sqrt{\frac{\eta_r\xi_n^2+s}{\eta_z}}\right\}\right]dwdu+$$

$$+\frac{\pi^2}{2\vartheta\sqrt{\eta_z}}\sum_{m=0}^{\infty}\ni_m\cos\left(\xi_m\theta\right)\sum_{n=1}^{\infty}\frac{\xi_n^2 J_{\mathcal{M}}^2\left(\xi_n b\right)\mathcal{V}_{\mathcal{DM}}\left(\xi r,a\right)\operatorname{csch}\left(d\sqrt{\frac{\eta_r\xi_n^2+s}{\eta_z}}\right)}{\left\{J_{\mathcal{M}}^2\left(\xi_n a\right)-J_{\mathcal{M}}^2\left(\xi_n b\right)\right\}\sqrt{\eta_r\xi_n^2+s}}\times$$

$$\times\int_0^d\overline{\overline{\varphi}}\left(\xi_n,\xi_m,w\right)\left[\cosh\left\{\left(d-|z-w|\right)\sqrt{\frac{\eta_r\xi_n^2+s}{\eta_z}}\right\}+\cosh\left\{\left(d-z-w\right)\sqrt{\frac{\eta_r\xi_n^2+s}{\eta_z}}\right\}\right]dw \quad (29.60.1)$$

where the eigenvalues ξ_n, $n=1,2,...$, are the positive roots of the transcendental equation $\mathcal{V}_{\mathcal{DM}}\left(\xi_n b,a\right)=0$, $\xi_l=\frac{l\pi}{d}, l=1,2,...$, $\xi_m=\frac{m\pi}{d}, m=0,1,...$, $\overline{\overline{\overline{\psi}}}_{\theta 0}\left(\xi_n,\xi_m,s\right)=\int_0^a u\mathcal{V}_{\mathcal{DM}}\left(\xi_n u,a\right)\int_0^\vartheta\overline{\psi}_0\left(u,v,s\right)\cos\left(\xi_m v\right)dvdu$, $\overline{\overline{\overline{\psi}}}_{\theta d}\left(\xi_n,\xi_m,s\right)=\int_0^a u\mathcal{V}_{\mathcal{DM}}\left(\xi_n u,a\right)\int_0^\vartheta\overline{\psi}_{\theta d}\left(u,v,s\right)\cos\left(\xi_m v\right)dvdu$, $\overline{\overline{\psi}}_a\left(\xi_m,w,s\right)=\int_0^\vartheta\overline{\psi}_a\left(v,w,s\right)\cos\left(\xi_m v\right)dv$, $\overline{\overline{\psi}}_b\left(\xi_m,w,s\right)=\int_0^\vartheta\overline{\psi}_b\left(v,w,s\right)\cos\left(\xi_m v\right)dv$ and $\overline{\overline{\varphi}}\left(\xi_n,\xi_m,w\right)=\int_0^a u\mathcal{V}_{\mathcal{DM}}\left(\xi_n u,a\right)\int_0^\vartheta\varphi\left(u,v,w\right)\cos\left(\xi_m v\right)dvdu$.

$$p=\frac{U\left(t-t_0\right)\pi^2}{2\vartheta d\phi c_t}\sum_{m=0}^{\infty}\ni_m\cos\left(\xi_m\theta\right)\sum_{n=1}^{\infty}\frac{\xi_n^2 J_{\mathcal{M}}^2\left(\xi_n b\right)\mathcal{V}_{\mathcal{DM}}\left(\xi r_0,a\right)\mathcal{V}_{\mathcal{DM}}\left(\xi r,a\right)}{\left\{J_{\mathcal{M}}^2\left(\xi_n a\right)-J_{\mathcal{M}}^2\left(\xi_n b\right)\right\}}\times$$

$$\times\int_0^{t-t_0}q\left(t-t_0-\tau\right)\left[\Theta_3\left\{\frac{\pi\left(z-z_0\right)}{2d},e^{-\left(\frac{\pi}{d}\right)^2\eta_z\tau}\right\}+\Theta_3\left\{\frac{\pi\left(z+z_0\right)}{2d},e^{-\left(\frac{\pi}{d}\right)^2\eta_z\tau}\right\}\right]e^{-\eta_r\xi_n^2\tau}d\tau-$$

$$-\frac{\pi\eta_r}{\vartheta d}\sum_{m=0}^{\infty}\ni_m\cos\left(\xi_m\theta\right)\sum_{n=1}^{\infty}\frac{\xi_n^2 J_{\mathcal{M}}^2\left(\xi_n b\right)\mathcal{V}_{\mathcal{DM}}\left(\xi r,a\right)}{\left\{J_{\mathcal{M}}^2\left(\xi_n a\right)-J_{\mathcal{M}}^2\left(\xi_n b\right)\right\}}\times$$

$$\times \int_0^t e^{-\eta_r \xi_n^2 \tau} \int_0^d \overline{\psi}_a(\xi_m, w, t-\tau) \left[\Theta_3\left\{\frac{\pi(z-w)}{2d}, e^{-\left(\frac{\pi}{d}\right)^2 \eta_z \tau}\right\} + \Theta_3\left\{\frac{\pi(z+w)}{2d}, e^{-\left(\frac{\pi}{d}\right)^2 \eta_z \tau}\right\}\right] dw d\tau +$$

$$+\frac{\pi\eta_r}{\vartheta d} \sum_{m=0}^{\infty} \ni_m \cos(\xi_m \theta) \sum_{n=1}^{\infty} \frac{\xi_n^2 J_{\mathcal{M}}(\xi_n a) J_{\mathcal{M}}(\xi_n b) \mathcal{V}_{\mathcal{DM}}(\xi r, a)}{\{J_{\mathcal{M}}^2(\xi_n a) - J_{\mathcal{M}}^2(\xi_n b)\}} \times$$

$$\times \int_0^t e^{-\eta_r \xi_n^2 \tau} \int_0^d \overline{\psi}_b(\xi_m, w, t-\tau) \left[\Theta_3\left\{\frac{\pi(z-w)}{2d}, e^{-\left(\frac{\pi}{d}\right)^2 \eta_z \tau}\right\} + \Theta_3\left\{\frac{\pi(z+w)}{2d}, e^{-\left(\frac{\pi}{d}\right)^2 \eta_z \tau}\right\}\right] dw d\tau -$$

$$-\frac{\pi}{2d\phi c_t} \sum_{m=0}^{\infty} \ni_m \cos(\xi_m \theta) \sum_{n=1}^{\infty} \frac{\xi_n^2 J_{\mathcal{M}}^2(\xi_n b) \mathcal{V}_{\mathcal{DM}}(\xi r, a)}{\{J_{\mathcal{M}}^2(\xi_n a) - J_{\mathcal{M}}^2(\xi_n b)\}} \times$$

$$\times \int_0^t \left\{\Theta_3\left(\frac{\pi z}{2d}, e^{-\left(\frac{\pi}{d}\right)^2 \eta_z \tau}\right) \overline{\overline{\psi}}_{\theta 0}(\xi_n, \xi_m, t-\tau) - \Theta_4\left(\frac{\pi z}{2d}, e^{-\left(\frac{\pi}{d}\right)^2 \eta_z \tau}\right) \overline{\overline{\psi}}_{\theta d}(\xi_n, \xi_m, t-\tau)\right\} e^{-\eta_r \xi_n^2 \tau} d\tau +$$

$$+\frac{\pi^2}{2\vartheta d\phi c_t} \sum_{m=0}^{\infty} \ni_m \cos(\xi_m \theta) \sum_{n=1}^{\infty} \frac{\xi_n^2 J_{\mathcal{M}}^2(\xi_n b) \mathcal{V}_{\mathcal{DM}}(\xi r, a)}{\{J_{\mathcal{M}}^2(\xi_n a) - J_{\mathcal{M}}^2(\xi_n b)\}} \times$$

$$\times \int_0^a \frac{\mathcal{V}_{\mathcal{DM}}(\xi_n u, a)}{u} \int_0^d \int_0^t e^{-\eta_r \xi_n^2 \tau} \left\{\psi_{0z}(u, w, t-\tau) + (-1)^{m+1} \psi_{\vartheta z}(u, w, t-\tau)\right\} \times$$

$$\times \left[\Theta_3\left\{\frac{\pi(z-w)}{2d}, e^{-\left(\frac{\pi}{d}\right)^2 \eta_z \tau}\right\} + \Theta_3\left\{\frac{\pi(z+w)}{2d}, e^{-\left(\frac{\pi}{d}\right)^2 \eta_z \tau}\right\}\right] d\tau dw du +$$

$$+\frac{\pi^2}{2\vartheta d} \sum_{m=0}^{\infty} \ni_m \cos(\xi_m \theta) \sum_{n=1}^{\infty} \frac{\xi_n^2 J_{\mathcal{M}}^2(\xi_n b) \mathcal{V}_{\mathcal{DM}}(\xi r, a) e^{-\eta_r \xi_n^2 t}}{\{J_{\mathcal{M}}^2(\xi_n a) - J_{\mathcal{M}}^2(\xi_n b)\}} \times$$

$$\times \int_0^d \overline{\overline{\varphi}}(\xi_n, \xi_m, w) \left[\Theta_3\left\{\frac{\pi(z-w)}{2d}, e^{-\left(\frac{\pi}{d}\right)^2 \eta_z t}\right\} + \Theta_3\left\{\frac{\pi(z+w)}{2d}, e^{-\left(\frac{\pi}{d}\right)^2 \eta_z t}\right\}\right] dw \tag{29.60.2}$$

where $\overline{\psi}_a(\xi_m, w, t) = \int_0^\vartheta \psi_a(v, w, t) \cos(\xi_m v) dv$, $\overline{\psi}_b(\xi_m, w, t) = \int_0^\vartheta \psi_b(v, w, t) \cos(\xi_m v) dv$,
$\overline{\overline{\psi}}_{\theta 0}(\xi_n, \xi_m, t) = \int_0^a u \mathcal{V}_{\mathcal{DM}}(\xi_n u, a) \int_0^\vartheta \psi_0(u, v, t) \cos(\xi_m v) dv du$ and
$\overline{\overline{\psi}}_{\theta d}(\xi_n, \xi_m, t) = \int_0^a u \mathcal{V}_{\mathcal{DM}}(\xi_n u, a) \int_0^\vartheta \psi_{\theta d}(u, v, t) \cos(\xi_m v) dv du$.

29.61

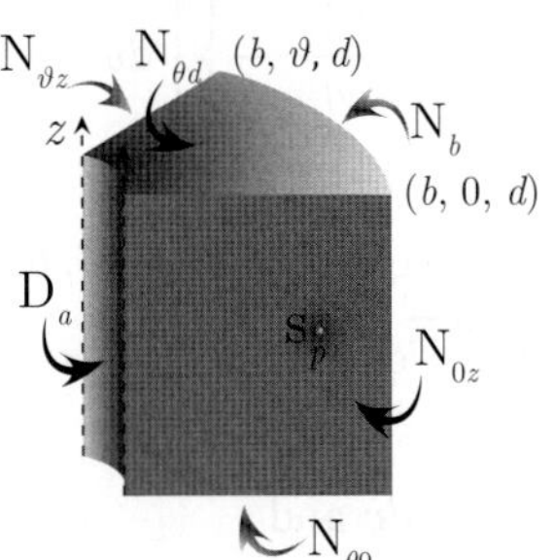

The problem of 29.60, except
$\mathbf{N_{\theta 0}} \equiv \frac{\partial p(r,\theta,0,t)}{\partial z} = -\left(\frac{\mu}{k_z}\right) \psi_{\theta 0}(r, \theta, t)$,
$\mathbf{N_{\theta d}} \equiv \frac{\partial p(r,\theta,d,t)}{\partial z} = -\left(\frac{\mu}{k_z}\right) \psi_{\theta d}(r, \theta, t)$,
$\mathbf{D_a} \equiv p(a, \theta, z, t) = \psi_a(\theta, z, t)$,
$\mathbf{N_b} \equiv \frac{\partial p(b,\theta,z,t)}{\partial r} = -\left(\frac{\mu}{k_r}\right) \psi_b(\theta, z, t)$,
$\mathbf{N_{0z}} \equiv \frac{\partial p(r,0,z,t)}{\partial \theta} = -\left(\frac{\mu}{k_\theta}\right) \psi_{0z}(r, z, t)$ **and**
$\mathbf{N_{\vartheta z}} \equiv \frac{\partial p(r,\vartheta,z,t)}{\partial \theta} = -\left(\frac{\mu}{k_\theta}\right) \psi_{\vartheta z}(r, z, t)$

$$\overline{p} = \frac{\pi^2 q(s) e^{-st_0}}{2\vartheta\phi c_t \sqrt{\eta_z}} \sum_{m=0}^{\infty} \ni_m \cos(\xi_m \theta) \sum_{n=1}^{\infty} \frac{\xi_n^2 J_{\mathcal{M}}'^2(\xi_n b) \mathcal{V}_{\mathcal{DM}}(\xi r_0, a) \mathcal{V}_{\mathcal{DM}}(\xi r, a) \operatorname{csch}\left(d\sqrt{\frac{\eta_r \xi_n^2 + s}{\eta_z}}\right)}{\left[\left\{1 - \left(\frac{\mathcal{M}}{\xi_n b}\right)^2\right\} J_{\mathcal{M}}^2(\xi_n a) - J_{\mathcal{M}}'^2(\xi_n b)\right] \sqrt{(\eta_r \xi_n^2 + s)}} \times$$

$$\times \left[\cosh\left\{(d - |z - z_0|)\sqrt{\frac{\eta_r \xi_n^2 + s}{\eta_z}}\right\} + \cosh\left\{(d - z - z_0)\sqrt{\frac{\eta_r \xi_n^2 + s}{\eta_z}}\right\}\right] -$$

$$-\frac{\pi\eta_r}{\vartheta\sqrt{\eta_z}} \sum_{m=0}^{\infty} \ni_m \cos(\xi_m \theta) \sum_{n=1}^{\infty} \frac{\xi_n^2 J_{\mathcal{M}}'^2(\xi_n b) \mathcal{V}_{\mathcal{DM}}(\xi r, a) \operatorname{csch}\left(d\sqrt{\frac{\eta_r \xi_n^2 + s}{\eta_z}}\right)}{\left[\left\{1 - \left(\frac{\mathcal{M}}{\xi_n b}\right)^2\right\} J_{\mathcal{M}}^2(\xi_n a) - J_{\mathcal{M}}'^2(\xi_n b)\right] \sqrt{\eta_r \xi_n^2 + s}} \times$$

$$\times \int_0^d \overline{\overline{\psi}}_a(\xi_m, w, s) \left[\cosh\left\{(d-|z-w|)\sqrt{\frac{\eta_r\xi_n^2+s}{\eta_z}}\right\} + \cosh\left\{(d-z-w)\sqrt{\frac{\eta_r\xi_n^2+s}{\eta_z}}\right\}\right] dw -$$

$$-\frac{\pi}{\vartheta\phi c_t\sqrt{\eta_z}} \sum_{m=0}^{\infty} \ni_m \cos(\xi_m\theta) \sum_{n=1}^{\infty} \frac{\xi_n^2 J_{\mathcal{M}}(\xi_n a) J'_{\mathcal{M}}(\xi_n b) \mathcal{V}_{\mathcal{DM}}(\xi r, a) \operatorname{csch}\left(d\sqrt{\frac{\eta_r\xi_n^2+s}{\eta_z}}\right)}{\left[\left\{1-\left(\frac{\mathcal{M}}{\xi_n b}\right)^2\right\} J_{\mathcal{M}}^2(\xi_n a) - J'^2_{\mathcal{M}}(\xi_n b)\right] \sqrt{\eta_r\xi_n^2+s}} \times$$

$$\times \int_0^d \overline{\overline{\psi}}_b(\xi_m, w, s) \left[\cosh\left\{(d-|z-w|)\sqrt{\frac{\eta_r\xi_n^2+s}{\eta_z}}\right\} + \cosh\left\{(d-z-w)\sqrt{\frac{\eta_r\xi_n^2+s}{\eta_z}}\right\}\right] dw +$$

$$+\frac{\pi^2}{\vartheta\phi c_t\sqrt{\eta_z}} \sum_{m=0}^{\infty} \ni_m \cos(\xi_m\theta) \sum_{n=1}^{\infty} \frac{\xi_n^2 J'^2_{\mathcal{M}}(\xi_n b) \mathcal{V}_{\mathcal{DM}}(\xi r, a) \operatorname{csch}\left(d\sqrt{\frac{\eta_r\xi_n^2+s}{\eta_z}}\right)}{\left[\left\{1-\left(\frac{\mathcal{M}}{\xi_n b}\right)^2\right\} J_{\mathcal{M}}^2(\xi_n a) - J'^2_{\mathcal{M}}(\xi_n b)\right] \sqrt{(\eta_r\xi_n^2+s)}} \times$$

$$\times \left[\overline{\overline{\overline{\psi}}}_{\theta 0}(\xi_n, \xi_m, s) \cosh\left\{(d-z)\sqrt{\frac{\eta_r\xi_n^2+s}{\eta_z}}\right\} - \overline{\overline{\overline{\psi}}}_{\theta d}(\xi_n, \xi_m, s) \cosh\left\{z\sqrt{\frac{\eta_r\xi_n^2+s}{\eta_z}}\right\}\right] +$$

$$+\frac{2\pi^2}{\vartheta d\phi c_t\sqrt{\eta_z}} \sum_{m=0}^{\infty} \ni_m \cos(\xi_m\theta) \sum_{n=1}^{\infty} \frac{\xi_n^2 J'^2_{\mathcal{M}}(\xi_n b) \mathcal{V}_{\mathcal{DM}}(\xi r, a) \operatorname{csch}\left(d\sqrt{\frac{\eta_r\xi_n^2+s}{\eta_z}}\right)}{\left[\left\{1-\left(\frac{\mathcal{M}}{\xi_n b}\right)^2\right\} J_{\mathcal{M}}^2(\xi_n a) - J'^2_{\mathcal{M}}(\xi_n b)\right] \sqrt{\eta_r\xi_n^2+s}} \times$$

$$\times \int_0^a \frac{\mathcal{V}_{\mathcal{DM}}(\xi_n u, a)}{u} \int_0^d \left\{\overline{\psi}_{0z}(u, w, s) + (-1)^{m+1} \overline{\psi}_{\vartheta z}(u, w, s)\right\} \times$$

$$\times \left[\cosh\left\{(d-|z-w|)\sqrt{\frac{\eta_r\xi_n^2+s}{\eta_z}}\right\} + \cosh\left\{(d-z-w)\sqrt{\frac{\eta_r\xi_n^2+s}{\eta_z}}\right\}\right] dwdu +$$

$$+\frac{\pi^2}{2\vartheta\sqrt{\eta_z}} \sum_{m=0}^{\infty} \ni_m \cos(\xi_m\theta) \sum_{n=1}^{\infty} \frac{\xi_n^2 J'^2_{\mathcal{M}}(\xi_n b) \mathcal{V}_{\mathcal{DM}}(\xi r, a) \operatorname{csch}\left(d\sqrt{\frac{\eta_r\xi_n^2+s}{\eta_z}}\right)}{\left[\left\{1-\left(\frac{\mathcal{M}}{\xi_n b}\right)^2\right\} J_{\mathcal{M}}^2(\xi_n a) - J'^2_{\mathcal{M}}(\xi_n b)\right] \sqrt{\eta_r\xi_n^2+s}} \times$$

$$\times \int_0^d \overline{\overline{\varphi}}(\xi_n, \xi_m, w) \left[\cosh\left\{(d-|z-w|)\sqrt{\frac{\eta_r\xi_n^2+s}{\eta_z}}\right\} + \cosh\left\{(d-z-w)\sqrt{\frac{\eta_r\xi_n^2+s}{\eta_z}}\right\}\right] dw \quad (29.61.1)$$

where the eigenvalues ξ_n, $n = 1, 2, ...$, are the positive roots of the transcendental equation $\mathcal{V}'_{\mathcal{DM}}(\xi_n b, a) = 0$, $\xi_l = \frac{l\pi}{d}, l = 1, 2, ..., \xi_m = \frac{m\pi}{d}, m = 0, 1, ..., \overline{\overline{\overline{\psi}}}_{\theta 0}(\xi_n, \xi_m, s) = \int_0^a u\mathcal{V}_{\mathcal{DM}}(\xi_n u, a) \int_0^{\vartheta} \overline{\psi}_0(u, v, s) \cos(\xi_m v) dvdu$, $\overline{\overline{\overline{\psi}}}_{\theta d}(\xi_n, \xi_m, s) = \int_0^a u\mathcal{V}_{\mathcal{DM}}(\xi_n u, a) \int_0^{\vartheta} \overline{\psi}_{\theta d}(u, v, s) \cos(\xi_m v) dvdu$, $\overline{\overline{\psi}}_a(\xi_m, w, s) = \int_0^{\vartheta} \overline{\psi}_a(v, w, s) \cos(\xi_m v) dv$, $\overline{\overline{\psi}}_b(\xi_m, w, s) = \int_0^{\vartheta} \overline{\psi}_b(v, w, s) \cos(\xi_m v) dv$ and $\overline{\overline{\varphi}}(\xi_n, \xi_m, w) = \int_0^a u\mathcal{V}_{\mathcal{DM}}(\xi_n u, a) \int_0^{\vartheta} \varphi(u, v, w) \cos(\xi_m v) dvdu$.

$$p = \frac{U(t-t_0)\pi^2}{2\vartheta d\phi c_t} \sum_{m=0}^{\infty} \ni_m \cos(\xi_m\theta) \sum_{n=1}^{\infty} \frac{\xi_n^2 J'^2_{\mathcal{M}}(\xi_n b) \mathcal{V}_{\mathcal{DM}}(\xi r_0, a) \mathcal{V}_{\mathcal{DM}}(\xi r, a)}{\left[\left\{1-\left(\frac{\mathcal{M}}{\xi_n b}\right)^2\right\} J_{\mathcal{M}}^2(\xi_n a) - J'^2_{\mathcal{M}}(\xi_n b)\right]} \times$$

$$\times \int_0^{t-t_0} q(t-t_0-\tau) \left[\Theta_3\left\{\frac{\pi(z-z_0)}{2d}, e^{-\left(\frac{\pi}{d}\right)^2\eta_z\tau}\right\} + \Theta_3\left\{\frac{\pi(z+z_0)}{2d}, e^{-\left(\frac{\pi}{d}\right)^2\eta_z\tau}\right\}\right] e^{-\eta_r\xi_n^2\tau} d\tau -$$

$$-\frac{\pi\eta_r}{\vartheta d} \sum_{m=0}^{\infty} \ni_m \cos(\xi_m\theta) \sum_{n=1}^{\infty} \frac{\xi_n^2 J'^2_{\mathcal{M}}(\xi_n b) \mathcal{V}_{\mathcal{DM}}(\xi r, a)}{\left[\left\{1-\left(\frac{\mathcal{M}}{\xi_n b}\right)^2\right\} J_{\mathcal{M}}^2(\xi_n a) - J'^2_{\mathcal{M}}(\xi_n b)\right]} \times$$

$$\times \int_0^t e^{-\eta_r \xi_n^2 \tau} \int_0^d \overline{\psi}_a(\xi_m, w, t-\tau) \left[\Theta_3 \left\{ \frac{\pi(z-w)}{2d}, e^{-\left(\frac{\pi}{d}\right)^2 \eta_z \tau} \right\} + \Theta_3 \left\{ \frac{\pi(z+w)}{2d}, e^{-\left(\frac{\pi}{d}\right)^2 \eta_z \tau} \right\} \right] dw d\tau -$$

$$-\frac{\pi}{\vartheta d \phi c_t} \sum_{m=0}^{\infty} \ni_m \cos(\xi_m \theta) \sum_{n=1}^{\infty} \frac{\xi_n^2 J_{\mathcal{M}}(\xi_n a) J'_{\mathcal{M}}(\xi_n b) \mathcal{V}_{\mathcal{DM}}(\xi r, a)}{\left[\left\{ 1 - \left(\frac{\mathcal{M}}{\xi_n b} \right)^2 \right\} J^2_{\mathcal{M}}(\xi_n a) - J'^2_{\mathcal{M}}(\xi_n b) \right]} \times$$

$$\times \int_0^t e^{-\eta_r \xi_n^2 \tau} \int_0^d \overline{\psi}_b(\xi_m, w, t-\tau) \left[\Theta_3 \left\{ \frac{\pi(z-w)}{2d}, e^{-\left(\frac{\pi}{d}\right)^2 \eta_z \tau} \right\} + \Theta_3 \left\{ \frac{\pi(z+w)}{2d}, e^{-\left(\frac{\pi}{d}\right)^2 \eta_z \tau} \right\} \right] dw d\tau -$$

$$-\frac{\pi^2}{\vartheta d \phi c_t} \sum_{m=0}^{\infty} \ni_m \cos(\xi_m \theta) \sum_{n=1}^{\infty} \frac{\xi_n^2 J'^2_{\mathcal{M}}(\xi_n b) \mathcal{V}_{\mathcal{DM}}(\xi r, a)}{\left[\left\{ 1 - \left(\frac{\mathcal{M}}{\xi_n b} \right)^2 \right\} J^2_{\mathcal{M}}(\xi_n a) - J'^2_{\mathcal{M}}(\xi_n b) \right]} \times$$

$$\times \int_0^t \left\{ \Theta_3 \left(\frac{\pi z}{2d}, e^{-\left(\frac{\pi}{d}\right)^2 \eta_z \tau} \right) \overline{\overline{\psi}}_{\theta 0}(\xi_n, \xi_m, t-\tau) - \Theta_4 \left(\frac{\pi z}{2d}, e^{-\left(\frac{\pi}{d}\right)^2 \eta_z \tau} \right) \overline{\overline{\psi}}_{\theta d}(\xi_n, \xi_m, t-\tau) \right\} e^{-\eta_r \xi_n^2 \tau} d\tau +$$

$$+\frac{\pi^2}{2\vartheta d \phi c_t} \sum_{m=0}^{\infty} \ni_m \cos(\xi_m \theta) \sum_{n=1}^{\infty} \frac{\xi_n^2 J'^2_{\mathcal{M}}(\xi_n b) \mathcal{V}_{\mathcal{DM}}(\xi r, a)}{\left[\left\{ 1 - \left(\frac{\mathcal{M}}{\xi_n b} \right)^2 \right\} J^2_{\mathcal{M}}(\xi_n a) - J'^2_{\mathcal{M}}(\xi_n b) \right]} \times$$

$$\times \int_0^a \frac{\mathcal{V}_{\mathcal{DM}}(\xi_n u, a)}{u} \int_0^d \int_0^t e^{-\eta_r \xi_n^2 \tau} \left\{ \psi_{0z}(u, w, t-\tau) + (-1)^{m+1} \psi_{\vartheta z}(u, w, t-\tau) \right\} \times$$

$$\times \left[\Theta_3 \left\{ \frac{\pi(z-w)}{2d}, e^{-\left(\frac{\pi}{d}\right)^2 \eta_z \tau} \right\} + \Theta_3 \left\{ \frac{\pi(z+w)}{2d}, e^{-\left(\frac{\pi}{d}\right)^2 \eta_z \tau} \right\} \right] d\tau dw du +$$

$$+\frac{\pi^2}{2\vartheta d} \sum_{m=0}^{\infty} \ni_m \cos(\xi_m \theta) \sum_{n=1}^{\infty} \frac{\xi_n^2 J'^2_{\mathcal{M}}(\xi_n b) \mathcal{V}_{\mathcal{DM}}(\xi r, a) e^{-\eta_r \xi_n^2 t}}{\left[\left\{ 1 - \left(\frac{\mathcal{M}}{\xi_n b} \right)^2 \right\} J^2_{\mathcal{M}}(\xi_n a) - J'^2_{\mathcal{M}}(\xi_n b) \right]} \times$$

$$\times \int_0^d \overline{\overline{\varphi}}(\xi_n, \xi_m, w) \left[\Theta_3 \left\{ \frac{\pi(z-w)}{2d}, e^{-\left(\frac{\pi}{d}\right)^2 \eta_z t} \right\} + \Theta_3 \left\{ \frac{\pi(z+w)}{2d}, e^{-\left(\frac{\pi}{d}\right)^2 \eta_z t} \right\} \right] dw \qquad (29.61.2)$$

where $\overline{\psi}_a(\xi_m, w, t) = \int_0^\vartheta \psi_a(v, w, t) \cos(\xi_m v) dv$, $\overline{\psi}_b(\xi_m, w, t) = \int_0^\vartheta \psi_b(v, w, t) \cos(\xi_m v) dv$, $\overline{\overline{\psi}}_{\theta 0}(\xi_n, \xi_m, t) = \int_0^a u \mathcal{V}_{\mathcal{DM}}(\xi_n u, a) \int_0^\vartheta \psi_0(u, v, t) \cos(\xi_m v) dv du$ and $\overline{\overline{\psi}}_{\theta d}(\xi_n, \xi_m, t) = \int_0^a u \mathcal{V}_{\mathcal{DM}}(\xi_n u, a) \int_0^\vartheta \psi_{\theta d}(u, v, t) \cos(\xi_m v) dv du$.

29.62

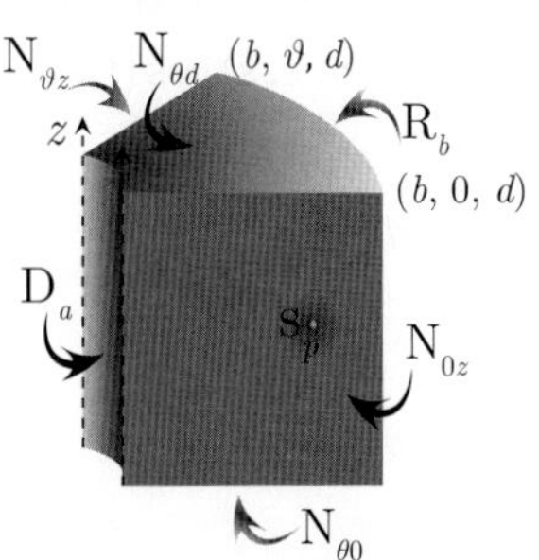

The problem of 29.60, except
$\mathbf{N}_{\theta 0} \equiv \frac{\partial p(r,\theta,0,t)}{\partial z} = -\left(\frac{\mu}{k_z}\right) \psi_{\theta 0}(r, \theta, t)$,
$\mathbf{N}_{\theta d} \equiv \frac{\partial p(r,\theta,d,t)}{\partial z} = -\left(\frac{\mu}{k_z}\right) \psi_{\theta d}(r, \theta, t)$,
$\mathbf{D}_a \equiv p(a, \theta, z, t) = \psi_a(\theta, z, t)$,
$\mathbf{R}_b \equiv \frac{\partial p(b,\theta,z,t)}{\partial r} + \lambda p(b, \theta, z, t) = -\left(\frac{\mu}{k_r}\right) \psi_b(\theta, z, t)$,
$\mathbf{N}_{0z} \equiv \frac{\partial p(r,0,z,t)}{\partial \theta} = -\left(\frac{\mu}{k_\theta}\right) \psi_{0z}(r, z, t)$ **and**
$\mathbf{N}_{\vartheta z} \equiv \frac{\partial p(r,\vartheta,z,t)}{\partial \theta} = -\left(\frac{\mu}{k_\theta}\right) \psi_{\vartheta z}(r, z, t)$

$$\overline{p} = \frac{\pi^2 q(s) e^{-st_0}}{2\vartheta \phi c_t \sqrt{\eta_z}} \sum_{m=0}^{\infty} \ni_m \cos(\xi_m \theta) \times$$

$$\times \sum_{n=1}^{\infty} \frac{\xi_n^2 \left\{ \xi_n J'_{\mathcal{M}}(\xi_n b) + \lambda J_{\mathcal{M}}(\xi_n b) \right\}^2 \mathcal{V}_{\mathcal{DM}}(\xi r_0, a) \mathcal{V}_{\mathcal{DM}}(\xi r, a) \operatorname{csch}\left(d \sqrt{\frac{\eta_r \xi_n^2 + s}{\eta_z}} \right)}{\left[\left\{ \xi_n^2 + \lambda^2 - \left(\frac{\mathcal{M}}{b} \right)^2 \right\} J^2_{\mathcal{M}}(\xi_n a) - \left\{ \xi_n J'_{\mathcal{M}}(\xi_n b) + \lambda J_{\mathcal{M}}(\xi_n b) \right\}^2 \right] \sqrt{(\eta_r \xi_n^2 + s)}} \times$$

$$\times\left[\cosh\left\{(d-|z-z_0|)\sqrt{\frac{\eta_r\xi_n^2+s}{\eta_z}}\right\}+\cosh\left\{(d-z-z_0)\sqrt{\frac{\eta_r\xi_n^2+s}{\eta_z}}\right\}\right]-$$

$$-\frac{\pi\eta_r}{\vartheta\sqrt{\eta_z}}\sum_{m=0}^{\infty}\ni_m\cos(\xi_m\theta)\times$$

$$\times\sum_{n=1}^{\infty}\frac{\xi_n^2\{\xi_n J'_{\mathcal{M}}(\xi_n b)+\lambda J_{\mathcal{M}}(\xi_n b)\}^2\mathcal{V}_{\mathcal{DM}}(\xi r,a)\operatorname{csch}\left(d\sqrt{\frac{\eta_r\xi_n^2+s}{\eta_z}}\right)}{\left[\left\{\xi_n^2+\lambda^2-\left(\frac{\mathcal{M}}{b}\right)^2\right\}J_{\mathcal{M}}^2(\xi_n a)-\{\xi_n J'_{\mathcal{M}}(\xi_n b)+\lambda J_{\mathcal{M}}(\xi_n b)\}^2\right]\sqrt{\eta_r\xi_n^2+s}}\times$$

$$\times\int_0^d\overline{\overline{\psi}}_a(\xi_m,w,s)\left[\cosh\left\{(d-|z-w|)\sqrt{\frac{\eta_r\xi_n^2+s}{\eta_z}}\right\}+\cosh\left\{(d-z-w)\sqrt{\frac{\eta_r\xi_n^2+s}{\eta_z}}\right\}\right]dw-$$

$$-\frac{\pi}{\vartheta\phi c_t\sqrt{\eta_z}}\sum_{m=0}^{\infty}\ni_m\cos(\xi_m\theta)\times$$

$$\times\sum_{n=1}^{\infty}\frac{\xi_n^2 J_{\mathcal{M}}(\xi_n a)\{\xi_n J'_{\mathcal{M}}(\xi_n b)+\lambda J_{\mathcal{M}}(\xi_n b)\}\mathcal{V}_{\mathcal{DM}}(\xi r,a)\operatorname{csch}\left(d\sqrt{\frac{\eta_r\xi_n^2+s}{\eta_z}}\right)}{\left[\left\{\xi_n^2+\lambda^2-\left(\frac{\mathcal{M}}{b}\right)^2\right\}J_{\mathcal{M}}^2(\xi_n a)-\{\xi_n J'_{\mathcal{M}}(\xi_n b)+\lambda J_{\mathcal{M}}(\xi_n b)\}^2\right]\sqrt{\eta_r\xi_n^2+s}}\times$$

$$\times\int_0^d\overline{\overline{\psi}}_b(\xi_m,w,s)\left[\cosh\left\{(d-|z-w|)\sqrt{\frac{\eta_r\xi_n^2+s}{\eta_z}}\right\}+\cosh\left\{(d-z-w)\sqrt{\frac{\eta_r\xi_n^2+s}{\eta_z}}\right\}\right]dw+$$

$$+\frac{\pi^2}{\vartheta\phi c_t\sqrt{\eta_z}}\sum_{m=0}^{\infty}\ni_m\cos(\xi_m\theta)\times$$

$$\times\sum_{n=1}^{\infty}\frac{\xi_n^2\{\xi_n J'_{\mathcal{M}}(\xi_n b)+\lambda J_{\mathcal{M}}(\xi_n b)\}^2\mathcal{V}_{\mathcal{DM}}(\xi r,a)\operatorname{csch}\left(d\sqrt{\frac{\eta_r\xi_n^2+s}{\eta_z}}\right)}{\left[\left\{\xi_n^2+\lambda^2-\left(\frac{\mathcal{M}}{b}\right)^2\right\}J_{\mathcal{M}}^2(\xi_n a)-\{\xi_n J'_{\mathcal{M}}(\xi_n b)+\lambda J_{\mathcal{M}}(\xi_n b)\}^2\right]\sqrt{(\eta_r\xi_n^2+s)}}\times$$

$$\times\left[\overline{\overline{\overline{\psi}}}_{\theta 0}(\xi_n,\xi_m,s)\cosh\left\{(d-z)\sqrt{\frac{\eta_r\xi_n^2+s}{\eta_z}}\right\}-\overline{\overline{\overline{\psi}}}_{\theta d}(\xi_n,\xi_m,s)\cosh\left\{z\sqrt{\frac{\eta_r\xi_n^2+s}{\eta_z}}\right\}\right]+$$

$$+\frac{2\pi^2}{\vartheta d\phi c_t\sqrt{\eta_z}}\sum_{m=0}^{\infty}\ni_m\cos(\xi_m\theta)\times$$

$$\times\sum_{n=1}^{\infty}\frac{\xi_n^2\{\xi_n J'_{\mathcal{M}}(\xi_n b)+\lambda J_{\mathcal{M}}(\xi_n b)\}^2\mathcal{V}_{\mathcal{DM}}(\xi r,a)\operatorname{csch}\left(d\sqrt{\frac{\eta_r\xi_n^2+s}{\eta_z}}\right)}{\left[\left\{\xi_n^2+\lambda^2-\left(\frac{\mathcal{M}}{b}\right)^2\right\}J_{\mathcal{M}}^2(\xi_n a)-\{\xi_n J'_{\mathcal{M}}(\xi_n b)+\lambda J_{\mathcal{M}}(\xi_n b)\}^2\right]\sqrt{\eta_r\xi_n^2+s}}\times$$

$$\times\int_0^a\frac{\mathcal{V}_{\mathcal{DM}}(\xi_n u,a)}{u}\int_0^d\left\{\overline{\psi}_{0z}(u,w,s)+(-1)^{m+1}\overline{\psi}_{\vartheta z}(u,w,s)\right\}\times$$

$$\times\left[\cosh\left\{(d-|z-w|)\sqrt{\frac{\eta_r\xi_n^2+s}{\eta_z}}\right\}+\cosh\left\{(d-z-w)\sqrt{\frac{\eta_r\xi_n^2+s}{\eta_z}}\right\}\right]dwdu+$$

$$+\frac{\pi^2}{2\vartheta\sqrt{\eta_z}}\sum_{m=0}^{\infty}\ni_m\cos(\xi_m\theta)\sum_{n=1}^{\infty}\frac{\xi_n^2\{\xi_n J'_{\mathcal{M}}(\xi_n b)+\lambda J_{\mathcal{M}}(\xi_n b)\}^2\mathcal{V}_{\mathcal{DM}}(\xi r,a)\operatorname{csch}\left(d\sqrt{\frac{\eta_r\xi_n^2+s}{\eta_z}}\right)}{\left[\left\{\xi_n^2+\lambda^2-\left(\frac{\mathcal{M}}{b}\right)^2\right\}J_{\mathcal{M}}^2(\xi_n a)-\{\xi_n J'_{\mathcal{M}}(\xi_n b)+\lambda J_{\mathcal{M}}(\xi_n b)\}^2\right]\sqrt{\eta_r\xi_n^2+s}}\times$$

$$\times\int_0^d\overline{\overline{\varphi}}(\xi_n,\xi_m,w)\left[\cosh\left\{(d-|z-w|)\sqrt{\frac{\eta_r\xi_n^2+s}{\eta_z}}\right\}+\cosh\left\{(d-z-w)\sqrt{\frac{\eta_r\xi_n^2+s}{\eta_z}}\right\}\right]dw \qquad (29.62.1)$$

where the eigenvalues ξ_n, $n = 1, 2, ...$, are the positive roots of the transcendental equation

$\xi_n \mathcal{V}'_{\mathcal{DM}}(\xi_n b, a) + \lambda \mathcal{V}_{\mathcal{DM}}(\xi_n b, a) = 0$, $\xi_l = \frac{l\pi}{d}, l = 1, 2, ...$, $\xi_m = \frac{m\pi}{d}, m = 0, 1, ...$,
$\overline{\overline{\overline{\psi}}}_{\theta 0}(\xi_n, \xi_m, s) = \int_0^a u\mathcal{V}_{\mathcal{DM}}(\xi_n u, a) \int_0^{\vartheta} \overline{\psi}_0(u, v, s) \cos(\xi_m v) dv du$,
$\overline{\overline{\overline{\psi}}}_{\theta d}(\xi_n, \xi_m, s) = \int_0^a u\mathcal{V}_{\mathcal{DM}}(\xi_n u, a) \int_0^{\vartheta} \overline{\psi}_{\theta d}(u, v, s) \cos(\xi_m v) dv du$,
$\overline{\overline{\psi}}_a(\xi_m, w, s) = \int_0^{\vartheta} \overline{\psi}_a(v, w, s) \cos(\xi_m v) dv$, $\overline{\overline{\psi}}_b(\xi_m, w, s) = \int_0^{\vartheta} \overline{\psi}_b(v, w, s) \cos(\xi_m v) dv$ and
$\overline{\overline{\varphi}}(\xi_n, \xi_m, w) = \int_0^a u\mathcal{V}_{\mathcal{DM}}(\xi_n u, a) \int_0^{\vartheta} \varphi(u, v, w) \cos(\xi_m v) dv du$.

$$p = \frac{U(t-t_0)\pi^2}{2\vartheta d\phi c_t} \sum_{m=0}^{\infty} \ni_m \cos(\xi_m \theta) \times$$
$$\times \sum_{n=1}^{\infty} \frac{\xi_n^2 \{\xi_n J'_{\mathcal{M}}(\xi_n b) + \lambda J_{\mathcal{M}}(\xi_n b)\}^2 \mathcal{V}_{\mathcal{DM}}(\xi r_0, a) \mathcal{V}_{\mathcal{DM}}(\xi r, a)}{\left[\left\{\xi_n^2 + \lambda^2 - \left(\frac{\mathcal{M}}{b}\right)^2\right\} J_{\mathcal{M}}^2(\xi_n a) - \{\xi_n J'_{\mathcal{M}}(\xi_n b) + \lambda J_{\mathcal{M}}(\xi_n b)\}^2\right]} \times$$
$$\times \int_0^{t-t_0} q(t-t_0-\tau) \left[\Theta_3\left\{\frac{\pi(z-z_0)}{2d}, e^{-\left(\frac{\pi}{d}\right)^2 \eta_z \tau}\right\} + \Theta_3\left\{\frac{\pi(z+z_0)}{2d}, e^{-\left(\frac{\pi}{d}\right)^2 \eta_z \tau}\right\}\right] e^{-\eta_r \xi_n^2 \tau} d\tau -$$
$$-\frac{\pi\eta_r}{\vartheta d} \sum_{m=0}^{\infty} \ni_m \cos(\xi_m \theta) \sum_{n=1}^{\infty} \frac{\xi_n^2 \{\xi_n J'_{\mathcal{M}}(\xi_n b) + \lambda J_{\mathcal{M}}(\xi_n b)\}^2 \mathcal{V}_{\mathcal{DM}}(\xi r, a)}{\left[\left\{\xi_n^2 + \lambda^2 - \left(\frac{\mathcal{M}}{b}\right)^2\right\} J_{\mathcal{M}}^2(\xi_n a) - \{\xi_n J'_{\mathcal{M}}(\xi_n b) + \lambda J_{\mathcal{M}}(\xi_n b)\}^2\right]} \times$$
$$\times \int_0^t e^{-\eta_r \xi_n^2 \tau} \int_0^d \overline{\psi}_a(\xi_m, w, t-\tau) \left[\Theta_3\left\{\frac{\pi(z-w)}{2d}, e^{-\left(\frac{\pi}{d}\right)^2 \eta_z \tau}\right\} + \Theta_3\left\{\frac{\pi(z+w)}{2d}, e^{-\left(\frac{\pi}{d}\right)^2 \eta_z \tau}\right\}\right] dw d\tau -$$
$$-\frac{\pi}{\vartheta d\phi c_t} \sum_{m=0}^{\infty} \ni_m \cos(\xi_m \theta) \sum_{n=1}^{\infty} \frac{\xi_n^2 J_{\mathcal{M}}(\xi_n a) \{\xi_n J'_{\mathcal{M}}(\xi_n b) + \lambda J_{\mathcal{M}}(\xi_n b)\} \mathcal{V}_{\mathcal{DM}}(\xi r, a)}{\left[\left\{\xi_n^2 + \lambda^2 - \left(\frac{\mathcal{M}}{b}\right)^2\right\} J_{\mathcal{M}}^2(\xi_n a) - \{\xi_n J'_{\mathcal{M}}(\xi_n b) + \lambda J_{\mathcal{M}}(\xi_n b)\}^2\right]} \times$$
$$\times \int_0^t e^{-\eta_r \xi_n^2 \tau} \int_0^d \overline{\psi}_b(\xi_m, w, t-\tau) \left[\Theta_3\left\{\frac{\pi(z-w)}{2d}, e^{-\left(\frac{\pi}{d}\right)^2 \eta_z \tau}\right\} + \Theta_3\left\{\frac{\pi(z+w)}{2d}, e^{-\left(\frac{\pi}{d}\right)^2 \eta_z \tau}\right\}\right] dw d\tau -$$
$$-\frac{\pi^2}{\vartheta d\phi c_t} \sum_{m=0}^{\infty} \ni_m \cos(\xi_m \theta) \sum_{n=1}^{\infty} \frac{\xi_n^2 \{\xi_n J'_{\mathcal{M}}(\xi_n b) + \lambda J_{\mathcal{M}}(\xi_n b)\}^2 \mathcal{V}_{\mathcal{DM}}(\xi r, a)}{\left[\left\{\xi_n^2 + \lambda^2 - \left(\frac{\mathcal{M}}{b}\right)^2\right\} J_{\mathcal{M}}^2(\xi_n a) - \{\xi_n J'_{\mathcal{M}}(\xi_n b) + \lambda J_{\mathcal{M}}(\xi_n b)\}^2\right]} \times$$
$$\times \int_0^t \left\{\Theta_3\left(\frac{\pi z}{2d}, e^{-\left(\frac{\pi}{d}\right)^2 \eta_z \tau}\right) \overline{\overline{\psi}}_{\theta 0}(\xi_n, \xi_m, t-\tau) - \Theta_4\left(\frac{\pi z}{2d}, e^{-\left(\frac{\pi}{d}\right)^2 \eta_z \tau}\right) \overline{\overline{\psi}}_{\theta d}(\xi_n, \xi_m, t-\tau)\right\} e^{-\eta_r \xi_n^2 \tau} d\tau +$$
$$+\frac{\pi^2}{2\vartheta d\phi c_t} \sum_{m=0}^{\infty} \ni_m \cos(\xi_m \theta) \sum_{n=1}^{\infty} \frac{\xi_n^2 \{\xi_n J'_{\mathcal{M}}(\xi_n b) + \lambda J_{\mathcal{M}}(\xi_n b)\}^2 \mathcal{V}_{\mathcal{DM}}(\xi r, a)}{\left[\left\{\xi_n^2 + \lambda^2 - \left(\frac{\mathcal{M}}{b}\right)^2\right\} J_{\mathcal{M}}^2(\xi_n a) - \{\xi_n J'_{\mathcal{M}}(\xi_n b) + \lambda J_{\mathcal{M}}(\xi_n b)\}^2\right]} \times$$
$$\times \int_0^a \frac{\mathcal{V}_{\mathcal{DM}}(\xi_n u, a)}{u} \int_0^d \int_0^t e^{-\eta_r \xi_n^2 \tau} \left\{\psi_{0z}(u, w, t-\tau) + (-1)^{m+1} \psi_{\vartheta z}(u, w, t-\tau)\right\} \times$$
$$\times \left[\Theta_3\left\{\frac{\pi(z-w)}{2d}, e^{-\left(\frac{\pi}{d}\right)^2 \eta_z \tau}\right\} + \Theta_3\left\{\frac{\pi(z+w)}{2d}, e^{-\left(\frac{\pi}{d}\right)^2 \eta_z \tau}\right\}\right] d\tau dw du +$$
$$+\frac{\pi^2}{2\vartheta d} \sum_{m=0}^{\infty} \ni_m \cos(\xi_m \theta) \sum_{n=1}^{\infty} \frac{\xi_n^2 \{\xi_n J'_{\mathcal{M}}(\xi_n b) + \lambda J_{\mathcal{M}}(\xi_n b)\}^2 \mathcal{V}_{\mathcal{DM}}(\xi r, a) e^{-\eta_r \xi_n^2 t}}{\left[\left\{\xi_n^2 + \lambda^2 - \left(\frac{\mathcal{M}}{b}\right)^2\right\} J_{\mathcal{M}}^2(\xi_n a) - \{\xi_n J'_{\mathcal{M}}(\xi_n b) + \lambda J_{\mathcal{M}}(\xi_n b)\}^2\right]} \times$$
$$\times \int_0^d \overline{\overline{\varphi}}(\xi_n, \xi_m, w) \left[\Theta_3\left\{\frac{\pi(z-w)}{2d}, e^{-\left(\frac{\pi}{d}\right)^2 \eta_z t}\right\} + \Theta_3\left\{\frac{\pi(z+w)}{2d}, e^{-\left(\frac{\pi}{d}\right)^2 \eta_z t}\right\}\right] dw \qquad (29.62.2)$$

where $\overline{\psi}_a(\xi_m, w, t) = \int_0^{\vartheta} \psi_a(v, w, t) \cos(\xi_m v) dv$, $\overline{\psi}_b(\xi_m, w, t) = \int_0^{\vartheta} \psi_b(v, w, t) \cos(\xi_m v) dv$,
$\overline{\overline{\psi}}_{\theta 0}(\xi_n, \xi_m, t) = \int_0^a u\mathcal{V}_{\mathcal{DM}}(\xi_n u, a) \int_0^{\vartheta} \psi_0(u, v, t) \cos(\xi_m v) dv du$ and
$\overline{\overline{\psi}}_{\theta d}(\xi_n, \xi_m, t) = \int_0^a u\mathcal{V}_{\mathcal{DM}}(\xi_n u, a) \int_0^{\vartheta} \psi_{\theta d}(u, v, t) \cos(\xi_m v) dv du$.

29.63 **The problem of 29.60, except**
$\mathbf{N_{\theta 0} \equiv \frac{\partial p(r,\theta,0,t)}{\partial z} = -\left(\frac{\mu}{k_z}\right)\psi_{\theta 0}(r,\theta,t)}$,
$\mathbf{N_{\theta d} \equiv \frac{\partial p(r,\theta,d,t)}{\partial z} = -\left(\frac{\mu}{k_z}\right)\psi_{\theta d}(r,\theta,t)}$,
$\mathbf{N_{a} \equiv \frac{\partial p(a,\theta,z,t)}{\partial r} = -\left(\frac{\mu}{k_r}\right)\psi_{a}(\theta,z,t)}$,
$\mathbf{D_b \equiv p(b,\theta,z,t) = \psi_b(\theta,z,t)}$,
$\mathbf{N_{0z} \equiv \frac{\partial p(r,0,z,t)}{\partial \theta} = -\left(\frac{\mu}{k_\theta}\right)\psi_{0z}(r,z,t)}$ **and**
$\mathbf{N_{\vartheta z} \equiv \frac{\partial p(r,\vartheta,z,t)}{\partial \theta} = -\left(\frac{\mu}{k_\theta}\right)\psi_{\vartheta z}(r,z,t)}$

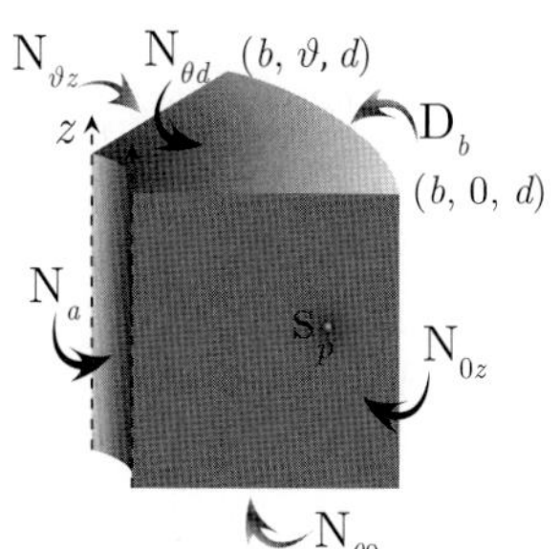

$$\overline{p} = \frac{\pi^2 q(s)e^{-st_0}}{2\vartheta\phi c_t\sqrt{\eta_z}}\sum_{m=0}^{\infty}\ni_m\cos(\xi_m\theta)\sum_{n=1}^{\infty}\frac{\xi_n^2 J_{\mathcal{M}}^2(\xi_n b)\mathcal{V}_{\mathcal{NM}}(\xi r_0,a)\mathcal{V}_{\mathcal{NM}}(\xi r,a)\operatorname{csch}\left(d\sqrt{\frac{\eta_r\xi_n^2+s}{\eta_z}}\right)}{\left[J_{\mathcal{M}}'^2(\xi_n a)-\left\{1-\left(\frac{\mathcal{M}}{\xi_n a}\right)^2\right\}J_{\mathcal{M}}^2(\xi_n b)\right]\sqrt{(\eta_r\xi_n^2+s)}}\times$$

$$\times\left[\cosh\left\{(d-|z-z_0|)\sqrt{\frac{\eta_r\xi_n^2+s}{\eta_z}}\right\}+\cosh\left\{(d-z-z_0)\sqrt{\frac{\eta_r\xi_n^2+s}{\eta_z}}\right\}\right]+$$

$$+\frac{\pi}{\vartheta\phi c_t\sqrt{\eta_z}}\sum_{m=0}^{\infty}\ni_m\cos(\xi_m\theta)\sum_{n=1}^{\infty}\frac{\xi_n J_{\mathcal{M}}^2(\xi_n b)\mathcal{V}_{\mathcal{NM}}(\xi r,a)\operatorname{csch}\left(d\sqrt{\frac{\eta_r\xi_n^2+s}{\eta_z}}\right)}{\left[J_{\mathcal{M}}'^2(\xi_n a)-\left\{1-\left(\frac{\mathcal{M}}{\xi_n a}\right)^2\right\}J_{\mathcal{M}}^2(\xi_n b)\right]\sqrt{\eta_r\xi_n^2+s}}\times$$

$$\times\int_0^d\overline{\overline{\psi}}_a(\xi_m,w,s)\left[\cosh\left\{(d-|z-w|)\sqrt{\frac{\eta_r\xi_n^2+s}{\eta_z}}\right\}+\cosh\left\{(d-z-w)\sqrt{\frac{\eta_r\xi_n^2+s}{\eta_z}}\right\}\right]dw+$$

$$+\frac{\pi\eta_r}{\vartheta\sqrt{\eta_z}}\sum_{m=0}^{\infty}\ni_m\cos(\xi_m\theta)\sum_{n=1}^{\infty}\frac{\xi_n^2 J_{\mathcal{M}}'(\xi_n a)J_{\mathcal{M}}(\xi_n b)\mathcal{V}_{\mathcal{NM}}(\xi r,a)\operatorname{csch}\left(d\sqrt{\frac{\eta_r\xi_n^2+s}{\eta_z}}\right)}{\left[J_{\mathcal{M}}'^2(\xi_n a)-\left\{1-\left(\frac{\mathcal{M}}{\xi_n a}\right)^2\right\}J_{\mathcal{M}}^2(\xi_n b)\right]\sqrt{\eta_r\xi_n^2+s}}\times$$

$$\times\int_0^d\overline{\overline{\psi}}_b(\xi_m,w,s)\left[\cosh\left\{(d-|z-w|)\sqrt{\frac{\eta_r\xi_n^2+s}{\eta_z}}\right\}+\cosh\left\{(d-z-w)\sqrt{\frac{\eta_r\xi_n^2+s}{\eta_z}}\right\}\right]dw+$$

$$+\frac{\pi^2}{\vartheta\phi c_t\sqrt{\eta_z}}\sum_{m=0}^{\infty}\ni_m\cos(\xi_m\theta)\sum_{n=1}^{\infty}\frac{\xi_n^2 J_{\mathcal{M}}^2(\xi_n b)\mathcal{V}_{\mathcal{NM}}(\xi r,a)\operatorname{csch}\left(d\sqrt{\frac{\eta_r\xi_n^2+s}{\eta_z}}\right)}{\left[J_{\mathcal{M}}'^2(\xi_n a)-\left\{1-\left(\frac{\mathcal{M}}{\xi_n a}\right)^2\right\}J_{\mathcal{M}}^2(\xi_n b)\right]\sqrt{(\eta_r\xi_n^2+s)}}\times$$

$$\times\left[\overline{\overline{\overline{\psi}}}_{\theta 0}(\xi_n,\xi_m,s)\cosh\left\{(d-z)\sqrt{\frac{\eta_r\xi_n^2+s}{\eta_z}}\right\}-\overline{\overline{\overline{\psi}}}_{\theta d}(\xi_n,\xi_m,s)\cosh\left\{z\sqrt{\frac{\eta_r\xi_n^2+s}{\eta_z}}\right\}\right]+$$

$$+\frac{2\pi^2}{\vartheta d\phi c_t\sqrt{\eta_z}}\sum_{m=0}^{\infty}\ni_m\cos(\xi_m\theta)\sum_{n=1}^{\infty}\frac{\xi_n^2 J_{\mathcal{M}}^2(\xi_n b)\mathcal{V}_{\mathcal{NM}}(\xi r,a)\operatorname{csch}\left(d\sqrt{\frac{\eta_r\xi_n^2+s}{\eta_z}}\right)}{\left[J_{\mathcal{M}}'^2(\xi_n a)-\left\{1-\left(\frac{\mathcal{M}}{\xi_n a}\right)^2\right\}J_{\mathcal{M}}^2(\xi_n b)\right]\sqrt{\eta_r\xi_n^2+s}}\times$$

$$\times\int_0^a\frac{\mathcal{V}_{\mathcal{NM}}(\xi_n u,a)}{u}\int_0^d\left\{\overline{\psi}_{0z}(u,w,s)+(-1)^{m+1}\overline{\psi}_{\vartheta z}(u,w,s)\right\}\times$$

$$\times\left[\cosh\left\{(d-|z-w|)\sqrt{\frac{\eta_r\xi_n^2+s}{\eta_z}}\right\}+\cosh\left\{(d-z-w)\sqrt{\frac{\eta_r\xi_n^2+s}{\eta_z}}\right\}\right]dwdu+$$

$$+\frac{\pi^2}{2\vartheta\sqrt{\eta_z}}\sum_{m=0}^{\infty}\ni_m\cos(\xi_m\theta)\sum_{n=1}^{\infty}\frac{\xi_n^2 J_{\mathcal{M}}^2(\xi_n b)\mathcal{V}_{\mathcal{NM}}(\xi r,a)\operatorname{csch}\left(d\sqrt{\frac{\eta_r\xi_n^2+s}{\eta_z}}\right)}{\left[J_{\mathcal{M}}'^2(\xi_n a)-\left\{1-\left(\frac{\mathcal{M}}{\xi_n a}\right)^2\right\}J_{\mathcal{M}}^2(\xi_n b)\right]\sqrt{\eta_r\xi_n^2+s}}\times$$

$$\times \int_0^d \overline{\overline{\varphi}}(\xi_n,\xi_m,w)\left[\cosh\left\{(d-|z-w|)\sqrt{\frac{\eta_r\xi_n^2+s}{\eta_z}}\right\}+\cosh\left\{(d-z-w)\sqrt{\frac{\eta_r\xi_n^2+s}{\eta_z}}\right\}\right]dw \quad (29.63.1)$$

where $\mathcal{V}_{\mathcal{NM}}(\xi_n r,a)=J_{\mathcal{M}}(\xi_n r)Y'_{\mathcal{M}}(\xi_n a)-Y_{\mathcal{M}}(\xi_n r)J'_{\mathcal{M}}(\xi_n a)$, ξ_n, $n=1,2,...$, are the positive roots of the transcendental equation $\mathcal{V}_{\mathcal{NM}}(\xi_n b,a)=0$, $\xi_l=\frac{l\pi}{d}, l=1,2,...$, $\xi_m=\frac{m\pi}{d}, m=0,1,...$,
$\overline{\overline{\overline{\psi}}}_{\theta 0}(\xi_n,\xi_m,s)=\int_0^a u\mathcal{V}_{\mathcal{NM}}(\xi_n u,a)\int_0^{\vartheta}\overline{\psi}_0(u,v,s)\cos(\xi_m v)dvdu$,
$\overline{\overline{\overline{\psi}}}_{\theta d}(\xi_n,\xi_m,s)=\int_0^a u\mathcal{V}_{\mathcal{NM}}(\xi_n u,a)\int_0^{\vartheta}\overline{\psi}_{\theta d}(u,v,s)\cos(\xi_m v)dvdu$,
$\overline{\overline{\psi}}_a(\xi_m,w,s)=\int_0^{\vartheta}\overline{\psi}_a(v,w,s)\cos(\xi_m v)dv$, $\overline{\overline{\psi}}_b(\xi_m,w,s)=\int_0^{\vartheta}\overline{\psi}_b(v,w,s)\cos(\xi_m v)dv$ and
$\overline{\overline{\varphi}}(\xi_n,\xi_m,w)=\int_0^a u\mathcal{V}_{\mathcal{NM}}(\xi_n u,a)\int_0^{\vartheta}\varphi(u,v,w)\cos(\xi_m v)dvdu$.

$$p = \frac{U(t-t_0)\pi^2}{2\vartheta d\phi c_t}\sum_{m=0}^{\infty}\ni_m\cos(\xi_m\theta)\sum_{n=1}^{\infty}\frac{\xi_n^2 J_{\mathcal{M}}^2(\xi_n b)\mathcal{V}_{\mathcal{NM}}(\xi r_0,a)\mathcal{V}_{\mathcal{NM}}(\xi r,a)}{\left[J_{\mathcal{M}}'^2(\xi_n a)-\left\{1-\left(\frac{\mathcal{M}}{\xi_n a}\right)^2\right\}J_{\mathcal{M}}^2(\xi_n b)\right]}\times$$

$$\times\int_0^{t-t_0} q(t-t_0-\tau)\left[\Theta_3\left\{\frac{\pi(z-z_0)}{2d},e^{-\left(\frac{\pi}{d}\right)^2\eta_z\tau}\right\}+\Theta_3\left\{\frac{\pi(z+z_0)}{2d},e^{-\left(\frac{\pi}{d}\right)^2\eta_z\tau}\right\}\right]e^{-\eta_r\xi_n^2\tau}d\tau+$$

$$+\frac{\pi}{\vartheta d\phi c_t}\sum_{m=0}^{\infty}\ni_m\cos(\xi_m\theta)\sum_{n=1}^{\infty}\frac{\xi_n J_{\mathcal{M}}^2(\xi_n b)\mathcal{V}_{\mathcal{NM}}(\xi r,a)}{\left[J_{\mathcal{M}}'^2(\xi_n a)-\left\{1-\left(\frac{\mathcal{M}}{\xi_n a}\right)^2\right\}J_{\mathcal{M}}^2(\xi_n b)\right]}\times$$

$$\times\int_0^t e^{-\eta_r\xi_n^2\tau}\int_0^d\overline{\psi}_a(\xi_m,w,t-\tau)\left[\Theta_3\left\{\frac{\pi(z-w)}{2d},e^{-\left(\frac{\pi}{d}\right)^2\eta_z\tau}\right\}+\Theta_3\left\{\frac{\pi(z+w)}{2d},e^{-\left(\frac{\pi}{d}\right)^2\eta_z\tau}\right\}\right]dwd\tau+$$

$$+\frac{\pi\eta_r}{\vartheta d}\sum_{m=0}^{\infty}\ni_m\cos(\xi_m\theta)\sum_{n=1}^{\infty}\frac{\xi_n^2 J'_{\mathcal{M}}(\xi_n a)J_{\mathcal{M}}(\xi_n b)\mathcal{V}_{\mathcal{NM}}(\xi r,a)}{\left[J_{\mathcal{M}}'^2(\xi_n a)-\left\{1-\left(\frac{\mathcal{M}}{\xi_n a}\right)^2\right\}J_{\mathcal{M}}^2(\xi_n b)\right]}\times$$

$$\times\int_0^t e^{-\eta_r\xi_n^2\tau}\int_0^d\overline{\psi}_b(\xi_m,w,t-\tau)\left[\Theta_3\left\{\frac{\pi(z-w)}{2d},e^{-\left(\frac{\pi}{d}\right)^2\eta_z\tau}\right\}+\Theta_3\left\{\frac{\pi(z+w)}{2d},e^{-\left(\frac{\pi}{d}\right)^2\eta_z\tau}\right\}\right]dwd\tau-$$

$$-\frac{\pi^2}{\vartheta d\phi c_t}\sum_{m=0}^{\infty}\ni_m\cos(\xi_m\theta)\sum_{n=1}^{\infty}\frac{\xi_n^2 J_{\mathcal{M}}^2(\xi_n b)\mathcal{V}_{\mathcal{NM}}(\xi r,a)}{\left[J_{\mathcal{M}}'^2(\xi_n a)-\left\{1-\left(\frac{\mathcal{M}}{\xi_n a}\right)^2\right\}J_{\mathcal{M}}^2(\xi_n b)\right]}\times$$

$$\times\int_0^t\left\{\Theta_3\left(\frac{\pi z}{2d},e^{-\left(\frac{\pi}{d}\right)^2\eta_z\tau}\right)\overline{\overline{\psi}}_{\theta 0}(\xi_n,\xi_m,t-\tau)-\Theta_4\left(\frac{\pi z}{2d},e^{-\left(\frac{\pi}{d}\right)^2\eta_z\tau}\right)\overline{\overline{\psi}}_{\theta d}(\xi_n,\xi_m,t-\tau)\right\}e^{-\eta_r\xi_n^2\tau}d\tau+$$

$$+\frac{\pi^2}{2\vartheta d\phi c_t}\sum_{m=0}^{\infty}\ni_m\cos(\xi_m\theta)\sum_{n=1}^{\infty}\frac{\xi_n^2 J_{\mathcal{M}}^2(\xi_n b)\mathcal{V}_{\mathcal{NM}}(\xi r,a)}{\left[J_{\mathcal{M}}'^2(\xi_n a)-\left\{1-\left(\frac{\mathcal{M}}{\xi_n a}\right)^2\right\}J_{\mathcal{M}}^2(\xi_n b)\right]}\times$$

$$\times\int_0^a\frac{\mathcal{V}_{\mathcal{NM}}(\xi_n u,a)}{u}\int_0^d\int_0^t e^{-\eta_r\xi_n^2\tau}\left\{\psi_{0z}(u,w,t-\tau)+(-1)^{m+1}\psi_{\vartheta z}(u,w,t-\tau)\right\}\times$$

$$\times\left[\Theta_3\left\{\frac{\pi(z-w)}{2d},e^{-\left(\frac{\pi}{d}\right)^2\eta_z\tau}\right\}+\Theta_3\left\{\frac{\pi(z+w)}{2d},e^{-\left(\frac{\pi}{d}\right)^2\eta_z\tau}\right\}\right]d\tau dwdu+$$

$$+\frac{\pi^2}{2\vartheta d}\sum_{m=0}^{\infty}\ni_m\cos(\xi_m\theta)\sum_{n=1}^{\infty}\frac{\xi_n^2 J_{\mathcal{M}}^2(\xi_n b)\mathcal{V}_{\mathcal{NM}}(\xi r,a)e^{-\eta_r\xi_n^2 t}}{\left[J_{\mathcal{M}}'^2(\xi_n a)-\left\{1-\left(\frac{\mathcal{M}}{\xi_n a}\right)^2\right\}J_{\mathcal{M}}^2(\xi_n b)\right]}\times$$

$$\times \int_0^d \overline{\overline{\varphi}}(\xi_n, \xi_m, w) \left[\Theta_3 \left\{ \frac{\pi (z-w)}{2d}, e^{-\left(\frac{\pi}{d}\right)^2 \eta_z t} \right\} + \Theta_3 \left\{ \frac{\pi (z+w)}{2d}, e^{-\left(\frac{\pi}{d}\right)^2 \eta_z t} \right\} \right] dw \qquad (29.63.2)$$

where $\overline{\psi}_a(\xi_m, w, t) = \int_0^\vartheta \psi_a(v, w, t) \cos(\xi_m v) dv$, $\overline{\psi}_b(\xi_m, w, t) = \int_0^\vartheta \psi_b(v, w, t) \cos(\xi_m v) dv$, $\overline{\overline{\psi}}_{\theta 0}(\xi_n, \xi_m, t) = \int_0^a u \mathcal{V}_{\mathcal{NM}}(\xi_n u, a) \int_0^\vartheta \psi_0(u, v, t) \cos(\xi_m v) dv du$ and $\overline{\overline{\psi}}_{\theta d}(\xi_n, \xi_m, t) = \int_0^a u \mathcal{V}_{\mathcal{NM}}(\xi_n u, a) \int_0^\vartheta \psi_{\theta d}(u, v, t) \cos(\xi_m v) dv du$.

29.64 **The problem of 29.60, except**
$\mathbf{N}_{\theta 0} \equiv \frac{\partial p(r,\theta,0,t)}{\partial z} = -\left(\frac{\mu}{k_z}\right) \psi_{\theta 0}(r, \theta, t)$,
$\mathbf{N}_{\theta d} \equiv \frac{\partial p(r,\theta,d,t)}{\partial z} = -\left(\frac{\mu}{k_z}\right) \psi_{\theta d}(r, \theta, t)$,
$\mathbf{N}_a \equiv \frac{\partial p(a,\theta,z,t)}{\partial r} = -\left(\frac{\mu}{k_r}\right) \psi_a(\theta, z, t)$,
$\mathbf{N}_b \equiv \frac{\partial p(b,\theta,z,t)}{\partial r} = -\left(\frac{\mu}{k_r}\right) \psi_b(\theta, z, t)$,
$\mathbf{N}_{0z} \equiv \frac{\partial p(r,0,z,t)}{\partial \theta} = -\left(\frac{\mu}{k_\theta}\right) \psi_{0z}(r, z, t)$ **and**
$\mathbf{N}_{\vartheta z} \equiv \frac{\partial p(r,\vartheta,z,t)}{\partial \theta} = -\left(\frac{\mu}{k_\theta}\right) \psi_{\vartheta z}(r, z, t)$

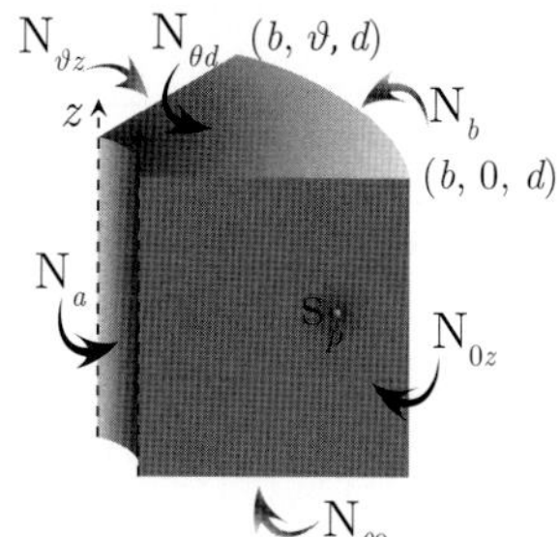

$$\overline{p} = \frac{q(s) e^{-st_0} \operatorname{csch}\left(d\sqrt{\frac{s}{\eta_z}}\right)}{\vartheta (b^2 - a^2) \phi c_t \sqrt{\eta_z s}} \left[\cosh\left\{ (d - |z - z_0|) \sqrt{\frac{s}{\eta_z}} \right\} + \cosh\left\{ (d - z - z_0) \sqrt{\frac{s}{\eta_z}} \right\} \right] +$$

$$+ \frac{\pi^2 q(s) e^{-st_0}}{2\vartheta \phi c_t \sqrt{\eta_z}} \sum_{m=0}^{\infty} \ni_m \cos(\xi_m \theta) \times$$

$$\times \sum_{n=1}^{\infty} \frac{\xi_n^2 J_{\mathcal{M}}'^2(\xi_n b) \mathcal{V}_{\mathcal{NM}}(\xi r_0, a) \mathcal{V}_{\mathcal{NM}}(\xi r, a) \operatorname{csch}\left(d\sqrt{\frac{\eta_r \xi_n^2 + s}{\eta_z}}\right)}{\left[\left\{ 1 - \left(\frac{\mathcal{M}}{\xi_n b}\right)^2 \right\} J_{\mathcal{M}}'^2(\xi_n a) - \left\{ 1 - \left(\frac{\mathcal{M}}{\xi_n a}\right)^2 \right\} J_{\mathcal{M}}'^2(\xi_n b) \right] \sqrt{(\eta_r \xi_n^2 + s)}} \times$$

$$\times \left[\cosh\left\{ (d - |z - z_0|) \sqrt{\frac{\eta_r \xi_n^2 + s}{\eta_z}} \right\} + \cosh\left\{ (d - z - z_0) \sqrt{\frac{\eta_r \xi_n^2 + s}{\eta_z}} \right\} \right] +$$

$$+ \frac{\operatorname{csch}\left(d\sqrt{\frac{s}{\eta_z}}\right)}{\vartheta (b^2 - a^2) \phi c_t \sqrt{\eta_z s}} \times$$

$$\times \int_0^d \left\{ a\overline{\overline{\psi}}_a(0, w, s) - b\overline{\overline{\psi}}_b(0, w, s) \right\} \left[\cosh\left\{ (d - |z - w|) \sqrt{\frac{s}{\eta_z}} \right\} + \cosh\left\{ (d - z - w) \sqrt{\frac{s}{\eta_z}} \right\} \right] dw +$$

$$+ \frac{\pi}{\vartheta \phi c_t \sqrt{\eta_z}} \sum_{m=0}^{\infty} \ni_m \cos(\xi_m \theta) \sum_{n=1}^{\infty} \frac{\xi_n J_{\mathcal{M}}'^2(\xi_n b) \mathcal{V}_{\mathcal{NM}}(\xi r, a) \operatorname{csch}\left(d\sqrt{\frac{\eta_r \xi_n^2 + s}{\eta_z}}\right)}{\left[\left\{ 1 - \left(\frac{\mathcal{M}}{\xi_n b}\right)^2 \right\} J_{\mathcal{M}}'^2(\xi_n a) - \left\{ 1 - \left(\frac{\mathcal{M}}{\xi_n a}\right)^2 \right\} J_{\mathcal{M}}'^2(\xi_n b) \right] \sqrt{(\eta_r \xi_n^2 + s)}} \times$$

$$\times \int_0^d \overline{\overline{\psi}}_a(\xi_m, w, s) \left[\cosh\left\{ (d - |z - w|) \sqrt{\frac{\eta_r \xi_n^2 + s}{\eta_z}} \right\} + \cosh\left\{ (d - z - w) \sqrt{\frac{\eta_r \xi_n^2 + s}{\eta_z}} \right\} \right] dw -$$

$$- \frac{\pi}{\vartheta \phi c_t \sqrt{\eta_z}} \sum_{m=0}^{\infty} \ni_m \cos(\xi_m \theta) \sum_{n=1}^{\infty} \frac{\xi_n J_{\mathcal{M}}'(\xi_n a) J_{\mathcal{M}}'(\xi_n b) \mathcal{V}_{\mathcal{NM}}(\xi r, a) \operatorname{csch}\left(d\sqrt{\frac{\eta_r \xi_n^2 + s}{\eta_z}}\right)}{\left[\left\{ 1 - \left(\frac{\mathcal{M}}{\xi_n b}\right)^2 \right\} J_{\mathcal{M}}'^2(\xi_n a) - \left\{ 1 - \left(\frac{\mathcal{M}}{\xi_n a}\right)^2 \right\} J_{\mathcal{M}}'^2(\xi_n b) \right] \sqrt{(\eta_r \xi_n^2 + s)}} \times$$

$$\times \int_0^d \overline{\overline{\psi}}_b(\xi_m, w, s) \left[\cosh\left\{ (d - |z - w|) \sqrt{\frac{\eta_r \xi_n^2 + s}{\eta_z}} \right\} + \cosh\left\{ (d - z - w) \sqrt{\frac{\eta_r \xi_n^2 + s}{\eta_z}} \right\} \right] dw +$$

$$+\frac{2\operatorname{csch}\left(d\sqrt{\frac{s}{\eta_z}}\right)}{\vartheta\left(b^2-a^2\right)\phi c_t\sqrt{\eta_z}}\int\limits_a^b u\left[\overline{\overline{\psi}}_{\theta 0}(u,0,s)\cosh\left\{(d-z)\sqrt{\frac{s}{\eta_z}}\right\}-\overline{\overline{\psi}}_{\theta d}(u,0,s)\cosh\left\{z\sqrt{\frac{s}{\eta_z}}\right\}\right]du+$$

$$+\frac{\pi^2}{\vartheta\phi c_t\sqrt{\eta_z}}\sum_{m=0}^{\infty}\ni_m\cos(\xi_m\theta)\sum_{n=1}^{\infty}\frac{\xi_n^2 J_{\mathcal{M}}'^2(\xi_n b)\mathcal{V}_{\mathcal{N}\mathcal{M}}(\xi r,a)\operatorname{csch}\left(d\sqrt{\frac{\eta_r\xi_n^2+s}{\eta_z}}\right)}{\left[\left\{1-\left(\frac{\mathcal{M}}{\xi_n b}\right)^2\right\}J_{\mathcal{M}}'^2(\xi_n a)-\left\{1-\left(\frac{\mathcal{M}}{\xi_n a}\right)^2\right\}J_{\mathcal{M}}'^2(\xi_n b)\right]\sqrt{(\eta_r\xi_n^2+s)}}\times$$

$$\times\left[\overline{\overline{\overline{\psi}}}_{\theta 0}(\xi_n,\xi_m,s)\cosh\left\{(d-z)\sqrt{\frac{\eta_r\xi_n^2+s}{\eta_z}}\right\}-\overline{\overline{\overline{\psi}}}_{\theta d}(\xi_n,\xi_m,s)\cosh\left\{z\sqrt{\frac{\eta_r\xi_n^2+s}{\eta_z}}\right\}\right]+$$

$$+\frac{\operatorname{csch}\left(d\sqrt{\frac{s}{\eta_z}}\right)}{\vartheta\left(b^2-a^2\right)\phi c_t\sqrt{\eta_z s}}\sum_{l=1}^{\infty}\int\limits_a^b\frac{1}{u}\int\limits_0^d\left\{\overline{\psi}_{0z}(u,w,s)-\overline{\psi}_{\vartheta z}(u,w,s)\right\}\times$$

$$\times\left[\cosh\left\{(d-|z-w|)\sqrt{\frac{s}{\eta_z}}\right\}-\cosh\left\{(d-z-w)\sqrt{\frac{s}{\eta_z}}\right\}\right]dwdu$$

$$\frac{\pi^2}{2\vartheta\phi c_t\sqrt{\eta_z}}\sum_{m=0}^{\infty}\ni_m\cos(\xi_m\theta)\sum_{n=1}^{\infty}\frac{\xi_n^2 J_{\mathcal{M}}'^2(\xi_n b)\mathcal{V}_{\mathcal{N}\mathcal{M}}(\xi_n r,a)\operatorname{csch}\left(d\sqrt{\frac{\eta_r\xi_n^2+s}{\eta_z}}\right)}{\left[\left\{1-\left(\frac{\mathcal{M}}{\xi_n b}\right)^2\right\}J_{\mathcal{M}}'^2(\xi_n a)-\left\{1-\left(\frac{\mathcal{M}}{\xi_n a}\right)^2\right\}J_{\mathcal{M}}'^2(\xi_n b)\right]\sqrt{(\eta_r\xi_n^2+s)}}\times$$

$$\times\int\limits_a^b\frac{\mathcal{V}_{\mathcal{N}\mathcal{M}}(\xi_n u,a)}{u}\int\limits_0^d\left\{\overline{\psi}_{0z}(u,w,s)+(-1)^{m+1}\overline{\psi}_{\vartheta z}(u,w,s)\right\}\times$$

$$\times\left[\cosh\left\{(d-|z-w|)\sqrt{\frac{\eta_r\xi_n^2+s}{\eta_z}}\right\}+\cosh\left\{(d-z-w)\sqrt{\frac{\eta_r\xi_n^2+s}{\eta_z}}\right\}\right]dwdu+$$

$$+\frac{\operatorname{csch}\left(d\sqrt{\frac{s}{\eta_z}}\right)}{\vartheta\left(b^2-a^2\right)\sqrt{\eta_z s}}\int\limits_0^d\left[\cosh\left\{(d-|z-w|)\sqrt{\frac{s}{\eta_z}}\right\}+\cosh\left\{(d-z-w)\sqrt{\frac{s}{\eta_z}}\right\}\right]\int\limits_a^b\overline{\varphi}(u,0,w)\,ududw+$$

$$+\frac{\pi^2}{2\vartheta\sqrt{\eta_z}}\sum_{m=0}^{\infty}\ni_m\cos(\xi_m\theta)\times$$

$$\times\sum_{n=1}^{\infty}\frac{\xi_n^2 J_{\mathcal{M}}'^2(\xi_n b)\mathcal{V}_{\mathcal{N}\mathcal{M}}(\xi r,a)\operatorname{csch}\left(d\sqrt{\frac{\eta_r\xi_n^2+s}{\eta_z}}\right)}{\left[\left\{1-\left(\frac{\mathcal{M}}{\xi_n b}\right)^2\right\}J_{\mathcal{M}}'^2(\xi_n a)-\left\{1-\left(\frac{\mathcal{M}}{\xi_n a}\right)^2\right\}J_{\mathcal{M}}'^2(\xi_n b)\right]\sqrt{(\eta_r\xi_n^2+s)}}\times$$

$$\times\int\limits_0^d\overline{\overline{\varphi}}(\xi_n,\xi_m,w)\left[\cosh\left\{(d-|z-w|)\sqrt{\frac{\eta_r\xi_n^2+s}{\eta_z}}\right\}+\cosh\left\{(d-z-w)\sqrt{\frac{\eta_r\xi_n^2+s}{\eta_z}}\right\}\right]dw \qquad (29.64.1)$$

where $\mathcal{V}_{\mathcal{N}\mathcal{M}}(\xi_n r,a) = J_{\mathcal{M}}(\xi_n r)Y_{\mathcal{M}}'(\xi_n a)-Y_{\mathcal{M}}(\xi_n r)J_{\mathcal{M}}'(\xi_n a)$. The eigenvalues are $\xi_0 = 0$ and ξ_n. ξ_n, $n = 1,2,.....$ are the positive roots of the transcendental equation $\mathcal{V}_{\mathcal{N}\mathcal{M}}'(\xi_n b,a) = 0$, $\xi_l = \frac{l\pi}{d}, l = 1,2,...,$ $\xi_m = \frac{m\pi}{d}, m = 0,1,...,$ $\overline{\overline{\psi}}_{\theta 0}(u,0,s) = \int_0^{\vartheta}\overline{\psi}_{\theta 0}(u,v,s)dv$, $\overline{\overline{\psi}}_{\theta d}(u,0,s) = \int_0^{\vartheta}\overline{\psi}_{\theta d}(u,v,s)dv$,
$\overline{\overline{\overline{\psi}}}_{\theta 0}(\xi_n,\xi_m,s) = \int_0^a u\mathcal{V}_{\mathcal{N}\mathcal{M}}(\xi_n u,a)\int_0^{\vartheta}\overline{\psi}_0(u,v,s)\cos(\xi_m v)dvdu$,
$\overline{\overline{\overline{\psi}}}_{\theta d}(\xi_n,\xi_m,s) = \int_0^a u\mathcal{V}_{\mathcal{N}\mathcal{M}}(\xi_n u,a)\int_0^{\vartheta}\overline{\psi}_{\theta d}(u,v,s)\cos(\xi_m v)dvdu$,
$\overline{\overline{\psi}}_a(\xi_m,w,s) = \int_0^{\vartheta}\overline{\psi}_a(v,w,s)\cos(\xi_m v)dv$, $\overline{\overline{\psi}}_b(\xi_m,w,s) = \int_0^{\vartheta}\overline{\psi}_b(v,w,s)\cos(\xi_m v)dv$,
$\overline{\varphi}(u,0,w) = \int_0^{\vartheta}\varphi(u,v,w)dv$ and $\overline{\overline{\varphi}}(\xi_n,\xi_m,w) = \int_0^a u\mathcal{V}_{\mathcal{N}\mathcal{M}}(\xi_n u,a)\int_0^{\vartheta}\varphi(u,v,w)\cos(\xi_m v)dvdu$.

$$p = \frac{U(t-t_0)}{\vartheta d\left(b^2-a^2\right)\phi c_t}\int\limits_0^{t-t_0}q(t-t_0-\tau)\left[\Theta_3\left\{\frac{\pi(z-z_0)}{2d},e^{-\left(\frac{\pi}{d}\right)^2\eta_z\tau}\right\}+\Theta_3\left\{\frac{\pi(z+z_0)}{2d},e^{-\left(\frac{\pi}{d}\right)^2\eta_z\tau}\right\}\right]d\tau+$$

$$+\frac{U(t-t_0)\pi^2}{2\vartheta d\phi c_t}\sum_{m=0}^{\infty}\ni_m\cos(\xi_m\theta)\sum_{n=1}^{\infty}\frac{\xi_n^2 J_{\mathcal{M}}'^2(\xi_n b)\mathcal{V}_{\mathcal{NM}}(\xi r_0,a)\mathcal{V}_{\mathcal{NM}}(\xi r,a)}{\left[\left\{1-\left(\frac{\mathcal{M}}{\xi_n b}\right)^2\right\}J_{\mathcal{M}}'^2(\xi_n a)-\left\{1-\left(\frac{\mathcal{M}}{\xi_n a}\right)^2\right\}J_{\mathcal{M}}'^2(\xi_n b)\right]}\times$$

$$\times\int_0^{t-t_0}q(t-t_0-\tau)\left[\Theta_3\left\{\frac{\pi(z-z_0)}{2d},e^{-\left(\frac{\pi}{d}\right)^2\eta_z\tau}\right\}+\Theta_3\left\{\frac{\pi(z+z_0)}{2d},e^{-\left(\frac{\pi}{d}\right)^2\eta_z\tau}\right\}\right]e^{-\eta_r\xi_n^2\tau}d\tau+$$

$$+\frac{1}{\vartheta d(b^2-a^2)\phi c_t}\int_0^t\int_0^d\left\{a\overline{\psi}_a(0,w,t-\tau)-b\overline{\psi}_b(0,w,t-\tau)\right\}\times$$

$$\times\left[\Theta_3\left\{\frac{\pi(z-w)}{2d},e^{-\left(\frac{\pi}{d}\right)^2\eta_z\tau}\right\}+\Theta_3\left\{\frac{\pi(z+w)}{2d},e^{-\left(\frac{\pi}{d}\right)^2\eta_z\tau}\right\}\right]dwd\tau+$$

$$+\frac{\pi}{\vartheta d\phi c_t}\sum_{m=0}^{\infty}\ni_m\cos(\xi_m\theta)\sum_{n=1}^{\infty}\frac{\xi_n J_{\mathcal{M}}'^2(\xi_n b)\mathcal{V}_{\mathcal{NM}}(\xi r,a)}{\left[\left\{1-\left(\frac{\mathcal{M}}{\xi_n b}\right)^2\right\}J_{\mathcal{M}}'^2(\xi_n a)-\left\{1-\left(\frac{\mathcal{M}}{\xi_n a}\right)^2\right\}J_{\mathcal{M}}'^2(\xi_n b)\right]}\times$$

$$\times\int_0^t e^{-\eta_r\xi_n^2\tau}\int_0^d\overline{\psi}_a(\xi_m,w,t-\tau)\left[\Theta_3\left\{\frac{\pi(z-w)}{2d},e^{-\left(\frac{\pi}{d}\right)^2\eta_z\tau}\right\}+\Theta_3\left\{\frac{\pi(z+w)}{2d},e^{-\left(\frac{\pi}{d}\right)^2\eta_z\tau}\right\}\right]dwd\tau-$$

$$-\frac{\pi}{\vartheta d\phi c_t}\sum_{m=0}^{\infty}\ni_m\cos(\xi_m\theta)\sum_{n=1}^{\infty}\frac{\xi_n J_{\mathcal{M}}'(\xi_n a)J_{\mathcal{M}}'(\xi_n b)\mathcal{V}_{\mathcal{NM}}(\xi r,a)}{\left[\left\{1-\left(\frac{\mathcal{M}}{\xi_n b}\right)^2\right\}J_{\mathcal{M}}'^2(\xi_n a)-\left\{1-\left(\frac{\mathcal{M}}{\xi_n a}\right)^2\right\}J_{\mathcal{M}}'^2(\xi_n b)\right]}\times$$

$$\times\int_0^t e^{-\eta_r\xi_n^2\tau}\int_0^d\overline{\psi}_b(\xi_m,w,t-\tau)\left[\Theta_3\left\{\frac{\pi(z-w)}{2d},e^{-\left(\frac{\pi}{d}\right)^2\eta_z\tau}\right\}+\Theta_3\left\{\frac{\pi(z+w)}{2d},e^{-\left(\frac{\pi}{d}\right)^2\eta_z\tau}\right\}\right]dwd\tau-$$

$$-\frac{2}{\vartheta d(b^2-a^2)\phi c_t}\times$$

$$\times\int_0^t\int_a^b u\Big\{\Theta_3\left(\frac{\pi z}{2d},e^{-\left(\frac{\pi}{d}\right)^2\eta_z\tau}\right)\overline{\psi}_{\theta 0}(u,0,t-\tau)-\Theta_4\left(\frac{\pi z}{2d},e^{-\left(\frac{\pi}{d}\right)^2\eta_z\tau}\right)\overline{\psi}_{\theta d}(u,0,t-\tau)\Big\}dud\tau-$$

$$-\frac{\pi^2}{\vartheta d\phi c_t}\sum_{m=0}^{\infty}\ni_m\cos(\xi_m\theta)\sum_{n=1}^{\infty}\frac{\xi_n^2 J_{\mathcal{M}}'^2(\xi_n b)\mathcal{V}_{\mathcal{NM}}(\xi r,a)}{\left[\left\{1-\left(\frac{\mathcal{M}}{\xi_n b}\right)^2\right\}J_{\mathcal{M}}'^2(\xi_n a)-\left\{1-\left(\frac{\mathcal{M}}{\xi_n a}\right)^2\right\}J_{\mathcal{M}}'^2(\xi_n b)\right]}\times$$

$$\times\int_0^t\Big\{\Theta_3\left(\frac{\pi z}{2d},e^{-\left(\frac{\pi}{d}\right)^2\eta_z\tau}\right)\overline{\overline{\psi}}_{\theta 0}(\xi_n,\xi_m,t-\tau)-\Theta_4\left(\frac{\pi z}{2d},e^{-\left(\frac{\pi}{d}\right)^2\eta_z\tau}\right)\overline{\overline{\psi}}_{\theta d}(\xi_n,\xi_m,t-\tau)\Big\}e^{-\eta_r\xi_n^2\tau}d\tau+$$

$$+\frac{1}{\vartheta d(b^2-a^2)\phi c_t}\int_a^b\frac{1}{u}\int_0^d\int_0^t\left\{\psi_{0z}(u,w,t-\tau)-\psi_{\vartheta z}(u,w,t-\tau)\right\}\times$$

$$\times\left[\Theta_3\left\{\frac{\pi(z-w)}{2d},e^{-\left(\frac{\pi}{d}\right)^2\eta_z\tau}\right\}+\Theta_3\left\{\frac{\pi(z+w)}{2d},e^{-\left(\frac{\pi}{d}\right)^2\eta_z\tau}\right\}\right]d\tau dwdu+$$

$$+\frac{\pi^2}{2\vartheta d\phi c_t}\sum_{m=0}^{\infty}\ni_m\cos(\xi_m\theta)\sum_{n=1}^{\infty}\frac{\xi_n^2 J_{\mathcal{M}}'^2(\xi_n b)\mathcal{V}_{\mathcal{NM}}(\xi_n r,a)}{\left[\left\{1-\left(\frac{\mathcal{M}}{\xi_n b}\right)^2\right\}J_{\mathcal{M}}'^2(\xi_n a)-\left\{1-\left(\frac{\mathcal{M}}{\xi_n a}\right)^2\right\}J_{\mathcal{M}}'^2(\xi_n b)\right]\sqrt{(\eta_r\xi_n^2+s)}}\times$$

$$\int_0^t e^{-\eta_r\xi_n^2\tau}\int_a^b\frac{\mathcal{V}_{\mathcal{NM}}(\xi_n u,a)}{u}\int_0^d\Big\{\psi_{0z}(u,w,t-\tau)+(-1)^{m+1}\psi_{\vartheta z}(u,w,t-\tau)\Big\}d\tau\times$$

$$\times\left[\Theta_3\left\{\frac{\pi(z-w)}{2d},e^{-\left(\frac{\pi}{d}\right)^2\eta_z\tau}\right\}+\Theta_3\left\{\frac{\pi(z+w)}{2d},e^{-\left(\frac{\pi}{d}\right)^2\eta_z\tau}\right\}\right]dwdud\tau+$$

$$+\frac{1}{\vartheta\left(b^2-a^2\right)d}\int_0^d\int_a^b u\overline{\varphi}\left(u,0,w\right)du\left[\Theta_3\left\{\frac{\pi\left(z-w\right)}{2d},e^{-\left(\frac{\pi}{d}\right)^2\eta_z t}\right\}+\Theta_3\left\{\frac{\pi\left(z+w\right)}{2d},e^{-\left(\frac{\pi}{d}\right)^2\eta_z t}\right\}\right]dw+$$

$$+\frac{\pi^2}{2\vartheta d}\sum_{m=0}^{\infty}\ni_m\cos\left(\xi_m\theta\right)\sum_{n=1}^{\infty}\frac{\xi_n^2 J_{\mathcal{M}}'^2\left(\xi_n b\right)\mathcal{V}_{\mathcal{NM}}\left(\xi r,a\right)e^{-\eta_r\xi_n^2 t}}{\left[\left\{1-\left(\frac{\mathcal{M}}{\xi_n b}\right)^2\right\}J_{\mathcal{M}}'^2\left(\xi_n a\right)-\left\{1-\left(\frac{\mathcal{M}}{\xi_n a}\right)^2\right\}J_{\mathcal{M}}'^2\left(\xi_n b\right)\right]}\times$$

$$\times\int_0^d\overline{\overline{\varphi}}\left(\xi_n,\xi_m,w\right)\left[\Theta_3\left\{\frac{\pi\left(z-w\right)}{2d},e^{-\left(\frac{\pi}{d}\right)^2\eta_z t}\right\}+\Theta_3\left\{\frac{\pi\left(z+w\right)}{2d},e^{-\left(\frac{\pi}{d}\right)^2\eta_z t}\right\}\right]dw \qquad (29.64.2)$$

where $\overline{\psi}_a\left(\xi_m,w,t\right)=\int_0^\vartheta\psi_a\left(v,w,t\right)\cos\left(\xi_m v\right)dv$, $\overline{\psi}_b\left(\xi_m,w,t\right)=\int_0^\vartheta\psi_b\left(v,w,t\right)\cos\left(\xi_m v\right)dv$,
$\overline{\psi}_{\theta 0}\left(u,0,t\right)=\int_0^\vartheta\psi_{\theta 0}\left(u,v,t\right)dv$, $\overline{\psi}_{\theta d}\left(u,0,t\right)=\int_0^\vartheta\psi_{\theta d}\left(u,v,t\right)dv$,
$\overline{\overline{\psi}}_{\theta 0}\left(\xi_n,\xi_m,t\right)=\int_0^a u\mathcal{V}_{\mathcal{NM}}\left(\xi_n u,a\right)\int_0^\vartheta\psi_0\left(u,v,t\right)\cos\left(\xi_m v\right)dvdu$ and
$\overline{\overline{\psi}}_{\theta d}\left(\xi_n,\xi_m,t\right)=\int_0^a u\mathcal{V}_{\mathcal{NM}}\left(\xi_n u,a\right)\int_0^\vartheta\psi_{\theta d}\left(u,v,t\right)\cos\left(\xi_m v\right)dvdu$.

29.65

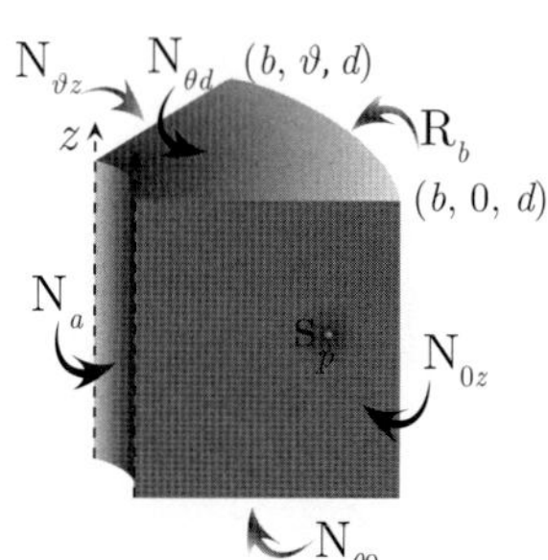

The problem of 29.60, except
$\mathbf{N_{\theta 0}}\equiv\frac{\partial p(r,\theta,0,t)}{\partial z}=-\left(\frac{\mu}{k_z}\right)\psi_{\theta 0}\left(r,\theta,t\right)$,
$\mathbf{N_{\theta d}}\equiv\frac{\partial p(r,\theta,d,t)}{\partial z}=-\left(\frac{\mu}{k_z}\right)\psi_{\theta d}\left(r,\theta,t\right)$,
$\mathbf{N_a}\equiv\frac{\partial p(a,\theta,z,t)}{\partial r}=-\left(\frac{\mu}{k_r}\right)\psi_a\left(\theta,z,t\right)$,
$\mathbf{R_b}\equiv\frac{\partial p(b,\theta,z,t)}{\partial r}+\lambda p\left(b,\theta,z,t\right)=-\left(\frac{\mu}{k_r}\right)\psi_b\left(\theta,z,t\right)$,
$\mathbf{N_{0z}}\equiv\frac{\partial p(r,0,z,t)}{\partial\theta}=-\left(\frac{\mu}{k_\theta}\right)\psi_{0z}\left(r,z,t\right)$ **and**
$\mathbf{N_{\vartheta z}}\equiv\frac{\partial p(r,\vartheta,z,t)}{\partial\theta}=-\left(\frac{\mu}{k_\theta}\right)\psi_{\vartheta z}\left(r,z,t\right)$

$$\overline{p}=\frac{\pi^2 q\left(s\right)e^{-st_0}}{2\vartheta\phi c_t\sqrt{\eta_z}}\sum_{m=0}^{\infty}\ni_m\cos\left(\xi_m\theta\right)\times$$

$$\times\sum_{n=1}^{\infty}\frac{\xi_n^2\left\{\xi_n J_{\mathcal{M}}'\left(\xi_n b\right)+\lambda J_{\mathcal{M}}\left(\xi_n b\right)\right\}^2\mathcal{V}_{\mathcal{NM}}\left(\xi r_0,a\right)\mathcal{V}_{\mathcal{NM}}\left(\xi r,a\right)\operatorname{csch}\left(d\sqrt{\frac{\eta_r\xi_n^2+s}{\eta_z}}\right)}{\left[\left\{\xi_n^2+\lambda^2-\left(\frac{\mathcal{M}}{b}\right)^2\right\}J_{\mathcal{M}}'^2\left(\xi_n a\right)-\left\{1-\left(\frac{\mathcal{M}}{\xi_n a}\right)^2\right\}\left\{\xi_n J_{\mathcal{M}}'\left(\xi_n b\right)+\lambda J_{\mathcal{M}}\left(\xi_n b\right)\right\}^2\right]\sqrt{\left(\eta_r\xi_n^2+s\right)}}\times$$

$$\times\left[\cosh\left\{\left(d-\left|z-z_0\right|\right)\sqrt{\frac{\eta_r\xi_n^2+s}{\eta_z}}\right\}+\cosh\left\{\left(d-z-z_0\right)\sqrt{\frac{\eta_r\xi_n^2+s}{\eta_z}}\right\}\right]+$$

$$+\frac{\pi}{\vartheta\phi c_t\sqrt{\eta_z}}\sum_{m=0}^{\infty}\ni_m\cos\left(\xi_m\theta\right)\times$$

$$\times\sum_{n=1}^{\infty}\frac{\xi_n\left\{\xi_n J_{\mathcal{M}}'\left(\xi_n b\right)+\lambda J_{\mathcal{M}}\left(\xi_n b\right)\right\}^2\mathcal{V}_{\mathcal{NM}}\left(\xi r,a\right)\operatorname{csch}\left(d\sqrt{\frac{\eta_r\xi_n^2+s}{\eta_z}}\right)}{\left[\left\{\xi_n^2+\lambda^2-\left(\frac{\mathcal{M}}{b}\right)^2\right\}J_{\mathcal{M}}'^2\left(\xi_n a\right)-\left\{1-\left(\frac{\mathcal{M}}{\xi_n a}\right)^2\right\}\left\{\xi_n J_{\mathcal{M}}'\left(\xi_n b\right)+\lambda J_{\mathcal{M}}\left(\xi_n b\right)\right\}^2\right]\sqrt{\eta_r\xi_n^2+s}}\times$$

$$\times\int_0^d\overline{\overline{\psi}}_a\left(\xi_m,w,s\right)\left[\cosh\left\{\left(d-\left|z-w\right|\right)\sqrt{\frac{\eta_r\xi_n^2+s}{\eta_z}}\right\}+\cosh\left\{\left(d-z-w\right)\sqrt{\frac{\eta_r\xi_n^2+s}{\eta_z}}\right\}\right]dw-$$

$$-\frac{\pi}{\vartheta\phi c_t\sqrt{\eta_z}}\sum_{m=0}^{\infty}\ni_m\cos\left(\xi_m\theta\right)\times$$

$$\times\sum_{n=1}^{\infty}\frac{\xi_n^2 J'_{\mathcal{M}}(\xi_n a)\left\{\xi_n J'_{\mathcal{M}}(\xi_n b)+\lambda J_{\mathcal{M}}(\xi_n b)\right\}\mathcal{V}_{\mathcal{N}\mathcal{M}}(\xi r,a)\operatorname{csch}\left(d\sqrt{\frac{\eta_r\xi_n^2+s}{\eta_z}}\right)}{\left[\left\{\xi_n^2+\lambda^2-\left(\frac{\mathcal{M}}{b}\right)^2\right\}J'^2_{\mathcal{M}}(\xi_n a)-\left\{1-\left(\frac{\mathcal{M}}{\xi_n a}\right)^2\right\}\left\{\xi_n J'_{\mathcal{M}}(\xi_n b)+\lambda J_{\mathcal{M}}(\xi_n b)\right\}^2\right]\sqrt{\eta_r\xi_n^2+s}}\times$$

$$\times\int_0^d\overline{\overline{\psi}}_b(\xi_m,w,s)\left[\cosh\left\{(d-|z-w|)\sqrt{\frac{\eta_r\xi_n^2+s}{\eta_z}}\right\}+\cosh\left\{(d-z-w)\sqrt{\frac{\eta_r\xi_n^2+s}{\eta_z}}\right\}\right]dw+$$

$$+\frac{\pi^2}{\vartheta\phi c_t\sqrt{\eta_z}}\sum_{m=0}^{\infty}\ni_m\cos(\xi_m\theta)\times$$

$$\times\sum_{n=1}^{\infty}\frac{\xi_n^2\left\{\xi_n J'_{\mathcal{M}}(\xi_n b)+\lambda J_{\mathcal{M}}(\xi_n b)\right\}^2\mathcal{V}_{\mathcal{N}\mathcal{M}}(\xi r,a)\operatorname{csch}\left(d\sqrt{\frac{\eta_r\xi_n^2+s}{\eta_z}}\right)}{\left[\left\{\xi_n^2+\lambda^2-\left(\frac{\mathcal{M}}{b}\right)^2\right\}J'^2_{\mathcal{M}}(\xi_n a)-\left\{1-\left(\frac{\mathcal{M}}{\xi_n a}\right)^2\right\}\left\{\xi_n J'_{\mathcal{M}}(\xi_n b)+\lambda J_{\mathcal{M}}(\xi_n b)\right\}^2\right]\sqrt{(\eta_r\xi_n^2+s)}}\times$$

$$\times\left[\overline{\overline{\overline{\psi}}}_{\theta 0}(\xi_n,\xi_m,s)\cosh\left\{(d-z)\sqrt{\frac{\eta_r\xi_n^2+s}{\eta_z}}\right\}-\overline{\overline{\overline{\psi}}}_{\theta d}(\xi_n,\xi_m,s)\cosh\left\{z\sqrt{\frac{\eta_r\xi_n^2+s}{\eta_z}}\right\}\right]+$$

$$+\frac{2\pi^2}{\vartheta d\phi c_t\sqrt{\eta_z}}\sum_{m=0}^{\infty}\ni_m\cos(\xi_m\theta)\times$$

$$\times\sum_{n=1}^{\infty}\frac{\xi_n^2\left\{\xi_n J'_{\mathcal{M}}(\xi_n b)+\lambda J_{\mathcal{M}}(\xi_n b)\right\}^2\mathcal{V}_{\mathcal{N}\mathcal{M}}(\xi r,a)\operatorname{csch}\left(d\sqrt{\frac{\eta_r\xi_n^2+s}{\eta_z}}\right)}{\left[\left\{\xi_n^2+\lambda^2-\left(\frac{\mathcal{M}}{b}\right)^2\right\}J'^2_{\mathcal{M}}(\xi_n a)-\left\{1-\left(\frac{\mathcal{M}}{\xi_n a}\right)^2\right\}\left\{\xi_n J'_{\mathcal{M}}(\xi_n b)+\lambda J_{\mathcal{M}}(\xi_n b)\right\}^2\right]\sqrt{\eta_r\xi_n^2+s}}\times$$

$$\times\int_0^a\frac{\mathcal{V}_{\mathcal{N}\mathcal{M}}(\xi_n u,a)}{u}\int_0^d\left\{\overline{\psi}_{0z}(u,w,s)+(-1)^{m+1}\overline{\psi}_{\vartheta z}(u,w,s)\right\}\times$$

$$\times\left[\cosh\left\{(d-|z-w|)\sqrt{\frac{\eta_r\xi_n^2+s}{\eta_z}}\right\}+\cosh\left\{(d-z-w)\sqrt{\frac{\eta_r\xi_n^2+s}{\eta_z}}\right\}\right]dwdu+$$

$$+\frac{\pi^2}{2\vartheta\sqrt{\eta_z}}\sum_{m=0}^{\infty}\ni_m\cos(\xi_m\theta)\sum_{n=1}^{\infty}\frac{\xi_n^2\{\xi_n J'_{\mathcal{M}}(\xi_n b)+\lambda J_{\mathcal{M}}(\xi_n b)\}^2\mathcal{V}_{\mathcal{N}\mathcal{M}}(\xi r,a)\operatorname{csch}\left(d\sqrt{\frac{\eta_r\xi_n^2+s}{\eta_z}}\right)}{\left[\left\{\xi_n^2+\lambda^2-\left(\frac{\mathcal{M}}{b}\right)^2\right\}J'^2_{\mathcal{M}}(\xi_n a)-\left\{1-\left(\frac{\mathcal{M}}{\xi_n a}\right)^2\right\}\{\xi_n J'_{\mathcal{M}}(\xi_n b)+\lambda J_{\mathcal{M}}(\xi_n b)\}^2\right]}\times$$

$$\times\frac{1}{\sqrt{\eta_r\xi_n^2+s}}\int_0^d\overline{\overline{\varphi}}(\xi_n,\xi_m,w)\left[\cosh\left\{(d-|z-w|)\sqrt{\frac{\eta_r\xi_n^2+s}{\eta_z}}\right\}+\cosh\left\{(d-z-w)\sqrt{\frac{\eta_r\xi_n^2+s}{\eta_z}}\right\}\right]dw \tag{29.65.1}$$

where $\mathcal{V}_{\mathcal{N}\mathcal{M}}(\xi_n r,a)=J_{\mathcal{M}}(\xi_n r)Y'_{\mathcal{M}}(\xi_n a)-Y_{\mathcal{M}}(\xi_n r)J'_{\mathcal{M}}(\xi_n a)$, ξ_n, $n=1,2,...$, are the positive roots of the transcendental equation $\xi_n\mathcal{V}'_{\mathcal{N}\mathcal{M}}(\xi_n b,a)+\lambda\mathcal{V}_{\mathcal{N}\mathcal{M}}(\xi_n b,a)=0$, $\xi_l=\frac{l\pi}{d}, l=1,2,...$, $\xi_m=\frac{m\pi}{d}, m=0,1,...$,
$\overline{\overline{\overline{\psi}}}_{\theta 0}(\xi_n,\xi_m,s)=\int_0^a u\mathcal{V}_{\mathcal{N}\mathcal{M}}(\xi_n u,a)\int_0^\vartheta\overline{\psi}_0(u,v,s)\cos(\xi_m v)dvdu$,
$\overline{\overline{\overline{\psi}}}_{\theta d}(\xi_n,\xi_m,s)=\int_0^a u\mathcal{V}_{\mathcal{N}\mathcal{M}}(\xi_n u,a)\int_0^\vartheta\overline{\psi}_{\theta d}(u,v,s)\cos(\xi_m v)dvdu$,
$\overline{\overline{\psi}}_a(\xi_m,w,s)=\int_0^\vartheta\overline{\psi}_a(v,w,s)\cos(\xi_m v)dv$, $\overline{\overline{\psi}}_b(\xi_m,w,s)=\int_0^\vartheta\overline{\psi}_b(v,w,s)\cos(\xi_m v)dv$ and
$\overline{\overline{\varphi}}(\xi_n,\xi_m,w)=\int_0^a u\mathcal{V}_{\mathcal{N}\mathcal{M}}(\xi_n u,a)\int_0^\vartheta\varphi(u,v,w)\cos(\xi_m v)dvdu$.

$$p=\frac{U(t-t_0)\pi^2}{2\vartheta d\phi c_t}\sum_{m=0}^{\infty}\ni_m\cos(\xi_m\theta)\times$$

$$\times\sum_{n=1}^{\infty}\frac{\xi_n^2\left\{\xi_n J'_{\mathcal{M}}(\xi_n b)+\lambda J_{\mathcal{M}}(\xi_n b)\right\}^2\mathcal{V}_{\mathcal{N}\mathcal{M}}(\xi r_0,a)\mathcal{V}_{\mathcal{N}\mathcal{M}}(\xi r,a)}{\left[\left\{\xi_n^2+\lambda^2-\left(\frac{\mathcal{M}}{b}\right)^2\right\}J'^2_{\mathcal{M}}(\xi_n a)-\left\{1-\left(\frac{\mathcal{M}}{\xi_n a}\right)^2\right\}\left\{\xi_n J'_{\mathcal{M}}(\xi_n b)+\lambda J_{\mathcal{M}}(\xi_n b)\right\}^2\right]}\times$$

$$\times \int_0^{t-t_0} q(t-t_0-\tau)\left[\Theta_3\left\{\frac{\pi(z-z_0)}{2d}, e^{-\left(\frac{\pi}{d}\right)^2\eta_z\tau}\right\} + \Theta_3\left\{\frac{\pi(z+z_0)}{2d}, e^{-\left(\frac{\pi}{d}\right)^2\eta_z\tau}\right\}\right] e^{-\eta_r\xi_n^2\tau}d\tau +$$

$$+\frac{\pi}{\vartheta d\phi c_t}\sum_{m=0}^{\infty}\ni_m \cos(\xi_m\theta)\times$$

$$\times\sum_{n=1}^{\infty}\frac{\xi_n\left\{\xi_n J'_{\mathcal{M}}(\xi_n b)+\lambda J_{\mathcal{M}}(\xi_n b)\right\}^2\mathcal{V}_{\mathcal{NM}}(\xi r,a)}{\left[\left\{\xi_n^2+\lambda^2-\left(\frac{\mathcal{M}}{b}\right)^2\right\}J'^2_{\mathcal{M}}(\xi_n a)-\left\{1-\left(\frac{\mathcal{M}}{\xi_n a}\right)^2\right\}\left\{\xi_n J'_{\mathcal{M}}(\xi_n b)+\lambda J_{\mathcal{M}}(\xi_n b)\right\}^2\right]}\times$$

$$\times\int_0^t e^{-\eta_r\xi_n^2\tau}\int_0^d \overline{\psi}_a(\xi_m,w,t-\tau)\left[\Theta_3\left\{\frac{\pi(z-w)}{2d}, e^{-\left(\frac{\pi}{d}\right)^2\eta_z\tau}\right\}+\Theta_3\left\{\frac{\pi(z+w)}{2d}, e^{-\left(\frac{\pi}{d}\right)^2\eta_z\tau}\right\}\right]dwd\tau -$$

$$-\frac{\pi}{\vartheta d\phi c_t}\sum_{m=0}^{\infty}\ni_m \cos(\xi_m\theta)\times$$

$$\times\sum_{n=1}^{\infty}\frac{\xi_n^2 J'_{\mathcal{M}}(\xi_n a)\left\{\lambda J_{\mathcal{M}}(\xi_n b)-\xi_n J'_{\mathcal{M}}(\xi_n b)\right\}\mathcal{V}_{\mathcal{NM}}(\xi r,a)}{\left[\left\{\xi_n^2+\lambda^2-\left(\frac{\mathcal{M}}{b}\right)^2\right\}J'^2_{\mathcal{M}}(\xi_n a)-\left\{1-\left(\frac{\mathcal{M}}{\xi_n a}\right)^2\right\}\left\{\xi_n J'_{\mathcal{M}}(\xi_n b)+\lambda J_{\mathcal{M}}(\xi_n b)\right\}^2\right]}\times$$

$$\times\int_0^t e^{-\eta_r\xi_n^2\tau}\int_0^d \overline{\psi}_b(\xi_m,w,t-\tau)\left[\Theta_3\left\{\frac{\pi(z-w)}{2d}, e^{-\left(\frac{\pi}{d}\right)^2\eta_z\tau}\right\}+\Theta_3\left\{\frac{\pi(z+w)}{2d}, e^{-\left(\frac{\pi}{d}\right)^2\eta_z\tau}\right\}\right]dwd\tau -$$

$$-\frac{\pi^2}{\vartheta d\phi c_t}\sum_{m=0}^{\infty}\ni_m \cos(\xi_m\theta)\times$$

$$\times\sum_{n=1}^{\infty}\frac{\xi_n^2\left\{\xi_n J'_{\mathcal{M}}(\xi_n b)+\lambda J_{\mathcal{M}}(\xi_n b)\right\}^2\mathcal{V}_{\mathcal{NM}}(\xi r,a)}{\left[\left\{\xi_n^2+\lambda^2-\left(\frac{\mathcal{M}}{b}\right)^2\right\}J'^2_{\mathcal{M}}(\xi_n a)-\left\{1-\left(\frac{\mathcal{M}}{\xi_n a}\right)^2\right\}\left\{\xi_n J'_{\mathcal{M}}(\xi_n b)+\lambda J_{\mathcal{M}}(\xi_n b)\right\}^2\right]}\times$$

$$\times\int_0^t\left\{\Theta_3\left(\frac{\pi z}{2d}, e^{-\left(\frac{\pi}{d}\right)^2\eta_z\tau}\right)\overline{\overline{\psi}}_{\theta 0}(\xi_n,\xi_m,t-\tau)-\Theta_4\left(\frac{\pi z}{2d}, e^{-\left(\frac{\pi}{d}\right)^2\eta_z\tau}\right)\overline{\overline{\psi}}_{\theta d}(\xi_n,\xi_m,t-\tau)\right\}e^{-\eta_r\xi_n^2\tau}d\tau +$$

$$+\frac{\pi^2}{2\vartheta d\phi c_t}\sum_{m=0}^{\infty}\ni_m \cos(\xi_m\theta)\times$$

$$\times\sum_{n=1}^{\infty}\frac{\xi_n^2\left\{\xi_n J'_{\mathcal{M}}(\xi_n b)+\lambda J_{\mathcal{M}}(\xi_n b)\right\}^2\mathcal{V}_{\mathcal{NM}}(\xi r,a)}{\left[\left\{\xi_n^2+\lambda^2-\left(\frac{\mathcal{M}}{b}\right)^2\right\}J'^2_{\mathcal{M}}(\xi_n a)-\left\{1-\left(\frac{\mathcal{M}}{\xi_n a}\right)^2\right\}\left\{\xi_n J'_{\mathcal{M}}(\xi_n b)+\lambda J_{\mathcal{M}}(\xi_n b)\right\}^2\right]}\times$$

$$\times\int_0^a\frac{\mathcal{V}_{\mathcal{NM}}(\xi_n u,a)}{u}\int_0^d\int_0^t e^{-\eta_r\xi_n^2\tau}\left\{\psi_{0z}(u,w,t-\tau)+(-1)^{m+1}\psi_{\vartheta z}(u,w,t-\tau)\right\}\times$$

$$\times\left[\Theta_3\left\{\frac{\pi(z-w)}{2d}, e^{-\left(\frac{\pi}{d}\right)^2\eta_z\tau}\right\}+\Theta_3\left\{\frac{\pi(z+w)}{2d}, e^{-\left(\frac{\pi}{d}\right)^2\eta_z\tau}\right\}\right]d\tau dwdu +$$

$$+\frac{\pi^2}{2\vartheta d}\sum_{m=0}^{\infty}\ni_m \cos(\xi_m\theta)\times$$

$$\times\sum_{n=1}^{\infty}\frac{\xi_n^2\left\{\xi_n J'_{\mathcal{M}}(\xi_n b)+\lambda J_{\mathcal{M}}(\xi_n b)\right\}^2\mathcal{V}_{\mathcal{NM}}(\xi r,a)e^{-\eta_r\xi_n^2 t}}{\left[\left\{\xi_n^2+\lambda^2-\left(\frac{\mathcal{M}}{b}\right)^2\right\}J'^2_{\mathcal{M}}(\xi_n a)-\left\{1-\left(\frac{\mathcal{M}}{\xi_n a}\right)^2\right\}\left\{\xi_n J'_{\mathcal{M}}(\xi_n b)+\lambda J_{\mathcal{M}}(\xi_n b)\right\}^2\right]}\times$$

$$\times\int_0^d\overline{\overline{\varphi}}(\xi_n,\xi_m,w)\left[\Theta_3\left\{\frac{\pi(z-w)}{2d}, e^{-\left(\frac{\pi}{d}\right)^2\eta_z t}\right\}+\Theta_3\left\{\frac{\pi(z+w)}{2d}, e^{-\left(\frac{\pi}{d}\right)^2\eta_z t}\right\}\right]dw \qquad (29.65.2)$$

where $\overline{\psi}_a(\xi_m,w,t)=\int_0^\vartheta \psi_a(v,w,t)\cos(\xi_m v)dv$, $\overline{\psi}_b(\xi_m,w,t)=\int_0^\vartheta \psi_b(v,w,t)\cos(\xi_m v)dv$,
$\overline{\overline{\psi}}_{\theta 0}(\xi_n,\xi_m,t)=\int_0^a u\mathcal{V}_{\mathcal{NM}}(\xi_n u,a)\int_0^\vartheta \psi_0(u,v,t)\cos(\xi_m v)dvdu$ and
$\overline{\overline{\psi}}_{\theta d}(\xi_n,\xi_m,t)=\int_0^a u\mathcal{V}_{\mathcal{NM}}(\xi_n u,a)\int_0^\vartheta \psi_{\theta d}(u,v,t)\cos(\xi_m v)dvdu$.

29.66 **The problem of 29.60, except**
$\mathbf{N}_{\theta 0}\equiv\frac{\partial p(r,\theta,0,t)}{\partial z}=-\left(\frac{\mu}{k_z}\right)\psi_{\theta 0}(r,\theta,t)$,
$\mathbf{N}_{\theta d}\equiv\frac{\partial p(r,\theta,d,t)}{\partial z}=-\left(\frac{\mu}{k_z}\right)\psi_{\theta d}(r,\theta,t)$,
$\mathbf{R}_a\equiv\frac{\partial p(a,\theta,z,t)}{\partial r}-\lambda p(a,\theta,z,t)=-\left(\frac{\mu}{k_r}\right)\psi_a(\theta,z,t)$,
$\mathbf{D}_b\equiv p(b,\theta,z,t)=\psi_b(\theta,z,t)$,
$\mathbf{N}_{0z}\equiv\frac{\partial p(r,0,z,t)}{\partial\theta}=-\left(\frac{\mu}{k_\theta}\right)\psi_{0z}(r,z,t)$ and
$\mathbf{N}_{\vartheta z}\equiv\frac{\partial p(r,\vartheta,z,t)}{\partial\theta}=-\left(\frac{\mu}{k_\theta}\right)\psi_{\vartheta z}(r,z,t)$

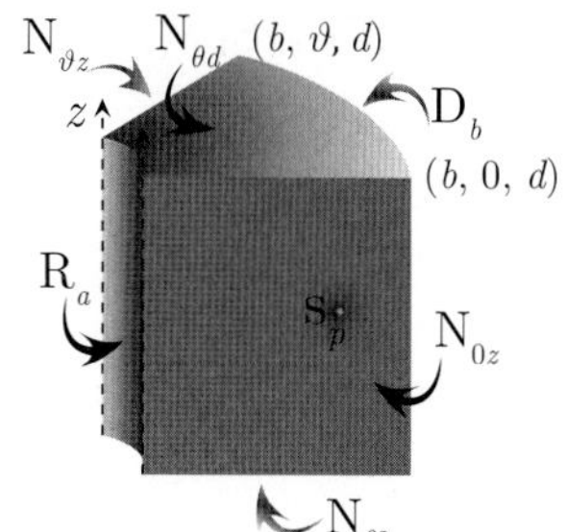

$$\begin{aligned}
\overline{p} &= \frac{\pi^2 q(s)e^{-st_0}}{2\vartheta\phi c_t\sqrt{\eta_z}}\sum_{m=0}^{\infty}\ni_m\cos(\xi_m\theta)\times\\
&\times\sum_{n=1}^{\infty}\frac{\xi_n^2\left\{\xi_n J'_{\mathcal{M}}(\xi_n a)-\lambda J_{\mathcal{M}}(\xi_n a)\right\}^2\mathcal{V}_{\mathcal{DM}}(\xi r_0,b)\mathcal{V}_{\mathcal{DM}}(\xi r,b)\operatorname{csch}\left(d\sqrt{\frac{\eta_r\xi_n^2+s}{\eta_z}}\right)}{\left[\left\{\xi_n J'_{\mathcal{M}}(\xi_n a)-\lambda J_{\mathcal{M}}(\xi_n a)\right\}^2-\left\{\xi_n^2+\lambda^2-\left(\frac{\mathcal{M}}{a}\right)^2\right\}J^2_{\mathcal{M}}(\xi_n b)\right]\sqrt{(\eta_r\xi_n^2+s)}}\times\\
&\times\left[\cosh\left\{(d-|z-z_0|)\sqrt{\frac{\eta_r\xi_n^2+s}{\eta_z}}\right\}+\cosh\left\{(d-z-z_0)\sqrt{\frac{\eta_r\xi_n^2+s}{\eta_z}}\right\}\right]+\\
&+\frac{\pi}{\vartheta\phi c_t\sqrt{\eta_z}}\sum_{m=0}^{\infty}\ni_m\cos(\xi_m\theta)\times\\
&\times\sum_{n=1}^{\infty}\frac{\xi_n^2 J_{\mathcal{M}}(\xi_n b)\left\{\xi_n J'_{\mathcal{M}}(\xi_n a)-\lambda J_{\mathcal{M}}(\xi_n a)\right\}\mathcal{V}_{\mathcal{DM}}(\xi r,b)\operatorname{csch}\left(d\sqrt{\frac{\eta_r\xi_n^2+s}{\eta_z}}\right)}{\left[\left\{\xi_n J'_{\mathcal{M}}(\xi_n a)-\lambda J_{\mathcal{M}}(\xi_n a)\right\}^2-\left\{\xi_n^2+\lambda^2-\left(\frac{\mathcal{M}}{a}\right)^2\right\}J^2_{\mathcal{M}}(\xi_n b)\right]\sqrt{\eta_r\xi_n^2+s}}\times\\
&\times\int_0^d\overline{\psi}_a(\xi_m,w,s)\left[\cosh\left\{(d-|z-w|)\sqrt{\frac{\eta_r\xi_n^2+s}{\eta_z}}\right\}+\cosh\left\{(d-z-w)\sqrt{\frac{\eta_r\xi_n^2+s}{\eta_z}}\right\}\right]dw+\\
&+\frac{\pi\eta_r}{\vartheta\sqrt{\eta_z}}\sum_{m=0}^{\infty}\ni_m\cos(\xi_m\theta)\times\\
&\times\sum_{n=1}^{\infty}\frac{\xi_n^2\left\{\xi_n J'_{\mathcal{M}}(\xi_n a)-\lambda J_{\mathcal{M}}(\xi_n a)\right\}^2\mathcal{V}_{\mathcal{DM}}(\xi r,b)\operatorname{csch}\left(d\sqrt{\frac{\eta_r\xi_n^2+s}{\eta_z}}\right)}{\left[\left\{\xi_n J'_{\mathcal{M}}(\xi_n a)-\lambda J_{\mathcal{M}}(\xi_n a)\right\}^2-\left\{\xi_n^2+\lambda^2-\left(\frac{\mathcal{M}}{a}\right)^2\right\}J^2_{\mathcal{M}}(\xi_n b)\right]\sqrt{\eta_r\xi_n^2+s}}\times\\
&\times\int_0^d\overline{\psi}_b(\xi_m,w,s)\left[\cosh\left\{(d-|z-w|)\sqrt{\frac{\eta_r\xi_n^2+s}{\eta_z}}\right\}+\cosh\left\{(d-z-w)\sqrt{\frac{\eta_r\xi_n^2+s}{\eta_z}}\right\}\right]dw+\\
&+\frac{\pi^2}{\vartheta\phi c_t\sqrt{\eta_z}}\sum_{m=0}^{\infty}\ni_m\cos(\xi_m\theta)\times\\
&\times\sum_{n=1}^{\infty}\frac{\xi_n^2\left\{\xi_n J'_{\mathcal{M}}(\xi_n a)-\lambda J_{\mathcal{M}}(\xi_n a)\right\}^2\mathcal{V}_{\mathcal{DM}}(\xi r,b)\operatorname{csch}\left(d\sqrt{\frac{\eta_r\xi_n^2+s}{\eta_z}}\right)}{\left[\left\{\xi_n J'_{\mathcal{M}}(\xi_n a)-\lambda J_{\mathcal{M}}(\xi_n a)\right\}^2-\left\{\xi_n^2+\lambda^2-\left(\frac{\mathcal{M}}{a}\right)^2\right\}J^2_{\mathcal{M}}(\xi_n b)\right]\sqrt{(\eta_r\xi_n^2+s)}}\times\\
&\times\left[\overline{\overline{\psi}}_{\theta 0}(\xi_n,\xi_m,s)\cosh\left\{(d-z)\sqrt{\frac{\eta_r\xi_n^2+s}{\eta_z}}\right\}-\overline{\overline{\psi}}_{\theta d}(\xi_n,\xi_m,s)\cosh\left\{z\sqrt{\frac{\eta_r\xi_n^2+s}{\eta_z}}\right\}\right]+
\end{aligned}$$

$$+\frac{2\pi^2}{\vartheta d\phi c_t\sqrt{\eta_z}}\sum_{m=0}^{\infty}\ni_m\cos(\xi_m\theta)\times$$

$$\times\sum_{n=1}^{\infty}\frac{\xi_n^2\left\{\xi_n J'_{\mathcal{M}}(\xi_n a)-\lambda J_{\mathcal{M}}(\xi_n a)\right\}^2\mathcal{V}_{\mathcal{DM}}(\xi r,b)\operatorname{csch}\left(d\sqrt{\frac{\eta_r\xi_n^2+s}{\eta_z}}\right)}{\left[\left\{\xi_n J'_{\mathcal{M}}(\xi_n a)-\lambda J_{\mathcal{M}}(\xi_n a)\right\}^2-\left\{\xi_n^2+\lambda^2-\left(\frac{\mathcal{M}}{a}\right)^2\right\}J_{\mathcal{M}}^2(\xi_n b)\right]\sqrt{\eta_r\xi_n^2+s}}\times$$

$$\times\int_0^a\frac{\mathcal{V}_{\mathcal{NM}}(\xi_n u,a)}{u}\int_0^d\left\{\overline{\psi}_{0z}(u,w,s)+(-1)^{m+1}\overline{\psi}_{\vartheta z}(u,w,s)\right\}\times$$

$$\times\left[\cosh\left\{(d-|z-w|)\sqrt{\frac{\eta_r\xi_n^2+s}{\eta_z}}\right\}+\cosh\left\{(d-z-w)\sqrt{\frac{\eta_r\xi_n^2+s}{\eta_z}}\right\}\right]dwdu+$$

$$+\frac{\pi^2}{2\vartheta\sqrt{\eta_z}}\sum_{m=0}^{\infty}\ni_m\cos(\xi_m\theta)\sum_{n=1}^{\infty}\frac{\xi_n^2\{\xi_n J'_{\mathcal{M}}(\xi_n a)-\lambda J_{\mathcal{M}}(\xi_n a)\}^2\mathcal{V}_{\mathcal{DM}}(\xi r,b)\operatorname{csch}\left(d\sqrt{\frac{\eta_r\xi_n^2+s}{\eta_z}}\right)}{\left[\{\xi_n J'_{\mathcal{M}}(\xi_n a)-\lambda J_{\mathcal{M}}(\xi_n a)\}^2-\left\{\xi_n^2+\lambda^2-\left(\frac{\mathcal{M}}{a}\right)^2\right\}J_{\mathcal{M}}^2(\xi_n b)\right]\sqrt{\eta_r\xi_n^2+s}}\times$$

$$\times\int_0^d\overline{\overline{\varphi}}(\xi_n,\xi_m,w)\left[\cosh\left\{(d-|z-w|)\sqrt{\frac{\eta_r\xi_n^2+s}{\eta_z}}\right\}+\cosh\left\{(d-z-w)\sqrt{\frac{\eta_r\xi_n^2+s}{\eta_z}}\right\}\right]dw \quad (29.66.1)$$

where $\mathcal{V}_{\mathcal{DM}}(\xi_n r,b)=J_{\mathcal{M}}(\xi_n r)Y_{\mathcal{M}}(\xi_n b)-Y_{\mathcal{M}}(\xi_n r)J_{\mathcal{M}}(\xi_n b)$, ξ_n, $n=1,2,...$, are the positive roots of the transcendental equation $\lambda\mathcal{V}_{\mathcal{DM}}(\xi_n a,b)-\xi_n\mathcal{V}'_{\mathcal{DM}}(\xi_n a,b)=0$, $\xi_l=\frac{l\pi}{d}, l=1,2,...$, $\xi_m=\frac{m\pi}{d}, m=0,1,...$,
$\overline{\overline{\overline{\psi}}}_{\theta 0}(\xi_n,\xi_m,s)=\int_0^a u\mathcal{V}_{\mathcal{DM}}(\xi_n u,a)\int_0^\vartheta\overline{\psi}_0(u,v,s)\cos(\xi_m v)dvdu$,
$\overline{\overline{\overline{\psi}}}_{\theta d}(\xi_n,\xi_m,s)=\int_0^a u\mathcal{V}_{\mathcal{DM}}(\xi_n u,a)\int_0^\vartheta\overline{\psi}_{\theta d}(u,v,s)\cos(\xi_m v)dvdu$,
$\overline{\overline{\psi}}_a(\xi_m,w,s)=\int_0^\vartheta\overline{\psi}_a(v,w,s)\cos(\xi_m v)dv$, $\overline{\overline{\psi}}_b(\xi_m,w,s)=\int_0^\vartheta\overline{\psi}_b(v,w,s)\cos(\xi_m v)dv$ and
$\overline{\overline{\varphi}}(\xi_n,\xi_m,w)=\int_0^a u\mathcal{V}_{\mathcal{DM}}(\xi_n u,a)\int_0^\vartheta\varphi(u,v,w)\cos(\xi_m v)dvdu$.

$$p=\frac{U(t-t_0)\pi^2}{2\vartheta d\phi c_t}\sum_{m=0}^{\infty}\ni_m\cos(\xi_m\theta)\sum_{n=1}^{\infty}\frac{\xi_n^2\{\lambda J_{\mathcal{M}}(\xi_n a)+\xi_n J'_{\mathcal{M}}(\xi_n a)\}^2\mathcal{V}_{\mathcal{DM}}(\xi r_0,b)\mathcal{V}_{\mathcal{DM}}(\xi r,b)}{\left[\{\xi_n J'_{\mathcal{M}}(\xi_n a)-\lambda J_{\mathcal{M}}(\xi_n a)\}^2-\left\{\xi_n^2+\lambda^2-\left(\frac{\mathcal{M}}{a}\right)^2\right\}J_{\mathcal{M}}^2(\xi_n b)\right]}\times$$

$$\int_0^{t-t_0}q(t-t_0-\tau)\left[\Theta_3\left\{\frac{\pi(z-z_0)}{2d},e^{-\left(\frac{\pi}{d}\right)^2\eta_z\tau}\right\}+\Theta_3\left\{\frac{\pi(z+z_0)}{2d},e^{-\left(\frac{\pi}{d}\right)^2\eta_z\tau}\right\}\right]e^{-\eta_r\xi_n^2\tau}d\tau+$$

$$+\frac{\pi}{\vartheta d\phi c_t}\sum_{m=0}^{\infty}\ni_m\cos(\xi_m\theta)\sum_{n=1}^{\infty}\frac{\xi_n^2 J_{\mathcal{M}}(\xi_n b)\{\xi_n J'_{\mathcal{M}}(\xi_n a)-\lambda J_{\mathcal{M}}(\xi_n a)\}\mathcal{V}_{\mathcal{DM}}(\xi r,b)}{\left[\{\xi_n J'_{\mathcal{M}}(\xi_n a)-\lambda J_{\mathcal{M}}(\xi_n a)\}^2-\left\{\xi_n^2+\lambda^2-\left(\frac{\mathcal{M}}{a}\right)^2\right\}J_{\mathcal{M}}^2(\xi_n b)\right]}\times$$

$$\times\int_0^t e^{-\eta_r\xi_n^2\tau}\int_0^d\overline{\psi}_a(\xi_m,w,t-\tau)\left[\Theta_3\left\{\frac{\pi(z-w)}{2d},e^{-\left(\frac{\pi}{d}\right)^2\eta_z\tau}\right\}+\Theta_3\left\{\frac{\pi(z+w)}{2d},e^{-\left(\frac{\pi}{d}\right)^2\eta_z\tau}\right\}\right]dwd\tau+$$

$$+\frac{\pi\eta_r}{\vartheta d}\sum_{m=0}^{\infty}\ni_m\cos(\xi_m\theta)\sum_{n=1}^{\infty}\frac{\xi_n^2\{\xi_n J'_{\mathcal{M}}(\xi_n a)-\lambda J_{\mathcal{M}}(\xi_n a)\}^2\mathcal{V}_{\mathcal{DM}}(\xi r,b)}{\left[\{\xi_n J'_{\mathcal{M}}(\xi_n a)-\lambda J_{\mathcal{M}}(\xi_n a)\}^2-\left\{\xi_n^2+\lambda^2-\left(\frac{\mathcal{M}}{a}\right)^2\right\}J_{\mathcal{M}}^2(\xi_n b)\right]}\times$$

$$\times\int_0^t e^{-\eta_r\xi_n^2\tau}\int_0^d\overline{\psi}_b(\xi_m,w,t-\tau)\left[\Theta_3\left\{\frac{\pi(z-w)}{2d},e^{-\left(\frac{\pi}{d}\right)^2\eta_z\tau}\right\}+\Theta_3\left\{\frac{\pi(z+w)}{2d},e^{-\left(\frac{\pi}{d}\right)^2\eta_z\tau}\right\}\right]dwd\tau-$$

$$-\frac{\pi^2}{\vartheta d\phi c_t}\sum_{m=0}^{\infty}\ni_m\cos(\xi_m\theta)\sum_{n=1}^{\infty}\frac{\xi_n^2\{\xi_n J'_{\mathcal{M}}(\xi_n a)-\lambda J_{\mathcal{M}}(\xi_n a)\}^2\mathcal{V}_{\mathcal{DM}}(\xi r,b)}{\left[\{\xi_n J'_{\mathcal{M}}(\xi_n a)-\lambda J_{\mathcal{M}}(\xi_n a)\}^2-\left\{\xi_n^2+\lambda^2-\left(\frac{\mathcal{M}}{a}\right)^2\right\}J_{\mathcal{M}}^2(\xi_n b)\right]}\times$$

$$\times\int_0^t\left\{\Theta_3\left(\frac{\pi z}{2d},e^{-\left(\frac{\pi}{d}\right)^2\eta_z\tau}\right)\overline{\overline{\psi}}_{\theta 0}(\xi_n,\xi_m,t-\tau)-\Theta_4\left(\frac{\pi z}{2d},e^{-\left(\frac{\pi}{d}\right)^2\eta_z\tau}\right)\overline{\overline{\psi}}_{\theta d}(\xi_n,\xi_m,t-\tau)\right\}e^{-\eta_r\xi_n^2\tau}d\tau+$$

$$+\frac{\pi^2}{2\vartheta d\phi c_t}\sum_{m=0}^{\infty}\ni_m\cos(\xi_m\theta)\sum_{n=1}^{\infty}\frac{\xi_n^2\left\{\xi_nJ'_{\mathcal{M}}(\xi_na)-\lambda J_{\mathcal{M}}(\xi_na)\right\}^2\mathcal{V}_{\mathcal{DM}}(\xi r,b)}{\left[\left\{\xi_nJ'_{\mathcal{M}}(\xi_na)-\lambda J_{\mathcal{M}}(\xi_na)\right\}^2-\left\{\xi_n^2+\lambda^2-\left(\frac{\mathcal{M}}{a}\right)^2\right\}J^2_{\mathcal{M}}(\xi_nb)\right]}\times$$

$$\times\int_0^a\frac{\mathcal{V}_{\mathcal{NM}}(\xi_nu,a)}{u}\int_0^d\int_0^t e^{-\eta_r\xi_n^2\tau}\left\{\psi_{0z}(u,w,t-\tau)+(-1)^{m+1}\psi_{\vartheta z}(u,w,t-\tau)\right\}\times$$

$$\times\left[\Theta_3\left\{\frac{\pi(z-w)}{2d},e^{-\left(\frac{\pi}{d}\right)^2\eta_z\tau}\right\}+\Theta_3\left\{\frac{\pi(z+w)}{2d},e^{-\left(\frac{\pi}{d}\right)^2\eta_z\tau}\right\}\right]d\tau dwdu+$$

$$+\frac{\pi^2}{2\vartheta d}\sum_{m=0}^{\infty}\ni_m\cos(\xi_m\theta)\sum_{n=1}^{\infty}\frac{\xi_n^2\left\{\xi_nJ'_{\mathcal{M}}(\xi_na)-\lambda J_{\mathcal{M}}(\xi_na)\right\}^2\mathcal{V}_{\mathcal{DM}}(\xi r,b)}{\left[\left\{\xi_nJ'_{\mathcal{M}}(\xi_na)-\lambda J_{\mathcal{M}}(\xi_na)\right\}^2-\left\{\xi_n^2+\lambda^2-\left(\frac{\mathcal{M}}{a}\right)^2\right\}J^2_{\mathcal{M}}(\xi_nb)\right]}\times$$

$$\times\int_0^d\overline{\overline{\varphi}}(\xi_n,\xi_m,w)\left[\Theta_3\left\{\frac{\pi(z-w)}{2d},e^{-\left(\frac{\pi}{d}\right)^2\eta_zt}\right\}+\Theta_3\left\{\frac{\pi(z+w)}{2d},e^{-\left(\frac{\pi}{d}\right)^2\eta_zt}\right\}\right]dw \tag{29.66.2}$$

where $\overline{\psi}_a(\xi_m,w,t)=\int_0^\vartheta\psi_a(v,w,t)\cos(\xi_mv)dv$, $\overline{\psi}_b(\xi_m,w,t)=\int_0^\vartheta\psi_b(v,w,t)\cos(\xi_mv)dv$, $\overline{\overline{\psi}}_{\theta0}(\xi_n,\xi_m,t)=\int_0^a u\mathcal{V}_{\mathcal{DM}}(\xi_nu,a)\int_0^\vartheta\psi_0(u,v,t)\cos(\xi_mv)dvdu$ and $\overline{\overline{\psi}}_{\theta d}(\xi_n,\xi_m,t)=\int_0^a u\mathcal{V}_{\mathcal{DM}}(\xi_nu,a)\int_0^\vartheta\psi_{\theta d}(u,v,t)\cos(\xi_mv)dvdu$.

29.67 The problem of 29.60, except

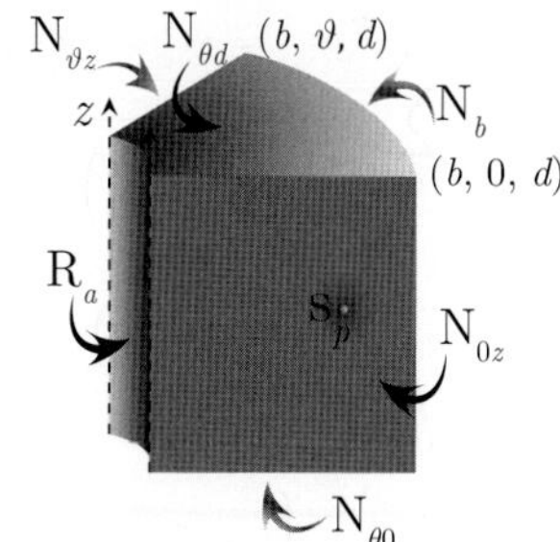

$\mathbf{N}_{\theta0}\equiv\frac{\partial p(r,\theta,0,t)}{\partial z}=-\left(\frac{\mu}{k_z}\right)\psi_{\theta0}(r,\theta,t)$,
$\mathbf{N}_{\theta d}\equiv\frac{\partial p(r,\theta,d,t)}{\partial z}=-\left(\frac{\mu}{k_z}\right)\psi_{\theta d}(r,\theta,t)$,
$\mathbf{R}_a\equiv\frac{\partial p(a,\theta,z,t)}{\partial r}-\lambda p(a,\theta,z,t)=-\left(\frac{\mu}{k_r}\right)\psi_a(\theta,z,t)$,
$\mathbf{N}_b\equiv\frac{\partial p(b,\theta,z,t)}{\partial r}=-\left(\frac{\mu}{k_r}\right)\psi_b(\theta,z,t)$,
$\mathbf{N}_{0z}\equiv\frac{\partial p(r,0,z,t)}{\partial\theta}=-\left(\frac{\mu}{k_\theta}\right)\psi_{0z}(r,z,t)$ and
$\mathbf{N}_{\vartheta z}\equiv\frac{\partial p(r,\vartheta,z,t)}{\partial\theta}=-\left(\frac{\mu}{k_\theta}\right)\psi_{\vartheta z}(r,z,t)$

$$\overline{p}=\frac{\pi^2q(s)e^{-st_0}}{2\vartheta\phi c_t\sqrt{\eta_z}}\sum_{m=0}^{\infty}\ni_m\cos(\xi_m\theta)\times$$

$$\times\sum_{n=1}^{\infty}\frac{\xi_n^2\left\{\xi_nJ'_{\mathcal{M}}(\xi_na)-\lambda J_{\mathcal{M}}(\xi_na)\right\}^2\mathcal{V}_{\mathcal{NM}}(\xi r_0,b)\mathcal{V}_{\mathcal{NM}}(\xi r,b)\operatorname{csch}\left(d\sqrt{\frac{\eta_r\xi_n^2+s}{\eta_z}}\right)}{\left[\left\{1-\left(\frac{\mathcal{M}}{\xi_nb}\right)^2\right\}\left\{\xi_nJ'_{\mathcal{M}}(\xi_na)-\lambda J_{\mathcal{M}}(\xi_na)\right\}^2-\left\{\xi_n^2+\lambda^2-\left(\frac{\mathcal{M}}{a}\right)^2\right\}J'^2_{\mathcal{M}}(\xi_nb)\right]\sqrt{(\eta_r\xi_n^2+s)}}\times$$

$$\times\left[\cosh\left\{(d-|z-z_0|)\sqrt{\frac{\eta_r\xi_n^2+s}{\eta_z}}\right\}+\cosh\left\{(d-z-z_0)\sqrt{\frac{\eta_r\xi_n^2+s}{\eta_z}}\right\}\right]+$$

$$+\frac{\pi}{\vartheta\phi c_t\sqrt{\eta_z}}\sum_{m=0}^{\infty}\ni_m\cos(\xi_m\theta)\times$$

$$\times\sum_{n=1}^{\infty}\frac{\xi_n^2J'_{\mathcal{M}}(\xi_nb)\left\{\xi_nJ'_{\mathcal{M}}(\xi_na)-\lambda J_{\mathcal{M}}(\xi_na)\right\}\mathcal{V}_{\mathcal{NM}}(\xi r,b)\operatorname{csch}\left(d\sqrt{\frac{\eta_r\xi_n^2+s}{\eta_z}}\right)}{\left[\left\{1-\left(\frac{\mathcal{M}}{\xi_nb}\right)^2\right\}\left\{\xi_nJ'_{\mathcal{M}}(\xi_na)-\lambda J_{\mathcal{M}}(\xi_na)\right\}^2-\left\{\xi_n^2+\lambda^2-\left(\frac{\mathcal{M}}{a}\right)^2\right\}J'^2_{\mathcal{M}}(\xi_nb)\right]\sqrt{\eta_r\xi_n^2+s}}\times$$

$$\times\int_0^d\overline{\overline{\psi}}_a(\xi_m,w,s)\left[\cosh\left\{(d-|z-w|)\sqrt{\frac{\eta_r\xi_n^2+s}{\eta_z}}\right\}+\cosh\left\{(d-z-w)\sqrt{\frac{\eta_r\xi_n^2+s}{\eta_z}}\right\}\right]dw-$$

$$-\frac{\pi}{\vartheta\phi c_t\sqrt{\eta_z}}\sum_{m=0}^{\infty}\ni_m\cos(\xi_m\theta)\times$$

$$\times\sum_{n=1}^{\infty}\frac{\xi_n\left\{\xi_n J'_{\mathcal{M}}(\xi_n a)-\lambda J_{\mathcal{M}}(\xi_n a)\right\}^2\mathcal{V}_{\mathcal{NM}}(\xi r,b)\,\mathrm{csch}\left(d\sqrt{\frac{\eta_r\xi_n^2+s}{\eta_z}}\right)}{\left[\left\{1-\left(\frac{\mathcal{M}}{\xi_n b}\right)^2\right\}\left\{\xi_n J'_{\mathcal{M}}(\xi_n a)-\lambda J_{\mathcal{M}}(\xi_n a)\right\}^2-\left\{\xi_n^2+\lambda^2-\left(\frac{\mathcal{M}}{a}\right)^2\right\}J'^2_{\mathcal{M}}(\xi_n b)\right]\sqrt{\eta_r\xi_n^2+s}}\times$$

$$\times\int_0^d\overline{\overline{\psi}}_b(\xi_m,w,s)\left[\cosh\left\{(d-|z-w|)\sqrt{\frac{\eta_r\xi_n^2+s}{\eta_z}}\right\}+\cosh\left\{(d-z-w)\sqrt{\frac{\eta_r\xi_n^2+s}{\eta_z}}\right\}\right]dw+$$

$$+\frac{\pi^2}{\vartheta\phi c_t\sqrt{\eta_z}}\sum_{m=0}^{\infty}\ni_m\cos(\xi_m\theta)\times$$

$$\times\sum_{n=1}^{\infty}\frac{\xi_n^2\left\{\xi_n J'_{\mathcal{M}}(\xi_n a)-\lambda J_{\mathcal{M}}(\xi_n a)\right\}^2\mathcal{V}_{\mathcal{NM}}(\xi r,b)\,\mathrm{csch}\left(d\sqrt{\frac{\eta_r\xi_n^2+s}{\eta_z}}\right)}{\left[\left\{1-\left(\frac{\mathcal{M}}{\xi_n b}\right)^2\right\}\left\{\xi_n J'_{\mathcal{M}}(\xi_n a)-\lambda J_{\mathcal{M}}(\xi_n a)\right\}^2-\left\{\xi_n^2+\lambda^2-\left(\frac{\mathcal{M}}{a}\right)^2\right\}J'^2_{\mathcal{M}}(\xi_n b)\right]\sqrt{(\eta_r\xi_n^2+s)}}\times$$

$$\times\left[\overline{\overline{\overline{\psi}}}_{\theta 0}(\xi_n,\xi_m,s)\cosh\left\{(d-z)\sqrt{\frac{\eta_r\xi_n^2+s}{\eta_z}}\right\}-\overline{\overline{\overline{\psi}}}_{\theta d}(\xi_n,\xi_m,s)\cosh\left\{z\sqrt{\frac{\eta_r\xi_n^2+s}{\eta_z}}\right\}\right]+$$

$$+\frac{2\pi^2}{\vartheta d\phi c_t\sqrt{\eta_z}}\sum_{m=0}^{\infty}\ni_m\cos(\xi_m\theta)\times$$

$$\times\sum_{n=1}^{\infty}\frac{\xi_n^2\left\{\xi_n J'_{\mathcal{M}}(\xi_n a)-\lambda J_{\mathcal{M}}(\xi_n a)\right\}^2\mathcal{V}_{\mathcal{NM}}(\xi r,b)\,\mathrm{csch}\left(d\sqrt{\frac{\eta_r\xi_n^2+s}{\eta_z}}\right)}{\left[\left\{1-\left(\frac{\mathcal{M}}{\xi_n b}\right)^2\right\}\left\{\xi_n J'_{\mathcal{M}}(\xi_n a)-\lambda J_{\mathcal{M}}(\xi_n a)\right\}^2-\left\{\xi_n^2+\lambda^2-\left(\frac{\mathcal{M}}{a}\right)^2\right\}J'^2_{\mathcal{M}}(\xi_n b)\right]\sqrt{\eta_r\xi_n^2+s}}\times$$

$$\times\int_0^a\frac{\mathcal{V}_{\mathcal{NM}}(\xi_n u,a)}{u}\int_0^d\left\{\overline{\psi}_{0z}(u,w,s)+(-1)^{m+1}\overline{\psi}_{\vartheta z}(u,w,s)\right\}\times$$

$$\times\left[\cosh\left\{(d-|z-w|)\sqrt{\frac{\eta_r\xi_n^2+s}{\eta_z}}\right\}+\cosh\left\{(d-z-w)\sqrt{\frac{\eta_r\xi_n^2+s}{\eta_z}}\right\}\right]dwdu+$$

$$+\frac{\pi^2}{2\vartheta\sqrt{\eta_z}}\sum_{m=0}^{\infty}\ni_m\cos(\xi_m\theta)\sum_{n=1}^{\infty}\frac{\xi_n^2\{\xi_n J'_{\mathcal{M}}(\xi_n a)-\lambda J_{\mathcal{M}}(\xi_n a)\}^2\mathcal{V}_{\mathcal{NM}}(\xi r,b)\mathrm{csch}\left(d\sqrt{\frac{\eta_r\xi_n^2+s}{\eta_z}}\right)}{\left[\left\{1-\left(\frac{\mathcal{M}}{\xi_n b}\right)^2\right\}\{\xi_n J'_{\mathcal{M}}(\xi_n a)-\lambda J_{\mathcal{M}}(\xi_n a)\}^2-\left\{\xi_n^2+\lambda^2-\left(\frac{\mathcal{M}}{a}\right)^2\right\}J'^2_{\mathcal{M}}(\xi_n b)\right]}\times$$

$$\times\frac{1}{\sqrt{\eta_r\xi_n^2+s}}\int_0^d\overline{\overline{\varphi}}(\xi_n,\xi_m,w)\left[\cosh\left\{(d-|z-w|)\sqrt{\frac{\eta_r\xi_n^2+s}{\eta_z}}\right\}+\cosh\left\{(d-z-w)\sqrt{\frac{\eta_r\xi_n^2+s}{\eta_z}}\right\}\right]dw$$

(29.67.1)

where $\mathcal{V}_{\mathcal{NM}}(\xi_n r,a)=J_{\mathcal{M}}(\xi_n r)\,Y'_{\mathcal{M}}(\xi_n a)-Y_{\mathcal{M}}(\xi_n r)\,J'_{\mathcal{M}}(\xi_n a)$, ξ_n, $n=1,2,....$, are the positive roots of the transcendental equation $\lambda\mathcal{V}_{\mathcal{NM}}(\xi_n a,b)-\xi_n\mathcal{V}'_{\mathcal{NM}}(\xi_n a,b)=0$, $\xi_l=\frac{l\pi}{d}, l=1,2,...$, $\xi_m=\frac{m\pi}{d}, m=0,1,...$,
$\overline{\overline{\overline{\psi}}}_{\theta 0}(\xi_n,\xi_m,s)=\int_0^a u\mathcal{V}_{\mathcal{NM}}(\xi_n u,a)\int_0^\vartheta\overline{\psi}_0(u,v,s)\cos(\xi_m v)dvdu$,
$\overline{\overline{\overline{\psi}}}_{\theta d}(\xi_n,\xi_m,s)=\int_0^a u\mathcal{V}_{\mathcal{NM}}(\xi_n u,a)\int_0^\vartheta\overline{\psi}_{\theta d}(u,v,s)\cos(\xi_m v)dvdu$,
$\overline{\overline{\psi}}_a(\xi_m,w,s)=\int_0^\vartheta\overline{\psi}_a(v,w,s)\cos(\xi_m v)dv$, $\overline{\overline{\psi}}_b(\xi_m,w,s)=\int_0^\vartheta\overline{\psi}_b(v,w,s)\cos(\xi_m v)dv$ and
$\overline{\overline{\varphi}}(\xi_n,\xi_m,w)=\int_0^a u\mathcal{V}_{\mathcal{NM}}(\xi_n u,a)\int_0^\vartheta\varphi(u,v,w)\cos(\xi_m v)dvdu$.

$$p=\frac{U(t-t_0)\pi^2}{2\vartheta d\phi c_t}\sum_{m=0}^{\infty}\ni_m\cos(\xi_m\theta)\times$$

$$\times\sum_{n=1}^{\infty}\frac{\xi_n^2\left\{\xi_n J'_{\mathcal{M}}(\xi_n a)-\lambda J_{\mathcal{M}}(\xi_n a)\right\}^2\mathcal{V}_{\mathcal{NM}}(\xi r_0,b)\,\mathcal{V}_{\mathcal{NM}}(\xi r,b)}{\left[\left\{1-\left(\frac{\mathcal{M}}{\xi_n b}\right)^2\right\}\left\{\xi_n J'_{\mathcal{M}}(\xi_n a)-\lambda J_{\mathcal{M}}(\xi_n a)\right\}^2-\left\{\xi_n^2+\lambda^2-\left(\frac{\mathcal{M}}{a}\right)^2\right\}J'^2_{\mathcal{M}}(\xi_n b)\right]}\times$$

$$\int_0^{t-t_0} q(t-t_0-\tau)\left[\Theta_3\left\{\frac{\pi(z-z_0)}{2d}, e^{-\left(\frac{\pi}{d}\right)^2\eta_z\tau}\right\}+\Theta_3\left\{\frac{\pi(z+z_0)}{2d}, e^{-\left(\frac{\pi}{d}\right)^2\eta_z\tau}\right\}\right]e^{-\eta_r\xi_n^2\tau}d\tau+$$

$$+\frac{\pi}{\vartheta d\phi c_t}\sum_{m=0}^{\infty}\ni_m\cos(\xi_m\theta)\times$$

$$\times\sum_{n=1}^{\infty}\frac{\xi_n^2 J'_{\mathcal{M}}(\xi_n b)\left\{\xi_n J'_{\mathcal{M}}(\xi_n a)-\lambda J_{\mathcal{M}}(\xi_n a)\right\}\mathcal{V}_{\mathcal{NM}}(\xi r,b)}{\left[\left\{1-\left(\frac{\mathcal{M}}{\xi_n b}\right)^2\right\}\left\{\xi_n J'_{\mathcal{M}}(\xi_n a)-\lambda J_{\mathcal{M}}(\xi_n a)\right\}^2-\left\{\xi_n^2+\lambda^2-\left(\frac{\mathcal{M}}{a}\right)^2\right\}J'^2_{\mathcal{M}}(\xi_n b)\right]}\times$$

$$\times\int_0^t e^{-\eta_r\xi_n^2\tau}\int_0^d\overline{\psi}_a(\xi_m,w,t-\tau)\left[\Theta_3\left\{\frac{\pi(z-w)}{2d}, e^{-\left(\frac{\pi}{d}\right)^2\eta_z\tau}\right\}+\Theta_3\left\{\frac{\pi(z+w)}{2d}, e^{-\left(\frac{\pi}{d}\right)^2\eta_z\tau}\right\}\right]dwd\tau-$$

$$-\frac{\pi}{\vartheta d\phi c_t}\sum_{m=0}^{\infty}\ni_m\cos(\xi_m\theta)\times$$

$$\times\sum_{n=1}^{\infty}\frac{\xi_n\left\{\xi_n J'_{\mathcal{M}}(\xi_n a)-\lambda J_{\mathcal{M}}(\xi_n a)\right\}^2\mathcal{V}_{\mathcal{NM}}(\xi r,b)}{\left[\left\{1-\left(\frac{\mathcal{M}}{\xi_n b}\right)^2\right\}\left\{\xi_n J'_{\mathcal{M}}(\xi_n a)-\lambda J_{\mathcal{M}}(\xi_n a)\right\}^2-\left\{\xi_n^2+\lambda^2-\left(\frac{\mathcal{M}}{a}\right)^2\right\}J'^2_{\mathcal{M}}(\xi_n b)\right]}\times$$

$$\times\int_0^t e^{-\eta_r\xi_n^2\tau}\int_0^d\overline{\psi}_b(\xi_m,w,t-\tau)\left[\Theta_3\left\{\frac{\pi(z-w)}{2d}, e^{-\left(\frac{\pi}{d}\right)^2\eta_z\tau}\right\}+\Theta_3\left\{\frac{\pi(z+w)}{2d}, e^{-\left(\frac{\pi}{d}\right)^2\eta_z\tau}\right\}\right]dwd\tau-$$

$$-\frac{\pi^2}{\vartheta d\phi c_t}\sum_{m=0}^{\infty}\ni_m\cos(\xi_m\theta)\times$$

$$\times\sum_{n=1}^{\infty}\frac{\xi_n^2\left\{\xi_n J'_{\mathcal{M}}(\xi_n a)-\lambda J_{\mathcal{M}}(\xi_n a)\right\}^2\mathcal{V}_{\mathcal{NM}}(\xi r,b)}{\left[\left\{1-\left(\frac{\mathcal{M}}{\xi_n b}\right)^2\right\}\left\{\xi_n J'_{\mathcal{M}}(\xi_n a)-\lambda J_{\mathcal{M}}(\xi_n a)\right\}^2-\left\{\xi_n^2+\lambda^2-\left(\frac{\mathcal{M}}{a}\right)^2\right\}J'^2_{\mathcal{M}}(\xi_n b)\right]}\times$$

$$\times\int_0^t\left\{\Theta_3\left(\frac{\pi z}{2d}, e^{-\left(\frac{\pi}{d}\right)^2\eta_z\tau}\right)\overline{\overline{\psi}}_{\theta 0}(\xi_n,\xi_m,t-\tau)-\Theta_4\left(\frac{\pi z}{2d}, e^{-\left(\frac{\pi}{d}\right)^2\eta_z\tau}\right)\overline{\overline{\psi}}_{\theta d}(\xi_n,\xi_m,t-\tau)\right\}e^{-\eta_r\xi_n^2\tau}d\tau+$$

$$+\frac{\pi^2}{2\vartheta d\phi c_t}\sum_{m=0}^{\infty}\ni_m\cos(\xi_m\theta)\times$$

$$\times\sum_{n=1}^{\infty}\frac{\xi_n^2\left\{\xi_n J'_{\mathcal{M}}(\xi_n a)-\lambda J_{\mathcal{M}}(\xi_n a)\right\}^2\mathcal{V}_{\mathcal{NM}}(\xi r,b)}{\left[\left\{1-\left(\frac{\mathcal{M}}{\xi_n b}\right)^2\right\}\left\{\xi_n J'_{\mathcal{M}}(\xi_n a)-\lambda J_{\mathcal{M}}(\xi_n a)\right\}^2-\left\{\xi_n^2+\lambda^2-\left(\frac{\mathcal{M}}{a}\right)^2\right\}J'^2_{\mathcal{M}}(\xi_n b)\right]}\times$$

$$\times\int_0^a\frac{\mathcal{V}_{\mathcal{NM}}(\xi_n u,a)}{u}\int_0^d\int_0^t e^{-\eta_r\xi_n^2\tau}\left\{\psi_{0z}(u,w,t-\tau)+(-1)^{m+1}\psi_{\vartheta z}(u,w,t-\tau)\right\}\times$$

$$\times\left[\Theta_3\left\{\frac{\pi(z-w)}{2d}, e^{-\left(\frac{\pi}{d}\right)^2\eta_z\tau}\right\}+\Theta_3\left\{\frac{\pi(z+w)}{2d}, e^{-\left(\frac{\pi}{d}\right)^2\eta_z\tau}\right\}\right]d\tau dwdu+$$

$$+\frac{\pi^2}{2\vartheta d}\sum_{m=0}^{\infty}\ni_m\cos(\xi_m\theta)\times$$

$$\times\sum_{n=1}^{\infty}\frac{\xi_n^2\left\{\xi_n J'_{\mathcal{M}}(\xi_n a)-\lambda J_{\mathcal{M}}(\xi_n a)\right\}^2\mathcal{V}_{\mathcal{NM}}(\xi r,b)}{\left[\left\{1-\left(\frac{\mathcal{M}}{\xi_n b}\right)^2\right\}\left\{\xi_n J'_{\mathcal{M}}(\xi_n a)-\lambda J_{\mathcal{M}}(\xi_n a)\right\}^2-\left\{\xi_n^2+\lambda^2-\left(\frac{\mathcal{M}}{a}\right)^2\right\}J'^2_{\mathcal{M}}(\xi_n b)\right]}\times$$

$$\times\int_0^d\overline{\overline{\varphi}}(\xi_n,\xi_m,w)\left[\Theta_3\left\{\frac{\pi(z-w)}{2d}, e^{-\left(\frac{\pi}{d}\right)^2\eta_z t}\right\}+\Theta_3\left\{\frac{\pi(z+w)}{2d}, e^{-\left(\frac{\pi}{d}\right)^2\eta_z t}\right\}\right]dw \tag{29.67.2}$$

where $\overline{\psi}_a(\xi_m, w, t) = \int_0^{\vartheta} \psi_a(v, w, t)\cos(\xi_m v)dv$, $\overline{\psi}_b(\xi_m, w, t) = \int_0^{\vartheta} \psi_b(v, w, t)\cos(\xi_m v)dv$,
$\overline{\overline{\psi}}_{\theta 0}(\xi_n, \xi_m, t) = \int_0^a u\mathcal{V}_{\mathcal{NM}}(\xi_n u, a)\int_0^{\vartheta} \psi_0(u, v, t)\cos(\xi_m v)dvdu$ and
$\overline{\overline{\psi}}_{\theta d}(\xi_n, \xi_m, t) = \int_0^a u\mathcal{V}_{\mathcal{NM}}(\xi_n u, a)\int_0^{\vartheta} \psi_{\theta d}(u, v, t)\cos(\xi_m v)dvdu$.

29.68

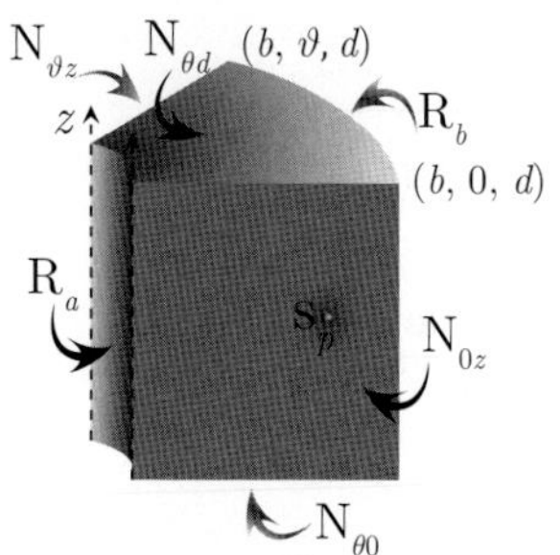

The problem of 29.60, except
$\mathbf{N_{\theta 0} \equiv \frac{\partial p(r,\theta,0,t)}{\partial z} = -\left(\frac{\mu}{k_z}\right)\psi_{\theta 0}(r,\theta,t)}$,
$\mathbf{N_{\theta d} \equiv \frac{\partial p(r,\theta,d,t)}{\partial z} = -\left(\frac{\mu}{k_z}\right)\psi_{\theta d}(r,\theta,t)}$,
$\mathbf{R_a \equiv \frac{\partial p(a,\theta,z,t)}{\partial r} - \lambda p(a,\theta,z,t) = -\left(\frac{\mu}{k_r}\right)\psi_a(\theta,z,t)}$,
$\mathbf{R_b \equiv \frac{\partial p(b,\theta,z,t)}{\partial r} + \lambda_b p(b,\theta,z,t) = -\left(\frac{\mu}{k_r}\right)\psi_b(\theta,z,t)}$,
$\mathbf{N_{0z} \equiv \frac{\partial p(r,0,z,t)}{\partial \theta} = -\left(\frac{\mu}{k_\theta}\right)\psi_{0z}(r,z,t)}$ **and**
$\mathbf{N_{\vartheta z} \equiv \frac{\partial p(r,\vartheta,z,t)}{\partial \theta} = -\left(\frac{\mu}{k_\theta}\right)\psi_{\vartheta z}(r,z,t)}$

$$
\begin{aligned}
\overline{p} = {} & \frac{\pi^2 q(s)e^{-st_0}}{2\vartheta\phi c_t\sqrt{\eta_z}}\sum_{m=0}^{\infty}\ni_m\cos(\xi_m\theta)\sum_{n=1}^{\infty}\frac{\xi_n^2\{\xi_n J'_{\mathcal{M}}(\xi_n b)+\lambda_b J_{\mathcal{M}}(\xi_n b)\}^2}{\sqrt{(\eta_r\xi_n^2+s)}}\times\\
& \times\frac{\{\xi_n\mathcal{V}_{\mathcal{NM}}(\xi_n r_0,a)-\lambda_a\mathcal{V}_{\mathcal{DM}}(\xi_n r_0,a)\}\{\xi_n\mathcal{V}_{\mathcal{NM}}(\xi_n r,a)-\lambda_a\mathcal{V}_{\mathcal{DM}}(\xi_n r,a)\}\operatorname{csch}\left(d\sqrt{\frac{\eta_r\xi_n^2+s}{\eta_z}}\right)}{\left[\left\{\xi_n^2+\lambda_b^2-\left(\frac{\mathcal{M}}{b}\right)^2\right\}\{\xi_n J'_{\mathcal{M}}(\xi_n a)-\lambda_a J_{\mathcal{M}}(\xi_n a)\}^2-\left\{\xi_n^2+\lambda_a^2-\left(\frac{\mathcal{M}}{a}\right)^2\right\}\{\xi_n J'_{\mathcal{M}}(\xi_n b)+\lambda J_{\mathcal{M}}(\xi_n b)\}^2\right]}\times\\
& \times\left[\cosh\left\{(d-|z-z_0|)\sqrt{\frac{\eta_r\xi_n^2+s}{\eta_z}}\right\}+\cosh\left\{(d-z-z_0)\sqrt{\frac{\eta_r\xi_n^2+s}{\eta_z}}\right\}\right]+\\
& +\frac{\pi}{\vartheta\phi c_t\sqrt{\eta_z}}\sum_{m=0}^{\infty}\ni_m\cos(\xi_m\theta)\times\\
& \times\sum_{n=1}^{\infty}\frac{\xi_n^2\{\xi_n J'_{\mathcal{M}}(\xi_n b)+\lambda_b J_{\mathcal{M}}(\xi_n b)\}^2\{\xi_n\mathcal{V}_{\mathcal{NM}}(\xi_n r,a)-\lambda_a\mathcal{V}_{\mathcal{DM}}(\xi_n r,a)\}\operatorname{csch}\left(d\sqrt{\frac{\eta_r\xi_n^2+s}{\eta_z}}\right)}{\left[\left\{\xi_n^2+\lambda_b^2-\left(\frac{\mathcal{M}}{b}\right)^2\right\}\{\xi_n J'_{\mathcal{M}}(\xi_n a)-\lambda_a J_{\mathcal{M}}(\xi_n a)\}^2-\left\{\xi_n^2+\lambda_a^2-\left(\frac{\mathcal{M}}{a}\right)^2\right\}\{\xi_n J'_{\mathcal{M}}(\xi_n b)+\lambda J_{\mathcal{M}}(\xi_n b)\}^2\right]}\times\\
& \times\frac{1}{\sqrt{\eta_r\xi_n^2+s}}\int_0^d\overline{\overline{\psi}}_a(\xi_m,w,s)\left[\cosh\left\{(d-|z-w|)\sqrt{\frac{\eta_r\xi_n^2+s}{\eta_z}}\right\}+\cosh\left\{(d-z-w)\sqrt{\frac{\eta_r\xi_n^2+s}{\eta_z}}\right\}\right]dw-\\
& -\frac{\pi}{\vartheta\phi c_t\sqrt{\eta_z}}\sum_{m=0}^{\infty}\ni_m\cos(\xi_m\theta)\times\\
& \times\sum_{n=1}^{\infty}\frac{\xi_n^2\{\xi_n J'_{\mathcal{M}}(\xi_n b)+\lambda_b J_{\mathcal{M}}(\xi_n b)\}\{\xi_n J'_{\mathcal{M}}(\xi_n a)+\lambda_a J_{\mathcal{M}}(\xi_n a)\}\{\xi_n\mathcal{V}_{\mathcal{NM}}(\xi_n r,a)-\lambda_a\mathcal{V}_{\mathcal{DM}}(\xi_n r,a)\}}{\left[\left\{\xi_n^2+\lambda_b^2-\left(\frac{\mathcal{M}}{b}\right)^2\right\}\{\xi_n J'_{\mathcal{M}}(\xi_n a)-\lambda_a J_{\mathcal{M}}(\xi_n a)\}^2-\left\{\xi_n^2+\lambda_a^2-\left(\frac{\mathcal{M}}{a}\right)^2\right\}\{\xi_n J'_{\mathcal{M}}(\xi_n b)+\lambda J_{\mathcal{M}}(\xi_n b)\}^2\right]}\times\\
& \times\frac{\operatorname{csch}\left(d\sqrt{\frac{\eta_r\xi_n^2+s}{\eta_z}}\right)}{\sqrt{\eta_r\xi_n^2+s}}\int_0^d\overline{\overline{\psi}}_b(\xi_m,w,s)\left[\cosh\left\{(d-|z-w|)\sqrt{\frac{\eta_r\xi_n^2+s}{\eta_z}}\right\}+\cosh\left\{(d-z-w)\sqrt{\frac{\eta_r\xi_n^2+s}{\eta_z}}\right\}\right]dw+\\
& +\frac{\pi^2}{\vartheta\phi c_t\sqrt{\eta_z}}\sum_{m=0}^{\infty}\ni_m\cos(\xi_m\theta)\times\\
& \times\sum_{n=1}^{\infty}\frac{\xi_n^2\{\xi_n J'_{\mathcal{M}}(\xi_n b)+\lambda_b J_{\mathcal{M}}(\xi_n b)\}^2\{\xi_n\mathcal{V}_{\mathcal{NM}}(\xi_n r,a)-\lambda_a\mathcal{V}_{\mathcal{DM}}(\xi_n r,a)\}\operatorname{csch}\left(d\sqrt{\frac{\eta_r\xi_n^2+s}{\eta_z}}\right)}{\left[\left\{\xi_n^2+\lambda_b^2-\left(\frac{\mathcal{M}}{b}\right)^2\right\}\{\xi_n J'_{\mathcal{M}}(\xi_n a)-\lambda_a J_{\mathcal{M}}(\xi_n a)\}^2-\left\{\xi_n^2+\lambda_a^2-\left(\frac{\mathcal{M}}{a}\right)^2\right\}\{\xi_n J'_{\mathcal{M}}(\xi_n b)+\lambda J_{\mathcal{M}}(\xi_n b)\}^2\right]}\times\\
& \times\frac{1}{\sqrt{\eta_r\xi_n^2+s}}\left[\overline{\overline{\overline{\psi}}}_{\theta 0}(\xi_n,\xi_m,s)\cosh\left\{(d-z)\sqrt{\frac{\eta_r\xi_n^2+s}{\eta_z}}\right\}-\overline{\overline{\overline{\psi}}}_{\theta d}(\xi_n,\xi_m,s)\cosh\left\{z\sqrt{\frac{\eta_r\xi_n^2+s}{\eta_z}}\right\}\right]+
\end{aligned}
$$

$$+\frac{2\pi^2}{\vartheta d\phi c_t\sqrt{\eta_z}}\sum_{m=0}^{\infty}\ni_m\cos(\xi_m\theta)\times$$

$$\times\sum_{n=1}^{\infty}\frac{\xi_n^2\left\{\xi_nJ'_{\mathcal{M}}(\xi_nb)+\lambda_bJ_{\mathcal{M}}(\xi_nb)\right\}^2\left\{\xi_n\mathcal{V}_{\mathcal{NM}}(\xi_nr,a)-\lambda_a\mathcal{V}_{\mathcal{DM}}(\xi_nr,a)\right\}\operatorname{csch}\left(d\sqrt{\frac{\eta_r\xi_n^2+s}{\eta_z}}\right)}{\left[\left\{\xi_n^2+\lambda_b^2-\left(\frac{\mathcal{M}}{b}\right)^2\right\}\left\{\xi_nJ'_{\mathcal{M}}(\xi_na)-\lambda_aJ_{\mathcal{M}}(\xi_na)\right\}^2-\left\{\xi_n^2+\lambda_a^2-\left(\frac{\mathcal{M}}{a}\right)^2\right\}\left\{\xi_nJ'_{\mathcal{M}}(\xi_nb)+\lambda J_{\mathcal{M}}(\xi_nb)\right\}^2\right]}\times$$

$$\times\frac{1}{\sqrt{\eta_r\xi_n^2+s}}\int_0^a\frac{\mathcal{V}_{\mathcal{NM}}(\xi_nu,a)}{u}\int_0^d\left\{\overline{\psi}_{0z}(u,w,s)+(-1)^{m+1}\overline{\psi}_{\vartheta z}(u,w,s)\right\}\times$$

$$\times\left[\cosh\left\{(d-|z-w|)\sqrt{\frac{\eta_r\xi_n^2+s}{\eta_z}}\right\}+\cosh\left\{(d-z-w)\sqrt{\frac{\eta_r\xi_n^2+s}{\eta_z}}\right\}\right]dwdu+$$

$$+\frac{\pi^2}{2\vartheta\sqrt{\eta_z}}\sum_{m=0}^{\infty}\ni_m\cos(\xi_m\theta)\times$$

$$\times\sum_{n=1}^{\infty}\frac{\xi_n^2\left\{\xi_nJ'_{\mathcal{M}}(\xi_nb)+\lambda_bJ_{\mathcal{M}}(\xi_nb)\right\}^2\left\{\xi_n\mathcal{V}_{\mathcal{NM}}(\xi_nr,a)-\lambda_a\mathcal{V}_{\mathcal{DM}}(\xi_nr,a)\right\}\operatorname{csch}\left(d\sqrt{\frac{\eta_r\xi_n^2+s}{\eta_z}}\right)}{\left[\left\{\xi_n^2+\lambda_b^2-\left(\frac{\mathcal{M}}{b}\right)^2\right\}\left\{\xi_nJ'_{\mathcal{M}}(\xi_na)-\lambda_aJ_{\mathcal{M}}(\xi_na)\right\}^2-\left\{\xi_n^2+\lambda_a^2-\left(\frac{\mathcal{M}}{a}\right)^2\right\}\left\{\xi_nJ'_{\mathcal{M}}(\xi_nb)+\lambda J_{\mathcal{M}}(\xi_nb)\right\}^2\right]}\times$$

$$\times\frac{1}{\sqrt{\eta_r\xi_n^2+s}}\int_0^d\overline{\overline{\varphi}}(\xi_n,\xi_m,w)\left[\cosh\left\{(d-|z-w|)\sqrt{\frac{\eta_r\xi_n^2+s}{\eta_z}}\right\}+\cosh\left\{(d-z-w)\sqrt{\frac{\eta_r\xi_n^2+s}{\eta_z}}\right\}\right]dw \tag{29.68.1}$$

where the eigenvalues ξ_n, $n=1,2,...$, are the positive roots of
$\lambda_a\left\{\mathcal{V}'_{\mathcal{DM}}(\xi_nb,a)+\lambda_b\mathcal{V}_{\mathcal{DM}}(\xi_nb,a)\right\}-\xi_n\left\{\mathcal{V}'_{\mathcal{NM}}(\xi_nb,a)+\lambda_b\mathcal{V}_{\mathcal{NM}}(\xi_nb,a)\right\}=0$, $\xi_l=\frac{l\pi}{d}, l=1,2,...,$
$\xi_m=\frac{m\pi}{d}, m=0,1,...,$ $\overline{\overline{\overline{\psi}}}_{\theta 0}(\xi_n,\xi_m,s)=\int_0^a u\{\xi_n\mathcal{V}_{\mathcal{NM}}(\xi_nu,a)-\lambda_a\mathcal{V}_{\mathcal{DM}}(\xi_nu,a)\}\int_0^{\vartheta}\overline{\psi}_0(u,v,s)\cos(\xi_mv)dvdu$,
$\overline{\overline{\overline{\psi}}}_{\theta d}(\xi_n,\xi_m,s)=\int_0^a u\left\{\xi_n\mathcal{V}_{\mathcal{NM}}(\xi_nu,a)-\lambda_a\mathcal{V}_{\mathcal{DM}}(\xi_nu,a)\right\}\int_0^{\vartheta}\overline{\psi}_{\theta d}(u,v,s)\cos(\xi_mv)dvdu$,
$\overline{\overline{\psi}}_a(\xi_m,w,s)=\int_0^{\vartheta}\overline{\psi}_a(v,w,s)\cos(\xi_mv)dv$, $\overline{\overline{\psi}}_b(\xi_m,w,s)=\int_0^{\vartheta}\overline{\psi}_b(v,w,s)\cos(\xi_mv)dv$ and
$\overline{\overline{\varphi}}(\xi_n,\xi_m,w)=\int_0^a u\left\{\xi_n\mathcal{V}_{\mathcal{NM}}(\xi_nu,a)-\lambda_a\mathcal{V}_{\mathcal{DM}}(\xi_nu,a)\right\}\int_0^{\vartheta}\varphi(u,v,w)\cos(\xi_mv)dvdu$.

$$p=\frac{U(t-t_0)\pi^2}{2\vartheta d\phi c_t}\sum_{m=0}^{\infty}\ni_m\cos(\xi_m\theta)\times$$

$$\times\sum_{n=1}^{\infty}\frac{\xi_n^2\left\{\xi_nJ'_{\mathcal{M}}(\xi_nb)+\lambda_bJ_{\mathcal{M}}(\xi_nb)\right\}^2\left\{\xi_n\mathcal{V}_{\mathcal{NM}}(\xi_nr_0,a)-\lambda_a\mathcal{V}_{\mathcal{DM}}(\xi_nr_0,a)\right\}}{\left[\left\{\xi_n^2+\lambda_b^2-\left(\frac{\mathcal{M}}{b}\right)^2\right\}\left\{\xi_nJ'_{\mathcal{M}}(\xi_na)-\lambda_aJ_{\mathcal{M}}(\xi_na)\right\}^2-\left\{\xi_n^2+\lambda_a^2-\left(\frac{\mathcal{M}}{a}\right)^2\right\}\left\{\xi_nJ'_{\mathcal{M}}(\xi_nb)+\lambda J_{\mathcal{M}}(\xi_nb)\right\}^2\right]}\times$$

$$\times\left\{\xi_n\mathcal{V}_{\mathcal{NM}}(\xi_nr,a)-\lambda_a\mathcal{V}_{\mathcal{DM}}(\xi_nr,a)\right\}\times$$

$$\times\int_0^{t-t_0}q(t-t_0-\tau)\left[\Theta_3\left\{\frac{\pi(z-z_0)}{2d},e^{-\left(\frac{\pi}{d}\right)^2\eta_z\tau}\right\}+\Theta_3\left\{\frac{\pi(z+z_0)}{2d},e^{-\left(\frac{\pi}{d}\right)^2\eta_z\tau}\right\}\right]e^{-\eta_r\xi_n^2\tau}d\tau+$$

$$+\frac{\pi}{\vartheta d\phi c_t}\sum_{m=0}^{\infty}\ni_m\cos(\xi_m\theta)\times$$

$$\times\sum_{n=1}^{\infty}\frac{\xi_n^2\left\{\xi_nJ'_{\mathcal{M}}(\xi_nb)+\lambda_bJ_{\mathcal{M}}(\xi_nb)\right\}^2\left\{\xi_n\mathcal{V}_{\mathcal{NM}}(\xi_nr,a)-\lambda_a\mathcal{V}_{\mathcal{DM}}(\xi_nr,a)\right\}}{\left[\left\{\xi_n^2+\lambda_b^2-\left(\frac{\mathcal{M}}{b}\right)^2\right\}\left\{\xi_nJ'_{\mathcal{M}}(\xi_na)-\lambda_aJ_{\mathcal{M}}(\xi_na)\right\}^2-\left\{\xi_n^2+\lambda_a^2-\left(\frac{\mathcal{M}}{a}\right)^2\right\}\left\{\xi_nJ'_{\mathcal{M}}(\xi_nb)+\lambda J_{\mathcal{M}}(\xi_nb)\right\}^2\right]}\times$$

$$\times\int_0^t e^{-\eta_r\xi_n^2\tau}\int_0^d\overline{\overline{\psi}}_a(\xi_m,w,t-\tau)\left[\Theta_3\left\{\frac{\pi(z-w)}{2d},e^{-\left(\frac{\pi}{d}\right)^2\eta_z\tau}\right\}+\Theta_3\left\{\frac{\pi(z+w)}{2d},e^{-\left(\frac{\pi}{d}\right)^2\eta_z\tau}\right\}\right]dwd\tau-$$

$$-\frac{\pi}{\vartheta d\phi c_t}\sum_{m=0}^{\infty}\ni_m\cos(\xi_m\theta)\times$$

$$\times \sum_{n=1}^{\infty} \frac{\xi_n^2 \{\xi_n J'_{\mathcal{M}}(\xi_n b) + \lambda_b J_{\mathcal{M}}(\xi_n b)\} \{\xi_n J'_{\mathcal{M}}(\xi_n a) + \lambda_a J_{\mathcal{M}}(\xi_n a)\} \{\xi_n \mathcal{V}_{\mathcal{NM}}(\xi_n r, a) - \lambda_a \mathcal{V}_{\mathcal{DM}}(\xi_n r, a)\}}{\left[\left\{\xi_n^2+\lambda_b^2-\left(\frac{\mathcal{M}}{b}\right)^2\right\}\{\xi_n J'_{\mathcal{M}}(\xi_n a)-\lambda_a J_{\mathcal{M}}(\xi_n a)\}^2-\left\{\xi_n^2+\lambda_a^2-\left(\frac{\mathcal{M}}{a}\right)^2\right\}\{\xi_n J'_{\mathcal{M}}(\xi_n b)+\lambda J_{\mathcal{M}}(\xi_n b)\}^2\right]} \times$$

$$\times \int_0^t e^{-\eta_r \xi_n^2 \tau} \int_0^d \overline{\psi}_b(\xi_m, w, t-\tau) \left[\Theta_3 \left\{\frac{\pi(z-w)}{2d}, e^{-\left(\frac{\pi}{d}\right)^2 \eta_z \tau}\right\} + \Theta_3 \left\{\frac{\pi(z+w)}{2d}, e^{-\left(\frac{\pi}{d}\right)^2 \eta_z \tau}\right\}\right] dw d\tau -$$

$$-\frac{\pi^2}{\vartheta d \phi c_t} \sum_{m=0}^{\infty} \ni_m \cos(\xi_m \theta) \times$$

$$\times \sum_{n=1}^{\infty} \frac{\xi_n^2 \{\xi_n J'_{\mathcal{M}}(\xi_n b) + \lambda_b J_{\mathcal{M}}(\xi_n b)\}^2 \{\xi_n \mathcal{V}_{\mathcal{NM}}(\xi_n r, a) - \lambda_a \mathcal{V}_{\mathcal{DM}}(\xi_n r, a)\}}{\left[\left\{\xi_n^2+\lambda_b^2-\left(\frac{\mathcal{M}}{b}\right)^2\right\}\{\xi_n J'_{\mathcal{M}}(\xi_n a)-\lambda_a J_{\mathcal{M}}(\xi_n a)\}^2-\left\{\xi_n^2+\lambda_a^2-\left(\frac{\mathcal{M}}{a}\right)^2\right\}\{\xi_n J'_{\mathcal{M}}(\xi_n b)+\lambda J_{\mathcal{M}}(\xi_n b)\}^2\right]} \times$$

$$\times \int_0^t \left\{\Theta_3\left(\frac{\pi z}{2d}, e^{-\left(\frac{\pi}{d}\right)^2 \eta_z \tau}\right) \overline{\overline{\psi}}_{\theta 0}(\xi_n, \xi_m, t-\tau) - \Theta_4\left(\frac{\pi z}{2d}, e^{-\left(\frac{\pi}{d}\right)^2 \eta_z \tau}\right) \overline{\overline{\psi}}_{\theta d}(\xi_n, \xi_m, t-\tau)\right\} e^{-\eta_r \xi_n^2 \tau} d\tau +$$

$$+\frac{\pi^2}{2\vartheta d \phi c_t} \sum_{m=0}^{\infty} \ni_m \cos(\xi_m \theta) \times$$

$$\times \sum_{n=1}^{\infty} \frac{\xi_n^2 \{\xi_n J'_{\mathcal{M}}(\xi_n b) + \lambda_b J_{\mathcal{M}}(\xi_n b)\}^2 \{\xi_n \mathcal{V}_{\mathcal{NM}}(\xi_n r, a) - \lambda_a \mathcal{V}_{\mathcal{DM}}(\xi_n r, a)\}}{\left[\left\{\xi_n^2+\lambda_b^2-\left(\frac{\mathcal{M}}{b}\right)^2\right\}\{\xi_n J'_{\mathcal{M}}(\xi_n a)-\lambda_a J_{\mathcal{M}}(\xi_n a)\}^2-\left\{\xi_n^2+\lambda_a^2-\left(\frac{\mathcal{M}}{a}\right)^2\right\}\{\xi_n J'_{\mathcal{M}}(\xi_n b)+\lambda J_{\mathcal{M}}(\xi_n b)\}^2\right]} \times$$

$$\times \int_0^a \frac{\mathcal{V}_{\mathcal{NM}}(\xi_n u, a)}{u} \int_0^d \int_0^t e^{-\eta_r \xi_n^2 \tau} \left\{\psi_{0z}(u, w, t-\tau) + (-1)^{m+1} \psi_{\vartheta z}(u, w, t-\tau)\right\} \times$$

$$\times \left[\Theta_3 \left\{\frac{\pi(z-w)}{2d}, e^{-\left(\frac{\pi}{d}\right)^2 \eta_z \tau}\right\} + \Theta_3 \left\{\frac{\pi(z+w)}{2d}, e^{-\left(\frac{\pi}{d}\right)^2 \eta_z \tau}\right\}\right] d\tau dw du +$$

$$+\frac{\pi^2}{2\vartheta d} \sum_{m=0}^{\infty} \ni_m \cos(\xi_m \theta) \times$$

$$\times \sum_{n=1}^{\infty} \frac{\xi_n^2 \{\xi_n J'_{\mathcal{M}}(\xi_n b) + \lambda_b J_{\mathcal{M}}(\xi_n b)\}^2 \{\xi_n \mathcal{V}_{\mathcal{NM}}(\xi_n r, a) - \lambda_a \mathcal{V}_{\mathcal{DM}}(\xi_n r, a)\}}{\left[\left\{\xi_n^2+\lambda_b^2-\left(\frac{\mathcal{M}}{b}\right)^2\right\}\{\xi_n J'_{\mathcal{M}}(\xi_n a)-\lambda_a J_{\mathcal{M}}(\xi_n a)\}^2-\left\{\xi_n^2+\lambda_a^2-\left(\frac{\mathcal{M}}{a}\right)^2\right\}\{\xi_n J'_{\mathcal{M}}(\xi_n b)+\lambda J_{\mathcal{M}}(\xi_n b)\}^2\right]} \times$$

$$\times \int_0^d \overline{\overline{\varphi}}(\xi_n, \xi_m, w) \left[\Theta_3 \left\{\frac{\pi(z-w)}{2d}, e^{-\left(\frac{\pi}{d}\right)^2 \eta_z t}\right\} + \Theta_3 \left\{\frac{\pi(z+w)}{2d}, e^{-\left(\frac{\pi}{d}\right)^2 \eta_z t}\right\}\right] dw \qquad (29.68.2)$$

where $\overline{\psi}_a(\xi_m, w, t) = \int_0^\vartheta \psi_a(v, w, t)\cos(\xi_m v)dv$, $\overline{\psi}_b(\xi_m, w, t) = \int_0^\vartheta \psi_b(v, w, t)\cos(\xi_m v)dv$, $\overline{\overline{\psi}}_{\theta 0}(\xi_n, \xi_m, t) = \int_0^a r\{\xi_n \mathcal{V}_{\mathcal{NM}}(\xi_n u, a) - \lambda_a \mathcal{V}_{\mathcal{DM}}(\xi_n u, a)\} \int_0^\vartheta \psi_0(u, v, t)\cos(\xi_m v)dudv$ and $\overline{\overline{\psi}}_{\theta d}(\xi_n, \xi_m, t) = \int_0^a u\{\xi_n \mathcal{V}_{\mathcal{NM}}(\xi_n u, a) - \lambda_a \mathcal{V}_{\mathcal{DM}}(\xi_n u, a)\} \int_0^\vartheta \psi_{\theta d}(u, v, t)\cos(\xi_m v)dvdu$.

29.69

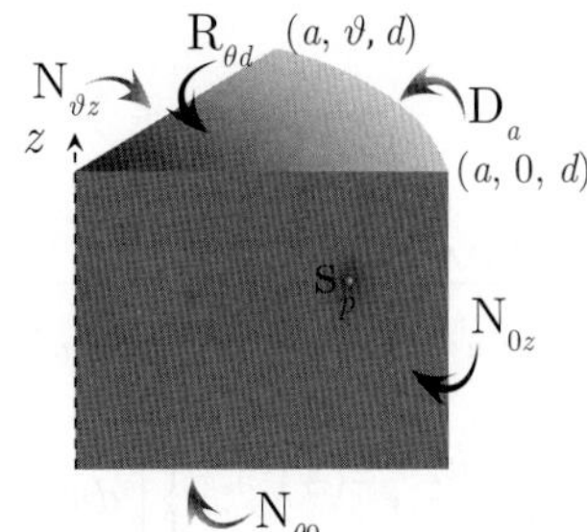

A cylindrical continuum bounded by $0 \le r \le a$ and $0 \le z \le d$ and $0 \le \theta \le \vartheta$; $\vartheta < 2\pi$. Point source at $s_p \equiv (r_0, \theta_0, z_0)$ at time $t = t_0$; $0 < r_0 < a$, $0 \le \theta_0 \le \vartheta$, $0 < z_0 < d$, $t_0 \ge 0$. $D_a \equiv p(a, \theta, z, t) = \psi_a(\theta, z, t)$, $N_{\theta 0} \equiv \frac{\partial p(r,\theta,0,t)}{\partial z} = -\left(\frac{\mu}{k_z}\right)\psi_{\theta 0}(r, \theta, t)$, $R_{\theta d} \equiv \frac{\partial p(r,\theta,d,t)}{\partial z} + \lambda_d p(r, \theta, d, t) = -\left(\frac{\mu}{k_z}\right)\psi_{\theta d}(r, \theta, t)$, $N_{0z} \equiv \frac{\partial p(r,0,z,t)}{\partial \theta} = -\left(\frac{\mu}{k_\theta}\right)\psi_{0z}(r, z, t)$ and $N_{\vartheta z} \equiv \frac{\partial p(r,\vartheta,z,t)}{\partial \theta} = -\left(\frac{\mu}{k_\theta}\right)\psi_{\vartheta z}(r, z, t)$. $p(r, \theta, z, 0) = \varphi(r, \theta, z)$

$$\overline{p} = \frac{8q(s)e^{-st_0}}{\vartheta a^2 \phi c_t} \sum_{m=0}^{\infty} \ni_m \cos(\xi_m \theta) \sum_{n=1}^{\infty} \frac{J_{\mathcal{M}}(\xi_n r_0) J_{\mathcal{M}}(\xi_n r)}{J_{\mathcal{M}}'^2(\xi_n a)} \sum_{l=1}^{\infty} \frac{(\xi_l^2 + \lambda_d^2)\cos(\xi_l z_0)\cos(\xi_l z)}{\{d(\xi_l^2 + \lambda_d^2) + \lambda_d\}(\eta_r \xi_n^2 + \eta_z \xi_l^2 + s)} -$$

$$-\frac{8\eta_r}{\vartheta a}\sum_{m=0}^{\infty}\ni_m\cos(\xi_m\theta)\sum_{n=1}^{\infty}\frac{\xi_n J_{\mathcal{M}}(\xi_n r)}{J'_{\mathcal{M}}(\xi_n a)}\sum_{l=1}^{\infty}\frac{\overline{\overline{\overline{\psi}}}_a(\xi_m,\xi_l,s)\left(\xi_l^2+\lambda_d^2\right)\cos(\xi_l z)}{\left\{d\left(\xi_l^2+\lambda_d^2\right)+\lambda_d\right\}\left(\eta_r\xi_n^2+\eta_z\xi_l^2+s\right)}+$$

$$+\frac{8}{\vartheta a^2\phi c_t}\sum_{m=0}^{\infty}\ni_m\cos(\xi_m\theta)\times$$

$$\times\sum_{n=1}^{\infty}\frac{J_{\mathcal{M}}(\xi_n r)}{J'^2_{\mathcal{M}}(\xi_n a)}\sum_{l=1}^{\infty}\frac{\left(\xi_l^2+\lambda_d^2\right)\left\{\overline{\overline{\overline{\psi}}}_{\theta 0}(\xi_n,\xi_m,s)-\cos(\xi_l d)\overline{\overline{\overline{\psi}}}_{\theta d}(\xi_n,\xi_m,s)\right\}\cos(\xi_l z)}{\left\{d\left(\xi_l^2+\lambda_d^2\right)+\lambda_d\right\}\left(\eta_r\xi_n^2+\eta_z\xi_l^2+s\right)}+$$

$$+\frac{8}{\vartheta a^2\phi c_t}\sum_{m=0}^{\infty}\ni_m\cos(\xi_m\theta)\sum_{n=1}^{\infty}\frac{J_{\mathcal{M}}(\xi_n r)}{J'^2_{\mathcal{M}}(\xi_n a)}\times$$

$$\times\int_0^a\frac{J_{\mathcal{M}}(\xi_n u)}{u}\int_0^d\int_0^t e^{-\eta_r\xi_n^2\tau}\left\{\psi_{0z}(u,w,t-\tau)+(-1)^{m+1}\psi_{\vartheta z}(u,w,t-\tau)\right\}\times$$

$$\times\sum_{l=1}^{\infty}\frac{\left(\xi_l^2+\lambda_d^2\right)\cos(\xi_l w)\cos(\xi_l z)\,e^{-\eta_z\xi_l^2\tau}}{\left\{d\left(\xi_l^2+\lambda_d^2\right)+\lambda_d\right\}}d\tau dw du+$$

$$+\frac{8}{\vartheta a^2}\sum_{m=0}^{\infty}\ni_m\cos(\xi_m\theta)\sum_{n=1}^{\infty}\frac{J_{\mathcal{M}}(\xi_n r)}{J'^2_{\mathcal{M}}(\xi_n a)}\sum_{l=1}^{\infty}\frac{\overline{\overline{\overline{\varphi}}}(\xi_n,\xi_m,\xi_l)\left(\xi_l^2+\lambda_d^2\right)\cos(\xi_l z)}{\left\{d\left(\xi_l^2+\lambda_d^2\right)+\lambda_d\right\}\left(\eta_r\xi_n^2+\eta_z\xi_l^2+s\right)}\qquad(29.69.1)$$

where ξ_n are the positive roots of $J_{\mathcal{M}}(\xi_n a)=0$, $n=1,2,...$, ξ_l are the positive roots of $\xi_l\tan(\xi_l d)=-\lambda_d$, $l=1,2,...$, and $\xi_m=\frac{m\pi}{d}$, $m=0,1,....$ $\overline{\overline{\overline{\psi}}}_{\theta 0}(\xi_n,\xi_m,s)=\int_0^a uJ_{\mathcal{M}}(\xi_n u)\int_0^{\vartheta}\overline{\psi}_0(u,v,s)\cos(\xi_m v)dvdu$,
$\overline{\overline{\overline{\psi}}}_{\theta d}(\xi_n,\xi_m,s)=\int_0^a uJ_{\mathcal{M}}(\xi_n u)\int_0^{\vartheta}\overline{\psi}_{\theta d}(u,v,s)\cos(\xi_m v)dvdu$,
$\overline{\overline{\overline{\psi}}}_a(\xi_m,\xi_l,s)=\int_0^{\vartheta}\cos(\xi_m v)\int_0^d\overline{\psi}_a(v,w,s)\cos(\xi_l w)\,dwdv$ and
$\overline{\overline{\overline{\varphi}}}(\xi_n,\xi_m,\xi_l)=\int_0^a uJ_{\mathcal{M}}(\xi_n u)\int_0^{\vartheta}\cos(\xi_m v)\int_0^d\varphi(u,v,w)\cos(\xi_l w)\,dwdvdu$.

$$p=\frac{8U(t-t_0)}{\vartheta a^2\phi c_t}\sum_{m=0}^{\infty}\ni_m\cos(\xi_m\theta)\sum_{n=1}^{\infty}\frac{J_{\mathcal{M}}(\xi_n r_0)J_{\mathcal{M}}(\xi_n r)}{J'^2_{\mathcal{M}}(\xi_n a)}\times$$

$$\times\sum_{l=1}^{\infty}\frac{\left(\xi_l^2+\lambda_d^2\right)\cos(\xi_l z_0)\cos(\xi_l z)\int_0^{t-t_0}q(t-t_0-\tau)\,e^{-\left(\eta_r\xi_n^2+\eta_z\xi_l^2\right)\tau}d\tau}{\left\{d\left(\xi_l^2+\lambda_d^2\right)+\lambda_d\right\}}-$$

$$-\frac{8\eta_r}{\vartheta a}\sum_{m=0}^{\infty}\ni_m\cos(\xi_m\theta)\times$$

$$\times\sum_{n=1}^{\infty}\frac{\xi_n J_{\mathcal{M}}(\xi_n r)}{J'_{\mathcal{M}}(\xi_n a)}\sum_{l=1}^{\infty}\frac{\left(\xi_l^2+\lambda_d^2\right)\cos(\xi_l z)\int_0^t\overline{\overline{\psi}}_a(\xi_m,\xi_l,t-\tau)\,e^{-\left(\eta_r\xi_n^2+\eta_z\xi_l^2\right)\tau}d\tau}{\left\{d\left(\xi_l^2+\lambda_d^2\right)+\lambda_d\right\}}+$$

$$+\frac{8}{\vartheta a^2\phi c_t}\sum_{m=0}^{\infty}\ni_m\cos(\xi_m\theta)\sum_{n=1}^{\infty}\frac{J_{\mathcal{M}}(\xi_n r)}{J'^2_{\mathcal{M}}(\xi_n a)}\times$$

$$\times\sum_{l=1}^{\infty}\frac{\left(\xi_l^2+\lambda_d^2\right)\cos(\xi_l z)\int_0^t\left\{\overline{\overline{\psi}}_{\theta 0}(\xi_n,\xi_m,t-\tau)-\cos(\xi_l d)\overline{\overline{\psi}}_{\theta d}(\xi_n,\xi_m,t-\tau)\right\}e^{-\left(\eta_r\xi_n^2+\eta_z\xi_l^2\right)\tau}d\tau}{\left\{d\left(\xi_l^2+\lambda_d^2\right)+\lambda_d\right\}}+$$

$$+\frac{8}{\vartheta a^2\phi c_t}\sum_{m=0}^{\infty}\ni_m\cos(\xi_m\theta)\sum_{n=1}^{\infty}\frac{J_{\mathcal{M}}(\xi_n r)}{J'^2_{\mathcal{M}}(\xi_n a)}\times$$

$$\times\int_0^a\frac{J_{\mathcal{M}}(\xi_n u)}{u}\int_0^d\int_0^t e^{-\eta_r\xi_n^2\tau}\left\{\psi_{0z}(u,w,t-\tau)+(-1)^{m+1}\psi_{\vartheta z}(u,w,t-\tau)\right\}\times$$

$$\times \sum_{l=1}^{\infty} \frac{\left(\xi_l^2 + \lambda_d^2\right) \cos(\xi_l w) \cos(\xi_l z) e^{-\eta_z \xi_l^2 \tau}}{\left\{d\left(\xi_l^2 + \lambda_d^2\right) + \lambda_d\right\}} d\tau dw du +$$

$$+ \frac{8}{\vartheta a^2} \sum_{m=0}^{\infty} \ni_m \cos(\xi_m \theta) \sum_{n=1}^{\infty} \frac{J_{\mathcal{M}}(\xi_n r) e^{-\eta_r \xi_n^2 t}}{J_{\mathcal{M}}'^2(\xi_n a)} \sum_{l=1}^{\infty} \frac{\overline{\overline{\overline{\varphi}}}(\xi_n, \xi_m, \xi_l) \left(\xi_l^2 + \lambda_d^2\right) \cos(\xi_l z) e^{-\eta_z \xi_l^2 t}}{\left\{d\left(\xi_l^2 + \lambda_d^2\right) + \lambda_d\right\}} \quad (29.69.2)$$

where $\overline{\overline{\psi}}_a(\xi_m, \xi_l, t) = \int_0^{\vartheta} \cos(\xi_m v) \int_0^d \psi_a(v, w, t) \cos(\xi_l w) \, dw dv$,
$\overline{\overline{\psi}}_{\theta 0}(\xi_n, \xi_m, t) = \int_0^a u J_{\mathcal{M}}(\xi_n u) \int_0^{\vartheta} \psi_0(u, v, t) \cos(\xi_m v) dv du$ and
$\overline{\overline{\psi}}_{\theta d}(\xi_n, \xi_m, t) = \int_0^a u J_{\mathcal{M}}(\xi_n u) \int_0^{\vartheta} \psi_{\theta d}(u, v, t) \cos(\xi_m v) dv du$.

29.70

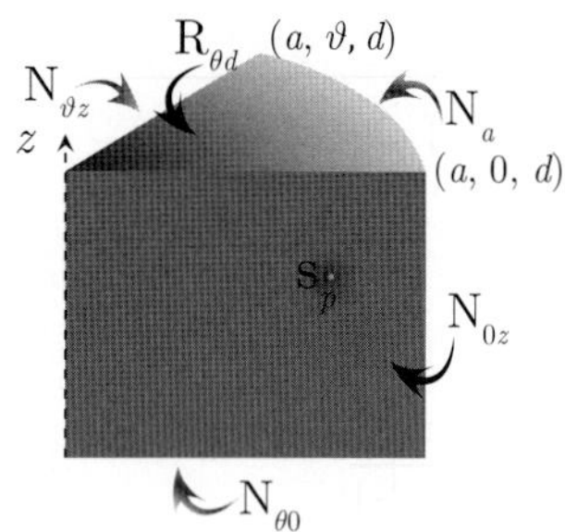

The problem of 29.69, except
$\mathbf{N}_a \equiv \frac{\partial p(a,\theta,z,t)}{\partial r} = -\left(\frac{\mu}{k_r}\right) \psi_a(\theta, z, t)$,
$\mathbf{N}_{\theta 0} \equiv \frac{\partial p(r,\theta,0,t)}{\partial z} = -\left(\frac{\mu}{k_z}\right) \psi_{\theta 0}(r, \theta, t)$,
$\mathbf{R}_{\theta d} \equiv \frac{\partial p(r,\theta,d,t)}{\partial z} + \lambda_d p(r, \theta, d, t) = -\left(\frac{\mu}{k_z}\right) \psi_{\theta d}(r, \theta, t)$,
$\mathbf{N}_{0z} \equiv \frac{\partial p(r,0,z,t)}{\partial \theta} = -\left(\frac{\mu}{k_\theta}\right) \psi_{0z}(r, z, t)$ **and**
$\mathbf{N}_{\vartheta z} \equiv \frac{\partial p(r,\vartheta,z,t)}{\partial \theta} = -\left(\frac{\mu}{k_\theta}\right) \psi_{\vartheta z}(r, z, t)$

$$\overline{p} = \frac{8q(s)e^{-st_0}}{\vartheta a^2 \phi c_t} \sum_{m=0}^{\infty} \ni_m \cos(\xi_m \theta) \sum_{n=0}^{\infty} \frac{J_{\mathcal{M}}(\xi_n r_0) J_{\mathcal{M}}(\xi_n r)}{\left\{1 - \left(\frac{\mathcal{M}}{\xi_n a}\right)^2\right\} J_{\mathcal{M}}^2(\xi_n a)} \sum_{l=1}^{\infty} \frac{\left(\xi_l^2 + \lambda_d^2\right) \cos(\xi_l z_0) \cos(\xi_l z)}{\left\{d\left(\xi_l^2 + \lambda_d^2\right) + \lambda_d\right\}\left(\eta_r \xi_n^2 + \eta_z \xi_l^2 + s\right)} -$$

$$- \frac{8}{\vartheta a \phi c_t} \sum_{m=0}^{\infty} \ni_m \cos(\xi_m \theta) \sum_{n=0}^{\infty} \frac{J_{\mathcal{M}}(\xi_n r)}{\left\{1 - \left(\frac{\mathcal{M}}{\xi_n a}\right)^2\right\} J_{\mathcal{M}}(\xi_n a)} \sum_{l=1}^{\infty} \frac{\overline{\overline{\psi}}_a(\xi_m, \xi_l, s) \left(\xi_l^2 + \lambda_d^2\right) \cos(\xi_l z)}{\left\{d\left(\xi_l^2 + \lambda_d^2\right) + \lambda_d\right\}\left(\eta_r \xi_n^2 + \eta_z \xi_l^2 + s\right)} +$$

$$+ \frac{8}{\vartheta a^2 \phi c_t} \sum_{m=0}^{\infty} \ni_m \cos(\xi_m \theta) \times$$

$$\times \sum_{n=0}^{\infty} \frac{J_{\mathcal{M}}(\xi_n r)}{\left\{1 - \left(\frac{\mathcal{M}}{\xi_n a}\right)^2\right\} J_{\mathcal{M}}^2(\xi_n a)} \sum_{l=1}^{\infty} \frac{\left(\xi_l^2 + \lambda_d^2\right) \left\{\overline{\overline{\psi}}_{\theta 0}(\xi_n, \xi_m, s) - \cos(\xi_l d) \overline{\overline{\psi}}_{\theta d}(\xi_n, \xi_m, s)\right\} \cos(\xi_l z)}{\left\{d\left(\xi_l^2 + \lambda_d^2\right) + \lambda_d\right\}\left(\eta_r \xi_n^2 + \eta_z \xi_l^2 + s\right)} +$$

$$+ \frac{8}{\vartheta a^2 \phi c_t} \sum_{m=0}^{\infty} \ni_m \cos(\xi_m \theta) \sum_{n=0}^{\infty} \frac{J_{\mathcal{M}}(\xi_n r)}{\left\{1 - \left(\frac{\mathcal{M}}{\xi_n a}\right)^2\right\} J_{\mathcal{M}}^2(\xi_n a)} \times$$

$$\times \int_0^a \frac{J_{\mathcal{M}}(\xi_n u)}{u} \int_0^d \left\{\overline{\psi}_{0z}(u, w, s) + (-1)^{m+1} \overline{\psi}_{\vartheta z}(u, w, s)\right\} \times$$

$$\times \sum_{l=1}^{\infty} \frac{\left(\xi_l^2 + \lambda_d^2\right) \cos(\xi_l w) \cos(\xi_l z)}{\left\{d\left(\xi_l^2 + \lambda_d^2\right) + \lambda_d\right\}\left(\eta_r \xi_n^2 + \eta_z \xi_l^2 + s\right)} dw du +$$

$$+ \frac{8}{\vartheta a^2} \sum_{m=0}^{\infty} \ni_m \cos(\xi_m \theta) \sum_{n=0}^{\infty} \frac{J_{\mathcal{M}}(\xi_n r)}{\left\{1 - \left(\frac{\mathcal{M}}{\xi_n a}\right)^2\right\} J_{\mathcal{M}}^2(\xi_n a)} \sum_{l=1}^{\infty} \frac{\overline{\overline{\overline{\varphi}}}(\xi_n, \xi_m, \xi_l) \left(\xi_l^2 + \lambda_d^2\right) \cos(\xi_l z)}{\left\{d\left(\xi_l^2 + \lambda_d^2\right) + \lambda_d\right\}\left(\eta_r \xi_n^2 + \eta_z \xi_l^2 + s\right)} \quad (29.70.1)$$

where ξ_n are the positive roots of $J_{\mathcal{M}}'(\xi_n a) = 0$, $n = 1, 2, ...$, ξ_l are the positive roots of $\xi_l \tan(\xi_l d) = -\lambda_d$, $l = 1, 2, ...$, $\xi_m = \frac{m\pi}{d}$, $m = 0, 1, ...$, $\overline{\overline{\overline{\psi}}}_{\theta 0}(\xi_n, \xi_m, s) = \int_0^a u J_{\mathcal{M}}(\xi_n u) \int_0^{\vartheta} \overline{\psi}_0(u, v, s) \cos(\xi_m v) dv du$,
$\overline{\overline{\overline{\psi}}}_{\theta d}(\xi_n, \xi_m, s) = \int_0^a u J_{\mathcal{M}}(\xi_n u) \int_0^{\vartheta} \overline{\psi}_{\theta d}(u, v, s) \cos(\xi_m v) dv du$,

$\overline{\overline{\overline{\psi}}}_a(\xi_m, \xi_l, s) = \int_0^{\vartheta} \cos(\xi_m v) \int_0^d \overline{\psi}_a(v, w, s) \cos(\xi_l w)\, dw dv$ and
$\overline{\overline{\overline{\varphi}}}(\xi_n, \xi_m, \xi_l) = \int_0^a u J_{\mathcal{M}}(\xi_n u) \int_0^{\vartheta} \cos(\xi_m v) \int_0^d \varphi(u, v, w) \cos(\xi_l w)\, dw dv du.$

$$
\begin{aligned}
p \;=\; & \frac{8U(t-t_0)}{\vartheta a^2 \phi c_t} \sum_{m=0}^{\infty} \ni_m \cos(\xi_m \theta) \sum_{n=0}^{\infty} \frac{J_{\mathcal{M}}(\xi_n r_0) J_{\mathcal{M}}(\xi_n r)}{\left\{1 - \left(\frac{\mathcal{M}}{\xi_n a}\right)^2\right\} J_{\mathcal{M}}^2(\xi_n a)} \times \\
& \times \sum_{l=1}^{\infty} \frac{\left(\xi_l^2 + \lambda_d^2\right) \cos(\xi_l z_0) \cos(\xi_l z) \int_0^{t-t_0} q(t - t_0 - \tau)\, e^{-\left(\eta_r \xi_n^2 + \eta_z \xi_l^2\right)\tau} d\tau}{\left\{d\left(\xi_l^2 + \lambda_d^2\right) + \lambda_d\right\}} - \\
& - \frac{8}{\vartheta a \phi c_t} \sum_{m=0}^{\infty} \ni_m \cos(\xi_m \theta) \times \\
& \times \sum_{n=0}^{\infty} \frac{J_{\mathcal{M}}(\xi_n r)}{\left\{1 - \left(\frac{\mathcal{M}}{\xi_n a}\right)^2\right\} J_{\mathcal{M}}(\xi_n a)} \sum_{l=1}^{\infty} \frac{\left(\xi_l^2 + \lambda_d^2\right) \cos(\xi_l z) \int_0^t \overline{\overline{\psi}}_a(\xi_m, \xi_l, t - \tau)\, e^{-\left(\eta_r \xi_n^2 + \eta_z \xi_l^2\right)\tau} d\tau}{\left\{d\left(\xi_l^2 + \lambda_d^2\right) + \lambda_d\right\}} + \\
& + \frac{8}{\vartheta a^2 \phi c_t} \sum_{m=0}^{\infty} \ni_m \cos(\xi_m \theta) \sum_{n=0}^{\infty} \frac{J_{\mathcal{M}}(\xi_n r)}{\left\{1 - \left(\frac{\mathcal{M}}{\xi_n a}\right)^2\right\} J_{\mathcal{M}}^2(\xi_n a)} \times \\
& \times \sum_{l=1}^{\infty} \frac{\left(\xi_l^2 + \lambda_d^2\right) \cos(\xi_l z) \int_0^t \left\{\overline{\overline{\psi}}_{\theta 0}(\xi_n, \xi_m, t - \tau) - \cos(\xi_l d)\, \overline{\overline{\psi}}_{\theta d}(\xi_n, \xi_m, t - \tau)\right\} e^{-\left(\eta_r \xi_n^2 + \eta_z \xi_l^2\right)\tau} d\tau}{\left\{d\left(\xi_l^2 + \lambda_d^2\right) + \lambda_d\right\}} + \\
& + \frac{8}{\vartheta a^2 \phi c_t} \sum_{m=0}^{\infty} \ni_m \cos(\xi_m \theta) \sum_{n=0}^{\infty} \frac{J_{\mathcal{M}}(\xi_n r)}{\left\{1 - \left(\frac{\mathcal{M}}{\xi_n a}\right)^2\right\} J_{\mathcal{M}}^2(\xi_n a)} \times \\
& \times \int_0^a \frac{J_{\mathcal{M}}(\xi_n u)}{u} \int_0^d \int_0^t e^{-\eta_r \xi_n^2 \tau} \left\{\psi_{0z}(u, w, t \quad \tau) + (-1)^{m+1} \psi_{\vartheta z}(u, w, t - \tau)\right\} \times \\
& \times \sum_{l=1}^{\infty} \frac{\left(\xi_l^2 + \lambda_d^2\right) \cos(\xi_l w) \cos(\xi_l z)\, e^{-\eta_z \xi_l^2 \tau}}{\left\{d\left(\xi_l^2 + \lambda_d^2\right) + \lambda_d\right\}} d\tau dw du + \\
& + \frac{8}{\vartheta a^2} \sum_{m=0}^{\infty} \ni_m \cos(\xi_m \theta) \sum_{n=0}^{\infty} \frac{J_{\mathcal{M}}(\xi_n r)\, e^{-\eta_r \xi_n^2 t}}{\left\{1 - \left(\frac{\mathcal{M}}{\xi_n a}\right)^2\right\} J_{\mathcal{M}}^2(\xi_n a)} \sum_{l=1}^{\infty} \frac{\overline{\overline{\overline{\varphi}}}(\xi_n, \xi_m, \xi_l) \left(\xi_l^2 + \lambda_d^2\right) \cos(\xi_l z)\, e^{-\eta_z \xi_l^2 t}}{\left\{d\left(\xi_l^2 + \lambda_d^2\right) + \lambda_d\right\}}
\end{aligned}
\tag{29.70.2}
$$

where $\overline{\overline{\psi}}_a(\xi_m, \xi_l, t) = \int_0^{\vartheta} \cos(\xi_m v) \int_0^d \psi_a(v, w, t) \cos(\xi_l w)\, dw dv$,
$\overline{\overline{\psi}}_{\theta 0}(\xi_n, \xi_m, t) = \int_0^a u J_{\mathcal{M}}(\xi_n u) \int_0^{\vartheta} \psi_0(u, v, t) \cos(\xi_m v) dv du$ and
$\overline{\overline{\psi}}_{\theta d}(\xi_n, \xi_m, t) = \int_0^a u J_{\mathcal{M}}(\xi_n u) \int_0^{\vartheta} \psi_{\theta d}(u, v, t) \cos(\xi_m v) dv du.$

29.71 The problem of 29.69, except
$\mathbf{R}_a \equiv \frac{\partial p(a,\theta,z,t)}{\partial r} + \lambda p(a, \theta, z, t) = -\left(\frac{\mu}{k_r}\right) \psi_a(\theta, z, t)$,
$\mathbf{N}_{\theta 0} \equiv \frac{\partial p(r,\theta,0,t)}{\partial z} = -\left(\frac{\mu}{k_z}\right) \psi_{\theta 0}(r, \theta, t)$,
$\mathbf{R}_{\theta d} \equiv \frac{\partial p(r,\theta,d,t)}{\partial z} + \lambda_d p(r, \theta, d, t) = -\left(\frac{\mu}{k_z}\right) \psi_{\theta d}(r, \theta, t)$,
$\mathbf{N}_{0z} \equiv \frac{\partial p(r,0,z,t)}{\partial \theta} = -\left(\frac{\mu}{k_\theta}\right) \psi_{0z}(r, z, t)$ **and**
$\mathbf{N}_{\vartheta z} \equiv \frac{\partial p(r,\vartheta,z,t)}{\partial \theta} = -\left(\frac{\mu}{k_\theta}\right) \psi_{\vartheta z}(r, z, t)$

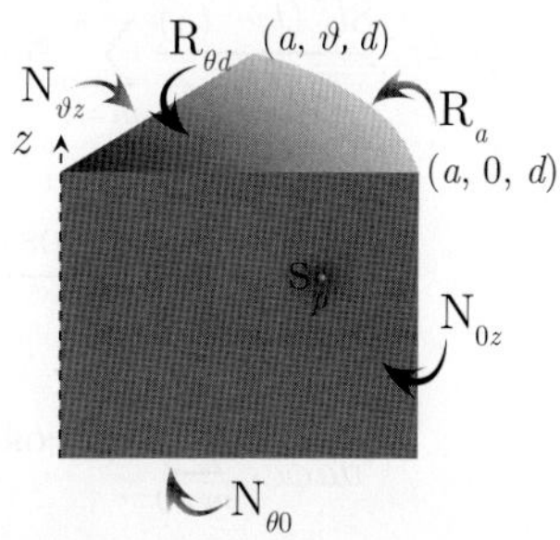

$$
\overline{p} = \frac{8q(s)\, e^{-st_0}}{\vartheta a^2 \phi c_t} \sum_{m=0}^{\infty} \ni_m \cos(\xi_m \theta) \times
$$

$$\times \sum_{n=1}^{\infty} \frac{J_{\mathcal{M}}(\xi_n r_0) J_{\mathcal{M}}(\xi_n r)}{\left[\left\{1-\left(\frac{\mathcal{M}}{\xi_n a}\right)^2\right\} J_{\mathcal{M}}^2(\xi_n a) + J_{\mathcal{M}}'^2(\xi_n a)\right]} \sum_{l=1}^{\infty} \frac{(\xi_l^2+\lambda_d^2)\cos(\xi_l z_0)\cos(\xi_l z)}{\{d(\xi_l^2+\lambda_d^2)+\lambda_d\}(\eta_r \xi_n^2 + \eta_z \xi_l^2 + s)} -$$

$$-\frac{8}{\vartheta a \phi c_t} \sum_{m=0}^{\infty} \ni_m \cos(\xi_m \theta) \times$$

$$\times \sum_{n=1}^{\infty} \frac{J_{\mathcal{M}}(\xi_n r)}{\left[\left\{1-\left(\frac{\mathcal{M}}{\xi_n a}\right)^2\right\} J_{\mathcal{M}}^2(\xi_n a) + J_{\mathcal{M}}'^2(\xi_n a)\right]} \sum_{l=1}^{\infty} \frac{\overline{\overline{\overline{\psi}}}_a(\xi_m, \xi_l, s)(\xi_l^2+\lambda_d^2)\cos(\xi_l z)}{\{d(\xi_l^2+\lambda_d^2)+\lambda_d\}(\eta_r \xi_n^2 + \eta_z \xi_l^2 + s)} +$$

$$+\frac{8}{\vartheta a^2 \phi c_t} \sum_{m=0}^{\infty} \ni_m \cos(\xi_m \theta) \sum_{n=1}^{\infty} \frac{J_{\mathcal{M}}(\xi_n r)}{\left[\left\{1-\left(\frac{\mathcal{M}}{\xi_n a}\right)^2\right\} J_{\mathcal{M}}^2(\xi_n a) + J_{\mathcal{M}}'^2(\xi_n a)\right]} \times$$

$$\times \sum_{l=1}^{\infty} \frac{(\xi_l^2+\lambda_d^2)\left\{\overline{\overline{\overline{\psi}}}_{\theta 0}(\xi_n, \xi_m, s) - \cos(\xi_l d)\,\overline{\overline{\overline{\psi}}}_{\theta d}(\xi_n, \xi_m, s)\right\}\cos(\xi_l z)}{\{d(\xi_l^2+\lambda_d^2)+\lambda_d\}(\eta_r \xi_n^2 + \eta_z \xi_l^2 + s)} +$$

$$+\frac{8}{\vartheta a^2 \phi c_t} \sum_{m=0}^{\infty} \ni_m \cos(\xi_m \theta) \sum_{n=1}^{\infty} \frac{J_{\mathcal{M}}(\xi_n r)}{\left[\left\{1-\left(\frac{\mathcal{M}}{\xi_n a}\right)^2\right\} J_{\mathcal{M}}^2(\xi_n a) + J_{\mathcal{M}}'^2(\xi_n a)\right]} \times$$

$$\times \int_0^a \frac{J_{\mathcal{M}}(\xi_n u)}{u} \int_0^d \left\{\overline{\psi}_{0z}(u, w, s) + (-1)^{m+1}\,\overline{\psi}_{\vartheta z}(u, w, s)\right\} \times$$

$$\times \sum_{l=1}^{\infty} \frac{(\xi_l^2+\lambda_d^2)\cos(\xi_l w)\cos(\xi_l z)}{\{d(\xi_l^2+\lambda_d^2)+\lambda_d\}(\eta_r \xi_n^2 + \eta_z \xi_l^2 + s)} dw du +$$

$$+\frac{8}{\vartheta a^2} \sum_{m=0}^{\infty} \ni_m \cos(\xi_m \theta) \times$$

$$\times \sum_{n=1}^{\infty} \frac{J_{\mathcal{M}}(\xi_n r)}{\left[\left\{1-\left(\frac{\mathcal{M}}{\xi_n a}\right)^2\right\} J_{\mathcal{M}}^2(\xi_n a) + J_{\mathcal{M}}'^2(\xi_n a)\right]} \sum_{l=1}^{\infty} \frac{\overline{\overline{\overline{\varphi}}}(\xi_n, \xi_m, \xi_l)(\xi_l^2+\lambda_d^2)\cos(\xi_l z)}{\{d(\xi_l^2+\lambda_d^2)+\lambda_d\}(\eta_r \xi_n^2 + \eta_z \xi_l^2 + s)} \quad (29.71.1)$$

where ξ_n are the positive roots of $\xi_n J'_{\mathcal{M}}(\xi_n a) + \lambda J_{\mathcal{M}}(\xi_n a) = 0$, ξ_l are the positive roots of $\xi_l \tan(\xi_l d) = -\lambda_d$, $l = 1, 2, ...$, $\xi_m = \frac{m\pi}{d}$, $m = 0, 1, ...$,
$\overline{\overline{\overline{\psi}}}_{\theta 0}(\xi_n, \xi_m, s) = \int_0^a u J_{\mathcal{M}}(\xi_n u) \int_0^{\vartheta} \overline{\psi}_0(u, v, s)\cos(\xi_m v) dv du$,
$\overline{\overline{\overline{\psi}}}_{\theta d}(\xi_n, \xi_m, s) = \int_0^a u J_{\mathcal{M}}(\xi_n u) \int_0^{\vartheta} \overline{\psi}_{\theta d}(u, v, s)\cos(\xi_m v) dv du$, and
$\overline{\overline{\overline{\psi}}}_a(\xi_m, \xi_l, s) = \int_0^{\vartheta} \cos(\xi_m v) \int_0^d \overline{\psi}_a(v, w, s)\cos(\xi_l w)\, dw dv$.

$$p = \frac{8U(t-t_0)}{\vartheta a^2 \phi c_t} \sum_{m=0}^{\infty} \ni_m \cos(\xi_m \theta) \sum_{n=1}^{\infty} \frac{J_{\mathcal{M}}(\xi_n r_0) J_{\mathcal{M}}(\xi_n r)}{\left[\left\{1-\left(\frac{\mathcal{M}}{\xi_n a}\right)^2\right\} J_{\mathcal{M}}^2(\xi_n a) + J_{\mathcal{M}}'^2(\xi_n a)\right]} \times$$

$$\times \sum_{l=1}^{\infty} \frac{(\xi_l^2+\lambda_d^2)\cos(\xi_l z_0)\cos(\xi_l z)\int_0^{t-t_0} q(t-t_0-\tau)\, e^{-(\eta_r \xi_n^2 + \eta_z \xi_l^2)\tau} d\tau}{\{d(\xi_l^2+\lambda_d^2)+\lambda_d\}} -$$

$$-\frac{8}{\vartheta a \phi c_t} \sum_{m=0}^{\infty} \ni_m \cos(\xi_m \theta) \sum_{n=1}^{\infty} \frac{J_{\mathcal{M}}(\xi_n r)}{\left[\left\{1-\left(\frac{\mathcal{M}}{\xi_n a}\right)^2\right\} J_{\mathcal{M}}^2(\xi_n a) + J_{\mathcal{M}}'^2(\xi_n a)\right]} \times$$

$$\times \sum_{l=1}^{\infty} \frac{(\xi_l^2+\lambda_d^2)\cos(\xi_l z)\int_0^t \overline{\overline{\psi}}_a(\xi_m, \xi_l, t-\tau)\, e^{-(\eta_r \xi_n^2 + \eta_z \xi_l^2)\tau} d\tau}{\{d(\xi_l^2+\lambda_d^2)+\lambda_d\}} +$$

$$+\frac{8}{\vartheta a^2\phi c_t}\sum_{m=0}^{\infty}\ni_m\cos(\xi_m\theta)\sum_{n=1}^{\infty}\frac{J_{\mathcal{M}}(\xi_n r)}{\left[\left\{1-\left(\frac{\mathcal{M}}{\xi_n a}\right)^2\right\}J_{\mathcal{M}}^2(\xi_n a)+J_{\mathcal{M}}'^2(\xi_n a)\right]}\times$$

$$\times\sum_{l=1}^{\infty}\frac{\left(\xi_l^2+\lambda_d^2\right)\cos(\xi_l z)\int_0^t\left\{\overline{\overline{\psi}}_{\theta 0}(\xi_n,\xi_m,t-\tau)-\cos(\xi_l d)\,\overline{\overline{\psi}}_{\theta d}(\xi_n,\xi_m,t-\tau)\right\}e^{-\left(\eta_r\xi_n^2+\eta_z\xi_l^2\right)\tau}d\tau}{\left\{d\left(\xi_l^2+\lambda_d^2\right)+\lambda_d\right\}}+$$

$$+\frac{8}{\vartheta a^2\phi c_t}\sum_{m=0}^{\infty}\ni_m\cos(\xi_m\theta)\sum_{n=1}^{\infty}\frac{J_{\mathcal{M}}(\xi_n r)}{\left[\left\{1-\left(\frac{\mathcal{M}}{\xi_n a}\right)^2\right\}J_{\mathcal{M}}^2(\xi_n a)+J_{\mathcal{M}}'^2(\xi_n a)\right]}\times$$

$$\times\int_0^a\frac{J_{\mathcal{M}}(\xi_n u)}{u}\int_0^d\int_0^t e^{-\eta_r\xi_n^2\tau}\left\{\psi_{0z}(u,w,t-\tau)+(-1)^{m+1}\psi_{\vartheta z}(u,w,t-\tau)\right\}\times$$

$$\times\sum_{l=1}^{\infty}\frac{\left(\xi_l^2+\lambda_d^2\right)\cos(\xi_l w)\cos(\xi_l z)\,e^{-\eta_z\xi_l^2\tau}}{\left\{d\left(\xi_l^2+\lambda_d^2\right)+\lambda_d\right\}}d\tau dw du+$$

$$+\frac{8}{\vartheta a^2}\sum_{m=0}^{\infty}\ni_m\cos(\xi_m\theta)\sum_{n=1}^{\infty}\frac{J_{\mathcal{M}}(\xi_n r)\,e^{-\eta_r\xi_n^2 t}}{\left[\left\{1-\left(\frac{\mathcal{M}}{\xi_n a}\right)^2\right\}J_{\mathcal{M}}^2(\xi_n a)+J_{\mathcal{M}}'^2(\xi_n a)\right]}\times$$

$$\times\sum_{l=1}^{\infty}\frac{\overline{\overline{\overline{\varphi}}}(\xi_n,\xi_m,\xi_l)\left(\xi_l^2+\lambda_d^2\right)\cos(\xi_l z)\,e^{-\eta_z\xi_l^2 t}}{\left\{d\left(\xi_l^2+\lambda_d^2\right)+\lambda_d\right\}}\qquad(29.71.2)$$

where $\overline{\overline{\psi}}_a(\xi_m,\xi_l,t)=\int_0^{\vartheta}\cos(\xi_m v)\int_0^d\psi_a(v,w,t)\cos(\xi_l w)\,dwdv$,
$\overline{\overline{\psi}}_{\theta 0}(\xi_n,\xi_m,t)=\int_0^a uJ_{\mathcal{M}}(\xi_n u)\int_0^{\vartheta}\psi_0(u,v,t)\cos(\xi_m v)dvdu$ and
$\overline{\overline{\psi}}_{\theta d}(\xi_n,\xi_m,t)=\int_0^a uJ_{\mathcal{M}}(\xi_n u)\int_0^{\vartheta}\psi_{\theta d}(u,v,t)\cos(\xi_m v)dvdu$.

29.72 A cylindrical continuum bounded by $a\le r\le b$ and $0\le z\le d$ and $0\le\theta\le\vartheta$; $\vartheta<2\pi$. Point source at $s_p\equiv(r_0,\theta_0,z_0)$ at time $t=t_0$; $a<r_0<b$, $0\le\theta_0\le\vartheta$, $0<z_0<d$, $t_0\ge 0$.

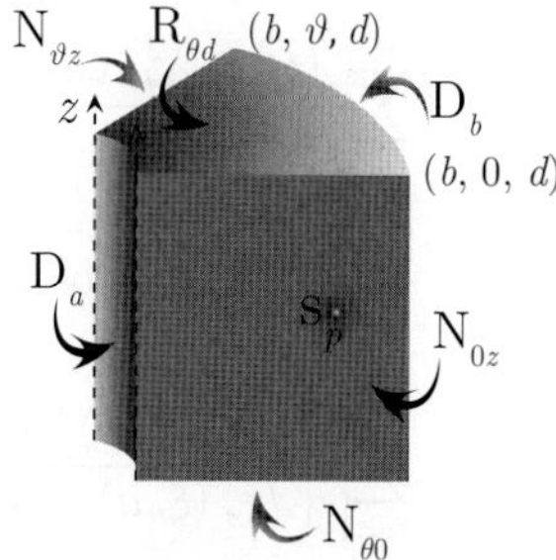

$\mathbf{N}_{\theta 0}\equiv\frac{\partial p(r,\theta,0,t)}{\partial z}=-\left(\frac{\mu}{k_z}\right)\psi_{\theta 0}(r,\theta,t)$,
$\mathbf{R}_{\theta d}\equiv\frac{\partial p(r,\theta,d,t)}{\partial z}+\lambda_d p(r,\theta,d,t)=-\left(\frac{\mu}{k_z}\right)\psi_{\theta d}(r,\theta,t)$,
$\mathbf{D}_a\equiv p(a,\theta,z,t)=\psi_a(\theta,z,t)$, $\mathbf{D}_b\equiv p(b,\theta,z,t)=\psi_b(\theta,z,t)$,
$\mathbf{N}_{0z}\equiv\frac{\partial p(r,0,z,t)}{\partial\theta}=-\left(\frac{\mu}{k_\theta}\right)\psi_{0z}(r,z,t)$ and
$\mathbf{N}_{\vartheta z}\equiv\frac{\partial p(r,\vartheta,z,t)}{\partial\theta}=-\left(\frac{\mu}{k_\theta}\right)\psi_{\vartheta z}(r,z,t)$. $p(r,\theta,z,0)=\varphi(r,\theta,z)$

$$\overline{p}=\frac{2\pi^2 q(s)\,e^{-st_0}}{\vartheta\phi c_t}\sum_{m=0}^{\infty}\ni_m\cos(\xi_m\theta)\sum_{n=1}^{\infty}\frac{\xi_n^2 J_{\mathcal{M}}^2(\xi_n b)\,\mathcal{V}_{\mathcal{DM}}(\xi r_0,a)\,\mathcal{V}_{\mathcal{DM}}(\xi r,a)}{\left\{J_{\mathcal{M}}^2(\xi_n a)-J_{\mathcal{M}}^2(\xi_n b)\right\}}\times$$

$$\times\sum_{l=1}^{\infty}\frac{\left(\xi_l^2+\lambda_d^2\right)\cos(\xi_l z_0)\cos(\xi_l z)}{\left\{d\left(\xi_l^2+\lambda_d^2\right)+\lambda_d\right\}\left(\eta_r\xi_n^2+\eta_z\xi_l^2+s\right)}-$$

$$-\frac{4\pi\eta_r}{\vartheta}\sum_{m=0}^{\infty}\ni_m\cos(\xi_m\theta)\sum_{n=1}^{\infty}\frac{\xi_n^2 J_{\mathcal{M}}^2(\xi_n b)\,\mathcal{V}_{\mathcal{DM}}(\xi r,a)}{\left\{J_{\mathcal{M}}^2(\xi_n a)-J_{\mathcal{M}}^2(\xi_n b)\right\}}\sum_{l=1}^{\infty}\frac{\overline{\overline{\overline{\psi}}}_a(\xi_m,\xi_l,s)\left(\xi_l^2+\lambda_d^2\right)\cos(\xi_l z)}{\left\{d\left(\xi_l^2+\lambda_d^2\right)+\lambda_d\right\}\left(\eta_r\xi_n^2+\eta_z\xi_l^2+s\right)}+$$

$$+\frac{4\pi\eta_r}{\vartheta}\sum_{m=0}^{\infty}\ni_m\cos(\xi_m\theta)\times$$

$$\times\sum_{n=1}^{\infty}\frac{\xi_n^2 J_{\mathcal{M}}(\xi_n a)\,J_{\mathcal{M}}(\xi_n b)\,\mathcal{V}_{\mathcal{DM}}(\xi r,a)}{\left\{J_{\mathcal{M}}^2(\xi_n a)-J_{\mathcal{M}}^2(\xi_n b)\right\}}\sum_{l=1}^{\infty}\frac{\overline{\overline{\overline{\psi}}}_b(\xi_m,\xi_l,s)\left(\xi_l^2+\lambda_d^2\right)\cos(\xi_l z)}{\left\{d\left(\xi_l^2+\lambda_d^2\right)+\lambda_d\right\}\left(\eta_r\xi_n^2+\eta_z\xi_l^2+s\right)}+$$

$$+\frac{2\pi^2}{\vartheta\phi c_t}\sum_{m=0}^{\infty}\ni_m\cos(\xi_m\theta)\times$$

$$\times \sum_{n=1}^{\infty} \frac{\xi_n^2 J_{\mathcal{M}}^2(\xi_n b)\, \mathcal{V}_{\mathcal{DM}}(\xi r, a)}{\{J_{\mathcal{M}}^2(\xi_n a) - J_{\mathcal{M}}^2(\xi_n b)\}} \sum_{l=1}^{\infty} \frac{(\xi_l^2 + \lambda_d^2)\left\{\overline{\overline{\overline{\psi}}}_{\theta 0}(\xi_n, \xi_m, s) - \cos(\xi_l d)\, \overline{\overline{\overline{\psi}}}_{\theta d}(\xi_n, \xi_m, s)\right\} \cos(\xi_l z)}{\{d(\xi_l^2 + \lambda_d^2) + \lambda_d\}(\eta_r \xi_n^2 + \eta_z \xi_l^2 + s)} +$$

$$+ \frac{2\pi^2}{\vartheta \phi c_t} \sum_{m=0}^{\infty} \ni_m \cos(\xi_m \theta) \sum_{n=1}^{\infty} \frac{\xi_n^2 J_{\mathcal{M}}^2(\xi_n b)\, \mathcal{V}_{\mathcal{DM}}(\xi r, a)}{\{J_{\mathcal{M}}^2(\xi_n a) - J_{\mathcal{M}}^2(\xi_n b)\}} \times$$

$$\times \int_0^a \frac{\mathcal{V}_{\mathcal{DM}}(\xi_n u, a)}{u} \int_0^d \left\{\overline{\psi}_{0z}(u, w, s) + (-1)^{m+1} \overline{\psi}_{\vartheta z}(u, w, s)\right\} \times$$

$$\times \sum_{l=1}^{\infty} \frac{(\xi_l^2 + \lambda_d^2) \cos(\xi_l w) \cos(\xi_l z)}{\{d(\xi_l^2 + \lambda_d^2) + \lambda_d\}(\eta_r \xi_n^2 + \eta_z \xi_l^2 + s)} dw du +$$

$$+ \frac{2\pi^2}{\vartheta} \sum_{m=0}^{\infty} \ni_m \cos(\xi_m \theta) \sum_{n=1}^{\infty} \frac{\xi_n^2 J_{\mathcal{M}}^2(\xi_n b)\, \mathcal{V}_{\mathcal{DM}}(\xi r, a)}{\{J_{\mathcal{M}}^2(\xi_n a) - J_{\mathcal{M}}^2(\xi_n b)\}} \sum_{l=1}^{\infty} \frac{\overline{\overline{\overline{\varphi}}}(\xi_n, \xi_m, \xi_l)(\xi_l^2 + \lambda_d^2) \cos(\xi_l z)}{\{d(\xi_l^2 + \lambda_d^2) + \lambda_d\}(\eta_r \xi_n^2 + \eta_z \xi_l^2 + s)} \quad (29.72.1)$$

where the eigenvalues ξ_n, $n = 1, 2, ...,$ are the positive roots of the transcendental equation $\mathcal{V}_{\mathcal{DM}}(\xi_n b, a) = 0$, ξ_l are the positive roots of $\xi_l \tan(\xi_l d) = -\lambda_d$, $l = 1, 2, ...,$ and $\xi_m = \frac{m\pi}{d}$, $m = 0, 1, ...$
$\overline{\overline{\overline{\psi}}}_{\theta 0}(\xi_n, \xi_m, s) = \int_0^a u \mathcal{V}_{\mathcal{DM}}(\xi_n u, a) \int_0^\vartheta \overline{\psi}_0(u, v, s) \cos(\xi_m v) dv du$,
$\overline{\overline{\overline{\psi}}}_{\theta d}(\xi_n, \xi_m, s) = \int_0^a u \mathcal{V}_{\mathcal{DM}}(\xi_n u, a) \int_0^\vartheta \overline{\psi}_{\theta d}(u, v, s) \cos(\xi_m v) dv du$,
$\overline{\overline{\overline{\psi}}}_a(\xi_m, \xi_l, s) = \int_0^\vartheta \cos(\xi_m v) \int_0^d \overline{\psi}_a(v, w, s) \cos(\xi_l w)\, dw dv$,
$\overline{\overline{\overline{\psi}}}_b(\xi_m, \xi_l, s) = \int_0^\vartheta \cos(\xi_m v) \int_0^d \overline{\psi}_b(v, w, s) \cos(\xi_l w)\, dw dv$ and
$\overline{\overline{\overline{\varphi}}}(\xi_n, \xi_m, \xi_l) = \int_0^a u \mathcal{V}_{\mathcal{DM}}(\xi_n u, a) \int_0^\vartheta \cos(\xi_m v) \int_0^d \varphi(u, v, w) \cos(\xi_l w)\, dw dv du$.

$$p = \frac{2\pi^2 U(t - t_0)}{\vartheta \phi c_t} \sum_{m=0}^{\infty} \ni_m \cos(\xi_m \theta) \sum_{n=1}^{\infty} \frac{\xi_n^2 J_{\mathcal{M}}^2(\xi_n b)\, \mathcal{V}_{\mathcal{DM}}(\xi r_0, a)\, \mathcal{V}_{\mathcal{DM}}(\xi r, a)}{\{J_{\mathcal{M}}^2(\xi_n a) - J_{\mathcal{M}}^2(\xi_n b)\}} \times$$

$$\times \sum_{l=1}^{\infty} \frac{(\xi_l^2 + \lambda_d^2) \cos(\xi_l z_0) \cos(\xi_l z) \int_0^{t-t_0} q(t - t_0 - \tau)\, e^{-(\eta_r \xi_n^2 + \eta_z \xi_l^2)\tau} d\tau}{\{d(\xi_l^2 + \lambda_d^2) + \lambda_d\}} -$$

$$- \frac{4\pi \eta_r}{\vartheta} \sum_{m=0}^{\infty} \ni_m \cos(\xi_m \theta) \times$$

$$\times \sum_{n=1}^{\infty} \frac{\xi_n^2 J_{\mathcal{M}}^2(\xi_n b)\, \mathcal{V}_{\mathcal{DM}}(\xi r, a)}{\{J_{\mathcal{M}}^2(\xi_n a) - J_{\mathcal{M}}^2(\xi_n b)\}} \sum_{l=1}^{\infty} \frac{(\xi_l^2 + \lambda_d^2) \cos(\xi_l z) \int_0^t \overline{\overline{\overline{\psi}}}_a(\xi_m, \xi_l, t - \tau)\, e^{-(\eta_r \xi_n^2 + \eta_z \xi_l^2)\tau} d\tau}{\{d(\xi_l^2 + \lambda_d^2) + \lambda_d\}} +$$

$$+ \frac{4\pi \eta_r}{\vartheta} \sum_{m=0}^{\infty} \ni_m \cos(\xi_m \theta) \times$$

$$\times \sum_{n=1}^{\infty} \frac{\xi_n^2 J_{\mathcal{M}}(\xi_n a) J_{\mathcal{M}}(\xi_n b)\, \mathcal{V}_{\mathcal{DM}}(\xi r, a)}{\{J_{\mathcal{M}}^2(\xi_n a) - J_{\mathcal{M}}^2(\xi_n b)\}} \sum_{l=1}^{\infty} \frac{(\xi_l^2 + \lambda_d^2) \cos(\xi_l z) \int_0^t \overline{\overline{\overline{\psi}}}_b(\xi_m, \xi_l, t - \tau)\, e^{-(\eta_r \xi_n^2 + \eta_z \xi_l^2)\tau} d\tau}{\{d(\xi_l^2 + \lambda_d^2) + \lambda_d\}} +$$

$$+ \frac{2\pi^2}{\vartheta \phi c_t} \sum_{m=0}^{\infty} \ni_m \cos(\xi_m \theta) \sum_{n=1}^{\infty} \frac{\xi_n^2 J_{\mathcal{M}}^2(\xi_n b)\, \mathcal{V}_{\mathcal{DM}}(\xi r, a)}{\{J_{\mathcal{M}}^2(\xi_n a) - J_{\mathcal{M}}^2(\xi_n b)\}} \times$$

$$\times \sum_{l=1}^{\infty} \frac{(\xi_l^2 + \lambda_d^2) \cos(\xi_l z) \int_0^t \left\{\overline{\overline{\overline{\psi}}}_{\theta 0}(\xi_n, \xi_m, t - \tau) - \cos(\xi_l d)\, \overline{\overline{\overline{\psi}}}_{\theta d}(\xi_n, \xi_m, t - \tau)\right\} e^{-(\eta_r \xi_n^2 + \eta_z \xi_l^2)\tau} d\tau}{\{d(\xi_l^2 + \lambda_d^2) + \lambda_d\}} +$$

$$+ \frac{2\pi^2}{\vartheta \phi c_t} \sum_{m=0}^{\infty} \ni_m \cos(\xi_m \theta) \sum_{n=1}^{\infty} \frac{\xi_n^2 J_{\mathcal{M}}^2(\xi_n b)\, \mathcal{V}_{\mathcal{DM}}(\xi r, a)}{\{J_{\mathcal{M}}^2(\xi_n a) - J_{\mathcal{M}}^2(\xi_n b)\}} \times$$

$$\times \int_0^a \frac{\mathcal{V}_{\mathcal{DM}}(\xi_n u, a)}{u} \int_0^d \int_0^t e^{-\eta_r \xi_n^2 \tau} \left\{\psi_{0z}(u, w, t - \tau) + (-1)^{m+1} \psi_{\vartheta z}(u, w, t - \tau)\right\} \times$$

$$\times \sum_{l=1}^{\infty} \frac{\left(\xi_l^2 + \lambda_d^2\right) \cos\left(\xi_l w\right) \cos\left(\xi_l z\right) e^{-\eta_z \xi_l^2 \tau}}{\left\{d\left(\xi_l^2 + \lambda_d^2\right) + \lambda_d\right\}} d\tau dw du +$$

$$+ \frac{2\pi^2}{\vartheta} \sum_{m=0}^{\infty} \ni_m \cos\left(\xi_m \theta\right) \sum_{n=1}^{\infty} \frac{\xi_n^2 J_{\mathcal{M}}^2\left(\xi_n b\right) \mathcal{V}_{\mathcal{DM}}\left(\xi r, a\right) e^{-\eta_r \xi_n^2 t}}{\left\{J_{\mathcal{M}}^2\left(\xi_n a\right) - J_{\mathcal{M}}^2\left(\xi_n b\right)\right\}} \sum_{l=1}^{\infty} \frac{\overline{\overline{\overline{\varphi}}}\left(\xi_n, \xi_m, \xi_l\right) \left(\xi_l^2 + \lambda_d^2\right) \cos\left(\xi_l z\right) e^{-\eta_z \xi_l^2 t}}{\left\{d\left(\xi_l^2 + \lambda_d^2\right) + \lambda_d\right\}} \tag{29.72.2}$$

where $\overline{\overline{\psi}}_a\left(\xi_m, \xi_l, t\right) = \int_0^{\vartheta} \cos\left(\xi_m v\right) \int_0^d \psi_a\left(v, w, t\right) \cos\left(\xi_l w\right) dw dv$,
$\overline{\overline{\psi}}_b\left(\xi_m, \xi_l, t\right) = \int_0^{\vartheta} \cos\left(\xi_m v\right) \int_0^d \psi_b\left(v, w, t\right) \cos\left(\xi_l w\right) dw dv$ and
$\overline{\overline{\psi}}_{\theta d}\left(\xi_n, \xi_m, t\right) = \int_0^a u \mathcal{V}_{\mathcal{DM}}\left(\xi_n u, a\right) \int_0^{\vartheta} \psi_{\theta d}\left(u, v, t\right) \cos\left(\xi_m v\right) dv du$.

29.73 **The problem of 29.72, except**
$\mathbf{N}_{\theta 0} \equiv \frac{\partial p(r,\theta,0,t)}{\partial z} = -\left(\frac{\mu}{k_z}\right) \psi_{\theta 0}\left(r, \theta, t\right)$,
$\mathbf{R}_{\theta d} \equiv \frac{\partial p(r,\theta,d,t)}{\partial z} + \lambda_d p\left(r, \theta, d, t\right) = -\left(\frac{\mu}{k_z}\right) \psi_{\theta d}\left(r, \theta, t\right)$,
$\mathbf{D}_a \equiv p\left(a, \theta, z, t\right) = \psi_a\left(\theta, z, t\right)$,
$\mathbf{N}_b \equiv \frac{\partial p(b,\theta,z,t)}{\partial r} = -\left(\frac{\mu}{k_r}\right) \psi_b\left(\theta, z, t\right)$,
$\mathbf{N}_{0z} \equiv \frac{\partial p(r,0,z,t)}{\partial \theta} = -\left(\frac{\mu}{k_\theta}\right) \psi_{0z}\left(r, z, t\right)$ **and**
$\mathbf{N}_{\vartheta z} \equiv \frac{\partial p(r,\vartheta,z,t)}{\partial \theta} = -\left(\frac{\mu}{k_\theta}\right) \psi_{\vartheta z}\left(r, z, t\right)$

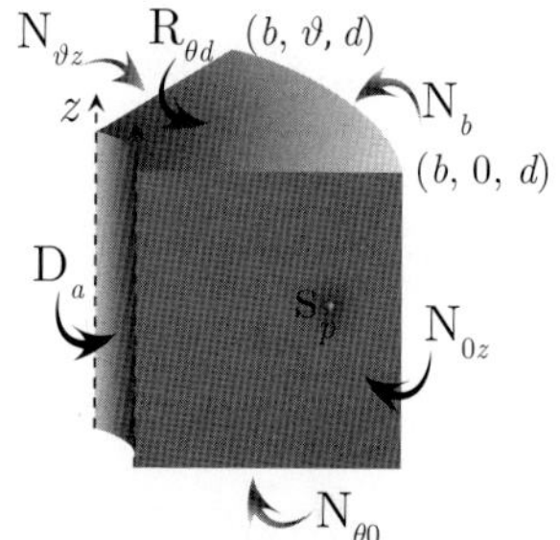

$$\overline{p} = \frac{2\pi^2 q\left(s\right) e^{-st_0}}{\vartheta \phi c_t} \sum_{m=0}^{\infty} \ni_m \cos\left(\xi_m \theta\right) \times$$

$$\times \sum_{n=1}^{\infty} \frac{\xi_n^2 J_{\mathcal{M}}'^2\left(\xi_n b\right) \mathcal{V}_{\mathcal{DM}}\left(\xi r_0, a\right) \mathcal{V}_{\mathcal{DM}}\left(\xi r, a\right)}{\left[\left\{1 - \left(\frac{\mathcal{M}}{\xi_n b}\right)^2\right\} J_{\mathcal{M}}^2\left(\xi_n a\right) - J_{\mathcal{M}}'^2\left(\xi_n b\right)\right]} \sum_{l=1}^{\infty} \frac{\left(\xi_l^2 + \lambda_d^2\right) \cos\left(\xi_l z_0\right) \cos\left(\xi_l z\right)}{\left\{d\left(\xi_l^2 + \lambda_d^2\right) + \lambda_d\right\} \left(\eta_r \xi_n^2 + \eta_z \xi_l^2 + s\right)} -$$

$$- \frac{4\pi \eta_r}{\vartheta} \sum_{m=0}^{\infty} \ni_m \cos\left(\xi_m \theta\right) \times$$

$$\times \sum_{n=1}^{\infty} \frac{\xi_n^2 J_{\mathcal{M}}'^2\left(\xi_n b\right) \mathcal{V}_{\mathcal{DM}}\left(\xi r, a\right)}{\left[\left\{1 - \left(\frac{\mathcal{M}}{\xi_n b}\right)^2\right\} J_{\mathcal{M}}^2\left(\xi_n a\right) - J_{\mathcal{M}}'^2\left(\xi_n b\right)\right]} \sum_{l=1}^{\infty} \frac{\overline{\overline{\psi}}_a\left(\xi_m, \xi_l, s\right) \left(\xi_l^2 + \lambda_d^2\right) \cos\left(\xi_l z\right)}{\left\{d\left(\xi_l^2 + \lambda_d^2\right) + \lambda_d\right\} \left(\eta_r \xi_n^2 + \eta_z \xi_l^2 + s\right)} -$$

$$- \frac{4\pi}{\vartheta \phi c_t} \sum_{m=0}^{\infty} \ni_m \cos\left(\xi_m \theta\right) \times$$

$$\times \sum_{n=1}^{\infty} \frac{\xi_n^2 J_{\mathcal{M}}\left(\xi_n a\right) J_{\mathcal{M}}'\left(\xi_n b\right) \mathcal{V}_{\mathcal{DM}}\left(\xi r, a\right)}{\left[\left\{1 - \left(\frac{\mathcal{M}}{\xi_n b}\right)^2\right\} J_{\mathcal{M}}^2\left(\xi_n a\right) - J_{\mathcal{M}}'^2\left(\xi_n b\right)\right]} \sum_{l=1}^{\infty} \frac{\overline{\overline{\psi}}_b\left(\xi_m, \xi_l, s\right) \left(\xi_l^2 + \lambda_d^2\right) \cos\left(\xi_l z\right)}{\left\{d\left(\xi_l^2 + \lambda_d^2\right) + \lambda_d\right\} \left(\eta_r \xi_n^2 + \eta_z \xi_l^2 + s\right)} +$$

$$+ \frac{2\pi^2}{\vartheta \phi c_t} \sum_{m=0}^{\infty} \ni_m \cos\left(\xi_m \theta\right) \sum_{n=1}^{\infty} \frac{\xi_n^2 J_{\mathcal{M}}'^2\left(\xi_n b\right) \mathcal{V}_{\mathcal{DM}}\left(\xi r, a\right)}{\left[\left\{1 - \left(\frac{\mathcal{M}}{\xi_n b}\right)^2\right\} J_{\mathcal{M}}^2\left(\xi_n a\right) - J_{\mathcal{M}}'^2\left(\xi_n b\right)\right]} \times$$

$$\times \sum_{l=1}^{\infty} \frac{\left(\xi_l^2 + \lambda_d^2\right) \left\{\overline{\overline{\overline{\psi}}}_{\theta 0}\left(\xi_n, \xi_m, s\right) - \cos\left(\xi_l d\right) \overline{\overline{\overline{\psi}}}_{\theta d}\left(\xi_n, \xi_m, s\right)\right\} \cos\left(\xi_l z\right)}{\left\{d\left(\xi_l^2 + \lambda_d^2\right) + \lambda_d\right\} \left(\eta_r \xi_n^2 + \eta_z \xi_l^2 + s\right)} +$$

$$+ \frac{2\pi^2}{\vartheta \phi c_t} \sum_{m=0}^{\infty} \ni_m \cos\left(\xi_m \theta\right) \sum_{n=1}^{\infty} \frac{\xi_n^2 J_{\mathcal{M}}'^2\left(\xi_n b\right) \mathcal{V}_{\mathcal{DM}}\left(\xi r, a\right)}{\left[\left\{1 - \left(\frac{\mathcal{M}}{\xi_n b}\right)^2\right\} J_{\mathcal{M}}^2\left(\xi_n a\right) - J_{\mathcal{M}}'^2\left(\xi_n b\right)\right]} \times$$

$$\times \int_0^a \frac{\mathcal{V}_{\mathcal{DM}}(\xi_n u, a)}{u} \int_0^d \left\{ \overline{\psi}_{0z}(u,w,s) + (-1)^{m+1} \overline{\psi}_{\vartheta z}(u,w,s) \right\} \times$$

$$\times \sum_{l=1}^{\infty} \frac{(\xi_l^2 + \lambda_d^2)\cos(\xi_l w)\cos(\xi_l z)}{\{d(\xi_l^2+\lambda_d^2)+\lambda_d\}(\eta_r \xi_n^2 + \eta_z \xi_l^2 + s)} dwdu +$$

$$+ \frac{2\pi^2}{\vartheta} \sum_{m=0}^{\infty} \ni_m \cos(\xi_m \theta) \sum_{n=1}^{\infty} \frac{\xi_n^2 J_{\mathcal{M}}'^2(\xi_n b)\, \mathcal{V}_{\mathcal{DM}}(\xi r, a)}{\left[\left\{1-\left(\frac{\mathcal{M}}{\xi_n b}\right)^2\right\} J_{\mathcal{M}}^2(\xi_n a) - J_{\mathcal{M}}'^2(\xi_n b)\right]} \sum_{l=1}^{\infty} \frac{\overline{\overline{\overline{\varphi}}}(\xi_n,\xi_m,\xi_l)(\xi_l^2+\lambda_d^2)\cos(\xi_l z)}{\{d(\xi_l^2+\lambda_d^2)+\lambda_d\}(\eta_r\xi_n^2+\eta_z\xi_l^2+s)}$$

(29.73.1)

where the eigenvalues ξ_n are the positive roots of the transcendental equation $\mathcal{V}'_{\mathcal{DM}}(\xi_n b, a) = 0$, $n = 1, 2, ...$, ξ_l are the positive roots of $\xi_l \tan(\xi_l d) = -\lambda_d$, $l = 1, 2, ...$, $\xi_m = \frac{m\pi}{d}$, $m = 0, 1, ...$,
$\overline{\overline{\overline{\psi}}}_{\theta 0}(\xi_n, \xi_m, s) = \int_0^a u\mathcal{V}_{\mathcal{DM}}(\xi_n u, a) \int_0^\vartheta \overline{\psi}_0(u,v,s)\cos(\xi_m v) dvdu$,
$\overline{\overline{\overline{\psi}}}_{\theta d}(\xi_n, \xi_m, s) = \int_0^a u\mathcal{V}_{\mathcal{DM}}(\xi_n u, a) \int_0^\vartheta \overline{\psi}_{\theta d}(u,v,s)\cos(\xi_m v) dvdu$,
$\overline{\overline{\overline{\psi}}}_a(\xi_m, \xi_l, s) = \int_0^\vartheta \cos(\xi_m v) \int_0^d \overline{\psi}_a(v,w,s)\cos(\xi_l w)\, dwdv$,
$\overline{\overline{\overline{\psi}}}_b(\xi_m, \xi_l, s) = \int_0^\vartheta \cos(\xi_m v) \int_0^d \overline{\psi}_b(v,w,s)\cos(\xi_l w)\, dwdv$ and
$\overline{\overline{\overline{\varphi}}}(\xi_n, \xi_m, \xi_l) = \int_0^a u\mathcal{V}_{\mathcal{DM}}(\xi_n u, a) \int_0^\vartheta \cos(\xi_m v) \int_0^d \varphi(u,v,w)\cos(\xi_l w)\, dwdvdu$.

$$p = \frac{2\pi^2 U(t-t_0)}{\vartheta\phi c_t} \sum_{m=0}^{\infty} \ni_m \cos(\xi_m\theta) \sum_{n=1}^{\infty} \frac{\xi_n^2 J_{\mathcal{M}}'^2(\xi_n b)\, \mathcal{V}_{\mathcal{DM}}(\xi r_0, a)\, \mathcal{V}_{\mathcal{DM}}(\xi r, a)}{\left[\left\{1-\left(\frac{\mathcal{M}}{\xi_n b}\right)^2\right\} J_{\mathcal{M}}^2(\xi_n a) - J_{\mathcal{M}}'^2(\xi_n b)\right]} \times$$

$$\times \sum_{l=1}^{\infty} \frac{(\xi_l^2+\lambda_d^2)\cos(\xi_l z_0)\cos(\xi_l z)\int_0^{t-t_0} q(t-t_0-\tau)\, e^{-(\eta_r\xi_n^2+\eta_z\xi_l^2)\tau} d\tau}{\{d(\xi_l^2+\lambda_d^2)+\lambda_d\}} -$$

$$-\frac{4\pi\eta_r}{\vartheta} \sum_{m=0}^{\infty} \ni_m \cos(\xi_m\theta) \times$$

$$\times \sum_{n=1}^{\infty} \frac{\xi_n^2 J_{\mathcal{M}}'^2(\xi_n b)\, \mathcal{V}_{\mathcal{DM}}(\xi r, a)}{\left[\left\{1-\left(\frac{\mathcal{M}}{\xi_n b}\right)^2\right\} J_{\mathcal{M}}^2(\xi_n a) - J_{\mathcal{M}}'^2(\xi_n b)\right]} \sum_{l=1}^{\infty} \frac{(\xi_l^2+\lambda_d^2)\cos(\xi_l z)\int_0^t \overline{\overline{\psi}}_a(\xi_m,\xi_l,t-\tau) e^{-(\eta_r\xi_n^2+\eta_z\xi_l^2)\tau} d\tau}{\{d(\xi_l^2+\lambda_d^2)+\lambda_d\}} -$$

$$-\frac{4\pi}{\vartheta\phi c_t} \sum_{m=0}^{\infty} \ni_m \cos(\xi_m\theta) \times$$

$$\times \sum_{n=1}^{\infty} \frac{\xi_n^2 J_{\mathcal{M}}(\xi_n a)\, J'_{\mathcal{M}}(\xi_n b)\, \mathcal{V}_{\mathcal{DM}}(\xi r, a)}{\left[\left\{1-\left(\frac{\mathcal{M}}{\xi_n b}\right)^2\right\} J_{\mathcal{M}}^2(\xi_n a) - J_{\mathcal{M}}'^2(\xi_n b)\right]} \sum_{l=1}^{\infty} \frac{(\xi_l^2+\lambda_d^2)\cos(\xi_l z)\int_0^t \overline{\overline{\psi}}_b(\xi_m,\xi_l,t-\tau) e^{-(\eta_r\xi_n^2+\eta_z\xi_l^2)\tau} d\tau}{\{d(\xi_l^2+\lambda_d^2)+\lambda_d\}} +$$

$$+\frac{2\pi^2}{\vartheta\phi c_t} \sum_{m=0}^{\infty} \ni_m \cos(\xi_m\theta) \sum_{n=1}^{\infty} \frac{\xi_n^2 J_{\mathcal{M}}'^2(\xi_n b)\, \mathcal{V}_{\mathcal{DM}}(\xi r, a)}{\left[\left\{1-\left(\frac{\mathcal{M}}{\xi_n b}\right)^2\right\} J_{\mathcal{M}}^2(\xi_n a) - J_{\mathcal{M}}'^2(\xi_n b)\right]} \times$$

$$\times \sum_{l=1}^{\infty} \frac{(\xi_l^2+\lambda_d^2)\cos(\xi_l z)\int_0^t \left\{ \overline{\overline{\psi}}_{\theta 0}(\xi_n,\xi_m,t-\tau) - \cos(\xi_l d)\, \overline{\overline{\psi}}_{\theta d}(\xi_n,\xi_m,t-\tau) \right\} e^{-(\eta_r\xi_n^2+\eta_z\xi_l^2)\tau} d\tau}{\{d(\xi_l^2+\lambda_d^2)+\lambda_d\}} +$$

$$+\frac{2\pi^2}{\vartheta\phi c_t} \sum_{m=0}^{\infty} \ni_m \cos(\xi_m\theta) \sum_{n=1}^{\infty} \frac{\xi_n^2 J_{\mathcal{M}}'^2(\xi_n b)\, \mathcal{V}_{\mathcal{DM}}(\xi r, a)}{\left[\left\{1-\left(\frac{\mathcal{M}}{\xi_n b}\right)^2\right\} J_{\mathcal{M}}^2(\xi_n a) - J_{\mathcal{M}}'^2(\xi_n b)\right]} \times$$

$$\times \int_0^a \frac{\mathcal{V}_{\mathcal{DM}}(\xi_n u, a)}{u} \int_0^d \int_0^t e^{-\eta_r \xi_n^2 \tau} \left\{ \psi_{0z}(u,w,t-\tau) + (-1)^{m+1} \psi_{\vartheta z}(u,w,t-\tau) \right\} \times$$

$$\times \sum_{l=1}^{\infty} \frac{\left(\xi_l^2+\lambda_d^2\right) \cos\left(\xi_l w\right) \cos\left(\xi_l z\right) e^{-\eta_z \xi_l^2 \tau}}{\left\{d\left(\xi_l^2+\lambda_d^2\right)+\lambda_d\right\}} d\tau dw du +$$

$$+\frac{2\pi^2}{\vartheta} \sum_{m=0}^{\infty} \ni_m \cos\left(\xi_m \theta\right) \times$$

$$\times \sum_{n=1}^{\infty} \frac{\xi_n^2 J_{\mathcal{M}}'^2\left(\xi_n b\right) \mathcal{V}_{\mathcal{DM}}\left(\xi r, a\right) e^{-\eta_r \xi_n^2 t}}{\left[\left\{1-\left(\frac{\mathcal{M}}{\xi_n b}\right)^2\right\} J_{\mathcal{M}}^2\left(\xi_n a\right)-J_{\mathcal{M}}'^2\left(\xi_n b\right)\right]} \sum_{l=1}^{\infty} \frac{\overline{\overline{\overline{\varphi}}}\left(\xi_n, \xi_m, \xi_l\right)\left(\xi_l^2+\lambda_d^2\right) \cos\left(\xi_l z\right) e^{-\eta_z \xi_l^2 t}}{\left\{d\left(\xi_l^2+\lambda_d^2\right)+\lambda_d\right\}} \quad (29.73.2)$$

where $\overline{\overline{\psi}}_a\left(\xi_m, \xi_l, t\right)=\int_0^{\vartheta} \cos\left(\xi_m v\right) \int_0^d \psi_a\left(v, w, t\right) \cos\left(\xi_l w\right) dw dv$,
$\overline{\overline{\psi}}_b\left(\xi_m, \xi_l, t\right)=\int_0^{\vartheta} \cos\left(\xi_m v\right) \int_0^d \psi_b\left(v, w, t\right) \cos\left(\xi_l w\right) dw dv$ and
$\overline{\overline{\psi}}_{\theta d}\left(\xi_n, \xi_m, t\right)=\int_0^a u \mathcal{V}_{\mathcal{DM}}\left(\xi_n u, a\right) \int_0^{\vartheta} \psi_{\theta d}\left(u, v, t\right) \cos\left(\xi_m v\right) dv du$.

29.74 The problem of 29.72, except
$\mathbf{N}_{\theta 0} \equiv \frac{\partial p(r,\theta,0,t)}{\partial z}=-\left(\frac{\mu}{k_z}\right) \psi_{\theta 0}(r, \theta, t)$,
$\mathbf{R}_{\theta d} \equiv \frac{\partial p(r,\theta,d,t)}{\partial z}+\lambda_d p(r, \theta, d, t)=-\left(\frac{\mu}{k_z}\right) \psi_{\theta d}(r, \theta, t)$,
$\mathbf{D}_a \equiv p(a, \theta, z, t)=\psi_a(\theta, z, t)$,
$\mathbf{R}_b \equiv \frac{\partial p(b,\theta,z,t)}{\partial r}+\lambda p(b, \theta, z, t)=-\left(\frac{\mu}{k_r}\right) \psi_b(\theta, z, t)$,
$\mathbf{N}_{0z} \equiv \frac{\partial p(r,0,z,t)}{\partial \theta}=-\left(\frac{\mu}{k_\theta}\right) \psi_{0z}(r, z, t)$ **and**
$\mathbf{N}_{\vartheta z} \equiv \frac{\partial p(r,\vartheta,z,t)}{\partial \theta}=-\left(\frac{\mu}{k_\theta}\right) \psi_{\vartheta z}(r, z, t)$

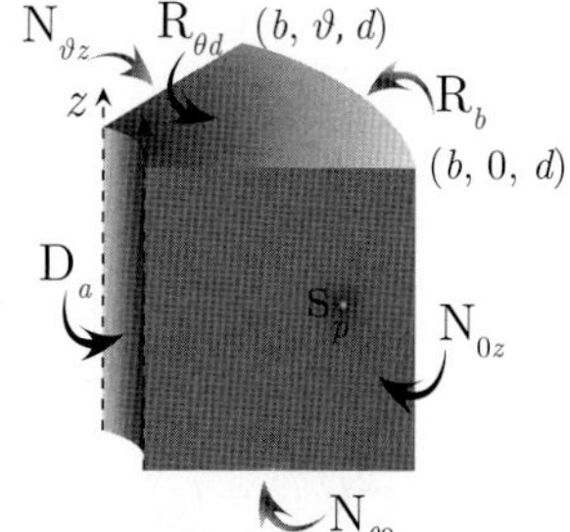

$$\bar{p}=\frac{2\pi^2 q(s) e^{-s t_0}}{\vartheta \phi c_t} \sum_{m=0}^{\infty} \ni_m \cos\left(\xi_m \theta\right) \sum_{n=1}^{\infty} \frac{\xi_n^2\left\{\xi_n J_{\mathcal{M}}'\left(\xi_n b\right)+\lambda J_{\mathcal{M}}\left(\xi_n b\right)\right\}^2 \mathcal{V}_{\mathcal{DM}}\left(\xi r_0, a\right) \mathcal{V}_{\mathcal{DM}}\left(\xi r, a\right)}{\left[\left\{\xi_n^2+\lambda^2-\left(\frac{\mathcal{M}}{b}\right)^2\right\} J_{\mathcal{M}}^2\left(\xi_n a\right)-\left\{\xi_n J_{\mathcal{M}}'\left(\xi_n b\right)+\lambda J_{\mathcal{M}}\left(\xi_n b\right)\right\}^2\right]} \times$$

$$\times \sum_{l=1}^{\infty} \frac{\left(\xi_l^2+\lambda_d^2\right) \cos\left(\xi_l z_0\right) \cos\left(\xi_l z\right)}{\left\{d\left(\xi_l^2+\lambda_d^2\right)+\lambda_d\right\}\left(\eta_r \xi_n^2+\eta_z \xi_l^2+s\right)} -$$

$$-\frac{4\pi \eta_r}{\vartheta} \sum_{m=0}^{\infty} \ni_m \cos\left(\xi_m \theta\right) \sum_{n=1}^{\infty} \frac{\xi_n^2\left\{\xi_n J_{\mathcal{M}}'\left(\xi_n b\right)+\lambda J_{\mathcal{M}}\left(\xi_n b\right)\right\}^2 \mathcal{V}_{\mathcal{DM}}\left(\xi r, a\right)}{\left[\left\{\xi_n^2+\lambda^2-\left(\frac{\mathcal{M}}{b}\right)^2\right\} J_{\mathcal{M}}^2\left(\xi_n a\right)-\left\{\xi_n J_{\mathcal{M}}'\left(\xi_n b\right)+\lambda J_{\mathcal{M}}\left(\xi_n b\right)\right\}^2\right]} \times$$

$$\times \sum_{l=1}^{\infty} \frac{\overline{\overline{\overline{\psi}}}_a\left(\xi_m, \xi_l, s\right)\left(\xi_l^2+\lambda_d^2\right) \cos\left(\xi_l z\right)}{\left\{d\left(\xi_l^2+\lambda_d^2\right)+\lambda_d\right\}\left(\eta_r \xi_n^2+\eta_z \xi_l^2+s\right)} -$$

$$-\frac{4\pi}{\vartheta \phi c_t} \sum_{m=0}^{\infty} \ni_m \cos\left(\xi_m \theta\right) \sum_{n=1}^{\infty} \frac{\xi_n^2 J_{\mathcal{M}}\left(\xi_n a\right)\left\{\xi_n J_{\mathcal{M}}'\left(\xi_n b\right)+\lambda J_{\mathcal{M}}\left(\xi_n b\right)\right\} \mathcal{V}_{\mathcal{DM}}\left(\xi r, a\right)}{\left[\left\{\xi_n^2+\lambda^2-\left(\frac{\mathcal{M}}{b}\right)^2\right\} J_{\mathcal{M}}^2\left(\xi_n a\right)-\left\{\xi_n J_{\mathcal{M}}'\left(\xi_n b\right)+\lambda J_{\mathcal{M}}\left(\xi_n b\right)\right\}^2\right]} \times$$

$$\times \sum_{l=1}^{\infty} \frac{\overline{\overline{\overline{\psi}}}_b\left(\xi_m, \xi_l, s\right)\left(\xi_l^2+\lambda_d^2\right) \cos\left(\xi_l z\right)}{\left\{d\left(\xi_l^2+\lambda_d^2\right)+\lambda_d\right\}\left(\eta_r \xi_n^2+\eta_z \xi_l^2+s\right)} +$$

$$+\frac{2\pi^2}{\vartheta \phi c_t} \sum_{m=0}^{\infty} \ni_m \cos\left(\xi_m \theta\right) \sum_{n=1}^{\infty} \frac{\xi_n^2\left\{\xi_n J_{\mathcal{M}}'\left(\xi_n b\right)+\lambda J_{\mathcal{M}}\left(\xi_n b\right)\right\}^2 \mathcal{V}_{\mathcal{DM}}\left(\xi r, a\right)}{\left[\left\{\xi_n^2+\lambda^2-\left(\frac{\mathcal{M}}{b}\right)^2\right\} J_{\mathcal{M}}^2\left(\xi_n a\right)-\left\{\xi_n J_{\mathcal{M}}'\left(\xi_n b\right)+\lambda J_{\mathcal{M}}\left(\xi_n b\right)\right\}^2\right]} \times$$

$$\times \sum_{l=1}^{\infty} \frac{\left(\xi_l^2+\lambda_d^2\right)\left\{\overline{\overline{\overline{\psi}}}_{\theta 0}\left(\xi_n, \xi_m, s\right)-\cos\left(\xi_l d\right) \overline{\overline{\overline{\psi}}}_{\theta d}\left(\xi_n, \xi_m, s\right)\right\} \cos\left(\xi_l z\right)}{\left\{d\left(\xi_l^2+\lambda_d^2\right)+\lambda_d\right\}\left(\eta_r \xi_n^2+\eta_z \xi_l^2+s\right)} +$$

$$+\frac{2\pi^2}{\vartheta \phi c_t} \sum_{m=0}^{\infty} \ni_m \cos\left(\xi_m \theta\right) \times$$

$$\times \sum_{n=1}^{\infty} \frac{\xi_n^2\left\{\xi_n J_{\mathcal{M}}'\left(\xi_n b\right)+\lambda J_{\mathcal{M}}\left(\xi_n b\right)\right\}^2 \mathcal{V}_{\mathcal{DM}}\left(\xi r, a\right)}{\left[\left\{\xi_n^2+\lambda^2-\left(\frac{\mathcal{M}}{b}\right)^2\right\} J_{\mathcal{M}}^2\left(\xi_n a\right)-\left\{\xi_n J_{\mathcal{M}}'\left(\xi_n b\right)+\lambda J_{\mathcal{M}}\left(\xi_n b\right)\right\}^2\right]} \times$$

$$\times \int_0^a \frac{\mathcal{V}_{\mathcal{DM}}(\xi_n u, a)}{u} \int_0^d \left\{ \overline{\psi}_{0z}(u,w,s) + (-1)^{m+1} \overline{\psi}_{\vartheta z}(u,w,s) \right\} \times$$
$$\times \sum_{l=1}^{\infty} \frac{\left(\xi_l^2 + \lambda_d^2\right)\cos(\xi_l w)\cos(\xi_l z)}{\{d(\xi_l^2+\lambda_d^2)+\lambda_d\}(\eta_r \xi_n^2 + \eta_z \xi_l^2 + s)} dwdu +$$
$$+\frac{2\pi^2}{\vartheta}\sum_{m=0}^{\infty} \ni_m \cos(\xi_m\theta) \sum_{n=1}^{\infty} \frac{\xi_n^2 \{\xi_n J'_{\mathcal{M}}(\xi_n b) + \lambda J_{\mathcal{M}}(\xi_n b)\}^2 \mathcal{V}_{\mathcal{DM}}(\xi r, a)}{\left[\left\{\xi_n^2 + \lambda^2 - \left(\frac{\mathcal{M}}{b}\right)^2\right\} J^2_{\mathcal{M}}(\xi_n a) - \{\xi_n J'_{\mathcal{M}}(\xi_n b) + \lambda J_{\mathcal{M}}(\xi_n b)\}^2\right]} \times$$
$$\times \sum_{l=1}^{\infty} \frac{\overline{\overline{\overline{\varphi}}}(\xi_n,\xi_m,\xi_l)\left(\xi_l^2+\lambda_d^2\right)\cos(\xi_l z)}{\{d(\xi_l^2+\lambda_d^2)+\lambda_d\}(\eta_r \xi_n^2 + \eta_z \xi_l^2 + s)} \tag{29.74.1}$$

where the eigenvalues ξ_n, $n = 1, 2, ...,$ are the positive roots of the transcendental equation $\xi_n \mathcal{V}'_{\mathcal{DM}}(\xi_n b, a) + \lambda \mathcal{V}_{\mathcal{DM}}(\xi_n b, a) = 0$, ξ_l are the positive roots of $\xi_l \tan(\xi_l d) = -\lambda_d$, $l = 1, 2, ...,$ $\xi_m = \frac{m\pi}{d}, m = 0, 1, ...,$ $\overline{\overline{\overline{\psi}}}_{\theta 0}(\xi_n, \xi_m, s) = \int_0^a u\mathcal{V}_{\mathcal{DM}}(\xi_n u, a) \int_0^{\vartheta} \overline{\psi}_0(u, v, s)\cos(\xi_m v) dvdu$,
$\overline{\overline{\overline{\psi}}}_{\theta d}(\xi_n, \xi_m, s) = \int_0^a u\mathcal{V}_{\mathcal{DM}}(\xi_n u, a) \int_0^{\vartheta} \overline{\psi}_{\theta d}(u, v, s)\cos(\xi_m v) dvdu$,
$\overline{\overline{\overline{\psi}}}_a(\xi_m, \xi_l, s) = \int_0^{\vartheta} \cos(\xi_m v) \int_0^d \overline{\psi}_a(v, w, s)\cos(\xi_l w)\, dwdv$,
$\overline{\overline{\overline{\psi}}}_b(\xi_m, \xi_l, s) = \int_0^{\vartheta} \cos(\xi_m v) \int_0^d \overline{\psi}_b(v, w, s)\cos(\xi_l w)\, dwdv$ and
$\overline{\overline{\overline{\varphi}}}(\xi_n, \xi_m, \xi_l) = \int_0^a u\mathcal{V}_{\mathcal{DM}}(\xi_n u, a) \int_0^{\vartheta} \cos(\xi_m v) \int_0^d \varphi(u, v, w)\cos(\xi_l w)\, dwdvdu$.

$$p = \frac{2\pi^2 U(t-t_0)}{\vartheta\phi c_t}\sum_{m=0}^{\infty} \ni_m \cos(\xi_m\theta) \sum_{n=1}^{\infty} \frac{\xi_n^2 \{\xi_n J'_{\mathcal{M}}(\xi_n b) + \lambda J_{\mathcal{M}}(\xi_n b)\}^2 \mathcal{V}_{\mathcal{DM}}(\xi r_0, a)\,\mathcal{V}_{\mathcal{DM}}(\xi r, a)}{\left[\left\{\xi_n^2 + \lambda^2 - \left(\frac{\mathcal{M}}{b}\right)^2\right\} J^2_{\mathcal{M}}(\xi_n a) - \{\xi_n J'_{\mathcal{M}}(\xi_n b) + \lambda J_{\mathcal{M}}(\xi_n b)\}^2\right]} \times$$
$$\times \sum_{l=1}^{\infty} \frac{\left(\xi_l^2 + \lambda_d^2\right)\cos(\xi_l z_0)\cos(\xi_l z) \int_0^{t-t_0} q(t-t_0-\tau)\, e^{-\left(\eta_r\xi_n^2+\eta_z\xi_l^2\right)\tau} d\tau}{\{d(\xi_l^2+\lambda_d^2)+\lambda_d\}} -$$
$$-\frac{4\pi\eta_r}{\vartheta}\sum_{m=0}^{\infty} \ni_m \cos(\xi_m\theta) \sum_{n=1}^{\infty} \frac{\xi_n^2 \{\xi_n J'_{\mathcal{M}}(\xi_n b) + \lambda J_{\mathcal{M}}(\xi_n b)\}^2 \mathcal{V}_{\mathcal{DM}}(\xi r, a)}{\left[\left\{\xi_n^2 + \lambda^2 - \left(\frac{\mathcal{M}}{b}\right)^2\right\} J^2_{\mathcal{M}}(\xi_n a) - \{\xi_n J'_{\mathcal{M}}(\xi_n b) + \lambda J_{\mathcal{M}}(\xi_n b)\}^2\right]} \times$$
$$\times \sum_{l=1}^{\infty} \frac{\left(\xi_l^2 + \lambda_d^2\right)\cos(\xi_l z) \int_0^{t} \overline{\overline{\psi}}_a(\xi_m,\xi_l,t-\tau)\, e^{-\left(\eta_r\xi_n^2+\eta_z\xi_l^2\right)\tau} d\tau}{\{d(\xi_l^2+\lambda_d^2)+\lambda_d\}} -$$
$$-\frac{4\pi}{\vartheta\phi c_t}\sum_{m=0}^{\infty} \ni_m \cos(\xi_m\theta) \sum_{n=1}^{\infty} \frac{\xi_n^2 J_{\mathcal{M}}(\xi_n a)\{\xi_n J'_{\mathcal{M}}(\xi_n b) + \lambda J_{\mathcal{M}}(\xi_n b)\} \mathcal{V}_{\mathcal{DM}}(\xi r, a)}{\left[\left\{\xi_n^2 + \lambda^2 - \left(\frac{\mathcal{M}}{b}\right)^2\right\} J^2_{\mathcal{M}}(\xi_n a) - \{\xi_n J'_{\mathcal{M}}(\xi_n b) + \lambda J_{\mathcal{M}}(\xi_n b)\}^2\right]} \times$$
$$\times \sum_{l=1}^{\infty} \frac{\left(\xi_l^2 + \lambda_d^2\right)\cos(\xi_l z) \int_0^{t} \overline{\overline{\psi}}_b(\xi_m,\xi_l,t-\tau)\, e^{-\left(\eta_r\xi_n^2+\eta_z\xi_l^2\right)\tau} d\tau}{\{d(\xi_l^2+\lambda_d^2)+\lambda_d\}} +$$
$$+\frac{2\pi^2}{\vartheta\phi c_t}\sum_{m=0}^{\infty} \ni_m \cos(\xi_m\theta) \sum_{n=1}^{\infty} \frac{\xi_n^2 \{\xi_n J'_{\mathcal{M}}(\xi_n b) + \lambda J_{\mathcal{M}}(\xi_n b)\}^2 \mathcal{V}_{\mathcal{DM}}(\xi r, a)}{\left[\left\{\xi_n^2 + \lambda^2 - \left(\frac{\mathcal{M}}{b}\right)^2\right\} J^2_{\mathcal{M}}(\xi_n a) - \{\xi_n J'_{\mathcal{M}}(\xi_n b) + \lambda J_{\mathcal{M}}(\xi_n b)\}^2\right]} \times$$
$$\times \sum_{l=1}^{\infty} \frac{\left(\xi_l^2 + \lambda_d^2\right)\cos(\xi_l z) \int_0^{t} \left\{\overline{\overline{\psi}}_{\theta 0}(\xi_n,\xi_m,t-\tau) - \cos(\xi_l d)\,\overline{\overline{\psi}}_{\theta d}(\xi_n,\xi_m,t-\tau)\right\} e^{-\left(\eta_r\xi_n^2+\eta_z\xi_l^2\right)\tau} d\tau}{\{d(\xi_l^2+\lambda_d^2)+\lambda_d\}} +$$
$$+\frac{2\pi^2}{\vartheta\phi c_t}\sum_{m=0}^{\infty} \ni_m \cos(\xi_m\theta) \sum_{n=1}^{\infty} \frac{\xi_n^2 \{\xi_n J'_{\mathcal{M}}(\xi_n b) + \lambda J_{\mathcal{M}}(\xi_n b)\}^2 \mathcal{V}_{\mathcal{DM}}(\xi r, a)}{\left[\left\{\xi_n^2 + \lambda^2 - \left(\frac{\mathcal{M}}{b}\right)^2\right\} J^2_{\mathcal{M}}(\xi_n a) - \{\xi_n J'_{\mathcal{M}}(\xi_n b) + \lambda J_{\mathcal{M}}(\xi_n b)\}^2\right]} \times$$
$$\times \int_0^a \frac{\mathcal{V}_{\mathcal{DM}}(\xi_n u, a)}{u} \int_0^d \int_0^t e^{-\eta_r\xi_n^2\tau} \left\{ \psi_{0z}(u,w,t-\tau) + (-1)^{m+1} \psi_{\vartheta z}(u,w,t-\tau) \right\} \times$$
$$\times \sum_{l=1}^{\infty} \frac{\left(\xi_l^2 + \lambda_d^2\right)\cos(\xi_l w)\cos(\xi_l z)\, e^{-\eta_z\xi_l^2\tau}}{\{d(\xi_l^2+\lambda_d^2)+\lambda_d\}} d\tau dwdu +$$

$$+\frac{2\pi^2}{\vartheta}\sum_{m=0}^{\infty}\ni_m\cos(\xi_m\theta)\sum_{n=1}^{\infty}\frac{\xi_n^2\{\xi_n J'_{\mathcal{M}}(\xi_n b)+\lambda J_{\mathcal{M}}(\xi_n b)\}^2\mathcal{V}_{\mathcal{DM}}(\xi r,a)\,e^{-\eta_r\xi_n^2 t}}{\left[\left\{\xi_n^2+\lambda^2-\left(\frac{\mathcal{M}}{b}\right)^2\right\}J_{\mathcal{M}}^2(\xi_n a)-\{\xi_n J'_{\mathcal{M}}(\xi_n b)+\lambda J_{\mathcal{M}}(\xi_n b)\}^2\right]}\times$$

$$\times\sum_{l=1}^{\infty}\frac{\overline{\overline{\overline{\varphi}}}(\xi_n,\xi_m,\xi_l)\left(\xi_l^2+\lambda_d^2\right)\cos(\xi_l z)\,e^{-\eta_z\xi_l^2 t}}{\{d\left(\xi_l^2+\lambda_d^2\right)+\lambda_d\}} \qquad (29.74.2)$$

where $\overline{\overline{\psi}}_a(\xi_m,\xi_l,t)=\int_0^{\vartheta}\cos(\xi_m v)\int_0^d\psi_a(v,w,t)\cos(\xi_l w)\,dwdv$,
$\overline{\overline{\psi}}_b(\xi_m,\xi_l,t)=\int_0^{\vartheta}\cos(\xi_m v)\int_0^d\psi_b(v,w,t)\cos(\xi_l w)\,dwdv$ and
$\overline{\overline{\psi}}_{\theta d}(\xi_n,\xi_m,t)=\int_0^a u\mathcal{V}_{\mathcal{DM}}(\xi_n u,a)\int_0^{\vartheta}\psi_{\theta d}(u,v,t)\cos(\xi_m v)dvdu$.

29.75 The problem of 29.72, except

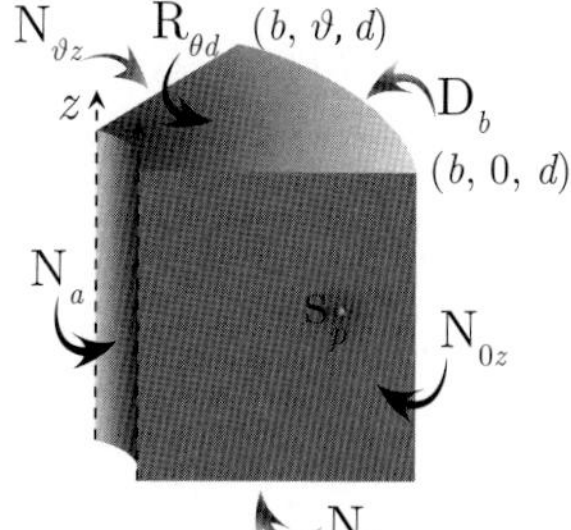

$\mathbf{N}_{\theta 0}\equiv\frac{\partial p(r,\theta,0,t)}{\partial z}=-\left(\frac{\mu}{k_z}\right)\psi_{\theta 0}(r,\theta,t)$,
$\mathbf{R}_{\theta d}\equiv\frac{\partial p(r,\theta,d,t)}{\partial z}+\lambda_d p(r,\theta,d,t)=-\left(\frac{\mu}{k_z}\right)\psi_{\theta d}(r,\theta,t)$,
$\mathbf{N}_a\equiv\frac{\partial p(a,\theta,z,t)}{\partial r}=-\left(\frac{\mu}{k_r}\right)\psi_a(\theta,z,t)$,
$\mathbf{D}_b\equiv p(b,\theta,z,t)=\psi_b(\theta,z,t)$,
$\mathbf{N}_{0z}\equiv\frac{\partial p(r,0,z,t)}{\partial\theta}=-\left(\frac{\mu}{k_\theta}\right)\psi_{0z}(r,z,t)$ and
$\mathbf{N}_{\vartheta z}\equiv\frac{\partial p(r,\vartheta,z,t)}{\partial\theta}=-\left(\frac{\mu}{k_\theta}\right)\psi_{\vartheta z}(r,z,t)$

$$\overline{p}=\frac{2\pi^2 q(s)\,e^{-st_0}}{\vartheta\phi c_t}\sum_{m=0}^{\infty}\ni_m\cos(\xi_m\theta)\times$$

$$\times\sum_{n=1}^{\infty}\frac{\xi_n^2 J_{\mathcal{M}}^2(\xi_n b)\,\mathcal{V}_{\mathcal{NM}}(\xi r_0,a)\,\mathcal{V}_{\mathcal{NM}}(\xi r,a)}{\left[J'^2_{\mathcal{M}}(\xi_n a)-\left\{1-\left(\frac{\mathcal{M}}{\xi_n a}\right)^2\right\}J_{\mathcal{M}}^2(\xi_n b)\right]}\sum_{l=1}^{\infty}\frac{\left(\xi_l^2+\lambda_d^2\right)\cos(\xi_l z_0)\cos(\xi_l z)}{\{d\left(\xi_l^2+\lambda_d^2\right)+\lambda_d\}\left(\eta_r\xi_n^2+\eta_z\xi_l^2+s\right)}+$$

$$+\frac{4\pi}{\vartheta\phi c_t}\sum_{m=0}^{\infty}\ni_m\cos(\xi_m\theta)\times$$

$$\times\sum_{n=1}^{\infty}\frac{\xi_n J_{\mathcal{M}}^2(\xi_n b)\,\mathcal{V}_{\mathcal{NM}}(\xi r,a)}{\left[J'^2_{\mathcal{M}}(\xi_n a)-\left\{1-\left(\frac{\mathcal{M}}{\xi_n a}\right)^2\right\}J_{\mathcal{M}}^2(\xi_n b)\right]}\sum_{l=1}^{\infty}\frac{\overline{\overline{\overline{\psi}}}_a(\xi_m,\xi_l,s)\left(\xi_l^2+\lambda_d^2\right)\cos(\xi_l z)}{\{d\left(\xi_l^2+\lambda_d^2\right)+\lambda_d\}\left(\eta_r\xi_n^2+\eta_z\xi_l^2+s\right)}+$$

$$+\frac{4\pi\eta_r}{\vartheta}\sum_{m=0}^{\infty}\ni_m\cos(\xi_m\theta)\times$$

$$\times\sum_{n=1}^{\infty}\frac{\xi_n^2 J'_{\mathcal{M}}(\xi_n a)\,J_{\mathcal{M}}(\xi_n b)\,\mathcal{V}_{\mathcal{NM}}(\xi r,a)}{\left[J'^2_{\mathcal{M}}(\xi_n a)-\left\{1-\left(\frac{\mathcal{M}}{\xi_n a}\right)^2\right\}J_{\mathcal{M}}^2(\xi_n b)\right]}\sum_{l=1}^{\infty}\frac{\overline{\overline{\overline{\psi}}}_b(\xi_m,\xi_l,s)\left(\xi_l^2+\lambda_d^2\right)\cos(\xi_l z)}{\{d\left(\xi_l^2+\lambda_d^2\right)+\lambda_d\}\left(\eta_r\xi_n^2+\eta_z\xi_l^2+s\right)}+$$

$$+\frac{2\pi^2}{\vartheta\phi c_t}\sum_{m=0}^{\infty}\ni_m\cos(\xi_m\theta)\sum_{n=1}^{\infty}\frac{\xi_n^2 J_{\mathcal{M}}^2(\xi_n b)\,\mathcal{V}_{\mathcal{NM}}(\xi r,a)}{\left[J'^2_{\mathcal{M}}(\xi_n a)-\left\{1-\left(\frac{\mathcal{M}}{\xi_n a}\right)^2\right\}J_{\mathcal{M}}^2(\xi_n b)\right]}\times$$

$$\times\sum_{l=1}^{\infty}\frac{\left(\xi_l^2+\lambda_d^2\right)\left\{\overline{\overline{\overline{\psi}}}_{\theta 0}(\xi_n,\xi_m,s)-\cos(\xi_l d)\,\overline{\overline{\overline{\psi}}}_{\theta d}(\xi_n,\xi_m,s)\right\}\cos(\xi_l z)}{\{d\left(\xi_l^2+\lambda_d^2\right)+\lambda_d\}\left(\eta_r\xi_n^2+\eta_z\xi_l^2+s\right)}+$$

$$+\frac{2\pi^2}{\vartheta\phi c_t}\sum_{m=0}^{\infty}\ni_m\cos(\xi_m\theta)\sum_{n=1}^{\infty}\frac{\xi_n^2 J_{\mathcal{M}}^2(\xi_n b)\,\mathcal{V}_{\mathcal{NM}}(\xi r,a)}{\left[J'^2_{\mathcal{M}}(\xi_n a)-\left\{1-\left(\frac{\mathcal{M}}{\xi_n a}\right)^2\right\}J_{\mathcal{M}}^2(\xi_n b)\right]}\times$$

$$\times\int_0^a\frac{\mathcal{V}_{\mathcal{NM}}(\xi_n u,a)}{u}\int_0^d\left\{\overline{\psi}_{0z}(u,w,s)+(-1)^{m+1}\,\overline{\psi}_{\vartheta z}(u,w,s)\right\}\times$$

$$\times\sum_{l=1}^{\infty}\frac{\left(\xi_l^2+\lambda_d^2\right)\cos\left(\xi_l w\right)\cos\left(\xi_l z\right)}{\left\{d\left(\xi_l^2+\lambda_d^2\right)+\lambda_d\right\}\left(\eta_r\xi_n^2+\eta_z\xi_l^2+s\right)}dwdu+$$

$$+\frac{2\pi^2}{\vartheta}\sum_{m=0}^{\infty}\ni_m\cos\left(\xi_m\theta\right)\times$$

$$\times\sum_{n=1}^{\infty}\frac{\xi_n^2 J_{\mathcal{M}}^2\left(\xi_n b\right)\mathcal{V}_{\mathcal{NM}}\left(\xi r,a\right)}{\left[J_{\mathcal{M}}'^2\left(\xi_n a\right)-\left\{1-\left(\frac{\mathcal{M}}{\xi_n a}\right)^2\right\}J_{\mathcal{M}}^2\left(\xi_n b\right)\right]}\sum_{l=1}^{\infty}\frac{\overline{\overline{\overline{\varphi}}}\left(\xi_n,\xi_m,\xi_l\right)\left(\xi_l^2+\lambda_d^2\right)\cos\left(\xi_l z\right)}{\left\{d\left(\xi_l^2+\lambda_d^2\right)+\lambda_d\right\}\left(\eta_r\xi_n^2+\eta_z\xi_l^2+s\right)}\qquad(29.75.1)$$

where $\mathcal{V}_{\mathcal{NM}}\left(\xi_n r,a\right)=J_{\mathcal{M}}\left(\xi_n r\right)Y_{\mathcal{M}}'\left(\xi_n a\right)-Y_{\mathcal{M}}\left(\xi_n r\right)J_{\mathcal{M}}'\left(\xi_n a\right)$, ξ_n, $n=1,2,...$, are the positive roots of the transcendental equation $\mathcal{V}_{\mathcal{NM}}\left(\xi_n b,a\right)=0$, ξ_l are the positive roots of $\xi_l\tan\left(\xi_l d\right)=-\lambda_d$, $l=1,2,...$, $\xi_m=\frac{m\pi}{d}$, $m=0,1,...$, $\overline{\overline{\overline{\psi}}}_{\theta 0}\left(\xi_n,\xi_m,s\right)=\int_0^a u\mathcal{V}_{\mathcal{NM}}\left(\xi_n u,a\right)\int_0^{\vartheta}\overline{\psi}_0\left(u,v,s\right)\cos\left(\xi_m v\right)dvdu$,
$\overline{\overline{\overline{\psi}}}_{\theta d}\left(\xi_n,\xi_m,s\right)=\int_0^a u\mathcal{V}_{\mathcal{NM}}\left(\xi_n u,a\right)\int_0^{\vartheta}\overline{\psi}_{\theta d}\left(u,v,s\right)\cos\left(\xi_m v\right)dvdu$,
$\overline{\overline{\overline{\psi}}}_a\left(\xi_m,\xi_l,s\right)=\int_0^{\vartheta}\cos\left(\xi_m v\right)\int_0^d\overline{\psi}_a\left(v,w,s\right)\cos\left(\xi_l w\right)dwdv$,
$\overline{\overline{\overline{\psi}}}_b\left(\xi_m,\xi_l,s\right)=\int_0^{\vartheta}\cos\left(\xi_m v\right)\int_0^d\overline{\psi}_b\left(v,w,s\right)\cos\left(\xi_l w\right)dwdv$ and
$\overline{\overline{\overline{\varphi}}}\left(\xi_n,\xi_m,\xi_l\right)=\int_0^a u\mathcal{V}_{\mathcal{NM}}\left(\xi_n u,a\right)\int_0^{\vartheta}\cos\left(\xi_m v\right)\int_0^d\varphi\left(u,v,w\right)\cos\left(\xi_l w\right)dwdvdu$.

$$p=\frac{2\pi^2 U\left(t-t_0\right)}{\vartheta\phi c_t}\sum_{m=0}^{\infty}\ni_m\cos\left(\xi_m\theta\right)\sum_{n=1}^{\infty}\frac{\xi_n^2 J_{\mathcal{M}}^2\left(\xi_n b\right)\mathcal{V}_{\mathcal{NM}}\left(\xi r_0,a\right)\mathcal{V}_{\mathcal{NM}}\left(\xi r,a\right)}{\left[J_{\mathcal{M}}'^2\left(\xi_n a\right)-\left\{1-\left(\frac{\mathcal{M}}{\xi_n a}\right)^2\right\}J_{\mathcal{M}}^2\left(\xi_n b\right)\right]}\times$$

$$\times\sum_{l=1}^{\infty}\frac{\left(\xi_l^2+\lambda_d^2\right)\cos\left(\xi_l z_0\right)\cos\left(\xi_l z\right)\int_0^{t-t_0}q\left(t-t_0-\tau\right)e^{-\left(\eta_r\xi_n^2+\eta_z\xi_l^2\right)\tau}d\tau}{\left\{d\left(\xi_l^2+\lambda_d^2\right)+\lambda_d\right\}}+$$

$$+\frac{4\pi}{\vartheta\phi c_t}\sum_{m=0}^{\infty}\ni_m\cos\left(\xi_m\theta\right)\times$$

$$\times\sum_{n=1}^{\infty}\frac{\xi_n J_{\mathcal{M}}^2(\xi_n b)\mathcal{V}_{\mathcal{NM}}\left(\xi r,a\right)}{\left[J_{\mathcal{M}}'^2(\xi_n a)-\left\{1-\left(\frac{\mathcal{M}}{\xi_n a}\right)^2\right\}J_{\mathcal{M}}^2(\xi_n b)\right]}\sum_{l=1}^{\infty}\frac{(\xi_l^2+\lambda_d^2)\cos(\xi_l z)\int_0^t\overline{\overline{\psi}}_a(\xi_m,\xi_l,t-\tau)e^{-\left(\eta_r\xi_n^2+\eta_z\xi_l^2\right)\tau}d\tau}{\left\{d\left(\xi_l^2+\lambda_d^2\right)+\lambda_d\right\}}+$$

$$+\frac{4\pi\eta_r}{\vartheta}\sum_{m=0}^{\infty}\ni_m\cos\left(\xi_m\theta\right)\times$$

$$\times\sum_{n=1}^{\infty}\frac{\xi_n^2 J_{\mathcal{M}}'(\xi_n a)J_{\mathcal{M}}(\xi_n b)\mathcal{V}_{\mathcal{NM}}(\xi r,a)}{\left[J_{\mathcal{M}}'^2(\xi_n a)-\left\{1-\left(\frac{\mathcal{M}}{\xi_n a}\right)^2\right\}J_{\mathcal{M}}^2(\xi_n b)\right]}\sum_{l=1}^{\infty}\frac{(\xi_l^2+\lambda_d^2)\cos(\xi_l z)\int_0^t\overline{\overline{\psi}}_b(\xi_m,\xi_l,t-\tau)e^{-\left(\eta_r\xi_n^2+\eta_z\xi_l^2\right)\tau}d\tau}{\left\{d\left(\xi_l^2+\lambda_d^2\right)+\lambda_d\right\}}+$$

$$+\frac{2\pi^2}{\vartheta\phi c_t}\sum_{m=0}^{\infty}\ni_m\cos\left(\xi_m\theta\right)\sum_{n=1}^{\infty}\frac{\xi_n^2 J_{\mathcal{M}}^2\left(\xi_n b\right)\mathcal{V}_{\mathcal{NM}}\left(\xi r,a\right)}{\left[J_{\mathcal{M}}'^2\left(\xi_n a\right)-\left\{1-\left(\frac{\mathcal{M}}{\xi_n a}\right)^2\right\}J_{\mathcal{M}}^2\left(\xi_n b\right)\right]}\times$$

$$\times\sum_{l=1}^{\infty}\frac{\left(\xi_l^2+\lambda_d^2\right)\cos\left(\xi_l z\right)\int_0^t\left\{\overline{\overline{\psi}}_{\theta 0}\left(\xi_n,\xi_m,t-\tau\right)-\cos\left(\xi_l d\right)\overline{\overline{\psi}}_{\theta d}\left(\xi_n,\xi_m,t-\tau\right)\right\}e^{-\left(\eta_r\xi_n^2+\eta_z\xi_l^2\right)\tau}d\tau}{\left\{d\left(\xi_l^2+\lambda_d^2\right)+\lambda_d\right\}}+$$

$$+\frac{2\pi^2}{\vartheta\phi c_t}\sum_{m=0}^{\infty}\ni_m\cos\left(\xi_m\theta\right)\sum_{n=1}^{\infty}\frac{\xi_n^2 J_{\mathcal{M}}^2\left(\xi_n b\right)\mathcal{V}_{\mathcal{NM}}\left(\xi r,a\right)}{\left[J_{\mathcal{M}}'^2\left(\xi_n a\right)-\left\{1-\left(\frac{\mathcal{M}}{\xi_n a}\right)^2\right\}J_{\mathcal{M}}^2\left(\xi_n b\right)\right]}\times$$

$$\times\int_0^a\frac{\mathcal{V}_{\mathcal{NM}}\left(\xi_n u,a\right)}{u}\int_0^d\int_0^t e^{-\eta_r\xi_n^2\tau}\left\{\psi_{0z}\left(u,w,t-\tau\right)+(-1)^{m+1}\psi_{\vartheta z}\left(u,w,t-\tau\right)\right\}\times$$

$$\times\sum_{l=1}^{\infty}\frac{\left(\xi_l^2+\lambda_d^2\right)\cos\left(\xi_l w\right)\cos\left(\xi_l z\right)e^{-\eta_z\xi_l^2\tau}}{\left\{d\left(\xi_l^2+\lambda_d^2\right)+\lambda_d\right\}}d\tau dwdu+$$

$$+\frac{2\pi^2}{\vartheta}\sum_{m=0}^{\infty}\ni_m\cos(\xi_m\theta)\times$$

$$\times\sum_{n=1}^{\infty}\frac{\xi_n^2 J_{\mathcal{M}}^2(\xi_n b)\mathcal{V}_{\mathcal{N}\mathcal{M}}(\xi r,a)e^{-\eta_r\xi_n^2 t}}{\left[J_{\mathcal{M}}'^2(\xi_n a)-\left\{1-\left(\frac{\mathcal{M}}{\xi_n a}\right)^2\right\}J_{\mathcal{M}}^2(\xi_n b)\right]}\sum_{l=1}^{\infty}\frac{\overline{\overline{\overline{\varphi}}}(\xi_n,\xi_m,\xi_l)\left(\xi_l^2+\lambda_d^2\right)\cos(\xi_l z)e^{-\eta_z\xi_l^2 t}}{\left\{d\left(\xi_l^2+\lambda_d^2\right)+\lambda_d\right\}} \qquad (29.75.2)$$

where $\overline{\overline{\psi}}_a(\xi_m,\xi_l,t)=\int_0^{\vartheta}\cos(\xi_m v)\int_0^d\psi_a(v,w,t)\cos(\xi_l w)\,dwdv$,
$\overline{\overline{\psi}}_b(\xi_m,\xi_l,t)=\int_0^{\vartheta}\cos(\xi_m v)\int_0^d\psi_b(v,w,t)\cos(\xi_l w)\,dwdv$,
$\overline{\overline{\psi}}_{\theta0}(\xi_n,\xi_m,t)=\int_0^a u\mathcal{V}_{\mathcal{N}\mathcal{M}}(\xi_n u,a)\int_0^{\vartheta}\psi_0(u,v,t)\cos(\xi_m v)dvdu$ and
$\overline{\overline{\psi}}_{\theta d}(\xi_n,\xi_m,t)=\int_0^a u\mathcal{V}_{\mathcal{N}\mathcal{M}}(\xi_n u,a)\int_0^{\vartheta}\psi_{\theta d}(u,v,t)\cos(\xi_m v)dvdu$.

29.76 The problem of 29.72, except
$\mathbf{N}_{\theta 0}\equiv\frac{\partial p(r,\theta,0,t)}{\partial z}=-\left(\frac{\mu}{k_z}\right)\psi_{\theta 0}(r,\theta,t)$,
$\mathbf{R}_{\theta d}\equiv\frac{\partial p(r,\theta,d,t)}{\partial z}+\lambda_d p(r,\theta,d,t)=-\left(\frac{\mu}{k_z}\right)\psi_{\theta d}(r,\theta,t)$,
$\mathbf{N}_a\equiv\frac{\partial p(a,\theta,z,t)}{\partial r}=-\left(\frac{\mu}{k_r}\right)\psi_a(\theta,z,t)$,
$\mathbf{N}_b\equiv\frac{\partial p(b,\theta,z,t)}{\partial r}=-\left(\frac{\mu}{k_r}\right)\psi_b(\theta,z,t)$,
$\mathbf{N}_{0z}\equiv\frac{\partial p(r,0,z,t)}{\partial \theta}=-\left(\frac{\mu}{k_\theta}\right)\psi_{0z}(r,z,t)$ **and**
$\mathbf{N}_{\vartheta z}\equiv\frac{\partial p(r,\vartheta,z,t)}{\partial \theta}=-\left(\frac{\mu}{k_\theta}\right)\psi_{\vartheta z}(r,z,t)$

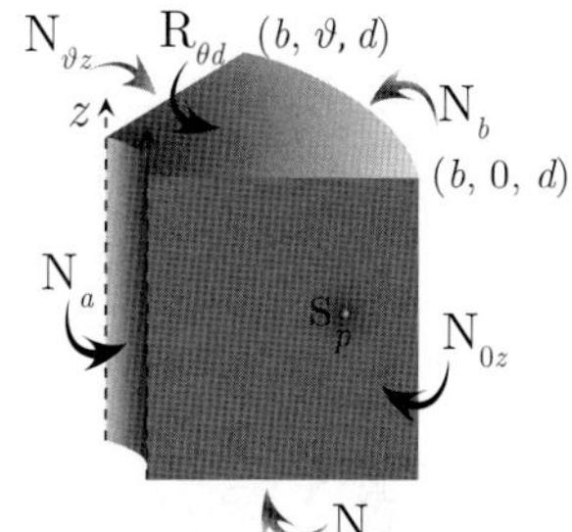

$$\overline{p}=\frac{4q(s)e^{-st_0}}{\vartheta(b^2-a^2)\phi c_t}\sum_{l=1}^{\infty}\frac{\left(\xi_l^2+\lambda_d^2\right)\cos(\xi_l z_0)\cos(\xi_l z)}{\left\{d\left(\xi_l^2+\lambda_d^2\right)+\lambda_d\right\}\left(\eta_z\xi_l^2+s\right)}+$$

$$+\frac{2\pi^2 q(s)e^{-st_0}}{\vartheta\phi c_t}\sum_{m=0}^{\infty}\ni_m\cos(\xi_m\theta)\times$$

$$\times\sum_{n=1}^{\infty}\frac{\xi_n^2 J_{\mathcal{M}}'^2(\xi_n b)\mathcal{V}_{\mathcal{N}\mathcal{M}}(\xi r_0,a)\mathcal{V}_{\mathcal{N}\mathcal{M}}(\xi r,a)}{\left[\left\{1-\left(\frac{\mathcal{M}}{\xi_n b}\right)^2\right\}J_{\mathcal{M}}'^2(\xi_n a)-\left\{1-\left(\frac{\mathcal{M}}{\xi_n a}\right)^2\right\}J_{\mathcal{M}}'^2(\xi_n b)\right]}\sum_{l=1}^{\infty}\frac{\left(\xi_l^2+\lambda_d^2\right)\cos(\xi_l z_0)\cos(\xi_l z)}{\left\{d\left(\xi_l^2+\lambda_d^2\right)+\lambda_d\right\}\left(\eta_r\xi_n^2+\eta_z\xi_l^2+s\right)}+$$

$$+\frac{4}{\vartheta(b^2-a^2)\phi c_t}\sum_{l=1}^{\infty}\frac{\left\{a\overline{\overline{\overline{\psi}}}_a(0,\xi_l,s)-b\overline{\overline{\overline{\psi}}}_b(0,\xi_l,s)\right\}\left(\xi_l^2+\lambda_d^2\right)\cos(\xi_l z)}{\left\{d\left(\xi_l^2+\lambda_d^2\right)+\lambda_d\right\}\left(\eta_z\xi_l^2+s\right)}+$$

$$+\frac{4\pi}{\vartheta\phi c_t}\sum_{m=0}^{\infty}\ni_m\cos(\xi_m\theta)\times$$

$$\times\sum_{n=1}^{\infty}\frac{\xi_n J_{\mathcal{M}}'^2(\xi_n b)\mathcal{V}_{\mathcal{N}\mathcal{M}}(\xi r,a)}{\left[\left\{1-\left(\frac{\mathcal{M}}{\xi_n b}\right)^2\right\}J_{\mathcal{M}}'^2(\xi_n a)-\left\{1-\left(\frac{\mathcal{M}}{\xi_n a}\right)^2\right\}J_{\mathcal{M}}'^2(\xi_n b)\right]}\sum_{l=1}^{\infty}\frac{\overline{\overline{\overline{\psi}}}_a(\xi_m,\xi_l,s)\left(\xi_l^2+\lambda_d^2\right)\cos(\xi_l z)}{\left\{d\left(\xi_l^2+\lambda_d^2\right)+\lambda_d\right\}\left(\eta_r\xi_n^2+\eta_z\xi_l^2+s\right)}-$$

$$-\frac{4\pi}{\vartheta\phi c_t}\sum_{m=0}^{\infty}\ni_m\cos(\xi_m\theta)\times$$

$$\times\sum_{n=1}^{\infty}\frac{\xi_n J_{\mathcal{M}}'(\xi_n a)J_{\mathcal{M}}'(\xi_n b)\mathcal{V}_{\mathcal{N}\mathcal{M}}(\xi r,a)}{\left[\left\{1-\left(\frac{\mathcal{M}}{\xi_n b}\right)^2\right\}J_{\mathcal{M}}'^2(\xi_n a)-\left\{1-\left(\frac{\mathcal{M}}{\xi_n a}\right)^2\right\}J_{\mathcal{M}}'^2(\xi_n b)\right]}\sum_{l=1}^{\infty}\frac{\overline{\overline{\overline{\psi}}}_b(\xi_m,\xi_l,s)\left(\xi_l^2+\lambda_d^2\right)\cos(\xi_l z)}{\left\{d\left(\xi_l^2+\lambda_d^2\right)+\lambda_d\right\}\left(\eta_r\xi_n^2+\eta_z\xi_l^2+s\right)}+$$

$$+\frac{4}{\vartheta(b^2-a^2)\phi c_t}\sum_{l=1}^{\infty}\frac{\left(\xi_l^2+\lambda_d^2\right)\cos(\xi_l z)\int_a^b u\left\{\overline{\overline{\overline{\psi}}}_{\theta0}(u,0,s)-\cos(\xi_l d)\overline{\overline{\overline{\psi}}}_{\theta d}(u,0,s)\right\}du}{\left\{d\left(\xi_l^2+\lambda_d^2\right)+\lambda_d\right\}\left(\eta_z\xi_l^2+s\right)}+$$

$$+\frac{2\pi^2}{\vartheta\phi c_t}\sum_{m=0}^{\infty}\ni_m\cos(\xi_m\theta)\sum_{n=1}^{\infty}\frac{\xi_n^2 J_{\mathcal{M}}'^2(\xi_n b)\mathcal{V}_{\mathcal{N}\mathcal{M}}(\xi r,a)}{\left[\left\{1-\left(\frac{\mathcal{M}}{\xi_n b}\right)^2\right\}J_{\mathcal{M}}'^2(\xi_n a)-\left\{1-\left(\frac{\mathcal{M}}{\xi_n a}\right)^2\right\}J_{\mathcal{M}}'^2(\xi_n b)\right]}\times$$

$$\times \sum_{l=1}^{\infty} \frac{\left(\xi_l^2+\lambda_d^2\right)\left\{\overline{\overline{\overline{\psi}}}_{\theta 0}\left(\xi_n,\xi_m,s\right)-\cos\left(\xi_l d\right)\overline{\overline{\overline{\psi}}}_{\theta d}\left(\xi_n,\xi_m,s\right)\right\}\cos\left(\xi_l z\right)}{\left\{d\left(\xi_l^2+\lambda_d^2\right)+\lambda_d\right\}\left(\eta_r\xi_n^2+\eta_z\xi_l^2+s\right)}+$$

$$+\frac{4}{\vartheta\left(b^2-a^2\right)\phi c_t}\int_a^b\frac{1}{u}\int_0^d\left\{\overline{\psi}_{0z}\left(u,w,s\right)-\overline{\psi}_{\vartheta z}\left(u,w,s\right)\right\}\sum_{l=1}^{\infty}\frac{\left(\xi_l^2+\lambda_d^2\right)\cos\left(\xi_l w\right)\cos\left(\xi_l z\right)}{\left\{d\left(\xi_l^2+\lambda_d^2\right)+\lambda_d\right\}\left(\eta_z\xi_l^2+s\right)}dwdu+$$

$$+\frac{\pi^2}{2\vartheta\phi c_t\sqrt{\eta_z}}\sum_{m=0}^{\infty}\ni_m\cos\left(\xi_m\theta\right)\sum_{n=1}^{\infty}\frac{\xi_n^2 J_{\mathcal{M}}'^2\left(\xi_n b\right)\mathcal{V}_{\mathcal{NM}}\left(\xi_n r,a\right)}{\left[\left\{1-\left(\frac{\mathcal{M}}{\xi_n b}\right)^2\right\}J_{\mathcal{M}}'^2\left(\xi_n a\right)-\left\{1-\left(\frac{\mathcal{M}}{\xi_n a}\right)^2\right\}J_{\mathcal{M}}'^2\left(\xi_n b\right)\right]}\times$$

$$\times\int_a^b\frac{\mathcal{V}_{\mathcal{NM}}\left(\xi_n u,a\right)}{u}\int_0^d\left\{\overline{\psi}_{0z}\left(u,w,s\right)+\left(-1\right)^{m+1}\overline{\psi}_{\vartheta z}\left(u,w,s\right)\right\}\times$$

$$\times\sum_{l=1}^{\infty}\frac{\left(\xi_l^2+\lambda_d^2\right)\cos\left(\xi_l w\right)\cos\left(\xi_l z\right)}{\left\{d\left(\xi_l^2+\lambda_d^2\right)+\lambda_d\right\}\left(\eta_r\xi_n^2+\eta_z\xi_l^2+s\right)}dwdu+$$

$$+\frac{4}{\vartheta\left(b^2-a^2\right)}\sum_{l=1}^{\infty}\frac{\left(\xi_l^2+\lambda_d^2\right)\cos\left(\xi_l z\right)\int_a^b\overline{\overline{\varphi}}\left(u,0,\xi_l\right)udu}{\left\{d\left(\xi_l^2+\lambda_d^2\right)+\lambda_d\right\}\left(\eta_z\xi_l^2+s\right)}+$$

$$+\frac{2\pi^2}{\vartheta}\sum_{m=0}^{\infty}\ni_m\cos\left(\xi_m\theta\right)\sum_{n=1}^{\infty}\frac{\xi_n^2 J_{\mathcal{M}}'^2\left(\xi_n b\right)\mathcal{V}_{\mathcal{NM}}\left(\xi r,a\right)}{\left[\left\{1-\left(\frac{\mathcal{M}}{\xi_n b}\right)^2\right\}J_{\mathcal{M}}'^2\left(\xi_n a\right)-\left\{1-\left(\frac{\mathcal{M}}{\xi_n a}\right)^2\right\}J_{\mathcal{M}}'^2\left(\xi_n b\right)\right]}\times$$

$$\times\sum_{l=1}^{\infty}\frac{\overline{\overline{\overline{\varphi}}}\left(\xi_n,\xi_m,\xi_l\right)\left(\xi_l^2+\lambda_d^2\right)\cos\left(\xi_l z\right)}{\left\{d\left(\xi_l^2+\lambda_d^2\right)+\lambda_d\right\}\left(\eta_r\xi_n^2+\eta_z\xi_l^2+s\right)} \qquad (29.76.1)$$

where $\mathcal{V}_{\mathcal{NM}}\left(\xi_n r,a\right)=J_{\mathcal{M}}\left(\xi_n r\right)Y_{\mathcal{M}}'\left(\xi_n a\right)-Y_{\mathcal{M}}\left(\xi_n r\right)J_{\mathcal{M}}'\left(\xi_n a\right)$. The eigenvalues are $\xi_0=0$ and ξ_n. ξ_n, $n=1,2,...$, are the positive roots of the transcendental equation $\mathcal{V}_{\mathcal{NM}}'\left(\xi_n b,a\right)=0$, ξ_l are the positive roots of $\xi_l\tan\left(\xi_l d\right)=-\lambda_d$, $l=1,2,...$, $\xi_m=\frac{m\pi}{d}$, $m=0,1,...$, $\overline{\overline{\psi}}_{\theta 0}\left(u,0,s\right)=\int_0^{\vartheta}\overline{\psi}_{\theta 0}\left(u,v,s\right)dv$, $\overline{\overline{\psi}}_{\theta d}\left(u,0,s\right)=\int_0^{\vartheta}\overline{\psi}_{\theta d}\left(u,v,s\right)dv$, $\overline{\overline{\overline{\psi}}}_{\theta 0}\left(\xi_n,\xi_m,s\right)=\int_0^a u\mathcal{V}_{\mathcal{NM}}\left(\xi_n u,a\right)\int_0^{\vartheta}\overline{\psi}_0\left(u,v,s\right)\cos\left(\xi_m v\right)dvdu$, $\overline{\overline{\overline{\psi}}}_{\theta d}\left(\xi_n,\xi_m,s\right)=\int_0^a u\mathcal{V}_{\mathcal{NM}}\left(\xi_n u,a\right)\int_0^{\vartheta}\overline{\psi}_{\theta d}\left(u,v,s\right)\cos\left(\xi_m v\right)dvdu$, $\overline{\overline{\overline{\psi}}}_a\left(\xi_m,\xi_l,s\right)=\int_0^{\vartheta}\cos\left(\xi_m v\right)\int_0^d\overline{\psi}_a\left(v,w,s\right)\cos\left(\xi_l w\right)dwdv$, $\overline{\overline{\overline{\psi}}}_b\left(\xi_m,\xi_l,s\right)=\int_0^{\vartheta}\cos\left(\xi_m v\right)\int_0^d\overline{\psi}_b\left(v,w,s\right)\cos\left(\xi_l w\right)dwdv$, $\overline{\overline{\varphi}}\left(u,0,\xi_l\right)=\int_0^{\vartheta}\int_0^d\varphi\left(u,v,w\right)\cos\left(\xi_l w\right)dvdw$ and $\overline{\overline{\overline{\varphi}}}\left(\xi_n,\xi_m,\xi_l\right)=\int_0^a u\mathcal{V}_{\mathcal{NM}}\left(\xi_n u,a\right)\int_0^{\vartheta}\cos\left(\xi_m v\right)\int_0^d\varphi\left(u,v,w\right)\cos\left(\xi_l w\right)dwdvdu$.

$$p=\frac{4U\left(t-t_0\right)}{\vartheta\left(b^2-a^2\right)\phi c_t}\sum_{l=1}^{\infty}\frac{\left(\xi_l^2+\lambda_d^2\right)\cos\left(\xi_l z_0\right)\cos\left(\xi_l z\right)\int_0^{t-t_0}q\left(t-t_0-\tau\right)e^{-\eta_z\xi_l^2\tau}d\tau}{\left\{d\left(\xi_l^2+\lambda_d^2\right)+\lambda_d\right\}}+$$

$$+\frac{2\pi^2U\left(t-t_0\right)}{\vartheta\phi c_t}\sum_{m=0}^{\infty}\ni_m\cos\left(\xi_m\theta\right)\sum_{n=1}^{\infty}\frac{\xi_n^2 J_{\mathcal{M}}'^2\left(\xi_n b\right)\mathcal{V}_{\mathcal{NM}}\left(\xi r_0,a\right)\mathcal{V}_{\mathcal{NM}}\left(\xi r,a\right)}{\left[\left\{1-\left(\frac{\mathcal{M}}{\xi_n b}\right)^2\right\}J_{\mathcal{M}}'^2\left(\xi_n a\right)-\left\{1-\left(\frac{\mathcal{M}}{\xi_n a}\right)^2\right\}J_{\mathcal{M}}'^2\left(\xi_n b\right)\right]}\times$$

$$\times\sum_{l=1}^{\infty}\frac{\left(\xi_l^2+\lambda_d^2\right)\cos\left(\xi_l z_0\right)\cos\left(\xi_l z\right)\int_0^{t-t_0}q\left(t-t_0-\tau\right)e^{-\left(\eta_r\xi_n^2+\eta_z\xi_l^2\right)\tau}d\tau}{\left\{d\left(\xi_l^2+\lambda_d^2\right)+\lambda_d\right\}}+$$

$$+\frac{4}{\vartheta\left(b^2-a^2\right)\phi c_t}\sum_{l=1}^{\infty}\frac{\left(\xi_l^2+\lambda_d^2\right)\cos\left(\xi_l z\right)\int_0^t\left\{a\overline{\overline{\psi}}_a\left(\xi_m,\xi_l,t-\tau\right)-b\overline{\overline{\psi}}_b\left(\xi_m,\xi_l,t-\tau\right)\right\}e^{-\eta_z\xi_l^2\tau}d\tau}{\left\{d\left(\xi_l^2+\lambda_d^2\right)+\lambda_d\right\}}-$$

$$-\frac{4\pi}{\vartheta\phi c_t}\sum_{m=0}^{\infty}\ni_m\cos\left(\xi_m\theta\right)\sum_{n=1}^{\infty}\frac{\xi_n J_{\mathcal{M}}'^2\left(\xi_n b\right)\mathcal{V}_{\mathcal{NM}}\left(\xi r,a\right)}{\left[\left\{1-\left(\frac{\mathcal{M}}{\xi_n b}\right)^2\right\}J_{\mathcal{M}}'^2\left(\xi_n a\right)-\left\{1-\left(\frac{\mathcal{M}}{\xi_n a}\right)^2\right\}J_{\mathcal{M}}'^2\left(\xi_n b\right)\right]}\times$$

$$\times\sum_{l=1}^{\infty}\frac{\left(\xi_l^2+\lambda_d^2\right)\cos\left(\xi_l z\right)\int_0^t\overline{\overline{\psi}}_a\left(\xi_m,\xi_l,t-\tau\right)e^{-\left(\eta_r\xi_n^2+\eta_z\xi_l^2\right)\tau}d\tau}{\left\{d\left(\xi_l^2+\lambda_d^2\right)+\lambda_d\right\}}-$$

$$-\frac{4\pi}{\vartheta\phi c_t}\sum_{m=0}^{\infty}\ni_m\cos\left(\xi_m\theta\right)\sum_{n=1}^{\infty}\frac{\xi_n J'_{\mathcal{M}}\left(\xi_n a\right)J'_{\mathcal{M}}\left(\xi_n b\right)\mathcal{V}_{\mathcal{N}\mathcal{M}}\left(\xi r,a\right)}{\left[\left\{1-\left(\frac{\mathcal{M}}{\xi_n b}\right)^2\right\}J'^2_{\mathcal{M}}\left(\xi_n a\right)-\left\{1-\left(\frac{\mathcal{M}}{\xi_n a}\right)^2\right\}J'^2_{\mathcal{M}}\left(\xi_n b\right)\right]}\times$$

$$\times\sum_{l=1}^{\infty}\frac{\left(\xi_l^2+\lambda_d^2\right)\cos\left(\xi_l z\right)\int_0^t\overline{\overline{\psi}}_b\left(\xi_m,\xi_l,t-\tau\right)e^{-\left(\eta_r\xi_n^2+\eta_z\xi_l^2\right)\tau}d\tau}{\left\{d\left(\xi_l^2+\lambda_d^2\right)+\lambda_d\right\}}+$$

$$+\frac{4}{\vartheta(b^2-a^2)\,\phi c_t}\sum_{l=1}^{\infty}\frac{(\xi_l^2+\lambda_d^2)\cos(\xi_l z)\int_0^t e^{-\eta_z\xi_l^2\tau}\int_a^b u\{\overline{\psi}_{\theta 0}(u,0,t-\tau)-\cos(\xi_l d)\overline{\psi}_{\theta d}(u,0,t-\tau)\}\,dud\tau}{\left\{d\left(\xi_l^2+\lambda_d^2\right)+\lambda_d\right\}}+$$

$$+\frac{2\pi^2}{\vartheta\phi c_t}\sum_{m=0}^{\infty}\ni_m\cos\left(\xi_m\theta\right)\sum_{n=1}^{\infty}\frac{\xi_n^2 J'^2_{\mathcal{M}}\left(\xi_n b\right)\mathcal{V}_{\mathcal{N}\mathcal{M}}\left(\xi r,a\right)}{\left[\left\{1-\left(\frac{\mathcal{M}}{\xi_n b}\right)^2\right\}J'^2_{\mathcal{M}}\left(\xi_n a\right)-\left\{1-\left(\frac{\mathcal{M}}{\xi_n a}\right)^2\right\}J'^2_{\mathcal{M}}\left(\xi_n b\right)\right]}\times$$

$$\times\sum_{l=1}^{\infty}\frac{\left(\xi_l^2+\lambda_d^2\right)\cos\left(\xi_l z\right)\int_0^t\left\{\overline{\overline{\psi}}_{\theta 0}\left(\xi_n,\xi_m,t-\tau\right)-\cos\left(\xi_l d\right)\overline{\overline{\psi}}_{\theta d}\left(\xi_n,\xi_m,t-\tau\right)\right\}e^{-\left(\eta_r\xi_n^2+\eta_z\xi_l^2\right)\tau}d\tau}{\left\{d\left(\xi_l^2+\lambda_d^2\right)+\lambda_d\right\}}+$$

$$+\frac{4}{\vartheta\left(b^2-a^2\right)\phi c_t}\int_a^b\frac{1}{u}\int_0^d\int_0^t\left\{\psi_{0z}\left(u,w,t-\tau\right)-\psi_{\vartheta z}\left(u,w,t-\tau\right)\right\}\times$$

$$\times\sum_{l=1}^{\infty}\frac{\left(\xi_l^2+\lambda_d^2\right)\cos\left(\xi_l w\right)\cos\left(\xi_l z\right)e^{-\eta_z\xi_l^2\tau}}{\left\{d\left(\xi_l^2+\lambda_d^2\right)+\lambda_d\right\}}d\tau dwdu+$$

$$+\frac{\pi^2}{2\vartheta d\phi c_t}\sum_{m=0}^{\infty}\ni_m\cos\left(\xi_m\theta\right)\sum_{n=1}^{\infty}\frac{\xi_n^2 J'^2_{\mathcal{M}}\left(\xi_n b\right)\mathcal{V}_{\mathcal{N}\mathcal{M}}\left(\xi_n r,a\right)}{\left[\left\{1-\left(\frac{\mathcal{M}}{\xi_n b}\right)^2\right\}J'^2_{\mathcal{M}}\left(\xi_n a\right)-\left\{1-\left(\frac{\mathcal{M}}{\xi_n a}\right)^2\right\}J'^2_{\mathcal{M}}\left(\xi_n b\right)\right]}\times$$

$$\int_0^t e^{-\eta_r\xi_n^2\tau}\int_a^b\frac{\mathcal{V}_{\mathcal{N}\mathcal{M}}\left(\xi_n u,a\right)}{u}\int_0^d\left\{\psi_{0z}\left(u,w,t-\tau\right)+\left(-1\right)^{m+1}\psi_{\vartheta z}\left(u,w,t-\tau\right)\right\}d\tau\times$$

$$\times\sum_{l=1}^{\infty}\frac{\left(\xi_l^2+\lambda_d^2\right)\cos\left(\xi_l w\right)\cos\left(\xi_l z\right)e^{-\eta_z\xi_l^2\tau}}{\left\{d\left(\xi_l^2+\lambda_d^2\right)+\lambda_d\right\}}dwdud\tau+$$

$$+\frac{4}{\vartheta\left(b^2-a^2\right)}\sum_{l=1}^{\infty}\frac{\left(\xi_l^2+\lambda_d^2\right)\cos\left(\xi_l z\right)e^{-\eta_z\xi_l^2 t}\int_a^b\overline{\overline{\varphi}}\left(u,0,\xi_l\right)udu}{\left\{d\left(\xi_l^2+\lambda_d^2\right)+\lambda_d\right\}}+$$

$$+\frac{2\pi^2}{\vartheta}\sum_{m=0}^{\infty}\ni_m\cos\left(\xi_m\theta\right)\sum_{n=1}^{\infty}\frac{\xi_n^2 J'^2_{\mathcal{M}}\left(\xi_n b\right)\mathcal{V}_{\mathcal{N}\mathcal{M}}\left(\xi r,a\right)e^{-\eta_r\xi_n^2 t}}{\left[\left\{1-\left(\frac{\mathcal{M}}{\xi_n b}\right)^2\right\}J'^2_{\mathcal{M}}\left(\xi_n a\right)-\left\{1-\left(\frac{\mathcal{M}}{\xi_n a}\right)^2\right\}J'^2_{\mathcal{M}}\left(\xi_n b\right)\right]}\times$$

$$\times\sum_{l=1}^{\infty}\frac{\overline{\overline{\overline{\varphi}}}\left(\xi_n,\xi_m,\xi_l\right)\left(\xi_l^2+\lambda_d^2\right)\cos\left(\xi_l z\right)e^{-\eta_z\xi_l^2 t}}{\left\{d\left(\xi_l^2+\lambda_d^2\right)+\lambda_d\right\}}\tag{29.76.2}$$

where $\overline{\overline{\psi}}_a\left(\xi_m,\xi_l,t\right)=\int_0^\vartheta\cos\left(\xi_m v\right)\int_0^d\psi_a\left(v,w,t\right)\cos\left(\xi_l w\right)dwdv$,
$\overline{\overline{\psi}}_b\left(\xi_m,\xi_l,t\right)=\int_0^\vartheta\cos\left(\xi_m v\right)\int_0^d\psi_b\left(v,w,t\right)\cos\left(\xi_l w\right)dwdv$,
$\overline{\psi}_{\theta 0}\left(u,0,t\right)=\int_0^\vartheta\psi_{\theta 0}\left(u,v,t\right)dv$, $\overline{\psi}_{\theta d}\left(u,0,t\right)=\int_0^\vartheta\psi_{\theta d}\left(u,v,t\right)dv$,
$\overline{\overline{\psi}}_{\theta 0}\left(\xi_n,\xi_m,t\right)=\int_0^a u\mathcal{V}_{\mathcal{N}\mathcal{M}}\left(\xi_n u,a\right)\int_0^\vartheta\psi_0\left(u,v,t\right)\cos\left(\xi_m v\right)dvdu$ and
$\overline{\overline{\psi}}_{\theta d}\left(\xi_n,\xi_m,t\right)=\int_0^a u\mathcal{V}_{\mathcal{N}\mathcal{M}}\left(\xi_n u,a\right)\int_0^\vartheta\psi_{\theta d}\left(u,v,t\right)\cos\left(\xi_m v\right)dvdu$.

29.77

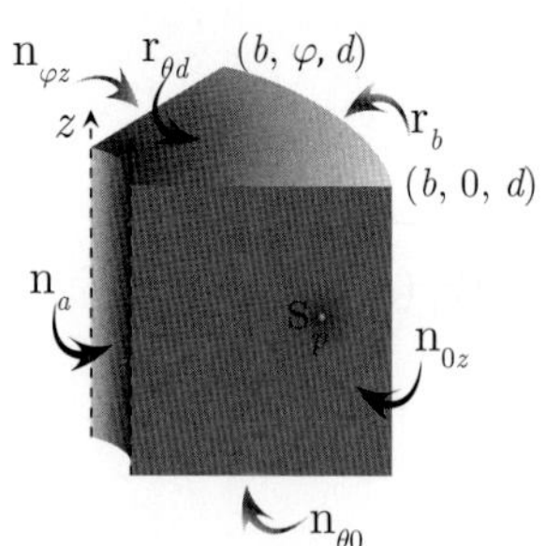

The problem of 29.72, except
$\mathbf{N}_{\theta 0} \equiv \frac{\partial p(r,\theta,0,t)}{\partial z} = -\left(\frac{\mu}{k_z}\right)\psi_{\theta 0}(r,\theta,t),$
$\mathbf{R}_{\theta d} \equiv \frac{\partial p(r,\theta,d,t)}{\partial z} + \lambda_d p(r,\theta,d,t) = -\left(\frac{\mu}{k_z}\right)\psi_{\theta d}(r,\theta,t),$
$\mathbf{N}_{a} \equiv \frac{\partial p(a,\theta,z,t)}{\partial r} = -\left(\frac{\mu}{k_r}\right)\psi_{a}(\theta,z,t),$
$\mathbf{R}_{b} \equiv \frac{\partial p(b,\theta,z,t)}{\partial r} + \lambda p(b,\theta,z,t) = -\left(\frac{\mu}{k_r}\right)\psi_{b}(\theta,z,t),$
$\mathbf{N}_{0z} \equiv \frac{\partial p(r,0,z,t)}{\partial \theta} = -\left(\frac{\mu}{k_\theta}\right)\psi_{0z}(r,z,t)$ **and**
$\mathbf{N}_{\vartheta z} \equiv \frac{\partial p(r,\vartheta,z,t)}{\partial \theta} = -\left(\frac{\mu}{k_\theta}\right)\psi_{\vartheta z}(r,z,t)$

$$\begin{aligned}
\overline{p} = {} & \frac{2\pi^2 q(s)\, e^{-st_0}}{\vartheta\phi c_t}\sum_{m=0}^{\infty} \ni_m \cos(\xi_m\theta) \times \\
& \times \sum_{n=1}^{\infty} \frac{\xi_n^2 \left\{\xi_n J'_{\mathcal{M}}(\xi_n b) + \lambda J_{\mathcal{M}}(\xi_n b)\right\}^2 \mathcal{V}_{\mathcal{N}\mathcal{M}}(\xi r_0, a)\, \mathcal{V}_{\mathcal{N}\mathcal{M}}(\xi r, a)}{\left[\left\{\xi_n^2 + \lambda^2 - \left(\frac{\mathcal{M}}{b}\right)^2\right\} J'^2_{\mathcal{M}}(\xi_n a) - \left\{1 - \left(\frac{\mathcal{M}}{\xi_n a}\right)^2\right\}\left\{\xi_n J'_{\mathcal{M}}(\xi_n b) + \lambda J_{\mathcal{M}}(\xi_n b)\right\}^2\right]} \times \\
& \times \sum_{l=1}^{\infty} \frac{\left(\xi_l^2 + \lambda_d^2\right)\cos(\xi_l z_0)\cos(\xi_l z)}{\left\{d\left(\xi_l^2 + \lambda_d^2\right) + \lambda_d\right\}\left(\eta_r \xi_n^2 + \eta_z \xi_l^2 + s\right)} + \\
& + \frac{4\pi}{\vartheta\phi c_t}\sum_{m=0}^{\infty} \ni_m \cos(\xi_m\theta) \times \\
& \times \sum_{n=1}^{\infty} \frac{\xi_n \left\{\xi_n J'_{\mathcal{M}}(\xi_n b) + \lambda J_{\mathcal{M}}(\xi_n b)\right\}^2 \mathcal{V}_{\mathcal{N}\mathcal{M}}(\xi r, a)}{\left[\left\{\xi_n^2 + \lambda^2 - \left(\frac{\mathcal{M}}{b}\right)^2\right\} J'^2_{\mathcal{M}}(\xi_n a) - \left\{1 - \left(\frac{\mathcal{M}}{\xi_n a}\right)^2\right\}\left\{\xi_n J'_{\mathcal{M}}(\xi_n b) + \lambda J_{\mathcal{M}}(\xi_n b)\right\}^2\right]} \times \\
& \times \sum_{l=1}^{\infty} \frac{\overline{\overline{\overline{\psi}}}_a(\xi_m, \xi_l, s)\left(\xi_l^2 + \lambda_d^2\right)\cos(\xi_l z)}{\left\{d\left(\xi_l^2 + \lambda_d^2\right) + \lambda_d\right\}\left(\eta_r \xi_n^2 + \eta_z \xi_l^2 + s\right)} - \\
& - \frac{4\pi}{\vartheta\phi c_t}\sum_{m=0}^{\infty} \ni_m \cos(\xi_m\theta) \times \\
& \times \sum_{n=1}^{\infty} \frac{\xi_n^2 J'_{\mathcal{M}}(\xi_n a)\left\{\xi_n J'_{\mathcal{M}}(\xi_n b) + \lambda J_{\mathcal{M}}(\xi_n b)\right\} \mathcal{V}_{\mathcal{N}\mathcal{M}}(\xi r, a)}{\left[\left\{\xi_n^2 + \lambda^2 - \left(\frac{\mathcal{M}}{b}\right)^2\right\} J'^2_{\mathcal{M}}(\xi_n a) - \left\{1 - \left(\frac{\mathcal{M}}{\xi_n a}\right)^2\right\}\left\{\xi_n J'_{\mathcal{M}}(\xi_n b) + \lambda J_{\mathcal{M}}(\xi_n b)\right\}^2\right]} \times \\
& \times \sum_{l=1}^{\infty} \frac{\overline{\overline{\overline{\psi}}}_b(\xi_m, \xi_l, s)\left(\xi_l^2 + \lambda_d^2\right)\cos(\xi_l z)}{\left\{d\left(\xi_l^2 + \lambda_d^2\right) + \lambda_d\right\}\left(\eta_r \xi_n^2 + \eta_z \xi_l^2 + s\right)} + \\
& + \frac{2\pi^2}{\vartheta\phi c_t}\sum_{m=0}^{\infty} \ni_m \cos(\xi_m\theta) \times \\
& \times \sum_{n=1}^{\infty} \frac{\xi_n^2 \left\{\xi_n J'_{\mathcal{M}}(\xi_n b) + \lambda J_{\mathcal{M}}(\xi_n b)\right\}^2 \mathcal{V}_{\mathcal{N}\mathcal{M}}(\xi r, a)}{\left[\left\{\xi_n^2 + \lambda^2 - \left(\frac{\mathcal{M}}{b}\right)^2\right\} J'^2_{\mathcal{M}}(\xi_n a) - \left\{1 - \left(\frac{\mathcal{M}}{\xi_n a}\right)^2\right\}\left\{\xi_n J'_{\mathcal{M}}(\xi_n b) + \lambda J_{\mathcal{M}}(\xi_n b)\right\}^2\right]} \times \\
& \times \sum_{l=1}^{\infty} \frac{\left(\xi_l^2 + \lambda_d^2\right)\left\{\overline{\overline{\overline{\psi}}}_{\theta 0}(\xi_n, \xi_m, s) - \cos(\xi_l d)\,\overline{\overline{\overline{\psi}}}_{\theta d}(\xi_n, \xi_m, s)\right\}\cos(\xi_l z)}{\left\{d\left(\xi_l^2 + \lambda_d^2\right) + \lambda_d\right\}\left(\eta_r \xi_n^2 + \eta_z \xi_l^2 + s\right)} + \\
& + \frac{2\pi^2}{\vartheta\phi c_t}\sum_{m=0}^{\infty} \ni_m \cos(\xi_m\theta) \times \\
& \times \sum_{n=1}^{\infty} \frac{\xi_n^2 \left\{\xi_n J'_{\mathcal{M}}(\xi_n b) + \lambda J_{\mathcal{M}}(\xi_n b)\right\}^2 \mathcal{V}_{\mathcal{N}\mathcal{M}}(\xi r, a)}{\left[\left\{\xi_n^2 + \lambda^2 - \left(\frac{\mathcal{M}}{b}\right)^2\right\} J'^2_{\mathcal{M}}(\xi_n a) - \left\{1 - \left(\frac{\mathcal{M}}{\xi_n a}\right)^2\right\}\left\{\xi_n J'_{\mathcal{M}}(\xi_n b) + \lambda J_{\mathcal{M}}(\xi_n b)\right\}^2\right]} \times
\end{aligned}$$

$$\times \int_0^a \frac{\mathcal{V}_{\mathcal{NM}}(\xi_n u, a)}{u} \int_0^d \left\{ \overline{\psi}_{0z}(u, w, s) + (-1)^{m+1} \overline{\psi}_{\vartheta z}(u, w, s) \right\} \times$$

$$\times \sum_{l=1}^{\infty} \frac{(\xi_l^2 + \lambda_d^2) \cos(\xi_l w) \cos(\xi_l z)}{\{d(\xi_l^2 + \lambda_d^2) + \lambda_d\} (\eta_r \xi_n^2 + \eta_z \xi_l^2 + s)} dw du +$$

$$+ \frac{2\pi^2}{\vartheta} \sum_{m=0}^{\infty} \ni_m \cos(\xi_m \theta) \times$$

$$\times \sum_{n=1}^{\infty} \frac{\xi_n^2 \{\xi_n J'_{\mathcal{M}}(\xi_n b) + \lambda J_{\mathcal{M}}(\xi_n b)\}^2 \mathcal{V}_{\mathcal{NM}}(\xi r, a)}{\left[\left\{\xi_n^2 + \lambda^2 - \left(\frac{\mathcal{M}}{b}\right)^2\right\} J'^2_{\mathcal{M}}(\xi_n a) - \left\{1 - \left(\frac{\mathcal{M}}{\xi_n a}\right)^2\right\} \{\xi_n J'_{\mathcal{M}}(\xi_n b) + \lambda J_{\mathcal{M}}(\xi_n b)\}^2\right]} \times$$

$$\times \sum_{l=1}^{\infty} \frac{\overline{\overline{\overline{\varphi}}}(\xi_n, \xi_m, \xi_l) (\xi_l^2 + \lambda_d^2) \cos(\xi_l z)}{\{d(\xi_l^2 + \lambda_d^2) + \lambda_d\} (\eta_r \xi_n^2 + \eta_z \xi_l^2 + s)} \tag{29.77.1}$$

where $\mathcal{V}_{\mathcal{NM}}(\xi_n r, a) = J_{\mathcal{M}}(\xi_n r) Y'_{\mathcal{M}}(\xi_n a) - Y_{\mathcal{M}}(\xi_n r) J'_{\mathcal{M}}(\xi_n a)$, ξ_n, $n = 1, 2, ...$, are the positive roots of the transcendental equation $\xi_n \mathcal{V}'_{\mathcal{NM}}(\xi_n b, a) + \lambda \mathcal{V}_{\mathcal{NM}}(\xi_n b, a) = 0$, ξ_l are the positive roots of $\xi_l \tan(\xi_l d) = -\lambda_d$, $l = 1, 2, ...$, $\xi_m = \frac{m\pi}{d}$, $m = 0, 1, ...$, $\overline{\overline{\overline{\psi}}}_{\theta 0}(\xi_n, \xi_m, s) = \int_0^a u \mathcal{V}_{\mathcal{NM}}(\xi_n u, a) \int_0^\vartheta \overline{\psi}_0(u, v, s) \cos(\xi_m v) dv du$, $\overline{\overline{\overline{\psi}}}_{\theta d}(\xi_n, \xi_m, s) = \int_0^a u \mathcal{V}_{\mathcal{NM}}(\xi_n u, a) \int_0^\vartheta \overline{\psi}_{\theta d}(u, v, s) \cos(\xi_m v) dv du$, $\overline{\overline{\overline{\psi}}}_a(\xi_m, \xi_l, s) = \int_0^\vartheta \cos(\xi_m v) \int_0^d \overline{\psi}_a(v, w, s) \cos(\xi_l w) dw dv$, $\overline{\overline{\overline{\psi}}}_b(\xi_m, \xi_l, s) = \int_0^\vartheta \cos(\xi_m v) \int_0^d \overline{\psi}_b(v, w, s) \cos(\xi_l w) dw dv$ and $\overline{\overline{\overline{\varphi}}}(\xi_n, \xi_m, \xi_l) = \int_0^a u \mathcal{V}_{\mathcal{NM}}(\xi_n u, a) \int_0^\vartheta \cos(\xi_m v) \int_0^d \varphi(u, v, w) \cos(\xi_l w) dw dv du$.

$$p = \frac{2\pi^2 U(t - t_0)}{\vartheta \phi c_t} \sum_{m=0}^{\infty} \ni_m \cos(\xi_m \theta) \times$$

$$\times \sum_{n=1}^{\infty} \frac{\xi_n^2 \{\xi_n J'_{\mathcal{M}}(\xi_n b) + \lambda J_{\mathcal{M}}(\xi_n b)\}^2 \mathcal{V}_{\mathcal{NM}}(\xi r_0, a) \mathcal{V}_{\mathcal{NM}}(\xi r, a)}{\left[\left\{\xi_n^2 + \lambda^2 - \left(\frac{\mathcal{M}}{b}\right)^2\right\} J'^2_{\mathcal{M}}(\xi_n a) - \left\{1 - \left(\frac{\mathcal{M}}{\xi_n a}\right)^2\right\} \{\xi_n J'_{\mathcal{M}}(\xi_n b) + \lambda J_{\mathcal{M}}(\xi_n b)\}^2\right]} \times$$

$$\times \sum_{l=1}^{\infty} \frac{(\xi_l^2 + \lambda_d^2) \cos(\xi_l z_0) \cos(\xi_l z) \int_0^{t-t_0} q(t - t_0 - \tau) e^{-(\eta_r \xi_n^2 + \eta_z \xi_l^2)\tau} d\tau}{\{d(\xi_l^2 + \lambda_d^2) + \lambda_d\}} +$$

$$+ \frac{4\pi}{\vartheta \phi c_t} \sum_{m=0}^{\infty} \ni_m \cos(\xi_m \theta) \times$$

$$\times \sum_{n=1}^{\infty} \frac{\xi_n \{\xi_n J'_{\mathcal{M}}(\xi_n b) + \lambda J_{\mathcal{M}}(\xi_n b)\}^2 \mathcal{V}_{\mathcal{NM}}(\xi r, a)}{\left[\left\{\xi_n^2 + \lambda^2 - \left(\frac{\mathcal{M}}{b}\right)^2\right\} J'^2_{\mathcal{M}}(\xi_n a) - \left\{1 - \left(\frac{\mathcal{M}}{\xi_n a}\right)^2\right\} \{\xi_n J'_{\mathcal{M}}(\xi_n b) + \lambda J_{\mathcal{M}}(\xi_n b)\}^2\right]} \times$$

$$\times \sum_{l=1}^{\infty} \frac{(\xi_l^2 + \lambda_d^2) \cos(\xi_l z) \int_0^t \overline{\overline{\psi}}_a(\xi_m, \xi_l, t - \tau) e^{-(\eta_r \xi_n^2 + \eta_z \xi_l^2)\tau} d\tau}{\{d(\xi_l^2 + \lambda_d^2) + \lambda_d\}} -$$

$$- \frac{4\pi}{\vartheta \phi c_t} \sum_{m=0}^{\infty} \ni_m \cos(\xi_m \theta) \times$$

$$\times \sum_{n=1}^{\infty} \frac{\xi_n^2 J'_{\mathcal{M}}(\xi_n a) \{\lambda J_{\mathcal{M}}(\xi_n b) - \xi_n J'_{\mathcal{M}}(\xi_n b)\} \mathcal{V}_{\mathcal{NM}}(\xi r, a)}{\left[\left\{\xi_n^2 + \lambda^2 - \left(\frac{\mathcal{M}}{b}\right)^2\right\} J'^2_{\mathcal{M}}(\xi_n a) - \left\{1 - \left(\frac{\mathcal{M}}{\xi_n a}\right)^2\right\} \{\xi_n J'_{\mathcal{M}}(\xi_n b) + \lambda J_{\mathcal{M}}(\xi_n b)\}^2\right]} \times$$

$$\times \sum_{l=1}^{\infty} \frac{(\xi_l^2 + \lambda_d^2) \cos(\xi_l z) \int_0^t \overline{\overline{\psi}}_b(\xi_m, \xi_l, t - \tau) e^{-(\eta_r \xi_n^2 + \eta_z \xi_l^2)\tau} d\tau}{\{d(\xi_l^2 + \lambda_d^2) + \lambda_d\}} +$$

$$+\frac{2\pi^2}{\vartheta\phi c_t}\sum_{m=0}^{\infty}\ni_m\cos(\xi_m\theta)\times$$
$$\times\sum_{n=1}^{\infty}\frac{\xi_n^2\left\{\xi_n J'_{\mathcal{M}}(\xi_n b)+\lambda J_{\mathcal{M}}(\xi_n b)\right\}^2\mathcal{V}_{\mathcal{NM}}(\xi r,a)}{\left[\left\{\xi_n^2+\lambda^2-\left(\frac{\mathcal{M}}{b}\right)^2\right\}J'^2_{\mathcal{M}}(\xi_n a)-\left\{1-\left(\frac{\mathcal{M}}{\xi_n a}\right)^2\right\}\left\{\xi_n J'_{\mathcal{M}}(\xi_n b)+\lambda J_{\mathcal{M}}(\xi_n b)\right\}^2\right]}\times$$
$$\times\sum_{l=1}^{\infty}\frac{\left(\xi_l^2+\lambda_d^2\right)\cos(\xi_l z)\int_0^t\left\{\overline{\overline{\psi}}_{\theta 0}(\xi_n,\xi_m,t-\tau)-\cos(\xi_l d)\,\overline{\overline{\psi}}_{\theta d}(\xi_n,\xi_m,t-\tau)\right\}e^{-\left(\eta_r\xi_n^2+\eta_z\xi_l^2\right)\tau}d\tau}{\left\{d\left(\xi_l^2+\lambda_d^2\right)+\lambda_d\right\}}+$$
$$+\frac{2\pi^2}{\vartheta\phi c_t}\sum_{m=0}^{\infty}\ni_m\cos(\xi_m\theta)\times$$
$$\times\sum_{n=1}^{\infty}\frac{\xi_n^2\left\{\xi_n J'_{\mathcal{M}}(\xi_n b)+\lambda J_{\mathcal{M}}(\xi_n b)\right\}^2\mathcal{V}_{\mathcal{NM}}(\xi r,a)}{\left[\left\{\xi_n^2+\lambda^2-\left(\frac{\mathcal{M}}{b}\right)^2\right\}J'^2_{\mathcal{M}}(\xi_n a)-\left\{1-\left(\frac{\mathcal{M}}{\xi_n a}\right)^2\right\}\left\{\xi_n J'_{\mathcal{M}}(\xi_n b)+\lambda J_{\mathcal{M}}(\xi_n b)\right\}^2\right]}\times$$
$$\times\int_0^a\frac{\mathcal{V}_{\mathcal{NM}}(\xi_n u,a)}{u}\int_0^d\int_0^t e^{-\eta_r\xi_n^2\tau}\left\{\psi_{0z}(u,w,t-\tau)+(-1)^{m+1}\psi_{\vartheta z}(u,w,t-\tau)\right\}\times$$
$$\times\sum_{l=1}^{\infty}\frac{\left(\xi_l^2+\lambda_d^2\right)\cos(\xi_l w)\cos(\xi_l z)\,e^{-\eta_z\xi_l^2\tau}}{\left\{d\left(\xi_l^2+\lambda_d^2\right)+\lambda_d\right\}}d\tau dw du+$$
$$+\frac{2\pi^2}{\vartheta}\sum_{m=0}^{\infty}\ni_m\cos(\xi_m\theta)\times$$
$$\times\sum_{n=1}^{\infty}\frac{\xi_n^2\left\{\xi_n J'_{\mathcal{M}}(\xi_n b)+\lambda J_{\mathcal{M}}(\xi_n b)\right\}^2\mathcal{V}_{\mathcal{NM}}(\xi r,a)\,e^{-\eta_r\xi_n^2 t}}{\left[\left\{\xi_n^2+\lambda^2-\left(\frac{\mathcal{M}}{b}\right)^2\right\}J'^2_{\mathcal{M}}(\xi_n a)-\left\{1-\left(\frac{\mathcal{M}}{\xi_n a}\right)^2\right\}\left\{\xi_n J'_{\mathcal{M}}(\xi_n b)+\lambda J_{\mathcal{M}}(\xi_n b)\right\}^2\right]}\times$$
$$\times\sum_{l=1}^{\infty}\frac{\overline{\overline{\overline{\varphi}}}(\xi_n,\xi_m,\xi_l)\left(\xi_l^2+\lambda_d^2\right)\cos(\xi_l z)\,e^{-\eta_z\xi_l^2 t}}{\left\{d\left(\xi_l^2+\lambda_d^2\right)+\lambda_d\right\}}$$

(29.77.2)

where $\overline{\overline{\psi}}_a(\xi_m,\xi_l,t)=\int_0^{\vartheta}\cos(\xi_m v)\int_0^d\psi_a(v,w,t)\cos(\xi_l w)\,dwdv$,
$\overline{\overline{\psi}}_b(\xi_m,\xi_l,t)=\int_0^{\vartheta}\cos(\xi_m v)\int_0^d\psi_b(v,w,t)\cos(\xi_l w)\,dwdv$,
$\overline{\overline{\psi}}_{\theta 0}(\xi_n,\xi_m,t)=\int_0^a u\mathcal{V}_{\mathcal{NM}}(\xi_n u,a)\int_0^{\vartheta}\psi_0(u,v,t)\cos(\xi_m v)dvdu$ and
$\overline{\overline{\psi}}_{\theta d}(\xi_n,\xi_m,t)=\int_0^a u\mathcal{V}_{\mathcal{NM}}(\xi_n u,a)\int_0^{\vartheta}\psi_{\theta d}(u,v,t)\cos(\xi_m v)dvdu$.

29.78

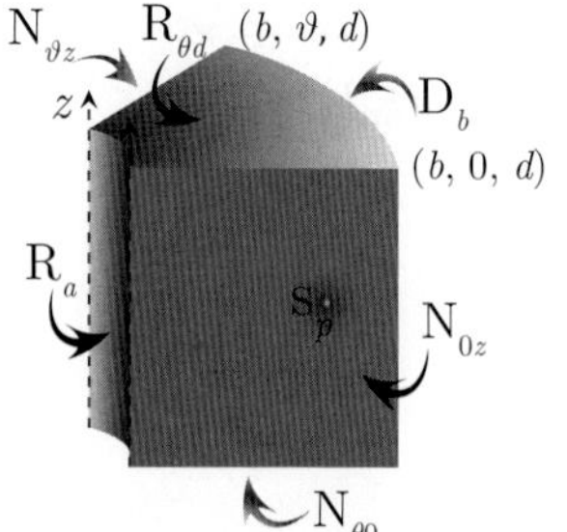

The problem of 29.72, except
$\mathbf{N_{\theta 0}}\equiv\frac{\partial p(r,\theta,0,t)}{\partial z}=-\left(\frac{\mu}{k_z}\right)\psi_{\theta 0}(r,\theta,t)$,
$\mathbf{R_{\theta d}}\equiv\frac{\partial p(r,\theta,d,t)}{\partial z}+\lambda_d p(r,\theta,d,t)=-\left(\frac{\mu}{k_z}\right)\psi_{\theta d}(r,\theta,t)$,
$\mathbf{R_a}\equiv\frac{\partial p(a,\theta,z,t)}{\partial r}-\lambda p(a,\theta,z,t)=-\left(\frac{\mu}{k_r}\right)\psi_a(\theta,z,t)$,
$\mathbf{D_b}\equiv p(b,\theta,z,t)=\psi_b(\theta,z,t)$,
$\mathbf{N_{0z}}\equiv\frac{\partial p(r,0,z,t)}{\partial \theta}=-\left(\frac{\mu}{k_\theta}\right)\psi_{0z}(r,z,t)$ **and**
$\mathbf{N_{\vartheta z}}\equiv\frac{\partial p(r,\vartheta,z,t)}{\partial \theta}=-\left(\frac{\mu}{k_\theta}\right)\psi_{\vartheta z}(r,z,t)$

$$\overline{p}=\frac{2\pi^2 q(s)\,e^{-st_0}}{\vartheta\phi c_t}\sum_{m=0}^{\infty}\ni_m\cos(\xi_m\theta)\sum_{n=1}^{\infty}\frac{\xi_n^2\left\{\xi_n J'_{\mathcal{M}}(\xi_n a)-\lambda J_{\mathcal{M}}(\xi_n a)\right\}^2\mathcal{V}_{\mathcal{DM}}(\xi r_0,b)\,\mathcal{V}_{\mathcal{DM}}(\xi r,b)}{\left[\left\{\xi_n J'_{\mathcal{M}}(\xi_n a)-\lambda J_{\mathcal{M}}(\xi_n a)\right\}^2-\left\{\xi_n^2+\lambda^2-\left(\frac{\mathcal{M}}{a}\right)^2\right\}J^2_{\mathcal{M}}(\xi_n b)\right]}\times$$
$$\times\sum_{l=1}^{\infty}\frac{\left(\xi_l^2+\lambda_d^2\right)\cos(\xi_l z_0)\cos(\xi_l z)}{\left\{d\left(\xi_l^2+\lambda_d^2\right)+\lambda_d\right\}\left(\eta_r\xi_n^2+\eta_z\xi_l^2+s\right)}+$$

$$+\frac{4\pi}{\vartheta\phi c_t}\sum_{m=0}^{\infty}\ni_m\cos(\xi_m\theta)\sum_{n=1}^{\infty}\frac{\xi_n^2 J_{\mathcal{M}}(\xi_n b)\{\xi_n J'_{\mathcal{M}}(\xi_n a)-\lambda J_{\mathcal{M}}(\xi_n a)\}\mathcal{V}_{\mathcal{DM}}(\xi r,b)}{\left[\{\xi_n J'_{\mathcal{M}}(\xi_n a)-\lambda J_{\mathcal{M}}(\xi_n a)\}^2-\left\{\xi_n^2+\lambda^2-\left(\frac{\mathcal{M}}{a}\right)^2\right\}J_{\mathcal{M}}^2(\xi_n b)\right]}\times$$

$$\times\sum_{l=1}^{\infty}\frac{\overline{\overline{\overline{\psi}}}_a(\xi_m,\xi_l,s)\left(\xi_l^2+\lambda_d^2\right)\cos(\xi_l z)}{\{d(\xi_l^2+\lambda_d^2)+\lambda_d\}(\eta_r\xi_n^2+\eta_z\xi_l^2+s)}+$$

$$+\frac{4\pi\eta_r}{\vartheta}\sum_{m=0}^{\infty}\ni_m\cos(\xi_m\theta)\sum_{n=1}^{\infty}\frac{\xi_n^2\{\xi_n J'_{\mathcal{M}}(\xi_n a)-\lambda J_{\mathcal{M}}(\xi_n a)\}^2\mathcal{V}_{\mathcal{DM}}(\xi r,b)}{\left[\{\xi_n J'_{\mathcal{M}}(\xi_n a)-\lambda J_{\mathcal{M}}(\xi_n a)\}^2-\left\{\xi_n^2+\lambda^2-\left(\frac{\mathcal{M}}{a}\right)^2\right\}J_{\mathcal{M}}^2(\xi_n b)\right]}\times$$

$$\times\sum_{l=1}^{\infty}\frac{\overline{\overline{\overline{\psi}}}_b(\xi_m,\xi_l,s)\left(\xi_l^2+\lambda_d^2\right)\cos(\xi_l z)}{\{d(\xi_l^2+\lambda_d^2)+\lambda_d\}(\eta_r\xi_n^2+\eta_z\xi_l^2+s)}+$$

$$+\frac{2\pi^2}{\vartheta\phi c_t}\sum_{m=0}^{\infty}\ni_m\cos(\xi_m\theta)\sum_{n=1}^{\infty}\frac{\xi_n^2\{\xi_n J'_{\mathcal{M}}(\xi_n a)-\lambda J_{\mathcal{M}}(\xi_n a)\}^2\mathcal{V}_{\mathcal{DM}}(\xi r,b)}{\left[\{\xi_n J'_{\mathcal{M}}(\xi_n a)-\lambda J_{\mathcal{M}}(\xi_n a)\}^2-\left\{\xi_n^2+\lambda^2-\left(\frac{\mathcal{M}}{a}\right)^2\right\}J_{\mathcal{M}}^2(\xi_n b)\right]}\times$$

$$\times\sum_{l=1}^{\infty}\frac{\left(\xi_l^2+\lambda_d^2\right)\left\{\overline{\overline{\overline{\psi}}}_{\theta 0}(\xi_n,\xi_m,s)-\cos(\xi_l d)\overline{\overline{\overline{\psi}}}_{\theta d}(\xi_n,\xi_m,s)\right\}\cos(\xi_l z)}{\{d(\xi_l^2+\lambda_d^2)+\lambda_d\}(\eta_r\xi_n^2+\eta_z\xi_l^2+s)}+$$

$$+\frac{2\pi^2}{\vartheta\phi c_t}\sum_{m=0}^{\infty}\ni_m\cos(\xi_m\theta)\times$$

$$\times\sum_{n=1}^{\infty}\frac{\xi_n^2\{\xi_n J'_{\mathcal{M}}(\xi_n a)-\lambda J_{\mathcal{M}}(\xi_n a)\}^2\mathcal{V}_{\mathcal{DM}}(\xi r,b)}{\left[\{\xi_n J'_{\mathcal{M}}(\xi_n a)-\lambda J_{\mathcal{M}}(\xi_n a)\}^2-\left\{\xi_n^2+\lambda^2-\left(\frac{\mathcal{M}}{a}\right)^2\right\}J_{\mathcal{M}}^2(\xi_n b)\right]}\times$$

$$\times\int_0^a\frac{\mathcal{V}_{\mathcal{NM}}(\xi_n u,a)}{u}\int_0^d\left\{\overline{\psi}_{0z}(u,w,s)+(-1)^{m+1}\overline{\psi}_{\vartheta z}(u,w,s)\right\}\times$$

$$\times\sum_{l=1}^{\infty}\frac{\left(\xi_l^2+\lambda_d^2\right)\cos(\xi_l w)\cos(\xi_l z)}{\{d(\xi_l^2+\lambda_d^2)+\lambda_d\}(\eta_r\xi_n^2+\eta_z\xi_l^2+s)}dwdu+$$

$$+\frac{2\pi^2}{\vartheta}\sum_{m=0}^{\infty}\ni_m\cos(\xi_m\theta)\sum_{n=1}^{\infty}\frac{\xi_n^2\{\xi_n J'_{\mathcal{M}}(\xi_n a)-\lambda J_{\mathcal{M}}(\xi_n a)\}^2\mathcal{V}_{\mathcal{DM}}(\xi r,b)}{\left[\{\xi_n J'_{\mathcal{M}}(\xi_n a)-\lambda J_{\mathcal{M}}(\xi_n a)\}^2-\left\{\xi_n^2+\lambda^2-\left(\frac{\mathcal{M}}{a}\right)^2\right\}J_{\mathcal{M}}^2(\xi_n b)\right]}\times$$

$$\times\sum_{l=1}^{\infty}\frac{\overline{\overline{\overline{\varphi}}}(\xi_n,\xi_m,\xi_l)\left(\xi_l^2+\lambda_d^2\right)\cos(\xi_l z)}{\{d(\xi_l^2+\lambda_d^2)+\lambda_d\}(\eta_r\xi_n^2+\eta_z\xi_l^2+s)} \tag{29.78.1}$$

where $\mathcal{V}_{\mathcal{DM}}(\xi_n r,b)=J_{\mathcal{M}}(\xi_n r)Y_{\mathcal{M}}(\xi_n b)-Y_{\mathcal{M}}(\xi_n r)J_{\mathcal{M}}(\xi_n b)$, ξ_n, $n=1,2,...$, are the positive roots of the transcendental equation $\lambda\mathcal{V}_{\mathcal{DM}}(\xi_n a,b)-\xi_n\mathcal{V}'_{\mathcal{DM}}(\xi_n a,b)=0$, ξ_l are the positive roots of $\xi_l\tan(\xi_l d)=-\lambda_d$, $l=1,2,...$, $\xi_m=\frac{m\pi}{d}$, $m=0,1,...$, $\overline{\overline{\overline{\psi}}}_{\theta 0}(\xi_n,\xi_m,s)=\int_0^a u\mathcal{V}_{\mathcal{DM}}(\xi_n u,a)\int_0^{\vartheta}\overline{\psi}_0(u,v,s)\cos(\xi_m v)dvdu$,
$\overline{\overline{\overline{\psi}}}_{\theta d}(\xi_n,\xi_m,s)=\int_0^a u\mathcal{V}_{\mathcal{DM}}(\xi_n u,a)\int_0^{\vartheta}\overline{\psi}_{\theta d}(u,v,s)\cos(\xi_m v)dvdu$,
$\overline{\overline{\overline{\psi}}}_a(\xi_m,\xi_l,s)=\int_0^{\vartheta}\cos(\xi_m v)\int_0^d\overline{\psi}_a(v,w,s)\cos(\xi_l w)\,dwdv$,
$\overline{\overline{\overline{\psi}}}_b(\xi_m,\xi_l,s)=\int_0^{\vartheta}\cos(\xi_m v)\int_0^d\overline{\psi}_b(v,w,s)\cos(\xi_l w)\,dwdv$ and
$\overline{\overline{\overline{\varphi}}}(\xi_n,\xi_m,\xi_l)=\int_0^a u\mathcal{V}_{\mathcal{DM}}(\xi_n u,a)\int_0^{\vartheta}\cos(\xi_m v)\int_0^d\varphi(u,v,w)\cos(\xi_l w)\,dwdvdu$.

$$p=\frac{2\pi^2U(t-t_0)}{\vartheta\phi c_t}\sum_{m=0}^{\infty}\ni_m\cos(\xi_m\theta)\sum_{n=1}^{\infty}\frac{\xi_n^2\{\lambda J_{\mathcal{M}}(\xi_n a)+\xi_n J'_{\mathcal{M}}(\xi_n a)\}^2\mathcal{V}_{\mathcal{DM}}(\xi r_0,b)\,\mathcal{V}_{\mathcal{DM}}(\xi r,b)}{\left[\{\xi_n J'_{\mathcal{M}}(\xi_n a)-\lambda J_{\mathcal{M}}(\xi_n a)\}^2-\left\{\xi_n^2+\lambda^2-\left(\frac{\mathcal{M}}{a}\right)^2\right\}J_{\mathcal{M}}^2(\xi_n b)\right]}\times$$

$$\times\sum_{l=1}^{\infty}\frac{\left(\xi_l^2+\lambda_d^2\right)\cos(\xi_l z_0)\cos(\xi_l z)\int_0^{t-t_0}q(t-t_0-\tau)\,e^{-\left(\eta_r\xi_n^2+\eta_z\xi_l^2\right)\tau}d\tau}{\{d(\xi_l^2+\lambda_d^2)+\lambda_d\}}+$$

$$+\frac{4\pi}{\vartheta\phi c_t}\sum_{m=0}^{\infty}\ni_m\cos(\xi_m\theta)\sum_{n=1}^{\infty}\frac{\xi_n^2 J_{\mathcal{M}}(\xi_n b)\{\xi_n J'_{\mathcal{M}}(\xi_n a)-\lambda J_{\mathcal{M}}(\xi_n a)\}\mathcal{V}_{\mathcal{DM}}(\xi r,b)}{\left[\{\xi_n J'_{\mathcal{M}}(\xi_n a)-\lambda J_{\mathcal{M}}(\xi_n a)\}^2-\left\{\xi_n^2+\lambda^2-\left(\frac{\mathcal{M}}{a}\right)^2\right\}J^2_{\mathcal{M}}(\xi_n b)\right]}\times$$

$$\times\sum_{l=1}^{\infty}\frac{\left(\xi_l^2+\lambda_d^2\right)\cos(\xi_l z)\int_0^t\overline{\overline{\psi}}_a(\xi_m,\xi_l,t-\tau)\,e^{-\left(\eta_r\xi_n^2+\eta_z\xi_l^2\right)\tau}d\tau}{\left\{d\left(\xi_l^2+\lambda_d^2\right)+\lambda_d\right\}}+$$

$$+\frac{4\pi\eta_r}{\vartheta}\sum_{m=0}^{\infty}\ni_m\cos(\xi_m\theta)\sum_{n=1}^{\infty}\frac{\xi_n^2\{\xi_n J'_{\mathcal{M}}(\xi_n a)-\lambda J_{\mathcal{M}}(\xi_n a)\}^2\mathcal{V}_{\mathcal{DM}}(\xi r,b)}{\left[\{\xi_n J'_{\mathcal{M}}(\xi_n a)-\lambda J_{\mathcal{M}}(\xi_n a)\}^2-\left\{\xi_n^2+\lambda^2-\left(\frac{\mathcal{M}}{a}\right)^2\right\}J^2_{\mathcal{M}}(\xi_n b)\right]}\times$$

$$\times\sum_{l=1}^{\infty}\frac{\left(\xi_l^2+\lambda_d^2\right)\cos(\xi_l z)\int_0^t\overline{\overline{\psi}}_b(\xi_m,\xi_l,t-\tau)\,e^{-\left(\eta_r\xi_n^2+\eta_z\xi_l^2\right)\tau}d\tau}{\left\{d\left(\xi_l^2+\lambda_d^2\right)+\lambda_d\right\}}+$$

$$+\frac{2\pi^2}{\vartheta\phi c_t}\sum_{m=0}^{\infty}\ni_m\cos(\xi_m\theta)\sum_{n=1}^{\infty}\frac{\xi_n^2\{\xi_n J'_{\mathcal{M}}(\xi_n a)-\lambda J_{\mathcal{M}}(\xi_n a)\}^2\mathcal{V}_{\mathcal{DM}}(\xi r,b)}{\left[\{\xi_n J'_{\mathcal{M}}(\xi_n a)-\lambda J_{\mathcal{M}}(\xi_n a)\}^2-\left\{\xi_n^2+\lambda^2-\left(\frac{\mathcal{M}}{a}\right)^2\right\}J^2_{\mathcal{M}}(\xi_n b)\right]}\times$$

$$\times\sum_{l=1}^{\infty}\frac{\left(\xi_l^2+\lambda_d^2\right)\cos(\xi_l z)\int_0^t\left\{\overline{\overline{\psi}}_{\theta 0}(\xi_n,\xi_m,t-\tau)-\cos(\xi_l d)\,\overline{\overline{\psi}}_{\theta d}(\xi_n,\xi_m,t-\tau)\right\}e^{-\left(\eta_r\xi_n^2+\eta_z\xi_l^2\right)\tau}d\tau}{\left\{d\left(\xi_l^2+\lambda_d^2\right)+\lambda_d\right\}}+$$

$$+\frac{2\pi^2}{\vartheta\phi c_t}\sum_{m=0}^{\infty}\ni_m\cos(\xi_m\theta)\sum_{n=1}^{\infty}\frac{\xi_n^2\{\xi_n J'_{\mathcal{M}}(\xi_n a)-\lambda J_{\mathcal{M}}(\xi_n a)\}^2\mathcal{V}_{\mathcal{DM}}(\xi r,b)}{\left[\{\xi_n J'_{\mathcal{M}}(\xi_n a)-\lambda J_{\mathcal{M}}(\xi_n a)\}^2-\left\{\xi_n^2+\lambda^2-\left(\frac{\mathcal{M}}{a}\right)^2\right\}J^2_{\mathcal{M}}(\xi_n b)\right]}\times$$

$$\times\int_0^a\frac{\mathcal{V}_{\mathcal{NM}}(\xi_n u,a)}{u}\int_0^d\int_0^t e^{-\eta_r\xi_n^2\tau}\left\{\psi_{0z}(u,w,t-\tau)+(-1)^{m+1}\psi_{\vartheta z}(u,w,t-\tau)\right\}\times$$

$$\times\sum_{l=1}^{\infty}\frac{\left(\xi_l^2+\lambda_d^2\right)\cos(\xi_l w)\cos(\xi_l z)\,e^{-\eta_z\xi_l^2\tau}}{\left\{d\left(\xi_l^2+\lambda_d^2\right)+\lambda_d\right\}}d\tau dw du+$$

$$+\frac{2\pi^2}{\vartheta}\sum_{m=0}^{\infty}\ni_m\cos(\xi_m\theta)\sum_{n=1}^{\infty}\frac{\xi_n^2\{\xi_n J'_{\mathcal{M}}(\xi_n a)-\lambda J_{\mathcal{M}}(\xi_n a)\}^2\mathcal{V}_{\mathcal{DM}}(\xi r,b)}{\left[\{\xi_n J'_{\mathcal{M}}(\xi_n a)-\lambda J_{\mathcal{M}}(\xi_n a)\}^2-\left\{\xi_n^2+\lambda^2-\left(\frac{\mathcal{M}}{a}\right)^2\right\}J^2_{\mathcal{M}}(\xi_n b)\right]}\times$$

$$\times\sum_{l=1}^{\infty}\frac{\overline{\overline{\overline{\varphi}}}(\xi_n,\xi_m,\xi_l)\left(\xi_l^2+\lambda_d^2\right)\cos(\xi_l z)\,e^{-\eta_z\xi_l^2 t}}{\left\{d\left(\xi_l^2+\lambda_d^2\right)+\lambda_d\right\}}\qquad(29.78.2)$$

where $\overline{\overline{\psi}}_a(\xi_m,\xi_l,t)=\int_0^{\vartheta}\cos(\xi_m v)\int_0^d\psi_a(v,w,t)\cos(\xi_l w)\,dwdv$,
$\overline{\overline{\psi}}_b(\xi_m,\xi_l,t)=\int_0^{\vartheta}\cos(\xi_m v)\int_0^d\psi_b(v,w,t)\cos(\xi_l w)\,dwdv$
$\overline{\overline{\psi}}_{\theta 0}(\xi_n,\xi_m,t)=\int_0^a u\mathcal{V}_{\mathcal{DM}}(\xi_n u,a)\int_0^{\vartheta}\psi_{\theta 0}(u,v,t)\cos(\xi_m v)dvdu$ and
$\overline{\overline{\psi}}_{\theta d}(\xi_n,\xi_m,t)=\int_0^a u\mathcal{V}_{\mathcal{DM}}(\xi_n u,a)\int_0^{\vartheta}\psi_{\theta d}(u,v,t)\cos(\xi_m v)dvdu$.

29.79

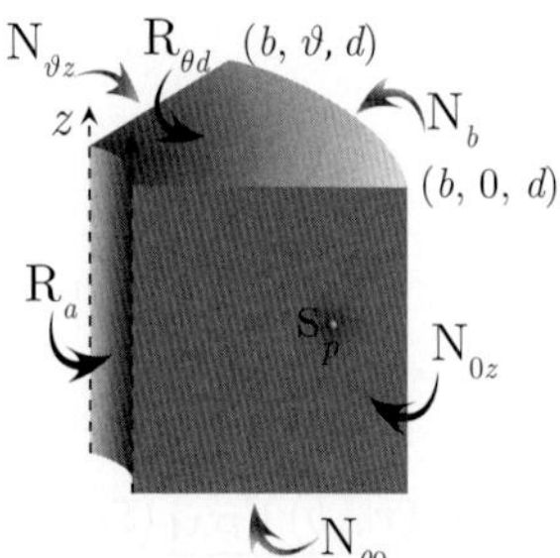

The problem of 29.72, except
$\mathbf{N}_{\theta 0}\equiv\frac{\partial p(r,\theta,0,t)}{\partial z}=-\left(\frac{\mu}{k_z}\right)\psi_{\theta 0}(r,\theta,t)$,
$\mathbf{R}_{\theta d}\equiv\frac{\partial p(r,\theta,d,t)}{\partial z}+\lambda_d p(r,\theta,d,t)=-\left(\frac{\mu}{k_z}\right)\psi_{\theta d}(r,\theta,t)$,
$\mathbf{R}_a\equiv\frac{\partial p(a,\theta,z,t)}{\partial r}-\lambda p(a,\theta,z,t)=-\left(\frac{\mu}{k_r}\right)\psi_a(\theta,z,t)$,
$\mathbf{N}_b\equiv\frac{\partial p(b,\theta,z,t)}{\partial r}=-\left(\frac{\mu}{k_r}\right)\psi_b(\theta,z,t)$,
$\mathbf{N}_{0z}\equiv\frac{\partial p(r,0,z,t)}{\partial\theta}=-\left(\frac{\mu}{k_\theta}\right)\psi_{0z}(r,z,t)$ **and**
$\mathbf{N}_{\vartheta z}\equiv\frac{\partial p(r,\vartheta,z,t)}{\partial\theta}=-\left(\frac{\mu}{k_\theta}\right)\psi_{\vartheta z}(r,z,t)$

$$\overline{p}=\frac{2\pi^2 q(s)\,e^{-st_0}}{\vartheta\phi c_t}\sum_{m=0}^{\infty}\ni_m\cos(\xi_m\theta)\times$$

$$\times\sum_{n=1}^{\infty}\frac{\xi_n^2\left\{\xi_n J'_{\mathcal{M}}(\xi_n a)-\lambda J_{\mathcal{M}}(\xi_n a)\right\}^2\mathcal{V}_{\mathcal{NM}}(\xi r_0,b)\,\mathcal{V}_{\mathcal{NM}}(\xi r,b)}{\left[\left\{1-\left(\frac{\mathcal{M}}{\xi_n b}\right)^2\right\}\left\{\xi_n J'_{\mathcal{M}}(\xi_n a)-\lambda J_{\mathcal{M}}(\xi_n a)\right\}^2-\left\{\xi_n^2+\lambda^2-\left(\frac{\mathcal{M}}{a}\right)^2\right\}J'^2_{\mathcal{M}}(\xi_n b)\right]}\times$$

$$\times\sum_{l=1}^{\infty}\frac{\left(\xi_l^2+\lambda_d^2\right)\cos(\xi_l z_0)\cos(\xi_l z)}{\left\{d\left(\xi_l^2+\lambda_d^2\right)+\lambda_d\right\}\left(\eta_r\xi_n^2+\eta_z\xi_l^2+s\right)}+$$

$$+\frac{4\pi}{\vartheta\phi c_t}\sum_{m=0}^{\infty}\ni_m\cos(\xi_m\theta)\times$$

$$\times\sum_{n=1}^{\infty}\frac{\xi_n^2 J'_{\mathcal{M}}(\xi_n b)\left\{\xi_n J'_{\mathcal{M}}(\xi_n a)-\lambda J_{\mathcal{M}}(\xi_n a)\right\}\mathcal{V}_{\mathcal{NM}}(\xi r,b)}{\left[\left\{1-\left(\frac{\mathcal{M}}{\xi_n b}\right)^2\right\}\left\{\xi_n J'_{\mathcal{M}}(\xi_n a)-\lambda J_{\mathcal{M}}(\xi_n a)\right\}^2-\left\{\xi_n^2+\lambda^2-\left(\frac{\mathcal{M}}{a}\right)^2\right\}J'^2_{\mathcal{M}}(\xi_n b)\right]}\times$$

$$\times\sum_{l=1}^{\infty}\frac{\overline{\overline{\overline{\psi}}}_a(\xi_m,\xi_l,s)\left(\xi_l^2+\lambda_d^2\right)\cos(\xi_l z)}{\left\{d\left(\xi_l^2+\lambda_d^2\right)+\lambda_d\right\}\left(\eta_r\xi_n^2+\eta_z\xi_l^2+s\right)}-$$

$$-\frac{4\pi}{\vartheta\phi c_t}\sum_{m=0}^{\infty}\ni_m\cos(\xi_m\theta)\times$$

$$\times\sum_{n=1}^{\infty}\frac{\xi_n\left\{\xi_n J'_{\mathcal{M}}(\xi_n a)-\lambda J_{\mathcal{M}}(\xi_n a)\right\}^2\mathcal{V}_{\mathcal{NM}}(\xi r,b)}{\left[\left\{1-\left(\frac{\mathcal{M}}{\xi_n b}\right)^2\right\}\left\{\xi_n J'_{\mathcal{M}}(\xi_n a)-\lambda J_{\mathcal{M}}(\xi_n a)\right\}^2-\left\{\xi_n^2+\lambda^2-\left(\frac{\mathcal{M}}{a}\right)^2\right\}J'^2_{\mathcal{M}}(\xi_n b)\right]}\times$$

$$\times\sum_{l=1}^{\infty}\frac{\overline{\overline{\overline{\psi}}}_b(\xi_m,\xi_l,s)\left(\xi_l^2+\lambda_d^2\right)\cos(\xi_l z)}{\left\{d\left(\xi_l^2+\lambda_d^2\right)+\lambda_d\right\}\left(\eta_r\xi_n^2+\eta_z\xi_l^2+s\right)}+$$

$$+\frac{2\pi^2}{\vartheta\phi c_t}\sum_{m=0}^{\infty}\ni_m\cos(\xi_m\theta)\times$$

$$\times\sum_{n=1}^{\infty}\frac{\xi_n^2\left\{\xi_n J'_{\mathcal{M}}(\xi_n a)-\lambda J_{\mathcal{M}}(\xi_n a)\right\}^2\mathcal{V}_{\mathcal{NM}}(\xi r,b)}{\left[\left\{1-\left(\frac{\mathcal{M}}{\xi_n b}\right)^2\right\}\left\{\xi_n J'_{\mathcal{M}}(\xi_n a)-\lambda J_{\mathcal{M}}(\xi_n a)\right\}^2-\left\{\xi_n^2+\lambda^2-\left(\frac{\mathcal{M}}{a}\right)^2\right\}J'^2_{\mathcal{M}}(\xi_n b)\right]}\times$$

$$\times\sum_{l=1}^{\infty}\frac{\left(\xi_l^2+\lambda_d^2\right)\left\{\overline{\overline{\overline{\psi}}}_{\theta 0}(\xi_n,\xi_m,s)-\cos(\xi_l d)\,\overline{\overline{\overline{\psi}}}_{\theta d}(\xi_n,\xi_m,s)\right\}\cos(\xi_l z)}{\left\{d\left(\xi_l^2+\lambda_d^2\right)+\lambda_d\right\}\left(\eta_r\xi_n^2+\eta_z\xi_l^2+s\right)}+$$

$$+\frac{2\pi^2}{\vartheta\phi c_t}\sum_{m=0}^{\infty}\ni_m\cos(\xi_m\theta)\times$$

$$\times\sum_{n=1}^{\infty}\frac{\xi_n^2\left\{\xi_n J'_{\mathcal{M}}(\xi_n a)-\lambda J_{\mathcal{M}}(\xi_n a)\right\}^2\mathcal{V}_{\mathcal{NM}}(\xi r,b)}{\left[\left\{1-\left(\frac{\mathcal{M}}{\xi_n b}\right)^2\right\}\left\{\xi_n J'_{\mathcal{M}}(\xi_n a)-\lambda J_{\mathcal{M}}(\xi_n a)\right\}^2-\left\{\xi_n^2+\lambda^2-\left(\frac{\mathcal{M}}{a}\right)^2\right\}J'^2_{\mathcal{M}}(\xi_n b)\right]}\times$$

$$\times\int_0^a\frac{\mathcal{V}_{\mathcal{NM}}(\xi_n u,a)}{u}\int_0^d\left\{\overline{\psi}_{0z}(u,w,s)+(-1)^{m+1}\,\overline{\psi}_{\vartheta z}(u,w,s)\right\}\times$$

$$\times\sum_{l=1}^{\infty}\frac{\left(\xi_l^2+\lambda_d^2\right)\cos(\xi_l w)\cos(\xi_l z)}{\left\{d\left(\xi_l^2+\lambda_d^2\right)+\lambda_d\right\}\left(\eta_r\xi_n^2+\eta_z\xi_l^2+s\right)}dwdu+$$

$$+\frac{2\pi^2}{\vartheta}\sum_{m=0}^{\infty}\ni_m\cos(\xi_m\theta)\times$$

$$\times\sum_{n=1}^{\infty}\frac{\xi_n^2\left\{\xi_n J'_{\mathcal{M}}(\xi_n a)-\lambda J_{\mathcal{M}}(\xi_n a)\right\}^2\mathcal{V}_{\mathcal{NM}}(\xi r,b)}{\left[\left\{1-\left(\frac{\mathcal{M}}{\xi_n b}\right)^2\right\}\left\{\xi_n J'_{\mathcal{M}}(\xi_n a)-\lambda J_{\mathcal{M}}(\xi_n a)\right\}^2-\left\{\xi_n^2+\lambda^2-\left(\frac{\mathcal{M}}{a}\right)^2\right\}J'^2_{\mathcal{M}}(\xi_n b)\right]}\times$$

$$\times \sum_{l=1}^{\infty} \frac{\overline{\overline{\overline{\varphi}}}(\xi_n, \xi_m, \xi_l)\left(\xi_l^2 + \lambda_d^2\right)\cos(\xi_l z)}{\left\{d\left(\xi_l^2 + \lambda_d^2\right) + \lambda_d\right\}\left(\eta_r \xi_n^2 + \eta_z \xi_l^2 + s\right)} \tag{29.79.1}$$

where $\mathcal{V}_{\mathcal{NM}}(\xi_n r, a) = J_{\mathcal{M}}(\xi_n r)\, Y'_{\mathcal{M}}(\xi_n a) - Y_{\mathcal{M}}(\xi_n r)\, J'_{\mathcal{M}}(\xi_n a)$, ξ_n, $n = 1, 2, ...$, are the positive roots of the transcendental equation $\lambda \mathcal{V}_{\mathcal{NM}}(\xi_n a, b) - \xi_n \mathcal{V}'_{\mathcal{NM}}(\xi_n a, b) = 0$, ξ_l are the positive roots of $\xi_l \tan(\xi_l d) = -\lambda_d$, $l = 1, 2, ...$, $\xi_m = \frac{m\pi}{d}$, $m = 0, 1, ...$, $\overline{\overline{\overline{\psi}}}_{\theta 0}(\xi_n, \xi_m, s) = \int_0^a u \mathcal{V}_{\mathcal{NM}}(\xi_n u, a) \int_0^{\vartheta} \overline{\psi}_0(u, v, s) \cos(\xi_m v) dv du$,
$\overline{\overline{\overline{\psi}}}_{\theta d}(\xi_n, \xi_m, s) = \int_0^a u \mathcal{V}_{\mathcal{NM}}(\xi_n u, a) \int_0^{\vartheta} \overline{\psi}_{\theta d}(u, v, s) \cos(\xi_m v) dv du$,
$\overline{\overline{\overline{\psi}}}_a(\xi_m, \xi_l, s) = \int_0^{\vartheta} \cos(\xi_m v) \int_0^d \overline{\psi}_a(v, w, s) \cos(\xi_l w)\, dw dv$,
$\overline{\overline{\overline{\psi}}}_b(\xi_m, \xi_l, s) = \int_0^{\vartheta} \cos(\xi_m v) \int_0^d \overline{\psi}_b(v, w, s) \cos(\xi_l w)\, dw dv$ and
$\overline{\overline{\overline{\varphi}}}(\xi_n, \xi_m, \xi_l) = \int_0^a u \mathcal{V}_{\mathcal{NM}}(\xi_n u, a) \int_0^{\vartheta} \cos(\xi_m v) \int_0^d \varphi(u, v, w) \cos(\xi_l w)\, dw dv du$.

$$p = \frac{2\pi^2 U(t - t_0)}{\vartheta \phi c_t} \sum_{m=0}^{\infty} \ni_m \cos(\xi_m \theta) \times$$

$$\times \sum_{n=1}^{\infty} \frac{\xi_n^2 \left\{\xi_n J'_{\mathcal{M}}(\xi_n a) - \lambda J_{\mathcal{M}}(\xi_n a)\right\}^2 \mathcal{V}_{\mathcal{NM}}(\xi r_0, b)\, \mathcal{V}_{\mathcal{NM}}(\xi r, b)}{\left[\left\{1 - \left(\frac{\mathcal{M}}{\xi_n b}\right)^2\right\}\left\{\xi_n J'_{\mathcal{M}}(\xi_n a) - \lambda J_{\mathcal{M}}(\xi_n a)\right\}^2 - \left\{\xi_n^2 + \lambda^2 - \left(\frac{\mathcal{M}}{a}\right)^2\right\} J'^2_{\mathcal{M}}(\xi_n b)\right]} \times$$

$$\times \sum_{l=1}^{\infty} \frac{\left(\xi_l^2 + \lambda_d^2\right)\cos(\xi_l z_0)\cos(\xi_l z) \int_0^{t - t_0} q(t - t_0 - \tau)\, e^{-\left(\eta_r \xi_n^2 + \eta_z \xi_l^2\right)\tau} d\tau}{\left\{d\left(\xi_l^2 + \lambda_d^2\right) + \lambda_d\right\}} +$$

$$+ \frac{4\pi}{\vartheta \phi c_t} \sum_{m=0}^{\infty} \ni_m \cos(\xi_m \theta) \times$$

$$\times \sum_{n=1}^{\infty} \frac{\xi_n^2 J'_{\mathcal{M}}(\xi_n b)\left\{\xi_n J'_{\mathcal{M}}(\xi_n a) - \lambda J_{\mathcal{M}}(\xi_n a)\right\} \mathcal{V}_{\mathcal{NM}}(\xi r, b)}{\left[\left\{1 - \left(\frac{\mathcal{M}}{\xi_n b}\right)^2\right\}\left\{\xi_n J'_{\mathcal{M}}(\xi_n a) - \lambda J_{\mathcal{M}}(\xi_n a)\right\}^2 - \left\{\xi_n^2 + \lambda^2 - \left(\frac{\mathcal{M}}{a}\right)^2\right\} J'^2_{\mathcal{M}}(\xi_n b)\right]} \times$$

$$\times \sum_{l=1}^{\infty} \frac{\left(\xi_l^2 + \lambda_d^2\right)\cos(\xi_l z) \int_0^t \overline{\overline{\overline{\psi}}}_a(\xi_m, \xi_l, t - \tau)\, e^{-\left(\eta_r \xi_n^2 + \eta_z \xi_l^2\right)\tau} d\tau}{\left\{d\left(\xi_l^2 + \lambda_d^2\right) + \lambda_d\right\}} -$$

$$- \frac{4\pi}{\vartheta \phi c_t} \sum_{m=0}^{\infty} \ni_m \cos(\xi_m \theta) \times$$

$$\times \sum_{n=1}^{\infty} \frac{\xi_n \left\{\xi_n J'_{\mathcal{M}}(\xi_n a) - \lambda J_{\mathcal{M}}(\xi_n a)\right\}^2 \mathcal{V}_{\mathcal{NM}}(\xi r, b)}{\left[\left\{1 - \left(\frac{\mathcal{M}}{\xi_n b}\right)^2\right\}\left\{\xi_n J'_{\mathcal{M}}(\xi_n a) - \lambda J_{\mathcal{M}}(\xi_n a)\right\}^2 - \left\{\xi_n^2 + \lambda^2 - \left(\frac{\mathcal{M}}{a}\right)^2\right\} J'^2_{\mathcal{M}}(\xi_n b)\right]} \times$$

$$\times \sum_{l=1}^{\infty} \frac{\left(\xi_l^2 + \lambda_d^2\right)\cos(\xi_l z) \int_0^t \overline{\overline{\overline{\psi}}}_b(\xi_m, \xi_l, t - \tau)\, e^{-\left(\eta_r \xi_n^2 + \eta_z \xi_l^2\right)\tau} d\tau}{\left\{d\left(\xi_l^2 + \lambda_d^2\right) + \lambda_d\right\}} +$$

$$+ \frac{2\pi^2}{\vartheta \phi c_t} \sum_{m=0}^{\infty} \ni_m \cos(\xi_m \theta) \times$$

$$\times \sum_{n=1}^{\infty} \frac{\xi_n^2 \left\{\xi_n J'_{\mathcal{M}}(\xi_n a) - \lambda J_{\mathcal{M}}(\xi_n a)\right\}^2 \mathcal{V}_{\mathcal{NM}}(\xi r, b)}{\left[\left\{1 - \left(\frac{\mathcal{M}}{\xi_n b}\right)^2\right\}\left\{\xi_n J'_{\mathcal{M}}(\xi_n a) - \lambda J_{\mathcal{M}}(\xi_n a)\right\}^2 - \left\{\xi_n^2 + \lambda^2 - \left(\frac{\mathcal{M}}{a}\right)^2\right\} J'^2_{\mathcal{M}}(\xi_n b)\right]} \times$$

$$\times \sum_{l=1}^{\infty} \frac{\left(\xi_l^2 + \lambda_d^2\right)\cos(\xi_l z) \int_0^t \left\{\overline{\overline{\overline{\psi}}}_{\theta 0}(\xi_n, \xi_m, t - \tau) - \cos(\xi_l d)\, \overline{\overline{\overline{\psi}}}_{\theta d}(\xi_n, \xi_m, t - \tau)\right\} e^{-\left(\eta_r \xi_n^2 + \eta_z \xi_l^2\right)\tau} d\tau}{\left\{d\left(\xi_l^2 + \lambda_d^2\right) + \lambda_d\right\}} +$$

$$+ \frac{2\pi^2}{\vartheta \phi c_t} \sum_{m=0}^{\infty} \ni_m \cos(\xi_m \theta) \times$$

$$\times \sum_{n=1}^{\infty} \frac{\xi_n^2 \left\{\xi_n J'_{\mathcal{M}}(\xi_n a) - \lambda J_{\mathcal{M}}(\xi_n a)\right\}^2 \mathcal{V}_{\mathcal{NM}}(\xi r, b)}{\left[\left\{1 - \left(\frac{\mathcal{M}}{\xi_n b}\right)^2\right\}\left\{\xi_n J'_{\mathcal{M}}(\xi_n a) - \lambda J_{\mathcal{M}}(\xi_n a)\right\}^2 - \left\{\xi_n^2 + \lambda^2 - \left(\frac{\mathcal{M}}{a}\right)^2\right\} J'^2_{\mathcal{M}}(\xi_n b)\right]} \times$$

$$\times \int_0^a \frac{\mathcal{V}_{\mathcal{NM}}(\xi_n u, a)}{u} \int_0^d \int_0^t e^{-\eta_r \xi_n^2 \tau} \left\{\psi_{0z}(u, w, t-\tau) + (-1)^{m+1} \psi_{\vartheta z}(u, w, t-\tau)\right\} \times$$

$$\times \sum_{l=1}^{\infty} \frac{\left(\xi_l^2 + \lambda_d^2\right) \cos(\xi_l w) \cos(\xi_l z) e^{-\eta_z \xi_l^2 \tau}}{\left\{d\left(\xi_l^2 + \lambda_d^2\right) + \lambda_d\right\}} d\tau dw du +$$

$$+ \frac{2\pi^2}{\vartheta} \sum_{m=0}^{\infty} \ni_m \cos(\xi_m \theta) \times$$

$$\times \sum_{n=1}^{\infty} \frac{\xi_n^2 \left\{\xi_n J'_{\mathcal{M}}(\xi_n a) - \lambda J_{\mathcal{M}}(\xi_n a)\right\}^2 \mathcal{V}_{\mathcal{NM}}(\xi r, b)}{\left[\left\{1 - \left(\frac{\mathcal{M}}{\xi_n b}\right)^2\right\}\left\{\xi_n J'_{\mathcal{M}}(\xi_n a) - \lambda J_{\mathcal{M}}(\xi_n a)\right\}^2 - \left\{\xi_n^2 + \lambda^2 - \left(\frac{\mathcal{M}}{a}\right)^2\right\} J'^2_{\mathcal{M}}(\xi_n b)\right]} \times$$

$$\times \sum_{l=1}^{\infty} \frac{\overline{\overline{\varphi}}(\xi_n, \xi_m, \xi_l) \left(\xi_l^2 + \lambda_d^2\right) \cos(\xi_l z) e^{-\eta_z \xi_l^2 t}}{\left\{d\left(\xi_l^2 + \lambda_d^2\right) + \lambda_d\right\}} \tag{29.79.2}$$

where $\overline{\overline{\psi}}_a(\xi_m, \xi_l, t) = \int_0^\vartheta \cos(\xi_m v) \int_0^d \psi_a(v, w, t) \cos(\xi_l w)\, dw dv$,
$\overline{\overline{\psi}}_b(\xi_m, \xi_l, t) = \int_0^\vartheta \cos(\xi_m v) \int_0^d \psi_b(v, w, t) \cos(\xi_l w)\, dw dv$,
$\overline{\overline{\psi}}_{\theta 0}(\xi_n, \xi_m, t) = \int_0^a u \mathcal{V}_{\mathcal{NM}}(\xi_n u, a) \int_0^\vartheta \psi_0(u, v, t) \cos(\xi_m v) dv du$ and
$\overline{\overline{\psi}}_{\theta d}(\xi_n, \xi_m, t) = \int_0^a u \mathcal{V}_{\mathcal{NM}}(\xi_n u, a) \int_0^\vartheta \psi_{\theta d}(u, v, t) \cos(\xi_m v) dv du$.

29.80 The problem of 29.72, except
$\mathbf{N}_{\theta 0} \equiv \frac{\partial p(r,\theta,0,t)}{\partial z} = -\left(\frac{\mu}{k_z}\right) \psi_{\theta 0}(r, \theta, t)$,
$\mathbf{R}_{\theta d} \equiv \frac{\partial p(r,\theta,d,t)}{\partial z} + \lambda_d p(r, \theta, d, t) = -\left(\frac{\mu}{k_z}\right) \psi_{\theta d}(r, \theta, t)$,
$\mathbf{R}_a \equiv \frac{\partial p(a,\theta,z,t)}{\partial r} - \lambda p(a, \theta, z, t) = -\left(\frac{\mu}{k_r}\right) \psi_a(\theta, z, t)$,
$\mathbf{R}_b \equiv \frac{\partial p(b,\theta,z,t)}{\partial r} + \lambda_b p(b, \theta, z, t) = -\left(\frac{\mu}{k_r}\right) \psi_b(\theta, z, t)$,
$\mathbf{N}_{0z} \equiv \frac{\partial p(r,0,z,t)}{\partial \theta} = -\left(\frac{\mu}{k_\theta}\right) \psi_{0z}(r, z, t)$ **and**
$\mathbf{N}_{\vartheta z} \equiv \frac{\partial p(r,\vartheta,z,t)}{\partial \theta} = -\left(\frac{\mu}{k_\theta}\right) \psi_{\vartheta z}(r, z, t)$

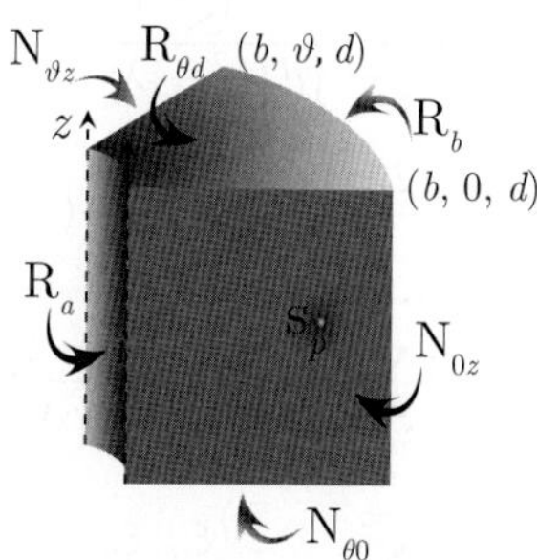

$$\overline{p} = \frac{2\pi^2 q(s) e^{-st_0}}{\vartheta \phi c_t} \sum_{m=0}^{\infty} \ni_m \cos(\xi_m \theta) \sum_{n=1}^{\infty} \xi_n^2 \left\{\xi_n J'_{\mathcal{M}}(\xi_n b) + \lambda_b J_{\mathcal{M}}(\xi_n b)\right\}^2 \times$$

$$\times \frac{\left\{\xi_n \mathcal{V}_{\mathcal{NM}}(\xi_n r_0, a) - \lambda_a \mathcal{V}_{\mathcal{DM}}(\xi_n r_0, a)\right\}\left\{\xi_n \mathcal{V}_{\mathcal{NM}}(\xi_n r, a) - \lambda_a \mathcal{V}_{\mathcal{DM}}(\xi_n r, a)\right\}}{\left[\left\{\xi_n^2 + \lambda_b^2 - \left(\frac{\mathcal{M}}{b}\right)^2\right\}\left\{\xi_n J'_{\mathcal{M}}(\xi_n a) - \lambda_a J_{\mathcal{M}}(\xi_n a)\right\}^2 - \left\{\xi_n^2 + \lambda_a^2 - \left(\frac{\mathcal{M}}{a}\right)^2\right\}\left\{\xi_n J'_{\mathcal{M}}(\xi_n b) + \lambda J_{\mathcal{M}}(\xi_n b)\right\}^2\right]} \times$$

$$\times \sum_{l=1}^{\infty} \frac{\left(\xi_l^2 + \lambda_d^2\right) \cos(\xi_l z_0) \cos(\xi_l z)}{\left\{d\left(\xi_l^2 + \lambda_d^2\right) + \lambda_d\right\}\left(\eta_r \xi_n^2 + \eta_z \xi_l^2 + s\right)} +$$

$$+ \frac{4\pi}{\vartheta \phi c_t} \sum_{m=0}^{\infty} \ni_m \cos(\xi_m \theta) \times$$

$$\times \sum_{n=1}^{\infty} \frac{\xi_n^2 \left\{\xi_n J'_{\mathcal{M}}(\xi_n b) + \lambda_b J_{\mathcal{M}}(\xi_n b)\right\}^2 \left\{\xi_n \mathcal{V}_{\mathcal{NM}}(\xi_n r, a) - \lambda_a \mathcal{V}_{\mathcal{DM}}(\xi_n r, a)\right\}}{\left[\left\{\xi_n^2 + \lambda_b^2 - \left(\frac{\mathcal{M}}{b}\right)^2\right\}\left\{\xi_n J'_{\mathcal{M}}(\xi_n a) - \lambda_a J_{\mathcal{M}}(\xi_n a)\right\}^2 - \left\{\xi_n^2 + \lambda_a^2 - \left(\frac{\mathcal{M}}{a}\right)^2\right\}\left\{\xi_n J'_{\mathcal{M}}(\xi_n b) + \lambda J_{\mathcal{M}}(\xi_n b)\right\}^2\right]} \times$$

$$\times \sum_{l=1}^{\infty} \frac{\overline{\overline{\psi}}_a(\xi_m, \xi_l, s) \left(\xi_l^2 + \lambda_d^2\right) \cos(\xi_l z)}{\left\{d\left(\xi_l^2 + \lambda_d^2\right) + \lambda_d\right\}\left(\eta_r \xi_n^2 + \eta_z \xi_l^2 + s\right)} -$$

$$- \frac{4\pi}{\vartheta \phi c_t} \sum_{m=0}^{\infty} \ni_m \cos(\xi_m \theta) \times$$

$$\times\sum_{n=1}^{\infty}\frac{\xi_n^2\{\xi_n J'_{\mathcal{M}}(\xi_n b)+\lambda_b J_{\mathcal{M}}(\xi_n b)\}\{\xi_n J'_{\mathcal{M}}(\xi_n a)+\lambda_a J_{\mathcal{M}}(\xi_n a)\}\{\xi_n \mathcal{V}_{\mathcal{NM}}(\xi_n r,a)-\lambda_a \mathcal{V}_{\mathcal{DM}}(\xi_n r,a)\}}{\left[\left\{\xi_n^2+\lambda_b^2-\left(\frac{\mathcal{M}}{b}\right)^2\right\}\{\xi_n J'_{\mathcal{M}}(\xi_n a)-\lambda_a J_{\mathcal{M}}(\xi_n a)\}^2-\left\{\xi_n^2+\lambda_a^2-\left(\frac{\mathcal{M}}{a}\right)^2\right\}\{\xi_n J'_{\mathcal{M}}(\xi_n b)+\lambda J_{\mathcal{M}}(\xi_n b)\}^2\right]}\times$$

$$\times\sum_{l=1}^{\infty}\frac{\overline{\overline{\overline{\psi}}}_b(\xi_m,\xi_l,s)\left(\xi_l^2+\lambda_d^2\right)\cos(\xi_l z)}{\{d(\xi_l^2+\lambda_d^2)+\lambda_d\}(\eta_r\xi_n^2+\eta_z\xi_l^2+s)}+$$

$$+\frac{2\pi^2}{\vartheta\phi c_t}\sum_{m=0}^{\infty}\ni_m\cos(\xi_m\theta)\times$$

$$\times\sum_{n=1}^{\infty}\frac{\xi_n^2\left\{\xi_n J'_{\mathcal{M}}(\xi_n b)+\lambda_b J_{\mathcal{M}}(\xi_n b)\right\}^2\{\xi_n \mathcal{V}_{\mathcal{NM}}(\xi_n r,a)-\lambda_a \mathcal{V}_{\mathcal{DM}}(\xi_n r,a)\}}{\left[\left\{\xi_n^2+\lambda_b^2-\left(\frac{\mathcal{M}}{b}\right)^2\right\}\{\xi_n J'_{\mathcal{M}}(\xi_n a)-\lambda_a J_{\mathcal{M}}(\xi_n a)\}^2-\left\{\xi_n^2+\lambda_a^2-\left(\frac{\mathcal{M}}{a}\right)^2\right\}\{\xi_n J'_{\mathcal{M}}(\xi_n b)+\lambda J_{\mathcal{M}}(\xi_n b)\}^2\right]}\times$$

$$\times\sum_{l=1}^{\infty}\frac{\left(\xi_l^2+\lambda_d^2\right)\left\{\overline{\overline{\overline{\psi}}}_{\theta 0}(\xi_n,\xi_m,s)-\cos(\xi_l d)\,\overline{\overline{\overline{\psi}}}_{\theta d}(\xi_n,\xi_m,s)\right\}\cos(\xi_l z)}{\{d(\xi_l^2+\lambda_d^2)+\lambda_d\}(\eta_r\xi_n^2+\eta_z\xi_l^2+s)}+$$

$$+\frac{2\pi^2}{\vartheta\phi c_t}\sum_{m=0}^{\infty}\ni_m\cos(\xi_m\theta)\times$$

$$\times\sum_{n=1}^{\infty}\frac{\xi_n^2\left\{\xi_n J'_{\mathcal{M}}(\xi_n b)+\lambda_b J_{\mathcal{M}}(\xi_n b)\right\}^2\{\xi_n \mathcal{V}_{\mathcal{NM}}(\xi_n r,a)-\lambda_a \mathcal{V}_{\mathcal{DM}}(\xi_n r,a)\}}{\left[\left\{\xi_n^2+\lambda_b^2-\left(\frac{\mathcal{M}}{b}\right)^2\right\}\{\xi_n J'_{\mathcal{M}}(\xi_n a)-\lambda_a J_{\mathcal{M}}(\xi_n a)\}^2-\left\{\xi_n^2+\lambda_a^2-\left(\frac{\mathcal{M}}{a}\right)^2\right\}\{\xi_n J'_{\mathcal{M}}(\xi_n b)+\lambda J_{\mathcal{M}}(\xi_n b)\}^2\right]}\times$$

$$\times\int_0^a\frac{\mathcal{V}_{\mathcal{NM}}(\xi_n u,a)}{u}\int_0^d\left\{\overline{\psi}_{0z}(u,w,s)+(-1)^{m+1}\,\overline{\psi}_{\vartheta z}(u,w,s)\right\}\times$$

$$\times\sum_{l=1}^{\infty}\frac{\left(\xi_l^2+\lambda_d^2\right)\cos(\xi_l w)\cos(\xi_l z)}{\{d(\xi_l^2+\lambda_d^2)+\lambda_d\}(\eta_r\xi_n^2+\eta_z\xi_l^2+s)}dwdu+$$

$$+\frac{2\pi^2}{\vartheta}\sum_{m=0}^{\infty}\ni_m\cos(\xi_m\theta)\times$$

$$\times\sum_{n=1}^{\infty}\frac{\xi_n^2\left\{\xi_n J'_{\mathcal{M}}(\xi_n b)+\lambda_b J_{\mathcal{M}}(\xi_n b)\right\}^2\{\xi_n \mathcal{V}_{\mathcal{NM}}(\xi_n r,a)-\lambda_a \mathcal{V}_{\mathcal{DM}}(\xi_n r,a)\}}{\left[\left\{\xi_n^2+\lambda_b^2-\left(\frac{\mathcal{M}}{b}\right)^2\right\}\{\xi_n J'_{\mathcal{M}}(\xi_n a)-\lambda_a J_{\mathcal{M}}(\xi_n a)\}^2-\left\{\xi_n^2+\lambda_a^2-\left(\frac{\mathcal{M}}{a}\right)^2\right\}\{\xi_n J'_{\mathcal{M}}(\xi_n b)+\lambda J_{\mathcal{M}}(\xi_n b)\}^2\right]}\times$$

$$\times\sum_{l=1}^{\infty}\frac{\overline{\overline{\overline{\varphi}}}(\xi_n,\xi_m,\xi_l)\left(\xi_l^2+\lambda_d^2\right)\cos(\xi_l z)}{\{d(\xi_l^2+\lambda_d^2)+\lambda_d\}(\eta_r\xi_n^2+\eta_z\xi_l^2+s)} \tag{29.80.1}$$

where the eigenvalues ξ_n, $n=1,2,...$, are the positive roots of $\lambda_a\{\mathcal{V}'_{\mathcal{DM}}(\xi_n b,a)+\lambda_b\mathcal{V}_{\mathcal{DM}}(\xi_n b,a)\}-\xi_n\{\mathcal{V}'_{\mathcal{NM}}(\xi_n b,a)+\lambda_b\mathcal{V}_{\mathcal{NM}}(\xi_n b,a)\}=0$, ξ_l are the positive roots of $\xi_l\tan(\xi_l d)=-\lambda_d$, $l=1,2,...$, $\xi_m=\frac{m\pi}{d}$, $m=0,1,...$,
$\overline{\overline{\overline{\psi}}}_{\theta 0}(\xi_n,\xi_m,s)=\int_0^a u\{\xi_n\mathcal{V}_{\mathcal{NM}}(\xi_n u,a)-\lambda_a\mathcal{V}_{\mathcal{DM}}(\xi_n u,a)\}\int_0^\vartheta\overline{\psi}_0(u,v,s)\cos(\xi_m v)dvdu$,
$\overline{\overline{\overline{\psi}}}_{\theta d}(\xi_n,\xi_m,s)=\int_0^a u\{\xi_n\mathcal{V}_{\mathcal{NM}}(\xi_n u,a)-\lambda_a\mathcal{V}_{\mathcal{DM}}(\xi_n u,a)\}\int_0^\vartheta\overline{\psi}_{\theta d}(u,v,s)\cos(\xi_m v)dvdu$,
$\overline{\overline{\overline{\psi}}}_a(\xi_m,\xi_l,s)=\int_0^\vartheta\cos(\xi_m v)\int_0^d\overline{\psi}_a(v,w,s)\cos(\xi_l w)\,dwdv$,
$\overline{\overline{\overline{\psi}}}_b(\xi_m,\xi_l,s)=\int_0^\vartheta\cos(\xi_m v)\int_0^d\overline{\psi}_b(v,w,s)\cos(\xi_l w)\,dwdv$ and
$\overline{\overline{\overline{\varphi}}}(\xi_n,\xi_m,\xi_l)=\int_0^a u\{\xi_n\mathcal{V}_{\mathcal{NM}}(\xi_n u,a)-\lambda_a\mathcal{V}_{\mathcal{DM}}(\xi_n u,a)\}\int_0^\vartheta\cos(\xi_m v)\int_0^d\varphi(u,v,w)\cos(\xi_l w)\,dwdvdu$.

$$p=\frac{2\pi^2 U(t-t_0)}{\vartheta\phi c_t}\sum_{m=0}^{\infty}\ni_m\cos(\xi_m\theta)$$

$$\sum_{n=1}^{\infty}\frac{\xi_n^2\left\{\xi_n J'_{\mathcal{M}}(\xi_n b)+\lambda_b J_{\mathcal{M}}(\xi_n b)\right\}^2\{\xi_n \mathcal{V}_{\mathcal{NM}}(\xi_n r_0,a)-\lambda_a \mathcal{V}_{\mathcal{DM}}(\xi_n r_0,a)\}}{\left[\left\{\xi_n^2+\lambda_b^2-\left(\frac{\mathcal{M}}{b}\right)^2\right\}\{\xi_n J'_{\mathcal{M}}(\xi_n a)-\lambda_a J_{\mathcal{M}}(\xi_n a)\}^2-\left\{\xi_n^2+\lambda_a^2-\left(\frac{\mathcal{M}}{a}\right)^2\right\}\{\xi_n J'_{\mathcal{M}}(\xi_n b)+\lambda J_{\mathcal{M}}(\xi_n b)\}^2\right]}\times$$

$$\times\{\xi_n\mathcal{V}_{\mathcal{NM}}(\xi_n r,a)-\lambda_a\mathcal{V}_{\mathcal{DM}}(\xi_n r,a)\}\times$$

$$\times\sum_{l=1}^{\infty}\frac{\left(\xi_l^2+\lambda_d^2\right)\cos\left(\xi_l z_0\right)\cos\left(\xi_l z\right)\int_0^{t-t_0}q\left(t-t_0-\tau\right)e^{-\left(\eta_r\xi_n^2+\eta_z\xi_l^2\right)\tau}d\tau}{\left\{d\left(\xi_l^2+\lambda_d^2\right)+\lambda_d\right\}}+$$

$$+\frac{4\pi}{\vartheta\phi c_t}\sum_{m=0}^{\infty}\ni_m\cos\left(\xi_m\theta\right)\times$$

$$\times\sum_{n=1}^{\infty}\frac{\xi_n^2\left\{\xi_n J'_{\mathcal{M}}\left(\xi_n b\right)+\lambda_b J_{\mathcal{M}}\left(\xi_n b\right)\right\}^2\left\{\xi_n\mathcal{V}_{\mathcal{NM}}\left(\xi_n r,a\right)-\lambda_a\mathcal{V}_{\mathcal{DM}}\left(\xi_n r,a\right)\right\}}{\left[\left\{\xi_n^2+\lambda_b^2-\left(\frac{\mathcal{M}}{b}\right)^2\right\}\left\{\xi_n J'_{\mathcal{M}}\left(\xi_n a\right)-\lambda_a J_{\mathcal{M}}\left(\xi_n a\right)\right\}^2-\left\{\xi_n^2+\lambda_a^2-\left(\frac{\mathcal{M}}{a}\right)^2\right\}\left\{\xi_n J'_{\mathcal{M}}\left(\xi_n b\right)+\lambda J_{\mathcal{M}}\left(\xi_n b\right)\right\}^2\right]}\times$$

$$\times\sum_{l=1}^{\infty}\frac{\left(\xi_l^2+\lambda_d^2\right)\cos\left(\xi_l z\right)\int_0^t\overline{\overline{\psi}}_a\left(\xi_m,\xi_l,t-\tau\right)e^{-\left(\eta_r\xi_n^2+\eta_z\xi_l^2\right)\tau}d\tau}{\left\{d\left(\xi_l^2+\lambda_d^2\right)+\lambda_d\right\}}-$$

$$-\frac{4\pi}{\vartheta\phi c_t}\sum_{m=0}^{\infty}\ni_m\cos\left(\xi_m\theta\right)\times$$

$$\times\sum_{n=1}^{\infty}\frac{\xi_n^2\{\xi_n J'_{\mathcal{M}}(\xi_n b)+\lambda_b J_{\mathcal{M}}(\xi_n b)\}\{\xi_n J'_{\mathcal{M}}(\xi_n a)+\lambda_a J_{\mathcal{M}}(\xi_n a)\}\{\xi_n\mathcal{V}_{\mathcal{NM}}(\xi_n r,a)-\lambda_a\mathcal{V}_{\mathcal{DM}}(\xi_n r,a)\}}{\left[\left\{\xi_n^2+\lambda_b^2-\left(\frac{\mathcal{M}}{b}\right)^2\right\}\{\xi_n J'_{\mathcal{M}}(\xi_n a)-\lambda_a J_{\mathcal{M}}(\xi_n a)\}^2-\left\{\xi_n^2+\lambda_a^2-\left(\frac{\mathcal{M}}{a}\right)^2\right\}\{\xi_n J'_{\mathcal{M}}(\xi_n b)+\lambda J_{\mathcal{M}}(\xi_n b)\}^2\right]}\times$$

$$\times\sum_{l=1}^{\infty}\frac{\left(\xi_l^2+\lambda_d^2\right)\cos\left(\xi_l z\right)\int_0^t\overline{\overline{\psi}}_b\left(\xi_m,\xi_l,t-\tau\right)e^{-\left(\eta_r\xi_n^2+\eta_z\xi_l^2\right)\tau}d\tau}{\left\{d\left(\xi_l^2+\lambda_d^2\right)+\lambda_d\right\}}+$$

$$+\frac{2\pi^2}{\vartheta\phi c_t}\sum_{m=0}^{\infty}\ni_m\cos\left(\xi_m\theta\right)\times$$

$$\times\sum_{n=1}^{\infty}\frac{\xi_n^2\left\{\xi_n J'_{\mathcal{M}}\left(\xi_n b\right)+\lambda_b J_{\mathcal{M}}\left(\xi_n b\right)\right\}^2\left\{\xi_n\mathcal{V}_{\mathcal{NM}}\left(\xi_n r,a\right)-\lambda_a\mathcal{V}_{\mathcal{DM}}\left(\xi_n r,a\right)\right\}}{\left[\left\{\xi_n^2+\lambda_b^2-\left(\frac{\mathcal{M}}{b}\right)^2\right\}\left\{\xi_n J'_{\mathcal{M}}\left(\xi_n a\right)-\lambda_a J_{\mathcal{M}}\left(\xi_n a\right)\right\}^2-\left\{\xi_n^2+\lambda_a^2-\left(\frac{\mathcal{M}}{a}\right)^2\right\}\left\{\xi_n J'_{\mathcal{M}}\left(\xi_n b\right)+\lambda J_{\mathcal{M}}\left(\xi_n b\right)\right\}^2\right]}\times$$

$$\times\sum_{l=1}^{\infty}\frac{\left(\xi_l^2+\lambda_d^2\right)\cos\left(\xi_l z\right)\int_0^t\left\{\overline{\overline{\psi}}_{\theta 0}\left(\xi_n,\xi_m,t-\tau\right)-\cos\left(\xi_l d\right)\overline{\overline{\psi}}_{\theta d}\left(\xi_n,\xi_m,t-\tau\right)\right\}e^{-\left(\eta_r\xi_n^2+\eta_z\xi_l^2\right)\tau}d\tau}{\left\{d\left(\xi_l^2+\lambda_d^2\right)+\lambda_d\right\}}+$$

$$+\frac{2\pi^2}{\vartheta\phi c_t}\sum_{m=0}^{\infty}\ni_m\cos\left(\xi_m\theta\right)\times$$

$$\times\sum_{n=1}^{\infty}\frac{\xi_n^2\left\{\xi_n J'_{\mathcal{M}}\left(\xi_n b\right)+\lambda_b J_{\mathcal{M}}\left(\xi_n b\right)\right\}^2\left\{\xi_n\mathcal{V}_{\mathcal{NM}}\left(\xi_n r,a\right)-\lambda_a\mathcal{V}_{\mathcal{DM}}\left(\xi_n r,a\right)\right\}}{\left[\left\{\xi_n^2+\lambda_b^2-\left(\frac{\mathcal{M}}{b}\right)^2\right\}\left\{\xi_n J'_{\mathcal{M}}\left(\xi_n a\right)-\lambda_a J_{\mathcal{M}}\left(\xi_n a\right)\right\}^2-\left\{\xi_n^2+\lambda_a^2-\left(\frac{\mathcal{M}}{a}\right)^2\right\}\left\{\xi_n J'_{\mathcal{M}}\left(\xi_n b\right)+\lambda J_{\mathcal{M}}\left(\xi_n b\right)\right\}^2\right]}\times$$

$$\times\int_0^a\frac{\mathcal{V}_{\mathcal{NM}}\left(\xi_n u,a\right)}{u}\int_0^d\int_0^t e^{-\eta_r\xi_n^2\tau}\left\{\psi_{0z}\left(u,w,t-\tau\right)+\left(-1\right)^{m+1}\psi_{\vartheta z}\left(u,w,t-\tau\right)\right\}\times$$

$$\times\sum_{l=1}^{\infty}\frac{\left(\xi_l^2+\lambda_d^2\right)\cos\left(\xi_l w\right)\cos\left(\xi_l z\right)e^{-\eta_z\xi_l^2\tau}}{\left\{d\left(\xi_l^2+\lambda_d^2\right)+\lambda_d\right\}}d\tau dw du+$$

$$+\frac{2\pi^2}{\vartheta}\sum_{m=0}^{\infty}\ni_m\cos\left(\xi_m\theta\right)\times$$

$$\times\sum_{n=1}^{\infty}\frac{\xi_n^2\left\{\xi_n J'_{\mathcal{M}}\left(\xi_n b\right)+\lambda_b J_{\mathcal{M}}\left(\xi_n b\right)\right\}^2\left\{\xi_n\mathcal{V}_{\mathcal{NM}}\left(\xi_n r,a\right)-\lambda_a\mathcal{V}_{\mathcal{DM}}\left(\xi_n r,a\right)\right\}}{\left[\left\{\xi_n^2+\lambda_b^2-\left(\frac{\mathcal{M}}{b}\right)^2\right\}\left\{\xi_n J'_{\mathcal{M}}\left(\xi_n a\right)-\lambda_a J_{\mathcal{M}}\left(\xi_n a\right)\right\}^2-\left\{\xi_n^2+\lambda_a^2-\left(\frac{\mathcal{M}}{a}\right)^2\right\}\left\{\xi_n J'_{\mathcal{M}}\left(\xi_n b\right)+\lambda J_{\mathcal{M}}\left(\xi_n b\right)\right\}^2\right]}\times$$

$$\times\sum_{l=1}^{\infty}\frac{\overline{\overline{\overline{\varphi}}}\left(\xi_n,\xi_m,\xi_l\right)\left(\xi_l^2+\lambda_d^2\right)\cos\left(\xi_l z\right)e^{-\eta_z\xi_l^2 t}}{\left\{d\left(\xi_l^2+\lambda_d^2\right)+\lambda_d\right\}} \qquad (29.80.2)$$

where $\overline{\overline{\psi}}_a\left(\xi_m,\xi_l,t\right)=\int_0^{\vartheta}\cos\left(\xi_m v\right)\int_0^d\psi_a\left(v,w,t\right)\cos\left(\xi_l w\right)dwdv$,
$\overline{\overline{\psi}}_b\left(\xi_m,\xi_l,t\right)=\int_0^{\vartheta}\cos\left(\xi_m v\right)\int_0^d\psi_b\left(v,w,t\right)\cos\left(\xi_l w\right)dwdv$,
$\overline{\overline{\psi}}_{\theta 0}\left(\xi_n,\xi_m,t\right)=\int_0^a r\left\{\xi_n\mathcal{V}_{\mathcal{NM}}\left(\xi_n u,a\right)-\lambda_a\mathcal{V}_{\mathcal{DM}}\left(\xi_n u,a\right)\right\}\int_0^{\vartheta}\psi_0\left(u,v,t\right)\cos\left(\xi_m v\right)dudv$ and
$\overline{\overline{\psi}}_{\theta d}\left(\xi_n,\xi_m,t\right)=\int_0^a u\left\{\xi_n\mathcal{V}_{\mathcal{NM}}\left(\xi_n u,a\right)-\lambda_a\mathcal{V}_{\mathcal{DM}}\left(\xi_n u,a\right)\right\}\int_0^{\vartheta}\psi_{\theta d}\left(u,v,t\right)\cos\left(\xi_m v\right)dvdu$.

29.81

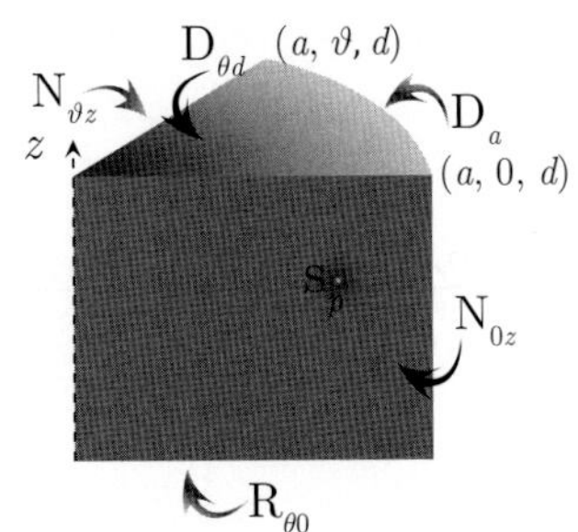

A cylindrical continuum bounded by $0 \le r \le a$ and $0 \le z \le d$ and $0 \le \theta \le \vartheta$; $\vartheta < 2\pi$. Point source at $s_p \equiv (r_0, \theta_0, z_0)$ at time $t = t_0$; $0 < r_0 < a$, $0 \le \theta_0 \le \vartheta$, $0 < z_0 < d$, $t_0 \ge 0$. $D_a \equiv p(a,\theta,z,t) = \psi_a(\theta,z,t)$, $R_{\theta 0} \equiv \frac{\partial p(r,\theta,0,t)}{\partial z} - \lambda_0 p(r,\theta,0,t) = -\left(\frac{\mu}{k_z}\right)\psi_{\theta 0}(r,\theta,t)$, $D_{\theta d} \equiv p(r,\theta,d,t) = \psi_{\theta d}(r,\theta,t)$, $N_{0z} \equiv \frac{\partial p(r,0,z,t)}{\partial \theta} = -\left(\frac{\mu}{k_\theta}\right)\psi_{0z}(r,z,t)$ and $N_{\vartheta z} \equiv \frac{\partial p(r,\vartheta,z,t)}{\partial \theta} = -\left(\frac{\mu}{k_\theta}\right)\psi_{\vartheta z}(r,z,t)$. $p(r,\theta,z,0) = \varphi(r,\theta,z)$

$$\begin{aligned}
\overline{p} &= \frac{8q(s)e^{-st_0}}{\vartheta a^2\phi c_t}\sum_{m=0}^{\infty}\ni_m\cos(\xi_m\theta)\times\\
&\times\sum_{n=1}^{\infty}\frac{J_{\mathcal{M}}(\xi_n r_0)J_{\mathcal{M}}(\xi_n r)}{J'^2_{\mathcal{M}}(\xi_n a)}\sum_{l=1}^{\infty}\frac{(\xi_l^2+\lambda_0^2)\sin\{\xi_l(d-z_0)\}\sin\{\xi_l(d-z)\}}{\{d(\xi_l^2+\lambda_0^2)+\lambda_0\}(\eta_r\xi_n^2+\eta_z\xi_l^2+s)}-\\
&-\frac{8\eta_r}{\vartheta a}\sum_{m=0}^{\infty}\ni_m\cos(\xi_m\theta)\sum_{n=1}^{\infty}\frac{\xi_n J_{\mathcal{M}}(\xi_n r)}{J'_{\mathcal{M}}(\xi_n a)}\sum_{l=1}^{\infty}\frac{\overline{\overline{\overline{\psi}}}_a(\xi_m,\xi_l,s)(\xi_l^2+\lambda_0^2)\sin\{\xi_l(d-z)\}}{\{d(\xi_l^2+\lambda_0^2)+\lambda_0\}(\eta_r\xi_n^2+\eta_z\xi_l^2+s)}+\\
&+\frac{8}{\vartheta a^2}\sum_{m=0}^{\infty}\ni_m\cos(\xi_m\theta)\times\\
&\times\sum_{n=1}^{\infty}\frac{J_{\mathcal{M}}(\xi_n r)}{J'^2_{\mathcal{M}}(\xi_n a)}\sum_{l=1}^{\infty}\frac{(\xi_l^2+\lambda_0^2)\left\{\frac{\sin(\xi_l d)}{\phi c_t}\overline{\overline{\overline{\psi}}}_{\theta 0}(\xi_n,\xi_m,s)+\eta_z\xi_l\overline{\overline{\overline{\psi}}}_{\theta d}(\xi_n,\xi_m,s)\right\}\sin\{\xi_l(d-z)\}}{\{d(\xi_l^2+\lambda_0^2)+\lambda_0\}(\eta_r\xi_n^2+\eta_z\xi_l^2+s)}+\\
&+\frac{8}{\vartheta a^2\phi c_t}\sum_{m=0}^{\infty}\ni_m\cos(\xi_m\theta)\sum_{n=1}^{\infty}\frac{J_{\mathcal{M}}(\xi_n r)}{J'^2_{\mathcal{M}}(\xi_n a)}\times\\
&\times\int_0^a\frac{J_{\mathcal{M}}(\xi_n u)}{u}\int_0^d\int_0^t e^{-\eta_r\xi_n^2\tau}\left\{\psi_{0z}(u,w,t-\tau)+(-1)^{m+1}\psi_{\vartheta z}(u,w,t-\tau)\right\}\times\\
&\times\sum_{l=1}^{\infty}\frac{(\xi_l^2+\lambda_d^2)\sin\{\xi_l(d-w)\}\sin\{\xi_l(d-z)\}e^{-\eta_z\xi_l^2\tau}}{\{d(\xi_l^2+\lambda_d^2)+\lambda_d\}}d\tau dw du+\\
&+\frac{8}{\vartheta a^2}\sum_{m=0}^{\infty}\ni_m\cos(\xi_m\theta)\sum_{n=1}^{\infty}\frac{J_{\mathcal{M}}(\xi_n r)}{J'^2_{\mathcal{M}}(\xi_n a)}\sum_{l=1}^{\infty}\frac{\overline{\overline{\overline{\varphi}}}(\xi_n,\xi_m,\xi_l)(\xi_l^2+\lambda_0^2)\sin\{\xi_l(d-z)\}}{\{d(\xi_l^2+\lambda_0^2)+\lambda_0\}(\eta_r\xi_n^2+\eta_z\xi_l^2+s)}
\end{aligned}\tag{29.81.1}$$

where ξ_n are the positive roots of $J_{\mathcal{M}}(\xi_n a) = 0$, $n = 1, 2, ...$, ξ_l are the positive roots of $\xi_l \cot(\xi_l d) = -\lambda_0$, $l = 1, 2, ...$, $\xi_m = \frac{m\pi}{d}$, $m = 0, 1, ...$ $\overline{\overline{\overline{\psi}}}_{\theta 0}(\xi_n,\xi_m,s) = \int_0^a uJ_{\mathcal{M}}(\xi_n u)\int_0^{\vartheta}\overline{\psi}_0(u,v,s)\cos(\xi_m v)dvdu$, $\overline{\overline{\overline{\psi}}}_{\theta d}(\xi_n,\xi_m,s) = \int_0^a uJ_{\mathcal{M}}(\xi_n u)\int_0^{\vartheta}\overline{\psi}_{\theta d}(u,v,s)\cos(\xi_m v)dvdu$, $\overline{\overline{\overline{\psi}}}_a(\xi_m,\xi_l,s) = \int_0^{\vartheta}\cos(\xi_m v)\int_0^d\overline{\psi}_a(v,w,s)\sin\{\xi_l(d-w)\}dwdv$ and $\overline{\overline{\overline{\varphi}}}(\xi_n,\xi_m,\xi_l) = \int_0^a uJ_{\mathcal{M}}(\xi_n u)\int_0^{\vartheta}\cos(\xi_m v)\int_0^d\varphi(u,v,w)\sin\{\xi_l(d-w)\}dwdvdu$.

$$\begin{aligned}
p &= \frac{8U(t-t_0)}{\vartheta a^2\phi c_t}\sum_{m=0}^{\infty}\ni_m\cos(\xi_m\theta)\sum_{n=1}^{\infty}\frac{J_{\mathcal{M}}(\xi_n r_0)J_{\mathcal{M}}(\xi_n r)}{J'^2_{\mathcal{M}}(\xi_n a)}\times\\
&\times\sum_{l=1}^{\infty}\frac{(\xi_l^2+\lambda_0^2)\sin\{\xi_l(d-z_0)\}\sin\{\xi_l(d-z)\}\int_0^{t-t_0}q(t-t_0-\tau)e^{-(\eta_r\xi_n^2+\eta_z\xi_l^2)\tau}d\tau}{\{d(\xi_l^2+\lambda_0^2)+\lambda_0\}}-\\
&-\frac{8\eta_r}{\vartheta a}\sum_{m=0}^{\infty}\ni_m\cos(\xi_m\theta)\times
\end{aligned}$$

$$\times \sum_{n=1}^{\infty} \frac{\xi_n J_{\mathcal{M}}(\xi_n r)}{J'_{\mathcal{M}}(\xi_n a)} \sum_{l=1}^{\infty} \frac{(\xi_l^2+\lambda_0^2)\sin\{\xi_l(d-z)\}\int_0^t \overline{\overline{\psi}}_a(\xi_m,\xi_l,t-\tau)\,e^{-(\eta_r\xi_n^2+\eta_z\xi_l^2)\tau}d\tau}{\{d(\xi_l^2+\lambda_0^2)+\lambda_0\}} +$$

$$+\frac{8}{\vartheta a^2}\sum_{m=0}^{\infty} \ni_m \cos(\xi_m\theta)\sum_{n=1}^{\infty}\frac{J_{\mathcal{M}}(\xi_n r)}{J'^2_{\mathcal{M}}(\xi_n a)}\times$$

$$\times\sum_{l=1}^{\infty}\frac{(\xi_l^2+\lambda_0^2)\sin\{\xi_l(d-z)\}\int_0^t\left\{\frac{\sin(\xi_l d)}{\phi c_t}\overline{\overline{\psi}}_{\theta 0}(\xi_n,\xi_m,t-\tau)+\eta_z\xi_l\overline{\overline{\psi}}_{\theta d}(\xi_n,\xi_m,t-\tau)\right\}e^{-(\eta_r\xi_n^2+\eta_z\xi_l^2)\tau}d\tau}{\{d(\xi_l^2+\lambda_0^2)+\lambda_0\}}+$$

$$+\frac{8}{\vartheta a^2\phi c_t}\sum_{m=0}^{\infty}\ni_m\cos(\xi_m\theta)\sum_{n=1}^{\infty}\frac{J_{\mathcal{M}}(\xi_n r)}{J'^2_{\mathcal{M}}(\xi_n a)}\times$$

$$\times\int_0^a\frac{J_{\mathcal{M}}(\xi_n u)}{u}\int_0^d\int_0^t e^{-\eta_r\xi_n^2\tau}\left\{\psi_{0z}(u,w,t-\tau)+(-1)^{m+1}\psi_{\vartheta z}(u,w,l-\tau)\right\}\times$$

$$\times\sum_{l=1}^{\infty}\frac{(\xi_l^2+\lambda_d^2)\sin\{\xi_l(d-w)\}\sin\{\xi_l(d-z)\}e^{-\eta_z\xi_l^2\tau}}{\{d(\xi_l^2+\lambda_d^2)+\lambda_d\}}d\tau dw du+$$

$$+\frac{8}{\vartheta a^2}\sum_{m=0}^{\infty}\ni_m\cos(\xi_m\theta)\sum_{n=1}^{\infty}\frac{J_{\mathcal{M}}(\xi_n r)e^{-\eta_r\xi_n^2 t}}{J'^2_{\mathcal{M}}(\xi_n a)}\sum_{l=1}^{\infty}\frac{\overline{\overline{\overline{\varphi}}}(\xi_n,\xi_m,\xi_l)(\xi_l^2+\lambda_0^2)\sin\{\xi_l(d-z)\}e^{-\eta_z\xi_l^2 t}}{\{d(\xi_l^2+\lambda_0^2)+\lambda_0\}} \quad (29.81.2)$$

where $\overline{\overline{\psi}}_a(\xi_m,\xi_l,t)=\int_0^{\vartheta}\cos(\xi_m v)\int_0^d\psi_a(v,w,t)\sin\{\xi_l(d-w)\}\,dwdv$,
$\overline{\overline{\psi}}_{\theta 0}(\xi_n,\xi_m,t)=\int_0^a uJ_{\mathcal{M}}(\xi_n u)\int_0^{\vartheta}\psi_0(u,v,t)\cos(\xi_m v)dvdu$ and
$\overline{\overline{\psi}}_{\theta d}(\xi_n,\xi_m,t)=\int_0^a uJ_{\mathcal{M}}(\xi_n u)\int_0^{\vartheta}\psi_{\theta d}(u,v,t)\cos(\xi_m v)dvdu$.

29.82 **The problem of 29.81, except**
$\mathbf{N}_a \equiv \frac{\partial p(a,\theta,z,t)}{\partial r} = -\left(\frac{\mu}{k_r}\right)\psi_a(\theta,z,t)$,
$\mathbf{R}_{\theta 0} \equiv \frac{\partial p(r,\theta,0,t)}{\partial z} - \lambda_0 p(r,\theta,0,t) = -\left(\frac{\mu}{k_z}\right)\psi_{\theta 0}(r,\theta,t)$,
$\mathbf{D}_{\theta d} \equiv p(r,\theta,d,t) = \psi_{\theta d}(r,\theta,t)$,
$\mathbf{N}_{0z} \equiv \frac{\partial p(r,0,z,t)}{\partial\theta} = -\left(\frac{\mu}{k_\theta}\right)\psi_{0z}(r,z,t)$ **and**
$\mathbf{N}_{\vartheta z} \equiv \frac{\partial p(r,\vartheta,z,t)}{\partial\theta} = -\left(\frac{\mu}{k_\theta}\right)\psi_{\vartheta z}(r,z,t)$

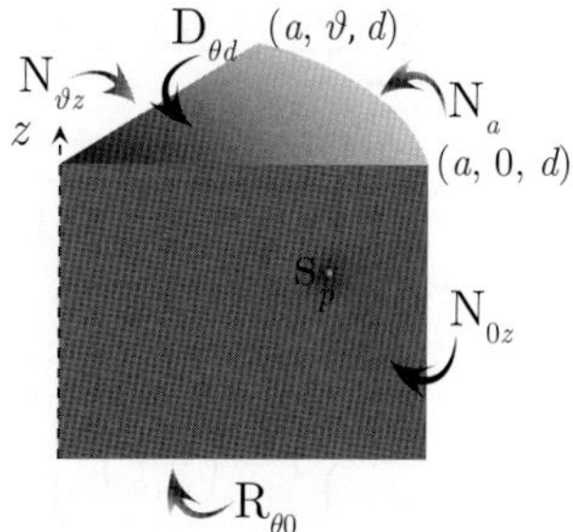

$$\overline{p} = \frac{8q(s)e^{-st_0}}{\vartheta a^2\phi c_t}\sum_{m=0}^{\infty}\ni_m\cos(\xi_m\theta)\times$$

$$\times\sum_{n=0}^{\infty}\frac{J_{\mathcal{M}}(\xi_n r_0)J_{\mathcal{M}}(\xi_n r)}{\left\{1-\left(\frac{\mathcal{M}}{\xi_n a}\right)^2\right\}J^2_{\mathcal{M}}(\xi_n a)}\sum_{l=1}^{\infty}\frac{(\xi_l^2+\lambda_0^2)\sin\{\xi_l(d-z_0)\}\sin\{\xi_l(d-z)\}}{\{d(\xi_l^2+\lambda_0^2)+\lambda_0\}(\eta_r\xi_n^2+\eta_z\xi_l^2+s)}-$$

$$-\frac{8}{\vartheta a\phi c_t}\sum_{m=0}^{\infty}\ni_m\cos(\xi_m\theta)\sum_{n=0}^{\infty}\frac{J_{\mathcal{M}}(\xi_n r)}{\left\{1-\left(\frac{\mathcal{M}}{\xi_n a}\right)^2\right\}J_{\mathcal{M}}(\xi_n a)}\sum_{l=1}^{\infty}\frac{\overline{\overline{\psi}}_a(\xi_m,\xi_l,s)(\xi_l^2+\lambda_0^2)\sin\{\xi_l(d-z)\}}{\{d(\xi_l^2+\lambda_0^2)+\lambda_0\}(\eta_r\xi_n^2+\eta_z\xi_l^2+s)}+$$

$$+\frac{8}{\vartheta a^2}\sum_{m=0}^{\infty}\ni_m\cos(\xi_m\theta)\times$$

$$\times\sum_{n=0}^{\infty}\frac{J_{\mathcal{M}}(\xi_n r)}{\left\{1-\left(\frac{\mathcal{M}}{\xi_n a}\right)^2\right\}J^2_{\mathcal{M}}(\xi_n a)}\sum_{l=1}^{\infty}\frac{(\xi_l^2+\lambda_0^2)\left\{\frac{\sin(\xi_l d)}{\phi c_t}\overline{\overline{\psi}}_{\theta 0}(\xi_n,\xi_m,s)+\eta_z\xi_l\overline{\overline{\psi}}_{\theta d}(\xi_n,\xi_m,s)\right\}\sin\{\xi_l(d-z)\}}{\{d(\xi_l^2+\lambda_0^2)+\lambda_0\}(\eta_r\xi_n^2+\eta_z\xi_l^2+s)}+$$

$$+\frac{8}{\vartheta a^2 \phi c_t}\sum_{m=0}^{\infty}\ni_m\cos(\xi_m\theta)\sum_{n=0}^{\infty}\frac{J_{\mathcal{M}}(\xi_n r)}{\left\{1-\left(\frac{\mathcal{M}}{\xi_n a}\right)^2\right\}J_{\mathcal{M}}^2(\xi_n a)}\times$$

$$\times\int_0^a\frac{J_{\mathcal{M}}(\xi_n u)}{u}\int_0^d\left\{\overline{\psi}_{0z}(u,w,s)+(-1)^{m+1}\overline{\psi}_{\vartheta z}(u,w,s)\right\}\times$$

$$\times\sum_{l=1}^{\infty}\frac{(\xi_l^2+\lambda_d^2)\sin\{\xi_l(d-w)\}\sin\{\xi_l(d-z)\}}{\{d(\xi_l^2+\lambda_d^2)+\lambda_d\}(\eta_r\xi_n^2+\eta_z\xi_l^2+s)}dwdu+$$

$$+\frac{8}{\vartheta a^2}\sum_{m=0}^{\infty}\ni_m\cos(\xi_m\theta)\sum_{n=0}^{\infty}\frac{J_{\mathcal{M}}(\xi_n r)}{\left\{1-\left(\frac{\mathcal{M}}{\xi_n a}\right)^2\right\}J_{\mathcal{M}}^2(\xi_n a)}\sum_{l=1}^{\infty}\frac{\overline{\overline{\overline{\varphi}}}(\xi_n,\xi_m,\xi_l)(\xi_l^2+\lambda_0^2)\sin\{\xi_l(d-z)\}}{\{d(\xi_l^2+\lambda_0^2)+\lambda_0\}(\eta_r\xi_n^2+\eta_z\xi_l^2+s)} \tag{29.82.1}$$

where ξ_n are the positive roots of $J'_{\mathcal{M}}(\xi_n a)=0$, $n=1,2,...,$ ξ_n ξ_l are the positive roots of $\xi_l\cot(\xi_l d)=-\lambda_0$, $l=1,2,...,$ $\xi_m=\frac{m\pi}{d}$, $m=0,1,...,$ $\overline{\overline{\overline{\psi}}}_{\theta 0}(\xi_n,\xi_m,s)=\int_0^a uJ_{\mathcal{M}}(\xi_n u)\int_0^{\vartheta}\overline{\psi}_0(u,v,s)\cos(\xi_m v)dvdu$,
$\overline{\overline{\overline{\psi}}}_{\theta d}(\xi_n,\xi_m,s)=\int_0^a uJ_{\mathcal{M}}(\xi_n u)\int_0^{\vartheta}\overline{\psi}_{\theta d}(u,v,s)\cos(\xi_m v)dvdu$,
$\overline{\overline{\overline{\psi}}}_a(\xi_m,\xi_l,s)=\int_0^{\vartheta}\cos(\xi_m v)\int_0^d\overline{\psi}_a(v,w,s)\sin\{\xi_l(d-w)\}dwdv$ and
$\overline{\overline{\overline{\varphi}}}(\xi_n,\xi_m,\xi_l)=\int_0^a uJ_{\mathcal{M}}(\xi_n u)\int_0^{\vartheta}\cos(\xi_m v)\int_0^d\varphi(u,v,w)\sin\{\xi_l(d-w)\}dwdvdu$.

$$p=\frac{8U(t-t_0)}{\vartheta a^2\phi c_t}\sum_{m=0}^{\infty}\ni_m\cos(\xi_m\theta)\sum_{n=0}^{\infty}\frac{J_{\mathcal{M}}(\xi_n r_0)J_{\mathcal{M}}(\xi_n r)}{\left\{1-\left(\frac{\mathcal{M}}{\xi_n a}\right)^2\right\}J_{\mathcal{M}}^2(\xi_n a)}\times$$

$$\times\sum_{l=1}^{\infty}\frac{(\xi_l^2+\lambda_0^2)\sin\{\xi_l(d-z_0)\}\sin\{\xi_l(d-z)\}\int_0^{t-t_0}q(t-t_0-\tau)e^{-(\eta_r\xi_n^2+\eta_z\xi_l^2)\tau}d\tau}{\{d(\xi_l^2+\lambda_0^2)+\lambda_0\}}-$$

$$-\frac{8}{\vartheta a\phi c_t}\sum_{m=0}^{\infty}\ni_m\cos(\xi_m\theta)\times$$

$$\times\sum_{n=0}^{\infty}\frac{J_{\mathcal{M}}(\xi_n r)}{\left\{1-\left(\frac{\mathcal{M}}{\xi_n a}\right)^2\right\}J_{\mathcal{M}}(\xi_n a)}\sum_{l=1}^{\infty}\frac{(\xi_l^2+\lambda_0^2)\sin\{\xi_l(d-z)\}\int_0^t\overline{\overline{\psi}}_a(\xi_m,\xi_l,t-\tau)e^{-(\eta_r\xi_n^2+\eta_z\xi_l^2)\tau}d\tau}{\{d(\xi_l^2+\lambda_0^2)+\lambda_0\}}+$$

$$+\frac{8}{\vartheta a^2}\sum_{m=0}^{\infty}\ni_m\cos(\xi_m\theta)\sum_{n=0}^{\infty}\frac{J_{\mathcal{M}}(\xi_n r)}{\left\{1-\left(\frac{\mathcal{M}}{\xi_n a}\right)^2\right\}J_{\mathcal{M}}^2(\xi_n a)}\times$$

$$\times\sum_{l=1}^{\infty}\frac{(\xi_l^2+\lambda_0^2)\sin\{\xi_l(d-z)\}\int_0^t\left\{\frac{\sin(\xi_l d)}{\phi c_t}\overline{\overline{\psi}}_{\theta 0}(\xi_n,\xi_m,t-\tau)+\eta_z\xi_l\overline{\overline{\psi}}_{\theta d}(\xi_n,\xi_m,t-\tau)\right\}e^{-(\eta_r\xi_n^2+\eta_z\xi_l^2)\tau}d\tau}{\{d(\xi_l^2+\lambda_0^2)+\lambda_0\}}+$$

$$+\frac{8}{\vartheta a^2}\sum_{m=0}^{\infty}\ni_m\cos(\xi_m\theta)\times$$

$$+\frac{8}{\vartheta a^2\phi c_t}\sum_{m=0}^{\infty}\ni_m\cos(\xi_m\theta)\sum_{n=0}^{\infty}\frac{J_{\mathcal{M}}(\xi_n r)}{\left\{1-\left(\frac{\mathcal{M}}{\xi_n a}\right)^2\right\}J_{\mathcal{M}}^2(\xi_n a)}\times$$

$$\times\int_0^a\frac{J_{\mathcal{M}}(\xi_n u)}{u}\int_0^d\int_0^t e^{-\eta_r\xi_n^2\tau}\left\{\psi_{0z}(u,w,t-\tau)+(-1)^{m+1}\psi_{\vartheta z}(u,w,t-\tau)\right\}\times$$

$$\times\sum_{l=1}^{\infty}\frac{(\xi_l^2+\lambda_d^2)\sin\{\xi_l(d-w)\}\sin\{\xi_l(d-z)\}e^{-\eta_z\xi_l^2\tau}}{\{d(\xi_l^2+\lambda_d^2)+\lambda_d\}}d\tau dwdu+$$

$$\times \sum_{n=0}^{\infty} \frac{J_{\mathcal{M}}(\xi_n r) e^{-\eta_r \xi_n^2 t}}{\left\{1-\left(\frac{\mathcal{M}}{\xi_n a}\right)^2\right\} J_{\mathcal{M}}^2(\xi_n a)} \sum_{l=1}^{\infty} \frac{\overline{\overline{\overline{\varphi}}}(\xi_n, \xi_m, \xi_l)\left(\xi_l^2+\lambda_0^2\right) \sin\{\xi_l(d-z)\} e^{-\eta_z \xi_l^2 t}}{\{d(\xi_l^2+\lambda_0^2)+\lambda_0\}} \tag{29.82.2}$$

where $\overline{\overline{\psi}}_a(\xi_m, \xi_l, t) = \int_0^{\vartheta} \cos(\xi_m v) \int_0^d \psi_a(v, w, t) \sin\{\xi_l(d-w)\} dw dv$,
$\overline{\overline{\psi}}_{\theta 0}(\xi_n, \xi_m, t) = \int_0^a u J_{\mathcal{M}}(\xi_n u) \int_0^{\vartheta} \psi_0(u, v, t) \cos(\xi_m v) dv du$ and
$\overline{\overline{\psi}}_{\theta d}(\xi_n, \xi_m, t) = \int_0^a u J_{\mathcal{M}}(\xi_n u) \int_0^{\vartheta} \psi_{\theta d}(u, v, t) \cos(\xi_m v) dv du$.

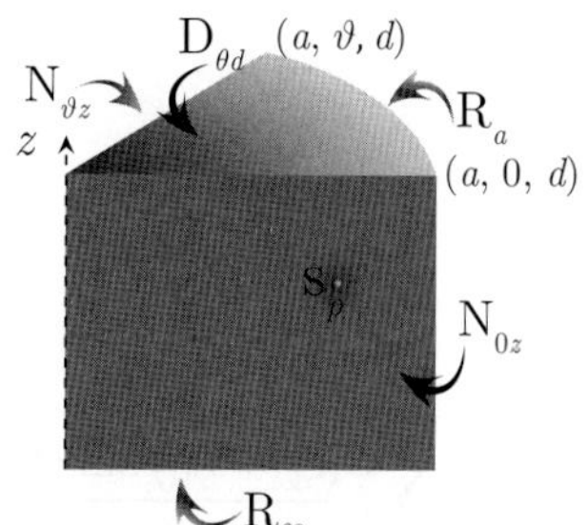

29.83 The problem of 29.81, except
$\mathbf{R}_a \equiv \frac{\partial p(a,\theta,z,t)}{\partial r} + \lambda p(a,\theta,z,t) = -\left(\frac{\mu}{k_r}\right)\psi_a(\theta,z,t)$,
$\mathbf{R}_{\theta 0} \equiv \frac{\partial p(r,\theta,0,t)}{\partial z} - \lambda_0 p(r,\theta,0,t) = -\left(\frac{\mu}{k_z}\right)\psi_{\theta 0}(r,\theta,t)$,
$\mathbf{D}_{\theta d} \equiv p(r,\theta,d,t) = \psi_{\theta d}(r,\theta,t)$,
$\mathbf{N}_{0z} \equiv \frac{\partial p(r,0,z,t)}{\partial \theta} = -\left(\frac{\mu}{k_\theta}\right)\psi_{0z}(r,z,t)$ **and**
$\mathbf{N}_{\vartheta z} \equiv \frac{\partial p(r,\vartheta,z,t)}{\partial \theta} = -\left(\frac{\mu}{k_\theta}\right)\psi_{\vartheta z}(r,z,t)$

$$\overline{p} = \frac{8q(s)e^{-st_0}}{\vartheta a^2 \phi c_t} \sum_{m=0}^{\infty} \ni_m \cos(\xi_m \theta) \sum_{n=1}^{\infty} \frac{J_{\mathcal{M}}(\xi_n r_0) J_{\mathcal{M}}(\xi_n r)}{\left[\left\{1-\left(\frac{\mathcal{M}}{\xi_n a}\right)^2\right\} J_{\mathcal{M}}^2(\xi_n a) + J_{\mathcal{M}}'^2(\xi_n a)\right]} \times$$
$$\times \sum_{l=1}^{\infty} \frac{\left(\xi_l^2+\lambda_0^2\right) \sin\{\xi_l(d-z_0)\} \sin\{\xi_l(d-z)\}}{\{d(\xi_l^2+\lambda_0^2)+\lambda_0\}(\eta_r \xi_n^2 + \eta_z \xi_l^2 + s)} -$$
$$-\frac{8}{\vartheta a \phi c_t} \sum_{m=0}^{\infty} \ni_m \cos(\xi_m \theta) \sum_{n=1}^{\infty} \frac{J_{\mathcal{M}}(\xi_n r)}{\left[\left\{1-\left(\frac{\mathcal{M}}{\xi_n a}\right)^2\right\} J_{\mathcal{M}}^2(\xi_n a) + J_{\mathcal{M}}'^2(\xi_n a)\right]} \times$$
$$\times \sum_{l=1}^{\infty} \frac{\overline{\overline{\overline{\psi}}}_a(\xi_m, \xi_l, s)\left(\xi_l^2+\lambda_0^2\right) \sin\{\xi_l(d-z)\}}{\{d(\xi_l^2+\lambda_0^2)+\lambda_0\}(\eta_r \xi_n^2 + \eta_z \xi_l^2 + s)} +$$
$$+\frac{8}{\vartheta a^2} \sum_{m=0}^{\infty} \ni_m \cos(\xi_m \theta) \sum_{n=1}^{\infty} \frac{J_{\mathcal{M}}(\xi_n r)}{\left[\left\{1-\left(\frac{\mathcal{M}}{\xi_n a}\right)^2\right\} J_{\mathcal{M}}^2(\xi_n a) + J_{\mathcal{M}}'^2(\xi_n a)\right]} \times$$
$$\times \sum_{l=1}^{\infty} \frac{\left(\xi_l^2+\lambda_0^2\right)\left\{\frac{\sin(\xi_l d)}{\phi c_t}\overline{\overline{\overline{\psi}}}_{\theta 0}(\xi_n, \xi_m, s) + \eta_z \xi_l \overline{\overline{\overline{\psi}}}_{\theta d}(\xi_n, \xi_m, s)\right\} \sin\{\xi_l(d-z)\}}{\{d(\xi_l^2+\lambda_0^2)+\lambda_0\}(\eta_r \xi_n^2 + \eta_z \xi_l^2 + s)} +$$
$$+\frac{8}{\vartheta a^2 \phi c_t} \sum_{m=0}^{\infty} \ni_m \cos(\xi_m \theta) \sum_{n=1}^{\infty} \frac{J_{\mathcal{M}}(\xi_n r)}{\left[\left\{1-\left(\frac{\mathcal{M}}{\xi_n a}\right)^2\right\} J_{\mathcal{M}}^2(\xi_n a) + J_{\mathcal{M}}'^2(\xi_n a)\right]} \times$$
$$\times \int_0^a \frac{J_{\mathcal{M}}(\xi_n u)}{u} \int_0^d \left\{\overline{\psi}_{0z}(u, w, s) + (-1)^{m+1} \overline{\psi}_{\vartheta z}(u, w, s)\right\} \times$$
$$\times \sum_{l=1}^{\infty} \frac{\left(\xi_l^2+\lambda_d^2\right) \sin\{\xi_l(d-w)\} \sin\{\xi_l(d-z)\}}{\{d(\xi_l^2+\lambda_d^2)+\lambda_d\}(\eta_r \xi_n^2 + \eta_z \xi_l^2 + s)} dw du +$$
$$+\frac{8}{\vartheta a^2} \sum_{m=0}^{\infty} \ni_m \cos(\xi_m \theta) \sum_{n=1}^{\infty} \frac{J_{\mathcal{M}}(\xi_n r)}{\left[\left\{1-\left(\frac{\mathcal{M}}{\xi_n a}\right)^2\right\} J_{\mathcal{M}}^2(\xi_n a) + J_{\mathcal{M}}'^2(\xi_n a)\right]} \times$$
$$\times \sum_{l=1}^{\infty} \frac{\overline{\overline{\overline{\varphi}}}(\xi_n, \xi_m, \xi_l)\left(\xi_l^2+\lambda_0^2\right) \sin\{\xi_l(d-z)\}}{\{d(\xi_l^2+\lambda_0^2)+\lambda_0\}(\eta_r \xi_n^2 + \eta_z \xi_l^2 + s)} \tag{29.83.1}$$

where ξ_n are the positive roots of $\xi_n J'_{\mathcal{M}}(\xi_n a) + \lambda J_{\mathcal{M}}(\xi_n a) = 0$, $n = 1, 2, ...,$ ξ_l are the positive roots of $\xi_l \cot(\xi_l d) = -\lambda_0$, $l = 1, 2, ...,$ and $\xi_m = \frac{m\pi}{d}$, $m = 0, 1, ...$

$\overline{\overline{\overline{\psi}}}_{\theta 0}(\xi_n, \xi_m, s) = \int_0^a u J_{\mathcal{M}}(\xi_n u) \int_0^{\vartheta} \overline{\psi}_0(u, v, s) \cos(\xi_m v) dv du,$

$\overline{\overline{\overline{\psi}}}_{\theta d}(\xi_n, \xi_m, s) = \int_0^a u J_{\mathcal{M}}(\xi_n u) \int_0^{\vartheta} \overline{\psi}_{\theta d}(u, v, s) \cos(\xi_m v) dv du,$

$\overline{\overline{\overline{\psi}}}_a(\xi_m, \xi_l, s) = \int_0^{\vartheta} \cos(\xi_m v) \int_0^d \overline{\psi}_a(v, w, s) \sin\{\xi_l(d - w)\} dw dv$ and

$\overline{\overline{\overline{\varphi}}}(\xi_n, \xi_m, \xi_l) = \int_0^a u J_{\mathcal{M}}(\xi_n u) \int_0^{\vartheta} \cos(\xi_m v) \int_0^d \varphi(u, v, w) \sin\{\xi_l(d - w)\} dw dv du.$

$$
\begin{aligned}
p = \; & \frac{8U(t-t_0)}{\vartheta a^2 \phi c_t} \sum_{m=0}^{\infty} \ni_m \cos(\xi_m \theta) \sum_{n=1}^{\infty} \frac{J_{\mathcal{M}}(\xi_n r_0) J_{\mathcal{M}}(\xi_n r)}{\left[\left\{1 - \left(\frac{\mathcal{M}}{\xi_n a}\right)^2\right\} J_{\mathcal{M}}^2(\xi_n a) + J'^2_{\mathcal{M}}(\xi_n a)\right]} \times \\
& \times \sum_{l=1}^{\infty} \frac{(\xi_l^2 + \lambda_0^2) \sin\{\xi_l(d - z_0)\} \sin\{\xi_l(d - z)\} \int_0^{t-t_0} q(t - t_0 - \tau) e^{-(\eta_r \xi_n^2 + \eta_z \xi_l^2)\tau} d\tau}{\{d(\xi_l^2 + \lambda_0^2) + \lambda_0\}} - \\
& - \frac{8}{\vartheta a \phi c_t} \sum_{m=0}^{\infty} \ni_m \cos(\xi_m \theta) \sum_{n=1}^{\infty} \frac{J_{\mathcal{M}}(\xi_n r)}{\left[\left\{1 - \left(\frac{\mathcal{M}}{\xi_n a}\right)^2\right\} J_{\mathcal{M}}^2(\xi_n a) + J'^2_{\mathcal{M}}(\xi_n a)\right]} \times \\
& \times \sum_{l=1}^{\infty} \frac{(\xi_l^2 + \lambda_0^2) \sin\{\xi_l(d - z)\} \int_0^t \overline{\overline{\psi}}_a(\xi_m, \xi_l, t - \tau) e^{-(\eta_r \xi_n^2 + \eta_z \xi_l^2)\tau} d\tau}{\{d(\xi_l^2 + \lambda_0^2) + \lambda_0\}} + \\
& + \frac{8}{\vartheta a^2} \sum_{m=0}^{\infty} \ni_m \cos(\xi_m \theta) \sum_{n=1}^{\infty} \frac{J_{\mathcal{M}}(\xi_n r)}{\left[\left\{1 - \left(\frac{\mathcal{M}}{\xi_n a}\right)^2\right\} J_{\mathcal{M}}^2(\xi_n a) + J'^2_{\mathcal{M}}(\xi_n a)\right]} \times \\
& \times \sum_{l=1}^{\infty} \frac{(\xi_l^2 + \lambda_0^2) \sin\{\xi_l(d - z)\} \int_0^t \left\{\frac{\sin(\xi_l d)}{\phi c_t} \overline{\overline{\psi}}_{\theta 0}(\xi_n, \xi_m, t - \tau) + \eta_z \xi_l \overline{\overline{\psi}}_{\theta d}(\xi_n, \xi_m, t - \tau)\right\} e^{-(\eta_r \xi_n^2 + \eta_z \xi_l^2)\tau} d\tau}{\{d(\xi_l^2 + \lambda_0^2) + \lambda_0\}} + \\
& + \frac{8}{\vartheta a^2 \phi c_t} \sum_{m=0}^{\infty} \ni_m \cos(\xi_m \theta) \sum_{n=1}^{\infty} \frac{J_{\mathcal{M}}(\xi_n r)}{\left[\left\{1 - \left(\frac{\mathcal{M}}{\xi_n a}\right)^2\right\} J_{\mathcal{M}}^2(\xi_n a) + J'^2_{\mathcal{M}}(\xi_n a)\right]} \times \\
& \times \int_0^a \frac{J_{\mathcal{M}}(\xi_n u)}{u} \int_0^d \int_0^t e^{-\eta_r \xi_n^2 \tau} \left\{\psi_{0z}(u, w, t - \tau) + (-1)^{m+1} \psi_{\vartheta z}(u, w, t - \tau)\right\} \times \\
& \times \sum_{l=1}^{\infty} \frac{(\xi_l^2 + \lambda_d^2) \sin\{\xi_l(d - w)\} \sin\{\xi_l(d - z)\} e^{-\eta_z \xi_l^2 \tau}}{\{d(\xi_l^2 + \lambda_d^2) + \lambda_d\}} d\tau dw du + \\
& + \frac{8}{\vartheta a^2} \sum_{m=0}^{\infty} \ni_m \cos(\xi_m \theta) \sum_{n=1}^{\infty} \frac{J_{\mathcal{M}}(\xi_n r) e^{-\eta_r \xi_n^2 t}}{\left[\left\{1 - \left(\frac{\mathcal{M}}{\xi_n a}\right)^2\right\} J_{\mathcal{M}}^2(\xi_n a) + J'^2_{\mathcal{M}}(\xi_n a)\right]} \times \\
& \times \sum_{l=1}^{\infty} \frac{\overline{\overline{\overline{\varphi}}}(\xi_n, \xi_m, \xi_l) (\xi_l^2 + \lambda_0^2) \sin\{\xi_l(d - z)\} e^{-\eta_z \xi_l^2 t}}{\{d(\xi_l^2 + \lambda_0^2) + \lambda_0\}}
\end{aligned} \tag{29.83.2}
$$

where $\overline{\overline{\psi}}_a(\xi_m, \xi_l, t) = \int_0^{\vartheta} \cos(\xi_m v) \int_0^d \psi_a(v, w, t) \sin\{\xi_l(d - w)\} dw dv,$

$\overline{\overline{\psi}}_{\theta 0}(\xi_n, \xi_m, t) = \int_0^a u J_{\mathcal{M}}(\xi_n u) \int_0^{\vartheta} \psi_0(u, v, t) \cos(\xi_m v) dv du$ and

$\overline{\overline{\psi}}_{\theta d}(\xi_n, \xi_m, t) = \int_0^a u J_{\mathcal{M}}(\xi_n u) \int_0^{\vartheta} \psi_{\theta d}(u, v, t) \cos(\xi_m v) dv du.$

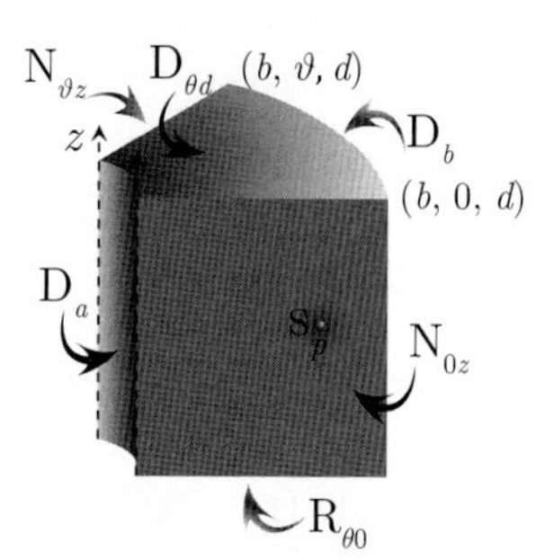

29.84 **A cylindrical continuum bounded by $a \le r \le b$ and $0 \le z \le d$ and $0 \le \theta \le \vartheta$; $\vartheta < 2\pi$. Point source at $s_p \equiv (r_0, \theta_0, z_0)$ at time $t = t_0$; $0 < r_0 < a$, $0 \le \theta_0 \le \vartheta$, $0 < z_0 < d$, $t_0 \ge 0$.**
$R_{\theta 0} \equiv \frac{\partial p(r,\theta,0,t)}{\partial z} - \lambda_0 p(r,\theta,0,t) = -\left(\frac{\mu}{k_z}\right)\psi_{\theta 0}(r,\theta,t)$,
$D_{\theta d} \equiv p(r,\theta,d,t) = \psi_{\theta d}(r,\theta,t)$, $D_a \equiv p(a,\theta,z,t) = \psi_a(\theta,z,t)$,
$D_b \equiv p(b,\theta,z,t) = \psi_b(\theta,z,t)$,
$N_{0z} \equiv \frac{\partial p(r,0,z,t)}{\partial \theta} = -\left(\frac{\mu}{k_\theta}\right)\psi_{0z}(r,z,t)$ and
$N_{\vartheta z} \equiv \frac{\partial p(r,\vartheta,z,t)}{\partial \theta} = -\left(\frac{\mu}{k_\theta}\right)\psi_{\vartheta z}(r,z,t)$. $p(r,\theta,z,0) = \varphi(r,\theta,z)$

$$\begin{aligned}
\overline{p} = {} & \frac{2\pi^2 q(s)\,e^{-st_0}}{\vartheta\phi c_t}\sum_{m=0}^{\infty}\ni_m \cos(\xi_m\theta)\sum_{n=1}^{\infty}\frac{\xi_n^2 J_{\mathcal{M}}^2(\xi_n b)\,\mathcal{V}_{\mathcal{DM}}(\xi r_0,a)\,\mathcal{V}_{\mathcal{DM}}(\xi r,a)}{\{J_{\mathcal{M}}^2(\xi_n a)-J_{\mathcal{M}}^2(\xi_n b)\}}\times\\
&\times\sum_{l=1}^{\infty}\frac{(\xi_l^2+\lambda_0^2)\sin\{\xi_l(d-z_0)\}\sin\{\xi_l(d-z)\}}{\{d(\xi_l^2+\lambda_0^2)+\lambda_0\}(\eta_r\xi_n^2+\eta_z\xi_l^2+s)}-\\
&-\frac{4\pi\eta_r}{\vartheta}\sum_{m=0}^{\infty}\ni_m\cos(\xi_m\theta)\sum_{n=1}^{\infty}\frac{\xi_n^2 J_{\mathcal{M}}^2(\xi_n b)\,\mathcal{V}_{\mathcal{DM}}(\xi r,a)}{\{J_{\mathcal{M}}^2(\xi_n a)-J_{\mathcal{M}}^2(\xi_n b)\}}\sum_{l=1}^{\infty}\frac{\overline{\overline{\overline{\psi}}}_a(\xi_m,\xi_l,s)(\xi_l^2+\lambda_0^2)\sin\{\xi_l(d-z)\}}{\{d(\xi_l^2+\lambda_0^2)+\lambda_0\}(\eta_r\xi_n^2+\eta_z\xi_l^2+s)}+\\
&+\frac{4\pi\eta_r}{\vartheta}\sum_{m=0}^{\infty}\ni_m\cos(\xi_m\theta)\sum_{n=1}^{\infty}\frac{\xi_n^2 J_{\mathcal{M}}(\xi_n a)\,J_{\mathcal{M}}(\xi_n b)\,\mathcal{V}_{\mathcal{DM}}(\xi r,a)}{\{J_{\mathcal{M}}^2(\xi_n a)-J_{\mathcal{M}}^2(\xi_n b)\}}\times\\
&\times\sum_{l=1}^{\infty}\frac{\overline{\overline{\overline{\psi}}}_b(\xi_m,\xi_l,s)(\xi_l^2+\lambda_0^2)\sin\{\xi_l(d-z)\}}{\{d(\xi_l^2+\lambda_0^2)+\lambda_0\}(\eta_r\xi_n^2+\eta_z\xi_l^2+s)}+\\
&+\frac{2\pi^2}{\vartheta}\sum_{m=0}^{\infty}\ni_m\cos(\xi_m\theta)\sum_{n=1}^{\infty}\frac{\xi_n^2 J_{\mathcal{M}}^2(\xi_n b)\,\mathcal{V}_{\mathcal{DM}}(\xi r,a)}{\{J_{\mathcal{M}}^2(\xi_n a)-J_{\mathcal{M}}^2(\xi_n b)\}}\times\\
&\times\sum_{l=1}^{\infty}\frac{(\xi_l^2+\lambda_0^2)\left\{\frac{\sin(\xi_l d)}{\phi c_t}\overline{\overline{\overline{\psi}}}_{\theta 0}(\xi_n,\xi_m,s)+\eta_z\xi_l\overline{\overline{\overline{\psi}}}_{\theta d}(\xi_n,\xi_m,s)\right\}\sin\{\xi_l(d-z)\}}{\{d(\xi_l^2+\lambda_0^2)+\lambda_0\}(\eta_r\xi_n^2+\eta_z\xi_l^2+s)}+\\
&+\frac{2\pi^2}{\vartheta\phi c_t}\sum_{m=0}^{\infty}\ni_m\cos(\xi_m\theta)\sum_{n=1}^{\infty}\frac{\xi_n^2 J_{\mathcal{M}}^2(\xi_n b)\,\mathcal{V}_{\mathcal{DM}}(\xi r,a)}{\{J_{\mathcal{M}}^2(\xi_n a)-J_{\mathcal{M}}^2(\xi_n b)\}}\times\\
&\times\int_0^a\frac{\mathcal{V}_{\mathcal{DM}}(\xi_n u,a)}{u}\int_0^d\left\{\overline{\psi}_{0z}(u,w,s)+(-1)^{m+1}\overline{\psi}_{\vartheta z}(u,w,s)\right\}\times\\
&\times\sum_{l=1}^{\infty}\frac{(\xi_l^2+\lambda_d^2)\sin\{\xi_l(d-w)\}\sin\{\xi_l(d-z)\}}{\{d(\xi_l^2+\lambda_d^2)+\lambda_d\}(\eta_r\xi_n^2+\eta_z\xi_l^2+s)}dwdu+\\
&+\frac{2\pi^2}{\vartheta}\sum_{m=0}^{\infty}\ni_m\cos(\xi_m\theta)\sum_{n=1}^{\infty}\frac{\xi_n^2 J_{\mathcal{M}}^2(\xi_n b)\,\mathcal{V}_{\mathcal{DM}}(\xi r,a)}{\{J_{\mathcal{M}}^2(\xi_n a)-J_{\mathcal{M}}^2(\xi_n b)\}}\sum_{l=1}^{\infty}\frac{\overline{\overline{\overline{\varphi}}}(\xi_n,\xi_m,\xi_l)(\xi_l^2+\lambda_0^2)\sin\{\xi_l(d-z)\}}{\{d(\xi_l^2+\lambda_0^2)+\lambda_0\}(\eta_r\xi_n^2+\eta_z\xi_l^2+s)}
\end{aligned}\tag{29.84.1}$$

where the eigenvalues ξ_n, $n = 1,2,...$, are the positive roots of the transcendental equation $\mathcal{V}_{\mathcal{DM}}(\xi_n b, a) = 0$, ξ_l are the positive roots of $\xi_l\cot(\xi_l d) = -\lambda_0$, $l = 1,2,...$, $\xi_m = \frac{m\pi}{d}$, $m = 0,1,...$,
$\overline{\overline{\overline{\psi}}}_{\theta 0}(\xi_n,\xi_m,s) = \int_0^a u\mathcal{V}_{\mathcal{DM}}(\xi_n u,a)\int_0^\vartheta \overline{\psi}_0(u,v,s)\cos(\xi_m v)dvdu$,
$\overline{\overline{\overline{\psi}}}_{\theta d}(\xi_n,\xi_m,s) = \int_0^a u\mathcal{V}_{\mathcal{DM}}(\xi_n u,a)\int_0^\vartheta \overline{\psi}_{\theta d}(u,v,s)\cos(\xi_m v)dvdu$,
$\overline{\overline{\overline{\psi}}}_a(\xi_m,\xi_l,s) = \int_0^\vartheta\cos(\xi_m v)\int_0^d\overline{\psi}_a(v,w,s)\sin\{\xi_l(d-w)\}dwdv$,
$\overline{\overline{\overline{\psi}}}_b(\xi_m,\xi_l,s) = \int_0^\vartheta\cos(\xi_m v)\int_0^d\overline{\psi}_b(v,w,s)\sin\{\xi_l(d-w)\}dwdv$ and
$\overline{\overline{\overline{\varphi}}}(\xi_n,\xi_m,\xi_l) = \int_0^a u\mathcal{V}_{\mathcal{DM}}(\xi_n u,a)\int_0^\vartheta\cos(\xi_m v)\int_0^d\varphi(u,v,w)\sin\{\xi_l(d-w)\}dwdvdu$.

$$
\begin{aligned}
p = {} & \frac{2\pi^2 U(t-t_0)}{\vartheta\phi c_t}\sum_{m=0}^{\infty}\ni_m\cos(\xi_m\theta)\sum_{n=1}^{\infty}\frac{\xi_n^2 J_{\mathcal{M}}^2(\xi_n b)\mathcal{V}_{\mathcal{DM}}(\xi r_0,a)\mathcal{V}_{\mathcal{DM}}(\xi r,a)}{\{J_{\mathcal{M}}^2(\xi_n a)-J_{\mathcal{M}}^2(\xi_n b)\}}\times \\
& \times\sum_{l=1}^{\infty}\frac{(\xi_l^2+\lambda_0^2)\sin\{\xi_l(d-z_0)\}\sin\{\xi_l(d-z)\}\int_0^{t-t_0}q(t-t_0-\tau)e^{-(\eta_r\xi_n^2+\eta_z\xi_l^2)\tau}d\tau}{\{d(\xi_l^2+\lambda_0^2)+\lambda_0\}}- \\
& -\frac{4\pi\eta_r}{\vartheta}\sum_{m=0}^{\infty}\ni_m\cos(\xi_m\theta)\sum_{n=1}^{\infty}\frac{\xi_n^2 J_{\mathcal{M}}^2(\xi_n b)\mathcal{V}_{\mathcal{DM}}(\xi r,a)}{\{J_{\mathcal{M}}^2(\xi_n a)-J_{\mathcal{M}}^2(\xi_n b)\}}\times \\
& \times\sum_{l=1}^{\infty}\frac{(\xi_l^2+\lambda_0^2)\sin\{\xi_l(d-z)\}\int_0^t\overline{\overline{\psi}}_a(\xi_m,\xi_l,t-\tau)e^{-(\eta_r\xi_n^2+\eta_z\xi_l^2)\tau}d\tau}{\{d(\xi_l^2+\lambda_0^2)+\lambda_0\}}+ \\
& +\frac{4\pi\eta_r}{\vartheta}\sum_{m=0}^{\infty}\ni_m\cos(\xi_m\theta)\sum_{n=1}^{\infty}\frac{\xi_n^2 J_{\mathcal{M}}(\xi_n a)J_{\mathcal{M}}(\xi_n b)\mathcal{V}_{\mathcal{DM}}(\xi r,a)}{\{J_{\mathcal{M}}^2(\xi_n a)-J_{\mathcal{M}}^2(\xi_n b)\}}\times \\
& \times\sum_{l=1}^{\infty}\frac{(\xi_l^2+\lambda_0^2)\sin\{\xi_l(d-z)\}\int_0^t\overline{\overline{\psi}}_b(\xi_m,\xi_l,t-\tau)e^{-(\eta_r\xi_n^2+\eta_z\xi_l^2)\tau}d\tau}{\{d(\xi_l^2+\lambda_0^2)+\lambda_0\}}+ \\
& +\frac{2\pi^2}{\vartheta}\sum_{m=0}^{\infty}\ni_m\cos(\xi_m\theta)\sum_{n=1}^{\infty}\frac{\xi_n^2 J_{\mathcal{M}}^2(\xi_n b)\mathcal{V}_{\mathcal{DM}}(\xi r,a)}{\{J_{\mathcal{M}}^2(\xi_n a)-J_{\mathcal{M}}^2(\xi_n b)\}}\times \\
& \times\sum_{l=1}^{\infty}\frac{(\xi_l^2+\lambda_0^2)\sin\{\xi_l(d-z)\}\int_0^t\left\{\frac{\sin(\xi_l d)}{\phi c_t}\overline{\overline{\psi}}_{\theta 0}(\xi_n,\xi_m,t-\tau)+\eta_z\xi_l\overline{\overline{\psi}}_{\theta d}(\xi_n,\xi_m,t-\tau)\right\}e^{-(\eta_r\xi_n^2+\eta_z\xi_l^2)\tau}d\tau}{\{d(\xi_l^2+\lambda_0^2)+\lambda_0\}}+ \\
& +\frac{2\pi^2}{\vartheta\phi c_t}\sum_{m=0}^{\infty}\ni_m\cos(\xi_m\theta)\sum_{n=1}^{\infty}\frac{\xi_n^2 J_{\mathcal{M}}^2(\xi_n b)\mathcal{V}_{\mathcal{DM}}(\xi r,a)}{\{J_{\mathcal{M}}^2(\xi_n a)-J_{\mathcal{M}}^2(\xi_n b)\}}\times \\
& \times\int_0^a\frac{\mathcal{V}_{\mathcal{DM}}(\xi_n u,a)}{u}\int_0^d\int_0^t e^{-\eta_r\xi_n^2\tau}\left\{\psi_{0z}(u,w,t-\tau)+(-1)^{m+1}\psi_{\vartheta z}(u,w,t-\tau)\right\}\times \\
& \times\sum_{l=1}^{\infty}\frac{(\xi_l^2+\lambda_d^2)\sin\{\xi_l(d-w)\}\sin\{\xi_l(d-z)\}e^{-\eta_z\xi_l^2\tau}}{\{d(\xi_l^2+\lambda_d^2)+\lambda_d\}}d\tau dw du+ \\
& +\frac{2\pi^2}{\vartheta}\sum_{m=0}^{\infty}\ni_m\cos(\xi_m\theta)\sum_{n=1}^{\infty}\frac{\xi_n^2 J_{\mathcal{M}}^2(\xi_n b)\mathcal{V}_{\mathcal{DM}}(\xi r,a)e^{-\eta_r\xi_n^2 t}}{\{J_{\mathcal{M}}^2(\xi_n a)-J_{\mathcal{M}}^2(\xi_n b)\}}\times \\
& \times\sum_{l=1}^{\infty}\frac{\overline{\overline{\overline{\varphi}}}(\xi_n,\xi_m,\xi_l)(\xi_l^2+\lambda_0^2)\sin\{\xi_l(d-z)\}e^{-\eta_z\xi_l^2 t}}{\{d(\xi_l^2+\lambda_0^2)+\lambda_0\}}
\end{aligned}
\tag{29.84.2}
$$

where $\overline{\overline{\psi}}_a(\xi_m,\xi_l,t)=\int_0^{\vartheta}\cos(\xi_m v)\int_0^d\psi_a(v,w,t)\sin\{\xi_l(d-w)\}dwdv$,
$\overline{\overline{\psi}}_b(\xi_m,\xi_l,t)=\int_0^{\vartheta}\cos(\xi_m v)\int_0^d\psi_b(v,w,t)\sin\{\xi_l(d-w)\}dwdv$,
$\overline{\overline{\psi}}_{\theta 0}(\xi_n,\xi_m,t)=\int_0^a u\mathcal{V}_{\mathcal{DM}}(\xi_n u,a)\int_0^{\vartheta}\psi_0(u,v,t)\cos(\xi_m v)dvdu$ and
$\overline{\overline{\psi}}_{\theta d}(\xi_n,\xi_m,t)=\int_0^a u\mathcal{V}_{\mathcal{DM}}(\xi_n u,a)\int_0^{\vartheta}\psi_{\theta d}(u,v,t)\cos(\xi_m v)dvdu$.

29.85

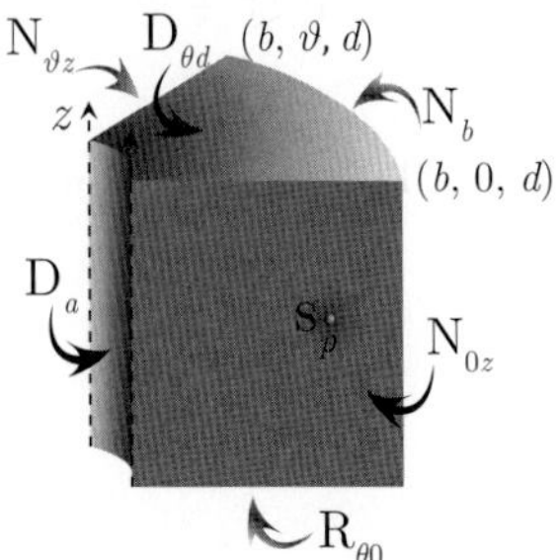

The problem of 29.84, except
$\mathbf{R}_{\theta 0}\equiv\frac{\partial p(r,\theta,0,t)}{\partial z}-\lambda_0 p(r,\theta,0,t)=-\left(\frac{\mu}{k_z}\right)\psi_{\theta 0}(r,\theta,t)$,
$\mathbf{D}_{\theta d}\equiv p(r,\theta,d,t)=\psi_{\theta d}(r,\theta,t)$,
$\mathbf{D}_a\equiv p(a,\theta,z,t)=\psi_a(\theta,z,t)$,
$\mathbf{N}_b\equiv\frac{\partial p(b,\theta,z,t)}{\partial r}=-\left(\frac{\mu}{k_r}\right)\psi_b(\theta,z,t)$,
$\mathbf{N}_{0z}\equiv\frac{\partial p(r,0,z,t)}{\partial\theta}=-\left(\frac{\mu}{k_\theta}\right)\psi_{0z}(r,z,t)$ **and**
$\mathbf{N}_{\vartheta z}\equiv\frac{\partial p(r,\vartheta,z,t)}{\partial\theta}=-\left(\frac{\mu}{k_\theta}\right)\psi_{\vartheta z}(r,z,t)$

$$\overline{p} = \frac{2\pi^2 q(s) e^{-st_0}}{\vartheta\phi c_t}\sum_{m=0}^{\infty}\ni_m \cos(\xi_m\theta)\sum_{n=1}^{\infty}\frac{\xi_n^2 J_{\mathcal{M}}'^2(\xi_n b)\,\mathcal{V}_{\mathcal{DM}}(\xi r_0, a)\,\mathcal{V}_{\mathcal{DM}}(\xi r, a)}{\left[\left\{1-\left(\frac{\mathcal{M}}{\xi_n b}\right)^2\right\} J_{\mathcal{M}}^2(\xi_n a) - J_{\mathcal{M}}'^2(\xi_n b)\right]}\times$$

$$\times\sum_{l=1}^{\infty}\frac{(\xi_l^2+\lambda_0^2)\sin\{\xi_l(d-z_0)\}\sin\{\xi_l(d-z)\}}{\{d(\xi_l^2+\lambda_0^2)+\lambda_0\}(\eta_r\xi_n^2+\eta_z\xi_l^2+s)} -$$

$$-\frac{4\pi\eta_r}{\vartheta}\sum_{m=0}^{\infty}\ni_m \cos(\xi_m\theta)\sum_{n=1}^{\infty}\frac{\xi_n^2 J_{\mathcal{M}}'^2(\xi_n b)\,\mathcal{V}_{\mathcal{DM}}(\xi r, a)}{\left[\left\{1-\left(\frac{\mathcal{M}}{\xi_n b}\right)^2\right\} J_{\mathcal{M}}^2(\xi_n a) - J_{\mathcal{M}}'^2(\xi_n b)\right]}\times$$

$$\times\sum_{l=1}^{\infty}\frac{\overline{\overline{\overline{\psi}}}_a(\xi_m,\xi_l,s)(\xi_l^2+\lambda_0^2)\sin\{\xi_l(d-z)\}}{\{d(\xi_l^2+\lambda_0^2)+\lambda_0\}(\eta_r\xi_n^2+\eta_z\xi_l^2+s)} -$$

$$-\frac{4\pi}{\vartheta\phi c_t}\sum_{m=0}^{\infty}\ni_m \cos(\xi_m\theta)\sum_{n=1}^{\infty}\frac{\xi_n^2 J_{\mathcal{M}}(\xi_n a) J_{\mathcal{M}}'(\xi_n b)\,\mathcal{V}_{\mathcal{DM}}(\xi r, a)}{\left[\left\{1-\left(\frac{\mathcal{M}}{\xi_n b}\right)^2\right\} J_{\mathcal{M}}^2(\xi_n a) - J_{\mathcal{M}}'^2(\xi_n b)\right]}\times$$

$$\times\sum_{l=1}^{\infty}\frac{\overline{\overline{\overline{\psi}}}_b(\xi_m,\xi_l,s)(\xi_l^2+\lambda_0^2)\sin\{\xi_l(d-z)\}}{\{d(\xi_l^2+\lambda_0^2)+\lambda_0\}(\eta_r\xi_n^2+\eta_z\xi_l^2+s)} +$$

$$+\frac{2\pi^2}{\vartheta}\sum_{m=0}^{\infty}\ni_m \cos(\xi_m\theta)\sum_{n=1}^{\infty}\frac{\xi_n^2 J_{\mathcal{M}}'^2(\xi_n b)\,\mathcal{V}_{\mathcal{DM}}(\xi r, a)}{\left[\left\{1-\left(\frac{\mathcal{M}}{\xi_n b}\right)^2\right\} J_{\mathcal{M}}^2(\xi_n a) - J_{\mathcal{M}}'^2(\xi_n b)\right]}\times$$

$$\times\sum_{l=1}^{\infty}\frac{(\xi_l^2+\lambda_0^2)\left\{\frac{\sin(\xi_l d)}{\phi c_t}\overline{\overline{\overline{\psi}}}_{\theta 0}(\xi_n,\xi_m,s)+\eta_z\xi_l\overline{\overline{\overline{\psi}}}_{\theta d}(\xi_n,\xi_m,s)\right\}\sin\{\xi_l(d-z)\}}{\{d(\xi_l^2+\lambda_0^2)+\lambda_0\}(\eta_r\xi_n^2+\eta_z\xi_l^2+s)} +$$

$$+\frac{2\pi^2}{\vartheta\phi c_t}\sum_{m=0}^{\infty}\ni_m \cos(\xi_m\theta)\sum_{n=1}^{\infty}\frac{\xi_n^2 J_{\mathcal{M}}'^2(\xi_n b)\,\mathcal{V}_{\mathcal{DM}}(\xi r, a)}{\left[\left\{1-\left(\frac{\mathcal{M}}{\xi_n b}\right)^2\right\} J_{\mathcal{M}}^2(\xi_n a) - J_{\mathcal{M}}'^2(\xi_n b)\right]}\times$$

$$\times\int_0^a\frac{\mathcal{V}_{\mathcal{DM}}(\xi_n u, a)}{u}\int_0^d\left\{\overline{\psi}_{0z}(u,w,s)+(-1)^{m+1}\overline{\psi}_{\vartheta z}(u,w,s)\right\}\times$$

$$\times\sum_{l=1}^{\infty}\frac{(\xi_l^2+\lambda_d^2)\sin\{\xi_l(d-w)\}\sin\{\xi_l(d-z)\}}{\{d(\xi_l^2+\lambda_d^2)+\lambda_d\}(\eta_r\xi_n^2+\eta_z\xi_l^2+s)}dwdu +$$

$$+\frac{2\pi^2}{\vartheta}\sum_{m=0}^{\infty}\ni_m \cos(\xi_m\theta)\sum_{n=1}^{\infty}\frac{\xi_n^2 J_{\mathcal{M}}'^2(\xi_n b)\,\mathcal{V}_{\mathcal{DM}}(\xi r, a)}{\left[\left\{1-\left(\frac{\mathcal{M}}{\xi_n b}\right)^2\right\} J_{\mathcal{M}}^2(\xi_n a) - J_{\mathcal{M}}'^2(\xi_n b)\right]}\times$$

$$\times\sum_{l=1}^{\infty}\frac{\overline{\overline{\overline{\varphi}}}(\xi_n,\xi_m,\xi_l)(\xi_l^2+\lambda_0^2)\sin\{\xi_l(d-z)\}}{\{d(\xi_l^2+\lambda_0^2)+\lambda_0\}(\eta_r\xi_n^2+\eta_z\xi_l^2+s)} \quad (29.85.1)$$

where the eigenvalues ξ_n are the positive roots of the transcendental equation $\mathcal{V}_{\mathcal{DM}}'(\xi_n b, a) = 0$, $n = 1, 2, ...$, ξ_l are the positive roots of $\xi_l \cot(\xi_l d) = -\lambda_0$, $l = 1, 2, ...$, $\xi_m = \frac{m\pi}{d}$, $m = 0, 1, ...$,
$\overline{\overline{\overline{\psi}}}_{\theta 0}(\xi_n,\xi_m,s) = \int_0^a u\mathcal{V}_{\mathcal{DM}}(\xi_n u, a)\int_0^\vartheta \overline{\psi}_0(u,v,s)\cos(\xi_m v)dvdu$,
$\overline{\overline{\overline{\psi}}}_{\theta d}(\xi_n,\xi_m,s) = \int_0^a u\mathcal{V}_{\mathcal{DM}}(\xi_n u, a)\int_0^\vartheta \overline{\psi}_{\theta d}(u,v,s)\cos(\xi_m v)dvdu$,
$\overline{\overline{\overline{\psi}}}_a(\xi_m,\xi_l,s) = \int_0^\vartheta \cos(\xi_m v)\int_0^d \overline{\psi}_a(v,w,s)\sin\{\xi_l(d-w)\}dwdv$,
$\overline{\overline{\overline{\psi}}}_b(\xi_m,\xi_l,s) = \int_0^\vartheta \cos(\xi_m v)\int_0^d \overline{\psi}_b(v,w,s)\sin\{\xi_l(d-w)\}dwdv$ and
$\overline{\overline{\overline{\varphi}}}(\xi_n,\xi_m,\xi_l) = \int_0^a u\mathcal{V}_{\mathcal{DM}}(\xi_n u, a)\int_0^\vartheta \cos(\xi_m v)\int_0^d \varphi(u,v,w)\sin\{\xi_l(d-w)\}dwdvdu$.

$$p = \frac{2\pi^2 U(t-t_0)}{\vartheta\phi c_t} \sum_{m=0}^{\infty} \ni_m \cos(\xi_m\theta) \sum_{n=1}^{\infty} \frac{\xi_n^2 J_{\mathcal{M}}'^2(\xi_n b)\mathcal{V}_{\mathcal{DM}}(\xi r_0, a)\mathcal{V}_{\mathcal{DM}}(\xi r, a)}{\left[\left\{1-\left(\frac{\mathcal{M}}{\xi_n b}\right)^2\right\} J_{\mathcal{M}}^2(\xi_n a) - J_{\mathcal{M}}'^2(\xi_n b)\right]} \times$$

$$\times \sum_{l=1}^{\infty} \frac{(\xi_l^2+\lambda_0^2)\sin\{\xi_l(d-z_0)\}\sin\{\xi_l(d-z)\}\int_0^{t-t_0} q(t-t_0-\tau)e^{-(\eta_r\xi_n^2+\eta_z\xi_l^2)\tau}d\tau}{\{d(\xi_l^2+\lambda_0^2)+\lambda_0\}} -$$

$$-\frac{4\pi\eta_r}{\vartheta} \sum_{m=0}^{\infty} \ni_m \cos(\xi_m\theta) \sum_{n=1}^{\infty} \frac{\xi_n^2 J_{\mathcal{M}}'^2(\xi_n b)\mathcal{V}_{\mathcal{DM}}(\xi r, a)}{\left[\left\{1-\left(\frac{\mathcal{M}}{\xi_n b}\right)^2\right\} J_{\mathcal{M}}^2(\xi_n a) - J_{\mathcal{M}}'^2(\xi_n b)\right]} \times$$

$$\times \sum_{l=1}^{\infty} \frac{(\xi_l^2+\lambda_0^2)\sin\{\xi_l(d-z)\}\int_0^t \overline{\overline{\psi}}_a(\xi_m,\xi_l,t-\tau)e^{-(\eta_r\xi_n^2+\eta_z\xi_l^2)\tau}d\tau}{\{d(\xi_l^2+\lambda_0^2)+\lambda_0\}} -$$

$$-\frac{4\pi}{\vartheta\phi c_t} \sum_{m=0}^{\infty} \ni_m \cos(\xi_m\theta) \sum_{n=1}^{\infty} \frac{\xi_n^2 J_{\mathcal{M}}(\xi_n a) J_{\mathcal{M}}'(\xi_n b)\mathcal{V}_{\mathcal{DM}}(\xi r, a)}{\left[\left\{1-\left(\frac{\mathcal{M}}{\xi_n b}\right)^2\right\} J_{\mathcal{M}}^2(\xi_n a) - J_{\mathcal{M}}'^2(\xi_n b)\right]} \times$$

$$\times \sum_{l=1}^{\infty} \frac{(\xi_l^2+\lambda_0^2)\sin\{\xi_l(d-z)\}\int_0^t \overline{\overline{\psi}}_b(\xi_m,\xi_l,t-\tau)e^{-(\eta_r\xi_n^2+\eta_z\xi_l^2)\tau}d\tau}{\{d(\xi_l^2+\lambda_0^2)+\lambda_0\}} +$$

$$+\frac{2\pi^2}{\vartheta} \sum_{m=0}^{\infty} \ni_m \cos(\xi_m\theta) \sum_{n=1}^{\infty} \frac{\xi_n^2 J_{\mathcal{M}}'^2(\xi_n b)\mathcal{V}_{\mathcal{DM}}(\xi r, a)}{\left[\left\{1-\left(\frac{\mathcal{M}}{\xi_n b}\right)^2\right\} J_{\mathcal{M}}^2(\xi_n a) - J_{\mathcal{M}}'^2(\xi_n b)\right]} \times$$

$$\times \sum_{l=1}^{\infty} \frac{(\xi_l^2+\lambda_0^2)\sin\{\xi_l(d-z)\}\int_0^t \left\{\frac{\sin(\xi_l d)}{\phi c_t}\overline{\overline{\psi}}_{\theta 0}(\xi_n,\xi_m,t-\tau)+\eta_z\xi_l\overline{\overline{\psi}}_{\theta d}(\xi_n,\xi_m,t-\tau)\right\}e^{-(\eta_r\xi_n^2+\eta_z\xi_l^2)\tau}d\tau}{\{d(\xi_l^2+\lambda_0^2)+\lambda_0\}} +$$

$$+\frac{2\pi^2}{\vartheta\phi c_t} \sum_{m=0}^{\infty} \ni_m \cos(\xi_m\theta) \sum_{n=1}^{\infty} \frac{\xi_n^2 J_{\mathcal{M}}'^2(\xi_n b)\mathcal{V}_{\mathcal{DM}}(\xi r, a)}{\left[\left\{1-\left(\frac{\mathcal{M}}{\xi_n b}\right)^2\right\} J_{\mathcal{M}}^2(\xi_n a) - J_{\mathcal{M}}'^2(\xi_n b)\right]} \times$$

$$\times \int_0^a \frac{\mathcal{V}_{\mathcal{DM}}(\xi_n u, a)}{u} \int_0^d \int_0^t e^{-\eta_r\xi_n^2\tau}\left\{\psi_{0z}(u,w,t-\tau)+(-1)^{m+1}\psi_{\vartheta z}(u,w,t-\tau)\right\} \times$$

$$\times \sum_{l=1}^{\infty} \frac{(\xi_l^2+\lambda_d^2)\sin\{\xi_l(d-w)\}\sin\{\xi_l(d-z)\}e^{-\eta_z\xi_l^2\tau}}{\{d(\xi_l^2+\lambda_d^2)+\lambda_d\}} d\tau dw du +$$

$$+\frac{2\pi^2}{\vartheta} \sum_{m=0}^{\infty} \ni_m \cos(\xi_m\theta) \sum_{n=1}^{\infty} \frac{\xi_n^2 J_{\mathcal{M}}'^2(\xi_n b)\mathcal{V}_{\mathcal{DM}}(\xi r, a)e^{-\eta_r\xi_n^2 t}}{\left[\left\{1-\left(\frac{\mathcal{M}}{\xi_n b}\right)^2\right\} J_{\mathcal{M}}^2(\xi_n a) - J_{\mathcal{M}}'^2(\xi_n b)\right]} \times$$

$$\times \sum_{l=1}^{\infty} \frac{\overline{\overline{\overline{\varphi}}}(\xi_n,\xi_m,\xi_l)(\xi_l^2+\lambda_0^2)\sin\{\xi_l(d-z)\}e^{-\eta_z\xi_l^2 t}}{\{d(\xi_l^2+\lambda_0^2)+\lambda_0\}} \qquad (29.85.2)$$

where $\overline{\overline{\psi}}_a(\xi_m,\xi_l,t) = \int_0^\vartheta \cos(\xi_m v)\int_0^d \psi_a(v,w,t)\sin\{\xi_l(d-w)\}dwdv$,
$\overline{\overline{\psi}}_b(\xi_m,\xi_l,t) = \int_0^\vartheta \cos(\xi_m v)\int_0^d \psi_b(v,w,t)\sin\{\xi_l(d-w)\}dwdv$,
$\overline{\overline{\psi}}_{\theta 0}(\xi_n,\xi_m,t) = \int_0^a u\mathcal{V}_{\mathcal{DM}}(\xi_n u,a)\int_0^\vartheta \psi_0(u,v,t)\cos(\xi_m v)dvdu$ and
$\overline{\overline{\psi}}_{\theta d}(\xi_n,\xi_m,t) = \int_0^a u\mathcal{V}_{\mathcal{DM}}(\xi_n u,a)\int_0^\vartheta \psi_{\theta d}(u,v,t)\cos(\xi_m v)dvdu$.

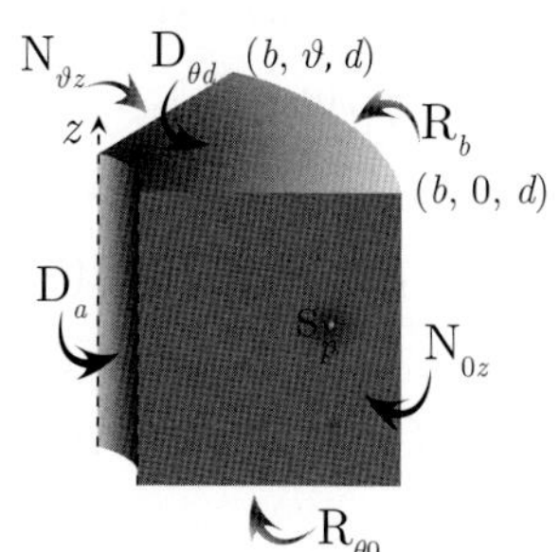

29.86 **The problem of 29.84, except**
$\mathbf{R}_{\theta 0} \equiv \frac{\partial p(r,\theta,0,t)}{\partial z} - \lambda_0 p(r,\theta,0,t) = -\left(\frac{\mu}{k_z}\right)\psi_{\theta 0}(r,\theta,t)$,
$\mathbf{D}_{\theta d} \equiv p(r,\theta,d,t) = \psi_{\theta d}(r,\theta,t)$, $\mathbf{D}_a \equiv p(a,\theta,z,t) = \psi_a(\theta,z,t)$,
$\mathbf{R}_b \equiv \frac{\partial p(b,\theta,z,t)}{\partial r} + \lambda p(b,\theta,z,t) = -\left(\frac{\mu}{k_r}\right)\psi_b(\theta,z,t)$,
$\mathbf{N}_{0z} \equiv \frac{\partial p(r,0,z,t)}{\partial \theta} = -\left(\frac{\mu}{k_\theta}\right)\psi_{0z}(r,z,t)$ and
$\mathbf{N}_{\vartheta z} \equiv \frac{\partial p(r,\vartheta,z,t)}{\partial \theta} = -\left(\frac{\mu}{k_\theta}\right)\psi_{\vartheta z}(r,z,t)$

$$
\begin{aligned}
\overline{p} = {} & \frac{2\pi^2 q(s)\, e^{-st_0}}{\vartheta\phi c_t}\sum_{m=0}^{\infty}\ni_m\cos(\xi_m\theta)\sum_{n=1}^{\infty}\frac{\xi_n^2\{\xi_n J'_{\mathcal{M}}(\xi_n b)+\lambda J_{\mathcal{M}}(\xi_n b)\}^2\mathcal{V}_{\mathcal{DM}}(\xi r_0,a)\,\mathcal{V}_{\mathcal{DM}}(\xi r,a)}{\left[\left\{\xi_n^2+\lambda^2-\left(\frac{\mathcal{M}}{b}\right)^2\right\}J_{\mathcal{M}}^2(\xi_n a)-\{\xi_n J'_{\mathcal{M}}(\xi_n b)+\lambda J_{\mathcal{M}}(\xi_n b)\}^2\right]}\times\\
& \times\sum_{l=1}^{\infty}\frac{(\xi_l^2+\lambda_0^2)\sin\{\xi_l(d-z_0)\}\sin\{\xi_l(d-z)\}}{\{d(\xi_l^2+\lambda_0^2)+\lambda_0\}(\eta_r\xi_n^2+\eta_z\xi_l^2+s)}-\\
& -\frac{4\pi\eta_r}{\vartheta}\sum_{m=0}^{\infty}\ni_m\cos(\xi_m\theta)\sum_{n=1}^{\infty}\frac{\xi_n^2\{\xi_n J'_{\mathcal{M}}(\xi_n b)+\lambda J_{\mathcal{M}}(\xi_n b)\}^2\mathcal{V}_{\mathcal{DM}}(\xi r,a)}{\left[\left\{\xi_n^2+\lambda^2-\left(\frac{\mathcal{M}}{b}\right)^2\right\}J_{\mathcal{M}}^2(\xi_n a)-\{\xi_n J'_{\mathcal{M}}(\xi_n b)+\lambda J_{\mathcal{M}}(\xi_n b)\}^2\right]}\times\\
& \times\sum_{l=1}^{\infty}\frac{\overline{\overline{\overline{\psi}}}_a(\xi_m,\xi_l,s)(\xi_l^2+\lambda_0^2)\sin\{\xi_l(d-z)\}}{\{d(\xi_l^2+\lambda_0^2)+\lambda_0\}(\eta_r\xi_n^2+\eta_z\xi_l^2+s)}-\\
& -\frac{4\pi}{\vartheta\phi c_t}\sum_{m=0}^{\infty}\ni_m\cos(\xi_m\theta)\sum_{n=1}^{\infty}\frac{\xi_n^2 J_{\mathcal{M}}(\xi_n a)\{\xi_n J'_{\mathcal{M}}(\xi_n b)+\lambda J_{\mathcal{M}}(\xi_n b)\}\mathcal{V}_{\mathcal{DM}}(\xi r,a)}{\left[\left\{\xi_n^2+\lambda^2-\left(\frac{\mathcal{M}}{b}\right)^2\right\}J_{\mathcal{M}}^2(\xi_n a)-\{\xi_n J'_{\mathcal{M}}(\xi_n b)+\lambda J_{\mathcal{M}}(\xi_n b)\}^2\right]}\times\\
& \times\sum_{l=1}^{\infty}\frac{\overline{\overline{\overline{\psi}}}_b(\xi_m,\xi_l,s)(\xi_l^2+\lambda_0^2)\sin\{\xi_l(d-z)\}}{\{d(\xi_l^2+\lambda_0^2)+\lambda_0\}(\eta_r\xi_n^2+\eta_z\xi_l^2+s)}+\\
& +\frac{2\pi^2}{\vartheta}\sum_{m=0}^{\infty}\ni_m\cos(\xi_m\theta)\sum_{n=1}^{\infty}\frac{\xi_n^2\{\xi_n J'_{\mathcal{M}}(\xi_n b)+\lambda J_{\mathcal{M}}(\xi_n b)\}^2\mathcal{V}_{\mathcal{DM}}(\xi r,a)}{\left[\left\{\xi_n^2+\lambda^2-\left(\frac{\mathcal{M}}{b}\right)^2\right\}J_{\mathcal{M}}^2(\xi_n a)-\{\xi_n J'_{\mathcal{M}}(\xi_n b)+\lambda J_{\mathcal{M}}(\xi_n b)\}^2\right]}\times\\
& \times\sum_{l=1}^{\infty}\frac{(\xi_l^2+\lambda_0^2)\left\{\frac{\sin(\xi_l d)}{\phi c_t}\overline{\overline{\overline{\psi}}}_{\theta 0}(\xi_n,\xi_m,s)+\eta_z\xi_l\overline{\overline{\overline{\psi}}}_{\theta d}(\xi_n,\xi_m,s)\right\}\sin\{\xi_l(d-z)\}}{\{d(\xi_l^2+\lambda_0^2)+\lambda_0\}(\eta_r\xi_n^2+\eta_z\xi_l^2+s)}+\\
& +\frac{2\pi^2}{\vartheta\phi c_t}\sum_{m=0}^{\infty}\ni_m\cos(\xi_m\theta)\times\\
& \times\sum_{n=1}^{\infty}\frac{\xi_n^2\{\xi_n J'_{\mathcal{M}}(\xi_n b)+\lambda J_{\mathcal{M}}(\xi_n b)\}^2\mathcal{V}_{\mathcal{DM}}(\xi r,a)}{\left[\left\{\xi_n^2+\lambda^2-\left(\frac{\mathcal{M}}{b}\right)^2\right\}J_{\mathcal{M}}^2(\xi_n a)-\{\xi_n J'_{\mathcal{M}}(\xi_n b)+\lambda J_{\mathcal{M}}(\xi_n b)\}^2\right]}\times\\
& \times\int_0^a\frac{\mathcal{V}_{\mathcal{DM}}(\xi_n u,a)}{u}\int_0^d\left\{\overline{\psi}_{0z}(u,w,s)+(-1)^{m+1}\overline{\psi}_{\vartheta z}(u,w,s)\right\}\times\\
& \times\sum_{l=1}^{\infty}\frac{(\xi_l^2+\lambda_d^2)\sin\{\xi_l(d-w)\}\sin\{\xi_l(d-z)\}}{\{d(\xi_l^2+\lambda_d^2)+\lambda_d\}(\eta_r\xi_n^2+\eta_z\xi_l^2+s)}dwdu+\\
& +\frac{2\pi^2}{\vartheta}\sum_{m=0}^{\infty}\ni_m\cos(\xi_m\theta)\sum_{n=1}^{\infty}\frac{\xi_n^2\{\xi_n J'_{\mathcal{M}}(\xi_n b)+\lambda J_{\mathcal{M}}(\xi_n b)\}^2\mathcal{V}_{\mathcal{DM}}(\xi r,a)}{\left[\left\{\xi_n^2+\lambda^2-\left(\frac{\mathcal{M}}{b}\right)^2\right\}J_{\mathcal{M}}^2(\xi_n a)-\{\xi_n J'_{\mathcal{M}}(\xi_n b)+\lambda J_{\mathcal{M}}(\xi_n b)\}^2\right]}\times\\
& \times\sum_{l=1}^{\infty}\frac{\overline{\overline{\overline{\varphi}}}(\xi_n,\xi_m,\xi_l)(\xi_l^2+\lambda_0^2)\sin\{\xi_l(d-z)\}}{\{d(\xi_l^2+\lambda_0^2)+\lambda_0\}(\eta_r\xi_n^2+\eta_z\xi_l^2+s)}
\end{aligned} \tag{29.86.1}
$$

where the eigenvalues ξ_n, $n = 1, 2, ...,$ are the positive roots of the transcendental equation

$\xi_n\mathcal{V}'_{\mathcal{DM}}(\xi_n b,a)+\lambda\mathcal{V}_{\mathcal{DM}}(\xi_n b,a)=0$, ξ_l are the positive roots of $\xi_l\cot(\xi_l d)=-\lambda_0$, $l=1,2,...,$ $\xi_m=\frac{m\pi}{d}$, $m=0,1,...,$ $\overline{\overline{\overline{\psi}}}_{\theta 0}(\xi_n,\xi_m,s)=\int_0^a u\mathcal{V}_{\mathcal{DM}}(\xi_n u,a)\int_0^\vartheta\overline{\psi}_0(u,v,s)\cos(\xi_m v)dvdu$, $\overline{\overline{\overline{\psi}}}_{\theta d}(\xi_n,\xi_m,s)=\int_0^a u\mathcal{V}_{\mathcal{DM}}(\xi_n u,a)\int_0^\vartheta\overline{\psi}_{\theta d}(u,v,s)\cos(\xi_m v)dvdu$, $\overline{\overline{\overline{\psi}}}_a(\xi_m,\xi_l,s)=\int_0^\vartheta\cos(\xi_m v)\int_0^d\overline{\psi}_a(v,w,s)\sin\{\xi_l(d-w)\}dwdv$, $\overline{\overline{\overline{\psi}}}_b(\xi_m,\xi_l,s)=\int_0^\vartheta\cos(\xi_m v)\int_0^d\overline{\psi}_b(v,w,s)\sin\{\xi_l(d-w)\}dwdv$ and $\overline{\overline{\overline{\varphi}}}(\xi_n,\xi_m,\xi_l)=\int_0^a u\mathcal{V}_{\mathcal{DM}}(\xi_n u,a)\int_0^\vartheta\cos(\xi_m v)\int_0^d\varphi(u,v,w)\sin\{\xi_l(d-w)\}dwdvdu$.

$$\begin{aligned}
p={}&\frac{2\pi^2U(t-t_0)}{\vartheta\phi c_t}\sum_{m=0}^{\infty}\ni_m\cos(\xi_m\theta)\sum_{n=1}^{\infty}\frac{\xi_n^2\{\xi_nJ'_{\mathcal{M}}(\xi_nb)+\lambda J_{\mathcal{M}}(\xi_nb)\}^2\mathcal{V}_{\mathcal{DM}}(\xi r_0,a)\mathcal{V}_{\mathcal{DM}}(\xi r,a)}{\left[\left\{\xi_n^2+\lambda^2-\left(\frac{\mathcal{M}}{b}\right)^2\right\}J^2_{\mathcal{M}}(\xi_na)-\{\xi_nJ'_{\mathcal{M}}(\xi_nb)+\lambda J_{\mathcal{M}}(\xi_nb)\}^2\right]}\times\\
&\times\sum_{l=1}^{\infty}\frac{(\xi_l^2+\lambda_0^2)\sin\{\xi_l(d-z_0)\}\sin\{\xi_l(d-z)\}\int_0^{t-t_0}q(t-t_0-\tau)e^{-(\eta_r\xi_n^2+\eta_z\xi_l^2)\tau}d\tau}{\{d(\xi_l^2+\lambda_0^2)+\lambda_0\}}-\\
&-\frac{4\pi\eta_r}{\vartheta}\sum_{m=0}^{\infty}\ni_m\cos(\xi_m\theta)\sum_{n=1}^{\infty}\frac{\xi_n^2\{\xi_nJ'_{\mathcal{M}}(\xi_nb)+\lambda J_{\mathcal{M}}(\xi_nb)\}^2\mathcal{V}_{\mathcal{DM}}(\xi r,a)}{\left[\left\{\xi_n^2+\lambda^2-\left(\frac{\mathcal{M}}{b}\right)^2\right\}J^2_{\mathcal{M}}(\xi_na)-\{\xi_nJ'_{\mathcal{M}}(\xi_nb)+\lambda J_{\mathcal{M}}(\xi_nb)\}^2\right]}\times\\
&\times\sum_{l=1}^{\infty}\frac{(\xi_l^2+\lambda_0^2)\sin\{\xi_l(d-z)\}\int_0^t\overline{\overline{\psi}}_a(\xi_m,\xi_l,t-\tau)e^{-(\eta_r\xi_n^2+\eta_z\xi_l^2)\tau}d\tau}{\{d(\xi_l^2+\lambda_0^2)+\lambda_0\}}-\\
&-\frac{4\pi}{\vartheta\phi c_t}\sum_{m=0}^{\infty}\ni_m\cos(\xi_m\theta)\sum_{n=1}^{\infty}\frac{\xi_n^2J_{\mathcal{M}}(\xi_na)\{\xi_nJ'_{\mathcal{M}}(\xi_nb)+\lambda J_{\mathcal{M}}(\xi_nb)\}\mathcal{V}_{\mathcal{DM}}(\xi r,a)}{\left[\left\{\xi_n^2+\lambda^2-\left(\frac{\mathcal{M}}{b}\right)^2\right\}J^2_{\mathcal{M}}(\xi_na)-\{\xi_nJ'_{\mathcal{M}}(\xi_nb)+\lambda J_{\mathcal{M}}(\xi_nb)\}^2\right]}\times\\
&\times\sum_{l=1}^{\infty}\frac{(\xi_l^2+\lambda_0^2)\sin\{\xi_l(d-z)\}\int_0^t\overline{\overline{\psi}}_b(\xi_m,\xi_l,t-\tau)e^{-(\eta_r\xi_n^2+\eta_z\xi_l^2)\tau}d\tau}{\{d(\xi_l^2+\lambda_0^2)+\lambda_0\}}+\\
&+\frac{2\pi^2}{\vartheta}\sum_{m=0}^{\infty}\ni_m\cos(\xi_m\theta)\sum_{n=1}^{\infty}\frac{\xi_n^2\{\xi_nJ'_{\mathcal{M}}(\xi_nb)+\lambda J_{\mathcal{M}}(\xi_nb)\}^2\mathcal{V}_{\mathcal{DM}}(\xi r,a)}{\left[\left\{\xi_n^2+\lambda^2-\left(\frac{\mathcal{M}}{b}\right)^2\right\}J^2_{\mathcal{M}}(\xi_na)-\{\xi_nJ'_{\mathcal{M}}(\xi_nb)+\lambda J_{\mathcal{M}}(\xi_nb)\}^2\right]}\times\\
&\times\sum_{l=1}^{\infty}\frac{(\xi_l^2+\lambda_0^2)\sin\{\xi_l(d-z)\}\int_0^t\left\{\frac{\sin(\xi_ld)}{\phi c_t}\overline{\overline{\psi}}_{\theta0}(\xi_n,\xi_m,t-\tau)+\eta_z\xi_l\overline{\overline{\psi}}_{\theta d}(\xi_n,\xi_m,t-\tau)\right\}e^{-(\eta_r\xi_n^2+\eta_z\xi_l^2)\tau}d\tau}{\{d(\xi_l^2+\lambda_0^2)+\lambda_0\}}+\\
&+\frac{2\pi^2}{\vartheta\phi c_t}\sum_{m=0}^{\infty}\ni_m\cos(\xi_m\theta)\sum_{n=1}^{\infty}\frac{\xi_n^2\{\xi_nJ'_{\mathcal{M}}(\xi_nb)+\lambda J_{\mathcal{M}}(\xi_nb)\}^2\mathcal{V}_{\mathcal{DM}}(\xi r,a)}{\left[\left\{\xi_n^2+\lambda^2-\left(\frac{\mathcal{M}}{b}\right)^2\right\}J^2_{\mathcal{M}}(\xi_na)-\{\xi_nJ'_{\mathcal{M}}(\xi_nb)+\lambda J_{\mathcal{M}}(\xi_nb)\}^2\right]}\times\\
&\times\int_0^a\frac{\mathcal{V}_{\mathcal{DM}}(\xi_nu,a)}{u}\int_0^d\int_0^t e^{-\eta_r\xi_n^2\tau}\left\{\psi_{0z}(u,w,t-\tau)+(-1)^{m+1}\psi_{\vartheta z}(u,w,t-\tau)\right\}\times\\
&\times\sum_{l=1}^{\infty}\frac{(\xi_l^2+\lambda_d^2)\sin\{\xi_l(d-w)\}\sin\{\xi_l(d-z)\}e^{-\eta_z\xi_l^2\tau}}{\{d(\xi_l^2+\lambda_d^2)+\lambda_d\}}d\tau dwdu+\\
&+\frac{2\pi^2}{\vartheta}\sum_{m=0}^{\infty}\ni_m\cos(\xi_m\theta)\sum_{n=1}^{\infty}\frac{\xi_n^2\{\xi_nJ'_{\mathcal{M}}(\xi_nb)+\lambda J_{\mathcal{M}}(\xi_nb)\}^2\mathcal{V}_{\mathcal{DM}}(\xi r,a)e^{-\eta_r\xi_n^2t}}{\left[\left\{\xi_n^2+\lambda^2-\left(\frac{\mathcal{M}}{b}\right)^2\right\}J^2_{\mathcal{M}}(\xi_na)-\{\xi_nJ'_{\mathcal{M}}(\xi_nb)+\lambda J_{\mathcal{M}}(\xi_nb)\}^2\right]}\times\\
&\times\sum_{l=1}^{\infty}\frac{\overline{\overline{\overline{\varphi}}}(\xi_n,\xi_m,\xi_l)(\xi_l^2+\lambda_0^2)\sin\{\xi_l(d-z)\}e^{-\eta_z\xi_l^2t}}{\{d(\xi_l^2+\lambda_0^2)+\lambda_0\}}
\end{aligned}\tag{29.86.2}$$

where $\overline{\overline{\psi}}_a(\xi_m,\xi_l,t)=\int_0^\vartheta\cos(\xi_m v)\int_0^d\psi_a(v,w,t)\sin\{\xi_l(d-w)\}dwdv$, $\overline{\overline{\psi}}_b(\xi_m,\xi_l,t)=\int_0^\vartheta\cos(\xi_m v)\int_0^d\psi_b(v,w,t)\sin\{\xi_l(d-w)\}dwdv$, $\overline{\overline{\psi}}_{\theta0}(\xi_n,\xi_m,t)=\int_0^a u\mathcal{V}_{\mathcal{DM}}(\xi_nu,a)\int_0^\vartheta\psi_0(u,v,t)\cos(\xi_m v)dvdu$ and $\overline{\overline{\psi}}_{\theta d}(\xi_n,\xi_m,t)=\int_0^a u\mathcal{V}_{\mathcal{DM}}(\xi_nu,a)\int_0^\vartheta\psi_{\theta d}(u,v,t)\cos(\xi_m v)dvdu$.

29.87 **The problem of 29.84, except**
$\mathbf{R}_{\theta 0} \equiv \frac{\partial p(r,\theta,0,t)}{\partial z} - \lambda_0 p(r,\theta,0,t) = -\left(\frac{\mu}{k_z}\right)\psi_{\theta 0}(r,\theta,t)$,
$\mathbf{D}_{\theta d} \equiv p(r,\theta,d,t) = \psi_{\theta d}(r,\theta,t)$,
$\mathbf{N}_a \equiv \frac{\partial p(a,\theta,z,t)}{\partial r} = -\left(\frac{\mu}{k_r}\right)\psi_a(\theta,z,t)$,
$\mathbf{D}_b \equiv p(b,\theta,z,t) = \psi_b(\theta,z,t)$,
$\mathbf{N}_{0z} \equiv \frac{\partial p(r,0,z,t)}{\partial \theta} = -\left(\frac{\mu}{k_\theta}\right)\psi_{0z}(r,z,t)$ **and**
$\mathbf{N}_{\vartheta z} \equiv \frac{\partial p(r,\vartheta,z,t)}{\partial \theta} = -\left(\frac{\mu}{k_\theta}\right)\psi_{\vartheta z}(r,z,t)$

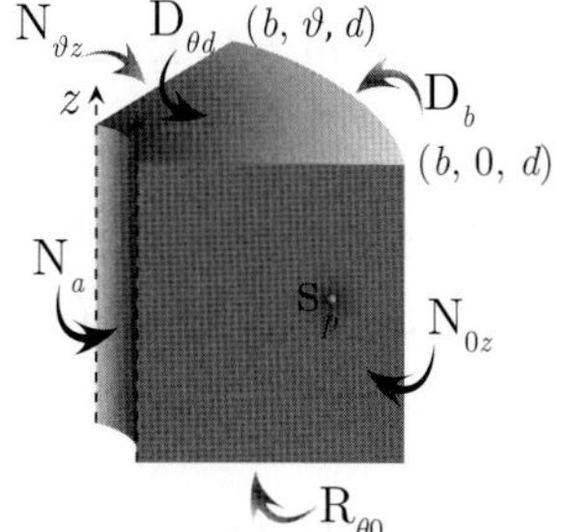

$$\overline{p} = \frac{2\pi^2 q(s)e^{-st_0}}{\vartheta\phi c_t}\sum_{m=0}^{\infty}\ni_m\cos(\xi_m\theta)\sum_{n=1}^{\infty}\frac{\xi_n^2 J_{\mathcal{M}}^2(\xi_n b)\mathcal{V}_{\mathcal{NM}}(\xi r_0,a)\mathcal{V}_{\mathcal{NM}}(\xi r,a)}{\left[J_{\mathcal{M}}'^2(\xi_n a)-\left\{1-\left(\frac{\mathcal{M}}{\xi_n a}\right)^2\right\}J_{\mathcal{M}}^2(\xi_n b)\right]}\times$$

$$\times\sum_{l=1}^{\infty}\frac{(\xi_l^2+\lambda_0^2)\sin\{\xi_l(d-z_0)\}\sin\{\xi_l(d-z)\}}{\{d(\xi_l^2+\lambda_0^2)+\lambda_0\}(\eta_r\xi_n^2+\eta_z\xi_l^2+s)}+$$

$$+\frac{4\pi}{\vartheta\phi c_t}\sum_{m=0}^{\infty}\ni_m\cos(\xi_m\theta)\sum_{n=1}^{\infty}\frac{\xi_n J_{\mathcal{M}}^2(\xi_n b)\mathcal{V}_{\mathcal{NM}}(\xi r,a)}{\left[J_{\mathcal{M}}'^2(\xi_n a)-\left\{1-\left(\frac{\mathcal{M}}{\xi_n a}\right)^2\right\}J_{\mathcal{M}}^2(\xi_n b)\right]}\times$$

$$\times\sum_{l=1}^{\infty}\frac{\overline{\overline{\overline{\psi}}}_a(\xi_m,\xi_l,s)(\xi_l^2+\lambda_0^2)\sin\{\xi_l(d-z)\}}{\{d(\xi_l^2+\lambda_0^2)+\lambda_0\}(\eta_r\xi_n^2+\eta_z\xi_l^2+s)}+$$

$$+\frac{4\pi\eta_r}{\vartheta}\sum_{m=0}^{\infty}\ni_m\cos(\xi_m\theta)\sum_{n=1}^{\infty}\frac{\xi_n^2 J_{\mathcal{M}}'(\xi_n a)J_{\mathcal{M}}(\xi_n b)\mathcal{V}_{\mathcal{NM}}(\xi r,a)}{\left[J_{\mathcal{M}}'^2(\xi_n a)-\left\{1-\left(\frac{\mathcal{M}}{\xi_n a}\right)^2\right\}J_{\mathcal{M}}^2(\xi_n b)\right]}\times$$

$$\times\sum_{l=1}^{\infty}\frac{\overline{\overline{\overline{\psi}}}_b(\xi_m,\xi_l,s)(\xi_l^2+\lambda_0^2)\sin\{\xi_l(d-z)\}}{\{d(\xi_l^2+\lambda_0^2)+\lambda_0\}(\eta_r\xi_n^2+\eta_z\xi_l^2+s)}+$$

$$+\frac{2\pi^2}{\vartheta}\sum_{m=0}^{\infty}\ni_m\cos(\xi_m\theta)\sum_{n=1}^{\infty}\frac{\xi_n^2 J_{\mathcal{M}}^2(\xi_n b)\mathcal{V}_{\mathcal{NM}}(\xi r,a)}{\left[J_{\mathcal{M}}'^2(\xi_n a)-\left\{1-\left(\frac{\mathcal{M}}{\xi_n a}\right)^2\right\}J_{\mathcal{M}}^2(\xi_n b)\right]}\times$$

$$\times\sum_{l=1}^{\infty}\frac{(\xi_l^2+\lambda_0^2)\left\{\frac{\sin(\xi_l d)}{\phi c_t}\overline{\overline{\overline{\psi}}}_{\theta 0}(\xi_n,\xi_m,s)+\eta_z\xi_l\overline{\overline{\overline{\psi}}}_{\theta d}(\xi_n,\xi_m,s)\right\}\sin\{\xi_l(d-z)\}}{\{d(\xi_l^2+\lambda_0^2)+\lambda_0\}(\eta_r\xi_n^2+\eta_z\xi_l^2+s)}+$$

$$+\frac{2\pi^2}{\vartheta\phi c_t}\sum_{m=0}^{\infty}\ni_m\cos(\xi_m\theta)\sum_{n=1}^{\infty}\frac{\xi_n^2 J_{\mathcal{M}}^2(\xi_n b)\mathcal{V}_{\mathcal{NM}}(\xi r,a)}{\left[J_{\mathcal{M}}'^2(\xi_n a)-\left\{1-\left(\frac{\mathcal{M}}{\xi_n a}\right)^2\right\}J_{\mathcal{M}}^2(\xi_n b)\right]}\times$$

$$\times\int_0^a\frac{\mathcal{V}_{\mathcal{NM}}(\xi_n u,a)}{u}\int_0^d\left\{\overline{\psi}_{0z}(u,w,s)+(-1)^{m+1}\overline{\psi}_{\vartheta z}(u,w,s)\right\}\times$$

$$\times\sum_{l=1}^{\infty}\frac{(\xi_l^2+\lambda_d^2)\sin\{\xi_l(d-w)\}\sin\{\xi_l(d-z)\}}{\{d(\xi_l^2+\lambda_d^2)+\lambda_d\}(\eta_r\xi_n^2+\eta_z\xi_l^2+s)}dwdu+$$

$$+\frac{2\pi^2}{\vartheta}\sum_{m=0}^{\infty}\ni_m\cos(\xi_m\theta)\sum_{n=1}^{\infty}\frac{\xi_n^2 J_{\mathcal{M}}^2(\xi_n b)\mathcal{V}_{\mathcal{NM}}(\xi r,a)}{\left[J_{\mathcal{M}}'^2(\xi_n a)-\left\{1-\left(\frac{\mathcal{M}}{\xi_n a}\right)^2\right\}J_{\mathcal{M}}^2(\xi_n b)\right]}\times$$

$$\times\sum_{l=1}^{\infty}\frac{\overline{\overline{\overline{\varphi}}}(\xi_n,\xi_m,\xi_l)(\xi_l^2+\lambda_0^2)\sin\{\xi_l(d-z)\}}{\{d(\xi_l^2+\lambda_0^2)+\lambda_0\}(\eta_r\xi_n^2+\eta_z\xi_l^2+s)} \tag{29.87.1}$$

where $\mathcal{V}_{\mathcal{NM}}(\xi_n r,a) = J_{\mathcal{M}}(\xi_n r)Y_{\mathcal{M}}'(\xi_n a) - Y_{\mathcal{M}}(\xi_n r)J_{\mathcal{M}}'(\xi_n a)$, ξ_n, $n = 1,2,...$, are the positive roots of

the transcendental equation $\mathcal{V}_{\mathcal{NM}}(\xi_n b, a) = 0$, ξ_l are the positive roots of $\xi_l \cot(\xi_l d) = -\lambda_0$, $l = 1, 2, ...$, $\xi_m = \frac{m\pi}{d}$, $m = 0, 1, ...$, $\overline{\overline{\overline{\psi}}}_{\theta 0}(\xi_n, \xi_m, s) = \int_0^a u\mathcal{V}_{\mathcal{NM}}(\xi_n u, a) \int_0^\vartheta \overline{\psi}_0(u, v, s)\cos(\xi_m v)dvdu$,
$\overline{\overline{\overline{\psi}}}_{\theta d}(\xi_n, \xi_m, s) = \int_0^a u\mathcal{V}_{\mathcal{NM}}(\xi_n u, a) \int_0^\vartheta \overline{\psi}_{\theta d}(u, v, s)\cos(\xi_m v)dvdu$,
$\overline{\overline{\overline{\psi}}}_a(\xi_m, \xi_l, s) = \int_0^\vartheta \cos(\xi_m v) \int_0^d \overline{\psi}_a(v, w, s)\sin\{\xi_l(d-w)\}dwdv$,
$\overline{\overline{\overline{\psi}}}_b(\xi_m, \xi_l, s) = \int_0^\vartheta \cos(\xi_m v) \int_0^d \overline{\psi}_b(v, w, s)\sin\{\xi_l(d-w)\}dwdv$ and
$\overline{\overline{\overline{\varphi}}}(\xi_n, \xi_m, \xi_l) = \int_0^a u\mathcal{V}_{\mathcal{NM}}(\xi_n u, a) \int_0^\vartheta \cos(\xi_m v) \int_0^d \varphi(u, v, w)\sin\{\xi_l(d-w)\}dwdvdu$.

$$
\begin{aligned}
p = {} & \frac{2\pi^2 U(t-t_0)}{\vartheta\phi c_t} \sum_{m=0}^{\infty} \ni_m \cos(\xi_m\theta) \sum_{n=1}^{\infty} \frac{\xi_n^2 J_{\mathcal{M}}^2(\xi_n b)\mathcal{V}_{\mathcal{NM}}(\xi r_0, a)\mathcal{V}_{\mathcal{NM}}(\xi r, a)}{\left[J_{\mathcal{M}}'^2(\xi_n a) - \left\{1 - \left(\frac{\mathcal{M}}{\xi_n a}\right)^2\right\} J_{\mathcal{M}}^2(\xi_n b)\right]} \times \\
& \times \sum_{l=1}^{\infty} \frac{(\xi_l^2 + \lambda_0^2)\sin\{\xi_l(d-z_0)\}\sin\{\xi_l(d-z)\} \int_0^{t-t_0} q(t-t_0-\tau) e^{-(\eta_r\xi_n^2+\eta_z\xi_l^2)\tau}d\tau}{\{d(\xi_l^2+\lambda_0^2)+\lambda_0\}} + \\
& + \frac{4\pi}{\vartheta\phi c_t} \sum_{m=0}^{\infty} \ni_m \cos(\xi_m\theta) \sum_{n=1}^{\infty} \frac{\xi_n J_{\mathcal{M}}^2(\xi_n b)\mathcal{V}_{\mathcal{NM}}(\xi r, a)}{\left[J_{\mathcal{M}}'^2(\xi_n a) - \left\{1 - \left(\frac{\mathcal{M}}{\xi_n a}\right)^2\right\} J_{\mathcal{M}}^2(\xi_n b)\right]} \times \\
& \times \sum_{l=1}^{\infty} \frac{(\xi_l^2 + \lambda_0^2)\sin\{\xi_l(d-z)\} \int_0^t \overline{\overline{\psi}}_a(\xi_m, \xi_l, t-\tau) e^{-(\eta_r\xi_n^2+\eta_z\xi_l^2)\tau}d\tau}{\{d(\xi_l^2+\lambda_0^2)+\lambda_0\}} + \\
& + \frac{4\pi\eta_r}{\vartheta} \sum_{m=0}^{\infty} \ni_m \cos(\xi_m\theta) \sum_{n=1}^{\infty} \frac{\xi_n^2 J_{\mathcal{M}}'(\xi_n a) J_{\mathcal{M}}(\xi_n b)\mathcal{V}_{\mathcal{NM}}(\xi r, a)}{\left[J_{\mathcal{M}}'^2(\xi_n a) - \left\{1 - \left(\frac{\mathcal{M}}{\xi_n a}\right)^2\right\} J_{\mathcal{M}}^2(\xi_n b)\right]} \times \\
& \times \sum_{l=1}^{\infty} \frac{(\xi_l^2 + \lambda_0^2)\sin\{\xi_l(d-z)\} \int_0^t \overline{\overline{\psi}}_b(\xi_m, \xi_l, t-\tau) e^{-(\eta_r\xi_n^2+\eta_z\xi_l^2)\tau}d\tau}{\{d(\xi_l^2+\lambda_0^2)+\lambda_0\}} + \\
& + \frac{2\pi^2}{\vartheta} \sum_{m=0}^{\infty} \ni_m \cos(\xi_m\theta) \sum_{n=1}^{\infty} \frac{\xi_n^2 J_{\mathcal{M}}^2(\xi_n b)\mathcal{V}_{\mathcal{NM}}(\xi r, a)}{\left[J_{\mathcal{M}}'^2(\xi_n a) - \left\{1 - \left(\frac{\mathcal{M}}{\xi_n a}\right)^2\right\} J_{\mathcal{M}}^2(\xi_n b)\right]} \times \\
& \times \sum_{l=1}^{\infty} \frac{(\xi_l^2 + \lambda_0^2)\sin\{\xi_l(d-z)\} \int_0^t \left\{\frac{\sin(\xi_l d)}{\phi c_t}\overline{\overline{\psi}}_{\theta 0}(\xi_n, \xi_m, t-\tau) + \eta_z\xi_l\overline{\overline{\psi}}_{\theta d}(\xi_n, \xi_m, t-\tau)\right\} e^{-(\eta_r\xi_n^2+\eta_z\xi_l^2)\tau}d\tau}{\{d(\xi_l^2+\lambda_0^2)+\lambda_0\}} + \\
& + \frac{2\pi^2}{\vartheta\phi c_t} \sum_{m=0}^{\infty} \ni_m \cos(\xi_m\theta) \sum_{n=1}^{\infty} \frac{\xi_n^2 J_{\mathcal{M}}^2(\xi_n b)\mathcal{V}_{\mathcal{NM}}(\xi r, a)}{\left[J_{\mathcal{M}}'^2(\xi_n a) - \left\{1 - \left(\frac{\mathcal{M}}{\xi_n a}\right)^2\right\} J_{\mathcal{M}}^2(\xi_n b)\right]} \times \\
& \times \int_0^a \frac{\mathcal{V}_{\mathcal{NM}}(\xi_n u, a)}{u} \int_0^d \int_0^t e^{-\eta_r\xi_n^2\tau} \left\{\psi_{0z}(u, w, t-\tau) + (-1)^{m+1}\psi_{\vartheta z}(u, w, t-\tau)\right\} \times \\
& \times \sum_{l=1}^{\infty} \frac{(\xi_l^2 + \lambda_d^2)\sin\{\xi_l(d-w)\}\sin\{\xi_l(d-z)\} e^{-\eta_z\xi_l^2\tau}}{\{d(\xi_l^2+\lambda_d^2)+\lambda_d\}} d\tau dw du + \\
& + \frac{2\pi^2}{\vartheta} \sum_{m=0}^{\infty} \ni_m \cos(\xi_m\theta) \sum_{n=1}^{\infty} \frac{\xi_n^2 J_{\mathcal{M}}^2(\xi_n b)\mathcal{V}_{\mathcal{NM}}(\xi r, a) e^{-\eta_r\xi_n^2 t}}{\left[J_{\mathcal{M}}'^2(\xi_n a) - \left\{1 - \left(\frac{\mathcal{M}}{\xi_n a}\right)^2\right\} J_{\mathcal{M}}^2(\xi_n b)\right]} \times \\
& \times \sum_{l=1}^{\infty} \frac{\overline{\overline{\overline{\varphi}}}(\xi_n, \xi_m, \xi_l)(\xi_l^2 + \lambda_0^2)\sin\{\xi_l(d-z)\} e^{-\eta_z\xi_l^2 t}}{\{d(\xi_l^2+\lambda_0^2)+\lambda_0\}}
\end{aligned}
\tag{29.87.2}
$$

where $\overline{\overline{\psi}}_a(\xi_m, \xi_l, t) = \int_0^\vartheta \cos(\xi_m v) \int_0^d \psi_a(v, w, t)\sin\{\xi_l(d-w)\}dwdv$,
$\overline{\overline{\psi}}_b(\xi_m, \xi_l, t) = \int_0^\vartheta \cos(\xi_m v) \int_0^d \psi_b(v, w, t)\sin\{\xi_l(d-w)\}dwdv$,

$\overline{\overline{\psi}}_{\theta 0}(\xi_n,\xi_m,t)=\int_0^a u\mathcal{V}_{\mathcal{NM}}(\xi_n u,a)\int_0^\vartheta \psi_0(u,v,t)\cos(\xi_m v)dvdu$ and
$\overline{\overline{\psi}}_{\theta d}(\xi_n,\xi_m,t)=\int_0^a u\mathcal{V}_{\mathcal{NM}}(\xi_n u,a)\int_0^\vartheta \psi_{\theta d}(u,v,t)\cos(\xi_m v)dvdu$.

29.88 **The problem of 29.84, except**
$\mathbf{R}_{\theta 0}\equiv\frac{\partial p(r,\theta,0,t)}{\partial z}-\lambda_0 p(r,\theta,0,t)=-\left(\frac{\mu}{k_z}\right)\psi_{\theta 0}(r,\theta,t)$,
$\mathbf{D}_{\theta d}\equiv p(r,\theta,d,t)=\psi_{\theta d}(r,\theta,t)$,
$\mathbf{N}_a\equiv\frac{\partial p(a,\theta,z,t)}{\partial r}=-\left(\frac{\mu}{k_r}\right)\psi_a(\theta,z,t)$,
$\mathbf{N}_b\equiv\frac{\partial p(b,\theta,z,t)}{\partial r}=-\left(\frac{\mu}{k_r}\right)\psi_b(\theta,z,t)$,
$\mathbf{N}_{0z}\equiv\frac{\partial p(r,0,z,t)}{\partial \theta}=-\left(\frac{\mu}{k_\theta}\right)\psi_{0z}(r,z,t)$ **and**
$\mathbf{N}_{\vartheta z}\equiv\frac{\partial p(r,\vartheta,z,t)}{\partial \theta}=-\left(\frac{\mu}{k_\theta}\right)\psi_{\vartheta z}(r,z,t)$

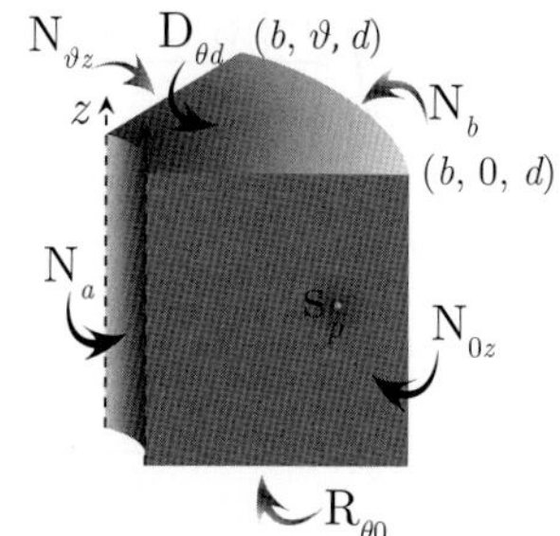

$$\begin{aligned}
\overline{p} &= \frac{4q(s)e^{-st_0}}{\vartheta(b^2-a^2)\phi c_t}\sum_{l=1}^{\infty}\frac{(\xi_l^2+\lambda_0^2)\sin\{\xi_l(d-z_0)\}\sin\{\xi_l(d-z)\}}{\{d(\xi_l^2+\lambda_0^2)+\lambda_0\}(\eta_z\xi_l^2+s)}+\\
&+\frac{2\pi^2 q(s)e^{-st_0}}{\vartheta\phi c_t}\sum_{m=0}^{\infty}\ni_m\cos(\xi_m\theta)\sum_{n=1}^{\infty}\frac{\xi_n^2 J_{\mathcal{M}}'^2(\xi_n b)\mathcal{V}_{\mathcal{NM}}(\xi r_0,a)\mathcal{V}_{\mathcal{NM}}(\xi r,a)}{\left[\left\{1-\left(\frac{\mathcal{M}}{\xi_n b}\right)^2\right\}J_{\mathcal{M}}'^2(\xi_n a)-\left\{1-\left(\frac{\mathcal{M}}{\xi_n a}\right)^2\right\}J_{\mathcal{M}}'^2(\xi_n b)\right]}\times\\
&\times\sum_{l=1}^{\infty}\frac{(\xi_l^2+\lambda_0^2)\sin\{\xi_l(d-z_0)\}\sin\{\xi_l(d-z)\}}{\{d(\xi_l^2+\lambda_0^2)+\lambda_0\}(\eta_r\xi_n^2+\eta_z\xi_l^2+s)}+\\
&+\frac{4}{\vartheta(b^2-a^2)\phi c_t}\sum_{l=1}^{\infty}\frac{\left\{a\overline{\overline{\psi}}_a(0,\xi_l,s)-b\overline{\overline{\psi}}_b(0,\xi_l,s)\right\}(\xi_l^2+\lambda_0^2)\sin\{\xi_l(d-z)\}}{\{d(\xi_l^2+\lambda_0^2)+\lambda_0\}(\eta_z\xi_l^2+s)}+\\
&+\frac{4\pi}{\vartheta\phi c_t}\sum_{m=0}^{\infty}\ni_m\cos(\xi_m\theta)\sum_{n=1}^{\infty}\frac{\xi_n J_{\mathcal{M}}'^2(\xi_n b)\mathcal{V}_{\mathcal{NM}}(\xi r,a)}{\left[\left\{1-\left(\frac{\mathcal{M}}{\xi_n b}\right)^2\right\}J_{\mathcal{M}}'^2(\xi_n a)-\left\{1-\left(\frac{\mathcal{M}}{\xi_n a}\right)^2\right\}J_{\mathcal{M}}'^2(\xi_n b)\right]}\times\\
&\times\sum_{l=1}^{\infty}\frac{\overline{\overline{\overline{\psi}}}_a(\xi_m,\xi_l,s)(\xi_l^2+\lambda_0^2)\sin\{\xi_l(d-z)\}}{\{d(\xi_l^2+\lambda_0^2)+\lambda_0\}(\eta_r\xi_n^2+\eta_z\xi_l^2+s)}-\\
&-\frac{4\pi}{\vartheta\phi c_t}\sum_{m=0}^{\infty}\ni_m\cos(\xi_m\theta)\sum_{n=1}^{\infty}\frac{\xi_n J_{\mathcal{M}}'(\xi_n a)J_{\mathcal{M}}'(\xi_n b)\mathcal{V}_{\mathcal{NM}}(\xi r,a)}{\left[\left\{1-\left(\frac{\mathcal{M}}{\xi_n b}\right)^2\right\}J_{\mathcal{M}}'^2(\xi_n a)-\left\{1-\left(\frac{\mathcal{M}}{\xi_n a}\right)^2\right\}J_{\mathcal{M}}'^2(\xi_n b)\right]}\times\\
&\times\sum_{l=1}^{\infty}\frac{\overline{\overline{\overline{\psi}}}_b(\xi_m,\xi_l,s)(\xi_l^2+\lambda_0^2)\sin\{\xi_l(d-z)\}}{\{d(\xi_l^2+\lambda_0^2)+\lambda_0\}(\eta_r\xi_n^2+\eta_z\xi_l^2+s)}+\\
&+\frac{4}{\vartheta(b^2-a^2)}\sum_{l=1}^{\infty}\frac{(\xi_l^2+\lambda_0^2)\sin\{\xi_l(d-z)\}\int_a^b u\left\{\frac{\sin(\xi_l d)}{\phi c_t}\overline{\overline{\psi}}_{\theta 0}(u,0,s)+\eta_z\xi_l\overline{\overline{\psi}}_{\theta d}(u,0,s)\right\}du}{\{d(\xi_l^2+\lambda_0^2)+\lambda_0\}(\eta_z\xi_l^2+s)}+\\
&+\frac{2\pi^2}{\vartheta}\sum_{m=0}^{\infty}\ni_m\cos(\xi_m\theta)\sum_{n=1}^{\infty}\frac{\xi_n^2 J_{\mathcal{M}}'^2(\xi_n b)\mathcal{V}_{\mathcal{NM}}(\xi r,a)}{\left[\left\{1-\left(\frac{\mathcal{M}}{\xi_n b}\right)^2\right\}J_{\mathcal{M}}'^2(\xi_n a)-\left\{1-\left(\frac{\mathcal{M}}{\xi_n a}\right)^2\right\}J_{\mathcal{M}}'^2(\xi_n b)\right]}\times\\
&\times\sum_{l=1}^{\infty}\frac{(\xi_l^2+\lambda_0^2)\left\{\frac{\sin(\xi_l d)}{\phi c_t}\overline{\overline{\overline{\psi}}}_{\theta 0}(\xi_n,\xi_m,s)+\eta_z\xi_l\overline{\overline{\overline{\psi}}}_{\theta d}(\xi_n,\xi_m,s)\right\}\sin\{\xi_l(d-z)\}}{\{d(\xi_l^2+\lambda_0^2)+\lambda_0\}(\eta_r\xi_n^2+\eta_z\xi_l^2+s)}+\\
&+\frac{4}{\vartheta(b^2-a^2)\phi c_t}\int_a^b\frac{1}{u}\int_0^d\{\overline{\psi}_{0z}(u,w,s)-\overline{\psi}_{\vartheta z}(u,w,s)\}\sum_{l=1}^{\infty}\frac{(\xi_l^2+\lambda_d^2)\sin\{\xi_l(d-w)\}\sin\{\xi_l(d-z)\}}{\{d(\xi_l^2+\lambda_d^2)+\lambda_d\}(\eta_z\xi_l^2+s)}dwdu+
\end{aligned}$$

$$+\frac{\pi^2}{2\vartheta\phi c_t\sqrt{\eta_z}}\sum_{m=0}^{\infty}\ni_m\cos(\xi_m\theta)\sum_{n=1}^{\infty}\frac{\xi_n^2 J_{\mathcal{M}}'^2(\xi_n b)\,\mathcal{V}_{\mathcal{NM}}(\xi_n r,a)}{\left[\left\{1-\left(\frac{\mathcal{M}}{\xi_n b}\right)^2\right\}J_{\mathcal{M}}'^2(\xi_n a)-\left\{1-\left(\frac{\mathcal{M}}{\xi_n a}\right)^2\right\}J_{\mathcal{M}}'^2(\xi_n b)\right]}\times$$

$$\times\int_a^b\frac{\mathcal{V}_{\mathcal{NM}}(\xi_n u,a)}{u}\int_0^d\left\{\overline{\psi}_{0z}(u,w,s)+(-1)^{m+1}\overline{\psi}_{\vartheta z}(u,w,s)\right\}\times$$

$$\times\sum_{l=1}^{\infty}\frac{(\xi_l^2+\lambda_d^2)\sin\{\xi_l(d-w)\}\sin\{\xi_l(d-z)\}}{\{d(\xi_l^2+\lambda_d^2)+\lambda_d\}(\eta_r\xi_n^2+\eta_z\xi_l^2+s)}dwdu+$$

$$+\frac{4}{\vartheta(b^2-a^2)}\sum_{l=1}^{\infty}\frac{(\xi_l^2+\lambda_0^2)\sin\{\xi_l(d-z)\}\int_a^b\overline{\overline{\varphi}}(u,0,\xi_l)\,udu}{\{d(\xi_l^2+\lambda_0^2)+\lambda_0\}(\eta_z\xi_l^2+s)}+$$

$$+\frac{2\pi^2}{\vartheta}\sum_{m=0}^{\infty}\ni_m\cos(\xi_m\theta)\sum_{n=1}^{\infty}\frac{\xi_n^2 J_{\mathcal{M}}'^2(\xi_n b)\,\mathcal{V}_{\mathcal{NM}}(\xi r,a)}{\left[\left\{1-\left(\frac{\mathcal{M}}{\xi_n b}\right)^2\right\}J_{\mathcal{M}}'^2(\xi_n a)-\left\{1-\left(\frac{\mathcal{M}}{\xi_n a}\right)^2\right\}J_{\mathcal{M}}'^2(\xi_n b)\right]}\times$$

$$\times\sum_{l=1}^{\infty}\frac{\overline{\overline{\overline{\varphi}}}(\xi_n,\xi_m,\xi_l)(\xi_l^2+\lambda_0^2)\sin\{\xi_l(d-z)\}}{\{d(\xi_l^2+\lambda_0^2)+\lambda_0\}(\eta_r\xi_n^2+\eta_z\xi_l^2+s)}\qquad(29.88.1)$$

where $\mathcal{V}_{\mathcal{NM}}(\xi_n r,a)=J_{\mathcal{M}}(\xi_n r)Y_{\mathcal{M}}'(\xi_n a)-Y_{\mathcal{M}}(\xi_n r)J_{\mathcal{M}}'(\xi_n a)$. The eigenvalues are $\xi_0=0$ and ξ_n. ξ_n, $n=1,2,.....$ are the positive roots of the transcendental equation $\mathcal{V}_{\mathcal{NM}}'(\xi_n b,a)=0$, ξ_l are the positive roots of $\xi_l\cot(\xi_l d)=-\lambda_0$, $l=1,2,...$, $\xi_m=\frac{m\pi}{d}$, $m=0,1,....$ $\overline{\overline{\psi}}_{\theta 0}(u,0,s)=\int_0^{\vartheta}\overline{\psi}_{\theta 0}(u,v,s)dv$, $\overline{\overline{\psi}}_{\theta d}(u,0,s)=\int_0^{\vartheta}\overline{\psi}_{\theta d}(u,v,s)dv$, $\overline{\overline{\overline{\psi}}}_{\theta 0}(\xi_n,\xi_m,s)=\int_0^a u\mathcal{V}_{\mathcal{NM}}(\xi_n u,a)\int_0^{\vartheta}\overline{\psi}_0(u,v,s)\cos(\xi_m v)dvdu$, $\overline{\overline{\overline{\psi}}}_{\theta d}(\xi_n,\xi_m,s)=\int_0^a u\mathcal{V}_{\mathcal{NM}}(\xi_n u,a)\int_0^{\vartheta}\overline{\psi}_{\theta d}(u,v,s)\cos(\xi_m v)dvdu$, $\overline{\overline{\overline{\psi}}}_a(\xi_m,\xi_l,s)=\int_0^{\vartheta}\cos(\xi_m v)\int_0^d\overline{\psi}_a(v,w,s)\sin\{\xi_l(d-w)\}dwdv$, $\overline{\overline{\overline{\psi}}}_b(\xi_m,\xi_l,s)=\int_0^{\vartheta}\cos(\xi_m v)\int_0^d\overline{\psi}_b(v,w,s)\sin\{\xi_l(d-w)\}dwdv$, $\overline{\overline{\varphi}}(u,0,\xi_l)=\int_0^{\vartheta}\int_0^d\varphi(u,v,w)\sin\{\xi_l(d-w)\}dvdw$ and $\overline{\overline{\overline{\varphi}}}(\xi_n,\xi_m,\xi_l)=\int_0^a u\mathcal{V}_{\mathcal{NM}}(\xi_n u,a)\int_0^{\vartheta}\cos(\xi_m v)\int_0^d\varphi(u,v,w)\sin\{\xi_l(d-w)\}dwdvdu$.

$$p=\frac{4U(t-t_0)}{\vartheta(b^2-a^2)\phi c_t}\sum_{l=1}^{\infty}\frac{(\xi_l^2+\lambda_0^2)\sin\{\xi_l(d-z_0)\}\sin\{\xi_l(d-z)\}\int_0^{t-t_0}q(t-t_0-\tau)e^{-\eta_z\xi_l^2\tau}d\tau}{\{d(\xi_l^2+\lambda_0^2)+\lambda_0\}}+$$

$$+\frac{2\pi^2U(t-t_0)}{\vartheta\phi c_t}\sum_{m=0}^{\infty}\ni_m\cos(\xi_m\theta)\sum_{n=1}^{\infty}\frac{\xi_n^2 J_{\mathcal{M}}'^2(\xi_n b)\,\mathcal{V}_{\mathcal{NM}}(\xi r_0,a)\,\mathcal{V}_{\mathcal{NM}}(\xi r,a)}{\left[\left\{1-\left(\frac{\mathcal{M}}{\xi_n b}\right)^2\right\}J_{\mathcal{M}}'^2(\xi_n a)-\left\{1-\left(\frac{\mathcal{M}}{\xi_n a}\right)^2\right\}J_{\mathcal{M}}'^2(\xi_n b)\right]}\times$$

$$\times\sum_{l=1}^{\infty}\frac{(\xi_l^2+\lambda_0^2)\sin\{\xi_l(d-z_0)\}\sin\{\xi_l(d-z)\}\int_0^{t-t_0}q(t-t_0-\tau)e^{-(\eta_r\xi_n^2+\eta_z\xi_l^2)\tau}d\tau}{\{d(\xi_l^2+\lambda_0^2)+\lambda_0\}}+$$

$$+\frac{4}{\vartheta(b^2-a^2)\phi c_t}\sum_{l=1}^{\infty}\frac{(\xi_l^2+\lambda_0^2)\sin\{\xi_l(d-z)\}\int_0^t\left\{a\overline{\overline{\psi}}_a(\xi_m,\xi_l,t-\tau)-b\overline{\overline{\psi}}_b(\xi_m,\xi_l,t-\tau)\right\}e^{-\eta_z\xi_l^2\tau}d\tau}{\{d(\xi_l^2+\lambda_0^2)+\lambda_0\}}+$$

$$+\frac{4\pi}{\vartheta\phi c_t}\sum_{m=0}^{\infty}\ni_m\cos(\xi_m\theta)\sum_{n=1}^{\infty}\frac{\xi_n J_{\mathcal{M}}'^2(\xi_n b)\,\mathcal{V}_{\mathcal{NM}}(\xi r,a)}{\left[\left\{1-\left(\frac{\mathcal{M}}{\xi_n b}\right)^2\right\}J_{\mathcal{M}}'^2(\xi_n a)-\left\{1-\left(\frac{\mathcal{M}}{\xi_n a}\right)^2\right\}J_{\mathcal{M}}'^2(\xi_n b)\right]}\times$$

$$\times\sum_{l=1}^{\infty}\frac{(\xi_l^2+\lambda_0^2)\sin\{\xi_l(d-z)\}\int_0^t\overline{\overline{\psi}}_a(\xi_m,\xi_l,t-\tau)e^{-(\eta_r\xi_n^2+\eta_z\xi_l^2)\tau}d\tau}{\{d(\xi_l^2+\lambda_0^2)+\lambda_0\}}-$$

$$-\frac{4\pi}{\vartheta\phi c_t}\sum_{m=0}^{\infty}\ni_m\cos(\xi_m\theta)\sum_{n=1}^{\infty}\frac{\xi_n J_{\mathcal{M}}'(\xi_n a)\,J_{\mathcal{M}}'(\xi_n b)\,\mathcal{V}_{\mathcal{NM}}(\xi r,a)}{\left[\left\{1-\left(\frac{\mathcal{M}}{\xi_n b}\right)^2\right\}J_{\mathcal{M}}'^2(\xi_n a)-\left\{1-\left(\frac{\mathcal{M}}{\xi_n a}\right)^2\right\}J_{\mathcal{M}}'^2(\xi_n b)\right]}\times$$

$$\times\sum_{l=1}^{\infty}\frac{\left(\xi_l^2+\lambda_0^2\right)\sin\left\{\xi_l\left(d-z\right)\right\}\int_0^t\overline{\overline{\psi}}_b\left(\xi_m,\xi_l,t-\tau\right)e^{-\left(\eta_r\xi_n^2+\eta_z\xi_l^2\right)\tau}d\tau}{\left\{d\left(\xi_l^2+\lambda_0^2\right)+\lambda_0\right\}}+$$

$$+\frac{4}{\vartheta\left(b^2-a^2\right)}\times$$

$$\times\sum_{l=1}^{\infty}\frac{\left(\xi_l^2+\lambda_0^2\right)\sin\left\{\xi_l\left(d-z\right)\right\}\int_0^t e^{-\eta_z\xi_l^2\tau}\int_a^b u\left\{\frac{\sin(\xi_l d)}{\phi c_t}\overline{\psi}_{\theta 0}\left(u,0,t-\tau\right)+\eta_z\xi_l\overline{\psi}_{\theta d}\left(u,0,t-\tau\right)\right\}dud\tau}{\left\{d\left(\xi_l^2+\lambda_0^2\right)+\lambda_0\right\}}+$$

$$+\frac{2\pi^2}{\vartheta}\sum_{m=0}^{\infty}\ni_m\cos\left(\xi_m\theta\right)\sum_{n=1}^{\infty}\frac{\xi_n^2J_{\mathcal{M}}'^2\left(\xi_n b\right)\mathcal{V}_{\mathcal{N}\mathcal{M}}\left(\xi r,a\right)}{\left[\left\{1-\left(\frac{\mathcal{M}}{\xi_n b}\right)^2\right\}J_{\mathcal{M}}'^2\left(\xi_n a\right)-\left\{1-\left(\frac{\mathcal{M}}{\xi_n a}\right)^2\right\}J_{\mathcal{M}}'^2\left(\xi_n b\right)\right]}\times$$

$$\times\sum_{l=1}^{\infty}\frac{(\xi_l^2+\lambda_0^2)\sin\{\xi_l(d-z)\}\int_0^t\left\{\frac{\sin(\xi_l d)}{\phi c_t}\overline{\overline{\psi}}_{\theta 0}(\xi_n,\xi_m,t-\tau)+\eta_z\xi_l\overline{\overline{\psi}}_{\theta d}(\xi_n,\xi_m,t-\tau)\right\}e^{-\left(\eta_r\xi_n^2+\eta_z\xi_l^2\right)\tau}d\tau}{\{d(\xi_l^2+\lambda_0^2)+\lambda_0\}}+$$

$$+\frac{4}{\vartheta\left(b^2-a^2\right)\phi c_t}\int_a^b\frac{1}{u}\int_0^d\int_0^t\left\{\psi_{0z}\left(u,w,t-\tau\right)-\psi_{\vartheta z}\left(u,w,t-\tau\right)\right\}\times$$

$$\times\sum_{l=1}^{\infty}\frac{\left(\xi_l^2+\lambda_d^2\right)\sin\left\{\xi_l\left(d-w\right)\right\}\sin\left\{\xi_l\left(d-z\right)\right\}e^{-\eta_z\xi_l^2\tau}}{\left\{d\left(\xi_l^2+\lambda_d^2\right)+\lambda_d\right\}}d\tau dwdu+$$

$$+\frac{\pi^2}{2\vartheta d\phi c_t}\sum_{m=0}^{\infty}\ni_m\cos\left(\xi_m\theta\right)\sum_{n=1}^{\infty}\frac{\xi_n^2J_{\mathcal{M}}'^2\left(\xi_n b\right)\mathcal{V}_{\mathcal{N}\mathcal{M}}\left(\xi_n r,a\right)}{\left[\left\{1-\left(\frac{\mathcal{M}}{\xi_n b}\right)^2\right\}J_{\mathcal{M}}'^2\left(\xi_n a\right)-\left\{1-\left(\frac{\mathcal{M}}{\xi_n a}\right)^2\right\}J_{\mathcal{M}}'^2\left(\xi_n b\right)\right]}\times$$

$$\int_0^t e^{-\eta_r\xi_n^2\tau}\int_a^b\frac{\mathcal{V}_{\mathcal{N}\mathcal{M}}\left(\xi_n u,a\right)}{u}\int_0^d\left\{\psi_{0z}\left(u,w,t-\tau\right)+\left(-1\right)^{m+1}\psi_{\vartheta z}\left(u,w,t-\tau\right)\right\}d\tau\times$$

$$\times\sum_{l=1}^{\infty}\frac{\left(\xi_l^2+\lambda_d^2\right)\sin\left\{\xi_l\left(d-w\right)\right\}\sin\left\{\xi_l\left(d-z\right)\right\}e^{-\eta_z\xi_l^2\tau}}{\left\{d\left(\xi_l^2+\lambda_d^2\right)+\lambda_d\right\}}dwdud\tau+$$

$$+\frac{4}{\vartheta\left(b^2-a^2\right)}\sum_{l=1}^{\infty}\frac{\left(\xi_l^2+\lambda_0^2\right)\sin\left\{\xi_l\left(d-z\right)\right\}e^{-\eta_z\xi_l^2 t}\int_a^b\overline{\overline{\varphi}}\left(u,0,\xi_l\right)udu}{\left\{d\left(\xi_l^2+\lambda_0^2\right)+\lambda_0\right\}}+$$

$$+\frac{2\pi^2}{\vartheta}\sum_{m=0}^{\infty}\ni_m\cos\left(\xi_m\theta\right)\sum_{n=1}^{\infty}\frac{\xi_n^2J_{\mathcal{M}}'^2\left(\xi_n b\right)\mathcal{V}_{\mathcal{N}\mathcal{M}}\left(\xi r,a\right)e^{-\eta_r\xi_n^2 t}}{\left[\left\{1-\left(\frac{\mathcal{M}}{\xi_n b}\right)^2\right\}J_{\mathcal{M}}'^2\left(\xi_n a\right)-\left\{1-\left(\frac{\mathcal{M}}{\xi_n a}\right)^2\right\}J_{\mathcal{M}}'^2\left(\xi_n b\right)\right]}\times$$

$$\times\sum_{l=1}^{\infty}\frac{\overline{\overline{\overline{\varphi}}}\left(\xi_n,\xi_m,\xi_l\right)\left(\xi_l^2+\lambda_0^2\right)\sin\left\{\xi_l\left(d-z\right)\right\}e^{-\eta_z\xi_l^2 t}}{\left\{d\left(\xi_l^2+\lambda_0^2\right)+\lambda_0\right\}}\qquad(29.88.2)$$

where $\overline{\overline{\psi}}_a\left(\xi_m,\xi_l,t\right)=\int_0^\vartheta\cos\left(\xi_m v\right)\int_0^d\psi_a\left(v,w,t\right)\sin\left\{\xi_l\left(d-w\right)\right\}dwdv$,
$\overline{\overline{\psi}}_b\left(\xi_m,\xi_l,t\right)=\int_0^\vartheta\cos\left(\xi_m v\right)\int_0^d\psi_b\left(v,w,t\right)\sin\left\{\xi_l\left(d-w\right)\right\}dwdv$,
$\overline{\psi}_{\theta 0}\left(u,0,t\right)=\int_0^\vartheta\psi_{\theta 0}\left(u,v,t\right)dv$, $\overline{\psi}_{\theta d}\left(u,0,t\right)=\int_0^\vartheta\psi_{\theta d}\left(u,v,t\right)dv$,
$\overline{\overline{\psi}}_{\theta 0}\left(\xi_n,\xi_m,t\right)=\int_0^a u\mathcal{V}_{\mathcal{N}\mathcal{M}}\left(\xi_n u,a\right)\int_0^\vartheta\psi_0\left(u,v,t\right)\cos\left(\xi_m v\right)dvdu$ and
$\overline{\overline{\psi}}_{\theta d}\left(\xi_n,\xi_m,t\right)=\int_0^a u\mathcal{V}_{\mathcal{N}\mathcal{M}}\left(\xi_n u,a\right)\int_0^\vartheta\psi_{\theta d}\left(u,v,t\right)\cos\left(\xi_m v\right)dvdu$.

29.89

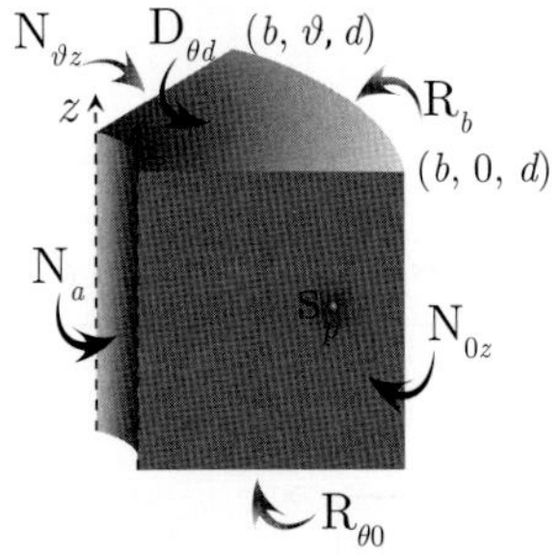

The problem of 29.84, except

$\mathbf{R}_{\theta 0} \equiv \frac{\partial p(r,\theta,0,t)}{\partial z} - \lambda_0 p\,(r,\theta,0,t) = -\left(\frac{\mu}{k_z}\right)\psi_{\theta 0}\,(r,\theta,t),$

$\mathbf{D}_{\theta d} \equiv p\,(r,\theta,d,t) = \psi_{\theta d}\,(r,\theta,t),$

$\mathbf{N}_a \equiv \frac{\partial p(a,\theta,z,t)}{\partial r} = -\left(\frac{\mu}{k_r}\right)\psi_a\,(\theta,z,t),$

$\mathbf{R}_b \equiv \frac{\partial p(b,\theta,z,t)}{\partial r} + \lambda p\,(b,\theta,z,t) = -\left(\frac{\mu}{k_r}\right)\psi_b\,(\theta,z,t),$

$\mathbf{N}_{0z} \equiv \frac{\partial p(r,0,z,t)}{\partial \theta} = -\left(\frac{\mu}{k_\theta}\right)\psi_{0z}\,(r,z,t)$ **and**

$\mathbf{N}_{\vartheta z} \equiv \frac{\partial p(r,\vartheta,z,t)}{\partial \theta} = -\left(\frac{\mu}{k_\theta}\right)\psi_{\vartheta z}\,(r,z,t)$

$$
\begin{aligned}
\overline{p} \;=\; & \frac{2\pi^2 q\,(s)\,e^{-st_0}}{\vartheta\phi c_t}\sum_{m=0}^{\infty}\ni_m \cos(\xi_m\theta)\times \\
& \times\sum_{n=1}^{\infty}\frac{\xi_n^2\left\{\xi_n J'_{\mathcal{M}}(\xi_n b)+\lambda J_{\mathcal{M}}(\xi_n b)\right\}^2 \mathcal{V}_{\mathcal{NM}}(\xi r_0,a)\,\mathcal{V}_{\mathcal{NM}}(\xi r,a)}{\left[\left\{\xi_n^2+\lambda^2-\left(\frac{\mathcal{M}}{b}\right)^2\right\}J'^2_{\mathcal{M}}(\xi_n a)-\left\{1-\left(\frac{\mathcal{M}}{\xi_n a}\right)^2\right\}\left\{\xi_n J'_{\mathcal{M}}(\xi_n b)+\lambda J_{\mathcal{M}}(\xi_n b)\right\}^2\right]}\times \\
& \times\sum_{l=1}^{\infty}\frac{\left(\xi_l^2+\lambda_0^2\right)\sin\{\xi_l(d-z_0)\}\sin\{\xi_l(d-z)\}}{\left\{d\left(\xi_l^2+\lambda_0^2\right)+\lambda_0\right\}\left(\eta_r\xi_n^2+\eta_z\xi_l^2+s\right)}+ \\
& +\frac{4\pi}{\vartheta\phi c_t}\sum_{m=0}^{\infty}\ni_m \cos(\xi_m\theta)\times \\
& \times\sum_{n=1}^{\infty}\frac{\xi_n\left\{\xi_n J'_{\mathcal{M}}(\xi_n b)+\lambda J_{\mathcal{M}}(\xi_n b)\right\}^2 \mathcal{V}_{\mathcal{NM}}(\xi r,a)}{\left[\left\{\xi_n^2+\lambda^2-\left(\frac{\mathcal{M}}{b}\right)^2\right\}J'^2_{\mathcal{M}}(\xi_n a)-\left\{1-\left(\frac{\mathcal{M}}{\xi_n a}\right)^2\right\}\left\{\xi_n J'_{\mathcal{M}}(\xi_n b)+\lambda J_{\mathcal{M}}(\xi_n b)\right\}^2\right]}\times \\
& \times\sum_{l=1}^{\infty}\frac{\overline{\overline{\overline{\psi}}}_a(\xi_m,\xi_l,s)\left(\xi_l^2+\lambda_0^2\right)\sin\{\xi_l(d-z)\}}{\left\{d\left(\xi_l^2+\lambda_0^2\right)+\lambda_0\right\}\left(\eta_r\xi_n^2+\eta_z\xi_l^2+s\right)}- \\
& -\frac{4\pi}{\vartheta\phi c_t}\sum_{m=0}^{\infty}\ni_m \cos(\xi_m\theta)\times \\
& \times\sum_{n=1}^{\infty}\frac{\xi_n^2 J'_{\mathcal{M}}(\xi_n a)\left\{\xi_n J'_{\mathcal{M}}(\xi_n b)+\lambda J_{\mathcal{M}}(\xi_n b)\right\}\mathcal{V}_{\mathcal{NM}}(\xi r,a)}{\left[\left\{\xi_n^2+\lambda^2-\left(\frac{\mathcal{M}}{b}\right)^2\right\}J'^2_{\mathcal{M}}(\xi_n a)-\left\{1-\left(\frac{\mathcal{M}}{\xi_n a}\right)^2\right\}\left\{\xi_n J'_{\mathcal{M}}(\xi_n b)+\lambda J_{\mathcal{M}}(\xi_n b)\right\}^2\right]}\times \\
& \times\sum_{l=1}^{\infty}\frac{\overline{\overline{\overline{\psi}}}_b(\xi_m,\xi_l,s)\left(\xi_l^2+\lambda_0^2\right)\sin\{\xi_l(d-z)\}}{\left\{d\left(\xi_l^2+\lambda_0^2\right)+\lambda_0\right\}\left(\eta_r\xi_n^2+\eta_z\xi_l^2+s\right)}+ \\
& +\frac{2\pi^2}{\vartheta}\sum_{m=0}^{\infty}\ni_m \cos(\xi_m\theta)\times \\
& \times\sum_{n=1}^{\infty}\frac{\xi_n^2\left\{\xi_n J'_{\mathcal{M}}(\xi_n b)+\lambda J_{\mathcal{M}}(\xi_n b)\right\}^2 \mathcal{V}_{\mathcal{NM}}(\xi r,a)}{\left[\left\{\xi_n^2+\lambda^2-\left(\frac{\mathcal{M}}{b}\right)^2\right\}J'^2_{\mathcal{M}}(\xi_n a)-\left\{1-\left(\frac{\mathcal{M}}{\xi_n a}\right)^2\right\}\left\{\xi_n J'_{\mathcal{M}}(\xi_n b)+\lambda J_{\mathcal{M}}(\xi_n b)\right\}^2\right]}\times \\
& \times\sum_{l=1}^{\infty}\frac{\left(\xi_l^2+\lambda_0^2\right)\left\{\frac{\sin(\xi_l d)}{\phi c_t}\overline{\overline{\overline{\psi}}}_{\theta 0}(\xi_n,\xi_m,s)+\eta_z\xi_l\overline{\overline{\overline{\psi}}}_{\theta d}(\xi_n,\xi_m,s)\right\}\sin\{\xi_l(d-z)\}}{\left\{d\left(\xi_l^2+\lambda_0^2\right)+\lambda_0\right\}\left(\eta_r\xi_n^2+\eta_z\xi_l^2+s\right)}+ \\
& +\frac{2\pi^2}{\vartheta\phi c_t}\sum_{m=0}^{\infty}\ni_m \cos(\xi_m\theta)\times \\
& \times\sum_{n=1}^{\infty}\frac{\xi_n^2\left\{\xi_n J'_{\mathcal{M}}(\xi_n b)+\lambda J_{\mathcal{M}}(\xi_n b)\right\}^2 \mathcal{V}_{\mathcal{NM}}(\xi r,a)}{\left[\left\{\xi_n^2+\lambda^2-\left(\frac{\mathcal{M}}{b}\right)^2\right\}J'^2_{\mathcal{M}}(\xi_n a)-\left\{1-\left(\frac{\mathcal{M}}{\xi_n a}\right)^2\right\}\left\{\xi_n J'_{\mathcal{M}}(\xi_n b)+\lambda J_{\mathcal{M}}(\xi_n b)\right\}^2\right]}\times
\end{aligned}
$$

$$\times \int_0^a \frac{\mathcal{V}_{\mathcal{NM}}(\xi_n u, a)}{u} \int_0^d \left\{ \overline{\psi}_{0z}(u, w, s) + (-1)^{m+1} \overline{\psi}_{\vartheta z}(u, w, s) \right\} \times$$
$$\times \sum_{l=1}^{\infty} \frac{(\xi_l^2 + \lambda_d^2) \sin\{\xi_l (d - w)\} \sin\{\xi_l (d - z)\}}{\{d(\xi_l^2 + \lambda_d^2) + \lambda_d\}(\eta_r \xi_n^2 + \eta_z \xi_l^2 + s)} dw du +$$
$$+ \frac{2\pi^2}{\vartheta} \sum_{m=0}^{\infty} \ni_m \cos(\xi_m \theta) \times$$
$$\times \sum_{n=1}^{\infty} \frac{\xi_n^2 \{\xi_n J'_{\mathcal{M}}(\xi_n b) + \lambda J_{\mathcal{M}}(\xi_n b)\}^2 \mathcal{V}_{\mathcal{NM}}(\xi r, a)}{\left[\left\{ \xi_n^2 + \lambda^2 - \left(\frac{\mathcal{M}}{b}\right)^2 \right\} J'^2_{\mathcal{M}}(\xi_n a) - \left\{ 1 - \left(\frac{\mathcal{M}}{\xi_n a}\right)^2 \right\} \{\xi_n J'_{\mathcal{M}}(\xi_n b) + \lambda J_{\mathcal{M}}(\xi_n b)\}^2 \right]} \times$$
$$\times \sum_{l=1}^{\infty} \frac{\overline{\overline{\overline{\varphi}}}(\xi_n, \xi_m, \xi_l)(\xi_l^2 + \lambda_0^2) \sin\{\xi_l (d - z)\}}{\{d(\xi_l^2 + \lambda_0^2) + \lambda_0\}(\eta_r \xi_n^2 + \eta_z \xi_l^2 + s)} \tag{29.89.1}$$

where $\mathcal{V}_{\mathcal{NM}}(\xi_n r, a) = J_{\mathcal{M}}(\xi_n r) Y'_{\mathcal{M}}(\xi_n a) - Y_{\mathcal{M}}(\xi_n r) J'_{\mathcal{M}}(\xi_n a)$, ξ_n, $n = 1, 2, ...$, are the positive roots of the transcendental equation $\xi_n \mathcal{V}'_{\mathcal{NM}}(\xi_n b, a) + \lambda \mathcal{V}_{\mathcal{NM}}(\xi_n b, a) = 0$, ξ_l are the positive roots of $\xi_l \cot(\xi_l d) = -\lambda_0$, $l = 1, 2, ...$, $\xi_m = \frac{m\pi}{d}$, $m = 0, 1, ...$, $\overline{\overline{\overline{\psi}}}_{\theta 0}(\xi_n, \xi_m, s) = \int_0^a u \mathcal{V}_{\mathcal{NM}}(\xi_n u, a) \int_0^{\vartheta} \overline{\psi}_0(u, v, s) \cos(\xi_m v) dv du$,
$\overline{\overline{\overline{\psi}}}_{\theta d}(\xi_n, \xi_m, s) = \int_0^a u \mathcal{V}_{\mathcal{NM}}(\xi_n u, a) \int_0^{\vartheta} \overline{\psi}_{\theta d}(u, v, s) \cos(\xi_m v) dv du$,
$\overline{\overline{\overline{\psi}}}_a(\xi_m, \xi_l, s) = \int_0^{\vartheta} \cos(\xi_m v) \int_0^d \overline{\psi}_a(v, w, s) \sin\{\xi_l (d - w)\} dw dv$,
$\overline{\overline{\overline{\psi}}}_b(\xi_m, \xi_l, s) = \int_0^{\vartheta} \cos(\xi_m v) \int_0^d \overline{\psi}_b(v, w, s) \sin\{\xi_l (d - w)\} dw dv$ and
$\overline{\overline{\overline{\varphi}}}(\xi_n, \xi_m, \xi_l) = \int_0^a u \mathcal{V}_{\mathcal{NM}}(\xi_n u, a) \int_0^{\vartheta} \cos(\xi_m v) \int_0^d \varphi(u, v, w) \sin\{\xi_l (d - w)\} dw dv du$.

$$p = \frac{2\pi^2 U(t - t_0)}{\vartheta \phi c_t} \sum_{m=0}^{\infty} \ni_m \cos(\xi_m \theta) \times$$
$$\times \sum_{n=1}^{\infty} \frac{\xi_n^2 \{\xi_n J'_{\mathcal{M}}(\xi_n b) + \lambda J_{\mathcal{M}}(\xi_n b)\}^2 \mathcal{V}_{\mathcal{NM}}(\xi r_0, a) \mathcal{V}_{\mathcal{NM}}(\xi r, a)}{\left[\left\{ \xi_n^2 + \lambda^2 - \left(\frac{\mathcal{M}}{b}\right)^2 \right\} J'^2_{\mathcal{M}}(\xi_n a) - \left\{ 1 - \left(\frac{\mathcal{M}}{\xi_n a}\right)^2 \right\} \{\xi_n J'_{\mathcal{M}}(\xi_n b) + \lambda J_{\mathcal{M}}(\xi_n b)\}^2 \right]} \times$$
$$\times \sum_{l=1}^{\infty} \frac{(\xi_l^2 + \lambda_0^2) \sin\{\xi_l (d - z_0)\} \sin\{\xi_l (d - z)\} \int_0^{t - t_0} q(t - t_0 - \tau) e^{-(\eta_r \xi_n^2 + \eta_z \xi_l^2)\tau} d\tau}{\{d(\xi_l^2 + \lambda_0^2) + \lambda_0\}} +$$
$$+ \frac{4\pi}{\vartheta \phi c_t} \sum_{m=0}^{\infty} \ni_m \cos(\xi_m \theta) \times$$
$$\times \sum_{n=1}^{\infty} \frac{\xi_n \{\xi_n J'_{\mathcal{M}}(\xi_n b) + \lambda J_{\mathcal{M}}(\xi_n b)\}^2 \mathcal{V}_{\mathcal{NM}}(\xi r, a)}{\left[\left\{ \xi_n^2 + \lambda^2 - \left(\frac{\mathcal{M}}{b}\right)^2 \right\} J'^2_{\mathcal{M}}(\xi_n a) - \left\{ 1 - \left(\frac{\mathcal{M}}{\xi_n a}\right)^2 \right\} \{\xi_n J'_{\mathcal{M}}(\xi_n b) + \lambda J_{\mathcal{M}}(\xi_n b)\}^2 \right]} \times$$
$$\times \sum_{l=1}^{\infty} \frac{(\xi_l^2 + \lambda_0^2) \sin\{\xi_l (d - z)\} \int_0^t \overline{\overline{\psi}}_a(\xi_m, \xi_l, t - \tau) e^{-(\eta_r \xi_n^2 + \eta_z \xi_l^2)\tau} d\tau}{\{d(\xi_l^2 + \lambda_0^2) + \lambda_0\}} -$$
$$- \frac{4\pi}{\vartheta \phi c_t} \sum_{m=0}^{\infty} \ni_m \cos(\xi_m \theta) \times$$
$$\times \sum_{n=1}^{\infty} \frac{\xi_n^2 J'_{\mathcal{M}}(\xi_n a) \{\lambda J_{\mathcal{M}}(\xi_n b) - \xi_n J'_{\mathcal{M}}(\xi_n b)\} \mathcal{V}_{\mathcal{NM}}(\xi r, a)}{\left[\left\{ \xi_n^2 + \lambda^2 - \left(\frac{\mathcal{M}}{b}\right)^2 \right\} J'^2_{\mathcal{M}}(\xi_n a) - \left\{ 1 - \left(\frac{\mathcal{M}}{\xi_n a}\right)^2 \right\} \{\xi_n J'_{\mathcal{M}}(\xi_n b) + \lambda J_{\mathcal{M}}(\xi_n b)\}^2 \right]} \times$$
$$\times \sum_{l=1}^{\infty} \frac{(\xi_l^2 + \lambda_0^2) \sin\{\xi_l (d - z)\} \int_0^t \overline{\overline{\psi}}_b(\xi_m, \xi_l, t - \tau) e^{-(\eta_r \xi_n^2 + \eta_z \xi_l^2)\tau} d\tau}{\{d(\xi_l^2 + \lambda_0^2) + \lambda_0\}} +$$

$$+\frac{2\pi^2}{\vartheta}\sum_{m=0}^{\infty}\ni_m\cos(\xi_m\theta)\times$$
$$\times\sum_{n=1}^{\infty}\frac{\xi_n^2\left\{\xi_nJ'_{\mathcal{M}}(\xi_nb)+\lambda J_{\mathcal{M}}(\xi_nb)\right\}^2\mathcal{V}_{\mathcal{NM}}(\xi r,a)}{\left[\left\{\xi_n^2+\lambda^2-\left(\frac{\mathcal{M}}{b}\right)^2\right\}J'^2_{\mathcal{M}}(\xi_na)-\left\{1-\left(\frac{\mathcal{M}}{\xi_na}\right)^2\right\}\left\{\xi_nJ'_{\mathcal{M}}(\xi_nb)+\lambda J_{\mathcal{M}}(\xi_nb)\right\}^2\right]}\times$$
$$\times\sum_{l=1}^{\infty}\frac{(\xi_l^2+\lambda_0^2)\sin\{\xi_l(d-z)\}\int_0^t\left\{\frac{\sin(\xi_ld)}{\phi c_t}\overline{\overline{\psi}}_{\theta 0}(\xi_n,\xi_m,t-\tau)+\eta_z\xi_l\overline{\overline{\psi}}_{\theta d}(\xi_n,\xi_m,t-\tau)\right\}e^{-(\eta_r\xi_n^2+\eta_z\xi_l^2)\tau}d\tau}{\{d(\xi_l^2+\lambda_0^2)+\lambda_0\}}+$$
$$+\frac{2\pi^2}{\vartheta\phi c_t}\sum_{m=0}^{\infty}\ni_m\cos(\xi_m\theta)\times$$
$$\times\sum_{n=1}^{\infty}\frac{\xi_n^2\left\{\xi_nJ'_{\mathcal{M}}(\xi_nb)+\lambda J_{\mathcal{M}}(\xi_nb)\right\}^2\mathcal{V}_{\mathcal{NM}}(\xi r,a)}{\left[\left\{\xi_n^2+\lambda^2-\left(\frac{\mathcal{M}}{b}\right)^2\right\}J'^2_{\mathcal{M}}(\xi_na)-\left\{1-\left(\frac{\mathcal{M}}{\xi_na}\right)^2\right\}\left\{\xi_nJ'_{\mathcal{M}}(\xi_nb)+\lambda J_{\mathcal{M}}(\xi_nb)\right\}^2\right]}\times$$
$$\times\int_0^a\frac{\mathcal{V}_{\mathcal{NM}}(\xi_nu,a)}{u}\int_0^d\int_0^t e^{-\eta_r\xi_n^2\tau}\left\{\psi_{0z}(u,w,t-\tau)+(-1)^{m+1}\psi_{\vartheta z}(u,w,t-\tau)\right\}\times$$
$$\times\sum_{l=1}^{\infty}\frac{(\xi_l^2+\lambda_d^2)\sin\{\xi_l(d-w)\}\sin\{\xi_l(d-z)\}e^{-\eta_z\xi_l^2\tau}}{\{d(\xi_l^2+\lambda_d^2)+\lambda_d\}}d\tau dwdu+$$
$$+\frac{2\pi^2}{\vartheta}\sum_{m=0}^{\infty}\ni_m\cos(\xi_m\theta)\times$$
$$\times\sum_{n=1}^{\infty}\frac{\xi_n^2\left\{\xi_nJ'_{\mathcal{M}}(\xi_nb)+\lambda J_{\mathcal{M}}(\xi_nb)\right\}^2\mathcal{V}_{\mathcal{NM}}(\xi r,a)e^{-\eta_r\xi_n^2t}}{\left[\left\{\xi_n^2+\lambda^2-\left(\frac{\mathcal{M}}{b}\right)^2\right\}J'^2_{\mathcal{M}}(\xi_na)-\left\{1-\left(\frac{\mathcal{M}}{\xi_na}\right)^2\right\}\left\{\xi_nJ'_{\mathcal{M}}(\xi_nb)+\lambda J_{\mathcal{M}}(\xi_nb)\right\}^2\right]}\times$$
$$\times\sum_{l=1}^{\infty}\frac{\overline{\overline{\overline{\varphi}}}(\xi_n,\xi_m,\xi_l)(\xi_l^2+\lambda_0^2)\sin\{\xi_l(d-z)\}e^{-\eta_z\xi_l^2t}}{\{d(\xi_l^2+\lambda_0^2)+\lambda_0\}}\qquad(29.89.2)$$

where $\overline{\overline{\psi}}_a(\xi_m,\xi_l,t)=\int_0^\vartheta\cos(\xi_mv)\int_0^d\psi_a(v,w,t)\sin\{\xi_l(d-w)\}dwdv$,
$\overline{\overline{\psi}}_b(\xi_m,\xi_l,t)=\int_0^\vartheta\cos(\xi_mv)\int_0^d\psi_b(v,w,t)\sin\{\xi_l(d-w)\}dwdv$,
$\overline{\overline{\psi}}_{\theta 0}(\xi_n,\xi_m,t)=\int_0^a u\mathcal{V}_{\mathcal{NM}}(\xi_nu,a)\int_0^\vartheta\psi_0(u,v,t)\cos(\xi_mv)dvdu$ and
$\overline{\overline{\psi}}_{\theta d}(\xi_n,\xi_m,t)=\int_0^a u\mathcal{V}_{\mathcal{NM}}(\xi_nu,a)\int_0^\vartheta\psi_{\theta d}(u,v,t)\cos(\xi_mv)dvdu$.

29.90

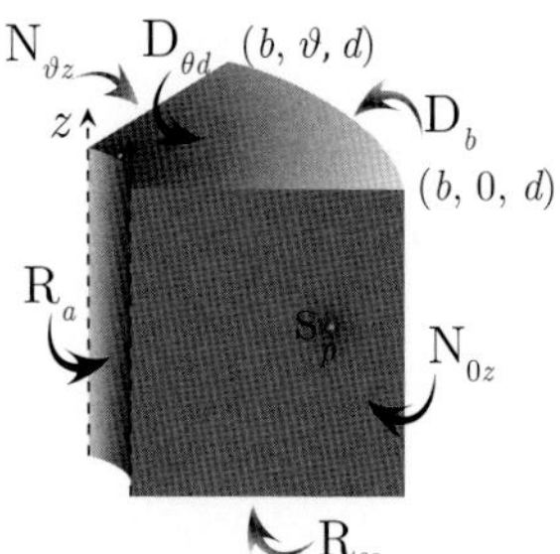

The problem of 29.84, except
$\mathbf{R_{\theta 0}\equiv\frac{\partial p(r,\theta,0,t)}{\partial z}-\lambda_0p(r,\theta,0,t)=-\left(\frac{\mu}{k_z}\right)\psi_{\theta 0}(r,\theta,t)}$,
$\mathbf{D_{\theta d}\equiv p(r,\theta,d,t)=\psi_{\theta d}(r,\theta,t)}$,
$\mathbf{R_a\equiv\frac{\partial p(a,\theta,z,t)}{\partial r}-\lambda p(a,\theta,z,t)=-\left(\frac{\mu}{k_r}\right)\psi_a(\theta,z,t)}$,
$\mathbf{D_b\equiv p(b,\theta,z,t)=\psi_b(\theta,z,t)}$,
$\mathbf{N_{0z}\equiv\frac{\partial p(r,0,z,t)}{\partial\theta}=-\left(\frac{\mu}{k_\theta}\right)\psi_{0z}(r,z,t)}$ **and**
$\mathbf{N_{\vartheta z}\equiv\frac{\partial p(r,\vartheta,z,t)}{\partial\theta}=-\left(\frac{\mu}{k_\theta}\right)\psi_{\vartheta z}(r,z,t)}$

$$\overline{p}=\frac{2\pi^2q(s)e^{-st_0}}{\vartheta\phi c_t}\sum_{m=0}^{\infty}\ni_m\cos(\xi_m\theta)\sum_{n=1}^{\infty}\frac{\xi_n^2\left\{\xi_nJ'_{\mathcal{M}}(\xi_na)-\lambda J_{\mathcal{M}}(\xi_na)\right\}^2\mathcal{V}_{\mathcal{DM}}(\xi r_0,b)\mathcal{V}_{\mathcal{DM}}(\xi r,b)}{\left[\left\{\xi_nJ'_{\mathcal{M}}(\xi_na)-\lambda J_{\mathcal{M}}(\xi_na)\right\}^2-\left\{\xi_n^2+\lambda^2-\left(\frac{\mathcal{M}}{a}\right)^2\right\}J^2_{\mathcal{M}}(\xi_nb)\right]}\times$$
$$\times\sum_{l=1}^{\infty}\frac{(\xi_l^2+\lambda_0^2)\sin\{\xi_l(d-z_0)\}\sin\{\xi_l(d-z)\}}{\{d(\xi_l^2+\lambda_0^2)+\lambda_0\}(\eta_r\xi_n^2+\eta_z\xi_l^2+s)}+$$

$$+\frac{4\pi}{\vartheta\phi c_t}\sum_{m=0}^{\infty}\ni_m\cos(\xi_m\theta)\sum_{n=1}^{\infty}\frac{\xi_n^2 J_{\mathcal{M}}(\xi_n b)\{\xi_n J'_{\mathcal{M}}(\xi_n a)-\lambda J_{\mathcal{M}}(\xi_n a)\}\mathcal{V}_{\mathcal{DM}}(\xi r,b)}{\left[\{\xi_n J'_{\mathcal{M}}(\xi_n a)-\lambda J_{\mathcal{M}}(\xi_n a)\}^2-\left\{\xi_n^2+\lambda^2-\left(\frac{\mathcal{M}}{a}\right)^2\right\}J_{\mathcal{M}}^2(\xi_n b)\right]}\times$$

$$\times\sum_{l=1}^{\infty}\frac{\overline{\overline{\overline{\psi}}}_a(\xi_m,\xi_l,s)\left(\xi_l^2+\lambda_0^2\right)\sin\{\xi_l(d-z)\}}{\{d(\xi_l^2+\lambda_0^2)+\lambda_0\}(\eta_r\xi_n^2+\eta_z\xi_l^2+s)}+$$

$$+\frac{4\pi\eta_r}{\vartheta}\sum_{m=0}^{\infty}\ni_m\cos(\xi_m\theta)\sum_{n=1}^{\infty}\frac{\xi_n^2\{\xi_n J'_{\mathcal{M}}(\xi_n a)-\lambda J_{\mathcal{M}}(\xi_n a)\}^2\mathcal{V}_{\mathcal{DM}}(\xi r,b)}{\left[\{\xi_n J'_{\mathcal{M}}(\xi_n a)-\lambda J_{\mathcal{M}}(\xi_n a)\}^2-\left\{\xi_n^2+\lambda^2-\left(\frac{\mathcal{M}}{a}\right)^2\right\}J_{\mathcal{M}}^2(\xi_n b)\right]}\times$$

$$\times\sum_{l=1}^{\infty}\frac{\overline{\overline{\overline{\psi}}}_b(\xi_m,\xi_l,s)\left(\xi_l^2+\lambda_0^2\right)\sin\{\xi_l(d-z)\}}{\{d(\xi_l^2+\lambda_0^2)+\lambda_0\}(\eta_r\xi_n^2+\eta_z\xi_l^2+s)}+$$

$$+\frac{2\pi^2}{\vartheta}\sum_{m=0}^{\infty}\ni_m\cos(\xi_m\theta)\sum_{n=1}^{\infty}\frac{\xi_n^2\{\xi_n J'_{\mathcal{M}}(\xi_n a)-\lambda J_{\mathcal{M}}(\xi_n a)\}^2\mathcal{V}_{\mathcal{DM}}(\xi r,b)}{\left[\{\xi_n J'_{\mathcal{M}}(\xi_n a)-\lambda J_{\mathcal{M}}(\xi_n a)\}^2-\left\{\xi_n^2+\lambda^2-\left(\frac{\mathcal{M}}{a}\right)^2\right\}J_{\mathcal{M}}^2(\xi_n b)\right]}\times$$

$$\times\sum_{l=1}^{\infty}\frac{\left(\xi_l^2+\lambda_0^2\right)\left\{\frac{\sin(\xi_l d)}{\phi c_t}\overline{\overline{\overline{\psi}}}_{\theta 0}(\xi_n,\xi_m,s)+\eta_z\xi_l\overline{\overline{\overline{\psi}}}_{\theta d}(\xi_n,\xi_m,s)\right\}\sin\{\xi_l(d-z)\}}{\{d(\xi_l^2+\lambda_0^2)+\lambda_0\}(\eta_r\xi_n^2+\eta_z\xi_l^2+s)}+$$

$$+\frac{2\pi^2}{\vartheta\phi c_t}\sum_{m=0}^{\infty}\ni_m\cos(\xi_m\theta)\times$$

$$\times\sum_{n=1}^{\infty}\frac{\xi_n^2\{\xi_n J'_{\mathcal{M}}(\xi_n a)-\lambda J_{\mathcal{M}}(\xi_n a)\}^2\mathcal{V}_{\mathcal{DM}}(\xi r,b)}{\left[\{\xi_n J'_{\mathcal{M}}(\xi_n a)-\lambda J_{\mathcal{M}}(\xi_n a)\}^2-\left\{\xi_n^2+\lambda^2-\left(\frac{\mathcal{M}}{a}\right)^2\right\}J_{\mathcal{M}}^2(\xi_n b)\right]}\times$$

$$\times\int_0^a\frac{\mathcal{V}_{\mathcal{NM}}(\xi_n u,a)}{u}\int_0^d\left\{\overline{\psi}_{0z}(u,w,s)+(-1)^{m+1}\overline{\psi}_{\vartheta z}(u,w,s)\right\}\times$$

$$\times\sum_{l=1}^{\infty}\frac{\left(\xi_l^2+\lambda_d^2\right)\sin\{\xi_l(d-w)\}\sin\{\xi_l(d-z)\}}{\{d(\xi_l^2+\lambda_d^2)+\lambda_d\}(\eta_r\xi_n^2+\eta_z\xi_l^2+s)}dwdu+$$

$$+\frac{2\pi^2}{\vartheta}\sum_{m=0}^{\infty}\ni_m\cos(\xi_m\theta)\sum_{n=1}^{\infty}\frac{\xi_n^2\{\xi_n J'_{\mathcal{M}}(\xi_n a)-\lambda J_{\mathcal{M}}(\xi_n a)\}^2\mathcal{V}_{\mathcal{DM}}(\xi r,b)}{\left[\{\xi_n J'_{\mathcal{M}}(\xi_n a)-\lambda J_{\mathcal{M}}(\xi_n a)\}^2-\left\{\xi_n^2+\lambda^2-\left(\frac{\mathcal{M}}{a}\right)^2\right\}J_{\mathcal{M}}^2(\xi_n b)\right]}\times$$

$$\times\sum_{l=1}^{\infty}\frac{\overline{\overline{\overline{\varphi}}}(\xi_n,\xi_m,\xi_l)\left(\xi_l^2+\lambda_0^2\right)\sin\{\xi_l(d-z)\}}{\{d(\xi_l^2+\lambda_0^2)+\lambda_0\}(\eta_r\xi_n^2+\eta_z\xi_l^2+s)} \tag{29.90.1}$$

where $\mathcal{V}_{\mathcal{DM}}(\xi_n r,b)=J_{\mathcal{M}}(\xi_n r)Y_{\mathcal{M}}(\xi_n b)-Y_{\mathcal{M}}(\xi_n r)J_{\mathcal{M}}(\xi_n b)$, ξ_n, $n=1,2,...$, are the positive roots of the transcendental equation $\lambda\mathcal{V}_{\mathcal{DM}}(\xi_n a,b)-\xi_n\mathcal{V}'_{\mathcal{DM}}(\xi_n a,b)=0$, ξ_l are the positive roots of $\xi_l\cot(\xi_l d)=-\lambda_0$, $l=1,2,...$, $\xi_m=\frac{m\pi}{d}$, $m=0,1,...$, $\overline{\overline{\overline{\psi}}}_{\theta 0}(\xi_n,\xi_m,s)=\int_0^a u\mathcal{V}_{\mathcal{DM}}(\xi_n u,a)\int_0^{\vartheta}\overline{\psi}_0(u,v,s)\cos(\xi_m v)dvdu$,
$\overline{\overline{\overline{\psi}}}_{\theta d}(\xi_n,\xi_m,s)=\int_0^a u\mathcal{V}_{\mathcal{DM}}(\xi_n u,a)\int_0^{\vartheta}\overline{\psi}_{\theta d}(u,v,s)\cos(\xi_m v)dvdu$,
$\overline{\overline{\overline{\psi}}}_a(\xi_m,\xi_l,s)=\int_0^{\vartheta}\cos(\xi_m v)\int_0^d\overline{\psi}_a(v,w,s)\sin\{\xi_l(d-w)\}dwdv$,
$\overline{\overline{\overline{\psi}}}_b(\xi_m,\xi_l,s)=\int_0^{\vartheta}\cos(\xi_m v)\int_0^d\overline{\psi}_b(v,w,s)\sin\{\xi_l(d-w)\}dwdv$ and
$\overline{\overline{\overline{\varphi}}}(\xi_n,\xi_m,\xi_l)=\int_0^a u\mathcal{V}_{\mathcal{DM}}(\xi_n u,a)\int_0^{\vartheta}\cos(\xi_m v)\int_0^d\varphi(u,v,w)\sin\{\xi_l(d-w)\}dwdvdu.$

$$p=\frac{2\pi^2 U(t-t_0)}{\vartheta\phi c_t}\sum_{m=0}^{\infty}\ni_m\cos(\xi_m\theta)\sum_{n=1}^{\infty}\frac{\xi_n^2\{\lambda J_{\mathcal{M}}(\xi_n a)+\xi_n J'_{\mathcal{M}}(\xi_n a)\}^2\mathcal{V}_{\mathcal{DM}}(\xi r_0,b)\mathcal{V}_{\mathcal{DM}}(\xi r,b)}{\left[\{\xi_n J'_{\mathcal{M}}(\xi_n a)-\lambda J_{\mathcal{M}}(\xi_n a)\}^2-\left\{\xi_n^2+\lambda^2-\left(\frac{\mathcal{M}}{a}\right)^2\right\}J_{\mathcal{M}}^2(\xi_n b)\right]}\times$$

$$\times\sum_{l=1}^{\infty}\frac{\left(\xi_l^2+\lambda_0^2\right)\sin\{\xi_l(d-z_0)\}\sin\{\xi_l(d-z)\}\int_0^{t-t_0}q(t-t_0-\tau)e^{-\left(\eta_r\xi_n^2+\eta_z\xi_l^2\right)\tau}d\tau}{\{d(\xi_l^2+\lambda_0^2)+\lambda_0\}}+$$

$$+\frac{4\pi}{\vartheta\phi c_t}\sum_{m=0}^{\infty}\ni_m \cos(\xi_m\theta)\sum_{n=1}^{\infty}\frac{\xi_n^2 J_{\mathcal{M}}(\xi_n b)\{\xi_n J'_{\mathcal{M}}(\xi_n a)-\lambda J_{\mathcal{M}}(\xi_n a)\}\mathcal{V}_{\mathcal{DM}}(\xi r, b)}{\left[\{\xi_n J'_{\mathcal{M}}(\xi_n a)-\lambda J_{\mathcal{M}}(\xi_n a)\}^2-\left\{\xi_n^2+\lambda^2-\left(\frac{\mathcal{M}}{a}\right)^2\right\}J_{\mathcal{M}}^2(\xi_n b)\right]}\times$$

$$\times\sum_{l=1}^{\infty}\frac{(\xi_l^2+\lambda_0^2)\sin\{\xi_l(d-z)\}\int_0^t\overline{\overline{\psi}}_a(\xi_m,\xi_l,t-\tau)e^{-(\eta_r\xi_n^2+\eta_z\xi_l^2)\tau}d\tau}{\{d(\xi_l^2+\lambda_0^2)+\lambda_0\}}+$$

$$+\frac{4\pi\eta_r}{\vartheta}\sum_{m=0}^{\infty}\ni_m \cos(\xi_m\theta)\sum_{n=1}^{\infty}\frac{\xi_n^2\{\xi_n J'_{\mathcal{M}}(\xi_n a)-\lambda J_{\mathcal{M}}(\xi_n a)\}^2\mathcal{V}_{\mathcal{DM}}(\xi r, b)}{\left[\{\xi_n J'_{\mathcal{M}}(\xi_n a)-\lambda J_{\mathcal{M}}(\xi_n a)\}^2-\left\{\xi_n^2+\lambda^2-\left(\frac{\mathcal{M}}{a}\right)^2\right\}J_{\mathcal{M}}^2(\xi_n b)\right]}\times$$

$$\times\sum_{l=1}^{\infty}\frac{(\xi_l^2+\lambda_0^2)\sin\{\xi_l(d-z)\}\int_0^t\overline{\overline{\psi}}_b(\xi_m,\xi_l,t-\tau)e^{-(\eta_r\xi_n^2+\eta_z\xi_l^2)\tau}d\tau}{\{d(\xi_l^2+\lambda_0^2)+\lambda_0\}}+$$

$$+\frac{2\pi^2}{\vartheta}\sum_{m=0}^{\infty}\ni_m \cos(\xi_m\theta)\sum_{n=1}^{\infty}\frac{\xi_n^2\{\xi_n J'_{\mathcal{M}}(\xi_n a)-\lambda J_{\mathcal{M}}(\xi_n a)\}^2\mathcal{V}_{\mathcal{DM}}(\xi r, b)}{\left[\{\xi_n J'_{\mathcal{M}}(\xi_n a)-\lambda J_{\mathcal{M}}(\xi_n a)\}^2-\left\{\xi_n^2+\lambda^2-\left(\frac{\mathcal{M}}{a}\right)^2\right\}J_{\mathcal{M}}^2(\xi_n b)\right]}\times$$

$$\times\sum_{l=1}^{\infty}\frac{(\xi_l^2+\lambda_0^2)\sin\{\xi_l(d-z)\}\int_0^t\left\{\frac{\sin(\xi_l d)}{\phi c_t}\overline{\overline{\psi}}_{\theta 0}(\xi_n,\xi_m,t-\tau)+\eta_z\xi_l\overline{\overline{\psi}}_{\theta d}(\xi_n,\xi_m,t-\tau)\right\}e^{-(\eta_r\xi_n^2+\eta_z\xi_l^2)\tau}d\tau}{\{d(\xi_l^2+\lambda_0^2)+\lambda_0\}}+$$

$$+\frac{2\pi^2}{\vartheta\phi c_t}\sum_{m=0}^{\infty}\ni_m \cos(\xi_m\theta)\sum_{n=1}^{\infty}\frac{\xi_n^2\{\xi_n J'_{\mathcal{M}}(\xi_n a)-\lambda J_{\mathcal{M}}(\xi_n a)\}^2\mathcal{V}_{\mathcal{DM}}(\xi r, b)}{\left[\{\xi_n J'_{\mathcal{M}}(\xi_n a)-\lambda J_{\mathcal{M}}(\xi_n a)\}^2-\left\{\xi_n^2+\lambda^2-\left(\frac{\mathcal{M}}{a}\right)^2\right\}J_{\mathcal{M}}^2(\xi_n b)\right]}\times$$

$$\times\int_0^a\frac{\mathcal{V}_{\mathcal{NM}}(\xi_n u,a)}{u}\int_0^d\int_0^t e^{-\eta_r\xi_n^2\tau}\left\{\psi_{0z}(u,w,t-\tau)+(-1)^{m+1}\psi_{\vartheta z}(u,w,t-\tau)\right\}\times$$

$$\times\sum_{l=1}^{\infty}\frac{(\xi_l^2+\lambda_d^2)\sin\{\xi_l(d-w)\}\sin\{\xi_l(d-z)\}e^{-\eta_z\xi_l^2\tau}}{\{d(\xi_l^2+\lambda_d^2)+\lambda_d\}}d\tau dw du+$$

$$+\frac{2\pi^2}{\vartheta}\sum_{m=0}^{\infty}\ni_m \cos(\xi_m\theta)\sum_{n=1}^{\infty}\frac{\xi_n^2\{\xi_n J'_{\mathcal{M}}(\xi_n a)-\lambda J_{\mathcal{M}}(\xi_n a)\}^2\mathcal{V}_{\mathcal{DM}}(\xi r, b)}{\left[\{\xi_n J'_{\mathcal{M}}(\xi_n a)-\lambda J_{\mathcal{M}}(\xi_n a)\}^2-\left\{\xi_n^2+\lambda^2-\left(\frac{\mathcal{M}}{a}\right)^2\right\}J_{\mathcal{M}}^2(\xi_n b)\right]}\times$$

$$\times\sum_{l=1}^{\infty}\frac{\overline{\overline{\overline{\varphi}}}(\xi_n,\xi_m,\xi_l)(\xi_l^2+\lambda_0^2)\sin\{\xi_l(d-z)\}e^{-\eta_z\xi_l^2 t}}{\{d(\xi_l^2+\lambda_0^2)+\lambda_0\}} \quad (29.90.2)$$

where $\overline{\overline{\psi}}_a(\xi_m,\xi_l,t)=\int_0^\vartheta\cos(\xi_m v)\int_0^d\psi_a(v,w,t)\sin\{\xi_l(d-w)\}dwdv$,
$\overline{\overline{\psi}}_b(\xi_m,\xi_l,t)=\int_0^\vartheta\cos(\xi_m v)\int_0^d\psi_b(v,w,t)\sin\{\xi_l(d-w)\}dwdv$,
$\overline{\overline{\psi}}_{\theta 0}(\xi_n,\xi_m,t)=\int_0^a u\mathcal{V}_{\mathcal{DM}}(\xi_n u,a)\int_0^\vartheta\psi_0(u,v,t)\cos(\xi_m v)dvdu$ and
$\overline{\overline{\psi}}_{\theta d}(\xi_n,\xi_m,t)=\int_0^a u\mathcal{V}_{\mathcal{DM}}(\xi_n u,a)\int_0^\vartheta\psi_{\theta d}(u,v,t)\cos(\xi_m v)dvdu$.

29.91

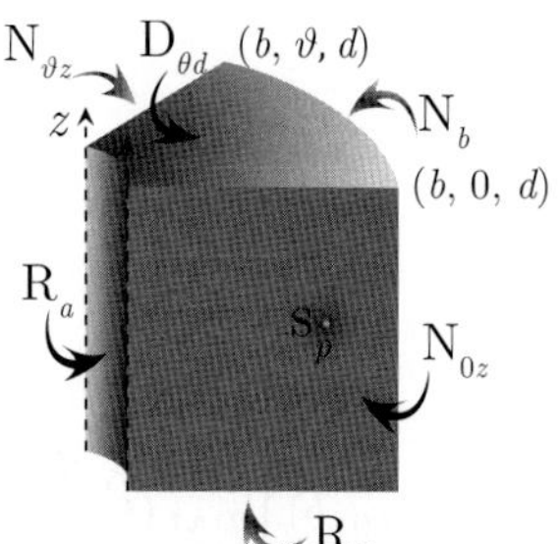

The problem of 29.84, except
$\mathbf{R}_{\theta 0}\equiv\frac{\partial p(r,\theta,0,t)}{\partial z}-\lambda_0 p(r,\theta,0,t)=-\left(\frac{\mu}{k_z}\right)\psi_{\theta 0}(r,\theta,t)$,
$\mathbf{D}_{\theta d}\equiv p(r,\theta,d,t)=\psi_{\theta d}(r,\theta,t)$,
$\mathbf{R}_a\equiv\frac{\partial p(a,\theta,z,t)}{\partial r}-\lambda p(a,\theta,z,t)=-\left(\frac{\mu}{k_r}\right)\psi_a(\theta,z,t)$,
$\mathbf{N}_b\equiv\frac{\partial p(b,\theta,z,t)}{\partial r}=-\left(\frac{\mu}{k_r}\right)\psi_b(\theta,z,t)$,
$\mathbf{N}_{0z}\equiv\frac{\partial p(r,0,z,t)}{\partial\theta}=-\left(\frac{\mu}{k_\theta}\right)\psi_{0z}(r,z,t)$ **and**
$\mathbf{N}_{\vartheta z}\equiv\frac{\partial p(r,\vartheta,z,t)}{\partial\theta}=-\left(\frac{\mu}{k_\theta}\right)\psi_{\vartheta z}(r,z,t)$

$$\overline{p}=\frac{2\pi^2 q(s)e^{-st_0}}{\vartheta\phi c_t}\sum_{m=0}^{\infty}\ni_m\cos(\xi_m\theta)\times$$

$$\times \sum_{n=1}^{\infty} \frac{\xi_n^2 \left\{ \xi_n J'_{\mathcal{M}}(\xi_n a) - \lambda J_{\mathcal{M}}(\xi_n a) \right\}^2 \mathcal{V}_{\mathcal{NM}}(\xi r_0, b) \mathcal{V}_{\mathcal{NM}}(\xi r, b)}{\left[\left\{ 1 - \left(\frac{\mathcal{M}}{\xi_n b} \right)^2 \right\} \left\{ \xi_n J'_{\mathcal{M}}(\xi_n a) - \lambda J_{\mathcal{M}}(\xi_n a) \right\}^2 - \left\{ \xi_n^2 + \lambda^2 - \left(\frac{\mathcal{M}}{a} \right)^2 \right\} J'^2_{\mathcal{M}}(\xi_n b) \right]} \times$$

$$\times \sum_{l=1}^{\infty} \frac{\left(\xi_l^2 + \lambda_0^2 \right) \sin\left\{ \xi_l (d - z_0) \right\} \sin\left\{ \xi_l (d - z) \right\}}{\left\{ d\left(\xi_l^2 + \lambda_0^2 \right) + \lambda_0 \right\} \left(\eta_r \xi_n^2 + \eta_z \xi_l^2 + s \right)} +$$

$$+ \frac{4\pi}{\vartheta \phi c_t} \sum_{m=0}^{\infty} \ni_m \cos(\xi_m \theta) \times$$

$$\times \sum_{n=1}^{\infty} \frac{\xi_n^2 J'_{\mathcal{M}}(\xi_n b) \left\{ \xi_n J'_{\mathcal{M}}(\xi_n a) - \lambda J_{\mathcal{M}}(\xi_n a) \right\} \mathcal{V}_{\mathcal{NM}}(\xi r, b)}{\left[\left\{ 1 - \left(\frac{\mathcal{M}}{\xi_n b} \right)^2 \right\} \left\{ \xi_n J'_{\mathcal{M}}(\xi_n a) - \lambda J_{\mathcal{M}}(\xi_n a) \right\}^2 - \left\{ \xi_n^2 + \lambda^2 - \left(\frac{\mathcal{M}}{a} \right)^2 \right\} J'^2_{\mathcal{M}}(\xi_n b) \right]} \times$$

$$\times \sum_{l=1}^{\infty} \frac{\overline{\overline{\overline{\psi}}}_a (\xi_m, \xi_l, s) \left(\xi_l^2 + \lambda_0^2 \right) \sin\left\{ \xi_l (d - z) \right\}}{\left\{ d\left(\xi_l^2 + \lambda_0^2 \right) + \lambda_0 \right\} \left(\eta_r \xi_n^2 + \eta_z \xi_l^2 + s \right)} -$$

$$- \frac{4\pi}{\vartheta \phi c_t} \sum_{m=0}^{\infty} \ni_m \cos(\xi_m \theta) \times$$

$$\times \sum_{n=1}^{\infty} \frac{\xi_n \left\{ \xi_n J'_{\mathcal{M}}(\xi_n a) - \lambda J_{\mathcal{M}}(\xi_n a) \right\}^2 \mathcal{V}_{\mathcal{NM}}(\xi r, b)}{\left[\left\{ 1 - \left(\frac{\mathcal{M}}{\xi_n b} \right)^2 \right\} \left\{ \xi_n J'_{\mathcal{M}}(\xi_n a) - \lambda J_{\mathcal{M}}(\xi_n a) \right\}^2 - \left\{ \xi_n^2 + \lambda^2 - \left(\frac{\mathcal{M}}{a} \right)^2 \right\} J'^2_{\mathcal{M}}(\xi_n b) \right]} \times$$

$$\times \sum_{l=1}^{\infty} \frac{\overline{\overline{\overline{\psi}}}_b (\xi_m, \xi_l, s) \left(\xi_l^2 + \lambda_0^2 \right) \sin\left\{ \xi_l (d - z) \right\}}{\left\{ d\left(\xi_l^2 + \lambda_0^2 \right) + \lambda_0 \right\} \left(\eta_r \xi_n^2 + \eta_z \xi_l^2 + s \right)} +$$

$$+ \frac{2\pi^2}{\vartheta} \sum_{m=0}^{\infty} \ni_m \cos(\xi_m \theta) \times$$

$$\times \sum_{n=1}^{\infty} \frac{\xi_n^2 \left\{ \xi_n J'_{\mathcal{M}}(\xi_n a) - \lambda J_{\mathcal{M}}(\xi_n a) \right\}^2 \mathcal{V}_{\mathcal{NM}}(\xi r, b)}{\left[\left\{ 1 - \left(\frac{\mathcal{M}}{\xi_n b} \right)^2 \right\} \left\{ \xi_n J'_{\mathcal{M}}(\xi_n a) - \lambda J_{\mathcal{M}}(\xi_n a) \right\}^2 - \left\{ \xi_n^2 + \lambda^2 - \left(\frac{\mathcal{M}}{a} \right)^2 \right\} J'^2_{\mathcal{M}}(\xi_n b) \right]} \times$$

$$\times \sum_{l=1}^{\infty} \frac{\left(\xi_l^2 + \lambda_0^2 \right) \left\{ \frac{\sin(\xi_l d)}{\phi c_t} \overline{\overline{\overline{\psi}}}_{\theta 0} (\xi_n, \xi_m, s) + \eta_z \xi_l \overline{\overline{\overline{\psi}}}_{\theta d} (\xi_n, \xi_m, s) \right\} \sin\left\{ \xi_l (d - z) \right\}}{\left\{ d\left(\xi_l^2 + \lambda_0^2 \right) + \lambda_0 \right\} \left(\eta_r \xi_n^2 + \eta_z \xi_l^2 + s \right)} +$$

$$+ \frac{2\pi^2}{\vartheta \phi c_t} \sum_{m=0}^{\infty} \ni_m \cos(\xi_m \theta) \times$$

$$\times \sum_{n=1}^{\infty} \frac{\xi_n^2 \left\{ \xi_n J'_{\mathcal{M}}(\xi_n a) - \lambda J_{\mathcal{M}}(\xi_n a) \right\}^2 \mathcal{V}_{\mathcal{NM}}(\xi r, b)}{\left[\left\{ 1 - \left(\frac{\mathcal{M}}{\xi_n b} \right)^2 \right\} \left\{ \xi_n J'_{\mathcal{M}}(\xi_n a) - \lambda J_{\mathcal{M}}(\xi_n a) \right\}^2 - \left\{ \xi_n^2 + \lambda^2 - \left(\frac{\mathcal{M}}{a} \right)^2 \right\} J'^2_{\mathcal{M}}(\xi_n b) \right]} \times$$

$$\times \int_0^a \frac{\mathcal{V}_{\mathcal{NM}}(\xi_n u, a)}{u} \int_0^d \left\{ \overline{\psi}_{0z}(u, w, s) + (-1)^{m+1} \overline{\psi}_{\vartheta z}(u, w, s) \right\} \times$$

$$\times \sum_{l=1}^{\infty} \frac{\left(\xi_l^2 + \lambda_d^2 \right) \sin\left\{ \xi_l (d - w) \right\} \sin\left\{ \xi_l (d - z) \right\}}{\left\{ d\left(\xi_l^2 + \lambda_d^2 \right) + \lambda_d \right\} \left(\eta_r \xi_n^2 + \eta_z \xi_l^2 + s \right)} dw du +$$

$$+ \frac{2\pi^2}{\vartheta} \sum_{m=0}^{\infty} \ni_m \cos(\xi_m \theta) \times$$

$$\times \sum_{n=1}^{\infty} \frac{\xi_n^2 \left\{ \xi_n J'_{\mathcal{M}}(\xi_n a) - \lambda J_{\mathcal{M}}(\xi_n a) \right\}^2 \mathcal{V}_{\mathcal{NM}}(\xi r, b)}{\left[\left\{ 1 - \left(\frac{\mathcal{M}}{\xi_n b} \right)^2 \right\} \left\{ \xi_n J'_{\mathcal{M}}(\xi_n a) - \lambda J_{\mathcal{M}}(\xi_n a) \right\}^2 - \left\{ \xi_n^2 + \lambda^2 - \left(\frac{\mathcal{M}}{a} \right)^2 \right\} J'^2_{\mathcal{M}}(\xi_n b) \right]} \times$$

$$\times \sum_{l=1}^{\infty} \frac{\overline{\overline{\overline{\varphi}}}(\xi_n, \xi_m, \xi_l) \left(\xi_l^2 + \lambda_0^2\right) \sin\{\xi_l (d - z)\}}{\{d(\xi_l^2 + \lambda_0^2) + \lambda_0\} (\eta_r \xi_n^2 + \eta_z \xi_l^2 + s)} \tag{29.91.1}$$

where $\mathcal{V}_{\mathcal{NM}}(\xi_n r, a) = J_{\mathcal{M}}(\xi_n r) Y'_{\mathcal{M}}(\xi_n a) - Y_{\mathcal{M}}(\xi_n r) J'_{\mathcal{M}}(\xi_n a)$, ξ_n, $n = 1, 2, ...$, are the positive roots of the transcendental equation $\lambda \mathcal{V}_{\mathcal{NM}}(\xi_n a, b) - \xi_n \mathcal{V}'_{\mathcal{NM}}(\xi_n a, b) = 0$, ξ_l are the positive roots of $\xi_l \cot(\xi_l d) = -\lambda_0$, $l = 1, 2, ...$, $\xi_m = \frac{m\pi}{d}$, $m = 0, 1, ...$, $\overline{\overline{\overline{\psi}}}_{\theta 0}(\xi_n, \xi_m, s) = \int_0^a u \mathcal{V}_{\mathcal{NM}}(\xi_n u, a) \int_0^{\vartheta} \overline{\psi}_0(u, v, s) \cos(\xi_m v) dv du$,
$\overline{\overline{\overline{\psi}}}_{\theta d}(\xi_n, \xi_m, s) = \int_0^a u \mathcal{V}_{\mathcal{NM}}(\xi_n u, a) \int_0^{\vartheta} \overline{\psi}_{\theta d}(u, v, s) \cos(\xi_m v) dv du$,
$\overline{\overline{\overline{\psi}}}_a(\xi_m, \xi_l, s) = \int_0^{\vartheta} \cos(\xi_m v) \int_0^d \overline{\psi}_a(v, w, s) \sin\{\xi_l (d - w)\} dw dv$,
$\overline{\overline{\overline{\psi}}}_b(\xi_m, \xi_l, s) = \int_0^{\vartheta} \cos(\xi_m v) \int_0^d \overline{\psi}_b(v, w, s) \sin\{\xi_l (d - w)\} dw dv$ and
$\overline{\overline{\overline{\varphi}}}(\xi_n, \xi_m, \xi_l) = \int_0^a u \mathcal{V}_{\mathcal{NM}}(\xi_n u, a) \int_0^{\vartheta} \cos(\xi_m v) \int_0^d \varphi(u, v, w) \sin\{\xi_l (d - w)\} dw dv du$.

$$
\begin{aligned}
p = {} & \frac{2\pi^2 U(t - t_0)}{\vartheta \phi c_t} \sum_{m=0}^{\infty} \ni_m \cos(\xi_m \theta) \times \\
& \times \sum_{n=1}^{\infty} \frac{\xi_n^2 \{\xi_n J'_{\mathcal{M}}(\xi_n a) - \lambda J_{\mathcal{M}}(\xi_n a)\}^2 \mathcal{V}_{\mathcal{NM}}(\xi r_0, b) \mathcal{V}_{\mathcal{NM}}(\xi r, b)}{\left[\left\{1 - \left(\frac{\mathcal{M}}{\xi_n b}\right)^2\right\} \{\xi_n J'_{\mathcal{M}}(\xi_n a) - \lambda J_{\mathcal{M}}(\xi_n a)\}^2 - \left\{\xi_n^2 + \lambda^2 - \left(\frac{\mathcal{M}}{a}\right)^2\right\} J'^2_{\mathcal{M}}(\xi_n b)\right]} \times \\
& \times \sum_{l=1}^{\infty} \frac{\left(\xi_l^2 + \lambda_0^2\right) \sin\{\xi_l (d - z_0)\} \sin\{\xi_l (d - z)\} \int_0^{t - t_0} q(t - t_0 - \tau) e^{-(\eta_r \xi_n^2 + \eta_z \xi_l^2)\tau} d\tau}{\{d(\xi_l^2 + \lambda_0^2) + \lambda_0\}} + \\
& + \frac{4\pi}{\vartheta \phi c_t} \sum_{m=0}^{\infty} \ni_m \cos(\xi_m \theta) \times \\
& \times \sum_{n=1}^{\infty} \frac{\xi_n^2 J'_{\mathcal{M}}(\xi_n b) \{\xi_n J'_{\mathcal{M}}(\xi_n a) - \lambda J_{\mathcal{M}}(\xi_n a)\} \mathcal{V}_{\mathcal{NM}}(\xi r, b)}{\left[\left\{1 - \left(\frac{\mathcal{M}}{\xi_n b}\right)^2\right\} \{\xi_n J'_{\mathcal{M}}(\xi_n a) - \lambda J_{\mathcal{M}}(\xi_n a)\}^2 - \left\{\xi_n^2 + \lambda^2 - \left(\frac{\mathcal{M}}{a}\right)^2\right\} J'^2_{\mathcal{M}}(\xi_n b)\right]} \times \\
& \times \sum_{l=1}^{\infty} \frac{\left(\xi_l^2 + \lambda_0^2\right) \sin\{\xi_l (d - z)\} \int_0^t \overline{\overline{\psi}}_a(\xi_m, \xi_l, t - \tau) e^{-(\eta_r \xi_n^2 + \eta_z \xi_l^2)\tau} d\tau}{\{d(\xi_l^2 + \lambda_0^2) + \lambda_0\}} - \\
& - \frac{4\pi}{\vartheta \phi c_t} \sum_{m=0}^{\infty} \ni_m \cos(\xi_m \theta) \times \\
& \times \sum_{n=1}^{\infty} \frac{\xi_n \{\xi_n J'_{\mathcal{M}}(\xi_n a) - \lambda J_{\mathcal{M}}(\xi_n a)\}^2 \mathcal{V}_{\mathcal{NM}}(\xi r, b)}{\left[\left\{1 - \left(\frac{\mathcal{M}}{\xi_n b}\right)^2\right\} \{\xi_n J'_{\mathcal{M}}(\xi_n a) - \lambda J_{\mathcal{M}}(\xi_n a)\}^2 - \left\{\xi_n^2 + \lambda^2 - \left(\frac{\mathcal{M}}{a}\right)^2\right\} J'^2_{\mathcal{M}}(\xi_n b)\right]} \times \\
& \times \sum_{l=1}^{\infty} \frac{\left(\xi_l^2 + \lambda_0^2\right) \sin\{\xi_l (d - z)\} \int_0^t \overline{\overline{\psi}}_b(\xi_m, \xi_l, t - \tau) e^{-(\eta_r \xi_n^2 + \eta_z \xi_l^2)\tau} d\tau}{\{d(\xi_l^2 + \lambda_0^2) + \lambda_0\}} + \\
& + \frac{2\pi^2}{\vartheta} \sum_{m=0}^{\infty} \ni_m \cos(\xi_m \theta) \times \\
& \times \sum_{n=1}^{\infty} \frac{\xi_n^2 \{\xi_n J'_{\mathcal{M}}(\xi_n a) - \lambda J_{\mathcal{M}}(\xi_n a)\}^2 \mathcal{V}_{\mathcal{NM}}(\xi r, b)}{\left[\left\{1 - \left(\frac{\mathcal{M}}{\xi_n b}\right)^2\right\} \{\xi_n J'_{\mathcal{M}}(\xi_n a) - \lambda J_{\mathcal{M}}(\xi_n a)\}^2 - \left\{\xi_n^2 + \lambda^2 - \left(\frac{\mathcal{M}}{a}\right)^2\right\} J'^2_{\mathcal{M}}(\xi_n b)\right]} \times \\
& \times \sum_{l=1}^{\infty} \frac{(\xi_l^2 + \lambda_0^2) \sin\{\xi_l (d - z)\} \int_0^t \left\{\frac{\sin(\xi_l d)}{\phi c_t} \overline{\overline{\psi}}_{\theta 0}(\xi_n, \xi_m, t - \tau) + \eta_z \xi_l \overline{\overline{\psi}}_{\theta d}(\xi_n, \xi_m, t - \tau)\right\} e^{-(\eta_r \xi_n^2 + \eta_z \xi_l^2)\tau} d\tau}{\{d(\xi_l^2 + \lambda_0^2) + \lambda_0\}} + \\
& + \frac{2\pi^2}{\vartheta \phi c_t} \sum_{m=0}^{\infty} \ni_m \cos(\xi_m \theta) \times
\end{aligned}
$$

$$\times\sum_{n=1}^{\infty}\frac{\xi_n^2\left\{\xi_n J'_{\mathcal{M}}(\xi_n a)-\lambda J_{\mathcal{M}}(\xi_n a)\right\}^2\mathcal{V}_{\mathcal{N}\mathcal{M}}(\xi r,b)}{\left[\left\{1-\left(\frac{\mathcal{M}}{\xi_n b}\right)^2\right\}\left\{\xi_n J'_{\mathcal{M}}(\xi_n a)-\lambda J_{\mathcal{M}}(\xi_n a)\right\}^2-\left\{\xi_n^2+\lambda^2-\left(\frac{\mathcal{M}}{a}\right)^2\right\}J'^2_{\mathcal{M}}(\xi_n b)\right]}\times$$

$$\times\int_0^a\frac{\mathcal{V}_{\mathcal{N}\mathcal{M}}(\xi_n u,a)}{u}\int_0^d\int_0^t e^{-\eta_r\xi_n^2\tau}\left\{\psi_{0z}(u,w,t-\tau)+(-1)^{m+1}\psi_{\vartheta z}(u,w,t-\tau)\right\}\times$$

$$\times\sum_{l=1}^{\infty}\frac{\left(\xi_l^2+\lambda_d^2\right)\sin\{\xi_l(d-w)\}\sin\{\xi_l(d-z)\}e^{-\eta_z\xi_l^2\tau}}{\{d(\xi_l^2+\lambda_d^2)+\lambda_d\}}d\tau dwdu+$$

$$+\frac{2\pi^2}{\vartheta}\sum_{m=0}^{\infty}\ni_m\cos(\xi_m\theta)\times$$

$$\times\sum_{n=1}^{\infty}\frac{\xi_n^2\left\{\xi_n J'_{\mathcal{M}}(\xi_n a)-\lambda J_{\mathcal{M}}(\xi_n a)\right\}^2\mathcal{V}_{\mathcal{N}\mathcal{M}}(\xi r,b)}{\left[\left\{1-\left(\frac{\mathcal{M}}{\xi_n b}\right)^2\right\}\left\{\xi_n J'_{\mathcal{M}}(\xi_n a)-\lambda J_{\mathcal{M}}(\xi_n a)\right\}^2-\left\{\xi_n^2+\lambda^2-\left(\frac{\mathcal{M}}{a}\right)^2\right\}J'^2_{\mathcal{M}}(\xi_n b)\right]}\times$$

$$\times\sum_{l=1}^{\infty}\frac{\overline{\overline{\overline{\varphi}}}(\xi_n,\xi_m,\xi_l)\left(\xi_l^2+\lambda_0^2\right)\sin\{\xi_l(d-z)\}e^{-\eta_z\xi_l^2 t}}{\{d(\xi_l^2+\lambda_0^2)+\lambda_0\}} \qquad (29.91.2)$$

where $\overline{\overline{\psi}}_a(\xi_m,\xi_l,t)=\int_0^{\vartheta}\cos(\xi_m v)\int_0^d\psi_a(v,w,t)\sin\{\xi_l(d-w)\}dwdv$,
$\overline{\overline{\psi}}_b(\xi_m,\xi_l,t)=\int_0^{\vartheta}\cos(\xi_m v)\int_0^d\psi_b(v,w,t)\sin\{\xi_l(d-w)\}dwdv$,
$\overline{\overline{\psi}}_{\theta 0}(\xi_n,\xi_m,t)=\int_0^a u\mathcal{V}_{\mathcal{N}\mathcal{M}}(\xi_n u,a)\int_0^{\vartheta}\psi_0(u,v,t)\cos(\xi_m v)dvdu$ and
$\overline{\overline{\psi}}_{\theta d}(\xi_n,\xi_m,t)=\int_0^a u\mathcal{V}_{\mathcal{N}\mathcal{M}}(\xi_n u,a)\int_0^{\vartheta}\psi_{\theta d}(u,v,t)\cos(\xi_m v)dvdu$.

29.92 The problem of 29.84, except
$\mathbf{R}_{\theta 0}\equiv\frac{\partial p(r,\theta,0,t)}{\partial z}-\lambda_0 p(r,\theta,0,t)=-\left(\frac{\mu}{k_z}\right)\psi_{\theta 0}(r,\theta,t)$,
$\mathbf{D}_{\theta d}\equiv p(r,\theta,d,t)=\psi_{\theta d}(r,\theta,t)$,
$\mathbf{R}_a\equiv\frac{\partial p(a,\theta,z,t)}{\partial r}-\lambda p(a,\theta,z,t)=-\left(\frac{\mu}{k_r}\right)\psi_a(\theta,z,t)$,
$\mathbf{R}_b\equiv\frac{\partial p(b,\theta,z,t)}{\partial r}+\lambda_b p(b,\theta,z,t)=-\left(\frac{\mu}{k_r}\right)\psi_b(\theta,z,t)$,
$\mathbf{N}_{0z}\equiv\frac{\partial p(r,0,z,t)}{\partial\theta}=-\left(\frac{\mu}{k_\theta}\right)\psi_{0z}(r,z,t)$ and
$\mathbf{N}_{\vartheta z}\equiv\frac{\partial p(r,\vartheta,z,t)}{\partial\theta}=-\left(\frac{\mu}{k_\theta}\right)\psi_{\vartheta z}(r,z,t)$

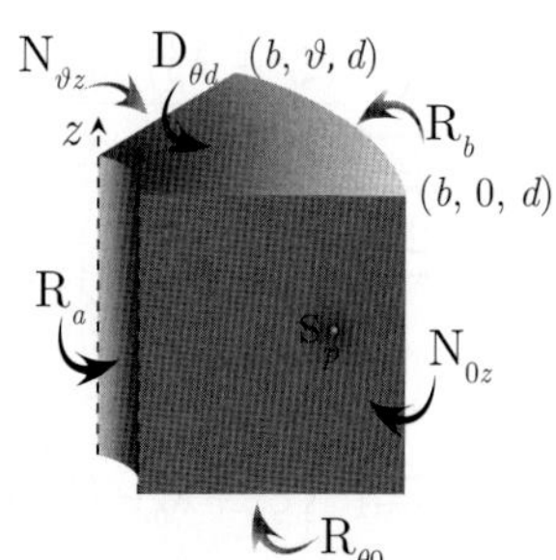

$$\overline{p}=\frac{2\pi^2 q(s)e^{-st_0}}{\vartheta\phi c_t}\sum_{m=0}^{\infty}\ni_m\cos(\xi_m\theta)\sum_{n=1}^{\infty}\xi_n^2\left\{\xi_n J'_{\mathcal{M}}(\xi_n b)+\lambda_b J_{\mathcal{M}}(\xi_n b)\right\}^2\times$$

$$\times\frac{\left\{\xi_n\mathcal{V}_{\mathcal{N}\mathcal{M}}(\xi_n r_0,a)-\lambda_a\mathcal{V}_{\mathcal{D}\mathcal{M}}(\xi_n r_0,a)\right\}\left\{\xi_n\mathcal{V}_{\mathcal{N}\mathcal{M}}(\xi_n r,a)-\lambda_a\mathcal{V}_{\mathcal{D}\mathcal{M}}(\xi_n r,a)\right\}}{\left[\left\{\xi_n^2+\lambda_b^2-\left(\frac{\mathcal{M}}{b}\right)^2\right\}\left\{\xi_n J'_{\mathcal{M}}(\xi_n a)-\lambda_a J_{\mathcal{M}}(\xi_n a)\right\}^2-\left\{\xi_n^2+\lambda_a^2-\left(\frac{\mathcal{M}}{a}\right)^2\right\}\left\{\xi_n J'_{\mathcal{M}}(\xi_n b)+\lambda J_{\mathcal{M}}(\xi_n b)\right\}^2\right]}\times$$

$$\times\sum_{l=1}^{\infty}\frac{\left(\xi_l^2+\lambda_0^2\right)\sin\{\xi_l(d-z_0)\}\sin\{\xi_l(d-z)\}}{\{d(\xi_l^2+\lambda_0^2)+\lambda_0\}\left(\eta_r\xi_n^2+\eta_z\xi_l^2+s\right)}+$$

$$+\frac{4\pi}{\vartheta\phi c_t}\sum_{m=0}^{\infty}\ni_m\cos(\xi_m\theta)\times$$

$$\times\sum_{n=1}^{\infty}\frac{\xi_n^2\left\{\xi_n J'_{\mathcal{M}}(\xi_n b)+\lambda_b J_{\mathcal{M}}(\xi_n b)\right\}^2\left\{\xi_n\mathcal{V}_{\mathcal{N}\mathcal{M}}(\xi_n r,a)-\lambda_a\mathcal{V}_{\mathcal{D}\mathcal{M}}(\xi_n r,a)\right\}}{\left[\left\{\xi_n^2+\lambda_b^2-\left(\frac{\mathcal{M}}{b}\right)^2\right\}\left\{\xi_n J'_{\mathcal{M}}(\xi_n a)-\lambda_a J_{\mathcal{M}}(\xi_n a)\right\}^2-\left\{\xi_n^2+\lambda_a^2-\left(\frac{\mathcal{M}}{a}\right)^2\right\}\left\{\xi_n J'_{\mathcal{M}}(\xi_n b)+\lambda J_{\mathcal{M}}(\xi_n b)\right\}^2\right]}\times$$

$$\times\sum_{l=1}^{\infty}\frac{\overline{\overline{\overline{\psi}}}_a(\xi_m,\xi_l,s)\left(\xi_l^2+\lambda_0^2\right)\sin\{\xi_l(d-z)\}}{\{d(\xi_l^2+\lambda_0^2)+\lambda_0\}\left(\eta_r\xi_n^2+\eta_z\xi_l^2+s\right)}-$$

$$-\frac{4\pi}{\vartheta\phi c_t}\sum_{m=0}^{\infty}\ni_m \cos\left(\xi_m\theta\right)\times$$

$$\times\sum_{n=1}^{\infty}\frac{\xi_n^2\{\xi_n J'_{\mathcal{M}}(\xi_n b)+\lambda_b J_{\mathcal{M}}(\xi_n b)\}\{\xi_n J'_{\mathcal{M}}(\xi_n a)+\lambda_a J_{\mathcal{M}}(\xi_n a)\}\{\xi_n \mathcal{V}_{\mathcal{NM}}(\xi_n r,a)-\lambda_a \mathcal{V}_{\mathcal{DM}}(\xi_n r,a)\}}{\left[\left\{\xi_n^2+\lambda_b^2-\left(\frac{\mathcal{M}}{b}\right)^2\right\}\{\xi_n J'_{\mathcal{M}}(\xi_n a)-\lambda_a J_{\mathcal{M}}(\xi_n a)\}^2-\left\{\xi_n^2+\lambda_a^2-\left(\frac{\mathcal{M}}{a}\right)^2\right\}\{\xi_n J'_{\mathcal{M}}(\xi_n b)+\lambda J_{\mathcal{M}}(\xi_n b)\}^2\right]}\times$$

$$\times\sum_{l=1}^{\infty}\frac{\overline{\overline{\overline{\psi}}}_b\left(\xi_m,\xi_l,s\right)\left(\xi_l^2+\lambda_0^2\right)\sin\left\{\xi_l\left(d-z\right)\right\}}{\left\{d\left(\xi_l^2+\lambda_0^2\right)+\lambda_0\right\}\left(\eta_r\xi_n^2+\eta_z\xi_l^2+s\right)}+$$

$$+\frac{2\pi^2}{\vartheta}\sum_{m=0}^{\infty}\ni_m \cos\left(\xi_m\theta\right)\times$$

$$\times\sum_{n=1}^{\infty}\frac{\xi_n^2\left\{\xi_n J'_{\mathcal{M}}\left(\xi_n b\right)+\lambda_b J_{\mathcal{M}}\left(\xi_n b\right)\right\}^2\left\{\xi_n \mathcal{V}_{\mathcal{NM}}\left(\xi_n r,a\right)-\lambda_a \mathcal{V}_{\mathcal{DM}}\left(\xi_n r,a\right)\right\}}{\left[\left\{\xi_n^2+\lambda_b^2-\left(\frac{\mathcal{M}}{b}\right)^2\right\}\left\{\xi_n J'_{\mathcal{M}}\left(\xi_n a\right)-\lambda_a J_{\mathcal{M}}\left(\xi_n a\right)\right\}^2-\left\{\xi_n^2+\lambda_a^2-\left(\frac{\mathcal{M}}{a}\right)^2\right\}\left\{\xi_n J'_{\mathcal{M}}\left(\xi_n b\right)+\lambda J_{\mathcal{M}}\left(\xi_n b\right)\right\}^2\right]}\times$$

$$\times\sum_{l=1}^{\infty}\frac{\left(\xi_l^2+\lambda_0^2\right)\left\{\frac{\sin(\xi_l d)}{\phi c_t}\overline{\overline{\overline{\psi}}}_{\theta 0}\left(\xi_n,\xi_m,s\right)+\eta_z\xi_l\overline{\overline{\overline{\psi}}}_{\theta d}\left(\xi_n,\xi_m,s\right)\right\}\sin\left\{\xi_l\left(d-z\right)\right\}}{\left\{d\left(\xi_l^2+\lambda_0^2\right)+\lambda_0\right\}\left(\eta_r\xi_n^2+\eta_z\xi_l^2+s\right)}+$$

$$+\frac{2\pi^2}{\vartheta\phi c_t}\sum_{m=0}^{\infty}\ni_m \cos\left(\xi_m\theta\right)\times$$

$$\times\sum_{n=1}^{\infty}\frac{\xi_n^2\left\{\xi_n J'_{\mathcal{M}}\left(\xi_n b\right)+\lambda_b J_{\mathcal{M}}\left(\xi_n b\right)\right\}^2\left\{\xi_n \mathcal{V}_{\mathcal{NM}}\left(\xi_n r,a\right)-\lambda_a \mathcal{V}_{\mathcal{DM}}\left(\xi_n r,a\right)\right\}}{\left[\left\{\xi_n^2+\lambda_b^2-\left(\frac{\mathcal{M}}{b}\right)^2\right\}\left\{\xi_n J'_{\mathcal{M}}\left(\xi_n a\right)-\lambda_a J_{\mathcal{M}}\left(\xi_n a\right)\right\}^2-\left\{\xi_n^2+\lambda_a^2-\left(\frac{\mathcal{M}}{a}\right)^2\right\}\left\{\xi_n J'_{\mathcal{M}}\left(\xi_n b\right)+\lambda J_{\mathcal{M}}\left(\xi_n b\right)\right\}^2\right]}\times$$

$$\times\int_0^a\frac{\mathcal{V}_{\mathcal{NM}}\left(\xi_n u,a\right)}{u}\int_0^d\left\{\overline{\psi}_{0z}\left(u,w,s\right)+\left(-1\right)^{m+1}\overline{\psi}_{\vartheta z}\left(u,w,s\right)\right\}\times$$

$$\times\sum_{l=1}^{\infty}\frac{\left(\xi_l^2+\lambda_d^2\right)\sin\left\{\xi_l\left(d-w\right)\right\}\sin\left\{\xi_l\left(d-z\right)\right\}}{\left\{d\left(\xi_l^2+\lambda_d^2\right)+\lambda_d\right\}\left(\eta_r\xi_n^2+\eta_z\xi_l^2+s\right)}dwdu+$$

$$+\frac{2\pi^2}{\vartheta}\sum_{m=0}^{\infty}\ni_m \cos\left(\xi_m\theta\right)\times$$

$$\times\sum_{n=1}^{\infty}\frac{\xi_n^2\left\{\xi_n J'_{\mathcal{M}}\left(\xi_n b\right)+\lambda_b J_{\mathcal{M}}\left(\xi_n b\right)\right\}^2\left\{\xi_n \mathcal{V}_{\mathcal{NM}}\left(\xi_n r,a\right)-\lambda_a \mathcal{V}_{\mathcal{DM}}\left(\xi_n r,a\right)\right\}}{\left[\left\{\xi_n^2+\lambda_b^2-\left(\frac{\mathcal{M}}{b}\right)^2\right\}\left\{\xi_n J'_{\mathcal{M}}\left(\xi_n a\right)-\lambda_a J_{\mathcal{M}}\left(\xi_n a\right)\right\}^2-\left\{\xi_n^2+\lambda_a^2-\left(\frac{\mathcal{M}}{a}\right)^2\right\}\left\{\xi_n J'_{\mathcal{M}}\left(\xi_n b\right)+\lambda J_{\mathcal{M}}\left(\xi_n b\right)\right\}^2\right]}\times$$

$$\times\sum_{l=1}^{\infty}\frac{\overline{\overline{\overline{\varphi}}}\left(\xi_n,\xi_m,\xi_l\right)\left(\xi_l^2+\lambda_0^2\right)\sin\left\{\xi_l\left(d-z\right)\right\}}{\left\{d\left(\xi_l^2+\lambda_0^2\right)+\lambda_0\right\}\left(\eta_r\xi_n^2+\eta_z\xi_l^2+s\right)} \qquad (29.92.1)$$

where the eigenvalues ξ_n, $n=1,2,...$, are the positive roots of
$\lambda_a\left\{\mathcal{V}'_{\mathcal{DM}}\left(\xi_n b,a\right)+\lambda_b\mathcal{V}_{\mathcal{DM}}\left(\xi_n b,a\right)\right\}-\xi_n\left\{\mathcal{V}'_{\mathcal{NM}}\left(\xi_n b,a\right)+\lambda_b\mathcal{V}_{\mathcal{NM}}\left(\xi_n b,a\right)\right\}=0$, ξ_l are the positive roots of $\xi_l\cot\left(\xi_l d\right)=-\lambda_0$, $l=1,2,...$, $\xi_m=\frac{m\pi}{d}$, $m=0,1,...$,
$\overline{\overline{\overline{\psi}}}_{\theta 0}\left(\xi_n,\xi_m,s\right)=\int_0^a u\left\{\xi_n\mathcal{V}_{\mathcal{NM}}\left(\xi_n u,a\right)-\lambda_a\mathcal{V}_{\mathcal{DM}}\left(\xi_n u,a\right)\right\}\int_0^{\vartheta}\overline{\psi}_0\left(u,v,s\right)\cos\left(\xi_m v\right)dvdu$,
$\overline{\overline{\overline{\psi}}}_{\theta d}\left(\xi_n,\xi_m,s\right)=\int_0^a u\left\{\xi_n\mathcal{V}_{\mathcal{NM}}\left(\xi_n u,a\right)-\lambda_a\mathcal{V}_{\mathcal{DM}}\left(\xi_n u,a\right)\right\}\int_0^{\vartheta}\overline{\psi}_{\theta d}\left(u,v,s\right)\cos\left(\xi_m v\right)dvdu$,
$\overline{\overline{\overline{\psi}}}_a\left(\xi_m,\xi_l,s\right)=\int_0^{\vartheta}\cos\left(\xi_m v\right)\int_0^d\overline{\psi}_a\left(v,w,s\right)\sin\left\{\xi_l\left(d-w\right)\right\}dwdv$,
$\overline{\overline{\overline{\psi}}}_b\left(\xi_m,\xi_l,s\right)=\int_0^{\vartheta}\cos\left(\xi_m v\right)\int_0^d\overline{\psi}_b\left(v,w,s\right)\sin\left\{\xi_l\left(d-w\right)\right\}dwdv$ and
$\overline{\overline{\overline{\varphi}}}\left(\xi_n,\xi_m,\xi_l\right)=\int_0^a u\left\{\xi_n\mathcal{V}_{\mathcal{NM}}\left(\xi_n u,a\right)-\lambda_a\mathcal{V}_{\mathcal{DM}}\left(\xi_n u,a\right)\right\}\int_0^{\vartheta}\cos\left(\xi_m v\right)\int_0^d\varphi\left(u,v,w\right)\sin\left\{\xi_l\left(d-w\right)\right\}dwdvdu$.

$$p=\frac{2\pi^2U\left(t-t_0\right)}{\vartheta\phi c_t}\sum_{m=0}^{\infty}\ni_m \cos\left(\xi_m\theta\right)\times$$

$$\times \sum_{n=1}^{\infty} \frac{\xi_n^2 \left\{\xi_n J'_{\mathcal{M}}(\xi_n b) + \lambda_b J_{\mathcal{M}}(\xi_n b)\right\}^2 \left\{\xi_n \mathcal{V}_{\mathcal{NM}}(\xi_n r_0, a) - \lambda_a \mathcal{V}_{\mathcal{DM}}(\xi_n r_0, a)\right\}}{\left[\left\{\xi_n^2 + \lambda_b^2 - \left(\frac{\mathcal{M}}{b}\right)^2\right\}\left\{\xi_n J'_{\mathcal{M}}(\xi_n a) - \lambda_a J_{\mathcal{M}}(\xi_n a)\right\}^2 - \left\{\xi_n^2 + \lambda_a^2 - \left(\frac{\mathcal{M}}{a}\right)^2\right\}\left\{\xi_n J'_{\mathcal{M}}(\xi_n b) + \lambda J_{\mathcal{M}}(\xi_n b)\right\}^2\right]} \times$$

$$\times \left\{\xi_n \mathcal{V}_{\mathcal{NM}}(\xi_n r, a) - \lambda_a \mathcal{V}_{\mathcal{DM}}(\xi_n r, a)\right\} \times$$

$$\times \sum_{l=1}^{\infty} \frac{\left(\xi_l^2 + \lambda_0^2\right) \sin\left\{\xi_l (d - z_0)\right\} \sin\left\{\xi_l (d - z)\right\} \int_0^{t-t_0} q(t - t_0 - \tau) e^{-\left(\eta_r \xi_n^2 + \eta_z \xi_l^2\right)\tau} d\tau}{\left\{d\left(\xi_l^2 + \lambda_0^2\right) + \lambda_0\right\}} +$$

$$+ \frac{4\pi}{\vartheta \phi c_t} \sum_{m=0}^{\infty} \ni_m \cos(\xi_m \theta) \times$$

$$\times \sum_{n=1}^{\infty} \frac{\xi_n^2 \left\{\xi_n J'_{\mathcal{M}}(\xi_n b) + \lambda_b J_{\mathcal{M}}(\xi_n b)\right\}^2 \left\{\xi_n \mathcal{V}_{\mathcal{NM}}(\xi_n r, a) - \lambda_a \mathcal{V}_{\mathcal{DM}}(\xi_n r, a)\right\}}{\left[\left\{\xi_n^2 + \lambda_b^2 - \left(\frac{\mathcal{M}}{b}\right)^2\right\}\left\{\xi_n J'_{\mathcal{M}}(\xi_n a) - \lambda_a J_{\mathcal{M}}(\xi_n a)\right\}^2 - \left\{\xi_n^2 + \lambda_a^2 - \left(\frac{\mathcal{M}}{a}\right)^2\right\}\left\{\xi_n J'_{\mathcal{M}}(\xi_n b) + \lambda J_{\mathcal{M}}(\xi_n b)\right\}^2\right]} \times$$

$$\times \sum_{l=1}^{\infty} \frac{\left(\xi_l^2 + \lambda_0^2\right) \sin\left\{\xi_l (d - z)\right\} \int_0^t \overline{\overline{\psi}}_a(\xi_m, \xi_l, t - \tau) e^{-\left(\eta_r \xi_n^2 + \eta_z \xi_l^2\right)\tau} d\tau}{\left\{d\left(\xi_l^2 + \lambda_0^2\right) + \lambda_0\right\}} -$$

$$- \frac{4\pi}{\vartheta \phi c_t} \sum_{m=0}^{\infty} \ni_m \cos(\xi_m \theta) \times$$

$$\times \sum_{n=1}^{\infty} \frac{\xi_n^2 \{\xi_n J'_{\mathcal{M}}(\xi_n b) + \lambda_b J_{\mathcal{M}}(\xi_n b)\}\{\xi_n J'_{\mathcal{M}}(\xi_n a) + \lambda_a J_{\mathcal{M}}(\xi_n a)\}\{\xi_n \mathcal{V}_{\mathcal{NM}}(\xi_n r, a) - \lambda_a \mathcal{V}_{\mathcal{DM}}(\xi_n r, a)\}}{\left[\left\{\xi_n^2 + \lambda_b^2 - \left(\frac{\mathcal{M}}{b}\right)^2\right\}\left\{\xi_n J'_{\mathcal{M}}(\xi_n a) - \lambda_a J_{\mathcal{M}}(\xi_n a)\right\}^2 - \left\{\xi_n^2 + \lambda_a^2 - \left(\frac{\mathcal{M}}{a}\right)^2\right\}\left\{\xi_n J'_{\mathcal{M}}(\xi_n b) + \lambda J_{\mathcal{M}}(\xi_n b)\right\}^2\right]} \times$$

$$\times \sum_{l=1}^{\infty} \frac{\left(\xi_l^2 + \lambda_0^2\right) \sin\left\{\xi_l (d - z)\right\} \int_0^t \overline{\overline{\psi}}_b(\xi_m, \xi_l, t - \tau) e^{-\left(\eta_r \xi_n^2 + \eta_z \xi_l^2\right)\tau} d\tau}{\left\{d\left(\xi_l^2 + \lambda_0^2\right) + \lambda_0\right\}} +$$

$$+ \frac{2\pi^2}{\vartheta} \sum_{m=0}^{\infty} \ni_m \cos(\xi_m \theta) \times$$

$$\times \sum_{n=1}^{\infty} \frac{\xi_n^2 \left\{\xi_n J'_{\mathcal{M}}(\xi_n b) + \lambda_b J_{\mathcal{M}}(\xi_n b)\right\}^2 \left\{\xi_n \mathcal{V}_{\mathcal{NM}}(\xi_n r, a) - \lambda_a \mathcal{V}_{\mathcal{DM}}(\xi_n r, a)\right\}}{\left[\left\{\xi_n^2 + \lambda_b^2 - \left(\frac{\mathcal{M}}{b}\right)^2\right\}\left\{\xi_n J'_{\mathcal{M}}(\xi_n a) - \lambda_a J_{\mathcal{M}}(\xi_n a)\right\}^2 - \left\{\xi_n^2 + \lambda_a^2 - \left(\frac{\mathcal{M}}{a}\right)^2\right\}\left\{\xi_n J'_{\mathcal{M}}(\xi_n b) + \lambda J_{\mathcal{M}}(\xi_n b)\right\}^2\right]} \times$$

$$\times \sum_{l=1}^{\infty} \frac{\left(\xi_l^2 + \lambda_0^2\right) \sin\{\xi_l (d - z)\} \int_0^t \left\{\frac{\sin(\xi_l d)}{\phi c_t} \overline{\overline{\psi}}_{\theta 0}(\xi_n, \xi_m, t - \tau) + \eta_z \xi_l \overline{\overline{\psi}}_{\theta d}(\xi_n, \xi_m, t - \tau)\right\} e^{-\left(\eta_r \xi_n^2 + \eta_z \xi_l^2\right)\tau} d\tau}{\left\{d\left(\xi_l^2 + \lambda_0^2\right) + \lambda_0\right\}} +$$

$$+ \frac{2\pi^2}{\vartheta \phi c_t} \sum_{m=0}^{\infty} \ni_m \cos(\xi_m \theta) \times$$

$$\times \sum_{n=1}^{\infty} \frac{\xi_n^2 \left\{\xi_n J'_{\mathcal{M}}(\xi_n b) + \lambda_b J_{\mathcal{M}}(\xi_n b)\right\}^2 \left\{\xi_n \mathcal{V}_{\mathcal{NM}}(\xi_n r, a) - \lambda_a \mathcal{V}_{\mathcal{DM}}(\xi_n r, a)\right\}}{\left[\left\{\xi_n^2 + \lambda_b^2 - \left(\frac{\mathcal{M}}{b}\right)^2\right\}\left\{\xi_n J'_{\mathcal{M}}(\xi_n a) - \lambda_a J_{\mathcal{M}}(\xi_n a)\right\}^2 - \left\{\xi_n^2 + \lambda_a^2 - \left(\frac{\mathcal{M}}{a}\right)^2\right\}\left\{\xi_n J'_{\mathcal{M}}(\xi_n b) + \lambda J_{\mathcal{M}}(\xi_n b)\right\}^2\right]} \times$$

$$\times \int_0^a \frac{\mathcal{V}_{\mathcal{NM}}(\xi_n u, a)}{u} \int_0^d \int_0^t e^{-\eta_r \xi_n^2 \tau} \left\{\psi_{0z}(u, w, t - \tau) + (-1)^{m+1} \psi_{\vartheta z}(u, w, t - \tau)\right\} \times$$

$$\times \sum_{l=1}^{\infty} \frac{\left(\xi_l^2 + \lambda_d^2\right) \sin\left\{\xi_l (d - w)\right\} \sin\left\{\xi_l (d - z)\right\} e^{-\eta_z \xi_l^2 \tau}}{\left\{d\left(\xi_l^2 + \lambda_d^2\right) + \lambda_d\right\}} d\tau dw du +$$

$$+ \frac{2\pi^2}{\vartheta} \sum_{m=0}^{\infty} \ni_m \cos(\xi_m \theta) \times$$

$$\times \sum_{n=1}^{\infty} \frac{\xi_n^2 \left\{\xi_n J'_{\mathcal{M}}(\xi_n b) + \lambda_b J_{\mathcal{M}}(\xi_n b)\right\}^2 \left\{\xi_n \mathcal{V}_{\mathcal{NM}}(\xi_n r, a) - \lambda_a \mathcal{V}_{\mathcal{DM}}(\xi_n r, a)\right\}}{\left[\left\{\xi_n^2 + \lambda_b^2 - \left(\frac{\mathcal{M}}{b}\right)^2\right\}\left\{\xi_n J'_{\mathcal{M}}(\xi_n a) - \lambda_a J_{\mathcal{M}}(\xi_n a)\right\}^2 - \left\{\xi_n^2 + \lambda_a^2 - \left(\frac{\mathcal{M}}{a}\right)^2\right\}\left\{\xi_n J'_{\mathcal{M}}(\xi_n b) + \lambda J_{\mathcal{M}}(\xi_n b)\right\}^2\right]} \times$$

$$\times \sum_{l=1}^{\infty} \frac{\overline{\overline{\varphi}}(\xi_n, \xi_m, \xi_l) \left(\xi_l^2 + \lambda_0^2\right) \sin\left\{\xi_l (d - z)\right\} e^{-\eta_z \xi_l^2 t}}{\left\{d\left(\xi_l^2 + \lambda_0^2\right) + \lambda_0\right\}} \tag{29.92.2}$$

where $\overline{\overline{\overline{\psi}}}_a(\xi_m,\xi_l,t)=\int_0^\vartheta\cos(\xi_m v)\int_0^d\psi_a(v,w,t)\sin\{\xi_l(d-w)\}\,dwdv$,
$\overline{\overline{\overline{\psi}}}_b(\xi_m,\xi_l,t)=\int_0^\vartheta\cos(\xi_m v)\int_0^d\psi_b(v,w,t)\sin\{\xi_l(d-w)\}\,dwdv$,
$\overline{\overline{\overline{\psi}}}_{\theta 0}(\xi_n,\xi_m,t)=\int_0^a r\{\xi_n\mathcal{V}_{\mathcal{NM}}(\xi_n u,a)-\lambda_a\mathcal{V}_{\mathcal{DM}}(\xi_n u,a)\}\int_0^\vartheta\psi_0(u,v,t)\cos(\xi_m v)dudv$, and
$\overline{\overline{\overline{\psi}}}_{\theta d}(\xi_n,\xi_m,t)=\int_0^a u\{\xi_n\mathcal{V}_{\mathcal{NM}}(\xi_n u,a)-\lambda_a\mathcal{V}_{\mathcal{DM}}(\xi_n u,a)\}\int_0^\vartheta\psi_{\theta d}(u,v,t)\cos(\xi_m v)dvdu$.

29.93

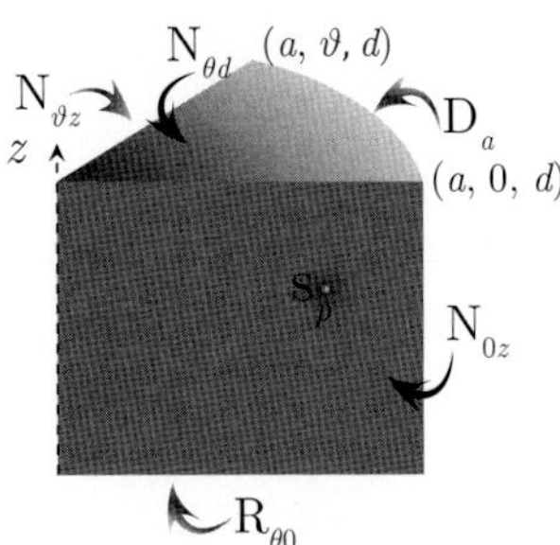

A cylindrical continuum bounded by $0\le r\le a$ and $0\le z\le d$ and $0\le\theta\le\vartheta$; $\vartheta<2\pi$. Point source at $s_p\equiv(r_0,\theta_0,z_0)$ at time $t=t_0$; $0<r_0<a$, $0\le\theta_0\le\vartheta$, $0<z_0<d$, $t_0\ge 0$. $D_a\equiv p(a,\theta,z,t)=\psi_a(\theta,z,t)$, $R_{\theta 0}\equiv\frac{\partial p(r,\theta,0,t)}{\partial z}-\lambda_0 p(r,\theta,0,t)=-\left(\frac{\mu}{k_z}\right)\psi_{\theta 0}(r,\theta,t)$, $N_{\theta d}\equiv\frac{\partial p(r,\theta,d,t)}{\partial z}=-\left(\frac{\mu}{k_z}\right)\psi_{\theta d}(r,\theta,t)$, $N_{0z}\equiv\frac{\partial p(r,0,z,t)}{\partial\theta}=-\left(\frac{\mu}{k_\theta}\right)\psi_{0z}(r,z,t)$ and $N_{\vartheta z}\equiv\frac{\partial p(r,\vartheta,z,t)}{\partial\theta}=-\left(\frac{\mu}{k_\theta}\right)\psi_{\vartheta z}(r,z,t)$. $p(r,\theta,z,0)=\varphi(r,\theta,z)$

$$
\begin{aligned}
\overline{p} = {} & \frac{8q(s)e^{-st_0}}{\vartheta a^2\phi c_t}\sum_{m=0}^{\infty}\ni_m\cos(\xi_m\theta)\times \\
& \times\sum_{n=1}^{\infty}\frac{J_{\mathcal{M}}(\xi_n r_0)J_{\mathcal{M}}(\xi_n r)}{J'^2_{\mathcal{M}}(\xi_n a)}\sum_{l=1}^{\infty}\frac{(\xi_l^2+\lambda_0^2)\cos\{\xi_l(d-z_0)\}\cos\{\xi_l(d-z)\}}{\{d(\xi_l^2+\lambda_0^2)+\lambda_0\}(\eta_r\xi_n^2+\eta_z\xi_l^2+s)}- \\
& -\frac{8\eta_r}{\vartheta a}\sum_{m=0}^{\infty}\ni_m\cos(\xi_m\theta)\sum_{n=1}^{\infty}\frac{\xi_n J_{\mathcal{M}}(\xi_n r)}{J'_{\mathcal{M}}(\xi_n a)}\sum_{l=1}^{\infty}\frac{\overline{\overline{\overline{\psi}}}_a(\xi_m,\xi_l,s)(\xi_l^2+\lambda_0^2)\cos\{\xi_l(d-z)\}}{\{d(\xi_l^2+\lambda_0^2)+\lambda_0\}(\eta_r\xi_n^2+\eta_z\xi_l^2+s)}+ \\
& +\frac{8}{\vartheta a^2\phi c_t}\sum_{m=0}^{\infty}\ni_m\cos(\xi_m\theta)\times \\
& \times\sum_{n=1}^{\infty}\frac{J_{\mathcal{M}}(\xi_n r)}{J'^2_{\mathcal{M}}(\xi_n a)}\sum_{l=1}^{\infty}\frac{(\xi_l^2+\lambda_0^2)\left\{\cos(\xi_l d)\overline{\overline{\overline{\psi}}}_{\theta 0}(\xi_n,\xi_m,s)-\overline{\overline{\overline{\psi}}}_{\theta d}(\xi_n,\xi_m,s)\right\}\cos\{\xi_l(d-z)\}}{\{d(\xi_l^2+\lambda_0^2)+\lambda_0\}(\eta_r\xi_n^2+\eta_z\xi_l^2+s)}+ \\
& +\frac{8}{\vartheta a^2\phi c_t}\sum_{m=0}^{\infty}\ni_m\cos(\xi_m\theta)\sum_{n=1}^{\infty}\frac{J_{\mathcal{M}}(\xi_n r)}{J'^2_{\mathcal{M}}(\xi_n a)}\times \\
& \times\int_0^a\frac{J_{\mathcal{M}}(\xi_n u)}{u}\int_0^d\int_0^t e^{-\eta_r\xi_n^2\tau}\left\{\psi_{0z}(u,w,t-\tau)+(-1)^{m+1}\psi_{\vartheta z}(u,w,t-\tau)\right\}\times \\
& \times\sum_{l=1}^{\infty}\frac{(\xi_l^2+\lambda_d^2)\cos\{\xi_l(d-w)\}\cos\{\xi_l(d-z)\}e^{-\eta_z\xi_l^2\tau}}{\{d(\xi_l^2+\lambda_d^2)+\lambda_d\}}d\tau dwdu+ \\
& +\frac{8}{\vartheta a^2}\sum_{m=0}^{\infty}\ni_m\cos(\xi_m\theta)\sum_{n=1}^{\infty}\frac{J_{\mathcal{M}}(\xi_n r)}{J'^2_{\mathcal{M}}(\xi_n a)}\sum_{l=1}^{\infty}\frac{\overline{\overline{\overline{\varphi}}}(\xi_n,\xi_m,\xi_l)(\xi_l^2+\lambda_0^2)\cos\{\xi_l(d-z)\}}{\{d(\xi_l^2+\lambda_0^2)+\lambda_0\}(\eta_r\xi_n^2+\eta_z\xi_l^2+s)}
\end{aligned}
\tag{29.93.1}
$$

where ξ_n are the positive roots of $J_{\mathcal{M}}(\xi_n a)=0$, $n=1,2,...$, ξ_l are the positive roots of $\xi_l\tan(\xi_l d)=\lambda_0$, $l=1,2,...$, $\xi_m=\frac{m\pi}{d}$, $m=0,1,...$, $\overline{\overline{\overline{\psi}}}_{\theta 0}(\xi_n,\xi_m,s)=\int_0^a uJ_{\mathcal{M}}(\xi_n u)\int_0^\vartheta\overline{\psi}_0(u,v,s)\cos(\xi_m v)dvdu$,
$\overline{\overline{\overline{\psi}}}_{\theta d}(\xi_n,\xi_m,s)=\int_0^a uJ_{\mathcal{M}}(\xi_n u)\int_0^\vartheta\overline{\psi}_{\theta d}(u,v,s)\cos(\xi_m v)dvdu$,
$\overline{\overline{\overline{\psi}}}_a(\xi_m,\xi_l,s)=\int_0^\vartheta\cos(\xi_m v)\int_0^d\overline{\psi}_a(v,w,s)\cos\{\xi_l(d-w)\}\,dwdv$ and
$\overline{\overline{\overline{\varphi}}}(\xi_n,\xi_m,\xi_l)=\int_0^a uJ_{\mathcal{M}}(\xi_n u)\int_0^\vartheta\cos(\xi_m v)\int_0^d\varphi(u,v,w)\cos\{\xi_l(d-w)\}\,dwdvdu$.

$$
p=\frac{8U(t-t_0)}{\vartheta a^2\phi c_t}\sum_{m=0}^{\infty}\ni_m\cos(\xi_m\theta)\sum_{n=1}^{\infty}\frac{J_{\mathcal{M}}(\xi_n r_0)J_{\mathcal{M}}(\xi_n r)}{J'^2_{\mathcal{M}}(\xi_n a)}\times
$$

$$\times \sum_{l=1}^{\infty} \frac{\left(\xi_l^2+\lambda_0^2\right)\cos\{\xi_l(d-z_0)\}\cos\{\xi_l(d-z)\}\int_0^{t-t_0} q(t-t_0-\tau)\,e^{-\left(\eta_r\xi_n^2+\eta_z\xi_l^2\right)\tau}d\tau}{\left\{d\left(\xi_l^2+\lambda_0^2\right)+\lambda_0\right\}} -$$

$$-\frac{8\eta_r}{\vartheta a}\sum_{m=0}^{\infty}\ni_m\cos(\xi_m\theta)\times$$

$$\times\sum_{n=1}^{\infty}\frac{\xi_n J_{\mathcal{M}}(\xi_n r)}{J'_{\mathcal{M}}(\xi_n a)}\sum_{l=1}^{\infty}\frac{\left(\xi_l^2+\lambda_0^2\right)\cos\{\xi_l(d-z)\}\int_0^t \overline{\overline{\psi}}_a(\xi_m,\xi_l,t-\tau)\,e^{-\left(\eta_r\xi_n^2+\eta_z\xi_l^2\right)\tau}d\tau}{\left\{d\left(\xi_l^2+\lambda_0^2\right)+\lambda_0\right\}}+$$

$$+\frac{8}{\vartheta a^2\phi c_t}\sum_{m=0}^{\infty}\ni_m\cos(\xi_m\theta)\sum_{n=1}^{\infty}\frac{J_{\mathcal{M}}(\xi_n r)}{J'^2_{\mathcal{M}}(\xi_n a)}\times$$

$$\times\sum_{l=1}^{\infty}\frac{\left(\xi_l^2+\lambda_0^2\right)\cos\{\xi_l(d-z)\}\int_0^t\left\{\cos(\xi_l d)\,\overline{\overline{\psi}}_{\theta 0}(\xi_n,\xi_m,t-\tau)-\overline{\overline{\psi}}_{\theta d}(\xi_n,\xi_m,t-\tau)\right\}e^{-\left(\eta_r\xi_n^2+\eta_z\xi_l^2\right)\tau}d\tau}{\left\{d\left(\xi_l^2+\lambda_0^2\right)+\lambda_0\right\}}+$$

$$+\frac{8}{\vartheta a^2\phi c_t}\sum_{m=0}^{\infty}\ni_m\cos(\xi_m\theta)\sum_{n=1}^{\infty}\frac{J_{\mathcal{M}}(\xi_n r)}{J'^2_{\mathcal{M}}(\xi_n a)}\times$$

$$\times\int_0^a\frac{J_{\mathcal{M}}(\xi_n u)}{u}\int_0^d\int_0^t e^{-\eta_r\xi_n^2\tau}\left\{\psi_{0z}(u,w,t-\tau)+(-1)^{m+1}\psi_{\vartheta z}(u,w,t-\tau)\right\}\times$$

$$\times\sum_{l=1}^{\infty}\frac{\left(\xi_l^2+\lambda_d^2\right)\cos\{\xi_l(d-w)\}\cos\{\xi_l(d-z)\}\,e^{-\eta_z\xi_l^2\tau}}{\left\{d\left(\xi_l^2+\lambda_d^2\right)+\lambda_d\right\}}d\tau dw du+$$

$$+\frac{8}{\vartheta a^2}\sum_{m=0}^{\infty}\ni_m\cos(\xi_m\theta)\sum_{n=1}^{\infty}\frac{J_{\mathcal{M}}(\xi_n r)\,e^{-\eta_r\xi_n^2 t}}{J'^2_{\mathcal{M}}(\xi_n a)}\sum_{l=1}^{\infty}\frac{\overline{\overline{\overline{\varphi}}}(\xi_n,\xi_m,\xi_l)\left(\xi_l^2+\lambda_0^2\right)\cos\{\xi_l(d-z)\}\,e^{-\eta_z\xi_l^2 t}}{\left\{d\left(\xi_l^2+\lambda_0^2\right)+\lambda_0\right\}}$$

(29.93.2)

where $\overline{\overline{\psi}}_a(\xi_m,\xi_l,t)=\int_0^{\vartheta}\cos(\xi_m v)\int_0^d\psi_a(v,w,t)\cos\{\xi_l(d-w)\}\,dwdv$, $\overline{\overline{\psi}}_{\theta 0}(\xi_n,\xi_m,t)=\int_0^a uJ_{\mathcal{M}}(\xi_n u)\int_0^{\vartheta}\psi_0(u,v,t)\cos(\xi_m v)dvdu$ and $\overline{\overline{\psi}}_{\theta d}(\xi_n,\xi_m,t)=\int_0^a uJ_{\mathcal{M}}(\xi_n u)\int_0^{\vartheta}\psi_{\theta d}(u,v,t)\cos(\xi_m v)dvdu$.

29.94 The problem of 29.93, except
$\mathbf{N}_a\equiv\frac{\partial p(a,\theta,z,t)}{\partial r}=-\left(\frac{\mu}{k_r}\right)\psi_a(\theta,z,t)$,
$\mathbf{R}_{\theta 0}\equiv\frac{\partial p(r,\theta,0,t)}{\partial z}-\lambda_0 p(r,\theta,0,t)=-\left(\frac{\mu}{k_z}\right)\psi_{\theta 0}(r,\theta,t)$,
$\mathbf{N}_{\theta d}\equiv\frac{\partial p(r,\theta,d,t)}{\partial z}=-\left(\frac{\mu}{k_z}\right)\psi_{\theta d}(r,\theta,t)$,
$\mathbf{N}_{0z}\equiv\frac{\partial p(r,0,z,t)}{\partial\theta}=-\left(\frac{\mu}{k_\theta}\right)\psi_{0z}(r,z,t)$ **and**
$\mathbf{N}_{\vartheta z}\equiv\frac{\partial p(r,\vartheta,z,t)}{\partial\theta}=-\left(\frac{\mu}{k_\theta}\right)\psi_{\vartheta z}(r,z,t)$

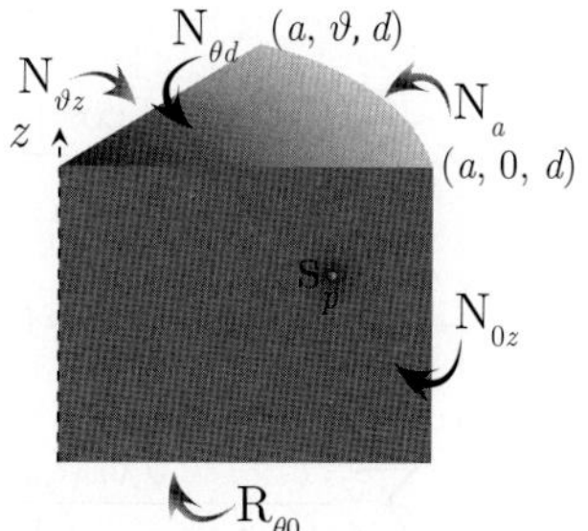

$$\overline{p}=\frac{8q(s)\,e^{-st_0}}{\vartheta a^2\phi c_t}\sum_{m=0}^{\infty}\ni_m\cos(\xi_m\theta)\times$$

$$\times\sum_{n=0}^{\infty}\frac{J_{\mathcal{M}}(\xi_n r_0)\,J_{\mathcal{M}}(\xi_n r)}{\left\{1-\left(\frac{\mathcal{M}}{\xi_n a}\right)^2\right\}J^2_{\mathcal{M}}(\xi_n a)}\sum_{l=1}^{\infty}\frac{\left(\xi_l^2+\lambda_0^2\right)\cos\{\xi_l(d-z_0)\}\cos\{\xi_l(d-z)\}}{\left\{d\left(\xi_l^2+\lambda_0^2\right)+\lambda_0\right\}\left(\eta_r\xi_n^2+\eta_z\xi_l^2+s\right)}-$$

$$-\frac{8}{\vartheta a\phi c_t}\sum_{m=0}^{\infty}\ni_m\cos(\xi_m\theta)\sum_{n=0}^{\infty}\frac{J_{\mathcal{M}}(\xi_n r)}{\left\{1-\left(\frac{\mathcal{M}}{\xi_n a}\right)^2\right\}J_{\mathcal{M}}(\xi_n a)}\sum_{l=1}^{\infty}\frac{\overline{\overline{\psi}}_a(\xi_m,\xi_l,s)\left(\xi_l^2+\lambda_0^2\right)\cos\{\xi_l(d-z)\}}{\left\{d\left(\xi_l^2+\lambda_0^2\right)+\lambda_0\right\}\left(\eta_r\xi_n^2+\eta_z\xi_l^2+s\right)}+$$

$$+\frac{8}{\vartheta a^2\phi c_t}\sum_{m=0}^{\infty}\ni_m \cos(\xi_m\theta)\times$$

$$\times\sum_{n=0}^{\infty}\frac{J_{\mathcal{M}}(\xi_n r)}{\left\{1-\left(\frac{\mathcal{M}}{\xi_n a}\right)^2\right\}J_{\mathcal{M}}^2(\xi_n a)}\sum_{l=1}^{\infty}\frac{(\xi_l^2+\lambda_0^2)\left\{\cos(\xi_l d)\overline{\overline{\overline{\psi}}}_{\theta 0}(\xi_n,\xi_m,s)-\overline{\overline{\overline{\psi}}}_{\theta d}(\xi_n,\xi_m,s)\right\}\cos\{\xi_l(d-z)\}}{\{d(\xi_l^2+\lambda_0^2)+\lambda_0\}(\eta_r\xi_n^2+\eta_z\xi_l^2+s)}+$$

$$+\frac{8}{\vartheta a^2\phi c_t}\sum_{m=0}^{\infty}\ni_m \cos(\xi_m\theta)\sum_{n=0}^{\infty}\frac{J_{\mathcal{M}}(\xi_n r)}{\left\{1-\left(\frac{\mathcal{M}}{\xi_n a}\right)^2\right\}J_{\mathcal{M}}^2(\xi_n a)}\times$$

$$\times\int_0^a\frac{J_{\mathcal{M}}(\xi_n u)}{u}\int_0^d\left\{\overline{\psi}_{0z}(u,w,s)+(-1)^{m+1}\overline{\psi}_{\vartheta z}(u,w,s)\right\}\times$$

$$\times\sum_{l=1}^{\infty}\frac{(\xi_l^2+\lambda_d^2)\cos\{\xi_l(d-w)\}\cos\{\xi_l(d-z)\}}{\{d(\xi_l^2+\lambda_d^2)+\lambda_d\}(\eta_r\xi_n^2+\eta_z\xi_l^2+s)}dwdu+$$

$$+\frac{8}{\vartheta a^2}\sum_{m=0}^{\infty}\ni_m \cos(\xi_m\theta)\sum_{n=0}^{\infty}\frac{J_{\mathcal{M}}(\xi_n r)}{\left\{1-\left(\frac{\mathcal{M}}{\xi_n a}\right)^2\right\}J_{\mathcal{M}}^2(\xi_n a)}\sum_{l=1}^{\infty}\frac{\overline{\overline{\overline{\varphi}}}(\xi_n,\xi_m,\xi_l)(\xi_l^2+\lambda_0^2)\cos\{\xi_l(d-z)\}}{\{d(\xi_l^2+\lambda_0^2)+\lambda_0\}(\eta_r\xi_n^2+\eta_z\xi_l^2+s)}$$

(29.94.1)

where ξ_n are the positive roots of $J'_{\mathcal{M}}(\xi_n a)=0$, $n=1,2,...$, ξ_n ξ_l are the positive roots of $\xi_l\tan(\xi_l d)=\lambda_0$, $l=1,2,...$, $\xi_m=\frac{m\pi}{d}$, $m=0,1,...$, $\overline{\overline{\overline{\psi}}}_{\theta 0}(\xi_n,\xi_m,s)=\int_0^a uJ_{\mathcal{M}}(\xi_n u)\int_0^{\vartheta}\overline{\psi}_0(u,v,s)\cos(\xi_m v)dvdu$,
$\overline{\overline{\overline{\psi}}}_{\theta d}(\xi_n,\xi_m,s)=\int_0^a uJ_{\mathcal{M}}(\xi_n u)\int_0^{\vartheta}\overline{\psi}_{\theta d}(u,v,s)\cos(\xi_m v)dvdu$,
$\overline{\overline{\overline{\psi}}}_a(\xi_m,\xi_l,s)=\int_0^{\vartheta}\cos(\xi_m v)\int_0^d\overline{\psi}_a(v,w,s)\cos\{\xi_l(d-w)\}dwdv$ and
$\overline{\overline{\overline{\varphi}}}(\xi_n,\xi_m,\xi_l)=\int_0^a uJ_{\mathcal{M}}(\xi_n u)\int_0^{\vartheta}\cos(\xi_m v)\int_0^d\varphi(u,v,w)\cos\{\xi_l(d-w)\}dwdvdu$.

$$p=\frac{8U(t-t_0)}{\vartheta a^2\phi c_t}\sum_{m=0}^{\infty}\ni_m \cos(\xi_m\theta)\sum_{n=0}^{\infty}\frac{J_{\mathcal{M}}(\xi_n r_0)J_{\mathcal{M}}(\xi_n r)}{\left\{1-\left(\frac{\mathcal{M}}{\xi_n a}\right)^2\right\}J_{\mathcal{M}}^2(\xi_n a)}\times$$

$$\times\sum_{l=1}^{\infty}\frac{(\xi_l^2+\lambda_0^2)\cos\{\xi_l(d-z_0)\}\cos\{\xi_l(d-z)\}\int_0^{t-t_0}q(t-t_0-\tau)e^{-(\eta_r\xi_n^2+\eta_z\xi_l^2)\tau}d\tau}{\{d(\xi_l^2+\lambda_0^2)+\lambda_0\}}-$$

$$-\frac{8}{\vartheta a\phi c_t}\sum_{m=0}^{\infty}\ni_m \cos(\xi_m\theta)\times$$

$$\times\sum_{n=0}^{\infty}\frac{J_{\mathcal{M}}(\xi_n r)}{\left\{1-\left(\frac{\mathcal{M}}{\xi_n a}\right)^2\right\}J_{\mathcal{M}}(\xi_n a)}\sum_{l=1}^{\infty}\frac{(\xi_l^2+\lambda_0^2)\cos\{\xi_l(d-z)\}\int_0^t\overline{\overline{\psi}}_a(\xi_m,\xi_l,t-\tau)e^{-(\eta_r\xi_n^2+\eta_z\xi_l^2)\tau}d\tau}{\{d(\xi_l^2+\lambda_0^2)+\lambda_0\}}+$$

$$+\frac{8}{\vartheta a^2\phi c_t}\sum_{m=0}^{\infty}\ni_m \cos(\xi_m\theta)\sum_{n=0}^{\infty}\frac{J_{\mathcal{M}}(\xi_n r)}{\left\{1-\left(\frac{\mathcal{M}}{\xi_n a}\right)^2\right\}J_{\mathcal{M}}^2(\xi_n a)}\times$$

$$\times\sum_{l=1}^{\infty}\frac{(\xi_l^2+\lambda_0^2)\cos\{\xi_l(d-z)\}\int_0^t\left\{\cos(\xi_l d)\overline{\overline{\psi}}_{\theta 0}(\xi_n,\xi_m,t-\tau)-\overline{\overline{\psi}}_{\theta d}(\xi_n,\xi_m,t-\tau)\right\}e^{-(\eta_r\xi_n^2+\eta_z\xi_l^2)\tau}d\tau}{\{d(\xi_l^2+\lambda_0^2)+\lambda_0\}}+$$

$$+\frac{8}{\vartheta a^2\phi c_t}\sum_{m=0}^{\infty}\ni_m \cos(\xi_m\theta)\sum_{n=0}^{\infty}\frac{J_{\mathcal{M}}(\xi_n r)}{\left\{1-\left(\frac{\mathcal{M}}{\xi_n a}\right)^2\right\}J_{\mathcal{M}}^2(\xi_n a)}\times$$

$$\times \int_0^a \frac{J_{\mathcal{M}}(\xi_n u)}{u} \int_0^d \int_0^t e^{-\eta_r \xi_n^2 \tau} \left\{ \psi_{0z}(u,w,t-\tau) + (-1)^{m+1} \psi_{\vartheta z}(u,w,t-\tau) \right\} \times$$

$$\times \sum_{l=1}^{\infty} \frac{(\xi_l^2+\lambda_d^2)\cos\{\xi_l(d-w)\}\cos\{\xi_l(d-z)\} e^{-\eta_z \xi_l^2 \tau}}{\{d(\xi_l^2+\lambda_d^2)+\lambda_d\}} d\tau dw du +$$

$$+ \frac{8}{\vartheta a^2} \sum_{m=0}^{\infty} \ni_m \cos(\xi_m \theta) \sum_{n=0}^{\infty} \frac{J_{\mathcal{M}}(\xi_n r) e^{-\eta_r \xi_n^2 t}}{\left\{1-\left(\frac{\mathcal{M}}{\xi_n a}\right)^2\right\} J_{\mathcal{M}}^2(\xi_n a)} \sum_{l=1}^{\infty} \frac{\overline{\overline{\varphi}}(\xi_n,\xi_m,\xi_l)(\xi_l^2+\lambda_0^2)\cos\{\xi_l(d-z)\} e^{-\eta_z \xi_l^2 t}}{\{d(\xi_l^2+\lambda_0^2)+\lambda_0\}}$$

(29.94.2)

where $\overline{\overline{\psi}}_a(\xi_m,\xi_l,t) = \int_0^{\vartheta} \cos(\xi_m v) \int_0^d \psi_a(v,w,t)\cos\{\xi_l(d-w)\} dw dv$,
$\overline{\overline{\psi}}_{\theta 0}(\xi_n,\xi_m,t) = \int_0^a u J_{\mathcal{M}}(\xi_n u) \int_0^{\vartheta} \psi_0(u,v,t)\cos(\xi_m v) dv du$ and
$\overline{\overline{\psi}}_{\theta d}(\xi_n,\xi_m,t) = \int_0^a u J_{\mathcal{M}}(\xi_n u) \int_0^{\vartheta} \psi_{\theta d}(u,v,t)\cos(\xi_m v) dv du$.

29.95 The problem of 29.93, except
$\mathbf{R_a} \equiv \frac{\partial p(a,\theta,z,t)}{\partial r} + \lambda p(a,\theta,z,t) = -\left(\frac{\mu}{k_r}\right) \psi_a(\theta,z,t)$,
$\mathbf{R_{\theta 0}} \equiv \frac{\partial p(r,\theta,0,t)}{\partial z} - \lambda_0 p(r,\theta,0,t) = -\left(\frac{\mu}{k_z}\right) \psi_{\theta 0}(r,\theta,t)$,
$\mathbf{N_{\theta d}} \equiv \frac{\partial p(r,\theta,d,t)}{\partial z} = -\left(\frac{\mu}{k_z}\right) \psi_{\theta d}(r,\theta,t)$,
$\mathbf{N_{0z}} \equiv \frac{\partial p(r,0,z,t)}{\partial \theta} = -\left(\frac{\mu}{k_\theta}\right) \psi_{0z}(r,z,t)$ **and**
$\mathbf{N_{\vartheta z}} \equiv \frac{\partial p(r,\vartheta,z,t)}{\partial \theta} = -\left(\frac{\mu}{k_\theta}\right) \psi_{\vartheta z}(r,z,t)$

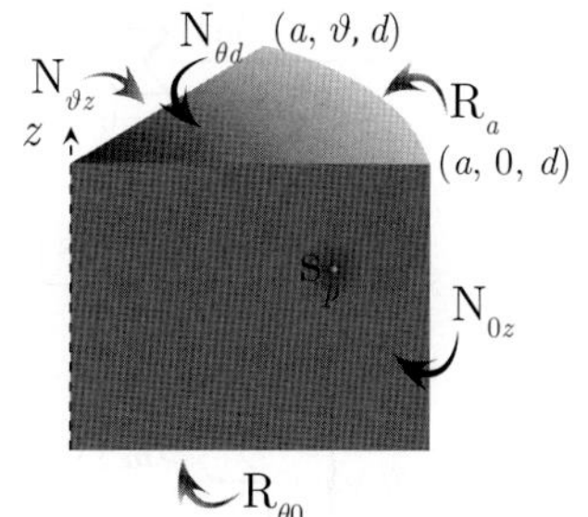

$$\overline{p} = \frac{8q(s)e^{-st_0}}{\vartheta a^2 \phi c_t} \sum_{m=0}^{\infty} \ni_m \cos(\xi_m \theta) \sum_{n=1}^{\infty} \frac{J_{\mathcal{M}}(\xi_n r_0) J_{\mathcal{M}}(\xi_n r)}{\left[\left\{1-\left(\frac{\mathcal{M}}{\xi_n a}\right)^2\right\} J_{\mathcal{M}}^2(\xi_n a) + J_{\mathcal{M}}'^2(\xi_n a)\right]} \times$$

$$\times \sum_{i=1}^{\infty} \frac{(\xi_l^2+\lambda_0^2)\cos\{\xi_l(d-z_0)\}\cos\{\xi_l(d-z)\}}{\{d(\xi_l^2+\lambda_0^2)+\lambda_0\}(\eta_r \xi_n^2 + \eta_z \xi_l^2 + s)} -$$

$$-\frac{8}{\vartheta a \phi c_t} \sum_{m=0}^{\infty} \ni_m \cos(\xi_m \theta) \sum_{n=1}^{\infty} \frac{J_{\mathcal{M}}(\xi_n r)}{\left[\left\{1-\left(\frac{\mathcal{M}}{\xi_n a}\right)^2\right\} J_{\mathcal{M}}^2(\xi_n a) + J_{\mathcal{M}}'^2(\xi_n a)\right]} \times$$

$$\times \sum_{i=1}^{\infty} \frac{\overline{\overline{\overline{\psi}}}_a(\xi_m,\xi_l,s)(\xi_l^2+\lambda_0^2)\cos\{\xi_l(d-z)\}}{\{d(\xi_l^2+\lambda_0^2)+\lambda_0\}(\eta_r \xi_n^2 + \eta_z \xi_l^2 + s)} +$$

$$+\frac{8}{\vartheta a^2 \phi c_t} \sum_{m=0}^{\infty} \ni_m \cos(\xi_m \theta) \sum_{n=1}^{\infty} \frac{J_{\mathcal{M}}(\xi_n r)}{\left[\left\{1-\left(\frac{\mathcal{M}}{\xi_n a}\right)^2\right\} J_{\mathcal{M}}^2(\xi_n a) + J_{\mathcal{M}}'^2(\xi_n a)\right]} \times$$

$$\times \sum_{i=1}^{\infty} \frac{(\xi_l^2+\lambda_0^2)\left\{\cos(\xi_l d)\overline{\overline{\overline{\psi}}}_{\theta 0}(\xi_n,\xi_m,s) - \overline{\overline{\overline{\psi}}}_{\theta d}(\xi_n,\xi_m,s)\right\}\cos\{\xi_l(d-z)\}}{\{d(\xi_l^2+\lambda_0^2)+\lambda_0\}(\eta_r \xi_n^2 + \eta_z \xi_l^2 + s)} +$$

$$+\frac{8}{\vartheta a^2 \phi c_t} \sum_{m=0}^{\infty} \ni_m \cos(\xi_m \theta) \sum_{n=1}^{\infty} \frac{J_{\mathcal{M}}(\xi_n r)}{\left[\left\{1-\left(\frac{\mathcal{M}}{\xi_n a}\right)^2\right\} J_{\mathcal{M}}^2(\xi_n a) + J_{\mathcal{M}}'^2(\xi_n a)\right]} \times$$

$$\times \int_0^a \frac{J_{\mathcal{M}}(\xi_n u)}{u} \int_0^d \left\{\overline{\psi}_{0z}(u,w,s) + (-1)^{m+1} \overline{\psi}_{\vartheta z}(u,w,s)\right\} \times$$

$$\times\sum_{l=1}^{\infty}\frac{\left(\xi_l^2+\lambda_d^2\right)\cos\left\{\xi_l\left(d-w\right)\right\}\cos\left\{\xi_l\left(d-z\right)\right\}}{\left\{d\left(\xi_l^2+\lambda_d^2\right)+\lambda_d\right\}\left(\eta_r\xi_n^2+\eta_z\xi_l^2+s\right)}dwdu+$$

$$+\frac{8}{\vartheta a^2}\sum_{m=0}^{\infty}\ni_m\cos\left(\xi_m\theta\right)\sum_{n=1}^{\infty}\frac{J_{\mathcal{M}}\left(\xi_n r\right)}{\left[\left\{1-\left(\frac{\mathcal{M}}{\xi_n a}\right)^2\right\}J_{\mathcal{M}}^2\left(\xi_n a\right)+J_{\mathcal{M}}'^2\left(\xi_n a\right)\right]}\times$$

$$\times\sum_{i=1}^{\infty}\frac{\overline{\overline{\overline{\varphi}}}\left(\xi_n,\xi_m,\xi_l\right)\left(\xi_l^2+\lambda_0^2\right)\cos\left\{\xi_l\left(d-z\right)\right\}}{\left\{d\left(\xi_l^2+\lambda_0^2\right)+\lambda_0\right\}\left(\eta_r\xi_n^2+\eta_z\xi_l^2+s\right)} \qquad (29.95.1)$$

where ξ_n are the positive roots of $\xi_n J_{\mathcal{M}}'\left(\xi_n a\right)+\lambda J_{\mathcal{M}}\left(\xi_n a\right)=0$, $n=1,2,...,$ ξ_l are the positive roots of $\xi_l\tan\left(\xi_l d\right)=\lambda_0$, and $l=1,2,...,$ $\xi_m=\frac{m\pi}{d}$, $m=0,1,....$

$\overline{\overline{\overline{\psi}}}_{\theta 0}\left(\xi_n,\xi_m,s\right)=\int_0^a uJ_{\mathcal{M}}\left(\xi_n u\right)\int_0^{\vartheta}\overline{\psi}_0\left(u,v,s\right)\cos\left(\xi_m v\right)dvdu,$

$\overline{\overline{\overline{\psi}}}_{\theta d}\left(\xi_n,\xi_m,s\right)=\int_0^a uJ_{\mathcal{M}}\left(\xi_n u\right)\int_0^{\vartheta}\overline{\psi}_{\theta d}\left(u,v,s\right)\cos\left(\xi_m v\right)dvdu,$

$\overline{\overline{\overline{\psi}}}_a\left(\xi_m,\xi_l,s\right)=\int_0^{\vartheta}\cos\left(\xi_m v\right)\int_0^d\overline{\psi}_a\left(v,w,s\right)\cos\left\{\xi_l\left(d-w\right)\right\}dwdv$ and

$\overline{\overline{\overline{\varphi}}}\left(\xi_n,\xi_m,\xi_l\right)=\int_0^a uJ_{\mathcal{M}}\left(\xi_n u\right)\int_0^{\vartheta}\cos\left(\xi_m v\right)\int_0^d\varphi\left(u,v,w\right)\cos\left\{\xi_l\left(d-w\right)\right\}dwdvdu.$

$$p=\frac{8U\left(t-t_0\right)}{\vartheta a^2\phi c_t}\sum_{m=0}^{\infty}\ni_m\cos\left(\xi_m\theta\right)\sum_{n=1}^{\infty}\frac{J_{\mathcal{M}}\left(\xi_n r_0\right)J_{\mathcal{M}}\left(\xi_n r\right)}{\left[\left\{1-\left(\frac{\mathcal{M}}{\xi_n a}\right)^2\right\}J_{\mathcal{M}}^2\left(\xi_n a\right)+J_{\mathcal{M}}'^2\left(\xi_n a\right)\right]}\times$$

$$\times\sum_{l=1}^{\infty}\frac{\left(\xi_l^2+\lambda_0^2\right)\cos\left\{\xi_l\left(d-z_0\right)\right\}\cos\left\{\xi_l\left(d-z\right)\right\}\int_0^{t-t_0}q\left(t-t_0-\tau\right)e^{-\left(\eta_r\xi_n^2+\eta_z\xi_l^2\right)\tau}d\tau}{\left\{d\left(\xi_l^2+\lambda_0^2\right)+\lambda_0\right\}}-$$

$$-\frac{8}{\vartheta a\phi c_t}\sum_{m=0}^{\infty}\ni_m\cos\left(\xi_m\theta\right)\sum_{n=1}^{\infty}\frac{J_{\mathcal{M}}\left(\xi_n r\right)}{\left[\left\{1-\left(\frac{\mathcal{M}}{\xi_n a}\right)^2\right\}J_{\mathcal{M}}^2\left(\xi_n a\right)+J_{\mathcal{M}}'^2\left(\xi_n a\right)\right]}\times$$

$$\times\sum_{i=1}^{\infty}\frac{\left(\xi_l^2+\lambda_0^2\right)\cos\left\{\xi_l\left(d-z\right)\right\}\int_0^t\overline{\overline{\psi}}_a\left(\xi_m,\xi_l,t-\tau\right)e^{-\left(\eta_r\xi_n^2+\eta_z\xi_l^2\right)\tau}d\tau}{\left\{d\left(\xi_l^2+\lambda_0^2\right)+\lambda_0\right\}}+$$

$$+\frac{8}{\vartheta a^2\phi c_t}\sum_{m=0}^{\infty}\ni_m\cos\left(\xi_m\theta\right)\sum_{n=1}^{\infty}\frac{J_{\mathcal{M}}\left(\xi_n r\right)}{\left[\left\{1-\left(\frac{\mathcal{M}}{\xi_n a}\right)^2\right\}J_{\mathcal{M}}^2\left(\xi_n a\right)+J_{\mathcal{M}}'^2\left(\xi_n a\right)\right]}\times$$

$$\times\sum_{l=1}^{\infty}\frac{\left(\xi_l^2+\lambda_0^2\right)\cos\{\xi_l(d-z)\}\int_0^t\left\{\cos\left(\xi_l d\right)\overline{\overline{\psi}}_{\theta 0}(\xi_n,\xi_m,t-\tau)-\overline{\overline{\psi}}_{\theta d}(\xi_n,\xi_m,t-\tau)\right\}e^{-\left(\eta_r\xi_n^2+\eta_z\xi_l^2\right)\tau}d\tau}{\left\{d\left(\xi_l^2+\lambda_0^2\right)+\lambda_0\right\}}+$$

$$+\frac{8}{\vartheta a^2\phi c_t}\sum_{m=0}^{\infty}\ni_m\cos\left(\xi_m\theta\right)\sum_{n=1}^{\infty}\frac{J_{\mathcal{M}}\left(\xi_n r\right)}{\left[\left\{1-\left(\frac{\mathcal{M}}{\xi_n a}\right)^2\right\}J_{\mathcal{M}}^2\left(\xi_n a\right)+J_{\mathcal{M}}'^2\left(\xi_n a\right)\right]}\times$$

$$\times\int_0^a\frac{J_{\mathcal{M}}\left(\xi_n u\right)}{u}\int_0^d\int_0^t e^{-\eta_r\xi_n^2\tau}\left\{\psi_{0z}\left(u,w,t-\tau\right)+\left(-1\right)^{m+1}\psi_{\vartheta z}\left(u,w,t-\tau\right)\right\}\times$$

$$\times\sum_{l=1}^{\infty}\frac{\left(\xi_l^2+\lambda_d^2\right)\cos\left\{\xi_l\left(d-w\right)\right\}\cos\left\{\xi_l\left(d-z\right)\right\}e^{-\eta_z\xi_l^2\tau}}{\left\{d\left(\xi_l^2+\lambda_d^2\right)+\lambda_d\right\}}d\tau dwdu+$$

$$+\frac{8}{\vartheta a^2}\sum_{m=0}^{\infty}\ni_m\cos\left(\xi_m\theta\right)\sum_{n=1}^{\infty}\frac{J_{\mathcal{M}}\left(\xi_n r\right)e^{-\eta_r\xi_n^2 t}}{\left[\left\{1-\left(\frac{\mathcal{M}}{\xi_n a}\right)^2\right\}J_{\mathcal{M}}^2\left(\xi_n a\right)+J_{\mathcal{M}}'^2\left(\xi_n a\right)\right]}\times$$

$$\times\sum_{i=1}^{\infty}\frac{\overline{\overline{\overline{\varphi}}}\left(\xi_n,\xi_m,\xi_l\right)\left(\xi_l^2+\lambda_0^2\right)\cos\left\{\xi_l\left(d-z\right)\right\}e^{-\eta_z\xi_l^2 t}}{\left\{d\left(\xi_l^2+\lambda_0^2\right)+\lambda_0\right\}} \qquad (29.95.2)$$

where $\overline{\overline{\psi}}_a\left(\xi_m,\xi_l,t\right)=\int_0^{\vartheta}\cos\left(\xi_m v\right)\int_0^d\psi_a\left(v,w,t\right)\cos\left\{\xi_l\left(d-w\right)\right\}dwdv,$

$\overline{\overline{\psi}}_{\theta 0}\left(\xi_n, \xi_m, t\right) = \int_0^a u J_{\mathcal{M}}\left(\xi_n u\right) \int_0^{\vartheta} \psi_0\left(u, v, t\right) \cos\left(\xi_m v\right) dv du,$
$\overline{\overline{\psi}}_{\theta d}\left(\xi_n, \xi_m, t\right) = \int_0^a u J_{\mathcal{M}}\left(\xi_n u\right) \int_0^{\vartheta} \psi_{\theta d}\left(u, v, t\right) \cos\left(\xi_m v\right) dv du$ and
$\overline{\overline{\varphi}}\left(\xi_n, \xi_m, w\right) = \int_0^a u J_{\mathcal{M}}\left(\xi_n u\right) \int_0^{\vartheta} \varphi\left(u, v, w\right) \cos\left(\xi_m v\right) dv du.$

29.96 **A cylindrical continuum bounded by $a \le r \le b$ and $0 \le z \le d$ and $0 \le \theta \le \vartheta$; $\vartheta < 2\pi$. Point source at $s_p \equiv (r_0, \theta_0, z_0)$ at time $t = t_0$; $a < r_0 < b$, $0 \le \theta_0 \le \vartheta$, $0 < z_0 < d$, $t_0 \ge 0$.**
$R_{\theta 0} \equiv \frac{\partial p(r,\theta,0,t)}{\partial z} - \lambda_0 p\left(r, \theta, 0, t\right) = -\left(\frac{\mu}{k_z}\right) \psi_{\theta 0}\left(r, \theta, t\right)$,
$N_{\theta d} \equiv \frac{\partial p(r,\theta,d,t)}{\partial z} = -\left(\frac{\mu}{k_z}\right) \psi_{\theta d}\left(r, \theta, t\right)$,
$D_a \equiv p\left(a, \theta, z, t\right) = \psi_a\left(\theta, z, t\right)$, $D_b \equiv p\left(b, \theta, z, t\right) = \psi_b\left(\theta, z, t\right)$,
$N_{0z} \equiv \frac{\partial p(r,0,z,t)}{\partial \theta} = -\left(\frac{\mu}{k_\theta}\right) \psi_{0z}\left(r, z, t\right)$ and
$N_{\vartheta z} \equiv \frac{\partial p(r,\vartheta,z,t)}{\partial \theta} = -\left(\frac{\mu}{k_\theta}\right) \psi_{\vartheta z}\left(r, z, t\right)$. $p(r, \theta, z, 0) = \varphi(r, \theta, z)$

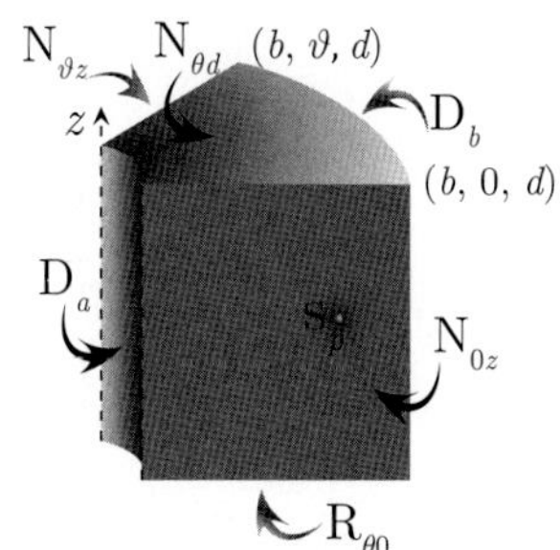

$$\overline{p} = \frac{2\pi^2 q\left(s\right) e^{-s t_0}}{\vartheta \phi c_t} \sum_{m=0}^{\infty} \ni_m \cos\left(\xi_m \theta\right) \sum_{n=1}^{\infty} \frac{\xi_n^2 J_{\mathcal{M}}^2\left(\xi_n b\right) \mathcal{V}_{\mathcal{D}\mathcal{M}}\left(\xi r_0, a\right) \mathcal{V}_{\mathcal{D}\mathcal{M}}\left(\xi r, a\right)}{\left\{J_{\mathcal{M}}^2\left(\xi_n a\right) - J_{\mathcal{M}}^2\left(\xi_n b\right)\right\}} \times$$
$$\times \sum_{l=1}^{\infty} \frac{\left(\xi_l^2 + \lambda_0^2\right) \cos\left\{\xi_l\left(d - z_0\right)\right\} \cos\left\{\xi_l\left(d - z\right)\right\}}{\left\{d\left(\xi_l^2 + \lambda_0^2\right) + \lambda_0\right\}\left(\eta_r \xi_n^2 + \eta_z \xi_l^2 + s\right)} -$$
$$-\frac{4\pi\eta_r}{\vartheta} \sum_{m=0}^{\infty} \ni_m \cos\left(\xi_m \theta\right) \sum_{n=1}^{\infty} \frac{\xi_n^2 J_{\mathcal{M}}^2\left(\xi_n b\right) \mathcal{V}_{\mathcal{D}\mathcal{M}}\left(\xi r, a\right)}{\left\{J_{\mathcal{M}}^2\left(\xi_n a\right) - J_{\mathcal{M}}^2\left(\xi_n b\right)\right\}} \sum_{l=1}^{\infty} \frac{\overline{\overline{\overline{\psi}}}_a\left(\xi_m, \xi_l, s\right)\left(\xi_l^2 + \lambda_0^2\right) \cos\left\{\xi_l\left(d - z\right)\right\}}{\left\{d\left(\xi_l^2 + \lambda_0^2\right) + \lambda_0\right\}\left(\eta_r \xi_n^2 + \eta_z \xi_l^2 + s\right)} +$$
$$+\frac{4\pi\eta_r}{\vartheta} \sum_{m=0}^{\infty} \ni_m \cos\left(\xi_m \theta\right) \sum_{n=1}^{\infty} \frac{\xi_n^2 J_{\mathcal{M}}\left(\xi_n a\right) J_{\mathcal{M}}\left(\xi_n b\right) \mathcal{V}_{\mathcal{D}\mathcal{M}}\left(\xi r, a\right)}{\left\{J_{\mathcal{M}}^2\left(\xi_n a\right) - J_{\mathcal{M}}^2\left(\xi_n b\right)\right\}} \times$$
$$\times \sum_{l=1}^{\infty} \frac{\overline{\overline{\overline{\psi}}}_b\left(\xi_m, \xi_l, s\right)\left(\xi_l^2 + \lambda_0^2\right) \cos\left\{\xi_l\left(d - z\right)\right\}}{\left\{d\left(\xi_l^2 + \lambda_0^2\right) + \lambda_0\right\}\left(\eta_r \xi_n^2 + \eta_z \xi_l^2 + s\right)} +$$
$$+\frac{2\pi^2}{\vartheta \phi c_t} \sum_{m=0}^{\infty} \ni_m \cos\left(\xi_m \theta\right) \sum_{n=1}^{\infty} \frac{\xi_n^2 J_{\mathcal{M}}^2\left(\xi_n b\right) \mathcal{V}_{\mathcal{D}\mathcal{M}}\left(\xi r, a\right)}{\left\{J_{\mathcal{M}}^2\left(\xi_n a\right) - J_{\mathcal{M}}^2\left(\xi_n b\right)\right\}} \times$$
$$\times \sum_{l=1}^{\infty} \frac{\left(\xi_l^2 + \lambda_0^2\right)\left\{\cos\left(\xi_l d\right) \overline{\overline{\overline{\psi}}}_{\theta 0}\left(\xi_n, \xi_m, s\right) - \overline{\overline{\overline{\psi}}}_{\theta d}\left(\xi_n, \xi_m, s\right)\right\} \cos\left\{\xi_l\left(d - z\right)\right\}}{\left\{d\left(\xi_l^2 + \lambda_0^2\right) + \lambda_0\right\}\left(\eta_r \xi_n^2 + \eta_z \xi_l^2 + s\right)} +$$
$$+\frac{2\pi^2}{\vartheta \phi c_t} \sum_{m=0}^{\infty} \ni_m \cos\left(\xi_m \theta\right) \sum_{n=1}^{\infty} \frac{\xi_n^2 J_{\mathcal{M}}^2\left(\xi_n b\right) \mathcal{V}_{\mathcal{D}\mathcal{M}}\left(\xi r, a\right)}{\left\{J_{\mathcal{M}}^2\left(\xi_n a\right) - J_{\mathcal{M}}^2\left(\xi_n b\right)\right\}} \times$$
$$\times \int_0^a \frac{\mathcal{V}_{\mathcal{D}\mathcal{M}}\left(\xi_n u, a\right)}{u} \int_0^d \left\{\overline{\psi}_{0z}\left(u, w, s\right) + \left(-1\right)^{m+1} \overline{\psi}_{\vartheta z}\left(u, w, s\right)\right\} \times$$
$$\times \sum_{l=1}^{\infty} \frac{\left(\xi_l^2 + \lambda_d^2\right) \cos\left\{\xi_l\left(d - w\right)\right\} \cos\left\{\xi_l\left(d - z\right)\right\}}{\left\{d\left(\xi_l^2 + \lambda_d^2\right) + \lambda_d\right\}\left(\eta_r \xi_n^2 + \eta_z \xi_l^2 + s\right)} dw du +$$
$$+\frac{2\pi^2}{\vartheta} \sum_{m=0}^{\infty} \ni_m \cos(\xi_m \theta) \sum_{n=1}^{\infty} \frac{\xi_n^2 J_{\mathcal{M}}^2(\xi_n b) \mathcal{V}_{\mathcal{D}\mathcal{M}}(\xi r, a)}{\left\{J_{\mathcal{M}}^2(\xi_n a) - J_{\mathcal{M}}^2(\xi_n b)\right\}} \sum_{l=1}^{\infty} \frac{\overline{\overline{\overline{\varphi}}}(\xi_n, \xi_m, \xi_l)(\xi_l^2 + \lambda_0^2) \cos\{\xi_l\left(d - z\right)\}}{\left\{d\left(\xi_l^2 + \lambda_0^2\right) + \lambda_0\right\}\left(\eta_r \xi_n^2 + \eta_z \xi_l^2 + s\right)} \quad (29.96.1)$$

where the eigenvalues ξ_n, $n = 1, 2, ...,$ are the positive roots of the transcendental equation $\mathcal{V}_{\mathcal{D}\mathcal{M}}\left(\xi_n b, a\right) = 0$, ξ_l are the positive roots of $\xi_l \tan\left(\xi_l d\right) = \lambda_0$, $l = 1, 2, ...,$ $\xi_m = \frac{m\pi}{d}$, $m = 0, 1, ...,$
$\overline{\overline{\overline{\psi}}}_{\theta 0}\left(\xi_n, \xi_m, s\right) = \int_0^a u \mathcal{V}_{\mathcal{D}\mathcal{M}}\left(\xi_n u, a\right) \int_0^{\vartheta} \overline{\psi}_0\left(u, v, s\right) \cos\left(\xi_m v\right) dv du,$
$\overline{\overline{\overline{\psi}}}_{\theta d}\left(\xi_n, \xi_m, s\right) = \int_0^a u \mathcal{V}_{\mathcal{D}\mathcal{M}}\left(\xi_n u, a\right) \int_0^{\vartheta} \overline{\psi}_{\theta d}\left(u, v, s\right) \cos\left(\xi_m v\right) dv du,$
$\overline{\overline{\overline{\psi}}}_a\left(\xi_m, \xi_l, s\right) = \int_0^{\vartheta} \cos\left(\xi_m v\right) \int_0^d \overline{\psi}_a\left(v, w, s\right) \cos\left\{\xi_l\left(d - w\right)\right\} dw dv,$

$\overline{\overline{\psi}}_b(\xi_m,\xi_l,s)=\int_0^{\vartheta}\cos(\xi_m v)\int_0^d\overline{\psi}_b(v,w,s)\cos\{\xi_l(d-w)\}\,dwdv$ and
$\overline{\overline{\overline{\varphi}}}(\xi_n,\xi_m,\xi_l)=\int_0^a u\mathcal{V}_{\mathcal{DM}}(\xi_n u,a)\int_0^{\vartheta}\cos(\xi_m v)\int_0^d\varphi(u,v,w)\cos\{\xi_l(d-w)\}\,dwdvdu.$

$$
\begin{aligned}
p\ =\ &\frac{2\pi^2U(t-t_0)}{\vartheta\phi c_t}\sum_{m=0}^{\infty}\ni_m\cos(\xi_m\theta)\sum_{n=1}^{\infty}\frac{\xi_n^2J_{\mathcal{M}}^2(\xi_n b)\,\mathcal{V}_{\mathcal{DM}}(\xi r_0,a)\,\mathcal{V}_{\mathcal{DM}}(\xi r,a)}{\{J_{\mathcal{M}}^2(\xi_n a)-J_{\mathcal{M}}^2(\xi_n b)\}}\times\\
&\times\sum_{l=1}^{\infty}\frac{(\xi_l^2+\lambda_0^2)\cos\{\xi_l(d-z_0)\}\cos\{\xi_l(d-z)\}\int_0^{t-t_0}q(t-t_0-\tau)\,e^{-(\eta_r\xi_n^2+\eta_z\xi_l^2)\tau}d\tau}{\{d(\xi_l^2+\lambda_0^2)+\lambda_0\}}-\\
&-\frac{4\pi\eta_r}{\vartheta}\sum_{m=0}^{\infty}\ni_m\cos(\xi_m\theta)\sum_{n=1}^{\infty}\frac{\xi_n^2J_{\mathcal{M}}^2(\xi_n b)\,\mathcal{V}_{\mathcal{DM}}(\xi r,a)}{\{J_{\mathcal{M}}^2(\xi_n a)-J_{\mathcal{M}}^2(\xi_n b)\}}\times\\
&\times\sum_{l=1}^{\infty}\frac{(\xi_l^2+\lambda_0^2)\cos\{\xi_l(d-z)\}\int_0^{t}\overline{\overline{\psi}}_a(\xi_m,\xi_l,t-\tau)\,e^{-(\eta_r\xi_n^2+\eta_z\xi_l^2)\tau}d\tau}{\{d(\xi_l^2+\lambda_0^2)+\lambda_0\}}+\\
&+\frac{4\pi\eta_r}{\vartheta}\sum_{m=0}^{\infty}\ni_m\cos(\xi_m\theta)\sum_{n=1}^{\infty}\frac{\xi_n^2J_{\mathcal{M}}(\xi_n a)\,J_{\mathcal{M}}(\xi_n b)\,\mathcal{V}_{\mathcal{DM}}(\xi r,a)}{\{J_{\mathcal{M}}^2(\xi_n a)-J_{\mathcal{M}}^2(\xi_n b)\}}\times\\
&\times\sum_{l=1}^{\infty}\frac{(\xi_l^2+\lambda_0^2)\cos\{\xi_l(d-z)\}\int_0^{t}\overline{\overline{\psi}}_b(\xi_m,\xi_l,t-\tau)\,e^{-(\eta_r\xi_n^2+\eta_z\xi_l^2)\tau}d\tau}{\{d(\xi_l^2+\lambda_0^2)+\lambda_0\}}+\\
&+\frac{2\pi^2}{\vartheta\phi c_t}\sum_{m=0}^{\infty}\ni_m\cos(\xi_m\theta)\sum_{n=1}^{\infty}\frac{\xi_n^2J_{\mathcal{M}}^2(\xi_n b)\,\mathcal{V}_{\mathcal{DM}}(\xi r,a)}{\{J_{\mathcal{M}}^2(\xi_n a)-J_{\mathcal{M}}^2(\xi_n b)\}}\times\\
&\times\sum_{l=1}^{\infty}\frac{(\xi_l^2+\lambda_0^2)\cos\{\xi_l(d-z)\}\int_0^{t}\left\{\cos(\xi_l d)\,\overline{\overline{\psi}}_{\theta 0}(\xi_n,\xi_m,t-\tau)-\overline{\overline{\psi}}_{\theta d}(\xi_n,\xi_m,t-\tau)\right\}e^{-(\eta_r\xi_n^2+\eta_z\xi_l^2)\tau}d\tau}{\{d(\xi_l^2+\lambda_0^2)+\lambda_0\}}+\\
&+\frac{2\pi^2}{\vartheta\phi c_t}\sum_{m=0}^{\infty}\ni_m\cos(\xi_m\theta)\sum_{n=1}^{\infty}\frac{\xi_n^2J_{\mathcal{M}}^2(\xi_n b)\,\mathcal{V}_{\mathcal{DM}}(\xi r,a)}{\{J_{\mathcal{M}}^2(\xi_n a)-J_{\mathcal{M}}^2(\xi_n b)\}}\times\\
&\times\int_0^a\frac{\mathcal{V}_{\mathcal{DM}}(\xi_n u,a)}{u}\int_0^d\int_0^t e^{-\eta_r\xi_n^2\tau}\left\{\psi_{0z}(u,w,t-\tau)+(-1)^{m+1}\psi_{\vartheta z}(u,w,t-\tau)\right\}\times\\
&\times\sum_{l=1}^{\infty}\frac{(\xi_l^2+\lambda_d^2)\cos\{\xi_l(d-w)\}\cos\{\xi_l(d-z)\}\,e^{-\eta_z\xi_l^2\tau}}{\{d(\xi_l^2+\lambda_d^2)+\lambda_d\}}d\tau dwdu+\\
&+\frac{2\pi^2}{\vartheta}\sum_{m=0}^{\infty}\ni_m\cos(\xi_m\theta)\sum_{n=1}^{\infty}\frac{\xi_n^2J_{\mathcal{M}}^2(\xi_n b)\,\mathcal{V}_{\mathcal{DM}}(\xi r,a)\,e^{-\eta_r\xi_n^2t}}{\{J_{\mathcal{M}}^2(\xi_n a)-J_{\mathcal{M}}^2(\xi_n b)\}}\times\\
&\times\sum_{l=1}^{\infty}\frac{\overline{\overline{\overline{\varphi}}}(\xi_n,\xi_m,\xi_l)\,(\xi_l^2+\lambda_0^2)\cos\{\xi_l(d-z)\}\,e^{-\eta_z\xi_l^2t}}{\{d(\xi_l^2+\lambda_0^2)+\lambda_0\}}
\end{aligned}
\tag{29.96.2}
$$

where $\overline{\overline{\psi}}_a(\xi_m,\xi_l,t)=\int_0^{\vartheta}\cos(\xi_m v)\int_0^d\psi_a(v,w,t)\cos\{\xi_l(d-w)\}\,dwdv$,
$\overline{\overline{\psi}}_b(\xi_m,\xi_l,t)=\int_0^{\vartheta}\cos(\xi_m v)\int_0^d\overline{\psi}_b(v,w,t)\cos\{\xi_l(d-w)\}\,dwdv$,
$\overline{\overline{\psi}}_{\theta 0}(\xi_n,\xi_m,t)=\int_0^a u\mathcal{V}_{\mathcal{DM}}(\xi_n u,a)\int_0^{\vartheta}\psi_0(u,v,t)\cos(\xi_m v)dvdu$ and
$\overline{\overline{\psi}}_{\theta d}(\xi_n,\xi_m,t)=\int_0^a u\mathcal{V}_{\mathcal{DM}}(\xi_n u,a)\int_0^{\vartheta}\psi_{\theta d}(u,v,t)\cos(\xi_m v)dvdu.$

29.97 **The problem of 29.96, except**
$\mathbf{R}_{\theta 0} \equiv \frac{\partial p(r,\theta,0,t)}{\partial z} - \lambda_0 p(r,\theta,0,t) = -\left(\frac{\mu}{k_z}\right)\psi_{\theta 0}(r,\theta,t)$,
$\mathbf{N}_{\theta d} \equiv \frac{\partial p(r,\theta,d,t)}{\partial z} = -\left(\frac{\mu}{k_z}\right)\psi_{\theta d}(r,\theta,t)$,
$\mathbf{D}_a \equiv p(a,\theta,z,t) = \psi_a(\theta,z,t)$,
$\mathbf{N}_b \equiv \frac{\partial p(b,\theta,z,t)}{\partial r} = -\left(\frac{\mu}{k_r}\right)\psi_b(\theta,z,t)$,
$\mathbf{N}_{0z} \equiv \frac{\partial p(r,0,z,t)}{\partial \theta} = -\left(\frac{\mu}{k_\theta}\right)\psi_{0z}(r,z,t)$ and
$\mathbf{N}_{\vartheta z} \equiv \frac{\partial p(r,\vartheta,z,t)}{\partial \theta} = -\left(\frac{\mu}{k_\theta}\right)\psi_{\vartheta z}(r,z,t)$

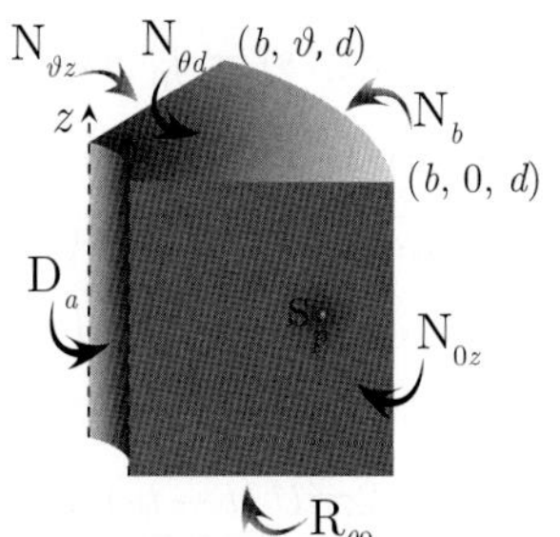

$$\overline{p} = \frac{2\pi^2 q(s)\, e^{-st_0}}{\vartheta\phi c_t}\sum_{m=0}^{\infty}\ni_m \cos(\xi_m\theta)\sum_{n=1}^{\infty}\frac{\xi_n^2 J_{\mathcal{M}}'^2(\xi_n b)\,\mathcal{V}_{\mathcal{DM}}(\xi r_0,a)\,\mathcal{V}_{\mathcal{DM}}(\xi r,a)}{\left[\left\{1-\left(\frac{\mathcal{M}}{\xi_n b}\right)^2\right\}J_{\mathcal{M}}^2(\xi_n a)-J_{\mathcal{M}}'^2(\xi_n b)\right]}\times$$
$$\times\sum_{l=1}^{\infty}\frac{\left(\xi_l^2+\lambda_0^2\right)\cos\{\xi_l(d-z_0)\}\cos\{\xi_l(d-z)\}}{\{d(\xi_l^2+\lambda_0^2)+\lambda_0\}(\eta_r\xi_n^2+\eta_z\xi_l^2+s)}-$$
$$-\frac{4\pi\eta_r}{\vartheta}\sum_{m=0}^{\infty}\ni_m \cos(\xi_m\theta)\sum_{n=1}^{\infty}\frac{\xi_n^2 J_{\mathcal{M}}'^2(\xi_n b)\,\mathcal{V}_{\mathcal{DM}}(\xi r,a)}{\left[\left\{1-\left(\frac{\mathcal{M}}{\xi_n b}\right)^2\right\}J_{\mathcal{M}}^2(\xi_n a)-J_{\mathcal{M}}'^2(\xi_n b)\right]}\times$$
$$\times\sum_{l=1}^{\infty}\frac{\overline{\overline{\overline{\psi}}}_a(\xi_m,\xi_l,s)\left(\xi_l^2+\lambda_0^2\right)\cos\{\xi_l(d-z)\}}{\{d(\xi_l^2+\lambda_0^2)+\lambda_0\}(\eta_r\xi_n^2+\eta_z\xi_l^2+s)}-$$
$$-\frac{4\pi}{\vartheta\phi c_t}\sum_{m=0}^{\infty}\ni_m \cos(\xi_m\theta)\sum_{n=1}^{\infty}\frac{\xi_n^2 J_{\mathcal{M}}(\xi_n a)\,J_{\mathcal{M}}'(\xi_n b)\,\mathcal{V}_{\mathcal{DM}}(\xi r,a)}{\left[\left\{1-\left(\frac{\mathcal{M}}{\xi_n b}\right)^2\right\}J_{\mathcal{M}}^2(\xi_n a)-J_{\mathcal{M}}'^2(\xi_n b)\right]}\times$$
$$\times\sum_{l=1}^{\infty}\frac{\overline{\overline{\overline{\psi}}}_b(\xi_m,\xi_l,s)\left(\xi_l^2+\lambda_0^2\right)\cos\{\xi_l(d-z)\}}{\{d(\xi_l^2+\lambda_0^2)+\lambda_0\}(\eta_r\xi_n^2+\eta_z\xi_l^2+s)}+$$
$$+\frac{2\pi^2}{\vartheta\phi c_t}\sum_{m=0}^{\infty}\ni_m \cos(\xi_m\theta)\sum_{n=1}^{\infty}\frac{\xi_n^2 J_{\mathcal{M}}'^2(\xi_n b)\,\mathcal{V}_{\mathcal{DM}}(\xi r,a)}{\left[\left\{1-\left(\frac{\mathcal{M}}{\xi_n b}\right)^2\right\}J_{\mathcal{M}}^2(\xi_n a)-J_{\mathcal{M}}'^2(\xi_n b)\right]}\times$$
$$\times\sum_{l=1}^{\infty}\frac{\left(\xi_l^2+\lambda_0^2\right)\left\{\cos(\xi_l d)\overline{\overline{\overline{\psi}}}_{\theta 0}(\xi_n,\xi_m,s)-\overline{\overline{\overline{\psi}}}_{\theta d}(\xi_n,\xi_m,s)\right\}\cos\{\xi_l(d-z)\}}{\{d(\xi_l^2+\lambda_0^2)+\lambda_0\}(\eta_r\xi_n^2+\eta_z\xi_l^2+s)}+$$
$$+\frac{2\pi^2}{\vartheta\phi c_t}\sum_{m=0}^{\infty}\ni_m \cos(\xi_m\theta)\sum_{n=1}^{\infty}\frac{\xi_n^2 J_{\mathcal{M}}'^2(\xi_n b)\,\mathcal{V}_{\mathcal{DM}}(\xi r,a)}{\left[\left\{1-\left(\frac{\mathcal{M}}{\xi_n b}\right)^2\right\}J_{\mathcal{M}}^2(\xi_n a)-J_{\mathcal{M}}'^2(\xi_n b)\right]}\times$$
$$\times\int_0^a\frac{\mathcal{V}_{\mathcal{DM}}(\xi_n u,a)}{u}\int_0^d\left\{\overline{\psi}_{0z}(u,w,s)+(-1)^{m+1}\,\overline{\psi}_{\vartheta z}(u,w,s)\right\}\times$$
$$\times\sum_{l=1}^{\infty}\frac{\left(\xi_l^2+\lambda_d^2\right)\cos\{\xi_l(d-w)\}\cos\{\xi_l(d-z)\}}{\{d(\xi_l^2+\lambda_d^2)+\lambda_d\}(\eta_r\xi_n^2+\eta_z\xi_l^2+s)}dwdu+$$
$$+\frac{2\pi^2}{\vartheta}\sum_{m=0}^{\infty}\ni_m \cos(\xi_m\theta)\sum_{n=1}^{\infty}\frac{\xi_n^2 J_{\mathcal{M}}'^2(\xi_n b)\,\mathcal{V}_{\mathcal{DM}}(\xi r,a)}{\left[\left\{1-\left(\frac{\mathcal{M}}{\xi_n b}\right)^2\right\}J_{\mathcal{M}}^2(\xi_n a)-J_{\mathcal{M}}'^2(\xi_n b)\right]}\times$$
$$\times\sum_{l=1}^{\infty}\frac{\overline{\overline{\overline{\varphi}}}(\xi_n,\xi_m,\xi_l)\left(\xi_l^2+\lambda_0^2\right)\cos\{\xi_l(d-z)\}}{\{d(\xi_l^2+\lambda_0^2)+\lambda_0\}(\eta_r\xi_n^2+\eta_z\xi_l^2+s)} \qquad (29.97.1)$$

where the eigenvalues ξ_n are the positive roots of the transcendental equation $\mathcal{V}'_{\mathcal{DM}}(\xi_n b, a) = 0$, $n = 1, 2, \ldots$, ξ_l are the positive roots of $\xi_l \tan(\xi_l d) = \lambda_0$, $l = 1, 2, \ldots$, $\xi_m = \frac{m\pi}{d}$, $m = 0, 1, \ldots$,
$\overline{\overline{\psi}}_{\theta 0}(\xi_n, \xi_m, s) = \int_0^a u\mathcal{V}_{\mathcal{DM}}(\xi_n u, a) \int_0^\vartheta \overline{\psi}_0(u, v, s)\cos(\xi_m v) dv du$,
$\overline{\overline{\psi}}_{\theta d}(\xi_n, \xi_m, s) = \int_0^a u\mathcal{V}_{\mathcal{DM}}(\xi_n u, a) \int_0^\vartheta \overline{\psi}_{\theta d}(u, v, s)\cos(\xi_m v) dv du$,
$\overline{\overline{\psi}}_a(\xi_m, \xi_l, s) = \int_0^\vartheta \cos(\xi_m v) \int_0^d \overline{\psi}_a(v, w, s)\cos\{\xi_l(d-w)\} dw dv$,
$\overline{\overline{\psi}}_b(\xi_m, \xi_l, s) = \int_0^\vartheta \cos(\xi_m v) \int_0^d \overline{\psi}_b(v, w, s)\cos\{\xi_l(d-w)\} dw dv$ and
$\overline{\overline{\overline{\varphi}}}(\xi_n, \xi_m, \xi_l) = \int_0^a u\mathcal{V}_{\mathcal{DM}}(\xi_n u, a) \int_0^\vartheta \cos(\xi_m v) \int_0^d \varphi(u, v, w)\cos\{\xi_l(d-w)\} dw dv du$.

$$p = \frac{2\pi^2 U(t-t_0)}{\vartheta\phi c_t} \sum_{m=0}^{\infty} \ni_m \cos(\xi_m \theta) \sum_{n=1}^{\infty} \frac{\xi_n^2 J'^2_{\mathcal{M}}(\xi_n b)\mathcal{V}_{\mathcal{DM}}(\xi r_0, a)\mathcal{V}_{\mathcal{DM}}(\xi r, a)}{\left[\left\{1-\left(\frac{\mathcal{M}}{\xi_n b}\right)^2\right\} J^2_{\mathcal{M}}(\xi_n a) - J'^2_{\mathcal{M}}(\xi_n b)\right]} \times$$
$$\times \sum_{l=1}^{\infty} \frac{(\xi_l^2 + \lambda_0^2)\cos\{\xi_l(d-z_0)\}\cos\{\xi_l(d-z)\}\int_0^{t-t_0} q(t-t_0-\tau) e^{-(\eta_r \xi_n^2 + \eta_z \xi_l^2)\tau} d\tau}{\{d(\xi_l^2+\lambda_0^2)+\lambda_0\}} -$$
$$-\frac{4\pi\eta_r}{\vartheta} \sum_{m=0}^{\infty} \ni_m \cos(\xi_m \theta) \sum_{n=1}^{\infty} \frac{\xi_n^2 J'^2_{\mathcal{M}}(\xi_n b)\mathcal{V}_{\mathcal{DM}}(\xi r, a)}{\left[\left\{1-\left(\frac{\mathcal{M}}{\xi_n b}\right)^2\right\} J^2_{\mathcal{M}}(\xi_n a) - J'^2_{\mathcal{M}}(\xi_n b)\right]} \times$$
$$\times \sum_{l=1}^{\infty} \frac{(\xi_l^2+\lambda_0^2)\cos\{\xi_l(d-z)\}\int_0^t \overline{\overline{\psi}}_a(\xi_m, \xi_l, t-\tau) e^{-(\eta_r \xi_n^2 + \eta_z \xi_l^2)\tau} d\tau}{\{d(\xi_l^2+\lambda_0^2)+\lambda_0\}} -$$
$$-\frac{4\pi}{\vartheta\phi c_t} \sum_{m=0}^{\infty} \ni_m \cos(\xi_m \theta) \sum_{n=1}^{\infty} \frac{\xi_n^2 J_{\mathcal{M}}(\xi_n a) J'_{\mathcal{M}}(\xi_n b)\mathcal{V}_{\mathcal{DM}}(\xi r, a)}{\left[\left\{1-\left(\frac{\mathcal{M}}{\xi_n b}\right)^2\right\} J^2_{\mathcal{M}}(\xi_n a) - J'^2_{\mathcal{M}}(\xi_n b)\right]} \times$$
$$\times \sum_{l=1}^{\infty} \frac{(\xi_l^2+\lambda_0^2)\cos\{\xi_l(d-z)\}\int_0^t \overline{\overline{\psi}}_b(\xi_m, \xi_l, t-\tau) e^{-(\eta_r \xi_n^2 + \eta_z \xi_l^2)\tau} d\tau}{\{d(\xi_l^2+\lambda_0^2)+\lambda_0\}} +$$
$$+\frac{2\pi^2}{\vartheta\phi c_t} \sum_{m=0}^{\infty} \ni_m \cos(\xi_m \theta) \sum_{n=1}^{\infty} \frac{\xi_n^2 J'^2_{\mathcal{M}}(\xi_n b)\mathcal{V}_{\mathcal{DM}}(\xi r, a)}{\left[\left\{1-\left(\frac{\mathcal{M}}{\xi_n b}\right)^2\right\} J^2_{\mathcal{M}}(\xi_n a) - J'^2_{\mathcal{M}}(\xi_n b)\right]} \times$$
$$\times \sum_{l=1}^{\infty} \frac{(\xi_l^2+\lambda_0^2)\cos\{\xi_l(d-z)\}\int_0^t \left\{\cos(\xi_l d)\,\overline{\overline{\psi}}_{\theta 0}(\xi_n, \xi_m, t-\tau) - \overline{\overline{\psi}}_{\theta d}(\xi_n, \xi_m, t-\tau)\right\} e^{-(\eta_r \xi_n^2 + \eta_z \xi_l^2)\tau} d\tau}{\{d(\xi_l^2+\lambda_0^2)+\lambda_0\}} +$$
$$+\frac{2\pi^2}{\vartheta\phi c_t} \sum_{m=0}^{\infty} \ni_m \cos(\xi_m \theta) \sum_{n=1}^{\infty} \frac{\xi_n^2 J'^2_{\mathcal{M}}(\xi_n b)\mathcal{V}_{\mathcal{DM}}(\xi r, a)}{\left[\left\{1-\left(\frac{\mathcal{M}}{\xi_n b}\right)^2\right\} J^2_{\mathcal{M}}(\xi_n a) - J'^2_{\mathcal{M}}(\xi_n b)\right]} \times$$
$$\times \int_0^a \frac{\mathcal{V}_{\mathcal{DM}}(\xi_n u, a)}{u} \int_0^d \int_0^t e^{-\eta_r \xi_n^2 \tau} \left\{\psi_{0z}(u, w, t-\tau) + (-1)^{m+1}\psi_{\vartheta z}(u, w, t-\tau)\right\} \times$$
$$\times \sum_{l=1}^{\infty} \frac{(\xi_l^2+\lambda_d^2)\cos\{\xi_l(d-w)\}\cos\{\xi_l(d-z)\} e^{-\eta_z \xi_l^2 \tau}}{\{d(\xi_l^2+\lambda_d^2)+\lambda_d\}} d\tau dw du +$$
$$+\frac{2\pi^2}{\vartheta} \sum_{m=0}^{\infty} \ni_m \cos(\xi_m \theta) \sum_{n=1}^{\infty} \frac{\xi_n^2 J'^2_{\mathcal{M}}(\xi_n b)\mathcal{V}_{\mathcal{DM}}(\xi r, a) e^{-\eta_r \xi_n^2 t}}{\left[\left\{1-\left(\frac{\mathcal{M}}{\xi_n b}\right)^2\right\} J^2_{\mathcal{M}}(\xi_n a) - J'^2_{\mathcal{M}}(\xi_n b)\right]} \times$$
$$\times \sum_{l=1}^{\infty} \frac{\overline{\overline{\overline{\varphi}}}(\xi_n, \xi_m, \xi_l)(\xi_l^2+\lambda_0^2)\cos\{\xi_l(d-z)\} e^{-\eta_z \xi_l^2 t}}{\{d(\xi_l^2+\lambda_0^2)+\lambda_0\}} \qquad (29.97.2)$$

where $\overline{\overline{\psi}}_a(\xi_m, \xi_l, t) = \int_0^\vartheta \cos(\xi_m v) \int_0^d \psi_a(v, w, t)\cos\{\xi_l(d-w)\} dw dv$,
$\overline{\overline{\psi}}_b(\xi_m, \xi_l, t) = \int_0^\vartheta \cos(\xi_m v) \int_0^d \overline{\psi}_b(v, w, t)\cos\{\xi_l(d-w)\} dw dv$,

$\overline{\overline{\psi}}_{\theta 0}(\xi_n,\xi_m,t)=\int_0^a u\mathcal{V}_{\mathcal{DM}}(\xi_n u,a)\int_0^{\vartheta}\psi_0(u,v,t)\cos(\xi_m v)dvdu$ and
$\overline{\overline{\psi}}_{\theta d}(\xi_n,\xi_m,t)=\int_0^a u\mathcal{V}_{\mathcal{DM}}(\xi_n u,a)\int_0^{\vartheta}\psi_{\theta d}(u,v,t)\cos(\xi_m v)dvdu.$

29.98 **The problem of 29.96, except**
$\mathbf{R}_{\theta 0}\equiv\frac{\partial p(r,\theta,0,t)}{\partial z}-\lambda_0 p(r,\theta,0,t)=-\left(\frac{\mu}{k_z}\right)\psi_{\theta 0}(r,\theta,t),$
$\mathbf{N}_{\theta d}\equiv\frac{\partial p(r,\theta,d,t)}{\partial z}=-\left(\frac{\mu}{k_z}\right)\psi_{\theta d}(r,\theta,t),$
$\mathbf{D}_a\equiv p(a,\theta,z,t)=\psi_a(\theta,z,t),$
$\mathbf{R}_b\equiv\frac{\partial p(b,\theta,z,t)}{\partial r}+\lambda p(b,\theta,z,t)=-\left(\frac{\mu}{k_r}\right)\psi_b(\theta,z,t),$
$\mathbf{N}_{0z}\equiv\frac{\partial p(r,0,z,t)}{\partial\theta}=-\left(\frac{\mu}{k_\theta}\right)\psi_{0z}(r,z,t)$ **and**
$\mathbf{N}_{\vartheta z}\equiv\frac{\partial p(r,\vartheta,z,t)}{\partial\theta}=-\left(\frac{\mu}{k_\theta}\right)\psi_{\vartheta z}(r,z,t)$

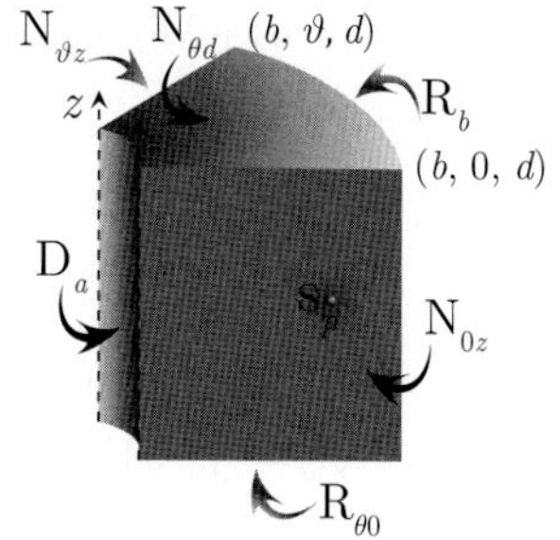

$$\bar p=\frac{2\pi^2 q(s)e^{-st_0}}{\vartheta\phi c_t}\sum_{m=0}^{\infty}\ni_m\cos(\xi_m\theta)\sum_{n=1}^{\infty}\frac{\xi_n^2\{\xi_n J'_{\mathcal{M}}(\xi_n b)+\lambda J_{\mathcal{M}}(\xi_n b)\}^2\mathcal{V}_{\mathcal{DM}}(\xi r_0,a)\mathcal{V}_{\mathcal{DM}}(\xi r,a)}{\left[\left\{\xi_n^2+\lambda^2-\left(\frac{\mathcal{M}}{b}\right)^2\right\}J_{\mathcal{M}}^2(\xi_n a)-\{\xi_n J'_{\mathcal{M}}(\xi_n b)+\lambda J_{\mathcal{M}}(\xi_n b)\}^2\right]}\times$$
$$\times\sum_{l=1}^{\infty}\frac{(\xi_l^2+\lambda_0^2)\cos\{\xi_l(d-z_0)\}\cos\{\xi_l(d-z)\}}{\{d(\xi_l^2+\lambda_0^2)+\lambda_0\}(\eta_r\xi_n^2+\eta_z\xi_l^2+s)}-$$
$$-\frac{4\pi\eta_r}{\vartheta}\sum_{m=0}^{\infty}\ni_m\cos(\xi_m\theta)\sum_{n=1}^{\infty}\frac{\xi_n^2\{\xi_n J'_{\mathcal{M}}(\xi_n b)+\lambda J_{\mathcal{M}}(\xi_n b)\}^2\mathcal{V}_{\mathcal{DM}}(\xi r,a)}{\left[\left\{\xi_n^2+\lambda^2-\left(\frac{\mathcal{M}}{b}\right)^2\right\}J_{\mathcal{M}}^2(\xi_n a)-\{\xi_n J'_{\mathcal{M}}(\xi_n b)+\lambda J_{\mathcal{M}}(\xi_n b)\}^2\right]}\times$$
$$\times\sum_{l=1}^{\infty}\frac{\overline{\overline{\psi}}_a(\xi_m,\xi_l,s)(\xi_l^2+\lambda_0^2)\cos\{\xi_l(d-z)\}}{\{d(\xi_l^2+\lambda_0^2)+\lambda_0\}(\eta_r\xi_n^2+\eta_z\xi_l^2+s)}-$$
$$-\frac{4\pi}{\vartheta\phi c_t}\sum_{m=0}^{\infty}\ni_m\cos(\xi_m\theta)\sum_{n=1}^{\infty}\frac{\xi_n^2 J_{\mathcal{M}}(\xi_n a)\{\xi_n J'_{\mathcal{M}}(\xi_n b)+\lambda J_{\mathcal{M}}(\xi_n b)\}\mathcal{V}_{\mathcal{DM}}(\xi r,a)}{\left[\left\{\xi_n^2+\lambda^2-\left(\frac{\mathcal{M}}{b}\right)^2\right\}J_{\mathcal{M}}^2(\xi_n a)-\{\xi_n J'_{\mathcal{M}}(\xi_n b)+\lambda J_{\mathcal{M}}(\xi_n b)\}^2\right]}\times$$
$$\times\sum_{l=1}^{\infty}\frac{\overline{\overline{\psi}}_b(\xi_m,\xi_l,s)(\xi_l^2+\lambda_0^2)\cos\{\xi_l(d-z)\}}{\{d(\xi_l^2+\lambda_0^2)+\lambda_0\}(\eta_r\xi_n^2+\eta_z\xi_l^2+s)}+$$
$$+\frac{2\pi^2}{\vartheta\phi c_t}\sum_{m=0}^{\infty}\ni_m\cos(\xi_m\theta)\sum_{n=1}^{\infty}\frac{\xi_n^2\{\xi_n J'_{\mathcal{M}}(\xi_n b)+\lambda J_{\mathcal{M}}(\xi_n b)\}^2\mathcal{V}_{\mathcal{DM}}(\xi r,a)}{\left[\left\{\xi_n^2+\lambda^2-\left(\frac{\mathcal{M}}{b}\right)^2\right\}J_{\mathcal{M}}^2(\xi_n a)-\{\xi_n J'_{\mathcal{M}}(\xi_n b)+\lambda J_{\mathcal{M}}(\xi_n b)\}^2\right]}\times$$
$$\times\sum_{l=1}^{\infty}\frac{(\xi_l^2+\lambda_0^2)\left\{\cos(\xi_l d)\overline{\overline{\psi}}_{\theta 0}(\xi_n,\xi_m,s)-\overline{\overline{\psi}}_{\theta d}(\xi_n,\xi_m,s)\right\}\cos\{\xi_l(d-z)\}}{\{d(\xi_l^2+\lambda_0^2)+\lambda_0\}(\eta_r\xi_n^2+\eta_z\xi_l^2+s)}+$$
$$+\frac{2\pi^2}{\vartheta\phi c_t}\sum_{m=0}^{\infty}\ni_m\cos(\xi_m\theta)\times$$
$$\times\sum_{n=1}^{\infty}\frac{\xi_n^2\{\xi_n J'_{\mathcal{M}}(\xi_n b)+\lambda J_{\mathcal{M}}(\xi_n b)\}^2\mathcal{V}_{\mathcal{DM}}(\xi r,a)}{\left[\left\{\xi_n^2+\lambda^2-\left(\frac{\mathcal{M}}{b}\right)^2\right\}J_{\mathcal{M}}^2(\xi_n a)-\{\xi_n J'_{\mathcal{M}}(\xi_n b)+\lambda J_{\mathcal{M}}(\xi_n b)\}^2\right]}\times$$
$$\times\int_0^a\frac{\mathcal{V}_{\mathcal{DM}}(\xi_n u,a)}{u}\int_0^d\left\{\overline{\psi}_{0z}(u,w,s)+(-1)^{m+1}\overline{\psi}_{\vartheta z}(u,w,s)\right\}\times$$
$$\times\sum_{l=1}^{\infty}\frac{(\xi_l^2+\lambda_d^2)\cos\{\xi_l(d-w)\}\cos\{\xi_l(d-z)\}}{\{d(\xi_l^2+\lambda_d^2)+\lambda_d\}(\eta_r\xi_n^2+\eta_z\xi_l^2+s)}dwdu+$$
$$+\frac{2\pi^2}{\vartheta}\sum_{m=0}^{\infty}\ni_m\cos(\xi_m\theta)\sum_{n=1}^{\infty}\frac{\xi_n^2\{\xi_n J'_{\mathcal{M}}(\xi_n b)+\lambda J_{\mathcal{M}}(\xi_n b)\}^2\mathcal{V}_{\mathcal{DM}}(\xi r,a)}{\left[\left\{\xi_n^2+\lambda^2-\left(\frac{\mathcal{M}}{b}\right)^2\right\}J_{\mathcal{M}}^2(\xi_n a)-\{\xi_n J'_{\mathcal{M}}(\xi_n b)+\lambda J_{\mathcal{M}}(\xi_n b)\}^2\right]}\times$$

$$\times\sum_{l=1}^{\infty}\frac{\overline{\overline{\overline{\varphi}}}(\xi_n,\xi_m,\xi_l)\left(\xi_l^2+\lambda_0^2\right)\cos\{\xi_l(d-z)\}}{\{d(\xi_l^2+\lambda_0^2)+\lambda_0\}(\eta_r\xi_n^2+\eta_z\xi_l^2+s)} \quad (29.98.1)$$

where the eigenvalues ξ_n, $n=1,2,...$, are the positive roots of the transcendental equation $\xi_n\mathcal{V}'_{\mathcal{DM}}(\xi_n b,a)+\lambda\mathcal{V}_{\mathcal{DM}}(\xi_n b,a)=0$, ξ_l are the positive roots of $\xi_l\tan(\xi_l d)=\lambda_0$, $l=1,2,...$, $\xi_m=\frac{m\pi}{d}$, $m=0,1,...$, $\overline{\overline{\overline{\psi}}}_{\theta 0}(\xi_n,\xi_m,s)=\int_0^a u\mathcal{V}_{\mathcal{DM}}(\xi_n u,a)\int_0^{\vartheta}\overline{\psi}_0(u,v,s)\cos(\xi_m v)dvdu$,
$\overline{\overline{\overline{\psi}}}_{\theta d}(\xi_n,\xi_m,s)=\int_0^a u\mathcal{V}_{\mathcal{DM}}(\xi_n u,a)\int_0^{\vartheta}\overline{\psi}_{\theta d}(u,v,s)\cos(\xi_m v)dvdu$,
$\overline{\overline{\overline{\psi}}}_a(\xi_m,\xi_l,s)=\int_0^{\vartheta}\cos(\xi_m v)\int_0^d\overline{\psi}_a(v,w,s)\cos\{\xi_l(d-w)\}dwdv$,
$\overline{\overline{\overline{\psi}}}_b(\xi_m,\xi_l,s)=\int_0^{\vartheta}\cos(\xi_m v)\int_0^d\overline{\psi}_b(v,w,s)\cos\{\xi_l(d-w)\}dwdv$ and
$\overline{\overline{\overline{\varphi}}}(\xi_n,\xi_m,\xi_l)=\int_0^a u\mathcal{V}_{\mathcal{DM}}(\xi_n u,a)\int_0^{\vartheta}\cos(\xi_m v)\int_0^d\varphi(u,v,w)\cos\{\xi_l(d-w)\}dwdvdu$.

$$p=\frac{2\pi^2U(t-t_0)}{\vartheta\phi c_t}\sum_{m=0}^{\infty}\ni_m\cos(\xi_m\theta)\sum_{n=1}^{\infty}\frac{\xi_n^2\{\xi_nJ'_{\mathcal{M}}(\xi_n b)+\lambda J_{\mathcal{M}}(\xi_n b)\}^2\mathcal{V}_{\mathcal{DM}}(\xi r_0,a)\mathcal{V}_{\mathcal{DM}}(\xi r,a)}{\left[\left\{\xi_n^2+\lambda^2-\left(\frac{\mathcal{M}}{b}\right)^2\right\}J_{\mathcal{M}}^2(\xi_n a)-\{\xi_nJ'_{\mathcal{M}}(\xi_n b)+\lambda J_{\mathcal{M}}(\xi_n b)\}^2\right]}\times$$
$$\times\sum_{l=1}^{\infty}\frac{\left(\xi_l^2+\lambda_0^2\right)\cos\{\xi_l(d-z_0)\}\cos\{\xi_l(d-z)\}\int_0^{t-t_0}q(t-t_0-\tau)e^{-(\eta_r\xi_n^2+\eta_z\xi_l^2)\tau}d\tau}{\{d(\xi_l^2+\lambda_0^2)+\lambda_0\}}-$$
$$-\frac{4\pi\eta_r}{\vartheta}\sum_{m=0}^{\infty}\ni_m\cos(\xi_m\theta)\sum_{n=1}^{\infty}\frac{\xi_n^2\{\xi_nJ'_{\mathcal{M}}(\xi_n b)+\lambda J_{\mathcal{M}}(\xi_n b)\}^2\mathcal{V}_{\mathcal{DM}}(\xi r,a)}{\left[\left\{\xi_n^2+\lambda^2-\left(\frac{\mathcal{M}}{b}\right)^2\right\}J_{\mathcal{M}}^2(\xi_n a)-\{\xi_nJ'_{\mathcal{M}}(\xi_n b)+\lambda J_{\mathcal{M}}(\xi_n b)\}^2\right]}\times$$
$$\times\sum_{l=1}^{\infty}\frac{\left(\xi_l^2+\lambda_0^2\right)\cos\{\xi_l(d-z)\}\int_0^t\overline{\overline{\psi}}_a(\xi_m,\xi_l,t-\tau)e^{-(\eta_r\xi_n^2+\eta_z\xi_l^2)\tau}d\tau}{\{d(\xi_l^2+\lambda_0^2)+\lambda_0\}}-$$
$$-\frac{4\pi}{\vartheta\phi c_t}\sum_{m=0}^{\infty}\ni_m\cos(\xi_m\theta)\sum_{n=1}^{\infty}\frac{\xi_n^2J_{\mathcal{M}}(\xi_n a)\{\xi_nJ'_{\mathcal{M}}(\xi_n b)+\lambda J_{\mathcal{M}}(\xi_n b)\}\mathcal{V}_{\mathcal{DM}}(\xi r,a)}{\left[\left\{\xi_n^2+\lambda^2-\left(\frac{\mathcal{M}}{b}\right)^2\right\}J_{\mathcal{M}}^2(\xi_n a)-\{\xi_nJ'_{\mathcal{M}}(\xi_n b)+\lambda J_{\mathcal{M}}(\xi_n b)\}^2\right]}\times$$
$$\times\sum_{l=1}^{\infty}\frac{\left(\xi_l^2+\lambda_0^2\right)\cos\{\xi_l(d-z)\}\int_0^t\overline{\overline{\psi}}_b(\xi_m,\xi_l,t-\tau)e^{-(\eta_r\xi_n^2+\eta_z\xi_l^2)\tau}d\tau}{\{d(\xi_l^2+\lambda_0^2)+\lambda_0\}}+$$
$$+\frac{2\pi^2}{\vartheta\phi c_t}\sum_{m=0}^{\infty}\ni_m\cos(\xi_m\theta)\sum_{n=1}^{\infty}\frac{\xi_n^2\{\xi_nJ'_{\mathcal{M}}(\xi_n b)+\lambda J_{\mathcal{M}}(\xi_n b)\}^2\mathcal{V}_{\mathcal{DM}}(\xi r,a)}{\left[\left\{\xi_n^2+\lambda^2-\left(\frac{\mathcal{M}}{b}\right)^2\right\}J_{\mathcal{M}}^2(\xi_n a)-\{\xi_nJ'_{\mathcal{M}}(\xi_n b)+\lambda J_{\mathcal{M}}(\xi_n b)\}^2\right]}\times$$
$$\times\sum_{l=1}^{\infty}\frac{(\xi_l^2+\lambda_0^2)\cos\{\xi_l(d-z)\}\int_0^t\left\{\cos(\xi_l d)\,\overline{\overline{\psi}}_{\theta 0}(\xi_n,\xi_m,t-\tau)-\overline{\overline{\psi}}_{\theta d}(\xi_n,\xi_m,t-\tau)\right\}e^{-(\eta_r\xi_n^2+\eta_z\xi_l^2)\tau}d\tau}{\{d(\xi_l^2+\lambda_0^2)+\lambda_0\}}+$$
$$+\frac{2\pi^2}{\vartheta\phi c_t}\sum_{m=0}^{\infty}\ni_m\cos(\xi_m\theta)\sum_{n=1}^{\infty}\frac{\xi_n^2\{\xi_nJ'_{\mathcal{M}}(\xi_n b)+\lambda J_{\mathcal{M}}(\xi_n b)\}^2\mathcal{V}_{\mathcal{DM}}(\xi r,a)}{\left[\left\{\xi_n^2+\lambda^2-\left(\frac{\mathcal{M}}{b}\right)^2\right\}J_{\mathcal{M}}^2(\xi_n a)-\{\xi_nJ'_{\mathcal{M}}(\xi_n b)+\lambda J_{\mathcal{M}}(\xi_n b)\}^2\right]}\times$$
$$\times\int_0^a\frac{\mathcal{V}_{\mathcal{DM}}(\xi_n u,a)}{u}\int_0^d\int_0^t e^{-\eta_r\xi_n^2\tau}\left\{\psi_{0z}(u,w,t-\tau)+(-1)^{m+1}\psi_{\vartheta z}(u,w,t-\tau)\right\}\times$$
$$\times\sum_{l=1}^{\infty}\frac{\left(\xi_l^2+\lambda_d^2\right)\cos\{\xi_l(d-w)\}\cos\{\xi_l(d-z)\}e^{-\eta_z\xi_l^2\tau}}{\{d(\xi_l^2+\lambda_d^2)+\lambda_d\}}d\tau dwdu+$$
$$+\frac{2\pi^2}{\vartheta}\sum_{m=0}^{\infty}\ni_m\cos(\xi_m\theta)\sum_{n=1}^{\infty}\frac{\xi_n^2\{\xi_nJ'_{\mathcal{M}}(\xi_n b)+\lambda J_{\mathcal{M}}(\xi_n b)\}^2\mathcal{V}_{\mathcal{DM}}(\xi r,a)e^{-\eta_r\xi_n^2t}}{\left[\left\{\xi_n^2+\lambda^2-\left(\frac{\mathcal{M}}{b}\right)^2\right\}J_{\mathcal{M}}^2(\xi_n a)-\{\xi_nJ'_{\mathcal{M}}(\xi_n b)+\lambda J_{\mathcal{M}}(\xi_n b)\}^2\right]}\times$$
$$\times\sum_{l=1}^{\infty}\frac{\overline{\overline{\overline{\varphi}}}(\xi_n,\xi_m,\xi_l)\left(\xi_l^2+\lambda_0^2\right)\cos\{\xi_l(d-z)\}e^{-\eta_z\xi_l^2t}}{\{d(\xi_l^2+\lambda_0^2)+\lambda_0\}} \quad (29.98.2)$$

where $\overline{\overline{\psi}}_a(\xi_m,\xi_l,t)=\int_0^{\vartheta}\cos(\xi_m v)\int_0^d\psi_a(v,w,t)\cos\{\xi_l(d-w)\}dwdv$,
$\overline{\overline{\psi}}_b(\xi_m,\xi_l,t)=\int_0^{\vartheta}\cos(\xi_m v)\int_0^d\overline{\psi}_b(v,w,t)\cos\{\xi_l(d-w)\}dwdv$,

$\overline{\overline{\psi}}_{\theta 0}(\xi_n, \xi_m, t) = \int_0^a u\mathcal{V}_{\mathcal{DM}}(\xi_n u, a) \int_0^{\vartheta} \psi_0(u, v, t) \cos(\xi_m v) dv du$ and
$\overline{\overline{\psi}}_{\theta d}(\xi_n, \xi_m, t) = \int_0^a u\mathcal{V}_{\mathcal{DM}}(\xi_n u, a) \int_0^{\vartheta} \psi_{\theta d}(u, v, t) \cos(\xi_m v) dv du.$

29.99 **The problem of 29.96, except**
$\mathbf{R}_{\theta 0} \equiv \frac{\partial p(r,\theta,0,t)}{\partial z} - \lambda_0 p(r, \theta, 0, t) = -\left(\frac{\mu}{k_z}\right) \psi_{\theta 0}(r, \theta, t),$
$\mathbf{N}_{\theta d} \equiv \frac{\partial p(r,\theta,d,t)}{\partial z} = -\left(\frac{\mu}{k_z}\right) \psi_{\theta d}(r, \theta, t),$
$\mathbf{N}_a \equiv \frac{\partial p(a,\theta,z,t)}{\partial r} = -\left(\frac{\mu}{k_r}\right) \psi_a(\theta, z, t),$
$\mathbf{D}_b \equiv p(b, \theta, z, t) = \psi_b(\theta, z, t),$
$\mathbf{N}_{0z} \equiv \frac{\partial p(r,0,z,t)}{\partial \theta} = -\left(\frac{\mu}{k_\theta}\right) \psi_{0z}(r, z, t)$ **and**
$\mathbf{N}_{\vartheta z} \equiv \frac{\partial p(r,\vartheta,z,t)}{\partial \theta} = -\left(\frac{\mu}{k_\theta}\right) \psi_{\vartheta z}(r, z, t)$

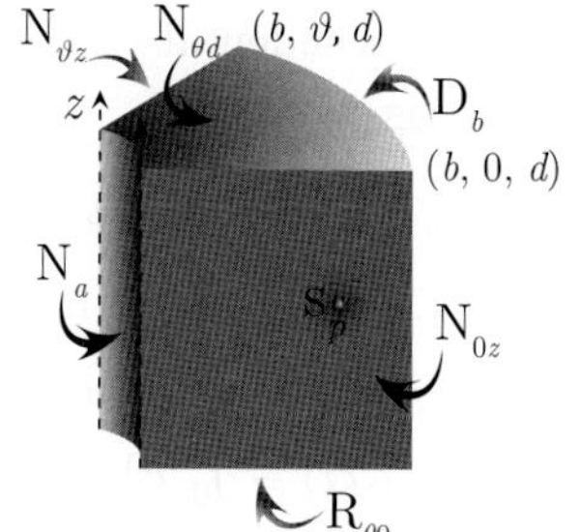

$$
\begin{aligned}
\overline{p} = {} & \frac{2\pi^2 q(s) e^{-st_0}}{\vartheta \phi c_t} \sum_{m=0}^{\infty} \ni_m \cos(\xi_m \theta) \sum_{n=1}^{\infty} \frac{\xi_n^2 J_{\mathcal{M}}^2(\xi_n b) \mathcal{V}_{\mathcal{NM}}(\xi r_0, a) \mathcal{V}_{\mathcal{NM}}(\xi r, a)}{\left[J_{\mathcal{M}}'^2(\xi_n a) - \left\{1 - \left(\frac{\mathcal{M}}{\xi_n a}\right)^2\right\} J_{\mathcal{M}}^2(\xi_n b)\right]} \times \\
& \times \sum_{l=1}^{\infty} \frac{(\xi_l^2 + \lambda_0^2) \cos\{\xi_l(d - z_0)\} \cos\{\xi_l(d - z)\}}{\{d(\xi_l^2 + \lambda_0^2) + \lambda_0\}(\eta_r \xi_n^2 + \eta_z \xi_l^2 + s)} + \\
& + \frac{4\pi}{\vartheta \phi c_t} \sum_{m=0}^{\infty} \ni_m \cos(\xi_m \theta) \sum_{n=1}^{\infty} \frac{\xi_n J_{\mathcal{M}}^2(\xi_n b) \mathcal{V}_{\mathcal{NM}}(\xi r, a)}{\left[J_{\mathcal{M}}'^2(\xi_n a) - \left\{1 - \left(\frac{\mathcal{M}}{\xi_n a}\right)^2\right\} J_{\mathcal{M}}^2(\xi_n b)\right]} \times \\
& \times \sum_{l=1}^{\infty} \frac{\overline{\overline{\psi}}_a(\xi_m, \xi_l, s)(\xi_l^2 + \lambda_0^2) \cos\{\xi_l(d - z)\}}{\{d(\xi_l^2 + \lambda_0^2) + \lambda_0\}(\eta_r \xi_n^2 + \eta_z \xi_l^2 + s)} + \\
& + \frac{4\pi \eta_r}{\vartheta} \sum_{m=0}^{\infty} \ni_m \cos(\xi_m \theta) \sum_{n=1}^{\infty} \frac{\xi_n^2 J_{\mathcal{M}}'(\xi_n a) J_{\mathcal{M}}(\xi_n b) \mathcal{V}_{\mathcal{NM}}(\xi r, a)}{\left[J_{\mathcal{M}}'^2(\xi_n a) - \left\{1 - \left(\frac{\mathcal{M}}{\xi_n a}\right)^2\right\} J_{\mathcal{M}}^2(\xi_n b)\right]} \times \\
& \times \sum_{l=1}^{\infty} \frac{\overline{\overline{\psi}}_b(\xi_m, \xi_l, s)(\xi_l^2 + \lambda_0^2) \cos\{\xi_l(d - z)\}}{\{d(\xi_l^2 + \lambda_0^2) + \lambda_0\}(\eta_r \xi_n^2 + \eta_z \xi_l^2 + s)} + \\
& + \frac{2\pi^2}{\vartheta \phi c_t} \sum_{m=0}^{\infty} \ni_m \cos(\xi_m \theta) \sum_{n=1}^{\infty} \frac{\xi_n^2 J_{\mathcal{M}}^2(\xi_n b) \mathcal{V}_{\mathcal{NM}}(\xi r, a)}{\left[J_{\mathcal{M}}'^2(\xi_n a) - \left\{1 - \left(\frac{\mathcal{M}}{\xi_n a}\right)^2\right\} J_{\mathcal{M}}^2(\xi_n b)\right]} \times \\
& \times \sum_{l=1}^{\infty} \frac{(\xi_l^2 + \lambda_0^2) \left\{\cos(\xi_l d) \overline{\overline{\psi}}_{\theta 0}(\xi_n, \xi_m, s) - \overline{\overline{\psi}}_{\theta d}(\xi_n, \xi_m, s)\right\} \cos\{\xi_l(d - z)\}}{\{d(\xi_l^2 + \lambda_0^2) + \lambda_0\}(\eta_r \xi_n^2 + \eta_z \xi_l^2 + s)} + \\
& + \frac{2\pi^2}{\vartheta \phi c_t} \sum_{m=0}^{\infty} \ni_m \cos(\xi_m \theta) \sum_{n=1}^{\infty} \frac{\xi_n^2 J_{\mathcal{M}}^2(\xi_n b) \mathcal{V}_{\mathcal{NM}}(\xi r, a)}{\left[J_{\mathcal{M}}'^2(\xi_n a) - \left\{1 - \left(\frac{\mathcal{M}}{\xi_n a}\right)^2\right\} J_{\mathcal{M}}^2(\xi_n b)\right]} \times \\
& \times \int_0^a \frac{\mathcal{V}_{\mathcal{NM}}(\xi_n u, a)}{u} \int_0^d \left\{\overline{\psi}_{0z}(u, w, s) + (-1)^{m+1} \overline{\psi}_{\vartheta z}(u, w, s)\right\} \times \\
& \times \sum_{l=1}^{\infty} \frac{(\xi_l^2 + \lambda_d^2) \cos\{\xi_l(d - w)\} \cos\{\xi_l(d - z)\}}{\{d(\xi_l^2 + \lambda_d^2) + \lambda_d\}(\eta_r \xi_n^2 + \eta_z \xi_l^2 + s)} dw du + \\
& + \frac{2\pi^2}{\vartheta} \sum_{m=0}^{\infty} \ni_m \cos(\xi_m \theta) \sum_{n=1}^{\infty} \frac{\xi_n^2 J_{\mathcal{M}}^2(\xi_n b) \mathcal{V}_{\mathcal{NM}}(\xi r, a)}{\left[J_{\mathcal{M}}'^2(\xi_n a) - \left\{1 - \left(\frac{\mathcal{M}}{\xi_n a}\right)^2\right\} J_{\mathcal{M}}^2(\xi_n b)\right]} \times
\end{aligned}
$$

$$\times \sum_{l=1}^{\infty} \frac{\overline{\overline{\overline{\varphi}}}(\xi_n, \xi_m, \xi_l)\left(\xi_l^2 + \lambda_0^2\right)\cos\{\xi_l(d-z)\}}{\{d(\xi_l^2 + \lambda_0^2) + \lambda_0\}(\eta_r \xi_n^2 + \eta_z \xi_l^2 + s)} \tag{29.99.1}$$

where $\mathcal{V}_{\mathcal{NM}}(\xi_n r, a) = J_{\mathcal{M}}(\xi_n r) Y'_{\mathcal{M}}(\xi_n a) - Y_{\mathcal{M}}(\xi_n r) J'_{\mathcal{M}}(\xi_n a)$, ξ_n, $n = 1, 2, ...$, are the positive roots of the transcendental equation $\mathcal{V}_{\mathcal{NM}}(\xi_n b, a) = 0$, ξ_l are the positive roots of $\xi_l \tan(\xi_l d) = \lambda_0$, $l = 1, 2, ...$, $\xi_m = \frac{m\pi}{d}$, $m = 0, 1, ...$, $\overline{\overline{\overline{\psi}}}_{\theta 0}(\xi_n, \xi_m, s) = \int_0^a u\mathcal{V}_{\mathcal{NM}}(\xi_n u, a) \int_0^{\vartheta} \overline{\psi}_0(u, v, s)\cos(\xi_m v) dv du$, $\overline{\overline{\overline{\psi}}}_{\theta d}(\xi_n, \xi_m, s) = \int_0^a u\mathcal{V}_{\mathcal{NM}}(\xi_n u, a) \int_0^{\vartheta} \overline{\psi}_{\theta d}(u, v, s)\cos(\xi_m v) dv du$, $\overline{\overline{\overline{\psi}}}_a(\xi_m, \xi_l, s) = \int_0^{\vartheta} \cos(\xi_m v) \int_0^d \overline{\psi}_a(v, w, s)\cos\{\xi_l(d-w)\} dw dv$, $\overline{\overline{\overline{\psi}}}_b(\xi_m, \xi_l, s) = \int_0^{\vartheta} \cos(\xi_m v) \int_0^d \overline{\psi}_b(v, w, s)\cos\{\xi_l(d-w)\} dw dv$ and $\overline{\overline{\overline{\varphi}}}(\xi_n, \xi_m, \xi_l) = \int_0^a u\mathcal{V}_{\mathcal{NM}}(\xi_n u, a) \int_0^{\vartheta} \cos(\xi_m v) \int_0^d \varphi(u, v, w)\cos\{\xi_l(d-w)\} dw dv du$.

$$p = \frac{2\pi^2 U(t-t_0)}{\vartheta\phi c_t} \sum_{m=0}^{\infty} \ni_m \cos(\xi_m \theta) \sum_{n=1}^{\infty} \frac{\xi_n^2 J_{\mathcal{M}}^2(\xi_n b)\mathcal{V}_{\mathcal{NM}}(\xi r_0, a)\mathcal{V}_{\mathcal{NM}}(\xi r, a)}{\left[J'^2_{\mathcal{M}}(\xi_n a) - \left\{1 - \left(\frac{\mathcal{M}}{\xi_n a}\right)^2\right\} J_{\mathcal{M}}^2(\xi_n b)\right]} \times$$

$$\times \sum_{l=1}^{\infty} \frac{\left(\xi_l^2 + \lambda_0^2\right)\cos\{\xi_l(d-z_0)\}\cos\{\xi_l(d-z)\}\int_0^{t-t_0} q(t-t_0-\tau) e^{-\left(\eta_r\xi_n^2 + \eta_z\xi_l^2\right)\tau} d\tau}{\{d(\xi_l^2 + \lambda_0^2) + \lambda_0\}} +$$

$$+\frac{4\pi}{\vartheta\phi c_t} \sum_{m=0}^{\infty} \ni_m \cos(\xi_m \theta) \sum_{n=1}^{\infty} \frac{\xi_n J_{\mathcal{M}}^2(\xi_n b)\mathcal{V}_{\mathcal{NM}}(\xi r, a)}{\left[J'^2_{\mathcal{M}}(\xi_n a) - \left\{1 - \left(\frac{\mathcal{M}}{\xi_n a}\right)^2\right\} J_{\mathcal{M}}^2(\xi_n b)\right]} \times$$

$$\times \sum_{l=1}^{\infty} \frac{\left(\xi_l^2 + \lambda_0^2\right)\cos\{\xi_l(d-z)\}\int_0^t \overline{\overline{\psi}}_a(\xi_m, \xi_l, t-\tau) e^{-\left(\eta_r\xi_n^2 + \eta_z\xi_l^2\right)\tau} d\tau}{\{d(\xi_l^2 + \lambda_0^2) + \lambda_0\}} +$$

$$+\frac{4\pi\eta_r}{\vartheta} \sum_{m=0}^{\infty} \ni_m \cos(\xi_m \theta) \sum_{n=1}^{\infty} \frac{\xi_n^2 J'_{\mathcal{M}}(\xi_n a) J_{\mathcal{M}}(\xi_n b)\mathcal{V}_{\mathcal{NM}}(\xi r, a)}{\left[J'^2_{\mathcal{M}}(\xi_n a) - \left\{1 - \left(\frac{\mathcal{M}}{\xi_n a}\right)^2\right\} J_{\mathcal{M}}^2(\xi_n b)\right]} \times$$

$$\times \sum_{l=1}^{\infty} \frac{\left(\xi_l^2 + \lambda_0^2\right)\cos\{\xi_l(d-z)\}\int_0^t \overline{\overline{\psi}}_b(\xi_m, \xi_l, t-\tau) e^{-\left(\eta_r\xi_n^2 + \eta_z\xi_l^2\right)\tau} d\tau}{\{d(\xi_l^2 + \lambda_0^2) + \lambda_0\}} +$$

$$+\frac{2\pi^2}{\vartheta\phi c_t} \sum_{m=0}^{\infty} \ni_m \cos(\xi_m \theta) \sum_{n=1}^{\infty} \frac{\xi_n^2 J_{\mathcal{M}}^2(\xi_n b)\mathcal{V}_{\mathcal{NM}}(\xi r, a)}{\left[J'^2_{\mathcal{M}}(\xi_n a) - \left\{1 - \left(\frac{\mathcal{M}}{\xi_n a}\right)^2\right\} J_{\mathcal{M}}^2(\xi_n b)\right]} \times$$

$$\times \sum_{l=1}^{\infty} \frac{\left(\xi_l^2 + \lambda_0^2\right)\cos\{\xi_l(d-z)\}\int_0^t \left\{\cos(\xi_l d)\overline{\overline{\psi}}_{\theta 0}(\xi_n, \xi_m, t-\tau) - \overline{\overline{\psi}}_{\theta d}(\xi_n, \xi_m, t-\tau)\right\} e^{-\left(\eta_r\xi_n^2 + \eta_z\xi_l^2\right)\tau} d\tau}{\{d(\xi_l^2 + \lambda_0^2) + \lambda_0\}} +$$

$$+\frac{2\pi^2}{\vartheta\phi c_t} \sum_{m=0}^{\infty} \ni_m \cos(\xi_m \theta) \sum_{n=1}^{\infty} \frac{\xi_n^2 J_{\mathcal{M}}^2(\xi_n b)\mathcal{V}_{\mathcal{NM}}(\xi r, a)}{\left[J'^2_{\mathcal{M}}(\xi_n a) - \left\{1 - \left(\frac{\mathcal{M}}{\xi_n a}\right)^2\right\} J_{\mathcal{M}}^2(\xi_n b)\right]} \times$$

$$\times \int_0^a \frac{\mathcal{V}_{\mathcal{NM}}(\xi_n u, a)}{u} \int_0^d \int_0^t e^{-\eta_r \xi_n^2 \tau} \left\{\psi_{0z}(u, w, t-\tau) + (-1)^{m+1}\psi_{\vartheta z}(u, w, t-\tau)\right\} \times$$

$$\times \sum_{l=1}^{\infty} \frac{\left(\xi_l^2 + \lambda_d^2\right)\cos\{\xi_l(d-w)\}\cos\{\xi_l(d-z)\} e^{-\eta_z\xi_l^2\tau}}{\{d(\xi_l^2 + \lambda_d^2) + \lambda_d\}} d\tau dw du +$$

$$+\frac{2\pi^2}{\vartheta} \sum_{m=0}^{\infty} \ni_m \cos(\xi_m \theta) \sum_{n=1}^{\infty} \frac{\xi_n^2 J_{\mathcal{M}}^2(\xi_n b)\mathcal{V}_{\mathcal{NM}}(\xi r, a) e^{-\eta_r \xi_n^2 t}}{\left[J'^2_{\mathcal{M}}(\xi_n a) - \left\{1 - \left(\frac{\mathcal{M}}{\xi_n a}\right)^2\right\} J_{\mathcal{M}}^2(\xi_n b)\right]} \times$$

$$\times \sum_{l=1}^{\infty} \frac{\overline{\overline{\overline{\varphi}}}(\xi_n, \xi_m, \xi_l)\left(\xi_l^2 + \lambda_0^2\right)\cos\{\xi_l(d-z)\} e^{-\eta_z\xi_l^2 t}}{\{d(\xi_l^2 + \lambda_0^2) + \lambda_0\}} \tag{29.99.2}$$

where $\overline{\overline{\psi}}_a(\xi_m,\xi_l,t)=\int_0^\vartheta\cos(\xi_m v)\int_0^d\psi_a(v,w,t)\cos\{\xi_l(d-w)\}\,dwdv$,
$\overline{\overline{\psi}}_b(\xi_m,\xi_l,t)=\int_0^\vartheta\cos(\xi_m v)\int_0^d\overline{\psi}_b(v,w,t)\cos\{\xi_l(d-w)\}\,dwdv$,
$\overline{\overline{\psi}}_{\theta0}(\xi_n,\xi_m,t)=\int_0^a u\mathcal{V}_{\mathcal{NM}}(\xi_n u,a)\int_0^\vartheta\psi_0(u,v,t)\cos(\xi_m v)dvdu$ and
$\overline{\overline{\psi}}_{\theta d}(\xi_n,\xi_m,t)=\int_0^a u\mathcal{V}_{\mathcal{NM}}(\xi_n u,a)\int_0^\vartheta\psi_{\theta d}(u,v,t)\cos(\xi_m v)dvdu$.

29.100 **The problem of 29.96, except**
$\mathbf{R}_{\theta0}\equiv\frac{\partial p(r,\theta,0,t)}{\partial z}-\lambda_0 p(r,\theta,0,t)=-\left(\frac{\mu}{k_z}\right)\psi_{\theta0}(r,\theta,t)$,
$\mathbf{N}_{\theta d}\equiv\frac{\partial p(r,\theta,d,t)}{\partial z}=-\left(\frac{\mu}{k_z}\right)\psi_{\theta d}(r,\theta,t)$,
$\mathbf{N}_a\equiv\frac{\partial p(a,\theta,z,t)}{\partial r}=-\left(\frac{\mu}{k_r}\right)\psi_a(\theta,z,t)$,
$\mathbf{N}_b\equiv\frac{\partial p(b,\theta,z,t)}{\partial r}=-\left(\frac{\mu}{k_r}\right)\psi_b(\theta,z,t)$,
$\mathbf{N}_{0z}\equiv\frac{\partial p(r,0,z,t)}{\partial \theta}=-\left(\frac{\mu}{k_\theta}\right)\psi_{0z}(r,z,t)$ **and**
$\mathbf{N}_{\vartheta z}\equiv\frac{\partial p(r,\vartheta,z,t)}{\partial \theta}=-\left(\frac{\mu}{k_\theta}\right)\psi_{\vartheta z}(r,z,t)$

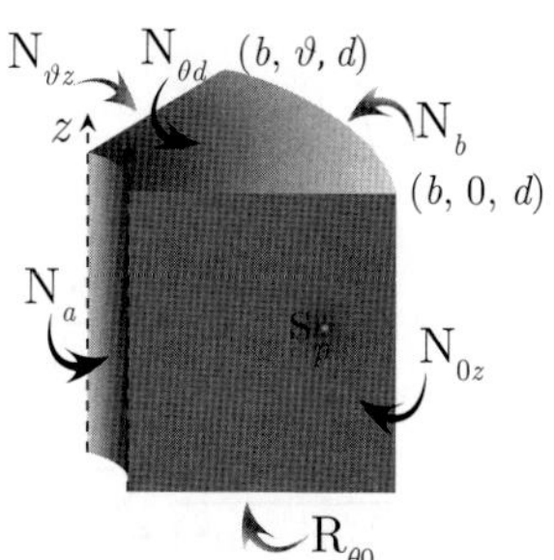

$$
\begin{aligned}
\overline{p} = {} & \frac{4q(s)e^{-st_0}}{\vartheta(b^2-a^2)\phi c_t}\sum_{l=1}^\infty\frac{\left(\xi_l^2+\lambda_0^2\right)\cos\{\xi_l(d-z_0)\}\cos\{\xi_l(d-z)\}}{\{d(\xi_l^2+\lambda_0^2)+\lambda_0\}(\eta_z\xi_l^2+s)}+\\
&+\frac{2\pi^2 q(s)e^{-st_0}}{\vartheta\phi c_t}\sum_{m=0}^\infty\ni_m\cos(\xi_m\theta)\sum_{n=1}^\infty\frac{\xi_n^2 J_{\mathcal{M}}'^2(\xi_n b)\mathcal{V}_{\mathcal{NM}}(\xi r_0,a)\mathcal{V}_{\mathcal{NM}}(\xi r,a)}{\left[\left\{1-\left(\frac{\mathcal{M}}{\xi_n b}\right)^2\right\}J_{\mathcal{M}}'^2(\xi_n a)-\left\{1-\left(\frac{\mathcal{M}}{\xi_n a}\right)^2\right\}J_{\mathcal{M}}'^2(\xi_n b)\right]}\times\\
&\times\sum_{l=1}^\infty\frac{\left(\xi_l^2+\lambda_0^2\right)\cos\{\xi_l(d-z_0)\}\cos\{\xi_l(d-z)\}}{\{d(\xi_l^2+\lambda_0^2)+\lambda_0\}(\eta_r\xi_n^2+\eta_z\xi_l^2+s)}+\\
&+\frac{4}{\vartheta(b^2-a^2)\phi c_t}\sum_{l=1}^\infty\frac{\left\{a\overline{\overline{\psi}}_a(0,\xi_l,s)-b\overline{\overline{\psi}}_b(0,\xi_l,s)\right\}\left(\xi_l^2+\lambda_0^2\right)\cos\{\xi_l(d-z)\}}{\{d(\xi_l^2+\lambda_0^2)+\lambda_0\}(\eta_z\xi_l^2+s)}+\\
&+\frac{4\pi}{\vartheta\phi c_t}\sum_{m=0}^\infty\ni_m\cos(\xi_m\theta)\sum_{n=1}^\infty\frac{\xi_n J_{\mathcal{M}}'^2(\xi_n b)\mathcal{V}_{\mathcal{NM}}(\xi r,a)}{\left[\left\{1-\left(\frac{\mathcal{M}}{\xi_n b}\right)^2\right\}J_{\mathcal{M}}'^2(\xi_n a)-\left\{1-\left(\frac{\mathcal{M}}{\xi_n a}\right)^2\right\}J_{\mathcal{M}}'^2(\xi_n b)\right]}\times\\
&\times\sum_{l=1}^\infty\frac{\overline{\overline{\psi}}_a(\xi_m,\xi_l,s)\left(\xi_l^2+\lambda_0^2\right)\cos\{\xi_l(d-z)\}}{\{d(\xi_l^2+\lambda_0^2)+\lambda_0\}(\eta_r\xi_n^2+\eta_z\xi_l^2+s)}-\\
&-\frac{4\pi}{\vartheta\phi c_t}\sum_{m=0}^\infty\ni_m\cos(\xi_m\theta)\sum_{n=1}^\infty\frac{\xi_n J_{\mathcal{M}}'(\xi_n a)J_{\mathcal{M}}'(\xi_n b)\mathcal{V}_{\mathcal{NM}}(\xi r,a)}{\left[\left\{1-\left(\frac{\mathcal{M}}{\xi_n b}\right)^2\right\}J_{\mathcal{M}}'^2(\xi_n a)-\left\{1-\left(\frac{\mathcal{M}}{\xi_n a}\right)^2\right\}J_{\mathcal{M}}'^2(\xi_n b)\right]}\times\\
&\times\sum_{l=1}^\infty\frac{\overline{\overline{\psi}}_b(\xi_m,\xi_l,s)\left(\xi_l^2+\lambda_0^2\right)\cos\{\xi_l(d-z)\}}{\{d(\xi_l^2+\lambda_0^2)+\lambda_0\}(\eta_r\xi_n^2+\eta_z\xi_l^2+s)}+\\
&+\frac{4}{\vartheta(b^2-a^2)\phi c_t}\sum_{l=1}^\infty\frac{\left(\xi_l^2+\lambda_0^2\right)\cos\{\xi_l(d-z)\}\int_a^b u\left\{\cos(\xi_l d)\overline{\overline{\psi}}_{\theta0}(u,0,s)-\overline{\overline{\psi}}_{\theta d}(u,0,s)\right\}du}{\{d(\xi_l^2+\lambda_0^2)+\lambda_0\}(\eta_z\xi_l^2+s)}+\\
&+\frac{2\pi^2}{\vartheta\phi c_t}\sum_{m=0}^\infty\ni_m\cos(\xi_m\theta)\sum_{n=1}^\infty\frac{\xi_n^2 J_{\mathcal{M}}'^2(\xi_n b)\mathcal{V}_{\mathcal{NM}}(\xi r,a)}{\left[\left\{1-\left(\frac{\mathcal{M}}{\xi_n b}\right)^2\right\}J_{\mathcal{M}}'^2(\xi_n a)-\left\{1-\left(\frac{\mathcal{M}}{\xi_n a}\right)^2\right\}J_{\mathcal{M}}'^2(\xi_n b)\right]}\times\\
&\times\sum_{l=1}^\infty\frac{\left(\xi_l^2+\lambda_0^2\right)\left\{\cos(\xi_l d)\overline{\overline{\psi}}_{\theta0}(\xi_n,\xi_m,s)-\overline{\overline{\psi}}_{\theta d}(\xi_n,\xi_m,s)\right\}\cos\{\xi_l(d-z)\}}{\{d(\xi_l^2+\lambda_0^2)+\lambda_0\}(\eta_r\xi_n^2+\eta_z\xi_l^2+s)}+
\end{aligned}
$$

$$+\frac{4}{\vartheta\left(b^{2}-a^{2}\right)\phi c_{t}}\int_{a}^{b}\frac{1}{u}\int_{0}^{d}\left\{\overline{\psi}_{0z}\left(u,w,s\right)-\overline{\psi}_{\vartheta z}(u,w,s)\right\}\sum_{l=1}^{\infty}\frac{(\xi_{l}^{2}+\lambda_{d}^{2})\cos\{\xi_{l}(d-w)\}\cos\{\xi_{l}(d-z)\}}{\{d\left(\xi_{l}^{2}+\lambda_{d}^{2}\right)+\lambda_{d}\}(\eta_{z}\xi_{l}^{2}+s)}dwdu+$$

$$+\frac{\pi^{2}}{2\vartheta\phi c_{t}\sqrt{\eta_{z}}}\sum_{m=0}^{\infty}\ni_{m}\cos\left(\xi_{m}\theta\right)\sum_{n=1}^{\infty}\frac{\xi_{n}^{2}J_{\mathcal{M}}^{\prime 2}\left(\xi_{n}b\right)\mathcal{V}_{\mathcal{NM}}\left(\xi_{n}r,a\right)}{\left[\left\{1-\left(\frac{\mathcal{M}}{\xi_{n}b}\right)^{2}\right\}J_{\mathcal{M}}^{\prime 2}\left(\xi_{n}a\right)-\left\{1-\left(\frac{\mathcal{M}}{\xi_{n}a}\right)^{2}\right\}J_{\mathcal{M}}^{\prime 2}\left(\xi_{n}b\right)\right]}\times$$

$$\times\int_{a}^{b}\frac{\mathcal{V}_{\mathcal{NM}}\left(\xi_{n}u,a\right)}{u}\int_{0}^{d}\left\{\overline{\psi}_{0z}\left(u,w,s\right)+(-1)^{m+1}\overline{\psi}_{\vartheta z}\left(u,w,s\right)\right\}\times$$

$$\times\sum_{l=1}^{\infty}\frac{\left(\xi_{l}^{2}+\lambda_{d}^{2}\right)\cos\left\{\xi_{l}\left(d-w\right)\right\}\cos\left\{\xi_{l}\left(d-z\right)\right\}}{\left\{d\left(\xi_{l}^{2}+\lambda_{d}^{2}\right)+\lambda_{d}\right\}\left(\eta_{r}\xi_{n}^{2}+\eta_{z}\xi_{l}^{2}+s\right)}dwdu+$$

$$+\frac{4}{\vartheta\left(b^{2}-a^{2}\right)}\sum_{l=1}^{\infty}\frac{\left(\xi_{l}^{2}+\lambda_{0}^{2}\right)\cos\left\{\xi_{l}\left(d-z\right)\right\}\int_{a}^{b}\overline{\overline{\varphi}}\left(u,0,\xi_{l}\right)udu}{\left\{d\left(\xi_{l}^{2}+\lambda_{0}^{2}\right)+\lambda_{0}\right\}\left(\eta_{z}\xi_{l}^{2}+s\right)}+$$

$$+\frac{2\pi^{2}}{\vartheta}\sum_{m=0}^{\infty}\ni_{m}\cos\left(\xi_{m}\theta\right)\sum_{n=1}^{\infty}\frac{\xi_{n}^{2}J_{\mathcal{M}}^{\prime 2}\left(\xi_{n}b\right)\mathcal{V}_{\mathcal{NM}}\left(\xi r,a\right)}{\left[\left\{1-\left(\frac{\mathcal{M}}{\xi_{n}b}\right)^{2}\right\}J_{\mathcal{M}}^{\prime 2}\left(\xi_{n}a\right)-\left\{1-\left(\frac{\mathcal{M}}{\xi_{n}a}\right)^{2}\right\}J_{\mathcal{M}}^{\prime 2}\left(\xi_{n}b\right)\right]}\times$$

$$\times\sum_{l=1}^{\infty}\frac{\overline{\overline{\overline{\varphi}}}\left(\xi_{n},\xi_{m},\xi_{l}\right)\left(\xi_{l}^{2}+\lambda_{0}^{2}\right)\cos\left\{\xi_{l}\left(d-z\right)\right\}}{\left\{d\left(\xi_{l}^{2}+\lambda_{0}^{2}\right)+\lambda_{0}\right\}\left(\eta_{r}\xi_{n}^{2}+\eta_{z}\xi_{l}^{2}+s\right)} \qquad (29.100.1)$$

where $\mathcal{V}_{\mathcal{NM}}\left(\xi_{n}r,a\right)=J_{\mathcal{M}}\left(\xi_{n}r\right)Y_{\mathcal{M}}^{\prime}\left(\xi_{n}a\right)-Y_{\mathcal{M}}\left(\xi_{n}r\right)J_{\mathcal{M}}^{\prime}\left(\xi_{n}a\right)$. The eigenvalues are $\xi_0 = 0$ and ξ_n. ξ_n, $n = 1, 2, ...,$ are the positive roots of the transcendental equation $\mathcal{V}_{\mathcal{NM}}^{\prime}\left(\xi_{n}b,a\right)=0$, ξ_l are the positive roots of $\xi_l \tan\left(\xi_l d\right) = \lambda_0$, $l = 1, 2, ...$, $\xi_m = \frac{m\pi}{d}$, $m = 0, 1, ...$, $\overline{\overline{\psi}}_{\theta 0}\left(u,0,s\right)=\int_{0}^{\vartheta}\overline{\psi}_{\theta 0}\left(u,v,s\right)dv$,
$\overline{\overline{\psi}}_{\theta d}\left(u,0,s\right)=\int_{0}^{\vartheta}\overline{\psi}_{\theta d}\left(u,v,s\right)dv$, $\overline{\overline{\overline{\psi}}}_{\theta 0}\left(\xi_{n},\xi_{m},s\right)=\int_{0}^{a}u\mathcal{V}_{\mathcal{NM}}\left(\xi_{n}u,a\right)\int_{0}^{\vartheta}\overline{\psi}_{0}\left(u,v,s\right)\cos\left(\xi_{m}v\right)dvdu$,
$\overline{\overline{\overline{\psi}}}_{\theta d}\left(\xi_{n},\xi_{m},s\right)=\int_{0}^{a}u\mathcal{V}_{\mathcal{NM}}\left(\xi_{n}u,a\right)\int_{0}^{\vartheta}\overline{\psi}_{\theta d}\left(u,v,s\right)\cos\left(\xi_{m}v\right)dvdu$,
$\overline{\overline{\overline{\psi}}}_{a}\left(\xi_{m},\xi_{l},s\right)=\int_{0}^{\vartheta}\cos\left(\xi_{m}v\right)\int_{0}^{d}\overline{\psi}_{a}\left(v,w,s\right)\cos\left\{\xi_{l}\left(d-w\right)\right\}dwdv$,
$\overline{\overline{\overline{\psi}}}_{b}\left(\xi_{m},\xi_{l},s\right)=\int_{0}^{\vartheta}\cos\left(\xi_{m}v\right)\int_{0}^{d}\overline{\psi}_{b}\left(v,w,s\right)\cos\left\{\xi_{l}\left(d-w\right)\right\}dwdv$,
$\overline{\overline{\varphi}}\left(u,0,\xi_{l}\right)=\int_{0}^{\vartheta}\int_{0}^{d}\varphi\left(u,v,w\right)\cos\left\{\xi_{l}\left(d-w\right)\right\}dvdw$ and
$\overline{\overline{\overline{\varphi}}}\left(\xi_{n},\xi_{m},\xi_{l}\right)=\int_{0}^{a}u\mathcal{V}_{\mathcal{NM}}\left(\xi_{n}u,a\right)\int_{0}^{\vartheta}\cos\left(\xi_{m}v\right)\int_{0}^{d}\varphi\left(u,v,w\right)\cos\left\{\xi_{l}\left(d-w\right)\right\}dwdvdu$.

$$p=\frac{4U\left(t-t_{0}\right)}{\vartheta\left(b^{2}-a^{2}\right)\phi c_{t}}\sum_{l=1}^{\infty}\frac{\left(\xi_{l}^{2}+\lambda_{0}^{2}\right)\cos\left\{\xi_{l}\left(d-z_{0}\right)\right\}\cos\left\{\xi_{l}\left(d-z\right)\right\}\int_{0}^{t-t_{0}}q\left(t-t_{0}-\tau\right)e^{-\eta_{z}\xi_{l}^{2}\tau}d\tau}{\left\{d\left(\xi_{l}^{2}+\lambda_{0}^{2}\right)+\lambda_{0}\right\}}+$$

$$+\frac{2\pi^{2}U\left(t-t_{0}\right)}{\vartheta\phi c_{t}}\sum_{m=0}^{\infty}\ni_{m}\cos\left(\xi_{m}\theta\right)\sum_{n=1}^{\infty}\frac{\xi_{n}^{2}J_{\mathcal{M}}^{\prime 2}\left(\xi_{n}b\right)\mathcal{V}_{\mathcal{NM}}\left(\xi r_{0},a\right)\mathcal{V}_{\mathcal{NM}}\left(\xi r,a\right)}{\left[\left\{1-\left(\frac{\mathcal{M}}{\xi_{n}b}\right)^{2}\right\}J_{\mathcal{M}}^{\prime 2}\left(\xi_{n}a\right)-\left\{1-\left(\frac{\mathcal{M}}{\xi_{n}a}\right)^{2}\right\}J_{\mathcal{M}}^{\prime 2}\left(\xi_{n}b\right)\right]}\times$$

$$\times\sum_{l=1}^{\infty}\frac{\left(\xi_{l}^{2}+\lambda_{0}^{2}\right)\cos\left\{\xi_{l}\left(d-z_{0}\right)\right\}\cos\left\{\xi_{l}\left(d-z\right)\right\}\int_{0}^{t-t_{0}}q\left(t-t_{0}-\tau\right)e^{-\left(\eta_{r}\xi_{n}^{2}+\eta_{z}\xi_{l}^{2}\right)\tau}d\tau}{\left\{d\left(\xi_{l}^{2}+\lambda_{0}^{2}\right)+\lambda_{0}\right\}}+$$

$$+\frac{4}{\vartheta\left(b^{2}-a^{2}\right)\phi c_{t}}\sum_{l=1}^{\infty}\frac{\left(\xi_{l}^{2}+\lambda_{0}^{2}\right)\cos\left\{\xi_{l}\left(d-z\right)\right\}\int_{0}^{t}\left\{a\overline{\overline{\psi}}_{a}\left(\xi_{m},\xi_{l},t-\tau\right)-b\overline{\overline{\psi}}_{b}\left(\xi_{m},\xi_{l},t-\tau\right)\right\}e^{-\eta_{z}\xi_{l}^{2}\tau}d\tau}{\left\{d\left(\xi_{l}^{2}+\lambda_{0}^{2}\right)+\lambda_{0}\right\}}+$$

$$+\frac{4\pi}{\vartheta\phi c_{t}}\sum_{m=0}^{\infty}\ni_{m}\cos\left(\xi_{m}\theta\right)\sum_{n=1}^{\infty}\frac{\xi_{n}J_{\mathcal{M}}^{\prime 2}\left(\xi_{n}b\right)\mathcal{V}_{\mathcal{NM}}\left(\xi r,a\right)}{\left[\left\{1-\left(\frac{\mathcal{M}}{\xi_{n}b}\right)^{2}\right\}J_{\mathcal{M}}^{\prime 2}\left(\xi_{n}a\right)-\left\{1-\left(\frac{\mathcal{M}}{\xi_{n}a}\right)^{2}\right\}J_{\mathcal{M}}^{\prime 2}\left(\xi_{n}b\right)\right]}\times$$

$$\times\sum_{l=1}^{\infty}\frac{\left(\xi_{l}^{2}+\lambda_{0}^{2}\right)\cos\left\{\xi_{l}\left(d-z\right)\right\}\int_{0}^{t}\overline{\overline{\psi}}_{a}\left(\xi_{m},\xi_{l},t-\tau\right)e^{-\left(\eta_{r}\xi_{n}^{2}+\eta_{z}\xi_{l}^{2}\right)\tau}d\tau}{\left\{d\left(\xi_{l}^{2}+\lambda_{0}^{2}\right)+\lambda_{0}\right\}}-$$

$$
-\frac{4\pi}{\vartheta\phi c_t}\sum_{m=0}^{\infty}\ni_m\cos(\xi_m\theta)\sum_{n=1}^{\infty}\frac{\xi_n J'_{\mathcal{M}}(\xi_n a)\,J'_{\mathcal{M}}(\xi_n b)\,\mathcal{V}_{\mathcal{N}\mathcal{M}}(\xi r,a)}{\left[\left\{1-\left(\frac{\mathcal{M}}{\xi_n b}\right)^2\right\}J'^2_{\mathcal{M}}(\xi_n a)-\left\{1-\left(\frac{\mathcal{M}}{\xi_n a}\right)^2\right\}J'^2_{\mathcal{M}}(\xi_n b)\right]}\times
$$

$$
\times\sum_{l=1}^{\infty}\frac{(\xi_l^2+\lambda_0^2)\cos\{\xi_l(d-z)\}\int_0^t\overline{\overline{\psi}}_b(\xi_m,\xi_l,t-\tau)\,e^{-(\eta_r\xi_n^2+\eta_z\xi_l^2)\tau}d\tau}{\{d(\xi_l^2+\lambda_0^2)+\lambda_0\}}+
$$

$$
+\frac{4}{\vartheta(b^2-a^2)\phi c_t}\times
$$

$$
\times\sum_{l=1}^{\infty}\frac{(\xi_l^2+\lambda_0^2)\cos\{\xi_l(d-z)\}\int_0^t e^{-\eta_z\xi_l^2\tau}\int_a^b u\{\cos(\xi_l d)\,\overline{\psi}_{\theta 0}(u,0,t-\tau)-\overline{\psi}_{\theta d}(u,0,t-\tau)\}\,dud\tau}{\{d(\xi_l^2+\lambda_0^2)+\lambda_0\}}+
$$

$$
+\frac{2\pi^2}{\vartheta\phi c_t}\sum_{m=0}^{\infty}\ni_m\cos(\xi_m\theta)\sum_{n=1}^{\infty}\frac{\xi_n^2 J'^2_{\mathcal{M}}(\xi_n b)\,\mathcal{V}_{\mathcal{N}\mathcal{M}}(\xi r,a)}{\left[\left\{1-\left(\frac{\mathcal{M}}{\xi_n b}\right)^2\right\}J'^2_{\mathcal{M}}(\xi_n a)-\left\{1-\left(\frac{\mathcal{M}}{\xi_n a}\right)^2\right\}J'^2_{\mathcal{M}}(\xi_n b)\right]}\times
$$

$$
\times\sum_{l=1}^{\infty}\frac{(\xi_l^2+\lambda_0^2)\cos\{\xi_l(d-z)\}\int_0^t\left\{\cos(\xi_l d)\overline{\overline{\psi}}_{\theta 0}(\xi_n,\xi_m,t-\tau)-\overline{\overline{\psi}}_{\theta d}(\xi_n,\xi_m,t-\tau)\right\}e^{-(\eta_r\xi_n^2+\eta_z\xi_l^2)\tau}d\tau}{\{d(\xi_l^2+\lambda_0^2)+\lambda_0\}}+
$$

$$
+\frac{4}{\vartheta(b^2-a^2)\phi c_t}\int_a^b\frac{1}{u}\int_0^d\int_0^t\{\psi_{0z}(u,w,t-\tau)-\psi_{\vartheta z}(u,w,t-\tau)\}\times
$$

$$
\times\sum_{l=1}^{\infty}\frac{(\xi_l^2+\lambda_d^2)\cos\{\xi_l(d-w)\}\cos\{\xi_l(d-z)\}\,e^{-\eta_z\xi_l^2\tau}}{\{d(\xi_l^2+\lambda_d^2)+\lambda_d\}}d\tau dwdu+
$$

$$
+\frac{\pi^2}{2\vartheta d\phi c_t}\sum_{m=0}^{\infty}\ni_m\cos(\xi_m\theta)\sum_{n=1}^{\infty}\frac{\xi_n^2 J'^2_{\mathcal{M}}(\xi_n b)\,\mathcal{V}_{\mathcal{N}\mathcal{M}}(\xi_n r,a)}{\left[\left\{1-\left(\frac{\mathcal{M}}{\xi_n b}\right)^2\right\}J'^2_{\mathcal{M}}(\xi_n a)-\left\{1-\left(\frac{\mathcal{M}}{\xi_n a}\right)^2\right\}J'^2_{\mathcal{M}}(\xi_n b)\right]}\times
$$

$$
\int_0^t e^{-\eta_r\xi_n^2\tau}\int_a^b\frac{\mathcal{V}_{\mathcal{N}\mathcal{M}}(\xi_n u,a)}{u}\int_0^d\left\{\psi_{0z}(u,w,t-\tau)+(-1)^{m+1}\psi_{\vartheta z}(u,w,t-\tau)\right\}d\tau\times
$$

$$
\times\sum_{l=1}^{\infty}\frac{(\xi_l^2+\lambda_d^2)\cos\{\xi_l(d-w)\}\cos\{\xi_l(d-z)\}\,e^{-\eta_z\xi_l^2\tau}}{\{d(\xi_l^2+\lambda_d^2)+\lambda_d\}}dwdud\tau+
$$

$$
+\frac{4}{\vartheta(b^2-a^2)}\sum_{l=1}^{\infty}\frac{(\xi_l^2+\lambda_0^2)\cos\{\xi_l(d-z)\}\,e^{-\eta_z\xi_l^2 t}\int_a^b\overline{\overline{\varphi}}(u,0,\xi_l)\,udu}{\{d(\xi_l^2+\lambda_0^2)+\lambda_0\}}+
$$

$$
+\frac{2\pi^2}{\vartheta}\sum_{m=0}^{\infty}\ni_m\cos(\xi_m\theta)\sum_{n=1}^{\infty}\frac{\xi_n^2 J'^2_{\mathcal{M}}(\xi_n b)\,\mathcal{V}_{\mathcal{N}\mathcal{M}}(\xi r,a)\,e^{-\eta_r\xi_n^2 t}}{\left[\left\{1-\left(\frac{\mathcal{M}}{\xi_n b}\right)^2\right\}J'^2_{\mathcal{M}}(\xi_n a)-\left\{1-\left(\frac{\mathcal{M}}{\xi_n a}\right)^2\right\}J'^2_{\mathcal{M}}(\xi_n b)\right]}\times
$$

$$
\times\sum_{l=1}^{\infty}\frac{\overline{\overline{\overline{\varphi}}}(\xi_n,\xi_m,\xi_l)\,(\xi_l^2+\lambda_0^2)\cos\{\xi_l(d-z)\}\,e^{-\eta_z\xi_l^2 t}}{\{d(\xi_l^2+\lambda_0^2)+\lambda_0\}}\tag{29.100.2}
$$

where $\overline{\overline{\psi}}_a(\xi_m,\xi_l,t)=\int_0^{\vartheta}\cos(\xi_m v)\int_0^d\psi_a(v,w,t)\cos\{\xi_l(d-w)\}\,dwdv$,
$\overline{\psi}_{\theta 0}(u,0,t)=\int_0^{\vartheta}\psi_{\theta 0}(u,v,t)dv$, $\overline{\psi}_{\theta d}(u,0,t)=\int_0^{\vartheta}\psi_{\theta d}(u,v,t)dv$,
$\overline{\overline{\psi}}_b(\xi_m,\xi_l,t)=\int_0^{\vartheta}\cos(\xi_m v)\int_0^d\overline{\psi}_b(v,w,t)\cos\{\xi_l(d-w)\}\,dwdv$,
$\overline{\overline{\psi}}_{\theta 0}(\xi_n,\xi_m,t)=\int_0^a u\mathcal{V}_{\mathcal{N}\mathcal{M}}(\xi_n u,a)\int_0^{\vartheta}\psi_0(u,v,t)\cos(\xi_m v)dvdu$ and
$\overline{\overline{\psi}}_{\theta d}(\xi_n,\xi_m,t)=\int_0^a u\mathcal{V}_{\mathcal{N}\mathcal{M}}(\xi_n u,a)\int_0^{\vartheta}\psi_{\theta d}(u,v,t)\cos(\xi_m v)dvdu$.

29.101

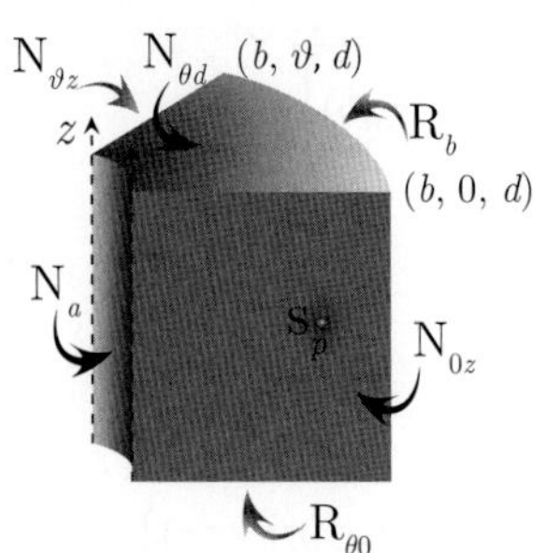

The problem of 29.96, except

$\mathbf{R}_{\theta 0} \equiv \frac{\partial p(r,\theta,0,t)}{\partial z} - \lambda_0 p(r,\theta,0,t) = -\left(\frac{\mu}{k_z}\right)\psi_{\theta 0}(r,\theta,t)$,

$\mathbf{N}_{\theta d} \equiv \frac{\partial p(r,\theta,d,t)}{\partial z} = -\left(\frac{\mu}{k_z}\right)\psi_{\theta d}(r,\theta,t)$,

$\mathbf{N}_a \equiv \frac{\partial p(a,\theta,z,t)}{\partial r} = -\left(\frac{\mu}{k_r}\right)\psi_a(\theta,z,t)$,

$\mathbf{R}_b \equiv \frac{\partial p(b,\theta,z,t)}{\partial r} + \lambda p(b,\theta,z,t) = -\left(\frac{\mu}{k_r}\right)\psi_b(\theta,z,t)$,

$\mathbf{N}_{0z} \equiv \frac{\partial p(r,0,z,t)}{\partial \theta} = -\left(\frac{\mu}{k_\theta}\right)\psi_{0z}(r,z,t)$ **and**

$\mathbf{N}_{\vartheta z} \equiv \frac{\partial p(r,\vartheta,z,t)}{\partial \theta} = -\left(\frac{\mu}{k_\theta}\right)\psi_{\vartheta z}(r,z,t)$

$$
\begin{aligned}
\overline{p} \;=\; & \frac{2\pi^2 q(s)\, e^{-st_0}}{\vartheta\phi c_t}\sum_{m=0}^{\infty}\ni_m \cos(\xi_m\theta)\,\times \\
& \times\sum_{n=1}^{\infty}\frac{\xi_n^2\left\{\xi_n J'_{\mathcal{M}}(\xi_n b)+\lambda J_{\mathcal{M}}(\xi_n b)\right\}^2 \mathcal{V}_{\mathcal{NM}}(\xi r_0,a)\,\mathcal{V}_{\mathcal{NM}}(\xi r,a)}{\left[\left\{\xi_n^2+\lambda^2-\left(\frac{\mathcal{M}}{b}\right)^2\right\}J'^2_{\mathcal{M}}(\xi_n a)-\left\{1-\left(\frac{\mathcal{M}}{\xi_n a}\right)^2\right\}\left\{\xi_n J'_{\mathcal{M}}(\xi_n b)+\lambda J_{\mathcal{M}}(\xi_n b)\right\}^2\right]}\times \\
& \times\sum_{l=1}^{\infty}\frac{\left(\xi_l^2+\lambda_0^2\right)\cos\{\xi_l(d-z_0)\}\cos\{\xi_l(d-z)\}}{\left\{d\left(\xi_l^2+\lambda_0^2\right)+\lambda_0\right\}\left(\eta_r\xi_n^2+\eta_z\xi_l^2+s\right)}+ \\
& +\frac{4\pi}{\vartheta\phi c_t}\sum_{m=0}^{\infty}\ni_m\cos(\xi_m\theta)\,\times \\
& \times\sum_{n=1}^{\infty}\frac{\xi_n\left\{\xi_n J'_{\mathcal{M}}(\xi_n b)+\lambda J_{\mathcal{M}}(\xi_n b)\right\}^2\mathcal{V}_{\mathcal{NM}}(\xi r,a)}{\left[\left\{\xi_n^2+\lambda^2-\left(\frac{\mathcal{M}}{b}\right)^2\right\}J'^2_{\mathcal{M}}(\xi_n a)-\left\{1-\left(\frac{\mathcal{M}}{\xi_n a}\right)^2\right\}\left\{\xi_n J'_{\mathcal{M}}(\xi_n b)+\lambda J_{\mathcal{M}}(\xi_n b)\right\}^2\right]}\times \\
& \times\sum_{l=1}^{\infty}\frac{\overline{\overline{\overline{\psi}}}_a(\xi_m,\xi_l,s)\left(\xi_l^2+\lambda_0^2\right)\cos\{\xi_l(d-z)\}}{\left\{d\left(\xi_l^2+\lambda_0^2\right)+\lambda_0\right\}\left(\eta_r\xi_n^2+\eta_z\xi_l^2+s\right)}- \\
& -\frac{4\pi}{\vartheta\phi c_t}\sum_{m=0}^{\infty}\ni_m\cos(\xi_m\theta)\,\times \\
& \times\sum_{n=1}^{\infty}\frac{\xi_n^2 J'_{\mathcal{M}}(\xi_n a)\left\{\xi_n J'_{\mathcal{M}}(\xi_n b)+\lambda J_{\mathcal{M}}(\xi_n b)\right\}\mathcal{V}_{\mathcal{NM}}(\xi r,a)}{\left[\left\{\xi_n^2+\lambda^2-\left(\frac{\mathcal{M}}{b}\right)^2\right\}J'^2_{\mathcal{M}}(\xi_n a)-\left\{1-\left(\frac{\mathcal{M}}{\xi_n a}\right)^2\right\}\left\{\xi_n J'_{\mathcal{M}}(\xi_n b)+\lambda J_{\mathcal{M}}(\xi_n b)\right\}^2\right]}\times \\
& \times\sum_{l=1}^{\infty}\frac{\overline{\overline{\overline{\psi}}}_b(\xi_m,\xi_l,s)\left(\xi_l^2+\lambda_0^2\right)\cos\{\xi_l(d-z)\}}{\left\{d\left(\xi_l^2+\lambda_0^2\right)+\lambda_0\right\}\left(\eta_r\xi_n^2+\eta_z\xi_l^2+s\right)}+ \\
& +\frac{2\pi^2}{\vartheta\phi c_t}\sum_{m=0}^{\infty}\ni_m\cos(\xi_m\theta)\,\times \\
& \times\sum_{n=1}^{\infty}\frac{\xi_n^2\left\{\xi_n J'_{\mathcal{M}}(\xi_n b)+\lambda J_{\mathcal{M}}(\xi_n b)\right\}^2\mathcal{V}_{\mathcal{NM}}(\xi r,a)}{\left[\left\{\xi_n^2+\lambda^2-\left(\frac{\mathcal{M}}{b}\right)^2\right\}J'^2_{\mathcal{M}}(\xi_n a)-\left\{1-\left(\frac{\mathcal{M}}{\xi_n a}\right)^2\right\}\left\{\xi_n J'_{\mathcal{M}}(\xi_n b)+\lambda J_{\mathcal{M}}(\xi_n b)\right\}^2\right]}\times \\
& \times\sum_{l=1}^{\infty}\frac{\left(\xi_l^2+\lambda_0^2\right)\left\{\cos(\xi_l d)\,\overline{\overline{\overline{\psi}}}_{\theta 0}(\xi_n,\xi_m,s)-\overline{\overline{\overline{\psi}}}_{\theta d}(\xi_n,\xi_m,s)\right\}\cos\{\xi_l(d-z)\}}{\left\{d\left(\xi_l^2+\lambda_0^2\right)+\lambda_0\right\}\left(\eta_r\xi_n^2+\eta_z\xi_l^2+s\right)}+ \\
& +\frac{2\pi^2}{\vartheta\phi c_t}\sum_{m=0}^{\infty}\ni_m\cos(\xi_m\theta)\,\times \\
& \times\sum_{n=1}^{\infty}\frac{\xi_n^2\left\{\xi_n J'_{\mathcal{M}}(\xi_n b)+\lambda J_{\mathcal{M}}(\xi_n b)\right\}^2\mathcal{V}_{\mathcal{NM}}(\xi r,a)}{\left[\left\{\xi_n^2+\lambda^2-\left(\frac{\mathcal{M}}{b}\right)^2\right\}J'^2_{\mathcal{M}}(\xi_n a)-\left\{1-\left(\frac{\mathcal{M}}{\xi_n a}\right)^2\right\}\left\{\xi_n J'_{\mathcal{M}}(\xi_n b)+\lambda J_{\mathcal{M}}(\xi_n b)\right\}^2\right]}\times
\end{aligned}
$$

$$\times \int_0^a \frac{\mathcal{V}_{\mathcal{N}\mathcal{M}}(\xi_n u, a)}{u} \int_0^d \left\{ \overline{\psi}_{0z}(u,w,s) + (-1)^{m+1} \overline{\psi}_{\vartheta z}(u,w,s) \right\} \times$$

$$\times \sum_{l=1}^{\infty} \frac{(\xi_l^2 + \lambda_d^2)\cos\{\xi_l(d-w)\}\cos\{\xi_l(d-z)\}}{\{d(\xi_l^2+\lambda_d^2)+\lambda_d\}(\eta_r \xi_n^2 + \eta_z \xi_l^2 + s)} dwdu +$$

$$+ \frac{2\pi^2}{\vartheta} \sum_{m=0}^{\infty} \ni_m \cos(\xi_m \theta) \times$$

$$\times \sum_{n=1}^{\infty} \frac{\xi_n^2 \{\xi_n J'_{\mathcal{M}}(\xi_n b) + \lambda J_{\mathcal{M}}(\xi_n b)\}^2 \mathcal{V}_{\mathcal{N}\mathcal{M}}(\xi r, a)}{\left[\left\{\xi_n^2 + \lambda^2 - \left(\frac{\mathcal{M}}{b}\right)^2\right\} J_{\mathcal{M}}^{\prime 2}(\xi_n a) - \left\{1 - \left(\frac{\mathcal{M}}{\xi_n a}\right)^2\right\}\{\xi_n J'_{\mathcal{M}}(\xi_n b) + \lambda J_{\mathcal{M}}(\xi_n b)\}^2\right]} \times$$

$$\times \sum_{l=1}^{\infty} \frac{\overline{\overline{\overline{\varphi}}}(\xi_n, \xi_m, \xi_l)(\xi_l^2 + \lambda_0^2)\cos\{\xi_l(d-z)\}}{\{d(\xi_l^2+\lambda_0^2)+\lambda_0\}(\eta_r \xi_n^2 + \eta_z \xi_l^2 + s)} \tag{29.101.1}$$

where $\mathcal{V}_{\mathcal{N}\mathcal{M}}(\xi_n r, a) = J_{\mathcal{M}}(\xi_n r) Y'_{\mathcal{M}}(\xi_n a) - Y_{\mathcal{M}}(\xi_n r) J'_{\mathcal{M}}(\xi_n a)$, ξ_n, $n = 1, 2, ...,$ are the positive roots of the transcendental equation $\xi_n \mathcal{V}'_{\mathcal{N}\mathcal{M}}(\xi_n b, a) + \lambda \mathcal{V}_{\mathcal{N}\mathcal{M}}(\xi_n b, a) = 0$, ξ_l are the positive roots of $\xi_l \tan(\xi_l d) = \lambda_0$, $l = 1, 2, ...,$ $\xi_m = \frac{m\pi}{d}$, $m = 0, 1, ...,$ $\overline{\overline{\psi}}_{\theta 0}(\xi_n, \xi_m, s) = \int_0^a u \mathcal{V}_{\mathcal{N}\mathcal{M}}(\xi_n u, a) \int_0^\vartheta \overline{\psi}_0(u, v, s)\cos(\xi_m v) dv du$,
$\overline{\overline{\psi}}_{\theta d}(\xi_n, \xi_m, s) = \int_0^a u \mathcal{V}_{\mathcal{N}\mathcal{M}}(\xi_n u, a) \int_0^\vartheta \overline{\psi}_{\theta d}(u, v, s)\cos(\xi_m v) dv du$,
$\overline{\overline{\psi}}_a(\xi_m, \xi_l, s) = \int_0^\vartheta \cos(\xi_m v) \int_0^d \overline{\psi}_a(v, w, s)\cos\{\xi_l(d-w)\} dw dv$,
$\overline{\overline{\psi}}_b(\xi_m, \xi_l, s) = \int_0^\vartheta \cos(\xi_m v) \int_0^d \overline{\psi}_b(v, w, s)\cos\{\xi_l(d-w)\} dw dv$ and
$\overline{\overline{\overline{\varphi}}}(\xi_n, \xi_m, \xi_l) = \int_0^a u \mathcal{V}_{\mathcal{N}\mathcal{M}}(\xi_n u, a) \int_0^\vartheta \cos(\xi_m v) \int_0^d \varphi(u, v, w)\cos\{\xi_l(d-w)\} dw dv du$.

$$p = \frac{2\pi^2 U(t-t_0)}{\vartheta \phi c_t} \sum_{m=0}^{\infty} \ni_m \cos(\xi_m \theta) \times$$

$$\times \sum_{n=1}^{\infty} \frac{\xi_n^2 \{\xi_n J'_{\mathcal{M}}(\xi_n b) + \lambda J_{\mathcal{M}}(\xi_n b)\}^2 \mathcal{V}_{\mathcal{N}\mathcal{M}}(\xi r_0, a) \mathcal{V}_{\mathcal{N}\mathcal{M}}(\xi r, a)}{\left[\left\{\xi_n^2 + \lambda^2 - \left(\frac{\mathcal{M}}{b}\right)^2\right\} J_{\mathcal{M}}^{\prime 2}(\xi_n a) - \left\{1 - \left(\frac{\mathcal{M}}{\xi_n a}\right)^2\right\}\{\xi_n J'_{\mathcal{M}}(\xi_n b) + \lambda J_{\mathcal{M}}(\xi_n b)\}^2\right]} \times$$

$$\times \sum_{l=1}^{\infty} \frac{(\xi_l^2 + \lambda_0^2)\cos\{\xi_l(d-z_0)\}\cos\{\xi_l(d-z)\}\int_0^{t-t_0} q(t-t_0-\tau) e^{-(\eta_r \xi_n^2 + \eta_z \xi_l^2)\tau} d\tau}{\{d(\xi_l^2+\lambda_0^2)+\lambda_0\}} +$$

$$+ \frac{4\pi}{\vartheta \phi c_t} \sum_{m=0}^{\infty} \ni_m \cos(\xi_m \theta) \times$$

$$\times \sum_{n=1}^{\infty} \frac{\xi_n \{\xi_n J'_{\mathcal{M}}(\xi_n b) + \lambda J_{\mathcal{M}}(\xi_n b)\}^2 \mathcal{V}_{\mathcal{N}\mathcal{M}}(\xi r, a)}{\left[\left\{\xi_n^2 + \lambda^2 - \left(\frac{\mathcal{M}}{b}\right)^2\right\} J_{\mathcal{M}}^{\prime 2}(\xi_n a) - \left\{1 - \left(\frac{\mathcal{M}}{\xi_n a}\right)^2\right\}\{\xi_n J'_{\mathcal{M}}(\xi_n b) + \lambda J_{\mathcal{M}}(\xi_n b)\}^2\right]} \times$$

$$\times \sum_{l=1}^{\infty} \frac{(\xi_l^2 + \lambda_0^2)\cos\{\xi_l(d-z)\}\int_0^t \overline{\overline{\psi}}_a(\xi_m, \xi_l, t-\tau) e^{-(\eta_r \xi_n^2 + \eta_z \xi_l^2)\tau} d\tau}{\{d(\xi_l^2+\lambda_0^2)+\lambda_0\}} -$$

$$- \frac{4\pi}{\vartheta \phi c_t} \sum_{m=0}^{\infty} \ni_m \cos(\xi_m \theta) \times$$

$$\times \sum_{n=1}^{\infty} \frac{\xi_n^2 J'_{\mathcal{M}}(\xi_n a)\{\lambda J_{\mathcal{M}}(\xi_n b) - \xi_n J'_{\mathcal{M}}(\xi_n b)\} \mathcal{V}_{\mathcal{N}\mathcal{M}}(\xi r, a)}{\left[\left\{\xi_n^2 + \lambda^2 - \left(\frac{\mathcal{M}}{b}\right)^2\right\} J_{\mathcal{M}}^{\prime 2}(\xi_n a) - \left\{1 - \left(\frac{\mathcal{M}}{\xi_n a}\right)^2\right\}\{\xi_n J'_{\mathcal{M}}(\xi_n b) + \lambda J_{\mathcal{M}}(\xi_n b)\}^2\right]} \times$$

$$\times \sum_{l=1}^{\infty} \frac{(\xi_l^2 + \lambda_0^2)\cos\{\xi_l(d-z)\}\int_0^t \overline{\overline{\psi}}_b(\xi_m, \xi_l, t-\tau) e^{-(\eta_r \xi_n^2 + \eta_z \xi_l^2)\tau} d\tau}{\{d(\xi_l^2+\lambda_0^2)+\lambda_0\}} +$$

$$+\frac{2\pi^2}{\vartheta\phi c_t}\sum_{m=0}^{\infty}\ni_m\cos(\xi_m\theta)\times$$

$$\times\sum_{n=1}^{\infty}\frac{\xi_n^2\left\{\xi_n J'_{\mathcal{M}}(\xi_n b)+\lambda J_{\mathcal{M}}(\xi_n b)\right\}^2\mathcal{V}_{\mathcal{NM}}(\xi r,a)}{\left[\left\{\xi_n^2+\lambda^2-\left(\frac{\mathcal{M}}{b}\right)^2\right\}J'^2_{\mathcal{M}}(\xi_n a)-\left\{1-\left(\frac{\mathcal{M}}{\xi_n a}\right)^2\right\}\left\{\xi_n J'_{\mathcal{M}}(\xi_n b)+\lambda J_{\mathcal{M}}(\xi_n b)\right\}^2\right]}\times$$

$$\times\sum_{l=1}^{\infty}\frac{(\xi_l^2+\lambda_0^2)\cos\{\xi_l(d-z)\}\int_0^t\left\{\cos(\xi_l d)\overline{\overline{\psi}}_{\theta 0}(\xi_n,\xi_m,t-\tau)-\overline{\overline{\psi}}_{\theta d}(\xi_n,\xi_m,t-\tau)\right\}e^{-(\eta_r\xi_n^2+\eta_z\xi_l^2)\tau}d\tau}{\{d(\xi_l^2+\lambda_0^2)+\lambda_0\}}+$$

$$+\frac{2\pi^2}{\vartheta\phi c_t}\sum_{m=0}^{\infty}\ni_m\cos(\xi_m\theta)\times$$

$$\times\sum_{n=1}^{\infty}\frac{\xi_n^2\left\{\xi_n J'_{\mathcal{M}}(\xi_n b)+\lambda J_{\mathcal{M}}(\xi_n b)\right\}^2\mathcal{V}_{\mathcal{NM}}(\xi r,a)}{\left[\left\{\xi_n^2+\lambda^2-\left(\frac{\mathcal{M}}{b}\right)^2\right\}J'^2_{\mathcal{M}}(\xi_n a)-\left\{1-\left(\frac{\mathcal{M}}{\xi_n a}\right)^2\right\}\left\{\xi_n J'_{\mathcal{M}}(\xi_n b)+\lambda J_{\mathcal{M}}(\xi_n b)\right\}^2\right]}\times$$

$$\times\int_0^a\frac{\mathcal{V}_{\mathcal{NM}}(\xi_n u,a)}{u}\int_0^d\int_0^t e^{-\eta_r\xi_n^2\tau}\left\{\psi_{0z}(u,w,t-\tau)+(-1)^{m+1}\psi_{\vartheta z}(u,w,t-\tau)\right\}\times$$

$$\times\sum_{l=1}^{\infty}\frac{(\xi_l^2+\lambda_d^2)\cos\{\xi_l(d-w)\}\cos\{\xi_l(d-z)\}e^{-\eta_z\xi_l^2\tau}}{\{d(\xi_l^2+\lambda_d^2)+\lambda_d\}}d\tau dw du+$$

$$+\frac{2\pi^2}{\vartheta}\sum_{m=0}^{\infty}\ni_m\cos(\xi_m\theta)\times$$

$$\times\sum_{n=1}^{\infty}\frac{\xi_n^2\left\{\xi_n J'_{\mathcal{M}}(\xi_n b)+\lambda J_{\mathcal{M}}(\xi_n b)\right\}^2\mathcal{V}_{\mathcal{NM}}(\xi r,a)e^{-\eta_r\xi_n^2 t}}{\left[\left\{\xi_n^2+\lambda^2-\left(\frac{\mathcal{M}}{b}\right)^2\right\}J'^2_{\mathcal{M}}(\xi_n a)-\left\{1-\left(\frac{\mathcal{M}}{\xi_n a}\right)^2\right\}\left\{\xi_n J'_{\mathcal{M}}(\xi_n b)+\lambda J_{\mathcal{M}}(\xi_n b)\right\}^2\right]}\times$$

$$\times\sum_{l=1}^{\infty}\frac{\overline{\overline{\varphi}}(\xi_n,\xi_m,\xi_l)(\xi_l^2+\lambda_0^2)\cos\{\xi_l(d-z)\}e^{-\eta_z\xi_l^2 t}}{\{d(\xi_l^2+\lambda_0^2)+\lambda_0\}}\qquad(29.101.2)$$

where $\overline{\overline{\psi}}_a(\xi_m,\xi_l,t)=\int_0^{\vartheta}\cos(\xi_m v)\int_0^d\psi_a(v,w,t)\cos\{\xi_l(d-w)\}dwdv$,
$\overline{\overline{\psi}}_b(\xi_m,\xi_l,t)=\int_0^{\vartheta}\cos(\xi_m v)\int_0^d\overline{\psi}_b(v,w,t)\cos\{\xi_l(d-w)\}dwdv$,
$\overline{\overline{\psi}}_{\theta 0}(\xi_n,\xi_m,t)=\int_0^a u\mathcal{V}_{\mathcal{NM}}(\xi_n u,a)\int_0^{\vartheta}\psi_0(u,v,t)\cos(\xi_m v)dvdu$ and
$\overline{\overline{\psi}}_{\theta d}(\xi_n,\xi_m,t)=\int_0^a u\mathcal{V}_{\mathcal{NM}}(\xi_n u,a)\int_0^{\vartheta}\psi_{\theta d}(u,v,t)\cos(\xi_m v)dvdu$.

29.102

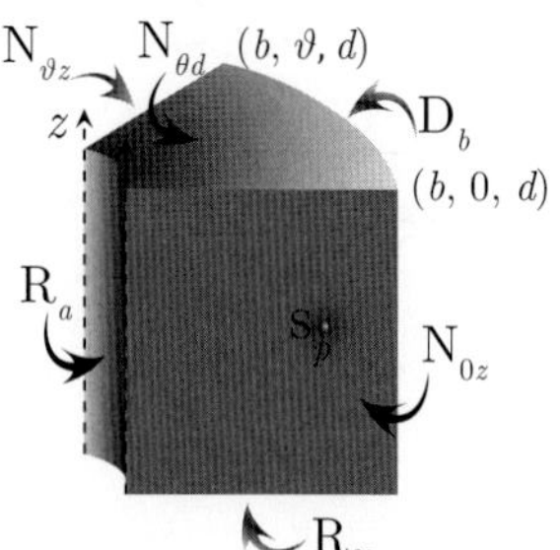

The problem of 29.96, except
$\mathbf{R}_{\theta 0}\equiv\frac{\partial p(r,\theta,0,t)}{\partial z}-\lambda_0 p(r,\theta,0,t)=-\left(\frac{\mu}{k_z}\right)\psi_{\theta 0}(r,\theta,t)$,
$\mathbf{N}_{\theta d}\equiv\frac{\partial p(r,\theta,d,t)}{\partial z}=-\left(\frac{\mu}{k_z}\right)\psi_{\theta d}(r,\theta,t)$,
$\mathbf{R}_a\equiv\frac{\partial p(a,\theta,z,t)}{\partial r}-\lambda p(a,\theta,z,t)=-\left(\frac{\mu}{k_r}\right)\psi_a(\theta,z,t)$,
$\mathbf{D}_b\equiv p(b,\theta,z,t)=\psi_b(\theta,z,t)$,
$\mathbf{N}_{0z}\equiv\frac{\partial p(r,0,z,t)}{\partial\theta}=-\left(\frac{\mu}{k_\theta}\right)\psi_{0z}(r,z,t)$ **and**
$\mathbf{N}_{\vartheta z}\equiv\frac{\partial p(r,\vartheta,z,t)}{\partial\theta}=-\left(\frac{\mu}{k_\theta}\right)\psi_{\vartheta z}(r,z,t)$

$$\overline{p}=\frac{2\pi^2 q(s)e^{-st_0}}{\vartheta\phi c_t}\sum_{m=0}^{\infty}\ni_m\cos(\xi_m\theta)\sum_{n=1}^{\infty}\frac{\xi_n^2\left\{\xi_n J'_{\mathcal{M}}(\xi_n a)-\lambda J_{\mathcal{M}}(\xi_n a)\right\}^2\mathcal{V}_{\mathcal{DM}}(\xi r_0,b)\mathcal{V}_{\mathcal{DM}}(\xi r,b)}{\left[\left\{\xi_n J'_{\mathcal{M}}(\xi_n a)-\lambda J_{\mathcal{M}}(\xi_n a)\right\}^2-\left\{\xi_n^2+\lambda^2-\left(\frac{\mathcal{M}}{a}\right)^2\right\}J^2_{\mathcal{M}}(\xi_n b)\right]}\times$$

$$\times\sum_{l=1}^{\infty}\frac{(\xi_l^2+\lambda_0^2)\cos\{\xi_l(d-z_0)\}\cos\{\xi_l(d-z)\}}{\{d(\xi_l^2+\lambda_0^2)+\lambda_0\}(\eta_r\xi_n^2+\eta_z\xi_l^2+s)}+$$

$$+\frac{4\pi}{\vartheta\phi c_t}\sum_{m=0}^{\infty}\ni_m\cos(\xi_m\theta)\sum_{n=1}^{\infty}\frac{\xi_n^2 J_{\mathcal{M}}(\xi_n b)\{\xi_n J'_{\mathcal{M}}(\xi_n a)-\lambda J_{\mathcal{M}}(\xi_n a)\}\mathcal{V}_{\mathcal{DM}}(\xi r,b)}{\left[\{\xi_n J'_{\mathcal{M}}(\xi_n a)-\lambda J_{\mathcal{M}}(\xi_n a)\}^2-\left\{\xi_n^2+\lambda^2-\left(\frac{\mathcal{M}}{a}\right)^2\right\}J^2_{\mathcal{M}}(\xi_n b)\right]}\times$$

$$\times\sum_{l=1}^{\infty}\frac{\overline{\overline{\overline{\psi}}}_a(\xi_m,\xi_l,s)\left(\xi_l^2+\lambda_0^2\right)\cos\{\xi_l(d-z)\}}{\{d(\xi_l^2+\lambda_0^2)+\lambda_0\}(\eta_r\xi_n^2+\eta_z\xi_l^2+s)}+$$

$$+\frac{4\pi\eta_r}{\vartheta}\sum_{m=0}^{\infty}\ni_m\cos(\xi_m\theta)\sum_{n=1}^{\infty}\frac{\xi_n^2\{\xi_n J'_{\mathcal{M}}(\xi_n a)-\lambda J_{\mathcal{M}}(\xi_n a)\}^2\mathcal{V}_{\mathcal{DM}}(\xi r,b)}{\left[\{\xi_n J'_{\mathcal{M}}(\xi_n a)-\lambda J_{\mathcal{M}}(\xi_n a)\}^2-\left\{\xi_n^2+\lambda^2-\left(\frac{\mathcal{M}}{a}\right)^2\right\}J^2_{\mathcal{M}}(\xi_n b)\right]}\times$$

$$\times\sum_{l=1}^{\infty}\frac{\overline{\overline{\overline{\psi}}}_b(\xi_m,\xi_l,s)\left(\xi_l^2+\lambda_0^2\right)\cos\{\xi_l(d-z)\}}{\{d(\xi_l^2+\lambda_0^2)+\lambda_0\}(\eta_r\xi_n^2+\eta_z\xi_l^2+s)}+$$

$$+\frac{2\pi^2}{\vartheta\phi c_t}\sum_{m=0}^{\infty}\ni_m\cos(\xi_m\theta)\sum_{n=1}^{\infty}\frac{\xi_n^2\{\xi_n J'_{\mathcal{M}}(\xi_n a)-\lambda J_{\mathcal{M}}(\xi_n a)\}^2\mathcal{V}_{\mathcal{DM}}(\xi r,b)}{\left[\{\xi_n J'_{\mathcal{M}}(\xi_n a)-\lambda J_{\mathcal{M}}(\xi_n a)\}^2-\left\{\xi_n^2+\lambda^2-\left(\frac{\mathcal{M}}{a}\right)^2\right\}J^2_{\mathcal{M}}(\xi_n b)\right]}\times$$

$$\times\sum_{l=1}^{\infty}\frac{\left(\xi_l^2+\lambda_0^2\right)\left\{\cos(\xi_l d)\overline{\overline{\overline{\psi}}}_{\theta 0}(\xi_n,\xi_m,s)-\overline{\overline{\overline{\psi}}}_{\theta d}(\xi_n,\xi_m,s)\right\}\cos\{\xi_l(d-z)\}}{\{d(\xi_l^2+\lambda_0^2)+\lambda_0\}(\eta_r\xi_n^2+\eta_z\xi_l^2+s)}+$$

$$+\frac{2\pi^2}{\vartheta\phi c_t}\sum_{m=0}^{\infty}\ni_m\cos(\xi_m\theta)\times$$

$$\times\sum_{n=1}^{\infty}\frac{\xi_n^2\{\xi_n J'_{\mathcal{M}}(\xi_n a)-\lambda J_{\mathcal{M}}(\xi_n a)\}^2\mathcal{V}_{\mathcal{DM}}(\xi r,b)}{\left[\{\xi_n J'_{\mathcal{M}}(\xi_n a)-\lambda J_{\mathcal{M}}(\xi_n a)\}^2-\left\{\xi_n^2+\lambda^2-\left(\frac{\mathcal{M}}{a}\right)^2\right\}J^2_{\mathcal{M}}(\xi_n b)\right]}\times$$

$$\times\int_0^a\frac{\mathcal{V}_{\mathcal{NM}}(\xi_n u,a)}{u}\int_0^d\left\{\overline{\psi}_{0z}(u,w,s)+(-1)^{m+1}\overline{\psi}_{\vartheta z}(u,w,s)\right\}\times$$

$$\times\sum_{l=1}^{\infty}\frac{\left(\xi_l^2+\lambda_d^2\right)\cos\{\xi_l(d-w)\}\cos\{\xi_l(d-z)\}}{\{d(\xi_l^2+\lambda_d^2)+\lambda_d\}(\eta_r\xi_n^2+\eta_z\xi_l^2+s)}dwdu+$$

$$+\frac{2\pi^2}{\vartheta}\sum_{m=0}^{\infty}\ni_m\cos(\xi_m\theta)\sum_{n=1}^{\infty}\frac{\xi_n^2\{\xi_n J'_{\mathcal{M}}(\xi_n a)-\lambda J_{\mathcal{M}}(\xi_n a)\}^2\mathcal{V}_{\mathcal{DM}}(\xi r,b)}{\left[\{\xi_n J'_{\mathcal{M}}(\xi_n a)-\lambda J_{\mathcal{M}}(\xi_n a)\}^2-\left\{\xi_n^2+\lambda^2-\left(\frac{\mathcal{M}}{a}\right)^2\right\}J^2_{\mathcal{M}}(\xi_n b)\right]}\times$$

$$\times\sum_{l=1}^{\infty}\frac{\overline{\overline{\overline{\varphi}}}(\xi_n,\xi_m,\xi_l)\left(\xi_l^2+\lambda_0^2\right)\cos\{\xi_l(d-z)\}}{\{d(\xi_l^2+\lambda_0^2)+\lambda_0\}(\eta_r\xi_n^2+\eta_z\xi_l^2+s)}\qquad(29.102.1)$$

where $\mathcal{V}_{\mathcal{DM}}(\xi_n r,b)=J_{\mathcal{M}}(\xi_n r)Y_{\mathcal{M}}(\xi_n b)-Y_{\mathcal{M}}(\xi_n r)J_{\mathcal{M}}(\xi_n b)$, ξ_n, $n=1,2,...$, are the positive roots of the transcendental equation $\lambda\mathcal{V}_{\mathcal{DM}}(\xi_n a,b)-\xi_n\mathcal{V}'_{\mathcal{DM}}(\xi_n a,b)=0$, ξ_l are the positive roots of $\xi_l\tan(\xi_l d)=\lambda_0$, $l=1,2,...$, $\xi_m=\frac{m\pi}{d}$, $m=0,1,...$, $\overline{\overline{\overline{\psi}}}_{\theta 0}(\xi_n,\xi_m,s)=\int_0^a u\mathcal{V}_{\mathcal{DM}}(\xi_n u,a)\int_0^{\vartheta}\overline{\psi}_0(u,v,s)\cos(\xi_m v)dvdu$,
$\overline{\overline{\overline{\psi}}}_{\theta d}(\xi_n,\xi_m,s)=\int_0^a u\mathcal{V}_{\mathcal{DM}}(\xi_n u,a)\int_0^{\vartheta}\overline{\psi}_{\theta d}(u,v,s)\cos(\xi_m v)dvdu$,
$\overline{\overline{\overline{\psi}}}_a(\xi_m,\xi_l,s)=\int_0^{\vartheta}\cos(\xi_m v)\int_0^d\overline{\psi}_a(v,w,s)\cos\{\xi_l(d-w)\}dwdv$,
$\overline{\overline{\overline{\psi}}}_b(\xi_m,\xi_l,s)=\int_0^{\vartheta}\cos(\xi_m v)\int_0^d\overline{\psi}_b(v,w,s)\cos\{\xi_l(d-w)\}dwdv$ and
$\overline{\overline{\overline{\varphi}}}(\xi_n,\xi_m,\xi_l)=\int_0^a u\mathcal{V}_{\mathcal{DM}}(\xi_n u,a)\int_0^{\vartheta}\cos(\xi_m v)\int_0^d\varphi(u,v,w)\cos\{\xi_l(d-w)\}dwdvdu$.

$$p=\frac{2\pi^2U(t-t_0)}{\vartheta\phi c_t}\sum_{m=0}^{\infty}\ni_m\cos(\xi_m\theta)\sum_{n=1}^{\infty}\frac{\xi_n^2\{\lambda J_{\mathcal{M}}(\xi_n a)+\xi_n J'_{\mathcal{M}}(\xi_n a)\}^2\mathcal{V}_{\mathcal{DM}}(\xi r_0,b)\mathcal{V}_{\mathcal{DM}}(\xi r,b)}{\left[\{\xi_n J'_{\mathcal{M}}(\xi_n a)-\lambda J_{\mathcal{M}}(\xi_n a)\}^2-\left\{\xi_n^2+\lambda^2-\left(\frac{\mathcal{M}}{a}\right)^2\right\}J^2_{\mathcal{M}}(\xi_n b)\right]}\times$$

$$\times\sum_{l=1}^{\infty}\frac{\left(\xi_l^2+\lambda_0^2\right)\cos\{\xi_l(d-z_0)\}\cos\{\xi_l(d-z)\}\int_0^{t-t_0}q(t-t_0-\tau)e^{-\left(\eta_r\xi_n^2+\eta_z\xi_l^2\right)\tau}d\tau}{\{d(\xi_l^2+\lambda_0^2)+\lambda_0\}}+$$

$$+\frac{4\pi}{\vartheta\phi c_t}\sum_{m=0}^{\infty}\ni_m\cos(\xi_m\theta)\sum_{n=1}^{\infty}\frac{\xi_n^2 J_{\mathcal{M}}(\xi_n b)\{\xi_n J'_{\mathcal{M}}(\xi_n a)-\lambda J_{\mathcal{M}}(\xi_n a)\}\mathcal{V}_{\mathcal{DM}}(\xi r,b)}{\left[\{\xi_n J'_{\mathcal{M}}(\xi_n a)-\lambda J_{\mathcal{M}}(\xi_n a)\}^2-\left\{\xi_n^2+\lambda^2-\left(\frac{\mathcal{M}}{a}\right)^2\right\}J^2_{\mathcal{M}}(\xi_n b)\right]}\times$$

$$\times\sum_{l=1}^{\infty}\frac{(\xi_l^2+\lambda_0^2)\cos\{\xi_l(d-z)\}\int_0^t\overline{\overline{\psi}}_a(\xi_m,\xi_l,t-\tau)e^{-(\eta_r\xi_n^2+\eta_z\xi_l^2)\tau}d\tau}{\{d(\xi_l^2+\lambda_0^2)+\lambda_0\}}+$$

$$+\frac{4\pi\eta_r}{\vartheta}\sum_{m=0}^{\infty}\ni_m\cos(\xi_m\theta)\sum_{n=1}^{\infty}\frac{\xi_n^2\{\xi_n J'_{\mathcal{M}}(\xi_n a)-\lambda J_{\mathcal{M}}(\xi_n a)\}^2\mathcal{V}_{\mathcal{DM}}(\xi r,b)}{\left[\{\xi_n J'_{\mathcal{M}}(\xi_n a)-\lambda J_{\mathcal{M}}(\xi_n a)\}^2-\left\{\xi_n^2+\lambda^2-\left(\frac{\mathcal{M}}{a}\right)^2\right\}J^2_{\mathcal{M}}(\xi_n b)\right]}\times$$

$$\times\sum_{l=1}^{\infty}\frac{(\xi_l^2+\lambda_0^2)\cos\{\xi_l(d-z)\}\int_0^t\overline{\overline{\psi}}_b(\xi_m,\xi_l,t-\tau)e^{-(\eta_r\xi_n^2+\eta_z\xi_l^2)\tau}d\tau}{\{d(\xi_l^2+\lambda_0^2)+\lambda_0\}}+$$

$$+\frac{2\pi^2}{\vartheta\phi c_t}\sum_{m=0}^{\infty}\ni_m\cos(\xi_m\theta)\sum_{n=1}^{\infty}\frac{\xi_n^2\{\xi_n J'_{\mathcal{M}}(\xi_n a)-\lambda J_{\mathcal{M}}(\xi_n a)\}^2\mathcal{V}_{\mathcal{DM}}(\xi r,b)}{\left[\{\xi_n J'_{\mathcal{M}}(\xi_n a)-\lambda J_{\mathcal{M}}(\xi_n a)\}^2-\left\{\xi_n^2+\lambda^2-\left(\frac{\mathcal{M}}{a}\right)^2\right\}J^2_{\mathcal{M}}(\xi_n b)\right]}\times$$

$$\times\sum_{l=1}^{\infty}\frac{(\xi_l^2+\lambda_0^2)\cos\{\xi_l(d-z)\}\int_0^t\left\{\cos(\xi_l d)\overline{\overline{\psi}}_{\theta 0}(\xi_n,\xi_m,t-\tau)-\overline{\overline{\psi}}_{\theta d}(\xi_n,\xi_m,t-\tau)\right\}e^{-(\eta_r\xi_n^2+\eta_z\xi_l^2)\tau}d\tau}{\{d(\xi_l^2+\lambda_0^2)+\lambda_0\}}+$$

$$+\frac{2\pi^2}{\vartheta\phi c_t}\sum_{m=0}^{\infty}\ni_m\cos(\xi_m\theta)\sum_{n=1}^{\infty}\frac{\xi_n^2\{\xi_n J'_{\mathcal{M}}(\xi_n a)-\lambda J_{\mathcal{M}}(\xi_n a)\}^2\mathcal{V}_{\mathcal{DM}}(\xi r,b)}{\left[\{\xi_n J'_{\mathcal{M}}(\xi_n a)-\lambda J_{\mathcal{M}}(\xi_n a)\}^2-\left\{\xi_n^2+\lambda^2-\left(\frac{\mathcal{M}}{a}\right)^2\right\}J^2_{\mathcal{M}}(\xi_n b)\right]}\times$$

$$\times\int_0^a\frac{\mathcal{V}_{\mathcal{NM}}(\xi_n u,a)}{u}\int_0^d\int_0^t e^{-\eta_r\xi_n^2\tau}\left\{\psi_{0z}(u,w,t-\tau)+(-1)^{m+1}\psi_{\vartheta z}(u,w,t-\tau)\right\}\times$$

$$\times\sum_{l=1}^{\infty}\frac{(\xi_l^2+\lambda_d^2)\cos\{\xi_l(d-w)\}\cos\{\xi_l(d-z)\}e^{-\eta_z\xi_l^2\tau}}{\{d(\xi_l^2+\lambda_d^2)+\lambda_d\}}d\tau dw du+$$

$$+\frac{2\pi^2}{\vartheta}\sum_{m=0}^{\infty}\ni_m\cos(\xi_m\theta)\sum_{n=1}^{\infty}\frac{\xi_n^2\{\xi_n J'_{\mathcal{M}}(\xi_n a)-\lambda J_{\mathcal{M}}(\xi_n a)\}^2\mathcal{V}_{\mathcal{DM}}(\xi r,b)}{\left[\{\xi_n J'_{\mathcal{M}}(\xi_n a)-\lambda J_{\mathcal{M}}(\xi_n a)\}^2-\left\{\xi_n^2+\lambda^2-\left(\frac{\mathcal{M}}{a}\right)^2\right\}J^2_{\mathcal{M}}(\xi_n b)\right]}\times$$

$$\times\sum_{l=1}^{\infty}\frac{\overline{\overline{\overline{\varphi}}}(\xi_n,\xi_m,\xi_l)(\xi_l^2+\lambda_0^2)\cos\{\xi_l(d-z)\}e^{-\eta_z\xi_l^2 t}}{\{d(\xi_l^2+\lambda_0^2)+\lambda_0\}}\qquad(29.102.2)$$

where $\overline{\overline{\psi}}_a(\xi_m,\xi_l,t)=\int_0^\vartheta\cos(\xi_m v)\int_0^d\psi_a(v,w,t)\cos\{\xi_l(d-w)\}dwdv$,
$\overline{\overline{\psi}}_b(\xi_m,\xi_l,t)=\int_0^\vartheta\cos(\xi_m v)\int_0^d\overline{\psi}_b(v,w,t)\cos\{\xi_l(d-w)\}dwdv$,
$\overline{\overline{\psi}}_{\theta 0}(\xi_n,\xi_m,t)=\int_0^a u\mathcal{V}_{\mathcal{DM}}(\xi_n u,a)\int_0^\vartheta\psi_0(u,v,t)\cos(\xi_m v)dvdu$ and
$\overline{\overline{\psi}}_{\theta d}(\xi_n,\xi_m,t)=\int_0^a u\mathcal{V}_{\mathcal{DM}}(\xi_n u,a)\int_0^\vartheta\psi_{\theta d}(u,v,t)\cos(\xi_m v)dvdu$.

29.103

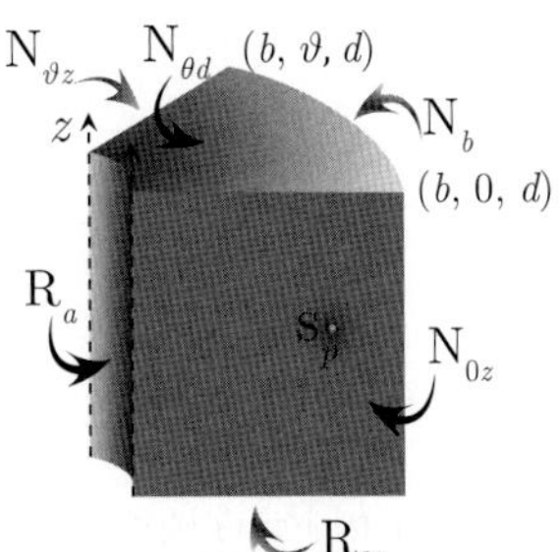

The problem of 29.96, except
$\mathbf{R_{\theta 0}}\equiv\frac{\partial p(r,\theta,0,t)}{\partial z}-\lambda_0 p(r,\theta,0,t)=-\left(\frac{\mu}{k_z}\right)\psi_{\theta 0}(r,\theta,t)$,
$\mathbf{N_{\theta d}}\equiv\frac{\partial p(r,\theta,d,t)}{\partial z}=-\left(\frac{\mu}{k_z}\right)\psi_{\theta d}(r,\theta,t)$,
$\mathbf{R_a}\equiv\frac{\partial p(a,\theta,z,t)}{\partial r}-\lambda p(a,\theta,z,t)=-\left(\frac{\mu}{k_r}\right)\psi_a(\theta,z,t)$,
$\mathbf{N_b}\equiv\frac{\partial p(b,\theta,z,t)}{\partial r}=-\left(\frac{\mu}{k_r}\right)\psi_b(\theta,z,t)$,
$\mathbf{N_{0z}}\equiv\frac{\partial p(r,0,z,t)}{\partial\theta}=-\left(\frac{\mu}{k_\theta}\right)\psi_{0z}(r,z,t)$ **and**
$\mathbf{N_{\vartheta z}}\equiv\frac{\partial p(r,\vartheta,z,t)}{\partial\theta}=-\left(\frac{\mu}{k_\theta}\right)\psi_{\vartheta z}(r,z,t)$

$$\overline{p}=\frac{2\pi^2 q(s)e^{-st_0}}{\vartheta\phi c_t}\sum_{m=0}^{\infty}\ni_m\cos(\xi_m\theta)\times$$

$$\times\sum_{n=1}^{\infty}\frac{\xi_n^2\left\{\xi_n J'_{\mathcal{M}}(\xi_n a)-\lambda J_{\mathcal{M}}(\xi_n a)\right\}^2\mathcal{V}_{\mathcal{N}\mathcal{M}}(\xi r_0,b)\,\mathcal{V}_{\mathcal{N}\mathcal{M}}(\xi r,b)}{\left[\left\{1-\left(\frac{\mathcal{M}}{\xi_n b}\right)^2\right\}\left\{\xi_n J'_{\mathcal{M}}(\xi_n a)-\lambda J_{\mathcal{M}}(\xi_n a)\right\}^2-\left\{\xi_n^2+\lambda^2-\left(\frac{\mathcal{M}}{a}\right)^2\right\}J'^2_{\mathcal{M}}(\xi_n b)\right]}\times$$

$$\times\sum_{l=1}^{\infty}\frac{\left(\xi_l^2+\lambda_0^2\right)\cos\left\{\xi_l\left(d-z_0\right)\right\}\cos\left\{\xi_l\left(d-z\right)\right\}}{\left\{d\left(\xi_l^2+\lambda_0^2\right)+\lambda_0\right\}\left(\eta_r\xi_n^2+\eta_z\xi_l^2+s\right)}+$$

$$+\frac{4\pi}{\vartheta\phi c_t}\sum_{m=0}^{\infty}\ni_m\cos\left(\xi_m\theta\right)\times$$

$$\times\sum_{n=1}^{\infty}\frac{\xi_n^2 J'_{\mathcal{M}}(\xi_n b)\left\{\xi_n J'_{\mathcal{M}}(\xi_n a)-\lambda J_{\mathcal{M}}(\xi_n a)\right\}\mathcal{V}_{\mathcal{N}\mathcal{M}}(\xi r,b)}{\left[\left\{1-\left(\frac{\mathcal{M}}{\xi_n b}\right)^2\right\}\left\{\xi_n J'_{\mathcal{M}}(\xi_n a)-\lambda J_{\mathcal{M}}(\xi_n a)\right\}^2-\left\{\xi_n^2+\lambda^2-\left(\frac{\mathcal{M}}{a}\right)^2\right\}J'^2_{\mathcal{M}}(\xi_n b)\right]}\times$$

$$\times\sum_{l=1}^{\infty}\frac{\overset{\equiv}{\psi}_a\left(\xi_m,\xi_l,s\right)\left(\xi_l^2+\lambda_0^2\right)\cos\left\{\xi_l\left(d-z\right)\right\}}{\left\{d\left(\xi_l^2+\lambda_0^2\right)+\lambda_0\right\}\left(\eta_r\xi_n^2+\eta_z\xi_l^2+s\right)}-$$

$$-\frac{4\pi}{\vartheta\phi c_t}\sum_{m=0}^{\infty}\ni_m\cos\left(\xi_m\theta\right)\times$$

$$\times\sum_{n=1}^{\infty}\frac{\xi_n\left\{\xi_n J'_{\mathcal{M}}(\xi_n a)-\lambda J_{\mathcal{M}}(\xi_n a)\right\}^2\mathcal{V}_{\mathcal{N}\mathcal{M}}(\xi r,b)}{\left[\left\{1-\left(\frac{\mathcal{M}}{\xi_n b}\right)^2\right\}\left\{\xi_n J'_{\mathcal{M}}(\xi_n a)-\lambda J_{\mathcal{M}}(\xi_n a)\right\}^2-\left\{\xi_n^2+\lambda^2-\left(\frac{\mathcal{M}}{a}\right)^2\right\}J'^2_{\mathcal{M}}(\xi_n b)\right]}\times$$

$$\times\sum_{l=1}^{\infty}\frac{\overset{\equiv}{\psi}_b\left(\xi_m,\xi_l,s\right)\left(\xi_l^2+\lambda_0^2\right)\cos\left\{\xi_l\left(d-z\right)\right\}}{\left\{d\left(\xi_l^2+\lambda_0^2\right)+\lambda_0\right\}\left(\eta_r\xi_n^2+\eta_z\xi_l^2+s\right)}+$$

$$+\frac{2\pi^2}{\vartheta\phi c_t}\sum_{m=0}^{\infty}\ni_m\cos\left(\xi_m\theta\right)\times$$

$$\times\sum_{n=1}^{\infty}\frac{\xi_n^2\left\{\xi_n J'_{\mathcal{M}}(\xi_n a)-\lambda J_{\mathcal{M}}(\xi_n a)\right\}^2\mathcal{V}_{\mathcal{N}\mathcal{M}}(\xi r,b)}{\left[\left\{1-\left(\frac{\mathcal{M}}{\xi_n b}\right)^2\right\}\left\{\xi_n J'_{\mathcal{M}}(\xi_n a)-\lambda J_{\mathcal{M}}(\xi_n a)\right\}^2-\left\{\xi_n^2+\lambda^2-\left(\frac{\mathcal{M}}{a}\right)^2\right\}J'^2_{\mathcal{M}}(\xi_n b)\right]}\times$$

$$\times\sum_{l=1}^{\infty}\frac{\left(\xi_l^2+\lambda_0^2\right)\left\{\cos\left(\xi_l d\right)\overset{\equiv}{\psi}_{\theta 0}\left(\xi_n,\xi_m,s\right)-\overset{\equiv}{\psi}_{\theta d}\left(\xi_n,\xi_m,s\right)\right\}\cos\left\{\xi_l\left(d-z\right)\right\}}{\left\{d\left(\xi_l^2+\lambda_0^2\right)+\lambda_0\right\}\left(\eta_r\xi_n^2+\eta_z\xi_l^2+s\right)}+$$

$$+\frac{2\pi^2}{\vartheta\phi c_t}\sum_{m=0}^{\infty}\ni_m\cos\left(\xi_m\theta\right)\times$$

$$\times\sum_{n=1}^{\infty}\frac{\xi_n^2\left\{\xi_n J'_{\mathcal{M}}(\xi_n a)-\lambda J_{\mathcal{M}}(\xi_n a)\right\}^2\mathcal{V}_{\mathcal{N}\mathcal{M}}(\xi r,b)}{\left[\left\{1-\left(\frac{\mathcal{M}}{\xi_n b}\right)^2\right\}\left\{\xi_n J'_{\mathcal{M}}(\xi_n a)-\lambda J_{\mathcal{M}}(\xi_n a)\right\}^2-\left\{\xi_n^2+\lambda^2-\left(\frac{\mathcal{M}}{a}\right)^2\right\}J'^2_{\mathcal{M}}(\xi_n b)\right]}\times$$

$$\times\int_0^a\frac{\mathcal{V}_{\mathcal{N}\mathcal{M}}(\xi_n u,a)}{u}\int_0^d\left\{\overline{\psi}_{0z}(u,w,s)+(-1)^{m+1}\overline{\psi}_{\vartheta z}(u,w,s)\right\}\times$$

$$\times\sum_{l=1}^{\infty}\frac{\left(\xi_l^2+\lambda_d^2\right)\cos\left\{\xi_l\left(d-w\right)\right\}\cos\left\{\xi_l\left(d-z\right)\right\}}{\left\{d\left(\xi_l^2+\lambda_d^2\right)+\lambda_d\right\}\left(\eta_r\xi_n^2+\eta_z\xi_l^2+s\right)}dwdu+$$

$$+\frac{2\pi^2}{\vartheta}\sum_{m=0}^{\infty}\ni_m\cos\left(\xi_m\theta\right)\times$$

$$\times\sum_{n=1}^{\infty}\frac{\xi_n^2\left\{\xi_n J'_{\mathcal{M}}(\xi_n a)-\lambda J_{\mathcal{M}}(\xi_n a)\right\}^2\mathcal{V}_{\mathcal{N}\mathcal{M}}(\xi r,b)}{\left[\left\{1-\left(\frac{\mathcal{M}}{\xi_n b}\right)^2\right\}\left\{\xi_n J'_{\mathcal{M}}(\xi_n a)-\lambda J_{\mathcal{M}}(\xi_n a)\right\}^2-\left\{\xi_n^2+\lambda^2-\left(\frac{\mathcal{M}}{a}\right)^2\right\}J'^2_{\mathcal{M}}(\xi_n b)\right]}\times$$

$$\times \sum_{l=1}^{\infty} \frac{\overline{\overline{\overline{\varphi}}}(\xi_n, \xi_m, \xi_l)\left(\xi_l^2 + \lambda_0^2\right) \cos\{\xi_l (d - z)\}}{\{d(\xi_l^2 + \lambda_0^2) + \lambda_0\}(\eta_r \xi_n^2 + \eta_z \xi_l^2 + s)} \tag{29.103.1}$$

where $\mathcal{V}_{\mathcal{NM}}(\xi_n r, a) = J_{\mathcal{M}}(\xi_n r) Y'_{\mathcal{M}}(\xi_n a) - Y_{\mathcal{M}}(\xi_n r) J'_{\mathcal{M}}(\xi_n a)$, ξ_n, $n = 1, 2, ...$, are the positive roots of the transcendental equation $\lambda \mathcal{V}_{\mathcal{NM}}(\xi_n a, b) - \xi_n \mathcal{V}'_{\mathcal{NM}}(\xi_n a, b) = 0$, ξ_l are the positive roots of $\xi_l \tan(\xi_l d) = \lambda_0$, $l = 1, 2, ...,$ $\xi_m = \frac{m\pi}{d}$, $m = 0, 1, ...,$ $\overline{\overline{\overline{\psi}}}_{\theta 0}(\xi_n, \xi_m, s) = \int_0^a u \mathcal{V}_{\mathcal{NM}}(\xi_n u, a) \int_0^{\vartheta} \overline{\psi}_0(u, v, s) \cos(\xi_m v) dv du$,
$\overline{\overline{\overline{\psi}}}_{\theta d}(\xi_n, \xi_m, s) = \int_0^a u \mathcal{V}_{\mathcal{NM}}(\xi_n u, a) \int_0^{\vartheta} \overline{\psi}_{\theta d}(u, v, s) \cos(\xi_m v) dv du$,
$\overline{\overline{\overline{\psi}}}_a(\xi_m, \xi_l, s) = \int_0^{\vartheta} \cos(\xi_m v) \int_0^d \overline{\psi}_a(v, w, s) \cos\{\xi_l (d - w)\} dw dv$,
$\overline{\overline{\overline{\psi}}}_b(\xi_m, \xi_l, s) = \int_0^{\vartheta} \cos(\xi_m v) \int_0^d \overline{\psi}_b(v, w, s) \cos\{\xi_l (d - w)\} dw dv$ and
$\overline{\overline{\overline{\varphi}}}(\xi_n, \xi_m, \xi_l) = \int_0^a u \mathcal{V}_{\mathcal{NM}}(\xi_n u, a) \int_0^{\vartheta} \cos(\xi_m v) \int_0^d \varphi(u, v, w) \cos\{\xi_l (d - w)\} dw dv du$.

$$p = \frac{2\pi^2 U(t - t_0)}{\vartheta \phi c_t} \sum_{m=0}^{\infty} \ni_m \cos(\xi_m \theta) \times$$

$$\times \sum_{n=1}^{\infty} \frac{\xi_n^2 \{\xi_n J'_{\mathcal{M}}(\xi_n a) - \lambda J_{\mathcal{M}}(\xi_n a)\}^2 \mathcal{V}_{\mathcal{NM}}(\xi r_0, b) \mathcal{V}_{\mathcal{NM}}(\xi r, b)}{\left[\left\{1 - \left(\frac{\mathcal{M}}{\xi_n b}\right)^2\right\}\{\xi_n J'_{\mathcal{M}}(\xi_n a) - \lambda J_{\mathcal{M}}(\xi_n a)\}^2 - \left\{\xi_n^2 + \lambda^2 - \left(\frac{\mathcal{M}}{a}\right)^2\right\} J'^2_{\mathcal{M}}(\xi_n b)\right]} \times$$

$$\times \sum_{l=1}^{\infty} \frac{\left(\xi_l^2 + \lambda_0^2\right) \cos\{\xi_l (d - z_0)\} \cos\{\xi_l (d - z)\} \int_0^{t - t_0} q(t - t_0 - \tau) e^{-\left(\eta_r \xi_n^2 + \eta_z \xi_l^2\right)\tau} d\tau}{\{d(\xi_l^2 + \lambda_0^2) + \lambda_0\}} +$$

$$+ \frac{4\pi}{\vartheta \phi c_t} \sum_{m=0}^{\infty} \ni_m \cos(\xi_m \theta) \times$$

$$\times \sum_{n=1}^{\infty} \frac{\xi_n^2 J'_{\mathcal{M}}(\xi_n b) \{\xi_n J'_{\mathcal{M}}(\xi_n a) - \lambda J_{\mathcal{M}}(\xi_n a)\} \mathcal{V}_{\mathcal{NM}}(\xi r, b)}{\left[\left\{1 - \left(\frac{\mathcal{M}}{\xi_n b}\right)^2\right\}\{\xi_n J'_{\mathcal{M}}(\xi_n a) - \lambda J_{\mathcal{M}}(\xi_n a)\}^2 - \left\{\xi_n^2 + \lambda^2 - \left(\frac{\mathcal{M}}{a}\right)^2\right\} J'^2_{\mathcal{M}}(\xi_n b)\right]} \times$$

$$\times \sum_{l=1}^{\infty} \frac{\left(\xi_l^2 + \lambda_0^2\right) \cos\{\xi_l (d - z)\} \int_0^t \overline{\overline{\psi}}_a(\xi_m, \xi_l, t - \tau) e^{-\left(\eta_r \xi_n^2 + \eta_z \xi_l^2\right)\tau} d\tau}{\{d(\xi_l^2 + \lambda_0^2) + \lambda_0\}} -$$

$$- \frac{4\pi}{\vartheta \phi c_t} \sum_{m=0}^{\infty} \ni_m \cos(\xi_m \theta) \times$$

$$\times \sum_{n=1}^{\infty} \frac{\xi_n \{\xi_n J'_{\mathcal{M}}(\xi_n a) - \lambda J_{\mathcal{M}}(\xi_n a)\}^2 \mathcal{V}_{\mathcal{NM}}(\xi r, b)}{\left[\left\{1 - \left(\frac{\mathcal{M}}{\xi_n b}\right)^2\right\}\{\xi_n J'_{\mathcal{M}}(\xi_n a) - \lambda J_{\mathcal{M}}(\xi_n a)\}^2 - \left\{\xi_n^2 + \lambda^2 - \left(\frac{\mathcal{M}}{a}\right)^2\right\} J'^2_{\mathcal{M}}(\xi_n b)\right]} \times$$

$$\times \sum_{l=1}^{\infty} \frac{\left(\xi_l^2 + \lambda_0^2\right) \cos\{\xi_l (d - z)\} \int_0^t \overline{\overline{\psi}}_b(\xi_m, \xi_l, t - \tau) e^{-\left(\eta_r \xi_n^2 + \eta_z \xi_l^2\right)\tau} d\tau}{\{d(\xi_l^2 + \lambda_0^2) + \lambda_0\}} +$$

$$+ \frac{2\pi^2}{\vartheta \phi c_t} \sum_{m=0}^{\infty} \ni_m \cos(\xi_m \theta) \times$$

$$\times \sum_{n=1}^{\infty} \frac{\xi_n^2 \{\xi_n J'_{\mathcal{M}}(\xi_n a) - \lambda J_{\mathcal{M}}(\xi_n a)\}^2 \mathcal{V}_{\mathcal{NM}}(\xi r, b)}{\left[\left\{1 - \left(\frac{\mathcal{M}}{\xi_n b}\right)^2\right\}\{\xi_n J'_{\mathcal{M}}(\xi_n a) - \lambda J_{\mathcal{M}}(\xi_n a)\}^2 - \left\{\xi_n^2 + \lambda^2 - \left(\frac{\mathcal{M}}{a}\right)^2\right\} J'^2_{\mathcal{M}}(\xi_n b)\right]} \times$$

$$\times \sum_{l=1}^{\infty} \frac{\left(\xi_l^2 + \lambda_0^2\right) \cos\{\xi_l (d - z)\} \int_0^t \left\{\cos(\xi_l d) \overline{\overline{\psi}}_{\theta 0}(\xi_n, \xi_m, t - \tau) - \overline{\overline{\psi}}_{\theta d}(\xi_n, \xi_m, t - \tau)\right\} e^{-\left(\eta_r \xi_n^2 + \eta_z \xi_l^2\right)\tau} d\tau}{\{d(\xi_l^2 + \lambda_0^2) + \lambda_0\}} +$$

$$+ \frac{2\pi^2}{\vartheta \phi c_t} \sum_{m=0}^{\infty} \ni_m \cos(\xi_m \theta) \times$$

$$\times\sum_{n=1}^{\infty}\frac{\xi_n^2\left\{\xi_n J'_{\mathcal{M}}(\xi_n a)-\lambda J_{\mathcal{M}}(\xi_n a)\right\}^2\mathcal{V}_{\mathcal{NM}}(\xi r,b)}{\left[\left\{1-\left(\frac{\mathcal{M}}{\xi_n b}\right)^2\right\}\left\{\xi_n J'_{\mathcal{M}}(\xi_n a)-\lambda J_{\mathcal{M}}(\xi_n a)\right\}^2-\left\{\xi_n^2+\lambda^2-\left(\frac{\mathcal{M}}{a}\right)^2\right\}J'^2_{\mathcal{M}}(\xi_n b)\right]}\times$$

$$\times\int_0^a\frac{\mathcal{V}_{\mathcal{NM}}(\xi_n u,a)}{u}\int_0^d\int_0^t e^{-\eta_r\xi_n^2\tau}\left\{\psi_{0z}(u,w,t-\tau)+(-1)^{m+1}\psi_{\vartheta z}(u,w,t-\tau)\right\}\times$$

$$\times\sum_{l=1}^{\infty}\frac{\left(\xi_l^2+\lambda_d^2\right)\cos\left\{\xi_l(d-w)\right\}\cos\left\{\xi_l(d-z)\right\}e^{-\eta_z\xi_l^2\tau}}{\left\{d\left(\xi_l^2+\lambda_d^2\right)+\lambda_d\right\}}d\tau dwdu+$$

$$+\frac{2\pi^2}{\vartheta}\sum_{m=0}^{\infty}\ni_m\cos(\xi_m\theta)\times$$

$$\times\sum_{n=1}^{\infty}\frac{\xi_n^2\left\{\xi_n J'_{\mathcal{M}}(\xi_n a)-\lambda J_{\mathcal{M}}(\xi_n a)\right\}^2\mathcal{V}_{\mathcal{NM}}(\xi r,b)}{\left[\left\{1-\left(\frac{\mathcal{M}}{\xi_n b}\right)^2\right\}\left\{\xi_n J'_{\mathcal{M}}(\xi_n a)-\lambda J_{\mathcal{M}}(\xi_n a)\right\}^2-\left\{\xi_n^2+\lambda^2-\left(\frac{\mathcal{M}}{a}\right)^2\right\}J'^2_{\mathcal{M}}(\xi_n b)\right]}\times$$

$$\times\sum_{l=1}^{\infty}\frac{\overline{\overline{\overline{\varphi}}}(\xi_n,\xi_m,\xi_l)\left(\xi_l^2+\lambda_0^2\right)\cos\left\{\xi_l(d-z)\right\}e^{-\eta_z\xi_l^2 t}}{\left\{d\left(\xi_l^2+\lambda_0^2\right)+\lambda_0\right\}}\qquad(29.103.2)$$

where $\overline{\overline{\psi}}_a(\xi_m,\xi_l,t)=\int_0^{\vartheta}\cos(\xi_m v)\int_0^d\psi_a(v,w,t)\cos\left\{\xi_l(d-w)\right\}dwdv$,
$\overline{\overline{\psi}}_b(\xi_m,\xi_l,t)=\int_0^{\vartheta}\cos(\xi_m v)\int_0^d\overline{\psi}_b(v,w,t)\cos\left\{\xi_l(d-w)\right\}dwdv$,
$\overline{\overline{\psi}}_{\theta 0}(\xi_n,\xi_m,t)=\int_0^a u\mathcal{V}_{\mathcal{NM}}(\xi_n u,a)\int_0^{\vartheta}\psi_0(u,v,t)\cos(\xi_m v)dvdu$ and
$\overline{\overline{\psi}}_{\theta d}(\xi_n,\xi_m,t)=\int_0^a u\mathcal{V}_{\mathcal{NM}}(\xi_n u,a)\int_0^{\vartheta}\psi_{\theta d}(u,v,t)\cos(\xi_m v)dvdu$.

29.104 **The problem of 29.96, except**
$\mathbf{R}_{\theta 0}\equiv\frac{\partial p(r,\theta,0,t)}{\partial z}-\lambda_0 p(r,\theta,0,t)=-\left(\frac{\mu}{k_z}\right)\psi_{\theta 0}(r,\theta,t)$,
$\mathbf{N}_{\theta d}\equiv\frac{\partial p(r,\theta,d,t)}{\partial z}=-\left(\frac{\mu}{k_z}\right)\psi_{\theta d}(r,\theta,t)$,
$\mathbf{R}_a\equiv\frac{\partial p(a,\theta,z,t)}{\partial r}-\lambda p(a,\theta,z,t)=-\left(\frac{\mu}{k_r}\right)\psi_a(\theta,z,t)$,
$\mathbf{R}_b\equiv\frac{\partial p(b,\theta,z,t)}{\partial r}+\lambda_b p(b,\theta,z,t)=-\left(\frac{\mu}{k_r}\right)\psi_b(\theta,z,t)$,
$\mathbf{N}_{0z}\equiv\frac{\partial p(r,0,z,t)}{\partial\theta}=-\left(\frac{\mu}{k_\theta}\right)\psi_{0z}(r,z,t)$ **and**
$\mathbf{N}_{\vartheta z}\equiv\frac{\partial p(r,\vartheta,z,t)}{\partial\theta}=-\left(\frac{\mu}{k_\theta}\right)\psi_{\vartheta z}(r,z,t)$

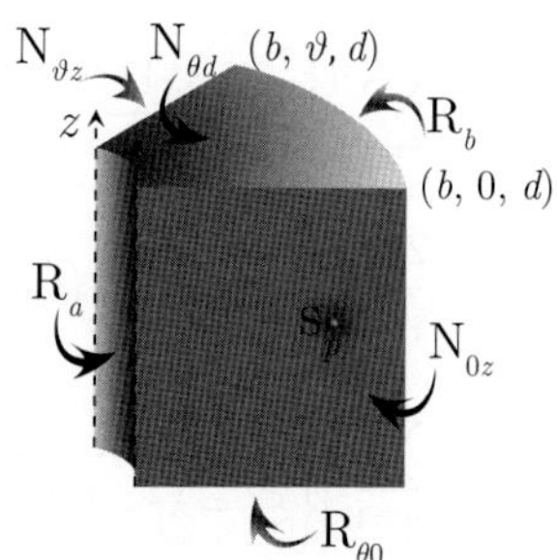

$$\overline{p}=\frac{2\pi^2 q(s)e^{-st_0}}{\vartheta\phi c_t}\sum_{m=0}^{\infty}\ni_m\cos(\xi_m\theta)\sum_{n=1}^{\infty}\xi_n^2\left\{\xi_n J'_{\mathcal{M}}(\xi_n b)+\lambda_b J_{\mathcal{M}}(\xi_n b)\right\}^2\times$$

$$\times\frac{\left\{\xi_n\mathcal{V}_{\mathcal{NM}}(\xi_n r_0,a)-\lambda_a\mathcal{V}_{\mathcal{DM}}(\xi_n r_0,a)\right\}\left\{\xi_n\mathcal{V}_{\mathcal{NM}}(\xi_n r,a)-\lambda_a\mathcal{V}_{\mathcal{DM}}(\xi_n r,a)\right\}}{\left[\left\{\xi_n^2+\lambda_b^2-\left(\frac{\mathcal{M}}{b}\right)^2\right\}\left\{\xi_n J'_{\mathcal{M}}(\xi_n a)-\lambda_a J_{\mathcal{M}}(\xi_n a)\right\}^2-\left\{\xi_n^2+\lambda_a^2-\left(\frac{\mathcal{M}}{a}\right)^2\right\}\left\{\xi_n J'_{\mathcal{M}}(\xi_n b)+\lambda J_{\mathcal{M}}(\xi_n b)\right\}^2\right]}\times$$

$$\times\sum_{l=1}^{\infty}\frac{\left(\xi_l^2+\lambda_0^2\right)\cos\left\{\xi_l(d-z_0)\right\}\cos\left\{\xi_l(d-z)\right\}}{\left\{d\left(\xi_l^2+\lambda_0^2\right)+\lambda_0\right\}\left(\eta_r\xi_n^2+\eta_z\xi_l^2+s\right)}+$$

$$+\frac{4\pi}{\vartheta\phi c_t}\sum_{m=0}^{\infty}\ni_m\cos(\xi_m\theta)\times$$

$$\times\sum_{n=1}^{\infty}\frac{\xi_n^2\left\{\xi_n J'_{\mathcal{M}}(\xi_n b)+\lambda_b J_{\mathcal{M}}(\xi_n b)\right\}^2\left\{\xi_n\mathcal{V}_{\mathcal{NM}}(\xi_n r,a)-\lambda_a\mathcal{V}_{\mathcal{DM}}(\xi_n r,a)\right\}}{\left[\left\{\xi_n^2+\lambda_b^2-\left(\frac{\mathcal{M}}{b}\right)^2\right\}\left\{\xi_n J'_{\mathcal{M}}(\xi_n a)-\lambda_a J_{\mathcal{M}}(\xi_n a)\right\}^2-\left\{\xi_n^2+\lambda_a^2-\left(\frac{\mathcal{M}}{a}\right)^2\right\}\left\{\xi_n J'_{\mathcal{M}}(\xi_n b)+\lambda J_{\mathcal{M}}(\xi_n b)\right\}^2\right]}\times$$

$$\times\sum_{l=1}^{\infty}\frac{\overline{\overline{\psi}}_a(\xi_m,\xi_l,s)\left(\xi_l^2+\lambda_0^2\right)\cos\left\{\xi_l(d-z)\right\}}{\left\{d\left(\xi_l^2+\lambda_0^2\right)+\lambda_0\right\}\left(\eta_r\xi_n^2+\eta_z\xi_l^2+s\right)}-$$

$$-\frac{4\pi}{\vartheta\phi c_t}\sum_{m=0}^{\infty}\ni_m\cos\left(\xi_m\theta\right)\times$$

$$\times\sum_{n=1}^{\infty}\frac{\xi_n^2\{\xi_nJ'_{\mathcal{M}}(\xi_nb)+\lambda_bJ_{\mathcal{M}}(\xi_nb)\}\{\xi_nJ'_{\mathcal{M}}(\xi_na)+\lambda_aJ_{\mathcal{M}}(\xi_na)\}\{\xi_n\mathcal{V}_{\mathcal{NM}}(\xi_nr,a)-\lambda_a\mathcal{V}_{\mathcal{DM}}(\xi_nr,a)\}}{\left[\left\{\xi_n^2+\lambda_b^2-\left(\frac{\mathcal{M}}{b}\right)^2\right\}\{\xi_nJ'_{\mathcal{M}}(\xi_na)-\lambda_aJ_{\mathcal{M}}(\xi_na)\}^2-\left\{\xi_n^2+\lambda_a^2-\left(\frac{\mathcal{M}}{a}\right)^2\right\}\{\xi_nJ'_{\mathcal{M}}(\xi_nb)+\lambda J_{\mathcal{M}}(\xi_nb)\}^2\right]}\times$$

$$\times\sum_{l=1}^{\infty}\frac{\overline{\overline{\overline{\psi}}}_b\left(\xi_m,\xi_l,s\right)\left(\xi_l^2+\lambda_0^2\right)\cos\left\{\xi_l\left(d-z\right)\right\}}{\left\{d\left(\xi_l^2+\lambda_0^2\right)+\lambda_0\right\}\left(\eta_r\xi_n^2+\eta_z\xi_l^2+s\right)}+$$

$$+\frac{2\pi^2}{\vartheta\phi c_t}\sum_{m=0}^{\infty}\ni_m\cos\left(\xi_m\theta\right)\times$$

$$\times\sum_{n=1}^{\infty}\frac{\xi_n^2\left\{\xi_nJ'_{\mathcal{M}}\left(\xi_nb\right)+\lambda_bJ_{\mathcal{M}}\left(\xi_nb\right)\right\}^2\left\{\xi_n\mathcal{V}_{\mathcal{NM}}\left(\xi_nr,a\right)-\lambda_a\mathcal{V}_{\mathcal{DM}}\left(\xi_nr,a\right)\right\}}{\left[\left\{\xi_n^2+\lambda_b^2-\left(\frac{\mathcal{M}}{b}\right)^2\right\}\left\{\xi_nJ'_{\mathcal{M}}\left(\xi_na\right)-\lambda_aJ_{\mathcal{M}}\left(\xi_na\right)\right\}^2-\left\{\xi_n^2+\lambda_a^2-\left(\frac{\mathcal{M}}{a}\right)^2\right\}\left\{\xi_nJ'_{\mathcal{M}}\left(\xi_nb\right)+\lambda J_{\mathcal{M}}\left(\xi_nb\right)\right\}^2\right]}\times$$

$$\times\sum_{l=1}^{\infty}\frac{\left(\xi_l^2+\lambda_0^2\right)\left\{\cos\left(\xi_ld\right)\overline{\overline{\overline{\psi}}}_{\theta0}\left(\xi_n,\xi_m,s\right)-\overline{\overline{\overline{\psi}}}_{\theta d}\left(\xi_n,\xi_m,s\right)\right\}\cos\left\{\xi_l\left(d-z\right)\right\}}{\left\{d\left(\xi_l^2+\lambda_0^2\right)+\lambda_0\right\}\left(\eta_r\xi_n^2+\eta_z\xi_l^2+s\right)}+$$

$$+\frac{2\pi^2}{\vartheta\phi c_t}\sum_{m=0}^{\infty}\ni_m\cos\left(\xi_m\theta\right)\times$$

$$\times\sum_{n=1}^{\infty}\frac{\xi_n^2\left\{\xi_nJ'_{\mathcal{M}}\left(\xi_nb\right)+\lambda_bJ_{\mathcal{M}}\left(\xi_nb\right)\right\}^2\left\{\xi_n\mathcal{V}_{\mathcal{NM}}\left(\xi_nr,a\right)-\lambda_a\mathcal{V}_{\mathcal{DM}}\left(\xi_nr,a\right)\right\}}{\left[\left\{\xi_n^2+\lambda_b^2-\left(\frac{\mathcal{M}}{b}\right)^2\right\}\left\{\xi_nJ'_{\mathcal{M}}\left(\xi_na\right)-\lambda_aJ_{\mathcal{M}}\left(\xi_na\right)\right\}^2-\left\{\xi_n^2+\lambda_a^2-\left(\frac{\mathcal{M}}{a}\right)^2\right\}\left\{\xi_nJ'_{\mathcal{M}}\left(\xi_nb\right)+\lambda J_{\mathcal{M}}\left(\xi_nb\right)\right\}^2\right]}\times$$

$$\times\int_0^a\frac{\mathcal{V}_{\mathcal{NM}}\left(\xi_nu,a\right)}{u}\int_0^d\left\{\overline{\psi}_{0z}\left(u,w,s\right)+\left(-1\right)^{m+1}\overline{\psi}_{\vartheta z}\left(u,w,s\right)\right\}\times$$

$$\times\sum_{l=1}^{\infty}\frac{\left(\xi_l^2+\lambda_d^2\right)\cos\left\{\xi_l\left(d-w\right)\right\}\cos\left\{\xi_l\left(d-z\right)\right\}}{\left\{d\left(\xi_l^2+\lambda_d^2\right)+\lambda_d\right\}\left(\eta_r\xi_n^2+\eta_z\xi_l^2+s\right)}dwdu+$$

$$+\frac{2\pi^2}{\vartheta}\sum_{m=0}^{\infty}\ni_m\cos\left(\xi_m\theta\right)\times$$

$$\times\sum_{n=1}^{\infty}\frac{\xi_n^2\left\{\xi_nJ'_{\mathcal{M}}\left(\xi_nb\right)+\lambda_bJ_{\mathcal{M}}\left(\xi_nb\right)\right\}^2\left\{\xi_n\mathcal{V}_{\mathcal{NM}}\left(\xi_nr,a\right)-\lambda_a\mathcal{V}_{\mathcal{DM}}\left(\xi_nr,a\right)\right\}}{\left[\left\{\xi_n^2+\lambda_b^2-\left(\frac{\mathcal{M}}{b}\right)^2\right\}\left\{\xi_nJ'_{\mathcal{M}}\left(\xi_na\right)-\lambda_aJ_{\mathcal{M}}\left(\xi_na\right)\right\}^2-\left\{\xi_n^2+\lambda_a^2-\left(\frac{\mathcal{M}}{a}\right)^2\right\}\left\{\xi_nJ'_{\mathcal{M}}\left(\xi_nb\right)+\lambda J_{\mathcal{M}}\left(\xi_nb\right)\right\}^2\right]}\times$$

$$\times\sum_{l=1}^{\infty}\frac{\overline{\overline{\overline{\varphi}}}\left(\xi_n,\xi_m,\xi_l\right)\left(\xi_l^2+\lambda_0^2\right)\cos\left\{\xi_l\left(d-z\right)\right\}}{\left\{d\left(\xi_l^2+\lambda_0^2\right)+\lambda_0\right\}\left(\eta_r\xi_n^2+\eta_z\xi_l^2+s\right)}\qquad(29.104.1)$$

where the eigenvalues ξ_n, $n=1,2,...$, are the positive roots of
$\lambda_a\left\{\mathcal{V}'_{\mathcal{DM}}\left(\xi_nb,a\right)+\lambda_b\mathcal{V}_{\mathcal{DM}}\left(\xi_nb,a\right)\right\}-\xi_n\left\{\mathcal{V}'_{\mathcal{NM}}\left(\xi_nb,a\right)+\lambda_b\mathcal{V}_{\mathcal{NM}}\left(\xi_nb,a\right)\right\}=0$, ξ_l are the positive roots of $\xi_l\tan\left(\xi_ld\right)=\lambda_0$, $l=1,2,...$, $\xi_m=\frac{m\pi}{d}$, $m=0,1,...$,
$\overline{\overline{\overline{\psi}}}_{\theta0}\left(\xi_n,\xi_m,s\right)=\int_0^a u\left\{\xi_n\mathcal{V}_{\mathcal{NM}}\left(\xi_nu,a\right)-\lambda_a\mathcal{V}_{\mathcal{DM}}\left(\xi_nu,a\right)\right\}\int_0^{\vartheta}\overline{\psi}_0\left(u,v,s\right)\cos\left(\xi_mv\right)dvdu$,
$\overline{\overline{\overline{\psi}}}_{\theta d}\left(\xi_n,\xi_m,s\right)=\int_0^a u\left\{\xi_n\mathcal{V}_{\mathcal{NM}}\left(\xi_nu,a\right)-\lambda_a\mathcal{V}_{\mathcal{DM}}\left(\xi_nu,a\right)\right\}\int_0^{\vartheta}\overline{\psi}_{\theta d}\left(u,v,s\right)\cos\left(\xi_mv\right)dvdu$,
$\overline{\overline{\overline{\psi}}}_a\left(\xi_m,\xi_l,s\right)=\int_0^{\vartheta}\cos\left(\xi_mv\right)\int_0^d\overline{\psi}_a\left(v,w,s\right)\cos\left\{\xi_l\left(d-w\right)\right\}dwdv$,
$\overline{\overline{\overline{\psi}}}_b\left(\xi_m,\xi_l,s\right)=\int_0^{\vartheta}\cos\left(\xi_mv\right)\int_0^d\overline{\psi}_b\left(v,w,s\right)\cos\left\{\xi_l\left(d-w\right)\right\}dwdv$ and
$\overline{\overline{\overline{\varphi}}}\left(\xi_n,\xi_m,\xi_l\right)=\int_0^a u\left\{\xi_n\mathcal{V}_{\mathcal{NM}}\left(\xi_nu,a\right)-\lambda_a\mathcal{V}_{\mathcal{DM}}\left(\xi_nu,a\right)\right\}\int_0^{\vartheta}\cos\left(\xi_mv\right)\int_0^d\varphi\left(u,v,w\right)\cos\left\{\xi_l\left(d-w\right)\right\}dwdvdu$.

$$p=\frac{2\pi^2U\left(t-t_0\right)}{\vartheta\phi c_t}\sum_{m=0}^{\infty}\ni_m\cos\left(\xi_m\theta\right)\times$$

$$\times \sum_{n=1}^{\infty} \frac{\xi_n^2 \left\{\xi_n J'_{\mathcal{M}}(\xi_n b) + \lambda_b J_{\mathcal{M}}(\xi_n b)\right\}^2 \left\{\xi_n \mathcal{V}_{\mathcal{NM}}(\xi_n r_0, a) - \lambda_a \mathcal{V}_{\mathcal{DM}}(\xi_n r_0, a)\right\}}{\left[\left\{\xi_n^2+\lambda_b^2-\left(\frac{\mathcal{M}}{b}\right)^2\right\}\left\{\xi_n J'_{\mathcal{M}}(\xi_n a)-\lambda_a J_{\mathcal{M}}(\xi_n a)\right\}^2-\left\{\xi_n^2+\lambda_a^2-\left(\frac{\mathcal{M}}{a}\right)^2\right\}\left\{\xi_n J'_{\mathcal{M}}(\xi_n b)+\lambda J_{\mathcal{M}}(\xi_n b)\right\}^2\right]} \times$$

$$\times \left\{\xi_n \mathcal{V}_{\mathcal{NM}}(\xi_n r, a) - \lambda_a \mathcal{V}_{\mathcal{DM}}(\xi_n r, a)\right\} \times$$

$$\times \sum_{l=1}^{\infty} \frac{\left(\xi_l^2 + \lambda_0^2\right) \cos\left\{\xi_l (d - z_0)\right\} \cos\left\{\xi_l (d - z)\right\} \int_0^{t-t_0} q(t - t_0 - \tau)\, e^{-\left(\eta_r \xi_n^2 + \eta_z \xi_l^2\right)\tau} d\tau}{\left\{d\left(\xi_l^2 + \lambda_0^2\right) + \lambda_0\right\}} +$$

$$+\frac{4\pi}{\vartheta \phi c_t} \sum_{m=0}^{\infty} \ni_m \cos(\xi_m \theta) \times$$

$$\times \sum_{n=1}^{\infty} \frac{\xi_n^2 \left\{\xi_n J'_{\mathcal{M}}(\xi_n b) + \lambda_b J_{\mathcal{M}}(\xi_n b)\right\}^2 \left\{\xi_n \mathcal{V}_{\mathcal{NM}}(\xi_n r, a) - \lambda_a \mathcal{V}_{\mathcal{DM}}(\xi_n r, a)\right\}}{\left[\left\{\xi_n^2+\lambda_b^2-\left(\frac{\mathcal{M}}{b}\right)^2\right\}\left\{\xi_n J'_{\mathcal{M}}(\xi_n a)-\lambda_a J_{\mathcal{M}}(\xi_n a)\right\}^2-\left\{\xi_n^2+\lambda_a^2-\left(\frac{\mathcal{M}}{a}\right)^2\right\}\left\{\xi_n J'_{\mathcal{M}}(\xi_n b)+\lambda J_{\mathcal{M}}(\xi_n b)\right\}^2\right]} \times$$

$$\times \sum_{l=1}^{\infty} \frac{\left(\xi_l^2 + \lambda_0^2\right) \cos\left\{\xi_l (d - z)\right\} \int_0^{t} \overline{\overline{\psi}}_a(\xi_m, \xi_l, t - \tau)\, e^{-\left(\eta_r \xi_n^2 + \eta_z \xi_l^2\right)\tau} d\tau}{\left\{d\left(\xi_l^2 + \lambda_0^2\right) + \lambda_0\right\}} -$$

$$-\frac{4\pi}{\vartheta \phi c_t} \sum_{m=0}^{\infty} \ni_m \cos(\xi_m \theta) \times$$

$$\times \sum_{n=1}^{\infty} \frac{\xi_n^2 \{\xi_n J'_{\mathcal{M}}(\xi_n b) + \lambda_b J_{\mathcal{M}}(\xi_n b)\}\{\xi_n J'_{\mathcal{M}}(\xi_n a) + \lambda_a J_{\mathcal{M}}(\xi_n a)\}\{\xi_n \mathcal{V}_{\mathcal{NM}}(\xi_n r, a) - \lambda_a \mathcal{V}_{\mathcal{DM}}(\xi_n r, a)\}}{\left[\left\{\xi_n^2+\lambda_b^2-\left(\frac{\mathcal{M}}{b}\right)^2\right\}\left\{\xi_n J'_{\mathcal{M}}(\xi_n a)-\lambda_a J_{\mathcal{M}}(\xi_n a)\right\}^2-\left\{\xi_n^2+\lambda_a^2-\left(\frac{\mathcal{M}}{a}\right)^2\right\}\left\{\xi_n J'_{\mathcal{M}}(\xi_n b)+\lambda J_{\mathcal{M}}(\xi_n b)\right\}^2\right]} \times$$

$$\times \sum_{l=1}^{\infty} \frac{\left(\xi_l^2 + \lambda_0^2\right) \cos\left\{\xi_l (d - z)\right\} \int_0^{t} \overline{\overline{\psi}}_b(\xi_m, \xi_l, t - \tau)\, e^{-\left(\eta_r \xi_n^2 + \eta_z \xi_l^2\right)\tau} d\tau}{\left\{d\left(\xi_l^2 + \lambda_0^2\right) + \lambda_0\right\}} +$$

$$+\frac{2\pi^2}{\vartheta \phi c_t} \sum_{m=0}^{\infty} \ni_m \cos(\xi_m \theta) \times$$

$$\times \sum_{n=1}^{\infty} \frac{\xi_n^2 \left\{\xi_n J'_{\mathcal{M}}(\xi_n b) + \lambda_b J_{\mathcal{M}}(\xi_n b)\right\}^2 \left\{\xi_n \mathcal{V}_{\mathcal{NM}}(\xi_n r, a) - \lambda_a \mathcal{V}_{\mathcal{DM}}(\xi_n r, a)\right\}}{\left[\left\{\xi_n^2+\lambda_b^2-\left(\frac{\mathcal{M}}{b}\right)^2\right\}\left\{\xi_n J'_{\mathcal{M}}(\xi_n a)-\lambda_a J_{\mathcal{M}}(\xi_n a)\right\}^2-\left\{\xi_n^2+\lambda_a^2-\left(\frac{\mathcal{M}}{a}\right)^2\right\}\left\{\xi_n J'_{\mathcal{M}}(\xi_n b)+\lambda J_{\mathcal{M}}(\xi_n b)\right\}^2\right]} \times$$

$$\times \sum_{l=1}^{\infty} \frac{\left(\xi_l^2 + \lambda_0^2\right) \cos\left\{\xi_l (d - z)\right\} \int_0^{t} \left\{\cos(\xi_l d)\, \overline{\overline{\psi}}_{\theta 0}(\xi_n, \xi_m, t - \tau) - \overline{\overline{\psi}}_{\theta d}(\xi_n, \xi_m, t - \tau)\right\} e^{-\left(\eta_r \xi_n^2 + \eta_z \xi_l^2\right)\tau} d\tau}{\left\{d\left(\xi_l^2 + \lambda_0^2\right) + \lambda_0\right\}} +$$

$$+\frac{2\pi^2}{\vartheta \phi c_t} \sum_{m=0}^{\infty} \ni_m \cos(\xi_m \theta) \times$$

$$\times \sum_{n=1}^{\infty} \frac{\xi_n^2 \left\{\xi_n J'_{\mathcal{M}}(\xi_n b) + \lambda_b J_{\mathcal{M}}(\xi_n b)\right\}^2 \left\{\xi_n \mathcal{V}_{\mathcal{NM}}(\xi_n r, a) - \lambda_a \mathcal{V}_{\mathcal{DM}}(\xi_n r, a)\right\}}{\left[\left\{\xi_n^2+\lambda_b^2-\left(\frac{\mathcal{M}}{b}\right)^2\right\}\left\{\xi_n J'_{\mathcal{M}}(\xi_n a)-\lambda_a J_{\mathcal{M}}(\xi_n a)\right\}^2-\left\{\xi_n^2+\lambda_a^2-\left(\frac{\mathcal{M}}{a}\right)^2\right\}\left\{\xi_n J'_{\mathcal{M}}(\xi_n b)+\lambda J_{\mathcal{M}}(\xi_n b)\right\}^2\right]} \times$$

$$\times \int_0^a \frac{\mathcal{V}_{\mathcal{NM}}(\xi_n u, a)}{u} \int_0^d \int_0^t e^{-\eta_r \xi_n^2 \tau} \left\{\psi_{0z}(u, w, t - \tau) + (-1)^{m+1} \psi_{\vartheta z}(u, w, t - \tau)\right\} \times$$

$$\times \sum_{l=1}^{\infty} \frac{\left(\xi_l^2 + \lambda_d^2\right) \cos\left\{\xi_l (d - w)\right\} \cos\left\{\xi_l (d - z)\right\} e^{-\eta_z \xi_l^2 \tau}}{\left\{d\left(\xi_l^2 + \lambda_d^2\right) + \lambda_d\right\}} d\tau dw du +$$

$$+\frac{2\pi^2}{\vartheta} \sum_{m=0}^{\infty} \ni_m \cos(\xi_m \theta) \times$$

$$\times \sum_{n=1}^{\infty} \frac{\xi_n^2 \left\{\xi_n J'_{\mathcal{M}}(\xi_n b) + \lambda_b J_{\mathcal{M}}(\xi_n b)\right\}^2 \left\{\xi_n \mathcal{V}_{\mathcal{NM}}(\xi_n r, a) - \lambda_a \mathcal{V}_{\mathcal{DM}}(\xi_n r, a)\right\}}{\left[\left\{\xi_n^2+\lambda_b^2-\left(\frac{\mathcal{M}}{b}\right)^2\right\}\left\{\xi_n J'_{\mathcal{M}}(\xi_n a)-\lambda_a J_{\mathcal{M}}(\xi_n a)\right\}^2-\left\{\xi_n^2+\lambda_a^2-\left(\frac{\mathcal{M}}{a}\right)^2\right\}\left\{\xi_n J'_{\mathcal{M}}(\xi_n b)+\lambda J_{\mathcal{M}}(\xi_n b)\right\}^2\right]} \times$$

$$\times \sum_{l=1}^{\infty} \frac{\overline{\overline{\overline{\varphi}}}(\xi_n, \xi_m, \xi_l) \left(\xi_l^2 + \lambda_0^2\right) \cos\left\{\xi_l (d - z)\right\} e^{-\eta_z \xi_l^2 t}}{\left\{d\left(\xi_l^2 + \lambda_0^2\right) + \lambda_0\right\}} \tag{29.104.2}$$

where $\overline{\overline{\psi}}_a(\xi_m,\xi_l,t)=\int_0^{\vartheta}\cos(\xi_m v)\int_0^d \psi_a(v,w,t)\cos\{\xi_l(d-w)\}\,dwdv$,
$\overline{\overline{\psi}}_b(\xi_m,\xi_l,t)=\int_0^{\vartheta}\cos(\xi_m v)\int_0^d \overline{\psi}_b(v,w,t)\cos\{\xi_l(d-w)\}\,dwdv$,
$\overline{\overline{\psi}}_{\theta 0}(\xi_n,\xi_m,t)=\int_0^a r\{\xi_n\mathcal{V}_{\mathcal{NM}}(\xi_n u,a)-\lambda_a\mathcal{V}_{\mathcal{DM}}(\xi_n u,a)\}\int_0^{\vartheta}\psi_0(u,v,t)\cos(\xi_m v)dudv$,
$\overline{\overline{\psi}}_{\theta d}(\xi_n,\xi_m,t)=\int_0^a u\{\xi_n\mathcal{V}_{\mathcal{NM}}(\xi_n u,a)-\lambda_a\mathcal{V}_{\mathcal{DM}}(\xi_n u,a)\}\int_0^{\vartheta}\psi_{\theta d}(u,v,t)\cos(\xi_m v)dvdu$.

29.105

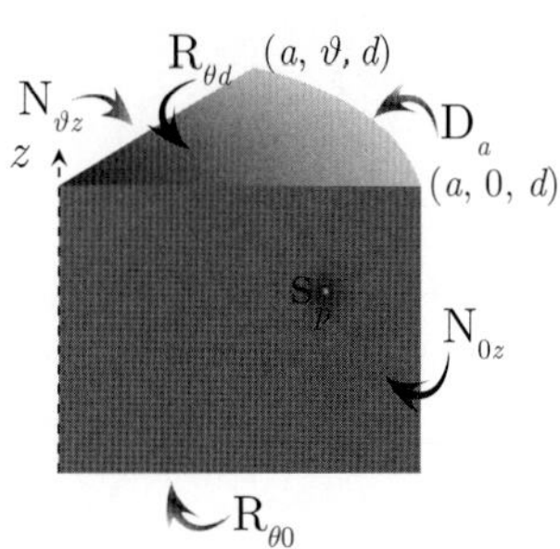

A cylindrical continuum bounded by $0\le r\le a$, $0\le\theta\le\vartheta$, and $0\le z\le d$. Point source at $s_p\equiv(r_0,\theta_0,z_0)$ at time $t=t_0$; $0<r_0<a$, $0\le\theta_0\le\vartheta$, $0<z_0<d$, $t_0\ge 0$. $D_a\equiv p(a,\theta,z,t)=\psi_a(\theta,z,t)$, $R_{\theta 0}\equiv\frac{\partial p(r,\theta,0,t)}{\partial z}-\lambda_0 p(r,\theta,0,t)=-\left(\frac{\mu}{k_z}\right)\psi_{\theta 0}(r,\theta,t)$, $R_{\theta d}\equiv\frac{\partial p(r,\theta,d,t)}{\partial z}+\lambda_d p(r,\theta,d,t)=-\left(\frac{\mu}{k_z}\right)\psi_{\theta d}(r,\theta,t)$, $N_{0z}\equiv\frac{\partial p(r,0,z,t)}{\partial\theta}=-\left(\frac{\mu}{k_\theta}\right)\psi_{0z}(r,z,t)$ and $N_{\vartheta z}\equiv\frac{\partial p(r,\vartheta,z,t)}{\partial\theta}=-\left(\frac{\mu}{k_\theta}\right)\psi_{\vartheta z}(r,z,t)$. $p(r,\theta,z,0)=\varphi(r,\theta,z)$

$$
\begin{aligned}
\overline{p} \;=\; & \frac{8q(s)e^{-st_0}}{\vartheta a^2\phi c_t}\sum_{m=0}^{\infty}\ni_m\cos(\xi_m\theta)\sum_{n=1}^{\infty}\frac{J_{\mathcal M}(\xi_n r_0)J_{\mathcal M}(\xi_n r)}{J_{\mathcal M}'^2(\xi_n a)}\times\\
&\times\sum_{l=1}^{\infty}\frac{\{\xi_l\cos(\xi_l z_0)+\lambda_0\sin(\xi_l z_0)\}\{\xi_l\cos(\xi_l z)+\lambda_0\sin(\xi_l z)\}}{\left\{(\xi_l^2+\lambda_0^2)\left(d+\frac{\lambda_d}{\xi_l^2+\lambda_d^2}\right)+\lambda_0\right\}(\eta_r\xi_n^2+\eta_z\xi_l^2+s)}-\\
&-\frac{8\eta_r}{\vartheta a}\sum_{m=0}^{\infty}\ni_m\cos(\xi_m\theta)\sum_{n=1}^{\infty}\frac{\xi_n J_{\mathcal M}(\xi_n r)}{J_{\mathcal M}'(\xi_n a)}\sum_{l=1}^{\infty}\frac{\overline{\overline{\psi}}_a(\xi_m,\xi_l,s)\{\xi_l\cos(\xi_l z)+\lambda_0\sin(\xi_l z)\}}{\left\{(\xi_l^2+\lambda_0^2)\left(d+\frac{\lambda_d}{\xi_l^2+\lambda_d^2}\right)+\lambda_0\right\}(\eta_r\xi_n^2+\eta_z\xi_l^2+s)}+\\
&+\frac{8}{\vartheta a^2\phi c_t}\sum_{m=0}^{\infty}\ni_m\cos(\xi_m\theta)\sum_{n=1}^{\infty}\frac{J_{\mathcal M}(\xi_n r)}{J_{\mathcal M}'^2(\xi_n a)}\times\\
&\times\sum_{l=1}^{\infty}\frac{\left[\xi_l\overline{\overline{\psi}}_{\theta 0}(\xi_n,\xi_m,s)-\{\xi_l\cos(\xi_l d)+\lambda_0\sin(\xi_l d)\}\overline{\overline{\psi}}_{\theta d}(\xi_n,\xi_m,s)\right]\{\xi_l\cos(\xi_l z)+\lambda_0\sin(\xi_l z)\}}{\left\{(\xi_l^2+\lambda_0^2)\left(d+\frac{\lambda_d}{\xi_l^2+\lambda_d^2}\right)+\lambda_0\right\}(\eta_r\xi_n^2+\eta_z\xi_l^2+s)}+\\
&+\frac{8}{\vartheta a^2\phi c_t}\sum_{m=0}^{\infty}\ni_m\cos(\xi_m\theta)\sum_{n=1}^{\infty}\frac{J_{\mathcal M}(\xi_n r)}{J_{\mathcal M}'^2(\xi_n a)}\times\\
&\times\int_0^a\frac{J_{\mathcal M}(\xi_n u)}{u}\int_0^d\int_0^t e^{-\eta_r\xi_n^2\tau}\left\{\psi_{0z}(u,w,t-\tau)+(-1)^{m+1}\psi_{\vartheta z}(u,w,t-\tau)\right\}\times\\
&\times\sum_{l=1}^{\infty}\frac{(\xi_l^2+\lambda_d^2)\{\xi_l\cos(\xi_l w)+\lambda_0\sin(\xi_l w)\}\{\xi_l\cos(\xi_l z)+\lambda_0\sin(\xi_l z)\}e^{-\eta_z\xi_l^2\tau}}{\{d(\xi_l^2+\lambda_d^2)+\lambda_d\}}d\tau dwdu+\\
&+\frac{8}{\vartheta a^2}\sum_{m=0}^{\infty}\ni_m\cos(\xi_m\theta)\sum_{n=1}^{\infty}\frac{J_{\mathcal M}(\xi_n r)}{J_{\mathcal M}'^2(\xi_n a)}\sum_{l=1}^{\infty}\frac{\overline{\overline{\overline{\varphi}}}(\xi_n,\xi_m,\xi_l)\{\xi_l\cos(\xi_l z)+\lambda_0\sin(\xi_l z)\}}{\left\{(\xi_l^2+\lambda_0^2)\left(d+\frac{\lambda_d}{\xi_l^2+\lambda_d^2}\right)+\lambda_0\right\}(\eta_r\xi_n^2+\eta_z\xi_l^2+s)}
\end{aligned}
\tag{29.105.1}
$$

where ξ_n are the positive roots of $J_{\mathcal M}(\xi_n a)=0$, $n=1,2,...$, ξ_l are the positive roots of $\tan(\xi_l d)=\frac{\xi_l(\lambda_0+\lambda_d)}{\xi_l^2-\lambda_0\lambda_d}$, $l=1,2,...$, and $\xi_m=\frac{m\pi}{d}$, $m=0,1,...$,
$\overline{\overline{\overline{\psi}}}_{\theta 0}(\xi_n,\xi_m,s)=\int_0^a uJ_{\mathcal M}(\xi_n u)\int_0^{\vartheta}\overline{\psi}_0(u,v,s)\cos(\xi_m v)dvdu$,
$\overline{\overline{\overline{\psi}}}_{\theta d}(\xi_n,\xi_m,s)=\int_0^a uJ_{\mathcal M}(\xi_n u)\int_0^{\vartheta}\overline{\psi}_{\theta d}(u,v,s)\cos(\xi_m v)dvdu$,
$\overline{\overline{\overline{\psi}}}_a(\xi_m,\xi_l,s)=\int_0^{\vartheta}\cos(\xi_m v)\int_0^d\overline{\psi}_a(v,w,s)\{\xi_l\cos(\xi_l w)+\lambda_0\sin(\xi_l w)\}\,dwdv$ and
$\overline{\overline{\overline{\varphi}}}(\xi_n,\xi_m,\xi_l)=\int_0^a uJ_{\mathcal M}(\xi_n u)\int_0^{\vartheta}\cos(\xi_m v)\int_0^d\varphi(u,v,w)\{\xi_l\cos(\xi_l w)+\lambda_0\sin(\xi_l w)\}\,dwdvdu$.

$$
p\;=\;\frac{8U(t-t_0)}{\vartheta a^2\phi c_t}\sum_{m=0}^{\infty}\ni_m\cos(\xi_m\theta)\sum_{n=1}^{\infty}\frac{J_{\mathcal M}(\xi_n r_0)J_{\mathcal M}(\xi_n r)}{J_{\mathcal M}'^2(\xi_n a)}\times
$$

$$\times\sum_{l=1}^{\infty}\frac{\{\xi_l\cos(\xi_l z_0)+\lambda_0\sin(\xi_l z_0)\}\{\xi_l\cos(\xi_l z)+\lambda_0\sin(\xi_l z)\}\int_0^{t-t_0}q(t-t_0-\tau)\,e^{-(\eta_r\xi_n^2+\eta_z\xi_l^2)\tau}d\tau}{\left\{(\xi_l^2+\lambda_0^2)\left(d+\frac{\lambda_d}{\xi_l^2+\lambda_d^2}\right)+\lambda_0\right\}}-$$

$$-\frac{8\eta_r}{\vartheta a}\sum_{m=0}^{\infty}\ni_m\cos(\xi_m\theta)\sum_{n=1}^{\infty}\frac{\xi_n J_{\mathcal{M}}(\xi_n r)}{J'_{\mathcal{M}}(\xi_n a)}\times$$

$$\times\sum_{l=1}^{\infty}\frac{\{\xi_l\cos(\xi_l z)+\lambda_0\sin(\xi_l z)\}\int_0^t\overline{\overline{\psi}}_a(\xi_m,\xi_l,t-\tau)\,e^{-(\eta_r\xi_n^2+\eta_z\xi_l^2)\tau}d\tau}{\left\{(\xi_l^2+\lambda_0^2)\left(d+\frac{\lambda_d}{\xi_l^2+\lambda_d^2}\right)+\lambda_0\right\}}+$$

$$+\frac{8}{\vartheta a^2\phi c_t}\sum_{m=0}^{\infty}\ni_m\cos(\xi_m\theta)\sum_{n=1}^{\infty}\frac{J_{\mathcal{M}}(\xi_n r)}{J'^2_{\mathcal{M}}(\xi_n a)}\sum_{l=1}^{\infty}\frac{\{\xi_l\cos(\xi_l z)+\lambda_0\sin(\xi_l z)\}}{\left\{(\xi_l^2+\lambda_0^2)\left(d+\frac{\lambda_d}{\xi_l^2+\lambda_d^2}\right)+\lambda_0\right\}}\times$$

$$\times\int_0^t\left[\xi_l\overline{\overline{\psi}}_{\theta 0}(\xi_n,\xi_m,t-\tau)-\{\xi_l\cos(\xi_l d)+\lambda_0\sin(\xi_l d)\}\overline{\overline{\psi}}_{\theta d}(\xi_n,\xi_m,t-\tau)\right]e^{-(\eta_r\xi_n^2+\eta_z\xi_l^2)\tau}d\tau+$$

$$+\frac{8}{\vartheta a^2\phi c_t}\sum_{m=0}^{\infty}\ni_m\cos(\xi_m\theta)\sum_{n=1}^{\infty}\frac{J_{\mathcal{M}}(\xi_n r)}{J^2_{\mathcal{M}}(\xi_n a)}\times$$

$$\times\int_0^a\frac{J_{\mathcal{M}}(\xi_n u)}{u}\int_0^d\int_0^t e^{-\eta_r\xi_n^2\tau}\left\{\psi_{0z}(u,w,t-\tau)+(-1)^{m+1}\psi_{\vartheta z}(u,w,t-\tau)\right\}\times$$

$$\times\sum_{l=1}^{\infty}\frac{(\xi_l^2+\lambda_d^2)\{\xi_l\cos(\xi_l w)+\lambda_0\sin(\xi_l w)\}\{\xi_l\cos(\xi_l z)+\lambda_0\sin(\xi_l z)\}\,e^{-\eta_z\xi_l^2\tau}}{\{d(\xi_l^2+\lambda_d^2)+\lambda_d\}}d\tau dw du+$$

$$+\frac{8}{\vartheta a^2}\sum_{m=0}^{\infty}\ni_m\cos(\xi_m\theta)\sum_{n=1}^{\infty}\frac{J_{\mathcal{M}}(\xi_n r)\,e^{-\eta_r\xi_n^2 t}}{J'^2_{\mathcal{M}}(\xi_n a)}\sum_{l=1}^{\infty}\frac{\overline{\overline{\overline{\varphi}}}(\xi_n,\xi_m,\xi_l)\{\xi_l\cos(\xi_l z)+\lambda_0\sin(\xi_l z)\}e^{-\eta_z\xi_l^2 t}}{\left\{(\xi_l^2+\lambda_0^2)\left(d+\frac{\lambda_d}{\xi_l^2+\lambda_d^2}\right)+\lambda_0\right\}}$$

(29.105.2)

where $\overline{\overline{\psi}}_a(\xi_m,\xi_l,t)=\int_0^{\vartheta}\cos(\xi_m v)\int_0^d\psi_a(v,w,t)\{\xi_l\cos(\xi_l w)+\lambda_0\sin(\xi_l w)\}\,dwdv$,
$\overline{\overline{\psi}}_{\theta 0}(\xi_n,\xi_m,t)=\int_0^a uJ_{\mathcal{M}}(\xi_n u)\int_0^{\vartheta}\psi_0(u,v,t)\cos(\xi_m v)dvdu$ and
$\overline{\overline{\psi}}_{\theta d}(\xi_n,\xi_m,t)=\int_0^a uJ_{\mathcal{M}}(\xi_n u)\int_0^{\vartheta}\psi_{\theta d}(u,v,t)\cos(\xi_m v)dvdu$.

29.106 **The problem of 29.105, except**
$\mathbf{N}_a\equiv\frac{\partial p(a,\theta,z,t)}{\partial r}=-\left(\frac{\mu}{k_r}\right)\psi_a(\theta,z,t)$,
$\mathbf{R}_{\theta 0}\equiv\frac{\partial p(r,\theta,0,t)}{\partial z}-\lambda_0 p(r,\theta,0,t)=-\left(\frac{\mu}{k_z}\right)\psi_{\theta 0}(r,\theta,t)$,
$\mathbf{R}_{\theta d}\equiv\frac{\partial p(r,\theta,d,t)}{\partial z}+\lambda_d p(r,\theta,d,t)=-\left(\frac{\mu}{k_z}\right)\psi_{\theta d}(r,\theta,t)$,
$\mathbf{N}_{0z}\equiv\frac{\partial p(r,0,z,t)}{\partial\theta}=-\left(\frac{\mu}{k_\theta}\right)\psi_{0z}(r,z,t)$ **and**
$\mathbf{N}_{\vartheta z}\equiv\frac{\partial p(r,\vartheta,z,t)}{\partial\theta}=-\left(\frac{\mu}{k_\theta}\right)\psi_{\vartheta z}(r,z,t)$

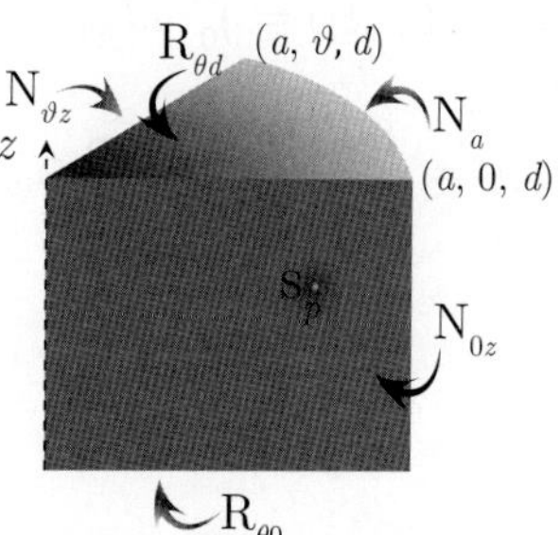

$$\overline{p}=\frac{8q(s)\,e^{-st_0}}{\vartheta a^2\phi c_t}\sum_{m=0}^{\infty}\ni_m\cos(\xi_m\theta)\sum_{n=0}^{\infty}\frac{J_{\mathcal{M}}(\xi_n r_0)\,J_{\mathcal{M}}(\xi_n r)}{\left\{1-\left(\frac{\mathcal{M}}{\xi_n a}\right)^2\right\}J^2_{\mathcal{M}}(\xi_n a)}\times$$

$$\times\sum_{l=1}^{\infty}\frac{\{\xi_l\cos(\xi_l z_0)+\lambda_0\sin(\xi_l z_0)\}\{\xi_l\cos(\xi_l z)+\lambda_0\sin(\xi_l z)\}}{\left\{(\xi_l^2+\lambda_0^2)\left(d+\frac{\lambda_d}{\xi_l^2+\lambda_d^2}\right)+\lambda_0\right\}(\eta_r\xi_n^2+\eta_z\xi_l^2+s)}-$$

$$-\frac{8}{\vartheta a\phi c_t}\sum_{m=0}^{\infty}\ni_m\cos(\xi_m\theta)\sum_{n=0}^{\infty}\frac{J_{\mathcal{M}}(\xi_n r)}{\left\{1-\left(\frac{\mathcal{M}}{\xi_n a}\right)^2\right\}J_{\mathcal{M}}(\xi_n a)}\times$$

$$\times \sum_{l=1}^{\infty} \frac{\overline{\overline{\overline{\psi}}}_a(\xi_m, \xi_l, s)\{\xi_l \cos(\xi_l z) + \lambda_0 \sin(\xi_l z)\}}{\left\{(\xi_l^2 + \lambda_0^2)\left(d + \frac{\lambda_d}{\xi_l^2 + \lambda_d^2}\right) + \lambda_0\right\}(\eta_r \xi_n^2 + \eta_z \xi_l^2 + s)} +$$

$$+ \frac{8}{\vartheta a^2 \phi c_t} \sum_{m=0}^{\infty} \ni_m \cos(\xi_m \theta) \sum_{n=0}^{\infty} \frac{J_{\mathcal{M}}(\xi_n r)}{\left\{1 - \left(\frac{\mathcal{M}}{\xi_n a}\right)^2\right\} J_{\mathcal{M}}(\xi_n a)} \times$$

$$\times \sum_{l=1}^{\infty} \frac{\left[\xi_l \overline{\overline{\overline{\psi}}}_{\theta 0}(\xi_n, \xi_m, s) - \{\xi_l \cos(\xi_l d) + \lambda_0 \sin(\xi_l d)\} \overline{\overline{\overline{\psi}}}_{\theta d}(\xi_n, \xi_m, s)\right]\{\xi_l \cos(\xi_l z) + \lambda_0 \sin(\xi_l z)\}}{\left\{(\xi_l^2 + \lambda_0^2)\left(d + \frac{\lambda_d}{\xi_l^2 + \lambda_d^2}\right) + \lambda_0\right\}(\eta_r \xi_n^2 + \eta_z \xi_l^2 + s)} +$$

$$+ \frac{8}{\vartheta a^2 \phi c_t} \sum_{m=0}^{\infty} \ni_m \cos(\xi_m \theta) \sum_{n=0}^{\infty} \frac{J_{\mathcal{M}}(\xi_n r)}{\left\{1 - \left(\frac{\mathcal{M}}{\xi_n a}\right)^2\right\} J_{\mathcal{M}}^2(\xi_n a)} \times$$

$$\times \int_0^a \frac{J_{\mathcal{M}}(\xi_n u)}{u} \int_0^d \left\{\overline{\psi}_{0z}(u, w, s) + (-1)^{m+1} \overline{\psi}_{\vartheta z}(u, w, s)\right\} \times$$

$$\times \sum_{l=1}^{\infty} \frac{(\xi_l^2 + \lambda_d^2)\{\xi_l \cos(\xi_l w) + \lambda_0 \sin(\xi_l w)\}\{\xi_l \cos(\xi_l z) + \lambda_0 \sin(\xi_l z)\}}{\{d(\xi_l^2 + \lambda_d^2) + \lambda_d\}(\eta_r \xi_n^2 + \eta_z \xi_l^2 + s)} dw du +$$

$$+ \frac{8}{\vartheta a^2} \sum_{m=0}^{\infty} \ni_m \cos(\xi_m \theta) \sum_{n=0}^{\infty} \frac{J_{\mathcal{M}}(\xi_n r)}{\left\{1 - \left(\frac{\mathcal{M}}{\xi_n a}\right)^2\right\} J_{\mathcal{M}}^2(\xi_n a)} \times$$

$$\times \sum_{l=1}^{\infty} \frac{\overline{\overline{\overline{\varphi}}}(\xi_n, \xi_m, \xi_l)\{\xi_l \cos(\xi_l z) + \lambda_0 \sin(\xi_l z)\}}{\left\{(\xi_l^2 + \lambda_0^2)\left(d + \frac{\lambda_d}{\xi_l^2 + \lambda_d^2}\right) + \lambda_0\right\}(\eta_r \xi_n^2 + \eta_z \xi_l^2 + s)} \quad (29.106.1)$$

where ξ_n are the positive roots of $J'_{\mathcal{M}}(\xi_n a) = 0$, $n = 1, 2, ...$, ξ_l are the positive roots of $\tan(\xi_l d) = \frac{\xi_l(\lambda_0 + \lambda_d)}{\xi_l^2 - \lambda_0 \lambda_d}$, $l = 1, 2, ...$, $\xi_m = \frac{m\pi}{d}$, $m = 0, 1, ...$, $\overline{\overline{\overline{\psi}}}_{\theta 0}(\xi_n, \xi_m, s) = \int_0^a u J_{\mathcal{M}}(\xi_n u) \int_0^{\vartheta} \overline{\psi}_0(u, v, s) \cos(\xi_m v) dv du$, $\overline{\overline{\overline{\psi}}}_{\theta d}(\xi_n, \xi_m, s) = \int_0^a u J_{\mathcal{M}}(\xi_n u) \int_0^{\vartheta} \overline{\psi}_{\theta d}(u, v, s) \cos(\xi_m v) dv du$, $\overline{\overline{\overline{\psi}}}_a(\xi_m, \xi_l, s) = \int_0^{\vartheta} \cos(\xi_m v) \int_0^d \overline{\psi}_a(v, w, s)\{\xi_l \cos(\xi_l w) + \lambda_0 \sin(\xi_l w)\} dw dv$ and $\overline{\overline{\overline{\varphi}}}(\xi_n, \xi_m, \xi_l) = \int_0^a u J_{\mathcal{M}}(\xi_n u) \int_0^{\vartheta} \cos(\xi_m v) \int_0^d \varphi(u, v, w)\{\xi_l \cos(\xi_l w) + \lambda_0 \sin(\xi_l w)\} dw dv du$.

$$p = \frac{8U(t - t_0)}{\vartheta a^2 \phi c_t} \sum_{m=0}^{\infty} \ni_m \cos(\xi_m \theta) \sum_{n=0}^{\infty} \frac{J_{\mathcal{M}}(\xi_n r_0) J_{\mathcal{M}}(\xi_n r)}{\left\{1 - \left(\frac{\mathcal{M}}{\xi_n a}\right)^2\right\} J_{\mathcal{M}}^2(\xi_n a)} \times$$

$$\times \sum_{l=1}^{\infty} \frac{\{\xi_l \cos(\xi_l z_0) + \lambda_0 \sin(\xi_l z_0)\}\{\xi_l \cos(\xi_l z) + \lambda_0 \sin(\xi_l z)\} \int_0^{t-t_0} q(t - t_0 - \tau) e^{-(\eta_r \xi_n^2 + \eta_z \xi_l^2)\tau} d\tau}{\left\{(\xi_l^2 + \lambda_0^2)\left(d + \frac{\lambda_d}{\xi_l^2 + \lambda_d^2}\right) + \lambda_0\right\}} -$$

$$- \frac{8}{\vartheta a \phi c_t} \sum_{m=0}^{\infty} \ni_m \cos(\xi_m \theta) \sum_{n=0}^{\infty} \frac{J_{\mathcal{M}}(\xi_n r)}{\left\{1 - \left(\frac{\mathcal{M}}{\xi_n a}\right)^2\right\} J_{\mathcal{M}}(\xi_n a)} \times$$

$$\times \sum_{l=1}^{\infty} \frac{\{\xi_l \cos(\xi_l z) + \lambda_0 \sin(\xi_l z)\} \int_0^t \overline{\overline{\psi}}_a(\xi_m, \xi_l, t - \tau) e^{-(\eta_r \xi_n^2 + \eta_z \xi_l^2)\tau} d\tau}{\left\{(\xi_l^2 + \lambda_0^2)\left(d + \frac{\lambda_d}{\xi_l^2 + \lambda_d^2}\right) + \lambda_0\right\}} +$$

$$+ \frac{8}{\vartheta a^2 \phi c_t} \sum_{m=0}^{\infty} \ni_m \cos(\xi_m \theta) \sum_{n=0}^{\infty} \frac{J_{\mathcal{M}}(\xi_n r)}{\left\{1 - \left(\frac{\mathcal{M}}{\xi_n a}\right)^2\right\} J_{\mathcal{M}}^2(\xi_n a)} \sum_{l=1}^{\infty} \frac{\{\xi_l \cos(\xi_l z) + \lambda_0 \sin(\xi_l z)\}}{\left\{(\xi_l^2 + \lambda_0^2)\left(d + \frac{\lambda_d}{\xi_l^2 + \lambda_d^2}\right) + \lambda_0\right\}} \times$$

$$\times \int_0^t \left[\xi_l \overline{\overline{\psi}}_{\theta 0}(\xi_n, \xi_m, t - \tau) - \{\xi_l \cos(\xi_l d) + \lambda_0 \sin(\xi_l d)\} \overline{\overline{\psi}}_{\theta d}(\xi_n, \xi_m, t - \tau)\right] e^{-(\eta_r \xi_n^2 + \eta_z \xi_l^2)\tau} d\tau +$$

$$+\frac{8}{\vartheta a^2\phi c_t}\sum_{m=0}^{\infty}\ni_m\cos(\xi_m\theta)\sum_{n=0}^{\infty}\frac{J_{\mathcal{M}}(\xi_n r)}{\left\{1-\left(\frac{\mathcal{M}}{\xi_n a}\right)^2\right\}J_{\mathcal{M}}^2(\xi_n a)}\times$$

$$\times\int_0^a\frac{J_{\mathcal{M}}(\xi_n u)}{u}\int_0^d\int_0^t e^{-\eta_r\xi_n^2\tau}\left\{\psi_{0z}(u,w,t-\tau)+(-1)^{m+1}\psi_{\vartheta z}(u,w,t-\tau)\right\}\times$$

$$\times\sum_{l=1}^{\infty}\frac{(\xi_l^2+\lambda_d^2)\{\xi_l\cos(\xi_l w)+\lambda_0\sin(\xi_l w)\}\{\xi_l\cos(\xi_l z)+\lambda_0\sin(\xi_l z)\}e^{-\eta_z\xi_l^2\tau}}{\{d(\xi_l^2+\lambda_d^2)+\lambda_d\}}d\tau dw du+$$

$$+\frac{8}{\vartheta a^2}\sum_{m=0}^{\infty}\ni_m\cos(\xi_m\theta)\sum_{n=0}^{\infty}\frac{J_{\mathcal{M}}(\xi_n r)e^{-\eta_r\xi_n^2 t}}{\left\{1-\left(\frac{\mathcal{M}}{\xi_n a}\right)^2\right\}J_{\mathcal{M}}^2(\xi_n a)}\times$$

$$\times\sum_{l=1}^{\infty}\frac{\overline{\overline{\overline{\varphi}}}(\xi_n,\xi_m,\xi_l)\{\xi_l\cos(\xi_l z)+\lambda_0\sin(\xi_l z)\}e^{-\eta_z\xi_l^2 t}}{\left\{(\xi_l^2+\lambda_0^2)\left(d+\frac{\lambda_d}{\xi_l^2+\lambda_d^2}\right)+\lambda_0\right\}} \qquad (29.106.2)$$

where $\overline{\overline{\psi}}_a(\xi_m,\xi_l,t)=\int_0^\vartheta\cos(\xi_m v)\int_0^d\psi_a(v,w,t)\{\xi_l\cos(\xi_l w)+\lambda_0\sin(\xi_l w)\}dwdv$,
$\overline{\overline{\psi}}_{\theta 0}(\xi_n,\xi_m,t)=\int_0^a uJ_{\mathcal{M}}(\xi_n u)\int_0^\vartheta\psi_0(u,v,t)\cos(\xi_m v)dvdu$ and
$\overline{\overline{\psi}}_{\theta d}(\xi_n,\xi_m,t)=\int_0^a uJ_{\mathcal{M}}(\xi_n u)\int_0^\vartheta\psi_{\theta d}(u,v,t)\cos(\xi_m v)dvdu$.

29.107 **The problem of 29.105, except**
$\mathbf{R}_a\equiv\frac{\partial p(a,\theta,z,t)}{\partial r}+\lambda p(a,\theta,z,t)=-\left(\frac{\mu}{k_r}\right)\psi_a(\theta,z,t)$,
$\mathbf{R}_{\theta 0}\equiv\frac{\partial p(r,\theta,0,t)}{\partial z}-\lambda_0 p(r,\theta,0,t)=-\left(\frac{\mu}{k_z}\right)\psi_{\theta 0}(r,\theta,t)$,
$\mathbf{R}_{\theta d}\equiv\frac{\partial p(r,\theta,d,t)}{\partial z}+\lambda_d p(r,\theta,d,t)=-\left(\frac{\mu}{k_z}\right)\psi_{\theta d}(r,\theta,t)$,
$\mathbf{N}_{0z}\equiv\frac{\partial p(r,0,z,t)}{\partial\theta}=-\left(\frac{\mu}{k_\theta}\right)\psi_{0z}(r,z,t)$ **and**
$\mathbf{N}_{\vartheta z}\equiv\frac{\partial p(r,\vartheta,z,t)}{\partial\theta}=-\left(\frac{\mu}{k_\theta}\right)\psi_{\vartheta z}(r,z,t)$

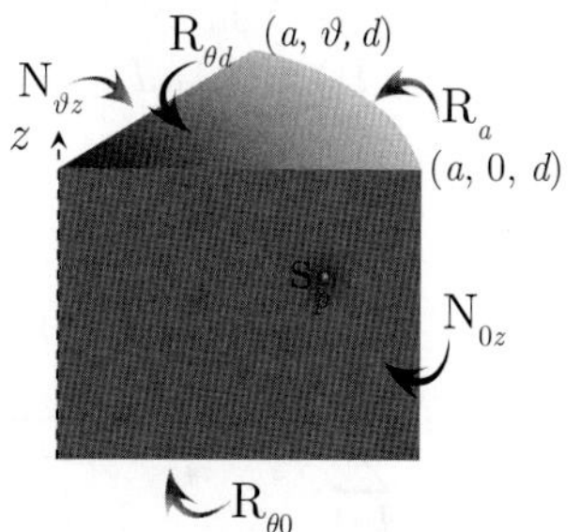

$$\overline{p}=\frac{8q(s)e^{-st_0}}{\vartheta a^2\phi c_t}\sum_{m=0}^{\infty}\ni_m\cos(\xi_m\theta)\sum_{n=1}^{\infty}\frac{J_{\mathcal{M}}(\xi_n r_0)J_{\mathcal{M}}(\xi_n r)}{\left[\left\{1-\left(\frac{\mathcal{M}}{\xi_n a}\right)^2\right\}J_{\mathcal{M}}^2(\xi_n a)+J_{\mathcal{M}}'^2(\xi_n a)\right]}\times$$

$$\times\sum_{l=1}^{\infty}\frac{\{\xi_l\cos(\xi_l z_0)+\lambda_0\sin(\xi_l z_0)\}\{\xi_l\cos(\xi_l z)+\lambda_0\sin(\xi_l z)\}}{\left\{(\xi_l^2+\lambda_0^2)\left(d+\frac{\lambda_d}{\xi_l^2+\lambda_d^2}\right)+\lambda_0\right\}(\eta_r\xi_n^2+\eta_z\xi_l^2+s)}-$$

$$-\frac{8}{\vartheta a\phi c_t}\sum_{m=0}^{\infty}\ni_m\cos(\xi_m\theta)\sum_{n=1}^{\infty}\frac{J_{\mathcal{M}}(\xi_n r)}{\left[\left\{1-\left(\frac{\mathcal{M}}{\xi_n a}\right)^2\right\}J_{\mathcal{M}}^2(\xi_n a)+J_{\mathcal{M}}'^2(\xi_n a)\right]}\times$$

$$\times\sum_{l=1}^{\infty}\frac{\overline{\overline{\overline{\psi}}}_a(\xi_m,\xi_l,s)\{\xi_l\cos(\xi_l z)+\lambda_0\sin(\xi_l z)\}}{\left\{(\xi_l^2+\lambda_0^2)\left(d+\frac{\lambda_d}{\xi_l^2+\lambda_d^2}\right)+\lambda_0\right\}(\eta_r\xi_n^2+\eta_z\xi_l^2+s)}+$$

$$+\frac{8}{\vartheta a^2\phi c_t}\sum_{m=0}^{\infty}\ni_m\cos(\xi_m\theta)\sum_{n=1}^{\infty}\frac{J_{\mathcal{M}}(\xi_n r)}{\left[\left\{1-\left(\frac{\mathcal{M}}{\xi_n a}\right)^2\right\}J_{\mathcal{M}}^2(\xi_n a)+J_{\mathcal{M}}'^2(\xi_n a)\right]}\times$$

$$\times\sum_{l=1}^{\infty}\frac{\left[\xi_l\overline{\overline{\overline{\psi}}}_{\theta 0}(\xi_n,\xi_m,s)-\{\xi_l\cos(\xi_l d)+\lambda_0\sin(\xi_l d)\}\overline{\overline{\overline{\psi}}}_{\theta d}(\xi_n,\xi_m,s)\right]\{\xi_l\cos(\xi_l z)+\lambda_0\sin(\xi_l z)\}}{\left\{(\xi_l^2+\lambda_0^2)\left(d+\frac{\lambda_d}{\xi_l^2+\lambda_d^2}\right)+\lambda_0\right\}(\eta_r\xi_n^2+\eta_z\xi_l^2+s)}+$$

$$+\frac{8}{\vartheta a^2\phi c_t}\sum_{m=0}^{\infty}\ni_m\cos(\xi_m\theta)\sum_{n=1}^{\infty}\frac{J_{\mathcal{M}}(\xi_n r)}{\left[\left\{1-\left(\frac{\mathcal{M}}{\xi_n a}\right)^2\right\}J_{\mathcal{M}}^2(\xi_n a)+J_{\mathcal{M}}'^2(\xi_n a)\right]}\times$$

$$\times\int_0^a\frac{J_{\mathcal{M}}(\xi_n u)}{u}\int_0^d\left\{\overline{\psi}_{0z}(u,w,s)+(-1)^{m+1}\overline{\psi}_{\vartheta z}(u,w,s)\right\}\times$$

$$\times\sum_{l=1}^{\infty}\frac{(\xi_l^2+\lambda_d^2)\{\xi_l\cos(\xi_l w)+\lambda_0\sin(\xi_l w)\}\{\xi_l\cos(\xi_l z)+\lambda_0\sin(\xi_l z)\}}{\{d(\xi_l^2+\lambda_d^2)+\lambda_d\}(\eta_r\xi_n^2+\eta_z\xi_l^2+s)}dwdu+$$

$$+\frac{8}{\vartheta a^2}\sum_{m=0}^{\infty}\ni_m\cos(\xi_m\theta)\sum_{n=1}^{\infty}\frac{J_{\mathcal{M}}(\xi_n r)}{\left[\left\{1-\left(\frac{\mathcal{M}}{\xi_n a}\right)^2\right\}J_{\mathcal{M}}^2(\xi_n a)+J_{\mathcal{M}}'^2(\xi_n a)\right]}\times$$

$$\times\sum_{l=1}^{\infty}\frac{\overline{\overline{\overline{\varphi}}}(\xi_n,\xi_m,\xi_l)\{\xi_l\cos(\xi_l z)+\lambda_0\sin(\xi_l z)\}}{\left\{(\xi_l^2+\lambda_0^2)\left(d+\frac{\lambda_d}{\xi_l^2+\lambda_d^2}\right)+\lambda_0\right\}(\eta_r\xi_n^2+\eta_z\xi_l^2+s)}\tag{29.107.1}$$

where ξ_n are the positive roots of $\xi_n J'_{\mathcal{M}}(\xi_n a)+\lambda J_{\mathcal{M}}(\xi_n a)=0$, $n=1,2,...$, ξ_l are the positive roots of $\tan(\xi_l d)=\frac{\xi_l(\lambda_0+\lambda_d)}{\xi_l^2-\lambda_0\lambda_d}$, $l=1,2,...$, and $\xi_m=\frac{m\pi}{d}$, $m=0,1,...$,
$\overline{\overline{\overline{\psi}}}_{\theta 0}(\xi_n,\xi_m,s)=\int_0^a uJ_{\mathcal{M}}(\xi_n u)\int_0^{\vartheta}\overline{\psi}_0(u,v,s)\cos(\xi_m v)dvdu$,
$\overline{\overline{\overline{\psi}}}_{\theta d}(\xi_n,\xi_m,s)=\int_0^a uJ_{\mathcal{M}}(\xi_n u)\int_0^{\vartheta}\overline{\psi}_{\theta d}(u,v,s)\cos(\xi_m v)dvdu$,
$\overline{\overline{\overline{\psi}}}_a(\xi_m,\xi_l,s)=\int_0^{\vartheta}\cos(\xi_m v)\int_0^d\overline{\psi}_a(v,w,s)\{\xi_l\cos(\xi_l w)+\lambda_0\sin(\xi_l w)\}dwdv$ and
$\overline{\overline{\overline{\varphi}}}(\xi_n,\xi_m,\xi_l)=\int_0^a uJ_{\mathcal{M}}(\xi_n u)\int_0^{\vartheta}\cos(\xi_m v)\int_0^d\varphi(u,v,w)\{\xi_l\cos(\xi_l w)+\lambda_0\sin(\xi_l w)\}dwdvdu.$

$$p=\frac{8U(t-t_0)}{\vartheta a^2\phi c_t}\sum_{m=0}^{\infty}\ni_m\cos(\xi_m\theta)\sum_{n=1}^{\infty}\frac{J_{\mathcal{M}}(\xi_n r_0)J_{\mathcal{M}}(\xi_n r)}{\left[\left\{1-\left(\frac{\mathcal{M}}{\xi_n a}\right)^2\right\}J_{\mathcal{M}}^2(\xi_n a)+J_{\mathcal{M}}'^2(\xi_n a)\right]}\times$$

$$\times\sum_{l=1}^{\infty}\frac{\{\xi_l\cos(\xi_l z_0)+\lambda_0\sin(\xi_l z_0)\}\{\xi_l\cos(\xi_l z)+\lambda_0\sin(\xi_l z)\}\int_0^{t-t_0}q(t-t_0-\tau)e^{-\left(\eta_r\xi_n^2+\eta_z\xi_l^2\right)\tau}d\tau}{\left\{(\xi_l^2+\lambda_0^2)\left(d+\frac{\lambda_d}{\xi_l^2+\lambda_d^2}\right)+\lambda_0\right\}}-$$

$$-\frac{8}{\vartheta a\phi c_t}\sum_{m=0}^{\infty}\ni_m\cos(\xi_m\theta)\sum_{n=1}^{\infty}\frac{J_{\mathcal{M}}(\xi_n r)}{\left[\left\{1-\left(\frac{\mathcal{M}}{\xi_n a}\right)^2\right\}J_{\mathcal{M}}^2(\xi_n a)+J_{\mathcal{M}}'^2(\xi_n a)\right]}\times$$

$$\times\sum_{l=1}^{\infty}\frac{\{\xi_l\cos(\xi_l z)+\lambda_0\sin(\xi_l z)\}\int_0^t\overline{\overline{\psi}}_a(\xi_m,\xi_l,t-\tau)e^{-\left(\eta_r\xi_n^2+\eta_z\xi_l^2\right)\tau}d\tau}{\left\{(\xi_l^2+\lambda_0^2)\left(d+\frac{\lambda_d}{\xi_l^2+\lambda_d^2}\right)+\lambda_0\right\}}+$$

$$+\frac{8}{\vartheta a^2\phi c_t}\sum_{m=0}^{\infty}\ni_m\cos(\xi_m\theta)\sum_{n=1}^{\infty}\frac{J_{\mathcal{M}}(\xi_n r)}{\left[\left\{1-\left(\frac{\mathcal{M}}{\xi_n a}\right)^2\right\}J_{\mathcal{M}}^2(\xi_n a)+J_{\mathcal{M}}'^2(\xi_n a)\right]}\times$$

$$\times\sum_{l=1}^{\infty}\frac{\{\xi_l\cos(\xi_l z)+\lambda_0\sin(\xi_l z)\}}{\left\{(\xi_l^2+\lambda_0^2)\left(d+\frac{\lambda_d}{\xi_l^2+\lambda_d^2}\right)+\lambda_0\right\}}\times$$

$$\times\int_0^t\left[\xi_l\overline{\overline{\psi}}_{\theta 0}(\xi_n,\xi_m,t-\tau)-\{\xi_l\cos(\xi_l d)+\lambda_0\sin(\xi_l d)\}\overline{\overline{\psi}}_{\theta d}(\xi_n,\xi_m,t-\tau)\right]e^{-\left(\eta_r\xi_n^2+\eta_z\xi_l^2\right)\tau}d\tau+$$

$$+\frac{8}{\vartheta a^2\phi c_t}\sum_{m=0}^{\infty}\ni_m\cos(\xi_m\theta)\sum_{n=1}^{\infty}\frac{J_{\mathcal{M}}(\xi_n r)}{\left[\left\{1-\left(\frac{\mathcal{M}}{\xi_n a}\right)^2\right\}J_{\mathcal{M}}^2(\xi_n a)+J_{\mathcal{M}}'^2(\xi_n a)\right]}\times$$

$$\times\int_0^a\frac{J_{\mathcal{M}}(\xi_n u)}{u}\int_0^d\int_0^t e^{-\eta_r\xi_n^2\tau}\left\{\psi_{0z}(u,w,t-\tau)+(-1)^{m+1}\psi_{\vartheta z}(u,w,t-\tau)\right\}\times$$

$$\times \sum_{l=1}^{\infty} \frac{\left(\xi_l^2+\lambda_d^2\right)\left\{\xi_l \cos\left(\xi_l w\right)+\lambda_0 \sin\left(\xi_l w\right)\right\}\left\{\xi_l \cos\left(\xi_l z\right)+\lambda_0 \sin\left(\xi_l z\right)\right\} e^{-\eta_z \xi_l^2 \tau}}{\left\{d\left(\xi_l^2+\lambda_d^2\right)+\lambda_d\right\}} d\tau dw du +$$

$$+\frac{8}{\vartheta a^2} \sum_{m=0}^{\infty} \ni_m \cos\left(\xi_m \theta\right) \sum_{n=1}^{\infty} \frac{J_{\mathcal{M}}\left(\xi_n r\right) e^{-\eta_r \xi_n^2 t}}{\left[\left\{1-\left(\frac{\mathcal{M}}{\xi_n a}\right)^2\right\} J_{\mathcal{M}}^2\left(\xi_n a\right)+J_{\mathcal{M}}'^2\left(\xi_n a\right)\right]} \times$$

$$\times \sum_{l=1}^{\infty} \frac{\overline{\overline{\overline{\varphi}}}\left(\xi_n, \xi_m, \xi_l\right)\left\{\xi_l \cos\left(\xi_l z\right)+\lambda_0 \sin\left(\xi_l z\right)\right\} e^{-\eta_z \xi_l^2 t}}{\left\{\left(\xi_l^2+\lambda_0^2\right)\left(d+\frac{\lambda_d}{\xi_l^2+\lambda_d^2}\right)+\lambda_0\right\}} \qquad (29.107.2)$$

where $\overline{\overline{\psi}}_a\left(\xi_m, \xi_l, t\right)=\int_0^{\vartheta} \cos\left(\xi_m v\right) \int_0^d \psi_a(v, w, t)\left\{\xi_l \cos\left(\xi_l w\right)+\lambda_0 \sin\left(\xi_l w\right)\right\} dw dv$,
$\overline{\overline{\psi}}_{\theta 0}\left(\xi_n, \xi_m, t\right)=\int_0^a u J_{\mathcal{M}}\left(\xi_n u\right) \int_0^{\vartheta} \psi_0(u, v, t) \cos\left(\xi_m v\right) dv du$ and
$\overline{\overline{\psi}}_{\theta d}\left(\xi_n, \xi_m, t\right)=\int_0^a u J_{\mathcal{M}}\left(\xi_n u\right) \int_0^{\vartheta} \psi_{\theta d}(u, v, t) \cos\left(\xi_m v\right) dv du$.

29.108 A cylindrical continuum bounded by $a \le r \le b$ and $0 \le z \le d$ and $0 \le \theta \le \vartheta$; $\vartheta < 2\pi$. Point source at $s_p \equiv (r_0, \theta_0, z_0)$ at time $t = t_0$; $a < r_0 < b$, $0 \le \theta_0 \le \vartheta$, $0 < z_0 < d$, $t_0 \ge 0$.
$R_{\theta 0} \equiv \frac{\partial p(r,\theta,0,t)}{\partial z} - \lambda_0 p(r,\theta,0,t) = -\left(\frac{\mu}{k_z}\right)\psi_{\theta 0}(r,\theta,t)$,
$R_{\theta d} \equiv \frac{\partial p(r,\theta,d,t)}{\partial z} + \lambda_d p(r,\theta,d,t) = -\left(\frac{\mu}{k_z}\right)\psi_{\theta d}(r,\theta,t)$,
$D_a \equiv p(a,\theta,z,t) = \psi_a(\theta,z,t)$, $D_b \equiv p(b,\theta,z,t) = \psi_b(\theta,z,t)$,
$N_{0z} \equiv \frac{\partial p(r,0,z,t)}{\partial \theta} = -\left(\frac{\mu}{k_\theta}\right)\psi_{0z}(r,z,t)$ and
$N_{\vartheta z} \equiv \frac{\partial p(r,\vartheta,z,t)}{\partial \theta} = -\left(\frac{\mu}{k_\theta}\right)\psi_{\vartheta z}(r,z,t)$. $p(r,\theta,z,0) = \varphi(r,\theta,z)$

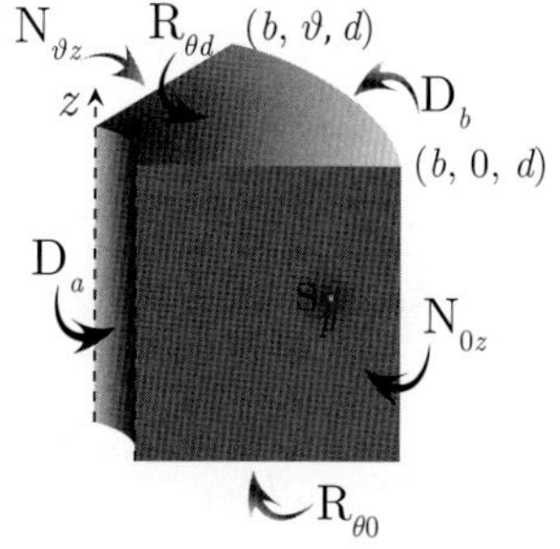

$$\overline{p} = \frac{2\pi^2 q(s) e^{-s t_0}}{\vartheta \phi c_t} \sum_{m=0}^{\infty} \ni_m \cos\left(\xi_m \theta\right) \sum_{n=1}^{\infty} \frac{\xi_n^2 J_{\mathcal{M}}^2\left(\xi_n b\right) \mathcal{V}_{\mathcal{DM}}\left(\xi r_0, a\right) \mathcal{V}_{\mathcal{DM}}(\xi r, a)}{\left\{J_{\mathcal{M}}^2\left(\xi_n a\right)-J_{\mathcal{M}}^2\left(\xi_n b\right)\right\}} \times$$

$$\times \sum_{l=1}^{\infty} \frac{\left\{\xi_l \cos\left(\xi_l z_0\right)+\lambda_0 \sin\left(\xi_l z_0\right)\right\}\left\{\xi_l \cos\left(\xi_l z\right)+\lambda_0 \sin\left(\xi_l z\right)\right\}}{\left\{\left(\xi_l^2+\lambda_0^2\right)\left(d+\frac{\lambda_d}{\xi_l^2+\lambda_d^2}\right)+\lambda_0\right\}\left(\eta_r \xi_n^2+\eta_z \xi_l^2+s\right)} -$$

$$-\frac{4\pi\eta_r}{\vartheta} \sum_{m=0}^{\infty} \ni_m \cos\left(\xi_m \theta\right) \sum_{n=1}^{\infty} \frac{\xi_n^2 J_{\mathcal{M}}^2\left(\xi_n b\right) \mathcal{V}_{\mathcal{DM}}(\xi r, a)}{\left\{J_{\mathcal{M}}^2\left(\xi_n a\right)-J_{\mathcal{M}}^2\left(\xi_n b\right)\right\}} \times$$

$$\times \sum_{l=1}^{\infty} \frac{\overline{\overline{\overline{\psi}}}_a\left(\xi_m, \xi_l, s\right)\left\{\xi_l \cos\left(\xi_l z\right)+\lambda_0 \sin\left(\xi_l z\right)\right\}}{\left\{\left(\xi_l^2+\lambda_0^2\right)\left(d+\frac{\lambda_d}{\xi_l^2+\lambda_d^2}\right)+\lambda_0\right\}\left(\eta_r \xi_n^2+\eta_z \xi_l^2+s\right)} +$$

$$+\frac{4\pi\eta_r}{\vartheta} \sum_{m=0}^{\infty} \ni_m \cos\left(\xi_m \theta\right) \sum_{n=1}^{\infty} \frac{\xi_n^2 J_{\mathcal{M}}\left(\xi_n a\right) J_{\mathcal{M}}\left(\xi_n b\right) \mathcal{V}_{\mathcal{DM}}(\xi r, a)}{\left\{J_{\mathcal{M}}^2\left(\xi_n a\right)-J_{\mathcal{M}}^2\left(\xi_n b\right)\right\}} \times$$

$$\times \sum_{l=1}^{\infty} \frac{\overline{\overline{\overline{\psi}}}_b\left(\xi_m, \xi_l, s\right)\left\{\xi_l \cos\left(\xi_l z\right)+\lambda_0 \sin\left(\xi_l z\right)\right\}}{\left\{\left(\xi_l^2+\lambda_0^2\right)\left(d+\frac{\lambda_d}{\xi_l^2+\lambda_d^2}\right)+\lambda_0\right\}\left(\eta_r \xi_n^2+\eta_z \xi_l^2+s\right)} +$$

$$+\frac{2\pi^2}{\vartheta \phi c_t} \sum_{m=0}^{\infty} \ni_m \cos\left(\xi_m \theta\right) \sum_{n=1}^{\infty} \frac{\xi_n^2 J_{\mathcal{M}}^2\left(\xi_n b\right) \mathcal{V}_{\mathcal{DM}}(\xi r, a)}{\left\{J_{\mathcal{M}}^2\left(\xi_n a\right)-J_{\mathcal{M}}^2\left(\xi_n b\right)\right\}} \times$$

$$\times \sum_{l=1}^{\infty} \frac{\left[\xi_l \overline{\overline{\overline{\psi}}}_{\theta 0}\left(\xi_n, \xi_m, s\right)-\left\{\xi_l \cos\left(\xi_l d\right)+\lambda_0 \sin\left(\xi_l d\right)\right\} \overline{\overline{\overline{\psi}}}_{\theta d}\left(\xi_n, \xi_m, s\right)\right]\left\{\xi_l \cos\left(\xi_l z\right)+\lambda_0 \sin\left(\xi_l z\right)\right\}}{\left\{\left(\xi_l^2+\lambda_0^2\right)\left(d+\frac{\lambda_d}{\xi_l^2+\lambda_d^2}\right)+\lambda_0\right\}\left(\eta_r \xi_n^2+\eta_z \xi_l^2+s\right)} +$$

$$+\frac{2\pi^2}{\vartheta \phi c_t} \sum_{m=0}^{\infty} \ni_m \cos\left(\xi_m \theta\right) \sum_{n=1}^{\infty} \frac{\xi_n^2 J_{\mathcal{M}}^2\left(\xi_n b\right) \mathcal{V}_{\mathcal{DM}}(\xi r, a)}{\left\{J_{\mathcal{M}}^2\left(\xi_n a\right)-J_{\mathcal{M}}^2\left(\xi_n b\right)\right\}} \times$$

$$\times \int_0^a \frac{\mathcal{V}_{\mathcal{DM}}(\xi_n u, a)}{u} \int_0^d \left\{ \overline{\psi}_{0z}(u, w, s) + (-1)^{m+1} \overline{\psi}_{\vartheta z}(u, w, s) \right\} \times$$
$$\times \sum_{l=1}^{\infty} \frac{(\xi_l^2 + \lambda_d^2)\{\xi_l \cos(\xi_l w) + \lambda_0 \sin(\xi_l w)\}\{\xi_l \cos(\xi_l z) + \lambda_0 \sin(\xi_l z)\}}{\{d(\xi_l^2 + \lambda_d^2) + \lambda_d\}(\eta_r \xi_n^2 + \eta_z \xi_l^2 + s)} dw du +$$
$$+ \frac{2\pi^2}{\vartheta} \sum_{m=0}^{\infty} \ni_m \cos(\xi_m \theta) \sum_{n=1}^{\infty} \frac{\xi_n^2 J_{\mathcal{M}}^2(\xi_n b) \mathcal{V}_{\mathcal{DM}}(\xi r, a)}{\{J_{\mathcal{M}}^2(\xi_n a) - J_{\mathcal{M}}^2(\xi_n b)\}} \times$$
$$\times \sum_{l=1}^{\infty} \frac{\overline{\overline{\overline{\varphi}}}(\xi_n, \xi_m, \xi_l)\{\xi_l \cos(\xi_l z) + \lambda_0 \sin(\xi_l z)\}}{\left\{(\xi_l^2 + \lambda_0^2)\left(d + \frac{\lambda_d}{\xi_l^2 + \lambda_d^2}\right) + \lambda_0\right\}(\eta_r \xi_n^2 + \eta_z \xi_l^2 + s)} \tag{29.108.1}$$

where the eigenvalues ξ_n, $n = 1, 2, \ldots$, are the positive roots of the transcendental equation $\mathcal{V}_{\mathcal{DM}}(\xi_n b, a) = 0$, ξ_l are the positive roots of $\tan(\xi_l d) = \frac{\xi_l(\lambda_0 + \lambda_d)}{\xi_l^2 - \lambda_0 \lambda_d}$, $l = 1, 2, \ldots$, $\xi_m = \frac{m\pi}{d}$, $m = 0, 1, \ldots$,
$\overline{\overline{\overline{\psi}}}_{\theta 0}(\xi_n, \xi_m, s) = \int_0^a u \mathcal{V}_{\mathcal{DM}}(\xi_n u, a) \int_0^\vartheta \overline{\psi}_0(u, v, s) \cos(\xi_m v) dv du$,
$\overline{\overline{\overline{\psi}}}_{\theta d}(\xi_n, \xi_m, s) = \int_0^a u \mathcal{V}_{\mathcal{DM}}(\xi_n u, a) \int_0^\vartheta \overline{\psi}_{\theta d}(u, v, s) \cos(\xi_m v) dv du$,
$\overline{\overline{\overline{\psi}}}_a(\xi_m, \xi_l, s) = \int_0^\vartheta \cos(\xi_m v) \int_0^d \overline{\psi}_a(v, w, s)\{\xi_l \cos(\xi_l w) + \lambda_0 \sin(\xi_l w)\} dw dv$,
$\overline{\overline{\overline{\psi}}}_b(\xi_m, \xi_l, s) = \int_0^\vartheta \cos(\xi_m v) \int_0^d \overline{\psi}_b(v, w, s)\{\xi_l \cos(\xi_l w) + \lambda_0 \sin(\xi_l w)\} dw dv$ and
$\overline{\overline{\overline{\varphi}}}(\xi_n, \xi_m, \xi_l) = \int_0^a u \mathcal{V}_{\mathcal{DM}}(\xi_n u, a) \int_0^\vartheta \cos(\xi_m v) \int_0^d \varphi(u, v, w)\{\xi_l \cos(\xi_l w) + \lambda_0 \sin(\xi_l w)\} dw dv du$.

$$p = \frac{2\pi^2 U(t - t_0)}{\vartheta \phi c_t} \sum_{m=0}^{\infty} \ni_m \cos(\xi_m \theta) \sum_{n=1}^{\infty} \frac{\xi_n^2 J_{\mathcal{M}}^2(\xi_n b) \mathcal{V}_{\mathcal{DM}}(\xi r_0, a) \mathcal{V}_{\mathcal{DM}}(\xi r, a)}{\{J_{\mathcal{M}}^2(\xi_n a) - J_{\mathcal{M}}^2(\xi_n b)\}} \times$$
$$\times \sum_{l=1}^{\infty} \frac{\{\xi_l \cos(\xi_l z_0) + \lambda_0 \sin(\xi_l z_0)\}\{\xi_l \cos(\xi_l z) + \lambda_0 \sin(\xi_l z)\} \int_0^{t - t_0} q(t - t_0 - \tau) e^{-(\eta_r \xi_n^2 + \eta_z \xi_l^2)\tau} d\tau}{\left\{(\xi_l^2 + \lambda_0^2)\left(d + \frac{\lambda_d}{\xi_l^2 + \lambda_d^2}\right) + \lambda_0\right\}} -$$
$$- \frac{4\pi\eta_r}{\vartheta} \sum_{m=0}^{\infty} \ni_m \cos(\xi_m \theta) \sum_{n=1}^{\infty} \frac{\xi_n^2 J_{\mathcal{M}}^2(\xi_n b) \mathcal{V}_{\mathcal{DM}}(\xi r, a)}{\{J_{\mathcal{M}}^2(\xi_n a) - J_{\mathcal{M}}^2(\xi_n b)\}} \times$$
$$\times \sum_{l=1}^{\infty} \frac{\{\xi_l \cos(\xi_l z) + \lambda_0 \sin(\xi_l z)\} \int_0^t \overline{\overline{\psi}}_a(\xi_m, \xi_l, t - \tau) e^{-(\eta_r \xi_n^2 + \eta_z \xi_l^2)\tau} d\tau}{\left\{(\xi_l^2 + \lambda_0^2)\left(d + \frac{\lambda_d}{\xi_l^2 + \lambda_d^2}\right) + \lambda_0\right\}} +$$
$$+ \frac{4\pi\eta_r}{\vartheta} \sum_{m=0}^{\infty} \ni_m \cos(\xi_m \theta) \sum_{n=1}^{\infty} \frac{\xi_n^2 J_{\mathcal{M}}(\xi_n a) J_{\mathcal{M}}(\xi_n b) \mathcal{V}_{\mathcal{DM}}(\xi r, a)}{\{J_{\mathcal{M}}^2(\xi_n a) - J_{\mathcal{M}}^2(\xi_n b)\}} \times$$
$$\times \sum_{l=1}^{\infty} \frac{\{\xi_l \cos(\xi_l z) + \lambda_0 \sin(\xi_l z)\} \int_0^t \overline{\overline{\psi}}_b(\xi_m, \xi_l, t - \tau) e^{-(\eta_r \xi_n^2 + \eta_z \xi_l^2)\tau} d\tau}{\left\{(\xi_l^2 + \lambda_0^2)\left(d + \frac{\lambda_d}{\xi_l^2 + \lambda_d^2}\right) + \lambda_0\right\}} +$$
$$+ \frac{2\pi^2}{\vartheta \phi c_t} \sum_{m=0}^{\infty} \ni_m \cos(\xi_m \theta) \sum_{n=1}^{\infty} \frac{\xi_n^2 J_{\mathcal{M}}^2(\xi_n b) \mathcal{V}_{\mathcal{DM}}(\xi r, a)}{\{J_{\mathcal{M}}^2(\xi_n a) - J_{\mathcal{M}}^2(\xi_n b)\}} \sum_{l=1}^{\infty} \frac{\{\xi_l \cos(\xi_l z) + \lambda_0 \sin(\xi_l z)\}}{\left\{(\xi_l^2 + \lambda_0^2)\left(d + \frac{\lambda_d}{\xi_l^2 + \lambda_d^2}\right) + \lambda_0\right\}} \times$$
$$\times \int_0^t \left[\xi_l \overline{\overline{\psi}}_{\theta 0}(\xi_n, \xi_m, t - \tau) - \{\xi_l \cos(\xi_l d) + \lambda_0 \sin(\xi_l d)\} \overline{\overline{\psi}}_{\theta d}(\xi_n, \xi_m, t - \tau)\right] e^{-(\eta_r \xi_n^2 + \eta_z \xi_l^2)\tau} d\tau +$$
$$+ \frac{2\pi^2}{\vartheta \phi c_t} \sum_{m=0}^{\infty} \ni_m \cos(\xi_m \theta) \sum_{n=1}^{\infty} \frac{\xi_n^2 J_{\mathcal{M}}^2(\xi_n b) \mathcal{V}_{\mathcal{DM}}(\xi r, a)}{\{J_{\mathcal{M}}^2(\xi_n a) - J_{\mathcal{M}}^2(\xi_n b)\}} \times$$
$$\times \int_0^a \frac{\mathcal{V}_{\mathcal{DM}}(\xi_n u, a)}{u} \int_0^d \int_0^t e^{-\eta_r \xi_n^2 \tau} \left\{ \psi_{0z}(u, w, t - \tau) + (-1)^{m+1} \psi_{\vartheta z}(u, w, t - \tau) \right\} \times$$
$$\times \sum_{l=1}^{\infty} \frac{(\xi_l^2 + \lambda_d^2)\{\xi_l \cos(\xi_l w) + \lambda_0 \sin(\xi_l w)\}\{\xi_l \cos(\xi_l z) + \lambda_0 \sin(\xi_l z)\} e^{-\eta_z \xi_l^2 \tau}}{\{d(\xi_l^2 + \lambda_d^2) + \lambda_d\}} d\tau dw du +$$

$$+\frac{2\pi^2}{\vartheta}\sum_{m=0}^{\infty}\ni_m\cos(\xi_m\theta)\sum_{n=1}^{\infty}\frac{\xi_n^2J_{\mathcal{M}}^2(\xi_nb)\mathcal{V}_{\mathcal{DM}}(\xi r,a)e^{-\eta_r\xi_n^2t}}{\{J_{\mathcal{M}}^2(\xi_na)-J_{\mathcal{M}}^2(\xi_nb)\}}\times$$
$$\times\sum_{l=1}^{\infty}\frac{\overline{\overline{\overline{\varphi}}}(\xi_n,\xi_m,\xi_l)\{\xi_l\cos(\xi_lz)+\lambda_0\sin(\xi_lz)\}e^{-\eta_z\xi_l^2t}}{\left\{(\xi_l^2+\lambda_0^2)\left(d+\frac{\lambda_d}{\xi_l^2+\lambda_d^2}\right)+\lambda_0\right\}} \tag{29.108.2}$$

where $\overline{\overline{\psi}}_a(\xi_m,\xi_l,t)=\int_0^{\vartheta}\cos(\xi_mv)\int_0^d\psi_a(v,w,t)\{\xi_l\cos(\xi_lw)+\lambda_0\sin(\xi_lw)\}dwdv$,
$\overline{\overline{\psi}}_b(\xi_m,\xi_l,t)=\int_0^{\vartheta}\cos(\xi_mv)\int_0^d\psi_b(v,w,t)\{\xi_l\cos(\xi_lw)+\lambda_0\sin(\xi_lw)\}dwdv$,
$\overline{\overline{\psi}}_{\theta0}(\xi_n,\xi_m,t)=\int_0^a u\mathcal{V}_{\mathcal{DM}}(\xi_nu,a)\int_0^{\vartheta}\psi_0(u,v,t)\cos(\xi_mv)dvdu$ and
$\overline{\overline{\psi}}_{\theta d}(\xi_n,\xi_m,t)=\int_0^a u\mathcal{V}_{\mathcal{DM}}(\xi_nu,a)\int_0^{\vartheta}\psi_{\theta d}(u,v,t)\cos(\xi_mv)dvdu$.

29.109 **The problem of 29.108, except**
$\mathbf{R}_{\theta 0}\equiv\frac{\partial p(r,\theta,0,t)}{\partial z}-\lambda_0p(r,\theta,0,t)=-\left(\frac{\mu}{k_z}\right)\psi_{\theta0}(r,\theta,t)$,
$\mathbf{R}_{\theta d}\equiv\frac{\partial p(r,\theta,d,t)}{\partial z}+\lambda_dp(r,\theta,d,t)=-\left(\frac{\mu}{k_z}\right)\psi_{\theta d}(r,\theta,t)$,
$\mathbf{D}_a\equiv p(a,\theta,z,t)=\psi_a(\theta,z,t)$,
$\mathbf{N}_b\equiv\frac{\partial p(b,\theta,z,t)}{\partial r}=-\left(\frac{\mu}{k_r}\right)\psi_b(\theta,z,t)$,
$\mathbf{N}_{0z}\equiv\frac{\partial p(r,0,z,t)}{\partial\theta}=-\left(\frac{\mu}{k_\theta}\right)\psi_{0z}(r,z,t)$ **and**
$\mathbf{N}_{\vartheta z}\equiv\frac{\partial p(r,\vartheta,z,t)}{\partial\theta}=-\left(\frac{\mu}{k_\theta}\right)\psi_{\vartheta z}(r,z,t)$

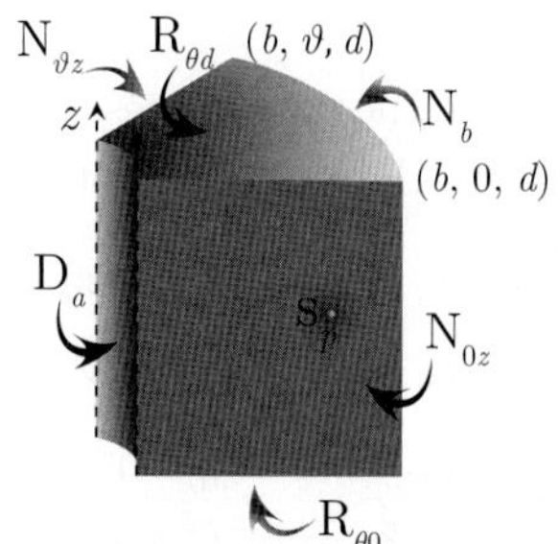

$$\overline{p}=\frac{2\pi^2q(s)e^{-st_0}}{\vartheta\phi c_t}\sum_{m=0}^{\infty}\ni_m\cos(\xi_m\theta)\sum_{n=1}^{\infty}\frac{\xi_n^2J_{\mathcal{M}}'^2(\xi_nb)\mathcal{V}_{\mathcal{DM}}(\xi r_0,a)\mathcal{V}_{\mathcal{DM}}(\xi r,a)}{\left[\left\{1-\left(\frac{\mathcal{M}}{\xi_nb}\right)^2\right\}J_{\mathcal{M}}^2(\xi_na)-J_{\mathcal{M}}'^2(\xi_nb)\right]}\times$$
$$\times\sum_{l=1}^{\infty}\frac{\{\xi_l\cos(\xi_lz_0)+\lambda_0\sin(\xi_lz_0)\}\{\xi_l\cos(\xi_lz)+\lambda_0\sin(\xi_lz)\}}{\left\{(\xi_l^2+\lambda_0^2)\left(d+\frac{\lambda_d}{\xi_l^2+\lambda_d^2}\right)+\lambda_0\right\}(\eta_r\xi_n^2+\eta_z\xi_l^2+s)}-$$
$$-\frac{4\pi\eta_r}{\vartheta}\sum_{m=0}^{\infty}\ni_m\cos(\xi_m\theta)\sum_{n=1}^{\infty}\frac{\xi_n^2J_{\mathcal{M}}'^2(\xi_nb)\mathcal{V}_{\mathcal{DM}}(\xi r,a)}{\left[\left\{1-\left(\frac{\mathcal{M}}{\xi_nb}\right)^2\right\}J_{\mathcal{M}}^2(\xi_na)-J_{\mathcal{M}}'^2(\xi_nb)\right]}\times$$
$$\times\sum_{l=1}^{\infty}\frac{\overline{\overline{\overline{\psi}}}_a(\xi_m,\xi_l,s)\{\xi_l\cos(\xi_lz)+\lambda_0\sin(\xi_lz)\}}{\left\{(\xi_l^2+\lambda_0^2)\left(d+\frac{\lambda_d}{\xi_l^2+\lambda_d^2}\right)+\lambda_0\right\}(\eta_r\xi_n^2+\eta_z\xi_l^2+s)}-$$
$$-\frac{4\pi}{\vartheta\phi c_t}\sum_{m=0}^{\infty}\ni_m\cos(\xi_m\theta)\sum_{n=1}^{\infty}\frac{\xi_n^2J_{\mathcal{M}}(\xi_na)J_{\mathcal{M}}'(\xi_nb)\mathcal{V}_{\mathcal{DM}}(\xi r,a)}{\left[\left\{1-\left(\frac{\mathcal{M}}{\xi_nb}\right)^2\right\}J_{\mathcal{M}}^2(\xi_na)-J_{\mathcal{M}}'^2(\xi_nb)\right]}\times$$
$$\times\sum_{l=1}^{\infty}\frac{\overline{\overline{\overline{\psi}}}_b(\xi_m,\xi_l,s)\{\xi_l\cos(\xi_lz)+\lambda_0\sin(\xi_lz)\}}{\left\{(\xi_l^2+\lambda_0^2)\left(d+\frac{\lambda_d}{\xi_l^2+\lambda_d^2}\right)+\lambda_0\right\}(\eta_r\xi_n^2+\eta_z\xi_l^2+s)}+$$
$$+\frac{2\pi^2}{\vartheta\phi c_t}\sum_{m=0}^{\infty}\ni_m\cos(\xi_m\theta)\sum_{n=1}^{\infty}\frac{\xi_n^2J_{\mathcal{M}}'^2(\xi_nb)\mathcal{V}_{\mathcal{DM}}(\xi r,a)}{\left[\left\{1-\left(\frac{\mathcal{M}}{\xi_nb}\right)^2\right\}J_{\mathcal{M}}^2(\xi_na)-J_{\mathcal{M}}'^2(\xi_nb)\right]}\times$$
$$\times\sum_{l=1}^{\infty}\frac{\left[\xi_l\overline{\overline{\overline{\psi}}}_{\theta0}(\xi_n,\xi_m,s)-\{\xi_l\cos(\xi_ld)+\lambda_0\sin(\xi_ld)\}\overline{\overline{\overline{\psi}}}_{\theta d}(\xi_n,\xi_m,s)\right]\{\xi_l\cos(\xi_lz)+\lambda_0\sin(\xi_lz)\}}{\left\{(\xi_l^2+\lambda_0^2)\left(d+\frac{\lambda_d}{\xi_l^2+\lambda_d^2}\right)+\lambda_0\right\}(\eta_r\xi_n^2+\eta_z\xi_l^2+s)}+$$
$$+\frac{2\pi^2}{\vartheta\phi c_t}\sum_{m=0}^{\infty}\ni_m\cos(\xi_m\theta)\sum_{n=1}^{\infty}\frac{\xi_n^2J_{\mathcal{M}}'^2(\xi_nb)\mathcal{V}_{\mathcal{DM}}(\xi r,a)}{\left[\left\{1-\left(\frac{\mathcal{M}}{\xi_nb}\right)^2\right\}J_{\mathcal{M}}^2(\xi_na)-J_{\mathcal{M}}'^2(\xi_nb)\right]}\times$$

$$\times \int_0^a \frac{\mathcal{V}_{\mathcal{DM}}(\xi_n u, a)}{u} \int_0^d \left\{\overline{\psi}_{0z}(u,w,s) + (-1)^{m+1}\overline{\psi}_{\vartheta z}(u,w,s)\right\} \times$$
$$\times \sum_{l=1}^{\infty} \frac{(\xi_l^2+\lambda_d^2)\{\xi_l\cos(\xi_l w)+\lambda_0\sin(\xi_l w)\}\{\xi_l\cos(\xi_l z)+\lambda_0\sin(\xi_l z)\}}{\{d(\xi_l^2+\lambda_d^2)+\lambda_d\}(\eta_r\xi_n^2+\eta_z\xi_l^2+s)} dwdu +$$
$$+\frac{2\pi^2}{\vartheta}\sum_{m=0}^{\infty}\ni_m\cos(\xi_m\theta)\sum_{n=1}^{\infty}\frac{\xi_n^2 J_{\mathcal{M}}'^2(\xi_n b)\mathcal{V}_{\mathcal{DM}}(\xi r,a)}{\left[\left\{1-\left(\frac{\mathcal{M}}{\xi_n b}\right)^2\right\}J_{\mathcal{M}}^2(\xi_n a)-J_{\mathcal{M}}'^2(\xi_n b)\right]}\times$$
$$\times\sum_{l=1}^{\infty}\frac{\overline{\overline{\overline{\varphi}}}(\xi_n,\xi_m,\xi_l)\{\xi_l\cos(\xi_l z)+\lambda_0\sin(\xi_l z)\}}{\left\{(\xi_l^2+\lambda_0^2)\left(d+\frac{\lambda_d}{\xi_l^2+\lambda_d^2}\right)+\lambda_0\right\}(\eta_r\xi_n^2+\eta_z\xi_l^2+s)} \tag{29.109.1}$$

where the eigenvalues are the positive roots of the transcendental equation $\mathcal{V}'_{\mathcal{DM}}(\xi_n b, a) = 0$, ξ_n, $n = 1, 2, ...$, ξ_l are the positive roots of $\tan(\xi_l d) = \frac{\xi_l(\lambda_0+\lambda_d)}{\xi_l^2-\lambda_0\lambda_d}$, $l = 1, 2, ...$, and $\xi_m = \frac{m\pi}{d}$, $m = 0, 1, ...,$
$\overline{\overline{\overline{\psi}}}_{\theta 0}(\xi_n,\xi_m,s) = \int_0^a u\mathcal{V}_{\mathcal{DM}}(\xi_n u,a)\int_0^{\vartheta}\overline{\psi}_0(u,v,s)\cos(\xi_m v)dvdu$,
$\overline{\overline{\overline{\psi}}}_{\theta d}(\xi_n,\xi_m,s) = \int_0^a u\mathcal{V}_{\mathcal{DM}}(\xi_n u,a)\int_0^{\vartheta}\overline{\psi}_{\theta d}(u,v,s)\cos(\xi_m v)dvdu$,
$\overline{\overline{\overline{\psi}}}_a(\xi_m,\xi_l,s) = \int_0^{\vartheta}\cos(\xi_m v)\int_0^d\overline{\psi}_a(v,w,s)\{\xi_l\cos(\xi_l w)+\lambda_0\sin(\xi_l w)\}dwdv$,
$\overline{\overline{\overline{\psi}}}_b(\xi_m,\xi_l,s) = \int_0^{\vartheta}\cos(\xi_m v)\int_0^d\overline{\psi}_b(v,w,s)\{\xi_l\cos(\xi_l w)+\lambda_0\sin(\xi_l w)\}dwdv$ and
$\overline{\overline{\overline{\varphi}}}(\xi_n,\xi_m,\xi_l) = \int_0^a u\mathcal{V}_{\mathcal{DM}}(\xi_n u,a)\int_0^{\vartheta}\cos(\xi_m v)\int_0^d\varphi(u,v,w)\{\xi_l\cos(\xi_l w)+\lambda_0\sin(\xi_l w)\}dwdvdu$.

$$p = \frac{2\pi^2 U(t-t_0)}{\vartheta\phi c_t}\sum_{m=0}^{\infty}\ni_m\cos(\xi_m\theta)\sum_{n=1}^{\infty}\frac{\xi_n^2 J_{\mathcal{M}}'^2(\xi_n b)\mathcal{V}_{\mathcal{DM}}(\xi r_0,a)\mathcal{V}_{\mathcal{DM}}(\xi r,a)}{\left[\left\{1-\left(\frac{\mathcal{M}}{\xi_n b}\right)^2\right\}J_{\mathcal{M}}^2(\xi_n a)-J_{\mathcal{M}}'^2(\xi_n b)\right]}\times$$
$$\times\sum_{l=1}^{\infty}\frac{\{\xi_l\cos(\xi_l z_0)+\lambda_0\sin(\xi_l z_0)\}\{\xi_l\cos(\xi_l z)+\lambda_0\sin(\xi_l z)\}\int_0^{t-t_0}q(t-t_0-\tau)e^{-(\eta_r\xi_n^2+\eta_z\xi_l^2)\tau}d\tau}{\left\{(\xi_l^2+\lambda_0^2)\left(d+\frac{\lambda_d}{\xi_l^2+\lambda_d^2}\right)+\lambda_0\right\}}-$$
$$-\frac{4\pi\eta_r}{\vartheta}\sum_{m=0}^{\infty}\ni_m\cos(\xi_m\theta)\sum_{n=1}^{\infty}\frac{\xi_n^2 J_{\mathcal{M}}'^2(\xi_n b)\mathcal{V}_{\mathcal{DM}}(\xi r,a)}{\left[\left\{1-\left(\frac{\mathcal{M}}{\xi_n b}\right)^2\right\}J_{\mathcal{M}}^2(\xi_n a)-J_{\mathcal{M}}'^2(\xi_n b)\right]}\times$$
$$\times\sum_{l=1}^{\infty}\frac{\{\xi_l\cos(\xi_l z)+\lambda_0\sin(\xi_l z)\}\int_0^t\overline{\overline{\psi}}_a(\xi_m,\xi_l,t-\tau)e^{-(\eta_r\xi_n^2+\eta_z\xi_l^2)\tau}d\tau}{\left\{(\xi_l^2+\lambda_0^2)\left(d+\frac{\lambda_d}{\xi_l^2+\lambda_d^2}\right)+\lambda_0\right\}}-$$
$$-\frac{4\pi}{\vartheta\phi c_t}\sum_{m=0}^{\infty}\ni_m\cos(\xi_m\theta)\sum_{n=1}^{\infty}\frac{\xi_n^2 J_{\mathcal{M}}(\xi_n a)J'_{\mathcal{M}}(\xi_n b)\mathcal{V}_{\mathcal{DM}}(\xi r,a)}{\left[\left\{1-\left(\frac{\mathcal{M}}{\xi_n b}\right)^2\right\}J_{\mathcal{M}}^2(\xi_n a)-J_{\mathcal{M}}'^2(\xi_n b)\right]}\times$$
$$\times\sum_{l=1}^{\infty}\frac{\{\xi_l\cos(\xi_l z)+\lambda_0\sin(\xi_l z)\}\int_0^t\overline{\overline{\psi}}_b(\xi_m,\xi_l,t-\tau)e^{-(\eta_r\xi_n^2+\eta_z\xi_l^2)\tau}d\tau}{\left\{(\xi_l^2+\lambda_0^2)\left(d+\frac{\lambda_d}{\xi_l^2+\lambda_d^2}\right)+\lambda_0\right\}}+$$
$$+\frac{2\pi^2}{\vartheta\phi c_t}\sum_{m=0}^{\infty}\ni_m\cos(\xi_m\theta)\sum_{n=1}^{\infty}\frac{\xi_n^2 J_{\mathcal{M}}'^2(\xi_n b)\mathcal{V}_{\mathcal{DM}}(\xi r,a)}{\left[\left\{1-\left(\frac{\mathcal{M}}{\xi_n b}\right)^2\right\}J_{\mathcal{M}}^2(\xi_n a)-J_{\mathcal{M}}'^2(\xi_n b)\right]}\times$$
$$\times\sum_{l=1}^{\infty}\frac{\{\xi_l\cos(\xi_l z)+\lambda_0\sin(\xi_l z)\}}{\left\{(\xi_l^2+\lambda_0^2)\left(d+\frac{\lambda_d}{\xi_l^2+\lambda_d^2}\right)+\lambda_0\right\}}\times$$
$$\times\int_0^t\left[\xi_l\overline{\overline{\psi}}_{\theta 0}(\xi_n,\xi_m,t-\tau)-\{\xi_l\cos(\xi_l d)+\lambda_0\sin(\xi_l d)\}\overline{\overline{\psi}}_{\theta d}(\xi_n,\xi_m,t-\tau)\right]e^{-(\eta_r\xi_n^2+\eta_z\xi_l^2)\tau}d\tau+$$

$$+\frac{2\pi^2}{\vartheta\phi c_t}\sum_{m=0}^{\infty}\ni_m\cos(\xi_m\theta)\sum_{n=1}^{\infty}\frac{\xi_n^2 J_{\mathcal{M}}'^2(\xi_n b)\,\mathcal{V}_{\mathcal{DM}}(\xi r,a)}{\left[\left\{1-\left(\frac{\mathcal{M}}{\xi_n b}\right)^2\right\}J_{\mathcal{M}}^2(\xi_n a)-J_{\mathcal{M}}'^2(\xi_n b)\right]}\times$$

$$\times\int_0^a\frac{\mathcal{V}_{\mathcal{DM}}(\xi_n u,a)}{u}\int_0^d\int_0^t e^{-\eta_r\xi_n^2\tau}\left\{\psi_{0z}(u,w,t-\tau)+(-1)^{m+1}\psi_{\vartheta z}(u,w,t-\tau)\right\}\times$$

$$\times\sum_{l=1}^{\infty}\frac{\left(\xi_l^2+\lambda_d^2\right)\{\xi_l\cos(\xi_l w)+\lambda_0\sin(\xi_l w)\}\{\xi_l\cos(\xi_l z)+\lambda_0\sin(\xi_l z)\}\,e^{-\eta_z\xi_l^2\tau}}{\{d\left(\xi_l^2+\lambda_d^2\right)+\lambda_d\}}d\tau dw du+$$

$$+\frac{2\pi^2}{\vartheta}\sum_{m=0}^{\infty}\ni_m\cos(\xi_m\theta)\sum_{n=1}^{\infty}\frac{\xi_n^2 J_{\mathcal{M}}'^2(\xi_n b)\,\mathcal{V}_{\mathcal{DM}}(\xi r,a)\,e^{-\eta_r\xi_n^2 t}}{\left[\left\{1-\left(\frac{\mathcal{M}}{\xi_n b}\right)^2\right\}J_{\mathcal{M}}^2(\xi_n a)-J_{\mathcal{M}}'^2(\xi_n b)\right]}\times$$

$$\times\sum_{l=1}^{\infty}\frac{\overline{\overline{\overline{\varphi}}}(\xi_n,\xi_m,\xi_l)\{\xi_l\cos(\xi_l z)+\lambda_0\sin(\xi_l z)\}e^{-\eta_z\xi_l^2 t}}{\left\{\left(\xi_l^2+\lambda_0^2\right)\left(d+\frac{\lambda_d}{\xi_l^2+\lambda_d^2}\right)+\lambda_0\right\}}\qquad(29.109.2)$$

where $\overline{\overline{\psi}}_a(\xi_m,\xi_l,t)=\int_0^{\vartheta}\cos(\xi_m v)\int_0^d\psi_a(v,w,t)\{\xi_l\cos(\xi_l w)+\lambda_0\sin(\xi_l w)\}dwdv$,
$\overline{\overline{\psi}}_b(\xi_m,\xi_l,t)=\int_0^{\vartheta}\cos(\xi_m v)\int_0^d\psi_b(v,w,t)\{\xi_l\cos(\xi_l w)+\lambda_0\sin(\xi_l w)\}dwdv$,
$\overline{\overline{\psi}}_{\theta 0}(\xi_n,\xi_m,t)=\int_0^a u\mathcal{V}_{\mathcal{DM}}(\xi_n u,a)\int_0^{\vartheta}\psi_0(u,v,t)\cos(\xi_m v)dvdu$ and
$\overline{\overline{\psi}}_{\theta d}(\xi_n,\xi_m,t)=\int_0^a u\mathcal{V}_{\mathcal{DM}}(\xi_n u,a)\int_0^{\vartheta}\psi_{\theta d}(u,v,t)\cos(\xi_m v)dvdu$.

29.110 **The problem of 29.108, except**
$\mathbf{R_{\theta 0}\equiv\frac{\partial p(r,\theta,0,t)}{\partial z}-\lambda_0 p(r,\theta,0,t)=-\left(\frac{\mu}{k_z}\right)\psi_{\theta 0}(r,\theta,t)}$,
$\mathbf{R_{\theta d}\equiv\frac{\partial p(r,\theta,d,t)}{\partial z}+\lambda_d p(r,\theta,d,t)=-\left(\frac{\mu}{k_z}\right)\psi_{\theta d}(r,\theta,t)}$,
$\mathbf{D_a\equiv p(a,\theta,z,t)=\psi_a(\theta,z,t)}$,
$\mathbf{R_b\equiv\frac{\partial p(b,\theta,z,t)}{\partial r}+\lambda p(b,\theta,z,t)=-\left(\frac{\mu}{k_r}\right)\psi_b(\theta,z,t)}$,
$\mathbf{N_{0z}\equiv\frac{\partial p(r,0,z,t)}{\partial\theta}=-\left(\frac{\mu}{k_\theta}\right)\psi_{0z}(r,z,t)}$ **and**
$\mathbf{N_{\vartheta z}\equiv\frac{\partial p(r,\vartheta,z,t)}{\partial\theta}=-\left(\frac{\mu}{k_\theta}\right)\psi_{\vartheta z}(r,z,t)}$

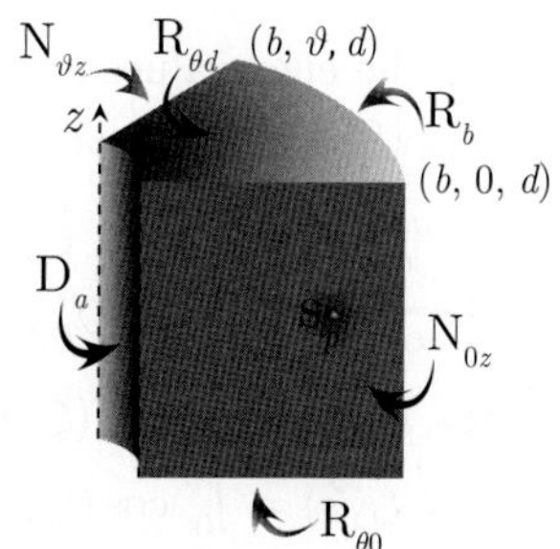

$$\overline{p}=\frac{2\pi^2 q(s)\,e^{-st_0}}{\vartheta\phi c_t}\sum_{m=0}^{\infty}\ni_m\cos(\xi_m\theta)\sum_{n=1}^{\infty}\frac{\xi_n^2\{\xi_n J_{\mathcal{M}}'(\xi_n b)+\lambda J_{\mathcal{M}}(\xi_n b)\}^2\mathcal{V}_{\mathcal{DM}}(\xi r_0,a)\,\mathcal{V}_{\mathcal{DM}}(\xi r,a)}{\left[\left\{\xi_n^2+\lambda^2-\left(\frac{\mathcal{M}}{b}\right)^2\right\}J_{\mathcal{M}}^2(\xi_n a)-\{\xi_n J_{\mathcal{M}}'(\xi_n b)+\lambda J_{\mathcal{M}}(\xi_n b)\}^2\right]}\times$$

$$\times\sum_{l=1}^{\infty}\frac{\{\xi_l\cos(\xi_l z_0)+\lambda_0\sin(\xi_l z_0)\}\{\xi_l\cos(\xi_l z)+\lambda_0\sin(\xi_l z)\}}{\left\{\left(\xi_l^2+\lambda_0^2\right)\left(d+\frac{\lambda_d}{\xi_l^2+\lambda_d^2}\right)+\lambda_0\right\}\left(\eta_r\xi_n^2+\eta_z\xi_l^2+s\right)}-$$

$$-\frac{4\pi\eta_r}{\vartheta}\sum_{m=0}^{\infty}\ni_m\cos(\xi_m\theta)\sum_{n=1}^{\infty}\frac{\xi_n^2\{\xi_n J_{\mathcal{M}}'(\xi_n b)+\lambda J_{\mathcal{M}}(\xi_n b)\}^2\mathcal{V}_{\mathcal{DM}}(\xi r,a)}{\left[\left\{\xi_n^2+\lambda^2-\left(\frac{\mathcal{M}}{b}\right)^2\right\}J_{\mathcal{M}}^2(\xi_n a)-\{\xi_n J_{\mathcal{M}}'(\xi_n b)+\lambda J_{\mathcal{M}}(\xi_n b)\}^2\right]}\times$$

$$\times\sum_{l=1}^{\infty}\frac{\overline{\overline{\overline{\psi}}}_a(\xi_m,\xi_l,s)\{\xi_l\cos(\xi_l z)+\lambda_0\sin(\xi_l z)\}}{\left\{\left(\xi_l^2+\lambda_0^2\right)\left(d+\frac{\lambda_d}{\xi_l^2+\lambda_d^2}\right)+\lambda_0\right\}\left(\eta_r\xi_n^2+\eta_z\xi_l^2+s\right)}-$$

$$-\frac{4\pi}{\vartheta\phi c_t}\sum_{m=0}^{\infty}\ni_m\cos(\xi_m\theta)\sum_{n=1}^{\infty}\frac{\xi_n^2 J_{\mathcal{M}}(\xi_n a)\{\xi_n J_{\mathcal{M}}'(\xi_n b)+\lambda J_{\mathcal{M}}(\xi_n b)\}\mathcal{V}_{\mathcal{DM}}(\xi r,a)}{\left[\left\{\xi_n^2+\lambda^2-\left(\frac{\mathcal{M}}{b}\right)^2\right\}J_{\mathcal{M}}^2(\xi_n a)-\{\xi_n J_{\mathcal{M}}'(\xi_n b)+\lambda J_{\mathcal{M}}(\xi_n b)\}^2\right]}\times$$

$$\times\sum_{l=1}^{\infty}\frac{\overline{\overline{\overline{\psi}}}_b(\xi_m,\xi_l,s)\{\xi_l\cos(\xi_l z)+\lambda_0\sin(\xi_l z)\}}{\left\{\left(\xi_l^2+\lambda_0^2\right)\left(d+\frac{\lambda_d}{\xi_l^2+\lambda_d^2}\right)+\lambda_0\right\}\left(\eta_r\xi_n^2+\eta_z\xi_l^2+s\right)}+$$

$$+\frac{2\pi^2}{\vartheta\phi c_t}\sum_{m=0}^{\infty}\ni_m\cos(\xi_m\theta)\sum_{n=1}^{\infty}\frac{\xi_n^2\{\xi_n J'_{\mathcal{M}}(\xi_n b)+\lambda J_{\mathcal{M}}(\xi_n b)\}^2\mathcal{V}_{\mathcal{DM}}(\xi r,a)}{\left[\left\{\xi_n^2+\lambda^2-\left(\frac{\mathcal{M}}{b}\right)^2\right\}J_{\mathcal{M}}^2(\xi_n a)-\{\xi_n J'_{\mathcal{M}}(\xi_n b)+\lambda J_{\mathcal{M}}(\xi_n b)\}^2\right]}\times$$

$$\times\sum_{l=1}^{\infty}\frac{\left[\xi_l\overline{\overline{\overline{\psi}}}_{\theta 0}(\xi_n,\xi_m,s)-\{\xi_l\cos(\xi_l d)+\lambda_0\sin(\xi_l d)\}\overline{\overline{\overline{\psi}}}_{\theta d}(\xi_n,\xi_m,s)\right]\{\xi_l\cos(\xi_l z)+\lambda_0\sin(\xi_l z)\}}{\left\{(\xi_l^2+\lambda_0^2)\left(d+\frac{\lambda_d}{\xi_l^2+\lambda_d^2}\right)+\lambda_0\right\}(\eta_r\xi_n^2+\eta_z\xi_l^2+s)}+$$

$$+\frac{2\pi^2}{\vartheta\phi c_t}\sum_{m=0}^{\infty}\ni_m\cos(\xi_m\theta)\times$$

$$\times\sum_{n=1}^{\infty}\frac{\xi_n^2\{\xi_n J'_{\mathcal{M}}(\xi_n b)+\lambda J_{\mathcal{M}}(\xi_n b)\}^2\mathcal{V}_{\mathcal{DM}}(\xi r,a)}{\left[\left\{\xi_n^2+\lambda^2-\left(\frac{\mathcal{M}}{b}\right)^2\right\}J_{\mathcal{M}}^2(\xi_n a)-\{\xi_n J'_{\mathcal{M}}(\xi_n b)+\lambda J_{\mathcal{M}}(\xi_n b)\}^2\right]}\times$$

$$\times\int_0^a\frac{\mathcal{V}_{\mathcal{DM}}(\xi_n u,a)}{u}\int_0^d\left\{\overline{\psi}_{0z}(u,w,s)+(-1)^{m+1}\overline{\psi}_{\vartheta z}(u,w,s)\right\}\times$$

$$\times\sum_{l=1}^{\infty}\frac{(\xi_l^2+\lambda_d^2)\{\xi_l\cos(\xi_l w)+\lambda_0\sin(\xi_l w)\}\{\xi_l\cos(\xi_l z)+\lambda_0\sin(\xi_l z)\}}{\{d(\xi_l^2+\lambda_d^2)+\lambda_d\}(\eta_r\xi_n^2+\eta_z\xi_l^2+s)}dwdu+$$

$$+\frac{2\pi^2}{\vartheta}\sum_{m=0}^{\infty}\ni_m\cos(\xi_m\theta)\sum_{n=1}^{\infty}\frac{\xi_n^2\{\xi_n J'_{\mathcal{M}}(\xi_n b)+\lambda J_{\mathcal{M}}(\xi_n b)\}^2\mathcal{V}_{\mathcal{DM}}(\xi r,a)}{\left[\left\{\xi_n^2+\lambda^2-\left(\frac{\mathcal{M}}{b}\right)^2\right\}J_{\mathcal{M}}^2(\xi_n a)-\{\xi_n J'_{\mathcal{M}}(\xi_n b)+\lambda J_{\mathcal{M}}(\xi_n b)\}^2\right]}\times$$

$$\times\sum_{l=1}^{\infty}\frac{\overline{\overline{\overline{\varphi}}}(\xi_n,\xi_m,\xi_l)\{\xi_l\cos(\xi_l z)+\lambda_0\sin(\xi_l z)\}}{\left\{(\xi_l^2+\lambda_0^2)\left(d+\frac{\lambda_d}{\xi_l^2+\lambda_d^2}\right)+\lambda_0\right\}(\eta_r\xi_n^2+\eta_z\xi_l^2+s)} \tag{29.110.1}$$

where the eigenvalues ξ_n, $n=1,2,...$, are the positive roots of the transcendental equation $\xi_n\mathcal{V}'_{\mathcal{DM}}(\xi_n b,a)+\lambda\mathcal{V}_{\mathcal{DM}}(\xi_n b,a)=0$, ξ_l are the positive roots of $\tan(\xi_l d)=\frac{\xi_l(\lambda_0+\lambda_d)}{\xi_l^2-\lambda_0\lambda_d}$, $l=1,2,...$, $\xi_m=\frac{m\pi}{d}$, $m=0,1,...$, $\overline{\overline{\overline{\psi}}}_{\theta 0}(\xi_n,\xi_m,s)=\int_0^a u\mathcal{V}_{\mathcal{DM}}(\xi_n u,a)\int_0^\vartheta\overline{\psi}_0(u,v,s)\cos(\xi_m v)dvdu$, $\overline{\overline{\overline{\psi}}}_{\theta d}(\xi_n,\xi_m,s)=\int_0^a u\mathcal{V}_{\mathcal{DM}}(\xi_n u,a)\int_0^\vartheta\overline{\psi}_{\theta d}(u,v,s)\cos(\xi_m v)dvdu$, $\overline{\overline{\overline{\psi}}}_a(\xi_m,\xi_l,s)=\int_0^\vartheta\cos(\xi_m v)\int_0^d\overline{\psi}_a(v,w,s)\{\xi_l\cos(\xi_l w)+\lambda_0\sin(\xi_l w)\}dwdv$, $\overline{\overline{\overline{\psi}}}_b(\xi_m,\xi_l,s)=\int_0^\vartheta\cos(\xi_m v)\int_0^d\overline{\psi}_b(v,w,s)\{\xi_l\cos(\xi_l w)+\lambda_0\sin(\xi_l w)\}dwdv$ and $\overline{\overline{\overline{\varphi}}}(\xi_n,\xi_m,\xi_l)=\int_0^a u\mathcal{V}_{\mathcal{DM}}(\xi_n u,a)\int_0^\vartheta\cos(\xi_m v)\int_0^d\varphi(u,v,w)\{\xi_l\cos(\xi_l w)+\lambda_0\sin(\xi_l w)\}dwdvdu$.

$$p=\frac{2\pi^2 U(t-t_0)}{\vartheta\phi c_t}\sum_{m=0}^{\infty}\ni_m\cos(\xi_m\theta)\sum_{n=1}^{\infty}\frac{\xi_n^2\{\xi_n J'_{\mathcal{M}}(\xi_n b)+\lambda J_{\mathcal{M}}(\xi_n b)\}^2\mathcal{V}_{\mathcal{DM}}(\xi r_0,a)\mathcal{V}_{\mathcal{DM}}(\xi r,a)}{\left[\left\{\xi_n^2+\lambda^2-\left(\frac{\mathcal{M}}{b}\right)^2\right\}J_{\mathcal{M}}^2(\xi_n a)-\{\xi_n J'_{\mathcal{M}}(\xi_n b)+\lambda J_{\mathcal{M}}(\xi_n b)\}^2\right]}\times$$

$$\times\sum_{l=1}^{\infty}\frac{\{\xi_l\cos(\xi_l z_0)+\lambda_0\sin(\xi_l z_0)\}\{\xi_l\cos(\xi_l z)+\lambda_0\sin(\xi_l z)\}\int_0^{t-t_0}q(t-t_0-\tau)e^{-(\eta_r\xi_n^2+\eta_z\xi_l^2)\tau}d\tau}{\left\{(\xi_l^2+\lambda_0^2)\left(d+\frac{\lambda_d}{\xi_l^2+\lambda_d^2}\right)+\lambda_0\right\}}-$$

$$-\frac{4\pi\eta_r}{\vartheta}\sum_{m=0}^{\infty}\ni_m\cos(\xi_m\theta)\sum_{n=1}^{\infty}\frac{\xi_n^2\{\xi_n J'_{\mathcal{M}}(\xi_n b)+\lambda J_{\mathcal{M}}(\xi_n b)\}^2\mathcal{V}_{\mathcal{DM}}(\xi r,a)}{\left[\left\{\xi_n^2+\lambda^2-\left(\frac{\mathcal{M}}{b}\right)^2\right\}J_{\mathcal{M}}^2(\xi_n a)-\{\xi_n J'_{\mathcal{M}}(\xi_n b)+\lambda J_{\mathcal{M}}(\xi_n b)\}^2\right]}\times$$

$$\times\sum_{l=1}^{\infty}\frac{\{\xi_l\cos(\xi_l z)+\lambda_0\sin(\xi_l z)\}\int_0^t\overline{\overline{\psi}}_a(\xi_m,\xi_l,t-\tau)e^{-(\eta_r\xi_n^2+\eta_z\xi_l^2)\tau}d\tau}{\left\{(\xi_l^2+\lambda_0^2)\left(d+\frac{\lambda_d}{\xi_l^2+\lambda_d^2}\right)+\lambda_0\right\}}-$$

$$-\frac{4\pi}{\vartheta\phi c_t}\sum_{m=0}^{\infty}\ni_m\cos(\xi_m\theta)\sum_{n=1}^{\infty}\frac{\xi_n^2 J_{\mathcal{M}}(\xi_n a)\{\xi_n J'_{\mathcal{M}}(\xi_n b)+\lambda J_{\mathcal{M}}(\xi_n b)\}\mathcal{V}_{\mathcal{DM}}(\xi r,a)}{\left[\left\{\xi_n^2+\lambda^2-\left(\frac{\mathcal{M}}{b}\right)^2\right\}J_{\mathcal{M}}^2(\xi_n a)-\{\xi_n J'_{\mathcal{M}}(\xi_n b)+\lambda J_{\mathcal{M}}(\xi_n b)\}^2\right]}\times$$

$$\times\sum_{l=1}^{\infty}\frac{\{\xi_l\cos(\xi_l z)+\lambda_0\sin(\xi_l z)\}\int_0^t\overline{\overline{\psi}}_b(\xi_m,\xi_l,t-\tau)e^{-(\eta_r\xi_n^2+\eta_z\xi_l^2)\tau}d\tau}{\left\{(\xi_l^2+\lambda_0^2)\left(d+\frac{\lambda_d}{\xi_l^2+\lambda_d^2}\right)+\lambda_0\right\}}+$$

$$+\frac{2\pi^2}{\vartheta\phi c_t}\sum_{m=0}^{\infty}\ni_m\cos(\xi_m\theta)\sum_{n=1}^{\infty}\frac{\xi_n^2\{\xi_n J'_{\mathcal{M}}(\xi_n b)+\lambda J_{\mathcal{M}}(\xi_n b)\}^2\mathcal{V}_{\mathcal{DM}}(\xi r,a)}{\left[\left\{\xi_n^2+\lambda^2-\left(\frac{\mathcal{M}}{b}\right)^2\right\}J_{\mathcal{M}}^2(\xi_n a)-\{\xi_n J'_{\mathcal{M}}(\xi_n b)+\lambda J_{\mathcal{M}}(\xi_n b)\}^2\right]}\times$$
$$\times\sum_{l=1}^{\infty}\frac{\{\xi_l\cos(\xi_l z)+\lambda_0\sin(\xi_l z)\}}{\left\{\left(\xi_l^2+\lambda_0^2\right)\left(d+\frac{\lambda_d}{\xi_l^2+\lambda_d^2}\right)+\lambda_0\right\}}\times$$
$$\times\int_0^t\left[\xi_l\overline{\overline{\psi}}_{\theta 0}(\xi_n,\xi_m,t-\tau)-\{\xi_l\cos(\xi_l d)+\lambda_0\sin(\xi_l d)\}\overline{\overline{\psi}}_{\theta d}(\xi_n,\xi_m,t-\tau)\right]e^{-\left(\eta_r\xi_n^2+\eta_z\xi_l^2\right)\tau}d\tau+$$
$$+\frac{2\pi^2}{\vartheta\phi c_t}\sum_{m=0}^{\infty}\ni_m\cos(\xi_m\theta)\sum_{n=1}^{\infty}\frac{\xi_n^2\{\xi_n J'_{\mathcal{M}}(\xi_n b)+\lambda J_{\mathcal{M}}(\xi_n b)\}^2\mathcal{V}_{\mathcal{DM}}(\xi r,a)}{\left[\left\{\xi_n^2+\lambda^2-\left(\frac{\mathcal{M}}{b}\right)^2\right\}J_{\mathcal{M}}^2(\xi_n a)-\{\xi_n J'_{\mathcal{M}}(\xi_n b)+\lambda J_{\mathcal{M}}(\xi_n b)\}^2\right]}\times$$
$$\times\int_0^a\frac{\mathcal{V}_{\mathcal{DM}}(\xi_n u,a)}{u}\int_0^d\int_0^t e^{-\eta_r\xi_n^2\tau}\left\{\psi_{0z}(u,w,t-\tau)+(-1)^{m+1}\psi_{\vartheta z}(u,w,t-\tau)\right\}\times$$
$$\times\sum_{l=1}^{\infty}\frac{\left(\xi_l^2+\lambda_d^2\right)\{\xi_l\cos(\xi_l w)+\lambda_0\sin(\xi_l w)\}\{\xi_l\cos(\xi_l z)+\lambda_0\sin(\xi_l z)\}e^{-\eta_z\xi_l^2\tau}}{\{d\left(\xi_l^2+\lambda_d^2\right)+\lambda_d\}}d\tau dw du+$$
$$+\frac{2\pi^2}{\vartheta}\sum_{m=0}^{\infty}\ni_m\cos(\xi_m\theta)\sum_{n=1}^{\infty}\frac{\xi_n^2\{\xi_n J'_{\mathcal{M}}(\xi_n b)+\lambda J_{\mathcal{M}}(\xi_n b)\}^2\mathcal{V}_{\mathcal{DM}}(\xi r,a)e^{-\eta_r\xi_n^2 t}}{\left[\left\{\xi_n^2+\lambda^2-\left(\frac{\mathcal{M}}{b}\right)^2\right\}J_{\mathcal{M}}^2(\xi_n a)-\{\xi_n J'_{\mathcal{M}}(\xi_n b)+\lambda J_{\mathcal{M}}(\xi_n b)\}^2\right]}\times$$
$$\times\sum_{l=1}^{\infty}\frac{\overline{\overline{\overline{\varphi}}}(\xi_n,\xi_m,\xi_l)\{\xi_l\cos(\xi_l z)+\lambda_0\sin(\xi_l z)\}e^{-\eta_z\xi_l^2 t}}{\left\{\left(\xi_l^2+\lambda_0^2\right)\left(d+\frac{\lambda_d}{\xi_l^2+\lambda_d^2}\right)+\lambda_0\right\}}\qquad(29.110.2)$$

where $\overline{\overline{\psi}}_a(\xi_m,\xi_l,t)=\int_0^{\vartheta}\cos(\xi_m v)\int_0^d\psi_a(v,w,t)\{\xi_l\cos(\xi_l w)+\lambda_0\sin(\xi_l w)\}dwdv$,
$\overline{\overline{\psi}}_b(\xi_m,\xi_l,t)=\int_0^{\vartheta}\cos(\xi_m v)\int_0^d\psi_b(v,w,t)\{\xi_l\cos(\xi_l w)+\lambda_0\sin(\xi_l w)\}dwdv$,
$\overline{\overline{\psi}}_{\theta 0}(\xi_n,\xi_m,t)=\int_0^a u\mathcal{V}_{\mathcal{DM}}(\xi_n u,a)\int_0^{\vartheta}\psi_0(u,v,t)\cos(\xi_m v)dvdu$ and
$\overline{\overline{\psi}}_{\theta d}(\xi_n,\xi_m,t)=\int_0^a u\mathcal{V}_{\mathcal{DM}}(\xi_n u,a)\int_0^{\vartheta}\psi_{\theta d}(u,v,t)\cos(\xi_m v)dvdu$.

29.111 **The problem of 29.108, except**
$\mathbf{R}_{\theta 0}\equiv\frac{\partial p(r,\theta,0,t)}{\partial z}-\lambda_0 p(r,\theta,0,t)=-\left(\frac{\mu}{k_z}\right)\psi_{\theta 0}(r,\theta,t)$,
$\mathbf{R}_{\theta d}\equiv\frac{\partial p(r,\theta,d,t)}{\partial z}+\lambda_d p(r,\theta,d,t)=-\left(\frac{\mu}{k_z}\right)\psi_{\theta d}(r,\theta,t)$,
$\mathbf{N}_a\equiv\frac{\partial p(a,\theta,z,t)}{\partial r}=-\left(\frac{\mu}{k_r}\right)\psi_a(\theta,z,t)$,
$\mathbf{D}_b\equiv p(b,\theta,z,t)=\psi_b(\theta,z,t)$,
$\mathbf{N}_{0z}\equiv\frac{\partial p(r,0,z,t)}{\partial\theta}=-\left(\frac{\mu}{k_\theta}\right)\psi_{0z}(r,z,t)$ **and**
$\mathbf{N}_{\vartheta z}\equiv\frac{\partial p(r,\vartheta,z,t)}{\partial\theta}=-\left(\frac{\mu}{k_\theta}\right)\psi_{\vartheta z}(r,z,t)$

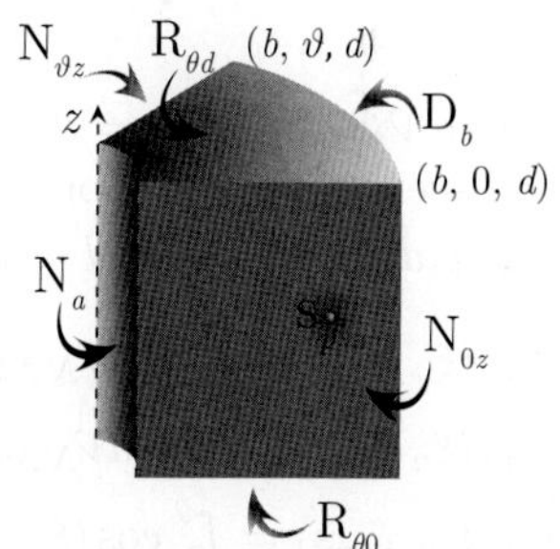

$$\overline{p}=\frac{2\pi^2 q(s)e^{-st_0}}{\vartheta\phi c_t}\sum_{m=0}^{\infty}\ni_m\cos(\xi_m\theta)\sum_{n=1}^{\infty}\frac{\xi_n^2 J_{\mathcal{M}}^2(\xi_n b)\mathcal{V}_{\mathcal{NM}}(\xi r_0,a)\mathcal{V}_{\mathcal{NM}}(\xi r,a)}{\left[J'^2_{\mathcal{M}}(\xi_n a)-\left\{1-\left(\frac{\mathcal{M}}{\xi_n a}\right)^2\right\}J_{\mathcal{M}}^2(\xi_n b)\right]}\times$$
$$\times\sum_{l=1}^{\infty}\frac{\{\xi_l\cos(\xi_l z_0)+\lambda_0\sin(\xi_l z_0)\}\{\xi_l\cos(\xi_l z)+\lambda_0\sin(\xi_l z)\}}{\left\{\left(\xi_l^2+\lambda_0^2\right)\left(d+\frac{\lambda_d}{\xi_l^2+\lambda_d^2}\right)+\lambda_0\right\}\left(\eta_r\xi_n^2+\eta_z\xi_l^2+s\right)}+$$
$$+\frac{4\pi}{\vartheta\phi c_t}\sum_{m=0}^{\infty}\ni_m\cos(\xi_m\theta)\sum_{n=1}^{\infty}\frac{\xi_n J_{\mathcal{M}}^2(\xi_n b)\mathcal{V}_{\mathcal{NM}}(\xi r,a)}{\left[J'^2_{\mathcal{M}}(\xi_n a)-\left\{1-\left(\frac{\mathcal{M}}{\xi_n a}\right)^2\right\}J_{\mathcal{M}}^2(\xi_n b)\right]}\times$$
$$\times\sum_{l=1}^{\infty}\frac{\overline{\overline{\overline{\psi}}}_a(\xi_m,\xi_l,s)\{\xi_l\cos(\xi_l z)+\lambda_0\sin(\xi_l z)\}}{\left\{\left(\xi_l^2+\lambda_0^2\right)\left(d+\frac{\lambda_d}{\xi_l^2+\lambda_d^2}\right)+\lambda_0\right\}\left(\eta_r\xi_n^2+\eta_z\xi_l^2+s\right)}+$$

$$+\frac{4\pi\eta_r}{\vartheta}\sum_{m=0}^{\infty}\ni_m\cos(\xi_m\theta)\sum_{n=1}^{\infty}\frac{\xi_n^2 J'_{\mathcal{M}}(\xi_n a)\,J_{\mathcal{M}}(\xi_n b)\,\mathcal{V}_{\mathcal{N}\mathcal{M}}(\xi r,a)}{\left[J'^2_{\mathcal{M}}(\xi_n a)-\left\{1-\left(\frac{\mathcal{M}}{\xi_n a}\right)^2\right\}J^2_{\mathcal{M}}(\xi_n b)\right]}\times$$

$$\times\sum_{l=1}^{\infty}\frac{\overline{\overline{\overline{\psi}}}_b(\xi_m,\xi_l,s)\{\xi_l\cos(\xi_l z)+\lambda_0\sin(\xi_l z)\}}{\left\{\left(\xi_l^2+\lambda_0^2\right)\left(d+\frac{\lambda_d}{\xi_l^2+\lambda_d^2}\right)+\lambda_0\right\}\left(\eta_r\xi_n^2+\eta_z\xi_l^2+s\right)}+$$

$$+\frac{2\pi^2}{\vartheta\phi c_t}\sum_{m=0}^{\infty}\ni_m\cos(\xi_m\theta)\sum_{n=1}^{\infty}\frac{\xi_n^2 J^2_{\mathcal{M}}(\xi_n b)\,\mathcal{V}_{\mathcal{N}\mathcal{M}}(\xi r,a)}{\left[J'^2_{\mathcal{M}}(\xi_n a)-\left\{1-\left(\frac{\mathcal{M}}{\xi_n a}\right)^2\right\}J^2_{\mathcal{M}}(\xi_n b)\right]}\times$$

$$\times\sum_{l=1}^{\infty}\frac{\left[\xi_l\overline{\overline{\overline{\psi}}}_{\theta 0}(\xi_n,\xi_m,s)-\{\xi_l\cos(\xi_l d)+\lambda_0\sin(\xi_l d)\}\overline{\overline{\overline{\psi}}}_{\theta d}(\xi_n,\xi_m,s)\right]\{\xi_l\cos(\xi_l z)+\lambda_0\sin(\xi_l z)\}}{\left\{\left(\xi_l^2+\lambda_0^2\right)\left(d+\frac{\lambda_d}{\xi_l^2+\lambda_d^2}\right)+\lambda_0\right\}\left(\eta_r\xi_n^2+\eta_z\xi_l^2+s\right)}+$$

$$+\frac{2\pi^2}{\vartheta\phi c_t}\sum_{m=0}^{\infty}\ni_m\cos(\xi_m\theta)\sum_{n=1}^{\infty}\frac{\xi_n^2 J^2_{\mathcal{M}}(\xi_n b)\,\mathcal{V}_{\mathcal{N}\mathcal{M}}(\xi r,a)}{\left[J'^2_{\mathcal{M}}(\xi_n a)-\left\{1-\left(\frac{\mathcal{M}}{\xi_n a}\right)^2\right\}J^2_{\mathcal{M}}(\xi_n b)\right]}\times$$

$$\times\int_0^a\frac{\mathcal{V}_{\mathcal{N}\mathcal{M}}(\xi_n u,a)}{u}\int_0^d\left\{\overline{\psi}_{0z}(u,w,s)+(-1)^{m+1}\overline{\psi}_{\vartheta z}(u,w,s)\right\}\times$$

$$\times\sum_{l=1}^{\infty}\frac{\left(\xi_l^2+\lambda_d^2\right)\{\xi_l\cos(\xi_l w)+\lambda_0\sin(\xi_l w)\}\{\xi_l\cos(\xi_l z)+\lambda_0\sin(\xi_l z)\}}{\{d\left(\xi_l^2+\lambda_d^2\right)+\lambda_d\}\left(\eta_r\xi_n^2+\eta_z\xi_l^2+s\right)}dwdu+$$

$$+\frac{2\pi^2}{\vartheta}\sum_{m=0}^{\infty}\ni_m\cos(\xi_m\theta)\sum_{n=1}^{\infty}\frac{\xi_n^2 J^2_{\mathcal{M}}(\xi_n b)\,\mathcal{V}_{\mathcal{N}\mathcal{M}}(\xi r,a)}{\left[J'^2_{\mathcal{M}}(\xi_n a)-\left\{1-\left(\frac{\mathcal{M}}{\xi_n a}\right)^2\right\}J^2_{\mathcal{M}}(\xi_n b)\right]}\times$$

$$\times\sum_{l=1}^{\infty}\frac{\overline{\overline{\overline{\varphi}}}(\xi_n,\xi_m,\xi_l)\{\xi_l\cos(\xi_l z)+\lambda_0\sin(\xi_l z)\}}{\left\{\left(\xi_l^2+\lambda_0^2\right)\left(d+\frac{\lambda_d}{\xi_l^2+\lambda_d^2}\right)+\lambda_0\right\}\left(\eta_r\xi_n^2+\eta_z\xi_l^2+s\right)} \tag{29.111.1}$$

where $\mathcal{V}_{\mathcal{N}\mathcal{M}}(\xi_n r,a)=J_{\mathcal{M}}(\xi_n r)Y'_{\mathcal{M}}(\xi_n a)-Y_{\mathcal{M}}(\xi_n r)J'_{\mathcal{M}}(\xi_n a)$, ξ_n, $n=1,2,...$, are the positive roots of the transcendental equation $\mathcal{V}_{\mathcal{N}\mathcal{M}}(\xi_n b,a)=0$, ξ_l are the positive roots of $\tan(\xi_l d)=\frac{\xi_l(\lambda_0+\lambda_d)}{\xi_l^2-\lambda_0\lambda_d}$, $l=1,2,...$, $\xi_m=\frac{m\pi}{d}, m=0,1,...$,
$\overline{\overline{\overline{\psi}}}_{\theta 0}(\xi_n,\xi_m,s)=\int_0^a u\mathcal{V}_{\mathcal{N}\mathcal{M}}(\xi_n u,a)\int_0^\vartheta\overline{\psi}_0(u,v,s)\cos(\xi_m v)dvdu$,
$\overline{\overline{\overline{\psi}}}_{\theta d}(\xi_n,\xi_m,s)=\int_0^a u\mathcal{V}_{\mathcal{N}\mathcal{M}}(\xi_n u,a)\int_0^\vartheta\overline{\psi}_{\theta d}(u,v,s)\cos(\xi_m v)dvdu$,
$\overline{\overline{\overline{\psi}}}_a(\xi_m,\xi_l,s)=\int_0^\vartheta\cos(\xi_m v)\int_0^d\overline{\psi}_a(v,w,s)\{\xi_l\cos(\xi_l w)+\lambda_0\sin(\xi_l w)\}dwdv$,
$\overline{\overline{\overline{\psi}}}_b(\xi_m,\xi_l,s)=\int_0^\vartheta\cos(\xi_m v)\int_0^d\overline{\psi}_b(v,w,s)\{\xi_l\cos(\xi_l w)+\lambda_0\sin(\xi_l w)\}dwdv$ and
$\overline{\overline{\overline{\varphi}}}(\xi_n,\xi_m,\xi_l)=\int_0^a u\mathcal{V}_{\mathcal{N}\mathcal{M}}(\xi_n u,a)\int_0^\vartheta\cos(\xi_m v)\int_0^d\varphi(u,v,w)\{\xi_l\cos(\xi_l w)+\lambda_0\sin(\xi_l w)\}dwdvdu$.

$$p=\frac{2\pi^2 U(t-t_0)}{\vartheta\phi c_t}\sum_{m=0}^{\infty}\ni_m\cos(\xi_m\theta)\sum_{n=1}^{\infty}\frac{\xi_n^2 J^2_{\mathcal{M}}(\xi_n b)\,\mathcal{V}_{\mathcal{N}\mathcal{M}}(\xi r_0,a)\,\mathcal{V}_{\mathcal{N}\mathcal{M}}(\xi r,a)}{\left[J'^2_{\mathcal{M}}(\xi_n a)-\left\{1-\left(\frac{\mathcal{M}}{\xi_n a}\right)^2\right\}J^2_{\mathcal{M}}(\xi_n b)\right]}\times$$

$$\times\sum_{l=1}^{\infty}\frac{\{\xi_l\cos(\xi_l z_0)+\lambda_0\sin(\xi_l z_0)\}\{\xi_l\cos(\xi_l z)+\lambda_0\sin(\xi_l z)\}\int_0^{t-t_0}q(t-t_0-\tau)e^{-\left(\eta_r\xi_n^2+\eta_z\xi_l^2\right)\tau}d\tau}{\left\{\left(\xi_l^2+\lambda_0^2\right)\left(d+\frac{\lambda_d}{\xi_l^2+\lambda_d^2}\right)+\lambda_0\right\}}+$$

$$+\frac{4\pi}{\vartheta\phi c_t}\sum_{m=0}^{\infty}\ni_m\cos(\xi_m\theta)\sum_{n=1}^{\infty}\frac{\xi_n J^2_{\mathcal{M}}(\xi_n b)\,\mathcal{V}_{\mathcal{N}\mathcal{M}}(\xi r,a)}{\left[J'^2_{\mathcal{M}}(\xi_n a)-\left\{1-\left(\frac{\mathcal{M}}{\xi_n a}\right)^2\right\}J^2_{\mathcal{M}}(\xi_n b)\right]}\times$$

$$\times \sum_{l=1}^{\infty} \frac{\{\xi_l \cos(\xi_l z) + \lambda_0 \sin(\xi_l z)\} \int_0^t \overline{\overline{\psi}}_a (\xi_m, \xi_l, t-\tau) e^{-(\eta_r \xi_n^2 + \eta_z \xi_l^2)\tau} d\tau}{\left\{(\xi_l^2 + \lambda_0^2)\left(d + \frac{\lambda_d}{\xi_l^2 + \lambda_d^2}\right) + \lambda_0\right\}} +$$

$$+ \frac{4\pi\eta_r}{\vartheta} \sum_{m=0}^{\infty} \ni_m \cos(\xi_m \theta) \sum_{n=1}^{\infty} \frac{\xi_n^2 J'_{\mathcal{M}}(\xi_n a) J_{\mathcal{M}}(\xi_n b) \mathcal{V}_{\mathcal{NM}}(\xi r, a)}{\left[J'^2_{\mathcal{M}}(\xi_n a) - \left\{1 - \left(\frac{\mathcal{M}}{\xi_n a}\right)^2\right\} J^2_{\mathcal{M}}(\xi_n b)\right]} \times$$

$$\times \sum_{l=1}^{\infty} \frac{\{\xi_l \cos(\xi_l z) + \lambda_0 \sin(\xi_l z)\} \int_0^t \overline{\overline{\psi}}_b (\xi_m, \xi_l, t-\tau) e^{-(\eta_r \xi_n^2 + \eta_z \xi_l^2)\tau} d\tau}{\left\{(\xi_l^2 + \lambda_0^2)\left(d + \frac{\lambda_d}{\xi_l^2 + \lambda_d^2}\right) + \lambda_0\right\}} +$$

$$+ \frac{2\pi^2}{\vartheta\phi c_t} \sum_{m=0}^{\infty} \ni_m \cos(\xi_m \theta) \sum_{n=1}^{\infty} \frac{\xi_n^2 J^2_{\mathcal{M}}(\xi_n b) \mathcal{V}_{\mathcal{NM}}(\xi r, a)}{\left[J'^2_{\mathcal{M}}(\xi_n a) - \left\{1 - \left(\frac{\mathcal{M}}{\xi_n a}\right)^2\right\} J^2_{\mathcal{M}}(\xi_n b)\right]} \times$$

$$\times \sum_{l=1}^{\infty} \frac{\{\xi_l \cos(\xi_l z) + \lambda_0 \sin(\xi_l z)\}}{\left\{(\xi_l^2 + \lambda_0^2)\left(d + \frac{\lambda_d}{\xi_l^2 + \lambda_d^2}\right) + \lambda_0\right\}} \times$$

$$\times \int_0^t \left[\xi_l \overline{\overline{\psi}}_{\theta 0}(\xi_n, \xi_m, t-\tau) - \{\xi_l \cos(\xi_l d) + \lambda_0 \sin(\xi_l d)\} \overline{\overline{\psi}}_{\theta d}(\xi_n, \xi_m, t-\tau)\right] e^{-(\eta_r \xi_n^2 + \eta_z \xi_l^2)\tau} d\tau +$$

$$+ \frac{2\pi^2}{\vartheta\phi c_t} \sum_{m=0}^{\infty} \ni_m \cos(\xi_m \theta) \sum_{n=1}^{\infty} \frac{\xi_n^2 J^2_{\mathcal{M}}(\xi_n b) \mathcal{V}_{\mathcal{NM}}(\xi r, a)}{\left[J'^2_{\mathcal{M}}(\xi_n a) - \left\{1 - \left(\frac{\mathcal{M}}{\xi_n a}\right)^2\right\} J^2_{\mathcal{M}}(\xi_n b)\right]} \times$$

$$\times \int_0^a \frac{\mathcal{V}_{\mathcal{NM}}(\xi_n u, a)}{u} \int_0^d \int_0^t e^{-\eta_r \xi_n^2 \tau} \left\{\psi_{0z}(u, w, t-\tau) + (-1)^{m+1} \psi_{\vartheta z}(u, w, t-\tau)\right\} \times$$

$$\times \sum_{l=1}^{\infty} \frac{(\xi_l^2 + \lambda_d^2)\{\xi_l \cos(\xi_l w) + \lambda_0 \sin(\xi_l w)\}\{\xi_l \cos(\xi_l z) + \lambda_0 \sin(\xi_l z)\} e^{-\eta_z \xi_l^2 \tau}}{\{d(\xi_l^2 + \lambda_d^2) + \lambda_d\}} d\tau dw du +$$

$$+ \frac{2\pi^2}{\vartheta} \sum_{m=0}^{\infty} \ni_m \cos(\xi_m \theta) \sum_{n=1}^{\infty} \frac{\xi_n^2 J^2_{\mathcal{M}}(\xi_n b) \mathcal{V}_{\mathcal{NM}}(\xi r, a) e^{-\eta_r \xi_n^2 t}}{\left[J'^2_{\mathcal{M}}(\xi_n a) - \left\{1 - \left(\frac{\mathcal{M}}{\xi_n a}\right)^2\right\} J^2_{\mathcal{M}}(\xi_n b)\right]} \times$$

$$\times \sum_{l=1}^{\infty} \frac{\overline{\overline{\overline{\varphi}}}(\xi_n, \xi_m, \xi_l)\{\xi_l \cos(\xi_l z) + \lambda_0 \sin(\xi_l z)\} e^{-\eta_z \xi_l^2 t}}{\left\{(\xi_l^2 + \lambda_0^2)\left(d + \frac{\lambda_d}{\xi_l^2 + \lambda_d^2}\right) + \lambda_0\right\}} \quad (29.111.2)$$

where $\overline{\overline{\psi}}_a(\xi_m, \xi_l, t) = \int_0^\vartheta \cos(\xi_m v) \int_0^d \psi_a(v, w, t)\{\xi_l \cos(\xi_l w) + \lambda_0 \sin(\xi_l w)\} dw dv$,
$\overline{\overline{\psi}}_b(\xi_m, \xi_l, t) = \int_0^\vartheta \cos(\xi_m v) \int_0^d \psi_b(v, w, t)\{\xi_l \cos(\xi_l w) + \lambda_0 \sin(\xi_l w)\} dw dv$,
$\overline{\overline{\psi}}_{\theta 0}(\xi_n, \xi_m, t) = \int_0^a u \mathcal{V}_{\mathcal{NM}}(\xi_n u, a) \int_0^\vartheta \psi_0(u, v, t) \cos(\xi_m v) dv du$ and
$\overline{\overline{\psi}}_{\theta d}(\xi_n, \xi_m, t) = \int_0^a u \mathcal{V}_{\mathcal{NM}}(\xi_n u, a) \int_0^\vartheta \psi_{\theta d}(u, v, t) \cos(\xi_m v) dv du$.

29.112 The problem of 29.108, except

$\mathbf{R}_{\theta 0} \equiv \frac{\partial p(r,\theta,0,t)}{\partial z} - \lambda_0 p(r,\theta,0,t) = -\left(\frac{\mu}{k_z}\right) \psi_{\theta 0}(r,\theta,t)$,
$\mathbf{R}_{\theta d} \equiv \frac{\partial p(r,\theta,d,t)}{\partial z} + \lambda_d p(r,\theta,d,t) = -\left(\frac{\mu}{k_z}\right) \psi_{\theta d}(r,\theta,t)$,
$\mathbf{N}_a \equiv \frac{\partial p(a,\theta,z,t)}{\partial r} = -\left(\frac{\mu}{k_r}\right) \psi_a(\theta,z,t)$,
$\mathbf{N}_b \equiv \frac{\partial p(b,\theta,z,t)}{\partial r} = -\left(\frac{\mu}{k_r}\right) \psi_b(\theta,z,t)$,
$\mathbf{N}_{0z} \equiv \frac{\partial p(r,0,z,t)}{\partial \theta} = -\left(\frac{\mu}{k_\theta}\right) \psi_{0z}(r,z,t)$ and
$\mathbf{N}_{\vartheta z} \equiv \frac{\partial p(r,\vartheta,z,t)}{\partial \theta} = -\left(\frac{\mu}{k_\theta}\right) \psi_{\vartheta z}(r,z,t)$

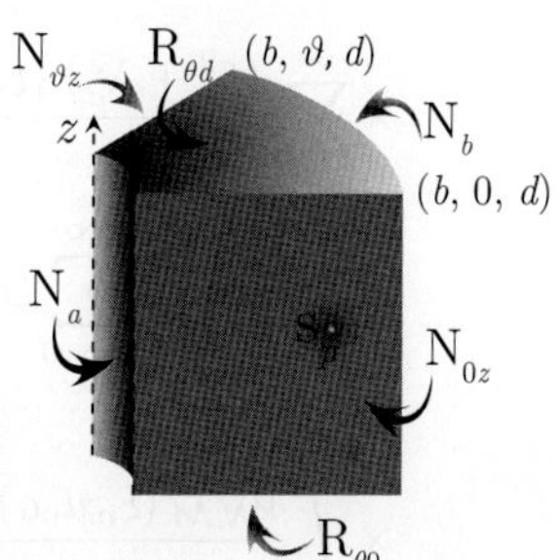

$$\overline{p} = \frac{4q(s)e^{-st_0}}{\vartheta(b^2-a^2)\phi c_t}\sum_{l=1}^{\infty}\frac{\{\xi_l\cos(\xi_l z_0)+\lambda_0\sin(\xi_l z_0)\}\{\xi_l\cos(\xi_l z)+\lambda_0\sin(\xi_l z)\}}{\left\{(\xi_l^2+\lambda_0^2)\left(d+\frac{\lambda_d}{\xi_l^2+\lambda_d^2}\right)+\lambda_0\right\}(\eta_z\xi_l^2+s)}+$$

$$+\frac{2\pi^2 q(s)e^{-st_0}}{\vartheta\phi c_t}\sum_{m=0}^{\infty}\ni_m\cos(\xi_m\theta)\sum_{n=1}^{\infty}\frac{\xi_n^2 J_{\mathcal{M}}'^2(\xi_n b)\mathcal{V}_{\mathcal{N}\mathcal{M}}(\xi r_0,a)\mathcal{V}_{\mathcal{N}\mathcal{M}}(\xi r,a)}{\left[\left\{1-\left(\frac{\mathcal{M}}{\xi_n b}\right)^2\right\}J_{\mathcal{M}}'^2(\xi_n a)-\left\{1-\left(\frac{\mathcal{M}}{\xi_n a}\right)^2\right\}J_{\mathcal{M}}'^2(\xi_n b)\right]}\times$$

$$\times\sum_{l=1}^{\infty}\frac{\{\xi_l\cos(\xi_l z_0)+\lambda_0\sin(\xi_l z_0)\}\{\xi_l\cos(\xi_l z)+\lambda_0\sin(\xi_l z)\}}{\left\{(\xi_l^2+\lambda_0^2)\left(d+\frac{\lambda_d}{\xi_l^2+\lambda_d^2}\right)+\lambda_0\right\}(\eta_r\xi_n^2+\eta_z\xi_l^2+s)}+$$

$$+\frac{4}{\vartheta(b^2-a^2)\phi c_t}\sum_{l=1}^{\infty}\frac{\left\{a\overline{\overline{\overline{\psi}}}_a(0,\xi_l,s)-b\overline{\overline{\overline{\psi}}}_b(0,\xi_l,s)\right\}\{\xi_l\cos(\xi_l z)+\lambda_0\sin(\xi_l z)\}}{\left\{(\xi_l^2+\lambda_0^2)\left(d+\frac{\lambda_d}{\xi_l^2+\lambda_d^2}\right)+\lambda_0\right\}(\eta_z\xi_l^2+s)}+$$

$$+\frac{4\pi}{\vartheta\phi c_t}\sum_{m=0}^{\infty}\ni_m\cos(\xi_m\theta)\sum_{n=1}^{\infty}\frac{\xi_n J_{\mathcal{M}}'^2(\xi_n b)\mathcal{V}_{\mathcal{N}\mathcal{M}}(\xi r,a)}{\left[\left\{1-\left(\frac{\mathcal{M}}{\xi_n b}\right)^2\right\}J_{\mathcal{M}}'^2(\xi_n a)-\left\{1-\left(\frac{\mathcal{M}}{\xi_n a}\right)^2\right\}J_{\mathcal{M}}'^2(\xi_n b)\right]}\times$$

$$\times\sum_{l=1}^{\infty}\frac{\overline{\overline{\overline{\psi}}}_a(\xi_m,\xi_l,s)\{\xi_l\cos(\xi_l z)+\lambda_0\sin(\xi_l z)\}}{\left\{(\xi_l^2+\lambda_0^2)\left(d+\frac{\lambda_d}{\xi_l^2+\lambda_d^2}\right)+\lambda_0\right\}(\eta_r\xi_n^2+\eta_z\xi_l^2+s)}-$$

$$-\frac{4\pi}{\vartheta\phi c_t}\sum_{m=0}^{\infty}\ni_m\cos(\xi_m\theta)\sum_{n=1}^{\infty}\frac{\xi_n J_{\mathcal{M}}'(\xi_n a)J_{\mathcal{M}}'(\xi_n b)\mathcal{V}_{\mathcal{N}\mathcal{M}}(\xi r,a)}{\left[\left\{1-\left(\frac{\mathcal{M}}{\xi_n b}\right)^2\right\}J_{\mathcal{M}}'^2(\xi_n a)-\left\{1-\left(\frac{\mathcal{M}}{\xi_n a}\right)^2\right\}J_{\mathcal{M}}'^2(\xi_n b)\right]}\times$$

$$\times\sum_{l=1}^{\infty}\frac{\overline{\overline{\overline{\psi}}}_b(\xi_m,\xi_l,s)\{\xi_l\cos(\xi_l z)+\lambda_0\sin(\xi_l z)\}}{\left\{(\xi_l^2+\lambda_0^2)\left(d+\frac{\lambda_d}{\xi_l^2+\lambda_d^2}\right)+\lambda_0\right\}(\eta_r\xi_n^2+\eta_z\xi_l^2+s)}+$$

$$+\frac{4}{\vartheta(b^2-a^2)\phi c_t}\times$$

$$\times\sum_{l=1}^{\infty}\frac{\{\xi_l\cos(\xi_l z)+\lambda_0\sin(\xi_l z)\}\int_a^b u\left[\overline{\overline{\psi}}_{\theta 0}(u,0,s)-\{\xi_l\cos(\xi_l d)+\lambda_0\sin(\xi_l d)\}\overline{\overline{\psi}}_{\theta d}(u,0,s)\right]du}{\left\{(\xi_l^2+\lambda_0^2)\left(d+\frac{\lambda_d}{\xi_l^2+\lambda_d^2}\right)+\lambda_0\right\}(\eta_z\xi_l^2+s)}+$$

$$+\frac{2\pi^2}{\vartheta\phi c_t}\sum_{m=0}^{\infty}\ni_m\cos(\xi_m\theta)\sum_{n=1}^{\infty}\frac{\xi_n^2 J_{\mathcal{M}}'^2(\xi_n b)\mathcal{V}_{\mathcal{N}\mathcal{M}}(\xi r,a)}{\left[\left\{1-\left(\frac{\mathcal{M}}{\xi_n b}\right)^2\right\}J_{\mathcal{M}}'^2(\xi_n a)-\left\{1-\left(\frac{\mathcal{M}}{\xi_n a}\right)^2\right\}J_{\mathcal{M}}'^2(\xi_n b)\right]}\times$$

$$\times\sum_{l=1}^{\infty}\frac{\left[\xi_l\overline{\overline{\overline{\psi}}}_{\theta 0}(\xi_n,\xi_m,s)-\{\xi_l\cos(\xi_l d)+\lambda_0\sin(\xi_l d)\}\overline{\overline{\overline{\psi}}}_{\theta d}(\xi_n,\xi_m,s)\right]\{\xi_l\cos(\xi_l z)+\lambda_0\sin(\xi_l z)\}}{\left\{(\xi_l^2+\lambda_0^2)\left(d+\frac{\lambda_d}{\xi_l^2+\lambda_d^2}\right)+\lambda_0\right\}(\eta_r\xi_n^2+\eta_z\xi_l^2+s)}+$$

$$+\frac{4}{\vartheta(b^2-a^2)\phi c_t}\int_a^b\frac{1}{u}\int_0^d\{\overline{\psi}_{0z}(u,w,s)-\overline{\psi}_{\vartheta z}(u,w,s)\}\times$$

$$\times\sum_{l=1}^{\infty}\frac{(\xi_l^2+\lambda_d^2)\{\xi_l\cos(\xi_l w)+\lambda_0\sin(\xi_l w)\}\{\xi_l\cos(\xi_l z)+\lambda_0\sin(\xi_l z)\}}{\{d(\xi_l^2+\lambda_d^2)+\lambda_d\}(\eta_z\xi_l^2+s)}dwdu+$$

$$+\frac{\pi^2}{2\vartheta\phi c_t\sqrt{\eta_z}}\sum_{m=0}^{\infty}\ni_m\cos(\xi_m\theta)\sum_{n=1}^{\infty}\frac{\xi_n^2 J_{\mathcal{M}}'^2(\xi_n b)\mathcal{V}_{\mathcal{N}\mathcal{M}}(\xi_n r,a)}{\left[\left\{1-\left(\frac{\mathcal{M}}{\xi_n b}\right)^2\right\}J_{\mathcal{M}}'^2(\xi_n a)-\left\{1-\left(\frac{\mathcal{M}}{\xi_n a}\right)^2\right\}J_{\mathcal{M}}'^2(\xi_n b)\right]}\times$$

$$\times\int_a^b\frac{\mathcal{V}_{\mathcal{N}\mathcal{M}}(\xi_n u,a)}{u}\int_0^d\left\{\overline{\psi}_{0z}(u,w,s)+(-1)^{m+1}\overline{\psi}_{\vartheta z}(u,w,s)\right\}\times$$

$$\times\sum_{l=1}^{\infty}\frac{\left(\xi_l^2+\lambda_d^2\right)\{\xi_l\cos(\xi_l w)+\lambda_0\sin(\xi_l w)\}\{\xi_l\cos(\xi_l z)+\lambda_0\sin(\xi_l z)\}}{\{d\left(\xi_l^2+\lambda_d^2\right)+\lambda_d\}\left(\eta_r\xi_n^2+\eta_z\xi_l^2+s\right)}dwdu+$$

$$+\frac{4}{\vartheta\left(b^2-a^2\right)}\sum_{l=1}^{\infty}\frac{\{\xi_l\cos(\xi_l z)+\lambda_0\sin(\xi_l z)\}\int_a^b\overline{\overline{\varphi}}(u,0,\xi_l)\,udu}{\left\{\left(\xi_l^2+\lambda_0^2\right)\left(d+\frac{\lambda_d}{\xi_l^2+\lambda_d^2}\right)+\lambda_0\right\}\left(\eta_z\xi_l^2+s\right)}+$$

$$+\frac{2\pi^2}{\vartheta}\sum_{m=0}^{\infty}\ni_m\cos(\xi_m\theta)\sum_{n=1}^{\infty}\frac{\xi_n^2J_{\mathcal{M}}'^2(\xi_n b)\,\mathcal{V}_{\mathcal{NM}}(\xi r,a)}{\left[\left\{1-\left(\frac{\mathcal{M}}{\xi_n b}\right)^2\right\}J_{\mathcal{M}}'^2(\xi_n a)-\left\{1-\left(\frac{\mathcal{M}}{\xi_n a}\right)^2\right\}J_{\mathcal{M}}'^2(\xi_n b)\right]}\times$$

$$\times\sum_{l=1}^{\infty}\frac{\overline{\overline{\overline{\varphi}}}(\xi_n,\xi_m,\xi_l)\{\xi_l\cos(\xi_l z)+\lambda_0\sin(\xi_l z)\}}{\left\{\left(\xi_l^2+\lambda_0^2\right)\left(d+\frac{\lambda_d}{\xi_l^2+\lambda_d^2}\right)+\lambda_0\right\}\left(\eta_r\xi_n^2+\eta_z\xi_l^2+s\right)}\tag{29.112.1}$$

where $\mathcal{V}_{\mathcal{NM}}(\xi_n r,a)=J_{\mathcal{M}}(\xi_n r)Y_{\mathcal{M}}'(\xi_n a)-Y_{\mathcal{M}}(\xi_n r)J_{\mathcal{M}}'(\xi_n a)$. The eigenvalues are $\xi_0=0$ and ξ_n. ξ_n, $n=1,2,...$, are the positive roots of the transcendental equation $\mathcal{V}_{\mathcal{NM}}'(\xi_n b,a)=0$, ξ_l are the positive roots of $\tan(\xi_l d)=\frac{\xi_l(\lambda_0+\lambda_d)}{\xi_l^2-\lambda_0\lambda_d}$, $l=1,2,...$, $\xi_m=\frac{m\pi}{d}$, $m=0,1,...$, $\overline{\overline{\psi}}_{\theta 0}(u,0,s)=\int_0^\vartheta\overline{\psi}_{\theta 0}(u,v,s)dv$,
$\overline{\overline{\psi}}_{\theta d}(u,0,s)=\int_0^\vartheta\overline{\psi}_{\theta d}(u,v,s)dv$, $\overline{\overline{\overline{\psi}}}_{\theta 0}(\xi_n,\xi_m,s)=\int_0^a u\mathcal{V}_{\mathcal{NM}}(\xi_n u,a)\int_0^\vartheta\overline{\psi}_0(u,v,s)\cos(\xi_m v)dvdu$,
$\overline{\overline{\overline{\psi}}}_{\theta d}(\xi_n,\xi_m,s)=\int_0^a u\mathcal{V}_{\mathcal{NM}}(\xi_n u,a)\int_0^\vartheta\overline{\psi}_{\theta d}(u,v,s)\cos(\xi_m v)dvdu$,
$\overline{\overline{\overline{\psi}}}_a(\xi_m,\xi_l,s)=\int_0^\vartheta\cos(\xi_m v)\int_0^d\overline{\psi}_a(v,w,s)\{\xi_l\cos(\xi_l w)+\lambda_0\sin(\xi_l w)\}dwdv$,
$\overline{\overline{\overline{\psi}}}_b(\xi_m,\xi_l,s)=\int_0^\vartheta\cos(\xi_m v)\int_0^d\overline{\psi}_b(v,w,s)\{\xi_l\cos(\xi_l w)+\lambda_0\sin(\xi_l w)\}dwdv$,
$\overline{\overline{\varphi}}(u,0,\xi_l)=\int_0^\vartheta\int_0^d\varphi(u,v,w)\{\xi_l\cos(\xi_l w)+\lambda_0\sin(\xi_l w)\}dvdw$ and
$\overline{\overline{\overline{\varphi}}}(\xi_n,\xi_m,\xi_l)=\int_0^a u\mathcal{V}_{\mathcal{NM}}(\xi_n u,a)\int_0^\vartheta\cos(\xi_m v)\int_0^d\varphi(u,v,w)\{\xi_l\cos(\xi_l w)+\lambda_0\sin(\xi_l w)\}dwdvdu$.

$$p=\frac{4U(t-t_0)}{\vartheta(b^2-a^2)\phi c_t}\sum_{l=1}^{\infty}\frac{\{\xi_l\cos(\xi_l z_0)+\lambda_0\sin(\xi_l z_0)\}\{\xi_l\cos(\xi_l z)+\lambda_0\sin(\xi_l z)\}\int_0^{t-t_0}q(t-t_0-\tau)e^{-\eta_z\xi_l^2\tau}d\tau}{\left\{\left(\xi_l^2+\lambda_0^2\right)\left(d+\frac{\lambda_d}{\xi_l^2+\lambda_d^2}\right)+\lambda_0\right\}}+$$

$$+\frac{2\pi^2U(t-t_0)}{\vartheta\phi c_t}\sum_{m=0}^{\infty}\ni_m\cos(\xi_m\theta)\sum_{n=1}^{\infty}\frac{\xi_n^2J_{\mathcal{M}}'^2(\xi_n b)\,\mathcal{V}_{\mathcal{NM}}(\xi r_0,a)\,\mathcal{V}_{\mathcal{NM}}(\xi r,a)}{\left[\left\{1-\left(\frac{\mathcal{M}}{\xi_n b}\right)^2\right\}J_{\mathcal{M}}'^2(\xi_n a)-\left\{1-\left(\frac{\mathcal{M}}{\xi_n a}\right)^2\right\}J_{\mathcal{M}}'^2(\xi_n b)\right]}\times$$

$$\times\sum_{l=1}^{\infty}\frac{\{\xi_l\cos(\xi_l z_0)+\lambda_0\sin(\xi_l z_0)\}\{\xi_l\cos(\xi_l z)+\lambda_0\sin(\xi_l z)\}\int_0^{t-t_0}q(t-t_0-\tau)\,e^{-\left(\eta_r\xi_n^2+\eta_z\xi_l^2\right)\tau}d\tau}{\left\{\left(\xi_l^2+\lambda_0^2\right)\left(d+\frac{\lambda_d}{\xi_l^2+\lambda_d^2}\right)+\lambda_0\right\}}+$$

$$+\frac{4}{\vartheta(b^2-a^2)\phi c_t}\sum_{l=1}^{\infty}\frac{\{\xi_l\cos(\xi_l z)+\lambda_0\sin(\xi_l z)\}\int_0^t\left\{a\overline{\overline{\psi}}_a(\xi_m,\xi_l,t-\tau)-b\overline{\overline{\psi}}_b(\xi_m,\xi_l,t-\tau)\right\}e^{-\eta_z\xi_l^2\tau}d\tau}{\left\{\left(\xi_l^2+\lambda_0^2\right)\left(d+\frac{\lambda_d}{\xi_l^2+\lambda_d^2}\right)+\lambda_0\right\}}+$$

$$+\frac{4\pi}{\vartheta\phi c_t}\sum_{m=0}^{\infty}\ni_m\cos(\xi_m\theta)\sum_{n=1}^{\infty}\frac{\xi_nJ_{\mathcal{M}}'^2(\xi_n b)\,\mathcal{V}_{\mathcal{NM}}(\xi r,a)}{\left[\left\{1-\left(\frac{\mathcal{M}}{\xi_n b}\right)^2\right\}J_{\mathcal{M}}'^2(\xi_n a)-\left\{1-\left(\frac{\mathcal{M}}{\xi_n a}\right)^2\right\}J_{\mathcal{M}}'^2(\xi_n b)\right]}\times$$

$$\times\sum_{l=1}^{\infty}\frac{\{\xi_l\cos(\xi_l z)+\lambda_0\sin(\xi_l z)\}\int_0^t\overline{\overline{\psi}}_a(\xi_m,\xi_l,t-\tau)\,e^{-\left(\eta_r\xi_n^2+\eta_z\xi_l^2\right)\tau}d\tau}{\left\{\left(\xi_l^2+\lambda_0^2\right)\left(d+\frac{\lambda_d}{\xi_l^2+\lambda_d^2}\right)+\lambda_0\right\}}-$$

$$-\frac{4\pi}{\vartheta\phi c_t}\sum_{m=0}^{\infty}\ni_m\cos(\xi_m\theta)\sum_{n=1}^{\infty}\frac{\xi_nJ_{\mathcal{M}}'(\xi_n a)\,J_{\mathcal{M}}'(\xi_n b)\,\mathcal{V}_{\mathcal{NM}}(\xi r,a)}{\left[\left\{1-\left(\frac{\mathcal{M}}{\xi_n b}\right)^2\right\}J_{\mathcal{M}}'^2(\xi_n a)-\left\{1-\left(\frac{\mathcal{M}}{\xi_n a}\right)^2\right\}J_{\mathcal{M}}'^2(\xi_n b)\right]}\times$$

$$\times\sum_{l=1}^{\infty}\frac{\{\xi_l\cos(\xi_l z)+\lambda_0\sin(\xi_l z)\}\int_0^t\overline{\overline{\psi}}_b(\xi_m,\xi_l,t-\tau)\,e^{-\left(\eta_r\xi_n^2+\eta_z\xi_l^2\right)\tau}d\tau}{\left\{\left(\xi_l^2+\lambda_0^2\right)\left(d+\frac{\lambda_d}{\xi_l^2+\lambda_d^2}\right)+\lambda_0\right\}}+$$

$$+\frac{4}{\vartheta\left(b^2-a^2\right)\phi c_t}\sum_{l=1}^{\infty}\frac{\left\{\xi_l\cos\left(\xi_l z\right)+\lambda_0\sin\left(\xi_l z\right)\right\}}{\left\{\left(\xi_l^2+\lambda_0^2\right)\left(d+\frac{\lambda_d}{\xi_l^2+\lambda_d^2}\right)+\lambda_0\right\}}\times$$

$$\times\int_0^t e^{-\eta_z\xi_l^2\tau}\int_a^b u\left[\overline{\psi}_{\theta 0}\left(u,0,t-\tau\right)-\left\{\xi_l\cos\left(\xi_l d\right)+\lambda_0\sin\left(\xi_l d\right)\right\}\overline{\psi}_{\theta d}\left(u,0,t-\tau\right)\right]dud\tau+$$

$$+\frac{2\pi^2}{\vartheta\phi c_t}\sum_{m=0}^{\infty}\ni_m\cos\left(\xi_m\theta\right)\sum_{n=1}^{\infty}\frac{\xi_n^2 J_{\mathcal{M}}'^2\left(\xi_n b\right)\mathcal{V}_{\mathcal{NM}}\left(\xi r,a\right)}{\left[\left\{1-\left(\frac{\mathcal{M}}{\xi_n b}\right)^2\right\}J_{\mathcal{M}}'^2\left(\xi_n a\right)-\left\{1-\left(\frac{\mathcal{M}}{\xi_n a}\right)^2\right\}J_{\mathcal{M}}'^2\left(\xi_n b\right)\right]}\times$$

$$\times\sum_{l=1}^{\infty}\frac{\left\{\xi_l\cos\left(\xi_l z\right)+\lambda_0\sin\left(\xi_l z\right)\right\}}{\left\{\left(\xi_l^2+\lambda_0^2\right)\left(d+\frac{\lambda_d}{\xi_l^2+\lambda_d^2}\right)+\lambda_0\right\}}\times$$

$$\times\int_0^t\left[\xi_l\overline{\overline{\psi}}_{\theta 0}\left(\xi_n,\xi_m,t-\tau\right)-\left\{\xi_l\cos\left(\xi_l d\right)+\lambda_0\sin\left(\xi_l d\right)\right\}\overline{\overline{\psi}}_{\theta d}\left(\xi_n,\xi_m,t-\tau\right)\right]e^{-\left(\eta_r\xi_n^2+\eta_z\xi_l^2\right)\tau}d\tau+$$

$$+\frac{4}{\vartheta\left(b^2-a^2\right)\phi c_t}\int_a^b\frac{1}{u}\int_0^d\int_0^t\left\{\psi_{0z}\left(u,w,t-\tau\right)-\psi_{\vartheta z}\left(u,w,t-\tau\right)\right\}\times$$

$$\times\sum_{l=1}^{\infty}\frac{\left(\xi_l^2+\lambda_d^2\right)\left\{\xi_l\cos\left(\xi_l w\right)+\lambda_0\sin\left(\xi_l w\right)\right\}\left\{\xi_l\cos\left(\xi_l z\right)+\lambda_0\sin\left(\xi_l z\right)\right\}e^{-\eta_z\xi_l^2\tau}}{\left\{d\left(\xi_l^2+\lambda_d^2\right)+\lambda_d\right\}}d\tau dwdu+$$

$$+\frac{\pi^2}{2\vartheta d\phi c_t}\sum_{m=0}^{\infty}\ni_m\cos\left(\xi_m\theta\right)\sum_{n=1}^{\infty}\frac{\xi_n^2 J_{\mathcal{M}}'^2\left(\xi_n b\right)\mathcal{V}_{\mathcal{NM}}\left(\xi_n r,a\right)}{\left[\left\{1-\left(\frac{\mathcal{M}}{\xi_n b}\right)^2\right\}J_{\mathcal{M}}'^2\left(\xi_n a\right)-\left\{1-\left(\frac{\mathcal{M}}{\xi_n a}\right)^2\right\}J_{\mathcal{M}}'^2\left(\xi_n b\right)\right]}\times$$

$$\int_0^t e^{-\eta_r\xi_n^2\tau}\int_a^b\frac{\mathcal{V}_{\mathcal{NM}}\left(\xi_n u,a\right)}{u}\int_0^d\left\{\psi_{0z}\left(u,w,t-\tau\right)+\left(-1\right)^{m+1}\psi_{\vartheta z}\left(u,w,t-\tau\right)\right\}d\tau\times$$

$$\times\sum_{l=1}^{\infty}\frac{\left(\xi_l^2+\lambda_d^2\right)\left\{\xi_l\cos\left(\xi_l w\right)+\lambda_0\sin\left(\xi_l w\right)\right\}\left\{\xi_l\cos\left(\xi_l z\right)+\lambda_0\sin\left(\xi_l z\right)\right\}e^{-\eta_z\xi_l^2\tau}}{\left\{d\left(\xi_l^2+\lambda_d^2\right)+\lambda_d\right\}}dwdud\tau+$$

$$+\frac{4}{\vartheta\left(b^2-a^2\right)}\sum_{l=1}^{\infty}\frac{\left\{\xi_l\cos\left(\xi_l z\right)+\lambda_0\sin\left(\xi_l z\right)\right\}e^{-\eta_z\xi_l^2 t}\int_a^b\overline{\overline{\varphi}}\left(u,0,\xi_l\right)udu}{\left\{\left(\xi_l^2+\lambda_0^2\right)\left(d+\frac{\lambda_d}{\xi_l^2+\lambda_d^2}\right)+\lambda_0\right\}}+$$

$$+\frac{2\pi^2}{\vartheta}\sum_{m=0}^{\infty}\ni_m\cos\left(\xi_m\theta\right)\sum_{n=1}^{\infty}\frac{\xi_n^2 J_{\mathcal{M}}'^2\left(\xi_n b\right)\mathcal{V}_{\mathcal{NM}}\left(\xi r,a\right)e^{-\eta_r\xi_n^2 t}}{\left[\left\{1-\left(\frac{\mathcal{M}}{\xi_n b}\right)^2\right\}J_{\mathcal{M}}'^2\left(\xi_n a\right)-\left\{1-\left(\frac{\mathcal{M}}{\xi_n a}\right)^2\right\}J_{\mathcal{M}}'^2\left(\xi_n b\right)\right]}\times$$

$$\times\sum_{l=1}^{\infty}\frac{\overline{\overline{\overline{\varphi}}}\left(\xi_n,\xi_m,\xi_l\right)\left\{\xi_l\cos\left(\xi_l z\right)+\lambda_0\sin\left(\xi_l z\right)\right\}e^{-\eta_z\xi_l^2 t}}{\left\{\left(\xi_l^2+\lambda_0^2\right)\left(d+\frac{\lambda_d}{\xi_l^2+\lambda_d^2}\right)+\lambda_0\right\}}\tag{29.112.2}$$

where $\overline{\overline{\psi}}_a\left(\xi_m,\xi_l,t\right)=\int_0^{\vartheta}\cos\left(\xi_m v\right)\int_0^d\psi_a\left(v,w,t\right)\left\{\xi_l\cos\left(\xi_l w\right)+\lambda_0\sin\left(\xi_l w\right)\right\}dwdv$,
$\overline{\overline{\psi}}_b\left(\xi_m,\xi_l,t\right)=\int_0^{\vartheta}\cos\left(\xi_m v\right)\int_0^d\psi_b\left(v,w,t\right)\left\{\xi_l\cos\left(\xi_l w\right)+\lambda_0\sin\left(\xi_l w\right)\right\}dwdv$,
$\overline{\psi}_{\theta 0}\left(u,0,t\right)=\int_0^{\vartheta}\psi_{\theta 0}\left(u,v,t\right)dv$, $\overline{\psi}_{\theta d}\left(u,0,t\right)=\int_0^{\vartheta}\psi_{\theta d}\left(u,v,t\right)dv$,
$\overline{\overline{\psi}}_{\theta 0}\left(\xi_n,\xi_m,t\right)=\int_0^a u\mathcal{V}_{\mathcal{NM}}\left(\xi_n u,a\right)\int_0^{\vartheta}\psi_0\left(u,v,t\right)\cos\left(\xi_m v\right)dvdu$ and
$\overline{\overline{\psi}}_{\theta d}\left(\xi_n,\xi_m,t\right)=\int_0^a u\mathcal{V}_{\mathcal{NM}}\left(\xi_n u,a\right)\int_0^{\vartheta}\psi_{\theta d}\left(u,v,t\right)\cos\left(\xi_m v\right)dvdu$.

29.113 **The problem of 29.108, except**
$\mathbf{R}_{\theta 0} \equiv \frac{\partial p(r,\theta,0,t)}{\partial z} - \lambda_0 p(r,\theta,0,t) = -\left(\frac{\mu}{k_z}\right)\psi_{\theta 0}(r,\theta,t)$,
$\mathbf{R}_{\theta d} \equiv \frac{\partial p(r,\theta,d,t)}{\partial z} + \lambda_d p(r,\theta,d,t) = -\left(\frac{\mu}{k_z}\right)\psi_{\theta d}(r,\theta,t)$,
$\mathbf{N}_a \equiv \frac{\partial p(a,\theta,z,t)}{\partial r} = -\left(\frac{\mu}{k_r}\right)\psi_a(\theta,z,t)$,
$\mathbf{R}_b \equiv \frac{\partial p(b,\theta,z,t)}{\partial r} + \lambda p(b,\theta,z,t) = -\left(\frac{\mu}{k_r}\right)\psi_b(\theta,z,t)$,
$\mathbf{N}_{0z} \equiv \frac{\partial p(r,0,z,t)}{\partial \theta} = -\left(\frac{\mu}{k_\theta}\right)\psi_{0z}(r,z,t)$ **and**
$\mathbf{N}_{\vartheta z} \equiv \frac{\partial p(r,\vartheta,z,t)}{\partial \theta} = -\left(\frac{\mu}{k_\theta}\right)\psi_{\vartheta z}(r,z,t)$

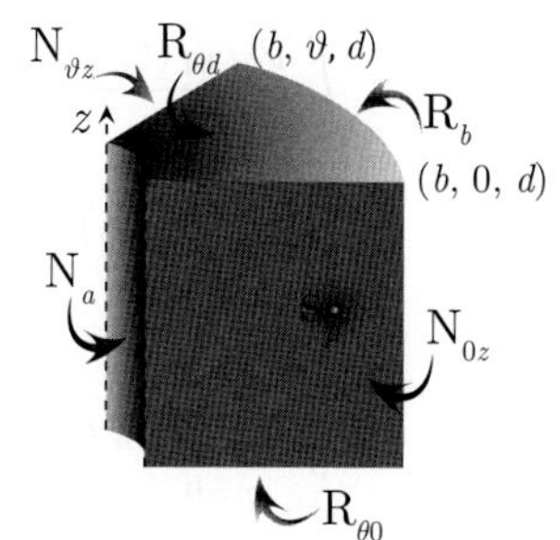

$$
\begin{aligned}
\overline{p} = & \frac{2\pi^2 q(s) e^{-st_0}}{\vartheta\phi c_t} \sum_{m=0}^{\infty} \ni_m \cos(\xi_m\theta) \times \\
& \times \sum_{n=1}^{\infty} \frac{\xi_n^2 \{\xi_n J'_{\mathcal{M}}(\xi_n b) + \lambda J_{\mathcal{M}}(\xi_n b)\}^2 \mathcal{V}_{\mathcal{NM}}(\xi r_0, a)\mathcal{V}_{\mathcal{NM}}(\xi r, a)}{\left[\left\{\xi_n^2 + \lambda^2 - \left(\frac{\mathcal{M}}{b}\right)^2\right\} J'^2_{\mathcal{M}}(\xi_n a) - \left\{1 - \left(\frac{\mathcal{M}}{\xi_n a}\right)^2\right\}\{\xi_n J'_{\mathcal{M}}(\xi_n b) + \lambda J_{\mathcal{M}}(\xi_n b)\}^2\right]} \times \\
& \times \sum_{l=1}^{\infty} \frac{\{\xi_l \cos(\xi_l z_0) + \lambda_0 \sin(\xi_l z_0)\}\{\xi_l \cos(\xi_l z) + \lambda_0 \sin(\xi_l z)\}}{\left\{(\xi_l^2 + \lambda_0^2)\left(d + \frac{\lambda_d}{\xi_l^2 + \lambda_d^2}\right) + \lambda_0\right\}(\eta_r \xi_n^2 + \eta_z \xi_l^2 + s)} + \\
& + \frac{4\pi}{\vartheta\phi c_t} \sum_{m=0}^{\infty} \ni_m \cos(\xi_m\theta) \times \\
& \times \sum_{n=1}^{\infty} \frac{\xi_n \{\xi_n J'_{\mathcal{M}}(\xi_n b) + \lambda J_{\mathcal{M}}(\xi_n b)\}^2 \mathcal{V}_{\mathcal{NM}}(\xi r, a)}{\left[\left\{\xi_n^2 + \lambda^2 - \left(\frac{\mathcal{M}}{b}\right)^2\right\} J'^2_{\mathcal{M}}(\xi_n a) - \left\{1 - \left(\frac{\mathcal{M}}{\xi_n a}\right)^2\right\}\{\xi_n J'_{\mathcal{M}}(\xi_n b) + \lambda J_{\mathcal{M}}(\xi_n b)\}^2\right]} \times \\
& \times \sum_{l=1}^{\infty} \frac{\overline{\overline{\overline{\psi}}}_a(\xi_m, \xi_l, s)\{\xi_l \cos(\xi_l z) + \lambda_0 \sin(\xi_l z)\}}{\left\{(\xi_l^2 + \lambda_0^2)\left(d + \frac{\lambda_d}{\xi_l^2 + \lambda_d^2}\right) + \lambda_0\right\}(\eta_r \xi_n^2 + \eta_z \xi_l^2 + s)} - \\
& - \frac{4\pi}{\vartheta\phi c_t} \sum_{m=0}^{\infty} \ni_m \cos(\xi_m\theta) \times \\
& \times \sum_{n=1}^{\infty} \frac{\xi_n^2 J'_{\mathcal{M}}(\xi_n a)\{\xi_n J'_{\mathcal{M}}(\xi_n b) + \lambda J_{\mathcal{M}}(\xi_n b)\} \mathcal{V}_{\mathcal{NM}}(\xi r, a)}{\left[\left\{\xi_n^2 + \lambda^2 - \left(\frac{\mathcal{M}}{b}\right)^2\right\} J'^2_{\mathcal{M}}(\xi_n a) - \left\{1 - \left(\frac{\mathcal{M}}{\xi_n a}\right)^2\right\}\{\xi_n J'_{\mathcal{M}}(\xi_n b) + \lambda J_{\mathcal{M}}(\xi_n b)\}^2\right]} \times \\
& \times \sum_{l=1}^{\infty} \frac{\overline{\overline{\overline{\psi}}}_b(\xi_m, \xi_l, s)\{\xi_l \cos(\xi_l z) + \lambda_0 \sin(\xi_l z)\}}{\left\{(\xi_l^2 + \lambda_0^2)\left(d + \frac{\lambda_d}{\xi_l^2 + \lambda_d^2}\right) + \lambda_0\right\}(\eta_r \xi_n^2 + \eta_z \xi_l^2 + s)} + \\
& + \frac{2\pi^2}{\vartheta\phi c_t} \sum_{m=0}^{\infty} \ni_m \cos(\xi_m\theta) \times \\
& \times \sum_{n=1}^{\infty} \frac{\xi_n^2 \{\xi_n J'_{\mathcal{M}}(\xi_n b) + \lambda J_{\mathcal{M}}(\xi_n b)\}^2 \mathcal{V}_{\mathcal{NM}}(\xi r, a)}{\left[\left\{\xi_n^2 + \lambda^2 - \left(\frac{\mathcal{M}}{b}\right)^2\right\} J'^2_{\mathcal{M}}(\xi_n a) - \left\{1 - \left(\frac{\mathcal{M}}{\xi_n a}\right)^2\right\}\{\xi_n J'_{\mathcal{M}}(\xi_n b) + \lambda J_{\mathcal{M}}(\xi_n b)\}^2\right]} \times \\
& \times \sum_{l=1}^{\infty} \frac{\left[\xi_l \overline{\overline{\overline{\psi}}}_{\theta 0}(\xi_n, \xi_m, s) - \{\xi_l \cos(\xi_l d) + \lambda_0 \sin(\xi_l d)\}\overline{\overline{\overline{\psi}}}_{\theta d}(\xi_n, \xi_m, s)\right]\{\xi_l \cos(\xi_l z) + \lambda_0 \sin(\xi_l z)\}}{\left\{(\xi_l^2 + \lambda_0^2)\left(d + \frac{\lambda_d}{\xi_l^2 + \lambda_d^2}\right) + \lambda_0\right\}(\eta_r \xi_n^2 + \eta_z \xi_l^2 + s)} + \\
& + \frac{2\pi^2}{\vartheta\phi c_t} \sum_{m=0}^{\infty} \ni_m \cos(\xi_m\theta) \times \\
& \times \sum_{n=1}^{\infty} \frac{\xi_n^2 \{\xi_n J'_{\mathcal{M}}(\xi_n b) + \lambda J_{\mathcal{M}}(\xi_n b)\}^2 \mathcal{V}_{\mathcal{NM}}(\xi r, a)}{\left[\left\{\xi_n^2 + \lambda^2 - \left(\frac{\mathcal{M}}{b}\right)^2\right\} J'^2_{\mathcal{M}}(\xi_n a) - \left\{1 - \left(\frac{\mathcal{M}}{\xi_n a}\right)^2\right\}\{\xi_n J'_{\mathcal{M}}(\xi_n b) + \lambda J_{\mathcal{M}}(\xi_n b)\}^2\right]} \times
\end{aligned}
$$

$$\times \int_0^a \frac{\mathcal{V}_{\mathcal{NM}}(\xi_n u, a)}{u} \int_0^d \left\{ \overline{\psi}_{0z}(u,w,s) + (-1)^{m+1} \overline{\psi}_{\vartheta z}(u,w,s) \right\} \times$$
$$\times \sum_{l=1}^{\infty} \frac{(\xi_l^2+\lambda_d^2)\{\xi_l \cos(\xi_l w) + \lambda_0 \sin(\xi_l w)\}\{\xi_l \cos(\xi_l z) + \lambda_0 \sin(\xi_l z)\}}{\{d(\xi_l^2+\lambda_d^2)+\lambda_d\}(\eta_r \xi_n^2 + \eta_z \xi_l^2 + s)} dwdu +$$
$$+ \frac{2\pi^2}{\vartheta} \sum_{m=0}^{\infty} \ni_m \cos(\xi_m \theta) \times$$
$$\times \sum_{n=1}^{\infty} \frac{\xi_n^2 \{\xi_n J'_{\mathcal{M}}(\xi_n b) + \lambda J_{\mathcal{M}}(\xi_n b)\}^2 \mathcal{V}_{\mathcal{NM}}(\xi r, a)}{\left[\left\{\xi_n^2 + \lambda^2 - \left(\frac{\mathcal{M}}{b}\right)^2\right\} J'^2_{\mathcal{M}}(\xi_n a) - \left\{1 - \left(\frac{\mathcal{M}}{\xi_n a}\right)^2\right\} \{\xi_n J'_{\mathcal{M}}(\xi_n b) + \lambda J_{\mathcal{M}}(\xi_n b)\}^2\right]} \times$$
$$\times \sum_{l=1}^{\infty} \frac{\overline{\overline{\overline{\varphi}}}(\xi_n, \xi_m, \xi_l)\{\xi_l \cos(\xi_l z) + \lambda_0 \sin(\xi_l z)\}}{\left\{(\xi_l^2+\lambda_0^2)\left(d + \frac{\lambda_d}{\xi_l^2+\lambda_d^2}\right) + \lambda_0\right\}(\eta_r \xi_n^2 + \eta_z \xi_l^2 + s)} \qquad (29.113.1)$$

where $\mathcal{V}_{\mathcal{NM}}(\xi_n r, a) = J_{\mathcal{M}}(\xi_n r) Y'_{\mathcal{M}}(\xi_n a) - Y_{\mathcal{M}}(\xi_n r) J'_{\mathcal{M}}(\xi_n a)$, ξ_n, $n = 1, 2, ...$, are the positive roots of the transcendental equation $\xi_n \mathcal{V}'_{\mathcal{NM}}(\xi_n b, a) + \lambda \mathcal{V}_{\mathcal{NM}}(\xi_n b, a) = 0$, ξ_l are the positive roots of $\tan(\xi_l d) = \frac{\xi_l(\lambda_0+\lambda_d)}{\xi_l^2 - \lambda_0 \lambda_d}$, $l = 1, 2, ...$, $\xi_m = \frac{m\pi}{d}$, $m = 0, 1, ...$,
$\overline{\overline{\overline{\psi}}}_{\theta 0}(\xi_n, \xi_m, s) = \int_0^a u \mathcal{V}_{\mathcal{NM}}(\xi_n u, a) \int_0^{\vartheta} \overline{\psi}_0(u, v, s) \cos(\xi_m v) dvdu$,
$\overline{\overline{\overline{\psi}}}_{\theta d}(\xi_n, \xi_m, s) = \int_0^a u \mathcal{V}_{\mathcal{NM}}(\xi_n u, a) \int_0^{\vartheta} \overline{\psi}_{\theta d}(u, v, s) \cos(\xi_m v) dvdu$,
$\overline{\overline{\overline{\psi}}}_a(\xi_m, \xi_l, s) = \int_0^{\vartheta} \cos(\xi_m v) \int_0^d \overline{\psi}_a(v, w, s) \{\xi_l \cos(\xi_l w) + \lambda_0 \sin(\xi_l w)\} dwdv$,
$\overline{\overline{\overline{\psi}}}_b(\xi_m, \xi_l, s) = \int_0^{\vartheta} \cos(\xi_m v) \int_0^d \overline{\psi}_b(v, w, s) \{\xi_l \cos(\xi_l w) + \lambda_0 \sin(\xi_l w)\} dwdv$ and
$\overline{\overline{\overline{\varphi}}}(\xi_n, \xi_m, \xi_l) = \int_0^a u \mathcal{V}_{\mathcal{NM}}(\xi_n u, a) \int_0^{\vartheta} \cos(\xi_m v) \int_0^d \varphi(u, v, w) \{\xi_l \cos(\xi_l w) + \lambda_0 \sin(\xi_l w)\} dwdvdu$.

$$p = \frac{2\pi^2 U(t-t_0)}{\vartheta \phi c_t} \sum_{m=0}^{\infty} \ni_m \cos(\xi_m \theta) \times$$
$$\times \sum_{n=1}^{\infty} \frac{\xi_n^2 \{\xi_n J'_{\mathcal{M}}(\xi_n b) + \lambda J_{\mathcal{M}}(\xi_n b)\}^2 \mathcal{V}_{\mathcal{NM}}(\xi r_0, a) \mathcal{V}_{\mathcal{NM}}(\xi r, a)}{\left[\left\{\xi_n^2 + \lambda^2 - \left(\frac{\mathcal{M}}{b}\right)^2\right\} J'^2_{\mathcal{M}}(\xi_n a) - \left\{1 - \left(\frac{\mathcal{M}}{\xi_n a}\right)^2\right\} \{\xi_n J'_{\mathcal{M}}(\xi_n b) + \lambda J_{\mathcal{M}}(\xi_n b)\}^2\right]} \times$$
$$\times \sum_{l=1}^{\infty} \frac{\{\xi_l \cos(\xi_l z_0) + \lambda_0 \sin(\xi_l z_0)\}\{\xi_l \cos(\xi_l z) + \lambda_0 \sin(\xi_l z)\} \int_0^{t-t_0} q(t - t_0 - \tau) e^{-(\eta_r \xi_n^2 + \eta_z \xi_l^2)\tau} d\tau}{\left\{(\xi_l^2+\lambda_0^2)\left(d + \frac{\lambda_d}{\xi_l^2+\lambda_d^2}\right) + \lambda_0\right\}} +$$
$$+ \frac{4\pi}{\vartheta \phi c_t} \sum_{m=0}^{\infty} \ni_m \cos(\xi_m \theta) \times$$
$$\times \sum_{n=1}^{\infty} \frac{\xi_n \{\xi_n J'_{\mathcal{M}}(\xi_n b) + \lambda J_{\mathcal{M}}(\xi_n b)\}^2 \mathcal{V}_{\mathcal{NM}}(\xi r, a)}{\left[\left\{\xi_n^2 + \lambda^2 - \left(\frac{\mathcal{M}}{b}\right)^2\right\} J'^2_{\mathcal{M}}(\xi_n a) - \left\{1 - \left(\frac{\mathcal{M}}{\xi_n a}\right)^2\right\} \{\xi_n J'_{\mathcal{M}}(\xi_n b) + \lambda J_{\mathcal{M}}(\xi_n b)\}^2\right]} \times$$
$$\times \sum_{l=1}^{\infty} \frac{\{\xi_l \cos(\xi_l z) + \lambda_0 \sin(\xi_l z)\} \int_0^t \overline{\overline{\overline{\psi}}}_a(\xi_m, \xi_l, t-\tau) e^{-(\eta_r \xi_n^2 + \eta_z \xi_l^2)\tau} d\tau}{\left\{(\xi_l^2+\lambda_0^2)\left(d + \frac{\lambda_d}{\xi_l^2+\lambda_d^2}\right) + \lambda_0\right\}} -$$
$$- \frac{4\pi}{\vartheta \phi c_t} \sum_{m=0}^{\infty} \ni_m \cos(\xi_m \theta) \times$$
$$\times \sum_{n=1}^{\infty} \frac{\xi_n^2 J'_{\mathcal{M}}(\xi_n a) \{\lambda J_{\mathcal{M}}(\xi_n b) - \xi_n J'_{\mathcal{M}}(\xi_n b)\} \mathcal{V}_{\mathcal{NM}}(\xi r, a)}{\left[\left\{\xi_n^2 + \lambda^2 - \left(\frac{\mathcal{M}}{b}\right)^2\right\} J'^2_{\mathcal{M}}(\xi_n a) - \left\{1 - \left(\frac{\mathcal{M}}{\xi_n a}\right)^2\right\} \{\xi_n J'_{\mathcal{M}}(\xi_n b) + \lambda J_{\mathcal{M}}(\xi_n b)\}^2\right]} \times$$
$$\times \sum_{l=1}^{\infty} \frac{\{\xi_l \cos(\xi_l z) + \lambda_0 \sin(\xi_l z)\} \int_0^t \overline{\overline{\overline{\psi}}}_b(\xi_m, \xi_l, t-\tau) e^{-(\eta_r \xi_n^2 + \eta_z \xi_l^2)\tau} d\tau}{\left\{(\xi_l^2+\lambda_0^2)\left(d + \frac{\lambda_d}{\xi_l^2+\lambda_d^2}\right) + \lambda_0\right\}} +$$

$$
\begin{aligned}
&+\frac{2\pi^2}{\vartheta\phi c_t}\sum_{m=0}^{\infty}\ni_m\cos(\xi_m\theta)\times\\
&\times\sum_{n=1}^{\infty}\frac{\xi_n^2\{\xi_nJ'_{\mathcal{M}}(\xi_nb)+\lambda J_{\mathcal{M}}(\xi_nb)\}^2\mathcal{V}_{\mathcal{NM}}(\xi r,a)}{\left[\left\{\xi_n^2+\lambda^2-\left(\frac{\mathcal{M}}{b}\right)^2\right\}J'^2_{\mathcal{M}}(\xi_na)-\left\{1-\left(\frac{\mathcal{M}}{\xi_na}\right)^2\right\}\{\xi_nJ'_{\mathcal{M}}(\xi_nb)+\lambda J_{\mathcal{M}}(\xi_nb)\}^2\right]}\times\\
&\times\sum_{l=1}^{\infty}\frac{\{\xi_l\cos(\xi_lz)+\lambda_0\sin(\xi_lz)\}}{\left\{(\xi_l^2+\lambda_0^2)\left(d+\frac{\lambda_d}{\xi_l^2+\lambda_d^2}\right)+\lambda_0\right\}}\times\\
&\times\int_0^t\left[\xi_l\overline{\overline{\psi}}_{\theta0}(\xi_n,\xi_m,t-\tau)-\{\xi_l\cos(\xi_ld)+\lambda_0\sin(\xi_ld)\}\overline{\overline{\psi}}_{\theta d}(\xi_n,\xi_m,t-\tau)\right]e^{-(\eta_r\xi_n^2+\eta_z\xi_l^2)\tau}d\tau+\\
&+\frac{2\pi^2}{\vartheta\phi c_t}\sum_{m=0}^{\infty}\ni_m\cos(\xi_m\theta)\times\\
&\times\sum_{n=1}^{\infty}\frac{\xi_n^2\{\xi_nJ'_{\mathcal{M}}(\xi_nb)+\lambda J_{\mathcal{M}}(\xi_nb)\}^2\mathcal{V}_{\mathcal{NM}}(\xi r,a)}{\left[\left\{\xi_n^2+\lambda^2-\left(\frac{\mathcal{M}}{b}\right)^2\right\}J'^2_{\mathcal{M}}(\xi_na)-\left\{1-\left(\frac{\mathcal{M}}{\xi_na}\right)^2\right\}\{\xi_nJ'_{\mathcal{M}}(\xi_nb)+\lambda J_{\mathcal{M}}(\xi_nb)\}^2\right]}\times\\
&\times\int_0^a\frac{\mathcal{V}_{\mathcal{NM}}(\xi_nu,a)}{u}\int_0^d\int_0^t e^{-\eta_r\xi_n^2\tau}\left\{\psi_{0z}(u,w,t-\tau)+(-1)^{m+1}\psi_{\vartheta z}(u,w,t-\tau)\right\}\times\\
&\times\sum_{l=1}^{\infty}\frac{(\xi_l^2+\lambda_d^2)\{\xi_l\cos(\xi_lw)+\lambda_0\sin(\xi_lw)\}\{\xi_l\cos(\xi_lz)+\lambda_0\sin(\xi_lz)\}e^{-\eta_z\xi_l^2\tau}}{\{d(\xi_l^2+\lambda_d^2)+\lambda_d\}}d\tau dwdu+\\
&+\frac{2\pi^2}{\vartheta}\sum_{m=0}^{\infty}\ni_m\cos(\xi_m\theta)\times\\
&\times\sum_{n=1}^{\infty}\frac{\xi_n^2\{\xi_nJ'_{\mathcal{M}}(\xi_nb)+\lambda J_{\mathcal{M}}(\xi_nb)\}^2\mathcal{V}_{\mathcal{NM}}(\xi r,a)e^{-\eta_r\xi_n^2t}}{\left[\left\{\xi_n^2+\lambda^2-\left(\frac{\mathcal{M}}{b}\right)^2\right\}J'^2_{\mathcal{M}}(\xi_na)-\left\{1-\left(\frac{\mathcal{M}}{\xi_na}\right)^2\right\}\{\xi_nJ'_{\mathcal{M}}(\xi_nb)+\lambda J_{\mathcal{M}}(\xi_nb)\}^2\right]}\times\\
&\times\sum_{l=1}^{\infty}\frac{\overline{\overline{\overline{\varphi}}}(\xi_n,\xi_m,\xi_l)\{\xi_l\cos(\xi_lz)+\lambda_0\sin(\xi_lz)\}e^{-\eta_z\xi_l^2t}}{\left\{(\xi_l^2+\lambda_0^2)\left(d+\frac{\lambda_d}{\xi_l^2+\lambda_d^2}\right)+\lambda_0\right\}}
\end{aligned}
\tag{29.113.2}
$$

where $\overline{\overline{\psi}}_a(\xi_m,\xi_l,t)=\int_0^{\vartheta}\cos(\xi_mv)\int_0^d\psi_a(v,w,t)\{\xi_l\cos(\xi_lw)+\lambda_0\sin(\xi_lw)\}dwdv$,
$\overline{\overline{\psi}}_b(\xi_m,\xi_l,t)=\int_0^{\vartheta}\cos(\xi_mv)\int_0^d\psi_b(v,w,t)\{\xi_l\cos(\xi_lw)+\lambda_0\sin(\xi_lw)\}dwdv$,
$\overline{\overline{\psi}}_{\theta0}(\xi_n,\xi_m,t)=\int_0^a u\mathcal{V}_{\mathcal{NM}}(\xi_nu,a)\int_0^{\vartheta}\psi_0(u,v,t)\cos(\xi_mv)dvdu$ and
$\overline{\overline{\psi}}_{\theta d}(\xi_n,\xi_m,t)=\int_0^a u\mathcal{V}_{\mathcal{NM}}(\xi_nu,a)\int_0^{\vartheta}\psi_{\theta d}(u,v,t)\cos(\xi_mv)dvdu$.

29.114 **The problem of 29.108, except**
$\mathbf{R}_{\theta 0}\equiv\frac{\partial p(r,\theta,0,t)}{\partial z}-\lambda_0 p(r,\theta,0,t)=-\left(\frac{\mu}{k_z}\right)\psi_{\theta 0}(r,\theta,t)$,
$\mathbf{R}_{\theta d}\equiv\frac{\partial p(r,\theta,d,t)}{\partial z}+\lambda_d p(r,\theta,d,t)=-\left(\frac{\mu}{k_z}\right)\psi_{\theta d}(r,\theta,t)$,
$\mathbf{R}_a\equiv\frac{\partial p(a,\theta,z,t)}{\partial r}-\lambda p(a,\theta,z,t)=-\left(\frac{\mu}{k_r}\right)\psi_a(\theta,z,t)$,
$\mathbf{D}_b\equiv p(b,\theta,z,t)=\psi_b(\theta,z,t)$,
$\mathbf{N}_{0z}\equiv\frac{\partial p(r,0,z,t)}{\partial\theta}=-\left(\frac{\mu}{k_\theta}\right)\psi_{0z}(r,z,t)$ **and**
$\mathbf{N}_{\vartheta z}\equiv\frac{\partial p(r,\vartheta,z,t)}{\partial\theta}=-\left(\frac{\mu}{k_\theta}\right)\psi_{\vartheta z}(r,z,t)$

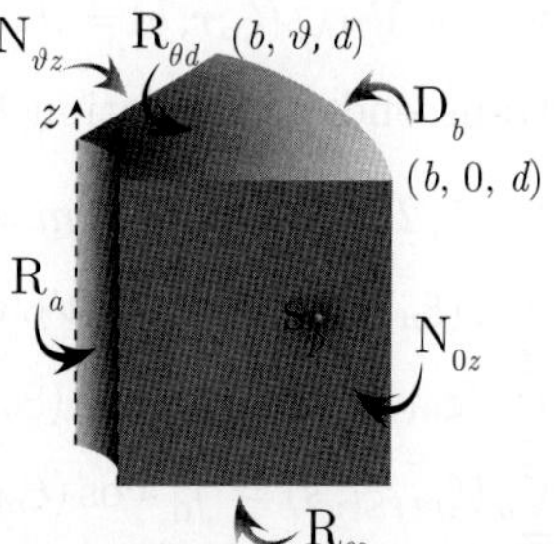

$$
\overline{p}=\frac{2\pi^2q(s)e^{-st_0}}{\vartheta\phi c_t}\sum_{m=0}^{\infty}\ni_m\cos(\xi_m\theta)\sum_{n=1}^{\infty}\frac{\xi_n^2\{\xi_nJ'_{\mathcal{M}}(\xi_na)-\lambda J_{\mathcal{M}}(\xi_na)\}^2\mathcal{V}_{\mathcal{DM}}(\xi r_0,b)\mathcal{V}_{\mathcal{DM}}(\xi r,b)}{\left[\{\xi_nJ'_{\mathcal{M}}(\xi_na)-\lambda J_{\mathcal{M}}(\xi_na)\}^2-\left\{\xi_n^2+\lambda^2-\left(\frac{\mathcal{M}}{a}\right)^2\right\}J^2_{\mathcal{M}}(\xi_nb)\right]}\times
$$

$$\times \sum_{l=1}^{\infty} \frac{\{\xi_l \cos(\xi_l z_0) + \lambda_0 \sin(\xi_l z_0)\}\{\xi_l \cos(\xi_l z) + \lambda_0 \sin(\xi_l z)\}}{\left\{(\xi_l^2 + \lambda_0^2)\left(d + \frac{\lambda_d}{\xi_l^2 + \lambda_d^2}\right) + \lambda_0\right\}(\eta_r \xi_n^2 + \eta_z \xi_l^2 + s)} +$$

$$+ \frac{4\pi}{\vartheta \phi c_t} \sum_{m=0}^{\infty} \ni_m \cos(\xi_m \theta) \sum_{n=1}^{\infty} \frac{\xi_n^2 J_{\mathcal{M}}(\xi_n b)\{\xi_n J'_{\mathcal{M}}(\xi_n a) - \lambda J_{\mathcal{M}}(\xi_n a)\} \mathcal{V}_{\mathcal{DM}}(\xi r, b)}{\left[\{\xi_n J'_{\mathcal{M}}(\xi_n a) - \lambda J_{\mathcal{M}}(\xi_n a)\}^2 - \left\{\xi_n^2 + \lambda^2 - \left(\frac{\mathcal{M}}{a}\right)^2\right\} J^2_{\mathcal{M}}(\xi_n b)\right]} \times$$

$$\times \sum_{l=1}^{\infty} \frac{\overline{\overline{\overline{\psi}}}_a(\xi_m, \xi_l, s)\{\xi_l \cos(\xi_l z) + \lambda_0 \sin(\xi_l z)\}}{\left\{(\xi_l^2 + \lambda_0^2)\left(d + \frac{\lambda_d}{\xi_l^2 + \lambda_d^2}\right) + \lambda_0\right\}(\eta_r \xi_n^2 + \eta_z \xi_l^2 + s)} +$$

$$+ \frac{4\pi \eta_r}{\vartheta} \sum_{m=0}^{\infty} \ni_m \cos(\xi_m \theta) \sum_{n=1}^{\infty} \frac{\xi_n^2 \{\xi_n J'_{\mathcal{M}}(\xi_n a) - \lambda J_{\mathcal{M}}(\xi_n a)\}^2 \mathcal{V}_{\mathcal{DM}}(\xi r, b)}{\left[\{\xi_n J'_{\mathcal{M}}(\xi_n a) - \lambda J_{\mathcal{M}}(\xi_n a)\}^2 - \left\{\xi_n^2 + \lambda^2 - \left(\frac{\mathcal{M}}{a}\right)^2\right\} J^2_{\mathcal{M}}(\xi_n b)\right]} \times$$

$$\times \sum_{l=1}^{\infty} \frac{\overline{\overline{\overline{\psi}}}_b(\xi_m, \xi_l, s)\{\xi_l \cos(\xi_l z) + \lambda_0 \sin(\xi_l z)\}}{\left\{(\xi_l^2 + \lambda_0^2)\left(d + \frac{\lambda_d}{\xi_l^2 + \lambda_d^2}\right) + \lambda_0\right\}(\eta_r \xi_n^2 + \eta_z \xi_l^2 + s)} +$$

$$+ \frac{2\pi^2}{\vartheta \phi c_t} \sum_{m=0}^{\infty} \ni_m \cos(\xi_m \theta) \sum_{n=1}^{\infty} \frac{\xi_n^2 \{\xi_n J'_{\mathcal{M}}(\xi_n a) - \lambda J_{\mathcal{M}}(\xi_n a)\}^2 \mathcal{V}_{\mathcal{DM}}(\xi r, b)}{\left[\{\xi_n J'_{\mathcal{M}}(\xi_n a) - \lambda J_{\mathcal{M}}(\xi_n a)\}^2 - \left\{\xi_n^2 + \lambda^2 - \left(\frac{\mathcal{M}}{a}\right)^2\right\} J^2_{\mathcal{M}}(\xi_n b)\right]} \times$$

$$\times \sum_{l=1}^{\infty} \frac{\left[\xi_l \overline{\overline{\overline{\psi}}}_{\theta 0}(\xi_n, \xi_m, s) - \{\xi_l \cos(\xi_l d) + \lambda_0 \sin(\xi_l d)\} \overline{\overline{\overline{\psi}}}_{\theta d}(\xi_n, \xi_m, s)\right]\{\xi_l \cos(\xi_l z) + \lambda_0 \sin(\xi_l z)\}}{\left\{(\xi_l^2 + \lambda_0^2)\left(d + \frac{\lambda_d}{\xi_l^2 + \lambda_d^2}\right) + \lambda_0\right\}(\eta_r \xi_n^2 + \eta_z \xi_l^2 + s)} +$$

$$+ \frac{2\pi^2}{\vartheta \phi c_t} \sum_{m=0}^{\infty} \ni_m \cos(\xi_m \theta) \times$$

$$\times \sum_{n=1}^{\infty} \frac{\xi_n^2 \{\xi_n J'_{\mathcal{M}}(\xi_n a) - \lambda J_{\mathcal{M}}(\xi_n a)\}^2 \mathcal{V}_{\mathcal{DM}}(\xi r, b)}{\left[\{\xi_n J'_{\mathcal{M}}(\xi_n a) - \lambda J_{\mathcal{M}}(\xi_n a)\}^2 - \left\{\xi_n^2 + \lambda^2 - \left(\frac{\mathcal{M}}{a}\right)^2\right\} J^2_{\mathcal{M}}(\xi_n b)\right]} \times$$

$$\times \int_0^a \frac{\mathcal{V}_{\mathcal{NM}}(\xi_n u, a)}{u} \int_0^d \left\{\overline{\psi}_{0z}(u, w, s) + (-1)^{m+1} \overline{\psi}_{\vartheta z}(u, w, s)\right\} \times$$

$$\times \sum_{l=1}^{\infty} \frac{(\xi_l^2 + \lambda_d^2)\{\xi_l \cos(\xi_l w) + \lambda_0 \sin(\xi_l w)\}\{\xi_l \cos(\xi_l z) + \lambda_0 \sin(\xi_l z)\}}{\{d(\xi_l^2 + \lambda_d^2) + \lambda_d\}(\eta_r \xi_n^2 + \eta_z \xi_l^2 + s)} dw du +$$

$$+ \frac{2\pi^2}{\vartheta} \sum_{m=0}^{\infty} \ni_m \cos(\xi_m \theta) \sum_{n=1}^{\infty} \frac{\xi_n^2 \{\xi_n J'_{\mathcal{M}}(\xi_n a) - \lambda J_{\mathcal{M}}(\xi_n a)\}^2 \mathcal{V}_{\mathcal{DM}}(\xi r, b)}{\left[\{\xi_n J'_{\mathcal{M}}(\xi_n a) - \lambda J_{\mathcal{M}}(\xi_n a)\}^2 - \left\{\xi_n^2 + \lambda^2 - \left(\frac{\mathcal{M}}{a}\right)^2\right\} J^2_{\mathcal{M}}(\xi_n b)\right]} \times$$

$$\times \sum_{l=1}^{\infty} \frac{\overline{\overline{\overline{\varphi}}}(\xi_n, \xi_m, \xi_l)\{\xi_l \cos(\xi_l z) + \lambda_0 \sin(\xi_l z)\}}{\left\{(\xi_l^2 + \lambda_0^2)\left(d + \frac{\lambda_d}{\xi_l^2 + \lambda_d^2}\right) + \lambda_0\right\}(\eta_r \xi_n^2 + \eta_z \xi_l^2 + s)} \qquad (29.114.1)$$

where $\mathcal{V}_{\mathcal{DM}}(\xi_n r, b) = J_{\mathcal{M}}(\xi_n r) Y_{\mathcal{M}}(\xi_n b) - Y_{\mathcal{M}}(\xi_n r) J_{\mathcal{M}}(\xi_n b)$, ξ_n, $n = 1, 2, \ldots$, are the positive roots of the transcendental equation $\lambda \mathcal{V}_{\mathcal{DM}}(\xi_n a, b) - \xi_n \mathcal{V}'_{\mathcal{DM}}(\xi_n a, b) = 0$, ξ_l are the positive roots of $\tan(\xi_l d) = \frac{\xi_l(\lambda_0 + \lambda_d)}{\xi_l^2 - \lambda_0 \lambda_d}$, $l = 1, 2, \ldots$, $\xi_m = \frac{m\pi}{d}$, $m = 0, 1, \ldots$, $\overline{\overline{\overline{\psi}}}_{\theta 0}(\xi_n, \xi_m, s) = \int_0^a u \mathcal{V}_{\mathcal{DM}}(\xi_n u, a) \int_0^{\vartheta} \overline{\psi}_0(u, v, s) \cos(\xi_m v) dv du$,
$\overline{\overline{\overline{\psi}}}_{\theta d}(\xi_n, \xi_m, s) = \int_0^a u \mathcal{V}_{\mathcal{DM}}(\xi_n u, a) \int_0^{\vartheta} \overline{\psi}_{\theta d}(u, v, s) \cos(\xi_m v) dv du$,
$\overline{\overline{\overline{\psi}}}_a(\xi_m, \xi_l, s) = \int_0^{\vartheta} \cos(\xi_m v) \int_0^d \overline{\psi}_a(v, w, s)\{\xi_l \cos(\xi_l w) + \lambda_0 \sin(\xi_l w)\} dw dv$,
$\overline{\overline{\overline{\psi}}}_b(\xi_m, \xi_l, s) = \int_0^{\vartheta} \cos(\xi_m v) \int_0^d \overline{\psi}_b(v, w, s)\{\xi_l \cos(\xi_l w) + \lambda_0 \sin(\xi_l w)\} dw dv$ and
$\overline{\overline{\overline{\varphi}}}(\xi_n, \xi_m, \xi_l) = \int_0^a u \mathcal{V}_{\mathcal{DM}}(\xi_n u, a) \int_0^{\vartheta} \cos(\xi_m v) \int_0^d \varphi(u, v, w)\{\xi_l \cos(\xi_l w) + \lambda_0 \sin(\xi_l w)\} dw dv du$.

$$p = \frac{2\pi^2 U(t - t_0)}{\vartheta \phi c_t} \sum_{m=0}^{\infty} \ni_m \cos(\xi_m \theta) \sum_{n=1}^{\infty} \frac{\xi_n^2 \{\lambda J_{\mathcal{M}}(\xi_n a) + \xi_n J'_{\mathcal{M}}(\xi_n a)\}^2 \mathcal{V}_{\mathcal{DM}}(\xi r_0, b) \mathcal{V}_{\mathcal{DM}}(\xi r, b)}{\left[\{\xi_n J'_{\mathcal{M}}(\xi_n a) - \lambda J_{\mathcal{M}}(\xi_n a)\}^2 - \left\{\xi_n^2 + \lambda^2 - \left(\frac{\mathcal{M}}{a}\right)^2\right\} J^2_{\mathcal{M}}(\xi_n b)\right]} \times$$

$$\times \sum_{l=1}^{\infty} \frac{\{\xi_l \cos(\xi_l z_0) + \lambda_0 \sin(\xi_l z_0)\}\{\xi_l \cos(\xi_l z) + \lambda_0 \sin(\xi_l z)\} \int_0^{t-t_0} q(t-t_0-\tau) e^{-\left(\eta_r \xi_n^2 + \eta_z \xi_l^2\right)\tau} d\tau}{\left\{(\xi_l^2 + \lambda_0^2)\left(d + \frac{\lambda_d}{\xi_l^2 + \lambda_d^2}\right) + \lambda_0\right\}} +$$

$$+ \frac{4\pi}{\vartheta \phi c_t} \sum_{m=0}^{\infty} \ni_m \cos(\xi_m \theta) \sum_{n=1}^{\infty} \frac{\xi_n^2 J_{\mathcal{M}}(\xi_n b)\{\xi_n J'_{\mathcal{M}}(\xi_n a) - \lambda J_{\mathcal{M}}(\xi_n a)\} \mathcal{V}_{\mathcal{DM}}(\xi r, b)}{\left[\{\xi_n J'_{\mathcal{M}}(\xi_n a) - \lambda J_{\mathcal{M}}(\xi_n a)\}^2 - \left\{\xi_n^2 + \lambda^2 - \left(\frac{\mathcal{M}}{a}\right)^2\right\} J_{\mathcal{M}}^2(\xi_n b)\right]} \times$$

$$\times \sum_{l=1}^{\infty} \frac{\{\xi_l \cos(\xi_l z) + \lambda_0 \sin(\xi_l z)\} \int_0^t \overline{\overline{\psi}}_a(\xi_m, \xi_l, t-\tau) e^{-\left(\eta_r \xi_n^2 + \eta_z \xi_l^2\right)\tau} d\tau}{\left\{(\xi_l^2 + \lambda_0^2)\left(d + \frac{\lambda_d}{\xi_l^2 + \lambda_d^2}\right) + \lambda_0\right\}} +$$

$$+ \frac{4\pi \eta_r}{\vartheta} \sum_{m=0}^{\infty} \ni_m \cos(\xi_m \theta) \sum_{n=1}^{\infty} \frac{\xi_n^2 \{\xi_n J'_{\mathcal{M}}(\xi_n a) - \lambda J_{\mathcal{M}}(\xi_n a)\}^2 \mathcal{V}_{\mathcal{DM}}(\xi r, b)}{\left[\{\xi_n J'_{\mathcal{M}}(\xi_n a) - \lambda J_{\mathcal{M}}(\xi_n a)\}^2 - \left\{\xi_n^2 + \lambda^2 - \left(\frac{\mathcal{M}}{a}\right)^2\right\} J_{\mathcal{M}}^2(\xi_n b)\right]} \times$$

$$\times \sum_{l=1}^{\infty} \frac{\{\xi_l \cos(\xi_l z) + \lambda_0 \sin(\xi_l z)\} \int_0^t \overline{\overline{\psi}}_b(\xi_m, \xi_l, t-\tau) e^{-\left(\eta_r \xi_n^2 + \eta_z \xi_l^2\right)\tau} d\tau}{\left\{(\xi_l^2 + \lambda_0^2)\left(d + \frac{\lambda_d}{\xi_l^2 + \lambda_d^2}\right) + \lambda_0\right\}} +$$

$$+ \frac{2\pi^2}{\vartheta \phi c_t} \sum_{m=0}^{\infty} \ni_m \cos(\xi_m \theta) \sum_{n=1}^{\infty} \frac{\xi_n^2 \{\xi_n J'_{\mathcal{M}}(\xi_n a) - \lambda J_{\mathcal{M}}(\xi_n a)\}^2 \mathcal{V}_{\mathcal{DM}}(\xi r, b)}{\left[\{\xi_n J'_{\mathcal{M}}(\xi_n a) - \lambda J_{\mathcal{M}}(\xi_n a)\}^2 - \left\{\xi_n^2 + \lambda^2 - \left(\frac{\mathcal{M}}{a}\right)^2\right\} J_{\mathcal{M}}^2(\xi_n b)\right]} \times$$

$$\times \sum_{l=1}^{\infty} \frac{\{\xi_l \cos(\xi_l z) + \lambda_0 \sin(\xi_l z)\}}{\left\{(\xi_l^2 + \lambda_0^2)\left(d + \frac{\lambda_d}{\xi_l^2 + \lambda_d^2}\right) + \lambda_0\right\}} \times$$

$$\times \int_0^t \left[\xi_l \overline{\overline{\psi}}_{\theta 0}(\xi_n, \xi_m, t-\tau) - \{\xi_l \cos(\xi_l d) + \lambda_0 \sin(\xi_l d)\} \overline{\overline{\psi}}_{\theta d}(\xi_n, \xi_m, t-\tau)\right] e^{-\left(\eta_r \xi_n^2 + \eta_z \xi_l^2\right)\tau} d\tau +$$

$$+ \frac{2\pi^2}{\vartheta \phi c_t} \sum_{m=0}^{\infty} \ni_m \cos(\xi_m \theta) \times$$

$$\times \sum_{n=1}^{\infty} \frac{\xi_n^2 \{\xi_n J'_{\mathcal{M}}(\xi_n a) - \lambda J_{\mathcal{M}}(\xi_n a)\}^2 \mathcal{V}_{\mathcal{DM}}(\xi r, b)}{\left[\{\xi_n J'_{\mathcal{M}}(\xi_n a) - \lambda J_{\mathcal{M}}(\xi_n a)\}^2 - \left\{\xi_n^2 + \lambda^2 - \left(\frac{\mathcal{M}}{a}\right)^2\right\} J_{\mathcal{M}}^2(\xi_n b)\right]} \times$$

$$\times \int_0^a \frac{\mathcal{V}_{\mathcal{NM}}(\xi_n u, a)}{u} \int_0^d \left\{\overline{\psi}_{0z}(u, w, s) + (-1)^{m+1} \overline{\psi}_{\vartheta z}(u, w, s)\right\} \times$$

$$\times \sum_{l=1}^{\infty} \frac{(\xi_l^2 + \lambda_d^2)\{\xi_l \cos(\xi_l w) + \lambda_0 \sin(\xi_l w)\}\{\xi_l \cos(\xi_l z) + \lambda_0 \sin(\xi_l z)\}}{\{d(\xi_l^2 + \lambda_d^2) + \lambda_d\}(\eta_r \xi_n^2 + \eta_z \xi_l^2 + s)} dw du +$$

$$+ \frac{2\pi^2}{\vartheta} \sum_{m=0}^{\infty} \ni_m \cos(\xi_m \theta) \sum_{n=1}^{\infty} \frac{\xi_n^2 \{\xi_n J'_{\mathcal{M}}(\xi_n a) - \lambda J_{\mathcal{M}}(\xi_n a)\}^2 \mathcal{V}_{\mathcal{DM}}(\xi r, b)}{\left[\{\xi_n J'_{\mathcal{M}}(\xi_n a) - \lambda J_{\mathcal{M}}(\xi_n a)\}^2 - \left\{\xi_n^2 + \lambda^2 - \left(\frac{\mathcal{M}}{a}\right)^2\right\} J_{\mathcal{M}}^2(\xi_n b)\right]} \times$$

$$\times \sum_{l=1}^{\infty} \frac{\overline{\overline{\overline{\varphi}}}(\xi_n, \xi_m, \xi_l)\{\xi_l \cos(\xi_l z) + \lambda_0 \sin(\xi_l z)\} e^{-\eta_z \xi_l^2 t}}{\left\{(\xi_l^2 + \lambda_0^2)\left(d + \frac{\lambda_d}{\xi_l^2 + \lambda_d^2}\right) + \lambda_0\right\}} \tag{29.114.2}$$

where $\overline{\overline{\psi}}_a(\xi_m, \xi_l, t) = \int_0^{\vartheta} \cos(\xi_m v) \int_0^d \psi_a(v, w, t)\{\xi_l \cos(\xi_l w) + \lambda_0 \sin(\xi_l w)\} dw dv$,
$\overline{\overline{\psi}}_b(\xi_m, \xi_l, t) = \int_0^{\vartheta} \cos(\xi_m v) \int_0^d \psi_b(v, w, t)\{\xi_l \cos(\xi_l w) + \lambda_0 \sin(\xi_l w)\} dw dv$,
$\overline{\overline{\psi}}_{\theta 0}(\xi_n, \xi_m, t) = \int_0^a u \mathcal{V}_{\mathcal{DM}}(\xi_n u, a) \int_0^{\vartheta} \psi_0(u, v, t) \cos(\xi_m v) dv du$ and
$\overline{\overline{\psi}}_{\theta d}(\xi_n, \xi_m, t) = \int_0^a u \mathcal{V}_{\mathcal{DM}}(\xi_n u, a) \int_0^{\vartheta} \psi_{\theta d}(u, v, t) \cos(\xi_m v) dv du$.

29.115

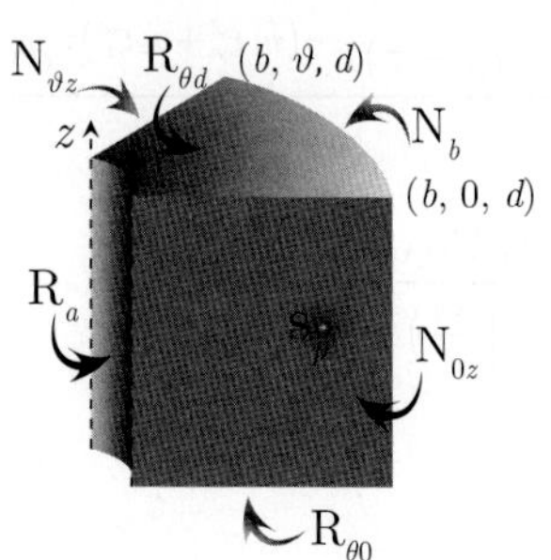

The problem of 29.108, except

$$\mathbf{R}_{\theta 0} \equiv \frac{\partial p(r,\theta,0,t)}{\partial z} - \lambda_0 p(r,\theta,0,t) = -\left(\frac{\mu}{k_z}\right)\psi_{\theta 0}(r,\theta,t),$$
$$\mathbf{R}_{\theta d} \equiv \frac{\partial p(r,\theta,d,t)}{\partial z} + \lambda_d p(r,\theta,d,t) = -\left(\frac{\mu}{k_z}\right)\psi_{\theta d}(r,\theta,t),$$
$$\mathbf{R}_a \equiv \frac{\partial p(a,\theta,z,t)}{\partial r} - \lambda p(a,\theta,z,t) = -\left(\frac{\mu}{k_r}\right)\psi_a(\theta,z,t),$$
$$\mathbf{N}_b \equiv \frac{\partial p(b,\theta,z,t)}{\partial r} = -\left(\frac{\mu}{k_r}\right)\psi_b(\theta,z,t),$$
$$\mathbf{N}_{0z} \equiv \frac{\partial p(r,0,z,t)}{\partial \theta} = -\left(\frac{\mu}{k_\theta}\right)\psi_{0z}(r,z,t) \text{ and}$$
$$\mathbf{N}_{\vartheta z} \equiv \frac{\partial p(r,\vartheta,z,t)}{\partial \theta} = -\left(\frac{\mu}{k_\theta}\right)\psi_{\vartheta z}(r,z,t)$$

$$\begin{aligned}
\overline{p} = {} & \frac{2\pi^2 q(s)e^{-st_0}}{\vartheta\phi c_t}\sum_{m=0}^{\infty}\ni_m\cos(\xi_m\theta)\times\\
&\times\sum_{n=1}^{\infty}\frac{\xi_n^2\{\xi_n J'_{\mathcal{M}}(\xi_n a)-\lambda J_{\mathcal{M}}(\xi_n a)\}^2\mathcal{V}_{\mathcal{NM}}(\xi r_0,b)\mathcal{V}_{\mathcal{NM}}(\xi r,b)}{\left[\left\{1-\left(\frac{\mathcal{M}}{\xi_n b}\right)^2\right\}\{\xi_n J'_{\mathcal{M}}(\xi_n a)-\lambda J_{\mathcal{M}}(\xi_n a)\}^2-\left\{\xi_n^2+\lambda^2-\left(\frac{\mathcal{M}}{a}\right)^2\right\}J'^2_{\mathcal{M}}(\xi_n b)\right]}\times\\
&\times\sum_{l=1}^{\infty}\frac{\{\xi_l\cos(\xi_l z_0)+\lambda_0\sin(\xi_l z_0)\}\{\xi_l\cos(\xi_l z)+\lambda_0\sin(\xi_l z)\}}{\left\{(\xi_l^2+\lambda_0^2)\left(d+\frac{\lambda_d}{\xi_l^2+\lambda_d^2}\right)+\lambda_0\right\}(\eta_r\xi_n^2+\eta_z\xi_l^2+s)}+\\
&+\frac{4\pi}{\vartheta\phi c_t}\sum_{m=0}^{\infty}\ni_m\cos(\xi_m\theta)\times\\
&\times\sum_{n=1}^{\infty}\frac{\xi_n^2 J'_{\mathcal{M}}(\xi_n b)\{\xi_n J'_{\mathcal{M}}(\xi_n a)-\lambda J_{\mathcal{M}}(\xi_n a)\}\mathcal{V}_{\mathcal{NM}}(\xi r,b)}{\left[\left\{1-\left(\frac{\mathcal{M}}{\xi_n b}\right)^2\right\}\{\xi_n J'_{\mathcal{M}}(\xi_n a)-\lambda J_{\mathcal{M}}(\xi_n a)\}^2-\left\{\xi_n^2+\lambda^2-\left(\frac{\mathcal{M}}{a}\right)^2\right\}J'^2_{\mathcal{M}}(\xi_n b)\right]}\times\\
&\times\sum_{l=1}^{\infty}\frac{\overline{\overline{\overline{\psi}}}_a(\xi_m,\xi_l,s)\{\xi_l\cos(\xi_l z)+\lambda_0\sin(\xi_l z)\}}{\left\{(\xi_l^2+\lambda_0^2)\left(d+\frac{\lambda_d}{\xi_l^2+\lambda_d^2}\right)+\lambda_0\right\}(\eta_r\xi_n^2+\eta_z\xi_l^2+s)}-\\
&-\frac{4\pi}{\vartheta\phi c_t}\sum_{m=0}^{\infty}\ni_m\cos(\xi_m\theta)\times\\
&\times\sum_{n=1}^{\infty}\frac{\xi_n\{\xi_n J'_{\mathcal{M}}(\xi_n a)-\lambda J_{\mathcal{M}}(\xi_n a)\}^2\mathcal{V}_{\mathcal{NM}}(\xi r,b)}{\left[\left\{1-\left(\frac{\mathcal{M}}{\xi_n b}\right)^2\right\}\{\xi_n J'_{\mathcal{M}}(\xi_n a)-\lambda J_{\mathcal{M}}(\xi_n a)\}^2-\left\{\xi_n^2+\lambda^2-\left(\frac{\mathcal{M}}{a}\right)^2\right\}J'^2_{\mathcal{M}}(\xi_n b)\right]}\times\\
&\times\sum_{l=1}^{\infty}\frac{\overline{\overline{\overline{\psi}}}_b(\xi_m,\xi_l,s)\{\xi_l\cos(\xi_l z)+\lambda_0\sin(\xi_l z)\}}{\left\{(\xi_l^2+\lambda_0^2)\left(d+\frac{\lambda_d}{\xi_l^2+\lambda_d^2}\right)+\lambda_0\right\}(\eta_r\xi_n^2+\eta_z\xi_l^2+s)}+\\
&+\frac{2\pi^2}{\vartheta\phi c_t}\sum_{m=0}^{\infty}\ni_m\cos(\xi_m\theta)\times\\
&\times\sum_{n=1}^{\infty}\frac{\xi_n^2\{\xi_n J'_{\mathcal{M}}(\xi_n a)-\lambda J_{\mathcal{M}}(\xi_n a)\}^2\mathcal{V}_{\mathcal{NM}}(\xi r,b)}{\left[\left\{1-\left(\frac{\mathcal{M}}{\xi_n b}\right)^2\right\}\{\xi_n J'_{\mathcal{M}}(\xi_n a)-\lambda J_{\mathcal{M}}(\xi_n a)\}^2-\left\{\xi_n^2+\lambda^2-\left(\frac{\mathcal{M}}{a}\right)^2\right\}J'^2_{\mathcal{M}}(\xi_n b)\right]}\times\\
&\times\sum_{l=1}^{\infty}\frac{\left[\xi_l\overline{\overline{\overline{\psi}}}_{\theta 0}(\xi_n,\xi_m,s)-\{\xi_l\cos(\xi_l d)+\lambda_0\sin(\xi_l d)\}\overline{\overline{\overline{\psi}}}_{\theta d}(\xi_n,\xi_m,s)\right]\{\xi_l\cos(\xi_l z)+\lambda_0\sin(\xi_l z)\}}{\left\{(\xi_l^2+\lambda_0^2)\left(d+\frac{\lambda_d}{\xi_l^2+\lambda_d^2}\right)+\lambda_0\right\}(\eta_r\xi_n^2+\eta_z\xi_l^2+s)}+\\
&+\frac{8}{\vartheta a^2\phi c_t}\sum_{m=0}^{\infty}\ni_m\cos(\xi_m\theta)\sum_{n=1}^{\infty}\frac{J_{\mathcal{M}}(\xi_n r)}{J'^2_{\mathcal{M}}(\xi_n a)}\times\\
&\times\int_0^a\frac{J_{\mathcal{M}}(\xi_n u)}{u}\int_0^d\int_0^t e^{-\eta_r\xi_n^2\tau}\left\{\psi_{0z}(u,w,t-\tau)+(-1)^{m+1}\psi_{\vartheta z}(u,w,t-\tau)\right\}\times
\end{aligned}$$

$$\times \sum_{l=1}^{\infty} \frac{\left(\xi_l^2+\lambda_d^2\right)\{\xi_l \cos(\xi_l w)+\lambda_0 \sin(\xi_l w)\}\{\xi_l \cos(\xi_l z)+\lambda_0 \sin(\xi_l z)\} e^{-\eta_z \xi_l^2 \tau}}{\{d\left(\xi_l^2+\lambda_d^2\right)+\lambda_d\}} d\tau dw du +$$

$$+\frac{2\pi^2}{\vartheta} \sum_{m=0}^{\infty} \ni_m \cos(\xi_m \theta) \times$$

$$\times \sum_{n=1}^{\infty} \frac{\xi_n^2 \{\xi_n J'_{\mathcal{M}}(\xi_n a)-\lambda J_{\mathcal{M}}(\xi_n a)\}^2 \mathcal{V}_{\mathcal{NM}}(\xi r, b)}{\left[\left\{1-\left(\frac{\mathcal{M}}{\xi_n b}\right)^2\right\}^2 \{\xi_n J'_{\mathcal{M}}(\xi_n a)-\lambda J_{\mathcal{M}}(\xi_n a)\}^2-\left\{\xi_n^2+\lambda^2-\left(\frac{\mathcal{M}}{a}\right)^2\right\} J'^2_{\mathcal{M}}(\xi_n b)\right]} \times$$

$$\times \sum_{l=1}^{\infty} \frac{\overline{\overline{\overline{\varphi}}}(\xi_n, \xi_m, \xi_l)\{\xi_l \cos(\xi_l z)+\lambda_0 \sin(\xi_l z)\}}{\left\{\left(\xi_l^2+\lambda_0^2\right)\left(d+\frac{\lambda_d}{\xi_l^2+\lambda_d^2}\right)+\lambda_0\right\}\left(\eta_r \xi_n^2+\eta_z \xi_l^2+s\right)} \qquad (29.115.1)$$

where $\mathcal{V}_{\mathcal{NM}}(\xi_n r, a)=J_{\mathcal{M}}(\xi_n r) Y'_{\mathcal{M}}(\xi_n a)-Y_{\mathcal{M}}(\xi_n r) J'_{\mathcal{M}}(\xi_n a)$, ξ_n, $n=1,2,...$, are the positive roots of the transcendental equation $\lambda \mathcal{V}_{\mathcal{NM}}(\xi_n a, b)-\xi_n \mathcal{V}'_{\mathcal{NM}}(\xi_n a, b)=0$, ξ_l are the positive roots of $\tan(\xi_l d)=\frac{\xi_l(\lambda_0+\lambda_d)}{\xi_l^2-\lambda_0 \lambda_d}$, $l=1,2,...$, $\xi_m=\frac{m\pi}{d}$, $m=0,1,...$,
$\overline{\overline{\overline{\psi}}}_{\theta 0}(\xi_n, \xi_m, s)=\int_0^a u \mathcal{V}_{\mathcal{NM}}(\xi_n u, a) \int_0^{\vartheta} \overline{\psi}_0(u, v, s) \cos(\xi_m v) dv du$,
$\overline{\overline{\overline{\psi}}}_{\theta d}(\xi_n, \xi_m, s)=\int_0^a u \mathcal{V}_{\mathcal{NM}}(\xi_n u, a) \int_0^{\vartheta} \overline{\psi}_{\theta d}(u, v, s) \cos(\xi_m v) dv du$,
$\overline{\overline{\overline{\psi}}}_a(\xi_m, \xi_l, s)=\int_0^{\vartheta} \cos(\xi_m v) \int_0^d \overline{\psi}_a(v, w, s)\{\xi_l \cos(\xi_l w)+\lambda_0 \sin(\xi_l w)\} dw dv$,
$\overline{\overline{\overline{\psi}}}_b(\xi_m, \xi_l, s)=\int_0^{\vartheta} \cos(\xi_m v) \int_0^d \overline{\psi}_b(v, w, s)\{\xi_l \cos(\xi_l w)+\lambda_0 \sin(\xi_l w)\} dw dv$ and
$\overline{\overline{\overline{\varphi}}}(\xi_n, \xi_m, \xi_l)=\int_0^a u \mathcal{V}_{\mathcal{NM}}(\xi_n u, a) \int_0^{\vartheta} \cos(\xi_m v) \int_0^d \varphi(u, v, w)\{\xi_l \cos(\xi_l w)+\lambda_0 \sin(\xi_l w)\} dw dv du$.

$$p = \frac{2\pi^2 U(t-t_0)}{\vartheta \phi c_t} \sum_{m=0}^{\infty} \ni_m \cos(\xi_m \theta) \times$$

$$\times \sum_{n=1}^{\infty} \frac{\xi_n^2 \{\xi_n J'_{\mathcal{M}}(\xi_n a)-\lambda J_{\mathcal{M}}(\xi_n a)\}^2 \mathcal{V}_{\mathcal{NM}}(\xi r_0, b) \mathcal{V}_{\mathcal{NM}}(\xi r, b)}{\left[\left\{1-\left(\frac{\mathcal{M}}{\xi_n b}\right)^2\right\}^2 \{\xi_n J'_{\mathcal{M}}(\xi_n a)-\lambda J_{\mathcal{M}}(\xi_n a)\}^2-\left\{\xi_n^2+\lambda^2-\left(\frac{\mathcal{M}}{a}\right)^2\right\} J'^2_{\mathcal{M}}(\xi_n b)\right]} \times$$

$$\times \sum_{l=1}^{\infty} \frac{\{\xi_l \cos(\xi_l z_0)+\lambda_0 \sin(\xi_l z_0)\}\{\xi_l \cos(\xi_l z)+\lambda_0 \sin(\xi_l z)\} \int_0^{t-t_0} q(t-t_0-\tau) e^{-\left(\eta_r \xi_n^2+\eta_z \xi_l^2\right)\tau} d\tau}{\left\{\left(\xi_l^2+\lambda_0^2\right)\left(d+\frac{\lambda_d}{\xi_l^2+\lambda_d^2}\right)+\lambda_0\right\}} +$$

$$+\frac{4\pi}{\vartheta \phi c_t} \sum_{m=0}^{\infty} \ni_m \cos(\xi_m \theta) \times$$

$$\times \sum_{n=1}^{\infty} \frac{\xi_n^2 J'_{\mathcal{M}}(\xi_n b)\{\xi_n J'_{\mathcal{M}}(\xi_n a)-\lambda J_{\mathcal{M}}(\xi_n a)\} \mathcal{V}_{\mathcal{NM}}(\xi r, b)}{\left[\left\{1-\left(\frac{\mathcal{M}}{\xi_n b}\right)^2\right\}^2 \{\xi_n J'_{\mathcal{M}}(\xi_n a)-\lambda J_{\mathcal{M}}(\xi_n a)\}^2-\left\{\xi_n^2+\lambda^2-\left(\frac{\mathcal{M}}{a}\right)^2\right\} J'^2_{\mathcal{M}}(\xi_n b)\right]} \times$$

$$\times \sum_{l=1}^{\infty} \frac{\{\xi_l \cos(\xi_l z)+\lambda_0 \sin(\xi_l z)\} \int_0^t \overline{\overline{\psi}}_a(\xi_m, \xi_l, t-\tau) e^{-\left(\eta_r \xi_n^2+\eta_z \xi_l^2\right)\tau} d\tau}{\left\{\left(\xi_l^2+\lambda_0^2\right)\left(d+\frac{\lambda_d}{\xi_l^2+\lambda_d^2}\right)+\lambda_0\right\}} -$$

$$-\frac{4\pi}{\vartheta \phi c_t} \sum_{m=0}^{\infty} \ni_m \cos(\xi_m \theta) \times$$

$$\times \sum_{n=1}^{\infty} \frac{\xi_n \{\xi_n J'_{\mathcal{M}}(\xi_n a)-\lambda J_{\mathcal{M}}(\xi_n a)\}^2 \mathcal{V}_{\mathcal{NM}}(\xi r, b)}{\left[\left\{1-\left(\frac{\mathcal{M}}{\xi_n b}\right)^2\right\}^2 \{\xi_n J'_{\mathcal{M}}(\xi_n a)-\lambda J_{\mathcal{M}}(\xi_n a)\}^2-\left\{\xi_n^2+\lambda^2-\left(\frac{\mathcal{M}}{a}\right)^2\right\} J'^2_{\mathcal{M}}(\xi_n b)\right]} \times$$

$$\times \sum_{l=1}^{\infty} \frac{\{\xi_l \cos(\xi_l z)+\lambda_0 \sin(\xi_l z)\} \int_0^t \overline{\overline{\psi}}_b(\xi_m, \xi_l, t-\tau) e^{-\left(\eta_r \xi_n^2+\eta_z \xi_l^2\right)\tau} d\tau}{\left\{\left(\xi_l^2+\lambda_0^2\right)\left(d+\frac{\lambda_d}{\xi_l^2+\lambda_d^2}\right)+\lambda_0\right\}} +$$

$$+\frac{2\pi^2}{\vartheta \phi c_t} \sum_{m=0}^{\infty} \ni_m \cos(\xi_m \theta) \times$$

$$\times \sum_{n=1}^{\infty} \frac{\xi_n^2 \left\{\xi_n J'_{\mathcal{M}}(\xi_n a) - \lambda J_{\mathcal{M}}(\xi_n a)\right\}^2 \mathcal{V}_{\mathcal{NM}}(\xi r, b)}{\left[\left\{1 - \left(\frac{\mathcal{M}}{\xi_n b}\right)^2\right\} \left\{\xi_n J'_{\mathcal{M}}(\xi_n a) - \lambda J_{\mathcal{M}}(\xi_n a)\right\}^2 - \left\{\xi_n^2 + \lambda^2 - \left(\frac{\mathcal{M}}{a}\right)^2\right\} J'^2_{\mathcal{M}}(\xi_n b)\right]} \times$$

$$\times \sum_{l=1}^{\infty} \frac{\left\{\xi_l \cos(\xi_l z) + \lambda_0 \sin(\xi_l z)\right\}}{\left\{(\xi_l^2 + \lambda_0^2)\left(d + \frac{\lambda_d}{\xi_l^2 + \lambda_d^2}\right) + \lambda_0\right\}} \times$$

$$\times \int_0^t \left[\xi_l \overline{\overline{\psi}}_{\theta 0}(\xi_n, \xi_m, t-\tau) - \left\{\xi_l \cos(\xi_l d) + \lambda_0 \sin(\xi_l d)\right\} \overline{\overline{\psi}}_{\theta d}(\xi_n, \xi_m, t-\tau)\right] e^{-(\eta_r \xi_n^2 + \eta_z \xi_l^2)\tau} d\tau +$$

$$+ \frac{2\pi^2}{\vartheta \phi c_t} \sum_{m=0}^{\infty} \ni_m \cos(\xi_m \theta) \times$$

$$\times \sum_{n=1}^{\infty} \frac{\xi_n^2 \left\{\xi_n J'_{\mathcal{M}}(\xi_n a) - \lambda J_{\mathcal{M}}(\xi_n a)\right\}^2 \mathcal{V}_{\mathcal{NM}}(\xi r, b)}{\left[\left\{1 - \left(\frac{\mathcal{M}}{\xi_n b}\right)^2\right\} \left\{\xi_n J'_{\mathcal{M}}(\xi_n a) - \lambda J_{\mathcal{M}}(\xi_n a)\right\}^2 - \left\{\xi_n^2 + \lambda^2 - \left(\frac{\mathcal{M}}{a}\right)^2\right\} J'^2_{\mathcal{M}}(\xi_n b)\right]} \times$$

$$\times \int_0^a \frac{\mathcal{V}_{\mathcal{NM}}(\xi_n u, a)}{u} \int_0^d \int_0^t e^{-\eta_r \xi_n^2 \tau} \left\{\psi_{0z}(u, w, t-\tau) + (-1)^{m+1} \psi_{\vartheta z}(u, w, t-\tau)\right\} \times$$

$$\times \sum_{l=1}^{\infty} \frac{(\xi_l^2 + \lambda_d^2)\left\{\xi_l \cos(\xi_l w) + \lambda_0 \sin(\xi_l w)\right\}\left\{\xi_l \cos(\xi_l z) + \lambda_0 \sin(\xi_l z)\right\} e^{-\eta_z \xi_l^2 \tau}}{\left\{d(\xi_l^2 + \lambda_d^2) + \lambda_d\right\}} d\tau dw du +$$

$$+ \frac{2\pi^2}{\vartheta} \sum_{m=0}^{\infty} \ni_m \cos(\xi_m \theta) \times$$

$$\times \sum_{n=1}^{\infty} \frac{\xi_n^2 \left\{\xi_n J'_{\mathcal{M}}(\xi_n a) - \lambda J_{\mathcal{M}}(\xi_n a)\right\}^2 \mathcal{V}_{\mathcal{NM}}(\xi r, b)}{\left[\left\{1 - \left(\frac{\mathcal{M}}{\xi_n b}\right)^2\right\} \left\{\xi_n J'_{\mathcal{M}}(\xi_n a) - \lambda J_{\mathcal{M}}(\xi_n a)\right\}^2 - \left\{\xi_n^2 + \lambda^2 - \left(\frac{\mathcal{M}}{a}\right)^2\right\} J'^2_{\mathcal{M}}(\xi_n b)\right]} \times$$

$$\times \sum_{l=1}^{\infty} \frac{\overline{\overline{\overline{\varphi}}}(\xi_n, \xi_m, \xi_l)\left\{\xi_l \cos(\xi_l z) + \lambda_0 \sin(\xi_l z)\right\} e^{-\eta_z \xi_l^2 t}}{\left\{(\xi_l^2 + \lambda_0^2)\left(d + \frac{\lambda_d}{\xi_l^2 + \lambda_d^2}\right) + \lambda_0\right\}} \qquad (29.115.2)$$

where $\overline{\overline{\psi}}_a(\xi_m, \xi_l, t) = \int_0^{\vartheta} \cos(\xi_m v) \int_0^d \psi_a(v, w, t)\left\{\xi_l \cos(\xi_l w) + \lambda_0 \sin(\xi_l w)\right\} dw dv$,
$\overline{\overline{\psi}}_b(\xi_m, \xi_l, t) = \int_0^{\vartheta} \cos(\xi_m v) \int_0^d \psi_b(v, w, t)\left\{\xi_l \cos(\xi_l w) + \lambda_0 \sin(\xi_l w)\right\} dw dv$,
$\overline{\overline{\psi}}_{\theta 0}(\xi_n, \xi_m, t) = \int_0^a u \mathcal{V}_{\mathcal{NM}}(\xi_n u, a) \int_0^{\vartheta} \psi_0(u, v, t) \cos(\xi_m v) dv du$ and
$\overline{\overline{\psi}}_{\theta d}(\xi_n, \xi_m, t) = \int_0^a u \mathcal{V}_{\mathcal{NM}}(\xi_n u, a) \int_0^{\vartheta} \psi_{\theta d}(u, v, t) \cos(\xi_m v) dv du$.

29.116

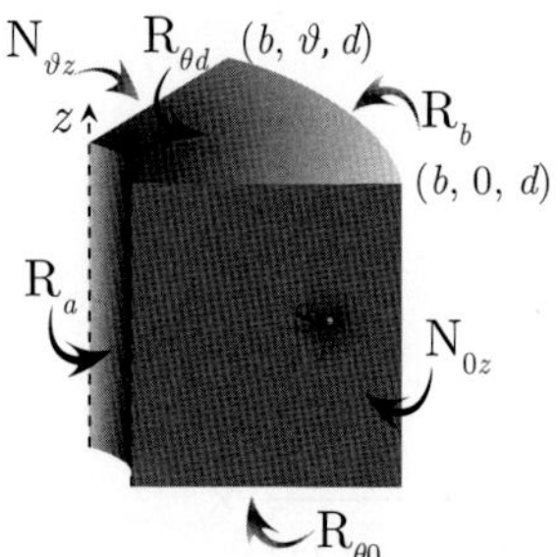

The problem of 29.108, except
$\mathbf{R}_{\theta 0} \equiv \frac{\partial p(r,\theta,0,t)}{\partial z} - \lambda_0 p(r,\theta,0,t) = -\left(\frac{\mu}{k_z}\right) \psi_{\theta 0}(r,\theta,t)$,
$\mathbf{R}_{\theta d} \equiv \frac{\partial p(r,\theta,d,t)}{\partial z} + \lambda_d p(r,\theta,d,t) = -\left(\frac{\mu}{k_z}\right) \psi_{\theta d}(r,\theta,t)$,
$\mathbf{R}_a \equiv \frac{\partial p(a,\theta,z,t)}{\partial r} - \lambda p(a,\theta,z,t) = -\left(\frac{\mu}{k_r}\right) \psi_a(\theta,z,t)$,
$\mathbf{R}_b \equiv \frac{\partial p(b,\theta,z,t)}{\partial r} + \lambda_b p(b,\theta,z,t) = -\left(\frac{\mu}{k_r}\right) \psi_b(\theta,z,t)$,
$\mathbf{N}_{0z} \equiv \frac{\partial p(r,0,z,t)}{\partial \theta} = -\left(\frac{\mu}{k_\theta}\right) \psi_{0z}(r,z,t)$ **and**
$\mathbf{N}_{\vartheta z} \equiv \frac{\partial p(r,\vartheta,z,t)}{\partial \theta} = -\left(\frac{\mu}{k_\theta}\right) \psi_{\vartheta z}(r,z,t)$

$$\overline{p} = \frac{2\pi^2 q(s) e^{-st_0}}{\vartheta \phi c_t} \sum_{m=0}^{\infty} \ni_m \cos(\xi_m \theta) \sum_{n=1}^{\infty} \xi_n^2 \left\{\xi_n J'_{\mathcal{M}}(\xi_n b) + \lambda_b J_{\mathcal{M}}(\xi_n b)\right\}^2 \times$$

$$\times \frac{\left\{\xi_n \mathcal{V}_{\mathcal{NM}}(\xi_n r_0, a) - \lambda_a \mathcal{V}_{\mathcal{DM}}(\xi_n r_0, a)\right\}\left\{\xi_n \mathcal{V}_{\mathcal{NM}}(\xi_n r, a) - \lambda_a \mathcal{V}_{\mathcal{DM}}(\xi_n r, a)\right\}}{\left[\left\{\xi_n^2 + \lambda_b^2 - \left(\frac{\mathcal{M}}{b}\right)^2\right\}\left\{\xi_n J'_{\mathcal{M}}(\xi_n a) - \lambda_a J_{\mathcal{M}}(\xi_n a)\right\}^2 - \left\{\xi_n^2 + \lambda_a^2 - \left(\frac{\mathcal{M}}{a}\right)^2\right\}\left\{\xi_n J'_{\mathcal{M}}(\xi_n b) + \lambda J_{\mathcal{M}}(\xi_n b)\right\}^2\right]} \times$$

$$\times \sum_{l=1}^{\infty} \frac{\{\xi_l \cos(\xi_l z_0) + \lambda_0 \sin(\xi_l z_0)\}\{\xi_l \cos(\xi_l z) + \lambda_0 \sin(\xi_l z)\}}{\left\{(\xi_l^2 + \lambda_0^2)\left(d + \frac{\lambda_d}{\xi_l^2+\lambda_d^2}\right) + \lambda_0\right\}(\eta_r \xi_n^2 + \eta_z \xi_l^2 + s)} +$$

$$+ \frac{4\pi}{\vartheta \phi c_t} \sum_{m=0}^{\infty} \ni_m \cos(\xi_m \theta) \times$$

$$\times \sum_{n=1}^{\infty} \frac{\xi_n^2 \{\xi_n J'_{\mathcal{M}}(\xi_n b) + \lambda_b J_{\mathcal{M}}(\xi_n b)\}^2 \{\xi_n \mathcal{V}_{\mathcal{NM}}(\xi_n r, a) - \lambda_a \mathcal{V}_{\mathcal{DM}}(\xi_n r, a)\}}{\left[\left\{\xi_n^2 + \lambda_b^2 - \left(\frac{\mathcal{M}}{b}\right)^2\right\}\{\xi_n J'_{\mathcal{M}}(\xi_n a) - \lambda_a J_{\mathcal{M}}(\xi_n a)\}^2 - \left\{\xi_n^2 + \lambda_a^2 - \left(\frac{\mathcal{M}}{a}\right)^2\right\}\{\xi_n J'_{\mathcal{M}}(\xi_n b) + \lambda J_{\mathcal{M}}(\xi_n b)\}^2\right]} \times$$

$$\times \sum_{l=1}^{\infty} \frac{\overline{\overline{\overline{\psi}}}_a(\xi_m, \xi_l, s)\{\xi_l \cos(\xi_l z) + \lambda_0 \sin(\xi_l z)\}}{\left\{(\xi_l^2 + \lambda_0^2)\left(d + \frac{\lambda_d}{\xi_l^2+\lambda_d^2}\right) + \lambda_0\right\}(\eta_r \xi_n^2 + \eta_z \xi_l^2 + s)} -$$

$$- \frac{4\pi}{\vartheta \phi c_t} \sum_{m=0}^{\infty} \ni_m \cos(\xi_m \theta) \times$$

$$\times \sum_{n=1}^{\infty} \frac{\xi_n^2 \{\xi_n J'_{\mathcal{M}}(\xi_n b) + \lambda_b J_{\mathcal{M}}(\xi_n b)\}\{\xi_n J'_{\mathcal{M}}(\xi_n a) + \lambda_a J_{\mathcal{M}}(\xi_n a)\}\{\xi_n \mathcal{V}_{\mathcal{NM}}(\xi_n r, a) - \lambda_a \mathcal{V}_{\mathcal{DM}}(\xi_n r, a)\}}{\left[\left\{\xi_n^2 + \lambda_b^2 - \left(\frac{\mathcal{M}}{b}\right)^2\right\}\{\xi_n J'_{\mathcal{M}}(\xi_n a) - \lambda_a J_{\mathcal{M}}(\xi_n a)\}^2 - \left\{\xi_n^2 + \lambda_a^2 - \left(\frac{\mathcal{M}}{a}\right)^2\right\}\{\xi_n J'_{\mathcal{M}}(\xi_n b) + \lambda J_{\mathcal{M}}(\xi_n b)\}^2\right]} \times$$

$$\times \sum_{l=1}^{\infty} \frac{\overline{\overline{\overline{\psi}}}_b(\xi_m, \xi_l, s)\{\xi_l \cos(\xi_l z) + \lambda_0 \sin(\xi_l z)\}}{\left\{(\xi_l^2 + \lambda_0^2)\left(d + \frac{\lambda_d}{\xi_l^2+\lambda_d^2}\right) + \lambda_0\right\}(\eta_r \xi_n^2 + \eta_z \xi_l^2 + s)} +$$

$$+ \frac{2\pi^2}{\vartheta \phi c_t} \sum_{m=0}^{\infty} \ni_m \cos(\xi_m \theta) \times$$

$$\times \sum_{n=1}^{\infty} \frac{\xi_n^2 \{\xi_n J'_{\mathcal{M}}(\xi_n b) + \lambda_b J_{\mathcal{M}}(\xi_n b)\}^2 \{\xi_n \mathcal{V}_{\mathcal{NM}}(\xi_n r, a) - \lambda_a \mathcal{V}_{\mathcal{DM}}(\xi_n r, a)\}}{\left[\left\{\xi_n^2 + \lambda_b^2 - \left(\frac{\mathcal{M}}{b}\right)^2\right\}\{\xi_n J'_{\mathcal{M}}(\xi_n a) - \lambda_a J_{\mathcal{M}}(\xi_n a)\}^2 - \left\{\xi_n^2 + \lambda_a^2 - \left(\frac{\mathcal{M}}{a}\right)^2\right\}\{\xi_n J'_{\mathcal{M}}(\xi_n b) + \lambda J_{\mathcal{M}}(\xi_n b)\}^2\right]} \times$$

$$\times \sum_{l=1}^{\infty} \frac{\left[\xi_l \overline{\overline{\overline{\psi}}}_{\theta 0}(\xi_n, \xi_m, s) - \{\xi_l \cos(\xi_l d) + \lambda_0 \sin(\xi_l d)\}\overline{\overline{\overline{\psi}}}_{\theta d}(\xi_n, \xi_m, s)\right]\{\xi_l \cos(\xi_l z) + \lambda_0 \sin(\xi_l z)\}}{\left\{(\xi_l^2 + \lambda_0^2)\left(d + \frac{\lambda_d}{\xi_l^2+\lambda_d^2}\right) + \lambda_0\right\}(\eta_r \xi_n^2 + \eta_z \xi_l^2 + s)} +$$

$$+ \frac{2\pi^2}{\vartheta \phi c_t} \sum_{m=0}^{\infty} \ni_m \cos(\xi_m \theta) \times$$

$$\times \sum_{n=1}^{\infty} \frac{\xi_n^2 \{\xi_n J'_{\mathcal{M}}(\xi_n b) + \lambda_b J_{\mathcal{M}}(\xi_n b)\}^2 \{\xi_n \mathcal{V}_{\mathcal{NM}}(\xi_n r, a) - \lambda_a \mathcal{V}_{\mathcal{DM}}(\xi_n r, a)\}}{\left[\left\{\xi_n^2 + \lambda_b^2 - \left(\frac{\mathcal{M}}{b}\right)^2\right\}\{\xi_n J'_{\mathcal{M}}(\xi_n a) - \lambda_a J_{\mathcal{M}}(\xi_n a)\}^2 - \left\{\xi_n^2 + \lambda_a^2 - \left(\frac{\mathcal{M}}{a}\right)^2\right\}\{\xi_n J'_{\mathcal{M}}(\xi_n b) + \lambda J_{\mathcal{M}}(\xi_n b)\}^2\right]} \times$$

$$\times \int_0^a \frac{\mathcal{V}_{\mathcal{NM}}(\xi_n u, a)}{u} \int_0^d \left\{\overline{\psi}_{0z}(u, w, s) + (-1)^{m+1}\overline{\psi}_{\vartheta z}(u, w, s)\right\} \times$$

$$\times \sum_{l=1}^{\infty} \frac{(\xi_l^2 + \lambda_d^2)\{\xi_l \cos(\xi_l w) + \lambda_0 \sin(\xi_l w)\}\{\xi_l \cos(\xi_l z) + \lambda_0 \sin(\xi_l z)\}}{\{d(\xi_l^2 + \lambda_d^2) + \lambda_d\}(\eta_r \xi_n^2 + \eta_z \xi_l^2 + s)} dwdu +$$

$$+ \frac{2\pi^2}{\vartheta} \sum_{m=0}^{\infty} \ni_m \cos(\xi_m \theta) \times$$

$$\times \sum_{n=1}^{\infty} \frac{\xi_n^2 \{\xi_n J'_{\mathcal{M}}(\xi_n b) + \lambda_b J_{\mathcal{M}}(\xi_n b)\}^2 \{\xi_n \mathcal{V}_{\mathcal{NM}}(\xi_n r, a) - \lambda_a \mathcal{V}_{\mathcal{DM}}(\xi_n r, a)\}}{\left[\left\{\xi_n^2 + \lambda_b^2 - \left(\frac{\mathcal{M}}{b}\right)^2\right\}\{\xi_n J'_{\mathcal{M}}(\xi_n a) - \lambda_a J_{\mathcal{M}}(\xi_n a)\}^2 - \left\{\xi_n^2 + \lambda_a^2 - \left(\frac{\mathcal{M}}{a}\right)^2\right\}\{\xi_n J'_{\mathcal{M}}(\xi_n b) + \lambda J_{\mathcal{M}}(\xi_n b)\}^2\right]} \times$$

$$\times \sum_{l=1}^{\infty} \frac{\overline{\overline{\overline{\varphi}}}(\xi_n, \xi_m, \xi_l)\{\xi_l \cos(\xi_l z) + \lambda_0 \sin(\xi_l z)\}}{\left\{(\xi_l^2 + \lambda_0^2)\left(d + \frac{\lambda_d}{\xi_l^2+\lambda_d^2}\right) + \lambda_0\right\}(\eta_r \xi_n^2 + \eta_z \xi_l^2 + s)} \qquad (29.116.1)$$

where the eigenvalues ξ_n, $n = 1, 2, ...$, are the positive roots of $\lambda_a \{\mathcal{V}'_{\mathcal{DM}}(\xi_n b, a) + \lambda_b \mathcal{V}_{\mathcal{DM}}(\xi_n b, a)\} - \xi_n \{\mathcal{V}'_{\mathcal{NM}}(\xi_n b, a) + \lambda_b \mathcal{V}_{\mathcal{NM}}(\xi_n b, a)\} = 0$, ξ_l are the positive roots of

$\tan(\xi_l d) = \frac{\xi_l(\lambda_0+\lambda_d)}{\xi_l^2-\lambda_0\lambda_d}$, $l = 1, 2, ..., \xi_m = \frac{m\pi}{d}, m = 0, 1, ...,$
$\overline{\overline{\overline{\psi}}}_{\theta 0}(\xi_n, \xi_m, s) = \int_0^a u\{\xi_n \mathcal{V}_{\mathcal{NM}}(\xi_n u, a) - \lambda_a \mathcal{V}_{\mathcal{DM}}(\xi_n u, a)\} \int_0^\vartheta \overline{\psi}_0(u, v, s)\cos(\xi_m v) dv du,$
$\overline{\overline{\overline{\psi}}}_{\theta d}(\xi_n, \xi_m, s) = \int_0^a u\{\xi_n \mathcal{V}_{\mathcal{NM}}(\xi_n u, a) - \lambda_a \mathcal{V}_{\mathcal{DM}}(\xi_n u, a)\} \int_0^\vartheta \overline{\psi}_{\theta d}(u, v, s)\cos(\xi_m v) dv du,$
$\overline{\overline{\overline{\psi}}}_a(\xi_m, \xi_l, s) = \int_0^\vartheta \cos(\xi_m v) \int_0^d \overline{\psi}_a(v, w, s)\{\xi_l\cos(\xi_l w) + \lambda_0\sin(\xi_l w)\} dw dv,$
$\overline{\overline{\overline{\psi}}}_b(\xi_m, \xi_l, s) = \int_0^\vartheta \cos(\xi_m v) \int_0^d \overline{\psi}_b(v, w, s)\{\xi_l\cos(\xi_l w) + \lambda_0\sin(\xi_l w)\} dw dv$ and
$\overline{\overline{\overline{\varphi}}}(\xi_n, \xi_m, \xi_l) = \int\limits_0^a v\{\xi_n \mathcal{V}_{\mathcal{NM}}(\xi_n v, a) - \lambda_a \mathcal{V}_{\mathcal{DM}}(\xi_n v, a)\} \int_0^\vartheta \cos\{m(\theta - u)\} \times$
$\times \int_0^d \varphi(v, u, z)\{\xi_l\cos(\xi_l z) + \lambda_0\sin(\xi_l z)\} dz du dv.$

$$
\begin{aligned}
p \; = \; & \frac{2\pi^2 U(t-t_0)}{\vartheta\phi c_t}\sum_{m=0}^{\infty}\ni_m \cos(\xi_m\theta)\times \\
& \times\sum_{n=1}^{\infty}\frac{\xi_n^2\{\xi_n J'_{\mathcal{M}}(\xi_n b)+\lambda_b J_{\mathcal{M}}(\xi_n b)\}^2\{\xi_n\mathcal{V}_{\mathcal{NM}}(\xi_n r_0,a)-\lambda_a\mathcal{V}_{\mathcal{DM}}(\xi_n r_0,a)\}}{\left[\left\{\xi_n^2+\lambda_b^2-\left(\frac{\mathcal{M}}{b}\right)^2\right\}\{\xi_n J'_{\mathcal{M}}(\xi_n a)-\lambda_a J_{\mathcal{M}}(\xi_n a)\}^2-\left\{\xi_n^2+\lambda_a^2-\left(\frac{\mathcal{M}}{a}\right)^2\right\}\{\xi_n J'_{\mathcal{M}}(\xi_n b)+\lambda J_{\mathcal{M}}(\xi_n b)\}^2\right]}\times \\
& \times\{\xi_n\mathcal{V}_{\mathcal{NM}}(\xi_n r,a)-\lambda_a\mathcal{V}_{\mathcal{DM}}(\xi_n r,a)\}\times \\
& \times\sum_{l=1}^{\infty}\frac{(\xi_l^2+\lambda_0^2)\cos\{\xi_l(d-z_0)\}\{\xi_l\cos(\xi_l z)+\lambda_0\sin(\xi_l z)\}\int_0^{t-t_0}q(t-t_0-\tau)e^{-\left(\eta_r\xi_n^2+\eta_z\xi_l^2\right)\tau}d\tau}{\left\{(\xi_l^2+\lambda_0^2)\left(d+\frac{\lambda_d}{\xi_l^2+\lambda_d^2}\right)+\lambda_0\right\}}+ \\
& +\frac{4\pi}{\vartheta\phi c_t}\sum_{m=0}^{\infty}\ni_m \cos(\xi_m\theta)\times \\
& \times\sum_{n=1}^{\infty}\frac{\xi_n^2\{\xi_n J'_{\mathcal{M}}(\xi_n b)+\lambda_b J_{\mathcal{M}}(\xi_n b)\}^2\{\xi_n\mathcal{V}_{\mathcal{NM}}(\xi_n r,a)-\lambda_a\mathcal{V}_{\mathcal{DM}}(\xi_n r,a)\}}{\left[\left\{\xi_n^2+\lambda_b^2-\left(\frac{\mathcal{M}}{b}\right)^2\right\}\{\xi_n J'_{\mathcal{M}}(\xi_n a)-\lambda_a J_{\mathcal{M}}(\xi_n a)\}^2-\left\{\xi_n^2+\lambda_a^2-\left(\frac{\mathcal{M}}{a}\right)^2\right\}\{\xi_n J'_{\mathcal{M}}(\xi_n b)+\lambda J_{\mathcal{M}}(\xi_n b)\}^2\right]}\times \\
& \times\sum_{l=1}^{\infty}\frac{\{\xi_l\cos(\xi_l z)+\lambda_0\sin(\xi_l z)\}\int_0^t\overline{\overline{\psi}}_a(\xi_m,\xi_l,t-\tau)e^{-\left(\eta_r\xi_n^2+\eta_z\xi_l^2\right)\tau}d\tau}{\left\{(\xi_l^2+\lambda_0^2)\left(d+\frac{\lambda_d}{\xi_l^2+\lambda_d^2}\right)+\lambda_0\right\}}- \\
& -\frac{4\pi}{\vartheta\phi c_t}\sum_{m=0}^{\infty}\ni_m \cos(\xi_m\theta)\times \\
& \times\sum_{n=1}^{\infty}\frac{\xi_n^2\{\xi_n J'_{\mathcal{M}}(\xi_n b)+\lambda_b J_{\mathcal{M}}(\xi_n b)\}\{\xi_n J'_{\mathcal{M}}(\xi_n a)+\lambda_a J_{\mathcal{M}}(\xi_n a)\}\{\xi_n\mathcal{V}_{\mathcal{NM}}(\xi_n r,a)-\lambda_a\mathcal{V}_{\mathcal{DM}}(\xi_n r,a)\}}{\left[\left\{\xi_n^2+\lambda_b^2-\left(\frac{\mathcal{M}}{b}\right)^2\right\}\{\xi_n J'_{\mathcal{M}}(\xi_n a)-\lambda_a J_{\mathcal{M}}(\xi_n a)\}^2-\left\{\xi_n^2+\lambda_a^2-\left(\frac{\mathcal{M}}{a}\right)^2\right\}\{\xi_n J'_{\mathcal{M}}(\xi_n b)+\lambda J_{\mathcal{M}}(\xi_n b)\}^2\right]}\times \\
& \times\sum_{l=1}^{\infty}\frac{\{\xi_l\cos(\xi_l z)+\lambda_0\sin(\xi_l z)\}\int_0^t\overline{\overline{\psi}}_b(\xi_m,\xi_l,t-\tau)e^{-\left(\eta_r\xi_n^2+\eta_z\xi_l^2\right)\tau}d\tau}{\left\{(\xi_l^2+\lambda_0^2)\left(d+\frac{\lambda_d}{\xi_l^2+\lambda_d^2}\right)+\lambda_0\right\}}+ \\
& +\frac{2\pi^2}{\vartheta\phi c_t}\sum_{m=0}^{\infty}\ni_m \cos(\xi_m\theta)\times \\
& \times\sum_{n=1}^{\infty}\frac{\xi_n^2\{\xi_n J'_{\mathcal{M}}(\xi_n b)+\lambda_b J_{\mathcal{M}}(\xi_n b)\}^2\{\xi_n\mathcal{V}_{\mathcal{NM}}(\xi_n r,a)-\lambda_a\mathcal{V}_{\mathcal{DM}}(\xi_n r,a)\}}{\left[\left\{\xi_n^2+\lambda_b^2-\left(\frac{\mathcal{M}}{b}\right)^2\right\}\{\xi_n J'_{\mathcal{M}}(\xi_n a)-\lambda_a J_{\mathcal{M}}(\xi_n a)\}^2-\left\{\xi_n^2+\lambda_a^2-\left(\frac{\mathcal{M}}{a}\right)^2\right\}\{\xi_n J'_{\mathcal{M}}(\xi_n b)+\lambda J_{\mathcal{M}}(\xi_n b)\}^2\right]}\times \\
& \times\sum_{l=1}^{\infty}\frac{\{\xi_l\cos(\xi_l z)+\lambda_0\sin(\xi_l z)\}}{\left\{(\xi_l^2+\lambda_0^2)\left(d+\frac{\lambda_d}{\xi_l^2+\lambda_d^2}\right)+\lambda_0\right\}}\times \\
& \times\int_0^t\left[\xi_l\overline{\overline{\psi}}_{\theta 0}(\xi_n,\xi_m,t-\tau)-\{\xi_l\cos(\xi_l d)+\lambda_0\sin(\xi_l d)\}\overline{\overline{\psi}}_{\theta d}(\xi_n,\xi_m,t-\tau)\right]e^{-\left(\eta_r\xi_n^2+\eta_z\xi_l^2\right)\tau}d\tau+ \\
& +\frac{2\pi^2}{\vartheta\phi c_t}\sum_{m=0}^{\infty}\ni_m \cos(\xi_m\theta)\times
\end{aligned}
$$

$$\times \sum_{n=1}^{\infty} \frac{\xi_n^2 \left\{\xi_n J'_{\mathcal{M}}(\xi_n b) + \lambda_b J_{\mathcal{M}}(\xi_n b)\right\}^2 \left\{\xi_n \mathcal{V}_{\mathcal{NM}}(\xi_n r, a) - \lambda_a \mathcal{V}_{\mathcal{DM}}(\xi_n r, a)\right\}}{\left[\left\{\xi_n^2 + \lambda_b^2 - \left(\frac{\mathcal{M}}{b}\right)^2\right\}\left\{\xi_n J'_{\mathcal{M}}(\xi_n a) - \lambda_a J_{\mathcal{M}}(\xi_n a)\right\}^2 - \left\{\xi_n^2 + \lambda_a^2 - \left(\frac{\mathcal{M}}{a}\right)^2\right\}\left\{\xi_n J'_{\mathcal{M}}(\xi_n b) + \lambda J_{\mathcal{M}}(\xi_n b)\right\}^2\right]} \times$$

$$\times \int_0^a \frac{\mathcal{V}_{\mathcal{NM}}(\xi_n u, a)}{u} \int_0^d \int_0^t e^{-\eta_r \xi_n^2 \tau} \left\{\psi_{0z}(u, w, t-\tau) + (-1)^{m+1} \psi_{\vartheta z}(u, w, t-\tau)\right\} \times$$

$$\times \sum_{l=1}^{\infty} \frac{\left(\xi_l^2 + \lambda_d^2\right) \left\{\xi_l \cos(\xi_l w) + \lambda_0 \sin(\xi_l w)\right\}\left\{\xi_l \cos(\xi_l z) + \lambda_0 \sin(\xi_l z)\right\} e^{-\eta_z \xi_l^2 \tau}}{\left\{d\left(\xi_l^2 + \lambda_d^2\right) + \lambda_d\right\}} d\tau dw du +$$

$$+ \frac{2\pi^2}{\vartheta} \sum_{m=0}^{\infty} \ni_m \cos(\xi_m \theta) \times$$

$$\times \sum_{n=1}^{\infty} \frac{\xi_n^2 \left\{\xi_n J'_{\mathcal{M}}(\xi_n b) + \lambda_b J_{\mathcal{M}}(\xi_n b)\right\}^2 \left\{\xi_n \mathcal{V}_{\mathcal{NM}}(\xi_n r, a) - \lambda_a \mathcal{V}_{\mathcal{DM}}(\xi_n r, a)\right\}}{\left[\left\{\xi_n^2 + \lambda_b^2 - \left(\frac{\mathcal{M}}{b}\right)^2\right\}\left\{\xi_n J'_{\mathcal{M}}(\xi_n a) - \lambda_a J_{\mathcal{M}}(\xi_n a)\right\}^2 - \left\{\xi_n^2 + \lambda_a^2 - \left(\frac{\mathcal{M}}{a}\right)^2\right\}\left\{\xi_n J'_{\mathcal{M}}(\xi_n b) + \lambda J_{\mathcal{M}}(\xi_n b)\right\}^2\right]} \times$$

$$\times \sum_{l=1}^{\infty} \frac{\overline{\overline{\overline{\varphi}}}(\xi_n, \xi_m, \xi_l) \left\{\xi_l \cos(\xi_l z) + \lambda_0 \sin(\xi_l z)\right\} e^{-\eta_z \xi_l^2 t}}{\left\{\left(\xi_l^2 + \lambda_0^2\right)\left(d + \frac{\lambda_d}{\xi_l^2 + \lambda_d^2}\right) + \lambda_0\right\}} \tag{29.116.2}$$

where $\overline{\overline{\psi}}_a(\xi_m, \xi_l, t) = \int_0^\vartheta \cos(\xi_m v) \int_0^d \psi_a(v, w, t) \left\{\xi_l \cos(\xi_l w) + \lambda_0 \sin(\xi_l w)\right\} dw dv$,
$\overline{\overline{\psi}}_b(\xi_m, \xi_l, t) = \int_0^\vartheta \cos(\xi_m v) \int_0^d \psi_b(v, w, t) \left\{\xi_l \cos(\xi_l w) + \lambda_0 \sin(\xi_l w)\right\} dw dv$,
$\overline{\overline{\psi}}_{\theta 0}(\xi_n, \xi_m, t) = \int_0^a r \left\{\xi_n \mathcal{V}_{\mathcal{NM}}(\xi_n u, a) - \lambda_a \mathcal{V}_{\mathcal{DM}}(\xi_n u, a)\right\} \int_0^\vartheta \psi_0(u, v, t) \cos(\xi_m v) du dv$ and
$\overline{\overline{\psi}}_{\theta d}(\xi_n, \xi_m, t) = \int_0^a u \left\{\xi_n \mathcal{V}_{\mathcal{NM}}(\xi_n u, a) - \lambda_a \mathcal{V}_{\mathcal{DM}}(\xi_n u, a)\right\} \int_0^\vartheta \psi_{\theta d}(u, v, t) \cos(\xi_m v) dv du$.

Appendix A

A supplement to Chapter 8

A.1 The problem of 8.2

Multiple line sources of finite lengths $[z_{02\iota} - z_{01\iota}]$, $[x_{02\iota} - x_{01\iota}]$ and $[y_{02\iota} - y_{01\iota}]$ passing through $(x_{0\iota}, y_{0\iota})$ for $\iota = 1, 2, ..., L_l$, $(y_{0\iota}, z_{0\iota})$ for $\iota = L_l + 1, ..., M_l$, and $(x_{0\iota}, z_{0\iota})$ for $\iota = M_l + 1, ..., N_l$, multiple deviated wells $[(z_{02\iota} - z_{01\iota}) \sin \vartheta_{0\iota}]$ passing through $(x_{0\iota}, y_{0\iota}, z_{0\iota})$ for $\iota = N_l + 1, ..., N_d$ and multiple rectangular sources of finite areas $[x_{02\iota} - x_{01\iota}] [y_{02\iota} - y_{01\iota}]$, $[y_{02\iota} - y_{01\iota}] [z_{02\iota} - z_{01\iota}]$ and $[x_{02\iota} - x_{01\iota}] [z_{02\iota} - z_{01\iota}]$ passing through $z_{0\iota}$ for $\iota = N_d + 1, ..., L_r$, $x_{0\iota}$ for $\iota = L_r + 1, ..., M_r$ and $y_{0\iota}$ for $\iota = M_r + 1, ..., N_r$, respectively, where $(L_l < M_l < N_l < N_d < L_r < M_r < N_r)$.

The solution is obtained by replacing the source term in equation (8.2.4) with

$$
\begin{aligned}
p = {} & \frac{1}{8\phi c_t \pi \sqrt{\eta_x \eta_y}} \sum_{\iota=1}^{L_l} U(t - t_{0\iota}) \int\limits_0^{t-t_{0\iota}} \frac{q_\iota (t - t_{0\iota} - u)}{u} \left\{ e^{-\frac{(x-x_{0\iota})^2}{4\eta_x u}} - e^{-\frac{(x+x_{0\iota})^2}{4\eta_x u}} \right\} \left\{ e^{-\frac{(y-y_{0\iota})^2}{4\eta_y u}} - e^{-\frac{(y+y_{0\iota})^2}{4\eta_y u}} \right\} \times \\
& \times \left\{ \operatorname{erf}\left(\frac{z - z_{01\iota}}{2\sqrt{\eta_z u}} \right) + \operatorname{erf}\left(\frac{z + z_{01\iota}}{2\sqrt{\eta_z u}} \right) - \operatorname{erf}\left(\frac{z - z_{02\iota}}{2\sqrt{\eta_z u}} \right) - \operatorname{erf}\left(\frac{z + z_{02\iota}}{2\sqrt{\eta_z u}} \right) \right\} du + \\
& + \frac{1}{8\phi c_t \pi \sqrt{\eta_z \eta_y}} \sum_{\iota=L_l+1}^{M_l} U(t - t_{0\iota}) \int\limits_0^{t-t_{0\iota}} \frac{q_\iota (t - t_{0\iota} - u)}{u} \left\{ e^{-\frac{(z-z_{0\iota})^2}{4\eta_z u}} - e^{-\frac{(z+z_{0\iota})^2}{4\eta_z u}} \right\} \left\{ e^{-\frac{(y-y_{0\iota})^2}{4\eta_y u}} - e^{-\frac{(y+y_{0\iota})^2}{4\eta_y u}} \right\} \times \\
& \times \left\{ \operatorname{erf}\left(\frac{x - x_{01\iota}}{2\sqrt{\eta_x u}} \right) + \operatorname{erf}\left(\frac{x + x_{01\iota}}{2\sqrt{\eta_x u}} \right) - \operatorname{erf}\left(\frac{x - x_{02\iota}}{2\sqrt{\eta_x u}} \right) - \operatorname{erf}\left(\frac{x + x_{02\iota}}{2\sqrt{\eta_x u}} \right) \right\} du + \\
& + \frac{1}{8\phi c_t \pi \sqrt{\eta_z \eta_x}} \sum_{\iota=M_l+1}^{N_l} U(t - t_{0\iota}) \int\limits_0^{t-t_{0\iota}} \frac{q_\iota (t - t_{0\iota} - u)}{u} \left\{ e^{-\frac{(z-z_{0\iota})^2}{4\eta_z u}} - e^{-\frac{(z+z_{0\iota})^2}{4\eta_z u}} \right\} \left\{ e^{-\frac{(x-x_{0\iota})^2}{4\eta_x u}} - e^{-\frac{(x+x_{0\iota})^2}{4\eta_x u}} \right\} \times \\
& \times \left\{ \operatorname{erf}\left(\frac{y - y_{01\iota}}{2\sqrt{\eta_y u}} \right) + \operatorname{erf}\left(\frac{y + y_{01\iota}}{2\sqrt{\eta_y u}} \right) - \operatorname{erf}\left(\frac{y - y_{02\iota}}{2\sqrt{\eta_y u}} \right) - \operatorname{erf}\left(\frac{y + y_{02\iota}}{2\sqrt{\eta_y u}} \right) \right\} du + \\
& + \frac{1}{8\pi\phi c_t \sqrt{\eta_x \eta_y \eta_z}} \times \\
& \times \sum_{\iota=N_l+1}^{N_d} U(t - t_{0\iota}) \sin \vartheta_{0\iota} \int\limits_0^{t-t_{0\iota}} \frac{q_\iota (t - t_{0\iota} - \tau)}{\tau} [\mathcal{F}_\iota (x, y, z, \tau; z_{02\iota}, z_{01\iota}) - \mathcal{F}_\iota (-x, y, z, \tau; z_{02\iota}, z_{01\iota}) - \\
& - \mathcal{F}_\iota (x, -y, z, \tau; z_{02\iota}, z_{01\iota}) + \mathcal{F}_\iota (-x, -y, z, \tau; z_{02\iota}, z_{01\iota}) - \mathcal{F}_\iota (x, y, -z, \tau; z_{02\iota}, z_{01\iota}) + \\
& + \mathcal{F}_\iota (-x, y, -z, \tau; z_{02\iota}, z_{01\iota}) + \mathcal{F}_\iota (x, -y, -z, \tau; z_{02\iota}, z_{01\iota}) - \mathcal{F}_\iota (-x, -y, -z, \tau; z_{02\iota}, z_{01\iota})] + \\
& + \frac{1}{8\phi c_t \sqrt{\pi \eta_z}} \sum_{\iota=N_d+1}^{L_r} U(t - t_{0\iota}) \int\limits_0^{t-t_{0\iota}} \frac{q(t - t_{0\iota} - \tau)}{\sqrt{\tau}} \left\{ e^{-\frac{(z-z_{0\iota})^2}{4\eta_z \tau}} - e^{-\frac{(z+z_{0\iota})^2}{4\eta_z \tau}} \right\} \times
\end{aligned}
$$

$$\times\left\{\operatorname{erf}\left(\frac{y-y_{01\iota}}{2\sqrt{\eta_y\tau}}\right)+\operatorname{erf}\left(\frac{y+y_{01\iota}}{2\sqrt{\eta_y\tau}}\right)-\operatorname{erf}\left(\frac{y-y_{02\iota}}{2\sqrt{\eta_y\tau}}\right)-\operatorname{erf}\left(\frac{y+y_{02\iota}}{2\sqrt{\eta_y\tau}}\right)\right\}\times$$
$$\times\left\{\operatorname{erf}\left(\frac{x-x_{01\iota}}{2\sqrt{\eta_x\tau}}\right)+\operatorname{erf}\left(\frac{x+x_{01\iota}}{2\sqrt{\eta_x\tau}}\right)-\operatorname{erf}\left(\frac{x-x_{02\iota}}{2\sqrt{\eta_x\tau}}\right)-\operatorname{erf}\left(\frac{x+x_{02\iota}}{2\sqrt{\eta_x\tau}}\right)\right\}d\tau+$$
$$+\frac{1}{8\phi c_t\sqrt{\pi\eta_x}}\sum_{\iota=L_r+1}^{M_r}U(t-t_{0\iota})\int_0^{t-t_{0\iota}}\frac{q\left(t-t_{0\iota}-\tau\right)}{\sqrt{\tau}}\left\{e^{-\frac{(x-x_{0\iota})^2}{4\eta_x\tau}}-e^{-\frac{(x+x_{0\iota})^2}{4\eta_x\tau}}\right\}\times$$
$$\times\left\{\operatorname{erf}\left(\frac{y-y_{01\iota}}{2\sqrt{\eta_y\tau}}\right)+\operatorname{erf}\left(\frac{y+y_{01\iota}}{2\sqrt{\eta_y\tau}}\right)-\operatorname{erf}\left(\frac{y-y_{02\iota}}{2\sqrt{\eta_y\tau}}\right)-\operatorname{erf}\left(\frac{y+y_{02\iota}}{2\sqrt{\eta_y\tau}}\right)\right\}\times$$
$$\times\left\{\operatorname{erf}\left(\frac{z-z_{01\iota}}{2\sqrt{\eta_z\tau}}\right)+\operatorname{erf}\left(\frac{z+z_{01\iota}}{2\sqrt{\eta_z\tau}}\right)-\operatorname{erf}\left(\frac{z-z_{02\iota}}{2\sqrt{\eta_z\tau}}\right)-\operatorname{erf}\left(\frac{z+z_{02\iota}}{2\sqrt{\eta_z\tau}}\right)\right\}d\tau+$$
$$+\frac{1}{8\phi c_t\sqrt{\pi\eta_y}}\sum_{\iota=M_r+1}^{N_r}U(t-t_{0\iota})\int_0^{t-t_{0\iota}}\frac{q\left(t-t_{0\iota}-\tau\right)}{\sqrt{\tau}}\left\{e^{-\frac{(y-y_{0\iota})^2}{4\eta_y\tau}}-e^{-\frac{(y+y_{0\iota})^2}{4\eta_y\tau}}\right\}\times$$
$$\times\left\{\operatorname{erf}\left(\frac{x-x_{01\iota}}{2\sqrt{\eta_x\tau}}\right)+\operatorname{erf}\left(\frac{x+x_{01\iota}}{2\sqrt{\eta_x\tau}}\right)-\operatorname{erf}\left(\frac{x-x_{02\iota}}{2\sqrt{\eta_x\tau}}\right)-\operatorname{erf}\left(\frac{x+x_{02\iota}}{2\sqrt{\eta_x\tau}}\right)\right\}\times$$
$$\times\left\{\operatorname{erf}\left(\frac{z-z_{01\iota}}{2\sqrt{\eta_z\tau}}\right)+\operatorname{erf}\left(\frac{z+z_{01\iota}}{2\sqrt{\eta_z\tau}}\right)-\operatorname{erf}\left(\frac{z-z_{02\iota}}{2\sqrt{\eta_z\tau}}\right)-\operatorname{erf}\left(\frac{z+z_{02\iota}}{2\sqrt{\eta_z\tau}}\right)\right\}d\tau \quad \text{(A.1.1)}$$

The spatial average pressure response of the line $[z_{02\diamondsuit}-z_{01\diamondsuit}]$, $\iota=\diamondsuit$, $1\le\diamondsuit\le L_l$ is obtained by a further integration:

$$p=\frac{1}{8\phi c_t\pi\left(z_{02\diamondsuit}-z_{01\diamondsuit}\right)\sqrt{\eta_x\eta_y}}\times$$
$$\times\sum_{\iota=1}^{L_l}U(t-t_{0\iota})\int_0^{t-t_{0\iota}}\frac{q_\iota\left(t-t-u\right)}{u}\left\{e^{-\frac{(x-x_{0\iota})^2}{4\eta_x u}}-e^{-\frac{(x+x_{0\iota})^2}{4\eta_x u}}\right\}\left\{e^{-\frac{(y-y_{0\iota})^2}{4\eta_y u}}-e^{-\frac{(y+y_{0\iota})^2}{4\eta_y u}}\right\}\times$$
$$\times\left[\left(z_{02\diamondsuit}-z_{01\iota}\right)\operatorname{erf}\left(\frac{z_{02\diamondsuit}-z_{01\iota}}{2\sqrt{\eta_z u}}\right)-\left(z_{01\diamondsuit}-z_{01\iota}\right)\operatorname{erf}\left(\frac{z_{01\diamondsuit}-z_{01\iota}}{2\sqrt{\eta_z u}}\right)+\right.$$
$$+\left(z_{02\diamondsuit}+z_{01\iota}\right)\operatorname{erf}\left(\frac{z_{02\diamondsuit}+z_{01\iota}}{2\sqrt{\eta_z u}}\right)-\left(z_{01\diamondsuit}+z_{01\iota}\right)\operatorname{erf}\left(\frac{z_{01\diamondsuit}+z_{01\iota}}{2\sqrt{\eta_z u}}\right)+$$
$$+2\sqrt{\frac{\eta_z u}{\pi}}\left\{e^{-\frac{(z_{02\diamondsuit}-z_{01\iota})^2}{4\eta_z u}}-e^{-\frac{(z_{01\diamondsuit}-z_{01\iota})^2}{4\eta_z u}}\right\}+2\sqrt{\frac{\eta_z u}{\pi}}\left\{e^{-\frac{(z_{02\diamondsuit}+z_{01\iota})^2}{4\eta_z u}}-e^{-\frac{(z_{01\diamondsuit}+z_{01\iota})^2}{4\eta_z u}}\right\}-$$
$$-\left(z_{02\diamondsuit}-z_{02\iota}\right)\operatorname{erf}\left(\frac{z_{02\diamondsuit}-z_{02\iota}}{2\sqrt{\eta_z u}}\right)+\left(z_{01\diamondsuit}-z_{02\iota}\right)\operatorname{erf}\left(\frac{z_{01\diamondsuit}-z_{02\iota}}{2\sqrt{\eta_z u}}\right)-$$
$$-\left(z_{02\diamondsuit}+z_{02\iota}\right)\operatorname{erf}\left(\frac{z_{02\diamondsuit}+z_{02\iota}}{2\sqrt{\eta_z u}}\right)+\left(z_{01\diamondsuit}+z_{02\iota}\right)\operatorname{erf}\left(\frac{z_{01\diamondsuit}+z_{02\iota}}{2\sqrt{\eta_z u}}\right)-$$
$$\left.-2\sqrt{\frac{\eta_z u}{\pi}}\left\{e^{-\frac{(z_{02\diamondsuit}-z_{02\iota})^2}{4\eta_z u}}-e^{-\frac{(z_{01\diamondsuit}-z_{02\iota})^2}{4\eta_z u}}\right\}-2\sqrt{\frac{\eta_z u}{\pi}}\left\{e^{-\frac{(z_{02\diamondsuit}+z_{02\iota})^2}{4\eta_z u}}-e^{-\frac{(z_{01\diamondsuit}+z_{02\iota})^2}{4\eta_z u}}\right\}\right]du+$$
$$+\frac{1}{8\phi c_t\left(z_{02\diamondsuit}-z_{01\diamondsuit}\right)\sqrt{\pi\eta_y}}\sum_{\iota=L_l+1}^{M_l}U(t-t_{0\iota})\int_0^{t-t_{0\iota}}\frac{q_\iota\left(t-t_{0\iota}-u\right)}{\sqrt{u}}\left\{e^{-\frac{(y-y_{0\iota})^2}{4\eta_y u}}-e^{-\frac{(y+y_{0\iota})^2}{4\eta_y u}}\right\}\times$$
$$\times\left\{\operatorname{erf}\left(\frac{z_{02\diamondsuit}-z_{0\iota}}{2\sqrt{\eta_z u}}\right)-\operatorname{erf}\left(\frac{z_{01\diamondsuit}-z_{0\iota}}{2\sqrt{\eta_z u}}\right)-\operatorname{erf}\left(\frac{z_{02\diamondsuit}+z_{0\iota}}{2\sqrt{\eta_z u}}\right)+\operatorname{erf}\left(\frac{z_{01\diamondsuit}+z_{0\iota}}{2\sqrt{\eta_z u}}\right)\right\}\times$$
$$\times\left\{\operatorname{erf}\left(\frac{x-x_{01\iota}}{2\sqrt{\eta_x u}}\right)+\operatorname{erf}\left(\frac{x+x_{01\iota}}{2\sqrt{\eta_x u}}\right)-\operatorname{erf}\left(\frac{x-x_{02\iota}}{2\sqrt{\eta_x u}}\right)-\operatorname{erf}\left(\frac{x+x_{02\iota}}{2\sqrt{\eta_x u}}\right)\right\}du+$$
$$+\frac{1}{8\phi c_t\left(z_{02\diamondsuit}-z_{01\diamondsuit}\right)\sqrt{\pi\eta_x}}\sum_{\iota=M_l+1}^{N_l}U(t-t_{0\iota})\int_0^{t-t_{0\iota}}\frac{q_\iota\left(t-t_{0\iota}-u\right)}{\sqrt{u}}\left\{e^{-\frac{(x-x_{0\iota})^2}{4\eta_x u}}-e^{-\frac{(x+x_{0\iota})^2}{4\eta_x u}}\right\}\times$$

$$\times\left\{\operatorname{erf}\left(\frac{z_{02\diamondsuit}-z_{0\iota}}{2\sqrt{\eta_z u}}\right)-\operatorname{erf}\left(\frac{z_{01\diamondsuit}-z_{0\iota}}{2\sqrt{\eta_z u}}\right)-\operatorname{erf}\left(\frac{z_{02\diamondsuit}+z_{0\iota}}{2\sqrt{\eta_z u}}\right)+\operatorname{erf}\left(\frac{z_{01\diamondsuit}+z_{0\iota}}{2\sqrt{\eta_z u}}\right)\right\}\times$$

$$\times\left\{\operatorname{erf}\left(\frac{y-y_{01\iota}}{2\sqrt{\eta_y u}}\right)+\operatorname{erf}\left(\frac{y+y_{01\iota}}{2\sqrt{\eta_y u}}\right)-\operatorname{erf}\left(\frac{y-y_{02\iota}}{2\sqrt{\eta_y u}}\right)-\operatorname{erf}\left(\frac{y+y_{02\iota}}{2\sqrt{\eta_y u}}\right)\right\}du+$$

$$+\frac{1}{8\pi\phi c_t\left(z_{02\diamondsuit}-z_{01\diamondsuit}\right)\sqrt{\eta_x\eta_y\eta_z}}\times$$

$$\times\sum_{\iota=N_l+1}^{N_d}U\left(t-t_{0\iota}\right)\sin\vartheta_{0\iota}\int\limits_0^{t-t_{0\iota}}\frac{q_\iota\left(t-t_{0\iota}-\tau\right)}{\tau}\int\limits_{z_{01\diamondsuit}}^{z_{02\diamondsuit}}\left[\mathcal{F}_\iota\left(x,y,z,\tau;z_{02\iota},z_{01\iota}\right)-\mathcal{F}_\iota\left(-x,y,z,\tau;z_{02\iota},z_{01\iota}\right)-\right.$$

$$-\mathcal{F}_\iota\left(x,-y,z,\tau;z_{02\iota},z_{01\iota}\right)+\mathcal{F}_\iota\left(-x,-y,z,\tau;z_{02\iota},z_{01\iota}\right)-\mathcal{F}_\iota\left(x,y,-z,\tau;z_{02\iota},z_{01\iota}\right)+$$

$$\left.+\mathcal{F}_\iota\left(-x,y,-z,\tau;z_{02\iota},z_{01\iota}\right)+\mathcal{F}_\iota\left(x,-y,-z,\tau;z_{02\iota},z_{01\iota}\right)-\mathcal{F}_\iota\left(-x,-y,-z,\tau;z_{02\iota},z_{01\iota}\right)\right]dz+$$

$$+\frac{1}{8\phi c_t\left(z_{02\diamondsuit}-z_{01\diamondsuit}\right)}\sum_{\iota=N_d+1}^{L_r}U(t-t_{0\iota})\int\limits_0^{t-t_{0\iota}}q\left(t-t_{0\iota}-\tau\right)\times$$

$$\times\left\{\operatorname{erf}\left(\frac{z_{02\diamondsuit}-z_{01\iota}}{2\sqrt{\eta_z\tau}}\right)-\operatorname{erf}\left(\frac{z_{02\diamondsuit}+z_{01\iota}}{2\sqrt{\eta_z\tau}}\right)-\operatorname{erf}\left(\frac{z_{01\diamondsuit}-z_{01\iota}}{2\sqrt{\eta_z\tau}}\right)+\operatorname{erf}\left(\frac{z_{01\diamondsuit}+z_{01\iota}}{2\sqrt{\eta_z\tau}}\right)\right\}\times$$

$$\times\left\{\operatorname{erf}\left(\frac{y-y_{01\iota}}{2\sqrt{\eta_y\tau}}\right)+\operatorname{erf}\left(\frac{y+y_{01\iota}}{2\sqrt{\eta_y\tau}}\right)-\operatorname{erf}\left(\frac{y-y_{02\iota}}{2\sqrt{\eta_y\tau}}\right)-\operatorname{erf}\left(\frac{y+y_{02\iota}}{2\sqrt{\eta_y\tau}}\right)\right\}\times$$

$$\times\left\{\operatorname{erf}\left(\frac{x-x_{01\iota}}{2\sqrt{\eta_x\tau}}\right)+\operatorname{erf}\left(\frac{x+x_{01\iota}}{2\sqrt{\eta_x\tau}}\right)-\operatorname{erf}\left(\frac{x-x_{02\iota}}{2\sqrt{\eta_x\tau}}\right)-\operatorname{erf}\left(\frac{x+x_{02\iota}}{2\sqrt{\eta_x\tau}}\right)\right\}d\tau+$$

$$+\frac{1}{8\phi c_t\left(z_{02\diamondsuit}-z_{01\diamondsuit}\right)\sqrt{\pi\eta_x}}\sum_{\iota=L_r+1}^{M_r}U(t-t_{0\iota})\int\limits_0^{t-t_{0\iota}}\frac{q\left(t-t_{0\iota}-\tau\right)}{\sqrt{\tau}}\left\{e^{-\frac{(x-x_{0\iota})^2}{4\eta_x\tau}}-e^{-\frac{(x+x_{0\iota})^2}{4\eta_x\tau}}\right\}\times$$

$$\times\left\{\operatorname{erf}\left(\frac{y-y_{01\iota}}{2\sqrt{\eta_y\tau}}\right)+\operatorname{erf}\left(\frac{y+y_{01\iota}}{2\sqrt{\eta_y\tau}}\right)-\operatorname{erf}\left(\frac{y-y_{02\iota}}{2\sqrt{\eta_y\tau}}\right)-\operatorname{erf}\left(\frac{y+y_{02\iota}}{2\sqrt{\eta_y\tau}}\right)\right\}\times$$

$$\times\left\{\left(z_{02\diamondsuit}-z_{01\iota}\right)\operatorname{erf}\left(\frac{z_{02\diamondsuit}-z_{01\iota}}{2\sqrt{\eta_z\tau}}\right)-\left(z_{01\diamondsuit}-z_{01\iota}\right)\operatorname{erf}\left(\frac{z_{01\diamondsuit}-z_{01\iota}}{2\sqrt{\eta_z\tau}}\right)+\right.$$

$$+\left(z_{02\diamondsuit}+z_{01\iota}\right)\operatorname{erf}\left(\frac{z_{02\diamondsuit}+z_{01\iota}}{2\sqrt{\eta_z\tau}}\right)-\left(z_{01\diamondsuit}+z_{01\iota}\right)\operatorname{erf}\left(\frac{z_{01\diamondsuit}+z_{01\iota}}{2\sqrt{\eta_z\tau}}\right)-$$

$$-\left(z_{02\diamondsuit}-z_{02\iota}\right)\operatorname{erf}\left(\frac{z_{02\diamondsuit}-z_{02\iota}}{2\sqrt{\eta_z\tau}}\right)+\left(z_{01\diamondsuit}-z_{02\iota}\right)\operatorname{erf}\left(\frac{z_{01\diamondsuit}-z_{02\iota}}{2\sqrt{\eta_z\tau}}\right)-$$

$$-\left(z_{02\diamondsuit}+z_{02\iota}\right)\operatorname{erf}\left(\frac{z_{02\diamondsuit}+z_{02\iota}}{2\sqrt{\eta_z\tau}}\right)+\left(z_{01\diamondsuit}+z_{02\iota}\right)\operatorname{erf}\left(\frac{z_{01\diamondsuit}+z_{02\iota}}{2\sqrt{\eta_z\tau}}\right)+$$

$$+2\sqrt{\frac{\eta_z\tau}{\pi}}\left(e^{-\frac{(z_{02\diamondsuit}-z_{01\iota})^2}{4\eta_z\tau}}-e^{-\frac{(z_{01\diamondsuit}-z_{01\iota})^2}{4\eta_z\tau}}+e^{-\frac{(z_{02\diamondsuit}+z_{01\iota})^2}{4\eta_z\tau}}-e^{-\frac{(z_{01\diamondsuit}+z_{01\iota})^2}{4\eta_z\tau}}-\right.$$

$$\left.\left.-e^{-\frac{(z_{02\diamondsuit}-z_{02\iota})^2}{4\eta_z\tau}}+e^{-\frac{(z_{01\diamondsuit}-z_{02\iota})^2}{4\eta_z\tau}}-e^{-\frac{(z_{02\diamondsuit}+z_{02\iota})^2}{4\eta_z\tau}}+e^{-\frac{(z_{01\diamondsuit}+z_{02\iota})^2}{4\eta_z\tau}}\right)\right\}d\tau+$$

$$+\frac{1}{8\phi c_t\left(z_{02\diamondsuit}-z_{01\diamondsuit}\right)\sqrt{\pi\eta_y}}\sum_{\iota=M_r+1}^{N_r}U(t-t_{0\iota})\int\limits_0^{t-t_{0\iota}}\frac{q\left(t-t_{0\iota}-\tau\right)}{\sqrt{\tau}}\left\{e^{-\frac{(y-y_{0\iota})^2}{4\eta_y\tau}}-e^{-\frac{(y+y_{0\iota})^2}{4\eta_y\tau}}\right\}\times$$

$$\times\left\{\operatorname{erf}\left(\frac{x-x_{01\iota}}{2\sqrt{\eta_x\tau}}\right)+\operatorname{erf}\left(\frac{x+x_{01\iota}}{2\sqrt{\eta_x\tau}}\right)-\operatorname{erf}\left(\frac{x-x_{02\iota}}{2\sqrt{\eta_x\tau}}\right)-\operatorname{erf}\left(\frac{x+x_{02\iota}}{2\sqrt{\eta_x\tau}}\right)\right\}\times$$

$$\times\left\{\left(z_{02\diamondsuit}-z_{01\iota}\right)\operatorname{erf}\left(\frac{z_{02\diamondsuit}-z_{01\iota}}{2\sqrt{\eta_z\tau}}\right)-\left(z_{01\diamondsuit}-z_{01\iota}\right)\operatorname{erf}\left(\frac{z_{01\diamondsuit}-z_{01\iota}}{2\sqrt{\eta_z\tau}}\right)+\right.$$

$$+\left(z_{02\diamondsuit}+z_{01\iota}\right)\operatorname{erf}\left(\frac{z_{02\diamondsuit}+z_{01\iota}}{2\sqrt{\eta_z\tau}}\right)-\left(z_{01\diamondsuit}+z_{01\iota}\right)\operatorname{erf}\left(\frac{z_{01\diamondsuit}+z_{01\iota}}{2\sqrt{\eta_z\tau}}\right)-$$

$$
-\left(z_{02\diamondsuit}-z_{02\iota}\right)\operatorname{erf}\left(\frac{z_{02\diamondsuit}-z_{02\iota}}{2\sqrt{\eta_z\tau}}\right)+\left(z_{01\diamondsuit}-z_{02\iota}\right)\operatorname{erf}\left(\frac{z_{01\diamondsuit}-z_{02\iota}}{2\sqrt{\eta_z\tau}}\right)-
$$

$$
-\left(z_{02\diamondsuit}+z_{02\iota}\right)\operatorname{erf}\left(\frac{z_{02\diamondsuit}+z_{02\iota}}{2\sqrt{\eta_z\tau}}\right)+\left(z_{01\diamondsuit}+z_{02\iota}\right)\operatorname{erf}\left(\frac{z_{01\diamondsuit}+z_{02\iota}}{2\sqrt{\eta_z\tau}}\right)+
$$

$$
+2\sqrt{\frac{\eta_z\tau}{\pi}}\left(e^{-\frac{(z_{02\diamondsuit}-z_{01\iota})^2}{4\eta_z\tau}}-e^{-\frac{(z_{01\diamondsuit}-z_{01\iota})^2}{4\eta_z\tau}}+e^{-\frac{(z_{02\diamondsuit}+z_{01\iota})^2}{4\eta_z\tau}}-e^{-\frac{(z_{01\diamondsuit}+z_{01\iota})^2}{4\eta_z\tau}}-\right.
$$

$$
\left.-e^{-\frac{(z_{02\diamondsuit}-z_{02\iota})^2}{4\eta_z\tau}}+e^{-\frac{(z_{01\diamondsuit}-z_{02\iota})^2}{4\eta_z\tau}}-e^{-\frac{(z_{02\diamondsuit}+z_{02\iota})^2}{4\eta_z\tau}}+e^{-\frac{(z_{01\diamondsuit}+z_{02\iota})^2}{4\eta_z\tau}}\right)\Bigg\}\,d\tau+
$$

$$
+\frac{x}{8\pi\left(z_{02\diamondsuit}-z_{01\diamondsuit}\right)\sqrt{\eta_x\eta_y}}\int_0^t\int_0^\infty\int_0^\infty\frac{\psi_{yz}(v,w,t-\tau)}{\tau^2}\left\{e^{-\frac{(y-v)^2}{4\eta_y\tau}}-e^{-\frac{(y+v)^2}{4\eta_y\tau}}\right\}\times
$$

$$
\times\left\{\operatorname{erf}\left(\frac{w-z_{01\diamondsuit}}{2\sqrt{\eta_z\tau}}\right)+\operatorname{erf}\left(\frac{w+z_{01\diamondsuit}}{2\sqrt{\eta_z\tau}}\right)-\operatorname{erf}\left(\frac{w-z_{02\diamondsuit}}{2\sqrt{\eta_z\tau}}\right)-\operatorname{erf}\left(\frac{w+z_{02\diamondsuit}}{2\sqrt{\eta_z\tau}}\right)\right\}e^{-\frac{x^2}{4\eta_x\tau}}\,dv\,dw\,d\tau+
$$

$$
+\frac{y}{8\pi\left(z_{02\diamondsuit}-z_{01\diamondsuit}\right)\sqrt{\eta_x\eta_y}}\int_0^t\int_0^\infty\int_0^\infty\frac{\psi_{xz}(u,w,t-\tau)}{\tau^2}\left\{e^{-\frac{(x-u)^2}{4\eta_x\tau}}-e^{-\frac{(x+u)^2}{4\eta_x\tau}}\right\}\times
$$

$$
\times\left\{\operatorname{erf}\left(\frac{w-z_{01\diamondsuit}}{2\sqrt{\eta_z\tau}}\right)+\operatorname{erf}\left(\frac{w+z_{01\diamondsuit}}{2\sqrt{\eta_z\tau}}\right)-\operatorname{erf}\left(\frac{w-z_{02\diamondsuit}}{2\sqrt{\eta_z\tau}}\right)-\operatorname{erf}\left(\frac{w+z_{02\diamondsuit}}{2\sqrt{\eta_z\tau}}\right)\right\}e^{-\frac{y^2}{4\eta_y\tau}}\,du\,dw\,d\tau+
$$

$$
+\frac{1}{4\pi^{\frac{3}{2}}\left(z_{02\diamondsuit}-z_{01\diamondsuit}\right)}\sqrt{\frac{\eta_x}{\eta_y\eta_z}}\int_0^t\int_0^\infty\int_0^\infty\frac{\psi_{xy}(u,v,t-\tau)}{\tau^{\frac{3}{2}}}\left\{e^{-\frac{(x-u)^2}{4\eta_x\tau}}-e^{-\frac{(x+u)^2}{4\eta_x\tau}}\right\}\left\{e^{-\frac{(y-v)^2}{4\eta_y\tau}}-e^{-\frac{(y+v)^2}{4\eta_y\tau}}\right\}\times
$$

$$
\times\left\{e^{-\frac{z_{01\diamondsuit}^3}{4\eta_z\tau}}-e^{-\frac{z_{02\diamondsuit}^2}{4\eta_z\tau}}\right\}du\,dv\,d\tau+
$$

$$
+\frac{1}{8\pi\left(z_{02\diamondsuit}-z_{01\diamondsuit}\right)t\sqrt{\eta_x\eta_y}}\int_0^\infty\int_0^\infty\int_0^\infty\varphi(u,v,w)\left\{e^{-\frac{(x-u)^2}{4\eta_x t}}-e^{-\frac{(x+u)^2}{4\eta_x t}}\right\}\left\{e^{-\frac{(y-v)^2}{4\eta_y t}}-e^{-\frac{(y+v)^2}{4\eta_y t}}\right\}\times
$$

$$
\times\left\{\operatorname{erf}\left(\frac{w-z_{01\diamondsuit}}{2\sqrt{\eta_z t}}\right)+\operatorname{erf}\left(\frac{w+z_{01\diamondsuit}}{2\sqrt{\eta_z t}}\right)-\operatorname{erf}\left(\frac{w-z_{02\diamondsuit}}{2\sqrt{\eta_z t}}\right)-\operatorname{erf}\left(\frac{w+z_{02\diamondsuit}}{2\sqrt{\eta_z t}}\right)\right\}du\,dv\,dw \tag{A.1.2}
$$

When $\varphi(x,y,z)=p_I$, a constant, the solution is obtained by replacing the term corresponding to the initial condition (the last term) in equation (A.1.2) with

$$
p=\frac{p_I\operatorname{erf}\left(\frac{x}{2\sqrt{\eta_x t}}\right)\operatorname{erf}\left(\frac{y}{2\sqrt{\eta_y t}}\right)}{\left(z_{02\diamondsuit}-z_{01\diamondsuit}\right)}\times
$$

$$
\times\left[z_{02\diamondsuit}\operatorname{erf}\left(\frac{z_{02\diamondsuit}}{2\sqrt{\eta_z t}}\right)-z_{01\diamondsuit}\operatorname{erf}\left(\frac{z_{01\diamondsuit}}{2\sqrt{\eta_z t}}\right)+2\sqrt{\frac{\eta_z t}{\pi}}\left\{e^{-\frac{z_{02\diamondsuit}^2}{4\eta_z t}}-e^{-\frac{z_{01\diamondsuit}^2}{4\eta_z t}}\right\}\right] \tag{A.1.3}
$$

The spatial average pressure response of the rectangle $[(y_{02\diamondsuit}-y_{01\diamondsuit})(z_{02\diamondsuit}-z_{01\diamondsuit})]$, $\iota=\diamondsuit$, $L_r+1\leq\diamondsuit\leq M_r$ is given by

$$
p=\frac{1}{8\phi c_t\left(y_{02\diamondsuit}-y_{01\diamondsuit}\right)\left(z_{02\diamondsuit}-z_{01\diamondsuit}\right)\sqrt{\pi\eta_x}}\sum_{\iota=1}^{L_\iota}U(t-t_{0\iota})\int_0^{t-t_{0\iota}}\frac{q_\iota(t-t-u)}{\sqrt{u}}\left\{e^{-\frac{(x-x_{0\iota})^2}{4\eta_x u}}-e^{-\frac{(x+x_{0\iota})^2}{4\eta_x u}}\right\}\times
$$

$$
\times\left\{\operatorname{erf}\left(\frac{y_{0\iota}-y_{01\diamondsuit}}{2\sqrt{\eta_y u}}\right)+\operatorname{erf}\left(\frac{y_{0\iota}+y_{01\diamondsuit}}{2\sqrt{\eta_y u}}\right)-\operatorname{erf}\left(\frac{y_{0\iota}-y_{02\diamondsuit}}{2\sqrt{\eta_y u}}\right)-\operatorname{erf}\left(\frac{y_{0\iota}+y_{02\diamondsuit}}{2\sqrt{\eta_y u}}\right)\right\}\times
$$

$$
\times\left[\left(z_{02\diamondsuit}-z_{01\iota}\right)\operatorname{erf}\left(\frac{z_{02\diamondsuit}-z_{01\iota}}{2\sqrt{\eta_z u}}\right)-\left(z_{01\diamondsuit}-z_{01\iota}\right)\operatorname{erf}\left(\frac{z_{01\diamondsuit}-z_{01\iota}}{2\sqrt{\eta_z u}}\right)+\right.
$$

$$
+\left(z_{02\diamondsuit}+z_{01\iota}\right)\operatorname{erf}\left(\frac{z_{02\diamondsuit}+z_{01\iota}}{2\sqrt{\eta_z u}}\right)-\left(z_{01\diamondsuit}+z_{01\iota}\right)\operatorname{erf}\left(\frac{z_{01\diamondsuit}+z_{01\iota}}{2\sqrt{\eta_z u}}\right)+
$$

$$+2\sqrt{\frac{\eta_z u}{\pi}}\left\{e^{-\frac{(z_{02\diamond}-z_{01\iota})^2}{4\eta_z u}}-e^{-\frac{(z_{01\diamond}-z_{01\iota})^2}{4\eta_z u}}\right\}+2\sqrt{\frac{\eta_z u}{\pi}}\left\{e^{-\frac{(z_{02\diamond}+z_{01\iota})^2}{4\eta_z u}}-e^{-\frac{(z_{01\diamond}+z_{01\iota})^2}{4\eta_z u}}\right\}-$$

$$-(z_{02\diamond}-z_{02\iota})\,\mathrm{erf}\left(\frac{z_{02\diamond}-z_{02\iota}}{2\sqrt{\eta_z u}}\right)+(z_{01\diamond}-z_{02\iota})\,\mathrm{erf}\left(\frac{z_{01\diamond}-z_{02\iota}}{2\sqrt{\eta_z u}}\right)-$$

$$-(z_{02\diamond}+z_{02\iota})\,\mathrm{erf}\left(\frac{z_{02\diamond}+z_{02\iota}}{2\sqrt{\eta_z u}}\right)+(z_{01\diamond}+z_{02\iota})\,\mathrm{erf}\left(\frac{z_{01\diamond}+z_{02\iota}}{2\sqrt{\eta_z u}}\right)-$$

$$-2\sqrt{\frac{\eta_z u}{\pi}}\left\{e^{-\frac{(z_{02\diamond}-z_{02\iota})^2}{4\eta_z u}}-e^{-\frac{(z_{01\diamond}-z_{02\iota})^2}{4\eta_z u}}\right\}-2\sqrt{\frac{\eta_z u}{\pi}}\left\{e^{-\frac{(z_{02\diamond}+z_{02\iota})^2}{4\eta_z u}}-e^{-\frac{(z_{01\diamond}+z_{02\iota})^2}{4\eta_z u}}\right\}\Bigg]du+$$

$$+\frac{1}{8\phi c_t\,(y_{02\diamond}-y_{01\diamond})\,(z_{02\diamond}-z_{01\diamond})}\sum_{\iota=L_l+1}^{M_l}U(t-t_{0\iota})\int_0^{t\ t_{0\iota}}q_\iota\,(t-t_{0\iota}-u)\times$$

$$\times\left\{\mathrm{erf}\left(\frac{y_{0\iota}-y_{01\diamond}}{2\sqrt{\eta_y u}}\right)+\mathrm{erf}\left(\frac{y_{0\iota}+y_{01\diamond}}{2\sqrt{\eta_y u}}\right)-\mathrm{erf}\left(\frac{y_{0\iota}-y_{02\diamond}}{2\sqrt{\eta_y u}}\right)-\mathrm{erf}\left(\frac{y_{0\iota}+y_{02\diamond}}{2\sqrt{\eta_y u}}\right)\right\}\times$$

$$\times\left\{\mathrm{erf}\left(\frac{z_{02\diamond}-z_{0\iota}}{2\sqrt{\eta_z u}}\right)-\mathrm{erf}\left(\frac{z_{01\diamond}-z_{0\iota}}{2\sqrt{\eta_z u}}\right)-\mathrm{erf}\left(\frac{z_{02\diamond}+z_{0\iota}}{2\sqrt{\eta_z u}}\right)+\mathrm{erf}\left(\frac{z_{01\diamond}+z_{0\iota}}{2\sqrt{\eta_z u}}\right)\right\}\times$$

$$\times\left\{\mathrm{erf}\left(\frac{x-x_{01\iota}}{2\sqrt{\eta_x u}}\right)+\mathrm{erf}\left(\frac{x+x_{01\iota}}{2\sqrt{\eta_x u}}\right)-\mathrm{erf}\left(\frac{x-x_{02\iota}}{2\sqrt{\eta_x u}}\right)-\mathrm{erf}\left(\frac{x+x_{02\iota}}{2\sqrt{\eta_x u}}\right)\right\}du+$$

$$+\frac{1}{8\phi c_t\,(y_{02\diamond}-y_{01\diamond})\,(z_{02\diamond}-z_{01\diamond})\,\sqrt{\pi\eta_x}}\sum_{\iota=M_l+1}^{N_l}U(t-t_{0\iota})\int_0^{t-t_{0\iota}}\frac{q_\iota\,(t-t_{0\iota}-u)}{\sqrt{u}}\left\{e^{-\frac{(x-x_{0\iota})^2}{4\eta_x u}}-e^{-\frac{(x+x_{0\iota})^2}{4\eta_x u}}\right\}\times$$

$$\times\left\{\mathrm{erf}\left(\frac{z_{02\diamond}-z_{0\iota}}{2\sqrt{\eta_z u}}\right)-\mathrm{erf}\left(\frac{z_{01\diamond}-z_{0\iota}}{2\sqrt{\eta_z u}}\right)-\mathrm{erf}\left(\frac{z_{02\diamond}+z_{0\iota}}{2\sqrt{\eta_z u}}\right)+\mathrm{erf}\left(\frac{z_{01\diamond}+z_{0\iota}}{2\sqrt{\eta_z u}}\right)\right\}\times$$

$$\times\Bigg\{(y_{02\diamond}-y_{01\iota})\,\mathrm{erf}\left(\frac{y_{02\diamond}-y_{01\iota}}{2\sqrt{\eta_y u}}\right)-(y_{01\diamond}-y_{01\iota})\,\mathrm{erf}\left(\frac{y_{01\diamond}-y_{01\iota}}{2\sqrt{\eta_y u}}\right)+$$

$$+(y_{02\diamond}+y_{01\iota})\,\mathrm{erf}\left(\frac{y_{02\diamond}+y_{01\iota}}{2\sqrt{\eta_y u}}\right)-(y_{01\diamond}+y_{01\iota})\,\mathrm{erf}\left(\frac{y_{01\diamond}+y_{01\iota}}{2\sqrt{\eta_y u}}\right)-$$

$$-(y_{02\diamond}-y_{02\iota})\,\mathrm{erf}\left(\frac{y_{02\diamond}-y_{02\iota}}{2\sqrt{\eta_y u}}\right)+(y_{01\diamond}-y_{02\iota})\,\mathrm{erf}\left(\frac{y_{01\diamond}-y_{02\iota}}{2\sqrt{\eta_y u}}\right)-$$

$$-(y_{02\diamond}+y_{02\iota})\,\mathrm{erf}\left(\frac{y_{02\diamond}+y_{02\iota}}{2\sqrt{\eta_y u}}\right)+(y_{01\diamond}+y_{02\iota})\,\mathrm{erf}\left(\frac{y_{01\diamond}+y_{02\iota}}{2\sqrt{\eta_y u}}\right)+$$

$$+2\sqrt{\frac{\eta_y u}{\pi}}\left(e^{-\frac{(y_{02\diamond}-y_{01\iota})^2}{4\eta_y u}}-e^{-\frac{(y_{01\diamond}-y_{01\iota})^2}{4\eta_y u}}+e^{-\frac{(y_{02\diamond}+y_{01\iota})^2}{4\eta_y u}}-e^{-\frac{(y_{01\diamond}+y_{01\iota})^2}{4\eta_y u}}-\right.$$

$$\left.-e^{-\frac{(y_{02\diamond}-y_{02\iota})^2}{4\eta_y u}}+e^{-\frac{(y_{01\diamond}-y_{02\iota})^2}{4\eta_y u}}-e^{-\frac{(y_{02\diamond}+y_{02\iota})^2}{4\eta_y u}}+e^{-\frac{(y_{01\diamond}+y_{02\iota})^2}{4\eta_y u}}\right)\Bigg\}du+$$

$$+\frac{1}{8\pi\phi c_t\,(z_{02\diamond}-z_{01\diamond})\,\sqrt{\eta_x\eta_y\eta_z}}\times$$

$$\times\sum_{\iota=N_l+1}^{N_d}U\,(t-t_{0\iota})\sin\vartheta_{0\iota}\int_0^{t-t_{0\iota}}\frac{q_\iota\,(t-t_{0\iota}-\tau)}{\tau}\int_{z_{01\diamond}}^{z_{02\diamond}}\left[\mathcal{F}_\iota\,(x,y,z,\tau;z_{02\iota},z_{01\iota})-\mathcal{F}_\iota\,(-x,y,z,\tau;z_{02\iota},z_{01\iota})-\right.$$

$$-\mathcal{F}_\iota\,(x,-y,z,\tau;z_{02\iota},z_{01\iota})+\mathcal{F}_\iota\,(-x,-y,z,\tau;z_{02\iota},z_{01\iota})-\mathcal{F}_\iota\,(x,y,-z,\tau;z_{02\iota},z_{01\iota})+$$

$$\left.+\mathcal{F}_\iota\,(-x,y,-z,\tau;z_{02\iota},z_{01\iota})+\mathcal{F}_\iota\,(x,-y,-z,\tau;z_{02\iota},z_{01\iota})-\mathcal{F}_\iota\,(-x,-y,-z,\tau;z_{02\iota},z_{01\iota})\right]dz+$$

$$+\frac{1}{8\phi c_t\,(y_{02\diamond}-y_{01\diamond})\,(z_{02\diamond}-z_{01\diamond})}\sum_{\iota=N_d+1}^{L_r}U(t-t_{0\iota})\int_0^{t-t_{0\iota}}q\,(t-t_{0\iota}-\tau)\times$$

$$\times\left\{\mathrm{erf}\left(\frac{z_{02\diamond}-z_{01\iota}}{2\sqrt{\eta_z\tau}}\right)-\mathrm{erf}\left(\frac{z_{02\diamond}+z_{01\iota}}{2\sqrt{\eta_z\tau}}\right)-\mathrm{erf}\left(\frac{z_{01\diamond}-z_{01\iota}}{2\sqrt{\eta_z\tau}}\right)+\mathrm{erf}\left(\frac{z_{01\diamond}+z_{01\iota}}{2\sqrt{\eta_z\tau}}\right)\right\}\times$$

$$\times\left\{(y_{02\diamond}-y_{01\iota})\,\mathrm{erf}\left(\frac{y_{02\diamond}-y_{01\iota}}{2\sqrt{\eta_y\tau}}\right)-(y_{01\diamond}-y_{01\iota})\,\mathrm{erf}\left(\frac{y_{01\diamond}-y_{01\iota}}{2\sqrt{\eta_y\tau}}\right)+\right.$$

$$+(y_{02\diamond}+y_{01\iota})\,\mathrm{erf}\left(\frac{y_{02\diamond}+y_{01\iota}}{2\sqrt{\eta_y\tau}}\right)-(y_{01\diamond}+y_{01\iota})\,\mathrm{erf}\left(\frac{y_{01\diamond}+y_{01\iota}}{2\sqrt{\eta_y\tau}}\right)-$$

$$-(y_{02\diamond}-y_{02\iota})\,\mathrm{erf}\left(\frac{y_{02\diamond}-y_{02\iota}}{2\sqrt{\eta_y\tau}}\right)+(y_{01\diamond}-y_{02\iota})\,\mathrm{erf}\left(\frac{y_{01\diamond}-y_{02\iota}}{2\sqrt{\eta_y\tau}}\right)-$$

$$-(y_{02\diamond}+y_{02\iota})\,\mathrm{erf}\left(\frac{y_{02\diamond}+y_{02\iota}}{2\sqrt{\eta_y\tau}}\right)+(y_{01\diamond}+y_{02\iota})\,\mathrm{erf}\left(\frac{y_{01\diamond}+y_{02\iota}}{2\sqrt{\eta_y\tau}}\right)+$$

$$+2\sqrt{\frac{\eta_y\tau}{\pi}}\left(e^{-\frac{(y_{02\diamond}-y_{01\iota})^2}{4\eta_y\tau}}-e^{-\frac{(y_{01\diamond}-y_{01\iota})^2}{4\eta_y\tau}}+e^{-\frac{(y_{02\diamond}+y_{01\iota})^2}{4\eta_y\tau}}-e^{-\frac{(y_{01\diamond}+y_{01\iota})^2}{4\eta_y\tau}}-\right.$$

$$\left.\left.-e^{-\frac{(y_{02\diamond}-y_{02\iota})^2}{4\eta_y\tau}}+e^{-\frac{(y_{01\diamond}-y_{02\iota})^2}{4\eta_y\tau}}-e^{-\frac{(y_{02\diamond}+y_{02\iota})^2}{4\eta_y\tau}}+e^{-\frac{(y_{01\diamond}+y_{02\iota})^2}{4\eta_y\tau}}\right)\right\}\times$$

$$\times\left\{\mathrm{erf}\left(\frac{x-x_{01\iota}}{2\sqrt{\eta_x\tau}}\right)+\mathrm{erf}\left(\frac{x+x_{01\iota}}{2\sqrt{\eta_x\tau}}\right)-\mathrm{erf}\left(\frac{x-x_{02\iota}}{2\sqrt{\eta_x\tau}}\right)-\mathrm{erf}\left(\frac{x+x_{02\iota}}{2\sqrt{\eta_x\tau}}\right)\right\}d\tau+$$

$$+\frac{1}{8\phi c_t\,(y_{02\diamond}-y_{01\diamond})\,(z_{02\diamond}-z_{01\diamond})\,\sqrt{\pi\eta_x}}\sum_{\iota=L_r+1}^{M_r}U(t-t_{0\iota})\int_0^{t-t_{0\iota}}\frac{q\,(t-t_{0\iota}-\tau)}{\sqrt{\tau}}\left\{e^{-\frac{(x-x_{0\iota})^2}{4\eta_x\tau}}-e^{-\frac{(x+x_{0\iota})^2}{4\eta_x\tau}}\right\}\times$$

$$\times\left\{(y_{02\diamond}-y_{01\iota})\,\mathrm{erf}\left(\frac{y_{02\diamond}-y_{01\iota}}{2\sqrt{\eta_y\tau}}\right)-(y_{01\diamond}-y_{01\iota})\,\mathrm{erf}\left(\frac{y_{01\diamond}-y_{01\iota}}{2\sqrt{\eta_y\tau}}\right)+\right.$$

$$+(y_{02\diamond}+y_{01\iota})\,\mathrm{erf}\left(\frac{y_{02\diamond}+y_{01\iota}}{2\sqrt{\eta_y\tau}}\right)-(y_{01\diamond}+y_{01\iota})\,\mathrm{erf}\left(\frac{y_{01\diamond}+y_{01\iota}}{2\sqrt{\eta_y\tau}}\right)-$$

$$-(y_{02\diamond}-y_{02\iota})\,\mathrm{erf}\left(\frac{y_{02\diamond}-y_{02\iota}}{2\sqrt{\eta_y\tau}}\right)+(y_{01\diamond}-y_{02\iota})\,\mathrm{erf}\left(\frac{y_{01\diamond}-y_{02\iota}}{2\sqrt{\eta_y\tau}}\right)-$$

$$-(y_{02\diamond}+y_{02\iota})\,\mathrm{erf}\left(\frac{y_{02\diamond}+y_{02\iota}}{2\sqrt{\eta_y\tau}}\right)+(y_{01\diamond}+y_{02\iota})\,\mathrm{erf}\left(\frac{y_{01\diamond}+y_{02\iota}}{2\sqrt{\eta_y\tau}}\right)+$$

$$+2\sqrt{\frac{\eta_y\tau}{\pi}}\left(e^{-\frac{(y_{02\diamond}-y_{01\iota})^2}{4\eta_y\tau}}-e^{-\frac{(y_{01\diamond}-y_{01\iota})^2}{4\eta_y\tau}}+e^{-\frac{(y_{02\diamond}+y_{01\iota})^2}{4\eta_y\tau}}-e^{-\frac{(y_{01\diamond}+y_{01\iota})^2}{4\eta_y\tau}}-\right.$$

$$\left.\left.-e^{-\frac{(y_{02\diamond}-y_{02\iota})^2}{4\eta_y\tau}}+e^{-\frac{(y_{01\diamond}-y_{02\iota})^2}{4\eta_y\tau}}-e^{-\frac{(y_{02\diamond}+y_{02\iota})^2}{4\eta_y\tau}}+e^{-\frac{(y_{01\diamond}+y_{02\iota})^2}{4\eta_y\tau}}\right)\right\}\times$$

$$\times\left\{(z_{02\diamond}-z_{01\iota})\,\mathrm{erf}\left(\frac{z_{02\diamond}-z_{01\iota}}{2\sqrt{\eta_z\tau}}\right)-(z_{01\diamond}-z_{01\iota})\,\mathrm{erf}\left(\frac{z_{01\diamond}-z_{01\iota}}{2\sqrt{\eta_z\tau}}\right)+\right.$$

$$+(z_{02\diamond}+z_{01\iota})\,\mathrm{erf}\left(\frac{z_{02\diamond}+z_{01\iota}}{2\sqrt{\eta_z\tau}}\right)-(z_{01\diamond}+z_{01\iota})\,\mathrm{erf}\left(\frac{z_{01\diamond}+z_{01\iota}}{2\sqrt{\eta_z\tau}}\right)-$$

$$-(z_{02\diamond}-z_{02\iota})\,\mathrm{erf}\left(\frac{z_{02\diamond}-z_{02\iota}}{2\sqrt{\eta_z\tau}}\right)+(z_{01\diamond}-z_{02\iota})\,\mathrm{erf}\left(\frac{z_{01\diamond}-z_{02\iota}}{2\sqrt{\eta_z\tau}}\right)-$$

$$-(z_{02\diamond}+z_{02\iota})\,\mathrm{erf}\left(\frac{z_{02\diamond}+z_{02\iota}}{2\sqrt{\eta_z\tau}}\right)+(z_{01\diamond}+z_{02\iota})\,\mathrm{erf}\left(\frac{z_{01\diamond}+z_{02\iota}}{2\sqrt{\eta_z\tau}}\right)+$$

$$+2\sqrt{\frac{\eta_z\tau}{\pi}}\left(e^{-\frac{(z_{02\diamond}-z_{01\iota})^2}{4\eta_z\tau}}-e^{-\frac{(z_{01\diamond}-z_{01\iota})^2}{4\eta_z\tau}}+e^{-\frac{(z_{02\diamond}+z_{01\iota})^2}{4\eta_z\tau}}-e^{-\frac{(z_{01\diamond}+z_{01\iota})^2}{4\eta_z\tau}}-\right.$$

$$\left.\left.-e^{-\frac{(z_{02\diamond}-z_{02\iota})^2}{4\eta_z\tau}}+e^{-\frac{(z_{01\diamond}-z_{02\iota})^2}{4\eta_z\tau}}-e^{-\frac{(z_{02\diamond}+z_{02\iota})^2}{4\eta_z\tau}}+e^{-\frac{(z_{01\diamond}+z_{02\iota})^2}{4\eta_z\tau}}\right)\right\}d\tau+$$

$$+\frac{1}{8\phi c_t\,(y_{02\diamond}-y_{01\diamond})\,(z_{02\diamond}-z_{01\diamond})}\sum_{\iota=M_r+1}^{N_r}U(t-t_{0\iota})\int_0^{t-t_{0\iota}}q\,(t-t_{0\iota}-\tau)\times$$

$$\times\left\{\mathrm{erf}\left(\frac{y_{0\iota}-y_{01\diamond}}{2\sqrt{\eta_y u}}\right)+\mathrm{erf}\left(\frac{y_{0\iota}+y_{01\diamond}}{2\sqrt{\eta_y u}}\right)-\mathrm{erf}\left(\frac{y_{0\iota}-y_{02\diamond}}{2\sqrt{\eta_y u}}\right)-\mathrm{erf}\left(\frac{y_{0\iota}+y_{02\diamond}}{2\sqrt{\eta_y u}}\right)\right\}\times$$

$$
\begin{aligned}
&\times\left\{\operatorname{erf}\left(\frac{x-x_{01\iota}}{2\sqrt{\eta_x\tau}}\right)+\operatorname{erf}\left(\frac{x+x_{01\iota}}{2\sqrt{\eta_x\tau}}\right)-\operatorname{erf}\left(\frac{x-x_{02\iota}}{2\sqrt{\eta_x\tau}}\right)-\operatorname{erf}\left(\frac{x+x_{02\iota}}{2\sqrt{\eta_x\tau}}\right)\right\}\times\\
&\times\left\{(z_{02\Diamond}-z_{01\iota})\operatorname{erf}\left(\frac{z_{02\Diamond}-z_{01\iota}}{2\sqrt{\eta_z\tau}}\right)-(z_{01\Diamond}-z_{01\iota})\operatorname{erf}\left(\frac{z_{01\Diamond}-z_{01\iota}}{2\sqrt{\eta_z\tau}}\right)+\right.\\
&+(z_{02\Diamond}+z_{01\iota})\operatorname{erf}\left(\frac{z_{02\Diamond}+z_{01\iota}}{2\sqrt{\eta_z\tau}}\right)-(z_{01\Diamond}+z_{01\iota})\operatorname{erf}\left(\frac{z_{01\Diamond}+z_{01\iota}}{2\sqrt{\eta_z\tau}}\right)-\\
&-(z_{02\Diamond}-z_{02\iota})\operatorname{erf}\left(\frac{z_{02\Diamond}-z_{02\iota}}{2\sqrt{\eta_z\tau}}\right)+(z_{01\Diamond}-z_{02\iota})\operatorname{erf}\left(\frac{z_{01\Diamond}-z_{02\iota}}{2\sqrt{\eta_z\tau}}\right)-\\
&-(z_{02\Diamond}+z_{02\iota})\operatorname{erf}\left(\frac{z_{02\Diamond}+z_{02\iota}}{2\sqrt{\eta_z\tau}}\right)+(z_{01\Diamond}+z_{02\iota})\operatorname{erf}\left(\frac{z_{01\Diamond}+z_{02\iota}}{2\sqrt{\eta_z\tau}}\right)+\\
&+2\sqrt{\frac{\eta_z\tau}{\pi}}\left(e^{-\frac{(z_{02\Diamond}-z_{01\iota})^2}{4\eta_z\tau}}-e^{-\frac{(z_{01\Diamond}-z_{01\iota})^2}{4\eta_z\tau}}+e^{-\frac{(z_{02\Diamond}+z_{01\iota})^2}{4\eta_z\tau}}-e^{-\frac{(z_{01\Diamond}+z_{01\iota})^2}{4\eta_z\tau}}-\right.\\
&\left.\left.-e^{-\frac{(z_{02\Diamond}-z_{02\iota})^2}{4\eta_z\tau}}+e^{-\frac{(z_{01\Diamond}-z_{02\iota})^2}{4\eta_z\tau}}-e^{-\frac{(z_{02\Diamond}+z_{02\iota})^2}{4\eta_z\tau}}+e^{-\frac{(z_{01\Diamond}+z_{02\iota})^2}{4\eta_z\tau}}\right)\right\}d\tau+\\
&+\frac{x}{8\sqrt{\pi\eta_x}\,(y_{02\Diamond}-z_{01\Diamond})\,(y_{02\Diamond}-z_{01\Diamond})}\int_0^t\int_0^\infty\int_0^\infty\frac{\psi_{yz}\,(v,w,t-\tau)}{\tau^{\frac{3}{2}}}\times\\
&\times\left\{\operatorname{erf}\left(\frac{v-y_{01\Diamond}}{2\sqrt{\eta_y\tau}}\right)+\operatorname{erf}\left(\frac{v+y_{01\Diamond}}{2\sqrt{\eta_y\tau}}\right)-\operatorname{erf}\left(\frac{v-y_{02\Diamond}}{2\sqrt{\eta_y\tau}}\right)-\operatorname{erf}\left(\frac{v+y_{02\Diamond}}{2\sqrt{\eta_y\tau}}\right)\right\}\times\\
&\times\left\{\operatorname{erf}\left(\frac{w-z_{01\Diamond}}{2\sqrt{\eta_z\tau}}\right)+\operatorname{erf}\left(\frac{w+z_{01\Diamond}}{2\sqrt{\eta_z\tau}}\right)-\operatorname{erf}\left(\frac{w-z_{02\Diamond}}{2\sqrt{\eta_z\tau}}\right)-\operatorname{erf}\left(\frac{w+z_{02\Diamond}}{2\sqrt{\eta_z\tau}}\right)\right\}e^{-\frac{x^2}{4\eta_x\tau}}dvdwd\tau+\\
&+\frac{1}{4\pi\,(y_{02\Diamond}-z_{01\Diamond})\,(z_{02\Diamond}-z_{01\Diamond})}\sqrt{\frac{\eta_y}{\eta_x}}\int_0^t\int_0^\infty\int_0^\infty\frac{\psi_{xz}\,(u,w,t-\tau)}{\tau}\left\{e^{-\frac{(x-u)^2}{4\eta_x\tau}}-e^{-\frac{(x+u)^2}{4\eta_x\tau}}\right\}\times\\
&\times\left\{\operatorname{erf}\left(\frac{w-z_{01\Diamond}}{2\sqrt{\eta_z\tau}}\right)+\operatorname{erf}\left(\frac{w+z_{01\Diamond}}{2\sqrt{\eta_z\tau}}\right)-\operatorname{erf}\left(\frac{w-z_{02\Diamond}}{2\sqrt{\eta_z\tau}}\right)-\operatorname{erf}\left(\frac{w+z_{02\Diamond}}{2\sqrt{\eta_z\tau}}\right)\right\}\times\\
&\times\left\{e^{-\frac{y_{01\Diamond}^2}{4\eta_y\tau}}-e^{-\frac{y_{02\Diamond}^2}{4\eta_y\tau}}\right\}dudwd\tau+\\
&+\frac{1}{4\pi\,(y_{02\Diamond}-z_{01\Diamond})\,(z_{02\Diamond}-z_{01\Diamond})}\sqrt{\frac{\eta_x}{\eta_z}}\int_0^t\int_0^\infty\int_0^\infty\frac{\psi_{xy}\,(u,v,t-\tau)}{\tau}\left\{e^{-\frac{(x-u)^2}{4\eta_x\tau}}-e^{-\frac{(x+u)^2}{4\eta_x\tau}}\right\}\times\\
&\times\left\{\operatorname{erf}\left(\frac{v-y_{01\Diamond}}{2\sqrt{\eta_y\tau}}\right)+\operatorname{erf}\left(\frac{v+y_{01\Diamond}}{2\sqrt{\eta_y\tau}}\right)-\operatorname{erf}\left(\frac{v-y_{02\Diamond}}{2\sqrt{\eta_y\tau}}\right)-\operatorname{erf}\left(\frac{v+y_{02\Diamond}}{2\sqrt{\eta_y\tau}}\right)\right\}\times\\
&\times\left\{e^{-\frac{z_{01\Diamond}^2}{4\eta_z\tau}}-e^{-\frac{z_{02\Diamond}^2}{4\eta_z\tau}}\right\}dudvd\tau+\\
&+\frac{1}{8\sqrt{\pi}\,(y_{02\Diamond}-y_{01\Diamond})\,(z_{02\Diamond}-z_{01\Diamond})\sqrt{\eta_x t}}\int_0^\infty\int_0^\infty\int_0^\infty\varphi(u,v,w)\left\{e^{-\frac{(x-u)^2}{4\eta_x t}}-e^{-\frac{(x+u)^2}{4\eta_x t}}\right\}\times\\
&\times\left\{\operatorname{erf}\left(\frac{v-y_{01\Diamond}}{2\sqrt{\eta_y t}}\right)+\operatorname{erf}\left(\frac{v+y_{01\Diamond}}{2\sqrt{\eta_y t}}\right)-\operatorname{erf}\left(\frac{v-y_{02\Diamond}}{2\sqrt{\eta_y t}}\right)-\operatorname{erf}\left(\frac{v+y_{02\Diamond}}{2\sqrt{\eta_y t}}\right)\right\}\times\\
&\times\left\{\operatorname{erf}\left(\frac{w-z_{01\Diamond}}{2\sqrt{\eta_z t}}\right)+\operatorname{erf}\left(\frac{w+z_{01\Diamond}}{2\sqrt{\eta_z t}}\right)-\operatorname{erf}\left(\frac{w-z_{02\Diamond}}{2\sqrt{\eta_z t}}\right)-\operatorname{erf}\left(\frac{w+z_{02\Diamond}}{2\sqrt{\eta_z t}}\right)\right\}dudvdw
\end{aligned}
\tag{A.1.4}
$$

When $\varphi(x,y,z)=p_I$, a constant, the solution is obtained by replacing the term corresponding to the initial condition (the last term) in equation (A.1.4) with

$$
p=\frac{p_I\operatorname{erf}\left(\frac{x}{2\sqrt{\eta_x t}}\right)}{(y_{02\Diamond}-y_{01\Diamond})\,(z_{02\Diamond}-z_{01\Diamond})}\times
$$

$$\times \left[z_{02\diamond} \operatorname{erf}\left(\frac{z_{02\diamond}}{2\sqrt{\eta_z t}}\right) - z_{01\diamond} \operatorname{erf}\left(\frac{z_{01\diamond}}{2\sqrt{\eta_z t}}\right) + 2\sqrt{\frac{\eta_z t}{\pi}} \left\{ e^{-\frac{z_{02\diamond}^2}{4\eta_z t}} - e^{-\frac{z_{01\diamond}^2}{4\eta_z t}} \right\} \right] \times$$

$$\times \left[y_{02\diamond} \operatorname{erf}\left(\frac{y_{02\diamond}}{2\sqrt{\eta_y t}}\right) - y_{01\diamond} \operatorname{erf}\left(\frac{y_{01\diamond}}{2\sqrt{\eta_y t}}\right) + 2\sqrt{\frac{\eta_y t}{\pi}} \left\{ e^{-\frac{y_{02\diamond}^2}{4\eta_y t}} - e^{-\frac{y_{01\diamond}^2}{4\eta_y t}} \right\} \right] \qquad \text{(A.1.5)}$$

Appendix B

A supplement to Chapter 9

B.1 The problem of 9.1

Multiple line sources of finite lengths $[z_{02\iota} - z_{01\iota}]$, $[x_{02\iota} - x_{01\iota}]$ and $[y_{02\iota} - y_{01\iota}]$ passing through $(x_{0\iota}, y_{0\iota})$ for $\iota = 1, 2, ..., L_l$, $(y_{0\iota}, z_{0\iota})$ for $\iota = L_l + 1, ..., M_l$, and $(x_{0\iota}, z_{0\iota})$ for $\iota = M_l + 1, ..., N_l$, multiple deviated wells $[(z_{02\iota} - z_{01\iota}) \sin \vartheta_{0\iota}]$ passing through $(x_{0\iota}, y_{0\iota}, z_{0\iota})$ for $\iota = N_l + 1, ..., N_d$, and multiple rectangular sources of finite areas $[x_{02\iota} - x_{01\iota}][y_{02\iota} - y_{01\iota}]$, $[y_{02\iota} - y_{01\iota}][z_{02\iota} - z_{01\iota}]$ and $[x_{02\iota} - x_{01\iota}][z_{02\iota} - z_{01\iota}]$ passing through $z_{0\iota}$ for $\iota = N_d + 1, ..., L_r$, $x_{0\iota}$ for $\iota = L_r + 1, ..., M_r$ and $y_{0\iota}$ for $\iota = M_r + 1, ..., N_r$, respectively, where $(L_l < M_l < N_l < N_d < L_r < M_r < N_r)$.*

The solution is obtained by replacing the source term in equation (9.1.3) with

$$
\begin{aligned}
p = & \frac{1}{4\pi\phi c_t\sqrt{\eta_x\eta_y}} \sum_{\iota=1}^{L_l} U(t - t_{0\iota}) \int_0^{t-t_{0\iota}} \frac{q_\iota(t - t_{0\iota} - \tau)}{\tau} e^{-\left\{\frac{(x-x_{0\iota})^2}{4\eta_x\tau} + \frac{(y-y_{0\iota})^2}{4\eta_y\tau}\right\}} \times \\
& \times \left\{ \Theta_3^{\int}\left(\frac{\pi(z - z_{01\iota})}{2d}, e^{-\left(\frac{\pi}{d}\right)^2\eta_z\tau}\right) - \Theta_3^{\int}\left(\frac{\pi(z - z_{02\iota})}{2d}, e^{-\left(\frac{\pi}{d}\right)^2\eta_z\tau}\right) + \right. \\
& \left. + \Theta_3^{\int}\left(\frac{\pi(z + z_{02\iota})}{2d}, e^{-\left(\frac{\pi}{d}\right)^2\eta_z\tau}\right) - \Theta_3^{\int}\left(\frac{\pi(z + z_{01\iota})}{2d}, e^{-\left(\frac{\pi}{d}\right)^2\eta_z\tau}\right) \right\} d\tau + \\
& + \frac{1}{8d\phi c_t\sqrt{\pi\eta_y}} \sum_{\iota=L_l+1}^{M_l} U(t - t_{0\iota}) \int_0^{t-t_{0\iota}} \frac{q_\iota(t - t_{0\iota} - \tau)}{\sqrt{\tau}} \left\{ \operatorname{erf}\left(\frac{x - x_{01\iota}}{2\sqrt{\eta_x\tau}}\right) - \operatorname{erf}\left(\frac{x - x_{02\iota}}{2\sqrt{\eta_x\tau}}\right) \right\} \times \\
& \times \left\{ \Theta_3\left(\frac{\pi(z - z_{0\iota})}{2d}, e^{-\left(\frac{\pi}{d}\right)^2\eta_z\tau}\right) + \Theta_3\left(\frac{\pi(z + z_{0\iota})}{2d}, e^{-\left(\frac{\pi}{d}\right)^2\eta_z\tau}\right) \right\} e^{-\frac{(y-y_{0\iota})^2}{4\eta_y\tau}} d\tau + \\
& + \frac{1}{8d\phi c_t\sqrt{\pi\eta_x}} \sum_{\iota=M_l+1}^{N_l} U(t - t_{0\iota}) \int_0^{t-t_{0\iota}} \frac{q_\iota(t - t_{0\iota} - \tau)}{\sqrt{\tau}} \left\{ \operatorname{erf}\left(\frac{y - y_{01\iota}}{2\sqrt{\eta_y\tau}}\right) - \operatorname{erf}\left(\frac{y - y_{02\iota}}{2\sqrt{\eta_y\tau}}\right) \right\} \times \\
& \times \left\{ \Theta_3\left(\frac{\pi(z - z_{0\iota})}{2d}, e^{-\left(\frac{\pi}{d}\right)^2\eta_z\tau}\right) + \Theta_3\left(\frac{\pi(z + z_{0\iota})}{2d}, e^{-\left(\frac{\pi}{d}\right)^2\eta_z\tau}\right) \right\} e^{-\frac{(x-x_{0\iota})^2}{4\eta_x\tau}} d\tau + \\
& + \frac{1}{8\pi\phi c_t\sqrt{\eta_x\eta_y\eta_z}} \sum_{\iota=N_l+1}^{N_d} \frac{U(t - t_{0\iota}) \sin \vartheta_{0\iota}}{\sqrt{\mathcal{H}_{0\iota}(0, 0, 1; 1, 2, 0)}} \int_0^{t-t_{0\iota}} \frac{q_\iota(t - t_{0\iota} - \tau)}{\tau} \times \\
& \times \sum_{l=-\infty}^{\infty} \left[e^{-\frac{1}{4\tau}\left\{\mathcal{H}_{0\iota}(x,y,z+2ld;\gamma_{0\iota},2,0) - \frac{\mathcal{H}_{0\iota}^2(x,y,z+2ld;\gamma_{0\iota},1,1)}{\mathcal{H}_{0\iota}(0,0,1;1,2,0)}\right\}} \times \right.
\end{aligned}
$$

*The solution corresponds to the case where there are sets of partially penetrating vertical, horizontal and deviated wells and sets of fractures in an artesian aquifer or hydrocarbon reservoir.

$$\times\left\{\operatorname{erf}\left(\frac{1}{2\sqrt{\tau}}\left(z_{02\iota}\sqrt{\mathcal{H}_{0\iota}(0,0,1;1,2,0)}-\frac{\mathcal{H}_{0\iota}(x,y,z+2ld;\gamma_{0\iota},1,1)}{\sqrt{\mathcal{H}_{0\iota}(0,0,1;1,2,0)}}\right)\right)-\right.$$
$$\left.-\operatorname{erf}\left(\frac{1}{2\sqrt{\tau}}\left(z_{01\iota}\sqrt{\mathcal{H}_{0\iota}(0,0,1;1,2,0)}-\frac{\mathcal{H}_{0\iota}(x,y,z+2ld;\gamma_{0\iota},1,1)}{\sqrt{\mathcal{H}_{0\iota}(0,0,1;1,2,0)}}\right)\right)\right\}+$$
$$+e^{-\frac{1}{4\tau}\left\{\mathcal{H}_{0\iota}(x,y,-z-2ld;\gamma_{0\iota},2,0)-\frac{\mathcal{H}^2_{0\iota}(x,y,-z-2ld;\gamma_{0\iota},1,1)}{\mathcal{H}_{0\iota}(0,0,1;1,2,0)}\right\}}\times$$
$$\times\left\{\operatorname{erf}\left(\frac{1}{2\sqrt{\tau}}\left(z_{02\iota}\sqrt{\mathcal{H}_{0\iota}(0,0,1;1,2,0)}-\frac{\mathcal{H}_{0\iota}(x,y,-z-2ld;\gamma_{0\iota},1,1)}{\sqrt{\mathcal{H}_{0\iota}(0,0,1;1,2,0)}}\right)\right)-\right.$$
$$\left.\left.-\operatorname{erf}\left(\frac{1}{2\sqrt{\tau}}\left(z_{01\iota}\sqrt{\mathcal{H}_{0\iota}(0,0,1;1,2,0)}-\frac{\mathcal{H}_{0\iota}(x,y,-z-2ld;\gamma_{0\iota},1,1)}{\sqrt{\mathcal{H}_{0\iota}(0,0,1;1,2,0)}}\right)\right)\right\}\right]d\tau+$$
$$+\frac{1}{8d\phi c_t}\sum_{\iota=N_d+1}^{L_r}U(t-t_{0\iota})\int\limits_0^{t-t_{0\iota}}q_\iota(t-t_{0\iota}-\tau)\left\{\Theta_3\left(\frac{\pi(z-z_{0\iota})}{2d},e^{-\left(\frac{\pi}{d}\right)^2\eta_z\tau}\right)+\Theta_3\left(\frac{\pi(z+z_{0\iota})}{2d},e^{-\left(\frac{\pi}{d}\right)^2\eta_z\tau}\right)\right\}\times$$
$$\times\left\{\operatorname{erf}\left(\frac{x-x_{01\iota}}{2\sqrt{\eta_x\tau}}\right)-\operatorname{erf}\left(\frac{x-x_{02\iota}}{2\sqrt{\eta_x\tau}}\right)\right\}\left\{\operatorname{erf}\left(\frac{y-y_{01\iota}}{2\sqrt{\eta_y\tau}}\right)-\operatorname{erf}\left(\frac{y-y_{02\iota}}{2\sqrt{\eta_y\tau}}\right)\right\}d\tau+$$
$$+\frac{1}{4\phi c_t\sqrt{\pi\eta_x}}\sum_{\iota=L_r+1}^{M_r}U(t-t_{0\iota})\int\limits_0^{t-t_{0\iota}}\frac{q_\iota(t-t_{0\iota}-\tau)}{\sqrt{\tau}}\left\{\operatorname{erf}\left(\frac{y-y_{01\iota}}{2\sqrt{\eta_y\tau}}\right)-\operatorname{erf}\left(\frac{y-y_{02\iota}}{2\sqrt{\eta_y\tau}}\right)\right\}\times$$
$$\times\left\{\Theta_3^{\int}\left(\frac{\pi(z-z_{01\iota})}{2d},e^{-\left(\frac{\pi}{d}\right)^2\eta_z\tau}\right)-\Theta_3^{\int}\left(\frac{\pi(z-z_{02\iota})}{2d},e^{-\left(\frac{\pi}{d}\right)^2\eta_z\tau}\right)+\right.$$
$$\left.+\Theta_3^{\int}\left(\frac{\pi(z+z_{02\iota})}{2d},e^{-\left(\frac{\pi}{d}\right)^2\eta_z\tau}\right)-\Theta_3^{\int}\left(\frac{\pi(z+z_{01\iota})}{2d},e^{-\left(\frac{\pi}{d}\right)^2\eta_z\tau}\right)\right\}e^{-\frac{(x-x_{0\iota})^2}{4\eta_x\tau}}d\tau+$$
$$+\frac{1}{4\phi c_t\sqrt{\pi\eta_y}}\sum_{\iota=M_r+1}^{N_r}U(t-t_{0\iota})\int\limits_0^{t-t_{0\iota}}\frac{q_\iota(t-t_{0\iota}-\tau)}{\sqrt{\tau}}\left\{\operatorname{erf}\left(\frac{x-x_{01\iota}}{2\sqrt{\eta_x\tau}}\right)-\operatorname{erf}\left(\frac{x-x_{02\iota}}{2\sqrt{\eta_x\tau}}\right)\right\}\times$$
$$\times\left\{\Theta_3^{\int}\left(\frac{\pi(z-z_{01\iota})}{2d},e^{-\left(\frac{\pi}{d}\right)^2\eta_z\tau}\right)-\Theta_3^{\int}\left(\frac{\pi(z-z_{02\iota})}{2d},e^{-\left(\frac{\pi}{d}\right)^2\eta_z\tau}\right)+\right.$$
$$\left.+\Theta_3^{\int}\left(\frac{\pi(z+z_{02\iota})}{2d},e^{-\left(\frac{\pi}{d}\right)^2\eta_z\tau}\right)-\Theta_3^{\int}\left(\frac{\pi(z+z_{01\iota})}{2d},e^{-\left(\frac{\pi}{d}\right)^2\eta_z\tau}\right)\right\}e^{-\frac{(y-y_{0\iota})^2}{4\eta_y\tau}}d\tau \qquad \text{(B.1.1)}$$

The spatial average pressure response of the line $[z_{02\diamondsuit}-z_{01\diamondsuit}]$, $\iota=\diamondsuit$, $1\le\diamondsuit\le L_l$, is given by

$$p=\frac{d}{2\pi\phi c_t(z_{02\diamondsuit}-z_{01\diamondsuit})\sqrt{\eta_x\eta_y}}\sum_{\iota=1}^{L_l}U(t-t_{0\iota})\int\limits_0^{t-t_{0\iota}}\frac{q_\iota(t-t_{0\iota}-\tau)}{\tau}e^{-\left\{\frac{(x-x_{0\iota})^2}{4\eta_x\tau}+\frac{(y-y_{0\iota})^2}{4\eta_y\tau}\right\}}\times$$
$$\times\left\{\Theta_3^{\int\int}\left\{\frac{\pi(z_{02\diamondsuit}-z_{01\iota})}{2d},e^{-\left(\frac{\pi}{d}\right)^2\eta_z\tau}\right\}-\Theta_3^{\int\int}\left\{\frac{\pi(z_{01\diamondsuit}-z_{01\iota})}{2d},e^{-\left(\frac{\pi}{d}\right)^2\eta_z\tau}\right\}-\right.$$
$$-\Theta_3^{\int\int}\left\{\frac{\pi(z_{02\diamondsuit}-z_{02\iota})}{2d},e^{-\left(\frac{\pi}{d}\right)^2\eta_z\tau}\right\}+\Theta_3^{\int\int}\left\{\frac{\pi(z_{01\diamondsuit}-z_{02\iota})}{2d},e^{-\left(\frac{\pi}{d}\right)^2\eta_z\tau}\right\}+$$
$$+\Theta_3^{\int\int}\left\{\frac{\pi(z_{02\diamondsuit}+z_{02\iota})}{2d},e^{-\left(\frac{\pi}{d}\right)^2\eta_z\tau}\right\}-\Theta_3^{\int\int}\left\{\frac{\pi(z_{01\diamondsuit}+z_{02\iota})}{2d},e^{-\left(\frac{\pi}{d}\right)^2\eta_z\tau}\right\}-$$
$$\left.-\Theta_3^{\int\int}\left\{\frac{\pi(z_{02\diamondsuit}+z_{01\iota})}{2d},e^{-\left(\frac{\pi}{d}\right)^2\eta_z\tau}\right\}+\Theta_3^{\int\int}\left\{\frac{\pi(z_{01\diamondsuit}+z_{01\iota})}{2d},e^{-\left(\frac{\pi}{d}\right)^2\eta_z\tau}\right\}\right\}d\tau+$$
$$+\frac{1}{4\phi c_t(z_{02\diamondsuit}-z_{01\diamondsuit})\sqrt{\pi\eta_y}}\sum_{\iota=L_l+1}^{M_l}U(t-t_{0\iota})\int\limits_0^{t-t_{0\iota}}\frac{q_\iota(t-t_{0\iota}-\tau)}{\sqrt{\tau}}\times$$
$$\times\left\{\operatorname{erf}\left(\frac{x-x_{01\iota}}{2\sqrt{\eta_x\tau}}\right)-\operatorname{erf}\left(\frac{x-x_{02\iota}}{2\sqrt{\eta_x\tau}}\right)\right\}e^{-\frac{(y-y_{0\iota})^2}{4\eta_y\tau}}\times$$

$$\times\left\{\Theta_3^{\int}\left\{\frac{\pi\left(z_{02\diamond}-z_{0\iota}\right)}{2d},e^{-\left(\frac{\pi}{d}\right)^2\eta_z\tau}\right\}-\Theta_3^{\int}\left\{\frac{\pi\left(z_{01\diamond}-z_{0\iota}\right)}{2d},e^{-\left(\frac{\pi}{d}\right)^2\eta_z\tau}\right\}+\right.$$

$$\left.+\Theta_3^{\int}\left\{\frac{\pi\left(z_{02\diamond}+z_{0\iota}\right)}{2d},e^{-\left(\frac{\pi}{d}\right)^2\eta_z\tau}\right\}-\Theta_3^{\int}\left\{\frac{\pi\left(z_{01\diamond}+z_{0\iota}\right)}{2d},e^{-\left(\frac{\pi}{d}\right)^2\eta_z\tau}\right\}\right\}d\tau+$$

$$+\frac{1}{4\phi c_t\left(z_{02\diamond}-z_{01\diamond}\right)\sqrt{\pi\eta_x}}\sum_{\iota=M_l+1}^{N_l}U(t-t_{0\iota})\int_0^{t-t_{0\iota}}\frac{q\left(t-t_{0\iota}-\tau\right)}{\sqrt{\tau}}\times$$

$$\times\left\{\operatorname{erf}\left(\frac{y-y_{01\iota}}{2\sqrt{\eta_y\tau}}\right)-\operatorname{erf}\left(\frac{y-y_{02\iota}}{2\sqrt{\eta_y\tau}}\right)\right\}e^{-\frac{(x-x_{0\iota})^2}{4\eta_x\tau}}\times$$

$$\times\left\{\Theta_3^{\int}\left\{\frac{\pi\left(z_{02\diamond}-z_{0\iota}\right)}{2d},e^{-\left(\frac{\pi}{d}\right)^2\eta_z\tau}\right\}-\Theta_3^{\int}\left\{\frac{\pi\left(z_{01\diamond}-z_{0\iota}\right)}{2d},e^{-\left(\frac{\pi}{d}\right)^2\eta_z\tau}\right\}+\right.$$

$$\left.+\Theta_3^{\int}\left\{\frac{\pi\left(z_{02\diamond}+z_{0\iota}\right)}{2d},e^{-\left(\frac{\pi}{d}\right)^2\eta_z\tau}\right\}-\Theta_3^{\int}\left\{\frac{\pi\left(z_{01\diamond}+z_{0\iota}\right)}{2d},e^{-\left(\frac{\pi}{d}\right)^2\eta_z\tau}\right\}\right\}d\tau+$$

$$+\frac{1}{8\pi\phi c_t\left(z_{02\diamond}-z_{01\diamond}\right)\sqrt{\eta_x\eta_y\eta_z}}\sum_{\iota=N_l+1}^{N_d}\frac{U\left(t-t_{0\iota}\right)\sin\vartheta_{0\iota}}{\sqrt{\mathcal{H}_{0\iota}\left(0,0,1;1,2,0\right)}}\int_0^{t-t_{0\iota}}\frac{q_\iota\left(t-t_{0\iota}-\tau\right)}{\tau}\times$$

$$\times\sum_{l=-\infty}^{\infty}\int_{z_{01\diamond}}^{z_{02\diamond}}\left[e^{-\frac{1}{4\tau}\left\{\mathcal{H}_{0\iota}(z\cot\vartheta\cos\theta,z\cot\vartheta\sin\theta,z+2ld;\gamma_{0\iota},2,0)-\frac{\mathcal{H}^2_{0\iota}(z\cot\vartheta\cos\theta,z\cot\vartheta\sin\theta,z+2ld;\gamma_{0\iota},1,1)}{\mathcal{H}_{0\iota}(0,0,1;1,2,0)}\right\}}\times\right.$$

$$\times\left\{\operatorname{erf}\left(\frac{1}{2\sqrt{\tau}}\left(z_{02\iota}\sqrt{\mathcal{H}_{0\iota}\left(0,0,1;1,2,0\right)}-\frac{\mathcal{H}_{0\iota}\left(z\cot\vartheta\cos\theta,z\cot\vartheta\sin\theta,z+2ld;\gamma_{0\iota},1,1\right)}{\sqrt{\mathcal{H}_{0\iota}\left(0,0,1;1,2,0\right)}}\right)\right)-\right.$$

$$\left.-\operatorname{erf}\left(\frac{1}{2\sqrt{\tau}}\left(z_{01\iota}\sqrt{\mathcal{H}_{0\iota}\left(0,0,1;1,2,0\right)}-\frac{\mathcal{H}_{0\iota}\left(z\cot\vartheta\cos\theta,z\cot\vartheta\sin\theta,z+2ld;\gamma_{0\iota},1,1\right)}{\sqrt{\mathcal{H}_{0\iota}\left(0,0,1;1,2,0\right)}}\right)\right)\right\}+$$

$$+e^{-\frac{1}{4\tau}\left\{\mathcal{H}_{0\iota}(z\cot\vartheta\cos\theta,z\cot\vartheta\sin\theta,-z-2ld;\gamma_{0\iota},2,0)-\frac{\mathcal{H}^2_{0\iota}(z\cot\vartheta\cos\theta,z\cot\vartheta\sin\theta,-z-2ld;\gamma_{0\iota},1,1)}{\mathcal{H}_{0\iota}(0,0,1;1,2,0)}\right\}}\times$$

$$\times\left\{\operatorname{erf}\left(\frac{1}{2\sqrt{\tau}}\left(z_{02\iota}\sqrt{\mathcal{H}_{0\iota}\left(0,0,1;1,2,0\right)}-\frac{\mathcal{H}_{0\iota}\left(z\cot\vartheta\cos\theta,z\cot\vartheta\sin\theta,-z-2ld;\gamma_{0\iota},1,1\right)}{\sqrt{\mathcal{H}_{0\iota}\left(0,0,1;1,2,0\right)}}\right)\right)-\right.$$

$$\left.\left.-\operatorname{erf}\left(\frac{1}{2\sqrt{\tau}}\left(z_{01\iota}\sqrt{\mathcal{H}_{0\iota}\left(0,0,1;1,2,0\right)}-\frac{\mathcal{H}_{0\iota}\left(z\cot\vartheta\cos\theta,z\cot\vartheta\sin\theta,-z-2ld;\gamma_{0\iota},1,1\right)}{\sqrt{\mathcal{H}_{0\iota}\left(0,0,1;1,2,0\right)}}\right)\right)\right\}\right]dzd\tau+$$

$$+\frac{1}{4\phi c_t\left(z_{02\diamond}-z_{01\diamond}\right)}\sum_{\iota=N_d+1}^{L_r}U(t-t_{0\iota})\int_0^{t-t_{0\iota}}q\left(t-t_{0\iota}-\tau\right)\times$$

$$\times\left\{\operatorname{erf}\left(\frac{x-x_{01\iota}}{2\sqrt{\eta_x\tau}}\right)-\operatorname{erf}\left(\frac{x-x_{02\iota}}{2\sqrt{\eta_x\tau}}\right)\right\}\left\{\operatorname{erf}\left(\frac{y-y_{01\iota}}{2\sqrt{\eta_y\tau}}\right)-\operatorname{erf}\left(\frac{y-y_{02\iota}}{2\sqrt{\eta_y\tau}}\right)\right\}\times$$

$$\times\left\{\Theta_3^{\int}\left\{\frac{\pi\left(z_{02\diamond}-z_{0\iota}\right)}{2d},e^{-\left(\frac{\pi}{d}\right)^2\eta_z\tau}\right\}-\Theta_3^{\int}\left\{\frac{\pi\left(z_{01\diamond}-z_{0\iota}\right)}{2d},e^{-\left(\frac{\pi}{d}\right)^2\eta_z\tau}\right\}+\right.$$

$$\left.+\Theta_3^{\int}\left\{\frac{\pi\left(z_{02\diamond}+z_{0\iota}\right)}{2d},e^{-\left(\frac{\pi}{d}\right)^2\eta_z\tau}\right\}-\Theta_3^{\int}\left\{\frac{\pi\left(z_{01\diamond}+z_{0\iota}\right)}{2d},e^{-\left(\frac{\pi}{d}\right)^2\eta_z\tau}\right\}\right\}d\tau+$$

$$+\frac{d}{2\phi c_t\left(z_{02\diamond}-z_{01\diamond}\right)\sqrt{\pi\eta_x}}\sum_{\iota=L_r+1}^{M_r}U(t-t_{0\iota})\int_0^{t-t_{0\iota}}\frac{q_\iota\left(t-t_{0\iota}-\tau\right)}{\sqrt{\tau}}\left\{\operatorname{erf}\left(\frac{y-y_{01\iota}}{2\sqrt{\eta_y\tau}}\right)-\operatorname{erf}\left(\frac{y-y_{02\iota}}{2\sqrt{\eta_y\tau}}\right)\right\}\times$$

$$\times\left\{\Theta_3^{\int\int}\left\{\frac{\pi\left(z_{02\diamond}-z_{01\iota}\right)}{2d},e^{-\left(\frac{\pi}{d}\right)^2\eta_z\tau}\right\}-\Theta_3^{\int\int}\left\{\frac{\pi\left(z_{01\diamond}-z_{01\iota}\right)}{2d},e^{-\left(\frac{\pi}{d}\right)^2\eta_z\tau}\right\}-\right.$$

$$-\Theta_3^{\int\int}\left\{\frac{\pi\left(z_{02\diamond}-z_{02\iota}\right)}{2d},e^{-\left(\frac{\pi}{d}\right)^2\eta_z\tau}\right\}+\Theta_3^{\int\int}\left\{\frac{\pi\left(z_{01\diamond}-z_{02\iota}\right)}{2d},e^{-\left(\frac{\pi}{d}\right)^2\eta_z\tau}\right\}+$$

$$
\begin{aligned}
&+\Theta_3^{\int\int}\left\{\frac{\pi\left(z_{02\diamondsuit}+z_{02\iota}\right)}{2d},e^{-\left(\frac{\pi}{d}\right)^2\eta_z\tau}\right\}-\Theta_3^{\int\int}\left\{\frac{\pi\left(z_{01\diamondsuit}+z_{02\iota}\right)}{2d},e^{-\left(\frac{\pi}{d}\right)^2\eta_z\tau}\right\}-\\
&-\Theta_3^{\int\int}\left\{\frac{\pi\left(z_{02\diamondsuit}+z_{01\iota}\right)}{2d},e^{-\left(\frac{\pi}{d}\right)^2\eta_z\tau}\right\}+\Theta_3^{\int\int}\left\{\frac{\pi\left(z_{01\diamondsuit}+z_{01\iota}\right)}{2d},e^{-\left(\frac{\pi}{d}\right)^2\eta_z\tau}\right\}\Bigg\}e^{-\frac{(x-x_{0\iota})^2}{4\eta_x\tau}}d\tau+\\
&+\frac{d}{2\phi c_t\left(z_{02\diamondsuit}-z_{01\diamondsuit}\right)\sqrt{\pi\eta_y}}\sum_{\iota=M_r+1}^{N_r}U(t-t_{0\iota})\int\limits_0^{t-t_{0\iota}}\frac{q_\iota\left(t-t_{0\iota}-\tau\right)}{\sqrt{\tau}}\left\{\operatorname{erf}\left(\frac{x-x_{01\iota}}{2\sqrt{\eta_x\tau}}\right)-\operatorname{erf}\left(\frac{x-x_{02\iota}}{2\sqrt{\eta_x\tau}}\right)\right\}\times\\
&\times\Bigg\{\Theta_3^{\int\int}\left\{\frac{\pi\left(z_{02\diamondsuit}-z_{01\iota}\right)}{2d},e^{-\left(\frac{\pi}{d}\right)^2\eta_z\tau}\right\}-\Theta_3^{\int\int}\left\{\frac{\pi\left(z_{01\diamondsuit}-z_{01\iota}\right)}{2d},e^{-\left(\frac{\pi}{d}\right)^2\eta_z\tau}\right\}-\\
&-\Theta_3^{\int\int}\left\{\frac{\pi\left(z_{02\diamondsuit}-z_{02\iota}\right)}{2d},e^{-\left(\frac{\pi}{d}\right)^2\eta_z\tau}\right\}+\Theta_3^{\int\int}\left\{\frac{\pi\left(z_{01\diamondsuit}-z_{02\iota}\right)}{2d},e^{-\left(\frac{\pi}{d}\right)^2\eta_z\tau}\right\}+\\
&+\Theta_3^{\int\int}\left\{\frac{\pi\left(z_{02\diamondsuit}+z_{02\iota}\right)}{2d},e^{-\left(\frac{\pi}{d}\right)^2\eta_z\tau}\right\}-\Theta_3^{\int\int}\left\{\frac{\pi\left(z_{01\diamondsuit}+z_{02\iota}\right)}{2d},e^{-\left(\frac{\pi}{d}\right)^2\eta_z\tau}\right\}-\\
&-\Theta_3^{\int\int}\left\{\frac{\pi\left(z_{02\diamondsuit}+z_{01\iota}\right)}{2d},e^{-\left(\frac{\pi}{d}\right)^2\eta_z\tau}\right\}+\Theta_3^{\int\int}\left\{\frac{\pi\left(z_{01\diamondsuit}+z_{01\iota}\right)}{2d},e^{-\left(\frac{\pi}{d}\right)^2\eta_z\tau}\right\}\Bigg\}e^{-\frac{(y-y_{0\iota})^2}{4\eta_y\tau}}d\tau+\\
&+\frac{1}{2\pi\phi c_t\left(z_{02\diamondsuit}-z_{01\diamondsuit}\right)\sqrt{\eta_x\eta_y}}\int\limits_0^t\int\limits_{-\infty}^{\infty}\int\limits_{-\infty}^{\infty}\frac{e^{-\left\{\frac{(x-u)^2}{4\eta_x\tau}+\frac{(y-v)^2}{4\eta_y\tau}\right\}}}{\tau}\times\\
&\times\Bigg[\psi_{xy0}\left(u,v,t-\tau\right)\left\{\Theta_3^{\int}\left(\frac{\pi z_{02\diamondsuit}}{2d},e^{-\left(\frac{\pi}{d}\right)^2\eta_z\tau}\right)-\Theta_3^{\int}\left(\frac{\pi z_{01\diamondsuit}}{2d},e^{-\left(\frac{\pi}{d}\right)^2\eta_z\tau}\right)\right\}-\\
&-\psi_{xyd}\left(u,v,t-\tau\right)\left\{\Theta_4^{\int}\left(\frac{\pi z_{02\diamondsuit}}{2d},e^{-\left(\frac{\pi}{d}\right)^2\eta_z\tau}\right)-\Theta_4^{\int}\left(\frac{\pi z_{01\diamondsuit}}{2d},e^{-\left(\frac{\pi}{d}\right)^2\eta_z\tau}\right)\right\}\Bigg]\,dudvd\tau+\\
&+\frac{1}{4\pi\left(z_{02\diamondsuit}-z_{01\diamondsuit}\right)t\sqrt{\eta_x\eta_y}}\times\\
&\times\int\limits_0^d\int\limits_0^{\infty}\int\limits_0^{\infty}\varphi\left(u,v,w\right)\left\{\Theta_3^{\int}\left(\frac{\pi\left(z_{02\diamondsuit}-w\right)}{2d},e^{-\eta_z\left(\frac{\pi}{d}\right)^2t}\right)-\Theta_3^{\int}\left(\frac{\pi\left(z_{01\diamondsuit}-w\right)}{2d},e^{-\eta_z\left(\frac{\pi}{d}\right)^2t}\right)+\right.\\
&\left.+\Theta_3^{\int}\left(\frac{\pi\left(z_{02\diamondsuit}+w\right)}{2d},e^{-\eta_z\left(\frac{\pi}{d}\right)^2t}\right)-\Theta_3^{\int}\left(\frac{\pi\left(z_{01\diamondsuit}+w\right)}{2d},e^{-\eta_z\left(\frac{\pi}{d}\right)^2t}\right)\right\}e^{-\left\{\frac{(x-u)^2}{4\eta_xt}+\frac{(y-v)^2}{4\eta_yt}\right\}}dudvdw \qquad \text{(B.1.2)}
\end{aligned}
$$

The spatial average pressure response of the line $[y_{02\diamondsuit}-y_{01\diamondsuit}]$, $\iota=\diamondsuit$, $M_l+1\le\diamondsuit\le N_l$ is given by.

$$
\begin{aligned}
p=&\frac{1}{4\phi c_t\left(y_{02\diamondsuit}-y_{01\diamondsuit}\right)\sqrt{\pi\eta_x}}\times\\
&\times\sum_{\iota=1}^{L_l}U(t-t_{0\iota})\int\limits_0^{t-t_{0\iota}}\frac{q_\iota\left(t-t_{0\iota}-\tau\right)}{\sqrt{\tau}}\left\{\operatorname{erf}\left(\frac{y_{02\diamondsuit}-y_{0\iota}}{2\sqrt{\eta_y\tau}}\right)-\operatorname{erf}\left(\frac{y_{01\diamondsuit}-y_{0\iota}}{2\sqrt{\eta_y\tau}}\right)\right\}\times\\
&\times\left\{\Theta_3^{\int}\left(\frac{\pi\left(z-z_{01\iota}\right)}{2d},e^{-\left(\frac{\pi}{d}\right)^2\eta_z\tau}\right)-\Theta_3^{\int}\left(\frac{\pi\left(z-z_{02\iota}\right)}{2d},e^{-\left(\frac{\pi}{d}\right)^2\eta_z\tau}\right)+\right.\\
&\left.+\Theta_3^{\int}\left(\frac{\pi\left(z+z_{02\iota}\right)}{2d},e^{-\left(\frac{\pi}{d}\right)^2\eta_z\tau}\right)-\Theta_3^{\int}\left(\frac{\pi\left(z+z_{01\iota}\right)}{2d},e^{-\left(\frac{\pi}{d}\right)^2\eta_z\tau}\right)\right\}e^{-\frac{(x-x_{0\iota})^2}{4\eta_x\tau}}d\tau+\\
&+\frac{1}{8d\phi c_t\left(y_{02\diamondsuit}-y_{01\diamondsuit}\right)}\sum_{\iota=L_l+1}^{M_l}U(t-t_{0\iota})\int\limits_0^{t-t_{0\iota}}q_\iota\left(t-t_{0\iota}-\tau\right)\left\{\operatorname{erf}\left(\frac{x-x_{01\iota}}{2\sqrt{\eta_x\tau}}\right)-\operatorname{erf}\left(\frac{x-x_{02\iota}}{2\sqrt{\eta_x\tau}}\right)\right\}\times\\
&\times\left\{\operatorname{erf}\left(\frac{y_{02\diamondsuit}-y_{0\iota}}{2\sqrt{\eta_y\tau}}\right)-\operatorname{erf}\left(\frac{y_{01\diamondsuit}-y_{0\iota}}{2\sqrt{\eta_y\tau}}\right)\right\}\times\\
&\times\left\{\Theta_3\left(\frac{\pi\left(z-z_{0\iota}\right)}{2d},e^{-\left(\frac{\pi}{d}\right)^2\eta_z\tau}\right)+\Theta_3\left(\frac{\pi\left(z+z_{0\iota}\right)}{2d},e^{-\left(\frac{\pi}{d}\right)^2\eta_z\tau}\right)\right\}d\tau+
\end{aligned}
$$

$$+\frac{1}{8d\phi c_t\left(y_{02\diamondsuit}-y_{01\diamondsuit}\right)\sqrt{\pi\eta_x}}\sum_{\iota=M_l+1}^{N_l}U(t-t_{0\iota})\int\limits_0^{t-t_{0\iota}}\frac{q\left(t-t_{0\iota}-\tau\right)}{\sqrt{\tau}}e^{-\frac{(x-x_{0\iota})^2}{4\eta_x\tau}}\times$$

$$\times\left\{\left(y_{02\diamondsuit}-y_{01\iota}\right)\operatorname{erf}\left(\frac{y_{02\diamondsuit}-y_{01\iota}}{2\sqrt{\eta_y t}}\right)-\left(y_{01\diamondsuit}-y_{01\iota}\right)\operatorname{erf}\left(\frac{y_{01\diamondsuit}-y_{01\iota}}{2\sqrt{\eta_y t}}\right)+\right.$$

$$+2\sqrt{\frac{\eta_y t}{\pi}}\left(e^{-\frac{(y_{02\diamondsuit}-y_{01\iota})^2}{4\eta_y\tau}}-e^{-\frac{(y_{01\diamondsuit}-y_{01\iota})^2}{4\eta_y\tau}}\right)-\left(y_{02\diamondsuit}-y_{02\iota}\right)\operatorname{erf}\left(\frac{y_{02\diamondsuit}-y_{02\iota}}{2\sqrt{\eta_y t}}\right)+$$

$$\left.+\left(y_{01\diamondsuit}-y_{02\iota}\right)\operatorname{erf}\left(\frac{y_{01\diamondsuit}-y_{02\iota}}{2\sqrt{\eta_y t}}\right)-2\sqrt{\frac{\eta_y t}{\pi}}\left(e^{-\frac{(y_{02\diamondsuit}-y_{02\iota})^2}{4\eta_y\tau}}-e^{-\frac{(y_{01\diamondsuit}-y_{02\iota})^2}{4\eta_y\tau}}\right)\right\}\times$$

$$\times\left\{\Theta_3\left(\frac{\pi\left(z-z_{0\iota}\right)}{2d},e^{-\left(\frac{\pi}{d}\right)^2\eta_z\tau}\right)+\Theta_3\left(\frac{\pi\left(z+z_{0\iota}\right)}{2d},e^{-\left(\frac{\pi}{d}\right)^2\eta_z\tau}\right)\right\}d\tau+$$

$$+\frac{1}{8\pi\phi c_t\left(y_{02\diamondsuit}-y_{01\diamondsuit}\right)\sqrt{\eta_x\eta_y\eta_z}}\sum_{\iota=N_l+1}^{N_d}\frac{U\left(t-t_{0\iota}\right)\sin\vartheta_{0\iota}}{\sqrt{\mathcal{H}_{0\iota}\left(0,0,1;1,2,0\right)}}\int\limits_0^{t-t_{0\iota}}\frac{q_\iota\left(t-t_{0\iota}-\tau\right)}{\tau}\times$$

$$\times\int\limits_{y_{01\diamondsuit}}^{y_{02\diamondsuit}}\sum_{l=-\infty}^{\infty}\left[e^{-\frac{1}{4\tau}\left\{\mathcal{H}_{0\iota}(y\cot\theta,y,y\sec\vartheta\csc\theta+2ld;\gamma_{0\iota},2,0)-\frac{\mathcal{H}^2_{0\iota}(y\cot\theta,y,y\sec\vartheta\csc\theta+2ld;\gamma_{0\iota},1,1)}{\mathcal{H}_{0\iota}(0,0,1;1,2,0)}\right\}}\times\right.$$

$$\times\left\{\operatorname{erf}\left(\frac{1}{2\sqrt{\tau}}\left(z_{02\iota}\sqrt{\mathcal{H}_{0\iota}\left(0,0,1;1,2,0\right)}-\frac{\mathcal{H}_{0\iota}\left(y\cot\theta,y,y\sec\vartheta\csc\theta+2ld;\gamma_{0\iota},1,1\right)}{\sqrt{\mathcal{H}_{0\iota}\left(0,0,1;1,2,0\right)}}\right)\right)-\right.$$

$$\left.-\operatorname{erf}\left(\frac{1}{2\sqrt{\tau}}\left(z_{01\iota}\sqrt{\mathcal{H}_{0\iota}\left(0,0,1;1,2,0\right)}-\frac{\mathcal{H}_{0\iota}\left(y\cot\theta,y,y\sec\vartheta\csc\theta+2ld;\gamma_{0\iota},1,1\right)}{\sqrt{\mathcal{H}_{0\iota}\left(0,0,1;1,2,0\right)}}\right)\right)\right\}+$$

$$+e^{-\frac{1}{4\tau}\left\{\mathcal{H}_{0\iota}(y\cot\theta,y,-y\sec\vartheta\csc\theta-2ld;\gamma_{0\iota},2,0)-\frac{\mathcal{H}^2_{0\iota}(y\cot\theta,y,-y\sec\vartheta\csc\theta-2ld;\gamma_{0\iota},1,1)}{\mathcal{H}_{0\iota}(0,0,1;1,2,0)}\right\}}\times$$

$$\times\left\{\operatorname{erf}\left(\frac{1}{2\sqrt{\tau}}\left(z_{02\iota}\sqrt{\mathcal{H}_{0\iota}\left(0,0,1;1,2,0\right)}-\frac{\mathcal{H}_{0\iota}\left(y\cot\theta,y,-y\sec\vartheta\csc\theta-2ld;\gamma_{0\iota},1,1\right)}{\sqrt{\mathcal{H}_{0\iota}\left(0,0,1;1,2,0\right)}}\right)\right)-\right.$$

$$\left.\left.-\operatorname{erf}\left(\frac{1}{2\sqrt{\tau}}\left(z_{01\iota}\sqrt{\mathcal{H}_{0\iota}\left(0,0,1;1,2,0\right)}-\frac{\mathcal{H}_{0\iota}\left(y\cot\theta,y,-y\sec\vartheta\csc\theta-2ld;\gamma_{0\iota},1,1\right)}{\sqrt{\mathcal{H}_{0\iota}\left(0,0,1;1,2,0\right)}}\right)\right)\right\}\right]dyd\tau+$$

$$+\frac{1}{8d\phi c_t\left(y_{02\diamondsuit}-y_{01\diamondsuit}\right)}\sum_{\iota=N_d+1}^{L_r}U(t-t_{0\iota})\int\limits_0^{t-t_{0\iota}}q_\iota\left(t-t_{0\iota}-\tau\right)\left\{\operatorname{erf}\left(\frac{x-x_{01\iota}}{2\sqrt{\eta_x\tau}}\right)-\operatorname{erf}\left(\frac{x-x_{02\iota}}{2\sqrt{\eta_x\tau}}\right)\right\}\times$$

$$\times\left\{\left(y_{02\diamondsuit}-y_{01\iota}\right)\operatorname{erf}\left(\frac{y_{02\diamondsuit}-y_{01\iota}}{2\sqrt{\eta_y t}}\right)-\left(y_{01\diamondsuit}-y_{01\iota}\right)\operatorname{erf}\left(\frac{y_{01\diamondsuit}-y_{01\iota}}{2\sqrt{\eta_y t}}\right)+\right.$$

$$+2\sqrt{\frac{\eta_y t}{\pi}}\left(e^{-\frac{(y_{02\diamondsuit}-y_{01\iota})^2}{4\eta_y\tau}}-e^{-\frac{(y_{01\diamondsuit}-y_{01\iota})^2}{4\eta_y\tau}}\right)-\left(y_{02\diamondsuit}-y_{02\iota}\right)\operatorname{erf}\left(\frac{y_{02\diamondsuit}-y_{02\iota}}{2\sqrt{\eta_y t}}\right)+$$

$$\left.+\left(y_{01\diamondsuit}-y_{02\iota}\right)\operatorname{erf}\left(\frac{y_{01\diamondsuit}-y_{02\iota}}{2\sqrt{\eta_y t}}\right)-2\sqrt{\frac{\eta_y t}{\pi}}\left(e^{-\frac{(y_{02\diamondsuit}-y_{02\iota})^2}{4\eta_y\tau}}-e^{-\frac{(y_{01\diamondsuit}-y_{02\iota})^2}{4\eta_y\tau}}\right)\right\}\times$$

$$\times\left\{\Theta_3\left(\frac{\pi\left(z-z_{0\iota}\right)}{2d},e^{-\left(\frac{\pi}{d}\right)^2\eta_z\tau}\right)+\Theta_3\left(\frac{\pi\left(z+z_{0\iota}\right)}{2d},e^{-\left(\frac{\pi}{d}\right)^2\eta_z\tau}\right)\right\}d\tau+$$

$$+\frac{1}{4\phi c_t\left(y_{02\diamondsuit}-y_{01\diamondsuit}\right)\sqrt{\pi\eta_x}}\sum_{\iota=L_r+1}^{M_r}U(t-t_{0\iota})\int\limits_0^{t-t_{0\iota}}\frac{q_\iota\left(t-t_{0\iota}-\tau\right)}{\sqrt{\tau}}e^{-\frac{(x-x_{0\iota})^2}{4\eta_x\tau}}\times$$

$$\times\left\{\left(y_{02\diamondsuit}-y_{01\iota}\right)\operatorname{erf}\left(\frac{y_{02\diamondsuit}-y_{01\iota}}{2\sqrt{\eta_y t}}\right)-\left(y_{01\diamondsuit}-y_{01\iota}\right)\operatorname{erf}\left(\frac{y_{01\diamondsuit}-y_{01\iota}}{2\sqrt{\eta_y t}}\right)+\right.$$

$$+2\sqrt{\frac{\eta_y t}{\pi}}\left(e^{-\frac{(y_{02\diamondsuit}-y_{01\iota})^2}{4\eta_y\tau}}-e^{-\frac{(y_{01\diamondsuit}-y_{01\iota})^2}{4\eta_y\tau}}\right)-\left(y_{02\diamondsuit}-y_{02\iota}\right)\operatorname{erf}\left(\frac{y_{02\diamondsuit}-y_{02\iota}}{2\sqrt{\eta_y t}}\right)+$$

$$+\left(y_{01\diamond}-y_{02\iota}\right)\operatorname{erf}\left(\frac{y_{01\diamond}-y_{02\iota}}{2\sqrt{\eta_y t}}\right)-2\sqrt{\frac{\eta_y t}{\pi}}\left(e^{-\frac{(y_{02\diamond}-y_{02\iota})^2}{4\eta_y\tau}}-e^{-\frac{(y_{01\diamond}-y_{02\iota})^2}{4\eta_y\tau}}\right)\Bigg\}\times$$

$$\times\left\{\Theta_3^{\int}\left(\frac{\pi\left(z-z_{01\iota}\right)}{2d},e^{-\left(\frac{\pi}{d}\right)^2\eta_z\tau}\right)-\Theta_3^{\int}\left(\frac{\pi\left(z-z_{02\iota}\right)}{2d},e^{-\left(\frac{\pi}{d}\right)^2\eta_z\tau}\right)+\right.$$

$$\left.+\Theta_3^{\int}\left(\frac{\pi\left(z+z_{02\iota}\right)}{2d},e^{-\left(\frac{\pi}{d}\right)^2\eta_z\tau}\right)-\Theta_3^{\int}\left(\frac{\pi\left(z+z_{01\iota}\right)}{2d},e^{-\left(\frac{\pi}{d}\right)^2\eta_z\tau}\right)\right\}d\tau+$$

$$+\frac{1}{4\phi c_t\left(y_{02\diamond}-y_{01\diamond}\right)}\sum_{\iota=M_r+1}^{N_r}U(t-t_{0\iota})\int_0^{t-t_{0\iota}}q_\iota\left(t-t_{0\iota}-\tau\right)\times$$

$$\times\left\{\operatorname{erf}\left(\frac{x-x_{01\iota}}{2\sqrt{\eta_x\tau}}\right)-\operatorname{erf}\left(\frac{x-x_{02\iota}}{2\sqrt{\eta_x\tau}}\right)\right\}\left\{\operatorname{erf}\left(\frac{y_{02\diamond}-y_{0\iota}}{2\sqrt{\eta_y\tau}}\right)-\operatorname{erf}\left(\frac{y_{01\diamond}-y_{0\iota}}{2\sqrt{\eta_y\tau}}\right)\right\}\times$$

$$\times\left\{\Theta_3^{\int}\left(\frac{\pi\left(z-z_{01\iota}\right)}{2d},e^{-\left(\frac{\pi}{d}\right)^2\eta_z\tau}\right)-\Theta_3^{\int}\left(\frac{\pi\left(z-z_{02\iota}\right)}{2d},e^{-\left(\frac{\pi}{d}\right)^2\eta_z\tau}\right)+\right.$$

$$\left.+\Theta_3^{\int}\left(\frac{\pi\left(z+z_{02\iota}\right)}{2d},e^{-\left(\frac{\pi}{d}\right)^2\eta_z\tau}\right)-\Theta_3^{\int}\left(\frac{\pi\left(z+z_{01\iota}\right)}{2d},e^{-\left(\frac{\pi}{d}\right)^2\eta_z\tau}\right)\right\}d\tau+$$

$$+\frac{1}{4d\phi c_t\left(y_{02\diamond}-y_{01\diamond}\right)\sqrt{\pi\eta_x}}\int_0^t\int_{-\infty}^{\infty}\int_{-\infty}^{\infty}\frac{e^{-\frac{(x-u)^2}{4\eta_x\tau}}}{\sqrt{\tau}}\left\{\operatorname{erf}\left(\frac{y_{02\diamond}-v}{2\sqrt{\eta_y\tau}}\right)-\operatorname{erf}\left(\frac{y_{01\diamond}-v}{2\sqrt{\eta_y\tau}}\right)\right\}\times$$

$$\times\left\{\psi_{xy0}\left(u,v,t-\tau\right)\Theta_3\left(\frac{\pi z}{2d},e^{-\left(\frac{\pi}{d}\right)^2\eta_z\tau}\right)-\psi_{xyd}\left(u,v,t-\tau\right)\Theta_4\left(\frac{\pi z}{2d},e^{-\left(\frac{\pi}{d}\right)^2\eta_z\tau}\right)\right\}dudvd\tau+$$

$$+\frac{1}{8d\left(y_{02\diamond}-y_{01\diamond}\right)\sqrt{\pi\eta_x t}}\int_0^d\int_{-\infty}^{\infty}\int_{-\infty}^{\infty}\varphi\left(u,v,w\right)\left\{\operatorname{erf}\left(\frac{y_{02\diamond}-v}{2\sqrt{\eta_y t}}\right)-\operatorname{erf}\left(\frac{y_{01\diamond}-v}{2\sqrt{\eta_y t}}\right)\right\}e^{-\frac{(x-u)^2}{4\eta_x t}}\times$$

$$\times\left\{\Theta_3\left(\frac{\pi\left(z-w\right)}{2d},e^{-\left(\frac{\pi}{d}\right)^2\eta_z t}\right)+\Theta_3\left(\frac{\pi\left(z+w\right)}{2d},e^{-\left(\frac{\pi}{d}\right)^2\eta_z t}\right)\right\}dudvdw \qquad \text{(B.1.3)}$$

The spatial average pressure response of the rectangle $[(y_{02\diamond}-y_{01\diamond})(z_{02\diamond}-z_{01\diamond})]$, $\iota=\diamond$, $L_r+1\le\diamond\le M_r$, is given by

$$p=\frac{d}{2\phi c_t\left(y_{02\diamond}-y_{01\diamond}\right)\left(z_{02\diamond}-z_{01\diamond}\right)\sqrt{\pi\eta_x}}\sum_{\iota=1}^{L_l}U(t-t_{0\iota})\int_0^{t-t_{0\iota}}\frac{q_\iota\left(t-t_{0\iota}-\tau\right)}{\sqrt{\tau}}e^{-\frac{(x-x_{0\iota})^2}{4\eta_x\tau}}\times$$

$$\times\left\{\operatorname{erf}\left(\frac{y_{02\diamond}-y_{0\iota}}{2\sqrt{\eta_y\tau}}\right)-\operatorname{erf}\left(\frac{y_{01\diamond}-y_{0\iota}}{2\sqrt{\eta_y\tau}}\right)-\operatorname{erf}\left(\frac{y_{02\diamond}+y_{0\iota}}{2\sqrt{\eta_y\tau}}\right)+\operatorname{erf}\left(\frac{y_{01\diamond}+y_{0\iota}}{2\sqrt{\eta_y\tau}}\right)\right\}\times$$

$$\times\left\{\Theta_3^{\int\int}\left\{\frac{\pi\left(z_{02\diamond}-z_{01\iota}\right)}{2d},e^{-\left(\frac{\pi}{d}\right)^2\eta_z\tau}\right\}-\Theta_3^{\int\int}\left\{\frac{\pi\left(z_{01\diamond}-z_{01\iota}\right)}{2d},e^{-\left(\frac{\pi}{d}\right)^2\eta_z\tau}\right\}-\right.$$

$$-\Theta_3^{\int\int}\left\{\frac{\pi\left(z_{02\diamond}-z_{02\iota}\right)}{2d},e^{-\left(\frac{\pi}{d}\right)^2\eta_z\tau}\right\}+\Theta_3^{\int\int}\left\{\frac{\pi\left(z_{01\diamond}-z_{02\iota}\right)}{2d},e^{-\left(\frac{\pi}{d}\right)^2\eta_z\tau}\right\}+$$

$$+\Theta_3^{\int\int}\left\{\frac{\pi\left(z_{02\diamond}+z_{02\iota}\right)}{2d},e^{-\left(\frac{\pi}{d}\right)^2\eta_z\tau}\right\}-\Theta_3^{\int\int}\left\{\frac{\pi\left(z_{01\diamond}+z_{02\iota}\right)}{2d},e^{-\left(\frac{\pi}{d}\right)^2\eta_z\tau}\right\}-$$

$$\left.-\Theta_3^{\int\int}\left\{\frac{\pi\left(z_{02\diamond}+z_{01\iota}\right)}{2d},e^{-\left(\frac{\pi}{d}\right)^2\eta_z\tau}\right\}+\Theta_3^{\int\int}\left\{\frac{\pi\left(z_{01\diamond}+z_{01\iota}\right)}{2d},e^{-\left(\frac{\pi}{d}\right)^2\eta_z\tau}\right\}\right\}d\tau+$$

$$+\frac{1}{4\phi c_t\left(y_{02\diamond}-y_{01\diamond}\right)\left(z_{02\diamond}-z_{01\diamond}\right)}\sum_{\iota=L_l+1}^{M_l}U(t-t_{0\iota})\int_0^{t-t_{0\iota}}q_\iota\left(t-t_{0\iota}-\tau\right)\times$$

$$\times\left\{\operatorname{erf}\left(\frac{y_{02\diamond}-y_{0\iota}}{2\sqrt{\eta_y\tau}}\right)-\operatorname{erf}\left(\frac{y_{01\diamond}-y_{0\iota}}{2\sqrt{\eta_y\tau}}\right)\right\}\left\{\operatorname{erf}\left(\frac{x-x_{01\iota}}{2\sqrt{\eta_x\tau}}\right)-\operatorname{erf}\left(\frac{x-x_{02\iota}}{2\sqrt{\eta_x\tau}}\right)\right\}\times$$

$$\times\left\{\Theta_3^{\int}\left\{\frac{\pi\left(z_{02\diamond}-z_{0\iota}\right)}{2d},e^{-\left(\frac{\pi}{d}\right)^2\eta_z\tau}\right\}-\Theta_3^{\int}\left\{\frac{\pi\left(z_{01\diamond}-z_{0\iota}\right)}{2d},e^{-\left(\frac{\pi}{d}\right)^2\eta_z\tau}\right\}+\right.$$

$$+\Theta_3^{\int}\left\{\frac{\pi\left(z_{02\diamond}+z_{0\iota}\right)}{2d},e^{-\left(\frac{\pi}{d}\right)^2\eta_z\tau}\right\}-\Theta_3^{\int}\left\{\frac{\pi\left(z_{01\diamond}+z_{0\iota}\right)}{2d},e^{-\left(\frac{\pi}{d}\right)^2\eta_z\tau}\right\}\Bigg\}d\tau+$$

$$+\frac{1}{4\phi c_t\left(y_{02\diamond}-y_{01\diamond}\right)\left(z_{02\diamond}-z_{01\diamond}\right)\sqrt{pi\eta_x}}\sum_{\iota=M_l+1}^{N_l}U(t-t_{0\iota})\int_0^{t-t_{0\iota}}\frac{q\left(t-t_{0\iota}-\tau\right)}{\sqrt{\tau}}e^{-\frac{(x-x_{0\iota})^2}{4\eta_x\tau}}\times$$

$$\times\left\{\left(y_{02\diamond}-y_{01\iota}\right)\operatorname{erf}\left(\frac{y_{02\diamond}-y_{01\iota}}{2\sqrt{\eta_y t}}\right)-\left(y_{01\diamond}-y_{01\iota}\right)\operatorname{erf}\left(\frac{y_{01\diamond}-y_{01\iota}}{2\sqrt{\eta_y t}}\right)+\right.$$

$$+2\sqrt{\frac{\eta_y t}{\pi}}\left(e^{-\frac{(y_{02\diamond}-y_{01\iota})^2}{4\eta_y\tau}}-e^{-\frac{(y_{01\diamond}-y_{01\iota})^2}{4\eta_y\tau}}\right)-\left(y_{02\diamond}-y_{02\iota}\right)\operatorname{erf}\left(\frac{y_{02\diamond}-y_{02\iota}}{2\sqrt{\eta_y t}}\right)+$$

$$\left.+\left(y_{01\diamond}-y_{02\iota}\right)\operatorname{erf}\left(\frac{y_{01\diamond}-y_{02\iota}}{2\sqrt{\eta_y t}}\right)-2\sqrt{\frac{\eta_y t}{\pi}}\left(e^{-\frac{(y_{02\diamond}-y_{02\iota})^2}{4\eta_y\tau}}-e^{-\frac{(y_{01\diamond}-y_{02\iota})^2}{4\eta_y\tau}}\right)\right\}\times$$

$$\times\left\{\Theta_3^{\int}\left\{\frac{\pi\left(z_{02\diamond}-z_{0\iota}\right)}{2d},e^{-\left(\frac{\pi}{d}\right)^2\eta_z\tau}\right\}-\Theta_3^{\int}\left\{\frac{\pi\left(z_{01\diamond}-z_{0\iota}\right)}{2d},e^{-\left(\frac{\pi}{d}\right)^2\eta_z\tau}\right\}+\right.$$

$$\left.+\Theta_3^{\int}\left\{\frac{\pi\left(z_{02\diamond}+z_{0\iota}\right)}{2d},e^{-\left(\frac{\pi}{d}\right)^2\eta_z\tau}\right\}-\Theta_3^{\int}\left\{\frac{\pi\left(z_{01\diamond}+z_{0\iota}\right)}{2d},e^{-\left(\frac{\pi}{d}\right)^2\eta_z\tau}\right\}\right\}d\tau+$$

$$+\frac{1}{8\pi\phi c_t\left(z_{02\diamond}-z_{01\diamond}\right)\sqrt{\eta_x\eta_y\eta_z}}\sum_{\iota=N_l+1}^{N_d}\frac{U\left(t-t_{0\iota}\right)\sin\vartheta_{0\iota}}{\sqrt{\mathcal{H}_{0\iota}\left(0,0,1;1,2,0\right)}}\int_0^{t-t_{0\iota}}\frac{q_\iota\left(t-t_{0\iota}-\tau\right)}{\tau}\times$$

$$\times\sum_{l=-\infty}^{\infty}\int_{z_{01\diamond}}^{z_{02\diamond}}\left[e^{-\frac{1}{4\tau}\left\{\mathcal{H}_{0\iota}(z\cot\vartheta\cos\theta,z\cot\vartheta\sin\theta,z+2ld;\gamma_{0\iota},2,0)-\frac{\mathcal{H}_{0\iota}^2(z\cot\vartheta\cos\theta,z\cot\vartheta\sin\theta,z+2ld;\gamma_{0\iota},1,1)}{\mathcal{H}_{0\iota}(0,0,1;1,2,0)}\right\}}\times\right.$$

$$\times\left\{\operatorname{erf}\left(\frac{1}{2\sqrt{\tau}}\left(z_{02\iota}\sqrt{\mathcal{H}_{0\iota}\left(0,0,1;1,2,0\right)}-\frac{\mathcal{H}_{0\iota}\left(z\cot\vartheta\cos\theta,z\cot\vartheta\sin\theta,z+2ld;\gamma_{0\iota},1,1\right)}{\sqrt{\mathcal{H}_{0\iota}\left(0,0,1;1,2,0\right)}}\right)\right)-\right.$$

$$\left.-\operatorname{erf}\left(\frac{1}{2\sqrt{\tau}}\left(z_{01\iota}\sqrt{\mathcal{H}_{0\iota}\left(0,0,1;1,2,0\right)}-\frac{\mathcal{H}_{0\iota}\left(z\cot\vartheta\cos\theta,z\cot\vartheta\sin\theta,z+2ld;\gamma_{0\iota},1,1\right)}{\sqrt{\mathcal{H}_{0\iota}\left(0,0,1;1,2,0\right)}}\right)\right)\right\}+$$

$$+e^{-\frac{1}{4\tau}\left\{\mathcal{H}_{0\iota}(z\cot\vartheta\cos\theta,z\cot\vartheta\sin\theta,-z-2ld;\gamma_{0\iota},2,0)-\frac{\mathcal{H}_{0\iota}^2(z\cot\vartheta\cos\theta,z\cot\vartheta\sin\theta,-z-2ld;\gamma_{0\iota},1,1)}{\mathcal{H}_{0\iota}(0,0,1;1,2,0)}\right\}}\times$$

$$\times\left\{\operatorname{erf}\left(\frac{1}{2\sqrt{\tau}}\left(z_{02\iota}\sqrt{\mathcal{H}_{0\iota}\left(0,0,1;1,2,0\right)}-\frac{\mathcal{H}_{0\iota}\left(z\cot\vartheta\cos\theta,z\cot\vartheta\sin\theta,-z-2ld;\gamma_{0\iota},1,1\right)}{\sqrt{\mathcal{H}_{0\iota}\left(0,0,1;1,2,0\right)}}\right)\right)-\right.$$

$$\left.\left.-\operatorname{erf}\left(\frac{1}{2\sqrt{\tau}}\left(z_{01\iota}\sqrt{\mathcal{H}_{0\iota}\left(0,0,1;1,2,0\right)}-\frac{\mathcal{H}_{0\iota}\left(z\cot\vartheta\cos\theta,z\cot\vartheta\sin\theta,-z-2ld;\gamma_{0\iota},1,1\right)}{\sqrt{\mathcal{H}_{0\iota}\left(0,0,1;1,2,0\right)}}\right)\right)\right\}\right]dzd\tau+$$

$$+\frac{1}{4\phi c_t\left(y_{02\diamond}-y_{01\diamond}\right)\left(z_{02\diamond}-z_{01\diamond}\right)}\sum_{\iota=N_d+1}^{L_r}U(t-t_{0\iota})\int_0^{t-t_{0\iota}}q\left(t-t_{0\iota}-\tau\right)\times$$

$$\times\left\{\operatorname{erf}\left(\frac{x-x_{01\iota}}{2\sqrt{\eta_x\tau}}\right)-\operatorname{erf}\left(\frac{x-x_{02\iota}}{2\sqrt{\eta_x\tau}}\right)\right\}\times$$

$$\times\left\{\left(y_{02\diamond}-y_{01\iota}\right)\operatorname{erf}\left(\frac{y_{02\diamond}-y_{01\iota}}{2\sqrt{\eta_y t}}\right)-\left(y_{01\diamond}-y_{01\iota}\right)\operatorname{erf}\left(\frac{y_{01\diamond}-y_{01\iota}}{2\sqrt{\eta_y t}}\right)+\right.$$

$$+2\sqrt{\frac{\eta_y t}{\pi}}\left(e^{-\frac{(y_{02\diamond}-y_{01\iota})^2}{4\eta_y\tau}}-e^{-\frac{(y_{01\diamond}-y_{01\iota})^2}{4\eta_y\tau}}\right)-\left(y_{02\diamond}-y_{02\iota}\right)\operatorname{erf}\left(\frac{y_{02\diamond}-y_{02\iota}}{2\sqrt{\eta_y t}}\right)+$$

$$\left.+\left(y_{01\diamond}-y_{02\iota}\right)\operatorname{erf}\left(\frac{y_{01\diamond}-y_{02\iota}}{2\sqrt{\eta_y t}}\right)-2\sqrt{\frac{\eta_y t}{\pi}}\left(e^{-\frac{(y_{02\diamond}-y_{02\iota})^2}{4\eta_y\tau}}-e^{-\frac{(y_{01\diamond}-y_{02\iota})^2}{4\eta_y\tau}}\right)\right\}\times$$

$$\times\left\{\Theta_3^{\int}\left\{\frac{\pi\left(z_{02\diamond}-z_{0\iota}\right)}{2d},e^{-\left(\frac{\pi}{d}\right)^2\eta_z\tau}\right\}-\Theta_3^{\int}\left\{\frac{\pi\left(z_{01\diamond}-z_{0\iota}\right)}{2d},e^{-\left(\frac{\pi}{d}\right)^2\eta_z\tau}\right\}+\right.$$

$$+\Theta_3^{\int}\left\{\frac{\pi\left(z_{02\diamond}+z_{0\iota}\right)}{2d},e^{-\left(\frac{\pi}{d}\right)^2\eta_z\tau}\right\}-\Theta_3^{\int}\left\{\frac{\pi\left(z_{01\diamond}+z_{0\iota}\right)}{2d},e^{-\left(\frac{\pi}{d}\right)^2\eta_z\tau}\right\}\Bigg\}\,d\tau+$$

$$+\frac{d}{2\phi c_t\left(y_{02\diamond}-y_{01\diamond}\right)\left(z_{02\diamond}-z_{01\diamond}\right)\sqrt{\pi\eta_x}}\sum_{\iota=L_r+1}^{M_r}U(t-t_{0\iota})\int\limits_0^{t-t_{0\iota}}\frac{q_\iota\left(t-t_{0\iota}-\tau\right)}{\sqrt{\tau}}e^{-\frac{(x-x_{0\iota})^2}{4\eta_x\tau}}\times$$

$$\times\left\{\left(y_{02\diamond}-y_{01\iota}\right)\operatorname{erf}\left(\frac{y_{02\diamond}-y_{01\iota}}{2\sqrt{\eta_y t}}\right)-\left(y_{01\diamond}-y_{01\iota}\right)\operatorname{erf}\left(\frac{y_{01\diamond}-y_{01\iota}}{2\sqrt{\eta_y t}}\right)+\right.$$

$$+2\sqrt{\frac{\eta_y t}{\pi}}\left(e^{-\frac{(y_{02\diamond}-y_{01\iota})^2}{4\eta_y\tau}}-e^{-\frac{(y_{01\diamond}-y_{01\iota})^2}{4\eta_y\tau}}\right)-\left(y_{02\diamond}-y_{02\iota}\right)\operatorname{erf}\left(\frac{y_{02\diamond}-y_{02\iota}}{2\sqrt{\eta_y t}}\right)+$$

$$\left.+\left(y_{01\diamond}-y_{02\iota}\right)\operatorname{erf}\left(\frac{y_{01\diamond}-y_{02\iota}}{2\sqrt{\eta_y t}}\right)-2\sqrt{\frac{\eta_y t}{\pi}}\left(e^{-\frac{(y_{02\diamond}-y_{02\iota})^2}{4\eta_y\tau}}-e^{-\frac{(y_{01\diamond}-y_{02\iota})^2}{4\eta_y\tau}}\right)\right\}\times$$

$$\times\left\{\Theta_3^{\int\int}\left\{\frac{\pi\left(z_{02\diamond}-z_{01\iota}\right)}{2d},e^{-\left(\frac{\pi}{d}\right)^2\eta_z\tau}\right\}-\Theta_3^{\int\int}\left\{\frac{\pi\left(z_{01\diamond}-z_{01\iota}\right)}{2d},e^{-\left(\frac{\pi}{d}\right)^2\eta_z\tau}\right\}-\right.$$

$$-\Theta_3^{\int\int}\left\{\frac{\pi\left(z_{02\diamond}-z_{02\iota}\right)}{2d},e^{-\left(\frac{\pi}{d}\right)^2\eta_z\tau}\right\}+\Theta_3^{\int\int}\left\{\frac{\pi\left(z_{01\diamond}-z_{02\iota}\right)}{2d},e^{-\left(\frac{\pi}{d}\right)^2\eta_z\tau}\right\}+$$

$$+\Theta_3^{\int\int}\left\{\frac{\pi\left(z_{02\diamond}+z_{02\iota}\right)}{2d},e^{-\left(\frac{\pi}{d}\right)^2\eta_z\tau}\right\}-\Theta_3^{\int\int}\left\{\frac{\pi\left(z_{01\diamond}+z_{02\iota}\right)}{2d},e^{-\left(\frac{\pi}{d}\right)^2\eta_z\tau}\right\}-$$

$$\left.-\Theta_3^{\int\int}\left\{\frac{\pi\left(z_{02\diamond}+z_{01\iota}\right)}{2d},e^{-\left(\frac{\pi}{d}\right)^2\eta_z\tau}\right\}+\Theta_3^{\int\int}\left\{\frac{\pi\left(z_{01\diamond}+z_{01\iota}\right)}{2d},e^{-\left(\frac{\pi}{d}\right)^2\eta_z\tau}\right\}\right\}d\tau+$$

$$+\frac{d}{2\phi c_t\left(y_{02\diamond}-y_{01\diamond}\right)\left(z_{02\diamond}-z_{01\diamond}\right)}\sum_{\iota=M_r+1}^{N_r}U(t-t_{0\iota})\int\limits_0^{t-t_{0\iota}}q_\iota\left(t-t_{0\iota}-\tau\right)\times$$

$$\times\left\{\operatorname{erf}\left(\frac{y_{02\diamond}-y_{0\iota}}{2\sqrt{\eta_y\tau}}\right)-\operatorname{erf}\left(\frac{y_{01\diamond}-y_{0\iota}}{2\sqrt{\eta_y\tau}}\right)\right\}\left\{\operatorname{erf}\left(\frac{x-x_{01\iota}}{2\sqrt{\eta_x\tau}}\right)-\operatorname{erf}\left(\frac{x-x_{02\iota}}{2\sqrt{\eta_x\tau}}\right)\right\}\times$$

$$\times\left\{\Theta_3^{\int\int}\left\{\frac{\pi\left(z_{02\diamond}-z_{01\iota}\right)}{2d},e^{-\left(\frac{\pi}{d}\right)^2\eta_z\tau}\right\}-\Theta_3^{\int\int}\left\{\frac{\pi\left(z_{01\diamond}-z_{01\iota}\right)}{2d},e^{-\left(\frac{\pi}{d}\right)^2\eta_z\tau}\right\}-\right.$$

$$-\Theta_3^{\int\int}\left\{\frac{\pi\left(z_{02\diamond}-z_{02\iota}\right)}{2d},e^{-\left(\frac{\pi}{d}\right)^2\eta_z\tau}\right\}+\Theta_3^{\int\int}\left\{\frac{\pi\left(z_{01\diamond}-z_{02\iota}\right)}{2d},e^{-\left(\frac{\pi}{d}\right)^2\eta_z\tau}\right\}+$$

$$+\Theta_3^{\int\int}\left\{\frac{\pi\left(z_{02\diamond}+z_{02\iota}\right)}{2d},e^{-\left(\frac{\pi}{d}\right)^2\eta_z\tau}\right\}-\Theta_3^{\int\int}\left\{\frac{\pi\left(z_{01\diamond}+z_{02\iota}\right)}{2d},e^{-\left(\frac{\pi}{d}\right)^2\eta_z\tau}\right\}-$$

$$\left.-\Theta_3^{\int\int}\left\{\frac{\pi\left(z_{02\diamond}+z_{01\iota}\right)}{2d},e^{-\left(\frac{\pi}{d}\right)^2\eta_z\tau}\right\}+\Theta_3^{\int\int}\left\{\frac{\pi\left(z_{01\diamond}+z_{01\iota}\right)}{2d},e^{-\left(\frac{\pi}{d}\right)^2\eta_z\tau}\right\}\right\}d\tau+$$

$$+\frac{1}{2\phi c_t\left(y_{02\diamond}-y_{01\diamond}\right)\left(z_{02\diamond}-z_{01\diamond}\right)\sqrt{\pi\eta_x}}\times$$

$$\times\int\limits_0^t\int\limits_{-\infty}^{\infty}\int\limits_{-\infty}^{\infty}\frac{e^{-\frac{(x-u)^2}{4\eta_x\tau}}}{\sqrt{\tau}}\left\{\operatorname{erf}\left(\frac{y_{02\diamond}-v}{2\sqrt{\eta_y\tau}}\right)-\operatorname{erf}\left(\frac{y_{01\diamond}-v}{2\sqrt{\eta_y\tau}}\right)\right\}\times$$

$$\times\left[\psi_{xy0}\left(u,v,t-\tau\right)\left\{\Theta_3^{\int}\left(\frac{\pi z_{02\diamond}}{2d},e^{-\left(\frac{\pi}{d}\right)^2\eta_z\tau}\right)-\Theta_3^{\int}\left(\frac{\pi z_{01\diamond}}{2d},e^{-\left(\frac{\pi}{d}\right)^2\eta_z\tau}\right)\right\}-\right.$$

$$\left.-\psi_{xyd}\left(u,v,t-\tau\right)\left\{\Theta_4^{\int}\left(\frac{\pi z_{02\diamond}}{2d},e^{-\left(\frac{\pi}{d}\right)^2\eta_z\tau}\right)-\Theta_4^{\int}\left(\frac{\pi z_{01\diamond}}{2d},e^{-\left(\frac{\pi}{d}\right)^2\eta_z\tau}\right)\right\}\right]dudvd\tau+$$

$$+\frac{1}{4\left(y_{02\diamond}-y_{01\diamond}\right)\left(z_{02\diamond}-z_{01\diamond}\right)\sqrt{\pi\eta_x t}}\times$$

$$\times\int\limits_0^d\int\limits_0^{\infty}\int\limits_0^{\infty}\varphi\left(u,v,w\right)\left\{\Theta_3^{\int}\left(\frac{\pi\left(z_{02\diamond}-w\right)}{2d},e^{-\eta_z\left(\frac{\pi}{d}\right)^2t}\right)-\Theta_3^{\int}\left(\frac{\pi\left(z_{01\diamond}-w\right)}{2d},e^{-\eta_z\left(\frac{\pi}{d}\right)^2t}\right)+\right.$$

$$\left.+\Theta_3^{\int}\left(\frac{\pi\left(z_{02\diamond}+w\right)}{2d},e^{-\eta_z\left(\frac{\pi}{d}\right)^2t}\right)-\Theta_3^{\int}\left(\frac{\pi\left(z_{01\diamond}+w\right)}{2d},e^{-\eta_z\left(\frac{\pi}{d}\right)^2t}\right)\right\}\times$$

$$\times\left\{\operatorname{erf}\left(\frac{y_{02\diamondsuit}-v}{2\sqrt{\eta_y\tau}}\right)-\operatorname{erf}\left(\frac{y_{01\diamondsuit}-v}{2\sqrt{\eta_y\tau}}\right)\right\}e^{-\frac{(x-u)^2}{4\eta_x t}}dudvdw \tag{B.1.4}$$

The spatial average pressure response of the rectangle $[(x_{02\diamondsuit}-x_{01\diamondsuit})(y_{02\diamondsuit}-y_{01\diamondsuit})]$, $\iota=\diamondsuit$, $N_l+1\le\diamondsuit\le L_r$, is given by

$$\begin{aligned}
p &= \frac{1}{4\phi c_t(x_{02\diamondsuit}-x_{01\diamondsuit})(y_{02\diamondsuit}-y_{01\diamondsuit})}\sum_{\iota=1}^{L_l}U(t-t_{0\iota})\int_0^{t-t_{0\iota}}q_\iota(t-t_{0\iota}-\tau)\times\\
&\times\left\{\operatorname{erf}\left(\frac{x_{02\diamondsuit}-x_{0\iota}}{2\sqrt{\eta_x\tau}}\right)-\operatorname{erf}\left(\frac{x_{01\diamondsuit}-x_{0\iota}}{2\sqrt{\eta_x\tau}}\right)\right\}\times\\
&\times\left\{\operatorname{erf}\left(\frac{y_{02\diamondsuit}-y_{0\iota}}{2\sqrt{\eta_y\tau}}\right)-\operatorname{erf}\left(\frac{y_{01\diamondsuit}-y_{0\iota}}{2\sqrt{\eta_y\tau}}\right)\right\}\times\\
&\times\left\{\Theta_3^{\int}\left(\frac{\pi(z-z_{01\iota})}{2d},e^{-\left(\frac{\pi}{d}\right)^2\eta_z\tau}\right)-\Theta_3^{\int}\left(\frac{\pi(z-z_{02\iota})}{2d},e^{-\left(\frac{\pi}{d}\right)^2\eta_z\tau}\right)+\right.\\
&\left.+\Theta_3^{\int}\left(\frac{\pi(z+z_{02\iota})}{2d},e^{-\left(\frac{\pi}{d}\right)^2\eta_z\tau}\right)-\Theta_3^{\int}\left(\frac{\pi(z+z_{01\iota})}{2d},e^{-\left(\frac{\pi}{d}\right)^2\eta_z\tau}\right)\right\}d\tau+\\
&+\frac{1}{8d\phi c_t(x_{02\diamondsuit}-x_{01\diamondsuit})(y_{02\diamondsuit}-y_{01\diamondsuit})}\sum_{\iota=L_l+1}^{M_l}U(t-t_{0\iota})\int_0^{t-t_{0\iota}}q_\iota(t-t_{0\iota}-\tau)\times\\
&\times\left\{\operatorname{erf}\left(\frac{y_{02\diamondsuit}-y_{0\iota}}{2\sqrt{\eta_y\tau}}\right)-\operatorname{erf}\left(\frac{y_{01\diamondsuit}-y_{0\iota}}{2\sqrt{\eta_y\tau}}\right)\right\}\times\\
&\times\left\{(x_{02\diamondsuit}-x_{01\iota})\operatorname{erf}\left(\frac{x_{02\diamondsuit}-x_{01\iota}}{2\sqrt{\eta_x t}}\right)-(x_{01\diamondsuit}-x_{01\iota})\operatorname{erf}\left(\frac{x_{01\diamondsuit}-x_{01\iota}}{2\sqrt{\eta_x t}}\right)+\right.\\
&+2\sqrt{\frac{\eta_x t}{\pi}}\left(e^{-\frac{(x_{02\diamondsuit}-x_{01\iota})^2}{4\eta_x\tau}}-e^{-\frac{(x_{01\diamondsuit}-x_{01\iota})^2}{4\eta_x\tau}}\right)-(x_{02\diamondsuit}-x_{02\iota})\operatorname{erf}\left(\frac{x_{02\diamondsuit}-x_{02\iota}}{2\sqrt{\eta_x t}}\right)+\\
&\left.+(x_{01\diamondsuit}-x_{02\iota})\operatorname{erf}\left(\frac{x_{01\diamondsuit}-x_{02\iota}}{2\sqrt{\eta_x t}}\right)-2\sqrt{\frac{\eta_x t}{\pi}}\left(e^{-\frac{(x_{02\diamondsuit}-x_{02\iota})^2}{4\eta_x\tau}}-e^{-\frac{(x_{01\diamondsuit}-x_{02\iota})^2}{4\eta_x\tau}}\right)\right\}\times\\
&\times\left\{\Theta_3\left(\frac{\pi(z-z_{0\iota})}{2d},e^{-\left(\frac{\pi}{d}\right)^2\eta_z\tau}\right)+\Theta_3\left(\frac{\pi(z+z_{0\iota})}{2d},e^{-\left(\frac{\pi}{d}\right)^2\eta_z\tau}\right)\right\}d\tau+\\
&+\frac{1}{8d\phi c_t(x_{02\diamondsuit}-x_{01\diamondsuit})(y_{02\diamondsuit}-y_{01\diamondsuit})}\sum_{\iota=M_l+1}^{N_l}U(t-t_{0\iota})\int_0^{t-t_{0\iota}}q(t-t_{0\iota}-\tau)\times\\
&\times\left\{\operatorname{erf}\left(\frac{x_{02\diamondsuit}-x_{0\iota}}{2\sqrt{\eta_x\tau}}\right)-\operatorname{erf}\left(\frac{x_{01\diamondsuit}-x_{0\iota}}{2\sqrt{\eta_x\tau}}\right)\right\}\times\\
&\times\left\{(y_{02\diamondsuit}-y_{01\iota})\operatorname{erf}\left(\frac{y_{02\diamondsuit}-y_{01\iota}}{2\sqrt{\eta_y t}}\right)-(y_{01\diamondsuit}-y_{01\iota})\operatorname{erf}\left(\frac{y_{01\diamondsuit}-y_{01\iota}}{2\sqrt{\eta_y t}}\right)+\right.\\
&+2\sqrt{\frac{\eta_y t}{\pi}}\left(e^{-\frac{(y_{02\diamondsuit}-y_{01\iota})^2}{4\eta_y\tau}}-e^{-\frac{(y_{01\diamondsuit}-y_{01\iota})^2}{4\eta_y\tau}}\right)-(y_{02\diamondsuit}-y_{02\iota})\operatorname{erf}\left(\frac{y_{02\diamondsuit}-y_{02\iota}}{2\sqrt{\eta_y t}}\right)+\\
&\left.+(y_{01\diamondsuit}-y_{02\iota})\operatorname{erf}\left(\frac{y_{01\diamondsuit}-y_{02\iota}}{2\sqrt{\eta_y t}}\right)-2\sqrt{\frac{\eta_y t}{\pi}}\left(e^{-\frac{(y_{02\diamondsuit}-y_{02\iota})^2}{4\eta_y\tau}}-e^{-\frac{(y_{01\diamondsuit}-y_{02\iota})^2}{4\eta_y\tau}}\right)\right\}\times\\
&\times\left\{\Theta_3\left(\frac{\pi(z-z_{0\iota})}{2d},e^{-\left(\frac{\pi}{d}\right)^2\eta_z\tau}\right)+\Theta_3\left(\frac{\pi(z+z_{0\iota})}{2d},e^{-\left(\frac{\pi}{d}\right)^2\eta_z\tau}\right)\right\}d\tau+\\
&+\frac{1}{8\pi\phi c_t(y_{02\diamondsuit}-y_{01\diamondsuit})\sqrt{\eta_x\eta_y\eta_z}}\sum_{\iota=N_l+1}^{N_d}\frac{U(t-t_{0\iota})\sin\vartheta_{0\iota}}{\sqrt{\mathcal{H}_{0\iota}(0,0,1;1,2,0)}}\int_0^{t-t_{0\iota}}\frac{q_\iota(t-t_{0\iota}-\tau)}{\tau}\times
\end{aligned}$$

$$\times \int_{y_{01\diamond}}^{y_{02\diamond}} \sum_{l=-\infty}^{\infty} \left[e^{-\frac{1}{4\tau}\left\{\mathcal{H}_{0\iota}(y\cot\theta, y, y\sec\vartheta\csc\theta+2ld;\gamma_{0\iota},2,0)-\frac{\mathcal{H}_{0\iota}^2(y\cot\theta,y,y\sec\vartheta\csc\theta+2ld;\gamma_{0\iota},1,1)}{\mathcal{H}_{0\iota}(0,0,1;1,2,0)}\right\}} \times\right.$$

$$\times \left\{ \operatorname{erf}\left(\frac{1}{2\sqrt{\tau}}\left(z_{02\iota}\sqrt{\mathcal{H}_{0\iota}(0,0,1;1,2,0)} - \frac{\mathcal{H}_{0\iota}(y\cot\theta, y, y\sec\vartheta\csc\theta + 2ld;\gamma_{0\iota},1,1)}{\sqrt{\mathcal{H}_{0\iota}(0,0,1;1,2,0)}}\right)\right) - \right.$$

$$\left. - \operatorname{erf}\left(\frac{1}{2\sqrt{\tau}}\left(z_{01\iota}\sqrt{\mathcal{H}_{0\iota}(0,0,1;1,2,0)} - \frac{\mathcal{H}_{0\iota}(y\cot\theta, y, y\sec\vartheta\csc\theta + 2ld;\gamma_{0\iota},1,1)}{\sqrt{\mathcal{H}_{0\iota}(0,0,1;1,2,0)}}\right)\right)\right\} +$$

$$+ e^{-\frac{1}{4\tau}\left\{\mathcal{H}_{0\iota}(y\cot\theta, y, -y\sec\vartheta\csc\theta-2ld;\gamma_{0\iota},2,0)-\frac{\mathcal{H}_{0\iota}^2(y\cot\theta,y,-y\sec\vartheta\csc\theta-2ld;\gamma_{0\iota},1,1)}{\mathcal{H}_{0\iota}(0,0,1;1,2,0)}\right\}} \times$$

$$\times \left\{ \operatorname{erf}\left(\frac{1}{2\sqrt{\tau}}\left(z_{02\iota}\sqrt{\mathcal{H}_{0\iota}(0,0,1;1,2,0)} - \frac{\mathcal{H}_{0\iota}(y\cot\theta, y, -y\sec\vartheta\csc\theta - 2ld;\gamma_{0\iota},1,1)}{\sqrt{\mathcal{H}_{0\iota}(0,0,1;1,2,0)}}\right)\right) - \right.$$

$$\left.\left. - \operatorname{erf}\left(\frac{1}{2\sqrt{\tau}}\left(z_{01\iota}\sqrt{\mathcal{H}_{0\iota}(0,0,1;1,2,0)} - \frac{\mathcal{H}_{0\iota}(y\cot\theta, y, -y\sec\vartheta\csc\theta - 2ld;\gamma_{0\iota},1,1)}{\sqrt{\mathcal{H}_{0\iota}(0,0,1;1,2,0)}}\right)\right)\right\}\right] dyd\tau +$$

$$+ \frac{1}{8d\phi c_t(x_{02\diamond}-x_{01\diamond})(y_{02\diamond}-y_{01\diamond})} \sum_{\iota=N_d+1}^{L_r} U(t-t_{0\iota}) \int_0^{t-t_{0\iota}} q_\iota(t-t_{0\iota}-\tau) \times$$

$$\times \left\{ (x_{02\diamond}-x_{01\iota})\operatorname{erf}\left(\frac{x_{02\diamond}-x_{01\iota}}{2\sqrt{\eta_x t}}\right) - (x_{01\diamond}-x_{01\iota})\operatorname{erf}\left(\frac{x_{01\diamond}-x_{01\iota}}{2\sqrt{\eta_x t}}\right) + \right.$$

$$+2\sqrt{\frac{\eta_x t}{\pi}}\left(e^{-\frac{(x_{02\diamond}-x_{01\iota})^2}{4\eta_x\tau}} - e^{-\frac{(x_{01\diamond}-x_{01\iota})^2}{4\eta_x\tau}}\right) - (x_{02\diamond}-x_{02\iota})\operatorname{erf}\left(\frac{x_{02\diamond}-x_{02\iota}}{2\sqrt{\eta_x t}}\right) +$$

$$\left. + (x_{01\diamond}-x_{02\iota})\operatorname{erf}\left(\frac{x_{01\diamond}-x_{02\iota}}{2\sqrt{\eta_x t}}\right) - 2\sqrt{\frac{\eta_x t}{\pi}}\left(e^{-\frac{(x_{02\diamond}-x_{02\iota})^2}{4\eta_x\tau}} - e^{-\frac{(x_{01\diamond}-x_{02\iota})^2}{4\eta_x\tau}}\right)\right\} \times$$

$$\times \left\{ (y_{02\diamond}-y_{01\iota})\operatorname{erf}\left(\frac{y_{02\diamond}-y_{01\iota}}{2\sqrt{\eta_y t}}\right) - (y_{01\diamond}-y_{01\iota})\operatorname{erf}\left(\frac{y_{01\diamond}-y_{01\iota}}{2\sqrt{\eta_y t}}\right) + \right.$$

$$+2\sqrt{\frac{\eta_y t}{\pi}}\left(e^{-\frac{(y_{02\diamond}-y_{01\iota})^2}{4\eta_y\tau}} - e^{-\frac{(y_{01\diamond}-y_{01\iota})^2}{4\eta_y\tau}}\right) - (y_{02\diamond}-y_{02\iota})\operatorname{erf}\left(\frac{y_{02\diamond}-y_{02\iota}}{2\sqrt{\eta_y t}}\right) +$$

$$\left. + (y_{01\diamond}-y_{02\iota})\operatorname{erf}\left(\frac{y_{01\diamond}-y_{02\iota}}{2\sqrt{\eta_y t}}\right) - 2\sqrt{\frac{\eta_y t}{\pi}}\left(e^{-\frac{(y_{02\diamond}-y_{02\iota})^2}{4\eta_y\tau}} - e^{-\frac{(y_{01\diamond}-y_{02\iota})^2}{4\eta_y\tau}}\right)\right\} \times$$

$$\times \left\{ \Theta_3\left(\frac{\pi(z-z_{0\iota})}{2d}, e^{-\left(\frac{\pi}{d}\right)^2\eta_z\tau}\right) + \Theta_3\left(\frac{\pi(z+z_{0\iota})}{2d}, e^{-\left(\frac{\pi}{d}\right)^2\eta_z\tau}\right)\right\} d\tau +$$

$$+ \frac{1}{4\phi c_t(x_{02\diamond}-x_{01\diamond})(y_{02\diamond}-y_{01\diamond})} \sum_{\iota=L_r+1}^{M_r} U(t-t_{0\iota}) \int_0^{t-t_{0\iota}} q_\iota(t-t_{0\iota}-\tau) \times$$

$$\times \left\{ \operatorname{erf}\left(\frac{x_{02\diamond}-x_{0\iota}}{2\sqrt{\eta_x\tau}}\right) - \operatorname{erf}\left(\frac{x_{01\diamond}-x_{0\iota}}{2\sqrt{\eta_x\tau}}\right)\right\} \times$$

$$\times \left\{ (y_{02\diamond}-y_{01\iota})\operatorname{erf}\left(\frac{y_{02\diamond}-y_{01\iota}}{2\sqrt{\eta_y t}}\right) - (y_{01\diamond}-y_{01\iota})\operatorname{erf}\left(\frac{y_{01\diamond}-y_{01\iota}}{2\sqrt{\eta_y t}}\right) + \right.$$

$$+2\sqrt{\frac{\eta_y t}{\pi}}\left(e^{-\frac{(y_{02\diamond}-y_{01\iota})^2}{4\eta_y\tau}} - e^{-\frac{(y_{01\diamond}-y_{01\iota})^2}{4\eta_y\tau}}\right) - (y_{02\diamond}-y_{02\iota})\operatorname{erf}\left(\frac{y_{02\diamond}-y_{02\iota}}{2\sqrt{\eta_y t}}\right) +$$

$$\left. + (y_{01\diamond}-y_{02\iota})\operatorname{erf}\left(\frac{y_{01\diamond}-y_{02\iota}}{2\sqrt{\eta_y t}}\right) - 2\sqrt{\frac{\eta_y t}{\pi}}\left(e^{-\frac{(y_{02\diamond}-y_{02\iota})^2}{4\eta_y\tau}} - e^{-\frac{(y_{01\diamond}-y_{02\iota})^2}{4\eta_y\tau}}\right)\right\} \times$$

$$\times \left\{ \Theta_3^{\int}\left(\frac{\pi(z-z_{01\iota})}{2d}, e^{-\left(\frac{\pi}{d}\right)^2\eta_z\tau}\right) - \Theta_3^{\int}\left(\frac{\pi(z-z_{02\iota})}{2d}, e^{-\left(\frac{\pi}{d}\right)^2\eta_z\tau}\right) + \right.$$

$$+\Theta_3^{\int}\left(\frac{\pi\left(z+z_{02\iota}\right)}{2d},e^{-\left(\frac{\pi}{d}\right)^2\eta_z\tau}\right)-\Theta_3^{\int}\left(\frac{\pi\left(z+z_{01\iota}\right)}{2d},e^{-\left(\frac{\pi}{d}\right)^2\eta_z\tau}\right)\Bigg\}d\tau+$$

$$\frac{1}{4\phi c_t\left(x_{02\diamond}-x_{01\diamond}\right)\left(y_{02\diamond}-y_{01\diamond}\right)}\sum_{\iota=M_r+1}^{N_r}U(t-t_{0\iota})\int_0^{t-t_{0\iota}}q_\iota\left(t-t_{0\iota}-\tau\right)\times$$

$$\times\left\{\left(x_{02\diamond}-x_{01\iota}\right)\operatorname{erf}\left(\frac{x_{02\diamond}-x_{01\iota}}{2\sqrt{\eta_x t}}\right)-\left(x_{01\diamond}-x_{01\iota}\right)\operatorname{erf}\left(\frac{x_{01\diamond}-x_{01\iota}}{2\sqrt{\eta_x t}}\right)+\right.$$

$$+2\sqrt{\frac{\eta_x t}{\pi}}\left(e^{-\frac{\left(x_{02\diamond}-x_{01\iota}\right)^2}{4\eta_x\tau}}-e^{-\frac{\left(x_{01\diamond}-x_{01\iota}\right)^2}{4\eta_x\tau}}\right)-\left(x_{02\diamond}-x_{02\iota}\right)\operatorname{erf}\left(\frac{x_{02\diamond}-x_{02\iota}}{2\sqrt{\eta_x t}}\right)+$$

$$\left.+\left(x_{01\diamond}-x_{02\iota}\right)\operatorname{erf}\left(\frac{x_{01\diamond}-x_{02\iota}}{2\sqrt{\eta_x t}}\right)-2\sqrt{\frac{\eta_x t}{\pi}}\left(e^{-\frac{\left(x_{02\diamond}-x_{02\iota}\right)^2}{4\eta_x\tau}}-e^{-\frac{\left(x_{01\diamond}-x_{02\iota}\right)^2}{4\eta_x\tau}}\right)\right\}\times$$

$$\times\left\{\operatorname{erf}\left(\frac{y_{02\diamond}-y_{0\iota}}{2\sqrt{\eta_y\tau}}\right)-\operatorname{erf}\left(\frac{y_{01\diamond}-y_{0\iota}}{2\sqrt{\eta_y\tau}}\right)\right\}\times$$

$$\times\left\{\Theta_3^{\int}\left(\frac{\pi\left(z-z_{01\iota}\right)}{2d},e^{-\left(\frac{\pi}{d}\right)^2\eta_z\tau}\right)-\Theta_3^{\int}\left(\frac{\pi\left(z-z_{02\iota}\right)}{2d},e^{-\left(\frac{\pi}{d}\right)^2\eta_z\tau}\right)+\right.$$

$$\left.+\Theta_3^{\int}\left(\frac{\pi\left(z+z_{02\iota}\right)}{2d},e^{-\left(\frac{\pi}{d}\right)^2\eta_z\tau}\right)-\Theta_3^{\int}\left(\frac{\pi\left(z+z_{01\iota}\right)}{2d},e^{-\left(\frac{\pi}{d}\right)^2\eta_z\tau}\right)\right\}d\tau+$$

$$+\frac{1}{4\pi d\phi c_t\left(x_{02\diamond}-x_{01\diamond}\right)\left(y_{02\diamond}-y_{01\diamond}\right)}\int_0^t\int_{-\infty}^{\infty}\int_{-\infty}^{\infty}\left\{\operatorname{erf}\left(\frac{x_{02\diamond}-u}{2\sqrt{\eta_x\tau}}\right)-\operatorname{erf}\left(\frac{x_{01\diamond}-u}{2\sqrt{\eta_x\tau}}\right)\right\}\times$$

$$\times\left\{\operatorname{erf}\left(\frac{y_{02\diamond}-v}{2\sqrt{\eta_y\tau}}\right)-\operatorname{erf}\left(\frac{y_{01\diamond}-v}{2\sqrt{\eta_y\tau}}\right)\right\}\times$$

$$\times\left\{\psi_{xy0}\left(u,v,t-\tau\right)\Theta_3\left(\frac{\pi z}{2d},e^{-\left(\frac{\pi}{d}\right)^2\eta_z\tau}\right)-\psi_{xyd}\left(u,v,t-\tau\right)\Theta_4\left(\frac{\pi z}{2d},e^{-\left(\frac{\pi}{d}\right)^2\eta_z\tau}\right)\right\}dudvd\tau+$$

$$+\frac{1}{8d\left(x_{02\diamond}-x_{01\diamond}\right)\left(y_{02\diamond}-y_{01\diamond}\right)}\int_0^d\int_{-\infty}^{\infty}\int_{-\infty}^{\infty}\varphi\left(u,v,w\right)\left\{\operatorname{erf}\left(\frac{y_{02\diamond}-v}{2\sqrt{\eta_y t}}\right)-\operatorname{erf}\left(\frac{y_{01\diamond}-v}{2\sqrt{\eta_y t}}\right)\right\}\times$$

$$\times\left\{\operatorname{erf}\left(\frac{x_{02\diamond}-u}{2\sqrt{\eta_x t}}\right)-\operatorname{erf}\left(\frac{x_{01\diamond}-u}{2\sqrt{\eta_x t}}\right)\right\}\times$$

$$\times\left\{\Theta_3\left(\frac{\pi\left(z-w\right)}{2d},e^{-\left(\frac{\pi}{d}\right)^2\eta_z t}\right)+\Theta_3\left(\frac{\pi\left(z+w\right)}{2d},e^{-\left(\frac{\pi}{d}\right)^2\eta_z t}\right)\right\}dudvdw \qquad \text{(B.1.5)}$$

B.2 The problem of 9.10

Multiple line sources of finite lengths $[z_{02\iota}-z_{01\iota}]$, $[x_{02\iota}-x_{01\iota}]$ and $[y_{02\iota}-y_{01\iota}]$ passing through $(x_{0\iota},y_{0\iota})$ for $\iota=1,2,...,L_l$, $(y_{0\iota},z_{0\iota})$ for $\iota=L_l+1,...,M_l$, and $(x_{0\iota},z_{0\iota})$ for $\iota=M_l+1,...,N_l$, multiple rectangular sources of finite areas $[x_{02\iota}-x_{01\iota}]\,[y_{02\iota}-y_{01\iota}]$, $[y_{02\iota}-y_{01\iota}]\,[z_{02\iota}-z_{01\iota}]$ and $[x_{02\iota}-x_{01\iota}]\,[z_{02\iota}-z_{01\iota}]$ passing through $z_{0\iota}$ for $\iota=N_l+1,...,L_r$, $x_{0\iota}$ for $\iota=L_r+1,...,M_r$ and $y_{0\iota}$ for $\iota=M_r+1,...,N_r$, respectively, where $(L_l<M_l<N_l<L_r<M_r<N_r)$.*

The solution is obtained by replacing the source term in equation (9.10.3) with

$$p=\frac{1}{4\pi\phi c_t\sqrt{\eta_x\eta_y}}\times$$

$$\times\sum_{\iota=1}^{L_l}U(t-t_{0\iota})\int_0^{t-t_{0\iota}}\frac{q_\iota\left(t-t_{0\iota}-\tau\right)}{\tau}\left\{e^{-\frac{\left(x-x_{0\iota}\right)^2}{4\eta_x\tau}}-e^{-\frac{\left(x+x_{0\iota}\right)^2}{4\eta_x\tau}}\right\}\left\{e^{-\frac{\left(y-y_{0\iota}\right)^2}{4\eta_y\tau}}-e^{-\frac{\left(y+y_{0\iota}\right)^2}{4\eta_y\tau}}\right\}\times$$

*The solution corresponds to the case where there are sets of partially penetrating vertical and horizontal wells and sets of fractures in an artesian aquifer or hydrocarbon reservoir.

$$\times\left\{\Theta_3^{\int}\left(\frac{\pi\left(z-z_{01\iota}\right)}{2d},e^{-\left(\frac{\pi}{d}\right)^2\eta_z\tau}\right)-\Theta_3^{\int}\left(\frac{\pi\left(z-z_{02\iota}\right)}{2d},e^{-\left(\frac{\pi}{d}\right)^2\eta_z\tau}\right)+\right.$$
$$\left.+\Theta_3^{\int}\left(\frac{\pi\left(z+z_{02\iota}\right)}{2d},e^{-\left(\frac{\pi}{d}\right)^2\eta_z\tau}\right)-\Theta_3^{\int}\left(\frac{\pi\left(z+z_{01\iota}\right)}{2d},e^{-\left(\frac{\pi}{d}\right)^2\eta_z\tau}\right)\right\}d\tau+$$
$$+\frac{1}{8d\phi c_t\sqrt{\pi\eta_y}}\sum_{\iota=L_l+1}^{M_l}U(t-t_{0\iota})\int_0^{t-t_{0\iota}}\frac{q_\iota\left(t-t_{0\iota}-\tau\right)}{\sqrt{\tau}}\left\{e^{-\frac{(y-y_{0\iota})^2}{4\eta_y\tau}}-e^{-\frac{(y+y_{0\iota})^2}{4\eta_y\tau}}\right\}\times$$
$$\times\left\{\operatorname{erf}\left(\frac{x-x_{01\iota}}{2\sqrt{\eta_x\tau}}\right)-\operatorname{erf}\left(\frac{x-x_{02\iota}}{2\sqrt{\eta_x\tau}}\right)-\operatorname{erf}\left(\frac{x+x_{02\iota}}{2\sqrt{\eta_x\tau}}\right)+\operatorname{erf}\left(\frac{x+x_{01\iota}}{2\sqrt{\eta_x\tau}}\right)\right\}\times$$
$$\times\left\{\Theta_3\left(\frac{\pi\left(z-z_{0\iota}\right)}{2d},e^{-\left(\frac{\pi}{d}\right)^2\eta_z\tau}\right)+\Theta_3\left(\frac{\pi\left(z+z_{0\iota}\right)}{2d},e^{-\left(\frac{\pi}{d}\right)^2\eta_z\tau}\right)\right\}d\tau+$$
$$+\frac{1}{8d\phi c_t\sqrt{\pi\eta_x}}\sum_{\iota=M_l+1}^{N_l}U(t-t_{0\iota})\int_0^{t-t_{0\iota}}\frac{q_\iota\left(t-t_{0\iota}-\tau\right)}{\sqrt{\tau}}\left\{e^{-\frac{(x-x_{0\iota})^2}{4\eta_x\tau}}-e^{-\frac{(x+x_{0\iota})^2}{4\eta_x\tau}}\right\}\times$$
$$\times\left\{\operatorname{erf}\left(\frac{y-y_{01\iota}}{2\sqrt{\eta_y\tau}}\right)-\operatorname{erf}\left(\frac{y-y_{02\iota}}{2\sqrt{\eta_y\tau}}\right)-\operatorname{erf}\left(\frac{y+y_{02\iota}}{2\sqrt{\eta_y\tau}}\right)+\operatorname{erf}\left(\frac{y+y_{01\iota}}{2\sqrt{\eta_y\tau}}\right)\right\}\times$$
$$\times\left\{\Theta_3\left(\frac{\pi\left(z-z_{0\iota}\right)}{2d},e^{-\left(\frac{\pi}{d}\right)^2\eta_z\tau}\right)+\Theta_3\left(\frac{\pi\left(z+z_{0\iota}\right)}{2d},e^{-\left(\frac{\pi}{d}\right)^2\eta_z\tau}\right)\right\}d\tau+$$
$$+\frac{1}{8d\phi c_t}\sum_{\iota=N_l+1}^{L_r}U(t-t_{0\iota})\times$$
$$\times\int_0^{t-t_{0\iota}}q_\iota\left(t-t_{0\iota}-\tau\right)\left\{\Theta_3\left(\frac{\pi\left(z-z_{0\iota}\right)}{2d},e^{-\left(\frac{\pi}{d}\right)^2\eta_z\tau}\right)+\Theta_3\left(\frac{\pi\left(z+z_{0\iota}\right)}{2d},e^{-\left(\frac{\pi}{d}\right)^2\eta_z\tau}\right)\right\}\times$$
$$\times\left\{\operatorname{erf}\left(\frac{x-x_{01\iota}}{2\sqrt{\eta_x\tau}}\right)-\operatorname{erf}\left(\frac{x-x_{02\iota}}{2\sqrt{\eta_x\tau}}\right)-\operatorname{erf}\left(\frac{x+x_{02\iota}}{2\sqrt{\eta_x\tau}}\right)+\operatorname{erf}\left(\frac{x+x_{01\iota}}{2\sqrt{\eta_x\tau}}\right)\right\}\times$$
$$\times\left\{\operatorname{erf}\left(\frac{y-y_{01\iota}}{2\sqrt{\eta_y\tau}}\right)-\operatorname{erf}\left(\frac{y-y_{02\iota}}{2\sqrt{\eta_y\tau}}\right)-\operatorname{erf}\left(\frac{y+y_{02\iota}}{2\sqrt{\eta_y\tau}}\right)+\operatorname{erf}\left(\frac{y+y_{01\iota}}{2\sqrt{\eta_y\tau}}\right)\right\}d\tau+$$
$$+\frac{1}{4\phi c_t\sqrt{\pi\eta_x}}\sum_{\iota=L_r+1}^{M_r}U(t-t_{0\iota})\int_0^{t-t_{0\iota}}\frac{q_\iota\left(t-t_{0\iota}-\tau\right)}{\sqrt{\tau}}\left\{e^{-\frac{(x-x_{0\iota})^2}{4\eta_x\tau}}-e^{-\frac{(x+x_{0\iota})^2}{4\eta_x\tau}}\right\}\times$$
$$\times\left\{\operatorname{erf}\left(\frac{y-y_{01\iota}}{2\sqrt{\eta_y\tau}}\right)-\operatorname{erf}\left(\frac{y-y_{02\iota}}{2\sqrt{\eta_y\tau}}\right)-\operatorname{erf}\left(\frac{y+y_{02\iota}}{2\sqrt{\eta_y\tau}}\right)+\operatorname{erf}\left(\frac{y+y_{01\iota}}{2\sqrt{\eta_y\tau}}\right)\right\}\times$$
$$\times\left\{\Theta_3^{\int}\left(\frac{\pi\left(z-z_{01\iota}\right)}{2d},e^{-\left(\frac{\pi}{d}\right)^2\eta_z\tau}\right)-\Theta_3^{\int}\left(\frac{\pi\left(z-z_{02\iota}\right)}{2d},e^{-\left(\frac{\pi}{d}\right)^2\eta_z\tau}\right)+\right.$$
$$\left.+\Theta_3^{\int}\left(\frac{\pi\left(z+z_{02\iota}\right)}{2d},e^{-\left(\frac{\pi}{d}\right)^2\eta_z\tau}\right)-\Theta_3^{\int}\left(\frac{\pi\left(z+z_{01\iota}\right)}{2d},e^{-\left(\frac{\pi}{d}\right)^2\eta_z\tau}\right)\right\}d\tau+$$
$$+\frac{1}{4\phi c_t\sqrt{\pi\eta_y}}\sum_{\iota=M_r+1}^{N_r}U(t-t_{0\iota})\int_0^{t-t_{0\iota}}\frac{q_\iota\left(t-t_{0\iota}-\tau\right)}{\sqrt{\tau}}\left\{e^{-\frac{(y-y_{0\iota})^2}{4\eta_y\tau}}-e^{-\frac{(y+y_{0\iota})^2}{4\eta_y\tau}}\right\}\times$$
$$\times\left\{\operatorname{erf}\left(\frac{x-x_{01\iota}}{2\sqrt{\eta_x\tau}}\right)-\operatorname{erf}\left(\frac{x-x_{02\iota}}{2\sqrt{\eta_x\tau}}\right)-\operatorname{erf}\left(\frac{x+x_{02\iota}}{2\sqrt{\eta_x\tau}}\right)+\operatorname{erf}\left(\frac{x+x_{01\iota}}{2\sqrt{\eta_x\tau}}\right)\right\}\times$$
$$\times\left\{\Theta_3^{\int}\left(\frac{\pi\left(z-z_{01\iota}\right)}{2d},e^{-\left(\frac{\pi}{d}\right)^2\eta_z\tau}\right)-\Theta_3^{\int}\left(\frac{\pi\left(z-z_{02\iota}\right)}{2d},e^{-\left(\frac{\pi}{d}\right)^2\eta_z\tau}\right)+\right.$$
$$\left.+\Theta_3^{\int}\left(\frac{\pi\left(z+z_{02\iota}\right)}{2d},e^{-\left(\frac{\pi}{d}\right)^2\eta_z\tau}\right)-\Theta_3^{\int}\left(\frac{\pi\left(z+z_{01\iota}\right)}{2d},e^{-\left(\frac{\pi}{d}\right)^2\eta_z\tau}\right)\right\}d\tau \tag{B.2.1}$$

The spatial average pressure response of the line $[z_{02\diamondsuit} - z_{01\diamondsuit}]$, $\iota = \diamondsuit$, $1 \leq \diamondsuit \leq L_l$, is given by

$$p = \frac{d}{2\pi\phi c_t \left(z_{02\diamondsuit} - z_{01\diamondsuit}\right)\sqrt{\eta_x\eta_y}} \times$$

$$\times \sum_{\iota=1}^{L_l} U(t-t_{0\iota}) \int_0^{t-t_{0\iota}} \frac{q_\iota\left(t-t_{0\iota}-\tau\right)}{\tau} \left\{ e^{-\frac{(x-x_{0\iota})^2}{4\eta_x\tau}} - e^{-\frac{(x+x_{0\iota})^2}{4\eta_x\tau}} \right\} \left\{ e^{-\frac{(y-y_{0\iota})^2}{4\eta_y\tau}} - e^{-\frac{(y+y_{0\iota})^2}{4\eta_y\tau}} \right\} \times$$

$$\times \left\{ \Theta_3^{\int\int} \left\{ \frac{\pi\left(z_{02\diamondsuit}-z_{01\iota}\right)}{2d}, e^{-\left(\frac{\pi}{d}\right)^2\eta_z\tau} \right\} - \Theta_3^{\int\int} \left\{ \frac{\pi\left(z_{01\diamondsuit}-z_{01\iota}\right)}{2d}, e^{-\left(\frac{\pi}{d}\right)^2\eta_z\tau} \right\} - \right.$$

$$-\Theta_3^{\int\int} \left\{ \frac{\pi\left(z_{02\diamondsuit}-z_{02\iota}\right)}{2d}, e^{-\left(\frac{\pi}{d}\right)^2\eta_z\tau} \right\} + \Theta_3^{\int\int} \left\{ \frac{\pi\left(z_{01\diamondsuit}-z_{02\iota}\right)}{2d}, e^{-\left(\frac{\pi}{d}\right)^2\eta_z\tau} \right\} +$$

$$+\Theta_3^{\int\int} \left\{ \frac{\pi\left(z_{02\diamondsuit}+z_{02\iota}\right)}{2d}, e^{-\left(\frac{\pi}{d}\right)^2\eta_z\tau} \right\} - \Theta_3^{\int\int} \left\{ \frac{\pi\left(z_{01\diamondsuit}+z_{02\iota}\right)}{2d}, e^{-\left(\frac{\pi}{d}\right)^2\eta_z\tau} \right\} -$$

$$\left. -\Theta_3^{\int\int} \left\{ \frac{\pi\left(z_{02\diamondsuit}+z_{01\iota}\right)}{2d}, e^{-\left(\frac{\pi}{d}\right)^2\eta_z\tau} \right\} + \Theta_3^{\int\int} \left\{ \frac{\pi\left(z_{01\diamondsuit}+z_{01\iota}\right)}{2d}, e^{-\left(\frac{\pi}{d}\right)^2\eta_z\tau} \right\} \right\} d\tau +$$

$$+\frac{1}{4\phi c_t \left(z_{02\diamondsuit} - z_{01\diamondsuit}\right)\sqrt{\pi\eta_y}} \sum_{\iota=L_l+1}^{M_l} U(t-t_{0\iota}) \int_0^{t-t_{0\iota}} \frac{q_\iota\left(t-t_{0\iota}-\tau\right)}{\sqrt{\tau}} \left\{ e^{-\frac{(y-y_{0\iota})^2}{4\eta_y\tau}} - e^{-\frac{(y+y_{0\iota})^2}{4\eta_y\tau}} \right\} \times$$

$$\times \left\{ \operatorname{erf}\left(\frac{x-x_{01\iota}}{2\sqrt{\eta_x\tau}}\right) - \operatorname{erf}\left(\frac{x-x_{02\iota}}{2\sqrt{\eta_x\tau}}\right) - \operatorname{erf}\left(\frac{x+x_{02\iota}}{2\sqrt{\eta_x\tau}}\right) + \operatorname{erf}\left(\frac{x+x_{01\iota}}{2\sqrt{\eta_x\tau}}\right) \right\} \times$$

$$\times \left\{ \Theta_3^{\int} \left\{ \frac{\pi\left(z_{02\diamondsuit}-z_{0\iota}\right)}{2d}, e^{-\left(\frac{\pi}{d}\right)^2\eta_z\tau} \right\} - \Theta_3^{\int} \left\{ \frac{\pi\left(z_{01\diamondsuit}-z_{0\iota}\right)}{2d}, e^{-\left(\frac{\pi}{d}\right)^2\eta_z\tau} \right\} + \right.$$

$$\left. +\Theta_3^{\int} \left\{ \frac{\pi\left(z_{02\diamondsuit}+z_{0\iota}\right)}{2d}, e^{-\left(\frac{\pi}{d}\right)^2\eta_z\tau} \right\} - \Theta_3^{\int} \left\{ \frac{\pi\left(z_{01\diamondsuit}+z_{0\iota}\right)}{2d}, e^{-\left(\frac{\pi}{d}\right)^2\eta_z\tau} \right\} \right\} d\tau +$$

$$+\frac{1}{4\phi c_t \left(z_{02\diamondsuit} - z_{01\diamondsuit}\right)\sqrt{\pi\eta_x}} \sum_{\iota=M_l+1}^{N_l} U(t-t_{0\iota}) \int_0^{t-t_{0\iota}} \frac{q\left(t-t_{0\iota}-\tau\right)}{\sqrt{\tau}} \left\{ e^{-\frac{(x-x_{0\iota})^2}{4\eta_x\tau}} - e^{-\frac{(x+x_{0\iota})^2}{4\eta_x\tau}} \right\} \times$$

$$\times \left\{ \operatorname{erf}\left(\frac{y-y_{01\iota}}{2\sqrt{\eta_y\tau}}\right) - \operatorname{erf}\left(\frac{y-y_{02\iota}}{2\sqrt{\eta_y\tau}}\right) - \operatorname{erf}\left(\frac{y+y_{02\iota}}{2\sqrt{\eta_y\tau}}\right) + \operatorname{erf}\left(\frac{y+y_{01\iota}}{2\sqrt{\eta_y\tau}}\right) \right\} \times$$

$$\times \left\{ \Theta_3^{\int} \left\{ \frac{\pi\left(z_{02\diamondsuit}-z_{0\iota}\right)}{2d}, e^{-\left(\frac{\pi}{d}\right)^2\eta_z\tau} \right\} - \Theta_3^{\int} \left\{ \frac{\pi\left(z_{01\diamondsuit}-z_{0\iota}\right)}{2d}, e^{-\left(\frac{\pi}{d}\right)^2\eta_z\tau} \right\} + \right.$$

$$\left. +\Theta_3^{\int} \left\{ \frac{\pi\left(z_{02\diamondsuit}+z_{0\iota}\right)}{2d}, e^{-\left(\frac{\pi}{d}\right)^2\eta_z\tau} \right\} - \Theta_3^{\int} \left\{ \frac{\pi\left(z_{01\diamondsuit}+z_{0\iota}\right)}{2d}, e^{-\left(\frac{\pi}{d}\right)^2\eta_z\tau} \right\} \right\} d\tau +$$

$$+\frac{1}{4\phi c_t \left(z_{02\diamondsuit} - z_{01\diamondsuit}\right)} \sum_{\iota=N_l+1}^{L_r} U(t-t_{0\iota}) \int_0^{t-t_{0\iota}} q\left(t-t_{0\iota}-\tau\right) \times$$

$$\times \left\{ \operatorname{erf}\left(\frac{x-x_{01\iota}}{2\sqrt{\eta_x\tau}}\right) - \operatorname{erf}\left(\frac{x-x_{02\iota}}{2\sqrt{\eta_x\tau}}\right) - \operatorname{erf}\left(\frac{x+x_{02\iota}}{2\sqrt{\eta_x\tau}}\right) + \operatorname{erf}\left(\frac{x+x_{01\iota}}{2\sqrt{\eta_x\tau}}\right) \right\} \times$$

$$\times \left\{ \operatorname{erf}\left(\frac{y-y_{01\iota}}{2\sqrt{\eta_y\tau}}\right) - \operatorname{erf}\left(\frac{y-y_{02\iota}}{2\sqrt{\eta_y\tau}}\right) - \operatorname{erf}\left(\frac{y+y_{02\iota}}{2\sqrt{\eta_y\tau}}\right) + \operatorname{erf}\left(\frac{y+y_{01\iota}}{2\sqrt{\eta_y\tau}}\right) \right\} \times$$

$$\times \left\{ \Theta_3^{\int} \left\{ \frac{\pi\left(z_{02\diamondsuit}-z_{0\iota}\right)}{2d}, e^{-\left(\frac{\pi}{d}\right)^2\eta_z\tau} \right\} - \Theta_3^{\int} \left\{ \frac{\pi\left(z_{01\diamondsuit}-z_{0\iota}\right)}{2d}, e^{-\left(\frac{\pi}{d}\right)^2\eta_z\tau} \right\} + \right.$$

$$\left. +\Theta_3^{\int} \left\{ \frac{\pi\left(z_{02\diamondsuit}+z_{0\iota}\right)}{2d}, e^{-\left(\frac{\pi}{d}\right)^2\eta_z\tau} \right\} - \Theta_3^{\int} \left\{ \frac{\pi\left(z_{01\diamondsuit}+z_{0\iota}\right)}{2d}, e^{-\left(\frac{\pi}{d}\right)^2\eta_z\tau} \right\} \right\} d\tau +$$

$$+\frac{d}{2\phi c_t \left(z_{02\diamondsuit} - z_{01\diamondsuit}\right)\sqrt{\pi\eta_x}} \sum_{\iota=L_r+1}^{M_r} U(t-t_{0\iota}) \int_0^{t-t_{0\iota}} \frac{q_\iota\left(t-t_{0\iota}-\tau\right)}{\sqrt{\tau}} \left\{ e^{-\frac{(x-x_{0\iota})^2}{4\eta_x\tau}} - e^{-\frac{(x+x_{0\iota})^2}{4\eta_x\tau}} \right\} \times$$

$$\times\left\{\operatorname{erf}\left(\frac{y-y_{01\iota}}{2\sqrt{\eta_y\tau}}\right)-\operatorname{erf}\left(\frac{y-y_{02\iota}}{2\sqrt{\eta_y\tau}}\right)-\operatorname{erf}\left(\frac{y+y_{02\iota}}{2\sqrt{\eta_y\tau}}\right)+\operatorname{erf}\left(\frac{y+y_{01\iota}}{2\sqrt{\eta_y\tau}}\right)\right\}\times$$

$$\times\left\{\Theta_3^{\int\int}\left\{\frac{\pi\left(z_{02\diamond}-z_{01\iota}\right)}{2d},e^{-\left(\frac{\pi}{d}\right)^2\eta_z\tau}\right\}-\Theta_3^{\int\int}\left\{\frac{\pi\left(z_{01\diamond}-z_{01\iota}\right)}{2d},e^{-\left(\frac{\pi}{d}\right)^2\eta_z\tau}\right\}-\right.$$

$$-\Theta_3^{\int\int}\left\{\frac{\pi\left(z_{02\diamond}-z_{02\iota}\right)}{2d},e^{-\left(\frac{\pi}{d}\right)^2\eta_z\tau}\right\}+\Theta_3^{\int\int}\left\{\frac{\pi\left(z_{01\diamond}-z_{02\iota}\right)}{2d},e^{-\left(\frac{\pi}{d}\right)^2\eta_z\tau}\right\}+$$

$$+\Theta_3^{\int\int}\left\{\frac{\pi\left(z_{02\diamond}+z_{02\iota}\right)}{2d},e^{-\left(\frac{\pi}{d}\right)^2\eta_z\tau}\right\}-\Theta_3^{\int\int}\left\{\frac{\pi\left(z_{01\diamond}+z_{02\iota}\right)}{2d},e^{-\left(\frac{\pi}{d}\right)^2\eta_z\tau}\right\}-$$

$$\left.-\Theta_3^{\int\int}\left\{\frac{\pi\left(z_{02\diamond}+z_{01\iota}\right)}{2d},e^{-\left(\frac{\pi}{d}\right)^2\eta_z\tau}\right\}+\Theta_3^{\int\int}\left\{\frac{\pi\left(z_{01\diamond}+z_{01\iota}\right)}{2d},e^{-\left(\frac{\pi}{d}\right)^2\eta_z\tau}\right\}\right\}d\tau+$$

$$+\frac{d}{2\phi c_t\left(z_{02\diamond}-z_{01\diamond}\right)\sqrt{\pi\eta_y}}\sum_{\iota=M_r+1}^{N_r}U(t-t_{0\iota})\int\limits_0^{t-t_{0\iota}}\frac{q_\iota\left(t-t_{0\iota}-\tau\right)}{\sqrt{\tau}}\left\{e^{-\frac{(y-y_{0\iota})^2}{4\eta_y\tau}}-e^{-\frac{(y+y_{0\iota})^2}{4\eta_y\tau}}\right\}\times$$

$$\times\left\{\operatorname{erf}\left(\frac{x-x_{01\iota}}{2\sqrt{\eta_x\tau}}\right)-\operatorname{erf}\left(\frac{x-x_{02\iota}}{2\sqrt{\eta_x\tau}}\right)-\operatorname{erf}\left(\frac{x+x_{02\iota}}{2\sqrt{\eta_x\tau}}\right)+\operatorname{erf}\left(\frac{x+x_{01\iota}}{2\sqrt{\eta_x\tau}}\right)\right\}\times$$

$$\times\left\{\Theta_3^{\int\int}\left\{\frac{\pi\left(z_{02\diamond}-z_{01\iota}\right)}{2d},e^{-\left(\frac{\pi}{d}\right)^2\eta_z\tau}\right\}-\Theta_3^{\int\int}\left\{\frac{\pi\left(z_{01\diamond}-z_{01\iota}\right)}{2d},e^{-\left(\frac{\pi}{d}\right)^2\eta_z\tau}\right\}-\right.$$

$$-\Theta_3^{\int\int}\left\{\frac{\pi\left(z_{02\diamond}-z_{02\iota}\right)}{2d},e^{-\left(\frac{\pi}{d}\right)^2\eta_z\tau}\right\}+\Theta_3^{\int\int}\left\{\frac{\pi\left(z_{01\diamond}-z_{02\iota}\right)}{2d},e^{-\left(\frac{\pi}{d}\right)^2\eta_z\tau}\right\}+$$

$$+\Theta_3^{\int\int}\left\{\frac{\pi\left(z_{02\diamond}+z_{02\iota}\right)}{2d},e^{-\left(\frac{\pi}{d}\right)^2\eta_z\tau}\right\}-\Theta_3^{\int\int}\left\{\frac{\pi\left(z_{01\diamond}+z_{02\iota}\right)}{2d},e^{-\left(\frac{\pi}{d}\right)^2\eta_z\tau}\right\}-$$

$$\left.-\Theta_3^{\int\int}\left\{\frac{\pi\left(z_{02\diamond}+z_{01\iota}\right)}{2d},e^{-\left(\frac{\pi}{d}\right)^2\eta_z\tau}\right\}+\Theta_3^{\int\int}\left\{\frac{\pi\left(z_{01\diamond}+z_{01\iota}\right)}{2d},e^{-\left(\frac{\pi}{d}\right)^2\eta_z\tau}\right\}\right\}d\tau+$$

$$+\frac{x}{4\pi\left(z_{02\diamond}-z_{01\diamond}\right)\sqrt{\eta_x\eta_y}}\times$$

$$\times\int\limits_0^t\frac{e^{-\frac{x^2}{4\eta_x\tau}}}{\tau^2}\int\limits_0^\infty\left[\Theta_3^{\int}\left\{\frac{\pi\left(z_{01\diamond}+w\right)}{2d},e^{-\eta_z\left(\frac{\pi}{d}\right)^2\tau}\right\}+\Theta_3^{\int}\left\{\frac{\pi\left(z_{01\diamond}-w\right)}{2d},e^{-\eta_z\left(\frac{\pi}{d}\right)^2\tau}\right\}-\right.$$

$$\left.-\Theta_3^{\int}\left\{\frac{\pi\left(z_{02\diamond}+w\right)}{2d},e^{-\eta_z\left(\frac{\pi}{d}\right)^2\tau}\right\}-\Theta_3^{\int}\left\{\frac{\pi\left(z_{02\diamond}-w\right)}{2d},e^{-\eta_z\left(\frac{\pi}{d}\right)^2\tau}\right\}\right]\times$$

$$\times\int\limits_0^\infty\psi_{0yz}\left(v,w,t-\tau\right)\left\{e^{-\frac{(y-v)^2}{4\eta_y\tau}}-e^{-\frac{(y+v)^2}{4\eta_y\tau}}\right\}dvdwd\tau+$$

$$+\frac{y}{4\pi\left(z_{02\diamond}-z_{01\diamond}\right)\sqrt{\eta_x\eta_y}}\times$$

$$\times\int\limits_0^t\frac{e^{-\frac{y^2}{4\eta_y\tau}}}{\tau^2}\int\limits_0^\infty\left[\Theta_3^{\int}\left\{\frac{\pi\left(z_{01\diamond}+w\right)}{2d},e^{-\eta_z\left(\frac{\pi}{d}\right)^2\tau}\right\}+\Theta_3^{\int}\left\{\frac{\pi\left(z_{01\diamond}-w\right)}{2d},e^{-\eta_z\left(\frac{\pi}{d}\right)^2\tau}\right\}-\right.$$

$$\left.-\Theta_3^{\int}\left\{\frac{\pi\left(z_{02\diamond}+w\right)}{2d},e^{-\eta_z\left(\frac{\pi}{d}\right)^2\tau}\right\}-\Theta_3^{\int}\left\{\frac{\pi\left(z_{02\diamond}-w\right)}{2d},e^{-\eta_z\left(\frac{\pi}{d}\right)^2\tau}\right\}\right]\times$$

$$\times\int\limits_0^\infty\psi_{x0z}\left(u,w,t-\tau\right)\left\{e^{-\frac{(x-u)^2}{4\eta_x\tau}}-e^{-\frac{(x+u)^2}{4\eta_x\tau}}\right\}dudwd\tau+$$

$$+\frac{1}{2\pi\phi c_t\left(z_{02\diamond}-z_{01\diamond}\right)\sqrt{\eta_x\eta_y}}\int\limits_0^\infty\int\limits_0^\infty\int\limits_0^t\frac{1}{\tau}\left\{e^{-\frac{(x-u)^2}{4\eta_x\tau}}-e^{-\frac{(x+u)^2}{4\eta_x\tau}}\right\}\left\{e^{-\frac{(y-v)^2}{4\eta_y\tau}}-e^{-\frac{(y+v)^2}{4\eta_y\tau}}\right\}\times$$

$$\times\left[\psi_{xy0}\left(u,v,t-\tau\right)\left\{\Theta_3^{\int}\left(\frac{\pi z_{02\diamond}}{2d},e^{-\left(\frac{\pi}{d}\right)^2\eta_z\tau}\right)-\Theta_3^{\int}\left(\frac{\pi z_{01\diamond}}{2d},e^{-\left(\frac{\pi}{d}\right)^2\eta_z\tau}\right)\right\}-\right.$$

$$-\psi_{xyd}\left(u,v,t-\tau\right)\left\{\Theta_4^{\int}\left(\frac{\pi z_{02\diamondsuit}}{2d},e^{-\left(\frac{\pi}{d}\right)^2\eta_z\tau}\right)-\Theta_4^{\int}\left(\frac{\pi z_{01\diamondsuit}}{2d},e^{-\left(\frac{\pi}{d}\right)^2\eta_z\tau}\right)\right\}\Big]\,d\tau du dv+$$

$$+\frac{1}{4\pi\left(z_{02\diamondsuit}-z_{01\diamondsuit}\right)t\sqrt{\eta_x\eta_y}}\times$$

$$\times\int_0^d\int_0^\infty\int_0^\infty\varphi\left(u,v,w\right)\left\{\Theta_3^{\int}\left(\frac{\pi\left(z_{02\diamondsuit}-w\right)}{2d},e^{-\eta_z\left(\frac{\pi}{d}\right)^2t}\right)-\Theta_3^{\int}\left(\frac{\pi\left(z_{01\diamondsuit}-w\right)}{2d},e^{-\eta_z\left(\frac{\pi}{d}\right)^2t}\right)+\right.$$

$$\left.+\Theta_3^{\int}\left(\frac{\pi\left(z_{02\diamondsuit}+w\right)}{2d},e^{-\eta_z\left(\frac{\pi}{d}\right)^2t}\right)-\Theta_3^{\int}\left(\frac{\pi\left(z_{01\diamondsuit}+w\right)}{2d},e^{-\eta_z\left(\frac{\pi}{d}\right)^2t}\right)\right\}\times$$

$$\times\left\{e^{-\frac{(x-u)^2}{4\eta_x t}}-e^{-\frac{(x+u)^2}{4\eta_x t}}\right\}\left\{e^{-\frac{(y-v)^2}{4\eta_y t}}-e^{-\frac{(y+v)^2}{4\eta_y t}}\right\}dudvdw \tag{B.2.2}$$

When $\varphi(x,y,z)=p_I$, a constant, the average pressure contribution from the initial condition is given by equation (9.10.4).

The spatial average pressure response of the line $[y_{02\diamondsuit}-y_{01\diamondsuit}]$, $\iota=\diamondsuit$, $M_l+1\le\diamondsuit\le N_l$, is given by

$$p=\frac{1}{4\phi c_t\left(y_{02\diamondsuit}-y_{01\diamondsuit}\right)\sqrt{\pi\eta_x}}\sum_{\iota=1}^{L_l}U(t-t_{0\iota})\int_0^{t-t_{0\iota}}\frac{q_\iota\left(t-t_{0\iota}-\tau\right)}{\sqrt{\tau}}\left\{e^{-\frac{(x-x_{0\iota})^2}{4\eta_x\tau}}-e^{-\frac{(x+x_{0\iota})^2}{4\eta_x\tau}}\right\}\times$$

$$\times\left\{\operatorname{erf}\left(\frac{y_{02\diamondsuit}-y_{0\iota}}{2\sqrt{\eta_y\tau}}\right)-\operatorname{erf}\left(\frac{y_{01\diamondsuit}-y_{0\iota}}{2\sqrt{\eta_y\tau}}\right)-\operatorname{erf}\left(\frac{y_{02\diamondsuit}+y_{0\iota}}{2\sqrt{\eta_y\tau}}\right)+\operatorname{erf}\left(\frac{y_{01\diamondsuit}+y_{0\iota}}{2\sqrt{\eta_y\tau}}\right)\right\}\times$$

$$\times\left\{\Theta_3^{\int}\left(\frac{\pi\left(z-z_{01\iota}\right)}{2d},e^{-\left(\frac{\pi}{d}\right)^2\eta_z\tau}\right)-\Theta_3^{\int}\left(\frac{\pi\left(z-z_{02\iota}\right)}{2d},e^{-\left(\frac{\pi}{d}\right)^2\eta_z\tau}\right)+\right.$$

$$\left.+\Theta_3^{\int}\left(\frac{\pi\left(z+z_{02\iota}\right)}{2d},e^{-\left(\frac{\pi}{d}\right)^2\eta_z\tau}\right)-\Theta_3^{\int}\left(\frac{\pi\left(z+z_{01\iota}\right)}{2d},e^{-\left(\frac{\pi}{d}\right)^2\eta_z\tau}\right)\right\}d\tau+$$

$$+\frac{1}{8d\phi c_t\left(y_{02\diamondsuit}-y_{01\diamondsuit}\right)}\sum_{\iota=L_l+1}^{M_l}U(t-t_{0\iota})\int_0^{t-t_{0\iota}}q_\iota\left(t-t_{0\iota}-\tau\right)\times$$

$$\times\left\{\operatorname{erf}\left(\frac{y_{02\diamondsuit}-y_{0\iota}}{2\sqrt{\eta_y\tau}}\right)-\operatorname{erf}\left(\frac{y_{01\diamondsuit}-y_{0\iota}}{2\sqrt{\eta_y\tau}}\right)-\operatorname{erf}\left(\frac{y_{02\diamondsuit}+y_{0\iota}}{2\sqrt{\eta_y\tau}}\right)+\operatorname{erf}\left(\frac{y_{01\diamondsuit}+y_{0\iota}}{2\sqrt{\eta_y\tau}}\right)\right\}\times$$

$$\times\left\{\operatorname{erf}\left(\frac{x-x_{01\iota}}{2\sqrt{\eta_x\tau}}\right)-\operatorname{erf}\left(\frac{x-x_{02\iota}}{2\sqrt{\eta_x\tau}}\right)-\operatorname{erf}\left(\frac{x+x_{02\iota}}{2\sqrt{\eta_x\tau}}\right)+\operatorname{erf}\left(\frac{x+x_{01\iota}}{2\sqrt{\eta_x\tau}}\right)\right\}\times$$

$$\times\left\{\Theta_3\left(\frac{\pi\left(z-z_{0\iota}\right)}{2d},e^{-\left(\frac{\pi}{d}\right)^2\eta_z\tau}\right)+\Theta_3\left(\frac{\pi\left(z+z_{0\iota}\right)}{2d},e^{-\left(\frac{\pi}{d}\right)^2\eta_z\tau}\right)\right\}d\tau+$$

$$+\frac{1}{8d\phi c_t\left(y_{02\diamondsuit}-y_{01\diamondsuit}\right)\sqrt{\pi\eta_x}}\sum_{\iota=M_l+1}^{N_l}U(t-t_{0\iota})\int_0^{t-t_{0\iota}}\frac{q\left(t-t_{0\iota}-\tau\right)}{\sqrt{\tau}}\left\{e^{-\frac{(x-x_{0\iota})^2}{4\eta_x\tau}}-e^{-\frac{(x+x_{0\iota})^2}{4\eta_x\tau}}\right\}\times$$

$$\times\left\{\left(y_{02\diamondsuit}-y_{01\iota}\right)\operatorname{erf}\left(\frac{y_{02\diamondsuit}-y_{01\iota}}{2\sqrt{\eta_y t}}\right)-\left(y_{01\diamondsuit}-y_{01\iota}\right)\operatorname{erf}\left(\frac{y_{01\diamondsuit}-y_{01\iota}}{2\sqrt{\eta_y t}}\right)+\right.$$

$$+2\sqrt{\frac{\eta_y t}{\pi}}\left(e^{-\frac{(y_{02\diamondsuit}-y_{01\iota})^2}{4\eta_y\tau}}-e^{-\frac{(y_{01\diamondsuit}-y_{01\iota})^2}{4\eta_y\tau}}\right)-\left(y_{02\diamondsuit}-y_{02\iota}\right)\operatorname{erf}\left(\frac{y_{02\diamondsuit}-y_{02\iota}}{2\sqrt{\eta_y t}}\right)+$$

$$+\left(y_{01\diamondsuit}-y_{02\iota}\right)\operatorname{erf}\left(\frac{y_{01\diamondsuit}-y_{02\iota}}{2\sqrt{\eta_y t}}\right)-2\sqrt{\frac{\eta_y t}{\pi}}\left(e^{-\frac{(y_{02\diamondsuit}-y_{02\iota})^2}{4\eta_y\tau}}-e^{-\frac{(y_{01\diamondsuit}-y_{02\iota})^2}{4\eta_y\tau}}\right)-$$

$$-\left(y_{02\diamondsuit}+y_{02\iota}\right)\operatorname{erf}\left(\frac{y_{02\diamondsuit}+y_{01\iota}}{2\sqrt{\eta_y t}}\right)+\left(y_{01\diamondsuit}+y_{02\iota}\right)\operatorname{erf}\left(\frac{y_{01\diamondsuit}+y_{02\iota}}{2\sqrt{\eta_y t}}\right)-$$

$$-2\sqrt{\frac{\eta_y t}{\pi}}\left(e^{-\frac{(y_{02\diamondsuit}+y_{02\iota})^2}{4\eta_y\tau}}-e^{-\frac{(y_{01\diamondsuit}+y_{02\iota})^2}{4\eta_y\tau}}\right)+\left(y_{02\diamondsuit}+y_{01\iota}\right)\operatorname{erf}\left(\frac{y_{02\diamondsuit}+y_{01\iota}}{2\sqrt{\eta_y t}}\right)-$$

$$
\begin{aligned}
&-\left(y_{01\diamond}+y_{01\iota}\right)\operatorname{erf}\left(\frac{y_{01\diamond}+y_{01\iota}}{2\sqrt{\eta_y t}}\right)+2\sqrt{\frac{\eta_y t}{\pi}}\left(e^{-\frac{(y_{02\diamond}+y_{01\iota})^2}{4\eta_y\tau}}-e^{-\frac{(y_{01\diamond}+y_{01\iota})^2}{4\eta_y\tau}}\right)\Bigg\}\times\\
&\times\left\{\Theta_3\left(\frac{\pi\left(z-z_{0\iota}\right)}{2d},e^{-\left(\frac{\pi}{d}\right)^2\eta_z\tau}\right)+\Theta_3\left(\frac{\pi\left(z+z_{0\iota}\right)}{2d},e^{-\left(\frac{\pi}{d}\right)^2\eta_z\tau}\right)\right\}d\tau+\\
&+\frac{1}{8d\phi c_t\left(y_{02\diamond}-y_{01\diamond}\right)}\sum_{\iota=N_l+1}^{L_r}U(t-t_{0\iota})\int\limits_0^{t-t_{0\iota}}q_\iota\left(t-t_{0\iota}-\tau\right)\times\\
&\times\left\{\operatorname{erf}\left(\frac{x-x_{01\iota}}{2\sqrt{\eta_x\tau}}\right)-\operatorname{erf}\left(\frac{x-x_{02\iota}}{2\sqrt{\eta_x\tau}}\right)-\operatorname{erf}\left(\frac{x+x_{02\iota}}{2\sqrt{\eta_x\tau}}\right)+\operatorname{erf}\left(\frac{x+x_{01\iota}}{2\sqrt{\eta_x\tau}}\right)\right\}\times\\
&\times\Bigg\{\left(y_{02\diamond}-y_{01\iota}\right)\operatorname{erf}\left(\frac{y_{02\diamond}-y_{01\iota}}{2\sqrt{\eta_y t}}\right)-\left(y_{01\diamond}-y_{01\iota}\right)\operatorname{erf}\left(\frac{y_{01\diamond}-y_{01\iota}}{2\sqrt{\eta_y t}}\right)+\\
&+2\sqrt{\frac{\eta_y t}{\pi}}\left(e^{-\frac{(y_{02\diamond}-y_{01\iota})^2}{4\eta_y\tau}}-e^{-\frac{(y_{01\diamond}-y_{01\iota})^2}{4\eta_y\tau}}\right)-\left(y_{02\diamond}-y_{02\iota}\right)\operatorname{erf}\left(\frac{y_{02\diamond}-y_{02\iota}}{2\sqrt{\eta_y t}}\right)+\\
&+\left(y_{01\diamond}-y_{02\iota}\right)\operatorname{erf}\left(\frac{y_{01\diamond}-y_{02\iota}}{2\sqrt{\eta_y t}}\right)-2\sqrt{\frac{\eta_y t}{\pi}}\left(e^{-\frac{(y_{02\diamond}-y_{02\iota})^2}{4\eta_y\tau}}-e^{-\frac{(y_{01\diamond}-y_{02\iota})^2}{4\eta_y\tau}}\right)-\\
&-\left(y_{02\diamond}+y_{02\iota}\right)\operatorname{erf}\left(\frac{y_{02\diamond}+y_{01\iota}}{2\sqrt{\eta_y t}}\right)+\left(y_{01\diamond}+y_{02\iota}\right)\operatorname{erf}\left(\frac{y_{01\diamond}+y_{02\iota}}{2\sqrt{\eta_y t}}\right)-\\
&-2\sqrt{\frac{\eta_y t}{\pi}}\left(e^{-\frac{(y_{02\diamond}+y_{02\iota})^2}{4\eta_y\tau}}-e^{-\frac{(y_{01\diamond}+y_{02\iota})^2}{4\eta_y\tau}}\right)+\left(y_{02\diamond}+y_{01\iota}\right)\operatorname{erf}\left(\frac{y_{02\diamond}+y_{01\iota}}{2\sqrt{\eta_y t}}\right)-\\
&-\left(y_{01\diamond}+y_{01\iota}\right)\operatorname{erf}\left(\frac{y_{01\diamond}+y_{01\iota}}{2\sqrt{\eta_y t}}\right)+2\sqrt{\frac{\eta_y t}{\pi}}\left(e^{-\frac{(y_{02\diamond}+y_{01\iota})^2}{4\eta_y\tau}}-e^{-\frac{(y_{01\diamond}+y_{01\iota})^2}{4\eta_y\tau}}\right)\Bigg\}\times\\
&\times\left\{\Theta_3\left(\frac{\pi\left(z-z_{0\iota}\right)}{2d},e^{-\left(\frac{\pi}{d}\right)^2\eta_z\tau}\right)+\Theta_3\left(\frac{\pi\left(z+z_{0\iota}\right)}{2d},e^{-\left(\frac{\pi}{d}\right)^2\eta_z\tau}\right)\right\}d\tau+\\
&+\frac{1}{4\phi c_t\left(y_{02\diamond}-y_{01\diamond}\right)\sqrt{\pi\eta_x}}\sum_{\iota=L_r+1}^{M_r}U(t-t_{0\iota})\int\limits_0^{t-t_{0\iota}}\frac{q_\iota\left(t-t_{0\iota}-\tau\right)}{\sqrt{\tau}}\left\{e^{-\frac{(x-x_{0\iota})^2}{4\eta_x\tau}}-e^{-\frac{(x+x_{0\iota})^2}{4\eta_x\tau}}\right\}\times\\
&\times\Bigg\{\left(y_{02\diamond}-y_{01\iota}\right)\operatorname{erf}\left(\frac{y_{02\diamond}-y_{01\iota}}{2\sqrt{\eta_y t}}\right)-\left(y_{01\diamond}-y_{01\iota}\right)\operatorname{erf}\left(\frac{y_{01\diamond}-y_{01\iota}}{2\sqrt{\eta_y t}}\right)+\\
&+2\sqrt{\frac{\eta_y t}{\pi}}\left(e^{-\frac{(y_{02\diamond}-y_{01\iota})^2}{4\eta_y\tau}}-e^{-\frac{(y_{01\diamond}-y_{01\iota})^2}{4\eta_y\tau}}\right)-\left(y_{02\diamond}-y_{02\iota}\right)\operatorname{erf}\left(\frac{y_{02\diamond}-y_{02\iota}}{2\sqrt{\eta_y t}}\right)+\\
&+\left(y_{01\diamond}-y_{02\iota}\right)\operatorname{erf}\left(\frac{y_{01\diamond}-y_{02\iota}}{2\sqrt{\eta_y t}}\right)-2\sqrt{\frac{\eta_y t}{\pi}}\left(e^{-\frac{(y_{02\diamond}-y_{02\iota})^2}{4\eta_y\tau}}-e^{-\frac{(y_{01\diamond}-y_{02\iota})^2}{4\eta_y\tau}}\right)-\\
&-\left(y_{02\diamond}+y_{02\iota}\right)\operatorname{erf}\left(\frac{y_{02\diamond}+y_{01\iota}}{2\sqrt{\eta_y t}}\right)+\left(y_{01\diamond}+y_{02\iota}\right)\operatorname{erf}\left(\frac{y_{01\diamond}+y_{02\iota}}{2\sqrt{\eta_y t}}\right)-\\
&-2\sqrt{\frac{\eta_y t}{\pi}}\left(e^{-\frac{(y_{02\diamond}+y_{02\iota})^2}{4\eta_y\tau}}-e^{-\frac{(y_{01\diamond}+y_{02\iota})^2}{4\eta_y\tau}}\right)+\left(y_{02\diamond}+y_{01\iota}\right)\operatorname{erf}\left(\frac{y_{02\diamond}+y_{01\iota}}{2\sqrt{\eta_y t}}\right)-\\
&-\left(y_{01\diamond}+y_{01\iota}\right)\operatorname{erf}\left(\frac{y_{01\diamond}+y_{01\iota}}{2\sqrt{\eta_y t}}\right)+2\sqrt{\frac{\eta_y t}{\pi}}\left(e^{-\frac{(y_{02\diamond}+y_{01\iota})^2}{4\eta_y\tau}}-e^{-\frac{(y_{01\diamond}+y_{01\iota})^2}{4\eta_y\tau}}\right)\Bigg\}\times\\
&\times\left\{\Theta_3^{\int}\left(\frac{\pi\left(z-z_{01\iota}\right)}{2d},e^{-\left(\frac{\pi}{d}\right)^2\eta_z\tau}\right)-\Theta_3^{\int}\left(\frac{\pi\left(z-z_{02\iota}\right)}{2d},e^{-\left(\frac{\pi}{d}\right)^2\eta_z\tau}\right)+\right.\\
&\left.+\Theta_3^{\int}\left(\frac{\pi\left(z+z_{02\iota}\right)}{2d},e^{-\left(\frac{\pi}{d}\right)^2\eta_z\tau}\right)-\Theta_3^{\int}\left(\frac{\pi\left(z+z_{01\iota}\right)}{2d},e^{-\left(\frac{\pi}{d}\right)^2\eta_z\tau}\right)\right\}d\tau+\\
&+\frac{1}{4\phi c_t\left(y_{02\diamond}-y_{01\diamond}\right)}\sum_{\iota=M_r+1}^{N_r}U(t-t_{0\iota})\int\limits_0^{t-t_{0\iota}}q_\iota\left(t-t_{0\iota}-\tau\right)\times
\end{aligned}
$$

$$
\begin{aligned}
&\times\left\{\operatorname{erf}\left(\frac{x-x_{01\iota}}{2\sqrt{\eta_x\tau}}\right)-\operatorname{erf}\left(\frac{x-x_{02\iota}}{2\sqrt{\eta_x\tau}}\right)-\operatorname{erf}\left(\frac{x+x_{02\iota}}{2\sqrt{\eta_x\tau}}\right)+\operatorname{erf}\left(\frac{x+x_{01\iota}}{2\sqrt{\eta_x\tau}}\right)\right\}\times\\
&\times\left\{\operatorname{erf}\left(\frac{y_{02\diamond}-y_{0\iota}}{2\sqrt{\eta_y\tau}}\right)-\operatorname{erf}\left(\frac{y_{01\diamond}-y_{0\iota}}{2\sqrt{\eta_y\tau}}\right)-\operatorname{erf}\left(\frac{y_{02\diamond}+y_{0\iota}}{2\sqrt{\eta_y\tau}}\right)+\operatorname{erf}\left(\frac{y_{01\diamond}+y_{0\iota}}{2\sqrt{\eta_y\tau}}\right)\right\}\times\\
&\times\left\{\Theta_3^{\int}\left(\frac{\pi\left(z-z_{01\iota}\right)}{2d},e^{-\left(\frac{\pi}{d}\right)^2\eta_z\tau}\right)-\Theta_3^{\int}\left(\frac{\pi\left(z-z_{02\iota}\right)}{2d},e^{-\left(\frac{\pi}{d}\right)^2\eta_z\tau}\right)+\right.\\
&\left.+\Theta_3^{\int}\left(\frac{\pi\left(z+z_{02\iota}\right)}{2d},e^{-\left(\frac{\pi}{d}\right)^2\eta_z\tau}\right)-\Theta_3^{\int}\left(\frac{\pi\left(z+z_{01\iota}\right)}{2d},e^{-\left(\frac{\pi}{d}\right)^2\eta_z\tau}\right)\right\}d\tau+\\
&+\frac{x}{8d\left(y_{02\diamond}-y_{01\diamond}\right)\sqrt{\pi\eta_x}}\int_0^t\frac{e^{-\frac{x^2}{4\eta_x\tau}}}{\tau^{\frac{3}{2}}}\int_0^\infty\left\{\Theta_3\left(\frac{\pi\left(z-w\right)}{2d},e^{-\left(\frac{\pi}{d}\right)^2\eta_z\tau}\right)+\Theta_3\left(\frac{\pi\left(z+w\right)}{2d},e^{-\left(\frac{\pi}{d}\right)^2\eta_z\tau}\right)\right\}\times\\
&\times\int_0^\infty\psi_{0yz}\left(v,w,t-\tau\right)\left\{\operatorname{erf}\left(\frac{y_{02\diamond}-v}{2\sqrt{\eta_y\tau}}\right)-\operatorname{erf}\left(\frac{y_{01\diamond}-v}{2\sqrt{\eta_y\tau}}\right)-\operatorname{erf}\left(\frac{y_{02\diamond}+v}{2\sqrt{\eta_y\tau}}\right)+\operatorname{erf}\left(\frac{y_{01\diamond}+v}{2\sqrt{\eta_y\tau}}\right)\right\}dvdwd\tau+\\
&+\frac{1}{4\pi d\left(y_{02\diamond}-y_{01\diamond}\right)}\sqrt{\frac{\eta_y}{\eta_x}}\times\\
&\times\int_0^t\frac{1}{\tau}\left\{e^{-\frac{y_{01\diamond}^2}{4\eta_y\tau}}-e^{-\frac{y_{02\diamond}^2}{4\eta_y\tau}}\right\}\int_0^\infty\left\{\Theta_3\left(\frac{\pi\left(z-w\right)}{2d},e^{-\left(\frac{\pi}{d}\right)^2\eta_z\tau}\right)+\Theta_3\left(\frac{\pi\left(z+w\right)}{2d},e^{-\left(\frac{\pi}{d}\right)^2\eta_z\tau}\right)\right\}\times\\
&\times\int_0^\infty\psi_{x0z}\left(u,w,t-\tau\right)\left\{e^{-\frac{(x-u)^2}{4\eta_x\tau}}-e^{-\frac{(x+u)^2}{4\eta_x\tau}}\right\}dudwd\tau+\\
&+\frac{1}{4d\phi c_t\left(y_{02\diamond}-y_{01\diamond}\right)\sqrt{\pi\eta_x}}\int_0^\infty\int_0^\infty\int_0^t\frac{1}{\sqrt{\tau}}\left\{e^{-\frac{(x-u)^2}{4\eta_x\tau}}-e^{-\frac{(x+u)^2}{4\eta_x\tau}}\right\}\times\\
&\times\left\{\operatorname{erf}\left(\frac{y_{02\diamond}-v}{2\sqrt{\eta_y\tau}}\right)-\operatorname{erf}\left(\frac{y_{01\diamond}-v}{2\sqrt{\eta_y\tau}}\right)-\operatorname{erf}\left(\frac{y_{02\diamond}+v}{2\sqrt{\eta_y\tau}}\right)+\operatorname{erf}\left(\frac{y_{01\diamond}+v}{2\sqrt{\eta_y\tau}}\right)\right\}\times\\
&\times\left\{\psi_{xy0}\left(u,v,t-\tau\right)\Theta_3\left(\frac{\pi z}{2d},e^{-\left(\frac{\pi}{d}\right)^2\eta_z\tau}\right)-\psi_{xyd}\left(u,v,t-\tau\right)\Theta_4\left(\frac{\pi z}{2d},e^{-\left(\frac{\pi}{d}\right)^2\eta_z\tau}\right)\right\}d\tau dudv+\\
&+\frac{1}{8d\left(y_{02\diamond}-y_{01\diamond}\right)\sqrt{\pi\eta_x t}}\times\\
&\times\int_0^d\int_0^\infty\int_0^\infty\varphi\left(u,v,w\right)\left\{\Theta_3\left(\frac{\pi\left(z-w\right)}{2d},e^{-\left(\frac{\pi}{d}\right)^2\eta_z t}\right)+\Theta_3\left(\frac{\pi\left(z+w\right)}{2d},e^{-\left(\frac{\pi}{d}\right)^2\eta_z t}\right)\right\}\times\\
&\times\left\{\operatorname{erf}\left(\frac{y_{02\diamond}-v}{2\sqrt{\eta_y\tau}}\right)-\operatorname{erf}\left(\frac{y_{01\diamond}-v}{2\sqrt{\eta_y\tau}}\right)-\operatorname{erf}\left(\frac{y_{02\diamond}+v}{2\sqrt{\eta_y\tau}}\right)+\operatorname{erf}\left(\frac{y_{01\diamond}+v}{2\sqrt{\eta_y\tau}}\right)\right\}\times\\
&\times\left\{e^{-\frac{(x-u)^2}{4\eta_x t}}-e^{-\frac{(x+u)^2}{4\eta_x t}}\right\}dudvdw
\end{aligned}
\tag{B.2.3}
$$

When $\varphi(x,y,z)=p_I$, a constant, the solution is obtained by replacing the term corresponding to the initial condition (the last term) in equation (B.2.3) with

$$
p=\frac{p_I\operatorname{erf}\left(\frac{x}{2\sqrt{\eta_x t}}\right)}{\left(y_{02\diamond}-y_{01\diamond}\right)}\left[\left\{y_{02\diamond}\operatorname{erf}\left(\frac{y_{02\diamond}}{2\sqrt{\eta_y t}}\right)-y_{01\diamond}\operatorname{erf}\left(\frac{y_{01\diamond}}{2\sqrt{\eta_y t}}\right)\right\}+2\sqrt{\frac{\eta_y t}{\pi}}\left\{e^{-\frac{y_{02\diamond}^2}{4\eta_y t}}-e^{-\frac{y_{01\diamond}^2}{4\eta_y t}}\right\}\right]
\tag{B.2.4}
$$

The spatial average pressure response of the rectangle $[(x_{02\diamondsuit}-x_{01\diamondsuit})(y_{02\diamondsuit}-y_{01\diamondsuit})]$, $\iota=\diamondsuit$, $N_l+1\leq\diamondsuit\leq L_r$, is given by

$$\begin{aligned}
p &= \frac{1}{4\phi c_t(x_{02\diamondsuit}-x_{01\diamondsuit})(y_{02\diamondsuit}-y_{01\diamondsuit})}\sum_{\iota=1}^{L_l}U(t-t_{0\iota})\int_0^{t-t_{0\iota}}q_\iota(t-t_{0\iota}-\tau)\times\\
&\times\left\{\text{erf}\left(\frac{x_{02\diamondsuit}-x_{0\iota}}{2\sqrt{\eta_x\tau}}\right)-\text{erf}\left(\frac{x_{01\diamondsuit}-x_{0\iota}}{2\sqrt{\eta_x\tau}}\right)-\text{erf}\left(\frac{x_{02\diamondsuit}+x_{0\iota}}{2\sqrt{\eta_x\tau}}\right)+\text{erf}\left(\frac{x_{01\diamondsuit}+x_{0\iota}}{2\sqrt{\eta_x\tau}}\right)\right\}\times\\
&\times\left\{\text{erf}\left(\frac{y_{02\diamondsuit}-y_{0\iota}}{2\sqrt{\eta_y\tau}}\right)-\text{erf}\left(\frac{y_{01\diamondsuit}-y_{0\iota}}{2\sqrt{\eta_y\tau}}\right)-\text{erf}\left(\frac{y_{02\diamondsuit}+y_{0\iota}}{2\sqrt{\eta_y\tau}}\right)+\text{erf}\left(\frac{y_{01\diamondsuit}+y_{0\iota}}{2\sqrt{\eta_y\tau}}\right)\right\}\times\\
&\times\left\{\Theta_3^{\int}\left(\frac{\pi(z-z_{01\iota})}{2d},e^{-\left(\frac{\pi}{d}\right)^2\eta_z\tau}\right)-\Theta_3^{\int}\left(\frac{\pi(z-z_{02\iota})}{2d},e^{-\left(\frac{\pi}{d}\right)^2\eta_z\tau}\right)+\right.\\
&\left.+\Theta_3^{\int}\left(\frac{\pi(z+z_{02\iota})}{2d},e^{-\left(\frac{\pi}{d}\right)^2\eta_z\tau}\right)-\Theta_3^{\int}\left(\frac{\pi(z+z_{01\iota})}{2d},e^{-\left(\frac{\pi}{d}\right)^2\eta_z\tau}\right)\right\}d\tau+\\
&+\frac{1}{8d\phi c_t(x_{02\diamondsuit}-x_{01\diamondsuit})(y_{02\diamondsuit}-y_{01\diamondsuit})}\sum_{\iota=L_l+1}^{M_l}U(t-t_{0\iota})\int_0^{t-t_{0\iota}}q_\iota(t-t_{0\iota}-\tau)\times\\
&\times\left\{\text{erf}\left(\frac{y_{02\diamondsuit}-y_{0\iota}}{2\sqrt{\eta_y\tau}}\right)-\text{erf}\left(\frac{y_{01\diamondsuit}-y_{0\iota}}{2\sqrt{\eta_y\tau}}\right)-\text{erf}\left(\frac{y_{02\diamondsuit}+y_{0\iota}}{2\sqrt{\eta_y\tau}}\right)+\text{erf}\left(\frac{y_{01\diamondsuit}+y_{0\iota}}{2\sqrt{\eta_y\tau}}\right)\right\}\times\\
&\times\left\{(x_{02\diamondsuit}-x_{01\iota})\,\text{erf}\left(\frac{x_{02\diamondsuit}-x_{01\iota}}{2\sqrt{\eta_x t}}\right)-(x_{01\diamondsuit}-x_{01\iota})\,\text{erf}\left(\frac{x_{01\diamondsuit}-x_{01\iota}}{2\sqrt{\eta_x t}}\right)+\right.\\
&+2\sqrt{\frac{\eta_x t}{\pi}}\left(e^{-\frac{(x_{02\diamondsuit}-x_{01\iota})^2}{4\eta_x\tau}}-e^{-\frac{(x_{01\diamondsuit}-x_{01\iota})^2}{4\eta_x\tau}}\right)-(x_{02\diamondsuit}-x_{02\iota})\,\text{erf}\left(\frac{x_{02\diamondsuit}-x_{02\iota}}{2\sqrt{\eta_x t}}\right)+\\
&+(x_{01\diamondsuit}-x_{02\iota})\,\text{erf}\left(\frac{x_{01\diamondsuit}-x_{02\iota}}{2\sqrt{\eta_x t}}\right)-2\sqrt{\frac{\eta_x t}{\pi}}\left(e^{-\frac{(x_{02\diamondsuit}-x_{02\iota})^2}{4\eta_x\tau}}-e^{-\frac{(x_{01\diamondsuit}-x_{02\iota})^2}{4\eta_x\tau}}\right)-\\
&-(x_{02\diamondsuit}+x_{02\iota})\,\text{erf}\left(\frac{x_{02\diamondsuit}+x_{01\iota}}{2\sqrt{\eta_x t}}\right)+(x_{01\diamondsuit}+x_{02\iota})\,\text{erf}\left(\frac{x_{01\diamondsuit}+x_{02\iota}}{2\sqrt{\eta_x t}}\right)-\\
&-2\sqrt{\frac{\eta_x t}{\pi}}\left(e^{-\frac{(x_{02\diamondsuit}+x_{02\iota})^2}{4\eta_x\tau}}-e^{-\frac{(x_{01\diamondsuit}+x_{02\iota})^2}{4\eta_x\tau}}\right)+(x_{02\diamondsuit}+x_{01\iota})\,\text{erf}\left(\frac{x_{02\diamondsuit}+x_{01\iota}}{2\sqrt{\eta_x t}}\right)-\\
&\left.-(x_{01\diamondsuit}+x_{01\iota})\,\text{erf}\left(\frac{x_{01\diamondsuit}+x_{01\iota}}{2\sqrt{\eta_x t}}\right)+2\sqrt{\frac{\eta_x t}{\pi}}\left(e^{-\frac{(x_{02\diamondsuit}+x_{01\iota})^2}{4\eta_x\tau}}-e^{-\frac{(x_{01\diamondsuit}+x_{01\iota})^2}{4\eta_x\tau}}\right)\right\}\times\\
&\times\left\{\Theta_3\left(\frac{\pi(z-z_{0\iota})}{2d},e^{-\left(\frac{\pi}{d}\right)^2\eta_z\tau}\right)+\Theta_3\left(\frac{\pi(z+z_{0\iota})}{2d},e^{-\left(\frac{\pi}{d}\right)^2\eta_z\tau}\right)\right\}d\tau+\\
&+\frac{1}{8d\phi c_t(x_{02\diamondsuit}-x_{01\diamondsuit})(y_{02\diamondsuit}-y_{01\diamondsuit})}\sum_{\iota=M_l+1}^{N_l}U(t-t_{0\iota})\int_0^{t-t_{0\iota}}q(t-t_{0\iota}-\tau)\times\\
&\times\left\{\text{erf}\left(\frac{x_{02\diamondsuit}-x_{0\iota}}{2\sqrt{\eta_x\tau}}\right)-\text{erf}\left(\frac{x_{01\diamondsuit}-x_{0\iota}}{2\sqrt{\eta_x\tau}}\right)-\text{erf}\left(\frac{x_{02\diamondsuit}+x_{0\iota}}{2\sqrt{\eta_x\tau}}\right)+\text{erf}\left(\frac{x_{01\diamondsuit}+x_{0\iota}}{2\sqrt{\eta_x\tau}}\right)\right\}\times\\
&\times\left\{(y_{02\diamondsuit}-y_{01\iota})\,\text{erf}\left(\frac{y_{02\diamondsuit}-y_{01\iota}}{2\sqrt{\eta_y t}}\right)-(y_{01\diamondsuit}-y_{01\iota})\,\text{erf}\left(\frac{y_{01\diamondsuit}-y_{01\iota}}{2\sqrt{\eta_y t}}\right)+\right.\\
&+2\sqrt{\frac{\eta_y t}{\pi}}\left(e^{-\frac{(y_{02\diamondsuit}-y_{01\iota})^2}{4\eta_y\tau}}-e^{-\frac{(y_{01\diamondsuit}-y_{01\iota})^2}{4\eta_y\tau}}\right)-(y_{02\diamondsuit}-y_{02\iota})\,\text{erf}\left(\frac{y_{02\diamondsuit}-y_{02\iota}}{2\sqrt{\eta_y t}}\right)+\\
&+(y_{01\diamondsuit}-y_{02\iota})\,\text{erf}\left(\frac{y_{01\diamondsuit}-y_{02\iota}}{2\sqrt{\eta_y t}}\right)-2\sqrt{\frac{\eta_y t}{\pi}}\left(e^{-\frac{(y_{02\diamondsuit}-y_{02\iota})^2}{4\eta_y\tau}}-e^{-\frac{(y_{01\diamondsuit}-y_{02\iota})^2}{4\eta_y\tau}}\right)-\\
&-(y_{02\diamondsuit}+y_{02\iota})\,\text{erf}\left(\frac{y_{02\diamondsuit}+y_{01\iota}}{2\sqrt{\eta_y t}}\right)+(y_{01\diamondsuit}+y_{02\iota})\,\text{erf}\left(\frac{y_{01\diamondsuit}+y_{02\iota}}{2\sqrt{\eta_y t}}\right)-
\end{aligned}$$

$$
-2\sqrt{\frac{\eta_y t}{\pi}}\left(e^{-\frac{(y_{02\diamond}+y_{02\iota})^2}{4\eta_y\tau}}-e^{-\frac{(y_{01\diamond}+y_{02\iota})^2}{4\eta_y\tau}}\right)+(y_{02\diamond}+y_{01\iota})\,\mathrm{erf}\left(\frac{y_{02\diamond}+y_{01\iota}}{2\sqrt{\eta_y t}}\right)-
$$

$$
-\,(y_{01\diamond}+y_{01\iota})\,\mathrm{erf}\left(\frac{y_{01\diamond}+y_{01\iota}}{2\sqrt{\eta_y t}}\right)+2\sqrt{\frac{\eta_y t}{\pi}}\left(e^{-\frac{(y_{02\diamond}+y_{01\iota})^2}{4\eta_y\tau}}-e^{-\frac{(y_{01\diamond}+y_{01\iota})^2}{4\eta_y\tau}}\right)\Bigg\}\times
$$

$$
\times\left\{\Theta_3\left(\frac{\pi\,(z-z_{0\iota})}{2d},e^{-\left(\frac{\pi}{d}\right)^2\eta_z\tau}\right)+\Theta_3\left(\frac{\pi\,(z+z_{0\iota})}{2d},e^{-\left(\frac{\pi}{d}\right)^2\eta_z\tau}\right)\right\}d\tau+
$$

$$
+\frac{1}{8d\phi c_t\,(x_{02\diamond}-x_{01\diamond})\,(y_{02\diamond}-y_{01\diamond})}\sum_{\iota=N_l+1}^{L_r}U(t-t_{0\iota})\int\limits_0^{t-t_{0\iota}}q_\iota\,(t-t_{0\iota}-\tau)\times
$$

$$
\times\Bigg\{(x_{02\diamond}-x_{01\iota})\,\mathrm{erf}\left(\frac{x_{02\diamond}-x_{01\iota}}{2\sqrt{\eta_x t}}\right)-(x_{01\diamond}-x_{01\iota})\,\mathrm{erf}\left(\frac{x_{01\diamond}-x_{01\iota}}{2\sqrt{\eta_x t}}\right)+
$$

$$
+2\sqrt{\frac{\eta_x t}{\pi}}\left(e^{-\frac{(x_{02\diamond}-x_{01\iota})^2}{4\eta_x\tau}}-e^{-\frac{(x_{01\diamond}-x_{01\iota})^2}{4\eta_x\tau}}\right)-(x_{02\diamond}-x_{02\iota})\,\mathrm{erf}\left(\frac{x_{02\diamond}-x_{02\iota}}{2\sqrt{\eta_x t}}\right)+
$$

$$
+\,(x_{01\diamond}-x_{02\iota})\,\mathrm{erf}\left(\frac{x_{01\diamond}-x_{02\iota}}{2\sqrt{\eta_x t}}\right)-2\sqrt{\frac{\eta_x t}{\pi}}\left(e^{-\frac{(x_{02\diamond}-x_{02\iota})^2}{4\eta_x\tau}}-e^{-\frac{(x_{01\diamond}-x_{02\iota})^2}{4\eta_x\tau}}\right)-
$$

$$
-\,(x_{02\diamond}+x_{02\iota})\,\mathrm{erf}\left(\frac{x_{02\diamond}+x_{01\iota}}{2\sqrt{\eta_x t}}\right)+(x_{01\diamond}+x_{02\iota})\,\mathrm{erf}\left(\frac{x_{01\diamond}+x_{02\iota}}{2\sqrt{\eta_x t}}\right)-
$$

$$
-2\sqrt{\frac{\eta_x t}{\pi}}\left(e^{-\frac{(x_{02\diamond}+x_{02\iota})^2}{4\eta_x\tau}}-e^{-\frac{(x_{01\diamond}+x_{02\iota})^2}{4\eta_x\tau}}\right)+(x_{02\diamond}+x_{01\iota})\,\mathrm{erf}\left(\frac{x_{02\diamond}+x_{01\iota}}{2\sqrt{\eta_x t}}\right)-
$$

$$
-\,(x_{01\diamond}+x_{01\iota})\,\mathrm{erf}\left(\frac{x_{01\diamond}+x_{01\iota}}{2\sqrt{\eta_x t}}\right)+2\sqrt{\frac{\eta_x t}{\pi}}\left(e^{-\frac{(x_{02\diamond}+x_{01\iota})^2}{4\eta_x\tau}}-e^{-\frac{(x_{01\diamond}+x_{01\iota})^2}{4\eta_x\tau}}\right)\Bigg\}\times
$$

$$
\times\Bigg\{(y_{02\diamond}-y_{01\iota})\,\mathrm{erf}\left(\frac{y_{02\diamond}-y_{01\iota}}{2\sqrt{\eta_y t}}\right)-(y_{01\diamond}-y_{01\iota})\,\mathrm{erf}\left(\frac{y_{01\diamond}-y_{01\iota}}{2\sqrt{\eta_y t}}\right)+
$$

$$
+2\sqrt{\frac{\eta_y t}{\pi}}\left(e^{-\frac{(y_{02\diamond}-y_{01\iota})^2}{4\eta_y\tau}}-e^{-\frac{(y_{01\diamond}-y_{01\iota})^2}{4\eta_y\tau}}\right)-(y_{02\diamond}-y_{02\iota})\,\mathrm{erf}\left(\frac{y_{02\diamond}-y_{02\iota}}{2\sqrt{\eta_y t}}\right)+
$$

$$
+\,(y_{01\diamond}-y_{02\iota})\,\mathrm{erf}\left(\frac{y_{01\diamond}-y_{02\iota}}{2\sqrt{\eta_y t}}\right)-2\sqrt{\frac{\eta_y t}{\pi}}\left(e^{-\frac{(y_{02\diamond}-y_{02\iota})^2}{4\eta_y\tau}}-e^{-\frac{(y_{01\diamond}-y_{02\iota})^2}{4\eta_y\tau}}\right)-
$$

$$
-\,(y_{02\diamond}+y_{02\iota})\,\mathrm{erf}\left(\frac{y_{02\diamond}+y_{01\iota}}{2\sqrt{\eta_y t}}\right)+(y_{01\diamond}+y_{02\iota})\,\mathrm{erf}\left(\frac{y_{01\diamond}+y_{02\iota}}{2\sqrt{\eta_y t}}\right)-
$$

$$
-2\sqrt{\frac{\eta_y t}{\pi}}\left(e^{-\frac{(y_{02\diamond}+y_{02\iota})^2}{4\eta_y\tau}}-e^{-\frac{(y_{01\diamond}+y_{02\iota})^2}{4\eta_y\tau}}\right)+(y_{02\diamond}+y_{01\iota})\,\mathrm{erf}\left(\frac{y_{02\diamond}+y_{01\iota}}{2\sqrt{\eta_y t}}\right)-
$$

$$
-\,(y_{01\diamond}+y_{01\iota})\,\mathrm{erf}\left(\frac{y_{01\diamond}+y_{01\iota}}{2\sqrt{\eta_y t}}\right)+2\sqrt{\frac{\eta_y t}{\pi}}\left(e^{-\frac{(y_{02\diamond}+y_{01\iota})^2}{4\eta_y\tau}}-e^{-\frac{(y_{01\diamond}+y_{01\iota})^2}{4\eta_y\tau}}\right)\Bigg\}\times
$$

$$
\times\left\{\Theta_3\left(\frac{\pi\,(z-z_{0\iota})}{2d},e^{-\left(\frac{\pi}{d}\right)^2\eta_z\tau}\right)+\Theta_3\left(\frac{\pi\,(z+z_{0\iota})}{2d},e^{-\left(\frac{\pi}{d}\right)^2\eta_z\tau}\right)\right\}d\tau+
$$

$$
+\frac{1}{4\phi c_t\,(x_{02\diamond}-x_{01\diamond})\,(y_{02\diamond}-y_{01\diamond})}\sum_{\iota=L_r+1}^{M_r}U(t-t_{0\iota})\int\limits_0^{t-t_{0\iota}}q_\iota\,(t-t_{0\iota}-\tau)\times
$$

$$
\times\left\{\mathrm{erf}\left(\frac{x_{02\diamond}-x_{0\iota}}{2\sqrt{\eta_x\tau}}\right)-\mathrm{erf}\left(\frac{x_{01\diamond}-x_{0\iota}}{2\sqrt{\eta_x\tau}}\right)-\mathrm{erf}\left(\frac{x_{02\diamond}+x_{0\iota}}{2\sqrt{\eta_x\tau}}\right)+\mathrm{erf}\left(\frac{x_{01\diamond}+x_{0\iota}}{2\sqrt{\eta_x\tau}}\right)\right\}\times
$$

$$
\times\Bigg\{(y_{02\diamond}-y_{01\iota})\,\mathrm{erf}\left(\frac{y_{02\diamond}-y_{01\iota}}{2\sqrt{\eta_y t}}\right)-(y_{01\diamond}-y_{01\iota})\,\mathrm{erf}\left(\frac{y_{01\diamond}-y_{01\iota}}{2\sqrt{\eta_y t}}\right)+
$$

$$
+2\sqrt{\frac{\eta_y t}{\pi}}\left(e^{-\frac{(y_{02\diamond}-y_{01\iota})^2}{4\eta_y\tau}}-e^{-\frac{(y_{01\diamond}-y_{01\iota})^2}{4\eta_y\tau}}\right)-(y_{02\diamond}-y_{02\iota})\,\mathrm{erf}\left(\frac{y_{02\diamond}-y_{02\iota}}{2\sqrt{\eta_y t}}\right)+
$$

$$+\left(y_{01\diamond}-y_{02\iota}\right)\operatorname{erf}\left(\frac{y_{01\diamond}-y_{02\iota}}{2\sqrt{\eta_y t}}\right)-2\sqrt{\frac{\eta_y t}{\pi}}\left(e^{-\frac{(y_{02\diamond}-y_{02\iota})^2}{4\eta_y\tau}}-e^{-\frac{(y_{01\diamond}-y_{02\iota})^2}{4\eta_y\tau}}\right)-$$

$$-\left(y_{02\diamond}+y_{02\iota}\right)\operatorname{erf}\left(\frac{y_{02\diamond}+y_{01\iota}}{2\sqrt{\eta_y t}}\right)+\left(y_{01\diamond}+y_{02\iota}\right)\operatorname{erf}\left(\frac{y_{01\diamond}+y_{02\iota}}{2\sqrt{\eta_y t}}\right)-$$

$$-2\sqrt{\frac{\eta_y t}{\pi}}\left(e^{-\frac{(y_{02\diamond}+y_{02\iota})^2}{4\eta_y\tau}}-e^{-\frac{(y_{01\diamond}+y_{02\iota})^2}{4\eta_y\tau}}\right)+\left(y_{02\diamond}+y_{01\iota}\right)\operatorname{erf}\left(\frac{y_{02\diamond}+y_{01\iota}}{2\sqrt{\eta_y t}}\right)-$$

$$-\left(y_{01\diamond}+y_{01\iota}\right)\operatorname{erf}\left(\frac{y_{01\diamond}+y_{01\iota}}{2\sqrt{\eta_y t}}\right)+2\sqrt{\frac{\eta_y t}{\pi}}\left(e^{-\frac{(y_{02\diamond}+y_{01\iota})^2}{4\eta_y\tau}}-e^{-\frac{(y_{01\diamond}+y_{01\iota})^2}{4\eta_y\tau}}\right)\Bigg\}\times$$

$$\times\left\{\Theta_3^{\int}\left(\frac{\pi\left(z-z_{01\iota}\right)}{2d},e^{-\left(\frac{\pi}{d}\right)^2\eta_z\tau}\right)-\Theta_3^{\int}\left(\frac{\pi\left(z-z_{02\iota}\right)}{2d},e^{-\left(\frac{\pi}{d}\right)^2\eta_z\tau}\right)+\right.$$

$$\left.+\Theta_3^{\int}\left(\frac{\pi\left(z+z_{02\iota}\right)}{2d},e^{-\left(\frac{\pi}{d}\right)^2\eta_z\tau}\right)-\Theta_3^{\int}\left(\frac{\pi\left(z+z_{01\iota}\right)}{2d},e^{-\left(\frac{\pi}{d}\right)^2\eta_z\tau}\right)\right\}d\tau+$$

$$\frac{1}{4\phi c_t\left(x_{02\diamond}-x_{01\diamond}\right)\left(y_{02\diamond}-y_{01\diamond}\right)}\sum_{\iota=M_r+1}^{N_r}U(t-t_{0\iota})\int_0^{t-t_{0\iota}}q_\iota\left(t-t_{0\iota}-\tau\right)\times$$

$$\times\left\{\left(x_{02\diamond}-x_{01\iota}\right)\operatorname{erf}\left(\frac{x_{02\diamond}-x_{01\iota}}{2\sqrt{\eta_x t}}\right)-\left(x_{01\diamond}-x_{01\iota}\right)\operatorname{erf}\left(\frac{x_{01\diamond}-x_{01\iota}}{2\sqrt{\eta_x t}}\right)+\right.$$

$$+2\sqrt{\frac{\eta_x t}{\pi}}\left(e^{-\frac{(x_{02\diamond}-x_{01\iota})^2}{4\eta_x\tau}}-e^{-\frac{(x_{01\diamond}-x_{01\iota})^2}{4\eta_x\tau}}\right)-\left(x_{02\diamond}-x_{02\iota}\right)\operatorname{erf}\left(\frac{x_{02\diamond}-x_{02\iota}}{2\sqrt{\eta_x t}}\right)+$$

$$+\left(x_{01\diamond}-x_{02\iota}\right)\operatorname{erf}\left(\frac{x_{01\diamond}-x_{02\iota}}{2\sqrt{\eta_x t}}\right)-2\sqrt{\frac{\eta_x t}{\pi}}\left(e^{-\frac{(x_{02\diamond}-x_{02\iota})^2}{4\eta_x\tau}}-e^{-\frac{(x_{01\diamond}-x_{02\iota})^2}{4\eta_x\tau}}\right)-$$

$$-\left(x_{02\diamond}+x_{02\iota}\right)\operatorname{erf}\left(\frac{x_{02\diamond}+x_{01\iota}}{2\sqrt{\eta_x t}}\right)+\left(x_{01\diamond}+x_{02\iota}\right)\operatorname{erf}\left(\frac{x_{01\diamond}+x_{02\iota}}{2\sqrt{\eta_x t}}\right)-$$

$$-2\sqrt{\frac{\eta_x t}{\pi}}\left(e^{-\frac{(x_{02\diamond}+x_{02\iota})^2}{4\eta_x\tau}}-e^{-\frac{(x_{01\diamond}+x_{02\iota})^2}{4\eta_x\tau}}\right)+\left(x_{02\diamond}+x_{01\iota}\right)\operatorname{erf}\left(\frac{x_{02\diamond}+x_{01\iota}}{2\sqrt{\eta_x t}}\right)-$$

$$-\left(x_{01\diamond}+x_{01\iota}\right)\operatorname{erf}\left(\frac{x_{01\diamond}+x_{01\iota}}{2\sqrt{\eta_x t}}\right)+2\sqrt{\frac{\eta_x t}{\pi}}\left(e^{-\frac{(x_{02\diamond}+x_{01\iota})^2}{4\eta_x\tau}}-e^{-\frac{(x_{01\diamond}+x_{01\iota})^2}{4\eta_x\tau}}\right)\Bigg\}\times$$

$$\times\left\{\operatorname{erf}\left(\frac{y_{02\diamond}-y_{0\iota}}{2\sqrt{\eta_y\tau}}\right)-\operatorname{erf}\left(\frac{y_{01\diamond}-y_{0\iota}}{2\sqrt{\eta_y\tau}}\right)-\operatorname{erf}\left(\frac{y_{02\diamond}+y_{0\iota}}{2\sqrt{\eta_y\tau}}\right)+\operatorname{erf}\left(\frac{y_{01\diamond}+y_{0\iota}}{2\sqrt{\eta_y\tau}}\right)\right\}\times$$

$$\times\left\{\Theta_3^{\int}\left(\frac{\pi\left(z-z_{01\iota}\right)}{2d},e^{-\left(\frac{\pi}{d}\right)^2\eta_z\tau}\right)-\Theta_3^{\int}\left(\frac{\pi\left(z-z_{02\iota}\right)}{2d},e^{-\left(\frac{\pi}{d}\right)^2\eta_z\tau}\right)+\right.$$

$$\left.+\Theta_3^{\int}\left(\frac{\pi\left(z+z_{02\iota}\right)}{2d},e^{-\left(\frac{\pi}{d}\right)^2\eta_z\tau}\right)-\Theta_3^{\int}\left(\frac{\pi\left(z+z_{01\iota}\right)}{2d},e^{-\left(\frac{\pi}{d}\right)^2\eta_z\tau}\right)\right\}d\tau+$$

$$+\frac{\sqrt{\eta_x}}{4d\sqrt{\pi}\left(x_{02\diamond}-x_{01\diamond}\right)\left(y_{02\diamond}-y_{01\diamond}\right)}\times$$

$$\times\int_0^t\frac{1}{\sqrt{\tau}}\left\{e^{-\frac{x_{01\diamond}^2}{4\eta_x\tau}}-e^{-\frac{x_{02\diamond}^2}{4\eta_x\tau}}\right\}\int_0^\infty\left\{\Theta_3\left(\frac{\pi\left(z-w\right)}{2d},e^{-\left(\frac{\pi}{d}\right)^2\eta_z\tau}\right)+\Theta_3\left(\frac{\pi\left(z+w\right)}{2d},e^{-\left(\frac{\pi}{d}\right)^2\eta_z\tau}\right)\right\}\times$$

$$\times\int_0^\infty\psi_{0yz}\left(v,w,t-\tau\right)\left\{\operatorname{erf}\left(\frac{y_{02\diamond}-v}{2\sqrt{\eta_y\tau}}\right)-\operatorname{erf}\left(\frac{y_{01\diamond}-v}{2\sqrt{\eta_y\tau}}\right)-\operatorname{erf}\left(\frac{y_{02\diamond}+v}{2\sqrt{\eta_y\tau}}\right)+\operatorname{erf}\left(\frac{y_{01\diamond}+v}{2\sqrt{\eta_y\tau}}\right)\right\}dv\,dw\,d\tau+$$

$$+\frac{\sqrt{\eta_y}}{4d\sqrt{\pi}\left(x_{02\diamond}-x_{01\diamond}\right)\left(y_{02\diamond}-y_{01\diamond}\right)}\times$$

$$\times\int_0^t\frac{1}{\sqrt{\tau}}\left\{e^{-\frac{y_{01\diamond}^2}{4\eta_y\tau}}-e^{-\frac{y_{02\diamond}^2}{4\eta_y\tau}}\right\}\int_0^\infty\left\{\Theta_3\left(\frac{\pi\left(z-w\right)}{2d},e^{-\left(\frac{\pi}{d}\right)^2\eta_z\tau}\right)+\Theta_3\left(\frac{\pi\left(z+w\right)}{2d},e^{-\left(\frac{\pi}{d}\right)^2\eta_z\tau}\right)\right\}\times$$

$$\times\int_0^\infty \psi_{x0z}(u,w,t-\tau)\left\{\text{erf}\left(\frac{x_{02\diamondsuit}-u}{2\sqrt{\eta_x\tau}}\right)-\text{erf}\left(\frac{x_{01\diamondsuit}-u}{2\sqrt{\eta_x\tau}}\right)-\text{erf}\left(\frac{x_{02\diamondsuit}+u}{2\sqrt{\eta_x\tau}}\right)+\text{erf}\left(\frac{x_{01\diamondsuit}+u}{2\sqrt{\eta_x\tau}}\right)\right\}dudwd\tau+$$

$$+\frac{1}{4d\phi c_t\left(x_{02\diamondsuit}-x_{01\diamondsuit}\right)\left(y_{02\diamondsuit}-y_{01\diamondsuit}\right)}\times$$

$$\times\int_0^\infty\int_0^\infty\int_0^t\left\{\text{erf}\left(\frac{x_{02\diamondsuit}-u}{2\sqrt{\eta_x\tau}}\right)-\text{erf}\left(\frac{x_{01\diamondsuit}-u}{2\sqrt{\eta_x\tau}}\right)-\text{erf}\left(\frac{x_{02\diamondsuit}+u}{2\sqrt{\eta_x\tau}}\right)+\text{erf}\left(\frac{x_{01\diamondsuit}+u}{2\sqrt{\eta_x\tau}}\right)\right\}\times$$

$$\times\left\{\text{erf}\left(\frac{y_{02\diamondsuit}-v}{2\sqrt{\eta_y\tau}}\right)-\text{erf}\left(\frac{y_{01\diamondsuit}-v}{2\sqrt{\eta_y\tau}}\right)-\text{erf}\left(\frac{y_{02\diamondsuit}+v}{2\sqrt{\eta_y\tau}}\right)+\text{erf}\left(\frac{y_{01\diamondsuit}+v}{2\sqrt{\eta_y\tau}}\right)\right\}\times$$

$$\times\left\{\psi_{xy0}\left(u,v,t-\tau\right)\Theta_3\left(\frac{\pi z}{2d},e^{-\left(\frac{\pi}{d}\right)^2\eta_z\tau}\right)-\psi_{xyd}\left(u,v,t-\tau\right)\Theta_4\left(\frac{\pi z}{2d},e^{-\left(\frac{\pi}{d}\right)^2\eta_z\tau}\right)\right\}d\tau dudv+$$

$$+\frac{1}{8d\left(x_{02\diamondsuit}-x_{01\diamondsuit}\right)\left(y_{02\diamondsuit}-y_{01\diamondsuit}\right)}\times$$

$$\times\int_0^d\int_0^\infty\int_0^\infty\varphi\left(u,v,w\right)\left\{\Theta_3\left(\frac{\pi\left(z-w\right)}{2d},e^{-\left(\frac{\pi}{d}\right)^2\eta_z t}\right)+\Theta_3\left(\frac{\pi\left(z+w\right)}{2d},e^{-\left(\frac{\pi}{d}\right)^2\eta_z t}\right)\right\}\times$$

$$\times\left\{\text{erf}\left(\frac{x_{02\diamondsuit}-u}{2\sqrt{\eta_x t}}\right)-\text{erf}\left(\frac{x_{01\diamondsuit}-u}{2\sqrt{\eta_x t}}\right)-\text{erf}\left(\frac{x_{02\diamondsuit}+u}{2\sqrt{\eta_x t}}\right)+\text{erf}\left(\frac{x_{01\diamondsuit}+u}{2\sqrt{\eta_x t}}\right)\right\}\times$$

$$\times\left\{\text{erf}\left(\frac{y_{02\diamondsuit}-v}{2\sqrt{\eta_y t}}\right)-\text{erf}\left(\frac{y_{01\diamondsuit}-v}{2\sqrt{\eta_y t}}\right)-\text{erf}\left(\frac{y_{02\diamondsuit}+v}{2\sqrt{\eta_y t}}\right)+\text{erf}\left(\frac{y_{01\diamondsuit}+v}{2\sqrt{\eta_y t}}\right)\right\}dudvdw \tag{B.2.5}$$

When $\varphi(x,y,z)=p_I$, a constant, the solution is obtained by replacing the term corresponding to the initial condition (the last term) in equation (B.2.5) with

$$p=\frac{p_I}{\left(x_{02\diamondsuit}-x_{01\diamondsuit}\right)\left(y_{02\diamondsuit}-y_{01\diamondsuit}\right)}\times$$

$$\times\times$$

$$\times\left[\left\{y_{02\diamondsuit}\,\text{erf}\left(\frac{y_{02\diamondsuit}}{2\sqrt{\eta_y t}}\right)-y_{01\diamondsuit}\,\text{erf}\left(\frac{y_{01\diamondsuit}}{2\sqrt{\eta_y t}}\right)\right\}+2\sqrt{\frac{\eta_y t}{\pi}}\left\{e^{-\frac{y_{02\diamondsuit}^2}{4\eta_y t}}-e^{-\frac{y_{01\diamondsuit}^2}{4\eta_y t}}\right\}\right]\times$$

$$\times\left[\left\{x_{02\diamondsuit}\,\text{erf}\left(\frac{x_{02\diamondsuit}}{2\sqrt{\eta_x t}}\right)-x_{01\diamondsuit}\,\text{erf}\left(\frac{x_{01\diamondsuit}}{2\sqrt{\eta_x t}}\right)\right\}+2\sqrt{\frac{\eta_x t}{\pi}}\left\{e^{-\frac{x_{02\diamondsuit}^2}{4\eta_x t}}-e^{-\frac{x_{01\diamondsuit}^2}{4\eta_x t}}\right\}\right] \tag{B.2.6}$$

The spatial average pressure response of the rectangle $\left[\left(y_{02\diamondsuit}-y_{01\diamondsuit}\right)\left(z_{02\diamondsuit}-z_{01\diamondsuit}\right)\right]$, $\iota=\diamondsuit$, $L_r+1\leq\diamondsuit\leq M_r$, is given by

$$p=\frac{d}{2\phi c_t\left(y_{02\diamondsuit}-y_{01\diamondsuit}\right)\left(z_{02\diamondsuit}-z_{01\diamondsuit}\right)\sqrt{\pi\eta_x}}\times$$

$$\times\sum_{\iota=1}^{L_l}U(t-t_{0\iota})\int_0^{t-t_{0\iota}}\frac{q_\iota\left(t-t_{0\iota}-\tau\right)}{\sqrt{\tau}}\left\{e^{-\frac{(x-x_{0\iota})^2}{4\eta_x\tau}}-e^{-\frac{(x+x_{0\iota})^2}{4\eta_x\tau}}\right\}\times$$

$$\times\left\{\text{erf}\left(\frac{y_{02\diamondsuit}-y_{0\iota}}{2\sqrt{\eta_y\tau}}\right)-\text{erf}\left(\frac{y_{01\diamondsuit}-y_{0\iota}}{2\sqrt{\eta_y\tau}}\right)-\text{erf}\left(\frac{y_{02\diamondsuit}+y_{0\iota}}{2\sqrt{\eta_y\tau}}\right)+\text{erf}\left(\frac{y_{01\diamondsuit}+y_{0\iota}}{2\sqrt{\eta_y\tau}}\right)\right\}\times$$

$$\times\left\{\Theta_3^{\int\int}\left\{\frac{\pi\left(z_{02\diamondsuit}-z_{01\iota}\right)}{2d},e^{-\left(\frac{\pi}{d}\right)^2\eta_z\tau}\right\}-\Theta_3^{\int\int}\left\{\frac{\pi\left(z_{01\diamondsuit}-z_{01\iota}\right)}{2d},e^{-\left(\frac{\pi}{d}\right)^2\eta_z\tau}\right\}-\right.$$

$$-\Theta_3^{\int\int}\left\{\frac{\pi\left(z_{02\diamondsuit}-z_{02\iota}\right)}{2d},e^{-\left(\frac{\pi}{d}\right)^2\eta_z\tau}\right\}+\Theta_3^{\int\int}\left\{\frac{\pi\left(z_{01\diamondsuit}-z_{02\iota}\right)}{2d},e^{-\left(\frac{\pi}{d}\right)^2\eta_z\tau}\right\}+$$

$$+\Theta_3^{\int\int}\left\{\frac{\pi\left(z_{02\diamondsuit}+z_{02\iota}\right)}{2d},e^{-\left(\frac{\pi}{d}\right)^2\eta_z\tau}\right\}-\Theta_3^{\int\int}\left\{\frac{\pi\left(z_{01\diamondsuit}+z_{02\iota}\right)}{2d},e^{-\left(\frac{\pi}{d}\right)^2\eta_z\tau}\right\}-$$

$$\left.-\Theta_3^{\int\int}\left\{\frac{\pi\left(z_{02\diamondsuit}+z_{01\iota}\right)}{2d},e^{-\left(\frac{\pi}{d}\right)^2\eta_z\tau}\right\}+\Theta_3^{\int\int}\left\{\frac{\pi\left(z_{01\diamondsuit}+z_{01\iota}\right)}{2d},e^{-\left(\frac{\pi}{d}\right)^2\eta_z\tau}\right\}\right\}d\tau+$$

$$+\frac{1}{4\phi c_t\left(y_{02\diamond}-y_{01\diamond}\right)\left(z_{02\diamond}-z_{01\diamond}\right)}\sum_{\iota=L_l+1}^{M_l}U(t-t_{0\iota})\int\limits_0^{t-t_{0\iota}}q_\iota\left(t-t_{0\iota}-\tau\right)\times$$

$$\times\left\{\operatorname{erf}\left(\frac{y_{02\diamond}-y_{0\iota}}{2\sqrt{\eta_y\tau}}\right)-\operatorname{erf}\left(\frac{y_{01\diamond}-y_{0\iota}}{2\sqrt{\eta_y\tau}}\right)-\operatorname{erf}\left(\frac{y_{02\diamond}+y_{0\iota}}{2\sqrt{\eta_y\tau}}\right)+\operatorname{erf}\left(\frac{y_{01\diamond}+y_{0\iota}}{2\sqrt{\eta_y\tau}}\right)\right\}\times$$

$$\times\left\{\operatorname{erf}\left(\frac{x-x_{01\iota}}{2\sqrt{\eta_x\tau}}\right)-\operatorname{erf}\left(\frac{x-x_{02\iota}}{2\sqrt{\eta_x\tau}}\right)-\operatorname{erf}\left(\frac{x+x_{02\iota}}{2\sqrt{\eta_x\tau}}\right)+\operatorname{erf}\left(\frac{x+x_{01\iota}}{2\sqrt{\eta_x\tau}}\right)\right\}\times$$

$$\times\left\{\Theta_3^{\int}\left\{\frac{\pi\left(z_{02\diamond}-z_{0\iota}\right)}{2d},e^{-\left(\frac{\pi}{d}\right)^2\eta_z\tau}\right\}-\Theta_3^{\int}\left\{\frac{\pi\left(z_{01\diamond}-z_{0\iota}\right)}{2d},e^{-\left(\frac{\pi}{d}\right)^2\eta_z\tau}\right\}+\right.$$

$$\left.+\Theta_3^{\int}\left\{\frac{\pi\left(z_{02\diamond}+z_{0\iota}\right)}{2d},e^{-\left(\frac{\pi}{d}\right)^2\eta_z\tau}\right\}-\Theta_3^{\int}\left\{\frac{\pi\left(z_{01\diamond}+z_{0\iota}\right)}{2d},e^{-\left(\frac{\pi}{d}\right)^2\eta_z\tau}\right\}\right\}d\tau+$$

$$+\frac{1}{4\phi c_t\left(y_{02\diamond}-y_{01\diamond}\right)\left(z_{02\diamond}-z_{01\diamond}\right)\sqrt{\pi\eta_x}}\times$$

$$\times\sum_{\iota=M_l+1}^{N_l}U(t-t_{0\iota})\int\limits_0^{t-t_{0\iota}}\frac{q\left(t-t_{0\iota}-\tau\right)}{\sqrt{\tau}}\left\{e^{-\frac{(x-x_{0\iota})^2}{4\eta_x\tau}}-e^{-\frac{(x+x_{0\iota})^2}{4\eta_x\tau}}\right\}\times$$

$$\times\left\{\left(y_{02\diamond}-y_{01\iota}\right)\operatorname{erf}\left(\frac{y_{02\diamond}-y_{01\iota}}{2\sqrt{\eta_y t}}\right)-\left(y_{01\diamond}-y_{01\iota}\right)\operatorname{erf}\left(\frac{y_{01\diamond}-y_{01\iota}}{2\sqrt{\eta_y t}}\right)+\right.$$

$$+2\sqrt{\frac{\eta_y t}{\pi}}\left(e^{-\frac{(y_{02\diamond}-y_{01\iota})^2}{4\eta_y\tau}}-e^{-\frac{(y_{01\diamond}-y_{01\iota})^2}{4\eta_y\tau}}\right)-\left(y_{02\diamond}-y_{02\iota}\right)\operatorname{erf}\left(\frac{y_{02\diamond}-y_{02\iota}}{2\sqrt{\eta_y t}}\right)+$$

$$+\left(y_{01\diamond}-y_{02\iota}\right)\operatorname{erf}\left(\frac{y_{01\diamond}-y_{02\iota}}{2\sqrt{\eta_y t}}\right)-2\sqrt{\frac{\eta_y t}{\pi}}\left(e^{-\frac{(y_{02\diamond}-y_{02\iota})^2}{4\eta_y\tau}}-e^{-\frac{(y_{01\diamond}-y_{02\iota})^2}{4\eta_y\tau}}\right)-$$

$$-\left(y_{02\diamond}+y_{02\iota}\right)\operatorname{erf}\left(\frac{y_{02\diamond}+y_{01\iota}}{2\sqrt{\eta_y t}}\right)+\left(y_{01\diamond}+y_{02\iota}\right)\operatorname{erf}\left(\frac{y_{01\diamond}+y_{02\iota}}{2\sqrt{\eta_y t}}\right)-$$

$$-2\sqrt{\frac{\eta_y t}{\pi}}\left(e^{-\frac{(y_{02\diamond}+y_{02\iota})^2}{4\eta_y\tau}}-e^{-\frac{(y_{01\diamond}+y_{02\iota})^2}{4\eta_y\tau}}\right)+\left(y_{02\diamond}+y_{01\iota}\right)\operatorname{erf}\left(\frac{y_{02\diamond}+y_{01\iota}}{2\sqrt{\eta_y t}}\right)-$$

$$\left.-\left(y_{01\diamond}+y_{01\iota}\right)\operatorname{erf}\left(\frac{y_{01\diamond}+y_{01\iota}}{2\sqrt{\eta_y t}}\right)+2\sqrt{\frac{\eta_y t}{\pi}}\left(e^{-\frac{(y_{02\diamond}+y_{01\iota})^2}{4\eta_y\tau}}-e^{-\frac{(y_{01\diamond}+y_{01\iota})^2}{4\eta_y\tau}}\right)\right\}\times$$

$$\times\left\{\Theta_3^{\int}\left\{\frac{\pi\left(z_{02\diamond}-z_{0\iota}\right)}{2d},e^{-\left(\frac{\pi}{d}\right)^2\eta_z\tau}\right\}-\Theta_3^{\int}\left\{\frac{\pi\left(z_{01\diamond}-z_{0\iota}\right)}{2d},e^{-\left(\frac{\pi}{d}\right)^2\eta_z\tau}\right\}+\right.$$

$$\left.+\Theta_3^{\int}\left\{\frac{\pi\left(z_{02\diamond}+z_{0\iota}\right)}{2d},e^{-\left(\frac{\pi}{d}\right)^2\eta_z\tau}\right\}-\Theta_3^{\int}\left\{\frac{\pi\left(z_{01\diamond}+z_{0\iota}\right)}{2d},e^{-\left(\frac{\pi}{d}\right)^2\eta_z\tau}\right\}\right\}d\tau+$$

$$+\frac{1}{4\phi c_t\left(y_{02\diamond}-y_{01\diamond}\right)\left(z_{02\diamond}-z_{01\diamond}\right)}\sum_{\iota=N_l+1}^{L_r}U(t-t_{0\iota})\int\limits_0^{t-t_{0\iota}}q\left(t-t_{0\iota}-\tau\right)\times$$

$$\times\left\{\operatorname{erf}\left(\frac{x-x_{01\iota}}{2\sqrt{\eta_x\tau}}\right)-\operatorname{erf}\left(\frac{x-x_{02\iota}}{2\sqrt{\eta_x\tau}}\right)-\operatorname{erf}\left(\frac{x+x_{02\iota}}{2\sqrt{\eta_x\tau}}\right)+\operatorname{erf}\left(\frac{x+x_{01\iota}}{2\sqrt{\eta_x\tau}}\right)\right\}\times$$

$$\times\left\{\left(y_{02\diamond}-y_{01\iota}\right)\operatorname{erf}\left(\frac{y_{02\diamond}-y_{01\iota}}{2\sqrt{\eta_y t}}\right)-\left(y_{01\diamond}-y_{01\iota}\right)\operatorname{erf}\left(\frac{y_{01\diamond}-y_{01\iota}}{2\sqrt{\eta_y t}}\right)+\right.$$

$$+2\sqrt{\frac{\eta_y t}{\pi}}\left(e^{-\frac{(y_{02\diamond}-y_{01\iota})^2}{4\eta_y\tau}}-e^{-\frac{(y_{01\diamond}-y_{01\iota})^2}{4\eta_y\tau}}\right)-\left(y_{02\diamond}-y_{02\iota}\right)\operatorname{erf}\left(\frac{y_{02\diamond}-y_{02\iota}}{2\sqrt{\eta_y t}}\right)+$$

$$+\left(y_{01\diamond}-y_{02\iota}\right)\operatorname{erf}\left(\frac{y_{01\diamond}-y_{02\iota}}{2\sqrt{\eta_y t}}\right)-2\sqrt{\frac{\eta_y t}{\pi}}\left(e^{-\frac{(y_{02\diamond}-y_{02\iota})^2}{4\eta_y\tau}}-e^{-\frac{(y_{01\diamond}-y_{02\iota})^2}{4\eta_y\tau}}\right)-$$

$$-\left(y_{02\diamond}+y_{02\iota}\right)\operatorname{erf}\left(\frac{y_{02\diamond}+y_{01\iota}}{2\sqrt{\eta_y t}}\right)+\left(y_{01\diamond}+y_{02\iota}\right)\operatorname{erf}\left(\frac{y_{01\diamond}+y_{02\iota}}{2\sqrt{\eta_y t}}\right)-$$

$$-2\sqrt{\frac{\eta_y t}{\pi}}\left(e^{-\frac{(y_{02\diamond}+y_{02\iota})^2}{4\eta_y\tau}}-e^{-\frac{(y_{01\diamond}+y_{02\iota})^2}{4\eta_y\tau}}\right)+(y_{02\diamond}+y_{01\iota})\operatorname{erf}\left(\frac{y_{02\diamond}+y_{01\iota}}{2\sqrt{\eta_y t}}\right)-$$

$$-(y_{01\diamond}+y_{01\iota})\operatorname{erf}\left(\frac{y_{01\diamond}+y_{01\iota}}{2\sqrt{\eta_y t}}\right)+2\sqrt{\frac{\eta_y t}{\pi}}\left(e^{-\frac{(y_{02\diamond}+y_{01\iota})^2}{4\eta_y\tau}}-e^{-\frac{(y_{01\diamond}+y_{01\iota})^2}{4\eta_y\tau}}\right)\Bigg\}\times$$

$$\times\left\{\Theta_3^{\int}\left\{\frac{\pi(z_{02\diamond}-z_{0\iota})}{2d},e^{-\left(\frac{\pi}{d}\right)^2\eta_z\tau}\right\}-\Theta_3^{\int}\left\{\frac{\pi(z_{01\diamond}-z_{0\iota})}{2d},e^{-\left(\frac{\pi}{d}\right)^2\eta_z\tau}\right\}+\right.$$

$$\left.+\Theta_3^{\int}\left\{\frac{\pi(z_{02\diamond}+z_{0\iota})}{2d},e^{-\left(\frac{\pi}{d}\right)^2\eta_z\tau}\right\}-\Theta_3^{\int}\left\{\frac{\pi(z_{01\diamond}+z_{0\iota})}{2d},e^{-\left(\frac{\pi}{d}\right)^2\eta_z\tau}\right\}\right\}d\tau+$$

$$+\frac{d}{2\phi c_t(y_{02\diamond}-y_{01\diamond})(z_{02\diamond}-z_{01\diamond})\sqrt{\pi\eta_x}}\times$$

$$\times\sum_{\iota=L_r+1}^{M_r}U(t-t_{0\iota})\int_0^{t-t_{0\iota}}\frac{q_\iota(t-t_{0\iota}-\tau)}{\sqrt{\tau}}\left\{e^{-\frac{(x-x_{0\iota})^2}{4\eta_x\tau}}-e^{-\frac{(x+x_{0\iota})^2}{4\eta_x\tau}}\right\}\times$$

$$\times\left\{(y_{02\diamond}-y_{01\iota})\operatorname{erf}\left(\frac{y_{02\diamond}-y_{01\iota}}{2\sqrt{\eta_y t}}\right)-(y_{01\diamond}-y_{01\iota})\operatorname{erf}\left(\frac{y_{01\diamond}-y_{01\iota}}{2\sqrt{\eta_y t}}\right)+\right.$$

$$+2\sqrt{\frac{\eta_y t}{\pi}}\left(e^{-\frac{(y_{02\diamond}-y_{01\iota})^2}{4\eta_y\tau}}-e^{-\frac{(y_{01\diamond}-y_{01\iota})^2}{4\eta_y\tau}}\right)-(y_{02\diamond}-y_{02\iota})\operatorname{erf}\left(\frac{y_{02\diamond}-y_{02\iota}}{2\sqrt{\eta_y t}}\right)+$$

$$+(y_{01\diamond}-y_{02\iota})\operatorname{erf}\left(\frac{y_{01\diamond}-y_{02\iota}}{2\sqrt{\eta_y t}}\right)-2\sqrt{\frac{\eta_y t}{\pi}}\left(e^{-\frac{(y_{02\diamond}-y_{02\iota})^2}{4\eta_y\tau}}-e^{-\frac{(y_{01\diamond}-y_{02\iota})^2}{4\eta_y\tau}}\right)-$$

$$-(y_{02\diamond}+y_{02\iota})\operatorname{erf}\left(\frac{y_{02\diamond}+y_{01\iota}}{2\sqrt{\eta_y t}}\right)+(y_{01\diamond}+y_{02\iota})\operatorname{erf}\left(\frac{y_{01\diamond}+y_{02\iota}}{2\sqrt{\eta_y t}}\right)-$$

$$-2\sqrt{\frac{\eta_y t}{\pi}}\left(e^{-\frac{(y_{02\diamond}+y_{02\iota})^2}{4\eta_y\tau}}-e^{-\frac{(y_{01\diamond}+y_{02\iota})^2}{4\eta_y\tau}}\right)+(y_{02\diamond}+y_{01\iota})\operatorname{erf}\left(\frac{y_{02\diamond}+y_{01\iota}}{2\sqrt{\eta_y t}}\right)-$$

$$-(y_{01\diamond}+y_{01\iota})\operatorname{erf}\left(\frac{y_{01\diamond}+y_{01\iota}}{2\sqrt{\eta_y t}}\right)+2\sqrt{\frac{\eta_y t}{\pi}}\left(e^{-\frac{(y_{02\diamond}+y_{01\iota})^2}{4\eta_y\tau}}-e^{-\frac{(y_{01\diamond}+y_{01\iota})^2}{4\eta_y\tau}}\right)\Bigg\}\times$$

$$\times\left\{\Theta_3^{\int\int}\left\{\frac{\pi(z_{02\diamond}-z_{01\iota})}{2d},e^{-\left(\frac{\pi}{d}\right)^2\eta_z\tau}\right\}-\Theta_3^{\int\int}\left\{\frac{\pi(z_{01\diamond}-z_{01\iota})}{2d},e^{-\left(\frac{\pi}{d}\right)^2\eta_z\tau}\right\}-\right.$$

$$-\Theta_3^{\int\int}\left\{\frac{\pi(z_{02\diamond}-z_{02\iota})}{2d},e^{-\left(\frac{\pi}{d}\right)^2\eta_z\tau}\right\}+\Theta_3^{\int\int}\left\{\frac{\pi(z_{01\diamond}-z_{02\iota})}{2d},e^{-\left(\frac{\pi}{d}\right)^2\eta_z\tau}\right\}+$$

$$+\Theta_3^{\int\int}\left\{\frac{\pi(z_{02\diamond}+z_{02\iota})}{2d},e^{-\left(\frac{\pi}{d}\right)^2\eta_z\tau}\right\}-\Theta_3^{\int\int}\left\{\frac{\pi(z_{01\diamond}+z_{02\iota})}{2d},e^{-\left(\frac{\pi}{d}\right)^2\eta_z\tau}\right\}-$$

$$\left.-\Theta_3^{\int\int}\left\{\frac{\pi(z_{02\diamond}+z_{01\iota})}{2d},e^{-\left(\frac{\pi}{d}\right)^2\eta_z\tau}\right\}+\Theta_3^{\int\int}\left\{\frac{\pi(z_{01\diamond}+z_{01\iota})}{2d},e^{-\left(\frac{\pi}{d}\right)^2\eta_z\tau}\right\}\right\}d\tau+$$

$$+\frac{d}{2\phi c_t(y_{02\diamond}-y_{01\diamond})(z_{02\diamond}-z_{01\diamond})}\sum_{\iota=M_r+1}^{N_r}U(t-t_{0\iota})\int_0^{t-t_{0\iota}}q_\iota(t-t_{0\iota}-\tau)\times$$

$$\times\left\{\operatorname{erf}\left(\frac{y_{02\diamond}-y_{0\iota}}{2\sqrt{\eta_y\tau}}\right)-\operatorname{erf}\left(\frac{y_{01\diamond}-y_{0\iota}}{2\sqrt{\eta_y\tau}}\right)-\operatorname{erf}\left(\frac{y_{02\diamond}+y_{0\iota}}{2\sqrt{\eta_y\tau}}\right)+\operatorname{erf}\left(\frac{y_{01\diamond}+y_{0\iota}}{2\sqrt{\eta_y\tau}}\right)\right\}\times$$

$$\times\left\{\operatorname{erf}\left(\frac{x-x_{01\iota}}{2\sqrt{\eta_x\tau}}\right)-\operatorname{erf}\left(\frac{x-x_{02\iota}}{2\sqrt{\eta_x\tau}}\right)-\operatorname{erf}\left(\frac{x+x_{02\iota}}{2\sqrt{\eta_x\tau}}\right)+\operatorname{erf}\left(\frac{x+x_{01\iota}}{2\sqrt{\eta_x\tau}}\right)\right\}\times$$

$$\times\left\{\Theta_3^{\int\int}\left\{\frac{\pi(z_{02\diamond}-z_{01\iota})}{2d},e^{-\left(\frac{\pi}{d}\right)^2\eta_z\tau}\right\}-\Theta_3^{\int\int}\left\{\frac{\pi(z_{01\diamond}-z_{01\iota})}{2d},e^{-\left(\frac{\pi}{d}\right)^2\eta_z\tau}\right\}-\right.$$

$$-\Theta_3^{\int\int}\left\{\frac{\pi(z_{02\diamond}-z_{02\iota})}{2d},e^{-\left(\frac{\pi}{d}\right)^2\eta_z\tau}\right\}+\Theta_3^{\int\int}\left\{\frac{\pi(z_{01\diamond}-z_{02\iota})}{2d},e^{-\left(\frac{\pi}{d}\right)^2\eta_z\tau}\right\}+$$

$$+\Theta_3^{\int\int}\left\{\frac{\pi(z_{02\diamond}+z_{02\iota})}{2d},e^{-\left(\frac{\pi}{d}\right)^2\eta_z\tau}\right\}-\Theta_3^{\int\int}\left\{\frac{\pi(z_{01\diamond}+z_{02\iota})}{2d},e^{-\left(\frac{\pi}{d}\right)^2\eta_z\tau}\right\}-$$

$$-\Theta_3^{\int\int}\left\{\frac{\pi\left(z_{02\diamond}+z_{01\iota}\right)}{2d}, e^{-\left(\frac{\pi}{d}\right)^2\eta_z\tau}\right\}+\Theta_3^{\int\int}\left\{\frac{\pi\left(z_{01\diamond}+z_{01\iota}\right)}{2d}, e^{-\left(\frac{\pi}{d}\right)^2\eta_z\tau}\right\}\Bigg\}\, d\tau +$$

$$+\frac{x}{4\left(y_{02\diamond}-y_{01\diamond}\right)\left(z_{02\diamond}-z_{01\diamond}\right)\sqrt{\pi\eta_x}}\times$$

$$\times\int_0^t \frac{e^{-\frac{x^2}{4\eta_x\tau}}}{\tau^{\frac{3}{2}}}\int_0^\infty\left[\Theta_3^{\int}\left\{\frac{\pi\left(z_{01\diamond}+w\right)}{2d}, e^{-\eta_z\left(\frac{\pi}{d}\right)^2\tau}\right\}+\Theta_3^{\int}\left\{\frac{\pi\left(z_{01\diamond}-w\right)}{2d}, e^{-\eta_z\left(\frac{\pi}{d}\right)^2\tau}\right\}-\right.$$

$$\left.-\Theta_3^{\int}\left\{\frac{\pi\left(z_{02\diamond}+w\right)}{2d}, e^{-\eta_z\left(\frac{\pi}{d}\right)^2\tau}\right\}+\Theta_3^{\int}\left\{\frac{\pi\left(z_{02\diamond}-w\right)}{2d}, e^{-\eta_z\left(\frac{\pi}{d}\right)^2\tau}\right\}\right]\times$$

$$\times\int_0^\infty \psi_{0yz}\left(v,w,t-\tau\right)\left\{\operatorname{erf}\left(\frac{y_{02\diamond}-v}{2\sqrt{\eta_y\tau}}\right)-\operatorname{erf}\left(\frac{y_{01\diamond}-v}{2\sqrt{\eta_y\tau}}\right)-\operatorname{erf}\left(\frac{y_{02\diamond}+v}{2\sqrt{\eta_y\tau}}\right)+\operatorname{erf}\left(\frac{y_{01\diamond}+v}{2\sqrt{\eta_y\tau}}\right)\right\} dv\,dw\,d\tau +$$

$$+\frac{1}{2\pi\left(y_{02\diamond}-y_{01\diamond}\right)\left(z_{02\diamond}-z_{01\diamond}\right)}\sqrt{\frac{\eta_y}{\eta_x}}\times$$

$$\times\int_0^t \frac{1}{\tau}\left\{e^{-\frac{y_{01\diamond}^2}{4\eta_y\tau}}-e^{-\frac{y_{02\diamond}^2}{4\eta_y\tau}}\right\}\int_0^\infty\left[\Theta_3^{\int}\left\{\frac{\pi\left(z_{01\diamond}+w\right)}{2d}, e^{-\eta_z\left(\frac{\pi}{d}\right)^2\tau}\right\}+\Theta_3^{\int}\left\{\frac{\pi\left(z_{01\diamond}-w\right)}{2d}, e^{-\eta_z\left(\frac{\pi}{d}\right)^2\tau}\right\}-\right.$$

$$\left.-\Theta_3^{\int}\left\{\frac{\pi\left(z_{02\diamond}+w\right)}{2d}, e^{-\eta_z\left(\frac{\pi}{d}\right)^2\tau}\right\}+\Theta_3^{\int}\left\{\frac{\pi\left(z_{02\diamond}-w\right)}{2d}, e^{-\eta_z\left(\frac{\pi}{d}\right)^2\tau}\right\}\right]\times$$

$$\times\int_0^\infty \psi_{x0z}\left(u,w,t-\tau\right)\left\{e^{-\frac{(x-u)^2}{4\eta_x\tau}}-e^{-\frac{(x+u)^2}{4\eta_x\tau}}\right\} du\,dw\,d\tau +$$

$$+\frac{1}{2\phi c_t\left(z_{02\diamond}-z_{01\diamond}\right)\left(y_{02\diamond}-y_{01\diamond}\right)\sqrt{\pi\eta_x}}\int_0^\infty\int_0^\infty\int_0^t \frac{1}{\sqrt{\tau}}\left\{e^{-\frac{(x-u)^2}{4\eta_x\tau}}-e^{-\frac{(x+u)^2}{4\eta_x\tau}}\right\}\times$$

$$\times\left\{\operatorname{erf}\left(\frac{y_{02\diamond}-v}{2\sqrt{\eta_y\tau}}\right)-\operatorname{erf}\left(\frac{y_{01\diamond}-v}{2\sqrt{\eta_y\tau}}\right)-\operatorname{erf}\left(\frac{y_{02\diamond}+v}{2\sqrt{\eta_y\tau}}\right)+\operatorname{erf}\left(\frac{y_{01\diamond}+v}{2\sqrt{\eta_y\tau}}\right)\right\}\times$$

$$\times\left[\psi_{xy0}\left(u,v,t-\tau\right)\left\{\Theta_3^{\int}\left(\frac{\pi z_{02\diamond}}{2d}, e^{-\left(\frac{\pi}{d}\right)^2\eta_z\tau}\right)-\Theta_3^{\int}\left(\frac{\pi z_{01\diamond}}{2d}, e^{-\left(\frac{\pi}{d}\right)^2\eta_z\tau}\right)\right\}-\right.$$

$$\left.-\psi_{xyd}\left(u,v,t-\tau\right)\left\{\Theta_4^{\int}\left(\frac{\pi z_{02\diamond}}{2d}, e^{-\left(\frac{\pi}{d}\right)^2\eta_z\tau}\right)-\Theta_4^{\int}\left(\frac{\pi z_{01\diamond}}{2d}, e^{-\left(\frac{\pi}{d}\right)^2\eta_z\tau}\right)\right\}\right] d\tau\,du\,dv +$$

$$+\frac{1}{4\left(y_{02\diamond}-y_{01\diamond}\right)\left(z_{02\diamond}-z_{01\diamond}\right)\sqrt{\pi\eta_x t}}\times$$

$$\times\int_0^d\int_0^\infty\int_0^\infty \varphi\left(u,v,w\right)\left\{\Theta_3^{\int}\left(\frac{\pi\left(z_{02\diamond}-w\right)}{2d}, e^{-\eta_z\left(\frac{\pi}{d}\right)^2 t}\right)+\Theta_3^{\int}\left(\frac{\pi\left(z_{01\diamond}-w\right)}{2d}, e^{-\eta_z\left(\frac{\pi}{d}\right)^2 t}\right)-\right.$$

$$\left.-\Theta_3^{\int}\left(\frac{\pi\left(z_{02\diamond}+w\right)}{2d}, e^{-\eta_z\left(\frac{\pi}{d}\right)^2 t}\right)+\Theta_3^{\int}\left(\frac{\pi\left(z_{01\diamond}+w\right)}{2d}, e^{-\eta_z\left(\frac{\pi}{d}\right)^2 t}\right)\right\}\left\{e^{-\frac{(x-u)^2}{4\eta_x t}}-e^{-\frac{(x+u)^2}{4\eta_x t}}\right\}\times$$

$$\times\left\{\operatorname{erf}\left(\frac{y_{02\diamond}-v}{2\sqrt{\eta_y\tau}}\right)-\operatorname{erf}\left(\frac{y_{01\diamond}-v}{2\sqrt{\eta_y\tau}}\right)-\operatorname{erf}\left(\frac{y_{02\diamond}+v}{2\sqrt{\eta_y\tau}}\right)+\operatorname{erf}\left(\frac{y_{01\diamond}+v}{2\sqrt{\eta_y\tau}}\right)\right\} du\,dv\,dw \qquad \text{(B.2.7)}$$

Appendix C

A supplement to Chapter 10

C.1 The problem of 10.1

Multiple line sources of finite lengths $[z_{02\iota} - z_{01\iota}]$, $[x_{02\iota} - x_{01\iota}]$ and $[y_{02\iota} - y_{01\iota}]$ passing through $(x_{0\iota}, y_{0\iota})$ for $\iota = 1, 2, ..., L_l$, $(y_{0\iota}, z_{0\iota})$ for $\iota = L_l + 1, ..., M_l$, and $(x_{0\iota}, z_{0\iota})$ for $\iota = M_l + 1, ..., N_l$, multiple deviated wells $[(z_{02\iota} - z_{01\iota}) \sin\vartheta_{0\iota}]$ passing through $(x_{0\iota}, y_{0\iota}, z_{0\iota})$ for $\iota = N_l + 1, ..., N_d$, and multiple rectangular sources of finite areas $[x_{02\iota} - x_{01\iota}]\,[y_{02\iota} - y_{01\iota}]$, $[y_{02\iota} - y_{01\iota}]\,[z_{02\iota} - z_{01\iota}]$ and $[x_{02\iota} - x_{01\iota}]\,[z_{02\iota} - z_{01\iota}]$ passing through $z_{0\iota}$ for $\iota = N_d + 1, ..., L_r$, $x_{0\iota}$ for $\iota = L_r + 1, ..., M_r$ and $y_{0\iota}$ for $\iota = M_r + 1, ..., N_r$, respectively, where $(L_l < M_l < N_l < N_d < L_r < M_r < N_r)$.*

The solution is obtained by replacing the source term in equation (10.1.2) with

$$
\begin{aligned}
p \; = \; & \frac{1}{4b\phi c_t\sqrt{\pi\eta_x}} \times \\
& \times \sum_{\iota=1}^{L_l} U(t-t_{0\iota}) \int_0^{t-t_{0\iota}} \frac{q_\iota\,(t-t_{0\iota}-\tau)}{\sqrt{\tau}} \left\{\Theta_3\left(\frac{\pi\,(y-y_{0\iota})}{2b}, e^{-\left(\frac{\pi}{b}\right)^2\eta_y\tau}\right) - \Theta_3\left(\frac{\pi\,(y+y_{0\iota})}{2b}, e^{-\left(\frac{\pi}{b}\right)^2\eta_y\tau}\right)\right\} \times \\
& \times \left\{\Theta_3^{\int}\left(\frac{\pi\,(z-z_{01\iota})}{2d}, e^{-\left(\frac{\pi}{d}\right)^2\eta_z\tau}\right) - \Theta_3^{\int}\left(\frac{\pi\,(z-z_{02\iota})}{2d}, e^{-\left(\frac{\pi}{d}\right)^2\eta_z\tau}\right) + \right. \\
& \left. + \Theta_3^{\int}\left(\frac{\pi\,(z+z_{02\iota})}{2d}, e^{-\left(\frac{\pi}{d}\right)^2\eta_z\tau}\right) - \Theta_3^{\int}\left(\frac{\pi\,(z+z_{01\iota})}{2d}, e^{-\left(\frac{\pi}{d}\right)^2\eta_z\tau}\right)\right\} e^{-\frac{(x-x_{0\iota})^2}{4\eta_x\tau}}\,d\tau + \\
& + \frac{1}{8bd\phi c_t} \sum_{\iota=L_l+1}^{M_l} U(t-t_{0\iota}) \int_0^{t-t_{0\iota}} q_\iota\,(t-t_{0\iota}-\tau)\left\{\operatorname{erf}\left(\frac{x-x_{01\iota}}{2\sqrt{\eta_x\tau}}\right) - \operatorname{erf}\left(\frac{x-x_{02\iota}}{2\sqrt{\eta_x\tau}}\right)\right\} \times \\
& \times \left\{\Theta_3\left(\frac{\pi\,(z-z_{0\iota})}{2d}, e^{-\left(\frac{\pi}{d}\right)^2\eta_z\tau}\right) + \Theta_3\left(\frac{\pi\,(z+z_{0\iota})}{2d}, e^{-\left(\frac{\pi}{d}\right)^2\eta_z\tau}\right)\right\} \times \\
& \times \left\{\Theta_3\left(\frac{\pi\,(y-y_{0\iota})}{2b}, e^{-\left(\frac{\pi}{b}\right)^2\eta_y\tau}\right) - \Theta_3\left(\frac{\pi\,(y+y_{0\iota})}{2b}, e^{-\left(\frac{\pi}{b}\right)^2\eta_y\tau}\right)\right\} d\tau + \\
& + \frac{1}{4d\phi c_t\sqrt{\pi\eta_x}} \times \\
& \times \sum_{\iota=M_l+1}^{N_l} U(t-t_{0\iota}) \int_0^{t-t_{0\iota}} \frac{q_\iota\,(t-t_{0\iota}-\tau)}{\sqrt{\tau}} \left\{\Theta_3\left(\frac{\pi\,(z-z_{0\iota})}{2d}, e^{-\left(\frac{\pi}{d}\right)^2\eta_z\tau}\right) + \Theta_3\left(\frac{\pi\,(z+z_{0\iota})}{2d}, e^{-\left(\frac{\pi}{d}\right)^2\eta_z\tau}\right)\right\} \times \\
& \times \left\{\Theta_3\left(\frac{\pi\,(y-y_{0\iota})}{2b}, e^{-\left(\frac{\pi}{b}\right)^2\eta_y\tau}\right) - \Theta_3\left(\frac{\pi\,(y+y_{0\iota})}{2b}, e^{-\left(\frac{\pi}{b}\right)^2\eta_y\tau}\right)\right\} e^{-\frac{(x-x_{0\iota})^2}{4\eta_x\tau}}\,d\tau +
\end{aligned}
$$

*The solution corresponds to the case where there are sets of partially penetrating vertical, horizontal and deviated wells and sets of fractures in an artesian aquifer or hydrocarbon reservoir.

$$+\frac{1}{8\pi\phi c_t\sqrt{\eta_x\eta_y\eta_z}}\sum_{\iota=N_l+1}^{N_d}U\left(t-t_{0\iota}\right)\sin\vartheta_{0\iota}\int_0^{t-t_{0\iota}}\frac{q_\iota\left(t-t_{0\iota}-\tau\right)}{\tau}\times$$

$$\times\sum_{m=-\infty}^{\infty}\sum_{l=-\infty}^{\infty}\left[\mathcal{F}_\iota\left(x,y+2bm,z+2dl,\tau;z_{02\iota},z_{01\iota}\right)+\mathcal{F}_\iota\left(x,y+2bm,-z-2dl,\tau;z_{02\iota},z_{01\iota}\right)-\right.$$

$$\left.-\mathcal{F}_\iota\left(x,-y-2bm,z+2dl,\tau;z_{02\iota},z_{01\iota}\right)-\mathcal{F}_\iota\left(x,-y-2bm,-z-2dl,\tau;z_{02\iota},z_{01\iota}\right)\right]d\tau+$$

$$+\frac{1}{4d\phi c_t}\sum_{\iota=N_d+1}^{L_r}U(t-t_{0\iota})\int_0^{t-t_{0\iota}}q_\iota(t-t_{0\iota}-\tau)\left\{\Theta_3\left(\frac{\pi\left(z-z_{0\iota}\right)}{2d},e^{-\left(\frac{\pi}{d}\right)^2\eta_z\tau}\right)+\Theta_3\left(\frac{\pi\left(z+z_{0\iota}\right)}{2d},e^{-\left(\frac{\pi}{d}\right)^2\eta_z\tau}\right)\right\}\times$$

$$\times\left\{\Theta_3^\int\left(\frac{\pi\left(y-y_{01\iota}\right)}{2b},e^{-\left(\frac{\pi}{b}\right)^2\eta_y\tau}\right)+\Theta_3^\int\left(\frac{\pi\left(y+y_{01\iota}\right)}{2b},e^{-\left(\frac{\pi}{b}\right)^2\eta_y\tau}\right)-\right.$$

$$\left.-\Theta_3^\int\left(\frac{\pi\left(y-y_{02\iota}\right)}{2b},e^{-\left(\frac{\pi}{b}\right)^2\eta_y\tau}\right)-\Theta_3^\int\left(\frac{\pi\left(y+y_{02\iota}\right)}{2b},e^{-\left(\frac{\pi}{b}\right)^2\eta_y\tau}\right)\right\}\times$$

$$\times\left\{\operatorname{erf}\left(\frac{x-x_{01\iota}}{2\sqrt{\eta_x\tau}}\right)-\operatorname{erf}\left(\frac{x-x_{02\iota}}{2\sqrt{\eta_x\tau}}\right)\right\}d\tau+$$

$$+\frac{1}{2\phi c_t\sqrt{\pi\eta_x}}\sum_{\iota=L_r+1}^{M_r}U(t-t_{0\iota})\times$$

$$\times\int_0^{t-t_{0\iota}}\frac{q_\iota\left(t-t_{0\iota}-\tau\right)}{\sqrt{\tau}}\left\{\Theta_3^\int\left(\frac{\pi\left(y-y_{01\iota}\right)}{2b},e^{-\left(\frac{\pi}{b}\right)^2\eta_y\tau}\right)+\Theta_3^\int\left(\frac{\pi\left(y+y_{01\iota}\right)}{2b},e^{-\left(\frac{\pi}{b}\right)^2\eta_y\tau}\right)-\right.$$

$$\left.-\Theta_3^\int\left(\frac{\pi\left(y-y_{02\iota}\right)}{2b},e^{-\left(\frac{\pi}{b}\right)^2\eta_y\tau}\right)-\Theta_3^\int\left(\frac{\pi\left(y+y_{02\iota}\right)}{2b},e^{-\left(\frac{\pi}{b}\right)^2\eta_y\tau}\right)\right\}\times$$

$$\times\left\{\Theta_3^\int\left(\frac{\pi\left(z-z_{01\iota}\right)}{2d},e^{-\left(\frac{\pi}{d}\right)^2\eta_z\tau}\right)-\Theta_3^\int\left(\frac{\pi\left(z-z_{02\iota}\right)}{2d},e^{-\left(\frac{\pi}{d}\right)^2\eta_z\tau}\right)+\right.$$

$$\left.+\Theta_3^\int\left(\frac{\pi\left(z+z_{02\iota}\right)}{2d},e^{-\left(\frac{\pi}{d}\right)^2\eta_z\tau}\right)-\Theta_3^\int\left(\frac{\pi\left(z+z_{01\iota}\right)}{2d},e^{-\left(\frac{\pi}{d}\right)^2\eta_z\tau}\right)\right\}e^{-\frac{(x-x_{0\iota})^2}{4\eta_x\tau}}d\tau+$$

$$+\frac{1}{4b\phi c_t}\sum_{\iota=M_r+1}^{N_r}U(t-t_{0\iota})\int_0^{t-t_{0\iota}}q_\iota\left(t-t_{0\iota}-\tau\right)\left\{\operatorname{erf}\left(\frac{x-x_{01\iota}}{2\sqrt{\eta_x\tau}}\right)-\operatorname{erf}\left(\frac{x-x_{02\iota}}{2\sqrt{\eta_x\tau}}\right)\right\}\times$$

$$\times\left\{\Theta_3^\int\left(\frac{\pi\left(z-z_{01\iota}\right)}{2d},e^{-\left(\frac{\pi}{d}\right)^2\eta_z\tau}\right)-\Theta_3^\int\left(\frac{\pi\left(z-z_{02\iota}\right)}{2d},e^{-\left(\frac{\pi}{d}\right)^2\eta_z\tau}\right)+\right.$$

$$\left.+\Theta_3^\int\left(\frac{\pi\left(z+z_{02\iota}\right)}{2d},e^{-\left(\frac{\pi}{d}\right)^2\eta_z\tau}\right)-\Theta_3^\int\left(\frac{\pi\left(z+z_{01\iota}\right)}{2d},e^{-\left(\frac{\pi}{d}\right)^2\eta_z\tau}\right)\right\}\times$$

$$\times\left\{\Theta_3\left(\frac{\pi\left(y-y_{0\iota}\right)}{2b},e^{-\left(\frac{\pi}{b}\right)^2\eta_y\tau}\right)-\Theta_3\left(\frac{\pi\left(y+y_{0\iota}\right)}{2b},e^{-\left(\frac{\pi}{b}\right)^2\eta_y\tau}\right)\right\}d\tau \tag{C.1.1}$$

The average pressure at any well or rectangular source may be obtained by a further integration. For example, the spatial average pressure response of the line $[z_{02\diamondsuit}-z_{01\diamondsuit}]$, $\iota=\diamondsuit$, $1\leq\diamondsuit\leq L_l$, is given by

$$p=\frac{d}{2b\phi c_t\left(z_{02\diamondsuit}-z_{01\diamondsuit}\right)\sqrt{\pi\eta_x}}\times$$

$$\times\sum_{\iota=1}^{L_l}U(t-t_{0\iota})\int_0^{t-t_{0\iota}}\frac{q_\iota\left(t-t_{0\iota}-\tau\right)}{\sqrt{\tau}}\left\{\Theta_3\left(\frac{\pi\left(y-y_{0\iota}\right)}{2b},e^{-\left(\frac{\pi}{b}\right)^2\eta_y\tau}\right)-\Theta_3\left(\frac{\pi\left(y+y_{0\iota}\right)}{2b},e^{-\left(\frac{\pi}{b}\right)^2\eta_y\tau}\right)\right\}\times$$

$$\times\left\{\Theta_3^{\int\int}\left(\frac{\pi\left(z_{02\diamondsuit}-z_{01\iota}\right)}{2d},e^{-\left(\frac{\pi}{d}\right)^2\eta_z\tau}\right)-\Theta_3^{\int\int}\left(\frac{\pi\left(z_{01\diamondsuit}-z_{01\iota}\right)}{2d},e^{-\left(\frac{\pi}{d}\right)^2\eta_z\tau}\right)-\right.$$

$$-\Theta_3^{\int\int}\left(\frac{\pi\left(z_{02\diamondsuit}-z_{02\iota}\right)}{2d},e^{-\left(\frac{\pi}{d}\right)^2\eta_z\tau}\right)+\Theta_3^{\int\int}\left(\frac{\pi\left(z_{01\diamondsuit}-z_{02\iota}\right)}{2d},e^{-\left(\frac{\pi}{d}\right)^2\eta_z\tau}\right)+$$

$$+\Theta_3^{\int\int}\left(\frac{\pi\left(z_{02\diamondsuit}+z_{02\iota}\right)}{2d},e^{-\left(\frac{\pi}{d}\right)^2\eta_z\tau}\right)-\Theta_3^{\int\int}\left(\frac{\pi\left(z_{01\diamondsuit}+z_{02\iota}\right)}{2d},e^{-\left(\frac{\pi}{d}\right)^2\eta_z\tau}\right)-$$

$$-\Theta_3^{\int\int}\left(\frac{\pi\left(z_{02\diamondsuit}+z_{01\iota}\right)}{2d},e^{-\left(\frac{\pi}{d}\right)^2\eta_z\tau}\right)+\Theta_3^{\int\int}\left(\frac{\pi\left(z_{01\diamondsuit}+z_{01\iota}\right)}{2d},e^{-\left(\frac{\pi}{d}\right)^2\eta_z\tau}\right)\Bigg\}e^{-\frac{(x-x_{0\iota})^2}{4\eta_x\tau}}d\tau+$$

$$+\frac{1}{4b\phi c_t\left(z_{02\diamondsuit}-z_{01\diamondsuit}\right)}\sum_{\iota=L_l+1}^{M_l}U(t-t_{0\iota})\int\limits_0^{t-t_{0\iota}}q_\iota\left(t-t_{0\iota}-\tau\right)\left\{\operatorname{erf}\left(\frac{x-x_{01\iota}}{2\sqrt{\eta_x\tau}}\right)-\operatorname{erf}\left(\frac{x-x_{02\iota}}{2\sqrt{\eta_x\tau}}\right)\right\}\times$$

$$\times\left\{\Theta_3^{\int}\left(\frac{\pi\left(z_{02\diamondsuit}-z_{0\iota}\right)}{2d},e^{-\left(\frac{\pi}{d}\right)^2\eta_z\tau}\right)-\Theta_3^{\int}\left(\frac{\pi\left(z_{01\diamondsuit}-z_{0\iota}\right)}{2d},e^{-\left(\frac{\pi}{d}\right)^2\eta_z\tau}\right)+\right.$$

$$\left.+\Theta_3^{\int}\left(\frac{\pi\left(z_{02\diamondsuit}+z_{0\iota}\right)}{2d},e^{-\left(\frac{\pi}{d}\right)^2\eta_z\tau}\right)-\Theta_3^{\int}\left(\frac{\pi\left(z_{01\diamondsuit}+z_{0\iota}\right)}{2d},e^{-\left(\frac{\pi}{d}\right)^2\eta_z\tau}\right)\right\}\times$$

$$\times\left\{\Theta_3\left(\frac{\pi\left(y-y_{0\iota}\right)}{2b},e^{-\left(\frac{\pi}{b}\right)^2\eta_y\tau}\right)-\Theta_3\left(\frac{\pi\left(y+y_{0\iota}\right)}{2b},e^{-\left(\frac{\pi}{b}\right)^2\eta_y\tau}\right)\right\}d\tau+$$

$$+\frac{1}{2\phi c_t\left(z_{02\diamondsuit}-z_{01\diamondsuit}\right)\sqrt{\pi\eta_x}}\sum_{\iota=M_l+1}^{N_l}U(t-t_{0\iota})\times$$

$$\times\int\limits_0^{t-t_{0\iota}}\frac{q_\iota\left(t-t_{0\iota}-\tau\right)}{\sqrt{\tau}}\left\{\Theta_3^{\int}\left(\frac{\pi\left(z_{02\diamondsuit}-z_{0\iota}\right)}{2d},e^{-\left(\frac{\pi}{d}\right)^2\eta_z\tau}\right)-\Theta_3^{\int}\left(\frac{\pi\left(z_{01\diamondsuit}-z_{0\iota}\right)}{2d},e^{-\left(\frac{\pi}{d}\right)^2\eta_z\tau}\right)+\right.$$

$$\left.+\Theta_3^{\int}\left(\frac{\pi\left(z_{02\diamondsuit}+z_{0\iota}\right)}{2d},e^{-\left(\frac{\pi}{d}\right)^2\eta_z\tau}\right)-\Theta_3^{\int}\left(\frac{\pi\left(z_{01\diamondsuit}+z_{0\iota}\right)}{2d},e^{-\left(\frac{\pi}{d}\right)^2\eta_z\tau}\right)\right\}\times$$

$$\times\left\{\Theta_3\left(\frac{\pi\left(y-y_{0\iota}\right)}{2b},e^{-\left(\frac{\pi}{b}\right)^2\eta_y\tau}\right)-\Theta_3\left(\frac{\pi\left(y+y_{0\iota}\right)}{2b},e^{-\left(\frac{\pi}{b}\right)^2\eta_y\tau}\right)\right\}e^{-\frac{(x-x_{0\iota})^2}{4\eta_x\tau}}d\tau+$$

$$+\frac{1}{8\pi\phi c_t\left(z_{02\diamondsuit}-z_{01\diamondsuit}\right)\sqrt{\eta_x\eta_y\eta_z}}\sum_{\iota=N_l+1}^{N_d}U\left(t-t_{0\iota}\right)\sin\vartheta_{0\iota}\times$$

$$\times\int\limits_0^{t-t_{0\iota}}\frac{q_\iota\left(t-t_{0\iota}-\tau\right)}{\tau}\sum_{m=-\infty}^{\infty}\sum_{l=-\infty}^{\infty}\int\limits_{z_{01\diamondsuit}}^{z_{02\diamondsuit}}\left[\mathcal{F}_\iota\left(z\cot\vartheta\cos\theta,z\cot\vartheta\sin\theta+2bm,z+2dl,\tau;z_{02\iota},z_{01\iota}\right)+\right.$$

$$+\mathcal{F}_\iota\left(z\cot\vartheta\cos\theta,z\cot\vartheta\sin\theta+2bm,-z-2dl,\tau;z_{02\iota},z_{01\iota}\right)-$$

$$-\mathcal{F}_\iota\left(z\cot\vartheta\cos\theta,-z\cot\vartheta\sin\theta-2bm,z+2dl,\tau;z_{02\iota},z_{01\iota}\right)-$$

$$\left.-\mathcal{F}_\iota\left(z\cot\vartheta\cos\theta,-z\cot\vartheta\sin\theta-2bm,-z-2dl,\tau;z_{02\iota},z_{01\iota}\right)\right]d\tau+$$

$$+\frac{1}{2\phi c_t\left(z_{02\diamondsuit}-z_{01\diamondsuit}\right)}\sum_{\iota=N_d+1}^{L_r}U(t-t_{0\iota})\times$$

$$\times\int\limits_0^{t-t_{0\iota}}q_\iota\left(t-t_{0\iota}-\tau\right)\left\{\Theta_3^{\int}\left(\frac{\pi\left(z_{02\diamondsuit}-z_{0\iota}\right)}{2d},e^{-\left(\frac{\pi}{d}\right)^2\eta_z\tau}\right)-\Theta_3^{\int}\left(\frac{\pi\left(z_{01\diamondsuit}-z_{0\iota}\right)}{2d},e^{-\left(\frac{\pi}{d}\right)^2\eta_z\tau}\right)+\right.$$

$$\left.+\Theta_3^{\int}\left(\frac{\pi\left(z_{02\diamondsuit}+z_{0\iota}\right)}{2d},e^{-\left(\frac{\pi}{d}\right)^2\eta_z\tau}\right)-\Theta_3^{\int}\left(\frac{\pi\left(z_{01\diamondsuit}+z_{0\iota}\right)}{2d},e^{-\left(\frac{\pi}{d}\right)^2\eta_z\tau}\right)\right\}\times$$

$$\times\left\{\Theta_3^{\int}\left(\frac{\pi\left(y-y_{01\iota}\right)}{2b},e^{-\left(\frac{\pi}{b}\right)^2\eta_y\tau}\right)+\Theta_3^{\int}\left(\frac{\pi\left(y+y_{01\iota}\right)}{2b},e^{-\left(\frac{\pi}{b}\right)^2\eta_y\tau}\right)-\right.$$

$$\left.-\Theta_3^{\int}\left(\frac{\pi\left(y-y_{02\iota}\right)}{2b},e^{-\left(\frac{\pi}{b}\right)^2\eta_y\tau}\right)-\Theta_3^{\int}\left(\frac{\pi\left(y+y_{02\iota}\right)}{2b},e^{-\left(\frac{\pi}{b}\right)^2\eta_y\tau}\right)\right\}\times$$

$$\times\left\{\operatorname{erf}\left(\frac{x-x_{01\iota}}{2\sqrt{\eta_x\tau}}\right)-\operatorname{erf}\left(\frac{x-x_{02\iota}}{2\sqrt{\eta_x\tau}}\right)\right\}d\tau+$$

$$+\frac{d}{\phi c_t\left(z_{02\diamondsuit}-z_{01\diamondsuit}\right)\sqrt{\pi\eta_x}}\sum_{\iota=L_r+1}^{M_r}U(t-t_{0\iota})\times$$

$$\times \int_0^{t-t_{0\iota}} \frac{q_\iota(t-t_{0\iota}-\tau)}{\sqrt{\tau}} \left\{ \Theta_3^{\int}\left(\frac{\pi(y-y_{01\iota})}{2b}, e^{-\left(\frac{\pi}{b}\right)^2 \eta_y \tau}\right) + \Theta_3^{\int}\left(\frac{\pi(y+y_{01\iota})}{2b}, e^{-\left(\frac{\pi}{b}\right)^2 \eta_y \tau}\right) - \right.$$

$$\left. - \Theta_3^{\int}\left(\frac{\pi(y-y_{02\iota})}{2b}, e^{-\left(\frac{\pi}{b}\right)^2 \eta_y \tau}\right) - \Theta_3^{\int}\left(\frac{\pi(y+y_{02\iota})}{2b}, e^{-\left(\frac{\pi}{b}\right)^2 \eta_y \tau}\right) \right\} \times$$

$$\times \left\{ \Theta_3^{\int\int}\left(\frac{\pi(z_{02\diamond}-z_{01\iota})}{2d}, e^{-\left(\frac{\pi}{d}\right)^2 \eta_z \tau}\right) - \Theta_3^{\int\int}\left(\frac{\pi(z_{01\diamond}-z_{01\iota})}{2d}, e^{-\left(\frac{\pi}{d}\right)^2 \eta_z \tau}\right) - \right.$$

$$-\Theta_3^{\int\int}\left(\frac{\pi(z_{02\diamond}-z_{02\iota})}{2d}, e^{-\left(\frac{\pi}{d}\right)^2 \eta_z \tau}\right) + \Theta_3^{\int\int}\left(\frac{\pi(z_{01\diamond}-z_{02\iota})}{2d}, e^{-\left(\frac{\pi}{d}\right)^2 \eta_z \tau}\right) +$$

$$+\Theta_3^{\int\int}\left(\frac{\pi(z_{02\diamond}+z_{02\iota})}{2d}, e^{-\left(\frac{\pi}{d}\right)^2 \eta_z \tau}\right) - \Theta_3^{\int\int}\left(\frac{\pi(z_{01\diamond}+z_{02\iota})}{2d}, e^{-\left(\frac{\pi}{d}\right)^2 \eta_z \tau}\right) -$$

$$\left. -\Theta_3^{\int\int}\left(\frac{\pi(z_{02\diamond}+z_{01\iota})}{2d}, e^{-\left(\frac{\pi}{d}\right)^2 \eta_z \tau}\right) + \Theta_3^{\int\int}\left(\frac{\pi(z_{01\diamond}+z_{01\iota})}{2d}, e^{-\left(\frac{\pi}{d}\right)^2 \eta_z \tau}\right) \right\} e^{-\frac{(x-x_{0\iota})^2}{4\eta_x \tau}} d\tau +$$

$$+\frac{d}{2b\phi c_t(z_{02\diamond}-z_{01\diamond})} \sum_{\iota=M_r+1}^{N_r} U(t-t_{0\iota}) \int_0^{t-t_{0\iota}} q_\iota(t-t_{0\iota}-\tau) \left\{ \operatorname{erf}\left(\frac{x-x_{01\iota}}{2\sqrt{\eta_x \tau}}\right) - \operatorname{erf}\left(\frac{x-x_{02\iota}}{2\sqrt{\eta_x \tau}}\right) \right\} \times$$

$$\times \left\{ \Theta_3^{\int\int}\left(\frac{\pi(z_{02\diamond}-z_{01\iota})}{2d}, e^{-\left(\frac{\pi}{d}\right)^2 \eta_z \tau}\right) - \Theta_3^{\int\int}\left(\frac{\pi(z_{01\diamond}-z_{01\iota})}{2d}, e^{-\left(\frac{\pi}{d}\right)^2 \eta_z \tau}\right) - \right.$$

$$-\Theta_3^{\int\int}\left(\frac{\pi(z_{02\diamond}-z_{02\iota})}{2d}, e^{-\left(\frac{\pi}{d}\right)^2 \eta_z \tau}\right) + \Theta_3^{\int\int}\left(\frac{\pi(z_{01\diamond}-z_{02\iota})}{2d}, e^{-\left(\frac{\pi}{d}\right)^2 \eta_z \tau}\right) +$$

$$+\Theta_3^{\int\int}\left(\frac{\pi(z_{02\diamond}+z_{02\iota})}{2d}, e^{-\left(\frac{\pi}{d}\right)^2 \eta_z \tau}\right) - \Theta_3^{\int\int}\left(\frac{\pi(z_{01\diamond}+z_{02\iota})}{2d}, e^{-\left(\frac{\pi}{d}\right)^2 \eta_z \tau}\right) -$$

$$\left. -\Theta_3^{\int\int}\left(\frac{\pi(z_{02\diamond}+z_{01\iota})}{2d}, e^{-\left(\frac{\pi}{d}\right)^2 \eta_z \tau}\right) + \Theta_3^{\int\int}\left(\frac{\pi(z_{01\diamond}+z_{01\iota})}{2d}, e^{-\left(\frac{\pi}{d}\right)^2 \eta_z \tau}\right) \right\} \times$$

$$\times \left\{ \Theta_3\left(\frac{\pi(y-y_{0\iota})}{2b}, e^{-\left(\frac{\pi}{b}\right)^2 \eta_y \tau}\right) - \Theta_3\left(\frac{\pi(y+y_{0\iota})}{2b}, e^{-\left(\frac{\pi}{b}\right)^2 \eta_y \tau}\right) \right\} d\tau +$$

$$+\frac{\eta_y}{4b^2(z_{02\diamond}-z_{01\diamond})\sqrt{\pi\eta_x}} \int_0^t \frac{1}{\sqrt{\tau}} \int_0^d \left\{ \Theta_3^{\int}\left(\frac{\pi(z_{02\diamond}-w)}{2d}, e^{-\eta_z\left(\frac{\pi}{d}\right)^2 t}\right) - \Theta_3^{\int}\left(\frac{\pi(z_{01\diamond}-w)}{2d}, e^{-\eta_z\left(\frac{\pi}{d}\right)^2 t}\right) + \right.$$

$$\left. +\Theta_3^{\int}\left(\frac{\pi(z_{02\diamond}+w)}{2d}, e^{-\eta_z\left(\frac{\pi}{d}\right)^2 t}\right) - \Theta_3^{\int}\left(\frac{\pi(z_{01\diamond}+w)}{2d}, e^{-\eta_z\left(\frac{\pi}{d}\right)^2 t}\right) \right\} \times$$

$$\times \int_{-\infty}^{\infty} \left\{ \psi_{xbz}(u,w,t-\tau)\, \Theta_4'\left(\frac{\pi y}{2b}, e^{-\eta_y\left(\frac{\pi}{b}\right)^2 \tau}\right) - \psi_{x0z}(u,w,t-\tau)\, \Theta_3'\left(\frac{\pi y}{2b}, e^{-\eta_y\left(\frac{\pi}{b}\right)^2 \tau}\right) \right\} e^{-\frac{(x-u)^2}{4\eta_x \tau}} du\,dw\,d\tau +$$

$$+\frac{1}{2b\phi c_t(z_{02\diamond}-z_{01\diamond})\sqrt{\pi\eta_x}} \int_0^t \frac{1}{\sqrt{\tau}} \int_0^b \left\{ \Theta_3\left(\frac{\pi(y-v)}{2b}, e^{-\left(\frac{\pi}{b}\right)^2 \eta_y \tau}\right) - \Theta_3\left(\frac{\pi(y+v)}{2b}, e^{-\left(\frac{\pi}{b}\right)^2 \eta_y \tau}\right) \right\} \times$$

$$\times \int_{-\infty}^{\infty} \left[\psi_{xy0}(u,v,t-\tau) \left\{ \Theta_3^{\int}\left(\frac{\pi z_{02\diamond}}{2d}, e^{-\left(\frac{\pi}{d}\right)^2 \eta_z \tau}\right) - \Theta_3^{\int}\left(\frac{\pi z_{01\diamond}}{2d}, e^{-\left(\frac{\pi}{d}\right)^2 \eta_z \tau}\right) \right\} - \right.$$

$$\left. -\psi_{xyd}(u,v,t-\tau) \left\{ \Theta_4^{\int}\left(\frac{\pi z_{02\diamond}}{2d}, e^{-\left(\frac{\pi}{d}\right)^2 \eta_z \tau}\right) - \Theta_4^{\int}\left(\frac{\pi z_{01\diamond}}{2d}, e^{-\left(\frac{\pi}{d}\right)^2 \eta_z \tau}\right) \right\} \right] e^{-\frac{(x-u)^2}{4\eta_x \tau}} du\,dv\,d\tau +$$

$$+\frac{1}{4b(z_{02\diamond}-z_{01\diamond})\sqrt{\pi\eta_x t}} \times$$

$$\times \int_0^d \int_0^b \int_{-\infty}^{\infty} \varphi(u,v,w) \left\{ \Theta_3^{\int}\left(\frac{\pi(z_{02\diamond}-w)}{2d}, e^{-\eta_z\left(\frac{\pi}{d}\right)^2 t}\right) - \Theta_3^{\int}\left(\frac{\pi(z_{01\diamond}-w)}{2d}, e^{-\eta_z\left(\frac{\pi}{d}\right)^2 t}\right) + \right.$$

$$+\Theta_3^{\int}\left(\frac{\pi\left(z_{02\diamond}+w\right)}{2d}, e^{-\eta_z\left(\frac{\pi}{d}\right)^2 t}\right)-\Theta_3^{\int}\left(\frac{\pi\left(z_{01\diamond}+w\right)}{2d}, e^{-\eta_z\left(\frac{\pi}{d}\right)^2 t}\right)\Bigg\}\times$$

$$\times\left\{\Theta_3\left(\frac{\pi\left(y-v\right)}{2b}, e^{-\left(\frac{\pi}{b}\right)^2\eta_y t}\right)-\Theta_3\left(\frac{\pi\left(y+v\right)}{2b}, e^{-\left(\frac{\pi}{b}\right)^2\eta_y t}\right)\right\} e^{-\frac{(x-u)^2}{4\eta_x t}}\, du dv dw \qquad \text{(C.1.2)}$$

When $\varphi(x,y,z) = p_I$, a constant, the average pressure contribution from the initial condition is given by equation (10.1.3).

Appendix D

A supplement to Chapter 11

D.1 The problem of 11.1

Multiple line sources of finite lengths $[z_{02\iota} - z_{01\iota}]$, $[x_{02\iota} - x_{01\iota}]$ and $[y_{02\iota} - y_{01\iota}]$ passing through $(x_{0\iota}, y_{0\iota})$ for $\iota = 1, 2, ..., L_l$, $(y_{0\iota}, z_{0\iota})$ for $\iota = L_l + 1, ..., M_l$, and $(x_{0\iota}, z_{0\iota})$ for $\iota = M_l + 1, ..., N_l$, multiple deviated wells $[(z_{02\iota} - z_{01\iota}) \sin \vartheta_{0\iota}]$ passing through $(x_{0\iota}, y_{0\iota}, z_{0\iota})$ for $\iota = N_l + 1, ..., N_d$, and multiple rectangular sources of finite area $[x_{02\iota} - x_{01\iota}]\,[y_{02\iota} - y_{01\iota}]$, $[y_{02\iota} - y_{01\iota}]\,[z_{02\iota} - z_{01\iota}]$ and $[x_{02\iota} - x_{01\iota}]\,[z_{02\iota} - z_{01\iota}]$ passing through $z_{0\iota}$ for $\iota = N_d + 1, ..., L_r$, $x_{0\iota}$ for $\iota = L_r + 1, ..., M_r$ and $y_{0\iota}$ for $\iota = M_r + 1, ..., N_r$, respectively, where $(L_l < M_l < N_l < N_d < L_r < M_r < N_r)$*.

The source term in equation (11.1.3) is replaced with

$$
\begin{aligned}
p \; = \; & \frac{1}{4\phi c_t ab} \sum_{\iota=1}^{L_l} U\left(t - t_{0\iota}\right) \times \\
& \times \int_0^{t-t_{0\iota}} q_\iota \left(t - t_{0\iota} - \tau\right) \left\{ \Theta_3 \left(\frac{\pi \left(x - x_{0\iota}\right)}{2a}, e^{-\left(\frac{\pi}{a}\right)^2 \eta_x \tau} \right) + \Theta_3 \left(\frac{\pi \left(x + x_{0\iota}\right)}{2a}, e^{-\left(\frac{\pi}{a}\right)^2 \eta_x \tau} \right) \right\} \times \\
& \times \left\{ \Theta_3 \left(\frac{\pi \left(y - y_{0\iota}\right)}{2b}, e^{-\left(\frac{\pi}{b}\right)^2 \eta_y \tau} \right) + \Theta_3 \left(\frac{\pi \left(y + y_{0\iota}\right)}{2b}, e^{-\left(\frac{\pi}{b}\right)^2 \eta_y \tau} \right) \right\} \times \\
& \times \left\{ \Theta_3^{\int} \left(\frac{\pi \left(z - z_{01\iota}\right)}{2d}, e^{-\left(\frac{\pi}{d}\right)^2 \eta_z \tau} \right) + \Theta_3^{\int} \left(\frac{\pi \left(z + z_{01\iota}\right)}{2d}, e^{-\left(\frac{\pi}{d}\right)^2 \eta_z \tau} \right) + \right. \\
& \left. + \Theta_3^{\int} \left(\frac{\pi \left(z - z_{02\iota}\right)}{2d}, e^{-\left(\frac{\pi}{d}\right)^2 \eta_z \tau} \right) + \Theta_3^{\int} \left(\frac{\pi \left(z + z_{02\iota}\right)}{2d}, e^{-\left(\frac{\pi}{d}\right)^2 \eta_z \tau} \right) \right\} d\tau \, + \\
+ \; & \frac{1}{4\phi c_t bd} \sum_{\iota=L_l+1}^{M_l} U\left(t - t_{0\iota}\right) \times \\
& \times \int_0^{t-t_{0\iota}} q_\iota \left(t - t_{0\iota} - \tau\right) \left\{ \Theta_3 \left(\frac{\pi \left(z - z_{0\iota}\right)}{2d}, e^{-\left(\frac{\pi}{d}\right)^2 \eta_z \tau} \right) + \Theta_3 \left(\frac{\pi \left(z + z_{0\iota}\right)}{2d}, e^{-\left(\frac{\pi}{d}\right)^2 \eta_z \tau} \right) \right\} \times \\
& \times \left\{ \Theta_3 \left(\frac{\pi \left(y - y_{0\iota}\right)}{2b}, e^{-\left(\frac{\pi}{b}\right)^2 \eta_y \tau} \right) + \Theta_3 \left(\frac{\pi \left(y + y_{0\iota}\right)}{2b}, e^{-\left(\frac{\pi}{b}\right)^2 \eta_y \tau} \right) \right\} \times \\
& \times \left\{ \Theta_3^{\int} \left(\frac{\pi \left(x - x_{01\iota}\right)}{2a}, e^{-\left(\frac{\pi}{a}\right)^2 \eta_x \tau} \right) + \Theta_3^{\int} \left(\frac{\pi \left(x + x_{01\iota}\right)}{2a}, e^{-\left(\frac{\pi}{a}\right)^2 \eta_x \tau} \right) + \right. \\
& \left. + \Theta_3^{\int} \left(\frac{\pi \left(x - x_{02\iota}\right)}{2a}, e^{-\left(\frac{\pi}{a}\right)^2 \eta_x \tau} \right) + \Theta_3^{\int} \left(\frac{\pi \left(x + x_{02\iota}\right)}{2a}, e^{-\left(\frac{\pi}{a}\right)^2 \eta_x \tau} \right) \right\} d\tau \, +
\end{aligned}
$$

*See Busswell, Banerjee, Thambynayagam, and Spath (2006) for the numerical implementation of this solution.

$$+\frac{1}{4\phi c_t a d}\sum_{\iota=M_l+1}^{N_l} U\left(t-t_{0\iota}\right)\times$$

$$\times\int_0^{t-t_{0\iota}} q_\iota\left(t-t_{0\iota}-\tau\right)\left\{\Theta_3\left(\frac{\pi\left(x-x_{0\iota}\right)}{2a},e^{-\left(\frac{\pi}{a}\right)^2\eta_x\tau}\right)+\Theta_3\left(\frac{\pi\left(x+x_{0\iota}\right)}{2a},e^{-\left(\frac{\pi}{a}\right)^2\eta_x\tau}\right)\right\}\times$$

$$\times\left\{\Theta_3\left(\frac{\pi\left(z-z_{0\iota}\right)}{2d},e^{-\left(\frac{\pi}{d}\right)^2\eta_z\tau}\right)+\Theta_3\left(\frac{\pi\left(z+z_{0\iota}\right)}{2d},e^{-\left(\frac{\pi}{d}\right)^2\eta_z\tau}\right)\right\}\times$$

$$\times\left\{\Theta_3^{\int}\left(\frac{\pi\left(y-y_{01\iota}\right)}{2b},e^{-\left(\frac{\pi}{b}\right)^2\eta_y\tau}\right)+\Theta_3^{\int}\left(\frac{\pi\left(y+y_{01\iota}\right)}{2b},e^{-\left(\frac{\pi}{b}\right)^2\eta_y\tau}\right)+\right.$$

$$\left.+\Theta_3^{\int}\left(\frac{\pi\left(y-y_{02\iota}\right)}{2b},e^{-\left(\frac{\pi}{b}\right)^2\eta_y\tau}\right)+\Theta_3^{\int}\left(\frac{\pi\left(y+y_{02\iota}\right)}{2b},e^{-\left(\frac{\pi}{b}\right)^2\eta_y\tau}\right)\right\}d\tau+$$

$$+\frac{1}{8\pi\phi c_t\sqrt{\eta_x\eta_y\eta_z}}\sum_{\iota=N_l+1}^{N_d} U(t-t_{0\iota})\sin\vartheta_{0\iota}\int_0^{t-t_{0\iota}}\frac{q_\iota\left(t-t_{0\iota}-\tau\right)}{\tau}\times$$

$$\times\sum_{n=-\infty}^{\infty}\sum_{m=-\infty}^{\infty}\sum_{l=-\infty}^{\infty}\left[\mathcal{F}_\iota\left(x+2an,y+2bm,z+2dl,\tau;z_{02\iota},z_{01\iota}\right)+\right.$$

$$+\mathcal{F}_\iota\left(x+2an,y+2bm,-z-2dl,\tau;z_{02\iota},z_{01\iota}\right)+\mathcal{F}_\iota\left(x+2an,-y-2bm,z+2dl,\tau;z_{02\iota},z_{01\iota}\right)+$$

$$+\mathcal{F}_\iota\left(x+2an,-y-2bm,-z-2dl,\tau;z_{02\iota},z_{01\iota}\right)+\mathcal{F}_\iota\left(-x-2an,y+2bm,z+2dl,\tau;z_{02\iota},z_{01\iota}\right)+$$

$$+\mathcal{F}_\iota\left(-x-2an,y+2bm,-z-2dl,\tau;z_{02\iota},z_{01\iota}\right)+\mathcal{F}_\iota\left(-x-2an,-y-2bm,z+2dl,\tau;z_{02\iota},z_{01\iota}\right)+$$

$$\left.+\mathcal{F}_\iota\left(-x-2an,-y-2bm,-z-2dl,\tau;z_{02\iota},z_{01\iota}\right)\right]d\tau+$$

$$+\frac{1}{2\phi c_t d}\sum_{\iota=N_d+1}^{L_r} U\left(t-t_{0\iota}\right)\times$$

$$\times\int_0^{t-t_{0\iota}} q_\iota\left(t-t_{0\iota}-\tau\right)\left\{\Theta_3\left(\frac{\pi\left(z-z_{0\iota}\right)}{2d},e^{-\left(\frac{\pi}{d}\right)^2\eta_z\tau}\right)+\Theta_3\left(\frac{\pi\left(z+z_{0\iota}\right)}{2d},e^{-\left(\frac{\pi}{d}\right)^2\eta_z\tau}\right)\right\}\times$$

$$\times\left\{\Theta_3^{\int}\left(\frac{\pi\left(y-y_{01\iota}\right)}{2b},e^{-\left(\frac{\pi}{b}\right)^2\eta_y\tau}\right)+\Theta_3^{\int}\left(\frac{\pi\left(y+y_{01\iota}\right)}{2b},e^{-\left(\frac{\pi}{b}\right)^2\eta_y\tau}\right)+\right.$$

$$\left.+\Theta_3^{\int}\left(\frac{\pi\left(y-y_{02\iota}\right)}{2b},e^{-\left(\frac{\pi}{b}\right)^2\eta_y\tau}\right)+\Theta_3^{\int}\left(\frac{\pi\left(y+y_{02\iota}\right)}{2b},e^{-\left(\frac{\pi}{b}\right)^2\eta_y\tau}\right)\right\}\times$$

$$\times\left\{\Theta_3^{\int}\left(\frac{\pi\left(x-x_{01\iota}\right)}{2a},e^{-\left(\frac{\pi}{a}\right)^2\eta_x\tau}\right)+\Theta_3^{\int}\left(\frac{\pi\left(x+x_{01\iota}\right)}{2a},e^{-\left(\frac{\pi}{a}\right)^2\eta_x\tau}\right)+\right.$$

$$\left.+\Theta_3^{\int}\left(\frac{\pi\left(x-x_{02\iota}\right)}{2a},e^{-\left(\frac{\pi}{a}\right)^2\eta_x\tau}\right)+\Theta_3^{\int}\left(\frac{\pi\left(x+x_{02\iota}\right)}{2a},e^{-\left(\frac{\pi}{a}\right)^2\eta_x\tau}\right)\right\}d\tau+$$

$$+\frac{1}{2\phi c_t a}\sum_{\iota=L_r+1}^{M_r} U\left(t-t_{0\iota}\right)\times$$

$$\times\int_0^{t-t_{0\iota}} q_\iota\left(t-t_{0\iota}-\tau\right)\left\{\Theta_3\left(\frac{\pi\left(x-x_{0\iota}\right)}{2a},e^{-\left(\frac{\pi}{a}\right)^2\eta_x\tau}\right)+\Theta_3\left(\frac{\pi\left(x+x_{0\iota}\right)}{2a},e^{-\left(\frac{\pi}{a}\right)^2\eta_x\tau}\right)\right\}\times$$

$$\times\left\{\Theta_3^{\int}\left(\frac{\pi\left(y-y_{01\iota}\right)}{2b},e^{-\left(\frac{\pi}{b}\right)^2\eta_y\tau}\right)+\Theta_3^{\int}\left(\frac{\pi\left(y+y_{01\iota}\right)}{2b},e^{-\left(\frac{\pi}{b}\right)^2\eta_y\tau}\right)+\right.$$

$$\left.+\Theta_3^{\int}\left(\frac{\pi\left(y-y_{02\iota}\right)}{2b},e^{-\left(\frac{\pi}{b}\right)^2\eta_y\tau}\right)+\Theta_3^{\int}\left(\frac{\pi\left(y+y_{02\iota}\right)}{2b},e^{-\left(\frac{\pi}{b}\right)^2\eta_y\tau}\right)\right\}\times$$

$$\times\left\{\Theta_3^{\int}\left(\frac{\pi\left(z-z_{01\iota}\right)}{2d},e^{-\left(\frac{\pi}{d}\right)^2\eta_z\tau}\right)+\Theta_3^{\int}\left(\frac{\pi\left(z+z_{01\iota}\right)}{2d},e^{-\left(\frac{\pi}{d}\right)^2\eta_z\tau}\right)+\right.$$

$$
\begin{aligned}
&+\Theta_3^{\int}\left(\frac{\pi\left(z-z_{02\iota}\right)}{2d},e^{-\left(\frac{\pi}{d}\right)^2\eta_z\tau}\right)+\Theta_3^{\int}\left(\frac{\pi\left(z+z_{02\iota}\right)}{2d},e^{-\left(\frac{\pi}{d}\right)^2\eta_z\tau}\right)\Bigg\}\,d\tau+\\
&+\ \frac{1}{2\phi c_t b}\sum_{\iota=M_r+1}^{N_r}U\left(t-t_{0\iota}\right)\times\\
&\times\int_0^{t-t_{0\iota}}q_\iota\left(t-t_{0\iota}-\tau\right)\Bigg\{\Theta_3\left(\frac{\pi\left(y-y_{0\iota}\right)}{2b},e^{-\left(\frac{\pi}{b}\right)^2\eta_y\tau}\right)+\Theta_3\left(\frac{\pi\left(y+y_{0\iota}\right)}{2b},e^{-\left(\frac{\pi}{b}\right)^2\eta_y\tau}\right)\Bigg\}\times\\
&\times\Bigg\{\Theta_3^{\int}\left(\frac{\pi\left(x-x_{01\iota}\right)}{2a},e^{-\left(\frac{\pi}{a}\right)^2\eta_x\tau}\right)+\Theta_3^{\int}\left(\frac{\pi\left(x+x_{01\iota}\right)}{2a},e^{-\left(\frac{\pi}{u}\right)^2\eta_r\tau}\right)+\\
&+\Theta_3^{\int}\left(\frac{\pi\left(x-x_{02\iota}\right)}{2a},e^{-\left(\frac{\pi}{a}\right)^2\eta_x\tau}\right)+\Theta_3^{\int}\left(\frac{\pi\left(x+x_{02\iota}\right)}{2a},e^{-\left(\frac{\pi}{a}\right)^2\eta_x\tau}\right)\Bigg\}\times\\
&\times\Bigg\{\Theta_3^{\int}\left(\frac{\pi\left(z-z_{01\iota}\right)}{2d},e^{-\left(\frac{\pi}{d}\right)^2\eta_z\tau}\right)+\Theta_3^{\int}\left(\frac{\pi\left(z+z_{01\iota}\right)}{2d},e^{-\left(\frac{\pi}{d}\right)^2\eta_z\tau}\right)+\\
&+\Theta_3^{\int}\left(\frac{\pi\left(z-z_{02\iota}\right)}{2d},e^{-\left(\frac{\pi}{d}\right)^2\eta_z\tau}\right)+\Theta_3^{\int}\left(\frac{\pi\left(z+z_{02\iota}\right)}{2d},e^{-\left(\frac{\pi}{d}\right)^2\eta_z\tau}\right)\Bigg\}\,d\tau
\end{aligned}
\tag{D.1.1}
$$

The average pressure at any well or rectangular source may be obtained by a further integration. For example, the spatial average pressure response of the line $[z_{02\diamondsuit}-z_{01\diamondsuit}]$, $\iota=\diamondsuit$, $1\leq\diamondsuit\leq L_l$, is given by

$$
\begin{aligned}
p\ =\ &\frac{d}{2\phi c_t ab\left(z_{02\diamondsuit}-z_{01\diamondsuit}\right)}\sum_{\iota=1}^{L_l}U\left(t-t_{0\iota}\right)\times\\
&\times\int_0^{t-t_{0\iota}}q_\iota\left(t-t_{0\iota}-\tau\right)\Bigg\{\Theta_3\left(\frac{\pi\left(x-x_{0\iota}\right)}{2a},e^{-\left(\frac{\pi}{a}\right)^2\eta_x\tau}\right)+\Theta_3\left(\frac{\pi\left(x+x_{0\iota}\right)}{2a},e^{-\left(\frac{\pi}{a}\right)^2\eta_x\tau}\right)\Bigg\}\times\\
&\times\Bigg\{\Theta_3\left(\frac{\pi\left(y-y_{0\iota}\right)}{2b},e^{-\left(\frac{\pi}{b}\right)^2\eta_y\tau}\right)+\Theta_3\left(\frac{\pi\left(y+y_{0\iota}\right)}{2b},e^{-\left(\frac{\pi}{b}\right)^2\eta_y\tau}\right)\Bigg\}\times\\
&\times\Bigg\{\Theta_3^{\int\int}\left(\frac{\pi\left(z_{02\diamondsuit}-z_{01\iota}\right)}{2d},e^{-\left(\frac{\pi}{d}\right)^2\eta_z\tau}\right)-\Theta_3^{\int\int}\left(\frac{\pi\left(z_{01\diamondsuit}-z_{01\iota}\right)}{2d},e^{-\left(\frac{\pi}{d}\right)^2\eta_z\tau}\right)-\\
&-\Theta_3^{\int\int}\left(\frac{\pi\left(z_{02\diamondsuit}-z_{02\iota}\right)}{2d},e^{-\left(\frac{\pi}{d}\right)^2\eta_z\tau}\right)+\Theta_3^{\int\int}\left(\frac{\pi\left(z_{01\diamondsuit}-z_{02\iota}\right)}{2d},e^{-\left(\frac{\pi}{d}\right)^2\eta_z\tau}\right)+\\
&+\Theta_3^{\int\int}\left(\frac{\pi\left(z_{02\diamondsuit}+z_{02\iota}\right)}{2d},e^{-\left(\frac{\pi}{d}\right)^2\eta_z\tau}\right)-\Theta_3^{\int\int}\left(\frac{\pi\left(z_{01\diamondsuit}+z_{02\iota}\right)}{2d},e^{-\left(\frac{\pi}{d}\right)^2\eta_z\tau}\right)-\\
&-\Theta_3^{\int\int}\left(\frac{\pi\left(z_{02\diamondsuit}+z_{01\iota}\right)}{2d},e^{-\left(\frac{\pi}{d}\right)^2\eta_z\tau}\right)+\Theta_3^{\int\int}\left(\frac{\pi\left(z_{01\diamondsuit}+z_{01\iota}\right)}{2d},e^{-\left(\frac{\pi}{d}\right)^2\eta_z\tau}\right)\Bigg\}\,d\tau+\\
&+\ \frac{1}{2\phi c_t b\left(z_{02\diamondsuit}-z_{01\diamondsuit}\right)}\sum_{\iota=L_l+1}^{M_l}U\left(t-t_{0\iota}\right)\times\\
&\times\int_0^{t-t_{0\iota}}q_\iota\left(t-t_{0\iota}-\tau\right)\Bigg\{\Theta_3^{\int}\left(\frac{\pi\left(z_{02\diamondsuit}-z_{0\iota}\right)}{2d},e^{-\left(\frac{\pi}{d}\right)^2\eta_z\tau}\right)-\Theta_3^{\int}\left(\frac{\pi\left(z_{01\diamondsuit}-z_{0\iota}\right)}{2d},e^{-\left(\frac{\pi}{d}\right)^2\eta_z\tau}\right)+\\
&+\Theta_3^{\int}\left(\frac{\pi\left(z_{02\diamondsuit}+z_{0\iota}\right)}{2d},e^{-\left(\frac{\pi}{d}\right)^2\eta_z\tau}\right)-\Theta_3^{\int}\left(\frac{\pi\left(z_{01\diamondsuit}+z_{0\iota}\right)}{2d},e^{-\left(\frac{\pi}{d}\right)^2\eta_z\tau}\right)\Bigg\}\times\\
&\times\Bigg\{\Theta_3\left(\frac{\pi\left(y-y_{0\iota}\right)}{2b},e^{-\left(\frac{\pi}{b}\right)^2\eta_y\tau}\right)+\Theta_3\left(\frac{\pi\left(y+y_{0\iota}\right)}{2b},e^{-\left(\frac{\pi}{b}\right)^2\eta_y\tau}\right)\Bigg\}\times\\
&\times\Bigg\{\Theta_3^{\int}\left(\frac{\pi\left(x-x_{01\iota}\right)}{2a},e^{-\left(\frac{\pi}{a}\right)^2\eta_x\tau}\right)+\Theta_3^{\int}\left(\frac{\pi\left(x+x_{01\iota}\right)}{2a},e^{-\left(\frac{\pi}{a}\right)^2\eta_x\tau}\right)+\\
&+\Theta_3^{\int}\left(\frac{\pi\left(x-x_{02\iota}\right)}{2a},e^{-\left(\frac{\pi}{a}\right)^2\eta_x\tau}\right)+\Theta_3^{\int}\left(\frac{\pi\left(x+x_{02\iota}\right)}{2a},e^{-\left(\frac{\pi}{a}\right)^2\eta_x\tau}\right)\Bigg\}\,d\tau+
\end{aligned}
$$

$$+\frac{1}{2\phi c_t a\left(z_{02\diamond}-z_{01\diamond}\right)}\sum_{\iota=M_l+1}^{N_l}U\left(t-t_{0\iota}\right)\times$$

$$\times\int_0^{t-t_{0\iota}}q_\iota\left(t-t_{0\iota}-\tau\right)\left\{\Theta_3\left(\frac{\pi\left(x-x_{0\iota}\right)}{2a},e^{-\left(\frac{\pi}{a}\right)^2\eta_x\tau}\right)+\Theta_3\left(\frac{\pi\left(x+x_{0\iota}\right)}{2a},e^{-\left(\frac{\pi}{a}\right)^2\eta_x\tau}\right)\right\}\times$$

$$\times\left\{\Theta_3^{\int}\left(\frac{\pi\left(z_{02\diamond}-z_{0\iota}\right)}{2d},e^{-\left(\frac{\pi}{d}\right)^2\eta_z\tau}\right)-\Theta_3^{\int}\left(\frac{\pi\left(z_{01\diamond}-z_{0\iota}\right)}{2d},e^{-\left(\frac{\pi}{d}\right)^2\eta_z\tau}\right)+\right.$$

$$\left.+\Theta_3^{\int}\left(\frac{\pi\left(z_{02\diamond}+z_{0\iota}\right)}{2d},e^{-\left(\frac{\pi}{d}\right)^2\eta_z\tau}\right)-\Theta_3^{\int}\left(\frac{\pi\left(z_{01\diamond}+z_{0\iota}\right)}{2d},e^{-\left(\frac{\pi}{d}\right)^2\eta_z\tau}\right)\right\}\times$$

$$\times\left\{\Theta_3^{\int}\left(\frac{\pi\left(y-y_{01\iota}\right)}{2b},e^{-\left(\frac{\pi}{b}\right)^2\eta_y\tau}\right)+\Theta_3^{\int}\left(\frac{\pi\left(y+y_{01\iota}\right)}{2b},e^{-\left(\frac{\pi}{b}\right)^2\eta_y\tau}\right)+\right.$$

$$\left.+\Theta_3^{\int}\left(\frac{\pi\left(y-y_{02\iota}\right)}{2b},e^{-\left(\frac{\pi}{b}\right)^2\eta_y\tau}\right)+\Theta_3^{\int}\left(\frac{\pi\left(y+y_{02\iota}\right)}{2b},e^{-\left(\frac{\pi}{b}\right)^2\eta_y\tau}\right)\right\}d\tau+$$

$$+\frac{1}{8\pi\phi c_t\left(z_{02\diamond}-z_{01\diamond}\right)\sqrt{\eta_x\eta_y\eta_z}}\sum_{\iota=N_l+1}^{N_d}U(t-t_{0\iota})\sin\vartheta_{0\iota}\int_0^{t-t_{0\iota}}\frac{q_\iota\left(t-t_{0\iota}-\tau\right)}{\tau}\times$$

$$\times\sum_{n=-\infty}^{\infty}\sum_{m=-\infty}^{\infty}\sum_{l=-\infty}^{\infty}\int_{z_{0\diamond}}^{z_{0\diamond}+1}\left[\mathcal{F}_\iota\left(z\cot\vartheta\cos\theta+2an,z\cot\vartheta\sin\theta+2bm,z+2dl,\tau;z_{02\iota},z_{01\iota}\right)+\right.$$

$$+\mathcal{F}_\iota\left(z\cot\vartheta\cos\theta+2an,z\cot\vartheta\sin\theta+2bm,-z-2dl,\tau;z_{02\iota},z_{01\iota}\right)+$$

$$+\mathcal{F}_\iota\left(z\cot\vartheta\cos\theta+2an,-z\cot\vartheta\sin\theta-2bm,z+2dl,\tau;z_{02\iota},z_{01\iota}\right)+$$

$$+\mathcal{F}_\iota\left(z\cot\vartheta\cos\theta+2an,-z\cot\vartheta\sin\theta-2bm,-z-2dl,\tau;z_{02\iota},z_{01\iota}\right)+$$

$$+\mathcal{F}_\iota\left(-z\cot\vartheta\cos\theta-2an,z\cot\vartheta\sin\theta+2bm,z+2dl,\tau;z_{02\iota},z_{01\iota}\right)+$$

$$+\mathcal{F}_\iota\left(-z\cot\vartheta\cos\theta-2an,z\cot\vartheta\sin\theta+2bm,-z-2dl,\tau;z_{02\iota},z_{01\iota}\right)+$$

$$+\mathcal{F}_\iota\left(-z\cot\vartheta\cos\theta-2an,-z\cot\vartheta\sin\theta-2bm,z+2dl,\tau;z_{02\iota},z_{01\iota}\right)+$$

$$\left.+\mathcal{F}_\iota\left(-z\cot\vartheta\cos\theta-2an,-z\cot\vartheta\sin\theta-2bm,-z-2dl,\tau;z_{02\iota},z_{01\iota}\right)\right]dz\,d\tau+$$

$$+\frac{1}{\phi c_t\left(z_{02\diamond}-z_{01\diamond}\right)}\sum_{\iota=N_d+1}^{L_r}U\left(t-t_{0\iota}\right)\times$$

$$\times\int_0^{t-t_{0\iota}}q_\iota\left(t-t_{0\iota}-\tau\right)\left\{\Theta_3^{\int}\left(\frac{\pi\left(z_{02\diamond}-z_{0\iota}\right)}{2d},e^{-\left(\frac{\pi}{d}\right)^2\eta_z\tau}\right)-\Theta_3^{\int}\left(\frac{\pi\left(z_{01\diamond}-z_{0\iota}\right)}{2d},e^{-\left(\frac{\pi}{d}\right)^2\eta_z\tau}\right)+\right.$$

$$\left.+\Theta_3^{\int}\left(\frac{\pi\left(z_{02\diamond}+z_{0\iota}\right)}{2d},e^{-\left(\frac{\pi}{d}\right)^2\eta_z\tau}\right)-\Theta_3^{\int}\left(\frac{\pi\left(z_{01\diamond}+z_{0\iota}\right)}{2d},e^{-\left(\frac{\pi}{d}\right)^2\eta_z\tau}\right)\right\}\times$$

$$\times\left\{\Theta_3^{\int}\left(\frac{\pi\left(y-y_{01\iota}\right)}{2b},e^{-\left(\frac{\pi}{b}\right)^2\eta_y\tau}\right)+\Theta_3^{\int}\left(\frac{\pi\left(y+y_{01\iota}\right)}{2b},e^{-\left(\frac{\pi}{b}\right)^2\eta_y\tau}\right)+\right.$$

$$\left.+\Theta_3^{\int}\left(\frac{\pi\left(y-y_{02\iota}\right)}{2b},e^{-\left(\frac{\pi}{b}\right)^2\eta_y\tau}\right)+\Theta_3^{\int}\left(\frac{\pi\left(y+y_{02\iota}\right)}{2b},e^{-\left(\frac{\pi}{b}\right)^2\eta_y\tau}\right)\right\}\times$$

$$\times\left\{\Theta_3^{\int}\left(\frac{\pi\left(x-x_{01\iota}\right)}{2a},e^{-\left(\frac{\pi}{a}\right)^2\eta_x\tau}\right)+\Theta_3^{\int}\left(\frac{\pi\left(x+x_{01\iota}\right)}{2a},e^{-\left(\frac{\pi}{a}\right)^2\eta_x\tau}\right)+\right.$$

$$\left.+\Theta_3^{\int}\left(\frac{\pi\left(x-x_{02\iota}\right)}{2a},e^{-\left(\frac{\pi}{a}\right)^2\eta_x\tau}\right)+\Theta_3^{\int}\left(\frac{\pi\left(x+x_{02\iota}\right)}{2a},e^{-\left(\frac{\pi}{a}\right)^2\eta_x\tau}\right)\right\}d\tau+$$

$$+\frac{d}{\phi c_t a\left(z_{02\diamond}-z_{01\diamond}\right)}\sum_{\iota=L_r+1}^{M_r}U\left(t-t_{0\iota}\right)\times$$

$$\times\int_0^{t-t_{0\iota}}q_\iota\left(t-t_{0\iota}-\tau\right)\left\{\Theta_3\left(\frac{\pi\left(x-x_{0\iota}\right)}{2a},e^{-\left(\frac{\pi}{a}\right)^2\eta_x\tau}\right)+\Theta_3\left(\frac{\pi\left(x+x_{0\iota}\right)}{2a},e^{-\left(\frac{\pi}{a}\right)^2\eta_x\tau}\right)\right\}\times$$

$$\times\left\{\Theta_3^{\int}\left(\frac{\pi\left(y-y_{01\iota}\right)}{2b},e^{-\left(\frac{\pi}{b}\right)^2\eta_y\tau}\right)+\Theta_3^{\int}\left(\frac{\pi\left(y+y_{01\iota}\right)}{2b},e^{-\left(\frac{\pi}{b}\right)^2\eta_y\tau}\right)+\right.$$

$$\left.+\Theta_3^{\int}\left(\frac{\pi\left(y-y_{02\iota}\right)}{2b},e^{-\left(\frac{\pi}{b}\right)^2\eta_y\tau}\right)+\Theta_3^{\int}\left(\frac{\pi\left(y+y_{02\iota}\right)}{2b},e^{-\left(\frac{\pi}{b}\right)^2\eta_y\tau}\right)\right\}\times$$

$$\times\left\{\Theta_3^{\int\int}\left(\frac{\pi\left(z_{02\Diamond}-z_{01\iota}\right)}{2d},e^{-\left(\frac{\pi}{d}\right)^2\eta_z\tau}\right)-\Theta_3^{\int\int}\left(\frac{\pi\left(z_{01\Diamond}-z_{01\iota}\right)}{2d},e^{-\left(\frac{\pi}{d}\right)^2\eta_z\tau}\right)-\right.$$

$$-\Theta_3^{\int\int}\left(\frac{\pi\left(z_{02\Diamond}-z_{02\iota}\right)}{2d},e^{-\left(\frac{\pi}{d}\right)^2\eta_z\tau}\right)+\Theta_3^{\int\int}\left(\frac{\pi\left(z_{01\Diamond}-z_{02\iota}\right)}{2d},e^{-\left(\frac{\pi}{d}\right)^2\eta_z\tau}\right)+$$

$$+\Theta_3^{\int\int}\left(\frac{\pi\left(z_{02\Diamond}+z_{02\iota}\right)}{2d},e^{-\left(\frac{\pi}{d}\right)^2\eta_z\tau}\right)-\Theta_3^{\int\int}\left(\frac{\pi\left(z_{01\Diamond}+z_{02\iota}\right)}{2d},e^{-\left(\frac{\pi}{d}\right)^2\eta_z\tau}\right)-$$

$$\left.-\Theta_3^{\int\int}\left(\frac{\pi\left(z_{02\Diamond}+z_{01\iota}\right)}{2d},e^{-\left(\frac{\pi}{d}\right)^2\eta_z\tau}\right)+\Theta_3^{\int\int}\left(\frac{\pi\left(z_{01\Diamond}+z_{01\iota}\right)}{2d},e^{-\left(\frac{\pi}{d}\right)^2\eta_z\tau}\right)\right\}d\tau+$$

$$+\frac{d}{\phi c_t b\left(z_{02\Diamond}-z_{01\Diamond}\right)}\sum_{\iota=M_r+1}^{N_r}U\left(t-t_{0\iota}\right)\times$$

$$\times\int\limits_0^{t-t_{0\iota}}q_\iota\left(t-t_{0\iota}-\tau\right)\left\{\Theta_3\left(\frac{\pi\left(y-y_{0\iota}\right)}{2b},e^{-\left(\frac{\pi}{b}\right)^2\eta_y\tau}\right)+\Theta_3\left(\frac{\pi\left(y+y_{0\iota}\right)}{2b},e^{-\left(\frac{\pi}{b}\right)^2\eta_y\tau}\right)\right\}\times$$

$$\times\left\{\Theta_3^{\int}\left(\frac{\pi\left(x-x_{01\iota}\right)}{2a},e^{-\left(\frac{\pi}{a}\right)^2\eta_x\tau}\right)+\Theta_3^{\int}\left(\frac{\pi\left(x+x_{01\iota}\right)}{2a},e^{-\left(\frac{\pi}{a}\right)^2\eta_x\tau}\right)+\right.$$

$$\left.+\Theta_3^{\int}\left(\frac{\pi\left(x-x_{02\iota}\right)}{2a},e^{-\left(\frac{\pi}{a}\right)^2\eta_x\tau}\right)+\Theta_3^{\int}\left(\frac{\pi\left(x+x_{02\iota}\right)}{2a},e^{-\left(\frac{\pi}{a}\right)^2\eta_x\tau}\right)\right\}\times$$

$$\times\left\{\Theta_3^{\int\int}\left(\frac{\pi\left(z_{02\Diamond}-z_{01\iota}\right)}{2d},e^{-\left(\frac{\pi}{d}\right)^2\eta_z\tau}\right)-\Theta_3^{\int\int}\left(\frac{\pi\left(z_{01\Diamond}-z_{01\iota}\right)}{2d},e^{-\left(\frac{\pi}{d}\right)^2\eta_z\tau}\right)-\right.$$

$$-\Theta_3^{\int\int}\left(\frac{\pi\left(z_{02\Diamond}-z_{02\iota}\right)}{2d},e^{-\left(\frac{\pi}{d}\right)^2\eta_z\tau}\right)+\Theta_3^{\int\int}\left(\frac{\pi\left(z_{01\Diamond}-z_{02\iota}\right)}{2d},e^{-\left(\frac{\pi}{d}\right)^2\eta_z\tau}\right)+$$

$$+\Theta_3^{\int\int}\left(\frac{\pi\left(z_{02\Diamond}+z_{02\iota}\right)}{2d},e^{-\left(\frac{\pi}{d}\right)^2\eta_z\tau}\right)-\Theta_3^{\int\int}\left(\frac{\pi\left(z_{01\Diamond}+z_{02\iota}\right)}{2d},e^{-\left(\frac{\pi}{d}\right)^2\eta_z\tau}\right)-$$

$$\left.-\Theta_3^{\int\int}\left(\frac{\pi\left(z_{02\Diamond}+z_{01\iota}\right)}{2d},e^{-\left(\frac{\pi}{d}\right)^2\eta_z\tau}\right)+\Theta_3^{\int\int}\left(\frac{\pi\left(z_{01\Diamond}+z_{01\iota}\right)}{2d},e^{-\left(\frac{\pi}{d}\right)^2\eta_z\tau}\right)\right\}d\tau+$$

$$+\frac{1}{2\phi c_t ab\left(z_{02\Diamond}-z_{01\Diamond}\right)}\int\limits_0^t\int\limits_0^d\int\limits_0^b\left\{\Theta_3^{\int}\left(\frac{\pi\left(z_{02\Diamond}-w\right)}{2d},e^{-\left(\frac{\pi}{d}\right)^2\eta_z\tau}\right)-\Theta_3^{\int}\left(\frac{\pi\left(z_{01\Diamond}-w\right)}{2d},e^{-\left(\frac{\pi}{d}\right)^2\eta_z\tau}\right)+\right.$$

$$\left.+\Theta_3^{\int}\left(\frac{\pi\left(z_{02\Diamond}+w\right)}{2d},e^{-\left(\frac{\pi}{d}\right)^2\eta_z\tau}\right)-\Theta_3^{\int}\left(\frac{\pi\left(z_{01\Diamond}+w\right)}{2d},e^{-\left(\frac{\pi}{d}\right)^2\eta_z\tau}\right)\right\}\times$$

$$\times\left\{\Theta_3\left(\frac{\pi\left(y-v\right)}{2b},e^{-\left(\frac{\pi}{b}\right)^2\eta_y\tau}\right)+\Theta_3\left(\frac{\pi\left(y+v\right)}{2b},e^{-\left(\frac{\pi}{b}\right)^2\eta_y\tau}\right)\right\}\times$$

$$\times\left\{\psi_{0yz}\left(v,w,t-\tau\right)\Theta_3\left(\frac{\pi x}{2a},e^{-\left(\frac{\pi}{a}\right)^2\eta_x\tau}\right)-\psi_{ayz}\left(v,w,t-\tau\right)\Theta_4\left(\frac{\pi x}{2a},e^{-\left(\frac{\pi}{a}\right)^2\eta_x\tau}\right)\right\}dv\,dw\,d\tau+$$

$$+\frac{1}{2\phi c_t ab\left(z_{02\Diamond}-z_{01\Diamond}\right)}\int\limits_0^t\int\limits_0^d\int\limits_0^a\left\{\Theta_3^{\int}\left(\frac{\pi\left(z_{02\Diamond}-w\right)}{2d},e^{-\left(\frac{\pi}{d}\right)^2\eta_z\tau}\right)-\Theta_3^{\int}\left(\frac{\pi\left(z_{01\Diamond}-w\right)}{2d},e^{-\left(\frac{\pi}{d}\right)^2\eta_z\tau}\right)+\right.$$

$$\left.+\Theta_3^{\int}\left(\frac{\pi\left(z_{02\Diamond}+w\right)}{2d},e^{-\left(\frac{\pi}{d}\right)^2\eta_z\tau}\right)-\Theta_3^{\int}\left(\frac{\pi\left(z_{01\Diamond}+w\right)}{2d},e^{-\left(\frac{\pi}{d}\right)^2\eta_z\tau}\right)\right\}\times$$

$$\times\left\{\Theta_3\left(\frac{\pi\left(x-u\right)}{2a},e^{-\left(\frac{\pi}{a}\right)^2\eta_x\tau}\right)+\Theta_3\left(\frac{\pi\left(x+u\right)}{2a},e^{-\left(\frac{\pi}{a}\right)^2\eta_x\tau}\right)\right\}\times$$

$$\times\left\{\psi_{x0z}\left(u,w,t-\tau\right)\Theta_3\left(\frac{\pi y}{2b},e^{-\left(\frac{\pi}{b}\right)^2\eta_y\tau}\right)-\psi_{xbz}\left(u,w,t-\tau\right)\Theta_4\left(\frac{\pi y}{2b},e^{-\left(\frac{\pi}{b}\right)^2\eta_y\tau}\right)\right\}du\,dw\,d\tau+$$

$$+\frac{1}{2\phi c_t ab\left(z_{02\diamond}-z_{01\diamond}\right)}\int_0^t\int_0^b\int_0^a\left\{\Theta_3\left(\frac{\pi(x-u)}{2a},e^{-\left(\frac{\pi}{a}\right)^2\eta_a\tau}\right)+\Theta_3\left(\frac{\pi(x+u)}{2a},e^{-\left(\frac{\pi}{a}\right)^2\eta_x\tau}\right)\right\}\times$$
$$\times\left\{\Theta_3\left(\frac{\pi(y-v)}{2b},e^{-\left(\frac{\pi}{b}\right)^2\eta_y\tau}\right)+\Theta_3\left(\frac{\pi(y+v)}{2b},e^{-\left(\frac{\pi}{b}\right)^2\eta_y\tau}\right)\right\}\times$$
$$\times\left[\psi_{xy0}(u,v,t-\tau)\left\{\Theta_3^{\int}\left(\frac{\pi z_{02\diamond}}{2d},e^{-\left(\frac{\pi}{d}\right)^2\eta_z\tau}\right)-\Theta_3^{\int}\left(\frac{\pi z_{01\diamond}}{2d},e^{-\left(\frac{\pi}{d}\right)^2\eta_z\tau}\right)\right\}-\right.$$
$$\left.-\psi_{xyd}(u,v,t-\tau)\left\{\Theta_4^{\int}\left(\frac{\pi z_{02\diamond}}{2d},e^{-\left(\frac{\pi}{d}\right)^2\eta_z\tau}\right)-\Theta_4^{\int}\left(\frac{\pi z_{01\diamond}}{2d},e^{-\left(\frac{\pi}{d}\right)^2\eta_z\tau}\right)\right\}\right]dudvd\tau+$$
$$+\frac{1}{4ab\left(z_{02\diamond}-z_{01\diamond}\right)}\int_0^d\int_0^b\int_0^a\varphi(u,v,w)\left\{\Theta_3\left(\frac{\pi(x-u)}{2a},e^{-\left(\frac{\pi}{a}\right)^2\eta_x t}\right)+\Theta_3\left(\frac{\pi(x+u)}{2a},e^{-\left(\frac{\pi}{a}\right)^2\eta_x t}\right)\right\}\times$$
$$\times\left\{\Theta_3\left(\frac{\pi(y-v)}{2b},e^{-\left(\frac{\pi}{b}\right)^2\eta_y t}\right)+\Theta_3\left(\frac{\pi(y+v)}{2b},e^{-\left(\frac{\pi}{b}\right)^2\eta_y t}\right)\right\}\times$$
$$\times\left\{\Theta_3^{\int}\left(\frac{\pi(z_{02\diamond}-w)}{2d},e^{-\left(\frac{\pi}{d}\right)^2\eta_z\tau}\right)-\Theta_3^{\int}\left(\frac{\pi(z_{01\diamond}-w)}{2d},e^{-\left(\frac{\pi}{d}\right)^2\eta_z\tau}\right)+\right.$$
$$\left.+\Theta_3^{\int}\left(\frac{\pi(z_{02\diamond}+w)}{2d},e^{-\left(\frac{\pi}{d}\right)^2\eta_z\tau}\right)-\Theta_3^{\int}\left(\frac{\pi(z_{01\diamond}+w)}{2d},e^{-\left(\frac{\pi}{d}\right)^2\eta_z\tau}\right)\right\}dudvdw \qquad \text{(D.1.2)}$$

D.2 The problem of 11.5

Multiple line sources of finite lengths $[z_{02\iota j}-z_{01\iota j}]$, $[x_{02\iota j}-x_{01\iota j}]$ and $[y_{02\iota j}-y_{01\iota j}]$ passing through $(x_{0\iota j},y_{0\iota j})$ for $\iota=1,2,...,L_l$, $(y_{0\iota j},z_{0\iota j})$ for $\iota=L_l+1,...,M_l$, and $(x_{0\iota j},z_{0\iota j})$ for $\iota=M_l+1,...,N_l$, and multiple deviated wells $[(z_{02\iota j}-z_{01\iota j})\sin\vartheta_{0\iota j}]$ passing through $(x_{0\iota j},y_{0\iota j},z_{0\iota j})$ for $\iota=N_l+1,...,N_d$, and multiple rectangular sources of finite area $[x_{02\iota j}-x_{01\iota j}][y_{02\iota j}-y_{01\iota j}]$, $[y_{02\iota j}-y_{01\iota j}][z_{02\iota j}-z_{01\iota j}]$ and $[x_{02\iota j}-x_{01\iota j}][z_{02\iota j}-z_{01\iota j}]$ passing through $z_{0\iota j}$ for $\iota=N_d+1,...,L_r$, $x_{0\iota j}$ for $\iota=L_r+1,...,M_r$, and $y_{0\iota j}$ for $\iota=M_r+1,...,N_r$, respectively, where $(L_l<M_l<N_l<N_d<L_r<M_r<N_r)$*.

The source term in equation (11.5.4) (or (11.5.5)) is replaced with

$$p_j=\frac{1}{4(\phi c_t)_j ab}\sum_{\iota=1}^{L_l}U(t-t_{0\iota j})\int_0^{t-t_{0\iota j}}q_{\iota j}(t-t_{0\iota j}-\tau)\times$$
$$\times\left\{\Theta_3\left(\frac{\pi(x-x_{0\iota j})}{2a},e^{-\left(\frac{\pi}{a}\right)^2\eta_{xj}\tau}\right)+\Theta_3\left(\frac{\pi(x+x_{0\iota j})}{2a},e^{-\left(\frac{\pi}{a}\right)^2\eta_{xj}\tau}\right)\right\}\times$$
$$\times\left\{\Theta_3\left(\frac{\pi(y-y_{0\iota j})}{2b},e^{-\left(\frac{\pi}{b}\right)^2\eta_{yj}\tau}\right)+\Theta_3\left(\frac{\pi(y+y_{0\iota j})}{2b},e^{-\left(\frac{\pi}{b}\right)^2\eta_{yj}\tau}\right)\right\}\times$$
$$\times\left\{\Theta_3^{\int}\left(\frac{\pi(z-z_{01\iota j})}{2(d_{j+1}-d_j)},e^{-\left(\frac{\pi}{d_{j+1}-d_j}\right)^2\eta_{zj}\tau}\right)-\Theta_3^{\int}\left(\frac{\pi(z+z_{01\iota j}-2d_j)}{2(d_{j+1}-d_j)},e^{-\left(\frac{\pi}{d_{j+1}-d_j}\right)^2\eta_{zj}\tau}\right)-\right.$$
$$\left.-\Theta_3^{\int}\left(\frac{\pi(z-z_{02\iota j})}{2(d_{j+1}-d_j)},e^{-\left(\frac{\pi}{d_{j+1}-d_j}\right)^2\eta_{zj}\tau}\right)+\Theta_3^{\int}\left(\frac{\pi(z+z_{02\iota j}-2d_j)}{2(d_{j+1}-d_j)},e^{-\left(\frac{\pi}{d_{j+1}-d_j}\right)^2\eta_{zj}\tau}\right)\right\}d\tau+$$
$$+\frac{1}{4(\phi c_t)_j b(d_{j+1}-d_j)}\sum_{\iota=L_l+1}^{M_l}U(t-t_{0\iota j})\int_0^{t-t_{0\iota j}}q_{\iota j}(t-t_{0\iota j}-\tau)\times$$
$$\times\left\{\Theta_3\left(\frac{\pi(y-y_{0\iota j})}{2b},e^{-\left(\frac{\pi}{b}\right)^2\eta_{yj}\tau}\right)+\Theta_3\left(\frac{\pi(y+y_{0\iota j})}{2b},e^{-\left(\frac{\pi}{b}\right)^2\eta_{yj}\tau}\right)\right\}\times$$

*See Gilchrist et al. (2007) for the numerical implementation of this solution.

$$\times\left\{\Theta_3\left(\frac{\pi(z-z_{0\iota j})}{2(d_{j+1}-d_j)},e^{-\left(\frac{\pi}{d_{j+1}-d_j}\right)^2\eta_{zj}\tau}\right)+\Theta_3\left(\frac{\pi(z+z_{0\iota j}-2d_j)}{2(d_{j+1}-d_j)},e^{-\left(\frac{\pi}{d_{j+1}-d_j}\right)^2\eta_{zj}\tau}\right)\right\}\times$$

$$\times\left\{\Theta_3^{\int}\left(\frac{\pi(x-x_{01\iota j})}{2a},e^{-\left(\frac{\pi}{a}\right)^2\eta_{xj}\tau}\right)-\Theta_3^{\int}\left(\frac{\pi(x+x_{01\iota j})}{2a},e^{-\left(\frac{\pi}{a}\right)^2\eta_{xj}\tau}\right)-\right.$$

$$\left.-\Theta_3^{\int}\left(\frac{\pi(x-x_{02\iota j})}{2a},e^{-\left(\frac{\pi}{a}\right)^2\eta_{xj}\tau}\right)+\Theta_3^{\int}\left(\frac{\pi(x+x_{02\iota j})}{2a},e^{-\left(\frac{\pi}{a}\right)^2\eta_{xj}\tau}\right)\right\}d\tau+$$

$$+\frac{1}{4(\phi c_t)_j\,a\,(d_{j+1}-d_j)}\sum_{\iota=M_l+1}^{N_l}U(t-t_{0\iota j})\int_0^{t-t_{0\iota j}}q_{\iota j}(t-t_{0\iota j}-\tau)\times$$

$$\times\left\{\Theta_3\left(\frac{\pi(x-x_{0\iota j})}{2a},e^{-\left(\frac{\pi}{a}\right)^2\eta_{xj}\tau}\right)+\Theta_3\left(\frac{\pi(x+x_{0\iota j})}{2a},e^{-\left(\frac{\pi}{a}\right)^2\eta_{xj}\tau}\right)\right\}\times$$

$$\times\left\{\Theta_3\left(\frac{\pi(z-z_{0\iota j})}{2(d_{j+1}-d_j)},e^{-\left(\frac{\pi}{d_{j+1}-d_j}\right)^2\eta_{zj}\tau}\right)+\Theta_3\left(\frac{\pi(z+z_{0\iota j}-2d_j)}{2(d_{j+1}-d_j)},e^{-\left(\frac{\pi}{d_{j+1}-d_j}\right)^2\eta_{zj}\tau}\right)\right\}\times$$

$$\times\left\{\Theta_3^{\int}\left(\frac{\pi(y-y_{01\iota j})}{2b},e^{-\left(\frac{\pi}{b}\right)^2\eta_{yj}\tau}\right)-\Theta_3^{\int}\left(\frac{\pi(y+y_{01\iota j})}{2b},e^{-\left(\frac{\pi}{b}\right)^2\eta_{yj}\tau}\right)-\right.$$

$$\left.-\Theta_3^{\int}\left(\frac{\pi(y-y_{02\iota j})}{2b},e^{-\left(\frac{\pi}{b}\right)^2\eta_{yj}\tau}\right)+\Theta_3^{\int}\left(\frac{\pi(y+y_{02\iota j})}{2b},e^{-\left(\frac{\pi}{b}\right)^2\eta_{yj}\tau}\right)\right\}d\tau+$$

$$+\frac{1}{8\pi(\phi c_t)_j\sqrt{\eta_{xj}\eta_{yj}\eta_{zj}}}\sum_{\iota=N_l+1}^{N_d}\int_0^{t-t_{0\iota j}}\frac{q_{\iota j}(t-t_{0\iota j}-\tau)}{\tau}\times$$

$$\times\sum_{n=-\infty}^{\infty}\sum_{m=-\infty}^{\infty}\sum_{l=-\infty}^{\infty}\left[\mathcal{F}_{\iota j}(x+2an,y+2bm,z+2(d_{j+1}-d_j)l,\tau;z_{02\iota j},z_{01\iota j})+\right.$$

$$+\mathcal{F}_{\iota j}(x+2an,y+2bm,-z+2d_j-2(d_{j+1}-d_j)l,\tau;z_{02\iota j},z_{01\iota j})+$$

$$+\mathcal{F}_{\iota j}(x+2an,-y-2bm,z+2(d_{j+1}-d_j)l,\tau;z_{02\iota j},z_{01\iota j})+$$

$$+\mathcal{F}_{\iota j}(x+2an,-y-2bm,-z+2d_j-2(d_{j+1}-d_j)l,\tau;z_{02\iota j},z_{01\iota j})+$$

$$+\mathcal{F}_{\iota j}(-x-2an,y+2bm,z+2(d_{j+1}-d_j)l,\tau;z_{02\iota j},z_{01\iota j})+$$

$$+\mathcal{F}_{\iota j}(-x-2an,y+2bm,-z+2d_j-2(d_{j+1}-d_j)l,\tau;z_{02\iota j},z_{01\iota j})+$$

$$+\mathcal{F}_{\iota j}(-x-2an,-y-2bm,z+2(d_{j+1}-d_j)l,\tau;z_{02\iota j},z_{01\iota j})+$$

$$\left.+\mathcal{F}_{\iota j}(-x-2an,-y-2bm,-z+2d_j-2(d_{j+1}-d_j)l,\tau;z_{02\iota j},z_{01\iota j})\right]d\tau+$$

$$+\frac{1}{2(\phi c_t)_j(d_{j+1}-d_j)}\sum_{\iota=N_d+1}^{L_r}U(t-t_{0\iota j})\int_0^{t-t_{0\iota j}}q_{\iota j}(t-t_{0\iota j}-\tau)\times$$

$$\times\left\{\Theta_3^{\int}\left(\frac{\pi(x-x_{01\iota j})}{2a},e^{-\left(\frac{\pi}{a}\right)^2\eta_{xj}\tau}\right)-\Theta_3^{\int}\left(\frac{\pi(x+x_{01\iota j})}{2a},e^{-\left(\frac{\pi}{a}\right)^2\eta_{xj}\tau}\right)-\right.$$

$$\left.-\Theta_3^{\int}\left(\frac{\pi(x-x_{02\iota j})}{2a},e^{-\left(\frac{\pi}{a}\right)^2\eta_{xj}\tau}\right)+\Theta_3^{\int}\left(\frac{\pi(x+x_{02\iota j})}{2a},e^{-\left(\frac{\pi}{a}\right)^2\eta_{xj}\tau}\right)\right\}\times$$

$$\times\left\{\Theta_3^{\int}\left(\frac{\pi(y-y_{01\iota j})}{2b},e^{-\left(\frac{\pi}{b}\right)^2\eta_{yj}\tau}\right)-\Theta_3^{\int}\left(\frac{\pi(y+y_{01\iota j})}{2b},e^{-\left(\frac{\pi}{b}\right)^2\eta_{yj}\tau}\right)-\right.$$

$$\left.-\Theta_3^{\int}\left(\frac{\pi(y-y_{02\iota j})}{2b},e^{-\left(\frac{\pi}{b}\right)^2\eta_{yj}\tau}\right)+\Theta_3^{\int}\left(\frac{\pi(y+y_{02\iota j})}{2b},e^{-\left(\frac{\pi}{b}\right)^2\eta_{yj}\tau}\right)\right\}\times$$

$$\times\left\{\Theta_3\left(\frac{\pi(z-z_{0\iota j})}{2(d_{j+1}-d_j)},e^{-\left(\frac{\pi}{d_{j+1}-d_j}\right)^2\eta_{zj}\tau}\right)+\Theta_3\left(\frac{\pi(z+z_{0\iota j}-2d_j)}{2(d_{j+1}-d_j)},e^{-\left(\frac{\pi}{d_{j+1}-d_j}\right)^2\eta_{zj}\tau}\right)\right\}d\tau+$$

$$
\begin{aligned}
&+\frac{1}{2\left(\phi c_t\right)_j a}\sum_{\iota=L_r+1}^{M_r} U\left(t-t_{0\iota j}\right)\int_0^{t-t_{0\iota j}} q_{\iota j}(t-t_{0\iota j}-\tau)\times\\
&\times\left\{\Theta_3\left(\frac{\pi\left(x-x_{0\iota j}\right)}{2a},e^{-\left(\frac{\pi}{a}\right)^2\eta_{xj}\tau}\right)+\Theta_3\left(\frac{\pi\left(x+x_{0\iota j}\right)}{2a},e^{-\left(\frac{\pi}{a}\right)^2\eta_{xj}\tau}\right)\right\}\times\\
&\times\left\{\Theta_3^{\int}\left(\frac{\pi\left(y-y_{01\iota j}\right)}{2b},e^{-\left(\frac{\pi}{b}\right)^2\eta_{yj}\tau}\right)-\Theta_3^{\int}\left(\frac{\pi\left(y+y_{01\iota j}\right)}{2b},e^{-\left(\frac{\pi}{b}\right)^2\eta_{yj}\tau}\right)-\right.\\
&\left.-\Theta_3^{\int}\left(\frac{\pi\left(y-y_{02\iota j}\right)}{2b},e^{-\left(\frac{\pi}{b}\right)^2\eta_{yj}\tau}\right)+\Theta_3^{\int}\left(\frac{\pi\left(y+y_{02\iota j}\right)}{2b},e^{-\left(\frac{\pi}{b}\right)^2\eta_{yj}\tau}\right)\right\}\times\\
&\times\left\{\Theta_3^{\int}\left(\frac{\pi\left(z-z_{01\iota j}\right)}{2\left(d_{j+1}-d_j\right)},e^{-\left(\frac{\pi}{d_{j+1}-d_j}\right)^2\eta_{zj}\tau}\right)-\Theta_3^{\int}\left(\frac{\pi\left(z+z_{01\iota j}-2d_j\right)}{2\left(d_{j+1}-d_j\right)},e^{-\left(\frac{\pi}{d_{j+1}-d_j}\right)^2\eta_{zj}\tau}\right)-\right.\\
&\left.-\Theta_3^{\int}\left(\frac{\pi\left(z-z_{02\iota j}\right)}{2\left(d_{j+1}-d_j\right)},e^{-\left(\frac{\pi}{d_{j+1}-d_j}\right)^2\eta_{zj}\tau}\right)+\Theta_3^{\int}\left(\frac{\pi\left(z+z_{02\iota j}-2d_j\right)}{2\left(d_{j+1}-d_j\right)},e^{-\left(\frac{\pi}{d_{j+1}-d_j}\right)^2\eta_{zj}\tau}\right)\right\}d\tau+\\
&+\frac{1}{2\left(\phi c_t\right)_j b}\sum_{\iota=M_r+1}^{N_r} U\left(t-t_{0\iota j}\right)\int_0^{t-t_{0\iota j}} q_{\iota j}(t-t_{0\iota j}-\tau)\times\\
&\times\left\{\Theta_3^{\int}\left(\frac{\pi\left(x-x_{01\iota j}\right)}{2a},e^{-\left(\frac{\pi}{a}\right)^2\eta_{xj}\tau}\right)-\Theta_3^{\int}\left(\frac{\pi\left(x+x_{01\iota j}\right)}{2a},e^{-\left(\frac{\pi}{a}\right)^2\eta_{xj}\tau}\right)-\right.\\
&\left.-\Theta_3^{\int}\left(\frac{\pi\left(x-x_{02\iota j}\right)}{2a},e^{-\left(\frac{\pi}{a}\right)^2\eta_{xj}\tau}\right)+\Theta_3^{\int}\left(\frac{\pi\left(x+x_{02\iota j}\right)}{2a},e^{-\left(\frac{\pi}{a}\right)^2\eta_{xj}\tau}\right)\right\}\times\\
&\times\left\{\Theta_3\left(\frac{\pi\left(y-y_{0\iota j}\right)}{2b},e^{-\left(\frac{\pi}{b}\right)^2\eta_{yj}\tau}\right)+\Theta_3\left(\frac{\pi\left(y+y_{0\iota j}\right)}{2b},e^{-\left(\frac{\pi}{b}\right)^2\eta_{yj}\tau}\right)\right\}\times\\
&\times\left\{\Theta_3^{\int}\left(\frac{\pi\left(z-z_{01\iota j}\right)}{2\left(d_{j+1}-d_j\right)},e^{-\left(\frac{\pi}{d_{j+1}-d_j}\right)^2\eta_{zj}\tau}\right)-\Theta_3^{\int}\left(\frac{\pi\left(z+z_{01\iota j}-2d_j\right)}{2\left(d_{j+1}-d_j\right)},e^{-\left(\frac{\pi}{d_{j+1}-d_j}\right)^2\eta_{zj}\tau}\right)-\right.\\
&\left.-\Theta_3^{\int}\left(\frac{\pi\left(z-z_{02\iota j}\right)}{2\left(d_{j+1}-d_j\right)},e^{-\left(\frac{\pi}{d_{j+1}-d_j}\right)^2\eta_{zj}\tau}\right)+\Theta_3^{\int}\left(\frac{\pi\left(z+z_{02\iota j}-2d_j\right)}{2\left(d_{j+1}-d_j\right)},e^{-\left(\frac{\pi}{d_{j+1}-d_j}\right)^2\eta_{zj}\tau}\right)\right\}d\tau
\end{aligned}
\tag{D.2.1}
$$

The coefficients of the recurrence integral equation (11.5.7), $\mathcal{A}_j(\xi_n,\xi_m,t-\tau)$, $\mathcal{B}_j(\xi_n,\xi_m,t-\tau)$, and $\mathcal{C}_j(\xi_n,\xi_m,t-\tau)$, are given by equations (11.5.8), (11.5.9) and (11.5.10) respectively. The coefficient $\Omega_j^{cc}(\xi_n,\xi_m,t)$ is given by (11.5.1), where $\Omega_j(x,y,t)$ now includes the terms corresponding to the continuous multiple sources of equation (11.5.30).

$$
\begin{aligned}
\Omega_j(x,y,t) &= \frac{1}{4\left(\phi c_t\right)_{j-1} ab}\sum_{\iota=1}^{L_l} U\left(t-t_{0\iota j-1}\right)\int_0^{t-t_{0\iota j-1}} q_{\iota j-1}(t-t_{0\iota j-1}-\tau)\times\\
&\times\left\{\Theta_3\left(\frac{\pi\left(x-x_{0\iota j-1}\right)}{2a},e^{-\left(\frac{\pi}{a}\right)^2\eta_{xj-1}\tau}\right)+\Theta_3\left(\frac{\pi\left(x+x_{0\iota j-1}\right)}{2a},e^{-\left(\frac{\pi}{a}\right)^2\eta_{xj-1}\tau}\right)\right\}\times\\
&\times\left\{\Theta_3\left(\frac{\pi\left(y-y_{0\iota j-1}\right)}{2b},e^{-\left(\frac{\pi}{b}\right)^2\eta_{yj-1}\tau}\right)+\Theta_3\left(\frac{\pi\left(y+y_{0\iota j-1}\right)}{2b},e^{-\left(\frac{\pi}{b}\right)^2\eta_{yj-1}\tau}\right)\right\}\times\\
&\times\left\{\Theta_3^{\int}\left(\frac{\pi\left(d_j-z_{01\iota j-1}\right)}{2\left(d_j-d_{j-1}\right)},e^{-\left(\frac{\pi}{d_j-d_{j-1}}\right)^2\eta_{zj-1}\tau}\right)-\right.\\
&-\Theta_3^{\int}\left(\frac{\pi\left(d_j+z_{01\iota j-1}-2d_{j-1}\right)}{2\left(d_j-d_{j-1}\right)},e^{-\left(\frac{\pi}{d_j-d_{j-1}}\right)^2\eta_{zj-1}\tau}\right)-
\end{aligned}
$$

$$-\Theta_3^{\int}\left(\frac{\pi\left(d_j-z_{02\iota j-1}\right)}{2\left(d_j-d_{j-1}\right)},e^{-\left(\frac{\pi}{d_j-d_{j-1}}\right)^2\eta_{zj-1}\tau}\right)+$$

$$+\Theta_3^{\int}\left(\frac{\pi\left(d_j+z_{02\iota j-1}-2d_{j-1}\right)}{2\left(d_j-d_{j-1}\right)},e^{-\left(\frac{\pi}{d_j-d_{j-1}}\right)^2\eta_{zj-1}\tau}\right)\Bigg\}\,d\tau+$$

$$+\frac{1}{4\left(\phi c_t\right)_{j-1}b\left(d_j-d_{j-1}\right)}\sum_{\iota=L_l+1}^{M_l}U\left(t-t_{0\iota j-1}\right)\int\limits_0^{t-t_{0\iota j-1}}q_{\iota j-1}(t-t_{0\iota j-1}-\tau)\times$$

$$\times\left\{\Theta_3\left(\frac{\pi\left(y-y_{0\iota j-1}\right)}{2b},e^{-\left(\frac{\pi}{b}\right)^2\eta_{yj-1}\tau}\right)+\Theta_3\left(\frac{\pi\left(y+y_{0\iota j-1}\right)}{2b},e^{-\left(\frac{\pi}{b}\right)^2\eta_{yj-1}\tau}\right)\right\}\times$$

$$\times\left\{\Theta_3\left(\frac{\pi\left(d_j-z_{0\iota j-1}\right)}{2\left(d_j-d_{j-1}\right)},e^{-\left(\frac{\pi}{d_j-d_{j-1}}\right)^2\eta_{zj-1}\tau}\right)+\right.$$

$$\left.+\Theta_3\left(\frac{\pi\left(d_j+z_{0\iota j-1}-2d_{j-1}\right)}{2\left(d_j-d_{j-1}\right)},e^{-\left(\frac{\pi}{d_j-d_{j-1}}\right)^2\eta_{zj-1}\tau}\right)\right\}\times$$

$$\times\left\{\Theta_3^{\int}\left(\frac{\pi\left(x-x_{01\iota j-1}\right)}{2a},e^{-\left(\frac{\pi}{a}\right)^2\eta_{xj-1}\tau}\right)-\Theta_3^{\int}\left(\frac{\pi\left(x+x_{01\iota j-1}\right)}{2a},e^{-\left(\frac{\pi}{a}\right)^2\eta_{xj-1}\tau}\right)-\right.$$

$$\left.-\Theta_3^{\int}\left(\frac{\pi\left(x-x_{02\iota j-1}\right)}{2a},e^{-\left(\frac{\pi}{a}\right)^2\eta_{xj-1}\tau}\right)+\Theta_3^{\int}\left(\frac{\pi\left(x+x_{02\iota j-1}\right)}{2a},e^{-\left(\frac{\pi}{a}\right)^2\eta_{xj-1}\tau}\right)\right\}d\tau+$$

$$+\frac{1}{4\left(\phi c_t\right)_{j-1}a\left(d_j-d_{j-1}\right)}\sum_{\iota=M_l+1}^{N_l}U\left(t-t_{0\iota j-1}\right)\int\limits_0^{t-t_{0\iota j-1}}q_{\iota j-1}(t-t_{0\iota j-1}-\tau)\times$$

$$\times\left\{\Theta_3\left(\frac{\pi\left(x-x_{0\iota j-1}\right)}{2a},e^{-\left(\frac{\pi}{a}\right)^2\eta_{xj-1}\tau}\right)+\Theta_3\left(\frac{\pi\left(x+x_{0\iota j-1}\right)}{2a},e^{-\left(\frac{\pi}{a}\right)^2\eta_{xj-1}\tau}\right)\right\}\times$$

$$\times\left\{\Theta_3\left(\frac{\pi\left(d_j-z_{0\iota j-1}\right)}{2\left(d_j-d_{j-1}\right)},e^{-\left(\frac{\pi}{d_j-d_{j-1}}\right)^2\eta_{zj-1}\tau}\right)+\right.$$

$$\left.+\Theta_3\left(\frac{\pi\left(d_j+z_{0\iota j-1}-2d_{j-1}\right)}{2\left(d_j-d_{j-1}\right)},e^{-\left(\frac{\pi}{d_j-d_{j-1}}\right)^2\eta_{zj-1}\tau}\right)\right\}\times$$

$$\times\left\{\Theta_3^{\int}\left(\frac{\pi\left(y-y_{01\iota j-1}\right)}{2b},e^{-\left(\frac{\pi}{b}\right)^2\eta_{yj-1}\tau}\right)-\Theta_3^{\int}\left(\frac{\pi\left(y+y_{01\iota j-1}\right)}{2b},e^{-\left(\frac{\pi}{b}\right)^2\eta_{yj-1}\tau}\right)-\right.$$

$$\left.-\Theta_3^{\int}\left(\frac{\pi\left(y-y_{02\iota j-1}\right)}{2b},e^{-\left(\frac{\pi}{b}\right)^2\eta_{yj-1}\tau}\right)+\Theta_3^{\int}\left(\frac{\pi\left(y+y_{02\iota j-1}\right)}{2b},e^{-\left(\frac{\pi}{b}\right)^2\eta_{yj-1}\tau}\right)\right\}d\tau+$$

$$+\frac{1}{8\pi\left(\phi c_t\right)_{j-1}\sqrt{\eta_{xj-1}\eta_{yj-1}\eta_{zj-1}}}\sum_{\iota=N_l+1}^{N_d}\int\limits_0^{t-t_{0\iota j-1}}\frac{q_{\iota j-1}\left(t-t_{0\iota j-1}-\tau\right)}{\tau}\times$$

$$\times\sum_{n=-\infty}^{\infty}\sum_{m=-\infty}^{\infty}\sum_{l=-\infty}^{\infty}\left[\mathcal{F}_{\iota j-1}\left(x+2an,y+2bm,d_j+2\left(d_j-d_{j-1}\right)l,\tau;z_{02\iota j-1},z_{01\iota j-1}\right)+\right.$$

$$+\mathcal{F}_{\iota j-1}\left(x+2an,y+2bm,-d_j+2d_{j-1}-2\left(d_j-d_{j-1}\right)l,\tau;z_{02\iota j-1},z_{01\iota j-1}\right)+$$

$$+\mathcal{F}_{\iota j-1}\left(x+2an,-y-2bm,d_j+2\left(d_j-d_{j-1}\right)l,\tau;z_{02\iota j-1},z_{01\iota j-1}\right)+$$

$$+\mathcal{F}_{\iota j-1}\left(x+2an,-y-2bm,-d_j+2d_{j-1}-2\left(d_j-d_{j-1}\right)l,\tau;z_{02\iota j-1},z_{01\iota j-1}\right)+$$

$$+\mathcal{F}_{\iota j-1}\left(-x-2an,y+2bm,d_j+2\left(d_j-d_{j-1}\right)l,\tau;z_{02\iota j-1},z_{01\iota j-1}\right)+$$

$$+\mathcal{F}_{\iota j-1}\left(-x-2an,y+2bm,-d_j+2d_{j-1}-2\left(d_j-d_{j-1}\right)l,\tau;z_{02\iota j-1},z_{01\iota j-1}\right)+$$

$$+\mathcal{F}_{\iota j-1}\left(-x-2an,-y-2bm,d_j+2\left(d_j-d_{j-1}\right)l,\tau;z_{02\iota j-1},z_{01\iota j-1}\right)+$$

$$+\mathcal{F}_{\iota j-1}\left(-x-2an,-y-2bm,-d_j+2d_{j-1}-2\left(d_j-d_{j-1}\right)l,\tau;z_{02\iota j-1},z_{01\iota j-1}\right)\right]d\tau+$$

$$+\frac{1}{2\left(\phi c_t\right)_{j-1}\left(d_j-d_{j-1}\right)}\sum_{\iota=N_d+1}^{L_r}U\left(t-t_{0\iota j-1}\right)\int\limits_0^{t-t_{0\iota j-1}}q_{\iota j-1}(t-t_{0\iota j-1}-\tau)\times$$

$$\times\left\{\Theta_3^{\int}\left(\frac{\pi\left(x-x_{01\iota j-1}\right)}{2a},e^{-\left(\frac{\pi}{a}\right)^2\eta_{xj-1}\tau}\right)-\Theta_3^{\int}\left(\frac{\pi\left(x+x_{01\iota j-1}\right)}{2a},e^{-\left(\frac{\pi}{a}\right)^2\eta_{xj-1}\tau}\right)-\right.$$

$$\left.-\Theta_3^{\int}\left(\frac{\pi\left(x-x_{02\iota j-1}\right)}{2a},e^{-\left(\frac{\pi}{a}\right)^2\eta_{xj-1}\tau}\right)+\Theta_3^{\int}\left(\frac{\pi\left(x+x_{02\iota j-1}\right)}{2a},e^{-\left(\frac{\pi}{a}\right)^2\eta_{xj-1}\tau}\right)\right\}\times$$

$$\times\left\{\Theta_3^{\int}\left(\frac{\pi\left(y-y_{01\iota j-1}\right)}{2b},e^{-\left(\frac{\pi}{b}\right)^2\eta_{yj-1}\tau}\right)-\Theta_3^{\int}\left(\frac{\pi\left(y+y_{01\iota j-1}\right)}{2b},e^{-\left(\frac{\pi}{b}\right)^2\eta_{yj-1}\tau}\right)-\right.$$

$$\left.-\Theta_3^{\int}\left(\frac{\pi\left(y-y_{02\iota j-1}\right)}{2b},e^{-\left(\frac{\pi}{b}\right)^2\eta_{yj-1}\tau}\right)+\Theta_3^{\int}\left(\frac{\pi\left(y+y_{02\iota j-1}\right)}{2b},e^{-\left(\frac{\pi}{b}\right)^2\eta_{yj-1}\tau}\right)\right\}\times$$

$$\times\left\{\Theta_3\left(\frac{\pi\left(d_j-z_{0\iota j-1}\right)}{2\left(d_j-d_{j-1}\right)},e^{-\left(\frac{\pi}{d_j-d_{j-1}}\right)^2\eta_{zj-1}\tau}\right)+\right.$$

$$\left.+\Theta_3\left(\frac{\pi\left(d_j+z_{0\iota j-1}-2d_{j-1}\right)}{2\left(d_j-d_{j-1}\right)},e^{-\left(\frac{\pi}{d_j-d_{j-1}}\right)^2\eta_{zj-1}\tau}\right)\right\}d\tau+$$

$$+\frac{1}{2\left(\phi c_t\right)_{j-1}a}\sum_{\iota=L_r+1}^{M_r}U\left(t-t_{0\iota j-1}\right)\int\limits_0^{t-t_{0\iota j-1}}q_{\iota j-1}(t-t_{0\iota j-1}-\tau)\times$$

$$\times\left\{\Theta_3\left(\frac{\pi\left(x-x_{0\iota j-1}\right)}{2a},e^{-\left(\frac{\pi}{a}\right)^2\eta_{xj-1}\tau}\right)+\Theta_3\left(\frac{\pi\left(x+x_{0\iota j-1}\right)}{2a},e^{-\left(\frac{\pi}{a}\right)^2\eta_{xj-1}\tau}\right)\right\}\times$$

$$\times\left\{\Theta_3^{\int}\left(\frac{\pi\left(y-y_{01\iota j-1}\right)}{2b},e^{-\left(\frac{\pi}{b}\right)^2\eta_{yj-1}\tau}\right)-\Theta_3^{\int}\left(\frac{\pi\left(y+y_{01\iota j-1}\right)}{2b},e^{-\left(\frac{\pi}{b}\right)^2\eta_{yj-1}\tau}\right)-\right.$$

$$\left.-\Theta_3^{\int}\left(\frac{\pi\left(y-y_{02\iota j-1}\right)}{2b},e^{-\left(\frac{\pi}{b}\right)^2\eta_{yj-1}\tau}\right)+\Theta_3^{\int}\left(\frac{\pi\left(y+y_{02\iota j-1}\right)}{2b},e^{-\left(\frac{\pi}{b}\right)^2\eta_{yj-1}\tau}\right)\right\}\times$$

$$\times\left\{\Theta_3^{\int}\left(\frac{\pi\left(d_j-z_{01\iota j-1}\right)}{2\left(d_j-d_{j-1}\right)},e^{-\left(\frac{\pi}{d_j-d_{j-1}}\right)^2\eta_{zj-1}\tau}\right)-\right.$$

$$-\Theta_3^{\int}\left(\frac{\pi\left(d_j+z_{01\iota j-1}-2d_{j-1}\right)}{2\left(d_j-d_{j-1}\right)},e^{-\left(\frac{\pi}{d_j-d_{j-1}}\right)^2\eta_{zj-1}\tau}\right)-$$

$$-\Theta_3^{\int}\left(\frac{\pi\left(d_j-z_{02\iota j-1}\right)}{2\left(d_j-d_{j-1}\right)},e^{-\left(\frac{\pi}{d_j-d_{j-1}}\right)^2\eta_{zj-1}\tau}\right)+$$

$$\left.+\Theta_3^{\int}\left(\frac{\pi\left(d_j+z_{02\iota j-1}-2d_{j-1}\right)}{2\left(d_j-d_{j-1}\right)},e^{-\left(\frac{\pi}{d_j-d_{j-1}}\right)^2\eta_{zj-1}\tau}\right)\right\}d\tau+$$

$$+\frac{1}{2\left(\phi c_t\right)_{j-1}b}\sum_{\iota=M_r+1}^{N_r}U\left(t-t_{0\iota j-1}\right)\int\limits_0^{t-t_{0\iota j-1}}q_{\iota j-1}(t-t_{0\iota j-1}-\tau)\times$$

$$\times\left\{\Theta_3^{\int}\left(\frac{\pi\left(x-x_{01\iota j-1}\right)}{2a},e^{-\left(\frac{\pi}{a}\right)^2\eta_{xj-1}\tau}\right)-\Theta_3^{\int}\left(\frac{\pi\left(x+x_{01\iota j-1}\right)}{2a},e^{-\left(\frac{\pi}{a}\right)^2\eta_{xj-1}\tau}\right)-\right.$$

$$\left.-\Theta_3^{\int}\left(\frac{\pi\left(x-x_{02\iota j-1}\right)}{2a},e^{-\left(\frac{\pi}{a}\right)^2\eta_{xj-1}\tau}\right)+\Theta_3^{\int}\left(\frac{\pi\left(x+x_{02\iota j-1}\right)}{2a},e^{-\left(\frac{\pi}{a}\right)^2\eta_{xj-1}\tau}\right)\right\}\times$$

$$\times\left\{\Theta_3\left(\frac{\pi\left(y-y_{0\iota j-1}\right)}{2b},e^{-\left(\frac{\pi}{b}\right)^2\eta_{yj-1}\tau}\right)+\Theta_3\left(\frac{\pi\left(y+y_{0\iota j-1}\right)}{2b},e^{-\left(\frac{\pi}{b}\right)^2\eta_{yj-1}\tau}\right)\right\}\times$$

$$\times\left\{\Theta_3^{\int}\left(\frac{\pi\left(d_j-z_{01\iota j-1}\right)}{2\left(d_j-d_{j-1}\right)},e^{-\left(\frac{\pi}{d_j-d_{j-1}}\right)^2\eta_{zj-1}\tau}\right)-\right.$$

$$-\Theta_3^{\int}\left(\frac{\pi\left(d_j+z_{01\iota j-1}-2d_{j-1}\right)}{2\left(d_j-d_{j-1}\right)},e^{-\left(\frac{\pi}{d_j-d_{j-1}}\right)^2\eta_{zj-1}\tau}\right)-$$

$$-\Theta_3^{\int}\left(\frac{\pi\left(d_j-z_{02\iota j-1}\right)}{2\left(d_j-d_{j-1}\right)},e^{-\left(\frac{\pi}{d_j-d_{j-1}}\right)^2\eta_{zj-1}\tau}\right)+$$

$$\left.+\Theta_3^{\int}\left(\frac{\pi\left(d_j+z_{02\iota j-1}-2d_{j-1}\right)}{2\left(d_j-d_{j-1}\right)},e^{-\left(\frac{\pi}{d_j-d_{j-1}}\right)^2\eta_{zj-1}\tau}\right)\right\}d\tau+$$

$$+\frac{4}{\left(\phi c_t\right)_{j-1}ab\left(d_j-d_{j-1}\right)}\sum_{m=0}^{\infty}\sum_{l=0}^{\infty}\ni_m\ni_l\left(-1\right)^l\cos\left(\xi_m y\right)\times$$

$$\times\int_0^t\left\{\overline{\overline{\psi}}_{0yzj-1}\left(\xi_m,\xi_{lj-1},\tau\right)\Theta_3\left(\frac{\pi x}{2a},e^{-\left(\frac{\pi}{a}\right)^2\eta_{xj-1}(t-\tau)}\right)-\right.$$

$$\left.-\overline{\overline{\psi}}_{ayzj-1}\left(\xi_m,\xi_{lj-1},\tau\right)\Theta_4\left(\frac{\pi x}{2a},e^{-\left(\frac{\pi}{a}\right)^2\eta_{xj-1}(t-\tau)}\right)\right\}e^{-\left\{\xi_m^2\eta_{yj-1}+\xi_{lj-1}^2\eta_{zj-1}\right\}(t-\tau)}d\tau+$$

$$+\frac{4}{\left(\phi c_t\right)_{j-1}ab\left(d_j-d_{j-1}\right)}\sum_{m=0}^{\infty}\sum_{l=0}^{\infty}\ni_n\ni_l\left(-1\right)^l\cos\left(\xi_n x\right)\times$$

$$\times\int_0^t\left\{\overline{\overline{\psi}}_{x0zj-1}\left(\xi_n,\xi_{lj-1},\tau\right)\Theta_3\left(\frac{\pi y}{2b},e^{-\left(\frac{\pi}{b}\right)^2\eta_{yj-1}(t-\tau)}\right)-\right.$$

$$\left.-\overline{\overline{\psi}}_{xbzj-1}\left(\xi_n,\xi_{lj-1},\tau\right)\Theta_4\left(\frac{\pi y}{2b},e^{-\left(\frac{\pi}{b}\right)^2\eta_{yj-1}(t-\tau)}\right)\right\}\times e^{-\left\{\xi_n^2\eta_{xj-1}+\xi_{lj-1}^2\eta_{zj-1}\right\}(t-\tau)}d\tau+$$

$$+\frac{1}{8ab\left(d_j-d_{j-1}\right)}\times$$

$$\times\int_0^{d_j-d_{j-1}}\int_0^b\int_0^a\varphi_j\left(u,v,w+d_{j-1}\right)\left\{\Theta_3\left(\frac{\pi\left(x-u\right)}{2a},e^{-\left(\frac{\pi}{a}\right)^2\eta_{xj-1}t}\right)+\Theta_3\left(\frac{\pi\left(x+u\right)}{2a},e^{-\left(\frac{\pi}{a}\right)^2\eta_{xj-1}t}\right)\right\}\times$$

$$\times\left\{\Theta_3\left(\frac{\pi\left(y-v\right)}{2b},e^{-\left(\frac{\pi}{b}\right)^2\eta_{yj-1}t}\right)+\Theta_3\left(\frac{\pi\left(y+v\right)}{2b},e^{-\left(\frac{\pi}{b}\right)^2\eta_{yj-1}t}\right)\right\}\times$$

$$\times\left\{\Theta_3\left(\frac{\pi\left(d_j-d_{j-1}-w\right)}{2\left(d_j-d_{j-1}\right)},e^{-\left(\frac{\pi}{d_j-d_{j-1}}\right)^2\eta_{zj-1}t}\right)+\right.$$

$$\left.+\Theta_3\left(\frac{\pi\left(d_j-d_{j-1}+w\right)}{2\left(d_j-d_{j-1}\right)},e^{-\left(\frac{\pi}{d_{j+1}-d_j}\right)^2\eta_{zj-1}t}\right)\right\}dudvdw-$$

$$-\frac{1}{2\left(\phi c_t\right)_j ab}\sum_{\iota=1}^{L_l}U\left(t-t_{0\iota j}\right)\int_0^{t-t_{0\iota j}}q_{\iota j}(t-t_{0\iota j}-\tau)\times$$

$$\times\left\{\Theta_3\left(\frac{\pi\left(x-x_{0\iota j}\right)}{2a},e^{-\left(\frac{\pi}{a}\right)^2\eta_{xj}\tau}\right)+\Theta_3\left(\frac{\pi\left(x+x_{0\iota j}\right)}{2a},e^{-\left(\frac{\pi}{a}\right)^2\eta_{xj}\tau}\right)\right\}\times$$

$$\times\left\{\Theta_3\left(\frac{\pi\left(y-y_{0\iota j}\right)}{2b},e^{-\left(\frac{\pi}{b}\right)^2\eta_{yj}\tau}\right)+\Theta_3\left(\frac{\pi\left(y+y_{0\iota j}\right)}{2b},e^{-\left(\frac{\pi}{b}\right)^2\eta_{yj}\tau}\right)\right\}\times$$

$$\times\left\{\Theta_3^{\int}\left(\frac{\pi\left(d_j-z_{01\iota j}\right)}{2\left(d_{j+1}-d_j\right)},e^{-\left(\frac{\pi}{d_{j+1}-d_j}\right)^2\eta_{zj}\tau}\right)-\Theta_3^{\int}\left(\frac{\pi\left(d_j-z_{02\iota j}\right)}{2\left(d_{j+1}-d_j\right)},e^{-\left(\frac{\pi}{d_{j+1}-d_j}\right)^2\eta_{zj}\tau}\right)\right\}d\tau-$$

$$
-\frac{1}{2\left(\phi c_t\right)_j b\left(d_{j+1}-d_j\right)}\times
$$

$$
\times\sum_{\iota=L_l+1}^{M_l}U\left(t-t_{0\iota j}\right)\int_0^{t-t_{0\iota j}}q_{\iota j}(t-t_{0\iota j}-\tau)\Theta_3\left(\frac{\pi\left(d_j-z_{0\iota j}\right)}{2\left(d_{j+1}-d_j\right)},e^{-\left(\frac{\pi}{d_{j+1}-d_j}\right)^2\eta_{zj}\tau}\right)\times
$$

$$
\times\left\{\Theta_3\left(\frac{\pi\left(y-y_{0\iota j}\right)}{2b},e^{-\left(\frac{\pi}{b}\right)^2\eta_{yj}\tau}\right)+\Theta_3\left(\frac{\pi\left(y+y_{0\iota j}\right)}{2b},e^{-\left(\frac{\pi}{b}\right)^2\eta_{yj}\tau}\right)\right\}\times
$$

$$
\times\left\{\Theta_3^{\int}\left(\frac{\pi\left(x-x_{01\iota j}\right)}{2a},e^{-\left(\frac{\pi}{a}\right)^2\eta_{xj}\tau}\right)-\Theta_3^{\int}\left(\frac{\pi\left(x+x_{01\iota j}\right)}{2a},e^{-\left(\frac{\pi}{a}\right)^2\eta_{xj}\tau}\right)-\right.
$$

$$
\left.-\Theta_3^{\int}\left(\frac{\pi\left(x-x_{02\iota j}\right)}{2a},e^{-\left(\frac{\pi}{a}\right)^2\eta_{xj}\tau}\right)+\Theta_3^{\int}\left(\frac{\pi\left(x+x_{02\iota j}\right)}{2a},e^{-\left(\frac{\pi}{a}\right)^2\eta_{xj}\tau}\right)\right\}d\tau-
$$

$$
-\frac{1}{2\left(\phi c_t\right)_j a\left(d_{j+1}-d_j\right)}\times
$$

$$
\times\sum_{\iota=M_l+1}^{N_l}U\left(t-t_{0\iota j}\right)\int_0^{t-t_{0\iota j}}q_{\iota j}(t-t_{0\iota j}-\tau)\Theta_3\left(\frac{\pi\left(d_j-z_{0\iota j}\right)}{2\left(d_{j+1}-d_j\right)},e^{-\left(\frac{\pi}{d_{j+1}-d_j}\right)^2\eta_{zj}\tau}\right)\times
$$

$$
\times\left\{\Theta_3\left(\frac{\pi\left(x-x_{0\iota j}\right)}{2a},e^{-\left(\frac{\pi}{a}\right)^2\eta_{xj}\tau}\right)+\Theta_3\left(\frac{\pi\left(x+x_{0\iota j}\right)}{2a},e^{-\left(\frac{\pi}{a}\right)^2\eta_{xj}\tau}\right)\right\}\times
$$

$$
\times\left\{\Theta_3^{\int}\left(\frac{\pi\left(y-y_{01\iota j}\right)}{2b},e^{-\left(\frac{\pi}{b}\right)^2\eta_{yj}\tau}\right)-\Theta_3^{\int}\left(\frac{\pi\left(y+y_{01\iota j}\right)}{2b},e^{-\left(\frac{\pi}{b}\right)^2\eta_{yj}\tau}\right)-\right.
$$

$$
\left.-\Theta_3^{\int}\left(\frac{\pi\left(y-y_{02\iota j}\right)}{2b},e^{-\left(\frac{\pi}{b}\right)^2\eta_{yj}\tau}\right)+\Theta_3^{\int}\left(\frac{\pi\left(y+y_{02\iota j}\right)}{2b},e^{-\left(\frac{\pi}{b}\right)^2\eta_{yj}\tau}\right)\right\}d\tau-
$$

$$
-\frac{1}{8\pi\left(\phi c_t\right)_j\sqrt{\eta_{xj}\eta_{yj}\eta_{zj}}}\sum_{\iota=N_l+1}^{N_d}\int_0^{t-t_{0\iota j}}\frac{q_{\iota j}\left(t-t_{0\iota j}-\tau\right)}{\tau}\times
$$

$$
\times\sum_{n=-\infty}^{\infty}\sum_{m=-\infty}^{\infty}\sum_{l=-\infty}^{\infty}\left[\mathcal{F}_{\iota j}\left(x+2an,y+2bm,d_j+2\left(d_{j+1}-d_j\right)l,\tau;z_{02\iota j},z_{01\iota j}\right)+\right.
$$

$$
+\mathcal{F}_{\iota j}\left(x+2an,y+2bm,d_j-2\left(d_{j+1}-d_j\right)l,\tau;z_{02\iota j},z_{01\iota j}\right)+
$$

$$
+\mathcal{F}_{\iota j}\left(x+2an,-y-2bm,d_j+2\left(d_{j+1}-d_j\right)l,\tau;z_{02\iota j},z_{01\iota j}\right)+
$$

$$
+\mathcal{F}_{\iota j}\left(x+2an,-y-2bm,d_j-2\left(d_{j+1}-d_j\right)l,\tau;z_{02\iota j},z_{01\iota j}\right)+
$$

$$
+\mathcal{F}_{\iota j}\left(-x-2an,y+2bm,d_j+2\left(d_{j+1}-d_j\right)l,\tau;z_{02\iota j},z_{01\iota j}\right)+
$$

$$
+\mathcal{F}_{\iota j}\left(-x-2an,y+2bm,d_j-2\left(d_{j+1}-d_j\right)l,\tau;z_{02\iota j},z_{01\iota j}\right)+
$$

$$
+\mathcal{F}_{\iota j}\left(-x-2an,-y-2bm,d_j+2\left(d_{j+1}-d_j\right)l,\tau;z_{02\iota j},z_{01\iota j}\right)+
$$

$$
\left.+\mathcal{F}_{\iota j}\left(-x-2an,-y-2bm,d_j-2\left(d_{j+1}-d_j\right)l,\tau;z_{02\iota j},z_{01\iota j}\right)\right]d\tau-
$$

$$
-\frac{1}{\left(\phi c_t\right)_j\left(d_{j+1}-d_j\right)}\sum_{\iota=N_d+1}^{L_r}U\left(t-t_{0\iota j}\right)\int_0^{t-t_{0\iota j}}q_{\iota j}(t-t_{0\iota j}-\tau)\Theta_3\left(\frac{\pi\left(d_j-z_{0\iota j}\right)}{2\left(d_{j+1}-d_j\right)},e^{-\left(\frac{\pi}{d_{j+1}-d_j}\right)^2\eta_{zj}\tau}\right)\times
$$

$$
\times\left\{\Theta_3^{\int}\left(\frac{\pi\left(x-x_{01\iota j}\right)}{2a},e^{-\left(\frac{\pi}{a}\right)^2\eta_{xj}\tau}\right)-\Theta_3^{\int}\left(\frac{\pi\left(x+x_{01\iota j}\right)}{2a},e^{-\left(\frac{\pi}{a}\right)^2\eta_{xj}\tau}\right)-\right.
$$

$$
\left.-\Theta_3^{\int}\left(\frac{\pi\left(x-x_{02\iota j}\right)}{2a},e^{-\left(\frac{\pi}{a}\right)^2\eta_{xj}\tau}\right)+\Theta_3^{\int}\left(\frac{\pi\left(x+x_{02\iota j}\right)}{2a},e^{-\left(\frac{\pi}{a}\right)^2\eta_{xj}\tau}\right)\right\}\times
$$

$$
\times\left\{\Theta_3^{\int}\left(\frac{\pi\left(y-y_{01\iota j}\right)}{2b},e^{-\left(\frac{\pi}{b}\right)^2\eta_{yj}\tau}\right)-\Theta_3^{\int}\left(\frac{\pi\left(y+y_{01\iota j}\right)}{2b},e^{-\left(\frac{\pi}{b}\right)^2\eta_{yj}\tau}\right)-\right.
$$

$$
\left.-\Theta_3^{\int}\left(\frac{\pi\left(y-y_{02\iota j}\right)}{2b},e^{-\left(\frac{\pi}{b}\right)^2\eta_{yj}\tau}\right)+\Theta_3^{\int}\left(\frac{\pi\left(y+y_{02\iota j}\right)}{2b},e^{-\left(\frac{\pi}{b}\right)^2\eta_{yj}\tau}\right)\right\}d\tau-
$$

$$
-\frac{1}{(\phi c_t)_j a}\sum_{\iota=L_r+1}^{M_r} U\left(t-t_{0\iota j}\right)\int\limits_0^{t-t_{0\iota j}} q_{\iota j}(t-t_{0\iota j}-\tau)\times
$$

$$
\times\left\{\Theta_3\left(\frac{\pi\left(x-x_{0\iota j}\right)}{2a},e^{-\left(\frac{\pi}{a}\right)^2\eta_{xj}\tau}\right)+\Theta_3\left(\frac{\pi\left(x+x_{0\iota j}\right)}{2a},e^{-\left(\frac{\pi}{a}\right)^2\eta_{xj}\tau}\right)\right\}\times
$$

$$
\times\left\{\Theta_3^{\int}\left(\frac{\pi\left(y-y_{01\iota j}\right)}{2b},e^{-\left(\frac{\pi}{b}\right)^2\eta_{yj}\tau}\right)-\Theta_3^{\int}\left(\frac{\pi\left(y+y_{01\iota j}\right)}{2b},e^{-\left(\frac{\pi}{b}\right)^2\eta_{yj}\tau}\right)-\right.
$$

$$
\left.-\Theta_3^{\int}\left(\frac{\pi\left(y-y_{02\iota j}\right)}{2b},e^{-\left(\frac{\pi}{b}\right)^2\eta_{yj}\tau}\right)+\Theta_3^{\int}\left(\frac{\pi\left(y+y_{02\iota j}\right)}{2b},e^{-\left(\frac{\pi}{b}\right)^2\eta_{yj}\tau}\right)\right\}\times
$$

$$
\times\left\{\Theta_3^{\int}\left(\frac{\pi\left(d_j-z_{01\iota j}\right)}{2\left(d_{j+1}-d_j\right)},e^{-\left(\frac{\pi}{d_{j+1}-d_j}\right)^2\eta_{zj}\tau}\right)-\Theta_3^{\int}\left(\frac{\pi\left(d_j-z_{02\iota j}\right)}{2\left(d_{j+1}-d_j\right)},e^{-\left(\frac{\pi}{d_{j+1}-d_j}\right)^2\eta_{zj}\tau}\right)\right\}d\tau-
$$

$$
-\frac{1}{(\phi c_t)_j b}\sum_{\iota=M_r+1}^{N_r} U\left(t-t_{0\iota j}\right)\int\limits_0^{t-t_{0\iota j}} q_{\iota j}(t-t_{0\iota j}-\tau)\times
$$

$$
\times\left\{\Theta_3^{\int}\left(\frac{\pi\left(x-x_{01\iota j}\right)}{2a},e^{-\left(\frac{\pi}{a}\right)^2\eta_{xj}\tau}\right)-\Theta_3^{\int}\left(\frac{\pi\left(x+x_{01\iota j}\right)}{2a},e^{-\left(\frac{\pi}{a}\right)^2\eta_{xj}\tau}\right)-\right.
$$

$$
\left.-\Theta_3^{\int}\left(\frac{\pi\left(x-x_{02\iota j}\right)}{2a},e^{-\left(\frac{\pi}{a}\right)^2\eta_{xj}\tau}\right)+\Theta_3^{\int}\left(\frac{\pi\left(x+x_{02\iota j}\right)}{2a},e^{-\left(\frac{\pi}{a}\right)^2\eta_{xj}\tau}\right)\right\}\times
$$

$$
\times\left\{\Theta_3\left(\frac{\pi\left(y-y_{0\iota j}\right)}{2b},e^{-\left(\frac{\pi}{b}\right)^2\eta_{yj}\tau}\right)+\Theta_3\left(\frac{\pi\left(y+y_{0\iota j}\right)}{2b},e^{-\left(\frac{\pi}{b}\right)^2\eta_{yj}\tau}\right)\right\}\times
$$

$$
\times\left\{\Theta_3^{\int}\left(\frac{\pi\left(d_j-z_{01\iota j}\right)}{2\left(d_{j+1}-d_j\right)},e^{-\left(\frac{\pi}{d_{j+1}-d_j}\right)^2\eta_{zj}\tau}\right)-\Theta_3^{\int}\left(\frac{\pi\left(d_j-z_{02\iota j}\right)}{2\left(d_{j+1}-d_j\right)},e^{-\left(\frac{\pi}{d_{j+1}-d_j}\right)^2\eta_{zj}\tau}\right)\right\}d\tau-
$$

$$
-\frac{4}{(\phi c_t)_j ab\left(d_{j+1}-d_j\right)}\sum_{m=0}^{\infty}\sum_{l=0}^{\infty}\ni_m\ni_l\cos\left(\xi_m y\right)\times
$$

$$
\times\int\limits_0^t\left\{\overline{\overline{\psi}}_{0yzj}\left(\xi_m,\xi_{lj},\tau\right)\Theta_3\left(\frac{\pi x}{2a},e^{-\left(\frac{\pi}{a}\right)^2\eta_{xj}(t-\tau)}\right)-\right.
$$

$$
\left.-\overline{\overline{\psi}}_{ayzj}\left(\xi_m,\xi_{lj},\tau\right)\Theta_4\left(\frac{\pi x}{2a},e^{-\left(\frac{\pi}{a}\right)^2\eta_{xj}(t-\tau)}\right)\right\}e^{-\left\{\xi_m^2\eta_{yj}+\xi_{lj}^2\eta_{zj}\right\}(t-\tau)}d\tau-
$$

$$
-\frac{4}{(\phi c_t)_j ab\left(d_{j+1}-d_j\right)}\sum_{m=0}^{\infty}\sum_{l=0}^{\infty}\ni_n\ni_l\cos\left(\xi_n x\right)\times
$$

$$
\times\int\limits_0^t\left\{\overline{\overline{\psi}}_{x0zj}\left(\xi_n,\xi_{lj},\tau\right)\Theta_3\left(\frac{\pi y}{2b},e^{-\left(\frac{\pi}{b}\right)^2\eta_{yj}(t-\tau)}\right)-\right.
$$

$$
\left.-\overline{\overline{\psi}}_{xbzj}\left(\xi_n,\xi_{lj},\tau\right)\Theta_4\left(\frac{\pi y}{2b},e^{-\left(\frac{\pi}{b}\right)^2\eta_{yj}(t-\tau)}\right)\right\}e^{-\left\{\xi_n^2\eta_{xj}+\xi_{lj}^2\eta_{zj}\right\}(t-\tau)}d\tau-
$$

$$
-\frac{1}{4ab\left(d_{j+1}-d_j\right)}\int\limits_0^{d_{j+1}-d_j}\int\limits_0^b\int\limits_0^a\varphi_j\left(u,v,w+d_j\right)\Theta_3\left(\frac{\pi w}{2\left(d_{j+1}-d_j\right)},e^{-\left(\frac{\pi}{d_{j+1}-d_j}\right)^2\eta_{zj}t}\right)\times
$$

$$
\times\left\{\Theta_3\left(\frac{\pi\left(x-u\right)}{2a},e^{-\left(\frac{\pi}{a}\right)^2\eta_{xj}t}\right)+\Theta_3\left(\frac{\pi\left(x+u\right)}{2a},e^{-\left(\frac{\pi}{a}\right)^2\eta_{xj}t}\right)\right\}\times
$$

$$
\times\left\{\Theta_3\left(\frac{\pi\left(y-v\right)}{2b},e^{-\left(\frac{\pi}{b}\right)^2\eta_{yj}t}\right)+\Theta_3\left(\frac{\pi\left(y+v\right)}{2b},e^{-\left(\frac{\pi}{b}\right)^2\eta_{yj}t}\right)\right\}dudvdw \tag{D.2.2}
$$

The average pressure at any well or rectangular source may be obtained by a further integration. For example, the spatial average pressure response of the line $[z_{02\diamondsuit} - z_{01\diamondsuit}]$, $\iota = \diamondsuit$, $1 \leq \diamondsuit \leq L_l$, is given by

$$
\begin{aligned}
p_j = {} & \frac{(d_{j+1}-d_j)}{2\left(\phi c_t\right)_j ab\left(z_{02\diamondsuit j}-z_{01\diamondsuit j}\right)} \sum_{\iota=1}^{L_l} U\left(t-t_{0\iota j}\right) \int_0^{t-t_{0\iota j}} q_{\iota j}(t-t_{0\iota j}-\tau) \times \\
& \times \left\{\Theta_3\left(\frac{\pi\left(x-x_{0\iota j}\right)}{2a}, e^{-\left(\frac{\pi}{a}\right)^2 \eta_{xj}\tau}\right)+\Theta_3\left(\frac{\pi\left(x+x_{0\iota j}\right)}{2a}, e^{-\left(\frac{\pi}{a}\right)^2 \eta_{xj}\tau}\right)\right\} \times \\
& \times \left\{\Theta_3\left(\frac{\pi\left(y-y_{0\iota j}\right)}{2b}, e^{-\left(\frac{\pi}{b}\right)^2 \eta_{yj}\tau}\right)+\Theta_3\left(\frac{\pi\left(y+y_{0\iota j}\right)}{2b}, e^{-\left(\frac{\pi}{b}\right)^2 \eta_{yj}\tau}\right)\right\} \times \\
& \times \left\{\Theta_3^{\int\int}\left(\frac{\pi\left(z_{02\diamondsuit j}-z_{01\iota j}\right)}{2\left(d_{j+1}-d_j\right)}, e^{-\left(\frac{\pi}{d_{j+1}-d_j}\right)^2 \eta_{zj}\tau}\right)-\Theta_3^{\int\int}\left(\frac{\pi\left(z_{01\diamondsuit j}-z_{01\iota j}\right)}{2\left(d_{j+1}-d_j\right)}, e^{-\left(\frac{\pi}{d_{j+1}-d_j}\right)^2 \eta_{zj}\tau}\right)-\right. \\
& -\Theta_3^{\int\int}\left(\frac{\pi\left(z_{02\diamondsuit j}+z_{01\iota j}-2d_j\right)}{2\left(d_{j+1}-d_j\right)}, e^{-\left(\frac{\pi}{d_{j+1}-d_j}\right)^2 \eta_{zj}\tau}\right)+\Theta_3^{\int\int}\left(\frac{\pi\left(z_{01\diamondsuit j}+z_{01\iota j}-2d_j\right)}{2\left(d_{j+1}-d_j\right)}, e^{-\left(\frac{\pi}{d_{j+1}-d_j}\right)^2 \eta_{zj}\tau}\right)- \\
& -\Theta_3^{\int\int}\left(\frac{\pi\left(z_{02\diamondsuit j}-z_{02\iota j}\right)}{2\left(d_{j+1}-d_j\right)}, e^{-\left(\frac{\pi}{d_{j+1}-d_j}\right)^2 \eta_{zj}\tau}\right)+\Theta_3^{\int\int}\left(\frac{\pi\left(z_{02\diamondsuit j}-z_{01\iota j}\right)}{2\left(d_{j+1}-d_j\right)}, e^{-\left(\frac{\pi}{d_{j+1}-d_j}\right)^2 \eta_{zj}\tau}\right)+ \\
& \left.+\Theta_3^{\int\int}\left(\frac{\pi\left(z_{02\diamondsuit j}+z_{02\iota j}-2d_j\right)}{2\left(d_{j+1}-d_j\right)}, e^{-\left(\frac{\pi}{d_{j+1}-d_j}\right)^2 \eta_{zj}\tau}\right)-\Theta_3^{\int\int}\left(\frac{\pi\left(z_{01\diamondsuit j}+z_{02\iota j}-2d_j\right)}{2\left(d_{j+1}-d_j\right)}, e^{-\left(\frac{\pi}{d_{j+1}-d_j}\right)^2 \eta_{zj}\tau}\right)\right\} d\tau + \\
& + \frac{1}{2\left(\phi c_t\right)_j b\left(z_{02\diamondsuit j}-z_{01\diamondsuit j}\right)} \sum_{\iota=L_l+1}^{M_l} U\left(t-t_{0\iota j}\right) \int_0^{t-t_{0\iota j}} q_{\iota j}(t-t_{0\iota j}-\tau) \times \\
& \times \left\{\Theta_3\left(\frac{\pi\left(y-y_{0\iota j}\right)}{2b}, e^{-\left(\frac{\pi}{b}\right)^2 \eta_{yj}\tau}\right)+\Theta_3\left(\frac{\pi\left(y+y_{0\iota j}\right)}{2b}, e^{-\left(\frac{\pi}{b}\right)^2 \eta_{yj}\tau}\right)\right\} \times \\
& \times \left\{\Theta_3^{\int}\left(\frac{\pi\left(z_{02\diamondsuit j}-z_{0\iota j}\right)}{2\left(d_{j+1}-d_j\right)}, e^{-\left(\frac{\pi}{d_{j+1}-d_j}\right)^2 \eta_{zj}(t-\tau)}\right)-\Theta_3^{\int}\left(\frac{\pi\left(z_{01\diamondsuit j}-z_{0\iota j}\right)}{2\left(d_{j+1}-d_j\right)}, e^{-\left(\frac{\pi}{d_{j+1}-d_j}\right)^2 \eta_{zj}(t-\tau)}\right)+\right. \\
& \left.+\Theta_3^{\int}\left(\frac{\pi\left(z_{02\diamondsuit j}+z_{0\iota j}-2d_j\right)}{2\left(d_{j+1}-d_j\right)}, e^{-\left(\frac{\pi}{d_{j+1}-d_j}\right)^2 \eta_{zj}(t-\tau)}\right)-\Theta_3^{\int}\left(\frac{\pi\left(z_{01\diamondsuit j}+z_{0\iota j}-2d_j\right)}{2\left(d_{j+1}-d_j\right)}, e^{-\left(\frac{\pi}{d_{j+1}-d_j}\right)^2 \eta_{zj}(t-\tau)}\right)\right\} \times \\
& \times \left\{\Theta_3^{\int}\left(\frac{\pi\left(x-x_{01\iota j}\right)}{2a}, e^{-\left(\frac{\pi}{a}\right)^2 \eta_{xj}\tau}\right)-\Theta_3^{\int}\left(\frac{\pi\left(x+x_{01\iota j}\right)}{2a}, e^{-\left(\frac{\pi}{a}\right)^2 \eta_{xj}\tau}\right)-\right. \\
& \left.-\Theta_3^{\int}\left(\frac{\pi\left(x-x_{02\iota j}\right)}{2a}, e^{-\left(\frac{\pi}{a}\right)^2 \eta_{xj}\tau}\right)+\Theta_3^{\int}\left(\frac{\pi\left(x+x_{02\iota j}\right)}{2a}, e^{-\left(\frac{\pi}{a}\right)^2 \eta_{xj}\tau}\right)\right\} d\tau + \\
& + \frac{1}{2\left(\phi c_t\right)_j a\left(z_{02\diamondsuit j}-z_{01\diamondsuit j}\right)} \sum_{\iota=M_l+1}^{N_l} U\left(t-t_{0\iota j}\right) \int_0^{t-t_{0\iota j}} q_{\iota j}(t-t_{0\iota j}-\tau) \times \\
& \times \left\{\Theta_3\left(\frac{\pi\left(x-x_{0\iota j}\right)}{2a}, e^{-\left(\frac{\pi}{a}\right)^2 \eta_{xj}\tau}\right)+\Theta_3\left(\frac{\pi\left(x+x_{0\iota j}\right)}{2a}, e^{-\left(\frac{\pi}{a}\right)^2 \eta_{xj}\tau}\right)\right\} \times \\
& \times \left\{\Theta_3^{\int}\left(\frac{\pi\left(z_{02\diamondsuit j}-z_{0\iota j}\right)}{2\left(d_{j+1}-d_j\right)}, e^{-\left(\frac{\pi}{d_{j+1}-d_j}\right)^2 \eta_{zj}(t-\tau)}\right)-\Theta_3^{\int}\left(\frac{\pi\left(z_{01\diamondsuit j}-z_{0\iota j}\right)}{2\left(d_{j+1}-d_j\right)}, e^{-\left(\frac{\pi}{d_{j+1}-d_j}\right)^2 \eta_{zj}(t-\tau)}\right)+\right. \\
& \left.+\Theta_3^{\int}\left(\frac{\pi\left(z_{02\diamondsuit j}+z_{0\iota j}-2d_j\right)}{2\left(d_{j+1}-d_j\right)}, e^{-\left(\frac{\pi}{d_{j+1}-d_j}\right)^2 \eta_{zj}(t-\tau)}\right)-\Theta_3^{\int}\left(\frac{\pi\left(z_{01\diamondsuit j}+z_{0\iota j}-2d_j\right)}{2\left(d_{j+1}-d_j\right)}, e^{-\left(\frac{\pi}{d_{j+1}-d_j}\right)^2 \eta_{zj}(t-\tau)}\right)\right\} \times
\end{aligned}
$$

$$\times\left\{\Theta_3^{\int}\left(\frac{\pi\left(y-y_{01\iota j}\right)}{2b},e^{-\left(\frac{\pi}{b}\right)^2\eta_{yj}\tau}\right)-\Theta_3^{\int}\left(\frac{\pi\left(y+y_{01\iota j}\right)}{2b},e^{-\left(\frac{\pi}{b}\right)^2\eta_{yj}\tau}\right)-\right.$$

$$\left.-\Theta_3^{\int}\left(\frac{\pi\left(y-y_{02\iota j}\right)}{2b},e^{-\left(\frac{\pi}{b}\right)^2\eta_{yj}\tau}\right)+\Theta_3^{\int}\left(\frac{\pi\left(y+y_{02\iota j}\right)}{2b},e^{-\left(\frac{\pi}{b}\right)^2\eta_{yj}\tau}\right)\right\}d\tau+$$

$$+\frac{1}{8\pi\left(\phi c_t\right)_j\left(z_{02\diamond j}-z_{01\diamond j}\right)\sqrt{\eta_{xj}\eta_{yj}\eta_{zj}}}\sum_{\iota=N_l+1}^{N_d}\int\limits_0^{t-t_{0\iota j}}\frac{q_{\iota j}\left(t-t_{0\iota j}-\tau\right)}{\tau}\times$$

$$\times\sum_{n=-\infty}^{\infty}\sum_{m=-\infty}^{\infty}\sum_{l=-\infty}^{\infty}\int\limits_{z_{01\diamond j}}^{z_{02\diamond j}}\left[\mathcal{F}_{\iota j}\left(x+2an,y+2bm,z+2\left(d_{j+1}-d_j\right)l,\tau;z_{02\iota j},z_{01\iota j}\right)+\right.$$

$$+\mathcal{F}_{\iota j}\left(x+2an,y+2bm,-z+2d_j-2\left(d_{j+1}-d_j\right)l,\tau;z_{02\iota j},z_{01\iota j}\right)+$$

$$+\mathcal{F}_{\iota j}\left(x+2an,-y-2bm,z+2\left(d_{j+1}-d_j\right)l,\tau;z_{02\iota j},z_{01\iota j}\right)+$$

$$+\mathcal{F}_{\iota j}\left(x+2an,-y-2bm,-z+2d_j-2\left(d_{j+1}-d_j\right)l,\tau;z_{02\iota j},z_{01\iota j}\right)+$$

$$+\mathcal{F}_{\iota j}\left(-x-2an,y+2bm,z+2\left(d_{j+1}-d_j\right)l,\tau;z_{02\iota j},z_{01\iota j}\right)+$$

$$+\mathcal{F}_{\iota j}\left(-x-2an,y+2bm,-z+2d_j-2\left(d_{j+1}-d_j\right)l,\tau;z_{02\iota j},z_{01\iota j}\right)+$$

$$+\mathcal{F}_{\iota j}\left(-x-2an,-y-2bm,z+2\left(d_{j+1}-d_j\right)l,\tau;z_{02\iota j},z_{01\iota j}\right)+$$

$$\left.+\mathcal{F}_{\iota j}\left(-x-2an,-y-2bm,-z+2d_j-2\left(d_{j+1}-d_j\right)l,\tau;z_{02\iota j},z_{01\iota j}\right)\right]dzd\tau+$$

$$+\frac{1}{\left(\phi c_t\right)_j\left(z_{02\diamond j}-z_{01\diamond j}\right)}\sum_{\iota=N_d+1}^{L_r}U\left(t-t_{0\iota j}\right)\int\limits_0^{t-t_{0\iota j}}q_{\iota j}(t-t_{0\iota j}-\tau)\times$$

$$\times\left\{\Theta_3^{\int}\left(\frac{\pi\left(x-x_{01\iota j}\right)}{2a},e^{-\left(\frac{\pi}{a}\right)^2\eta_{xj}\tau}\right)-\Theta_3^{\int}\left(\frac{\pi\left(x+x_{01\iota j}\right)}{2a},e^{-\left(\frac{\pi}{a}\right)^2\eta_{xj}\tau}\right)-\right.$$

$$\left.-\Theta_3^{\int}\left(\frac{\pi\left(x-x_{02\iota j}\right)}{2a},e^{-\left(\frac{\pi}{a}\right)^2\eta_{xj}\tau}\right)+\Theta_3^{\int}\left(\frac{\pi\left(x+x_{02\iota j}\right)}{2a},e^{-\left(\frac{\pi}{a}\right)^2\eta_{xj}\tau}\right)\right\}\times$$

$$\times\left\{\Theta_3^{\int}\left(\frac{\pi\left(y-y_{01\iota j}\right)}{2b},e^{-\left(\frac{\pi}{b}\right)^2\eta_{yj}\tau}\right)-\Theta_3^{\int}\left(\frac{\pi\left(y+y_{01\iota j}\right)}{2b},e^{-\left(\frac{\pi}{b}\right)^2\eta_{yj}\tau}\right)-\right.$$

$$\left.-\Theta_3^{\int}\left(\frac{\pi\left(y-y_{02\iota j}\right)}{2b},e^{-\left(\frac{\pi}{b}\right)^2\eta_{yj}\tau}\right)+\Theta_3^{\int}\left(\frac{\pi\left(y+y_{02\iota j}\right)}{2b},e^{-\left(\frac{\pi}{b}\right)^2\eta_{yj}\tau}\right)\right\}\times$$

$$\times\left\{\Theta_3^{\int}\left(\frac{\pi\left(z_{02\diamond j}-z_{0\iota j}\right)}{2\left(d_{j+1}-d_j\right)},e^{-\left(\frac{\pi}{d_{j+1}-d_j}\right)^2\eta_{zj}(t-\tau)}\right)-\Theta_3^{\int}\left(\frac{\pi\left(z_{01\diamond j}-z_{0\iota j}\right)}{2\left(d_{j+1}-d_j\right)},e^{-\left(\frac{\pi}{d_{j+1}-d_j}\right)^2\eta_{zj}(t-\tau)}\right)+\right.$$

$$\left.+\Theta_3^{\int}\left(\frac{\pi\left(z_{02\diamond j}+z_{0\iota j}-2d_j\right)}{2\left(d_{j+1}-d_j\right)},e^{-\left(\frac{\pi}{d_{j+1}-d_j}\right)^2\eta_{zj}(t-\tau)}\right)-\Theta_3^{\int}\left(\frac{\pi\left(z_{01\diamond j}+z_{0\iota j}-2d_j\right)}{2\left(d_{j+1}-d_j\right)},e^{-\left(\frac{\pi}{d_{j+1}-d_j}\right)^2\eta_{zj}(t-\tau)}\right)\right\}d\tau+$$

$$+\frac{\left(d_{j+1}-d_j\right)}{\left(\phi c_t\right)_j a\left(z_{02\diamond j}-z_{01\diamond j}\right)}\sum_{\iota=L_r+1}^{M_r}U\left(t-t_{0\iota j}\right)\int\limits_0^{t-t_{0\iota j}}q_{\iota j}(t-t_{0\iota j}-\tau)\times$$

$$\times\left\{\Theta_3\left(\frac{\pi\left(x-x_{0\iota j}\right)}{2a},e^{-\left(\frac{\pi}{a}\right)^2\eta_{xj}\tau}\right)+\Theta_3\left(\frac{\pi\left(x+x_{0\iota j}\right)}{2a},e^{-\left(\frac{\pi}{a}\right)^2\eta_{xj}\tau}\right)\right\}\times$$

$$\times\left\{\Theta_3^{\int}\left(\frac{\pi\left(y-y_{01\iota j}\right)}{2b},e^{-\left(\frac{\pi}{b}\right)^2\eta_{yj}\tau}\right)-\Theta_3^{\int}\left(\frac{\pi\left(y+y_{01\iota j}\right)}{2b},e^{-\left(\frac{\pi}{b}\right)^2\eta_{yj}\tau}\right)-\right.$$

$$\left.-\Theta_3^{\int}\left(\frac{\pi\left(y-y_{02\iota j}\right)}{2b},e^{-\left(\frac{\pi}{b}\right)^2\eta_{yj}\tau}\right)+\Theta_3^{\int}\left(\frac{\pi\left(y+y_{02\iota j}\right)}{2b},e^{-\left(\frac{\pi}{b}\right)^2\eta_{yj}\tau}\right)\right\}\times$$

$$\times\left\{\Theta_3^{\int\int}\left(\frac{\pi\left(z_{02\diamond j}-z_{01\iota j}\right)}{2\left(d_{j+1}-d_j\right)},e^{-\left(\frac{\pi}{d_{j+1}-d_j}\right)^2\eta_{zj}\tau}\right)-\Theta_3^{\int\int}\left(\frac{\pi\left(z_{01\diamond j}-z_{01\iota j}\right)}{2\left(d_{j+1}-d_j\right)},e^{-\left(\frac{\pi}{d_{j+1}-d_j}\right)^2\eta_{zj}\tau}\right)-\right.$$

$$-\Theta_3^{\int\int}\left(\frac{\pi\left(z_{02\diamond j}+z_{01\iota j}-2d_j\right)}{2\left(d_{j+1}-d_j\right)},e^{-\left(\frac{\pi}{d_{j+1}-d_j}\right)^2\eta_{zj}\tau}\right)+\Theta_3^{\int\int}\left(\frac{\pi\left(z_{01\diamond j}+z_{01\iota j}-2d_j\right)}{2\left(d_{j+1}-d_j\right)},e^{-\left(\frac{\pi}{d_{j+1}-d_j}\right)^2\eta_{zj}\tau}\right)-$$

$$-\Theta_3^{\int\int}\left(\frac{\pi\left(z_{02\diamond j}-z_{02\iota j}\right)}{2\left(d_{j+1}-d_j\right)},e^{-\left(\frac{\pi}{d_{j+1}-d_j}\right)^2\eta_{zj}\tau}\right)+\Theta_3^{\int\int}\left(\frac{\pi\left(z_{02\diamond j}-z_{01\iota j}\right)}{2\left(d_{j+1}-d_j\right)},e^{-\left(\frac{\pi}{d_{j+1}-d_j}\right)^2\eta_{zj}\tau}\right)+$$

$$+\Theta_3^{\int\int}\left(\frac{\pi\left(z_{02\diamond j}+z_{02\iota j}-2d_j\right)}{2\left(d_{j+1}-d_j\right)},e^{-\left(\frac{\pi}{d_{j+1}-d_j}\right)^2\eta_{zj}\tau}\right)-\Theta_3^{\int\int}\left(\frac{\pi\left(z_{01\diamond j}+z_{02\iota j}-2d_j\right)}{2\left(d_{j+1}-d_j\right)},e^{-\left(\frac{\pi}{d_{j+1}-d_j}\right)^2\eta_{zj}\tau}\right)\Bigg\}d\tau+$$

$$+\frac{\left(d_{j+1}-d_j\right)}{\left(\phi c_t\right)_j b\left(z_{02\diamond j}-z_{01\diamond j}\right)}\sum_{\iota=M_r+1}^{N_r}U\left(t-t_{0\iota j}\right)\int\limits_0^{t-t_{0\iota j}}q_{\iota j}(t-t_{0\iota j}-\tau)\times$$

$$\times\left\{\Theta_3^{\int}\left(\frac{\pi\left(x-x_{01\iota j}\right)}{2a},e^{-\left(\frac{\pi}{a}\right)^2\eta_{xj}\tau}\right)-\Theta_3^{\int}\left(\frac{\pi\left(x+x_{01\iota j}\right)}{2a},e^{-\left(\frac{\pi}{a}\right)^2\eta_{xj}\tau}\right)-\right.$$

$$\left.-\Theta_3^{\int}\left(\frac{\pi\left(x-x_{02\iota j}\right)}{2a},e^{-\left(\frac{\pi}{a}\right)^2\eta_{xj}\tau}\right)+\Theta_3^{\int}\left(\frac{\pi\left(x+x_{02\iota j}\right)}{2a},e^{-\left(\frac{\pi}{a}\right)^2\eta_{xj}\tau}\right)\right\}\times$$

$$\times\left\{\Theta_3\left(\frac{\pi\left(y-y_{0\iota j}\right)}{2b},e^{-\left(\frac{\pi}{b}\right)^2\eta_{yj}\tau}\right)+\Theta_3\left(\frac{\pi\left(y+y_{0\iota j}\right)}{2b},e^{-\left(\frac{\pi}{b}\right)^2\eta_{yj}\tau}\right)\right\}\times$$

$$\times\Bigg\{\Theta_3^{\int\int}\left(\frac{\pi\left(z_{02\diamond j}-z_{01\iota j}\right)}{2\left(d_{j+1}-d_j\right)},e^{-\left(\frac{\pi}{d_{j+1}-d_j}\right)^2\eta_{zj}\tau}\right)-\Theta_3^{\int\int}\left(\frac{\pi\left(z_{01\diamond j}-z_{01\iota j}\right)}{2\left(d_{j+1}-d_j\right)},e^{-\left(\frac{\pi}{d_{j+1}-d_j}\right)^2\eta_{zj}\tau}\right)-$$

$$-\Theta_3^{\int\int}\left(\frac{\pi\left(z_{02\diamond j}+z_{01\iota j}-2d_j\right)}{2\left(d_{j+1}-d_j\right)},e^{-\left(\frac{\pi}{d_{j+1}-d_j}\right)^2\eta_{zj}\tau}\right)+\Theta_3^{\int\int}\left(\frac{\pi\left(z_{01\diamond j}+z_{01\iota j}-2d_j\right)}{2\left(d_{j+1}-d_j\right)},e^{-\left(\frac{\pi}{d_{j+1}-d_j}\right)^2\eta_{zj}\tau}\right)-$$

$$-\Theta_3^{\int\int}\left(\frac{\pi\left(z_{02\diamond j}-z_{02\iota j}\right)}{2\left(d_{j+1}-d_j\right)},e^{-\left(\frac{\pi}{d_{j+1}-d_j}\right)^2\eta_{zj}\tau}\right)+\Theta_3^{\int\int}\left(\frac{\pi\left(z_{02\diamond j}-z_{01\iota j}\right)}{2\left(d_{j+1}-d_j\right)},e^{-\left(\frac{\pi}{d_{j+1}-d_j}\right)^2\eta_{zj}\tau}\right)+$$

$$+\Theta_3^{\int\int}\left(\frac{\pi\left(z_{02\diamond j}+z_{02\iota j}-2d_j\right)}{2\left(d_{j+1}-d_j\right)},e^{-\left(\frac{\pi}{d_{j+1}-d_j}\right)^2\eta_{zj}\tau}\right)-\Theta_3^{\int\int}\left(\frac{\pi\left(z_{01\diamond j}+z_{02\iota j}-2d_j\right)}{2\left(d_{j+1}-d_j\right)},e^{-\left(\frac{\pi}{d_{j+1}-d_j}\right)^2\eta_{zj}\tau}\right)\Bigg\}d\tau+$$

$$+\frac{1}{2\left(\phi c_t\right)_j ab(z_{02\diamond j}-z_{01\diamond j})}\int\limits_0^t\int\limits_0^a\int\limits_0^b\left[\psi_j\left(u,v,\tau\right)\left\{\Theta_3^{\int}\left(\frac{\pi\left(z_{02\diamond j}-d_j\right)}{2\left(d_{j+1}-d_j\right)},e^{-\left(\frac{\pi}{d_{j+1}-d_j}\right)^2\eta_{zj}(t-\tau)}\right)-\right.\right.$$

$$\left.\left.-\Theta_3^{\int}\left(\frac{\pi\left(z_{01\diamond j}-d_j\right)}{2\left(d_{j+1}-d_j\right)},e^{-\left(\frac{\pi}{d_{j+1}-d_j}\right)^2\eta_{zj}(t-\tau)}\right)\right\}\right)-$$

$$-\psi_{j+1}\left(u,v,\tau\right)\left\{\Theta_4^{\int}\left(\frac{\pi\left(z_{02\diamond j}-d_j\right)}{2\left(d_{j+1}-d_j\right)},e^{-\left(\frac{\pi}{d_{j+1}-d_j}\right)^2\eta_{zj}(t-\tau)}\right)-\right.$$

$$\left.\left.-\Theta_4^{\int}\left(\frac{\pi\left(z_{01\diamond j}-d_j\right)}{2\left(d_{j+1}-d_j\right)},e^{-\left(\frac{\pi}{d_{j+1}-d_j}\right)^2\eta_{zj}(t-\tau)}\right)\right\}\right]\times$$

$$\times\left\{\Theta_3\left(\frac{\pi\left(x-u\right)}{2a},e^{-\left(\frac{\pi}{a}\right)^2\eta_{xj}(t-\tau)}\right)+\Theta_3\left(\frac{\pi\left(x+u\right)}{2a},e^{-\left(\frac{\pi}{a}\right)^2\eta_{xj}(t-\tau)}\right)\right\}\times$$

$$\times\left\{\Theta_3\left(\frac{\pi\left(y-v\right)}{2b},e^{-\left(\frac{\pi}{b}\right)^2\eta_{yj}(t-\tau)}\right)+\Theta_3\left(\frac{\pi\left(y+v\right)}{2b},e^{-\left(\frac{\pi}{b}\right)^2\eta_{yj}(t-\tau)}\right)\right\}dudvd\tau+$$

$$+\frac{1}{2\left(\phi c_t\right)_j ab\left(z_{02\diamond j}-z_{01\diamond j}\right)}\times$$

$$
\begin{aligned}
&\times \int_0^t \int_0^b \int_0^{d_{j+1}-d_j} \left\{ \psi_{0yzj}(v,w,\tau)\,\Theta_3\left(\frac{\pi x}{2a}, e^{-\left(\frac{\pi}{a}\right)^2 \eta_{xj}(t-\tau)}\right) - \psi_{ayzj}(v,w,\tau)\,\Theta_4\left(\frac{\pi x}{2a}, e^{-\left(\frac{\pi}{a}\right)^2 \eta_{xj}(t-\tau)}\right)\right\} \times \\
&\times \left\{\Theta_3\left(\frac{\pi(y-v)}{2b}, e^{-\left(\frac{\pi}{b}\right)^2 \eta_{yj}(t-\tau)}\right) + \Theta_3\left(\frac{\pi(y+v)}{2b}, e^{-\left(\frac{\pi}{b}\right)^2 \eta_{yj}(t-\tau)}\right)\right\} \times \\
&\times \left\{\Theta_3^{\int}\left(\frac{\pi(z_{02\diamond j}-d_j-w)}{2(d_{j+1}-d_j)}, e^{-\left(\frac{\pi}{d_{j+1}-d_j}\right)^2 \eta_{zj}(t-\tau)}\right) - \Theta_3^{\int}\left(\frac{\pi(z_{01\diamond j}-d_j-w)}{2(d_{j+1}-d_j)}, e^{-\left(\frac{\pi}{d_{j+1}-d_j}\right)^2 \eta_{zj}(t-\tau)}\right) + \right. \\
&\left. \times\, \Theta_3^{\int}\left(\frac{\pi(z_{02\diamond j}-d_j+w)}{2(d_{j+1}-d_j)}, e^{-\left(\frac{\pi}{d_{j+1}-d_j}\right)^2 \eta_{zj}(t-\tau)}\right) - \Theta_3^{\int}\left(\frac{\pi(z_{01\diamond j}-d_j+w)}{2(d_{j+1}-d_j)}, e^{-\left(\frac{\pi}{d_{j+1}-d_j}\right)^2 \eta_{zj}(t-\tau)}\right)\right\} dv\,dw\,d\tau + \\
&+ \frac{1}{2(\phi c_t)_j\, ab\,(z_{02\diamond j}-z_{01\diamond j})} \times \\
&\times \int_0^t \int_0^a \int_0^{d_{j+1}-d_j} \left\{ \psi_{x0zj}(u,w,\tau)\,\Theta_3\left(\frac{\pi y}{2b}, e^{-\left(\frac{\pi}{b}\right)^2 \eta_{yj}(t-\tau)}\right) - \psi_{xbzj}(u,w,\tau)\,\Theta_4\left(\frac{\pi y}{2b}, e^{-\left(\frac{\pi}{b}\right)^2 \eta_{yj}(t-\tau)}\right)\right\} \times \\
&\times \left\{\Theta_3\left(\frac{\pi(x-u)}{2a}, e^{-\left(\frac{\pi}{a}\right)^2 \eta_{xj}(t-\tau)}\right) + \Theta_3\left(\frac{\pi(x+u)}{2a}, e^{-\left(\frac{\pi}{a}\right)^2 \eta_{xj}(t-\tau)}\right)\right\} \times \\
&\times \left\{\Theta_3^{\int}\left(\frac{\pi(z_{02\diamond j}-d_j-w)}{2(d_{j+1}-d_j)}, e^{-\left(\frac{\pi}{d_{j+1}-d_j}\right)^2 \eta_{zj}(t-\tau)}\right) - \Theta_3^{\int}\left(\frac{\pi(z_{01\diamond j}-d_j-w)}{2(d_{j+1}-d_j)}, e^{-\left(\frac{\pi}{d_{j+1}-d_j}\right)^2 \eta_{zj}(t-\tau)}\right) + \right. \\
&\left. \times\, \Theta_3^{\int}\left(\frac{\pi(z_{02\diamond j}-d_j+w)}{2(d_{j+1}-d_j)}, e^{-\left(\frac{\pi}{d_{j+1}-d_j}\right)^2 \eta_{zj}(t-\tau)}\right) - \Theta_3^{\int}\left(\frac{\pi(z_{01\diamond j}-d_j+w)}{2(d_{j+1}-d_j)}, e^{-\left(\frac{\pi}{d_{j+1}-d_j}\right)^2 \eta_{zj}(t-\tau)}\right)\right\} dv\,dw\,d\tau + \\
&+ \frac{1}{4ab\,(z_{02\diamond j}-z_{01\diamond j})} \times \\
&\times \int_0^{d_{j+1}-d_j} \int_0^b \int_0^a \varphi_j(u,v,w+d_j) \left\{\Theta_3\left(\frac{\pi(x-u)}{2a}, e^{-\left(\frac{\pi}{a}\right)^2 \eta_{xj} t}\right) + \Theta_3\left(\frac{\pi(x+u)}{2a}, e^{-\left(\frac{\pi}{a}\right)^2 \eta_{xj} t}\right)\right\} \times \\
&\times \left\{\Theta_3\left(\frac{\pi(y-v)}{2b}, e^{-\left(\frac{\pi}{b}\right)^2 \eta_{yj} t}\right) + \Theta_3\left(\frac{\pi(y+v)}{2b}, e^{-\left(\frac{\pi}{b}\right)^2 \eta_{yj} t}\right)\right\} \times \\
&\times \left\{\Theta_3^{\int}\left(\frac{\pi(z_{02\diamond j}-d_j-w)}{2(d_{j+1}-d_j)}, e^{-\left(\frac{\pi}{d_{j+1}-d_j}\right)^2 \eta_{zj} t}\right) - \Theta_3^{\int}\left(\frac{\pi(z_{01\diamond j}-d_j-w)}{2(d_{j+1}-d_j)}, e^{-\left(\frac{\pi}{d_{j+1}-d_j}\right)^2 \eta_{zj} t}\right) + \right. \\
&\left. \times\, \Theta_3^{\int}\left(\frac{\pi(z_{02\diamond j}-d_j+w)}{2(d_{j+1}-d_j)}, e^{-\left(\frac{\pi}{d_{j+1}-d_j}\right)^2 \eta_{zj} t}\right) - \Theta_3^{\int}\left(\frac{\pi(z_{01\diamond j}-d_j+w)}{2(d_{j+1}-d_j)}, e^{-\left(\frac{\pi}{d_{j+1}-d_j}\right)^2 \eta_{zj}}\right)\right\} du\,dv\,dw \qquad \text{(D.2.3)}
\end{aligned}
$$

Appendix E

A table of integrals

$$\int_0^1 \left(1-u^2\right)^{\nu-1} du = \tfrac{1}{2}\mathrm{B}\left(\tfrac{1}{2},\nu\right) \qquad [\Re\nu > 0] \qquad \text{(Fikhtengol'ts)} \tag{E.1}$$

$$\int_0^\tau u^\nu \left(\tau-u\right)^a du = \tau^{\nu+a+1}\mathrm{B}\left(a+1\,,\,\nu+1\right) \qquad [\Re\nu > -1\,,\ \Re a > -1] \qquad \text{(Erdelyi\{b\} et al.)} \tag{E.2}$$

$$\int_0^\tau u e^{au} du = e^{\tau a}\left\{\tfrac{\tau}{a} - \tfrac{1}{a^2}\right\} + \tfrac{1}{a^2} \tag{E.3}$$

$$\int_0^x \frac{e^{-au}}{u+\beta}\, du = e^{a\beta}\left\{E_i\left(-ax-a\beta\right) - E_i\left(-a\beta\right)\right\} \qquad [|\arg\ \beta| < \pi] \qquad \text{(Erdelyi\{b\} et al.)} \tag{E.4}$$

$$\int_\tau^\infty \frac{e^{-au}}{u+\beta}\, du = -e^{a\beta}E_i\left(-ax-a\beta\right) \qquad [x \geq 0,\ \ |\arg\ (\tau+\beta)| < \pi,\ \ \Re a > 0] \qquad \text{(Erdelyi\{b\} et al.)} \tag{E.5}$$

$$\int_{-\infty}^\infty e^{inz} dz = 2\pi\delta\left(n\right) \qquad \text{(Poularikas)} \tag{E.6}$$

$$\int_0^\infty \frac{e^{-au}}{u+\beta}\, du = -e^{a\beta}E_i\left(-a\beta\right) \qquad [|\arg\ \beta| < \pi,\ \ \Re a > 0] \qquad \text{(Erdelyi\{b\} et al.)} \tag{E.7}$$

$$\int_{-\infty}^\infty \frac{e^{iau}}{u^2+\beta^2}\, du \ = \ \frac{\pi}{\beta}\, e^{-|\beta a|} \qquad [\beta > 0] \qquad \text{(Erdelyi\{b\} et al.)} \tag{E.8}$$

$$\int_{-\infty}^\infty \frac{e^{iub-|a|\sqrt{\gamma\left(u^2+\beta\right)}}}{\sqrt{u^2+\beta}} du = 2\left[K_0\left(a\sqrt{\beta\gamma}\right) + K_0\left(b\sqrt{\beta}\right)\right] \qquad [\beta > 0] \tag{E.9}$$

$$\int_0^\tau \frac{e^{-au}}{\sqrt{u}}\, du = \sqrt{\tfrac{\pi}{a}}\,\mathrm{erf}\left(\sqrt{a\tau}\right) \qquad [a > 0] \tag{E.10}$$

$$\int_0^\infty \frac{e^{-au}}{\sqrt{u}}\, du = \sqrt{\tfrac{\pi}{a}} \qquad [a > 0] \qquad \text{Bierens de Haan} \tag{E.11}$$

$$\int_0^\infty u^{\nu-1}\, e^{-au}\, du = a^{-\nu}\Gamma\left(\nu\right) \qquad [\Re a > 0,\ \Re\nu > 0] \qquad \text{(Fikhtengol'ts)} \tag{E.12}$$

$$\int_0^\infty e^{-au^2} du = \tfrac{1}{2}\sqrt{\tfrac{\pi}{a}} \qquad [a > 0] \qquad \text{(Gradshteyn and Ryzhik)} \tag{E.13}$$

$$\int e^{-au^2} du = \frac{1}{2}\sqrt{\frac{\pi}{a}}\ \mathrm{erf}\left(\sqrt{a}u\right) + C \qquad [a \neq 0]$$ (Gradshteyn and Ryzhik) (E.14)

$$\int ue^{-au^2} du = -\frac{e^{-au^2}}{2a} + C \qquad [a \neq 0]$$ (Ng and Geller) (E.15)

$$\int e^{-\left(au^2+2bu+\beta\right)} du = \frac{1}{2}\sqrt{\frac{\pi}{a}} e^{\left(\frac{b^2-a\beta}{a}\right)}\ \mathrm{erf}\left(\sqrt{a}u + \frac{b}{\sqrt{a}}\right) + C \qquad [a \neq 0]$$ (Abramowitz and Stegun) (E.16)

$$\int ue^{-au^2+bu} du = \frac{e^{\frac{b^2}{4a}}}{2a}\left[\frac{b}{2}\sqrt{\frac{\pi}{a}}\,\mathrm{erf}\left(\sqrt{a}u - \frac{b}{2\sqrt{a}}\right) - e^{-\left(\sqrt{a}u - \frac{b}{2\sqrt{a}}\right)^2}\right] + C \qquad [a \neq 0]$$ (Ng and Geller) (E.17)

$$\int_0^\infty e^{-\frac{u^2}{4a}-bu}\, du = \sqrt{\pi a}\, e^{ab^2}\ \mathrm{erfc}\left(b\sqrt{a}\right) \qquad [\Re a > 0]$$ (Nielsen) (E.18)

$$\int_0^\infty e^{-\left(au^2+2bu+\beta\right)} du = \frac{1}{2}\sqrt{\frac{\pi}{a}} e^{\left(\frac{b^2-a\beta}{a}\right)}\ \mathrm{erfc}\left(\frac{b}{\sqrt{a}}\right) \qquad [\Re a > 0]$$ (Abramowitz and Stegun) (E.19)

$$\int_\tau^\infty e^{-\frac{u^2}{4a}-bu}\, du = \sqrt{\pi a}\, e^{ab^2}\ \mathrm{erfc}\left\{b\sqrt{a} + \frac{\tau}{2\sqrt{a}}\right\} \qquad [\Re a > 0,\ \ \tau > 0]$$ (Erdelyi{b} et al.) (E.20)

$$\int_0^\infty ue^{-\frac{u^2}{4a}-bu}\, du = 2a\left\{1 - b\sqrt{\pi a}\ e^{ab^2}\ \mathrm{erfc}\left(b\sqrt{a}\right)\right\} \qquad [\Re a > 0]$$ (Erdelyi{b} et al.) (E.21)

$$\int_0^\tau \frac{e^{-au-\frac{b}{4u}}}{\sqrt{u}} du = \frac{1}{\sqrt{a}}\left[e^{-\sqrt{ab}} - \frac{1}{2}\left\{e^{\sqrt{ab}}\,\mathrm{erfc}\left(\sqrt{a\tau} + \frac{1}{2}\sqrt{\frac{b}{\tau}}\right) - e^{-\sqrt{ab}}\,\mathrm{erfc}\left(\sqrt{a\tau} - \frac{1}{2}\sqrt{\frac{b}{\tau}}\right)\right\}\right]$$
$$[\Re a > 0,\ \Re b > 0,\ \tau > 0]$$ (E.22)

$$\int_{-\infty}^\infty e^{-\beta u^2 \pm au} du = \sqrt{\frac{\pi}{\beta}} e^{\frac{a^2}{4\beta}} \qquad [\beta > 0]$$ Bierens de Haan (E.23)

$$\int_0^\tau u^{\nu-1}\, e^{-au}\, du = a^{-\nu}\gamma\left(\nu, a\tau\right) \qquad [\tau > 0,\ \ \Re\nu > 0]$$ (Erdelyi{a}) (E.24)

$$\int_\tau^\infty u^{\nu-1} e^{-au}\, du = \frac{\Gamma(\nu, a\tau)}{\tau^\nu} \qquad [\tau > 0,\ \ a > 0,\ \ \Re\nu > 0]$$ (Erdelyi{a}) (E.25)

$$\int_0^\tau u^{\nu-1} e^{au}\, du = \tau^\nu B\left(1,\nu\right)\Phi\left(\nu,\nu+1; a\tau\right) \qquad [\tau > 0,\ \ a > 0,\ \ \Re\nu > 0]$$ (Erdelyi{a}) (E.26)

$$\int_0^\tau \left(\tau - u\right)^\nu e^{-au}\, du = \frac{e^{-a\tau}}{(-a)^{\nu+1}}\gamma\left(\nu+1, -a\tau\right) \qquad [\Re\nu > -1, \tau > 0]$$ (Erdelyi{b} et al.) (E.27)

$$\int_x^\infty \frac{e^{-u}}{u} du = -Ei\left(x\right)$$ (E.28)

$$\int_0^a \frac{e^{-\frac{\beta}{\tau}}}{\tau} d\tau = -\frac{1}{a}E_i\left(-\frac{\beta}{a}\right)$$ (E.29)

$$\int_0^\tau \frac{e^{-\frac{a^2}{u}}}{\sqrt{u}} du = 2\sqrt{\pi\tau}\, i\,\mathrm{erfc}\left(\frac{|a|}{\sqrt{\tau}}\right) \qquad [\Re a > -1, \tau > 0]$$ (E.30)

$$\int_0^\tau \frac{e^{-\frac{a^2}{4u}}}{\sqrt{u^3}} du = \frac{2}{a}\Gamma\left(\frac{1}{2}, \frac{a^2}{4\tau}\right) = \frac{2\sqrt{\pi}}{a}\ \mathrm{erfc}\left(\frac{a}{2\sqrt{\tau}}\right) \qquad [\Re a > -1, \tau > 0]$$ (E.31)

$$\int_0^\tau (\tau-u)^\nu e^{-\frac{\beta}{u}} \frac{du}{x} = \Gamma(\nu+1)\, \tau^{\left(\nu+\frac{1}{2}\right)} \frac{e^{-\frac{\beta}{2\tau}}}{\sqrt{\beta}} W_{-\nu-\frac{1}{2},0}\left(\frac{\beta}{\tau}\right)$$
$[\Re\nu > -1, \Re\beta > 0, \Re\tau > 0]$ (Erdelyi{b} et al.) (E.32)

$$\int_0^\tau \frac{(\tau-u)^\nu}{u^{\frac{3}{2}}} e^{-\frac{a}{4u}} du = \frac{2\Gamma(\nu+1)\tau^{\left(\nu-\frac{1}{2}\right)} e^{-\frac{a}{4\tau}}}{\sqrt{a}} \Psi\left(\nu+1,\ \tfrac{3}{2};\ \tfrac{a}{4\tau}\right)$$
$[\Re a > -1, \tau > 0]$ (E.33)

$$\int_0^\tau u^{a-1} (\tau-u)^{b-1} e^{-\frac{\beta}{u}} du = \Gamma(b)\, \beta^{\frac{a-1}{2}} \tau^{\frac{2b+a-1}{2}} e^{-\frac{\beta}{2\tau}} W_{\left[\frac{1-2b-a}{2}, \frac{a}{2}\right]}\left(\frac{\beta}{\tau}\right)$$
$[\Re b > 0,\ \Re\beta > 0,\ \tau > 0]$ (Erdelyi{b} et al.) (E.34)

$$\int_0^\infty \frac{1}{\sqrt{u}} \left\{e^{-|x-u|\beta} - e^{-(x+u)\beta}\right\} du =$$
$$= 2\sqrt{\frac{\pi}{\beta}} \sinh(x\beta) - \Gamma\left(-\tfrac{3}{2}\right) \frac{\beta x^{\frac{3}{2}}}{\sqrt{\pi}} \left\{\Phi\left(1, \tfrac{5}{2}; x\beta\right) + \Phi\left(1, \tfrac{5}{2}; -x\beta\right)\right\}$$
$[\Re\beta > 0]$ (E.35)

$$\int_0^\infty \frac{\sin(au)}{u} du = \frac{\pi}{2}\, \mathtt{sign}\ (\mathtt{a})$$
(Fikhtengol'ts) (E.36)

$$\int_0^\infty \frac{\cos(au)}{(\beta^2+u^2)} du = \frac{\pi}{2\beta} e^{-a\beta}$$
$[\Re\beta > 0,\ \Re a \geq 0]$ (Fikhtengol'ts) (E.37)

$$\int_0^\infty \frac{u\sin(au)}{(\beta^2+u^2)} du = \frac{\pi}{2} e^{-a\beta}$$
$[\Re\beta > 0,\ \Re a > 0]$ (Fikhtengol'ts) (E.38)

$$\int_0^\infty \frac{\sin(au)}{u(\beta^2+u^2)} du = \frac{\pi}{2\beta^2}\left(1 - e^{-a\beta}\right)$$
$[\Re\ \beta > 0,\ \ a > 0]$ Bierens de Haan (E.39)

$$\int_0^\infty \frac{\{u\cos(ua) + \beta\sin(ua)\}}{u(u^2+\beta^2)} du = \frac{\pi}{2\beta}$$
$[\Re\beta > 0,\ \Re a \geq 0]$ (E.40)

$$\int_0^\infty \frac{u\sin(au)}{(b^2-u^2)} du = -\frac{\pi}{2}\cos(ab)$$
$[a > 0]$ (Fikhtengol'ts) (E.41)

$$\int_0^\infty \frac{\cos(au)}{(b^2-u^2)} du = \frac{\pi}{2b}\sin(ab)$$
$[a > 0,\ b > 0]$ Bierens de Haan (E.42)

$$\int_0^\infty \frac{\sin(au)}{u(\beta^2-u^2)} du = \frac{\pi}{2\beta^2}\{1 - \cos(a\beta)\}$$
$[a > 0]$ Bierens de Haan (E.43)

$$\int_0^\infty \frac{u\sin(au)}{(\beta^2+u^2)(\alpha^2+u^2)} du = \frac{\pi\left(e^{-a\beta} - e^{-a\alpha}\right)}{2(\alpha^2-\beta^2)}$$
$[a > 0,\ \Re\beta > 0,\ \Re\alpha > 0]$ Bierens de Haan (E.44)

$$\int_0^\infty \frac{\sin(au)}{u(\lambda^2+u^2)(\beta^2+u^2)} du = \frac{\pi}{2(\beta^2-\lambda^2)} \left\{\frac{1-e^{-a\lambda}}{\lambda^2} - \frac{1-e^{-a\beta}}{\beta^2}\right\}$$
$[a > 0,\ \Re\beta > 0,\ \Re\lambda > 0]$ (E.45)

$$\int_0^\infty \frac{\cos(au)}{(\beta^2+u^2)(\alpha^2+u^2)} du = \frac{\pi\left(\beta e^{-a\alpha} - \alpha e^{-a\beta}\right)}{2\beta\alpha(\beta^2-\alpha^2)}$$
$[a > 0,\ \Re\beta > 0,\ \Re\alpha > 0]$ Bierens de Haan (E.46)

$$\int_0^\infty \frac{u^2\cos(au)}{(\beta^2+u^2)(\alpha^2+u^2)} du = \frac{\pi\left(\beta e^{-a\beta} - \alpha e^{-a\alpha}\right)}{2(\beta^2-\alpha^2)}$$
$[a > 0,\ \Re\beta > 0,\ \Re\alpha > 0]$ Bierens de Haan (E.47)

$$\int_0^a \sin\left(\frac{m\pi x}{a}\right)\cos\left(\frac{n\pi x}{a}\right) dx = \frac{a}{\pi}\left(\frac{m}{m^2-n^2}\right)\left\{1 - (-1)^{m+n}\right\}$$
(E.48)

$$\int_0^\infty \frac{\sin(au)\sin(bu)}{\{u^2+\beta^2\}}du = \frac{\pi}{4\beta}\left\{e^{-|a-b|\beta} - e^{-(a+b)\beta}\right\} \qquad [a>0,\ b>0,\ \Re\beta>0] \tag{E.49}$$

$$\int_0^\infty \frac{\cos(au)\cos(bu)}{\{u^2+\beta^2\}}du = \frac{\pi}{4\beta}\left\{e^{-|a-b|\beta} + e^{-(a+b)\beta}\right\} \qquad [a>0,\ b>0,\ \Re\beta>0] \tag{E.50}$$

$$\int_0^\infty \frac{u\{u\cos(au)+\lambda\sin(au)\}}{(\beta^2+u^2)(\lambda^2+u^2)}\,du = \frac{\pi e^{-a\beta}}{2(\lambda+\beta)} \qquad [a>0,\ \Re\beta>0,\ \Re\lambda\geq 0] \tag{E.51}$$

$$\int_0^\infty \frac{u\{u\cos(au)+\lambda\sin(au)\}\delta(u)}{(\beta^2+u^2)(\lambda^2+u^2)}du = \frac{1}{2}\left(\frac{1+\lambda a}{\beta^2+\lambda^2}\right) \qquad [a>0,\ \Re\beta>0,\ \Re\lambda\geq 0] \tag{E.52}$$

$$\int_0^\infty \frac{\{u\cos(au)+\lambda\sin(au)\}}{u(\lambda^2+u^2)(\beta^2+u^2)}du = \frac{\pi}{2\beta^2}\left\{\frac{1}{\lambda} - \frac{e^{-a\beta}}{\lambda+\beta}\right\} \qquad [a>0,\ \Re\beta>0,\ \Re\lambda>0] \tag{E.53}$$

$$\int_0^\infty \frac{\{u\cos(au)+\lambda\sin(au)\}\{u\cos(bu)+\lambda\sin(bu)\}}{(\beta^2+u^2)(\lambda^2+u^2)}\,du = \frac{\pi}{4\beta}\left\{e^{-|a-b|\beta} + \left(\frac{\beta-\lambda}{\beta+\lambda}\right)e^{-(a+b)\beta}\right\} \tag{E.54}$$

$$\int_0^\infty \frac{\sin(au)}{\sqrt{u}}\,du = \sqrt{\frac{\pi}{2a}} \tag{E.55}$$
Bierens de Haan

$$\int_0^\infty \frac{\cos(au)}{\sqrt{u}}\,du = \sqrt{\frac{\pi}{2a}} \tag{E.56}$$
Bierens de Haan

$$\int_0^a \frac{\cos(bu)}{\sqrt{(a^2-u^2)}}\,du = \frac{\pi}{2}J_0(ab) \qquad [a>0,\quad b>0] \tag{E.57}$$
(Erdelyi{b} et al.)

$$\int_0^a \frac{\sin(bu)}{\sqrt{a^2-u^2}}du = \frac{\pi}{2}\mathrm{H}_0(ab) \qquad [a>0,\quad b>0] \tag{E.58}$$
(Erdelyi{b} et al.)

$$\int_0^a \frac{u\sin(bu)}{\sqrt{a^2-u^2}}du = \frac{\pi a}{2}J_1(ab) \qquad [a>0,\quad b>0] \tag{E.59}$$
(Erdelyi{b} et al.)

$$\int_0^a \frac{u\cos(bu)}{\sqrt{a^2-u^2}}du = a\left\{1-\frac{\pi}{2}\mathrm{H}_1(ab)\right\} \qquad [a>0,\quad b>0] \tag{E.60}$$
(Erdelyi{b} et al.)

$$\int_0^\tau e^{-au}\sin(bu)\,du = \frac{b\left\{1-e^{-a\tau}\cos(b\tau)\right\}-ae^{-a\tau}\sin(b\tau)}{a^2+b^2} \tag{E.61}$$

$$\int_0^\tau e^{-au}\cos(bu)\,du = \frac{a\left\{1-e^{-a\tau}\cos(b\tau)\right\}+be^{-a\tau}\sin(b\tau)}{a^2+b^2} \tag{E.62}$$

$$\int_0^\infty e^{-au}\sin(bu)\,du = \frac{b}{(a^2+b^2)} \qquad [a>0] \tag{E.63}$$

$$\int_0^\infty e^{-au}\cos(bu)\,du = \frac{a}{(a^2+b^2)} \qquad [a>0] \tag{E.64}$$

$$\int_0^\infty e^{-au}\sin(bu)\,\frac{du}{u} = \arctan\left(\frac{b}{a}\right) \qquad [a>0] \tag{E.65}$$
Bierens de Haan

$$\int_0^\infty e^{-au^2}\sin(bu)\,du = \left(\frac{b}{2a}\right)e^{-\frac{b^2}{4a}}\Phi\left(\frac{1}{2},\frac{3}{2};\frac{b^2}{4a}\right) = \left(\frac{b}{2a}\right)\Phi\left(1,\frac{3}{2};-\frac{b^2}{4a}\right) \qquad [a>0] \tag{E.66}$$
(Erdelyi{b} et al.)

$$\int_0^\infty e^{-au^2}\cos(bu)\,du = \frac{1}{2}\sqrt{\frac{\pi}{a}}\,e^{-\frac{b^2}{4a}} \qquad [a>0]$$ Bierens de Haan (E.67)

$$\int_0^\infty e^{-\beta u^2}\sin(au)\,\frac{du}{\sqrt{u}} = \frac{\pi}{2}\sqrt{\frac{a}{2\beta}}e^{-\frac{a^2}{8\beta}}I_{\frac{1}{4}}\left(\frac{a^2}{8\beta}\right) \qquad [\Re\beta>0,\ \Re a>0]$$ (E.68)

$$\int_0^\infty ue^{-\beta u^2}\sin(au)\,du = \frac{a}{4\beta}\sqrt{\frac{\pi}{\beta}}e^{-\frac{a^2}{4\beta}}$$ Bierens de Haan (E.69)

$$\int_0^\infty \frac{e^{-\beta u^2}}{u}\sin(au)\,du = \frac{\pi}{2}\,\mathrm{erf}\left(\frac{a}{2\sqrt{\beta}}\right)$$ Bierens de Haan (E.70)

$$\int_0^\infty e^{-\beta u^2}\cos(au)\,\frac{du}{\sqrt{u}} = \frac{\pi}{2}\sqrt{\frac{a}{2\beta}}e^{-\frac{a^2}{8\beta}}I_{-\frac{1}{4}}\left(\frac{a^2}{8\beta}\right) \qquad [\Re\beta>0,\ \Re a>0]$$ (E.71)

$$\int_0^\infty e^{-\beta u^2-au}\sin(bu)\,du = \frac{i}{4}\sqrt{\frac{\pi}{\beta}}\left\{e^{\frac{(a+ib)^2}{4\beta}}\,\mathrm{erfc}\left(\frac{a+ib}{2\sqrt{\beta}}\right) - e^{\frac{(a-ib)^2}{4\beta}}\,\mathrm{erfc}\left(\frac{a-ib}{2\sqrt{\beta}}\right)\right\}$$
$$[\Re\beta>0]$$ (Erdelyi{b} et al.) (E.72)

$$\int_0^\infty e^{-\beta u^2-au}\cos(bu)\,du = \frac{1}{4}\sqrt{\frac{\pi}{\beta}}\left\{e^{\frac{(a+ib)^2}{4\beta}}\,\mathrm{erfc}\left(\frac{a+ib}{2\sqrt{\beta}}\right) + e^{\frac{(a-ib)^2}{4\beta}}\,\mathrm{erfc}\left(\frac{a-ib}{2\sqrt{\beta}}\right)\right\}$$
$$[\Re\beta>0]$$ (Erdelyi{b} et al.) (E.73)

$$\int_0^\infty e^{-\beta x^2}\sin(ax)\sin(bx)\,dx = \frac{1}{4}\sqrt{\frac{\pi}{\beta}}\left\{e^{-\frac{(a-b)^2}{4\beta}} - e^{-\frac{(a+b)^2}{4\beta}}\right\} \qquad [\Re\beta>0]$$ Bierens de Haan (E.74)

$$\int_0^\infty e^{-\beta x^2}\cos(ax)\cos(bx)\,dx = \frac{1}{4}\sqrt{\frac{\pi}{\beta}}\left\{e^{-\frac{(a-b)^2}{4\beta}} + e^{-\frac{(a+b)^2}{4\beta}}\right\} \qquad [\Re\beta>0]$$ Bierens de Haan (E.75)

$$\int_0^\infty \frac{\{x\cos(xa)+\lambda\sin(xa)\}\{x\cos(xb)+\lambda\sin(xb)\}e^{-\beta x^2}}{x^2+\lambda^2}dx =$$
$$= \frac{1}{4}\sqrt{\frac{\pi}{\beta}}\left[e^{-\frac{(a-b)^2}{4\beta}} + e^{-\frac{(a+b)^2}{4\beta}} - 2\left(\lambda\sqrt{\pi\beta}\right)e^{\{(a+b)\lambda+\lambda^2\beta\}}\,\mathrm{erfc}\left\{\lambda\sqrt{\beta}+\frac{(a+b)}{2\sqrt{\beta}}\right\}\right] \qquad [\Re\beta>0]$$ (E.76)

$$\int_0^\infty \frac{e^{-\beta u^2}u\sin(au)}{(\alpha^2+u^2)}\,du = -\frac{\pi}{4}e^{\beta\alpha^2}\left\{e^{a\alpha}\,\mathrm{erfc}\left(\alpha\sqrt{\beta}+\frac{a}{2\sqrt{\beta}}\right) - e^{-a\alpha}\,\mathrm{erfc}\left(\alpha\sqrt{\beta}-\frac{a}{2\sqrt{\beta}}\right)\right\}$$
$$[\Re\,\beta>0,\ \ \Re\,\alpha>0,\ \ a>0]$$ (Erdelyi{b} et al.) (E.77)

$$\int_0^\infty \frac{e^{-\beta u^2}\sin(ua)}{u(u^2+\alpha^2)}du = \frac{\pi}{2\alpha^2}\left[\mathrm{erf}\left(\frac{a}{2\sqrt{\beta}}\right)+\frac{e^{\beta\alpha^2}}{2}\left\{e^{a\alpha}\,\mathrm{erfc}\left(\alpha\sqrt{\beta}+\frac{a}{2\sqrt{\beta}}\right)-e^{-a\alpha}\,\mathrm{erfc}\left(\alpha\sqrt{\beta}-\frac{a}{2\sqrt{\beta}}\right)\right\}\right]$$
$$[\Re\,\beta>0,\ \ \Re\,\alpha>0,\ \ a>0]$$ (E.78)

$$\int_0^\infty \frac{e^{-\beta u^2}\cos(au)}{(\alpha^2+u^2)}\,du = \frac{\pi}{4\alpha}e^{\beta\alpha^2}\left\{e^{a\alpha}\,\mathrm{erfc}\left(\alpha\sqrt{\beta}+\frac{a}{2\sqrt{\beta}}\right) + e^{-a\alpha}\,\mathrm{erfc}\left(\alpha\sqrt{\beta}-\frac{a}{2\sqrt{\beta}}\right)\right\}$$
$$[\Re\,\beta>0,\ \ \Re\,\alpha>0,\ \ a>0]$$ (Erdelyi{b} et al.) (E.79)

$$\int_0^\infty \frac{\{u\cos(ua)+\alpha\sin(ua)\}e^{-u^2\beta}}{u(u^2+\alpha^2)}du = \frac{\pi}{2\alpha}\left\{\mathrm{erf}\left(\frac{a}{2\sqrt{\beta}}\right) + e^{a\alpha+a^2\beta}\,\mathrm{erfc}\left(\alpha\sqrt{\beta}+\frac{a}{2\sqrt{\beta}}\right)\right\}$$
$$[\Re\,\beta>0,\ \ \Re\,\alpha>0,\ \ a>0]$$ (E.80)

$$\int_0^\infty \frac{u\{u\cos(au)+\alpha\sin(au)\}e^{-\beta u^2}}{(u^2+\alpha^2)}du = \frac{1}{2}\sqrt{\frac{\pi}{\beta}}\left\{e^{-\frac{a^2}{4\beta}} - \alpha\sqrt{\pi\beta}e^{a\alpha+\alpha^2\beta}\,\mathrm{erfc}\left(\alpha\sqrt{\beta}+\frac{a}{2\sqrt{\beta}}\right)\right\}$$
$$[\Re\,\beta>0,\ \Re\,\alpha>0,\ a>0] \qquad \text{(E.81)}$$

$$\int_0^\infty \frac{e^{-\beta\sqrt{b^2+u^2}}\sin(au)}{\sqrt{u(b^2+u^2)}}du = \sqrt{\frac{\pi a}{2}}I_{\frac{1}{4}}\left\{\frac{b}{2}\left(\sqrt{\beta^2+a^2}-\beta\right)\right\}K_{\frac{1}{4}}\left\{\frac{b}{4}\left(\sqrt{\beta^2+a^2}+\beta\right)\right\}$$
$$\left[\Re\beta>0,\ |\arg\,b|<\frac{\pi}{4},\ a>0\right] \qquad \text{(E.82)}$$

$$\int_0^\infty \mathrm{erfc}\left(\frac{u}{2\sqrt{a}}\right)du = 2\sqrt{\frac{a}{\pi}} \qquad \text{(E.83)}$$

$$\int_0^\infty e^{-(\alpha-\lambda)u}\,\mathrm{erfc}\left(\lambda b+\frac{x+u}{2b}\right)du = \frac{1}{\alpha-\lambda}\left\{e^{(\alpha-\lambda)x+(\alpha^2-\lambda^2)b^2}\,\mathrm{erfc}\left(\alpha b+\frac{x}{2b}\right)-\mathrm{erfc}\left(\lambda b+\frac{x}{2b}\right)\right\}$$
$$[\alpha>0,\ \lambda>0,\ b>0,\ x>0] \qquad \text{(E.84)}$$

$$\int_a^b \mathrm{erf}(\beta u)\,du = b\,\mathrm{erf}(b\beta) - a\,\mathrm{erf}(a\beta) + \frac{\left\{e^{-(b\beta)^2}-e^{-(a\beta)^2}\right\}}{\beta\sqrt{\pi}} \qquad \text{(E.85)}$$

$$\int_{-\infty}^\infty \delta(t-\tau)f(t)\,dt = f(\tau) \qquad \text{(E.86)}$$

$$\int_a^b \delta(t-\tau)\,dt = U(b-\tau) \qquad [-\infty<a<\tau] \qquad \text{(E.87)}$$

$$\int_a^b \delta(t-\tau)f(t)\,dt = U(b-\tau)f(\tau) \qquad [-\infty<a<\tau] \qquad \text{(E.88)}$$

$$\int_0^{2\pi} e^{a\cos\theta}d\theta = I_0(a)$$ Carslaw and Jaeger (E.89)

$$\int_0^a u^{\nu+1}J_\nu(\beta u)\,du = \frac{a^{\nu+1}}{\beta}J_{\nu+1}(\beta a) \qquad [\nu>-1]$$ (Erdelyi{b} et al.) (E.90)

$$\int_0^a u^{\nu+1}Y_\nu(\beta u)\,du = \frac{a^{\nu+1}}{\beta}Y_{\nu+1}(\beta a) + \frac{2^{\nu+1}\Gamma(\nu+1)}{\pi\beta^{v+2}} \qquad [\nu>-1]$$ (Erdelyi{b} et al.) (E.91)

$$\int_0^\infty uJ_\nu(ua)J_\nu(ub)e^{-\beta u^2}du = \frac{e^{-\frac{\left(a^2+b^2\right)}{4\beta}}}{2\beta}I_\nu\left(\frac{ab}{2\beta}\right) \qquad [a>0,\ b>0]$$ (Kuzmin) (E.92)

$$\int_0^\infty \frac{uJ_\nu(ua)J_\nu(ub)}{(u^2+\alpha^2)}du = \begin{cases} I_\nu(b\alpha)K_\nu(a\alpha) & 0<b<a \\ I_\nu(a\alpha)K_\nu(b\alpha) & 0<a<b \end{cases} \qquad [\Re\alpha>0, \nu>-1]$$ (Erdelyi{b} et al.) (E.93)

$$\int_0^\infty \frac{\mathcal{C}_\nu(\xi r)}{\xi\{J_\nu^2(\xi a)+Y_\nu^2(\xi a)\}}d\xi = -\frac{\pi}{2}\left(\frac{a}{r}\right)^\nu \qquad \left[a>0,\quad r\geq a,\quad \nu\geq-\frac{1}{2}\right] \qquad \text{(E.94)}$$

$$\int_0^\infty \frac{\mathcal{G}_0'(\xi r)\left(e^{-\eta_r\xi^2t}-1\right)}{\xi\left\{J_1^2(\xi a)+Y_1^2(\xi a)\right\}}d\xi = -\frac{\pi}{2} \qquad [a>0,\quad r\geq a] \qquad \text{(E.95)}$$

$$\int_0^\infty \frac{\mathcal{G}_\nu'(\xi r)\left(e^{-\eta_r\xi^2t}-1\right)}{\xi\{J_\nu'^2(\xi a)+Y_\nu'^2(\xi a)\}}d\xi = -\frac{\pi}{2}\left(\frac{a}{r}\right)^\nu \qquad \left[a>0,\quad r\geq a,\quad \nu\geq-\frac{1}{2}\right] \qquad \text{(E.96)}$$

$$\int_0^\infty \frac{\xi\mathcal{D}_\nu'(\xi r)-\lambda\mathcal{D}_\nu(\xi r)}{\xi\left[\{\lambda J_\nu(\xi a)-\xi J_\nu'(\xi a)\}^2+\{\lambda Y_\nu(\xi a)-\xi Y_\nu'(\xi a)\}^2\right]}d\xi = -\frac{\pi}{2}\left(\frac{\lambda r+\nu}{\lambda a+\nu}\right)\left(\frac{a}{r}\right)^{\nu+1}$$
$$\left[a>0,\quad r\geq a,\quad \nu\geq-\frac{1}{2}\right] \qquad \text{(E.97)}$$

$$\int_0^\infty \frac{\mathcal{C}_\nu(\xi r)}{\xi(\eta\xi^2+s)\{J_\nu^2(\xi a)+Y_\nu^2(\xi a)\}}d\xi = \frac{\pi}{2s}\left\{\frac{K_\nu\left(r\sqrt{\frac{s}{\eta}}\right)}{K_\nu\left(a\sqrt{\frac{s}{\eta}}\right)} - \left(\frac{a}{r}\right)^\nu\right\} \qquad \left[a>0,\quad r\ge a,\quad \nu\ge -\tfrac{1}{2}\right] \tag{E.98}$$

$$\int_0^\infty \frac{1}{\xi(\eta\xi^2+s)\{J_\nu^2(\xi a)+Y_\nu^2(\xi a)\}}d\xi = -\frac{\pi^2 a K_\nu'\left(a\sqrt{\frac{s}{\eta}}\right)}{4\sqrt{\eta s}K_\nu\left(a\sqrt{\frac{s}{\eta}}\right)} \qquad \left[a>0,\quad r\ge a,\quad \nu\ge -\tfrac{1}{2}\right] \tag{E.99}$$

$$\int_0^\infty \frac{\xi\mathcal{C}_0(\xi r)}{(\eta\xi^2+b+s)\left\{J_0^2(\xi a)+Y_0^2(\xi a)\right\}}d\xi = \frac{\pi K_0\left(r\sqrt{\frac{s+b}{\eta}}\right)}{2\eta K_0\left(a\sqrt{\frac{s+b}{\eta}}\right)} \qquad [a>0,\quad r\ge a] \tag{E.100}$$

$$\int_0^\infty \frac{\mathcal{G}_0(\xi r)}{(\eta\xi^2+s)\left\{J_0'^2(\xi a)+Y_0'^2(\xi a)\right\}}d\xi = \frac{\pi K_0\left(r\sqrt{\frac{s}{\eta}}\right)}{2\sqrt{\eta s}K_1\left(a\sqrt{\frac{s}{\eta}}\right)} \qquad [a>0,\quad r\ge a] \tag{E.101}$$

$$\int_0^\infty \frac{\mathcal{G}_\nu(\xi r)}{(\eta\xi^2+s)\{J_\nu'^2(\xi a)+Y_\nu'^2(\xi a)\}}d\xi = -\frac{\pi K_\nu\left(r\sqrt{\frac{s}{\eta}}\right)}{2\sqrt{\eta s}K_\nu'\left(a\sqrt{\frac{s}{\eta}}\right)} \qquad \left[a>0,\quad r\ge a,\quad \nu\ge -\tfrac{1}{2}\right] \tag{E.102}$$

$$\int_0^\infty \frac{\mathcal{D}_\nu(\xi r)}{\xi\left[\{\lambda J_\nu(\xi a)-\xi J_\nu'(\xi a)\}^2+\{\lambda Y_\nu(\xi a)-\xi Y_\nu'(\xi a)\}^2\right]}d\xi = \frac{\pi a}{2(\lambda a+\nu)}\left(\frac{a}{r}\right)^\nu \qquad \left[a>0,\quad r\ge a,\quad \nu\ge -\tfrac{1}{2}\right] \tag{E.103}$$

$$\int_0^\infty \frac{\xi\mathcal{D}_0(\xi r)}{(\eta\xi^2+s)\left\{\{\lambda J_0(\xi a)+\xi J_1(\xi a)\}^2+\{\lambda Y_0(\xi a)+\xi Y_1(\xi a)\}^2\right\}}d\xi = \frac{\pi K_0\left(r\sqrt{\frac{s}{\eta}}\right)}{2\eta\left\{\lambda K_0\left(a\sqrt{\frac{s}{\eta}}\right)+\sqrt{\frac{s}{\eta}}K_1\left(a\sqrt{\frac{s}{\eta}}\right)\right\}} \qquad [a>0,\quad r\ge a] \tag{E.104}$$

$$\int_0^\infty \frac{\xi\mathcal{D}_\nu(\xi r)}{(\eta\xi^2+s)\left[\{\lambda J_\nu(\xi a)-\xi J_\nu'(\xi a)\}^2+\{\lambda Y_\nu(\xi a)-\xi Y_\nu'(\xi a)\}^2\right]}d\xi = \frac{\pi K_\nu\left(r\sqrt{\frac{s}{\eta}}\right)}{2\eta\left\{\lambda K_\nu\left(a\sqrt{\frac{s}{\eta}}\right)-\sqrt{\frac{s}{\eta}}K_\nu'\left(a\sqrt{\frac{s}{\eta}}\right)\right\}} \qquad \left[a>0,\quad r\ge a,\quad \nu\ge -\tfrac{1}{2}\right] \tag{E.105}$$

$$\int_0^\infty \frac{\xi\mathcal{D}_0(\xi r)}{(\eta\xi^2+b+s)\left[\{\lambda J_0(\xi a)+\xi J_1(\xi a)\}^2+\{\lambda Y_0(\xi a)+\xi Y_1(\xi a)\}^2\right]}d\xi = \frac{\pi K_0\left(r\sqrt{\frac{b+s}{\eta}}\right)}{2\eta\left\{\lambda K_0\left(a\sqrt{\frac{b+s}{\eta}}\right)+\sqrt{\frac{b+s}{\eta}}K_1\left(a\sqrt{\frac{b+s}{\eta}}\right)\right\}} \qquad \left[a>0,\quad r\ge a,\quad \nu\ge -\tfrac{1}{2}\right] \tag{E.106}$$

$$\int_0^a uI_0\left(\frac{ru}{2\beta}\right)e^{-\frac{\left(r^2+u^2\right)}{4\beta}}du = 2a\beta\int_0^\infty e^{-\beta u^2}J_0(ru)\,J_1(au)\,du \qquad \text{Carslaw and Jaeger} \tag{E.107}$$

Appendix F

General properties and a table of Laplace transforms

$$\overline{f}(s) = \int_0^\infty f(t)\, e^{-st} dt$$

F.1 General properties

$\overline{f}(s)$	$f(t)$
$\alpha_1 \overline{f}_1(s) + \alpha_2 \overline{f}_2(s)$	$\alpha_1 f_1(t) + \alpha_2 f_2(t)$
$\overline{f}(as)$	$\frac{1}{a} f\left(\frac{t}{a}\right)$
$\overline{f}(s-a)$	$e^{at} f(t)$
$e^{-as}\overline{f}(s)$	$U(t-a) f(t-a)$
$s\overline{f}(s) - f(t=+0)$	$f'(t)$
$\frac{1}{s}\overline{f}(s)$	$\int_0^t f(u)\, du$
$\int_s^\infty f(u)\, du$	$\frac{1}{t} f(t)$
$\overline{f}(s)\,\overline{g}(s)$	$\int_0^t f(u)\, g(t-u)\, du$

F.2 A table of Laplace transforms

$\overline{f}(s)$	$f(t)$	
$\frac{1}{s}$	1	(F.1)
$\frac{1}{s^2}$	t	(F.2)

$\frac{\Gamma(\nu+1)}{s^{\nu+1}}$	t^{ν}	$[\nu > -1]$		(F.3)
$\frac{1}{\sqrt{s}}$	$\frac{1}{\sqrt{\pi t}}$			(F.4)
$\frac{1}{s^{\frac{3}{2}}}$	$2\sqrt{\frac{t}{\pi}}$		(Abramowitz and Stegun)	(F.5)
$\frac{1}{(s+a)}$	e^{-at}	$[a \geq 0]$		(F.6)
$\frac{1}{s(s+a)}$	$\frac{1}{a}\left\{1 - e^{-at}\right\}$	$[a > 0]$		(F.7)
$\frac{1}{(s+a)(s+b)}$	$\frac{e^{-at} - e^{-bt}}{b-a}$	$[a \neq b]$		(F.8)
$\frac{\omega}{s^2+\omega^2}$	$\sin(\omega t)$			(F.9)
$\frac{s}{s^2+\omega^2}$	$\cos(\omega t)$			(F.10)
$\frac{1}{s^{\nu}(s-a)}$	$\frac{e^{at}\gamma(\nu, at)}{(a)^{\nu}\Gamma(\nu)}$	$[\nu > 1]$	(Prudnikov et al.)	(F.11)
$e^{-a\sqrt{s}}$	$\frac{a e^{-\frac{a^2}{4t}}}{2\sqrt{\pi t^3}}$	$[a > 0]$	(Campbell and Foster)	(F.12)
$\frac{1}{s}\left\{1 - e^{-a\sqrt{s}}\right\}$	$\operatorname{erf}\left(\frac{a}{2\sqrt{t}}\right)$	$[a \geq 0]$		(F.13)
$\frac{e^{-a\sqrt{s}}}{s}$	$\operatorname{erfc}\left(\frac{a}{2\sqrt{t}}\right)$	$[a \geq 0]$	(Carslaw and Jaeger)	(F.14)
$\frac{2}{s} - \frac{e^{a\sqrt{s}}}{s}$	$\operatorname{erfc}\left(\frac{a}{2\sqrt{t}}\right)$	$[a \leq 0]$		(F.15)
$\frac{e^{-a\sqrt{s}}}{s^2}$	$\left(t + \frac{a^2}{2}\right)\operatorname{erfc}\left(\frac{a}{2\sqrt{t}}\right) - a\sqrt{\frac{t}{\pi}}e^{-\frac{a^2}{4t}}$	$[a \geq 0]$	(Campbell and Foster)	(F.16)
$\frac{e^{-a\sqrt{s}}}{(s+b)}$	$\frac{e^{-bt}}{2}\left\{e^{-ia\sqrt{b}}\operatorname{erfc}\left(\frac{a}{2\sqrt{t}} - i\sqrt{bt}\right) + e^{ia\sqrt{b}}\operatorname{erfc}\left(\frac{a}{2\sqrt{t}} + i\sqrt{bt}\right)\right\}$		(Campbell and Foster)	(F.17)
$\frac{e^{-a\sqrt{s}}}{s(s+b)}$	$\frac{1}{b}\left[\operatorname{erfc}\left(\frac{a}{2\sqrt{t}}\right) - \frac{e^{-bt}}{2}\left\{e^{-ia\sqrt{b}}\operatorname{erfc}\left(\frac{a}{2\sqrt{t}} - i\sqrt{bt}\right) + e^{ia\sqrt{b}}\operatorname{erfc}\left(\frac{a}{2\sqrt{t}} + i\sqrt{bt}\right)\right\}\right]$		(Campbell and Foster)	(F.18)
$\frac{e^{-a\sqrt{s}}}{\sqrt{s}}$	$\frac{e^{-\frac{a^2}{4t}}}{\sqrt{\pi t}}$	$[a \geq 0]$	(Campbell and Foster)	(F.19)
$\frac{e^{-a\sqrt{s}}}{s^{\frac{3}{2}}}$	$2\sqrt{\frac{t}{\pi}}e^{-\frac{a^2}{4t}} - a\operatorname{erfc}\left(\frac{a}{2\sqrt{t}}\right) = 2\sqrt{t}\ i\operatorname{erfc}\left(\frac{a}{2\sqrt{t}}\right)$	$[a \geq 0]$		(F.20)

$\frac{e^{-a\sqrt{s}}}{s^{1+\frac{\ell}{2}}}$	$(4t)^{\frac{\ell}{2}}\, i^{\ell} \operatorname{erfc}\left(\frac{a}{2\sqrt{t}}\right)$ $\quad \ell = 0, 1, 2, \ldots\ldots\ldots$	$[a \geq 0]$	(Carslaw and Jaeger)	(F.21)
$\frac{e^{-a\sqrt{s}}}{s^{\nu+1}}$	$\frac{t^{\nu} e^{-\frac{a^2}{8t}}}{\sqrt{\pi}} \left(\frac{a^2}{4t}\right)^{-\frac{1}{4}} W_{\left[-v-\frac{1}{4},\frac{1}{4}\right]}\left(\frac{a^2}{4t}\right)$	$[\nu > -1]$		(F.22)
$\frac{e^{-\sqrt{a(b+s)}}}{s}$	$e^{-\sqrt{ab}} + \frac{1}{2}\left\{e^{\sqrt{ab}} \operatorname{erfc}\left(\sqrt{bt} + \frac{1}{2}\sqrt{\frac{a}{t}}\right) - e^{-\sqrt{ab}} \operatorname{erfc}\left(\sqrt{bt} - \frac{1}{2}\sqrt{\frac{a}{t}}\right)\right\}$		(Campbell and Foster)	(F.23)
$\frac{e^{-\sqrt{a(s+b)}}}{s+b}$	$e^{-bt} \operatorname{erfc}\left(\frac{1}{2}\sqrt{\frac{a}{t}}\right)$		(Campbell and Foster)	(F.24)
$\frac{e^{-\sqrt{a(s+b)}}}{s(s+b)}$	$\frac{1}{b}\left[e^{-\sqrt{ab}} + \frac{1}{2}\left\{e^{\sqrt{ab}} \operatorname{erfc}\left(\sqrt{bt} + \frac{1}{2}\sqrt{\frac{a}{t}}\right) - e^{-\sqrt{ab}} \operatorname{erfc}\left(\sqrt{bt} - \frac{1}{2}\sqrt{\frac{a}{t}}\right)\right\} - e^{-bt} \operatorname{erfc}\left(\frac{1}{2}\sqrt{\frac{a}{t}}\right)\right]$ $[b \neq 0]$			(F.25)
$\frac{e^{-\sqrt{a(s+b)}}}{s+\alpha}$	$\frac{e^{-\alpha t}}{2}\left[e^{-\sqrt{a(b-\alpha)}} \operatorname{erfc}\left\{\frac{1}{2}\sqrt{\frac{a}{t}} - \sqrt{(b-\alpha)\,t}\right\} + e^{\sqrt{a(b-\alpha)}} \operatorname{erfc}\left\{\frac{1}{2}\sqrt{\frac{a}{t}} + \sqrt{(b-\alpha)\,t}\right\}\right]$ $[\alpha \neq 0]$		(Campbell and Foster)	(F.26)
$\frac{e^{-\sqrt{a(s+b)}}}{(s+\alpha)(s+\gamma)}$	$\frac{e^{-\gamma t}}{2(\alpha-\gamma)}\left\{e^{\sqrt{a(\alpha-\gamma)}} \operatorname{erfc}\left(\frac{1}{2}\sqrt{\frac{a}{t}} + \sqrt{(\alpha-\gamma)\,t}\right) + e^{-\sqrt{a(\alpha-\gamma)}} \operatorname{erfc}\left(\frac{1}{2}\sqrt{\frac{a}{t}} - \sqrt{(\alpha-\gamma)\,t}\right)\right\} - \frac{e^{-\alpha t}}{(\alpha-\gamma)} \operatorname{erfc}\left(\frac{1}{2}\sqrt{\frac{a}{t}}\right)$ $\quad [\alpha \neq 0,\ \gamma \neq 0]$		(Campbell and Foster)	(F.27)
$\frac{e^{-a\sqrt{s}}}{(s+\alpha)\sqrt{s}}$	$\frac{ie^{-\alpha t}}{2\sqrt{\alpha}}\left\{e^{ia\sqrt{\alpha}} \operatorname{erfc}\left(\frac{a}{2\sqrt{t}} + i\sqrt{\alpha t}\right) - e^{-ia\sqrt{\alpha}} \operatorname{erfc}\left(\frac{a}{2\sqrt{t}} - i\sqrt{\alpha t}\right)\right\}$		(Campbell and Foster)	(F.28)
$\frac{e^{-a\sqrt{s}}}{(s-\alpha)\sqrt{s}}$	$\frac{e^{\alpha t}}{2\sqrt{\alpha}}\left\{e^{-a\sqrt{\alpha}} \operatorname{erfc}\left(\frac{a}{2\sqrt{t}} - \sqrt{\alpha t}\right) - e^{a\sqrt{\alpha}} \operatorname{erfc}\left(\frac{a}{2\sqrt{t}} + \sqrt{\alpha t}\right)\right\}$		(Campbell and Foster)	(F.29)
$\frac{e^{-a\sqrt{s}}}{(\sqrt{s}+b)}$	$\frac{e^{-\frac{a^2}{4t}}}{\sqrt{\pi t}} - be^{ab+b^2 t} \operatorname{erfc}\left(b\sqrt{t} + \frac{a}{2\sqrt{t}}\right)$	$[a \geq 0]$	(Carslaw and Jaeger)	(F.30)
$\frac{be^{-a\sqrt{s}}}{s(\sqrt{s}+b)}$	$\operatorname{erfc}\left(\frac{a}{2\sqrt{t}}\right) - e^{ab+b^2 t} \operatorname{erfc}\left(b\sqrt{t} + \frac{a}{2\sqrt{t}}\right)$	$[a \geq 0]$	(Carslaw and Jaeger)	(F.31)
$\frac{e^{-a\sqrt{s}}}{\sqrt{s}(\sqrt{s}+b)}$	$e^{ab+b^2 t} \operatorname{erfc}\left(b\sqrt{t} + \frac{a}{2\sqrt{t}}\right)$	$[a \geq 0]$	(Campbell and Foster)	(F.32)
$\frac{e^{-a\sqrt{s}}}{s^{\frac{3}{2}}(\sqrt{s}+b)}$	$\frac{2}{b}\sqrt{\frac{t}{\pi}}\, e^{-\frac{a^2}{4t}} - \left(\frac{1-ab}{b^2}\right) \operatorname{erfc}\left(\frac{a}{2\sqrt{t}}\right) + \frac{e^{ab+b^2 t}}{b^2} \operatorname{erfc}\left(b\sqrt{t} + \frac{a}{2\sqrt{t}}\right)$ $[a \geq 0]$		(Carslaw and Jaeger)	(F.33)

$$\frac{e^{-a\sqrt{s}}}{(s+\alpha)\left(\sqrt{s}+b\right)}$$

$$\frac{e^{-\alpha t}}{2}\left\{\frac{e^{ia\sqrt{\alpha}}}{b-i\sqrt{\alpha}}\operatorname{erfc}\left(\frac{a}{2\sqrt{t}}+i\sqrt{\alpha t}\right)+\frac{e^{-ia\sqrt{\alpha}}}{b+i\sqrt{\alpha}}\operatorname{erfc}\left(\frac{a}{2\sqrt{t}}-i\sqrt{\alpha t}\right)\right\}- -\frac{be^{ab+b^2t}}{b^2+\alpha}\operatorname{erfc}\left(\frac{a}{2\sqrt{t}}+b\sqrt{t}\right)$$

(Campbell and Foster) (F.34)

$$\frac{e^{-a\sqrt{s}}}{\sqrt{s}(s+\alpha)\left(\sqrt{s}+b\right)}$$

$$\frac{ie^{-\alpha t}}{2\sqrt{\alpha}}\left\{\frac{e^{ia\sqrt{\alpha}}}{b-i\alpha}\operatorname{erfc}\left(\frac{a}{2\sqrt{t}}+i\sqrt{\alpha t}\right)-\frac{e^{-ia\sqrt{\alpha}}}{b+i\alpha}\operatorname{erfc}\left(\frac{a}{2\sqrt{t}}-i\sqrt{\alpha t}\right)\right\}+ +\frac{e^{ab+b^2t}}{b^2+\alpha}\operatorname{erfc}\left(\frac{a}{2\sqrt{t}}+b\sqrt{t}\right)$$

(Campbell and Foster) (F.35)

$$\frac{e^{-\sqrt{a(s+b)}}}{s\sqrt{s+b}}$$

$$\frac{e^{-\sqrt{ab}}}{\sqrt{b}}-\frac{1}{2\sqrt{b}}\left[e^{\sqrt{ab}}\operatorname{erfc}\left(\sqrt{bt}+\frac{1}{2}\sqrt{\frac{a}{t}}\right)+e^{-\sqrt{ab}}\operatorname{erfc}\left(\sqrt{bt}-\frac{1}{2}\sqrt{\frac{a}{t}}\right)\right]$$

(Campbell and Foster) (F.36)

$$\frac{e^{-\sqrt{a(s+b)}}}{(s+\alpha)\sqrt{(s+b)}}$$

$$\frac{e^{-\alpha t}}{2\sqrt{(b-\alpha)}}\left[e^{-\sqrt{a(b-\alpha)}}\operatorname{erfc}\left(\frac{1}{2}\sqrt{\frac{a}{t}}-\sqrt{(b-\alpha)\,t}\right)- -e^{\sqrt{a(b-\alpha)}}\operatorname{erfc}\left(\frac{1}{2}\sqrt{\frac{a}{t}}+\sqrt{(b-\alpha)\,t}\right)\right]$$

(Campbell and Foster) (F.37)

$$\frac{e^{-\sqrt{a(s+b)}}}{s\left\{\beta+\sqrt{s+b}\right\}}$$

$$\frac{e^{-\sqrt{ab}}}{2\left\{\beta+\sqrt{b}\right\}}\operatorname{erfc}\left\{\frac{1}{2}\sqrt{\frac{a}{t}}-\sqrt{bt}\right\}+\frac{e^{\sqrt{ab}}}{2\left\{\beta-\sqrt{b}\right\}}\operatorname{erfc}\left\{\frac{1}{2}\sqrt{\frac{a}{t}}+\sqrt{bt}\right\}- -\frac{\beta e^{\beta\sqrt{a}+\beta^2t-bt}}{\beta^2-b}\operatorname{erfc}\left\{\frac{1}{2}\sqrt{\frac{a}{t}}+\beta\sqrt{t}\right\}$$

(Campbell and Foster) (F.38)

$$\frac{e^{-\sqrt{a(s+b)}}}{(s+\alpha)\left(\beta+\sqrt{s+b}\right)}$$

$$\frac{e^{-\alpha t-\sqrt{a(b-\alpha)}}}{2\left\{\beta+\sqrt{b-\alpha}\right\}}\operatorname{erfc}\left\{\frac{1}{2}\sqrt{\frac{a}{t}}-\sqrt{(b-\alpha)\,t}\right\}+ +\frac{e^{-\alpha t+\sqrt{a(b-\alpha)}}}{2\left\{\beta-\sqrt{b-\alpha}\right\}}\operatorname{erfc}\left\{\frac{1}{2}\sqrt{\frac{a}{t}}+\sqrt{(b-\alpha)\,t}\right\}- -\frac{\beta e^{\left(\beta\sqrt{a}+\beta^2t-bt\right)}}{(\beta^2+\alpha-b)}\operatorname{erfc}\left\{\frac{1}{2}\sqrt{\frac{a}{t}}+\beta\sqrt{t}\right\}$$

(Campbell and Foster) (F.39)

$$\frac{1}{\sqrt{s}}\left\{e^{-a\sqrt{s}}+\left(\frac{\sqrt{s}-\lambda}{\sqrt{s}+\lambda}\right)e^{-b\sqrt{s}}\right\}$$

$$\frac{1}{\sqrt{\pi t}}\left\{e^{-\frac{a^2}{4t}}+e^{-\frac{b^2}{4t}}-2\left(\lambda\sqrt{\pi t}\right)e^{b\lambda+\lambda^2t}\operatorname{erfc}\left(\lambda\sqrt{t}+\frac{b}{2\sqrt{t}}\right)\right\}$$

(F.40)

$$\left(1-\frac{a}{\sqrt{s+a^2}}\right)\frac{e^{-2b\left(\sqrt{s+a^2}+a\right)}}{s}$$

$$\operatorname{erfc}\left(a\sqrt{t}+\frac{b}{\sqrt{t}}\right)$$

$[b\geq 0]$ (Prudnikov et al.) (F.41)

$$\frac{1}{s}\left\{\frac{1}{2}-\left(1+\frac{a}{\sqrt{s+a^2}}\right)e^{-2b\left(\sqrt{s+a^2}-a\right)}\right\}$$

$$\operatorname{erfc}\left(a\sqrt{t}-\frac{b}{\sqrt{t}}\right)$$

$[b\geq 0]$ (Prudnikov et al.) (F.42)

$$\operatorname{erfc}\left(\frac{a}{2\sqrt{t}}\right) \qquad \begin{cases}\dfrac{e^{-a\sqrt{s}}}{s} & a>0\\[4pt] \left[\dfrac{2}{s}-\dfrac{e^{a\sqrt{s}}}{s}\right] & a<0\end{cases}$$

(F.43)

$$\frac{\sinh\left(2x\sqrt{\frac{s}{\beta}}\right)}{\sqrt{s\beta}\cosh\left(\sqrt{\frac{s}{\beta}}\right)} \qquad \Theta_1\left(\pi x, e^{-\pi^2\beta t}\right)$$

$\left[-\frac{1}{2}\leq x\leq\frac{1}{2}\right]$ (F.44)

$\frac{\cosh\left(2x\sqrt{\frac{s}{\beta}}\right)}{\sqrt{s\beta}\sinh\left(\sqrt{\frac{s}{\beta}}\right)}$	$\Theta_4\left(\pi x, e^{-\pi^2\beta t}\right)$	$\left[-\frac{1}{2} \le x \le \frac{1}{2}\right]$	(F.45)
$\frac{\sinh\left\{(1-2x)\sqrt{\frac{s}{\beta}}\right\}}{\sqrt{s\beta}\cosh\left(\sqrt{\frac{s}{\beta}}\right)}$	$\Theta_2\left(\pi x, e^{-\pi^2\beta t}\right)$	$[0 \le x \le 1]$	(F.46)
$\frac{\cosh\left\{(1-2x)\sqrt{\frac{s}{\beta}}\right\}}{\sqrt{s\beta}\sinh\left(\sqrt{\frac{s}{\beta}}\right)}$	$\Theta_3\left(\pi x, e^{-\pi^2\beta t}\right)$	$[0 \le x \le 1]$	(F.47)
$\frac{\sinh\left(2x\sqrt{\frac{s}{\beta}}\right)}{\sinh\left(\sqrt{\frac{s}{\beta}}\right)}$	$\left(\frac{\pi\beta}{2}\right)\Theta_4'\left(\pi x, e^{-\pi^2\beta t}\right)$	$\left[-\frac{1}{2} \le x \le \frac{1}{2}\right]$	(F.48)
$\frac{\cosh\left(2x\sqrt{\frac{s}{\beta}}\right)}{\cosh\left(\sqrt{\frac{s}{\beta}}\right)}$	$\left(\frac{\pi\beta}{2}\right)\Theta_1'\left(\pi x, e^{-\pi^2\beta t}\right)$	$\left[-\frac{1}{2} \le x \le \frac{1}{2}\right]$	(F.49)
$\frac{\sinh\left\{(1-2x)\sqrt{\frac{s}{\beta}}\right\}}{\sinh\left(\sqrt{\frac{s}{\beta}}\right)}$	$-\left(\frac{\pi\beta}{2}\right)\Theta_3'\left(\pi x, e^{-\pi^2\beta t}\right)$	$\left[-\frac{1}{2} \le x \le \frac{1}{2}\right]$	(F.50)
$\frac{\cosh\left\{(1-2x)\sqrt{\frac{s}{\beta}}\right\}}{\cosh\left(\sqrt{\frac{s}{\beta}}\right)}$	$-\left(\frac{\pi\beta}{2}\right)\Theta_2'\left(\pi x, e^{-\pi^2\beta t}\right)$	$\left[-\frac{1}{2} \le x \le \frac{1}{2}\right]$	(F.51)
$\frac{\sinh(a\sqrt{s})}{\sqrt{s}\cosh(b\sqrt{s})}$	$-\frac{1}{b} - \frac{1}{b}\Theta_1\left(\frac{a}{2b}, \frac{t}{b^2}\right) = -\frac{1}{b}\Theta_2\left(\frac{a+b}{b}, \frac{t}{b^2}\right)$	(Prudnikov et al.)	(F.52)
$\frac{\cosh(a\sqrt{s})}{\sqrt{s}\sinh(b\sqrt{s})}$	$\frac{1}{b}\Theta_4\left(\frac{a}{2b}, \frac{t}{b^2}\right) = \frac{1}{b}\Theta_3\left(\frac{a+b}{b}, \frac{t}{b^2}\right)$	(Prudnikov et al.)	(F.53)
$\operatorname{sech}\{a\sqrt{s}\}$	$\frac{a}{\sqrt{\pi}}\sum_{n=0}^{\infty}\frac{(-1)^n(2n+1)e^{-\frac{(2n+1)^2a^2}{4t}}}{\sqrt{t^3}}$		(F.54)
$\operatorname{csch}\{a\sqrt{s}\}$	$\frac{a}{\sqrt{\pi}}\sum_{n=0}^{\infty}\frac{(2n+1)e^{-\frac{(2n+1)^2a^2}{4t}}}{\sqrt{t^3}}$		(F.55)
$s^{\pm\frac{\nu}{2}}K_\nu(a\sqrt{s})$	$\frac{a^{\pm\nu}e^{-\frac{a^2}{4t}}}{(2t)^{\pm\nu+1}}$	(Prudnikov et al.)	(F.56)
$s^{\pm\frac{\nu}{2}-1}K_\nu(a\sqrt{s})$	$\frac{1}{2}\left(\frac{2}{a}\right)^{\pm\nu}\Gamma\left(\pm\nu, \frac{a^2}{4\tau}\right)$		(F.57)
$\frac{K_v(a\sqrt{s})}{s^\rho}$	$\frac{1}{2}\left(\frac{2}{a}\right)^{\pm v} t^{\left\{\rho-\frac{v}{2}-1\right\}}e^{-\frac{a^2}{4t}}\Psi\left(\rho+\frac{v}{2}, v+1; \frac{a^2}{4t}\right)$	(Prudnikov et al.)	(F.58)
$K_0(a\sqrt{s})$	$\frac{e^{-\left(\frac{a^2}{4t}\right)}}{2t}$	(Prudnikov et al.)	(F.59)
$K_0(a\sqrt{s+b})$	$\frac{e^{-\frac{a^2}{4t}-bt}}{2t}$	(Prudnikov et al.)	(F.60)
$\frac{K_{\frac{1}{2}}(a\sqrt{s})}{s^{\frac{1}{4}}}$	$\frac{e^{-\frac{a^2}{4t}}}{\sqrt{2at}}$	(Prudnikov et al.)	(F.61)
$\frac{K_{\frac{1}{2}}(a\sqrt{s+b})}{(s+b)^{\frac{1}{4}}}$	$\frac{e^{-\frac{a^2}{4t}-bt}}{\sqrt{2at}}$	(Prudnikov et al.)	(F.62)

$\frac{K_0\left(a\sqrt{s+b}\right)}{s}$	$\frac{1}{2}\mathcal{W}\left(\frac{a^2}{4t}, a\sqrt{b}\right)$	(Hantush)	(F.63)
$\frac{K_1\left(a\sqrt{s}\right)}{\sqrt{s}}$	$\frac{e^{-\frac{a^2}{4t}}}{a}$	(Prudnikov et al.)	(F.64)
$\frac{K_0\left(a\sqrt{s}\right)}{s}$	$-\frac{1}{2}E_i\left(-\frac{a^2}{4t}\right)$	(Prudnikov et al.)	(F.65)
$\frac{K_0\left(r\sqrt{\frac{s}{\eta}}\right)}{sK_0\left(a\sqrt{\frac{s}{\eta}}\right)}$	$1+\frac{2}{\pi}\int_0^\infty \frac{\mathcal{C}_0(u,r)e^{-\eta u^2 t}}{u\left\{J_0^2(ua)+Y_0^2(ua)\right\}}du$		(F.66)
$\frac{K_0\left(\frac{r}{\beta}\sqrt{s+b}\right)}{sK_0\left(\frac{a}{\beta}\sqrt{s+b}\right)}$	$\frac{2\beta^2}{\pi}\int_0^\infty \frac{u\mathcal{C}_0(ur)\left(1-e^{-\left\{(\beta u)^2+b\right\}t}\right)}{\left\{(\beta u)^2+b\right\}\left\{J_0^2(ua)+Y_0^2(ua)\right\}}du$		(F.67)
$\left\{\frac{K_1\left(\beta\sqrt{s}\right)}{\sqrt{s}K_0\left(\beta\sqrt{s}\right)}\right\}$	$\frac{4}{\pi^2\beta}\int_0^\infty \frac{e^{-\eta\xi^2 t}}{\xi\left\{J_0^2(\xi a)+Y_0^2(\xi a)\right\}}d\xi$		(F.68)
$\frac{K_0\left(r\sqrt{\frac{s}{\eta}}\right)}{s^{\frac{3}{2}}K_1\left(a\sqrt{\frac{s}{\eta}}\right)}$	$\frac{2}{\pi\sqrt{\eta}}\int_0^\infty \frac{G_0(u,r)\left\{1-e^{-\eta u^2 t}\right\}}{u^2\left\{J_1^2(ua)+Y_1^2(ua)\right\}}du$	(Duffy)	(F.69)
$\frac{K_0\left(r\sqrt{\frac{s}{\eta}}\right)}{s\left\{\lambda K_0\left(a\sqrt{\frac{s}{\eta}}\right)+\sqrt{\frac{s}{\eta}}K_1\left(a\sqrt{\frac{s}{\eta}}\right)\right\}}$	$\frac{1}{\lambda}-\frac{2}{\pi}\int_0^\infty \frac{D_0(u,r)e^{-\eta u^2 t}}{u\left\{\{\lambda J_0(ua)+uJ_1(ua)\}^2+\{\lambda Y_0(ua)+uY_1(ua)\}^2\right\}}du$		(F.70)
$\frac{K_0\left(\frac{r}{\beta}\sqrt{b+s}\right)}{s\left\{\lambda K_0\left(\frac{a}{\beta}\sqrt{b+s}\right)+\frac{\sqrt{b+s}}{\beta}K_1\left(\frac{a}{\beta}\sqrt{b+s}\right)\right\}}$	$\frac{2\beta^2}{\pi}\int_0^\infty \frac{uD_0(ur)\left(1-e^{-\left\{(\beta u)^2+b\right\}t}\right)}{\left\{(\beta u)^2+b\right\}\left[\{\lambda J_0(ua)+uJ_1(ua)\}^2+\{\lambda Y_0(ua)+uY_1(ua)\}^2\right]}du$		(F.71)

Appendix G

Series

$$\sum_{n=1}^{\infty} \frac{\sin(nx)}{n} = \frac{\pi - x}{2} \qquad [0 < x < 2\pi] \qquad \text{(Fikhtengol'ts)} \qquad (G.1)$$

$$\sum_{n=1}^{\infty} \frac{(-1)^{n+1}\sin(nx)}{n} = \frac{x}{2} \qquad [-\pi < x < \pi] \qquad \text{(Fikhtengol'ts)} \qquad (G.2)$$

$$\sum_{n=1}^{\infty} \frac{\sin\{(2n-1)x\}}{(2n-1)} = \frac{\pi}{4} \qquad [0 < x < \pi] \qquad \text{(Fikhtengol'ts)} \qquad (G.3)$$

$$\sum_{n=1}^{\infty} \frac{(-1)^{n+1}\sin\{(2n-1)x\}}{(2n-1)^2} = \frac{\pi x}{4} \qquad \left[-\frac{\pi}{2} \le x \le \frac{\pi}{2}\right] \qquad \text{(Fikhtengol'ts)} \qquad (G.4)$$

$$\sum_{n=1}^{\infty} \frac{n\sin(nx)}{n^2a^2+b^2} = \frac{\pi}{2a^2} \sinh\left\{(\pi - x)\frac{b}{a}\right\} \operatorname{csch}\left(\frac{\pi b}{a}\right) \qquad [0 < x < 2\pi] \qquad \text{(Bromwich)} \qquad (G.5)$$

$$\sum_{n=1}^{\infty} \frac{n(-1)^{n+1}\sin(nx)}{n^2a^2+b^2} = \frac{\pi}{2a^2} \sinh\left\{\frac{xb}{a}\right\} \operatorname{csch}\left(\frac{\pi b}{a}\right) \qquad [-\pi < x < \pi] \qquad \text{(Bromwich)} \qquad (G.6)$$

$$\sum_{n=1}^{\infty} \frac{n\sin(nx)}{n^2a^2-b^2} = \frac{\pi}{2a^2} \sin\left\{(\pi - x)\frac{b}{a}\right\} \csc\left(\frac{\pi b}{a}\right) \qquad [0 < x < 2\pi] \qquad \text{(Oberhettinger)} \qquad (G.7)$$

$$\sum_{n=1}^{\infty} \frac{n(-1)^{n+1}\sin(nx)}{n^2a^2-b^2} = \frac{\pi}{2a^2} \sin\left(\frac{xb}{a}\right) \csc\left(\frac{\pi b}{a}\right) \qquad [0 < x < 2\pi] \qquad \text{(Oberhettinger)} \qquad (G.8)$$

$$\sum_{n=1}^{\infty} \frac{1}{n^2} \sin(na)\sin(nb) = \frac{1}{2}(\pi - b)\,a \qquad [0 \le |a| \le |b| \le \pi] \qquad \text{(Bromwich)} \qquad (G.9)$$

$$\sum_{n=1}^{\infty} n(-1)^{n-1} \sin(nx)\, e^{-\beta n^2} = \frac{1}{4\pi}\Theta_4'\left(\frac{x}{2}, e^{-\beta}\right) \qquad [\beta > 0] \qquad (G.10)$$

$$\sum_{n=1}^{\infty} (-1)^n \cos(nx)\, e^{-\beta n^2} = \frac{1}{2}\left[\Theta_4\left(\frac{x}{2}, e^{-\beta}\right) - 1\right] \qquad [\beta > 0] \qquad (G.11)$$

$$\sum_{n=1}^{\infty} (2n-1)\sin\{(2n-1)x\}\, e^{-\beta\left(n-\frac{1}{2}\right)^2} = -\frac{1}{2\pi}\Theta_2'\left(x, e^{-\beta}\right) \qquad [\beta > 0] \qquad (G.12)$$

$$\sum_{n=1}^{\infty} (-1)^{n-1}\sin\{(2n-1)x\}\, e^{-\beta\left(n-\frac{1}{2}\right)^2} = \frac{1}{2}\Theta_1\left(x, e^{-\beta}\right) \qquad [\beta > 0] \qquad (G.13)$$

$$\sum_{n=1}^{\infty}\cos\{(2n-1)x\}e^{-\beta\left(n-\frac{1}{2}\right)^2}=\tfrac{1}{2}\Theta_2\left(x,e^{-\beta}\right)\qquad[\beta>0]\tag{G.14}$$

$$\sum_{n=1}^{\infty}(2n-1)(-1)^{n-1}\cos\{(2n-1)x\}e^{-\beta\left(n-\frac{1}{2}\right)^2}=\tfrac{1}{2\pi}\Theta_1'\left(x,e^{-\beta}\right)\qquad[\beta>0]\tag{G.15}$$

$$\sum_{n=1}^{\infty}n\sin(nx)e^{-\beta n^2}=-\tfrac{1}{4\pi}\Theta_3'\left(\tfrac{x}{2},e^{-\beta}\right)\qquad[\beta>0]\tag{G.16}$$

$$\sum_{n=1}^{\infty}\cos(nx)e^{-\beta n^2}=\tfrac{1}{2}\left[\Theta_3\left(\tfrac{x}{2},e^{-\beta}\right)-1\right]\qquad[\beta>0]\tag{G.17}$$

$$\sum_{n=1}^{\infty}\sin(nx)\sin(ny)e^{-\beta n^2}=\tfrac{1}{4}\left[\Theta_3\left\{\tfrac{1}{2}(x-y),e^{-\beta}\right\}-\Theta_3\left\{\tfrac{1}{2}(x+y),e^{-\beta}\right\}\right]\qquad[\beta>0]\tag{G.18}$$

$$\sum_{n=0}^{\infty}\ni_n\cos(nx)\cos(ny)e^{-\beta n^2}=\tfrac{1}{4}\left[\Theta_3\left\{\tfrac{1}{2}(x-y),e^{-\beta}\right\}+\Theta_3\left\{\tfrac{1}{2}(x+y),e^{-\beta}\right\}\right]\qquad[\beta>0]\tag{G.19}$$

$$\sum_{n=1}^{\infty}\sin\{(2n-1)x\}\sin\{(2n-1)y\}e^{-\beta\left(n-\frac{1}{2}\right)^2}==\tfrac{1}{4}\left[\Theta_2\left\{(x-y),e^{-\beta}\right\}-\Theta_2\left\{(x+y),e^{-\beta}\right\}\right]\qquad[\beta>0]\tag{G.20}$$

$$\sum_{n=1}^{\infty}\cos\{(2n-1)x\}\cos\{(2n-1)y\}e^{-\beta\left(n-\frac{1}{2}\right)^2}==\tfrac{1}{4}\left[\Theta_2\left\{(x-y),e^{-\beta}\right\}+\Theta_2\left\{(x+y),e^{-\beta}\right\}\right]\qquad[\beta>0]\tag{G.21}$$

$$\sum_{n=1}^{\infty}\left\{\frac{e^{-\beta n^2}}{n}\right\}\sin(nx)\cos(ny)=\tfrac{\pi}{2}\left[\Theta_3^{\int}\left\{\tfrac{1}{2}(x-y),e^{-\beta}\right\}+\Theta_3^{\int}\left\{\tfrac{1}{2}(x+y),e^{-\beta}\right\}-\tfrac{x}{\pi}\right]\qquad[\beta>0]\tag{G.22}$$

$$\sum_{n=0}^{\infty}\left\{\frac{\ni_n e^{-\beta n^2}}{n}\right\}\sin(nx)\cos(ny)=\tfrac{\pi}{2}\left[\Theta_3^{\int}\left\{\tfrac{1}{2}(x-y),e^{-\beta}\right\}+\Theta_3^{\int}\left\{\tfrac{1}{2}(x+y),e^{-\beta}\right\}\right]\qquad[\beta>0]\tag{G.23}$$

$$\sum_{n=1}^{\infty}\left\{\frac{e^{-\beta\left(n-\frac{1}{2}\right)^2}}{(2n-1)}\right\}\sin\{(2n-1)x\}\cos\{(2n-1)y\}==\tfrac{\pi}{4}\left[\Theta_2^{\int}\left\{(x-y),e^{-\beta}\right\}+\Theta_2^{\int}\left\{(x+y),e^{-\beta}\right\}\right]\qquad[\beta>0]\tag{G.24}$$

$$\sum_{n=1}^{\infty}\frac{\sin(nx)\sin(ny)}{(n^2\beta^2+b^2)}=\tfrac{\pi}{4b\beta}\operatorname{csch}\left(\tfrac{\pi b}{\beta}\right)\left[\cosh\left\{(\pi-|x-y|)\tfrac{b}{\beta}\right\}-\cosh\left\{(\pi-x-y)\tfrac{b}{\beta}\right\}\right]\quad[0\le|x-y|\le2\pi],\ [0\le(x+y)\le2\pi]\tag{G.25}$$

$$\sum_{n=1}^{\infty}\frac{(-1)^n\sin\{(2n-1)x\}}{(2n-1)^2\beta^2+b^2}=\tfrac{\pi}{4b\beta}\sinh\left(\tfrac{xb}{\beta}\right)\operatorname{sech}\left(\tfrac{\pi b}{2\beta}\right)\qquad\left[-\tfrac{\pi}{2}\le x\le\tfrac{\pi}{2}\right]\quad\text{(Bromwich)}\tag{G.26}$$

$$\sum_{n=1}^{\infty}\frac{(-1)^{n+1}\sin\{(2n-1)x\}}{(2n-1)^2\left\{(2n-1)^2\beta^2+b^2\right\}}=\left(\tfrac{\pi}{4b^2}\right)\operatorname{sech}\left(\tfrac{\pi b}{2\beta}\right)\left\{x\cosh\left(\tfrac{\pi b}{2\beta}\right)-\left(\tfrac{\beta}{b}\right)\sinh\left(\tfrac{xb}{\beta}\right)\right\}\qquad\left[-\tfrac{\pi}{2}\le x\le\tfrac{\pi}{2}\right]\tag{G.27}$$

$$\sum_{n=1}^{\infty}\frac{(2n-1)\sin\{(2n-1)x\}}{(2n-1)^2\beta^2+b^2}=\tfrac{\pi}{4\beta^2}\cosh\left\{\left(\tfrac{\pi}{2}-x\right)\tfrac{b}{\beta}\right\}\operatorname{sech}\left(\tfrac{\pi b}{2\beta}\right)\qquad[0<x<\pi]\quad\text{(Bromwich)}\tag{G.28}$$

$$\sum_{n=1}^{\infty}\frac{\sin\{(2n-1)x\}\sin\{(2n-1)y\}}{(2n-1)^2\beta^2+b^2}=\tfrac{\pi}{8b\beta}\operatorname{sech}\left(\tfrac{\pi b}{2\beta}\right)\left[\sinh\left\{\left(\tfrac{\pi}{2}-|x-y|\right)\tfrac{b}{\beta}\right\}-\sinh\left\{\left(\tfrac{\pi}{2}-x-y\right)\tfrac{b}{\beta}\right\}\right]\quad[0\le|x-y|\le\pi],\ [0\le(x+y)\le\pi]\tag{G.29}$$

$$\sum_{n=1}^{\infty} \frac{\sin\{(2n-1)x\}\sin\{(2n-1)y\}}{(2n-1)^2a^2-b^2} = \frac{\pi}{8ab}\sec\left(\frac{\pi b}{2a}\right)\left[\sin\left\{\left(\frac{\pi}{2}-|x-y|\right)\frac{b}{a}\right\}-\sin\left\{\left(\frac{\pi}{2}-x-y\right)\frac{b}{a}\right\}\right] \quad [0 \le |x-y| \le \pi],\ [0 \le (x+y) \le \pi] \tag{G.30}$$

$$\sum_{n=1}^{\infty} \cos\{(2n-1)x\}\cos\{(2n-1)y\}e^{-\beta\left(n-\frac{1}{2}\right)^2} = \frac{1}{4}\left[\Theta_2\left\{\frac{1}{2}(x-y), e^{-\beta}\right\}+\Theta_2\left\{\frac{1}{2}(x+y), e^{-\beta}\right\}\right] \quad [\beta > 0] \tag{G.31}$$

$$\sum_{n=1}^{\infty} \frac{\cos(nx)}{n} = \frac{1}{2}\ln\left\{\frac{1}{2(1-\cos x)}\right\} \quad [0 < x < 2\pi] \quad \text{(Fikhtengol'ts)} \tag{G.32}$$

$$\sum_{n=1}^{\infty} \frac{(-1)^n\cos\{(2n-1)x\}}{2n-1} = -\frac{\pi}{4} \quad \left[-\frac{\pi}{2} < x < \frac{\pi}{2}\right] \quad \text{(Gradshteyn and Ryzhik)} \tag{G.33}$$

$$\sum_{n=1}^{\infty} \frac{\cos\{(2n-1)x\}}{(2n-1)^2} = (\pi - 2|x|)\frac{\pi}{8} \quad [-\pi \le x \le \pi] \quad \text{(Hirschman Jr)} \tag{G.34}$$

$$\sum_{n=1}^{\infty} \frac{(-1)^{n+1}\cos(nx)}{n} = \ln\left\{2\cos\left(\frac{x}{2}\right)\right\} \quad [-\pi < x < \pi] \quad \text{(Fikhtengol'ts)} \tag{G.35}$$

$$\sum_{n=1}^{\infty} \frac{\cos(nx)}{n^2} = \frac{\pi^2}{6} - \frac{\pi x}{2} + \frac{x^2}{4} \quad [0 \le x \le 2\pi] \quad \text{(Fikhtengol'ts)} \tag{G.36}$$

$$\sum_{n=1}^{\infty} \frac{(-1)^n\cos(nx)}{n^2} = \frac{x^2}{4} - \frac{\pi^2}{12} \quad [-\pi \le x \le \pi] \quad \text{(Fikhtengol'ts)} \tag{G.37}$$

$$\sum_{n=1}^{\infty} \frac{1}{n^2}\cos(na)\cos(nb) = \frac{1}{4}\left\{a^2+(b-\pi)^2\right\} - \frac{\pi^2}{12} \quad [0 \le |a| \le |b| \le \pi] \quad \text{(Bromwich)} \tag{G.38}$$

$$\sum_{n=1}^{\infty} \frac{\cos(nx)}{(n^2\beta^2+b^2)} = \frac{\pi}{2b\beta}\cosh\left\{(\pi-x)\frac{b}{\beta}\right\}\operatorname{csch}\left(\frac{\pi b}{\beta}\right) - \frac{1}{2b^2} \quad [0 \le x \le 2\pi] \quad \text{(Watson)} \tag{G.39}$$

$$\sum_{n=1}^{\infty} \frac{(-1)^{n+1}\cos(nx)}{(n^2\beta^2+b^2)} = \frac{1}{2b^2} - \frac{\pi}{2b\beta}\cosh\left(\frac{xb}{\beta}\right)\operatorname{csch}\left(\frac{\pi b}{\beta}\right) \quad [-\pi \le x \le \pi] \quad \text{(Bromwich)} \tag{G.40}$$

$$\sum_{n=1}^{\infty} \frac{\cos\{(2n-1)x\}}{(2n-1)^2\beta^2+b^2} = \frac{\pi}{4b\beta}\sinh\left\{\left(\frac{\pi}{2}-x\right)\frac{b}{\beta}\right\}\operatorname{sech}\left(\frac{\pi b}{2\beta}\right) \quad [0 \le x \le \pi] \quad \text{(Watson)} \tag{G.41}$$

$$\sum_{n=1}^{\infty} \frac{(-1)^{n+1}(2n-1)\cos\{(2n-1)x\}}{(2n-1)^2\beta^2+b^2} = \frac{\pi}{4\beta^2}\cosh\left(\frac{xb}{\beta}\right)\operatorname{sech}\left(\frac{\pi b}{2\beta}\right) \quad \left[-\frac{\pi}{2} \le x \le \frac{\pi}{2}\right] \quad \text{(Hansen)} \tag{G.42}$$

$$\sum_{n=1}^{\infty} \frac{\cos\{(2n-1)x\}}{(2n-1)^2a^2-b^2} = \frac{\pi}{4ab}\sin\left\{\left(\frac{\pi}{2}-x\right)\frac{b}{a}\right\}\sec\left(\frac{\pi b}{2a}\right) \quad [0 \le x \le \pi] \quad \text{(Bromwich)} \tag{G.43}$$

$$\sum_{n=1}^{\infty} \frac{\{(-1)^n-1\}\cos(nx)}{n^2\{b^2+n^2\beta^2\}} = \frac{\pi^2}{2b^2}\left[\frac{\beta}{b}\operatorname{csch}\left(\frac{\pi b}{\beta}\right)\left\{\left(\frac{xb}{\beta}\right)\sinh\left(\frac{\pi b}{\beta}\right)+\left\{\cosh\left\{(\pi-x)\frac{b}{\beta}\right\}-\cosh\left(\frac{xb}{\beta}\right)\right\}\right\}-\frac{1}{2}\right] \quad [0 \le x \le 2\pi] \tag{G.44}$$

$$\sum_{n=1}^{\infty} \frac{\cos(nx)\cos(ny)}{(n^2\beta^2+b^2)} = \frac{\pi}{4b\beta}\operatorname{csch}\left(\frac{\pi b}{\beta}\right)\left[\cosh\left\{(\pi-|x-y|)\frac{b}{\beta}\right\}+\cosh\left\{(\pi-x-y)\frac{b}{\beta}\right\}\right]-\frac{1}{2b^2} \quad [0 \le |x-y| \le 2\pi],\ [0 \le (x+y) \le 2\pi] \tag{G.45}$$

$$\sum_{n=1}^{\infty} \frac{\cos\{(2n-1)x\}\cos\{(2n-1)y\}}{(2n-1)^2\beta^2+b^2} = \frac{\pi}{8b\beta}\operatorname{sech}\left(\frac{\pi b}{2\beta}\right)\left[\sinh\left\{\left(\frac{\pi}{2}-|x-y|\right)\frac{b}{\beta}\right\}+\sinh\left\{\left(\frac{\pi}{2}-x-y\right)\frac{b}{\beta}\right\}\right] \quad [0 \le |x-y| \le \pi],\ [0 \le (x+y) \le \pi] \tag{G.46}$$

$$\sum_{n=1}^{\infty} \cos(nx)\cos(ny)\, e^{-\beta n^2} = \tfrac{1}{4}\left[\Theta_3\left\{\tfrac{1}{2}(x-y), e^{-\beta}\right\} + \Theta_3\left\{\tfrac{1}{2}(x+y), e^{-\beta}\right\} - 2\right] \qquad [\beta > 0] \tag{G.47}$$

$$\sum_{m=1}^{\infty} \frac{(\xi_m^2+\lambda^2)\{1-\cos(\xi_m b)\}\sin(\xi_m y)}{\xi_m\{b(\xi_m^2+\lambda^2)+\lambda\}} = \tfrac{1}{2} \qquad [-b \le y \le b]$$
$$\xi_m \textit{ are the positive roots of } \xi_m \cot(\xi_m b) = -\lambda \tag{G.48}$$

$$\sum_{m=1}^{\infty} \frac{(\xi_m^2+\lambda^2)\sin(\xi_m b)\cos(\xi_m y)}{\xi_m\{b(\xi_m^2+\lambda^2)+\lambda\}} = \tfrac{1}{2} \qquad [-b \le y \le b]$$
$$\xi_m \textit{ are the positive roots of } \xi_m \tan(\xi_m b) = \lambda \tag{G.49}$$

$$\sum_{m=1}^{\infty} \frac{(\xi_m^2+\lambda^2)\{1-\cos(\xi_m b)\}\sin\{\xi_m(b-y)\}}{\xi_m\{b(\xi_m^2+\lambda^2)+\lambda\}} = \tfrac{1}{2} \qquad [0 \le y \le 2b]$$
$$\xi_m \textit{ are the positive roots of } \xi_m \cot(\xi_m b) = -\lambda \tag{G.50}$$

$$\sum_{m=1}^{\infty} \frac{\xi_m \sin(\xi_m b)\cos\{\xi_m(b-y)\}}{\cos^2(\xi_m b)\{b(\xi_m^2+\lambda^2)+\lambda\}} = \left\{\begin{array}{ll} \tfrac{1}{2} & 0 \le y \le b \\ -\tfrac{1}{2} & b \le y \le 2b \end{array}\right\}$$
$$\xi_m \textit{ are the positive roots of } \xi_m \tan(\xi_m b) = \lambda \tag{G.51}$$

$$\sum_{m=1}^{\infty} \frac{\{\lambda_0+\xi_m\sin(\xi_m b)-\lambda_0\cos(\xi_m b)\}\{\xi_m\cos(\xi_m y)+\lambda_0\sin(\xi_m y)\}}{\xi_m\left[(\xi_m^2+\lambda_0^2)\left\{b+\frac{\lambda_b}{\xi_m^2+\lambda_b^2}\right\}+\lambda_0\right]} = \tfrac{1}{2} \qquad [0 \le y \le b]$$
$$\xi_m \textit{ are the positive roots of } \tan(\xi_m b) = \frac{\xi_m(\lambda_0+\lambda_b)}{\xi_m^2-\lambda_0\lambda_b} \tag{G.52}$$

$$\sum_{n=1}^{\infty} \frac{J_0(\xi_n r)}{\xi_n J_1(\xi_n a)} = \frac{a}{2} \qquad \xi_n \textit{ are the positive roots of } J_0(\xi_n a) = 0 \tag{G.53}$$

$$\sum_{n=1}^{\infty} \frac{J_0(\xi_n r)}{\xi_n^3 J_1(\xi_n a)} = \frac{a}{8}\left(a^2 - r^2\right) \qquad [0 \le r \le a]$$
$$\xi_n \textit{ are the positive roots of } J_0(\xi_n a) = 0 \tag{G.54}$$

$$\sum_{n=1}^{\infty} \frac{J_0(\xi_n r)}{\xi_n^2 J_0(\xi_n a)} = \frac{1}{4}\left(r^2 - \frac{1}{2}\right) \qquad [0 \le r \le a]$$
$$\xi_n \textit{ are the positive roots of } J_1(\xi_n a) = 0 \tag{G.55}$$

$$\sum_{n=1}^{\infty} \frac{\xi_n J_0(\xi_n r) J_1(\xi_n a)}{(\xi_n^2+\lambda^2) J_0^2(\xi_n a)} = \frac{a}{2} \qquad [0 \le r \le a]$$
$$\xi_n \textit{ are the positive roots of } [\xi_n J_0'(\xi_n a) + \lambda J_0(\xi_n a) = 0] \tag{G.56}$$

$$\sum_{n=1}^{\infty} \frac{J_0^2(\xi b)\mathcal{V}_{\mathcal{D}0}(\xi_n r, a)}{\left\{J_0^2(\xi_n a) - J_0^2(\xi_n b)\right\}} = -\frac{\ln\left(\frac{b}{r}\right)}{\pi\ln\left(\frac{b}{a}\right)} \qquad [a > 0,\ b > a,\ a < r < b]$$
$$\xi_n \textit{ are the positive roots of } [\mathcal{V}_{\mathcal{D}0}(\xi_n b, a) = 0] \tag{G.57}$$

$$\sum_{n=1}^{\infty} \frac{\{\alpha J_0(\xi_n a) - \beta J_1(\xi b)\} J_1(\xi b)\mathcal{V}_{\mathcal{D}0}(\xi_n r, a)}{\xi_n\left\{J_0^2(\xi_n a) - J_1^2(\xi_n b)\right\}} = \frac{1}{\pi}\left\{\beta + \alpha b\ln\left(\frac{a}{r}\right)\right\} \qquad [\alpha \ge 0,\ \beta \ge 0,\ a > 0,\ b > a,\ a < r < b]$$
$$\xi_n \textit{ are the positive roots of } [\mathcal{V}_{\mathcal{D}0}'(\xi_n b, a) = 0] \tag{G.58}$$

$$\sum_{n=1}^{\infty} \frac{[\alpha J_0(\xi_n a) + \beta\{\lambda J_0(\xi_n b) - \xi_n J_1(\xi_n b)\}]\{\lambda J_0(\xi_n b) - \xi_n J_1(\xi_n b)\}\mathcal{V}_{\mathcal{D}0}(\xi_n r, a)}{\left[\{\lambda^2+\xi_n^2\} J_0^2(\xi_n a) - \{\lambda J_0(\xi_n b) - \xi_n J_1(\xi_n b)\}^2\right]} =$$
$$= \frac{b\{\lambda\beta+\alpha\}\ln\left(\frac{r}{a}\right)}{\pi\left\{\lambda b\ln\left(\frac{b}{a}\right)+1\right\}} - \frac{\beta}{\pi} \qquad [\alpha \ge 0,\ \beta \ge 0,\ a > 0,\ b > a,\ a < r < b]$$
$$\xi_n \textit{ are the positive roots of } [\mathcal{V}_{\mathcal{D}0}'(\xi_n b, a) + \lambda\mathcal{V}_{\mathcal{D}0}(\xi_n b, a) = 0] \tag{G.59}$$

$$\sum_{n=1}^{\infty} \frac{\{\beta\xi_n J_1(\xi_n a) - \alpha J_0(\xi b)\} J_0(\xi b)\mathcal{V}_{\mathcal{N}0}(\xi_n r)}{\xi_n\left\{J_1^2(\xi_n a) - J_0^2(\xi_n b)\right\}} = \frac{a\alpha}{\pi}\ln\left(\frac{r}{b}\right) - \frac{\beta}{\pi}$$
$$[\alpha \ge 0,\ \beta \ge 0,\ a > 0,\ b > a,\ a < r < b]$$
$$\xi_n \textit{ are the positive roots of } [\mathcal{V}_{\mathcal{N}0}(\xi_n b, a) = 0] \tag{G.60}$$

$$\sum_{n=1}^{\infty} \frac{\xi_n V_{N0}(\xi_n r,a) J_1(\xi_n b)\{J_1(\xi_n b)q_a - J_1(\xi_n a)q_b\}}{\left\{J_1^2(\xi_n a) - J_1^2(\xi_n b)\right\}} =$$

$$= \frac{1}{2\pi(b^2-a^2)} \left[(aq_a - bq_b)\, r^2 + 2\,(aq_b - bq_a) \left\{ ab \ln r + \frac{1}{4}\left(\frac{b^3 q_b - a^3 q_a}{aq_b - bq_a} + 3ab \right) + \frac{\left(a^2 \ln a - b^2 \ln b\right)}{(b^2-a^2)} \right\} \right] \quad \text{(G.61)}$$

$$[\alpha \geq 0,\ \beta \geq 0,\ a > 0,\ b > a,\ a < r < b]$$

ξ_n *are the positive roots of* $[\mathcal{V}'_{\mathcal{N}0}\,(\xi_n b, a) = 0]$

$$\sum_{n=1}^{\infty} \frac{\{\lambda J_0(\xi b) - \xi_n J_1(\xi b)\}[\xi_n J_1(\xi_n a)\beta + \{\lambda J_0(\xi b) - \xi_n J_1(\xi b)\}\alpha]\mathcal{V}_{\mathcal{N}0}(\xi_n r)}{\xi_n \left[(\lambda^2+\xi_n^2) J_1^2(\xi_n a) - \{\lambda J_0(\xi b) - \xi_n J_1(\xi b)\}^2\right]} = \frac{1}{\pi \lambda b}\left[a\alpha \left\{1 - \lambda\alpha \ln\left(\frac{r}{b}\right)\right\} - b\beta\right] \quad \text{(G.62)}$$

$$[\alpha \geq 0,\ \beta \geq 0,\ a > 0,\ b > a,\ a < r < b]$$

ξ_n *are the positive roots of* $[\mathcal{V}'_{\mathcal{N}0}\,(\xi_n b, a) + \lambda \mathcal{V}_{\mathcal{N}0}\,(\xi_n b, a) = 0]$

$$\sum_{n=1}^{\infty} \frac{\{\lambda J_0(\xi a) + \xi_n J_1(\xi a)\}\mathcal{V}_{\mathcal{D}0}(\xi_n r, b)[\{\lambda J_0(\xi a) + \xi_n J_1(\xi a)\}\beta - J_0(\xi_n b)\alpha]}{\left[\{\lambda J_0(\xi a) + \xi_n J_1(\xi a)\}^2 - (\lambda^2+\xi_n^2) J_0^2(\xi_n b)\right]} = \frac{\beta}{\pi} + \frac{a(\lambda\beta - \alpha)}{\pi\left\{1 + a\lambda \ln\left(\frac{b}{a}\right)\right\}} \ln\left(\frac{r}{b}\right) \quad \text{(G.63)}$$

$$[\alpha \geq 0,\ \beta \geq 0,\ a > 0,\ b > a,\ a < r < b]$$

ξ_n *are the positive roots of* $[\lambda \mathcal{V}_{\mathcal{D}0}\,(\xi_n a, b) - V'_{\mathcal{D}0}\,(\xi_n a, b) = 0]$

$$\sum_{n=1}^{\infty} \frac{\{\lambda J_0(\xi a) + \xi_n J_1(\xi a)\}[\xi_n J_1(\xi_n b)\alpha - \{\lambda J_0(\xi a) + \xi_n J_1(\xi a)\}\beta]\mathcal{V}_{\mathcal{N}0}(\xi_n r, b)}{\xi_n \left[\{\lambda J_0(\xi a) + \xi_n J_1(\xi a)\}^2 - (\lambda^2+\xi_n^2) J_1^2(\xi_n b)\right]} = \frac{1}{\lambda a}\left[a\alpha - b\beta \left\{1 + a\lambda \ln\left(\frac{r}{a}\right)\right\}\right] \quad \text{(G.64)}$$

$$[\alpha \geq 0,\ \beta \geq 0,\ a > 0,\ b > a,\ a < r < b]$$

ξ_n *are the positive roots of* $[\lambda \mathcal{V}_{\mathcal{N}0}\,(\xi_n a, b) - \mathcal{V}'_{\mathcal{N}0}\,(\xi_n a, b) = 0]$

$$\sum_{n=1}^{\infty} \frac{[\{\xi_n J_1(\xi_n a) + \lambda_a J_0(\xi a)\}q_b + \{\lambda_b J_0(\xi b) - \xi_n J_1(\xi a)\}q_a]\{\lambda_b J_0(\xi b) - \xi_n J_1(\xi a)\}}{\left[\left(\lambda_b^2+\xi_n^2\right)\{\lambda_a J_0(\xi a) + \xi_n J_1(\xi a)\}^2 - (\lambda_a^2+\xi_n^2)\{\lambda_b J_0(\xi b) + \xi_n J_1(\xi b)\}^2\right]} \times$$

$$\times \left\{\xi_n \mathcal{V}_{\mathcal{N}0}\,(\xi_n r, a) - \lambda_a \mathcal{V}_{\mathcal{D}0}\,(\xi_n r, a)\right\} = \frac{\alpha}{\pi\lambda_a} - \frac{(\lambda_b\alpha + \lambda_a\beta)\left\{b + \lambda_a ab \ln\left(\frac{r}{a}\right)\right\}}{\pi\lambda_a\left\{\lambda_b b + \lambda_a a - \lambda_a\lambda_b ab \ln\frac{a}{b}\right\}} \quad \text{(G.65)}$$

$[\alpha \geq 0,\ \beta \geq 0,\ a > 0,\ b > a,\ a < r < b]$ ξ_n *are the positive roots of*
$[\lambda_a \{\mathcal{V}'_{\mathcal{D}0}\,(\xi_n b, a) + \lambda_b \mathcal{V}_{\mathcal{D}0}\,(\xi_n b, a)\} - \xi_n \{\mathcal{V}'_{\mathcal{N}0}\,(\xi_n b, a) + \lambda_b \mathcal{V}_{\mathcal{N}0}\,(\xi_n b, a)\} = 0]$

Bibliography

Abbasazadeh, M., and P. S. Hegeman (1990, September). Pressure-transient analysis for a slanted well in a reservoir with vertical pressure support. *SPE Formation Evaluation.*

Abbasazadeh, M., and M. Kamal (1989). Pressure-transient testing of water injection wells. *SPE Reservoir Engineering 4*(1), 115–124.

Abramowitz, M., and I. A. Stegun (1970). *Handbook of Mathematical Functions with Formulas, Graphics, and Mathematical Tables.* New York: Dover Publications.

Al-Hussainy, R., H. J. J. Ramey, and P. Crawford (1966). The flow of real gases through porous media. *Trans. SPE AIME.*

Atkinson, C. (1985). On explicit formulas for the roots of a class of transcendental equations. *IMA J. Appl. Math. 35*(0272-4960), 327–338.

Baker, C. T. H. (1977). *The Numerical Treatment of Integral Equations.* Oxford: Clarendon Press.

Banerjee, R., R. K. M. Thambynayagam, and J. B. Spath (2005). A method for analysis of pressure response with a formation tester influenced by supercharging. *SPE* (102413).

Bear, J. (1972). *Dynamics of Fluids in Porous Media.* New York: Dover Publications.

Bessel, F. W. (1826). Untersuchung des Theils der planetarischen störungen, welcher aus der bewwgung der sonne entsteht (original memoirs 1824). *Berliner Abh.*, 1–52.

Bierens de Haan, D. (1867). *Nouvelles tables d'intégrales définies.* Amsterdam.

Bosse, M. P., and R. E. Showalter (1989). Homogenization of the layered medium equation. *Appl. Anal. 32*, 183–202.

Boughrara, A. (2007). Injection/falloff testing of vertical and horizontal wells. Ph.D. Thesis, University of Tulsa, Oklahoma.

Bromwich, T. J. (1949). *An Introduction to the Theory of Infinite Series.* Second revised edition. London: Macmillan and Co.

Busswell, G. S., R. Banerjee, R. K. M. Thambynayagam, and J. B. Spath (2006). Generalized analytical solution for reservoir problems with multiple wells and boundary conditions. *SPE* (99288).

Campbell, G. A., and R. M. Foster (1948). *Fourier Integrals for Practical Applications.* New York: D. Van Nostrand.

Carslaw, H. S. (1930). *Fourier's Series and Integrals.* Macmillan and Co.

Carslaw, H. S., and J. C. Jaeger (1959). *Conduction of Heat in Solids.* Oxford: Clarendon Press.

Cauchy, A. L. (1884). Mémoire sur la théorie des ondes. *CEuvres* Sér. 1, 5-318, XIX, Sur les fonctions réciproques, 300–3.

Cheng, A. H. D., and D. T. Cheng (2005). Heritage and early history of the boundary element method. *Engineering Analysis with Boundary Elements 29*, 268–302.

Churchill, R. V. (1955). Extensions of operational mathematics. *Proc. Conf. Diff. Eqns., University of Maryland Bookstore.*

Churchill, R. V. (1958). *Operational Mathematics, 2nd Edition of 1944.* New York: McGraw-Hill.

Cinco-Ley, H., F. G. Miller, and H. J. J. Ramey (1975, November). Unsteady-state pressure distribution created by a directionally drilled well. *JPT, Trans. AIME 259*, 1392–1400.

Cinelli, G. (1965). An extension of the finite Hankel transform and applications. *Int. Engng. Sci. 3*, 539–559.

Clark, G. W., and R. E. Showalter (1994). Fluid flow in a layered medium. *Quart. Appl. Math. 52*, 777–795.

Collins, R. E. (1976). *Flow of Fluids through Porous Materials.* Tulsa: The Petroleum Publishing Company.

Cooper, J. L. B. (1952). Heaviside and the operational calculus. *Math. Gazette 36*, 5–19.

Cotta, R. M. (1993). *Integral Transforms in Computational Heat and Fluid Flow.* Ann Arbor: CRC Press.

Crank, J. (1956). *The Mathematics of Diffusion.* Oxford: Clarendon Press.

Dake, L. P. (1977). *Fundamentals of Reservoir Engineering.* Amsterdam: Elsevier.

Darcy, H. (1855). *Les fontaines publiques de la ville de Dijon.* Paris: Dalmont.

Delves, L. M., and J. L. Mohamed (1985). *Computational Methods for Integral Equations.* Cambridge: Cambridge University Press.

Dirichlet, G. L. (1889). *Werke.* Ed. by L. Kronecker. Berlin: Reimer.

Ditkin, V. A., and A. P. Prudnikov (1965). *Integral Transforms and Operational Calculus.* New York: Pergamon Press.

Doetsch, G. (1935). Integration von differentialgleichungen vermittels der endlichen Fourier transformation. *Math. Annalen CXII*, 52–62.

Doetsch, G. (1947). *Tabellen zur Laplace-Transformation und Anleitung zum Gebrauch.* Berlin: Springer.

Duffy, D. G. (1994). *Transform Methods for Solving Partial Differential Equations.* Boca Raton: CRC Press.

Durrant, A. J., and R. K. M. Thambynayagam (1986, March). Wellbore heat transmission and pressure drop for steam/water injection and geothermal production: A simple solution technique. *SPE Reservoir Engineering*, 148–162.

Einstein, A. (1905). On the movement of small particles suspended in stationary liquids required by the molecular-kinetic theory of heat. *Annalen der Physik 17*, 549–560.

Erdelyi{a}, A. (1955). *Higher Transcendental Functions.* New York: McGraw-Hill.

Erdelyi{b}, A., W. Magnus, F. Oberhettinger, and F. G. Tricomi (1954). *Tables of Integral Transforms, Based in Part on Notes Left by Harry Bateman.* New York: McGraw-Hill.

Eringen, A. C. (1954). The finite Sturm-Liouville transform. *Quart. J. Math. Oxford. 5*(2), 120.

Faddeeva, V. N., and N. M. Terentev (1954). *Tables of the Function w(z) for a Complex Argument.* Moscow: Gosudarstv. Izdat. Tehn. Teor. Lit.

Fick, A. (1855). Ueber diffusion. *Annln. Phys. IV*, 59–86.

Fikhtengol'ts, G. M. (1947–1949). *Kurs differentsial'nogo integgral'nogo ischisleniya.* New York.

Forsyth, A. R. (1914). *Treatise on Differential Equations*, 72–74.

Fourier, J. B. (1822). *Theorie analytique de la chaleur.* English translation by A. Freeman,1955. Paris: Dover Publications.

Gilchrist, J. P., G. S. Busswell, R. Banerjee, J. B. Spath, and R. K. M. Thambynayagam (2007, December). Semi-analytical solution for multiple layer reservoir problems with multiple vertical, horizontal, deviated and fractured wells. *SPE: IPTC* (11718).

Goode, P. A., and R. K. M. Thambynayagam (1987). Pressure drawdown and buildup analysis of horizontal wells in anisotropic media. *SPEFE, Trans. AIME 283*, 683–97.

Goode, P. A., and R. K. M. Thambynayagam (1992, December). Permeability determination with a multiprobe formation tester. *SPEFE, Trans. AIME*, 297–302.

Gradshteyn, I. S., and I. M. Ryzhik (1994). *Table of Integral, Series, and Products.* Edited by A. Jeffrey. Boston: Academic Press.

Green, G. (1828). An essay on the application of mathematical analysis to the theories of electricity and magnetism. *Wheelhouse T. Nottingham*, 72.

Griffith, J. L. (1955). On the asymptotic behaviour of Hankel transforms. *J. Proc. Roy. Soc. New South Wales 88*, 71–76.

Gustafson, K., and T. Abe (1998). Victor Gustave Robin: 1855–1897. *The Mathematical Intelligencer 20*, 47–53.

Gustafson, K., and T. Abe (2004). The third boundary condition–was it Robin? *The Mathematical Intelligencer 20*, 63–71.

Hankel, H. (1875). Die Fourier'schen reihen und integrale fur cylenderfunctionen (original memoirs 1869). *Math. Ann. VIII*, 467–501.

Hansen, E. R. (1975). *Table of Series and Products.* London: Prentice-Hall International.

Hantush, M. S. (1956). Analysis of data from pumping tests in leaky aquifers. *Trans. Am. Geophys. Un. 37*, 702–714.

Hirschman Jr., I. I. (1962). *Infinite Series.* New York: Holt, Rinehart & Winston.

Karpov, K. A. (1954). *Tables of the Function w(z) in a Complex Region.* Moscow: Izdat. Akad. Nauk SSSR.

Kirchhoff, G. (1894). *Vorlesunngen uber de Theorie der Warme.* Leipzig: Barth.

Kuchuk, F. J., and T. M. Habashy (1995). Solutions of pressure diffusion in radially composite reservoirs. *Transport in Porous Med. 19*, 199–232.

Kuzmin, R. (1935). *Besselevy funktsii (Bessel functions).* Moscow and Leningrad: ONTI.

Lenoach, B., T. S. Ramakrishnan, and R. K. M. Thambynayagam (2004). Transient flow of a compressible fluid in a connected layered permeable medium. *Transport in Porous Med. 57*, 153–169.

Levitan, M. M. (2002). Application of water injection/falloff tests for reservoir appraisal: New analytical solution method for two-phase variable rate problems. *SPE* (77532).

Linz, P. (1985). *Analytical and Numerical Methods for Volterra Equations.* Philadelphia: SIAM.

McLachlan, N. W., and P. Humbert (1941). *Formulaire pour le calcul symbolique.* Paris: Gauthier-Villars.

Mikhailov, M. D., and M. N. Ozisik (1984). *Unified Analysis and Solutions of Heat and Mass Diffusion.* New York: John Wiley & Sons.

Moran, J. H., and E. Finklea (1962, August). Theoretical analysis of pressure phenomena associated with wireline formation tester. *JPT, Trans. AIME 225*, 899–908.

Muskat, M. (1937). *The Flow of Homogeneous Fluids Through Porous Media.* New York: McGraw-Hill.

Ng, E. W., and M. Geller (1969, January–March). A table of integrals of the error functions. *Journal of Research of the National Bureau of Standards–B. Mathematical Sciences 73B.*

Nielsen, N. (1906). *Theorie des Integrallogarithmus und verwandter Transcendenten.* Leipzig: Teubner.

Nye, J. F. (1957). *Physical Properties of Crystals.* Oxford: Clarendon Press.

Oberhettinger, F. (1958). *The Use of Integral Transforms for Obtaining Series Expansions in Terms of Certain Higher Transendental Functions: Part 1, Fourier and Bessel Transforms of Finite Type.* Wisconsin: U.S. Army Mathematics Research Center, University of Wisconsin.

Onsager, L. (1931). Reciprocal relations in irreversible process. *Physics Review 37*, 405–426.

Ozisik, M. N. (1968). *Boundary Value Problems of Heat Conduction.* New York: Dover Publications.

Ozisik, M. N., and R. L. Murray (1974). On the solution of linear diffusion problems with variable boundary condition parameters. *J. Heat Transfer 96c*, 48–51.

Poularikas, A. D. (1966). *The Transforms and Applications Handbook.* Florida: CRC Press cooperation with the IEEE Press.

Prudnikov, A. P., Y. A. Brychkov, and O. I. Marichev (1992). *Integrals and Series.* New York: Gordon and Breach.

Raghavan, R. (1993). *Well Test Analysis.* New Jersey: Prentice Hall Petroleum Engineering Series.

Ramakrishnan, T. S., and F. J. Kuchuk (1993). Pressure transients during injection: Constant rate and convolution solutions. *Transport in Porous Med. 10*, 103–106.

Ramakrishnan, T. S., and F. J. Kuchuk (1994a). Supplement to SPE 20536, Testing injection wells with rate and pressure data. *SPE 9*(29233).

Ramakrishnan, T. S., and F. J. Kuchuk (1994b). Testing injection wells with rate and pressure data. *PEE Formation Evaluation 9*(SPE 20536), 228–236.

Shah, P. C., and R. K. M. Thambynayagam (1994). Application of Hankel transform to a diffusion problem without azimuthal symmetry. *Transport in Porous Med. V14, 3*, 247–264.

Sharma, Y., and E. B. Dussan (1992). Analysis of the pressure response of a single-probe formation tester. *SPE Formation Evaluation*, 152–156.

Sneddon, I. N. (1951). *Fourier Transforms.* New York: McGraw-Hill.

Sneddon, I. N. (1972). *The Use of Integral Transforms.* New York: McGraw-Hill.

Stehfest, H. (1970). Numerical inversion of Laplace transform. *J.A.C.M. 13*, 47–49.

Stewart, G., and M. Wittman (1979, September). Interpretation of the pressure response of the repeat formation tester. 54th Annual Fall Technical Conference and Exhibition of the SPE, Las Vegas (8362).

Sturm, J. C. F., and J. Liouville (1836–1838). Extensive development of the theory of Sturm-Liouville system was published in three volumes. *Journal de mathematique.*

Teubner, B. G. (1865). *Das Dirichlet'sche Princip in seiner Anwendung auf die Riemann'schen Flachen.* Leipzig.

Thambynayagam, R. K. M., and T. M. Habashy (2001, May). A new Weber-type transform. *Quart. Appl. Math. LX1*(3), 485–493.

Titchmarsh, E. C. (1962a). *Eigenfunction Expansions Associated with Second-Order Differential Equations.* Oxford: Oxford University Press.

Titchmarsh, E. C. (1962b). *Fourier Integrals.* Oxford: Clarendon Press.

Tranter, C. J. (1962). *Integral Transforms in Mathematical Physics.* New York: John Wiley & Sons.

Watson, G. N. (1980). *Theory of Bessel Functions.* Cambridge: Cambridge University Press.

Weber, H. (1873). Ueber eine darstellung willkurliccher functionen durch Bessel'sche functionen. *Math. Ann. VI*, 146–161.

Wilkinson, D. J., and P. S. Hammond (1990). A perturbation method for mixed boundary–value problems in pressure transient testing. *Transport in Porous Med. 5*, 609–636.

Author Index

Subject Index